Meyers Handbuch
über die Literatur

Meyers Handbücher der großen Wissensgebiete

LITERATUR
MATHEMATIK
MUSIK
TECHNIK
WIRTSCHAFT
WELTALL

Meyers Handbuch über die Literatur

Ein Lexikon der Dichter
und Schriftsteller aller Literaturen

Herausgegeben
von der Lexikonredaktion des Bibliographischen Instituts

Redaktionelle Leitung:
Ingrid Adam und Gisela Preuß

2., neubearbeitete Auflage

Bibliographisches Institut Mannheim/Wien/Zürich
Meyers Lexikonverlag

Satz: Druckerei Winter, Heidelberg
Druck und Einband: Klambt-Druck GmbH, Speyer
Printed in Germany
ISBN 3-411-00935-7

VORWORT

Das Handbuch über die Literatur, das wir nunmehr in 2., neu bearbeiteter Auflage vorlegen, wendet sich vor allem an den literarisch interessierten Laien. Dieser Gesichtspunkt hat sowohl bei der Auswahl der Stichwörter als auch bei deren Bearbeitung eine wesentliche Rolle gespielt.

Thematisch umfaßt dieses Handbuch die Weltliteratur vom Altertum bis zur Gegenwart, wobei wir die deutsche Literatur in den Vordergrund gestellt haben. Bei den außerdeutschen Literaturen gaben wir der europäischen und der amerikanischen Literatur breiteren Raum als den übrigen Literaturen. Die Auswahl ist, wie es wohl kaum anders sein kann, nicht frei von subjektiven Entscheidungen. Bei der großen Zahl der behandelten Dichter und Schriftsteller hoffen wir jedoch, daß kaum eine Frage der Benutzer unbeantwortet bleiben wird.

Der Verlag dankt an dieser Stelle all jenen, die an diesem Buch mitgearbeitet haben.

Unser besonderer Dank gilt Herrn Professor Dr. Max Mangold, Saarbrücken (Namensschreibung und Ausspracheangaben) und Herrn Horst Börjesson, Weinheim (Bibliographie).

Mannheim, im September 1969

BIBLIOGRAPHISCHES INSTITUT

ZUR EINRICHTUNG DES BUCHES

I. Alphabetisierung

Bei der Alphabetisierung der Stichwörter wurden diakritische Zeichen grundsätzlich nicht berücksichtigt, d.h., daß ä wie a, ë wie e, č wie c usw. alphabetisiert wurden.

II. Schreibung der Namen

1. Sprachen mit Lateinschrift
Grundsätzlich werden Sprachen mit Lateinschrift in der Originalform wiedergegeben. Beispiel: Molnár (nicht: Molnar).

2. Russische, bulgarische, neugriechische, arabische, persische, altindische und japanische Namen werden wie folgt wiedergegeben: Im Hauptstichwort steht zuerst die Transkription (Schreibung ohne Verwendung nichtdeutscher Buchstaben unter Verzicht auf Rückübertragbarkeit), dann die Transliteration (abgekürzt: tl.; rückübertragbare Schreibung unter Verwendung deutscher und nichtdeutscher Schriftzeichen). Zudem wird von der Transliteration auf die Transkription des Hauptstichwortes verwiesen, es sei denn, Transliteration und Transkription stünden in der alphabetischen Reihenfolge unmittelbar hintereinander. Sind Transliteration und Transkription völlig identisch, so wird der Name nur einmal gebracht (vgl. auch: Der Große Duden, Bd. 1, Rechtschreibung, 16. Aufl., Mannheim 1967, S. 794–800).

3. Altgriechische und hebräische Namen werden traditionell wiedergegeben.

4. Namen aus anderen nichtlateinisch schreibenden Sprachen werden häufig in englischer bzw. französischer Schreibung wiedergegeben.

III. Ausspracheangaben

1. Ausspracheangaben im Stichwort
   a) Der untergesetzte Punkt unter Vokalbuchstaben bedeutet je nach Sprache kurzen betonten Vokal oder halblangen betonten Vokal. Beispiele: Hoff [hɔf], Achmatowa [russ. ax'matɐvɐ].
   b) Der untergesetzte waagrechte Strich unter Vokalbuchstaben bedeutet langen betonten Vokal. Beispiel: Hadwiger ['ha:tvɪgər].
   c) Weicht der Lautwert des Vokalbuchstabens stark von dem im Deutschen üblichen Lautwert ab, so wird auf den untergesetzten Punkt oder Strich verzichtet. Beispiel: Ducamp [frz. dy'kã], Maugham [engl. mɔ:m].
   d) Bei Sprachen mit schwer nachweisbarer, sehr schwacher oder fehlender Stärkebetonung wird im Stichwort keine Betonungsangabe gemacht. Beispiel: Kawabata [jap. kawabata].

2. Ausspracheangaben in der Lautschrift
   a) Die Lautschrift steht in der eckigen Klammer.
   b) Steht in der eckigen Klammer vor der Lautschrift keine Sprachangabe, so ist die Aussprache deutsch oder eingedeutscht. Beispiele: Jaeckle ['jɛklə], Abu Nuwas ['abu nu'va:s].
   c) Steht in der eckigen Klammer vor der Lautschrift eine Sprachangabe, so erfolgt die Aussprache in der betreffenden Sprache. Beispiel: Poema del Cid [span. po'ema ðɛl 'θið].
   d) Wird nur ein Teil des Stichwortes in Lautschrift gegeben, so wird der nicht umschriebene Teil durch Pünktchen angedeutet. Beispiel: Hölderlin [...li:n].

3. Zeichen der Internationalen Lautschrift

a	helles bis mittelhelles a	hạt [hat], Ra̱d [ra:t]
ɑ	dunkles a	fa̱ther *engl.* ['fɑ:ðə]
ɐ	abgeschwächtes helles a	cạsa *portugies.* ['kazɐ]
ã	nasales a	Gourmand [gʊr'mã:]
æ	sehr offenes ä	Catch *engl.* [kætʃ]
ɐ̃	nasales abgeschwächtes vorderes a	Lousã *portugies.* [lo'zɐ̃]
ʌ	abgeschwächtes dunkles a	Butler *engl.* ['bʌtlə]
aɪ	ei-Diphthong	re̱i̱t! [raɪt]
aʊ	au-Diphthong	Ha̱u̱t [haʊt]
b	b-Laut	Ba̱u̱ [baʊ]
β	nicht voll geschlossenes b	Habạna *span.* [a'βana]
ç	Ich-Laut	ịch [ɪç]
ɕ	ßj-Laut („scharf“)	Sienkiẹwicz *poln.* [ɕɛŋ'kjɛvitʃ]
d	d-Laut	Dạmpf [dampf]
ð	stimmhafter englischer th-Laut	fa̱ther *engl.* ['fɑ:ðə]
ð̞	stimmhaftes spanisches [θ]	Guzmán *span.* [guð̞'man]
dʒ	dsch-Laut („weich“)	Gịn [dʒɪn]
e	geschlossenes e	le̱bt [le:pt]
e̯	unsilbisches [e]	Sadoveạnu *rumän.* [sado've̯anu]
ẽ	nasales [e]	Lourenço *portugies.* [lo'rẽsu]
ɛ	offenes e	hạtte ['hɛtə]
ɛ̯	unsilbisches [ɛ]	Rọvaniemi *finn.* ['rɔvaniɛ̯mi]
ɛ̃	nasales ä	Teint [tɛ̃:]
ə	Murmellaut	hạlte ['haltə]
f	f-Laut	fạst [fast]
g	g-Laut	Gạns [gans]
ɣ	geriebenes g	Tarragọna *span.* [tarra'ɣona]
h	h-Laut	Hạns [hans]
i	geschlossenes i	Eli̱sa [e'li:za]
i̯	unsilbisches [i]	Ma̱rio *italien.* ['ma:ri̯o]
ĩ	nasales [i]	Infạnte *portugies.* [ĩ'fɐ̃ntə]
ĩ̯	unsilbisches nasales [i]	Karpiński *poln.* [kar'pĩ̯ski]
ɪ	offenes i	bịst [bɪst]
ɨ	zwischen [i] und [u] ohne Lippenrundung	Gromy̱ko *russ.* [gra'mɨkɐ]
j	j-Laut	jụst [jʊst]
k	k-Laut	kạlt [kalt]
l	l-Laut	Lạst [last]
l̩	silbisches l	Myslbek *tschech.* ['misl̩bɛk]
ɫ	dunkles l	Shllạk *alban.* [ʃɫak]
ʎ	lj-Laut	Sevi̱lla *span.* [se'βiʎa]
m	m-Laut	mạn [man]
n	n-Laut	Nẹst [nɛst]
ŋ	ng-Laut	lạng [laŋ]
ɲ	nj-Laut	Champạgne *frz.* [ʃã'paɲ]
o	geschlossenes o	Lo̱t [lo:t]
o̯	unsilbisches [o]	Timişoạra *rumän.* [timi'ʃo̯ara]
õ	nasales o	Bon [bõ:]
ɔ	offenes o	Pọst [pɔst]
ɔ̯	unsilbisches [ɔ]	Su̱omen *finn.* ['suɔ̯mɛn]
ø	geschlossenes ö	mö̱gen ['mø:gən]
œ	offenes ö	kö̩nnt [kœnt]
œ̃	nasales ö	Parfum [par'fœ̃:]
œ̯	unsilbisches [œ]	Py̱öli *finn.* ['pyœ̯li]
ɔʏ	eu-Laut	he̱u̱te ['hɔʏtə]
p	p-Laut	Pạkt [pakt]
pf	pf-Laut	Pfa̱u̱ [pfaʊ]
r	r-Laut	Rạst [rast]
r̩	silbisches r	Krk *serbokroat.* [kr̩k]
s	ß-Laut („scharf“)	Rạst [rast]
ʃ	sch-Laut	schạlt! [ʃalt]
t	t-Laut	Ta̱u̱ [taʊ]
θ	stimmloser englischer th-Laut	Cọmmonwealth *engl.* ['kɔmənwɛlθ]
ts	z-Laut	Zẹlt [tsɛlt]
tʃ	tsch-Laut	Mạtsch [matʃ]
u	geschlossenes u	Ku̱r [ku:r]
u̯	unsilbisches [u]	Ca̱pua *italien.* ['ka:pu̯a]
ũ	nasales [u]	Funchạl *portugies.* [fũ'ʃal]
ʉ	zwischen ü und u	Luleå *schwed.* [ˌlʉ:ləo:]
ʊ	offenes u	Pụlt [pʊlt]
v	w-Laut	Wạrt [vart]
w	konsonantisches u	Wịnston *engl.* ['wɪnstən]
x	Ach-Laut	Bạch [bax]
y	ü-Laut	Tü̱te ['ty:tə]
y̆	unsilbisches [y]	Austurland *isländ.* ['œy̆stʏrland]
ʏ	offenes ü	rü̩ste ['rʏstə]
ɥ	konsonantisches ü	Suịsse *frz.* [sɥis]
z	s-Laut („weich“)	Ha̱se ['ha:zə]
ʑ	sj-Laut („weich“)	Zielọna Góra *poln.* [ʑɛ'lɔna 'gura]
ʒ	sch-Laut („weich“)	Geni̱e̱ [ʒe'ni:]
'	Kehlkopfverschlußlaut (Stimmritzenverschlußlaut, Glottalstop, Knacklaut);	ạbebben ['ap'ɛbən] Vere̱i̱n [fɛr''aɪn]
	wird weggelassen am Wortanfang vor Vokal in deutscher Aussprache, wo er immer gesprochen werden muß.	Ạcker ['akər], eigentlich [''akər]
:	Längezeichen, bezeichnet Länge des unmittelbar davor stehenden Vokals.	ba̱de ['ba:də]

ˈ	Hauptbetonung, steht unmittelbar vor der betonten Silbe; wird nicht gesetzt bei einsilbigen Wörtern und nicht, wenn in einem mehrsilbigen Wort nur ein silbischer Vokal steht.	Ạcker [ˈakər], Ạpothe̱ke [apoˈte:kə] Ha̱u̱s [haʊs] Jọhnson *engl.* [dʒɔnsn]
ˌ	Nebenbetonung, steht unmittelbar vor der nebenbetonten Silbe.	Stra̱ßenbahnschaffner [ˈʃtra:sənba:nˌʃafnər]
ˌ	Zeichen für silbische Konsonanten, steht unmittelbar unter dem Konsonanten.	Krk *serbokroat.* [kr̩k]
̯ ̑	Halbkreis, untergesetzt oder übergesetzt, bezeichnet unsilbische Vokale.	Ma̱rio *italien.* [ˈma:ri̯o] Austuȓland [ˈœy̑stʏrland]
-	Bindestrich, bezeichnet Silbengrenze.	Wịrtschaft [ˈvɪrt-ʃaft]

In der ersten Spalte stehen die verwendeten Zeichen des Internationalen Phonetischen Alphabets (IPA), in der zweiten steht eine volkstümliche Erklärung oder Bezeichnung des Zeichens, in der dritten dazugehörige Beispiele.

4. Bemerkungen zur Lautschrift

Der tiefgesetzte senkrechte Strich vor der betonten Silbe bezeichnet im Norwegischen und Schwedischen Gravisintonation, im Serbokroatischen steigende Intonation. Beispiele: Sö̱derberg [schwed. ˌsø:dərbærj], Dọmjanić [serbokroat. ˌdɔmjanitɕ].

Weitere Angaben zur Lautschrift und Aussprache finden sich in: Der Große Duden, Bd. 6, Aussprachewörterbuch, Mannheim 1962; Max Mangold, Aussprachelehre der bekannteren Fremdsprachen, Duden-Beiträge H. 13, Mannheim 1964.

ABKÜRZUNGSVERZEICHNIS

Abb.	Abbildung
ags.	angelsächsisch
ahd.	althochdeutsch
Ala.	Alabama
Alas.	Alaska
Anl.	Anleitung
aram.	aramäisch
Arb[b].	Arbeit[en]
Arch.	Archiv
Ariz.	Arizona
Ark.	Arkansas
ASSR	Autonome Sozialistische Sowjetrepublik
A.T.	Altes Testament
Aufl.	Auflage
Aufs.	Aufsätze
Ausg[g].	Ausgabe[n]
ausgew.	ausgewählt
Ausw.	Auswahl
...b[b].	...buch, ...bücher
bearb.	bearbeitet
Bd.	Band
Bde[n].	Bände[n]
bed.	bedeutend
begr.	begründet
Beitr.	Beiträge
Ber.	Berichte
Berücks.	Berücksichtigung
bes.	besonders
Bibliogr[r].	Bibliographie[n]
Biogr.	Biographie
Bl[l].	Blatt, Blätter
Bln.	Berlin
BRD	Bundesrepublik Deutschland
Bull.	Bulletin
Calif.	Kalifornien
chin.	chinesisch
Colo.	Colorado
Conn.	Connecticut
d. Ä.	der Ältere
Darmst.	Darmstadt
Darst[t].	Darstellung[en]
D. C.	District of Columbia
DDR	Deutsche Demokratische Republik
Del.	Delaware
dgl.	dergleichen, desgleichen
d. h.	das heißt
d. i.	das ist
Diss.	Dissertation
d. J.	der Jüngere
Dr.	Drama
dt.	deutsch
dt. EA	deutschsprachige Erstaufführung
Düsseld.	Düsseldorf
E[n].	Erzählung[en]
ebd.	ebenda
eigtl.	eigentlich
Einf.	Einführung
eingel.	eingeleitet
Einl.	Einleitung
Erg.	Ergänzung
Ergebn.	Ergebnisse
erl.	erläutert
Erl[l].	Erläuterung[en]
europ.	europäisch
ev.	evangelisch
f.	für
f[f].	folgende
F.	Folge
Fla.	Florida
Forsch.	Forschungen
fortgef.	fortgeführt
fortges.	fortgesetzt
Forts.	Fortsetzung
Freib.	Freiburg im Breisgau
Frhr.	Freiherr
Frkf.	Frankfurt am Main
frz.	französisch
Fsp.	Fernsehspiel
Ga.	Georgia
geb.	geborene
Ged.	Gedicht[e]
gegr.	gegründet
ges.	gesammelt
Gesch.	Geschichte
Gf[n].	Graf, Gräfin
Ggs.	Gegensatz
Gött.	Göttingen
Gouv.	Gouvernement
gr.	griechisch
Gramm.	Grammatik
Grundl[l].	Grundlage[n]
Grundr.	Grundriß
H.	Heft
...h[h].	...heft[e]
Habil.	Habilitationsschrift
Hamb.	Hamburg
Hann.	Hannover
Hdb[b].	Handbuch, Handbücher
Hdbg.	Heidelberg
Hdwb.	Handwörterbuch
hebr.	hebräisch
hg.	herausgegeben
Hg.	Herausgeber
hl.	heilig
hpts.	hauptsächlich
Hs[s].	Handschrift[en]
Hsp.	Hörspiel
Hzg[n].	Herzog[in]
idgm.	indogermanisch
Ill.	Illinois
Ind.	Indiana
insbes.	insbesondere
Inst.	Institut
internat.	international
J.	Journal
jap.	japanisch
Jb[b].	Jahrbuch, Jahrbücher
Jg.	Jahrgang
Jh.	Jahrhundert
Jt.	Jahrtausend
Kans.	Kansas
Karlsr.	Karlsruhe
Kat.	Katalog
kath.	katholisch
Kg[n].	König[in]
Kom.	Komödie
Komm.	Kommission
Ks[n].	Kaiser[in]
Ky.	Kentucky
La.	Louisiana
lat.	lateinisch
latin.	latinisiert
Leitf.	Leitfaden
Lex.	Lexikon
Lfg[g].	Lieferung[en]
lit.	litauisch
Lit.	Literatur
Lpz.	Leipzig
luth.	lutherisch

M-	Mittel...
MA	Mittelalter
Masch.	maschinenschriftlich
Mass.	Massachusetts
Mchn.	München
Md.	Maryland
MdR	Mitglied des Reichstages
mex.	mexikanisch
mhd.	mittelhochdeutsch
Mhm.	Mannheim
Mich.	Michigan
Minn.	Minnesota
Miss.	Mississippi
Mitt.	Mitteilungen
mlat.	mittellateinisch
m. n. e.	mehr nicht erschienen
Mo.	Missouri
Monogr[r].	Monographie[n]
Mont.	Montana
Mschr.	Monatsschrift
N-	Nord...
Nachdr.	Nachdruck
Nachr.	Nachrichten
nat.	national
N. C.	North Carolina
n. Chr.	nach Christus
N. Dak.	North Dakota
Nebr.	Nebraska
Neudr.	Neudruck
neugr.	neugriechisch
Nev.	Nevada
N. F.	Neue Folge
N. H.	New Hampshire
nhd.	neuhochdeutsch
niederl.	niederländisch
N. J.	New Jersey
nlat.	neulateinisch
N. Mex.	New Mexico
NO-	Nordost...
Nov.	Novelle
N. R.	Neue Reihe
N. S.	Neue Serie
N.T.	Neues Testament
Nürnb.	Nürnberg
NW-	Nordwest...
N.Y.	New York
O-	Ost...
Okla.	Oklahoma
Oreg.	Oregon
östr.	österreichisch

Pa.	Pennsylvania
Pauly-Wissowa	Paulys Realencyclopädie der classischen Altertumswissenschaften. Neubearbeitet von G. Wissowa u. a. Stuttgart 1894–1964
prot.	protestantisch
Prov.	Provinz
R.	Reihe, Roman
Red.	Redaktion
ref.	reformiert
Reg.	Register
Regensb.	Regensburg
R. I.	Rhode Island
S.	Seite, Serie
S-	Süd...
sanskr.	sanskritisch
Sb.	Sitzungsberichte
S. C.	South Carolina
Schr[r].	Schrift[en]
Schsp.	Schauspiel
S. Dak.	South Dakota
sel.	selig
skand.	skandinavisch
Slg.	Sammlung
SO-	Südost...
sog.	sogenannt
SSR	Sozialistische Sowjetrepublik
Stuttg.	Stuttgart
Suppl.	Supplement
SW-	Südwest...
Tb[b].	Taschenbuch, Taschenbücher
Tl.,Tle[n].	Teil, Teile[n]
Tenn.	Tennessee
Tex.	Texas
TH	Technische Hochschule
tl.	transliteriert
Trag.	Tragödie
Tsd.	Tausend
TU	Technische Universität
Tüb.	Tübingen
u.	und
UA	Uraufführung
u. a.	und andere[s], unter anderem
u. d.T.	unter dem Titel

Übers.	Übersetzung
Univ.	Universität, University
Unters[s].	Untersuchung[en]
v.	von
v. a.	vor allem
Va.	Virginia
VAR	Vereinigte Arabische Republik
v. Chr.	vor Christus
verh.	verheiratete
Verh.	Verhandlungen
Veröff.	Veröffentlichungen
Verz.	Verzeichnis
vgl.	vergleichend, verglichen
Vjbll.	Vierteljahresblätter
Vjh[h].	Vierteljahresheft[e]
Vjschr.	Vierteljahresschrift
Vortr[r].	Vortrag, Vorträge
Vt.	Vermont
W-	West...
Wash.	Washington
Wiesb.	Wiesbaden
Wis.	Wisconsin
Wiss.	Wissenschaft
wiss.	wissenschaftlich
Würzb.	Würzburg
W. Va.	West Virginia
Wyo.	Wyoming
Z-	Zentral...
Zbl.	Zentralblatt
Zs[s].	Zeitschrift[en]
z.T.	zum Teil
zus.	zusammen
zw.	zwischen

Zeichen

*	geboren
≈	getauft
⚭	verheiratet
⚮	geschieden
†	gestorben
⚔	gefallen
▭	begraben
↑	siehe

Abgekürzt werden ferner häufig die Endungen ...isch (klass. klassisch) ...lich (bürgerl. bürgerlich)

Außer den im Abkürzungsverzeichnis aufgeführten Abkürzungen werden allgemein übliche Abkürzungen verwendet.

A

Aafjes, Bertus [niederl. 'a:fi̯əs], eigtl. Lambertus Jacobus Johannes A., * Amsterdam 12. Mai 1914, niederl. Schriftsteller.
Studierte kath. Theologie; Archäologiestudien in Löwen und Rom, wohin er zu Fuß wanderte; mehrere Jahre im Vorderen Orient; kath. Lyriker, beeinflußt von der dt. Romantik; bekannteste Dichtung „Een voetreis naar Rome" (1946); auch Erzähler und Journalist.
Weitere Werke: Abend am Nil (Prosa, dt. 1961), Morgen blühen die Aprikosen (Reiseb., dt. 1956).

Aakjær, Jeppe [dän. 'ɔ:'kɛ:'r], * Hof Aakjær bei Skive (Jütland) 10. Sept. 1866, † Jenle bei Skive 22. April 1930, dän. Schriftsteller.
Bauernsohn aus Jütland, Hirtenjunge; holte die fehlende Schulbildung später nach, z.T. als Autodidakt; Sozialist; Dichter der jüt. Heimat, ihrer Bauern und Tradition mit starken sozialen Akzenten; neben Romanen schrieb er volkstüml. Gedichte in jüt. Dialekt.
Hauptwerke: Die Kinder des Zorns (R., dt. 1912), Gärende Kräfte (R., dt. 1929).
Literatur: Fuchs, R.: *Der dän. Bauerndichter J. A. Gütersloh 1940.*

Aal, Johannes, * Bremgarten (AG) um 1500, † Solothurn 28. Mai 1551, schweizer. Dramatiker.
Flüchtete vor der Reformation nach Baden, wo er Leutpriester wurde und seit 1536 in Freiburg i. Br. studierte; danach Stiftsprediger und Propst in Solothurn; Verfasser der volkstüml., realist. „Tragoedia Johannis des Täufers", 1549 von seinen Solothurner Mitbürgern unter freiem Himmel aufgeführt.

Aanrud, Hans [norweg. ˌo:nrʉ:d], * Vestre Gausdal 3. Sept. 1863, † Oslo 9. Jan. 1953, norweg. Dichter.
Sohn eines Bauern; Lehrer, Theaterkritiker; 1911–23 literar. Berater des Osloer Nationaltheaters; schrieb Bauerngeschichten aus seiner norweg. Heimat, erzählte v.a. von Kindern und Jugendlichen, meist humorvoll-realist. und volkstüml.; auch Bühnenautor (Lustspiele).
Hauptwerke: Der Storch (Kom., 1895; dt. 1911), Eine Winternacht (En., 1896; dt. 1928), Sidsel Langröckchen (En., 1903; dt. 1907).

Aarestrup, Emil [dän. 'ɔ:rəsdrob], * Kopenhagen 4. Dez. 1800, † Odense 21. Juli 1856, dän. Lyriker.
Studierte in Kopenhagen Medizin, starb als Stiftsarzt in Odense; besang in seinen formschön, graziös und anschaul. geschriebenen Gedichten anakreont.-heiteren Lebensgenuß; übersetzte u.a. Heine ins Dänische.

Aasen, Ivar [norweg. 'o:sən], * Sunnmøre 5. Aug. 1813, † Kristiania (heute Oslo) 23. Sept. 1896, norweg. Sprachforscher und Dichter.
Aus bäuerl. Verhältnissen; Autodidakt; unternahm weite Reisen durch Norwegen und erforschte die norweg. Dialekte, aus denen er das sog. Landsmål (heute meist Nynorsk) schuf, das das Riksmål (Bokmål) ersetzen sollte und seit 1907 mit diesem offiziell gleichberechtigt ist; A. trat auch mit eigenen Dichtungen in der neuen Sprache hervor.

Abälard, Peter [abɛ'lart, '– – –] (Petrus Abaelardus, Pierre Abélard), * Le Pallet bei Nantes 1079, † Kloster Saint Marcel bei Chalon-sur-Saône 21. April 1142, Theologe und Philosoph der Frühscholastik.
Schüler Roscelins und Wilhelms von Champeaux, Lehrer in Melun, Corbeil und Paris, Hauptvertreter der dialekt.-scholast. Methode durch sein Werk „Sic et non". Liebe zu seiner Schülerin Heloise, deren Oheim A. entmannen ließ. Heloise wurde Nonne. A. ist einer der bedeutendsten Philosophen und Theologen des MA, Gegner Bernhards von Clairvaux im Universalienstreit. Seine geistvollen, oft modern wirkenden Thesen beeinflußten Dichtung, religiöse Bewegungen, Theologie und Philosophie des 12. Jh.s. Seine Schriften wurden z.T. von der Kurie verboten, dennoch weit verbreitet. Seine Trinitätslehre, sein Universalienbegriff und die in der „Ethik" verteidigte Willensfreiheit wurden von der Kirche (und Bernhard von Clairvaux) verurteilt. Im Streit um den Universalienbegriff nimmt A. eine Mittelstellung zwischen Nominalisten und Realisten ein („Theologia christiana"). Er unterwirft sich zwar der Autorität der Offenbarung, als Rationalist billigt er aber dem krit. Verstand Rechte zu. Als erster Autor des MA behandelt er die Ethik in einer eigenen Schrift. Über seine Liebe zu Heloise berichtet er in der „Historia calamitatum mearum" (zwischen 1133 und 1136, dt. 1954), der er seinen wohl fingierten Briefwechsel beifügte.
Literatur: Gilson, E.: *Héloïse et Abélard. Études sur le moyen âge et l'humanisme. Neuaufl. Paris 1965. Dt. Übers. u. d. T.: Heloise u. A. Zugleich ein Beitrag zum Problem v. MA und Humanismus. Freib. 1955.* – Ottaviano, C.: *Pietro Abelardo. Rom 1931.* – Hausrath, A.: *P. A. Lpz. 1893.*

Abaschidse, Grigol Grigorjewitsch; tl.: Abašidze, Grigol Grigor'evič [russ. aba'ʃɨdzɪ], * Tschiatura 1. Aug. 1913, georg.-sowjet. Schriftsteller.
Studium an der philolog. Fakultät zu Tiflis; Verfasser mehrerer Gedichtzyklen über verschiedenste Themen, die den Prinzipien des sozialist. Realismus entsprechen.

Abaschidse, Irakli Wissarionowitsch; tl.: Abašidze, Iraklij Vissarionovič [russ. aba'ʃɨdzɪ],

* Choni (Gouv. Kutaisi) 29. Nov. 1909, georg.-sowjet. Schriftsteller.
Studierte in Tiflis, veröffentlichte seit 1928; schrieb v.a. am sozialist. Realismus orientierte Gedichte. Erster Sekretär des georg. Schriftstellerverbandes.

Abasıyanık, Sait Faik ↑ Sait Faik Abasıyanık.

Abdias ↑ Bibel.

Abdülhak Hamid Tarhan [türk. abdyl'hak ha'mit tar'han], * Konstantinopel (heute Istanbul) 2. Febr. 1852, † ebd. 12. April 1937, türk. Dichter.
Sohn eines bed. türk. Historikers und Gesandten, aufgewachsen in Konstantinopel, Paris und Teheran; Diplomat in verschiedenen Hauptstädten; angeregt von der europ. Literatur, brach er mit der klass. türk. Tradition und führte, beeinflußt von Shakespeare, Racine und Corneille, neue Themen, Gattungen und literar. Techniken ein. Seine Dramen sind wegen übertrieben didakt. Tendenz und sehr esoter. Sprache wenig bühnenwirksam. Er schrieb philosoph. und sozial gestimmte Lyrik, Melancholie und Todesgedanken herrschen in den späteren romant.-kontemplativen Gedichten vor.
Hauptwerke: Tarık (Schsp., 1879), Eşber (Schsp., 1880), Tezer (Schsp., 1881), Makber (Ged., 1885), Finten (Schsp., 1918), Geister (Ged., 1922; dt. 1941).

Abel, Kaspar, * Hindenburg (Altmark) 14. Juli 1676, † Westdorf bei Aschersleben 11. Jan. 1763, dt. Satiriker.
War ev. Prediger und Rektor in Helmstedt und Halberstadt, auch Historiker; veröffentlichte neben eigenen z.T. plattdt. Satiren („Auserlesene satir. Gedichte", 1714) eine hochdt. Übersetzung der Satiren Boileaus sowie hoch- und plattdt. Übersetzungen Vergils, Horaz' und Ovids („Heroiden", 1704).

Abélard, Pierre [frz. abe'la:r] ↑ Abälard, Peter.

Ābele, Kārlis, * Baunu Kinkas 22. Aug. 1896, † Adelaide (Australien) 24. Jan. 1961, lett. Schriftsteller.
Studierte in Petersburg, Dorpat und Riga Naturwissenschaften; 1940 Professor in Riga; emigrierte 1944 nach Deutschland, 1949 Auswanderung nach Australien. Schrieb v.a. Balladen, auch Dramen und Novellen. Gilt als bedeutendster Balladendichter der modernen lett. Literatur.

Abell, Kjeld [dän. 'a:'bəl], * Ripen 25. Aug. 1901, † Kopenhagen 5. März 1961, dän. Schriftsteller.
Studium der Staatswissenschaft und Studium an der Kunstakademie Kopenhagen; mehrere Jahre in Paris; Bühnenbildner; widmete seit seinem ersten großen Bühnenerfolg („Melodien, der blev væk", 1935) sein literar. Werk fast ausschließl. dem Theater; Tendenz betont humanist., gesellschaftskrit., formal antinaturalist., symbolistisch.
Weiteres Werk: Anna Sophie Hedwig (Dr., 1939; dt. 1956).

Abellio, Raymond [frz. abɛ'ljo], eigtl. Georges Soulès, * Toulouse 11. Nov. 1907, frz. Schriftsteller.
Studierte an der École polytechnique; war in den 30er Jahren Mitglied der S.F.I.O. und Directeur des Grands Travaux; nach 1945 wegen Kollaboration verurteilt, bis 1953 im Schweizer Exil; veröffentlichte 1946 den Roman „Heureux les pacifiques", der an Hand des Entwicklungsgangs eines Intellektuellen vom Kommunismus zur Idee der Gewaltlosigkeit das Spiegelbild einer Art polit. „condition humaine" während der 30er und 40er Jahre gibt. Essays über religiöse Themen.
Weitere Werke: Les yeux d'Ézéchiel sont ouverts (R., 1949), La fosse de Babel (R., 1962).

Aben Esra, Abraham ben Meir ['abɛn 'ɛsra], * Toledo 1092 oder 1093, † Calahorra 1167, span.-jüd. Dichter und Bibelexeget.
Führte ein unstetes, entbehrungsreiches Wanderleben; seine Hauptleistung waren die umfangreichen Bibelkommentare, deren berühmtester, der Pentateuchkommentar, allen rabbin. Bibeln beigedruckt ist; neben wissenschaftl. Werken schrieb er formal vollendete Gedichte und religiöse Lieder, die zum großen Teil in die jüd. Liturgie aufgenommen wurden. Seine nichtreligiösen Gedichte (v.a. Wein- und Liebeslieder) sind im Diwan (hg. 1886) zusammengefaßt. Übersetzer aus dem Arabischen ins Hebräische.

Aben Esra, Mose ben Jakob ['abɛn 'ɛsra], * Granada um 1060, † in N-Spanien 1139, span.-jüd. Dichter.
Schrieb in hebr. und arab. Sprache bed. geistl. und profane Gedichte, in denen er die arab. Kunstregeln anwandte.

Abercrombie, Lascelles [engl. 'æbəkrʌmbı], * Ashton-upon-Mersey 9. Jan. 1881, † London 27. Okt. 1938, engl. Dichter.
Studium der Naturwissenschaften in Manchester; Professor für engl. Literatur in Leeds, London, Oxford; der klass. Tradition, bes. Browning nahestehender Lyriker und Dramatiker (Versdramen), auch fruchtbarer Literarhistoriker und -kritiker (Th. Hardy u.a.).
Hauptwerke: Interludes and poems (Ged., 1908), Emblems of love (Ged., 1912), The idea of great poetry (1925), Romanticism (1926), Poetry – its music and meaning (1932), Lyrics (Ged., 1940).

About, Edmond [frz. a'bu], * Dieuze 14. Febr. 1828, † Paris 16. Jan. 1885, frz. Schriftsteller.
1848 Student der École normale supérieure, 1851 der frz. Schule in Athen; 1884 Mitglied der Académie française; pflegte den Sittenroman („Le roman d'un brave homme", 1880; z.T. autobiograph.), den wissenschaftl. und Reiseroman, den phantast. Roman („Der Mann mit dem abgebrochenen Ohre", 1862, dt. 1885) und die Novelle, die sich an Mérimées Art anlehnt („Les mariages de Paris", 1856, dt. 1886; „Les mariages de province", 1868); Voltairianer in Stil und Haltung, antiklerikaler Republikaner; glänzender Journalist.
Weitere Werke: Der Fürst der Berge (E., 1857; dt. 1901), Die Nase des Herrn Notar (E., 1862; dt. 1947).

Abowjan, Chatschatur; tl.: Abovjan, Hačatur [russ. aba'vjan], * Kanaker 1805, bei Jerewan seit dem 14. April 1848 verschollen, armen. Schriftsteller.
Student in Dorpat; Lehrer in Tiflis; maßgebl. Förderer eines neuzeitl. Erziehungswesens in Armenien; Begründer der modernen armen. Literatur und Literatursprache, steht zwischen Romantik und Realismus; Hauptwerk ist der histor. Roman „Die Wunden Armeniens" (1858) aus der Zeit des russ.-pers. Krieges 1826–28; auch Lyriker.

Abraham a San[c]ta Clara ['a:braham a: 'zanta 'kla:ra, 'zaŋkta], eigtl. Johann Ulrich Megerle,

* Kreenheinstetten bei Meßkirch 2.(1.?) Juli 1644, † Wien 1. Dez. 1709, Prediger und Schriftsteller. Besuchte in Ingolstadt und Salzburg das Gymnasium, trat 1662 in den Orden der Augustiner-Barfüßer in Mariabrunn (heute zu Wien) ein; 1668 wurde er zum Priester geweiht, wirkte in Taxa in Bayern und in Wien als Prediger; 1677 Hofprediger und Kanzelredner, später Prior des Konvents und, nach einigen Jahren in Graz, Ordensprovinzial. A. a S. C. war der volkstümlichste und sprachgewaltigste christl. Prediger dt. Sprache im 17. Jh. Aus seinen derben, anklagenden Worten sprachen nicht nur Gottvertrauen und Entschlossenheit, sondern auch Beobachtungsgabe und Wissen. Seine Wirkung ist auf die umfassende Thematik und seine volkstüml. Ausdrucksweise zurückzuführen. Die anschaul. Beschreibung des Wiener Lebens, die satir. Sittenschilderung seiner Zeit machen seine Predigten zu kulturhistor. Denkmälern von barocker Farbigkeit. Die Bußpredigten „Merks Wien" (1680), „Auf, auf ihr Christen" (1683) sind unter dem Erlebnis der Pest und der Türkengefahr verfaßt. Auch sein satir. Hauptwerk, „Judas der Erzschelm" (1686–95), ist eine Sammlung predigtartiger Abhandlungen.

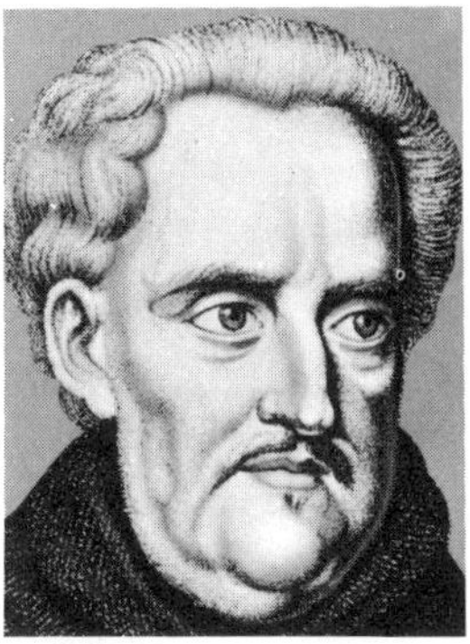

Abraham a San[c]ta Clara

Ein Teil seiner Schriften, so die lat. Mysterienspiele, ist verlorengegangen.
Ausgaben: A. a Sancta C. Werke. Aus dem handschriftl. Nachlaß hg. v. der Akademie der Wiss. in Wien. Bearb. von K. Bertsche. *Bd. 1–2. Wien 1943–44 [m.n.e.]. – A. a St. C. Sämmtl. Werke. Passau u. Lindau 1835–47. 21 Bde.*
Literatur: Maurer, F.: *A. a S. C.s „Huy! und Pfuy! der Welt". Eine Studie zur Gesch. des moralpädagog. Bilderbuches im Barock. Hdbg. 1969.* – Heidegger, M.: *Über A. a Sancta C. Meßkirch 1964.* – Bertsche, K.: *Die Werke A.s a Sancta C. in ihren Frühdrucken. Hg. v.* M. O. Krieg. *Wien u.a. ²1961.* – Bertsche, K.: *A. a Sancta C. Mönchengladbach ²1922.* – Karajan, Th. G. v.: *A. a Sancta C. Wien 1867.*

Abrahams, Peter [engl. 'ɛɪbrəhæmz], * Vrededorp (Johannesburg) 19. März 1919, südafrikan. Schriftsteller.
Bantu; verließ 20jährig Afrika und ging nach England, lebt heute in Jamaika; A. schreibt in engl. Sprache; Hg. des „West Indian Economist"; in seinen Romanen schildert er die Verhältnisse der verschiedenen Rassen in Südafrika untereinander.
Hauptwerke: Schwarzer Mann im weißen Dschungel (R., 1946; dt. 1961), Reiter der Nacht (R., 1948; dt. 1957), Wilder Weg (R., dt. 1952), ... dort wo die weißen Schatten fallen (Autobiogr., dt. 1956), A wreath for Udomo (R., 1956).

Abramowitsch, Schalom Jakob † Mendele Moicher Sforim.

Ábrányi, Emil [ungar. 'a:bra:nji], * Pest (heute zu Budapest) 1. Jan. 1851, † Szentendre 20. Mai 1920, ungar. Dichter.
Mitglied der Petőfi-Gesellschaft, Landtagsabgeordneter; war Journalist, Theaterkritiker und Lyriker und lieferte meisterhafte ungar. Übersetzungen (Byron, Rostand u.a.).

Abrogans, ältestes bekanntes, auf Veranlassung des Bischofs Arbeo in Freising etwa 765–770 entstandenes Literaturdenkmal in dt. Sprache, das als Bearbeitung einer lat. Synonymensammlung nach dem ersten Stichwort benannt ist.
Literatur: Baesecke, G.: *Der dt. A. u. die Herkunft des dt. Schrifttums. Halle 1930. Nachdr. Hildesheim 1967.*

Abschatz, Hans Aßmann Freiherr von, * Breslau 4. Febr. 1646, † Liegnitz 22. April 1699, dt. Dichter.
Früh Waise, Rechtsstudium in Straßburg, Reisen in Frankreich und Italien; Liegnitzischer Landesbestallter; Barocklyriker, schlicht und unmanieriert; übersetzte Guarinis „Pastor fido" (u. d. T. „Der treue Schäfer") und italien. Lyrik.
Hauptwerk: Poet. Übersetzungen und Gedichte (1704).

Abu Al Ala Al Maarri; tl.: Abū Al-'Alā' Al-Ma'arrī ['abu al'a'la: alma'ari], * Maarrat An Numan bei Aleppo (Syrien) 973, † ebd. 1057, arab. Dichter.
Im Kindesalter erblindet, erwarb er sich trotzdem eine umfassende Bildung; zeitweilig in Aleppo und Bagdad; hielt Vorlesungen über arab. Poetik in seiner Heimatstadt; begann als Bewunderer Al Mutanabbis (in seinen herkömml. Jugendgedichten „Sakt As Sand" [= Feuersteinfunken]) und wandte sich in späteren Gedichten, bekannt unter dem Namen „Lusumijjat", in tiefem Pessimismus gegen den Offenbarungsglauben des Islams. Er schrieb ferner in Reimprosa ein iron. „Sendschreiben" und ein von manchen als Parodie auf den Koran aufgefaßtes polem. Werk.

Abu Al Atahija; tl.: Abū Al-'Atāhiya^h ['abu al'a'ta:hija], * Al Kufa 748, † Bagdad um 826, arab. Dichter.
In Al Kufa erzogen; Günstling der Kalifen Al Mahdi und Harun Ar Raschid; schrieb Gasele und Lobgedichte; unerwiderte Liebe soll ihn zu seiner schlichten asket.-religiösen Lyrik inspiriert haben, deren Gegenstand vorwiegend der Tod und die Vergänglichkeit des Daseins sind und die ihm eine Anklage wegen Freidenkertums einbrachte; sein Diwan erschien 1887 in Beirut (dt. 1928).

Abu Al Faradsch Al Isfahani; tl.: Abū Al-Farağ Al-Iṣfahānī ['abu al'faratʃ], * Isfahan 897, † Bagdad 20. Nov. 967, arab. Schriftsteller und Geschichtsschreiber.
Studierte in Bagdad arab. Altertumswissenschaft; zeitweilig am Hof Saif Ad Daulas in Aleppo; sammelte in seinem „Kitab Al Aghani" (= Buch der Lieder) 100 zeitgenöss. arab. Gesänge, denen er genaue biograph. Angaben über Dichter und

Musiker beifügte und die heute eine der wichtigsten Quellen für das arab. und frühislam. Leben, seine Sitten und Gebräuche sowie für die altarab. Literaturgeschichte sind.

Abu Firas Al Hamdani; tl.: Abū Firās Al-Ḥamdānī ['abu fi'ra:s], * in Mesopotamien 932, † 968, arab. Dichter.
Vetter des in Aleppo regierenden Emirs Saif Ad Daula, aus hamdanid. Geschlecht; Statthalter; geriet im Kampf gegen Byzanz in Gefangenschaft; A. F.' Werke sind ein Spiegel seiner Zeit; Bedeutung erlangten v.a. seine persönl. empfundenen, während der Gefangenschaft in Konstantinopel entstandenen Elegien. Sein Diwan wurde 1959/60 teilweise ins Dt. übersetzt.
Literatur: Dvořák, R.: *Abû Tirâs, ein arab. Dichter u. Held. Mit Taâlibī's Ausw. aus seiner Poesie, in Text u. Übers. mitgeteilt. Leiden 1895.*

Abul Hasan † Juda Halevi.

Abu Mihdschan; tl.: Abū Miḥğan ['abu 'mɪçdʒan], † Massaua (Abessinien) nach 637, arab. Dichter.
Ursprüngl. Heide, zum Islam bekehrt; wegen seiner Vorliebe für den Wein, den er in seinen Dichtungen besingt, an die abessin. Küste verbannt. Sein Diwan erschien 1887 mit lat. Übersetzung.

Abu Nuwas; tl.: Abū Nuwās ['abu nu'va:s], * Ahwas (Iran) um 756, † Bagdad 814 (?), arab. Dichter.
Sohn eines Arabers und einer Perserin; studierte in Basra und Al Kufa Poetik und Philologie, Wanderjahr bei Beduinen, deren Sprachen er studiert haben soll; Günstling Harun Ar Raschids; wegen seines Lebenswandels zeitweise gefangengesetzt; vielseitiger Dichter, Meister eines brillanten Stils; schrieb Lieder zum Preis des Weins, der Jagd, der Knabenliebe, ferner panegyr. und religiösen Inhalts; sein Diwan erschien dt. 1855.
Literatur: Wagner, Ewald: *Abū Nuwās. Eine Studie zur arab. Lit. der frühen 'Abbāsidenzeit. Wiesb. 1965.*

Abu Tammam; tl.: Abū Tammām ['abu ta'ma:m], * Dschasim (Syrien) um 805, † Mosul (Irak) 845 oder 846, arab. Dichter.
Sohn eines christl. Syrers; Wanderjahre in Ägypten und Mesopotamien; Günstling verschiedener Kalifen; verdankt seinen Ruhm weniger seinen eigenen Dichtungen (panegyr. und Liebesgedichte u.a.) als seinen umfangreichen Anthologien arab. Poesie, von denen die „Hamasa" (dt. von Rückert 1846) die berühmteste ist und zu einem der wichtigsten Quellenwerke für die frühararab. Literaturgeschichte wurde.

Accius, Lucius, * Pisaurum (Umbrien) um 170, † nicht vor 86, röm. Dichter.
Sohn eines Freigelassenen, ließ sich in Rom nieder, wo er bald als Dramatiker allgemein bekannt wurde; von seinen zahlreichen Tragödien nach griech. Vorbildern sind von 35 Stücken nur die Titel und etwa 700 Verse erhalten. A. behandelte auch literar. und gelehrte Fragen in metr. Form und in Prosa: seine „Didascalia" enthalten einen Abriß der gesamten Geschichte der Literatur des Altertums seit Homer.

Acernus † Klonowicz, Sebastian Fabian.

Acevedo Díaz, Eduardo [span. ase'βeðo 'ðias], * Montevideo 20. April 1851, † Buenos Aires 18. Juni 1921, uruguay. Schriftsteller.
Behandelte in seinen Romanen hpts. Themen aus der Geschichte (Unabhängigkeitskriege) und der Gegenwart seines Landes (Leben der Gauchos).
Hauptwerke: Brenda (R., 1875), Ismael (E., 1888), Himno de sangre (R.-Trilogie, 1888).

Acevedo Díaz, Eduardo [span. ase'βeðo 'ðias], * Dolores 21. April 1878 (?), † Buenos Aires 1. Sept. 1959, argentin. Schriftsteller.
Sohn des uruguay. Schriftstellers gleichen Namens; Professor für Geographie; erhielt für seine realist. Romane „Ramón Hazaña" (1932) und „Cancha larga" (1939) zweimal den argentin. Staatspreis für Literatur; bemerkenswert die unromant. Sicht des Gauchos.
Weiteres Werk: Argentina te llamas (R., 1934).

Achàd Ha'am, eigtl. Ascher Ginzberg, * Skwira (Ukraine) 5. Aug. 1856, † Tel Aviv-Jaffa 2. Jan. 1927, jüd. Schriftsteller.
Studierte Philosophie in Odessa, Berlin, Wien, Brüssel und war Redakteur und Hg. in Odessa, seit 1907 in London, danach in Tel Aviv; vertrat in seinen zahlreichen, als vorbildl. angesehenen Essays („Am Scheidewege", 1895; dt. 1923) einen auf das gemeinsame jüd. Kulturerbe gegr. Zionismus (im Ggs. zu Herzls polit. ausgerichtetem Zionismus).

Achard, Marcel [frz. a'ʃa:r], * Sainte-Foy-lès-Lyon 5. Juli 1899, frz. Dramatiker.
Aus bäuerl. Verhältnissen; studierte in Lyon und ging nach Paris, wo er 1924 mit „Voulez-vous jouer avec moâ?" ersten Theatererfolg hatte; 1959 Mitglied der Académie française; einer der erfolgreichsten Autoren des modernen frz. Theaters, bes. des Boulevardtheaters; von seinen über 30 witz-, humor-, poesie- und phantasieerfüllten Komödien wurde am bekanntesten „Jean de la lune" (1929); A. schrieb auch zahlreiche Drehbücher, u.a. zu den Filmen „Mam'zelle Nitouche" und „Madame de...".
Weitere Werke: Le corsaire (Kom., 1938), Die aufrichtige Lügnerin (Kom., dt. 1962).

Achebe, Chinua [engl. ɑ:'tʃɛɪbɛɪ], * Ogidi (O-Nigeria) 15. Nov. 1930, westafrikan. Schriftsteller.
Studierte Anglistik, Geschichte und Theologie in Ibadan; Mitarbeiter der BBC und verschiedener Zeitschriften; seit 1961 Direktor des External Broadcasting; er erhielt für seine Romane, in denen er die beim Aufeinanderstoßen von afrikan. und europ. Lebensweise entstehenden Probleme aufzeigt, mehrere Literaturpreise; A. vermeidet jede Wertung oder Erklärung.
Hauptwerke: Okonkwo oder Das Alte stürzt (R., dt. 1959), Obi (R., dt. 1963), Der Pfeil Gottes (R., dt. 1965), A man of the people (R., 1966).

Achilleus Tatios, griech. Schriftsteller des 3. (4.?) Jh.s in Alexandria.
Verfasser des umfangreichen spätantiken Liebesromans „Leukippe und Kleitophon", der sich in Byzanz lange Zeit außerordentl. Beliebtheit erfreute.

Achillini, Claudio [italien. akil'li:ni], * Bologna 18. Sept. 1574, † ebd. 1640, italien. Jurist und Dichter.
Professor der Rechte; lebte in Bologna, Ferrara, Parma und lange in Paris; war als Dichter der bekannteste Nachahmer Marinos.
Hauptwerke: Poesie (1632), Rime e prose (1650).

Achleitner, Arthur, * Straubing 16. Aug. 1858, † München 29. Sept. 1927, dt. Schriftsteller.

Zeitungsredakteur, dann freier Schriftsteller; veröffentlichte außerordentl. zahlreiche Heimatromane und -erzählungen aus dem bayr. Volks- und Jägerleben, u.a. „Aus dem Hochland" (1892), „Der Forstmessias" (1897), „Im Gebiet des Großglockners" (1900), „Stöffele" (1918), „Büchsenspanner" (1922), ferner Gesellschaftsromane, u.a. „Exzellenz Pokrok" (1905).

Achmadulina, Bella; tl.: Ahmadulina, Bella [russ. axma'dulinɐ], * Moskau 10. April 1937, russ.-sowjet. Lyrikerin.

Zunächst Betriebsjournalistin, Absolventin des Gorki-Literaturinstituts; schreibt schwermütige Verse, die z.T. auch ins Dt. übersetzt wurden und in Anthologien erschienen sind.

Achmatowa, Anna Andrejewna; tl.: Ahmatova, Anna Andreevna [russ. ax'matɐvɐ], eigtl. A. A. Gorenko, * Odessa 23. Juni 1889, † Moskau 5. März 1966, russ.-sowjet. Dichterin.

Studierte Jura, 1910–1918 ⚭ mit dem Dichter Gumiljow. Ihr literar. Vorbild war Puschkin. Ihre ersten Gedichtbände „Wetscher" (= Abend, 1912) und „Tschjotki" (= Rosenkranz, 1914) gewannen ihr einen großen Leserkreis. Es folgten „Belaja staja" (= Der weiße Schwarm, 1917), „Anno Domini" (1922). A. begann mit leidenschaftl., schlichten, aber formvollendeten Schilderungen der Liebe, empfunden als Frau. Später kam sie auch zu anderen Themen: Krieg, Revolution u.a. polit. Geschehnisse brachten trag. Töne in ihre Dichtung; A. schrieb auch religiösprophet. Verse. Bed. Vertreterin des Akmeismus. Nach 20jährigem Schweigen erschienen „Is schesti knig" (= Aus sechs Büchern, 1940) und „Schwur" (1941, dt. 1967). 1946–50 hatte sie Druckverbot. 1965 umfassende Edition ihrer Dichtungen.

Weitere Werke: Das Echo tönt (Ged., dt. 1964), Requiem (Ged., dt. 1964), Ein nie dagewesener Herbst (Ged., dt. 1967), Gedichte (dt. Ausw. 1968).

Literatur: Chalsma, H. W.: *A. A. Gewissen u. Werktreue der Poesie. In: Osteuropa 18 (1968), 1.* – Maurina, Z.: *A. A. In:* Maurina: *Porträts russ. Schriftsteller. Memmingen 1968.* – ↑ auch Gumiljow, Nikolai Stepanowitsch.

Achtal, Al; tl.: Al-Ahtal [al'ʼaxtal], * um 640, † um 710, arab. Dichter.

Angehöriger des christl. Stammes der Taghlib im nördl. Mesopotamien; als Dichter traditioneller Lob- und Schmähgedichte Vertreter des Geistes der vorislam. Dichter in der Omaijadenzeit; sein Diwan erschien 1891.

Achterberg, Gerrit [niederl. 'ɑxtərbɛrx], * Langbroek 20. Mai 1905, † Oudleusden 17. Jan. 1962, niederl. Lyriker.

Bäuerl. Herkunft, höhere Schulbildung; Reisen in Europa; einflußreicher Lyriker, hervorgegangen aus einer Gruppe prot. Dichter; Anklänge an den Surrealismus. A. suchte in seinen Gedichten voll eigenwilliger Bilder durch die Magie des Wortes eine Verbindung zu seiner toten Geliebten herzustellen.

Hauptwerke: Cryptogamen (Ged., 1946ff.), Hoonte (Ged., 1949).

Achundow, Mirsa Fatali; tl.: Ahundov, Mirza Fatali [russ. a'xundɐf], * Nucha 12. Juli 1812, † Tiflis (heute Tbilissi) 10. März 1878, aserbaidschan. Schriftsteller.

Studium der russ. Sprache und Literatur, gilt als Begründer der neueren aserbaidschan. Literatur; aufklärer. Materialist; schrieb sozialkrit. Komödien, satir. Erzählungen und einen philosoph. Traktat.

Ackermann, Louise Victorine [frz. akɛr'man], geb. Choquet, * Paris 30. Nov. 1813, † Nizza 2. Aug. 1890, frz. Lyrikerin.

Vater Voltairianer; zu Studien in Berlin, wo sie den prot. Theologen und Prinzenerzieher Paul A. heiratete. Nach dessen Tod (1846) siedelte sie in die Nähe von Nizza über und führte ein zurückgezogenes Leben. Beeinflußt u.a. von Schopenhauer, schrieb sie bes. philosoph. Dichtungen stoischen, pessimist. und glaubensfeindl. Charakters: „Poésies philosophiques" (Ged., 1874), „Pensées d'une solitaire" (mit Autobiogr., 1882); auch Erzählungen.

Actius Sincerus ↑ Sannazaro, Iacopo.

Adam de la Hal[l]e [frz. adãdla'al], genannt „le bossu d'Arras" (= der Bucklige von Arras), * Arras um 1238, † Neapel um 1287, altfrz. Dichter.

Zog zum Studium nach Paris und begleitete Robert II. von Artois nach S-Italien. Er verfaßte und komponierte Chansons, Rondeaus, Motetten, Streitgedichte, Balladen und lyr.-weltl. Spiele. In dem satir., märchenhaften „Jeu de la feuillée" (1262) beschreibt er seinen Abschied von Familie und Freunden vor dem Aufbruch nach Paris. Die dramatisierte Pastorelle „Robin et Marion" (1283) erzählt von dem Liebespaar, das durch das Auftreten eines werbenden Ritters gestört wird; das bäuerl. Mädchen erhört ihn nicht; die Liebe des einfachen Mannes siegt.

Literatur: Dufournet, J.: *A. et le „Jeu de la feuillée". In: Romania 86 (1965), 199.* – Guy, H.: *Essai sur la vie et les œuvres littéraires du trouvère Adan de la Hale. Paris 1898.* – Rambeau, A.: *Die dem Trouvere A. de la Hale zugeschriebenen Dramen. Marburg 1886.*

Adam, Juliette [frz. a'dã], geb. Lamber, * Verberie (Oise) 4. Okt. 1836, † Callian (Var) 24. Aug. 1936, frz. Schriftstellerin.

Von Jugend an glühende Republikanerin; in 2. Ehe ⚭ mit dem Senator Edmond A. († 1877); gründete 1879 die Zeitschrift „La Nouvelle Revue", die den Revanchegedanken pflegte; ihr Salon war Treffpunkt vieler Literaten, Politiker der 3. Republik und Revanchisten. Sie veröffentlichte zahlreiche Erzählungen, Romane, Gesellschaftsschilderungen und Erinnerungen aus der Zeit der Belagerung von Paris und aus dem polit. Leben.

Hauptwerk: Païenne (R., 1883).

Adam, Paul [frz. a'dã], * Paris 7. Dez. 1862, † ebd. 1. Jan. 1920, frz. Schriftsteller.

Aus Offiziersfamilie; begann als Naturalist mit dem Roman „Chair molle" (1885), wandte sich dem Symbolismus zu („Soi", R., 1886; „Être", R., 1888); pflegte v.a. den zeitgeschichtl. Roman (Hauptwerk ist die Familiengeschichte „Le temps et la vie": „La force", 1899, „L'enfant d'Austerlitz", 1902, „La ruse" und „Au soleil de juillet", 1903), schrieb aber auch histor. und soziale Romane („Le trust", 1910; gegen das Kapital). A.s außerordentl. vielseitiges Werk ist heute weitgehend vergessen.

Adama van Scheltema, Carel Steven [niederl. 'a:dəma: vɑn 'sxɛltəma:], * Amsterdam 26. Febr.

1877, † Bergen (N-Holland) 6. Mai 1924, niederl. Schriftsteller.
War zunächst Medizinstudent und Schauspieler, dann bei einem Kunsthändler; v.a. Lyriker, trat zuerst mit Sonetten hervor: „Een weg van verzen" (1900); wandte sich dem Sozialismus zu und forderte eine neue volkstüml. Gemeinschaftskunst; seine antinaturalist. Theorie legte er in der Schrift „De grondslagen eener nieuwe poëzie" (1907) nieder.

Adamov, Arthur [frz. ada'mɔf], * Kislowodsk (Kaukasus) 23. Aug. 1908, frz. Dramatiker russ. Herkunft.

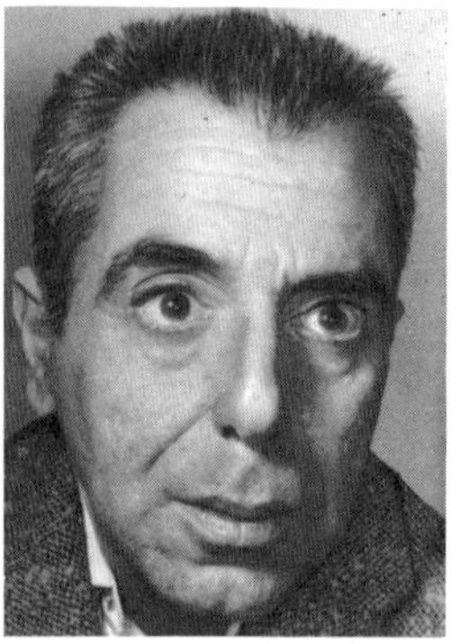
Arthur Adamov

Wurde im Schwarzwald vom 1. Weltkrieg überrascht; kam in die Schweiz, besuchte dort und später in Mainz die frz. Schule. Seither lebte er hpts. in Frankreich. Erst später begann er zu schreiben, wurde schon bald zum experimentierfreudigsten, avantgardist. Dramatiker. Schon sein erstes Werk, „L'aveu" (R., 1946) über das Thema sexueller Verirrung, läßt sein Konzept ahnen. In seinen Dramen versucht A. abstrakte „lebensphilosoph. Sinnbilder" der modernen Existenz und innere Vorgänge opt. sinnfällig zu gestalten. Die Handlung dient ihm dabei nur zur Demonstration, und die Personen sind Puppen. Konsequent durchgeführt hat er sein Vorhaben bereits in dem Stück „Die Invasion" (dt. 1952), in dem nicht nur die Handlung, sondern auch die Dekoration zunehmend demonstriert, wie der Mensch von seiner eigenen Arbeit, durch den Alltag und durch seine Umwelt belastet und allmähl. erdrückt wird. Im Drama „Der Appell" (dt. 1951) ist die innere Verstümmelung des Menschen durch den polit. Terror phys. sichtbar gemacht. Ähnl. verfährt er in der meisterhaften komödiant. Allegorie „Ping-Pong" (dt. 1957).
Weitere Werke: Das Rendezvous (Dr., dt. 1958), Alle gegen alle (Dr., dt. 1953), Paolo Paoli (Dr., dt. 1959), Printemps 71 (Dr., 1962), Off limits (Dr., UA 1969).
Ausgaben: A. A. Theaterstücke. Dt. Übers. Neuwied 1959. – A. A. Théâtre. Paris 1953–66. 3 Bde.
Literatur: Serreau, G.: *A. In:* Serreau: *Histoire du „nouveau théâtre". Paris 1966.* – Girnus, W.: *Gespräch mit A. A. In: Sinn u. Form 17 (1965), 98.*

Adamowitsch, Georgi Wiktorowitsch; tl.: Adamovič, Georgij Viktorovič [russ. ada'mɔvitʃ], * Moskau 7. April 1894, russ.-sowjet. Lyriker. Seit den 20er Jahren maßgebender Vertreter der russ. Emigrantenliteratur im Pariser Exil; war in Rußland Mitglied der akmeist. „Dichtergilde" Gumiljows und stand als Lyriker bes. A. Blok nahe; bed. auch als Essayist und Literaturkritiker.

Adams, Léonie [engl. 'ædəmz], verh. Troy, * New York 9. Dez. 1899, amerikan. Lyrikerin.
Aufgewachsen in Brooklyn; Reisen, u.a. nach Europa; Dozentin für Englisch an der Columbia University; veröffentlichte mehrere Bände Lyrik, die bisweilen an die Dichtung der engl. „metaphysical poets" und der Elisabethaner erinnert.
Hauptwerke: High falcon (Ged., 1929), This measure (Ged., 1933).
Ausgabe: L. A. Poems: A selection. New York 1954.

Adamsspiel (frz. Jeu d'Adam), das älteste erhaltene geistl. Drama in frz. Sprache, Mitte des 12. Jh.s oder etwas später; besteht aus drei Teilen, dem Sündenfall, Kains Brudermord und einem [nicht vollständig überlieferten] Prophetenspiel.

Addison, Joseph [engl. 'ædɪsn], * Wilston bei Amesbury 1. Mai 1672, † London 17. Juni 1719, engl. Schriftsteller.
Studierte Theologie und Altphilologie in Oxford, wo er später als Dozent wirkte. Er war Kenner der antiken Literatur, mit bed. Dichtern seiner Zeit befreundet und verkehrte in einflußreichen Parteikreisen. A. schrieb für die berühmten moral. Wochenschriften „The Tatler" und „The Spectator", dessen Mithg. er war, und „The Guardian". 1706 wurde er Unterstaatssekretär, 1717 Staatssekretär. Wurde als Verfasser des in alle Weltsprachen übersetzten heroischen Trauerspiels „Cato" (1713) bekannt, eines polit. Tendenzstückes, das mit einer romant. Liebesgeschichte verquickt ist, ein Musterdrama in streng frz.-klassizist. Manier; lange Dialoge, wenig Handlung und Gehalt, abstrakte Charaktere. Gottsched hat es für die dt. Bühne u. d. T. „Der sterbende Cato" bearbeitet. Interessant sind seine kultivierten und toleranten Aufsätze, die von mildem Spott und liebenswürdigem Humor erfüllt sind. Sie bedeuteten den Beginn der journalist. Literatur und wirken bis heute auf den engl. Essay nach.
Weitere Werke: Rosamund (Oper, 1707), The drummer (Kom., 1716).
Literatur: Possin, H.-J.: *Natur u. Landschaft bei A. Tüb. 1965.* – Smithers, P.: *Life of J. A. New York 1954.*

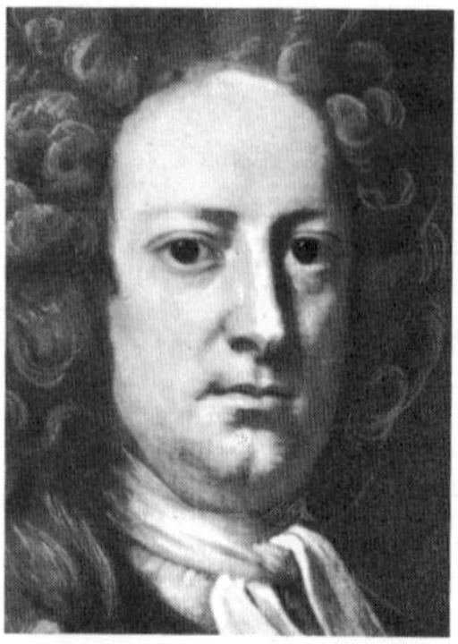
Joseph Addison (Gemälde von M. Dahl)

Adenet le Roi [frz. adnɛlə'rwa], * in Brabant um 1240, † um 1300, altfrz. Dichter.
Lebte teils am brabant. Hof, teils am Königshof in Paris; Günstling Herzog Heinrichs III., mit dem er am letzten Kreuzzug (1270) teilnahm; galt als „König" (roi) der Spielleute; erneuerte drei ältere Chansons de geste im Stil der spähöf. Zeit: „Enfances Ogier", „Berte aus grans piés", „Bueve de Commarchis", und schrieb um 1275 den etwa 18000 Achtsilber umfassenden Abenteuerroman „Cléomadès" (dt. 1923, in: „Frz. Volksmärchen").
Adıvar † Halide Edip Adıvar.
Adler, Friedrich, * Amschelberg (Böhmen) 13. Febr. 1857, † Prag 2. Febr. 1938, dt.-böhm. Schriftsteller.
Sohn eines Gastwirts, früh Waise, Jurastudium, Rechtsanwalt in Prag, freier Schriftsteller; vorwiegend Lyriker und Dramatiker, auch Übersetzer tschech. (u.a. Vrchlický, dessen Freund er war) und Bearbeiter span. Autoren (Tirso de Molina, Calderón).
Hauptwerke: Gedichte (1893), Neue Gedichte (1899), Freiheit (3 Einakter, 1904), Der gläserne Magister (Schsp., 1910).
Adlersfeld, Euphemia von, geb. Gräfin Ballestrem, * Ratibor 18. Aug. 1854, † München 21. April 1941, dt. Schriftstellerin.
Lebte u.a. in der Schweiz und in Italien, zuletzt in München; seit 1884 ⚭ mit dem Rittmeister Joseph von A.; schrieb zahlreiche Unterhaltungsromane und Erzählungen v.a. aus Offiziers- und Adelswelt, die z.T. hohe Auflagen erreichten: „Heideröslein" (1880), „Komtesse Käthe" (1894).
Adolph, Karl ['a:dɔlf], * Wien 19. Mai 1869, † ebd. 22. Nov. 1931, östr. Schriftsteller.
Sohn eines Handwerkers (Maler) und zunächst selbst Malergehilfe, dann Verwaltungsbeamter in Wien; Mitarbeiter der „Arbeiterzeitung"; schilderte in seinen naturalist. Romanen („Haus Nr. 37", 1908; „Schackerl", 1912; „Töchter", 1914) das Wienertum, bes. die bedrückenden Verhältnisse der arbeitenden Schichten in den Wiener Vorstädten.
Ady, Endre [ungar. 'ɔdi], * Érmindszent 22. Nov. 1877, † Budapest 27. Jan. 1919, ungar. Lyriker.
Aus kalvinist. Kleinadelsfamilie; studierte Rechtswissenschaft in Debreczin; 1899 Redakteur in Großwardein. Die zyn. Gedichte dieser Zeit sind unbed.; 1903–12 währte seine stürm. Liebe zu einer verheirateten Frau, die er als Leda besang; er huldigte ihr mit den schönsten Versen ungar. Liebesdichtung. Er machte 3 Reisen nach Paris, von denen er menschl., polit. und künstler. gereift zurückkehrte. Bald danach erschienen neben Novellen seine wichtigsten Gedichtsammlungen. Seine neuartige Lyrik ist die Synthese moderner westeurop. Strömungen und ungar. Tradition, leidenschaftl., sehr persönl. und national. Die Symbolwelt entstammt der ungar. Wirklichkeit, neu ist die an Metaphern reiche, mitreißende Sprache. A.s Themen sind Gott, Liebe, Tod, Angst, seine nationale Sendung und immer wieder die Forderung der Revolution. Aus seinen späten Dichtungen klingt Resignation. 1914 protestierte er gegen den Krieg. Seiner Frau, die er 1915 geheiratet hat, widmete er die „Csinszka"-Verse. Todkrank erlebte er die bürgerl. Revolution. Einige seiner Werke liegen dt. vor: „Auf neuen Gewässern" (1921), „Von der Ér zum Ozean" (1925), „Auf dem Flammenwagen der Lieder" (1926), „Zu Gottes linker Hand" (1941).

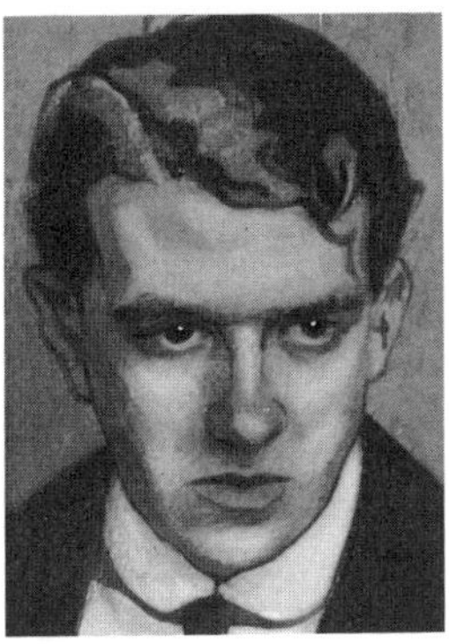
Endre Ady (Gemälde von László)

Ælfric [engl. 'ælfrɪk], genannt Grammaticus, * um 955, † um 1022, ags. Mönch, Prosaist und Übersetzer.
Abt von Eynsham; A. ist der Verfasser einer Grammatik, die im Vokabular das erste lat.-engl. Wörterbuch bringt. Seine Schriften „Homilies" (990–94), Bibelparaphrasen, „Lives of the Saints" (993–96), „Colloquy" u.a. geben Kunde vom religiösen Leben des 10. Jh.s; sprachl. bedeutet Æ. die Vollendung des Altenglischen, hat er sich doch sowohl in seinen eigenen Schriften als auch in seinen Übersetzungen (Beda, Alkuin) stets um eine Sprache bemüht, die Klarheit mit Harmonie verbindet.
Aelianus, Claudius [ɛ...], * Praeneste (heute Palestrina) bei Rom um 170, † um 235, röm. Schriftsteller.
Schrieb in griech. Sprache; nur im Auszug erhalten sind seine „Vermischten Geschichten" über Natur und Mensch; sein Werk „Über die Natur der Tiere" (17 Bücher) ist v.a. wegen der benutzten Quellen wertvoll.
Aerts, José [niederl. a:rts] † Westerlinck, Albert.
Aesopus [ɛ...] † Aisopos.
Afanasjew, Alexandr Nikolajewitsch; tl.: Afanas'ev, Aleksandr Nikolaevič [russ. afa'nasjɪf], * Bogutschar (Gouv. Woronesch) 11. Juli 1826, † Moskau 23. Okt. 1871, russ. Folklorist und Ethnograph.
Bekannt v.a. als Hg. russ. Märchen; seine wissenschaftl. Ausgabe ist auch heute noch die Grundlage der Märchenforschung. In dt. Übersetzung liegen vor: „Russ. Volksmärchen" (dt. 1906), „Der Feuervogel. Märchen aus dem alten Rußland" (dt. 1960).
Afinogenow, Alexandr Nikolajewitsch; tl.: Afinogenov, Aleksandr Nikolaevič [russ. afina'gjɛnɐf], * Skopin (Gouv. Rjasan) 4. April 1904, † Moskau 29. Okt. 1941, russ.-sowjet. Schriftsteller.
Studierte in Moskau Journalistik und war Mitglied des literar. Zirkels „Proletkult"; starb bei einem Luftangriff; erfolgreicher Bühnenschriftsteller, der Themen aus der sowjet. Gegenwart realist. behandelte.
Hauptwerke: Strach (= Angst, Dr., 1930), Der Punkt in der Welt (Dr., 1935; dt. 1946), Großvater und Enkelin (Dr., 1940; dt. 1946).

Afranius, Lucius, röm. Dramatiker der 2. Hälfte des 2. Jh.s v. Chr.
Über sein Leben ist nichts bekannt; Hauptvertreter des röm. Volksstückes („fabula togata") nach dem Vorbild des Menander und unter dem Einfluß des Terenz; außer den Titeln seiner zahlreichen Stücke sind nur unzusammenhängende Bruchstücke erhalten.

Afzelius, Arvid August [schwed. af'se:liʊs], * Fjällåkra (Västergötland) 6. Mai 1785, † Enköping 25. Sept. 1871, schwed. Folklorist und Dichter.
Studierte Theologie in Uppsala und war Pfarrer in Enköping; mit E. G. Geijer Hg. der literarhistor. bed. Sammlung altschwed. Volkslieder „Svenska folkvisor från forntiden" (1814–16, dt. Ausw. 1830 und 1857); als Dichter weniger bed.; auch Übersetzer. Ein weiteres Werk ist „Svenska folkets sagohävder" (1839–70).

Aganoor Pompili, Vittoria [italien. aga'nɔ:or pom'pi:li], * Padua 26. Mai 1855, † Rom 7. Mai 1910, italien. Lyrikerin.
Aus ursprüngl. armen. Familie; veröffentlichte 1900 ihre durch die unglückl. Liebe zu dem Dichter Gnoli inspirierte Lyriksammlung „Leggenda eterna" und 1908 „Nuove liriche", Gedichte von natürl. Einfachheit, zartem Gefühl und edler Form.

Agathias, genannt Scholastikos, * Myrina (Kleinasien) um 536, † Konstantinopel (heute Istanbul) 582, byzantin. Dichter und Geschichtsschreiber.
Studierte die Rechte in Alexandria und war Anwalt; schrieb außer Gedichten und Epigrammen die Geschichte der Regierung Justinians (in Forts. des Geschichtswerks von Prokop).

Agathon, * Athen (?) um 446, † Pella (heute Nea Pella bei Saloniki) zwischen 405 und 400, griech. Tragödiendichter.
Mit seinem ersten Stück siegte er 416 bei den Lenäen. Der mit ihm befreundete Platon verewigte die Feier dieses Triumphes im „Symposion". Seit 407 hielt sich A. am makedon. Hof des Königs Archelaos zu Pella auf, wo auch Euripides lebte. Von den Tragödien A.s sind nur Bruchstücke erhalten, die nicht nur einen präzisen Stil, sondern auch eine hochentwickelte Redekunst bezeugen. Neu ist, daß er Personen und Handlung frei erfindet und daß seine Chorlieder zu den Stücken keine Beziehung haben.
Literatur: Lévèque, P.: *A. Paris 1955.* – Machina, J.: *Le tragedie di Agathone. In: Dionisio 18 (1955), 18.*

Agatstein, Mieczysław [poln. a'gatstɛjn] ↑ Jastrun, Mieczysław.

Aggäus ↑ Bibel.

Agîrbiceanu, Ion [rumän. agɨrbi'tʃe̯anu], * Cenade (Kreis Alba) 19. Sept. 1882, † Klausenburg 28. Mai 1963, rumän. Schriftsteller.
Bäuerl. Herkunft; war griech.-kath. Priester in Siebenbürgen, Journalist und Abgeordneter; beschrieb in realist. Romanen und Novellen, mitunter mit moralisierender Tendenz, das Leben siebenbürg. Dorfbewohner.
Hauptwerk: Arhanghelii (R., 1914).

Agnon, Samuel Josef, eigtl. S. J. Czaczkes, * Butschatsch (Galizien) 17. Juli 1888, hebr. Schriftsteller.
Seit 1908 in Palästina, vorübergehend auch in Berlin; schrieb zuerst jidd.; bed. folklorist. Erzähler und Forscher, der in seinen zahlreichen Romanen, Erzählungen und Kurzgeschichten aus dem jüd. Volksleben seiner galiz. Heimat und Israels berichtet (Chronikstil); Nobelpreis 1966 (mit N. Sachs).
Hauptwerke: Agunot (E., 1907), Und das Krumme wird gerade (R., 1909; dt. 1918), Gestern, Vorgestern (R., 1936; dt. 1969), Nur wie ein Gast zur Nacht (R., 1939; dt. 1964), Im Herzen der Meere (En., dt. 1966), Eine einfache Geschichte (R., dt. 1967).
Literatur: Band, A. J.: *Nostalgia and nightmare. A study in the fiction of S. J. A. Berkeley 1967.*

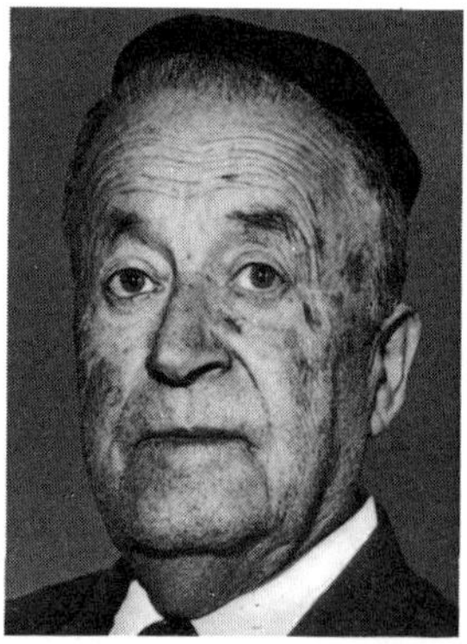
Samuel Josef Agnon

Agoult, Marie Gräfin d' [frz. a'gu], geb. de Flavigny, Pseudonym Daniel Stern, * Frankfurt am Main 31. Dez. 1805, † Paris 5. März 1876, frz. Schriftstellerin.
Tochter eines emigrierten Offiziers und einer dt. Bankierstochter, heiratete 1827, verließ ihren Mann 1835. Sie war Mittelpunkt eines schöngeistigen Salons. Ihr Liebesverhältnis mit F. Liszt, dem sie drei Kinder gebar, verewigte sie in „Nélida" (1846), einem romant. Liebesroman. Nach 1848 wandte sie sich der Politik zu: „Lettres républicaines" (1848), „Histoire de la révolution de 1848" (1851–53), wertvoll als Quelle.
Weitere Werke: Esquisses morales et politiques (1849, dt. 1862), Dante et Goethe, dialogues (1866), Memoiren (1877, dt. 1929).
Literatur: Vier, J.: *La Comtesse d'A. et son temps. Paris 1955–63. 6 Bde.*

Agrell, Alfhild Teresia [schwed. a'grɛl], geb. Martin, * Härnösand 13. Jan. 1849, † 8. Nov. 1923, schwed. Schriftstellerin.
Trat bes. mit Dramen unter dem Einfluß Ibsens hervor („Gerettet", dt. 1884), ferner mit einer Reihe humorist. Erzählungen, Reiseschilderungen u. a.

Agricola, Johannes [a'gri:kola], eigtl. J. Schnitter, * Eisleben 20. April 1494, † Berlin 22. Sept. 1566, dt. ev. Theologe und Reformator.
Schüler und Mitstreiter Luthers, stellte sich später in Ggs. zu diesem (Augsburger Interim) und Melanchthon (Antinomistenstreit); 1540 Hofprediger Joachims II. von Brandenburg, dann Generalsuperintendent in Berlin. Gab Sprichwörtersammlungen heraus, schrieb die „Tragedia Johannis Huss" (1537) und geistl. Lieder; Terenz-Übersetzer.
Literatur: Kawerau, G.: *J. A. v. Eisleben. Ein Beitrag zur Reformationsgesch. Bln. 1881.*

Aguilera, Ventura Ruiz ↑ Ruiz Aguilera, Ventura.

Aguirre, Domingo de [span. a'ɣirrɛ], * Ondárroa (Vizcaya) 1865, † Zumaya (Guipúzcoa) 14. Jan. 1920, bask. Schriftsteller.
Verfasser realist. Romane aus dem Leben seiner bask. Landsleute.
Hauptwerke: Kresala (R., 1906), Garoa (R., 1912).

Agustí, Ignacio [span. aɣus'ti], * Llisá de Vall (Barcelona) 3. Sept. 1913, span. Schriftsteller.
Jurastudium in Barcelona; Journalist; 1944–57 Leiter der Zeitschrift „Destino", seit 1962 der Zeitschrift „El Español"; schrieb anfangs Lyrik in katalan. und seit dem Bürgerkrieg Romane in span. Sprache; verfaßte eine Romanserie über das Leben in Barcelona im 19. Jh. bis zu den großen Krisen der katalan. Gesellschaft zur Zeit der Industrialisierung: „La ceniza fue árbol" (bisher erschienen: „Mariona Rebull", 1943; „El viudo Ríus", 1944; „Desiderio", 1957).

Agustini, Delmira [span. aɣus'tini], * Montevideo 24. Okt. 1886, † ebd. 6. Juli 1914, uruguay. Lyrikerin.
Aus angesehenem Elternhaus; dichtete schon als Kind; nach kurzer Ehe von ihrem Mann ermordet; verdankt ihren Ruhm in der span.-sprechenden Welt ihren meist erot. Gedichten voll eigenwilliger Symbolik: „Cantos de la mañana" (1910), „Los cálices vacíos" (1913).

Ahlgren, Ernst [schwed. ˌɑ:lgre:n] ↑ Benedictsson, Victoria.

Ahlin, Lars Gustav [schwed. a'li:n], * Sundsvall 4. April 1915, schwed. Schriftsteller.
In einem Arbeiterheim aufgewachsen, schloß sich früh der Arbeiterbewegung an, besuchte die Volkshochschule und betrieb autodidakt. Studien. A. begann seine literar. Tätigkeit als Arbeiterdichter. Seine Prosa ist v. a. von Dostojewski und Hemingway beeinflußt. Sein Erstling, der polit. Roman „Tobb mit dem Manifest" (dt. 1948) über das Arbeitslosenelend der 30er Jahre, hat einen jungen Marxisten zum Helden und übt Kritik am Kommunismus. A. schrieb experimentelle Romane von umstrittener Qualität. „Fromma mord" (R., 1952) und „Kanelbiten" (R., 1953) waren sehr erfolgreich. Daneben verfaßte er programmat. Aufsätze und Manifeste. Nicht nur seine leicht naturalist. Darstellungsweise, sein volkstüml.-grotesker Humor und die überströmende Phantasie machten ihn zu einem bekannten und bed. Vertreter der modernen schwed. Literatur, sondern auch die Menschlichkeit in seinem Werk.
Weitere Werke: Inga ögon väntar mig (Nov., 1944), Jungfrun i det gröna (R., 1947), Eld av eld (Dr., 1950), Kvinna kvinna (R., 1955), Gilla gång (R., 1958).
Literatur: Linder, E. H.: *Guds pennfäktare och andra essayer. Stockholm 1955.*

Ahlqvist, August Engelbrekt [schwed. ˌɑ:lkvist], * Kuopio 7. Aug. 1826, † Helsinki 20. Nov. 1889, finn. Sprachforscher, Literarhistoriker und Lyriker.
Professor für finn. Sprache und Begründer der Zeitschrift „Suometar". Er sammelte Sagen und Volksdichtung in Karelien und Ingermanland, erforschte die Dialekte in Weißmeer-Karelien und machte Sprachforschungsreisen nach Rußland und Sibirien. A. schrieb als einer der ersten Lyrik in finn. Sprache (unter dem Pseudonym Oksanen), „Säkenia" (Ged.-Slg.), akadem., überwiegend patriot.-romant. Gedichte. In Deutschland ist er als Dichter mit der von Sibelius vertonten Ballade „Des Fährmanns Bräute" bekannt geworden.

Ahlsen, Leopold, * München 12. Jan. 1927, dt. Dramatiker und Hörspielautor.
Im 2. Weltkrieg Soldat; studierte Germanistik, Theaterwissenschaft, Geschichte; Schauspieler und Regisseur, seit 1949 Hörspiellektor beim Bayer. Rundfunk, seit 1960 freier Schriftsteller. In seinen mit handwerkl. Sachverstand gearbeiteten Stücken gestaltet A. die Problematik des modernen Menschen in einer vielfach bedrohten Welt. Sein Drama „Philemon und Baukis" (1959) zeigt ein altes griech. Ehepaar, das während des 2. Weltkrieges griech. Partisanen und dt. Soldaten beisteht und seine Menschlichkeit mit dem Tod bezahlt. In späteren Stücken stellt A. Grenzsituationen dar wie Todesangst („Sie werden sterben, Sire", 1964) und Verlassenheit im Rückblick auf ein als gescheitert empfundenes Leben („Der arme Mann Luther", Fsp., 1965, Dr., UA 1967).
Weitere Werke: Zwischen den Ufern (Dr., UA 1952), Pflicht zur Sünde (Dr., UA 1952), Wolfszeit (Dr., UA 1954), Raskolnikoff (Dr., 1960), Alle Macht der Erde (Hsp. und Fsp., Ursendung 1962), Berliner Antigone (Fsp. nach Hochhuth, Ursendung 1968).

Ahmadulina ↑ Achmadulina.

Ahmatova ↑ Achmatowa.

Ahmedî [türk. ɑhmɛ'di] ↑ Taccedin İbrahim.

Ahmet Midhat [türk. ɑh'mɛt mit'hɑt], * Konstantinopel (heute Istanbul) 1844, † ebd. 28. Dez. 1912, türk. Schriftsteller.
Verwaltungsbeamter, Journalist, Universitätsdozent für allgemeine und Philosophiegeschichte; galt als „Lehrer" der Tanzimat-Zeit; die Beliebtheit seiner Romane und Novellen beruht auf der Verbindung von der Tradition der Geschichtenerzähler der naturalist. Darstellungsweise und dem erzieherischen Idealismus, der immer spürbar ist. Häufig bearbeitete er frz. Stoffe. A. M. schrieb auch Dramen. In dt. Sprache erschienen 1898 eine Novellenauswahl und 1913 das Drama „O weh!" (1874).

Ahmet Nedim [türk. ɑh'mɛt nɛ'dim], * Konstantinopel (heute Istanbul) 1681, † ebd. 1730, türk. Dichter.
Sohn eines Kadi; war Lehrer an einer Medrese und Bibliothekar; fand bei einem Janitscharenaufstand den Tod. Sein bed. Diwan zeigt pers. Einflüsse und erinnert an die Dichtung Bakis und Nef'is.

Aho, Juhani [finn. 'ɑho], eigtl. Johannes Brofeldt, * Lapinlahti (Kuopio) 11. Sept. 1861, † Helsinki 8. Aug. 1921, finn. Schriftsteller.
Kam aus pietist. Pfarrersfamilie, studierte in Helsinki, war Mitbegründer der jungfinn. Zeitung „Päivalehti" und führend im „Jungen Finnland". Er hielt sich in Paris auf, machte eine Reise nach Rußland. A. verfaßte Romane, Dramen, Reisebücher und Memoiren. Unter nord., russ. und frz. Einfluß schrieb er stimmungsvolle Miniaturen und Episoden aus seiner Heimat, schuf Werke von kultiviertem Stil aus dem finn. Volksleben, in denen romant. und realist. Elemente verschmelzen, und wurde damit zum Wegbereiter des modernen finn. Realismus. Das Geschehen in seinen

bekannten Romanen „Ellis Jugend" (dt. 1899) und bes. „Ellis Ehe" (dt. 1896) spielt sich v.a. im psycholog. Bereich ab. Meisterhaft malt er Stimmungen des nord. Ödlands und seel. Vorgänge, reflektiert in der Landschaft. Die Personen, die Charaktere bleiben oft blaß. Der kulturhistor. Roman „Panu" (dt. 1899) behandelt den Konflikt zwischen Christentum und Heidentum im Finnland des 16. Jh.s. A. ist auch in seiner Prosa trotz aller naturalist. Züge ein feinfühliger lyr. Dichter. Von Bedeutung sind auch seine Übersetzungsarbeiten.
Weitere Werke: Die Eisenbahn (E., 1884; dt. 1922), Einsam (R., dt. 1902), Schweres Blut (R., dt. 1920).

Ahrenberg, Jac[ob] [schwed. ˌɑːrənbærj], eigtl. Johan Jacob, * Wyborg 30. April 1847, † Helsinki 10. Okt. 1914, schwed.-sprachiger finn. Schriftsteller.
Studierte in Stockholm, war Architekt und Architekturmaler, zuletzt erster Staatsarchitekt; veröffentlichte Reiseschilderungen, Novellen, Erzählungen und Romane, u.a. „Rojalister och patrioter. En sommarsaga från 1788" (1901), „Der Stockjunker" (dt. 1895); am wertvollsten sind seine Skizzen und Schilderungen aus Karelien (u.a. „Från Karelen", 1893); auch Memoiren.

Ahtal, Al- ↑ Achtal, Al.

Ahundov ↑ Achundow.

Aicard, Jean [frz. ɛˈkaːr], * Toulon 4. Febr. 1848, † Paris 13. Mai 1921, frz. Schriftsteller.
Sohn eines Gelehrten, studierte in Paris; 1909 Mitglied der Académie française; besang als Lyriker die Landschaft der Provence und die Welt des Kindes: „Poèmes de Provence" (1874), „Das Lied vom Kinde" (1875, dt. 1888), tat sich aber auch als Dramatiker („Le père Lebonnard", 1889) und Romancier („Le roi de la Camargue", 1890) hervor; bemerkenswert sein von der Académie française preisgekröntes Gedicht „Lamartine" (1883).
Weitere Werke: Le diamant noir (R., 1895), Maurin des Maures (R., 1908).

Aichbichler, Wilhelmine ↑ Viesèr, Dolores.

Aichinger, Ilse, * Wien 1. Nov. 1921, östr. Schriftstellerin.
Studierte einige Semester Medizin, war dann Verlagslektorin; seit 1953 ⚭ mit Günter Eich; eine der bedeutendsten Repräsentantinnen der dt. Nachkriegsliteratur, gehört zur „Gruppe 47".

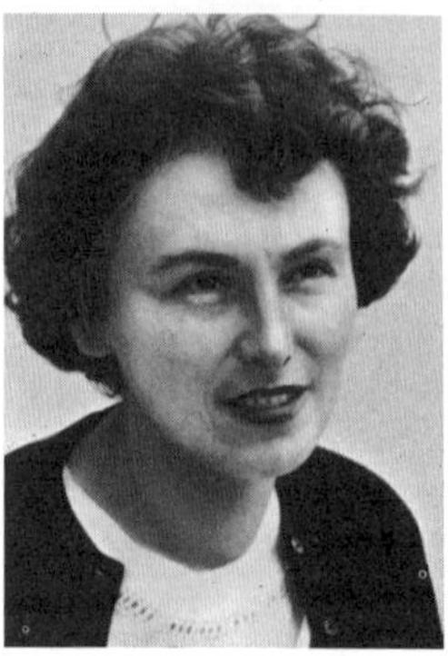
Ilse Aichinger

Ihr Roman „Die größere Hoffnung" (1948) mit erschütternden, symbolhaften Szenen aus dem Leidensweg einer Halbjüdin bewegt sich zwischen Vision und Realität. Ihre Erzählweise wechselt von übersteigertem Realismus zur Transzendenz. Themen des modernen Menschen variiert sie in ihren Erzählungen („Der Gefesselte", 1953).
Weitere Werke: Knöpfe (Hsp., 1953, Dr., 1957), Zu keiner Stunde (Dialogszenen, 1957), Besuch im Pfarrhaus (Hsp. und Dialoge, 1961), Eliza, Eliza (En., 1965).
Literatur: Pollazzi, A.: *Die Erzählungen v. I. A. Diss. Mailand 1965/66.*

Aïdé, Charles Hamilton [engl. aɪˈdɛɪ], * Paris 4. Nov. 1826, † London 13. Dez. 1906, engl. Schriftsteller.
War Musiker und Maler; veröffentlichte mehrere Bände Lyrik und Romane, in denen er ein Bild der oberen Gesellschaftsschichten des Viktorian. Zeitalters gibt.
Hauptwerke: Rita (R., 1859), The Marstons (R., 1868), Passages in the life of a lady (R., 1887).

Aiken, Conrad Potter [engl. ˈɛɪkɪn], * Savannah (Ga.) 5. Aug. 1889, amerikan. Schriftsteller.
Studierte in Harvard zusammen mit T. S. Eliot und V. W. Brooks, bereiste Frankreich, Italien und England, wo er immer wieder weilte. Seit 1917 war er Hauptmitarbeiter der Zeitschrift „The Dial". 1929 bekam er für „Selected poems" (1929) den Pulitzerpreis. Die Auswahl zeigt die verschiedenen Perioden seines lyr. Schaffens, am Anfang den Einfluß Poes, Keats' und Brownings, die Wirkung der Imagisten und T. S. Eliots. Weitere Werke verraten seine Neigung zur Musik und Psychoanalyse, wie die erzählenden Gedichte „Punch: The immortal liar" (1921), „Priapus and the pool" (1922), „The pilgrimage of Festus" (1923) u.a. Für die „Collected poems" (1953) wurde er als „Künder der beiden großen Themen Liebe und Tod" ausgezeichnet. A. ist bestrebt, das Bewußtsein des modernen Menschen zu verdeutlichen, unbewußte Vorgänge einzufangen. Sowohl thematisch – durch psycholog., erot. und patholog. Probleme – als auch formal – durch die schwierige Schreibweise – kompliziert, und daher nur wenigen zugängl., sind seine Kurzgeschichten und Romane: „Costumes by Eros" (Kurzgeschichten, 1928), „Blue voyage" (R., 1927), „Great circle" (R., 1933) und „King Coffin" (R., 1935).
Weitere Werke: Time in the rock (Ged., 1936), Brownstone eclogues (Ged., 1942), Ushant (Autobiogr., 1952), A reviewer's ABC (Essays, 1958).
Literatur: Martin, J.: *C. A. A life of his art. Princeton (N. J.) 1962.*

Aimard, Gustave [frz. ɛˈmaːr], eigtl. Olivier Gloux, * Paris 13. Sept. 1818, † ebd. 20. Juni 1883, frz. Schriftsteller.
Lernte als Schiffsjunge die Welt kennen, lebte lange unter den Indianern Nordamerikas, durchwanderte Spanien, die Türkei und den Kaukasus und veröffentlichte zahlreiche spannende, auch ins Dt. übersetzte Romane und Erzählungen im Stile Coopers, u.a. „Die Trapper in Arkansas" (dt. 1859), „Les bandits de l'Arizona" (1882); auch Reisebeschreibungen.
Weitere Werke: Der Fährtensucher (dt. 1860), Die Prairie-Piraten (dt. 1860), Das Goldfieber (1861, dt. 1912), Mex. Nächte (dt. 1864).

Aimeric de Péguilhan [frz. ɛmrikdəpegi'jã], * Toulouse Ende des 12. Jh.s, † um 1228, provenzal. Troubadour.
Sohn eines Tuchhändlers aus Péguilhan (Haute-Garonne); mußte aus seiner Heimat flüchten und hielt sich an verschiedenen Fürstenhöfen in Katalonien und Italien auf; starb angebl. als Ketzer; hinterließ über 40 Liebeslieder und meisterl. Sirventes und Planhs (Klagelieder) auf den Tod seiner fürstl. Herren.
Aineias der Taktiker, griech. Schriftsteller des 4. Jh.s v. Chr.
Schrieb einen Traktat über die Verteidigung einer belagerten Stadt; der Verfasser dieser Abhandlung, die die erste uns bekannte kriegstechn. Schrift ist, war ein Mann der Praxis, vielleicht der arkad. Feldherr Aineias von Stymphalos.
Aini; tl.: Ajni [russ. aj'ni], eigtl. Sadriddin Saidmuradowitsch; tl.: Sadriddin Saidmuradovič, * Soktare 27. April 1878, † Duschanbe 15. Juli 1954, tadschik.-sowjet. Schriftsteller.
Stammte aus einer Bauernfamilie; bildete sich v.a. autodidakt.; gilt als Begründer der tadschik. Sowjetliteratur; Reformer der tadschik. Literatursprache; schrieb in tadschik. und usbek. Sprache mehrere Romane, Novellen und Essays; seine Dichtung ist von den pers. Klassikern (Hafes) beeinflußt.
Ainsworth, William Harrison [engl. 'ɛɪnzwə:θ], * Manchester 4. Febr. 1805, † Reigate 3. Jan. 1882, engl. Schriftsteller.
Begann seine literar. Laufbahn, ermutigt durch W. Scotts positives Urteil über den Erstlingsroman „Sir John Chiverton“ (1826), mit einer Reihe von Schauer- und Verbrecherromanen, von denen bes. „Rookwood“ (1834) und „Jack Sheppard“ (1839) großen Erfolg hatten; seine pseudohistor. Romane („The Tower of London“, 1840; „Windsor Castle“, 1843) sind von Scott, Dumas und Hugo beeinflußt; A. war auch Mittelpunkt eines Londoner literar. Salons.
Aischines ['aɪsçinɛs] (Äschines), * Athen 390 oder 389, † auf Rhodos um 315, griech. Redner.
Aus kleinbürgerl. Verhältnissen; Gesandter in Makedonien, förderte die athenfeindl. Politik Philipps von Makedonien; von Demosthenes zweimal vergebl. des Hochverrats angeklagt, wurde er 339 zum Anlaß jenes Krieges, der zur Niederlage bei Chaironeia und zur makedon. Oberherrschaft führte; nach einem verlorenen Prozeß gegen Ktesiphon, der sich für Demosthenes eingesetzt hatte, ging er in die Verbannung nach Rhodos, wo er eine Rednerschule gründete; neben der Rede gegen Ktesiphon sind erhalten seine Rede gegen Timarchos und „Über die Truggesandtschaft“.
Aischylos ['aɪsçylɔs] (Äschylus), * Eleusis (Attika) 525/24, † Gela (Sizilien) 456/55, griech. Tragiker.
Sohn des adligen Gutsbesitzers Euphorion; A. erlebte den Bürgerkrieg, die Stabilisierung der demokrat. Verfassung in Athen, nahm an den Perserkriegen teil und wurde Ende der 70er Jahre wahrscheinlich von Hieron nach Sizilien eingeladen, wo er am Hof in Syrakus einige seiner Tragödien aufgeführt haben soll; bald darauf war er wieder in Athen, nach 458 2. Sizilienreise. Die Suda schreibt ihm 90 Stücke zu, von denen 79 Titel überliefert sind; vollständig erhalten sind nur 7 Dramen: „Perser“ (472), „Sieben gegen Theben“ (467), „Hiketiden“ (um 463), „Orestie“ (458, mit den 3 Tragödien der Tetralogie „Agamemnon“, „Choephoren“, „Eumeniden“), „[Der gefesselte] Prometheus“ (Datierung unsicher, die Echtheit wird heute kaum noch angezweifelt). Der erste Sieg, dem weitere 12 folgten, fiel ins Jahr 484; falls die Zahl 28 in der Suda richtig überliefert ist, sind die Siege nach A.' Tod eingeschlossen. A. ist der eigtl. Begründer der Tragödie als literar. Kunstform; durch die Einführung des 2. Schauspielers wurde die Handlung und der dramat. Dialog dem Chor gegenüber verstärkt; die schöpfer. Gestaltung der Tetralogie, d.h. der Verbindung von 3 Tragödien und einem Satyrspiel zu einer zykl. und handlungsstarken Einheit, ermöglichte die Darstellung eines bestimmten Stoffes über mehrere Generationen hinweg. Dabei ging es A. weniger um das Äußere der Handlung als um ihre „theolog.“ Deutung und ihre metaphys. Durchdringung. Überzeugt von der göttl. Gerechtigkeit, steht der Mensch erschauernd vor der Allmacht der Götter, die ihn strafend dem sicheren Untergang weihen, sobald er sich gegen ihr Gesetz auflehnt und es in seiner Hybris überschreitet. Dem erhabenen Gehalt der Tragödie entspricht eine erhabene und pathet. Sprache, die teilweise mit spätarchaischen Manierismen durchsetzt ist; kühne Metaphern und Wortschöpfungen zeugen von der sprachl. Kraft, die alle Möglichkeiten dichter. Ausdrucks auszuschöpfen weiß. Bereits in der Antike war man von der Größe des A. überzeugt, dem Aristophanes in der Agonszene seiner „Frösche“ ein bleibendes Denkmal gesetzt hat.

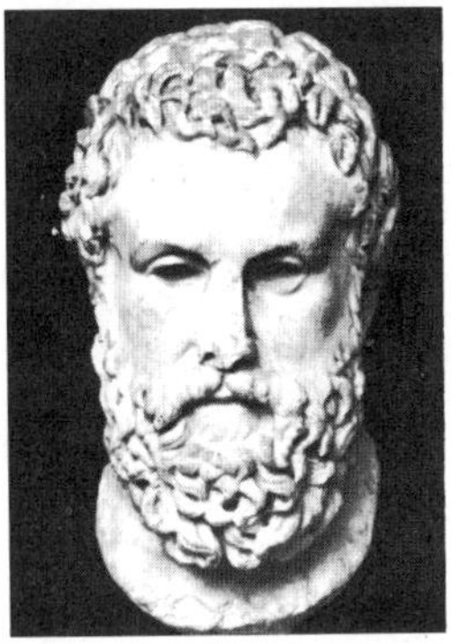
Aischylos

Ausgaben: A. Tragödien in einem Bd. Dt. Übers. Einl. u. Anmerkungen v. W. Steffen. *Bln. 1968. – A. Tragödien u. Fragmente. Griech.-dt. Hg. v.* O. Werner. *Mchn. 4. Tsd. 1960. – A. Sämtl. Tragödien u. Fragmente. Dt. Übers. Bearb. v.* F. Stoessl. *Zürich u. Stuttg. 1952.*
Literatur: Murray, G.: *A. Dt. Übers. Velber 1968.* – Wilamowitz-Moellendorff, U. v.: *A. Interpretationen. Bln. u.a. ²1967.* – Romilly, J. de: *La crainte et l'angoisse dans le théâtre d'Eschyle. Paris 1958.* – Reinhardt, K.: *A. als Regisseur u. Theologe. Bern u. Mchn. 1949.* – Porzig, W.: *A., die att. Tragödie. Lpz. 1926.*
Aisopos (Äsop), legendärer griech. Fabeldichter aus Thrakien, der angebl. um die Mitte des 6. Jh.s v. Chr. lebte.

War Sklave auf Samos, wurde freigelassen, kam zu großem Ansehen und wurde als Gesandter des Königs Kroisos getötet. Die Tierfabeln A.' gehen wahrscheinl. auf mündl., teils griech., teils ausländ. Überlieferung zurück. Auf aufdringl. Moralisieren und sittl. Pathos wird verzichtet, die Zusammenfassung der Moral am Ende der Fabeln stammt aus späterer Zeit. Gesammelt wurden die Fabeln zuerst von Demetrios von Phaleron (um 300 v. Chr.). Überliefert ist eine griech. Versbearbeitung des Babrios. Die Äsop. Prosafabeln wurden erst im 11. Jh. durch die Byzantiner zusammengestellt. Es gibt Sammlungen von Phaedrus und Avianus in lat. Versen und eine spätere Prosasammlung unter dem Namen Romulus.
Ausgaben: Fabeln v. Äsop u. Äsopische Fabeln des Phädrus. Dt. Übers. Bearb. v. M. Vosseler. *Mchn. 1959. – Aesopische Fabeln. Griech. u. dt. Bearb. v.* A. Hausrath. *Mchn. 1940.*
Literatur: Wiechers, A.: *Äsop in Delphi. Meisenheim 1961.* – Perry, B. E.: *Aesopica. Urbana (Ill.) 1952.*

Aist, Dietmar von ↑ Dietmar von Aist.

Aistis, Jonas [lit.ˈaịstɪs], ursprüngl. J. Aleksandravičius, Pseudonyme Kossu-Aleksandravičius, Kuosa-Aleksandriškis, * Kampiškės 7. Juli 1904, lit. Lyriker.
Studierte Romanistik in Kaunas und Frankreich, wo er 1944 promovierte; emigrierte nach den USA, dort Lehrer an einem lit. College; durch die Abkehr von der überkommenen Gegenstandsbezogenheit der lit. Lyrik wurde er richtungweisend für die neuere lit. Literatur; Einfluß Baudelaires.

Aitmatow, Tschingis; tl.: Ajtmatov, Čingis [russ. aịtˈmatɐf], * Scheker 12. Dez. 1928, kirgis.-sowjet. Schriftsteller.
Studium der Veterinärmedizin, nahm an einem 2jährigen Kurs für junge Autoren in Moskau teil, Leninpreisträger; schrieb v. a. Erzählungen: „Djamila" (dt. 1960), „Das Kamelauge" (dt. 1962), „Der Weg des Schnitters oder Goldspur der Garben" (dt. 1964) und „Wirf die Fesseln ab, Gulsary" (dt. 1967, auch u. d. T. „Abschied von Gulsary").

Ajalbert, Jean [frz. aʒalˈbɛːr], * Clichy (Hauts-de-Seine) 10. Juni 1863, † Cahors (Lot) 14. Jan. 1947, frz. Schriftsteller und Jurist.
Bekannt durch sein Eintreten für Dreyfus (Kampfschriften: „Sous le sabre", „Les deux justices", beide 1898); reiste im Auftrag der Regierung nach Siam und Laos; Mitglied der Académie Goncourt; schrieb Gedichte („Sur le vif", 1886; „Paysages de femmes", 1887), Romane („La tournée", 1901; „Sao Van Di", 1905, durch seinen Indochinaaufenthalt inspiriert), Dramen („La fille Élisa", 1890) und Reisebeschreibungen („L'Auvergne", 1896; „Notes sur Berlin", 1894).
Weitere Werke: En amour (R., 1890), Raffin Su-Su (1921).

Ajni ↑ Aini.

Ajtmatov ↑ Aitmatow.

Aken, Piet van [niederl. ˈaːkə], * Terhagen 15. Febr. 1920, fläm. Schriftsteller.
Verfasser v. a. von realist. Romanen und Novellen aus dem Leben der Arbeiter des Rupellandes.
Hauptwerke: Het hart en de klok (R., 1944), Alleen de doden ontkomen (R., 1946), Das Begehren (R., dt. 1958).

Akenside, Mark [engl. ˈɛɪkɪnsaɪd], * Newcastle-upon-Tyne 9. Nov. 1721, † London 23. Juni 1770, engl. Dichter und Arzt.
Verfaßte in Nachahmung Popes das philosoph. Lehrgedicht „The pleasures of imagination" (1744), das in Anlehnung an Shaftesburysche Anschauungen den Begriff der Phantasie theoret. erörtert, deren Bedeutung für das Seelenleben darlegt und im Aufklärungszeitalter hohen Beifall fand.

Akiba, Ben ↑ Nušić, Branislav.

Akif, Mehmet [türk. ɑːˈkif] ↑ Ersoy, Mehmet Akif.

Akinari ↑ Ueda Akinari.

Aksakov ↑ Axakow.

Aksenov ↑ Axjonow.

Akunian, Ilse ↑ Frapan-Akunian, Ilse.

Akutagawa, Riunosuke [jap. akutaŋawa], * Tokio 1. März 1892, † ebd. 24. Juli 1927 (Selbstmord), jap. Novellist.
Studierte Anglistik in Tokio; war Lehrer und Mitarbeiter an Zeitungen; verbindet in seinen zahlreichen Novellen, deren Stoffe er oft der Geschichte des mittelalterl. Japan entlehnte, Dämonie und Realismus. Eine Auswahl in dt. Übersetzung erschien 1959 u. d. T. „Der Chrysanthemen-Ball".
Hauptwerke: Rashomon (Nov., 1915; dt. 1955), Hana (Nov., 1916), Der Kappa (Nov., 1927; dt. 1934).

Alain [frz. aˈlɛ̃], eigtl. Émile Chartier, * Mortagne-au-Perche (Orne) 3. März 1868, † Le Vésinet (Yvelines) 2. Juni 1951, frz. Philosoph und Schriftsteller.
Sohn eines Tierarztes; 1889 Student der École normale supérieure; seit 1892 Gymnasiallehrer für Philosophie in der Provinz, seit 1909 in Paris; Mitarbeiter zahlreicher Zeitungen; Meister des Essays, der aphorist. „Propos" („Les propos d'A." in 4 Serien, 1908–14), dessen Analysen sich durch Kühnheit und Kraft des Ausdrucks und klass. Klarheit auszeichnen; als glaubensloser Rationalist, Verehrer Kants, überzeugter Demokrat und Pazifist hat er auf einen großen Kreis junger Schriftsteller und Philosophen einen außerordentl. Einfluß ausgeübt.
Weitere Werke: Le système des beaux-arts (1920), Die Pflicht, glückl. zu sein (1925, dt. 1960), Histoire de mes pensées (1936), Gedanken über die Religion (1938, dt. 1948), Spielregeln der Kunst (1939, dt. 1961).
Literatur: Halda, B.: *A. Paris 1965.* – Dewit, S.: *A. Essai de bibliographie, 1893–juin 1961. Mémoire. Brüssel 1961.* – Heß, G.: *A. in der Reihe der frz. Moralisten. Bln. 1932.*

Alain de Lille [frz. alɛ̃ˈdlil] ↑ Alanus ab Insulis.

Alain-Fournier [frz. alɛ̃furˈnje], eigtl. Henri-Alban Fournier, * La Chapelle-d'Angillon (Cher) 3. Okt. 1886, ⚔ bei Saint-Rémy 22. Sept. 1914, frz. Romancier.
Besuchte die Handelsmarineschule, später das Lycée Lakanal in Paris, wo er mit Jacques Rivière bekannt wurde. Von ihrer fruchtbaren Verbindung zeugen die Briefe der „Correspondance avec Jacques Rivière 1905 à 1914" (1926–28, dt. Ausw. 1954 u. d. T. „Jugendbildnis Alain-Fournier. Briefe"). A.-F. begegnete Gide, Péguy und Claudel. Er stand unter dem Einfluß des Symbolismus. Künstler. Niederschlag dieser Zeit sind die Gedichte und Prosagedichte „Miracles"

(hg. 1924). Nach 2jähriger Militärzeit wurde er Journalist (Literaturkritiker). Erst in den 20er Jahren wurde sein einziger vollendeter, 1913 geschriebener symbolist. Roman „Le grand Meaulnes" (dt. 1930 u. d. T. „Der große Kamerad") verstanden und gewürdigt. Dieses Werk, ein poet. Abenteuer voll traumhafter Verzückung um die romant. Freundschaft und Liebe eines 17jährigen Jünglings, übte großen Einfluß auf den modernen frz. Roman aus. Ein zweiter Roman, „Colombe Blanchet" (1922), blieb Fragment.
Literatur: Genuist, P.: *A.-F. face à l'angoisse. Paris 1965.* – Gillet, H.: *A.-F. Paris 1948.* – Wall, E. v. der: *A.-F. Sein Wesen u. sein Werk. Diss. Hamb. 1933.*

Alamanni, Luigi [italien. ala'manni], * Florenz 3. Okt. 1495, † Amboise (Indre-et-Loire) 18. April 1556, italien. Dichter.
Machte die Bekanntschaft Machiavellis und mußte infolge der Verwicklung in polit. Affären nach Frankreich emigrieren, wo ihn Franz I. freundschaftl. aufnahm und mit verschiedenen diplomat. Missionen, die ihn wieder nach Italien führten, betraute; die meisten seiner Werke schrieb er in Paris; sein berühmtestes Gedicht ist das Lehrgedicht vom Ackerbau „La coltivazione" (1546), eine Nachahmung der „Georgica" Vergils; zu nennen sind ferner die Heldengedichte „Girone il cortese" (1548) und „L'Avarchide" (1570) und die petrarkisierenden „Opere toscane" (1532).

Alanus ab Insulis ['ɪnzulɪs], eigtl. Alain de Lille, * Lille um 1118, † Cîteaux (Côte-d'Or) um 1202, frz. Zisterzienser und Scholastiker.
Wurde „Doctor universalis" genannt; suchte die christl. Lehre gegen die heidn. Angriffe in strengem Beweisverfahren zu verteidigen; seine bekanntesten poet. Werke sind der allegor. „Anticlaudianus" (gegen 1183) und „De planctu naturae" (zwischen 1160 und 1170).

Alarcón y Ariza, Pedro Antonio de [span. alar'kon i a'riθa], * Guadix (Andalusien) 10. März 1833, † Valdemoro bei Madrid 10. Juli 1891, span. Schriftsteller, Journalist und Politiker.
Gehörte einem Kreis revolutionärer Künstler und Schriftsteller an, war polit. tätig und leitete die radikale Zeitschrift „El Látigo". Später wandte er sich den Konservativen zu, war Abgeordneter, Staatsrat und zeitweise Gesandter in Stockholm. A. y A. schrieb Erzählungen, Romane, Gedichte, Reiseberichte und krit. Feuilletons. Seine echt nationalen Skizzen, seine in „Cuentos amatorios" (1881), in die lebendigen, realist. „Historietas nacionales" (1881) und die „Narraciones inverosímiles" (1881) eingeteilten Novellen und die Romane geben eine bunte, lebensnahe Schilderung der span. Gesellschaft. Sie sind trotz des leicht satir. Tones echt und warm empfunden. „Diario de un testigo de la guerra de África" (1859), die Darstellung des marokkan. Feldzugs, den A. y A. freiwillig mitgemacht hat, war eines der meistgelesenen Bücher seiner Zeit. Die volkstüml.-heitere Erzählung nach dem alten Motiv vom Müller und dem Korregidor, die gegenseitig ihre Frauen verführen, „Der Dreispitz" (1874, dt. 1887), ist ein Genrebild aus der Zeit Karls IV. Der moralisierende Roman „Der Skandal" (1875, dt. 1959) ist sein berühmtestes Buch, künstler. aber nicht so bedeutend. Auch die lehrhaften Romane „El niño de la bola" (1880) und „La pródiga" (1882) sind gedankl. zu sehr belastet. Als Lyriker und Dramatiker hatte A. y A. keinen Erfolg.
Literatur: Montesinos, J. F.: *P. A. de Alarcón. Zaragoza 1955.* – Romano, J. (d. i. H. González y Rodríguez de la Peña): *P. A. de A. Madrid 1933.*

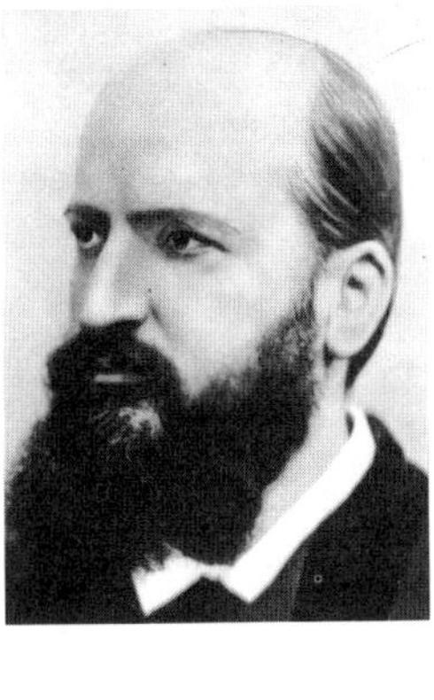
Pedro Antonio de Alarcón y Ariza

Alarcón y Mendoza, Juan Ruiz de † Ruiz de Alarcón y Mendoza, Juan.

Alas y Ureña, Leopoldo García de las [span. 'alas i u'reɲa], Pseudonym Clarín, * Zamora 25. April 1852, † Oviedo 13. Juni 1901, span. Schriftsteller.
Gouverneurssohn; Rechtsstudium in Oviedo und Madrid; Professor für Volkswirtschaft und Recht in Salamanca, Zaragoza, Oviedo; als Kritiker berühmt und gefürchtet; erlangte als Romanschriftsteller dauernden Ruhm durch den realist. Roman aus dem Gesellschaftsleben Oviedos „La regenta" (1884).
Weitere Werke: Solos de Clarín (Aufs., 1881–98), Su único hijo (R., 1890), Doña Berta (R., 1892).

Albe [niederl. 'ɑlbə], eigtl. Renaat Antoon Joostens, * Mecheln 8. Juni 1902, fläm. Schriftsteller.
Ursprüngl. Mönch, dann Gymnasiallehrer und Redakteur; Lyriker und Dramatiker mit Neigung zur Mystik; Verfasser von Romanen v.a. über religiöse Themen.
Hauptwerke: Paradijsvogel (Ged., 1932), Van adellijken bloede (Ged., 1942), Ossewagens op de kim (R., 1946), Annunciata (R., dt. 1952), Ewig lockender Süden (R., 1952; dt. 1962), Aurita (R., dt. 1960).

Albee, Edward [Franklin] [engl. 'ɔ:lbɪ], * Washington 12. März 1928, amerikan. Dramatiker.
Als Adoptivsohn eines Theaterunternehmers kam er früh mit dem Theater in Berührung; war in verschiedenen Berufen tätig; in seinen Dramen mischt er Wirklichkeit und Traumwelt, um die geistige Unbeweglichkeit, die Konformität und Überheblichkeit zu entlarven und die Entfremdung der Menschen in der modernen Gesellschaft zu zeigen; sein erstes abendfüllendes Schauspiel „Wer hat Angst vor Virginia Woolf?" (dt. 1963), das ein Welterfolg wurde, ist eine scharfe Seelenanalyse und Anatomie einer Ehe, die das menschl. Scheitern bloßlegt.
Hauptwerke: Die Zoogeschichte (Einakter, dt. 1962), Der Tod von Bessie Smith (Dr., dt. 1962), Winzige Alice (Schsp., dt. 1966), Empfindl. Gleichgewicht (Dr., dt. EA 1967), Alles im Gar-

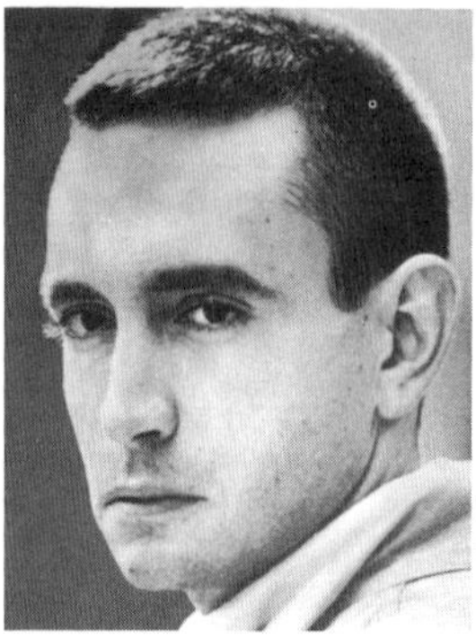
Edward [Franklin] Albee

ten (Dr., dt. EA 1969), Kiste – Worte des Vorsitzenden Mao Tse-tung – Kiste (Szenenfolge, dt. 1969).
Ausgabe: E. A. Stücke. Dt. Übers. Frkf. 1968 ff. Auf 2 Bde. berechnet.
Literatur: Braem, H. M.: *E. A. Velber 1968.*

Alberdingk Thijm, Josephus Albertus [niederl. 'ɑlbərdɪŋk 'tɛi̯m], * Amsterdam 13. Aug. 1820, † ebd. 17. März 1889, niederl. Schriftsteller.
Seit 1876 Professor für Kunstgeschichte in Amsterdam; Haupt der niederl. Katholiken in Kunst und Literatur, Anhänger der romant. Schule und Bewunderer des MA; Begründer kath. Zeitschriften; veröffentlichte mehrere Gedichtbände, die Prosaerzählungen „Verspreide verhalen in proza" (1879–84), eine niederl. Literaturgeschichte und die literarhistor. Skizze „Portretten van Joost van den Vondel" (1876).

Alberdingk Thijm, Karel Joan Lodewijk [niederl. 'ɑlbərdɪŋk 'tɛi̯m] ↑ Deyssel, Lodewijk van.

Albert, Heinrich, * Lobenstein (Bezirk Gera) 8. Juli 1604, † Königsberg (Pr) 6. Okt. 1651, dt. Komponist und Liederdichter.
Schüler seines Vetters H. Schütz, Jurastudium, seit 1630 Organist an der Königsberger Domkirche; einer der Meister im dt. Liedschaffen des 17. Jh.s; als Lyriker dem Königsberger Kreis um S. Dach nahestehend; A. wird auch der Text des Liedes „Anke van Tharaw" zugeschrieben.

Albert, Michael, * Trappold bei Schäßburg 21. Okt. 1836, † Schäßburg 21. April 1893, siebenbürg. Dichter.
Bäuerl. Herkunft; Gymnasiallehrer in Schäßburg; als Lyriker in der Nachfolge Heines und Rückerts, bedeutender jedoch in seinen Heimaterzählungen „Die Dorfschule" (1869), „Die Kandidaten" (1872), „Traugott" (1874) und in den Schauspielen „Die Flandrer am Alt" (1883), „Harteneck" (1886) u. a.

Albertazzi, Adolfo [italien. alber'tattsi], * Bologna 8. Sept. 1865, † ebd. 10. Mai 1924, italien. Schriftsteller.
Gymnasiallehrer, dann Professor in Bologna, Schüler Carduccis; Literaturkritiker; schrieb als Vorläufer der italien. Moderne Romane und Erzählungen: „L'Ave" (1896), „Ora e sempre" (1900), „Novelle umoristiche" (1900), „Il diavolo nell'ampolla" (1918), „Top" (1922).

Alberti, Konrad, eigtl. K. Sittenfeld, * Breslau 9. Juli 1862, † Berlin 24. Juni 1918, dt. Schriftsteller.
Studierte Literaturgeschichte, war Schauspieler, Redakteur bei der „Berliner Morgenpost"; als Kritiker, Essayist, Roman- und Bühnenautor (und Mitbegründer der „Dt. Bühne") einer der eifrigsten Anhänger der naturalist. Bewegung. Sein Hauptwerk ist die 6bändige Romanreihe „Der Kampf ums Dasein" (1888–95).

Alberti, Leon Battista [italien. al'bɛrti], * Genua (?) 14. (?) Febr. 1404, † Rom zwischen 19. und 25. April 1472, italien. Humanist und Künstler.
Enzyklopäd. gebildet, zeichnete sich aus als Baumeister, Maler, Mechaniker (Erfinder einer Camera obscura), Musiker, Kunstschriftsteller, Dichter und Philosoph; schuf bed. Bauwerke u. a. in Rimini, Florenz; schrieb neben einer frühen lat. Komödie („Philodoxeos", 1426) Abhandlungen über Architektur und Malerei („10 Bücher über die Baukunst", hg. 1485, dt. 1912, u. a.), Dialoge über die Institution der Familie („Über das Hauswesen", hg. 1845, dt. 1962) u. a.
Literatur: Santinello, G.: *L. B. A. Una visione estetica del mondo e della vita. Florenz 1962.* – Schlosser, J.: *Ein Künstlerproblem der Renaissance: L. B. A. Wien 1929.* – Mancini, G.: *Vita di L. B. A. Florenz ²1911.* – ↑ auch Landino, Cristoforo.

Alberti, Rafael [span. al'βɛrti], * Puerto de Santa María (Cádiz) 16. Dez. 1902, span. Lyriker.
Begann in Madrid als kubist. Maler, bevor er zur Literatur überging; Mitglied der span. KP; seit dem Bürgerkrieg im Exil, lebt in Argentinien; sein dichter. Werk stand zunächst im Zeichen des span. „neopopularismo", dann Góngoras und Jiménez', des Surrealismus und schließl. sozialer und kommunist.-revolutionärer Ideen.
Hauptwerke: Zu Lande, zu Wasser (Ged., 1925; dt. 1960), Sobre los ángeles (Ged., 1929), Blühender Klee (Tragikom., 1950; dt. 1958), Ora marítima (Ged., 1953), Stimme aus Nesselerde und Gitarre (Ged., dt. Ausw. 1959).

Albertinus, Ägidius, * Deventer um 1560, † München 9. März 1620, dt. Schriftsteller.
Sekretär und Bibliothekar des Kurfürsten Maximilian I. von Bayern; schrieb kulturgeschichtl. wertvolle Werke nach span. und Fischarts Vorbild; wichtig wegen seiner Bearbeitung von M. Alemáns Schelmenroman „Vida del pícaro Guzmán de Alfarache" („Der Landstörtzer Gusman von Alfarache ...", 1615).

Alberus, Erasmus, * Bruchenbrücken (Hessen) um 1500, † Neubrandenburg 5. Mai 1553, dt. Dichter und ev. Theologe.
Schüler und Freund Luthers und Vorkämpfer der Reformation; lebte u. a. in Eisenach, Sprendlingen, Berlin, Magdeburg und war zuletzt Generalsuperintendent in Neubrandenburg; schrieb zahlreiche Pamphlete zur Verteidigung der Reformation; bemerkenswert sein „Buch von der Tugend und Weisheit" (1550), eine Sammlung z. T. satir. Fabeln.

Albinovanus Pedo, röm. Epiker und Epigrammatiker des 1. Jh.s v. Chr.
Freund Ovids; schrieb das (nicht erhaltene) Epos „Theseïs" und ein (nur in einem kurzen Fragment überliefertes) Epos über den Zug des Germanicus nach Norddeutschland.

Albrecht, mhd. Dichter der 2. Hälfte des 13. Jahrhunderts.

Bayer, Näheres unbekannt; soll den sog. „Jüngeren Titurel" (mit über 6000 Versen) verfaßt haben, den man wegen seines dunklen Stils lange Wolfram von Eschenbach zugeschrieben hatte; die Frage der Identität A.s mit A. von Scharfenberg ist noch nicht geklärt.
Literatur: ↑ Albrecht von Scharfenberg.

Albrecht von Eyb, * Schloß Sommersdorf bei Ansbach 24. Aug. 1420, † Eichstätt 24. Juli 1475, dt. Schriftsteller.
Studierte die Rechte in Italien, war päpstl. Kammerherr und Domherr in Eichstätt; schrieb ein Buch über die Ehe (1472) und einen „Spiegel der Sitten", dem er im Anhang zwei meisterhafte Übersetzungen von Plautus' „Menaechmi" und „Bacchides" beifügte (1511).
Ausgabe: A. v. E. Dt. Schrr. Hg. u. eingel. v. M. Herrmann. *Bln. 1890. 2 Bde.*
Literatur: Hiller, J. A.: *A. v. E. Medieval moralist. Washington 1939.* – Herrmann, M.: *A. v. E. u. die Frühzeit des dt. Humanismus. Bln. 1893.*

Albrecht von Halberstadt, * Halberstadt um 1180, † Stift Jechaburg bei Sondershausen nach 1251, mhd. Dichter.
Verfaßte um 1215 als Scholastikus im Kloster Jechaburg eine Nachdichtung von Ovids „Metamorphosen" in thüring. Mundart; erhalten ist außer einem Bruchstück nur die Bearbeitung von Jörg Wickram (1545).
Literatur: Bartsch, K.: *A. v. H. u. Ovid im MA. Lpz. 1861. Nachdr. Amsterdam 1965.*

Albrecht von Johan[n]sdorf, mhd. Dichter um 1200.
Urkundl. belegt zwischen 1180 und 1209, stand wahrscheinl. im Dienst des Bischofs Wolfger von Passau; bed. für die Entwicklung des Minnesangs, da er die frühe donauländ. Tradition dem Geiste der modernen höf. Lyrik eng anpaßte.
Literatur: Fülleborn, U.: *Die Motive Kreuzzug u. Minne u. das Gestaltungsprinzip in den Liedern A.s v. Johannsdorf. In: Euphorion 58 (1964), 337.* – Bergmann, R.: *Unterss. zu den Liedern A.s v. Johannsdorf. Diss. Freib. 1963.*

Albrecht von Kemenaten [keme'na:tən], mhd. Dichter der 1. Hälfte des 13. Jahrhunderts.
Schwabe; Verfasser eines nur bruchstückhaft überlieferten Dietrichepos „Goldemar".

Albrecht von Scharfenberg, mhd. Dichter der 2. Hälfte des 13. Jahrhunderts.
Schrieb die Versromane „Seifrid de Ardemont" und „Merlin" (nach einem frz. Gralsroman), die jedoch beide nur in der Fassung Ulrich Füetrers überliefert sind; die Frage der Identität A.s v. Sch. mit Albrecht, dem Verfasser des „Jüngeren Titurel", ist nicht geklärt.
Ausgabe: A. (v. Sch.). Jüngerer Titurel. Hg. v. W. Wolf. *Bln. 1955–68. 2 in 3 Bden.*
Literatur: Brode, H.: *Unterss. zum Sprach- u. Werkstil des „Jüngeren Titurel" v. A. v. Sch. Diss. Freib. 1966.* – Röll, W.: *Studien zu Text u. Überlieferung des sog. Jüngeren Titurel. Hdbg. 1964.*

Albrecht, H. ↑ Münchhausen, Börries Freiherr von.

Alcaeus [al'tsɛ:ʊs] ↑ Alkaios.

Alcázar, Baltasar del [span. al'kaθar], * Sevilla 1530, † Ronda 16. Jan. 1606, span. Dichter.
Aus adliger Familie, hatte mehrere Beamtenposten; sehr volkstüml. Dichter, der optimist. die Freuden des Lebens besang, aber auch die Satire zu handhaben wußte; Formenreichtum zeichnet sein Werk aus.

Alcharisi ↑ Juda Al Charisi ben Salomo.

Alcimus, Ecdicius Avitus, * Vienne (Dauphiné) um 450, † ebd. um 518, lat. Dichter.
490 Bischof von Vienne; sein Hauptwerk ist eine freie Nachdichtung über das verlorene Paradies nach dem A.T., ein Epos in Hexametern: „De spiritalis historiae gestis".

Alcipe [portugies. al'sipə], eigtl. Leonor de Almeida Marquesa de Alorna, * Lissabon 31. Okt. 1750, † ebd. 11. Okt. 1839, portugies. Dichterin.
War ⚭ mit Graf Karl August von Oeynhausen († 1793), dem portugies. Gesandten in Wien; Lyrikerin zwischen Klassizismus (Pope, Wieland, Voltaire, dessen Humanitätsideal sie übernahm) und Romantik (befreundet mit Madame de Staël während ihres Londoner Exils), von nachhaltigem Einfluß auf die Literatur ihres Landes; bed. Übersetzerin (u.a. Pope, Thomson, Goethe, Young).
Ausgabe: A. Obras poéticas. Lissabon 1844. 6 Bde.

Alcoforado, Mariana [portugies. alkufu'raðu], * Beja (Alentejo) 22. April 1640, † ebd. 28. Juli 1723, portugies. Nonne im Kloster Conceicão.
Sie galt als Verfasserin der „Portugies. Briefe", 5 leidenschaftl. Liebesbriefe, die angeblich an Noël Bouton de Chamilly, Graf von Saint-Léger, gerichtet waren. Eine portugies. Fassung der Briefe gibt es nicht. Frz. Ausgabe „Lettres portugaises" (1669), Neuausgabe in Holland (1669), die Mariana als Verfasserin bezeichnet und Guilleragues, der nach den neuesten Forschungen als Autor gilt, als Übersetzer. Die Briefe, die zu den schönsten Liebesbriefen der Weltliteratur zählen, wurden 1913 von R. M. Rilke ins Dt. übertragen.
Ausgaben: Lettres portugaises, Valentins, et autres œuvres de Guilleragues. Hg. v. F. Deloffre *u.* J. Rougeot. *Paris 1962. – Portugies. Briefe. Die Briefe der Marianna A. Dt. Übers. Nachwort v.* F. Bergemann. *Wiesb. 81.–90. Tsd. 1955.*
Literatur: Spitzer, L.: *Les lettres portugaises. In:* Spitzer: *Roman. Literaturstudien. Tüb. 1959.* – Aveline, C.: *Et tout le reste n'est rien. La religieuse portugaise avec le texte de ses lettres. Paris 1951.* – Larsen, K.: *Schwester Marianna u. ihre Liebesbriefe. Dt. Übers. Lpz. 1905.*

Alcott, Amos Bronson [engl. 'ɔ:lkət], * Wolcott (Conn.) 29. Nov. 1799, † Concord (Mass.) 4. März 1888, amerikan. Pädagoge, Philosoph und Schriftsteller.
Lehrer und Schulinspektor und Mitglied der Transzendentalistengruppe in Concord, Freund Emersons; bekannt durch das (erfolglose) idealist. Experiment einer Mustersiedlung auf der Grundlage des Gemeineigentums (Fruitlands, 1842/43); Vertreter moderner pädagog. Theorien; trat auch als Lyriker hervor („Sonnets and canzonets", 1882).

Alcott, Louisa May [engl. 'ɔ:lkət], * Germantown bei Philadelphia 29. Nov. 1832, † Concord (Mass.) 6. März 1888, amerikan. Schriftstellerin.
Tochter Amos Bronson A.s; Lehrerin, während des Bürgerkriegs freiwillige Krankenschwester; schilderte das engl.-amerikan. Familienleben in zahlreichen, außerordentl. beliebten realist.-humorvollen Jugendschriften.
Hauptwerke: Vier Schwestern (1868, dt. 1948), An old-fashioned girl (1870), Kleines Volk (1871, dt. 1947), Aunt Jo's scrap-bag (1872–82).
Literatur: Worthington, M.: *Miss A. of Concord. A biography. Garden City (N.Y.) 1958.* – Gulliver,

L.: *L. M. A.: A bibliography. New York 1932.* – *L. M. A. Life, letters, and journals. Hg. v.* E. D. Cheney. *Boston 1889. Nachdr. Pasadena (Tex.) 1966.*

Alcover i Maspons, Joan [katalan. əlku'βɛr i məs'pɔns], * Palma de Mallorca 3. Mai 1854, † ebd. 26. März 1926, span.-katalan. Dichter.
Studierte in Barcelona und war Jurist (Palma de Mallorca) und Abgeordneter; sensibler Lyriker von klassizist. reinem Stil, schrieb zunächst in span., seit der Jahrhundertwende in katalan. Sprache.
Hauptwerke: Cap al tard (Ged., 1909), Poemes bíblics (Ged., 1910), Poesies (Ged., 1921).

Alcuinus ↑ Alkuin.

Aldanow, Mark; tl.: Aldanov, Mark [russ. al'danɐf], eigtl. Mark Alexandrowitsch Landau; tl.: Mark Aleksandrovič Landau, * Kiew 26. Okt. 1886, † Nizza 25. Febr. 1957, russ. Schriftsteller.
Studierte in Kiew und Paris, emigrierte 1919 nach Paris und ging 1941 in die USA; bed. Vertreter des russ. histor. Romans; schrieb den vielgelesenen Romanzyklus „Der Denker" aus der Zeit der Frz. Revolution und der Befreiungskriege (4 Teile: „Der 9. Thermidor", „Die Teufelsbrücke", „Die Verschwörung", „St. Helena, eine kleine Insel", dt. 1925–29), den Roman aus dem vorrevolutionären Rußland „Der Schlüssel" (dt. 1930), ferner „Das Rätsel Tolstoi" (dt. 1928), die Essaysammlung „Zeitgenossen" (dt. 1929) u. a.

Aldegonde, Heer van Sint [niederl. ɑldə'xɔndə] ↑ Marnix, Philips van.

Aldhelm von Malmesbury ['althɛlm, engl. 'ældhɛlm; 'mɑ:mzbərɪ], hl., * in Wessex um 640, † Doulting (Somerset) 25. Mai 709, ags. Schriftsteller und Gelehrter.
Wurde in Malmesbury und Canterbury erzogen, hat in Essex missioniert. Er war Abt von Malmesbury und erster Bischof von Sherborne. Die lat. Klassiker und die Schriften der Kirchenväter waren ihm geläufig. A. verfaßte Prosa und Verse in verschnörkeltem Latein und in ags. Sprache, u. a. die Abhandlung „De virginitate", die Briefabhandlung „Ad acircium" über lat. Metrik. Seine Schriften haben mehr histor. als literar. Wert.
Literatur: Fowler, J.: *A. Sherborne 1947.* – Browne, G. F.: *St. A.: His life and times. London 1903.* – Bönhoff, F. A. G. L.: *A. v. M. Ein Beitrag zur ags. Kirchengesch. Diss. Lpz. 1894.*

Aldington, Richard [engl. 'ɔ:ldɪŋtən], * Portsmouth (Hampshire) 8. Juli 1892, † Sury-en-Vaux (Frankreich) 27. Juli 1962, engl. Lyriker, Romancier und Kritiker.
Studierte in London, war literar. Redakteur der Imagisten-Zeitschrift „The Egoist", nahm am 1. Weltkrieg teil. Mitarbeiter der „Times", lebte als freier Schriftsteller, ging 1939 in die USA. A. war in erster Ehe ⚭ mit H. Doolittle, unter deren Einfluß seine frühe Lyrik stand: „Images, old and new" (1915), „War and love" (1918), „Images of desire" (1919), „Exile and other poems" (1923). Er war Kenner der klass. Sprachen, bed. Übersetzer und hatte eine Vorliebe für klass. Mythologie. Er schrieb erfolgreiche Romane, themat. von seinen Kriegserlebnissen geprägt, die ihn zum erbitterten Kritiker der zeitgenöss. Gesellschaft hatten werden lassen. Enttäuschung, Pessimismus, pazifist. Ideen und der unüberbrückbare Generationsgegensatz beherrschen seine Romane „Heldentod" (dt. 1930), „The colonel's daughter" (1931) und „Der Himmel selbst" (dt. 1946). Interessant sind A.s Bücher über histor. Figuren, die humorist.-iron. Biographie „Leben und Leistungen A. Wellesleys, ersten Herzogs von Wellington" (dt. 1948), „Als Casanova liebte" (R., dt. 1948) und ein psychoanalysierender Versuch, die Gloriole eines Helden zu zerstören: „Der Fall T. E. Lawrence" (dt. 1955).
Weitere Werke: A fool in the forest (Versdichtung, 1925), Bilder (Ged., dt. 1947), A dream in the Luxembourg (Versdichtung, 1930), All men are enemies (R., 1932), Women must work (R., 1935).
Literatur: R. A.: An intimate portrait. Hg. v. A. Kershaw *u.* F.-J. Temple. *Carbondale 1965.* – Rossmann, A.: *Gesellschaftskritik u. Weltanschauung bei R. A. Diss. Wien 1944.*

Aldrich, Thomas Bailey [engl. 'ɔ:ldrɪtʃ], * Portsmouth (N. H.) 11. Nov. 1836, † Boston 19. März 1907, amerikan. Schriftsteller.
War Journalist in Boston, mehrfach in Europa; trat mit formgewandter Lyrik unter dem Einfluß Longfellows („The bells", 1855; „Cloth of gold", 1874), mit Romanen und launigen Erzählungen hervor („The story of a bad boy", autobiograph. R., 1870; „Marjorie Daw and other people", En., 1873).

Aleardi, Aleardo [italien. ale'ardi], eigtl. Gaetano A., * Verona 4. Nov. 1812, † ebd. 17. Juli 1878, italien. Dichter.
Studierte Jura in Padua und war Professor für Ästhetik und Kunstgeschichte in Florenz; nahm teil an Verschwörungen gegen Österreich und wurde zweimal eingekerkert; er schrieb zahlreiche meist vaterländ. Dichtungen, die Italiens Leiden und Hoffnungen schildern.
Hauptwerke: Lettere a Maria (Ged., 1846), Le città italiane marinare e commercianti (Ged., 1856), Monte Circello (Ged., 1856), I sette soldati (Epos, 1861).

Alecsandrescu, Grigore ↑ Alexandrescu, Grigore.

Alecsandri (Alexandri), Vasile [rumän. aleksan'dri], * Bacău 2. Aug. 1821, † Mirceşti 3. Sept. 1890, rumän. Dichter.
Studierte in Paris; nach Teilnahme an der Revolution von 1848 zeitweilig im Exil (u. a. Paris), später rumän. Außenminister; als Lyriker und Epiker Bewunderer der Volksdichtung, die er sammelte und nachahmte („Poezii populare şi balade", 1852; „Poezii populare ale Românilor", 1866); bes. seine patriot. und schlicht volksliedhaften Gedichte wurden außerordentl. populär; als Leiter des Nationaltheaters in Jassy schrieb er zahlreiche Lustspiele, die er z. T. in den Dienst der polit. Vereinigung der rumän. Fürstentümer stellte; typ. Vertreter des lat. Geschichtsbewußtseins seines Volkes.
Weitere Werke: Boieri şi ciocoi (Dr., 1872), Pasteluri, Legende, Ostaşii noştri (Ged., 1878), Ovid (Dr., dt. 1886).

Alegría, Ciro [span. ale'ɣria], * Quilca (Prov. Huamachuco) 4. Nov. 1909, † Lima 17. Febr. 1967, peruan. Schriftsteller.
Verbrachte seine Kindheit auf einer Farm, studierte in Trujillo, war Reporter. A. war schon seit 1926 literar. tätig. Er nahm lebhaften Anteil am polit. Leben seines Landes; war Führer der Aprista-Bewegung. Aus polit. Gründen wurde er

mehrmals verhaftet, bis er 1934 nach Chile emigrierte. Hier begann er, krank und völlig mittellos, wieder zu schreiben. „Menschen am Marañón" (R., 1935; dt. 1954) behandelt das Leben der Dorfbewohner des Marañón-Gebietes; „Hirten, Herden, Hunde" (R., 1939; dt. 1957) befaßt sich mit den Hirten im Norden von Peru, ihrem Kampf gegen die Dürre und die Landbesitzer. Sein berühmtestes Werk „Taita Rumi" (dt. 1945) schildert ebenfalls das trag. Schicksal der Indios, das immer wieder das Thema seiner realist. Schilderungen ist. Die Romane enthalten auch ethnolog. und kulturgeschichtl. Aspekte und zeichnen sich durch lyr. Landschaftsdarstellung und durch eine reiche Sprache aus. A. schrieb außerdem Drehbücher, Artikel, Kurzgeschichten und Kindergeschichten. Er lebte 1941–49 in den USA und lehrte dann an der Universität Puerto Rico.

Aleixandre, Vicente [span. alɛi̯k'sandre], * Sevilla 26. April 1898, span. Dichter.
Studierte Rechtswissenschaft in Madrid, wandte sich jedoch bald ganz der Literatur zu; Freundschaft u. a. mit García Lorca und Guillén; Mitglied der span. Akademie; einflußreicher span. Lyriker, Vertreter eines romant.-visionären Surrealismus unter Bevorzugung des Vers libre.
Hauptwerke: La destrucción o el amor (Ged., 1935), Sombra del paraíso (Ged., 1944), Nacimiento último (Ged., 1953), Nackt wie der glühende Stein (Ged., dt. Ausw. 1963).
Literatur: Bousoño, C.: *La poesía de V. A. Madrid ^{2}1956.*

Alejchem, Scholem ↑ Scholem-Alejchem.

Aleksandravičius, Jonas [lit.alæksan'dra:vɪtʃʊs] ↑ Aistis, Jonas.

Alekseev, Sergej Aleksandrovič ↑ Naidjonow, Sergei Alexandrowitsch.

Alemán, Mateo [span. ale'man], ≈ Sevilla 28. Sept. 1547, † in Mexiko nach 1614, span. Schriftsteller.
Studierte Philosophie, später Medizin, lebte in Armut und Geldnot (zweimal im Schuldgefängnis). Betätigte sich in den verschiedensten Berufen, ging 1608 mit seiner Familie nach Amerika. Dort ist er verschollen. A. schrieb einen zweiteiligen pessimist. Schelmenroman in Ich-Form, „Vida del pícaro Guzmán de Alfarache" (1599 bis 1604, dt. von Ä. Albertinus 1615), der ungewöhnl. Erfolg hatte und in viele Sprachen übersetzt wurde. Sein Held, Küchenjunge, Soldat, Student, Bettler und Hochstapler, vagabundiert auf eigene Faust durch die großen Städte Spaniens und Italiens. In diesem pikaresken Roman philosophiert A. weitschweifig und moralisierend über Leben und Welt. Der Fluß der Handlung wird immer wieder von Legenden und gelehrten Ausführungen unterbrochen, dennoch machen die plast. Schilderung und die starke sprachl. Ausdruckskraft den Roman zu einem Höhepunkt seiner Gattung, der viel nachgeahmt wurde. Deutl. Einfluß auf Grimmelshausen.
Ausgabe: M. A. Das Leben des Guzmán v. Alfarache. Dt. Übers. In: Span. Schelmenromane. Bd. 1. Mchn. 1964.
Literatur: Moreno Báez, E.: *Lección y sentido del „Guzmán de Alfarache". Madrid 1948.* – Rodríguez Marín, F.: *Vida de M. A. Sevilla 1907.*

Alembert, Jean Le Rond d' [frz. alã'bɛ:r], * Paris 16. Nov. 1717, † ebd. 29. Okt. 1783, frz. Mathematiker und Schriftsteller.
Unehel. Sohn der Madame de Tencin; glänzender Schüler des Collège Mazarin; 1741 Mitglied der Académie des sciences, 1754 der Académie française und 1772 deren ständiger Sekretär; veröffentlichte 1743 in seinem berühmten „Traité de dynamique" das nach ihm benannte d'A.sche Prinzip; mit Diderot unternahm er die Herausgabe der monumentalen „Encyclopédie" (33 Bde., 1751–80), zu der er das Vorwort („Discours préliminaire") verfaßte; durch seine „Mélanges de littérature, d'histoire et de philosophie" (1753 bis 1783) und seinen „Essai sur les éléments de philosophie et sur les principes des connaissances humaines" (1759) griff er in die literar. und philosoph. Bewegung des 18. Jh.s ein, innerhalb der er den frz. Positivismus vorbereitete; Voltaire bezeichnete ihn als „ersten Schriftsteller des Jahrhunderts".

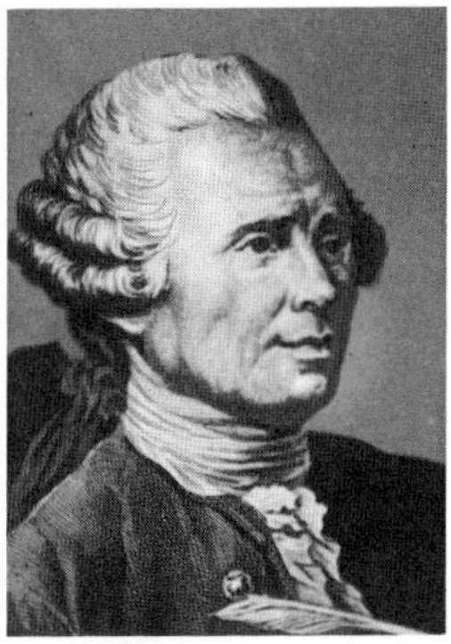
Jean Le Rond d'Alembert

Literatur: Grimsley, R.: *J. d'A. 1717–83. Oxford 1963.* – Muller, M.: *Essai sur la philosophie de J. d'A. Paris 1926.* – Bertrand, J.: *D'A. Paris 1889.*

Alencar, José Martiniano de [brasilian. aleŋ'kar], Pseudonym Sênio, * Mecejana (Ceará) 1. Mai 1829, † Rio de Janeiro 12. Dez. 1877, brasilian. Dichter der Romantik.
Studierte Rechtswissenschaft, war Journalist, Abgeordneter und 1868–70 Justizminister, später Advokat; literar. tätig. A. schrieb Romane, Novellen und Dramen mit Stoffen aus der Kolonialzeit, auch Lyrik und polit. Schriften. Er begeisterte sich für die ursprüngl. Werte Brasiliens, die Tradition der Eingeborenen, die, idealisiert, im Mittelpunkt vieler seiner histor. und sozialen Gesellschaftsromane stehen. Schöpfer einer eigenständigen brasilian. Prosa.
Hauptwerke: O Guaraní (R., 1857), O demónio familiar (Dr., 1858), Mãe (Dr., 1859), Iracema (R., 1865), O gaúcho (E., 1870), Ubirajara (R., 1873), Senhora (R., 1875).

Alepudelis, Odisseas; tl.: Alepoudélēs, Odusséas [neugr. alɛpu'ðɛlis] ↑ Elitis, Odisseas.

Alexander, Meister, genannt „der wilde A.", fahrender dt. Spruch- und Liederdichter der 2. Hälfte des 13. Jahrhunderts.
Er schrieb Minnelieder, Sprüche und religiöse Gedichte in kunstvoller Form und blumenreichem Stil, voller Bilder, Gleichnisse und Parabeln. Seiner Sprache nach war er Alemanne.
Literatur: Haller, R.: *Der wilde A. Beitr. zur Dichtungsgesch. des 13. Jh.s. Würzburg 1935.*

Alexanderroman, griech. Volksbuch, beeinflußt von den „Taten Alexanders" des Kallisthenes, bereits im 2. Jh. v. Chr. nachweisbar; symptomat. sind hymn. Verherrlichung Alexanders, phantast. Erzählweise und romaneske Ausschmückung histor. Tatsachen; erhalten sind nur griech. Fassungen aus späterer Zeit und eine lat. Bearbeitung des „Iulius Valerius"; daneben steht ein aus Arrian und Pseudo-Kallisthenes kompiliertes, an Kaiser Konstantin gerichtetes „Itinerarium Alexandri Magni"; zu erwähnen ist die Bearbeitung des Archipresbyter Leo im 10. Jh.; beliebt v.a. im MA; neben zahlreichen Volksbüchern sind die Fassungen des Albéric von Besançon und des Pfaffen Lambrecht bedeutend.
Ausgabe: Der griech. A. Rezension Γ. Buch 1–3. Hg. v. U. v. Lauenstein *u.a. Meisenheim 1962–69. 3 Bde.*
Literatur: Merkelbach, R.: *Die Quellen des griech. A.s. Mchn. [2]1969.* – Brummach, J.: *Die Darst. des Orients in den dt. Alexandergesch. des MA. Bln. 1966.* – Cary, G.: *The medieval Alexander. Hg. v.* D. J. A. Ross. *Cambridge 1956.* – Meyer, P.: *Alexandre le Grand dans la littérature française du moyen âge. Paris 1886. 2 Bde.*

Alexandre de Bernay [frz. alɛksɑ̃drədəbɛrˈnɛ], frz. Dichter der 2. Hälfte des 12. Jahrhunderts. Vermutl. aus Bernay; einer der Hauptverfasser und -bearbeiter des mehr als 20000 Verse umfassenden altfrz. Alexanderromans („Roman d'Alexandre"), nach dem der klass. 12silbige Vers Alexandriner genannt wurde; A. de B. wurde früher auch der Roman „Athis et Prophilias" zugeschrieben.

Alexandrescu, Grigore [rumän. aleksanˈdresku], * Tîrgoviște 6. März 1810, † Bukarest 7. Dez. 1885, rumän. Dichter.
Zeitweilig in der Armee; setzte sich für die Vereinigung der rumän. Fürstentümer ein, 1859 Erziehungsminister; Lyriker, echter Romantiker und Patriot, unter frz. Einfluß; schrieb schwungvolle Verse von beißender Satire auf die gesellschaftl. Zustände, ein Lied auf die Freiheit („Das Jahr 1840") und volkstüml. Fabeln, von denen ein Teil 1957 in dt. Übersetzung erschien.

Alexandri, Vasile ↑ Alecsandri, Vasile.

Alexandrinus, Titus Flavius Clemens ↑ Clemens, Titus Flavius C. Alexandrinus.

Alexandros Aitolos, * Pleuron (beim heutigen Mesolongion) um 315 v. Chr., griech. Dichter. War um 285 Bibliothekar in Alexandria und um 275 am Hofe des Antigonos Gonatas von Makedonien; gehörte zur alexandrin. „Pleias"; Verfasser von Tragödien, Elegien und Epigrammen.

Alexejew, Sergei Alexandrowitsch [russ. alɪkˈsjejɪf] ↑ Naidjonow, Sergei Alexandrowitsch.

Alexis, * Thurii (Unteritalien) 372, † 270, griech. Dramatiker.
Gilt neben dem älteren Antiphanes als bedeutendster Dichter der mittleren att. Komödie (Mese); erhalten sind neben 130 Titeln nur Fragmente.

Alexis, Paul [frz. alɛkˈsi], * Aix-en-Provence 16. Juni 1847, † Triel-sur-Seine 28. Juli 1901, frz. Schriftsteller.
Freund Zolas und getreuester Anhänger von dessen Kunstauffassung, Mitglied des Kreises von Médan; schrieb naturalist. Romane und Novellen („Après la bataille", 1880; „La fin de Lucie Pellegrin", 1880; „Le besoin d'aimer", 1885; „Madame Meuriot", 1890) sowie Dramen (bes. „Celle qu'on n'épouse pas", 1879, und „Monsieur Betsy", mit O. Méténier, 1890); wertvoll ist auch seine biograph. Skizze „Émile Zola, notes d'un ami..." (1882).

Alexis, Willibald [aˈlɛksɪs], eigtl. Wilhelm Häring, * Breslau 29. Juni 1798, † Arnstadt 16. Dez. 1871, dt. Schriftsteller.
Stammte aus einer frz. Refugiésfamilie, nahm am Feldzug von 1815 teil, studierte in Berlin und Breslau Jura. Er arbeitete in Berlin als Kammergerichtsreferendar, war Redakteur beim „Berliner Konversationsblatt", gründete Lesekabinette und Buchhandlungen und widmete sich früh ausschließl. der Literatur. Seit 1851 lebte er in Arnstadt. Seine ersten Romane gab er als Werke W. Scotts aus, der ihn neben Tieck und den Jungdeutschen am meisten beeinflußt hat. Er verfaßte einige vortreffl. Novellen, Reiseschilderungen, Bühnenstücke, Balladen u.a., aber sein Schaffen galt in erster Linie dem ep. breiten Geschichtsroman. Seine kulturhistor. interessanten Schilderungen aus der brandenburg.-preuß. Geschichte brachten ihm den Ehrennamen eines „märk. Scott" ein. Die Romane sind zwar kompositor. schwach, zeichnen sich aber durch feinen Humor und plast. Charakterdarstellung aus. Die bedeutendsten sind „Cabanis" (1832), „Der Roland von Berlin" (1840), „Der falsche Woldemar" (1842), „Die Hosen des Herrn von Bredow" (1846–48), „Ruhe ist die erste Bürgerpflicht" (1852). 1842 begann A. mit J. E. Hitzig eine Sammlung von Kriminalgeschichten herauszugeben („Der neue Pitaval", bis 1862).
Weitere Werke: Isegrimm (R., 1854), Dorothee (R., 1856).
Ausgabe: W. A. Ges. Werke. Bln. 1874. 20 Bde.
Literatur: Beutin, W.: *Königtum u. Adel in den histor. Romanen v. W. A. Bln. 1966.* – Thomas, L.: *W. A. Oxford 1964.*

Alexiu, Elli; tl.: Alexíou, 'Éllē [neugr. alɛˈksiu], * Iraklion (Kreta) 1900, neugriech. Schriftstellerin.
Lehrerin in Iraklion und Athen, 1948 wegen ihrer linksorientierten polit. Haltung entlassen; schreibt Romane und Erzählungen über soziale Probleme in Griechenland. Dt. erschien der Roman „Die dritte Mädchenschule" (1934, dt. 1963).

Alexiuslied (frz. Vie de Saint Alexis), altfrz. Dichtung des 11. Jh.s, vermutl. aus der Feder eines normann. Klerikers; behandelt in regelmäßigen fünfzeiligen Strophen assonierender Zehnsilber das Leben des hl. Alexius (4. Jh.); eines der ältesten erhaltenen Denkmäler der altfrz. Literatur mit hohen literar. Qualitäten.

Alfieri, Vittorio Graf [italien. alˈfjɛːri], * Asti 16. Jan. 1749, † Florenz 8. Okt. 1803, italien. Dichter.
Stammte aus einem reichen Adelsgeschlecht, wurde Offizier und studierte später in Turin. 1767–72 führten ihn Reisen durch ganz Europa. Ein Selbstmordversuch, ein Duell und die Liebesleidenschaft zu Penelope Pitt sind die bemerkenswertesten Episoden seiner Jugend. A. lebte mit seiner Geliebten Luisa Stolberg, Gräfin von Albany, in Rom, Florenz, London und Paris, wo sie die Revolution überraschte. In Florenz entstanden die meisten seiner Werke. Liebesgedichte, in denen er die Liebe als göttl. Kraft besingt, machen den Großteil seiner Lyrik aus. „Cleopatra" (1775) ist die erste einer langen Reihe von Tra-

gödien über Vaterland und Freiheit. Zu den besten gehören „Filippo" (dt. 1877), „Virginia" (dt. 1922), „Saul" (dt. 1922) und „Mirra" (dt. 1922). Sie sind sprachl. gewollt knapp und kraftvoll, formal einfach, nach den klass. Regeln, ihr Geist ist aber bei allem Pathos neu. Die Tragödien, in denen A. den Konflikt zwischen der großen Persönlichkeit und den Leidenschaften anderer gestaltet, zeigen den Verfasser als glühenden Republikaner und fanden im italien. Risorgimento begeisterte Aufnahme. A. gilt als der bedeutendste italien. Tragödiendichter des 18. Jh.s. Er schrieb auch 6 Komödien („Il divorzio", u.a.), 17 Satiren und 6 Oden mit vorwiegend polit. Charakter und das Epos „L'Etruria vendicata" (1786). Die beste seiner Prosaschriften ist seine aufrichtige Lebensbeschreibung „Denkwürdigkeiten seines Lebens; von ihm selbst geschrieben" (dt. 1812); die übrigen sind polit. Natur, u.a. „Von der Tyrannei" (1777, dt. 1822), in der er, wie in den meisten seiner Tragödien, seine Ansichten über Freiheit und Tyrannei darlegt, und „Del principe e delle lettere" (1786).

Ausgabe: *V. A. Opere. Edizione del centenario. Turin 1903. 11 Bde.*

Literatur: Fubini, M.: *V. A. Florenz* ^{2}*1953.*

Alf Laila Wa Laila ↑ Tausendundeine Nacht.

Alfons X., der Weise, * Toledo 23. Nov. 1221, † Sevilla 4. April 1284, König von Kastilien und León (seit 1252).

Enkel Philipps von Schwaben; 1257 zum dt. König gewählt, ohne je in Deutschland gewesen zu sein. A. X. förderte Kunst und Wissenschaft; reformierte die Universität von Salamanca und förderte die span. Sprache. Er war tolerant gegen Araber und Juden; verfaßte jurist. und histor. Werke, beschäftigte sich mit Astronomie, Alchimie, Dichtkunst und Musik. Auch der oriental. Kulturkreis zog ihn an; er ließ Übersetzungen anfertigen und übersetzte und bearbeitete selbst arab. Bücher. Eine umfassende Chronik der span. Geschichte, „Crónica general", der Anfang einer Universalgeschichte, „General estoria", und die Kodifizierung des geltenden Rechts, „Siete partidas", sind ihm zu verdanken. Er schrieb 420 tiefreligiöse, hymn. Gedichte in galic. Sprache, viele von ihnen zum Preis der Jungfrau Maria („Cantigas de Santa María", hg. 1889). König A. X. wird als Begründer der kastil. Prosaliteratur und Geschichtsschreibung angesehen.

Weitere Werke: Libros del saber de astronomía (hg. 1863–67), El lapidario (hg. 1881), Libro de juegos de ajedrez, dados e tablas (hg. 1941).

Literatur: Keller, J. E.: *Alfonso X, el Sabio. New York 1967.* – Ballesteros-Beretta, A.: *Alfonso X el Sabio. Barcelona 1963.* – Schoen, W. Frhr. v.: *A. X. v. Kastilien. Mchn. 1957.*

Alfred der Große, * Wantage (Berkshire) 848 oder 849, † 26. oder 28. Okt. 899 (901?), ags. König (seit 871).

Bed. Kriegsherr, Gesetzgeber, Gelehrter und Schriftsteller. Nach erfolgreichem Kampf gegen die Dänen bemühte er sich um die kulturelle Wiederbelebung und die Bildung seines Volkes. Er berief Gelehrte an seinen Hof in Winchester, ließ die alten Gesetze von Kent, Wessex und Mercia sammeln, förderte das Schulwesen und übersetzte selbst Werke der lat. Literatur: Boethius' „De consolatione philosophiae", Gregors des Großen „Cura pastoralis", Bedas „Historia ecclesiastica", die er teils mit Zusätzen versah (Boethius), teils kürzte (Beda). Orosius' „Weltgeschichte" ergänzte er, bes. auf geograph. Gebiet. Das „Anglo-Saxon Chronicle" gewann unter A. größere Bedeutung. Er gilt als Schöpfer der altengl. Prosa.

Literatur: Loyn, H. R.: *A. the Great. New York 1967.* – Plummer, Ch.: *Life and times of A. the Great. Oxford 1902. Nachdr. New York 1969.*

Algarotti, Francesco Graf [italien. alga'rɔtti], * Venedig 11. Dez. 1712, † Pisa 3. Mai 1764, italien. Schriftsteller und Gelehrter.

Studierte Naturwissenschaften und Literatur, war ein aufgeklärter Literat mit enzyklopäd. Bildung. Er schrieb in einfachem, zugängl. Stil Essays, Dialoge und Briefe über Kunst und Wissenschaft. 1737 veröffentlichte er in Paris „Newtonianismo per le dame", eine Erläuterung der Newtonschen Optik, und kam damit zu europ. Ruf. Es gelang ihm, wissenschaftl. Fragen volkstüml. darzustellen. Sein bestes Werk, die „Lettere sulla Russia" (1733), sind das Ergebnis einer Reise nach Petersburg. A. beschäftigte sich auch mit Kunstwissenschaft. 1740–53 lebte er am Hofe Friedrichs des Großen, der ihn in den Adelsstand erhob. Für die Dresdner Galerie Augusts III. von Sachsen kaufte er in Italien Gemälde an. Zu seinen Freunden gehörte auch Voltaire. 1754 kehrte er nach Italien zurück, verbrachte seine letzten Jahre in Venedig, Bologna und Pisa.

Literatur: Ambrogio, A.: *L'estetica di F. A. Syrakus 1925.* – Treat, I. F.: *Un cosmopolite italien du XVIII*^{e} *siècle: F. A. Diss. Paris 1913.*

Albert, François Paul [frz. ali'bɛ:r], * Carcassonne 16. März 1873, † ebd. 23. Juni 1953, frz. Dichter.

Lebte fast ausschließl. in Carcassonne; wenig populärer, von Kennern jedoch hochgeschätzter neoklassizist., Moréas und Régnier nahestehender Lyriker mit ausgeprägt intellektualist. Neigungen; schrieb: „Odes" (1922), „Églogues" (1923), „Élégies romaines" (1923), „Le cantique sur la colline" (Ged., 1924), ferner Dramen: „Les Dioscures" (1925) u.a.

Aliger, Margarita Jossifowna; tl.: Aliger, Margarita Josifovna [russ. ali'gjɛr], * Odessa 7. Okt. 1915, russ.-sowjet. Dichterin.

Veröffentlichte seit ihrem berühmten Gedicht „Soja" (1943; zu Ehren eines ermordeten sowjet. Partisanenmädchens) etliche Lyriksammlungen, die z.T. unter dem Einfluß von A. Achmatowa stehen.

Alighieri ↑ Dante Alighieri.

Alkaios, * Mytilene (Lesbos) um 620, † um 580, griech. Dichter.

Entstammte einem alten Adelsgeschlecht und war führend an den Parteifehden zwischen Aristokratie und aufkommender Demokratie beteiligt, weshalb er längere Zeit in der Verbannung leben mußte. Als Meister des äol. Liedes steht A. zusammen mit Sappho auf einsamer Höhe. Polit. Tendenzdichtung, Kampf- und Haßgesänge gegen die Tyrannen, Jubellieder über deren Sturz, Zech- und Liebeslieder sowie Götterhymnen zeugen von reger literar. Tätigkeit; seine meist in vierzeiligen Strophen abgefaßten, nur fragmentar. erhaltenen Lieder sind reich an metr. Formen und haben bes. die Dichter der röm. Klassik – Nach-

bildung der alkäischen Strophe in den Übertragungen der berühmtesten Lieder bei Horaz – entscheidend beeinflußt.
Ausgabe: A. Lieder. Griech. u. dt. Hg. v. M. Treu. *Mchn. ²1963.*
Literatur: Page, D. L.: *Sappho and Alcaeus: An introduction to the study of ancient Lesbian poetry. New York 1955.*

Alkiphron, griech. Schriftsteller des 2. Jh.s.
Vollständig erhalten sind 118 Briefe, deren Verfasser und Adressaten – att. Fischer, Bauern, Parasiten und Hetären des 4. Jh.s v. Chr. – fingiert sind; in sprachl. Bemühen des Attizisten und antiquar. Beflissenheit gelingt es A. oft, in seiner Liebe für ein verklärt dargestelltes Athen das Charakterist. jener Zeit in vorbildl. Stimmungsmalerei nachzugestalten; Anklänge an die Komödie sind nicht zu übersehen.

Alkman, griech. Lyriker der 2. Hälfte des 7. Jh.s v. Chr.
Kam vermutl. als Sklave aus Sardes (Lydien) und erhielt das Bürgerrecht in Sparta, wo er Chorege war; begründete die dor. Kunstlyrik (Chorlyrik) und schrieb Liebeslieder und Parthenien (für Mädchenchöre); nach ihm sind der alkman. Vers und die alkman. Strophe benannt.

Alkmar, Hinrek van ↑ Hinrek van Alkmar.

Alkuin ['alkui:n] (Alcuinus), * York um 735, † Tours 19. Mai 804, ags. Gelehrter.
Gehörte dem Gelehrtenkreis am Hof Karls des Großen an, war Abt von St. Martin in Tours und Lehrer des Kaisers für Rhetorik, Dialektik und Astronomie. Daneben beschäftigte er sich mit Kirchenmusik, schrieb Schulschriften (bestehend aus Fragen und Antworten), Fabeln, Elegien und Oden. Auch an der Abfassung der „Libri Carolini" hat er Anteil. Aus seinem Briefwechsel mit Karl dem Großen sind zahlreiche Briefe erhalten.
Literatur: Edelstein, W.: *Eruditio u. sapientia. Weltbild u. Erziehung in der Karolingerzeit. Unterss. zu Alcuins Briefen. Freib. 1965.* – Wallach, L.: *Alcuin and Charlemagne. Studies in Carolingian history and literature. Ithaca (N.Y.) 1959.* – Werner, K.: *Alcuin u. sein Jh. Ein Beitrag zur christl.-theolog. Literärgesch. Neuausg. Wien 1881.*

Allais, Alphonse [frz. a'lɛ], * Honfleur (Calvados) 1855, † Paris 28. Okt. 1905, frz. Humorist.
War Mitbegründer des literar. Kabaretts „Chat-Noir", dann Redakteur des „Sourire"; schrieb humorist. Skizzen, gesammelt in den Bänden „À se tordre" (1891), „Vive la vie" (1892), „On n'est pas des bœufs" (1896), ferner, teils allein, teils in Gemeinschaft, die Komödien „L'innocent Sylvéric ou les fonds hollandais" (1898), „Der Moralfex" (dt. 1906) u. a.

Alleg, Henri [frz. al'lɛg], * 20. Juli 1921, alger. Schriftsteller.
Journalist; schreibt in frz. Sprache; v.a. bekannt durch sein Werk „Die Folter" (dt. 1958).

Allen, Charles Grant [engl. 'ælɪn], * Kingston (Kanada) 24. Febr. 1848, † Hindhead (Surrey) 28. Okt. 1899, engl.-kanad. Schriftsteller und Naturforscher.
Lebte in Amerika und England, Studium in Oxford; verteidigte in seinen naturwissenschaftl. Schriften den Darwinismus („Charles Darwin", 1885) und trat in seinen Romanen „Die es tat" (dt. 1896) und „The British barbarians" (1896) für eine freiere Auffassung der Ehe ein.

Allen, Hervey [engl. 'ælɪn], * Pittsburgh 8. Dez. 1889, † Miami 28. Dez. 1949, amerikan. Schriftsteller.
Studierte in Pittsburgh, nahm am 1. Weltkrieg teil (autobiograph. R. „Flammen vor uns", dt. 1937) und wurde 1918 schwer verwundet. Er war Englischlehrer in Charleston, wo er mit DuBose Heyward die „Poetry Society of South Carolina" gründete und mit ihm die „Carolina chansons" (1922) schuf. A. schrieb histor. Romane, einige Bände Lyrik und verfaßte „Israfel: The life and times of E. A. Poe" (1927). Sein romant. Geschichtsroman aus der Zeit Napoleons „Antonio Adverso" (dt. 1935) ist eine eigenartige Mischung von Abenteuer und histor. Reminiszenzen. „Oberst Franklin" (dt. 1937) spielt während des Bürgerkriegs. „The city in the dawn" (dt. 1951 u. d. T. „Die Enterbten") bildet mit den drei Romanen „Der Wald und das Fort" (dt. 1944), „Das Dorf am Rande der Welt" (dt. 1946) und „Dem Morgen entgegen" (dt. 1949) einen Teil einer Romanreihe mit Themen aus der amerikan. Geschichte.

Allen, James Lane [engl. 'ælɪn], * Lexington (Ky.) 21. Dez. 1849, † New York 18. Febr. 1925, amerikan. Schriftsteller.
War Lehrer, später freier Schriftsteller in New York; gab in seinen Romanen und Kurzgeschichten warme, z.T. idealisierende Schilderungen seiner Heimat: „A Kentucky cardinal" (1895), „The choir invisible" (1897), „The Kentucky warbler" (1918).

Allinger, Jeannie ↑ Ebner, Jeannie.

Allingham, William [engl. 'ælɪŋəm], * Ballyshannon (Irland) 19. März 1824, † Hampstead (heute zu London-Cambden) 18. Nov. 1889, irischer Dichter.
Wuchs in Irland auf, Freund Rossettis und anderer Präraffaeliten; suchte in „Day and night songs" (1854) und namentl. in dem erzählenden Gedicht „Laurence Bloomfield in Ireland" (1864) Verständnis für das Los des ir. Pächters zu erwecken.

Allmers, Hermann, * Rechtenfleth bei Bremen 11. Febr. 1821, † ebd. 9. März 1902, dt. Dichter.
Fries. Abkunft; Landwirt in Rechtenfleth, das er zu einem Zentrum der Heimatbewegung machte; 1858 Italienreise; Freund Haeckels, Geibels u.a.; Heimatdichter der brem. Marschenlandschaft („Marschenbuch", 1858); daneben wissenschaftl., bes. folklorist. Studien („Die Pflege des Volksgesangs im dt. Nordwesten", 1878), auch Epiker und Dramatiker, an klass. Vorbildern geschult.
Weitere Werke: Dichtungen (1860), Röm. Schlendertage (En., 1869).
Ausgabe: H. A. Werke. Hg. v. Kurd Schulz. *Gött. 1965.*
Literatur: Siebs, Th.: *H. A. Bln. 1915.*

Allston, Washington [engl. 'ɔ:lstən], * Familienfarm am Waccamaw River (S.C.) 5. Nov. 1779, † Cambridge (Mass.) 9. Juli 1843, amerikan. Maler und Dichter.
Studierte in Harvard, an der Kunstakademie in London und in Rom, wo er sich mit Coleridge befreundete; seit 1818 wieder in den USA (Cambridgeport); malte meist Bilder nach Motiven des A.T. im Stil der Venezianer, weshalb er der „amerikan. Tizian" genannt wurde; als Schriftsteller trat er u.a. mit Gedichten („The sylphs of the

seasons", 1813) und der Erzählung „Monaldi" (dt. 1843) hervor.
Weiteres Werk: Lectures on art (1850).
Almafuerte [span. alma'fuerte] ↑ Palacios, Pedro Bonifacio.
Almeida, José Valentim Fialho de ↑ Fialho de Almeida, José Valentim.
Almeida, Nicolau Tolentino de ↑ Tolentino de Almeida, Nicolau.
Almeida Garrett ↑ Garrett, João Baptista da Silva Leitão de Almeida.
Almquist, Carl Jonas Love [schwed. ˌalmkvist], * Stockholm 28. Nov. 1793, † Bremen 26. Sept. 1866, schwed. Dichter.
Bäuerl. Abstammung, Studium in Uppsala. Er begeisterte sich für Rousseau und führte nach dessen Ideen ein einfaches Bauernleben in Värmland; später wurde er Lehrer und Schulleiter in Stockholm. Der reformfreudige Pädagoge schrieb verschiedene Lehrbücher, arbeitete seit 1839 am liberalen „Aftonbladet" und mußte bald wegen oppositioneller Einstellung den Schuldienst verlassen. Unter Mordverdacht ging er 1851 nach Amerika, wo er in größter Not lebte. 1865 kehrte er nach Europa zurück und lebte unter dem Namen C. Westermann in Bremen. A. ist eine widerspruchsvolle Persönlichkeit. Exot. Phantastik, myst. Religiosität und soziale, gesellschaftskrit. Tendenzen sind in seinem Werk wirksam. Er begann als Romantiker, wurde zum realist. Tendenzschriftsteller und verfaßte in wirtschaftl. Not auch Unterhaltungsromane. Neben stimmungsvoller, gefühlsreicher Lyrik schrieb er balladenhafte Gedichte. Das romant. „Törnrosens bok" (1832–51) ist eine Sammlung von 104 verschiedenen Beiträgen: Novellen, Romane, Lyrik, Dramen und Abhandlungen. Sie wird durch die Rahmenerzählung „Das Jagdschloß" (dt. 1925) zusammengehalten und enthält u.a. das exot. Schauspiel „Ramido Marinesco" (dt. 1913), „Hermitaget" (R., 1833), „Der Königin Juwelenschmuck" (R., dt. 1846), „Signora Luna" (Dr., 1835), die realist. Erzählungen „Skällnora kvarn" (1838), „Es geht an" (1838, dt. 1846), eine vieldiskutierte Ehegeschichte über das Thema der freien Liebe, und die Bauernerzählung „Grimstahamns nybygge" (1839); „Amorina" (1839) ist ein romant. Briefroman mit gesellschaftskrit. und religiöser Tendenz.
Literatur: Olsson, H.: *Törnrosdiktaren och andre porträtt. Stockholm 1956.* – Werin, A.: *C. J. L. A. Stockholm 1923.* – Key, E.: *C. J. L. A., Schwedens modernster Dichter. In:* Key: *Menschen. Zwei Charakterstudien. Dt. Übers. Bln. 1903.*
Alomar, Gabriel [katalan. əlu'ma], * Palma de Mallorca 7. Okt. 1873, † Kairo 7. Aug. 1941, katalan. Dichter.
Professor in Palma, span. Botschafter in Rom und Kairo; trat mit Lyrik in katalan. Sprache sowie zahlreichen Essays und Zeitungsartikeln hervor; Vertreter des Futurismus und Wegbereiter des span. Modernismo; liberale Einstellung.
Hauptwerke: La columna de foc (Ged., 1904), El futurisme (Essay, 1904), Verba (Essays, 1918), La formación de sí mismo (Essays, 1920).
Alonso, Dámaso [span. a'lɔnso], * Madrid 22. Okt. 1898, span. Dichter und Romanist.
Mitarbeiter Menéndez Pidals, Lektor in Berlin, Cambridge, Stanford (Calif.) und New York; Professor in Valencia und Madrid; Präsident der span. Akademie als Nachfolger Ramón Menéndez Pidals; zeichnete sich v.a. durch seine bed. literarhistor. Arbeiten aus dem span. Siglo de oro (bes. Góngora) und als hervorragender Stilist aus; seine Gedichte sind z.T. surrealist. inspiriert („Söhne des Zorns", 1944, dt. 1954).
Alorna, Leonor de Almeida Marquesa de [portugies. ɐ'lɔrnɐ] ↑ Alcipe.
Alpharts Tod, anonyme mhd. Heldendichtung in Nibelungenstrophen aus dem Bereich der Dietrichsage; das erst spät und mangelhaft überlieferte Episodengedicht wurde wahrscheinl. von einem nordbayr. Dichter um 1250 geschrieben. Es berichtet von Alphart, dem Kampfgefährten Dietrichs von Bern, der in heldenhaftem Kampf gegen Witege und Heime, die Recken Ermanrichs, fällt.
Alphen, Hieronymus van [niederl. 'alfə], * Gouda 8. Aug. 1746, † Den Haag 2. April 1803, niederl. Dichter.
Jurist und Kunsttheoretiker; schrieb geistl. Dichtungen und ursprüngl. für seine eigenen Kinder bestimmte „Kleine Gedichte für Kinder des zarteren Alters" (1778–82, dt. 1830), Meisterstücke kindl.-naiver Darstellung; er übersetzte Werke Klopstocks und Wielands und bearbeitete Riedels „Theorie der schönen Künste und Wissenschaften".
Altenberg, Peter, eigtl. Richard Engländer, * Wien 9. März 1859, † ebd. 8. Jan. 1919, östr. Schriftsteller.

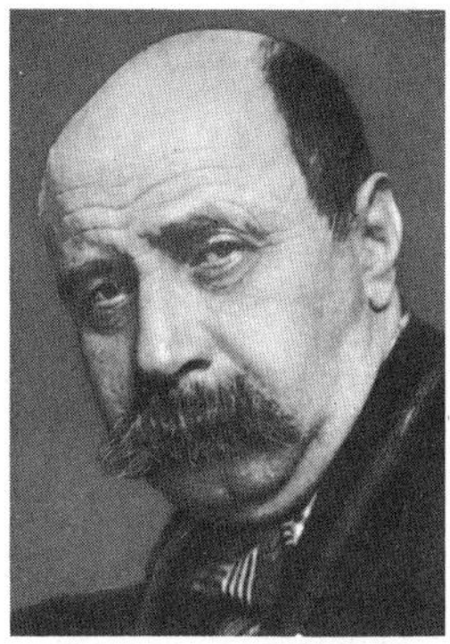
Peter Altenberg

Studierte Jura und Medizin, war Buchhändler, angesehener Wiener Kaffeehausliterat und Bohemien. Er ist durch sprachl. meisterhafte, gedankl. komprimierte Prosaskizzen, seine im Plauderton gehaltenen kulturkrit. Aphorismen und die formvollendeten impressionist. Stimmungsbilder aus dem Alltag der Großstadt berühmt geworden. A. selbst nannte seine kleinen Dichtungen „Extrakte des Lebens".
Hauptwerke: Wie ich es sehe (1896), Was der Tag mir zuträgt (1900), Märchen des Lebens (1908), Bilderbögen des kleinen Lebens (1909), Semmering 1912 (1913), Vita ipsa (1918), Mein Lebensabend (1919).
Ausgabe: P. A. Ausw. aus seinen Büchern. Hg. v. K. Kraus. *Neuausg. Zürich 1963.*
Literatur: Paulmichl, L.: *Zeit- u. Gesellschaftskritik im Werke P. A.s. Diss. Innsbruck 1963 [Masch.].* – Randak, E.: *P. A. oder das Genie ohne*

Fähigkeiten. Graz 1961. – Kraus, K.: *P. A. Wien 1919.*

Altendorf, Wolfgang, * Mainz 23. März 1921, dt. Dramatiker, Lyriker und Erzähler.
Während des 2. Weltkrieges mehrfach verwundet, nach Kriegsende in den verschiedensten Berufen tätig, seit 1950 freier Schriftsteller; experimentierfreudiger Dramatiker, der die Problematik seiner Stücke im zeitgenöss. Geschehen findet, das er symbolisierend zu allgemeingültiger Aussage zu gestalten weiß; auch humorist. Erzähler und Lyriker.
Hauptwerke: Der arme Mensch (Dr., UA 1952), Die Mücke und der Elefant (Kom., UA 1953), Die Feuer verlöschen (Dr., UA 1954), Das Dunkel (Dr., UA 1956), Thomas Adamsohn (Dr., UA 1956, Hsp., 1957), Leichtbau (Ged., 1956), Odyssee zu zweit (R., 1957), Der Transport (R., 1959), Hauptquartier (R., 1964), Haus am Hang (R., 1965).

Alter, Moshe Jacob ↑ Rosenfeld, Morris.

Altes Testament ↑ Bibel.

Althaus, Peter Paul, * Münster (Westf.) 28. Juli 1892, † München 16. Sept. 1965, dt. Lyriker.
Ausbildung zum Apotheker, Studium der Philologie; war Schauspieler, Redakteur und Rundfunkautor; erwarb sich nach 1945 große Verdienste um die Wiederbelebung des Kabaretts „Brettl" in seiner Wahlheimat München-Schwabing; bekannt durch seine heiter-iron., poetisch verspielten Gedichtsammlungen; auch Übersetzer (Voltaire, altruss. Kirchenlieder).
Hauptwerke: In der Traumstadt (Ged., 1951), Dr. Enzian (Ged., 1952), Laßt Blumen sprechen. Flower tales (1953), Wir sanften Irren (Ged., 1956), Seelenwandertouren (Ged., 1961).

Altolaguirre, Manuel [span. altola'ɣirrɛ], * Málaga 29. Juni 1905, † Burgos 26. Juli 1959, span. Dichter.
Studierte die Rechte und war Drucker und Verleger in Madrid, Paris und London; nach dem Bürgerkrieg in Mexiko; Lyriker unter anfängl. Einfluß von Jiménez und Salinas mit Neigung zur Romantik.
Hauptwerke: Las islas invitadas (Ged., 1926), Ejemplo (Ged., 1927), Un día (Ged., 1931), La lenta libertad (Ged., 1933), Antología de la poesía romántica española (1933).

Altswert, Meister, elsäss. Dichter der 2. Hälfte des 14. Jahrhunderts.
Von ihm sind vier allegor. Minnegedichte erhalten: „Altswert" (= Das alte Schwert), „Der Kittel", „Der Tugenden Schatz", „Der Spiegel".

Álvares de Azevedo, Manuel António [brasilian. 'alvariz di aze'vedu], * São Paulo 12. Sept. 1831, † Rio de Janeiro 25. April 1852, brasilian. Dichter.
Rechtsstudium in São Paulo, starb im 21. Lebensjahr an Lungentuberkulose; bed. brasilian. Lyriker unter dem Einfluß Heines, Byrons, Mussets: voll Sensibilität, Ironie und Melancholie; seine Gedichte finden sich in der Sammlung „A lira dos vinte anos" (1853).

Álvares do Oriente, Fernão [portugies. 'alvɐrɪʒ ðu o'rientə] ↑ Oriente, Fernão Álvares do.

Álvarez de Cienfuegos, Nicasio [span. 'alβarɛð ðe θien'fueɣos] ↑ Cienfuegos, Nicasio Álvarez de.

Álvarez Quintero, Serafín [span. 'alβarɛθ kin'tero], * Utrera (Sevilla) 26. März 1871, † Madrid 12. April 1938, und Joaquín, * Utrera 20. Jan. 1873, † Madrid 14. Juni 1944, span. Dramatiker.
Brüder, studierten in Sevilla, waren Mitglieder der span. Akademie und Inhaber zahlreicher Auszeichnungen; sie verfaßten gemeinsam – bis zum Tode des älteren – rund 200 außerordentl. erfolgreiche, bühnenwirksame Theaterstücke, meist Komödien, Sainetes und Zarzuelas mit Motiven aus ihrer andalus. Heimat (u.a. „El ojito derecho", 1897; „El amor que pasa", 1904; „Los galeotes", 1900; „Las de Caín", 1908; „Mariquilla Terremoto", 1930; „El rinconcito", 1932).

Alvaro, Corrado [italien. al'va:ro], * San Luca (Kalabrien) 15. April 1895, † Rom 11. Juni 1956, italien. Schriftsteller.
Philologiestudium in Mailand; Redakteur und Theaterrezensent in Mailand und Rom (u.a. „Corriere della Sera", „La Stampa"); in den 30er Jahren Reise in die UdSSR; Lyriker („Poesie grigioverdi", 1917) und Erzähler (Hauptwerk die realist. Erzählungen „Die Hirten von Aspromonte", 1930, dt. 1942, mit Schilderungen der rückständigen sozialen Verhältnisse seiner kalabr. Heimat); bemerkenswert auch die Reisebilder u. d. T. „Italien. Reisebuch" (1933, dt. 1956).
Weitere Werke: L'uomo è forte (R., 1938), L'età breve (R., 1946), Quasi una vita (Tageb., 1950).

Alverdes, Paul ['alvɛrdɛs], * Straßburg 6. Mai 1897, dt. Schriftsteller.

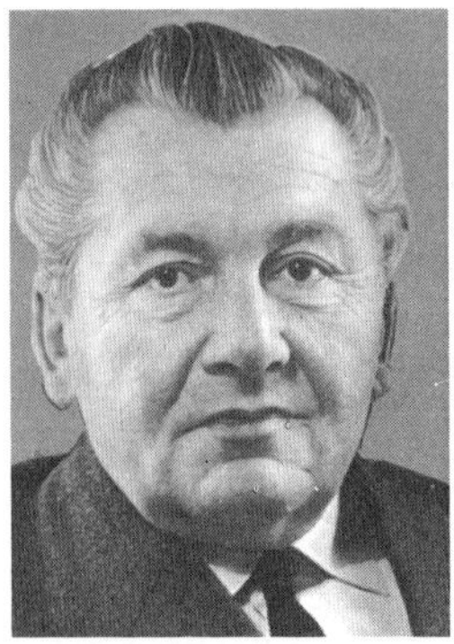
Paul Alverdes

Erlitt im 1. Weltkrieg eine schwere Kehlkopfverletzung; studierte Jura, Germanistik und Kunstgeschichte; seit 1922 freier Schriftsteller; mit K. B. von Mechow 1934–43 Hg. der Zeitschrift „Das Innere Reich". A., ein Erzähler, Lyriker und Dramatiker, bevorzugt die kleine Erzählform; er schrieb auch Spiele und Kindermärchen und gab Märchen-, Fabel- und Anekdotensammlungen heraus. Geprägt wurde sein Werk v.a. durch die Jugendbewegung und das Fronterlebnis. Seinen Ruf begründete A. mit der knappen, autobiograph. Kriegserzählung „Die Pfeiferstube" (1929). Sein Gesamtwerk zeigt ihn als Meister der schlichten Wirklichkeitsschilderung, der Darstellung des Unscheinbaren, Zufälligen. Immer wieder stellt er die stillen Seelenbereiche der lärmenden Wirklichkeit entgegen.
Weitere Werke: Kilian (Nov., 1922), Die Nördlichen (Ged., 1922), Die feindl. Brüder (Trauerspiel, 1923), Novellen (1923, erweitert u. d. T. Die Flucht, 1935), Die Flucht. Erlösung (En.,

1924), Reinhold oder die Verwandelten (En., 1931), Die Freiwilligen (Hsp., 1934), Grimbarts Haus (E., 1949), Die Grotte der Egeria (Tageb., 1950), Die Traum-Pferdchen (Märchen, 1957), Vom Schlaraffenland (Märchen, 1965).

Alves, António de Castro ↑ Castro Alves, António de.

Alxinger, Johann Baptist Edler von, * Wien 24. Jan. 1755, † ebd. 1. Mai 1797, östr. Dichter.
Philosophie- und Jurastudium in Wien, Hofagent und 1794 Hoftheatersekretär; außer Gedichten (1780, 1788, 1794) schrieb er als geschickter Nachahmer Wielands, den er in Weimar besuchte, die Rittergedichte „Doolin von Maynz" (1787) und „Bliomberis" (1791), ferner das Trauerspiel „Eduard der Dritte" (1784).

Amadisroman, berühmtestes Werk der höf. Abenteuerliteratur, wahrscheinl. portugies. Ursprungs. Die Urfassung ist unbekannt. Rodríguez de Montalvo bearbeitete um 1492 die überlieferten 3 Bücher und erweiterte das Werk um 2 Teile. In dieser Form wurde es 1508 in Spanien gedruckt. Es wurde in viele Sprachen übersetzt, fortgeführt und wuchs auf 24 Bände an. Die Geschichte des Romans ist verworren. In seinem Mittelpunkt steht die idealisierte Gestalt des Amadis von Gaula, der alle Tugenden eines tapferen Ritters und edlen Helden besitzt. Der Einfluß der frz. Epik des breton. Sagenkreises wird deutlich. Die erste dt. Ausgabe erschien 1569.
Literatur: Thomas, H.: *Spanish and Portuguese romances of chivalry. Cambridge 1920.* – Braunfels, L.: *Krit. Versuch über den Roman Amadis' v. Gallien. Lpz. 1876.*

Amado, Jorge [brasilian. ɐ'madu], * Pirangi (Bahia) 10. Aug. 1912, brasilian. Schriftsteller.
Als Journalist polit. tätig; mehrfach inhaftiert; lebte viele Jahre im Exil; kämpft in seinen urwüchsig-realist. und sozialkrit. Romanen für die unterdrückte Schicht, bes. für die Neger im Bahia-Gebiet.
Hauptwerke: Jubiaba (R., 1935; dt. 1950), Tote See (R., 1936; dt. 1950), Herren des Strandes (R., 1937; dt. 1951), Die Abenteuer des Kapitäns Vasco Moscoso (R., dt. 1964), Nächte in Bahia (R., dt. 1965), Gabriela wie Zimt und Nelken (R., dt. 1963), Dona Flor und ihre zwei Ehemänner (R., dt. 1968).
Literatur: Daus, R.: *J. A. als engagierter Schriftsteller. Dortmund; Bad Homburg v. d. H. 1968.*

Amaretti, Francesco [italien. ama'retti], * Turin 6. Nov. 1829, † ebd. 10. Juni 1891, italien. Dichter.
Verfasser der bekannten ep. Ballade „L'ultimo dramma della vita" (1881).

Amaru, ind. Dichter vor dem 9. Jahrhundert.
Bekannt als Verfasser des berühmtesten Werkes der ind. Liebeslyrik, „Amaruschataka", einer Sammlung von 100 Versen; erhalten in 4 Rezensionen, denen nur 51 Strophen gemeinsam sind.
Ausgabe: Die hundert Strophen des A. Aus dem Sanskrit metr. übersetzt v. F. Rückert. *Hg. v.* J. Nobel. *Hann. 1925.*
Literatur: Simon, R.: *Das Amaruçataka in seinen Beziehungen. Kiel 1893.*

Ambrogini, Angiolo [italien. ambro'dʒi:ni] ↑ Poliziano, Angelo.

Ambrosius, hl., * Trier um 340, † Mailand 4. April 397, lat. Kirchenlehrer.
Wurde in Rom erzogen, hatte eine bed. Stellung im kaiserl. Dienste inne. Als Bischof von Mailand – er wurde 374 gewählt, noch bevor er die kirchl. Taufe empfangen hatte – bekämpfte er die Arianer. A. war ein wortgewaltiger Prediger und großer Interpret der Hl. Schrift. Die Reden und Predigten sind die Grundlage seiner Werke. Der Kommentar zur Genesis „Hexaemeron libri VI" (nach 386) und die „Expositio Evangelii secundum Lucan" (386/87) zählen zu den bedeutsamsten seiner Schriften. Eine christl. Ethik legt er in „De officiis ministrorum" (386) dar, einer Schrift, für die Ciceros „De officiis" vorbildl. war. Unter den dogmat. Werken ist „De fide libri V" (378–80) als wichtigstes zu nennen. A. ist der Schöpfer des hymn. Gesangs und Begründer des lat. Kirchenliedes. Einige der von ihm verfaßten Gesänge sind noch lebendig.
Ausgaben: Des hl. Kirchenlehrers A. v. Mailand ausgewählte Schrr. Dt. Übers. Kempten 1914–17. 3 Bde. – Sancti Ambrosii opera. Wien u. Lpz. 1896–1919. 6 Bde.
Literatur: Das Leben des hl. A. Die Vita des Paulinus u. ausgew. Texte aus den Werken des Heiligen u. anderen Zeitdokumenten. Eingeleitet v. E. Dassmann. *Düsseld. 1967.* – Dudden, F. H.: *The life and times of St. Ambrose. Oxford 1935. 2 Bde.* – Wirtz, R.: *Der hl. A. u. seine Zeit. Trier 1924.* – ↑ auch Ulfilas.

Ambrus, Zoltán [ungar. 'ɔmbruʃ], * Debreczin 22. Febr. 1861, † Budapest 28. Febr. 1932, ungar. Schriftsteller und Kritiker.
Studierte Jura in Budapest, Literatur in Paris. Er war Redakteur und Direktor des ungar. Nationaltheaters. Als Vermittler frz. Geistes, als hervorragender Übersetzer, durch seine krit. Arbeiten und Essays, seine Mitarbeit an der Zeitschrift „Nyugat" hatte er große Bedeutung für die Erneuerung der ungar. Literatur; Vorbild war ihm die frz. Prosa, der analysierende Roman und das psycholog. Drama. In seinen Werken, feinen psycholog. und satir. Erzählungen und Romanen, schildert und ironisiert er das großstädt. Bürgertum.
Hauptwerke: Midás király (R., 1894), Giroflé és Girofla (R., 1901).

Amenta, Niccolò [italien. a'mɛnta], * Neapel 18. Okt. 1659, † ebd. 21. Juli 1717, italien. Dichter.
Verfasser von 7 einstmals erfolgreichen Komödien im klass.-toskan. Stil („La costanza", 1699; „La somiglianza", 1706; „Le gemeile", 1718). Schrieb auch Abhandlungen über die italien. Sprache und eine Biographie („La vita di Lionardo da Capua", 1710).

Amery, Carl ['ameri], eigtl. Christian Anton Mayer, * München 9. April 1922, dt. Schriftsteller und Publizist.
Studium der Neuphilologie, Teilnahme am 2. Weltkrieg, seit 1950 freier Schriftsteller. Vertreter eines krit. Katholizismus, wurde bes. durch die polem. Schrift „Die Kapitulation – oder: Dt. Katholizismus heute" (1963) bekannt. Schrieb zeitkrit. Romane („Der Wettbewerb", 1954; „Die große dt. Tour", 1958), Hörspiele, Essays („Fragen an Welt und Kirche", 1967) und das aus einem Hörspiel entstandene Theaterstück „Ich stehe zur Verfügung" (UA 1967).

Amfiteatrow, Alexandr Walentinowitsch; tl.: Amfiteatrov, Aleksandr Valentinovič [russ. amfi-

tɪ'atrɐf], * Kaluga 26. Dez. 1862, † Levanto (Italien) 26. Febr. 1938, russ. Schriftsteller.
Studierte in Moskau, Mitarbeiter an mehreren Zeitschriften, reiste viel; schrieb Feuilletons, u.a. über die Zarenfamilie „Gospoda Obmanowy" (= Die Herren Obmanow, 1901); wurde daraufhin nach Sibirien verbannt; emigrierte 1905 nach der Begnadigung nach Paris; war auch dort publizist. tätig, 1916 Rückkehr nach Rußland, 1922 erneute Emigration. A. schrieb Versdichtungen, Dramen, Skizzen und v.a. Erzählungen, die zur unterhaltenden Belletristik zu rechnen sind.

Amicis, Edmondo De ↑ De Amicis, Edmondo.

Amiel, Denys [frz. a'mjɛl], * Villegailhenc (Aude) 5. Okt. 1884, frz. Dramatiker.
War jahrelang Sekretär Henry Batailles; befreundet mit A. Obey, mit dem er zusammenarbeitete (z.B. bei „La souriante Madame Beudet", 1921, Drama nach Flauberts Bovary-Motiv). A. bildete mit J. J. Bernard u.a. eine Gruppe des „Théâtre de l'inexprimé", die den dramat. Effekt weniger in der traditionellen Intrige als hinter der scheinbar belanglosen, unbeachteten Geste suchte („Le voyageur", Dr., 1923, u.a.); neben die psycholog. Analyse tritt bei A. auch die Zeitkritik.

Amiel, Henri Frédéric [frz. a'mjɛl], * Genf 27. Sept. 1821, † ebd. 11. Mai 1881, schweizer. Schriftsteller.
Aus prot. frz. Familie; studierte in Genf und Deutschland (bes. Hegel) und bereiste Frankreich und Italien; Professor für Philosophie und Ästhetik in Genf; gab in seinen Gedichten grübler. Weltschmerzstimmungen Ausdruck („Grains de mil", 1854; „Il penseroso", 1858; „La part du rêve", 1863; „Jour à jour", 1880); Aufmerksamkeit erregten jedoch erst nach seinem Tode die „Tagebücher" (1883/84, dt. 1905), Auszüge aus seinem rund 17000 Schreibseiten umfassenden Tagebuch, dessen schonungslose Seelenanalyse die krankhafte Kontaktstörung des Autors offenbarte und zur Neubelebung einer psychologisierenden Literatur in Frankreich beitrug.

Amillet, Henri [frz. ami'jɛ] ↑ Reboux, Paul.

Amis, Kingsley [engl. 'eɪmɪs], * London 16. April 1922, engl. Schriftsteller.
In der City of London School und am St. John's College in Oxford erzogen, war 1942–45 Offizier und seit 1948 Lektor für engl. Literatur am University College in Swansea. Sein Roman „Glück für Jim" (dt. 1957) machte ihn bekannt. Die Helden seiner Romane sind ungebärdig, aber gutmütig und bewahren im Kampf gegen soziale Unbilden eine gewisse Gelassenheit und Würde. Außer seinen Romanen hat A. Gedichte und bemerkenswerte Artikel über klass. Jazz geschrieben.
Weitere Werke: That uncertain feeling (R., 1956), I like it here (R., 1958), Take a girl like you (R., 1960), My enemy's enemy (R., 1962), The anti-death league (R., 1965), I want it now (R., 1968).

Ammenhausen, Konrad von ↑ Konrad von Ammenhausen.

Ammers-Küller, Jo[hanna] van [niederl. 'ɑmərs-'kʏlər], * Delft 13. Aug. 1884, † Bakel (Nordbrabant) 23. Jan. 1966, niederl. Schriftstellerin.
Aus ursprüngl. dt. Geschlecht; lebte in Den Haag; schrieb vielgelesene und -übersetzte histor. Romane und Frauenromane, von denen bes. die beiden Trilogien „De Opstandigen" („Die Frauen der Coornvelts", dt. 1926; „Frauenkreuzzug", dt. 1930; „Der Apfel und Eva", dt. 1932) und „De Tavelincks" („Herren, Knechte, Frauen", dt. 1935; „Tanz um die Guillotine", dt. 1936; „Die Treue der Tavelincks", dt. 1938) zu nennen sind; auch Dramen.
Weitere Werke: Der stille Kampf (R., 1916; dt. 1928), Maskerade (R., 1919; dt. 1929), Familie Quist (R., dt. 1943).

Ammianus Marcellinus, * Antiochia (Syrien) um 330, † um 395, röm. Geschichtsschreiber.
Aus angesehener griech. Familie, diente im röm. Heer, Anhänger Kaiser Julians, zog sich später nach Rom zurück, wo er eine Forts. der „Historiae" des Tacitus in 31 Büchern (nur 18 Bücher erhalten) schrieb („Res gestae"); das letzte bed. Geschichtswerk der Antike, in der Nachfolge seines Vorbildes Tacitus, den er trotz profunder Sachkenntnis, psycholog. Einsicht und Originalität nicht erreichen konnte. A. M.' Stil ist überladen und mit Gräzismen durchsetzt.
Ausgabe: Ammiani Marcellini rerum gestarum libri qui supersunt. Hg. v. V. Gardthausen. *Lpz. 1874–75. 2 Bde. Neudr. Stuttg. 1967.*
Literatur: Syme, Sir R.: *A. and the Historia Augusta. London 1968.* – Ensslin, W.: *Zur Geschichtsschreibung u. Weltanschauung des A. M. Lpz. 1923.*

Amorim, Enrique [span. amo'rin], * Salto 25. Juli 1900, † ebd. 28. Juli 1960, uruguay. Schriftsteller.
Trat mit Gedichten („Veinte años", 1920), Erzählungen und Romanen, v.a. aus der Welt der Gauchos, hervor („Die Carreta", dt. 1937); bemerkenswert seine „Presentación de Buenos Aires" in Prosa (1936); seine späteren Werke befassen sich mit dem polit. und sozialen Leben („La victoria no viene sola", R., 1952).

Amorim, Francisco Gomes de ↑ Gomes de Amorim, Francisco.

Amos ↑ Bibel.

Amrilkais [amrɪl'kaɪs] ↑ Umru Al Kais.

Amru Al Kais ['amru al'kaɪs] ↑ Umru Al Kais.

Amyot, Jacques [frz. a'mjo], * Melun 30. Okt. 1513, † Auxerre 6. Febr. 1593, frz. Humanist.
Professor für klass. Sprachen in Bourges; Studienaufenthalt in Italien; Erzieher der Söhne Heinrichs II., seit 1570 Bischof von Auxerre; übersetzte formgewandt aus dem Griech. Heliodors „Aithiopika" („Histoire éthiopique", 1547), „Daphnis et Chloé" von Longos (1559) und Plutarchs Biographien („Vies des hommes illustres", 1559) und „Moralia" („Œuvres morales", 1572); seine lange Zeit in ganz Europa geschätzte Plutarch-Übersetzung diente auch Shakespeare und Corneille als Quelle.
Literatur: Aulotte, R.: *A. et Plutarque. La tradition des „Moralia" au 16e siècle. Genf 1965.* – Cioranescu, A.: *Vie de J. A. Paris 1941.*

Anakreon, * Teos (Ionien) um 580, † nach 495, griech. Lyriker.
Ging nach der Eroberung seiner Heimat durch die Perser nach Abdera in Thrakien, lebte am Hof des Polykrates von Samos und nach dessen Sturz am Hof des Hipparchos von Athen. A. schrieb Hymnen, Elegien und Epigramme. Von seinen Werken sind nur drei Lieder ganz erhalten. A. besang den Genuß des Augenblicks: Freundschaft, Frauen- und Knabenliebe und den Wein.

Seine Dichtungen sind von virtuoser, gefälliger Form, in ion. Dialekt, aber meistens nicht im sog. „anakreont. Versmaß“ geschrieben. Die „Anakreonteia“, die auf die europ. Dichtung so nachhaltig gewirkt haben, sind spätere Nachbildungen, in denen die Lebensfreude weniger echt wirkt als bei A. selbst.
Ausgabe: A. u. die sog. anakreont. Lieder. Dt. Übers. mit Erklärungen v. E. Mörike. *Bln.* ²*1910.*
Literatur: Michelangeli, L. A.: *Anacreonte e la sua fortuna nei secoli. Bologna 1922.*

Anastasio el Pollo [span. anas'tasio ɛl 'poʎo] † Campo, Estanislao del.

Ancelot, Jacques Arsène [frz. ã'slo], * Le Havre 9. Febr. 1794, † Paris 7. Sept. 1854, frz. Dramatiker.
Ursprüngl. Marinebeamter, 1841 Mitglied der Académie française; schrieb Dramen klass. Stils: „Louis IX“ (1819), „Fiesque“ (1824, nach Schillers „Fiesko“), „Olga“ (1828), „Maria Padilla“ (1838) u.a., später auch Vaudevilles und Komödien; seine Frau, *Marguerite Louise Virginie A.*, geb. Chardon (* 1792, † 1875), war ebenfalls literar. tätig (Dramen und Romane).

Ancourt, Florent Carton, Sieur d' [frz. ã'ku:r] † Dancourt.

Anczyc, Władysław Ludwik [poln. 'antʃɨts], * Wilna 12. Dez. 1823, † Krakau 28. Juli 1883, poln. Dramatiker.
Pflegte das bühnenwirksame Volksstück, das oft in bäuerl. Milieu spielt; patriot. und didakt. Tendenzen. A. unterstützte mit Revolutionsdichtungen (v.a. Poeme und Lieder) die polit. Ziele der demokrat. Kreise der 40er Jahre.

Andersch, Alfred ['andərʃ], * München 4. Febr. 1914, dt. Schriftsteller.
Buchhändlerlehre, engagierte sich früh bei der polit. Linken, von der er sich später wieder löste. 1933 für ein halbes Jahr im KZ Dachau, danach Angestellter; nahm am 2. Weltkrieg teil und desertierte 1944 zu den Amerikanern. 1946/47 gab er mit H. W. Richter die literar.-polit. Wochenschrift „Der Ruf“ heraus. 1955–57 war er Hg. der Zeitschrift „Texte und Zeichen“; gehört zur „Gruppe 47“. Hörspielautor und Kritiker für den Rundfunk; schreibt in vorzügl. Prosa Erzählungen, Romane und Hörspiele. 1952 erschien sein vieldiskutierter, provozierender Roman „Die Kirschen der Freiheit“, in dem er über seine Desertion berichtet und seine Flucht begründet. In dem

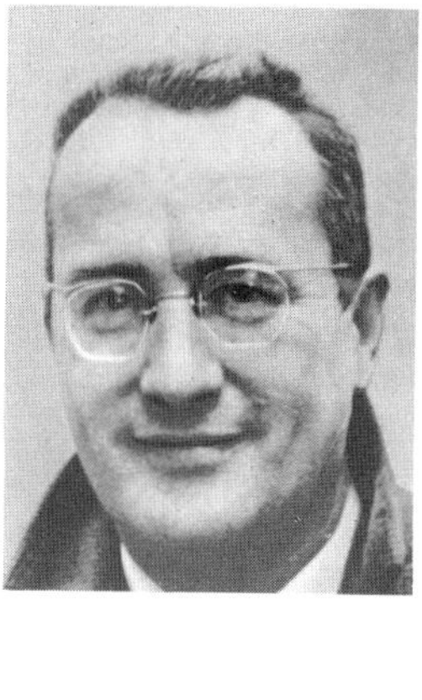
Alfred Andersch

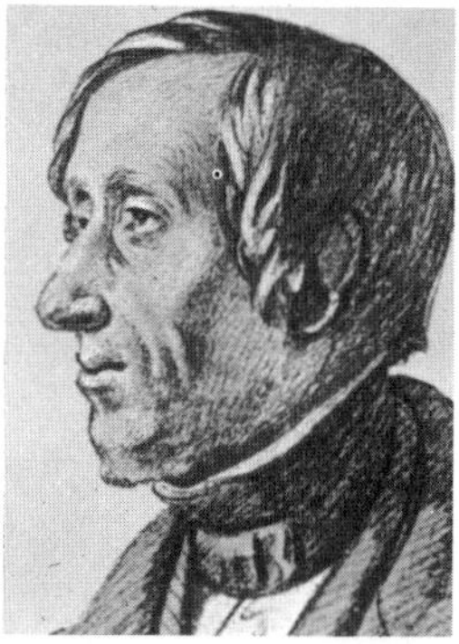
Hans Christian Andersen (nach einer Bleistift-Zeichnung von Ernst Meyer)

oft übersetzten und vielfach ausgezeichneten Roman „Sansibar oder der letzte Grund“ (1957) geht es ebenfalls um das Problem der Freiheit: fünf Menschen, alle auf der Flucht vor dem totalen System, die Sehnsucht nach erlösender Freiheit ist ihnen gemein, die Befreiung hat aber jeweils individuelle Bedeutung. Der Roman „Efraim“ (1967) berichtet von einem aus Deutschland nach England emigrierten jüd. Journalisten, der aus seiner Realität ausbrechen will und vergeblich versucht, in einem Roman seine von Selbstzweifeln bedrohte Person als literar. Kunstfigur zu konstituieren.
Weitere Werke: Dt. Literatur in der Entscheidung (Essays, 1948), Piazza San Gaetano (E., 1957), Fahrerflucht (Hsp., 1958), Geister und Leute (En., 1958), Die Rote (R., 1960), Wanderungen im Norden (Reisebericht, 1962), Ein Liebhaber des Halbschattens (En., 1963), Aus einem röm. Winter (Reisebericht, 1966).
Literatur: Burgauner, Ch.: *Zur Romankunst A. A.s. In: A. Andersch: Bericht, Roman, Erzählungen. Olten u. Freib. 1965.* – Reich-Ranicki, M.: *Der geschlagene Revolutionär. Über A. A. In: Der Monat 15 (1963), H. 179, S. 66.*

Andersen, Hans Christian [dän. 'anərsən], * Odense 2. April 1805, † Kopenhagen 4. Aug. 1875, dän. Schriftsteller.
Verließ früh die Schule, widmete sich dem Puppenspiel und dem Lesen. 1819 ging er nach Kopenhagen, um Sänger zu werden; er war auch Tanzschüler; seine Ausbildung setzte er mit königl. Unterstützung fort und machte eine Europareise. Seine ersten Werke waren Reisebeschreibungen und Skizzen, die ihm nur eine kleine königl. Pension brachten. Bekannt wurde A. mit dem Roman „Der Improvisator“ (dt. 1909). Seinen Weltruhm begründeten die „Märchen und Erzählungen für Kinder“ (dt. 1839), die sich erst auf dem Umweg über das Ausland durchsetzten. A. ist ein Erzähler mit Humor, Ironie und Sentimentalität, einer zart-femininen Psyche, einem kindl. Herzen und ausgesprochener Lebensweisheit. Im Märchen fand er die ihm gemäße Ausdrucksform. Die Märchen seiner ersten Sammlung sind kurz und naiv für Kinder erzählt, später hat er sie bewußt weiterentwickelt und vertieft. Im Unterschied zu den derben, alten Volksmärchen zeigt er eine Vorliebe für zarte, intime Ausgestaltung des Details. Neben dän., dt. und griech. Märchen-

quellen benützte er Stoffe aus Geschichte und Sage; v.a. aber schöpfte er aus eigener Phantasie. Die Wirkung der dt. Romantik auf ihn ist nicht zu verkennen. Bei aller Phantastik verläßt er nie ganz den realen Boden.
Weitere Werke: Nur ein Spielmann (dt. 1847), Das Märchen meines Lebens (Autobiogr., dt. 1845/46), Bilderbuch ohne Bilder (dt. 1891).
Ausgaben: H. Ch. A. Märchen u. Historien. Dt. Übers. Mchn. 1964–67. 4 Bde. – H. Ch. A. Ges. Werke. Dt. Übers. Lpz. 1847–72. 50 Bde.
Literatur: Bredsdorff, E.: *A critical guide to the literature on H. Ch. A. In: Scandinavica 6 (1967), H. 2, S. 108.* – Stirling, M.: *Der wilde Schwan. H. Ch. A. Leben u. Zeit. Dt. Übers. Mchn. 1965.* – Nielsen, E.: *H. Ch. A. in Selbstzeugnissen u. Bilddokumenten. Dt. Übers. Hamb. 1958. – Ein Buch über den dän. Dichter H. Ch. A., sein Leben u. sein Werk. Hg. zur 150. Wiederkehr seines Geburtstags v.* S. Dahl *u.* H. G. Topsøe-Jensen. *Dt. Übers. Kopenhagen 1955.* – Woel, C. M.: *H. Ch. A.s liv og digtning. Kopenhagen 1949–50. 2 Bde.* Böök, F.: *Das Leben des Märchendichters H. Ch. A. Zürich 1943.*

Andersen, Tryggve [norweg. ˌandərsən], * Ringerike 27. Sept. 1866, † Gran bei Oslo 10. April 1920, norweg. Schriftsteller.
Studierte Ägyptologie in Oslo; Hauptvertreter der norweg. Neuromantik; schilderte als Romanschriftsteller die Gesellschaft vergangener Tage („Aus den Tagen des Kanzleirates", R., 1897; dt. 1904); seine Novellen stehen unter dem Einfluß E. T. A. Hoffmanns und E. A. Poes.

Andersen-Nexø, Martin [dän. ˌanərsən'nɛgsø:'], * Kopenhagen 26. Juni 1869, † Dresden 1. Juni 1954, dän. Arbeiterdichter.
Sohn eines Steinmetzen (11 Kinder), wuchs in den Armenvierteln von Kopenhagen auf, war später auf Bornholm Hirtenjunge und Knecht, arbeitete als Steinbrecher, Schusterlehrling und Maurer. Nach dem Besuch einer Volkshochschule wurde er Lehrer. Gönner ermöglichten ihm, ein Lungenleiden in Spanien und Italien auszuheilen. Während dieser Zeit arbeitete er für dän. Zeitungen. A.-N.s Klassenbewußtsein ist in seinem Jugenderlebnis begründet, das sein Leben und Werk maßgebl. bestimmt hat. 1919 wandte er sich dem Kommunismus zu (vorher Sozialist). 1923 ließ sich A.-N. in Deutschland nieder, er lebte dann in Dänemark, flüchtete vor der dt. Besetzung nach Schweden, ging in die Sowjetunion und fand in der Nachkriegszeit in Dresden sein letztes Zuhause. A.-N.s Jugenddichtung steht unter dem Eindruck des Symbolismus, dann findet er über den Naturalismus zu einem lebensnahen Realismus. Er beschreibt das Leben des dän. Volkes, den Kampf der Arbeiterklasse, die Verelendung des Bauerntums. Sein Roman „Pelle der Eroberer" (dt. 1912) schildert den Lebensweg eines Landarbeitersohnes, der schließl. seine sozialist. Ideale verwirklicht. In „Stine Menschenkind" (R., dt. 1918–20, 1948 u. d. T. „Ditte Menschenkind") beschreibt er das trostlose Dasein des unehel. Mädchens Ditte. Hier ist bei allem Pessimismus die Liebe vorherrschend. „Im Gottesland" (dt. 1929) ist ein zeitgeschichtl. Bauernroman. In Schweden schrieb er sein letztes großes Werk, „Morten der Rote" (R., dt. 1949) und die Forts. „Die verlorene Generation" (R., dt. 1950). Die polit. Tendenz seiner Werke schadet seiner Kunst nicht, denn sein soziales Bewußtsein ist überzeugend und echt, und alle seine Werke sind von tiefer Menschlichkeit erfüllt.
Weitere Werke: Skygger (Novellen, 1898), Überfluß (R., dt. 1914), Bornholmer Novellen (dt. 1924), Fliegender Sommer (En., dt. 1969).
Ausgaben: M. Andersen-Nexö. Ges. Werke in Einzelbden. Dt. Übers. Hg. im Auftrag der Dt. Akademie der Künste zu Bln. Bln. 1966ff. Auf mehrere Bde. berechnet. – M. Andersen-Nexö. Ges. Werke in Einzelausgg. Dt. Übers. Bln. ¹⁻¹⁰1951–55. 14 Bde. – M. Andersen-Nexö. Ges. Werke. Dt. Übers. Mchn. 1.–15. Tsd. 1926–1931. 8 Bde.
Literatur: Houmann, B.: *M. Andersen Nexö u. sein Verhältnis zu Deutschland. In: Wiss. Zs. der Univ. Greifswald 15 (1966), 43.* – Zimmering, M.: *M. A. Nexö. Bln. 1963.* – Berendsohn, W. A.: *M. Andersen Nexös Weg in die Weltlit. Bln. 1949.* – Nicolaisen, K. K.: *M. Andersen Nexö. Dt. Übers. Konstanz 1923.*

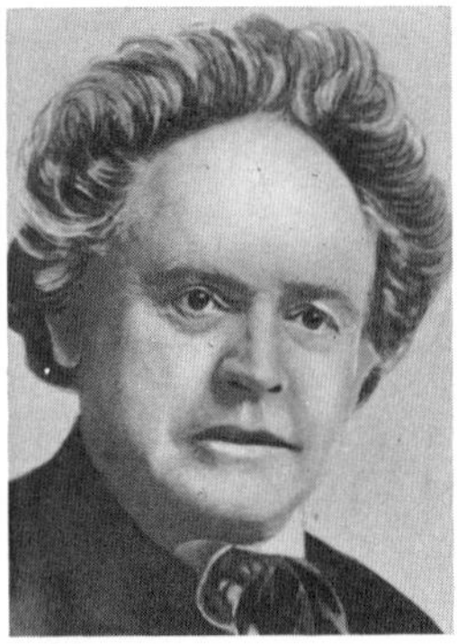
Martin Andersen-Nexø

Anderson, Maxwell [engl. 'ændəsn], * Atlantic (Pa.) 15. Dez. 1888, † Stamford (Conn.) 28. Febr. 1959, amerikan. Dramatiker.
Nach dem Studium Sprachlehrer und Mitarbeiter verschiedener Zeitungen. Er verfaßte polit. und sozialkrit. Stücke, histor. Versdramen, romant. Komödien und Singspiele, aber auch Kriminalstücke und Drehbücher. Sein Gesamtwerk stellt einen Querschnitt durch die dramat. Literatur der Gegenwart dar. Vorbilder sind ihm die Griechen und das Elisabethan. Theater. A. mischt Traditionelles und Modernes, Vergangenheit und Gegenwart wie Traum und Wirklichkeit in seinem Werk. Für die polit. Satire „Both your houses" (1933) bekam er den Pulitzerpreis. Sein erfolgreichstes histor. Drama ist „Johanna aus Lothringen" (dt. 1953). Zu der Musikkomödie „Knickerbockers" (dt. 1948) schrieb K. Weill die Musik.
Weitere Werke: White desert (Dr., 1923), Rivalen (Dr., dt. 1929; mit L. Stallings), Elizabeth the Queen (Dr., 1930), Night over Taos (Dr., 1932), The masque of kings (Dr., 1936), Maria von Schottland (Dr., dt. 1947), Anna, Königin für tausend Tage (Schsp., dt. 1950), Wintertag (Dr., dt. 1954).
Literatur: Bailey, M. D.: *M. A. The playwright as prophet. New York 1957.*

Anderson, Sherwood [engl. 'ændəsn], * Camden (Ohio) 13. Sept. 1876, † Colón (Panama) 8. März 1941, amerikan. Erzähler.
Verlebte eine trostlose Jugend, nahm am span.-amerikan. Krieg teil; Arbeiter, später Leiter einer Farbenfabrik; verließ Arbeitsplatz und Familie und ging nach Chicago, wo er, von Dreiser, Sandburg und Floyd Dell ermutigt, zu veröffentlichen begann. Aufenthalt in Paris (Einfluß von Gertrude Stein), dann Farmer und Zeitungsbesitzer in Virginia. A. schildert seinen Werdegang in „Der Erzähler erzählt sein Leben" (dt. 1927, 1963 u. d. T. „Eines Geschichtenschreibers Geschichte") mit aufschlußreicher Offenheit. Mit seinen Romanen, Novellen und Kurzgeschichten eroberte er sich schnell eine führende Rolle in der amerikan. Literatur. Er schreibt über das Leben des kleinen Mannes, über den Alltag in der Kleinstadt des Mittelwestens; A. sucht einen Ausweg aus Routine und Zwang, er versucht, hinter die Fassade zu schauen und das wirkl. Leben aufzudecken. Stark von den Erkenntnissen der Psychoanalyse beeinflußt, sieht A. im Eros und in der gesunden Triebhaftigkeit die erlösende Kraft. Seine bedeutendsten Werke sind „Winesburg, Ohio" (R., 1919; dt. 1958) und „Dunkles Lachen" (R., 1925; dt. 1962).
Weitere Werke: Many marriages (R., 1923), Das Ei triumphiert (Kurzgeschichten, 1921; dt. 1926), Horses and men (Kurzgeschichten, 1923), Death in the woods (Kurzgeschichten, 1933), Kit Brandon (R., 1936), Kleinstadt in Amerika (Essays, dt. 1956).
Ausgabe: Sh. A. Werke in vier Bden. Dt. Übers. Olten u. Freib. 1963.
Literatur: The achievement of Sh. A. Essays in criticism. Hg. v. R. L. Withe. *Chapel Hill (N.C.) 1966.* – Howe, I.: *Sh. A. Stanford (Calif.) 1966.*

Andersson, Dan [schwed. ˌandərsən], * Skattlövsberg (Dalarna) 6. April 1888, † Stockholm 16. Sept. 1920, schwed. Dichter.
In großer Armut aufgewachsen, fuhr mit 14 Jahren nach Amerika. Nach seiner Rückkehr war er Arbeiter, besuchte die Volkshochschule, wurde Lehrer und Mitarbeiter der „Ny Tid" in Stockholm. Er fiel jung einem trag. Unfall zum Opfer. Seit 1913 als Schriftsteller tätig. „Kolarhistorier" (Nov., 1914) und „Kolvaktarens visor" (Ged., 1915) machten ihn zu einem der bedeutendsten Arbeiterdichter Schwedens. Seine schwermütigen Lieder sind ins Volksgut eingegangen. Auch in „Det kallas vidskepelse" (Nov., 1916) wandte er sich gegen die Auffassung, daß das soziale Problem durch Aufklärung oder polit. Manipulationen zu lösen sei. Daneben beschäftigten A. immer wieder religiöse und metaphys. Probleme. „De tre hemlösa" (1918) und „David Ramms arv" (1919) sind autobiograph. Romane. Bes. die „Svarta ballader" (1917), Verse von tiefer Poesie und Schönheit, die auch formal höchsten Ansprüchen genügen, beweisen, daß er vor allem Lyriker war.
Literatur: Odstedt, A.-M.: *D. A. Liv och diktning. Stockholm 1965.*

Andrade, Mário Raul Morais de [brasilian. ɐn'dradi], *São Paulo 9. Okt. 1893, † ebd. 25. Febr. 1945, brasilian. Dichter.
Studierte am Konservatorium in São Paulo und war Professor für Philosophie und Kunstgeschichte; maßgebl. Vertreter des brasilian. Modernismo; veröffentlichte außer literarhistor. und -krit. Schriften („O movimento modernista", 1942; „Aspectos da literatura brasileira", 1943) u.a. Gedichtsammlungen („Há uma gota de sangue em cada poema", 1917; „Pauliceia desvairada", 1922) sowie Romane und Erzählungen („Amar, verbo intransitivo", R., 1924; „Macunaíma", R., 1928).
Literatur: Almeida, F. M. de: *Mário de A. São Paulo 1962.*

Andrade, Olegario Víctor [span. an'draðe], * Gualeguaychú 7. März 1841, † Buenos Aires 20. Okt. 1882, argentin. Dichter.
Journalist, Professor und Abgeordneter, zeitweilig im Exil; wurde mit dem preisgekrönten Gedicht „La Atlántida" (über die Zukunft der eingewanderten S-Europäer in Amerika, 1881) berühmt; patriot. Rhetorik kennzeichnet vielfach seine großen Oden: „San Martín", „El nido de cóndores" und – unter dem Einfluß Victor Hugos, dem er sich verbunden fühlte – „Prometheus" (1877, dt. 1910).

Andrea da Barberino [italien. an'drɛ:a dabbarbe'ri:no], * Barberino (Valdelsa) um 1370, † Florenz nach 1431, italien. Dichter.
Fahrender Volkssänger in Florenz, der die frz. Ritterromane ins Italien. übersetzte und mit viel Erfolg öffentl. vortrug, bes. „Guerrin meschino" (hg. 1473) und „I reali di Francia" (Kompilation des Karlszyklus, hg. 1491).

Andreä, Johann Valentin [an'dre:ɛ], * Herrenberg bei Böblingen 17. Aug. 1586, † Stuttgart 27. Juni 1654, dt. Theologe und Schriftsteller.
Entschiedener Lutheraner, wenn auch allen Lehrstreitigkeiten abhold; in seinem Bekenntnis zur werktätigen Nächstenliebe Vorgänger Speners und Franckes; machte Reisen nach Italien und Frankreich, war Hofprediger in Stuttgart und Generalsuperintendent von Bebenhausen; seit 1649 Mitglied der „Fruchtbringenden Gesellschaft"; seine literar. Werke sind lehrhaft-allegor., jedoch volkstüml., mitunter unbeholfen in der Form: „Geistliche Gemähl" (Ged., 1612), „Chymische Hochzeit Christiani Rosencreutz" (R., 1616), „Christenburg" (Epos, 1626) u.a. Neigung zu Mystik und Geheimwissenschaften.

Andreae, Illa [an'dre:ɛ], eigtl. Elisabeth Aloysia A., geb. Große-Lackmann, * Wolbeck bei Münster (Westf.) 8. Febr. 1902, dt. Schriftstellerin.
Studium in Münster und München; dem kath. Glauben und der Tradition ihrer westfäl. Heimat verhaftete Verfasserin von Familienromanen; auch Wahl histor. Stoffe.
Hauptwerke: Der sterbende Kurfürst (En., 1942; erweitert u. d. T. Das versunkene Reich, 1952), Glück und Verhängnis der Hamerincks (R., 1959).

Andreas Capellanus (André le Chapelin), lat. Schriftsteller um 1200.
Vermutl. Kaplan von Louis Capet, später bei der Gräfin Marie von Champagne. Von ihm stammt das bekannte Regelbuch über die höf. Liebe des Hoch-MA in lat. Sprache „De amore" (zwischen 1174 und 1186). Stoff für seine Zusammenstellungen sollen ihm die Aufzeichnungen von Diskussionen über die Liebe in adligen Kreisen gegeben haben. A. C. gliedert sein Buch in mehrere Kapitel, behandelt die Liebesgewohnheiten einzelner

Stände, u.a. der Kleriker, der Bauern und der Hetären, definiert den Begriff Liebe, charakterisiert den Liebenden und geht auf verschiedene Formen der Liebe ein. Der Einfluß Ovids auf das Werk ist unverkennbar.
Ausgabe: Des königl. fränk. Kaplans A. 3 Bücher über die Liebe. Dt. Übers. Hg. v. H. M. Elster. *Dresden 1924.*
Literatur: Schlösser, F.: *A. C. Seine Minnelehre u. das christl. Weltbild um 1200. Bonn* ²*1962.*

Andreas-Salomé, Lou ['za:lome], Pseudonym Henry Lou, * Petersburg (heute Leningrad) 12. Febr. 1861, † Göttingen 5. Febr. 1937, dt. Schriftstellerin.
Tochter eines russ. Generals hugenott.-dt. Herkunft; verbrachte ihre Jugend in Petersburg, studierte in der Schweiz Theologie, war kurze Zeit mit Nietzsche befreundet, seit 1887 ⚭ mit dem Orientalisten F. C. Andreas. Mit Rilke, dessen enge Vertraute sie war, unternahm sie zwei Rußlandreisen. 1911 trat sie zu dem Wiener Kreis der Psychoanalytiker in Beziehung; studierte bei Adler und Freud. Sie schrieb Studien, Essays und Erzählungen mit vorwiegend psycholog. Problematik und Romane. Sie ist v.a. durch die Anregungen, die sie ihren Freunden gab, bedeutsam.
Hauptwerke: H. Ibsens Frauengestalten (Essays, 1892), F. Nietzsche in seinen Werken (Biogr., 1894), Ruth (E., 1895), Fenitschka (En., 1898), Ma (R., 1901), Im Zwischenland (En., 1902), Das Haus (E., 1921), Rodinka (E., 1922), Mein Dank an Freud (offener Brief, 1931), Lebensrückblick (Autobiogr., hg. 1951).
Literatur: Peters, H. F.: *Lou. Das Leben der L.A.-S. Dt. Übers. Mchn. 1964.* – Mackey, I. S.: *L. S. Inspiratrice et interprète de Nietzsche, Rilke et Freud. Paris 1956.*

Andreev ↑ Andrejew.

Andreini, Giambattista [italien. andre'i:ni], * Florenz 9. Febr. 1578, † Reggio nell'Emilia 7. (8.?) Juni 1654, italien. Schauspieler und Dramatiker.
Die Eltern, Francesco und Isabella A., waren berühmte Schauspieler. A. begann seine Schauspielerkarriere mit 16 Jahren und machte als Theaterdirektor eine Reihe erfolgreicher Tourneen an verschiedene europ. Höfe; Verfasser von Komödien („La Veneziana", 1619; „Le due comedie in comedia", 1623), religiösen Dramen („Adamo", 1613; „La Maddalena", 1617) und Sonetten. Bezeichnend für A. ist die Polarität zwischen strenger Religiosität und moral. Freizügigkeit.

Andrejew, Leonid Nikolajewitsch; tl.: Andreev, Leonid Nikolaevič [russ. an'drjejıf], * Orel 21. Aug. 1871, † Mustamäki (Finnland) 12. Sept. 1919, russ. Erzähler und Dramatiker.
Rechtsanwalt und Journalist. Nach dem Scheitern der Revolution 1905 und dem Tod seiner Frau kam er zu einer irrationalist.-pessimist. Geisteshaltung. Schon in seiner Jugend hatte er unter dem Einfluß Schopenhauers, E. A. Poes, L. N. Tolstois und Dostojewskis gestanden. A. wechselte zu den Konservativen über, war während des Krieges betont chauvinist. und floh 1917 nach Finnland. Sein Erzählwerk beginnt in der Tradition Tschechows und Gorkis, zu dessen Kreis er etliche Jahre gehörte, in realist. Darstellungsweise, wird bald stimmungsmäßig dekadent und zunehmend von symbolist. Zügen geprägt („Besdna" [= Abgrund], Nov., 1902; „W tumane" [= Im Nebel], Nov., 1902; „Das Leben Wassili Fiweiski's", Nov., dt. 1906). „Das rote Lachen" (dt. 1905), eine Novelle in Tagebuchform, hat den Russ.-Jap. Krieg zum Thema. Unter dem Eindruck der Revolution von 1905 entstand die nun wieder realist. Novelle „Die Geschichte von den sieben Gehenkten" (dt. 1909). Auch in den Dramen ging A. den Weg vom Realismus zum Symbolismus. Hier steht A. stark unter dem Einfluß von Maeterlinck. Abstraktionen und eine sarkast.-resignierende Grundstimmung beherrschen die Werke. Dem Realismus wendet sich A. auch in späteren Dramen hin und wieder zu („Jekaterina Iwanowna", dt. 1912).
Weitere Werke: Stena (= Die Wand, Nov., 1904), Das Leben des Menschen (Dr., dt. 1908), Antema (Dr., 1910), Das Joch des Krieges (R., dt. 1918), Tagebuch des Satans (dt. 1921).

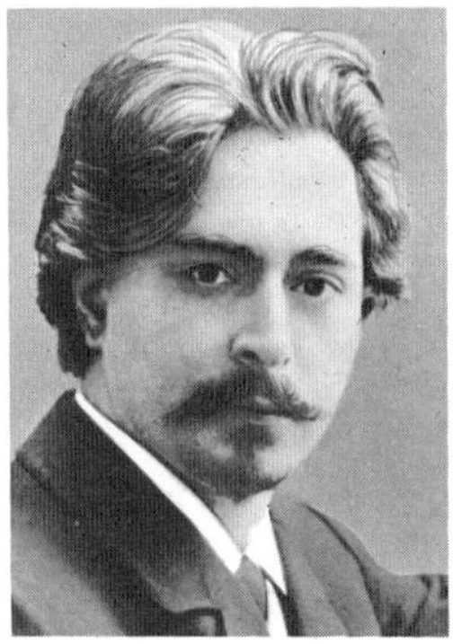

Leonid Nikolajewitsch Andrejew

Literatur: Burghardt, O.: *Die Leitmotive bei L. Andrejev. Lpz. 1941.*

André le Chapelin [frz. ãdrelʃa'plɛ̃] ↑ Andreas Capellanus.

Andres, Stefan, * Dhrönchen (Landkreis Trier) 26. Juni 1906, dt. Erzähler.
Aus kath. Bauernfamilie, studierte Theologie, Philosophie, Kunstgeschichte und Germanistik; seit 1937 im freiwilligen Exil in Positano bei Salerno, kehrte 1950 in die BRD zurück und ließ sich in Unkel nieder; lebte vorübergehend auch in Rom. Sein erstes Buch, „Bruder Luzifer" (R., 1932), in dem er seine Jahre der Vorbereitung auf den Ordensstand nachzeichnete, brachte ihm einen Literaturpreis. A. erweist sich als ursprüngl. Fabuliertalent, seine Sprache ist bildsicher und temperamentvoll. Lebensfreude und -genuß einerseits, Auseinandersetzung mit den Problemen der menschl. Schuld und Todesbedrohtheit andererseits umfassen die Spannweite seines Werkes. Christliches und Antikes sucht A. zu vereinen, die Diktatur brandmarkt er als zerstörerisch. Auch Dramatiker und Lyriker.
Weitere Werke: El Greco malt den Großinquisitor (Nov., 1936), Vom hl. Pfäfflein Domenico (E., 1936), Moselländ. Novellen (1937, 1949 u.d.T. Gäste im Paradies), Der Mann von Asteri (R., 1939), Wir sind Utopia (Nov., 1943; dramatisiert u. d. T. Gottes Utopia, UA 1950), Die Hochzeit der Feinde (R., 1947), Ritter der Gerechtigkeit (R., 1948), Die Sintflut (R.-Trilogie: Das Tier

aus der Tiefe, 1949; Die Arche, 1951; Der graue Regenbogen, 1959), Der Granatapfel (Ged., 1950), Der Reporter Gottes (Hörfolge, 1952), Der Knabe im Brunnen (R., 1953), Die Reise nach Portiuncula (R., 1954), Positano (En., 1957), Der Mann im Fisch (R., 1963), Der Taubenturm (R., 1966), Ägypt. Tagebuch (1967), Noah und seine Kinder (1968), Die Dumme (R., 1969).
Literatur: St. A. Eine Einf. in sein Werk. Mchn. ²1965.

Andrews, Dame Cecily Isabel [engl. 'ændru:z] † West, Rebecca.

Andrian-Werburg, Leopold Freiherr von, * Wien 9. Mai 1875, † Freiburg (Schweiz) 19. Nov. 1951, östr. Dichter und Diplomat.
Sohn des Anthropologen Ferdinand L. Freiherr von A.-W. und einer Tochter von Meyerbeer; war als Diplomat u.a. in Südamerika und Rußland tätig, 1915 Generalgouverneur in Polen, 1918 Generalintendant der Wiener Hoftheater; seit 1938 in der Schweiz; als Dichter betätigte er sich nur in der Jugend; stand dem Kreis um St. George nahe, dessen „Blätter für die Kunst" seine formvollendeten Jugendgedichte 1894–1901 erstmalig brachten.
Weitere Werke: Der Garten der Erkenntnis (Nov., 1895, 1919 u. d. T. Das Fest der Jugend), Die Ständeordnung des Alls. Rationales Weltbild eines kath. Dichters (1930).
Literatur: Schumacher, H.: *L. A., Werk u. Weltbild eines östr. Dichters. Wien 1967.* – Perl, W. H.: *L. A. u. die Bll. f. die Kunst. Hamb. 1960.*

Andrić, Ivo [serbokroat. ˌandritɕ], * Dolac bei Travnik (Bosnien) 10. Okt. 1892, serb. Schriftsteller und Essayist.
Studierte in Agram, Wien, Krakau und Graz Geschichte und slaw. Sprachen. Er gehörte der nationalen Organisation „Junges Bosnien" an. In Agram gründete er eine literar. Zeitschrift. Bald darauf trat er in den diplomat. Dienst, war Botschafter in mehreren europ. Ländern. Bei Ausbruch des 2. Weltkrieges war er Gesandter in Berlin. Während des Krieges lebte er zurückgezogen in Belgrad und Agram als freier Schriftsteller. Nach dem Krieg war er Präsident des jugoslaw. Schriftstellerverbandes. 1961 erhielt er den Nobelpreis. „Ex ponto" (1918) und „Nemiri" (= Unruhe, 1920), lyr.-philosoph. Dichtungen in tagebuchartiger Anreihung, waren seine ersten Werke. Dann schrieb er bunte, realist.-eindrucksvolle Erzählungen. Sein Hauptwerk ist die ep., breit angelegte Chronik von Višegrad „Die Brücke über die Drina" (R., 1945; dt. 1959) mit der alten steinernen Brücke, der von ihr abhängigen Stadt und ihren Bewohnern im Mittelpunkt; sie begleitet das Schicksal der Menschen am Schnittpunkt von Orient und Okzident durch Jh.e. Ebenfalls in dieser Welt spielt der Roman „Wesire und Konsuln", die Travniker Chronik (1945, dt. 1961). A. ist ein meisterhafter Schilderer von Charakteren und Natur.
Weitere Werke: Der verdammte Hof (E., dt. 1957), Das Fräulein (R., 1945; dt. 1959), Der Elefant des Wesirs (Nov., 1948; dt. 1962), Die Geliebte des Veli Pascha (Novellen, dt. 1960).
Ausgabe: I. A. Sämtl. Erzählungen. Dt. Übers. Mchn. 1962–64. 3 Bde.
Literatur: Minde, R.: *I. A. Studien über seine Erzählkunst. Mchn. 1962.*

Andrieux, François Guillaume Jean Stanislas [frz. ãdri'ø], * Straßburg 6. Mai 1759, † Paris 9. Mai 1833, frz. Dichter.
Jurist, während des Konsulats Sekretär, dann Präsident des Tribunats; 1804 Literaturprofessor an der École polytechnique, 1814 am Collège de France; seit 1795 Mitglied der Académie française; in seiner Kunstauffassung am 18. Jh. orientiert, war er einer der Wortführer der Romantikgegner; von seinen witzig und geistreich geschriebenen Lustspielen gilt als das beste „Les étourdis" (1787, nach Regnards „Le légataire universel"), während von seinen Verserzählungen bes. „Le meunier [de] Sans-Souci" (1798) zu nennen ist.

Andronicus, Livius † Livius Andronicus, Lucius.

Andrzejewski, Jerzy [poln. andʒɛ'jɛfski], * Warschau 19. Aug. 1909, poln. Schriftsteller.
Studierte Polonistik in Warschau, Theaterkritiker, während des Krieges illegale Kulturarbeit, danach im Vorstand des poln. Schriftstellerverbandes, Mitarbeit an mehreren Zeitschriften. Vor dem Krieg Einflüsse des frz. kath. Romans auf A.; in seinen Romanen stellt er die Existenzprobleme des poln. Volkes während und nach der dt. Besetzung dar. In dem Roman „Asche und Diamant" (1948, dt. 1960) setzt sich A. krit. mit den Bemühungen der durch die Kriegswirren erschütterten poln. Gesellschaft um eine neue Lebensordnung auseinander.
Weitere Werke: Die Karwoche (dt. 1948), Aufstand im Warschauer Ghetto (dt. 1953), Finsternis bedeckt die Erde (Dr., dt. 1962), Die Pforten des Paradieses (dt. 1963), Siehe, er kommt hüpfend über die Berge (R., dt. 1966), Appellation (R., dt. 1968).
Ausgabe: J. A. Die großen Erzählungen. Dt. Übers. Mchn. 1968.

Aneirin [engl. ə'naɪərɪn], kymr.-walis. Dichter um 600.
Die erhaltene späte Handschrift „The book of A." enthält den verstümmelten Text eines heroischen Gedichts „Y Gododdin", das von Kämpfen der Briten gegen die Angeln in einfachem, unmittelbarem und kraftvollem Stil berichtet.

Anelli, Angelo [italien. a'nɛlli], * Desenzano del Garda 1. Nov. 1761, † Mailand 3. April 1820, italien. Schriftsteller.
Professor für Rhetorik; Librettist von Rossinis Oper „Die Italienerin in Algier"; von seinen sonstigen Werken haben nur noch die 7 Satiren auf die literar. Zustände der Zeit (u.a. auch auf Klopstock und Schiller) u. d. T. „Le cronache di Pindo" (1811–18) Bedeutung.

Anély, Max [frz. ane'li] † Segalen, Victor Ambroise Désiré.

Anet, Claude [frz. a'nɛ], eigtl. Jean Schopfer, * Morges (Schweiz) 28. Mai 1868, † Paris 9. Jan. 1931, frz. Schriftsteller.
Studierte Philosophie an der Sorbonne, arbeitete als Vertreter, Journalist und als Korrespondent vieler Zeitungen. Er reiste mit Fahrrad und Auto durch Italien, Persien und Rußland; wurde mit seinen spannend geschriebenen Reiseberichten bekannt. In Rußland, wo ein Teil seiner Romane spielt, erlebte er die Revolution als Augenzeuge. Seine bekanntesten Bücher sind „Kleinstadt" (R., 1901; dt. 1927), „Les bergeries" (R., 1904), eine vortreffl. Schilderung der frz. Provinz, und „Ariane" (R., dt. 1924).

Weitere Werke: Voyage idéal en Italie (1899), Russ. Frauen (Novellen, 1920; dt. 1926), Als die Erde bebte... (R., 1921; dt. 1930), La fille perdue (Dr., 1924).

Angellier, Auguste Jean [frz. ãʒɛ'lje], * Dünkirchen 1. Juli 1848, † Boulogne-sur-Mer 28. Febr. 1911, frz. Dichter.
Schüler und später Lehrer am Lycée Louis-le-Grand; Professor in Lille, arbeitete bes. auf dem Gebiet der Anglistik („La vie et les œuvres de Robert Burns", 1893); als Lyriker trat er mit dem bed. Sonettzyklus „À l'amie perdue" (1896) hervor, dessen 170 Sonette von einer schmerzerfüllten Liebe inspiriert sind.

Angelus Pauper ↑ Schreyer, Lothar.

Angelus Silesius, eigtl. Johann Scheffler, ≈ Breslau 25. Dez. 1624, † ebd. 9. Juli 1677, dt. Liederdichter und Epigrammatiker.
Stammte aus prot. Familie, studierte in Straßburg, Leiden und Padua (dort Dr. phil. et med.). Nach weiten Bildungsreisen wurde er 1649 Leibarzt des Herzogs Sylvius Nimrod zu Oels; kam, angeregt von der Lektüre Böhmes und der Mystiker, mit Mystikerkreisen in Verbindung. 1653

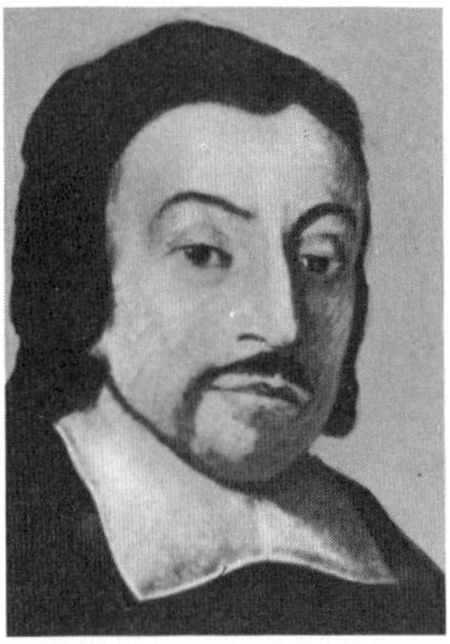

Angelus Silesius

trat er zum Katholizismus über. Seit 1654 war er kaiserl. Hofarzt, wurde 1661 Franziskaner; 1664 verlieh ihm der Fürstbischof das Amt eines Hofmarschalls. Sein Hauptwerk sind die „Geistreichen Sinn- und Schlußreime" (1657, erweitert u. d. T. „Cherubin. Wandersmann", 1675), epigrammat. Sinngedichte, die den Einfluß Böhmes und Weigels sowie der span. Mystiker erkennen lassen. In alexandrin. Zweizeilern, knappen, sprachl. kunstvollen Sprüchen, reiht er, ohne direkten inhaltl. Zusammenhang, Einsichten, Gedanken aus dem Augenblick aneinander, denen aber ein großes Thema gemeinsam ist: die Beziehung zwischen Gott und Mensch, die Überwindung des Zwiespaltes durch myst. Versenkung, die schließl. Einswerdung von Gott und Seele. A. S. schrieb viele, z.T. noch heute lebendige Kirchenlieder und eine Reihe religiöser Streitschriften gegen Lutheraner.
Weitere Werke: Heilige Seelenlust oder geistl. Hirtenlieder... (1657), Sinnl. Beschreibung der vier letzten Dinge (1675).
Ausgaben: A. S. Sämtl. poet. Werke. Hg. v. H. L. Held. *Mchn. ³1949–1952. 3 Bde. [mit Biogr.]. – A. S. Sämtl. poet. Werke u. eine Ausw. seiner Streitschrr. Hg. v.* G. Ellinger. *Bln. 1924. 2 Bde.*
Literatur: Reichert, E. O.: *Johann Scheffler als Streittheologe. Gütersloh 1967.* – Sammons, J. L.: *A. S. New York 1967.* – Althaus, H.: *Johann Schefflers „Cherubin. Wandersmann". Mystik u. Dichtung. Gießen 1956.* – Ellinger, G.: *A. S. Ein Lebensbild. Breslau 1927.*

Angely, Louis [ãʒə'li:], * Leipzig 31. Jan. 1787, † Berlin 16. Nov. 1835, dt. Lustspieldichter.
Schauspieler in Stettin, Petersburg und seit 1822 gefeierter Komiker am Königstädter Theater Berlin. A. verfaßte über 100 bühnenwirksame, häufig gespielte, aber nur z.T. gedruckte Stücke: Einakter nach frz. Vorlagen, drast. Schwänke, oft in Mundart, und Singspiele. A. schuf damit die Frühform der Berliner Lokalposse.
Hauptwerke: Sieben Mädchen in Uniform (1825), Das Fest der Handwerker (1828), Paris in Pommern (1840).
Ausgaben: L. A. Vaudevilles u. Lustspiele. Bln. 1842. 3 Bde. – L. A. Neuestes kom. Theater. Hamb. 1836–41. 3 Bde.

Anghel, Dimitrie [rumän. 'aŋgel], * Corneşti bei Jassy 28. Juli 1872, † Jassy 26. Nov. 1914 (Selbstmord), rumän. Dichter.
Freund Iosifs, dessen Witwe er heiratete. Schrieb unter dem Einfluß der frz. Symbolisten Verse voll Poesie, Phantasie und Wohlklang, vorzugsweise über Motive der Wehmut und Besinnlichkeit („In grădină", 1903; „Fantezii", 1909); als Dramatiker arbeitete er mit Iosif zusammen; auch Übersetzer (Moréas, Verlaine).

Anghiera, Pietro Martire d' [italien. aŋ'gi̯ɛ:ra] ↑ Petrus Martyr Anglerius.

Angilbert ['aŋgılbɛrt], hl., * um 745, † 18. Febr. 814, fränk. Diplomat und Dichter.
Abt von Centula (Saint-Riquier) in der Picardie; lebte meist am Hof Karls des Großen, dessen Tochter Berta ihm als seine Geliebte zwei Söhne, darunter den späteren Chronisten Nithard, schenkte, was wahrscheinl. den Anlaß zu der Sage „Eginhard und Emma" gab. A. wird das Bruchstück eines Epos über Karl den Großen zugeschrieben.

Angioletti, Giovanni Battista [italien. andʒo'letti], * Mailand 27. Nov. 1896, † Neapel 2. Aug. 1961, italien. Schriftsteller.
War lange als Lektor und im italien. Auslandskulturdienst tätig (u.a. Prag, Paris); Mitarbeit an zahlreichen Zeitschriften; Theaterrezensent; Erzähler und Essayist, dessen Stärke v.a. auf dem Gebiet der Kritik liegt.
Hauptwerke: Ritratto del mio paese (En., 1929), L'Italia felice (Essays, 1947), Giobbe, uomo solo (E., 1955).

Anhava, Tuomas [finn. 'ɑnhɑvɑ], * Helsinki 5. Juni 1927, finn. Schriftsteller.
Studierte in Helsinki Literaturwissenschaft, Redakteur, Kritiker und Essayist; schrieb v.a. Lyrik in knappem, epigrammat. Stil; auch Übersetzer.

Anicet-Bourgeois, Auguste [frz. anisɛbur'ʒwa], * Paris 25. Dez. 1806, † ebd. 12. Jan. 1871, frz. Theaterdichter.
Sohn armer Eltern; schrieb rund 200 Melodramen, Vaudevilles, Lustspiele, Feerien und Textbücher zu kom. Opern, die meisten in Zusammenarbeit mit Vanderbuch, Brisebarre, Ducange, Masson, Féval, Dennery u.a. Am bekanntesten sind: „Latude" (1834), „La nonne sanglante" (1835), „La bouquetière des Innocents" (1862).

Anker, Nini Roll [norweg. ˌaŋkər], * Molde 3. Mai 1873, † Asker 19. Mai 1942, norweg. Schriftstellerin.
Tochter eines Staatsrats; Thema ihrer Romane, Novellen und Dramen ist v.a. die Frau des gehobenen Bürgerstandes, die versagt, weil ihre Erziehung nicht den Anforderungen des Lebens entspricht.
Hauptwerke: Benedicte Stendal (R., 1909), Det svake kjøn (R., 1915), Huset i Søgaten (R., 1923), Liv und ich (R., dt. 1929).

Anker Larsen, Johannes [dän. ˈaŋgər ˈlarsən], * Heminge (Langeland) 18. Sept. 1874, † Kopenhagen 12. Febr. 1957, dän. Schriftsteller.
In seinen Werken (Romane, Novellen und Komödien), die stark vom eigenen religiösen Erlebnis geprägt sind, vereinigt A. L. Mystizismus und Heimatdichtung. Einflüsse von Kierkegaard und Grønbech werden deutlich.
Hauptwerke: Der Stein der Weisen (R., dt. 1924), Bei offener Tür (Memoiren, dt. 1926), Die Gemeinde, die in den Himmel wächst (R., dt. 1928), Olsens Torheit (R., dt. 1943), Liebe (En., dt. 1946).

Annenski, Innokenti Fjodorowitsch; tl.: Annenskij, Innokentij Fedorovič [russ. ˈannɪnskij], * Omsk 1. Sept. 1856, † Petersburg (heute Leningrad) 13. Dez. 1909, russ. Dichter.
Klass. Philologe, Gymnasiallehrer, später hoher Schulbeamter. A. war hervorragender Kenner und Übersetzer des Euripides und der Dichter des Parnasse, Baudelaires, Verlaines und Mallarmés; schrieb außer Tragödien nach dem Vorbild des Euripides von den Symbolisten geschätzte Gedichte, die die Akmeisten und Futuristen beeinflußten; seine melanchol. Lyrik zeichnet sich durch Kolorismus und impressionist. Elemente aus; A. bevorzugte die Motive des Leidens, des Todes, der Vanitas und wird insofern der Dichtung der Dekadenz zugerechnet; Pflege der hohen Wortkunst; auch als Verfasser polem.-krit. Essays bedeutend.
Literatur: Setchkarev, V.: *Studies in the life and work of Innokentij Annenskij. Den Haag 1963.*

Annolied, Legende in Reimpaaren (878 Verse) zu Ehren des hl. Erzbischofs Anno von Köln, bald nach dessen Tod, wahrscheinl. zwischen 1080 und 1085, von unbekanntem Verfasser, vermutl. einem Kölner Geistlichen oder einem Mönch aus dem Kloster Siegburg, verfaßt; nach einleitender „Weltgeschichte" eine Heiligenvita; liedhafter Stil, kraftvolle Darstellung.
Ausgaben: Das Lied des Sanct Anno. Übers. v. R. Benz. *Offenbach 1924. – Das Anno-Lied. Hg. v.* M. Opitz. *Danzig 1639. Diplomat. Abdruck besorgt v.* W. Bulst. *Hdbg.* ²*1961.*
Literatur: Knab, D.: *Das A. Probleme seiner literar. Einordnung. Tüb. 1962.*

Annunzio, Gabriele D' † D'Annunzio, Gabriele.

Anouilh, Jean [frz. aˈnuj], * Bordeaux 23. Juni 1910, frz. Dramatiker.
Seit 1920 in Paris, studierte Rechtswissenschaft an der Sorbonne, war Werbetexter, Sekretär von L. Jouvet, arbeitete im Verlagswesen, seit seinem Bühnenerfolg 1932 freier Schriftsteller. Er schrieb, angeregt von Giraudoux und Pirandello, Dramen und Filmtexte; der Einfluß Molières und Marivaux' ist deutlich. A. ist mit der Technik des Theaters und der Dramaturgie des modernen Dramas vollkommen vertraut, seine Stücke haben dramat. Kraft, doch überbewertet er das Handwerkliche oft auf Kosten des Gehalts. Die Stärke seiner Dramen bilden der scharfsinnige psycholog. Aufbau und der geistreiche, iron. Dialog. Der menschl. Gesellschaft gegenüber verrät A. eine skept. Haltung. Seine Dramen verkünden moral. Pessimismus, sind Ausdruck einer nihilist. Stimmung. Sie beherrscht die bibl., antiken, klass. und modernen Stoffe, in denen A. aktuelle, psycholog. und gesellschaftl. Probleme behandelt, deren Konsequenzen er mit poet. Phantasie komödiant. verkleidet. Resignation lastet nicht nur auf den Tragödien, den „pièces noires", „Das Weib Jesebel" (1932, dt. 1949), „Romeo und Jeannette" (dt. 1949), „Medea" (dt. 1949) u.a., sie ist schon für seine frühen Stücke charakterist.: von der Tragikomödie „Der Reisende ohne Gepäck" (1937, dt. 1946), einer Satire auf die Habsucht und den Egoismus der Menschen, bis zu „Antigone" (dt. 1946), in der die Heldin an der Staatsräson scheitert. Etwas versöhnlicher, aber von gleicher Grundhaltung sind seine phantasievollen „pièces roses", „Ball der Diebe" (1932, dt. 1946), eine problemat. Komödie, „Das Rendezvous im Geisterhaus" (1937, dt. 1946), die moderne Märchen-

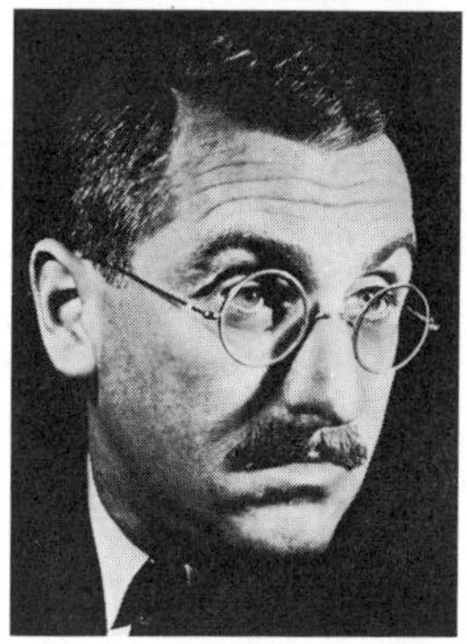

Jean Anouilh

komödie „Leocadia" (1939, dt. 1947) und „Einladung ins Schloß" (dt. 1955). Auch in den Komödien „Colombe" (dt. 1956), „Die Probe" (dt. 1956) und „Ardèle oder Das Gänseblümchen" (dt. 1957) weist er auf die zerstörenden Kräfte der Gesellschaft hin.
Weitere Werke: Hermelin (Dr., 1932; dt. 1950), Die Wilde (Dr., 1938; dt. 1947), Eurydike (Dr., dt. 1946), Jeanne oder Die Lerche (Dr., dt. 1954), Cécile oder Die Schule der Väter (Dr., dt. 1955), Der Walzer der Toreros (Dr., dt. 1957), Der arme Bitos oder Das Diner der Köpfe (dt. 1959), General Quixotte oder Der verliebte Reaktionär (Dr., dt. 1959), Becket oder Die Ehre Gottes (Dr., dt. 1960), Majestäten (Dr., dt. 1960), Die Grotte (Dr., dt. 1961), Bäcker, Bäckerin und Bäckerjunge (Dr., dt. 1969).
Ausgaben: J. A. Dramen. Dt. Übers. Mchn. 5.–24. Tsd. 1964–65. 7 Bde. – J. A. Le théâtre complet. Paris 1962. 6 Bde.
Literatur: Canaris, V.: *J. A. Velber 1968.* – Borgal, C.: *A. La peine de vivre. Paris 1966.* – Vandromme, P.: *J. A. Der Autor u. seine Gestalten. Dt. Übers. Mchn. 1966.* – Harvey, J.: *A.: A study in theatrics. New Haven u. London 1964.*

Anski, Sch., eigtl. Salomon Rappaport, * Witebsk 1863, † Warschau 8. Nov. 1922, jidd. Schriftsteller.
Schloß sich in Rußland den Sozialrevolutionären an; emigrierte dann nach Paris und in die Schweiz (1894), 1905 Rückkehr nach Rußland, ging nach der Revolution 1918 nach Polen; verfaßte Erzählungen und Memoiren, schrieb Gedichte und Dramen; dt. liegt vor „Der Dybbuk" (dt. 1921), die Bearbeitung einer chassid. Legende.
Antara Ibn Schaddad; tl.: ʻAntaraʰ Ibn Šaddād [ˈantara], vorislam. arab. Dichter des 6. Jh.s.
Sohn eines Arabers aus dem Stamm Abs und einer Negersklavin; tapferer Krieger; als volkstüml. Held im Antar-Roman verherrlicht. Seine Gedichte (Beduinengedichte) sind nur fragmentar. erhalten, am bekanntesten ist seine sog. „Muallaka" mit farbenprächtigen Schlachtenszenen.
Literatur: Thorbecke, H.: *Antarah, des vorislam. Dichters Leben. Hdbg. 1866.*
Antimachos, * Kolophon (Lydien) um 400, † 348 oder 347, griech. Dichter.
Begründer der Gelehrtendichtung, der sich in dem Epos „Thebais" bewußt und erfolgreich um Erneuerung und Steigerung der Kunstmittel Homers bemühte, während er in der erzählenden Elegie „Lyde", die er anläßl. des Todes seiner gleichnamigen Geliebten schrieb, Schicksale unglückl. Liebender aus der Mythologie dichter. gestaltete; in der Folgezeit teils bewundert und nachgeahmt, teils (bes. von Kallimachos) heftig abgelehnt.
Antipatros von Sidon, griech. Dichter gegen Ende des 2. Jh.s v. Chr.
Überliefert sind etwa 80 Epigramme, die in ihrer Geziertheit des Verfassers rhetor. Schulung erkennen lassen.
Antiphanes, * um 408 (405?), † um 330, griech. Komödiendichter.
Gilt als einer der bedeutendsten Dichter der mittleren att. Komödie; widersprüchl. Angaben über Leben und Werk; soll 260, nach anderen 280 oder gar 365 Stücke verfaßt haben, von denen uns 134 Titel bekannt sind; ein Teil behandelt mytholog. Themen, andere parodieren Sophokles und Euripides und verspotten allen trag. und dithyramb. Schwulst.
Antiphon, * Rhamnus (Attika) um 480, † Athen 411, griech. Redner.
Führender Initiator des oligarch. Putsches 411, nach Zusammenbruch der Herrschaft der Vierhundert zum Tode verurteilt und hingerichtet; A., der in Platons „Menexenos" (236a) erwähnt wird, stand bei Thukydides in hohem Ansehen; vielseitige Tätigkeit, Verfasser von Gerichtsreden, nach Platon auch bed. Lehrer der Rhetorik; den Alexandrinern waren 60 Reden bekannt, von denen jedoch im 1. Jh. v. Chr. 25 als unecht ausgeschieden wurden; erhalten sind 15 Reden und einige Papyrusfragmente; 3 Reden in Mordprozessen wurden wirkl. von A. vor Gericht gehalten; die übrigen 12 Musterreden, die unter A.s Namen überliefert sind, wird man trotz sprachl. und sachl. Bedenken ihm zuschreiben können; ungeklärt bleibt das Problem, ob die sophist. Fragmente von dem Redner A. stammen, ungeklärt auch, ob es zwei Träger dieses Namens, einen Redner und einen Sophisten, gab, wie man aus stilist. Gründen schloß.
Literatur: Erbse, H.: *A.s Rede über den Choreuten. In: Hermes 91 (1963), 19.* – Vollmer, G.: *Studien zum Beweis antiphon. Reden. Diss. Hamb. 1958 [Masch.].* – Solmsen, F.: *A.studien. Bln. 1931.*
Antoine de La Sal[l]e ↑ La Sal[l]e, Antoine de.
Antokolski, Pawel Grigorjewitsch; tl.: Antokol'skij, Pavel Grigor'evič [russ. antaˈkɔljskij], * Petersburg (heute Leningrad) 1. Juli 1896, russ.-sowjet. Schriftsteller.
Studierte Jura in Moskau, war später dort Schauspieler und Regisseur. Bevorzugte in seiner oft pessimist. Lyrik, die anfangs von der frz. Dichtung wie von den Akmeisten beeinflußt war, Stoffe aus der Geschichte der Frz. Revolution, später auch russ. Themen; gilt als „Romantiker", doch ist seine Dichtung mehr vom Intellekt als von der Intuition geprägt.
Antonelli, Luigi [italien. antoˈnɛlli], * Atri (Teramo) 22. Jan. 1882, † Pescara 21. Nov. 1942, italien. Dichter.
Studierte in Florenz Medizin und Literaturwissenschaft; Verfasser von Lustspielen, die in ihren märchenhaften und grotesken Zügen mit Pirandellos Dramen verwandt sind (u. a. „L'uomo che incontrò se stesso", 1918; „La fiaba dei tre maghi", 1920; „La rosa dei venti", 1929). Schrieb auch Erzählungen („Il pipistrello e la bambola", 1919; „Primavera in collina", 1929).
Antonides van der Goes [niederl. ɑnˈto:ni:dɛs vɑn dər ˈxu:s], eigtl. Johannes A. van der G., * Goes 3. Mai 1647, † Rotterdam 18. Sept. 1684, niederl. Dichter.
Ursprüngl. Apotheker, Dr. med.; später bei der Admiralität in Rotterdam; Freund Vondels; verdankt seinen Ruhm v. a. dem Epos „De Ystroom" (1671), in dem er Amsterdam verherrlicht; auch Dramen und Gedichte, vielfach patriot. geprägt.
Antonisen, Ole Arthur ↑ Omre, Arthur.
Anton Ulrich, Herzog von Braunschweig-Wolfenbüttel, * Hitzacker 4. Okt. 1633, † Salzdahlum 27. März 1714, dt. Dichter.
Erhielt eine umfassende wissenschaftl. Ausbildung; zu seinen Lehrern gehörten J. G. Schottel und S. von Birken; größere Bildungsreisen durch Europa, 1685 Mitregent seines Bruders Rudolf August, 1704 nach dessen Tod Alleinherrscher; prunkliebender Barockfürst; seit 1659 Mitglied der „Fruchtbringenden Gesellschaft". Schrieb außer luth. Kirchenliedern, geistl. Oden und Singspielen (mit bibl. und antiken Stoffen) die bed. erot.-held. Staatsromane „Die Durchleuchtige Syrerin Aramena" (1669–73) und „Octavia, Röm. Geschichte" (1677–79).
Antschel, Paul ↑ Celan, Paul.
Anwari, Auhadoddin Mohammad; tl.: Anwarī, Awḥadu'd-Dīn Muḥammad [pers. ænvæˈri:], * Badane oder Abiward, † Balch (Afghanistan) zwischen 1168 und 1170, pers. Dichter und Gelehrter.
Nur spärl. Überlieferung über sein Leben, obwohl er als einer der größten Astrologen seiner Zeit galt. Er war hochgebildet (Astronomie, Mathematik, Logik) und stand als Philosoph unter Avicennas Einfluß. Aus wirtschaftl. Gründen wurde er Hofpoet bei dem Seldschukensultan Sandschar. A. schrieb patriot. Elegien (nach den Ghuss-Einfällen), aber auch bissige Satiren gegen alle Mißstände. Im Alter widmete er sich den Wissenschaften. Seine Dichtung, die schwer ver-

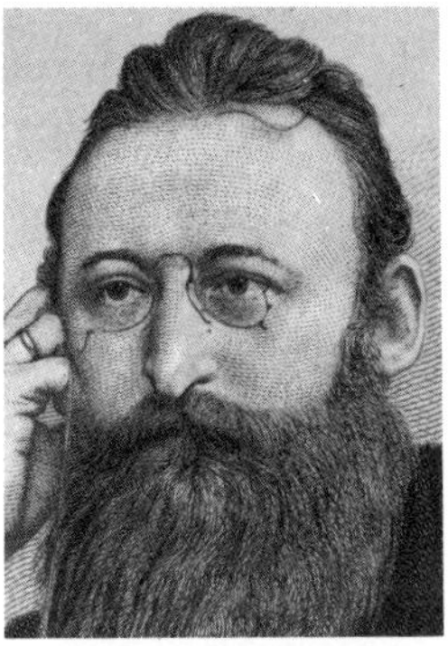

Ludwig Anzengruber (Stich von Sachs)

ständl. ist, besticht durch ihre kraftvolle Sprache. Er führte die pers. Panegyrik dank seiner glänzenden rhetor. Mittel auf einen Höhepunkt. Sein Diwan (10000 Verse) wurde 1850 herausgegeben.

Anzengruber, Ludwig, Pseudonym Ludwig Gruber, * Wien 29. Nov. 1839, † ebd. 10. Dez. 1889, östr. Dramatiker und Erzähler.
Stammte aus oberöstr. Bauerngeschlecht, besuchte die Realschule, war Buchhändlerlehrling, Schauspieler bei einer Wandertruppe und Polizeikanzlist in Wien. Zunächst wenig erfolgreiche dramat. und journalist. Versuche. Die Aufführung des liberalen Tendenzstückes „Der Pfarrer von Kirchfeld" (Volksstück, 1871), das charakterist. für die Kulturkampfperiode ist, machte ihn berühmt. A. befreundete sich mit Rosegger, wurde Theaterdichter am Theater an der Wien, später am Volkstheater. Daneben war er Redakteur beim Wochenblatt „Heimat" und beim Wiener „Figaro". Seine zeitgemäßen Volksstücke „Der Meineidbauer" (1871), „Die Kreuzelschreiber" (1872), „Der G'wissenswurm (1874), „Das vierte Gebot" (1878) u.a. sind moralisierend, ganz im Sinne des liberalen Zeitgeists. Sie knüpfen an das Wiener Volksstück an, bereichern es durch neue Figuren, sorgfältige psycholog. Charakterisierung und sind von großer Bühnenwirksamkeit. Wie seine Stücke sind auch seine Romane, u.a. „Der Schandfleck" (1876) und „Der Sternsteinhof" (1885), realist. und lebenswahr und weisen wie jene bereits auf den Naturalismus hin. Sie sind Vorläufer des modernen Bauern- und Dorfromans.
Ausgaben: A. Ausgew. Werke. Hg. v. C. W. Neumann. *Lpz. 1956. 4 Bde. – L. A. Sämtl. Werke. Hg. v.* R. Latzke *u.* O. Rommel. *Krit. durchgesehene Gesamtausg. Wien 1920–22. 15 in 17 Bden.*
Literatur: Vancsa, K.: *L. A. In: Jb. des Vereins f. Gesch. der Stadt Wien 2 (1940), 98.* – Kleinberg, A.: *L. A. Stuttg. 1921.* – Bettelheim, A.: *A. Der Mann, sein Werk, seine Weltanschauung. Bln. ²1897.*

Apel, Paul, * Berlin 2. Aug. 1872, † ebd. 9. Okt. 1946 (Selbstmord), dt. Schriftsteller.
Studierte Philosophie in Berlin, lebte in Zürich, Köln, Berlin; begann mit philosoph. Werken („Geist und Materie", 1904), wandte sich aber bald der Bühnendichtung zu und hatte bes. mit der tragikom. Groteske „Liebe" (1908), dem Traumspiel „Hans Sonnenstößers Höllenfahrt" (1911), dem Trauerspiel „Gertrud" (1913) und dem romant. Spiel „Hansjörgs Erwachen" (1918) Erfolg; auch Hörspielautor.

Apokalypse ↑ Bibel.

Apokryphen ↑ Bibel.

Apollinaire, Guillaume [frz. apɔli'nɛ:r], eigtl. Wilhelm Apollinaris de Kostrowitski, * Rom 26. Aug. 1880, † Paris 9. Nov. 1918, frz. Dichter und Kritiker.
Unehel. Sohn einer poln. Adeligen und eines italien. Offiziers, besuchte in Monaco die Schule, lebte seit 1898 als Bohemien in Paris und eine Zeitlang als Hauslehrer in Deutschland. In Paris schlug er sich mit der Abfassung und Herausgabe erot. Literatur durch, meldete sich 1914 als Freiwilliger und wurde 1916 schwer verwundet. Er war mit Dufy, Braque, Matisse u.a. befreundet, deren Malerei seiner Dichtung verwandt ist und über die er Aufsätze schrieb („Die Maler des Kubismus", 1913; dt. 1956). In „Antitradition futuriste" (1913) verkündet er seinen neuen Stil. Seine ersten Gedichte stehen unter dem Einfluß der Symbolisten. Das bedeutendste seiner Werke, die revolutionäre Vers- und Prosalyrik „Alcools" (1913), steht über der Dichtung dieser Zeit und leitet eine umwälzende Bewegung ein. In „Calligrammes" (hg. 1918) „entdinglicht" A. die Dinge zu Farben, Linien oder Bewegungen, löst er sich von Grammatik und Form. In seiner Lyrik, die von Villon und Rimbaud ausgeht, leben überströmende Phantasie und das literar. Erbe nebeneinander. Dominierend sind einfache Metaphern, Bilder der modernen Welt und ihre Assoziationen. Von einem kleinen Kreis verstanden, von der Kritik meist geschmäht, gab A. wesentl. Impulse für die moderne Dichtung, bes. für die Surrealisten. Mit dem Untertitel „drame surréaliste" seines antitraditionellen Bühnenwerkes „Les mamelles de Tirésias" (1917) bekam die Richtung den Namen. Der Roman „Der gemordete Dichter" (1916, dt. 1967) ist eine allegor.-absurde Paraphrase über das ewige Schicksal des Dichters. Während des Krieges schrieb er die Briefe an ein junges Mädchen „Tendre comme le souvenir" (hg. 1952, dt. Ausw. 1961 u. d. T. „...zart wie dein Bild").
Weitere Werke: L'enchanteur pourrissant (Prosa, 1909), L'hérésiarque et Cie (Novellen, 1910), Le bestiaire ou cortège d'Orphée (Ged., 1911; dt. Ausw. 1959 u. d. T. Bestiarium), Ombre de mon amour (Ged., hg. 1947), Le guetteur mélancolique (Ged., hg. 1952).

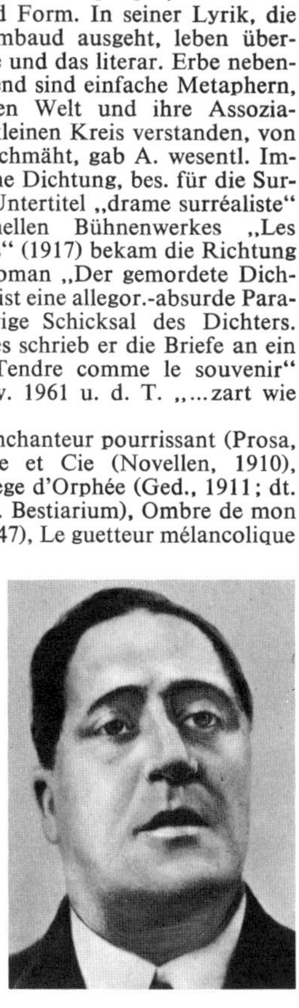

Guillaume Apollinaire

Ausgaben: G. A. Poet. Werke/Œuvres Poétiques. Frz. u. dt. Ausgew. u. hg. v. G. Henniger. *Neuwied 1969. – G. A. Œuvres complètes. Paris 1967. 4 Bde.*
Literatur: Billy, A.: *G. A. Dt. Übers. Neuwied 1968.* – Diviš, V.: *A. Chronik eines Dichterlebens. Dt. Übers. Prag 1967.* – Pia, P.: *G. A. in Selbstzeugnissen u. Bilddokumenten. Dt. Übers. Reinbek bei Hamb. 1961.* – Rouveyre, A.: *Amour et poésie d'A. Paris 1955.* – ↑ auch Corbière, Tristan.

Apollinaris (Apollinarios), * um 310, † um 390, griech. Theologe und Schriftsteller.
Bischof von Laodicea (Syrien), der nizän. Richtung angehörend, Begründer des Apollinarismus (einer Christologie); wurde verdammt und seine Schriften wurden vernichtet. Schrieb außer apologet. Werken Komödien, Tragödien und Oden mit christl. Stoffen nach antiken Mustern; erhalten ist außer wenigen Fragmenten eine Psalmenumdichtung in Hexametern.

Apollinaris Sidonius ↑ Sidonius Apollinaris.

Apollodoros aus Athen, griech. Gelehrter des 2. Jh.s v. Chr.
Schüler des Stoikers Diogenes von Babylon und Aristarchs, mit dem er in Alexandria zusammenarbeitete; 145 kam er nach der Austreibung der Gelehrten nach Pergamon. A. schrieb philosoph. und histor. Werke; bed. ist der Kommentar in 12 Büchern zu Homers Schiffskatalog; seine „Chronika" war das in der Antike maßgebende Werk für Geschichtsdaten, es entstand unter dem Einfluß des Eratosthenes; die 24 Bände der Religionsgeschichte und Mythologie „Über Götter" ging wie das Gesamtwerk, das u.a. noch eine griech. Götter- und Heroengeschichte enthielt, bis auf einige Fragmente verloren.
Literatur: Zucker, F.: *Spuren v. Apollodors Peri theōn bei christl. Schriftstellern der ersten 5 Jh.e. Diss. Mchn. 1904.* – Jacoby, F.: *Apollodors Chronik. Eine Slg. der Fragmente. Bln. 1902.*

Apollodoros von Karystos, griech. Komödiendichter des 3. Jh.s v. Chr.
Bekannter Vertreter der neueren att. Komödie; 47 Stücke und 5 Siege werden ihm zugeschrieben; in der Zeichnung der Personen und in der Darstellung des Milieus dem Menander verpflichtet, den er jedoch nicht erreichen konnte; Terenz übertrug zwei Komödien A.': die den Stoff von Menanders „Epitrepontes" behandelnde „Hecyra" und „Phormio" (= A.' „Epidikazomenos").

Apollonios von Rhodos, griech. Epiker und Gelehrter des 3. Jh.s v. Chr. aus Alexandria (?).
Lebte am Hof der Ptolemäer, war vermutl. Bibliothekar in Alexandria; Schüler des Kallimachos, mit dem er sich verfeindete, weil er gegen seinen Lehrer für die große Form des Heldenepos eintrat; ging nach Rhodos, wo er als Lehrer für Grammatik wirkte. Er schrieb mehrere große Epen, von denen nur sein Hauptwerk, die „Argonautika", in 4 Büchern erhalten ist. Sein Epos der Argonautensage wurde bei den Römern viel gelesen und von Valerius Flaccus und Varro Atacinus nachgeahmt. Es ist anschaul. und stimmungsvoll erzählt und enthält psycholog. hervorragend durchgeführte Einzelszenen. Bed. die Zeichnung der Entwicklung der Liebe Medeas. Sein Werk lebt durch seinen großen Schüler Vergil fort.
Ausgabe: A. v. Rh. Die Argonauten. Dt. Übers. Bremen 10.–15. Tsd. 1947.
Literatur: Händel, P.: *A. Rhodios. In:* Körte, A.: *Die hellenist. Dichtung. Neubearb. v.* P. Händel. *Stuttg. ²1960.* – Händel, P.: *Beobachtungen zur ep. Technik des A. Rhodios. Mchn. 1954.*

Apostata ↑ Harden, Maximilian.

Apostelgeschichte ↑ Bibel.

Appel, Paul, * Wolfskehlen bei Groß-Gerau 12. Juni 1896, dt. Schriftsteller.
Nach Teilnahme am 1. Weltkrieg Studium der Germanistik, Romanistik und Kunstgeschichte, bis 1956 Lehrer an höheren Schulen. Schrieb zahlreiche, z.T. noch unveröffentlichte Gedichte, oft autobiograph. bestimmt; ferner Essays und Erzählungen.
Hauptwerke: An Maria (Ged., 1934), Blut und Lächeln (Ged., 1934), Gedichte (1935), Neue Gedichte (1945), Garten im Herbst (Ged., 1964), Liedgedichte und Bildgedichte (1965).

Appianos (Appian), griech. Geschichtsschreiber des 2. Jh.s aus Alexandria.
Erlebte 116 den Judenaufstand, unter Hadrian in Rom Advokat, befreundet mit dem Rhetor Fronto, später wahrscheinl. Prokurator in Ägypten; schrieb in griech. Sprache eine röm. Geschichte, die von den Anfängen der Sage (Aeneas) bis ins 2. Jh. n. Chr. reicht; von den 24 Büchern sind 6–8, 11–17, der 2. Teil von 9, die Einleitung zu 4, Fragmente und Auszüge erhalten; die Quellenfrage, obwohl oftmals behandelt, blieb bis heute ungelöst; fest steht, daß A. mehrere Vorlagen zur Verfügung hatte.
Literatur: Schwartz, E.: *A. In:* Schwartz: *Griech. Geschichtsschreiber. Lpz. 1957.* – Gabba, E.: *Appiano e la storia delle guerre civili. Florenz 1956.* – Klotz, A.: *Appians Darst. des 2. Pun. Krieges. Paderborn 1936.*

Apuchtin, Alexei Nikolajewitsch; tl.: Apuhtin, Aleksej Nikolaevič [russ. a'puxtin], * Bolchow (Gouv. Orel) 27. Nov. 1841, † Petersburg (heute Leningrad) 29. Aug. 1893, russ. Dichter.
Aus altadliger Familie; schrieb, sprachl. an Turgenjew geschult, melanchol. und eleg. Gedichte, die oft das Vanitasmotiv variieren; einige Gedichte wurden durch die Vertonung von Tschaikowski u.a. populär; auch Novellist. In dt. Übersetzung erschien „Das Tagebuch des Pawlik Dolskij" (Prosa, 1891; dt. 1903).

Apuleius, Lucius (?), * Madaura (N-Afrika) um 125, † um 180, röm. Schriftsteller.
Studierte in Karthago und Athen Grammatik und Rhetorik, machte weite Reisen, war Sachwalter in Rom. Sein nach einer griech. Vorlage verfaßtes Hauptwerk „Metamorphosen" (auch u. d. T. „Der goldene Esel" bekannt), die Geschichte eines vornehmen Griechen, der in einen Esel verwandelt und von der Göttin Isis erlöst wird, enthält das auch sprachl. meisterhafte Märchen von „Amor und Psyche". 155 heiratete A. eine viel ältere, reiche Frau, was ihm eine Klage wegen Liebeszauberei einbrachte, die er in der Apologie „Pro se de magia libri II" zurückwies. Später war er Priester des Kaiserkults und Wanderredner. Eine Blumenlese aus seinen Reden sind die „Florida". Daneben schrieb er philosoph. Schriften: „De Platone et eius dogmate", „De deo Socratis" u.a. Seine Sprache, sein ganzes Werk ist so widerspruchsvoll wie seine Zeit, bald schwülstig und salbungsvoll, bald geistreich und witzig oder von geschwätziger Lüsternheit.

Ausgaben: L. A. Der goldene Esel. Metamorphosen. Lat. u. dt. Hg. v. E. Brandt, *bearb. v.* W. Ehlers. *Mchn. ²1963. – Apulei opera quae supersunt, Hg. v.* R. Helm *u.* P. Thomas. *Lpz. ¹⁻³1908–31. 3 in 4 Bden. Neudr. Stuttg. 1962–67.*
Literatur: Merkelbach, R.: *Roman u. Mysterium in der Antike. Mchn. 1962.* – Lesky, A.: *A. v. Madaura u. Lukios v. Patrai. In: Hermes 76 (1941), 43.* – Riefstahl, H.: *Der Roman des A. Frkf. 1938.*

Arago, Étienne [frz. ara'go], * Estagel bei Perpignan 9. Febr. 1802, † Paris 5. März 1892, frz. Schriftsteller.
Bruder des Physikers François A. und des Schriftstellers Jacques A.; liberaler Politiker, nach dem Juniaufstand 1849 vorübergehend im Exil, nach 1870 Bürgermeister von Paris und Abgeordneter, zuletzt Archivar der École des beaux-arts; schrieb meist in Zusammenarbeit (u. a. mit Balzac) zahlreiche Lustspiele und Vaudevilles: „L'héritière de Birague" (1822), „L'avocat" (Melodrama, 1827), „Le cabaret de Lustucru" (1838), „Les aristocraties" (Verskom., 1847) u. a.
Weitere Werke: Spa (Ged., 1852), Une voix de l'exil (Ged., 1860).

Arago, Jacques [frz. ara'go], * Estagel bei Perpignan 10. März 1790, † in Brasilien Jan. 1855, frz. Schriftsteller.
Begleitete als Zeichner die von Freycinet geführte Weltreiseexpedition (1817–20) und schrieb darüber „Promenades autour du monde" (1822), „Voyage autour du monde" (1838); 1835 Theaterdirektor in Rouen; 1837 erblindet; Bühnenautor („Le cadet de Gascogne", 1836, u. a.) und Romanschriftsteller.

Aragon, Louis [frz. ara'gõ], * Paris 3. Okt. 1897, frz. Lyriker, Romancier und Essayist.
Er gehörte mit Breton und Soupault, mit denen er die Zeitschrift „Littérature" begründete, und Éluard zu den Vätern der surrealist. Bewegung, deren prominentester Vertreter er war. Gegen Ende der 20er Jahre begeisterte er sich für die Ideen des Kommunismus – seit 1927 gehört er der KPF an – und verschrieb sich, hpts. unter dem Einfluß seiner Frau, Elsa Triolet, dem sozialist. Realismus. Hg. der Zeitschrift „Les Lettres françaises". A. nahm am Span. Bürgerkrieg teil, war im 2. Weltkrieg führend in der frz. Widerstandsbewegung. 1957 erhielt er den Lenin-Friedenspreis. In seinen ersten, überwiegend dadaist. Gedichten im Band „Feu de joie" (1920) löst er

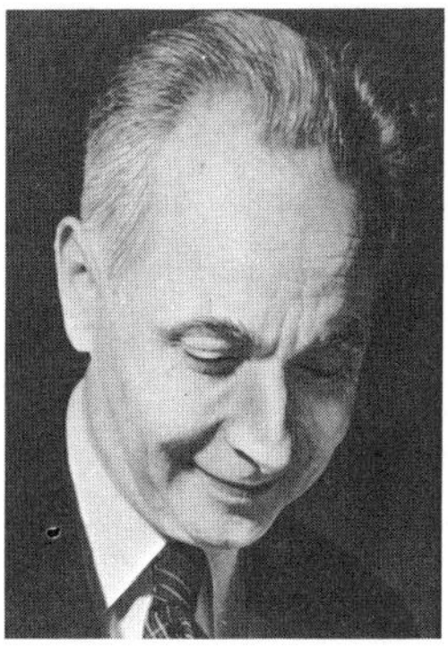
Louis Aragon

sich von der wirkl. Welt; sein bestes surrealist. Werk ist „Pariser Landleben" (Prosa, 1926; dt. 1969), eine geistreiche Attacke auf die bürgerl. Welt. In der Dichtung „Front rouge" (1931), den Gedichtbänden „Persécuteur persécuté" (1931) und „Hourra l'Oural" (1934) nähert er sich bereits dem sozialist. Realismus. Aus dem lyr. Schaffen sind bes. „Le crève-cœur" (1941) aus der Zeit der Besatzung, die für seine Frau geschriebenen Bände „Les yeux d'Elsa" (1942) und „Elsa" (1959) berühmt, daneben die sich stark an die frz. Tradition anschließenden Bände „Le musée Grévin" (1943), „La Diane française" (1945). Durch Schwarzweißmalerei beeinträchtigt, aber durchaus künstler. wertvoll, ist die Romanfolge „Die wirkl. Welt" mit den Bänden „Die Glocken von Basel" (dt. 1948), „Die Viertel der Reichen" (dt. 1952), „Die Reisenden der Oberklasse" (dt. 1953) und „Aurélien" (dt. 1948). Sie beleuchten die Auflösungserscheinungen und den Verfall in der bürgerl. Gesellschaft. Der Wert des mächtigen Werkes „Die Kommunisten" (teilweise dt. 1953 ff.) wird durch das starke polit. Engagement gemindert. Unvergleichl. bedeutender ist „Die Karwoche" (dt. 1961), ein histor. Roman aus der Zeit Napoleons, der das Heute beschwört.
Weitere Werke: Anicet ou le panorama (R., 1921), Les aventures de Télémaque (E., 1922), Le mouvement perpétuel (Ged., 1925), Traité du style (Essays, 1928), Pour un réalisme socialiste (Essays, 1935), L'homme communiste (Essays, 1946), Mes caravanes et les autres poèmes (1955), Il n'est Paris que d'Elsa (Ged., 1964), Leere Spiegel (R., dt. 1968).
Literatur: Sadoul, G.: *A. Paris 1967.* – Garaudy, R.: *L'itinéraire d'A. Du surréalisme au monde réel. Paris 1961.*

Arand, Charlotte † Sacher-Masoch, Leopold Ritter von.

Arany, János [ungar. 'ɔrɔnj], * Nagyszalonta 2. März 1817, † Budapest 22. Okt. 1882, ungar. Dichter.
Aus verarmter Kleinadelsfamilie, wuchs in engen bäuerl. Verhältnissen auf; war Lehrer und Amtmann. A. war scheu und empfindsam, er lebte völlig zurückgezogen. Bereits sein erstes Werk erregte Aufmerksamkeit; sein Meisterwerk „Toldi" (1846, dt. 1855) wurde von der Kisfaludy-Gesellschaft ausgezeichnet. Im Mittelpunkt dieses Epos, das auf Volksüberlieferungen und einer Historiendichtung des 16. Jh.s basiert, steht Toldi, ein Volksheld, der am königl. Hof zu großen Ehren kommt. Das Werk ist mit naiven Mitteln in einfacher Sprache geschaffen und in ungar. Versmaß gehalten. Es ist das erste „klass." Werk des ungar. Realismus. Der „Toldi" gewann ihm Petőfi zum Freund. „Toldis Abend" (dt. 1857) und „Toldis Liebe" (dt. 1883) haben mit „Toldi" den Helden gemeinsam. In vaterländ. Gedichten leistete A. seinen Beitrag zum Freiheitskampf. Nach 1848 durchzieht Pessimismus sein Werk; Verhöhnung der Revolution und allegor. Darstellungen des despot. Regimes. Aus seinen Balladen spricht Glaube an nationale und menschl. Werte. A. war auch als Übersetzer, mit Studien über literar. Themen und die Poetik richtungweisend. Dt. liegen ferner vor: „König Budas Tod" (Epos, 1863; dt. 1879), „Balladen" (dt. 1886), „Ausgewählte Gedichte" (dt. 1908).

Literatur: Voinovich, G.: *A. J. életrajza. Budapest 1929.*

Arator, christl.-lat. Dichter der 1. Hälfte des 6. Jh.s aus Ligurien.
Bearbeitete als Geistlicher in Rom um 544 die Apostelgeschichte u. d. T. „De actibus apostolorum libri II" in Hexametern und verfaßte mytholog. Gedichte (nicht erhalten).

Aratos, * Soloi (Kilikien) um 315, † in Makedonien um 240, griech. Dichter.
Kam in jungen Jahren nach Athen, wo er sich den Stoikern anschloß; wurde an den Hof des Antigonos Gonatas nach Pella berufen; lebte dann bei Antiochos I. in Syrien; seine schriftsteller. Arbeit umfaßt die verschiedensten Wissensgebiete; ein Hymnus auf Pan, Epideikien auf Freunde sind verlorengegangen; sein Ruhm bei der Nachwelt beruht auf dem 1154 Hexameter umfassenden astronom. Lehrgedicht „Phainomena", das bes. vom formalen Können des A. zeugt; leicht und fließend stellte er den schwierigen Gegenstand verständl. dar.
Ausgabe: A. Sternbilder u. Wetterzeichen. Dt. Übers. Hg. v. A. Schott. *Mchn. 1958.*
Literatur: Ludwig, W.: *Die Phainomena Arats als hellenist. Dichtung. In: Hermes 91 (1963), 425.* – Martin, J.: *Histoire du texte des phénomènes d'A. Paris 1956.*

Araújo Porto Alegre, Manuel de [brasilian. ara'uʒu 'portu a'lɛgri], Baron von Santo Ângelo, * Rio Pardo (Rio Grande do Sul) 29. Nov. 1806, † Lissabon 29. Dez. 1879, brasilian. Dichter, Architekt und Maler.
Bereiste Europa (Frankreich, Italien), war Professor an der Kunstakademie und 1859–65 brasilian. Generalkonsul in Stettin; Vertreter der frühen brasilian. Romantik; schrieb eine Reihe meist ungedruckter Theaterstücke („O espião de Bonaparte", „O sapateiro politicão" u.a.), die viel Beifall fanden; seine Hauptwerke sind das nationale Epos „Colombo" (in 40 Gesängen, 1866) sowie der Zyklus von Dichtungen mit vielbewunderten Naturschilderungen „As Brasilianas" (dt. 1863).

Arbaud, Joseph d' [frz. ar'bo], eigtl. J. Darbaud, * Meyrargues (Bouches-du-Rhône) 6. Okt. 1874, † Aix-en-Provence 2. März 1950, provenzal. Schriftsteller.
Sohn der provenzal. Dichterin *Azalaïs Darbaud,* geb. Valère-Martin (* 1844, † 1917); Studium der Rechte; ging mit 20 Jahren als Rinderhirte in die Camargue und wandte sich ganz der provenzal. Poesie zu; Hg. der Zeitschrift „Le Feu"; einer der bedeutendsten Vertreter des Félibrige, von Mistral gefördert und bewundert; Lyriker („Lou lausié d'Arle", 1913) und Romancier („Pan im Vaccarès", 1924; dt. 1954).

Arberg, Peter von ↑ Peter von Arberg.

Arbes, Jakub [tschech. 'arbɛs], * Prag 12. Juni 1840, † ebd. 8. April 1914, tschech. Schriftsteller.
Wurde zum Begründer des tschech. sozialen Romans, dessen Muster er in der dt. Literatur fand. Er gestaltete gesellschaftl. Probleme, bes. seiner Prager Umwelt; Vorliebe für Exzentr., Bizarres, wissenschaftl. Experimente und die Effekte der Schauerromantik; für A.' eigenartige Erzählgattung fand J. Neruda den Namen „Romanetto". A. verfaßte ferner Abhandlungen über Probleme der polit. Geschichte und der Literaturkritik.

Arblay, Frances d' [frz. ar'blɛ] ↑ Burney, Fanny.

Arbusow, Alexei Nikolajewitsch; tl.: Arbuzov, Aleksej Nikolaevič [russ. ar'buzɐf], * Moskau 26. Mai 1908, russ.-sowjet. Dramatiker.
Besuch der Leningrader Theaterschule; schloß sich früh den Bestrebungen des ep. Theaters an, behandelt sowjet. Jugendprobleme.
Hauptwerke: Der weite Weg (Dr., 1935; dt. 1959), Tanja (Dr., 1938; dt. 1946), Verschlungene Wege (Dr., dt. 1954), Irkutsker Geschichte (Dr., dt. 1960), Mein armer Marat, Leningrader Romanze (dt. 1965).

Arbuthnot, John [engl. ɑː'bʌθnət], * Arbuthnot (Kincardineshire) 29. April 1667, † London 27. Febr. 1735, schott. Schriftsteller und Arzt.
Studierte in Aberdeen und Oxford, lehrte Mathematik in London, war Leibarzt der Königin Anna. Zusammen mit Pope und Swift, Gay und Congreve Mitglied des Scriblerus-Club. Er schrieb medizin. Werke, geistreiche polit. Schriften, Prosapamphlete und Satiren von swiftschem Witz und Humor, in denen er sich für das Haus Stuart einsetzte. Die bedeutendsten polit. Satiren sind „Art of political lying" (1712), „History of John Bull" (1712), eine Allegorie gegen Marlborough und die Kriegspartei und „Memoirs of Martin Scriblerus" (1741), in denen er die anmaßende hohle Pedanterie verspottet.
Literatur: Beattie, L. M.: *J. A. Cambridge (Mass.) 1935. – Life and works of J. A., M. D., Fellow of the Royal College of Physicians. Hg. v.* G. A. Aitken. *Oxford 1892. Nachdr. New York 1968.*

Arbuzov ↑ Arbusow.

Arce, Gaspar Núñez de ↑ Núñez de Arce, Gaspar.

Archias, Aulus Licinius, * Antiochia um 118, † nach 62, griech. Dichter.
Kam 102 nach Rom, wo er 62 von einem gewissen Gratius der widerrechtl. Anmaßung des Bürgerrechts angeklagt, infolge der Verteidigungsrede des Cicero „Pro Archia poeta" jedoch freigesprochen wurde; schrieb Epigramme, von denen einige in die griech. Anthologie („Anthologia Palatina") aufgenommen wurden, sowie zwei [nichterhaltene] Epen.

Archilochos von Paros, griech. Lyriker des 7. Jh.s v. Chr.
Aus verschiedenen Anspielungen in einigen Gedichten ist mit der Beschreibung der Sonnenfinsternis vom 6. April 648 das erste präzise Datum der griech. Literaturgeschichte gesichert; A. fiel nach einem unruhig-bewegten Leben im Kampf gegen Naxos. Als opponierender Geist trat er – der Sohn eines Adligen und einer Sklavin – gegen alle dem Adel als heilig geltenden traditionellen Werte auf und verspottete in seinen Gedichten, die zum erstenmal persönl. Gefühle aussprechen, Abkunft, Heldenehre und Rittertum. Daneben stehen leidenschaftl. Liebeslieder sowie derbobszöne Darstellungen erot. Inhalts. A.' bedeutendste Leistung bestand darin, die neue Literaturgattung des Jambos geschaffen zu haben; sein Werk ist nur fragmentar. überliefert.
Ausgabe: A. Griech. u. dt. Hg. v. M. Treu. *Mchn. 1959.*
Literatur: Gundert, H.: *A. u. Solon. In: Das neue Bild der Antike. Bd. 1. Hg. v.* H. Berve. *Lpz. ²1944.* – Blumenthal, A. v.: *Die Schätzung des A. im Altertum. Stuttg. 1922.*

Archipoeta [lat.; = Erzdichter], * zwischen 1130 und 1140, lat. Dichter unbekannter Herkunft.
Ritterl. Abstammung, theolog. und klass. gebildet und weitgereist. Er gilt als bedeutendster mlat. Vagantendichter, der in einfachem Latein humorvolle, geistreiche Gedichte voller Lebenslust und Optimismus schrieb, von denen 10 erhalten sind, darunter Zech- und Bettellieder sowie eine Huldigung an Friedrich Barbarossa. Am bekanntesten ist seine Vagantenbeichte mit „Meum est propositum in taberna mori" und das Barbarossas Kanzler Rainald von Dassel gewidmete Gedicht „Archicancellarie vir discrete mentis".
Ausgabe: Die Gedichte des A. Lat. u. dt. Frkf. 1966.
Literatur: Langosch, K.: *Studien zum A. In: Dt. Arch. f. Gesch. des MA 5 (1942).* – Curtius, E. R.: *Der A. u. der Stil mlat. Dichtung. In: Roman. Forsch. 54 (1940), 105.* – Brinkmann, H.: *Die Dichterpersönlichkeit des A. In: German.-Roman. Mschr. 13 (1925), 102.*
Arcipreste de Hita [span. arθi'preste ðe 'ita] † Ruiz, Juan.
Arcipreste de Talavera [span. arθi'preste ðe tala'βera] † Martínez de Toledo, Alfonso.
Arcos, René [frz. ar'ko:s], * Clichy bei Paris 16. Sept. 1880, † Neuilly-sur-Seine 16. Juli 1959, frz. Dichter.
Gehörte mit den Unanimisten Duhamel und Vildrac dem Gründerkreis der „Abbaye" von Créteil an und begründete im Geiste seines Freundes R. Rolland 1922 die Zeitschrift „Europe"; seine poet. Werke sind philosoph. Inhalts und in freiem Versmaß geschrieben: „L'âme essentielle" (Ged., 1901), „La tragédie des espaces" (Ged., 1906), „Ce qui naît" (Ged., 1910), „Le sang des autres" (Ged., 1916); er schrieb ferner das dramat. Gedicht „L'île perdue" (1913), Erzählungen („Das Gemeinsame", dt. 1921; „Medardus", dt. 1930), eine Biographie Rollands (1950) und Essays.
Arcybašev † Arzybaschew.
Arden, John [engl. ɑ:dn], * Barnsley (York) 26. Okt. 1930, engl. Dramatiker.
Schreibt kraß realist. Stücke, die durch den Verfremdungseffekt die Allgemeingültigkeit der einzelnen Haltung zeigen, wobei aber durch die Unparteilichkeit das polit., soziale und moral. Problem bestehen bleibt.
Hauptwerke: Leben und leben lassen (Dr., 1958; dt. 1966), Der Tanz des Sergeanten Musgrave (Dr., dt. 1961), The happy haven (Dr., 1960), Der Packesel (Kom., dt. 1964), Armstrong sagt der Welt Lebwohl (Schsp., dt. 1965).
Arendt, Erich, * Neuruppin 15. April 1903, dt. Lyriker und Übersetzer.
Bankangestellter, Journalist, Erzieher; 1926 Beitritt zur KPD, ging 1933 in die Emigration (Schweiz, Spanien, Frankreich, Kolumbien), 1936–39 Teilnahme am Span. Bürgerkrieg, lebt seit 1950 in Berlin (Ost). Schrieb v.a. elegische Gedichte in bildhafter Sprache, in denen er Erlebnisse aus der Exilzeit und aus dem Span. Bürgerkrieg verarbeitete; in den „Flug-Oden" (1959) Reflexion der Menschheitsgeschichte. Große Bedeutung als Vermittler und Nachdichter span. und lateinamerikan. Gegenwartslyrik (v.a. P. Neruda, R. Alberti).
Weitere Werke: Trug doch die Nacht den Albatros (Ged., 1951), Bergwindballade (Ged., 1952), Über Asche und Zeit (Ged., 1957), Gesang der sieben Inseln (Ged., 1957), Ägäis (Ged., 1967).
Arène, Paul Auguste [frz. a'rɛn], * Sisteron 26. Juni 1843, † Antibes 17. Dez. 1896, frz. Schriftsteller.
Studierte in Marseille und Paris Philologie und wandte sich nach seinem ersten Theatererfolg in Paris („Pierrot héritier", 1865) der Literatur zu; er war der ungenannte Mitarbeiter an Daudets „Lettres de mon moulin"; in seinen Gedichten (z.T. provenzal.), Romanen, Novellen und Erzählungen weist er sich als Dichter der Provence und Schüler Mistrals und Aubanels aus.
Weitere Werke: Les comédiens errants (Dr., 1873), Jean des figues (R., 1870), La chèvre d'or (R., 1889).
Aretino [italien. are'ti:no] † Bruni, Leonardo.
Aretino, Pietro [italien. are'ti:no], * Arezzo 20. April 1492, † Venedig 21. Okt. 1556, italien. Dichter.
Sohn eines Schusters und einer Dirne, nach eigenen Angaben adliger Herkunft; wollte Maler werden; 1517 ging er nach Rom. Durch Skandale, offene Briefe, Spottschriften und Satiren gegen zeitgenöss. Persönlichkeiten wurde er berühmt und gefürchtet (Ariosto nannte ihn die „Geißel der Fürsten"). Sein Schweigen ließ er sich bezahlen, für Geld verfaßte er Preislieder. A. stand im Dienst Papst Leos X.; unter Hadrian VI. mußte er Rom verlassen, unter Klemens VII. kehrte er zurück. Verfolgt flüchtete er zum Condottiere Giovanni de' Medici und ging nach dessen Tod 1526 nach Venedig. Hier führte er, der gefeierte Dichter des Cinquecento, ein großes Haus. Seine Popularität beruhte zum großen Teil auf dem Aufwand, den er mit sich und seinem Werk trieb. Sein bestes Werk ist die Tragödie „L'Orazia" (1546), kultur- und zeitgeschichtl. interessant sind seine „Lettere" (1537–57), die „Ragionamenti" (1536) und etl. seiner Komödien, so „La cortigiana" (1526), „Il marescalco" (1533), „Lo ipocrito" (1542), „La Talanta" (1542), „Il filosofo" (1546).
Literatur: Hösle, J.: *P. A.s Werk. Bln. 1969.* – Laini, G.: *Il vero A. Florenz 1955.* – Petrocchi, G.: *P. A. Tra Rinascimento e Controriforma. Mailand 1948.* – Voßler, K.: *P. A.s künstler. Bekenntnis. In: Neue Heidelberger Jbb. 10 (1900), 38.*
Arévalo Martínez, Rafael [span. a'reβalo mar'tines], * Quezaltenango 25. Juli 1884, guatemaltek. Schriftsteller.
Reisen in Europa; Direktor der guatemaltek. Nationalbibliothek; als Lyriker Modernist („Maya", 1911; „Los atormentados", 1914), als Erzähler an Kafka erinnernd: „El hombre que parecía un caballo" (1914).
Arfey, William d' [engl. 'ɑ:fɪ] † Plomer, William [Charles].
Argensola, Bartolomé Juan Leonardo de † Leonardo de Argensola, Bartolomé Juan.
Argensola, Lupercio Leonardo de † Leonardo de Argensola, Lupercio.
Arghezi, Tudor [rumän. ar'gezi], eigtl. Ion Iosif N. Theodorescu, * Bukarest 21. Mai 1880, † ebd. 14. Juli 1967, rumän. Dichter.
Zeitweilig Mönch, in Genf Uhrmachergehilfe; Autodidakt; Hg. bzw. Mitarbeiter zahlreicher Zeitschriften; größter Dichter seines Landes nach Eminescu; sein Werk umfaßt Lyrik (bes. um

religiöse Themen; in der Frühzeit auch beeinflußt von Baudelaire, den er teilweise übersetzte), Romane, Novellen und ep. Dichtungen („1907", über den rumän. Bauernaufstand, 1956), Kinderbücher und Fabeln sowie zahlreiche Streitschriften, mit denen er zu aktuellen Fragen Stellung nahm. Dt. erschien 1965 „Kleine Prosa".

Argote y Góngora, Luis de † Góngora y Argote, Luis de.

Argüedas, Alcides [span. ar'ɣueðas], * La Paz 15. Juli 1879, † Santiago de Chile 6. Mai 1946, bolivian. Dichter.
Jurist und Abgeordneter; als Diplomat u.a. in Paris, London, Madrid. Hauptwerk ist der sozialkrit. Roman „Raza de bronce" (1919) über die Ausbeutung der Indianer.
Weitere Werke: Vida criolla (R., 1905), Pueblo enfermo (Essay, 1909), Historia de Bolivia (1920–26), Los caudillos bárbaros (Studie, 1929).

Argyll, John Douglas Sutherland Campbell, Herzog von [engl. ɑː'gaɪl], * London 6. Aug. 1845, † Kent House (Wight) 2. Mai 1914, engl. Schriftsteller und Politiker.
Schwiegersohn der Königin Viktoria; schrieb kulturhistor. interessante Bücher.
Hauptwerke: Canadian pictures (1885), Lord Palmerston (1891), Pages from the past (1907).

Arici, Cesare [italien. a'riːtʃi], * Brescia 2. Juli 1782, † ebd. 2. Juli 1836, italien. Dichter.
Wurde durch seine Lehrdichtungen bekannt: „La coltivazione degli ulivi" (1805), „Il corallo" (1810), „L'origine delle fonti" (1833); er schrieb auch lyr. Gedichte und ein unvollendetes Epos, „Gerusalemme distrutta" (1818).

Arion, griech. Lyriker des 7. Jh.s v. Chr. aus Methymna (heute Moliwos, Lesbos).
Lebte am Hofe des Tyrannen Periandros von Korinth; A. gab dem Dithyrambos (Kultlied) die chorlyr. Kunstform; somit wurde er bed. für die spätere Entwicklung des Chores in der Tragödie; keines seiner Lieder blieb erhalten. A. soll von einem Delphin aus den Händen von Räubern befreit worden sein.

Ariosto, Ludovico [italien. a'ri̯ɔsto], * Reggio nell'Emilia 8. Sept. 1474, † Ferrara 6. Juli 1533, italien. Dichter.
In Reggio erzogen, besuchte die Lateinschule des Gregorio di Spoleto. Schon früh verfaßte er Komödien nach Plautus und Terenz. A. begann Jura zu studieren, wandte sich dann humanist. Studien zu. 1503–17 im Dienst des Kardinals Ippolito d'Este. In dieser Zeit entstand neben italien. und lat. Gedichten und Lustspielen nach lat. Muster („La cassaria", 1508; „I suppositi", 1509) sein Epos „Der rasende Roland" (1516, dt. 1631 bis 1636). 1518 trat A. in den Dienst Herzog Alfons' II. d'Este, der ihn 1522 zum Gouverneur von Garfagnana ernannte. 1524 wurde er Hoftheaterdichter und Leiter des Hoftheaters in Ferrara, 1525 zog er sich ins Privatleben zurück. In Ferrara ließ er seine Komödien „Il negromante" (1520) und „La Lena" (1529) aufführen. Sein Hauptwerk – A. schrieb neben antikisierenden Lustspielen Satiren und Episteln – blieb der 1521 und 1531 erweiterte „Orlando furioso", der Boiardos „Orlando innamorato" fortsetzt. Schier endlos, in vollendeten Stanzen geschrieben, wird die zu Liebeswahn gesteigerte Liebe Orlandos zu einem morgenländ. Königsfräulein, Angelica, geschildert. Die Handlung besteht aus vielen verworrenen Episoden, die mit antiken Fabeln, Teilen der Artussage u.a. verwoben sind. Farbig und romantisierend, mit überlegener Belustigung und Ironie wird die Welt des sich dem Ende zuneigenden Rittertums elegant dargestellt. A. gilt als Vollender der italien. Renaissance.
Ausgabe: L. A. Sämtl. poet. Werke. Dt. Übers. Bln. 1922. 4 Bde.
Literatur: Frenzel, H.: *Ariost u. die romant. Dichtung. Köln u. Graz 1962.* – Binni, W.: *Metodo e poesia di L. A. Messina u. Florenz* ²*1961.* – Momigliano, A.: *Saggio su l'„Orlando Furioso". Bari* ⁵*1959.* – Catalano, M.: *Vita di L. A. Genf 1930. 2 Bde.*

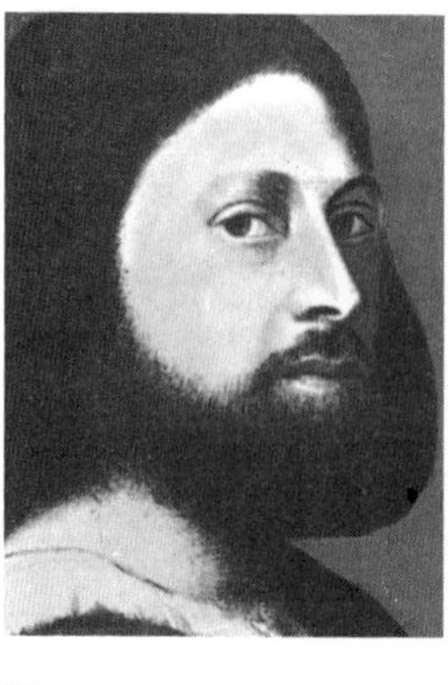
Ludovico Ariosto (Gemälde von Tizian, Ausschnitt)

Arischima, Takeo; tl.: Arishima, Takeo [jap. ariʃima], * Tokio 4. Febr. 1878, † Karuisawa 9. Juni 1923, jap. Schriftsteller.
Entstammt einer Adelsfamilie, wurde Christ; Studium, Amerika- und Europareise, 1908–15 Dozent für Englisch und Ethik in Japan. Neigung zur literar. Strömung des Idealismus; schrieb Romane, Dramen und Essays.
Hauptwerke: Aruonna (R., 1911; frz. 1926 u. d. T. Cette femme-là), Schitosonosengo (Schsp., 1917; engl. 1930 u. d. T. Death), Meinen Kleinen (Essays, 1918; dt. 1948), Kainnomatsuei (R., 1917; engl. 1925 u. d. T. The descendant of Cain), Umareisurunajami (R., 1918; engl. 1956 u. d. T. The agony of coming into the world).

Aristainetos, griech. Schriftsteller des 5. Jahrhunderts.
Über sein Leben ist nichts bekannt, selbst der Name ist unsicher. Er verfaßte 2 Bücher „Erot. Briefe", in denen er Motive der älteren griech. Liebesdichtung verwertete und in seinem Bemühen um attizist. Griech. ganze Sätze u.a. aus Platon, Lukian, Philostrat und den Romanschriftstellern abschrieb. Dennoch bleibt sein Werk von stoffl. Interesse, da A. überall erot. Motive der antiken Dichtung entnahm.

Aristeas, angebl. Verfasser des sog. A.-Briefes, einer Fälschung aus dem 1. Jh. v. Chr., die einen zeitgenöss. Bericht über die Entstehung der Septuaginta geben will; der fingierte Verfasser A., ein jüd. Offizier am Hof des Ptolemaios Philadelphos II. in Alexandria, preist in der Schrift die geistige Bedeutung des Judentums.

Aristeides (Aristides) von Milet, griech. Romanschriftsteller um 100 v. Chr.

Schrieb die nach ihrem Schauplatz benannten „Miles. Geschichten", eine Sammlung von erot.-frivolen Novellen; damit schuf A. v. M. eine eigene Gattung der erot. Literatur; ob A. v. M. auch der Verfasser anderer Werke ist, wird bezweifelt; die „Miles. Geschichten" wurden von L. Cornelius Sisenna ins Lat. übertragen.

Aristeides (Aristides), Publius Aelius, * Adrianutherai (Mysien, Kleinasien) 117 oder 129, † um 189, griech. Rhetor.
Hielt sich u.a. in Rom auf, wo er den Kaisern Mark Aurel und Commodus nahestand; wohnte in Smyrna, dessen Wiederaufbau nach einem Erdbeben er durch eine Rede vor Mark Aurel erreichte; 55 kulturgeschichtl. interessante, stilist. bed. Reden (auch über persönl. Angelegenheiten) sind erhalten.

Aristophanes, * Athen vor 445, † ebd. um 385, griech. Komödiendichter.
Hatte vielleicht auf der Insel Ägina Besitztümer; stand zum öffentl. Leben in lebendiger Beziehung; folgende 11 seiner etwa 40 Stücke sind dank der Hochschätzung der Attizisten, die des A. Komödien als Quelle für unverfälschtes Att. ansahen, erhalten: „Die Acharner" (425), „Die Ritter" (424), „Die Wolken" (423), „Die Wespen" (422), „Der Frieden" (421), „Die Vögel" (414), „Lysistrate" (411), „Thesmophoriazusen" (411), „Die Frösche" (405), „Ekklesiazusen" (wahrscheinl. 392) und „Plutos" (388). Das Wirken des A., des bedeutendsten Vertreters der att. Komödie, fiel in jene Zeit, in der die festgefügte Ordnung der Demokratie durch Krieg von außen und infolge innerer Mängel brüchig geworden war; diese Mängel, das wirre Leben seiner Zeit, seine kleinen Mitbürger ebenso wie die großen, selbst die Götter trifft in spritzigem Geist und wendiger Phantasie des Dichters Spott und Kritik; all das Lächerliche, Derbe, die drast. Zoten, alle Komik täuschen nicht darüber hinweg, daß A. als moral. Erzieher des Volkes gegen den Zeitgeist für die glänzende Epoche des alten Athen eintrat, die in seinem Sinn für Tradition die beste aller Ordnungen manifestierte.
Ausgabe: A. Sämtl. Komödien. Dt. Übers. Hg. u. eingel. v. O. Weinreich. *Zürich u. Stuttg. Neuaufl. 1968.*
Literatur: Eder, K.: *Antike Komödie. A., Menander, Plautus, Terenz. Velber 1968.* – Landfester, M.: *Die Ritter des A. Beobachtungen zur dramat. Handlung u. zum kom. Stil des A. Groningen 1967.* – Händel, P.: *Formen u. Darstellungsweisen in der aristophan. Komödie. Hdbg. 1963.* – Seel, O.: *A. oder Versuch über Komödie. Stuttg. 1960.* – Süß, W.: *A. u. die Nachwelt. Lpz.* $^{1-2}$*1911.*

Aristoteles, * Stagira (Makedonien) 384, † Chalkis (Euböa) 322, griech. Philosoph.
Sohn eines makedon. Hofarztes; kam mit 18 Jahren nach Athen, wo er in die Platon. Akademie eintrat, deren Mitglied er bis zum Tode des Meisters blieb; da er die Weiterentwicklung nach Platons Tod nicht billigte, ging er 347 nach Kleinasien; 343 wurde er von Philipp von Makedonien zum Erzieher Alexanders des Großen an den Königshof berufen; nach Athen zurückgekehrt, gründete er 335 im Lykeion eine Philosophenschule, deren Mitglieder nach dem Wandelgang (griech. = peripatos), in dem sie studierten, Peripatetiker genannt wurden; nach Alexanders Tod (323) mußte er vor den makedonenfeindl. Athenern die Stadt verlassen und starb auf der Flucht. Das umfangreiche Werk des A. teilt man in 2 Gruppen ein; auf der einen Seite sind es die Dialoge, die sog. exoter., für ein weiteres Publikum verfaßten Schriften, deren hoher literar. Wert bereits von den Alten der stilist.-künstler. Vollendung wegen gerühmt wurde, auf der anderen die sog. esoter. Schriften, die, nur auf wissenschaftl. Genauigkeit bedacht, für den Lehrbetrieb bestimmt waren und sich durch Sachlichkeit, nicht durch kunstvolle äußere Darstellung auszeichnen; nur diese Schriften sind – von einigen Fragmenten der Dialoge abgesehen – erhalten. Das universale wissenschaftl. Werk wurde Grundlage für die gesamte abendländ. Philosophie, v.a. Norm für die mittelalterl. Scholastik; seine Hauptwerke, „Organon", „Physik" und „Metaphysik", setzen sich krit. mit Platons Ideenlehre auseinander; tragende Prinzipien seiner Naturerklärung sind Stoff, Form, Bewegung und Ziel. Teleolog. Denken bestimmt auch seine „Poetik", die Horaz, Lessing u.a. anregte; von großer Bedeutung sind weiterhin die „Nikomach. Ethik"

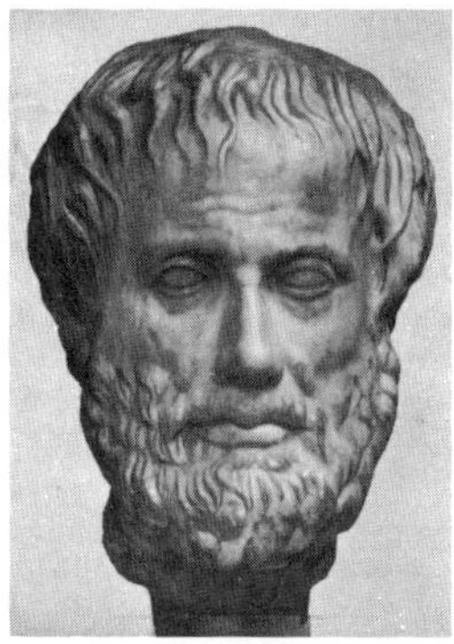
Aristoteles

(von seinem Sohn herausgegeben und nach diesem benannt) und die „Politik", in der der Mensch als „polit.", d.h. soziales Wesen dargestellt wird.
Ausgaben: A. Werke. Dt. Übers. Hg. v. E. Grumach *u. a. Bln.; Darmst.* $^{1-4}$*1962 ff. Auf 20 Bde. berechnet. – Aristotelis Opera. Hg. v.* O. Gigon. *Bln. 1960 ff. Auf 5 Bde. berechnet. – A. Die Lehrschrr. Dt. Übers. Hg. v.* P. Gohlke. *Paderborn* $^{1-2}$*1952–61. 16 in 28 Bden. – A. Werke. Dt. Übers. Bearb. v.* O. Gigon. *Zürich u. Stuttg.* $^{1-2}$*1950 ff. Auf ca. 20 Bde. berechnet. – Aristotelis opera. Graece et Latine. Hg. v. der Königl. Preuß. Akad. Bln. 1831–70. 4 Bde., Indexbd. Nachdr. A. Graece. Darmst. 1960. 2 Bde. Nachdr. Index Aristotelicus. Graz 1955.*
Literatur: Lloyd, G. E. R.: *Aristotle. The growth and structure of his thought. London 1968.* – Rhode, G.: *Bibliogr. der dt. A.-Übersetzungen. Vom Beginn des Buchdrucks bis 1964. Frkf. 1967.* – Zemb, J.-M.: *A. in Selbstzeugnissen u. Bilddokumenten. Reinbek bei Hamb.* ^{3}*1967.* – Düring, I.: *A. Darst. u. Interpretation seines Denkens. Hdbg. 1966.* – Bröcker, W.: *A. Frkf.* ^{3}*1964.* – Jaeger, W.: *A. Grundlegung einer Gesch. seiner Entwicklung. Zürich* ^{2}*1955.* – Ross, W. D.:

Aristotle. London [5]1955. – Brentano, F.: *A. u. seine Weltanschauung. Lpz. 1911.* – Bernays, J.: *Zwei Abhandlungen über die aristotel. Theorie des Drama. Bln. 1880.* – Bernays, J.: *Die Dialoge des A. in ihrem Verhältnis zu seinen übrigen Werken. Bln. 1863.* – † auch Lessing, Gotthold Ephraim.

Arland, Marcel [frz. ar'lã], * Varennes-sur-Amance (Haute-Marne) 5. Juli 1899, frz. Schriftsteller.
Philologe; war Mithg. der Zeitschrift „La Nouvelle Revue Française"; erhielt 1929 den Prix Goncourt für seinen Roman „L'ordre" (dt. 1932 u. d. T. „Hl. Ordnung"), der die tiefgreifende Umwälzung der frz. Gesellschaft in den Nachkriegsjahren widerspiegelt; psycholog. eindringl. Romane und Erzählungen. A. trat auch als Essayist hervor.
Weitere Werke: Nachtwache (R., dt. 1938), Essais et nouveaux essais critiques (1952), À perdre haleine (Novellen, 1960), Le grand pardon (Novellen, 1965).

Arman de Caillavet, Gaston [frz. armãdkaja'vɛ] † Caillavet, Gaston Arman de.

Armbruster, Johann † Hausenstein, Wilhelm.

Arnarson, Örn [isländ. 'ardnarsɔn], eigtl. Magnús Stefánsson, * Kverkártunga 12. Dez. 1884, † Hafnarfjörður 25. Juli 1942, isländ. Dichter.
Aus armer Bauernfamilie, war eine Zeitlang Lehrer. A. schrieb neuromant., oft iron. Gedichte in vollendeter Form.
Hauptwerke: Illgresí (Ged., 1924), Rímur af Oddi sterka (Ged., 1938).

Arnaud, François Thomas de Baculard d' † Baculard d'Arnaud, François Thomas de.

Arnault, Antoine Vincent [frz. ar'no], * Paris 22. Jan. 1766, † Goderville (Seine-Maritime) 16. Sept. 1834, frz. Schriftsteller.
Vertrat in der Zeit der Frz. Revolution, des Kaiserreichs und der Restauration mit wechselndem Erfolg die klassizist. Tragödie („Marius à Minturnes", 1791); sein Bestes sind seine Fabeln und Gedichte („Fables", 1812; „Fables et poésies", 1826); nach Napoleons Sturz verbannt und 1819 zurückgekehrt, kam er 1829 wieder in die Académie française, in die er 1799 aufgenommen worden war; zeitgeschichtl. wertvoll sind seine „Vie politique et militaire de Napoléon" (1822) sowie seine „Souvenirs d'un sexagénaire" (1835).

Arnaut de Mareuil [frz. arnodma'rœj], * Mareuil (Dordogne), provenzal. Troubadour der 2. Hälfte des 12. Jahrhunderts.
Von ihm sind rund 25 anmutige Kanzonen und 5 Liebesbriefe erhalten; mit seinen beiden „ensenhamens" führte er vermutl. das didakt. Element in die provenzal. Literatur ein.

Arnaut Daniel [frz. arnoda'njɛl], provenzal. Troubadour der 2. Hälfte des 12. Jh.s, vermutl. aus Ribérac (Dordogne).
Pflegte den dunklen, gesuchten Stil (manieira oscura) sowie kunstvolle Reime und Reimbindungen und ist wahrscheinl. der Erfinder der Sestine, die nachmals in der italien. Literatur eine besondere Rolle spielte. Von seinem Werk sind 18 Kanzonen erhalten.

Arnd[t], Johann, * Edderitz (Anhalt) 27. Dez. 1555, † Celle 11. Mai 1621, dt. Schriftsteller.
Studierte Theologie in Wittenberg und Basel, war Pfarrer in Quedlinburg und Braunschweig, zuletzt Generalsuperintendent; schrieb als luth. Erbauungsschriftsteller mit myst. Neigungen die oft aufgelegten und übersetzten „Vier Bücher vom wahren Christentum" (1605), das „Paradiesgärtlein aller christl. Tugenden" (1612), „Postille" (Schr., 1615) u. a.

Arndt, Ernst Moritz, * Groß Schoritz (Rügen) 26. Dez. 1769, † Bonn 29. Jan. 1860, dt. Dichter und Publizist.
Sohn eines ehemaligen Leibeigenen. Er studierte Geschichte und Theologie im damals schwed. Greifswald und in Jena, war Hauslehrer und machte „Reisen durch einen Teil Deutschlands, Ungarns, Italiens, Frankreichs ... 1798 und 1799" (1804). 1805 wurde er Professor in Greifswald. 1806 mußte er wegen des 1. Teils seiner Flugschrift „Geist der Zeit" (1806), in der er die Deutschen zur nationalen Besinnung und gegen Napoleon aufgerufen hatte, nach Stockholm fliehen. Die Not Deutschlands und der persönl. Kontakt mit den Patrioten in Berlin und Breslau brachten ihn zur Politik. 1810 nach Greifswald zurückgekehrt, folgte er 1812 als Privatsekretär dem Freiherrn vom Stein nach Petersburg. 1812/13 stellte er sich mit kämpfer. Freiheits- und Vaterlandsliedern und seinen Schriften in den Dienst der patriot. Bewegung; u. a. gab er die polit. Zeitschrift „Der Wächter" heraus. 1818 wurde er Professor für neuere Geschichte in Bonn, 1820 vom Amt suspendiert wegen demagog. Tendenzen und Beteiligung an der Burschenschaftsbewegung. 1840 rehabilitiert, gehörte er 1848/49 der dt. Nationalversammlung an und wurde wieder Professor in Bonn. A. schrieb unbed. Gedichte und Dramen, aber mit den „Liedern für Teutsche" (1813), die das Fühlen und den Willen des Volkes zum Ausdruck brachten, wurde er einer der bedeutendsten dt. Freiheitsdichter; zu den bekanntesten dieser Lieder gehören: „Der Gott, der Eisen wachsen ließ", „Was blasen die Trompeten", „Was ist des Teutschen Vaterland". Seine polit. Schriften und histor. Arbeiten galten der Erhaltung der natürl. Kräfte des Volkes, seinen sozialen Rechten (bes. der Bauern), dem Kampf der nationalen Befreiung, der dt. Einheit und der Erziehung zu einer demokrat. Gesinnung.
Weitere Werke: Versuch einer Geschichte der Leibeigenschaft in Pommern und Rügen (Schr., 1803), Kurzer Katechismus für teutsche Soldaten (Schr., 1812), Der Rhein, Teutschlands Strom, aber nicht Teutschlands Grenze (Schr., 1813), Gedichte (1818), Märchen und Jugenderinnerungen (1818–43), Erinnerungen aus dem äußeren Leben (Autobiogr., 1840), Geistl. Lieder (1855), Spät erblüht (Ged., 1889).
Ausgabe: E. M. A. Werke. Erste einheitl. Ausg. seiner Hauptschrr. Mit Anmerkungen v. H. Meisner. *Lpz. 1892–1905. 8 Bde.*
Literatur: Ott, G.: *E. M. A. Religion, Christentum u. Kirche in der Entwicklung des dt. Publizisten u. Patrioten. Bonn 1966.* – Arndt, H. v.: *Das Abenteuer der Befreiung. E. M. A. u. die Forderung seiner Zeit. Leoni am Starnberger See 1960.* – Ruth, P. H.: *A. u. die Gesch. Mchn. 1930.* – Lange, G.: *Der Dichter A. Bln. 1910.*

Arndt, Helene † Böhlau, Helene.

Arniches y Barrera, Carlos [span. ar'nitʃes i βa'rrɛra], * Alicante 11. Okt. 1866, † Madrid 16. April 1943, span. Dichter.

Ursprüngl. Redakteur in Barcelona; einer der fruchtbarsten span. Bühnenautoren unseres Jh.s: schrieb in der Nachfolge Ramón de la Cruz' (vielfach in Zusammenarbeit mit anderen) über 200 Madrider Volksstücke („El santo de la Isidra", 1898; „El puñao de rosas", 1902; „Alma de Dios", 1908) und Sittenkomödien („La señorita de Trévelez", 1916) typ. span. Prägung (Sainetes, Zarzuelas, Grotesken).
Literatur: Lentzen, M.: *C. A. Vom 'género chico' zur 'tragedia grotesca'. Genf; Paris 1966.*

Arnim, Achim von, eigtl. Ludwig Joachim von A., * Berlin 26. Jan. 1781, † Wiepersdorf bei Jüterbog 21. Jan. 1831, dt. Dichter.
Aus märk. Adel, studierte Jura und Naturwissenschaften, wandte sich früh der Literatur zu; Bildungsreisen in Deutschland, Frankreich, England und Schottland. 1801 lernte er C. Brentano kennen, mit dem ihn lebenslange Freundschaft verband. 1806–08 gemeinsame Herausgabe der Volksliedersammlung „Des Knaben Wunderhorn", etwa 600 Volkslieder, die von den beiden Romantikern frei bearbeitet worden waren. 1808

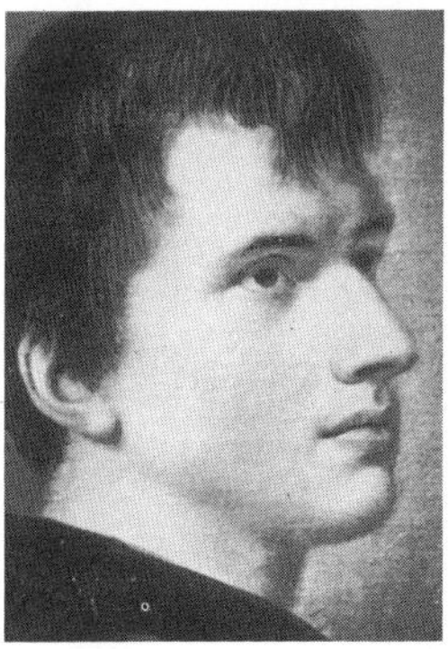

Achim von Arnim (Gemälde von E. Ströhling, Ausschnitt)

war A. in Heidelberg (Höhepunkt der Heidelberger Romantik), war Görres bei der Herausgabe der „Volksbücher" behilflich, gab die „Zeitung für Einsiedler" heraus (in Buchform „Trösteinsamkeit", 1808). Ende 1808 in Berlin, Mitglied der „Christl.-dt. Tischgesellschaft", 1811 heiratete er Bettina Brentano, 1813 Teilnahme am Freiheitskrieg. 1814 zog er sich auf sein Gut Wiepersdorf zurück. A. gehört zu den bedeutendsten Vertretern der Romantik, obwohl in seinem Werk die Kraft nicht immer ausreicht, seine dichter. Einfälle in eine Form zu zwingen. Durch Rückbesinnung auf die dt. Geschichte, nationale und religiöse Vertiefung versuchte er an der Erneuerung des dt. Wesens mitzuwirken. Befreundet mit den meisten Vertretern der Romantik, ist seine anregende Wirkung nicht zu unterschätzen. Sein Roman „Armut, Reichtum, Schuld und Buße der Gräfin Dolores" (1810) half die Kunst- und Weltanschauung der Romantik prägen; sein unvollendeter histor. Roman „Die Kronenwächter" (1817–54) gibt ein breitangelegtes Bild des späten MA und prägt eine neue dichter. Form des histor. Romans in Deutschland. Bedeutsam, wenn auch voller romant. Absonderlichkeiten, sind die Novellen „Isabella von Ägypten" (1812), „Fürst Ganzgott und Sänger Halbgott" (1818), „Der tolle Invalide auf dem Fort Ratonneau" (1818) und „Die Majoratsherren" (1822).
Weitere Werke: Hollins Liebeleben (R., 1804), Kriegslieder (1806), Der Wintergarten (Novellen, 1809), Halle und Jerusalem (Dr., 1811), Die Gleichen (Dr., 1819).
Ausgaben: A. v. A. Sämtl. Romane u. Erzählungen. Hg. v. W. Migge. *Mchn. 1962–65. 3 Bde. – Ludwig A. v. A.s sämtl. Werke. Neue Ausg. Hg. v.* W. Grimm. *Bln. 1853–56. 22 Bde.*
Literatur: Steffen, H.: *Lichtsymbolik u. Figuration in A.s erzählender Dichtung. In: Die dt. Romantik. Hg. v.* Steffen. *Gött. 1967.* – Falkner, G.: *Die Dramen A. v. A. s. Ein Beitrag zur Dramaturgie der Romantik. Zürich 1962.* – Rudolph, G.: *Studien zur dichter. Welt A. v. A.s. Bln. 1958.* – Guignard, R.: *A. v. A. Paris 1953.* – Lenz, H.-U.: *Das Volkserlebnis bei Ludwig A. v. A. Bln. 1938. Nachdr. Nendeln (Liechtenstein) 1967. – A.-Bibliogr. Hg. v.* O. Mallon. *Bln. 1925. Nachdr. Hildesheim 1965.*

Arnim, Bettina von, eigtl. Anna Elisabeth von A., geb. Brentano, * Frankfurt am Main 4. April 1785, † Berlin 20. Jan. 1859, dt. Dichterin.
Schwester Brentanos, Enkelin der Sophie von La Roche, befreundet mit K. von Günderode, bekannt mit Frau Rat Goethe. Nach ihrer Heirat mit Achim von A. (1811) lebte sie in Wiepersdorf und Berlin, wo sie u.a. mit F. H. Jacobi, Tieck, Schleiermacher, den Grimms und Humboldts befreundet war. Mit Goethe traf sie mehrmals zusammen (1807, 1810, 1811, 1824). Sie verehrte ihn schwärmer., wegen seiner Ehe mit Christiane Vulpius kam es 1811 zum Zerwürfnis. „Goethes Briefwechsel mit einem Kinde" (1835) geht auf eine Korrespondenz zurück, ist jedoch sehr frei umgestaltet und ergänzt. In ihm, wie auch in ihren Büchern für ihren Bruder Clemens und die Günderode, zeigt sich Bettinas romant. Lebensgefühl, ihre Eigenwilligkeit, Leidenschaftlichkeit und Begeisterungsfähigkeit. Ihr Eintreten für soziale Ideen und für die polit. und geistige Emanzipation der Frau wird bes. in ihren Spätwerken deutlich.
Weitere Werke: Die Günderode (Brief-Slg., 1840), Dies Buch gehört dem König (Brief-R., 1843), Clemens Brentanos Frühlingskranz (Brief-R., 1844), Ilius Pamphilius und die Ambrosia (Briefe, 1848), Gespräche mit Dämonen. Des Königsbuchs 2. Teil (1852).

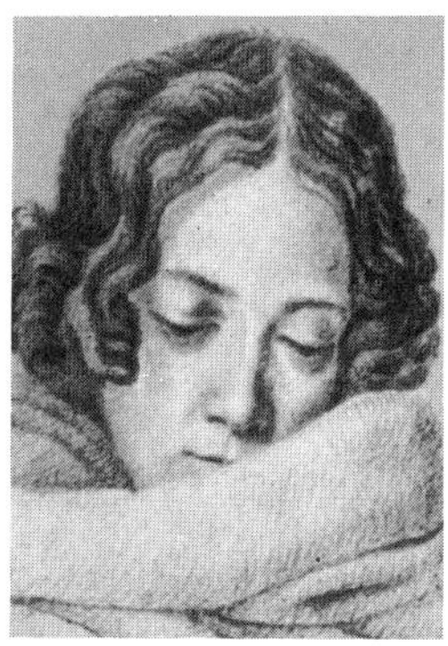

Bettina von Arnim (Zeichnung von L. E. Grimm)

Ausgaben: B. v. A. Werke u. Briefe. Hg. v. G. Konrad. *Frechen bei Köln 1959–63. 5 in 4 Bden. – B. v. A. Sämtl. Werke. Hg. v.* W. Oehlke. *Bln. 1920–22. 7 Bde.*
Literatur: Milch, W.: *Die Junge Bettina (1785 bis 1811). Ein biograph. Versuch. Bearb. u. hg. v.* P. Küpper. *Hdbg. 1968.* – Hahn, K.-H.: *B. v. A. in ihrem Verhältnis zu Staat u. Politik. Weimar 1959.* – Zimmermann, M. J.: *B. v. A. als Dichterin. Diss. Basel 1958.*

Arnobius, * 2. Hälfte des 3. Jh.s, † 1. Drittel des 4. Jh.s, lat. Schriftsteller.
Stammte wahrscheinl. aus Afrika, unter Diokletian Lehrer der Rhetorik in Sicca; schrieb nach seiner Bekehrung zum Christentum (305) die Kampfschrift „Adversus nationes" (dt. u. d. T. „Gegen die Heiden", hg. 1875) in 7 Büchern, um die Glaubwürdigkeit seines Übertritts zu beweisen; in seiner unklaren Vorstellung vom Christentum verzerrt er das Wesen der röm. Religion wie auch der griech. Mysterien; dennoch enthält das Werk eine Fülle sonst kaum bekannter religionsgeschichtl. Überlieferungen.

Arnold, Sir Edwin [engl. ɑːnld], * Gravesend 10. Juni 1832, † London 24. März 1904, engl. Schriftsteller.
In seinem Hauptwerk, dem Epos „The light of Asia" (1879), schildert er die ind. Welt, wobei dem Leben und den Lehren Buddhas besondere Bedeutung beigemessen wird.
Weitere Werke: The light of the world (Epos, 1891), Seas and lands (1891), Japonica (1892).

Arnold, Gottfried, * Annaberg (Erzgebirge) 5. Sept. 1666, † Perleberg 30. Mai 1714, dt. ev. Theologe und Dichter.
Studierte Theologie in Wittenberg, war Geschichtsprofessor, Hofprediger, Pfarrer und Superintendent, führte den Titel eines königl. preuß. Historiographen; Pietist und Mystiker; schrieb Kirchenlieder („O Durchbrecher aller Bande") und kirchengeschichtl. Werke, die erstmals auch den „Ketzern" gerecht zu werden suchten („Die unparteiische Kirchen- und Ketzerhistorie", 1699 bis 1715).
Literatur: Stählin, T.: *G. A.s geistl. Dichtung, Glaube und Mystik. Gött. 1966.* – Dörries, H.: *Geist u. Gesch. bei G. A. Gött. 1963.* – Dibelius, F.: *G. A. Sein Leben u. seine Bedeutung f. Theologie u. Kirche. Eine kirchen-histor. Monogr. Bln. 1873.*

Arnold, Johann Georg Daniel, * Straßburg 18. Febr. 1780, † ebd. 18. Febr. 1829, dt. Jurist und Dichter.
Studierte in Göttingen; 1806 Professor des Code civil an der Rechtsschule in Koblenz, 1809 Professor der Geschichte und Rechtswissenschaft in Straßburg; schrieb neben jurist. Werken („Elementa juris civilis Justinianei", 1812) u.a. das bekannte Lustspiel im elsäss. Dialekt „Der Pfingstmontag" (1816), das Goethes Lob erntete.

Arnold, Matthew [engl. ɑːnld], * Laleham (Middlesex) 24. Dez. 1822, † Liverpool 15. April 1888, engl. Dichter und Kritiker.
Studierte in Oxford, war 1857–67 dort Professor der Dichtkunst. Studienreisen u.a. nach Deutschland und Frankreich. Als Schulinspektor (1851 bis 1856) setzte er sich für eine Reform des engl. Schulwesens ein. Neben Themen aus diesem Gebiet gelten seine Essays v.a. religiösen Anliegen und der Literaturkritik („Essays in criticism", 1865). A. wandte sich gegen Provinzialismus und die Kleinlichkeit des Viktorianismus; als Kulturkritiker zählt er zu den konstruktivsten seiner Zeit. Als Dramatiker war A. wenig erfolgreich, seine Lyrik ist eleg. und reflektiv. Teile der 1853 zurückgezogenen ersten Gedichtbände wurden in „Poems" (1953) veröffentlicht. A. war Bewunderer der dt. Dichtung, bes. Goethes. Seine Vorbilder sind die Griechen und Franzosen. Die polit. und theolog. Schriften zeigen A. als Anhänger des Liberalismus.
Weitere Werke: Poems (1853, 1855, 1867), Empedocles on Etna (Ged., 1852), Merope (Trag., 1858), On translating Homer (Essays, 1861), On the study on Celtic literature (Essays, 1867), Culture and anarchy (Essay, 1869).
Literatur: Madden, W. A.: *M. A. Bloomington (Ind.) 1967.* – Müller-Schwefe, G.: *Das persönl. Menschenbild M. A.s in der dichter. Gestaltung. Tüb. 1955.* – Trilling, L.: *M. A. London ³1955.*

Arnoux, Alexandre Paul [frz. arˈnu], * Digne (Basses-Alpes) 27. Febr. 1884, frz. Dichter.
Seit 1947 Mitglied der Académie Goncourt; mit seinen geist- und humorvollen Versen glänzender Vertreter der „poésie fantaisiste" („La belle et la bête", R., 1913; „Huon de Bordeaux", Dr., 1922), daneben aber auch aktuellen Fragen zugewandt; schrieb als glänzender Stilist sowohl Gedichte, Romane, Novellen, Dramen als auch Essays und für den Film; auch Übersetzer.
Weitere Werke: Le cabaret (Novellen, 1919), Le chiffre (R., 1926), Carnet du Juif errant (R., 1930), Le rossignol napolitain (R., 1937), L'amour des trois oranges (Kom., 1947), Le siège de Syracuse (R., 1962), Flamenca (R., 1965).

Arolas, Juan [span. aˈrolas], * Barcelona 20. Juni 1805, † ebd. 23. Nov. 1849, span. Dichter.
Studierte Theologie und war Mitglied des Ordens der Piaristen; starb in geistiger Umnachtung; zeichnet sich in seinen oft glühend erot. Gedichten, die im Spannungsfeld zwischen Religion und Sinnlichkeit entstanden, durch romant.-schöne Form und glänzende Phantasie aus. Übersetzer Chateaubriands.
Hauptwerke: Poesías amoriles y amatorias (Ged., 1823), Poesías caballerescas y orientales (Ged., 1840), Cartas amatorias (Ged., 1843).

Aronsohn, Adolph ↑ L'Arronge, Adolph.

Arouet, François Marie [frz. aˈrwɛ] ↑ Voltaire.

Arp, Hans, * Straßburg 16. Sept. 1887, † Basel 7. Juni 1966, dt. Maler, Bildhauer und Dichter.
Künstler. Ausbildung in Straßburg, Weimar und Paris; schloß sich 1911 dem Künstlerkreis „Blauer Reiter" an und arbeitete auch für die Zeitschrift „Der Sturm". 1916 war er einer der Gründer des Dadaismus in Zürich; lebte mit Unterbrechungen seit 1926 in Meudon. Aus der Empörung der Dadaisten gegen Krieg, die gesellschaftl. und künstler. Zustände ihrer Tage, aus ihrer Proklamation der absoluten Freiheit entwickelte A. seinen Stil, erfand er das Lautgedicht, die „synthet. Dichtkunst" mit ihrem assoziativen Wort- und Bildzusammenhang, den phantast. und zufälligen Wortbildern und Wortverbindungen, einer absoluten Inhalts- und Sinnlosigkeit. A. hat seine Manier bis an die Grenze des sprachl. Möglichen weitergeführt. Er gilt als „Klassiker" der Dadaisten und hat auf die junge dt. Lyrik

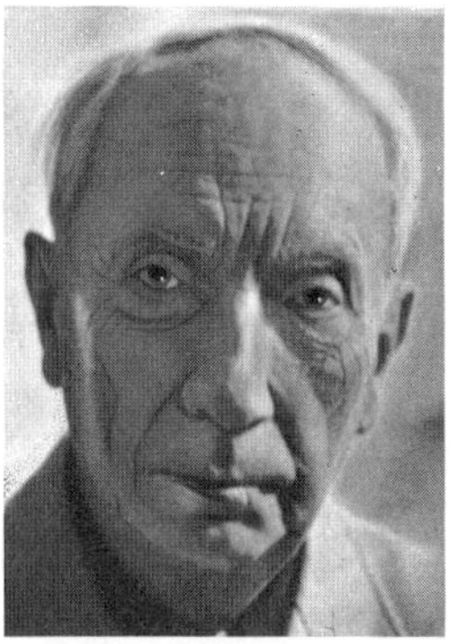

Hans Arp

großen Einfluß gehabt. A. schrieb auch in frz. Sprache.
Hauptwerke: Der vogel selbdritt (Ged., 1920), Die wolkenpumpe (Ged., 1920), Der Pyramidenrock (Ged., 1924), Weißt du schwarzt du (Ged., 1930), Muscheln und Schirme (Ged., 1939), Auch das ist nur eine Wolke (Prosa, 1951), Auf einem Bein (Ged., 1955), Worte mit und ohne Anker (Ged., 1957), Mondsand (Ged., 1960), Sinnende Flammen (Ged., 1961), Logbuch des Traumkapitäns (Ged., 1965).
Ausgabe: H. A. Ges. Gedichte. Hg. v. M. Arp-Hagenbach *u.* P. Schifferli. *Wiesb. 1963 ff. Auf mehrere Bde. berechnet.*
Literatur: Last, R. W.: *H. A., the poet of dadaism. London 1969.* – Döhl, R.: *Das literar. Werk H. A.s 1903–1930. Zur poet. Vorstellungswelt des Dadaismus. Stuttg. 1967.* – Usinger, F.: *Die dichter. Welt H. A.s. Wiesb. 1965.*

Arpino, Giovanni [italien. ar'pi:no], * Pola (heute Pula) 27. Jan. 1927, italien. Schriftsteller.
Studium in Turin; Verlagstätigkeit; Mitarbeiter verschiedener Zeitschriften und Zeitungen; erhielt 1964 den Premio Strega für seinen Roman „Im Schatten der Hügel" (dt. 1966), der eine Auseinandersetzung der Generation, die Kriegs- und Nachkriegszeit bewußt erlebt hat, mit der Gegenwart ist; A. schreibt auch Gedichte und Kinderbücher.
Weitere Werke: Barbaresco (Ged., 1954), La suora giovane (R., 1959), Rafè e Micropiede (Kinderb., 1959), Aus gekränkter Ehre (R., dt. 1964), Ein ungleiches Paar (R., dt. 1969).

Arrabal, Fernando [span. arra'βal], * Melilla (Spanisch-Marokko) 1932, span. Schriftsteller.
Siedelte 1955 nach Paris über, weil er Schwierigkeiten mit der span. Zensur hatte; seine z.T. exzessiv-phantast. Stücke tragen Züge des surrealist. sowie des absurden Dramas; auch Romane und Lyrik; schreibt seine Romane und Stücke in frz., die Gedichte in span. Sprache.
Hauptwerke: Die beiden Henker (Melodrama, dt. 1963), Gebet (Dr., dt. 1963), Guernica (Dr., dt. 1963), Picknick im Felde (Dr., dt. 1961), Baal Babylon (R., dt. 1964), L'enterrement de la sardine (R., 1961), La pierre de la folie (R., 1963), Der Architekt und der Kaiser von Assyrien (Dr., dt. EA 1968), Garten der Lüste (Dr., dt. 1969), Riten und Feste der Konfusion (R., dt. 1969).

Arrebo, Anders Christensen [dän. 'arəbo:'], * Ærøskøbing 2. Jan. 1587, † Vordingborg (Seeland) 12. März 1637, dän. Dichter.
Wurde mit 31 Jahren Bischof in Drontheim, wegen seines leichtsinnigen Lebenswandels entlassen, zuletzt Pfarrer von Vordingborg. Seine bedeutendste Leistung war die Übersetzung der Psalmen des A.T. nach dem neuen Prinzip der Silbenzählung; sein in Alexandrinern geschriebenes „Hexaemeron" (1661), eine Nachdichtung von Du Bartas' „La semaine", gilt als eines der Hauptwerke der dän. Renaissanceliteratur.

Arrian ↑ Arrianos, Flavios.

Arrianos, Flavios (Flavius Arrianus), * Nikomedia (Bithynien) um 95, † Athen um 175, griech. Schriftsteller.
Entstammte einer angesehenen röm. Familie, studierte in Nikopolis bei Epiktet Philosophie; schlug eine glänzende Laufbahn ein und stieg bis zum consul suffectus und zum Verwalter der Prov. Kappadokien auf, wo er noch für das Jahr 137 inschriftl. bezeugt ist; bald darauf erwarb er sich in Athen, wo er auch Lukian kennenlernte, das Bürgerrecht. A., der eine äußerst vielseitige literar. Tätigkeit entfaltete, war als Attizist der schlichten Sprache Xenophons verpflichtet und verzichtete auf jeden rhetor. Schmuck; von seinen militär., philosoph. und histor. Schriften verdienen die Aufzeichnungen der Vorträge Epiktets Erwähnung, da sie die einzige zuverlässige Quelle für dessen philosoph. Lehre darstellen; seinen eigtl. Ruhm verdankt A. jedoch der „Anabasis" Alexanders, die in 7 Büchern das wichtigste Dokument für Alexanders Indienzug ist, da A. mit histor. geschultem Blick in der Wahl seiner Quellen (Ptolemaios, Aristobulos) äußerst geschickt war; interessant ist die Abhandlung über die Jagd „Kynegetikos", in der sich A. eng an sein Vorbild Xenophon anschloß.
Ausgabe: Arrian. Alexanders d. Gr. Siegeszug durch Asien. Dt. Übers. Hg. v. W. Capelle. *Zürich 1950.*
Literatur: Wirth, Th.: *Arrians Erinnerungen an Epiktet. In: Museum Helveticum 24 (1967), 149 u. 197.* – Breebart, A. B.: *Enige historiografsche Aspecten van Arrianus' Anabasis Alexandri. Diss. Leiden 1960.*

Arriaza y Superviela, Juan Bautista de [span. a'rriaθa i supɛr'βiela], * Madrid 27. Febr. 1770, † ebd. 22. Jan. 1837, span. Dichter.
Diente in der Marine und nahm am Kampf gegen die Franzosen teil, nach 1798 im diplomat. Dienst, u.a. in London und Paris; schrieb patriot. Gesänge: „El dos de mayo de 1808", „Los defensores de la patria", „Himno de la victoria" und dgl., daneben Elegien, Epigramme, erot. und satir. Gedichte. Er steht zwischen Klassizismus und Romantik.

Arrieta, Rafael Alberto [span. a'rrieta], * Rauch 28. Okt. 1889, argentin. Dichter.
Professor für europ. Literatur an den Universitäten La Plata und Buenos Aires; Mitglied der Academia Argentina de Letras; Lyriker des späten Modernismo, unter engl. Einfluß; Essayist.
Hauptwerke: Alma y momento (Ged., 1910), El espejo de la fuente (Ged., 1912), Las noches de oro (Ged., 1917), Canciones y poemas (Ged., 1917), Estío serrano (Ged., 1926), Historia de la literatura argentina (1958 f.).

Arrom, Cecilia de [span. a'rrɔn] † Caballero, Fernán.
Arschak, Nikolai [russ. ar'ʒak] † Danijel, Juli.
Artaud, Antonin [frz. ar'to], * Marseille 4. Sept. 1896, † Ivry-sur-Seine 4. März 1948, frz. Schriftsteller.
Veröffentlichte 1913 „Sonnets mystiques"; ging 1920 nach Paris und wurde Schauspieler, spielte mit Dullin, Jouvet, Pitoëff; schloß sich für einige Zeit den Surrealisten an; Filmschauspieler und Theaterregisseur; sein Manifest „Le théatre de la cruauté" (1935) hatte großen Einfluß auf die jungen Dramatiker der Avantgarde nach dem Krieg; A. wurde nach seinen Reisen nach Mexiko (1936) und Irland (1937) geisteskrank und lebte 10 Jahre in einer Heilanstalt; außer Essays schrieb er auch Gedichte und ein Drama.
Weitere Werke: L'ombilic des limbes (Ged., 1925), Le pèse-nerfs (Ged., 1925), Das Theater und sein Double (Essays, 1938; dt. 1969), Van Gogh, le suicidé de la société (Biogr., 1947), Pour en finir avec le jugement de Dieu (Essay, 1948).
Artemidoros (Artemidor) von Ephesos, * Daldis (Lydien), griech. Schriftsteller der 2. Hälfte des 2. Jahrhunderts.
Verfasser von Handbüchern über Vogelschau und Handlesekunst; kulturgeschichtl. bed. ist sein 5teiliges Traumbuch „Oneirokritika".
Artmann, H[ans] C[arl], * Sankt Achaz am Walde (Niederösterreich) 12. Juni 1921, östr. Schriftsteller.
Studium der vergleichenden Sprachwissenschaft in Wien, lebt heute in Malmö und Berlin. Wurde bekannt durch seine Wiener Dialektgedichte „med ana schwoazzn dintn" (1958); bis 1958 Mittelpunkt der avantgardist. „Wiener Gruppe", für die u.a. die artist. Sprachbehandlung der Barockdichtung, Surrealismus und Dadaismus anregend waren (zahlreiche Gemeinschaftsarbeiten); neben vielfältiger Lyrik auch Prosa und Theaterstücke; bed. Übersetzer.
Weitere Werke: hosn rosn baa (Ged., 1958; mit F. Achleitner und G. Rühm), Von denen Husaren und anderen Seil-Tänzern (Prosa und Ged., 1959), Das suchen nach dem gestrigen tag (Prosa, 1964), pers. quatrainen (1966), Fleiß und Industrie (Prosa, 1967), Grünverschlossene Botschaft. 90 Träume (1967), shâl-i-mâr, der pers. quatrainen anderer teil (1967), Ein lilienweißer Brief aus Lincolnshire (ges. Ged., 1969), Die Fahrt zur Insel Nantucket (ges. dramat. Spiele, 1969).
Arx, Caesar von, * Basel 23. Mai 1895, † Niedererlinsbach bei Aarau 14. Juli 1949 (Selbstmord), schweizer. Dramatiker.
Studierte Germanistik in Basel; Regisseur in Leipzig und Zürich, seit 1925 freier Schriftsteller; Verfasser erfolgreicher Dramen und Spiele, bes. aus der Geschichte der Eidgenossenschaft.
Hauptwerke: Vogel friß oder stirb (Kom., 1932), Hörspiel zum Jubiläum der Gotthardbahn (1932), Das Drama vom verlorenen Sohn (1934, nach H. Salat), Der Verrat von Novara (Schsp., 1934), Land ohne Himmel (Schsp., 1943), Das Solothurner Gedenkspiel (1949).
Aržak, Nikolaj † Danijel, Juli.
Arzybaschew, Michail Petrowitsch; tl.: Arcybašev, Mihail Petrovič [russ. artsi'baʃəf], * Achtyrka (Gouv. Charkow) 18. Okt. 1878, † Warschau 3. März 1927, russ. Schriftsteller.
Erregte mit dem Roman „Sanin" (dt. 1909), dessen Held ein unbedingter Amoralist ist, Aufsehen und wegen erot. Deutlichkeiten Anstoß; auch in anderen Werken zeigt sich A.s Vorliebe für die Verbindung des Makabren mit dem Erot.; von den bedeutenderen zeitgenöss. Schriftstellern wurden seine Werke, deren Grundhaltung pessimist. war, als epigonal erkannt.
A'šà, Al- † Ascha, Al, Maimun Ibn Kais.
Asachi, Gheorghe [rumän. a'saki], * Herța 1. März 1788, † Jassy 12. Nov. 1869, rumän. Schriftsteller.
Studierte in Lemberg, Wien und Rom und war Professor für Mathematik und Architektur in Jassy; wurde in jungen Jahren durch seine klass. Muster (Horaz) nachahmenden Verse berühmt; er war Mitbegründer der ersten rumän. Universität in Jassy und schuf in der Moldau die erste rumän. Mittelschule, das erste rumän. Theater und die ersten literar. Zeitschriften; in seiner Vielseitigkeit einer der wichtigsten Repräsentanten des kulturellen Lebens seiner Heimat in der ersten Hälfte des 19. Jahrhunderts.
Literatur: Ciobanu, V.: *Aspecte ale operei lui G. A. In: Studii și cercetări de istorie literară și folclor 10 (1961), 635.* – Chițimia, J. G.: *Adam Mickiewicz et l'écrivain roumain G. A. In: Romanoslavica 1 (1958), 124.*
Asadi, Abu Mansur Ali Ebn Ahmad; tl.: Asadī, Abū Manṣūr 'Alī Ibn Aḥmad [pers. æsæ'di:], * Tus um 1012, † um 1080, pers. Dichter.
Lebte eine Zeitlang im transkaukas. Nachdschawan; um 1072 vorübergehend in Ani bezeugt; bed. durch sein Wörterbuch, das als ältestes in pers. Sprache angesehen wird; jedes Wort wurde durch Zitate aus Werken verschiedener Dichter belegt, deren Originale z.T. unbekannt, z.T. auch verloren sind; nicht weniger bed. ist das zwischen 1064 und 1066 entstandene, einem Fürsten gewidmete Epos „Garschaspname" (= Buch des Garschasp), das, von Ferdausi beeinflußt, eines der letzten histor. Epen der pers. Literatur ist.
Asbaje y Ramírez de Santillana, Juana Inés de [span. az'βaxe i rra'mireθ ðe santi'jana] † Juana Inés de la Cruz, Sor.
Asbjørnsen, Peter Christen [norweg. 'asbjœrnsən], * Kristiania (heute Oslo) 15. Jan. 1812, † ebd. 6. Jan. 1885, norweg. Schriftsteller.
Forstmeister, Autor naturwissenschaftl. Arbeiten; bed. als Folklorist; mit J. Moe sammelte er norweg. Volksmärchen, die beide in einer sprachl. Mischform aus Dialekt und dän.-norweg. Schriftsprache publizierten. Eine dt. Auswahl erschien 1881 u. d. T. „Norweg. Volksmärchen und Waldgeistersagen".
Asch, Schalom, * Kutno (Polen) 1. Jan. 1880, † London 10. Juli 1957, jidd. Schriftsteller.
Ging 1899 nach Warschau, lebte 1906–10 in Palästina, dann in den USA, England und in den letzten Jahren in Israel. Viele Reisen in Europa. A. schrieb ursprüngl. hebr., später jidd., aber auch dt. und engl. Er gehört zu den bedeutendsten Vertretern des jidd. Schrifttums im 20. Jh. Am Beginn seiner literar. Laufbahn stehen Skizzen und Erzählungen aus dem Leben der Ostjuden. Ein breites Bild vom Untergang des Ostjudentums gelang ihm mit seiner Romantrilogie „Vor der Sintflut" (dt. 1929ff.). A. wählte für seine Dramen und Romane sowohl histor. Themen als auch solche, die das

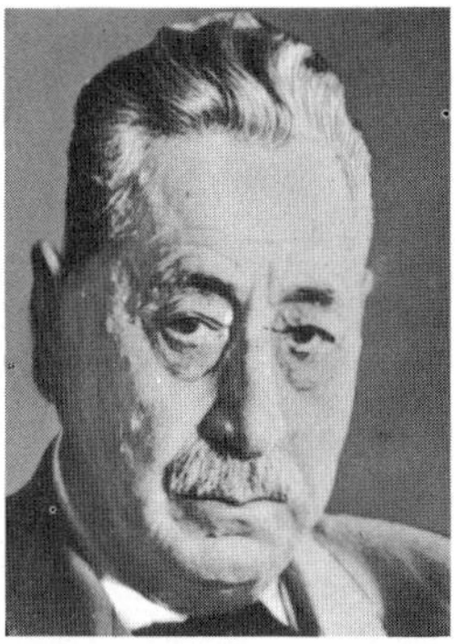
Schalom Asch

Schicksal ausgewanderter Juden aufgreifen. Seine bühnenwirksamen sozialen Dramen und Komödien machten ihn weithin bekannt (1908 Aufführung des Dramas „Der Gott der Rache" durch M. Reinhardt). In seinen Spätwerken verwendete A. v.a. urchristl. Stoffe, die er wohl aus jüd. Sicht bearbeitete, aber doch mit der Absicht, die Kluft zwischen Judentum und Christentum zu überbrücken. Er setzte sich damit starken Angriffen konservativer jüd. Kreise aus.
Weitere Werke: Mottke der Dieb (E., dt. 1929), Die Kinder Abrahams (Novellen, 1931), East River (R., 1932; dt. 1947), Der Trost des Volkes (R., dt. 1934), Der Apostel (R., dt. 1946), Der Nazarener (R., dt. 1950), Maria (R., dt. 1950), Moses (R., dt. 1953), Reise durch die Nacht (R., dt. 1955), Der Prophet (R., dt. 1956).
Literatur: Lieberman, Ch.: *The Christianity of Sholem A. An appraisal from the Jewish viewpoint. Engl. Übers. New York 1953.*

Ascha, Al, Maimun Ibn Kais; tl.: Al-A'šà, Maymūn Ibn Qays [al''aʃa], * Durna bei Ar Rijad um 550, † nach 625, altarab. Dichter.
Durchzog als wandernder Sänger ganz Arabien und die umliegenden Länder; durch seine ausgedehnten Reisen hat er sich eine umfangreiche Bildung angeeignet; Beschäftigung mit religiösen Fragen; verherrlichte in seinen meist konventionellen Kassiden seine Gönner, die er mit rhetor. Phrasen überschüttete; auch Lob der Frauenschönheit und des Weines gehört zu seiner Thematik, seltener die beißende Verspottung seiner Gegner; hatte Verbindung zu den Christen.

Aschajew, Wassili Nikolajewitsch; tl.: Ažaev, Vasilij Nikolaevič [russ. a'ʒajɪf], * Sozkoje (Gouv. Moskau) 12. Febr. 1915, † Moskau 27. April 1968, russ.-sowjet. Schriftsteller.
Absolvent des Gorki-Literaturinstituts Moskau, wurde bes. durch seinen Zeitroman „Fern von Moskau" (dt. 1950), in dem er den heroischen Sowjetmenschen schildert, bekannt. Ebenfalls dt. liegt vor „Prolog des Lebens" (R., dt. 1962).

Äschines ['ɛʃinɛs, 'ɛsç...] † Aischines.

Aschwagoscha; tl.: Aśvagoṣa, ind. Dichter und Philosoph um 100.
Aus Brahmanengeschlecht; Zeitgenosse des Herrschers Kanischka. Er verfaßte das gedankl. tiefe, sprachl. kunstvolle Epos „Buddhatscharita" in Sanskrit, eine Darstellung von Buddhas Leben in 28 Gesängen, von denen nur 13 im Original erhalten sind. Der fromme, begabte Dichter, der alle vorgeschriebenen Kunstmittel der klass. Sanskritdichtung beherrschte, schrieb auch das Epos „Sundaranandakawja", die Legende von der Liebe Sundaris und Nandas des Schönen, der sich zur Weltentsagung bekehrte. Dramenfragmente, die in O-Turkestan aufgefunden wurden, beweisen, daß A. auch Schauspiele verfaßt hat. Als Verfasser des Lehrbuchs von der Entstehung des Mahajanaglaubens konnte er bisher nicht bestätigt werden.

Äschylus ['ɛʃylʊs, 'ɛ:ʃ..., 'ɛ:sçylʊs] † Aischylos.

Aseev † Assejew.

Ashton, Winifred [engl. 'æʃtən] † Dane, Clemence.

Asinius Pollio, Gaius, * 76 v. Chr., † 5 n. Chr., röm. Schriftsteller.
In jungen Jahren Beziehungen zum Neoterikerkreis, 40 Konsul, zog sich unter Kaiser Augustus ganz ins Privatleben zurück; Gründer der ersten öffentl. Bibliothek in Rom und erster Rezitator eigener Werke vor einem Kreis geladener Gäste; Kritiker und Kenner der gesamten röm. Literatur seiner Zeit. Von seinem umfangreichen Werk, das neben Tragödien, Reden und grammat. Schriften 17 Bücher „Historiae" der Zeit von 60 bis um 42 umfaßte, sind nur Bruchstücke erhalten.

Aškerc, Anton [slowen. 'a:ʃkɛrts], * Globoko 9. Jan. 1856, † Laibach 10. Juni 1912, slowen. Dichter.
Liberaler, zum Sozialismus neigender Theologe; später antiklerikale Einstellung; literaturkrit. Publizist und Archivar; pflegte als erster slowen. Dichter die Balladendichtung. Seine Lyrik ist volksliedhaft; in ep. Dichtungen behandelte er Stoffe aus der Zeit der Reformation und der Bauernkriege.

Asklepiades, griech. Dichter des 3. Jh.s v. Chr. aus Samos.
Lebte wahrscheinl. einige Zeit in Alexandria; bed. Epigrammatiker, der als ein Mann sinnenfrohen Genusses meist Themen erot. Inhalts behandelt; die Sprache ist von schlichter Einfachheit; überliefert sind etwa 40 Epigramme; bekannt ist der nach ihm benannte, u.a. von Horaz und Seneca verwandte asklepiadeische Vers.

Asmodi, Herbert, * Heilbronn 30. März 1923, dt. Schriftsteller.
Studierte nach Teilnahme am 2. Weltkrieg Germanistik, Kunstgeschichte und Philosophie in Heidelberg, seit 1952 freier Schriftsteller in München. Schreibt v.a. zeitkrit.-iron. Dramen, in denen er Probleme der Nachkriegszeit und der Gegenwart behandelt; auch Fernsehspiele und Lyrik.
Hauptwerke: Pardon wird nicht gegeben (Kom., 1956, auch u. d. T. Schuwaloff und der Weltfrieden), Nachsaison (Kom., 1959), Die Menschenfresser (Kom., 1961), Mohrenwäsche (Kom., UA 1964), Stirb und werde (Kom., UA 1967).

Asmus † Claudius, Matthias.

Asnyk, Adam [poln. 'asnik], * Kalisch 11. Sept. 1838, † Krakau 2. Aug. 1897, poln. Dichter.
Umfassende Studien u.a. in Medizin und Philosophie (Promotion in Heidelberg); später Redakteur und Politiker. A. versuchte sich in vielen dichter. Gattungen, wurde aber v.a. durch seine Lyrik bekannt, die zwischen Romantik und Positivismus steht; Betonung der rhythm. Elemente; seine philosoph. Lyrik ist vom positivist. Fort-

schrittsgedanken geprägt. In dt. Sprache erschien 1887 eine Gedichtauswahl.

Äsop ↑ Aisopos.

Aspāzija, eigtl. Elza Rozenberga, * bei Mitau 16. März 1868, † Dubulti 5. Nov. 1943, lett. Dichterin.
Journalist. und polit. tätig; Gattin des Dichters J. Rainis, mit dem sie lange im Schweizer Exil lebte. Neuromantikerin mit Neigung zu rhetor. Pathos; schrieb u.a. soziale Lyrik und histor. Dramen.

Asplund, Karl [schwed. ˌasplʊnd], * Jäder 27. April 1890, schwed. Lyriker und Kunsthistoriker.
Studium der Kunstgeschichte, Kunstkritiker; neben bed. kunsthistor. Arbeiten Natur- und Liebeslyrik, die, sicher in der Form, idyll.-graziös oder auch melanchol., die Bahnen des überkommenen Realismus nicht verläßt. Bed. als Übersetzer.

Assejew, Nikolai Nikolajewitsch; tl.: Aseev, Nikolaj Nikolaevič [russ. aˈsjejɪf], * Lgow bei Kursk 10. Juli 1889, † Moskau 16. Juli 1963, russ.-sowjet. Dichter.
Zunächst unter dem Einfluß der Symbolisten, wandte sich später dem nachrevolutionären Futurismus zu; blieb formal konventioneller und traditionsverbundener als Majakowski, dem er nach dessen Tod einen romanartig angelegten Verszyklus widmete; gilt trotz seiner Neigung zum romant., melod., zurückhaltenden Stil als Nachfolger Majakowskis; schrieb auch Propagandadichtungen und Lyrik mit spezif. sowjet. Thematik.

Asselbergs, Wilhelmus J. M. Antonius [niederl. ˈɑsəlbɛrxs] ↑ Duinkerken, Anton van.

Asselijn, Thomas [niederl. ˈɑsəlɛi̯n], * Dieppe um 1620, † Amsterdam Juli 1701, niederl. Dramatiker.
Kind prot. frz. Eltern, lebte in Amsterdam; schrieb zunächst histor. Trauerspiele, wurde berühmt durch seine zahlreichen populären gesellschaftskrit. Lustspiele, von denen sich bes. „Jan Klaasz of gewaande dienstmaagt" (1682) noch lange auf den Bühnen behauptet hat.

Assis, Joaquim Maria Machado de ↑ Machado de Assis, Joaquim Maria.

Assollant, [Jean-Baptiste] Alfred [frz. asɔˈlɑ̃], * Aubusson 20. März 1827, † Paris 5. März 1886, frz. Schriftsteller.
Geschichtsprofessor, ging in die USA, veröffentlichte zahlreiche anschaul. und lebhaft geschriebene Unterhaltungsromane, u.a. „Les aventures merveilleuses du capitaine Corcoran" (1867).

Asturias, Miguel Ángel [span. asˈturi̯as], * Guatemala 19. Okt. 1899, guatemaltek. Schriftsteller.
Studierte Rechtswissenschaft in Guatemala und Volkskunde in Paris; bis 1955 im diplomat. Dienst; Gegenstand seines Romanwerks sind v.a. Kultur und Mythen der Indios (Mayas); schrieb auch Gedichte; starke sozialpolit. Akzente, antiautoritär und antiimperialistisch („Der Herr Präsident", R., dt. 1957); erhielt 1967 den Nobelpreis.
Weitere Werke: Legenden aus Guatemala (1930, dt. 1960), Die Maismänner (R., dt. 1956), Weekend in Guatemala (R., dt. 1962), Bananentrilogie (R.-Trilogie: Sturm, 1950, dt. 1967; Der grüne Papst, dt. 1968; Die Augen der Begrabenen, dt. 1969), Don Niño oder Die Geographie der Träume (R., dt. 1969).

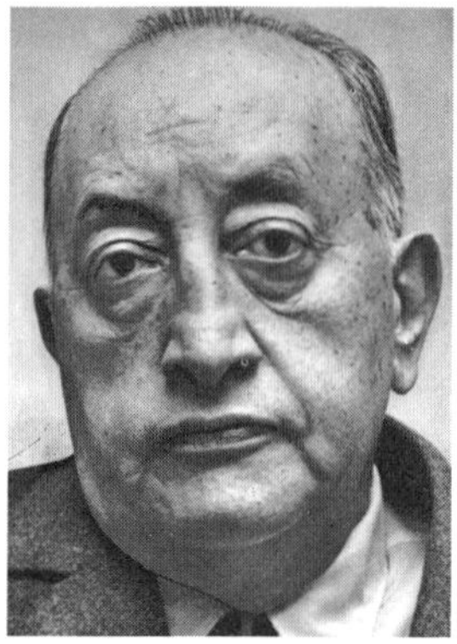

Miguel Ángel Asturias

Literatur: Lorenz, G. W.: *M. A. A. Neuwied 1968.* – Castelpoggi, A. J.: *M. A. A. Buenos Aires 1961.*

Aśvagoṣa ↑ Aschwagoscha.

Atacinus ↑ Varro, Publius Terentius.

Athanas, Jeorgios; tl.: Athánas, Geṓrgios [neugr. aˈθanas], * Nafpaktos 9. Febr. 1893, neugriech. Lyriker.
Studierte Jura; Journalist, Abgeordneter, Minister, 1965 vorübergehend Ministerpräsident; schreibt idyll., der Vergangenheit zugewandte, heimatverbundene Lyrik in einfacher Sprache.

Atharwaweda ↑ Weda.

Athenaios, griech. Grammatiker um 200 aus Naukratis (Ägypten).
Über sein Leben ist nichts bekannt. Sein „Deipnosophistai" (Gelehrtengastmahl) in 30 Büchern ist etwa zur Hälfte erhalten; das umfangreiche Werk trägt als Schilderung des Gastmahls von 29 gelehrten Männern wertvollstes Material über allerlei Themen der älteren Literatur zusammen.
Literatur: Mengis, K.: *Die schriftsteller. Technik im Sophistenmahl des A. Paderborn 1920.*

Atherton, Gertrude Franklin [engl. ˈæθətən], * San Francisco 30. Okt. 1857, † ebd. 14. Juni 1948, amerikan. Schriftstellerin.
Begann nach Auslandsaufenthalten zu schreiben. Ihre Romane, die Geschichte und Gesellschaft ihres Heimatstaates zum Thema haben, gewähren Einblick in das Leben der Menschen von der Spanierzeit bis zur Gegenwart.
Hauptwerke: The Californians (R., 1898), The conqueror (R., 1902), Golden Gate country (En., 1945).

Athis und Prophilias, fragmentar. erhaltenes Epos eines vermutl. hess. Dichters um 1215; Stoff oriental. Herkunft; handelt von einer Freundschaftsprobe: Athis tritt seinem liebeskranken Freund Prophilias die eigene Geliebte ab; der Stoff liegt außerdem in der „Disciplina clericalis" des Petrus Alphonsi vor, in einem altfrz. Gedicht (vermutl. von Alexandre de Bernai), in Boccaccios „Decamerone" und in „Tausendundeinenacht".

Atrachowitsch, Kondrat Kondratjewitsch; tl.: Atrahovič, Kondrat Kondrat'evič [russ. atraˈxɔvitʃ] ↑ Krapiwa, Kondrat.

Attar, Faridoddin; tl.: 'Attār, Farīdu'd-Dīn [pers. ætˈtɑːr], * bei Naischabur 1119 (?) oder 1136 (?), † ebd. um 1220, pers. Dichter.

Verbrachte 17 Jahre seiner Jugend in Tus bei Meschhed, begab sich dann auf weite Reisen, wurde nach seiner Rückkehr Apotheker; vielseitige ärztl. Tätigkeit, außerdem äußerst fruchtbares literar. Schaffen; erwarb sich durch rege Lektüre ein umfangreiches Wissen, das er durch die in seiner Apotheke geführten Gespräche mit Sufis und Literaten ergänzte; übte auf die pers. myst. Literatur bed. Einfluß aus. Obwohl die überlieferte Anzahl seiner Werke als weit übertrieben angesehen werden muß, bleiben doch 12 Bücher mit 45000 Doppelversen neben einem Prosabuch; bes. wichtig ist „Taskeratolauleja" (hg. 1905–07), 97 Lebensbeschreibungen alter Mystiker, von denen jedoch 23 auf Ahmad At Tusi aus dem 12. Jh. und zwei auf einen späteren Autor zurückgehen. Ferner sind bekannt das Lehrgedicht in Form einer Rahmenerzählung „Manteghottair" (= Die Sprache der Vögel, hg. 1857, frz. 1863), das Moralbüchlein „Pandname" (= Ratgeber, hg. 1819, dt. 1871) und der weltl. Liebes- und Abenteuerroman „Chosrau O Gol" (= Chosrau und die Rose), ein Jugendwerk.
Literatur: Ritter, H.: *Das Meer der Seele. Mensch, Welt u. Gott in den Geschichten des Farīduddīn 'Aṭṭār. Leiden 1955.*

Atterbom, Per Daniel Amadeus [schwed. ˌatərbum], * Åsbo (Östergötland) 19. Jan. 1790, † Stockholm 21. Juli 1855, schwed. Dichter und Literarhistoriker.
Studium in Uppsala, gründete mit Freunden den „Aurora förbundet", der eine Reform der schwed. Literatur anstrebte, gab seit 1810 dessen Zeitschrift „Phosphoros", in der er auch das Programm der schwed. Romantik formulierte, seit 1812 ihren „Poetisk kalender" und 1813–24 mit Palmblad die „Svensk literaturtidning" heraus. Er reiste nach Deutschland und Italien, wo er mit führenden Geistern Europas in Verbindung kam, wie die „Reiseerinnerungen" (dt. 1867) zeigen, war Deutschlehrer des Kronprinzen und wurde 1828 Professor für Philosophie, 1835 für Ästhetik und moderne Literatur in Uppsala. A. ist ein romant. Lyriker, empfindsam, träumer., beeinflußt von der dt. Romantik und der idealist. Philosophie. Er schrieb stimmungsvolle Gedichte naturphilosoph. Inhalts in farbenprächtiger Sprache, beseelte Landschaftsschilderungen. Großen Erfolg hatte er mit dem lyr. Zyklus „Blommorna" (1812). Sein wichtigstes Werk, zugleich ein Hauptwerk der schwed. Romantik, ist „Die Insel der Glückseligkeit" (dt. 1831–33), ein Märchenspiel in der Art Tiecks. Die Sehnsucht nach der Insel ist die romant. Sehnsucht nach der Schönheit. Der geringe Erfolg dieser durch philosoph. und polit. Spekulationen schwer verständl. Dichtung trug dazu bei, daß sich A. mehr der Literaturwissenschaft zuwandte.
Weitere Werke: Fågel Blå (Märchenspiel, 1812), Svenska siare och skalder (Studien, 1841–55), Lyriska dikter (Ged., 1863).
Literatur: Santesson, C. H.: *Mot lycksalighetens ö. A studier. Stockholm 1956.* – Landgraf, I.: *Über die Einheit im Zyklus Blommorna in „Poetisk kalender 1812" v. P. D. A. A. Diss. Gött. 1953.* – Frykenstedt, H.: *A.s livs- och världsåskådning. Lund 1951–52. 2 Bde.*

Atticus, Titus Pomponius, * 109, † 32, röm. Schriftsteller.
Lebte lange Zeit in Athen; Freund Ciceros, dessen Briefe „ad Atticum" an ihn gerichtet sind und die – erst nach dem Tode Ciceros veröffentlicht – den Staatsmann und Schriftsteller in einem anderen Licht erscheinen lassen als die von ihm für das Publikum bestimmten Schriften; A., der auch zeitgenöss. Literatur durch Abschreiben vervielfältigen ließ, schrieb selbst histor. Werke, von denen der „Liber annalis", eine chronolog. Übersicht der röm. Geschichte seit der Gründung der Stadt, nur in Fragmenten erhalten ist.

Aub, Max [span. aup], * Paris 2. Juni 1903, span. Schriftsteller.
Dt.-frz. Abstammung; lebt seit 1942 in Mexiko; v.a. als Romancier bekannt geworden; veröffentlichte Erzählungen und Romane, darunter eine Trilogie über den Span. Bürgerkrieg, in brillantem, kühl-präzisem Stil; schreibt auch Gedichte und Dramen sowie Essays, v.a. zur span. und mex. Literatur.
Hauptwerke: Poemas cotidianos (Ged., 1925), Campo cerrado (R., 1943), Campo abierto (R., 1944), Campo de sangre (R., 1945), El rapto de Europa (Dr., 1946), Deseada (Dr., 1954), La poesía española contemporánea (Essay, 1954), Der Aasgeier (En., dt. 1966), Meines Vaters Sohn (R., dt. 1965).

Aubanel, Théodore [frz. oba'nɛl], * Avignon 26. März 1829, † ebd. 31. Okt. 1886, provenzal. Dichter.
Stammte aus einer Buchdruckerfamilie; schrieb zuerst frz. Verse und bediente sich erst später unter Einfluß Roumanilles der Sprache seiner Heimat. „Der halbgeöffnete Granatapfel" (1860, dt. 1910), eine Sammlung zarter und schwermütiger Liebeslieder, machte ihn bekannt. Sein bedeutendstes Werk ist der Gedichtband „Li fiho d'Avignoun" (1885). Das einzige veröffentlichte der drei 5aktigen Dramen, die er schrieb, ist „Lou pan dou pecat" (1882), eine Ehetragödie aus dem provenzal. Volksleben. A. arbeitete auch am „Almanach des Félibres", dem Organ der neuprovenzal. Bewegung mit und gilt neben Roumanille und Mistral als bedeutendste Gestalt der neuprovenzal. Literatur.
Weitere Werke: Lou raubatori (Dr., hg. 1928), Lou pastre (Dr., hg. 1944).
Literatur: Salvat, J.: *„La grenade entrouverte" d'A. Avignon 1960.* – Maurras, Ch.: *Th. A. Paris ²1928.* – Welter, N.: *Theodor A., ein provenzal. Sänger der Schönheit. Marburg 1902.*

Aubignac, François Hédelin, Abbé d' [frz. obi'ɲak], * Paris 4. Aug. 1604, † Nemours (Seine-et-Marne) 27. Juli 1676, frz. Schriftsteller.
Verfaßte neben einer Reihe weniger bed. Tragödien eine für das frz. Theater des 17. Jh.s wichtige Theorie der aristotel. drei Einheiten („La pratique du théâtre", 1657).

Aubigné, Théodore Agrippa d' [frz. obi'ɲe], * Saint-Maury bei Pons (Charente-Maritime) 8. Febr. 1552, † Genf 29. April 1630, frz. Schriftsteller.
Studierte in Genf und Paris, stand seit 1573 im Dienst Heinrichs von Navarra, der den überzeugten Kalvinisten 1589 zum Statthalter von Maillezais erhob. Nach dem Tod Heinrichs IV. (1610) war A. Verfolgungen ausgesetzt und ging 1620 nach Genf. Mit „Le printemps" (1570), seinen Liebesgedichten an Diana Salviati, war er noch

der Pléiade verpflichtet. Seine „Histoire universelle“ (1616–20), eine Geschichte der Religionskriege, ist die wichtigste Geschichtsquelle dieser Zeit. Auch die zeitgeschichtl. Satiren „Les aventures du baron de Fæneste“ (1617, dt. 1907) und „La confession catholique du sieur de Sancy“ (hg. 1660) befassen sich mit den Geschehnissen des ausgehenden 16. Jh.s. Die bedeutendste seiner Dichtungen ist das religiös-polit., satir. Epos „Les tragiques“ (1616), ein erschütterndes Dokument des Bürgerkriegs mit Bildern, die in einer apokalypt. Vision des Gerichts gipfeln. Der Kampf der Konfessionen wird als Ringen zwischen Gut und Böse dargestellt. A.s 1620 verfaßte Autobiographie „Sa vie à ses enfants“ erschien erst 1729 (dt. 1911 u.d.T. „Lebensbeschreibung“).
Literatur: Rousselot, J.: *A. d'A. Paris 1966.* – Galzy, J.: *A. d'A. Paris 1965.* – Garnier, A.: *A. d'A. et le parti protestant. Paris 1928. 2 Bde.* – Winker, W.: *Th. Agrippe d'A. der Dichter. Diss. Lpz. 1906.*

Auburtin, Victor [frz. obyr'tɛ̃], * Berlin 5. Sept. 1870, † Garmisch-Partenkirchen 28. Juni 1928, dt. Schriftsteller.
Studium der Germanistik und Kunstgeschichte (Dr. phil.); Mitarbeiter mehrerer Zeitungen (v.a. beim „Berliner Tageblatt“); schrieb meisterhafte Feuilletons („Ein Glas mit Goldfischen“, 1922; „Einer bläst die Hirtenflöte“, 1928), auch Novellen, Dramen, Essays.

Aucassin et Nicolette [frz. okasɛ̃enikɔ'lɛt], altfrz. Novelle, zu Beginn des 13. Jh.s von einem unbekannten Verfasser in pikard. Mundart geschrieben. Es ist die abenteuerl. Liebesgeschichte des Grafensohnes Aucassin und der gefangenen Königstochter Nicolette. Diese Novelle ist die einzige erhaltene „chantefable“, eine Prosadichtung mit eingestreuten Liedern und Liedstrophen. Das Motiv ist byzantin., die Novelle zeigt den Einfluß des spätgriech. Liebesromans und in der Motivfolge den des Apollonius von Tyros. A. et N. regte zu vielen Nachahmungen an und wurde mehrfach ins Deutsche übertragen.
Ausgabe: Die Gesch. v. A. u. N. Dt. Übers. Wiesb. 61.–65. Tsd. 1957.
Literatur: Monsonégo, S.: *A. et N. Étude stylostatistique du vocabulaire des vers et de la prose dans la chantefable. Paris 1966.* – Rohr, R.: *Zu den Laissen in „A. et N.“ In: Romanist. Jb. 11 (1960), 60.* – Rogger, K.: *Étude descriptive de la chantefable „A. et N.“ In: Zs. f. roman. Philologie 67 (1951), 409.*

Auctor ad Herennium (De ratione dicendi ad C. Herennium), Lehrbuch der Rhetorik eines unbekannten Verfassers, das von der handschriftl. Überlieferung Cicero zugeschrieben wird, zweifellos jedoch nicht von ihm stammt und zwischen 87 und 82 entstanden sein dürfte; der Autor bediente sich lat. Terminologie, wie auch lat. Musterstücke und Beispiele; das Verhältnis des Rhetors zu Ciceros Jugendwerk „De inventione“ ist noch nicht restlos geklärt.

Auden, Wystan Hugh [engl. ɔ:dn], * York 21. Febr. 1907, engl. Dichter.
Studierte in Oxford und gehörte dort mit L. MacNeice, C. D. Lewis und St. Spender einem Kreis junger linksradikaler Dichter, den „Pylon poets“ an, die vom Marxismus die Lösung vieler Probleme erwarteten. Vor dem Krieg hielt sich A. wiederholt auf dem Kontinent, bes. in Deutschland, auf; 1935 heiratete er Erika Mann. Kurze Zeit war er Lehrer. Er nahm am Span. Bürgerkrieg auf republikan. Seite teil; 1939 ging er in die USA und wandte sich seither allmählich vom Kommunismus ab. Er gehörte mit A. Huxley, Ch. Isherwood u.a. einer „myst.“ Dichtergemeinde an, die sich mit fernöstl. Religionen beschäftigte. Im 2. Weltkrieg war er als Flieger eingezogen. 1956 wurde er Professor für Dichtkunst in Oxford. A.s Werk umfaßt eine unendl. Fülle von Stoffen und Ausdrucksformen; er verarbeitet im jeweiligen Erlebnisstoff verschiedenste Einflüsse, von Yeats bis Rilke, von den Imagisten bis zu den Symbolisten; das alte Heldenlied gibt ihm ebenso Anregungen wie die moderne Revue. Sein Stil ist ganz persönl., symbolhaft, oft obskur. Die ersten Veröffentlichungen, „Poems“ (1930), „The orators“ (Ged., 1932), „Look stranger“ (Ged., 1936) u.a., sind meist Auseinandersetzungen mit Zeitproblemen, in denen er mit propagandist. Pathos für eine neue Gesellschaftsordnung eintritt. Auf der Suche nach zeitgemäßen Ausdrucksformen verfaßte er seine Shakespeare-Parodien und seine polit.-kämpfer. Versdramen, die er mit Isherwood in der Technik des dt. expressionist. Dramas schrieb, u.a. „The dog beneath the skin“ (1935), „The ascent of F 6“ (1936), „On the frontier“ (1938). Das Erlebnis des Span. Bürgerkriegs hat den Band „Spain“ (1937) geprägt. Der Aufenthalt in China während des chin.-jap. Krieges lieferte den Stoff für „Journey to war“ (Ged., 1939; mit Ch. Isherwood). Mit „Another time“ (Ged., 1940) fand die frühe Periode seines Schaffens ihren Abschluß. „New year letters“ (1941), philosoph. Dichtungen, zeigen den neuen Anfang. Ein Höhepunkt seines Schaffens ist die pessimist. Vers- und Prosadichtung „Das Zeitalter der Angst“ (dt. 1951), in der er dem Ausgeliefertsein des heutigen Menschen überzeugend dichter. Form gibt.
Weitere Werke: The rake's progress (Opernlibretto, dt. 1951), The shield of Achilles (Ged., 1955), Elegie für junge Liebende (Opernlibretto, dt. 1961; mit Ch. Kallmann), Hier und jetzt (Weihnachtsoratorium, dt. 1961), Des Färbers Hand u.a. Essays (dt. 1965).
Literatur: Replogle, J.: *A.'s poetry. Seattle (Wash.) 1968.* – Bloomfield, B. C.: *W. H. A. A bibliography. Charlottesville (Va.) 1964.* – Spears, M. K.: *The poetry of W. H. A. New York 1963.*

Audiberti, Jacques [frz. odibɛr'ti], * Antibes 25. März 1899, † Paris 10. Juli 1965, frz. Schriftsteller.
War Reporter, später Mitarbeiter verschiedener Zeitschriften, u.a. von „La Nouvelle Revue Française“; mit Apollinaire und Fargue befreundet; A. schrieb Lyrik, Prosa, Dramen, Hörspiele und Drehbücher. Er ist ein eigenwilliger Avantgardist und Symbolist, durch und durch Rhetoriker. Seine Dichtungen muten wie Wortübungen an. Die Lyrik über ewige Themen wie Liebe und Tod, über den modernen Menschen ist klass. in der Form, jedoch bar jeder Logik und Syntax: „L'empire et la trappe“ (1930), „Race des hommes“ (1937) und „Des tonnes de semence“ (1941). Ende der 30er Jahre kam er zur Prosadichtung und verfaßte bed. Romane, wie den okkulten, rätselhaften „Abraxas“ (1938),

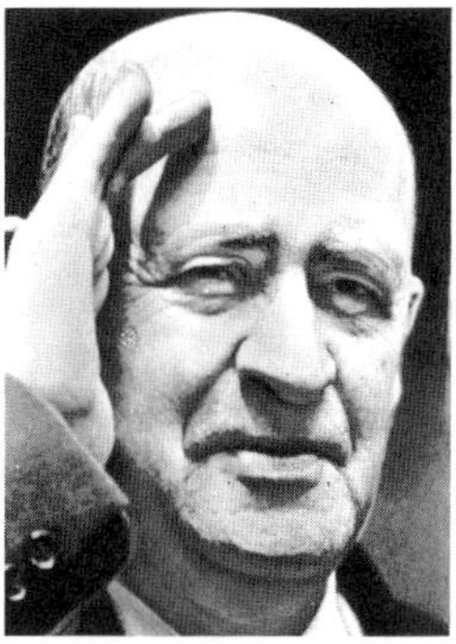

Jacques Audiberti

„Talent" (1947), „Cent jours" (1950), „Le maître de Milan" (1950), „Marie Dubois" (1952), „Les jardins et les fleuves" (1954) und „Infanticide préconisé" (1958). Zu seinen bühnenwirksamen surrealist. und burlesken Dramen gehören „Quoat-Quoat" (dt. 1954), ein trag.-groteskes Spiel um den urmyth. mex. Gott und einen jungen Forscher, und „Der Lauf des Bösen" (dt. 1957). Dämon.-myth., archaische Kräfte beherrschen auch die Dramen „Die Frauen des Ochsen" (1948, dt. 1961), „Das schwarze Fest" (dt. 1960) und „Die Zimmerwirtin" (dt. 1961). „Pucelle" (1950) ist eine moderne Version des Stoffes der Jungfrau von Orléans, in „Les naturels du Bordelais" (1953) verwendet A. das Don-Juan-Thema.
Weitere Werke: Der Glapioneffekt (Parapsychokom., dt. 1961), Die Ameyss im Fleische (Dr., dt. 1961), Die Gräber schließen schlecht (R., dt. 1964).
Literatur: Giroud, M.: *A. Paris 1967.* – Deslandes, A.: *A. Paris 1964.*

Audoenus ↑ Owen, John.

Audoux, Marguerite [frz. o'du], eigtl. Marguerite Marie Donquichote, * Sancoins (Cher) 7. Juli 1863, † Saint-Raphaël 1. Febr. 1937, frz. Schriftstellerin.
Schwere Jugend in öffentl. Waisenhaus, dann Magd, floh, 18jährig, gedemütigt, mittellos nach Paris, wo sie sich trotz eines Augenleidens mit Näharbeiten mühsam ernährte; starb verlassen. Ihr bed. autobiograph. Roman „Marie-Claire" erschien 1910 (dt. 1938) mit einem Vorwort ihres Gönners O. Mirbeau; weitere Romane folgten: „Atelier der Marie-Claire" (1920, dt. 1938) u.a., auch Erzählungen.

Aue, Hartmann von ↑ Hartmann von Aue.

Auer ↑ Blumauer, Aloys.

Auerbach, Berthold, eigtl. Moses Baruch, * Nordstetten bei Horb am Neckar 28. Febr. 1812, † Cannes 8. Febr. 1882, dt. Erzähler.
Sollte Rabbiner werden, studierte aber dann Rechtswissenschaft, schließl. Philosophie. Als radikalliberaler Student und Mitglied einer Burschenschaft war er Verfolgungen ausgesetzt. A. war Mitarbeiter an Lewalds Zeitschrift „Europa" und hatte zu Gutzkow Verbindung. Als freier Schriftsteller lebte er in Weimar, Leipzig, Dresden, Berlin, Breslau und Wien. Er trat schon in seinen ersten Romanen „Spinoza" (1837), „Dichter und Kaufmann" (1840) für liberale Ideen und die Emanzipation der Juden ein. Er übersetzte Spinoza. Populär machten ihn die realist. „Schwarzwälder Dorfgeschichten" (1843–53), in denen er idyll. Heimatkunst und volkserzieher. Tendenz geschickt verknüpft, und die „Volkskalender" (1858–68), die dem Zeitgeschmack entgegenkamen.
Weitere Werke: Andree Hofer (Trauerspiel, 1850), Barfüßele (R., 1856), Auf der Höhe (R., 1864), Das Landhaus am Rhein (R., 1869), Waldfried (R., 1874), Brigitta (R., 1880).
Ausgaben: B. A. Werke. In Ausw. hg. v. A. Bettelheim. *Lpz. 1913. 15 Bde. – B. A.s ges. Schrr. 2. Gesamtausg. Stuttg. 1863–64. 22 Bde.*
Literatur: Spitz, E. H.: *Studien zu den „Schwarzwälder Dorfgeschichten" B. A.s. Diss. Wien 1957 [Masch.].* – Bettelheim, A.: *B. A. Stuttg. 1907.*

Auernheimer, Raoul, * Wien 15. April 1876, † Oakland (Calif.) 7. Jan. 1948, östr. Schriftsteller.
Sohn eines Kaufmanns, studierte Rechtswissenschaft in Wien; Journalist; 1938 KZ Dachau, entkam und floh nach den USA. Verfasser von Lustspielen, biograph. Romanen, fesselnden, amüsanten Erzählungen und Skizzen; auch Übersetzungen aus dem Französischen.
Hauptwerke: Die große Leidenschaft (Lsp., 1904), Der gußeiserne Herrgott (Nov., 1912), Maskenball (Novellen, 1920), Das Kapital (R., 1923), Casanova in Wien (Kom., 1924), Das Wirtshaus zur verlorenen Zeit (Autobiogr., 1948).

Auersperg, Anton Alexander Graf von ↑ Grün, Anastasius.

Auesow, Muchtar Omarchanowitsch; tl.: Auėzov, Muhtar Omarhanovič [russ. au'ɛzɐf], * im Kreis Abajewsk 28. Sept. 1897, † Moskau 27. Juni 1961, kasach.-sowjet. Schriftsteller.
Professor für Literaturwissenschaft; beschäftigte sich mit kasach. und kirgis. Volkskunde, übersetzte Puschkin, Gogol und Shakespeare; schrieb eigene Erzählungen und Dramen mit Stoffen aus Geschichte und Gegenwart seines Landes.

Auffenberg, Joseph Freiherr von, * Freiburg im Breisgau 25. Aug. 1798, † ebd. 25. Dez. 1857, dt. Dramatiker.
Vorsitzender des bad. Hoftheaterausschusses in Karlsruhe; schrieb in Nachahmung Schillers rhetor.-pathet., jedoch wenig bühnenwirksame Stücke.

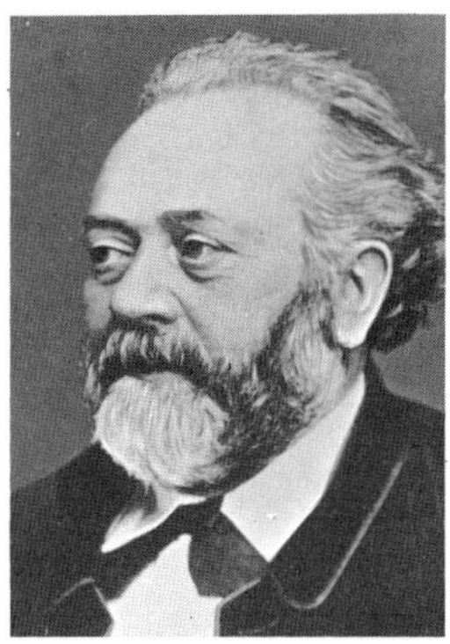

Berthold Auerbach

Hauptwerke: Pizarro (Dr., 1823), Alhambra (Dramentrilogie, 1829/30).

Augier, Émile [frz. o'ʒje], * Valence (Drôme) 17. Sept. 1820, † Croissy 25. Okt. 1889, frz. Dramatiker.

Aus angesehener Anwaltsfamilie; Bibliothekar des Duc d'Aumale; Mitglied der Académie française (1853); mit Dumas dem Jüngeren Begründer und hervorragendster Vertreter des realist. Dramas (Comédie de mœurs) während des 2. Kaiserreichs; Ponsards Beispiel folgend, wandte er sich zunächst der Antike zu mit seinem geistreichen 2aktigen Verslustspiel „Der Schierlingssaft" (1844, dt. 1884), dem später das Libretto zu Gounods „Sappho" u.a. folgten; aber schon mit seinem „Un homme de bien" (1845), einem Charakterlustspiel in der Art Molières, ging er zur krit. Darstellung der zeitgenöss. Gesellschaft mit ihrer Geldgier und ihrer Genußsucht über, einem Dramenstoff, dem er fortan treu blieb; hervorragendste Beispiele sind: „Der Schwiegersohn des Herrn Poirier" (1854, dt. 1881; mit Sandeau), „Le mariage d'Olympe" (1855, dt. 1879 u. d. T. „Eine Demimonde-Heirat"; gegen die damals geläufige Rehabilitation der Kurtisane), „Haus Fourchambault" (dt. 1878) u.a.; die älteren Werke sind in Versen, die jüngeren meist in Prosa geschrieben.

Weitere Werke: Die Abenteurerin (Dr., dt. 1877), Gabrielle oder Der Anwalt seiner Ehre (Dr., 1849; dt. 1879), Reichtum (Dr., 1855; dt. 1892).

Literatur: Gaillard de Champris, H.: *É. A. et la comédie sociale. Paris 1910.*

Augsburg, David von † David von Augsburg.

Augustin, Ernst [...i:n], * Hirschberg i. Rsgb. 31. Okt. 1927, dt. Schriftsteller.

Lebt als Arzt in München; schrieb die beiden phantast. Romane „Der Kopf" (1962), der auf zwei verschiedenen Daseinsebenen spielt, und „Das Badehaus" (1963), eine groteske Hochstaplergeschichte.

Augustinus, Aurelius, hl., * Tagaste (Numidien) 13. Nov. 354, † Hippo Regius (N-Afrika) 28. Aug. 430, Kirchenlehrer.

Hervorragend begabt, erhielt der Sohn eines Heiden und einer Christin eine vorzügl. christl. Ausbildung; während seiner Rhetorikstudien in Madaura und Karthago dem Glauben entfremdet, wurde ihm durch Ambrosius in Mailand, wohin er als Lehrer der Rhetorik berufen worden war, Geist und Sinn des Christentums erschlossen; 387 von Ambrosius getauft, kehrte er nach Afrika zurück, wo er Priester und 395 Bischof von Hippo wurde; in einer von inneren Glaubenskämpfen aufgewühlten und an äußeren Unruhen reichen Zeit entfaltete Augustinus eine fruchtbare, meist philosoph., schriftsteller. Tätigkeit, mit der er die gesamte abendländische Theologie durch Jh.e entscheidend beeinflußt hat. Zu den bedeutendsten philosoph.-theolog. Schriften gehören die 22 Bücher über den Gottesstaat „De civitate Dei", die Abhandlung über den dreieinigen Gott „De trinitate" und eine auf der Bibel beruhende christl. Bildungslehre, „De doctrina christiana"; von besonderem literar. Interesse sind die seine Bekehrung darstellenden „Confessiones", die in rhetor. Sprache, glänzendem Stil und fesselnder Schilderung den Menschen A. in all seinem Widerspruch zeigen, in seiner leidenschaftl. Verwirrung, seinem Streben nach Glück und in den quälenden Zweifeln seiner Entscheidung zwischen Gottesnähe und Gottesferne. A., der die christl. Literatur ebenso vorzügl. kannte wie die röm. antikheidn. Autoren, beherrschte die lat. Sprache meisterhaft; in kunstvoll und großzügig gebauten Perioden, plast. gezeichneten Bildern und klangvollem Prosarhythmus bringt er seine rhetor. Fähigkeiten voll zur Geltung.

Ausgaben: Dt. A.-Ausg. Hg. v. C. J. Perl. *Paderborn $^{1-3}$1955 ff. Auf mehrere Bde. berechnet. – A. A. Werke. Dt. Übers. Zürich u. Stuttg. $^{1-2}$1950–62. 5 Bde.*

Literatur: Wohlfahrt, A.: *Der metaphys. Ansatz bei A. Meisenheim 1969.* – Kranz, G.: *A. Augsburg 1967.* – Loewenich, W. v.: *Augustin. Leben u. Werk. Mchn. 1965. – A.-Gespräch der Gegenwart. Verbunden mit A.-Bibliographie. Hg. v.* C. Andresen. *Köln 1962.* – Marrou, H.: *A. in Selbstzeugnissen u. Bilddokumenten. Dt. Übers. Hamb. 1958. – A. magister. Congrès international augustinien, Paris, 21–24 septembre 1954. Paris 1955. 3 Bde.* – Marrou, H. I.: *St. Augustin et la fin de la culture antique. Paris 1938–50. 2 Bde.* – Gilson, St.: *Der hl. Augustin. Eine Einf. in seine Lehre. Dt. Übers. Lpz. 1930.* – Zopf, M.: *Augustins Confessiones. Tüb. 1926.*

Augustiny, Waldemar [...ni], * Schleswig 19. Mai 1897, dt. Schriftsteller.

Aus Pastorenfamilie, studierte Germanistik und Kunstgeschichte in Hamburg und Berlin; lebt seit 1932 in Worpswede bei Bremen; trat v.a. mit Romanen und Erzählungen, vorwiegend aus dem norddt. Raum, hervor.

Hauptwerke: Die Fischer von Jarsholm (R., 1934), Die Tochter Tromsees (R., 1938), Die große Flut. Chronik der Insel Strand (1943), Albert Schweitzer und Du (Biogr., 1954), Maria Rubens (E., 1963).

Aukrust, Olav [norweg. ˌœy̆'krʉst], * Lom (Gudbrandstal) 21. Jan. 1883, † ebd. 3. Nov. 1929, norweg. Lyriker.

Volksschullehrer, mit der Volkshochschulbewegung eng verbunden. A. knüpft an die literar. Tradition seines Landes an, ist unabhängig von literar. Strömungen. Er versucht, religiös-myst. Elemente und romant. Rückbesinnung zu vereinen, schreibt in dunkler, bildreicher Sprache, bringt persönl. Glaubenskämpfe in seine Dichtung und ist trotz allem von bed. Einfluß auf die neuere norweg. Literatur gewesen.

Hauptwerke: Himmelvarden (Ged., 1916), Hamar i hellom (Ged., 1926), Solrenning (Ged., 1930).

Aulnoy, Marie Catherine Le Jumel de Barneville, Gräfin d' [frz. o'nwa], * Barneville-la-Bertran bei Honfleur um 1650, † Paris 14. Jan. 1705, frz. Schriftstellerin.

Heiratete 15jährig den 30 Jahre älteren Baron d'A., Ehe bald zerrüttet; zeitweilig in England und Spanien; verdankt ihren Ruhm weniger ihren Memoiren, Romanen und Novellen als ihren Märchen („Les illustres fées", 1698), mit denen sie das Kunstmärchen neben das von Perrault in die Literatur eingeführte Volksmärchen stellte.

Weitere Werke: Mémoires de la cour d'Espagne (1690), Relation du voyage en Espagne (1691).

Aurbacher, Ludwig ['aʊər...], * Türkheim 26. Aug. 1784, † München 25. Mai 1847, dt. Volksschriftsteller.

Benediktinernovize, Hauslehrer in München und 1809–34 Professor für Deutsch ebd. am Kadettenkorps. A. erneuerte im Geist der Spätromantik Fabeln, Schwänke und geistl. Lieder, verfaßte neben Gedichten und Erzählungen, dramat. Versuchen und pädagog. Büchern das ausgezeichnete „Volksbüchlein" (1827–29) mit der „Geschichte von den Sieben Schwaben" und eine kulturhistor. wertvolle Autobiographie.
Weitere Werke: Erinnerungen aus dem Leben einer frommen Mutter (E., 1816), Perlenschnüre (Sprüche, 1823), Erinnerungen an Gastein (Ged., 1824), Dramat. Versuche (1826).

Aurell, Tage [schwed. au̯'rɛl], * Oslo 2. März 1895, schwed. Schriftsteller.
Nach einigen Jahren als Journalist in Schweden ging A. nach Frankreich, wo er bis 1930 lebte. A. erzählt von trag. Menschenschicksalen in Romanen von strenger sprachl. Einfachheit. Indem er die Handlung oft nur in Umrissen andeutet, erreicht er eine wirkungsvolle Konzentration. Bed. auch als Übersetzer.
Hauptwerke: Tybergs gård (R., 1932), Martina (R., 1937; dt. 1965), Skillingtryck (R., 1943), Nya berättelser (Nov., 1949).

Aurevilly, Jules Amédée Barbey d' ↑ Barbey d'Aurevilly, Jules Amédée.

Auseklis, eigtl. Mikelis Krogzemis, * Ungurpils Sīpoli (Lettland) 18. Sept. 1850, † Petersburg (heute Leningrad) 6. Febr. 1879, lett. Lyriker.
War im Schuldienst tätig; führte die Gattung der Ballade in die lett. Literatur ein; seine Vorbilder fand er in der dt. Literatur; Schillers Pathos beeinflußte seine nationale, patriot. Lyrik.

Ausonius, Decimus Magnus, * Burdigala (heute Bordeaux) um 310, † ebd. nach 393, lat. Dichter.
Lehrer für Rhetorik in seiner Vaterstadt, von Valentinian zum Erzieher seines Sohnes Gratian berufen, unter dessen Regierung er das Konsulat erhielt; nach Gratians Tod zog er sich in die Heimat zurück; formgewandter Lyriker, der seine rhetor. Künste spieler. anwendet; interessant ist „Mosella", die poet. Beschreibung einer Moselfahrt von Bingen bis Trier; seine Werke sind nur noch als kulturgeschichtl. Quellen von Bedeutung.
Literatur: Marx, F.: *A.' Lied v. der Mosel. In: Rhein. Museum f. Philologie 80 (1931), 368.*

Austen, Jane [engl. 'ɔstɪn], * Steventon (Hampshire) 16. Dez. 1775, † Winchester 18. Juli 1817, engl. Schriftstellerin.
Wuchs als Tochter eines Geistlichen in ländl. Umgebung auf, schrieb schon in ihrer Jugend burleske, parodist. Skizzen und Romane, die, zum Teil umgearbeitet, zu ihren Lebzeiten anonym erschienen sind. Jane A. starb früh an Tuberkulose. Sie parodierte die mod. Schreckensliteratur und die empfindsamen Romane ihrer Zeit, beschrieb fast ausschließl., was sie aus eigenem Erleben kannte, schilderte realist. mit iron. Gelassenheit das Alltagsleben auf dem Lande, die enge, selbstgerechte Welt des gehobenen Landadels und des bürgerl. Mittelstandes. Jane A. vollendete den engl. Gesellschaftsroman des 18. Jh.s. Ihre Bedeutung wurde erst im 20. Jh. erkannt.
Hauptwerke: Sense and sensibility (R., 1811), Stolz und Vorurteil (R., 1813; dt. 1948), Mansfield Park (R., 1814; dt. 1968), Emma (R., 1816; dt. 1961), Die Abtei von Northanger (R., 1818; dt. 1948), Anne Elliot (R. 1818; dt. 1948).

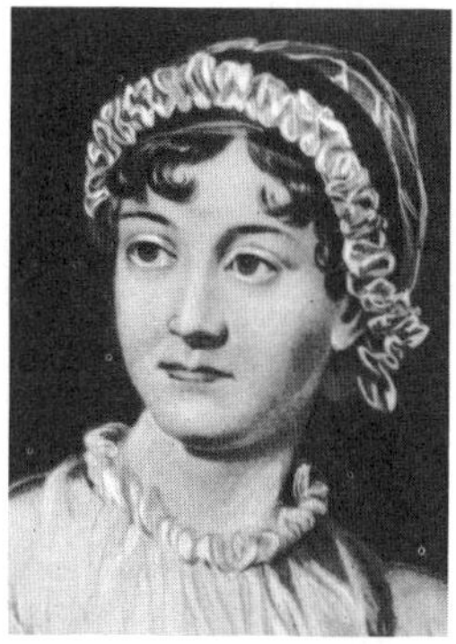

Jane Austen

Ausgabe: J. A. Novels. Hg. v. R. W. Chapman. *London* $^{1-3}$*1932–54. 3 Tle. in 6 Bden.*
Literatur: Moler, K. L.: *J. A.'s art of allusion. Lincoln (Nebr.) 1968.* – Lascelles, M.: *J. A. and her art. Neuausg. London 1963.* – Chapman, R. W.: *J. A.: Facts and problems. Oxford 1948.* – Döring, A.: *Das puritan. Erbe in den Romanen J. A.s. Diss. Lpz. 1944 [Masch.].*

Austin, Alfred [engl. 'ɔstɪn], * Headingley bei Leeds 30. Mai 1835, † Ashford (Kent) 2. Juni 1913, engl. Dichter.
Rechtsanwalt und Journalist; Hg. der „National Review", Anhänger Disraelis. Nach Tennysons Tod „poet laureate". Schrieb 20 Bände Romane, Versdichtungen und Dramen; bes. erwähnenswert das Prosawerk „The garden that I love" (1884).

Autran, Joseph [frz. o'trã], * Marseille 20. Juni 1813, † ebd. 6. März 1877, frz. Dichter.
Mitglied der Académie française (1868), folgte als Lyriker Lamartine („La mer", 1835), als Tragödiendichter [dem jüngeren] Augier („La fille d'Eschyle", 1848); in seinen Erzählungen schilderte er mit Vorliebe die Bretagne („Marie", 1831; „Les Bretons", 1845).

Auzinger, Peter, * Athen 18. Okt. 1836, † München 6. Febr. 1914, dt. Volksdichter.
Zeitweilig Schauspieler; Kanzleibeamter im Münchner Kultusministerium; A. veröffentlichte Sammlungen humorvoller Gedichte, meist in oberbayr. Mundart: „Eichenzweig und Daxbosch'n" (1877), „Es feit si' nix" (1884) u. a.

Ava, Frau ['a:va], erste namentl. bekannte Dichterin dt. Sprache, vermutl. ident. mit der am 7. Febr. 1127 bei Melk verstorbenen Klausnerin A. (A. inclusa).
Schrieb, von ihren beiden Söhnen beraten, zwischen 1120 und 1125 in stilist. einfachen, meist assonierenden Versen eine Heilsgeschichte von der Erlösungstat Christi bis zu den letzten Dingen, bestehend aus „Leben Jesu", „Von den 7 Gaben des Hl. Geistes", „Der Antichrist" und „Das jüngste Gericht"; das Ganze ist keine dogmat.-theolog. Abhandlung, sondern ein Werk einfacher Laienfrömmigkeit.
Ausgabe: Die Dichtungen der F. A. Hg.v. F. Maurer. *Tüb. 1966.*
Literatur: Wesenich, G.: *Frühmhd. Dichtung des 12. Jh.s aus der Wachau. F. A.s Gedichte. Diss. Wien 1964 [Masch.].*

Avancini (Avancinus), Nikolaus [italien. avan'tʃi:ni; dt. avan'tsi:nus], * Brez bei Trient 1. Dez. 1611, † Rom 6. Dez. 1686, östr. Dramatiker und Lyriker.
Aus Südtiroler Adelsfamilie, gehörte seit 1627 dem Jesuitenorden an, war Leiter der Kollegien in Passau, Wien und Graz und Berater des Ordensgenerals in Rom. A. ist Schöpfer der großen barocken Festspiele, der „ludi Caesarei", am Wiener Hof. Er schrieb Oden nach dem Vorbild des Horaz und Staatsdramen zum Preis der Dynastie in gutem Latein (etwa 30 erhalten); „Pietas victrix...", das berühmteste, wurde 1659 vor Kaiser Leopold I. aufgeführt. Seine Stücke sind allein auf theatral. Wirksamkeit berechnet und wurden in prunkvollen Aufführungen, für die die raffinierte Maschinerie des Jesuitentheaters verfügbar war, dargeboten.

Avellaneda, Gertrudis Gómez de † Gómez de Avellaneda, Gertrudis.

Avenarius, Ferdinand [ave...], * Berlin 20. Dez. 1856, † Kampen (Sylt) 20. Sept. 1923, dt. Schriftsteller.
Neffe R. Wagners, Sohn eines Buchhändlers; studierte u.a. Kunst- und Literaturgeschichte in Leipzig und Zürich; Reisen nach Italien; gründete 1887 die Halbmonatsschrift „Der Kunstwart" und 1903 den Dürerbund, die zur Hebung des Kunstverständnisses weiter Kreise beitrugen; von seinen Dichtungen sind zu nennen die Gedichtsammlung „Wandern und Werden" (1880), die ep.-lyr. Dichtung „Lebe" (1893) und die Dramen „Faust" (1919) und „Baal" (1920); weite Verbreitung fanden auch die von ihm hg. Anthologien „Hausbuch dt. Lyrik" (1902) und „Balladenbuch" (1907).

Avenel, Paul [frz. av'nɛl], * Chaumont (Oise) 9. Okt. 1823, † Paris 13. April 1902, frz. Schriftsteller.
Schrieb außer zahlreichen Bühnenstücken, bes. Vaudevilles, den histor. Roman „Le roi de Paris" (1860) und mehrere Bände Gedichte, u.a. die satir. „Chansons politiques" (1869).

Averčenko † Awertschenko.

Avesta † Awesta.

Avianus, lat. Fabeldichter um 400.
Autor einer Sammlung von 42 Fabeln, die er Babrios entnahm und in lat. Distichen brachte; hebt sich von der volkstüml. Art des Phaedrus bewußt ab; von großem Einfluß auf die Fabeldichtung des Mittelalters.

Avicebron [avitse'bro:n] † Gabirol, Salomon ben Jehuda ibn.

Avicenna [avi'tsɛna], eigtl. Ibn Sina; tl.: Ibn Sīnā, * Afschana bei Buchara 980, † Hamadan Juli 1037, pers.-arab. Philosoph und Mediziner.
Seine Familie stammte aus dem mittleren Asien. A. studierte die Rechte, Philosophie und Naturwissenschaften, er lebte an verschiedenen Höfen und kam mit der Willkür der Fürsten oft in Konflikt. In seinen zahlreichen Werken, die er teils in arab., teils in pers. Sprache schrieb, faßte er das Wissen seiner Zeit zusammen. Er ist wichtiger Mittler europ. Ideen für den Orient gewesen. In seiner 18bändigen philosoph. Enzyklopädie „Kitab Asch Schifa" (= Buch der Genesung der Seele) stellt er Logik, Physik, Mathematik und Metaphysik im Geiste der neuplaton. Überarbeitung der aristotel. Schriften dar. „Kanun Fit Tibb", der sog. Kanon [der Medizin], war jahrhundertelang wichtiges Lehrbuch der Medizin in Europa. Auch Gedichte und myst. Betrachtungen.
Literatur: Mahmoudi, B. T.: *Der pers. Arzt u. Philosoph A. Diss. Düsseldorf 1964.* – Goichon, A. M.: *La philosophie d'Avicenne et son influence en Europe médiévale. Paris 1951.*

Avienus, Rufius Festus, * Volsinii (Etrurien), röm. Dichter der 2. Hälfte des 4. Jahrhunderts.
Entstammte einem vornehmen Geschlecht; schrieb poet. Bearbeitungen verschiedener griech. Lehrgedichte; seine nur fragmentar. erhaltene „Ora maritima", eine Küstenbeschreibung des Mittelmeeres in jamb. Trimetern, ist wegen der Benutzung sehr alter griech. Quellen kulturgeschichtl. wertvoll und eine der bed. Schriften über antike Geographie und Ethnographie.

Ávila, Juan de † Juan de Ávila.

Avitus † Alcimus, Ecdicius Avitus.

Avvakum † Awwakum.

Awertschenko, Arkadi Timofejewitsch; tl.: Averčenko, Arkadij Timofeevič [russ. a'vjɛrtʃɪnkɐ], * Sewastopol 6. März 1881, † Prag 13. März 1925, russ. Satiriker und Humorist.
Gründer, lange Zeit Mitarbeiter, zeitweise Hg. der liberalen, humorist. Zeitschrift „Satirikon" in Petersburg. Emigrierte nach der Revolution nach Paris (1922). A. wurde mit humorist. Erzählungen, scharfen Parodien und effektvollen Grotesken bekannt. Seine in der Emigration geschriebenen Werke zeigen anglo-amerikan. Einflüsse und scharfe antisowjet. Tendenz.
Hauptwerke: Grotesken (dt. 1914), Das Verbrechen der Schauspielerin Maryskin (dt. 1919), Was für Lumpen (dt. 1939), Der gesunde Menschenverstand (dt. 1949), Die Frauen sind auch keine Engel (dt. 1953).

Awesta; tl.: Avesta, altpers. Religionswerk, heiliges Buch der Anhänger des Parsismus; zunächst nur mündl. überliefert, wurde das A. nicht vor 150 v. Chr. schriftl. fixiert und in endgültiger Fassung erst unter dem Sassanidenkönig Chosrau I. niedergeschrieben, obwohl die ältesten Texte Zarathustra selbst zugeschrieben werden; wie die ind. Weden enthält das A. zahlreiche Schriften und Dichtungen verschiedenen Charakters, die nicht alle die gleiche literar. Höhe erreichen: Gebete, Erzählungen aus der Mythologie, dogmat., eth., liturg. u.a. Schriften. Da in späterer Zeit die alte Sprache nicht mehr verstanden wurde, schuf man einen mittelpers. Kommentar, bezeichnet als Zend; diese beiden Schriften, Zend und A., wurden unter der Bezeichnung *Zend-A.* oft zusammengezogen. Das überlieferte A. gliedert sich in 4 Teile: 1. *Jasna,* das liturg. Hauptbuch (mit den auf Zarathustra zurückgeführten Gathas), 2. *Wispered,* eine Opferliturgie, 3. *Widewdat,* ein kirchl. Gesetzbuch, und 4. *Jascht,* Hymnen an die einzelnen Gottheiten. Daneben besteht ein *Chorde A.* („Kleines A."), das von den Laien als Gebetbuch benutzt wird (Auszug aus dem Gesamtwerk).
Ausgabe: Avesta. Die hl. Bücher der Parsen. Dt. Übers. Straßburg 1910. Nachdr. Bln. 1924.
Literatur: Lommel, H.: *Die Religion Zarathustras nach dem A. dargestellt. Tüb. 1930.* – Fechner, G. Th.: *Zend-Avesta oder über die Dinge des Himmels u. des Jenseits. Vom Standpunkt der Naturbetrachtung. Lpz. ⁵1922. 2 Bde.* – † auch Zarathustra.

Awwakum, Petrowitsch; tl.: Avvakum, Petrovič [russ. avva'kum], * Grigorowo bei Nischni Nowgorod (heute Gorki) um 1621, † Pustosjorsk 14. April 1682, russ. Geistlicher und Schriftsteller. Führer der Altgläubigen gegen die Kirchenreform Nikons, deswegen verfolgt, mehrfach verbannt und schließl. verbrannt. Schrieb Werke v.a. religiösen Inhalts; bed. ist seine Autobiographie „Das Leben des Protopopen A." (1672, dt. 1930), die vom traditionellen Vitenschema durch eine psycholog. Selbstanalyse abweicht.
Ausgabe: Das Leben des Protopopen Avvakum von ihm selbst niedergeschrieben. Dt. Übers. Bearb. v. G. Hildebrandt. *Gött. 1965.*
Literatur: Pascal, P.: *Avvakum et les débuts du raskol. La crise religieuse au 17e siècle en Russie. Paris ²1963.*

Axakow, Iwan Sergejewitsch; tl.: Aksakov, Ivan Sergeevič [russ. ak'sakɐf], * Nadeschdino (Gouv. Ufa) 8. Okt. 1823, † Moskau 8. Febr. 1886, russ. Publizist.
Popularisierte als Hg. von slawophilen Zeitungen die Ideen seiner gegen westeurop. Einflüsse gerichteten Auffassung von der kulturellen Eigenständigkeit des russ. Volkes; neigte zum extremen Slawophilentum und unterstützte die panslawist. Bewegung; näherte sich dem Gedanken vom „russ. Messianismus"; seine literar. Werke sind polit. und sozial tendenziös.
Literatur: Lukashevich, St.: *Ivan Aksakov, 1823–1886. A study in Russian thought and politics. Cambridge (Mass.) 1965.*

Axakow, Konstantin Sergejewitsch; tl.: Aksakov, Konstantin Sergeevič [russ. ak'sakɐf], * Axakowo (Gouv. Orenburg) 10. April 1817, † auf Sakinthos (Griechenland) 19. Dez. 1860, russ. Schriftsteller.
Sein Literaturstudium in Moskau vermittelte ihm Kenntnisse der Weltliteratur; A. übersetzte Goethe und Schiller; gehörte lange Zeit zu den russ. Hegelianern; kam durch Chomjakow in den Kreis der Slawophilen; in seinen Schriften zur Geschichte betonte er die Bedeutung der altruss. Dorfgemeinschaften, die gegenüber dem Staatsbegriff aufgewertet wurden; Gegner des zarist. Zentralismus und der Leibeigenschaft; trat für russ. Eigenart ein, lehnte westeurop. Vorbilder ab; A. war auch als Literaturkritiker tätig und leistete einen wichtigen Beitrag zur Sprachphilosophie im Sinne des Hegelianismus; sein dichter. Schaffen stand im Dienst seiner histor.-polit. Ideale.

Axakow, Sergei Timofejewitsch; tl.: Aksakov, Sergej Timofeevič [russ. ak'sakɐf], * Ufa 1. Okt. 1791, † Moskau 12. Mai 1859, russ. Schriftsteller.
Stammte aus einer Landadelsfamilie; war Beamter in Petersburg, lebte 1816–26 auf dem Lande, dann Beamter (bis 1839) in Moskau. Er zeigte schon früh Interesse für Literatur und Theater; gehörte dem Kreis der „Archaisten" an und war mit Gogol befreundet. Als Schriftsteller fand er erst spät seine eigene Sprache. Berühmt machte ihn die „Familienchronik" (1856, dt. 1912) und deren Forts. „Kinderjahre Bagrows des Enkels" (1858, dt. 1912), eine kulturhistor. wertvolle Schilderung aus dem patriarchal. Rußland des 18. Jh.s. A. erweist sich als Meister der Naturschilderung und Kenner der Kinderpsyche (Beschreibung seiner Kindheit und Jugend im 2. Teil).

Axioti, Melpo; tl.: Axiṓtē, Mélpō [neugr. a'ksjɔti], * Athen 15. Juli 1905, neugriech. Schriftstellerin.
Emigrierte während des Bürgerkrieges, lebt in der DDR; schreibt sozial engagierte Romane und Erzählungen; dt. liegen vor: „Tränen und Marmor" (R., dt. 1954), „Im Schatten der Akropolis" (En., dt. 1955); auch Übersetzungen aus dem Dt. und Französischen.

Axjonow, Wassili Pawlowitsch; tl.: Aksenov, Vasilij Pavlovič [russ. ak'sjɔnɐf], * Kasan 20. Aug. 1932, russ.-sowjet. Schriftsteller.
Studium der Medizin, Arzt, Veröffentlichungen seit 1959, behandelt Probleme der sowjet. Jugend und der Intelligenz.
Hauptwerke: Drei trafen sich wieder (R., dt. 1962), Fahrkarte zu den Sternen (R., dt. 1962), Apfelsinen aus Marokko (R., dt. 1965), Das Jahr der Scheidung (R., dt. 1966, 1967 u. d. T. Es ist Zeit, mein Freund, es ist Zeit), Der Genosse mit der schönen Uniform (En., dt. 1966, auch u. d. T. Genosse Prachtmütze).

Ayala, Pe[d]ro López de ↑ López de Ayala, Pe[d]ro.

Ayala y Herrera, Adelardo López de ↑ López de Ayala y Herrera, Adelardo.

Aymé, Marcel [André] [frz. ɛ'me], * Joigny (Yonne) 29. März 1902, † Paris 14. Okt. 1967, frz. Schriftsteller.
Medizin. Studien, dann in verschiedenen Berufen tätig. Seine frühen Werke sind lyr., psychologisierende Romane. Dann fand er zu seinem charakterist.-originellen Stil von schockierender Derbheit und herausfordernder, manchmal obszöner Plastizität der Schilderung. Weltruhm brachte der umstrittene Roman „Die grüne Stute" (1933, dt. 1953), ein Stück ländl. Sittengeschichte voll unverblümter, saftiger Komik und Erotik, worin er die polit. Rivalität zweier Dorffamilien schildert. In dem Novellenband „Der Mann, der durch die Wand gehen konnte" (dt. 1948) erzeugt A. eine skurrile Situationskomik durch die Steigerung ins Groteske, Unwirkliche. A. erwies sich auch als geschickter Bühnenautor. Poet. Zartheit kennzeichnet seine Tiermärchen und etl. seiner Novellen. A.s pointierter Stil, die Überfülle origineller Einfälle und der Phantasiereichtum geben seinem Werk den typ. frz. Esprit.
Weitere Werke: Brûlebois (R., 1926), Les jumeaux du diable (R., 1927), La table aux crevés (R., 1929), Les contes du chat perché (1934), Der schöne Wahn (R., dt. 1949), Le chemin des écoliers (R., 1946), La tête des autres (Dr., 1952), Der Herr von Clérambard (Kom., dt. 1951), Lucienne und der Schlächter (Kom., dt. 1955), Die Mondvögel (Kom., dt. 1959), Die vier Wahrheiten (Kom., dt. 1960).
Literatur: Vandromme, P.: *A. Paris 1960.* – Cathelin, J.: *M. A. Au carrefour des lettres. Paris 1958.*

Ayrenhoff, Cornelius Hermann von, * Wien 28. Mai 1733, † ebd. 15. Aug. 1819, östr. Dramatiker. Erziehung im Jesuitenkolleg; Offizierslaufbahn in der östr.-ungar. Armee, 1794 Feldmarschall-Leutnant; Verfasser zahlreicher erfolgreicher Komödien und Tragödien; Klassizist (Vorbild Racine), stand im Ggs. zum Sturm und Drang und zu Shakespeare.

Hauptwerke: Aurelius (Trag., 1766), Hermann und Thusnelde (Trag., 1768), Der Postzug (Kom., 1769), Die Liebe in Pannonien (Trag., 1777), Kleopatra und Antonius (Trag., 1738).

Ayrer, Jakob, * Nürnberg um 1543, † ebd. 26. März 1605, dt. Dramatiker.
Lebte seit 1570 in Bamberg, nach 1593 als Notar und Prokurator beim Stadtgericht wieder in Nürnberg. Wichtig sind die 69 erhaltenen Tragödien, Komödien, Fastnachtsspiele und Singspiele, mit denen er die Nürnberger Spieltradition (Hans Sachs) nach engl. Vorbild beleben wollte. Seine Stoffe entnahm er u.a. der röm. Geschichte, der dt. Heldensage, der Bibel, Schwanksammlungen und Volksbüchern. Besser als die Gestaltung ernster Themen gelang ihm die Behandlung heiterer Stoffe. In seinen an Mord- und Raufszenen reichen Stücken hält er am Knittelvers fest. Er gibt erstmals genaue Bühnenanweisungen. Auf Charakterzeichnung legt er wenig Wert. Seine stroph. Singspiele schrieb A. auf die Melodien bekannter Volkslieder und kom. Balladen. Sie dienten als Zwischenaktunterhaltung und werden höher eingeschätzt als sein übriges Werk. 66 seiner Stücke wurden 1618 u. d. T. „Opus Theatricum" veröffentlicht.
Ausgabe: J. A. Dramen. Hg. v. A. v. Keller. *Tüb. 1865. 5 Bde.*
Literatur: Sachs, H. G.: *Die dt. Fastnachtsspiele v. den Anfängen bis zu J. A. Diss. Tüb. 1957 [Masch.].* – Höfer, G.: *Die Bildung J. A.s. Lpz. 1929.* – Wodick, W.: *J. A.s Dramen in ihrem Verhältnis zur einheim. Lit. u. zum Schauspiel der engl. Komödianten. Halle 1912.*

Aytoun, William Edmonstoune [engl. ɛɪtn], * Edinburgh 21. Juni 1813, † Blackhills bei Elgin 4. Aug. 1865, schott. Schriftsteller, Übersetzer und Kritiker.
Studierte Jura in Edinburgh, war Mitarbeiter des „Blackwood Magazine", Professor für engl. Literatur in Edinburgh. 1852 Sheriff von Orkney und Shetland. Schrieb Balladen und sammelte die „Ballads of Scotland"; hervorzuheben sind seine „Lays of Scottish cavaliers" (1848), daneben schrieb er Skizzen von bestechender Komik.
Weitere Werke: Firmilian, a spasmodic tragedy (1854), The bon Gaultier ballads (1855, mit T. Martin).

Ažaev † Aschajew.

Azaña y Díaz, Manuel [span. a'θaɲa i 'ðiaθ], * Alcalá de Henares 10. Jan. 1880, † Montauban (Frankreich) 4. Nov. 1940, span. Schriftsteller.
Republikaner, 1931–33 Ministerpräsident, 1936 bis 1939 Präsident der Republik, danach im frz. Exil; trat literar. bes. mit Romanen und Essays hervor: „El jardín de los frailes" (autobiograph. R., 1927), „Plumas y palabras" (Essays, 1930), „La invención del Quijote" (Essays, 1934).

Azeglio, Massimo Taparelli Marchese d' [italien. ad'dzeʎʎo], * Turin 24. Okt. 1798, † ebd. 15. Jan. 1866, italien. Schriftsteller und Staatsmann.
War ausgebildeter Maler. Er verfaßte Flugschriften für die nationale Einigungsbewegung, war 1848 Freischarenoberst, sardin.-piemontes. Ministerpräsident (1849–52), später Senator und Gesandter in Paris und London. Literar. stand er unter dem Einfluß Manzonis, seines Schwiegervaters. A.s romant.-patriot. Romane „Hector Fieramosca" (dt. 1841) und „Niccolò de' Lapi"

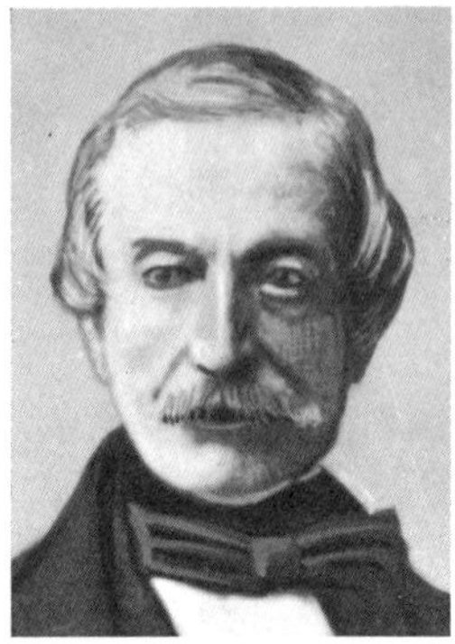
Massimo Taparelli Marchese d'Azeglio

(dt. 1841) sind von aktuellen polit. Ereignissen bestimmt und dienten der staatsmänn. Karriere des Autors. Größere Bedeutung besitzen seine polit. Flugschriften, wie „Degli ultimi casi di Romagna" (1846), „I lutti di Lombardia" (1848), und seine Memoiren („Meine Erinnerungen", dt. 1869).
Literatur: Marshall, R.: *M. d'A. An artist in politics 1798–1866. London u. New York 1966.* – Vaccalluzzo, N.: *M. d'A. Rom ²1930.*

Azevedo, Manuel António Álvares de † Álvares de Azevedo, Manuel António.

Azorín [span. aθo'rin], eigtl. José Martínez Ruiz, * Monóvar (Alicante) 11. Juni 1874, † Madrid 2. März 1967, span. Schriftsteller.
Studierte Rechtswissenschaft in Valencia, widmete sich jedoch bald der Literatur und schrieb in Madrid für republikan. u.a. Blätter; später konservativer Abgeordneter, zeitweilig auch Unterstaatssekretär im Erziehungsministerium; 1924 Mitglied der span. Akademie; 1936–39 in Frankreich; Verfasser bed., für das Selbstverständnis Spaniens wichtiger Schriften: „El alma castellana" (1900), „Auf den Spuren Don Quijotes" (1905, dt. 1923), „España, hombres y paisajes" (1909), „Castilla" (1912), „Clásicos y modernos" (1913) u.a.; daneben Romane („Antonio Azorín", 1903; „Don Juan", 1922; „Doña Inés", 1925) und Dramen von surrealist. Tendenz; hervorragender Stilist.
Literatur: Martínez Cachero, J. M.: *Las novelas de A. Madrid 1960.* – Mulertt, W.: *A. Halle 1926.*

Azuela, Mariano [span. a'suela], * Lagos de Moreno (Jalisco) 1. Jan. 1873, † Mexiko 1. März 1952, mex. Schriftsteller.
Studierte Medizin und war später Arzt; wegen seines polit. Engagements nach der Revolution von 1910 zeitweilig im amerikan. Exil; Hauptwerk ist der realist. Roman aus der Revolutionszeit „Die Rotte" (1916, dt. 1930); auch Dramatiker.
Weitere Werke: Mala yerba (R., 1909), Los caciques (R., 1917), La malhora (R., 1923), La luciérnaga (R., 1932).

B

Baal-Schem-Tob (Baal-Schem-tow), eigtl. Israel ben Elieser, * Okop (Ukraine) um 1700, † Me-

dschibosch (Ukraine) 22. Mai 1760, jüd. Schriftgelehrter.
Rabbi, zeitweise Einsiedler in den karpat. Wäldern; intensive Beschäftigung mit der jüd. Mystik, Begründer des Chassidismus, einer religiösen Bewegung des Judentums; sein eigenes literar. Schaffen umfaßt nur ein Manifest in jidd. Sprache sowie einige Sendschreiben, doch wurden von seinen Schülern zahlreiche Legenden und Predigten aufgezeichnet, die volkstüml. wurden. Bekannt ist die dt. Übersetzung von M. Buber „Die Legende des Baalschem“ (1907).

Baar, Jindřich Šimon [tschech. ba:r], * Klenčí 7. Febr. 1869, † ebd. 24. Okt. 1925, tschech. Schriftsteller.
Aus alter Bauernfamilie; kath. Priester; stellte in Romanen und Erzählungen den Einfluß der allmähl. Industrialisierung auf das Bauernleben dar und setzte sich mit dem Problem einer Reform des Klerus auseinander; dt. erschien der Roman „Johann Cimbura“ (1908, dt. 1941).

Baarle, Caspar van [niederl. 'ba:rlə] † Barlaeus, Casparus.

Bååth, Albert Ulrik [schwed. bo:t], * Malmö 13. Juli 1853, † Göteborg 2. Aug. 1912, schwed. Dichter.
Lehrer, später Dozent und Museumsdirektor in Göteborg. Seine realist. Gedichte vermitteln stimmungsvolle Bilder seiner Heimatlandschaft Schonen. B. behandelte auch soziale Themen. Stilist. von der altnord. Sagadichtung beeinflußt. Übersetzungen aus dem Altisländischen.
Hauptwerke: Dikter (Ged., 1879), Vid Allfarsväg (Ged., 1884), Nordiskt forntidsliv (Essay, 1890), Svenska toner (Ged., 1893), Nordmannamystik (Essay, 1898).

Babajewski, Semjon Petrowitsch; tl.: Babaevskij, Semen Petrovič [russ. bɐba'jɛfskij], * Kunje (Gouv. Charkow) 6. Juni 1909, russ.-sowjet. Schriftsteller.
Absolvent des Gorki-Literaturinstituts, im 2. Weltkrieg Frontkorrespondent; beschreibt in seinen Romanen Probleme des Wiederaufbaus.
Hauptwerke: Ritter des goldenen Sterns (R., dt. 1951), Licht auf Erden (R., dt. 1951), Aufruhr der Söhne (R., dt. 1963).

Babel, Issaak Jemmanuilowitsch; tl.: Babel', Isaak Emmanuilovič [russ. 'babɪlj], *Odessa 13. Juli 1894, † 17. März 1941 (?), russ.-sowjet. Schriftsteller.
Aus jüd. Kaufmannsfamilie; Handelsschulausbildung in Odessa; 1916 erste Publikationen in einer von Gorki geleiteten Zeitschrift; Teilnahme am Bürgerkrieg auf seiten der Bolschewiken; 1920 polit. Kommissar in der Reiterarmee des Marschalls Budjonny, danach in der Zivilverwaltung; Journalist u.a. in Tiflis; seit 1923 neue literar. Produktion, die zunächst begeistert, dann zunehmend kritischer aufgenommen wurde; nach 1935 Verlust der Publikationsmöglichkeiten als Folge der stalinist. Kulturpolitik; bald darauf verhaftet; nach 1938 sind biograph. Daten nicht zu belegen; erst 1957 Rehabilitation. B. wurde berühmt durch die Erzählungssammlung „Budjonnys Reiterarmee“ (dt. 1926), deren Stilmerkmal die präzise, oft zyn. Darstellung des rohen und grausamen Kriegsgeschehens in lyr. und stark ornamentaler Prosa ist; unter Einfluß vor allem Maupassants bedeutender Formkünstler.
Weitere Werke: Geschichten aus Odessa (dt. 1926), Drei Welten (dt. 1931), Sonnenuntergang (Dr., dt. 1962), Marija (Dr., dt. 1967).
Ausgabe: Isaak B. Ein Abend bei der Kaiserin. Erzählungen, Dramen, Selbstzeugnisse. Hg. v. F. Mierau. *Bln. 1969.*
Literatur: Poggioli, R.: *The phoenix and the spider. A book of essays about some Russian writers and their view of the self. Cambridge (Mass.) 1957.*

Babić, Ljubomir [serbokroat. 'babitɕ], Pseudonym Ksaver Šandor Đalski, * Gredice 26. Okt. 1854, † ebd. 9. Febr. 1935, kroat. Schriftsteller.
Stammte aus dem Landadel; ging nach Abschluß des Jurastudiums in den Verwaltungsdienst, nahm bald wegen polit. Differenzen den Abschied; erst im neuen jugoslaw. Staat wieder polit. tätig. Schrieb realist. Romane und Novellen von unterschiedl. Wert, in denen er sich bes. mit sozialen Problemen, u.a. mit dem Niedergang des kroat. Adels, befaßte.

Babits, Mihály [ungar. 'bɔbitʃ], * Szekszárd 26. Nov. 1883, † Budapest 4. Aug. 1941, ungar. Dichter.
Studierte Literatur in Budapest, wurde Studienrat, später Redakteur der größten ungar. Literaturzeitschrift „Nyugat“. 1919, in der Räterepublik, war er Professor an der Universität Budapest, 1940 Mitglied der Akademie. In den 30er Jahren war B. Führer des literar. Lebens in Ungarn. Er verfaßte Gedichte, Romane, Novellen und Essays, v.a. aber war er Mittler westl. Geistes. Die geschliffene Form seiner Gedichte, seine Neigung zum Gedankl., innere Unruhe und melanchol. Verschlossenheit charakterisieren seine Dichtung. B. schrieb nicht nur symbolist. Gedichte, sondern auch volkstüml. Liebes- und Zechlieder. In dem Roman „Der Storchkalif“ (dt. 1920) stellt er die Bewußtseinsspaltung dar. „Das Kartenhaus“ (R., dt. 1926) zeichnet die industrialisierte Hauptstadt und kritisiert die Form des gesellschaftl. Zusammenlebens. Ein großes Romanexperiment ist „Halálfiai“ (= Söhne des Todes, 1927), eine analyt., psycholog. Schilderung der Intelligenz und der Mittelklasse der Jahrhundertwende. Als Sprachkünstler ragt B. mit seinen Übersetzungen, als Literarhistoriker mit seiner „Geschichte der europ. Literatur“ (dt. 1948) hervor.
Weitere Werke: Der Sohn des Virgilius Timár (Nov., dt. 1923), Kentaurenschlacht (Nov., dt. 1926).

Babo, Joseph Marius von, * Ehrenbreitstein 14. Jan. 1756, † München 5. Febr. 1822, dt. Dramatiker.
Theaterleiter in Mannheim, dann in München, dort auch Professor für Ästhetik; später Studiendirektor der Militärakademie und Zensurrat. Seinen größten Erfolg hatte er mit dem vielgespielten, von Goethes „Götz“ angeregten Ritterstück „Otto von Wittelsbach“ (Dr., 1782). Er verfaßte auch effektvolle, erfolgreiche bürgerl. Lustspiele, u.a. „Bürgerglück“ (1792).

Babrios, griech. Fabeldichter des 2. Jahrhunderts. Lebte als hellenisierter Römer in Asien; seine in Verse gebrachten und in volkstüml. Sprache gestalteten Äsop. Fabeln weisen ihn als geschickten und gefälligen Erzähler aus, der auch Novellistisches aus anderen Quellen und Selbsterdichtetes hinzufügte; nur z.T. überliefert.

Bacchelli, Riccardo [italien. bak'kɛlli], * Bologna 19. April 1891, italien. Schriftsteller.
Teilnahme am 1. Weltkrieg, dann Journalist, Literaturkritiker, Mitarbeiter verschiedener Zeitungen. B. begann mit Gedichten und Dramen („Poemi lirici", 1914; „Spartaco e gli schiavi", Dr., 1920), denen Romane, bes. histor., folgten. Anfang der 20er Jahre schloß er sich einer Schriftstellergruppe um die Zeitschrift „La Ronda" an, die sich gegen Originalitätseffekte wandte und sich für den klass. Stil einsetzte (Vorbilder: Manzoni und Leopardi). Neben lebendigem Erzähltalent zeigt er psycholog. Interesse und „handwerkl." Fleiß; lebhafte Teilnahme an sozialen Fragen. „Die Mühle am Po" (R., 1938–40; dt. 1952) ist sein umfangreichstes und charakteristischstes Werk. Neben dem literar. Werk, das immer wieder gelehrte Exkurse zeigt, Übersetzungen.
Weitere Werke: Il diavolo al Pontelungo (R., 1927), Eine leidenschaftl. Ehe (R., 1930; dt. 1942), Der Sohn des Lais (R., dt. 1950), Itamar, der Geheilte von Gerasa (R., dt. 1953), Du bist mein Vater nicht mehr (R., dt. 1961), Die Achterbahn (Novellen, dt. 1959).
Ausgabe: R. B. Tutte le opere. Mailand 1958ff. Auf 25 Bde. berechnet.
Literatur: Vicinelli, A.: *R. B. Storia di un autore di romanzi storici. Mailand 1961.* – Menapace, L.: *Saggio intorno al „Mulino del Po". Mailand 1947.*

Bacchylides von Keos ↑ Bakchylides von Keos.

Bachér, Ingrid [ba'xe:r], eigtl. I. Erben, * Rostock 24. Sept. 1930, dt. Schriftstellerin.
Urenkelin Th. Storms; Studium an der Hochschule für Musik und Theater in Hamburg; gehört zur „Gruppe 47". Schrieb z.T. Prosa, in der sich Wirklichkeit und Traum vermischen. In ihrer Erzählung „Ich und ich" (1964) beschäftigt sie sich mit dt. Nachkriegsproblemen; auch Bühnen-, Fernseh- und Hörspiele für Erwachsene und Kinder.
Weitere Werke: Lasse Lar oder Die Kinderinsel (E., 1958), Schöner Vogel Quetzal (R., 1959), Karib. Fahrt (Reisebericht, 1961).

Bächler, Wolfgang, * Augsburg 22. März 1925, dt. Schriftsteller.
Studium der Theaterwissenschaft, Literatur- und Kunstgeschichte in München, freier Schriftsteller; gehört zur „Gruppe 47". Von G. Benn ausgehender Lyriker; Naturlyrik, zeitbezogene Gedichte; auch Prosa.
Hauptwerke: Die Zisterne (Ged., 1950), Der nächtl. Gast (R., 1950), Lichtwechsel I und II (Ged., 1955 und 1960), Türklingel (Ged., 1962), Türen aus Rauch (Ged., 1963).

Bachmann, Ingeborg, * Klagenfurt 25. Juni 1926, östr. Lyrikerin.
Studierte Philosophie, promovierte über Heidegger; nach Aufenthalt in Paris (1950) Redakteurin beim Rundfunk in Wien; seit 1953 freie Schriftstellerin; gehört zur „Gruppe 47", die ihren 1. Gedichtband, „Die gestundete Zeit" (1953), auszeichnete; lebte in Rom, München, Zürich und Berlin; 1959/60 Gastdozentur für Poetik an der Universität Frankfurt am Main. Ihr Werk ist geprägt von der Verbindung von Intellekt und Poesie. Verschlüsselte Gedankenlyrik, vorherrschend freie Rhythmen, sprach- und bildschöpfer. Intensität, Musikalität, Melancholie, inhaltl. und sprachl. Spannung, die nicht immer überzeugt.

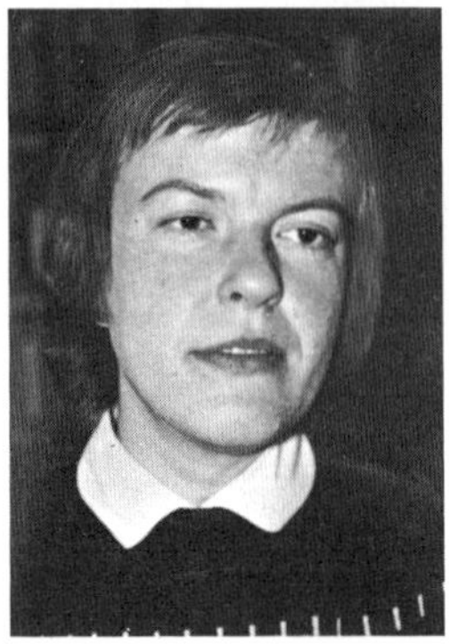

Ingeborg Bachmann

Formelle Experimente im Hörspiel („Der gute Gott von Manhattan", 1958), Erzählungen („Das dreißigste Jahr", 1961), Libretti für H. W. Henze, Essays, literaturkrit. Schriften, Übersetzungen (Ungaretti).
Weitere Werke: Zikaden (Hsp., 1955), Anrufung des Großen Bären (Ged., 1956), Ein Ort für Zufälle (Prosa, 1965).
Literatur: I. B. Eine Einf. Mchn. ²1968. – Holthusen, H. E.: *Kämpfender Sprachgeist. Die Lyrik I. B.s. In:* Holthusen: *Das Schöne u. das Wahre. Neue Studien zur modernen Lit. Mchn. 1958.*

Bachmann, L[uise] G[eorge], * Wien 20. Aug. 1903, östr. Schriftstellerin.
Sängerin und Organistin, Professor für Musikgeschichte am Pädagog. Institut in Wien, freie Schriftstellerin; schrieb v.a. histor. Künstlerromane; auch Märchen- und Hörspiele sowie Jugendbücher.
Hauptwerke: Der Thomaskantor (R., 1937), Meister, Bürger und Rebell (R., 1937), Bruckner (R., 1938), Drei Kronen eines Lebens (R., 1947), Das reiche Fräulein Jaricot (Biogr., 1961), Beethoven contra Beethoven (R., 1963).

Bačinskaitė-Bučienė, Salomėja [lit. batʃɪn'ska:ite:-bʊ'tʃiɛne:] ↑ Nėris.

Bacmeister, Ernst ['bak...], * Bielefeld 12. Nov. 1874, dt. Schriftsteller.
Studierte Philologie in Leipzig (Dr. phil.); lebt seit 1907 als freier Schriftsteller in Wangen (Bodensee). Befaßte sich in Essays mit den ästhet. Prinzipien, die er in oft klassizist. strengen Dramen gestaltete; forderte eine „Tragödie ohne Schuld und Sühne" (Vortrag, 1940); auch Lyriker.
Hauptwerke: Der Graf von Gleichen (Trag., 1898), Der Kaiser und sein Antichrist (Trag., 1934), Kaiser Konstantins Taufe (Trag., 1937), Der Größere (Trag., 1938), Lionardo da Vinci (Trag., 1950).

Bacon, Francis [engl. 'beɪkən], Baron Verulam, Viscount St. Albans, * London 22. Jan. 1561, † Highgate bei London 9. April 1626, engl. Philosoph, Schriftsteller und Staatsmann.
In hohen polit. Ämtern, zuletzt Lordkanzler; ein Korruptionsprozeß beendete seine polit. Laufbahn. Als Philosoph Begründer des Empirismus; Vertreter eines zweckbestimmten Utilitarismus; wandte sich gegen die zeitgenöss. aristotel. Philosophie; ein bestechend klarer, knapper und nüchterner Stil zeichnet seine Schriften, bes. die Es-

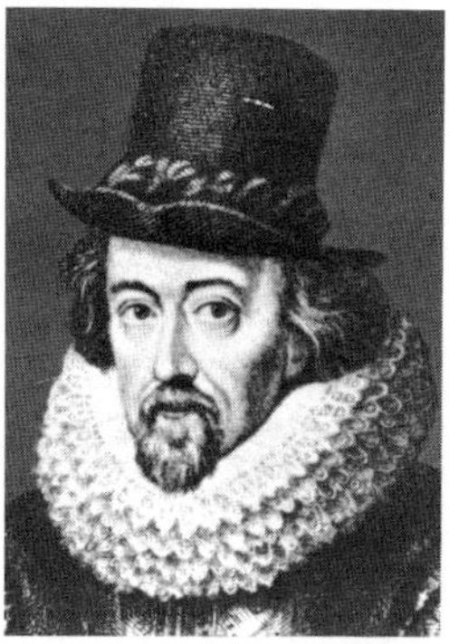

Francis Bacon (Stich nach einem zeitgenössischen Bildnis)

says aus, die in der Anschaulichkeit und Präzision der Darstellung des philosoph. Gedankenbaus selbst zu einem Kunstwerk geformt sind; letzte Ausgabe der Essays 1625 (dt. 1762).
Ausgabe: F. B. The works. Hg. v. J. Spedding *u.a. London 1857–74. 14 Bde. Nachdr. Stuttg. 1962–63.*
Literatur: Vickers, B.: *F. B. and Renaissance prose. London u. New York 1968.* – Anderson, F. H.: *F. B.: His career and his thought. Los Angeles 1962.* – Gibson, R. W.: *F. B. A bibliography of his works and of Baconiana to the year 1750. Hauptbd. Oxford 1950. Erg.-Bd. 1959.* – Lewalter, E.: *F. B. Ein Leben zw. Tat u. Gedanke. Bln. 1939.* – Fischer, Kuno: *F. B. u. seine Schule. Entwicklungsgesch. der Erfahrungsphilosophie. Hdbg. [4]1923.* – Wolff, E.: *F. B. u. seine Quellen. Bln. 1910–13. 2 Bde.* – Flügel, E.: *B.s Historia literaria. In: Anglia 21 (1899), 259.*

Baconsky, Anatol E. [rumän. ba'konski], * Chotin (Sowjetunion) 16. Juni 1925, rumän. Lyriker und Essayist.
B., einer der bedeutendsten Lyriker der Gegenwart, ist ein Dichter des Lebensgenusses und der Beschaulichkeit, er schreibt v.a. Natur- und Liebeslyrik; auch Erzähler.
Hauptwerke: Fluxul memoriei (= Flut des Gedächtnisses, Ged., 1957), Imn către zorii de zi (= Hymne an die Morgendämmerung, 1962), Äquinoktium der Wahnsinnigen (En., dt. 1969).

Bacovia, Gheorghe [rumän. ba'kovia], eigtl. G. Vasiliu, * Bacău 13. Okt. 1881, † Bukarest 22. Mai 1957, rumän. Dichter.
Jurist, zeitweise Ministerialbeamter; schulte sich an den frz. Symbolisten, bes. an Verlaine und Rimbaud; unmelod. Versbau; gestaltet Not und Armut einer düsteren Umwelt; Krankheit und Tod sind häufige Themen seiner oft alptraumhaften Gedichte; Tendenz zu Melancholie. Schuf auch Vertonungen zu eigenen und zu Gedichten Eminescus.
Hauptwerke: Plumb (= Blei, Ged., 1916), Comedii în fond (= Im Grunde Komödien, Ged., 1936), Stanțe burgheze (= Bürgerl. Stanzen, Ged., 1946).

Baculard d'Arnaud, François Thomas de [frz. bakylardar'no], * Paris 8. Sept. 1718, † ebd. 8. Nov. 1805, frz. Schriftsteller.
Kam 1750 auf Voltaires Empfehlung an den Hof Friedrichs des Großen; seit 1755 wieder in Paris, wo er sich ganz dem Schauerdrama und -roman nach engl. Muster zuwandte: „Le comte de Comminges" (Dr., 1764), „Les délassements de l'homme sensible" (R., 1783–93).

Baczyński, Krzysztof Kamil [poln. ba'tʃiĩski], * Warschau 22. Jan. 1921, ⚔ ebd. 4. Aug. 1944, poln. Lyriker.
Sohn eines Literaturkritikers und einer Schriftstellerin; studierte an der illegalen Warschauer Universität Polonistik, fiel am 4. Tag des Warschauer Aufstandes. Sein Vorbild war Norwid; schrieb formvollendete zeitbestimmte Gedichte und Liebeslyrik (dt. z.T. in Anthologien enthalten), auch Prosa.

Baekelmans, Lode [niederl. 'ba:kəlmans], * Antwerpen 26. Jan. 1879, † ebd. 11. Mai 1965, fläm. Schriftsteller.
Bibliotheksleiter in seiner Heimatstadt; schildert in seinem Hauptwerk, dem Roman „Tille" (1912), Charaktere aus der Welt der unteren Mittelklasse und des Antwerpener Hafenviertels; sein Naturalismus im Frühwerk wurde durch einen Realismus abgelöst, dessen Hauptmerkmal gütiger Humor ist.
Weitere Werke: Der Wirt zum „Blühenden Halderöslein" (R., dt. 1906), Europa-Hotel (Dr., 1922).

Baerle, Caspar van [niederl. 'ba:rlə] † Barlaeus, Casparus.

Baermann Steiner, Franz ['bɛ:rman] † Steiner, Franz Baermann.

Bagdanowitsch, Maxim Adamowitsch; tl.: Bagdanovič, Maksim Adamovič [russ. bɐgda'nɔvitʃ] † Bogdanowitsch, Maxim Adamowitsch.

Baggesen, Jens Immanuel ['bagəzən, dän. 'bagəsən], * Korsør (Seeland) 15. Febr. 1764, † Hamburg 3. Okt. 1826, dän. Schriftsteller.
Studierte in Kopenhagen in ärml. Verhältnissen. Seine „Kom. Erzählungen" (1785, dt. 1792) brachten ihm ein Stipendium für eine Reise, die ihn nach Deutschland, Frankreich und in die Schweiz führte. Bekanntschaft mit Wieland, Voß, Schiller, Klopstock u.a. bed. Vertretern des dt. Geisteslebens. B. schrieb in dän. und dt. Sprache. Auseinandersetzung mit Oehlenschläger, dem Vertreter der dän. Romantik, gegen den B. den Klassizismus vertritt.
Weitere Werke: Parthenais (kom. Epos, 1803), Heideblumen (Ged., 1808), Der Karfunkel- oder Klingklingel-Almanach (Parodie, 1810), Der Himmelruf an die Griechen ... (Ged., 1826).
Literatur: Dumreicher, C. O.: *J. B. 1764 til 1964. Kopenhagen 1964.* – Hesse, O. E.: *B. u. die dt. Philosophie. Diss. Lpz. 1914.* – Baggesen, A.: *J. B.s Biographie. Kopenhagen 1843–56. 4 Bde.*

Bagrizki, Eduard Georgijewitsch; tl.: Bagrickij, Ėduard Georgievič [russ. ba'gritskij], eigtl. E. G. Dsjubin; tl.: Ė. G. Dzjubin, * Odessa 3. Nov. 1895, † Moskau 16. Febr. 1934, russ.-sowjet. Dichter.
Sohn eines armen jüd. Ladenbesitzers; Teilnahme am Bürgerkrieg, u.a. Propagandist in der Armee; später aktiv in literar. Gruppen Moskaus. Die sowjet. Kritik lehnt die frühen Gedichte B.s als dekadent ab; seine Werke der 20er Jahre betonen das Heroische und behandeln Themen aus dem Bürgerkrieg; B.s Vorliebe für die Romantik beweisen auch seine Übersetzungen (Burns, Coleridge und Scott).

Bagrjana, Elissaweta; tl.: Bagrjana, Elisaveta [bulgar. ba'grjana], eigtl. E. Beltschewa; tl.: E. Belčeva, * Sofia 29. April 1893, bulgar. Dichterin. Aus wohlhabender bürgerl. Familie; Slawistin; zunächst Lehrerin, dann freie Schriftstellerin. Bed., unkonventionelle Lyrikerin; ihre ausdrucksstarke, musikal. Dichtung ist von Lebensfreude und Optimismus geprägt und polit. beeinflußt; künstler. wertvoll auch ihre Kinderdichtungen.

Bagrynowski, K. [poln. bagri'nɔfski] † Sieroszewski, Wacław.

Bahr, Hermann, * Linz 19. Juli 1863, † München 15. Jan. 1934, östr. Dichter und Kritiker.
Studierte klass. Philologie, Jura und Nationalökonomie, u.a. in Berlin, wo er ersten Kontakt zu den Naturalisten bekam. Nach Reisen durch Frankreich, Spanien und Marokko 1890 Lektor des S. Fischer Verlages; Reisen nach Rußland und in die Schweiz; 1894 freier Schriftsteller in Wien, Mithg. der liberalen Zeitschrift „Die Zeit", Theaterkritiker; in der Folge lebte er zeitweise in Salzburg, war Regisseur bei Reinhardt in Berlin,

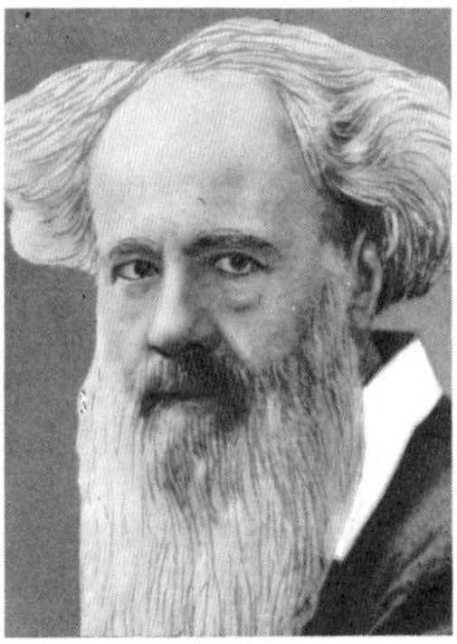
Hermann Bahr

Dramaturg am Wiener Burgtheater und ließ sich 1922 in München nieder. B. war wandlungsfähig als Künstler wie auch als Mensch. Literar. kam er vom Naturalismus über die Dekadenz und Neuromantik zum Impressionismus und Expressionismus. Interpret der jeweiligen Richtung, nahm er in seinem Werk manches Neue vorweg. Neben geistreichen Kritiken und programmat. Essays sind v.a. seine Bühnenwerke zu nennen, die sich durch glänzende Dialogführung und wirksame Dramentechnik auszeichnen. B. hat sowohl das psycholog. als auch das Drama mit sozialer Thematik in die östr. Literatur eingeführt. Hauptthemen sind jedoch die innere Freiheit des Menschen und die Beziehungen zwischen Mann und Frau, meist ins Wiener Milieu gestellt. Auch seine Rückkehr zur kath. Kirche war Thema einiger Werke.
Hauptwerke: Zur Kritik der Moderne (Essays, 1890), Die Überwindung des Naturalismus (Essays, 1891), Die Mutter (Dr., 1891), Theater (R., 1897), Das Tschaperl (Dr., 1898), Der Krampus (Lsp., 1902), Der Meister (Kom., 1904), Ringelspiel (Kom., 1907), Das Konzert (Lsp., 1909), Wienerinnen (Lsp., 1910), Die Kinder (Kom., 1911), Expressionismus (Essays, 1916), Himmelfahrt (R., 1916), Die Rotte Korahs (R., 1919), Burgtheater (Essays, 1920), Selbstbildnis (Autobiogr., 1923).
Ausgabe: H. B. Ausgew. Werke. Hg. v. F. Schreyvogl. *Nürnberg 1968.*
Literatur: Nirschl, K.: *In seinen Menschen ist Österreich. H. B.s innerer Weg. Linz 1964.* – Kindermann, H.: *H. B. Ein Leben f. das europ. Theater. Mit einer H.-B.-Bibliogr. v.* K. Thomasberger. *Graz u. Köln 1954.*

Baïf, Jean Antoine de [frz. ba'if], * Venedig 19. Febr. 1532, † Paris Ende Okt. 1589, frz. Dichter. Natürl. Sohn des Humanisten Lazare B.; studierte am Collège Coqueret in Paris, zusammen u.a. mit Ronsard, Du Bellay, mit denen er die Pléiade bildete; trat zuerst mit Liebesgedichten im Stil Petrarcas hervor: „Amours de Méline" (1552), „Amours de Francine" (1555), später mit beschreibenden Gedichten und Übersetzungen griech. und lat. Dramen; gründete 1570 mit Unterstützung Karls IX. die „Académie de musique et de poésie". Ein nachgelassenes Werk sind seine Psalmenübersetzungen („Psaultier") in selbsterdachter phonet. Orthographie, die er ebensowenig wie seine Metrikreform in der Öffentlichkeit durchzusetzen vermochte; mehr Gelehrter als Dichter.
Weitere Werke: Le brave (Kom., 1567), Passetemps (Ged., 1573), Mimes, enseignements et proverbes (Ged., 1576).

Bailey, Philip James [engl. 'bɛɪlɪ], * Nottingham 22. April 1816, † ebd. 6. Sept. 1902, engl. Dichter. Nach jurist. Ausbildung lebte er immer als freier Schriftsteller. Von der Romantik beeinflußter metaphys.-myst. Dichter, bekannt v.a. durch seine langatmige, von Goethes „Faust" beeinflußte dramat. Dichtung „Festus" (1839), die bis zur Ausgabe von 1889 durch mehrfache Ergänzungen auf 40000 Verse anschwoll.

Baillie, Joanna [engl. 'bɛɪlɪ], * Bothwell bei Glasgow 11. Sept. 1762, † Hampstead (heute zu London-Camden) 23. Febr. 1851, schott. Dichterin.
Lebte seit 1784 in England, meist in Hampstead; mit W. Scott befreundet; schrieb wenig bühnenfähige Dramen, deren Charaktere allegor. Leidenschaften verkörpern (publiziert als „Plays on the passions", 1798ff.), außerdem humorvolle, volkstüml. schott. Gedichte (u.a. „Metrical legends", 1821).

Bajza, Jozef Ignác [slowak. 'bajza], * Predmier 5. März 1755, † Preßburg 1. Dez. 1836, slowak. Schriftsteller.
Studierte in Wien; kath. Geistlicher, zuletzt Kanonikus in Preßburg. B. schrieb den ersten slowak. Roman (nach dem Vorbild von Fénelons „Télémaque"), ferner scharfe Epigramme und theolog. Werke, bes. Erbauungsschriften.

Bajza, József [ungar. 'bɔjzɔ], * Szücsi (Bezirk Heves) 31. Jan. 1804, † Pest (heute zu Budapest) 3. März 1858, ungar. Dichter.
Lebte nach der jurist. Promotion als freier Schriftsteller, war Redakteur und schließl. Leiter des Nationaltheaters; starb in geistiger Umnachtung. Mitbegründer der Zeitschrift „Atheneum" (1837). Seine Bedeutung liegt in seinen krit. Schriften; Verfasser kraftvoller, kämpfer. Gedichte mit patriot. Tendenz.

Bakalow, Zanko; tl.: Bakalov, Canko [bulgar. ba'kalof] † Zerkowski, Zanko Bakalow.

Bakchylides von Keos [bak'çy:lidɛs], * Iulis auf Keos, griech. Lyriker der 1. Hälfte des 5. Jh.s v. Chr.

Neffe des Simonides, mit dem er am Hof Hierons von Syrakus als Rivale Pindars lebte, später auf dem Peloponnes; der von den Alexandrinern in den Kanon der neun großen Lyriker aufgenommene Dichter schrieb seine Gedichte, von denen erst 1896 durch Papyrusfunde 14 Epinikien und 6 Dithyramben, später auch einige Fragmente von Trink- und Liebesliedern bekannt wurden, auf Bestellungen für Preisträger olymp. und anderer Wettkämpfe; seine Götterhymnen, sprachl. eleganter, sind den Liedern Pindars in Form und Thematik verwandt.
Ausgabe: B. Lieder u. Fragmente. Griech. u. dt. Hg. v. H. Maehler. *Bln.; Darmstadt 1968.*
Literatur: Gentili, B.: *Bacchilide. Studi. Urbino 1958.* – Severyns, A.: *Bacchylide. Essai biographique. Paris 1933.* – Wilamowitz-Moellendorff, U. v.: *B. Bln. 1898.*
Baki ↑ Mahmut Abdülbaki.
Bakin ↑ Takisawa Bakin.
Baklanow, Grigori Jakowlewitsch; tl.: Baklanov, Grigorij Jakovlevič [russ. baˈklanɐf], * Woronesch 11. Sept. 1923, russ.-sowjet. Schriftsteller.
Nahm als Freiwilliger am 2. Weltkrieg teil, absolvierte das Gorki-Literaturinstitut in Moskau, danach Journalist. B. ist einer der Vertreter der Kriegsliteratur; im Zentrum seiner romanartigen Erzählungen stehen die grausamen Tatsachen des Kriegsgeschehens und das Problem der moral. Verantwortung. Dt. erschienen 1964 „Ein Fußbreit Erde" und „Die Toten trifft die Schande nicht".
Balaguer, Víctor [span. balaˈɣɛr], * Barcelona 11. Dez. 1824, † Madrid 14. Jan. 1901, span.-katalan. Dichter, Historiker und Politiker.
War Journalist, Abgeordneter und Minister; Mitglied der span. Akademie; prominenter Vertreter der katalan. literar. Renaissance; schrieb seit 1838 zahlreiche erfolgreiche Dramen (u.a. „Pepín el jorobado"), originelle und echt volkstüml. lyr. Gedichte, Legenden, Balladen, Novellen aus der katalan. und provenzal. Vergangenheit sowie umfangreiche literarhistor. Werke.
Weitere Werke: Bellezas de la historia de Cataluña (1853), Montserrat (Ged., dt. 1860), Poesías completas (Ged., 1874), Tragedias (1879), Die Pyrenäen (ep. Trilogie, dt. 1892).
Balaōrítēs ↑ Walaoritis.
Balart, Federico [span. baˈlar], * Pliego (Murcia) 23. Okt. 1831, † Madrid 11. April 1905, span. Dichter.
Journalist und Politiker; Mitglied der span. Akademie; schrieb die seinerzeit vielgelesenen, dem Andenken seiner toten Frau gewidmeten Gedichte „Dolores" (1889), ferner „Horizontes" (1897) sowie literaturkrit. Schriften (u.a. „El prosaísmo en el arte", 1895).
Balassi (Balassa), Bálint Baron [ungar. ˈbɔlɔʃʃi], * Zólyom 20. Okt. 1554, ⚔ Gran 30. Mai 1594, ungar. Dichter.
Aus alter, wohlhabender Adelsfamilie; führte ein abenteuerl. Leben, meist als Soldat; konvertierte 1586 zum Katholizismus. Bedeutendster ungar. Dichter seiner Zeit. Schöpfer neuer Versformen, u.a. der klangschönen B.-Strophe; schrieb nach anfängl. konventionellen Versuchen eigenständige religiöse und patriot. Lyrik sowie ausdrucksvolle Liebesgedichte; verwandte häufig Bilder, Vergleiche und Themen aus dem Soldatenleben; führte mit der Bearbeitung eines italien. Schäferspiels die Gattung der Liebeskomödie in die ungar. Renaissanceliteratur ein.
Balázs, Béla [ungar. ˈbɔlaːʒ], eigtl. Herbert Bauer, * Szegedin 4. Aug. 1884, † Budapest 17. Mai 1949, ungar. Dichter.
Mußte 1919 wegen kommunist. Neigungen emigrieren; lernte in Berlin die expressionist. dt. Literatur kennen. Bereits vor seiner vorübergehenden Emigration war er Mittelpunkt eines esoter. Literaturkreises. In seinem Werk zeigt er Interesse für das Irrationale und für psych. Vorgänge. Sein Spätwerk ist polit. tendenziös. B. schrieb außer Lyrik auch Novellen, Märchen und Bühnenstücke, er verfaßte grundlegende Studien zur Ästhetik des Films und lieferte Libretti für B. Bartók.
Balbuena (Valbuena), Bernardo de [span. balˈβu̯ena], * Valdepeñas (Ciudad Real) 1568, † Puerto Rico 11. Okt. 1627, span. Dichter.
Ging früh nach Mexiko, studierte und promovierte jedoch in Spanien (Sigüenza); 1619 Bischof in Puerto Rico; schrieb „La grandeza mexicana" (1604), eine poet. Beschreibung Mexikos, ferner „El siglo de oro en las selvas de Erífile" (1607), einen Schäferroman in Prosa und Versen. Sein bedeutendstes Werk ist das Stanzenepos „El Bernardo o victoria de Roncesvalles" (1624).
Bălcescu, Nicolae [rumän. bəlˈtʃesku], * Bukarest 29. Juni 1819, † Palermo 16. Nov. 1852, rumän. Schriftsteller.
Adliger, nach dem Studium Offizier; wegen Teilnahme an einer Verschwörung verurteilt, später begnadigt; Ausbruch der Lungenkrankheit; nach der Revolution von 1848 wieder in Haft; Flucht ins Exil, dort weiter polit. tätig. Glänzender, rhetor. gewandter Stilist; trat in histor. und biograph. Werken für eine Vereinigung aller Rumänen ein; auch sozialkrit. Studien; bed. Kritiker.
Hauptwerke: Puterea armată şi arta militară la Români (1844), Istoria Românilor sub Mihai Vodă Viteazul (1851 f.).
Balchin, Nigel [engl. ˈbɔːltʃɪn], eigtl. Mark Spade, * Potterne (Wiltshire) 3. Dez. 1908, engl. Schriftsteller.
Naturwissenschaftler und Psychologe, neben der literar. Arbeit auch in der Industrie tätig. Erfolgreich zuerst mit dem psycholog. Roman aus der Kriegszeit „Das kleine Hinterzimmer" (dt. 1947, 1951 u. d. T. Abteilung II C), später mit weiteren psychoanalyt. Romanen und Studien, u.a. über Ursachen und Erscheinungsweisen des Bösen.
Weitere Werke: Mein eigener Henker (R., dt. 1948), Lord, I was afraid (R., 1947), Das Borgia-Testament (R., dt. 1950), Elf Jahre und ein Tag (R., dt. 1952), Eine große Familie (R., dt. 1955), Sie hieß Leonie (R., dt. 1967).
Balde, Jakob, * Ensisheim (Elsaß) 4. Jan. 1604, † Neuburg a. d. Donau 9. Aug. 1668, dt. Dichter.
Trat 1624 in den Jesuitenorden ein; Professor für Rhetorik, 1638 Hofprediger, 1646–48 bayr. Hofhistoriograph; zeitweise Erzieher am kurfürstl. Hof Maximilians I. Bed. als nlat. Dichter, weniger wichtig seine dt.-sprachige Dichtung. B.s Lyrik zeichnet sich durch Gedankentiefe und vollendete Form aus. Er galt als „dt. Horaz". B. schrieb religiöse und moral. Gedichte, Jagdlieder und patriot. Lyrik, ferner Satiren und das Jesuitendrama „Jephtias" (1654). Er bearbeitete die „Ba-

trachomyomachia" (Epos, 1637); von Gryphius übersetzt, von Herder wiederentdeckt.
Ausgabe: J. B. Dichtungen. Lat. u. dt. In Ausw. hg. v. M. Wehrli. *Köln u. Olten 1963.*
Literatur: Henrich, A.: *Die lyr. Dichtungen J. B.s. Straßburg 1915.* – Westermayer, G.: *Jacobus B., sein Leben u. seine Werke. Mchn. 1868.*

Baldi, Bernardino [italien. 'baldi], * Urbino 6. Juni 1553, † ebd. 10. Okt. 1617, italien. Dichter und Gelehrter.
Studierte in Padua; war Hofmathematiker Ferrantes II. von Guastalla und Abt der Stadt; zuletzt am Hof des Herzogs von Urbino; Humanist von umfassender Bildung, von dessen literar. Werken v. a. das Lehrgedicht „La nautica" (1590), die „Egloghe" (1590) und die „Vita e fatti di Federigo di Montefeltro, duca d'Urbino" (gedruckt 1824) zu nennen sind; verfaßte auch sprachwissenschaftl. Werke.

Baldini, Antonio [italien. bal'di:ni], * Rom 10. Okt. 1889, † ebd. 6. Nov. 1962, italien. Schriftsteller.
Promovierte in Bologna mit einer Arbeit über Ariosto; Weltkriegsteilnehmer, danach zeitweilig Kaufmann; Hg. der Zeitschrift „Nuova Antologia"; neuklassizist. Erzähler, humorvoll und träumer.; bekanntestes Werk die an Eichendorffs „Taugenichts" erinnernde Erzählung „Michelaccio" (1924).
Weitere Werke: Nostro Purgatorio (R., 1918), Fine ottocento (Essays, 1947).

Baldwin, James [engl. 'bɔ:ldwɪn], * New York 2. Aug. 1924, amerikan. Schriftsteller.
Jugend in Harlem; 1942 Abschluß seiner High-School-Ausbildung; zeitweilig Gelegenheitsarbeiter; publizist. tätig. B., einer der bedeutendsten Sprecher der amerikan. Farbigen, trat mit Romanen und krit. Stellungnahmen zu aktuellen Problemen seiner Rasse hervor.
Hauptwerke: Gehe hin und verkünde es vom Berge (R., 1953; dt. 1966), Schwarz und Weiß (Essays, dt. 1963), Giovannis Zimmer (R., dt. 1963), Eine andere Welt (R., dt. 1965), Blues für Mister Charlie (Dr., dt. EA 1968), Sag mir, wie lange ist der Zug schon fort (R., dt. 1969).
Ausgabe: J. B. Ges. Erzählungen. Dt. Übers. Reinbek bei Hamb. 1968.

Bale, John [engl. bɛɪl], * Cove bei Dunwich (Suffolk) 21. Nov. 1495, † Canterbury Nov. 1563, engl. Dramatiker.

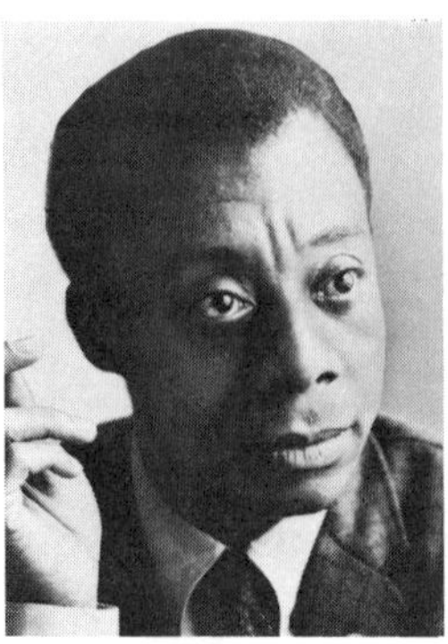
James Baldwin

Karmeliter, wandte sich dem Protestantismus zu; Exil in Holland, dann Bischof in Irland; neue Flucht nach Holland, schließl. von Elisabeth I. zum Domherrn von Canterbury ernannt. Verfasser eines wichtigen Schriftstellerkatalogs; proreformator. Polemiker; schrieb Dramen in Form des Mysterienspiels und der Moralität; als Hauptwerk gilt „King John" (1548), das als Bindeglied zwischen allegor. Moralitätendrama und histor. Drama angesehen wird.

Baliński, Stanisław [poln. ba'liįski], * Warschau 2. Aug. 1899, poln. Dichter.
Diplomat, lebt im Londoner Exil; begann mit Gedichten für die futurist. Zeitschrift „Skamander"; erreicht Reife und Vollendung erst in seinen Gedichten der Exilzeit, in denen er die Sehnsucht des Emigranten nach dem Geburtsland gestaltet; viele seiner Novellen erschienen in Übersetzung in engl. Zeitschriften.

Ball, Hugo, * Pirmasens 22. Febr. 1886, † Gentilino bei Lugano 14. Sept. 1927, dt. Dichter.
Studierte Philosophie und Soziologie, 1910 Regie am Reinhardt-Seminar in Berlin. Er war u. a. in Plauen und München Dramaturg, wurde mit Wedekind und F. Blei bekannt, stand dem „Blauen Reiter" nahe. Von der Front des 1. Weltkrieges kehrte er als erbitterter Kriegsgegner zurück und emigrierte 1915 mit Emmy Hennings (1920 Heirat) in die Schweiz. 1916 mit Arp, Huelsenbeck, Janco und Tzara Begründer des Dadaismus, dessen geistiger Vater er ist. Er verfaßte Programmschriften und provozierende Manifeste, schrieb „Lautgedichte", die er selbst vortrug. 1917 Abwendung von der Dada-Bewegung, deren Möglichkeiten ihm erschöpft schienen. In Bern war er Redakteur der „Freien Zeitung". Er konvertierte später zum kath. Glauben. B. war Dramatiker, Lyriker, Erzähler, Essayist und Kulturkritiker. Sein Roman „Flametti oder vom Dandysmus der Armen" (1918) gibt einen Schlüssel zum Verständnis des Dadaismus. In der Streitschrift „Zur Kritik der dt. Intelligenz" (1919, Neubearbeitung 1924 u. d. T. „Die Folgen der Reformation") lehnt B. jegl Tradition ab und bekennt sich zum Anarchismus, er strebt eine freie „Internationale der Weltintelligenz" an.
Weitere Werke: Die Nase des Michelangelo (Tragikom., 1911), Der Henker von Brescia (Dr., 1914), Byzantin. Christentum (Essays, 1923), Hermann Hesse (Biogr., 1927), Die Flucht aus der Zeit (Tageb., 1927), Tenderenda der Phantast (R., hg. 1967).
Literatur: Steinke, G. E.: *The life and work of H. B., founder of dadaism. Den Haag 1967.* – Egger, E.: *H. B. Ein Weg aus dem Chaos. Olten 1951.*

Ballanche, Pierre Simon [frz. ba'lã:ʃ], * Lyon 4. Aug. 1776, † Paris 12. Juni 1847, frz. Schriftsteller, Drucker und Verleger.
Folgte Madame Récamier nach Paris; Mitglied der Académie française (1842); schrieb in z.T. poet. Prosa, die durch myst. und symbol. Ausdrucksweise oft schwer verständl. ist, eine Reihe geschichtsphilosoph. Werke („Antigone", 1813; „Essai de palingénésie sociale", 1827/28, u. a.), in denen er vergeblich christl. Vorstellungen (Vorsehung, Sündenfall, Wiedergeburt, Sühne) mit dem modernen Fortschrittsgedanken in Einklang zu bringen versuchte; Vorläufer der Romantik.

Ball-Hennings, Emmy, geb. Emma Maria Cordsen, * Flensburg 17. Jan. 1885, † Sorengo bei Lugano 10. Aug. 1948, dt. Schriftstellerin.
Heiratete 17jährig den Schriftsetzer Hennings, war erfolgreiche Vortragskünstlerin, trat zum Katholizismus über und heiratete 1920 H. Ball. Sie schrieb Erzählungen („Gefängnis", 1918), Märchen („Märchen am Kamin", 1943), Legenden, Gedichte („Helle Nacht", 1922), Autobiographisches („Das flüchtige Spiel", 1940) und Bücher der Erinnerung an H. Ball.

Balmont, Konstantin Dmitrijewitsch; tl.: Bal'mont, Konstantin Dmitrievič [russ. balj'mɔnt], * Gumnischtschi (Gouv. Wladimir) 15. Juni 1867, † Paris 24. Dez. 1942, russ. Dichter.
Wegen revolutionärer Neigungen von der Moskauer Universität gewiesen; emigrierte nach der Revolution von 1905 nach Paris; 1913 kehrte er nach Rußland zurück und ging 1918 erneut nach Paris, obwohl er der Revolution von 1917 zuerst positiv gegenübergestanden hatte. Bed. Dichter des Symbolismus. Seine klangvolle Lyrik ist Ausdruck und Gestaltung eines Individualismus, der durch Nietzsches Gedankenwelt theoret. gestützt wurde; formal beeinflußt von Baudelaire und Poe, die er übersetzte; wichtiger Mittler von Kenntnissen über nichtruss. Literaturen. B. übersetzte auch G. Hauptmann, Ibsen, Shelley, Whitman, außerdem Werke aus anderen slaw. Sprachen und jap. Dichtungen. 1921 erschienen Gedichte B.s in dt. Übersetzung.
Literatur: Schneider, Hildegard: *Die Metaphorik Bal'monts. Mchn. 1968.*

Baltakis, Algimantas [lit. bal'ta:kɪs], * in Litauen 15. Febr. 1930, lit.-sowjet. Lyriker.
Nach Tätigkeit in verschiedenen Berufen Studium, nebenbei journalist. Arbeit; Einfluß von A. Blok, den er ins Lit. übersetzte; steht den russ. Dichtern der jungen Generation, z. B. Jewtuschenko, nahe; auch Prosadichtungen.

Baltrušaitis, Jurgis [lit. baltrʊ'ʃa:ɪtɪs], * Paantvardžiai (Kreis Raseiniai) 20. April 1873, † Paris 3. Jan. 1944, lit. Dichter.
Bauernsohn, studierte in Moskau; ausgedehnte Reisen; in den 20er und 30er Jahren Gesandter in der Sowjetunion. B. schrieb außer Werken in seiner Muttersprache kunstvolle, symbolist. Gedichte in russ. Sprache; feierl., elegischer Stil überwiegt; Übersetzungen Byrons, D'Annunzios, Ibsens und Wildes.

Bałucki, Michał [poln. ba'uutski], * Krakau 29. Sept. 1837, † ebd. 17. Okt. 1901, poln. Schriftsteller.
Nach dem Studium Redakteur; lebte meist in Krakau; beging nach literar. Mißerfolgen Selbstmord. B. verfaßte außer erzählenden Werken v. a. Komödien ohne tiefere Problematik, die im kleinbürgerl. Milieu spielen; Vorliebe für Schwankhaftes; wegen des Fehlens gesellschaftskrit. Einstellung bald scharf kritisiert; in dt. Übersetzung liegen „Der Herr Gemeinderat" (Kom., 1880), „Der Bürgermeister von Pipidowka" (E., 1894) und „Fräulein Valerie" (Kom., 1898) vor.

Balzac, Honoré de [frz. bal'zak], * Tours 20. Mai 1799, † Paris 18. Aug. 1850, frz. Romancier.
Studierte Jura, gab das Studium auf und begann mit Hintertreppenromanen. Lange Zeit stand er unter dem Einfluß seiner mütterl. Geliebten Madame de Berny. Spekulationen stürzten ihn in große Schulden, die er erst kurz vor seinem Tode tilgen konnte. Erster literar. Erfolg 1829 mit „Le dernier Chouan". Rastloser Arbeiter, der schließl. an Erschöpfung starb. Sein Hauptwerk ist die „Comédie humaine" (1829–54), ein großangelegtes Werk, das mit mehr als 40 Bänden nur etwa 2/3 des geplanten Umfanges erreichte. B. schildert in diesem vielfach gegliederten Romanzyklus eine Fülle von Personen aus allen Kreisen der Gesellschaft des nachnapoleon. Frankreich: Adlige, Geistliche, Militärs, Handwerker, Bauern, Kleinbürger, Gauner und Kurtisanen. Er packt das Leben und schildert es, entgegen der romant. Manier seiner Zeit, mit realist. Genauigkeit. Als Vorbild galt ihm Scott. Er wandte die naturwissenschaftl. Methoden aufs Literar. an (Begründer des „soziolog. Realismus"). Glänzende Milieuschilderungen, Porträts von Menschen voller Leben und Echtheit gelingen ihm immer wieder, auch wenn die Figuren typisiert sind. Beherrscht von einer Leidenschaft, Hab- oder Sinnengier, Machtstreben in irgendeiner Form, erkämpfen und ergaunern sie ihr Ziel ohne Rücksicht auf ihre Mitmenschen, auf Recht und Unrecht. Die erzähler. Vehemenz scheint bes. diesen Gestalten zu gelten, sind doch gerade Figuren wie Chabert, Goriot, Grandet und Pons unvergessen. Zu den bedeutendsten Romanen der „Comédie humaine" („Menschl. Komödie") gehören „Das Chagrinleder" (1831, dt. um 1888, 1843 u. d. T. „Der Chagrin"), „Oberst Chabert" (1832, dt. 1884, 1844 u. d. T. „Die Doppelehe"), „Die Frau von 30 Jahren" (1831–44, dt. 1845), „Eugenie Grandet" (1833, dt. 1845, 1835 u. d. T. „Eugenie. Ein Genre-Bild"), „Der Landarzt" (1833, dt. 1923, 1835 u. d. T. „Der Dorfarzt"), „Vater Goriot" (dt. 1835), „Die Lilie im Tal" (1836, dt. 1845), „Cäsar Birotteaus Größe und Niedergang" (1838, dt. 1927, 1842 u. d. T. „Geschichte der Größe und des Verfalls des Cäsar Birotteau"), „Verlorene Illusionen" (1837–43, dt. 1909, 1845 u. d. T. „David Séchard"), „Glanz und Elend der Kurtisanen" (1839–47, dt. 1909), „Tante Lisbeth" (1846, dt. 1910), „Vetter Pons" (1847, dt. 1919). Neben diesem Hauptwerk, in das B. alle Romane einbezog, stehen die „Tolldreisten Geschichten" (1832–53, dt. 1928, 1908 u. d. T. „Die 30 sehr drolligen und sehr kuriosen Geschichten ..."), sprachl. ein Meisterwerk, voller Freude am Fabulieren, derb und voller Leben.

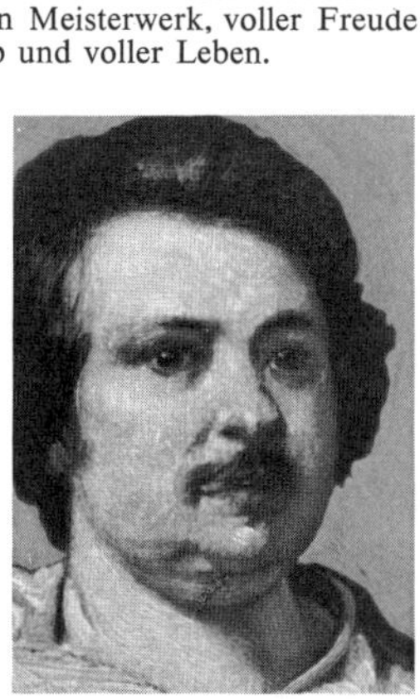

Honoré de Balzac (Gemälde von L. Boulanger)

Ausgaben: H. de B. Werke. Dt. Übers. Hg. v. F. Wencker-Wildberg. *Wiesbaden 1962. 8 Bde. – H. de B. Ges. Werke. Dt. Übers. Hamb. 1–3 1952 bis 1963. 40 Bde. – H. de B. La Comédie humaine. Hg. v.* M. Bouteron *u.a. Paris 1950–59. 11 Bde. – H. de B. Œuvres complètes. Hg. v.* M. Bouteron *u.* H. Longnon. *Paris 1912–40. 40 Bde.*
Literatur: Guyon, B.: *La pensée politique et sociale de B. Paris 2 1967.* – Maurois, A.: *Prometheus oder das Leben B.s. Dt. Übers. Düsseld. 1966.* – Lukács, G.: *B. u. der frz. Realismus. In:* Lukács: *Werke Bd. 6. Neuwied 1965.* – Bardèche, M.: *Une lecture de B. Paris 1964.* – Picon, G.: *H. de B. Dt. Übers. Hamb. 1959.* – Zweig, St.: *B. Hg. u. Nachwort v.* R. Friedenthal. *Frkf. 22. Tsd. 1959.* – Curtius, E. R.: *B. Bern 2 1951.* – Billy, A.: *La vie de B. Paris 2 1947. 2 Bde.*

Balzac, Jean Louis Guez, Seigneur de [frz. bal'zak], * Angoulême 1597, † Balzac (Charente) 18. Febr. 1654, frz. Schriftsteller.
Unter Richelieu Staatsrat, königl. Hofhistoriograph, eines der ersten Mitglieder der Académie française (1634/35); Reisen in Italien; B. begründete die Gattung des von vornherein auf die literar. Wirkung angelegten Briefs; seine Briefe (1624ff.), die damals außerordentl. Erfolg hatten, sind gekennzeichnet durch kühle Verstandesmäßigkeit und klass. Klarheit des Stils, jedoch nicht immer frei vom zeitgenöss. Preziösentum.
Literatur: Sutcliffe, F.-E.: *G. de B. et son temps. Littérature et politique. Paris 1959.*

Bamm, Peter, eigtl. Curt Emmrich, * Hochneukirch (Sachsen) 20. Okt. 1897, dt. Schriftsteller.
Teilnahme an beiden Weltkriegen; studierte Medizin und Sinologie (Dr. med.); Verfasser von Feuilletons für verschiedene Zeitungen; Weltreisen als Schiffsarzt, Chirurg in Berlin; seit 1932 freier Schriftsteller; Studienreisen in den Orient; lebt in Baden-Baden. Aus zwei Vortragsreihen des Nordwestdt. Rundfunks entstanden die beiden Erfolgsbücher „Die unsichtbare Flagge" (1952) und „Frühe Stätten der Christenheit" (1955). Der erste Band ist ein Bericht des Stabsarztes B. im 2. Weltkrieg an der Ostfront, der 2. ein Reisebericht, in dem geschichtl., archäolog. und bibl. Kenntnisse verschmolzen werden. Der Erfolg B.s beruht auf der intelligenten und menschl. Bewältigung und Wiedergabe allgemein interessierender Themen in einer unverschlüsselten, jedem zugängl., gepflegten Sprache.
Weitere Werke: Die kleine Weltlaterne (Feuilletons, 1935), Der i-Punkt (Feuilletons, 1937), Ex ovo (Essays, 1948, erweitert 1956), An den Küsten des Lichts (Reisebericht, 1961), Anarchie mit Liebe (Feuilletons, 1962), Alexander oder Die Verwandlung der Welt (Biogr., 1965), Adam und der Affe (Essays, 1969).
Ausgabe: P. B. Werke in zwei Bden. Mchn. 1967.
Literatur: Peterli, G.: *P. B., der humanist. Arzt u. Schriftsteller. In: Schweizer Monatshh. 42 (1962–63), 774.*

Bana; tl.: Bāṇa, ind. Dichter des 7. Jahrhunderts.
Sohn eines wohlhabenden Brahmanen; führte infolge seines Reichtums ein leichtfertiges Leben; gewann durch seine dichter. Kunst die Gunst des Herrschers Harschawardhana von Kanauj; beschrieb dessen Leben in dem histor. Roman „Harschatscharita", der nur fragmentar. erhalten ist; sein zweites großes Werk ist der von seinem Sohn vollendete gekünstelte Liebesroman „Kadambari". Die beiden Romane gelten in Indien als Meisterwerke der Kunstprosa.

Bances Candamo, Francisco Antonio de [span. 'banθes kan'damo], * Sabugo 26. April 1662, † Lezuza (Albacete) 8. Sept. 1704, span. Dichter.
Aus altem Adel; studierte in Sevilla und ging dann nach Madrid; Hofdramatiker Karls II.; Verfasser von 24 Komödien („El esclavo en grillos de oro", „La piedra filosofal") und 4 Autos sacramentales („El gran químico del mundo", „El primer duelo del mundo"); letzter Dramatiker der Calderónschule; seine Lyrik folgte Góngora.

Banchs, Enrique [span. baŋks], * Buenos Aires 8. Febr. 1888, argentin. Dichter.
Mitglied der Academia Argentina de Letras; einflußreicher Lyriker abseits des Modernismo, bes. formal der altspan. Tradition verbunden (Balladen, Sonette).
Hauptwerke: Las barcas (Ged., 1907), El libro de los elogios (Ged., 1908), La urna (Ged., 1911), Ayer (Ged., 1930).

Bandello, Matteo [italien. ban'dɛllo], * Castelnuovo Scrivia um 1485, † Agen 13. Sept. 1562, italien. Novellist.
Dominikaner; trat 1526 aus dem Orden aus, verlor als Anhänger Franz' I. nach dessen Niederlage sein Erbe und floh nach Frankreich, wo er 1550–55 Bischof von Agen war. Von B. stammt die schönste Novellensammlung des 16. Jh.s: „Novellen" (1554–73, dt. 1920); 214 Erzählungen sind in ihr ohne Rahmen vereinigt. Sein Vorbild Boccaccio erreichte er jedoch nicht. Am bekanntesten wurde seine Novelle „Romeo und Julia", auf die Shakespeare zurückgriff. B.s Novellen wurden u.a. von Lope de Vega und Alfred de Musset als Quelle verwendet.
Weiteres Werk: Canzoniere (1544).
Literatur: Griffith, T. G.: *B.s fiction. An examination of the „Novelle". Oxford 1955.* – Petrocchi, G.: *M. B. Florenz 1949.*

Bandrowski, Juliusz † Kaden-Bandrowski, Juliusz.

Bang, Herman Joachim [dän. baŋ], * Asserballe (Alsen) 20. April 1857, † Ogden (Utah, USA) 29. Jan. 1912, dän. Schriftsteller.
Versuchte sich als Schauspieler, war Journalist und Regisseur; Auslandsaufenthalte in Europa und Amerika (Vortragsreisen). B. begann mit Essays, denen 1880 der Roman „Hoffnungslose Geschlechter" (dt. 1900) folgte. B. ging vom Naturalismus aus (Einflüsse Zolas, Ibsens und Darwins), den er jedoch bald überwand. Er ist Schöpfer und glänzender Vertreter des dän. Impressionismus, Repräsentant der dän. Dekadenz. Ausgeprägtes Gefühl für sprachl. und rhythm. Feinheiten, tiefes Empfinden, bes. für sich, den unglückl. glaubenslosen Dichter, einfühlsame Schilderungen unscheinbarer Frauengestalten prägen sein Werk. Meisterhaft sind seine Novellen (u.a. „Am Wege", 1886, dt. 1898), faszinierend seine gelungenen Porträts zeitgenöss. Schriftsteller.
Weitere Werke: Realisme og realister (Essay, 1879), Kritiske studier (Essays, 1880), Exzentr. Novellen (1885, dt. 1905), Tine (R., dt. 1901), Ludwigshöhe (R., dt. 1908), Das graue Haus (R., dt. 1909), Michael (R., dt. 1906), Die Vaterlandslosen (R., dt. 1912).
Ausgaben: H. B. Ges. Werke. Dt. Übers. Nach der endgültigen dän. Gesamtausg. durchgesehen

v. E. v. Hollander-Lassow. *Bln.* [1–75]*1926. 6 Bde.* – *H. B. Værker i mindeudgave. Kopenhagen 1912. 6 Bde.*
Literatur: Jacobsen, H.: *H. B. Kopenhagen 1961.* – Lauterbach, U.: *H. B. Studien zum dän. Impressionismus. Breslau 1937.*

Banim, John [engl. 'bɛɪnɪm], * Kilkenny 3. April 1798, † Windgap Cottage bei Kilkenny 13. Aug. 1842, ir. Dichter.
B. setzte sich zum Ziel, für die ir. Literatur das zu tun, was W. Scott für die schott. vollbracht hatte. Er bot in seinen z.T. in Zusammenarbeit mit seinem Bruder Michael verfaßten „Tales by the O'Hara family" (1825ff.) mit Elementen der Schauerromantik ausgestattete Schilderungen des ir. Volkslebens; auch Lyriker und Dramatiker.

Banville, Théodore de [frz. bã'vil], * Moulins (Allier) 14. März 1823, † Paris 13. März 1891, frz. Dichter und Theaterkritiker.
Ging von der Romantik (V. Hugo) aus, suchte seine Meisterschaft aber mehr im Formalen als im Inhaltl. und bereitete so die Dichtung der Parnassiens vor; er begann mit lyr. Gedichten: „Les cariatides" (1842), „Les stalactites" (1846), „Odes funambulesques" (1857) u.a.; 1871 veröffentlichte er einen „Petit traité de poésie française"; von seinen dramat. Dichtungen verdient bes. das Lustspiel „Gringoire" (1866, dt. 1875) Erwähnung.
Weitere Werke: Mes souvenirs (1882), Critiques (hg. 1917).

Baour-Lormian, Pierre Marie [frz. baurlɔr'mjã], * Toulouse 24. März 1770, † Paris 10. Dez. 1854, frz. Dichter.
Sohn eines Buchdruckers; führte als Übersetzer Ossian in Frankreich ein: „Ossian, poésies galliques" (1801); schrieb erfolgreiche Tragödien im klassizist. Stil („Omasis", dt. 1808) sowie eine poet. Übersetzung des Buches Hiob („Le livre de Job", 1847); in der Zeit der Romantik einer ihrer entschiedensten Gegner.

Baranauskas, Antanas [lit. bara'na:u̯skas], * Anykščiai 17. Jan. 1835, † Seiniai 26. Nov. 1902, lit. Dichter.
Studierte kath. Theologie in mehreren europ. Wissenschaftszentren; theolog. Dozentur, dann hohe Kirchenämter. Seine lyr., oft elegischen Dichtungen geben B.' Naturverbundenheit und seiner engen, mitfühlenden Beziehung zu dem im Zarenreich unterdrückten lit. Volk Ausdruck. Sein Hauptwerk ist das Poem „Der Hain von Anykščiai" (1858/59, dt. 1967); ferner befaßte er sich in sprachwissenschaftl. Arbeiten mit Fragen der Dialektforschung.

Baranga, Aurel [rumän. ba'raŋga], * Bukarest 20. Juni 1913, rumän. Dramatiker.
Studierte Medizin in Bukarest, wandte sich bald ganz der Literatur zu; anfangs modernist. beeinflußt, widersetzte sich in den 30er Jahren dem faschist. Regime; in seinen Dramen behandelt er Zeitereignisse und übt Kritik an sozialen Übergangserscheinungen und Mißständen; schreibt v.a. satir. Komödien und auch Farcen; seine erste Komödie, „Das wutkranke Lamm" (dt. 1954), ist eine scharfe antibürokrat. Satire.
Weiteres Werk: Siciliana (Dr., 1960).

Barataschwili, Mamuka; tl.: Baratašvili, Mamuka [russ. bɐrɐtaʃ'vili], georg. Dichter des 18. Jahrhunderts.
Autor einer grundlegenden georg. Poetik, die 1731 in Moskau entstand; schrieb auch lyr. Gedichte und Poeme.

Barataschwili, Nikolos; tl.: Baratašvili, Nikolos [russ. bɐrɐtaʃ'vili], * Tiflis (heute Tbilissi) 27. Dez. 1817, † Gandscha (heute Kirowabad) 21. Okt. 1845, georg. Dichter.
Aus verarmter Fürstenfamilie; Lähmung als Folge eines Unfalls schloß eine militär. Laufbahn aus, daher Beamter. Bedeutendster georg. Romantiker unter dem Einfluß Byrons und Lermontows; seine melanchol. Weltschmerzdichtung ist der Lenaus verwandt; er schrieb auch patriot. und histor. Gedichte. Dt. erschienen 1968 „Gedichte".

Baratynski, Jewgeni Abramowitsch; tl.: Baratynskij, Evgenij Abramovič [russ. bɐra'tɨnskij], * Mara (Gouv. Tambow) 2. März 1800, † Neapel 11. Juli 1844, russ. Dichter.
Offizier, lebte später auf seinen Gütern und in Moskau; Freund Puschkins. Er begann mit anakreont. Gedichten, schrieb dann unter dem Einfluß der frz. Aufklärung philosoph. Lyrik; Meister der Ode und der Elegie; voller Pessimismus und Weltschmerz kritisiert er seine Zeit und die Stellung des Dichters in ihr. Stilist. wird er als Vorläufer der Symbolisten angesehen. „Ausgewählte Gedichte" erschienen dt. 1948.

Barba-Jacob, Porfirio [span. 'barβaxa'koβ] ↑ Osorio, Miguel Ángel.

Barber, John [engl. 'bɑ:bə] ↑ Barbour, John.

Barberino, Andrea da ↑ Andrea da Barberino.

Barberino, Francesco da ↑ Francesco da Barberino.

Barbey d'Aurevilly, Jules Amédée [frz. barbɛdɔrvi'ji], * Saint-Saveur-le-Vicomte 2. Nov. 1808, † Paris 23. April 1889, frz. Schriftsteller.
Exzentr. Dandy, zugleich überzeugter Katholik und Royalist. Geistreicher Kritiker, Mitarbeiter konservativer Blätter. B. d'A., selbst beeinflußt von Balzac und Scott, kritisierte scharf die modernen polit. und literar. Strömungen, auch den Realismus, obwohl er ihn stilist. vertrat. Themat. bed. sind die Werke, in denen er den von seinen Leidenschaften beherrschten Sünder darstellt. Erster Vertreter des psycholog. christl. Romans (Wirkung auf Bloy und Bernanos). Seine Sprache ist kraftvoll, visionär, die Bilder kühn.
Hauptwerke: Vom Dandytum und von Georges Brummell (1845, dt. 1909), Eine alte Geliebte (R., 1851; dt. 1904), L'ensorcelée (R., 1854), Le Chevalier Des Touches (R., 1864), Die Teuflischen (Novellen, 1874; dt. 1907), Ein verheirateter Priester (R., 1881; dt. 1968).
Ausgaben: J. A. B. d'A. Œuvres romanesques complètes. Hg. v. J. Petit. *Paris 1964–66. 2 Bde.* – *J. A. B. d'A. Œuvres complètes. Paris 1926–27. 17 Bde.*
Literatur: Canu, J.: *B. d'A. Neuaufl. Paris 1965.* – Petit, J.: *B. d'A. critique. Paris 1963.* – Seillière, E.: *B. d'A. Seine Lebensanschauungen u. sein Lebenswerk. Dt. Übers. Halle 1913.* – Grelé, E.: *J. B. d'A., sa vie et son œuvre. Caen 1902–04. 2 Bde.*

Barbier, Auguste [frz. bar'bje], * Paris 29. April 1805, † Nizza 13. Febr. 1882, frz. Dichter.
Studierte Rechtswissenschaft in Paris; Mitglied der Académie française seit 1869; wurde nach der Julirevolution berühmt durch seine unerschrocke-

nen, formgewandten „Iambes" (dt. 1832), satir. Gedichte, die er gegen die Sittenverderbnis und den Napoleonkult („L'idole") der Zeit richtete; Frucht seiner Reisen sind „Il pianto" (Ged., 1833; dem Unglück Italiens gewidmet) und „Lazare" (Ged., 1837; über das soziale Elend in England); auch Dramatiker, Erzähler und Übersetzer.

Barbier, Jules [frz. bar'bje], * Paris 8. März 1825, † ebd. 16. Jan. 1901, frz. Dramatiker und Librettist.

Schrieb in Gemeinschaft mit anderen zahlreiche Dramen, Lustspiele, Vaudevilles und bes. (mit M. Carré) Opernlibretti: für Gounod („Faust", „Romeo und Julia", „Die Königin von Saba"), A. Thomas („Psyché", „Mignon", „Hamlet"), V. Massé („Galathée", „Les noces de Jeannette").

Barbilian, Dan [rumän. barbi'lian] ↑ Barbu, Ion.

Barbosa du Bocage, Manuel Maria [portugies. bɐr'bɔzɐ ðu βu'kaʒɪ] ↑ Bocage, Manuel Maria Barbosa du.

Barbour (Barber), John [engl. 'bɑ:bə], * bei Aberdeen um 1316, † Aberdeen 13. März 1395, schott. Dichter.

Erzdiakon von Aberdeen. Sein Hauptwerk ist das patriot. Epos „The Bruce" (um 1375), in dem er den Freiheitskampf der Schotten unter Robert Bruce gegen England darstellt; das Werk gilt als schott. Nationalepos.

Barbu, Eugen [rumän. 'barbu], * Bukarest 20. Febr. 1924, rumän. Schriftsteller.

Chefredakteur der Zeitschrift „Luceafărul", veröffentlichte Novellen und Romane, in denen er entweder die Welt des Sports oder v.a. auch das Leben in den Vorstädten Bukarests und auf dem Lande beschreibt; sein hervorragendster Roman, „Teufelsgrube" (dt. 1966), der als erster Roman eines Zyklus über die Arbeiterschaft des Grivița-Bezirks geplant ist, schildert das Leben der alten Vorstadt Bukarests vor dem 1. Weltkrieg.

Weitere Werke: Șoseaua Nordului (= Die Chaussee des Nordens, R., 1959), Facerea Lumii (= Die Schöpfung der Welt, R., 1963), Die Flucht der Todgeweihten (Novellen, dt. Ausw. 1963).

Barbu, Ion [rumän. 'barbu], eigtl. Dan Barbilian, * Giurgiu 1895, † Bukarest 1961, rumän. Lyriker.

Studium in Bukarest, Berlin und Göttingen (Dr. phil.), bed. Mathematiker; begann mit Gedichten im Stil des Parnasse; später um die objektive Darstellung des Menschen und der Welt in ihrer Wesenheit bemüht; Übersetzer Shakespeares.

Werke: După melci (= Hinter den Schnecken her, Ged., 1921), Joc secund (= Zweites Spiel, Ged., 1930).

Barbusse, Henri [frz. bar'bys], * Asnières bei Paris 17. Mai 1873, † Moskau 30. Aug. 1935, frz. Schriftsteller.

Journalist, Lektor, Hg. von Zeitschriften; Teilnahme am 1. Weltkrieg, wurde entschiedener Kriegsgegner. Mit R. Rolland gründete er die Antikriegsbewegung „Clarté" (1919), die sich zu einem Flügel der frz. KP entwickelte. Am bedeutendsten ist sein in viele Sprachen übersetztes Kriegsbuch „Das Feuer" (dt. 1918), das „Tagebuch einer Korporalschaft", das aus der Sicht des einfachen Soldaten den Alltag an der Front schildert, realist. die Brutalität und Sinnlosigkeit des Krieges zeigt. Das Buch hat keinen Helden, der Krieg wird als Massenschicksal dargestellt. B.s Entwicklung ging über den Sozialismus zum Kommunismus. Seine Werke stehen im Zeichen seiner polit. Überzeugung.

Weitere Werke: Pleureuses (Ged., 1895; dt. Ausw. 1921), Die Hölle (R., 1908; dt. 1919), Klarheit (R., dt. 1920), Die Kette (dt. 1926), Kraft (Novellen, dt. 1926), Zola (dt. 1932), Staline (1935).

Literatur: Vidal, A.: *H. B. Soldat des Friedens. Dt. Übers. Bln. 1955.* – Duclos, J./Freville, J.: *H. B. Paris 1946.* – Spitzer, L.: *Studien zu H. B. Bonn 1920.*

Barč, Ivan Július [slowak. bartʃ], * Krompachy 1. Mai 1909, † Martin 25. Dez. 1953, slowak. Dramatiker.

In seinen psycholog. Dramen, deren kompositor. und formale Bewältigung von der Kritik unterschiedl. beurteilt wird, behandelt er soziale Fragen und eth.-moral. Probleme, wobei er oft von aktuellen Ereignissen ausgeht.

Barclay, Alexander [engl. 'bɑ:klɪ], * wahrscheinl. in Schottland um 1475, † Croydon (heute London-Croydon) 8. Juni 1552, engl. Dichter.

Geistlicher, Rektor in London; Reisen u.a. nach Deutschland. B. übersetzte und bearbeitete S. Brants „Narrenschiff" (wahrscheinl. nicht nach der Originalfassung). Mit seinen „Eclogues" (1515–21) versuchte er sich in pastoraler Dichtung; ferner didakt.-allegor. Dichtung, außerdem Übersetzungen.

Barclay, John [engl. 'bɑ:klɪ], Pseudonym Euphormio, * Pont-à-Mousson bei Nancy 28. Jan. 1582, † Rom 12. Aug. 1621, engl. nlat. Dichter.

Schrieb nlat. Satiren nach dem Vorbild des Petronius; antijesuit. Tendenz in „Satyricon" (1603ff., dt. 1901); kulturhistor. interessant der Roman „Argenis" (1621, dt. von Opitz 1644), der ein Sittenbild des zeitgenöss. Frankreich gibt; B. schrieb auch lat. Versdichtungen.

Bardach Edler von Chlumberg, Hans ↑ Chlumberg, Hans.

Baretti, Giuseppe [italien. ba'retti], * Turin 24. April 1719, † London 5. Mai 1789, italien. Dichter.

Ging 1751 nach London, wo er das italien. Theater leitete und ein „Dictionary of the English and Italian language" (1760) herausgab; 1760 kehrte er über Portugal, Spanien und Frankreich nach Italien zurück und beschrieb seine Reise in den „Lettere familiari" (1762, dt. 1772); in Venedig gründete er 1763 unter dem Pseudonym Aristarco Scannabue die krit. Zeitschrift „Frusta letteraria",

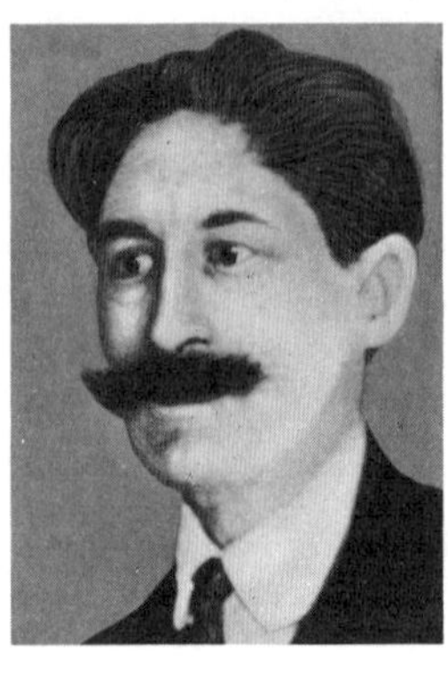

Henri Barbusse

die bes. die Arkadier bekämpfte und die neuesten Ideen verbreitete; als sie unterdrückt wurde, ging er 1766 wieder nach London; mit seinem „Discours sur Shakespeare et sur monsieur de Voltaire" (1777) Verteidiger Shakespeares (gegen Voltaire); auch Übersetzer (Corneille, Ovid).

Bargone, Frédéric Charles [frz. bar'gon] † Farrère, Claude.

Barham, Richard Harris [engl. 'bærəm], Pseudonym Thomas Ingoldsby, * Canterbury 6. Dez. 1788, † London 17. Juni 1845, engl. Dichter.
Geistlicher seit 1813; schrieb humorist. und kom. Vers- und Prosaerzählungen, die 1837ff. als „Ingoldsby legends" erschienen; Neigung zu makaber-groteskem Witz.

Baring, Maurice [engl. 'bɛərɪŋ], * London 27. April 1874, † Beaufort Castle (Beauly, Schottland) 14. Dez. 1945, engl. Schriftsteller.
Aus Bankiersfamilie; Erziehung in Eton, Oxford und Cambridge; mit H. Belloc befreundet; Diplomat und Journalist; Katholik (konvertiert). Romancier, Dramatiker und Kinderbuchautor mit Neigung zu trockenem Witz; behandelte u.a. eth. und religiöse Themen, schrieb Gesellschafts- und Geschichtsromane; trat auch als Lyriker und Essayist hervor.
Hauptwerke: Miniaturdramen (1910, dt. 1925), Daphne Adeane (R., dt. 1931), In my end is my beginning (R., 1931), The puppet show of memory (Autobiogr., 1922), Tinker's leave (R., 1927), Have you anything to declare? (Autobiogr., 1938).

Barker, George Granville [engl. 'bɑ:kə], * Loughton (Essex) 26. Febr. 1913, engl. Dichter.
Ir. Abstammung; polytechn. Studium; war zeitweilig Literaturdozent in Tokio und in den USA. B. gehört wie sein Freund D. Thomas zur engl. Neuromantik; Vorliebe für gewagte, surrealist. Bilder und rhetor. Pathos; auch religiöse Lyrik.
Hauptwerke: Poems (1935), Eros in dogma (Ged., 1944), Der Dorn im Fleisch (R., dt. 1951), A vision of beasts and gods (Ged., 1954).

Barker, Harley Granville [engl. 'bɑ:kə] † Granville-Barker, Harley.

Barlaam und Josaphat, Titel eines in Asien, Europa und N-Afrika verbreiteten Volksbuches über die Bekehrung des ind. Prinzen Josaphat durch den christl. Einsiedler Barlaam; die christl. Fassung der Buddhalegende wurde in der 1. Hälfte des 7. Jh.s, vielleicht von einem Mönch Johannes in Palästina, in griech. Sprache bearbeitet; verschiedene Fassungen und Bearbeitungen gab es fast bei allen christl. Völkern; bekannt ist die dt. Legende des Rudolf von Ems, die ihrerseits die isländ. „Barlaams-Saga" und ein schwed. Volksbuch beeinflußt hat.

Barlach, Ernst, * Wedel (Holstein) 2. Jan. 1870, † Rostock 24. Okt. 1938, dt. Bildhauer, Graphiker und Dichter.
Ausbildung an verschiedenen Kunstakademien, 1. Ausstellung 1904 in Berlin; Rußlandreise 1906, die für sein künstler. Schaffen bedeutsam wurde; 1906–09 in Berlin, seit 1910 Wohnsitz in Güstrow; verschiedene Reisen. Von den Nationalsozialisten wurde B. verfolgt, sein Werk war verfemt. Literar. ist B. v.a. mit seinen Dramen bedeutsam. Obwohl er dem Expressionismus angehört, nimmt er eine Sonderstellung ein. Monolog. Seelenvorgänge werden in dunkler, bildreicher Sprache gestaltet, im Dialog wird das mühsame Ringen um Verstehen und Sichverständlichmachen Ausdruck der Suche nach Selbstbefreiung. Der Mystiker B. (beeinflußt von Meister Eckhart und Dostojewski) suchte Befreiung vom Dumpfen, Trägen, Stofflichen durch den Geist. Dem starren Sein setzt der Gottsucher B. das Werden entgegen. Der Mensch muß zur Begegnung mit Gott reifen. Zwischen Realität und Unwirklichkeit sind seine Dramen angesiedelt, in denen er seinem ekstat. Gefühl visionär Ausdruck verleiht. Abstraktion meidet er, Humor und Ironie sind B.s hintergründigem, gleichnishaftem Werk eigen. In den Spätwerken ist eine Auflösung der Sprache zu beobachten. Neben den Dramen stehen zwei Romanfragmente.
Hauptwerke: Der tote Tag (Dr., 1912), Der arme Vetter (Dr., 1918), Die echten Sedemunds (Dr., 1920), Der Findling (Dr., 1922), Die Sündflut (Dr., 1924), Der blaue Boll (Dr., 1926), Die gute Zeit (Dr., 1929), Der gestohlene Mond (R., hg. 1948), Seespeck (R., hg. 1948), Der Graf von Ratzeburg (Dr., hg. 1951), Zehn Briefe an einen jungen Dichter (hg. 1954).
Ausgabe: E. B. Das dichter. Werk in 3 Bden. Hg. v. F. Droß *u.a. Mchn. 1956–59.*
Literatur: Carls, C. D.: *E. B. Bln. 1968.* – Gross, H.: *Zur Seinserfahrung bei E. B. Eine ontolog. Unters. v. B.s dichter. u. bildner. Werk. Freib. 1967.* – Franck, H.: *E. B. Stuttg. 1961.* – Flemming, W.: *E. B. Wesen u. Werk. Bern [u. Mchn.] 1958.* – Fechter, P.: *E. B. Gütersloh 1957.*

Barlaeus, Casparus [bar'lɛ:ʊs], eigtl. Caspar van Baarle (Baerle), * Antwerpen 12. Febr. 1584, † Amsterdam 14. Jan. 1648, niederl. Historiker und Dichter.
Prediger, wegen Zugehörigkeit zu den Remonstranten abgesetzt, schließl. Professor. Schrieb nlat. und niederl. Gedichte.

Barlow, Joel [engl. 'bɑ:loʊ], * Redding (Conn.) 24. März 1754, † Żarnowiec bei Krakau 24. Dez. 1812, amerikan. Dichter, Politiker und Diplomat.
Botschafter im napoleon. Frankreich, folgte Napoleon nach Rußland und starb auf dem Rückzug in Polen. Er verwirklichte den Plan eines amerikan. Epos, das er 1787 u. d. T. „The vision of Columbus", 1807 erweitert u. d. T. „The Columbiad" veröffentlichte. Das Werk, im Popeschen Versmaß geschrieben, konnte sich auf die Dauer nicht behaupten. Das humorist. Kleinepos

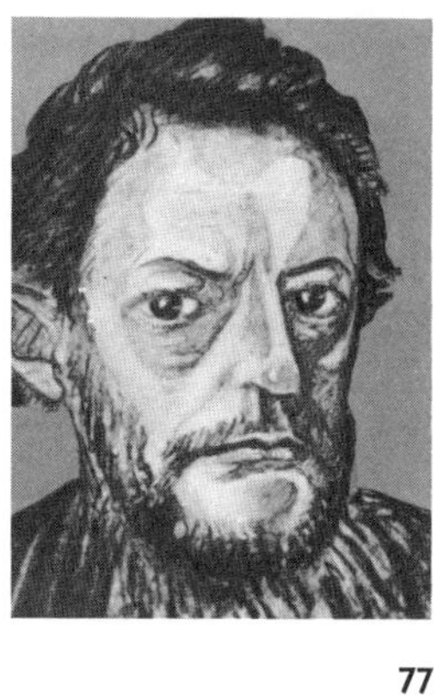

Ernst Barlach (Selbstbildnis; Kohlezeichnung, 1928)

„The hasty pudding" (1796) und einige seiner polit. Schriften sind noch heute lesenswert.

Barnes, Barnabe [engl. bɑ:nz], * in Yorkshire 1569, † Durham 1609, engl. Dichter.

Sohn des Bischofs von Durham; verfaßte Sonette und andere Gedichte von unterschiedl. Wert. Häufung rhetor. Figuren; zu den gelungensten Werken gehören seine Madrigale. Verfasser einer antipäpstl. Tragödie, „The devil's charter" (1607; gegen Alexander VI.).

Barnes, Djuna [engl. bɑ:nz], * Cornwall-on-the-Hudson (N.Y.) 12. Juni 1892, amerikan. Schriftstellerin.

Langer Europaaufenthalt, u.a. in Paris, dort Freundschaft mit G. Stein; lebt in New York. Hauptsächl. Dramatikerin, auch Erzählerin und Autorin krit. Essays; Illustratorin eigener Werke. Sie gestaltet in teils witzigem, teils lyr. Prosastil die Problematik menschl. Zusammenlebens. Der psychoanalyt. Roman „Nachtgewächs" (1936, dt. 1959) wurde u.a. durch die anerkennende Kritik T. S. Eliots bekannt.

Weitere Werke: Eine Nacht mit den Pferden (Kurzgeschichten, 1929; dt. 1961), Antiphon (Dr., 1961).

Barnes, William [engl. bɑ:nz], * Rushay (Dorset) 22. Febr. 1800, † Came (Dorset) 7. Okt. 1886, engl. Dichter.

Stellte in Dialektgedichten, die von Th. Hardy geschätzt wurden, das bäuerl. Leben seiner südengl. Heimat dar; erforschte den Dorsetdialekt.

Baroja y Nessi, Pío [span. ba'rɔxa i 'nesi], * San Sebastián 28. Dez. 1872, † Madrid 30. Okt. 1956, span. Schriftsteller.

Studierte Medizin, Landarzt, wandte sich aber schon bald ganz der Literatur zu. Reisen durch verschiedene europäische Länder, lebte in Madrid; Mitglied der span. Akademie. In seinem umfangreichen Werk (mehr als 70 Romane) spiegelt sich sein urwüchsiges, einzelgänger. Wesen. Seiner unerschöpfl. Fabulierkunst gelangen lebensvolle Gestalten, meist einfache Menschen, Abenteurer, Vagabunden. In geschmeidigem, ungekünsteltem Stil schildert er span. Sitten und Zustände. Seine Grundhaltung ist pessimist., antiklerikal, sozialkrit. Sein Hauptwerk, die Romanserie „Memorias de un hombre de acción" (1913–35) nimmt den Stoff aus den span. Karlistenkriegen. In Essays setzte B. y N. sich mit literar., polit. und philosoph. Themen auseinander.

Weitere Werke: Der Majoratsherr von Labraz (R., 1903; dt. 1918), La lucha por la vida (R., 1904; dt. 1948 u. d. T. Span. Trilogie), Der Jahrmarkt der Gescheiten (R., 1905; dt. 1927), London, die Stadt des Nebels (R., 1909; dt. 1918), Der Baum der Erkenntnis (R., 1911; dt. 1963), Die Abenteuer des Schanti Andia (R., dt. 1913), Span. Miniaturen (En., dt. 1916), Desde la última vuelta del camino (Memoiren, 1944–48), Bagatelas de otoño (Memoiren, 1949).

Literatur: Arbó, S. J.: *P. B. y su tiempo. Barcelona 1963.* – Demuth, H.: *P. B. Das Weltbild in seinen Werken. Hagen 1937.*

Baron, Michel [frz. ba'rõ], eigtl. M. Boyron, * Paris 8. Okt. 1653, † ebd. 22. Dez. 1729, frz. Schauspieler und Dramatiker.

Früh Waise; erlangte seinen Ruhm in trag. und kom. Rollen auf der Bühne Molières in Paris (nach 1673 im Hôtel de Bourgogne) und erwarb sich noch im Alter Verdienste um den inzwischen erstarrten Tragödienstil; er schrieb 10 Lustspiele, von denen sich „Der auf gut Glück ausgehende Stutzer" (1686, dt. 1763) bis ins 19. Jh. auf der Bühne gehalten hat.

Barons, Krišjānis, * 31. Okt. 1835, † Riga 8. März 1923, lett. Schriftsteller.

Redakteur; bed. als Mithg. einer Sammlung lett. Volkslieder; schrieb auch Erzählungen, Gedichte und Satiren.

Barrès, Maurice [frz. ba'rɛs], * Charmes (Vosges) 17. Sept. 1862, † Neuilly-sur-Seine 4. Dez. 1923, frz. Schriftsteller.

B. studierte Jura, hatte früh Zugang zu literar. Kreisen (Hugo, Mallarmé, France u.a.); als Politiker (Abgeordneter) Chauvinist, vertrat die Revanchepolitik, im Dreyfus-Prozeß antisemit. Haltung. Reisen durch die Mittelmeerländer, lebte im wesentl. in Paris. Als Romancier, Essayist und Journalist von beträchtl. Einfluß auf die Öffentlichkeit und bes. die nachfolgende Dichtergeneration (Malraux, Montherlant). B.' erste Romane erschienen unter dem programmat. Titel „Le culte du moi" (1888–91), eine Reaktion auf die Nivellierung durch den Naturalismus. Als Vertreter der Dekadenz steht er den Menschen voller Verachtung gegenüber, huldigt er dem Egoismus. B. verkörpert in seiner 2. Schaffensperiode den Traditionalismus, tritt für Kirche und Nationalismus als notwendige irrationale Bindung des Menschen ein. Aufschlußreich seine Tagebücher „Mes cahiers" (hg. 1929–57). B. schrieb einen brillanten Stil, verwendete in seinen Romanen die analyt. Methode des Positivismus.

Weitere Werke: Vom Blute, von der Wollust und vom Tode (1894, dt. 1907), Le roman de l'énergie nationale (R., 1897–1902), L'appel au soldat (1900), Amori et dolori sacrum (E., 1902), In dt. Diensten (dt. 1907), La colline inspirée (E., 1913).

Literatur: Boisdeffre, P. de: *M. B. Paris 1962.* – Godfrin, J.: *B. mystique. Neuenburg 1962.* – Curtius, E. R.: *M. B. u. die geistigen Grundll. des frz. Nationalismus. Bonn 1921. Nachdr. Hildesheim 1962.*

Barrett Browning, Elizabeth [engl. 'bærət 'braʊnɪŋ] ↑ Browning, Elizabeth Barrett.

Barri, Giraldus de ↑ Giraldus Cambrensis.

Barrie, Sir James Matthew [engl. 'bærɪ], * Kirriemuir 9. Mai 1860, † London 19. Juni 1937, schott. Schriftsteller.

Studierte in Edinburgh, 1913 in den Ritterstand erhoben, Rektor und Kanzler der Universität Edinburgh. B. begann mit Gedichten und Erzählungen aus seiner schott. Heimat. Seine Wirksamkeit verdankt er jedoch im wesentl. seinen Dramen. Er pflegte sowohl die Gesellschaftskomödie als auch das Phantasiestück, beide überaus bühnenwirksam. Vor allem in den Phantasiestudien zeigt sich der Humor des Autors, sie sind seltsam in ihrer Verbindung skurriler und sentimentaler Elemente, treffender Gesellschaftskritik und Traum- und Kinderromantik. Am bekanntesten ist sein Märchendrama „Peter Pan" (1904, dt. 1911).

Weitere Werke: Auld licht idylls (E., 1888), Der kleine Pastor (R., dt. 1899), The admirable Crichton (Lsp., 1902; dt. 1956 u. d. T. Zurück zur Natur), Was jede Frau weiß (Lsp., 1908; dt. 1920),

A kiss for Cinderella (Lsp., 1916), Dear Brutus (Schsp., 1917; dt. 1950 u. d. T. Johannisnacht), Mary Rose (Dr., 1920), Shall we join the ladies? (Schsp., 1921), The Greenwood hat (Autobiogr., 1937).
Literatur: Freddi, G.: *J. M. B. Brescia 1955.* – Blake, G.: *B. and the Kailyard School. London 1951.*

Barrière, Théodore [frz. ba'rjɛ:r], * Paris 12. April 1823, † ebd. 16. Okt. 1877, frz. Dramatiker.
War Beamter; schrieb (meist mit andern) etwa 80 Sittendramen und Lustspiele (Vaudevilles); am erfolgreichsten waren „Les filles de marbre" (1853, mit Thiboust), worin er die zugleich typ. gewordene und vielfach nachgeahmte Figur des sog. Räsoneurs schuf, der die Handlung mit moralisierenden Betrachtungen begleitet, und „Les faux bonshommes" (1856, mit Capendu).

Barrili, Anton Giulio [italien. bar'ri:li], * Savona 14. Dez. 1836, † Carcare bei Savona 15. Aug. 1908, italien. Schriftsteller.
Nahm als Anhänger Garibaldis an den Befreiungskämpfen teil, betätigte sich als Journalist und wurde 1894 Professor für italien. Literatur in Genua; veröffentlichte an die 60 einstmals vielgelesene Romane und Novellen, von denen bes. „Capitan Dodero" (R., 1865), „Santa Cecilia" (R., 1866) und „Come un sogno" (R., 1875) zu nennen sind; bemerkenswert auch seine Kriegserinnerungen „Con Garibaldi alle porte di Roma" (1895).

Barrios, Eduardo [span. 'barrios], * Valparaíso 25. Okt. 1884, † Santiago de Chile 13. Sept. 1963, chilen. Schriftsteller.
Wuchs in Peru auf; Schüler der Militärakademie, dann u.a. Bergarbeiter und Artist; später chilen. Erziehungsminister; Verfasser psycholog. vertiefter Romane unter dem Einfluß des Modernismo: „Un perdido" (1917), „El hermano asno" (1922), „Tamarugal" (1944), „Der Huaso" (1948, dt. 1961), „Los hombres del hombre" (1950).

Bartas, Guillaume de Salluste, Seigneur Du † Du Bartas, Guillaume de Salluste, Seigneur.

Bart-Ćišinski, Jakub [sorb. tɕi'ʃinski], * Kuckau (heute Panschwitz-Kuckau) 20. Aug. 1856, † Ostro (Kreis Kamenz) 16. Okt. 1909, sorb. Dichter.
Studierte kath. Theologie in Prag; Priester, zeitweilig Redakteur. Vor allem in seiner Natur- und Liebeslyrik Schöpfer einer neuen sorb. Literatursprache; trat in patriot. Gedichten gegen die Unterdrückung der Sorben auf; verfaßte auch Lehrgedichte und religiöse Lyrik, ferner erzählende Werke und Dramen. Dt. erschien 1969 „Mein Bekenntnis".

Bartels, Adolf, * Wesselburen 15. Nov. 1862, † Weimar 7. März 1945, dt. Schriftsteller.
Schlossersohn, studierte Geschichte, Literatur- und Kunstgeschichte; seit 1895 Literarhistoriker und Schriftsteller in Weimar. B. war leidenschaftl. Antisemit und wertete die Literatur hpts. nach deutschvölk. Gesichtspunkt. Seine lehrhaften Dramen, Gedichte und Erzählungen beruhen auf der Verbindung von Landschaft und Vergangenheit. Einfluß auf die Literatur in der Zeit des Nationalsozialismus.
Hauptwerke: Die dt. Dichtung der Gegenwart (1897), Die Dithmarscher (R., 1898), Geschichte der dt. Literatur (1901/02), Martin Luther (Dramentrilogie, 1903).

Barth, Emil, * Haan bei Düsseldorf 6. Juli 1900, † Düsseldorf 14. Juli 1958, dt. Schriftsteller.
Buchdrucker und Verlagsangestellter, in beiden Weltkriegen kurze Zeit Soldat, seit 1924 freier Schriftsteller. B. war Lyriker, Erzähler und Essayist. Das Schöne und seine Vergänglichkeit ist wesentlichstes Thema seines Werks, das durch zuchtvolle Sprache und Ausgewogenheit besticht. In der Lyrik bevorzugte B. traditionelle Vers- und Strophenformen. Seine Vorbilder sah er in Hölderlin, Klopstock, Novalis und Hofmannsthal. Probleme des modernen Lebens und zeitkrit. Themen hat er stark reflektierend behandelt.
Hauptwerke: Totenfeier (Ged., 1928), Das verlorene Haus (R., 1936), Gedichte (1938 und 1942), Der Wandelstern (R., 1939), Das Lorbeerufer (R., 1943), Verzauberungen (En., 1948), Xantener Hymnen (Ged., 1948), Enkel des Odysseus (Ged., 1951), Tigermuschel (Ged., 1956), Meerzauber (Ged., hg. 1961).
Ausgabe: E. B. Ges. Werke. Hg. v. N. Mennemeier. *Wiesb. 1960. 2 Bde.*
Literatur: Gusman, G.: *E. B.s Roman „Das Lorbeerufer". Beitr. zur Interpretation. Diss. Bonn 1953 [Masch.].* – Ruland, J.: *Die Zeit als gehaltl. u. gestaltl. Problem in der Dichtung E. B.s. Diss. Bonn 1952 [Masch.]. – E. B. Gedichte u. Gedichte in Prosa. Dem Dichter zu seinem 50. Geburtstag am 6. 7. 1950 dargebracht v. seinen Freunden u. Verehrern. Hattingen 1950.*

Barthel, Ludwig Friedrich, * Marktbreit (Landkreis Kitzingen) 12. Juni 1898, † München 14. Febr. 1962, dt. Schriftsteller.
Studierte Germanistik; Staatsarchivrat in München. In seinen Romanen, Novellen und Essays ist viel Eigenerleben verarbeitet. Hervorzuheben ist v.a. seine bildhafte, von Hölderlin beeinflußte Lyrik. Übersetzte Sophokles' „Antigone" (1926).
Weitere Werke: Gedichte der Landschaft (1932), Vom Eigentum der Seele (Essays, 1941), Sonne, Nebel, Finsternis (Ged., 1961).

Barthel, Max, * Loschwitz (heute Dresden-Loschwitz) 17. Nov. 1893, dt. Lyriker und Erzähler.
Ungelernter Fabrikarbeiter, Mitglied der sozialist. Jugendbewegung; nach 1920 Reisen in der Sowjetunion. Entwarf in den „Versen aus den Argonnen" (1916) anschaul. Kriegsbilder und gab in anderen Sammlungen, v.a. in den Gedichten „Arbeiterseele" (1920), seinen kommunist. Ideen packenden Ausdruck; näherte sich vorübergehend dem Nationalsozialismus; lebt jetzt in Bad Niederbreisig.
Weitere Werke: Das Land auf den Bergen (R., 1939), Kein Bedarf an Weltgeschichte (Autobiogr., 1950), Der Wald (Ged., 1960), Roter Mohn (1965).
Literatur: M. B. Hg. v. F. Hüser. *Dortmund 1959.*

Barthélemy, Auguste [frz. bartel'mi], * Marseille 1796, † ebd. 23. Aug. 1867, frz. Dichter.
Schrieb zusammen mit seinem Landsmann Méry beißende Satiren gegen die Bourbonen und eine poet. Verherrlichung von Bonapartes Ägyptenfeldzug („Napoleon in Egypten", dt. 1829), ferner (mit Méry) „Der Aufstand" (dt. 1830) und „La dupinade ou la révolution dupée" (1832); publizist. Organ seines Kampfes gegen die Regierung: „Némésis" (1831/32).

Barthélemy, Jean-Jacques [frz. bartel'mi], * Cassis (Bouches-du-Rhône) 20. Jan. 1716, † Paris 30. April 1795, frz. Altertumsforscher, Numismatiker und Schriftsteller.
Direktor des Pariser Münzkabinetts, 1789 Mitglied der Académie française; Verfasser des berühmten Reise- und Bildungsromans „Anacharsis des Jüngeren Reise nach Griechenland" (dt. 1790–93).
Weitere Werke: Carita und Polydor (R., 1760; dt. 1799), Reisen durch Italien (Reiseb., dt. 1802).
Barto, Agnija Lwowna; tl.: Barto, Agnija L'vovna [russ. bar'tɔ], * Moskau 17. Jan. 1906, russ.-sowjet. Schriftstellerin.
Tochter eines Tierarztes; kam durch den Lehrberuf zu literar. Arbeiten; in der UdSSR geschätzte Jugendschriftstellerin; klare, humorvolle Sprache.
Bartolini, Luigi [italien. barto'li:ni], * Cupramontana (Ancona) 8. Febr. 1892, † Rom 16. Mai 1963, italien. Maler, Radierer und Schriftsteller.
Professor an der Hochschule für bildende Kunst in Rom; Mitarbeiter an Zeitungen und Zeitschriften; aktiver Antifaschist (Gefängnis); schrieb realist. Romane und Novellen, von denen er bes. durch „Fahrraddiebe" (1946, dt. 1952; Vorlage zu de Sicas gleichnamigem neoverist. Film) über die Grenzen Italiens bekannt wurde; auch Lyriker.
Weitere Werke: Poesie (1939), La ragazza caduta in città (R., 1945), Frauen (E., dt. 1957).
Bartoš, Jan [tschech. 'bartɔʃ], * Reichenau an der Kněžna 23. Febr. 1893, † Prag 6. Mai 1946, tschech. Dramatiker.
Schuf ein umfangreiches Werk, von dem nur die zeitkrit. und satir. Dramen eine gewisse Bedeutung haben.
Bartošová, Marie [tschech. 'bartɔʃɔva:] † Majerová Marie.
Bartsch, Rudolf Hans, * Graz 11. Febr. 1873, † Sankt Peter bei Graz 7. Febr. 1952, östr. Schriftsteller.
Offizier, leitete 1895–1911 als Oberleutnant das k. u. k. Kriegsarchiv in Wien; wurde bekannt durch den Roman „Zwölf aus der Steiermark" (1908), dem eine große Anzahl erzählender Werke aus dem alten Österreich voll weicher, lyr. Stimmung folgte, u.a. „Vom sterbenden Rokoko" (Novellen, 1909), „Bittersüße Liebesgeschichten" (1910), „Schwammerl" (Schubert-R., 1912).
Baruch † Bibel.
Baruch, Löb † Börne, Ludwig.
Baruch, Moses † Auerbach, Berthold.
Baschan, Mikola; tl.: Bažan, Mikola [russ. ba'ʒan], * Kamenez-Podolsk 9. Okt. 1904, ukrain.-sowjet. Schriftsteller.
Studium am Institut für internationale Beziehungen in Kiew. Seine ersten (expressionist.) Gedichte erschienen in den 20er Jahren; paßte sich später den Forderungen des sozialist. Realismus an. Seine Teilnahme am 2. Weltkrieg schlug sich in einem Zyklus von Kriegsgedichten nieder; übersetzte auch Puschkin, Majakowski u.a.
Bascho; tl.: Bashô [jap. baʃo], eigtl. Matsuo Munefusa Bascho; tl.: Matsuo Munefusa Bashô, * Ueno (Iga) 1644, † Osaka 12. Okt. 1694, jap. Dichter.
Entstammte einem Samuraigeschlecht, trieb taoist. Studien, war Laienmönch des Zen-Buddhismus; viele Wanderungen, die in seinen Dichtungen Ausdruck fanden. B. studierte chin. Dichtung und Kalligraphie. 1672 erschien seine 1. Gedichtsammlung. Er gilt als einer der größten jap. Dichter und ist der Schöpfer des 17silbigen Haikai-Gedichtes. Seine Gedichte sind leicht und farbig, prägnant und wahr. Anregungen gewann er aus der Natur und dem Landleben sowie den Gedanken Laotses und des Zen-Buddhismus. Nichts war ihm zu gering, durch seine Dichtung festgehalten zu werden. Von seinen Reisetagebüchern und Gedichten gibt es auch dt. Übersetzungen (u.a. „Sarumino", Haikai-Slg., 1691; dt. 1955).
Baschow, Pawel Petrowitsch; tl.: Bažov, Pavel Petrovič [russ. ba'ʒɔf], * Syssertski Sawod bei Swerdlowsk 27. Jan. 1879, † Moskau 3. Dez. 1950, russ.-sowjet. Schriftsteller.
Absolvierte ein Priesterseminar, ging dann in den Volksschuldienst. Sein Werk ist stark von der Folklore des Ural beeinflußt. B. pflegte einen fein nuancierenden Erzählstil, er bevorzugte die Gattungen der Märchenerzählung und der legendenhaften Kurzgeschichte. Eines seiner bedeutendsten Werke ist „Das lebendige Feuer" (dt. 1952); ebenfalls dt. liegt vor „Die Herrin des Kupferberges" (Märchen und Sagen, 1961).
Bashô † Bascho.
Basil, Otto ['ba:zɪl], Pseudonym Markus Hörmann, * Wien 24. Dez. 1901, östr. Schriftsteller.
Studium der Germanistik und Paläontologie, u.a. Dramaturg, Verlagslektor, Redakteur; 1945–48 Hg. der avantgardist. Zeitschrift „Plan". Stark intellektuelle Lyrik, Romane, Essays, kongeniale Übersetzungen v.a. frz. Lyrik.
Hauptwerke: Zyn. Sonette (1919), Der Umkreis (R., 1933), Freund des Orients (Ged., 1940), Sternbild der Waage (Ged., 1945), Wenn das der Führer wüßte (R., 1966).
Basile, Giovanni Battista (Giambattista) [italien. ba'zi:le], * Neapel 1575, † Giugliano (Neapel) 23. Febr. 1632, italien. Dichter.
Militärdienst in Venedig und Mantua, dort im Dienst der Gonzaga, später Graf und Gouverneur von Giugliano. Viele seiner Werke sind vergessen, unvergessen blieben seine Märchen (in neapolitan. Dialekt geschrieben). B. war der erste Märchenschöpfer der europ. Literatur; die Märchen, die durch eine Rahmenerzählung zusammengehalten werden (an 5 Tagen werden von 5 Frauen 50 Märchen erzählt), erschienen 1634–36 u. d. T. „Lo cunto de li cunti", später als „Pentamerone" (dt. 1846). Für die dt. Romantiker war die Sammlung Quelle und Anregung.
Ausgabe: G. B. B. Das Pentameron. Dt. Übers. Hattingen ²1959.
Literatur: Petrini, M.: *Le Muse napolitane, egloga di Giambattista B. In: Studi secenteschi 3 (1962), 107 u. 117.* – Haege, L.: *Lo Cunto de li Cunti di Giambattista B. Eine Stilstudie. Diss. Tüb. 1934.*
Basilikós, Pétros † Chadsopulos, Kostas.
Bassani, Giorgio [italien. bas'sa:ni], * Bologna 4. März 1916, italien. Schriftsteller.
Lebte bis zu seiner Verhaftung durch die Faschisten (1943) in Ferrara; 1957–63 bei Feltrinelli Hg. einer Buchreihe, lehrt seit 1957 Theatergeschichte an der Akademie für dramat. Kunst, 1964/65 bei Radio Televisione Italiana in leitender Stellung; schreibt Gedichte, Essays, Erzählungen

und psycholog. Romane, die alle in seiner Heimatstadt Ferrara spielen; sein Hauptthema ist das Ausgestoßensein aus dem Leben, für das er im jüd. Bürgertum von Ferrara, dem er selber entstammt, histor. und soziolog. Beispiele gefunden hat.
Hauptwerke: Ferrareser Geschichten (En., dt. 1964), Ein Arzt aus Ferrara (R., dt. 1960), Die Gärten der Finzi-Contini (R., dt. 1963), Le parole preparate (Essays, 1966), L'airone (R., 1968).
Bastard, Lucien [frz. bas'ta:r] ↑ Estang, Luc.
Basterra, Ramón de [span. bas'tɛrra], * Bilbao 1888, † Madrid Juni 1928, span. Schriftsteller.
Studierte Jura in Salamanca; im diplomat. Dienst, u.a. in Bukarest und Caracas; verherrlichte in seinem formal häufig spröden dichter. Werk in Vers und Prosa Hispanität und Katholizismus: „La obra de Trajano" (Prosastudie, 1921), „Una empresa del siglo XVIII: Los navíos de la ilustración" (Prosa, 1925).
Weitere Werke: Las ubres luminosas (Ged., 1923), Los labios del monte (Ged., 1924).
Bastide, François Régis [frz. bas'tid], * Biarritz 1. Juli 1926, frz. Schriftsteller.
Veröffentlichte Erzählungen und Romane, von denen „Alles ist Abschied" (dt. 1957), ausgezeichnet mit dem Prix Femina 1956, das Problem der Ausländer in Frankreich behandelt.
Weitere Werke: Lettre de Bavière (1947), La troisième personne (R., 1948), Mariannosch (En., dt. 1958), La vie rêvée (R., 1962).
Bataille, Georges [frz. ba'tɑ:j], * Billom (Puy-de-Dôme) 10. Sept. 1897, † Paris 9. Juli 1962, frz. Schriftsteller.
Bibliothekar und Archivar; Gründer bzw. Mitarbeiter zahlreicher literar., soziolog. und polit. Zeitschriften; stand zeitweilig dem Surrealismus nahe, der ihn prägte; daneben Einfluß Nietzsches; vitalist. und myst. Ideen; veröffentlichte Essays („Sur Nietzsche", 1945; „Somme athéologique", 1954; „Der hl. Eros", dt. 1963) und Romane (u.a. „Le coupable", 1944; „Abbé C.", dt. 1966; „Das Blau des Himmels", dt. 1967) sowie eine Biographie („Gilles de Rais", dt. 1968).
Bataille, Henry [frz. ba'tɑ:j], * Nîmes 4. April 1872, † Rueil (heute Rueil-Malmaison, Hauts-de-Seine) 2. März 1922, frz. Dramatiker.
Wollte zunächst Maler werden, wandte sich aber bald der Bühnendichtung zu; von seinen zahlreichen erfolgreichen Stücken sind zu nennen: „L'enchantement" (1900), „Maman Colibri" (1904), „La marche nuptiale" (1905), „La femme nue" (1908), „Le scandale" (1909), „L'homme à la rose" (1920). Es sind moderne psycholog. Gesellschaftsstücke, die Probleme der Liebe und exzentr.-morbide Charaktere in naturalist. Sprache wirkungsvoll behandeln.
Bäte, Ludwig, * Osnabrück 22. Juni 1892, dt. Schriftsteller.
Lehrer und Schulleiter, später Stadtarchivar und Kulturdezernent in seiner Heimatstadt. In seinen Erzählungen und Gedichten beschreibt er mit Vorliebe das idyll. Kleinstadtleben, trat auch als Übersetzer, Kritiker und Verfasser literar. und kulturpolit. Essays hervor.
Hauptwerke: Die Reise nach Göttingen (E., 1922), Novellen um Osnabrück (1930), Bühne im Morgenrot (R., 1938), Der Friedensreiter (E., 1948, 1955 u. d. T. Kurier der Königin), Rosen nach Lidice (E., 1956), Meisenheimer Novelle u.a. Dichtungen (1958), Justus Möser (Monogr., 1961), Der tönende Tag (Ged., 1967).
Bates, Herbert Ernest [engl. bɛɪts], * Rushden (Northampton) 16. Mai 1905, engl. Schriftsteller.
Nach dem Wehrdienst in der brit. Luftwaffe als Journalist tätig. Schrieb erfolgreiche Romane und Kurzgeschichten, gestaltete stimmungsvolle Landschaftsbilder in harmon.-lyr., fein abgestuftem Stil; als Autor von Kurzgeschichten Nachfolger von Tschechow und Maupassant; auch literar. Essays.
Hauptwerke: In Frankreich notgelandet (R., dt. 1945), Rückkehr ins Leben (R., dt. 1948), Flucht (R., dt. 1950), Das Scharlachschwert (R., dt. 1952), The face of England (Essay, 1952), Der schlaflose Mond (R., dt. 1956), Sugar for the horse (R., 1957), Watercross girl (En., 1959).
Batjuschkow, Konstantin Nikolajewitsch; tl.: Batjuškov, Konstantin Nikolaevič [russ. 'batjuʃkɐf], * Wologda 29. Mai 1787, † ebd. 19. Juli 1855, russ. Dichter.
Früh mit der frz. und russ. Literatur vertraut; studierte klass. Philologie und Literatur; zeitweise im Staatsdienst; Teilnahme am Krieg gegen Napoleon, danach Diplomat in Italien; 1821 Ausbruch einer unheilbaren Geisteskrankheit. Zusammen mit Schukowski, Fürst Wjasemski und Puschkin Mitglied der progressiven Schriftstellergruppe „Arsamas"; Teilnahme an deren Polemik gegen die archaist. Tendenzen der russ. Literatur; Anlehnung an Karamsin. B. pflegte nach italien. Vorbildern, v.a. Petrarca und Tasso, eine harmon., leichte, formbewußte Lyrik, er schuf neue sprachl. Ausdrucksmöglichkeiten; zunächst bevorzugt anakreont. Motive und Formen, später bes. Elegien. Von den durch B. geschaffenen Grundlagen gingen u.a. Puschkin und Fet aus; dt. übersetzt in E. Fiedlers „Der russ. Parnaß" (1889).
Batrachomyomachia [gr.; = Froschmäusekrieg], lange Zeit fälschl. Homer zugeschriebenes, in ep.-feierl. Stil abgefaßtes Kleinepos aus der Zeit der Perserkriege, das in Anlehnung an die Tierfabel eine witzige Parodie der „Ilias" ist; das Gedicht wurde nachgeahmt und übersetzt; Nachdichtung u. d. T. „Froschmeuseler" von Rollenhagen.
Ausgaben: Pseudo-Homer: Der Froschmäusekrieg. Theodoros Prodromos: Der Katzenmäusekrieg. Griech.-dt. hg. v. H. Ahlborn. *Bln. 1968. – Der Froschmäusekrieg. Griech.-dt. Mchn. 1941.*
Literatur: Morenz, S.: *Ägypt. Tierkriege u. die Batrachomyomachie. In: Neue Beitr. zur klass. Altertumswiss. Festschr. zum 60. Geburtstag v. Bernhard Schweitzer. Hg. v.* R. Lullies. *Stuttg. u. Köln 1954.*
Batu, Selahattin [türk. bɑ'tu], * Gelibolu 25. Dez. 1905, türk. Schriftsteller.
Professor für Zootechnik an der türk. Veterinärhochschule, zeitweise Aufenthalt in Deutschland. Schrieb neben wissenschaftl. Arbeiten v.a. Versdramen und Gedichte; Übersetzungen aus dem Deutschen. In dt. Sprache erschien 1953 sein Drama „Helena bleibt in Troja".
Baudelaire, Charles [frz. bo'dlɛ:r], * Paris 9. April 1821, † ebd. 31. Aug. 1867, frz. Dichter.
Jurastudium, Reisen nach Mauritius und Réunion (1841); lebte in Paris, Bekanntschaft mit Balzac, Gautier, Sainte-Beuve, Delacroix u.a.

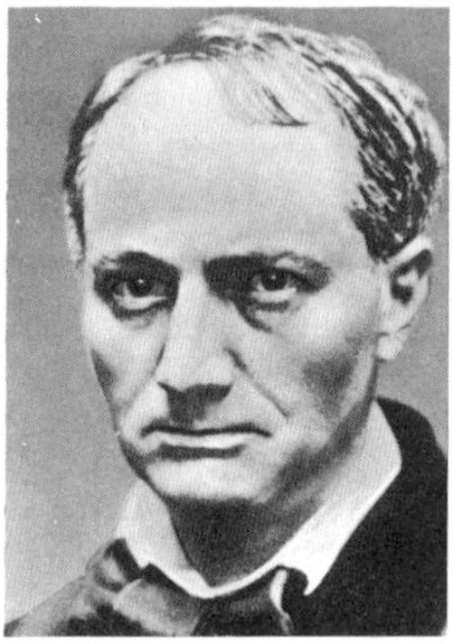

Charles Baudelaire

1857 bei Erscheinen der „Fleurs du mal" (dt. von St. George 1901 u. d. T. „Die Blumen des Bösen") Prozeß wegen Gefährdung der Sittlichkeit. B. prägte für seine Dichtung den Begriff „Moderne", um auszudrücken, daß er Neues und Besonderes darin gestaltet hat: einmal die Schönheit und Morbidität der Großstadt und Technik, zum andern die Faszination des Bösen, Häßlichen, Abnormen und Kranken, die er erstmals in Worte kleidete. Er erschließt damit der Dichtung eine neue Wirklichkeit. Der „Empfindungsfähigkeit des Herzens", die noch keine Dichtung entstehen lassen kann, setzt er die „Empfindungsfähigkeit der Phantasie" entgegen. Durch sie wird die Erscheinungswelt „gefiltert", mit ihr wird Biographisches entpersönlicht, was von späteren Dichtern als Voraussetzung für Genauigkeit und Gültigkeit des Dichtens angesehen wird („poésie pure"). Verbindung von krit. Intelligenz und dichter. Genie lassen eine vollkommene Dichtung entstehen, die bereits alles umfaßt, was im 19. Jh. noch poet. erfaßt werden sollte. B. begründete den Symbolismus und war von bed. Einfluß auf Verlaine, Mallarmé, Swinburne, D'Annunzio, George u.a. Vorherrschend war bei B. das Streben nach der Form in untadeliger Schönheit, die ein Spannungsverhältnis eigener Art zum ruhelosen, dissonanten Inhalt erzeugt. Die „Fleurs du mal", voller Sprachmagie, von architekton. Strenge und makellosem Rhythmus, sind gültigster Ausdruck des Dichters, der in seinen theoret. Schriften, die in der Folgezeit mehr Wirkung hatten als seine Lyrik, über das hinausging, was er in seiner Dichtung verwirklichen konnte. Auch als Kunstkritiker von Bedeutung, er schätzte bes. Delacroix, war Anhänger Wagners, übersetzte De Quincey und Poe.

Weitere Werke: Die künstl. Paradiese (1860, dt. 1901), Strandgut (Ged., 1861; dt. 1947), Nouvelles fleurs du mal (Ged., 1861), Kleine Prosagedichte (1869, dt. 1920), L'art romantique (Aufs., 1869; dt. Ausw. 1960 u. d. T. Aufsätze), Journaux intimes (hg. 1909).

Ausgaben: Ch. B. Œuvres complètes. Hg. v. Y.-G. Le Dantec *u.* C. Pichois. *Paris 1961. – Ch. B. Ausgew. Werke. Dt. Übers. Hg. v.* F. Blei. *Mchn. 1925. 3 Bde. – Ch. B. Œuvres complètes. Hg. v.* J. Crépet. *Paris 1922–53. 19 Tle. – Ch. B. Werke. In dt. Ausg. v.* M. Bruns. *Minden* $^{1-2}$*1901 bis 1922. 5 Bde.*

Literatur: B. im Urteil seiner Zeitgenossen. Hg. v. W. T. Bandy *u.* C. Pichois. *Dt. Übers. u. Bibliogr. v.* F. Ph. Ingold *u.* R. Kopp. *Frkf. 1969.* – Benjamin, W.: *Ch. B. Ein Lyriker im Zeitalter des Hochkapitalismus. Fragment. Frkf. 1969.* – Decaunes, L.: *Ch. B. Dt. Übers. Neuwied 1968.* – Pia, P.: *Ch. B. in Selbstzeugnissen u. Bilddokumenten. Dt. Übers. Reinbek bei Hamb. 31.–35. Tsd. 1967.* – Ruff, M.-A.: *B., l'homme et l'œuvre. Paris* ^{2}*1966.* – Bopp, L.: *Psychologie des Fleurs du mal. Genf 1964ff. Auf mehrere Bde. berechnet.* – Sartre, J.-P.: *B. Ein Essay. Dt. Übers. Hamb. 1953.* – Porché, F.: *Der Leidensweg des Dichters B. Dt. Übers. Bln. 1930.* – Crépet, E.: *Ch. B., étude biographique. Hg. v.* J. Crépet. *Paris* ^{2}*1928.*

Baudissin, Wolf Heinrich Graf von [...i:n], * Kopenhagen 30. Jan. 1789, † Dresden 4. April 1878, dt. Schriftsteller und Übersetzer.
Legationsrat in dän. Diensten, lebte seit 1827 in Dresden, wo er Freundschaft mit Tieck schloß. Mit dessen Tochter Dorothea ergänzte er mit 13 Stücken die Schlegel-Tiecksche Shakespeare-Übersetzung, übertrug als vermeintl. Jugendarbeiten Shakespeares „4 histor. Schauspiele Shakespeares" ins Dt. (1836), veröffentlichte u. d. T. „Ben Jonson und seine Schule" (1836) Übersetzungen älterer engl. Stücke, gab „Molières sämtl. Lustspiele" (1865–67), „Italien. Theater" (1877; Dramen von Gozzi, Goldoni u.a.) u.a. Werke in dt. Übersetzung heraus.

Bauditz, Sophus [dän. 'baudids], * Århus 23. Okt. 1850, † Kopenhagen 16. Aug. 1915, dän. Schriftsteller.
Zunächst Jurist, später Oberschulrat; Theaterkritiker, schrieb selbst Lustspiele, daneben liebenswürdig humorvolle, unproblemat. Novellen.
Hauptwerke: Aus dem Forsthause (Nov., dt. 1899), Spuren im Schnee (Nov., dt. 1899).

Bauer, Herbert † Balázs, Béla.

Bauer, Josef Martin, * Taufkirchen (Vils) 11. März 1901, dt. Schriftsteller.
Verschiedene Berufe, zuletzt Schriftleiter, im 2. Weltkrieg Soldat; lebt als freier Schriftsteller in Dorfen in Oberbayern. Themen seiner sprachl. herben Romane sind Menschen und Landschaft des bayr. Voralpengebietes, Geschichten des Krieges und des Alltags. Seine Werke zeigen B.s eth. Bindung, sie sind durchzogen von Zeitsatire, Sozialkritik und Humor. Besonderen Erfolg hatte der Roman „So weit die Füße tragen" (1955), in dem B. Erlebnisse aus dem 2. Weltkrieg schildert. Das Buch erschien in mehreren Sprachen und wurde sowohl als Hörspiel wie auch als Fernsehfilm bearbeitet. B. ist auch als Hörspieldichter bekannt.
Weitere Werke: Achtsiedel (R., 1931), Die Salzstraße (R., 1932), Bäuerl. Anabasis (E., 1933), Das Haus am Fohlenmarkt (R., 1936), Das Mädchen auf Stachet (R., 1940), Die Kraniche der Nogaia (Tageb., 1942), Kaukasisches Abenteuer (Tageb., 1950), Kranich mit dem Stein (R., 1958), Der Abhang (R., 1961), Siebtens die Gottesfurcht (R., 1964), Kleine Liebesleute oder ... (R., 1967).

Bauer, [Franz] Peter, * Worms 5. Juli 1885, † Jugenheim a. d. Bergstraße 20. Febr. 1952, dt. Schriftsteller.
Lebte meist als freischaffender Schriftsteller in Worms; schrieb Novellen, Legenden, Gedichte.

Als Lyriker und Erzähler von tiefer Innigkeit und Stimmungsgewalt; er gehört zu den beachtenswertesten Vertretern der neueren kath. Dichtung in Deutschland.
Hauptwerke: Die Gotteswiese (Legende, 1919), Der hl. Bund (Ged., 1920), Der Organist von Silberbüchen (Nov., 1921).

Bauer, Walter, * Merseburg 4. Nov. 1904, dt. Schriftsteller.
Entstammt einer Arbeiterfamilie, wurde Lehrer, lebte nach dem 2. Weltkrieg als freier Schriftsteller in Stuttgart; 1952 Auswanderung nach Kanada, Lektor im German Department an der Universität Toronto. In seiner Lyrik und in seinen autobiograph. Romanen behandelt er mitfühlend die sozialen Probleme der Arbeiter. Er schrieb Reise- und Kriegstagebücher, Entdecker- und Künstlerbiographien, Kurzgeschichten, Hörspiele und Jugendbücher.
Hauptwerke: Stimme aus dem Leunawerk (Ged., 1930), Ein Mann zog in die Stadt (R., 1931), Der Lichtstrahl (R., 1936), Besser zu zweit als allein (R., 1950), Mein blaues Oktavheft (Ged., 1954), Tränen eines Mannes (En., 1958), Klopfzeichen (Ged., 1962), Fremd in Toronto (En., 1963), Ein Jahr (Tageb., 1967).

Bäuerle, Adolf, eigtl. Johann Andreas B., * Wien 9. April 1786, † Basel 20. Sept. 1859, östr. Dramatiker.
Sohn eines Fabrikanten, gründete 1806 die „Wiener Theaterzeitung“, war 1809–28 Sekretär des Leopoldstädter Theaters, mußte 1859 hoch verschuldet in die Schweiz fliehen. Bed. Vertreter der Altwiener Volkskomödie, Vorläufer Raimunds. Schrieb rund 70 Lokal- und Zauberpossen (z.T. gesammelt in „Kom. Theater“, 6 Bde., 1820–26), die sich durch treffenden Witz und Wiener Gemüt auszeichnen. Das Stück „Die Berliner in Wien“ (1813) brachte die beliebte Figur des Parapluiemachers Staberl auf die Bühne. B. schrieb Romane unter dem Pseudonym Otto Horn, u.a. „Therese Krones“ (1854/55).

Bauernfeld, Eduard von, * Wien 13. Jan. 1802, † ebd. 9. Aug. 1890, östr. Dramatiker.
Studierte Jura in Wien und wurde Beamter. Er war mit F. Schubert, M. von Schwind, F. Grillparzer, A. Grün, N. Lenau u.a. befreundet. Als Anhänger des bürgerl. Liberalismus nahm er an den revolutionären Bewegungen von 1848 regen Anteil. 1849 aus dem Staatsdienst entlassen, freier Schriftsteller in Wien. B. wurde mit seinen Konversationsstücken und Salonlustspielen, Repertoirestücken ohne höheren literar. Anspruch, Liebling des Wiener Publikums. Nach frz. Muster stellte er in geistreich-witzigen Dialogen die Wiener Gesellschaft der Biedermeierzeit dar. Bisweilen streift er in seinen Unterhaltungsstücken auch soziale und polit. Fragen; neben volkstüml. und märchenhaften auch histor. und polit. Stoffe.
Hauptwerke: Leichtsinn aus Liebe (1831), Bürgerlich und romantisch (1835), Großjährig (1846), Der kategor. Imperativ (1851), Aus der Gesellschaft (1867), Moderne Jugend (1869), Aus Alt- und Neu-Wien (Memoiren, 1873).
Ausgabe: E. v. B. Ges. Schrr. Wien 1871–73. 12 Bde.
Literatur: Wache, K.: *E. v. B. Der Schöpfer des Wiener Konversationsstückes. In:* Wache: *Jahrmarkt der Wiener Lit. Wien 1966.* – Zentner, W.: *Studien zur Dramaturgie E. v. B.s. Lpz. 1922.* – Horner, E.: *B. Lpz. 1900.*

Baum, Vicki, * Wien 24. Jan. 1888, † Los Angeles-Hollywood 29. Aug. 1960, östr. Schriftstellerin.
Harfenistin, Zeitschriftenredakteurin bei Ullstein, seit 1931 in Hollywood, schrieb seit 1937 v.a. englisch. Im Dritten Reich waren ihre Bücher verboten. Ihre erfolgreichen Unterhaltungsromane (oft Vorabdruck in Ullstein-Blättern) sind spannend und flüssig geschrieben, schildern das Milieu treffsicher und behandeln meist aktuelle Probleme. Ihr größter Erfolg war der Roman „Menschen im Hotel“ (1929).
Weitere Werke: Stud. chem. Helene Willfüer (R., 1929), Liebe und Tod auf Bali (R., dt. 1937), Kautschuk (R., dt. 1947), Vor Rehen wird gewarnt (R., 1953), Es war alles ganz anders (Autobiogr., 1962).

Baumann, Émile [frz. bo'man], * Lyon 27. Sept. 1868, † La Seyne-sur-Mer 24. Nov. 1941, frz. Schriftsteller.
Streng kath. erzogen; Professor in Sens und Le Mans; verteidigte den kath. Glauben und die kath. Gedankenwelt in Romanen, in denen sich realist. Beobachtung mit vielfach extremem Überzeugungseifer verbindet.
Hauptwerke: Der Geopferte (1908, dt. 1923), Job le prédestiné (R., 1923).

Baumbach, Rudolf, * Kranichfeld (Thüringen) 28. Sept. 1840, † Meiningen 21. Sept. 1905, dt. Schriftsteller.
Nach Studien in Leipzig, Würzburg, Heidelberg, Freiburg i. Br. und Wien war er Hauslehrer und Lehrer in Österreich, zuletzt in Triest; dann freier Schriftsteller; seit 1885 in Meiningen. Entscheidende Anregungen durch Scheffel; erster großer Erfolg war seine romant. Novelle „Zlatorog“ (1877); Vertreter der von den Naturalisten verspotteten „Butzenscheibenlyrik“.
Weitere Werke: Lieder eines fahrenden Gesellen (Ged., 1878), Neue Lieder eines fahrenden Gesellen (Ged., 1880), Wanderlieder aus den Alpen (Ged., 1883), Erzählungen und Märchen (1885).

Bäumer, Gertrud, * Hohenlimburg 12. Sept. 1873, † Gadderbaum bei Bielefeld 25. März 1954, dt. Frauenrechtlerin und Schriftstellerin.
Studierte nach 6jähriger Tätigkeit als Volksschullehrerin Germanistik, Philosophie und Sozialwissenschaft (Dr. phil.), setzte sich mit Helene

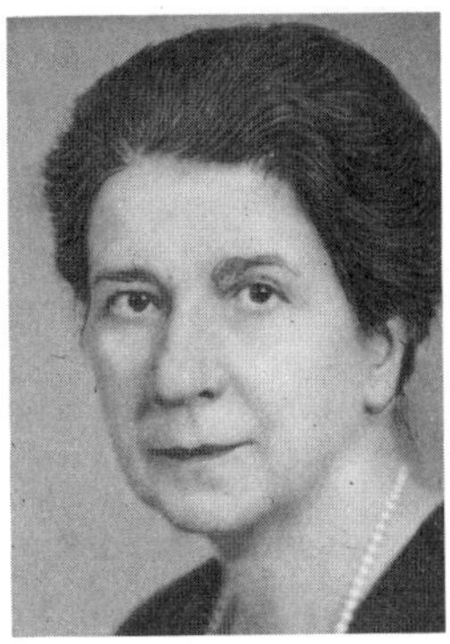
Gertrud Bäumer

Lange und F. Naumann für die Gleichberechtigung der Frau ein; Mitarbeit an den Zeitschriften „Die Hilfe“ und „Die Frau“; 1919–32 Reichstagsabgeordnete (Demokrat. Partei), 1920–33 Ministerialrätin im Innenministerium. 1933 ihrer Ämter enthoben. Danach vorwiegend schriftsteller. Arbeiten; bevorzugte in ihren Romanen histor., bes. mittelalterl. Themen.
Hauptwerke: Die Frauengestalt der dt. Frühe (1927), Ich kreise um Gott (Schr., 1935), Adelheid, Mutter der Königreiche (R., 1936), Gestalt und Wandel. Frauenbildnisse (1939), Die Macht der Liebe (Dante-Biogr., 1942), Der Jüngling im Sternenmantel (Biogr. Ottos III., 1947), Frau Rath Goethe (Biogr., 1949), Ricarda Huch (Biogr., 1949).

Baumgart, Reinhard, * Breslau-Lissa 7. Juli 1929, dt. Schriftsteller.
Studierte Geschichte, Germanistik und Anglistik (Dr. phil.), Verlagslektor, seit 1962 freier Schriftsteller in Grünwald bei München; 1967 Gastdozent für Poetik an der Universität Frankfurt am Main. Trat erstmals 1961 mit dem Roman „Der Löwengarten“ hervor, der – in knapper und iron. pointierter Sprache geschrieben – in Film- und Illustriertenkreisen spielt. In dem Roman in Erzählungen „Hausmusik“ (1962), in dem er sich der Zeit des Dritten Reiches zuwandte, zeigt sich B. wieder als satir. Erzähler; auch Essayist.
Weitere Werke: Das Ironische und die Ironie in den Werken Thomas Manns (1964), Literatur für Zeitgenossen (Essays, 1966), Panzerkreuzer Potjomkin (En., 1967).

Baxter, Richard [engl. 'bækstə], * Rowton (Shropshire) 12. Nov. 1615, † London 8. Dez. 1691, engl. Theologe und Erbauungsschriftsteller.
Zunächst anglikan., nach Verlust seines Kirchenamtes nonkonformist. Geistlicher; Gegner der Quäker. B. vertrat einen gemilderten Kalvinismus (Baxterianismus). Sein berühmtestes Werk, „Die ewige Ruhe der Heiligen“ (1650, dt. 1840), zeichnet sich durch Milde des Tons und stilist. Einfachheit aus. Kultur- und kirchengeschichtl. interessant ist seine Autobiographie „Reliquiae Baxterianae“ (1696).

Bayard, Jean [frz. ba'ja:r], * Charolles (Saône-et-Loire) 17. März 1796, † Paris 20. Febr. 1853, frz. Dramatiker.
Schrieb mit Scribe (dessen Nichte er heiratete) und anderen über 200 unterhaltende, geistreiche Stücke, darunter „Le gamin de Paris“ (1836, mit Vanderbusch), das histor. Lustspiel „Les premières armes de Richelieu“ (1839, mit Dumanoir) und das Libretto zur kom. Oper „Die Regimentstochter“ von Donizetti (1840, mit Saint Georges).

Bayer, Hans † Troll, Thaddäus.

Bayer, Konrad, * Wien 17. Dez. 1932, † ebd. 10. Okt. 1964 (Selbstmord), östr. Schriftsteller.
Bankangestellter, Schauspieler, freier Schriftsteller; gehörte zur „Gruppe 47“ und zur „Wiener Gruppe“ um H. C. Artmann; schrieb v.a. avantgardist., ‚Texte“; auch Einakter.
Werke: der stein der weisen (1963), der kopf des vitus bering (1965), der sechste sinn (1966).

Baykurt, Fakir [türk. bai'kurt], * Akçaköy bei Burdur 1929, türk. Schriftsteller.
Bauernsohn; Lehrer auf dem Land, dann Beamter. Bekannt durch Erzählungen und Romane mit Themen aus dem Landleben Anatoliens.
Hauptwerke: Cilli (= Sommersprossig, En., 1955), Die Rache der Schlangen (R., 1959; dt. 1964), Irazcanin Dirliği (= Einvernehmen mit Irasca, R., 1961), Onuncu Köy (= Das zehnte Dorf, R., 1961).

Bayle, Pierre [frz. bɛl], * Le Carla (Ariège) 18. Nov. 1647, † Rotterdam 28. Dez. 1706, frz. Philosoph und Schriftsteller.
Aus prot. Pfarrhaus; studierte in Toulouse, Professor der Philosophie in Sedan und Rotterdam. Er begründete eine der ersten populärwissenschaftl. Zeitschriften: „Nouvelles de la République des Lettres“ (1684–87). Sein Hauptwerk ist der berühmte „Dictionnaire historique et critique“ (1695–97, dt. von Gottsched u.a., 1741 bis 1744), in dem er die verschiedensten Gebiete des Geisteslebens krit. behandelte und dem 18. Jh. (Voltaire, Encyclopédie) den Weg wies. B. war ein unerschrockener Kämpfer gegen kirchl. Offenbarungslehren, Klerikalismus und Gewissenszwang.
Ausgabe: P. B. Œuvres diverses. Den Haag 1727–31. Nachdr., hg. v. E. Labrousse, *Hildesheim 1964–68. 5 Bde.*
Literatur: Labrousse, E.: *P. B. Den Haag 1963 bis 1964. 2 Bde.* – Sugg, E. B.: *P. B. Ein Kritiker der Philosophie seiner Zeit. Lpz. 1930.*

Bayly, Thomas Haynes [engl. 'bɛɪlɪ], * Bath 13. Okt. 1797, † Cheltenham 22. April 1839, engl. Schriftsteller.
In Winchester und Oxford erzogen; wollte zunächst Geistlicher werden, schrieb schließl. beliebte Possen und Couplets, die er z.T. selbst vertonte; Neigung zur Sentimentalität; auch Romanautor.

Bayr, Rudolf ['baɪər], * Linz 22. Mai 1919, östr. Schriftsteller.
Studium der Ästhetik, Germanistik und Musik (Dr. phil.); 1948–51 Hg. des „Wiener Literar. Echos“, Tätigkeit beim Rundfunk. Schrieb an der Antike geschulte Lyrik, Dramen, Essays, auch Erzählungen und Hörspiele; v.a. bed. durch seine Übersetzungen und Nachdichtungen altgriech. Dramen (nach Sophokles: „Oidipus auf Kolonos“, 1946; „Antigone“, 1961; „Elektra“, 1963; nach Aischylos: „Agamemnon“, 1948).
Weitere Werke: Königslegende (Dr., 1949), Der Dekalog (Oden, 1951), Sappho und Alkaios (Dr., 1952), Der Wolkenfisch (Ged., 1964), Ein hl. Abend (Dr., 1965).

Bažan † Baschan.

Bazán, Emilia † Pardo Bazán, Emilia Gräfin von.

Bazin, Hervé [frz. ba'zɛ̃], eigtl. Jean-Pierre Hervé-B., * Angers 17. April 1911, frz. Dichter.
Verdiente sich nach Bruch mit dem Elternhaus u.a. als Postangestellter und Handelsvertreter seinen Lebensunterhalt und ein ausgedehntes Philologiestudium in Paris; Résistancemitglied; beschrieb seine Jugend in schonungsloser Offenheit in den Romanen „Viper im Würgegriff“ (1947, dt. 1956), „La mort du petit cheval“ (1950, dt. 1956 u. d. T. „Das Tischtuch ist zerschnitten“); auch Lyriker.
Weitere Werke: Mit dem Kopf durch die Wand (R., dt. 1950), Steh auf und geh (R., dt. 1953), Und brannte zur Asche (R., dt. 1959), Mein Sohn (R., dt. 1963).

Bazin, René [frz. ba'zɛ̃], * Angers 26. Dez. 1853, † Paris 20. Juli 1932, frz. Schriftsteller.

Studierte Rechtswissenschaft in Angers und wurde ebd. 1875 Professor an der kath. Hochschule; seit 1903 Mitglied der Académie française; begann mit Erzählungen und Reiseskizzen („Les Italiens d'aujourd'hui", 1894; „Terre d'Espagne", 1896) und widmete sich dann ganz dem Roman und der Novelle, in denen er in gemäßigt realist. Darstellung mit Vorliebe das frz. Provinzleben im Geiste eines extremen kath.-patriot. Konservativismus schildert (u.a. „Landflucht", R., dt. 1901; „Die Oberle", R., dt. 1904; „Le blé qui lève", R., 1907).

Bažov † Baschow.

Beaconsfield, Earl of [engl. 'bi:kənzfi:ld] † Disraeli, Benjamin, Earl of Beaconsfield.

Beardsley, Aubrey Vincent [engl. 'bɪədzlɪ], * Brighton 24. Aug. 1872, † Menton 16. März 1898, engl. Zeichner und Schriftsteller.

Wurde früh durch Zeichnungen bekannt; Hg. der Zeitschriften „The yellow book" und „The Savoy", für die er die Illustrationen schuf und Gedichte schrieb. B. war mit O. Wilde befreundet, er gehörte zur Dekadenz und war führend in der L'art-pour-l'art-Bewegung.

Literatur: Weintraub, St.: *A. B. Eine Biogr. Dt. Übers. Mchn. 1968.*

Beattie, James [engl. 'bi:tɪ], * Laurencekirk (Schottland) 25. Okt. 1735, † Aberdeen 18. Aug. 1803, schott. Dichter.

Professor für Moralphilosophie und Logik; wurde durch Angriffe auf Humes Skeptizismus berühmt. Schrieb vorromant. Lyrik im Stil Grays ohne besonderen Wert; verdienstvoller ist er als Nachahmer Spensers mit dem Poem „The minstrel" (1771–74); auch Essayist.

Beauchamp, Kathleen [engl. 'bi:tʃəm] † Mansfield, Katherine.

Beaumanoir, Philippe de Rémi, Sire de [frz. boma'nwa:r], * im Beauvaisis oder im Gâtinais um 1250, † Schloß Moncel bei Pont-Sainte-Maxence (Oise) 7. Juni 1296, altfrz. Dichter und Rechtsgelehrter.

Hinterließ neben aufschlußreichen jurist. Darstellungen die spähöf. Versromane „Manekine" (nach einem Märchenmotiv vermutl. oriental. Ursprungs) und „Jehan et Blonde", auch ein Fabliau und lyr. Gedichte.

Beaumarchais, Pierre Augustin Caron de [frz. bomar'ʃɛ], * Paris 24. Jan. 1732, † ebd. 18. Mai 1799, frz. Dramatiker.

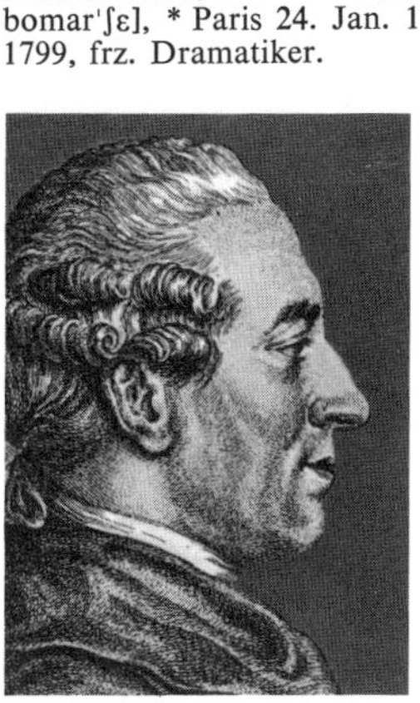

Pierre Augustin Caron de Beaumarchais (Kupferstich von Wachsmuth)

Zunächst Uhrmacher, dem eine Erfindung Zugang zum königl. Hof verschaffte, dadurch weitere Verbindungen, bes. zu Finanzkreisen. B.' erstes Drama „Eugénie" erschien 1767. Nach einigen heute vergessenen Stücken folgten „Der Barbier von Sevilla" (1775) und „Der tolle Tag oder Figaros Hochzeit" (1784), die ihm unsterbl. Ruhm einbrachten. In den Mittelpunkt beider Komödien stellte B. den Bediensteten Figaro, der mit Verstand und Mutterwitz begabt, des Autors Angriffe gegen die adlige Gesellschaft, deren Privilegien, Standesdünkel und die Politik in erfrischender, spött. Art zum Ausdruck bringt. Geistvoll, spött. und zündend verkörpern die Komödien den neuen Geist der Auflehnung, der zur Frz. Revolution führte. „Figaros Hochzeit" war zunächst verboten, B. setzte die Aufführung erst 5 Jahre vor dem Sturm auf die Bastille durch. Stoff und Handlungsthema hat B. übernommen, neu ist der Geist, mit dem der Autor, der eigtl. mehr Geschäftemacher, Abenteurer und Intrigant („Mémoires", Pamphlete, 1773/74) als Dichter war, den Rahmen füllte. Rossini („Der Barbier von Sevilla") und Mozart („Figaros Hochzeit") gehen mit ihren Opern auf B. zurück.

Weitere Werke: Les deux amis (Trag., 1770), La mère coupable (Trag., 1792).

Literatur: Thomasset, R.: *B., écrivain et aventurier. Paris 1966.* – Frischauer, P.: *B. Wegbereiter der großen Revolution. Mchn. 1961.* – Bettelheim, A.: *B. Mchn. ²1911.* – Loménie, L. de: *B. et son temps. Paris ²1858. 2 Bde.*

Beaume, Georges [frz. bo:m], * Pézenas (Hérault) 10. Mai 1861, † Mirande (Gers) 17. Febr. 1940, frz. Schriftsteller.

Zunächst im höheren Polizeidienst, dann freier Schriftsteller; schrieb Erzählungen und Romane, in denen er als Schauplatz gerne seine südfrz. Heimat schilderte.

Hauptwerke: Linette (1889), Le péché (R., 1892), Vendanges (R., 1894), Monsieur le député (1910).

Beaumont, Francis [engl. 'boʊmənt], * Grace-Dieu (Leicester) 1584, † London 6. März 1616, engl. Dramatiker.

Jurist (Studium in Oxford und London). Mit vielen zeitgenöss. Dramatikern befreundet, lebenslange Freundschaft und Zusammenarbeit mit J. Fletcher, der dem Dramentechniker B. die bühnenwirksamen Stoffe vermittelte. Umstritten ist die Zahl der echten Stücke, ebenso der jeweilige Anteil der beiden Autoren.

Hauptwerke: A king and no king (Kom., 1611), Philaster (Dr., 1611), Die Tragödie des Mädchens (1611, dt. 1808), Der Ritter von der flammenden Mörserkeule (Kom., 1613; dt. 1808).

Literatur: Appleton, W. W.: *B. and Fletcher. A critical study. London 1956.* – Waith, E. M.: *The pattern of tragicomedy in B. and Fletcher. New Haven 1952.* – Tannenbaum, S. A.: *B. and Fletcher, a concise bibliography. New York 1938.*

Beauvoir, Simone de [frz. bo'vwa:r], * Paris 9. Jan. 1908, frz. Schriftstellerin.

Studierte Philosophie an der Sorbonne, war Lehrerin, lebt seit 1943 als freie Schriftstellerin und Lebensgefährtin Sartres in Paris. Reisen führten sie nach M-Europa und in die Mittelmeerländer, nach den USA, M-Amerika und China. Die Bücher Simone de B.s sind wesentl. von moralphilosoph. Ideen bestimmt, sie vertritt (als Schü-

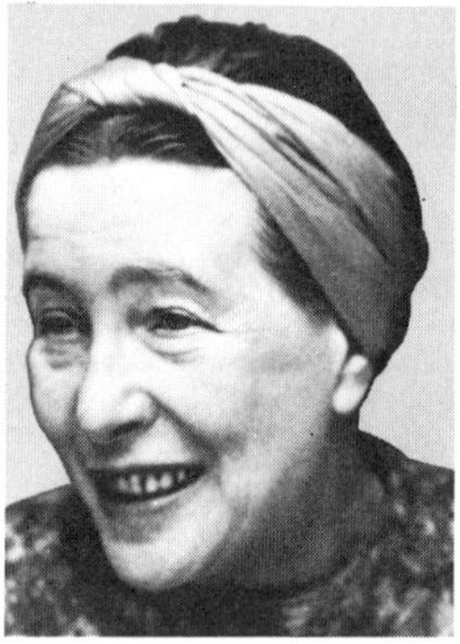

Simone de Beauvoir

lerin Sartres) einen atheist. Existentialismus, gehört zu den sog. Linksintellektuellen (Analyse in „Die Mandarins von Paris", dt. 1955), fordert die Emanzipation der Frau („Das andere Geschlecht", dt. 1951). Mit der freimütigen Darstellung sexueller Probleme, die sie in enger Verbindung mit sozialen und auch intellektuellen Problemen sieht, schockierte Simone de B. ihre Leser. Mit scharfem Intellekt und doch sehr beteiligt kritisiert sie die vom Mann geprägte Welt, der die Frau ausgeliefert ist. In ihrer 3bändigen Autobiographie „Memoiren einer Tochter aus gutem Hause" (dt. 1960), „In den besten Jahren" (dt. 1961), „Der Lauf der Dinge" (dt. 1966) schildert sie ihren Ausbruch aus dem Bürgertum. Provozierend sind auch ihre Reisebücher („Amerika Tag und Nacht", dt. 1950; „China. Das weitgesteckte Ziel", dt. 1960).
Weitere Werke: Sie kam und blieb (1943, dt. 1953), Alle Menschen sind sterblich (dt. 1949), Ein sanfter Tod (Erinnerungen, dt. 1965), Die Welt der schönen Bilder (R., dt. 1968), Eine gebrochene Frau (En., dt. 1969).
Literatur: Gagnebin, L.: *S. de B. ou le refus de l'indifférence. Paris 1968.* – Jeanson, F.: *S. de B. ou l'entreprise de vivre. Paris 1966.* – Wasmund, D.: *Der „Skandal" der S. de B. Mchn. 1963.*

Bebel, Heinrich, * Ingstetten bei Justingen (Württemberg) 1472, † Tübingen 1518, dt. Humanist.
Professor der Poesie und Eloquenz in Tübingen, 1501 von Kaiser Maximilian I. zum Poeta laureatus gekrönt; neben Liedern, Hymnen und Elegien schrieb B., einer der gelehrtesten Latinisten seiner Zeit, eine Anzahl lat. Schwänke, in denen er knapp und elegant bes. Themen aus der volkstüml. Überlieferung oder der Erlebniswelt des einfachen Mannes darstellt. B. verfaßte auch poet. und rhetor. Schriften.
Literatur: Bebermeyer, G.: *Tübinger Dichterhumanisten. Tüb. 1927. Nachdr. Hildesheim 1965.*

Beccadelli, Antonio [italien. bekka'dɛlli], genannt Antonius Panormita, * Palermo 1394, † Neapel 6. Jan. 1471, italien. nlat. Dichter.
Stammte aus einer ritterl. Familie, erhielt humanist. Ausbildung; königl. Beamter. Schrieb in der Nachfolge Catulls und Martials sehr früh mutige, zuweilen gewagt-obszöne Epigramme, die 1432 u. d. T. „Hermaphroditus" erschienen sind.

Becher, Johannes R[obert], * München 22. Mai 1891, † Berlin 11. Okt. 1958, dt. Schriftsteller.
Studierte Medizin, Philosophie und Literatur, wurde 1918 Mitglied des Spartakusbundes, 1919 der KPD; 1925 Hochverratsprozeß, wurde amnestiert; 1933 emigrierte er über die Tschechoslowakei und Frankreich nach Moskau, wo er 1935 bis 1945 Chefredakteur der „Internationalen Literatur. Dt. Blätter" war; 1945 Rückkehr nach Berlin, seit 1954 Minister für Kultur der DDR. Der Doppelband mit Gedichten und Prosa „Verfall und Triumph" (1914) machte ihn berühmt und stellte ihn in die Reihe der führenden Expressionisten. Angriff auf die Klassik, die Welt der Väter. Sein Glaube gilt der Aufgabe des Proletariats („Verbrüderung", Ged., 1916). Die „kranke" Welt der Weltkriegszeit, der Zusammenbruch der bürgerl. Welt finden u. a. in den Gedichten „Päan gegen die Zeit" (1918) in zerhackter Sprache und zertrümmerter Syntax Ausdruck. Chaotik, Raserei und Ekstase der Verzweiflung werden Dichtung und führen zu einem Pakt mit dem Kommunismus, der im Lauf der Zeit das Dichterische immer stärker überdeckt und endl. in polit. Zweckdichtung gipfelt. Als Repräsentant des sozialist. Realismus in der DDR gefeiert.
Weitere Werke: Gedichte für ein Volk (1919), Arbeiter, Bauern, Soldaten (Dr., 1921), Um Gott (Ged., 1921), Am Grabe Lenins (1924), Maschinenrhythmen (Ged., 1926), Deutschland (Epos, 1934), Dank an Stalingrad (Dichtungen, 1943), Winterschlacht (Trag., 1953), Der Weg nach Füssen (Dr., 1953), Sonett-Werk 1913–55 (1956), Liebe ohne Ruh (Ged., 1957).
Ausgabe: J. R. B. Ges. Werke. Hg. v. J. R. B.-Arch. der Dt. Akademie der Künste zu Bln. Bln. 1966 ff. Auf 18 Bde., 2 Suppl.-Bde. berechnet.
Literatur: J. R. B. Leben u. Werk. Bearb. v. H. Görsch. *Neuaufl. Bln. 1967.* – Hinckel, E.: *Gegenwart u. Tradition. Renaissance u. Klassik im Weltbild J. R. B.s. Bln. 1964.* – Becher, L./Prokop, E.: *J. R. B. Bildchronik seines Lebens. Bln. ²1963.* – *J. R. B. Sinn u. Form. Sonderheft. Bln. 1960.*

Becher, Ulrich, * Berlin 2. Jan. 1910, dt. Schriftsteller.
Studierte Jura und Graphik (bei G. Grosz), emigrierte 1933 (Wien, Schweiz, Frankreich, Spanien, Brasilien, New York), 1948 Rückkehr nach Europa, lebt in Basel. Seine erzähler. und dramat. Werke sind krit.-realist., auch zeitsatir., voll von Leben und Abenteuern, was auch in seiner Vor-

Johannes R[obert] Becher

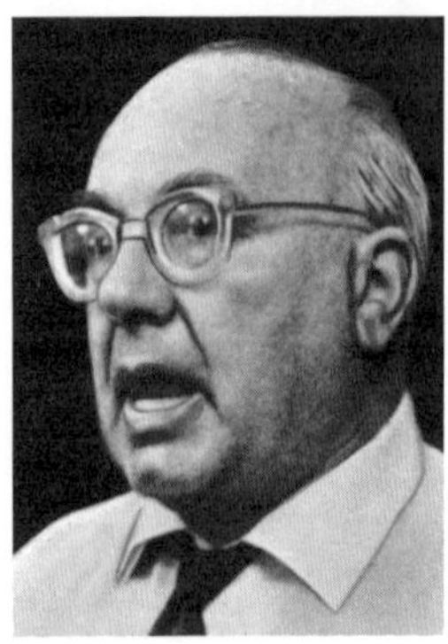

liebe für entwurzelte Existenzen, die er iron. und humorig darzustellen vermag, zum Ausdruck kommt.
Hauptwerke: Männer machen Fehler (En., 1932), Niemand (Dr., 1934), Der Bockerer (Posse, 1946), Nachtigall will zum Vater fliegen (Novellenzyklus, 1950), Samba (Dr., 1950), Feuerwasser (Trag., 1952), Mademoiselle Löwenzorn (Kom., 1954), Die Kleinen und die Großen (Posse, 1955), Das Herz des Hais (R., 1960), Ihre Sache, Madame (E., 1963), Murmeljagd (R., 1966).

Bechstein, Ludwig, * Weimar 24. Nov. 1801, † Meiningen 14. Mai 1860, dt. Schriftsteller.
Apothekerlehre, Studium der Philosophie, Geschichte und Literatur, war Bibliothekar, Archivar und Hofrat. Seine Gedichte und Erzählungen, in denen er stoffl. der Geschichte und dem Land Thüringen verhaftet bleibt, treten an Bedeutung weit hinter seiner Leistung als Sammler und Hg. von Sagen und Märchen zurück.
Hauptwerke: Märchenbilder und Erzählungen (1829), Der Sagenschatz und die Sagenkreise des Thüringerlandes (1835–38), Dt. Märchenbuch (1853), Neues dt. Märchenbuch (1855).
Ausgabe: L. B. Sämtl. Märchen. Nachwort u. Anmerkungen v. W. Scherf. *Mchn. 1965.*
Literatur: Schmidt, Klaus: *Unterss. zu den Märchensammlungen v. L. B. Lpz. 1935.*

Beck, Béatrix [frz. bɛk], * Villars-sur-Ollon (Schweiz) 30. Juli 1914, frz. Schriftstellerin.
Studierte Jura, war 1950/51 Sekretärin A. Gides; röm.-kath. Konvertitin; erhielt für ihren Arbeiterpriesterroman „Léon Morin, Priester" (dt. 1952) den Prix Goncourt; autobiograph. sind ihre früheren Romane „Barny" (dt. 1953) und „Der ordnungswidrige Tod" (dt. 1953).

Beck, Karl Isidor, * Baja (Ungarn) 1. Mai 1817, † Währing (heute zu Wien) 9. (10.?) April 1879, östr. Schriftsteller.
Sohn eines jüd. Kaufmanns; Medizinstudium, unstetes Wanderleben, das durch Aufenthalt in der Heimat immer wieder unterbrochen wurde. Stand als Lyriker und Epiker dem Jungen Deutschland und einem revolutionären Sozialismus nahe; eindrucksvolle Gestaltung von Ungarns Landschaft und Volkstum; schrieb den Text zum Strauß-Walzer „An der schönen blauen Donau".
Hauptwerke: Janko, der ungar. Roßhirt (Epos, 1841), Gedichte (1844).

Becker, Jürgen, * Köln 10. Juli 1932, dt. Schriftsteller.
Wechselnde Berufe, seit 1959 freier Schriftsteller, gehört zur „Gruppe 47"; veröffentlichte nach den Büchern „Phasen" (1960, mit Wolf Vostell) und „Felder" (1964) den mit Literaturpreisen ausgezeichneten Prosaband „Ränder" (1968), in dem er in spröder Sprache die Grenzen, die Ränder subjektiver Wirklichkeitserfahrung erkundet; weitgehend Abkehr von den traditionellen literar. Formen, ohne auf strengen Aufbau zu verzichten.

Becker, Knuth [dän. 'bɛgər], * Hjørring 21. Jan. 1893, dän. Schriftsteller.
Zunächst Schmied und Mechaniker; seine ersten Gedichte und das Schauspiel „I som præker" (1922) sind von scharfer sozialer Tendenz und Protesthaltung gegen Klerikalismus, Militarismus und eine verlogene bürgerl. Scheinmoral bestimmt; seit 1932 erscheint die große Reihe autobiograph. geprägter Romane, in deren Mittelpunkt der als Proletarier aus unterster sozialer Schicht stammende, unverschuldet leidende Mensch Kai Götsche steht; gleichzeitig mit der Haupthandlung wird mit scharfer Kritik an kulturellen und ökonom. Verhältnissen ein Bild von der polit., sozialen und wirtschaftl. Entwicklung Dänemarks gezeichnet.
Hauptwerke: Digte (Ged., 1916), Das tägl. Brot (R., dt. 1948), Verden venter (R., 1934), Når toget kører (R., 1944), Marianne (R., 1955).

Becker, Nikolaus, * Bonn 8. Okt. 1809, † Hünshoven bei Geilenkirchen 28. Aug. 1845, dt. Dichter.
Studierte Jura; 1838 Auskultator in Köln, dann Schreiber bei einem Friedensgericht; dichtete 1840 das seinerzeit populäre sog. „Rheinlied" („Sie sollen ihn nicht haben"), das Lamartine mit seiner „Friedensmarseillaise" (1841) beantwortete.
Hauptwerk: Gedichte (1841).

Beckett, Samuel [engl. 'bɛkɪt], * Dublin 13. April 1906, ir.-frz. Schriftsteller.
Studierte in Dublin, 1928–30 Lektor für Engl. in Paris, dann Lektor für Frz. in Dublin. 1938 ließ

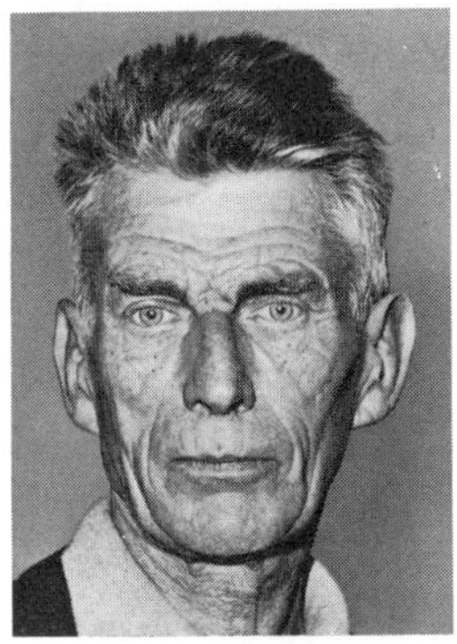
Samuel Beckett

B. sich in Frankreich nieder. Er ist stark von J. Joyce beeinflußt, dessen Freund er war und dessen Werk er ins Frz. übersetzte. Erst spät wurde sein Werk von der Kritik entdeckt. Sein erster in frz. Sprache geschriebener Roman „Molloy" (dt. 1955) wurde mit dem Werk Kafkas und Joyces verglichen. Er ist, wie alle seine Romane, ein innerer Monolog. Die Einzelpersönlichkeit ist aufgehoben, hat ihr Ich verloren. B. zeigt sich als Verfechter der Absurdität des menschl. Daseins, als Vertreter eines absoluten Nihilismus. Sein bekanntestes Werk, „Warten auf Godot" (Dr., dt. 1953), hat keine Fabel, keine Handlung im gewohnten Sinn. Hier nimmt das Nichts, die vollkommene Sinnlosigkeit, dramat. Gestalt an. Das „Endspiel" (Dr., dt. 1957) ist der konsequent weitergeführte Akt des Erlöschens aller menschl. Funktionen, des Sprechens, der Bewegung, auch des Fühlens und Denkens, der menschl. Endzustand, Verfall, der lebendige Tod. Die Sprache in B.s Werken ist wie das Dasein der voneinander isolierten Wesen, wie ihr Handeln und Denken sinnlos geworden, hat keine Funktion mehr, besteht gerade noch aus Symbolen und sinkt häufig zum Geräusch ab. 1969 Nobelpreis.
Weitere Werke: Echo's bones (Ged., dt. 1959), Malone stirbt (R., dt. 1958), Der Namenlose (R., dt. 1959), Aschenglut (Hsp., dt. 1959), Das

letzte Band (Dr., dt. 1959), Poems in English (1961), Glückl. Tage (Dr., dt. 1961), Erzählungen und Texte um nichts (dt. 1962), Spiel (Dr., dt. 1964), Kommen und Gehen (Dr., dt. 1966).
Ausgaben: S. B. Ausw. in einem Bd. Dt. Übers. Frkf. 1967. – S. B. Dramat. Dichtungen. Frz., engl., dt. Frkf. 1963–64. 2 Bde.
Literatur: Hensel, G.: *S. B. Velber 1968.* – Schoell, K.: *Das Theater S. B.s. Mchn. 1967.* – Mayoux, J.-J.: *Über B. Mit einer Bibliogr. v.* J. Fletcher. *Dt. Übers. Frkf. 1966.* – Kenner, H.: *S. B. Eine krit. Studie. Dt. Übers. Mchn. 1965.*

Beckford, William [engl. 'bɛkfəd], * Fonthill (Wiltshire) 29. Sept. 1759, † Bath 2. Mai 1844, engl. Schriftsteller.
Sohn eines Londoner Oberbürgermeisters; ein früh ererbtes Vermögen erlaubte es ihm, üppig zu leben und weite Reisen zu unternehmen. B. lebte teils sehr zurückgezogen, nahm aber auch am polit. Leben teil. Seine Reisetagebücher sind noch heute lesenswert. Berühmt wurde B. durch den Horrorroman „Vathek" (dt. 1788), dessen Original B. in frz. Sprache schrieb. Vorliebe für Exotisches, Dämonisches, Makabres, teils spöttelnd, teils ernsthaft dargestellt; exot.-oriental. Erzählungen in der Art der Schauerromantik.

Becque, Henry François [frz. bɛk], * Paris 9. April 1837, † ebd. 12. Mai 1899, frz. Schriftsteller.
Aus kleinen Verhältnissen, verschiedene Berufe, u. a. Journalist; wurde durch einen Theaterskandal (hervorgerufen durch „Les corbeaux") bekannt; lebenslang in Armut. In seinen beiden bedeutendsten Dramen, „Les corbeaux" (1882) und „Die Pariserin" (1885, dt. 1895), demonstriert er, wie unter dem Schein der Sittlichkeit Unmoral, Begehrlichkeit und Materialismus wuchern. Er bricht, ohne Konzession an das Publikum, mit der konventionellen Vorstellungswelt. Lebensechte Charaktere und Dialoge, straffe Führung der Handlung machten ihn zum Vorläufer des naturalist. Dramas. Auch Gedichte und theoret. Schriften.
Weitere Werke: L'enfant prodigue (Dr., 1868), La navette (Kom., 1878), Les honnêtes femmes (Kom., 1880), Querelles littéraires (1890), Souvenirs d'un auteur dramatique (1895).
Literatur: Behrens, A.: *H. B. als Kritiker. Diss. Mchn. 1935.* – Arnaoutovitch, A.: *H. B. devant ses contemporains et devant la postérité. Paris 1927. 3 Bde.*

Bécquer, Gustavo Adolfo [span. 'bekɛr], eigtl. G. A. Domínguez Bastida, * Sevilla 17. Febr. 1836, † Madrid 22. Dez. 1870, span. Dichter.
Sohn eines Malers, früh Waise; sollte selber Maler werden, wandte sich jedoch bald ganz der Literatur zu; seit 1854 in Madrid, wo er in dürftigen Verhältnissen lebte und an Tuberkulose starb; bed. spätromant. Lyriker und Novellist der span. Literatur des 19. Jh.s mit Anklängen an die altspan. Romanzendichtung, Heine und E. T. A. Hoffmann. B. beeinflußte Rubén Darío, Unamuno und J. R. Jiménez.
Hauptwerke: Cartas literarias a una mujer (Briefe, 1860 f.), Leyendas (1860–65), Cartas desde mi celda (Briefe, 1864), Span. Lieder (1871, dt. 1893).
Literatur: Díaz, J. P.: *G. A. B., vida y poesía. Madrid ²1958.* – Schneider, Franz: *G. A. B.s Leben u. Schaffen. Diss. Lpz. 1914.*

Beda, genannt B. Venerabilis, hl., * Wearmouth um 673, † Kloster Jarrow 26. Mai 735, ags. Geschichtsschreiber und Theologe.
Angehöriger des Benediktinerordens, Verfasser bed. Abhandlungen, v. a. über theolog. Probleme. Sein Hauptwerk ist seine „Historia ecclesiastica gentis Anglorum", die erste Geschichte Englands. B. unternahm den Versuch einer krit. Trennung der Fakten von unsicheren Theorien oder unbewiesenen Traditionen; wichtige Beiträge zu verschiedenen wissenschaftl. Fragen.
Literatur: Meyvaert, Dom P.: *Bede and Gregory the Great. Jarrow (Durham) 1965.* – Bolton, W. F.: *A Bede bibliography: 1935–1960. In: Traditio 18 (1962), 436.* – *Bede, his life, times, and writings. Hg. v.* A. H. Thompson. *Oxford 1935. Neuausg. New York 1965.* – Browne, G. F.: *The venerable Bede. London ²1928.* – Werner, K.: *B. der Ehrwürdige. Wien ²1881. Nachdr. New York 1960.*

Beddoes, Thomas Lovell [engl. 'bɛdoʊz], * Clifton 20. Juli 1803, † Basel 26. Jan. 1849 (Selbstmord), engl. Dichter.
Arzt, lebte lange in Deutschland und in der Schweiz. Einer der ersten, die Shelleys Bedeutung erkannten und ihm nacheiferten; auch Einflüsse von Keats, Goethe und Tieck. In seiner Lyrik verbindet er Leidenschaft und Gedankenreichtum mit Melancholie; seine z. T. lyr. Dramen erhielten Anregungen vom elisabethan. Drama; Hauptwerk ist das Blankversdrama „Death's jest book" (gedruckt 1850).

Bedel, Maurice [frz. bə'dɛl], * Paris 30. Dez. 1883, † Thuré (Vienne) 15. Okt. 1954, frz. Schriftsteller.
Studierte Medizin; unternahm Weltreisen als Journalist; erhielt 1927 den Prix Goncourt für „Jérôme liebt auf 60° nördl. Breite" (dt. 1928); schrieb neben weiteren Reiseberichten und Romanen („Graf Molinoff erobert die Touraine", dt. 1929) auch polit. Essays („Fascisme an VII", 1930; „Das Hohelied der Freude", dt. 1952).

Bedford, Sybille [engl. 'bɛdfəd], * Berlin 16. März 1911, engl. Schriftstellerin.
Jugend in Deutschland, England und Frankreich. Sybille B. ist Mitarbeiterin verschiedener Zeitungen und Zeitschriften und lebt v. a. in London und S-Frankreich. Schreibt Reiseberichte und Romane.
Hauptwerke: Zu Besuch bei Don Otavio (Reisebericht, dt. 1967), Das Legat (R., dt. 1964), Ein Liebling der Götter (R., dt. 1965), Kursabweichung (R., dt. 1969).

Bedny, Demjan; tl.: Bednyj, Dem'jan [russ. 'bjɛdnij], eigtl. Jefim Alexejewitsch Pridworow; tl.: Efim Alekseevič Pridvorov, * Gubowka (Gouv. Cherson) 13. April 1883, † Moskau 25. Mai 1945, russ.-sowjet. Schriftsteller.
Agitator der bolschewist. Partei im Bürgerkrieg; erzielte später als offizieller Dichter der UdSSR hohe Auflagen. Den Mangel an dichter. Niveau im Vergleich zu Majakowski ersetzt er in seinen Propagandadichtungen durch rhetor. Pathos. Oft gelingen ihm einprägsame, bildhafte Darstellungen. Auflockerung des Versbaus durch Einbeziehung rhythm. Eigenheiten der Volkssprache. Er bevorzugte die Gattungen Fabel, Satire und Pamphlet.

Beecher-Stowe, Harriet [engl. 'bi:tʃə'stoʊ] † Stowe, Harriet [Elizabeth] Beecher.

Beer, Johann, Pseudonyme Jan Rebhu, Wolfgang von Willenhag u.a., * Sankt Georgen im Attergau (Oberösterreich) 28. Febr. 1655, † Weißenfels 6. Aug. 1700 (Jagdunfall), östr. Dichter und Komponist.
Gastwirtssohn; vielseitig begabt, kam als Protestant 15jährig nach Regensburg, studierte in Leipzig Theologie und war seit 1676 als Hofmusikus, Konzertmeister und Bibliothekar im Dienst des Herzogs von Sachsen-Weißenfels. Als volkstüml. Erzähler wird er oft mit Grimmelshausen verglichen, doch ist B. heiterer und sinnenfroher. Unerschöpfl. Erzählfreude, große Erfindungsgabe, keine didakt. Absichten, keine Regeln engen ihn ein. Sein Hauptwerk, „Die Teutschen Winter-Nächte" (1682) mit der Forts. „Die kurtzweiligen Sommer-Täge" (1683), zeigt Einflüsse von Grimmelshausen und doch östr. Atmosphäre. Persönl. Erlebnisse, Ortssagen, Märchen, Volksbücher, Ritter- und Schelmenromane geben ihm Anregungen und werden in seinem Werk mit eigenen Erfindungen zu bunten Geschichten verwoben. Die Kompositionen B.s sind fast alle verloren. Auch Verfasser musiktheoret. Schriften.
Weitere Werke: Der Simplicianische Welt-Kucker (1677–79), Printz Adimantus (R., 1678).
Ausgaben: J. B. Sämtl. Werke. Hg. v. R. Alewyn. *Bln. 1969ff. Auf 12 Bde. berechnet. – J. B. Ges. Werke. Hg. v.* J. F. Fuchs. *Wien 1960ff. Auf mehrere Bde. berechnet.*
Literatur: Müller, Jörg: *Studien zu den Willenhag-Romanen J. B.s. Marburg 1965.* – Kremer, M.: *Die Satire bei J. B. Diss. Köln 1964.* – Alewyn, R.: *J. B. Studien zum Roman des 17. Jh.s. Lpz. 1932.* – † auch Opitz, Martin.

Beer, Michael, * Berlin 19. Aug. 1800, † München 22. März 1833, dt. Dramatiker.
Sohn eines Bankiers, Bruder des Komponisten Meyerbeer; vom Humanitätsideal der Klassik angeregt, trat er mit der Tragödie „Der Paria" (1826), die auch Goethes Beifall fand, für die Emanzipation der Juden ein; im ganzen gesehen konnte B. die in ihn gesetzten Hoffnungen nicht erfüllen.
Weitere Werke: Struensee (Trag., 1829), Laura Grimaldi (Trag., 1835).

Beer, Otto F[ritz], * Wien 8. Sept. 1910, östr. Schriftsteller.
Studium der Musikwissenschaft (Dr. phil.); Kritiker und Journalist. Romane und Erzählungen aus der Welt des Theaters („Kulissen der Welt", 1938; „Ich-Rodolfo-Magier", 1965), Komödien, Hörspiele, Übersetzungen aus dem Engl. und Französischen.
Weitere Werke: Hotel Zugvogel (R., 1948), Zehnte Symphonie (R., 1952), Christin-Theres (R., 1967).

Beerbohm, Sir Max [engl. 'bɪəboʊm], * London 24. Aug. 1872, † Rapallo (Italien) 20. Mai 1956, engl. Schriftsteller und Karikaturist.
Gehörte zum Kreis um Wilde und Beardsley; Theaterkritiker; wurde 1939 geadelt. Scharfe Beobachtung, geistvoll-satir. Stil kennzeichnen seine Essays und Kurzgeschichten, in denen er wie in seinen Karikaturen ein Bild des Theater- und Gesellschaftslebens des ausgehenden 19. Jh.s gab.
Hauptwerke: Der zärtl. Betrüger (1897, dt. 1957), Zuleika Dobson (R., 1911), Around theatres (Essay, 1924), A variety of things (Essay, 1928), Mainly on the air (Essay, 1946).

Beer-Hofmann, Richard, * Wien 11. Juli 1866, † New York 26. Sept. 1945, östr. Schriftsteller.
Jurastudium (Dr. jur.), Freund Hofmannsthals, 1938 Emigration in die Schweiz, dann in die USA. Förderer der zionist. Bewegung. Mit „Schlaflied für Mirjam" (Ged., 1919) wurde er bekannt. Sein Hauptwerk ist „Die Historie von König David" (Dr., 1918–36), eine Trilogie, die unvollendet blieb. Seine Stoffe schöpft er v.a. aus der Bibel. Er besitzt ein melod., ausgeprägtes Sprach- und Formgefühl, seine Dichtung ist gedanken- und stimmungsreich. B. gehörte dem Kreis der Wiener Spätromantiker an. Aus der Vereinzelung der Décadence sucht er eine Erneuerung des Lebensgefühls durch den Mythos. In der Erzählung „Der Tod Georgs" (1900) findet der innere Monolog bereits Verwendung.
Weitere Werke: Der Graf von Charolais (Trag., 1904), Jaákobs Traum (Dr., 1918), Verse (1941), Paula (autobiograph. Fragment, 1949).
Ausgaben: R. B.-H. Ges. Werke. Frkf. 1963.
Literatur: Kraft, W.: *R. B.-H. In:* Kraft: *Wort u. Gedanke. Krit. Betrachtungen zur Poesie. Bern 1959.* – Oberholzer, O.: *R. B.-H. Bern 1947.*

Beers, Jan van [niederl. be:rs], * Antwerpen 22. Febr. 1821, † ebd. 14. Nov. 1888, fläm. Lyriker.
War u.a. Lehrer in Antwerpen; hatte eine führende Stellung in der Fläm. Bewegung, deren linken Flügel er vertrat; seine ersten Gedichte sind von einem melanchol. Grundton bestimmt, der später einem gemäßigten Realismus weicht.
Hauptwerke: Jongelingsdroomen (Ged., 1853), Levensbeelden (Ged., 1858), Gevoel en leven (Ged., 1869).

Beets, Nicolaas [niederl. be:ts], Pseudonym Hildebrand, * Haarlem 13. Sept. 1814, † Utrecht 13. März 1903, niederl. Lyriker.
Zunächst Pfarrer, 1874 Professor der Theologie in Utrecht; seine ersten Gedichte stehen unter dem Einfluß Byrons, den er ins Niederl. übersetzte; meisterhaft gelungen sind seine humorvollen, realist., z.T. spött. Schilderungen des kleinbürgerl. holländ. Alltags, die er u. d. T. „Camera obscura" (1839, z. T. dt. 1866) herausgab; Erläuterungen dazu tragen den Titel „Na vijftig jaar" (1887).

Begović, Milan [serbokroat. 'bɛ:gɔvitɕ], * Vrlika (Dalmatien) 19. Jan. 1876, † Agram 13. Mai 1948, kroat. Dichter.
Nach dem Studium der roman. und slaw. Philologie zunächst Lehrer; von 1909 an Dramaturg in Hamburg, Wien, schließl. in Agram. Übersetzer italien. und dt. Dichtung, daher von beiden Literaturen beeinflußt. Weltoffener Vermittler westeurop. Gedankenguts. Von Freuds Erkenntnissen angeregt, schrieb er neben leichteren, bühnenwirksamen Dramen auch psychoanalyt. Problemstücke. Seine nach italien. Vorbild formbewußte Gedichtsammlung „Knjiga Boccadero" (1900) wurde von der älteren Dichtergeneration angegriffen. B. erschloß auch der Prosa neue sprachl. Möglichkeiten.

Behan, Brendan [engl. 'bi:ən], eigtl. Breandan O'Beachain, * Dublin 9. Febr. 1923, † ebd. 20. März 1964, ir. Schriftsteller.
Harte Jugend in den Slums von Nord-Dublin; streng religiöse Erziehung; lange Zeit in Haft wegen Teilnahme an der ir. Aufstandsbewegung.

Schrieb aggressiv zeitkrit. Stücke, in deren Mittelpunkt Asoziale und Verbrecher stehen. B.s Autobiographie „Borstal boy“ (dt. 1963) vermittelt ein Bild des Werdegangs des Autors.
Weitere Werke: Der Spanner (R., 1953; dt. 1966), Der Mann von morgen früh (Dr., dt. 1962), Die Geisel (Dr., dt. 1962), Ein Gutshaus in Irland (Dr., dt. 1962).

Beheim (Behaim), Michael ['be:haım], * Sülzbach bei Heilbronn 27. Sept. 1416, † ebd. um 1474 (ermordet), dt. Dichter.
Meistersinger und Chronist, kam als Söldner im Dienst verschiedener Fürsten durch weite Teile Europas; zuletzt Schultheiß in Sülzbach. Schrieb das „Buch von den Wienern“, eine Reimchronik, ferner Meisterlieder, Lobsprüche, geistl. Lieder u.a.

Beheim-Schwarzbach, Martin ['be:haım], * London 27. April 1900, dt. Schriftsteller.
Wuchs in Hamburg auf, verschiedene Berufe, 1939–46 in London, dann als Journalist und Redakteur wieder in Hamburg. B.-Sch. erzählt in einfacher Sprache von einfachen Menschen, von Kindern, Heiligen und Abenteurern. Neben Märchenhaftem findet sich Mystisches, aber auch durchaus reale Alltagswelt; auch Lyrik und Übersetzungen.
Hauptwerke: Die Michaelskinder (R., 1930), Der Gläubiger (R., 1934), Der Unheilige oder Die dieb. Freuden des Herrn von Bißwange-Haschezeck (R., 1948), Die Geschichten der Bibel (1952), Die Insel Matupi (Kindheitserinnerungen, 1955), Das kleine Fabulatorium (En., 1959), Der Stern von Burgund (R., 1961).

Behn, Aph[a]ra [engl. bɛın, bɛn], ≈ Wye (Kent) 10. Juli 1640, † London 16. April 1689, engl. Schriftstellerin.
Wuchs in Surinam auf, kehrte nach England zurück, lebte meist in London. Begabte Dramatikerin, die in ihren frivolen, oft derb-erot. Lustspielen typ. Vertreterin der lockeren Moralauffassung der Restauration ist. Ihr gegen die Sklaverei gerichteter humanitärer Tendenzroman „Oroonoko“ (1688) nimmt Rousseausches Gedankengut vorweg. Aphra B. gilt als erste engl. Berufsschriftstellerin.

Behrman, Samuel Nathaniel [engl. 'bɛəmən], * Worcester (Mass.) 9. Juni 1893, amerikan. Schriftsteller.
Studierte u.a. in Harvard; Verfasser von leichten Gesellschaftslustspielen mit literar. Anspruch, oft nach Stoffvorlagen anderer Autoren; auch Drehbuchautor.
Hauptwerke: Brief moment (Kom., 1931), Biography (Kom., 1932; dt. 1948), Haus Leonie (Kom., 1936; dt. 1948), Der Elfenbeinturm (Kom., 1939; dt. 1947), Jakobowsky und der Oberst (Kom., 1944, dt. 1960; mit F. Werfel), Jane (Kom. nach W. S. Maugham, dt. 1953).

Bek, Alexandr Alfredowitsch; tl.: Bek, Aleksandr Alfredovič [russ. bjɛk], * Saratow 3. Jan. 1903, russ.-sowjet. Schriftsteller.
Begann mit Aufsätzen für eine Militärzeitung; bekannt wurde er mit der Novelle „Kurako“ (1934); die Verteidigung Moskaus im 2. Weltkrieg hat der Roman „Die Wolokolamsker Chaussee“ (dt. 1947) zum Thema.
Weitere Werke: General Panfilows Reserve (R., dt. 1965), Höher und höher (R., dt. 1968).

Bekessy, Hans [ungar. 'bɛkɛʃi] ↑ Habe, Hans.

Bekker, Elizabeth ↑ Wolff-Bekker, Elizabeth.

Beklemischew, Juri Solomonowitsch; tl.: Beklemišev, Jurij Solomonovič [russ. bıklı'miʃəf] ↑ Krymow, Juri Solomonowitsch.

Belčeva ↑ Beltschewa.

Belčeva, Elisaveta ↑ Bagrjana, Elissaweta.

Belinski, Wissarion Grigorjewitsch; tl.: Belinskij, Visarion Grigor'evič [russ. bı'linskij], * Sveaborg (heute Suomenlinna, Finnland) 11. Juni 1811, † Petersburg (heute Leningrad) 7. Juni 1848, russ. Literaturkritiker.
Vor Abschluß des Literaturstudiums wegen eines gegen die Leibeigenschaft gerichteten Dramas relegiert; kam in den Kreis um Stankewitsch und Herzen. Als Kritiker war er an literar. Zeitschriften tätig. Er starb an Tuberkulose. B. ist der Begründer der soziolog. Literaturkritik, die weitgehend auf Berücksichtigung der Prinzipien der poet. Ästhetik verzichtet. Er begann jedoch als Verfechter der Prinzipien der reinen, nicht zweckbestimmten Kunst, kam dann, über etl. Zwischen-

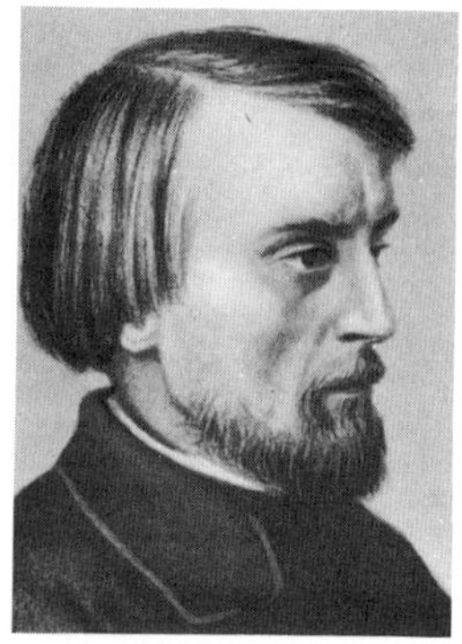

Wissarion Grigorjewitsch Belinski

stationen (Fichte, Hegel), zu einer Position, die ihn zum Vorkämpfer einer sozialbewußten, realist. Dichtkunst machte. Spürbar ist der Einfluß des frz. utop. Sozialismus. Folge seiner Parteilichkeit in der Beurteilung waren Fehlurteile, bes. gegenüber der älteren Generation. Den literar. Tendenzen seiner Zeit entsprach seine Einstellung eher. Bedeutung kommt ihm als Entdecker junger Talente zu. Auf die sowjet. Literaturkritik hat B. großen Einfluß gehabt. Sprachl. hat er bes. mit der Einführung neuer Termini (v.a. aus der dt. Philosophie), die er in seinen Essays verwendete, gewirkt.
Ausgabe: W. G. B. Ausgew. philosoph. Schrr. Dt. Übers. Moskau 1950.
Literatur: Schultze, Bernhard: *W. G. Belinskij. Mchn. 1958.* – Brodskij, N. L.: *W. G. Belinskij. Der große revolutionäre Demokrat, Philosoph u. Kritiker. Dt. Übers. Lpz. 1948.*

Bell, Acton [engl. bɛl] ↑ Brontë, Anne.

Bell, Currer [engl. bɛl] ↑ Brontë, Charlotte.

Bell, Ellis [engl. bɛl] ↑ Brontë, Emily Jane.

Bellamy, Edward [engl. 'bɛləmı], * Chicopee Falls (Mass.) 26. März 1850, † ebd. 22. Mai 1898, amerikan. Schriftsteller.
Wurde auf einer Europareise mit den sozialen Problemen vertraut; vertrat als Journalist, Erzähler und Essayist sozialutop. Ideen; Hauptwerk ist

der Roman „Ein Rückblick aus dem Jahre 2000 auf das Jahr 1887“ (dt. 1890). B. schrieb auch Romane, die sein Interesse an psycholog. Problemen beweisen.
Literatur: Bowman, S. E.: *Year 2000. A critical biography of E. B. New York 1958.*
Bellamy, Jacobus [niederl. 'bɛla:mi:], * Vlissingen 12. Nov. 1757, † Utrecht 11. März 1786, niederl. Dichter.
Bäckerlehrling; studierte, von Gönnern unterstützt, Theologie und lebte fast ausschließl. der Kunst; schrieb meist reimlose Gedichte von natürl. Einfachheit; spielte mit seinen „Vaderlandsche gezangen“ (1782f.) eine Rolle in der patriot. Bewegung; gilt als Schöpfer der anakreont. Dichtung in der niederl. Literatur.
Weitere Werke: Röschen (Epos, 1784; dt. 1834), Gezangen mijner jeugd (Ged., 1782), Gezangen (Ged., 1785).
Bellay, Joachim Du † Du Bellay, Joachim.
Belleau, Rémy (Remi) [frz. bɛ'lo], * Nogent-le-Rotrou (Eure-et-Loir) 1528, † Paris 6. März 1577, frz. Dichter.
Mitglied der Pléiade, hervorgegangen aus dem Kreis um Ronsard und Baïf im Pariser Collège de Coqueret; schuf eine Übersetzung von Anakreons „Liebesliedern“ („Odes d'Anacréon“, 1556), eine „Bergerie“ (1565) in Prosa mit vielen eingestreuten Gedichten und die Gedichtsammlung „Les amours et nouveaux échanges des pierres précieuses“ (1576), sein Hauptwerk.
Bellemère, Jean [frz. bɛl'mɛ:r] † Sarment, Jean.
Belli, Giuseppe Gioacchino [italien. 'bɛlli], * Rom 10. Sept. 1791, † ebd. 21. Dez. 1863, italien. Volksdichter.
War Hauslehrer und Sekretär; schilderte in seinen über 2000 teils humorvollen, teils sarkast.-realist. Sonetten (teilweise in röm. Dialekt) das Leben und Treiben des Volkes von Rom; gegen Klerus und Adel eingestellt.
Bellman, Carl Mikael [schwed. 'bɛlman], * Stockholm 4. Febr. 1740, † ebd. 11. Febr. 1795, schwed. Dichter.
Studierte in Uppsala, war Beamter, Hofsekretär König Gustavs III.; ständig in wirtschaftl. Schwierigkeiten. Frühe Erfolge, zu seiner Zeit der gefeiertste Dichter Schwedens. Seine Lieder, die er z.T. selbst vertonte, waren sehr populär. Rokokohafte Anmut, echte Empfindung und realist. Darstellung von Menschen und Ereignissen gehen in ihnen eine harmon. Verbindung ein. Unersättl. Daseinsfreude, Impressionen aus der schwed. Landschaft, auch aus den Straßen und Trinkstuben Stockholms, werden in seinem Werk lebendig. Hinter dem Lebensgenuß wird das Wissen um Tod und Elend deutlich. Seine Hauptwerke nannte B. (der „schwed. Anakreon“) „Fredmans Episteln“ (Ged., 1790; dt. 1909) und „Fredmans sånger“ (Ged., 1791); mit Fredman bezeichnete der Dichter sich selbst. Er meistert Sprache, Reim und Rhythmus virtuos.
Literatur: Kring B. Hg. v. L. G. Eriksson *u.a. Stockholm 1964.* – Friedrich, P.: *Der schwed. Anacreon. Bln. 1907.*

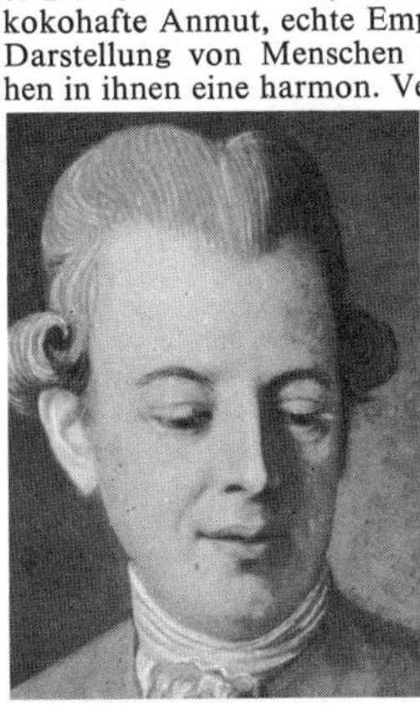
Carl Mikael Bellman (Gemälde von Per Krafft d. Ä.)

Bello, Andrés [span. 'bejo], * Caracas 29. Nov. 1781, † Santiago de Chile 15. Okt. 1865, venezolan. Schriftsteller, Jurist, Philosoph und Pädagoge.
Bis 1810 in Venezuela, danach bis 1829 in London; zuletzt in Chile mit dem Aufbau des Erziehungswesens beauftragt und Universitätsrektor; Freund A. Humboldts; vielseitige und einflußreiche Persönlichkeit; als Dichter zunächst im Gefolge der Schule von Salamanca, dann Übergang zur Romantik; auch fruchtbarer Übersetzer (Byron, Hugo u.a.), Sprach- und Literaturwissenschaftler („Gramática de la lengua castellana“, 1847, und Arbeiten über den „Cantar de mío Cid“).
Weitere Werke: Alocución a la poesía (Dichtung, 1823), Silva a la agricultura en la zona tórrida (Dichtung, 1827).
Bello, Francesco [italien. 'bɛllo], * vor 1450, † vor 1506, italien. Dichter.
Lebte am Hof von Mantua und Ferrara; blind (daher „Cieco da Ferrara“ genannt); schrieb in Nachahmung des „Orlando innamorato“ von Boiardo das große Heldengedicht „Il Mambrino“ in 45 Gesängen (1509).
Belloc, Hilaire [engl. 'bɛlək], * La Celle-Saint-Cloud bei Paris 27. Juli 1870, † Guildford (Surrey) 16. Juli 1953, engl. Schriftsteller.
In England erzogen, Studium in Oxford, 1903 brit. Staatsbürger; 1906–10 Parlamentsmitglied. Er begann mit Kindergeschichten. Seine Lyrik ist voll Lebensfreude, Zartheit und Ironie. Beliebt sind seine Epigramme; seine Essays zeichnen sich durch scharfen Intellekt aus („The silence of the sea“, 1906; „Hills and the sea“, 1941). Seine Reisebücher gehören zu den besten Werken dieser Gattung. Als Historiker („A history of England“, 1925–31) und Biograph („Robespierre“, 1901; „Oliver Cromwell“, dt. 1936) sowie in seinen soziolog. Werken mitunter parteiisch. Er vertritt den Liberalismus und setzt sich für die Tradition der röm.-kath. Kirche ein. Seine glänzende Rednerbegabung stellte er in den Dienst seiner Überzeugung.
Weitere Werke: Verses and sonnets (Ged., 1895), Die Juden (Abhandlung, dt. 1927), Gespräche mit einer Katze (Essays, dt. 1940), Kreuzfahrt der Nona (Reisebericht, dt. 1953).
Bellow, Saul [engl. 'bɛloʊ], * Lachine bei Montreal 10. Juli 1915, amerikan. Schriftsteller.
Studierte Anthropologie, Hochschullehrer, lebt in Tivoli (USA). In seinen Romanen und Novellen, die in brillantem Stil geschrieben sind, stellt er das Leben der Juden mit allen sozialen und psycholog. Schwierigkeiten dar. Er zeigt die Charaktere um ihrer selbst willen, er ist keiner Ideologie verpflichtet.

Hauptwerke: Mann in der Schwebe (R., 1944; dt. 1969), Das Opfer (R., 1947; dt. 1966), Die Abenteuer des Augie March (dt. 1953), Das Geschäft des Lebens (Novellen, dt. 1962), Der Regenkönig (dt. 1960), Herzog (R., dt. 1965).
Literatur: Opdahl, K.: *The novels of S. B.: An introduction. University Park (Pa.) 1968.* – † auch Updike, John [Hoyer].

Belloy, Dormont de [frz. bɛ'lwa], eigtl. Pierre Laurent Buyrette, * Saint-Flour (Cantal) 17. Nov. 1727, † Paris 5. März 1775, frz. Schauspieler und Dramatiker.
Früh Waise; studierte die Rechte, wandte sich aber bald der Schauspielerei zu; seit 1771 Mitglied der Académie française; berühmt durch sein der nationalen Geschichte entnommenes Stück „Le siège de Calais" (1765).
Weitere Werke: Zelmire (Dr., 1762), Gaston et Bayard (Dr., 1770), Gabrielle de Vergy (Dr., 1770), Pierre le cruel (Dr., 1772).

Belot, Adolphe [frz. bə'lo], * Pointe-à-Pitre (Guadeloupe) 6. Nov. 1829, † Paris 19. Dez. 1890, frz. Schriftsteller.
Arbeitete mit Ernest und Alphonse Daudet; begann als Dramatiker („Le testament de César Girodot", 1859), wandte sich dann aber dem Roman zu (u.a. „Les mystères mondains", 1874/75).

Beltramelli, Antonio [italien. beltra'mɛlli], * Forlì 11. Jan. 1879, † Rom 15. März 1930, italien. Schriftsteller.
Mitglied der königl. italien. Akademie; Faschist; fruchtbarer, aber oberflächl. Romanschriftsteller, der v.a. durch seine Romane aus der Romagna Bedeutung erlangte; verfaßte auch Kinderbücher.
Hauptwerke: Anna Perenna (R., 1904), Gli uomini rossi (R., 1904), Il cavalier Mostardo (R., 1921).

Beltschewa, Elissaweta [bulgar. 'bɛltʃɛva] † Bagrjana, Elissaweta.

Beltschewa, Mara Iwanowa; tl.: Belčeva, Mara Ivanova [bulgar. 'bɛltʃɛva], * Sewliewo 21. April 1868, † Sofia 16. März 1937, bulgar. Dichterin.
Befreundet mit dem Dichter Pentscho Slaweikow, dessen Lyrik auf ihre Dichtung wirkte. Sie schrieb v.a. idealisierende Liebesgedichte, die ihre Formgewandtheit erkennen lassen. Sie übersetzte Nietzsches „Also sprach Zarathustra" (1906) und G. Hauptmanns Drama „Die versunkene Glocke" (1929).

Bely, Andrei; tl.: Belyj, Andrej [russ. 'bjɛlij], eigtl. Boris Nikolajewitsch Bugajew; tl.: Boris Nikolaevič Bugaev, * Moskau 26. Okt. 1880, † ebd. 8. Jan. 1934, russ.-sowjet. Dichter.
Studierte Naturwissenschaften, dann Philosophie (Kant, Schopenhauer, stand den Neukantianern nahe). Oft im westl. Ausland, bes. in Deutschland. Spannungsreiche Freundschaft mit Blok; Einfluß Solowjows. Durch Balmont und Brjussow stieß B. zur Gruppe der russ. Symbolisten, er gehört zu ihren bedeutendsten Vertretern. Experimente mit der Verstechnik (ungenaue Reime und unregelmäßige Metren verwendete er bewußt). Nach anfangs optimist. Grundeinstellung kommt B. immer stärker zu myst. Neigungen, zeigt eine Vorliebe für das Düstere, Zwielichtige. Seine Prosa, die die Lyrik an Bedeutung übertrifft, steht teilweise in der Nachfolge der mit rhetor. Figuren reich geschmückten Prosa Gogols, kostet die lautl. und musikal. Werte der Wörter aus, verwendet rhythm. Stilisierungen, überrascht durch Neologismen. Auch in der Erzähltechnik experimentiert B., dessen Roman „Petersburg" (1916, dt. 1959) mit der Erzählweise von Joyces „Ulysses" verglichen worden ist. In dem autobiograph. Roman „Kotik Letajew" (1917f.) gestaltet er anthroposoph. Gedanken (Einfluß R. Steiners). Seine aufschlußreichen Erinnerungen sind oft entstellend.
Weitere Werke: Die silberne Taube (R., 1909; dt. 1961), Moskwa (R., 1926).
Literatur: Hönig, A.: *Andrej Belyjs Romane. Mchn. 1965.* – Maslenikow, O. A.: *The frenzied poets. A. Biely and the Russian symbolists. Berkeley (Calif.) 1952.*

Belzner, Emil, * Bruchsal 13. Juni 1901, dt. Schriftsteller.
Stammt aus einer Handwerker- und Bauernfamilie, Journalist; begann mit Versepen; außerdem zeitkrit., gegenwartsnahe Romane.
Hauptwerke: Die Hörner des Potiphar (Epos, 1924), Iwan der Pelzhändler oder ... (Epos, 1929), Marschieren – nicht träumen! (R., 1931), Ich bin der König (R., 1940), Der Safranfresser (R., 1953).

Bembo, Pietro [italien. 'bɛmbo], * Venedig 20. Mai 1470, † Rom 18. Jan. 1547, italien. Humanist und Dichter.
Lebte in Urbino, Rom, Padua und Venedig (Bibliothekar der Markusbibliothek), zuletzt als Kardinal in Rom; stand als Lyriker in der Nachfolge Petrarcas, verdient um die Wiederherstellung eines reinen Latein; verschaffte dem Toskan. in der italien. Sprache Geltung; von seinen literar. Werken sind bes. zu nennen: „Gli Asolani" (1505, Dialoge über die Liebe), „Prose della volgar lingua" (1525), „Rime" (1530), „Carmina" (1533), „Epistolae" (1535), „Rerum venetarum historiae libri XII" (hg. 1551).

Ben Akiba † Nušić, Branislav.

Benavente, Jacinto [span. bena'βente], * Madrid 12. Aug. 1866, † ebd. 14. Juli 1954, span. Dramatiker.
Jurastudium, zahlreiche Reisen in Europa und Amerika, Journalist, Leiter des span. Nationaltheaters, Hg. verschiedener Zeitschriften. Nobelpreis 1922. B., der ein umfangreiches Werk hinterließ (rund 200 Dramen u.a.), beherrschte als einer der erfolgreichsten span. Dramatiker die span. Bühne der Jahrhundertwende. In der Tradition der „alta comedia" stehend, setzte er sich gegen die vorwiegend melodramat. Stücke durch. Vom satir. Lustspiel bis zum philosoph. vertieften Drama reicht seine Ausdrucksfähigkeit, die sich v.a. in brillanten Dialogen manifestiert. Wesentlichstes Thema seiner spezif. span. Dramen (darum keine große Wirkung außerhalb Spaniens) sind die Fehler und Schwächen aller Schichten der Gesellschaft, die er mit Spott, Ironie und Skepsis zu geißeln weiß. Höhepunkte seines Schaffens sind „Los intereses creados" (Kom., 1907; dt. 1917 u. d. T. „Der tugendhafte Glücksritter oder...") und „Die frohe Stadt des Leichtsinns" (Kom., dt. 1919). Dargestellt wird die Situation Spaniens im 1. Weltkrieg.
Weitere Werke: El nido ajeno (Kom., 1894), La noche del sábado (Dr., 1903), Señora Ama (Kom., 1908), Die Liebe bewährt sich im Unglück (Dr., 1908; dt. 1948), Die Schule der Prinzessinnen (Kom., 1909; dt. 1918), Pepa Doncel (Kom., 1928).

Literatur: Pörtl, K.: *Die Satire im Theater B.s v. 1896 bis 1907. Mchn. 1966.*

Bencúr, Matej [slowak. 'bɛntsu:r] ↑ Kukučin, Martin.

Benda, Julien [frz. bɛ̃'da], * Paris 26. Dez. 1867, † Fontenay-aux-Roses bei Paris 7. Juni 1956, frz. Philosoph und Schriftsteller.

Studierte u.a. an der École centrale; zeitweilig Mitarbeiter von Péguys „Cahiers de la Quinzaine" und Journalist; verfocht gegenüber den Strömungen von Bergsonismus, Vitalismus, Intuitionismus und pathet. Philosophie einen absoluten Intellektualismus, den Kult der reinen Idee, die „Begeisterung des Geistes", und gegenüber gefühlsbetontem Nationalismus das rationale Prinzip der Demokratie. Seine Ideen legte er in zahlreichen philosoph. Abhandlungen und Essays nieder: „Belphégor" (1919), „La trahison des clercs" (1927, dt. 1948), „La France byzantine ou le triomphe de la littérature pure" (1945) u.a.; auch als Romancier und Erzähler Vertreter des reinen Intellekts („L'ordination", 1910, u.a.).

Bendemann, Margarete von ↑ Susman, Margarete.

Bender, Hans, * Mühlhausen (Kraichgau) 1. Juli 1919, dt. Schriftsteller.

Studium der Kunst- und Literaturgeschichte, unterbrochen durch Teilnahme am Krieg und Kriegsgefangenschaft. Hg. von Anthologien moderner Lyrik, mit W. Höllerer Hg. der Zeitschrift „Akzente", 1963/64 Chefredakteur des „Magnum". In seinen eigenen Werken ist B. stoffl. der Gegenwart und jüngsten Vergangenheit verhaftet; seine Themen gestaltet er in sachl. strengem Stil, ehrlich und verhalten; als Lyriker ohne Pathos.

Hauptwerke: Fremde soll vorüber sein (Ged., 1951), Eine Sache wie die Liebe (R., 1954), Wölfe und Tauben (En., 1957), Wunschkost (R., 1959), Mit dem Postschiff (En., 1962).

Ausgabe: H. B. Worte, Bilder, Menschen. Geschichten, Roman, Bericht, Aufs. Mchn. 1969.

Benedictis, Jacobus de ↑ Iacopone da Todi.

Benedictsson, Victoria [schwed. ˌbɛnədiktsɔn], geb. Bruzelius, Pseudonym Ernst Ahlgren, * Hof Domme (Schonen) 6. März 1850, † Kopenhagen 21. Juli 1888, schwed. Schriftstellerin.

Sorgfältige, jedoch lieblose Erziehung; Flucht aus der Tyrannei des Elternhauses in eine unglückl. Ehe mit einem um viele Jahre älteren, verwitweten Postmeister; nach ihrer Scheidung begann sie zu schreiben; schweres körperl. Leiden und die unglückl. Liebe zu G. Brandes trieben sie zum Selbstmord. In den vier Jahren ihres literar. Schaffens veröffentlichte sie vier humorvolle, realist. Bauernnovellen und zwei Eheromane, von denen „Geld" (dt. 1890) die Erlebnisse der eigenen Ehe widerspiegelt, während „Frau Marianne" (dt. 1897) den Sinn der Ehe als ein gegenseitiges Fördern und Wachsen in gemeinsam getragener Arbeit darstellt; bed. sind ihre Briefe und Tagebücher, während das gemeinsam mit A. Lundegård verfaßte Drama „I telefon" (1886) ohne Interesse blieb.

Benediktsson, Einar [isländ. 'bɛ:nɛdɪktsɔn], * Elliðavatn 31. Okt. 1864, † Herdísarvík 12. Jan. 1940, isländ. Schriftsteller.

Studierte Rechtswissenschaft; Journalist, später Staatsanwalt; große Reisen ins Ausland; kehrte unheilbar krank in die Heimat zurück. Begann mit impressionist. Skizzen und sozialpolit. Lyrik; zunächst dem Realismus verpflichtet, wurde er ein Vorkämpfer der Neuromantik in der isländ. Literatur; sein Spätwerk zeigt deutl. Ansätze zu metaphys. Spekulation.

Hauptwerke: Sögur og kvaeði (En. und Ged., 1897), Hafblik (Ged., 1906), Vogar (Ged., 1921), Hvammar (Ged., 1930).

Benedix, Lena ['be:nedɪks] ↑ Christ, Lena.

Benedix, Roderich ['be:nedɪks], * Leipzig 21. Jan. 1811, † ebd. 26. Sept. 1873, dt. Bühnenschriftsteller.

Schauspieler, Sänger, Bühnenleiter, später freier Schriftsteller. Schrieb etwa 100 bühnenwirksame, anspruchslose Lustspiele mit z.T. guter Situationskomik, jedoch mangelnder Charakterzeichnung, außerdem den Roman „Bilder aus dem Schauspielerleben" (1847), Erzählungen und Volksschriften.

Weitere Werke: Doktor Wespe (Lsp., 1843), Das Gefängnis (Lsp., 1859), Die zärtl. Verwandten (Lsp., 1866), Katechismus der Redekunst (1870).

Benelli, Sem [italien. be'nɛlli], * Prato (Toskana) 12. Aug. 1877, † Zoagli (Genua) 18. Dez. 1949, italien. Dramatiker.

Journalist und Leiter einer Theatergruppe; beteiligte sich 1918 an der Besetzung von Fiume unter Führung D'Annunzios, 1924 faschist. Abgeordneter; schrieb in der Art D'Annunzios pathet. Dramen und Tragödien, meist mit histor. Hintergrund.

Hauptwerke: La maschera di Bruto (1908), Das Mahl der Spötter (dt. 1912), L'amorosa tragedia (Dr., 1925), Proserpina (Dr., 1929).

Beneš, Karel Josef [tschech. 'bɛnɛʃ], * Prag 21. Febr. 1896, tschech. Schriftsteller.

Bemüht sich in psycholog. Romanen um Antworten auf Fragen des gesellschaftl. Lebens, krit. Einstellung zur bürgerl. Welt; behandelt auch philosoph. Fragen. Dt. erschien u.a. der Roman „Das rote Siegel" (1940, dt. 1960).

Beneš, Václav [tschech. 'bɛnɛʃ], Pseudonym Václav Beneš Třebízský, * Trebíz 24. Febr. 1849, † Marienbad 20. Juni 1884, tschech. Schriftsteller.

Kath. Priester; seine auf Quellenstudien beruhenden histor. Romanzyklen behandeln in schwärmer.-pathet. Stil die geschichtl. Epochen seiner Nation; wenig objektive Darstellung der Reformationszeit.

Benesch, Kurt ['bɛnɛʃ], * Wien 17. Mai 1926, östr. Schriftsteller.

Studium der Germanistik und Theaterwissenschaft in Wien (Dr. phil.); machte mit seinem Heimkehrerdrama „Im Namen der Menschheit" (1949) als Bühnenautor auf sich aufmerksam, schrieb dann auch Romane mit tiefem Symbolgehalt; auch Hörspiele und biograph. Romane für die Jugend.

Weitere Werke: Ein Boot will nach Abaduna (Dr., 1953), Die Flucht vor dem Engel (R., 1955), Der Maßlose (R., 1956), Valère (Kom., 1960), Akt mit Pause (Dr., 1961).

Benešová, Božena [tschech. 'bɛnɛʃɔva:], geb. Zapletalová, * Neutitschein 30. Nov. 1873, † Prag 8. April 1936, tschech. Dichterin.

Schrieb unter dem Einfluß Flauberts, später Dostojewskis impressionist. Romane, die sich mit Existenzproblemen des tschech. Bürgertums, bes. der Kriegs- und Nachkriegszeit, auseinandersetzen; schrieb auch dem Symbolismus nahestehende Lyrik und impressionist. Dramen.

Benét, Stephen [engl. bɪ'nɛɪ], * Bethlehem (Pa.) 22. Juli 1898, † New York 13. März 1943, amerikan. Schriftsteller.
Nach Studien in Yale und Paris Mitarbeiter literar. Zeitschriften. B. fesselt durch balladeske Darstellung bes. histor. (meist amerikan.) Themen; überzeugende psycholog. Motivierung; Kurzgeschichten mit Themen aus Sage und Legende; Porträts bed. Amerikaner („Ein Buch über Amerikaner", dt. 1956). Humor und Einfallsreichtum zeichnen seine Werke aus, von denen der Balladenkranz „John Brown's body" (1928) und „Western star" (Ged., 1943) mit dem Pulitzerpreis ausgezeichnet wurden.
Weitere Werke: Heavens and earth (Ged., 1920) Tiger Joy (Ged., 1925), Ballads and poems (Ged., 1931), Thirteen o'clock (Kurzgeschichten, 1937), They burned the books (Dr., 1942), Selected stories (En., 1947), Daniel Webster und die Seeschlange (En., dt. Ausw. 1949).

Benét, William Rose [engl. bɪn'ɛɪ], * Fort Hamilton (N.Y.) 2. Febr. 1886, † New York 4. Mai 1950, amerikan. Dichter.
Bruder von Stephen B.; Studium in Yale; Mitbegründer und Hg. literar. Zeitschriften und Anthologien; Verfasser krit. Essays; als Lyriker meist formal und gehaltl. unkompliziert; Neigung zu skurril-phantast. Humor.
Hauptwerke: Perpetual light (Ged., 1919), Man possessed (1927), Sagacity (Ged., 1929), With wings as eagles (Ged., 1940), The dust which is God (Ged., 1941), Timothy's angels (Ged., 1947).

Benézēs ↑ Wenesis.

Ben-gavriêl, Moscheh Ya'akov, eigtl. Eugen Hoeflich, * Wien 15. Sept. 1891, † Jerusalem 17. Sept. 1965, israel. Schriftsteller östr. Herkunft.
Sohn eines Arztes, im 1. Weltkrieg als östr. Offizier im damals türk. Jerusalem verwundet, siedelte nach Palästina über, war Offizier der israel. Armee, später Journalist in Jerusalem. Stellt erzählfreudig das Leben in Israel aus den verschiedensten Perspektiven dar; außer kom.-iron. Darstellungen verfaßte er u. a. den Roman „Das Haus in der Karpfengasse" (1958), in dem er erschütternd von den Erlebnissen der Prager Juden im Dritten Reich berichtet, und die bekanntgewordene Autobiographie „Die Flucht nach Tarschisch" (1963); außerdem Erzählungen, Hörspiele, Essays und eine Geschichte des Staates Israel.
Weitere Werke: Pforte des Ostens (1923), Frieden und Krieg des Bürgers Mahaschavi (R., 1952), Das anstößige Leben des großen Osman (R., 1956), Der Mann im Stadttor (R., 1960), Die sieben Einfälle der Thamar Dor (En., 1962), Kamele trinken auch aus trüben Brunnen (R., 1965), Ein Löwe hat den Mond verschluckt (E., 1965).

Bengtsson, Frans Gunnar [schwed. 'bɛŋktsɔn], * Tåsjö (Kristianstad) 4. Okt. 1894, † Stockholm 19. Dez. 1954, schwed. Schriftsteller.
Sohn eines Gutsverwalters; Studium in Lund; formvollendete Gedichte, stilist. und sprachl. kunstvolle Essays; behandelte mit Vorliebe histor. Stoffe; sein volkstümlichstes Werk ist der Wikingerroman „Die Abenteuer des Röde Orm" (dt. 1951), der im Sagastil humorvoll-iron., sprachl. virtuos, mitunter drast.-derb die oft kuriosen Abenteuer eines Wikingergeschlechtes schildert.
Weitere Werke: Tärningkart (Ged., 1923), De långhåriga merovingerna (Essay, 1933), Karl XII. (Biogr., 1935f.; dt. 1957), För nöjes skull (Essay, 1947).

Beniak, Valentín [slowak. 'bɛn̂iak], * Chynorany 19. Febr. 1894, slowak. Dichter.
Seine ersten lyr. Arbeiten standen unter dem Einfluß des Symbolismus, später der Poésie pure, westeurop. orientiert, jedoch heimatverbunden.

Benincasa, Caterina [italien. beniŋ'ka:sa] ↑ Katharina von Siena.

Beniuc, Mihai [rumän. be'njuk], * Sebiş bei Arad 20. Nov. 1907, rumän. Lyriker.
Studierte u. a. in Deutschland; kommunist. Funktionär und Parteidichter; beeinflußt von der ungar. Dichtung, später von Jessenin und Majakowski; gelegentlich echte lyr. Gestaltungskraft, oft deklamator. Pathos.

Benjamin, René [frz. bɛ̃ʒa'mɛ̃], * Paris 20. März 1885, † Tours 4. Okt. 1948, frz. Schriftsteller.
Mitglied der Académie Goncourt 1938–45; bekannt durch seine bürgerl. Romane, in denen er satir. die menschl. Dummheit in ihren verschiedenen Erscheinungsformen in Staat und Verwaltung darstellte; auch Dramatiker.
Hauptwerk: Gaspard (R., 1915).

Benjamin, Walter ['bɛnjami:n], Pseudonyme Detlef Holz, C. Conrad u. a., * Berlin 15. Juli 1892, † Port Bou (Spanien) 26. (27.?) Sept. 1940, dt. Literaturkritiker und Schriftsteller.
Studierte Philosophie, lebte als freier Schriftsteller seit 1933 in Paris; beging aus Furcht vor der Auslieferung an die Gestapo Selbstmord. B. war Marxist, er gibt in seinen Werken scharfsinnige Analysen der modernen Gesellschaft, seine Kritik trifft die geistige und sittliche Korruptheit des Bürgertums. Der künstler. „Verwilderung" stellt B. Gesetz, Maß und Form entgegen, die er bei Goethe, Hölderlin und George findet. Knappe Diktion, präziser Ausdruck und straffe Komposition geben seinem Werk hohen literar. Rang. Auch Übersetzer (Baudelaire, Proust).
Hauptwerke: Ursprung des dt. Trauerspiels (1928), Einbahnstraße (Aphorismen, 1928), Das Kunstwerk im Zeitalter seiner techn. Reproduzierbarkeit (1936).
Literatur: Bachmann, D.: *B. In:* Bachmann: *Essay u. Essayismus. Stuttg. 1969. – Über W. B. Mit Beitr. v.* Th. W. Adorno *u. a. Frkf.* ²*1968.*

Ben Jonson ↑ Jonson, Ben.

Benn, Gottfried, * Mansfeld (Westprignitz) 2. Mai 1886, † Berlin 7. Juli 1956, dt. Dichter.
Pfarrerssohn, studierte Medizin, war in beiden Weltkriegen Militärarzt, ließ sich 1917 in Berlin als Facharzt für Haut- und Geschlechtskrankheiten nieder (Praxis bis 1935). B. begrüßte 1933 den Nationalsozialismus („Der neue Staat und die Intellektuellen", Essays, 1933; „Kunst und Macht", Essays, 1934), in dem er, ein an sich unpolit. Mensch, eine Macht sah, die dem europ. Intellektualismus den Kampf ansagte. Sein Irrtum, bereits 1934 erkannt, ließ ihn, dem nationalsozialist. Regime suspekt und ab 1937 verboten, 1935–48 schweigen. In dem Aufsatz „Kunst und Drittes Reich" (entstanden 1941) demonstriert er seine gewandelte Auffassung. B. begann als Expressionist, in hämmernder Sprache die Welt des

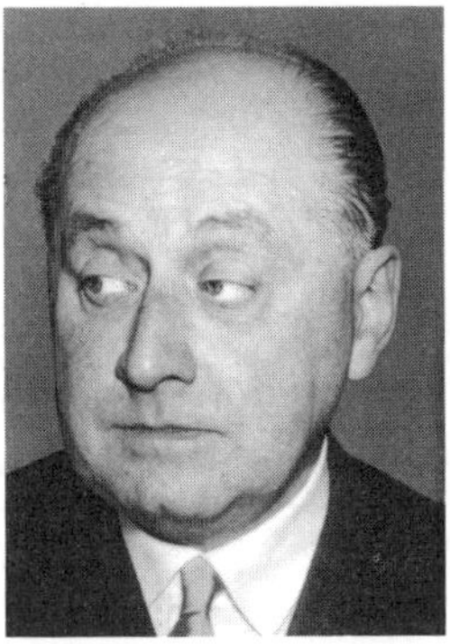

Gottfried Benn

Ekels, des verwesenden menschl. Leibes, der für den Menschen mit all seinen geistigen und moral. Ansprüchen steht, darstellend. In hartem Substantivstil stellt er Fachwörter neben Jargonausdrücke, moderne Wortprägungen neben poet., klass.-romantische. Kalt sezierend und registrierend negiert er, der dichtende Arzt, das Leben. Der Tragik des Nihilismus setzt er seinen absoluten Glauben an die formale Kraft der Kunst entgegen. In seinen Gedichten aus der Zeit nach dem 2. Weltkrieg werden die Seinsabgründe in kühleren Kombinationen von Gedanken und Stimmungen deutlich. Seine Essays sind Rechtfertigungsversuche seiner Existenz, die Novellen behandeln meist philosoph. Themen. Der Einfluß B.s ist beträchtlich.

Weitere Werke: Morgue (Ged., 1912), Gehirne (Novellen, 1916), Fleisch (Ged., 1917), Das moderne Ich (Essays, 1919), Gesammelte Gedichte (1927), Gesammelte Prosa (1928), Nach dem Nihilismus (Essays, 1932), Stat. Gedichte (1948), Ausdruckswelt (Essays, 1949), Trunkene Flut (Ged., 1949), Der Ptolemäer (E., 1949), Drei alte Männer (Gespräche, 1949), Doppelleben (Autobiogr., 1950), Fragmente (Ged., 1951), Probleme der Lyrik (Vortrag, 1951), Destillationen (Ged., 1953), Aprèslude (Ged., 1955), Gesammelte Gedichte 1912–56 (1956).

Ausgabe: G. B. Ges. Werke in 4 Bden. Hg. v. D. Wellershoff. *Wiesb.* $^{2-3}$*1965–66; Paperback-Ausg. 1968. 8 Bde.*

Literatur: Bleinagel, B.: *Absolute Prosa. Ihre Konzeption u. Realisierung bei G. B. Bonn 1969.* – Lennig, W.: *G. B. in Selbstzeugnissen u. Bilddokumenten. Reinbek bei Hamb.* ^{6}*1968.* – Usinger, F.: *G. B. u. die Medizin. Wiesb. 1967.* – Allemann, B.: *G. B. Das Problem der Gesch. Pfullingen 1962.* – Buddeberg, E.: *Probleme um G. B. Die B.-Forsch. 1950–60. Stuttg. 1962.* – Wodtke, F. W.: *G. B. Stuttg. 1962.* – Lohner, E.: *G. B. Bibliogr. 1912–1956. Wiesb.* ^{2}*1961.* – Wellershoff, D.: *G. B. Phänotyp dieser Stunde. Eine Studie über den Problemgehalt seines Werkes. Köln 1958.* – ↑ auch Heym, Georg.

Bennett, Arnold [engl. 'bɛnɪt], * Shelton bei Hanley 27. Mai 1867, † London 27. März 1931, engl. Schriftsteller.

Studierte Jura, war Journalist und freier Schriftsteller; B. schrieb zahlreiche Romane, Kurzgeschichten, Dramen und Essays, die literar. Qualität ist sehr unterschiedlich. Glänzend geschriebene Kolportageromane („Das Grandhotel Babylon", dt. 1924) und realist. Romane, von denen „Konstanze und Sophie oder Die alten Damen" (dt. 1932) und die Trilogie „Die Familie Clayhanger" (dt. 1930), die das enge Leben in der Kleinstadt des „pottery district" schildern, hervorzuheben sind. Realist. Detailzeichnung und Charakteristik, auch Güte und Humor. Einfluß der frz. Realisten ist spürbar. Auch als Bühnenautor erfolgreich („Das große Abenteuer", dt. 1926). Charakterist. für sein essayist. Werk ist „Leben, Liebe und gesunder Menschenverstand" (dt. 1926).

Weitere Werke: Millionenjäger (Schsp., dt. 1926), Die Laster der kleinen Leute (R., dt. 1927), Eine tolle Nummer (R., dt. 1962), Geschichten aus den 5 Städten (En., dt. 1967).

Literatur: Hall, J.: *A. B. Primitivism and taste. Seattle (Wash.) 1959.* – Pound, R.: *A. B. London 1952.*

Benoit, Pierre [frz. bə'nwa], * Albi (Tarn) 16. Juli 1886, † Ciboure (Basses-Pyrénées) 3. März 1962, frz. Schriftsteller.

Studierte in Algier und Paris; Weltreise; 1931 Mitglied der Académie française; begann als Lyriker unter dem Einfluß der Parnassiens („Diadumène", 1914), wandte sich aber nach dem Krieg dem Roman zu; als „Romanschriftsteller der Geschichte", wie er sich selber nannte, schrieb er erfolgreiche, vorzügl. dokumentierte und auch psycholog. folgerichtig aufgebaute [Abenteuer]romane.

Hauptwerke: Königsmark (dt. 1924), Atlantis (dt. 1923), Der Salzsee (dt. 1925), Das Fräulein von La Ferté (dt. 1927), Der Jakobsbrunnen (dt. 1929), Alzira (dt. 1948).

Benoît de Sainte-More (B. de Sainte-Maure) [frz. bənwadsɛ̃t'mɔ:r], altfrz. Dichter des 12. Jh.s aus Sainte-Maure-de-Touraine.

Verfaßte um 1170 nach lat. Chroniken sowie nach der frz. Reimchronik von Wace die „Chronique des Ducs de Normandie", ferner nach den spätlat. Darstellungen von Dares und Dictys den ältesten mittelalterl. Trojaroman „Roman de Troie" (30000 Achtsilber), der zum Ausgangspunkt fast aller übrigen mittelalterl. Trojadichtungen wurde und in ganz Europa verbreitet war.

Literatur: Witte, R.: *Der Einfluß v. B.s Roman de Troie auf die altfrz. Lit. Diss. Gött. 1904.*

Benrath, Henry ['bɛnra:t], eigtl. Albert Heinrich Rausch, * Friedberg (Hessen) 5. Mai 1882, † Magreglio bei Como 11. Okt. 1949, dt. Schriftsteller.

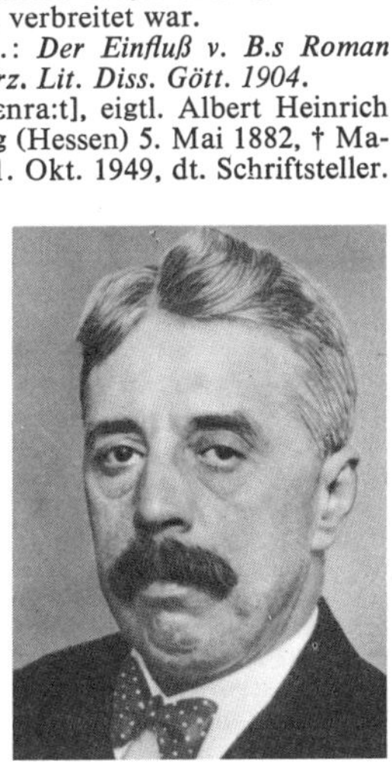

Arnold Bennett

Studierte Geschichte und Philologie, lebte seit 1940 in Oberitalien. Er begann mit Lyrik unter dem Einfluß Platens und Georges, bes. erfolgreich war er mit seinen Geschichtsromanen. In den zeitkrit. Romanen, in denen er ein überzeugendes Bild der Gesellschaft gibt, zeigt sich sein eigtl. Talent.
Hauptwerke: Flutungen (Novellen, 1910), Vigilien (Ged., 1911), Ball auf Schloß Kobolnow (R., 1932), Die Mutter der Weisheit (R., 1933), Die Kaiserin Konstanze (R., 1935), Die Kaiserin Galla Placidia (R., 1937), Die Kaiserin Theophano (R., 1940), Die Geschenke der Liebe (R., 1952), Erinnerung an die Erde (Ged., 1953).

Benserạde, Isaac de [frz. bɛ̃'srad], * Paris oder Lyons-la-Forêt (Eure) 5. Nov. 1613, † Gentilly bei Paris 20. Okt. 1691, frz. Dichter.
1674 Mitglied der Académie française; schrieb Ballette für den Hof Ludwigs XIV., dessen Gunst er genoß, und lyr. Gedichte, von denen das Sonett auf Hiob, „Job“ (1649), einen literar. Streit zwischen den Verehrern dieses Sonetts („Jobelins“) und denen des von Voiture um 1631 verfaßten Sonetts „Uranie“ („Uranins“) hervorrief.

Bẹnson, Edward Frederic [engl. bɛnsn], * Wellington College (Berkshire) 24. Juli 1867, † London 29. Febr. 1940, engl. Schriftsteller.
Bruder von Robert Hugh B.; studierte in Cambridge, dann archäolog. Arbeiten in Griechenland; später im städt. Verwaltungsdienst; Verfasser unterhaltsamer Gesellschaftsromane, hatte großen Erfolg mit dem als Schlüsselroman verstandenen Erzählwerk „Dodo“ (dt. 1895).
Weitere Werke: Mammon & Co. (R., dt. 1905), Dodo the second (R., 1914).

Bẹnson, Robert Hugh [engl. bɛnsn], * Wellington College (Berkshire) 18. Nov. 1871, † Salford (Lancashire) 19. Okt. 1914, engl. Schriftsteller.
Konvertierte 1903 zum Katholizismus, wurde kath. Priester, 1911 päpstl. Kammerherr. Essayist, religiöser Dramatiker, v.a. Verfasser populärer, meist histor. Romane, die auch religionsgeschichtl. Fragen behandeln; in seinem Hauptwerk, dem Roman „Der Herr der Welt“ (dt. 1911), setzt sich B. mit dem Antichristlichen auseinander.
Weitere Werke: Die Tragödie der Königin (R., dt. 1910), Ein Durchschnittsmensch (R., dt. 1915).

Bẹnson, Stella [engl. bɛnsn], * Lutwyche Hall bei Much Wenlock (Shropshire) 6. Jan. 1892, † Hongay (Tonkin) 6. Dez. 1933, engl. Schriftstellerin.
Unternahm ausgedehnte Reisen, bes. nach den USA und O-Asien, die ihr die Kenntnisse und Erfahrungen vermittelten, die sie in ihren realist. Romanen verwertete. Ihre Werke zeichnen sich durch Charakterisierungskunst und meist auch durch soziales Engagement aus. Als bedeutendstes Werk gilt der Flüchtlingsroman „Tobit transplanted“ (1931).
Weiteres Werk: Fremd wie mein Geliebter (R., dt. 1930).

Bẹntlage, Margarete zur, * Hof Bentlage bei Menslage (Emsland) 24. März 1891, † Garmisch-Partenkirchen 16. Febr. 1954, dt. Schriftstellerin.
Entstammt einem alten Bauerngeschlecht, heiratete den Graphiker Rudolf Schiestl, nach dessen Tod sie sich unter ihrem Mädchennamen als freie Schriftstellerin in Markkleeberg bei Leipzig niederließ; Heirat mit dem Verleger Paul W. List, später Aufenthalt in München und Garmisch; schrieb humorvolle, psycholog. genaue Romane und Erzählungen aus der bäuerl. Welt ihrer emsländ. Heimat.
Hauptwerke: Unter den Eichen (En., 1933), Das blaue Moor (R., 1934), Die Verlobten (R., 1938), Durchsonnte Nebel (En., 1946), Am Rande der Stadt (R., 1949).

Beọlco, Angelo [italien. be'olko] ↑ Ruzzante.

Bẹowulf, altengl. Stabreimepos; ältestes und einziges vollständig erhaltenes altgerman. Heldenlied, dessen heute vorliegende Textform wahrscheinl. im 10. Jh. nach Quellen entstanden ist, die aus dem 8. Jh. stammen und sich auf das 6. Jh. beziehen; als Verfasser gilt ein gelehrter Mönch, der sich formal an lat. Vorbildern, u.a. der „Aeneis“, geschult hatte und die alte heidn. Sage mit christl. Beimischungen versah; episod. Darstellung des Lebens von B., eines [südschwed.] Gautenfürsten; die beiden Episoden der Sage behandeln B.s Kampf gegen das Ungeheuer Grendel und dessen Mutter sowie den siegreichen Drachenkampf B.s, in dem der Fürst, das Ideal des german. Helden, den Tod findet. Das Epos endet mit Totenklage, Bestattung und Fürstenlob. Wichtige kulturhistor. Quelle.
Ausgaben: Lehnert, M.: *B. Eine Ausw. mit Einf., teilweise Übers., Anmerkungen u. etymolog. Wörterb. Bln.* ^{4}*1967. – B. u. das Finnsburg-Bruchstück. Dt. Übertragung. Nachdr. Stuttg. 1964. – B. Hg. v.* M. Heyne *u.* L. Schücking. *Bearb. v.* E. v. Schaubert. *Paderborn* ^{17}*1961–63. 3 Tle.*
Literatur: Stevick, R. D.: *Suprasegmentals, meter and the manuscript of „B“. Den Haag 1968. – An anthology of B. criticism. Hg. v.* L. E. Nicholson. *Notre Dame (Ind.) 1963.* – Chambers, R.W.: *B., an introduction. Cambridge* ^{3}*1959.* – Panzer, F.: *B. Mchn. 1959.*

Bẹpp ↑ Marti, Hugo.

Bérangẹr, Pierre Jean de [frz. berã'ʒe], * Paris 19. Aug. 1780, † ebd. 16. Juli 1857, frz. Lyriker.
Erfolgreichster und populärster frz. Liederdichter des 19. Jh.s, der mit seinen mutigen, formgewandten, auch sentimentalen Liedern die Pariser mitriß. Nach unpolit. Anfängen wandte er sich nach Rückkehr der Bourbonen gegen sie und die Restauration; er war an der Bildung der Napoleonlegende maßgebl. beteiligt. Nach dem Sturz der Bourbonen wurde er als Nationalheld stürmisch gefeiert. Seine wichtigsten Werke sind 5

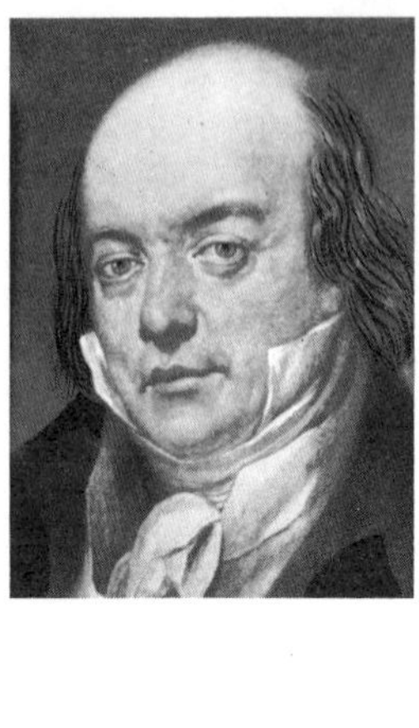
Pierre Jean de Béranger (Stich nach einem Gemälde von Ary Scheffer)

Liedersammlungen (1815–33) und „Ma biographie" (1857).
Literatur: Fischer, J. O.: *P.-J. de B. Werk u. Wirkung. Dt. Übers. Bln. 1960.* – Janin, J.: *B. et son temps. Paris 1866. 2 Bde.*

Berceo, Gonzalo de [span. bɛr'θeo], * Berceo (Logroño) um 1195, † ebd. nach 1264, span. Dichter.
Weltgeistlicher, ältester namentl. bekannter span. Dichter; verfaßte zahlreiche geistl. Dichtungen in 4zeiligen, einreimigen Alexandrinerstrophen, die sich durch kindl. Naivität des Tons auszeichnen; zu nennen sind neben seinen Heiligenviten (u.a. „La vida de Santo Domingo de Silos") bes. seine Marienwunder „Milagros de Nuestra Señora".

Berchet, Giovanni [italien. bɛr'ʃɛ], Pseudonym Crisostomo, * Mailand 23. Dez. 1783, † Turin 23. Dez. 1851, italien. Dichter frz. Abkunft.
Studierte in Mailand; Verwaltungsbeamter; 1821–48 im polit. Exil in Frankreich, England und Belgien, nach Rückkehr in Italien begeistert empfangen; konservativer Monarchist; Freund Manzonis; einer der bekanntesten Vertreter der italien. Romantik, v.a. Lyriker; suchte auf den Volksgeist durch nationale Dichtungen und durch die Erinnerung an die große histor. Zeit der Literatur einzuwirken; daneben flammender Patriot im Sinne des 19. Jh.s; auch Übersetzer.
Hauptwerke: Romanze (1822ff.), Fantasie (Ged., 1829).

Berdyczewski, Micha Josef [bɛrdʏ'tʃɛfski] ↑ Bin Gorion, Micha Josef.

Berend, Alice, * Berlin 30. Juni 1878, † Florenz 2. April 1938, dt. Schriftstellerin.
Jugendjahre z.T. in Italien; später Aufenthalt in den nord. Ländern, zuletzt Emigrantin in Florenz; schrieb humorvolle, gut beobachtete Romane aus der Welt des Bürgertums.
Hauptwerke: Frau Hempels Tochter (R., 1913), Die Bräutigame der Babette Bomberling (R., 1914), Der Herr Direktor (R., 1928), Spießbürger (R., 1938).

Berens-Totenohl, Josefa ['to:tən'o:l], eigtl. J. Berens, * Grevenstein (Sauerland) 30. März 1891, dt. Schriftstellerin.
Tochter eines Schmiedes, längere Zeit Lehrerin und Malerin. Ihre im Edda- und Sagastil geschriebenen Romane spiegeln die in der Überlieferung verwurzelte bäuerl. Welt ihrer westfäl. Heimat; auch Lyrik.
Hauptwerke: Der Femhof (R., 1934), Das schlafende Brot (Ged., 1936), Einer Sippe Gesicht (Epos, 1941), Im Moor (R., 1944), Die Liebe des Michael Rother (E., 1953), Das Gesicht (Nov., 1955), Die heiml. Schuld (R., 1960).

Berent, Wacław [poln. 'bɛrɛnt], * Warschau 28. Sept. 1873, † ebd. 22. Nov. 1940, poln. Schriftsteller.
Studierte Biologie in Deutschland und in der Schweiz; beeinflußt von Nietzsche, dessen „Zarathustra" er übersetzte; übte in kultivierten, ästhetisierenden Romanen Kritik an der gesellschaftl. Dekadenz der Jahrhundertwende; verzichtete später auf sprachl. Experimente und wandte sich dem histor. Roman zu. Als ein Hauptwerk gilt „Edelfäule" (R., dt. 1908).

Beresford, John Davys [engl. 'bɛrɪzfəd], * Castor bei Peterborough (Northampton) 7. März 1873, † Bath 2. Febr. 1947, engl. Schriftsteller.
Architekt, seit 1907 literar. Arbeiten. Beeinflußt von Th. Hardy und S. Butler, schildert er in manchmal mit autobiograph. Elementen durchwobenen Romanen Generationenkonflikte der engl. Mittelklasse in iron.-satir. Stil. Er schrieb auch psychoanalyt. Romane und Erzählungen und war Mitautor einiger Dramen.
Hauptwerke: History of Jacob Stahl (R., 1911), The old people (R., 1931), The middle generation (R., 1932), The young people (R., 1933), What I believe (Schriften, 1936), The unfinished road (R., 1938).

Berg, Bengt [Magnus Kristoffer] [schwed. bærj], * Kalmar 9. Jan. 1885, † Bokenäs am Kalmarsund 31. Juli 1967, schwed. Ornithologe und Schriftsteller.
Forschungsreisen nach Afrika und Zentralasien, legte auf seinem Landsitz ein Vogelparadies an. B. begann mit Belletristik, bekannt machten ihn seine Tierbücher, die er auf wissenschaftl. Grundlage anschaul., interessant, unter Einbeziehung der Landschaft gestaltete. Bed. auch als Tierphotograph.
Hauptwerke: Mein Freund der Regenpfeifer (dt. 1925), Mit den Zugvögeln nach Afrika (dt. 1924), Die letzten Adler (dt. 1927), Die Liebesgeschichte einer Wildgans (dt. 1930), Tiger und Mensch (dt. 1934), Meine Abenteuer unter Tieren (dt. 1955).

Bergengruen, Werner [...gry:n], * Riga 16. Sept. 1892, † Baden-Baden 4. Sept. 1964, dt. Schriftsteller.
Studium in Marburg, München und Berlin, Kriegsteilnehmer, konvertierte 1936 zum Katholizismus; bed. seine Novellen, die, wie auch seine Romane streng gebaut, auf eine Handlungslinie konzentriert sind. Ausgewogene reife Erzählkunst, Geschlossenheit der inneren und äußeren Form, Fabulierfreude kennzeichnen sein Werk, das häufig histor. Stoffe mit religiöser Thematik, psycholog. und kriminalist. Motiven behandelt. Aus ewigen Ordnungen erhält das Geschehen seinen Sinn. Auch Lyrik, Reisebücher, Jugendbücher, Übersetzungen russ. Literatur (Tolstoi, Dostojewski, Turgenjew).
Hauptwerke: Das große Alkahest (R., 1926, 1938 u. d. T. Der Starost), Herzog Karl der Kühne oder... (R., 1930, Neufassung 1943), Die Feuerprobe (Nov., 1933), Der Großtyrann und das Gericht (R., 1935), Die Rose von Jericho (Ged., 1936), Die drei Falken (Nov., 1937), Der Tod von

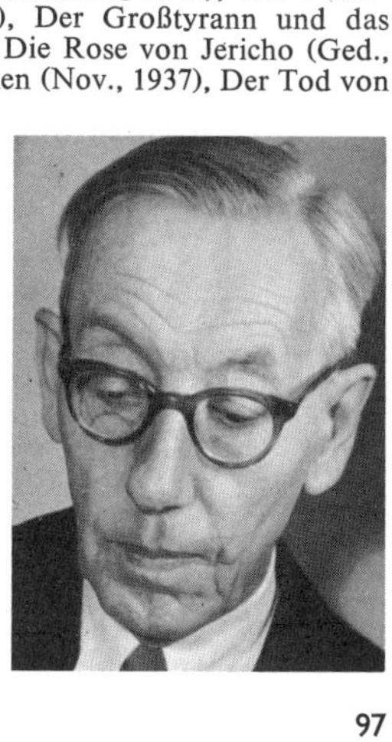

Werner Bergengruen

Reval (En., 1939), Am Himmel wie auf Erden (R., 1940), Der span. Rosenstock (Nov., 1941), Dies irae (Ged., 1945), Pelageja (E., 1947), Das Feuerzeichen (R., 1949), Die heile Welt (Ged., 1950), Der letzte Rittmeister, Die Rittmeisterin, Der dritte Kranz (R.-Trilogie, 1952, 1954 und 1962), Die Schwestern aus dem Mohrenland (E., 1963), Räuberwunder (Novellen, 1964), Dichtergehäuse. Aus den autobiograph. Aufzeichnungen (hg. 1966).
Literatur: Bänziger, H.: *W. B. Weg u. Werk. Bern u. Mchn. ³1968.* – Wilk, W.: *W. B. Bln. 1968.* – Meier, Peter: *Die Romane W. B.s. Bern u. Mchn. 1967.*

Berger, Alfred Freiherr von, * Wien 30. April 1853, † ebd. 24. Aug. 1912, östr. Theaterleiter und Schriftsteller.
1899–1910 Direktor des Dt. Schauspielhauses in Hamburg, 1910–12 des Wiener Burgtheaters; sein schriftsteller. Schaffen umfaßt Erzählungen, Dramen und Lyrik, bedeutender jedoch seine dramaturg. Schriften.
Hauptwerke: Oenone (Dr., 1873), Gedichte (1878), Dramaturg. Vorträge (1890).

Berger, Johan Henning [schwed. ˈbærjər], * Stockholm 22. April 1872, † Kopenhagen 30. März 1924, schwed. Erzähler.
Weilte mehrere Jahre in den USA; nach seiner Rückkehr Theaterkritiker an „Dagens Nyheter", seit 1909 in Kopenhagen. Schrieb zahlreiche Novellen und Romane mit Motiven aus Stockholm oder amerikan. Großstädten; impressionist.-realist., jedoch äußerl.-oberflächl. Schilderungen.
Hauptwerke: Ysaïl (R., dt. 1908), Syndafloden (Dr., 1908), Drömlandet (R., 1909), Die andere Seite (R., dt. 1919).

Bergerac, Cyrano de ↑ Cyrano de Bergerac, Savinien de.

Bergerat, Émile [frz. bɛrʒəˈra], * Paris 29. April 1845, † ebd. 13. Okt. 1923, frz. Schriftsteller.
Mitglied der Académie Goncourt 1919; Journalist und Kritiker; schrieb zahlreiche [histor.] Dramen (in Prosa und in Versen), Romane, Gedichte, Essays und Kritiken.
Hauptwerke: Plus que reine (Dr., 1899), La fontaine de Jouvence (Dr., 1906), Souvenirs d'un enfant de Paris (1911 f.).

Berggolz, Olga Fjodorowna; tl.: Berggol'c, Ol'ga Fedorovna [russ. bɪrgˈgɔljts], * Petersburg (heute Leningrad) 16. Mai 1910, russ.-sowjet. Schriftstellerin.
Studierte in Leningrad Philologie; Schülerin der Akmeisten, bes. von A. Achmatowa beeinflußt. Dt. liegt vor: „Ursprung der Legende" (E., dt. 1960), „Galja und die Deutschen" (E., dt. 1962), „Tagessterne" (lyr.-philosoph. Prosa, dt. 1963).

Bergman, Bo Hjalmar [schwed. ˌbærjman], * Stockholm 6. Okt. 1869, † ebd. 17. Nov. 1967, schwed. Dichter.
Nach dem Studium der Rechtswissenschaft Tätigkeit im Postministerium; unternahm größere Reisen; Resignation, Schwermut, aber auch Leidenschaft und Aggressivität bestimmen B.s Lyrik, die in schlichter natürl. Sprache und kunstloser Form stimmungsvolle Bilder zu malen weiß; in seinen z.T. trag. Novellen zeigt sich B. als vortreffl. Naturschilderer und ausgezeichneter Darsteller des Großstadtlebens in Stockholm; scharfer Zeitkritiker.
Hauptwerke: Marionetterna (Ged., 1903), Elden (Ged., 1917), Trots allt (Ged., 1931), Gamla gudar (Ged., 1939), Epiloger (Nov., 1946), Skulden (Nov., 1948).

Bergman, Hjalmar Fredrik Elgérus [schwed. ˌbærjman], * Örebro 19. Sept. 1883, † Berlin 1. Jan. 1931, schwed. Schriftsteller.
Studierte Geschichte und Philosophie; Reisen durch Europa, Auslandsaufenthalt. Begann als Dramatiker. Erster Erfolg mit „Amouren" (R., dt. 1912) und „Testament Sr. Gnaden" (R., dt. 1912). Berühmt wurde er durch den im mittelschwed. Erzgebiet spielenden Wadköping-Roman („Markurell", dt. 1935, auch u. d. T. „Skandal in Wadköping"). Unerschöpfl. Erfindungsreichtum. In seinem Werk spiegeln sich Angst, Humor, Mitempfinden, oft verzerrt und bizarr. Seine Hauptthemen: Bedeutungslosigkeit, Zufall, Grausamkeit, Unberechenbarkeit im Leben der Menschen.
Weitere Werke: Komedier i Bergslagen (Nov., 1914), Der Eindringling (R., dt. 1928), Eros' Begräbnis (R., dt. 1936), Katja im Frack (R., dt. 1936), Der Nobelpreis (Kom., 1925; dt. 1940).
Literatur: Ek, S. R.: *Verklighet och vision. En studie i H. B.s romankonst. Stockholm 1964.* – Linder, E. H.: *Sju världens herre. Stockholm 1962.*

Bergmann, Anton [niederl. ˈbɛrxman], Pseudonym Tony, * Lier 29. Juni 1835, † ebd. 21. Jan. 1874, fläm. Erzähler.
Studierte Rechtswissenschaft und war Rechtsanwalt in seiner Heimatstadt; sein Hauptwerk, der humorvolle, realist. Roman „Ernst Staas, Advokat" (1874, dt. 1902), eine Meisterleistung der Erzählkunst im Stil der „Camera obscura" von N. Beets, wurde eines der populärsten fläm. Bücher.
Weiteres Werk: Twee Rijnlandsche novellen (1870).

Bergsøe, Vilhelm [dän. ˈbɛrɣsø:ˀ], *Kopenhagen 8. Febr. 1835, † ebd. 26. Juni 1911, dän. Erzähler.
Naturwissenschaftler; schrieb volkstüml., spannende und anschaul. Romane, die von scharfer Beobachtungsgabe und lebhafter Phantasie zeugen.
Hauptwerke: Von der Piazza del Popolo (R., dt. 1870), Aus der alten Fabrik (R., dt. 1870), Gespensternovellen (dt. 1873), Erindringer (Erinnerungen, 1898–1907).

Bergson, Henri [frz. bɛrkˈsɔn], * Paris 18. Okt. 1859, † ebd. 4. Jan. 1941, frz. Philosoph und Essayist.
École normale supérieure; Professor für Philosophie am Collège de France; 1914 Mitglied der Académie française; 1927 Nobelpreis für Literatur; entwickelte um die Jahrhundertwende mit Hilfe der Grundbegriffe „durée" (Dauer) und „élan vital" gegen die herrschende mechan.-determinist. Psychologie eine indeterminist., vitalist.-intuitionist. Philosophie, die auf weite Kreise der nachnaturalist. Literatur Frankreichs (z.B. den Existentialismus) maßgeblichen Einfluß ausgeübt hat.
Hauptwerke: Zeit und Freiheit (1889, dt. 1911), Materie und Gedächtnis (1896, dt. 1907), Das Lachen (1900, dt. 1914), Schöpferische Entwicklung (1907, dt. 1912).
Ausgabe: H. B. Œuvres. Paris ²1964. Neudr. 1967.
Literatur: Cresson, A.: *B., sa vie, son œuvre.*

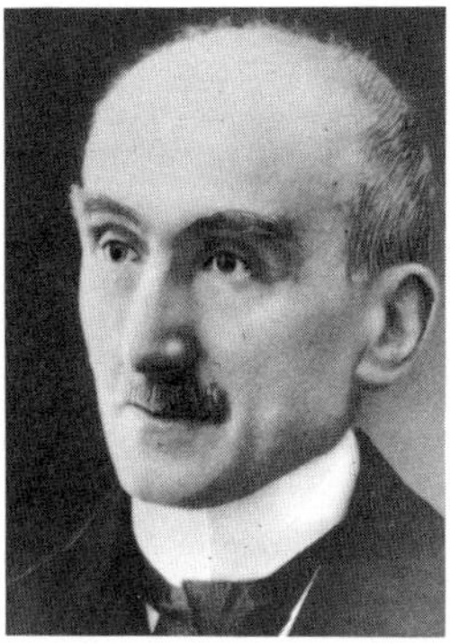
Henri Bergson

Paris [6]*1964.* – Pflug, G.: *H. B. Quellen u. Konsequenzen einer induktiven Metaphysik. Bln. 1959.* – Jurevičs, P.: *H. B. Eine Einf. in seine Philosophie. Freib. 1949.* – *Les études bergsoniennes. Paris 1948 ff. Bis 1968 7 Bde.* – *Bibliographia bergsoniana. In: Substancia (Tucumán) 7/8 (1941).* – Thibaudet, A.: *Le bergsonisme. Paris* [4]*1923. 2 Bde.*

Bergstedt, Harald Alfred [dän. 'bɛrsdɛd], eigtl. Petersen, * Køge 10. Aug. 1877, † Kopenhagen 21. Juli 1965, dän. Schriftsteller.
Zusammenarbeit mit der dt. Besatzung während des 2. Weltkrieges; anmutige, mitunter iron. und leicht satir. Darstellung des dän. Kleinbürgerlebens in einfachen und klaren Versen; schrieb später Abhandlungen über Themen von allgemeinem Interesse; hatte als Erzähler weniger Erfolg.
Hauptwerke: Sange fra Provinsen (Ged., 1913–21), Alexandersen (R., 1918), Sang for all vinde (Ged., 1927), Fyraften (Ged., 1938).

Bernanos, Georges [frz. bɛrna'no:s], * Paris 20. Febr. 1888, † Neuilly-sur-Seine 5. Juli 1948, frz. Dichter.
Studierte Philosophie und Jura, war Mitglied der Action française, nahm am 1. Weltkrieg teil, dann Versicherungsagent, bis er nach dem ersten großen Erfolg als freier Schriftsteller leben konnte („Die Sonne Satans", R., dt. 1926). B., beeinflußt von L. Bloy, ist der Künder einer geistigen Erneuerung auf kath. Grundlage. Einbildungskraft und mitreißende Gestaltungskunst prägen seine Werke, in denen nicht so sehr die Handlung, als vielmehr sein Kampf gegen die Fehler der Menschen seiner Zeit dominiert. Auf realist. gezeichnetem Hintergrund stellt er den Kampf mit dem Bösen dar, der sich als Ringen zwischen Gott und Satan im Menschen abspielt. Das Böse, von dem er überwältigende Bilder entwirft, ist ihm v.a. die Gleichgültigkeit. Höhepunkt seines Schaffens sind das „Tagebuch eines Landpfarrers" (dt. 1936) und „Die begnadete Angst" (Dr., dt. 1951). In seinem Spätwerk werden seine vorwiegend polit. Schriften zunehmend polemisch. Aber auch dann noch versucht er, durch die Behandlung allgemeiner Zeitfragen aufzurütteln: Verhältnis von Welt und Kirche, Angriffe auf die Sattheit und Lauheit des Bürgers.
Weitere Werke: Die Freude (R., dt. 1929), Johanna, Ketzerin und Heilige (Biogr., dt. 1934), Ein Verbrechen (R., dt. 1935), Die großen Friedhöfe unter dem Mond (Schr., 1938; dt. 1959), Die tote Gemeinde (R., dt. 1946), Das Haus der Lebendigen und der Toten (Prosa, dt. 1951).
Ausgabe: G. B. Œuvres romanesques complètes. Neuaufl. Paris 1967.
Literatur: Milner, M.: *G. B. Paris 1967.* – Blumenthal, G.: *The poetic imagination of G. B. Baltimore (Md.) 1965.* – Béguin, A.: *G. B. in Selbstzeugnissen und Bilddokumenten. Dt. Übers. Hamb. 1958.* – Urs v. Balthasar, H.: *B. Köln 1955.*

Bernard, Carlo [frz. bɛr'na:r] ↑ Bernari, Carlo.

Bernard, Jean-Jacques [frz. bɛr'na:r], * Enghien-les-Bains (Val-d'Oise) 30. Juli 1888, frz. Schriftsteller.
Sohn T. Bernards; kam 1941 als Jude ins KZ Compiègne; als Dramatiker Vertreter der „Theorie des Schweigens": er versucht, über die bloße Aussage hinaus, Unbewußtes sichtbar zu machen; auch Romancier und Novellist.
Hauptwerke: Le voyage à deux (Dr., 1909), La maison épargnée (Dr., 1919), Martine (Dr., 1922), Le jardinier d'Ispahan (Dr., 1939), Le camp de la mort lente: Compiègne 1941/42 (Erinnerungen, 1945), Notre-Dame d'en-haut (Dr., 1952), Mon père Tristan Bernard (Biogr., 1955).

Bernard, Jean Marc [frz. bɛr'na:r], * Valence (Drôme) 4. Dez. 1881, ⚔ Souchez (Pas-de-Calais) 9. Juli 1915, frz. Dichter.
Reisen in Europa; begründete 1909 die satir. Zeitschrift „Les Guêpes", die er zum Sammelpunkt der Neoklassizisten und Fantaisisten machte; lyr. Hauptwerk: „Sub tegmine fagi" (Ged., 1913).

Bernard, Jeanne Françoise Julie Adélaïde [frz. bɛr'na:r] ↑ Récamier, Jeanne Françoise Julie Adélaïde.

Bernard, Tristan [frz. bɛr'na:r], eigtl. Paul B., * Besançon 7. Sept. 1866, † Paris 7. Dez. 1947, frz. Schriftsteller.
Sohn eines Architekten; leitete zunächst eine Fabrik und war Rechtsanwalt; schrieb zahlreiche Komödien („L'anglais tel qu'on le parle", 1899; „Triplepatte", 1905; „Le petit café", 1911), Vaudevilles, satir. Romane („Les mémoires d'un jeune homme rangé", 1899) und Erzählungen, die ihn rasch berühmt machten; als skept.-weiser Humorist und heiter-iron. Beobachter des Pariser Alltagslebens, über den zahlreiche witzige Anekdoten verbreitet sind, galt er bis zuletzt als eine der angesehensten Persönlichkeiten des Kulturlebens der frz. Hauptstadt.

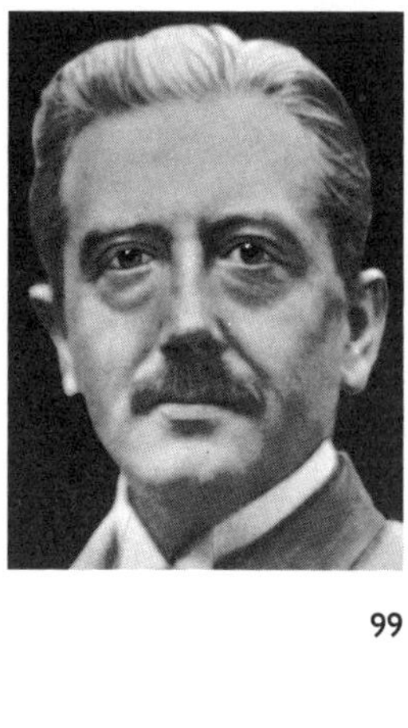
Georges Bernanos

Weitere Werke: Ein sanftes Männchen (R., dt. 1903), Klage einer Gattin (Humoresken und Anekdoten, dt. 1967).

Bernardákēs ↑ Wernardakis.

Bernardes, Diogo [portugies. bər'nardıʃ], * Ponte da Barca um 1530, † um 1605, portugies. Dichter. Bruder des Frei Agostinho da Cruz; Schüler Sá de Mirandas; lebte am Hofe; vorübergehend in afrikan. Gefangenschaft; gewöhnl. als der „portugies. Theophrast" oder der „sanfte Limasänger" bezeichnet, weil seine lyr. Dichtungen das Flüßchen besingen, an dessen Ufern er seine Jugend verbrachte; seine Redondilhas, Idyllen, Elegien, Oden, Kanzonen, Ottaven und Sonette erschienen unter den Titeln „Várias rimas ao Bom Jesus e à Virgem gloriosa sua mãe e a santos particulares" (1594), „O Lima" (1596) und „Rimas várias, flores do Lima" (1596).

Bernardes, Manuel [portugies. bər'nardıʃ], * Lissabon 20. Aug. 1644, † ebd. 17. Aug. 1710, portugies. Prediger und Schriftsteller.
Schrieb seinerzeit weitverbreitete geistl. Traktate in sorgfältiger Prosa.
Hauptwerke: Luz e calor (1696), Nova floresta (1706–28).

Bernárdez, Francisco Luis [span. bɛr'narðes], * Buenos Aires 5. Okt. 1900, argentin. Lyriker.
Konvertit; angesehener Lyriker unter dem Einfluß von Valle-Inclán, Gómez de la Serna und Fray Luis de León.
Hauptwerke: Orto (Ged., 1922), Bazar (Ged., 1922), Cielo de tierra (Ged., 1926), La ciudad sin Laura (Ged., 1928), El buque (Ged., 1935), Poemas de carne y huesco (1943), La flor (Ged., 1951), El arca (Ged., 1954).

Bernardin de Saint-Pierre, Jacques Henri [frz. bɛrnardɛ̃dsɛ̃'pjɛ:r] ↑ Saint-Pierre, Jacques Henri Bernardin de.

Bernardone, Giovanni [italien. bernar'do:ne] ↑ Franz von Assisi.

Bernari, Carlo [italien. ber'na:ri], eigtl. C. Bernard, * Neapel 13. Okt. 1909, italien. Schriftsteller.
War in verschiedenen Berufen tätig; ging 1931 nach Paris und verkehrte dort im Kreis avantgardist. Schriftsteller um A. Breton; B. erhielt nach seinem ersten sozialrevolutionären Roman, „Tre operai" (1934), Schreibverbot; in dem Roman „Der Vesuv raucht nicht mehr" (dt. 1956) zeigt er ein realist. und poet. Bild neapolitan. Lebens.
Weitere Werke: Quasi un secolo (R., 1940), Napoli pace e guerra (R., 1946), Speranzelle (R., 1949; dt. 1962), Das lichte Morgen (R., dt.1960), Amore amaro (R., 1958), Era l'anno del sole quieto (R., 1964), Le radiose giornate (R.,1966).

Bernart de Ventadour [frz. bɛrnardəvãta'du:r], auch B. von Ventadorn, * Schloß Ventadour (Corrèze) zwischen 1125 und 1130, † um 1195, provenzal. Troubadour.
Nach 1152 am normann. und engl. Hof, zuletzt im Kloster Dalon; dichtete zahlreiche Liebeslieder voll Innigkeit und Leidenschaft, u.a. auf die Gattin Heinrichs II., Eleonore von Poitou; erhalten sind rund 40 Lieder.
Literatur: Ghezzi, M. D.: *La personalità e la poesia di B. de V. Genua 1948.* – Voßler, K.: *Der Minnesang des Bernhard v. Ventadorn. Mchn. 1918.*

Bernášek, Antonín [tschech. 'bɛrna:ʃɛk] ↑ Toman, Karel.

Bernger von Horheim ['bɛrngɛr], mhd. Minnesänger des ausgehenden 12. Jahrhunderts.
Seine formal glatten, gefälligen Lieder können Ernst und gedankl. Tiefe Friedrichs von Hausen, als dessen Schüler sich B. v. H. in den 6 erhaltenen Liedern bezeugt, nicht erreichen.

Bernhard von Clairvaux [frz. klɛr'vo], hl., * Schloß Fontaine bei Dijon um 1090, † Clairvaux (Aube) 20. Aug. 1153, Mystiker.
Entstammte einem vornehmen burgund. Geschlecht; trat 1112 in das Kloster Cîteaux ein und wurde mit 25 Jahren Abt des von ihm gegr. Klosters Clairvaux; unter seiner Leitung wurde der Zisterzienserorden zur angesehensten Klostergemeinschaft des 12. Jh.s; 1174 heiliggesprochen. Seiner glänzenden Beredsamkeit wegen „Doctor mellifluus" (= der honigfließende Lehrer) genannt, ist B. v. C. einer der bedeutendsten Mystiker des MA, der v.a. die Christusmystik und die Marienverehrung in den Mittelpunkt auch seiner Schriften stellte, die in stilist. glänzender Darstellung die Jahrhunderte überdauert haben. Von seinem Werk sind über 200 Predigten, eine Reihe von Abhandlungen (u.a. „De gradibus humilitatis", gegen 1125; „De diligendo Deo", um 1126; „De consideratione", 1149–52) und fast 500 Briefe erhalten.
Ausgabe: Die Schrr. des Honigfließenden Lehrers B. v. C. Dt. Übers. Hg. v. E. Friedrich. *Wittlich; Hdbg. 1934ff. Auf 11 Bde. berechnet.*
Literatur: Bredero, A. H.: *B. v. C. im Widerstreit der Historie. Wiesb. 1966.* – Duinkerken, A. van: *B. v. C. Dt. Übers. Freib. 1966.* – Leclerq, Dom J.: *Recueil d'études sur saint Bernard et ses écrits. Rom 1962–66. 2 Bde. – B. v. C. Mönch u. Mystiker. Internat. B.-Kongreß, Mainz 1953. Hg. v.* J. Lortz. *Wiesb. 1955.* – Vacandard, E.: *Leben des hl. Bernard v. C. Dt. Übers. Mainz 1897. 2 Bde.* – Janauschek, L.: *Bibliographia Bernardina. Wien 1891. Nachdr. Hildesheim 1959.*

Bernhard, Carl [dän. 'bɛrnhard], eigtl. Andreas Nicolai de Saint-Aubain, * Kopenhagen 18. Nov. 1798, † ebd. 25. Nov. 1865, dän. Schriftsteller.
Schrieb zahlreiche Novellen und romantisierende histor. Romane.

Bernhard, Thomas, * Kloster bei Heerlen (Niederlande) 10. Febr. 1931, östr. Schriftsteller.
Enkel von Johannes Freumbichler; Kaufmannslehre, Musikstudium in Salzburg und Wien, Dramaturgie- und Regiestudien am Salzburger Mozarteum (bis 1957), lebt derzeit in Oberösterreich. Begann mit düsterer, an surrealist. Bildern reicher Lyrik; Melancholie kennzeichnet auch seine in sensibler Sprache geschriebene Prosa, deren Themen Krankheit, Schmerz, Todnähe sind; auch Dramen und Übersetzungen.
Hauptwerke: Auf der Erde und in der Hölle (Ged., 1957), In hora mortis (Ged., 1958), Unter dem Eisen des Mondes (Ged., 1958), Frost (R., 1963), Amras (E., 1964), Verstörung (R., 1967), Ungenach (E., 1968), An der Baumgrenze (En., 1969), Ein Fest für Boris (Dr., 1969).

Berni, Francesco [italien. 'bɛrni], * Lamporecchio (Toskana) 1497 oder 1498, † Florenz 26. Mai 1535, italien. Dichter.
Kleriker; lebte an verschiedenen italien. Höfen; starb durch Giftmord; sein Hauptwerk ist eine

Überarbeitung des „Orlando innamorato" Boiardos, die zwar Sprache, Stil und Versbau des Gedichts verbesserte, ihm aber viel von seiner Kraft und Originalität nahm; seinen Ruhm verdankt B. launigen und anmutigen burlesk-satir. und parodist. Sonetten und sog. Capitoli, die sich mit Lobpreisung der alltäglichsten Dinge beschäftigen, aber mit einem polit.-satir. Nebensinn verbunden sind („poesia bernesca").

Bernis, François Joachim de Pierre, Kardinal von [frz. bɛr'nis], * Saint-Marcel-d'Ardèche 22. Mai 1715, † Rom 2. Nov. 1794, frz. Staatsmann und Dichter.
Kam als gewandter Höfling durch die Pompadour 1744 in die Académie française, war Gesandter in Venedig, seit 1757 Außenminister, fiel später in Ungnade; wurde Kardinal, Erzbischof von Albi (1763) und frz. Gesandter beim Vatikan; pflegte als Dichter unter dem Beifall Voltaires die beschreibende Poesie im Stile des 18.Jh.s: „Les quatre saisons" (1763) u.a. Werke.

Bernoulli, Karl Albrecht [bɛr'nʊli], Pseudonym Ernst Kilchner, * Basel 10. Jan. 1868, † Arlesheim bei Basel 13. Febr. 1937, schweizer. Schriftsteller.
Ev. Theologe, Professor für Kirchengeschichte in Basel; längere Reisen; veröffentlichte neben theolog. Schriften Romane und Dramen mit vorwiegend histor. Stoffen; auch Lyriker.
Hauptwerke: Lukas Heland (R., 1897), Der Sonderbündler (R., 1904), Königin Christine (Dr., 1916), Preis Jesu (Ged., 1918), Der Papst (Dr., 1934).

Bernstein, Elsa ↑ Rosmer, Ernst.

Bernstein, Henry [frz. bɛrn'stɛn], * Paris 20. Juni 1876, † ebd. 27. Nov. 1953, frz. Dramatiker.
Sohn eines Finanzmannes; während des 2. Weltkrieges in den USA; erlangte als Verfasser zahlreicher erfolgreicher Theaterstücke aus dem Leben der [vornehmen] Gesellschaft vor und nach dem 1. Weltkrieg europ. Ruhm; gewandter Dramentechniker und Meister des brutalen Schockeffekts; später Überwiegen des psycholog. Interesses.
Hauptwerke: Le détour (Dr., 1902), La rafale (Dr., 1905), Der Dieb (Dr., dt. 1907), Israël (Dr., 1908), Le secret (Dr., 1913), La galerie des glaces (Dr., 1924), Le venin (Dr., 1927), La soif (Dr., 1949).

Bernus, Alexander Freiherr von, * Lindau-Aeschach 6. Febr. 1880, † Schloß Donaumünster bei Donauwörth 6. März 1965, dt. Dichter.
Nahm als Offizier 1902 seinen Abschied, studierte Philosophie, Literaturwissenschaft und Medizin; 1908–26 auf dem Familienbesitz Stift Neuburg in Ziegelhausen bei Heidelberg ansässig, wo häufig Dichter und Maler zu Gast waren; betrieb heilkundl. Forschungen. Seine Lyrik wurzelt in der Romantik und im neuromant. Symbolismus; auch Dramatiker, Erzähler und v.a. Nachdichter engl. und lat. Lyrik.
Hauptwerke: Aus Rauch und Raum (Ged., 1903), Leben, Tod und Traum (Ged., 1904), Sieben Schattenspiele ... (1910), Liebesgarten (Ged. und Spiele, 1913), Weltgesang (Ged., 1948).

Béroalde de Verville, François Vatable [frz. berɔalddəvɛr'vil], * Paris 28. April 1558, † Tours nach 1623, frz. Schriftsteller.
Sohn eines prot. Theologen, später Konvertit und Priester; schrieb neben zahlreichen weniger bed. Romanen, Gedichten und Übersetzungen eine berühmt gewordene Sammlung von (z.T. sehr derben) Schwänken, Wortspielen und Witzen u. d. T. „Le moyen de parvenir" (um 1610).

Bérol (Béroul) [frz. be'rɔl, be'rul], altfrz. Dichter der 2. Hälfte des 12. Jh.s aus der Bretagne.
Von ihm stammt das Fragment eines gegen Ende des 12. Jh.s verfaßten Tristanromans.

Beros[s]os [be'ro:zɔs, be'rɔsɔs], Geschichtsschreiber des 4./3. Jh.s v. Chr.
Priester des Marduk in Babylon; schrieb in griech. Sprache die „Babyloniaka", eine Geschichte Babylons in 3 Büchern; das nur fragmentar. erhaltene Werk begann in der myth. Urzeit und endete mit dem Todesjahr Alexanders des Großen (323).

Bersezio, Vittorio [italien. ber'settsi̯o], Pseudonym Carlo Nugelli, * Peveragno (Cuneo) 1. März 1828, † Turin 30. Jan. 1900, italien. Schriftsteller.
Studierte Jura in Turin; Journalist und Redakteur; zeitweilig in Paris; schrieb neben einst vielbewunderten Romanen und Novellen eine Anzahl Theaterstücke im Piemonteser Dialekt, von denen „Le miserie d'monssù Travet" (1863), die Komödie eines Kleinbürgers, sein Meisterwerk ist; B. trat auch als Geschichtsschreiber hervor: „Il regno di Vittorio Emanuele II" (1878–95).

Bertaut, Jean [frz. bɛr'to], * Donnay (Calvados) 1552, † Séez (Savoie) 8. Juni 1611, frz. Dichter.
Lebte am Hof Heinrichs III.; zuletzt Bischof von Séez; Schüler Ronsards und Desportes'; schrieb weltl. und religiöse Gedichte, die in ihrer Antithetik schon auf die kommende Preziosität hinweisen; daneben eine frz. Bearbeitung der Psalmen.

Bertheroy, Jean [frz. bɛrtə'rwa], eigtl. Berthe Roy de Clotte, geb. Le Barillier, * Bordeaux 4. Juli 1868, † Le Cannet 23. Jan. 1927, frz. Schriftstellerin.
Zunächst Lyrikerin; war mit einer Anzahl histor. und moderner Romane erfolgreich.
Hauptwerke: Cléopâtre (1891), Le roman d'une âme (1893), Le colosse de Rhodes (1909).

Berthold von Holle, niederdt. Dichter des 13. Jahrhunderts.
Urkundl. nachweisbar zwischen 1251 und 1270; stammte aus altem hildesheim. Adel. Schrieb unter dem Einfluß der Wolframschule und Rudolfs von Ems 3 höf. Ritterromane, die wenig originell die bekannten Motive des höf. Epos verarbeiten, jedoch die Lust am Fabulieren mit guter Kompositionstechnik verbinden.

Berthold von Regensburg, * Regensburg zwischen 1210 und 1220, † ebd. 13. oder 14. Dez. 1272, dt. Franziskaner.
Theologiestudium in Magdeburg, Wander- und Bußprediger in Deutschland, der Schweiz, in Österreich und Ungarn. B. v. R. predigte in dt. Sprache (von seinen Schülern v.a. lat. aufgezeichnet). Seine Predigten sind von volkstüml. Anschaulichkeit, lebendig, treffsicher, wirksam, voller Bildkraft und Wortmagie. Er greift die Laster seiner Zeitgenossen an, auch Minnesang und Minnedienst, Spielleute und Ketzer. B. v. R. ist einer der Schöpfer der dt. Prosa.
Ausgaben: B. v. R. Dt. Predigten der Überlieferungsgruppe Z (sog. Klosterpredigten). Um 2 Stücke vermehrt. Hg. v. D. Richter. *Mchn. 1968.* –

Die Predigten des Franziskaners B. v. R. Nhd. hg. v. F. Göbel. *Mit einem Vorwort v.* A. Stolz. *Regensb.* ⁵*1929.*
Literatur: Richter, D.: *Die dt. Überlieferung der Predigten B.s v. R. Mchn. 1969.* – Witt, G.: *B. v. R. als dt. Kanzelredner. Diss. Königsberg 1942.* – Rieder, K.: *Das Leben B.s v. R. Freib. 1901.*

Berto, Giuseppe [italien. ˈbɛrto], * Mogliano Veneto (Treviso) 27. Dez. 1914, italien. Schriftsteller.
Viele Jahre Soldat, im 2. Weltkrieg in amerikan. Gefangenschaft in Texas, begann dort zu schreiben; seine Romane gehören noch zum Neorealismus der Nachkriegszeit; sein Roman „Meines Vaters langer Schatten" (dt. 1968) gilt als eines der großen ep. Werke der italien. Literatur der Gegenwart.
Weitere Werke: Der Himmel ist rot (R., dt. 1949), Mein Freund, der Brigant (R., dt. 1952), Guerra in camicia nera (R., 1955).

Bertram, Ernst, * Elberfeld (heute Wuppertal-Elberfeld) 27. Juli 1884, † Köln 2. Mai 1957, dt. Literarhistoriker und Dichter.
Habilitierte sich in Bonn und wurde 1922 Professor für neuere dt. Literatur, 1946 aus dem Amt entlassen, 1950 emeritiert; außer zahlreichen literarhistor. Abhandlungen schrieb er an St. George geschulte Gedichte, Erzählungen und Essays; auch meisterhafte Aphorismen.
Hauptwerke: Wartburg (Ged., 1933), Griecheneiland (Ged., 1934), Von den Möglichkeiten (Essay, 1938), Die Fenster von Chartres (Ged., 1940).

Bertran[d] de Born [frz. bɛrtrãdˈbɔrn], Vicomte de Hautefort, * um 1140, † Kloster Dalon (?) vor 1215, provenzal. Troubadour.
Neben weniger bed. Minneliedern sind 27 Sirventes (aus den Jahren 1181–1195) erhalten, die Zeugnis geben von seinem Temperament, das ihn satir. seine Meinung zu den polit. Ereignissen Stellung nehmen ließ. B. de B. griff in die Auseinandersetzung zwischen König Heinrich von England und dessen Söhnen ein, er nahm Stellung für Raimund V. von Toulouse in dessen Streit mit König Alfons II. von Aragon. Im Alter wurde B. Mönch.

Bertrand de Bar-sur-Aube [frz. bɛrtrãdbarsyˈroːb], altfrz. Dichter der ersten Hälfte des 13. Jahrhunderts.
Geistlicher; Verfasser der Chansons de geste „Girart de Viane" und „Aimeri de Narbonne".

Bertrand, Aloysius [frz. bɛrˈtrã], eigtl. Louis Jacques Napoléon B., * Ceva bei Savona 20. April 1807, † Paris 29. April 1841, frz. Dichter.
Lebte in Dijon und Paris (seit 1828); starb an Tuberkulose. B. schuf in seinem „Junker Voland. Phantasien in der Art von Rembrandt und Callot" (hg. von Sainte-Beuve 1842, dt. 1911) das Prosagedicht, wobei jedes Stück in rhythm. Sprache geschrieben und in Strophen eingeteilt ist; in ihnen erweckte er das alte Paris zu neuem Leben, beschwor die Nacht, die Hexensabbate und die Tänze der Kobolde; die stoffl. Anregungen stammen aus dem MA, aus Flandern, Italien, Spanien und den engl. und schott. Balladen; Wirkung auf Baudelaire, Mallarmé, Maurice Ravel u.a.

Bertrand, Louis [frz. bɛrˈtrã], * Spincourt (Meuse) 20. März 1866, † Cap d'Antibes 6. Dez. 1941, frz. Schriftsteller.
Studierte an der École normale supérieure und lehrte u.a. in Aix und Algier; seit 1925 Mitglied der Académie française; behandelte in seinen realist.-anschaul. geschriebenen Romanen mit Vorliebe die Mittelmeerländer, bes. Algerien, und trat für eine Erneuerung N-Afrikas durch Verstärkung des lat. Erbes ein, um von dorther auch eine Verjüngung der alternden frz. Kultur zu erreichen: „Le sang des races" (R., 1899), „Le rival de Don Juan" (R., 1903) u.a.; ähnl. Ziele verfolgten seine krit. Schriften „La fin du classicisme et le retour à l'antique" (1897) u.a.; auch Biograph („Der hl. Augustin", 1913, dt. 1927; „Ludwig der Vierzehnte", dt. 1927) und Herausgeber der Werke Flauberts.

Bertuch, Friedrich Justin [ˈbɛrtʊx], * Weimar 30. Sept. 1747, † ebd. 3. April 1822, dt. Schriftsteller.
Kabinettssekretär und Legationsrat in Weimar. Veröffentlichte eine Übersetzung von Cervantes' „Don Quijote" (1775–77) und das „Magazin der span. und portugies. Literatur" (1780–82). 1785 Mitbegründer der „Allgemeinen Literaturzeitung", seit 1786 Mithg. des sittengeschichtl. lehrreichen „Journals des Luxus und der Moden". Weniger bed. seine eigenen Dramen und Operntexte.

Berzsenyi, Dániel [ungar. ˈbɛrʒɛnji], * Egyházashetye 7. Mai 1776, † Nikla 24. Febr. 1836, ungar. Dichter.
Klass. gebildet; kränkl., lebte daher meist völlig zurückgezogen. Bediente sich mit Vorliebe der klass. Formen und Gattungen, die er mit romant. Gehalt erfüllte; sein Vorbild war Horaz; schrieb v.a. klangschöne Oden, Elegien, auch Episteln und Lieder.

Besant, Sir Walter [engl. bɪˈzænt], * Portsea (Portsmouth) 14. Aug. 1836, † London 9. Juni 1901, engl. Schriftsteller.
Sozialkritiker und -reformer mit philantrop. Neigungen. B. schrieb v.a. soziale Romane, z.T. aus den Londoner Elendsvierteln, mit denen er das soziale Gewissen seiner Mitmenschen aufrütteln wollte. Mit J. Rice schrieb er erfolgreiche heitere Romane.
Hauptwerke: All sorts and conditions of men (R., 1882), Children of Gibeon (R., 1886).

Bessenyei, György [ungar. ˈbɛʃɛnjɛi], * Bercel 1747, † Pusztakovácsi 24. Febr. 1811, ungar. Schriftsteller.
Diente zeitweilig in der königl. Leibgarde; lebte seit 1782, mit literar. Arbeiten beschäftigt, auf seinen Gütern. Gilt als Erneuerer der ungar. Literatur; propagierte in Flugschriften ein philosoph.-kulturelles Programm in Anlehnung an die westeurop., bes. frz. Aufklärung. Seine dramat. Werke entstanden unter dem Einfluß des frz. Klassizismus; in einem utop. Roman mit grotesken, satir. Stilelementen ging B. von Voltaireschen Ideen aus. Philosoph. und ästhet. Schriften, Übersetzungen.

Besser, Johann von, * Frauenburg (Kurland) 8. Mai 1654, † Dresden 10. Febr. 1729, dt. Dichter.
Sohn eines Pfarrers, studierte Rechtswissenschaft, war Hofdichter in Berlin und Dresden. Schrieb rhetor.-dekorative, prunkvolle Gelegenheitsgedichte zu allen Anlässen und frivol-pikante, z.T. derb-obszöne Liebeslieder.

Beste, Konrad, * Wendeburg bei Braunschweig 15. April 1890, † Stadtoldendorf (Kreis Holzminden) 24. Dez. 1958, dt. Schriftsteller.
Sohn eines Pfarrers, studierte Philosophie; Teilnahme am 1. Weltkrieg. Die Verbundenheit mit seiner Heimat zeigt sich in seinen Romanen und Dramen, die meistens den Ggs. zwischen Land- und Stadtleben behandeln; Vorliebe für Käuze.
Hauptwerke: Grummet (R., 1923), Das heidn. Dorf (R., 1932), Das vergnügl. Leben der Doktorin Löhnefink (R., 1934), Große Pause (Kom., 1938), Löhnefinks leben noch (R., 1950).
Bestuschew, Alexandr Alexandrowitsch; tl.: Bestužev, Aleksandr Aleksandrovič [russ. bɪsˈtuʒəf], * Petersburg (heute Leningrad) 3. Nov. 1797, ⚔ Adler (Großer Kaukasus) 19. Juni 1837, russ. Schriftsteller.
Als Dekabrist 1825 nach Sibirien verbannt, dann zur Bewährung als Soldat in den Kaukasus geschickt, wo er im Kampf fiel. Freund Puschkins und Rylejews, schrieb unter dem Pseudonym Marlinski beliebte romant. Romane, bes. mit histor. und kaukas. Stoffen; Einfluß der frz. Romantik und des Stils von Karamsin.
Hauptwerke: Ammalat-Bek (R., 1832), Mulla-Nur (R., 1836).
Literatur: Chmielewski, H. v.: *Aleksandr Bestužev-Marlinskij. Mchn. 1966.*
Besymenski, Alexandr Iljitsch; tl.: Bezymenskij, Aleksandr Il'ič [russ. bɪzɨˈmjɛnskij], * Schitomir 19. Jan. 1898, russ.-sowjet. Lyriker.
Propagandist der sowjet. Kulturpolitik und bed. parteioffizieller Dichter; sein [unerreichtes] Vorbild ist Majakowski; Verteidiger der klass. russ. Literaturtradition. In dt. Übersetzung erschienen 1950 „Gedichte des Zorns".
Bethge, Hans, * Dessau 9. Jan. 1876, † Kirchheim unter Teck 1. Febr. 1946, dt. Schriftsteller.
Sohn eines Landwirts; Philologiestudium (Dr. phil.), lebte nach mehreren Spanienreisen als freier Schriftsteller in Berlin. Schrieb neuromant. Dramen, Gedichte und Novellen, wurde hpts. bekannt durch Nachdichtungen oriental. Lyrik.
Hauptwerke: Die stillen Inseln (Ged., 1898), Die chin. Flöte (Ged.-Übers., 1907), Der asiat. Liebestempel (Ged.-Übers., 1942).
Beti, Mongo [frz. beˈti], eigtl. Alexandre Biyidi, Pseudonym Eza Boto, *M'Balmayo bei Jaunde 30. Juni 1932, kamerun. Schriftsteller.
Verließ 1951 Kamerun, um in Frankreich zu studieren; Agrégé de lettres in Paris; sein Roman „Le pauvre Christ de Bomba" (1956), in dem er eine Epoche des europ. Kolonialismus darstellt, wurde 1956 in Kamerun verboten, obwohl die satir. geschilderten Ereignisse schon 20 Jahre zurücklagen. B. lehnt jede Missionstätigkeit Weißer in Afrika ab; im Roman „Der Weg nach Kala" (dt. 1963) zeigt er mit viel Humor, aber auch mit Ironie das afrikan. Dorfleben.
Weitere Werke: Die grausame Stadt (R., dt. 1963), Tam-Tam für den König (R., dt. 1959).
Betteloni, Vittorio [italien. betteˈlo:ni], * Verona 14. Juni 1840, † Kastelruth (Südtirol) 1. Sept. 1910, italien. Dichter.
Studierte Jura in Pisa; später Lehrer für italien. Literatur in Verona; trat mit liebenswürdigen realist. Gedichten und Novellen über die Dinge der Alltagswelt hervor. Übersetzer Goethes, Heines, Byrons.
Hauptwerke: In primavera (Ged., 1869), Stefania ed altri racconti poetici (Novellen, 1894), Impressioni critiche e ricordi autobiografici (hg. 1914).
Betti, Ugo [italien. ˈbetti], * Camerino 4. Febr. 1892, † Rom 9. Juni 1953, italien. Dichter.
Jurastudium, Teilnahme am 1. Weltkrieg, Richter. B., der auch Novellen, Lyrik, einen Roman schrieb und als Übersetzer hervortrat, gilt als bedeutendster moderner italien. Dramatiker neben Pirandello. Seine Dramen, die Einflüsse des Expressionismus zeigen, schildern den Menschen in seiner Schuldverstrickung, in Angst und Erlösungsbedürfnis. Befreiung aus der Schuld wird durch religiöse Läuterung möglich. Die Dramen, in viele Sprachen übersetzt, haben einen prozeßartigen Aufbau: Untersuchung, Anklage, Sühne. B.s Gedichte kommen in der Form dem Bänkelsang nahe. Sie erzählen von der Vergänglichkeit allen Glücks.
Hauptwerke: La padrona (Dr., 1927), Canzonette – La morte (Ged., 1932), Uomo e donna (Ged., 1937), I nostri sogni (Dr., 1941), Im Schatten der Piera Alta (R., dt. 1951), Korruption im Justizpalast (Dr., dt. 1950), Die Ziegeninsel (Dr., dt. 1954), Die Königin und die Rebellen (Dr., dt. 1955), Die Flüchtende (Dr., dt. 1956).
Literatur: Bruner, C.: *La condizione umana nel teatro di U. B. In: Studium 56 (1960), 759.* – Fiocco, A.: *U. B. Rom 1954.*
Bettinelli, Saverio [italien. bettiˈnɛlli], * Mantua 18. Juli 1718, † ebd. 13. Sept. 1808, italien. Schriftsteller.
Jesuit, lehrte in Brescia, Bologna, Venedig, Parma, zuletzt Professor für Rhetorik in Modena; lebte nach Aufhebung seines Ordens (1773) ganz seiner literar. Arbeit; Hauptwerk: „Il risorgimento d'Italia negli studi, nelle arti e nei costumi dopo il mille" (1775), eine Geschichte der italien. Kultur; seine einflußreichen „Lettere dieci di Virgilio agli Arcadi" (1757), die Dante angriffen, riefen zahlreiche Entgegnungen hervor; seine Dramen und Gedichte haben wenig Bedeutung.
Betulius ↑ Birken, Sigmund von.
Betulius, Xystus ↑ Birck, Sixt[us].
Beumelburg, Werner, * Traben-Trarbach 19. Febr. 1899, † Würzburg 9. März 1963, dt. Schriftsteller.
B. hatte großen Erfolg mit seinen Kriegsbüchern und Romanen aus dem 1. Weltkrieg; auch seine Bücher um den Reichsgedanken, von den Nationalsozialisten gefördert, wurden viel gelesen. B. schrieb später auch histor. und gesellschaftskrit. Werke.
Hauptwerke: Sperrfeuer um Deutschland (R., 1929), Die Gruppe Bosemüller (R., 1930), Die Hengstwiese (E., 1935), Reich und Rom (R., 1937), Das Kamel und das Nadelöhr (R., 1957).
Bevk, France [slowen. be:u̯k], * Zakojca (Bezirk Tolmein) 17. Sept. 1890, slowen. Schriftsteller.
Lehrer; journalist. und publizist. tätig; nach dem 2. Weltkrieg freier Schriftsteller; schrieb nach Anfängen als neuromant., symbolist. beeinflußter Lyriker realist. Erzählwerke mit volkspsycholog. Elementen über kulturelle und soziale Probleme der Slowenen in Italien; dt. liegen vor „Der starke Peter" (slowen. Volkssage, dt. 1958) und „Die Kinder auf der Hutweide" (En., dt. 1965).
Beyatlı, Yahya Kemal [türk. bɛjɑtˈlɨ], * Üsküp 2. Dez. 1884, † Istanbul 1. Nov. 1958, türk. Dichter.

Schulbesuch in Saloniki und Istanbul, Studium in Paris, wo er mit Literaten in Verbindung stand; 1915–23 Universitätslehrer in Istanbul, 1923–26 Abgeordneter, dann bis 1949 Diplomat. Schrieb, beeinflußt von den frz. Symbolisten, melodiöse Gedichte, von denen viele vertont wurden; Verwendung der klass. Metren. Seit 1961 werden B.s Werke, die bis dahin nur in Zeitschriften verstreut vorlagen, in einer krit. Ausgabe ediert.

Beyerlein, Franz Adam, * Meißen 22. März 1871, † Leipzig 27. Febr. 1949, dt. Schriftsteller.
Schrieb kraß realist. Romane und Dramen aus der Welt des Militärs; antimilitarist. Tendenz; seine späteren, z.T. wertvolleren Werke wurden weniger beachtet.
Hauptwerke: Jena oder Sedan (R., 1903), Der Großknecht (Dr., 1905), Friedrich der Große (R.-Trilogie, 1922–24), Der Siebenschläfer (R., 1924).

Beyle, Marie Henri [frz. bɛl] † Stendhal.

Bezruč, Petr [tschech. 'bɛzrutʃ], eigtl. Vladimír Vašek, * Troppau 15. Sept. 1867, † Kostelec na Hané 17. Febr. 1958, tschech. Dichter.
Unvollendetes Studium der klass. Philologie, wurde Postbeamter. Stellt in seiner Lyrik mit ankläger. Pathos soziale und nationale Probleme der Arbeiter und Bauern im poln.-dt. Grenzgebiet seiner Heimat dar; verwendet Dialekt und folklorist. Elemente; von der sozialist. Kritik als Klassiker geehrt.
Hauptwerk: Schles. Lieder (Ged., 1909; dt. 1937).

Bezymenskij † Besymenski.

Bhagawadgita; tl.: Bhagavadgīta [sanskr.; = der Gesang des Glückseligen], ind. religiös-philosoph. Lehrgedicht in 18 Gesängen, das in das 6. Buch des „Mahabharata" eingefügt ist; die äußere Handlung – Weigerung Ardschunas, gegen die Kaurawas zu kämpfen, um sich nicht des Verwandtenmordes schuldig zu machen, und die Begegnung mit Krischna, der den Zögernden von der Notwendigkeit der Pflichterfüllung überzeugt – dient nur als Anlaß für philosoph.-theoret. Belehrungen und Erörterungen, die mit der Handlung lose verknüpft sind; die B. ist eine systemat. Zusammenfassung der verschiedenen metaphys. Anschauungen der damaligen Zeit. Das Werk wurde mehrfach ins Dt. übersetzt.
Ausgabe: Die Bhagavadgita. Des Erhabenen Gesang. Dt. Übers. Düsseld. 36.–39. Tsd. 1965.
Literatur: Sri Aurobindo: *Essays on the Gita. New York 1953.* – Hubert, P.: *Histoire de la Bhagavadgita. Paris 1949.* – Otto, R.: *Die Lehr-Traktate der Bhagavad-Gītā. Tüb. 1935.*

Bharatatschandra Rai; tl.: Bhāratacandra Rāy, * Bhursut (Bengalen) 1712, † Mulajor (Bengalen) 1760, ind. Dichter.
Brahmane, der in Basantapur Sanskrit und Pers. studierte, später Hofdichter des Raja Krischnatschandra von Krischnagar; bekannt v.a. durch sein aus 3 Gedichten bestehendes, formvollendetes Werk „Annadamangala" in Bengali. Den Mittelteil bildet das romant. Epos „Widjasundara", in dem die Geschichte vom Liebesverhältnis zwischen dem Prinzen Sundara und der Prinzessin Widja erzählt wird.

Bharawi; tl.: Bhāravi ['ba:ravi], * um 550, † um 600, ind. Dichter.
Bereits 634 in der Aihole-Inschrift als berühmt erwähnt; behandelt in dem Kunstepos „Kiratardschunija" eine Episode des „Mahabharata", dem er in der Handlung weitgehend folgt; 8 der 18 Gesänge sind jedoch eigene Dichtung; eine gewollt dunkle Ausdrucksweise macht das Werk schwer verständl., doch wurde es gerade deswegen in Indien sehr geschätzt.

Bhartrihari; tl.: Bhartṛhari ['bartrihari], ind. Dichter des 7. Jahrhunderts.
Lyriker der klass. Zeit der ind. Literatur; über sein Leben ist, von Legendenbildungen abgesehen, nichts bekannt; er gilt als Verfasser dreier Zenturien (je 100 Strophen) über die Liebe, die Lebensklugheit und die Weltentsagung; da der Inhalt in den verschiedensten Zielsetzungen das ganze Menschenleben umspannt, können Widersprüche innerhalb des Gesamtwerkes nicht ausbleiben; Lob und Beschreibung der Wonnen sinnl. Liebe stehen neben moral. Anweisungen für eine kluge Lebensführung, neben Beispielen tiefer Menschenverachtung und einer entsagungsreichen Askese, die auf alle Annehmlichkeiten des Lebens verzichtet.

Bhasa; tl.: Bhāsa ['ba:za], ind. Dramatiker des 3. oder 4. Jahrhunderts.
Einzelne Verse des B., den Kalidasa als einen seiner Vorgänger bezeichnete, werden in Anthologien zitiert. Als man 1910 eine Handschrift mit 11 Dramen und wenig später zwei weitere Dramen fand, schrieb man diese – ohne schlüssigen Beweis – dem B. zu. Die Ergebnisse neuer Forschungen lassen aber weder den Schluß zu, daß alle 13 Dramen von einem Dichter stammen, noch, daß das angebl. Hauptwerk des B., „Swapnawasawadatta", sein Werk ist; man hält es allenfalls für eine gekürzte Bearbeitung eines Dramas des B.; die meisten der 13 Dramen behandeln Stoffe des „Mahabharata" und des „Ramajana".

Bhawabhuti; tl.: Bhavabhūti [bava'bu:ti], ind. Dramatiker des 7. oder 8. Jahrhunderts.
Entstammte einer vornehmen Brahmanenfamilie aus Berar (S-Indien); zwei seiner drei Dramen behandeln, meist in Form des erzählenden Dialogs, den Stoff des „Ramajana"; „Malatimadhawa", ein bürgerl. Schauspiel in 10 Akten, ist wahrscheinl. eigene Erfindung B.s, dessen Dramen sich mehr durch gedanken- und bilderreiche lyr. Strophen als durch dramat. Aufbau und effektvolle Bühnenwirksamkeit auszeichnen; mit B. erreichte die Sanskritdramatik ihren Höhepunkt.

Bialik, Chajim Nachman [bi'a:lɪk], * Rady (Wolynien) 9. Jan. 1873, † Wien 4. Juli 1934, hebr. Dichter.
Lehrer, lebte seit 1923 in Palästina, gründete zur Pflege klass. jüd. Schrifttums einen Verlag. B. gilt als Schöpfer und Mittelpunkt einer hebr. Kulturrenaissance. Er bemühte sich bes. um die Erneuerung der hebr. Sprache. Mit Erzählungen, Essays, Märchensammlungen, Legenden und Sagensammlungen gab er dafür ein Beispiel; er verbindet in seinen Werken das Gedankengut jüd. Mystik, rationalen Talmudismus und der Aufklärung.
Hauptwerke: Die hebr. Gedichte (dt. ^{3}1935), Jidd. Gedichte (dt. 1920), Essays (dt. 1925).
Literatur: Simon, E.: *Chajjim N. B. Bln. 1935.*

Białoszewski, Miron [poln. bjau̯ɔ'ʃɛfski], * Warschau 30. Juni 1922, poln. Schriftsteller.
Lebte während der Okkupationszeit in Warschau, nach dem Krieg Journalist, leitet seit 1955 in

Warschau ein Zimmertheater; schrieb v. a. Lyrik, in der er mit der Sprache experimentiert und eine absurde Welt schafft; dt. sind einige Gedichte in Anthologien enthalten; verfaßte auch für sein Theater dramat. Texte (u. a. „Kreuzzüge", dt. 1964).

Bianciardi, Luciano [italien. bian'tʃardi], * Grosseto 14. Dez. 1922, italien. Schriftsteller.
Nach Kriegsende zeitweilig Direktor der Stadtbibliothek in Grosseto; verfaßte mit C. Cassola einen soziolog.-literar. Bericht über Bergarbeiterfragen; in seinem Roman „Das saure Leben" (dt. 1967) parodiert er die negativen Seiten der modernen Massengesellschaft.

Bibbiena, Bernardo Dovizi da [italien. bib'biɛ:na], * Bibbiena (Arezzo) 4. Aug. 1470, † Rom 9. Nov. 1520, italien. Dichter.
Seit 1513 Kardinal; liebte als Kind der italien. Renaissance v. a. die moral. freizügige, an Plautus und Terenz geschulte Komödie; Hauptwerk ist das durch Witz, Lebendigkeit des Dialogs und reine Sprache ausgezeichnete Lustspiel „Calandria" (1513, dt. 1903).

Bibel, die literar. außerordentlich vielgestaltige „Heilige Schrift" des Judentums (Altes Testament) und Christentums (Altes und Neues Testament), von ihnen verstanden als normatives „Wort Gottes", das unmittelbar geoffenbart bzw. unter göttl. Inspiration verfaßt sei; das A.T. ist hauptsächl. in hebr. *Sprache* abgefaßt, wenige Einschübe sind aram. (bei Daniel, Esdras und Jeremias), Baruch, Judith, Tobias, 1 Makkabäer sowie deuterokanon. Teile von Daniel und Esther griech. (hellenist. Koine), das N.T. ebenfalls griech. (zu Matthäus lag wohl eine verlorengegangene aram. Urfassung vor); *Abfassungszeit* etwa 1200 v. bis 100 n. Chr.; *Quellen* sind alte Stammestraditionen, histor. Dokumente, Augen- bzw. Ohrenzeugenberichte, dichter. Intuition, Visionen; die *literar. Gattungen* reichen von Historie (dabei histor. Report neben Stammesmythen, erbaul.-historisierenden Heldenerzählungen wie in den Kindheitsgeschichten Jesu u. a.) und Gesetzestexten über Lyrik (eingestreute Volkslieder, Psalmen, Teile der prophet. Literatur), Dramatik (Hohes Lied, Hiob), Apokalyptik (v. a. Daniel, Apokalypse), sittl.-religiöse Erbauungsliteratur (Parabeln, Spruchweisheit) bis zu Rhetorik (Predigten) und Briefen (v. a. im N.T.); die Geschichte des *Kanons* (= anerkannte Liste) der bibl. Bücher führte im Judentum zur Ausbildung eines „palästinens." und eines „alexandrin. Kanons", der im wesentl. die bekannten alttestamentl. Bücher ohne die „deuterokanon." (Tobias, Judith, Weisheit, Jesus Sirach, Baruch, 1 und 2 Makkabäer, Teile von Daniel und Esther) umfaßt; die kath. Bibel kennt 45 alt- und 27 neutestamentl. Bücher; der prot. Kanon folgt im A.T. im wesentl. dem jüd., im N.T. werden die „Kath. Briefe" als deuterokanon. abgelehnt; als bes. schwierig zeigt sich die Festlegung des *Textes*, der mangels erhaltener Urschriften sowie durch mannigfaltige Überarbeitungen, Einschübe, Abschreibefehler, im hebr. A.T. auch durch die ursprüngl. fehlende Vokalisation zahllose Varianten aufweist (im N.T. allein über 45000); noch immer ist die B. das meistübersetzte Werk der Weltliteratur; bed. *Übersetzungen* des A.T. sind v. a. die Septuaginta (Zeichen: LXX; griech.; in Alexandria, 3.–1. Jh. v. Chr.), die syr., altlat., kopt. und armen. Übersetzung des N.T. [und A.T.], die Vulgata (lat.; offizielle Version der kath. Kirche), daneben die got. des arian. Bischofs Ulfilas sowie die für die Entwicklung der nhd. Schriftsprache einschlägige deutsche (1534 vollständig) Luthers; die *Interpretation* der bibl. Schriften, ursprüngl. nur den talmud. bzw. den kirchl.-theolog. Schulen, innerhalb der kath. Kirche weitgehend dem kirchl. Lehramt vorbehalten, erfuhr ihre erste individuelle Freisetzung in humanist.-reformator. Zeit, ihre radikale, allseitige Freisetzung im 19./20. Jh. (unter Einfluß der histor.-, literar-, gattungs- und textkrit. Wissenschaft) zunächst im prot., in neuester Zeit auch im kath. Raum; die ständigen wechselseitigen Überlagerungen der verschiedenen literar. Gattungen (im A.T. wie im N.T.) erschweren das exakte histor. wie literar. Textverständnis, v. a. da sich auch verschiedenste Intentionen bei den Verfassern zeigen wie histor. Interesse, erbaul. Fabel und Deutung (und Umdeutung) von Geschehnissen innerhalb einer als übergreifend verstandenen Heilsgeschichte; endlich sind Historiographen und Dichter, Theologen, Visionäre, Apokalyptiker, Männer hoher und niedriger Bildung unter den Verfassern und Bearbeitern der bibl. Bücher und verursachen so deren unterschiedl. literar. Qualität und Bedeutung.
Das Alte Testament ist Ergebnis eines langen Entwicklungsprozesses: seine mündl. und schriftl. Anfänge weisen an das Ende des 2. Jt.s v. Chr., die Endredaktion einiger Bücher erfolgte erst im 2. Jh. n. Chr. Das A.T. gliedert sich in 4 (christl. Kanon) bzw. 3 (jüd. Kanon) Teile:
I. Das Gesetz (Thora, Pentateuch, die fünf Bücher Mose: Genesis, Exodus, Leviticus, Numeri, Deuteronomium), von zentraler Bedeutung in der jüd. Religion, will ursprüngl. wohl eine zusammenhängende Erzählung von der Welterschaffung bis zum Tod des Moses bieten; der umfangreiche Stoff mit seinen zahllosen Dubletten, Unstimmigkeiten, Stil- und Vokabularvarianten, seiner Stoffanordnung und Gedankenwelt sowie die nicht zu übersehenden altoriental. Parallelen ließen seit der Reformationszeit die traditionell angenommene Verfasserschaft des Moses fragwürdig werden. Nach intensiver literarkrit., gattungs- und überlieferungsgeschichtl. Forschung versteht die „jüngere Urkundenhypothese" das Gesetz als Kompositum (um eine ursprüngl. mosaische Bundesurkunde?) eines langen, von verschiedenen bed. geschichtl. Ereignissen (u. a. Stammesbund, Kultuszentralisation in Jerusalem, Reichsspaltung, Exil), von der altoriental. Vor-, Rechts- und Heilsgeschichte, von Stammestraditionen und Prophetentum geprägten Entwicklungsprozesses, der unter Esra im 5. Jh. v. Chr. seinen redaktionellen Abschluß fand. Es sind v. a. 4 Hauptquellen (J, E, D, P), die sich erschließen lassen: *1.* der *Jahwist* (J; 9./8. Jh.; verwendet den Gottesnamen „Jahwe"), erzählt in z. T. polytheist. und anthropomorphem Sagenstil von Paradies, Turmbau zu Babel, Geschichte Israels von Abraham bis zur Landnahme in Kanaan-Palästina; *2.* der *Elohist* (E; 8. Jh.; verwendet den Gottesnamen „Elohim"), ein zum Henotheismus neigender Schreiber bzw. eine Schrei-

bergruppe; *3.* das *Deuteronomium* (D), unter prophet. Einfluß Ende des 7. Jh.s verfaßt, gebietet den entschieden monotheist., zentralen Bundeskult; *4.* die *Priesterschrift* (P) aus exil. und nachexil. Zeit (6. Jh.) zeigt die Ausbildung der differenzierten Gesetzesreligion, erzählt abermals von der Welterschaffung bis zum Tod des Moses und bringt v.a. Ritualgesetze, Genealogien und Listen.

II. Die Propheten

A. Die „vorderen" Propheten (im christl. Kanon „Geschichtsbücher"): *1. Josua* (Inhalt: Josua als idealisierter Nachfolger Moses' und Führer Israels bei Besitzergreifung und Landverteilung Kanaans); wohl Teil des deuteronomist. Erzählwerkes; *2. Richter* (Inhalt: Einzelerzählungen über die Zeit vom Tode Josuas bis Samuel; ideologisches Schema: Abfall des Volkes von Jahwe, Strafe Jahwes, Rettung durch einen von Jahwe gesandten „Richter"), Verarbeitung von Volkssagen und mündl. Überlieferung in deuteronomist. Geiste; Endredaktion wohl im 6. Jh. v. Chr.; Richter 5 enthält als ältestes Stück israelit. Dichtung das *Deboralied*; *3. Zwei Bücher Samuel* (1 und 2 Samuel; in der Vulgata 1 und 2 Könige; Inhalt: Geschichte Israels von der Geburt Samuels bis zur Herrschaft Davids), verfaßt zwischen 932 (Reichstrennung) und 586 (Untergang der david. Dynastie); *4. Zwei Bücher Könige* (1 und 2 Könige; in der Vulgata 3 und 4 Könige; Inhalt: Geschichte Israels unter seinen Königen sowie unter denen der Teilreiche von David bis zur Babylon. Gefangenschaft), eine paränet. Geschichtsauswahl, z.T. mit wörtl. Auszügen aus älteren Chroniken, verfaßt wohl Mitte des 6. Jh.s v. Chr.

B. Die „hinteren" Propheten (im christl. Kanon die eigentl. prophet. Literatur):

a. Die Großen Propheten (so benannt nach dem Umfang ihrer Werke): *1. Isaias* (Jesaja; Inhalt: Reden über Juda und Jerusalem, Berufungsvision, Lieder, Gerichtsrede, Apokalypsen), uneinheitl. Buch, stückweise wohl auf den Propheten selbst (Mitte 8. Jh.) zurückgehend; von späterer Hand v.a. Deutero- und Tritojesaja (Kap. 40–66); *2. Jeremias* (Jeremia; Inhalt: hpts. Gerichtsreden, die die persönl. Verantwortung des einzelnen betonen), wohl aus verschiedenen Sammlungen von Reden und Erzählstücken des Propheten Jeremias (* um 650, † um 585) von seinem Schüler Baruch zusammengestellt; persönl. und empfindsam gefärbte, schwungvolle und rhythm. Rhetorik; *3. Ezechiel* (Hesekiel; Inhalt: Straf-, Droh- und Heilsreden für Israel, Visionen), in seiner literar. Einheit umstrittenes, wohl nur im Kern auf den Propheten Ezechiel (6. Jh. v. Chr.) zurückgehend; literar. bed. v.a. die apokalypt. Darstellung von Gog und Magog (Kap. 38f.; wohl eine Anspielung auf den Lyderkönig Gyges). – b. Die Kleinen Propheten (Dodekapropheton, Zwölfprophetenbuch), nach Alter und Inhalt sehr unterschiedl. Redesammlungen, verfaßt zwischen 760 und 450 v. Chr.: *1. Osee* (Hosea), zwischen 750 und 725, bekämpft in der Schilderung seiner symbol. Ehe mit einer Dirne den Götzendienst Israels; *2. Joel*, exil. oder nachexil. Abfassungszeit, schildert gegenwärtige Not, und, mit apokalypt. Zügen, das eschatolog. Weltgericht; *3. Amos*, ein Hirte in Juda, ältester der Schriftpropheten (Mitte 8. Jh.), geißelt inneren Verfall, Synkretismus, seelenlosen Kult und Luxus hinter der Fassade äußeren Wohlergehens in einfachem, strengem Redestil; *4. Abdias* (Obadja), kurze nachexil. Drohrede gegen Edom und Heilsrede an Israel; *5. Jonas* (Jona), aus dem prophet. Schrifttum herausfallende Legende vom ungehorsamen Propheten, der vor dem göttl. Auftrag, das Heil auch der heidn. Stadt Ninive zu predigen, auf ein Schiff flieht, in einen Sturm gerät, von den Seeleuten als Schuldiger ins Meer geworfen, von einem Fisch verschluckt und dann an Land gespien wird, worauf er sich dem Willen Gottes unterwirft und in Ninive Buße predigt; kunstvolle Lehrerzählung über den histor. Jonas (Mitte 8. Jh.), verfaßt zwischen 400 und 200 v. Chr.; *6. Michäas* (Micha), Zeitgenosse Isaias', predigt über die Diasporasituation Israels und die Zerstörung Jerusalems in knapper, kraftvoller Sprache; jetziger Aufbau des Buches wohl redaktionell; *7. Nahum*, Prophet in der 2. Hälfte des 7. Jh.s, tröstet Israel mit der Prophezeiung des Untergangs Ninives; eingangs, wohl nicht von der Hand des Verfassers, ein alphabet.-akrostichisches Lied auf Jahwe; *8. Habakuk*, Kultprophet Ende des 7. Jh.s v. Chr., beklagt Unrecht und Rechtsverletzung in seinem Volk, warnt vor der drohenden babylon. Invasion und schließt mit einem hymn. Gesang auf den Retter Jahwe; *9. Sophonias* (Zephanja), Ende 7. Jh., droht das Gericht Jahwes über die Völker, über Jerusalem und seine Führer an und verkündet zukünftiges Heil, dessen Träger das niedere Volk sein soll; *10. Aggäus* (Haggai), vier Reden von Sept. bis Dez. 520 v. Chr. über die Wiedererrichtung des Tempels; *11. Zacharias* (Sacharja), Zeitgenosse des Aggäus, mit dem er den Wiederaufbau des Tempels betreibt; der 1. Teil, wohl von Zacharias selbst, bietet acht „Nachtgesichte" sowie moral. und kult. Reden; der 2. Teil, im Alter sehr umstritten, enthält messian. Reden und eine schwer zu deutende Hirtenallegorie; *12. Malachias* (Maleachi), anonymes Prophetenbuch aus der Zeit um 470–450; arbeitet der Reform des Esra vor; Bußpredigten und Strafreden in Dialogform.

III. Die Schriften: 1. Psalmen (Psalter), in der altoriental. Literatur einzigartige Sammlung von 150 Hymnen, Dank- und Bittgebeten, Klage- und Bußliedern sowie Lehrgedichten, teils Gemeinde-, teils Einzellieder aus der Zeit vom 10. (David) bis 2. Jh. v. Chr.; ihr religiöser Wert ist allerdings mitunter bedeutender als ihr dichterischer; *2. Job* (Hiob), literar. Höhepunkt der alttestamentl. Weisheitsspekulation; in ep.-dramat. Dialogform wird die Vergeltungstheorie der „Schulweisheit" zurückgewiesen und – eine eschatolog. Vergeltung ist dem Verfasser noch unbekannt – eine leidenschaftl. Klage und Anklage zur Theodizee Gottes vorgetragen; straffe Gliederung in Einzelszenen, meisterhafter Aufbau; Abfassungszeit etwa 400 v. Chr.; *3. Sprüche* (Sprüche Salomos), moralisierende Lehrsprüche und Sprichwörter, meist über Alltäglichkeiten, aus verschiedenen, wahrscheinl. weit auseinanderliegenden Perioden, die ältesten dem König Salomo zugeschrieben, die jüngsten, das Lob der Weisheit und ein alphabet. Loblied auf die Hausfrau, sicher aus nachexil.

Zeit; *4. Ruth*, eine kunstvolle, idyll. Novelle über Ruth, die moabit. Ahnfrau Davids, der hier verherrlicht werden soll; wahrscheinl. ein Werk aus vorexil. Zeit in nachexil. Redaktion; *5. Hohes Lied* (Hohelied Salomos), nach dem Wortlaut eine heiter-sinnl. Dichtung über die bräutl.-ehel. Liebe; literar. Gattung wie Deutung sind höchst umstritten; nach der „Liederhypothese" ist es eine von einem Redakteur für ein Hochzeitsritual zusammengestellte Sammlung von Hochzeits- und Liebesliedern, die Braut und Bräutigam unter dem Bild „König Salomo und die schöne Sulamit" besingen; nach der „Dramahypothese" handelt es sich um eine melodramat. Dichtung in einem Stück über den Dialog Braut–Bräutigam unter Einschluß eines Chores; wird es als reine Liebeslyrik gedeutet, so erhebt sich die Frage, wie es in den alttestamentl. Kanon geraten ist; eine allegor. Deutung will es auf das Verhältnis Jahwe–Israel beziehen; die Zuweisung an Salomo ist sicher spätere Zutat; Abfassungszeit wohl zwischen 400 und 200 v. Chr.; *6. Prediger* (Ecclesiastes, Koheleth, Prediger Salomo), lose verknüpfte Weisheitssentenzen wohl hauptsächl. eines einzigen Verfassers der 2. Hälfte des 3. Jh.s v. Chr.; die anthropozentr., teils pessimist. („Alles ist eitel"), teils den Lebensgenuß lehrenden Sprüche sind wohl in der Periode der Begegnung der rabbin. Theologie mit der griech. Philosophie entstanden; *7. Klagelieder* (Threni, Lamentationes, Klagelieder Jeremias), Sammlung von 5 Liedern, die den Fall Jerusalems und das Exil (586–538) beklagen; das Thema leidet bisweilen unter der starren Form des alphabet. Akrostichons; der Stil schließt eine Verfasserschaft Jeremias' aus; *8. Esther*, spannungsreiche, in der Textüberlieferung und Deutung umstrittene Erzählung vielleicht aus der pers. Diaspora zur Zeit der Makkabäer (1. Jh. v. Chr.) über den in seinen Konsequenzen brutalen Kampf der Esther, der Frau (Nebenfrau?) des Perserkönigs Xerxes, um das Leben ihrer jüd. Landsleute; *9. Daniel*, teils in hebr., teils in aram. Sprache überliefertes Buch eines wohl legendären israelit. Propheten Daniel; im 1. Teil Verherrlichung des jüd. Exulanten Daniel in Babylon als Traum- und Zeichendeuter, Rettung aus dem Feuerofen und aus der Löwengrube; im 2. Teil Visionen mit großartigen, myst.-apokalypt. Bildern der Endzeit, die wohl altpers. Traditionen verwerten; die Meidung des Gottesnamens Jahwe sowie die ausgebildete Engel- und Auferstehungslehre weisen auf eine späte Abfassungszeit hin (zwischen 167 und 163); *10. Esdras* (Esra), histor. Bericht über den Anteil des Esdras, des bedeutendsten Reformers des Judentums im 5./4. Jh., an der Wiederherstellung des jüd. Gemeinwesens nach dem babylon. Exil (538); in der hebr. B. zusammengefaßt mit *11. Nehemias* (Nehemia), der Forts. von Esdras; das Buch beschreibt die Tätigkeit des Nehemias, der seit 445 Statthalter des pers. Königs in Jerusalem war; teilweise autobiograph.; Endredaktion wohl 1. Hälfte des 3. Jh.s v. Chr.; *12. Zwei Bücher der Chronik* (Paralipomenon), letztes Buch in hebr. B.ausgaben, wohl erst spät in den Kanon aufgenommen; Abriß der Geschichte Israels von der Erschaffung des Menschen bis zum Ende des babylon. Exils (538) mit Listen, Genealogien und z.T. älteren Urkunden, entstanden um 400; wegen Unstimmigkeiten und Anlehnungen an andere bibl. Bücher oft in seiner Glaubwürdigkeit angezweifeltes Werk.

IV. Die deuterokanonischen Bücher (nach Luther: Apokryphen): *1. Tobias* (Tobit), kunstvolle, didakt.-paränet. Erzählung vom frommen Tobias und seinem Sohn, dem jungen Tobias, der in Begleitung des Engels Raphael eine weite Reise unternimmt und nach der Rückkehr den erblindeten Vater heilt; nur in griech. Textversion überliefert; wahrscheinl. aus dem 2. Jh. v. Chr.; *2. Judith*, von religiös-nationalen Gefühlen getragene, außerordentl. beliebte Erzählung über die Heldin Judith, die den feindl. (pers.?) Feldherrn Holofernes überlistet und ermordet; Historizität zweifelhaft; nur in griech. Fassung erhalten; verfaßt spätestens um 100 v. Chr.; *3. Buch der Weisheit* (Weisheit Salomos), Apologetik des Judentums, verfaßt von einem alexandrin. Diasporajuden Mitte des 1. vorchristl. Jh.s; nur griech. erhalten; es will heidn. Machthaber von der Überlegenheit der jüd. Religion überzeugen; Salomo als Weisheitslehrer ist dabei nur dichter. Einkleidung; *4. Jesus Sirach* (Ecclesiasticus), nur in der griech. Übersetzung seines Enkels (nach 132 v. Chr.) erhaltenes Lehrbuch der prakt. Lebensphilosophie eines weltoffenen, aber strenggläubigen Schriftgelehrten in der Zeit der Hellenisierung (180–171); Spruchweisheit und hymn. Meditationen; *5. Baruch*, kaum auf Baruch, den Schüler und Schreiber Jeremias', zurückgehendes griech. Buch mit literargeschichtl. sehr unterschiedl. Teilen: histor. Einleitung, langatmiges Bußgebet, Weisheitshymnus, Trost- und Jubellieder; wahrscheinl. im 3.–1. Jh. v. Chr. entstanden; angehängt ein apokrypher „Brief des Jeremias", ein sarkast., volkstüml. Spotterguß über den Götzendienst; *6. 1 und 2 Makkabäer*, zwei histor.-erbaul. Bücher über die Zeit von 175 bis 134 (bzw. bis 161) v. Chr., die Periode der Selbstbesinnung der orthodoxen Judenheit unter der syr. Vorherrschaft, des Kampfes um Selbständigkeit und des Beginns der Hasmonäerdynastie; Kriegsgeschichte mit eingeschobenen Liedern; die beiden Bücher bieten zwei unterschiedl. Versionen oder Auszüge aus größeren, unbekannten Quellenwerken, verfaßt Ende des 2. bzw. in der 2. Hälfte des 1. Jh.s v. Chr.; *7. Zusätze zu Esther*, Rahmenstück und Einschaltungen zum Estherbuch; *8. Zusätze zu Daniel*, wohl auf ein semit. Original zurückzuführende Zusätze zum Buch Daniel, u.a. Legenden (Susanna und Daniel), Gebete Asarjas und Manasses und Gesang der 3 Jünglinge im Feuerofen.

Das Neue Testament entstand innerhalb eines Jh.s unter dem Eindruck der Person und Lehre Jesu im jüd.-hellenist. Sprachbereich (Sprache ausschließl. griech.); die Ostkirchen wie die abendländ. Kirchen des Christentums zählen seit Ende des 4. Jh.s n. Chr. zum nt. Kanon 27 Schriften in 4 Gruppen:

I. Die Evangelien: Evangelium ist die Bezeichnung Jesu für seine eschatolog. Botschaft vom Reich Gottes; die 4 Evangelien, benannt nach dieser Botschaft, überliefern biograph., geograph. und zeitgeschichtl. Einzelheiten aus dem Leben Jesu, Reden Jesu (literar. bed. v. a. seine Parabeln), Dialoge und Wundertaten, eindrucksvoll und ziemlich übereinstimmend die Passion Jesu und schließl. Berichte über Erscheinungen des von den Toten auferstandenen Jesus; allen diesen Stücken, die je für sich eine spezielle Überarbeitung, Erweiterung oder Abkürzung, theolog. Durchdringung und sehr unterschiedl. chronolog. und geograph. Verknüpfung durch die Evangelisten erfuhren, geht ihre jahrzehntelange mündl. Verkündigung als Botschaft Jesu durch die Apostel und urchristl. Missionare voraus, und auch das Anliegen der Evangelisten ist nicht biograph., sondern kerygmat., d.h. die Verkündigung intendierend; Verwandtschaft in Stoffauswahl und Stil zeigen v.a. die „Synoptiker" (Matthäus, Markus, Lukas); ihr Verhältnis zueinander beschreibt am überzeugendsten die „Zweiquellentheorie", wonach die Quellen von Matthäus und Lukas das Markusevangelium und eine nicht erhaltene „Logienquelle" bildeten. *1. Matthäusevangelium*, nach altchristl. Tradition von dem Apostel Matthäus verfaßt; der judenchristl. Verfasser, der offenbar für Judenchristen um 75 n. Chr. (?) schreibt, zeigt stärker als die anderen Synoptiker theolog. und apologet. Interesse; sein Sondergut besteht vorwiegend aus Reden (bed. v.a. die Bergpredigt, Kap. 5–7, eine Spruch- und Parabelsammlung, sowie die große eschatolog. Predigt, Kap. 24f.), von denen auch Lukas die Hälfte bietet; *2. Markusevangelium*, ganz auf die Passionsgeschichte ausgerichtetes, in anschaul. und volkstüml. Sprache wohl für heidenchristl. Leser um 65 n. Chr. (?) in Rom (?) verfaßtes Evangelium, teilweise mit themat. Zusammenfassungen; *3. Lukasevangelium*, von dem Heidenchristen Lukas, einem Mitarbeiter des Apostels Paulus, um 75-80 (?) an die Adresse von Heidenchristen gerichtetes Evangelium; bietet ausführl. Kindheitserzählungen und betont v.a. die Bestimmung des Evangeliums Jesu für die Armen und Niedrigen, im übrigen fällt eine im Vergleich mit den Synoptikern merklich zurückhaltende Eschatologie auf; in einem Vorwort in klass. hellenist. Rhetorik legt der Verfasser nach Art der antiken Historiographen Ziel und Anlage seines Werkes dar; *4. Johannesevangelium*, von Johannes dem Evangelisten oder einem gewissen „Johannes dem Presbyter" aus Ephesus gegen Ende des 1. Jh.s n. Chr. verfaßtes, teilweise von Schülern redigiertes, in seiner Deutung vielfach umstrittenes Evangelium, weithin unabhängig von den Synoptikern, durch theolog. Spekulation vertieft, vielleicht gegen doket.-gnost. Irrlehrer polemisierend; der Verfasser war sicher Judenchrist und schrieb in Syrien, Kleinasien oder Ägypten; literar. bed. ist v.a. der Prolog mit seiner spekulativen Gleichsetzung von präexistentem göttl. Logos und Christus.

II. Apostelgeschichte: Nach altchristl. Tradition vom Evangelisten Lukas verfaßter Bericht über die missionar. Tätigkeit der Apostel, v.a. des Paulus (Reiseberichte), sowie über die frühchristl. Gemeindebildung; verfaßt nach Art der hellenist. Geschichtsschreibung um 85 n.Chr. (?); enthält einige wahrscheinl. authentische und daher wertvolle altchristl. Predigtprotokolle.

III. Die Briefe: 1. Paulusbriefe, 14 in fast allen neutestamentl. Handschriften auf Paulus als Verfasser bezogene Briefe, mit Paränese, häufig leidenschaftl. Auseinandersetzungen mit Gegnern und theolog. Spekulationen über das Wesen christl. Existenz; gesichert und wegen ihres gegenüber den Evangelien höheren Alters (1. Thess. um 50/51 verfaßt) wertvoll ist die Verfasserschaft des Paulus bei 7 Briefen (Römer-, 1. und 2. Korinther-, Galater-, Philipper-, 1. Thessalonicher- und Philemonbrief), umstritten bei 6 Briefen (Epheser-, Kolosser-, 2. Thessalonicherbrief und Pastoralbriefe); der im Stil fremde Hebräerbrief geht vielleicht auf einen unbekannten Verfasser aus dem Kreis um Paulus zurück; *2. Katholische Briefe* (= allgemeine, weil an keinen bestimmten Adressaten gerichtete Briefe), 7 nach ihren Verfassern benannte, in ihrer theolog. Bedeutung umstrittene Briefe, die Jakobus dem Herrenbruder (1), Petrus (2), Johannes dem Evangelisten (3) und Judas (1) zugeschrieben werden.

IV. Geheime Offenbarung (Apokalypse, Offenbarung des Johannes): Kunstvolle, sprachl. oft eigenwillige Zusammenfassung von Visionen und Auditionen eines Christen Johannes (der Evangelist?) in der Verbannung auf der Insel Patmos um 95 n. Chr.; bilderreich, mit Allegorien und meist dunklen alttestamentl. und zeitgeschichtl. Anspielungen, mit Farb- und Zahlensymbolen; die gesamte Schilderung ist eingebettet in die Form eines Briefes; die Deutung des Buches ist umstritten, es gab chiliast.-kirchengeschichtl., zeitgeschichtl., prophet. und eschatolog. Deutungen; das Werk gehört zu den großartigsten Beispielen der apokalypt. Literatur.

Ausgaben: Die B. Die Hl. Schr. des Alten u. Neuen Bundes. Dt. Ausg. mit Erll. der Jerusalemer B. Freib. 1968. – Die B. oder die ganze Hl. Schr. des Alten u. N.T. Revidierter Text. Großoktav-Ausg. Mit Apokryphen. Neuaufl. Stuttg. 1964. – Die Schrift. Verdeutscht v. M. Buber *u.* F. Rosenzweig. *Köln* $^{1-5}$*1962–66. 4 Bde. – Die Hl. Schr. des Alten u. N. T. Zürcher B. v. 1907–1931 im Auftrage der Kirchensynode neu übersetzt. Ohne Apokryphen. Zürich* ^{4}*1960.* – Luther, M.: *Die Dt. B. Wittenberg 1522–1545. Neuausg. Weimar 1906 bis 1961. 12 Bde.*

Literatur: Einführungen: Feine, P., *u.a.: Einl. in das N.T. Hdbg.* ^{15}*1967.* – Würthwein, E.: *Der Text des A. T. Eine Einf. in die Biblia Hebraica. Stuttg.* ^{3}*1966.* – Eißfeldt, O.: *Einl. in das A. T. unter Einschluß der Apokryphen u. Pseudepigraphen sowie der apokryphen- u. pseudepigraphenartigen Qumran-Schrr. Entstehungsgesch. des A. T. Tüb.* ^{3}*1964.* – Marxsen, W.: *Einl. in das N.T. Gütersloh* ^{3}*1964. – Einl. in die Hl. Schrift. Hg. v.* A. Robert *u.* A. Feuillet. *Dt. Übers. Freib. u.a. 1963–64. 2 Bde. – Einzeldarstellungen:* Alonso-Schökel, L.: *Das A.T. als literar. Kunstwerk. Dt. Übers. Köln 1969.* – Alonso-Schökel, L.: *Sprache Gottes u. der Menschen. Literar. u. sprachpsycholog. Beobachtungen zur Hl. Schrift. Übers. Düsseld. 1968. – Schrr. der B., literaturgeschichtl. geordnet. Ausw. u. Einl.:* H. Schwager. *Stuttg.; Mchn. 1968 ff. Auf mehrere Bde. berechnet.* – Nida, E. A.: *Gott spricht viele Sprachen. Der dramat. Bericht v. der Übers. der B. f. alle Völker. Dt. Übers. Stuttg. 1966.* – Paret, O.: *Die Überlieferung der B. Stuttg.* ^{4}*1966. – Die B. in Deutschland. Das Wort Gottes u. seine Überlieferung im dt. Sprachraum. Stuttg. 1965.* – Koch, K.: *Das Buch der Bücher. Die Entstehungsgesch. der B. Bln. u.a.*

1963. – Kraus, H.-J.: *Gesch. der histor.-krit. Erforschung des A.T. v. der Reformation bis zur Gegenwart. Neukirchen 1956.* – Walther, W.: *Die dt. B.übers. des MA. Braunschweig 1889–92. 3 Bde.* – *Lexika: B.-Lex. Hg. v.* H. Haag. *Einsiedeln u.a.* ²*1968.* – *Bibeltheolog. Wörterb. Hg. v.* J.B. Bauer. *Graz* ³*1967. 2 Bde.* – *Calwer B.-Lex. Hg. v.* Th. Schlatter *u.a. Stuttg.* ²*1967.* – *Bibl.-theolog. Hdwb. zur Luther-B. u. zu neueren Übersetzungen. Hg. v.* E. Osterloh *u.* H. Engelland. *Gött.* ³*1964.* – *Bibl.-histor. Hdwb. Landeskunde, Gesch., Religion, Kultur, Lit. Hg. v.* B. Reicke *u.* L. Rost. *Gött. 1962–67. 3 Bde.* – *Theolog. Wörterb. zum N.T. Begr. v.* G. Kittel. *Hg. v.* G. Friedrich. *Stuttg. 1933ff. Auf 9 Bde., Index-Bd. berechnet. Neudr. Bd. 1–6. 1960–67.* – *Konkordanzen:* Hauss, F.: *Bibl. Taschenkonkordanz. Hamb.* ⁸*1961.* – Bärtle, J./Straubingen, J.: *Prakt. Bibelhdb. Wortkonkordanz. Hg. v.* W. Auer. *Stuttg.* ⁵*1956.*

Bibesco, Marthe Fürstin [frz. bibɛs'ko], geb. Lahovary, * Bukarest 28. Jan. 1890, frz. Schriftstellerin.

⚭ mit Fürst Georges V. B.; Verfasserin psycholog. fundierter Romane aus der Welt der europ., oft der frz. aristokrat. Gesellschaft. Autobiograph. ist „Catherine – Paris" (dt. 1928); erwähnenswert auch ihre literar. Porträts, u.a. über Proust.

Weitere Werke: Der grüne Papagei (R., dt. 1928), Feuilles de calendrier (R., 1939).

Bichsel, Peter, * Luzern 24. März 1935, schweizer. Schriftsteller.

Volksschullehrer in Zuchwil (Solothurn); wurde 1964 mit einem Band reizvoll schlichter Miniaturen aus dem kleinbürgerlichen Alltagsmilieu, „Eigentlich möchte Frau Blum den Milchmann kennenlernen", bekannt. Für den 1967 erschienenen Roman „Die Jahreszeiten", in dem vor dem in Detailtreue geschilderten Hintergrund der dingl. Umgebung eine nicht existente Figur zu leben beginnt, erhielt B. den Preis der „Gruppe 47".

Weiteres Werk: Kindergeschichten (1969).

Bidermann, Jakob, * Ehingen (Donau) 1578, † Rom 20. Aug. 1639, dt. Barockdichter.

Philosophie- und Theologiestudium, Professor, widmete sich nach erfolgreicher literar. Laufbahn ganz der Theologie. B., dessen Dramen im wesentl. zwischen 1602 und 1618 entstanden sind, ist der bedeutendste Vertreter des nlat. barocken Jesuitendramas. Stoffe aus Legende, Geschichte und der Bibel liegen den dramat. bewegten, zwischen ernsten und burlesken Szenen wechselnden Dramen zugrunde, in denen B. bevorzugt den Widerspruch von Sein und Schein darstellt und fordert, alles Irdische in den Dienst Gottes zu stellen. Das erfolgreichste Drama war „Cenodoxus" (1602), nach der Legende des hl. Bruno von Köln gestaltet und mit Motiven aus Jedermann, Faust und dem verlorenen Sohn verbunden. Auch lyr., ep. und epigrammat. Werke.

Weitere Werke: Belisar (Trag., 1607), Josephus (Kom., 1615).

Ausgabe: J. B. Ludi theatrales. Hg. v. R. Tarot. *Tüb. 1967. 2 Bde.*

Literatur: Burger, H.: *J. B.s „Belisarius". Edition u. Versuch einer Deutung. Bln. 1966.* – Tarot, R. G.: *J. B.s Cenodoxus. Diss. Köln 1960.* – Sadil, M.: *J. B., ein Romantiker des 17. Jh.s aus dem Jesuitenorden. Wien 1900.*

Biebl, Konstantin [tschech. 'bi:bl̩], * Slavětín 26. Febr. 1898, † Prag 12. Nov. 1951 (Selbstmord), tschech. Dichter.

Trat zunächst mit sozialen Gedichten hervor, wurde dann Mitbegründer der betont alog. literar. Richtung des tschech. „Poetismus", schrieb auch surrealist. Lyrik, wandte sich jedoch nach 1945 wieder der sozialkrit. Lyrik zu.

Biedermann, Felix ↑ Dörmann, Felix.

Bieler, Manfred, * Zerbst 3. Juli 1934, dt. Schriftsteller.

Germanistikstudium, ausgedehnte Reisen in Europa und nach Kanada, lebte in Berlin (Ost), bis er 1965 nach Prag auswich (tschechoslowak. Staatsbürger) und im Aug. 1968 über Wien in die BRD kam; Verfasser von Parodien („Der Schuß auf die Kanzel oder ...", 1958), satir.-kom. Hörspielen, Erzählungen („Der junge Roth", 1968; davon einige Erzählungen schon in „Märchen und Zeitungen", 1966, enthalten) und des polit. Schelmenromans „Bonifaz oder Der Matrose in der Flasche" (1963).

Weiteres Werk: Maria Morzeck oder Das Kaninchen bin ich (R., 1969).

Bielski, Marcin [poln. 'bjɛlski], * Biała bei Sieradz 1495, † ebd. 18. Dez. 1575, poln. Schriftsteller.

Lebte an Magnatenhöfen und in Krakau, zog sich dann nach Biała zurück und widmete sich der literar. Tätigkeit. Übertrug aus dem Lat. – über tschech. Vermittlung – die „Żywoty filozofów" (= Leben der Philosophen, 1535), ein kompilator. Werk, in dem sich – wie in seinem Hauptwerk, der Weltchronik (1551), – Tatsachen und Fiktion mischen; verfaßte außerdem Moralitäten und Satiren.

Bienek, Horst [...ɛk], * Gleiwitz (Oberschlesien) 7. Mai 1930, dt. Schriftsteller.

Mitglied des Brecht-Ensembles, dann bis 1955 4 Jahre polit. Haft und Zwangsarbeit in Workuta; in der BRD seit 1957 Rundfunkredakteur und Verlagslektor, lebt heute als freier Schriftsteller in München. Große Sprachbegabung zeigt sich sowohl in der Lyrik als auch in der Prosa, in der B. das Dasein des isolierten Menschen glaubhaft zu gestalten weiß („Nachtstücke", En., 1959). Sein „Traumbuch eines Gefangenen" (Ged. und Prosa, 1957) dokumentiert die Überzeugung von der unabdingl. inneren Freiheit eines der Freiheit Beraubten. In dem Roman „Die Zelle" (1968) schildert B. das Schicksal eines in eine Einzelzelle gesperrten Mannes, der sich in eine „Zellenexistenz" verwandelt.

Weitere Werke: Sechs Gramm Caratillo (Hsp., 1961), Werkstattgespräche mit Schriftstellern (1962), Was war was ist (Ged., 1966).

Bierbaum, Otto Julius, * Grünberg i. Schlesien 28. Juni 1865, † Dresden 1. Febr. 1910, dt. Schriftsteller.

Nach dem Studium Hg. und Redakteur („Die freie Bühne", „Pan", „Die Insel"). Vielseitiger Schriftsteller, auch Kritiker. B. wechselte von einer literar. Richtung zur andern, er benutzte als Lyriker Formen des Minnesangs, Rokokos, der Anakreontik, des Biedermeiers und des Volkslieds, schrieb Chansons, heitere Erzählungen, satir. Zeitromane, Reiseberichte, Künstlerbiogra-

phien, alles sprachl. gewandt und eingängig. Mit seinem Roman „Stilpe" (1897), in dem er das Leben eines Berliner Literaten darstellt, regte er E. von Wolzogen zur Gründung des „Überbrettls" an.
Weitere Werke: Erlebte Gedichte (1892), Studentenbeichten (E., 1892–97), Irrgarten der Liebe (Ged., 1901), Prinz Kuckuck (R., 1907/08), Die Yankedoodle-Fahrt... (Reisebericht, 1909).
Ausgabe: O. J. B. Ges. Werke in 10 Bden. Hg. v. M. G. Conrad *u.* H. Brandenburg. *Mchn. 1912–17.*
Literatur: Muschol, K. P.: *O. J. B.s dramat. Werke. Diss. Mchn. 1961.* – Klement, A. v.: *O. J. B.-Bibliogr. Wien u.a. 1957.* – Droop, F.: *O. J. B. Ein dt. Lyriker. Lpz. 1912.*

Bierce, Ambrose Gwinnett [engl. bɪəs], * Meigs County (Ohio) 24. Juni 1842, † in Mexiko 1914 (verschollen), amerikan. Schriftsteller.
Nach dem Sezessionskrieg Journalist in Kalifornien, England und Washington. Schrieb, unter dem Einfluß E. A. Poes, Bret Hartes und des europ. Naturalismus, Erzählungen unterschiedl. Werts, die sich durch makabre Pointen auszeichnen, deren scheinbare Selbstverständlichkeit desillusionierend wirkt. Grimmiger, „schwarzer" Humor, zyn. Witz, Menschen- und Lebensverachtung, Darstellung von Grenzsituationen (Todesfurcht).
Hauptwerke: Erzählungen von Soldaten und Zivilisten (dt. 1920), Physiognomien des Todes (Novellen, dt. 1920), Can such things be? (Kurzgeschichten, 1893), The cynic's word book (1906, 1911 u. d. T. The devil's dictionary; dt. Ausw. 1964 u. d. T. Aus dem Wörterbuch des Teufels), Mein Lieblingsmord u.a. Erzählungen (dt. Ausw. 1963), Die Spottdrossel (En., dt. Ausw. 1963), Der Mönch und die Henkerstochter (En., dt. Ausw. 1968).

Biermann, Wolf, * Hamburg 1936, dt. Lyriker und Kabarettist.
Siedelte 1953 in die DDR über, wo er seitdem in Berlin (Ost) lebt; Studium der polit. Ökonomie, bis 1959 Assistent beim „Berliner Ensemble". Schreibt und komponiert zeit- und gesellschaftskrit., polem. und pazifist. Lieder und Balladen, die er – mit Gitarrenbegleitung – selbst vorträgt; fiel, nachdem er auch im Kabarett aufgetreten war, bald in Ungnade. In der BRD erschienen die Gedichtbände „Die Drahtharfe" (1965) und „Mit Marx- und Engelszungen" (1968); auch Schallplatten.

Biernat z Lublina [poln. 'bjɛrnat z lu'blina], * Lublin um 1465, † um 1529, poln. Dichter und Schriftsteller.
Bearbeitete tschech. und dt. Literaturwerke; sein Werk „Seelengärtlein" wurde um 1514 als erstes Buch in poln. Sprache gedruckt.

Biert, Cla, * Schuls (Graubünden) 26. Juli 1920, rätoroman. Schriftsteller.
Lehrerseminar in Chur, Studium in Zürich; Sekundarlehrer u.a. in Chur; veröffentlichte v.a. Novellen, Erzählungen, Essays und schrieb den Roman „La müdada" (= Der Umzug, 1962); gründete mit Men Rauch ein rätoroman. Kabarett; Erlebnisse seiner Kindheit und Jugend, Naturverbundenheit sowie der Ggs. des modernen Lebens zur alten Überlieferung der Bergbauern prägen sein Erzählwerk.
Weitere Werke: Pangronds (En., 1951), Amuras (Novellen, 1956), Laina verda (En., 1958).

Bijns, Anna [niederl. bɛins], * Antwerpen 5. März 1493, † ebd. 10. April 1575, fläm. Dichterin.
Schrieb religiöse, didakt., teilweise polem. Gedichte gegen Luther und die Reformation; klagte jedoch auch leidenschaftl. die kath. Kirche an; schrieb neben Gedichten auch Volksbücher und wahrscheinl. auch das Mirakelspiel „Marieken von Nimwegen" (1519, dt. 1919).

Bilac, Olavo Braz Martins dos Guimarães [brasilian. bi'lak, bi'laki], * Rio de Janeiro 16. Dez. 1865, † ebd. 28. Dez. 1918, brasilian. Dichter.
Medizin- und Jurastudium; Bohemien, Dozent und Journalist; trat während des 1. Weltkriegs für die nationale Erneuerung Brasiliens ein; sprachl. eleganter Lyriker und wichtigster Vertreter der brasilian. parnass. Schule; seine hervorragendsten Liebesgedichte finden sich in der Sammlung „Poesias" (1902). Auch Verfasser von Erzählungen und Essays.
Weitere Werke: Crónicas e novelas (En., 1894), Conferências literárias (Essays, 1906).

Bilderdijk, Willem [niederl. 'bɪldərdɛik], * Amsterdam 7. Sept. 1756, † Haarlem 18. Dez. 1831, niederl. Dichter.
Sorgfältige Erziehung durch den Vater. Nach dem Studium der Rechtswissenschaft Rechtsanwalt in Den Haag; 1795 Flucht nach London; 1797 Übersiedlung nach Braunschweig, 1806 Heimkehr. Vielseitiger Gelehrter und Dichter, Übertragung von Sophokles, Homer, Ovid, Horaz u.a.; sein eigenes, bes. von der griech. und frz. Klassik beeinflußtes Werk umfaßt v.a. vaterländ. Gedichte, Trauerspiele und Epen; daneben auch Geschichtswerke.
Hauptwerke: Elius (Ged., 1785), De ziekte der geleerden (Ged., 1807), Floris V (Trag., 1808), De ondergang der eerste wereld (Ged., 1820).

Bill-Belozerkowski, Wladimir Naumowitsch; tl.: Bill'-Belocerkovskij, Vladimir Naumovič [russ. 'biljbɪlɐtsər'kɔfskij], * Alexandria (Ukraine) 9. Jan. 1885, russ.-sowjet. Schriftsteller.
Lebte mehrere Jahre in Amerika; stark tendenziöser Erzähler und Dramatiker; sein Hauptwerk ist das Drama „Sturm" (1926, dt. 1957).

Billetdoux, François [frz. bijɛ'du], * Paris 7. Sept. 1927, frz. Schriftsteller.
Studium am Institut des hautes études cinématographiques; seit 1946 Sendeleiter beim Rundfunk; Kabarettist; veröffentlichte Romane und Dramen, die teilweise von Ionesco und Beckett beeinflußt sind.
Hauptwerke: L'animal (R., 1955), Tschin-Tschin (Dr., dt. 1962), Le comportement des époux Bredburry (Dr., 1961), Va donc chez Törpe (Dr., 1961), Comment va le monde, môssieu? (Dr., 1964), Durch die Wolken (Dr., dt. 1965).

Billinger, Richard, * Sankt Marienkirchen (Oberösterreich) 20. Juli 1890, † Linz 7. Juni 1965, östr. Schriftsteller.
Lyriker, Dramatiker und Erzähler, der in seinen Werken v.a. Themen aus der bäuerl. Welt seiner Heimat gestaltete. Die Dramen knüpfen an die Tradition des östr. Barockspiels an, später oft Umschlag ins Schauerballadenhafte.
Hauptwerke: Das Perchtenspiel (Dr., 1928), Rosse (Dr., 1931), Rauhnacht (Dr., 1931), Die Asche des Fegefeuers (Autobiogr., 1931), Sichel

am Himmel (Ged., 1931), Stille Gäste (Kom., 1934), Die Hexe von Passau (Dr., 1935), Lehen aus Gottes Hand (R., 1935), Der Gigant (Dr., 1937), Traube in der Kelter (Dr., 1951), Donauballade (Dr., 1959), Bauernpassion (Dr., 1960).
Ausgabe: R. B.s ges. Werke. Hg. v. H. Gerstinger. *Graz* $^{1-2}$*1955–60. 12 Bde.*
Literatur: Hering, G. F.: *R. B. In:* Hering: *Der Ruf zur Leidenschaft. Improvisationen über das Theater. Köln 1959.* – Gerstinger, H.: *R. B. als Dramatiker. Diss. Wien 1947 [Masch.].*

Billings, Josh [engl. ˈbɪlɪŋz], eigtl. Wheeler Shaw, * Lanesboro (Mass.) 21. April 1818, † Monterey (Calif.) 14. Okt. 1885, amerikan. Schriftsteller.
Arbeitete in mehreren Berufen, zuletzt als Auktionator; verfaßte burleske Parodien auf die Almanach-Literatur; bes. bekannt durch seine Aphorismen, die durch trockenen, rustikalen Humor gekennzeichnet sind; erinnert in manchem an Mark Twain.
Hauptwerke: Josh Billings, his sayings (1865), Josh Billings' trump kards (1877).

Binding, Rudolf G[eorg], * Basel 13. Aug. 1867, † Starnberg 4. Aug. 1938, dt. Schriftsteller.
Studierte Jura und Medizin, war Rennreiter, nahm am 1. Weltkrieg teil. Als Erzähler und Lyriker sind Jugend, Liebe, Natur, Krieg, Ehre seine Themen, die er gern mit hoher Gesinnung, Selbstzucht und Opfer verknüpft. Neuklassizist in der Nachfolge C. F. Meyers, bewußte Sprachgestaltung, mitunter Neigung zu Sentimentalität. B. zeigt sich in seinen Werken unbeeinflußt vom umstürzenden Weltbild unserer Zeit. Sein Erfolg war bes. groß zwischen den beiden Weltkriegen; auch Übersetzer.
Hauptwerke: Der Opfergang (Nov., 1912), Keuschheitslegende (E., 1919), Unsterblichkeit (Nov., 1922), Reitvorschrift für eine Geliebte (1924), Moselfahrt aus Liebeskummer (Nov., 1932), Die Spiegelgespräche (1932), Wir fordern Reims zur Übergabe auf (E., 1935), An eine Geliebte. Briefe für Joie (1950).
Ausgabe: R. G. B. Ges. Werk. Hg. v. R. Bach. *Mchn. 1954. 2 Bde.*
Literatur: Cole, R. L.: *The ethical foundations of R. B.s gentleman-concept. Diss. Univ. of Michigan, Ann Arbor 1963.* – Stennar, T.: *R. G. B. Potsdam 1938.*

Bingel, Horst, * Korbach (Hessen) 6. Okt. 1933, dt. Schriftsteller.
Gelernter Buchhändler, studierte Malerei und Bildhauerei, seit 1957 Hg. der „Streit-Zeit-Schrift", lebt in Frankfurt am Main. Verfasser knapper, spröder Gedichte voll Ironie und Witz und von Geschichten, die teils skurril sind, teils im imaginären Bereich spielen. Auch Essayist und Hg. von Anthologien.
Hauptwerke: Kleiner Napoleon (Ged., 1956), Auf der Ankerwinde zu Gast (Ged., 1960), Die Koffer des Felix Lumpach (En., 1962), Wir suchen Hitler (polit. Ged., 1965), Herr Sylvester wohnt unter dem Dach (En., 1967).

Bingen, Hildegard von ↑ Hildegard von Bingen.

Bin Gorion, Micha Josef, eigtl. M. J. Berdyczewski, * Medschibosch (Ukraine) 7. Aug. 1865, † Berlin 18. Nov. 1921, hebr. Schriftsteller.
Erwarb sich besondere Verdienste durch die Erforschung der jüd. Mythen und Märchen, die er in größeren Sammelwerken herausgab.
Hauptwerke: Die Sagen der Juden (dt. 1913–26), Der Born Judas (dt. 1916–22), Sinai und Garizim (dt. hg. 1926).

Binyon, Robert Lawrence [engl. ˈbɪnjən], * Lancaster 10. Aug. 1869, † Reading 10. März 1943, engl. Dichter und Kunsthistoriker.
Seit 1893 Kustos am Brit. Museum. B. steht mit seinen formal vollendeten, gedankl. stark belasteten Gedichten in der klass. Tradition, er bemühte sich um die Restauration des Versdramas und verfaßte Versepen. Übersetzer Dantes, Verfasser kunsthistor. Schriften, bes. über asiat. Kunst.
Hauptwerke: Lyric poems (Ged., 1894), Attila (Dr., 1907), The anvil and other poems (Ged., 1916), Arthur (Dr., 1923), Boadicea (Dr., 1927), The burning of the leaves (Ged., 1944).

Bion, griech. Dichter des ausgehenden 2. Jh.s v. Chr. aus Smyrna.
Ein Gedicht eines Schülers auf B.s Tod deutet an, daß er einem Giftmord zum Opfer gefallen ist. Außer kleineren bukol. Preisliedchen auf Gott Eros ist ein Klagelied auf den Tod des Adonis erhalten, das, in Hexametern geschrieben, für die Rezitation bestimmt war; syntakt. einfache Sätze, ein lebhaft bewegter Rhythmus und der refrainartig wiederholte Klagevers, den bereits Theokrit häufig verwendete, ergeben eine leidenschaftl. gefühlsbetonte Dichtung. Forts. in der röm. Literatur.

Birch-Pfeiffer, Charlotte, * Stuttgart 23. Juni 1800, † Berlin 25. Aug. 1868, dt. Schauspielerin und Bühnenschriftstellerin.
Als Schauspielerin an mehreren Theatern (1837 bis 1843 in Zürich, dann in Berlin), Kunstreisen in verschiedene europ. Länder, ⚭ mit dem dän. Schriftsteller Ch. Birch. Sie schrieb rührselige Erzählungen und formte beliebte Romane in Theaterstücke um, die, effektvoll und geschickt aufgemacht, zu ihrer Zeit große Erfolge hatten.
Hauptwerke: Hinko (Dr. nach L. Storch, 1829), Der Glöckner von Notre Dame (Dr. nach V. Hugo, 1847), Die Waise von Lowood (Dr. nach Ch. Brontë, 1855), Die Grille (Dr. nach G. Sand, 1856).
Literatur: Ziersch, R.: *Ch. B.-Pf. als Darstellerin. Diss. Mchn. 1930.* – Hes, E.: *Ch. B.-Pf. als Dramatikerin. Stuttg. 1914.*

Birck (Birk), Sixt[us], latin. Xystus Betulius oder Betulejus, * Augsburg 24. Febr. 1501, † ebd. 19. Juni 1554, dt. Schulmann und Dramatiker.
Webersohn, seit 1530 Schulleiter in Basel, seit 1536 Rektor in Augsburg. Begründete unter dem Einfluß des schweizer. Volksdramas das deutschsprachige Schuldrama, übersetzte seine dt. Dramen später ins Lat.; behandelte meist bibl. Themen mit pädagog. Zielsetzung. Schrieb auch prot. Kirchenlieder.
Hauptwerke: Susanna (Dr., dt. 1532; lat. 1537), Judith (Dr., dt. 1532; lat. 1539), Tragödie wider die Abgötterei (1535).

Birgitta, hl., * Hof Finstad bei Uppsala um 1303, † Rom 23. Juli 1373, schwed. Mystikerin.
Heiratete den Richter Ulf Gudmarsson, nach dessen Tod sie eine reiche religiöse und polit. Tätigkeit entfaltete und mit führenden Persönlichkeiten in regem Gedankenaustausch stand. Gründete den Birgittenorden (Erlöserorden), dessen Klöster die Reformation meist nicht überdauerten. 1391 Heiligsprechung. Berühmt v.a. durch ihre

Visionen („Revelationes"), die in realist., z.T. auch in symbolhaft überhöhter Sprache zu den verschiedenartigsten Themen Stellung nehmen; schon früh ins Lat. übersetzt.
Ausgabe: Leben u. Offenbarungen der hl. Brigitta. Dt. Übers. Bearb. u. hg. v. L. Clarus. *Regensb. [2]1888. 4 Bde.*
Literatur: Montag, U.: *Das Werk der hl. B. v. Schweden in oberdt. Übers. Mchn. 1967.* – Stolpe, S.: *Die Offenbarungen der hl. B. v. Schweden. Dt. Übers. Frkf. 1961.* – Jørgenson, J.: *Den hellige B. af Vadstena. Kopenhagen 1941–43. 2 Bde.* – Fogelklou, E.: *Die hl. B. v. Schweden. Dt. Übers. Mchn. 1929.*

Birk, Sixt[us] ↑ Birck, Sixt[us].

Birken, Sigmund von, eigtl. Betulius, * Wildstein bei Eger 5. Mai 1626, † Nürnberg 12. Juni 1681, dt. Barockdichter.
Sohn eines ev. Predigers mit dem latinisierten Namen Betulius; studierte Jura, Theologie und Philologie, Prinzenerzieher in Wolfenbüttel; Reisen durch Holland und England. B., Mitglied des „Pegnes. Blumenordens", vereint in seinen Dichtungen die Anmut der Schäferlyrik mit der Formkunst und Bildfindung des Barocks. Er ist Verfasser prunkhafter Barockfestspiele, die reich an genealog., patriot. und mytholog. Allegorien sind. Typ. ist „Teutscher Kriegs-Ab- und Friedens-Einzug" (1649), gedichtet zur Feier der Abschlußverhandlung zwischen Piccolomini und Frankreich (im Rahmen des Westfäl. Friedens). Panegyr. Verherrlichung von Herrschergeschlechtern in Geschichtsschriften; auch Gebete und Andachten.
Hauptwerke: Kriegs- und Friedensabbildung (Ged., 1649), Geistl. Weihrauchkörner (Ged., 1652), Pegnes. Gesprächspiel-Gesellschaft (1665), Chur- und Fürstl. Sächs. Heldensaal (1677).
Ausgabe: ↑ Harsdörffer, Georg Philipp.

Birkenfeld, Günther, * Cottbus 9. März 1901, † Berlin 22. Aug. 1966, dt. Schriftsteller.
Dr. phil., vor 1933 Generalsekretär des Reichsverbandes dt. Schriftsteller, Verlagslektor, 1945 Mitbegründer des Kampfbundes gegen Unmenschlichkeit. B. schrieb Romane, Dramen, Erzählungen, gab Gedichtanthologien heraus, arbeitete als Übersetzer. Zeitkrit. und histor. Romane stehen im Vordergrund seines Schaffens.
Hauptwerke: Dritter Hof, links (R., 1929), Die schwarze Kunst (R., 1936), Leben und Taten des Caesar Augustus (R., 1934, 1962 u. d. T. Die Ohnmacht des Mächtigen), Wolke, Orkan und Staub (R., 1955).

Bischoff, Friedrich, bis 1933 Fritz Walter B., * Neumarkt (Schlesien) 26. Jan. 1896, dt. Schriftsteller.
Studierte Germanistik und Philosophie; Rundfunkintendant in Breslau, 1933 amtsenthoben; 1945–65 Intendant des Südwestfunks; maßgebl. Wegbereiter des Hörspiels. Seine Lyrik und sein Erzählwerk, von der schles. Mystik geprägt, stellen die äußere Welt als eine Offenbarung jenseitiger Mächte dar; Beschäftigung mit dem Märchengut seiner schles. Heimat.
Hauptwerke: Gottwanderer (Ged., 1921), Die goldenen Schlösser (R., 1935), Schles. Psalter (Ged., 1936), Der Wassermann (R., 1937), Sei uns Erde wohlgesinnt (Ged., 1955), Der Rosenzauber u.a. Erzählungen (1964).

Bishop, Elizabeth [engl. 'bɪʃəp], * Worcester (Mass.) 8. Febr. 1911, amerikan. Lyrikerin.
Schrieb Gedichte mit den stilist. Merkmalen der Umgangssprache. Ihre Lyrik zeichnet sich durch präzise sprachl. Wiedergabe des Beobachteten und durch iron. Distanzierung vom eigenen Gefühl aus.
Hauptwerke: Poems (1955), North and South – A cold spring (Ged., 1956).

Bishop, John Peale [engl. 'bɪʃəp], * Charles Town (W.Va.) 21. Mai 1892, † Cape Cod (Mass.) 4. April 1944, amerikan. Dichter.
Lebte wie seine Freunde F. S. Fitzgerald, E. Pound und E. Hemingway lange in Europa (bes. Frankreich). In seiner Lyrik wirkt die aristokrat. Südstaatenkultur nach, deren Verfall B. betrauert. Kultivierter Dichter, der mit Vorliebe elegische Stimmungen gestaltet.
Hauptwerke: Green fruit (Ged., 1917), Now with his love (Ged., 1933), Act of darkness (R., 1935).

Bisson, Alexandre [frz. bi'sõ], * Briouze (Orne) 9. April 1848, † Paris 27. Jan. 1912, frz. Dramatiker.
War Beamter in Paris; gewandter und erfolgreicher Fortsetzer der erheiternden, in erster Linie auf das Komische bedachten Komödie Labiches und Barrières. Auch Librettist (für Planquette u.a.).
Hauptwerke: Le député de Bombignac (1884), Les surprises du divorce (1888), Le contrôleur des wagons-lits (1898).

Biterolf und Dietleib, bald nach 1250 wohl in der Steiermark entstandenes, in Reimpaaren abgefaßtes mhd. Heldenepos eines unbekannten Verfassers, der die Gestalten der alten Heldenepen, des Nibelungen- und des Dietrichkreises sich im Kampf messen läßt. Zum Hof König Etzels, an dem sich die Ritter sammeln, entweicht Biterolf aus Toledo, der nach Jahren von seinem ausziehenden Sohn Dietleib gesucht wird; dieser gelangt nach Kämpfen mit Gunther, Gernot und Hagen zum Königshof, wo er mit seinem Vater kämpft, ohne ihn zu erkennen. Im zweiten Teil ziehen Vater und Sohn mit Dietrich von Bern nach Worms und nehmen an heftigen Kämpfen teil, die in dem Zweikampf zwischen Dietrich und Siegfried ihren Höhepunkt erreichen. Da die äußere Handlung überwiegt, bleibt das Ganze ein literar. Spiel ohne tieferen Sinn.

Bitzius, Albert ↑ Gotthelf, Jeremias.

Bjadulja, Smitrok; tl.: Bjadulja, Zmitrok [russ. bɪ'duljɐ], eigtl. Samuil Jefimowitsch Plawnik; tl.: Samuil Efimovič Plavnik, * Possadez 23. April 1886, † 3. Nov. 1941, weißruss.-sowjet. Schriftsteller.
Jüd. Herkunft; nach anfängl. krit. Haltung gegenüber dem Bolschewismus allmähl. Annäherung an die kommunist. Ideologie und deren ästhet. Prinzipien; Bildhaftigkeit und Volkstümlichkeit zeichnen den Stil seiner Lyrik und Prosa aus.

Bjarme, Brynjolf [norweg. ˌbjarmə] ↑ Ibsen, Henrik.

Bjarnhof, Karl [dän. 'bjarnhɔf], *Vejle (Jütland) 1. Jan. 1898, dän. Schriftsteller.
Erblindete in jungen Jahren, Organist, wechselte später zum Journalismus über; schrieb Novellen und Romane, die stark autobiograph. sind und das Schicksal des Blinden behandeln.
Hauptwerke: Frühe Dämmerung (R., dt. 1959), Das gute Licht (R., dt. 1958), Der kurze Tag ist

lang genug (R., dt. 1961), Jorim ist mein Name (R., dt. 1960).

Bjell, Barany ↑ Wiechert, Ernst.

Bjerke, Jarl André [norweg. ˌbjærkə], Pseudonym Bernhard Borge, * Kristiania (heute Oslo) 21. Jan. 1918, norweg. Schriftsteller.

Studierte Mathematik; begann seine literar. Laufbahn mit formstrengen, log. durchdachten Gedichten, bes. Sonetten. Danach Einflüsse der Anthroposophie Steiners. Gilt als Versvirtuose; hervorragender Übersetzer, u.a. von Shakespeare, Goethe und Rilke; verfaßte Kriminalromane, in denen ein Psychoanalytiker die Rolle des Detektivs übernimmt.

Björling, Gunnar Olof [schwed. ˌbjœ:rliŋ], * Helsinki 31. Mai 1887, † ebd. 11. Juli 1960, schwed.-sprachiger finn. Schriftsteller.

Radikaler Experimentator des Modernismus, der in seinem Werk die konventionellen dichter. Wertmaßstäbe aufhebt; schwer zugängl. ist seine die Uferlosigkeit des Daseins und die Unmöglichkeit einer abgeschlossenen Entwicklung darstellende Gedankenlyrik; in seinen Aphorismen Auflehnung gegen jede Art des Konventionalismus.

Hauptwerke: Korset och löftet (Aphorismen, 1929), Solgrönt (Ged., 1933), Vårt kattliv timmar (Ged., 1949).

Bjørneboe, Jens Ingvald [norweg. ˌbjœrnəbu:], * Kristiansand 9. Okt. 1920, norweg. Schriftsteller.

Versuchte sich als Maler, war Lehrer an der Rudolf-Steiner-Schule in Oslo, dann freier Schriftsteller; seine Lyrik, der Anthroposophie und Rilke verpflichtet, zeichnet sich durch übersinnl. Tendenz aus; seine Romane richten sich gegen den Rationalismus. B. wurde in Deutschland durch seinen Roman „Der Augenblick der Freiheit" (dt. 1968) bekannt.

Weitere Werke: Dikt (Ged., 1951), Ehe der Hahn kräht (R., 1952; dt. 1969), Ariadne (Ged., 1953), Jonas und das Fräulein (R., dt. 1958), Vinter i Bellapalma (R., 1958).

Bjørnson, Bjørnstjerne [norweg. 'bjø:rnsɔn], * Kvikne (Østertal) 8. Dez. 1832, † Paris 26. April 1910, norweg. Dichter und Politiker.

In Oslo Bekanntschaft mit Ibsen, Abbruch des Studiums, um literar. und journalist. tätig sein zu können. Theaterleiter (1857–59 in Bergen, 1865 bis 1867 und 1870–72 in Oslo). B. engagierte sich polit., trat für die Unabhängigkeit Norwegens und eine norweg. Demokratie ein, bemühte sich um die Norwegisierung des Theaters und die Volkshochschulbewegung. Als Hg. von verschiedenen Zeitschriften setzte er sich für die Lösung vieler polit. und sozialer Probleme ein. B. lebte einige Jahre in Kopenhagen, lange Auslandsaufenthalte führten ihn nach Deutschland, Italien, Frankreich und Amerika. Er blieb auch dann geistiger Mittelpunkt der Nation, als er sich auf sein Gut im Gudbrandstal zurückzog. Seine dichter. Anfänge zeigen ihn im Bann der Romantik. Beeinflußt von G. Brandes und den frz. Realisten, fand er zum Realismus und wurde zum Erneuerer der norweg. Literatur. B.s Erzählungen aus dem Bauernleben sind erfüllt von der Liebe zu seinem Land und seinen Bewohnern. Die Geschichten „Synnöve Solbakken" (dt. 1859) und „Arne" (dt. 1860) zählen zu den schönsten und bleibenden Werken des Dichters. Aus den Epen, die von den Sagas beeinflußt sind, ragt „Arnljot Gelline" (dt. 1904) heraus. Seine Dramen, von denen die zeit- und sozialkrit. und die Gesellschaftsstücke nur für ihre Zeit von Bedeutung waren, haben befruchtend auf die Entwicklung des norweg. Theaters gewirkt. Seine psycholog. Dramen, v.a. das Trauerspiel „Über die Kraft" (dt. 1886) und „Paul Lange und Tora Parsberg" (dt. 1899) haben sich als von bleibendem Wert erwiesen; Nobelpreis 1903.

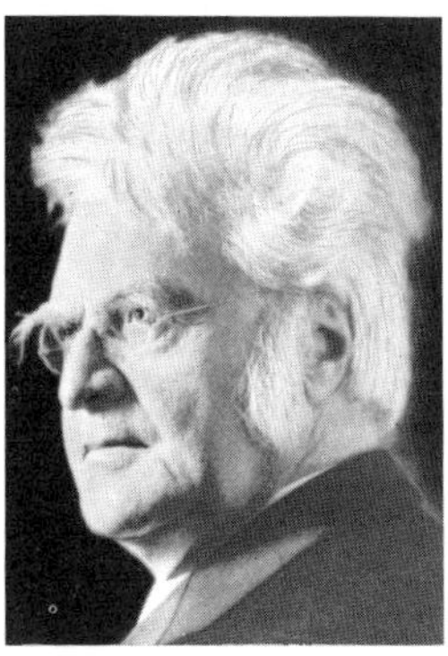

Bjørnstjerne Bjørnson

Weitere Werke: Maria von Schottland (Dr., dt. 1876), Das Fischermädchen (E., dt. 1874), Digte og sangs (Ged., 1870), Der Brautmarsch (R., dt. 1877), Der Redakteur (Dr., dt. 1878), Ein Fallissement (Dr., dt. 1875), Der König (Dr., dt. 1896), Leonarda (Dr., dt. 1879), Flaggen über Stadt und Land (R., dt. 1904), Auf Gottes Wegen (R., dt. 1892), Laboremus (Dr., dt. 1901), Wenn der junge Wein blüht (Lsp., dt. 1909).

Ausgabe: B. B. Ges. Werke in 5 Bden. Dt. Übers. Hg. v. J. Elias. *Bln. 25.–29. Tsd. 1927.*

Literatur: Noreng, H.: *B. B.s dramatiske diktning. Oslo 1954.* – Meyen, F.: *Björnstjerne Björnson im dt. Schrifttum. Eine Bibliogr. Lpz. 1933.* – Strasser, K. Th.: *Björnstjerne Björnson. Lpz. 1922.*

Bjørnvig, Thorkild [dän. 'bjœrnvi:'], * Århus 2. Febr. 1916, dän. Schriftsteller und Literarhistoriker.

Nach Studien im Ausland, u.a. in Bonn, debütierte B. als Lyriker. Er war eine Zeitlang Redakteur der Zeitschrift „Heretica". Seine Gedichte kreisen themat. um Kindheit und Tod. Die reiche Bildersprache, die aus den Quellen der Sage und Kunst strömt, ist in klass. Form gebannt. B. hat auch als Kritiker bed. Arbeiten herausgegeben und sich der Dichtung Rilkes als Interpret gewidmet.

Hauptwerke: Stjærnen bag gavlen (Ged., 1947), Anubius (Ged., 1955).

Black, William [engl. blæk], * Glasgow 9. Nov. 1841, † Brighton 10. Dez. 1898, schott. Schriftsteller und Journalist.

Nach Studium der Malerei Journalist in Glasgow und London. Nach anfängl. Mißerfolgen schrieb B. vielgelesene schott. Heimatromane und Abenteuererzählungen; oft Neigung zum Sentimentalen.

Hauptwerke: James Merle (R., 1864), A princess of Thule (R., 1873), Shandon bells (R., 1882),

Green pastures and Piccadilly (Kurzgeschichten, 1898).

Blackmore, Richard Doddridge [engl. 'blækmɔ:], * Longworth (Berkshire) 7. Juni 1825, † Teddington bei London 20. Jan. 1900, engl. Dichter.
War, nach kurzer Berufszeit als Rechtsanwalt, aus Gesundheitsgründen Gärtner. B. begann als Lyriker, seine Stärke liegt in den Romanen, in denen er die Schönheit der Moorlandschaft Devons beschreibt.
Hauptwerke: Poems by Melanter (1853), Epullia (Ged., 1855), Lorna Doone (R., 1869), The maid of Sker (R., 1872), Springhaven (R., 1887).

Blackmur, Richard Palmer [engl. 'blækmə], * Springfield (Mass.) 21. Jan. 1904, † Princeton 2. Febr. 1965, amerikan. Lyriker und Literaturkritiker.
Schott. Abstammung; 1948–65 Professor für engl. Literatur in Princeton. B.s Schriften lassen den Einfluß von Yeats und G. M. Hopkins erkennen. Er veröffentlichte zahlreiche Schriften, bes. über engl. Literatur, zu deren Verständnis er in Amerika beitrug. In seinen lyr. Dichtungen steht er dem New criticism nahe.
Hauptwerke: The double agent (Essays, 1935), From Jordan's delight (Ged., 1937), The expense of greatness (Essays, 1940), Anni mirabiles (Essays, 1956), Form and value in modern poetry (Essays, 1957).

Blaga, Lucian [rumän. 'blaga], * Lancrăm (Siebenbürgen) 9. Mai 1895, † Klausenburg 6. Mai 1961, rumän. Dichter.
Studium (Dr. phil.), Diplomat, Politiker, Professor für Philosophie. B.s Lyrik ist Ausdruck seiner stark dogmat., zum Myst. neigenden Philosophie, die er in bildkräftiger Sprache dichter. zu gestalten weiß. Auch seine lyr. Dramen, die wenig bühnenwirksam sind, stehen im Dienst der Idee. Übersetzte Hölderlin, Rilke, Goethe.
Hauptwerke: Poemele luminii (= Die Gedichte des Lichts, 1919), Paşii profetului (= Die Schritte des Propheten, Ged., 1921), Laudă somnului (= Lob des Schlafes, Ged., 1929), Poezii (Ged., hg. 1962).

Blahoslav, Jan [tschech. 'blahɔslaf], * Prerau 20. Febr. 1523, † Mährisch-Krumau 24. Nov. 1571, tschech. Schriftsteller und Humanist.
Studierte Theologie und war ab 1557 Bischof der Böhm. Brüderunität; B. schrieb u.a. über die Kunst der Kanzelrede, musiktheoret. Schriften und eine Grammatik; Kirchenlieder und die Übersetzung des N.T. nach griech. und lat. Vorlage (der Kralitzer Bibel zugrunde liegend) geben weiteres Zeugnis von seiner Gelehrtheit.

Blaich, Hans Erich ↑ Owlglaß, Dr.

Blair, Eric Arthur [engl. blɛə] ↑ Orwell, George.

Blair, Robert [engl. blɛə], * Edinburgh 17. April 1699, † Athelstaneford (East Lothian) 4. Febr. 1746, schott. Geistlicher und Dichter.
Sohn eines Geistlichen, studierte in Edinburgh. Sein Ruf als Dichter beruht auf der religiös-schwermütigen Blankversdichtung „The grave" (1743; 1808 von William Blake illustriert). B. steht mit dieser Dichtung im Rahmen der um die Jahrhundertmitte beliebten Friedhofspoesie.

Blake, Nicholas [engl. blɛɪk] ↑ Day Lewis, Cecil.

Blake, William [engl. blɛɪk], * London 28. Nov. 1757, † ebd. 12. Aug. 1827, engl. Dichter, Maler und Kupferstecher.
Nach Kupferstecherlehre Besuch der Londoner Kunstakademie; Illustrationen u.a. zu Chaucer, Dante, zu Youngs „Nachtgedanken" und zum Buch Hiob sowie auch zu eigenen Werken. B., der mit volksliedhaften Gedichten begann, wurde immer stärker von der Mystik, bes. von Swedenborg und J. Böhme, gefangengenommen. Seine visionäre Veranlagung ließ ihn zur „prophet. Dichtung" kommen. Er entwickelte für seine irrationale mytholog. und kosmogon. Dichtung eine verrätselnde Symbolik, die im Spätwerk des Romantikers zu Verständnisschwierigkeiten führte, so daß B. erst nach den Interpretationen von Swinburne und Yeats gebührend geschätzt wurde.
Hauptwerke: Songs of innocence (Ged., 1789), The marriage of heaven and hell (Prosadichtung, 1790), Songs of experience (Ged., 1794), The book of Urizen (1794), The four Zoas (entstanden 1795ff.), The book of Ahania (Epos, 1795), Milton (Epos, 1808).
Ausgabe: W. B. Werke. Engl. u. dt. Hg. v. G. Klotz. *Bln. 1958.*
Literatur: Gillham, D. G.: *B.s contrary states: The „Songs of innocence and experience" as dramatic poems. London 1966.* – Keynes, G. L.: *W. B. Dichter–Drucker–Prophet. Dt. Übers. Wiesb. 1965.* – Bentley, G. E./Nurmi, M. K.: *A B. bibliography. Annotated list of works, studies, Blakeana. Minneapolis (Minn.) 1964.* – Wolf-Gumpold, K.: *W. B. Versuch einer Einf. in sein Leben u. Werk. Stuttg. 1964.* – Gilchrist, A.: *Life of B. Hg. v.* R. Todd. *London 1942.* – Swinburne, A. C.: *W. B. A critical essay. Neuaufl. London 1906.*

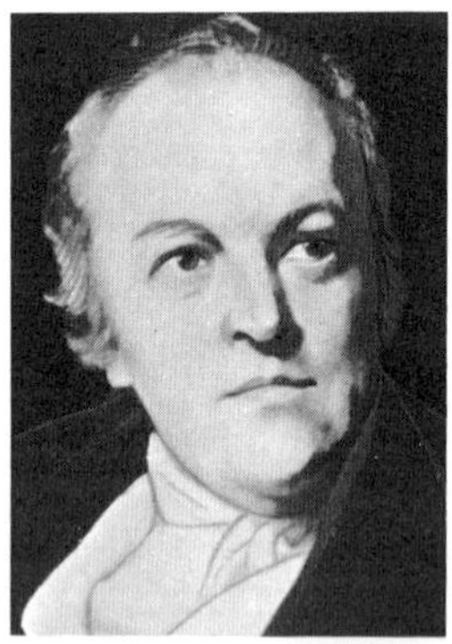

William Blake (Gemälde)

Blanche, August [schwed. blaŋʃ], * Stockholm 17. Sept. 1811, † ebd. 30. Nov. 1868, schwed. Schriftsteller.
Studierte Rechtswissenschaft in Uppsala, war Gerichtsbeamter, später freier Schriftsteller, auch Journalist, Reichstagsabgeordneter; schrieb, meist nach fremden Vorlagen, erfolgreiche Theaterstücke, spannende Sensationsromane mit sozialer und liberaler Tendenz und – seine beste Leistung – anekdotenhafte Erzählungen aus dem Stockholmer Leben.
Hauptwerke: Positivhataren (Dr., 1843), Taflor och berättelser ur Stockholmslivet (Nov., 1845), Ett resande teatersällskap (Dr., 1848), Hyrkuskens berättelser (Nov., 1863).

Blancheflor ↑ Floire und Blancheflor.

Blanchot, Maurice [frz. blɑ̃'ʃo], * Quain (Saône-et-Loire) 19. Juli 1907, frz. Schriftsteller und Literaturkritiker.
B. stellt in seinen in einer autonomen Phantasiewelt spielenden Romanen alle überkommenen Formen des Lebens als fragwürdig hin, in seinen „récits" stellt er das Absurde dar. Er fühlt sich Hölderlin, Rilke und Heidegger nahe, erinnert teilweise an Kafka. Von Sartre unterscheidet ihn die Hoffnungslosigkeit.
Hauptwerke: Thomas l'obscur (R., 1941, 2. Fassung 1950), Aminadab (R., 1942), Die Frist (R., 1948; dt. 1962), Celui qui ne m'accompagnait pas (R., 1953), L'espace littéraire (1953), Le dernier homme (R., 1957), Der Gesang der Sirenen (dt. 1962), Warten. Vergessen (Bericht, dt. 1964).
Blanco Fombona, Rufino [span. 'blaŋko fɔm'bona], * Caracas 17. Juni 1874, † Buenos Aires 16. Okt. 1944, venezolan. Schriftsteller.
Bekleidete Konsulatsposten in Philadelphia, Santo Domingo, Boston; 1900 Gouverneur von Zulia; Konsul in Amsterdam; 1909 wegen Beteiligung an einem Aufstand vor Gericht; 1910–34 in Spanien, wo er den Verlag „Editorial América" gründete und zahlreiche Ausgaben lateinamerikan. Autoren herausbrachte. Vielseitiger Dichter und Schriftsteller, als Lyriker wichtigster Vertreter des venezolan. Modernismo, als Romancier kam er vom Modernismo zum Naturalismus; auch Essayist und Historiker.
Hauptwerke: Cuentos americanos (En., 1904), El hombre de hierro (R., 1907), Cantos de la prisión y del destierro (Ged., 1911), El hombre de oro (R., 1915), El modernismo (Essay, 1929).
Blanzat, Jean [frz. blɑ̃'za], * Domps (Haute-Vienne) 6. Jan. 1906, frz. Schriftsteller.
B. ist in seinen Romanen ein subtiler Analytiker von klass. Klarheit; 1942 erhielt er für seinen Roman „L'orage du matin" den Grand prix du roman de l'Académie française und 1964 den Prix Femina für „In einem Zwischenreich" (R., dt. 1966).
Weiteres Werk: Enfance (R., 1930).
Blasco Ibáñez, Vicente [span. 'blasko i'βaɲεθ], * Valencia 29. Jan. 1867, † Menton (Frankreich) 28. Jan. 1928, span. Schriftsteller.
Studierte Jura; engagierte sich polit. auf seiten der Republikaner, mehrfach wegen seiner polit. Tätigkeit verhaftet, floh nach Frankreich, dann nach Italien; Reisen in Frankreich und Amerika; im 1. Weltkrieg Parteigänger der Alliierten. B. I., der unter dem Einfluß der frz. Realisten und Zolas stand, ist der bedeutendste Vertreter des span. Naturalismus. Trotzdem nicht kühl wägend, sondern voll Temperament. Er begann mit Romanen und Erzählungen aus seiner Heimat, schilderte Bauern, Bürger und Proletarier, kam zu sozialist. und antiklerikalen Themen, später zu histor. Romanen, die jedoch nicht die Dichte der früheren Werke haben. B. I. steht nicht nur formal, sondern auch ideell in der Tradition des 19. Jh.s. Seine Wirkung und Beliebtheit war groß (Verfilmungen und Bühnenbearbeitungen).
Hauptwerke: Der Eindringling (R., 1904; dt. 1910), Die Bodega (R., 1905; dt. 1932), Die blutige Arena (R., dt. 1910), Die apokalypt. Reiter (R., 1916; dt. 1922).
Ausgabe: V. B. I. Ges. Romane. Dt. Übers. Hg. v. O. A. van Bebber. *Zürich* $^{1-2}$*1928–32. 3 Bde.*
Literatur: Gascó Contell, E.: *Genio y figura de B. I., agitador, aventurero y novelista. Madrid 1957.* – Balseiro, J. A.: *V. B. I. San Juan 1935.*
Blaß, Ernst, * Berlin 17. Okt. 1890, † ebd. 23. Jan. 1939, dt. Lyriker.
Hg. der Zeitschrift „Die Argonauten", Kritiker und freier Schriftsteller in Berlin, stand K. Hiller und J. van Hoddis nahe, 1933 verboten; stand mit formstrenger, intellektualist. Lyrik dem Expressionismus nahe, themat. z.T. Benn verwandt.
Hauptwerke: Die Gedichte von Trennung und Licht (1915), Die Gedichte von Sommer und Tod (1918), Über den Stil Stefan Georges (Essay, 1920), Der offene Strom (Ged., 1921).
Blatný, Lev [tschech. 'blatni:], * Brünn 11. April 1894, † Květnice 21. Juni 1930, tschech. Dichter.
Seit 1929 Lektor des Nationaltheaters in Brünn; schrieb expressionist. beeinflußte Dramen und Erzählungen, die durch groteske und satir. Effekte gekennzeichnet sind.
Blau, Sebastian † Eberle, Josef.
Blažek, Tomo, * Peteranec 7. März 1807, † Warasdin 21. Febr. 1846, kroat. Dichter.
Verfaßte hauptsächl. patriot. Lyrik in kroat. Sprache; weniger geglückt sind seine dt. und lat. Dichtungen.
Blažek, Vratislav [tschech. 'blaʒεk], * Nachod 31. Aug. 1925, tschech. Schriftsteller.
Verfaßt satir. Stücke, Erzählungen und Drehbücher. Dt. liegt vor „Und das am Heiligabend" (Kom., 1961); im Mittelpunkt steht das Verhältnis eines genormten sozialist. Menschen zu einem Idealisten außerhalb der Partei.
Blažková, Jaroslava [slowak. 'blaʃkova:], * Großmeseritsch (Südmähr. Gebiet) 15. Nov. 1933, slowak. Schriftstellerin.
Rundfunkredakteurin und Journalistin; schrieb v.a. Kinder- und Jugendbücher, die sich durch ungeschminkte Darstellung auszeichnen; bekannt wurde sie durch die Novelle „Nylonový mesiac" (= Der Nylonmond, 1961); von ihren Erzählungen sind einige dt. erschienen.
Blei, Franz, * Wien 18. Jan. 1871, † Westbury (N.Y.) 10. Juli 1942, östr. Schriftsteller.
Philosophiestudium (Dr. phil.), lebte in München, Wien, Berlin, auf Mallorca und in den USA. Die Bedeutung B.s liegt weniger in eigenen Werken als vielmehr in seiner Wirkung als Anreger, Förderer, Kritiker, Hg. und Übersetzer (Gide, Claudel). Er erkannte früh die Bedeutung Brochs und Musils. Hervorragende Essays B.s begleiten die literar. Entwicklung (über Wedekind, Sternheim, R. Walser u.a.). Großen Widerhall fand „Das große Bestiarium der modernen Literatur" (1920), in dem er zeitgenöss. Autoren als Tiere satir. darstellte.
Weitere Werke: Thea (Kom., 1895), Von amoureusen Frauen (Essays, 1906), Logik des Herzens (Lsp., 1916), Der Geist des Rokoko (Essay, 1923), Erzählung eines Lebens (Autobiogr., 1930), Zeitgenöss. Bildnisse (Essays, 1940).
Ausgabe: F. B. Schrr. in Ausw. Hg. v. A. P. Gütersloh. *Mchn. 1960.*
Literatur: Steffen, D.: *F. B. als Literat u. Kritiker der Zeit. Diss. Gött. 1966.* – Gütersloh, P.: *Die Rede über B. oder Der Schriftsteller in der Katholizität. Hellerau 1922.*
Bleibtreu, Karl, * Berlin 13. Jan. 1859, † Locarno 30. Jan. 1928, dt. Schriftsteller.

Sohn des Schlachtenmalers Georg B., studierte in Berlin, unternahm große Reisen, arbeitete für verschiedene Zeitschriften; freier Schriftsteller; er lebte in Berlin, München und Zürich. B. war führendes Mitglied des Kreises um M. G. Conrad und dessen Zeitschrift „Die Gesellschaft". In der Kampfschrift „Revolution der Literatur" (1887), die zum Programm des Frühnaturalismus wurde, fordert er von der Dichtung die Behandlung der großen Zeitfragen. Seine stilist. nachlässigen Erzählungen und Novellen, so „Schlechte Gesellschaft" (1885) und der patholog. Roman „Größenwahn" (1888), sind Darstellungen des Großstadt- und Bohememilieus mit zolascher Direktheit, Offenheit und gesellschaftskrit. Pathos. B. verfaßte histor. Dramen, unzählige Schlachtenschilderungen, kriegswissenschaftl. und literarhistor. Werke.
Weitere Werke: Dies irae (R., 1882), Lord Byron (Dramen, 1886), Schicksal (Dr., 1888), Weltgericht (Trag., 1888), Ein Faust der That (Trag., 1889), Die Propaganda der That (R., 1890), Weltbrand (R., 1912).
Literatur: Harnack, F.: *Die Dramen K. B.s. Bln. 1938.* – Stauf v. der March, O.: *Carl B. Eine Würdigung. Mit einem Verzeichnis der Werke des Dichters. Stuttg. 1920.*

Blicher, Steen Steensen [dän. 'blegər], * Vium (Jütland) 11. Okt. 1782, † Spentrup bei Randers 26. März 1848, dän. Schriftsteller.
Studierte Theologie, war Studienrat, dann Pfarrer, wegen Vernachlässigung seines Dienstes (Trinker) fristlos entlassen. Im Mittelpunkt seiner Dichtung, die z.T. dem jüt. Sagengut verpflichtet ist, steht die Heimat B.s; in den realist. Novellen schildert er humorvoll und mit menschl. Anteilnahme nicht ohne psycholog. Scharfblick Gestalten aus dem einfachen Volk.
Hauptwerke: Digte (Ged., 1814), Brudstykker af en landsbydegns dagbog (Tagebuch-Nov., 1824), Trækfuglene (Ged., 1838), E Bindstouw (En., 1842; dt. Ausw. 1928), Novellen (dt. Ausw. 1849).

Bligger von Steinach, mhd. Minnesänger um 1200.
Aus Neckarsteinach, zwischen 1152 und 1209 urkundl. bezeugt; aus dem Kreis Friedrichs von Hausen. Erhalten sind zwei Lieder und ein Spruch. Ein verlorengegangenes Epos wird von Gottfried von Straßburg im „Tristan" rühmend erwähnt.

Blixen, Tania [dän. 'blegsən], Pseudonyme Isak Dinesen, Pierre Andrézel u.a., eigtl. Baronin Karen Christence B.-Finekke, * Rungsted 17. April 1885, † Rungstedlund 7. Sept. 1962, dän. Schriftstellerin.
Besuchte Kunstakademien; Reisen in verschiedene europ. Länder, bewirtschaftete mit ihrem Mann eine Kaffeefarm in Kenia. 1931 Rückkehr nach Dänemark, 1934 erste Veröffentlichung. Den größten Erfolg hatte sie mit „Afrika, dunkel lockende Welt" (dt. 1938), einem Buch poet. Impressionen. Sie steht außerhalb moderner Richtungen. Fabulierfreudig, mit ausgeprägtem Gefühl für Stimmung und Musikalität erzählt sie in kultiviertem Stil Geschichten aus dem Adelsmilieu des 18. Jh.s, spannungsreich und iron. distanziert. Tania B. schrieb ihre Werke z.T. zuerst in engl. Sprache.
Weitere Werke: Die Sintflut von Norderney (En., dt. 1937), Wintererzählungen (dt. 1942, 1958 u. d. T. Kamingeschichten), Widerhall (En., dt. 1959), Schicksalsanekdoten (dt. 1958), Schatten wandern übers Gras (Erinnerungen, dt. 1962).
Literatur: Kabell, A.: *Karen B. debuterer. Mchn. 1968.* – *Karen B. Hg. v.* C. Svendsen *u.* O. Wivel. *Kopenhagen 1962.* – Brix, H.: *Karen B.s Eventyr. Kopenhagen 1949.*

Bliziński, Józef Franciszek [poln. bli'ʑiɲski], * Warschau 10. März 1827, † Krakau 29. April 1893, poln. Schriftsteller.
Schrieb erfolgreiche Komödien. Seine Vorbilder waren Molière und Fredro, dessen literar. Niveau er manchmal fast erreichte; meist harmlos krit., humorist. Darstellungen des Lebens poln. Landadliger; sozialkrit. Elemente fehlen. Übersetzungen aus dem Französischen.

Bloch, Jean Richard [frz. blɔk], * Paris 25. Mai 1884, † ebd. 15. März 1947, frz. Schriftsteller.
Studierte in Paris; war zunächst Professor in Florenz, wandte sich aber bald der Literatur und der Politik zu; begründete 1925 mit Rolland die Zeitschrift „Europe"; Dramatiker, Romancier und Essayist, polit. linksstehend; leidenschaftl. Vertreter einer im Ggs. zur „littérature gratuite" im humanist. (insbes. antifaschist.-demokrat.) Sinn engagierten Literatur.
Hauptwerke: Levy (R., 1912; dt. 1927), Simler & Co. (R., 1918; dt. 1926), Kurdische Nacht (R., dt. 1927), Vom Sinn unseres Jahrhunderts (Essays, dt. 1932), Toulon (Dr., dt. 1947).

Bloem, Jakobus Cornelis [niederl. blu:m], * Oudshoorn 10. Mai 1887, † Kalenberg-Oldemarkt 10. Aug. 1966, niederl. Lyriker.
Städt. Beamter, u.a. Justizbeamter. Seine frühe Lyrik war von den frz. Symbolisten beeinflußt, die spätere von den „metaphysical poets"; feinsinnige Essays; geistreiche Aphorismen.
Hauptwerke: Het verlangen (Ged., 1921), Media vita (Ged., 1931), Verzamelde gedichten (Ged., 1947), Verzamelde beschouwingen (Essays, 1950), Doorschenen wolkenranden (Ged., 1958).

Bloem, Walter [blø:m], * Elberfeld (heute Wuppertal-Elberfeld) 20. Juni 1868, † Lübeck 18. Aug. 1951, dt. Schriftsteller.
Studierte Rechtswissenschaft (Dr. jur.), Rechtsanwalt in Barmen, dann freier Schriftsteller in Berlin, später Dramaturg in Stuttgart, Teilnahme am 1. Weltkrieg, danach auf Burg Rieneck (Unterfranken) und in Berlin; Teilnahme am 2. Weltkrieg, Gefangenschaft, zuletzt in Lübeck-Travemünde. Seine der nationalen Gedankenwelt des Bürgertums entstammenden Dramen und Romane erzielten Massenerfolge.
Hauptwerke: Der krasse Fuchs (R., 1906), Volk wider Volk (R., 1912), Das verlorene Vaterland (R., 1914), Dreiklang des Krieges (Dr., 1918), Das Land unserer Liebe (R., 1924).

Blok, Alexandr Alexandrowitsch; tl.: Blok, Aleksandr Aleksandrovič [russ. blɔk], * Petersburg (heute Leningrad) 28. Nov. 1880, † ebd. 7. Aug. 1921, russ. Lyriker.
Professorensohn, wechselte vom Jura- zum Philologiestudium; lebte als freier Schriftsteller; reiste 1905 nach dem Scheitern der Revolution ins Ausland; nach der Oktoberrevolution von den parteioffiziellen Stellen mit Mißtrauen beobachtet, obwohl seine Sympathien für die Revolution be-

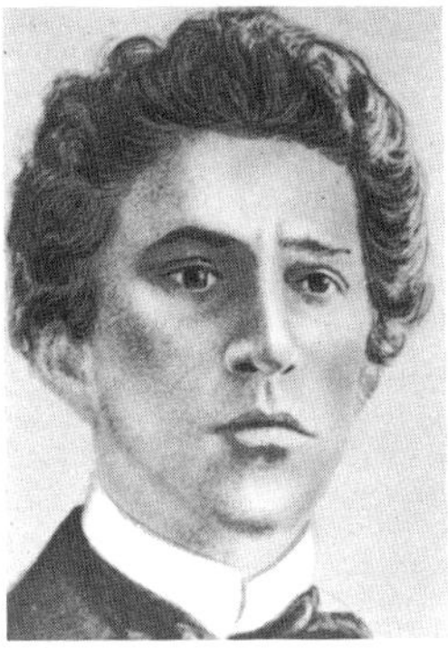
Alexandr Alexandrowitsch Blok

kannt waren; zuletzt Dramaturg in Moskau. Einer der hervorragendsten russ. Lyriker und der bedeutendste Dichter der zweiten Generation des russ. Symbolismus. In seiner Lyrik verbinden sich Einflüsse u.a. von Schukowski, Fet und Brjussow mit Anregungen durch die Theosophie Solowjows. Hauptmotiv des Gedichtzyklus „Die Verse von der schönsten Dame" (1904, dt. 1947) ist der Eros, der religiös und myst. gedeutet wird. B. übernahm von Brjussow die Thematik der Großstadtdichtung, die er nach dem Vorbild Dostojewskis mit düsteren Akzenten versah. Die Darstellung der äußeren Welt spiegelt psych. Geschehen. Auffallendes Stilmerkmal ist die sprachl. Musikalität und die Erschließung neuer formaler Möglichkeiten. Zunehmende Neigung zu Sarkasmus und iron. Distanzierung. Berühmt wurde B.s Beitrag zur Revolutionsdichtung, das ep. Poem „Die Zwölf" (dt. 1921). Bed. lyr. Versdramen als Beiträge zur Neuromantik, u.a. „Die Unbekannte" (1906, dt. 1946) und „Rose und Kreuz" (1912, dt. 1922). B. verfaßte auch literaturkrit. Abhandlungen und übersetzte u.a. Byron und Heine.
Weitere Werke: Die Schneemaske (Ged., 1907; dt. 1947), Die Skythen (Ged., dt. 1920).
Ausgaben: Der Mystiker Alexander Block im Spiegel seiner Lyrik. Ausgew. Dichtungen. Russ. u. dt. Dt. Übers. u. Einl. v. W. Berg-Papendick. *Frkf. 1967. – A. A. B. Ges. Dichtungen. Dt. Übers. Mchn. 1947.*
Literatur: Baade, M.: *Aleksandr B. 1880–1921. In: Zs. f. Slawistik 12 (1967), H. 3.* – Kemball, R.: *Alexander B.: A study in rhythm and metre. Den Haag 1965.* – Reeve, F. D.: *A. B. Between image and idea. New York 1962.*

Blomberg, Erik Axel [schwed. ˌblumbærj], * Stockholm 17. Aug. 1894, † İzmir 8. April 1965, schwed. Lyriker, Kunst- und Literaturkritiker.
Studierte Kunstgeschichte in Uppsala; als Kritiker Mitarbeiter verschiedener Zeitungen und Zeitschriften. Klare, formstrenge Lyrik, z.T. kosm. Gedankendichtung, teilweise auch sangbare, einfach gestaltete Lieder; vom Sinn des Daseins überzeugt, glaubt er an den Wert der menschl. Gemeinschaft; bed. Essayist.
Hauptwerke: Jorden (Ged., 1920), Den fångne guden (Ged., 1927), Tidens romantik (Essay, 1931), Nattens ögon (Ged., 1943).

Blondel de Nesle [frz. blõdɛldəˈnɛl], altfrz. Dichter der 2. Hälfte des 12. Jh.s aus Nesle (Somme). Rund 25 Liebeslieder sind erhalten; die sich an seinen Namen knüpfende Sage vom treuen Spielmann B., der den gefangenen König Richard Löwenherz mit Hilfe eines ihnen beiden bekannten Liedes ausfindig macht und befreit, ist histor. unbegründet.

Blondel vom Rosenhag ↑ Lippl, Alois Johannes.

Bloomfield, Robert [engl. ˈbluːmfiːld], * Honington (Suffolk) 3. Dez. 1766, † Shefford (Bedford) 19. Aug. 1823, engl. Dichter.
Sohn eines Schneiders; Schuhmacher in London, erblindete und starb in großer Armut. Erster Erfolg mit dem Gedicht „The farmer's boy" (1800), worin er das Leben des Landmannes im Lauf des Jahres beschreibt. B. schrieb schlichte, volkstüml. Gedichte und stimmungsvolle Erzählungen in Versen.
Weitere Werke: Rural tales (1802), Good tidings (Ged., 1804), Wild flowers (Ged., 1806), May day with the muses (Ged., 1822).

Bloy, Léon [frz. blwa], * Périgueux (Dordogne) 11. Juli 1846, † Bourg-la-Reine bei Paris 3. Nov. 1917, frz. Schriftsteller.
B. war Autodidakt, er ging nach Paris, um Maler zu werden. Unter dem Einfluß Barbey d'Aurevillys wandte er sich der Literatur zu. 1870 kämpfte er als Freischärler gegen die Preußen; lebte immer in sehr beschränkten Verhältnissen. Unter dem Eindruck seiner Armut und der von ihm ertragenen Schicksalsschläge wurde er zum haßerfüllten Angreifer und Ankläger von Klerus und sattem Bürgertum. Den Armen und Demütigen galt seine Liebe, als Fanatiker des Glaubens fühlte er sich verpflichtet, einen Auftrag Gottes in der gottfernen Welt zu erfüllen. Ursprüngl. Sprache, kühne Metaphern. Wegbereiter der modernen kath. Literatur ohne nennenswerten Erfolg zu seinen Lebzeiten.
Hauptwerke: Der Verzweifelte (R., 1886; dt. 1954), Das Heil und die Armut (1892, dt. 1953), Die Armut und die Gier (1897, dt. 1950), Die heilsame Verfolgung (Tageb. 1896–1900, 1904; dt. 1958), Tagebücher (1905, dt. 1951), Dans les ténèbres (1918).
Ausgabe: L. B. Der beständige Zeuge Gottes. Eine Ausw. aus dem Gesamtwerk. Hg. v. R. Maritain. *Dt. Übers. Salzburg 1953.*
Literatur: Petit, J.: *L. B. Paris 1966.* – Cattaui, G.: *L. B. Paris 1954.* – Bollery, J.: *L. B. Paris 1947–54. 3 Bde.* – Romeissen, M.: *Katholizismus als Mystik bei L. B. Lpz. 1935.*

Blum, Adolph ↑ Gleich, Joseph Adolph.

Blumauer, Aloys, Pseudonyme Auer, Obermayer, * Steyr 21. Dez. 1755, † Wien 16. März 1798, östr. Schriftsteller.
Jesuitennovize bis zur Auflösung des Ordens 1773, später Hofzensor, Buchhändler und Publizist, 1781–94 Hg. des „Wiener[ischen] Musenalmanachs"; Freimaurer. Dichter der Aufklärung, bekannt durch ein von Pope und Wieland beeinflußtes kom. Epos, einer stilist. ungleichwertigen, zeitbezogenen Travestie der „Aeneis", die er 1783 publizierte.

Blumenthal, Oskar, * Berlin 13. März 1852, † ebd. 24. April 1917, dt. Schriftsteller.
Studierte in Berlin und Leipzig (Dr. phil.), Tätigkeit an verschiedenen Zeitungen und Zeitschriften; Gründer und bis 1897 Leiter des Lessing-Theaters in Berlin. Schrieb leichtgebaute, bühnen-

wirksame Lustspiele, teilweise in Gemeinschaftsarbeit mit G. Kadelburg; auch polem. und krit. Aufsätze, Theaterkritiken, Epigramme.
Hauptwerke: Im weißen Rößl (Lsp., 1898; mit G. Kadelburg), Der Schwur der Treue (Lsp., 1905), Die drei Grazien (Lsp., 1910; mit R. Lothar), Die große Pause (Lsp., 1915; mit M. Bernstein).

Blunck, Hans Friedrich, * Altona (heute Hamburg-Altona) 3. Sept. 1888, † Hamburg 25. April 1961, dt. Schriftsteller.
Jurastudium, im 1. Weltkrieg Ordonnanzoffizier; Regierungsrat, Syndikus; seit Ende der 20er Jahre freier Schriftsteller; Reisen nach Amerika, Afrika und in die Balkan- und Mittelmeerländer; 1933–35 Präsident der Reichsschrifttumskammer. Verfasser von Dramen, Lyrik, Balladen, Märchen, Romanen und Erzählungen v.a. mit Themen aus german. Vorzeit und hans. Geschichte und Gegenwart; daneben Reisebücher und eine Autobiographie. B., der dem niederdt. Volkstum eng verbunden war, suchte den Sagastil zu erneuern. Infolge nord. und völk.-nationalist. Tendenzen wurde er zeitweise überschätzt.
Hauptwerke: Nordmark (Balladen, 1912), Märchen von der Niederelbe (R., 1923), Neue Balladen (1931), König Geiserich (R., 1936), Die Sage vom Reich (Epos, 1941).

Blunden, Edmund Charles [engl. 'blʌndən], * London 1. Nov. 1896, engl. Lyriker und Literaturkritiker.
Wesentlichstes Werk sind seine schlicht betrachtenden Heimatgedichte, die ein tiefes Gefühl für die engl. Landschaft bezeugen. Seine Kriegserlebnisse schildert B. in Tagebuchform in „Undertones of war" (1928); auch Kriegsgedichte, Dichterbiographien und literarhistor. Werke.
Hauptwerke: Masks of time (Ged., 1925), Near and far (Ged., 1929), Life of Leigh Hunt (Biogr., 1931), Charles Lamb and his contemporaries (1932), Shells by a stream (Ged., 1944), After the bombing (Ged., 1949).

Blunt, Wilfrid Scawen [engl. blʌnt], * Petworth (Sussex) 17. Aug. 1840, † Newbuildings (Sussex) 10. Sept. 1922, engl. Dichter und Politiker.
Bis 1869 im diplomat. Dienst; weite Reisen nach Persien, Arabien und Ägypten; trat für die unterdrückten Völker gegen den brit. Imperialismus ein, u.a. für Irlands Homerule; 1887 aus polit. Gründen 2 Monate Gefängnis. Verfasser eigenwillig-kraftvoller Erlebnisgedichte sowie idyll. Sonette und Naturlyrik.
Hauptwerke: Sonnets and songs (1875), Love sonnets of Proteus (1880), Ideas about India (1885), The seven golden odes of pagan Arabia (1903), Griselda (Vers-E., 1893).

Boborykin, Pjotr Dmitrijewitsch; tl.: Boborykin, Petr Dmitrievič [russ. bɐba'rɨkin], * Nischni Nowgorod (heute Gorki) 27. Aug. 1836, † Lugano 12. Aug. 1921, russ. Schriftsteller.
Adliger, umfassende Studien; oft im westl. Ausland, emigrierte 1918. Sein umfangreiches Gesamtwerk, zu dem Dramen, Romane, Erzählungen und krit. Essays gehören, vermittelt ein Bild der geistigen und gesellschaftl. Wandlungen von der Mitte des 19. Jh.s bis in unser Jh., bes. in der Schicht der russ. Intelligenz. In dt. Übersetzung erschienen u.a. die Romane „Abendl. Opfer" (1868, dt. 1893) und „Kitai-Gorod" (1882, dt. 1895).

Bobrowski, Johannes, * Tilsit 9. April 1917, † Berlin 2. Sept. 1965, dt. Schriftsteller.
Studierte Kunstgeschichte, war im 2. Weltkrieg Soldat, bis 1949 in russ. Kriegsgefangenschaft; lebte dann als Verlagslektor in Berlin (Ost). Seine Gedichte spiegeln das Erlebnis der östl. Landschaft und seines Volkes; unkonventionelle Sprache und Bilder. Mit dem Roman „Levins Mühle" (1964) erlangte B. internationale Anerkennung: Die 1874 in Westpreußen spielende Geschichte macht an einem jurist. Streit, in dem der rechtl. überlegene Jude Levin unterliegt, die Wirksamkeit zweifelhafter Traditionen und das Verhalten der dabei Beteiligten sichtbar. Der nachgelassene Roman „Litauische Claviere" (1966) schildert in anschaul. Sprache die gespannten Beziehungen zwischen Deutschen und Litauern im Memelgebiet 1936; der lit. Dichter Duonelaitis, dessen Leben und Werk in die Erzählgegenwart hineingearbeitet sind, wird zum Sinnbild der bedrohten christl.-humanist. Tradition.
Weitere Werke: Sarmat. Zeit (Ged., 1961), Schattenland Ströme (Ged., 1962), Boehlendorff und Mäusefest (En., 1965), Wetterzeichen (Ged., 1966), Der Mahner (En. und Prosa, 1967).
Literatur: Hoefert, S.: *West-östliches in der Lyrik J. B.s. Mchn. 1968.* – Wolf, G.: *J. B. Leben u. Werk. Bln. 1967.*

Bocage, Manuel Maria Barbosa du [portugies. bu'kaʒɪ], * Setúbal 15. Sept. 1765, † Lissabon 21. Dez. 1805, portugies. Dichter.
Mutter Französin; ging 16jährig zur Marine, hielt sich bis 1790 u.a. in Goa und Macau auf, dann Rückkehr in die Heimat; wurde wegen einer philosoph. Epistel nach Art Voltaires, „Verdades duras", in der er die Unsterblichkeit der Seele leugnete, 1797 auf Betreiben der Inquisition eine Zeitlang gefangengehalten; er war eines der angesehensten und einflußreichsten Mitglieder der Nova Arcádia; hervorragender Übersetzer lat. Autoren; einer der bedeutendsten und populärsten neueren Dichter Portugals, seine Sonette sind z.T. Meisterwerke; sein Schülerkreis („Elmanistas") weist bereits den Weg zur Romantik.
Hauptwerk: Rimas (1791–1804).
Literatur: Mota, P.: *B., poeta português e romanista. In: Romanitas 3 (1961), 430.*

Boccaccio, Giovanni [bɔ'katʃo, italien. bok'kattʃo], * wahrscheinl. Florenz (oder Certaldo?) 1313, † Certaldo bei Florenz 21. Dez. 1375, italien. Dichter.
Unehel. Sohn eines florentin. Kaufmanns; nach kaufmänn. Lehre studierte er die Rechte, wandte sich jedoch humanist. Studien und der Dichtung zu; er fand Zugang zum Hofe des Königs Robert von Neapel. Nicht bewiesen ist sein Liebesverhältnis zu einer unehel. Tochter Roberts, Maria d'Acquino, die lange als Vorbild seiner „Fiammetta" galt. 1340 Rückkehr nach Florenz, wo er Notar und Richter wurde und in bescheidenen Verhältnissen lebte; eine für beide Teile fruchtbare Freundschaft verband ihn in den späten Lebensjahren mit Petrarca; die im Auftrag der Stadt Florenz begonnenen öffentl. Vorträge über Dantes „Divina Commedia" konnte er aus gesundheitl. Gründen nicht zu Ende führen. Er veranlaßte u.a. die erste vollständige Übersetzung Homers ins Lat. und schrieb selbst auch in lat. Sprache („De casibus virorum illustrium", um

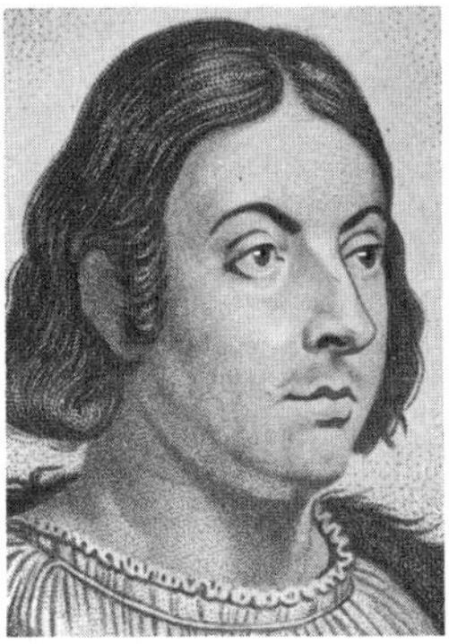

Giovanni Boccaccio (Kupferstich von J. F. Bolt nach Tizian)

1355). Sein reiches literar. Werk wird gekrönt durch die zwischen 1348 und 1353 entstandene, 1470 gedruckte Novellensammlung „Decamerone" (dt. 1472/73), mit der B. die italien. Novelle zur Kunstform erhob und auf Jahrhunderte festlegte. In eine Rahmenerzählung – 7 Mädchen und 3 Jünglinge fliehen vor der Pest (1348) auf ein Landgut, wo sie sich 10 Tage lang mit Geschichten unterhalten – sind 100 Novellen verwoben, die in übermütiger, humorvoller, auch trag. und satir. Gestaltung einen lebendigen Querschnitt durch die Gesellschaft des 14. Jh.s geben, wobei B. eine meisterhafte, psycholog. geschickte Charakterisierung der verschiedenen Typen gelingt. Die Skala der Thematik, deren Stoffe er östl. Literaturen ebenso entnimmt wie der griech., röm. und zeitgenöss. Dichtung, reicht von lyr. Zartheit bis zu obszöner und rustikaler Derbheit. Eine raffiniert einfache Sprache, der leichte Stil und die überlegene künstler. Form lassen B. als einen der größten italien. Prosaschriftsteller erscheinen, der auf die gesamte Weltliteratur entscheidenden Einfluß ausgeübt hat.

Weitere Werke: Il Filocolo (R., entstanden um 1336, gedruckt 1472), Il Filostrato (Versepos, entstanden 1338, gedruckt 1480; dt. 1884 u. d. T. Troilus und Kressida), L'elegia di madonna Fiammetta (Vers-R., entstanden 1343, gedruckt 1472; dt. 1806 u. d. T. Fiametta), Die Nymphe von Fiesole (entstanden um 1345, gedruckt 1477; dt. 1958), Corbaccio (Satire, entstanden 1354/55, gedruckt 1487; dt. 1907 u. d. T. Das Labyrinth der Liebe), Das Leben Dantes (entstanden 1373, gedruckt 1899; dt. 1909).

Ausgaben: G. B. Opere in versi, Corbaccio, Trattatello in laude di Dante, prose latine, epistole. Hg. v. P. G. Ricci. *Mailand u. Neapel 1965. – G. B. Ges. Werke. Dt. Übers. Hg. v.* M. Krell. *Mchn. 1924. 5 Bde.*

Literatur: Neuschäfer, H.-J.: *B. u. der Beginn der Novelle. Strukturen der Kurzerzählung auf der Schwelle zw. MA u. Neuzeit. Mchn. 1968.* – Leone, G.: *Johannes utilitatum. Saggio sul Decameron. Bologna ²1967.* – Branca, V.: *B. medievale. Florenz 1956.* – Grabher, C.: *G. B. Dt. Übers. Hamb. 1946.* – Billanovich, G.: *Restauri boccacceschi. Rom 1945.* – Hauvette, H.: *Boccace, étude biographique et littéraire. Paris 1914.* – Landau, M.: *G. B., sein Leben u. seine Werke. Stuttg. 1877.*

Boccalini, Traiano [italien. bokka'li:ni], * Loreto 1556, † Venedig 16. Nov. 1613, italien. Schriftsteller.

Studierte in Venedig Rechts- und Literaturwissenschaft; stand in päpstl. Diensten; Verfasser der einflußreichen „Ragguagli di Parnaso" (1612f., dt. 1644), in denen er in Form fiktiver Gespräche (insgesamt 200 Abschnitte) auf dem von Apoll regierten Parnaß die literar. und polit. Verhältnisse seiner Zeit scharf kritisiert. Als staatspolit. Theoretiker zeigte sich B. in der „Pietra del paragone politico" (hg. 1615, dt. 1616) und den „Commentari a Tacito" (gedruckt 1669).

Bock, Alfred, * Gießen 14. Okt. 1859, † ebd. 6. März 1932, dt. Schriftsteller.

Vater von Werner B., unternahm größere Reisen; bed. Erzähler seiner hess. Heimat, meist Darstellungen aus dem Alltagsleben; schrieb außerdem Gedichte und Lustspiele; eine Auswahl von Novellen und Romanen erschien u. d. T. „Die harte Scholle" (1913).

Bock, Werner, * Gießen 14. Okt. 1893, † Zürich 3. Febr. 1962, dt. Schriftsteller und Literarhistoriker.

Dr. phil.; 1939 Emigration nach Südamerika, Professor für dt. Literatur und Philosophie 1946–49 in Montevideo, lebte zuletzt in der Schweiz. B., der in Südamerika Mitarbeiter vieler Zeitschriften war, George, Rilke, Hofmannsthal und Trakl ins Span. übersetzte, hat sich als Mittler europ. und südamerikan. Kultur verdient gemacht. Abendländ. Tradition war ihm Verpflichtung. Formal strenge Lyrik, ausgehend von der Erscheinung und doch das Innere treffend, gedankl. präzise Prosa.

Hauptwerke: Das ewige Du (Ged., 1930), Der Pudel der Frau Barboni (R., 1944), Blüte am Abgrund (Prosa-Ausw., 1951 und 1961), Ausgewählte Lyrik aus drei Jahrzehnten (1951).

Bocquet, Léon [frz. bɔ'kɛ], * Marquillies (Nord) 11. Aug. 1876, † Paris 4. Juni 1954, frz. Schriftsteller.

Mitarbeiter mehrerer literar. Zeitschriften; Kritiker und Literarhistoriker; schrieb einfache Gedichte und Erzählungen, die seine Verbundenheit mit dem frz. Flandern zeigen.

Hauptwerke: Les sensations (Ged., 1897), Les cygnes noirs (Ged., 1906), Les poètes de la Flandre française et l'Espagne (1917), Le village dans la tourmente (R., 1926), Crucifixions (Ged., 1929).

Bodel, Jean [frz. bɔ'dɛl], * Arras um 1165, † ebd. 1210, altfrz. Dichter.

Lebte in Arras als angesehener Bürger; schrieb u.a. ein Epos über den Sachsenkrieg Karls des Großen, „Saisnes", das Mirakelspiel „Li jus de Saint Nicolas" und das Abschiedslied „Li congié", mit dem er sich als Leprakranker der Barmherzigkeit der Mitwelt empfiehlt (um 1205).

Bodenstedt, Friedrich Martin von, * Peine 22. April 1819, † Wiesbaden 18. April 1892, dt. Schriftsteller.

Studierte Philosophie und Philologie, war Lehrer in Moskau und Tiflis, wo er durch Mirza Schaffy in die tatar., pers., georg. und armen. Sprache eingeführt wurde; Professor in München (Slawistik, Altengl.), Intendant des Hoftheaters in Meiningen, lebte ab 1878 in Wiesbaden. Verfasser der „oriental." Gedichte „Die Lieder des Mirza Schaffy" (1851), die man lange für Übertragun-

gen hielt und die seinerzeit ungeheuren Erfolg hatten. Als Lyriker epigonal, unbed. als Epiker und Dramatiker. Seine Reiseberichte, seine Übersetzungen (Puschkin, Lermontow, Turgenjew, Hafes, Omar Chaijam, auch Shakespeare u.a.) und seine Anregungen, die er als Mittler östl. Gedankenguts und östl. Literaturen gab, sind sein eigtl. Verdienst.
Weitere Werke: Tausend und Ein Tag im Orient (Reisebericht, 1849/50), Aus dem Nachlasse Mirza Schaffys (Ged., 1874), Aus meinem Leben (1879), Erinnerungen aus meinem Leben (1888–90).
Literatur: Gregor, R.: *F. B. als Vermittler russ. Lit. in Deutschland. Unter bes. Berücks. der Dichtung Lermontows. Diss. Lpz. 1965 [Masch.].* – Rappich, H.: *F. B. u. sein Verhältnis zu Rußland. Unter bes. Berücks. seiner literar. Beziehungen zu J. S. Aksakow u. J. S. Turgenev. Diss. Humboldt-Univ., Bln. 1963 [Masch.].* – Sundermeyer, K.: *B. u. die „Lieder des Mirza Schaffy". Diss. Kiel 1932.*

Bodman, Emanuel Freiherr von und zu ['bo:tman], * Friedrichshafen 23. Jan. 1874, † Gottlieben am Bodensee 21. Mai 1946, dt. Schriftsteller.
Studierte in München, Zürich und Breslau; dem Neuklassizismus und der Neuromantik nahestehender Lyriker, Erzähler und Dramatiker; sprachl. Schönheit, Formstrenge und Ideenreichtum zeichnen sein Gesamtwerk aus.
Hauptwerke: Stufen (Ged., 1894), Neue Lieder (Ged., 1902), Erwachen (Nov., 1906), Der Fremdling von Murten (Trag., 1907), Die heiml. Krone (Trag., 1909), Mein Vaterland (Ged., 1914), Hans Waldmann (Trag., 1940).
Ausgabe: E. v. B. Die gesamten Werke. Hg. v. K. Preisendanz. *Stuttg. 1951–60. 10 Bde.*
Literatur: Bodman, C. v./Reinhart, H.: *E. v. B. zum Gedächtnis. St. Gallen 1947.*

Bodmer, Johann Jakob ['bo:dmər], * Greifensee bei Zürich 19. Juli 1698, † Gut Schönenberg bei Zürich 2. Jan. 1783, schweizer. Literaturkritiker und Schriftsteller.
Studierte Theologie, wurde zum Kaufmann ausgebildet, war Professor für Geschichte und Politik am Zürcher Gymnasium. B. ist bed. als Kritiker und Ästhet in den Auseinandersetzungen um Fragen der Poetik; gemeinsam mit Breitinger stand er gegen Gottsched, der die klass. Normen der frz. Literatur vertrat, während die Schweizer, beeinflußt von der engl. Literatur, bes. von Milton, die schöpfer. Phantasie, die Einbildungskraft, das Wunderbare, die Nachahmung der Natur als wesentl. Elemente der Dichtung verteidigten und propagierten. Verdient gemacht hat sich B. weiter durch die Entdeckung und Herausgabe mittelalterl. Literatur („Nibelungenlied", Auswahl der Maness. Handschrift), als Übersetzer (Milton) und auch als Historiker. Eigene literar. Werke (Dramen, Satiren, Epen) sind ohne größere Bedeutung. Mithg. der moral. Wochenschrift „Discourse der Mahlern" (1721–23).
Hauptwerke: Von dem Einfluß und Gebrauche der Einbildungskraft (1727), Crit. Abhandlung von dem Wunderbaren in der Poesie (1740), Crit. Betrachtungen über die Poet. Gemählde der Dichter (1741), Noah ein Heldengedicht (Epos, 1750).
Ausgabe: J. J. B. Schrr. Ausgew. v. F. Ernst. *Frauenfeld 1938.*
Literatur: Schöffler, H.: *Anruf der Schweizer. In:* Schöffler: *Dt. Geist im 18. Jh. Gött. 1956.* – Flueler, E.: *Die Beurteilung J. J. B.s in der dt. Literaturgesch. u. Lit. Diss. Freiburg (Schweiz) 1951.* – Wehrli, M.: *J. J. B. u. die Gesch. der Lit. Frauenfeld 1936.* – † auch Breitinger, Johann Jakob.

Bodmershof, Imma von ['bo:dmə...], * Graz 10. Aug. 1895, östr. Schriftstellerin.
Tochter des Prager Philosophen Ch. von Ehrenfels; studierte Philosophie und Kunstgeschichte, stand Rilke und dem Georgekreis nahe, lebt heute auf dem Gut ihres Mannes in Niederösterreich. Ihre Romane aus der bäuerl. Welt enthalten plast. Landschaftsbeschreibungen und schildern anschaulich das einfache Leben naturverbundener Menschen.
Hauptwerke: Der zweite Sommer (R., 1937), Die Rosse des Urban Roithner (R., 1940), Solange es Tag ist (Novellen, 1953), Sieben Handvoll Salz (R., 1958), Haiku (Ged., 1962), Die Bartabnahme (R., 1966).

Boé, Jacques [frz. bɔ'e] † Jasmin.

Boendale, Jan van [niederl. 'bu:nda:lə], genannt Jan de Clerc, * Boendale bei Tervuren 1279, † Antwerpen um 1350, fläm. Dichter.
In Antwerpen Stadtschreiber; Schüler Maerlants, bed. Reimchronist; sein Hauptwerk, das umfangreiche Lehrgedicht „Der leken spieghel", eine Welt- und Heilsgeschichte, enthält neben gelehrten Abhandlungen über Himmel, Hölle, Fegefeuer und die Natur eine Darstellung der Geschichte von der Schöpfung bis zu Karl dem Großen, außerdem u.a. die erste niederl. Poetik.

Boesch, Hans [bœʃ], * Frümsen (Sankt Gallen) 13. März 1926, schweizer. Schriftsteller.
Studium am Technikum in Winterthur, Bauführer im Elsaß, dann Tiefbauingenieur. Begann mit Lyrik, wurde bekannt mit seinem im polit. belasteten Elsaß in der Welt der Bohrtürme und Baustellen spielenden Roman „Das Gerüst" (1960), in dem er menschl. Grundsituationen verhalten schildert. Im realist.-surrealist. Roman „Die Fliegenfalle" (1968) zeichnet B. ein Bild der modernen Arbeits- und Maschinenwelt.
Weitere Werke: Oleander, der Jüngling (Ged., 1951), Pan (Ged., 1955), Der junge Os (E., 1957).

Boeters, Karl ['bø:tərs] † Borée, Karl Friedrich.

Boethius, Anicius Manlius Severinus [bo'e:tiʊs, ...tsiʊs], * Rom um 480, † Pavia 524, röm. Philosoph, Schriftsteller und Staatsmann.

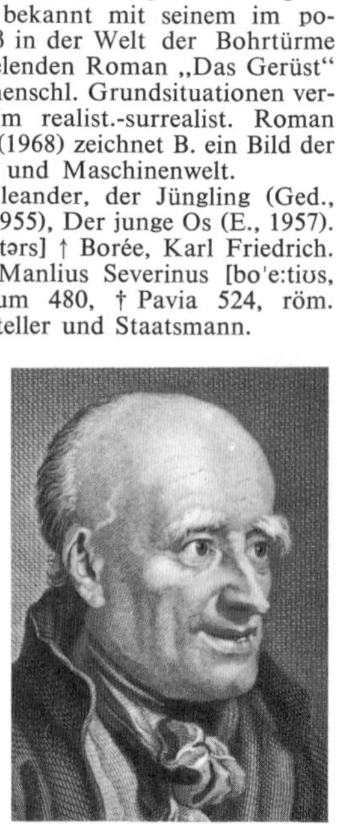

Johann Jakob Bodmer (Stich von J. F. Bause nach einem Gemälde von A. Graff)

Bed. Mann am Hof des Ostgotenkönigs Theoderich, später wegen seines Eintretens für einen angeklagten Freund selbst des Hochverrats beschuldigt, eingekerkert und hingerichtet. Im Kerker schrieb er sein berühmtes, während des ganzen MA weitverbreitetes „Trostbuch der Philosophie" („De consolatione philosophiae"), einen nach Art des Menippos aus Prosa und Vers gestalteten, Elemente kyn. und stoischer Diatribe mit platon. und aristotel. Metaphysik und Theologie vereinenden Dialog zwischen dem auf die Hinrichtung wartenden B. und der personifizierten Philosophie; seine Übersetzung der Schriften des Aristoteles und des Porphyrios waren für das frühe MA die Hauptquelle der Kenntnis griech. Philosophie. B. verfaßte auch theolog. Traktate, Werke über Arithmetik und Musik.

Literatur: Pickering, F. P.: *Augustinus oder B.? Geschichtsschreibung u. ep. Dichtung im MA u. in der Neuzeit. Bln. 1967ff. Auf 2 Bde. berechnet.* – Schrimpf, G.: *Die Axiomenschr. des B. (De Hebdomadibus) als philosoph. Lehrb. des MA. Leiden 1966.* – Burdach, K.: *Die humanist. Wirkungen der Trostschrift des B. im MA u. in der Renaissance. In: Dt. Vjschr. f. Literaturwiss. u. Geistesgesch. 11 (1933), 530.*

Bogaers, Adrianus [niederl. 'bo:xa:rs], * Den Haag 6. Jan. 1795, † Spa 11. Aug. 1870, niederl. Dichter.

Studierte Rechtswissenschaft, Rechtsanwalt, Richter in Rotterdam; unter dem Einfluß von Tollens schrieb er lyr. und ep. Dichtungen; daneben philolog. Tätigkeit.

Hauptwerke: Heemskerks Seezug nach Gibraltar (dt. 1842), Balladen en romancen (1846), Dichtbloemen uit den vreemde (1852).

Bogan, Louise [engl. 'boʊgæn], * Livermore Falls (Maine) 11. Aug. 1897, amerikan. Dichterin.

Studierte in Boston, war Literaturdozentin; Literaturrezensentin für „The New Yorker"; lebt in New York. Begann mit kunstvollen, komplizierten psycholog. Gedichten; Einfluß der „metaphysical poets", später schlichtere, knappe, bildhafte Sprache.

Hauptwerke: Dark summer (Ged., 1929), The sleeping fury (Ged., 1937), Poems and new poems (1941), Selected criticism (1955).

Bogatzky, Karl Heinrich von [bo'gatski], * Jankowa (Schlesien) 7. Sept. 1690, † Halle (Saale) 15. Juni 1774, dt. Erbauungsschriftsteller und Liederdichter.

Schrieb das vielgelesene „Guldene Schatzkästlein der Kinder Gottes" (1718).

Bogdanowitsch, Ippolit Fjodorowitsch; tl.: Bogdanovič, Ippolit Fedorovič [russ. bɐgda'nɔvitʃ], * Perewolotschnaja am Dnjepr 3. Jan. 1744, † Kursk 18. Jan. 1803, russ. Dichter.

Aus verarmtem ukrain. Adelsgeschlecht; nach dem Studium in verschiedenen Ämtern tätig, u. a. im diplomat. Dienst. Von den Zeitgenossen geschätzter Autor heiterer und witziger Verserzählungen im Anschluß an La Fontaine. Sein Kleinepos „Duschenka" (= Seelchen, 1783), die freie Bearbeitung einer Vorlage von La Fontaine, wurde oft nachgeahmt.

Bogdanowitsch, Maxim Adamowitsch; tl.: Bogdanovič, Maksim Adamovič [russ. bɐgda'nɔvitʃ], * Minsk 9. Dez. 1891, † Jalta 25. Mai 1917, weißruss. Lyriker.

Jurist mit umfassender, autodidakt. literar. Bildung; formbewußter Verskünstler unter dem Einfluß des Symbolismus; Vertreter der reinen Kunst; verwandte Themen der Volksdichtung; auch Übersetzer.

Bogen, Alexander † Scholtis, August.

Bøgh, Erik [dän. bø:'ɣ], * Kopenhagen 17. Jan. 1822, † ebd. 17. Aug. 1899, dän. Schriftsteller. Schrieb zahlreiche beliebte Lustspiele und Possen; außerdem geschickter und witziger Feuilletonist.

Bogović, Mirko [serbokroat. ˌbɔgɔvitɕ], * Warasdin 2. Febr. 1816, † Agram 4. Mai 1893, kroat. Dichter.

Polit. tätig für die illyr. Bewegung. Seine romant. Auffassung von der Bedeutung des Volkes bestimmte sein polit. und literar. Werk; er schuf patriot. Lyrik sowie erzählende und dramat. Dichtungen mit Stoffen aus der kroat. Geschichte.

Bogusławski, Wojciech [poln. bɔgu'su̯afski], * Glinno bei Posen 9. April 1757, † Warschau 23. Juli 1829, poln. Dramatiker.

Schöpfer des nationalen poln. Theaters, zeitweise Leiter des Nationaltheaters, Gründer einer Theaterschule. Seine zahlreichen, bühnenwirksamen Dramen waren als Beitrag zur Einigung des poln. Volkes bedeutsam; viele Werke sind Bearbeitungen oder Übersetzungen westeurop. Vorlagen (u. a. Shakespeare, Molière und Lessing); bekannt ist v. a. seine musikal. Komödie „Cud mniemany czyli Krakowiacy i Górale" (= Ein vermeintliches Wunder oder Krakauer und Bergbauern, UA 1794).

Boguszewska, Helena [poln. bɔgu'ʃɛfska], * Warschau 30. Okt. 1890, poln. Schriftstellerin.

Schildert in naturalist. Stil, der von Zola beeinflußt ist, soziales Elend im Milieu der Elendsviertel und der Vorstädte; nach dem 2. Weltkrieg entstanden antifaschist. Werke und Dichtungen, die sich mit der neuen poln. Wirklichkeit auseinandersetzen.

Hauptwerke: Das Haus hinter dem Weichseldamm (R., 1934; dt. 1949), Die Trennung (R., dt. 1950).

Bogza, Geo [rumän. 'bogza], * Ploieşti 6. Febr. 1908, rumän. Schriftsteller.

Publizist; beeinflußte stark die rumän. journalist. Prosa; sein Hauptwerk, „Das Buch vom Alt" (1945, dt. 1964), ist eine Art modernes Märchen, es mischt Reportage und Dichtung, Realität und Mythos.

Weitere Werke: Jahre des Widerstands (R., dt. 1955), Das steinerne Land (R., dt. 1959), Lob der Heimat (R., dt. 1961).

Böhlau, Helene, * Weimar 22. Nov. 1856, † Augsburg 26. März 1940, dt. Schriftstellerin.

Heiratete den zum Islam übergetretenen Schriftsteller und Philosophen Friedrich Arndt (= Omar al Raschid Bey), lebte einige Jahre in Konstantinopel, dann in München; bekannt sind ihre Geschichten aus der Altweimarer Zeit mit meisterhaften Schilderungen der bürgerl. Gesellschaft der Goethezeit; später Eintreten für die Rechte der Frau.

Hauptwerke: Ratsmädelgeschichten (1888), Der Rangierbahnhof (R., 1895), Neue Ratsmädel- und Altweimarische Geschichten (1897), Halbtier! (R., 1899), Im Garten der Frau Maria Strom (R., 1922), Die drei Herrinnen (R., 1937).

Böhl de Faber, Cecilia † Caballero, Fernán.
Böhme, Jakob, * Alt-Seidenberg bei Görlitz 1575, † Görlitz 17. Nov. 1624, dt. Mystiker und Theosoph.
Ließ sich nach Wanderjahren 1599 als Schuhmachermeister in Görlitz nieder, lebte seit 1613 vom Garnhandel; Autodidakt; Studium der Bibel, myst. und naturwissenschaftl. Schriften. 1612 veröffentlichte er die Schrift „Aurora oder Morgenröte im Aufgang" (vollständiger Druck 1656), die ihm die Gegnerschaft des Görlitzer Hauptpastors Richter einbrachte. Trotz Schreibverbots veröffentlichte er seit 1619 noch 21 Schriften, darunter „Beschreibung der drei Prinzipien göttl. Wesens" (1619), „Mysterium magnum" (1623), „Der Weg zu Christo" (1624). Neuen Verfolgungen mußte er sich 1624 vorübergehend durch eine Flucht nach Dresden entziehen. Den Mittelpunkt seiner von Paracelsus und Schwenckfeld abhängigen Spekulation bildet die Frage nach dem Verhältnis des Bösen in der Welt zu Gott. Er löst sie, indem er ein negatives Prinzip in Gott selbst verlegt. Wie alles an seinem Gegenteil erst hervortritt, wie Licht ohne Finsternis nicht denkbar ist, so bliebe Gott ohne ein Gegenteil des Guten in sich unbekannt. Seine aus mittelalterl. Spiritualismus, myst. Ideen und naturphilosoph. Gedanken entwickelte Kosmogonie stellte B. in bildreicher, oft rätselhafter Sprache dar. Als Denker ungeschult, kommt er zu visionärer Anschauung, deren Wirkung sowohl im Gehaltlichen als auch im Dichter. begründet ist. Da B. zum erstenmal philosoph. Schriften in dt. Sprache veröffentlichte, wurde er „Philosophus Teutonicus" genannt. Der dt. Idealismus und die romant. Naturphilosophie nahmen Elemente der Mystik B.s in ihre Spekulationen auf.
Ausgaben: J. B. Die Urschrr. Hg. v. W. Buddecke. *Stuttg. 1963–66. 2 Bde. – J. B. Sämtl. Schrr. Hg. v.* J. W. Ueberfeld. *Amsterdam 1730. Nachdr., hg. v.* W.-E. Peuckert, *Stuttg. 1955–61. 11 Bde.*
Literatur: Schäublin, P.: *Zur Sprache Jacob Boehmes. Winterthur 1963.* – Grunsky, H.: *Jacob B. Stuttg. 1956.* – Hankamer, P.: *J. B., Gestalt u. Gestaltung. Bonn 1924. Nachdr. Hildesheim 1960.*
Bohomolec, Franciszek [poln. bɔxɔ'mɔlɛts], * Witebsk (Weißrußland) 29. Jan. 1720, † Warschau 24. April 1784, poln. Dramatiker.
Studium u.a. in Rom; trat in den Jesuitenorden ein; in Polen Lehrtätigkeit; redigierte im Geist einer gemäßigten Aufklärung die moral. Zeitschrift „Monitor". B. verfaßte zahlreiche Schulkomödien nach frz. Vorbildern, bes. nach dem Muster Molières; vertrat in seinen publizist. und literar. Werken nationale Gedanken.
Bohorič, Adam [slowen. 'bo:hɔritʃ], * bei Reichenburg (Slowenien) um 1520, † in Deutschland um 1600, slowen. Schriftsteller.
Schüler Melanchthons; legte die bis 1843 gültigen orthograph. Regeln des Slowen. fest und verfaßte die in Wittenberg 1584 erschienene erste slowen. Grammatik.
Bohse, August, Pseudonym Talander, * Halle (Saale) 2. April 1661, † Liegnitz 1730, dt. Schriftsteller.
Studierte Rechtswissenschaft, hielt Vorlesungen in Hamburg, war Sekretär des Herzogs von Weißenfels und Professor der Ritterakademie in Liegnitz. Beschrieb in seinen galanten Romanen höf. Liebesintrigen.
Hauptwerke: Liebes-Cabinet der Damen (1685), Amor am Hofe (1689), Die getreue Sclavin Doris (1696), Der Liebe Irregarten (1696).
Boiardo, Matteo Maria [italien. bo'iardo], Graf von Scandiano, * Scandiano bei Reggio nell'Emilia um 1440, † Reggio nell'Emilia 19. Dez. 1494, italien. Dichter der Renaissance.
Höf. Erziehung; B. trieb humanist. Studien, stand im Dienst der Herzöge d'Este (ab 1469), heiratete Taddea Gonzaga, war Gesandter, später Gouverneur von Modena, dann von Reggio. Neben seiner Bedeutung als Übersetzer (Herodot, Xenophon, Cornelius Nepos und Apuleius) beruht sein Ruhm v.a. auf dem „Canzoniere o amorum libri" (1499) und dem „Orlando innamorato" (1495, dt. 1819/20 u.d.T. „Der verliebte Roland"). In dem „Canzoniere", einer Sammlung von Sonetten und Eklogen, besingt B. seine Liebe zu Antonia Caprara; echt empfunden spricht er von Liebe und Frühling, Trauer über die unerwiderte Liebe und Erinnerung an die schöne Vergangenheit. „Der verliebte Roland", ein unvollendetes Epos, behandelt Motive aus dem Sagenkreis um Karl den Großen, legt das Schwergewicht jedoch nicht auf Kampfhandlungen, sondern auf den Minnedienst der Ritter. Viele Nebenhandlungen machen das Gesamtbild unklar. B. begründete mit diesem Werk, das des öfteren fortgesetzt wurde (bes. zu nennen Ariosto), das romant. Ritterepos.
Literatur: Bigi, E.: *La poesia di B. Florenz 1941.* – Zottoli, A.: *Di M. M. B. discorso. Florenz 1937.*
Boie, Heinrich Christian ['bɔʏə], * Meldorf (Dithmarschen) 19. Juli 1744, † ebd. 3. März 1806, dt. Dichter.
Studierte Theologie und Jura, seit 1769 in Göttingen, wo er, befreundet mit Bürger, Hölty, Voß u.a., Mitglied des „Göttinger Hains" war. Gründete mit F. W. Gotter den „Göttinger Musenalmanach", dessen Alleinhg. er 1771–75 war; 1776–88 Hg. der Zeitschrift „Dt. Museum" und 1789–91 von deren Forts. „Neues Dt. Museum". 1781 Landvogt von Süderdithmarschen in Meldorf. B.s Bedeutung liegt weniger in seinem literar. Werk (nur einige seiner volksliedhaften Gedichte leben fort) als vielmehr in seiner Eigenschaft als literar. Anreger und Mittler. Auch als Übersetzer war B. tätig.
Literatur: Weinhold, K. H.: *H. Ch. B. Halle 1868.*
Boileau-Despréaux, Nicolas [frz. bwalodepre'o], * Paris 1. Nov. 1636, † ebd. 13. März 1711, frz. Schriftsteller.
Studierte Theologie und Jura, widmete sich ganz der Literatur, war königl. Historiograph, 1684 Mitglied der Académie française. Freundschaft mit Racine, Molière, La Fontaine u.a. B.-D. gilt als „Kunstpapst" seiner Zeit. Sein bedeutendstes Werk ist das Lehrgedicht „L'art poétique" (1674, dt. 1745, 1899 u.d.T. „Die Dichtkunst"). Es gibt die für den frz. Klassizismus gültigen Regeln, die nach den antiken Autoren aufgestellt sind. B.-D. fordert Klarheit, Maß, Folgerichtigkeit; die Dichtung, als Nachahmung der Natur definiert, soll vernünftig sein. Die Poetik knüpft an Horaz an, ist von Quintilian, Longinus und Aristoteles beeinflußt. Sie ist wenig originell,

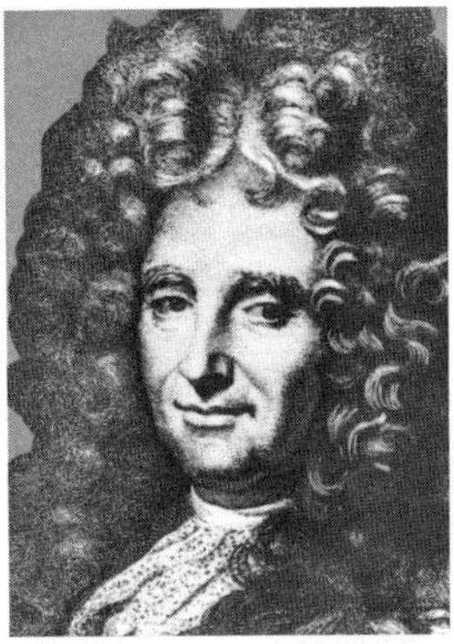

Nicolas Boileau-Despréaux (Stich von P. Drevet nach einem Gemälde von R. de Piles)

hat jedoch bis zur Romantik bestimmend auf die Literatur gewirkt. Als Dichter ist B.-D. ein Meister der klass. Form. Mit scharfem Spott kritisiert er mittelmäßige Dichter in seinen „Satiren" (1666–1711, dt. 1890); schrieb auch Huldigungsgedichte, satir. Angriffe auf Klerus und Advokaten („Le lutrin", Epos, 1674–83), Übersetzungen (Longinus).
Weitere Werke: Épîtres (1674–98), Réflexions sur Longin (1693 und 1713), Dialogue des héros de roman (1713).
Ausgabe: B. Œuvres complètes. Hg. v. F. Escal. *Paris 1966.*
Literatur: Kortum, H.: *Charles Perrault u. B. Der Antike-Streit im Zeitalter der klass. frz. Lit. Bln. 1966.* – Dumesnil, R.: *B.-D. Paris* [10]*1943.* – Heiss, H.: *B.-D. u. der frz. Klassizismus. In: Dt. Vjsch. f. Literaturwiss. u. Geistesgesch. 10 (1932).* – Lanson, G.: *B. Paris* [7]*1920.*

Boissard, Maurice [frz.bwa'sa:r] † Léautaud, Paul.

Boito, Arrigo [italien. 'bɔ:ito], Pseudonym Tobia Gorrio, * Padua 24. Febr. 1842, † Mailand 10. Juni 1918, italien. Komponist und Dichter.
Studierte Musik, war mit Rossini, Verdi und der Duse befreundet. Studienreisen führten ihn in mehrere europ. Länder; er arbeitete als Musikkritiker. B., eine Doppelbegabung, erstrebte die Oper als geschlossenes Kunstwerk aus Dichtung und Musik. Er war Lyriker („Re orso", 1865; „Libro dei versi", 1877), schrieb Libretti zu eigenen Opern (u.a. „Mefistofele", 1868), aber auch für andere Komponisten (Verdi, Ponchielli, Catalani u.a.), er übersetzte dt. Opernlibretti, v.a. von R. Wagner, den er sehr schätzte.
Literatur: Vajro, M.: *A. B. Brescia 1955.* – Pöschl, W.: *A. B., ein Vertreter der italien. Spätromantik. Bln. 1939.*

Bojer, Johan [norweg. 'bɔjər], * Orkdal (Drontheim) 6. März 1872, † Oslo 3. Juli 1959, norweg. Schriftsteller.
Hütejunge, Fischer, später Unteroffizier und Agent, ab 1919 freier Schriftsteller; anschaul. und eindringl. stellt B. in seinen Romanen und Erzählungen in einfacher Sprache das Leben des norweg. Volkes und die Schönheiten der norweg. Landschaft dar. Einbeziehung polit. und religiöser Probleme der Zeit, mitunter blasse Charakterzeichnung. Die Werke von B., die in viele Sprachen übersetzt wurden, sind im Ausland bekannter als in Norwegen.
Hauptwerke: Ein Mann des Volkes (R., 1896; dt. 1915), Die Macht des Glaubens (R., dt. 1904), Leben (R., dt. 1913), Der Gefangene, der sang (E., dt. 1916), Der große Hunger (R., dt. 1926), Die Lofotfischer (R., dt. 1923), Die Auswanderer (R., dt. 1927), Volk am Meer (R., dt. 1930), Des Königs Kerle (R., dt. 1939), Die Schuld der Kirsten Fjelken (E., dt. 1950).
Literatur: Wandrey, C.: *J. B. In: Die Zeitwende 1 (1925), 536.* – Gad, C.: *J. B., the man and his works. Engl. Übers. New York 1920.*

Bojić, Milutin [serbokroat. ˌbɔ:jitɕ], * Belgrad 7. Mai 1892, † Saloniki 8. Nov. 1917, serb. Dichter.
Brach in seiner heiteren, lebensbejahenden Lyrik mit dem Pessimismus der älteren serb. Dichtergeneration, der er jedoch formale Anregungen verdankt. Seine Versdramen erschienen postum.

Bóka, László [ungar. 'bo:kɔ], * Budapest 19. Juli 1910, † ebd. 1. Nov. 1964, ungar. Schriftsteller.
War Philologe, wandte sich dann der Literatur zu, Professor für moderne Literatur an der Universität Budapest; schrieb geistreiche Essays, literarhistor. Arbeiten und gekonnt aufgebaute Romane, die eine nuancierte Darstellung seiner Zeit sind; dt. liegen vor: „Melde gehorsamst" (R., 1953) und „Graf Dénes" (R., 1969).

Boker, George Henry [engl. 'boʊkə], * Philadelphia 6. Okt. 1823, † ebd. 2. Jan. 1890, amerikan. Diplomat, Lyriker und Dramatiker.
Jurastudium in Princeton; bed. als Sonettdichter, meist nationale Probleme und internationale Ereignisse als Thema; romant. Blankverstragödien aus dem mittelalterl. Spanien und Italien.
Hauptwerke: Francesca da Rimini (Dr., 1855), Sonnets (1929).

Boldrewood, Rolf [engl. 'boʊldəwʊd], eigtl. Thomas Alexander Browne, * London 6. Aug. 1826, † Melbourne 11. März 1915, austral. Erzähler.
Farmer und Polizeibeamter; seine Tätigkeit als Staatsbeauftragter für die Goldfelder vermittelte ihm die Erfahrungen, die er in spannenden, wenn auch romantisierenden Romanen aus der Zeit des Goldrausches verwertete (u.a. „Die Reiter vom Teufelsgrund", R., 1888; dt. 1954).

Bolesławita, Bohdan [poln. bɔlɛsu̯a'vita] † Kraszewski, Józef Ignacy.

Bol[l]iac, Cezar [rumän. bo'ljak], * Bukarest 6. April 1812, † ebd. 7. April 1881, rumän. Dichter.
In seinen publizist. und literar. Werken behandelt er soziale Fragen im Sinne des utop. Sozialismus; er setzte sich für Abschaffung der Leibeigenschaft und für weitere demokrat. Reformen ein.
Hauptwerk: Meditații (1835).

Bolintineanu, Dimitrie [rumän. bolinti'ne̯anu], eigtl. Dimitrie Cosmad, * Bolintin-Vale 1819, † Bukarest 20. Aug. 1872, rumän. Dichter.
Wegen Teilnahme an der Revolution 1848 verfolgt, daher Exil; jahrelang auf Reisen, bes. im Orient; nach der Rückkehr Minister; starb in geistiger Umnachtung. Verfasser von romant.-patriot. Gedichten; führte die Gattung der Ballade in die rumän. Literatur ein; schrieb auch histor. Dichtungen und sozialkrit. Romane, deren Realistik durch Einschübe von romant. Stilelementen gemildert wird.
Hauptwerke: Poezii (Ged., 1847), Manoil (R., 1855), Traianida (Epos, 1869).

Böll, Heinrich, * Köln 21. Dez. 1917, dt. Schriftsteller.
Buchhändlerlehre, Soldat im 2. Weltkrieg, Germanistikstudium, seit 1951 freier Schriftsteller; lebt in Köln. B. setzte sich in seinen ersten Werken mit dem Krieg und dessen Auswirkungen auseinander, harte Anklagen, die, teils satir., das Grauen des Krieges und seiner Folgen, Erlebnisse von Heimkehrern, von vereinsamten Frauen, vaterlosen Kindern, Jugend- und Eheprobleme darstellen. In späteren Werken polemisiert er gegen die Restauration in der Nachkriegszeit, gegen die Sattheit und Lauheit all derer, die vergessen können und wollen. Der Oberflächlichkeit, Scheinheiligkeit, Scheinmoral und der Lieblosigkeit der Menschen untereinander setzt der Moralist B. Verantwortung, Barmherzigkeit, Liebe und Frömmigkeit entgegen. Der Katholik B. wendet seine Kritik auch auf den kath. Klerus und die breite Masse der oft indifferenten kath. Gläubigen an. Bemerkenswert ist die Prägnanz, ja fast Über-

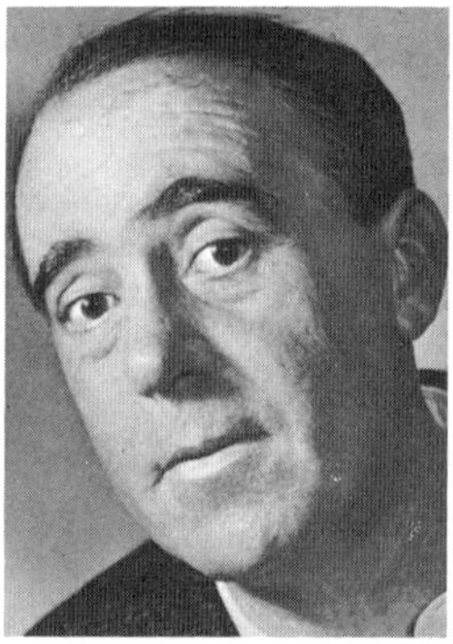

Heinrich Böll

schärfe der Darstellung, sein Vermögen, die Gestalten seiner Werke in unerhörter Unmittelbarkeit lebendig werden zu lassen. Knappe und sachl. Darstellung, gelegentliche Übertreibungen, eine gewisse Naivität des oft mit direkter Rede arbeitenden Erzählers, dichte Atmosphäre sind einige Kennzeichen seiner Kunst. Eindrucksvolle Menschenschilderung kennzeichnet seinen Reisebericht „Irisches Tagebuch" (1957); seine Satiren wirken durch Überhöhung nicht verletzend. Übersetzer u.a. J. D. Salingers, B. Behans, G. B. Shaws.
Weitere Werke: Der Zug war pünktlich (E., 1949), Wanderer kommst du nach Spa... (En., 1950), Wo warst du, Adam? (R., 1951), Und sagte kein einziges Wort (R., 1953), Haus ohne Hüter (R., 1954), Das Brot der frühen Jahre (E., 1955), Im Tal der donnernden Hufe (E., 1957), Doktor Murkes gesammeltes Schweigen (Satiren, 1958), Billard um halb zehn (R., 1959), Ein Schluck Erde (Dr., 1962), Ansichten eines Clowns (R., 1963), Entfernung von der Truppe (E., 1964), Ende einer Dienstfahrt (E., 1966), Hausfriedensbruch (2 Stücke, 1969), Aussatz (Dr., 1969).
Literatur: In Sachen B. Ansichten u. Einsichten. Hg. v. M. Reich-Ranicki. *Köln 1968. – Der Schriftsteller H. B. Ein biograph.-bibliograph. Abriß. Mchn. 1968.* – Schwarz, W. J.: *Der Erzähler H. B. Bern u. Mchn. ²1968.*

Bölsche, Wilhelm, * Köln 2. Jan. 1861, † Oberschreiberhau 31. Aug. 1939, dt. Schriftsteller.
Studierte Philologie und Kunstwissenschaft, Mitglied des Friedrichshagener Naturalistenkreises, Mitbegründer der „Freien Volksbühne", Redakteur der Zeitschrift „Freie Bühne". B.s Bedeutung liegt in seiner Popularisierung der naturwissenschaftl. Kenntnisse, deren Einbeziehung in Methode und Erkenntnis er von der Literatur forderte. Er verfaßte Biographien Darwins (1898) und Haeckels (1900), pries die „natürl. Liebe" in seinem bekanntesten Werk, „Das Liebesleben in der Natur" (1900–1903); in seinen Romanen sind die Naturschilderungen beachtlich.
Weitere Werke: Die naturwissenschaftl. Grundlagen der Poesie (1887), Der Zauber des Königs Arpus (R., 1887), Der singende Baum (En., 1924).
Literatur: Magnus, R.: *W. B. Ein biograph.-krit. Beitrag zur modernen Weltanschauung. Bln. 1909.*

Bolt, Robert Oxton [engl. boʊlt], * Sale bei Manchester 15. Aug. 1924, engl. Dramatiker.
War nach dem Studium Lehrer (bis 1958); Verfasser von Schauspielen, Hör- und Fernsehspielen, die durch ihre starke sprachl. Wirkung bestechen; Verfasser von Filmdrehbüchern (u.a. „Doktor Schiwago").
Hauptwerke: Blühende Kirschen (Schsp., dt. 1958, auch u. d. T. Blühende Träume), Thomas Morus (Schsp., dt. 1962), Der Tiger und das Pferd (Schsp., dt. 1962).

Bom, Emmanuel de [niederl. bɔm], * Antwerpen 9. Nov. 1868, † Kalmthout 14. April 1953, fläm. Schriftsteller.
Seit 1911 Oberbibliothekar in Antwerpen; gehörte zu den Mitbegründern der fläm. Zeitschriften „Van nu en straks" und „Vlaanderen"; trat in Flandern für das Werk Ibsens ein und schrieb mit „Wrakken" (1898) den ersten psycholog. Roman in Flandern; außerdem Erzählungen und Skizzen.
Weiteres Werk: Het land van Hambelokke (R., 1946).

Bonaventura [bonavɛnˈtuːra], Pseudonym für den bisher nicht identifizierten Verfasser des Romans „Die Nachtwachen des B." (1804), möglicherweise F. G. Wetzel. Die „Nachtwachen", eines der bedeutendsten Werke der Hochromantik, enthalten die grotesk-phantast. Visionen eines fiktiven Nachtwächters, die dieser auf seinen nächtl. Wegen hat: Nachtseiten des Lebens (Betrug, Verbrechen, Untreue); erfüllt von Pessimismus.
Ausgaben: Nachtwachen. Von B. Nachwort v. R. Brinkmann. *Hamb. 1969. – Die Nachtwachen des B. Nachwort v.* A. v. Grolman. *Hdbg. 1955.*
Literatur: Brinkmann, R.: *Nachtwachen v. B. Kehrseite der Frühromantik. Pfullingen 1966.* – Paulsen, W.: *B.s „Nachtwachen" im literar. Raum. Sprache u. Struktur. In: Jb. der Dt. Schillergesellschaft 9 (1965), 447.* – Schultz, Franz: *Der Verfasser der Nachtwachen des B. Unterss. zur dt. Romantik. Bln. 1909.*

Bond, Edward [engl. bɔnd], * London 18. Juli 1934, engl. Dramatiker.
B. verließ früh die Schule, arbeitete in verschiedenen Berufen, wandte sich nach zwei Jahren Militärzeit dem Theater zu. Er arbeitet mit den Autoren des Londoner Royal Court Theatre zusammen, u.a. mit J. Arden, A. Wesker, J. Osborne; da er an das Gute im Menschen glaubt,

die Gesellschaft die Menschen aber zur Aggressivität zwingt, schreibt er, um die Gesellschaftsstruktur zu verändern; 1962 fand die UA seines ersten Stückes, „The pope's wedding", statt; zuerst Ablehnung, aber dann großen Erfolg fand sein Stück „Gerettet" (dt. 1967), das die Grausamkeit und Eintönigkeit des Lebens in den Londoner Slums zeigt; auch Mitarbeit an verschiedenen Drehbüchern (M. Antonionis „Blow up").
Weitere Werke: Trauer zu früh (Dr., dt. 1969), Schmaler Weg in den tiefen Norden (Dr., dt. 1969).

Bondarew, Juri Wassiljewitsch; tl.: Bondarev, Jurij Vasil'evič [russ. 'bɔndɐrɪf], * Orsk (Ural) 15. März 1924, russ.-sowjet. Schriftsteller.
Teilnahme am 2. Weltkrieg, Studium am Gorki-Literaturinstitut. B. ist einer der bedeutendsten Vertreter der jüngsten sowjet. Kriegsliteratur mit seinen Erzählungen „Bataljony prosjat ognja" (= Die Bataillone bitten um Feuer, 1957) und „Die letzten Salven" (dt. 1961).
Weitere Werke: Vergiß, wer du bist (R., dt. 1962), Die Zwei (R., dt. 1965).

Bondeson, August [schwed. ˌbundəsɔn], * Vessigebro (Halland) 2. Febr. 1854, † Göteborg 23. Sept. 1906, schwed. Schriftsteller.
Studierte Medizin, wurde Arzt; Kenner des Volkslebens in Halland, sammelte volkstüml. Lieder und veröffentlichte realist., z.T. humorvolle Bauerngeschichten; sein Hauptwerk „Skollärare John Chronschoughs memoarer" (1897–1904) ist ein vortreffl. satir. Roman und zugleich eine ausgezeichnete Zeit- und Milieuschilderung.

Boner, Ulrich, latin. Bonerius, Predigermönch und Fabeldichter.
Urkundl. zwischen 1324 und 1349 als Dominikaner in Bern nachgewiesen; schrieb um 1350 nach lat. Quellen 100 gereimte Fabeln, die, u. d. T. „Der Edelstein" zusammengefaßt, handschriftl. weit verbreitet waren; bereits 1461 erfolgte in Bamberg der erste Druck.

Bon Gaultier [engl. 'bɔn 'gɔːltɪə] † Martin, Sir Theodore.

Bongs, Rolf, * Düsseldorf 5. Juni 1907, dt. Schriftsteller.
Studium der Germanistik, Kunstgeschichte und Philosophie (Dr. phil.); vom Kriegserlebnis geprägter Lyriker, Erzähler und Dramatiker mit Vorliebe für zeitnahe Stoffe, die ihm Gelegenheit zur Kritik an der gegenwärtigen Gesellschaft geben.
Hauptwerke: Flug durch die Nacht (Ged., 1951), Die feurige Säule (R., 1953), Absturz (Schsp., 1958), Monolog eines Betroffenen (E., 1961), Die großen Augen Griechenlands (Tageb., 1962), Poèmes de Grèce (Ged., frz. und dt. 1964), Urteil über einen gemeinen Soldaten (En., 1966), Das Londoner Manuskript (R., 1969).
Literatur: Begegnungen mit R. B. Hg. v. L. Huesmann *u.* H. G. Auch. *Emsdetten 1967.*

Bønnelycke, Emil [dän. 'bønəløgə], * Århus 21. März 1893, † Halmstad (Schweden) 27. Nov. 1953, dän. Lyriker und Erzähler.
Zunächst Mitarbeiter verschiedener Zeitungen, dann freier Schriftsteller; Reisen; nach dem 1. Weltkrieg Vertreter einer expressionist.-futurist. Lyrik, die, von W. Whitman beeinflußt, alle Erscheinungen der Gegenwart, auch Technik und modernes Großstadtleben, themat. einbezog; seine letzten Romane waren von religiös-moral. Grundsätzen geprägt.
Hauptwerke: Asfaltens sange (Ged., 1918), Gadens legende (Ged., 1920), Lokomotivführergeschichten (dt. 1929).

Bonsels, Waldemar, * Ahrensburg bei Hamburg 21. Febr. 1880, † Ambach (Starnberger See) 31. Juli 1952, dt. Schriftsteller.
Weite Wanderungen und Reisen in Europa, Ägypten, Indien, Ceylon, Nord- und Südamerika; stellte in empfindsamen, der Neuromantik nahestehenden Erzählungen und Romanen die Natur myth.-beseelt dar; besonderen Erfolg hatten sein märchenhaft-kindertüml. geschriebener Roman „Die Biene Maja und ihre Abenteuer" (1912) und das Buch „Indienfahrt" (1916).
Weitere Werke: Die Toten des ewigen Kriegs (R., 1911), Himmelsvolk (R., 1915), Mario und die Tiere (E., 1927), Marios Heimkehr (R., 1937), Mario. Ein Leben im Walde (R., 1939), Begegnungen (En., 1940).

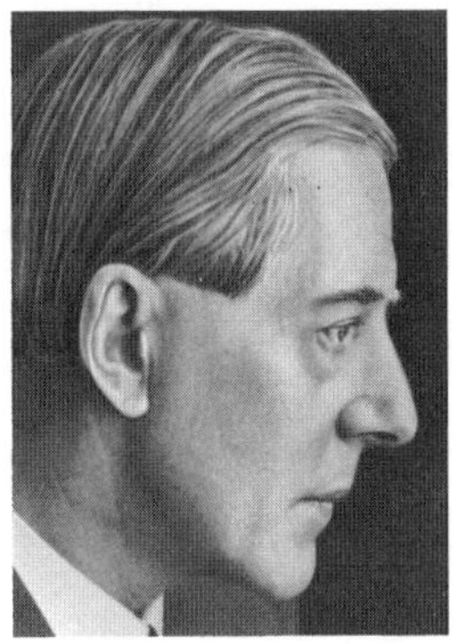

Waldemar Bonsels

Bonstetten, Karl Viktor von, * Bern 3. Sept. 1745, † Genf 3. Febr. 1832, schweizer. Schriftsteller.
Sohn eines Vogtes, bekleidete selbst mehrere Regierungsämter, lebte 1798–1801 als Emigrant in Kopenhagen, seitdem in Genf. B. war u.a. befreundet mit Matthison, Salis, J. von Müller und Madame de Staël. Er verfaßte nationalpolit. Schriften und Essays (bis 1803 in dt., dann in frz. Sprache) und setzte sich bes. mit kulturgeschichtl. Fragen seiner Heimat auseinander.
Hauptwerke: Briefe über ein schweizer. Hirtenland (1782), Über Nationalbildung (1802), L'homme du midi et l'homme du nord (1824).

Bontempelli, Massimo [italien. bontem'pɛlli], * Como 12. Mai 1878, † Rom 21. Juli 1960, italien. Dichter.
Professor für Literatur, Mitarbeiter und Hg. verschiedener Zeitschriften, Sekretär des italien. Schriftstellerverbandes, Senator; ausgedehnte Reisen. Phantasievoller Schriftsteller mit skurrilem Humor, oft auch mit harter Satire, der, experimentierfreudig und wandlungsfähig, als Klassizist begann, dann unter Pirandellos Einfluß geriet, sich dem Futurismus zuwandte und endlich einem mag. Realismus huldigte. Sein Problem ist das von Identität und Verwandlung. B. schrieb Dramen, Erzählungen und Lyrik, trat auch als Kritiker hervor.

Hauptwerke: Die Frau meiner Träume (Nov., dt. 1925), Der Sohn zweier Mütter (R., dt. 1930), Die Familie des Fabro (R., 1932; dt. 1941), Gente nel tempo (R., 1937), Fahrt der Europa (E., 1941; dt. 1956), Die Unschuld Camillas (Dr., dt. 1953).
Literatur: Dazzi, M.: *B. narratore. Urbino 1943.*
Bonvesin de la Riva [italien. bomve'zin 'della 'ri:va], * Mailand zwischen 1240 und 1243, † ebd. zwischen 1313 und 1315, italien. Dichter.
Schrieb neben lat. Werken volkstüml. religiöse und moralisierende Gedichte in Mailänder Mundart.
Hauptwerke: Il libro delle tre scritture (vor 1274, hg. 1901), De magnalibus urbis Mediolani (Traktat, 1288, hg. 1915).
Boo, Sigrid Maren [norweg. bu:], * Kristiania (heute Oslo) 23. Aug. 1898, † ebd. 12. Sept. 1953, norweg. Erzählerin.
Schrieb erfolgreiche, heiter-boshafte, gesellschaftskrit. Romane aus dem Alltagsleben.
Hauptwerke: Wir, die den Küchenweg gehen (R. dt. 1932), Du herrliches Leben (R., dt. 1937), Eines Tages kam sie zurück (R., dt. 1938), Sonst war es wirkl. reizend (R., dt. 1939).
Böök, Frederik [schwed. bø:k], * Kristianstad 12. Mai 1883, † Kopenhagen 2. Dez. 1961, schwed. Literarhistoriker, Kritiker und Erzähler.
Professor in Lund, Mitarbeiter verschiedener Zeitungen; veröffentlichte eine sehr große Zahl literaturwissenschaftl. Arbeiten; tonangebender Kritiker, einflußreich bei der Verleihung des Nobelpreises für Literatur; gute Beziehung zu den Nationalsozialisten; schrieb zahlreiche Reiseschilderungen, in denen er sein großes histor. Wissen verwendet und sich mit polit. Verhältnissen auseinandersetzt.
Hauptwerke: Resa till Schweiz (Reisebericht, 1932), Sommerspuk (R., dt. 1938), Der Meisterdieb (Nov., dt. 1939).
Boon, Louis-Paul Albert [niederl. bo:n], * Aalst 15. März 1912, fläm. Schriftsteller.
Begann als Maler; in seinen Romanen Darstellung asozialer Elemente und ungehemmter Menschen der unteren Gesellschaftsschichten; schreibt auch Gedichte.
Hauptwerke: De voorstad groeit (R., 1943), Vergeten straat (R., 1946), Kapellekensbaan (R., 1953), Zomer in Ter Muren (R., 1956), De kleine Eva (Ged., 1956).
Bopp, Léon [frz. bɔp], * La Chaux-de-Fonds 17. Mai 1896, schweizer. Schriftsteller.
B. studierte Philosophie und Philologie; schreibt in frz. Sprache; sein literar. Werk kreist um die Idee, Wissenschaft und Theologie zu versöhnen, eine geistige Gesamtschau seiner Zeit zu geben. Die Romane wirken sehr konstruiert; schrieb zahlreiche Essays.
Hauptwerke: Est-il sage? Est-il fou? (R., 1931), Jacques Arnaut et la somme romanesque (R., 1933).
Bor, Matej [slowen. bɔr], eigtl. Vladimir Pavšič, * Grgar bei Görz 14. April 1913, slowen. Schriftsteller.
Nach dem Studium der Philologie Gymnasiallehrer, schließl. freier Schriftsteller in Laibach; journalist. Arbeiten. Zunächst Kritiker, dann eigenes literar. Schaffen. Seine Lyrik stand zuerst unter dem Einfluß des frz. Symbolismus; während des 2. Weltkrieges Partisanenlieder und Balladen, die die Tragik des Kriegsgeschehens gestalten. B. setzte sich für eine sozialbewußte Theaterliteratur ein. Produktiver Übersetzer aus dem Engl. und Deutschen. Gilt als der bedeutendste slowen. zeitgenöss. Schriftsteller.
Borah, Timm ↑ Zech, Paul.
Boratynski, Jewgeni Abramowitsch [russ. bɐra'tɨnskij] ↑ Baratynski, Jewgeni Abramowitsch.
Borberg, Svend [dän. 'bo:rbɛr'], * Kopenhagen 8. April 1888, † ebd. 7. Okt. 1947, dän. Dramatiker.
Theater- und Literaturkritiker an der Zeitung „Politiken"; von seinen Dramen, die Freuds Ideen und Pirandellos psycholog. Technik verpflichtet sind, war das den dt. Expressionismus weiterführende Drama „Ingen" (1920) am erfolgreichsten; bekannt auch „Cirkus juris" (Schsp., 1935), eine Satire auf die Methoden der Rechtsprechung.
Borchardt, Georg Hermann ↑ Hermann, Georg.
Borchardt, Rudolf, * Königsberg (Pr) 9. Juni 1877, † Trins bei Steinach (Tirol) 10. Jan. 1945, dt. Schriftsteller.

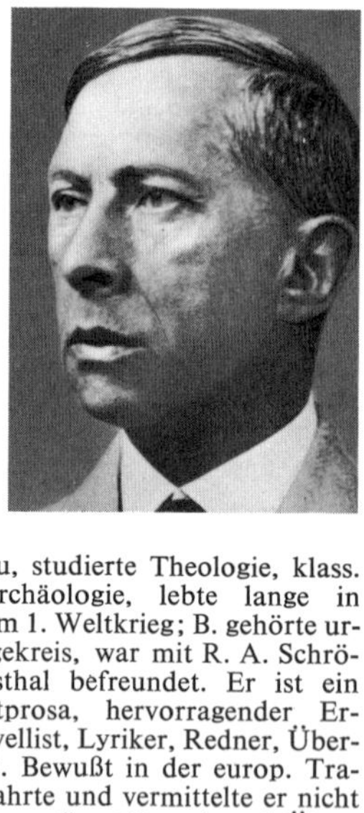

Rudolf Borchardt

Kindheit in Moskau, studierte Theologie, klass. Philologie und Archäologie, lebte lange in Italien, Teilnahme am 1. Weltkrieg; B. gehörte ursprüngl. zum Georgekreis, war mit R. A. Schröder und Hofmannsthal befreundet. Er ist ein Meister dt. Kunstprosa, hervorragender Erzähler, Essayist, Novellist, Lyriker, Redner, Übersetzer und Interpret. Bewußt in der europ. Tradition stehend, bewahrte und vermittelte er nicht nur in Nachdichtungen (bes. Dante) und Übersetzungen das Erbe der Antike und des MA, sondern knüpfte auch mit seinem eigenen dichter. Werk themat. und formal an dieses an, wenn ihm auch literar. und polit. Themen seiner eigenen Zeit durchaus nicht fremd sind (Kritik zeitgenöss. Dichtung; während des 1. Weltkriegs Aufruf an die Deutschen zur Selbstbesinnung). Stilist. vielseitig, von strengem Formwillen; erzählt knapp und klar; Lyrik musikal., jedoch mitunter zu gedankenbelastet.
Hauptwerke: Rede über Hofmannsthal (1905), Villa (Prosa, 1908), Der Krieg und die dt. Selbsteinkehr (Rede, 1915), Der Durant (Epos, 1920), Die Päpstin Jutta (Dr., 1920), Über den Dichter und das Dichterische (Rede, 1924), Das hoff-

nungslose Geschlecht (En., 1929), Vereinigung durch den Feind hindurch (R., 1937), Pisa (Essay, 1938), Der leidenschaftl. Gärtner (Schr., 1951).
Ausgabe: R. B. Ges. Werke in Einzelbden. Hg. v. M. L. Borchardt *u.a. Stuttg. 1955 ff. Auf 13 Bde. berechnet.*
Literatur: Rychner, M.: *Erinnerungen an R. B. In:* Rychner: *Aufs. zur Lit. Zürich 1966.* – Kraft, W.: *R. B. Welt aus Poesie u. Gesch. Hamb. 1961.* – Hennecke, H.: *R. B. Eine Einf. in sein Werk u. eine Ausw. Wiesb. 1954.*

Borchers, Elisabeth, * Homberg (Niederrhein) 27. Febr. 1926, dt. Schriftstellerin.
Aufenthalte in Frankreich und den USA; Verlagslektorin; v.a. rhythm.-bewegte Lyrik, ferner Kinderbücher und Hörspiele.
Hauptwerke: Gedichte (1961), Nacht aus Eis (Spiele und Szenen, 1965), Der Tisch an dem wir sitzen (Ged., 1967).

Borchert, Wolfgang, * Hamburg 20. Mai 1921, † Basel 20. Nov. 1947, dt. Dichter.

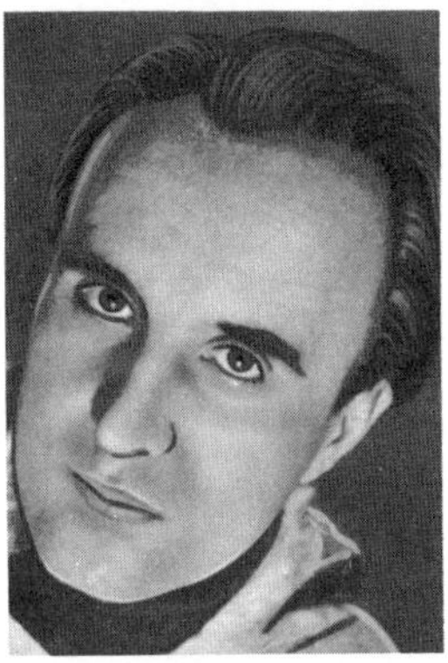
Wolfgang Borchert

Buchhandelslehre, Schauspieler; Soldat in Rußland, verwundet, zweimal denunziert wegen defätist. Äußerungen, verurteilt, zur „Bewährung" an der Ostfront, wegen Krankheit, die zum frühen Tode führte, 1943 entlassen, jedoch erneut verhaftet und verurteilt; nach Kriegsende als Regieassistent und Regisseur beim Theater; B. hatte ungewöhnl. Erfolg mit dem Heimkehrerdrama „Draußen vor der Tür" (1947, auch Hsp.), das, in expressionist. Stil wirkungsvoll geschrieben, das Elend und die Einsamkeit gestaltet, die die Kriegsgeneration nach dem desillusionierenden Kriegsende erwartete. Der Bindungslosigkeit wird in Sinnbildfiguren und symbol. Vorgängen Ausdruck gegeben (Nähe zur Moralität).
Weitere Werke: Laterne, Nacht und Sterne (Ged., 1946), Die Hundeblume (En., 1947), Die traurigen Geranien u.a. Erzählungen aus dem Nachlaß (hg. 1962).
Ausgabe: W. B. Das Gesamtwerk. Reinbek bei Hamb. 254. Tsd. 1967.
Literatur: Gumtau, H.: *W. B. Bln. 1969.* – Rühmkorf, P.: *W. B. in Selbstzeugnissen u. Bilddokumenten. Reinbek bei Hamb. 56.–63. Tsd. 1967.* – Freidank, K.: *Das Prosawerk B.s. Zur Problematik der Kurzgesch. in Deutschland. Diss. Marburg 1964.*

Bordeaux, Henry [frz. bɔr'do], * Thonon-les-Bains (Haute-Savoie) 29. Jan. 1870, † Paris 29. März 1963, frz. Schriftsteller.
Studierte in Paris, wo er Rechtsanwalt wurde und mit Moréas, Boylesve, Bourget u.a. verkehrte; 1920 Mitglied der Académie française; einer der erfolgreichsten kath.-traditionalist. Romanschriftsteller der ersten Hälfte des 20. Jh.s, sprach mit seinen über 70, bes. von Bourget beeinflußten psycholog. Romanen, in denen er Fragen der Familie, der Religion und der Moral vor dem Hintergrund der Provinz (Savoyen) behandelte, v.a. das kath.-konservative frz. Bürgertum an; neben zahlreichen krit. Schriften, Essays und Jugendbüchern schrieb er mehrere Theaterstücke.
Hauptwerke: Furcht vor dem Leben (R., dt. 1904), Les Roquevillard (R., 1906), La robe de laine (R., 1910), La neige sur les pas (R., 1912), Der Irrweg der Freiheit (R., dt. 1915), Die Magd (R., dt. 1955), Le flambeau renversé (R., 1961).

Bordewijk, Ferdinand [niederl. 'bɔrdəwɛik], * Amsterdam 10. Okt. 1884, † Den Haag 28. April 1965, niederl. Schriftsteller.
Sohn eines hohen Ministerialbeamten, studierte Rechtswissenschaft in Leiden, Rechtsanwalt. Er begann mit humorist. Erzählungen, die soziale und gesellschaftskrit. Züge aufweisen; später wandte er sich einem traumhaft-myst. Geschehen mit okkultist. Thematik zu; B. schrieb auch Gedichte und Dramen.
Hauptwerke: Paddestoelen (Ged., 1910), Bint (R., 1934), Büro Rechtsanwalt Stroomkoning (R., dt. 1939), Norderlicht (R., 1948).

Borée, Karl Friedrich [bo're:], eigtl. K. Boeters, * Görlitz 29. Jan. 1886, † Darmstadt 28. Juli 1964, dt. Schriftsteller.
Studierte Jura, mußte 1934 seine Anwaltspraxis in Berlin aufgeben, war dann freier Schriftsteller; seit 1952 Sekretär der Dt. Akademie für Sprache und Dichtung. Gepflegte Liebesromane, antimilitarist. Kriegsromane, realist. Erzählungen, Essays.
Hauptwerke: Dor und der September (R., 1930), Quartier an der Mosel (R., 1935), Die halbvollendete Schöpfung (Essays, 1948), Frühling 45 (R., 1954), Spielereien und Spiegelungen (En., 1961).

Borel, Henri [niederl. bo:'rɛl], * Dordrecht 23. Nov. 1869, † Den Haag 4. Sept. 1933, niederl. Schriftsteller.
1894–99 Dolmetscher für Chin., später Berater für chin. Angelegenheiten in Niederl.-Indien, dann Kritiker an einer Tageszeitung in Den Haag; veröffentlichte zahlreiche Studien über chin. Religion, Philosophie, Sprache und Kunst und schrieb naturalist. Romane und Novellen mit Themen aus dem Haager Milieu.
Hauptwerke: Weisheit und Schönheit aus China (dt. 1898), Junge Liebe (R., dt. 1900), Het zusje (1900).

Borel, Jacques [frz. bɔ'rɛl], * Paris 17. Dez. 1925, frz. Schriftsteller.
Studium an der Sorbonne; 1952–56 Lehrer in Clermont-Ferrand, seit 1956 am Lycée Rodin in Paris; Mitarbeiter verschiedener Zeitschriften, u.a. von „La Nouvelle Revue Française", „Critique", „Mercure de France", „Botteghe Oscure"; für seinen ersten Roman, „Die Anbetung" (dt. 1967), erhielt B. 1965 den Prix Goncourt.

Borel, Pétrus [frz. bɔ'rɛl], eigtl. Joseph Pierre B. d'Hauterive, * Lyon 28. Juni 1809, † Mostaganem (Algerien) 14. Juli 1859, frz. Schriftsteller.
Architekturstudium; Freund Gautiers und Teilnehmer der „bataille d'Hernani" (1830); lebte in kümmerl. Verhältnissen; später Kolonialinspektor in Algerien; schrieb als exzentr. Romantiker, der sich den programmat. Namen „Lycanthrope" zulegte, „Rhapsodies" (Ged., 1832), „Champavert, contes immoraux" (1833) und „Madame Putiphar" (R., 1839).

Borge, Bernhard [norweg. ˌbɔrgə] ↑ Bjerke, Jarl André.

Borgen, Johan [norweg. 'bɔrgən], * Kristiania (heute Oslo) 28. April 1902, norweg. Schriftsteller und Literaturkritiker.
Während der dt. Besatzung in Schweden; einflußreicher norweg. Literaturkritiker; heitere, amüsant plaudernde Feuilletons; Romane, Novellen, Dramen und Hörspiele gestalten das Motiv menschl. Einsamkeit und Verlassenheit, von deren Überwindung B. jedoch überzeugt ist; Ansätze zu gesellschaftskrit. Tendenz.
Hauptwerke: Ingen sommar (R., schwed. 1944; norweg. 1946), Ingen står ensam (Dr., 1944), Far, mor och vi (R., 1947), Lillelord (R., 1955).

Borges, Jorge Luis [span. 'bɔrxes], * Buenos Aires 24. Aug. 1899, argentin. Dichter.
Lebt in Buenos Aires als Direktor der Nationalbibliothek; wurde in Genf erzogen, bereiste W-Europa, ist umfassend literar. gebildet; B. setzt sich, u.a. als Hg. mehrerer Zeitschriften, für die Kenntnis und das Verständnis der europ. Literaturen ein. Seine Werke gehören zu den wenigen südamerikan., die über die Grenzen des Kontinents hinaus bekannt wurden. B. begann als Lyriker, wandte sich dann mehr und mehr der Erzählung und dem Essay zu. Von Kafka beeinflußt, ausdrucksvolle Metaphern verwendend, zeitweise führend im Ultraismus, gestaltet B. sowohl die Schönheit einfacher Dinge und ärml. Verhältnisse (erschließt die Vorstädte als literar. Thema) als auch Angstvisionen in Abenteuer- und Kriminalromanen. Metaphys. Themen weiß er myth. zu behandeln. Themat. weit gespannt sind seine Essays und Kritiken. Er geißelt bestimmte Eigenschaften der Argentinier, beschäftigt sich mit ind. und Mayakultur, verteidigt die phantast. Literatur, setzt sich mit der Weltliteratur auseinander.
Hauptwerke: Das Eine und die Vielen (Essays, 1925; dt. 1966), Discusión (Essays, 1932), Der schwarze Spiegel (En., 1935; dt. 1961), Poemas (1943), Labyrinthe (En., dt. 1959).
Literatur: Barrenechea, A. M.: *B., the labyrinth maker. Engl. Übers. Hg. v.* R. Lima. *New York 1965.* – Gutiérrez Girardot, R.: *J. L. B. Ensayo de interpretación. Madrid 1959.* – Ríos Patrón, J. L.: *J. L. B. Buenos Aires 1955.*

Borgese, Giuseppe Antonio [italien. bor'dʒeːse], * Polizzi Generosa bei Palermo 12. Nov. 1882, † Fiesole 4. Dez. 1952, italien. Schriftsteller.
Literarhistoriker und Germanist, emigrierte 1931 in die USA, nahm die amerikan. Staatsbürgerschaft an, lehrte nach dem Krieg wieder in Mailand; ⚭ mit der jüngsten Tochter Th. Manns, Elisabeth. Bed. als Kritiker, Interpret (D'Annunzio, Goethe), schrieb selbst Lyrik und Romane; nahm oft zu polit. Fragen Stellung.
Hauptwerke: La vita e il libro (1910–13), Rubè (R., 1921; dt. 1928), I vivi e i morti (R., 1923), The city of man (R., 1940; mit Th. Mann).

Börjeson, Johan [schwed. ˌbœrjəsɔn], * Tanum 23. März 1790, † Uppsala 6. Mai 1866, schwed. Schriftsteller.
Studierte Theologie, wurde Pfarrer, später Hofprediger; schloß sich zunächst dem Kreis um Atterbom an; schrieb später, von Shakespeare beeinflußt, histor. Dramen; auch Lyrik.
Hauptwerke: Erik den fjortonde (Dr., 1846), Kärlek och poesi (Ged., 1849), Solen sjunker (Dr., 1856).

Bormann, Edwin, * Leipzig 14. April 1851, † ebd. 3. Mai 1912, dt. Schriftsteller.
Schrieb humorvolle Gedichte („Liederhort", 1888), auch in Leipziger Mundart (u.a. „Leipziger Allerlei", 1883).

Born, Bertran[d] de ↑ Bertran[d] de Born.

Börne, Ludwig, eigtl. Löb Baruch, * Frankfurt am Main 6. Mai 1786, † Paris 12. Febr. 1837, dt. Schriftsteller.

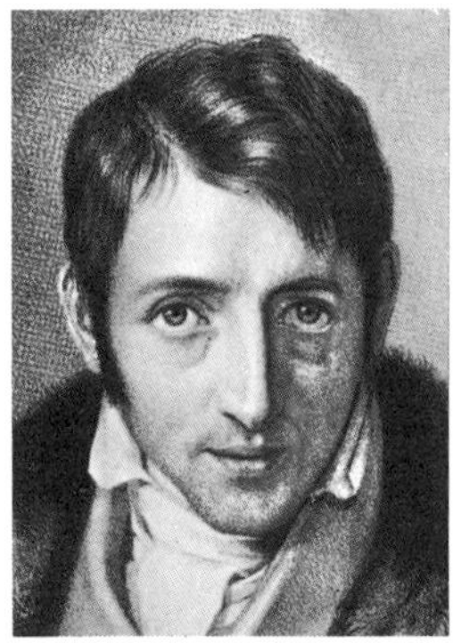
Ludwig Börne

Studierte Medizin, dann Jura und Staatswissenschaften, war Polizeiaktuar in Frankfurt, wurde als Jude entlassen. Publizist und Journalist, Reisen nach Paris, wo er sich 1830 niederließ. Schriftsteller des Jungen Deutschland, leidenschaftl. Einsatz für die Demokratie als Voraussetzung für soziale und geistige Freiheit. In den „Briefen aus Paris" (1832–34) folgert er aus den Ereignissen während und nach der Julirevolution die Notwendigkeit einer Revolution in Deutschland. Die Briefe wurden verboten, wie früher die von B. begründete Zeitschrift „Die Wage", wegen Angriffen auf Metternich. Auch Goethe, W. Menzel und H. Heine mußten sich B.s Kritik gefallen lassen. Als Publizist ist B. Wegbereiter der krit. Prosa und des Feuilletons; witzig, intelligent, aber bisweilen scharf und überspitzt, so daß es nicht zur großen Leistung positiver Kritik kommt; polit. und agitator., sehr subjektiv. Seine Werke, Plaudereien, die in ihrem Humor an Jean Paul erinnern, und geistreiche Aphorismen sind weniger literar. denn als Zeitdokument zu werten.
Weitere Werke: Denkrede auf Jean Paul (1826), Menzel der Franzosenfresser (1835).
Ausgaben: L. B. Sämtl. Schrr. Hg. v. I. *u.* P. Rippmann. *Darmst. 1964–68. 5 Bde. – L. B. Werke. Histor.-krit. Ausg. in 12 Bden. Hg. v.* L. Geiger *u.a. Bd. 1–3; 6–8. Bln. 1912–13. [m.n.e.].*

Literatur: Marcuse, L.: *B. Aus der Frühzeit der dt. Demokratie. Rothenburg ob der Tauber 1968.* – Bock, H.: *L. B. Vom Gettojuden zum Nationalschriftsteller. Bln. 1962.* – Holzmann, M.: *L. B. Sein Leben u. sein Wirken nach den Quellen dargestellt. Bln. 1888.*

Bornemann, Johann Wilhelm Jacob, * Gardelegen (Altmark) 2. Febr. 1766, † Berlin 23. Mai 1851, plattdt. Dichter.

Als Generaldirektor der preuß. Lotterie 1849 pensioniert; schrieb plattdt. lyr. und erzählende Gedichte; lebendig blieb das volkstüml. Jägerlied „Im Wald und auf der Heide".

Hauptwerke: Plattdt. Gedichte (1810 und 1816), Humorist. Jagdgedichte (1855).

Bornier, Henri Vicomte de [frz. bɔrˈnje], * Lunel (Hérault) 24. Dez. 1825, † Paris 28. Jan. 1901, frz. Schriftsteller.

Konservator und Bibliothekar in Paris; 1893 Mitglied der Académie française; B. war Lyriker („Poésies complètes", 1850ff.), Romancier und fruchtbarer, durch glänzende Sprache ausgezeichneter Dramatiker, dessen Hauptwerk das patriot. Versdrama „Die Töchter Rolands" (1875, dt. 1880) war.

Weitere Werke: Les noces d'Attila (Dr., 1880), Mahomet (Dr., 1890), La France ... d'abord (Dr., 1900).

Boron, Robert de ↑ Robert de Boron.

Borovský, Havel ↑ Havlíček[-]Borovský, Karel.

Borowski, Tadeusz [poln. bɔˈrɔfski], * Schitomir 12. Nov. 1922, † Warschau 3. Juli 1951 (Selbstmord), poln. Schriftsteller.

Wurde 1933 nach Polen repatriiert, studierte an der illegalen Universität Warschau Polonistik, seit 1943 im Gefängnis und in KZ-Lagern, nach Kriegsende Mitarbeiter des poln. Roten Kreuzes, 1946 Rückkehr nach Warschau; Korrespondent in Berlin, Vorstandsmitglied des poln. Schriftstellerverbandes. Seine Themen sind die grausamen Morde des Krieges und der Vernichtungslager; schrieb Gedichte und Prosa; dt. liegen vor: „Musik in Herzenburg" (1951) und „Die steinerne Welt" (E., 1959).

Borrow, George Henry [engl. ˈbɔroʊ], * East Dereham (Norfolk) 5. Juli 1803, † Oulton Broad (heute Lowestoft, Suffolk) 26. Juli 1881, engl. Schriftsteller und Linguist.

Weite Reisen auf dem Kontinent und bes. in östl. Ländern; bes. Interesse für Leben und Sprache der Zigeuner und für Wales; bed. als Übersetzer; seine literar. Werke sind eine originelle Mischung von Abenteuererzählung und Autobiographie.

Hauptwerke: 5 Jahre in Spanien (Autobiogr., dt. 1844), Lavengro (R., 1851), The Romany rye (R., 1857), Wild Wales (1862).

Bosboom-Toussaint, Anna Louisa Geertruida [niederl. ˈbɔzbo:m, frz. tuˈsɛ̃], * Alkmaar 16. Sept. 1812, † Den Haag 13. April 1886, niederl. Schriftstellerin.

Stammte aus einer Hugenottenfamilie, sorgfältige Erziehung, wurde Lehrerin und Erzieherin, heiratete 1851 den Maler Jan Bosboom; schrieb, von W. Scott ausgehend, histor. Romane aus der niederl. Geschichte; gründl. Quellenstudium. Oft wird das lineare Geschehen verlassen, der Handlungsablauf durch eingefügte Betrachtungen aufgelockert. Immer ist Anna B.-T. überzeugte Kalvinistin, die in christl. Sicht Geschichte darstellt als Weg und Möglichkeit zu einer höheren Existenzform, als Entwicklung zur Freiheit.

Hauptwerke: Das Haus Lauernesse (R., dt. 1842), De Graaf van Leycester in Nederland (R., 1845ff.), Majoor Frans (R., 1874).

Boscán Almogáver, Juan [span. bɔsˈkan almoˈɣaβɛr], * Barcelona um 1493, † ebd. April 1542, span. Dichter.

Soldat, zeitweilig am Hof Ferdinands und Isabellas; im Gefolge Karls V. Teilnehmer des Feldzugs in Italien; strebte, mit Dante, Petrarca und den alten Klassikern vertraut, nach italien. Eleganz und klass. Korrektheit und verschaffte mit seinem Freund Garcilaso de la Vega dem Sonett, der Kanzone, Terzine und anderen italien. Dichtungsformen in Spanien Geltung; führte durch die lyr.-ep. Dichtung „Octava Rima" (Beschreibung des Hofes der Liebe und des Hofes der Eifersucht) auch die Ottave Rime ein und bediente sich in „Hero und Leander" als erster des reimlosen Jambus. Er übersetzte auch den „Cortegiano" Castigliones (1534), den er in Italien kennenlernte.

Boschilow, Boschidar; tl.: Božilov, Božidar [bulgar. boˈʒilof], * Warna 5. April 1923, bulgar. Schriftsteller.

Studierte in Sofia Jura und Medizin, Mitarbeiter an verschiedenen Zeitschriften und beim Rundfunk, Chefredakteur; schrieb v.a. Lyrik über Themen seiner Zeit, auch Poeme in knappen ausdrucksvollen Versen; verfaßte außerdem Schauspiele, eine Novelle und einen Roman; gilt als bed. moderner bulgar. Lyriker.

Bosco, Henri [frz. bɔsˈko], * Avignon 16. Nov. 1888, frz. Schriftsteller.

Seit 1912 Professor an den frz. Instituten in Florenz und Neapel, später in Marokko, lebt in der Provence; v.a. Romancier unter dem Einfluß von Villiers de l'Isle-Adam, Alain-Fournier und Nerval mit ausgeprägter Neigung zum Märchen- und Zauberhaften und Bevorzugung provenzal.-mediterraner Motive.

Hauptwerke: Der Esel mit der Samthose (R., 1937; dt. 1954), Der Hof Théotime (R., 1942; dt. 1953), Das Erbe der Malicroix (R., dt. 1955), Der verzauberte Garten (R., dt. 1957), Un oubli moins profond (Erinnerungen, 1961).

Literatur: Janko, E.: *Realität u. Symbolik bei B. Diss. Wien 1965 [Masch.].* – Susini, J.: *B., explorateur de l'invisible, suivi d'extraits de son œuvre. Alès 1959.*

Bosper, Albert, * Lindau (Bodensee) 16. März 1913, dt. Schriftsteller.

Kaufmannslehre, verschiedene Berufe; lebt in München. B. wurde mit dem Kriegsroman „Der Hiwi Borchowitsch" (1958) bekannt. In seinen Werken behandelt er Probleme seiner Generation, gern sozialkrit. Themen, z.T. mit Ironie, Humor und surrealist. Mitteln.

Weitere Werke: Die schiefen Häuser (R., 1952), Kein Deutschland ohne Ferdinand (R., 1959), Belinda oder das große Rennen (R., 1960).

Bosquet, Alain [frz. bɔsˈkɛ], eigtl. Anatole Bisk, * Odessa 28. März 1919, frz. Schriftsteller russ. Herkunft.

Studium in Belgien, während des Krieges in den USA, nach dem Krieg im Dienst der Amerikaner als Verbindungsoffizier und Dolmetscher der

Viermächtekommission in Berlin; lebt als Schriftsteller und Journalist in Paris, seit 1961 literar. Direktor im Verlag Calmann-Lévy, seit 1952 Literaturkritiker der Zeitung „Combat“ und seit 1960 auch bei „Le Monde“; für seinen in Mexiko spielenden Roman „Die Sonne ist weiß wie die Zeit, wenn sie stillsteht“ (dt. 1967) erhielt er den Prix Interallié 1965; auch Gedichte und Essays.
Weitere Werke: À la mémoire de ma planète (Ged., 1948), Langue morte (Ged., 1951), La grande éclipse (R., 1952), Ni singe ni Dieu (R., 1953), Premier testament (Ged., 1957), Verbe et vertigo (Essays, 1961), Un besoin de malheur (R., 1963), Les petites éternités (R., 1964).

Boßdorf, Hermann, * Wiesenburg bei Belzig 29. Okt. 1877, † Hamburg 24. Sept. 1921, plattdt. Dramatiker und Balladendichter.
Mitbegründer des plattdt. Dramas; schrieb neben Volkskomödien Balladen und Humoresken.
Hauptwerke: Bahnmeester Dod (Dr., 1919), Kramer Kray (Kom., 1920), De rode Ünnerrock (Kom., 1921).
Literatur: † Stavenhagen, Fritz.

Boßhart, Jakob, * Stürzikon (Zürich) 7. Aug. 1862, † Clavadel bei Davos 18. Febr. 1924, schweizer. Erzähler.
1899–1914 Rektor des Gymnasiums in Zürich; realist., heimatverbundene Schilderungen des Schweizer Dorflebens und der erdverbundenen Menschen in der modernen Zivilisation.
Hauptwerke: Im Nebel (Novellen, 1898), Das Bergdorf (E., 1900), Früh vollendet (Novellen, 1910), Erdschollen (Novellen, 1913), Ein Rufer in der Wüste (R., 1923).
Ausgabe: J. Bosshart. Werke in 6 Bden. Frauenfeld $^{1-2}$*1950–63.*
Literatur: Fehr, K.: *J. Bosshart. Der Dichter u. die Wirklichkeit. Winterthur 1964.* – Huber-Bindschedler, B.: *J. Bosshart. Frauenfeld 1929.*

Boswell, James [engl. 'bɔzwəl], * Edinburgh 29. Okt. 1740, † London 19. Mai 1795, schott. Schriftsteller.
Studierte Jura in Edinburgh, Glasgow und Utrecht; Reisen auf dem Kontinent; zeitweise Advokat, versuchte ohne Erfolg, eine polit. Laufbahn einzuschlagen; auch als Lyriker erfolglos. Das für sein Leben bestimmende Erlebnis war seine Freundschaft mit S. Johnson, dessen Leben er in der berühmtesten Biographie des engl. Sprachraumes, „Denkwürdigkeiten aus Johnson's Leben“ (1791ff., dt. 1797, 1. Bd.), darstellte. Tagebuchfunde (1925) bestätigten sein lange Zeit angezweifeltes schriftsteller. Talent und korrigierten das Bild B.s wesentlich.
Literatur: Pottle, F. A.: *J. B. The earlier years, 1740–1769. New York 1966.* – Brady, F.: *B.s political career. New Haven (Conn.) 1965.* – Tinker, Ch. B.: *Young B.: Chapters of J. B. the biographer. London 1922.* – † auch Johnson, Samuel.

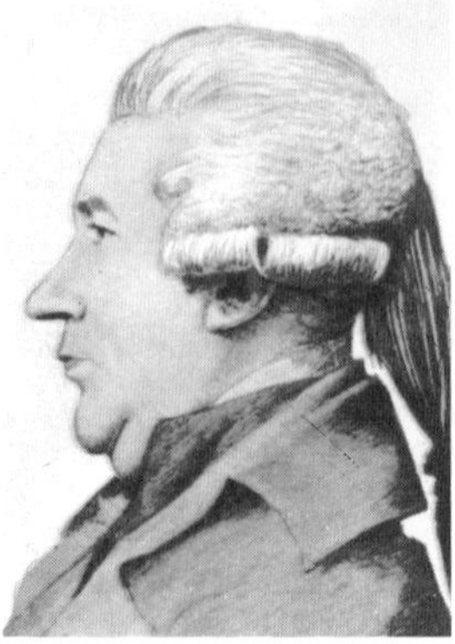
James Boswell

Botelho, Abel Acácio de Almeida [portugies. bu'tɐʎu], * Tabuaço (Portugal) 23. Sept. 1856, † Buenos Aires 24. April 1917, portugies. Schriftsteller.
Militärakademie, erreichte Generalsrang; Abgeordneter, Senator, zuletzt portugies. Botschafter in Argentinien; Verfasser von scharf gesellschaftskrit., am frz. Naturalismus geschulten Romanen, auch Dramen. Sein erfolgreichster Roman war „O barão de Lavos“ (1891) aus dem Zyklus „Patologia social“.
Weitere Werke: Germano (Dr., 1886), Mulheres da Beira (En., 1898).

Botenlauben, Otto von † Otto von Botenlauben.

Botew, Christo; tl.: Botev, Hristo [bulgar. 'bɔtɛf], * Kalofer 6. Jan. 1849, ⚔ bei Wraza 1. oder 2. Juni 1876, bulgar. Dichter.
In Rußland beeinflußt von den revolutionären Ideen Bakunins und Tschernischewskis; redigierte mehrere Zeitungen; einer der Führer des bulgar. Freiheitskampfes gegen die Türken. Sein dichter. Werk ist wenig umfangreich, gehört aber zum Besten der bulgar. Literatur; B. fand in pathet. Kampfliedern neue sprachl. Ausdrucksmöglichkeiten; kennzeichnend für seinen Stil sind die euphon. Elemente. Einige seiner Gedichte erschienen 1918 in dt. Übersetzung.

Botić, Luka [serbokroat. ˌbɔtitɕ], * Split 22. Jan. 1830, † Dubrovnik 22. Aug. 1863, kroat. Dichter.
Brach das Studium der Theologie vor dem Abschluß ab; im Rahmen der illyr. Bewegung aktiv polit. tätig; sein wenig umfangreiches dichter. Werk ist insofern Ausdruck seiner Begeisterung für die Einigung der Südslawen, als B. um die Vermittlung zwischen christl. und islam. Vorstellungen bemüht ist. Er schuf Versepen und Prosadichtungen. Bestimmende Einflüsse von Ariosto und Tasso sowie der Volksdichtung.

Böttcher, Maximilian, * Schönwalde (Altmark) 20. Juni 1872, † Eisenach 16. Mai 1950, dt. Schriftsteller.
Journalist, dann freier Schriftsteller; seine äußerst zahlreichen Romane und Dramen sind von volkstüml., sozialen, patriot. und geschichtl. Motiven bestimmt. B. schrieb auch erfolgreiche Berliner Stücke und Tiergeschichten; Drehbücher.
Hauptwerke: Waldkinder (R., 1903), Schlagende Wetter (Dr., 1906), Der Weg zum Erfolg (Lsp., 1911), Krach im Hinterhaus (Lsp., 1934).

Bötticher, Hans † Ringelnatz, Joachim.

Bötticher, Paul Anton † Lagarde, Paul Anton de.

Böttiger, Carl Vilhelm [schwed. 'bœtigər], * Västerås 15. Mai 1807, † Uppsala 22. Dez. 1878, schwed. Lyriker und Literarhistoriker.
Professor an der Universität Uppsala; begann mit nachromant. sentimentaler Lyrik; selbständiger war seine realist. Altersdichtung; viele seiner sangbaren Lieder wurden volkstüml.; wissenschaftl. Arbeiten u.a. über Tegnér, Schiller und Dante.

Botto, Ján [slowak. ˈbɔtɔ] ↑ Krasko, Ivan.
Botto, Ján [slowak. ˈbɔtɔ], * Skalník 25. Jan. 1829, † Banská Bystrica 28. April 1881, slowak. Dichter.
Romantiker, von Štúr beeinflußt und angeregt; die heimatl. Volksdichtung lieferte ihm viele Stoffe; bed. Balladendichter; in seinem Hauptwerk, dem Epos „Smrť Jánošíkova" (= Janoschiks Tod, 1862), gestaltet B. das trag. Lebensende eines edlen Briganten.
Bottomley, Gordon [engl. ˈbɔtəmlɪ], * Keighley (York) 20. Febr. 1874, † Carnforth 25. Aug. 1948, engl. Schriftsteller.
Lebte in ländl. Zurückgezogenheit. In seiner frühen Lyrik ging er von den Präraffaeliten und O. Wilde aus, später selbständig, Gedichte voll tiefer Wehmut. Als Dramatiker in der Nachfolge Yeats', kelt. heroische Themen, oft bewußt primitive Sprache. Vorspiele zu zwei Tragödien von Shakespeare („King Lear's wife", 1915; „Gruach", 1921).
Weitere Werke: Poems of white nights (1896), Poems of thirty years (1925), Deirdre (Schsp., 1944), Kate Kennedy (Schsp., 1945).
Bouchor, Maurice [frz. buˈʃɔ:r], * Paris 16. Nov. 1855, † ebd. 17. Jan. 1929, frz. Dichter.
Trat schon früh mit lyr. Dichtungen abseits des zeitgenöss. Parnasse hervor („Chansons joyeuses", 1875; „Les symboles", 1888–95), die den Verfasser als einen religiös suchenden, von Schönheitsdurst erfüllten Dichter zeigen; bes. verdient machte er sich um die Erneuerung der mittelalterl. Mysteriendichtung und als Übersetzer und Sammler alter Volkslieder.
Weitere Werke: Tobie (1892), Chants populaires pour les écoles (1895ff.).
Boucicault, Dion [engl. ˈbu:sɪkoʊ], eigtl. D. Bourcicault, * Dublin 26. Dez. 1822, † New York 18. Sept. 1890, ir. Dramatiker.
Lebte seit 1853 mit kurzen Unterbrechungen in New York, wo seine melodramat. Werke, darunter Bearbeitungen frz. Vorlagen und Bühnenfassungen von Dickens-Romanen, großen Erfolg hatten; bes. erfolgreich war seine Dramatisierung von W. Irvings „Rip Van Winkle" (1865, mit J. Jefferson).
Weitere Werke: Faust and Marguerite (Dr., 1852), The shaughraun (Dr., 1875).
Boudier-Bakker, Ina [niederl. bu:ˈdi:rˈbakər], * Amsterdam 15. April 1875, † Utrecht 26. Dez. 1966, niederl. Schriftstellerin.
Studium in Amsterdam; unternahm Reisen nach Deutschland, Frankreich und in die Schweiz; schrieb unter dem Einfluß von Emants und Zola psycholog. vertiefte Familienromane.
Hauptwerke: Armoede (R., 1909), Der Spiegel (R., 1917; dt. 1941), Der Ruf aus der Tiefe (R., dt. 1939), Goud uit stro (R., 1950).
Bouhélier, Saint-Georges de [frz. bueˈlje], eigtl. Stéphane Georges de B.-Lepelletier, * Rueil (heute Rueil-Malmaison, Hauts-de-Seine) 19. Mai 1876, † Montreux 20. Dez. 1947, frz. Schriftsteller.
Begründete 1896 mit seiner „École naturiste" eine neue literar. Richtung, die im Ggs. zum Symbolismus eine stärkere Berücksichtigung der Natur und des einfachen Lebens in der Dichtung forderte; er schrieb neben lyr. Gedichten mehrere Romane und v.a. Dramen.
Hauptwerke: Les chants de la vie ardente (1902), Le carnaval des enfants (Dr., 1910), La tragédie de Tristan et Iseult (Dr., 1923), Jeanne d'Arc (Dr., 1934).
Bouilhet, Louis [frz. buˈjɛ], * Cany (heute Cany-Barville, Seine-Maritime) 27. Mai 1822, † Rouen 18. Juli 1869, frz. Dichter.
Studierte Medizin, bevor er sich der Literatur zuwandte und bes. als engster Freund Flauberts einen Namen gewann. Er begann im Zeichen des Parnasse mit poet. Schilderungen der röm. Kaiserzeit („Melaenis", Ged., 1851) und der Geschichte der Erde („Les fossiles", Ged. 1859) und wandte sich dann dem Drama zu: „Madame de Montarcy" (1856), „Hélène Peyron" (1858), „La conjuration d'Amboise" (1866).
Bouilly, Jean Nicolas [frz. buˈji], * La Couldraye (Indre-et-Loire) 24. Jan. 1763, † Paris 14. April 1842, frz. Dichter.
Advokat und Richter; als Dichter moralisierend und empfindsam, daher „le poète lacrymal" genannt; Verfasser von Vaudevilles, kom. Opern („Fanchon la vielleuse", 1803; „Valentine de Milan", 1822) und Schriften für die Jugend; auf ihn geht das Libretto zu Beethovens „Fidelio" zurück.
Boularan, Jacques [frz. bulaˈrã] ↑ Deval, Jacques.
Bourcicault, Dion [engl. ˈbʊəsɪkoʊ] ↑ Boucicault, Dion.
Bourdet, Édouard [frz. burˈdɛ], * Saint-Germain-en-Laye (Yvelines) 26. Okt. 1887, † Paris 17. Jan. 1945, frz. Dramatiker.
Verfasser bühnenwirksamer Sittenstücke, in denen er auch Themen wie Homosexualität behandelt, ohne anstößig zu wirken. Gute Dialogführung, scharfe Beobachtung.
Hauptwerke: Le Rubicon (Dr., 1910), La prisonnière (Dr., 1926), Vient de paraître (Dr., 1927), Le sexe faible (Dr., 1929), Père (Dr., 1944).
Literatur: Welton, A. J.: *B. Man of the theater. Diss. Columbia Univ., New York 1966.* – Bourdet, D.: *É. B. et ses amis. Paris 1946.*
Bourges, Élémir [frz. burʒ], * Manosque (Basses-Alpes) 26. März 1852, † Paris 13. Nov. 1925, frz. Schriftsteller.
Mitglied der Académie Goncourt (1900); lebte zurückgezogen und einsam im Wald von Fontainebleau, wo er sich ganz der Arbeit an wenigen philosoph. Romanen widmete. In „La nef" (1904–22), einem metaphys. gefärbten Epos, behandelt er das Prometheusmotiv.
Weitere Werke: Le crépuscule des dieux (R., 1884), Sous la hache (R., 1885), Les oiseaux s'envolent et les feuilles tombent (R., 1893).
Bourget, Paul [frz. burˈʒɛ], * Amiens 2. Sept. 1852, † Paris 25. Dez. 1935, frz. Schriftsteller.
Journalist, Mitglied der Académie française, Reisen in die anglo-amerikan. Länder; B. ist v.a. bed. als Kritiker und Anreger. Sich gegen die Milieutheorie des Naturalismus wendend, führte er die Psychologie in die Literatur ein; als christl. Moralist sah er die Rettung des Menschen im Christentum. Nach 1900 zunehmend konservativ. B. schrieb Romane, Dramen, Essays, Reiseberichte und Lyrik.
Hauptwerke: Psycholog. Abhandlungen über zeitgenöss. Schriftsteller (1883–86, dt. 1903), Eine Liebestragödie (R., 1886; dt. 1899), Der Schüler (R., dt. 1892), Ehescheidung (R., dt. 1905),

L'émigré (R., 1907), Des Todes Sinn (R., dt. 1916).
Literatur: Mansuy, M.: *Un moderne: B. De l'enfance au „Disciple". Paris 1960.* – Saueracker, J.: *B. u. der Naturalismus. Diss. Breslau 1936.*

Bourillon, Henri [frz. buri'jõ] ↑ Hamp, Pierre.

Boursault, Edme [frz. bur'so], * Mussy l'Évêque (heute Mussy-sur-Seine, Aube) Okt. 1638, † Montluçon 15. Sept. 1701, frz. Schriftsteller.
Sekretär der Herzogin von Angoulême, später Steuereinnehmer in Montluçon. Verfaßte Polemiken gegen Molière („Le portrait du peintre", 1663), Boileau und Racine; fand, obwohl in vielen Gattungen dichtend, dauernden Erfolg nur mit seinen Lustspielen, insbes. mit dem Sittenstück „Le Mercure galant" (1679) und den mit eingelegten Fabeln ausgestatteten satir. Komödien „Ésope à la ville" (1690, dt. 1723) und „Ésope à la cour" (1701, dt. 1725); literar. bed. ist auch sein Briefwechsel, bes. der mit seiner Geliebten Babet.

Bousquet, Joë [frz. bus'kɛ], * Narbonne 19. März 1897, † Carcassonne 30. Sept. 1950, frz. Schriftsteller.
Seit seiner Kriegsverwundung (1918) gelähmt; Lyriker, Romancier und Essayist mit Neigung zum Sinnbildhaften und Anklängen an die dt. Romantik.
Hauptwerke: Traduit du silence (R., 1941), Le meneur de lune (R., 1946), La tisane de sarments (R., 1946).

Boutelleau, Jacques [frz. butɛ'lo] ↑ Chardonne, Jacques.

Boutens, Pieter Cornelis [niederl. 'boutəns], * Middelburg 20. Febr. 1870, † Den Haag 14. März 1943, niederl. Dichter.
Studium der klass. Philologie, Lehrer, freier Schriftsteller; im wesentl. Lyriker, der vom Symbolismus und von den Präraffaeliten beeinflußt wurde. Seine zuerst düstere Lyrik entstand aus dem Konflikt von Idee und Wirklichkeit und reift zu klass. Schönheit. Gedrungener Satzbau, schöne, ungewöhnl. Wörter, Neigung zur Bibelsprache. In späteren Werken kommt es zu einer Verschmelzung platon. und christl. Gedankenguts. B. übersetzte u.a. Homer, Aischylos, Sophokles, Sappho, Platon, Goethe und Novalis.
Hauptwerke: Praeludiën (Ged., 1902), Stemmen (Ged., 1907), Carmina (Ged., 1922), Zomerwolken (Ged., 1922), Besonnen verzen (Ged., 1931).
Literatur: Clerck, K. de: *Uit het leven van P.C.B. Amsterdam 1964.*

Bowen, Elizabeth [engl. 'boʊɪn], * Dublin 7. Juni 1899, engl. Schriftstellerin.
Im 1. Weltkrieg Krankenschwester; lernte auf Reisen den Kontinent und die USA kennen. Lebt in Irland. Verfasserin psycholog. Romane, meisterhafter Kurzgeschichten und Essays. Anschaulich und lebendig stellt Elizabeth B. v.a. Gestalten aus dem mittleren Bürgertum (bes. Frauen und Jugendliche) dar. Schwierige Charaktere weiß sie glaubhaft zu machen, ihre Stärke ist die Fähigkeit, Atmosphäre und Stimmung zu schaffen; wiederholt behandelt sie den Ggs. von Unschuld und Erfahrung. Beeinflußt ist sie von H. James und V. Woolf.
Hauptwerke: The hotel (R., 1927), The last September (R., 1929), Gen Norden (R., dt. 1948), Der Tod des Herzens (R., dt. 1949), Der Liebhaber als Dämon (Kurzgeschichten, dt. 1947), Eine Welt der Liebe (R., dt. 1958), Die kleinen Mädchen (R., dt. 1965).
Literatur: Heath, W.: *E. B.: An introduction to her novels. Madison (Wisc.) 1961.*

Bowles, William Lisle [engl. boʊlz], * King's Sutton (Northampton) 24. Sept. 1762, † Salisbury 7. April 1850, engl. Kritiker und Dichter.
Studium in Oxford, Geistlicher; neben Prosaschriften, einer Darstellung von Popes Leben und Herausgabe von dessen Werken, ist B. als Lyriker bemerkenswert; feinsinnige, gedankl. tiefe, oft leidenschaftl. Gedichte und Sonette.
Hauptwerke: Fourteen sonnets (1789), The spirit of discovery (Ged., 1805), The missionary of the Andes (Ged., 1815), Hermes Britannicus (Ged., 1828).

Box, Edgar [engl. bɔks] ↑ Vidal, Gore.

Boyd, Nancy [engl. bɔɪd] ↑ Millay, Edna St. Vincent.

Boye, Karin Maria [schwed. ˌbɔjə], * Göteborg 26. Okt. 1900, † Alingsås 24. April 1941 (Selbstmord), schwed. Schriftstellerin.
Lehrerin, Mitarbeiterin verschiedener z.T. linksgerichteter Zeitungen und Zeitschriften. Ihre Lyrik in prägnant symbolist. Form spiegelt die Auseinandersetzung mit allen Zeitströmungen der Moderne, so mit Marxismus, Faschismus, mit der Psychoanalyse und den religiösen Anliegen der Dichterin; hoffnungsvoller Zukunftsglaube und Angst und Unruhe stehen sich unmittelbar gegenüber; der Roman „Kallocain" (dt. 1947) ist eine düstere Zukunftsvision des totalitären Staates.
Weitere Werke: Härdarna (Ged., 1927), Astarte (R., 1931; dt. 1949), Merit vaknar (R., 1933), För trädets skull (Ged., 1935), Brennendes Silber (Ged., dt. Ausw. 1963).

Boy-Ed, Ida, * Bergedorf (heute Hamburg-Bergedorf) 17. April 1852, † Lübeck-Travemünde 13. Mai 1928, dt. Schriftstellerin.
Unternahm große Reisen; schrieb Unterhaltungsromane und Novellen, die z.T. in sozialkrit. und frauenrechtl. Tendenz gute Schilderungen des Lebens in Lübeck und in der holstein. Landschaft geben.
Hauptwerke: Männer der Zeit (R., 1885), Aus Tantalus' Geschlecht (R., 1891), Geschichten aus der Hansestadt (1909), Brosamen (Novellen, 1922).

Boyesen, Hjalmar Hjorth [engl. 'bɔɪɪsn], * Frederiksvärn 23. Sept. 1848, † New York 4. Okt. 1895, norweg.-amerikan. Schriftsteller.
Emigrierte 1869 in die USA, 1881 Professor für Deutsch. Verfasser von Essays und Romanen. In seinem ersten Roman „Gunnar" (1874) spiegelt sich das Heimweh nach seiner Heimat, später schrieb B. realist.-satir. scharfgezeichnete Bilder der amerikan. Gesellschaft.
Weitere Werke: The golden calf (R., 1892), The social strugglers (R., 1893), Essays on Scandinavian literature (1895).

Boyle, Kay [engl. bɔɪl], * Saint Paul (Minn.) 19. Febr. 1903, amerikan. Schriftstellerin.
Längere Aufenthalte in Europa, das häufig den Hintergrund ihrer Romane und Kurzgeschichten bildet, in denen sie meist Probleme der Liebe behandelt. Stilist. Einflüsse von G. Stein.

Hauptwerke: Wedding day (En., 1929), My next pride (R., 1934), The white horses of Vienna (Kurzgeschichten, 1936), His human majesty (E., 1949), Generation ohne Abschied (R., dt. 1962).

Boylesve, René [frz. bwa'lɛ:v], eigtl. R. Tardiveau, * La Haye-Descartes (Indre-et-Loire) 14. April 1867, † Paris 14. Jan. 1926, frz. Schriftsteller.
Jurastudium in Paris; 1919 Mitglied der Académie française; behandelt in seinen Romanen als sensibler, exakter Beobachter das Leben der kleinen Provinzstadt, vornehmlich der Touraine, von konservativem (jedoch nicht bürgerl.-engem) Standpunkt.
Hauptwerke: Le médecin des dames de Néans (R., 1896), Le parfum des îles Borromées (R., 1898), Mademoiselle Cloque (R., 1899), La becquée (R., 1901), La leçon d'amour dans un parc (R., 1902), L'enfant à la balustrade (R., 1903).

Boyron, Michel [frz. bwa'rõ] † Baron, Michel.

Boyson, Emil [norweg. 'bɔi̯sɔn], * Bergen 4. Juli 1897, norweg. Schriftsteller.
Seine Lyrik, von Hölderlin und den frz. Symbolisten beeinflußt, gestaltet Grenzsituationen menschl. Existenz; Traum und Wirklichkeit sind im Erzählwerk verschmolzen.
Hauptwerke: Gjemt i mørket (Ged., 1939), Sjelen og udyret (Ged., 1946).

Boy-Żeleński, Tadeusz [poln. bɔjʒɛ'lɛi̯ski] † Żeleński, Tadeusz.

Božić, Mirko [serbokroat. 'bɔ:ʒitɕ], * Sinj 21. Sept. 1919, kroat. Schriftsteller.
Jurastudium; begann während des 2. Weltkrieges zu schreiben; lebt als freier Schriftsteller in Agram; schildert in Dramen und Erzählwerken realist. die Existenzprobleme der dalmatin. Bevölkerung.

Božilov † Boschilow.

Braak, Menno ter [niederl. bra:k], * Eibergen (Gelderland) 26. Jan. 1902, † Den Haag 14. Mai 1940, niederl. Schriftsteller.
Lehrer, Mitarbeit an der Zeitschrift „De vrije Bladen", Mithg. der Zeitschrift „Forum", scharfsinniger Kritiker; beging nach dem Einmarsch der Deutschen Selbstmord; schrieb v.a. zeitkrit. und moralphilosoph. Essays; auch Romane.
Hauptwerke: Het carnaval der burgers (Essay, 1930), Hampton Court (R., 1931), Démasqué der schoonheid (Essay, 1932).

Bracciolini, Francesco [italien. brattʃo'li:ni], * Pistoia 26. Nov. 1566, † ebd. 31. Aug. 1645, italien. Dichter.
Studierte die Rechte; diente weltl. und geistl. Fürsten in Rom, Neapel und Mailand; begleitete Kardinal Barberini nach Frankreich; Schützling Urbans VIII.; schrieb mehrere Dramen, darunter das Pastoraldrama „L'amoroso sdegno" (1597), ferner das Epos „Della croce racquistata" (1605; nach dem Vorbild von Tassos „Gerusalemme liberata") und das den übertriebenen Gebrauch der klass. Mythologie wirksam parodierende kom. Epos „Dello scherno degli dei" (1618), sein berühmtestes Werk.

Bracciolini, Poggio † Poggio Bracciolini.

Bracco, Roberto [italien. 'brakko], * Neapel 21. Sept. 1858, † Sorrent 21. April 1943, italien. Dramatiker.
Literatur- und Theaterkritiker; Abgeordneter; als Liberaler von den italien. Faschisten verfolgt; schrieb, ausgehend von Ibsen und Maeterlinck, zahlreiche psycholog. fundierte, realist. Dramen, die sich durch glänzenden, oft frivolen Dialog auszeichnen und z.T. auch in Deutschland bekannt wurden („Untreu", dt. 1900; „Die herbe Frucht", dt. 1905). Hauptwerk: „Don Pietro Caruso" (1895); auch Novellist („Smorfie gaie e smorfie tristi", 1909).
Weitere Werke: Sperduti nel buio (Dr., 1901), Il piccolo santo (Dr., 1910).

Brachmann, Luise, * Rochlitz 9. Febr. 1777, † Halle (Saale) 17. Sept. 1822 (Selbstmord), dt. Lyrikerin und Erzählerin.
Durch Novalis zu dichter. Betätigung angeregt. Einige ihrer Gedichte wurden von Schiller in die „Horen" und den „Musenalmanach" aufgenommen.
Hauptwerke: Gedichte (1808), Novellen (1819), Novellen und kleine Romane (1822).

Brachvogel, Albert Emil, * Breslau 29. April 1824, † Berlin 27. Nov. 1878, dt. Schriftsteller.
Graveur, später Schauspieler und Sekretär; bekannt v.a. als Verfasser des Romans „Friedemann Bach" (1858). Als Dramatiker (bes. erfolgreich „Narciß", 1857) und Erzähler geschickt und voller Phantasie, doch mit Neigung zur Effekthascherei.
Literatur: Mittelmann, F.: *A. E. B. u. seine Dramen. Lpz. 1910.*

Bradbury, Ray Douglas [engl. 'brædbərɪ], * Waukegan (Ill.) 22. Aug. 1920, amerikan. Schriftsteller.
Lebt in Los Angeles; stark von Poe beeinflußter Autor utop. Romane der Gattung Science fiction, der in dieser publikumswirksamen Form Gesellschaftskritik übt; in „Fahrenheit 451" (R., dt. 1955) gestaltet er seine Vorstellung vom totalitären Staat der Zukunft; auch Filmdrehbücher.
Weitere Werke: Der illustrierte Mann (En., 1951; dt. 1962), The golden apples of the sun (R., 1953), Dandelion wine (R., 1957), Medizin für Melancholie (En., 1959; dt. 1969).

Braddon, Mary Elizabeth [engl. brædn], * London 4. Okt. 1837, † Richmond (Surrey) 4. Febr. 1915, engl. Schriftstellerin.
Verfaßte über 70 spannende, sehr erfolgreiche Unterhaltungsromane, teils melodramat. Art. Großer Erfolg mit „Lady Audley's secret" (1862), übersetzt, dramatisiert und verfilmt; schrieb auch Schauspiele.
Weitere Werke: Aurora Floyd (R., 1863), Henry Dunbar (R., 1864), The green curtain (R., 1911).

Bradley, Edward [engl. 'brædlɪ], Pseudonym Cuthbert Bede, * Kidderminster 25. März 1827, † Lenton 12. Dez. 1889, engl. Geistlicher und Schriftsteller.
B.s Ruhm beruht auf dem Roman „The adventures of Mr. Verdant Green, an Oxford freshman" (1853ff.), einer novellist., humorvollen Darstellung des Oxforder Universitätslebens. Weniger erfolgreich war die Forts., „Little Mr. Bouncer and his friend Verdant Green" (1878). Weiter schrieb B. Werke über Schottland: „Glencraggon" (1861), „Fotheringhay" (1885) sowie Erzählungen und Kinderbücher.

Bradstreet, Anne [engl. 'brædstri:t], geb. Dudley, * Northampton (England) 1612 (?), † North Andover (Mass.) 16. Sept. 1672, amerikan. Dichterin.

wanderte 1630 mit ihrem Mann Simon B. nach Amerika aus; Anne B., die sich an der engl. Literatur orientierte, ist die erste Dichterin Amerikas; sie veröffentlichte 1678 einen Band mit Gedichten, die hpts. an ihren Mann und ihren Sohn gerichtet sind. Eine Verserzählung, Prosaerzählungen und eine Autobiographie („Religious experiences") runden das Werk ab.

Bradūnas, Kazys [lit. bra'du:nas], * Kiršai 2. Nov. 1917, lit. Lyriker.
Lebt in den USA, da er wegen seiner christl. Grundhaltung 1944 die Emigration vorzog. Erdverbundene Dichtung in bildhafter, rhythm. breiter Sprache; vorwiegend Gestaltung des bäuerl. Lebens.

Braga, Joaquim Teófilo Fernandes [portugies. 'braɣɐ], * Ponta Delgada (Azoren) 24. Febr. 1843, † Lissabon 28. Jan. 1924, portugies. Gelehrter und Schriftsteller.
Buchdruckerlehre, studierte Jura, Promotion, Professor für neuere Literatur; Präsident der Republik; bed. Volkskundler und Literaturkritiker, als Lyriker („Visão dos tempos", 1894) und Erzähler weniger erfolgreich. B. begründete die portugies. Volkskunde und Literaturwissenschaft, er sammelte und interpretierte portugies. Volksdichtung.
Weitere Werke: Poesia popular portuguesa (1867), Cancioneiro popular (1867), História da Universidade de Coimbra (1891 ff.).

Bragi, altnorweg. Dichter des 9. Jahrhunderts. Erhalten sind Reste seiner „Ragnarsdrápa", eines in kunstreichem Skaldenstil gedichteten Gesanges auf einen Schild mit Bildern aus Sage und Mythologie; später wurde B. als Sprecher in Odins Halle zum Gott erhöht, den Snorri Sturluson als Meister der Dichtkunst und Beredsamkeit unter den Asen aufführt.

Braine, John [engl. brɛɪn], * Bradford (York) 13. April 1922, engl. Schriftsteller.
Harte Jugend; Stipendium ermöglichte höhere Schulbildung; in mehreren Berufen tätig, schließl. freier Schriftsteller. B. steht der literar. Gruppe der „angry young men" nahe. In seinem ersten Roman, „Und nähme doch Schaden an seiner Seele" (dt. 1957, 1960 u. d. T. „Der Weg nach oben"), wendet er sich gegen die Schwächen einer Gesellschaftsstruktur, die sozialen Aufstieg von Egoismus und Amoralität abhängig macht.
Weitere Werke: Denn die einen sind im Dunkeln (R., dt. 1960), Ein Mann der Gesellschaft (R., dt. 1963).

Bräker, Ulrich, genannt „der arme Mann im Toggenburg", * Näbis im Toggenburg 22. Dez. 1735, † Wattwil (Sankt Gallen) 11. Sept. 1798, schweizer. Schriftsteller.
Sohn eines Kleinbauern, Hütejunge, Knecht, Diener eines preuß. Werbeoffiziers, desertierte nach erzwungener Teilnahme am Siebenjährigen Krieg, lebte als Weber in seiner Heimat. Als Autodidakt hatte er sich bes. literar. Kenntnisse angeeignet. Er schrieb über Shakespeare, hinterließ Tagebücher, die Teilnahme an seinem Schicksal erregen. Bed. ist seine „Lebensgeschichte und natürl. Ebentheuer des Armen Mannes im Tockenburg" (1789), in der er in unbefangener Frische und schlichter Sprache, teilweise mit Dialekt durchsetzt, sein Leben, sein Fühlen und Denken und seine Umwelt beschreibt.
Ausgaben: U. B. Werke in 1 Bd. Ausgew. u. eingel. v. H.-G. Thalheim. *Bln. ²1966. – Leben u. Schrr. U. B.s, des Armen Mannes im Tockenburg. Hg. v.* S. Voellmy. *Stuttg. 1946. 3 Bde.*
Literatur: Mayer, Hans: *Aufklärer u. Plebejer. U. B., Der arme Mann im Tockenburg. In:* Mayer: *Von Lessing bis Thomas Mann. Pfullingen 1959.* – Voellmy, S.: *U. B., der arme Mann im Tockenburg. Ein Kultur- u. Charakterbild aus dem 18. Jh. Zürich 1923.*

Brancati, Vitaliano [italien. braŋ'ka:ti], * Pachino bei Syrakus 24. Juli 1907, † Turin 25. Sept. 1954, italien. Schriftsteller.
Zunächst Gymnasiallehrer in Sizilien, nach Kriegsende freier Schriftsteller in Rom; Verfasser satir.-humorist., gesellschaftskrit. Romane und Novellen, bes. aus dem Leben der Sizilianer; auch Dramatiker und Essayist.
Hauptwerke: Don Giovanni in Sizilien (R., 1942; dt. 1958), Bell'Antonio (R., 1949; dt. 1961), Paolo, der Heißblütige (R., 1955; dt. 1963), Raphael (Kom., 1957; dt. 1962).

Brandanlegende, um 1150 entstandenes mittelfränk. Gedicht, das von den wunderbaren Reiseabenteuern handelt, die der ir. Heilige Brandan auf seiner 9jährigen Suche nach den Wundern des Meeres erlebt; die Sage kam mit anderen kelt. Stoffen im 12. Jh. aus Irland nach Deutschland; mitteldt. Bearbeitung im 14. Jh.; erhalten sind auch ein Prosavolksbuch und eine Übersetzung durch J. Hartlieb.
Literatur: Lehane, B.: *The quest of three abbots: pioneers of Ireland's golden age. London 1968.* – Schreiber, G.: *Der ir. Seeroman des Brandan. In: Festschr., Franz Dornseiff zum 65. Geburtstag. Lpz. 1953.*

Brandão, Raul [portugies. brɐn'dɐ̃u̯], * Foz do Douro bei Porto 12. März 1867, † Lissabon 5. Dez. 1930, portugies. Schriftsteller.
Zunächst Offizier, dann Journalist und Schriftsteller; Novellist und Dramatiker: visionär, abgründig und geheimnisvoll (Einfluß Dostojewskis u. a.).
Hauptwerke: Impressões e paisagens (Novellen, 1890), A farsa (Nov., 1903), O doido e a morte (Dr., 1923), Os pescadores (Tageb., 1923).

Brandenburg, Hans, eigtl. Bernhard Johannes Alfred B., * Barmen (heute Wuppertal-Barmen) 18. Okt. 1885, † Bingen 8. Mai 1968, dt. Schriftsteller.

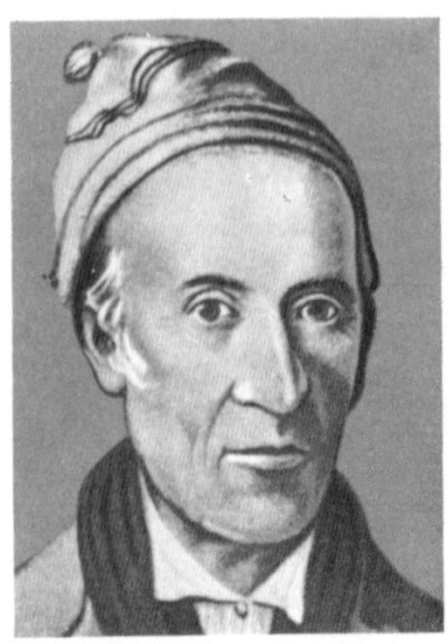

Ulrich Bräker

Neben traditionsgebundener Lyrik humorvolle Erzählungen, breit angelegte Romane, die sich mit Zeitfragen, Liebes- und Eheproblemen auseinandersetzen; auch Biographien, Dramen.
Hauptwerke: Chloe oder die Liebenden (R., 1909), Pankraz der Hirtenbub (E., 1924), Vater Oellendahl (R., 1938), Gipfelrast (Ged., 1947), Unterm verschleierten Mond (Ged., 1963), Alles um Liebe (En., 1965).

Brandes, Edvard [dän. 'brandəs], eigtl. E. Cohen, * Kopenhagen 21. Okt. 1847, † ebd. 20. Dez. 1931, dän. Schriftsteller.
Bruder von Georg B., dessen Ideen er unterstützte; bed. Dramaturg und Theaterkritiker. Seine Dramen sind weniger bed., obwohl sie die Problematik des Naturalismus bis zur äußersten Konsequenz entwickeln.
Hauptwerke: Dansk skuespilkunst (Essay, 1880), Ein Besuch (Dr., dt. 1889).

Brandes, Georg [dän. 'brandəs], eigtl. Morris Cohen, * Kopenhagen 4. Febr. 1842, † ebd. 19. Febr. 1927, dän. Literarhistoriker, Kritiker und Biograph.
Studierte Jura und Philosophie, promovierte über Ästhetik; bereiste viele europ. Länder, hielt Vorlesungen in Kopenhagen, lebte einige Jahre in Berlin, erhielt 1902 eine staatl. Professur. B. begann als Positivist, Einfluß von Taine, Sainte-Beuve, Comte und dem Utilitaristen J. St. Mill. Als tonangebend in der nationalradikalen Bewegung zog er sich den Haß konservativer und kirchl. Kreise zu. Literar. propagierte er Realismus und Naturalismus, wandte sich gegen die Stagnation im 19. Jh., öffnete Skandinavien den Blick für die europ. Literatur und ermöglichte so den Anschluß an diese. Er gilt noch heute als Urheber der antiklerikalen und internationalen Geistesrichtung in Skandinavien. Er wandte sich gegen Kierkegaards Auffassung vom Christentum und erkannte früh die Bedeutung Nietzsches. B. schrieb Reisebücher über Rußland und Polen; brillant sind seine geistreichen Abhandlungen über Kierkegaard (1877), Disraeli (1878), Lassalle (1881), Shakespeare (1895), Goethe (dt. 1930), Voltaire (1916), Cäsar (1918), Michelangelo (1921) u.a.
Weitere Werke: Hauptströmungen der europ. Literatur des 19. Jh.s (dt. 1872–90), Gestalten und Gedanken (dt. 1903), Dt. Persönlichkeiten (dt. 1924).
Ausgaben: G. B. Ges. Schrr. Dt. Übers. Bd. 1–9; 20. Mchn. 1902–07 [m.n.e.]. – *G. B. Ausgew. Schrr. Dt. Übers. Lpz. 1900. 9 Bde.*
Literatur: Fenger, H.: *Den unge B. Miljø, venner, rejser, kriser. Kopenhagen 1957.* – Nathansen, H.: *Jude oder Europäer. Porträt v. G. B. Dt. Übers. Frkf. 1931.* – Ipsen, A.: *G. B. en bog om ret og uret. Kopenhagen 1902–03. 3 Bde.*

Brandstaetter, Roman [poln. 'brantstɛtər], * Tarnów 3. Jan. 1906, poln. Schriftsteller.
Stammt aus der jüd. Intelligenz, konvertierte später zum Katholizismus, studierte in Krakau Polonistik, im 2. Weltkrieg in der Sowjetunion, im Iran und in Palästina, 1947/48 Kulturattaché in Rom. Begann mit Gedichten, bekannter jedoch als Dramatiker, v.a. durch das Stück „Das Schweigen“ (dt. 1961), das die moral. Probleme im Sozialismus zum Thema hat; B. ist auch Übersetzer Shakespeares.
Weitere Werke: Der Weg nach Assisi. Meditationen aus Schmerz und Frieden (1947, dt. 1959), Die Leute vom toten Weinberg (Dr., dt. 1958), Das Lied von meinem Christus (dt. 1961), Der Tag des Zorns (dt. 1964).

Brandt, Geeraerdt [niederl. brɑnt], * Amsterdam 25. Juli 1626, † Rotterdam 12. Okt. 1685, niederl. Dichter und Geschichtsschreiber.
Zunächst Uhrmacher, dann Theologe; sein den Hamletstoff behandelndes Greuelstück „De veinzende Torquatus“ (1644) wurde in Amsterdam mit großem Erfolg aufgeführt; B. schrieb auch Epigramme und Biographien, ferner kirchenhistor. Werke.

Brandys, Kazimierz [poln. 'brandis], * Lodz 27. Okt. 1916, poln. Schriftsteller.
Studierte in Warschau Jura, 1946 Mitarbeiter in der Redaktion der „Kuźnica“ (= Schmiede), ab 1949 in Warschau, 1950 Staatspreis, 1956–60 im Redaktionskomitee der „Nowa Kultura“ (= Neue Kultur). Behandelt in seinen Werken Probleme des Krieges und der Nachkriegszeit in Polen, später auch der Intelligenz.
Hauptwerke: Między wojnami (= Zwischen den Kriegen, R.-Zyklus, 1947–51; davon dt. 4. Bd.: Der Mensch stirbt nicht, 1955), Mutter der Könige (R., dt. 1959), Die Verteidigung Granadas (E., dt. 1959), Briefe an Frau Z., Erinnerungen aus der Gegenwart 1957–60 (dt. 1966), Die Kunst geliebt zu werden (En., dt. 1968).

Branislav, František [tschech. 'branjislaf], * Beraun 19. Juni 1900, tschech. Lyriker.
Pflegt außer der sozialist. Lyrik auch die fein nuancierte, stimmungsvolle, unideolog. [Natur]-lyrik; während des 2. Weltkrieges patriot. Gedichte. In dt. Sprache erschienen 1962 die Kindergedichte „Musikanten eilt herbei“.

Branner, Hans Christian [dän. 'bran'ər], * Kopenhagen 23. Juni 1903, † ebd. 24. April 1966, dän. Schriftsteller.
Studierte Philosophie, war Verlagsangestellter, dann freier Schriftsteller. B. war bereits mit seinen ersten Werken erfolgreich. Er schrieb Romane, Novellen, Bühnenstücke und Hörspiele. Anknüpfend an Jacobsen, Bang, aber auch V. Woolf, schrieb er psycholog. Romane, die den Menschen in seiner Einsamkeit und Angst zeigen. Humorvolle und iron. Erzählungen. Bes. gelangen ihm Kindergestalten, deren Verhältnis zur Welt der Erwachsenen er präzis erfaßt.
Hauptwerke: Ein Dutzend Menschen (R., dt. 1938), Regen in der Nacht (Hsp., dt. 1937), Traum um eine Frau (R., dt. 1948), Die Geschichte von Borge (R., dt. 1948), Angst (Nov., 1947), Søskende (Schsp., 1952), Der Reiter (R., dt. 1957), Erzählungen (dt. Ausw. 1967).

Brant, Sebastian, * Straßburg 1457 oder 1458, † ebd. 10. Mai 1521, dt. Dichter.
Studierte Jura in Basel, wo er 1489 zum Dr. beider Rechte promovierte und Dekan der jurist. Fakultät wurde; nach seiner Übersiedlung nach Straßburg Stadtsyndikus und Advokat; persönl. Beziehungen zu Maximilian I. brachten ihm den Titel eines kaiserl. Rates und Pfalzgrafen ein; als volkstüml. Aufklärer nimmt er, der kaisertreu und von der Reformation nicht beeinflußt war, eine Mittlerstelle zwischen der mittelalterl. Weltanschauung und dem Humanismus ein; Zeugnis seiner didakt. Bestrebungen ist sein Hauptwerk,

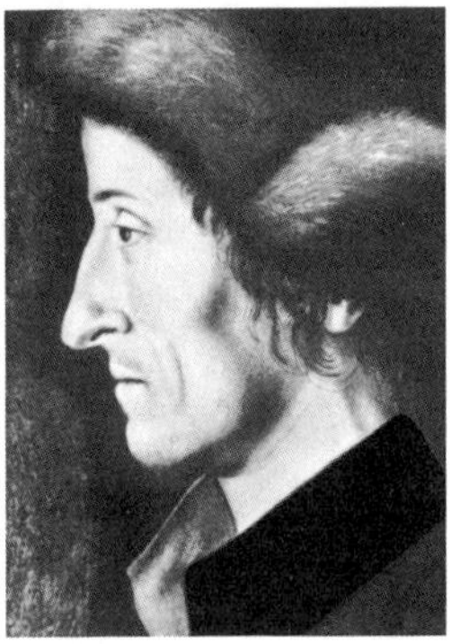

Sebastian Brant (Gemälde von Ulrich Apt d. J.)

das 1494 in Straßburg gedruckte „Narrenschiff", das, ganz in der spätmittelalterl. Tradition stehend, eine lehrhafte Tendenz verfolgte; in 111 einzelnen Gestalten, die an Bord des Narrenschiffes segeln, werden Torheiten und menschl. Unzulänglichkeiten scharf gegeißelt und verurteilt. Das volkstüml. Werk, das sich infolge der Verbindung von Wort und Bild (Einfügung von Holzschnitten) großer Beliebtheit erfreute, gilt als Ausgangspunkt der überaus reichen Narrenliteratur und hat auf Spätere (u. a. Erasmus, Murner, H. Sachs, Fischart, Abraham a Santa Clara) bed. Einfluß ausgeübt. B. schrieb auch religiöse, polit.-histor. Gedichte, übersetzte und gab moralisierende Spruchsammlungen heraus.
Ausgaben: S. B. Das Narrenschiff. Nach der Erstausg. (Basel 1494) mit den Zusätzen der Ausgg. v. 1495 u. 1499. Hg. v. M. Lemmer. *Tüb.* *²1968. – S. B.s Narrenschiff. Hg. v.* F. Zarncke. *Lpz. 1854. Nachdr. Hildesheim 1961; Darmst. 1964.*
Literatur: Zeydel, E. H.: *S. B. New York 1967.* – Könneker, B.: *Wesen u. Wandlung der Narrenidee im Zeitalter des Humanismus. B., Murner, Erasmus. Wiesb. 1966.* – Zarncke, F.: *Zur Vorgesch. des Narrenschiffs. Lpz. 1868–71. 2 Tle.* – ↑ auch Neidhart von Reuenthal.

Brantôme, Pierre de Bourdeille, Seigneur de [frz. brã'to:m], * Bourdeilles (Dordogne) um 1540, † Brantôme (Dordogne) 15. Juli 1614, frz. Schriftsteller.
Führte als Soldat und Kammerherr ein abenteuerl. Leben, nahm an den frz. Religionskriegen und Kämpfen u. a. in Italien, Spanien, Portugal teil und lebte zeitweilig auch am frz. Königshof; sein literar. Ruhm knüpft sich an eine Reihe erst 1665/66 veröffentlichter Memoiren, die er seit 1589, nachdem er sich infolge eines schweren Unfalls aus dem öffentl. Leben hatte zurückziehen müssen, schrieb; obwohl sich an seine Werke („Das Leben der galanten Damen", hg. 1665, dt. 1905; „Vies des dames illustres", hg. 1665; „Vies des hommes illustres et des grands capitaines français", hg. 1665; u. a.) keine histor.-krit. Maßstäbe anlegen lassen, geben sie doch ein außerordentl. farbiges Bild der zeitgenöss. frz. Gesellschaft.
Literatur: Cottrell, R. D.: *B., portraitist of his age. Diss. Yale Univ., New Haven (Conn.) 1960/61.*– Lalanne, L.: *B., sa vie et ses écrits. Paris 1896.*

Brasillach, Robert [frz. brazi'jak], * Perpignan 31. März 1909, † Paris 6. Febr. 1945, frz. Schriftsteller.
Sohn eines Offiziers; École normale supérieure; Mitarbeiter Maurras' und der Zeitschrift „L'Action Française"; als Kollaborateur 1945 hingerichtet; schrieb Literaturchroniken und -essays („Les quatre jeudis", 1944) und Romane („Uns aber liebt Paris", 1936, dt. 1953; „Ein Leben lang", dt. 1938, beeinflußt von Giraudoux und Alain-Fournier); auch Lyriker („Poèmes", 1944).

Brătescu-Voinești, Ion Alexandru [rumän. brəteskuvoi̯'neʃtj], * Tîrgoviște 1. Jan. 1868, † Bukarest 14. Dez. 1946, rumän. Schriftsteller.
Jurist und Politiker; Verfasser von Erzählungen, die den Sieg der Sachlichkeit über die geistigen und eth. Werte darstellen; feinsinnige psycholog. Motivierung.
Hauptwerke: În lumea dreptății (En., 1908), Întuneric și lumină (En., 1912).

Braumann, Franz, * Seekirchen (Salzburg) 2. Dez. 1910, östr. Schriftsteller.
Bauernsohn; Lehrer, Volksschuldirektor in Köstendorf, seit 1961 freier Schriftsteller; schrieb lebendige, naturnahe, alpenländ. Bauern- und Heimatromane; auch Lyriker und Erzähler von Märchen und Sagen.
Hauptwerke: Friedl und Vroni (R., 1932), Das schwere Jahr der Spaunbergerin (R., 1938, 1948 u. d. T. Die Saat ins fremde Feld), Angela Schönthann (R., 1950), Das Jahr mit Christine (R., 1952), Das Haus an der Fähre (R., 1962), Die tausendjährige Spur (R., 1965).

Braun, Felix, * Wien 4. Nov. 1885, östr. Lyriker, Erzähler und Dramatiker.
Studierte Germanistik und Kunstgeschichte (Dr. phil.), befreundet mit Hofmannsthal, 1939 Emigration nach England, 1951–63 Dozent am Reinhardt-Seminar in Wien. Als Lyriker dem Wiener Impressionismus, als Dramatiker bes. Grillparzer verpflichtet; zeichnet in seinen Romanen ein farbiges Bild der untergehenden Donaumonarchie; auch feinsinniger Essayist, Übersetzer und Hg. von Anthologien.
Hauptwerke: Gedichte (1909), Der Schatten des Todes (R., 1910), Tantalos (Trag., 1917), Agnes Altkirchner (R., 1927, 1957 u. d. T. Herbst des Reiches), Kaiser Karl V. (Trag., 1936), Die Eisblume (Essays, 1955), Orpheus (Trag., 1961), Das weltl. Kloster (En., 1965), Das Nelkenbeet (Ged., 1966).
Literatur: F. B. zum 80. Geburtstag. Bio-Bibliogr. Einf. v. J. Emich. *Wien 1965.*

Braun, Lily, geb. von Kretschmann, * Halberstadt 2. Juli 1865, † Berlin 8. Aug. 1916, dt. Schriftstellerin.
Ihr erster Mann, Professor von Gizycki, führte sie in die Ideenwelt des Sozialismus ein. Sie war Mitarbeiterin an sozialdemokrat. Zeitschriften und führend in der dt. Frauenbewegung, war Mitglied der SPD. Neben Romanen und Dramen, die über ihre Zeit hinaus kaum Bedeutung haben, steht ihr Memoirenwerk, das v. a. als Zeugnis der Zeit von großer Bedeutung ist.
Hauptwerke: Im Schatten der Titanen (Memoiren, 1908), Memoiren einer Sozialistin (1909–11), Mutter Maria (Trag., 1913), Lebenssucher (R., 1915).
Ausgabe: L. B. Ges. Werke. Bln. 1923. 5 Bde.

Literatur: Vogelstein, J.: *L. B. Ein Lebensbild. Bln. 1922.*

Braun, Mattias, * Köln 4. Jan. 1933, dt. Schriftsteller.
Reisen in europ. Ländern, Hospitant am Theater; lebt in Österreich. B. trat v.a. als Bühnenautor hervor. Antike Dramen („Die Troerinnen", „Medea", „Die Perser") bearbeitete er zeitgemäß. Seine Dramen stehen denen Brechts nahe.
Weitere Werke: Ein Haus unter der Sonne (Dr., UA 1954), Plädoyer (Dr., UA 1954), Die Frau des Generals (Dr., UA 1954), Der Teufel stiehlt kein Bein (Kom., UA 1962), Die Komödie von Reineke Fuchs (UA 1965).

Braun-Prager, Käthe, * Wien 12. Febr. 1888, † ebd. 18. April 1967, östr. Schriftstellerin und Malerin.
Schwester von Felix Braun; Lehrerin, 1938–51 in der Emigration in England, seither wieder in Wien. Veröffentlichte v.a. formstrenge Lyrik und feingeschliffene Aphorismen; auch Erzählerin, Hörspielautorin und Übersetzerin.
Hauptwerke: Bei der Kerze (Ged., 1929), Verfrühter Herbst (Ged., 1932), Große Frauen der Heimat (Essays, 1936), Stern im Schnee (Ged., 1949), Reise in die Nähe (Aphorismen, 1954), Verwandelte Welt (Ged., 1956), Heimkehr (En., 1959), Das himml. Kartenhaus (Ged. und Prosa, 1968).

Brautlacht, Erich, * Rheinberg (Rheinland) 5. Aug. 1902, † Kleve 28. Dez. 1957, dt. Schriftsteller.
Studierte Jura, war zuletzt Amtsgerichtsrat in Kleve. In seinen Erzählungen und Romanen schildert B. seine niederrhein. Heimat und ihre Menschen; humorvolle, liebenswürdige Darstellung.
Hauptwerke: Das Testament einer Liebe (R., 1936), Meister Schure (R., 1939), Versuchung in Indien (R., 1958).

Braxatoris, Ondrej [slowak. braksatɔris] ↑ Sládkovič, Ondrej.

Brazdžionis, Bernardas [lit. braz'dʒo:nɪs], * Stebeikeliai 2. Febr. 1907, lit. Dichter.
Bis 1944 in Kaunas Leiter des Maironis-Museums; nach vorübergehenden Aufenthalten in Deutschland und Österreich lebt B. in den USA; seine vom Symbolismus beeinflußte Lyrik ist Ausdruck von B.' bibelgläubiger Grundhaltung; häufiges Motiv ist die Sehnsucht des Menschen nach Gott in der Gestalt des alttestamentl. Jahwe. B. schrieb auch Kinderpoesie und weniger bed. patriot. Dichtung.

Brazil, Felix ['bra:zi:l] ↑ Klemm, Wilhelm.

Brecht, Arnolt ↑ Müller, Artur.

Brecht, Bert[olt], eigtl. Eugen Berthold Friedrich B., * Augsburg 10. Febr. 1898, † Berlin 14. Aug. 1956, dt. Schriftsteller und Regisseur.
Studierte in München einige Semester Medizin und Philosophie; zeitweise Theaterkritiker und Dramaturg; seit 1924 in Berlin, zunächst bei Max Reinhardt, dann freier Schriftsteller und Regisseur; arbeitete gelegentl. auch für Film und Funk. 1933 Emigration; lebte u.a. in der Schweiz, in Dänemark (1933–39), Schweden, Finnland, den USA (1941–47); 1948 Rückkehr nach Berlin (Ost), wo er mit seiner Frau Helene Weigel die Theatergruppe „Berliner Ensemble" gründete und zu Weltruhm führte. B. gehört als teils realist., teils satir.-grotesker Erzähler, Lyriker, Balladen- und Moritatendichter, v.a. aber als Theatertheoretiker und genialer Dramatiker („Stückeschreiber") nicht nur zu den bedeutendsten und vielseitigsten, sondern auch zu den einflußreichsten Autoren des 20. Jh.s. Bes. bestimmend für sein Leben und Schaffen wurden die Tätigkeit als Lazaretthelfer in Augsburg (1918), die ihn zum erbitterten Kriegsgegner machte, und die allmähl. Hinwendung zum Marxismus (ab 1926). Polit. umstritten, versuchte B. immer bewußter, seine Dichtung in den Dienst der kommunist. Weltanschauung zu stellen, ohne aber selbst je der Partei beizutreten. Sein Schaffen entwickelte sich vom rauschhaft bejahten Nihilismus und Individualismus der Frühwerke mit ihrer farbigen Realitätsfülle – z.B. „Baal" (1920), „Im Dickicht der Städte" (1927), „Mann ist Mann" (1927), „Die Dreigroschenoper" (1929) – zum Glauben ans Kollektiv und zur strengen Disziplin der „Lehrstücke" – z.B. „Die Maßnahme" (1931) und „Die hl. Johanna der Schlachthöfe" (1932), „Die Mutter" (1933) –, um schließl. in den Meisterdramen der Exilzeit – z.B. „Leben des Galilei" (1. Fassung entstanden 1938/39, gedruckt 1955), „Mutter Courage und ihre Kinder" (entstanden 1939, gedruckt 1949), „Herr Puntila und sein Knecht Matti" (entstanden 1940/41, gedruckt 1950), „Der gute Mensch von Sezuan" (entstanden 1938–42, gedruckt 1953), „Der kaukas. Kreidekreis" (entstanden 1944/45, gedruckt 1953) – diese Gegensätze in dichter. vollendeter Synthese zu versöhnen. Der Zwiespalt zwischen menschl. Freiheit und sozialer Gerechtigkeit, Glücksverlangen des einzelnen und Notwendigkeit des Opfers ist das Grundproblem, um das B. ständig kreist. Seine äußerst bühnenwirksamen Gestalten, zumeist arme Leute, zeichnet er bald deftig, bald zart, stets aber prall von Leben und mit jener faszinierend-aggressiven Mischung aus Anglizismen, süddt. Umgangssprache, Lutherbibel und Parodistischem, die den B.-Ton so unverwechselbar macht. Fast gleichzeitig mit den Stücken entstand die Theorie des sog. „ep. Theaters" – Hauptwerk: „Kleines Organon für das Theater" (1948) –, die auf die Aktivierung des Zuschauers durch Erkenntnis zielt und deren Schlüsselbegriff die vieldiskutierte Verfremdung („V-Effekt") ist. B., der als Dramatiker u.a. mit Lion Feuchtwanger, Erwin Piscator, Caspar

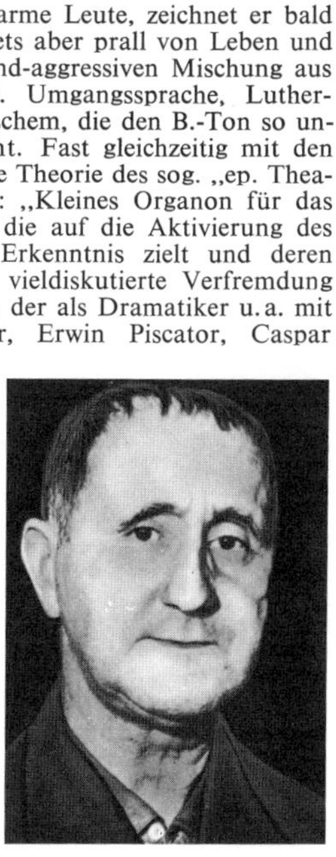

Bert[olt] Brecht

Neher, Kurt Weill, Paul Dessau und Hanns Eisler zusammenarbeitete und z.T. auch selber komponierte, schrieb außer Lyrik – z.B. „Hauspostille“ (1927), „Svendborger Gedichte“ (1939) – auch Romane, Kurzgeschichten, „Kalendergeschichten“ (1949), Hörspiele, Dialoge, Pamphlete, lehrhafte Prosa, ein Ballett („Die sieben Todsünden“, entstanden 1933, gedruckt 1959), ein Oratorium („Dt. Miserere“, unveröffentlicht) u.a.; Vorbilder und Vorlagen entnahm er der gesamten Weltliteratur; viele Bearbeitungen, so namentl. das „Leben Eduards des Zweiten von England“ nach Marlowe (1924, mit L. Feuchtwanger), erheben sich zum Rang eigenständiger Schöpfungen. 1922 wurde B. für sein Stück „Trommeln in der Nacht“ (1923) mit dem Kleist-Preis ausgezeichnet; zahlreiche weitere Ehrungen folgten.

Weitere Werke: Aufstieg und Fall der Stadt Mahagonny (Oper, 1929), Dreigroschenroman (1934), Furcht und Elend des Dritten Reiches (Szenenfolge, 1938), Das Verhör des Lukullus (Hsp., 1940, Oper 1951), Der aufhaltsame Aufstieg des Arturo Ui (Dr., entstanden 1941, gedruckt 1957), Die Gesichte der Simone Machard (Dr., entstanden 1941–43, gedruckt 1957), Die Tage der Commune (Dr., entstanden 1948/49, gedruckt 1957), Turandot oder der Kongreß der Weißwäscher (Dr., entstanden nach 1953, UA 1969), Die Geschäfte des Herrn Julius Caesar (R.-Fragment, 1957), Flüchtlingsgespräche (Dialoge, 1961).

Ausgabe: Bertolt B. Ges. Werke. Hg. in Zusammenarb. mit E. Hauptmann. *Frkf. 1967. 8 Bde. Tb.-Ausg. 20 Bde.*

Literatur: Hecht, W., *u.a.: Bertolt B. Neuaufl. Bln. 1969.* – Brandt, Th. O.: *Die Vieldeutigkeit Bertolt B.s. Hdbg. 1968.* – Grimm, R.: *Bertolt B. Die Struktur seines Werkes. Nürnb. ⁵1968.* – Lerg-Kill, U. C.: *Dichterwort u. Parteiparole. Propagandist. Gedichte u. Lieder Bertolt B.s. Bad Homburg v.d.H. 1968.* – Petersen, K.-D.: *Bertolt-B.-Bibliogr. Bad Homburg v. d. H. 1968.* – Rischbieter, H.: *Bertolt B. Velber ²1968. 2 Bde.* – Schumacher, E.: *Drama u. Gesch. Bertolt B.s „Leben des Galilei“ u.a. Stücke. Bln. ²1968.* – Benjamin, W.: *Versuche über B. Frkf. 18. Tsd. 1967.* – *Über B. Essays aus den Jahren 1956–66. Hg. v.* S. Unseld. *Frkf. 1967.* – Klotz, V.: *Bertolt B. Versuch über das Werk. Bad Homburg v. d. H. ³1967.* – Mayer, Hans: *Anmerkungen zu B. Frkf. ²1967.* – Müller, Klaus-Detlef: *Die Funktion der Gesch. im Werk Bertolt B.s. Tüb. 1967.* – Hinck, W.: *Die Dramaturgie des späten B. Gött. ⁴1966.* – Kesting, M.: *Bertolt B. in Selbstzeugnissen u. Bilddokumenten. Reinbek bei Hamb. ⁶1962.* – *Bertolt B. Sinn u. Form. Sonderh. Bln. 1957.*

Bredel, Willi, * Hamburg 2. Mai 1901, † Berlin 27. Okt. 1964, dt. Schriftsteller.

Sohn eines Arbeiters, Metalldreher, früh Mitglied der KPD, 1933 KZ-Haft, Flucht über Prag nach Moskau, 1945 Rückkehr nach Deutschland; 1953–57 Chefredakteur der Zeitschrift „Neue Dt. Literatur“ in Berlin (Ost); Mitglied des ZK der SED. B. ist in seinem Erzählwerk dem sozialist. Realismus verpflichtet; neben zeitgenöss. Darstellung der sozialist. Bewegung, des Lebens der Arbeiter, seiner eigenen Erfahrungen des KZ-Aufenthaltes, der Kriegswirren schrieb B. bes. polit. Gesellschaftsromane. Als Hauptwerk gilt die Romantrilogie „Verwandte und Bekannte“ (1943–53).

Weitere Werke: Maschinenfabrik N. & K. (R., 1930), Rosenhofstraße (R., 1931), Die Prüfung (R., 1934), Der Spitzel (En., 1935), 50 Tage (Reportage, 1950), Ein neues Kapitel (R.-Trilogie, 1959–64).

Literatur: Bock, L.: *W. B. Bln. ³1969.* – *W. B. Sinn u. Form. Sonderh. Bln. 1965.*

Breden, Christiane von ↑ Christen, Ada.

Bredero, Gerbrand Adriaenszoon [niederl. 'bre:dəro:], * Amsterdam 16. März 1585, † ebd. 23. Aug. 1618, niederl. Dichter und Maler.

Nach Erscheinen seines ersten Dramas, „Rodderick ende Alphonsus“ (1611), wurde er in die Gilde der Rederijkers aufgenommen und lernte dort die angesehensten Dichter seiner Zeit kennen (R. Visscher, C. Hooft, Coster, de Groot). Am besten gelangen ihm realist. Szenen, namentl. die kulturhistor. wertvollen Komödien und Possen, in denen er Menschen aus dem Amsterdamer Alltag darstellte („De Spaensche Brabander“, Lsp., 1618). In seiner Lyrik knüpfte er an die Volkslieddichtung an. Gegenstand der Gedichte ist die Liebe, der christl. Glaube, der Ggs. von Stadt und Land.

Weitere Werke: Het moortje (Lsp., 1615), Amoureus, boertigh en aendachtigh Groot Liedt-Boeck (Ged., 1622).

Bregendahl, Maria [dän. 'bre:'ɣənda:'l], * Fly (Jütland) 6. Nov. 1867, † Kopenhagen 22. Juli 1940, dän. Schriftstellerin.

Im Mittelpunkt ihrer stimmungshaften, psycholog. vertieften Romane stehen Land und Menschen ihrer Heimat Jütland.

Hauptwerke: Jungvolk (R., dt. 1927), Der Goldgräber-Peter (R., dt. 1928), Holger und Kirstine (R., dt. 1938), Die Mühle (E., dt. 1943).

Brehm, Bruno, * Laibach 23. Juli 1892, östr. Schriftsteller.

Studierte Kunstgeschichte; Offizier; schildert in seinen histor. Romanen bes. die Welt des alten Österreich, betont dabei z.T. nationalpolit. Aspekte.

Hauptwerke: Apis und Este, Das war das Ende, Weder Kaiser noch König (R.-Trilogie, 1931–33, zus. 1951 u. d. T. Die Throne stürzen), Aus der Reitschul'! (R., 1951), Das 12jährige Reich (R.-Trilogie: Der Trommler, 1960; Der böhm. Gefreite, 1960; Wehe den Besiegten allen, 1961), Am Ende stand Königgrätz (R., 1964).

Breitbach, Joseph, * Koblenz 20. Sept. 1903, dt. Schriftsteller und Journalist.

Lebt seit 1929 in Paris und in der Normandie; Freund J. Schlumbergers, um dt.-frz. Verständigung bemüht; schreibt in dt. und frz. Sprache; sein Roman „Bericht über Bruno“ (1962), der in fesselnder Darstellung die Spielregeln der Macht schildert, wurde in zahlreiche Sprachen übersetzt; auch Erzählungen und Dramen.

Weitere Werke: Rot gegen Rot (En., 1929), Die Wandlung der Susanne Dasseldorf (R., 1932), Jean Schlumberger (Essay, 1954), Das Jubiläum (Kom., dt. 1960), Clemens (R.-Fragment, dt. 1963).

Breitinger, Johann Jakob, * Zürich 1. März 1701, † ebd. 13. Dez. 1776, schweizer. Philologe und Schriftsteller.

Studierte Theologie und Philologie und wurde Gymnasiallehrer in Zürich. Freund und Mitarbeiter Bodmers, den er in dem bekannten Literaturstreit gegen Gottsched unterstützte; zusammen mit Bodmer trat er in seiner „Crit. Dichtkunst“ (1740) für eine relative Betonung des poet. Enthusiasmus ein und vertrat die Theorie, daß das Kunstwerk nicht allein belehren und unterhalten, sondern durch das „Wunderbare“ das Gemüt bewegen solle; neben Arbeiten zur Schweizer Geschichte und Altertumskunde gab er auch mhd. Dichter heraus.
Weitere Werke: Crit. Abhandlung Von der Natur den Absichten und dem Gebrauche der Gleichnisse (1740), Vertheidigung der Schweitzer. Muse Herrn D. A. Hallers (1744).
Literatur: Bräker, J.: *Der erzieher. Gehalt in J. J. B.s „Crit. Dichtkunst“. Diss. Zürich 1950.* – Eaton, J. W.: *Bodmer and B. and European literary theory. In: Monatshh. f. dt. Unterricht 33 (1941).* – Bodmer, H.: *J. J. B. 1701–1776. Sein Leben u. seine literar. Bedeutung. Diss. Zürich 1897.* – ↑ auch Bodmer, Johann Jakob.

Bremer, Claus, * Hamburg 11. Juli 1924, dt.-schweizer. Schriftsteller.
Studium der Philosophie, Literatur- und Kunstgeschichte, Ausbildung zum Schauspieler; Dramaturg, Regisseur, lebt in der Schweiz; v.a. experimentelle Lyrik (Figurentexte u.a.), die er auch selbst kommentiert („Texte und Kommentare“, 1968); auch Essayist und Übersetzer.
Weitere Werke: poesie (Ged., 1954), tabellen und variationen (1960), Theater ohne Vorhang (Essay, 1962), ideogramme (Ged., 1964), Engagierte Texte (1966).

Bremer, Fredrika [schwed. 'bre:mər], * Tuorla bei Turku (Finnland) 17. Aug. 1801, † Årsta (heute zu Stockholm) 31. Dez. 1865, schwed. Schriftstellerin.
Stammte aus einer vermögenden Bürgerfamilie, unternahm große Reisen. Sie begann mit romantisierenden, humorvollen Schilderungen aus dem alltägl. Familienleben; später – in Auflehnung gegen die Stellung der unterdrückten Frau – entstanden ihre sozial und religiös bestimmten Romane, mit denen sie als Vorkämpferin der Frauenemanzipation an die Öffentlichkeit trat.
Hauptwerke: Die Familie H. (R., dt. 1830/31), Die Töchter des Präsidenten (R., dt. 1834), Die Nachbarn (R., dt. 1837), Hertha (R., dt. 1856).

Brennan, Christopher [engl. 'brɛnən], * Sydney 1. Nov. 1870, † ebd. 7. Okt. 1932, austral. Dichter und Literaturwissenschaftler.
Seine Kenntnisse der dt. und frz. Literatur, bes. des frz. Symbolismus, beeinflußten seine Dichtungen und ließen ihn zum Vermittler europ. Literatur und Geistesgeschichte werden. Er schrieb formgewandte, gedankl. reife Lyrik, die gelegentl. schwer verständl. ist.
Hauptwerke: Poems (1897), Towards the source (Ged., 1897), Poems (1913).

Brenner, Arvid [schwed. 'brɛnər], eigtl. Helge Heerberger, * Berlin 6. Juli 1907, schwed. Schriftsteller.
Dt.-schwed. Herkunft, seit 1933 in Schweden; schreibt psycholog. einfühlsame, präzis abgefaßte Romane und Erzählungen, in deren Mittelpunkt Gestalten aus dem dt. und schwed. Bürgertum stehen.
Hauptwerke: Kompromiss (R., 1934), Ny vardag (R., 1936), En dag som andra (R., 1939), Rum för ensam dam (R., 1941), Vintervägen (R., 1945), Fixeringsbild (Nov., 1955).

Brenner, Hans Georg, Pseudonym Reinhold Th. Grabe, * Barranowen (Ostpreußen) 13. Febr. 1903, † Hamburg 10. Aug. 1961, dt. Schriftsteller.
Studium der Philosophie, Literatur- und Theatergeschichte, nach Kriegsgefangenschaft Redakteur und Lektor; schrieb v.a. Gedichte und Erzählungen mit gesellschaftskrit. Stoffen aus der jüngsten Vergangenheit; auch Dramen.
Hauptwerke: Fahrt über den See (R., 1934), Der Hundertguldentanz (E., 1939), Nachtwachen (R., 1940), Drei Abenteuer Don Juans (En., 1941), Das ehrsame Sodom (R., 1950), Treppen (En. und Hsp., 1962).

Brenner, Sophia Elisabeth [schwed. 'brɛnər], geb. Weber, * Stockholm 29. April 1659, † ebd. 14. Sept. 1730, schwed. Dichterin.
Tochter eines aus Deutschland stammenden Bildhauers; erste bed. schwed. Literatin, bes. als Lyrikerin gepriesen; verfaßte meist moralisierende Gelegenheitsgedichte in schwed., dt., lat., frz. und italien. Sprache.
Hauptwerk: Poetiske dikter (1713–31).

Brennglas, Adolf ↑ Glaßbrenner, Adolf.

Brentano, Bernard von, * Offenbach am Main 15. Okt. 1901, † Wiesbaden 29. Dez. 1964, dt. Schriftsteller.
Bruder des Politikers Heinrich von B.; Studium, Journalist, 1933 Emigration in die Schweiz, lebte seit 1949 in Wiesbaden. In seinen wichtigsten Werken, den beiden Romanen „Theodor Chindler“ (1936) und „Franziska Scheler“ (1945), schildert er den Zerfall einer bürgerl. Familie. Krit. Auseinandersetzung mit Krieg, Kapitalismus, Sozialismus und Nationalsozialismus, mit Kunst und mit der modernen Form der Ehe.
Weitere Werke: Die Gedichte an Ophelia (1925), Prozeß ohne Richter (R., 1937), Phädra (Schsp., 1939), Die ewigen Gefühle (R., 1939), Die Schwestern Usedom (R., 1948), Du Land der Liebe (Autobiogr., 1952), Schöne Literatur und öffentl. Meinung (Essays, 1962).

Brentano, Bettina ↑ Arnim, Bettina von.

Brentano, Clemens, * Ehrenbreitstein 8. Sept. 1778, † Aschaffenburg 28. Juli 1842, dt. Dichter.
Sohn der Maximiliane La Roche, einer Jugend-

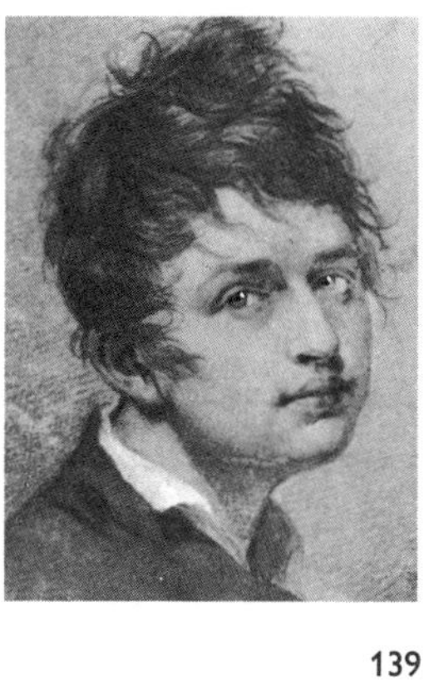
Clemens Brentano (Zeichnung von Wilhelm von Schadow)

freundin Goethes, Bruder der Bettina von Arnim, ⚭ mit S. Mereau. Studium in Halle und Jena, wo er mit F. Schlegel und Tieck bekannt wurde. Enge Freundschaft mit A. von Arnim, mit dem er in Heidelberg die berühmte Volksliedersammlung „Des Knaben Wunderhorn" (1806–08) herausgab. 1809–18 meist in Berlin, wo Luise Hensel seine Rückkehr zum kath. Glauben bewirkte. 1819–24 lebte er zurückgezogen in Dülmen bei Münster (Westf.) bei der stigmatisierten Nonne Anna Katharina Emmerick, deren Visionen er literar. frei verarbeitete. Nach ihrem Tod führte er ein unstetes Leben. B. war einer der bedeutendsten Dichter der Hochromantik. Er besaß eine überquellende Schöpferkraft, der jedoch, bedingt durch sein ruheloses Wesen und seine innere Widersprüchlichkeit, oft eine systemat. Bändigung fehlte. Sehnsüchtiges Verlangen und Weltschmerz, Sinnenlust und Enthaltsamkeit standen sich bei B. unmittelbar gegenüber. Er versuchte sich in fast allen literar. Gattungen; schuf mit dem „verwilderten" Roman „Godwi" (1801) die Form des romant. Romans, doch lag ihm die Großform weniger. Als meisterhafter Erzähler erwies er sich dagegen in den Novellen und in den teils neu-, teils nachgedichteten, schlicht-volkstüml. gehaltenen Märchen. Seine bedeutendsten Schöpfungen vollbrachte er auf dem Gebiet der Lyrik, in seinen durch persönl. Ausdrucksstärke, große Musikalität und Sprachbeherrschung ausgezeichneten Liedern und Gedichten. In seinen Dramen, in dem auf Wortwitz aufgebauten Lustspiel „Ponce de Leon" (1804) und in der myth. Tragödie „Die Gründung Prags" (1815) macht sich neben Shakespeare v.a. der Einfluß Calderóns bemerkbar.

Weitere Werke: Aus der Chronika eines fahrenden Schülers (1818), Geschichte vom braven Kasperl und dem schönen Annerl (E., 1838), Gockel, Hinkel, Gackeleia (Märchen, 1838), Romanzen vom Rosenkranz (vollständig hg. 1912).

Ausgaben: C. B. Histor.-krit. Ausg. der Werke u. Briefe. Hg. v. J. Behrens *u.a. Bad Homburg v.d.H. 1970ff. Auf 50 Bde. berechnet. – C. B. Werke. Hg. v.* F. Kemp. *Mchn. 1963–68. 4 Bde. – C. B. Sämtl. Werke. Hg. v.* C. Schüddekopf *u.a. Bd. 4; 5; 9; Tl. 2; 10–14. Mchn. 1909–17 [m.n.e.].*

Literatur: Migge, W.: *C. B. Leitmotive einer Existenz. Pfullingen 1968.* – Hoffmann, Werner: *C. B. Leben und Werk. Mchn. u. Bern 1966.* – Enzensberger, H. M.: *B.s Poetik. Mchn. ²1964.* – Pfeiffer-Belli, W.: *C. B. Ein romant. Dichterleben. Freib. 1947. – B.-Bibliogr. Hg. v.* O. Mallon. *Mchn. 1926. Nachdr. Hildesheim 1965.* – Brentano, L.: *C. B.s Liebesleben. Frkf. 1921. Nachdr. Bern 1969.* – Diel, J. B./Kreiten, W.: *C. B. Freib. 1877–78. 2 Bde.*

Bret Harte, Francis ↑ Harte, [Francis] Bret[t].

Breton, André [frz. brəˈtõ], * Tinchebray (Orne) 19. Febr. 1896, † Paris 28. Sept. 1966, frz. Schriftsteller.

Lernte während des Medizinstudiums Freud und dessen Lehre kennen, die auf sein literar. Schaffen nicht ohne Einfluß blieb; von den Symbolisten ausgehend, gelangte er in der dichter. Erforschung des Unbewußten zu eigener, in metaphernreicher Sprache gestalteter Aussage. Als Theoretiker und Programmatiker des Surrealismus gab er seine beiden berühmten Manifeste „Manifeste du surréalisme" (1924) und „Second manifeste du surréalisme" (1930) heraus. Nach Abkehr von der politisierenden Dichtung mit kommunist. Tendenz wandte er sich Problemen und Themen des Okkultismus zu.

Weitere Werke: Mont de piété (Ged., 1919), Nadja (Prosa, 1928; dt. 1960), L'air et l'eau (Ged., 1934), Arcane 17 (Ged., 1945), Entretiens (Essays, 1952), La clé des champs (1952), L'art magique (1956).

Literatur: Browder, C.: *A. B., arbiter of surrealism. Paris 1967.* – Carrouges, M.: *A. B. et les données fondamentales du surréalisme. Paris 1967.* – Bédouin, J.-L.: *A. B. Neuaufl. Paris 1963.*

Bretón de los Herreros, Manuel [span. breˈtɔn de los ɛˈrrɛrɔs], * Quel (Logroño) 19. Dez. 1796, † Madrid 8. Nov. 1873, span. Dichter.

Studierte in Madrid; 1837 Mitglied der span. Akademie; außerordentl. fruchtbarer und einflußreicher Dramatiker: schrieb, kaum 17 Jahre alt, in Prosa das Lustspiel „A la vejez, viruelas" und weitere (insgesamt etwa 200) Bühnenstücke, teils Originale (etwa 100, meist aus dem Madrider oder Volksleben), teils Bearbeitungen fremder (bes. frz.) Dramen, zum größten Teil in Versen; auch als Lyriker und als Satiriker ist B. de los H. bekannt.

Weitere Werke: A Madrid me vuelvo (Kom., 1828), Marcela o ¿cuál de los tres? (Kom., 1831), Muérete y verás (Kom., 1837).

Bretonne, Nicolas Restif de La ↑ Restif de La Bretonne, Nicolas.

Brettner, Hildur [schwed. ˈbrɛtnər] ↑ Dixelius, Hildur.

Breza, Tadeusz [poln. ˈbrɛza], * Siekierzyńce (Wolynien) 31. Dez. 1905, poln. Schriftsteller.

Entstammt dem Landadel, studierte Philosophie in Warschau und London, 1929–32 im diplomat. Dienst; während des Krieges und danach Tätigkeit am Theater, 1955–59 Kulturattaché in Rom. B. behandelt polit. und soziale Probleme der poln. Gesellschaft in der Vor- und Nachkriegszeit; Staatspreis 1962.

Hauptwerke: Das Gastmahl des Balthasar (R., dt. 1955), Das eherne Tor. Röm. Aufzeichnungen (dt. 1962), Audienz in Rom (R., dt. 1962).

Brězan, Jurij [sorb. ˈbriɛzan], * Räckelwitz (Kreis Kamenz) 9. Juni 1916, sorb. Schriftsteller.

Sohn eines Steinbrucharbeiters, 1937/38 in der Emigration (ČSR, Polen), 1938/39 in Dresden inhaftiert, Wehrdienst, seit 1949 freier Schriftsteller in Bautzen. Gilt als wichtigster Vertreter der sorb. Gegenwartsliteratur, schreibt auch in dt. Sprache. Verfasser von Romanen, Erzählungen, Gedichten, Dramen und Jugendbüchern. Sein Hauptwerk ist die zeitgeschichtl. interessante, autobiograph. bestimmte Romantrilogie „Der Gymnasiast" (1958), „Semester der verlorenen Zeit" (1960), „Mannesjahre" (1964).

Weitere Werke: Auf dem Rain wächst Korn (En. und Ged., 1951), 52 Wochen sind ein Jahr (R., 1953).

Březina, Otokar [tschech. ˈbrʒɛzina], eigtl. Václav Jebavý, * Počátky 13. Sept. 1868, † Jarmeritz 25. März 1929, tschech. Dichter.

Lehrer, bis etwa 1900 schriftsteller. tätig; B., der zu den führenden tschech. Symbolisten zählt (Einfluß v.a. Baudelaires), begann mit pessimist. Gedichten, doch kam er bald zu hymn. Lyrik,

in der er, beeinflußt v.a. von der Antike und der Mystik, alle Gegensätze auflöst und einen Zustand der absoluten Harmonie preist, der durch fortlaufende Evolution erreicht werden kann. Neben der Lyrik hat B. bed. Verdienste um den literar. Essay, den er – neben F. X. Salda – in die tschech. Literatur einführte. B.s Werke zeichnen sich durch Sprachmächtigkeit und Symbolreichtum aus, freie Rhythmen neben metr. und stroph. gegliederten Gedichten.
Hauptwerke: Winde von Mittag nach Mitternacht (Ged., 1897; dt. 1920), Baumeister am Tempel (Ged., 1899; dt. 1920), Hände (Ged., dt. 1908), Musik der Quellen (Essay, dt. 1923).

Brezovački, Tito [serbokroat. 'brɛzɔvatʃki:], * Agram 4. Jan. 1757, † ebd. 29. Okt. 1805, kroat. Schriftsteller.
Studierte u.a. Theologie, lebte als Pfarrer zuletzt in Agram. Bedeutendster Dramatiker seiner Zeit, schrieb im kajkav. Dialekt; verfaßte außer einem Legendendrama zwei Schauspiele, die Einflüsse des Wiener Volkstheaters und des rührenden Lustspiels der Aufklärung aufweisen; daneben lat. und volkssprachl. Dichtungen von geringerer Bedeutung.

Bridges, Robert Seymour [engl. 'brɪdʒɪz], * Walmer (Kent) 23. Okt. 1844, † Oxford 21. April 1930, engl. Dichter.
Medizinstudium, Arzt, später freier Schriftsteller, 1913 „poet laureate". Zu seiner Zeit sehr erfolgreicher Autor, verfaßte eine metr. Theorie, literaturwissenschaftl. Essays, Lyrik und Dramen. Sein Hauptwerk ist das Epos „The testament of beauty" (1929). Seine Dramen sind oft, bes. in den Chorpartien, von poet. Schönheit, insgesamt jedoch wenig bühnenwirksam. Bevorzugt bearbeitete B. antike Stoffe („The return of Ulysses", Dr., 1890). Seine Lyrik ist von klassizist. Ebenmaß.
Weitere Werke: Eros and Psyche (En., 1885), Achilles in Scyros (Schsp., 1890), John Keats (Essay, 1895).
Literatur: Guérard, A., jun.: *R. B. New York 1965.*

Bridie, James [engl. 'braɪdɪ], eigtl. Osborne Henry Mavor, * Glasgow 3. Jan. 1888, † Edinburgh 29. Jan. 1951, schott. Dramatiker.
Arzt, gründete das „Glasgow Citizens' Theatre". Mit dem Drama „The anatomist" (1931) und der Komödie „Tobias und der Engel" (dt. 1946) wurde er bekannt. Den größten Erfolg erzielte er mit „Daphne Laureola" (Kom., dt. 1950). Der Einfluß Shaws ist unverkennbar. B. bevorzugt bibl. Stoffe, die er anachronist. behandelt. Seine Stücke zeichnen sich durch Humor, groteske Situationskomik, geistreiche Dialoge und eine reizvolle Mischung von Phantasie und Realistik aus.
Weitere Werke: Jonas und der Walfisch (Dr., 1932; dt. 1960), Ein Seelsorger schläft (Dr., 1933; dt. 1956), Susanne im Bad (Dr., dt. 1947), Herr Bolfry (Dr., dt. 1947).

Brieux, Eugène [frz. bri'ø], * Paris 19. Jan. 1858, † Nizza 6. Dez. 1932, frz. Dramatiker.
Sohn eines Arbeiters, Autodidakt, Handlungsgehilfe, Journalist; Weltreisen; Mitglied der Académie française (1910); behandelte in naturalist.-krit. Dramen als nüchterner, integrer Beobachter soziale, moral. und sozialeth. Fragen der bürgerl. Gesellschaft.
Hauptwerke: Blanchette (Dr., 1892), Les trois filles de Monsieur Dupont (Dr., 1897), Le berceau (Dr., 1898), Die rote Robe (Dr., dt. 1901), Die Schiffbrüchigen (Dr., dt. 1903).

Brigadere, Anna, * Kalnmuižas (Tērvetes Bajlas) 1. Okt. 1861, † Tērvetes Sprīdīšos 25. Juni 1933, lett. Dichterin.
In ihrer anfangs realist., später durch Neuromantik und Impressionismus beeinflußten Dichtung gestaltete sie Stoffe der Volksüberlieferung. Ihre bedeutendsten Werke sind Märchendramen, daneben schrieb sie erzählende Werke und Lyrik.
Hauptwerk: Der Däumling (Dr., dt. 1922).

Brillat-Savarin, Jean Anthelme [frz. brijasava'rɛ̃], * Belley (Ain) 1. April 1755, † Paris 2. Febr. 1826, frz. Schriftsteller.
Abgeordneter der konstituierenden Versammlung, danach zeitweilig im Exil (USA); Rat des Kassationsgerichtshofes; machte sich literar. einen Namen v.a. durch seine „Physiologie des Geschmacks" (1825, dt. 1865), ein geistvoll geschriebenes Lehrbuch der zeitgenöss. Gastronomie und der Tafelfreuden.

Brincken, Gertrud von den, verh. Schmied-Kowarzik, * Gut Brinck-Pedwahlen bei Mitau (Lettland) 18. April 1892, dt.-balt. Schriftstellerin.
Lebt in Regensburg; schrieb neben Lyrik heimatverbundene Erzählungen und Romane.
Hauptwerke: Lieder und Balladen (1918), Aus Tag und Traum (Ged., 1920), Herbst auf Herrenhöfen (R., 1939), Unsterbl. Wälder (R., 1941), Niemand (R., 1943), Aina (E., 1959), Abschied (Ged. und Prosa, 1961).

Brinckman, John, * Rostock 3. Juli 1814, † Güstrow 20. Sept. 1870, plattdt. Lyriker und Erzähler.
Jura- und Philologiestudium, 1839 aus polit. Gründen Flucht nach New York, 1842 Rückkehr, Lehrer. Neben F. Reuter hervorragendster Vertreter der mecklenburg. Literatur. Schrieb Seemannslieder, Kinderreime, humorvolle Erzählungen aus dem Seefahrer- und Kaufmannsmilieu, Tierfabeln.
Hauptwerke: Kaspar-Ohm un ick (En., 1855 und 1868), Vagel Grip (Ged., 1859).
Ausgaben: J. B. Werke. Hg. v. K. Batt *u.* H. Ehlers. *Rostock* *2*1968. 2 Bde. – J. B. Plattdt. Werke. Hg. v. der Arbeitsgruppe der Plattdt. Gilde zu Rostock. Wolgast u.a. 1924–34. 7 Bde.*
Literatur: Festschr. zum 150. Geburtstag v. J. B. Güstrow 1964. – Schmidt, Wilhelm: *J. B. Rostock 1914.* – Rust, W.: *J. B.s hoch- u. niederdt. Dichtungen. Bln. 1913.*

Brink, Jan ten [niederl. brɪŋk], * Appingedam 15. Juni 1834, † Leiden 19. Juli 1901, niederl. Literarhistoriker und Schriftsteller.
Professor für niederl. Literatur an der Universität Leiden; schrieb neben literarhistor. Arbeiten Biographien, Novellen und Romane, die z.T. gute Charakterzeichnungen aufweisen.
Hauptwerke: Ostind. Damen und Herren (Novellen, dt. 1868), Der Schwiegersohn der Frau von Roggeveen (R., dt. 1876), Het verloren kind (R., 1879), De familie Muller-Belmonte (R., 1879 f.).

Britting, Georg, * Regensburg 17. Febr. 1891, † München 27. April 1964, dt. Schriftsteller.
Teilnahme am 1. Weltkrieg, seit 1920 freier Schriftsteller in München; mehrfach Literatur-

preise, zahlreiche Reisen. B. ist v.a. Lyriker und Erzähler, Höhepunkt seiner Erzählkunst ist der humorist.-eigenwillige Roman „Lebenslauf eines dicken Mannes, der Hamlet hieß" (1932). Überschäumende Lebensfülle und Landschaftserlebnis kommen in seiner Lyrik zum Ausdruck. Im Spätwerk bevorzugt er die strenge Form: Ode, Sonett. Mithg. der „Lyrik des Abendlandes" (1948).
Weitere Werke: Das treue Eheweib (En., 1934), Der ird. Tag (Ged., 1935), Der bekränzte Weiher (En., 1937), Der Schneckenweg (En., 1941), Lob des Weines (Ged., 1944), Die Begegnung (Ged., 1947), Afrikan. Elegie (E., 1953), Der unverstörte Kalender (Ged., hg. 1965), Anfang und Ende (Erzähltes und Dramat. aus dem Nachlaß, 1967).
Ausgabe: G. B. Gesamtausg. in Einzelbden. Mchn. 1957–67. 8 Bde.
Literatur: G. B. Der Dichter u. sein Werk. Bearb. v. K. Dachs *u.a. Vorwort v.* C. Hohoff *u. 8 zum ersten Mal veröffentlichte Briefe. Mchn. 1967.* – Bode, D.: *G. B. Gesch. seines Werkes. Stuttg. 1962.*

Brizeux, Auguste [frz. bri'zø], * Lorient 12. Sept. 1803, † Montpellier 3. Mai 1858, frz. Dichter.
Wuchs in der Bretagne auf, wohin er auch später zeitweilig zurückkehrte; Italienreise zusammen mit Auguste Barbier. B. besang seine Jugendgeliebte in der Idylle „Marie" (1831) und seine breton. Heimat in den Dichtungen „Primel et Nola" (1842) und „Les Bretons" (Epos, 1845), einem umfassenden Bild breton. Volkslebens; auch Übersetzer Dantes.

Brjussow, Waleri Jakowlewitsch; tl.: Brjusov, Valerij Jakovlevič [russ. 'brjusɐf], * Moskau 13. Dez. 1873, † ebd. 9. Okt. 1924, russ. Dichter.
Aus wohlhabender Kaufmannsfamilie; entwickelte, seiner Erziehung nach den Prinzipien eines radikalen Materialismus entsprechend, früh sozialist. Neigungen und wurde später Mitglied der KP. Außerordentl. Sprachbegabung und sicheres Formgefühl bestimmten die Richtung seines Schaffens. Für seine Lyrik, die den frz. Parnassiens richtungweisende Anregungen verdankt, waren formale und ästhet. Probleme wesentlicher als weltanschaul. Fragen. Seine Verskunst ist weniger musikal. als plast. Von bes. Bedeutung ist B.s Großstadtlyrik. B., der als wegweisender Formkünstler Führer der russ. Symbolisten wurde, schrieb auch histor. Romane und hinterließ ein umfangreiches Übersetzungswerk, er übertrug u.a. Vergil, Dante, Goethe, Poe und Verlaine.
Hauptwerke: Chefs-d'œuvre (Ged., 1895), Tertia vigilia (Ged., 1901), Urbi et orbi (Ged., 1903), Der feurige Engel (R., dt. 1909), Erduntergang (Schsp., dt. 1909), Die Republik des Südkreuzes (En., dt. 1964).
Literatur: Schmidt, Alexander: *Valerij Brjusovs Beitrag zur Literaturtheorie. Aus der Gesch. des russ. Symbolismus. Mchn. 1963.*

Brlić-Mažuranić, Ivana [serbokroat. 'br̥litɕma,ʒuranitɕ], * Ogulin 18. April 1874, † Agram 21. Sept. 1938, kroat. Schriftstellerin.
Erste moderne Kinderschriftstellerin ihrer Heimat; empfing viele Anregungen aus der slaw. Mythologie und den Volksmärchen.

Brocchi, Virgilio [italien. 'brɔkki], * Orvinio (Rieti) 19. Jan. 1876, † Genua-Nervi 7. April 1961, italien. Schriftsteller.
Gymnasiallehrer, später freier Schriftsteller; schrieb über 50 naturalist.-soziale Romane unter dem Einfluß Zolas, u.a. „La gironda" (1909), „I romanzi dell'isola sonante" (R.-Zyklus, 1911 ff.), „Il destino in pugno" (1923), „Il tramonto delle stelle" (1938), „Il suggello di Satana" (1948).

Broch, Hermann, * Wien 1. Nov. 1886, † New Haven (Conn.) 30. Mai 1951, östr. Dichter.
Textilhochschule, bis 1927 Leiter der väterl. Textilfabrik, 1928–31 Studium der Mathematik, Philosophie und Psychologie, dann freier Schriftsteller. Bei der Besetzung Österreichs 1938 verhaftet, nach Freilassung emigrierte er in die USA, Professor in New Haven. Als einer der ersten in der dt. Literatur sprengte er die traditionelle Erzählweise, verwendet er neue Stilmittel (innerer

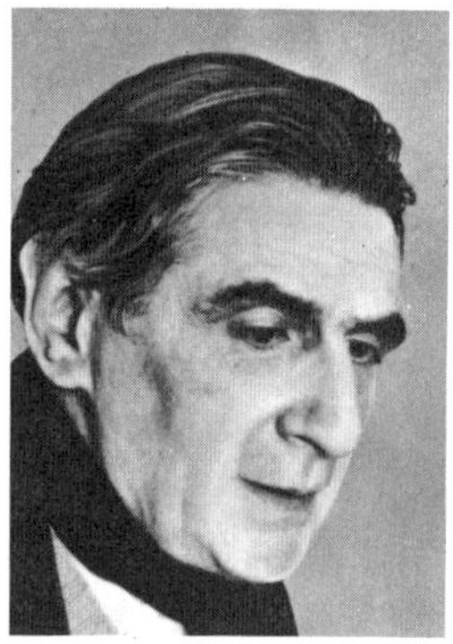

Hermann Broch

Monolog, Wechsel der Ausdrucksformen je nach Gegenstand), bezieht er wissenschaftl. Erkenntnisse, Reflexionen und Träume in seine Dichtung ein, geht er von der Prosa in Lyrik über. Theoret. setzt er sich in Essays mit der neuen Dichtung auseinander („James Joyce und die Gegenwart", 1936). In der Romantrilogie „Die Schlafwandler" (1931/32) macht er den Werte- und Persönlichkeitszerfall deutlich. In dem Roman „Der Versucher" (1953) wird eine scheinbar heile Gemeinschaft, gehalten von einem erstarrten Christentum, durch den Einbruch von Dämonen zu Massenwahn und Ritualmord getrieben (Deutung der Hitler-Zeit). B.s Haupt- und Meisterwerk ist der Roman „Der Tod des Vergil" (1947): Der sterbende Vergil ahnt, daß einer kommen wird, der sich selbst zum Opfer bringt. Beginnend mit der äußersten Realitätsebene, verschmelzen Handlung, Gedanke, Geschichte und Mythos miteinander. Der Ganzheitsschau entsprechend weitet sich die Sprache von beschreibender, reflektierender Prosa zu hymn. Lyrik von überströmendem Reichtum. Durch mag. Wort- und Satzassoziationen verbunden, stehen stat. und dynam. Sprachelemente, Gedanke und Dichtung, Vers und Prosa nebeneinander.
Weitere Werke: Die unbekannte Größe (R., 1933), Die Entsühnung (UA u. d. T. Denn sie wissen nicht, was sie tun, Dr., 1934), Die Schuldlosen (R., 1950).
Ausgabe: H. B. Ges. Werke in zehn Bden. Frkf. Neuaufl. 1967.

Literatur: Bachmann, D.: *B. In:* Bachmann: *Essay u. Essayismus. Stuttg. 1969.* – Durzak, M.: *H. B. Der Dichter u. seine Zeit. Stuttg. 1968.* – Steinecke, H.: *H. B. u. der polyhistor. Roman. Studien zur Theorie u. Technik eines Romantyps der Moderne. Bonn 1968.* – Koebner, Th.: *H. B. Leben u. Werk. Mchn. u. Bern 1965.* – Somm, W.: *H. B. Geist, Prophetie u. Mystik. Freiburg (Schweiz) 1965.*

Brockes, Barthold Hinrich, * Hamburg 22. Sept. 1680, † ebd. 16. Jan. 1747, dt. Dichter.
Jurastudium, Bildungsreisen durch europ. Länder. Senator, mehrere diplomat. Missionen in europ. Hauptstädte, Amtmann. Gründete 1714 die „Teutschübende Gesellschaft" (seit 1716 „Patriot. Gesellschaft"). Begann mit galanten Gedichten im Stil Marinos, strebte unter dem Einfluß von Pope und Thomson, die er übersetzte, nach einfacher, klarer Darstellung. Von Bedeutung ist die Entwicklung des Naturgefühls in seiner Lyrik. Händel komponierte einige Oratorien nach Texten von B. Sein Hauptwerk ist die Versdichtung „Ird. Vergnügen in Gott" (1721–48), eine dichter. Umsetzung der Theodizee von Leibniz, in der auch das Kleinste und Einfachste Beachtung und Eingang in die Kunst findet, geschrieben für die Gesellschaft zwischen Barock und Aufklärung.
Literatur: Löffelholz, F.: *Wirklichkeitserlebnis u. Gottesvorstellung in B. H. B.' „Ird. Vergnügen in Gott". Diss. Frkf. 1955 [Masch.].* – Brandl, A.: *B. H. B. Innsbruck 1878.*

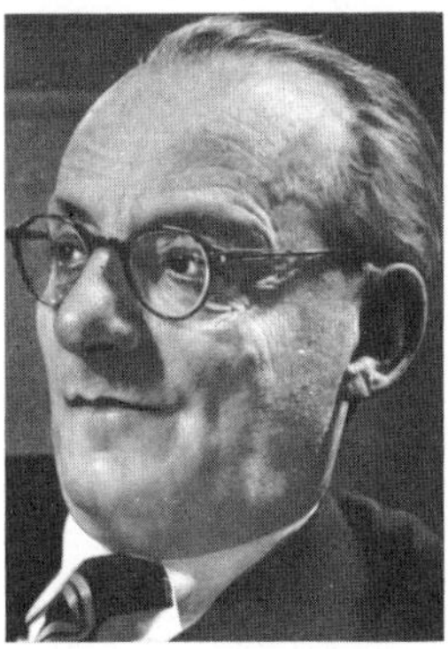
Max Brod

Brod, Max, * Prag 27. Mai 1884, † Tel Aviv-Jaffa 20. Dez. 1968, östr.-israel. Schriftsteller.
Dr. jur.; zeitweilig Beamter, später Theater- und Musikkritiker, Zionist, emigrierte 1939 nach Tel Aviv, dort Dramaturg; Freund Kafkas, dessen Werk er postum herausgab. Vielseitiger Schriftsteller mit weitgespanntem Themenkreis: kulturphilosoph. Essays, histor. Romane, Novellen, z.T. autobiograph. Inhalts, Liebesromane unterschiedl. Qualität, religiöse Dichtung. Als Hauptwerk gilt der Roman „Tycho Brahes Weg zu Gott" (1916), der 1. Teil der Romantrilogie „Kampf um Wahrheit" (2. und 3. Teil.: „Rëubeni, Fürst der Juden", 1925; „Galilei in Gefangenschaft", 1948); bed. Abhandlungen („Heidentum, Christentum, Judentum", 1921; „Diesseits und Jenseits", 1947); B. trat auch als Lyriker hervor.
Weitere Werke: Die Frau, die nicht enttäuscht (R., 1933), H. Heine (Monogr., 1934), F. Kafka (Biogr., 1937), Der Meister (R., 1952), Das Schloß (Dr. nach Kafka, 1953), Armer Cicero (R., 1955), Mira (R., 1958), Streitbares Leben (Autobiogr., 1960, erweitert 1969), Die Rosenkoralle (E., 1961), Johannes Reuchlin und sein Kampf (Monogr., 1965), Das Unzerstörbare (1968), Von der Unsterblichkeit der Seele (1969).
Literatur: M. B. (1884–1968). Ein Gedenkb. Hg. v. H. Gold. *Tel Aviv 1969.* – Wessling, B. W.: *M. B. Ein Portrait. Stuttg. 1969. – Dichter, Denker, Helfer. M. B. zum 50. Geburtstag. Hg. v.* Felix Weltsch. *Mährisch-Ostrau 1934.*

Bródy, Sándor [ungar. 'bro:di], * Erlau 23. Juli 1863, † Budapest 12. Aug. 1924, ungar. Schriftsteller und Journalist.
Sein umfangreiches naturalist. Erzählwerk ist von unterschiedl. Wert. B. gab, oft wenig auf künstler. Niveau bedacht, in erzählenden und dramat. Werken ein Bild des Budapester Alltagslebens. Die Vorzüge seiner besten Werke zeigen sich in der lebensvollen Darstellung der Zeitereignisse vom Standpunkt des krit. Chronisten und in der Behandlung aktueller sozialer Fragen in seinen Dramen (u.a. „Die Lehrerin", dt. 1909).
Weitere Werke: Ein ärztl. Faust (R., dt. 1893), Der Held des Tages (R., dt. 1913).

Brodziński, Kazimierz [poln. brɔ'dʑĩi̯ski], * Królówka (Galizien) 8. März 1791, † Dresden 10. Okt. 1835, poln. Dichter.
War früh mit der zeitgenöss. dt. Literatur vertraut; Soldat unter Napoleon, später Professor für Literatur und Ästhetik; unternahm mehrere ausgedehnte Kur- und Studienreisen. B. stand bes. unter dem Einfluß Herders; bed. Kritiker; in patriot. Elegien Vorbereiter der Romantik; Ablehnung des poln. Pseudoklassizismus; Nachwirkung der Empfindsamkeit in der bäuerl. Idylle „Wiesław" (1820, dt. 1867); wichtig als Übersetzer, u.a. aus dem Deutschen.

Broekhuizen, Johan van [niederl. 'bru:khœÿzə], latin. Janus Broukhusius, * Amsterdam 20. Nov. 1649, † Amstelveen 15. Dez. 1707, niederl. Dichter.
Schrieb in nlat. Sprache Gedichte, v.a. in der Art des Tibull und des Properz; nur wenige Gedichte in niederl. Sprache, Nachahmer Hoofts.
Hauptwerke: Gedichten (1677), Carmina (1684), Poemata (1711).

Brofeldt, Johannes [schwed. 'bru:fɛlt] † Aho, Juhani.

Bröger, Karl, * Nürnberg 10. März 1886, † Erlangen 4. Mai 1944, dt. Lyriker und Erzähler.
Arbeiter, Kaufmannslehrling, sozialdemokrat. Journalist, freier Schriftsteller; Verwundung im 1. Weltkrieg, Führer in der Jugendbewegung; wandelte sich vom sozialist. Pazifisten zum Nationalisten; vom Nationalsozialismus erhoffte er die Beseitigung der Klassengegensätze. Themen seiner Dichtung sind das Erlebnis des Krieges und die Welt des Arbeiters. „Der Held im Schatten" (1919) ist der autobiograph. Bericht seines Aufstiegs aus dem Proletariat.
Weitere Werke: Kamerad, als wir marschiert (Ged., 1916), Die 14 Nothelfer (Legenden, 1920), Tod an der Wolga (Weihespiel, 1923), Nürnberg (R., 1935), Geschichten vom Reservisten Anzinger (1939).

Broke (Brooke), Arthur [engl. brʊk], † 1563 (Schiffsunglück im Kanal), engl. Übersetzer und Schriftsteller.
Verfasser der Versübersetzung „The tragicall historye of Romeus and Julieit" (1562) nach Bellefôrests „Histoire tragique" (zurückgehend auf eine Novelle Matteo Bandellos). B. änderte das Original ab, u.a. erfand er die Gestalt der Amme. B.s Übersetzung diente Shakespeare als Hauptquelle für sein Drama „Romeo und Julia".
Brome, Richard [engl. bru:m], † London (?) 1652, engl. Dramatiker.
Diener, Freund und Schüler Ben Jonsons; Fortsetzer der elisabethan. Tradition, bis 1642 die engl. Theater durch das Parlament geschlossen wurden; B.s bestes Stück, das romant. Intrigenstück „A jovial crew, or the merry beggars", wurde als letztes Stück aufgeführt. B. zeichnete in seinen über 20, z.T. mit anderen verfaßten Bühnenstücken anschaul., realist. Kulturbilder aus dem damaligen London.
Weitere Werke: The northern lass (Dr., 1632), The sparagus garden (Kom., 1640), The antipodes (Dr., 1640), City wit (Dr., 1653).

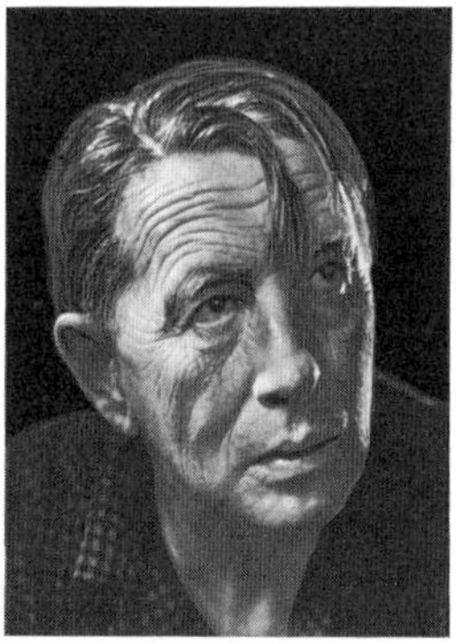

Louis Bromfield

Bromfield, Louis [engl. 'brɔmfi:ld], * Mansfield (Ohio) 27. Dez. 1896, † Columbus (Ohio) 18. März 1956, amerikan. Schriftsteller.
Sohn eines Farmers; studierte zunächst Landwirtschaft, dann Philologie und Philosophie; Teilnahme am 1. Weltkrieg, danach u.a. Journalist, später freier Schriftsteller. Verfasser erfolgreicher Indienromane, deren bedeutendster „Der große Regen" (dt. 1939) ist, und vielgelesener Gesellschafts- und Frauenromane.
Weitere Werke: Das Leben der Lily Shane (R., 1924; dt. 1954), Die Besessenen (R., 1925; dt. 1957), Olivia Pentland (R., dt. 1932), Welch eine Frau (R., 1927; dt. 1956), Traum in Louisiana (R., dt. 1943).
Literatur: Anderson, D. L.: *L. B. New York 1963.* – Brown, M.: *L. B. and his books: An evaluation. London 1956.*
Broniewski, Władysław [poln. brɔ'njɛfski], * Płock 17. Dez. 1898, † Warschau 10. Febr. 1962, poln. Dichter.
Stand in den 20er Jahren kommunist. Kreisen nahe und galt später als maßgebender marxist. Dichter; gehörte zur futurist. Skamander-Gruppe; Einflüsse von Majakowski und Jessenin; schrieb neben revolutionärer Lyrik und Kriegsgedichten zarte Liebeslyrik. In dt. Übersetzung liegen vor: „Hoffnung" (Ged., dt. 1953), „Pariser Kommune" (Poem, 1929; dt. 1955).
Literatur: Rechtsiegel, E.: *Die poet. Funktion der Wortverbindungen in der Sprache Wladislaw B.s. Bln. 1968.*
Bronnen, Arnolt, eigtl. Arnold Bronner, Pseudonym A. H. Schelle-Noetzel, * Wien 19. Aug. 1895, † Berlin 12. Okt. 1959, östr. Schriftsteller.
Studium in Wien, Kriegsteilnehmer, gehörte mit Brecht und Bruckner zu den Bühnenavantgardisten im Berlin der 20er Jahre, wechselte 1929 von der Linken zur äußersten Rechten über, nach 1945 Kommunist, zuletzt Theaterkritiker in Berlin (Ost). Seine expressionist. Dramen zeigen Bühnensicherheit, reiche Phantasie, überhitzte Sprache und grelle Effekte. Seine Bühnenexperimente waren umstritten, seine krasse Darstellung erot. Themen löste literar. Skandale aus. In seinem ep. Werk war B. weniger extrem.
Hauptwerke: Vatermord (Dr., 1920), Die Geburt der Jugend (Dr., 1922), Die Exzesse (Lsp., 1923), Anarchie in Sillian (Dr., 1924), arnolt bronnen gibt zu protokoll (Autobiogr., 1948), Aisopos (R., 1956).
Bronner, Arnold † Bronnen, Arnolt.
Bronner, Franz Xaver, * Höchstädt a. d. Donau 23. Dez. 1758, † Aarau 12. Aug. 1850, schweizer. Dichter.
Benediktinernovize, floh nach Zürich, war längere Zeit Lehrer, dann Bibliothekar; schrieb in der Art Geßners empfindsame Idyllen aus dem Fischerleben.
Hauptwerke: Fischergedichte und Erzählungen (1787), Neue Fischergedichte und Erzählungen (1794), Leben, von ihm selbst beschrieben (1795 bis 1797), Lustfahrten ins Idyllenland (1833).
Literatur: Radspieler, H.: *F. X. B. Leben u. Werk 1794–1850. Aarau 1967.*
Brontë, Anne [engl. 'brɔntɪ], Pseudonym Acton Bell, * Thornton (York) 17. Jan. 1820, † Scarborough (York) 28. Mai 1849, engl. Dichterin.
Tochter eines nach England ausgewanderten ir. Geistlichen; jüngste der Brontë-Schwestern; erhielt eine wenig systemat. Erziehung. Trug einige Gedichte zur Lyrikanthologie ihrer Schwestern bei; ihr Hauptwerk ist „Agnes Grey" (R., 1847).
Literatur: Gérin, W.: *A. B. London 1959.*
Brontë, Charlotte [engl. 'brɔntɪ], Pseudonym Currer Bell, * Thornton (York) 21. April 1816, † Haworth (York) 31. März 1855, engl. Schriftstellerin.
Älteste der Brontë-Schwestern, der die Fürsorge für ihre jüngeren Geschwister zufiel; arbeitete als Gouvernante und Internatslehrerin und stand, im Ggs. zu ihren Schwestern, zeitweise in lockerer Verbindung zu den literar. Kreisen Londons. Sie betrieb die Herausgabe der 1845 pseudonym erschienenen Gedichtsammlung mit eigenen Beiträgen und Gedichten ihrer Schwestern. Als Verfasserin vielgelesener Romane war Charlotte B. erfolgreicher. Die Veröffentlichung von „Jane Eyre" (dt. 1850), einem Liebesroman mit z.T. autobiograph. Elementen, machte sie berühmt. Ihr Roman „Shirley" (dt. 1850) ist wegen seines teils kulturhistor., teils sozialkrit. Inhalts bemerkenswert.
Weitere Werke: Villette (R., dt. 1853), The professor (Nov., hg. 1857).

Literatur: Martin, R. B.: *The accents of persuasion. Ch. B.s novels. London 1966.*

Brontë, Emily Jane [engl. 'brɔntɪ], Pseudonym Ellis Bell, * Thornton (York) 20. Aug. 1818, † Haworth (York) 19. Dez. 1848, engl. Schriftstellerin.
Verbrachte – wie ihre Schwester Anne B. – ihr Leben meist im Haus des Vaters. In ihrem Hauptwerk, dem Roman „Sturmhöhe" (dt. 1851), schildert sie die dämon. Haßliebe, die zwei tieffühlende, unausgeglichene Charaktere verbindet. Bed. die Rolle der rauhen, oft gespenst. Moor- und Heidelandschaft Yorkshires, in der Emily B. aufwuchs. Nachwirkungen der Schauerromantik durch psycholog. Charakteranalyse verfeinert.
Literatur: Spark, M./Stanford, D.: *E. B., her life and work. London 1966.*

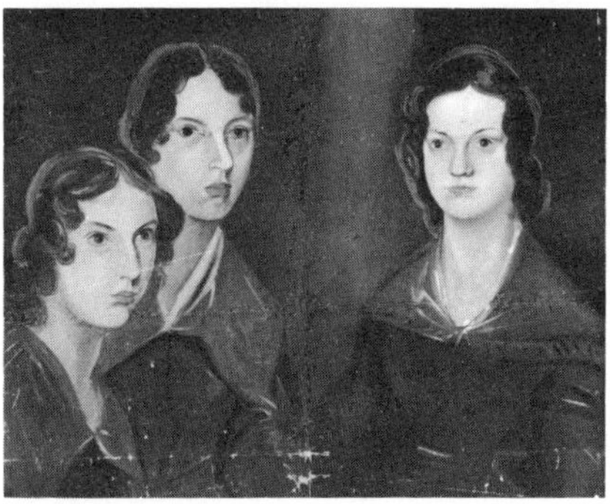

Die Schwestern Charlotte, Anne und Emily Jane Brontë (Gemälde von P. B. Brontë)

Brooke, Arthur [engl. brʊk] ↑ Broke, Arthur.

Brooke, Henry [engl. brʊk], * Rantavan bei Virginia (Cavan, Irland) um 1703, † Dublin 10. Okt. 1783, ir. Schriftsteller und Dramatiker.
Sohn eines Geistlichen, Jurastudium in Dublin; seit 1724 in London, mit Pope, Lord Lyttleton, Garrick und Swift befreundet. Sein Hauptwerk ist „The fool of quality" (1766–70), ein stark moralisierender Erziehungsroman mit viel gefühlsreichem Humor.
Weitere Werke: Universal beauty (Ged., 1728), Gustavus Vasa (Dr., 1739).

Brooke, Rupert Chawner [engl. brʊk], * Rugby (Warwick) 3. Aug. 1887, † auf Skiros bei Euböa 23. April 1915, engl. Dichter.
Studium in Cambridge, Reisen nach Amerika, Neuseeland und in die Südsee. Idealisiert in Gedichten wie „The great lover" u. a. die Trivialitäten des Alltags; stand den „Georgian poets" nahe, plante mit Harold Monro eine Anthologie der „Georgian poetry". Stark patriot. gestimmte Lyrik; sein Sonett „The soldier" wurde zum klass. engl. Gedicht des 1. Weltkrieges.
Weitere Werke: The bastille (Ged., 1905), Lithuania (Dr., 1905), Puritanism in the early English drama (Essay, 1901), John Webster and the Elizabethan drama (Essay, 1916).
Literatur: Hassall, Ch.: *R. B. A biography. London 1964.* – Urmitzer, K.: *R. B. Diss. Bonn 1935.*

Brophy, Brigid [engl. 'broʊfɪ], * London 12. Juni 1929, engl. Schriftstellerin.
Studierte Altphilologie und Musikwissenschaft; schreibt Essays, Kritiken und Romane sowie Schauspiele.
Hauptwerke: Der Schneeball (R., dt. 1966), Der Einbrecher (Kom., dt. EA 1969).

Brosbøll, Carl [dän. 'brɔsbøl], Pseudonym Carit Etlar, * Fredericia 7. Aug. 1816, † Gentofte bei Kopenhagen 9. Mai 1900, dän. Schriftsteller.
Schrieb zahlreiche spannende histor. Romane und Novellen, auch Erzählungen aus dem jüt. Volksleben ohne höhere literar. Ansprüche.
Hauptwerke: Madsalune (R., 1841), Gøngehøvdingen (R., 1853), Dronningens Vagtmester (R., 1895).

Broszkiewicz, Jerzy [poln. brɔʃ'kjɛvitʃ], * Lemberg 6. Juni 1922, poln. Schriftsteller.
Studierte an der Musikakademie; nach dem 2. Weltkrieg Hg. verschiedener Zeitschriften, seit 1959 Chefdramaturg am Volkstheater in Nowa Huta; schrieb Romane und seit 1950 v. a. Theaterstücke (u. a. „Zwei Abenteuer des Lemuel Gulliver", dt. 1967, eine Travestie des Swiftschen Stoffes über das Problem der Macht; „Lullek", Dr., UA 1960; „Das Ende des 6. Buches", Dr., dt. 1964).

Broughton, Rhoda [engl. brɔ:tn], * Denbigh (Wales) 29. Nov. 1840, † Headington Hill bei Oxford 5. Juni 1920, engl. Romanschriftstellerin.
Tochter eines Geistlichen; ihre beiden ersten Romane, „Cometh up as a flower" (1867) und „Not wisely but too well" (1867), galten damals aufgrund freimütiger Schilderungen ländl. Sitten als sehr gewagt. B. gibt anschaul. Bilder des Landlebens während des späten 19. Jh.s. Großes Einfühlungsvermögen in die weibl. Psyche.
Weitere Werke: Red as a rose is she (R., 1870), Belinda (R., 1883), Mrs. Bligh (R., 1892), The devil and the deep sea (R., 1910).

Brousek, Antonín [tschech. 'broụsɛk], * Prag 25. Sept. 1941, tschech. Lyriker.
Nach abgebrochenem Studium Bauarbeiter, Verlags- und Rundfunkredakteur; schrieb neben einigen Aufsätzen v. a. Gedichte, von denen zwei Bände erschienen sind; verwendet in seinen Gedichten eine musikal. Sprache mit unkonventioneller Bildhaftigkeit.

Browka, Pjotr Ustinowitsch; tl.: Brovka, Petr Ustinovič [russ. 'brɔfkɐ], * Putilkowitschi (Gebiet Polozk, Weißrußland) 25. Juli 1905, weißruss.-sowjet. Dichter.
Trat früh für die kommunist. Ideen ein. Seine lyr.-stimmungsvollen frühen Gedichte werden von der sowjet. Kritik weniger geschätzt als die patriot. und aktuellen Versdichtungen und Prosaerzählungen seiner späteren Zeit, die sich mit den wesentl. Problemen des Kommunismus im Sinne des sozialist. Realismus auseinandersetzen.

Brown, Charles Brockden [engl. braʊn], * Philadelphia 17. Jan. 1771, † ebd. 22. Febr. 1810, amerikan. Schriftsteller.
Kurze Laufbahn als Rechtsanwalt, lebte dann als erster amerikan. Berufsschriftsteller und Journalist in New York und Philadelphia; kam hier mit den neuesten europ. literar. Strömungen in Berührung. Bekannt u. a. durch Kritiken und Essays, v. a. als Verfasser von Schauerromanen im Anschluß an engl. Vorbilder. Als Hauptwerk gilt

„Wieland“ (R., 1798) mit Darstellung religiöser Wahnvorstellungen; bedeutsame Rolle des amerikan. Lokalkolorits. Anerkennung durch Shelley, Cooper, Poe, Hawthorne und andere.
Weiteres Werk: Arthur Mervyn (R., 1799/80).
Literatur: Clark, D. L.: *Ch. B. B., pioneer voice of America. Durham (N.C.) 1952.* – Dunlap, W.: *The life of Ch. B. Philadelphia 1815. 2 Bde.*

Brown, John [engl. braʊn], * Biggar (Schottland) 22. Sept. 1810, † Edinburgh 11. Mai 1882, schott. Essayist.
Ereignisloses Leben als Arzt; Freund Thackerays, Gegner von Dickens. Verfasser humorvoller Essays von hohem stilist. Niveau, die gesammelt u. d. T. „Horae subsecivae“ (1858ff.) erschienen.

Brown, Thomas Edward [engl. braʊn], * Douglas (Insel Man) 5. Mai 1830, † Clifton bei Bristol 30. Okt. 1897, engl. Dichter.
Schrieb volkstüml. erzählende Gedichte im Manx-Dialekt, die, oft in emotionalem Stil, ein getreues Bild seiner Heimat vermitteln.

Browne, Thomas Alexander [engl. braʊn] † Boldrewood, Rolf.

Browne, William [engl. braʊn], * Tavistock (Devon) 1591 (?), † Oxford 1643 (?), engl. Dichter.
In Oxford ausgebildeter Jurist. Schrieb in Anlehnung an den Stil Spensers graziöse Schäferdichtung, die sich durch getreue Wiedergabe des in der Natur Beobachteten auszeichnet; er wirkte auf Milton und Keats.
Hauptwerk: Britannia's pastorals (1613ff.).

Browning, Elizabeth Barrett [engl. 'braʊnɪŋ], geb. Barrett, * Coxhoe Hall (Durham) 6. März 1806, † Florenz 29. Juni 1861, engl. Dichterin.
Führte in der Jugend, an einer Rückgratverletzung leidend, ein abgeschlossenes Leben im streng patriarchal. Haushalt des Vaters; lebte den Büchern, lernte u.a. Griech. und Hebräisch. Seel. Erschütterung durch den Tod ihres Lieblingsbruders, seitdem verstärkte Neigung zur Melancholie. Gesundung nach heiml. Heirat und anschließender Flucht nach Italien mit Robert B. Als bedeutendstes Werk gelten die – nach einer ersten dt. Übersetzung (1903) – von Rilke 1908 z.T. neu übertragenen „Sonette aus dem Portugiesischen“ (1847), in denen sie ihrer Liebe zu Robert B. Ausdruck gibt. Die Sonette sind von großer Leidenschaftlichkeit, außerordentl. Reife und hoher dichter. Qualität. Ihre weiteren Dichtungen sind von unterschiedl. Wert. Seinerzeit war „Aurora Leigh“ (1857, dt. 1907) bes. geschätzt. Seit Beginn ihres Italienaufenthalts begeisterte sich Elizabeth Barrett B. für den Freiheitswillen der polit. Führer ihres Gastlands; zunehmendes soziales Interesse, das u.a. in „The cry of the children“ (Ged., 1841) deutlich wird.
Literatur: Barnes, W.: *A bibliography of E. B. B. Austin 1968.* – Hayter, A.: *Mrs. B. New York 1963.* – Taplin, G. B.: *The life of E. B. B. New Haven (Conn.) 1957.* – Kessel, E.: *E. B. B. Die Gesch. einer großen Liebe. Bln. 1939.*

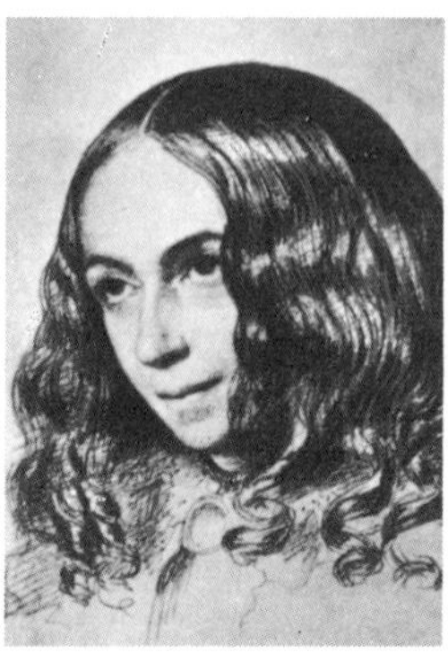
Elizabeth Barrett Browning

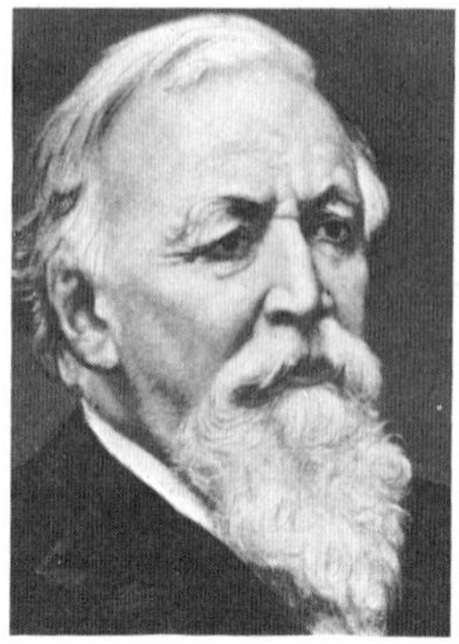
Robert Browning

Browning, Robert [engl. 'braʊnɪŋ], * Camberwell (heute zu London) 7. Mai 1812, † Venedig 12. Dez. 1889, engl. Dichter.
Mit Ausnahme eines Studiums der griech. Sprache unsystemat., aber ungewöhnl. umfassende Bildung, z.T. unter Anleitung des Vaters, eines wohlhabenden Bankbeamten, der auch die Frühwerke des Sohnes auf eigene Kosten erscheinen ließ. B. lebte bis zum Tod seiner Frau Elizabeth Barrett B. in Italien; danach Rückkehr nach England; empfing dort hohe Ehrungen; starb bei einem Besuch bei seinem Sohn in Venedig. B.s Frühwerke zeigen den Einfluß von Shelley, bes. die Verserzählung „Pauline“ (1833); der Mißerfolg dieser Bekenntnisdichtung war einer der Gründe für seine Bemühung um Objektivität und für die spätere Bevorzugung des dramat. Monologs. Nur wenige seiner Dichtungen wurden populär, bei vielen verhinderte die Neigung zu Lakonismen, Abschweifungen und unklaren, schwer erschließbaren Anspielungen größere Publikumswirksamkeit; bewußte Psychologisierung.
Hauptwerke: Paracelsus (Dr., 1835; dt. 1904), Pippa geht vorüber (lyr. Dr., 1841; dt. 1903), Die Tragödie einer Seele (Trag., 1846; dt. 1903), Dramatis Personae (Ged., 1864), Der Ring und das Buch (Epos, 1868f.; dt. 1927).
Ausgaben: R. B. A collection of critical essays. Hg. v. Ph. Drew. *London 1966. – The works of R. B. Centenary edition. Hg. v.* F. G. Kenyon. *London 1902. 10 Bde. Neudr. 1966.*
Literatur: Duckworth, F. R. G.: *B.'s background and conflict. Neudr. Hamden (Conn.) 1966.* – Griffin, W. H.: *The life of R. B. Hamden (Conn.) 1966.*

Bruant, Aristide [frz. bry'ã], * Courtenay (Loiret) 6. Mai 1851, † Paris 11. Febr. 1925, frz. Dichter.
Schrieb eine große Anzahl Chansons im Pariser

Argot voll Ironie, Mitleid und Zynismus und trug diese Lieder mit großem Erfolg in den berühmten Pariser Künstlerkabaretts (u.a. in „Le Mirliton“, dessen Direktor er war) selbst vor; er veröffentlichte auch Gedichtsammlungen und Romane („Les bas-fonds de Paris“, 1897; „La princesse du trottoir“, 1925) sowie ein Wörterbuch des Argot (1901).

Bruckner, Ferdinand, eigtl. Theodor Tagger, * Wien 26. Aug. 1891, † Berlin 5. Dez. 1958, östr.-dt. Dramatiker.

Studierte Germanistik und Musik, gründete das Renaissance-Theater in Berlin (1923), ging 1933 wieder nach Österreich, von hier aus Emigration nach Frankreich und den USA, nach der Rückkehr 1951 Dramaturg in Berlin. B. schrieb bühnenwirksame Dramen, Essays, Lyrik; auch Übersetzer; er begann als Expressionist, wurde dann

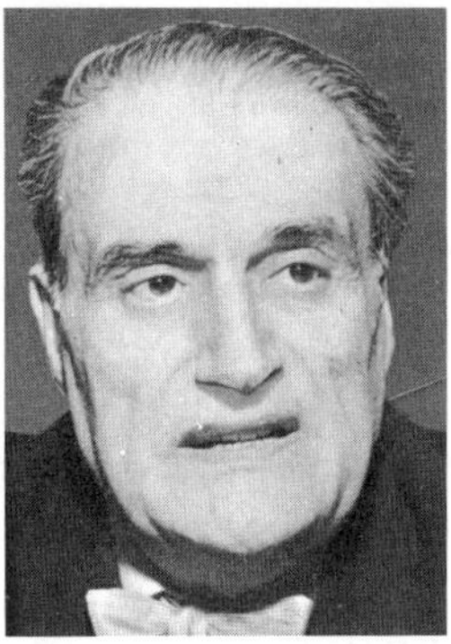
Ferdinand Bruckner

zum entschiedenen Vertreter der Neuen Sachlichkeit; kraß naturalist., zeit- und gesellschaftskrit. Stücke, deren Wirkung durch bühnentechn. Effekte (Etagengliederung der Szene) noch gesteigert wurde, Darstellung der desillusionierten Generation seiner Zeit in ihrer Problematik; daneben histor. Dramen. Im Spätwerk bevorzugte B. das streng geformte Versdrama, z.T. mit antiken Stoffen.

Hauptwerke: Krankheit der Jugend (Dr., 1929), Die Verbrecher (Dr., 1929), Elisabeth von England (Dr., 1930), Timon (Trag., 1932), Die Rassen (Dr., 1934), Simon Bolivar (Dr., 1945), Heroische Komödie (1948), Der Tod einer Puppe (Dr., 1956), Das irdene Wägelchen (Dr., 1957).

Literatur: Speidel, W. H.: *Tragik u. Tragödie in der dichter. Entwicklung F. B.s. Diss. Univ. of Kansas, Lawrence 1963.* – Rieder-Laska, E.: *F. B. Leben u. Werk eines östr. Dramatikers bis zum Jahre 1949. Diss. Wien 1950 [Masch.].*

Brückner, Christine, geb. Emde, * Schmillinghausen (Waldeck) 10. Dez. 1921, dt. Schriftstellerin.

Bibliothekarin, heute freie Schriftstellerin; schreibt Novellen, Dramen, Hörspiele und Romane, die meist schicksalhaftes Geschehen in einem verwickelten und rätselhaften Dasein gestalten.

Hauptwerke: Ehe die Spuren verwehen... (R., 1954), Ein Frühling im Tessin (R., 1960), Die Zeit danach (R., 1961), Letztes Jahr auf Ischia (R., 1964), Der Kokon (R., 1966).

Bruder Wernher † Wernher, Bruder.

Bruerović, Marko [frz. bryerɔ'vik], eigtl. Marc René Bruère-Desrivaux, * Lyon (?) um 1770, † auf Zypern 25. Nov. 1823, frz. Dichter.

Schrieb auch in lat., italien. und kroat. Sprache; Sohn des frz. Konsuls in Ragusa (Dubrovnik); B. ist einer der bedeutendsten Dichter der ragusan. Literatur vor der napoleon. Besetzung; seine kroat. Dichtungen zeichnen sich durch stilist. Eleganz aus; er verfaßte v.a. Episteln, ferner eine Komödie.

Brües, Otto [bry:s], * Krefeld 1. Mai 1897, † ebd. 18. April 1967, dt. Schriftsteller.

Studierte Germanistik und Kunstgeschichte, Redakteur, dann freier Schriftsteller; schrieb unterhaltende Romane, deren Schauplatz die niederrhein. Landschaft ist, außerdem volkstüml. Dramen mit religiösen oder histor. Themen.

Hauptwerke: Die Heilandsflur (Trag., 1923), Rhein. Sonette (Ged., 1924), Jupp Brand (R., 1927), Der Walfisch im Rhein (R., 1931), Das Mädchen von Utrecht (E., 1933), Der Silberkelch (R., 1948), ... und immer sang die Lerche (Autobiogr., 1967).

Brulez, Raymond [niederl. bry:'le:], * Blankenberghe 18. Okt. 1895, belg. Schriftsteller.

Direktor am belg. Rundfunk; gibt in seinen z.T. iron. Dramen, Romanen und Erzählungen der Enttäuschung über das Wesen der Menschen Ausdruck.

Hauptwerke: André Terval (R., 1930), De schoone slaapster (Dr., 1935), De klok (Nov., 1937).

Bruller, Jean [frz. bry'lɛ:r] † Vercors.

Bruni, Leonardo [italien. 'bru:ni], genannt Aretino, * Arezzo um 1369, † Florenz 9. März 1444, italien. Humanist.

Studierte in Florenz; seit 1405 päpstl. Sekretär; 1415 beim Konstanzer Konzil; 1427 Kanzler der Republik Florenz; bearbeitete und übersetzte griech. Literatur (Platon, Aristoteles, Plutarch u.a.); Hauptwerk ist seine Geschichte von Florenz bis zum Jahre 1402 „Historiarum florentini populi libri XII“ (gedruckt 1610); auch Biograph Dantes und Petrarcas.

Brunne, Robert of [engl. brʌn] † Mannyng, Robert.

Brunngraber, Rudolf, * Wien 20. Sept. 1901, † ebd. 5. April 1960, östr. Schriftsteller.

Schrieb Tatsachenromane mit kultur- und gesellschaftskrit. Tendenz, die in zahlreiche Sprachen übersetzt, z.T. auch verfilmt wurden.

Hauptwerke: Karl und das 20. Jh. (R., 1933), Radium (R., 1936), Opiumkrieg (R., 1939), Zucker aus Cuba (R., 1941), Der Tierkreis (En., 1946), Der tönende Erdkreis (R., 1951), Die Schlange im Paradies (R., 1958).

Bruno, Giordano [italien. 'bru:no], eigtl. Filippo B., * Nola 1548, † Rom 17. Febr. 1600, italien. Philosoph.

Trat 1563 in den Dominikanerorden zu Neapel ein, den er aber 1576 verlassen mußte, da ihn seine zukunftweisende Lehre von der Unendlichkeit des Universums und der Vielheit der Welten mit dem kirchl. Dogma in Konflikt brachte; von der Inquisition bedroht, führte er ein rastloses Wanderleben, bis er, der für die Lehre Luthers eintrat, nach Venedig zurückkehrte, verraten, von der Inquisition verhaftet und in Rom als Ketzer verbrannt wurde. Seine philosoph. und moral. Dia-

loge, die ganz im Dienst seiner Naturphilosophie stehen, sind durch dunkle, metaphernreiche Sprache und eigenwillig-barocken Stil gekennzeichnet, der auch seine Sonette bestimmte.
Hauptwerke: Il candelaio (Kom., 1582), Dell'infinito, universo e mondi (Dialoge, 1584), Degli eroici fuori (Dialoge, 1585).
Ausgaben: G. B. Ges. Werke. Dt. Übers. Hg. v. L. Kuhlenbeck. *Jena 1904–09. 6 Bde. – Jordani Bruni opera latine conscripta. Neapel u. Florenz 1879–91. Nachdr. Stuttg. 1961–62. 8 Bde.*
Literatur: Yates, F. A.: *G. B. and the hermetic tradition. Chicago 1964.* – Salvestrini, V.: *Bibliografia di G. B. 1582–1950. Florenz ²1958.* – Singer, D. W.: *G. B. His life and thought. New York 1950.* – Olschki, L.: *G. B. In: Dt. Vjschr. f. Literaturwiss. u. Geistesgesch. 2 (1924), 1.* – Spampanato, V.: *Vita di G. B., con documenti editi e inediti. Messina 1921. 2 Bde.*

Brusati, Franco [italien. bru'za:ti], * Mailand 1924, italien. Dramatiker.
Studium der Politik und Rechtswissenschaft; lebt in Rom; anfangs als Journalist bei der Zeitschrift „Europeo", arbeitete dann als Regieassistent bei Rossellini und R. Clair, schrieb Drehbücher und stellte zwei eigene Filme her; im Mittelpunkt seiner Dramen steht das Problem des Bewußtseins.
Hauptwerke: Il benessere (Dr., UA 1959; mit F. Mauri), La fastidiosa (Dr., UA 1963), Pietà di novembre (Dr., UA 1966).

Brust, Alfred, * Insterburg 15. Juni 1891, † Cranz 18. Sept. 1934, dt. Schriftsteller.
Expressionist, Verfasser von Gedichten, Romanen, Erzählungen und Dramen; von Dostojewski und Tolstoi beeinflußt. Einige seiner Ideendramen ragen über das übrige, provinziell gebundene Werk hinaus. Sein Schaffen wurde beherrscht von dem Dualismus zwischen geistiger Sehnsucht und triebhafter Sinnlichkeit.
Hauptwerke: Die Schlacht der Heilande (Dr., 1920), Tolkening (Dramentrilogie, 1921–24), Ich bin (Ged., 1929), Eisbrand. Die Kinder der Allmacht (R., 1933).

Bruun, Laurids [dän. bru:'n], * Odense 25. Juni 1864, † Kopenhagen 6. Nov. 1935, dän. Erzähler.
Kaufmann in Batavia, Reisen in Europa, Asien und der Südsee; Verfasser von spannenden Reise- und Kriegsbüchern, histor. Romanen, Familien- und Problemromanen. Besonderen Erfolg hatte er mit dem Van-Zanten-Zyklus. Seine einfühlsamen, phantasievollen Schilderungen der Südsee-Welt entsprachen der neuromant. Europamüdigkeit und der daraus resultierenden Sehnsucht nach fernen fremden Ländern.
Hauptwerke: Der König aller Sünder (R., dt. 1904), Der Ewige (R., dt. 1907), Van Zantens glückl. Zeit (R., dt. 1911), Van Zantens Insel der Verheißung (R., dt. 1911), Van Zantens wundersame Reise (R., dt. 1928), Van Zantens törichte Liebe (R., dt. 1930).

Bruyère, La † La Bruyère, Jean de.

Bryant, William Cullen [engl. 'braɪənt], * Cummington (Mass.) 3. Nov. 1794, † New York 12. Juni 1878, amerikan. Dichter.
Sohn eines Landarztes, humanist. Bildung, Anwalt, Hg. der „Evening Post". B.s Ruhm als des ersten bed. Lyrikers Amerikas gründet sich auf zahlreiche kleinere Gedichte, die nach der Art Cowpers eine sorgfältige, flüssige Form mit zarter, nachdenkl. Stimmung, ernstem, kühlem Ton und streng puritan.-moral. Lebensauffassung verbinden. Sie sind teils Reflexionen über Leben und Tod („Thanatopsis", 1811), teils Naturschilderungen („A forest hymn", 1860) oder indian. Lieder. Von seinen Reisen berichtete B. in „Letters of a traveller in Europe and America" (1854) und in „Letters from the East" (1869). Auch Übersetzer griech. und röm. Autoren.
Weitere Werke: Poems (Ged., 1821 ff.), Orations and addresses (1873).
Literatur: McLean, A., jun.: *W. C. B. New York 1964.* – Godwin, P.: *Biography of W. C. B. New York 1883. 2 Bde.*

Brycht, Andrzej [poln. brɨxt], * Warschau 27. Sept. 1935, poln. Schriftsteller.
War in verschiedenen Berufen tätig; begann 1954 mit Lyrik; schrieb Reportagen und Erzählungen, auch einen Roman. Literar. und sachl. umstritten ist sein Buch „Raport z Monachium" (= Ein Bericht aus München, 1967); dt. erschien 1965 die Erzählung „Cygan".

Bryll, Ernest [poln. brɨl], * Warschau 1. März 1935, poln. Schriftsteller.
Studium der Polonistik in Warschau, publizierte in mehreren Zeitschriften v. a. Filmkritiken; Lyriker und Erzähler, der seine Themen aus der Welt des Dorfes nimmt; auch Übersetzer aus dem Tschechischen.

Brzechwa, Jan [poln. 'bʒɛxfa], eigtl. Jan Wiktor Lesman, * Zmerynka 15. Aug. 1898, † Warschau 2. Juli 1966, poln. Dichter.
Bed. Satiriker und Moralist, zugleich Verfasser von Kinderbüchern und pädagog.-didakt. Märchen; dt. liegt vor „Herr Doremi und seine sieben Töchter" (Kinderb., 1960).

Brzękowski, Jan [poln. bʒɛŋ'kɔfski], * Wiśnicz Nowy 18. Dez. 1903, poln.-frz. Schriftsteller.
Studium in Krakau und in Paris, Redakteur in Paris und Korrespondent poln. Zeitungen; während des 2. Weltkrieges im diplomat. Dienst, seit 1946 frz. Staatsbürger. Schrieb Gedichte, zuerst poln., dann auch frz., Romane und poetolog. Abhandlungen. Dt. erschienen einige Gedichte in Anthologien.

Brzozowski, Stanisław Leopold [poln. bʒɔ'zɔfski], Pseudonym Adam Czepiel, * Maziarnia (Bezirk Chełm) 28. Juni 1878, † Florenz 30. April 1911, poln. Kritiker und Schriftsteller.
Studium in Warschau, in russ. Haft wegen Geheimbündelei; polit. Agitator in Galizien, ließ sich aus gesundheitl. Gründen in Italien nieder, starb an Tuberkulose. B. galt als bedeutendster Literaturkritiker der Zeit zwischen den Weltkriegen. Sein wichtigstes Werk ist der Roman „Flammen" (dt. 1920) über die russ. revolutionäre Intelligenz; neben weiteren Zeitromanen schrieb B. auch Dramen.

Buber, Martin, * Wien 8. Febr. 1878, † Jerusalem 13. Juni 1965, jüd. Religionsphilosoph.
Wuchs bei seinem Großvater Salomon B. in Lemberg auf, studierte in Wien, Berlin, Leipzig und Zürich, gab 1916–24 die Zeitschrift „Der Jude" und mit J. Wittig und V. von Weizsäcker 1926–30 „Die Kreatur" heraus; 1924–33 Professor für jüd. Religionswissenschaft in Frankfurt am Main, 1938–51 für Sozialphilosophie an der

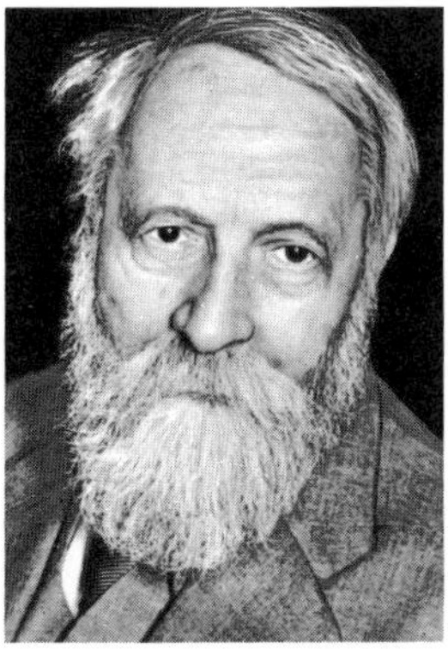
Martin Buber

Hebr. Universität in Jerusalem. 1953 Friedenspreis des Dt. Buchhandels, 1963 Erasmus-Preis. Führende Persönlichkeit des Judentums seiner Zeit, gab v.a. dem Zionismus seine literar. Begründung und machte W-Europa mit der religiösmyst. Welt des Chassidismus bekannt. Die Wiederaufnahme des Dialogs zwischen Gott und Mensch und das Vertrauen der Menschen untereinander ist für ihn die „eigentl. Schicksalsfrage der Menschheit". Frommer Lebenswandel, nicht ein religiöser oder polit. Messias, bewirkt seiner Ansicht nach die Erlösung. Schuf mit F. Rosenzweig eine neue Übersetzung des A. T., die in dt. Sprache die Gewalt des hebr. Textes bewahrt („Die Schrift", 15 Bde., 1925–38, neu bearbeitet 1954–62).
Weitere Werke: Die Legende des Baalschem (1908), Ich und Du (1923), Königtum Gottes (1932), Gog und Magog (hebr. 1943, dt. 1950), Moses (hebr. 1945, dt. 1950), Dialog. Leben (ges. philosoph. und pädagog. Schriften, 1947), Der Weg des Menschen nach der chassid. Lehre (hebr. 1947, dt. 1948), Die Erzählungen der Chassidim (1950), Schriften über das dialog. Prinzip (1954), Begegnungen (Autobiogr., 1961), Elija (Mysterienspiel, 1963).
Ausgabe: M. B. Werke in 3 Bden. Hg. v. M. B. *Hdbg. u. Mchn. 1962–64.*
Literatur: Oliver, R.: *M. B. Der Wanderer u. der Weg. Dt. Übers. Hdbg. 1968.* – Wehr, G.: *M. B. in Selbstzeugnissen u. Bilddokumenten. Reinbek bei Hamb. 1968.* – Kraft, W.: *Gespräche mit M. B. Mchn. 1966.* – Schaeder, G.: *M. B. Hebr. Humanismus. Gött. 1966. – M. B. Hg. v.* P. A. Schilpp *u.* M. S. Friedmann. *Dt. Übers. Stuttg. 1963.* – Kohn, H.: *M. B. Darmst. ²1961.*

Buber, Paula † Munk, Georg.

Buchan, John [engl. 'bʌkən], Baron Tweedsmuir, * Perth 26. Aug. 1875, † Montreal 11. Febr. 1940, schott. Schriftsteller und Historiker.
Studierte in Oxford, später Politiker; 1935 Ernennung zum Baron und zum Gouverneur von Kanada. B. verfaßte außer histor., meist biograph. Werken („Sir Walter Scott", 1932; „Oliver Cromwell", 1934; „Augustus", 1937) v.a. aktuell und spannend gestaltete Abenteuerromane („Salute to adventures", 1915).

Buchanan, George [engl. bju:'kænən], * Killearn (Stirling) Febr. 1506, † Edinburgh 29. Sept. 1582, schott. Dichter.
Vertrat reformator. Ideen, die er beim Studium in Paris kennengelernt hatte; zeitweilig in hohen Hofämtern in England und Schottland; von Klerus und Inquisition verfolgt und einmal inhaftiert; 1562 Konversion zum Protestantismus; 1570–78 Lordsiegelbewahrer; bekannt für seine Forderung nach Volkssouveränität. Bedeutendster schott. Humanist und lat. Dichter von europ. Rang; schrieb Klerikersatiren, Tragödien und histor. Studien (u.a. über Maria Stuart) sowie lat. Psalmenparaphrasen.

Buchanan, Robert William [engl. bju:'kænən], * Caverswall (Stafford) 18. Aug. 1841, † Streatham 10. Juni 1901, engl. Dichter.
Durch Dramen und Romane weniger bekannt als durch seine „London poems" (1866) und einen pseudonym veröffentlichten Artikel gegen die Präraffaeliten, der einen heftigen literar. Streit auslöste.
Weitere Werke: Undertones (Ged., 1863), The shadow of the sword (R., 1878), God and the man (R., 1881).

Buchholtz (Bucholtz, Buchholz), Andreas Heinrich, * Schöningen (Braunschweig) 25. Nov. 1607, † Braunschweig 20. Mai 1671, dt. Schriftsteller.
1641–47 Professor in Rinteln, seit 1663 Superintendent in Braunschweig; schrieb Andachtsbücher, religiöse Gedichte („Geistl. Teutsche Poemata", 1651) und die umfangreichen heroischgalanten Romane „Des Christl. Teutschen Großfürsten Herkules und der Böhm. Königl. Fräulein Valiska Wundergeschichte" (1659/60) und „Der Christl. Königl. Fürsten Herkuliskus und Herkuladisla ... anmuthige Wundergeschichte" (1665). Übersetzer von Horaz und Lukian.

Buchholtz, Johannes [dän. 'bukhɔls], * Odense 22. Febr. 1882, † Struer 5. Aug. 1940, dän. Schriftsteller.
Schrieb v.a. liebenswürdig-idyll. Romane und Novellen, in denen er oft mit bizarrem Humor wunderl. Begebenheiten und seltsame Käuze der dän. Kleinstadt darstellte.
Hauptwerke: Egholms Gott (R., dt. 1920), Die Wunder der Klara van Haag (R., dt. 1928), Unter dem goldenen Baum (R., dt. 1925), Susanne (R., dt. 1932), Gute kleine Stadt (R., dt. 1939).

Buchner, August, * Dresden 2. Nov. 1591, † Wittenberg 12. Febr. 1661, dt. Dichter.
Seit 1616 Professor für Poesie in Wittenberg; setzte sich für die Verbreitung der Theorien seines Freundes Opitz ein, denen er als Lyriker selbst folgte; schrieb für H. Schütz den Text zur Oper „Orpheus" (1638).
Weitere Werke: Nachtmal des Herrn (Ged., 1628), Weynacht-Gedanken (Ged., 1638), Anleitung zur dt. Poeterey (1663).

Büchner, Georg, * Goddelau bei Darmstadt 17. Okt. 1813, † Zürich 19. Febr. 1837, dt. Dramatiker.
Arztsohn, studierte in Straßburg und Gießen Medizin, Naturwissenschaften, Geschichte und Philosophie; gründete 1834 die geheime „Gesellschaft für Menschenrechte" mit dem Ziel des Umsturzes der reaktionären Verhältnisse im Großherzogtum Hessen, mußte wegen seiner revolutionären Flugschrift „Der hess. Landbote" (1834) im Frühjahr 1835 nach Straßburg fliehen und war seit Oktober 1836 Privatdozent

für Medizin in Zürich. B. steht als Dramatiker zwischen Romantik und Realismus. In der Formgebung teilweise noch dem Sturm und Drang verbunden, erscheint er durch die Wahl seiner Stoffe und die Art ihrer Behandlung, die Charakterzeichnung (psycholog. Durchleuchtung der Personen und ihrer Handlungen) und die scharfe Hervorhebung des Sozialen (naturalist. Milieudarstellung) neben Grabbe als der bedeutendste Bahnbrecher des neuen Dramas. Seine Technik der Aneinanderreihung von Szenen und Bildern ohne kausalen Zusammenhang kann als Vorwegnahme des ep. Stils gelten; entsprechend modern erscheint die Auflösung des klass. Dialogs zu expressionist. wirkenden Monologfetzen. Kennzeichnend für B.s pessimist. Weltschau ist die passive Haltung seiner trag. Figuren: Über die Sinnlosigkeit des Daseins verzweifelnd, treiben sie in ihr Verderben. 1835 vollendete B. das Drama „Dantons Tod", das, bei aller realist. Schilderung von revolutionärem Pathos erfüllt, an der Frz.

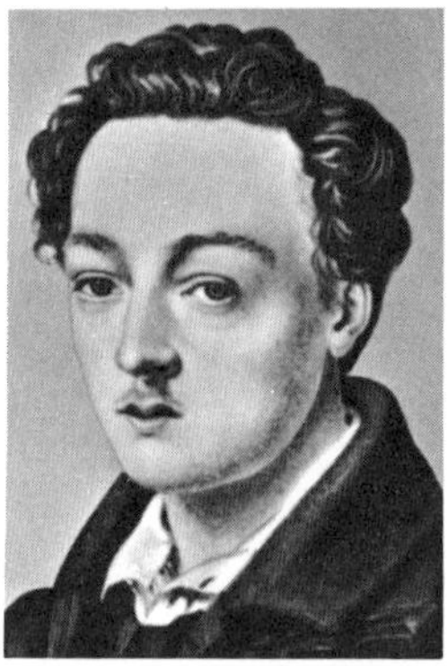
Georg Büchner

Revolution den unbedingten „Fatalismus der Geschichte" zeigt. Von gleich großer Bedeutung ist das 1836 entstandene, unvollendet gebliebene Drama „Woyzeck", die Tragödie eines armen Gequälten, der, durch Liebe und Eifersucht in seinen Gefühlen verwirrt, zum Mörder seiner Geliebten wird. Außerdem hinterließ B. das zeitsatir. Lustspiel „Leonce und Lena" (entstanden 1836), „eine Kostbarkeit in der kleinen Zahl dt. Lustspiele von dichter. Rang", sowie ein Novellenfragment über den Sturm-und-Drang-Dichter Lenz.

Ausgaben: G. B. Sämtl. Werke u. Briefe. Hamburger Ausg. in 4 Bden. Histor.-krit. Ausg. mit Kommentar. Hg. v. Werner R. Lehmann. *Hamb. 1967ff. – G. B. Werke u. Briefe. Gesamtausg. Hg. v.* F. Bergemann. *Frkf. [10]1966.*

Literatur: B.-Bibliogr. Hg. v. W. Schlick. *Hildesheim 1968.* – Penzoldt, G.: *G. B. Velber [2]1968.* – *G. B. Hg. v.* W. Martens. *Darmst. 1965.* – Mayer, Hans: *G. B. u. seine Zeit. Bln. [2]1960.* – Johann, E.: *G. B. in Selbstzeugnissen u. Bilddokumenten. Hamb. 1958.* – Viëtor, K.: *G. B. Politik, Dichtung, Wiss. Bern u. Mchn. 1949.* – Majut, R.: *Studien um B. Unterss. zur Gesch. der problemat. Natur. Bln. 1932. Nachdr. Nendeln (Liechtenstein) 1967.*

Bucholtz, Andreas Heinrich † Buchholtz, Andreas Heinrich.

Bučinskaja, Nadežda Aleksandrovna † Teffi, Nadeschda Alexandrowna.

Buck, Pearl S[ydenstricker] [engl. bʌk], Pseudonym John Sedges, * Hillsboro (W. Va.) 26. Juni 1892, amerikan. Schriftstellerin.

Tochter eines Missionars, in China aufgewachsen, Studium in den USA, 1922–32 Professor für engl. Literatur in Nanking. In ihrem Werk schildert sie in lebensvollen Bildern und schlichter Sprache den chin. Menschen im Konflikt zwischen Tradition und Moderne und tritt für eine auf Menschenliebe gegründete Verständigung zwischen Rassen und Nationen ein. Es gelang ihr, das Verständnis des Westens für China zu verstärken. Für ihren Roman „Die gute Erde" (dt. 1933) erhielt sie 1938 den Nobelpreis. Gleichwertig neben ihren besten Büchern steht ihre Übersetzung des chin. Schelmenromans aus dem 13. Jh. „All men are brothers" (1933).

Weitere Werke: Ostwind–Westwind (R., dt. 1934), Die Mutter (R., dt. 1934), Das geteilte Haus (R., dt. 1935), Land der Hoffnung, Land der Trauer (R., dt. 1940), Die Frauen des Hauses Wu (R., dt. 1948), Lebendiger Bambus (R., dt. 1965), Wo die Sonne aufgeht (R., dt. 1969).

Literatur: Doyle, P. A.: *P. S. B. New York 1965.*

Budak, Mile [serbokroat. 'buda:k], * Sveti Rok (Lika) 30. Aug. 1889, † Belgrad 7. Juli 1945, kroat. Erzähler.

Jurist und Politiker; setzte sich für einen selbständigen kroat. Staat ein; als Kriegsverbrecher hingerichtet. Lyriker und hervorragender Erzähler. Sein Hauptwerk, der Roman „Herdfeuer" (1938, dt. 1943), ist eine Darstellung des Bauernlebens in B.s kroat. Heimat.

Weitere Werke: Novellen (dt. 1942), Der dreibeinige Wolf (dt. 1942), Mein Hühnchen (dt. 1943).

Budanzew, Sergei Fjodorowitsch; tl.: Budancev, Sergej Fedorovič [russ. bu'dantsəf], * Grebkowo (Gouv. Rjasan) 8. Dez. 1896, russ.-sowjet. Schriftsteller.

B. wurde von der sowjet. Kritik wegen seiner eigenwilligen Schilderung histor. Ereignisse und seiner individualist. Einstellung, die er in seinen Werken vertritt, angegriffen, 1956 rehabilitiert.

Hauptwerk: Mjatesch (= Meuterei, R., 1923).

Būdavas, Stasius [lit. 'bu:davas], * Papilė 3. Mai 1908, lit. Dichter.

Priester, floh 1944 nach Österreich, lebt seit 1948 in den USA; verfaßte Lyrik, Dramen und v.a. Romane, in denen er die lit. Lebensbedingungen in Vergangenheit und Gegenwart, auch in der Nachkriegszeit darstellt.

Bugajew, Boris Nikolajewitsch; tl.: Bugaev, Boris Nikolaevič [russ. bu'gajɪf] † Bely, Andrei.

Büheler, Hans der ['by:lər] † Hans von Bühel.

Bührer, Jakob, * Zürich 8. Nov. 1882, schweizer. Schriftsteller.

Kaufmänn. Lehre, Studium in Zürich, Berlin und Florenz, Journalist und freier Schriftsteller in der Schweiz. In seinen satir. Romanen und Dramen setzt er sich, oft unter Verwendung histor. Themen, krit. mit der bürgerl. Gesellschaft der Schweiz auseinander.

Hauptwerke: Das Volk der Hirten (Spiele, 1918), Die Pfahlbauer (Kom., 1932), Im roten Feld (R., 1935–51), Yolandas Vermächtnis (R., 1957), Eines tut not (Epos, 1965).

Buhturi, Al; tl.: Al-Buhturī [al'buxturi], * Manbidsch 820, † ebd. 897, arab. Dichter.
Wichtige Begegnung mit Abu Tammam, auf dessen Empfehlung hin er mehrere Jahre Lobdichter in Maarrat An Numan war; eine Zeitlang Hofdichter in Bagdad. Schrieb elegante, stilist. gewandte Gedichte, die z.T. von histor. Interesse sind; bedeutender ist jedoch die nach dem Vorbild Abu Tammams angelegte „Hamasa", eine Anthologie altarab. Gedichte, die wegen der Vielfalt der aufgenommenen Stoffe für die Kenntnis der altarab. Dichtung von größter Bedeutung ist.

Bulatović, Miodrag [serbokroat. bu,la:tovitɕ], * Bijelo Polje (Montenegro) 20. Febr. 1930, serb. Schriftsteller.
In Belgrad Studium an der philosoph. Fakultät, freier Schriftsteller; schrieb Erzählungen und v.a. Romane, in denen er sich in origineller und drast. Sprache mit Themen aus der Kriegszeit und der jüngsten Vergangenheit befaßt, ferner als eine Art Forts. zu S. Becketts „Warten auf Godot" das Drama „Godot ist gekommen" (dt. 1966).
Weitere Werke: Die Liebenden (E., dt. 1962), Der rote Hahn fliegt himmelwärts (R., dt. 1960), Der Held auf dem Rücken des Esels (R., dt. 1965), Der Krieg war besser (R., dt. 1968).

Bulgakow, Michail Afanasjewitsch; tl.: Bulgakov, Mihail Afanas'evič [russ. bul'gakɐf], * Kiew 14. Mai 1891, † Moskau 10. März 1940, russ.-sowjet. Schriftsteller.
Zunächst Arzt, dann freier Schriftsteller. Der nach 1953 rehabilitierte Autor war früher wegen der objektiven Darstellung der Kriegserlebnisse während der Revolutionszeit in dem später dramatisierten Roman „Die weiße Garde" (dt. 1928) heftig angegriffen worden; auch seine grotesken Satiren auf die sowjet. Wirklichkeit erregten Mißfallen. Starker Einfluß von Gogol, dessen „Tote Seelen" er dramatisierte; verfaßte auch Dramen um die Gestalten Puschkins, Molières und Don Quijotes.
Weitere Werke: Die Tage der Geschwister Turbin (Dr., dt. 1928), Sojkas Wohnung (Kom., dt. 1929), Der Meister und Margarita (R., dt. 1968), Hundeherz (E., dt. 1968), Theaterroman (dt. 1969, auch u.d.T. Aufzeichnungen eines Toten).

Bull, Jacob Breda [norweg. bʉl], * Rendalen 28. März 1853, † ebd. 7. Jan. 1930, norweg. Schriftsteller.
Vater von Olaf B.; schildert in seinem Erzählwerk Natur und Menschen des heimatl. Østerdal; schrieb außerdem histor. Romane, religiöse und vaterländ. Lieder.
Hauptwerke: Lichte Rache (R., dt. 1915), Die Brautfahrt (R., dt. 1913).

Bull, Olaf [norweg. bʉl], * Kristiania (heute Oslo) 10. Nov. 1883, † ebd. 23. Juni 1933, norweg. Lyriker.
Fühlte sich in seinem dichter. Schaffen an keine literar. Strömung gebunden; schrieb formvollendete Gedichte von großer sprachl. Schönheit; tiefe Melancholie, Einsamkeit und das Wissen um die Macht des Todes, daneben psycholog. Einfühlungsvermögen in die geheimsten menschl. Seelenregungen, später eine zunehmende gedankl. Auseinandersetzung mit dem zu bewältigenden Stoff zeichnen sein Werk aus.
Hauptwerke: Digte (Ged., 1909), Metope (Ged., 1927), Oinos og Eros (Ged., 1930).

Bullinger, Heinrich, * Bremgarten (AG) 18. Juli 1504, † Zürich 17. Sept. 1575, schweizer. Reformator und Dramatiker.
Lehrer und Prediger in Kappel und Bremgarten, Anhänger Zwinglis, den er beim Berner Religionsgespräch begleitete; 1531 dessen Nachfolger in der Leitung des Zürcher Kirchenwesens. B. bemühte sich um die Einheit des Protestantismus in der Schweiz. Für die Ausweitung der Reformation waren seine Predigten und sein umfangreicher Briefwechsel von großer Bedeutung. Bemerkenswert ist sein Drama „Lucrezia und Brutus" (UA 1533), eine glückl. Bearbeitung des bekannten, u.a. auch in der Kaiserchronik behandelten Stoffes aus der röm. Geschichte.
Literatur: Staedtke, J.: *Die Theologie des jungen B. Zürich 1962.* – Hollweg, W.: *H. B.s Hausb., eine Unters. über die Anfänge der reformierten Predigtlit. Neukirchen 1956.* – Schultheß-Rechberg, G. v.: *H. B., der Nachfolger Zwinglis. Halle 1904.*

Bülow, Eduard von ['by:lo], * Schloß Berg bei Eilenburg 17. Nov. 1803, † Schloß Ötlishausen (Thurgau) 16. Sept. 1853, dt. Schriftsteller.
Mit Tieck befreundet, veröffentlichte „Das Novellenbuch" (1834–36), 100 Bearbeitungen italien., frz., span., dt. u.a. Novellen, außerdem eine Bearbeitung von Grimmelshausens „Simplizissimus" (1836), eine Übersetzung von Manzonis Roman „Die Verlobten" (1827) und eigene Erzählungen.

Bulthaupt, Heinrich, * Bremen 26. Okt. 1849, † ebd. 20. Aug. 1905, dt. Schriftsteller.
Studierte Jura, war Rechtsanwalt in Bremen, dann Stadtbibliothekar; veröffentlichte v.a. theoret. krit. Schriften über das Theater, in denen er von den prakt. Anforderungen der Bühne ausgeht; schrieb außerdem Dramen, Erzählungen, Opern- und Oratorientexte.
Hauptwerke: Die Arbeiter (Dr., 1877), Dramaturgie des Schauspiels (1882–1901), Dramaturgie der Oper (1887).

Bulwer-Lytton, Edward George Earle Lytton, Baron Lytton [engl. 'bʊlwə'lɪtn], * London 25. Mai 1803, † Torquay 18. Jan. 1873, engl. Politiker und Schriftsteller.
Studierte Germanistik, polit. Laufbahn, erst liberaler, dann konservativer Abgeordneter, 1858 Kolonialminister. Als Literat begann B. mit Kriminalromanen („Pelham", 1828, dt. 1938; „Paul Clifford", 1830). Berühmt wurde er v.a. durch seinen Roman „Die letzten Tage von Pompeji" (1834, dt. 1859), der ein eindrucksvolles Bild der untergehenden Stadt bringt. Neben weiteren histor. Romanen auch Gesellschaftsromane, Dramen, Erzählungen und Gedichte. Wagner verdankt B.s „Rienzi" (R., 1835; dt. 1909) Anregungen für seine gleichnamige Oper. B.s Werke, in der Spätzeit moralisierend und philosophierend, waren seinerzeit sehr erfolgreich.
Literatur: Lytton, V. A. G. R. Earl: *The life of E. B. London 1913. 2 Bde.* – Escott, T. H. S.: *E. B. London 1910.*

Bunge, M. ↑ Reimann, Hans.

Bunić-Vučić, Ivan [serbokroat. ,bu:nitɕ,vutʃitɕ], * Ragusa (heute Dubrovnik) 1594, † ebd. 1658, ragusan. Dichter.

Hervorragendster Lyriker der ragusanisch-štokav. Barockliteratur; Zeitgenosse von Gundulić; schuf originelle, eigenständige Beiträge zur petrarkist. Schäferpoesie; schrieb ferner ein Magdalena-Epos.

Bunin, Iwan Alexejewitsch; tl.: Bunin, Ivan Alekseevič [russ. 'bunin], * Woronesch 22. Okt. 1870, † Paris 8. Nov. 1953, russ. Dichter.

Vielseitig gebildet, Reisen durch europ. und asiat. Länder, Ehrenmitglied der russ. Akademie, emigrierte 1919 nach Frankreich; er gilt als bedeutendster russ. Dichter der Emigration. Nobelpreis 1933. B. schrieb Lyrik und Epik, bei der er die kleine Form (Novelle und Erzählung) bevorzugte. Die Lyrik B.s ist im allgemeinen distanzierter als seine Erzählwerke, mit denen er in der Art der Darstellung an die frz. Realisten (bes. Flaubert) anknüpft und die russ. Tradition Puschkins, Gontscharows und Turgenjews fortsetzt. Genaue Schilderungen sozialer Zustände, psycholog. Beobachtungen und Darstellung von Landschaftseindrücken werden in späteren Werken durch mehr stimmungshafte, abstrakte, visionäre, pessimist. Eindrücke abgelöst. B.s Bemühen galt einer einfach-klaren klass. Literatursprache. „Das Dorf" (R., 1910; dt. 1936) ist sein erstes großes Werk, in dem er eine lebendige Darstellung der russ. Verhältnisse gibt, voller Wärme die Menschen in ihrem Elend und ihrer Leidensfähigkeit schildert. „Die Grammatik der Liebe" (1915, dt. 1935) gestaltet in 9 Erzählungen die Liebe als furchtbare Fessel. Meisterhaft ist die Novelle „Der Herr aus San Francisco" (1916, dt. 1922), die vom Tod eines Reichen berichtet. Sein bedeutendster Roman, „Suchodol" (1912, dt. 1966), handelt vom Zerfall einer Adelsfamilie (in 3 Ebenen erzählt).

Weitere Werke: Rosa Jerichowa (E., 1924), Mitjas Liebe (Nov., dt. 1925), Im Anbruch der Tage (R., dt. 1934), Dunkle Alleen (En., dt. 1959), Erste Liebe (En., dt. 1962), Ein letztes Wiedersehen (En., dt. 1964).

Literatur: Peschel, O.: *Die künstler. Entwicklung v. Ivan B.s Prosastil. Diss. Wien 1954 [Masch.].*

Bunyan, John [engl. 'bʌnjən], * Elstow bei Bedford 28. Nov. 1628, † London 31. Aug. 1688, engl. Schriftsteller.

Übernahm vom Vater den Erbberuf eines Kesselflickers, daher nur durchschnittl. Bildung; kurze Zeit Soldat. B. litt unter seel. Konflikten nach dem Tod seiner ersten Frau und wandte sich mehr und mehr religiösen Problemen zu. Trat einer puritan. Gemeinschaft bei, in der er Laienpriester war. Wegen Mißachtung eines Predigtverbots der Stuarts war er mehrmals (einmal 12 Jahre) im Gefängnis. Während der Haft widmete er sich literar. Aufgaben. Auch sein Hauptwerk, das heute noch viel in England gelesene Erbauungsbuch „Die Pilgerreise aus dieser Welt in die zukünftige" (1678ff., dt. 1853), entstand im Gefängnis. Allegor. stellt B. mit puritan. Schlichtheit die Kräfte dar, die die christl. Existenz zu bedrohen oder zu retten vermögen.

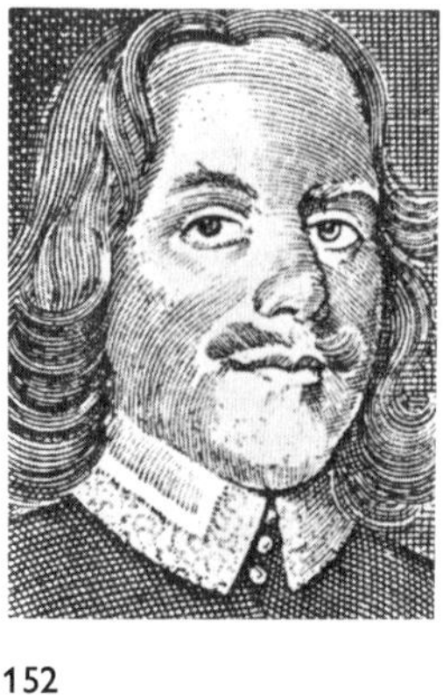

John Bunyan (nach dem Stich in „The work of Jesus Christ" von Bunyan, 1688)

Literatur: Kaufmann, M.: *The Pilgrim's Progress and traditions in Puritan meditation. New Haven u. London 1966.* – Sann, A.: *B. in Deutschland. Studien zur literar. Wechselbeziehung zw. England u. dem dt. Pietismus. Gießen 1951.* – Brown, J.: *J. B., his life, times, and work. Hg. v.* F. M. Harrison. *London 1928.*

Buonarroti, Michelagniolo [italien. buonar'rɔ:ti] † Michelangelo.

Burchiello, il [italien. il bur'kiello], eigtl. Domenico di Giovanni, * Florenz 1404, † Rom 1449, italien. Dichter.

Barbier in Florenz, mußte 1434 wegen einiger Sonette gegen Cosimo de' Medici fliehen und kam 1445 nach Rom. Er erhielt den Namen B. vielleicht von den Sonetten, in denen er absichtl. die verschiedensten Dinge zusammenbrachte, wie Zufall und Reim es fügten (alla burchia, „aufs Geratewohl"); viele seiner rund 150 Sonette sind scherzhaft, oft frivol, andere voll bitterer Satire auf die Zeit.

Burckhard, Max, * Korneuburg 14. Juli 1854, † Wien 16. März 1912, östr. Theaterleiter und Schriftsteller.

Privatdozent für Privatrecht in Wien, dann Beamter im Kultusministerium, 1890–98 Direktor des Burgtheaters, wo er sich erfolgreich für das moderne Drama einsetzte; seine Romane und Dramen sind meist satir. Schilderungen des östr. Bürger- und Beamtentums; auch Kritiker.

Hauptwerke: Rat Schrimpf (Kom., 1905), Gottfried Wunderlich (R., 1906), Die Insel der Seligen (R., 1908).

Burckhardt, Carl Jacob, * Basel 10. Sept. 1891, schweizer. Historiker, Schriftsteller und Diplomat.

Seit 1918 im diplomat. Dienst (in Wien Freundschaft mit Hofmannsthal), seit 1932 Professor für Geschichte in Genf; 1937–39 Völkerbundskommissar in Danzig, 1945–49 Gesandter in Paris; 1944–49 Präsident des Internationalen Roten Kreuzes. Universeller Geist, dessen Humanismus in der europ. Tradition verwurzelt ist; bed. histor. Studien, Essays und Biographien in kunstvoller, elegant geschliffener Sprache. 1954 Friedenspreis des Dt. Buchhandels.

Hauptwerke: Kleinasiat. Reise (Essay, 1925), Die Kaiserin Maria Theresia (Biogr., 1930), Richelieu (Biogr., 1935–67), Erinnerungen an Hofmannsthal (1943), Drei Erzählungen (1952), Meine Danziger Mission 1937–1939 (Autobiogr., 1960).

Literatur: Dauer im Wandel. Festschr. f. C. J. B. Hg. v. H. Rinn *u.* M. Rychner. *Mchn. 1961.* – A. Frisé: *C. J. B. im Dienste der Humanität. Thal-St. Gallen 1950.*

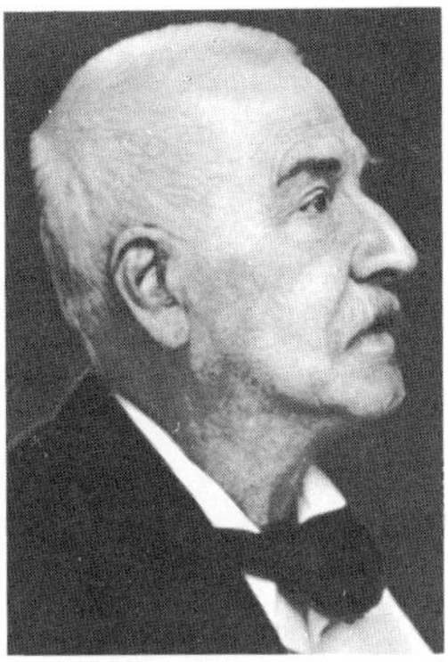

Jacob [Christoph] Burckhardt

Burckhardt, Jacob [Christoph], * Basel 25. Mai 1818, † ebd. 8. Aug. 1897, schweizer. Kultur- und Kunsthistoriker.
Studierte anfangs Theologie, dann Geschichte und Kunstgeschichte; 1855 Professor in Zürich, 1858–93 in Basel. B. hat in der Kultur- und Kunstgeschichte durch eine stärker auf das Objekt eingestellte, ursprüngl. Anschauung bahnbrechend gewirkt und wurde zum eigentl. Begründer der systemat. Kunstwissenschaft. Italienreisen ließen ihn, der mit Arbeiten über mittelalterl. Geschichte begonnen hatte, sich der italien. Kunst, insbes. der Renaissance zuwenden („Der Cicerone", 1855; „Die Kultur der Renaissance in Italien", 1860), die durch ihn nicht unwesentl. Stil und Geschmack seiner Zeit beeinflußte; mit seinen „Weltgeschichtl. Betrachtungen" (1905) wandte er sich gegen eine allzu polit. Geschichtsschreibung seiner Zeitgenossen. Mit seiner pessimist. Kulturkritik, die die Macht als an sich böse auffaßte, stellte er sich gegen den Fortschrittsglauben. Er hatte Einfluß auf Nietzsche, eine breite Wirkung ging erst später von seinem Werk aus.
Weitere Werke: Die Zeit Konstantins des Großen (1853), Griech. Kulturgeschichte (1898–1902).
Ausgaben: J. B. Ges.Werke. Basel 1955–59. 10 Bde. – Briefe. Vollständige u. krit. bearb. Ausg. Basel 1949ff. Auf 10 Bde. berechnet. – J. B. Gesamtausg. Stuttg. 1929–34. 14 Bde.
Literatur: Richter, B.: *J. B. als Schriftsteller. Rom 1968.* – Wenzel, J.: *Jakob B. in der Krise seiner Zeit. Bln. 1967.* – Löwith, K.: *J. B. Der Mensch inmitten der Gesch. Neuausg. Stuttg. 1966.* – Salin, E.: *Vom dt. Verhängnis. Gespräch an der Zeitenwende: B. – Nietzsche. Hamb. 1959.* – Kaegi, W.: *J. B. Eine Biographie. Basel 1947ff. Auf 6 Bde. berechnet.* – Martin, A. v.: *Nietzsche u. B. Zwei geistige Welten im Dialog. Mchn. ^{4}1947.* – Rehm, W.: *J. B. Frauenfeld 1930.*

Bürger, Gottfried August, * Molmerswende (Harz) 31. Dez. 1747, † Göttingen 8. Juni 1794, dt. Dichter.
Nach dem Studium Amtmann, dann Professor für dt. Literatur, Philologie, Geschichte und Philosophie in Göttingen; Freundschaft mit Voß, Hölty und den Brüdern Stolberg; leidenschaftl. Liebe zu Molly, der jüngeren Schwester seiner Frau, die er nach deren Tod heiratete. B., als Dichter dem „Göttinger Hain" nahestehend, brachte – neben Goethe – mit seinen Balladen einen neuen, volkstüml. Ton in die dt. Dichtung. Ep., dramat. und lyr. Elemente sind am besten vereinigt in der leidenschaftl. und spannungsreichen Ballade „Lenore", die B.s Balladenwerk krönt (daneben sind bes. zu nennen „Der wilde Jäger", „Das Lied vom braven Mann"). Seine Gedichte und formvollendeten Sonette hinterlassen einen weniger starken Eindruck, ausgenommen die „Molly-Lieder", die Schiller wegen mangelnder Distanz tadelte. Mit den Übersetzungen und Erweiterungen der Münchhausen-Geschichten von R. E. Raspe (1786) erzielte B. starke Wirkung. Übersetzungen (Homer, Shakespeare) und ästhet. Schriften, in denen er allerdings nicht selbständig ist, runden sein Werk ab.
Weitere Werke: Gedichte (1778, 1789), Lehrbuch der Ästhetik (hg. 1825).
Ausgaben: G. A. B. Werke in 1 Bd. Ausgew. u. eingel. v. L. Kaim-Kloock *u.* S. Streller. *Bln. ^{3}1965. – G. A. B. Sämtl. Werke in 4 Bden. Hg. v.* W. v. Wurzbach. *Lpz. ^{2}1924. – G. A. B. Sämtl. Schrr. Gött. 1796–1802. 4 Bde. Nachdr. Hildesheim 1969ff.*
Literatur: Kaim-Kloock, L.: *G. A. B. Zum Problem der Volkstümlichkeit in der Lyrik. Bln. 1963.* – Wurzbach, W. v.: *G. A. B. Sein Leben u. seine Werke. Lpz. 1900.*

Burggraf, Waldfried ↑ Forster, Friedrich.

Burian, Emil František [tschech. 'burian], * Pilsen 11. Juni 1904, † Prag 9. Aug. 1959, tschech. Dramatiker.
Gründer eines modernist. tschech. Theaters, das er als Dramaturg betreute; schrieb v.a. Dramen, aber auch Lyrik und Prosa, oft mit sozialer Problematik; auch als Komponist umfangreiches Schaffen.

Burkart, Erika, eigtl. Erica Marguerite Erényi, * Aarau 8. Febr. 1922, schweizer. Lyrikerin.
1946–56 Primarlehrerin; schreibt sensible Gedichte voll Musikalität.
Hauptwerke: Der dunkle Vogel (Ged., 1953), Bann und Flug (Ged., 1956), Geist der Fluren (Ged., 1958), Die gerettete Erde (Ged., 1960), Ich lebe (Ged., 1964), Die weichenden Ufer (Ged., 1967).

Burkhardt, Joachim, * Borna bei Leipzig 21. Jan. 1933, dt. Schriftsteller.
Dr. phil., Redakteur, lebt in Berlin; schrieb die Romane „Wie ein bitterer Kern" (1960), in dem

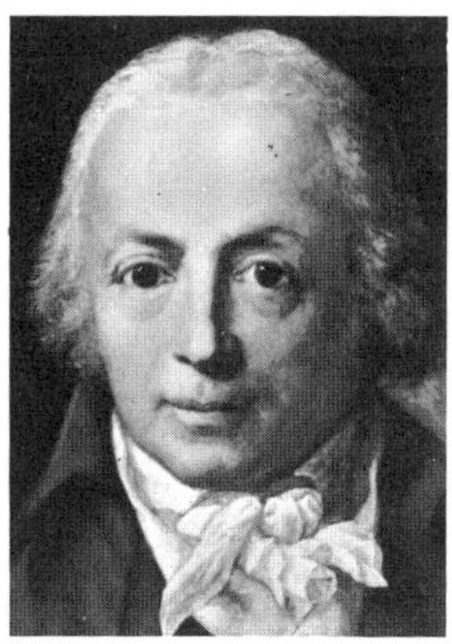

Gottfried August Bürger (Gemälde von A. Graff)

er vor dem Hintergrund des Dreißigjährigen Krieges ein zeitloses Thema – die Brutalität des Krieges – in sparsamem Chronikstil behandelt, und „Zum Beispiel im Juni" (1965), die Geschichte eines Liebespaares in der geteilten Stadt Berlin; ferner Erzählungen („Wer sammelt die Stunden", 1961), das Zeitstück „Die neue Robinsonade oder Parabel vom vergessenen Riff" (UA 1964), Lyrik und Essays.

Burnett, Frances Eliza Hodgson [engl. bə:ˈnɛt, ˈbə:nɪt], * Manchester 24. Nov. 1849, † Plandome (N.Y.) 29. Okt. 1924, amerikan. Schriftstellerin engl. Herkunft.
Wanderte 1865 nach den USA aus. Frances B. wurde zunächst durch Romane aus dem Leben der engl. Bergleute bekannt, schrieb dann vorwiegend Kinderliteratur, u.a. „Der kleine Lord" (R., 1886; dt. 1904).

Burney, Fanny [engl. ˈbə:nɪ], eigtl. Frances B., * King's Lynn 13. Juni 1752, † London 6. Jan. 1840, engl. Schriftstellerin.
Heiratete den emigrierten frz. General d'Arblay, lebte 1812–20 in Frankreich; sie schrieb 4 Romane, 2 Bühnenstücke und Tagebücher, in denen sie Zeitgenossen porträtierte (S. Johnson, Garrick u.a.) und ihre Erlebnisse als Hofdame verwertete. Ihre Bühnenstücke blieben ohne Erfolg. Von ihren Romanen sind bes. die ersten beiden gelungen („Evelina", 1778, dt. 1930; „Cecilia", 1782). Mit wachem Blick erfaßt sie dramat. Zwischenfälle und schildert amüsant, gelegentl. auch etwas boshaft Ereignisse aus dem Leben der bürgerl. Gesellschaft. Die Charakterdarstellung gelang ihr gut.
Weiteres Werk: Diary and letters (1842–46).
Literatur: Adelstein, M. E.: *F. B. New York 1968.* – Hemlow, J.: *The history of F. B. Oxford 1958.*

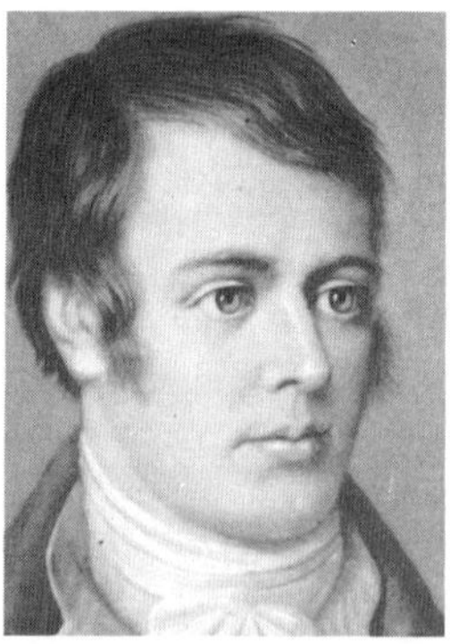
Robert Burns (Zeichnung nach A. Nasmyth)

Burns, Robert [engl. bə:nz], * Alloway bei Ayr 25. Jan. 1759, † Dumfries 21. Juli 1796, schott. Dichter.
Stammte aus einer armen Bauernfamilie; Bildung teils vom Vater vermittelt, teils autodidakt. erworben; nach freudloser Jugend Plan einer Emigration nach Jamaika, B. blieb aber nach dem unerwarteten Erfolg seiner ersten Gedichtpublikation (1786) in der Heimat. Er verlor die Sympathien seiner Gönner durch freien Lebenswandel, wegen seiner Klerikersatiren und positiver Einstellung zur Frz. Revolution. Gegen Lebensende wachsende Neigung zu alkohol. Exzessen. Bedeutendster schott. Dichter neben Scott und bed. Vorläufer der Romantik. In seinen volkstüml. lyr. und ep. Dichtungen verwertet er oft alte schott. Quellen. Wegen ihres drast. Humors wurde die urwüchsige, balladeske Verserzählung „Tam o' Shanter" (1790) berühmt; ferner anschaul. Naturlyrik, schlichte Liebesgedichte, [pro-schott., patriot.] Lieder („My heart's in the Highlands", „Auld lang syne"), die zu Volksliedern wurden; oft humorvolle, ländl. Idyllen.
Literatur: Dent, A.: *B. in his time. London 1966.* – Crawford, Th.: *B. A study of the poems and songs. Edinburgh u. London 1960.* – Hecht, H.: *R. B. Hdbg. 1919. Neubearb. engl. Übers. London 1936.*

Burroughs, John [engl. ˈbʌroʊz], * bei Roxbury (N.Y.) 3. April 1837, † in Ohio 29. März 1921, amerikan. Schriftsteller.
Lehrer, dann Angestellter im Schatzministerium; stand in hohem Ansehen; Freund von Whitman, Edison und Ford; stark von Emerson und bes. Thoreau angeregt, dessen Gabe der Naturschilderung ihn begeisterte; in seinen Essays verbindet er Beobachtung und Reflexion im Sinne des amerikan. Transzendentialismus; Studien über Whitman.
Hauptwerke: Birds and poets (Essays, 1877), Riverby (Essays, 1894), Literary values (Essays, 1902).

Burte, Hermann, eigtl. H. Strübe, * Maulburg bei Lörrach 15. Febr. 1879, † Lörrach 21. März 1960, dt. Schriftsteller und Maler.
1904–08 Maler in Oxford, London und Paris, lebte dann in Lörrach. Von Nietzsche entscheidend beeinflußt, schrieb B. einst viel gespielte Dramen und den Weltanschauungsroman „Wiltfeber, der ewig Deutsche" (1912), der in völk. Gesinnung ein german.-nationales Sendungsbewußtsein verherrlicht. Seine formal-konservative Lyrik umfaßt Liebes-, Landschafts- und alemann. Mundartgedichte; auch Übersetzungen aus dem Französischen („Adler und Rose", frz. Lyrik, 1949).
Weitere Werke: Patricia (Sonette, 1910), Katte (Dr., 1914), Simson (Dr., 1917), Madlee (Ged., 1923), Krist vor Gericht (Dr., 1930), Psalter um Krist (Ged., 1953), Stirn unter Sternen (Ged., 1957).
Literatur: H. B. 80 Jahre. Hg. v. F. Burda. *Offenburg 1959.*

Burton, Robert [engl. bə:tn], Pseudonym Democritus Junior, * Lindley (Leicester) 8. Febr. 1577, † Oxford 25. Jan. 1640, engl. Schriftsteller.
Theologe und Mediziner; schrieb außer einer lat. Komödie und unbed. Dichtungen „The anatomy of melancholy" (1621, teilweise dt. 1952 u. d. T. „Schwermut der Liebe"), eine Anleitung zur Heilung von Schwermut und Torheit; Einfluß der Gattung des Narrenspiegels; stilist. und inhaltl. originelle Zusammenstellung von Reflexionen und Gedanken aus Werken der Medizin, Naturwissenschaft, Philosophie, Literatur usw.; reiche Verwendung von Zitaten.
Literatur: Simon, J. R.: *R. B. (1577–1640) et l'anatomie de la mélancolie. Paris 1964.*

Busch, Wilhelm, * Wiedensahl bei Stadthagen 15. April 1832, † Mechtshausen (Harz) 9. Jan. 1908, dt. Dichter, Zeichner und Maler.

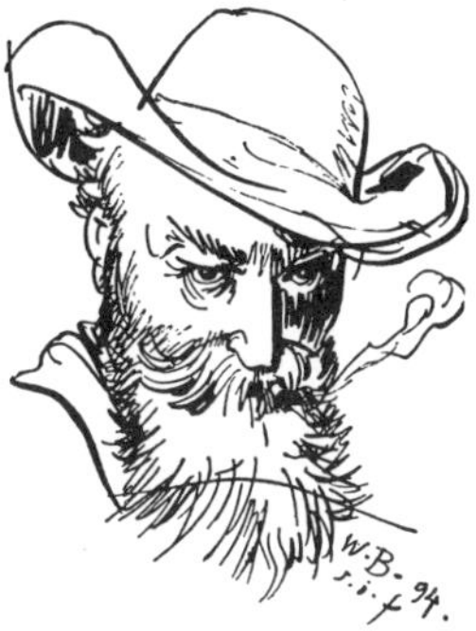

Wilhelm Busch (Selbstbildnis, 1894)

Studierte am Polytechnikum in Hannover, an den Kunstschulen in Düsseldorf, Antwerpen und München; Mitarbeiter der „Fliegenden Blätter" und der „Münchner Bilderbogen". Meister des epigrammat. knappen Textes, verbunden mit satir. Bilderfolgen, die ein vollendetes Kunstwerk bilden. Hinter dem grotesken Spiel verbirgt B., der von Schopenhauer beeinflußt war, eine moralisierend bittere Zeitkritik und einen tiefen, illusionslosen Pessimismus, der den Dichter zu müder Resignation treibt; gleichzeitig stellte er das Spießbürgertum in seiner Verlogenheit und Selbstzufriedenheit bloß und übersteigerte die Karikatur ins Phantastische; auch Prosa und verinnerlichte Gedankenlyrik.
Hauptwerke: Bilderpossen (1864), Max und Moritz (1865), Der Hl. Antonius von Padua (1870), Die fromme Helene (1872), Kritik des Herzens (Ged., 1874), Herr und Frau Knopp (1876), Maler Klecksel (1884), Der Schmetterling (E., 1895), Schein und Sein (Ged., 1909).
Ausgaben: W. B. Das Gesamtwerk des Zeichners u. Dichters. Hg. v. B. Werner. *Stuttg. 1967. 6 Bde. – W. B. Histor.-krit. Gesamtausg. Hg. v.* F. Bohne. *Wiesb. 1960. 4 Bde. – W. B. Sämtl. Werke. Hg. v.* O. Nöldeke. *Mchn. ⁴1958. 8 Bde.*
Literatur: Ehrlich, J.: *W. B., der Pessimist. Sein Verhältnis zu Arthur Schopenhauer. Bern u. Mchn. 1962.* – Bohne, F.: *W. B. Zürich 1958.* – Kayser, W.: *W. B.s grotesker Humor. Gött. 1958.* – Glockner, H.: *W. B. Tüb. 1932.*

Busken Huet, Conrad [niederl. ˈbʏskə hyːˈɛt], * Den Haag 28. Dez. 1826, † Paris 6. Mai 1886, niederl. Schriftsteller.
Entstammte einer hugenott. Familie, studierte kalvinist. Theologie, 1851–62 Prediger in Haarlem; nach der Niederlegung seines Amtes Mitarbeiter verschiedener Zeitungen und Zeitschriften; theolog. Kritiker; lehnte ein zu Kompromissen bereites Christentum scharf ab; sein Vorbild als literar. Kritiker war Sainte-Beuve; alle zeitgenöss. Dichter und Schriftsteller wurden einer strengen Kritik unterzogen; aus seinem eigenen Erzählwerk ist v.a. der Roman „Lidewyde" (dt. 1874) zu erwähnen.
Weiteres Werk: Rembrandts Heimat (1862–64, dt. 1886/87).

Busse, Carl, Pseudonym Fritz Döring, * Lindenstadt bei Birnbaum (Posen) 12. Nov. 1872, † Berlin 3. Dez. 1918, dt. Schriftsteller.
Studierte Philologie (Dr. phil.); Journalist und Kritiker; begann, von Storm und Liliencron beeinflußt, mit neuromant. Lyrik; später folgten zahlreiche Unterhaltungsromane und Erzählungen, in denen er seine Heimat, bes. die westpreuß. Kleinstadt schilderte; auch literarhistor. Schriften, in denen er den Naturalismus ablehnte.
Hauptwerke: Gedichte (1892), Jugendstürme (R., 1896), Jadwiga (R., 1899), Die Schüler von Polajewo (Novellen, 1901).

Busse, Hermann Eris, * Freiburg im Breisgau 9. März 1891, † ebd. 15. Aug. 1947, dt. Schriftsteller.
Volksschullehrer; widmete sich bes. der Volkstumsforschung; schrieb vorwiegend volkstüml. Bauern- und Heimatromane der alemann. Landschaft in kraftvoller Sprache; erwähnenswert ist seine Romantrilogie „Bauernadel" (1933), die sich mit dem Einbruch der Technik in altes Brauchtum auseinandersetzt.
Weitere Werke: Peter Brunnkant (R., 1927), Hans Fram (R., 1932), Der Erdgeist (Saga, 1939), Girlegig (R., 1941), Spiel des Lebens (En., 1944).
Literatur: Grolman, A. v.: *H. E. B. In: Die Neue Lit. 37 (1936).*

Bussy-Rabutin [frz. bysirabyˈtɛ̃], eigtl. Roger de Rabutin, Graf von Bussy, * Epiry (Nièvre) 13. April 1618, † Autun (Saône-et-Loire) 9. April 1693, frz. Schriftsteller.
Vetter der Madame de Sévigné; General; Mitglied der Académie française (1665); fiel bei Hof in Ungnade wegen seiner zuerst handschriftl. verbreiteten und 1665 in Lüttich gedruckten „Histoire amoureuse des Gaules", die den Lebenswandel einer Reihe von Hofdamen bloßstellte und B.-R. in die Bastille brachte.
Weitere Werke: Mémoires (hg. 1696), Correspondance (hg. 1696).

Busta, Christine, eigtl. Ch. Dimt, * Wien 23. April 1915, östr. Lyrikerin.
Studium der Germanistik und Anglistik, Bibliothekarin in Wien; gestaltet moderne Lebensprobleme in einer ihr eigenen herben, schlichten Sprache unter Wahrung, später zunehmender Ablösung von der traditionellen Form.
Hauptwerke: Der Regenbaum (Ged., 1951), Lampe und Delphin (Ged., 1955), Die Sternenmühle (Ged. für Kinder, 1959), Unterwegs zu älteren Feuern (Ged., 1965).

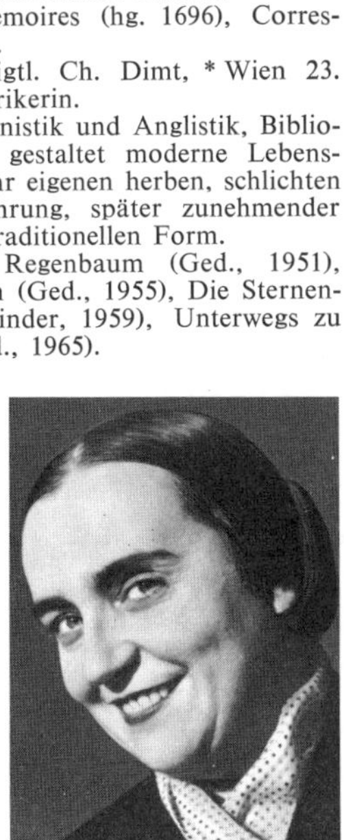

Christine Busta

Butler, Samuel [engl. 'bʌtlə], ≈ Strensham (Worcester) 8. Febr. 1612, † London 25. Sept. 1680, engl. Schriftsteller.
Stammte aus bäuerl. Familie; konservative, royalist. Erziehung; wurde zunächst Page, der Gräfin von Kent, stand dann während der Regierungszeit Cromwells als Sekretär im Dienst des hohen puritan. Beamten Sir Samuel Luke, der möglicherweise Vorbild für den „Hudibras" war, schloß sich aber nach der Restauration den Anhängern der Stuarts an; starb in Armut. B.s Hauptwerk, das von „Don Quijote" beeinflußte kom.-heroische Epos „Hudibras" (1663ff., dt. von J. J. Bodmer 1765), ist eine gegen Scheinheiligkeit, düstere Strenge und andere Schwächen des Puritanismus gerichtete Verssatire. Form und Handlung sind sorglos konstruiert, der prägnante Witz und die gelungene Satire machten das Werk zu einem der bedeutendsten parodist. Bücher der engl. Literatur. Weniger bekannt wurden B.s satir. Charakterskizzen.
Literatur: Richards, E. A.: *Hudibras in the burlesque tradition. New York 1937.* – Veldkamp, J.: *S. B. The author of Hudibras. Hilversum 1923.*

Butler, Samuel [engl. 'bʌtlə], * Langar (Nottingham) 4. Dez. 1835, † London 18. Juni 1902, engl. Schriftsteller.
Sollte, der Familientradition entsprechend, Geistlicher werden, brach aber sein Theologiestudium ab und ging als Schafzüchter nach Neuseeland; führte seit 1864 ein zurückgezogenes Leben in London; Maler, Musiker und Romancier, verfaßte auch Schriften zur Kunsttheorie und wandte sich in Essays gegen den Mechanismus der Darwinschen Evolution. Originelle Beiträge zu Fragen der Shakespeare- und Homerforschung; Homerübersetzungen in Prosa. In seinem Hauptwerk, dem utop. Roman „Ergindwon oder Jenseits der Berge" (dt. 1879), dessen dt. Titel ein dem Originaltitel „Erewhon" nachgeahmtes Anagramm aus „Nirgendwo" ist, gibt B. ein satir. Zerrbild einer grotesken Welt. Der Roman „Der Weg allen Fleisches" (1903, dt. 1929) verbindet Autobiographisches mit dichter. Gestaltung von B.s Ideen und Theorien. Seine Bedeutung beruht auf seiner Rolle als Mitgestalter der nachviktorian. engl. Literatur; starker Einfluß auf Shaw.
Literatur: Jones, H. F.: *S. B. A memoir. Neuausg. New York 1967. 2 Bde.* – Harkness, St. B.: *The career of S. B., 1835–1902: A bibliography. New York 1955.* – Meißner, P.: *S. B. der Jüngere. Eine Studie zur Kultur des ausgehenden Viktorianismus. Lpz. 1931.*

Butọr, Michel [frz. by'tɔ:r], * Mons-en-Barœul (Nord) 14. Sept. 1926, frz. Schriftsteller.
Studierte Philosophie und Philologie in Paris, war Lehrer, dann Verlagslektor; beeinflußt von Proust und Joyce; Vertreter des Nouveau roman; die traditionellen Erzählformen entsprechen nach Meinung B.s nicht mehr den Gegebenheiten einer veränderten Erfahrungswelt, weshalb es unmöglich ist, alle neu auftauchenden vielschichtigen Informationen und Beziehungen mit den bisher übl. Mitteln zu erfassen und zu gestalten. Der Roman wird deshalb zu einem komplexen System verschiedenartigster Bedeutungsbeziehungen der Wirklichkeitserfahrung. Dem entspricht eine unlösbare Einheit von Realismus, Symbolismus und Formalismus. Diese Theorie sucht B. in seinen Romanen ins Dichterische umzusetzen; auch Hörspiele.
Hauptwerke: Paris – Passage de Milan (R., 1954; dt. 1967), Der Zeitplan (R., dt. 1960), Paris-Rom oder Die Modifikation (R., dt. 1958), Stufen (R., dt. 1964), Fluglinien (Hsp., dt. 1965), Orte (Prosa, dt. 1966), Bildnis des Künstlers als junger Affe (Prosa, dt. 1968), Illustrationen (Ged., dt. 1969).
Literatur: Charbonnier, G.: *Entretiens avec M. B. Paris 1967.* – Albérès, R.-M.: *M. B. Paris 1964.*

Butschịnskaja, Nadeschda Alexandrowna [russ. bu'tʃinskɐjɐ] ↑ Teffi, Nadeschda Alexandrowna.

Bụtti, Enrico Annibale [italien. 'butti], * Mailand 19. Febr. 1868, † ebd. 29. Nov. 1912, italien. Schriftsteller.
Studierte Naturwissenschaften und Jura; Wagnerianer; gelangte als Dramatiker und Romancier, vom Naturalismus (Verismus) ausgehend, zu einer mehr idealist.-gedankl. Richtung und zum psycholog. Roman.
Hauptwerke: Der Automat (R., 1892; dt. 1905), L'anima (R., 1893), L'incantesimo (R., 1897), Gli atei (Dramentrilogie, 1900ff.), Il cuculo (Dr., 1907), Il castello del sogno (Dr., 1910).

Bụ̈ttner (Bütner), Wolfgang, * Oelsnitz (Vogtland) um 1530, † Wolferstedt (Thüringen) vor 1596, dt. Volksschriftsteller.
Studierte Theologie; war zuletzt Pfarrer in Wolferstedt; sammelte oder schrieb selbst die Schwänke über den sächs. Hofnarren Claus Narr: „627 Historien von Claus Narren" (1572).

Buyrẹtte, Pierre Laurent [frz. bɥi'rɛt] ↑ Belloy, Dormont de.

Buysse, Cyriel [niederl. 'bœỹsə], * Nevele bei Gent 21. Sept. 1859, † Deurle bei Gent 26. Juli 1932, fläm. Schriftsteller.
Reisen u.a. nach Nordamerika in geschäftl. Auftrag seines Vaters; Mitbegründer literar. Zeitschriften. Verfasser von Romanen, Novellen und Dramen. B. ist ein urwüchsiger Schilderer des fläm. Volkes; seine Stärke liegt in der realist. Erzählkunst; sprachlich nicht sehr anspruchsvoll. „Ein Löwe von Flandern" (R., 1900; dt. 1917) ist die Geschichte eines ideal gesinnten christl. Demokraten, die in der frühsozialist. Bewegung Belgiens spielt.
Weitere Werke: Arme Leute (En., 1901; dt. 1918), Het gezin van Paemel (Dr., 1903), Rose van Dalen (R., 1905; dt. 1918).

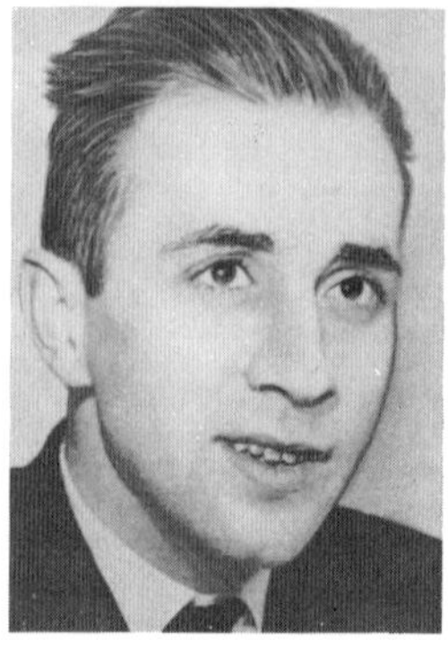

Michel Butor

Buzzati, Dino [italien. but'tsa:ti], eigtl. D. B.-Traverso, * Belluno 16. Okt. 1906, italien. Schriftsteller.
Studierte Jura, war Journalist, Kriegsberichterstatter und Marineoffizier im 2. Weltkrieg, Chefredakteur des „Corriere della Sera". Mehrfach literar. Auszeichnungen. B. begann in traditionell realist. Erzähltechnik („Die Männer vom Gravetal", R., dt. 1936), wandte sich unter dem Einfluß Kafkas und Maeterlincks der surrealist. Darstellungsweise zu, so in dem Roman „Das Geheimnis des Alten Waldes" (dt. 1948). Sein Hauptwerk, „Die Festung" (dt. 1954), bringt die Geschichte eines Offiziers, der im entscheidenden Augenblick des Einsatzes, den er herbeigesehnt hat, seiner Aufgabe durch Krankheit und Tod enthoben wird. Realist. Handlung ist mit Symbolischem und Unwirklichem verwoben; doppelsinnige Ausdrücke verstärken diese Dualität. Wesentl. Thema ist die Angst. Übergänge vom Realen zu skurrilem Humor, zum symbolhaft Absurden, Unheimlichen, in nüchterner Sprache erzählt, überraschen und verstärken den gewollten Eindruck von der Fragwürdigkeit menschl. Existenz. Den Erzählwerken entsprechen in der Art die Bühnenwerke, als deren bestes „Das Haus der sieben Stockwerke" (dt. 1954) gilt. B. zählt zu den bedeutendsten Schriftstellern des modernen Italien.
Weitere Werke: Das Königreich der Bären (Kinderb., 1945; dt. 1962), Panik in der Scala (R., dt. 1952), Des Schicksals roter Faden (En., dt. 1955), Der Hund, der Gott gesehen hatte (En., dt. 1956), Die Lektion des Jahres 1980 (En., dt. 1962), Schlachtschiff Tod (R., dt. 1963), Amore (R., dt. 1966).
Literatur: Boulay, Ch.: *Situation de l'homme dans l'œuvre de D. B. In: Revue d'études italiennes 6 (1959), 294.*
B. V. [engl. 'bi:'vi:] ↑ Thomsen, James.
Byns, Anna [niederl. bεins] ↑ Bijns, Anna.

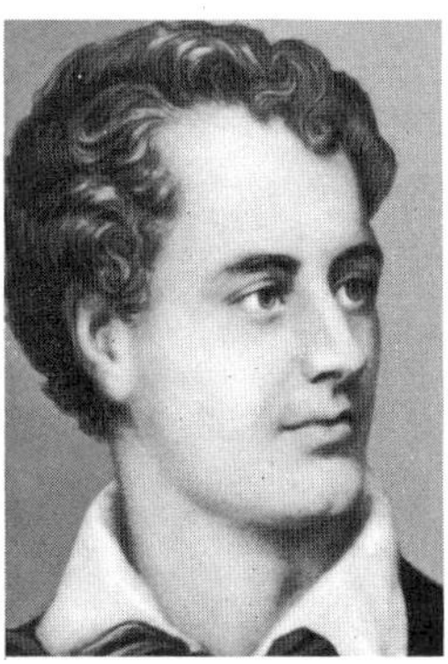
George Gordon Noel Lord Byron

Byron, George Gordon Noel Lord [engl. 'baɪərən], * London 22. Jan. 1788, † Mesolongion (Griechenland) 19. April 1824, engl. Dichter.
Verlor früh den Vater, wurde von seiner zur Hysterie neigenden Mutter erzogen; erbte 1798 Titel und Vermögen seines Großonkels, dadurch Möglichkeit einer Ausbildung in Harrow und Cambridge; trotz körperl. Behinderung hervorragender Sportler; während der Universitätszeit erste Veröffentlichungen; nach persönl. Zwistigkeiten und polit. Tätigkeit Reise nach S-Europa und dem Nahen Osten; 1815 Heirat, 1816 Scheidung; wegen Skandalgeschichten gesellschaftl. Boykott, der B. veranlaßte, England für immer zu verlassen; Reise in die Schweiz, Bekanntschaft mit Shelley; dann in verschiedenen Städten Italiens bis zur Fahrt nach Griechenland, wo er bald nach Aufnahme seiner polit. und militär. Tätigkeit im Dienst der griech. Freiheitsbewegung starb. B. ist Romantiker sowohl im Leben als auch im Werk. Exzentr., von Unruhe getrieben, die Gesellschaft durch Liebesverhältnisse schockierend, sich begeisternd, aber auch schroff ablehnend. Als Dichter von übernationaler Bedeutung, bes. auf dem Kontinent geschätzt und bewundert. B. stand z.T. noch unter dem Einfluß der formalen Klarheit des Kassizismus. Die Mischung von Melancholie, stilist. und formaler Ironie, heiterem Witz und scharfer Satire, wie sie in B.s Hauptwerk, dem ep. Fragment „Don Juan" (1818–24, dt. 1839), zu finden ist, wurde auch für die byronist. Modedichtung des 19. Jh.s kennzeichnend. Lockere, oft sorglose Formung, sprachl. Virtuosität und Vorliebe für das Satanische waren Gründe für den Erfolg seiner Verserzählungen, ferner der Sinn für interessante Thematik – etwa in „Ritter Harold's Pilgerfahrt" (1812ff., dt. 1836) – und für exot., bes. oriental. Stoffe, wie in den Erzählungen „Der Gjaur" (1813, dt. 1820) und „Der Corsar" (1814, dt. 1852). In seinen bedeutendsten Dramen, „Manfred" (1817, dt. 1835) und „Cain" (dt. 1831), wird die dramat. Struktur durch lyr. Elemente aufgelockert.
Weitere Werke: Lara (Ged., 1816), Gefangener von Chillon (Ged., dt. 1821), Die beiden Foscari (Trag., dt. 1839), Himmel und Erde (Mysterium, dt. 1839), Marino Faliero (Trag., dt. 1840), Sardanapal (Trag., dt. 1839), Die Vision des Gerichts (Ged., dt. 1839).
Ausgaben: Lord B.'s Werke. Dt. Übers. Krit. durchgesehene u. erl. Ausg. Hg. v. F. Brie. *Lpz. 1912. 4 Bde. – G. G. B. The works. Hg. v.* E. H. Coleridge *u.* R. E. Prothero. *London ²1898–1901. 12 Bde. Nachdr. London 1966. 13 Bde.*
Literatur: Maurois, A.: *Don Juan oder Das Leben B.s. Dt. Übers. Hamb. 1969.* – Trueblood, P. G.: *Lord B. New York 1968.* – Escarpit, R.: *Lord B., un tempérament littéraire. Paris 1958. 2 Bde.* – Marchand, L. A.: *Byron; a biography. New York 1957.* – Mayn, E. C.: *B. London ²1924. 2 Bde.* – Richter, H.: *Lord B. Persönlichkeit u. Werk. Halle 1929.*

C

Čaadaev ↑ Tschaadajew.
Caballero, Fernán [span. kaβa'ʎero], eigtl. Cecilia Böhl de Faber, verh. de Arrom, * Morges (Schweiz) 25. Dez. 1796, † Sevilla 7. April 1877, span. Schriftstellerin.
Vater dt. Hispanist, Mutter Spanierin; in Deutschland erzogen, lebte seit 1821 in Spanien, hpts. in

Andalusien, wo sie wichtige Anregungen für ihr schriftsteller. Schaffen erhielt. Fernán C. gilt als Schöpferin des modernen span. Romans. Streng kath. und konservativ, bewundernswert lebendig und gefühlsbetont schildert sie das Leben des Volkes, wobei sie Beschreibungen der spanischen Landschaft in ihre Darstellung einbezieht. Sie sammelte auch Volkslieder und Märchen.
Hauptwerke: La gaviota (R., 1849), Clemencia (R., 1852), Cuadros de costumbres populares andaluzas (Skizzen, 1852), La familia de Alvareda (R., 1856), Un verano en Bornos (R., 1858), Span. Dorfgeschichten (dt. 1877), Novellen (dt. 1878), Andalus. Novellen (dt. 1891).
Literatur: Herrero, J.: *F. C.: Un nuevo planteamiento. Madrid 1963.* – Montesinos, J. F.: *F. C. Ensayo de justificación. Berkeley (Calif.) 1961.* – Haase, E.: *Der Realismus als Regionalismus bei F. C. Diss. Mainz 1953.*

Cabanis, José [frz. kaba'nis], * Toulouse 24. März 1922, frz. Schriftsteller.
Rechtsanwalt in Toulouse; seine Romane, die meist in SW-Frankreich spielen, sind in einem realist., klaren, illusionslosen Stil geschrieben und von humaner Haltung geprägt.
Hauptwerke: L'âge ingrat (R., 1952), L'auberge fameuse (R., 1953), Le fils (R., 1956), Les mariages de raison (R., 1958), Le bonheur du jour (R., 1960), Les cartes du temps (R., 1962), Trugbild der Nacht (R., dt. 1966), Gabrielle und die Schlacht von Toulouse (R., dt. 1968).

Cabell, James Branch [engl. 'kæbəl], * Richmond (Va.) 14. April 1879, † ebd. 5. Mai 1958, amerikan. Schriftsteller.
Aus alter, vornehmer Familie; Journalist, dann genealog. Studien, u.a. in Europa; zuletzt als Genealoge und Staatsarchivar von Virginia in Richmond. Esoter., von Poe, Rabelais und der Troubadourdichtung beeinflußter Romancier, der oft selbstiron. und sarkast.-satir. eine myth. Scheinwelt darstellt, aus der die Romanhelden meist resignierend in den bürgerl. Alltag zurückkehren; seine Vorliebe für erot. Szenen, bes. in dem Roman „Jürgen" (dt. 1928), trug ihm den Vorwurf der Obszönität ein.
Weitere Werke: The line of love (Kurzgeschichten, 1905), The cream of the jest (R., 1917), Figures on earth (R., 1921), Smirt (R., 1934), Hamlet had an uncle (R., 1940), Let me lie (Essays, 1947).

Cabet, Étienne [frz. ka'bɛ], * Dijon 1. Jan. 1788, † Saint Louis (Missouri) 9. Nov. 1856, frz. Publizist und utop. Sozialist.
Rechtsanwalt in Paris, führendes Mitglied des Karbonaribundes; nahm an der Julirevolution (1830) teil, gründete die Zeitung „Le Populaire", in der er, wie in seinen Broschüren, die Regierung Louis Philippes angriff. 1834 war er im Gefängnis, floh nach England und wurde unter Einfluß Owens utop. Sozialist. Kommunist. Gemeinschaft, Gemeinschaftseigentum sind Ideen, die seinem utop. Staatsroman „Reise nach Ikarien" (1842, dt. 1894) zugrunde liegen. Nach 1848 versuchte er vergebl., diese Ideen in den USA zu verwirklichen.
Literatur: Vial, F.: *A French communist experiment in the USA. C. at Nauvoo (Ill.). In: The American Society Legion of Honor Magazine 28 (1957), 135.* – Piotrowski, S. A.: *E. C. and the „Voyage of Icarie". Diss. Washington 1935.*

Cable, George Washington [engl. kɛɪbl], * New Orleans 12. Okt. 1844, † Saint Petersburg (Fla.) 31. Jan. 1925, amerikan. Schriftsteller.
Teilnehmer am Bürgerkrieg auf seiten der Südstaaten. C. beschäftigte sich mit dem Rassenproblem („The negro question", 1885). Wegen seiner negerfreundl. Haltung oft angefeindet. In fesselnden Romanen schildert er, manchmal in romant.-weltferner Art, das Leben der Kreolen und der Gesellschaft von Louisiana.
Weitere Werke: Old Creole days (Kurzgeschichten, 1879), Madame Delphine (R., 1881), John March, Southerner (R., 1894), Lovers of Louisiana (E., 1918).
Literatur: Turner, A.: *G. W. C. Baton Rouge (La.) 1966.* – Butcher, G.: *G. W. C. New York 1959.*

Cabral de Melo Neto, João [brasilian. ka'bral di 'mɛlu 'nɛtu], * Recife (Pernambuco) 9. Jan. 1920, brasilian. Lyriker.
Generalkonsul in Barcelona; beeinflußt von St. Mallarmé, P. Valéry und E. Pound; seine Gedichte sind in klarer, nüchterner Sprache geschrieben, seine Welt ist Spanien, NO-Brasilien und seine Heimatstadt Recife. In dt. Sprache erschienen 1969 „Ausgewählte Gedichte".

Cadalso y Vázquez, José [span. ka'ðalso i 'βaθkɛθ], * Cádiz 8. Okt. 1741, ⚔ Gibraltar 27. Febr. 1782, span. Dichter.
Aus nordspan. Geschlecht, studierte in Cádiz (Jesuitenkolleg) und Paris; weitgereist; fiel als Kavallerieoberst bei der Belagerung Gibraltars; einer der wichtigsten Vermittler frz. und engl. Literatur seiner Zeit für Spanien. Seine Tragödie „Sancho García" (1771) bringt die strengen Regeln der frz. Tragödie auf die span. Bühne; dem Gefühlsgehalt nach sind seine Werke bereits romantisch. Einfluß auf die Schule von Salamanca, insbes. auf den mit ihm befreundeten Meléndez Valdés.
Weitere Werke: Los eruditos a la violeta (Satire, 1772), Cartas marruecas (Satiren, 1793), Noches lúgubres (Prosa, 1798).

Caderas, Gian Fadri, * Modena 12. Juli 1830, † Samaden (Graubünden) 25. Nov. 1891, rätoroman. Dichter.
Sohn schweizer. Eltern; Bank- und Versicherungsangestellter, Notar, Redakteur; hervorragender Vertreter der rätoroman. Literatur. Er schrieb in oberengadin. Mundart Komödien („Il farmacist", 1864), Novellen und lyr. Gedichte („Rimas", 1865; „Fluors alpinas", 1883; „Sorrirs e larmas", 1887; z.T. dt. übersetzt), die, leicht melanchol., die Natur, die Heimat und das Heimweh zum Thema haben.

Cadmon ↑ Caedmon.

Caecilius von Kalakte [tsɛ...], griech. Schriftsteller der 2. Hälfte des 1. Jh.s v. Chr. und des Beginns des 1. Jh.s n. Chr. aus Kalakte (beim heutigen Caronia, Sizilien).
Kam nach Rom, wo er als Lehrer der Rhetorik tätig war; sein reiches Schrifttum, das neben rhetor.-techn., exeget. und lexikal. Werken eine Darstellung des Sklavenkrieges umfaßt, ist nur fragmentar. erhalten; als führender Vertreter des Attizismus schrieb er die Abhandlung „Über das Erhabene", das er als rein stilist. Begriff auf-

faßte, und stellte in seinem Buch „Über die zehn Redner" den Kanon auf, der das Bild der Kaiserzeit weitgehend beherrschte.

Caecilius Statius [tsɛ...], * Mediolanum (heute Mailand) (?) um 220, † Rom 168, röm. Komödiendichter.

Insubrer, kam als Sklave nach Rom, lebte nach seiner Freilassung (zusammen mit Ennius in einem Haus) wahrscheinl. vom Ertrag seiner Stücke; seine röm. Komödien (Palliaten) sind meist freie Übertragungen des Menander, mit dessen Werk fast die Hälfte der 42 erhaltenen Titel übereinstimmt; auch im Gang der Handlung wich er – im Ggs. zu Plautus – nur wenig vom griech. Original ab; C. St., der erst sein Publikum erobern mußte, gewann dessen Gunst schließl. durch die tatkräftige Hilfe des Theaterdirektors L. Ambivius Turpio; er bereitete den Boden für die Komödien des Terenz.

Caedmon (Cadmon, Cedmon) [ˈkɛːtmɔn, engl. ˈkɛdmən], † um 680, erster bekannter christl. Dichter ags. Sprache.

C. war Kuhhirte in Northumbria, als ihm im Traum die Gabe des Dichtens kam (so berichtet Beda). In Whitby wurde er daraufhin als Laienbruder ins Kloster aufgenommen und mit der Dichtung ags. Bibelparaphrasen beauftragt. Erhalten ist nur ein Fragment eines Preisliedes auf Gott, den Schöpfer des Himmels und der Erde (9 Langzeilen in freiem Zeilenstil).

Literatur: Sievers, E.: *C. u. Genesis. In: Britannica. Festschr. M. Förster. Lpz. 1929.*

Caeiro, Alberto [portugies. kɐˈɐjru] ↑ Pessoa, Fernando.

Caesar, Gaius Iulius [ˈtsɛːzar], * Rom 13. Juli 100 v. Chr., † ebd. 15. März 44 v. Chr., röm. Schriftsteller, Feldherr und Staatsmann.

Entstammte dem alten, polit. jedoch unbed. Patriziergeschlecht der Julier; umfassend gebildet, schlug er die übl. Ämterlaufbahn ein; 60 erstes Triumvirat mit Pompeius und Crassus, 59 Konsul; erweiterte mit der Eroberung Galliens die Grenzen des Reiches bis an den Rhein; nach siegreicher Auseinandersetzung mit Pompeius, den er 48 bei Pharsalos schlug, und dessen Anhängern, die er 46 bei Thapsus und 45 bei Munda besiegte, begann er mit einer großzügig geplanten Neuordnung des Reiches; die weitblickende Konzeption der Pläne C.s wurde von den Zeitgenossen nicht verstanden; durch Hinneigung zu hellenist. Regierungsmethoden verhaßt, fiel er der Verschwörung des Brutus und Cassius zum Opfer. C.s literar. Tätigkeit, die z.T. im Dienst seiner Politik stand, ist nur bedingt „Propaganda" im modernen Sinn. Das Zusammenwirken großer Taten, hoher Geistigkeit, der Kühnheit, nur sich selbst als Maß zu setzen, und der Fähigkeit, sicher das Wichtige zu erfassen, macht die Größe seiner Werke aus. Die in der äußeren Form vollendete, klare, knappe, dem Attizismus nahekommende Diktion von bildhafter Anschaulichkeit wird den außerordentl. Themen gerecht. C. war auch ein glänzender Redner, der, dem Urteil Quintilians zufolge, Cicero in Reinheit und Eleganz der Sprache ebenso wie durch den Eindruck seines Vortrages in der Öffentlichkeit nicht viel nachstand. Während die 2 Bücher „De analogia", eine Verteidigung seines sprachl. Purismus, und die pamphletist. Anklageschrift gegen seinen Todfeind Cato „Anticatones" sowie das Gedicht „Iter", ein Bericht über seine Spanienreise des Jahres 46, verlorengegangen sind, blieben die 7 Bücher „De bello Gallico" (durch ein 8. seines Offiziers Hirtius ergänzt) und die 3 Bücher „De bello civili" erhalten, die Dokumente eines großen Feldherrn, Staatsmanns und Schriftstellers sind, der darüber hinaus mit seinen Berichten über den Gall. Krieg unschätzbare Dokumente der gall.-german. Frühgeschichte überliefert hat.

Ausgaben: C. J. C. Sämtl. Werke in zwei Bden. Dt. Übers. Mchn. $^{2-7}$1964–68. – C. Julii Caesaris Commentarii rerum gestarum. Hg. v. O. Seel *u. a. Lpz.; Stuttg. $^{1-2}$1961–66. Teilweise Neudr. 3 Bde.*

Literatur: Oppermann, H.: *J. C. in Selbstzeugnissen u. Bilddokumenten. Reinbek bei Hamb. 1968. – C. Hg. v.* D. Rasmussen. *Darmst. 1967.* – Seel, O.: *C.-Studien. Stuttg. 1967.* – Adcock, F. E.: *C. als Schriftsteller. Dt. Übers. Gött. ^{2}1962.* – Gelzer, M.: *C., der Politiker u. Staatsmann. Wiesb. ^{6}1960.* – Mommsen, Th.: *G. J. C. Ein vollendeter Staatsmann. Bln. 6.–10. Tsd. 1941.* – Oppermann, H.: *C., der Schriftsteller u. sein Werk. Lpz. 1933.* – Gundolf, F.: *C. Gesch. seines Ruhms. Bln. ^{2}1925* – Meyer, Eduard: *C.s Monarchie u. das Prinzipat des Pompeius. Innere Gesch. Roms v. 66–44 v. Chr. Stuttg. ^{3}1922. Nachdr. Darmst. 1963.* – Mergnet, H.: *Lex. zu den Schrr. Cäsars u. seiner Fortsetzer. Jena 1886. Nachdr. Hildesheim 1961.*

Caesarius von Heisterbach [tsɛ...], * Köln um 1180, † Kloster Heisterbach bei Königswinter nach 1240, dt. Geschichtsschreiber und Erzähler.

Zisterziensermönch, Zeremonienmeister, später Prior im Kloster Heisterbach, schrieb in mlat. Sprache eine Biographie des Erzbischofs Engelbert von Köln, einen „Catalogus archepiscoporum Coloniensium" und eine Vita der hl. Elisabeth von Thüringen. Seine Sammlung geistl. Anekdoten und Geschichten, bestimmt für die Erziehung der Novizen, ist von hohem kulturhistor. Interesse.

Literatur: Hain, M.: *Lebendige Volkssage im „Dialogus miraculorum" des C. v. H. In: Arch. f. mittelrhein. Kirchengesch. 2 (1950), 130.* – Beitz, E.: *C. v. H. u. die bildende Kunst. Augsburg 1926.* – Kaufmann, A.: *C. v. H. Ein Beitrag zur Kulturgesch. des 13. Jh.s. Köln ^{2}1862.*

Caesius Bassus [ˈtsɛː...], röm. Lyriker und Metriker des 1. Jahrhunderts.

Soll nach einer antiken Scholie beim Vesuvausbruch des Jahres 79 den Tod gefunden haben; befreundet mit Persius, dessen Satiren er aus dem Nachlaß herausgab; als Theoretiker der Verskunst schrieb er ein Handbuch über Metrik, das in Bruchstücken erhalten ist, während sein lyr. Werk, das Quintilian neben Horaz zur Lektüre des angehenden Redners empfahl, ganz verlorenging.

Caillavet, Gaston Arman de [frz. kajaˈvɛ], * Paris 13. März 1869, † Essendiéras (Dordogne) 14. Jan. 1915, frz. Schriftsteller.

Seine Mutter war berühmt durch ihren literar. Salon und durch ihre Freundschaft mit Anatole France. C. war als Journalist und Redakteur bei der Zeitung „Le Figaro" tätig. Seit den 80er Jahren schrieb er bühnenwirksame, den Zeitgeschmack treffende Komödien, die sich durch feinen Witz und Ironie auszeichnen; die besten entstanden nach 1900 in Zusammenarbeit mit Robert de Flers, u.a. „Le roi“ (1908), „Primerose“ (1911), „L'habit vert“ (1913).

Cain, James Mallahan [engl. kɛɪn], * Annapolis (Md.) 1. Juli 1892, amerikan. Schriftsteller.
Gab den Plan einer Sängerlaufbahn auf; diente im 1. Weltkrieg in Frankreich; später journalist. tätig; zeitweilig Dozent für Journalistik. C. schrieb außer Einaktern, Filmdrehbüchern und Zeitschriften naturalist. Romane, in denen er die psych. Vorgänge bei triebhaften Charakteren darzustellen versucht; oft kriminalist. Einschlag.
Hauptwerke: Die Rechnung ohne den Wirt (R., 1934; dt. 1950), Die andere Macht (R., 1942; dt. 1959), Butterfly (R., 1947), The moth (R., 1948), Mignon (R., 1962), The magician's wife (R., 1965).

Caine, (seit 1918) Sir Thomas Henry Hall [engl. kɛɪn], * Runcorn (Cheshire) 14. Mai 1853, † Greeba Castle auf Man 31. Aug. 1931, engl. Schriftsteller.
Befreundet mit D. G. Rossetti. Essayist und Verfasser realist. Romane, in denen er das Volksleben auf der Insel Man darstellt; Neigung zum Abenteuerlichen und Sentimentalen. Einige Werke wurden dramatisiert und verfilmt.
Hauptwerke: Der Oberrichter (R., 1887; dt. 1907), The eternal city (R., 1901), The woman of Knockaloe (R., 1923).

Čajak, Ján [slowak. 'tʃaja:k], * Liptovský Svätý Ján 19. Dez. 1863, † Petrovec 29. Mai 1944, slowak. Schriftsteller.
Stellt in realist. Erzählungen und Romanen das provinzielle Leben seiner Heimat dar; Schilderung des Brauchtums der Slowaken im jugoslaw. Staat; Hauptwerk ist der Gesellschaftsroman „Rodina Rovesných“ (= Familie Rovesný, 1909ff.).

Calderón, Serafín Estébanez ↑ Estébanez Calderón, Serafín.

Calderón, Ventura García ↑ García Calderón, Ventura.

Calderón de la Barca, Pedro [span. kalde'rɔn de la 'βarka], * Madrid 17. Jan. 1600, † ebd. 25. Mai 1681, span. Dramatiker.
Aus altadliger Familie, geniale Frühreife, besuchte ein Jesuitenkolleg; Freund Lope de Vegas, Soldat, Theaterleiter, 1651 Geistlicher, Hofkaplan Philipps IV., wandte sich mehr und mehr seinem literar. Schaffen zu. C. de la B. ist einer der bedeutendsten Dramatiker Spaniens. Sein Wirken fällt in das Jh. der sinkenden Macht Spaniens (starrer Absolutismus, Inquisition). Selbstverständl. Grundlage von C. de la B.s Weltbild ist der Katholizismus. Seine Dramen haben eine moral. Aufgabe, universale Bedeutung. Erhalten sind, neben einer Anzahl kleinerer Stücke, rund 110 Comedias (weltl. Schauspiele) und über 70 Autos sacramentales (geistl. Spiele). Der Bogen des dramat. Schaffens C. de la B.s reicht von Entremeses über Zarzuelas und Comedias heroicas (für den Hof) zu Komödien, religiösen und philosoph. Dramen. Die Gattung der Autos, denen er sich nach 1651 ganz widmete, führte er zu höchster Vollendung. Gedankl. Vertiefung, dramat. wirksame Darstellung, geschickte Verknüpfung der Handlungen und Intrigen, lebendige Charakterisierung der Personen zeichnen die Dramen aus, die unter geschickter Ausnutzung der Möglichkeiten der Bühnentechnik die höchste Entfaltung des Barockdramas bedeuten. „Das große Welttheater“ (entstanden um 1635?, gedruckt 1675; dt. 1846) sieht die Welt als Bühne, auf der die Menschen vor Gott ihre Rolle spielen (Thema von Hofmannsthal übernommen), „Das Leben ist Traum“ (entstanden um 1631/32, dt. 1812) stellt die Eitelkeit ird. Seins, die menschl. Zweifel dar und läßt Verstand über Instinkt und Leidenschaften siegen. Die Autos sacramentales wandeln immer von neuem das Wunder des Sakraments ab. In den weltl. Dramen bevorzugt der unterweisend wirken wollende Dramatiker krasse Fälle, wenn er Eifersucht, Sühne verlorener Ehre und ähnl. darstellt. C. de la B. beherrschte die sprachl. Mittel zu vollkommener Dichtung in großer Breite. Beträchtl. Einfluß, auch außerhalb Spaniens.
Weitere Werke: Balthasars Nachtmahl (Dr., entstanden um 1634?, gedruckt 1664; dt. 1846), Dame Kobold (Kom., entstanden um 1629; dt. 1822), Das Haus mit zwei Türen (Dr., 1632; dt. 1821, 1753 u. d. T. Ein Haus, das zwei Eingänge

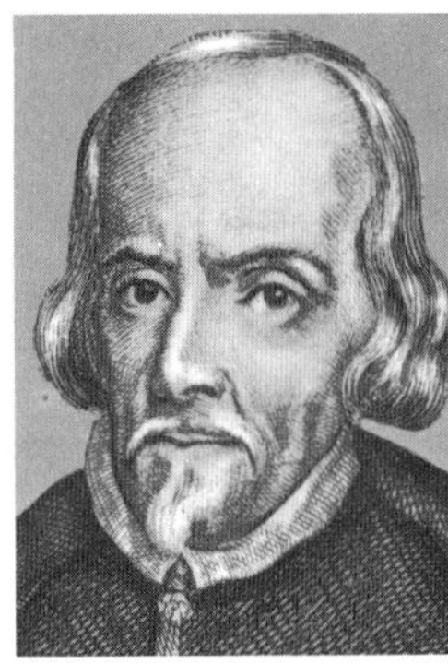
Pedro Calderón de la Barca

hat, ist hart zu bewahren), Über allen Zauber Liebe (Dr., entstanden 1635; dt. 1803), Der Richter von Zalamea (Dr., entstanden 1635; dt. 1803), Das Schisma von England (Dr., 1672; dt. 1875), Der Arzt seiner Ehre (Dr., 1637; dt. 1840), Die Tochter der Luft (Dr., entstanden 1653; dt. 1821), Der standhafte Prinz (Dr., entstanden 1629; dt. 1809), Der wundertätige Magus (Dr., entstanden 1637, gedruckt 1663; dt. 1816), Die Andacht zum Kreuze (Dr., 1634; dt. 1803).
Ausgaben: P. C. de la B. Dramen. Dt. Übers. Mchn. 1963. – P. C. de la B. Obras completas. Hg. v. L. Astrana Marín *u.a. Madrid* $^{1-3}$*1951–56. 3 Bde. – Don P. C. de la B. Ausgew. Werke in 10 Bden. Dt. Übers. Hg. v.* W. v. Wurzbach. *Lpz. 1911 [mit Biogr.].*
Literatur: Gerstinger, H.: *C. Velber 1967.* – Ochse, H.: *Studien zur Metaphorik C.s. Mchn. 1967.* – Menéndez y Pelayo, M.: *C. Der Mann, die Zeit u. die Kunst. Dt. Übers. Herrliberg-Zürich 1947.* – Depta, M. V.: *P. C. de la B. Lpz. 1925.* – Menéndez y Pelayo, M.: *C. y su teatro. Madrid* ^{3}*1884.*

Caldwell, Erskine [engl. 'kɔ:ldwəl], * White Oak (Ga.) 17. Dez. 1903, amerikan. Schriftsteller.
Sohn eines wandernden Methodistengeistlichen, lernte umherziehend die Südstaaten kennen;

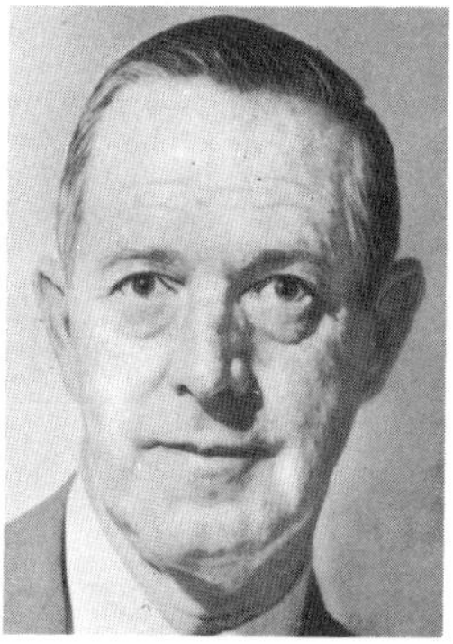
Erskine Caldwell

kurzer Universitätsbesuch; Gelegenheitsarbeiter; Journalist und Rundfunkreporter, Filmautor, Berichterstatter u.a. in Spanien, China und der Sowjetunion. Thema von C.s Romanen sind die Neger und „poor whites“ in den amerikan. Südstaaten. Als sozialkrit. Realist schildert er erbarmungslos die Elendsquartiere, Armut, Resignation, die Demoralisierung, Sittenverderbnis und den Rassenhaß.
Hauptwerke: Die Tabakstraße (R., 1932; dt. 1948), Gottes kleiner Acker (R., 1933; dt. 1948), Der Wanderprediger (R., 1935; dt. 1954), Ein heißer Tag (R., 1940; dt. 1950), Opossum (R., dt. 1952), Licht in der Dämmerung (R., dt. 1958), Gewisse Frauen (Kurzgeschichten, dt. 1958).

Caldwell, [Janet] Taylor [engl. 'kɔ:ldwəl], Pseudonym Max Reiner, * Prestwich bei Manchester (England) 7. Sept. 1900, amerikan. Unterhaltungsschriftstellerin.
Tochter nach Amerika ausgewanderter schott. Eltern; Stenographin und Journalistin. Ihr erster umfangreicher Erfolgsroman war „Einst wird kommen der Tag“ (dt. 1939). Er schildert den Aufstieg von zwei Einwandererfamilien über drei Generationen (von 1840 bis zur Jahrhundertwende). In „The eagles gather“ (R., 1940) und „The final hour“ (R., 1944) führt sie die Handlung bis in die jüngste Vergangenheit fort. Sie schrieb außerdem eine Reihe von Familienromanen aus der amerikan. Vergangenheit. Einen Höhepunkt erreichte sie mit dem Liebesroman „Melissa“ (dt. 1950).
Weitere Werke: Diese Seite der Unschuld (R., dt. 1947), Wo Licht und Finsternis sich scheiden (R., dt. 1951), Alle Tage meines Lebens (R., dt. 1958), Das Größte aber ist die Liebe (R., dt. 1963), Um Deines Namens willen (R., dt. 1963), Geliebter und berühmter Arzt (R., dt. 1963).

Calé, Walter [ka'le:], * Berlin 8. Dez. 1881, † ebd. 3. Nov. 1904 (Selbstmord), dt. Dichter.
Studierte Jura, dann Philosophie; impressionist. Lyriker, dessen Dichtungen neben scharfem Intellekt eine anrührende Naivität zeigen; sprachl. gewandt und biegsam, an Novalis und Rilke erinnernd. Seine „Nachgelassenen Schriften“ (Gedichte, Dramenfragment, Romanfragmente) erschienen 1907.

Călinescu, George [rumän. kəli'nesku], * Bukarest 19. Juni 1899, † ebd. 12. März 1965, rumän. Schriftsteller und Kritiker.
Professor in Bukarest, Direktor des Instituts für Literaturgeschichte und Folklore der Akademie; Mitarbeiter mehrerer Zeitschriften, gründete 1939 die Zeitschrift „Jurnalul literar“, die bald wegen zu demokrat. Einstellung verboten wurde; verfaßte eine umfangreiche rumän. Literaturgeschichte („Istoria literaturii române de la origini pînă în prezent“, 1941), die wegen ihrer ästhet.-psycholog. Interpretation sowie ihres Informationsreichtums berühmt ist; in seinen Essays ist er der Hauptinterpret der Gewissenskrise der rumän. Schriftsteller des 20. Jh.s; begann als Lyriker, schrieb auch Dramen und v.a. Romane; in „Rätsel um Ottilie“ (R., 1938; dt. 1959) und „Bietul Ioanide“ (= Der arme Ioanide, R., 1953) analysiert er die Lebensart und die Geisteshaltung des Bukarester Bürgertums Anfang des 20. Jh.s bis ungefähr 1940, im Roman „Der schwarze Schrein“ (dt. 1961) stellt er den schaffenden Künstler, der sich zum Sozialismus bekennt und am Aufbau des Staates und der neuen Gesellschaft teilnimmt, in den Mittelpunkt.
Weiteres Werk: Cartea Nunţii (=Buch der Hochzeit, R., 1933).

Callimachus ↑ Kallimachos.

Calmo, Andrea [italien. 'kalmo], Pseudonym Scarpella Bergamasco, * Venedig 1510 (?), † ebd. 1571, italien. Dramatiker.
Zahlreiche Komödien, z.T. wenig eigenschöpfer., nach klass. Vorbildern verfaßt. In eigenen Stücken führte er den „Alten“ ein (der an Pantalone erinnert) und wird deswegen oft als Vorläufer der Commedia dell'arte genannt.
Hauptwerke: Rodiana (Kom., 1540), La Spagnola (Kom., 1549), Il travaglia (Kom., 1556).

Calpurnius Siculus, Titus, röm. Dichter des 1. Jahrhunderts.
Schrieb in Nachahmung Vergils 7 Eklogen, die, ihres dichter. Sinnes z.T. beraubt, voller Schmeichelei den jungen Nero besingen, auf den man in der Frühzeit seiner Regierung große Hoffnungen setzte; die der Bukolik eigentüml. Hirten sind in dieser Art von Hofdichtung nur noch Masken; in der Handschrift folgen 4 Eklogen, die – früher zu Unrecht dem C. S. zuerkannt – von einem sonst unbekannten Nemesianus aus Karthago stammen, der wahrscheinl. im 3. Jh. lebte.

Calverley, Charles Stuart [engl. 'kælvəlɪ], * Martley (Worcester) 22. Dez. 1831, † Folkestone (Kent) 17. Febr. 1884, engl. Dichter.
Schrieb außer Übersetzungen, u.a. von Theokrit, satir. und parodist. Gelegenheitslyrik; berühmt durch oft nachgeahmte Stilparodien, die als „Fly leaves“ 1872 erschienen.

Calvin, Johann [kal'vi:n, frz. kal'vɛ̃], eigtl. Jean Cauvin, * Noyon (Oise) 10. Juli 1509, † Genf 27. Mai 1564, frz.-schweizer. Reformator.
Nach humanist., theolog. und jurist. Studien erlebte er eine langsame innere Wandlung zum ev. Glauben, geriet in Konflikt mit der kirchl. Lehrmeinung und mußte 1533 Paris verlassen; 1536 veröffentlichte er in Basel sein Hauptwerk, die „Christianae religionis institutio“, eine systemat. Darstellung des ref.-christl. Glaubens (mehrfach umgearbeitet; von C. selbst 1541 ins Frz. übersetzt); seit 1541 endgültig in Genf, wo er die Genfer Kirche straff organisierte, mit grausamer Härte gegen Andersdenkende vorging und eine

neue Kirchenordnung einführte; kirchengeschichtl. von großer Bedeutung, hatte C. bes. Einfluß auf die frz., niederl. und engl. Reformation; wichtigste Punkte seiner Lehre sind Prädestination und Abendmahlslehre, worin er von Luther abweicht. Seine Sprache ist einfach und klar und dient nur der Darstellung seiner Gedanken; für die Entwicklung des ev. Predigtstils von großer Bedeutung; auch Bibelkommentare und polem. Schriften („Traicté des reliques", 1543; „Traicté des scandales", 1550; „De la prédestination éternelle", 1552). C. gilt als einer der besten Prosaschriftsteller des 16. Jahrhunderts.
Ausgaben: Joannis C.i Opera Selecta. Hg. v. P. Barth *u.a. Mchn.* $^{1-2}$*1952–63. 5 Bde. – Supplementa Calviniana. Hg. v.* E. Mülhaupt. *Neukirchen 1936 ff. Auf mehrere Bde. berechnet. – Joannis C.i opera quae supersunt omnia. Hg. v.* W. Baum *u.a. Braunschweig u. Bln. 1863–1900. 59 Bde. Nachdr. Saarbrücken 1964.*
Literatur: Staedtke, J.: *C. Gött. 1967.* – Cadier, J.: *C. Paris 1966.* – Dankbaar, W. F.: *C. Sein Weg u. sein Werk. Dt. Übers. Neukirchen* ^{2}*1966.* – Ganoczy, A.: *Le jeune C. Genèse et évolution de sa vocation réformatrice. Wiesb. 1966.* – Niesel, W.: *C.-Bibliogr. 1901–1959. Mchn. 1961.* – Imbart de la Tour, P.: *C. Der Mensch, die Kirche, die Zeit. Dt. Übers. Mchn. 1936.* – Hoffmann, Heinrich Johannes: *C. Frauenfeld 1929.* – Doumergue, E.: *Jean C. Les hommes et les choses de son temps. Lausanne 1899–1927. 7 Bde.*

Calvino, Italo [italien. kal'vi:no], * Santiago de las Vegas (Kuba) 15. Okt. 1923, italien. Schriftsteller.
Wuchs in San Remo auf, schloß sich früh der antifaschist. Widerstandsbewegung an; lange Zeit Mitglied der KP; Lektor des Verlages Einaudi in Turin und dort Mithg. der Literaturzeitschrift „Menabò"; anfangs polit. engagierte, neorealist., später märchenhaft-phantast. Romane.
Hauptwerke: Wo Spinnen ihre Nester bauen (R., 1947; dt. 1965), Der geteilte Visconte (R., dt. 1957), Der Baron auf den Bäumen (R., dt. 1960), Der Ritter, den es nicht gab (R., dt. 1963), Marcovaldo oder Abenteuer eines einfachen Mannes in der Stadt nach dem Kalender erzählt (R., dt. 1967), Der Tag eines Wahlhelfers (Essay, dt. 1964), Erzählungen (dt. 1964), Kosmokomische Geschichten (dt. 1969).

Calvo, Pedro Prado ↑ Prado Calvo, Pedro.

Calvo Sotelo, Joaquín [span. 'kalβo so'telo], * La Coruña 5. März 1905, span. Schriftsteller.
Jurastudium; seit 1962 Präsident der Sociedad General de Autores; Mitarbeiter verschiedener Zeitschriften; verfaßte v.a. vieldiskutierte, bühnenwirksame Dramen, von denen bes. „Die Mauer" (dt. 1958) auch außerhalb Spaniens bekannt wurde; schreibt auch Reiseberichte und Erzählungen.
Weitere Werke: La vida inmóvil (Dr., 1939), La visita que no tocó el timbre (Dr., 1949), Criminal de guerra (Dr., 1951), La herencia (Dr., 1958), Dinero (Dr., 1960).

Calvus, Gaius Licinius C. Macer, * Rom 82, † 47, röm. Dichter.
Freund Catulls, gehörte dem Neoterikerkreis an. Verfasser erfolgreicher, stilist. ausgefeilter Reden, polit. Gedichte, u.a. gegen Pompeius, Caesar, und eines Epyllions „Io", vielleicht nach Vorbild des Kallimachos.

Calzabigi, Ranieri [italien. kaltsa'bi:dʒi], * Livorno 23. oder 24. Dez. 1714, † Neapel im Juli 1795, italien. Dichter.
Betrieb 1757 mit Casanova eine Lotterie in Paris, war 1761–74 Finanzbeamter in Wien, kehrte nach Italien zurück und lebte seit 1780 in Neapel. Er stand in enger Beziehung zu Metastasio, dessen Werke er 1755 mit einer programmat. Einleitung („Dissertazione su le poesie drammatiche del sig. Abate P. Metastasio") herausgab. Bedeutsam wurde seine Zusammenarbeit mit Gluck, für den er die Libretti zu den Opern „Orpheus und Euridike" (1762), „Alceste" (1766), „Paris und Helena" (1770) verfaßte. Gluck schrieb C. den Hauptanteil an seiner Reform der Oper im Sinne der dramat. Wahrheit zu.
Weiteres Werk: Poesie e prose diverse (1793).

Camenzind, Josef Maria, * Gersau 27. Febr. 1904, schweizer. Schriftsteller.
Priester; unternahm eine große Ostasienreise. Schreibt volkstüml., biedere Romane, in denen er seine Kindheit, die heimatl. Welt mit ihren einfachen Menschen anschaulich darstellt.
Hauptwerke: Mein Dorf am See (En., 1934), Ein Stubenhocker fährt nach Asien (Autobiogr., 1939), Schiffmeister Balz (R., 1941), Der Sohn des Vagabunden (E., 1951), Marcel und Michael (E., 1959), Der Kurgast aus Berlin (En., 1964).

Camino, León Felipe [span. ka'mino] ↑ León Felipe.

Çamlıbel, Faruk Nafiz [türk. tʃam'lɨbɛl], * Istanbul 19. Mai 1898, türk. Dichter.
Medizinstudium, 1922–46 Lehrer, dann bis 1960 Abgeordneter. Schrieb formvollendete Gedichte, von denen viele vertont wurden, Dramen und einen Roman.

Cammelli, Antonio [italien. kam'mɛlli] ↑ Pistoia, il.

Camões, Luís de [portugies. ka'mõi̯ʃ], * Lissabon (oder Coimbra?) Dez. 1524 oder Jan. 1525, † Lissabon 10. Juni 1580, portugies. Dichter.
Aus verarmtem Adelsgeschlecht, Jugend und Studium in Coimbra, erwarb klass. Bildung. Formvollendete Kanzonen in italien. Manier besingen die Liebe zu einem Coimbraner Mädchen; 1542 ging C. nach Lissabon, lebte wohl auch am Hofe, schrieb Dramen und Gedichte, teils auf Bestellung. Ein unsteter Lebenswandel führte ihn, nachdem er des Hofes verwiesen worden war, nach Afrika (Verlust des rechten Auges im

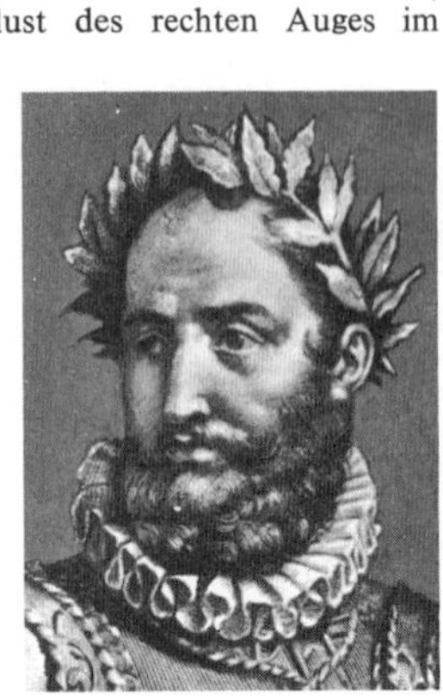

Luís de Camões

Kampf vor Ceuta), Goa und in andere portugies. Besitzungen. Wegen Händel und unregelmäßiger Geschäftsführung mehrfach im Gefängnis. Für seine Kriegstaten und literar. Verdienste königl. Ehrensold. Trotzdem starb C. in Armut (vermutl. an Pest). 1572 wurden „Die Lusiaden" (dt. 1806) gedruckt, C.' Hauptwerk und das bedeutendste portugies. Epos, in dem in 10 Gesängen die histor. Taten der Portugiesen, bes. die Fahrt Vasco da Gamas nach Indien, in mytholog. Rahmen dargestellt sind. Chroniken, Tagebücher, Reiseberichte und nicht zuletzt C.' eigene Fahrten waren die Quellen dieses Werkes, dessen Held das portugies. Volk ist. Voller Dynamik und Spannung, in sprachl. Meisterschaft (beeindruckende realist. Natur- und Schlachtenschilderungen) zeigt das Epos die mannigfaltigen geistigen und künstler. Strömungen der Zeit. Als Lyriker kann C. vielleicht als noch bedeutender angesehen werden. Vom eigenen Erlebnis getragen, weiß er die Formen meisterhaft zu handhaben (v.a. Sonette und Redondillas). Weniger bekannt sind seine 3 Komödien „Filodemo" (entstanden um 1544, gedruckt 1587; dt. 1885), „El-Rei Seleuco" (entstanden nach 1544, gedruckt 1645; dt. 1885 u.d.T. „König Seleukus") und „Os Anfitriões" (entstanden vor 1549, gedruckt 1587; dt. 1885 u.d.T. „Die Amphitryone"). C.' Werke sind der bedeutendste Beitrag Portugals zur Weltliteratur.

Weiteres Werk: Sonette (dt. 1959).

Ausgaben: L. Vaz de C. Obras completas. Hg. v. H. Cidade. *Lissabon 1945–47. 5 Bde. – L. de C. Sämtl. Gedichte. Dt. Übers. Paderborn 1880–85. 6 Bde.*

Literatur: Saraiva, A. J.: *L. de C. Lissabon 1959.* – Schneider, Reinhold: *Das Leiden des C. oder Untergang u. Vollendung der portugies. Macht. Köln u. Olten ²1957.* – Le Gentil, G.: *Camoëns, l'œuvre épique et lyrique. Paris 1954.* – Cidade, H.: *L. de C. Lissabon ¹⁻²1952–56. 3 Bde.* – Rüegg, A.: *C. u. Portugals Glanzzeit im Spiegel seines Nationalepos. Basel 1925.* – Storck, W.: *Luis' di Camoens Leben. Paderborn 1890.*

Campana, Dino [italien. kam'pa:na], * Marradi (Toskana) 20. Aug. 1885, † Castel Pulci bei Florenz 1. März 1932, italien. Dichter.

Sohn eines Schulleiters, studierte 1903/04 in Bologna Chemie, führte ein vagabundierendes Leben in Südamerika und Europa, zeitweise Mitarbeiter an literar. Zeitschriften, seit 1920 in der Irrenanstalt. Seine teils impressionist., teils symbolist. Gedichte sind wesentl. von Nietzsche und Rimbaud beeinflußt.

Hauptwerk: Canti orfici (Ged., 1914).

Campanella, Tommaso [italien. kampa'nɛlla], * Stilo (Kalabrien) 5. Sept. 1568, † Paris 21. Mai 1639, italien. Philosoph.

Dominikaner, Anhänger seines Lehrers Telesios von Cosenza. In einer Utopie setzte er eine Vernunftreligion an die Stelle der kath.; wegen Häresie inhaftiert; bei einem Reformversuch nach seinen Ideen von den Spaniern 1599–1625 in Neapel in Kerkerhaft gehalten, bis 1629 in Rom, 1634 Flucht nach Paris. Sein Hauptwerk, „Der Sonnenstaat" (1612, dt. 1900), beeinflußt von Th. More, stellt einen Staat der Zukunft dar, in dem Priesterphilosophen ein sozialist. Gemeinwesen leiten. C. schrieb auch Lyrik („Poesie", 1622), kräftig in der Form, dunkel und voll Gefühl im Gehalt.

Ausgabe: T. C. Tutte le opere. Hg. v. L. Firpo. *Mailand 1954 ff. Auf mehrere Bde. berechnet.*

Literatur: Amerio, R.: *C. Brescia 1947.* – Carolis Pilotti, C. de: *T. C. poeta. Florenz 1942.* – Blanchet, L.: *C. Paris 1920.* – Kvačala, J.: *Thomas C., ein Reformer der ausgehenden Renaissance. Bln. 1909.*

Campbell, Joseph [engl. kæmbl], eigtl. Seosamh Mac Cathmhaoil, * Belfast 1879, † Lackan (Wicklow, Irland) 13. Juli 1944, ir. Dichter.

Zeitweilig in den USA, dort Universitätsdozent. Schrieb Dramen als Beiträge zur ir. Theaterrenaissance, die er in Ulster unterstützte; verfaßte auch Lyrik im Volksliedton und stellte in Prosaskizzen das ir. Leben dar.

Hauptwerke: Rushlight (Ged., 1906), The mountainy singer (Ged., 1909), Judgment (Dr., 1912), The earth of Cualann (Ged., 1917).

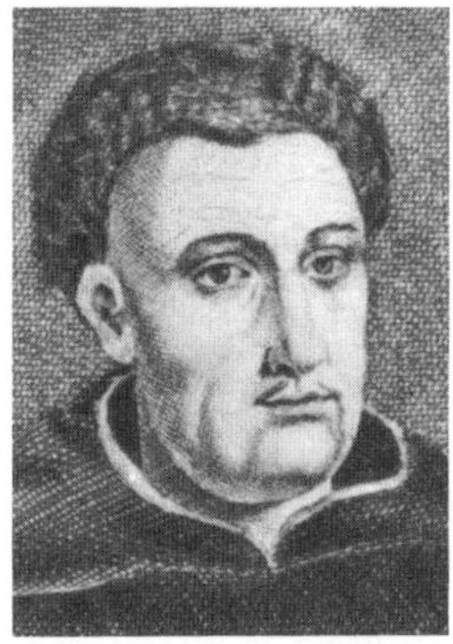

Tommaso Campanella

Campbell, [Ignatius] Roy [Dunnachie] [engl. kæmbl], * Durban 2. Okt. 1901, † bei Setúbal 22. April 1957, südafrikan. Dichter.

Arztsohn, studierte in Durban und Oxford; verließ aus polit. Gründen Südafrika, lebte in Spanien und S-Frankreich. Teilnahme am Span. Bürgerkrieg auf Francos Seite, am 2. Weltkrieg in der brit. Armee. C. schrieb Lyrik, Erzählungen und Essays und trat auch als Übersetzer hervor (Baudelaire). C.s Dichtung zeigt sowohl klass. als auch romant. Züge, die Lyrik ist voll südl. Farbenpracht. Eine eigenwillige Satire auf seine Zeitgenossen ist „The Georgiad" (Ged., 1931).

Weitere Werke: The flaming terrapin (Ged., 1924), Adamastor (Ged., 1930), Poems (1930), Pomegranates (Ged., 1932), Poems (1941), Ritter ohne Furcht und Tadel (Autobiogr., dt. 1953), Portugal (Essays, 1957).

Campbell, Thomas [engl. kæmbl], * Glasgow 27. Juli 1777, † Boulogne-sur-Mer 15. Juni 1844, schott. Dichter.

Jurist, danach freier Schriftsteller; Reisen und Studien in Deutschland; publizist. und enzyklopäd. Arbeiten; zeitweilig Lordrektor der Universität Glasgow. C. schrieb Literaturkritiken, er ist v.a. bekannt durch seine Lehrdichtung „Die Freuden der Hoffnung" (1799, dt. 1838), die formal dem Klassizismus, gehaltlich der Romantik nahesteht und mit der er die Forderung Polens nach Freiheit unterstützte; er schrieb auch Elegien, Balladen, eine seinerzeit vielgelesene romant. Verserzählung und patriot Lyrik.

Campbell, William Edward March [engl. kæmbl] ↑ March, William.

Campe, Joachim Heinrich, * Deensen bei Holzminden 29. Juni 1746, † Braunschweig 22. Okt. 1818, dt. Pädagoge und Jugendschriftsteller.

Studierte Theologie, war Hauslehrer im Humboldtschen Hause, dann Direktor des Dessauer Philanthropinums. Vertreter der Aufklärung, bearbeitete Defoes „Robinson Crusoe" unter pädagog. Gesichtspunkten („Robinson der Jüngste", 1779/80), verfaßte eine Anzahl Jugendschriften und war Hg. zweier Wörterbücher („Wörterbuch der dt. Sprache", 1807–11).

Literatur: Holz, G.: *J. H. C. als Sprachreiniger u. Wortschöpfer. Diss. Tüb. 1950.* – Arnold, K.: *J. H. C. als Jugendschriftsteller. Diss. Lpz. 1905.* – Leyser, Th.: *J. H. C. Braunschweig ²1896. 2 Bde.*

Camphuysen, Dirck Rafaelsz[oon] [niederl. 'kɑmphœỹzə], * Gorinchem 1586, † Dokkum 19. (9.?) Juli 1627, niederl. Dichter und Theologe.

Studium in Leiden, Sekretär und Hauslehrer, Prediger in Vleuten bei Utrecht, 1619 als Arminianer vertrieben, lebte in Dokkum als Flachshändler. Er lehnte jede kirchl. Gemeinschaft ab. Die Bergpredigt diente als Richtschnur seiner theolog. Anschauung, der Vernunft allein steht die Entscheidung über Wahrheit und Irrlehre zu, nur sie kann zum wahren Glauben führen. Diese Lehre bestimmte auch seine Dichtung. C. gab, von seinen Freunden dazu aufgefordert, eine freie Bearbeitung der Psalmen heraus.

Hauptwerke: Stichtelijke rijmen (Ged., 1624), Uytbreiding over de psalmen (1630).

Campion, Thomas [engl. 'kæmpɪən], * London 12. Febr. 1567, † ebd. 1. März 1620, engl. Dichter und Musiker.

Studierte Jura und Medizin, arbeitete als Arzt in London. Er vertonte z.T. selbst seine graziöse, liedhafte Lyrik, die er gelegentl. als Einlagen für seine höf. Maskenspiele verwendete. Er schrieb auch Gedichte, v.a. Epigramme, in lat. Sprache; in literaturkrit. Studien setzte er sich gegen die Verwendung des Reims ein; auch Verfasser eines Lehrbuchs des Kontrapunkts.

Hauptwerke: Ayres (Ged., 1601–17), Songs of mourning (Ged., 1613).

Campistron, Jean Galbert de [frz. kãpis'trõ], * Toulouse 1656, † ebd. 11. Mai 1723, frz. Dramatiker.

Entstammte einer alten Adelsfamilie, kam in jungen Jahren nach Paris, wo er sich mit Racine befreundete; Protektion durch die Herzogin von Bouillon, 1696–1713 im Dienst des Herzogs von Vendôme; 1701 Mitglied der Académie française. Schrieb höf. Tragödien nach dem Vorbild Racines, gestaltete jedoch die Tragik nicht durch innere Konflikte, sondern durch Häufung äußerer Geschehnisse. Verfaßte ferner zwei Komödien und Operntexte für Lully.

Hauptwerke: Virginie (Trag., 1683), Andronic (Trag., 1685), Tiridate (Trag., 1691), Le jaloux désabusé (Kom., 1709).

Campo, Estanislao del [span. 'kampo], Pseudonym Anastasio el Pollo, * Buenos Aires 1834, † ebd. 1880, argentin. Dichter.

Polit. tätig; in seinem Hauptwerk, der Dichtung „Fausto" (1866), gibt er eine glänzende Parodie auf den Gauchoroman; daneben romant. Dichtungen („Poesías", 1870).

Campoamor y Campoosorio, Ramón de [span. kampoa'mor i kampoo'sorio], * Navia (Asturien) 24. Sept. 1817, † Madrid 12. Febr. 1901, span. Dichter.

Aus alter astur. Familie, studierte Medizin; Mitglied der Cortes und Staatsrat; 1861 Mitglied der span. Akademie; wurde berühmt durch seine über 200 lyr.-didakt. „Doloras" (1846, dt. Ausw. 1901 u. d. T. „Span. Gedichte"), die vielfach nachgeahmt, aber auch angefeindet wurden; außer zahlreichen dramat. und novellist. Arbeiten veröffentlichte er v.a. polit., philosoph. und ästhet. Schriften.

Weitere Werke: El personalismo (1850), Lo absoluto (1865), El drama universal (Dichtung, 1869), Poética (Abhandlung, 1883), Humoradas (Ged., 1886–88), La metafísica y la poesía (1891).

Campos, Alvaro de [portugies. 'kɐmpuʃ] ↑ Pessoa, Fernando.

Camus, Albert [frz. ka'my], * Mondovi (Algerien) 7. Nov. 1913, † bei Villeblevin (Yonne) (Autounfall) 4. Jan. 1960, frz. Schriftsteller.

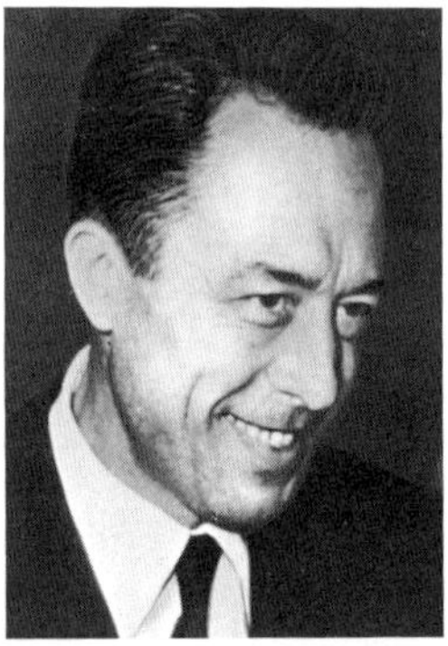

Albert Camus

Aus einer Arbeiterfamilie, studierte [als Werkstudent] Philosophie in Algier, dann Schauspieler und Bühnenautor; Reisen nach Spanien, Italien, in die Tschechoslowakei und in Afrika; Mitglied der Résistance während des 2. Weltkriegs, Mitbegründer ihrer Zeitung „Combat", eine Zeitlang Mitglied der KP; zuletzt Verlagsleiter. Nobelpreis 1957. Geistiger Hintergrund seiner Werke ist seine „philosophie de l'absurde", die Gott für den modernen Menschen negiert und die Existenz des sich selbst überlassenen Menschen als absurd betrachtet. C. verachtet Vertröstungen auf ein Jenseits, lehnt Verächter des Lebens ab; er verneint alles, was den Menschen an seinem individuellen Glück hindert; „totale geistig-sinnenhafte Erfüllung" des Menschen in jedem Augenblick ist seine Forderung. C. ruft die Menschen auf, gegen die Absurdität des Lebens zu revoltieren, und dehnt diese Revolte aus auf jede Form von Gewalt, die sich gegen den Menschen wendet (Despotismus, Todesstrafe). Den Weg zur Überwindung des Absurden findet C. in der Opferbereitschaft, jedenfalls für diejenigen, die nicht aus eigener Kraft ihr Glück zu ver-

wirklichen vermögen. Dem philosoph. und dichter. Gehalt seiner Werke weiß er mit sprachl. adäquaten Mitteln Ausdruck zu geben.
Hauptwerke: Hochzeit des Lichts (Essays, 1938; dt. 1954), Der Mythos von Sisyphos (Essays, 1942; dt. 1950), Der Fremde (R., 1942; dt. 1948), Das Mißverständnis (Dr., 1944; dt. 1950), Caligula (Dr., dt. 1947), Die Pest (R., dt. 1948), Der Belagerungszustand (Dr., 1948; dt. 1959), Die Gerechten (Dr., dt. 1950), Der Mensch in der Revolte (Essays, dt. 1953), Heimkehr nach Tipasa (Essays, dt. 1957), Der Fall (R., dt. 1957), Das Exil und das Reich (En., dt. 1958), Die Besessenen (Dr., dt. 1959), Tagebuch 1935–42 (dt. 1963), Tagebuch 1942–51 (dt. 1967).
Ausgaben: A. C. Dramen. Dt. Übers. Reinbek bei Hamb. 66.–82. Tsd. 1966. – A. C. Ges. Erzählungen. Dt. Übers. Reinbek bei Hamb. 1966. – A. C. Literar. Essays. Dt. Übers. Sonderausg. Reinbek bei Hamb. 1966. – A. C. Théâtre, récits et nouvelles, Hg. v. R. Quilliot. *Paris 1962.*
Literatur: Kampits, P.: *Der Mythos v. Menschen. Zum Atheismus u. Humanismus A. C.'. Salzburg 1968.* – Gay-Crosier, R.: *Les envers d'un échec: Étude sur le théâtre d'A. C. Genf 1967.* – Thody, Ph.: *A. C. Dt. Übers. Frkf. 1964.* – Morvan Lebesque: *A. C. in Selbstzeugnissen u. Bilddokumenten. Dt. Übers. Reinbek bei Hamb. ³1962.* – Brée, G.: *A. C. Gestalt u. Werk. Dt. Übers. Reinbek bei Hamb. 1960.* – Luppé, R. de: *A. C. Paris ⁸1960.* – Cruickshank, J.: *A. C. and the literature of revolt. New York 1959.* – ↑ auch Sartre, Jean-Paul.

Candīdās ↑ Tschandidas.

Canetti, Elias [span. ka'neti], *Rustschuk (heute Russe, Bulgarien) 25. Juli 1905, Schriftsteller.
Sohn span.-jüd. Eltern; studierte in Wien Naturwissenschaften, 1938 Emigration nach England. Schreibt prägnant-scharfsinnige Romane und Dramen mit meist satir. Unterton; auch Essays und kulturphilosoph. Schriften.
Hauptwerke: Hochzeit (Dr., 1932), Die Blendung (R., 1936), Komödie der Eitelkeit (Dr., 1950), Die Befristeten (Dr., 1956), Masse und Macht (Essays, 1960), Aufzeichnungen 1942–1948 (1965), Die Stimmen von Marrakesch (Reise-Aufzeichnungen, 1968).
Literatur: Moser, M.: *E. C. „Die Blendung". Diss. Wien 1968 [Masch.].*

Canfield, Dorothy [engl. 'kænfi:ld], eigtl. Dorothea Frances C., verh. Fisher, * Lawrence (Kans.) 17. Febr. 1879, † in Vermont 9. Nov. 1958, amerikan. Schriftstellerin.
Als Tochter eines Erziehers an pädagog. Fragen interessiert; pädagog. Schriften unter dem Einfluß von Maria Montessori, Romane über Menschen und Themen, die sie aus eigenem Erleben kannte.
Hauptwerke: A Montessori mother (Essays, 1912), Die schwingende Saite (R., 1915; dt. 1948), The deepening stream (R., 1930), Seasoned timber (R., 1939).

Canitz, Friedrich Rudolf Ludwig Freiherr von, * Berlin 27. Nov. 1654, † ebd. 11. Aug. 1699, dt. Dichter.
Jurastudium, Bildungsreise, kurfürstl. Kammerjunker, Beamter, diplomat. Missionen; als Vorbild der Hofdichter schrieb C. in steifer Manier lehrhaft witzige, nüchterne Lyrik und Satiren. Dem barocken Überschwang krit. gegenüberstehend, verkörpert C. die Wende zur Aufklärung (Vorbild Boileau).
Hauptwerk: Neben-Stunden unterschiedener Gedichte (1700).

Cankar, Ivan [slowen. 'tsa:ŋkar], * Vrhnika bei Laibach 10. Mai 1876, † Laibach 11. Dez. 1918, slowen. Dichter und Schriftsteller.
Freier Schriftsteller zunächst in Wien, dann v.a. in Laibach. Schöpfer eines neuen slowen. Prosastils; seine dramat. Werke und Versdichtungen erreichen nicht den Rang seiner Romane und Erzählungen, die krit. das Leiden der Menschen an ihrer Umwelt darstellen; neben Prešeren einer der bedeutendsten Dichter Sloweniens.
Hauptwerke: Das Haus zur barmherzigen Mutter Gottes (E., 1904; dt. 1930), Der Knecht Jernej (E., 1907; dt. 1929), Aus dem Florianertal (Satire, 1908; dt. 1947), Spuk im Florianertal (Kom., 1908; dt. 1953).
Literatur: Walder, W.: *I. C. als Künstlerpersönlichkeit. Graz u. Köln 1954.*

Cannizzaro, Tommaso [italien. kanit'tsa:ro], * Messina 17. Aug. 1838, † ebd. 25. Aug. 1912, italien. Dichter.
Studierte Philosophie und Literatur, unternahm zahlreiche große Reisen, lebte im übrigen meist in Messina. Schrieb, beeinflußt von der frz. Romantik, v. a. von Victor Hugo, neben einigen Prosawerken Lyrik in italien. und frz. Sprache, auch in sizilian. Dialekt.
Hauptwerke: La voir (Ged., 1862), In solitudine (Ged., 1877–80), L'India (R., 1899), Garibaldi e Mazzini (Prosa, 1900).

Cantar de mío Cid [span. kan'tar ðe 'mio 'θið] ↑ Cid, Poema del.

Cantemir, Antioh [rumän. kante'mir] ↑ Kantemir, Antioch Dmitrijewitsch Fürst.

Cantemir, Dimitrie [rumän. kante'mir], * Fălciu 26. Okt. 1673, † Gut Dimitrowka bei Orel (Rußland) 21. oder 23. Aug. 1723, rumän. Humanist.
In der Jugend als Geisel der Türken in Konstantinopel festgehalten; erhielt eine hervorragende Ausbildung; ungewöhnl. Sprachbegabung; wurde 1710 Fürst der Moldau, floh aber wenig später vor den Türken nach Rußland, wo er als Diplomat und Wissenschaftler im Dienst seines Freundes Peters des Großen stand. 1714 Mitglied der Berliner Akademie. C., der u. a. in lat., russ. und türk. Sprache schrieb, war v. a. Historiker und Volkskundler; er gewann als erster rumän. Wissenschaftler internationales Ansehen. Seine Hauptwerke sind „Geschichte des osman. Reiches nach seinem Anwachsen und Abnehmen" (1710ff., dt. 1745), die geograph.-ethnograph. Abhandlung „Histor.-geograph. und polit. Beschreibung der Moldau" (1716, dt. 1771) und „Istoria ieroglifică" (= Hieroglyphengeschichte, 1705), der erste rumän. Sittenroman (zugleich satir. Schlüsselroman).

Canth, Minna [schwed. kant], eigtl. Ulrika Vilhelmiina, geb. Johnsson, * Tampere 19. März 1844, † Kuopio 12. Mai 1897, finn. Schriftstellerin.
Begann erst spät zu schreiben; verfaßte idyll. Erzählungen und Dramen aus dem Volksleben, fand später, unter dem Einfluß der modernen skand. und frz. Literatur, zu einer tendenziösen, aber aktuellen Wirklichkeitsschilderung. Ihre Vorbilder waren u.a. Ibsen, Bjørnson, Maupassant, Zola. Minna C. setzte sich für soziale Gerechtigkeit und Frauenemanzipation ein. Später wandte sie

sich, v. a. unter dem Einfluß Tolstois, von der revolutionären Tendenz ab. Wertvoller als die Prosa sind ihre Dramen, die bed. Einfluß auf das finn. Theater hatten. Minna C. war neben Aho wichtigste Repräsentantin der neueren finn. Literatur.
Hauptwerke: Työmiehen vaimo (Trag., 1885), Hanna (E., 1886), Kovan onnen lapsia (Dr., 1888), Trödel-Lopo (E., dt. 1910), Papin perhe (Trag., 1891), Blinde Klippen (Dr., dt. 1907).

Cantoni, Alberto [italien. kan'to:ni], * Pomponesco bei Mantua 16. Nov. 1841, † Mantua 11. April 1904, italien. Schriftsteller.
Schrieb Grotesken, Novellen und Romane voll feinen Humors. Pirandello sah in ihm seinen Vorläufer.
Hauptwerke: Il demonio dello stile (Novellen, 1887), Pietro e Paola (R., 1897), Scaricalasino (Groteske, 1901), L'illustrissimo (R., hg. 1906).

Cantù, Cesare [italien. kan'tu], * Brivio (Como) 5. Dez. 1804, † Mailand 11. März 1895, italien. Historiker und Schriftsteller.
Studierte in Mailand, wurde Lehrer, war Freund und Bewunderer Manzonis; 1833/34 von der östr. Regierung wegen vermeintl. Hochverrats eingekerkert, schrieb während dieser Zeit den erfolgreichen Roman „Margherita Pusterla" (dt. 1841); 1848 Flucht nach Turin, 1874 Leiter des lombard. Staatsarchivs in Mailand. Die größte Bedeutung erlangte C. durch seine gediegenen Volks- und Jugendschriften, durch sein umfangreiches, den kirchl. Standpunkt vertretendes Geschichtswerk „Allgemeine Weltgeschichte" (35 Bde., 1838–46; dt. 1858–69) und durch seine „Storia della letteratura italiana" (1865).

Capdevila, Arturo [span. kapðe'βila], * Cordoba 14. März 1889, † Buenos Aires 20. Dez. 1967, argentin. Dichter.
Studierte Rechtswissenschaft; Professor; nachmodernist. Lyriker: „Jardines solos" (Ged., 1911), „El poema de Nenúfar" (Ged., 1915), „La fiesta del mundo" (Ged., 1922), „Romances argentinos" (Ged., 1939), „Córdoba azul" (Ged., 1940); schrieb ferner Dramen („El amor de Schehrazada", 1918), histor. Schriften und Reisebeschreibungen.

Čapek, Josef [tschech. 'tʃapɛk], * Hronov 23. März 1887, † KZ Bergen-Belsen April 1945, tschech. Schriftsteller und Maler.
Mitarbeiter und Kritiker bei zahlreichen Publikationsorganen. Als Maler Vertreter des Kubismus; Buchillustrationen für seinen jüngeren Bruder Karel Č.; nach anfängl. literar. Zusammenarbeit mit seinem Bruder eigenständiges, von tiefem Pessimismus geprägtes dichter. Schaffen; Ausdruck der Lebensangst und einer fast nihilist. Weltanschauung („Schatten der Farne", R., dt. 1936); verfaßte auch Feuilletons und Jugendbücher („Geschichte vom Hündchen und Kätzchen", 1929; dt. 1958).

Čapek, Karel [tschech. 'tʃapɛk], * Malé Svatoňovice 9. Jan. 1890, † Prag 25. Dez. 1938, tschech. Schriftsteller.
Studierte Philosophie, war Redakteur, Feuilletonist, Dramaturg. Erste Werke gemeinsam mit seinem Bruder Josef Č. In ersten selbständigen Werken beschäftigen ihn methaphys. Probleme, doch weil er die Unerreichbarkeit einer absoluten Lösung einsieht, wendet er sich der Welt des kleinen Mannes zu, sie themat., formal und sprachl. übereinstimmend gestaltend, ohne tiefere Bezüge außer acht zu lassen. Kühn sind seine utop. Romane („Das Absolutum oder die Gottesfabrik", dt. 1924; „Die große Versuchung", dt. 1949; „Der Krieg mit den Molchen", dt. 1937), in denen er Themen des wissenschaftl.-techn. Fortschritts und Fragen der modernen Zivilisation überwiegend satir. behandelt. Ein Welterfolg war „R.U.R." (dt. 1922 u. d. T. „W.U.R."), eine utop. Tragikomödie über die Herstellung eines Maschinenmenschen, der seinen Schöpfer schließl. vernichtet. Erzählungen und fesselnd kluge Reiseberichte; Übersetzungen aus dem Frz., Feuilletons über Zeitereignisse, eine Biographie Masaryks runden das Werk des außerordentl. erfolgreichen Schriftstellers ab.
Weitere Werke: Gottesmarter (Nov., dt. 1918), Aus dem Leben der Insekten (Dr., 1922; dt. EA 1968; mit Josef Č.), Krakatit (R., 1924; dt. 1949), Aus einer Tasche in die andere (R., dt. 1936), Hordubal (R., dt. 1933), Povětroň (= Der Meteor, R., 1934), Obyčejný život (= Das gewöhnl. Leben, R., 1934), Die erste Kolonne (R., dt. 1938), Mutter (Dr., 1938; dt. 1957), Vom Menschen (Feuilleton, dt. 1944).

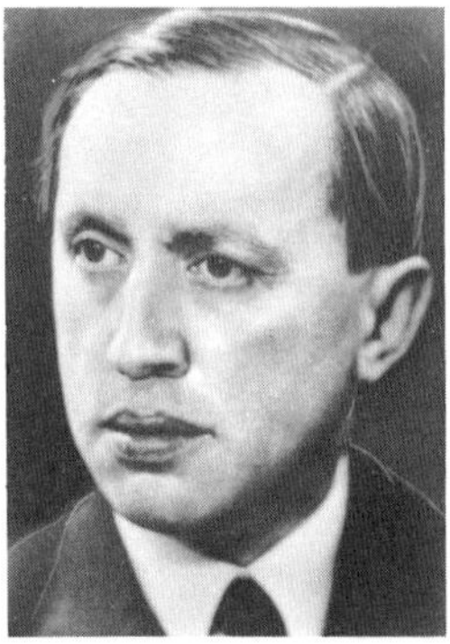
Karel Čapek

Čapek-Chod, Karel Matěj [tschech. 'tʃapɛk'xɔt], * Taus (Westböhm. Gebiet) 21. Febr. 1860, † Prag 3. Nov. 1927, tschech. Schriftsteller und Journalist.
Schrieb zahlreiche Novellen und Romane in naturalist. Stil mit Neigung zu grotesker Übertreibung; Ausgestaltung des Psychologischen. Dt. erschien 1957 „Kašpar Lén, der Rächer" (R., 1908).

Capékerne, Jean [frz. kape'kɛrn] ↑ Le Goffic, Charles.

Capella, Martianus ↑ Martianus Capella.

Capellanus, Andreas ↑ Andreas Capellanus.

Capote, Truman [engl. kə'poutɪ], eigtl. T. Streckfus Persons, * New Orleans 30. Sept. 1924, amerikan. Schriftsteller.
In verschiedenen ausgefallenen Berufen tätig; Reisen nach Haiti und Europa; mit 17 Jahren veröffentlichte er Kurzgeschichten in namhaften Magazinen. Beeinflußt von Joyce und Faulkner schildert C., meisterhaft detailliert und originell in der Darstellung, die exot.-dekadente Gesellschaft des amerikan. Südens, der die Gestalten seines Romans „Die Grasharfe" (dt. 1952) in ein idyll. Asyl in der Einöde, eine symbolhafte Traumwelt, ent-

fliehen; 1952 auch erfolgreiche Dramatisierung dieses Romans. Sensationelle Beachtung fand C.s auch verfilmter analyt. Tatsachenroman „Kaltblütig" (dt. 1966), zu dem ihm ein Familienmord im Mittelwesten das Thema gab.
Weitere Werke: Andere Stimmen, andere Stuben (R., dt. 1950), Baum der Nacht (Novellen, dt. 1957), Das Blumenhaus (Dr., dt. 1959), Frühstück bei Tiffany (R., dt. 1959).
Literatur: T. Capot's In cold blood. Hg. v. I. Malin. *Belmont (Calif.) 1968.*
Capuana, Luigi [italien. ka'pua:na], * Mineo bei Catania 28. Mai 1839, † Catania 29. Nov. 1915, italien. Schriftsteller.
Sohn eines Großbauern, studierte in Catania, wurde Journalist und Lehrer, 1875 Bürgermeister seiner Heimatstadt, 1902 Professor für Literaturgeschichte in Catania. C., der nach dem Vorbild Balzacs und Zolas schrieb, wurde zum Begründer des verist. Romans in Italien. In zahlreichen Novellen und Romanen bemühte er sich um objektive Behandlung verwickelter psycholog. Fragen; auch Kritiker und Kinderbuchautor; er sammelte ferner sizilian. Theaterstücke; weniger erfolgreich mit eigenen Dramen.
Hauptwerke: Giacinta (R., 1879), Le appassionate (Novellen, 1893), Le paesane (Nov., 1894), Der Marchese von Roccaverdina (R., 1901; dt. 1967), Rassegnazione (R., 1907).
Literatur: Traversa, V. P.: *L. C., critic and novelist. Den Haag 1968.* – Pellizzari, A.: *Il pensiero e l'arte di L. C. Neapel 1919.*
Capus, Alfred [frz. ka'py], * Aix-en-Provence 25. Nov. 1858, † Neuilly-sur-Seine 1. Nov. 1922, frz. Schriftsteller.
Nach anfängl. Ingenieurstudium Journalist; seit 1894 Redakteur, seit 1914 Mithg. der Zeitung „Le Figaro", 1914 Mitglied der Académie française. Seine realist. Romane und Bühnenstücke sind von iron. Optimismus erfüllt.
Hauptwerke: Wer zuletzt lacht ... (R., 1890; dt. 1901), La veine (Dr., 1901), Notre jeunesse (Dr., 1904), Robinson (R., 1910).
Čapygin ↑ Tschapygin.
Caragiale, Ion Luca [rumän. kara'dʒale], * Haimanale (heute Ion Luca C.) bei Tîrgovişte 29. Jan. 1852, † Berlin 22. Juni 1912, rumän. Schriftsteller.
Stammte aus einer Schauspielerfamilie; theaterverbundenes Leben; ging 1904 ins Exil. Einer der Schöpfer des rumän. Nationaltheaters; bedeutendster rumän. Dramatiker, der mit den Mitteln der Satire und Ironie in Komödien, dramat. Novellen und Skizzen in knapper, klarer Diktion unbarmherzig und mit karikaturist. Übertreibung die Schwächen seiner Umwelt darstellt und kritisiert; heftige Angriffe gegen Bourgeoisie und nationalist. Engstirnigkeit.
Hauptwerke: Eine stürm. Nacht (Kom., 1878; dt. 1956), Ein verlorener Liebesbrief (Kom., 1884; dt. 1942), Eine Osterkerze (Nov., dt. 1892), Sünder (En., dt. 1896).
Caragiale, Matei Ion [rumän. kara'dʒale], * Bukarest 25. März 1885, † ebd. 17. Jan. 1936, rumän. Schriftsteller.
Unehel. Sohn von Ion Luca C.; vielseitig begabter, durch Auslandsaufenthalte und Reisen gebildeter, in hohen Ämtern tätiger Autor von Gedichten und Romanen („Die Ritter vom Alten Hof", 1929; dt. 1963), in denen er mit feinem Stilgefühl eine unwirkl., fast traumhafte Welt gestaltet; er ist der größte Manierist der rumän. Prosa.
Carcano, Giulio [italien. 'karkano], * Mailand 7. Aug. 1812, † Lesa am Lago Maggiore 30. Aug. 1884, italien. Dichter.
Studierte Jura, 1848 Sekretär der provisor. Regierung in Mailand, lebte anschließend im polit. Exil in der Schweiz, 1859 Professor der Ästhetik und 1868 Sekretär des Istituto Lombardo in Mailand. War in seiner Lyrik und in seinen erfolgreichen Erzählwerken ein Schüler Manzonis, aber auch der frz. und engl. Romantik; übersetzte Shakespeare (12 Bde., 1875–82); auch Dramatiker.
Hauptwerke: Ida della Torre (Vers-Nov., 1834), Angiola Maria (R., 1839), Damiano (R., 1850), Gabrio e Camilla (R., 1874).
Carco, Francis [frz. kar'ko], eigtl. François Carcopino-Tusoli, * Nouméa (Neukaledonien) 3. Juli 1886, † Paris 26. Mai 1958, frz. Schriftsteller.
Sohn kors. Eltern, kam mit 9 Jahren nach S-Frankreich und lebte seit 1910 in Paris. Seine Gedichte, deren erste Sammlung u. d. T. „La bohème et mon cœur" (1912) erschien, stehen unter dem Einfluß Villons, Baudelaires und Verlaines. Seine Romane aus der Bohemewelt des nächtl. Paris – Dirnen und Zuhälter stehen im Mittelpunkt der Darstellung – enthalten ausgezeichnete Milieuschilderungen und sind in objektiver und leidenschaftsloser Darstellung von einem Hauch iron.-humorvoller, bisweilen wehmütiger Poesie umgeben; C. schrieb außerdem Erzählungen, Dramen, Lebenserinnerungen, Essays, Kritiken und Reportagen; auch bed. Künstlerstudien.
Weitere Werke: Jésus-la-Caille (R., 1914; dt. 1922), An Straßenecken (R., 1919; dt. 1925), Der Gehetzte (R., dt. 1924), De Montmartre au Quartier latin (Erinnerungen, 1927), Utrillo (Biogr., dt. 1958).
Literatur: Weiner, S. S.: *F. C. The career of a literary bohemian. New York 1952.* – Chabaneix, Ph.: *F. C., une étude. Paris 1949.*
Carcopino-Tusoli, François [frz. karkɔpinotyzɔ'li] ↑ Carco, Francis.
Cardarelli, Vincenzo [italien. karda'rɛlli], * Tarquinia 15. Mai 1887, † Rom 15. Juni 1959, italien. Dichter.
Sohn eines Gastwirts, bildete sich selbst zum Journalisten heran. Mit seiner 1919 gegr. Zeitschrift „La Ronda" beeinflußte er stark die italien. Literatur nach dem 1. Weltkrieg. C. lehnte jede Art von Neoromantik ab und forderte einen neuen, strengen Klassizismus nach dem Vorbild Leopardis. Er schrieb techn. vollendete Lyrik und nüchterne, oft schmucklose Prosa.
Hauptwerke: Viaggi nel tempo (Prosa, 1920), Terra genitrice (Prosa, 1924), Il sole a picco (Ged. und Prosa, 1929), Solitario in Arcadia (Prosa, 1947).
Cardijn, Josef [niederl. kɑr'dɛin] ↑ Van der Meersch, Maxence.
Carducci, Giosuè [italien. kar'duttʃi], Pseudonym Enotrio Romano, * Valdicastello (heute zu Pietrasanta, Toskana) 27. Juli 1835, † Bologna 16. Febr. 1907, italien. Lyriker und Literarhistoriker.
Wuchs in der pisan. Maremma auf, wo sein Vater Landarzt war. Als junger Lehrer der Rhetorik trat er mit den Gedichten „Rime" (1857) hervor. Mehr und mehr kristallisierte sich das Thema seiner Dichtung und seiner literarhistor. Studien her-

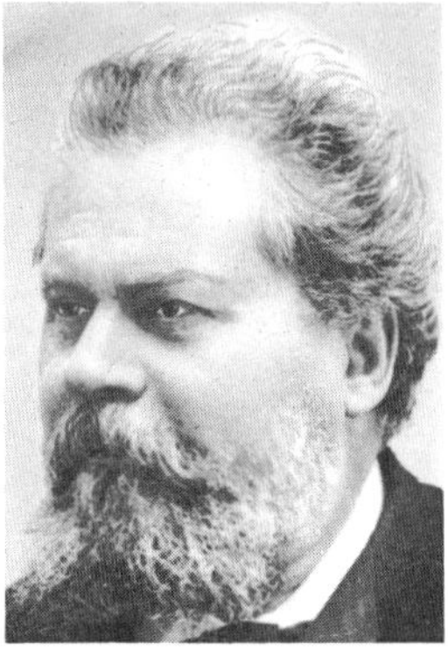
Giosuè Carducci

aus: In feierl., pathet. und schwungvoller Sprache verherrlichte er die Größe einer held. Vergangenheit, die er der passiven Selbstbetrachtung seiner als dekadent empfundenen Zeit vorhielt. Höhepunkt seines dichter. Schaffens erreichte er in den formsicheren „Odi barbare“ (1877–89, dt. 1913), die in der vortreffl. Nachgestaltung antiker Metren der nationalen Begeisterung seiner Kunst die entsprechende Ausdrucksform verliehen. C. gilt als der bedeutendste italien. Lyriker seiner Zeit. Nobelpreis 1906. Führend auch auf dem Gebiet der italien. Philologie und Literaturgeschichte.
Weitere Werke: Juvenilia (Ged., 1857), Inno a Satana (Ged., 1863), Levia Gravia (Ged., 1868), Nuove poesie (1873), Ça ira (Ged., 1883; dt. 1893), Rime e ritmi (1899).
Ausgaben: G. C. Gedichte. Dt. Übers. Hg. v. F. Hefti. *Bern 1937. – G. C. Opere. Edizione nazionale. Bologna* $^{1-5}$*1935–55. 30 Bde.*
Literatur: Biagini, M.: *Il poeta della Terza Italia. Vita di G. C. Mailand 1961.* – Busetto, N.: *G. C., l'uomo, il poeta, il critico e il prosatore. Padua 1958.* – Croce, B.: *G. C. Bari* ^{4}*1946.* – Hunziker, E.: *C. u. Deutschland. Aarau 1927.*

Car-Emin, Viktor [serbokroat. 'tsar,ɛmin], * Kraj bei Lovran 1. Nov. 1870, † Opatija 17. April 1963, kroat. Schriftsteller.
Schrieb außer journalist. Arbeiten und Kinderbüchern Erzählungen, Romane und Dramen, in denen er in nationalist. Tendenz den Kampf der Istrier um Erhaltung des Volkstums darstellte; behandelte auch soziale und wirtschaftl. Fragen.

Carette, Louis [frz. ka'rɛt] ↑ Marceau, Félicien.

Carew, Thomas [engl. kə'ru:], * West Wickham (Kent) um 1595, ▭ London 23. März 1640 (?), engl. Lyriker.
Erster Vertreter der höf.-galanten Kavaliersdichtung in England; formal gewandte, elegant stilisierte Gedichte auf Ereignisse höf. Lebens; sein Hauptwerk, das Maskenspiel „Coelum Britannicum“ (1634), entstand im Auftrag König Karls I.

Carey, Henry [engl. 'kɛərɪ], * 1687 (?), † London 4. Okt. 1743, engl. Dichter und Komponist.
Gilt als illegitimer Sohn des Marquis von Halifax, George Savile. Zu seinem umfangreichen Werk gehören Burlesken, Farcen und liedhafte Gedichte, die er z. T. selbst vertonte, bes. das noch immer populäre „Sally in our alley“. Er ist auch bekannt als Librettist der burlesken Oper „The dragon of Wantley“ (1737).

Carlén, Emilie ↑ Flygare-Carlén, Emilie.

Carleton, William [engl. 'kɑ:ltən], * Prillisk bei Clogher (Tyrone) 4. März 1794, † Sandford (Dublin) 30. Jan. 1869, ir. Erzähler.
Sohn eines Farmers; die genaue Kenntnis der bäuerl. Lebensbedingungen und der Psyche der Landbewohner verwertete er in seinen realist. Romanen, Novellen und Skizzen.
Hauptwerke: Traits and stories of the Irish peasantry (Kurzgeschichten, 1830–33), Fardorougha, the miser (R., 1837).

Carlyle, Thomas [engl. kɑ:'laɪl], * Ecclefechan (Dumfries) 4. Dez. 1795, † London 4. Febr. 1881, schott. Essayist, Historiker und Philosoph.
Gab das in Edinburgh begonnene Theologiestudium auf, war zeitweilig Lehrer, dann freier Schriftsteller; Beziehungen zur dt. Literatur, bes. zu Goethe, dessen „Wilhelm Meister“ er übersetzte. Er verband Ideen der dt. Klassik mit der Tradition des Puritanismus. Seit 1834 lebte er in Chelsea, 1865 wurde er Lordrektor der Universität Edinburgh. Angeregt und beeinflußt u. a. von Herder, Goethe, Schiller, Jean Paul, Novalis und der romant. Philosophie. Zu seinen Hauptwerken gehören „Der geflickte Flickschneider“ (1836, dt. 1882), eine antiromant., autobiograph. Schrift, die eine vom „Wilhelm Meister“ beeinflußte Weltanschauung der Entsagung und des moral. Werts der Arbeit entwickelt, und die Vortragsreihe „Über Helden, Heldenverehrung und das Heldentümliche in der Geschichte“ (dt. 1853), in der C. sein antidemokrat., aristokrat. Geschichtsbild darlegt; berühmt wurde seine weniger histor. als poet.-künstler. Darstellung der Frz. Revolution: „Die Frz. Revolution“ (dt. 1844). Sein eigenwilliger, kraftvoller, oft hymn.-pathet. Stil zeigt Einflüsse der dt. Syntax, der Kanzelrhetorik und der Bibelsprache.
Weitere Werke: Schiller (1825, dt. 1912), On history (1830), Lectures on German literature (1837), Einst und Jetzt (1843, dt. 1899), Friedrich der Große (dt. 1859–69), Goethe (dt. 1912).
Ausgaben: The works of Th. C. (Centenary edition). London 1896–99. 30 Bde. – Th. C. Ausgew. Werke. Dt. Übers. Lpz. $^{1-2}$*1895–1907. 9 Bde.*
Literatur: Tennyson, G. B.: *Sartor called Resartus. Princeton (N. J.) 1965.* – Kedenburg, J.: *Teleolog. Geschichtsbild u. theokrat. Staatsauffassung im Werke Th. C.s. Hdbg. 1960.* – Symons, J.: *Th. C. The life and ideas of a prophet. London 1952.* –

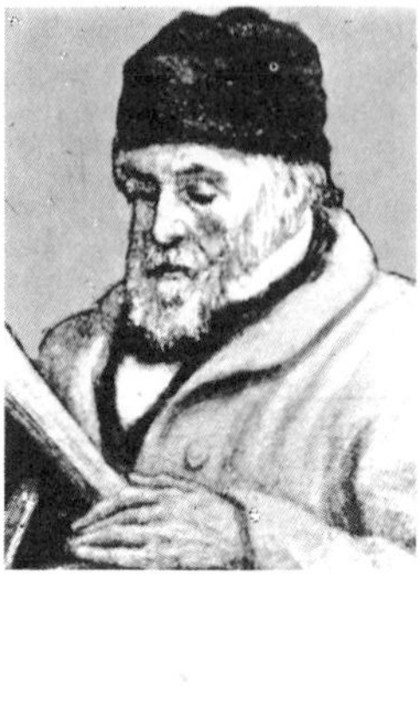
Thomas Carlyle
(Aquarell von
Mrs. A. Allingham)

Harrold, Ch. F.: *C. and the German thought: 1819–34. New Haven 1934.* – Baumgarten, O.: *C. u. Goethe. Tüb. 1906.* – Fronde, J. A.: *C. London 1882–84. 4 Bde. Gekürzte dt. Ausg. u. d. T.: Das Leben Th. C.s. Gotha 1887–88. 3 Bde.*

Carman, William Bliss [engl. 'ka:mən], * Fredericton (Neubraunschweig) 15. April 1861, † New Canaan (Conn.) 8. Juni 1929, kanad. Lyriker.
Zuletzt Journalist in New York und den Neuenglandstaaten. Schrieb schlichte Naturlyrik nach romant. Vorbildern. Sein Hauptwerk, die dreibändige Sammlung „Songs from Vagabondia" (1894ff.), entstand in Zusammenarbeit mit dem amerikan. Dichter R. Hovey, den C. in Harvard kennengelernt hatte.

Carmen Sylva ['karmən 'zılva], Dichtername der Königin Elisabeth von Rumänien, * Schloß Monrepos bei Neuwied 29. Dez. 1843, † Bukarest 2. März 1916.
Tochter des Fürsten Hermann zu Wied-Neuwied, Gattin des Fürsten Karl von Hohenzollern (seit 1881 König Carol I. von Rumänien), widmete sich nach dem Tode ihres einzigen Kindes der Literatur, schrieb in neuromant., impressionist. Stil zarte, oft schwermütige lyr. Gedichte, Erzählungen und Dramen, symbol. Märchen, Volksballaden und Lebenserinnerungen; besonderen Erfolg hatte sie mit der Gestaltung rumän. Themen, die sie dem Brauchtum entnahm. Zusammen mit M. Kremnitz verfaßte sie auch Unterhaltungsromane; auch Übersetzungen aus dem Rumän. („Rumän. Dichtungen", 1881; „Lieder aus dem Dimbovitzatale", 1889).
Weitere Werke: Stürme (Dichtungen, 1881), Ein Gebet (Nov., 1882), Mein Rhein (Dichtungen, 1884).
Literatur: Wolbe, E.: *C. S. Lebensweg einer einsamen Kgn. Lpz. 1933.* – Peters, K.: *C. S. als Dichterin. Diss. Marburg 1925.*

Carmina Burana [mlat.; = Lieder aus Beuren], 1803 gefundene Sammlung von 250 mlat. und 55 dt. und dt.-lat. Liedern und Liedanfängen aus dem Kloster Benediktbeuern, die um die Mitte des 13. Jh.s in Bayern aufgezeichnet wurden; als Verfasser dieser bedeutendsten Zeugnisse mittelalterl. Vagantendichtung kommen fahrende Schüler und Geistliche engl., frz. und dt. Herkunft in Frage. Satir. Lieder mit polit. und religiöser Polemik, v. a. gegen die Sittenlosigkeit des Klerus, stehen neben anderen, die sich durch echte Frömmigkeit und Naturliebe auszeichnen; in den weltl. Liedern werden freimütig, bisweilen frivol alle Freuden des Lebens z.T. realist. verherrlicht; Vorbild für die formale Gestaltung sind die großen röm. Klassiker Catull, Ovid, Vergil und Horaz; die Handschrift enthält außerdem ein Weihnachts- und ein Osterspiel. – Ein Teil der C. B. wurde 1937 von C. Orff als Chorwerk vertont.
Ausgaben: C. B. Faksimile-Ausg. der Benediktbeurener Hs. des 13. Jh.s in der Staatsbibliothek zu Mchn. Mchn. 1965. 2 Bde. – C. B. Lieder der Vaganten. Lat. u. dt. nach L. Laistner *hg. v.* E. Brost. *Neubearb. v.* W. Bulst. *Hdbg. ⁴1961. – C. B. Mit Benutzung der Vorarbeiten* Wilhelm Meyers *krit. hg. v.* A. Hilka *u.* O. Schumann. *Hdbg. ¹⁻²1930ff. Auf 2 in 6 Bden. berechnet.*
Literatur: Hány, A.: *Die Welt der C. B. In: Schweizer Monatshh. f. Politik, Wirtschaft, Kultur 46 (1966/67), 268.* – Lipphardt, W.: *Unbekannet Weisen zu den C. B. In: Arch. f. Musikwesen 12 (1955), 122.* – Brauns, W.: *Zur Heimatfrage der C. B. In: Zs. f. dt. Altertum u. dt. Lit. 73 (1936).*

Carmontelle [frz. karmõ'tɛl], eigtl. Louis Carrogis, * Paris 15. Aug. 1717, † ebd. 26. Dez. 1806, frz. Schriftsteller und Maler.
Schuf die Gärten des Parks von Monceau; verfaßte für den Hof des Herzogs von Orléans zahlreiche literar. nicht bed., jedoch zur Nachahmung der Gattung anregende „Proverbes dramatiques" (1768ff.) und kann als eigtl. Begründer dieses auf die erste Hälfte des 17. Jh.s zurückgehenden Genres angesehen werden.
Literatur: Hermann, M.: *Das Gesellschaftstheater des Louis Carrogis de C. (1717–1806). Meisenheim 1968.* – Donnard, J.-H.: *Le théâtre de C. Paris 1967.*

Carner, Josep [katalan. kər'ne], * Barcelona 5. Febr. 1884, katalan. Lyriker.
Studierte Rechts- und Literaturwissenschaft in Barcelona; im diplomat. Dienst u. a. in Frankreich und Mexiko; bis 1954 Professor in Brüssel; entwickelte sich unter dem Einfluß des frz. Symbolismus (Mallarmé) zum einflußreichsten Vertreter des katalan. Modernismo; auch Übersetzer (Molière, Shakespeare).
Hauptwerke: Els fruyts saborosos (Ged., 1906), El verger de les Galanies (Ged., 1911).

Carnot, Maurus [rätoroman. kar'no:t], * Samnaun (Graubünden) 26. Jan. 1865, † Disentis (Graubünden) 2. Jan. 1935, schweizer. Schriftsteller.
Benediktiner; schrieb in dt. und rätoroman. Sprache Erzählungen, Dramen und Gedichte, deren Stoffe er der Geschichte seiner Heimat und der Heiligenlegende entnahm.
Hauptwerke: General Demont (E., 1907), Wo die Bündnertannen rauschen (E., 1913), Das erste Heiligtum am Rhein (Dr., 1923), Im Lande der Rätoromanen (1934), Poesias (Ged., hg. 1944).

Caro, Annibale [italien. 'ka:ro], * Civitanova Marche 19. Juni (Juli?) 1507, † Rom 21. Nov. 1566, italien. Schriftsteller.
Studierte in Florenz, stand im Dienste der Gaddi, später der Farnese. Die meisten Werke wurden erst nach seinem Tode gedruckt. Am berühmtesten sind die Übersetzung von Vergils „Aeneis" (hg. 1581) in reimlosen Versen und die „Rime" (hg. 1569). Sein Lustspiel „Gli straccioni" (hg. 1582) zeichnet sich durch Komik und vortreffl. Sprache aus. Elegant in der Diktion und meisterhaft im Stil sind seine Briefe („Lettere familiari", hg. 1572–74).

Caron de Beaumarchais, Pierre Augustin [frz. karõdbomar'ʃɛ] ↑ Beaumarchais, Pierre Augustin Caron de.

Carossa, Hans, * Bad Tölz 15. Dez. 1878, † Rittsteig bei Passau 12. Sept. 1956, dt. Dichter.
Studierte Medizin und wurde Arzt; Bataillonsarzt im 1. Weltkrieg; 1942 unter dem Druck der nationalsozialist. Machthaber Präsident der „Europ. Schriftsteller-Vereinigung". Keiner literar. Modeströmung angehörend, besinnt sich C. auf die abendländ. Tradition und gestaltet in seinem gesamten Werk eigene Erlebnisse, die er in klarer, reifer Sprache, elegantem, mitunter überhöhtem Stil und interessanter Schilderung symbolhaft zu Allgemeingültigkeit erheben will. Trotz der Er-

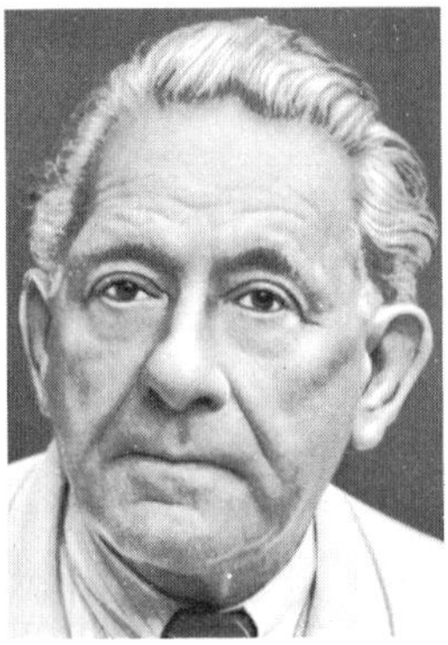
Hans Carossa

kenntnis des Bösen und allen Leides in der Welt versucht der Dichter das Weltganze als ordnende und heilende Schöpfung eines gütigen Gottes zu erkennen; Zeugnis seiner humanitären Gesinnung sind v. a. seine Kriegstagebücher.
Hauptwerke: Gedichte (1910), Doktor Bürgers Ende (E., 1913), Eine Kindheit (Autobiogr., 1922), Rumän. Tagebuch (1924), Verwandlungen einer Jugend (Autobiogr., 1928), Der Arzt Gion (R., 1931), Geheimnisse des reifen Lebens (R., 1936), Das Jahr der schönen Täuschungen (Autobiogr., 1941), Aufzeichnungen aus Italien (1946), Der Tag eines jungen Arztes (Autobiogr., 1955).
Ausgabe: H. C. Sämtl. Werke. Frkf. 1962. 2 Bde.
Literatur: Kopplin, W.: *Der verkannte Dr. Bürger. Zum Stand der C.-Forschung im 90. Geburtsjahr des Dichters. In: German.-Roman. Mschr. 18 (1968), 406.* – Schlegel, H.: *Die Lyrik C.s. Zürich 1963.* – Langen, A.: *H. C. Weltbild u. Stil. Bln. u. a. 1955.*

Carpelan, Bo [Gustav Bertelsson] [schwed. karpə'lɑ:n], * Helsinki 25. Okt. 1926, schwed.-sprachiger finn. Schriftsteller.
Bibliothekar und Literaturkritiker; schrieb v. a. Gedichte, die in der Tradition des finnlandschwed. Modernismus stehen; seine Naturlyrik ist durch feine metaphor., konzentrierte Sprache gekennzeichnet; auch Kinderbuchautor („Andreas", dt. 1962).

Carpenter, Edward [engl. 'kɑ:pɪntə], * Brighton 29. Aug. 1844, † Guildford (Surrey) 28. Juni 1929, engl. Schriftsteller.
Studierte in Cambridge, gab die kirchl. Laufbahn auf und wurde zum Propagandisten sozialer Reformen. Beeinflußt von Whitman, den er in Amerika besuchte, erhielt C. auch Anregungen durch die Dichtung Blakes und W. Morris' sowie die ind. Philosophie; C. schrieb außer weltanschaul. Werken, in denen er die Zivilisation ablehnt und für ein einfaches Leben eintritt, Gedichte und seine Lebenserinnerungen; sein Hauptwerk ist die Dichtung „Towards democracy" (1883).

Carpentier, Alejo [span. karpen'ti̯ɛr], * Havanna 26. Dez. 1904, kuban. Dichter frz.-russ. Herkunft.
Lebte 1928–39 in Paris; 1941 Professor für Musik, später Schriftsteller in Venezuela; als Lyriker und Romancier teilweise unter dem Einfluß des Surrealismus stehend.
Hauptwerke: Poèmes des Antilles (Ged., 1929), Ecué-Yamba-O (R., 1934), Das Reich von dieser Welt (R., 1949; dt. 1964), Die Flucht nach Manoa (R., dt. 1958), Finale auf Kuba (R., dt. 1960), Explosion in der Kathedrale (R., dt. 1964).

Carrasquilla, Tomás [span. karras'kiʝa], * Santo Domingo (Antioquia) 19. Jan. 1858, † Medellín 19. Dez. 1940, kolumbian. Schriftsteller.
Stellte in seinen realist. Romanen Leben und Sitten seines Heimatstaates Antioquia dar.
Hauptwerke: Frutos de mi tierra (R., 1896), Grandeza (R., 1910), El padre Casafús (R., 1914), Hace tiempos (R., 1935f.).

Carrer, Luigi [italien. kar'rɛr], * Venedig 12. Febr. 1801, † ebd. 23. Dez. 1850, italien. Dichter.
Studierte in Venedig und Padua, wurde Professor und schließl. Museumsdirektor in Venedig. Beeinflußt von Ugo Foscolo, pflegte er bes. Idylle, Hymne und Ballade und verwendete große Sorgfalt auf ansprechende Form. C. war auch als Literarhistoriker bedeutend.
Hauptwerke: Poesie (1831), Ballate (1834), L'anello di sette gemme o Venezia e la sua storia (Prosa, 1838).

Carrera Andrade, Jorge [span. ka'rrɛra an'draðe], * Quito 28. Sept. 1903, ecuadorian. Lyriker.
Studierte Jura und Literaturwissenschaft in Ecuador, Spanien und Frankreich; lebte zeitweilig in Japan; Diplomat; Tätigkeit in der sozialist. Bewegung; seine Lyrik kreist um polit. Probleme und um mitmenschl. Fragen; auch bildhafte Darstellung der Tropenlandschaft.
Hauptwerke: Boletines de mar y tierra (Ged., 1930), Biografía para uso de los pájaros (Ged., 1937), Lugar de origen (Ged., 1945).

Carrogis, Louis [frz. karɔ'ʒi] ↑ Carmontelle.

Carroll, Lewis [engl. 'kærəl], eigtl. Charles Lutwidge Dodgson, * Daresbury (Cheshire) 27. Jan. 1832, † Guildford 14. Jan. 1898, engl. Schriftsteller.
Professor für Mathematik und Logik in Oxford; sein Leben war arm an äußerl. Ereignissen. Unter dem Pseudonym Lewis C. wurde er mit den grotesken, humorvollen und phantasiereichen Märchen „Alice im Wunderland" (dt. 1869), „Alice im Spiegelreich" (1871, dt. 1923) und „Die Jagd nach dem Schnark – Agonie in acht Krämpfen" (1876, dt. 1968) bekannt. Phantasiebegabt, voll köstl. Humors schrieb er zahlreiche Nonsense-Gedichte und Nonsense-Erzählungen, deren besonderer Reiz in den unnachahml. Wortspielen liegt.
Literatur: Lennon, F. B.: *The life of L. C. Neuaufl. New York 1962.* – *L. C. handbook. Hg. v.* R. L. Green. *Neuaufl. New York 1962.* – Collingwood, S. D.: *Life and letters of L. C. New York 1898.*

Carroll, Paul Vincent [engl. 'kærəl], * Blackrock (Louth) 10. Juli 1900, ir. Dramatiker.
Teilweise autodidakt. Bildung; gab den Lehrberuf auf und wurde freier Schriftsteller; übernahm die Leitung des mit J. Bridie gegr. Glasgow Citizens' Theatre. Schrieb gesellschaftskrit., oft polit. aktuelle Stücke mit einer Stilmischung von Realismus, Groteske und Humor. Als Hauptwerk gilt das Drama „Quell unter Steinen" (dt. 1951).
Weitere Werke: Die ewige Torheit (Dr., dt. 1951), Der Teufel kam aus Dublin (Dr., 1952; dt. 1962), Die widerspenstige Heilige (Dr., dt. 1957).

Carteromaco, Niccolò [italien. karte'rɔ:mako] ↑ Forteguerri, Niccolò.

Carton, Florent [frz. kar'tõ], Sieur d'Ancourt ↑ Dancourt.

Cartujano, el [span. ɛl kartu'xano] ↑ Padilla, Fray Juan de.

Cary, [Arthur] Joyce [engl. 'kɛərı], * Londonderry (Nordirland) 7. Dez. 1888, † Oxford 29. März 1957, ir. Schriftsteller.

Studierte in Oxford und an der Kunstakademie in Edinburgh, lebte 3 Jahre als Maler in Paris, nahm 1912/13 am Balkankrieg teil und war 1913–20 im Verwaltungsdienst in Nigeria. Seit 1920 lebte er als freier Schriftsteller in England. Eine außergewöhnl. anschaul. Erzählgabe und die Fähigkeit, Menschen und Ereignisse in gleicher Weise zu charakterisieren, zeichnen das umfangreiche literar. Werk C.s aus, das vorwiegend Romane umfaßt, die ihren Stoff aus der Fülle des Lebens erhalten und die, obgleich sie Szenen vortreffl. Komik aufweisen, von einer trag. Grundstimmung erfüllt sind. Anerkennung fand er bes. durch die Romantrilogie „Frau Mondays Verwandlung“ (dt. 1949), „Im Schatten des Lebens“ (dt. 1949) und „Des Pudels Kern“ (dt. 1949), in der die gleichen Begebenheiten von jeweils einer anderen Person dargestellt werden.

Weitere Werke: Aissa gerettet (R., 1932; dt. 1955), Vielgeliebter Charly (R., 1940; dt. 1962), A house of children (R., 1941), Schwestern (R., dt. 1951), Banges Glück (R., dt. 1953), Auf Gnade und Ungnade (R., dt. 1954), Chester Nimmo (R., dt. 1956), Spiel ohne Ehre (R., dt. 1957).

Casa, Giovanni Della ↑ Della Casa, Giovanni.

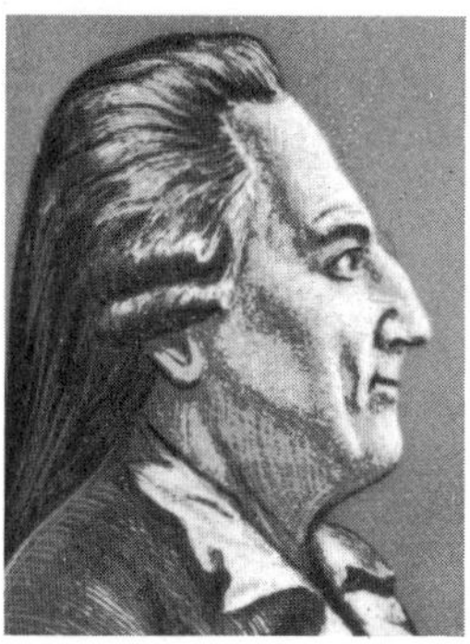

Giacomo Girolamo Casanova

Casanova, Giacomo Girolamo [italien. kasa'nɔ:va], nannte sich Giacomo Girolamo C., Chevalier de Seingalt, * Venedig 2. April 1725, † Schloß Dux (Nordböhm. Gebiet) 4. Juni 1798, italien. Abenteurer und Schriftsteller.

Studierte Theologie und Jura in Padua; bereiste in wechselnden Diensten ganz Europa, hielt sich u. a. an den Höfen Friedrichs des Großen, Josephs II. und Katharinas der Großen auf und war ständig in Händel verwickelt, auf der Flucht und auch im Kerker, bis er schließl. 1785 Bibliothekar des Grafen Waldstein in Dux wurde, wo er seine Memoiren in frz. Sprache schrieb. Die Lebenserinnerungen, in flüssiger und gewandter Sprache gestaltet, sind von hohem kulturhistor. Wert, fanden jedoch nur wegen der darin enthaltenen frivolen erot. Abenteuer einen großen Leserkreis. Die Ausgabe nach den Handschriften (1960–62) hat das Bild C.s zu seinen Gunsten gewandelt. Mit dem utop. Roman „Eduard und Elisabeth oder Die Reise in das Innere des Erdballs“ (1787, dt. 1968/69) wurde C. Vorläufer von J. Verne und H. G. Wells.

Ausgaben: G. G. C. Gesch. meines Lebens. Dt. Übers. Hg. v. E. Loos. *Bln. 1.–10. Tsd. 1964–67. 12 Bde. – Giacomo C. Histoire de ma vie. Édition intégrale. Paris; Wiesb. 1960–62. 6 Doppelbde.*

Literatur: Kesten, H.: *C. Bln. 1962.* – Childs, J. R.: *C. A biography based on new documents. London 1961.* – Zweig, St.: *Drei Dichter ihres Lebens. C., Stendhal, Tolstoi. Neuausg. Frkf. 1961.* – Childs, J. R.: *Giacomo C. Dt. Übers. Reinbek bei Hamb. 1960.* – Childs, J. R.: *Casanoviana. An annotated world bibliography of Jacques C. de Seingalt, and of works concerning him. Wien 1956.* – Gugitz, G.: *Giacomo C. u. sein Lebensroman. Histor. Studien zu seinen Memoiren. Wien 1921.*

Caselli, Jean [frz. kazɛl'li] ↑ Cazalis, Henri.

Casona, Alejandro [span. ka'sona], eigtl. A. Rodríguez Álvarez, * Besullo (Asturien) 23. März 1903, † Madrid 17. Sept. 1965, span. Dramatiker.

Studierte Philologie in Oviedo und Murcia und war Schulinspektor, bevor er sich, zunächst als Leiter einer Jugend-, dann einer Wanderbühne, ganz dem Theater zuwandte; seit dem Span. Bürgerkrieg über 20 Jahre in der Emigration (Buenos Aires); Verfasser bühnenwirksamer lyr.-poet. Dramen, deren Figuren er gern im Bereich zwischen Phantasie und Wirklichkeit ansiedelt.

Hauptwerke: Prohibido suicidarse en primavera (Kom., 1937), Frau im Morgengrauen (Kom., dt. 1949), Bäume sterben aufrecht (Kom., dt. 1950), Ines de Castro (Dr., dt. 1956).

Casper, Daniel ↑ Lohenstein, Daniel Casper.

Cassiodor ↑ Cassiodorus.

Cassiodorus, Flavius Magnus Aurelius, * Scylaceum (heute Squillace, Kalabrien) um 490, † Kloster Vivarium bei Scylaceum um 580, röm. Gelehrter.

Hoher Staatsbeamter unter Theoderich dem Großen, in dessen Auftrag er eine Geschichte der Goten schrieb; bemüht um eine Vermittlung zwischen Römern und Goten; nach 550 gründete er das Kloster Vivarium, wo er die selbst gesammelten Handschriften abschreiben ließ und so zum Retter bed. Schriften der Antike wurde. Obwohl er nicht immer selbständig arbeitete, sind seine „Variae“, eine Sammlung offizieller Schreiben, für die polit. Geschichte und die „Institutiones divinarum et humanarum litterarum“ für die geistige Geschichte der Zeit von größter Wichtigkeit.

Ausgabe: Magni Aurelii Cassiodori Senatoris, viri patricii, consularis, et vivariensis abbatis opera omnia. Hg. v. J.-P. Migne. *Paris 1865. 2 Bde.*

Literatur: Ludwig, G.: *Cassiodor. Über den Ursprung der abendländ. Schule. Frkf. 1967.* – Besselaar, J.-J. van den: *C. Senator. Leven en werken van een staatsman en monnik uit de zesde eeuw. Haarlem 1950.*

Cassius Dio Cocceianus, * Nicaea (heute İznik, Türkei) um 155, † um 235, griech. Geschichtsschreiber.

Unter Commodus Senator, unter Pertinax Prätor, unter Alexander Severus verwaltete er das Prokonsulat von Afrika und die Provinzen Dalmatien und Oberpannonien, zweimal Konsul; zog sich nach 229 ganz aus dem öffentl. Leben zurück. C. D. C. schrieb in griech. Sprache eine nur z. T. erhaltene Geschichte Roms von den Anfängen bis zum Jahr seines 2. Konsulats (229), die auf einer

10jährigen Sammlung der ungeheuren Stoffülle und einer 12jährigen Niederschrift beruht; das annalist. Prinzip, das durch die Quellen gegeben war, wird streng eingehalten; Darstellung und Stil sind matt und farblos; Auszüge aus dem Gesamtwerk bieten die Byzantiner Ioannes Xiphilinos aus dem 11. und Zonaras aus dem 12. Jahrhundert.
Ausgabe: D.s Roman history. Griech. u. engl. Hg. v. E. Cary. *London u. New York 1914–26. 9 Bde.*
Literatur: Millar, F.: *A study of C. D. Oxford; London 1964.* – Bleicken, J.: *Der polit. Standpunkt D.s gegenüber der Monarchie. In: Hermes 90 (1962), 444.*

Cassola, Carlo [italien. kas'sɔ:la], * Rom 17. März 1917, italien. Schriftsteller.
Nahm an den Partisanenkämpfen in der Toskana teil; Journalist; heute Gymnasiallehrer in Grosseto; verfaßte realist.-folklorist. Romane aus seiner toskan. Heimat.
Hauptwerke: Mara (R., dt. 1961), Ein sprödes Herz (R., dt. 1963).

Cassou, Jean [frz. ka'su], Pseudonym Jean Noir, * Deusto (heute Bilbao-Deusto) 9. Juli 1897, frz. Schriftsteller und Kunsthistoriker.
Studierte span. Literatur in Paris, im 2. Weltkrieg bei der Befreiungsarmee, Konservator und Direktor des Musée d'Art Moderne in Paris. C., Sohn einer span. Mutter, ist mit seinem Werk span. Wesen stark verbunden. Bed. Kunstinterpret, der künstler. wie auch polit. einem „revolutionären Mystizismus" huldigt („Panorama de la littérature espagnole contemporaine", 1929; „Le Greco", 1931; „Picasso", dt. 1952). Seine Romane und Erzählungen, nachhaltig beeinflußt von der dt. Romantik und dem Surrealismus, sind träumer. und von phantast. Elementen bestimmt. Lebenshunger und -angst sind wesentl. Themen. Seine Gedichte sind klass. in Form und Sprache und zeigen Einflüsse span. Tradition.
Weitere Werke: Das Schloß Esterhazy (R., dt. 1927), La clef des songes (R., 1929), Souvenirs de la terre (R., 1933), Alterslose Kinder (E., dt. 1948), Das Massaker von Paris (R., dt. 1948), 33 Sonette aus dem Gefängnis (dt. 1953), La rose et le vin (Ged., 1953), Le livre de Lazare (R., 1955), Ballades (1956).

Castelar y Ripoll, Emilio [span. kaste'lar i rri'pɔl], * Cádiz 8. Sept. 1832, † San Pedro del Pinatar (Murcia) 25. Mai 1899, span. Schriftsteller und Politiker.
Rechts- und Philosophiestudium in Madrid; Professor für Geschichte und Philosophie ebd.; als Liberaler Gegner der Monarchie, zeitweilig im Exil (Paris); Cortesabgeordneter; 1873/74 Präsident der 1. Republik; C. y R., der auch ein glänzender Redner war, veröffentlichte polit., philosoph., histor. und literarhistor. Schriften („Ensays literarios", 1878; „Historia de Europa en el siglo XIX", 1895–1901), daneben zahlreiche Romane („Ernesto", 1855; „La hermana de la caridad", 1857; „Fra Filippo Lippi", 1877/78).

Castelein, Matthijs de [niederl. kɑstə'lɛin], * Pamele bei Oudenaarde (Flandern) um 1485, † ebd. 1550, niederl. Dichter.
Priester und päpstl. Notar; C. war der bedeutendste Rederijker seiner Zeit; die poet. Gesetze der Rederijkers legte er in der Schrift „De conste van rhetoriken" (1555) nieder; C. schrieb neben melod. Geschichts-, Liebes- und Trinkliedern über 100 Stücke, die jedoch von geringem literar. Wert sind.

Castelli, Ignaz Franz [kas'tɛli], * Wien 6. März 1781, † ebd. 5. Febr. 1862, östr. Schriftsteller.
Schrieb unter verschiedenen Pseudonymen; studierte Jura in Wien, tätig bei der landständ. Buchhaltung, 1811–14 Theaterdirektor am Wiener Kärntnertortheater, schrieb, bearbeitete und übersetzte, meist aus dem Frz., rund 200 vielgespielte Unterhaltungs- und Modestücke mit gemütl. Wiener Humor; zahlreiche Operntexte.
Hauptwerke: Poet. Versuche (Ged., 1805), Poet. Kleinigkeiten (1816–26), Bären (Anekdoten, 1825–32), Gedichte in niederöstr. Mundart (1828).
Ausgabe: I. C. Sämtl. Werke. Wien $^{1-3}$*1848–59. 22 Bde.*
Literatur: Martinez, W.: *I. F. C. als Dramatiker. Diss. Wien 1932.*

Castelnuovo, Elías [span. kastɛl'nuoβo], * Montevideo 2. Aug. 1893, argentin. Schriftsteller.
Bühnenleiter in Buenos Aires; sozial eingestellter, naturalist. Erzähler und Dramatiker, schildert das Elend der Armen.
Hauptwerke: Aus der Tiefe (En., 1923; dt. 1949), Malditos (En., 1925), Entre los muertos (En., 1926), Calvario (R., 1949).

Castelnuovo, Enrico [italien. kastel'nuɔ:vo], * Florenz 16. Febr. 1839, † Venedig 16. Febr. 1915, italien. Schriftsteller.
Lebte hpts. in Venedig, war Chefredakteur der Zeitung „La Stampa" und seit 1872 Professor an der Handelshochschule. In seinen gemütvollen, sprachl. eleganten Romanen und Novellen setzte er sich mit sozialen Problemen seiner Zeit auseinander.
Hauptwerke: Il professor Romualdo (R., 1878), Nella lotta (R., 1880), Reminiscenze e fantasie (En., 1885), An venezian. Fenstern (Novellen, dt. 1901).

Castelo Branco, Camilo [portugies. kɐʃ'tɛlu 'βrɐŋku], (seit 1885) Visconde de Correia Botelho, * Lissabon 16. März 1825, † São Miguel de Seide (Minho) 1. Juni 1890, portugies. Schriftsteller.
In ärml. Verhältnissen aufgewachsen, studierte eine Zeitlang Medizin, unstetes Bohemeleben, verfiel später einer myst. Verzweiflung und beging Selbstmord aus Schmerz über den Wahnsinn seines Sohnes und seine eigene Erblindung. C. B. wurde als Novellist bekannt, schrieb weniger bed. romant. Lyrik und zahlreiche sentimentale Sitten- und Schauerromane; weniger erfolgreich als Dramatiker. Bed. sind seine Studien über portugies. Literaturgeschichte. Die späteren romant.-satir., künstler. wertvolleren Romane dieses pessimist.-skept. Erzählers bilden den Übergang zur modernen realist. Dichtung und zugleich einen Höhepunkt in der portugies. Literatur.
Hauptwerke: Amor de perdição (R., 1862), Amor de salvação (R., 1864), Novelas do Minho (En., 1875–77), Eusébio Macário (R., 1879), A Brasileira de Prazins (R., 1882), Nas trevas (Ged., 1890).

Casti, Giambattista [italien. 'kasti], * Acquapendente (Viterbo) 29. Aug. 1724, † Paris 5. Febr. 1803, italien. Dichter.
Wurde Priester, unternahm zahlreiche Reisen, lebte am Hof Josephs II. in Wien und Katharinas II. in Petersburg; von Kaiser Franz II. zum Hof-

dichter ernannt, seit 1798 in Paris. Außer arkad. Dichtungen, kom. Opern und galanten Versnovellen schrieb er „Poema tartaro" (1787), eine Satire auf Katharina II., und „Storia degli animali parlanti" (1802), ein satir. Epos auf die polit. Verhältnisse in Frankreich.
Weitere Werke: Novelle galanti (1793), Melodrammi giocosi (1824).

Castiglione, Baldassarre Graf [italien. kastiʎ'ʎo:ne], * Casatico (Mantua) 6. Dez. 1478, † Toledo (Spanien) 7. Febr. 1529, italien. Schriftsteller.
Humanist. gebildet, lebte an den Höfen von Urbino und Mantua; Gesandtschaftsreisen führten ihn nach England, Frankreich und Rom; seit 1525 war er im Auftrag Klemens' VII. Nuntius bei Karl V. in Spanien. Die Plünderung Roms beendete seine diplomat. Laufbahn; befreundet mit Raffael, Giulio Romano und Bembo. Sein Hauptwerk „Il cortegiano" (1528, dt. 1565 u. d. T. „Der Hofmann") ist eine humanist. höf. Bildungslehre, die noch typ. mittelalterl. Züge trägt, dennoch bereits dem neuen Menschenbild der Renaissance entspricht; bed. v. a. als kulturhistor. Quelle; auch Gedichte im Renaissancestil, lat. Epigramme und Elegien; als Zeitdokument von Interesse ist sein Briefwechsel („Lettere", hg. 1769–71).
Literatur: Loos, E.: *B. C.s Libro del Cortegiano. Studien zur Tugendauffassung des Cinquecento. Frkf. 1955.* – Rossi, M.: *B. C., la sua personalità, la sua prosa. Bari 1946.* – Cartwright, J.: *B. C., the perfect courtier; his life and letters. London 1908. 2 Bde.*

Castilho, António Feliciano (seit 1870) Visconde de [portugies. kɐʃ'tiʎu], * Lissabon 28. Jan. 1800, † ebd. 18. Juni 1875, portugies. Dichter.
Erblindete mit 6 Jahren fast ganz; studierte in Coimbra; zeitweilig in Brasilien; Mitglied der Akademie der Wissenschaften; Leiter des Erziehungswesens; durch die [bukol.] Dichtung „Cartas de Eco a Narciso" (1821) machte er sich einen Namen; seine Poesien stehen zwischen [arkad.] Klassizismus und Romantik und zeichnen sich durch eleg. Wohllaut, Gefühlsinnigkeit und zartsinnige Naturschilderungen aus; auch Übersetzer (Shakespeare, Goethe u. a.).
Weitere Werke: Amor e melancolia (Ged., 1826), A noite do castelo (Ged., 1836).

Castillejo, Cristóbal de [span. kasti'ʎɛxo], * Ciudad Rodrigo um 1490, † Wien (oder Wiener Neustadt?) 12. Juni 1550, span. Dichter.
Abenteuerl. Leben in seiner Jugend; zeitweilig im Kloster; 1525 Sekretär Kaiser Ferdinands I. in Wien; bekämpfte zugunsten der überkommenen span. Formen den klass.-italien. Stil in der Poesie, den Boscán und Garcilaso nachahmten; seine Gedichte und „Dialoge" zeichnen sich durch gewählte Sprache und feine Satire aus.

Castillo, Michel del [span. kas'tiʎo], * Madrid 3. Aug. 1933, frz. Schriftsteller span. Herkunft.
Floh mit seiner Mutter während des Span. Bürgerkrieges nach Frankreich; als Kind im dt. KZ, dann in Spanien bis zum 16. Lebensjahr in Kinderheimen; lebt in Paris. Die erschütternden Erlebnisse seiner Jugend schildert er in dem Buch „Elegie der Nacht" (dt. 1958). „Der Plakatkleber" (dt. 1961) ist ein Roman über die Auswirkungen des Span. Bürgerkriegs auf menschl. Schicksale. „Die Gitarre" (dt. 1960) schildert den Leidensweg eines mißgestalteten Menschen, der vergebl. die Liebe eines Mitmenschen sucht und schließl. zu einem Ungeheuer wird.
Weitere Werke: La mort de Tristan (R., 1959), Manège espagnol (R., dt. 1962), Tara (R., dt. 1964).

Castillo Solórzano, Alonso de [span. kas'tiʎo so'lɔrθano], * Tordesillas (Valladolid) 1584, † Zaragoza oder in Italien um 1648, span. Schriftsteller.
Studierte vermutl. in Salamanca; seit 1619 in Madrid; ging im Gefolge des Marqués de los Vélez nach Italien; schrieb zahlreiche Schelmenromane und -novellen in höf.-gemäßigtem Ton, u. a. „La niña de los embustes" (1632), „Las aventuras del bachiller Trapaza" (1637), „La garduña de Sevilla y anzuelo de bolsas" (1642); auch Dramatiker.

Castro, Eugénio de [portugies. 'kaʃtru], * Coimbra 4. März 1869, † ebd. 17. Aug. 1944, portugies. Schriftsteller.
Studierte in Coimbra, war Journalist und Diplomat, dann Professor für roman. Philologie, 1889 in Paris Berührung mit den Symbolisten. In Übersetzungen und mit eigenen Werken führte er den Symbolismus in Portugal ein. Zu seinen Gedichtsammlungen schrieb er programmat. Vorreden, denen er in seinen Werken zu entsprechen suchte. Er begann mit klangvoller bilderreicher Sprache; die verinnerlichte Wortkunst wich immer mehr einer strengen Plastizität des Ausdrucks („Depois da ceifa", Ged., 1901), Schwermut und Weltverachtung machten einer heiteren Geselligkeit Platz, bis schließl. die Form dominierte und zu klassizist. Ästhetizismus führte. C. führte neue ästhet. Auffassungen ein, die auch die span. Literatur beeinflußten. Er verfaßte auch lyr. Dramen und übertrug Goethesche Gedichte ins Spanische.
Weitere Werke: Cancões de Abril (Ged., 1884), Horas (Ged., 1888), Oaristos (Ged., 1890), Sagramor (Dr., 1895), Salome (Dr., 1896; dt. 1934), Konstanze (Dr., 1900; dt. 1935), Últimoversos (Ged., 1938).

Castro, José Maria Ferreira de [portugies. 'kaʃtru], * Salgueiros (Oliveira de Azemeis) 24. Mai 1898, portugies. Romanschriftsteller.
Aus einfachen Verhältnissen, wanderte 12jährig, nach dem Tod des Vaters, nach Brasilien aus, dort bis 1919, seitdem in Portugal; Mitarbeiter an Zeitschriften (bereits in Brasilien), Redakteur, Hg.; seine Stärke liegt in der Darstellung menschl. Konflikte in ländl. Milieu; berühmt ist der Roman „Die Auswanderer" (1928, dt. 1953), in dem er das Leben der Emigranten am Amazonas schildert.
Weitere Werke: Die Kautschukzapfer (R., dt. 1933), Karge Erde (R., 1934; dt. 1955), Wolle und Schnee (R., dt. 1954).

Castro, Rosalía de [span. 'kastro], * Santiago de Compostela 21. Febr. 1837, † Padrón (La Coruña) 15. Juli 1885, span. Dichterin.
Illegitime Tochter eines Priesters; ⚭ mit dem galic. Historiker Manuel Murguía; lebte in ihrer Heimatprov. Galicien, der sie auch in ihrer Dichtung zeitlebens verbunden blieb. Ihre vielfach schwermütigen Gedichte, z.T. in galic. Mundart, gehören zu den innigsten und persönlichsten der span. Lyrik des 19. Jh.s; zu Lebzeiten wenig beachtet, gilt sie heute als wichtige Vorläuferin des span. Modernismo.

Hauptwerke: La hija del mar (R., 1859), Cantares gallegos (Ged., 1869), Follas novas (Ged., 1880), En las orillas del Sar (Ged., 1884).

Castro Alves, António de [brasilian. 'kastru 'alvis], * Muritiba (Bahia) 14. März 1847, † Bahia (heute Salvador) 6. Juli 1871, brasilian. Dichter.

Jurastudium, früh polit. und literar. tätig; in kraftvoller, bildkräftiger Sprache setzte sich C. A. in seinen Werken (Lyrik, Dramen) für die Abschaffung der Sklaverei und den Kampf für die Freiheit ein. Voller Temperament, mitreißend, pathet. und doch überzeugend. Großer Einfluß bes. auf die Jugend der Universitäten.

Hauptwerke: Espumas flutuantes (Ged., 1870), Gonzago ou a revolução de minas (Dr., 1875), Vozes de África (Ged., 1880), Os escravos (Ged., 1883).

Literatur: Horch, H. J.: *A. de C. A. (1847–1871). Seine Sklavendichtung u. ihre Beziehung zur Abolition in Brasilien. Hamb. 1958.* – Carneiro, E.: *Trajetória de C. A. Rio de Janeiro 1947.* – Peixoto, A.: *C. A. O poeta e o poema. São Paulo ²1942.*

Castro y Bellvis, Guillén de [span. 'kastro i βεl'βis], * Valencia 1569, † Madrid 28. Juli 1631, span. Dramatiker.

Kavallerieoffizier; lebte seit 1619 in Madrid; einer der hervorragendsten Dramatiker der Schule Lope de Vegas, mit dem er befreundet war. In seinen Stoffen bevorzugte er wie dieser nationale und heroische Motive. Sein bedeutendstes Drama, „Las mocedades del Cid" (1618), liegt Corneilles „Cid" (1637) zugrunde.

Weitere Werke: La justicia en la piedad (Dr.), Los malcasados de Valencia (Kom.), Don Quijote de la Mancha (Dr.).

Caterina da Siena [italien. kate'ri:na das'siε:na] † Katharina von Siena.

Cather, Willa [engl. 'kæðə], * Winchester (Va.) 7. Dez. 1873, † New York 24. April 1947, amerikan. Schriftstellerin.

Farmerstochter angloir. Abstammung; nach dem Studium Journalistin; Europareisen, Freundschaft mit Sarah O. Jewett und Henry James; sie konvertierte zum kath. Glauben und lebte später zurückgezogen in New York. Sie schrieb kultivierte Romane über die Pionierzeit im Westen, setzte sich auch mit Problemen des Katholizismus auseinander. Ihre Romane sind gekennzeichnet durch psycholog. Durchdringung, realist. Darstellung in ausgewogenem Stil und eine gewisse Wehmut, die ein Bild von der „heilen" Welt, die der Vergangenheit angehört, heraufbeschwört.

Hauptwerke: Traum vergangener Zeit (R., 1912; dt. 1964), Neue Erde (R., 1913; dt. 1946), Antonia (R., 1918; dt. 1928), Einer von uns (R., dt. 1928), Frau im Zwielicht (R., dt. 1929), Eine alte Geschichte (R., 1926; dt. 1962), Der Tod kommt zum Erzbischof (R., 1927; dt. 1940), Lucy Gayheart (R., 1935; dt. 1957), The old beauty and others (En., 1948).

Literatur: W. C. and her critics. Hg. v. J. Schroeter. *Ithaca (N.Y.) 1967.* – Lewis, E.: *W. C. living. A personal record. New York 1953.*

Cato, Marcus Porcius C. Censorius, später auch genannt M. P. C. Maior (der Ältere), * Tusculum (heute Frascati) 234, † 149, röm. Staatsmann, Feldherr und Schriftsteller.

Stammte aus dem Landadel Latiums, zeichnete sich in den Pun. Kriegen und in der Thermopylenschlacht gegen Antiochos von Syrien aus; erfolgreiche polit. Laufbahn: 205 Quästor, 198 Prätor, 195 Konsul, 184 Zensor (daher Beiname Censorius); innenpolit. tätig, war er um das Staatswohl besorgt und bemüht, altröm. Tradition zu pflegen; deshalb wandte er sich gegen die Scipionen und jeden Einfluß griech. Kultur, die er, ein echter Römer, als dekadent ablehnte. Um der Übermacht der griech. Literatur positiv entgegenzutreten, schrieb er erstmals ein Geschichtswerk, die „Origines", in lat. Sprache, in denen die röm. Geschichte annalist. von der Gründung der Stadt bis in die Zeit des Verfassers dargestellt wird; von den 7 Büchern sind nur Bruchstücke erhalten; bed. die überlieferte Schrift „De agricultura"; von Cicero als Redner gelobt.

Ausgabe: Des M. C. Belehrung über die Landwirtschaft. Lat. u. dt. Hg. v. P. Thielscher. *Bln. 1963.*

Literatur: Kienast, D.: *C. der Zensor. Seine Persönlichkeit u. seine Zeit. Hdbg. 1954.* – Hörle, J.: *C.s Hausbb. Paderborn 1929.*

Cats, Jacob [niederl. kαts], * Brouwershaven (Seeland) 10. Nov. 1577, † Gut Sorghvliet bei Den Haag 12. Sept. 1660, niederl. Staatsmann und Dichter.

Studierte Jura, war Rechtsanwalt, wurde unter dem Einfluß seiner Frau Kalvinist; gewann mit seinem Bruder dem Meer durch Eindeichung überschwemmtes Land ab; als Staatsmann (Ratspensionär) verdient; zog sich 1652 auf sein Landgut bei Den Haag zurück. Aus den mühelos, manchmal etwas nachlässig gebauten Versen, die den Volkston der Zeit außerordentl. sicher trafen, klingt tiefe Frömmigkeit. Anweisungen für ein glückl. Leben zu geben, war ihm Bedürfnis. Er wirkte auf die breite Masse erzieher. und war sehr geschätzt.

Hauptwerke: Sinne- en minnebeelden (Ged. und Prosa, 1618), Maegdenplicht (Ged., 1618; dt. 1707), Selfstrijd (1620), Houwelijck (Ged., 1625), 's Werelts begin, midder, eynde besloten in den trouringh (Ged., 1637).

Literatur: Aandacht voor C. bij zijn 300ste sterfdag; studies naar aanleiding van de herdenking op 12 september 1960. Hg. v. P. Minderaa. *Zwolle 1962.* – Schroeter, S.: *J. C.' Beziehungen zur dt. Lit. Diss. Hdbg. 1905.*

Catull † Catullus, Gaius Valerius.

Catullus, Gaius Valerius, * Verona um 84, † Rom um 54 v. Chr., röm. Dichter.

Entstammte einer vornehmen Familie, Vater war mit Caesar bekannt; C. studierte in Rom, wo er den größten Teil seines Lebens verbrachte; gute Beziehungen zur röm. Gesellschaft, gehörte dem Kreis der Neoteriker an, Freundschaft mit Calvus und Cinna; lebte, am Staatsdienst nicht interessiert, seinen dichter. Neigungen. Seine Lyrik (116 Gedichte sind überliefert), die zum ersten Mal in der röm. Literatur von eigenen Gefühlen und Stimmungen, Kraft und Tiefe persönl. Erlebnisses bestimmt ist, weist neben Freundschafts- und Trinkliedern, satir.-polit. Gedichten auch Hochzeitslieder, Totenklagen und Epigramme auf. Bes. aber die Lieder auf Lesbia sind es, die des Dichters ganze persönl. Leidenschaft zum Ausdruck bringen; die Sprache – dem Charakter der Gedichte glänzend angepaßt – verzichtet nicht auf rhetor. Kunstmittel und versteht die sinnvolle Anwendung von kunstreichen Klangfiguren.

Ausgabe: Catull. Gedichte. Lat.-dt. Hg. v. R. Helm. *Darmst. 1963.*
Literatur: Ross, D. O., jun.: *Style and tradition in C. Cambridge (Mass.) 1969.* – Lieberg, G.: *Puella Divina. Die Gestalt der göttl. Geliebten bei Catull im Zusammenhang der antiken Dichtung. Amsterdam 1962.* – Klingner, F.: *Catulls Peleus-Epos. Mchn. 1956.* – Wheeler, A. L.: *C. and the traditions of ancient poetry. Berkeley (Calif.) 1934.*

Cau, Jean [frz. ko], * Bram (Aude) 8. Juli 1925, frz. Schriftsteller.
1945–57 Sekretär Sartres, dann Redakteur; Literaturkritiker der Zeitschrift „Temps modernes“; sein von Sartre stark beeinflußter Roman „Das Erbarmen Gottes“ (dt. 1962) schildert Gedanken und Probleme von vier Mördern, die in einer Zelle eingeschlossen sind.
Weitere Werke: Bei uns zu Lande (En., dt. 1965), Les oreilles et la queue (Bericht, 1961), Fallschirmjäger (Dr., dt. 1964), Meurtre d'un enfant (R., 1965).

Cauvin, Jean [frz. ko'vɛ̃] † Calvin, Johann.

Cavalcanti, Guido [italien. kaval'kanti], * Florenz um 1255, † ebd. 27. (28.?) Aug. 1300, italien. Dichter.
Sproß eines alten florentin. Hauses; Guelfe. Mit Dante befreundet, der ihm die „Vita nuova“ zueignete. Er nahm zeitweilig am polit. Leben in Florenz teil und wurde, nach Unruhen in der Stadt, nach Sarzana verbannt, wo er an Malaria erkrankte; kaum zurückgekehrt, starb er. C. ist neben Dante der bedeutendste Dichter des Dolce stil nuovo und ein von Aristoteles und der oriental. Philosophie beeinflußter Denker. Seine Gedichte sind von überraschender Gefühlsintensität, Gedankentiefe und großer Zartheit. Die Kanzone „Perch'io non spero di tornar giammai“, die er aus der Verbannung an die Geliebte richtete, und das gelehrte, dunkle Gedicht „Donna mi priega, perch'io voglia dire“ über die Natur der Liebe sind die schönsten und bekanntesten seiner Lieder.
Literatur: Elwert, W. Th.: *G. C. als Schöpfer des „Süßen Neuen Stils“. In: Dt. Dante-Jb. 19 (1950).* – Shaw, J. E.: *G. C.s theory of love. The canzone d'amore and other related problems. Toronto 1949.*

Cavaleiro de Oliveira [portugies. kɐvɐ'lɐiru ðə oli'vɐirɐ] † Oliveira, Francisco Xavier de.

Cavallotti, Felice [italien. kaval'lɔtti], * Mailand 6. Nov. (Dez.?) 1842, † Rom 6. März 1898, italien. Politiker und Schriftsteller.
Kämpfte unter Garibaldi, arbeitete an mehreren Zeitungen, seit 1873 Abgeordneter im italien. Parlament, seit 1886 Führer der äußersten Linken; fiel im Duell. Seine romant. Dramen und Gedichte sind ohne besonderen künstler. Wert und stehen im Dienste republikan. und irredentist. Anschauungen.
Hauptwerke: I pezzenti (Dr., 1871), Il cantico dei cantici (Dr., 1882), La figlia di Jefte (Dr., 1887), Il libro dei versi (Ged., 1898).

Čavčavadze † Tschawtschawadse.

Cayrol, Jean [frz. kɛ'rɔl], * Bordeaux 6. Juni 1911, frz. Dichter.
Studierte Jura und Literatur; Bibliothekar; als Résistancemitglied 1942 verhaftet, 1943–45 im KZ Mauthausen, seither in Paris; christl. Lyriker, Romancier und Essayist von metaphys.-visionärem Einschlag; Grundthema Mensch und Welt.
Hauptwerke: Je vivrai l'amour des autres (R.-Trilogie, 1946/47), Im Bereich einer Nacht (R., dt. 1961), Der Umzug (R., dt. 1958), Ein Versehen (R., dt. 1963), Die Fremdkörper (R., dt. 1959), Die kalte Sonne (R., dt. 1965).
Literatur: Oster, D.: *J. C. et son œuvre. Paris 1968.* – Fritz, W. H.: *J. C.s „lazarenische“ Prosa. Wiesb. 1966.*

Cazalis, Henri [frz. kaza'lis], Pseudonyme Jean Caselli, Jean Lahor, * Cormeilles-en-Parisis 9. März 1840, † Genf 1. Juli 1909, frz. Schriftsteller.
Studierte Orientalistik, war mit Mallarmé befreundet; gehörte zur frz. Dichtergruppe der Parnassiens. Vertrat in seinen pessimist., formstreng gestalteten Gedichten die philosoph. Anschauungen Sully Prudhommes; auch Einfluß der buddhist. Philosophie.
Hauptwerke: Melancholia (Ged., 1868), Le livre du néant (Ged., 1872), L'illusion (Ged., 1875), Histoire de la littérature hindoue (1888).

Cazotte, Jacques [frz. ka'zɔt], * Dijon 17. Okt. 1719, † Paris 25. Sept. 1792 (guillotiniert), frz. Schriftsteller.
Lebte 1747–61 als Marineangestellter in Martinique, dann in Paris; gehörte okkultist. Kreisen an; starb als überzeugter Anhänger der Monarchie. C. schrieb das in Ariostos Manier gehaltene Prosaepos „Ollivier“ (1762), die in Italien und Spanien spielende phantast. Erzählung „Le diable amoureux“ (1772, dt. 1780 u. d. T. „Biondetta“, 1789/90 u. d. T. „Der verliebte Teufel“) sowie zahlreiche Märchen in arab. Stil.

Céard, Henry [frz. se'a:r], * Bercy bei Paris 18. Nov. 1851, † Paris 16. Aug. 1924, frz. Schriftsteller.
War Staatsbeamter, seit 1883 Vizedirektor der Stadtbibliothek in Paris, 1876–94 auch als Theaterkritiker tätig. C. schrieb als Anhänger des Naturalismus u. a. eine erfolgreiche Dramatisierung von „Renée Mauperin“ der Brüder Goncourt (1888), das Sittenstück „Les résignés“ (1889) und den die Bretagne schildernden pessimist. Roman „Terrains à vendre au bord de la mer“ (1906). Er dichtete auch „Sonnets de guerre 1914–1918“ (1920).

Cecchi, Emilio [italien. 'tʃekki], * Florenz 14. Juli 1884, † Rom 5. Sept. 1966, italien. Schriftsteller.
Journalist und Literaturkritiker bei verschiedenen Zeitungen; unternahm zahlreiche Auslandsreisen, war Professor für Literatur in Berkeley (USA), lebte danach in Rom. 1919 war er Mitbegründer der Zeitschrift „La Ronda“, die für die Erneuerung des Klassizismus in der italien. Literatur eintrat. Von seinem eigenen Schaffen sind v. a. die effektvollen, geschliffenen Essays und Gedichte hervorzuheben. Er schrieb ferner Reisebücher und literaturkrit. Studien.
Hauptwerke: Pesci rossi (Ged., 1920), Corse al trotto (Ged., 1936), Arkadien (Abhandlung, 1936; dt. 1949), Bitteres Amerika (Reiseb., dt. 1942), Ritratti e profili (Essays, 1957), Nuovo continente (Reiseb., 1959).

Cecchi, Giovan[ni] Maria [italien. 'tʃekki], * Florenz 15. März 1518, † Gangalandi bei Florenz 28. Okt. 1587, italien. Dramatiker.
War Wollhändler und Notar in Florenz und hatte mehrere einflußreiche Ämter inne. Er schrieb nach dem Vorbild von Plautus und Terenz Komödien

(„La moglie", „L'assiuolo", „La dote" u. a.) und Farcen, die den Zeitgeist widerspiegeln, und volksnahe Sacre rappresentazioni (geistl. Spiele), von denen die meisten ungedruckt erhalten sind. Ausgewählte Werke erschienen u. d. T. „Commedie" (1865) und in „Drammi spirituali" (1895–1900).

Čech, Svatopluk [tschech. tʃɛx], *Ostředek bei Beneschau 21. Febr. 1846, † Prag 23. Febr. 1908, tschech. Dichter.
Jurist, Redakteur mehrerer Zeitschriften; ausgedehnte Reisen. Schuf ein fast alle Gattungen umfassendes Gesamtwerk. Anfängl. byronist. Züge, die er aber zugunsten einer national, sozial und panslawist. ausgerichteten Dichtung aufgab. Er bevorzugte die Verserzählung mit religiösen, polit. und histor. Stoffen, schrieb daneben satir. Kunstmärchen und ein satir. Tierepos; auch Idyllendichtung und polit. Lyrik; als Lyriker Neigung zur Reflexion und Meditation; verfaßte auch Prosasatiren.
Hauptwerke: Im Schatten der Linde (Vers-E., 1879; dt. 1897), Himmelsschlüssel (Märchen, 1883; dt. 1892), Lieder des Sklaven (Ged., dt. 1897).

Čechov (Čehov) ↑ Tschechow.

Cederborgh, Fredrik [schwed. ˌseːdərbɔrj], *Lindesberg (Örebro) 17. Juni 1784, † auf Dalkarlshyttan 17. Jan. 1835, schwed. Schriftsteller.
Studierte in Uppsala und Lund, war Beamter, Drucker und Schriftsteller, übernahm schließl. das Bergwerk des Vaters. Erzähler, der – v. a. die kleine Form verwendend – humorvoll, idyll., auch satir. und selbstiron. Themen aus seinem Lebenskreis gestaltete. Gesammelt erschienen seine Werke u. d. T. „Ungdoms tidsfördrif" (1834).

Cedmon [ˈkeːtmɔn] ↑ Caedmon.

Ceiriog [engl. ˈkaɪərɪɔg] ↑ Hughes, John Ceiriog.

Cela, Camilo José [span. ˈθela], * Iria Flavia bei La Coruña 11. Mai 1916, span. Schriftsteller.
Sohn eines span. Vaters und einer engl. Mutter, studierte in England und Spanien Jura und nahm am Bürgerkrieg teil. 1956 gründete er die Literaturzeitschrift „Papeles de Son Armandans", 1957 wurde er Mitglied der Akademie. C. begann mit surrealist. Gedichten und wandte sich dann dem Roman zu. Eine außerordentl. Sprachbegabung, ungewöhnl. Formexperimente, krasse naturalist. Schilderungen kennzeichnen C.s literar. Schaffen, das keiner literar. Richtung angehört und von der klass. span. Literatur ebenso beeinflußt ist wie von den naturalist. Romanen der Moderne. C. schrieb auch Feuilletons und Reiseberichte.
Hauptwerke: Pascual Duartes Familie (R., 1942; dt. 1949), Pabellón de reposo (R., 1944), Der Bienenkorb (R., 1951; dt. 1964), Mrs. Caldwell spricht mit ihrem Sohn (R., 1953; dt. 1961), La Catira (R., 1955), Geschichten ohne Liebe (dt. 1968).

Celadon ↑ Greflinger, Georg.

Čelakovský, František Ladislav [tschech. ˈtʃɛlakɔfskiː], * Strakonice 7. März 1799, † Prag 5. Aug. 1852, tschech. Dichter und Philologe.
War Hauslehrer, Redakteur, Bibliothekar, schließl. Professor für Slawistik. Starker Einfluß der dt. Literatur der klass. und romant. Zeit; sammelte nach dem Vorbild Herders slaw. Volkslieder und Sprichwörter; schuf Nachdichtungen von Volksliedern und Epigramme nach dem Vorbild Lessings; seine Liebeslyrik verliert durch nüchterne Diktion an Reiz. Er übersetzte u. a. Goethe, Herder und Scott. Seine Liedersammlungen „Widerhall russ. Lieder" und „Widerhall tschech. Lieder" erschienen dt. 1833 bzw. 1919.

Celan, Paul [tseˈlaːn], eigtl. P. Antschel, * Tschernowzy 23. Nov. 1920, Lyriker.
Sohn dt.-sprachiger Eltern; 1942/43 Arbeitslager in Rumänien, seit 1948 in Paris, Sprachlehrer. Hervorragender Übersetzer (bes. frz. und russ. Lyrik). Seine Dichtung steht unter dem Einfluß des Symbolismus und Surrealismus frz. Prägung. C.s abstrakte Verse werden von einer sehr persönl. Sprachsensibilität, einer eigenen Welt von Metaphern, Motiven, Bildern und Farben und einer eindringl. Melodie bestimmt.
Hauptwerke: Der Sand aus den Urnen (Ged., 1949), Mohn und Gedächtnis (Ged., 1952), Von Schwelle zu Schwelle (Ged., 1955), Sprachgitter (Ged., 1959), Die Niemandsrose (Ged., 1963), Atemwende (Ged., 1967), Fadensonnen (Ged., 1968).
Literatur: Neumann, P. H.: *Zur Lyrik P. C.s. Gött. 1968.* – Schwarz, P. P.: *Totengedächtnis u. dialog. Polarität in der Lyrik P. C.s. Düsseld. 1966.* – Firges, J.: *Die Gestaltungsschichten in der Lyrik P. C.s. Diss. Köln 1960.*

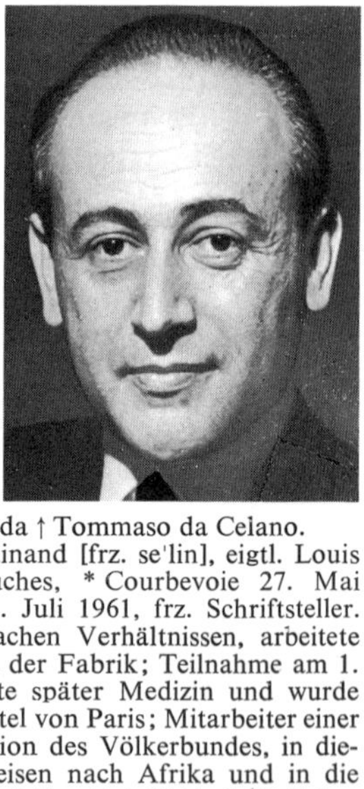
Paul Celan

Celano, Tommaso da ↑ Tommaso da Celano.

Céline, Louis-Ferdinand [frz. seˈlin], eigtl. Louis Ferdinand Destouches, * Courbevoie 27. Mai 1894, † Meudon 1. Juli 1961, frz. Schriftsteller.
Stammte aus einfachen Verhältnissen, arbeitete bereits als Kind in der Fabrik; Teilnahme am 1. Weltkrieg; studierte später Medizin und wurde Arzt im Armenviertel von Paris; Mitarbeiter einer medizin. Kommission des Völkerbundes, in dieser Eigenschaft Reisen nach Afrika und in die USA. Antisemit und Faschist, 1944 als Kollaborateur verurteilt, Flucht nach Dänemark, Rückkehr nach Aufhebung des Urteils. Menschenverachtung, Nihilismus, Gedanken der Absurdität des Lebens bestimmen sein Werk, das, an Pessimismus Schopenhauer, an krassem Naturalismus Zola übertreffend, alles Schmähliche, Ekelhafte, Jämmerliche in Obszönität und Derbheit anhäuft und manchmal die Grenze zum Pornograph. überschreitet; auch polit. Essays.
Hauptwerke: Reise ans Ende der Nacht (R., dt. 1933), Tod auf Borg (R., dt. 1937), Mea culpa (Pamphlet, dt. 1937), Entretiens avec le professeur Y (Essays, 1955), Von einem Schloß zum andern

(R., dt. 1960), Norden (R., 1960; dt. 1969), Rigodon (R., hg. 1969).
Ausgabe: L.-F. C. Œuvres. Hg. v. J. A. Ducourneau. *Paris 1966 ff.*
Literatur: Raddatz, F. J.: *Zwischen Wahrheit u. Wirklichkeit. In: Akzente 13 (1966), 172. – L.-F. C. Les Cahiers de l'Herne 3 (1963) u. 5 (1965).* – Vandromme, P.: *C. Paris 1963.*

Cellini, Benvenuto [italien. tʃel'li:ni], * Florenz 3. Nov. 1500, † ebd. 13. Febr. 1571, italien. Goldschmied und Bildhauer.
Erlernte das Goldschmiedehandwerk in Florenz; unruhiges Leben, das ihn u. a. nach Siena, Pisa, Rom (unter Papst Klemens VII.) und Fontainebleau (1540–45, bei Franz I.) führte. Genialer Künstler (Hauptwerk das Bronzestandbild des Perseus in der Loggia de'Lanzi, Florenz), der sich als typ. Renaissancemensch, voll seiner Persönlichkeit bewußt, über die normal gesetzten Schranken erhob und ein Leben voller Wagnisse und Händel führte. In italien. Umgangssprache stellte er sein Leben, gemischt mit Erdichtetem, in einer kulturhistor. bedeutsamen Autobiographie dar („Vita", hg. 1728), die von Goethe 1803 ins Dt. übersetzt wurde.
Literatur: Ugolini, L.: *Il romanzo di B. C. Turin 1962.* – Cortissoz, R.: *B. C. artist and writer. New York 1906.* – Voßler, K.: *B. C.s Stil in seiner Vita. Versuch einer psycholog. Stilbetrachtung. Halle 1899.*

Celsus, Aulus Cornelius, * Ende des 1. Jh.s v. Chr., † Mitte des 1. Jh.s n. Chr., röm. Schriftsteller.
Von seiner alle Wisssenschaften behandelnden Enzyklopädie sind die ersten 8 Bücher „De medicina" erhalten, die medizingeschichtl. von großer Bedeutung sind.
Ausgabe: A. C. C. Über die Arzneiwiss. Dt. Übers. Braunschweig ^{2}1906. Nachdr. Hildesheim 1967.
Literatur: Baader, G.: *Überlieferungsprobleme des A. C. C. In: Forsch. u. Fortschritte 34 (1960), 215.* – Wellmann, M.: *A. C. C. Eine Quellenunters. Bln. 1913.*

Celtis (Celtes), Konrad ['tsɛltɪs ('tsɛltɛs)], eigtl. K. Pickel oder Bickel, * Wipfeld bei Schweinfurt 1. Febr. 1459, † Wien 4. Febr. 1508, dt. Humanist.
Sohn eines Weinbauern, studierte u. a. in Köln und bei Agricola in Heidelberg, kam über Erfurt und Rostock schließl. nach Leipzig, wo er die „Ars versificandi et carminum" (1486), die erste Poetik des dt. Humanismus, herausgab. Er reiste nach Italien, Böhmen, Polen und Ungarn, verbreitete den Humanismus und gründete nach dem Vorbild der italien. Akademien gelehrte Gesellschaften. 1487 in Nürnberg durch Kaiser Friedrich III. zum Dichter gekrönt. C. lehrte in Ingolstadt und Wien, dort die ersten theatral. Aufführungen am Hof. Er führte planmäßigere Lehrmethoden ein, reinigte das Latein, förderte das Studium des Griech. und der Rechtswissenschaft. Er fand die Dramen der Hrothsvith von Gandersheim und „Ligurinus", ein lat. Epos über Friedrich Barbarossa, und gab Tacitus' „Germania" heraus. Eigene Dichtungen, bes. die „Quatuor libri amorum" (1502) nach dem Vorbild Ovids, zeugen von Sprachgewandtheit und formaler Begabung. Oden und Epigramme bes. unter Einfluß von Horaz, prunkvolle lat. Festspiele.
Ausgabe: K. C. Poeta laureatus. Hg. v. K. Adel. *Graz 1960.*
Literatur: Spitz, L. W.: *Conrad C. The German Arch-Humanist. Cambridge (Mass.) 1957.* – Bezold, F. v.: *C., der dt. Erzhumanist. In: Histor. Zs. 49 (1883), 1 u. 193. Nachdr. Darmst. 1959.*

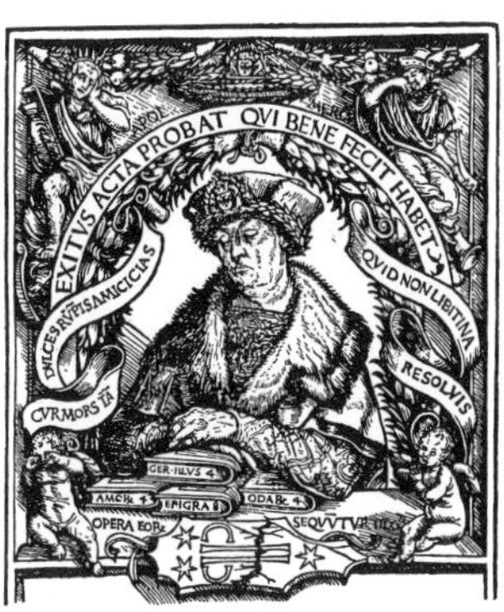

Konrad Celtis (Holzschnitt von H. Burgkmair d. Ä.)

Cendrars, Blaise [frz. sã'dra:r], eigtl. Frédéric Sauser, * La Chaux-de-Fonds 1. Sept. 1887, † Paris 21. Jan. 1961, frz. Schriftsteller.
Vater Schweizer, Mutter Schottin; vagabundierte als junger Mensch durch die Welt (China, Sibirien, Afrika, Südamerika), kurzes Medizinstudium, war in verschiedenen Berufen tätig, verlor als Fremdenlegionär eine Hand, lebte seit dem 1. Weltkrieg in Paris, mit Apollinaire befreundet. Sein stark autobiograph. Werk umfaßt Lyrik und Erzählwerke. In seinen ganz untraditionellen Gedichten verwendet er ungewohnte, frappierende Bilder; sprachl. Reichtum, starke Suggestivkraft. Die Helden seiner anarchist., rauschhaften Romane sind Abenteurer oder Sonderlinge. Seine Dichtung hat der literar. Avantgarde wesentl. Anregungen gegeben.
Hauptwerke: Poèmes élastiques (Ged., 1919), Gold (R., 1925; dt. 1930), Moravagine (Prosa, dt. 1928), Kleine Negermärchen (1928, dt. 1960), Mireilles kleines Tagebuch (Autobiogr., dt. 1930), Wahre Geschichten (dt. 1938), L'homme foudroyé (Autobiogr., 1945), Madame Thérèse (R., 1956; dt. 1962).
Ausgabe: B. C. Œuvres complètes. Paris 1960–64. 8 Bde. – B. C. Werke in Einzelausgg. Dt. Übers. Düsseld. $^{1-2}$1960 ff. Auf mehrere Bde. berechnet.
Literatur: Lovey, J.-C.: *Situation de B. C. Neuenburg 1965.* – Rousselot, J.: *B. C. Neuaufl. Paris 1963.*

cent nouvelles nouvelles, Les [frz. lesãnuvɛlnu'vɛl], älteste frz. Novellensammlung, erstmalig um 1462 erschienen (dt. 1907 u. d. T. „Die 100 neuen Novellen"), von einem oder mehreren unbekannten Verfassern (darunter möglicherweise Antoine de La Sale), behandelt meist frivole Stoffe (z.T. alte Fabliau- und Farcenmotive) im Stil Boccaccios, jedoch gröber und kunstloser; auch kulturgeschichtl. als Sittenbild der frz. Gesellschaft des ausgehenden MA interessant.

cento novelle antiche, Le [italien. le 'tʃɛnto no'vɛlle an'ti:ke] † Novellino, Il.

Čep, Jan [tschech. tʃɛp], * Myšlechovice 31. Dez. 1902, tschech. Schriftsteller.
Verlagsredakteur, lebt im Exil in Frankreich; seine Werke stellen die bäuerl. Sphäre dar; Men-

schen auf der Suche nach Gott finden zu einfachem, erdverbundenem Leben zurück; der Roman „Ruf der Heimat" (dt. 1935) schildert die Gefährdung der bäuerl. Weltordnung durch Krieg und Zivilisation; dt. erschien außerdem 1962 „Zeit und Wiederkehr".

Ceram, C. W., eigtl. Kurt W. Marek, * Berlin 20. Jan. 1915, dt. Schriftsteller.
Mitarbeiter verschiedener Zeitungen und Zeitschriften, 1947 Cheflektor, seit 1953 in den USA. Sein sog. Roman der Archäologie „Götter, Gräber und Gelehrte" (1949), ein fesselnd und farbig geschriebener Bericht über die archäolog. Forschung der letzten 200 Jahre, wurde zum Bestseller und in alle Weltsprachen übersetzt.
Weitere Werke: Enge Schlucht und schwarzer Berg (1955), Eine Archäologie des Kinos (1965).

Cereteli † Zereteli.

Cerkovski † Zerkowski.

Cerna, Panait [rumän. 'tʃerna], eigtl. P. Stanciof, * Cerna bei Tulcea 25. Sept. 1881, † Leipzig 26. März 1913, rumän. Dichter.
Nach naturwissenschaftl. und philosoph. Studien Lehrer in Bukarest; übersetzte Goethe und Lenau. Schrieb von der Philosophie beeinflußte Weltschmerzdichtung nach dem Vorbild Eminescus; optimist. Glauben an den Wert des Lebens und – von Tolstoi beeinflußt – an den sozialen Frieden; Einfluß Renans auf seine christl. Haltung.

Černihovskij † Tschernichowski.

Cernuda, Luis [span. θεr'nuðа], * Sevilla 21. Sept. 1904, † Mexiko 6. Nov. 1963, span. Dichter.
Studierte Jura in Sevilla; Lektor in Toulouse, Glasgow, Cambridge; Professor für span. Literatur in London; Lyriker der Sehnsucht und des idealen Schönen, vom L'art-pour-l'art-Gedanken ausgehend und sich romant. Auffassungen nähernd; auch Essayist und Übersetzer (Hölderlin u. a.). C.s Hauptwerk ist die Lyriksammlung „La realidad y el deseo" (1936, erweitert 1958; der letzte Teil erschien 1962 u. d. T. „Desolación de la quimera").
Weitere Werke: Ocnos (Prosa, 1942), Estudios sobre poesía española contemporánea (1957), Poesía y literatura (Essays, 1960).
Literatur: Silver, P. W.: *„Et in Arcadia ego": A study of the poetry of L. C. London 1965.* – Müller, Elisabeth: *Die Dichtung L. C. s. Genf; Paris 1962.*

Černyševskij † Tschernyschewski.

Cersne, Eberhard von † Eberhard von Cersne.

Cervantes Saavedra, Miguel de [sεr'vantεs, span. θεr'βantes saa'βeðra], * Alcalá de Henares vielleicht 29. Sept. 1547, ≈ 9. Okt. 1547, † Madrid 23. April 1616, span. Dichter.
Wuchs in ärml. Verhältnissen ohne geregelte Ausbildung auf und führte ein abenteuerl. Leben; verlor 1571 in der Seeschlacht von Lepanto eine Hand, wurde von alger. Piraten gefangen, war 5 Jahre als Sklave in Algier; nach mehreren Fluchtversuchen losgekauft; in Spanien u. a. Steuereintreiber, oft ohne Stellung, vorübergehend in Schuldhaft. Schrieb einige Jahre vor seinem Tode sein Hauptwerk, den Roman „Der sinnreiche Junker Don Quijote von der Mancha" (1605–15, dt. 1621). C. S. erzählt mit grandioser Erfindungsgabe die tragikom. Abenteuer Don Quijotes, eines armen Adligen, der in einer Traumwelt verflossener Ritterherrlichkeit lebt, und seines treuen, pfif-

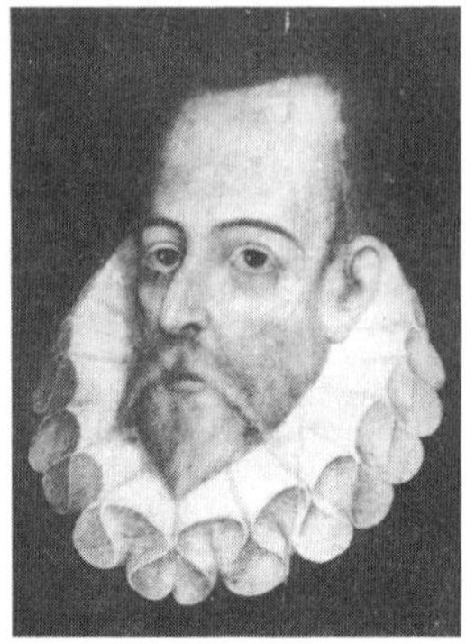

Miguel de Cervantes Saavedra (Gemälde von J. de Jaurigui, 1600)

figen, bäuerl.-nüchternen Waffenträgers Sancho Pansa; in ihnen ist der Ggs. zwischen weltfremdem Idealismus und prakt. Vernunft verkörpert. Der ursprüngl. als Satire auf die Ritterromane der Zeit geplante Roman wurde zum umfassenden Bild menschl. Lebens und zu einem der berühmtesten Werke der Weltliteratur. Zeugnis von C. S.s hoher Erzählkunst sind außerdem die 12 „Musternovellen" (1613, dt. 1868): „Das Zigeunermädchen", „Die engl. Spanierin", „Gespräch der Spitalhunde" u. a. Die Zwischenspiele (Einakter in Prosa) „Das Wundertheater", „Die Höhle von Salamanca" u. a. (1615, dt. 1868) erwiesen sich wirksamer als seine Theaterstücke. C. S. wurde in der Romantik neu entdeckt (übersetzt von Tieck).
Weitere Werke: Numancia (Dr., 1585; dt. von A. W. von Schlegel), La Galatea (R., 1585), Die Leiden des Persiles und der Sigismunda (R., 1617; dt. 1837).
Ausgaben: M. de C. S. Sämtl. Werke. Dt. Übers. Hg. v. A. M. Rothbauer. Stuttg. 1963–69. 4 Bde. – M. de C. S. Obras completas. Faksimiledruck der Urausgg. Hg. v. der Real Academia Española. Madrid 1917–23. 7 Bde. – M. de C. S.: Sämmtl. Romane u. Novellen. Dt. Übers. Stuttg. 1839–42. 12 Bde.
Literatur: Don Quijote. Forschung u. Kritik. Hg. v. H. Hatzfeld. *Darmst. 1968.* – Krauss, W.: *M. de C. Leben u. Werk. Neuwied 1966.* – Schürr, F.: *C. Bern u. Mchn. ²1963.* – Sánchez, A.: *C. Bibliografía fundamental (1900–1959). Madrid 1961.* – Amezúa y Mayo, A. G. de: *C. Creador de la novela corta española. Madrid 1956. 2 Bde.* – Arbó, S. J.: *C. Barcelona ³1956. Dt. Übers. u. d. T.: Das große Lebensabenteuer des M. de C. Mchn. 1952.* – Astrana Marín, L.: *Vida ejemplar y heróica de M. de C. S. Madrid 1948–58. 6 in 7 Bden.* – Fitzmaurice-Kelly, J.: *C. A memoir. Oxford 1913.*

Césaire, Aimé [frz. se'zε:r], * Basse-Pointe (Martinique) 25. Juni 1913, frz. Dichter.
Studierte in Paris; wurde Literaturdozent, später Bürgermeister von Fort-de-France und Abgeordneter seiner Heimat in Paris. Er ist der erste bed. farbige Dichter frz. Sprache. Sein Werk vereinigt frz. Kultur und afrikan. Erbe. Seine explosive, aufbegehrende und polem. Dichtung – die polit. Essays sind ein Bekenntnis zu Afrika – verkörpert seine Sehnsucht nach einer Zukunft ohne menschl. Gegensätze. C. bereichert die frz. Dichtung durch eine neue Empfindungswelt, neue Bilder, einen

elementaren Rhythmus und eine persönl. Sprache.
Hauptwerke: Zurück ins Land der Geburt (Ged., 1943; dt. 1962), Les armes miraculeuses (Ged., 1946), Und die Hunde schwiegen (Dr., 1946; dt. 1956), Soleil cou coupé (Ged., 1948), Corps perdu (Ged., 1950), Über den Kolonialismus (Essay, 1951; dt. 1968), Die Tragödie von König Christoph (Dr., dt. 1964), Im Kongo (Dr., dt. 1966), An Afrika (Ged., dt. Ausw. 1968).
Literatur: Kesteloot, L.: *A. C. Paris 1963.*
Cesarec, August [serbokroat. tsɛˌsarɛts], * Agram 4. Dez. 1893, † ebd. Mitte Juli 1941, kroat. Schriftsteller.
Früh aktiver Kommunist; von polit. Gegnern erschossen. Seine Lyrik und seine Erzähldichtung sind von marxist. Gedanken geprägt; C. schildert v. a. den sorgenvollen Alltag der unteren Schichten; bed. als Kritiker und Übersetzer.
Cesarić, Dobriša [serbokroat. 'tsɛsaritɕ], * Slavonska Požega 10. Jan. 1902, kroat. Lyriker.
Beamter, zeitweilig Theaterleiter in Agram. Wenig umfangreiches lyr. Werk mit Motiven des Verhältnisses von Welt und Mensch, der Bedeutung der Natur und des Wesens dichter. Existenz; übersetzte u. a. Goethe, Kleist, Heine, Puschkin.
Cesarotti, Melchiorre [italien. tʃeza'rɔtti], * Padua 15. Mai 1730, † Selvazzano bei Padua 4. Nov. 1808, italien. Dichter und Gelehrter.
Seit 1768 Professor für hebr. und griech. Sprache an der Universität Padua. Trat weniger mit eigenen Werken als mit einer Nachdichtung des Ossian (1763–72) hervor und übte damit großen Einfluß auf die zeitgenöss. italien. Dichter aus, bes. auf Alfieri. Übersetzte auch Homer.
Cesbron, Gilbert [frz. sɛs'brõ], * Paris 13. Jan. 1913, frz. Schriftsteller.
Studierte Jura an der École des sciences politiques; seit 1935 am Rundfunk (Paris, später Luxemburg), Verfasser zeitbezogener Romane, die v. a. auf das Dokumentarische ausgerichtet sind; über das Arbeiterpriestertum schrieb er in dem Roman „Die Heiligen gehen in die Hölle" (dt. 1953).
Weitere Werke: Wie verlorene Hunde (R., dt. 1954), Es ist später, als du denkst (R., dt. 1959), Der Spiegel der Heiligkeit (R., dt. 1961), Winterpaläste des Glücks (R., dt. 1968).
Céspedes, Alba de [italien. 'tʃɛspedes], * Rom 11. März 1911, italien. Schriftstellerin.
Wuchs in Rom auf als Tochter eines kuban. Staatsmannes; war Mitarbeiterin an „Epoca" und „La Stampa", gründete 1944 die literar. Zeitschrift „Mercurio". Sie schrieb überaus erfolgreiche Erzählungen und Romane, in denen sie mit viel psycholog. Geschick v. a. die Probleme der Frau in Familie und Beruf darlegt.
Hauptwerke: Der Ruf ans andere Ufer (R., dt. 1938), Flucht (En., dt. 1947), Das verbotene Tagebuch (R., dt. 1955), Die Reue (R., dt. 1965).
Cetina, Gutierre de [span. θe'tina], * Sevilla um 1520, † in Mexiko gegen 1557, span. Dichter.
Kämpfte als Soldat in Deutschland und Italien und ging später nach Mexiko, wo sich seine Spur verliert; Lyriker aus der Schule Garcilasos, Vorbilder Petrarca und Ariosto; sein Thema ist die arkad. Liebe; führte in Spanien das Madrigal ein.
Ceuppens, Rik [niederl. 'kø:pəns] ↑ Michiels, Ivo.
Chadourne, Marc [frz. ʃa'durn], * Brive-la-Gaillarde (Corrèze) 23. Mai 1895, frz. Schriftsteller.
Studierte polit. Wissenschaft, nahm am 1. Weltkrieg teil, trat 1919 in den Kolonialdienst ein. In seinen Romanen berichtet er von Menschen, die aus innerer Unruhe und Beschwertheit das Abenteuer suchen. Er schrieb ferner Reportagen über China, Amerika, die UdSSR u. a.
Hauptwerke: Vasco (R., 1927), Cécile de la folie (R., 1930), Unser Himmel ist heute (R., dt. 1949), Quand Dieu se fit Américain (R., 1950).
Chadsopulos, Kostas; tl.: Hatzópoulos, Kōstas [neugr. xa'dzɔpulɔs], Pseudonym Petros Wasilikos; tl.: Pétros Basilikós, * Agrinion 1868, † Brindisi (Italien) 12. Aug. 1920, neugriech. Schriftsteller.
Jurastudium in Athen, Advokat, wandte sich später schriftsteller. Arbeit zu. 1900–14 lebte er in Deutschland. Er verfaßte Gedichte, Erzählungen und Romane, zunächst unter dem Eindruck der Volksdichtung seiner Heimat. Sein späteres Werk ist geprägt von den Anregungen, die er vom dt. Symbolismus empfing. Hohe Musikalität zeichnet seine Lyrik aus. Auch bed. Übersetzungen Goethes, Grillparzers und Hofmannsthals.
Chaijam, Omar ↑ Omar Chaijam.
Chairemon [çaɪ...], griech. Dramatiker des 4. Jh.s v. Chr.
Schrieb nach Angaben des Aristoteles Tragödien, die nicht zur Aufführung auf der Bühne, sondern als Lesedramen gedacht waren.
Chalúpka, Ján [slowak. 'xalu:pka], * Horná Mičiná 28. Okt. 1791, † Bries 15. Juli 1871, slowak. Dramatiker.
Zunächst Lehrer, dann ev. Geistlicher. Das antike Drama, Wieland und v. a. die Wiener Posse gaben Ch. formale und stilist. Anregungen für seine Lustspiele, in denen er zu polit., kulturellen und kirchl. Fragen Stellung nahm.
Chalúpka, Samo [slowak. 'xalu:pka], * Horná Lehota 27. Febr. 1812, † ebd. 19. Mai 1883, slowak. Dichter.
Bruder von Ján Ch.; ev. Theologe; setzte sich für die nationale Wiedergeburt seines Volkes ein. Wandelte sich unter dem Einfluß Štúrs vom Klassizisten zum Romantiker; Annäherung an die Volkspoesie; verfaßte patriot. Lyrik und Balladen mit histor. Stoffen; vieles vertont.
Chamfort [frz. ʃã'fɔ:r], eigtl. Sébastien Roch Nicolas, * bei Clermont (Auvergne) 6. April 1741, † Paris 13. April 1794, frz. Schriftsteller.
Sohn eines Kanonikers, besuchte das Collège des Grassins, war Hauslehrer, Sekretär und Bibliothekar. Verkehrte in den vornehmen Salons, bezog eine Pension des Königs, suchte aber seine Unabhängigkeit zu wahren; 1781 Mitglied der Académie française. War begeisterter Anhänger der Revolution; die diktator. Wende durch Robespierre lehnte er ab. Krankheit und Angst vor erneuter Verhaftung trieben ihn zum Selbstmordversuch, an dessen Folgen er einige Monate später starb. Schrieb Gedichte, Fabeln, Komödien, Ballette und literaturkrit. Arbeiten. Seine Tragödie „Mustapha et Zéangir" (1776) war ein Erfolg. „Maximes et pensées, caractères et anecdotes" (hg. 1795, dt. Ausw. 1938 in „Die frz. Moralisten") sind treffende, von Misanthropie erfüllte zeitkrit. Anekdoten und Aphorismen, deren Einfluß u. a. bei Schopenhauer spürbar ist.
Weitere Werke: Éloge de Molière (1769), Éloge de La Fontaine (1774).

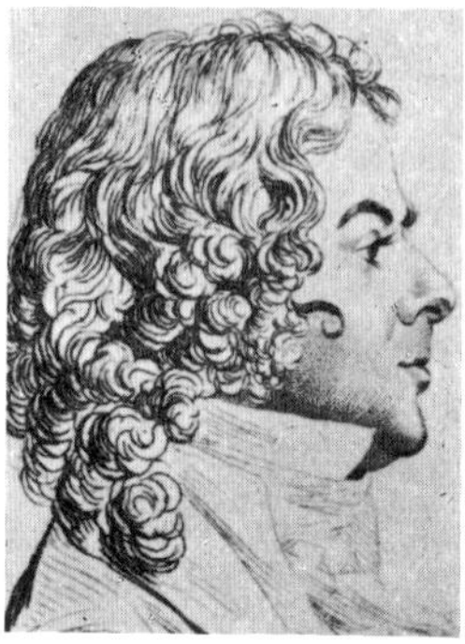

Adelbert von Chamisso

Ausgabe: *Ch. Œuvres. Hg. v.* C. Roy. *Paris 1960.* – † auch La Rochefoucauld, François VI, Herzog von, Prince de Marcillac.
Literatur: List-Marzolff, R.: *Sébastien-Roch N. Ch. Ein Moralist im 18. Jh. Mchn. 1966.* – Teppe, J.: *Ch. Sa vie, son œuvre, sa pensée. Paris 1950.*

Chamisso, Adelbert von [ʃaˈmɪso], eigtl. Louis Charles Adélaïde de Ch. de Boncourt, * Schloß Boncourt (Champagne) 30. Jan. 1781, † Berlin 21. Aug. 1838, dt. Dichter.
Aus lothring. Adelsgeschlecht, vor der Revolution 1789 Flucht nach Deutschland; Page der Königin Luise, dann preuß. Offizier. Im Kreis des „Nordsternbundes" beschäftigte er sich mit dt. Sprache und Literatur, Mithg. des sog. „Grünen Musenalmanachs" (1804–06). Teilnahme am Krieg 1806. Seit 1807 widmete er sich der Literatur und Wissenschaft. Er hatte Verbindung zu Arnim, Brentano, W. Grimm und H. von Kleist, Uhland, A. W. Schlegel und Madame de Staël. Ch. studierte 1812–15 Medizin und Botanik, 1815–18 nahm er an einer Weltumseglung teil, von der er eine meisterhafte Beschreibung gab. Später wurde er Kustos am Berliner Botan. Garten. Als Mithg. des „Dt. Musenalmanachs" war er mit G. Schwab und E. T. A. Hoffmann befreundet. Er dichtete anfangs frz., dt. erst seit 1803. Seine Lyrik umfaßt eine breite Skala von Themen und Stimmungsgehalten. Seine Einfälle lassen ihn als Romantiker erscheinen, obwohl er mit manchen Stoffen in die realist. Vorstellungswelt eindringt. „Das Riesenspielzeug", „Die Sonne bringt es an den Tag" zeigen ihn als volkstüml. Balladendichter, in der „Alten Waschfrau", dem „Invaliden" u. a. berührt er soziale Fragen. Die romant. Geschichte des Mannes, der seinen Schatten verkaufte („Peter Schlemihls wundersame Geschichte", 1814), brachte ihm Weltruhm. Ihr Einfall ist spukhaft romant., die Darstellung realist. Diese spieler., phantast. Erzählung voller Verstand und Tiefe ist ein Übergang vom Märchen zur Novelle, von der irrealen zur wirkl. Welt (recht unterschiedl. Deutungen).
Weitere Werke: Bemerkungen und Ansichten auf einer Entdeckungsreise (1821), Gedichte (1831).
Ausgaben: *A. v. Ch. Ges. Werke. Hg. v.* O. Flake. *Gütersloh 1964.* – *A. v. Ch. Ges. Werke. Hg. v.* M. Koch. *Stuttg. 1898. 4 Bde.*
Literatur: Loeb, E.: *Symbol u. Wirklichkeit des Schattens in Ch.s „Peter Schlemihl". In: German.-Roman. Mschr. N. F. 15 (1965), 398.* – Thies, W.: *A. v. Ch.s Verskunst. Mit einer Einl. zur Ch.-forschung. Diss. Frkf. 1953 [Masch.].* – Baumgartner, U.: *Ch.s Peter Schlemihl. Diss. Zürich 1944.* – Hitzig, J. E.: *A. v. Ch. Leben u. Briefe. Lpz. 1839–40. 2 Bde.*

Champfleury, Jules [frz. ʃɑ̃flœˈri], eigtl. Jules François Félix Husson, weiteres Pseudonym J. Fleury, * Laon 17. Sept. 1821, † Sèvres 6. Dez. 1889, frz. Schriftsteller und Kritiker.
Buchhändler in Paris, Mitarbeiter verschiedener Zeitschriften, seit 1887 Museumsdirektor in Sèvres; künstler. wenig bed. Epigone Balzacs, schrieb zahlreiche realist. Romane und Erzählungen aus seinem eigenen Erlebnisbereich, Provinzgeschichten von dokumentar. Treue und engem Horizont. Ch. verfaßte außerdem eine „Histoire générale de la caricature" (1865–85) und verschiedene Werke zur Kunst- und Literaturgeschichte.
Weitere Werke: Chien Caillou (En., 1847), Les confessions de Sylvius (En., 1849), Les aventures de Mademoiselle Mariette (En., 1853), Les bourgeois de Molinchart (R., 1855), Le réalisme (Manifest, 1857).
Literatur: Heller, A. B., jun.: *Ch.s contribution to French literary realism. Diss. Syracuse Univ., Syracuse (N.Y.) 1960.* – Eudel, P.: *Ch. Sa vie, son œuvre et ses collections. Paris 1891.*

Chamsa, Chakim-sade; tl.: Hamza, Hakimzade [russ. xamˈza], Pseudonym Nijasi; tl.: Nijazi, * Kokand März 1889, † Schachimardan (heute Chamsaabad) 18. März 1929, usbek.-sowjet. Schriftsteller.
Begründer der usbek. Sowjetliteratur, schrieb v. a. Dramen, die die Revolution verherrlichen, ferner Gedichte; auch Komponist. Ch. hatte großen Einfluß auf die Entwicklung der mittelasiat. Sowjetliteraturen.

Chamson, André [frz. ʃɑ̃ˈsõ], * Nîmes 6. Juni 1900, frz. Schriftsteller.
Studierte Geschichte, arbeitete an der Nationalbibliothek, als Kurator des National-Museums in Versailles und war Mitglied des Kabinetts Daladier. Im 2. Weltkrieg gehörte er dem Stab der 5. Armee an. Die Chronik „Fragments d'un liber veritatis" (1946) ist Zeugnis dieser Zeit. 1956 wurde Ch. Mitglied der Académie française; seit 1959 Direktor der Archives de France. Er schildert in seinen ersten Romanen „... der nicht mit den andern ging" (1925, dt. 1949), „Les hommes de la route" (1927), „Das Verbrechen der Gerechten" (dt. 1930) und „Die Herberge in den Cevennen" (dt. 1934) die menschl. Nöte der Cevennenbewohner. Er ist heimatgebundener Erzähler in der Tradition des psycholog.-realist. Romans und durchbricht mit der Problematik den Rahmen des Bauernromans. In den späteren Jahren trat er mit Büchern über Zeitprobleme hervor. Ein Höhepunkt seines Erzählwerks ist der Roman „Blüte unterm Schnee" (dt. 1953) über die europ. Nachkriegsjugend.
Weitere Werke: Der Wunderbrunnen (R., dt. 1950), Comme une pierre qui tombe (R., 1964).

Chandler, Raymond Thornton [engl. ˈtʃɑːndlə], * Chicago 23. Juli 1888, † La Jolla (Calif.) 26. März 1959, amerikan. Kriminalschriftsteller.
Erziehung in Europa, meist in England; Teilnahme am 1. Weltkrieg auf kanad. Seite, später

in der RAF; gab 1929 seine Laufbahn im Ölgeschäft auf und begann Kriminalgeschichten und -romane zu schreiben, deren großer Publikumserfolg auf spannende Handlungsführung und die knappe, trockene Diktion, bes. im Dialog, zurückgeht; schrieb auch Drehbücher.
Hauptwerke: Der tiefe Schlaf (R., 1939; dt. 1956), Das hohe Fenster (R., 1942; dt. 1956), Die kleine Schwester (R., dt. 1956), Der lange Abschied (R., dt. 1956).

Chanson de Roland [frz. ʃãsõdrɔ'lã] † Rolandslied.

Chapelain, Jean [frz. ʃa'plɛ̃], * Paris 4. Dez. 1595, † ebd. 22. Febr. 1674, frz. Kritiker und Dichter.
Universal gebildet und als persönl. Berater und Günstling Richelieus an der Gründung der Académie française beteiligt. Bearbeitete die ersten Statuten der Académie und veranlaßte die Herausgabe ihres Wörterbuchs. Er galt seit seiner Vorrede zu Marinis „Adone" (1623) als erste literar. Persönlichkeit und vor der Zeit Boileaus als der Kunstkritiker Frankreichs. Seine Sonette und Madrigale fanden großen Beifall. Vernichtende Kritik und Spott Boileaus über das mißlungene Epos „La pucelle d'Orléans" (die ersten 12 Gesänge 1656 veröffentlicht, die letzten 12 postum 1882) aus Rivalitätsgründen. Literaturgeschichtl. Wert haben seine Briefe.
Weitere Werke: Lettre sur les vingt-quatre heures (Schr., 1630), De la poésie représentative (Studie, 1635), Lettres (hg. 1880–83).
Literatur: Nicoletti, G.: *L'italianismo di Ch. e la „Querelle du Cid". In:* Nicoletti: *Saggi e idee di letteratura francese. Bari 1965.* – Collas, G.: *J. Ch. Paris 1912.*

Chapelle [frz. ʃa'pɛl], eigtl. Claude Emmanuel L[h]uillier, * La Chapelle-Saint-Denis bei Paris 1626, † Paris 12. (?) Sept. 1686, frz. Dichter.
Unehel. Sohn eines Parlamentsrates, der ihn später anerkannte, war mehrmals in der Besserungsanstalt Saint-Lazare, führte ein sehr freies Leben; Freundschaft mit Boileau, La Fontaine, Molière und Racine. Schrieb außer epikureischen Gedichten mit Bachaumont (* 1624, † 1702) die anschaul. Reiseschilderung „Voyage en Provence et en Languedoc" (1663), teils in Versen, teils in Prosa.

Chapman, George [engl. 'tʃæpmən], * bei Hitchin (Hertford) 1559 (?), † London 12. Mai 1634, engl. Dramatiker.
In Oxford und Cambridge klass. gebildet. Zeitgenosse Shakespeares; er verfaßte histor. Schauertragödien mit komplizierter, zeitbezogener Handlung in wuchernder, deklamator. Sprache, u.a. „Tragedy of Chabot" (Trag., 1635), „Alphonsus, Emperor of Germany" (Trag., 1654), zugkräftige, realist. Komödien mit ausgezeichneten Dialogen, wie „All fools" (1605) und „Eastward ho!" (1605, mit Jonson und Marston). Den größten Ruhm erwarb er sich mit den Übersetzungen Homers, „Iliad" (1611) und „Odyssey" (1616).
Weitere Werke: The conspiracy and tragedy of Charles Duke of Byron (Trag., 1602), Bussy d'Ambois (Trag., 1607), The revenge of Bussy d'Ambois (Trag., 1613).
Literatur: Lord, G. de F.: *Homeric Renaissance. The Odyssey of G. Ch. London 1956.* – Jacquot, J.: *G. Ch. (1559–1634): Sa vie, sa poésie, son théâtre, sa pensée. Paris 1951.* – Pogrell, N. v.: *Die philosoph.-poet. Entwicklung G. Ch.s. Ein Versuch zur Interpretation seines Werkes. Diss. Hamb. 1939.*

Char, René [frz. ʃa:r], * L'Isle-sur-la-Sorgue (Vaucluse) 14. Juni 1907, frz. Lyriker.
In seiner Jugend Anhänger des Surrealismus, von dem er sich 1938 jedoch wieder löste, um nach der Zeit des Experimentierens seinen eigenen Stil zu gestalten. In kühnen Bildern, dunklen Metaphern und wohllautender Sprache schildert Ch. die heimatl. Landschaft der Provence, tritt in der Begegnung mit Krieg und Tod für die Idee menschl. Würde, Mut und Brüderlichkeit ein; seinen größten Erfolg hatte er mit Gedichten, in denen er sich für die Widerstandsbewegung aussprach, der er während der dt. Besatzung als Offizier angehörte.
Hauptwerke: Le marteau sans maître (Ged., 1934), Dehors la nuit est gouvernée (Ged., 1938), Feuillets d'Hypnos (Ged., 1946), Les matineaux (Ged., 1950), Ird. Girlande (Ged., dt. 1955), La parole en archipel (Ged., 1962), Commune présence (Ged., 1965).
Ausgabe: R. Ch. Poésies/Dichtungen. Frz.-dt. Hg. v. J.-P. Wilhelm. *Frkf. 1959–68. 2 Bde.*
Literatur: Guerre, P.: *R. Ch. Dt. Übers. Neuwied 1968.*

Charalampiew, Dobri [bulgar. xara'lampiɛf] † Nemirow, Dobri.

Chardon, Marguerite Louise Virginie [frz. ʃar'dõ] † Ancelot, Jacques Arsène.

Chardonne, Jacques [frz. ʃar'dɔn], eigtl. J. Boutelleau, * Barbezieux (Charente) 2. Jan. 1884, † La Frette (Val-d'Oise) 30. Mai 1968, frz. Schriftsteller.
Studierte in Paris Jura und war dort 1921–43 Verlagsdirektor. Mit guter psycholog. Beobachtungsgabe behandelt er in seinen Romanen Seelenkonflikte.
Hauptwerke: L'épithalame (R., 1921), Eva oder ... (dt. 1932), Les destinées sentimentales (R.-Trilogie, 1934–36), Chimériques (E., 1948), Matinales (E., 1956), Propos comme ça (Prosa, 1966).

Charisi, Juda ben Salomo † Juda Al Charisi ben Salomo.

Chariton von Aphrodisias ['ça:...], griech. Romanschriftsteller des 1. oder 2. Jahrhunderts.
Sein Liebesroman in 8 Büchern „Chaireas und Kallirhoë" ist der älteste erhaltene griech. Roman; im Mittelpunkt der Handlung, die trotz teilweise starker Dramatisierung von Episode zu Episode geradlinig fortschreitet, steht Kallirhoë, die Tochter des syrakus. Feldherrn Hermokrates, deren unverletzl. Treue zu ihrem Gatten Chaireas geschildert wird.
Literatur: Petry, R.: *Über den Roman des Ch. Meisenheim 1963.*

Charles-Roux, Edmonde [frz. ʃarl'ru], * Neuilly-sur-Seine 17. April 1920, frz. Schriftstellerin.
1954–66 Chefredakteurin der Zeitschrift „Vogue"; für ihren ersten Roman, „Palermo vergessen ..." (dt. 1967), der sehr viel Autobiographisches enthält und den Konflikt zwischen der Neuen und der Alten Welt darstellt, erhielt sie den Prix Goncourt 1966.

Charly, Louise [frz. ʃar'li] † Labé, Louise.

Charrière, Isabelle Agnès Élisabeth de [frz. ʃa'rjɛ:r], geb. van Tuyll van Serooskerken van Zuylen, Pseudonym Abbé de la Tour, * Schloß

Zuylen bei Utrecht 20. Okt. 1740, † Colombier (Neuenburg) 27. Dez. 1805, schweizer. Schriftstellerin niederl. Herkunft.
Lebte seit ihrer Heirat 1761 in der Schweiz, war eng mit Benjamin Constant befreundet. Verfaßte außer einigen Dramen eine Reihe von Romanen, die sich – meist in Briefform – durch klare, lebhafte Darstellung und sittl. ernste Haltung auszeichnen; schrieb in frz. Sprache.
Hauptwerke: Lettres neuchâteloises (R., 1784), Caliste ou lettres écrites de Lausanne (R., 1787), Lettres à Constant d'Hermenches (hg. 1909).
Chartier, Alain [frz. ʃar'tje], * Bayeux um 1385, † Avignon zwischen 1430 und 1449, altfrz. Dichter.
Studierte in Paris, war Sekretär Karls VI. und Karls VII. und wurde mit wichtigen diplomat. Missionen beauftragt, u.a. bei Kaiser Sigismund und am schott. Hof. Ch. ist Verfasser zahlreicher polit.-didakt. Schriften in lat. und frz. Sprache und bed., z.T. allegor. Dichtungen nach klass. Vorbildern. Das Gesamtwerk ist von tiefem Pessimismus, Resignation, sittl. Ernst und Sorge um das Schicksal seines unglückl. Vaterlandes bestimmt; Ch.s Stil – unter dem Einfluß Ciceros – zeichnet sich trotz rhetor. Fülle durch sprachl. Eleganz und Lebendigkeit aus. Seine erfolgreichen Werke wurden ins Schwed., Italien. und Engl. übersetzt.
Hauptwerke: Livre des quatre dames (Ged., 1416), Le quadrilogue invectif (Prosa, 1422), La belle dame sans merci (Ged., 1424), Traité de l'espérance (Prosa, 1428).

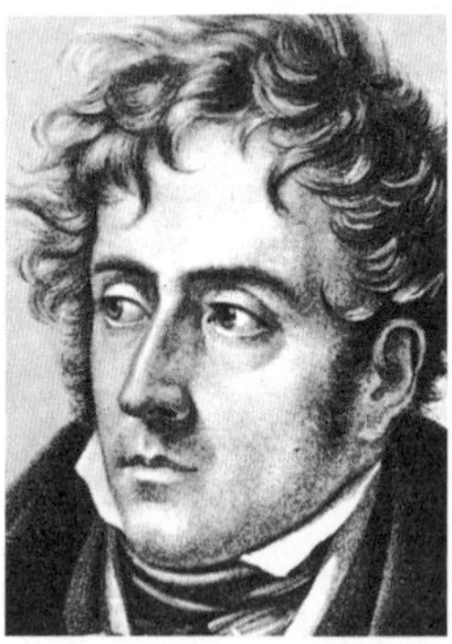

François René Vicomte de Chateaubriand (nach einem Gemälde von A. L. Girodet-Trioson)

Chartier, Émile [frz. ʃar'tje] † Alain.
Chastellain (Châtelain), Georges [frz. ʃa'tlɛ̃], * Aalst (Flandern) um 1405 (vielleicht 1415?), † Valenciennes 13. Febr. oder 20. März 1475, burgund. Geschichtsschreiber und Dichter.
Historiograph des Hauses Burgund; Verfasser der in Bruchstücken erhaltenen, die Zeit von 1420 bis 1474 umfassenden „Chronique des Ducs de Bourgogne"; daneben Gelegenheitsdichtungen im Stil der Zeit.
Chateaubriand, François René Vicomte de [frz. ʃatobri'ã], * Saint-Malo 4. Sept. 1768, † Paris 4. Juli 1848, frz. Schriftsteller und Politiker.
Entstammte einem alten Adelsgeschlecht; verlebte eine einsame, freudlose Jugend in der Bretagne, wo er mit seiner gemütskranken Schwester aufwuchs. Sein Militärdienst wurde 1789 von der Revolution unterbrochen; nach vorübergehendem Aufenthalt in Amerika nahm er an den Kämpfen des Emigrantenheeres teil und lebte zeitweilig auch in Brüssel und London. Nach dem Tod seiner Mutter fand er einen festen Halt im christl. Glauben, nachdem er einem freigeistigen Atheismus gehuldigt hatte; 1800 Rückkehr nach Frankreich, wo er unter Napoleon Minister wurde; 1804 Bruch mit dem Kaiser; Reisen nach Griechenland, Palästina, Ägypten und Spanien; nach der Restauration erneute polit. Aktivität: Gesandter in Berlin und London, 1823 Außenminister, 1828 Gesandter in Rom; 1830 zog er sich ganz aus dem polit. Leben zurück. Seit 1811 Mitglied der Académie française; befreundet mit Madame Récamier. Bedeutendster und einflußreichster Vertreter der frz. Frühromantik, neigte Ch. zu träumer. Melancholie („René-Stimmung") und lyr. Gefühlsüberschwang, gestaltete seine Themen mit sprachl. Eleganz, wobei die Grenzen zu rhetor. Pathos fließend waren, und lebte im Zwiespalt von Empfinden und Erkennen, den er in seinem Werk eindrucksvoll nachzeichnete; zeit- und kulturgeschichtl. wertvolle Memoiren.
Hauptwerke: Atala (Nov., 1801; dt. 1805), Genius des Christentums oder... (Essay, mit der Nov. René dt. 1803/04), Die Märtyrer (R., dt. 1811), Tagebuch einer Reise von Paris nach Jerusalem (Reisebericht, dt. 1812), Die Natchez (R., dt. 1827/28), Die Abenteuer des letzten Abencerragen (Nov., 1826; dt. 1843), Denkwürdigkeiten nach dem Tode (dt. 1848/49, 1968 gekürzt u.d.T. Erinnerungen).
Ausgaben: Ch. Œuvres complètes. Hg. v. Ch. A. Sainte-Beuve. *Paris 1859–61. 12 Bde. – Gf. Franz August v. Ch. Sämmtl. Werke. Dt. Übers. Freib. 1827–38. 66 Bde.*
Literatur: Maurois, A.: *René ou la vie de Ch. Paris 1966.* – Sieburg, F.: *Ch. Romantik u. Politik. Stuttg. 132.–134. Tsd. 1963.* – Sainte-Beuve, Ch. A.: *Ch. et son groupe littéraire sous l'Empire. Hg. v.* M. Allem. *Paris 1942. 2 Bde.* – Duchemin, M.: *Ch. Essais de critique et d'histoire littéraire. Paris 1938.*
Châteaubriant, Alphonse de Brédenbec de [frz. ʃatobri'ã], * Rennes 25. März 1877, † Kitzbühel 2. Mai 1951, frz. Schriftsteller.
Wuchs auf dem Schloß La Motte Saint-Sulpice in der Vendée auf; Prix Goncourt 1911; während des 2. Weltkrieges Kollaboration mit der dt. Besatzung, nach dem Krieg unerkannt in Tirol bis zu seinem Tode. Schrieb konservativ-regionalist. Romane, z.T. mit nationalsozialist. Tendenz.
Hauptwerke: Schwarzes Land (R., dt. 1925), Die Meute (Novellen, 1927; dt. 1938), Die Antwort des Herrn (R., dt. 1936), Geballte Kraft (Essays, dt. 1938).
Chatrian, Alexandre † Erckmann-Chatrian.
Chatterton, Thomas [engl. 'tʃætətn], * Bristol 20. Nov. 1752, † London 24. oder 25. Aug. 1770, engl. Dichter.
Sohn eines Lehrers, wuchs in Bristol auf und war Schreiber bei einem Rechtsanwalt; in seiner begeisterten Verehrung des MA machte er sich nach einem Chaucer-Glossar eine altertüml. Orthographie zurecht und schrieb Gedichte im Stile des MA, die er als Werke des fiktiven Mönches Thomas Rowley ausgab. Er beging, nachdem die angebl. aufgefundenen mittelalterl. Dich-

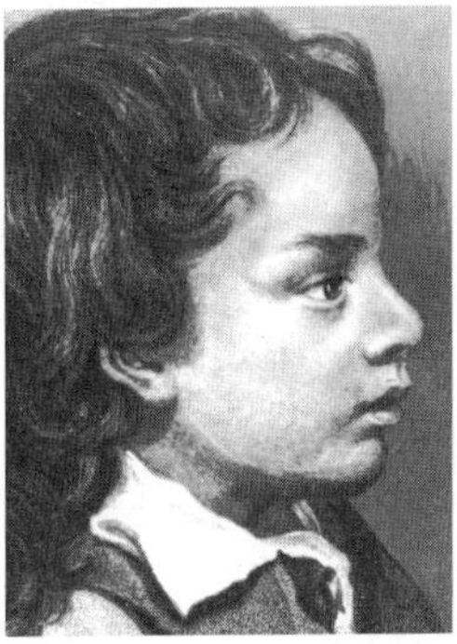

Thomas Chatterton (Punktierstich eines unbekannten Künstlers)

tungen als Fälschungen erkannt waren und er sich vergebl. als Schriftsteller zu behaupten versuchte, mit 17 Jahren Selbstmord. Erst nach seinem Tode entdeckte man Ch.s dichter. Begabung, Originalität, schöpfer. Phantasie und echte poet. Kraft.
Hauptwerk: Poems supposed to have been written at Bristol by Th. Rowley and others in the 15th century (1777).
Literatur: Cottle, B.: *Th. Ch. Bristol 1963.* – Staubert, P.: *Th. Ch. u. seine Rowley-Dichtung, untersucht auf Grund der Psychologie der Reifezeit. Bonn 1935.* – Richter, H.: *Th. Ch. Wien 1900. Nachdr. New York 1965.*

Chaucer, Geoffrey [engl. 'tʃɔːsə], * London um 1340, † ebd. 25. Okt. 1400, engl. Dichter.
Entstammte einer großbürgerl. Familie, erhielt eine vorzügl. Ausbildung und stand – von den letzten Lebensjahren abgesehen, als er in Ungnade fiel – dem Hof nahe; diplomat. Missionen führten ihn ins Ausland, u.a. nach Italien, wo er Petrarca und Boccaccio kennenlernte. Durch zahlreiche Übersetzungen frz. und italien. Werke hatte er eine enge Bindung zur zeitgenöss. Literatur des Kontinents gefunden, die auf sein eigenes literar. Schaffen nicht ohne Einfluß blieb, das – in der Sprache noch dem MA verpflichtet – an der Schwelle zur Renaissance steht. Dies gilt bes. für sein unvollendetes Hauptwerk „Canterbury tales" (1387ff., gedruckt um 1478; dt. 1827), eine Sammlung von Versnovellen, die von 29 Teilnehmern einer Wallfahrt zum Grabe des hl. Thomas von Canterbury erzählt und durch einen großartig angelegten Rahmen zusammengehalten werden; Rahmentechnik sowie die Stoffe zu vielen Einzelerzählungen gehen auf Boccaccio zurück. Neu an dieser Dichtung ist die realist. Wiedergabe der Wirklichkeit und die Betonung eines individuellen Lebensgefühls, das sich in der psycholog. feinfühligen Motivierung der einzelnen Gestalten, die aus allen Bevölkerungsschichten kommen und durch die ihnen typ. Sprache meisterhaft charakterisiert sind, manifestiert.
Weitere Werke: House of fame (Dichtung, 1381), The parlement of foules (Dichtung, 1382), Troilus and Criseyde (Epos, 1385), The legend of good women (Dichtung, zwischen 1372 und 1387).
Ausgaben: The works of G. Ch. Hg. v. F. N. Robinson. *Boston; Cambridge ²1957.* – *G. Ch. Werke. Dt. Übers. Straßburg 1883–87. 3 Bde.*
Literatur: Bennett, H. St.: *Ch.'s Book of fame. New York 1968.* – *Ch. u. seine Zeit: Symposion f. Walter F. Schirmer. Hg. v.* A. Esch. *Tüb. 1968.* – *Bibliography of Ch. 1954–63. Hg. v.* W. P. Crawford. *Seattle (Wash.) 1967.* – Clemen, W.: *Ch.s frühe Dichtung. Gött. 1963.* – Tatlock, J. S. P./Kennedy, A. G.: *A concordance to the complete works of G. Ch. Gloucester 1963.* – *Ch. criticism. Hg. v.* R. J. Schoeck *u.* J. Taylor. *Notre Dame (Ind.) 1960–61. 2 Bde.* – Griffith, D. D.: *Bibliography of Ch. 1908–53. Seattle (Wash.) 1955.* – Lowes, J. Livingstone: *G. Ch. London 1934.* – Legouis, E.: *G. Ch. Paris 1910.*

Chaulieu, Guillaume Amfrye, Abbé de [frz. ʃo'ljø], * Fontenay-en-Vexin (Eure) 1639, † Paris 27. Juni 1720, frz. Dichter.
Entstammte einer reichen Familie, stand im Dienst mehrerer hoher Aristokraten; lebte später in wohlhabenden Verhältnissen in Paris. Ch. verfaßte in reiferem Alter in gefälliger Form Gedichte mit epikureischer Lebensauffassung.
Hauptwerk: Poésies (Ged., 1724; mit G. de La Fare).

Chaussée, Pierre Claude Nivelle de La ↑ La Chaussée, Pierre Claude Nivelle de.

Chayefsky, Paddy [engl. tʃaɪ'ɛfskɪ], * New York 29. Jan. 1923, amerikan. Dramatiker.
Schrieb anfangs für das Fernsehen erfolgreiche Stücke, die auch verfilmt wurden („Marty", 1953); wandte sich dann v.a. Themen aus der jüd. Glaubenswelt zu.
Hauptwerke: Der zehnte Mann (Schsp., dt. 1963), Gideon (Dr., dt. 1963), The passion of Josef D. (Schsp., 1964).

Chemnizer, Iwan Iwanowitsch; tl.: Hemnicer, Ivan Ivanovič [russ. xɪm'nitsər], * Jenotajewka (Gouv. Astrachan) 16. Jan. 1745, † bei Smyrna (heute İzmir) 30. März 1784, russ. Fabeldichter.
Sohn eines sächs. Militärarztes; war im Militärdienst und als Beamter tätig; zuletzt Vizekonsul in Smyrna. Schrieb in Anlehnung an Gellert satir.-didakt. Fabeln, auch Fabelübersetzungen (u.a. La Fontaine); einer der Vorläufer Krylows.

Chênedollé, Charles Lioult de [frz. ʃɛndɔ'le] * Vire (Calvados) 4. Nov. 1769, † Le Coisel 2. Dez. 1833, frz. Dichter.
Floh 1791 vor der Revolution, lernte in Hamburg Klopstock und in der Schweiz Madame de Staël kennen; 1799 Rückkehr nach Frankreich, Freundschaft mit Chateaubriand. Sein lehrhaftes

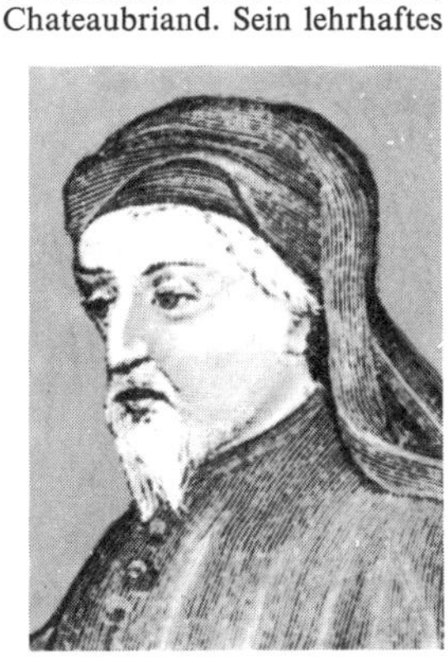

Geoffrey Chaucer (Miniatur von seinem Schüler Th. Occleve)

Gedicht „Le génie de l'homme" (1807) und seine von lyr. Empfinden getragenen „Études poétiques" (1820) zeigen den Einfluß Klopstocks und Chateaubriands.

Chenevière, Jacques [frz. ʃən'vjɛ:r], eigtl. Alexandre Guérin, * Paris 17. April 1886, schweizer. Schriftsteller.
Begann mit Lyrik; verfaßte in der Folge heiter-iron. Erzählungen und Romane, die meist traumhaft-phantast. Stoffe gestalten und durch vortreffl. psycholog. Beobachtung gekennzeichnet sind; schreibt in frz. Sprache.
Hauptwerke: Les beaux jours (Ged., 1909), Die einsame Insel (R., dt. 1939), Innocences (Novellen, 1924), Les messagers inutiles (R., 1926), Les aveux complets (Novellen, 1931), Erkenne dein Herz (R., dt. 1939), Herbe Frucht (R., dt. 1949), Le bouquet de la mariée (R., 1955).

Chénier, André [de] [frz. ʃe'nje], * Konstantinopel (heute Istanbul) 30. Okt. 1762, † Paris 25. Juli 1794, frz. Lyriker.
Sohn eines frz. Konsuls in Konstantinopel und einer Griechin; kam 1765 nach Frankreich und besuchte das Collège de Navarre, wurde Offizier, unternahm Reisen und bildete sich intensiv weiter. 1787–90 war er Botschaftssekretär in England; zurückgekehrt, zeigte er sich anfangs von der Revolution begeistert, wurde jedoch angesichts des Terrors ihr Gegner und mußte fliehen. Nach einjährigem Aufenthalt in Versailles kehrte er 1793 nach Paris zurück, wo er als Monarchist 13 Tage vor dem Sturz Robespierres hingerichtet wurde. Obwohl zu seinen Lebzeiten außer polit. Aufsätzen nur zwei Gedichte erschienen, „Hymne à la France" und „Le jeu de Paume", gilt er als bedeutendster frz. Lyriker des 18. Jh.s. Er hält sich bewußt an antike Vorbilder, bewahrt aber in seinen Idyllen und Elegien, Oden und Hymnen mit der Gewagtheit seiner Verse, der Echtheit des Erlebnisses, der Empfindungen und einer frischen Natürlichkeit seinen eigenen Stil und hat auf die Dichtung der Romantik bed. Einfluß ausgeübt. Im Gefängnis dichtete er seine erschütternden, die Revolution verdammenden „Jamben" (dt. 1946) und sein berühmtestes Gedicht, „La jeune captive". Gedankentiefe, bewundernswerte Beherrschung von Vers und Sprache, klar erfaßte und poet. gestaltete Bilder sowie Vergleiche zeichnen seine Dichtungen aus, die erst im Lauf der Zeit bekannt geworden sind.
Ausgabe: A. Ch. Œuvres complètes. Hg. v. G. Walter. *Neuaufl. Paris 1967.*
Literatur: Fabre, J.: *A. Ch. L'homme et l'œuvre. Neuaufl. Paris 1966.* – Scarfe, F.: *A. Ch., his life and his works. 1762–94. Oxford 1965.* – Walter, G.: *A. Ch., son milieu et son temps. Paris 1947.* – Dimoff, P.: *La vie et l'œuvre d'A. Ch. jusqu'à la Révolution française 1762–1790. Paris 1936. 2 Bde.*

Chénier, Marie Joseph [de] [frz. ʃe'nje], ≈ Konstantinopel (heute Istanbul) 11. Febr. 1764 (* 2. Febr. 1764 ?), † Paris 10. Jan. 1811, frz. Schriftsteller.
Bruder von André Ch.; Anhänger der Revolution und Napoleons; Mitglied des Konvents, des Rates der Fünfhundert, später des Tribunats und Generalinspekteur für das Unterrichtswesen. Er wandte sich gegen die Diktatur und wurde aus den Staatsämtern entfernt. Ch. verherrlichte die Revolution mit patriot. Hymnen und zeitgebundenen, histor. Tragödien.
Hauptwerke: Charles IX (Dr., 1789), Jean Calas (Dr., 1791), Caïus Gracchus (Dr., 1792), Fénelon (Dr., 1793).

Cheraskow, Michail Matwejewitsch; tl.: Heraskov, Mihail Matveevič [russ. xɪ'raskɐf], * Perejaslaw (heute Perejaslaw-Chmelnizki) 5. Nov. 1733, † Moskau 9. Okt. 1807, russ. Dichter.
Stammte aus altem Adelsgeschlecht; zunächst Militärlaufbahn, dann im Universitätsdienst; Klassizist mit Neigung zur Empfindsamkeit; vielseitiger Literat; besonderen Erfolg hatte er mit dem heroischen Epos „Rossijada" (1779) aus der Zeit Iwans des Schrecklichen; Einfluß von Homer, Vergil und Tasso; der klassizist. Roman „Numa Pompilius oder ...", der erste Teil einer polit.-allegor., von freimaurer. Gedanken erfüllten Trilogie, erschien 1782 in dt. Übersetzung.
Literatur: ↑ Sumarokow, Alexandr Petrowitsch.

Chérau, Gaston [frz. ʃe'ro], * Niort (Deux-Sèvres) 6. Nov. 1872, † Boston 20. April 1937, frz. Schriftsteller.
Setzte in Anlehnung an Flaubert und Zola den naturalist. Roman fort, zeichnete in kräftigen Zügen die Bürger und Bauern der Provinz, beschäftigte sich mit den Problemen der Menschen, die in ihrem Milieu verhaftet sind.
Hauptwerke: Monseigneur voyage (1904), Le monstre (1913), Valentine Pacquault (1921), Le flambeau des Riffault (1925).

Cherbuliez, Victor [frz. ʃɛrby'lje], Pseudonym G. Valbert, * Genf 19. Juli 1829, † Combs-la-Ville (Seine-et-Marne) 1. Juli 1899, schweizer. Schriftsteller.
1881 Mitglied der Académie française; schrieb nach dem Vorbild von G. Sand in frz. Sprache eine Reihe psycholog. Familien- und Gesellschaftsromane: „Der Graf Kostia" (1863, dt. um 1889), „Isabella, oder der Roman einer rechtschaffenen Frau" (dt. 1867), „Ladislas Bolski" (dt. 1872) u.a.; daneben Studien über Kunst, Literatur und Politik („Das polit. Deutschland seit dem Prager Frieden", dt. 1870).

Chesterfield, Philip Dormer Stanhope, 4. Earl of [engl. 'tʃɛstəfi:ld], * London 22. Sept. 1694, † ebd. 24. März 1773, engl. Schriftsteller.
⚭ mit einer natürl. Tochter Georgs I., Gesandter in Holland, Vizekönig von Irland und Staats-

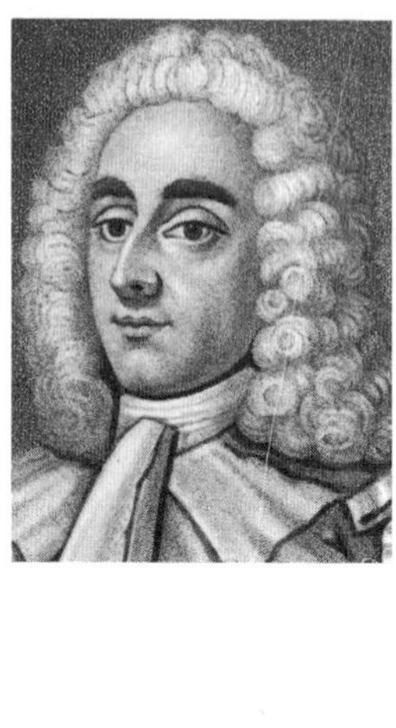

Philip Dormer Stanhope, 4. Earl of Chesterfield (Kupferstich von Wachsmann)

sekretär. Seinen Ruf begründeten die kunstvollen Briefe an seinen Sohn, Philip Dormer Stanhope, „Letters to his son" (hg. 1774). Sie sind in klarem Stil, geistreich, mit epigrammat. Wendungen abgefaßt und sind eine skrupellos geschriebene Lehre, wie man gesellschaftl. avanciert, indem man die Schwächen seiner Mitmenschen ausnützt. Wendigkeit, skept. Weltklugheit, Menschenkenntnis sind als Voraussetzung für Ch.s Erfolgsmethode zu nennen. Ch. ist auch Verfasser polit. Schriften.
Literatur: Haag, W.-D.: *Die Weltanschauung Lord Ch.s. Diss. Hdbg. 1956 [Masch.].* – Shellabarger, S.: *Lord Ch. and his world. Boston (Mass.) 1951.* – Craig, W. H.: *Life of Lord Ch. An account of the ancestry, personal character and public services of the fourth Earl of Ch. London 1907.*

Chesterton, Gilbert Keith [engl. 'tʃɛstətən], * London 29. Mai 1874, † ebd. 14. Juni 1936, engl. Schriftsteller.
Entstammte einer wohlhabenden prot. Familie; Besuch der Kunstschule in London; journalist. Tätigkeit, Mitarbeiter liberaler Zeitschriften, freier Schriftsteller; 1922 Übertritt zum Katholizismus; Betätigung in allen literar. Gattungen, der Hauptakzent liegt jedoch auf seinem Prosawerk; immer wieder wird der Leser mit Paradoxen, Parodien, Witz, Humor und verblüffenden Effekten überrascht. Bed. sind neben philosoph. bestimmten Romanen v.a. literar. und sozial.-krit. Essays. Größte Verbreitung fanden die den herkömml. Kriminalroman parodierenden Pater-Brown-Geschichten, in denen sich ein unscheinbarer kath. Priester mit Hilfe seiner psycholog. und theolog. Kenntnisse als Meisterdetektiv bewährt.
Hauptwerke: Robert Browning (Biogr., 1903), Häretiker (Essay, dt. 1912), Der Mann, der Donnerstag war (R., dt. 1910), Was unrecht ist an der Welt (Essay, 1910; dt. 1924), Priester und Detektiv (R., dt. 1920), The ballad of the white horse (Ged., 1911), Poems (1915), Der Mann, der zuviel wußte (R., dt. 1925), Das Geheimnis des Pater Brown (R., dt. 1929).
Literatur: Index to G. K. Ch. Hg. v. J. W. Sprug. *Washington 1966.* – Fabritius, R. M.: *Das Komische im Erzählwerk G. K. Ch.s. Tüb. 1964.* – Ward, M.: *G. K. Ch. Dt. Übers. Regensb. 1956.*

Chevallier, Gabriel [frz. ʃəva'lje], * Lyon 3. Mai 1895, † Cannes 5. April 1969, frz. Schriftsteller.
Besuchte die Kunstschule, war 5 Jahre Soldat, später Journalist und Zeichner; Ch. wurde berühmt durch „Clochemerle" (R., 1934; dt. 1951), in dem humorvoll, gemütl. und beißend satir. das Leben in einem Weindorf dargestellt ist.
Weitere Werke: Clarisse Vernon (R., 1933), Flegeljahre in Sainte-Colline (R., 1937; dt. 1959), Clochemerle-Babylon (R., dt. 1956), Clochemerle wird Bad (R., dt. 1964), Liebeskarussell (R., dt. 1969).

Chézy, Helmina de [frz. ʃe'zi], eigtl. Wilhelmine de Ch., geb. von Klencke, * Berlin 26. Jan. 1783, † Genf 28. Jan. 1856, dt. Schriftstellerin.
Enkelin der A. L. Karsch; epigonal spätromant. Gedichte, Erzählungen und Romane; ihre Lebenserinnerungen schildern die Begegnungen mit literar. bed. Zeitgenossen; bekannt blieb das Libretto zu Webers Oper „Euryanthe" (1824).

Chiabrera, Gabriello [italien. kia'brɛ:ra], * Savona 8. oder 18. Juni 1552, † ebd. 14. Okt. 1638, italien. Dichter.
Jesuitenkolleg in Rom; zeitweilig in Diensten des Kardinals Cornaro; versuchte sich in fast allen Dichtungsarten (Heldenepen, Dramen u.a.), ist aber nur als Lyriker von Bedeutung; Bewunderer der Griechen und der Pléiade; leitete durch seine Gedichte in pindar. und anakreont. Form die Umbildung der italien. Versmaße ein, die in der klass. Lyrik des 18. Jh.s zur Vollendung kam.
Hauptwerke: Gotiade (Ged., 1582), Firenze (Ged., 1615), L'Amedeide (Ged., 1620), Foresto (Ged., hg. 1653).

Chiarelli, Luigi [italien. kia'rɛlli], * Trani bei Bari 7. Jan. 1880, † Rom 20. Dez. 1947, italien. Dramatiker.
Begann als Journalist in Mailand, wandte sich jedoch bald dem Theater zu, daneben Kritiker, auch Maler; parodiert in einer Reihe sog. „grotesker" Dramen überkommene gesellschaftl. Konventionen, u.a. in seinem erfolgreichsten Stück „La maschera ed il volto" (1916).

Chiari, Pietro [italien. 'kia:ri], * Brescia 1711 (?), † ebd. 1785, italien. Schriftsteller.
Jesuit, Hofdichter und Professor in Modena, lebte später in Parma und Venedig; als Bühnenschriftsteller Gegner Goldonis, den er eifersüchtig nachahmte („Il filosofo veneziano", 1754); schrieb ferner eine große Anzahl Abenteuerromane, meist nach engl. und frz. Vorbild (u.a. „La filosofessa italiana", 1753).

Chiarini, Giuseppe [italien. kia'ri:ni], * Arezzo 17. Aug. 1833, † Rom 4. Aug. 1908, italien. Dichter und Kritiker.
Leiter des höheren Schulwesens in Italien; Freund Carduccis und Theoretiker des italien. Klassizismus; außer eigenen lyr. Gedichten (bes. „Lacrymae", 1880) gab er Werke von Leopardi, Foscolo und Carducci heraus, er übersetzte u.a. Shelley und Heine.

Chiavacci, Vincenz [kia'vatʃi], * Wien 15. Juni 1847, † ebd. 2. Febr. 1916, östr. Schriftsteller.
Eisenbahnbeamter, dann Feuilletonredakteur in Wien, befreundet mit L. Anzengruber; schrieb humorist. Skizzen aus dem Wiener Alltag, schuf typ. Gestalten, so die Frau Sopherl vom Wiener Obstmarkt und den Herrn Adabei.
Hauptwerke: Frau Sopherl vom Naschmarkt (Posse, 1892), Wiener Typen (Skizzen, 1894), Wiener vom alten Schlag (Skizzen, 1895).

Chiesa, Francesco [italien. 'kiɛ:za], * Sagno bei Mendrisio (Tessin) 5. Juli 1871, schweizer. Dichter.
Studierte in Pavia; Gymnasiallehrer in Lugano; bed. Vertreter der italien.-sprachigen Literatur in der Schweiz, v.a. als Lyriker und Erzähler; begann mit Kunstlyrik im Zeichen des italien. Klassizismus, der Parnassiens und Verlaines („Calliope", 200 Sonette, 1907, dt. 1959; „I viali d'oro", Ged., 1911) und wandte sich später v.a. heimatgebundener Epik zu („Schicksal auf schmalen Wegen", Novellen, dt. 1943).

Chikamatsu Monzaemon ↑ Tschikamatsu Monsaemon.

Chinpingmei, chin. Roman des 16. Jh.s von einem unbekannten Verfasser, dessen Identität mit dem Schriftsteller Wang Shih-chen (* 1526, † 1590) nicht sicher zu belegen ist; erste Erwähnung des Romans bei Yüan Hung-tao (* 1568, † 1610) in seinen „Regeln für Trinker“; Druck wahrscheinl. 1609; beliebter erot. Roman, der mehrmals verboten wurde; obwohl die Handlung ins 12. Jh. zurückverlegt wurde, werden Ereignisse des 16. Jh.s zeitkrit. geschildert, wobei die einzelnen Personen meisterhaft als individuelle Charaktere gezeichnet sind; wegen der z.T. kraß realist. Darstellung ist der aus 100 Kapiteln bestehende Roman von großem kulturhistor. Interesse. Dt. Übersetzung u.a. 1930 (gekürzt) und 1965ff. Im 17. Jh. entstand eine Forts. in 64 Kapiteln, das „Hsüchinpingmei“.

Chionides, griech. Komödiendichter der 1. Hälfte des 5. Jh.s v. Chr. aus Athen.
Siegte bei den Dionysien des Jahres 486 im ersten staatl. Komödienagon; seine Stücke, in denen die „Hauptrolle“ dem Chor zufiel, dürften nur aus einigen kom. Einzelszenen, kaum aber aus einer durchkomponierten Handlung bestanden haben.

Chlebnikow, Welemir (eigtl. Wiktor) Wladimirowitsch; tl.: Hlebnikov, Velemir (eigtl. Viktor) Vladimirovič [russ. 'xljɛbnikɐf], * Tundutowo (Gouv. Astrachan) 9. Nov. 1885, † Santalowo (Gouv. Nowgorod) 28. Juni 1922, russ. Lyriker.
Naturwissenschaftl. und philolog. Studien; anfangs symbolist. Dichtung, dann Wendung zum Futurismus; 1912 Mitunterzeichner des futurist. Manifests; lebte meist mittellos; 1921 mit der Roten Armee in Persien. Experimentierte mit einer nicht an die Grenzen des Verstandes und des Wortsinnes gebundenen Sprache, einer Kombination von Lauten, Klängen, Worten und Satzverbindungen, die neue Gehalte und Bedeutungen ausdrücken sollen; Ch.s Prosa ist dagegen semant. klar; Einfluß auf andere futurist. Dichter.

Chłędowski, Kazimierz Ritter von [poln. xuɛn'dɔfski], * Lubatówka (Galizien) 28. Febr. 1843, † Wien 26. März 1920, poln. Schriftsteller.
Als Ministerialbeamter und Minister im östr. Dienst. Verfasser zahlreicher Romane und kulturhistor. Darstellungen aus dem italien. Raum, die auch ins Dt. übersetzt sind. Er hinterließ als Zeitdokumente bed. Tagebücher.
Hauptwerke: Siena (dt. 1905), Der Hof von Ferrara (dt. 1910), Rom (dt. 1912ff.), Neapolitan. Kulturbilder (dt. 1918).

Chlumberg, Hans von ['kl...], eigtl. Hans Bardach Edler von Ch., * Wien 30. Juni 1897, † Leipzig 25. Okt. 1930, östr. Dramatiker.
Offizier, früher Tod durch trag. Unglücksfall bei einer Bühnenprobe; schrieb unter Einfluß Ibsens, Pirandellos und der Expressionisten die erfolgreichen Dramen „Eines Tages“ (1926), „Das Blaue vom Himmel“ (1929), „Wunder um Verdun“ (1931), eine visionäre Bilderfolge.

Chmelnizki, Nikolai Iwanowitsch; tl.: Hmel'nickij, Nikolaj Ivanovič [russ. xmɪlj'nitskij], * Petersburg (heute Leningrad) 22. Aug. 1791, † ebd. 20. Sept. 1845, russ. Dramatiker.
Verfasser von Komödien und Singspielen nach frz. Mustern; auch freie Bearbeitungen frz. Vorlagen; Pflege des witzigen, epigrammat. Stils; Ablehnung der Empfindsamkeit und der Lehrhaftigkeit; Zusammenarbeit u.a. mit Gribojedow; übersetzte Molière.

Chocano, José Santos [span. tʃo'kano], * Lima 15. Mai 1867, † Santiago de Chile 13. Dez. 1934 (ermordet), peruan. Dichter.
Leben zwischen Abenteuern und Revolutionen; als Diplomat in verschiedenen amerikan. Staaten und in Spanien; entwickelte sich, beeinflußt von Whitman, zum Künder einer nationalbewußten lateinamerikan. Literatur.
Hauptwerke: Iras santas (Ged., 1895), La epopeya del Morro (Ged., 1899), Cantos del Pacífico (1904), Alma América (Ged., 1906).

Chocholoušek, Prokop [tschech. 'xɔxɔlɔuʃɛk], * Sedlec 18. Febr. 1819, † Nadějkov 5. Juli 1864, tschech. Schriftsteller und Journalist.
1848 aktiver radikaler Demokrat (Haft); schrieb nach dem Vorbild Scotts romant.-histor. Romane und Erzählungen aus der Vergangenheit seiner Heimat; in Novellen Schilderung der südslaw. Menschen und der Natur; Darstellungen des Freiheitskampfes gegen die Türken.

Chodassewitsch, Wladislaw Felizianowitsch; tl.: Hodasevič, Vladislav Felicianovič [russ. xɐda'sjevitʃ], * Moskau 29. (28.?) Mai 1886, † Biancourt bei Paris 14. Juni 1939, russ. Dichter und Kritiker.
Seit 1922 im Exil in Paris. Einflüsse der symbolist. Dichtung und der Lyrik der Puschkin-Epoche; Ch.s esoter., oft fein iron. Lyrik hat häufig psych. Erleben des Emigranten zum Motiv; auch Auseinandersetzung mit der Revolution; bed. Literaturkritiker.

Choderlos de Laclos, Pierre Ambroise François [frz. ʃɔdɛrlodla'klo] ↑ Laclos, Pierre Ambroise François Choderlos de.

Chodziesner, Gertrud [xɔtsi'ɛsnər] ↑ Kolmar, Gertrud.

Choirilos ['çɔʏ...], griech. Tragiker des 6./5. Jh.s v. Chr.
Nach antiken Lexikographen fiel seine erste Aufführung in die 64. Olympiade (523–520), in der 70. (499–496) bestritt er einen Agon mit Pratinas und Aischylos; von seinen 160 Stücken sollen ihm 13 einen Sieg eingebracht haben; bekannt ist nur die Tragödie „Alope“, die Dramatisierung einer att. Ortssage.

Choirilos von Samos ['çɔʏ...], griech. Epiker der 2. Hälfte des 5. Jh.s v. Chr.
Verbrachte seine letzten Lebensjahre am Hof des Makedonenkönigs Archelaos; sein Hauptwerk, ein Epos über die Perserkriege, ist der Komposition von Herodots Werken ähnlich.

Chomjakow, Alexei Stepanowitsch; tl.: Homjakov, Aleksej Stepanovič [russ. xɐmɪ'kɔf], * Moskau 13. Mai 1804, † Tarnowskoje (Gouv. Kasan) 5. Okt. 1860, russ. Schriftsteller.
Hervorragender Theoretiker der Slawophilen; in theolog. Schriften Verteidigung der Ostkirche und Kritik an den übrigen abendländ. Konfessionen; beeinflußt durch Schelling, schätzte Hegel; Verfasser religiöser und polit.-nationaler Lyrik, u.a. der Dichtung „Rossija“ (1854); bekannt auch als Verfasser von Dramen.
Literatur: Christoff, P. K.: *A. S. Xomjakov. Den Haag 1961.* – Gratieux, X. A.: *A. St. Khomiakov et le mouvement slavophile. Paris 1939. 2 Bde.*

Chopinel, Jehan [frz. ʃɔpi'nɛl] ↑ Rosenroman.

Choromański, Michał [poln. xɔrɔ'maįski], * Jelisawetgrad (heute Kirowograd) 22. Juni 1904, poln. Schriftsteller.
Lebte in seiner Jugend in Rußland. Seine realist. Romane zeichnen sich durch techn. und strukturelle Neuerungen bei der Handlungsführung

(Rückblende u.a.) aus; Hauptwerk ist der psycholog. Roman „Eifersucht und Medizin" (dt. 1934, 1964 u. d. T. „Die Eifersüchtigen"); schrieb auch Novellen und Dramen; Übersetzungen ins Russische.
Weitere Werke: Die weißen Brüder (dt. 1935), Eine verrückte Geschichte (dt. 1935).

Chortadsis (Chortakis), Jeorjios; tl.: Hortátzēs (Hortákēs), Geórgios [neugr. xɔrˈtadzis (xɔrˈtakis)], * auf Kreta Ende des 16. Jh.s, † Rhethimnon (Kreta) Anfang des 17. Jh.s, neugriech. Dramatiker.
Gilt als Verfasser des Liebesdramas „Erophile", das durch einen lyr. Grundton gekennzeichnet ist, der sich u.a. bes. in den aus der italien. Tragödie entnommenen, meist am Schluß jedes Aktes angefügten Chorgesängen manifestiert.

Chrétien (C[h]restien) de Troyes [frz. kretjɛ̃dəˈtrwa], *Troyes (?) vor 1150, † vor 1190, altfrz. Epiker.
Hochgebildet, lebte vermutl. am Hofe Heinrichs I. von Champagne und später des Grafen Philipp von Flandern. Ch. verfaßte die bedeutendsten höf. Versepen, deren Stoff er dem breton. Sagenkreis entnahm, mit höf. und phantast. Elementen und dem provenzal. Frauendienst verband. Den Stoff psycholog. durchdringend, gestaltete Ch. in biegsamer Sprache, leichter Vers- und Reimführung, eleganter Dialogführung und konsequentem Aufbau seine Werke. Von den 5 höf. Romanen „Érec et Énide" (entstanden um 1165), „Cligès" (um 1164/70), „Lancelot" (um 1170), „Yvain" (um 1175) und „Perceval" (vor 1190, dt. 1929) ist „Perceval", dessen bedeutendste spätere Bearbeitung von Wolfram von Eschenbach stammt, unvollendet. Psycholog. bes. gut motiviert ist „Erec", dessen Held über dem Minnedienst seine Ritterpflicht vergißt. In beiden Romanen geht Ch. über die höf. Ideale hinaus, im „Perceval" dadurch, daß der Dienst am Gral als Dienst am Christentum, also jenseits des weltl. Lebens stehend, zu verstehen ist. Weniger geglückt ist der Abenteuerroman „Guillaume d'Angleterre". Nur zwei Gedichte von Ch. sind erhalten, sie zeigen starken Einfluß der provenzal. Minnelyrik. Von Übersetzungen Ch.s aus dem Lat. ist nur die Nachricht überliefert. Ch. fand mit seinen Werken starken Anklang, viele Bearbeitungen und Übersetzungen zeugen von seinem Einfluß.
Ausgabe: Christian v. T. Sämtl. erhaltene Werke. Hg. v. W. Foerster *u.* A. Hilka. *Halle 1884–1932. 5 Bde.*
Literatur: Haidu, P.: *Aesthetic distance in Ch. de T.: Irony and comedy in Cliges and Perceval. Genf 1968.* – Micha, A.: *La tradition manuscrite des romans de Ch. de T. Neuaufl. Genf 1966.* – Pohlmann, L.: *Ch. de T. u. der Conte del Graal. Tüb. 1965.* – Hofer, St.: *Ch. de T. Leben u. Werke des altfrz. Epikers. Graz. u. Köln 1954.* – Frappier, J.: *Le roman breton. Les origines de la légende arthurienne. Paris 1950–53. 4 Bde.* – Cohen, G.: *Un grand romancier d'amour et d'aventure: Ch. de T. et son œuvre. Paris ²1948.* – Bezzola, *R. R.*: *Le sens de l'aventure et de l'amour. Paris 1947. Gekürzte dt. Ausg. u. d. T.: Liebe u. Abenteuer im höf. Roman. Reinbek bei Hamb. 1961.*

Christ, Lena [krɪst], verh. Benedix, * Glonn bei Rosenheim 30. Okt. 1881, † München 30. Juni 1920 (Selbstmord), dt. Schriftstellerin.
Aus ärml. Verhältnissen, erwarb sich ihr Wissen als Novizin eines schwäb. Klosters. In ihren Romanen, die stark autobiograph. geprägt sind, beschreibt sie in populärer Art den sozialen Aufstieg Besitzloser.
Hauptwerke: Erinnerungen einer Überflüssigen (Autobiogr., 1912), Lausdirndlgeschichten (1913), Mathias Bichler (R., 1914), Die Rumplhanni (R., 1916), Madam Bäuerin (R., 1920).

Christaller, Helene [ˈkr...], geb. Heyer, * Darmstadt 31. Jan. 1872, † Jugenheim a. d. Bergstraße 24. Mai 1953, dt. Schriftstellerin.
Rechtsanwaltstochter, lebte zuerst im Schwarzwald, seit 1903 in Jugenheim; schrieb meist religiös gestimmte Unterhaltungs- und Eheromane, in denen sie auch soziale Fragen behandelte; außerdem lebensnahe Schilderungen des Schwarzwälder Volkslebens; Novellen, Erinnerungen und Jugendschriften.
Hauptwerke: Magda (R., 1905), Gottfried Erdmann und seine Frau (R., 1907), Heilige Liebe (R., 1911), Christine (R., 1942).

Christen, Ada [ˈkr...], eigtl. Christiane von Breden, geb. Frederik, * Wien 6. März 1844, † ebd. 19. Mai 1901, östr. Lyrikerin und Erzählerin.
Schauspielerin einer Wandertruppe, heiratete den ungar. Stuhlrichter Siegmund von Neupaur, nach dessen Tod sie in bitterster Armut lebte; Förderung durch F. von Saar; nach ihrer Heirat mit dem Rittmeister a. D. Adalmar von Breden Mittelpunkt eines Schriftstellerkreises. Mit ihrer erot. und sozialen Lyrik übte sie auf den frühen Naturalismus bed. Einfluß aus; auch ihr Erzählwerk war von einer realist. Sozialkritik bestimmt; Dramen.
Hauptwerke: Lieder einer Verlorenen (Ged., 1868), Ella (R., 1869), Aus der Asche (Ged., 1870), Schatten (Ged., 1873), Aus dem Leben (Skizzen, 1876), Unsere Nachbarn (Skizzen, 1884), Jungfer Mutter (R., 1892).
Ausgabe: A. Ch. Ausgew. Werke. Gedichte. Erzählungen. Hg. v. W. A. Hammer. *Teschen 1911.*
Literatur: Lebner, M.: *A. Ch. Diss. Wien 1933.*

Christensen, Hjalmar [norweg. ˈkristənsən], * Førde 5. Mai 1869, † Bergen 29. Dez. 1925, norweg. Kritiker und Schriftsteller.
Bed. ist sein literarhistor. Hauptwerk, „Det 19de aarhundredes kulturkamp i Norge" (1905), in dem Ch. eine vortreffl. kultur- und geistesgeschichtl. Darstellung des 19. Jh.s in Norwegen gibt; von literar. Interesse sind auch seine Novellen und Romane, während die Dramen nicht die gleiche Höhe erreichen.
Weitere Werke: Nordiske kunstnere (Abhandlung, 1895), Et liv (R., 1909), Den gamle bygd og den nye (R., 1913f.).

Christiansen, Sigurd Wesley [norweg. ˈkristiansən], * Drammen 17. Nov. 1891, † ebd. 23. Okt. 1947, norweg. Schriftsteller.
Postbeamter; seine wesentl. Werke kreisen um das Problem der menschl. Schuld; drückende Schwere kennzeichnen seine psycholog. unterbauten Romane und Dramen.
Hauptwerke: Inngarden, Sverdene, Riket (R.-Trilogie, 1925–29), Zwei Lebende und ein Toter (R., dt. 1932).
Literatur: Kielland, E.: *S. Ch. i liv og diktning. Oslo 1952.*

Christie, Agatha [engl. ˈkrɪstɪ], geb. Miller, * Torquay 15. Sept. 1890, engl. Schriftstellerin.

Vater Amerikaner, studierte Musik und Gesang in Paris, im 1. Weltkrieg Schwester beim Roten Kreuz, nach dem Krieg Reisen in mehreren Erdteilen, 1914–28 ⚭ mit Archibald Ch., seit 1930 mit dem Archäologen Sir Max Mallowan, den sie auf Forschungsreisen begleitet. Im 1. Weltkrieg begann sie Detektivgeschichten zu schreiben, die, aufregend und ausgeklügelt, großen Erfolg hatten. Der Detektiv ihrer Romane ist der intuitiv handelnde Hercule Poirot.

Hauptwerke: Das geheimnisvolle Verbrechen in Styles (dt. 1929, 1959 u.d.T. Das fehlende Glied in der Kette), Ein gefährl. Gegner (1922, dt. 1959), Der Mord auf dem Golfplatz (dt. 1927), Mord im Pfarrhaus (1930, dt. 1952), Dreizehn bei Tisch (dt. 1934), Tod auf dem Nil (1937, dt. 1959), Letztes Weekend (dt. 1944, als Dr. u.d.T. Zehn kleine Negerlein, dt. 1951), Morphium (dt. 1943), Rächende Geister (dt. 1947), Zeugin der Anklage (Dr., dt. 1959), Das Spinnennetz (Dr., dt. 1965).

Christine de Pisan [frz. kristindəpi'zã], * Venedig um 1365, † Poissy (?) nach 1429, frz. Dichterin. Tochter des Hofastrologen Karls V., lebte am Hof von Paris, verlor nach 10jähriger Ehe ihren Mann, verkaufte ihre Gedichte an Fürsten (u.a. an Ludwig von Orléans und den Herzog von Burgund), um sich und ihre 3 Kinder zu ernähren; seit 1418 im Kloster. Erste frz. Humanistin. Sie schrieb eine dem Zeitgeschmack entsprechende, anmutige, an Allegorien und Visionen reiche Dichtung im höf. Stil: Balladen, Rondeaus, sentimentale Verserzählungen, Briefe sowie polit.-histor. und Moraltraktate. Neben persönl. Bereichen behandelte sie allgemeine Zeitfragen. In der „Épistre au dieu d'amours" (1399) und in dem sehr persönl. Werk „Dit de la Rose" (1402) wandte sie sich gegen die frauenfeindl. Tendenz im 2. Teil des „Rosenromans"; schrieb eine Biographie König Karls V.; der „Ditié de Jeanne d'Arc" (1429), ihr letztes Werk, feiert die Jungfrau von Orléans.

Weitere Werke: La pastoure (Ged., 1403), Chemin de long estude (Ged., 1403), La vision Christine (Prosa, 1405).

Literatur: Favier, M.: *Ch. de P. Lausanne 1966.* – Rohrbach, M.: *Ch. de P. Ihr Weltbild u. ihr geistiger Weg. Münster 1934.* – Pinet, M.-J.: *Ch. de P., 1364 à 1430. Étude biographique et littéraire. Paris 1927.*

Christophoros Mitylenaios [kr...], * um 1000, † um 1050, byzantin. Dichter.
Kaiserl. Sekretär und oberster Richter; verfaßte v.a. Epigramme und Gelegenheitsgedichte in jamb. Trimetern und Hexametern. Erhalten sind auch ein metr. Kalender für das Kirchenjahr und ein Synaxarion in Versen.

Christopulos, Athanasios; tl.: Hristópoulos, Athanásios [neugr. xris'tɔpulɔs], * Kastoria (Makedonien) 1770, † Bukarest 29. Jan. 1847, neugriech. Lyriker.
Anakreontiker, dessen zahlreiche volkstüml. und beliebte Liebeslieder die sinnl. Genußsucht in z.T. sehr derber und drast. Weise besingen.

Christow, Kiril; tl.: Hristov, Kiril [bulgar. 'xristof], * Stara Sagora 29. Juni 1875, † Sofia 7. Nov. 1944, bulgar. Dichter.
Studierte Jura in Brüssel, Reisen nach Neapel und Leipzig, Lehrer und Bibliothekar; 1923 Emigration nach Deutschland; 1930–38 Lektor für bulgar. Literatur in Prag; 1938 Rückkehr nach Bulgarien. Ch. schrieb bed. emotionale Lyrik, anfangs mit epikureischer, freier Moralauffassung, die erst später in seinen erzählenden und dramat. Werken eine Wendung erfährt; bed. Übersetzer u.a. von Dante, Shakespeare, Schiller, Puschkin und Byron.

Christus und die Samariterin ['kr...], fragmentar. erhaltenes ahd. ep. Gedicht, um 900 auf der Reichenau entstanden; schildert in einer dichter. Paraphrase Joh. 4, 6ff. schlicht und knapp mit z.T. volkstüml. Redewendungen; abgefaßt in der Otfriedzeile; überliefert in einer Handschrift des 10. Jahrhunderts.

Chronik (Bücher der Ch.) ['kr...] ↑ Bibel.

Chrysostomos [çr...] ↑ Johannes Chrysostomos.

Chuang Tzu, eigtl. Chuang Chou, chin. Philosoph und Dichter der 2. Hälfte des 4. Jh.s v. Chr. Verwaltungsbeamter, lehnte höhere Staatsämter ab; Autor des antikonfuzian. taoist. „Wahren Buches vom südl. Blütenland" (um 350, dt. 1912). Seine alleinige Verfasserschaft ist jedoch zweifelhaft. Das Werk enthält die umfassendste, sprachl. schönste Darstellung der frühtaoist. Lehren. Kühne Stilmischung und die Verwendung der verschiedensten literar. Gattungen zeichnen das Werk aus, das als bedeutendste altchin. Prosaschrift gilt; 742 durch kaiserl. Gunst kanonisiert.

Chu Hsi, * Yuchi (Fukien) 1130, † ebd. 1200, chin. Philosoph, Dichter und Historiker.
War im Staatsdienst tätig, zeitweise Lehrer und Erzieher am kaiserl. Hof; wurde in Ungnade entlassen, kurz vor seinem Tode jedoch rehabilitiert. Wichtigster Vertreter des Neukonfuzianismus; seine Kommentare und Interpretationen galten als verbindl. Lehrmeinung. Als hervorragender Systematiker war er um metaphys. Grundlegung der konfuzian. Ethik bemüht. Wichtige Darstellung und Auslegung der chin. Geschichte; auch polit. Schriften; pflegte als Lyriker die ältere Form des chin. Gedichts.

Literatur: Graf, O.: *Dschu Hsi, Djin-si-lu. Die Sungkonfuzian. Summa. Tokio 1953.* – Bruce, J. P.: *Chu Hsi and his masters. London 1923.*

Chunchiu [chin.; = Frühling und Herbst], chin. Chronik des Heimatstaates des Konfuzius, angebl. von diesem selbst geschrieben; berichtet über die Zeit zwischen 722 und 481; gehört zu den 5 Kanon. Büchern des Konfuzianismus. Im 2. Jh. v.Chr. entstanden dazu Kommentare.

Church, Richard [engl. tʃə:tʃ], * London 26. März 1893, engl. Lyriker und Erzähler.
Gab 1933 die Beamtenlaufbahn auf, seither freier Schriftsteller. Naturlyriker in der Nachfolge von Wordsworth; schrieb auch psycholog. Romane, in denen er Existenzprobleme sensibler Menschen darstellt.

Hauptwerke: Das Bollwerk (R., dt. 1939), Die Nacht der Bewährung (R., dt. 1944), Die gefährl. Jahre (R., dt. 1957).

Churchill, Charles [engl. 'tʃə:tʃɪl], * Westminster Febr. 1731, † Boulogne-sur-Mer 4. Nov. 1764, engl. Satiriker.
Geistlicher, lebte zunächst in Armut, bis ihn die Schauspielersatire „Rosciad" (1761) berühmt und finanziell unabhängig machte; verfaßte bittere, erbarmungslose Satiren auf Personen des öffentl. Lebens; stark zeitgebunden; zu seinen Vorbildern gehörte Pope.

Churchill, Winston [engl. 'tʃɜ:tʃɪl], * Saint Louis 10. Nov. 1871, † Winter Park (Fla.) 12. März 1947, amerikan. Schriftsteller.
Aus alter neuengl. Familie; nach der Ausbildung zum Seekadetten an der amerikan. Marineakademie freier Schriftsteller. Ch. schrieb erfolgreiche Romane mit Stoffen aus der amerikan. Geschichte und Gegenwart; Deutung der polit. und geistesgeschichtl. Kräfte seit der Zeit des Unabhängigkeitskriegs; sein größter Erfolg war „Richard Carvel" (R., 1899), sein berühmtestes Werk „The crisis" (R., 1901).

Churchill, Sir Winston [Leonard Spencer] [engl. 'tʃɜ:tʃɪl], * Blenheim Palace, Woodstock (Oxford) 30. Nov. 1874, † London 24. Jan. 1965, engl. Staatsmann und Schriftsteller.
Entstammte der berühmten Familie der Herzöge von Marlborough; 1940–45 und 1951–55 Premierminister. Erhielt für seine histor., biograph. und polit. Schriften 1953 den Nobelpreis für Literatur.
Literatur: Gardner, B.: *Ch. in his time: A study in a reputation, 1939–1945. London 1968.* – Woods, F.: *A bibliography of the works of Sir W. Ch. London* ²*1968.* – Haffner, S.: *W. Ch. in Selbstzeugnissen u. Bilddokumenten. Reinbek bei Hamb. 1967.* – Moran, Ch. W.: *Ch. Der Kampf ums Überleben. 1940–65. Dt. Übers. Mchn. 1967.* – Churchill, R. S.: *W. Sp. Ch. London 1966 ff. Auf 5 Bde. berechnet.*

Chü Yu, * Hangtschou 1341 oder 1347, † ebd. 1428, chin. Dichter.
Mußte zeitweise in der Verbannung leben; sein Hauptwerk, die in O-Asien häufig nachgeahmte Novellensammlung „Chientenghsinhua" (= Neue Gespräche beim Putzen der Lampe), hat auf Li Chang-chi entscheidenden Einfluß ausgeübt. 1959 erschien u. d. T. „Die Goldene Truhe" eine dt. Auswahl.

Cibber, Colley [engl. 'sɪbə], * London 6. Nov. 1671, † ebd. 12. Dez. 1757, engl. Dramatiker.
Zunächst Soldat, dann Schauspieler. Schrieb bühnenwirksame Lustspiele ohne hohes literar. Niveau; wurde nach seiner Ernennung zum „poet laureate" 1730 in Popes „Dunciad" zu Unrecht erbarmungslos verspottet; weitere Angriffe von S. Johnson und Fielding; seine Lustspiele verbinden Stilelemente der Comedy of manners und des moralisierenden, empfindsamen Dramas.
Hauptwerke: Love's last shift (Dr., 1696), The careless husband (Kom., 1705), The lady's last stake (Kom., 1707), Apology for the life of C. C., comedian (Autobiogr., 1740).

Cicellis, Kay [engl. 'sɪslɪs], * Marseille 22. Sept. 1926, engl. Schriftstellerin.
Griech. Abstammung; Jugend in Frankreich und England, später in Griechenland, dann wieder in W-Europa. Schrieb Kurzgeschichten und Romane, oft aus der Welt der Fischer und Bauern; subtile Psychologie und Neigung zum Visionären zeichnen ihre Werke aus.
Hauptwerke: Flut und Ebbe (Kurzgeschichten, dt. 1952), Kein Name bei den Leuten (R., dt. 1953), Tod einer Stadt (R., dt. 1956), The way to Colonos (En., 1960).

Cicero, Marcus Tullius, * Arpinum (sw. von Rom, Latium) 3. Jan. 106, † Caieta (heute Gaeta) 7. Dez. 43, röm. Staatsmann, Redner und Schriftsteller.
Sohn eines wohlhabenden Ritters; in Rom vielseitig gebildet; neben literar., histor. und jurist. Studien beteiligte er sich an Redeübungen; rege Anwaltstätigkeit, von der zahlreiche Reden Zeugnis ablegen; das mutige Vorgehen gegen Verres und sein Eintreten für Pompeius ebneten den schwierigen Weg zum Konsulat (63), währenddessen er sich durch entschlossenes Handeln gegen die umstürzler. Versuche Catilinas auszeichnete; infolge Caesars Aufstieg in seiner polit. Wirksamkeit eingeschränkt, widmete er sich in dieser Zeit ganz der literar. Tätigkeit; von den Häschern des Antonius, der ihn auf die Proskriptionsliste gesetzt hatte – C. hatte Antonius in den „Philippicae" genannten Reden bekämpft –, wurde C. auf der Flucht getötet. Außer einer unübersehbaren Fülle von Briefen (nahezu 1000 sind bekannt), die als persönl., kultur- und zeitgeschichtl. Dokumente von unschätzbarem Wert sind, neben zahlreichen Reden (Prozeß-, Staatsreden und solche in eigener Sache) sind v. a. die philosoph. Schriften zu erwähnen, mit denen C. dem gesamten Abendland griech. Denken vermittelte; die wichtigsten sind: „De re publica" (fragmentar. erhalten, mit dem bekannten „Somnium Scipionis"), „De legibus", „De finibus bonorum et malorum",

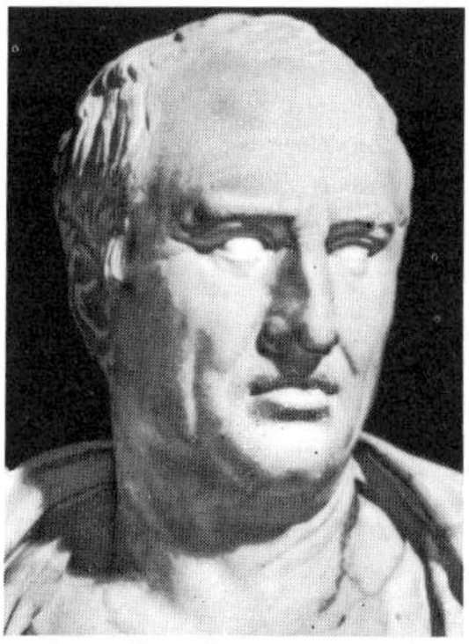

Marcus Tullius Cicero

„Tusculanae disputationes", „De natura deorum" und „De officiis". Zu den größten Verdiensten C.s gehört es, daß er die an sich für philosoph. Darstellungen ungeeignete lat. Sprache als erster zu einem Ausdrucksmittel hoher geistiger Vorgänge gemacht hat; in eleganter, schwungvoller Diktion, rhythm. durchgeformter Prosa, die in kunstvoll gebauten Perioden Gebilde von großer sprachl. Schönheit ermöglicht, in glänzendem Stil und meisterhafter Beherrschung aller rhetor. Möglichkeiten hat C. die lat. Sprache zur klass. Höhe geführt und die abendländ. Kunstprosa aufs nachhaltigste beeinflußt.
Ausgaben: M. T. C. Ad familiares. Ad quintum fratrem. Laelius. Cato maior. De senectute. De Fato. Lat. u. dt. Mchn. ¹⁻²*1960–66. 5 Bde.* – *M. T. C. Vom Gemeinwesen. Gespräche in Tusculum. Vom rechten Handeln. Von den Grenzen im Guten und Bösen. Lat. u. dt. Zürich* ¹⁻²*1960–66. 4 Bde.* – *M. Tulli Ciceronis scripta quae manserunt omnia. Hg. v.* C. Atzert *u. a. Lpz.; Stuttg.* ¹⁻⁴*1923 ff. Auf 50 Bde. in 16 Tlen. berechnet.* – *Cicéron. Correspondance. Discours. Œuvres philosophiques. Œuvres rhétoriques. Lat. u. frz. Hg. v.* L.-A.

Constans *u.a. Paris 1921ff. Auf ca. 50 Bde. berechnet.*
Literatur: Gelzer, M.: *C. Ein biograph. Versuch. Wiesb. 1969.* – *C. Ein Mensch seiner Zeit. Hg. v.* G. Radke. *Bln. 1968.* – Seel, O.: *C. Wort, Staat, Welt. Stuttg. ³1968.* – Büchner, K.: *C. Bestand u. Wandel seiner geistigen Welt. Hdbg. 1964.* – Vogt, J.: *C.s Glaube an Rom. Stuttg. 1935.* – Zielinski, Th.: *C. im Wandel der Jh.e. Lpz. ⁴1929. Nachdr. Darmst. 1967.* – Merguet, H.: *Handlex. zu C. Lpz. 1905. Nachdr. Hildesheim 1962.*

Cid, Poema del [span. po'ema ðεl 'θið] (Cantar de mío Cid), ältestes erhaltenes, um 1140 entstandenes span. Heldenepos über Leben und Taten des span. Nationalhelden Rodrigo (Ruy) Díaz de Vivar (1043–99), genannt Cid (= Herr), der 1094 das Maurenreich Valencia eroberte und dessen krieger. Erscheinung bald von Volkssage und Dichtung verklärt wurde; das P. d. C., in unregelmäßigen Langzeilen, die durch Assonanz zu Tiradengruppen zusammengeschlossen sind, ist eines der glanzvollsten Epen des roman. Sprachkreises; sein Held ist Gegenstand zahlreicher weiterer Dichtungen des Abendlands geworden (Guillén de Castro, Corneille u.a.); dt. Übersetzung 1912.
Literatur: Picciotti, R. S.: *Dramatic and lyrical unity in the „C." and the „Roland". Diss. Indiana Univ., Bloomington 1964.* – Chasca, E. de: *Estructura y forma en el „P. de Mío C.". Mexiko 1955.* – Kullmann, E.: *Die dichter. u. sprachl. Gestalt des Cantar de Mio C. In: Roman. Forsch. 45 (1931),* 1.

Cieco d'Adria [italien. 'tʃε:ko 'da:dria] ↑ Groto, Luigi.

Cieco da Ferrara [italien. 'tʃε:ko daffer'ra:ra] ↑ Bello, Francesco.

Cienfuegos, Nicasio Álvarez de [span. θien'fueɣɔs], * Madrid 14. Febr. 1764, † Orthez (Frankreich) 30. Juni 1809, span. Dichter.
Studierte in Salamanca; Freund Meléndez Valdés' und Quintanas; Antibonapartist, starb in der Verbannung in Frankreich. Er begann als Lyriker im Stil der Schule von Salamanca, entwickelte sich in der Folge jedoch zu einem Vorläufer der Romantik; seine heute vergessenen Dramen (u.a. „Zoraida") orientieren sich am frz. Klassizismus.

Cihlar, Milutin [serbokroat. 'tsihlar] ↑ Nehajev, Milutin.

Čilingirov ↑ Tschilingirow.

Cinna, Gaius Helvius, † Rom 44 v. Chr., röm. Dichter.
Als Mitglied des Neoteriker-Kreises mit Catull befreundet; im Tumult bei der Leichenfeier für Caesar ermordet; behandelte in seinem in 9jähriger Arbeit entstandenen Gedicht „Zmyrna" unter dem Einfluß des Parthenios das psycholog. interessante Inzestmotiv (Liebe zwischen Vater und Tochter); bekannt ist auch ein Propemptikon für Asinius Pollio; vollständig erhalten ist ein dem Kallimachos nachgedichtetes Epigramm.

Cino da Pistoia [italien. 'tʃi:no dappis'to:ia], eigtl. Guittoncino de' Sighibuldi (Sigisbuldi), * Pistoia um 1270, † ebd. Ende 1336/Anfang 1337, italien. Dichter und Rechtslehrer.
Jurastudium in Bologna; Gibelline; einer der angesehensten Rechtsgelehrten seiner Zeit in Siena, Neapel, Perugia; als Lyriker Vertreter des Dolce stil nuovo; seine teils dunklen, teils tiefempfundenen Gedichte (meist Liebeslieder) rücken ihn in die Nähe seines jüngeren Freundes Petrarca.

Čintulov ↑ Tschintulow.

Ćipiko, Ivo [serbokroat. ˌtɕipikɔ], * Kaštel Novi bei Trogir (Dalmatien) 13. Jan. 1869, † ebd. 23. Sept. 1923, serb. Schriftsteller.
Von Beruf Förster, lebte in der Herzegowina, in Bosnien und Serbien; Berichterstatter im Balkankrieg; schildert in kunstvoll stilisierten, realist. Romanen und Erzählungen die harten Lebensbedingungen der dalmatin. Bauern; Betonung der psycholog. Elemente; Verherrlichung der Natur und des Meeres.

Circlaere, Thomasin von [tsɪr'klε:rə] ↑ Thomasin von Circlaere.

Čirikov ↑ Tschirikow.

Ciris, ein unter Vergils Namen überliefertes ep. Gedicht, das im „Appendix Vergiliana", einer Sammlung angebl. von Vergil stammender Gedichte, enthalten ist; C. behandelt die Sage von Scylla, die aus Liebe zu dem Feind Nisos ihre Heimatstadt Megara zugrunde richtet; der Sieger Minos weist die Verräterin von sich und schleift sie durch die See; sie wird in einen Seeadler verwandelt, dem ihr Vater, als Seeadler, immer nachstellt.

Cîrlova, Vasile [rumän. kɨr'lova], * Buzău 1809, † bei Craiova Sept. 1831, rumän. Dichter.
Frühvollendeter, bes. von Heliade-Rădulescu und der frz. Romantik beeinflußter Dichter, von dem 5 bed., vorwiegend eleg. und patriot. gestimmte Gedichte erhalten sind.
Hauptwerke: Înserarea (1826), Ruinurile Tîrgoviştii (1828), Marş (1830).

Cisek, Oskar Walter ['tsi:zεk], * Bukarest 6. Dez. 1897, † ebd. 29. Mai 1966, rumän. Schriftsteller.
Studierte in München Germanistik und Kunstgeschichte, war viele Jahre im diplomat. Dienst in Wien, Prag, Berlin und Bern tätig. Schrieb seine Werke in dt. Sprache. Stellte in seinen Erzählungen und Romanen, in denen er Mensch und Natur mit Liebe zeichnet, v.a. das Leben in Rumänien dar. Den Hintergrund für seinen Doppelroman „Das Reisigfeuer" („Das Buch Crisan", 1960; „Das Buch Horia", 1963) bildet der rumän. Bauernaufstand von 1784. Übersetzer aus dem Rumänischen.
Weitere Werke: Die Tatarin (En., 1929), Unbequeme Liebe (R., 1932), Die andere Stimme (Ged., 1934), Der Strom ohne Ende (R., 1937), Vor den Toren (R., 1950), Am neuen Ufer (R., 1960).

Ćišinski, Jakub ↑ Bart-Ćišinski, Jakub.

Cladel, Léon [frz. kla'dεl], * Montauban 13. März 1835, † Sèvres 20. Juli 1892, frz. Schriftsteller.
Studierte Jura in Toulouse (Dr. jur.); trat bes. mit Romanen und Novellen hervor, in denen er, oft brutal-realist., die Bauern seiner Heimat, des Quercy, schildert.
Hauptwerke: Les va-nu-pieds (1873), L'homme de la Croix-aux-Bœufs (1878), N'a-qu'un-œil (1882).

Claes, Ernest [André Jozef] [niederl. kla:s], Pseudonym G. van Hasselt, * Zichem bei Diest (Belgien) 24. Okt. 1885, † Brüssel 2. Sept. 1968, fläm. Schriftsteller.
Stammte aus einer Bauernfamilie; studierte Germanistik, war polit. und journalist., als Buchhändler und Beamter tätig. Er unternahm weite Reisen. C. ist neben Timmermans und Streuvels

der am meisten übersetzte fläm. Schriftsteller. Sein Werk ist voll unbeschwerten Humors, er schrieb gemütsbetont, kleinmaler.-realist., was bes. in den Erzählungen zur Geltung kommt. Thema seines Werks ist der enge Kreis des Kleinstadtlebens.
Hauptwerke: Flachskopf (R., dt. 1930), Hannes Raps (E., dt. 1932), Die Heiligen von Sichem (R., dt. 1936), Bruder Jakobus (R., dt. 1935), Der Pfarrer aus dem Kempenland (R., dt. 1939), Unsere liebe Frau aus Flandern (dt. 1938), Jugend (R., dt. 1942), Die Mutter und die drei Soldaten (E., dt. 1957), Jugend (Autobiogr., dt. 1942), Jerom und Benjamien (R., 1946; dt. 1961), Die alte Uhr (Autobiogr., dt. 1950), Das Leben und der Tod des Victalis van Gille (E., dt. 1953).
Clairvaux, Bernhard von † Bernhard von Clairvaux.
Clajus der Jüngere † Klaj, Johann, der Jüngere.
Clare, John [engl. klɛə], * Helpstone bei Peterborough 13. Juli 1793, † Northampton 20. Mai 1864, engl. Dichter.
Trotz Unterstützung von Gönnern fast immer in Armut; starb in geistiger Umnachtung. Bed. Naturdichter mit guter Beobachtungsgabe; reizvolle, deskriptive Landschaftsgedichte; Vorliebe für bäuerl. Szenen.
Hauptwerk: Poems descriptive of rural life (1820).
Clarín [span. kla'rin] † Alas y Ureña, Leopoldo García de las.
Clarke, Austin [engl. 'klɑ:k], * Dublin 1896, ir. Schriftsteller.
Zeitweise Dozent für Literatur in Dublin; Mitbegründer und zeitweilig Präsident der Irish Academy of Letters und Gründer einer Theatergruppe. Angeregt durch gäl. Sprachgut und gäl. Literatur; schrieb ep. und lyr. Gedichte, Versdramen und Erzählungen; oft humoristisch.
Hauptwerke: The vengeance of Fionn (Ged., 1917), The flame (Dr., 1930), Bright temptation (E., 1932), Night and morning (Ged., 1938), Ancient lights (Ged., 1955).
Clarke, Marcus Andrew Hislop [engl. klɑ:k], * London 24. April 1846, † Melbourne 2. Aug. 1881, austral. Schriftsteller.
Nach dem Tod des Vaters Emigration nach Australien; lebte zunächst vom ererbten Vermögen, dann als Journalist, Kritiker und freier Schriftsteller. Er schrieb erfolgreiche Romane mit dramat. Struktur; sein Hauptwerk, der Roman „Deportiert auf Lebenszeit" (dt. 1878), behandelt Probleme des Lebens in austral. Sträflingskolonien; seine dramat. Werke sind nicht erhalten.
Claudel, Paul [frz. klo'dɛl], * Villeneuve-sur-Fère (Aisne) 6. Aug. 1868, † Paris 23. Febr. 1955, frz. Dichter.
Klass.-philosoph. Bildung, studierte Jura und Politik, war ab 1898 für rund 40 Jahre im diplomat. Dienst im Ausland (Europa, Fernost, Nord- und Südamerika). Als Dichter spät anerkannt, 1946 Mitglied der Académie française. Wesentl. persönl. Erlebnisse waren seine Entdeckung Rimbauds und seine Rückkehr zum kath. Glauben. Aus C.s Katholizismus lebt sein dichter. Werk, in dem er eine von der Schöpfung, der Menschwerdung und dem Kreuz beherrschte Welt darstellt. C. verbindet christl. und kosm. Weltgefühl, findet seine Vorbilder in der Bibel, bei Aischylos, Thomas von Aquin, Dante, Shakespeare, Calderón und im ostasiat. Sinnbild-Denken. Einfluß Rimbauds; C. kommt vom Symbolismus her, doch ist er keiner literar. Gruppe zuzurechnen. Sein Werk ist, außer in den Prosaschriften, lyr., auch wenn die Form dramat. ist. Strömende Lyrismen, großartige Bilder, mehrzeilige reimlose Prosa in freien Rhythmen. Hauptthema ist der Konflikt zwischen Materie und Geist, der in der als Neuschöpfung der Welt durch das Wort verstandenen Dichtung als „co-naissance" alles Lebens, das C. in all seiner Vielfältigkeit zu erfassen weiß, gestaltet wird. Das Werk C.s umfaßt im wesentl. Lyrik (in unpersönl. Aussage und leidenschaftl. Engagement), Dramen, Essays und Prosaschriften (bes. krit. und dichtungstheoret.); sein Briefwechsel mit A. Gide 1899–1926 (1949) verdient wegen C.s intensivem Bemühen um Gides Bekehrung Beachtung. Das Hauptwerk des Dichters des Renouveau catholique ist „Der seidene Schuh" (Dr., 1929; dt. 1939), das die Grenzen des Dramas durch Einbeziehung von Musik und Tanz, eine Vielzahl von Personen und Orten sprengt und im dargestellten Marienwunder die Idee der kath. Kirche verkörpert.
Weitere Werke: Goldhaupt (Dr., 1891; dt. 1915), Aus der Erkenntnis des Ostens (1900, dt. 1914), Mittagswende (Dr., 1906; dt. 1908), Ars poetica (1907, dt. 1926), Fünf große Oden (1910, dt. 1939), Der Bürge (Dr., 1911; dt. 1926), Verkündigung (Dr., dt. 1913), Das harte Brot (Dr., 1918; dt. 1926), Der erniedrigte Vater (Dr., 1920; dt. 1928), Johanna auf dem Scheiterhaufen (Dr., dt. 1938), Die Geschichte von Tobias und Sara (Prosa, 1939; dt. 1953), Mémoires improvisés (Gespräche, 1954), Journal 1904–1932 (hg. 1969).
Ausgaben: P. C. Ges. Werke in sechs Bden. Dt. Übers. Hg. v. E. M. Landau. *Hdbg.; Einsiedeln u.a. 1958–63. – P. C. Œuvres complètes. Hg. v.* R. Mallet *u.a. Paris 1950–67. 26 Bde.*
Literatur: Espiau de La Maëstre, A.: *Das göttl. Abenteuer. P. C. u. sein Werk. Salzburg 1968.* – Ganne, P.: *Die Freude ist die Wahrheit. Ein Rundgang durch das Werk C.s. Dt. Übers. Einsiedeln 1968.* – Landau, E. M.: *P. C. Velber 1966.* – Andersen, M.: *C. et l'Allemagne. Ottawa 1965.* – Vachon, A.: *Le temps et l'espace dans l'œuvre de P. C. Paris 1965.* – Lesort, P.-A.: *P. C. in Selbstzeugnissen u. Bilddokumenten. Dt. Übers. Reinbek bei Hamb. 1964.* – Madaule, J. Ph.: *Le drame de P. C. Brügge u. Paris ³1964.* – Chaigne, L.: *P. C. Leben u. Werk. Dt. Übers. Hdbg. 1963.*

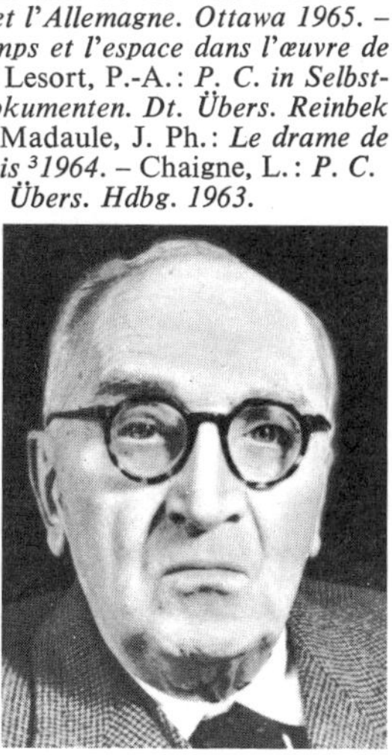
Paul Claudel

Claudianus, Claudius, * Alexandria um 375, † nach 404, röm. Dichter.
Dichtete zunächst in griech. Sprache; seit 395 am Hofe des Kaisers Honorius, wo er zu hohen Ämtern gelangte; der größte Teil seines dichter. Werkes ist polit. bestimmt; in zeitgeschichtl. Epen und an Juvenal geschulten Schmähgedichten gegen die oström. Staatsmänner preist er die Politik seines Gönners Stilicho; sein bedeutendstes Werk, das mytholog. Epos in 3 Büchern „De raptu Proserpinae“, blieb unvollendet; Sprache, Stil und Verstechnik sind von hohem künstler. Wert, rhetor. Gewandtheit und poet. Bildhaftigkeit.

Claudius, Eduard, eigtl. E. Schmidt, * Buer (heute Gelsenkirchen-Buer) 29. Juli 1911, dt. Schriftsteller.
Maurer, 1929–32 Wanderungen durch das südl. Europa, 1932 KPD-Mitglied, 1933–45 in der Emigration (Teilnahme am Span. Bürgerkrieg, Internierung in verschiedenen Arbeitslagern der Schweiz), ging 1947 in die DDR, in deren Dienst er 1956–61 diplomat. tätig war; v.a. bekannt durch den autobiograph. bestimmten, teils schwermütigen, teils stark realist. Roman „Grüne Oliven und nackte Berge“ (1945), der in Spanien zur Zeit des Bürgerkriegs spielt; später Romane über den „sozialist. Aufbau“ in der DDR und – angeregt durch seine Diplomatenjahre in Syrien und Vietnam – Märchen und Erzählungen.
Weitere Werke: Menschen an unserer Seite (R., 1951), Von der Liebe soll man nicht nur sprechen (R., 1957), Das Mädchen „Sanfte Wolke“ (En., 1962), Wintermärchen auf Rügen (E., 1965), Ruhelose Jahre (Autobiogr., 1968).
Literatur: Piltz, G.: *E. C. Leben u. Werk. Bln. 1952.*

Claudius, Hermann, * Langenfelde (Holstein) 19. Okt. 1878, dt. Schriftsteller.
Urenkel von M. Claudius; bis 1934 Volksschullehrer. C. ist Lyriker, Erzähler und Übersetzer, er schreibt auch in niederdt. Mundart. Seine Verse haben volksliedhafte Schlichtheit, viele wurden übersetzt. C. begann mit plattdt. Großstadtlyrik, zeigte sich als „Arbeiterdichter“ an sozialen Fragen interessiert, erreichte die ihm gemäße Art aber erst mit inniger, von tiefer Frömmigkeit erfüllter, heiter verstehender Lyrik. Er schrieb auch Epen, Märchen- und Laienspiele, Kinderlieder und Biographien sowie Hörspiele.
Hauptwerke: Lieder der Unruh (1920), Silberschiff (R., 1923), Heimkehr (Ged., 1925), Armantje (En., 1935), Daß dein Herz fest sei (Ged., 1935), Wie ich den lieben Gott suchte (En., 1935), Mein Vetter Emil (En., 1938), Eschenhuser Elegie (1942), Aldebaran (Sonette, 1944), Ulenbütteler Idylle (Ged., 1948), In meiner Mutter Garten (Ged., 1953), Skizzenbuch meiner Begegnungen (1966), Törichte und Weise (Ged., 1968).
Literatur: Katthage, W.: *H. C. zum 75. Geburtstag. In: Schule u. Leben 5 (1953/54), 12.* – Numsen, N.: *H. C. Mchn. 1938.*

Claudius, Matthias, Pseudonym Asmus, * Reinfeld (Holstein) 15. Aug. 1740, † Hamburg 21. Jan. 1815, dt. Dichter.
Pfarrerssohn, studierte Theologie und Jura; in Kopenhagen Sekretär des Grafen Holstein, 1768–70 Mitarbeiter zweier Zeitungen in Hamburg, 1771–75 Hg. des „Wandsbecker Boten“, dann durch Herders Vermittlung in Darmstadt Oberlandeskommissar, seit 1777 freier Schriftsteller in Wandsbek, Erzieher der Söhne F. H. Jacobis, zuletzt bei seinem Schwiegersohn Perthes in Hamburg. Befreundet mit Herder, Lavater und Hamann. Als „Wandsbecker Bote“ schuf C. echte Dichtung, die in ihrer Frömmigkeit, kindl. Gläubigkeit und persönl. Färbung zeitlose Gültigkeit erlangt hat („Der Mond ist aufgegangen“, „Der Tod und das Mädchen“). Als Hg. des „Wandsbecker Boten“ kreierte C. eine Zeitschriftenart, die, in ihrer Mischung aus polit., wissenschaftl. und literar. Neuigkeiten und unterhaltenden sowie belehrenden Beiträgen, in Landboten, Volkskalendern u.a. Nachahmung fand.
Ausgaben: M. C. Sämtl. Werke. Mchn. 1968. – M. C. Werke. Asmus omnia sua secum portans oder Sämtl. Werke des Wandsbecker Boten. Hg. v. U. Roedl (d.i. Bruno Adler). *Stuttg. [7]1966.*
Literatur: Roedl, U. (d.i. Bruno Adler): *M. C. Sein Weg u. seine Welt. Hamb. [3]1969.* – Kraft, W.: *M. C. u. die Existenz. In:* Kraft: *Augenblicke der Dichtung. Mchn. 1964.* – Stammler, W.: *M. C., der Wandsbecker Bothe. Halle 1915.* – Herbst, W.: *M. C., der Wandsbecker Bote. Gotha [4]1878.*

Clauren, Heinrich, eigtl. Karl Gottlieb Heun, * Dobrilugk (heute Doberlug-Kirchhain, Niederlausitz) 20. März 1771, † Berlin 2. Aug. 1854, dt. Schriftsteller.
Studierte Jura in Leipzig und Göttingen, Schriftleiter der „Preuß. Staatszeitung“; vielgelesener Unterhaltungsschriftsteller, der dem Geschmack des breiten Publikums mit pseudoromant., sentimental-lüsternen Erzählungen sehr weit entgegenkam; mit W. Hauff, der unter C.s Pseudonym den Roman „Der Mann im Mond“ als eine Satire geschrieben haben wollte, in einen Prozeß verwickelt.
Hauptwerke: Mimili (R., 1816), Lustspiele (1817).

Claus, Hugo Maurice Julien [niederl. kloṷs], * Brügge 5. April 1929, fläm. Schriftsteller.
Aufenthalt in Rom und Paris; seine realist. Dramen, Erzählungen und Gedichte sind von Themen der Gegenwart bestimmt.
Hauptwerke: Kleine reeks (Ged., 1948), Die Reise nach England (Dr., dt. 1953), Zucker (Dr., dt. 1958), De zwarte keizer (E., 1959).

Claussen, Sophus [dän. 'klaṷ'sən], * Helletofte (Langeland) 12. Sept. 1865, † Gentofte bei Kopenhagen 11. April 1931, dän. Dichter.

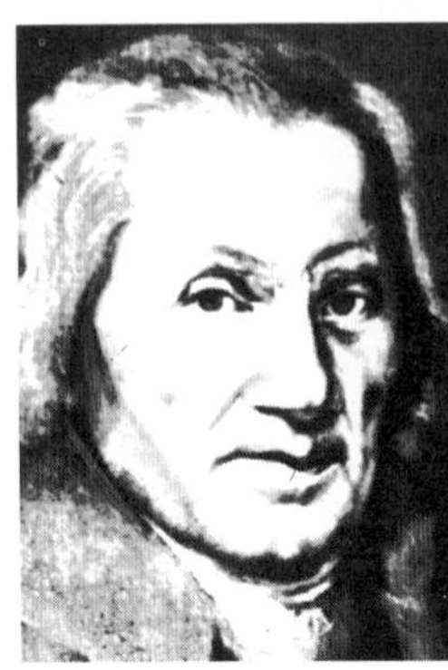
Matthias Claudius

Sohn eines linksorientierten Parlamentariers, Studium, Mitarbeiter der radikal-liberalen Zeitung „Politiken“ und der symbolist. Zeitschrift „Tårnet“, die dem naturalist. „Brandesianismus“ mit einer neuromant. Reaktion antwortete. Seine dunkle, verfeinerte, symbolist. Lyrik ist durch Baudelaire und Verlaine beeinflußt. C. verfaßte pantheist.-symbolist. Dichtungen auf die heim. Landschaft, Zeitgedichte, er verarbeitete seine Eindrücke aus Italien und Paris, bearbeitete erot. Themen und schrieb Verse satir. Charakters. Das Kleinstadtleben stellte C. in anmutigen Novellen dar. Seine originellen Reiseplaudereien erinnern an Heine, dessen „Atta Troll“ er ins Dän. übertrug; auch Übersetzer Shelleys und Baudelaires. Einfluß auf die nachfolgende Dichtergeneration.
Hauptwerke: Unge bander (En., 1894), Frøken Regnvejr (Spiel, 1894), Kitty (En., 1895), Antonius i Paris (Reisebericht, 1896), Valfart (Reisebericht, 1896), Pilefløjter (Ged., 1899), Djævlerier (Ged., 1904), Danske vers (Ged., 1912), Fabler (Ged., 1917), Heroica (Ged., 1925).

Clavel, Bernard [frz. kla'vɛl], * Lons-le-Saunier 29. Mai 1923, frz. Schriftsteller.
Verschiedene Berufe, u.a. Maler und Journalist; während des Krieges in der Résistance; in seinen Romanen schildert er realist. das Leben der Menschen seiner burgund. Heimat, oft aus der Erinnerung der Kriegs- und Nachkriegszeit; für den 4. Roman seines Romanzyklus „La grande patience“, „Les fruits de l'hiver“ (1968), erhielt er den Prix Goncourt.
Weitere Werke: L'ouvrier de la nuit (R., 1956), Tochter des Stroms (R., dt. 1959), Das offene Haus (R., dt. 1961), Der Fremde im Weinberg (R., dt. 1961), La maison des autres (R., 1962), Celui qui voulait voir la mer (R., 1963), Le cœur des vivants (R., 1964).

Clavel, Maurice [frz. kla'vɛl], * Frontignan (Hérault) 10. Nov. 1920, frz. Schriftsteller.
Mitglied der Résistance; Journalist, Mitarbeiter beim Rundfunk; begann mit Dramen, in denen er die Erneuerung des klass. frz. und des Shakespeare-Dramas erstrebte; schreibt auch Romane und Filmdrehbücher; zahlreiche Übersetzungen ausländ. Dramatiker.
Hauptwerke: Les incendiaires (Dr., 1946), La terrasse de Midi (Dr., 1947), Balmaseda (Dr., 1954), Une fille pour l'été (R., 1957), Le temps de Chartres (R., 1960), Saint Euloge de Cordoue (Essay, 1965).

Clavijo y Fajardo, José [span. kla'βixo i fa'xarðo], * Lanzarote (Kanar. Inseln) um 1730, † Madrid 1806, span. Schriftsteller und Gelehrter.
In Frankreich erzogen; Vizedirektor des Naturhistor. Kabinetts, Redakteur bei span. Zeitschriften, seit 1762 Hg. der aufklärer. Zeitschrift „El Pensador“. Mit Fernández de Moratín setzte er das Aufführungsverbot für Autos sacramentales durch. C. y F. war mit Voltaire und Buffon, dessen Naturgeschichte er ins Span. übersetzte, befreundet. Liebesverhältnis mit der Schwester von Beaumarchais, der ihn wegen der Lösung zum Duell forderte. Dies und Goethes „Clavigo“ (nach C. y F.s Leben), machten ihn bekannt. Übersetzungen, u.a. von Racine.

Cleland, John [engl. 'klɛlənd], * 1709, † London 23. Jan. 1789, engl. Schriftsteller.
C. war Konsul in İzmir; schrieb Romane und Dramen; am bekanntesten wurde sein Roman „Die Memoiren der Fanny Hill“ (1748f., dt. 1965), dessen Verbreitung als Pornographie 1749 und 1963 in England untersagt wurde.

Clemens, Samuel Langhorne [engl. 'klɛmənz] † Mark Twain.

Clemens, Titus Flavius C. Alexandrinus, * Athen (?) um 150, † in Kappadokien zwischen 211 und 216, griech. Kirchenschriftsteller.
Unternahm zahlreiche Reisen; war Schüler des Panaitios, nach dessen Tod er in Alexandria die christl. Katechetenschule begründete; zu seinen Schülern gehörte Origenes. Bemüht um eine Verbindung zwischen antiker Philosophie (bes. der Ethik) mit dem christl. Glauben, die er in einer „wahren Philosophie“ vereinigen wollte; dieses Anliegen behandelt er in seinem Hauptwerk „Stromateis“ (= Teppiche), durch das viele Fragmente alter griech. Philosophen überliefert sind.
Ausgabe: C. A. Hg. v. O. Stählin. *Lpz.; Bln. ¹⁻³1905–60. 3 Bde.*

Clercq, René de [niederl. klɛrk], * Deerlijk (W-Flandern) 14. Nov. 1877, † Bussum 12. Juni 1932, fläm. Dichter.
Als fläm. Aktivist von der belg. Regierung seines Lehramtes enthoben; Flucht nach den Niederlanden, 1929 Rückkehr in die Heimat; schrieb volksliedhafte Gedichte, in denen sich Lebensfreude, das bäuerl. Leben und soziales Empfinden mit der Not der Armen spiegeln; von vaterländ. Gesinnung zeugen seine polit. Kampflieder („Das Nothorn“, dt. 1917), später wandte er sich mytholog. Themen zu.
Hauptwerke: Natuur (Ged., 1903), Gedichten (1907), Maria Magdalena (Ged., 1919), Meidoorn (Ged., 1925).

Clermont, Émile [frz. klɛr'mõ], * La Combelle (Puy-de-Dôme) 15. Aug. 1880, ⚔ Maisons-en-Champagne 5. März 1916, frz. Schriftsteller.
Studierte an der École normale supérieure; Kommunalbeamter; sensibler, pessimist. Romancier, dessen Werke sich durch eingehende psycholog. Analyse auszeichnen.
Hauptwerke: Amour promis (1910), Laure (1911), Histoire d'Isabelle (hg. 1917).

Cloete, [Edward Fairly] Stuart [engl. kloʊ'i:tɪ, 'klu:tɪ], * Paris 23. Juli 1897, südafrikan. Schriftsteller.
In Frankreich und England erzogen, in der brit. Armee; 1925–35 Farmer in Transvaal. Nach ersten literar. Erfolgen hielt er sich in England auf und unternahm mehrere Reisen, seit 1937 in New York, nach dem 2. Weltkrieg auch in Südafrika. C. schrieb für verschiedene Zeitungen und Zeitschriften Kurzgeschichten, Gedichte und Essays, verfaßte Romane, Kulturbilder aus dem Kolonistendasein. Bereits sein erster Roman, „Wandernde Wagen“ (dt. 1938), ein Epos vom Burenauszug aus Kapland, von der Gründung und vom Untergang der Siedlung im Kampf mit den Eingeborenen, wurde in zahlreiche Sprachen übersetzt.
Weitere Werke: Wetterleuchten (R., dt. 1946), Afrikan. Ballade (R., dt. 1954), Mamba (R., dt. 1958), Das glühende Herz (R., dt. 1961), Die silberne Trompete (En., dt. 1963), Fetzen des Ruhms (R., dt. 1965).

Clopinel, Jehan [frz. klɔpi'nɛl] † Rosenroman.

Clough, Arthur Hugh [engl. klʌf], * Liverpool 1. Jan. 1819, † Florenz 13. Nov. 1861, engl. Dichter.
Kindheit in Amerika, Student, dann Dozent in Oxford; nach Reisen auf dem Kontinent Dozent in London, schließl. Beamter im Erziehungsministerium. C. stand anfangs der Oxfordbewegung nahe, kam aber immer mehr in den Bann eines ausweglosen Skeptizismus, dem er in seiner Dichtung Ausdruck gab; von Carlyle und Emerson geschätzt.
Hauptwerke: The bothie of Tober-na-Vuolich (Idylle, 1848), Dipsychus (Dr., 1850).
Literatur: Gollin, R. M., *u.a.: A. H. C. A descriptive catalogue. New York 1968.* – Houghton, W.: *The poetry of C. New Haven u. London 1963.* – Lutonsky, P.: *A. H. C. Wien 1912.*

Cobb, Irvin Shewsbury [engl. kɔb], * Paducah (Ky.) 23. Juni 1876, † New York 10. März 1944, amerikan. Schriftsteller.
Begann als Journalist; schrieb ernste, vorwiegend jedoch humorist. Kurzgeschichten und Zeitungskolumnen; behandelte hpts. lokale Themen aus Kentucky, aber auch essayist. Humoresken allgemeineren Inhalts; 1941 erschien die Autobiographie „Exit laughing".

Cocai, Merlin [italien. ko'ka:i] ↑ Folengo, Teofilo.

Coccioli, Carlo [italien. 'kɔttʃoli], * Livorno 15. Mai 1920, italien. Schriftsteller.
Wuchs in Afrika auf, lebte dann in Rom, Neapel und (als freier Schriftsteller) bei Florenz; bekannt durch eine Reihe psycholog. Romane; schreibt auch in frz. Sprache.
Hauptwerke: Himmel und Erde (R., dt. 1951), Manuel der Mexikaner (R., dt. 1958), Sonne (R., dt. 1966), Mondhügel (Dr., dt. EA 1969).

Cocteau, Jean [frz. kɔk'to], * Maisons-Laffitte bei Paris 5. Juli 1889, † bei Milly-La-Forêt bei Paris 11. Okt. 1963, frz. Dichter, Komponist, Maler und Filmregisseur.
Sohn eines Juristen, veröffentlichte mit 17 Jahren seinen ersten Gedichtband, arbeitete als Journalist und Zeichner; im 1. Weltkrieg Sanitäter. Der in unzähligen Stilrichtungen experimentierende, radikalen literar. Strömungen aufgeschlossene Künstler fand in den 20er Jahren seinen eigenen Stil. Freundschaft verband ihn mit Radiguet, Gide, Rilke, Proust u.a. An einer Fülle von Romanen, Gedichten, Dramen, an Operntexten, Ballettlibretti, Filmstoffen und Kritiken läßt sich die Entwicklung dieses Avantgardisten aus neuromant. Anfängen über futurist. und dadaist. Versuche zum originellen Surrealisten ablesen, der jedoch auch der Tradition verpflichtet war. C. gab allen avantgardist. Strömungen der Kunst entscheidende Impulse. Dichter. Virtuosität, scheinbar schillernde Leichtigkeit, blendend-eleganter Stil, die Brillanz seines ständig suchenden Geistes machten ihn für Jahrzehnte zu einer der interessantesten Gestalten des literar. Frankreich. C. stand zeitweilig auch unter dem Einfluß der expressiven Kunst Rimbauds. „Der große Sprung" (1923, dt. 1956) und „Kinder der Nacht" (1929, dt. 1953) sind Romane, die seine Vielseitigkeit und verblüffende Wendigkeit zeigen, mit „Orpheus" (Dr., 1927; dt. 1951) und „Die Höllenmaschine" (Dr., 1934; dt. 1951) gehören sie zu seinen bedeutendsten Werken. Seine Thematik ist so schwer zu fassen wie seine Persönlichkeit. Er schöpft aus seinen Kindheits- und Jugenderlebnissen, aus der antiken Mythologie und ist sich jeden Augenblick der trag. Bindung des Menschen an den Tod bewußt. C.s Ruhm gilt nicht allein seinem ep., dramat. und lyr. Werk, er hat auch seinen Platz unter den Großen der Filmkunst. Sein erstes Filmwerk, „Le sang d'un poète" (1931), gehört zum Ausdrucksstärksten und Charakteristischsten, was der Surrealismus hervorgebracht hat. Seine Libretti für Opern und Ballette wurden u.a. von Honegger, Strawinski und Milhaud vertont. Auch als bildender Künstler hat er Anerkennung gefunden. 1955 wurde er durch die Aufnahme in die Académie française geehrt.
Weitere Werke: Hahn und Harlekin (Schr., 1919; dt. 1958), Le Potomak (R., 1919), Le bœuf sur le toit (Ballett, 1920; mit D. Milhaud), Poésies 1917 à 1920 (1920), Thomas der Schwindler (R., 1923; dt. 1954), Les mariés de la Tour Eiffel (Ballett-Dr., 1924), Cri écrit (Ged., 1925), König Ödipus (Dr., dt. 1927), Antigone (Dr., 1928), Roméo et Juliette (Dr., 1928), Geliebte Stimme (Dr., dt. 1933), Nein, diese Eltern (Dr., 1938; dt. 1946), Die Schreibmaschine (Dr., 1941; dt. 1947), La belle et la bête (Film, 1946), Der Doppeladler (Dr., dt. 1947), Bacchus (Dr., 1952), Der Lebensweg eines Dichters (Autobiogr., dt. 1953), Clair-obscur (Ged., 1955), Requiem (Ged., 1962).
Ausgaben: J. C. Œuvres. Genf 1965. 11 Bde. – Leben u. Werk des J. C. Ausgew. u. hg. v. F. Hagen. *Mchn. 1961. 2 Bde.*
Literatur: Georgel, P.: *C. et son temps, 1889–1963. Catalogue de l'Exposition C. Paris 1965.* – Fraigneau, A.: *J. C. Dt. Übers. Reinbek bei Hamb. 1961.* – Kihm, J.-J.: *C. Paris 1960.* – Simon, K. G.: *J. C. oder Die Poesie im Film. Bln. 1958.*

Coelho Neto, Henrique Maximiano da Fonseca [brasilian. 'kueʎu 'nɛtu], * Caxias (Maranhão) 21. Febr. 1864, † Rio de Janeiro 28. Nov. 1934, brasilian. Schriftsteller.
Studierte Medizin und Jura; Abgeordneter; Professor; schilderte den Urwald Brasiliens und seine Bewohner in meisterhaften, phantast. Romanen und Erzählungen; auch Dramatiker.
Hauptwerke: Praga (R., 1894), Sertão (R., 1896), Banzo (R., 1913).

Cohen, Albert [frz. kɔ'ɛn], * Korfu 16. August 1895, Schriftsteller.

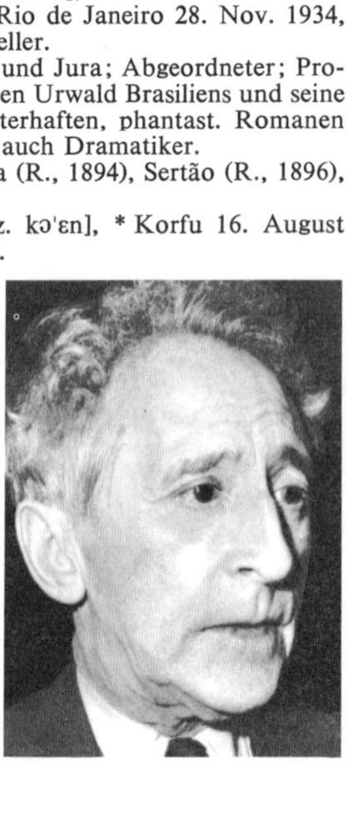
Jean Cocteau

War internationaler Beamter des Völkerbundes der Vereinten Nationen in Genf, wo er bis heute lebt; verfaßte v.a. Romane, schrieb auch für das Theater; für „Belle du seigneur“ (R., 1968) erhielt er den Preis der Académie française.
Weitere Werke: Solal. Drei Masken (R., dt. 1932), Mangeclous (R., 1938), Le livre de ma mère (Bericht, 1954), Ézéchiel (Dr., 1956).
Cohen, Edvard ↑ Brandes, Edvard.
Cohen, Morris ↑ Brandes, Georg.
Cọhn, Clara ↑ Viebig, Clara.
Cọhn, Emil ↑ Ludwig, Emil.
Čọkorač von Kamare, Stephan ['tʃɔkoratʃ] ↑ Kamare, Stephan von.
Coleridge, Hartley [engl. 'koʊlrɪdʒ], * Clevedon 19. Sept. 1796, † Grasmere (Westmorland) 6. Jan. 1849, engl. Dichter.
Sohn von Samuel Taylor C.; Journalist; Alkoholiker, daher berufl. wenig erfolgreich. Seine Sonette sicherten ihm Nachruhm; sein lyr. Drama „Prometheus“ blieb Fragment.
Coleridge, Samuel Taylor [engl. 'koʊlrɪdʒ], * Ottery Saint Mary (Devon) 21. Okt. 1772, † London 25. Juli 1834, engl. Dichter.
Sohn eines Geistlichen; studierte in Cambridge; nach der Bekanntschaft mit Southey gemeinsamer Plan eines „pantisokrat.“ Staates nach radikaldemokrat. und kommunist. Prinzipien. Wenig später Beginn der engen Freundschaft mit Wordsworth, die wechselseitige Anregungen brachte. Während eines Aufenthaltes in Deutschland (1798/99) Studium der dt. Literatur und Philosophie, bes. Kants und Schellings. C. war v.a. von Schiller, dessen „Wallenstein“ er meisterhaft übersetzte, und Bürger beeindruckt. Er verfiel durch ein Nervenleiden der Rauschgiftsucht. Während eines Genesungsaufenthaltes in Italien Bekanntschaft u.a. mit Tieck und Humboldt. C. hielt seit 1808 in London Vorlesungen, u.a. über Shakespeare. Später wurden ihm hohe Ehrungen zuteil. C., einer der Hauptvertreter der engl. Romantik, hinterließ ein wenig umfangreiches poet. Werk, das aber nachhaltig auf die Entwicklung der engl. Literatur wirkte. Das Erscheinen der „Lyrical ballads“ (1798), die in Zusammenarbeit mit Wordsworth entstanden, markiert den Beginn der literar. Romantik in der engl. Literatur. In einem seiner bedeutendsten Werke, der Ballade „The ancient mariner“, einer suggestiven, myst. Dichtung von großer Klangschönheit, in der das

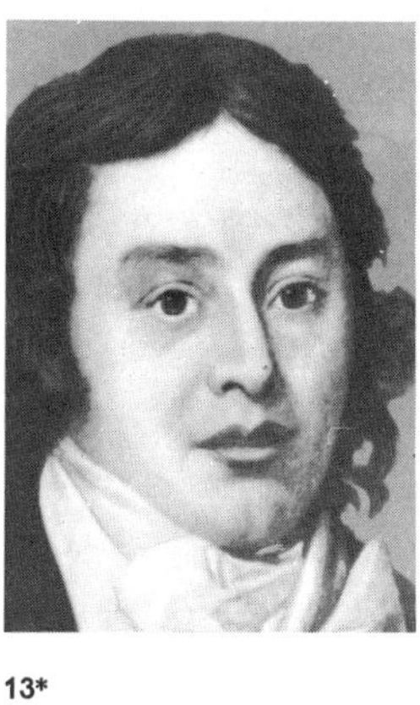

Samuel Taylor Coleridge (Gemälde von P. van Dyke)

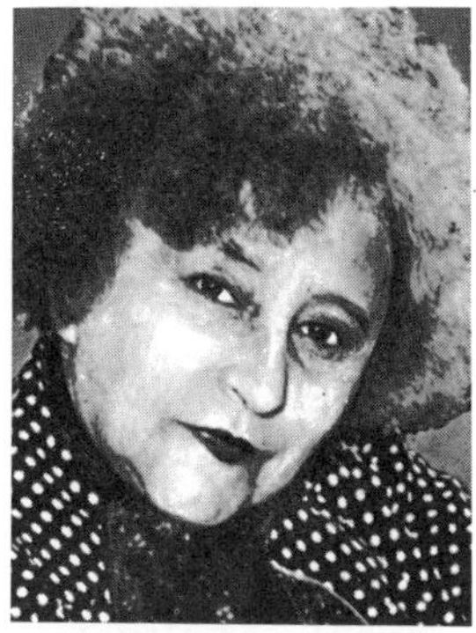

Colette

Gespenstische, Grauenerregende und Übernatürliche eine große Rolle spielen, kommt C.s Bestreben, das Übersinnliche natürl. darzustellen, bes. deutl. zum Ausdruck. Auch als anfangs revolutionärer, später konservativer Denker, als Literaturkritiker und -theoretiker war C. von Bedeutung.
Weitere Werke: The fall of Robespierre (Dr., 1794; mit Southey), Kubla Khan (Fragment, 1816), Christabel (Ballade, 1816), Biographia literaria (1817), Table talk (hg. 1835).
Literatur: Jackson, J. R. de J.: *Method and imagination in C.'s criticism. Cambridge (Mass.) 1969.* – Watson, G.: *C., the poet. New York 1966.* – Appleyard, J. A.: *C.'s philosophy of literature. Cambridge (Mass.) 1965.* – Chambers, E. K.: *S. T. C. Oxford 1938.* – Hanson, L.: *The life of S. T. C., the early years. London 1938.* – Brandl, A.: *S. T. Koleridge u. die engl. Romantik. Bln. 1886.*
Colẹrus, Egmont von C. zu Geldern, * Linz 12. Mai 1888, † Wien 8. April 1939, östr. Schriftsteller.
Sohn eines Obersten, studierte die Rechte, war u.a. Dozent an einer privaten Rechtsschule und Vizesekretär im östr. Bundesamt für Statistik. C. war in erster Linie Erzähler, schrieb unterhaltende, allgemeinverständl. Bücher aus dem Reich der Mathematik, wie „Vom Einmaleins zum Integral“ (1934), „Vom Punkt zur vierten Dimension“ (1935); außerdem behandelte er aktuelle, biograph. und histor. Stoffe sowie erot. Probleme und verfaßte auch Dramen.
Weitere Werke: Antarktis (R., 1920), Sodom (R., 1920), Der dritte Weg (R., 1921), Weiße Magier (R., 1922), Zwei Welten (R., 1926), Die neue Rasse (R., 1928), Kaufherr und Krämer (R., 1929), Leibniz (R., 1934), Geheimnis um Casanova (Nov., 1936).
Colẹtte [frz. kɔ'lɛt], eigtl. Sidonie Gabrielle C., * Saint-Sauveur-en-Puisaye (Yonne) 28. Jan. 1873, † Paris 3. Aug. 1954, frz. Schriftstellerin. In Burgund aufgewachsen, durch ihren ersten Mann, den Schriftsteller Willy (eigtl. Henri Gauthier-Villars), zu den „Claudine“-Romanen (1900 bis 1903) ermutigt. Nach der Scheidung Tätigkeit als Artistin, Kritikerin, Schriftleiterin, heiratete noch zweimal; 1944 Mitglied der Académie Goncourt. Ihre Werke tragen z.T. autobiograph. Züge („Mein Elternhaus“, 1922, dt. 1929; „Komö-

dianten", dt. 1931; „Paris aus meinem Fenster", dt. 1945). Berühmt wurde sie durch „Mitsou" (R., dt. 1927) und „Chéri" (R., 1920; dt. 1927). Ihr Erfolg im Ausland beruht v.a. darauf, daß ihre Frauengestalten als typ. Vertreterinnen der frz. Frau empfunden werden; hinzu kommt, daß sie ihre Themen nuancenreich mit Charme und Esprit behandelt. Sie ist eine glänzende Stilistin. Hauptthemen ihrer Werke sind Begegnung, Entfremdung und Abschied. Ihre Liebe gilt den kleinen Dingen, der Sinnenwelt, den Tieren („Sieben Tiergespräche", 1905; dt. 1928).
Weitere Werke: Geträumte Sünden (R., 1909; dt. 1949), Erwachende Herzen (R., 1923; dt. 1952), Chéris Ende (R., dt. 1927), Die Andere (R., dt. 1930), Gigi (R., 1945; dt. 1953).
Ausgabe: C. Œuvres. Paris 1965. 3 Bde.
Literatur: Goudeket, M.: *La douceur de vieillir. Paris 1965.* – Raaphorst-Rousseau, M.: *C., sa vie et son art. Paris 1965.* – Beaumont, G./Parinaud, A.: *C. in Selbstzeugnissen u. Bilddokumenten. Dt. Übers. Hamb. 1958.*

Colin du Bocage, Louis [frz. kɔlɛ̃dybɔ'ka:ʒ] † Verneuil, Louis.

Collé, Charles [frz. kɔ'le], * Paris 1709, † ebd. 3. Nov. 1783, frz. Dichter.
Sohn eines Staatsanwalts; Sekretär des Herzogs von Orléans; schrieb berühmte „Chansons joyeuses" (1765) und als herzogl. Theaterdichter eine Anzahl leichter Lustspiele („La vérité dans le vin", 1747; „La partie de chasse de Henri IV", 1774).

Collett, Jacobine Camilla [norweg. 'kɔlət], * Kristiansand 23. Jan. 1813, † Kristiania (heute Oslo) 6. März 1895, norweg. Schriftstellerin.
Tochter eines Pastors, Schwester Henrik Wergelands. Als erste Frauenrechtlerin Norwegens stellte sie ihre Tendenzromane, bes. gegen soziale Not und Ungerechtigkeit, in den Dienst ihrer kämpfer. Absichten; C. gilt als Begründerin des norweg. Realismus.
Hauptwerke: Die Amtmanns-Töchter (R., dt. 1864), Sidste blade (Erinnerungen, 1868), Studenteraar (Autobiogr., hg. 1934).

Colliander, Tito [schwed. kɔli'andər], * Petersburg (heute Leningrad) 10. Febr. 1904, schwed.-sprachiger finn. Schriftsteller.
Die Eindrücke seiner Kindheit, die er als Sohn eines Obersten der zarist. Armee in Rußland verlebte, üben auf sein literar. Schaffen einen großen Einfluß aus; von Dämonen gepeinigte und besessene Menschen stehen im Mittelpunkt seines Werkes, das z.T. von griech.-orthodoxer Religiosität bestimmt ist.
Hauptwerke: Taina (En., dt. 1938), Der Versprengte (R., dt. 1939), Die Höhle (R., dt. 1960), Fenster (Novellen, dt. 1961).

Collin, Heinrich Joseph (seit 1803) von, * Wien 26. Dez. 1771, † ebd. 28. Juli 1811, östr. Dichter.
Studierte Jura, war zeitweise Offizier; schrieb patriot. Lyrik und Balladen, kämpfte in seinen Landwehrgedichten gegen Napoleon, von dem er geächtet wurde; seine Dramen sind vom frz. Klassizismus beeinflußt; zu seinem Trauerspiel „Coriolan" (1804) schrieb Beethoven die Ouvertüre.
Weitere Werke: Regulus (Trag., 1802), Lieder östr. Wehrmänner (Ged., 1809), Gedichte (1812).
Literatur: H. J. v. C. u. sein Kreis. Wien 1921.

Collin, Matthäus (seit 1803) von, * Wien 3. März 1779, † ebd. 23. Nov. 1824, östr. Lyriker und Dramatiker.
Professor in Krakau und Wien, seit 1815 Erzieher des Herzogs von Reichstadt; stand als Dichter im Schatten seines berühmteren Bruders Heinrich Joseph von C.; bedeutender als seine Gedichte und Dramen sind die literaturkrit. Schriften; Vorkämpfer der Romantik in Wien.
Hauptwerke: Dramat. Dichtungen (1813–17), Nachgelassene Gedichte (1827).

Collin d'Harleville, Jean François [frz. kɔlɛ̃darlə'vil], eigtl. Jean François Collin, * Maintenon (Eure-et-Loir) 30. Mai 1755, † Paris 24. Febr. 1806, frz. Dichter.
Mitarbeiter eines Pariser Anwaltsbüros; Verfasser der seinerzeit mit großem Beifall aufgeführten Charakterkomödien „Der Optimist" (1788, dt. 1927) und „Le vieux célibataire" (1792).

Collins, Tom [engl. 'kɔlɪnz] † Furphy, Joseph.

Collins, [William] Wilkie [engl. 'kɔlɪnz], * London 8. Jan. 1824, † ebd. 23. Sept. 1889, engl. Erzähler.
Jurist, dann freier Schriftsteller; wurde rauschgiftsüchtig. Schrieb vielgelesene, spannende Romane mit Horroreffekten und kriminalist. Einschlag; Mitarbeiter an Dickens' Zeitschrift „Household Words".
Hauptwerke: The dead secret (R., 1857), Die Frau in Weiß (R., 1860; dt. 1950), Der rote Schal (R., 1866; dt. 1967), Der Monddiamant (R., 1868; dt. 1949), Lucilla (R., 1872; dt. 1969).
Literatur: Davis, N. P.: *The life of W. C. Urbana (Ill.) 1956.* – Stelzmann, R.: *Die Romane W. C.'. Struktur u. Stil. Eine Studie zum Element des Melodramat. in der engl. Lit. Diss. Freib. 1953.*

Collins, William [engl. 'kɔlɪnz], * Chichester (Sussex) 25. Dez. 1721, † ebd. 12. Juni 1759, engl. Dichter.
Lebte als Schriftsteller in London in Armut; zeitweilig Schwermut und Wahnsinnsanfälle. Er trat, nachdem er bereits als Schüler zu Winchester seine „Oriental eclogues" (1742) geschrieben hatte, 1747 mit „Odes on several descriptive and allegorical subjects" hervor, die sich durch Phantasie und Wohlklang, Schlichtheit und Formvollendung auszeichnen. Erst die Nachwelt schätzte seine Dichtung und erkannte ihn als Wegbereiter der Romantik.
Weiteres Werk: An ode on the popular superstitions of the Highlands of Scotland (1788).

Collodi, Carlo [italien. kol'lɔ:di], eigtl. Carlo Lorenzini, * Florenz 24. Nov. 1826, † ebd. 26. Okt. 1890, italien. Schriftsteller.
Journalist; begründete die satir. Zeitschriften „Il Lampione" und „La Scaramuccia"; wurde weltberühmt durch sein in sehr viele Sprachen übersetztes Kinderbuch „Le avventure di Pinocchio" (1880, dt. 1905, seit 1948 meist u. d. T. „Die Abenteuer des Pinocchio").
Literatur: Bertacchini, R.: *C. narratore. Pisa 1961.* – Santucci, L.: *C. Brescia 1961.* – Lorenzini, P.: *C. e Pinocchio. Florenz 1954.*

Colman, George [engl. 'koulmən], der Ältere, * Florenz 18. April 1732, † London 14. Aug. 1794, engl. Dramatiker.
Jurist, war u.a. Mitbesitzer des Covent-Garden-Theaters und Leiter des Haymarket-Theaters;

Freund Garricks. Als Übersetzer, Kommentator und Hg. tätig; schrieb mehr als 30 bühnenwirksame Stücke, oft parodist. Inhalts; wandte sich gegen die empfindsame Literatur.
Hauptwerke: Polly Honeycombe (Dr., 1760), The jealous wife (Kom., 1761), The clandestine marriage (Kom., 1766).

Colman, George [engl. 'koʊlmən], der Jüngere, * London 21. Okt. 1762, † ebd. 17. Okt. 1836, engl. Schriftsteller.
Sohn von George C. dem Älteren; war als Theaterleiter tätig. Schrieb Schauspiele, oft nach literar. Vorlagen, darunter Possen und Komödien; auch Opernlibrettist; seine literar. Arbeiten brachten ihm die Gunst des Hofes und höf. Ämter ein.

Coloma, Luis [span. ko'loma], * Jerez de la Frontera 9. Jan. 1851, † Madrid 11. Juni 1915, span. Schriftsteller.
Studierte Jura in Sevilla; Jesuit; 1908 Mitglied der span. Akademie; erregte Aufsehen durch den in fast alle europ. Sprachen übersetzten realist. Roman „Pequeñeces" (1890, dt. 1897 u. d. T. „Lappalien"), eine Satire auf die frivole Lebensführung der Madrider Aristokratie; schrieb auch histor. Biographien (über Juan d'Austria u.a.).
Weitere Werke: Retratos de antaño (En., 1895), Boy (R., dt. 1910).

Colonna, Vittoria [italien. ko'lonna], * Castello di Marino bei Rom um 1492, † Rom 25. Febr. 1547, italien. Dichterin.
Aus altem röm. Adelsgeschlecht, lebte nach dem Tod ihres Gatten, des Marchese von Pescara, bis 1537 zurückgezogen in Ischia, später im Kloster und seit 1544 im Kreise der berühmtesten Gelehrten und Künstler, deren gefeierter Mittelpunkt sie war, in Rom. Freundschaft mit Michelangelo. Vittoria C. schrieb tiefempfundene Sonette und Kanzonen im Stil Petrarcas. Ihre „Rime" (1538) bestehen aus zwei Teilen, der erste enthält Liebeslyrik, in der sie ihren verstorbenen Gatten feiert, der zweite religiöse Gedichte, die vom Glauben an die Notwendigkeit einer religiösen und sittl. Läuterung durchdrungen sind.
Ausgaben: V. C. Rime scelte. Ausgew. Sonette. Italien. mit dt. Umdichtungen v. H. Mühlestein. *Celerina (Schweiz) ³1951. – V. C. Rime e lettere. Florenz 1876. – V. C. Sonette mit dt. Übers. Schaffhausen 1858. 2 Tle.*
Literatur: Pfister, K.: *V. C. Werden u. Gestalt der frühbarocken Welt. Mchn. 1950.* – Wyss, J. J.: *V. C. Frauenfeld 1916.* – Reumont, A. v.: *V. C., Leben, Dichten, Glauben im 16. Jh. Freib. 1881.*

Colum, Padraic [engl. 'kɔləm], * Longford (Irland) 8. Dez. 1881, ir. Dichter.
Lebt in den USA; stand den Hauptvertretern der modernen ir. Literatur, u.a. Yeats und Synge, nahe; in Amerika und Irland hohe Ehrungen. Erfolgreicher Dramatiker; folklorist. Studien wirkten auf seine schlichte Naturlyrik; C. entnahm viele Stoffe und Themen seiner Kenntnis ir. Bauernlebens; er schrieb ferner Kinderbücher, sammelte ir. Volkserzählungen („Der Königssohn von Irland", dt. 1956) und arbeitete über hawaiische Folklore.
Hauptwerke: The fiddler's house (Dr., 1907), The desert (Dr., 1912), The story of Lowry Maen (Ged., 1937), Ziehende Schwäne (R., dt. 1960), Arthur Griffith (Ged., 1959).

Columella, Lucius Iunius Moderatus, * Gades (heute Cádiz, Spanien), lat. Schriftsteller des 1. Jahrhunderts.
Schrieb als prakt. Landwirt ein umfangreiches Werk in 12 Büchern über die Landwirtschaft („De re rustica"); Liebe zur Natur und Begeisterung für die Materie zeichnen das Werk aus, das in einem sorgfältigen Prosastil abgefaßt ist.

Comenius, Johann Amos, eigtl. Jan Amos Komenský, * Nivnice (Südmähr. Gebiet) 28. März 1592, † Amsterdam 15. Nov. 1670, tschech. Theologe und Pädagoge.
Studierte ev. Theologie in Herborn und Heidelberg, wurde Lehrer und Prediger, später auch Bischof der Böhm. Brüdergemeine; unternahm als begehrter Ratgeber in pädagog. Fragen ausgedehnte Reisen und lebte lange Zeit im Ausland. Sein Ruhm beruht v.a. auf den pädagog. Schriften, in denen er u.a. eine allgemeine Schulpflicht und eine umfassende Ausnutzung aller Bildungsmöglichkeiten forderte; C. ist Vertreter eines ausgesprochenen Bildungsoptimismus. Er verfaßte ferner religiöse Traktate, oft mit stark myst. Einflüssen, und Schriften philosoph. und philolog. Inhalts; seine Bemühungen um eine Systematisierung des Wissens seiner Zeit blieben, der Universalität des Unternehmens entsprechend, großenteils fragmentar.; C. pflegte den literar. Stil des Barocks in tschech. und lat. Sprache.
Hauptwerke: Das Labyrinth der Welt und Paradies des Herzens (1631, dt. 1908), Informatorium der Mutterschul (dt. 1633), Opera didactica omnia (1657, dt. ²1960 u. d. T. Große Didaktik), Orbis sensualium pictus (1658), Pampaedia (hg. und dt. übersetzt 1960).
Ausgaben: J. A. C. Ausgew. Werke. Dt. Übers. Hg. v. K. Schaller *u.* D. Tschizewskij. *Hildesheim 1969 ff. Auf 3 Bde. berechnet. – J. A. C. Pädagog. Schrr. Dt. Übers. Hg. v.* C. Th. Lion. *Langensalza ²1883–1907. 3 Bde. – J. A. Comenii didactica Opera omnia. Amsterdam 1657. 4 Tle. Nachdr. u. d. T.: J. A. Komenský: Opera didactica omnia. Prag 1957. 3 Bde.*
Literatur: Schaller, K.: *Die Pädagogik des J. A. C. u. die Anfänge des pädagog. Realismus im 17. Jh. Hdbg. ²1967.* – Mahnke, D.: *Der Barock-Universalismus des C. In: Zs. f. die Gesch. der Erziehung u. des Unterrichts 21 (1931), 97 u. 254; 22 (1932), 61.* – Heyberger, A.: *Jean A. C./Komenský: sa vie et son œuvre d'éducateur. Paris 1928.* – Kvačala, I.: *Analecta Comeniana. Bln. 1909.*

Comfort, Alexander [engl. 'kʌmfət], * London 10. Febr. 1920, engl. Schriftsteller.
Gab den Arztberuf auf, seitdem freier Schriftsteller; Pazifist und Anarchist; schrieb außer Essays, medizin. und psycholog. Abhandlungen sozialbewußte Romane („The power house", 1944; „On this side nothing", 1949), und bildhafte, leidenschaftl. Gedichte, die von Rilkes Lyrik beeinflußt sind; veröffentlichte zwei Dramen.

Comisso, Giovanni [italien. ko'misso], * Treviso 3. Okt. 1895, † ebd. 21. Jan. 1969, italien. Schriftsteller.
Nach dem 1. Weltkrieg an D'Annunzios Zug nach Fiume beteiligt; Rechtsanwalt; Journalist und Korrespondent, u.a. in Afrika und Asien; bed. durch seine nüchtern-realist. Erzählungen und Romane von Mensch und Landschaft am Meer.

Hauptwerke: Il porto dell'amore (En., 1925), Gente di mare (En., 1928), I due compagni (R., 1942), Gioventù che muore (R., 1949), Un gatto attraversa la strada (E., 1954).

Commines, Philippe de [frz. kɔ'min] † Commynes, Philippe de.

Commodianus, lat. christl. Dichter syr. Herkunft, dessen Lebensdaten umstritten sind (3., 4. oder 5. Jahrhundert).

Ursprüngl. Heide; bekannte sich in seinem Schrifttum, das stark von der didakt. Dichtung Tertullians beeinflußt ist, ganz zur neuen Religion; die „Instructiones", in Hexametern abgefaßt, bestehen aus 2 Büchern mit 41 und 39 Gedichten; bekannt ist das „Carmen apologeticum", eine Verteidigung des Christentums gegen Juden und Heiden.

Communis, Meta † Seidl, Johann Gabriel.

Commynes (Comines, Commines), Philippe de [frz. kɔ'min], * in Flandern um 1447, † Schloß Argenton (heute Argenton-Château, Deux-Sèvres) 18. Okt. 1511, frz. Geschichtsschreiber.

Aus altem Adel, 1464–72 in den Diensten Karls des Kühnen, dann Ludwigs XI. Erhalten sind einige Briefe und seine Autobiographie („Memoiren", hg. 1524 und 1528; dt. 1952), die tiefen Einblick in die Ereignisse der Jahre 1464–98 gibt, da C. klug und abwägend das Geschehen zu beurteilen weiß und die Persönlichkeiten gut charakterisiert. In ihrem Charakter sieht er den Antrieb für ihre Handlungen.

Ausgabe: Ph. de Comines. Memoiren. Europa in der Krise zwischen MA u. Neuzeit. Dt. Übers. Hg. v. F. Ernst. *Stuttg. 1952.*

Literatur: Dufournet, J.: *La destruction des mythes dans les mémoires de Ph. de C. Genf 1967.* – Bittmann, K.: *Ludwig XI. u. Karl der Kühne. Die Memoiren des Ph. de C. als histor. Quelle. Gött. 1964 ff. Auf 4 Bde. berechnet.* – Charlier, G.: *C. Étude historique et littéraire. Brüssel 1945.*

Compton-Burnett, Dame Ivy [engl.'kʌmptənbəː'nɛt], * London 5. Juni 1884, † ebd. 27. Aug. 1969, engl. Schriftstellerin.

Stellt in ihren Romanen, deren Handlung meist im viktorian. England oder in der Zeit vor dem 1. Weltkrieg liegt, Probleme menschl. Existenz mit erbarmungsloser Offenheit dar; vielfach kriminalist. Motive; fein stilisierte Dialoge und subtile Stimmungsnuancen machen den Reiz ihres Erzählwerkes aus.

Hauptwerke: Men and wives (R., 1931), Darkness and day (R., 1951), The present and the past (R., 1953), The mighty and their fall (R., 1961), A god and his gifts (R., 1963), Eine Familie und ein Vermögen (R., dt. 1966).

Conchon, Georges [frz. kõ'ʃõ], * Saint-Avit (Puy-de-Dôme) 9. Mai 1925, frz. Schriftsteller. Studium der Philosophie an der Sorbonne; in seinen Romanen geht er von gespannten sozialen Situationen, polit. oder Rassenproblemen aus und gibt so ein Zeugnis seiner Epoche; C. erhielt für seinen Roman „Wilde Zustände" (dt. 1965) den Prix Goncourt.

Weitere Werke: Les grandes lessives (R., 1953), Les chemins écartés (R., 1954), Les honneurs de la guerre (R., 1955), Tous comptes faits (R., 1956), La corrida de la victoire (R., 1959).

Conegliano, Emanuele [italien. koneʎ'ʎaːno] † Da Ponte, Lorenzo.

Congreve, William [engl. 'kɔngriːv], ≈ Bardsey bei Leeds 10. Febr. 1670, † London 19. Jan. 1729, engl. Komödiendichter.

Studierte in Dublin, hatte bereits als 25jähriger mit der Komödie „The old bachelor" (1693) seinen ersten Bühnenerfolg. Er war der Geliebte der Herzogin von Marlborough und Liebling bei Hofe. In weiteren Lustspielen, die die Prunkentfaltung und den Glanz der Gesellschaft Ende des 17. Jh.s schildern, wie „Der Arglistige" (1694, dt. 1771) und das im Aufbau mustergültige „Love for love" (1695), zeigt sich seine Begabung für die Sittenkomödie. Als ihm „Der Lauf der Welt" (1700, dt. 1757), seine heute bestbeurteilte Komödie, scharfe Angriffe einbrachte, gab er seine literar. Tätigkeit auf. Er bekleidete hohe Staatsämter, war mit Steele, Pope, Swift u.a. befreundet und förderte junge Talente. Er war Meister des geistreichen, sprühenden Dialogs, des feinen Humors, der klaren abgewogenen Sprache. Sein Werk stellt den Höhepunkt der engl. Sittenkomödie dar.

Weiteres Werk: Miscellaneous poems (1710).

Literatur: Dobrée, B.: *W. C. London 1963.* – Hodges, J. C.: *W. C. New York 1941.* – Schmid, David: *W. C., sein Leben u. seine Lustspiele. Wien 1897. Nachdr. New York 1965.* – † auch Ethere[d]ge, Sir George.

Connelly, Marc[us Cook] [engl. 'kɔnəlɪ], * McKeesport (Pa.) 13. Dez. 1890, amerikan. Dramatiker.

Arbeitete zeitweilig als Reporter; schrieb satir. Komödien (oft in Zusammenarbeit mit G. S. Kaufman); bekannt durch „The green pastures" (1930), eine Darstellung bibl. Szenen aus der Sicht des Negers (Pulitzerpreis 1930).

Connolly, Cyril Vernon [engl. 'kɔnəlɪ], Pseudonym Palinurus, * Coventry 10. Sept. 1903, engl. Schriftsteller und Journalist.

Schrieb literaturkrit. Aufsätze, v.a. über frz. Literatur; als sein Hauptwerk gilt das Tagebuch „Das Grab ohne Frieden" (dt. 1952).

Conon de Béthune [frz. kɔnõdbe'tyn], * um 1150, † Konstantinopel (heute Istanbul) 1219 oder 1220, altfrz. Minnesänger.

Aus pikard. Adel; Teilnahme am 3. und 4. Kreuzzug (von Villehardouin erwähnt), maßgebl. Persönlichkeit des lat. Kaiserreichs; dichtete eine Reihe konventioneller Minnelieder, beeinflußt von Bertran de Born, ferner zwei mehr persönl. empfundene Kreuzzugslieder.

Conrad, C. † Benjamin, Walter.

Conrad, Joseph [engl. 'kɔnræd], eigtl. Józef Teodor Konrad Korzeniowski, * Berditschew bei Kiew 3. Dez. 1857, † Bishopsbourne (Kent) 3. Aug. 1924, engl. Schriftsteller poln. Abkunft.

Wuchs in Rußland als Waise bei Verwandten auf, ging auf die Marineschule nach Marseille und diente zuerst bei der frz., dann bei der engl. Handelsmarine. Er war seit 1884 naturalisierter Engländer, wurde Kapitän und befuhr bis 1894 die Meere Südamerikas und des fernen Südostens, wo viele seiner Erzählungen und Romane spielen. C. schrieb in engl. Sprache und ist der hervorragendste Schilderer des engl. Seemannslebens. Er lernte spät Englisch, mußte sich jeden einzelnen Satz abringen und trug trotzdem auf meisterhafte Weise die Fülle und Vollendung des Stils von V. Hugo und G. Flaubert in die englische Prosa. Seine Romane zeichnen sich durch kompli-

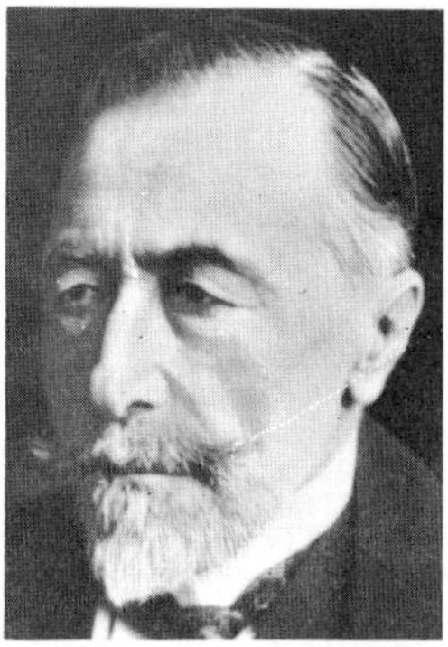

Joseph Conrad

zierte, aber originelle Erzähltechnik, glänzende, farbige Schilderung der Weite, der Naturgewalten und v. a. durch genaue Beobachtung und psycholog. Einfühlungsvermögen aus. Seine Abenteuerromane zeigen den Menschen im Augenblick der Tat, der Bewährung. Er schrieb 13 Romane und 7 Bände berühmter Kurzgeschichten, die themat. von seinem Jugenderlebnis und seinen Abenteuern zur See bestimmt sind. Sein Erstling, der Roman „Almayers Wahn" (1895, dt. 1935), erzählt vom Untergang eines Europäers unter Malaien. Sein größter Roman ist „Lord Jim" (1900, dt. 1934), in dem ein junger Seeoffizier auf unerklärl. Art in einer entscheidenden Situation versagt und sein weiteres Leben vergebl. der Wiedergutmachung opfert. Im Roman „Mit den Augen des Westens" (dt. 1913) wird das Motiv Schuld und Sühne aufgegriffen.

Weitere Werke: Der Verdammte der Inseln (R., 1896; dt. 1934), Der Nigger vom Narzissus (R., 1897; dt. 1912), Herz der Finsternis (Novelle, 1899; dt. 1933), Jugend (E., 1902; dt. 1926), Taifun (Kurzgeschichte, dt. 1908), Nostromo (R., 1904; dt. 1927), Der Geheimagent (R., 1907; dt. 1927), Spiel des Zufalls (R., 1914; dt. 1926), Die Rettung (R., 1920; dt. 1931), Der Freibeuter (R., dt. 1931), Geschichten vom Hörensagen (dt. 1938).

Ausgaben: J. C. Ges. Werke in Einzelbden. Dt. Übers. Frkf. 1963ff. Auf mehrere Bde. berechnet. – J. C. Collected edition of the works. Uniform edition. London ²1946–55. 22 Bde.

Literatur: Allen, J.: *J. C. Die Jahre zur See. Wuppertal 1969.* – Herget, W.: *Unterss. zur Wirklichkeitsdarstellung im Frühwerk J. C.s. Diss. Frkf. 1964. – The art of J. C. A critical symposium. Hg. v.* R. W. Stallman. *East Lansing (Mich.) 1960.* – Baines, J.: *J. C. A critical biography. London 1960.* – Stresau, H.: *J. C. Der Tragiker des Westens. Hann. 1947.* – ↑ auch Masefield, John.

Conrad, Michael Georg, * Gnodstadt (Franken) 5. April 1846, † München 20. Dez. 1927, dt. Schriftsteller.

Stammte aus einer Bauernfamilie, studierte in Genf, Neapel und Paris (Dr. phil.), Hg. der Zeitschrift „Die Gesellschaft"; Kritiker und Erzähler des frühen Naturalismus, für dessen Vertreter er in seiner Zeitschrift eintrat; schrieb Romane in der Technik Zolas, die in ihrem wirren Durcheinander eine Wiedergabe des ungeordneten Lebens sein sollen.

Hauptwerke: Die klugen Jungfrauen (R., 1889), Von Emile Zola bis Gerhart Hauptmann (Essays, 1902).

Literatur: Townsend, S. R.: *A modern prophecy by M. G. C. In: German Quarterly 31 (1958), 259.* – Reisinger, H.: *M. G. C. Ein Lebensbild mit bes. Berücks. seiner Tätigkeit als Kritiker. Mchn. 1939.*

Conradi, Hermann, * Jeßnitz (Anhalt) 12. Juli 1862, † Würzburg 8. März 1890, dt. Schriftsteller.
Sohn eines Kaufmanns, studierte in Berlin, Leipzig, München und Würzburg; nach Erscheinen des Romans „Adam Mensch" (1889) wurde er des Vergehens gegen die öffentl. Sittlichkeit angeklagt und erst nach dem Tode freigesprochen. Begabter und radikaler Vorkämpfer des Naturalismus, neigte er in seinem v. a. von Dostojewski, Zola und Nietzsche beeinflußten Werk zur entblößenden Selbstkritik seiner zerrissenen Natur.

Weitere Werke: Brutalitäten (En., 1886), Phrasen (R., 1887).

Conrart, Valentin [frz. kõ'ra:r], * Paris 1603, † ebd. 23. Sept. 1675, frz. Schriftsteller.
Berühmter Kritiker und Kompilator (Kollektaneen in 42 Bden.); seit 1629 Mittelpunkt eines Kreises literar. gebildeter Männer (Chapelain, Gombauld u. a.), aus dem auf Veranlassung Richelieus 1635 die Académie française hervorging, deren erster ständiger Sekretär C. wurde.

Conscience, Hendrik [frz. kõ'sjã:s], * Antwerpen 3. Dez. 1812, † Brüssel 10. Sept. 1883, fläm. Schriftsteller.

Sohn eines Franzosen und einer fläm. Mutter, nahm am Aufstand der wallon. Belgier gegen die niederl. Herren teil und war aktiv in der fläm. Sprachbewegung. Sein Roman „Das Wunderjahr, 1566" (1837, dt. 1846) ist das erste Werk der neueren fläm. Literatur; mit dem Roman „Der Löwe von Flandern" (1838, dt. 1916), in dem er den Sieg der fläm. Stadtmilizen über das frz. Adelsheer 1302 darstellt, wollte er die Flamen zum Selbstbewußtsein und zum Kampf um ihre Rechte anregen. C. schuf damit eines der beliebtesten Bücher des fläm. Volkes, das ihm die Unterstützung des Königs einbrachte. 1841 Sekretär der Kunstakademie zu Antwerpen, 1845 Professor in Gent. Seit 1854 freier Schriftsteller in Antwerpen und seit 1868 Konservator des Museums Wiertz in Brüssel. C. ist der größte Vertreter der neufläm. Literatur und Begründer der fläm. Romantik. Er verfaßte mehr als 100 Romane, darunter romantisierende histor. Romane in der Art von W. Scott, wie „Jacob von Artevelde" (dt. 1854) und „Der Bauernkrieg" (dt. 1853). Mit „Hoe men schilder wordt" (1843) begann er die Reihe jener packenden und gefühlvoll erzählten kleinen Geschichten und idyll. Schilderungen der Landschaft um Antwerpen und des fläm. Volkslebens, die ihn berühmt machten; darunter die Meisterwerke „Siska van Roosemael" (E., 1844), „De loteling" (E., 1850), „Rikke-tikke-tak" (E., 1851), „Der arme Edelmann" (E., dt. 1851), „Het geluk van ryk to zyn" (E., 1856) u. a.

Literatur: Hageland, A. van: *H. C. en het volksleven. Löwen 1953.* – Bock, E. de: *C. en de opkomst van de Vlaamsche romantiek. Antwerpen ²1943.* – Jootes, F.: *H. C. Mönchen-Gladbach 1917.*

Constant de Rebecque, Henri Benjamin [frz. kõstãdrə'bɛk], * Lausanne 25. Okt. 1767, † Paris 8. Dez. 1830, frz. Schriftsteller.

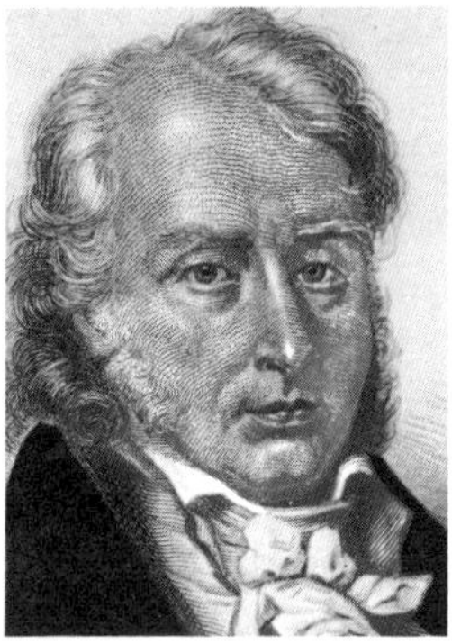

Henri Benjamin Constant de Rebecque

Aus schweizer. Hugenottenfamilie, studierte in England und Deutschland, machte Auslandsreisen, war Kammerherr am Hof zu Braunschweig. Von der Revolution begeistert, wurde er 1794 Franzose, hatte seit 1799 einen Sitz im Tribunat; 1802 von Napoleon verbannt, reiste er mit Madame de Staël und hielt sich in Weimar, später in Coppet und seit 1816 wieder in Paris auf. Abgeordneter der liberalen Opposition, 1830 Staatsrat. C. de R. setzte sich, auch in Abhandlungen, für eine konstitutionelle Monarchie nach engl. Muster ein. Sein literar. Hauptwerk ist „Adolphe" (R., 1816; dt. 1898), in dem er sein Verhältnis zu Madame de Staël dichterisch gestaltete. Der Roman „Cécile" (hg. 1951, dt. 1955) behandelt C. de R.s Stellung zwischen Madame de Staël und seiner späteren Frau Charlotte von Hardenberg. In beiden Romanen meisterhafte psycholog. Analysen, die sie zu Vorläufern des psycholog. Romans des 19. Jh.s machen. Sprachl. sind die Werke C. de R.s kühl, prägnant und von klass. Klarheit. Übersetzer und Bearbeiter von Schillers „Wallenstein".

Weitere Werke: Journaux intimes (1895, vollständig 1952; dt. Ausw. 1919 u. d. T. Reise durch die dt. Kultur), Le cahier rouge (Tageb., hg. 1907).

Ausgaben: B. C. Écrits et discours politiques. Hg. v. O. Pozzo di Borgo. *Paris 1964. 2 in 1 Bd. – B. C. Œuvres. Hg. v.* A. Roulin. *Paris 1957. – B. C. Sämmtl. polit. Werke. Dt. Übers. Bearb. v.* F. J. Buss. *Bd. 1 u. 4. Freib. 1834–35 [m. n. e.].*

Literatur: B. C. Actes du congrès B. C. (Lausanne, octobre 1967). Hg. v. P. Cordey *u.* J.-L. Seylaz. *Genf 1968.* – Gouhier, H.: *B. C. Paris 1967.* – Bastid, P.: *B. C. et sa doctrine. Paris 1966. 2 Bde.* – Gall, L.: *B. C. Seine polit. Ideenwelt u. der dt. Vormärz. Wiesb. 1963.* – Ettlinger, J.: *B. C. Roman eines Lebens. Bln. 1909.*

Constantin-Weyer, Maurice [frz. kõstãtɛ̃vɛˈjɛːr], * Bourbonne-les-Bains (Haute-Marne) 24. April 1881, † Vichy 22. Okt. 1964, frz. Schriftsteller.
War 1902–14 Cowboy, Trapper und Siedler in Kanada und trat mit einer Reihe u. d. T. „Épopée canadienne" (1922ff.) zusammengefaßter Romane über das Leben in Kanada hervor; 1928 Prix Goncourt für „... ein Blick zurück und dann ..." (R., dt. 1929).

Contessa (Salice-Contessa), Karl Wilhelm, * Hirschberg i. Rsgb. 19. Aug. 1777, † Berlin 2. Juni 1825, dt. Dichter.
Jurastudium, lebte in Weimar, Berlin und bei seinem Freund Houwald in Neuhaus bei Lübben; in Berlin Mitglied der Serapionsbrüder (E. T. A. Hoffmanns Sylvester der „Serapionsbrüder"). C. schrieb Märchen, Lustspiele in Prosa und Alexandrinern und Novellen im Stil E. T. A. Hoffmanns. Er trat auch als Landschaftsmaler hervor. Seine „Sämmtl. Schriften" gab Houwald 1826 heraus.

Conti, Antonio [italien. ˈkonti], * Padua 22. Jan. 1677, † ebd. 6. April 1749, italien. Schriftsteller.
Weltgeistlicher; machte ausgedehnte Reisen nach England, Frankreich, Deutschland, wo er mit Newton, Leibniz und anderen zusammentraf; vorwiegend Philosoph, Ästhetiker und Übersetzer (bes. engl. und frz. Literatur, auf deren Bedeutung er hinwies); daneben Dramatiker nach frz. Vorbildern („Giulio Cesare", 1751).

Cooke, John Esten [engl. kʊk], * Winchester (Va.) 3. Nov. 1830, † Clarke County (Va.) 27. Sept. 1886, amerikan. Schriftsteller.
Sohn eines Advokaten, kämpfte im Bürgerkrieg als Offizier auf seiten der Südstaaten; in seinen Gesellschafts- und histor. Romanen beschreibt er, Cooper nachahmend, verklärend das Leben des Südens; Biographien über S. Jackson und Robert E. Lee.

Hauptwerke: Leather stocking and silk (R., 1854), The Virginia Comedians (R., 1854), Surry of eagle's nest (R., 1866), The heir of Gaymount (R., 1870).

Coolen, Antonius Franciscus [niederl. ˈkoːlə], * Wijlre (Limburg) 17. April 1897, † Eindhoven 9. Nov. 1961, niederl. Erzähler.
Journalist, Redakteur, seit 1932 freier Schriftsteller; seine Romane und Erzählungen sind lebensnah, oft trag. überschattet; ohne psycholog. Verfeinerung schildern sie das Leben der Bauern seiner Heimat; kath. Heimatschriftsteller.

Hauptwerke: Brabanter Volk (R., dt. 1933), Das Dorf am Fluß (R., dt. 1936), Die drei Brüder (R., dt. 1937), Die Frau mit den sechs Wächtern (R., dt. 1955).

Cooper, Anthony Ashley [engl. ˈkuːpə] † Shaftesbury, Anthony Ashley C., Earl of.

Cooper, James Fenimore [engl. ˈkuːpə], * Burlington (N.J.) 15. Sept. 1789, † Cooperstown (N.Y.) 14. Sept. 1851, amerikan. Schriftsteller.
Auf dem Landgut des Vaters aufgewachsen, diente 3 Jahre bei der Marine, 1817 Gutsbesitzer, 5 Jahre lang auf Reisen und als Konsul in Lyon.

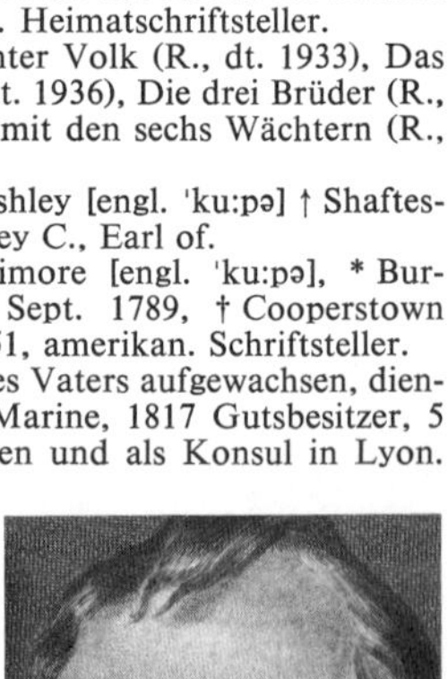

James Fenimore Cooper (nach A. Kautz)

Nach seiner Rückkehr verfaßte er polit. Schriften, Reisebücher und sozialkrit. Romane. Er übte Kritik an europ. und amerikan. Verhältnissen und setzte sich für Menschlichkeit ein. Seine literar. Bedeutung liegt in den „Lederstrumpf"-Erzählungen, die in dem Roman „Der letzte der Mohikaner" (dt. 1826) gipfeln. Die Hauptgestalt ist die Verkörperung des amerikan. Pioniers, der sich aus der Zivilisation entfernt und die Wildnis der Zivilisation gewinnt. Die Originalfassungen der ursprüngl. nicht als Jugendbücher gedachten Romane weisen breite Naturschilderungen und lange Gespräche auf. In den Abenteuern dramat. Szenen und realist. beschriebene Einzelheiten; die Charakterisierung zeigt Heroisierung und Idealisierung mitunter bis zur Banalität. Neben diesen Romanen sind bes. die Seeromane zu nennen, die Anreger und Wegbereiter für H. Melville und J. Conrad wurden. Als erster amerikan. Schriftsteller wußte C. die Themen, die seine Zeit bewegten, zu gestalten.

Weitere Werke: Der Spion (R., dt. 1824), Die Pioniere (R., dt. 1824), Lionel Lincoln (R., 1825), Die Prärie (R., dt. 1827), Der rote Freibeuter (R., dt. 1828), Der Pfadfinder (R., dt. 1840), Der Wildtöter (R., dt. 1841), Die zwei Admirale (R., dt. 1842).

Ausgabe: J. F. C. Sämtl. Werke. Dt. Übers. Hg. v. Christian August Fischer. *Frkf.* $^{1-4}$*1826–51. 258 Bde.*

Literatur: Spiller, R. E.: *F. C. Critic of his times. New York* ^{2}*1963.* – Grossman, J.: *J. F. C. New York 1950.* – Clavel, M.: *F. C., sa vie et son œuvre: La jeunesse; F. C. and his critics. Aix-en-Provence 1938. 2 Bde. [m. n. e.].*

Cooplandt, A. [niederl. ˈkoːplɑnt] ↑ Prins, Ary.

Coornhert, Dirck Volckertszoon [niederl. ˈkoːrnhɛrt], * Amsterdam 1522, † Gouda 29. Okt. 1590, niederl. Dichter und Gelehrter.

Stand im Dienst Wilhelms von Oranien; als Gegner Calvins kämpfte er für religiöse Toleranz; Wegbereiter der klass. niederl. Literatur; der Inhalt seines dichter. Werkes ist ihm wichtiger als jede künstler. Zielsetzung; „Dolinghe van Ulysse" (1561) ist das erste bed. Epos in der niederl. Literatur.

Weiteres Werk: Zedekunst, dat is wellevenskunste (Schr., 1586).

Literatur: Bonger, H.: *De motivering van de godsdienstvrijheid bij D. V. C. Arnheim 1954.* – Rinck-Wagner, O.: *D. V. C. 1522–1572. Bln. 1919.*

Copeau, Jacques [frz. kɔˈpo], * Paris 4. Febr. 1879, † Beaune 20. Okt. 1949, frz. Regisseur und Kritiker.

1909 im Gründerkreis der „Nouvelle Revue Française"; 1913 Direktor des Vieux-Colombier, zuletzt der Comédie-Française; Urheber glanzvoller, moderner Inszenierungen, u. a. mit Louis Jouvet in den Hauptrollen; trat auch als Dramatiker („Les frères Karamazov", 1911, mit Croué; „La maison natale", 1924) hervor.

Literatur: Borgal, C.: *J. C. Paris 1960.*

Ćopić, Branko [serbokroat. ˈtɕɔːpitɕ], * Hašani 1. Jan. 1915, serb. Schriftsteller.

Studierte Philosophie in Belgrad, heute freier Schriftsteller; schrieb außer Jugendbüchern und lyr. Dichtungen Erzählungen – oft humorist. –, in denen er die harten Lebensbedingungen in Bosnien darstellt; auch Schilderungen des bosn. Befreiungskampfes. Dt. erschienen 1961 „Die ungewöhnl. Abenteuer des Nikola Bursac", 1964 „Freunde, Feinde und Verräter" und 1969 „Sei nicht traurig, eherner Wachtposten".

Coppard, Alfred Edgar [engl. ˈkɔpəd], * Folkestone (Kent) 4. Jan. 1878, † London 13. Jan. 1957, engl. Lyriker und Erzähler.

Seit 1919 freier Schriftsteller. Gilt als Meister der Short story; kraftvolle, realist. Darstellungen ländl. Lebens; Lyrik in schlichtem Stil.

Hauptwerke: Adam and Eve and Pinch and me (Kurzgeschichten, 1921), Silver circus (En., 1928), Collected poems (1928), The dark-eyed lady (Kurzgeschichten, 1947).

Coppée, François [frz. kɔˈpe], * Paris 12. Jan. 1842, † ebd. 23. Mai 1908, frz. Dichter.

Sohn eines kleinen Beamten, aus Geldnot unbeendetes Studium; Bibliothekar, dann Archivar am Théâtre-Français; Mitglied der Académie française 1884. Vorübergehend den Parnassiens zugehörig, wurde er zuerst als Dramatiker bekannt, doch verdankt er seine Popularität seinen Gedichten, deren Thema die Kleinbürger (bes. die Pariser) sind. Sentimental, im Formalen den Parnasse nicht verleugnend, zeichnen sie sich durch ihren echten Ton aus.

Hauptwerke: Le reliquaire (Ged., 1866), Les intimités (Ged., 1868), Der Wandrer (Dr., 1869; dt. 1921), Les poèmes modernes (1869), Les humbles (Ged., 1872), Der Schatz (Dr., dt. 1880), Les Jacobites (Dr., 1885), Souvenirs d'un Parisien (1910), Poèmes d'amour et de tendresse (1927).

Literatur: Le Meur, L.: *La vie et l'œuvre de F. C. Diss. Paris 1932.*

Coray, Adamandios [frz. kɔˈrɛ] ↑ Korais, Adamandios.

Corbière, Tristan [frz. kɔrˈbjɛːr], eigtl. Édouard Joachim C., * Schloß Coatcongar bei Morlaix (Bretagne) 18. Juli 1845, † Morlaix 1. März 1875, frz. Schriftsteller.

Lebte mit kurzen Unterbrechungen in der Bretagne; erst von Verlaine entdeckt. F. Villon verwandt, wurde er zum Vorbild für viele moderne Lyriker (u. a. Verlaine); in seinen Gedichten, deren Hauptthemen die Bretagne und das Meer sind, geißelt er sarkast. Tradition und Konvention.

Hauptwerke: Les amours jaunes (Ged., 1873), Choix de poèmes (hg. 1949).

Literatur: Newman-Gordon, P.: *C., Laforgue, Apollinaire ou le rire en pleurs. Paris 1964.* – Sonnenfeld, A.: *L'œuvre poétique de T. C. Paris 1960.*

Cordan, Wolfgang, eigtl. Heinrich Horn, weiteres Pseudonym Hendrik van Hoorn, * Berlin 3. Juni 1909, † Chichicastenango (Guatemala) 29. Jan. 1966, dt. Schriftsteller und Archäologe.

Stand dem Kreis um St. George nahe, emigrierte 1933 in die Niederlande und leitete nach Kriegsende in Amsterdam die literar. Zeitschrift „Centaur"; wandte sich dann der Kulturgeschichte zu und lebte seit 1953 in mittelamerikan. Ländern, wo er sich v. a. mit der Geschichte der Maya-Kultur beschäftigte. Schrieb u. a. die Romane „Julian der Erleuchtete" (1949) und „Medea oder das Grenzenlose (1952), den Gedichtband „Ernte am Mittag" (1951), die Erzählung „Tod auf Haiti" (1961), die Bücher „Tigerspur" (1964) und „Mexico" (1967) sowie Dramen; auch Übersetzer.

Cordus, Euricius, eigtl. Heinrich (= Ritze) Urban Solde, * Simtshausen bei Marburg a. d. Lahn um 1485, † Bremen 24. Dez. 1535, dt. Humanist und Dichter.
Studierte in Erfurt, wo er dem Humanistenkreis um Mutianus Rufus angehörte; Anhänger Luthers, den er 1521 nach Worms begleitete; studierte in Bologna Medizin, seit 1523 Stadtarzt in Braunschweig, 1527 Professor der Medizin an der Universität Marburg; zog sich nach einigen Jahren zurück und war in Bremen Stadtarzt und Professor am Gymnasium. In seinen exakt-pointierten, bes. an Persius und Martial geschulten nlat. Epigrammen, die er seit 1517 veröffentlichte, bekannte sich C. zu den Ideen und Prinzipien des Humanismus und bekämpfte mit bissigem Spott die rückständigen Vertreter der Scholastik.
Hauptwerke: Bucolicon (Ged., 1514), Epigrammata (1520).

Corelli, Marie [engl. kəˈrɛlɪ], eigtl. Mary Mackay, * London 1. Mai 1855, † Stratford-upon-Avon 21. April 1924, engl. Schriftstellerin.
Italien.-schott. Abstammung; schrieb im viktorian. England vielgelesene, dem Publikumsgeschmack entgegenkommende Romane, oft mit antikath. Tendenz; neigte zu melodramat. Ausgestaltung erot. Themen; Vorliebe für das Phantastische und Mystische.
Hauptwerke: Ein Roman aus zwei Welten (R., 1886; dt. 1904), Barabbas (R., dt. 1899), The sorrows of satan (R., 1895).

Corippus, Flavius Cresconius, lat. Epiker des 6. Jh.s aus N-Afrika.
Hofbeamter in Byzanz; schilderte in dem Epos „Johannis" den maur. Feldzug des byzantin. Generals Johannes; in seinem Alterswerk, dem Epos „In laudem Justini", suchte er die Gunst des Kaisers Justinus II. zu gewinnen, der ihm in der Not helfen sollte, als er, C., durch die Mauren seinen Besitz verloren hatte.

Corneille, Pierre [frz. kɔrˈnɛj], * Rouen 6. Juni 1606, † Paris 1. Okt. 1684, frz. Dramatiker.
Entstammte einer alten normann. Familie, studierte Rechtswissenschaft und wurde Advokat; er ging bald nach Paris und schloß sich der Autorengruppe um Richelieu an. C. begann mit Komödien, in denen der dramat. Konflikt meist durch Eifersucht ausgelöst wird, und Tragödien, bei denen komplizierte Intrige und Theatereffekte im Vordergrund stehen. Seinen ersten großen Erfolg hatte er 1637 mit der Tragikomödie „Le Cid" (dt. 1650, 1811 u. d. T. „Der Cid"), die einen Markstein in der Entwicklung des klass. frz. Dramas und einen Höhepunkt in der frz. Literatur des 17. Jh.s bildet. „Le Cid" spiegelt im Rahmen der span. Geschichte die polit. Kämpfe in frühabsolutist. Zeit und fand als eine heroische Apotheose des absolutist. Königtums zur Zeit Richelieus großen Beifall, wenngleich er dem Autor auch viele mächtige Feinde einbrachte. So wurde ihm in der berühmten, lange währenden „Querelle du Cid" u. a. unkonsequente Benutzung der 3 Einheiten sowie psycholog. Unwahrscheinlichkeit vorgeworfen. In den folgenden Tragödien, u. a. „Horace" (1641, dt. 1662, um 1875 u. d. T. „Horatius"), „Cinna" (1643, dt. 1666) und „Polyeucte" (1643, dt. um 1878 u. d. T. „Polyeukt"), trug C. den 3 Einheiten in vermehrtem Maße Rechnung. Er verbannte den Zufall aus der Handlung, die sich nunmehr aus innerer und äußerer Notwendigkeit und aus den Charakteren der handelnden Personen ergab. Die Helden sind heroische Willensmenschen, sie tragen den Konflikt zwischen Pflicht und Leidenschaft in sich, der stets zugunsten einer idealen sittl. Ordnung entschieden wird. Die späteren Stücke entfernen sich vom Höhepunkt seines trag. Werkes und werden romanesk-kompliziert. Seit 1647 Mitglied der Académie française. Seine letzten Jahre wurden durch den Konflikt mit Racine verdunkelt. C. übersetzte die „Imitatio Christi" des Thomas a Kempis ins Französische; schrieb mehrere Abhandlungen zur Poetik (u. a. „Discours de la tragédie", 1660).
Weitere Werke: Mélite (Kom., 1629), Clitandre (Tragikom., 1632), L'illusion comique (Kom., 1639), Der Lügner (Kom., 1644; dt. 1762), Rodogüne (Trag., 1647; dt. 1803), Héraclius (Trag. 1647), ... Andromeda ... (Trag., 1651; dt. 1679), Sophonisbe (Trag., 1663).
Ausgaben: P. C. Œuvres complètes. Hg. v. A. Stegman. *Paris 1963. – P. C. Œuvres complètes. Hg. v.* C. Marty-Laveaux. *Paris 1862–68. 12 Bde.*
Literatur: Montléart, A. de: *C. u. Racine. Dt. Übers. Velber 1969.* – Muller, C.: *Étude de statistique lexicale. Le vocabulaire du théâtre de P. C. Paris 1967.* – Maurens, J.: *La tragédie sans tragique. Le neo-stoïcisme dans l'œuvre de P. C. Paris 1966.* – Brasillach, R.: *C. Paris ²1961.* – Schneider, Reinhold: *C.s Ethos in der Ära Ludwigs XIV. Lpz. 1939.* – Klemperer, V.: *P. C. Mchn. 1933.* – Lanson, G.: *C. Paris ⁵1919.*

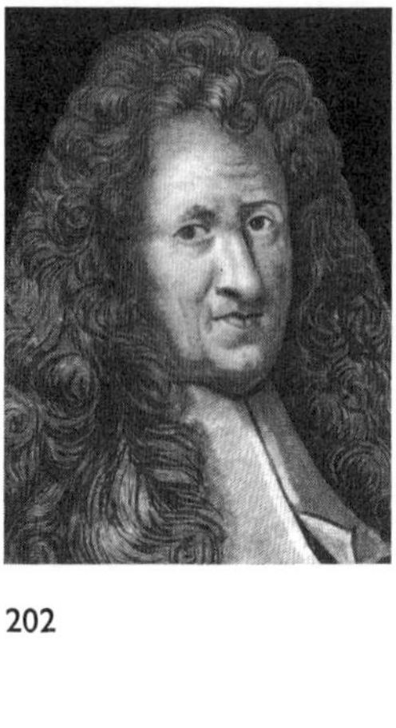
Pierre Corneille (Kupferstich von Jacques Lubin)

Corneille, Thomas [frz. kɔrˈnɛj], * Rouen 20. Aug. 1625, † Les Andelys (Eure) 8. Dez. 1709, frz. Dramatiker.
Bruder Pierre C.s; Advokat; 1685 Mitglied der Académie française; schrieb zahlreiche Komödien, Tragödien und Tragikomödien, von denen „Timocrate" (1656) das vielleicht erfolgreichste Stück des Jh.s war; im Ggs. zum heroischen Drama seines Bruders bevorzugte er das publikumswirksamere romaneske Genre.
Weitere Werke: Don Bertrand de Cigarral (Kom., 1650), Ariane (Trag., 1672), Der Graf von Essex (Trag., 1678; dt. 1747).

Cornelius Gallus, Gaius ↑ Gallus, Gaius Cornelius.

Cornelius Nepos ↑ Nepos, Cornelius.

Cornwell, David [engl. ˈkɔːnwəl] ↑ Le Carré, John.

Černyj ↑ Tschorny.

Ćorović, Svetozar [serbokroat. 'tɕɔrɔvitɕ], * Mostar 29. Mai 1875, † ebd. 17. April 1919, serb. Schriftsteller.
Schrieb anfangs v. a. patriot. Lyrik, wandte sich dann der Prosa zu und gestaltete in realist. Dramen und Romanen soziolog. und religiöse Probleme seiner Heimat, der Herzegowina, an deren Gesellschaft er z. T. scharfe Kritik übte; im Frühwerk Beiträge zur Kinderliteratur. Dt. erschien 1906 „Liebe und Leben im Herzogland".
Correia Botelho, Visconde de [portugies. ku'rrɐi̯ɐ βu'tɐʎu] † Castelo Branco, Camilo.
Correia de Oliveira, António [portugies. ku'rrɐi̯ɐ ðə oli'βɐi̯rɐ] † Oliveira, António Correia de.
Corrodi, August, * Zürich 27. Febr. 1826, † ebd. 15. Aug. 1885, schweizer. Dichter und Zeichner.
Studierte Theologie in Zürich und Basel; Besuch der Kunstakademie München, Zeichenlehrer und Kinderbuchillustrator. Schrieb v. a. ländl. und kleinstädt. Idyllen, die sich durch behagl., breit angelegte Schilderung und urwüchsigen Humor auszeichnen; auch Märchen sowie Lieder und Dramen in Schweizer Mundart; Übersetzungen ins Schweizerdeutsche.
Hauptwerke: Lieder (1853), Dur und Moll (Märchen, 1855), Robert Burns Lieder (Übers., 1870), Blühendes Leben (R., 1870).
Corso, Gregory [engl. 'kɔ:soʊ], * New York 26. März 1930, amerikan. Lyriker.
Sohn italien. Einwanderer; lebt in San Francisco; C., neben A. Ginsberg einer der bedeutendsten Dichter der Beat generation, begann seine literar. Laufbahn mit Gedichten, die während einer Gefängnishaft entstanden; seine oft bewußt schockierende Lyrik enthält Satire und scharfe Zeitkritik; C. neigt gelegentlich zu grotesk-kom. Gestaltung.
Hauptwerke: The vestal lady of brattle (Ged., 1955), Gasoline (Ged., 1958), Bomb (Ged., 1958), The happy birthday of death (Ged., 1960), Early poems (Ged., 1960), Long live man (Ged., 1963).
Cortázar, Julio [span. kɔr'tasar], * Brüssel 26. August 1914, argentin. Schriftsteller.
Professor für frz. und engl. Literatur an verschiedenen argentin. Universitäten; seit 1951 Übersetzer bei der UNESCO in Paris; übersetzte das Gesamtwerk von E. A. Poe, Colette, A. Gide sowie G. K. Chesterton ins Span.; neben E. Sábato bedeutendster Erzähler seines Landes aus der Generation nach Borges und Mallea; beeinflußt von O. Paz und L. Buñuel, schildert er in seinen Romanen und Novellen eine Welt, in der das Reale mit dem Imaginären verschmilzt.
Hauptwerke: Los reyes (Schsp., 1949), Bestiario (En., 1951), Final de juego (En., 1956), Las armas secretas (En., 1959), Geschichten der Cronopien und Famen (dt. 1965), Die Gewinner (R., dt. 1966).
Cortês, Alfredo [portugies. kur'teʃ], * Estremoz 29. Juli 1880, † Oliveira de Azeméis 7. April 1946, portugies. Dramatiker.
Jurastudium in Coimbra; schrieb v. a. bühnenwirksame realist. Milieustudien, auch regionalist. Stücke.
Hauptwerke: Zilda (Dr., 1921), O lodo (Dr., 1923), Domus (Dr., 1931), Saias (Dr., 1938), Lalás (Dr., 1944).
Corti, Egon Cäsar Conte ['kɔrti], * Agram 2. April 1886, † Klagenfurt 17. Sept. 1953, östr. Schriftsteller.
Aus lombard. Uradel, studierte Philosophie in Wien, wo er auch als freier Schriftsteller lebte; schrieb künstler. gestaltete Biographien bed. histor. Persönlichkeiten.
Hauptwerke: Alexander von Battenberg (1920), Das Haus Rothschild (1927/28), Elisabeth, die seltsame Frau (1934), Ludwig I. von Bayern (1937), Vom Kind zum Kaiser (1950), Mensch und Herrscher (1952).
Corvinus, Jakob [kɔr'vi:nʊs] † Raabe, Wilhelm.
Coşbuc, George [rumän. koʒ'buk], * Hordou (heute George Coşbuc, Siebenbürgen) 20. Sept. 1866, † Bukarest 9. Mai 1918, rumän. Dichter.
War Beamter in Bukarest; Mitbegründer mehrerer Zeitschriften. Beeinflußt von der dt. Neuklassik, war er in Leben und Dichtung mit der bäuerl. Welt seiner Heimat verbunden; optimist. Grundhaltung; eleganter, graziöser Stil; Balladendichtung mit sozialer Tendenz; eigene Versrhythmen in Anlehnung an die Metrik der Volksdichtung; bed. Übersetzer.
Ćosić, Branimir [serbokroat. ˌtɕɔ:sitɕ], * Štitar 13. Sept. 1903, † Belgrad 29. Jan. 1934, serb. Schriftsteller.
Studierte Jura und Literaturwissenschaft u. a. in Paris; starb an Tuberkulose. Bed. als Kritiker und Verfasser von Romanen, die v. a. soziale und moral. Probleme der Kriegs- und Nachkriegsgeneration des 1. Weltkriegs behandeln.
Ćosić, Dobrica [serbokroat. 'tɕɔ:sitɕ], * Velika Drenova 29. Dez. 1921, serb. Schriftsteller.
Nahm als Partisan am 2. Weltkrieg teil; der Partisanenkampf ist auch ein wesentl. Thema seiner Romane. Sein Hauptwerk ist die Romantrilogie „Deobe" (1961). In dt. Übersetzung erschienen die Romane „Die Sonne ist fern" (dt. 1957) und „Der Herd wird verlöschen" (dt. 1958).
Cosmad, Dimitrie [rumän. koz'mad] † Bolintineanu, Dimitrie.
Cossa, Pietro [italien. 'kɔssa], * Rom 20. Jan. 1830, † Livorno 30. Aug. 1881, italien. Dichter.
Jesuitenerziehung; zeitweilig in Amerika (dort Sänger); begann mit lyr. Gedichten, erlangte jedoch nur als Dramatiker Bedeutung; mit seinen histor. Versdramen (bedeutendstes: „Nerone", 1871) knüpfte er an das romant. Schauspiel an, das er jedoch realistischer gestaltete.
Weitere Werke: Mario e i Cimbri (Dr., 1862), Cleopatra (Dr., 1876).
Costa, Isaac da [niederl. 'kɔsta:], * Amsterdam 14. Jan. 1798, † ebd. 28. April 1860, niederl. Dichter.
Stammte aus einer portugies.-jüd. Adelsfamilie, trat 1822 zum Kalvinismus über; begrüßte zunächst die Emanzipierung der Juden, trat jedoch später wieder für deren Isolierung ein; gehörte der Réveil-Bewegung an, die sich gegen die Ideen der Frz. Revolution und den Rationalismus wandte; die Dichtung muß nach Meinung da C.s dem Gefühl entspringen, der Phantasie gewisse Rechte einräumen und Heldentaten verherrlichen; den Höhepunkt des literar. Schaffens bilden die Dichtungen „Hagar" (1847) und „De slag bij Nieuwpoort" (1859).
Costa i Llobera, Miguel [katalan. 'kɔstə i ʎu'βɛrə], * Pollensa (Mallorca) 4. Febr. 1854, † Palma de Mallorca 16. Okt. 1922, katalan. Dichter.
Studierte Theologie in Rom; Priester, zuletzt in Palma de Mallorca; einflußreicher, an den antiken

Klassikern geschulter Lyriker Kataloniens; schrieb span. und katalanisch.
Hauptwerke: Poesíes (Ged., 1885), Del agre de la terra (Ged., 1897), Horacianes (Ged., 1906).

Coste[s], Gau[l]t[h]ier de [frz. kɔst] ↑ La Calprenède, Gau[l]t[h]ier de Coste[s], Sieur de.

Coster, Charles De ↑ De Coster, Charles.

Coster, Dirk [niederl. 'kɔstər], * Delft 7. Juli 1887, † ebd. 8. Okt. 1956, niederl. Schriftsteller.
Mitbegründer der Zeitschrift „De Stem", in der er der Kunstkritik eine eigenschöpfer. Leistung zuerkannte.
Hauptwerke: Marginalia (Essay, 1919ff.), Nieuwe geluiden (Ged., 1925), Het leven en sterven van Willem van Oranje (Dr., 1948).

Coster, Samuel [niederl. 'kɔstər], * Amsterdam 16. Sept. 1579, † ebd. 1665, niederl. Dramatiker.
Studierte Medizin, war Arzt in Amsterdam; Mitbegründer der „Nederduytschen Academie"; schrieb Lustspiele, Tragödien unter dem Einfluß Senecas und allegor. Spiele.
Hauptwerke: Teeuwis de boer (Lsp., 1612), Ithys (Dr., 1615), Iphigenia (Dr., 1617), Isabella (Dr., 1619).

Cota de Maguaque, Rodrigo [span. 'kota ðe ma'ɣu̯ake], * Toledo Anfang des 15. Jh.s, † ebd. (?) 1470 (?), span. Dichter.
Aus jüd. Familie, getauft; einer der letzten höf. span. Dichter, von dem mit Sicherheit der am Anfang des span. Dramas stehende philosoph. „Diálogo entre el amor y un caballero viejo" (1511) stammt.

Cotin, Charles [frz. kɔ'tɛ̃], * Paris 1604, † ebd. 1682, frz. Prediger, Dichter und Philosoph.
Seit 1655 Mitglied der Académie française; verkehrte in den literar. Salons von Paris, wo er wegen seiner Briefe und galanten Verse bewundert wurde; ferner schrieb er theolog.-philosoph. Abhandlungen („Vie du philosophe chrétien", 1654; „Traité de l'âme immortelle", 1655) und die „Oraison funèbre d'Abel Servien" (1659), die ihn als sprachgewaltigen Kanzelredner auswies; Boileau verspottete ihn in seinen Satiren, Molière in seinen „Femmes savantes".

Coubier, Heinz [kubi'e:], eigtl. H. Kuhbier, * Duisburg 25. Mai 1905, dt. Schriftsteller.
Studien der Germanistik und Theaterwissenschaft in Köln, Berlin und München, Dramaturg und Regisseur, ⚭ mit Marianne Langewiesche, lebt in Ebenhausen bei München. Verfasser von geistreichen Komödien, von Schauspielen, Hör- und Fernsehspielen und des histor., psycholog. Romans „Der falsche Zar" (1959) um die Gestalt des Mönches Trofym; auch Übersetzer.
Weitere Werke: Aimée oder Der gesunde Menschenverstand (Kom., 1938), Piratenkomödie (1940), Francisquita oder Die Weltgeschichte (Kom., 1950), Die Lorbeermaske oder Penelope (Kom., 1957), Ein Kommandant (Schsp., 1959), Gesang der Raben (Kom., 1962).

Coucy, Kastellan von [frz. ku'si] (Chastelain de C.), * um die Mitte des 12. Jh.s, † 1203, altfrz. Dichter.
Seine Identität ist nicht völlig geklärt (vielleicht Gui de C., der 1186–1203 Kastellan von Schloß C. war); von ihm sind 15 Minnelieder erhalten.

Couperus, Louis [niederl. ku:'pe:rəs], * Den Haag 10. Juni 1863, † De Steeg bei Arnheim 16. Juli 1923, niederl. Schriftsteller.
Jugend auf Java, studierte Literatur, viel im Ausland, meist in Italien und S-Frankreich; während des 1. Weltkrieges in seiner Heimat, später auch in Indien und Japan. C. verfaßte Romane über zeitgemäße, geschichtl., allegor. und mytholog. Stoffe, Novellen, Gedichte, Reiseerzählungen und autobiograph. Schriften. Stilist. zunächst von Zola und Flaubert beeinflußt, wandte er sich später einer lyr.-myst. und historisierenden Darstellungsweise zu. Wiederkehrendes Thema ist die Dekadenz in Vergangenheit und Gegenwart. Als großer Stilkünstler neigt er bisweilen zu manierist. Tendenz.
Hauptwerke: Een lent van vaerzen (Ged., 1884), Schicksal (R., dt. 1892), Novellen (dt. 1897), Psyche (E., 1898; dt. 1924), De boeken der kleine zielen (R., 1901–03), Iskander (R., dt. 1926).
Literatur: Simons, W. J.: *L. C. Brügge u. Utrecht 1963.*

Cour, Paul [de] la ↑ la Cour, Paul [de].

Courteline, Georges [frz. kurtə'lin], eigtl. G. Moinaux, * Tours 25. Juni 1858, † Paris 25. Juni 1929, frz. Dramatiker.
Sohn des Humoristen Jules Moinaux; Mitglied der Académie Goncourt (1926); begann mit satir. Humoresken und Novellen aus seiner Militärzeit, die ihn rasch berühmt machten: „Les gaîtés de l'escadron" (1886), „Le train de 8 h 47" (1888) und „Lidoire" (1891); wandte sich dann dem Theater zu, für das er eine große Anzahl bühnenwirksamer Komödien, meist Ein- oder Zweiakter, schrieb: „Boubouroche" (1893, dt. 1901; sein Meisterwerk), „Messieurs les Ronds-de-cuir" (1893), „Le gendarme est sans pitié" (1899), „L'article 330" (1900), „Der häusl. Frieden" (1903, dt. 1961). Zielscheibe seines Spotts sind v. a. Militär, Polizei, Justiz, das Beamten- und Kleinbürgertum; manche seiner Komödienfiguren sind ebenso populär geworden wie die Molières.

Courths-Mahler, Hedwig ['kʊrts'ma:lər], geb. Mahler, * Nebra/Unstrut 18. Febr. 1867, † Rottach-Egern 26. Nov. 1950, dt. Schriftstellerin.
Stammte aus bescheidenen Verhältnissen, war Verkäuferin in Leipzig und schrieb seit ihrem 17. Lebensjahr mehr als 200 literar. unbed. Unterhaltungsromane, in denen sie in billiger Schwarzweißmalerei den Märchentraum von Aufstieg, Reichtum und Glück sozial Niedriggestellter stets nach dem gleichen Klischee realisiert. Bes. erfolgreich waren die Romane „Ich will" (1916), „Meine Käthe" (1917) und „Der Scheingemahl" (1919) sowie „Eine ungeliebte Frau" (1918) und „Die schöne Unbekannte" (1918), die Massenauflagen erreichten.
Literatur: Sichelschmidt, G.: *H. C.-M. Deutschlands erfolgreichste Autorin. Eine literatursoziolog. Studie. Bonn 1967.* – Krieg, W.: *„Unser Weg ging hinauf." H. C.-M. u. ihre Töchter als literar. Phänomen. Wien 1954.*

Cousseau, Jacques [frz. ku'so], * Arbaoua (Marokko) 10. Mai 1925, frz. Schriftsteller.
Umreißt in realist. Romanen die Situation des Menschen in existentialist. Sicht.
Hauptwerke: Der graue Hund (R., dt. 1960), Die Affen (R., dt. 1961).

Coward, Noël [Pierce] [engl. 'kaʊəd], * Teddington (Middlesex) 16. Dez. 1899, engl. Dramatiker.
Frühe Neigung zum Theater, wurde Schauspieler, später Regisseur, auch Komponist; erfolgreicher

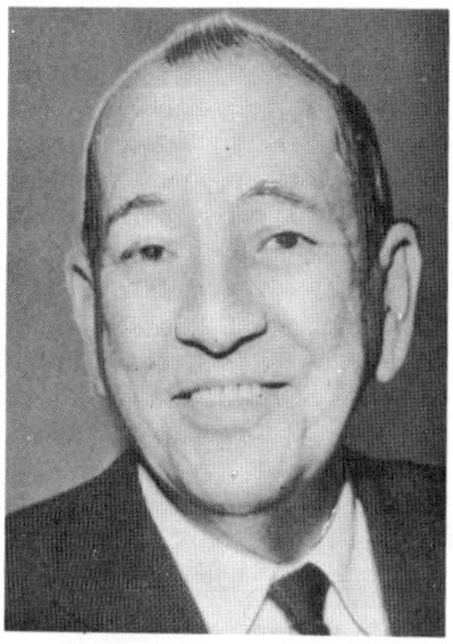

Noël [Pierce] Coward

Theatermann. Er nahm am 1. Weltkrieg teil, arbeitete im 2. Weltkrieg für den Propagandadienst. C. begann mit leichten Komödien, verlegte sich jedoch bald auf die Sozial- und Gesellschaftssatire und nahm mit Erfolg den Zeitgeist und die Verlogenheit der Gesellschaft der 20er Jahre aufs Korn. Auch seine weiteren Lustspiele, mit bissigen Kommentaren zum modernen Leben, Revuen, Musicals und Filme wurden begeistert aufgenommen. Die Wirkung liegt im geschickten, bühnenwirksamen Aufbau, in geistreichen, originellen Dialogen und den brillanten Einfällen des Autors. Infolge der Konzessionen an den Publikumsgeschmack fehlt es den Komödien oft an Tiefe und Gehalt.
Hauptwerke: The vortex (Dr., 1924), Gefallene Engel (Kom., dt. 1926), Heufieber (Dr., dt. 1926), Intimitäten (Kom., dt. 1931), Geisterkomödie (dt. 1945), Quadrille (Kom., dt. 1953), Akt mit Geige (Kom., dt. 1958), Palmen, Pomp und Paukenschlag (R., dt. 1961), Eine Klasse für sich (En., dt. 1962), High spirits (Kom., 1964).

Cowley, Abraham [engl. 'kaʊlɪ], * London 1618, † Chertsey (Surrey) 28. Juli 1667, engl. Dichter.
C., der bereits im Alter von zehn Jahren zu dichten begann und sich während seiner Studienzeit in Cambridge und Oxford mit Übersetzungen klass. Dichter einen Namen machte, stand lange im Dienst des engl. Königshauses. Er galt seinen Zeitgenossen als größter Dichter neben Shakespeare und Spenser, dessen ihm früh vertrautes Werk seine metaphys., preziöse Dichtung anregte und beeinflußte. Unter Berufung auf Pindar schuf er eine neue, später nach ihm benannte Odenform, die er mit gelehrtem Gehalt erfüllte; daneben veröffentlichte er eleg. und anakreont. Gedichte. Sein nach dem Muster der „Aeneis" gestaltetes, stilist. und formal nicht einheitl. Epos „Davideis" (1656) blieb unvollendet.

Cowley, Malcolm [engl. 'kaʊlɪ], * bei Belsano (Pa.) 24. Aug. 1898, amerikan. Dichter und Kritiker.
Während des 1. Weltkriegs erste Kontakte zu den Vertretern der „verlorenen Generation" in Paris; studierte in Harvard und Montpellier; war später freier Schriftsteller, Publizist, Gastdozent für Literatur, Hg. und Verlagsberater. Schrieb außer Lyrik und Prosawerken teils autobiograph. Inhalts v.a. literaturkrit. und histor. Essays, die sich mit den soziolog., ökonom. und intellektuellen Bedingungen bes. der amerikan. Schriftsteller befassen.
Hauptwerke: Exile's return (Essay, 1934), After the genteel tradition (Essays, 1937), A dry season (Ged., 1941), Literatur in Amerika (Abhandlung, dt. 1963).

Cowper, William [engl. 'kaʊpə], * Great Berkhamstead (Hertford) 26. Nov. 1731, † East Dereham (Norfolk) 25. April 1800, engl. Dichter.
Sohn eines Geistlichen, studierte die Rechte, mußte, da er an krankhaften Depressionen litt, seine Tätigkeit im öffentl. Dienst aufgeben. Für den Prediger Newton verfaßte er die sentimentalreligiösen „Olney hymns" (1779), von denen zahlreiche als Kirchenlieder lebendig geblieben sind. Aus C.s Dichtung spricht Furcht vor der schreckl. Krankheit, Kampf und Resignation, heiße Sehnsucht und hoffnungslose Entsagung. Er steht an der Schwelle zur Romantik. Bed. sind seine Homerübersetzungen sowie die Briefe.
Weiteres Werk: The task (Epos, 1785).
Literatur: Hartley, L.: *W. C., the continuing revaluation. Chapel Hill (N. C.) 1960.* – Ryskamp, Ch.: *W. C. of the Inner Temple, Esq. A study of his life and work to 1768. London 1959.*

Cozzens, James Gould [engl. kʌznz], * Chicago 19. Aug. 1903, amerikan. Schriftsteller.
Entstammt einer alten amerikan. Familie, studierte in Harvard, bis er 1924 seinen ersten Roman veröffentlichte; unternahm zahlreiche Reisen, diente im 2. Weltkrieg bei der Luftwaffe. C. behandelt in seinen Romanen meist dramat. Situationen, in denen die handelnden Personen vor eth. Entscheidungen gestellt sind.
Hauptwerke: Ein Schiff geht unter (R., dt. 1933), Ask me tomorrow (R., 1940), Die Gerechten und die Ungerechten (R., dt. 1946), Guard of honor (R., 1948), Von Liebe beherrscht (R., dt. 1959), Kinder und andere Leute (En., dt. 1966).

Crabbe, George [engl. kræb], * Aldeburgh (Suffolk) 24. Dez. 1754, † Trowbridge (Wiltshire) 3. Febr. 1832, engl. Dichter.
Aus armer Familie; wurde von einem Wundarzt ausgebildet, konnte jedoch den Beruf des Arztes nicht ausüben, studierte Theologie und wurde Hauskaplan beim Herzog von Rutland; später in verschiedenen Pfarrstellen tätig. Formal noch der klassizist. Richtung, doch durch die nüchterne und realist., manchmal auch satir.-pessimist. Schilderung der erschütternden Verhältnisse dörfl. und kleinstädt. Lebens einer neuen literar. Epoche zugehörig.
Hauptwerke: The library (Ged., 1781), The village (Ged., 1783), The borough (Ged., 1810), Tales of the hall (Dichtung, 1819).
Literatur: Sigworth, O. F.: *Nature's sternest painter. Tucson (Ariz.) 1965.* – Bär, H.: *G. C. als Epiker. Lpz. 1929.*

Craddock, Charles Egbert [engl. 'krædək], eigtl. Mary Noailles Murfree, * Murfreesboro (Tenn.) 24. Jan. 1850, † ebd. 31. Juli 1922, amerikan. Schriftstellerin.
Zeitlebens gelähmt, lebte sie immer im Kreis ihrer Familie. Schrieb außer Romanen aus der Geschichte der Südstaaten Kurzgeschichten über die Gebirgsbevölkerung; führte den schwerfälligen Tennesseedialekt in die Literatur ein.
Hauptwerke: In the Tennessee mountains (Kurzgeschichten, 1884), The frontiersman (R., 1904).

Craik, Dinah Maria [engl. krɛɪk], geb. Mulock, * Stoke-on-Trent 20. April 1826, † Shortlands (Kent) 12. Okt. 1887, engl. Schriftstellerin. Führte als Frau des Verlegers G. L. C. ein geselliges Leben in den literar. Kreisen Londons. Besonderen Erfolg hatte sie mit dem Gesellschaftsroman „John Halifax, Gentleman" (dt. ³1894), in dessen Titelhelden das Gentleman-Ideal des viktorian. England verkörpert war; Dinah Maria C. trat auch als Lyrikerin und Verfasserin des Kinderliedes „The little lame prince" (1874) hervor.

Crainic, Nichifor [rumän. 'krainik], eigtl. Ion Dobre, * Bulbucata (Vlaşca) 22. Dez. 1889, rumän. Lyriker und Essayist. Professor der Theologie in Bukarest, 1941–44 Propagandaminister; nach dem Krieg wegen antikommunist. Haltung in Haft. Übte als Leiter der Zeitschrift „Gîndirea" (= Das Denken) bed. Einfluß auf die rumän. Literatur aus; traditionsbewußter Vertreter des Ostchristentums; Sprache und Stil seiner Gedichte sind von der geistl. Lyrik der Ostkirche beeinflußt.

Cramer, Heinz [Tilden] von, * Stettin 12. Juli 1924, dt. Schriftsteller. Studierte u. a. bei B. Blacher in Berlin Musik, 1946–53 Dramaturg und Regisseur beim Rundfunk, Hörspielautor; lebt seit 1953 als freier Schriftsteller auf der Insel Procida. Wurde bekannt durch den vielschichtigen, die dt. Intellektuellen leidenschaftl. kritisierenden Roman „Die Kunstfigur" (1958), in dem er die Geschichte eines sich den jeweils herrschenden Tendenzen anpassenden Literaten der vergangenen vier Jahrzehnte erzählt. Auch die folgenden, stilist. immer wieder voneinander abweichenden Romane sind zeitkritisch. Ferner Verfasser von Operntexten (u. a. für Blacher); Übersetzer.
Weitere Werke: San Silverio (R., 1955), Die Konzessionen des Himmels (R., 1961), Leben wie im Paradies (En., 1964), Der Paralleldenker (R., 1968).

Cramer, Johann Andreas, * Jöhstadt (Erzgeb.) 27. Jan. 1723, † Kiel 12. Juni 1788, dt. Dichter. Studium der ev. Theologie, Mitarbeiter der „Bremer Beiträge", befreundet mit Gellert und Klopstock; Hofprediger, seit 1774 Professor der Theologie in Kiel. C. schrieb geistl. Oden und Kirchenlieder, verfaßte Predigten, übersetzte und bearbeitete Psalmen, schrieb die erste Gellert-Biographie. In der von ihm hg. moral. Wochenschrift „Der Nord. Aufseher" trat er als Literaturkritiker hervor.
Hauptwerke: Poet. Übersetzung der Psalmen (1755–64), Vermischte Schriften (1757), Neue geistl. Oden und Lieder (1766–75), Sämtl. Gedichte (1782/83).
Literatur: Reichmann, E.: *Zu J. A. C.s Stellung in der dt. Lit.- u. Sprachgesch. Diss. Univ. of Cincinnati (Ohio) 1959.*

Cramer, Karl Friedrich, * Quedlinburg 7. März 1752, † Paris 8. Dez. 1807, dt. Schriftsteller. Sohn von Johann Andreas C., als Student Mitglied des „Göttinger Hains", später Professor in Kiel, wegen seiner positiven Einstellung zur Frz. Revolution 1794 entlassen, lebte als Buchhändler in Paris. Übersetzte dt. und frz. Werke; schrieb in uneingeschränkter Bewunderung Klopstocks „Klopstock. Er und über ihn" (1779–92), außerdem Reiseberichte.

Crane, [Harold] Hart [engl. krɛɪn], * Garrettsville (Ohio) 21. Juli 1899, † im Golf von Mexiko 27. April 1932, amerikan. Lyriker. Wohlhabende Eltern; vom Vater verstoßen, lebte er seit 1916 in Armut in New York; Einfluß u. a. von Pound und Eliot. C. war ein wurzelloser, selbstzerstörer. Mensch, der seinen inneren Erlebnissen in sehr persönl. Ton Ausdruck gab. 1928 Reise nach Europa und Mexiko, auf der Heimfahrt stürzte er sich ins Meer. „White buildings" (1926), dunkle, gedrängte Gedichte ohne einheitl. Thematik, in andeutender Sprache, mit Ketten von Assoziationen und auf der „Logik der Metapher" aufgebaut. Sie zeugen vom Einfluß der Franzosen, aber auch von formaler Begabung und dichter. Kraft; der Band „The bridge" (1930) ist eine Symphonie über die Großstadt, ein Lobgesang auf die Technik, eine Hymne vom „Mythos Amerika". Die Dichtung ist mit der Bildlichkeit der Imagisten gestaltet; neben ausdrucksstarken Bildern stehen Sentimentalitäten.
Literatur: Unterecker, J.: *A life of H. C. New York 1969.* – Hazo, S.: *H. C. An introduction and interpretation. New York 1963.* – Horton, P.: *H. C. The life of an American poet. New York ²1957.*

Crane, Stephen [engl. krɛɪn], * Newark (N. J.) 1. Nov. 1871, † Badenweiler 5. Juni 1900, amerikan. Schriftsteller. Reporter, 1890–95 Bohemien in New York, dann Zeitungskorrespondent in Texas und Mexiko, Kriegsberichterstatter in Griechenland und Kuba, zeitweise in England, starb in Deutschland, wo er Genesung suchte, an Tuberkulose; befreundet mit J. Conrad, H. James, H. G. Wells. C. schrieb vom Naturalismus beeinflußte Erzählungen und Romane in farbiger Sprache sowie symbolist. Kurzgedichte. „Maggie, das Straßenkind" (Kurz-R., dt. 1897) schildert das Schicksal eines Straßenmädchens in den Slums von New York. Am erfolgreichsten war der naturalist. Roman „Das Blutmal" (1895, dt. 1954), ein derber Bericht über die Schlacht von Chancellorsville und die psych. Auswirkungen der Schlacht auf einen Rekruten. Das ganz aus der Intuition geschriebene Werk hat die amerikan. Kriegsliteratur nachhaltig beeinflußt. Meisterhaft sind C.s Kurzgeschichten.
Weitere Werke: The black riders (Ged., 1895), Im Rettungsboot (Kurzgeschichten, 1898; dt. 1948), Active service (R., 1899), Das Monstrum (Kurzgeschichten, 1899; dt. 1962), War is kind (Ged.,

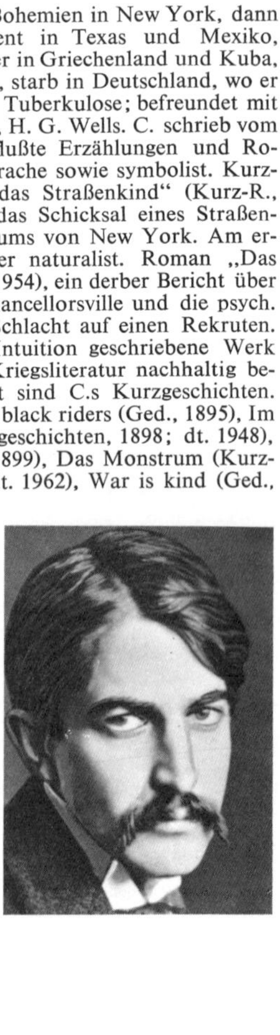

Stephen Crane

1899), Men, women and boats (Kurzgeschichten, 1921), Das blaue Hotel (En., dt. 1964), Ein Wunder an Mut (En., dt. 1965).
Literatur: Berryman, J.: *St. C. New York 1950.*
Crashaw, Richard [engl. 'kræʃɔ:], * London um 1613, † Loreto (Italien) 21. Aug. 1649, engl. Dichter.
Verließ während der Religionswirren 1643 England, konvertierte in Frankreich zum Katholizismus; lebte in Armut, bis er zum Sekretär eines Kardinals, später zum Kanonikus in Loreto ernannt wurde, schrieb formal an J. Donne geschulte, ausdruckskräftige, bildhafte religiöse und weltl. Lyrik; Einfluß der kath. Geisteswelt; religiöse Gedichte in lat. Sprache („Epigrammatum sacrorum liber", 1634), in engl. Sprache „Steps to the temple" (1646); Einflüsse der roman. Mystiker, daher Neigung zu ekstat. Stil; auch bed. Liebeslyrik.
Literatur: Williams, G. W.: *Image and symbol in the sacred poetry of R. C. Columbia (S. C.) 1963.* – Wallerstein, R.: *R. C. A study in style and poetic development. Madison (Wis.) ²1959.*
Craûn, Moriz von ↑ Moriz von Craûn.
Crawford, Francis Marion [engl. 'krɔ:fəd], * Bagni di Lucca (Italien) 2. Aug. 1854, † Sorrent 9. April 1909, amerikan. Schriftsteller.
Sohn eines Bildhauers, studierte german., roman. und oriental. Sprachen, bes. Sanskrit in Cambridge, Rom und Harvard; schrieb in gewandtem Stil Unterhaltungsromane, die ein romantisiertes Bild Indiens (das er bereist hat) und Italiens vermitteln; sein Indienroman „Mr. Isaacs" (1882) erschien 1892 in dt. Übersetzung. Der Roman „Saracinesca" (1887, dt. 1892) und seine zahlreichen Fortsetzungen sind spannende Schilderungen italien. Lebens.
Crayencour, Marguerite de [frz. krɛjã'ku:r] ↑ Yourcenar, Marguerite.
Crayon, Geoffrey [engl. 'krɛɪən] ↑ Irving, Washington.
Creangă, Ion [rumän. 'kreaŋgə], * Humuleşti (Moldau) 1. März 1837, † Jassy 31. Dez. 1889, rumän. Schriftsteller.
Wurde 1872 nach Entfernung aus dem geistl. Amt Händler, dann Lehrer; Beziehungen zur literar. Junimea-Gruppe. Bedeutendster rumän. Erzähler seiner Zeit; stilist. eigenständiger Nacherzähler von rumän. Volksmärchen, Autor von Geschichten und Jugenderinnerungen („Der Lausejunge aus Humuleşti", 1880; dt. 1958); verbindet Schlichtheit mit Ausdrucks- und Bildkraft; machte die rumän. Volkssprache literaturfähig.
Weitere Werke: Der weiße Mohr (Märchen, dt. Ausw. 1952), Prinz Stutensohn (Märchen und En., dt. Ausw. 1954).
Crébillon, Claude Prosper Jolyot de [frz. krebi'jõ], der Jüngere, * Paris 14. Febr. 1707, † ebd. 12. April 1777, frz. Schriftsteller.
Schrieb vielgelesene, frivole kleine Romane, die die moral. Freizügigkeit seiner Zeit spiegeln, mit satir., oft persönl. Anspielungen auf Zeitgenossen und Aktualitäten, die ihn ins Gefängnis brachten. C. wird wegen seines witzigen, zeitweilig zyn., doch immer brillanten Stils als Vorläufer Voltaires, wegen seiner Darstellungsmethode als Vorläufer des analyt. Romans angesehen.
Hauptwerke: Tanzai und Neadarne oder Der Schaumlöffel (R., 1733; dt. 1926), Das Sopha (R., 1745; dt. 1904), Die Verführung (R., 1755; dt. 1948), Das Spiel des Zufalls am Kaminfeuer (R., 1763; dt. 1905).
Ausgabe: C. P. J. de C. Das erzähler. Werk. Dt. Übers. Hg. v. E. Loos. *Bln. 1968 ff. Auf 8 Bde. berechnet.*
Literatur: Kruse, M.: *„Les Égarement du cœur et de l'esprit" v. C. als „Education sentimentale" des 18. Jh.s. In: Aufs. zur Themen- u. Motivgesch. Festschr. f. H. Petriconi zum 70. Geburtstag v. seinen Hamburger Schülern. Hamb. 1965.* – Bray, B.: *The wayward head and heart. New York 1963.* – Cherpack, C.: *An essay on C. fils. Durham (N. C.) 1962.*
Crébillon, Prosper Jolyot de [frz. krebi'jõ], der Ältere, eigtl. P. J. Sieur de Crais-Billon, * Dijon 13. Febr. 1674, † Paris 17. Juni 1762, frz. Dramatiker.
Sohn eines Notars, sollte Jurist werden, wandte sich jedoch dem Theater zu. C. schrieb pathet. Tragödien (antike und mytholog. Stoffe), in denen er äußerst verwickelte, undramat. Handlungen, Helden ohne psycholog. Entwicklung auf die Bühne stellt und Greueltaten in entsetzenerregenden Einzelheiten geschehen läßt (Beiname „le Terrible"); C. war sehr erfolgreich, wenn auch Sprache und Verse seiner Stücke mittelmäßig waren; 1731 Mitglied der Académie française.
Hauptwerke: Idoménée (Trag., 1705; dt. 1752), Atrée et Thyeste (Trag., 1707), Orest und Elektra (Trag., 1709; dt. 1774), Rhadamist und Zenobia (Trag., 1711; dt. 1750), Xerxes (Trag., 1714), Catilina (Trag., dt. 1749).
Creeley, Robert [White] [engl. 'kri:lɪ], * Arlington (Mass.) 21. Mai 1926, amerikan. Lyriker.
Studierte in Harvard, war Dozent und Hauslehrer; Hg. der „Black Mountain Review"; verfaßte Gedichte in geschliffenen Formulierungen, in denen Empfindung und Anschauung verschmelzen; auch Romane.
Hauptwerke: Le fou (Ged., 1952), The immoral proposition (Ged., 1953), Mister Blue (Geschichten, dt. 1964), All that is lovely in men (Ged., 1955), The whip (Ged., 1957), A form of women (Ged., 1959), Die Insel (R., dt. 1965).
Cremer, Jacobus Jan [niederl. 'kre:mər], * Arnheim 1. Sept. 1827, † Den Haag 5. Juni 1880, niederl. Erzähler.
Anfangs Maler; schrieb zahlreiche Romane und Novellen, z.T. mit sozialkrit. Tendenz, aus dem bäuerl. Milieu Gelderns.
Hauptwerke: Holländ. Novellen (dt. 1875), Anna Rooze (R., 1868), Die Arbeiterprinzessin (R., dt. 1875), Von der Bretterwelt (En., dt. 1882).
C[h]restien de Troyes [frz. kretjɛ̃də'trwa] ↑ Chrétien de Troyes.
Creutz, Gustav Philip Graf [schwed. krɔjts], * Anjala (Finnland) 1. Mai 1731, † Stockholm 30. Okt. 1785, schwed. Dichter.
Gesandter in Madrid und Paris, 1783 Kanzleipräsident; schrieb Hirtengedichte in formvollendeten, klangvollen Alexandrinern; bed. auch seine Landschaftsgedichte; seine Dichtung, die nur wenige Gedichtsammlungen, das Hirtenidyll „Atis och Camilla" (1761) und die Versnovelle „Daphne" (1762) umfaßt, blieb lange Zeit populär.
Crèvecœur, Michel Guillaume Jean de [frz. krɛv'kœ:r], Pseudonym J. Hector St. John, * Caen 31. Jan. 1735, † Sarcelles bei Paris 12. Nov. 1813, amerikan. Schriftsteller frz. Herkunft.

Diente in der frz. Armee in Kanada, arbeitete als Geometer, ließ sich 1765 naturalisieren und lebte als Farmer im Staat New York; die Revolution gegen die brit. Monarchie zwang ihn 1780 zur Heimkehr nach Frankreich. Seinen Nachruhm begründeten die Essays, die als „Letters of an American farmer" 1782 pseudonym erschienen; lebhafte, unterhaltende und informative Schilderung aus der Zeit des Entstehens der amerikan. Nation.

Crevel, René [frz. krə'vɛl], * Paris 10. Aug. 1900, † ebd. 18. Juni 1935 (Selbstmord), frz. Schriftsteller.
Gehörte mit R. Vitrac und M. Arland einer surrealist. Gruppe an, dann im Kreis um A. Breton; später verfaßte er nihilist.-sarkast. Romane gegen die bürgerl. Gesellschaft, den heraufkommenden Faschismus und den Konformismus sowie kunstkrit. und philosoph. Abhandlungen.
Hauptwerke: Détours (R., 1924), Mon corps et moi (R., 1925), Der schwierige Tod (R., dt. 1930), Babylon (R., 1927; dt. 1969), Êtes-vous fou? (R., 1929), Salvador Dali ou l'antiobscurantisme (Essay, 1931), Le clavecin de Diderot (R., 1932), Les pieds dans le plat (R., 1933).

Crisostomo [italien. kri'zɔstomo] † Berchet, Giovanni.

Crnjanski, Miloš [serbokroat. tsr̩'njanski:], * Ilanča (Banat) 26. Sept. 1893, serb. Schriftsteller, Publizist und Diplomat.
Lebte in London im Exil, 1965 Rückkehr nach Jugoslawien; als Lyriker und Erzähler Vertreter des dem Expressionismus nahestehenden Modernismus; bevorzugt auch in der Prosa einen stark lyr. Stil; schrieb außer Gedichten v. a. autobiograph. Romane, Reiseberichte und Erzählungen; in dt. Übersetzung erschienen „Panduren" (R., dt. 1963) und „Kommentar zu ‚Ithaka'" (dt. 1967).

Croisset, Francis de [frz. krwa'sɛ], eigtl. Franz Wiener, * Brüssel 28. Jan. 1877, † Neuilly-sur-Seine 8. Nov. 1937, frz.-belg. Schriftsteller.
Lebte in Paris; begann mit lyr. Gedichten, wandte sich dann jedoch dem Theater zu, für das er, meist in Zusammenarbeit mit anderen, eine Reihe sehr erfolgreicher leichter Boulevardkomödien schrieb: „Chérubin" (1901), „Le paon" (1904), „Paris – New York" (1907), „Arsène Lupin" (1908, mit Leblanc) u. a.; verfaßte auch Romane, Reisebücher (u. a. „La féerie cinghalaise", 1926 ; „Nous avons fait un beau voyage", 1930) und Essays.

Crommelynck, Fernand [frz. krɔm'lɛ̃:k], * Paris 19. Nov. 1888, belg. Dramatiker.
Stammt aus einer Komödiantenfamilie, genoß nur kurz regelmäßige Schulbildung, war seit dem 14. Lebensjahr Schauspieler. Berühmt wurde er mit der lyr. Farce „Der Hahnrei" (dt. 1922), die die Eifersucht zum Thema hat und als eines der bedeutendsten Stücke der Zwischenkriegszeit gilt. Später lebte er in Saint-Cloud als freier Schriftsteller. C. schrieb phantasiereiche, farbige Theaterstücke, in denen er heitere und trag., realist., symbolist. und irreale Elemente kunstvoll mischte, sie sind volkstüml.-derb und zugleich lyrisch und voller Poesie. Er schrieb auch soziale Satiren, wie „Tripes d'or" (Dr., 1930).
Weitere Werke: Nous n'irons plus au bois (Dr., 1906), Der Maskenschnitzer (Dr., 1908; dt. 1920), Le marchand de regrets (Dr., 1913), Carine ou la jeune fille folle de son âme (Dr., 1930), Chaud et froid (Dr. 1941), Là est la question (R., 1947).

Cronegk, Johann Friedrich Freiherr von ['kro:nɛk], * Ansbach 2. Sept. 1731, † Nürnberg 1. Jan. 1758, dt. Dichter.
Studierte Rechtswissenschaft in Halle und Leipzig, Bekanntschaft u. a. mit Gellert, Rabener, Zachariae; Reisen nach Rom und Paris; gab die moral. Wochenschrift „Der Freund" heraus. Begann mit Lustspielen nach frz. Vorbildern, später Alexandrinertragödien, die, dem frz. Klassizismus verpflichtet, stoisches Heldentum und Martyrium verherrlichen; auch Lyrik und Satiren.
Hauptwerke: Einsamkeiten (Ged., 1758), Codrus (Trag., 1760), Olint und Sophronia (Tragödienfragment, hg. 1764).

Cronin, Archibald Joseph [engl. 'kroʊnɪn], * Cardross (Dumbarton) 19. Juli 1896, engl. Schriftsteller.
Aus ärml. Verhältnissen, war Arzt (u. a. in einer Nervenheilanstalt und im Bergbaugebiet von Wales), später Modearzt in London, dann freier Schriftsteller in den USA, lebt in der Schweiz; seine Romane, die v. a. außerhalb Englands erfolgreich sind, zeigen sozialkrit. Tendenz und gute Menschendarstellung. Sie sind gut erzählt, jedoch mitunter sentimental. C. bevorzugt das Ärztemilieu. Die humane Einstellung des Autors überdeckt manche Oberflächlichkeit.
Hauptwerke: Der Tyrann (R., dt. 1938), Das Haus der Schwäne (R., dt. 1934), Die Sterne blicken herab (R., dt. 1935), Die Zitadelle (R., dt. 1938), Kaleidoskop in K (R., dt. 1939), Die Dame mit den Nelken (R., dt. 1940), Schlüssel zum Königreich (R., dt. 1942), Die grünen Jahre (R., dt. 1949), Abenteuer in zwei Welten (Autobiogr., dt. 1952), Später Sieg (R., dt. 1956), Geh auf den Markt (R., dt. 1964).

Cros, Charles [frz. kro], * Fabrezan (Aude) 1. Okt. 1842, † Paris 9. Aug. 1888, frz. Dichter.
Philologie- und Medizinstudium; erfand 1877 vor Edison einen Phonographen („Paléophone") und 1869 ein Farbphotographieverfahren; seine witzigen „Monologe" („Le hareng saur", 1867, u. a.) trug er im Pariser Kabarett „Chat-Noir" mit großem Erfolg selbst vor; als Lyriker ist er Vorläufer des Symbolismus: „Le coffret de santal" (Ged., 1873).

Crottet, Robert [frz. krɔ'tɛ], * Petersburg (heute Leningrad) 23. Nov. 1908, schweizer. Erzähler.
Verlebte seine Jugendjahre in Finnland; studierte in Basel; sein Aufenthalt in Genf wird jährlich durch einen mehrmonatigen Besuch bei finn. Lappen unterbrochen. C. begann mit Dramen, wandte sich dann Erzählungen mit Themen aus der finn. Landschaft zu; er schreibt in frz. Sprache.
Hauptwerke: Mondwald (En., dt. 1949), Mein Freund Maouno (E., dt. 1956), Heute in vierzehn Tagen (R., dt. 1957), Am Rande der Tundra (Tageb., dt. 1966).

Crotus Rubianus (C. Rubeanus), eigtl. Johann Jäger, * Dornheim bei Arnstadt um 1480, † Halberstadt nach 1539, dt. Humanist.
Studierte in Erfurt; gehörte dem Humanistenkreis um Mutianus Rufus an; Leiter der Klosterschule Fulda, 1517–20 in Italien. Er schloß sich der Reformation an und war mit Luther und Hutten befreundet. 1524–30 am Hof Albrechts von Preußen in Königsberg. C. R. war Meister der satir.

Kunst; ihm wird die geistige Urheberschaft der „Epistolae obscurorum virorum" (Mitarbeiter und Hauptverfasser des 1. Teils) zugeschrieben. 1530 Rückkehr zur kath. Kirche, die er 1531 in der „Apologia" verteidigte; 1531 Kanonikus in Halle.
Literatur: Reindell, W.: *Luther, C. u. Hutten. Marburg 1890.*
Crudeli, Tommaso [italien. kru'dɛ:li], * Poppi (Toskana) 1703, † ebd. 27. März 1745, italien. Dichter.
Rechtsstudium in Pisa, ging dann nach Florenz; 1739 unter der Anklage der Freimaurerei von der Inquisition gefangengehalten, danach verbannt; als Lyriker zeichnet er sich durch inhaltl. Freizügigkeit und elegante Form aus („Poesie", hg. 1746), seine Fabeln sind an La Fontaine geschult.
Crusenstolpe, Magnus Jacob [schwed. ˌkrʉ:sən-stɔlpə], * Jönköping 11. März 1795, † Stockholm 18. Jan. 1865, schwed. Schriftsteller.
1825–34 Hofgerichtsassessor, 1838 wegen Majestätsbeleidigung zu 3jähriger Festungshaft verurteilt; verfaßte pamphlet. Tendenzschriften gegen die Dynastie und oppositionelle Schriften zu polit. Tagesfragen; wenig zuverlässig sind seine histor. Romane, die Authentisches und Erfundenes verquicken und keinerlei Disposition aufweisen.
Hauptwerke: Der Mohr (R., dt. 1842–44), Huset Tessin (R., 1847–49).
Cruz, Sor Juana Inés de la ↑ Juana Inés de la Cruz, Sor.
Cruz, Juan de la ↑ Juan de la Cruz.
Cruz Cano y Olmedilla, Ramón de la [span. 'kruθ 'kano i ɔlme'ðiʎa], * Madrid 28. März 1731, † ebd. 5. März 1794, span. Dramatiker.
Schrieb über 300 Bühnenstücke, meist Sainetes voll lebendiger Szenen und drast. Sittenbilder aus dem Madrider Volksleben; durch die erfolgreiche Weiterentwicklung spezif. span. Formen (Sainete, Zarzuela) in einer Zeit, da der Einfluß des frz. Klassizismus seinen Höhepunkt erreichte, gewann er großen Einfluß auf die nationalspan. Bühne.
Hauptwerke: Teatro (1786–91), Sainetes (hg. 1882).
Cruz e Silva, António Dinis da ↑ Dinis da Cruz e Silva, António.
Cruz e Sousa, João da [brasilian. 'kruz i 'soza], * Desterro (heute Florianópolis, Santa Catarina) 24. Nov. 1861, † Estação de Sítio (Minas Gerais) 19. März 1898, brasilian. Lyriker.
Sohn von Negersklaven, studierte klass. Philologie; Symbolist, dessen Gedichte myst. Züge aufweisen.
Hauptwerke: Missal (Ged., 1893), Broquéis (Ged., 1893), Faróis (Ged., 1900), Últimos sonetos (Ged., 1905).
Csezmiczey, János [ungar. 'tʃɛzmitsɛi] ↑ Janus Pannonius.
Csiky, Gergely [ungar. 'tʃiki], * Pankota (heute Pîncota, Rumänien) 8. Dez. 1842, † Budapest 19. Nov. 1891, ungar. Dramatiker.
Studierte kath. Theologie, Priester, 1870 Professor der Theologie in Temesvar, seit 1878 in Budapest, trat 1881 zur ev. Kirche über und widmete sich ganz der Literatur. Er verfaßte die erfolgreichsten ungar. Dramen seiner Zeit, di[illegible] a. Konflikte aus der ungar. Gesellschaft behandeln. Die Darstellung C.s ist anekdot., seine Charakterzeichnung bisweilen schablonenhaft.
Hauptwerke: Schmarotzer (Dr., 1880; dt. 1952), Buborékok (Lsp., 1887), Großmama (Lsp., dt. 1892).
Csokonai Vitéz, Mihály [ungar. 'tʃokonɔi 'vite:z], * Debreczin 17. Nov. 1773, † ebd. 28. Jan. 1805, ungar. Dichter.
Aus armer Kleinbürgerfamilie; Theologiestudium am Debrecziner Kollegium, wegen aufklärer. Anschauungen 1795 relegiert, führte er das Leben eines wandernden Dichters; der Plan einer literar. Zeitschrift scheiterte; nach unglückl. Liebeserlebnis ging er erneut auf Wanderschaft, zeitweilig als Gymnasiallehrer tätig. C. V. gilt als der erste moderne Lyriker der ungar. Literatur, dessen Gedichte unter dem Einfluß dt. und italien. Dichtungsformen in sprachl. und gedankl. Reichtum fein nuancierte Empfindungen wiedergeben und vom Geiste der heimatl. Volksdichtung bestimmt sind.
Hauptwerke: Lilla (Ged., 1793–1802), Dorothea (Epos, 1804; dt. 1814).
Csokor, Franz Theodor ['tʃɔkɔr], * Wien 6. Sept. 1885, † ebd. 5. Jan. 1969, östr. Schriftsteller.
Studium der Kunstgeschichte, Dramaturg und Regisseur in Wien, 1938–46 in verschiedenen Ländern im Exil, Rückkehr nach Wien; Präsident des östr. PEN-Clubs. Von Strindberg beeinflußter expressionist. Dramatiker, der aus humanist. Grundhaltung heraus zu aktuellen Daseinsproblemen Stellung nahm und zugleich das realist. Zeitgeschehen ins Symbolische sublimierte. Auch Lyrik, Novellen, Romane, Memoiren sowie Übersetzungen.
Hauptwerke: Die rote Straße (Dr., 1918), Der Baum der Erkenntnis (Dr., 1919), Gesellschaft der Menschenrechte (Dr., 1929), Gottes General (Dr., 1939), Europ. Trilogie (Dramen, 1952; einzeln: 3. November 1918, 1936; Besetztes Gebiet, 1930; Der verlorene Sohn, 1947), Olymp und Golgatha (Dramentrilogie, 1954), Der Schlüssel zum Abgrund (R., 1955), Auf fremden Straßen. 1939 bis 1945 (Autobiogr., 1955), Das Zeichen an der Wand (Dr., 1962), Ein paar Schaufeln Erde (E., 1965).
Literatur: Adler, L.: *Die dramat. Werke v. F. Th. C. Diss. Wien 1950 [Masch.].*
Cube, Hellmut von, * Stuttgart 31. Dez. 1907, dt. Schriftsteller.
Studierte Germanistik, seit 1932 freier Schriftsteller; lebt in München; Feuilletonist und Kritiker für Zeitungen und den Rundfunk; C., der in seinen literar. Werken die kleine Form bevorzugt, schreibt Lyrik, Erzählungen und Hörspiele sprachlich genau, sehr amüsant, mitunter surrealistisch.
Hauptwerke: Tierskizzenbüchlein (1935), Bestiarium humanum (Ged., 1948; mit L. M. Beck), Der Lebenskrug (Ged., 1948), Reisen auf dem Atlas (Ged., 1950), Pilzsammelsurium (1960), Mein Leben bei den Trollen (E., 1961), Mürßl-Gedichte (1967).
Čubranović, Andrija [serbokroat. tʃuˌbranɔvitɕ], genannt Zlatar, zwischen 1480 und 1530 in Ragusa (heute Dubrovnik) lebender Dichter der Renaissance.
Außer Liebesgedichten blieb ein nach dem Muster des italien. Canto carnascialesco gebautes Fastnachtsspiel, „Jeđupka" (= Die Zigeunerin, gedruckt 1599), erhalten, eine Liebesdichtung, in der der Dichter als Zigeunerin verkleidet der Dame seine Liebe erklärt.

Cueva, Juan de la [span. 'kueβa], * Sevilla um 1543 oder 1550, † ebd. um 1610, span. Dichter.
1574–77 mit seinem Bruder Claudio, dem Inquisitor, in Mexiko; lebte später in Sevilla, Ubeda und Cuenca. Schrieb Liebesgedichte im Stile Petrarcas, satir., mytholog. und allegor. Dichtungen, in die zahlreiches autobiograph. Material verarbeitet ist. In seinem dramat. Werk verwendete er volkstüml. Romanzen, Sagenstoffe, Themen aus der span. Geschichte und der Antike. Bed. war seine Reform des span. Theaters.
Hauptwerke: Los siete infantes de Lara (Dr., 1579), El infamador (Dr., 1581), Obras (Ged., 1582), Coro febeo de romances historiales (Ged., 1587).
Literatur: Guerrieri Crocetti, C.: *J. de la C. e le origini del teatro nazionale spagnuolo. Turin 1936.* – Pfandl, L.: *Studien zu J. de la C. In: Arch. f. das Studium der neueren Sprachen u. Literaturen 159 (1931), 231.*

Čukovskij ↑ Tschukowski.

Cullen, Countee [engl. 'kʌlɪn], * New York 30. Mai 1903, † ebd. 9. Jan. 1946, amerikan. farbiger Dichter.
Ausbildung u. a. an der Harvard University. Verfasser formal konventioneller, idealisierender Gedichte mit Stoffen aus dem Lebensraum der Farbigen; kaum Ausdruck rass. Eigenart; formale Gewandtheit und gewagte Metaphorik; sein Vorbild war Keats.
Hauptwerke: The black Christ and other poems (Ged., 1929), One way to heaven (R., 1932).

Cumalı, Necati [türk. dʒumɑ'lɨ], * Florina 1921, türk. Dichter.
Advokat, Presseattaché in Paris, Redakteur beim Rundfunk in Istanbul. Schrieb Gedichte, erfolgreiche Dramen, Erzählungen und einen Roman; übersetzte Lyrik von Apollinaire.

Čumandrin ↑ Tschumandrin.

Cumberland, Richard [engl. 'kʌmbələnd], * Cambridge 19. Febr. 1732, † Tunbridge Wells (Kent) 7. Mai 1811, engl. Schriftsteller.
Sohn eines Bischofs, ging in den diplomat. Dienst und lebte schließl. als freier Schriftsteller. Verfaßte von Sheridan angegriffene rührselige Lustspiele, oft auch farcenhafte Komödien; er galt auch mit seinen empfindsamen Romanen als Plagiator und Epigone; der Wert seiner Werke liegt in der lebhaften, anschaul. Art der Darstellung.
Hauptwerke: The brothers (Dr., 1769), The Jew (Dr., 1794), The wheel of fortune (Kom., 1795).

Cummings, E[dward] E[stlin] [engl. 'kʌmɪŋz], * Cambridge (Mass.) 4. Okt. 1894, † North Conway 3. Sept. 1962, amerikan. Dichter.
Studierte in Harvard, war im 1. Weltkrieg freiwillig Frontsanitäter und wegen Spionageverdacht in Frankreich in Haft. In Paris studierte er Malerei, kehrte 1924 nach New York zurück, wo er seither, von einigen Unterbrechungen abgesehen, als Maler und Dichter lebte. In dem schockierenden, zyn. brutalen Roman „Der endlose Raum" (1922, dt. 1954) schildert der leidenschaftl. Individualist und Kriegsgegner C. seine Erlebnisse in frz. Haft. Im Mittelpunkt seines Schaffens steht seine ganz persönl. gehaltene, exzentr. Lyrik („Gedichte", dt. Ausw. 1958), die durch Formexperimente, die gegen jede konventionelle Norm verstoßen, sowie eine eigene Orthographie gekennzeichnet ist.
Weitere Werke: Tulips and chimneys (Ged., 1923), Is 5 (Ged., 1926), Him (Dr., 1927; dt. EA 1968), Vi Va (Ged., 1931), 1 x 1 (Ged., 1944), Anthropos (Schsp., dt. 1961).
Literatur: Wegner, R. E.: *Poetry and prose of E. E. C. New York 1965.* – Firmage, G. J.: *E. E. C. A bibliography. Middletown (Conn.) 1960.* – Friedmann, N.: *E. E. C., the art of his poetry. Baltimore (Md.) 1960.*

Cunha, Euclides da [brasilian. 'kuɲa], * Santa Rita do Rio Negro 20. Jan. 1866, † Rio de Janeiro 15. Aug. 1909 (ermordet), brasilian. Schriftsteller, Historiker und Soziologe.
Zunächst Militäringenieur, später im Außenministerium; nahm 1897 am Canudosfeldzug teil, den er in dem Buch „Os sertões" (1902) schilderte, mit dem er einen wesentl. Beitrag zur nationalbrasilian. Literatur leistete; daneben weitere, auch literar. bed. Abhandlungen über Probleme seines Landes („Contrastes e confrontos", 1907; „À margem da história", 1909).

Cunningham, Allan [engl. 'kʌnɪŋəm], * Keir (Dumfries) 7. Dez. 1784, † London 30. Okt. 1842, schott. Dichter.
Nach Steinmetzlehre literar. Arbeiten und Tätigkeit als Parlamentsberichterstatter. Von Burns beeinflußt und von Scott und Hogg geschätzt; am bedeutendsten als Dichter schott. Dialektlieder.
Hauptwerke: Songs chiefly in the rural dialect (Ged., 1813), Traditional tales of English and Scottish peasantry (En., 1822).

Curel, François de [frz. ky'rɛl], * Metz 10. Juni 1854, † Paris 26. April 1928, frz. Dramatiker.
Aus lothring. Adels- und Industriellenfamilie; seit 1919 Mitglied der Académie française; Verfasser von sozialen, psycholog. und philosoph. Ideendramen, in denen er oft Ausnahmemenschen in wenig alltägl. Situationen darstellte.
Hauptwerke: Sauvé des eaux (Dr., 1889), La nouvelle idole (Dr., 1899), L'âme en folie (Dr., 1920), Terre inhumaine (Dr., 1922).
Literatur: Braunstein, E.: *F. de C. et le théâtre d'idées. Paris 1962.* – Richter, K.: *F. de C. Ein Beitrag zur frz. dramat. Lit. um die Jh.wende. Diss. Lpz. 1934.*

Curros Enríquez, Manuel [span. 'kurrɔs en'rrikeθ], * Celanova (Orense) 1851, † Havanna 7. März 1908, span. Dichter.
Rechtsstudium; gewandter Journalist und Kritiker; exkommuniziert; in La Coruña zum Dichter gekrönt; zuletzt in Kuba; gilt als bedeutendster Dichter Galiciens; schrieb span. und galicisch.
Hauptwerke: Aires d'a miña terra (Ged., 1880), O divino sainete (Ged., 1888).

Curtis, George William [engl. 'kə:tɪs], * Providence (R. I.) 24. Febr. 1824, † New Brighton 31. Aug. 1892, amerikan. Schriftsteller.
Stand den Transzendentalisten nahe, studierte in Berlin, bereiste als Korrespondent angesehener amerikan. Zeitungen u. a. den Nahen Osten und erhielt eine Professur für engl. Sprache; bed. Redner. Schrieb Reisebriefe, Skizzen und Essays über aktuelle polit. und soziale Fragen seiner Zeit; behandelte Themen von allgemeinem Interesse.
Hauptwerke: Nile notes of a Howadji (Skizzen, 1851), The Howadji in Syria (Skizzen, 1852), Prue and I (Essays, 1853).

Curtius Rufus, Quintus, röm. Geschichtsschreiber des 1. Jahrhunderts (?).

Über sein Leben ist nichts bekannt; er schrieb eine „Geschichte Alexanders des Großen" in 10 Büchern, von denen die letzten 8, von Lücken zwischen dem 5. und 6. Buch abgesehen, vollständig erhalten sind. Obwohl er sich auf gute griech. Quellen stützen konnte, legte C. R. auf histor. Genauigkeit wenig Wert und schuf in romanhafter Darstellung ein buntes, effektvolles, mit rhetor. Schwung gestaltetes Werk lat. Unterhaltungsliteratur mit moral. Tendenz.
Ausgabe: Q. C. R. Gesch. Alexanders d. Gr. Lat. u. dt. Bearb. v. Konrad Müller *u.* H. Schönfeld. *Mchn. 1954.*
Literatur: De Lorenzi, A.: *Curzio Rufo. Contributo allo studio del testo e della tradizione manoscritta. Neapel 1965.* – Korzeniewski, D.: *Die Zeit des Q. C. R. Diss. Köln 1959.*

Cvetaeva ↑ Zwetajewa.

Cynewulf (Kynewulf) ['ky:nəvʊlf, engl. 'kɪnɪwʊlf], altengl. Dichter der 2. Hälfte des 8. Jahrhunderts.
Über sein Leben ist nichts bekannt. Gilt als Verfasser der 4 Dichtungen „Juliana", „The ascension" (oder „Christ II"), „The fates of the Apostles" und „Elene", in denen er sich verschlüsselt als Dichter nennt. Die Legendendichtungen sind nach lat. Quellen in schwungvoller, erhabener Sprache abgefaßt und gestalten eindrucksvoll und originell das Leben und Leiden Christi, die Wiederkunft beim Jüngsten Gericht, das Schicksal der Apostel und Heiligen. C. war einer der bedeutendsten religiösen Dichter der altengl. Zeit.
Literatur: Schaar, C.: *Critical studies in the C. group. Lund 1949.* – Sisam, K.: *C. and his poetry. London 1933.* – Trautmann, M.: *Kynewulf, der Bischof u. Dichter. Bonn 1898.*

Cyrano de Bergerac, Savinien de [frz. siranodbɛrʒə'rak], eigtl. Hector Savinien Cyrano, * Paris 6. März 1619, † ebd. 28. Juli 1655, frz. Schriftsteller.
Stammte aus einer Adelsfamilie, nahm an den flandr. Feldzügen teil und wurde 1640 verwundet, lebte seitdem in Paris, wo er mit Molière zusammen Schüler Gassendis war. Er schrieb Gedichte, scherzhafte „Lettres" mit gesuchter Pointe, zwei Theaterstücke („La mort d'Agrippine", Trag., 1653; „Le pédant joué", Kom., 1654), eine physikal. Abhandlung und zwei utop.-satir. Romane, die 1909 bzw. 1913 u. d. T. „Reise in die Sonne" und „Mondstaaten und Sonnenreiche" ins Dt. übersetzt wurden. Als typ. Vertreter des „esprit gaulois" kleidet er seine Satiren, mit denen er das Ideengut der frz. Aufklärung vorbereitet, in das literar. neutrale Gewand burlesker Phantasie.
Literatur: Lanius, E. W.: *C. de B. and the universe of the imagination. Genf 1967.* – Montgrédien, G.: *C. de B. Paris 1964.* – Dübi, H.: *C. de B. (1619 bis 1655). Sein Leben u. seine Werke. Bern 1906.*

Czaczkes, Samuel Josef ['tʃatʃkəs] ↑ Agnon, Samuel Josef.

Czajkowski, Michał [poln. tʃaj'kɔfski], * Halczyniec (Ukraine) 1804, † Borki (Ukraine) 18. Jan. 1888 (Selbstmord), poln. Schriftsteller.
Emigrierte nach dem poln. Aufstand 1831 nach Paris, dann in die Türkei, wo er zum Islam übertrat; Kampf gegen Rußland; schließl. Rückkehr nach Rußland und Rückkehr zum griech.-orthodoxen Glauben. Schrieb leidenschaftl.-patriot. Romane und Erzählungen aus der Welt der ukrain. Kosaken.
Hauptwerke: Wernyhora (R., dt. 1841), Der Kosakenhetman (R., dt. 1843), Kirdschali (E., dt. 1957).

Czechowicz, Józef [poln. tʃɛ'xɔvitʃ], * Lublin 15. März 1903, † ebd. 9. Sept. 1939, poln. Schriftsteller.
Lehrer, dann Journalist und Leiter des poln. Rundfunks in Warschau, starb bei einem Bombenangriff; schrieb, vom russ. Imaginismus und von Apollinaire beeinflußt, expressive und von der Intonation her bestimmte Lyrik; bed. für die moderne poln. Versifikation; auch Übersetzer aus dem Russischen, Tschechischen, Englischen und Französischen.

Czepiel, Adam [poln. 'tʃɛpjɛl] ↑ Brzozowski, Stanisław Leopold.

Czepko [von Reigersfeld], Daniel ['tʃɛpko], * Koischwitz bei Liegnitz 23. Sept. 1605, † Wohlau 8. Sept. 1660, dt. Dichter.
Sohn eines prot. Pfarrers; studierte Medizin in Leipzig und Jura in Straßburg; unternahm zahlreiche Reisen; ging in der Folgezeit verschiedenen Beschäftigungen nach, schließl. Regierungsrat des Fürstentums Brieg und Kaiserl. Rat in Ohlau. Bed. Lyriker, Epigrammatiker und Dramatiker des Barocks in der Nachfolge von Opitz; religiös-myst. Thematik, Gedanken zur Unio mystica bestimmten sein dichter. Werk; prägnant in der Sprache, vermeidet er Schwulst und rhetor. Pathos; seine Dichtungen wurden, von wenigen unwichtigen lat. und dt. Gelegenheitsgedichten abgesehen, nur handschriftl. verbreitet.
Ausgabe: D. v. C. Sämtl. Dichtungen. Hg. v. W. Milch. *Breslau 1930–32. 2 Bde. Nachdr. Darmst. 1963.*
Literatur: Milch, W.: *D. v. C. Persönlichkeit u. Leistung. Breslau 1934.*

Czernichowski ↑ Tschernichowski.

Czeszko, Bohdan [poln. 'tʃɛʃkɔ], * Warschau 1. April 1923, poln. Schriftsteller.
Teilnahme am Warschauer Aufstand; nach dem Krieg Studium an der Akademie der Schönen Künste, Auslandskorrespondent und Redakteur; lebt als Kritiker und Erzähler in Warschau; auch Maler; schrieb moral. engagierte Prosawerke über den Krieg in dichter., bildhafter Sprache („Lehrjahre der Freiheit", R., dt. 1953).

Czibulka, Alfons Freiherr von ['tʃi:bʊlka, tʃi'bʊlka], * Schloß Radborsch in Böhmen 28. Juni 1888, † München 22. Okt. 1969, östr. Schriftsteller.

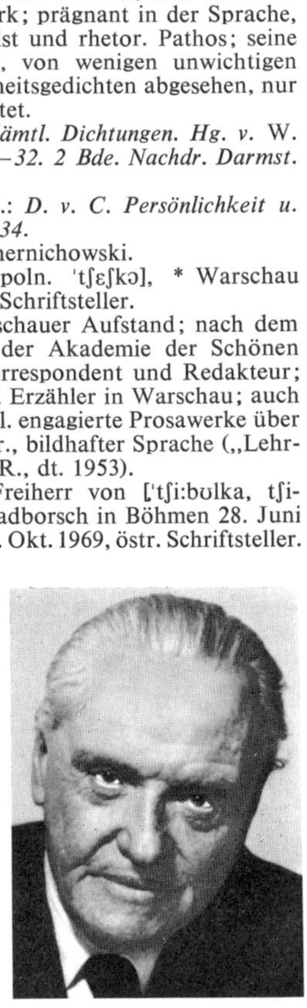

Alfons Freiherr von Czibulka

Lebte seit 1918 in München. In seinen zahlreichen volkstüml. Romanen, Erzählungen und Biographien gestaltet er mit liebenwürdigem Humor v. a. Stoffe aus der Geschichte der Donaumonarchie.
Hauptwerke: Prinz Eugen (Biogr., 1927), Der Münzturm (R., 1936), Der Kerzelmacher von St. Stephan (R., 1939), Das Abschiedskonzert (R., 1944), Reich mir die Hand mein Leben (R., 1956), Der Tanz ums Leben (En., 1958), Maria Drei Eichen (En., 1963).
Czyżẹwski, Tytus [poln. tʃiˈʒɛfski], * Przyszowa Górna bei Limanowa 28. Dez. 1885, † Krakau 6. Mai 1945, poln. Dichter und Maler.
Studierte in Krakau und Paris Malerei, sammelte die Künstlergruppe der „Formisten" um sich. C. gilt als der bedeutendste der Krakauer Futuristen, er unternahm Versuche einer Dichtung ohne log. Beziehungen, verarbeitete auch volkstüml. Elemente („Pastorałki", Ged., 1925).

D

Dabịt, Eugène [frz. daˈbi], * Paris 21. Sept. 1898, † Sewastopol 21. Aug. 1936, frz. Schriftsteller.
Aus Arbeiterfamilie; Handwerker; Kriegsteilnehmer; fühlte sich eine Zeitlang zum Maler berufen, wandte sich aber Mitte der 20er Jahre der Literatur zu; starb auf einer Reise, die er mit A. Gide in die UdSSR unternahm; sein Roman „Hotel du Nord" (dt. 1931), der ein Großstadtschicksal vor dem Hintergrund eines heruntergekommenen Pariser Hotels behandelt, gilt als das Meisterwerk des [naturalist.] Populismus.
Weitere Werke: Der Kleine (R., dt. 1932), Faubourgs de Paris (R., 1933), Un mort tout neuf (R., 1934), Journal intime 1928–36 (Tageb., hg. 1939).
Dąbrọwska, Maria [poln. dɔmˈbrɔfska], geb. Szumska, * Russów bei Kalisch 6. Okt. 1889, † Warschau 19. Mai 1965, poln. Schriftstellerin.
Stammte aus einer Adelsfamilie, studierte Soziologie, Naturwissenschaften und Volkswirtschaft in Brüssel, Lausanne und London; außerdem hielt sie sich in Frankreich und Finnland auf; journalist. Tätigkeit, Kampf für die Unabhängigkeit Polens; sozialpolit. Tätigkeit, lebte in Warschau; Vorstandsmitglied des Schriftstellerverbandes, mit mehreren Preisen ausgezeichnet. Maria D. setzt die große Tradition des poln. realist. Romans mit ihren einfachen, klaren, lebensechten und farbigen Darstellungen des poln. Alltags in Familien- und Bauernromanen fort und gilt als Vertreterin einer kath.-humanitären Richtung in der poln. Literatur.
Hauptwerke: Die Landlosen (R., 1925; dt. 1937), Nächte und Tage (R., dt. 1938), Der Morgenstern (Nov., dt. 1958), Der dritte Herbst (En., dt. 1961).
Dąbrọwski, Ignacy [poln. dɔmˈbrɔfski], * Warschau 21. April 1869, † ebd. 4. Febr. 1932, poln. Schriftsteller.
Gymnasialprofessor in Warschau; ausgedehnte Reisen durch Europa. Epigonaler Vertreter des Warschauer Positivismus; gab in subtilen psycholog. Novellen und Romanen Darstellungen bes. des Warschauer Lebens; aufsehenerregenden Erfolg hatte die Novelle „Der Tod" (dt. 1896).
Dạch, Simon, * Memel 29. Juli 1605, † Königsberg (Pr) 15. April 1659, dt. Dichter.
Besuchte die Domschule in Königsberg, die Stadtschulen in Wittenberg und Magdeburg und die Universität Königsberg; 1633 Lehrer an der Domschule, 1639 Professor für Poesie an der Universität Königsberg; erhielt 1658 vom Kurfürsten ein kleines Landgut geschenkt. Anfangs von Opitz beeinflußt, schrieb D. geistl. und weltl. Lieder (z.T. von H. Albert vertont) und Gedichte ohne allen barocken Schwulst sowie Gelegenheitsgedichte (meist bestellt und honoriert) zu Taufen, Trauungen und ähnl. Anlässen. D. überrascht bes. da, wo er persönl. Gefühle ausdrückt oder die Natur schildert, durch seinen persönl. Ton, die Unmittelbarkeit, Innigkeit und leichte Melancholie seiner Aussage. Schlichte Sprache, kunstvolle Strophik, die der Sangbarkeit der Lieder nicht entgegensteht. Das Lied „Anke van Tharaw" scheint nach neuesten Forschungen doch von D. zu stammen.
Ausgaben: S. D. Gedichte. Hg. v. W. Ziesemer. *Halle 1936–38. 4 Bde. – S. D. Poet. Werke. Königsberg 1696. Nachdr. Hildesheim 1967.*
Literatur: Dostal, F.: *Studien zur weltl. Lyrik S. D.s. Diss. Wien. 1959 [Masch.].* – Ziesemer, W.: *S. D. In: Altpreuß. Forsch. 1 (1924), 23.*

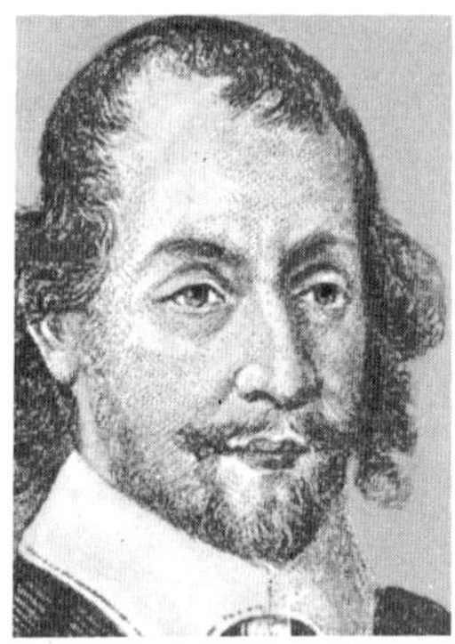

Simon Dach (Stich nach dem Gemälde von Ph. Westphal)

Dacịer, Anne [frz. daˈsje], geb. Tanneguy-Lefebvre, * Saumur März 1654, † Paris 17. Aug. 1720, frz. Schriftstellerin.
Lebte seit 1692 in Paris; berühmt durch ihre Klassikerausgaben, -übersetzungen und -kommentare (Anakreon, Aristophanes, Plautus, Terenz, „Ilias" und „Odyssee"). Beteiligte sich am Streit um die alte und die neue Literatur auf seiten der Vertreter der alten mit dem Vorwort zu ihrer Übersetzung der „Ilias": „Des causes de la corruption du goût" (1714, erweitert 1716).
da Cọsta, Isaac ↑ Costa, Isaac da.
Dadié, Bernard [frz. daˈdje], * Assinie (Elfenbeinküste) 1916, afrikan. Schriftsteller.
1936–47 Mitarbeiter am Institut français d'Afrique noire; führende polit. und kulturelle Rolle in seinem Land beim Aufstieg zur Unabhängigkeit; Ressortleiter im Ministerium für nationale Erziehung der Elfenbeinküste; nimmt die Themen seiner Gedichte und Novellen (in frz. Sprache) aus der mündl. Überlieferung seiner Heimat.

Hauptwerke: Assémien Déhylé (Dr., 1937), Afrique debout (Ged., 1950), Légendes africaines (En., 1954), Le pagne noir (En., 1955), La ronde des jours (Ged., 1956), Climbié (R., 1956), Un nègre à Paris (R., 1959), Les belles histoires de Kacou Ananzé (En., 1963).

Dagerman, Stig Halvard [schwed. ˌdɑːgərman], eigtl. Jansson, * Älvkarleby 5. Okt. 1923, † Danderyd bei Stockholm 4. Nov. 1954 (Selbstmord), schwed. Schriftsteller.
Studierte in Stockholm, als Journalist Mitarbeiter verschiedener Zeitschriften und Zeitungen. Eine pessimist. Grundhaltung, Angst, Entsetzen und Verzweiflung in einer unmenschl. Welt bestimmen das Werk D.s, der später bes. moral. Probleme behandelte und auch satir., meist polit. Tagesverse schrieb.
Hauptwerke: Der zum Tod Verurteilte (Dr., dt. 1947), Spiele der Nacht (Novellen, 1947; dt. 1961), Judasdramer (Dr., 1949), Schwed. Hochzeitsnacht (R., 1949; dt. 1965).
Literatur: Lagercrantz, O. G. H.: *St. D. Neuausg. Stockholm 1967.*

Daghighi, Abu Mansur Mohammad Ebn Ahmad; tl.: Daqīqī, Abū Manṣūr Muḥammad Ibn Aḥmad [pers. dæɣiɣ'iː], * wahrscheinl. Tus zwischen 930 und 940, † nach 980 (ermordet), pers. Dichter.
Verfaßte Lobgedichte auf die Samaniden; als Lyriker sehr geschätzt; schrieb das altiran. Nationalepos, das ihm in Bruchstücken vorlag, in neuiran. Doppelverse um. Erhalten sind nur die 998 ersten Doppelverse, die Ferdausi in sein Epos „Schahname" übernahm.

Dağlarca, Fazıl Hüsnü [türk. dɑː'lɑrdʒɑ], * Istanbul 1914, türk. Dichter.
Bis 1950 Berufssoldat, dann Beamter, seit 1959 Verleger. Gilt als erfolgreichster türk. Lyriker der Gegenwart; behandelt in seinem umfangreichen Werk vielfältige Themen. 42 seiner Gedichte erschienen 1958 u. d. T. „Choix de poèmes de D." in frz. Übersetzung.

Dahl, Wladimir Iwanowitsch [russ. dalj] † Dal, Wladimir Iwanowitsch.

Dahlgren, Carl Fredric [schwed. ˌdɑːlgreːn], * Stensbruk bei Norrköping 20. Juni 1791, † Stockholm 2. Mai 1844, schwed. Dichter.
Pfarrer in Stockholm; sein literar. Schaffen ist zwar von der Romantik beeinflußt, jedoch auch dem Realismus verpflichtet; D. schrieb neben burlesken Naturidyllen heitere, satir. Szenen; bekannt ist der Roman „N. F. Bergströms krönika" (1830/31).

Dahlgren, Fredrik August [schwed. ˌdɑːlgreːn], * Taberg (Värmland) 20. Sept. 1816, † Djursholm bei Stockholm 16. Febr. 1895, schwed. Schriftsteller.
Studierte Sprach- und Literaturwissenschaft, schrieb realist. Lustspiele und sangbare Lieder in der Mundart seiner Heimat; ungekünstelte Schilderung; großen Erfolg hatte er mit dem Singspiel „Wermlänningarne" (1846, Musik von A. Randel). D. übersetzte Shakespeare, Calderón, Lessing.

Dahn, Felix, * Hamburg 9. Febr. 1834, † Breslau 3. Jan. 1912, dt. Schriftsteller, Geschichtsforscher und Rechtsgelehrter.
Professor für Rechtswissenschaft an den Universitäten Würzburg, Königsberg und Breslau. Die Themen seiner Romane entnahm er v. a. der altnord. Göttersage und der Völkerwanderungszeit, u. a. „Kleine Romane aus der Völkerwanderung" (1882–1901); sein größter Erfolg war die anschaul. Darstellung vom Untergang des Ostgotenreiches, „Ein Kampf um Rom" (1876). Allgemein zeichnen sich D.s Werke stärker durch histor. Kenntnisse als durch künstler. Wert aus; auch Abhandlungen über Recht und german. Geschichte.
Weitere Werke: König Roderich (Dr., 1875), Balladen und Lieder (1878), Julian der Abtrünnige (R., 1893).
Literatur: Tepper, H.: *D.s Balladenkunst. Diss. Breslau 1930.* – Meyer, Herbert: *F. D. Lpz. 1913.*

Daisne, Johan [frz. dɛn], eigtl. Herman Thiery, * Gent (Ostflandern) 2. Sept. 1912, fläm. Schriftsteller.
D. ist der Schöpfer eines neuen mag. Realismus in der Nachfolge von E. T. A. Hoffmann und Pirandello. Seine Romane und Novellen spielen in einer Art Traumwirklichkeit und empfangen von beiden Ebenen entscheidende Impulse; romant und surrealist, Züge; die Dramen wirken z. T. allzu konstruiert.
Hauptwerke: Die Treppe von Stein und Wolken (R., 1942; dt. 1960), Der Mann, der sein Haar kurz schneiden ließ (R., 1948; dt. 1958), Lago Maggiore (R., dt. 1957), Wie schön war meine Schule (R., dt. 1962).

Dakiki † Daghighi.

Dal, Wladimir Iwanowitsch; tl.: Dal', Vladimir Ivanovič [russ. dalj], Pseudonym Kasak Luganski; tl.: Kazak Luganskij, * Lugansk 22. Nov. 1801, † Moskau 4. Okt. 1872, russ. Schriftsteller und Folklorist.
Dän. Abstammung; nach dem Dienst in der Marine Ausbildung zum Militärarzt; Aufenthalte in der Türkei und in Polen; schließlich Beamter. Literar. tätig als Verfasser folklorist. Skizzen und Darstellungen des Volkslebens, die pseudonym erschienen. Hg. einer Sprichwörtersammlung und des ersten erläuternden Wörterbuches der russ. Sprache.

Dalberg, Wolfgang Heribert Reichsfreiherr von, * Herrnsheim (heute Worms-Herrnsheim) 18. Nov. 1750, † Mannheim 27. Sept. 1806, dt. Theaterleiter.
1778–1803 Intendant des Mannheimer Nationaltheaters, ließ die ersten Dramen Schillers aufführen („Die Räuber" 1782, „Die Verschwörung des Fiesko zu Genua" 1784). Schrieb mehrere eigene und bearbeitete fremde, bes. Shakespearesche Dramen.
Literatur: Obermann, A.: *W. H. Reichsfrhr. v. D. In: Mitteldt. Lebensbilder 3 (1928).* – Alafberg, F.: *W. H. v. D. als Bühnenleiter u. als Dramatiker. Bln. 1907.*

Dalimilchronik [tschech. 'dalimil], alttschech. Reimchronik aus dem 14. Jh., als deren Verfasser fälschl. ein gewisser Dalimil angenommen wurde; die Darstellung, die durch nationaltendenziösen Charakter und eine bewußt staatsrechtl. Haltung gekennzeichnet ist, beginnt nach Art mittelalterl. Weltchroniken mit dem Turmbau zu Babel und reicht bis zum Jahr 1314; bereits im 14. Jh. ins Dt. übersetzt.

Dalin, Olof von [schwed. da'liːn], * Vinberg (Halland) 29. Aug. 1708, † Drottningholm bei Stockholm 12. Aug. 1763, schwed. Schriftsteller und Geschichtsschreiber.

Sohn eines Geistlichen, studierte in Lund; Prinzenerzieher, 1751 geadelt; 1756–61 wegen Beteiligung an einem Revolutionsversuch vom Hofe verwiesen; starb als Hofkanzler. D. gilt als erster moderner Dichter Schwedens und Hauptführer der älteren schwed. Aufklärung, die entscheidende Impulse vom frz. Klassizismus empfing; Hg. der ersten schwed. moral. Wochenschrift „Den svenska Argus". Er schrieb witzige Gelegenheitspoesie (Parodien, moralsatir. Prosa, Lyrik), auch Dramen nach frz. Vorbildern, daneben Dichtungen im Volkston und verfaßte im Auftrag der Reichsstände „Svea rikes historia" (1747–62), die erste bed. schwed. Geschichtsdarstellung in schwed. Sprache.
Literatur: Dyberg, N. O.: *O. D. och tidsidéerna. Uppsala 1946.* – Lamm, M.: *O. D. En litterarhistorisk undersökning av hans verk. Uppsala 1908.*
Dall'Ongaro, Francesco [italien. dal'loŋgaro], * Mansuè bei Treviso 19. Juni 1808, † Neapel 10. Jan. 1873, italien. Schriftsteller.
Ursprüngl. Priester; nahm lebhaften Anteil an den polit. Umwälzungen in Italien, zeitweilig im Exil (Schweiz, Frankreich); Professor für italien. Literatur in Florenz und Neapel; schrieb liberalpatriot. Dramen, Gedichte und Erzählungen.
Hauptwerke: Il fornaretto (Dr., 1861), Stornelli italiani (Ged., 1863), Racconti e novelle (1869).
Dalmatin, Jurij [slowen. 'da:lmatin], * Krško um 1547, † Laibach 31. Aug. 1589, slowen. Schriftsteller.
Nach Theologiestudium in Tübingen von 1572 an Prediger und Organisator der dt. und slowen. Protestantengemeinde in Laibach. Seine vollständige Bibelübersetzung erschien 1584 in Wittenberg und wurde zur Basis der slowen. Literatursprache; mit Trubař Schöpfer des slowen. Kirchenlieds; Verfasser theolog. Abhandlungen.
Đalski, Ksaver Šandor [serbokroat. 'dʑa:lski] ↑ Babić, Ljubomir.
Damen, Hermann, norddt. Dichter der Wende des 13./14. Jahrhunderts.
1302 und 1307 in Rostock urkundl. bezeugt; Lehrer Heinrichs von Meißen; religiöse Sprüche und ein religiöser Leich in der Tradition Walthers von der Vogelweide zeugen von der einfachen Frömmigkeit des Verfassers.
Dana, Richard Henry [engl. 'dɛɪnə], * Cambridge (Mass.) 1. Aug. 1815, † Rom 6. Jan. 1882, amerikan. Schriftsteller und Jurist.
Studierte in Harvard; später Experte für Seerecht; 1834 als Matrose Seereise um das Kap Hoorn nach Kalifornien; hielt seine Erlebnisse in „Two years before the mast" (1840) fest. Das erfolgreiche Buch wurde zum Vorbild für ähnl. Werke.
Dancourt [frz. dã'ku:r], eigtl. Florent Carton, Sieur d'Ancourt, * Fontainebleau 1. Nov. 1661, † Courcelles-le-Roi (Gâtinais) 6. Dez. 1725, frz. Dramatiker.
Rechtsstudium, Advokat; 1685–1718 Schauspieler an der Comédie-Française; vertrat in der Zeit nach Molière die Sittenkomödie und das possenhafte Lustspiel, mit scharfer Beobachtung und geistvollem Dialog.
Hauptwerke: Le chevalier à la mode (1687), Les bourgeoises à la mode (1693), Les bourgeoises de qualité (1700).
Dạndin; tl.: Daṇḍin, ind. Dichter des 7. Jahrhunderts.
Schrieb eine Poetik und das „Daschakumaratscharita", einen Kunstroman, der liebenswürdighumorvoll in bildreicher, feingeschliffener Sprache die Abenteuer von zehn jungen Männern, Prinzen und Ministersöhnen, schildert. Der Roman ist nicht vollständig erhalten: Der Schluß fehlt, der Anfang stammt von einem späteren Schriftsteller.
Dane, Clemence [engl. dɛɪn], eigtl. Winifred Ashton, * Blackheath Anfang 1888, † London 8. März 1965, engl. Schriftstellerin.
Zuerst Lehrerin, dann Malerin, 1913–18 Schauspielerin (unter dem Namen Diana Portis). Verfasserin lebendiger und bildhafter Romane, bes. Familien- und Generationsromane („Regiment of women", 1917; „The Babylons", 1928; „Der Zauber der Broomes", „Das Königreich der Broomes", 1931, dt. 1958 und 1959) und bühnenwirksamer Dramen: „A bill of divorcement" (1921), „Will Shakespeare" (1921).
Weitere Werke: The moon is feminine (R., 1938), Eighty in the shade (Dr., 1959).
Dạněk, Oldřich [tschech. 'danjɛk], * Ostrau 16. Jan. 1927, tschech. Schriftsteller.
Regisseur an verschiedenen Theatern; schreibt Romane und v. a. Theaterstücke über histor. und Zeitthemen. Dt. liegen die Komödie „Der Heiratsschwindler heiratet" (dt. 1963) und das Drama „Die vierzig Irrtümer des Herodes oder Vierzig Schurken und ein Unschuldslamm" (dt. EA 1969) vor. Im letzteren behandelt D. das Problem des Befehls zum Massenmord an Hand des bibl. Kindermordes in Bethlehem.
Dạngkrotzheim, Konrad ['daŋkrɔtshaɪm], * Hagenau um 1372 (?), † ebd. 1444, dt. Dichter.
1402 in Hagenau als Schöffe nachweisbar; schrieb 1435 „Das hl. Namenbuch", einen Kalender, der die Monatstage der Heiligen verzeichnet, außerdem prakt. Hinweise und Ratschläge enthält.
Dạniel ['da:niɛl] ↑ Bibel.
Daniel, Samuel [engl. 'dænɪəl], * bei Taunton (Somerset) 1562 (?), † Beckington (Somerset) Okt. 1619, engl. Dichter.
Studierte in Oxford, Erzieher des 3. Earl of Pembroke und der Lady Anne Clifford; schrieb für das Hoftheater 2 Pastoralstücke und 4 Maskenspiele (u. a. „The Queen's Arcadia", 1606), lyr. Sonette („Delia", 1592), krit. und histor. Studien sowie ein Epos über die Rosenkriege, „The history of the civil wars between York and Lancaster" (1595–1606).
Daniel' ↑ Danijel.
Daniel-Rọps [frz. danjɛl'rɔps], eigtl. Jean Charles Henri Petiot, * Épinal 19. Jan. 1901, † Chambéry 27. Juli 1965, frz. Schriftsteller.
Studierte in Lyon; Geschichtslehrer; seit Kriegsende freier Schriftsteller; 1955 in die Académie française gewählt; kath. Romancier und Essayist, auch Historiker, schrieb „Tod, wo ist dein Sieg?" (R., dt. 1935), „Das flammende Schwert" (R., 1939; dt. 1948), „Geschichte des Gottesvolkes" (dt. 1950), eine Kirchengeschichte (dt. 1951 ff.), „Qu'est-ce que la Bible?" (Essay, 1956); bemerkenswert auch seine Bücher über die ihm geistesverwandten militant-kath. Publizisten Péguy (1933) und Psichari (1942).
Dạnielsson, Guðmundur [isländ. 'da:niɛlsɔn], * Guttormshagi 4. Okt. 1910, isländ. Schriftsteller.

Verfasser von breitangelegten, zum großen Teil autobiograph. Romanen, die anfangs der sozialradikalen Richtung, später der nationalen Romantik verpflichtet waren; am bekanntesten ist der Roman „An den Ufern des Ochsenflusses“ (dt. 1940).

Danijel, Juli Markowitsch; tl.: Daniel', Julij Markovič [russ. dɐni'jelj], Pseudonym Nikolai Arschak; tl.: Nikolaj Aržak, * 1925, russ.-sowjet. Schriftsteller.
D. trat in der Sowjetunion zunächst als Übersetzer aus dem Ukrain., Armen. u. a. kaukas. Sprachen hervor. Seine satir.-grotesken Erzählungen widersprechen mit ihrer Absurdität den Prinzipien des sozialist. Realismus; Veröffentlichung außerhalb der Sowjetunion führte im Jahr 1966 zur Verurteilung D.s zu fünf Jahren Zwangsarbeit. Dt. erschien 1967 der Erzählungsband „Hier spricht Moskau“.
Literatur: Maurina, Z.: *J. Daniel-Arschak. In:* Maurina: *Porträts russ. Schriftsteller. Memmingen 1968.*

Danilewski, Grigori Petrowitsch; tl.: Danilevskij, Grigorij Petrovič [russ. dɐni'ljɛfskij], * Gut Danilowka bei Charków 26. April 1829, † Petersburg (heute Leningrad) 18. Dez. 1890, russ. Schriftsteller.
Aus Adelsfamilie; jurist. Studien in Petersburg; Ministerialbeamter, später Leiter des amtl. Regierungsanzeigers in Petersburg. Archivuntersuchungen vermittelten ihm die kulturhistor. Kenntnisse für seine Romane, die den Niedergang des Adels und das Leiden der Bauern darstellen; schrieb ferner histor. Romane und spannende Abenteuerromane; als Hauptwerk gilt „Mirowitsch“ (1879).

Daniłowski, Gustaw [poln. dani'u̯ɔfski], eigtl. Władysław Orwid, * Ziwilsk (Gouv. Kasan) 12. Juli 1871, † Warschau 21. Okt. 1927, poln. Schriftsteller.
Studierte in Warschau und Charkow; als Revolutionär verfolgt; an der Revolution 1905 beteiligt. Verfasser von Romanen unter dem Einfluß Żeromskis; Wegbereiter des sozialist. Realismus; verzichtet auf Darstellung intellektueller Konflikte angesichts der Revolution und stellt den revolutionären Helden selbst vor, etwa in „Jaskólka“ (R., 1908); dt. liegt „Aus dem Tagebuch eines poln. Legionärs“ (dt. 1914) vor.

Dannenberger, Hermann † Reger, Erik.

D'Annunzio, Gabriele [italien. dan'nuntsi̯o], seit 1924 Principe di Montenevoso, * Pescara 12. März 1863, † Cargnacco bei Gardone Riviera 1. März 1938, italien. Dichter.
Aus reicher Bauernfamilie; Internatserziehung, 1881–89 Journalist in Rom; heiratete 1883 Maria Hardouin di Gallese; zahlreiche Liebesverhältnisse, am bekanntesten seine Beziehung zu Eleonora Duse; führte ein luxuriöses Leben. 1897 begann er seine polit. Tätigkeit, 1898–1900 Abgeordneter. Schulden trieben ihn 1910 nach Frankreich (Freundschaft mit Barrès). 1915 Rückkehr, propagierte Italiens Kriegseintritt, nahm als Flieger am Krieg teil, besetzte Fiume im Widerspruch zum Waffenstillstandsabkommen. In Mussolini sah er den Erfüller seiner polit. Ideen. Der Höhepunkt seiner literar. Tätigkeit liegt zwischen 1900 und 1910. Sein lyr. Hauptwerk sind die drei ersten Bücher der „Laudi“ („Maia“, „Elettra“,

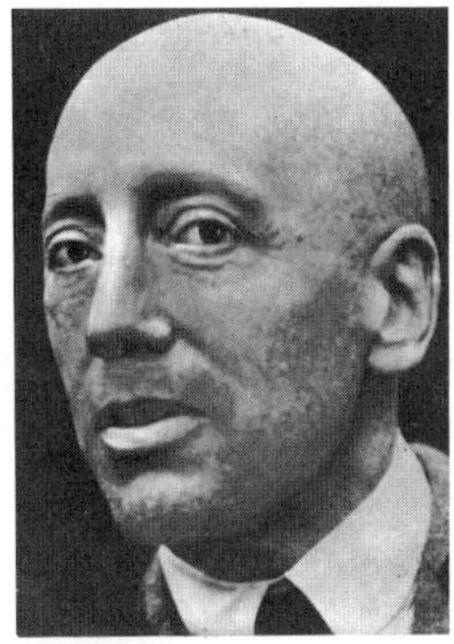
Gabriele D'Annunzio

„Alcyone“, 1903/04), die zugleich einen Höhepunkt der italien. Lyrik darstellen (das 4. Buch erschien 1911 u. d. T. „Merope“, das 5. 1933 u. d. T. „Canti della guerra latina“). D'A. begann als Realist, unter vielfältigen Anregungen und Einflüssen (u. a. von Baudelaire, Dostojewski, Nietzsche) wurde er zum vollkommensten Vertreter der Neuromantik und Dekadenz. Er wirkte seinerseits auf die europ. Dichtung (St. George u. a.). D'A.s Schwächen waren die Schwächen seiner Zeit: Lebensgier und Ichsucht, Eitelkeit und Prunksucht. In virtuoser Gestaltung sucht er das, was ihm das Leben und der Genuß bedeutet, darzustellen. Seine Dramen verdanken ihren Erfolg v. a. der Schauspielkunst der Duse: „Francesca da Rimini“ (dt. 1903; der Duse gewidmet), am bedeutendsten ist „La figlia di Jorio“ (1904), ein trag. Mysterienspiel. Die Romane sind gekennzeichnet durch morbide Sinnlichkeit und Verherrlichung des Übermenschentums. In „Feuer“ (dt. 1900) stellt er die Duse durch die Schilderung ihrer beider Beziehungen bloß. Die Lyrik D'A.s besticht durch geschmeidige Sprache von außerordentlichem Wohlklang, der jedoch oft durch Pathos und Hohlheit beeinträchtigt wird. D'A.s Beurteilung durch die Kritik ist sehr widerspruchsvoll.
Weitere Werke: Primo vere (Ged., 1879), Terra vergine (Novellen, 1882), Lust (R., 1889; dt. 1898), Der Unschuldige (R., dt. 1896), Triumph des Todes (R., dt. 1899), Die tote Stadt (Dr., dt. 1899), La Gioconda (Dr., 1899), Das Schiff (Dr., dt. 1910), Vielleicht, vielleicht auch nicht (R., dt. 1910), Das Martyrium des hl. Sebastian (Dr., in frz. Sprache geschrieben, dt. 1913; Musik von C. Debussy), Notturno (R., 1921; dt. 1925).
Literatur: Hinterhäuser, H.: *D'A. u. die dt. Lit. In: Arch. f. das Studium der neueren Sprachen u. Literaturen 201 (1964), 241.* – Mazzali, E.: *D'A., artefice solitario. Mailand 1962.* – Antongini, T.: *Vita segreta di G. d'A. Mailand [12]1957. Dt. Übers. u. d. T.: Der unbekannte D'A. Lpz. 1939.* – Gargiulo, A.: *G. d'A. Florenz 1941.*

Danszky, Eduard Paul ['danski], * Wien 14. Febr. 1884, östr. Schriftsteller.
Redakteur, dann freier Schriftsteller. Schrieb nach lyr. Anfängen v. a. biograph.-histor. und kulturhistor. Romane aus dem alten Österreich.
Hauptwerke: Verkleidungen und Visionen (Ged., 1920), Gottlieb Straube und die Jugend (R., 1935),

Da leg' ich meinen Hobel hin... (R., 1939), Trabant der großen Sterne (R., 1948), Pater Fabelhans (R., 1950), Die Gallmeyer (R., 1953), Sternkreuz (R., 1957).

Dantas, Júlio [portugies. 'dɐntɐʃ], * Lagos (Algarve) 19. Mai 1876, † Lissabon 25. Mai 1962, portugies. Dramatiker.

Arzt, später Politiker, u. a. Außen- und Erziehungsminister; vielseitiger, gewandter und geistvoller Dramatiker, der seine größten Erfolge mit dem spezif. portugies. naturalist. Vierakter „A severa" (1901) und dem elegant-graziösen Einakter in Alexandrinern „Das Nachtmahl der Kardinäle" (dt. 1904) erzielte; schrieb auch Essays („O amor em Portugal no século XVIII", 1915) und Gedichte („Sonetos", 1916).

Dante Alighieri [italien. 'dante ali'gjɛ:ri], * Florenz Mai 1265, † Ravenna 14. Sept. 1321, italien. Dichter.

Wurde als florentin. Bürgerssohn geboren, seine Eltern waren Bella und Alighiero degli Alighieri. Von Kindheit und Jugend D.s weiß man wenig, nur zwei Namen tauchen auf: 1274 Beatrice, die

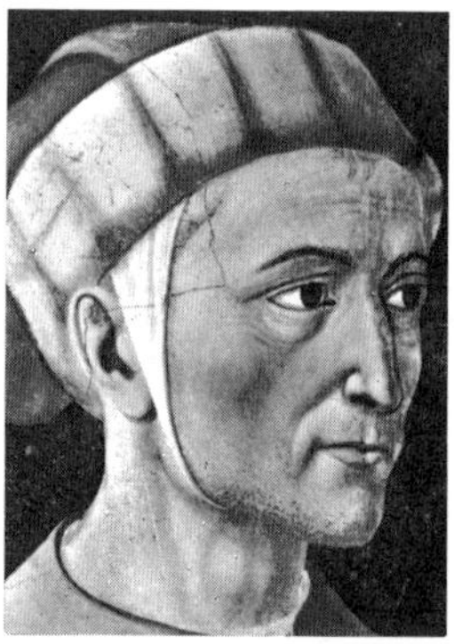

Dante Alighieri (Wandgemälde von Andrea del Castagno, Ausschnitt)

durch D.s Werk unsterbl. geworden ist, und Brunetto Latini, sein Lehrer und Förderer seiner philosoph. und theolog. Studien. Neben literar. Arbeiten nahm D. teil am öffentl. Leben seiner Vaterstadt, in der Guelfen und Gibellinen ständig im Kampf lagen. 1295 wurde er Mitglied des Rates der Hundert und 1300 einer der 6 Priori. Er widersetzte sich energ. den Bestrebungen Papst Bonifaz' VIII., Florenz und die ganze Toskana dem Kirchenstaat einzuverleiben. Als Karl von Valois vom Papst als Friedensstifter nach Florenz berufen wurde, verlor D. als Führer der Gibellinen Ämter und Güter und wurde aus Florenz verwiesen. Als Verbannter lebte er u. a. in Verona am Hof der Scaliger und in Lucca, vielleicht auch in Paris. 1310 begrüßte er König Heinrich VII. als Befreier, doch der frühe Tod Heinrichs zerschlug D.s Hoffnung auf Rehabilitierung und Rückkehr nach Florenz. Er lebte mit seinen Kindern in Ravenna und starb dort. – So umstritten die Daten von D.s Leben sind, so unumstritten ist die Anerkennung seines Werkes; ein Dichter von weltliterar. Rang und zugleich ein Dialektiker, Lehrer und Prediger, der nicht nur die Poesie, sondern auch die ganze christl. Gedankenwelt des MA verkörpert. Seine kleineren Werke (Opere minori) sind teils italien., teils lat. geschrieben und umfassen: „La vita nuova" (zwischen 1292 und 1295, dt. 1897 u. d. T. „Das neue Leben"), eine lyr. Darstellung seiner Jugendliebe zu Beatrice; „Il canzoniere", eine Sammlung lyr. Gedichte; „Il convivio" (zwischen 1303 und 1308, dt. 1845 u. d. T. „Das Gastmahl"), eine unvollendete Enzyklopädie des Gesamtwissens der Zeit, das erste Beispiel wissenschaftl. italien. Prosa; „De vulgari eloquentia" (um 1304, dt. 1845 u. d. T. „Über die Volkssprache"), ein Lehrbuch der Poetik, vom Ursprung und Wesen der Sprache, über Stil und Metrik; „De monarchia" (um 1310, dt. erstmals 1559, 1845 u. d. T. „Über die Monarchie"), D.s polit. Bekenntnis; „Epistolae", Briefe, z. T. gefälscht; „Eklogen" (um 1319), an Giovanni del Vergilio in Bologna gerichtet, ihre Echtheit wird bezweifelt. D.s Hauptwerk ist die toskan. geschriebene „Divina Commedia" (erstmals dt. 1767–69, 1814 ff. u. d. T. „Die Göttliche Komödie"), seit 1290 geplant und vorbereitet, nach 1313 in der jetzigen Form bearbeitet und 1321 vollendet. Formal betrachtet, spielt die Dreizahl eine große Rolle. Das Epos ist in dem von D. geschaffenen Dreireim der Terzine geschrieben, hat (außer einem einleitenden Gesang) 3 × 33 Gesänge, der Himmel hat 3 × 3 Wölbungen, 3 × 3 Stufen führen zur Hölle, Luzifer hat 3 Gesichter als Gegenspieler der hl. Dreieinigkeit usw. Es ist das „Epos der Erlösung", die Schilderung einer visionären Wanderung des Dichters als des sündigen Menschen durch die drei Reiche des Jenseits: Hölle (Inferno), Fegefeuer (Purgatorio) und Himmel (Paradiso). Diese werden als wirkl. existierend angesehen, entsprechend dem ptolemäischen Weltsystem, sie sind Realitäten, keine Sinnbilder. Der in der Welt wie im Jenseits strauchelnde Mensch bedarf der übermenschl. Hilfe, die ihn leitet. Er findet sie in Vergil, Vertreter der Vernunft und der Philosophie, der ihn durch Hölle und Fegefeuer leitet, und Beatrice, Sinnbild der Offenbarung und Theologie, die die geistl. Leitung übernimmt und den geläuterten Menschen zur Region der ewigen Seligkeit und zu Gott führt. Diese Wanderung ist demnach der Weg zur Erlösung, die völlig gewiß ist. Es gibt keinen Zweifel zwischen Glauben und Wissen. Die Hölle wird durchschritten, der Berg der Läuterung erklommen, das Paradies wird dem Wanderer zuteil als Gewißheit Gottes. Im Verlauf der Wanderung ergeben sich viele Begegnungen und Gespräche, die ein vollständiges Bild der damaligen Zeit geben: Lokal- und Zeitgeschichte neben Fragen aus Mythologie, Philosophie, Theologie, Mystik, Kultur, Geschichte, Astronomie u. a. Neben vielen alten Vorstellungen finden sich bahnbrechend neue. D. steht in einer Tradition, die länger als ein Jt. keine wesentl. poet. Leistung hervorgebracht hatte, er wächst über den Klosterdichter und Moralisten hinaus und verbindet die Höhe mittelalterl. Wissens mit den neuen Konzeptionen des Dolce stil nuovo. Empfinden und Denken werden in den Mittelpunkt gerückt. Noch ist die Umwelt nicht einbezogen, noch gibt es keinen Individualismus. Auch D. ist kein Individualist, aber ein Mensch, der alle künstler. und geistigen Bestrebungen seiner Zeit, die ganze Summe der Kultur, in sich zusammengefaßt und der Nachwelt durch sein Werk,

das zugleich Traktat, Legende und Lobgesang ist, überliefert hat.
Ausgaben: D. A. Das neue Leben. Die Göttl. Komödie. Italien. u. dt. Hg. v. E. Laaths. *Darmst. ²1963. – Le Opere di D. Testo critico della Società dantesca italiana. Florenz ²1960. – D. A. Opere. Nuova edizione migliorata nel testo e largamente commentata. Hg. v.* M. Barbi. *Florenz 1934 ff. Auf 12 Bde. berechnet. – D. A. Le opere. Nach dem Text v.* P. Toynbee *hg. v.* E. Moore. *Oxford ⁴1924. – D. A. Poet. Werke. Italien. u. dt. Hg. v.* R. Zoozmann. *Freib. 1908. 4 Bde.*
Literatur: Allgemeines: Rheinfelder, H.: *D. Beitr. zum Verständnis seines Dichtens u. Denkens. Hdbg. 1970. – D. A. Aufs. zur Divina Commedia. Hg. v.* H. Friedrich. *Darmst. 1968. – D. A. Mit Beitr. v.* H. Rheinfelder *u. a. Teilw. dt. Übers. Würzb. 1966. – Atti della Giornata internazionale di studio per il VII centenario (Ravenna, 6–7 marzo 1965). Faenza 1965. – VII centenario della nascita di D. Collana di studi storici. Florenz 1963 ff.* – Spoerri, Th.: *D. u. die europ. Lit. Stuttg. 1963.* – Barbi, M.: *D. Vita, opere e fortuna. Florenz ³1952. Dt. Übers. u. d. T.: D. Leben, Werk u. Wirkung. Regensb. 1943.* – Zingarelli, N.: *La vita, i tempi e le opere di D. Mailand 1931.* – Auerbach, E.: *D. als Dichter der ird. Welt. Bln. 1929. Neudr. 1969.* – Hefele, H.: *D. Stuttg. ⁵1923. – Studi Danteschi. Hg. v.* M. Barbi *u.* M. Casella. *Bd. 1, Florenz 1920 ff. – Dt. D.-Jb. (Bd. 1–4 u. d. T.: Jb. der dt. D.-Gesellschaft). Hg. v.* A. Noyer-Weidner. *Bd. 1, Lpz.; Weimar u. a. 1867 ff. – Göttliche Komödie:* Gmelin, H.: *D. A.: Die Göttl. Komödie. Kommentar. Stuttg. 1954–57. 3 Bde.* – Rüegg, A.: *Die Jenseitsvorstellungen vor D. u. die übrigen literar. Voraussetzungen der Divina Commedia. Ein quellenkrit. Kommentar. Einsiedeln u. a. 1945.* – Voßler, K.: *Die göttl. Komödie. Entwicklungsgesch. u. Erklärung. Hdbg. ²1925. 2 Bde.* – Fay, E. A.: *Concordance of the Divina Commedia. Oxford 1888. Nachdr. Graz 1966.*

Dantyszek, Jan [poln. dan'tiʃɛk], latin. Dantiscus, eigtl. Flachsbinder, oder Johannes von Höfen, latin. Joannes de Curiis, * Danzig 1. Nov. 1485, † Heilsberg (Ostpreußen) 27. oder 28. Okt. 1548, poln. Dichter dt. Herkunft.
Zunächst im höf. und diplomat. Dienst, später Bischof und Fürstbischof von Ermland. Schrieb nlat. Dichtungen, fast nur höf. Gelegenheitsdichtung, sowie Polemiken und Epigramme gegen Luther und Aufrufe zum Türkenkrieg; allmähl. Abkehr von heiterer, erot. Dichtung und Zuwendung zur Büßer- und Mariendichtung; auffallende sprachl. Klarheit und Reinheit; 1516 von Maximilian I. zum Poeta laureatus gekrönt.

Da Ponte, Lorenzo [italien. dap'ponte], eigtl. Emanuele Conegliano, * Ceneda (heute Vittorio Veneto) 10. März 1749, † New York 17. Aug. 1838, italien. Schriftsteller.
Stammte aus jüd. Familie, konvertierte und wurde Priester; in Venedig Freundschaft mit Casanova, wurde wegen seines freien Lebenswandels verurteilt, floh nach Görz, dann Spion in venezian. Diensten, ging nach Dresden, schließl. als kaiserl. Theaterdichter nach Wien; schrieb Libretti für Salieri, Martín y Soler, Weigl; bekannt wurde er durch seine Texte zu Mozarts Opern „Die Hochzeit des Figaro“, „Don Giovanni“, „Così fan tutte“. Da P. gründete nach wechselvollem Geschick eine italien. Oper in New York und lehrte am Columbia College Sprache und Literatur seines Landes. Schrieb Memoiren (1823–27, dt. 1960 u. d. T. „Mein abenteuerl. Leben“).
Literatur: Russo, J. L.: *L. da P. New York 1922.* – Marchesan, A.: *Della vita e delle opere di L. da P. Treviso 1900.*

Daqīqī † Daghighi.

Darbaud, Azalaïs † Arbaud, Joseph d'.

Darbaud, Joseph † Arbaud, Joseph d'.

Dares Phrygius, Pseudonym für den Verfasser der lat. „Historia de excidio Troiae“ (5. Jh.), die eine Übersetzung des griech. Augenzeugenberichtes des Phrygiers Dares sein soll, der nach der „Ilias“ Priester des Hephaistos in Troja war; die lat. Übertragung war neben Diktys Hauptquelle der mittelalterl. Trojaromane.

Darío, Rubén [span. da'rio], eigtl. Félix Rubén García y Sarmiento, * Metapa (heute Ciudad Darío, Nicaragua) 18. Jan. 1867, † León (Nicaragua) 6. Febr. 1916, nicaraguan. Dichter und Diplomat.
Kreol. Abstammung; unruhig-bewegter Geist; frühe schriftsteller. Versuche, Reisen durch Südamerika, Aufenthalt in Europa, gelegentl. Besuche der USA; oft in diplomat. Mission, als Korrespondent und freier Schriftsteller unterwegs; in Spanien Freundschaft mit Nuñez de Arce, Benavente, Unamuno, Valle-Inclán, Jiménez u. a., in Frankreich Bekanntschaft mit den Symbolisten (u. a. mit Verlaine, Mallarmé und Moréas); Konsul in Paris, Gesandter in Spanien, 1914 Rückkehr nach Amerika; in New York schwer erkrankt, kehrte er kurz vor seinem Tod in die Heimat zurück. Ausgehend von den frz. Parnassiens und Symbolisten (v. a. Verlaine), gelang ihm in seiner Lyrik eine vortreffl. Synthese der vielfältigsten Elemente, die er zu vollendeter Einheit verschmolz; als Hauptvertreter des Modernismo in Lateinamerika hat er die gesamte span. und südamerikan. Dichtung nachhaltig beeinflußt; bemüht um klass. reine Formen, um plast. Wirkung der Sprache und um neue techn. Ausdrucksmittel, erreichte D. eine Erneuerung span. Sprache und Dichtung, die er durch metr.-rhythm. und melod. Elemente bereicherte.
Hauptwerke: Rimas (Ged., 1888), Azul (Prosa und Verse, 1888), Prosas profanas (Ged., 1896), España contemporánea (Prosa, 1901), Cantos de vida y esperanza (Ged., 1905), El canto errante (Ged., 1907), Poema de otoño y otros poemas (Ged., 1910), Canto a la Argentina y otros poemas (Ged., 1910), La vida de Rubén Darío escrita por él mismo (Autobiogr., 1915).
Literatur: Pantorba, B. de (d. i. José López Jiménez): *La vida y el verbo de R. D. Ensayo biográfico y crítico. Madrid 1967.* – Garciasol, R. de: *Lección de R. D. Madrid 1961.* – Torres, E.: *La dramática vida de R. D. Guatemala 1952.* – Contreras, F.: *R. D. Su vida y su obra. Barcelona ²1937.*

Dasai, Osamu; tl.: Dazai, Osamu [jap. dazai], eigtl. Tsuschima Schudschi; tl.: Tsushima Shûji, * Kanagi 19. Juni 1909, † 19. Juni 1948 (Selbstmord), jap. Schriftsteller.
Sohn eines Großgrundbesitzers, studierte in Tokio frz. Literatur, ungeordnetes Leben, mehrere Selbstmordversuche, nur nach seiner Heirat

(1939) einige Jahre der inneren Ruhe. In seinen Werken, die viel Autobiograph. enthalten, behandelt er gern soziale Themen und beleuchtet die Schattenseiten des Lebens, ohne jede Hoffnung völlig abzulehnen.
Hauptwerke: Wijonnotsuma (Nov., 1947; engl. 1955 u. d. T. Villon's wife), Die sinkende Sonne (R., 1947; dt. 1958).

Daschkowa, Jekaterina Romanowna; tl.: Daškova, Ekaterina Romanovna [russ. 'daʃkɐvɐ], * Petersburg (heute Leningrad) 28. März 1743, † Moskau 16. Jan. 1810, russ. Fürstin und Schriftstellerin.
Bestimmte das literar. Leben am Hofe Katharinas der Großen; Direktorin der Petersburger Akademie der Wissenschaften und Präsidentin der von ihr gegründeten „Russ. Akademie"; schrieb selbst Dramen und verfaßte Memoiren, die 1857 in dt. Sprache erschienen sind.
Literatur: Schlegelberger, G.: *Die Fürstin D. Bln. 1935.*

Dashwood, Edmée Elizabeth Monica [engl. 'dæʃwʊd] † Delafield, E. M.

Daskalow, Stojan Z.; tl.: Daskalov, Stojan C. [bulgar. daska'lɔf], * Liljatsche 22. Aug. 1909, bulgar. Erzähler.
Nach Beendigung pädagog. und slawist. Studien Lehrer in seiner engeren Heimat; literar. Mitarbeiter und Redakteur. In Romanen und Erzählungen stellt D. nach den Prinzipien des sozialist. Realismus die ökonom., sozialen und polit. Umwälzungen dar, die durch den Weltkrieg verursacht sind; dt. erschien 1953 die Erzählungssammlung „Das Mädchen vom Paß".

Daškova † Daschkowa.

Dass, Petter [norweg. das], * Nord-Herøy 1647, † Alstahaug (Nordland) Aug. 1707, norweg. Dichter.
Sohn eines schott. Kaufmanns in Bergen; studierte in Kopenhagen, wurde 1677 Pfarrer, seit 1689 in Alstahaug tätig; bedeutendster norweg. Dichter des 17. Jh.s, der sein poet. Werk oft in den Dienst seines seelsorger. Wirkens stellte; D. schrieb ep., lyr. und religiöse Gedichte; am bekanntesten ist die realist., humorvolle Schilderung des Lebens der nordnorweg. Fischer „Die Trompete des Nordlandes" (1739, dt. 1897).
Literatur: Midbøe, H. L.: *P. D. Oslo 1947.* – Passarge, L.: *Herr P. Daß. Ein norweg. Literaturbild aus dem 17. Jh. Hdbg. 1880.*

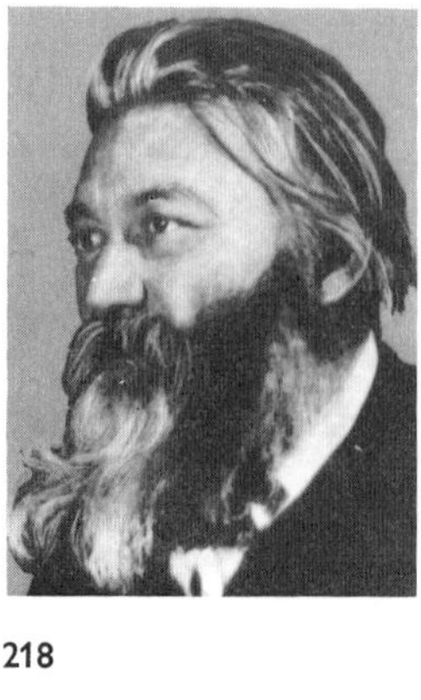
Theodor Däubler

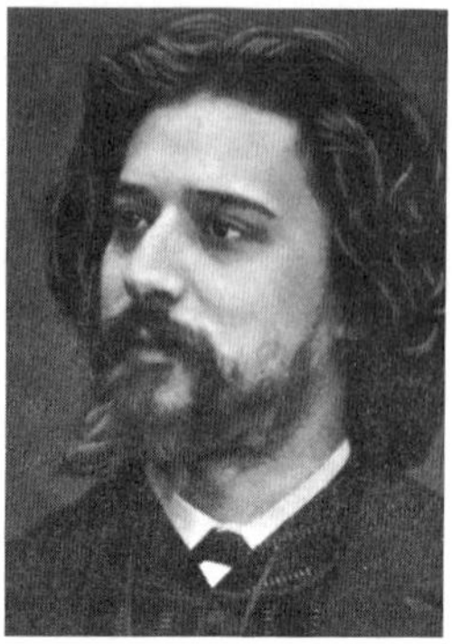
Alphonse Daudet

d'Aubigné, Théodore Agrippa † Aubigné, Théodore Agrippa d'.

Däubler, Theodor, * Triest 17. Aug. 1876, † Sankt Blasien 13. Juni 1934, dt. Dichter.
Jugendzeit in Triest und Venedig, zweisprachige Erziehung; 1898 Beginn des unsteten Wanderlebens; Aufenthalt in Berlin, Wien, mehrere Jahre in Italien, Paris, Dresden, seit 1916 in Berlin, 1921 Einladung nach Griechenland, Reisen zu den Ägäischen Inseln, nach Kleinasien und Ägypten; 1926 schwer krank Rückkehr nach Berlin, seit 1933 im Sanatorium Sankt Blasien. Formenreichtum, rauschhaft-visionäre Bilder, zarte, farbige Sprache, pathet.-hymn. Ausdruckskraft zeichnen sein Gesamtwerk aus, bes. das lyr. Riesenepos „Das Nordlicht" (1910), ein kosm.-mytholog. Lehrgedicht mit lyr. und ep. Einschüben; in Essays war D. um eine wissenschaftl. Fundierung der expressionist. Kunst bemüht.
Weitere Werke: Ode und Gesänge (1913), Hesperien (Ged., 1915), Hymne an Italien (Ged., 1916), Der neue Standpunkt (Essays, 1916), Das Sternenkind (Ged., 1916), Im Kampf um die moderne Kunst (Essays, 1919), Die Göttin mit der Fackel (R., 1931).
Ausgabe: Th. D. Dichtungen u. Schrr. Hg. v. F. Kemp. *Mchn. 1956.*
Literatur: Peterich, E.: *Th. D.s Erinnerungen u. Betrachtungen. In: Literaturwiss. Jb. 5 (1964), 215.* – Wegener, H.: *Gestalt u. Form v. Th. D.s dichter. Bilderwelt. Diss. Köln 1962.* – Ulbricht, H.: *Th. D. Mit einer Einf. in seine Werke u. einer Ausw. Wiesb. 1951.* – † auch Loerke, Oskar.

Daudet, Alphonse [frz. do'dɛ], * Nîmes 13. Mai 1840, † Paris 16. Dez. 1897, frz. Schriftsteller.
Wuchs nach Verarmung der Familie in Lyon auf; Lehrer, dann Journalist in Paris, 1860–65 Privatsekretär des Herzogs von Morny, der ihm mehrere größere Reisen ermöglichte; nach dessen Tod freier Schriftsteller. D. gilt als einer der wenigen bed. Humoristen der frz. Literatur; trotz realist. Wiedergabe des Milieus scheiden ihn ein liebevoller Humor, eine deutl. Lebensbejahung, eine heitere Ironie und die persönl. Art der Darstellung von den strengen Naturalisten, wobei er manchmal dem Publikumsgeschmack mit künstler. zweifelhaften Mitteln und krassen Bühneneffekten entgegenkam.
Hauptwerke: Les amoureuses (Ged., 1857), Der kleine Dingsda (autobiograph. R., 1868; dt. 1877),

Briefe aus meiner Mühle (En., 1869; dt. 1892), L'Arlésienne (Dr., 1872; dt. 1880 u. d. T. Neue Liebe), Wundersame Abenteuer des edlen Tartarin von Tarascon (R., 1872; dt. 1882), Montags-Geschichten (1873, dt. 1880), Fromont junior und Risler senior (R., dt. 1874), Numa Roumestan (R., dt. 1882), Sappho (R., dt. 1884), Tartarin in den Alpen (R., dt. 1886).
Ausgaben: Œuvres complètes. Edition Ne varietur. Paris 1929–31. 20 Bde. – A. D. Ges. Werke. Dt. Übers. Lpz. 1928. 7 in 6 Bden.
Literatur: Michel, L.: *Le langage méridional dans l'œuvre d'A. D. Paris 1961.* – Dobie, G. V.: *A. D. Edinburgh 1949.* – Daudet, L.: *Vie d'A. D. Paris 1941.* – Diederich, B.: *A. D., sein Leben u. seine Werke. Bln. 1900.*

Daudet, Ernest [frz. do'dɛ], * Nîmes 31. Mai 1837, † Les-Petites-Dalles (Seine-Maritime) 21. Aug. 1921, frz. Schriftsteller.
Bruder von Alphonse D.; betätigte sich in Paris längere Zeit als Leiter royalist. Blätter; schrieb zahlreiche weniger bed. Romane, ferner sorgfältig dokumentierte Geschichtswerke (bes. aus der Zeit der Frz. Revolution) und die aufschlußreichen Jugenderinnerungen „Mon frère et moi" (1882).
Weitere Werke: Histoire de l'émigration (1886 bis 1889), Récits des temps révolutionnaires (1909).

Daudet, Léon [frz. do'dɛ], * Paris 16. Nov. 1867, † Saint-Rémy-de-Provence 1. Juli 1942, frz. Schriftsteller.
Sohn von Alphonse D.; polit. tätig, Gründer und Hg. des monarchist. Organs „Action Française", rechtsradikaler Abgeordneter im Parlament; schrieb polit. bestimmte, satir.-tendenziöse Romane, die soziales Interesse bekunden; interessant als Dokument, bes. wegen der farbigen und gut gestalteten Porträts der Zeitgenossen, sind D.s Memoiren.
Hauptwerke: Les deux étreintes (R., 1909), L'hécatombe (R., 1923), Paris vécu (Autobiogr., 1928–30), Clemenceau, ein kämpfer. Leben (Biogr., dt. 1939).
Literatur: Dominique, P.: *D. Paris 1964.* – Dresse, P.: *L. D. vivant. Paris 1948.* – Sauvenier, J.: *L. D. Brüssel 1933.*

Daudet, Lucien [frz. do'dɛ], * Paris 1883, † ebd. 16. Nov. 1946, frz. Schriftsteller.
Sohn von Alphonse D.; trat mit psycholog. Romanen und Schriften über Kaiserin Eugenie („Kaiserin Eugenie", dt. 1913) und M. Proust („Autour de 60 lettres de M. Proust", 1929), mit denen er befreundet war, hervor.

Daumal, René [frz. do'mal], * Boulzicourt (Ardennes) 16. März 1908, † Paris 21. Mai 1944, frz. Schriftsteller.
Philologiestudium; Lyriker und Prosaist; wandte sich in Abkehr vom modernen Intellektualismus myst.-esoter. Gedankengut des Fernen Ostens zu („La grande beuverie", Prosadichtung, 1938).
Weitere Werke: Der Analog (R., hg. 1952; dt. 1964), Poésie noire, poésie blanche (Ged., hg. 1954).

Daumer, Georg Friedrich, * Nürnberg 5. März 1800, † Würzburg 13. Dez. 1875, dt. Religionsphilosoph und Dichter.
Studierte Theologie und Philosophie, Professor am Gymnasium in Nürnberg, zeitweise Erzieher Kaspar Hausers, über den er eine Reihe von Mitteilungen verfaßte; lebte seit 1830 zurückgezogen seinen religiös-philosoph. Spekulationen und der Poesie; nach seinem Übertritt zur kath. Kirche schrieb er unter dem Pseudonym Eusebius Emmeran; verfaßte von oriental. Formkunst bestimmte Gedichte und Erzählungen.
Hauptwerke: Bettina (Ged., 1837), Hafis (Ged., 1846 und 1852), Mahomed und sein Werk (Ged., 1848), Polydora (Ged., 1855).

Dauthendey, Max[imilian] ['daʊtəndaɪ], * Würzburg 25. Juli 1867, † Malang (Java) 29. Aug. 1918, dt. Schriftsteller.
Zunächst Kunstmaler, dann freier Schriftsteller; unternahm Reisen durch Europa, nach Amerika und Asien, wurde zu Beginn des 1. Weltkrieges auf Java interniert, wo er starb. D. begann mit formstrenger Lyrik im Stil Georges; dann Wendung zu sinnenhaft-impressionist. Lyrik, die in klangl. Malerei alle Schranken zwischen Wirklichkeit und überwirkl. Phantasiewelt aufhebt,

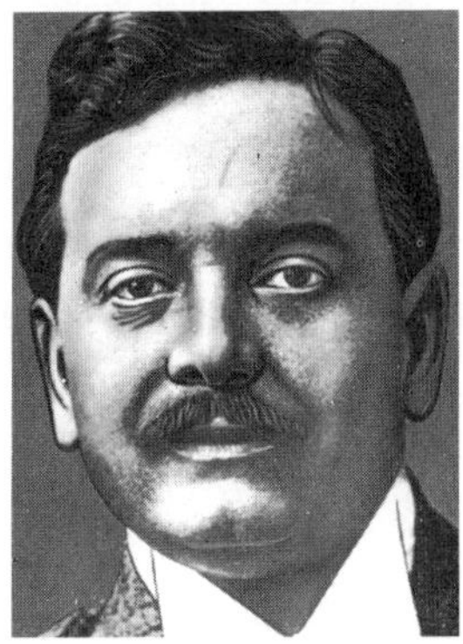
Max[imilian] Dauthendey

in lebendigen Farben sind mit Vorliebe exot. Stoffe gestaltet; seine Dramen sind bedeutungslos.
Hauptwerke: Ultra-Violett (Ged., 1893), Reliquien (Ged., 1899), Lusamgärtlein (Ged., 1909), Lingam (Novellen, 1909), Die geflügelte Erde (Versepos, 1910), Die acht Gesichter am Biwasee (Novellen, 1911), Raubmenschen (R., 1911), Geschichten aus den vier Winden (1915).
Ausgabe: Max D. Ges. Werke in 6 Bden. Mchn. 1925.
Literatur: Seyfarth, K.: *Das erzähler. Kunstwerk Max D.s. Diss. Marburg 1960 [Masch.].* – *Bll. der D.-Gesellschaft. Würzburg 1957ff.* – Wendt, H. G.: *Max D., poet-philosopher. New York 1936.*

Davenant (D'Avenant), Sir William [engl. 'dævɪnənt], ≈ Oxford 3. März 1606, † London 7. April 1668, engl. Dichter.
Wahrscheinl. Patensohn (oder unehel. Kind) von Shakespeare; studierte in Oxford, stand unter Karl I. dem Hof nahe, wurde 1638, nach dem Tod Ben Jonsons, „poet laureate", 1643 geadelt; D., der Wesentliches für die engl. Bühne leistete, rettete die engl. Theatertradition über die Zeit des puritan. Verbots durch Privataufführungen. Die Einführung der Bühnenmaschine, von Szenenbildern und der weibl. Schauspieler geht auf ihn zurück. Auch die Oper – nach italien. und frz.

Vorbild – führte er in England ein und war Mitbegründer einer Schauspiel- und Dichterschule. Von seinen eigenen Dramen ist bes. „The siege of Rhodes“ (musikal. Trag., 1656) zu nennen; seine Themen behandeln Liebes- und Ehrenhändel, meist breit und handlungsarm. D. bearbeitete Werke Shakespeares für die Bühne.
Weitere Werke: The tragedy of Albovine (Dr., 1629), The cruel brother (Dr., 1630), Madagascar (Ged., 1638), The unfortunate lover (Dr., 1638), Gondibert (Epos, 1651).
Literatur: Collins, H. S.: *The comedy of Sir W. D. Den Haag 1967.* – Harbage, A.: *Sir W. D. Philadelphia 1935.*

Davičo, Oskar [serbokroat. 'davitʃɔ], * Šabac 18. Jan. 1909, serb. Schriftsteller.
Literaturstudium in Belgrad; 1932 als Kommunist aus dem Lehramt entlassen und verurteilt; heute Redakteur der literar. Zeitschrift „Delo“. Richtete sich nach surrealist. Anfängen in zunehmendem Maß nach den Prinzipien des sozialist. Realismus; in frühen Werken kühne Metaphorik; Einfluß des lyr. Subjektivismus auf seine Erzähldichtung; übersetzte Th. Manns „Buddenbrooks“; dt. erschienen 1958 der Roman „Die Libelle“ und 1965 „Gedichte“.

David ↑ Bibel.

David von Augsburg, * Augsburg (?) um 1200, † ebd. 19. (15.?) Nov. 1272, dt. Schriftsteller und Prediger.
Franziskaner; Novizenmeister in Regensburg, dann in Augsburg; Lehrer Bertholds von Regensburg, wie dieser ein bed. Volksprediger; Verfasser maßgebender asket.-myst. Schriften. Seine zur Mystik neigenden dt. Predigten (nicht erhalten) und die Traktate über die göttl. Tugenden sind für die Entwicklung der dt. geistl. Prosa vor Meister Eckhart von großer Bedeutung.

David, Jakob Julius, * Mährisch-Weißkirchen 6. Febr. 1859, † Wien 20. Nov. 1906, östr. Schriftsteller.
Studierte in Wien (Dr. phil.); Journalist, da er wegen Schwerhörigkeit fürs Lehramt untauglich war; schrieb, von den Realisten beeinflußt, schwermütige, düstere, eindrucksvolle Erzählungen, die meist in seiner mähr. Heimat spielen, von sozialkrit. Thematik bestimmte Romane und Dramen in der Nachfolge Anzengrubers.
Hauptwerke: Das Blut (R., 1891), Hagars Sohn (Dr., 1891), Probleme (En., 1892), Der Übergang (R., 1903), Die Hanna (En., 1904).
Ausgabe: J. J. D. Ges. Werke. Hg. v. E. Heilborn *u.* E. Schmidt. *Mchn. 1908–09. 7 Bde.*
Literatur: Goldammer, P.: *J. J. D., ein vergessener Dichter. In: Zs. f. dt. Literaturgesch. 5 (1959), 323.* – Kloos, H.: *J. J. D. als Novellist. Diss. Freib. 1930.* – Groeneweg, H.: *J. J. D. in seinem Verhältnis zu Heimat, Gesch., Gesellschaft u. Lit. Graz 1929.*

Davidsohn, Hans ↑ Hoddis, Jakob van.

Davidson, John [engl. 'deɪvɪdsn], * Barrhead (Renfrew) 11. April 1857, † Penzance (Cornwall) 23. März 1909 (Selbstmord), schott. Dichter und Dramatiker.
Studierte in Edinburgh, bis 1889 Lehrer, dann freier Schriftsteller; lebte zuletzt in Penzance. Erster Erfolg mit „Fleet Street eclogues“ (Ged., 1893–96); D. verfaßte zuerst Dramen („Bruce“, 1886; „Smith“, 1888; „Scaramouche in Naxos“, 1889), kraftvoll-eigenwillige Balladen und Naturgedichte, schilderte später in Satiren Not und Großstadtelend.
Weitere Werke: Perferoid (R., 1890), Ballads and songs (Ged., 1894), The last ballad (Ged., 1898), The testament of John Davidson (Epos, 1908).

Davies, William Henry [engl. 'deɪvɪs], * Newport (Monmouth) 3. Juli 1871, † Nailsworth (Gloucester) 26. Sept. 1940, walis. Schriftsteller.
Früh verwaist, geringe Schulbildung, 1893–1901 abenteuerl. Leben in den USA; von Shaw entdeckt und unterstützt; auf dessen Anregung hin verfaßte D. „The autobiography of a supertramp“ (1908); außerdem schrieb er schlichte, sehr persönl. Gedichte voll tiefen Naturgefühls, Entzücken an der Landschaft und ihren Erscheinungen und voll Mitgefühls mit den leidenden Lebewesen.
Weitere Werke: The soul's destroyer (Ged., 1905), Nature poems (Ged., 1908), A weak woman (R., 1911), Songs of joy (Ged., 1911), Love poems (Ged., 1935).

Davignon, Henri Vicomte de [frz. davi'ɲõ], * Saint-Josse-ten-Noode bei Brüssel 23. Aug. 1879, † Woluwe-Saint-Pierre 14. Nov. 1964, belg. Schriftsteller.
Mitglied der königl. belg. Akademie für frz. Sprache und Literatur; kath.-konservativer Romanschriftsteller und Essayist, behandelt vorzugsweise Volkstumsfragen seines Landes.
Hauptwerke: Un Belge (R., 1913), Un pénitent de Furnes (R., 1925), Paelinc et Beauvau (R., 1951).

Davis, Richard Harding [engl. 'deɪvɪs], * Philadelphia 18. April 1864, † Mount Kisco (N.Y.) 11. April 1916, amerikan. Schriftsteller.
Kriegsberichterstatter; Verfasser zahlreicher Kurzgeschichten; den größten Erfolg hatten „Gallegher and other stories“ (1891) und „Van Bibber and others“ (1892). Ferner schrieb D. Romane („Soldiers of fortune“, 1897; „The white mice“, 1909), Reisebücher und etwa 25 Dramen.

Dawydow, Denis Wassiljewitsch; tl.: Davydov, Denis Vasil'evič [russ. da'vɨdɐf], * Moskau 27. Juli 1784, † Gut Werchnjaja Masa (Gouv. Simbirsk) 4. Mai 1839, russ. Dichter.
Aus Adelsfamilie; Soldat, Reiterführer und Partisanenführer im Krieg gegen Napoleon. Schrieb außer kriegshistor. Aufsätzen unkonventionelle, kraftvolle Husarenlieder und aufrichtige, oft eleg. Liebeslyrik.

Day Lewis, Cecil [engl. 'deɪ 'lu:ɪs], Pseudonym Nicholas Blake, * Ballintogher (Irland) 27. April 1904, engl. Schriftsteller ir. Herkunft.
Studierte in Oxford, zuerst Lehrer, ab 1935 freier Schriftsteller; seit 1967 als Nachfolger J. Masefields „poet laureate“. Vielseitiger Autor, dessen frühe Lyrik unter dem Einfluß von Auden und St. Spender steht. Später weniger traditionalist. Dichtungen, oft von gedanklicher Tiefe („A time to dance“, 1935), greift Motive der „Georgian poets“ wieder auf und verherrlicht u.a. Naturvorgänge, bes. die Schönheiten der engl. Landschaft. Ferner Verfasser von Romanen („Child of misfortune“, 1939; „Malice in Wonderland“, 1940) und krit. Essays, von Detektivromanen und einer Übersetzung von Vergils „Georgica“ (1940).
Weitere Werke: Transitional poem (Ged., 1929), The magnetic mountain (Ged., 1933), A hope for

poetry (Essay, 1934), Overtures to death (Ged., 1938), The poetic image (Essay, 1947), Pegasus (Ged., 1957).

Dazai, Osamu ↑ Dasai, Osamu.

d'Azeglio, Massimo Taparelli Marchese ↑ Azeglio, Massimo Taparelli Marchese d'.

De Amicis, Edmondo [italien. de a'mi:tʃis], * Oneglia (heute zu Imperia) 21. Okt. 1846, † Bordighera 11. März 1908, italien. Schriftsteller.
War Offizier und Teilnehmer am Krieg gegen Österreich; aktiver Sozialist; veröffentlichte in der von ihm geleiteten Zeitschrift „Italia militare" seine „Skizzen aus dem Soldatenleben" (1868, dt. 1897), die neben seinen „Novellen" (dt. 1877) bald zu den meistgelesenen Erzählungen Italiens gehörten; nach 1870 unternahm er zahlreiche Reisen, die ihm den Stoff zu seinen Reiseschilderungen lieferten: „Spanien" (dt. 1880), „Olanda" (1874), „Marokko" (dt. 1883), „Ricordi di Parigi" (1879), „Konstantinopel" (dt. 1882), „Sull'Oceano" (1889); polit. Hintergrund haben die „Ricordi del 1870" (1872); mit der sozialen Frage befaßte er sich in dem Roman „Il romanzo di un maestro" (1890).
Weitere Werke: Poesie (Ged., 1880), Unsere Freunde (R., 1883; dt. 1889), Herz (E., dt. 1889).

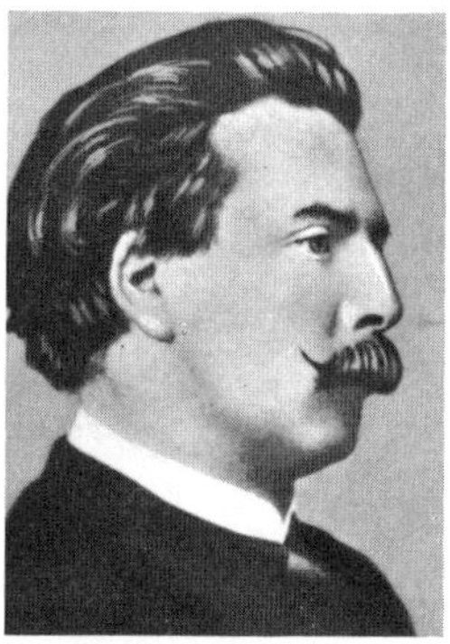
Charles De Coster

Debeljanow, Dimtscho; tl.: Debeljanov, Dimčo [bulgar. dɛbɛ'ljanof], * Kopriwschtiza 28. März 1887, ⚔ bei Demir Chisar (Griechenland) 2. Okt. 1916, bulgar. Dichter.
Jurist, Beamter im Meteorolog. Amt, wurde Reporter und Parlamentsstenograph; später im Obersten Rechnungshof; 1916 freiwillige Kriegsteilnahme. Mit N. Liliew und D. Podwarsatschow zusammen. Hg. einer Anthologie bulgar. Dichtung seit Wasow; mit letzterem zusammen wichtige Übersetzungen aus dem Frz.; D.s eigene, euphon. Dichtung verbindet Einflüsse der Romantik mit symbolist. Stilkennzeichen.

Deboralied ↑ Bibel.

De Chirico, Andrea [italien. de'ki:riko] ↑ Savinio, Alberto.

Decker, Thomas [engl. 'dɛkə] ↑ Dekker, Thomas.

De Coster, Charles [niederl. də 'kɔstər], * München 20. Aug. 1827, † Ixelles 7. Mai 1879, belg. Schriftsteller.
Studierte die Rechte in Brüssel, machte Examen in Literatur; war Mithg. der Zeitschrift „Uylenspiegel", zeitweilig Bankangestellter, Tätigkeit beim Staatsarchiv und Professor an der Militärschule in Brüssel; hatte zeitlebens materielle Sorgen. In seinem Bemühen, den großen fläm. Malern ein ebenbürtiges literar. Werk an die Seite zu stellen, gelang ihm nach 10jähriger intensiver Arbeit das meisterhafte, farbenprächtig gezeichnete Prosaepos „Die Legende und die heldenhaften, fröhl. und ruhmreichen Taten von Uilenspiegel und Lamme Goedzak in Flandernland und anderwärts" (1868, dt. 1909), eine histor.-symbolist. Darstellung aus dem Freiheitskampf der Niederlande gegen das Spanien Philipps II. De C. schrieb in frz. Sprache.
Weitere Werke: Vläm. Legenden (1858, dt. 1911), Brabanter Geschichten (1861, dt. 1917), Die Hochzeitsreise (R., 1870; dt. 1916).
Ausgaben: Ch. de C. Die Gesch. v. Ulenspiegel u. Lamme Goedzak u. ihren heldenmäßigen, fröhl. u. glorreichen Abenteuern im Lande Flandern u. anderwärts. Dt. Übers. Mchn. 1960. – Ch. de C. Ulenspiegel. Vollständige Ausg. Dt. Übers. Mchn. 1957.
Literatur: Gerlo, A.: *C. en Vlanderen. Antwerpen 1959.* – Sosset, L. L.: *La vie pittoresque et malheureuse de Ch. de C. Verviers 1938.* – Hanse, J.: *Ch. de C. Löwen 1928.*

Decourcelle, Pierre [frz. dəkur'sɛl], * Paris 25. Jan. 1856, † ebd. 10. Okt. 1926, frz. Schriftsteller.
Journalist; wurde bekannt durch seine z.T. außerordentl. erfolgreichen melodramat. Volksstücke, die er allein oder zusammen mit anderen schrieb, sowie durch seine populären [Zeitungs]-romane.
Hauptwerke: Gigolette (Dr., 1893; mit Tarbé), Les deux gosses (R., 1889, Dr. 1896; mit Berton), Fanfan (R., 1896).

Dedekind, Friedrich, * Neustadt am Rübenberge um 1525, † Lüneburg 27. Febr. 1598, dt. Schriftsteller.
Studierte Theologie in Wittenberg, war Pastor, zuletzt Superintendent in Lüneburg; bekannt durch sein in lat. Distichen geschriebenes satir. Jugendwerk „Grobianus" (1549), eine Verspottung der Derbheit seines Zeitalters; ins Dt. übersetzt, vergröbert und erweitert von K. Scheidt; dann von D. selbst erweitert und umgearbeitet: „Grobianus et Grobiana" (1554); seine geistl. Spiele zur Bekämpfung der Gegenreformation „Der christl. Ritter" (1576) und „Papista conversus" (1596) bleiben hinter seinem Jugendwerk zurück.

Dedinac, Milan [serbokroat. dɛˌdi:nats], * Kragujevac 27. Sept. 1902, † Opatija 26. Sept. 1966, serb. Schriftsteller.
Studierte in Belgrad Romanistik und vergleichende Literaturwissenschaft, Redakteur der Zeitschrift „Politika" bis 1948, Kulturattaché in Paris. Veröffentlichte seine ersten modernist. Gedichte in den 20er Jahren, wandte sich dann dem Surrealismus zu, schrieb nach dem 2. Weltkrieg v.a. Gedichte über seine Kriegserlebnisse, in denen er den Menschen als Teil eines pantheist. Dramas der Welt sieht.

Deeping, [George] Warwick [engl. 'di:pɪŋ], * Southend 28. Mai 1877, † Weybridge 20. April 1950, engl. Schriftsteller.
Sohn eines Landarztes, studierte Medizin in Cambridge, war ein Jahr lang prakt. Arzt, dann freier Schriftsteller; seine zu Schwarzweißmalerei neigenden, oft sentimentalen Romane, die meist

Menschen in einfachen Verhältnissen darstellen, zeichnen sich durch geschickte Charakterdarstellung und lebendige Handlung aus; neben diesen Unterhaltungsromanen schrieb D. auch zahlreiche histor. Romane, meist mit Stoffen aus der Geschichte Englands.
Hauptwerke: Hauptmann Sorrell und sein Sohn (R., dt. 1927), Der Schicksalshof (R., dt. 1928), Außenseiter der Gesellschaft (R., dt. 1930), Die goldenen Äpfel (R., dt. 1936).

De Filippo, Eduardo ↑ Filippo, Eduardo De.

Defoe, Daniel [de'fo:, engl. də'foʊ], eigtl. D. [De] Foe, * London Ende 1659 oder Anfang 1660, † ebd. 26. April 1731, engl. Schriftsteller.
Sohn eines Fleischers, versuchte sich in den verschiedensten Berufen, wurde schließl. Journalist, gründete mehrere kurzlebige Zeitschriften, griff mit Pamphleten und Flugschriften in aktuelle polit. und religiöse Fragen ein, was ihn an den

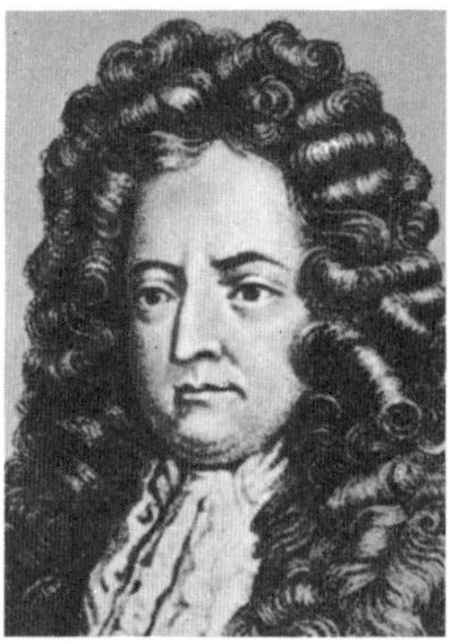

Daniel Defoe (Stich von J. Hopwood nach J. Richardson)

Pranger und ins Gefängnis brachte; danach Geheimagent der Regierung; veröffentlichte mit 60 Jahren seinen ersten Roman, „Robinson Crusoe" (dt. 1720), der ihn schlagartig berühmt machte und ihn veranlaßte, weitere Romane zu schreiben. Erste Anregung und Einzelheiten lieferten die Erlebnisse des schott. Seemanns Alexander Selkirk, der 4 Jahre auf einer einsamen Insel lebte; in scheinbar kunstloser Tagebuchform, anschaul. und spannend dargestellt, in puritan. Geiste gestaltet, wird das Leben eines Menschen beschrieben, der, isoliert von der Zivilisation, ganz auf sich allein gestellt, über alle seine Taten Rechenschaft ablegt. Auch D.s andere Romane sind z.T. von moral.-erzieher. Absicht bestimmt.
Weitere Werke: An essay upon projects (1697, dt. 1890 u. d. T. Sociale Fragen vor 200 Jahren), Life and adventures of Mr. Duncan Campbell (R., 1720), Memoirs of a cavalier (R., 1720), Kapitän Singleton (R., 1720; dt. 1919), Colonel Jack (Autobiogr., 1722), Moll Flanders (R., dt. 1723), Die Pest zu London (Bericht, 1722; dt. 1925), Roxana (R., 1724).
Ausgabe: *D. D. Romane. Dt. Übers. Hg. v.* N. Miller. *Mchn. 1968. 2 Bde.*
Literatur: Starr, G. A.: *D. and spiritual autobiography. Princeton (N.J.) 1965.* – Weimann, R.: *D. D. Halle 1962.* – Sutherland, J.: *D. London ²1950.* – Payne, W. L.: *Mr. Review. D. D. as author of the Review. New York 1947.* – Stamm, R.: *Der aufgeklärte Puritanismus D.s. Bern 1936.* – Dottin, P.: *D. De Foe et ses romans. Paris u. London 1924. 3 Bde.*

Defresne, August [frz. də'frɛn], * Maastricht 6. Nov. 1893, † Amsterdam 2. April 1961, niederl. Schriftsteller.
Regisseur und Theaterleiter in Amsterdam; schrieb zunächst expressionist. Dramen und Romane und trat in Essays für die neue literar. Richtung ein; die späteren Werke sind psycholog. bestimmt und verraten den Einfluß Freuds.

Dehmel, Richard, * Wendisch-Hermsdorf 18. November 1863, † Hamburg-Blankenese 8. Febr. 1920, dt. Dichter.
Sohn eines Försters, Studium in Berlin und Leipzig (Dr. phil.); nach journalist. Anfängen Sekretär eines Versicherungsverbandes; seit 1895 freier Schriftsteller, Freundschaft mit Liliencron, Reisen (u.a. nach Griechenland), seit 1901 in Blankenese, 1914 Kriegsfreiwilliger. Leidenschaftl. Pathetiker eines sozial betonten Naturalismus, zugleich geprägt vom Impressionismus und Vorläufer sowie Wegbereiter des Expressionismus, ein Lyriker von eindrucksvoller Kraft und bohrender Gedankentiefe, wuchtig in seiner Leidenschaft und hinreißend durch die Intensität seines Wollens. Seine Ablehnung der klass.-romant. Tradition ließ gereimte oder ungereimte freie Rhythmen mit starker Bildkraft entstehen. D. begann mit sozialer Lyrik; zentrales Thema seines Werkes ist jedoch die unbändige Macht des Eros, bes. in seiner leidenschaftl., lebensbejahenden Lyrik und in seinem Hauptwerk, dem Roman in Romanzen „Zwei Menschen" (1903). D. schrieb außerdem Dramen, Prosa und Kindergeschichten.
Weitere Werke: Erlösungen (Ged., 1891), Aber die Liebe (Ged., 1893), Weib und Welt (Ged., 1896), Die Verwandlungen der Venus (Ged., 1907), Die Menschenfreunde (Dr., 1917), Zwischen Volk und Menschheit (Tageb., 1919).
Ausgaben: R. D. Dichtungen, Briefe, Dokumente. Hg. v. P. J. Schindler. *Hamb. 1963. – R. D. Ges. Werke. Bln. ¹⁻³1906–09. 10 Bde.*
Literatur: Schiefler, G.: *R. D. Ein literar. Porträt. Hamb. 1961.* – Liebold, R.: *D.s Gedichte u. ihre Umarbeitungen. Diss. Tüb. 1956 [Masch.].* – Hagen, P. vom: *R. D. Die dichter. Komposition seines lyr. Gesamtwerkes. Bln. 1932.* – Bab, J.: *R. D. Die Gesch. eines Lebenswerkes. Lpz. 1926.*

Deinhardstein, Johann Ludwig, * Wien 21. Juni 1794, † ebd. 12. Juli 1859, östr. Dramatiker.
1829–48 Bücherzensor, 1832–41 Vizedirektor des Wiener Burgtheaters. Schrieb zahlreiche bühnenwirksame, effektvolle Stücke, die jedoch literar. und künstler. Ansprüchen nicht genügen.
Hauptwerke: Hans Sachs (Dr., 1829), Garrick in Bristol (Lsp., 1834), Gedichte (1844).

Deißinger, Hans, * Mies (Westböhm. Gebiet) 19. Juli 1890, östr. Schriftsteller.
Studierte dt. und klass. Philologie (Dr. phil.), bis 1936 Lehrer an der Staatsgewerbeschule in Salzburg, lebt als freier Schriftsteller in Anthering (Salzburg); schrieb Gedichte von barocker Bewegtheit und Musikalität, die wie seine Prosa Liebe zu Natur und Landschaft zeigen; auch Dramatiker.
Hauptwerke: Erde, wir lassen dich nicht! (Ged., 1932), Das ewige Antlitz (R., 1937), Alpennovelle (1939), Der Menschenhai (R., 1939), Das Zauber-

mal (R., 1952), Zeichen im Abend (Ged., 1961).

Deken, Agatha (Aagje) [niederl. 'de:kə], * Amstelveen bei Amsterdam 10. Dez. 1741, † Den Haag 14. Nov. 1804, niederl. Schriftstellerin.
Schrieb religiöse Gedichte, zusammen mit ihrer Freundin E. Wolff-Bekker realist. Briefromane aus dem Leben des wohlhabenden holländ. Bürgertums; bekannt ist der Roman „De historie van mejuffrouw Sara Burgerhart" (1782).

Dekker, Eduard Douwes [niederl. 'dɛkər] † Multatuli.

Dekker, Maurits Rudolph Joel [niederl. 'dɛkər], Pseudonym Martin Redeke, * Amsterdam 16. Juli 1896, † ebd. 7. Okt. 1962, niederl. Schriftsteller.
Bekämpft in seinen Romanen, Erzählungen und Dramen v.a. die soziale Ungerechtigkeit.
Hauptwerke: Doodenstad (R., 1923), Amsterdam (R., 1931), Oranjetrilogie (R.-Trilogie, 1935–38), De laars op de nek (R., 1945), De wereld heeft geen wachtkamer (Dr., 1950).

Dekker (Decker, Dekkar), Thomas [engl. 'dɛkə], * London um 1572, ▭ ebd. 25. Aug. 1632 (?), engl. Dramatiker und Schriftsteller.
Lebte in großer Armut, 6 Jahre im Schuldgefängnis; D. schrieb, oft in Zusammenarbeit (u.a. mit Webster, Middleton, Rowley, Massinger), Dramen, die religiös-allegor. Stoffe behandeln, aber auch Fabliaux, Chroniken und Volkserzählungen als Quelle benutzen. Mit der Tragödie „The honest whore" (1604) Vorläufer des bürgerl. Trauerspiels. Zahlreiche Pamphlete und satir. Schilderungen des Londoner Alltagslebens und kleinbürgerl. Daseins. In „The gull's hornbook" (Essay, 1609) zeichnet D. das Bild des Snobs seiner Zeit.
Weitere Werke: The shoemaker's holiday (Kom., 1600), Old Fortunatus (Kom., 1600), The seven deadly sinnes of London (Essay, 1606), Westward ho (Schsp., 1607; mit Webster).

Dekobra, Maurice [frz. dəkɔ'bra], eigtl. Ernest M. Tessier, * Paris 26. Mai 1888, frz. Schriftsteller.
Lernte als Journalist fast alle Teile der Welt kennen und schrieb in kosmopolit. Haltung zahlreiche erfolgreiche humorvolle Romane und Erzählungen.
Hauptwerke: Mon cœur au ralenti (R., 1924), Madonna im Schlafcoupé (R., dt. 1926).

Delafield, E. M. [engl. 'dɛləfi:ld], eigtl. Edmée Elizabeth Monica Dashwood, geb. de la Pasture, * Steyning (Sussex) 9. Juni 1890, † Cullompton (Devon) 2. Dez. 1943, engl. Schriftstellerin.
Aus adliger Familie. Schrieb vielgelesene unterhaltende Frauenromane und Kurzgeschichten, auch Dramen; verfaßte literaturkrit. Abhandlungen und Essays.
Hauptwerke: Women are like that (R., 1929), Diary of a provincial lady (R., 1930), The provincial lady in America (R., 1934), The provincial lady in wartime (R., 1940).

Delaharpe, Jean François [frz. dəla'arp] † La Harpe, Jean François de.

del Alcázar, Baltasar † Alcázar, Baltasar del.

de la Mare, Walter John [engl. dələ'mɛə], eigtl. W. Ramal, * Charlton (Kent) 25. April 1873, † Twickenham (heute zu London-Richmond upon Thames) 22. Juni 1956, engl. Schriftsteller.
Schott. und hugenott.-frz. Abstammung; 18 Jahre Angestellter einer Ölgesellschaft in London; danach ermöglichte ihm eine Ehrenpension ein Leben als freier Schriftsteller. Formalist, ohne enge Beziehung zu den zeitgenöss. literar. Strömungen; gestaltete in phantast.-visionären Gedichten, Romanen und Erzählungen eine stimmungsvolle Traumwelt jenseits der sinnl. Erfahrung; geschätzter Kinderschriftsteller; auch Nonsense-Dichtung.
Hauptwerke: The return (R., 1910), The listeners (Ged., 1912), Peacock pie (Ged., 1913), Memoirs of a midget (R., 1921), Broomsticks (E., 1925), Stuff and nonsense (Ged., 1927), The burning glass (Ged., 1945), Die Orgie, eine Idylle u.a. Erzählungen (dt. 1965).
Literatur: Clark, L.: *W. de la M. New York 1961.* – Dulfin, H. C.: *W. de la M. A study of his poetry. London 1949.*

de La Motte-Fouqué, Friedrich Baron [dəlamɔtfu'ke:] † Fouqué, Friedrich Baron de La Motte-F.

Deland, Margaret Wade [engl. 'di:lənd], geb. Campbell, * Allegheny (Pa.) 23. Febr. 1857, † Boston (Mass.) 13. Jan. 1945, amerikan. Erzählerin.
Schrieb schon als Kind Gedichte, später Romane und Kurzgeschichten über ihre Heimat mit ausgezeichneter Charakterdarstellung.

Delaney, Shelagh [engl. də'lɛɪnɪ], * Salford (Lancashire) 25. Nov. 1938, engl. Dramatikerin.
Aus einer Arbeiterfamilie, ging verschiedenen Beschäftigungen nach, u.a. Fabrikarbeiterin; Shelagh D. behandelte das Leben in den nordengl. Slums; lebendige Dialoge; steht in ihrer Dramengestaltung Osborne nahe.
Hauptwerke: Bitterer Honig (Dr., dt. 1961), A lion in love (Dr., 1961), Wodka und kleine Goldstücke (En., dt. 1966).

de la Pasture, Edmée Elizabeth Monica [engl. də'læpətɪə] † Delafield, E. M.

de la Roche, Mazo [engl. dɛlə'rɔ:ʃ], * Newmarket (Ontario) 15. Jan. 1879, † Toronto 12. Juli 1961, kanad. Schriftstellerin.
Wuchs auf der Farm des Vaters in Ontario auf; studierte in Toronto, ging nach England, lebte eine Zeitlang in Sizilien, dann wieder in Kanada. Schrieb die aus 15 Romanen bestehende Familienchronik der Whiteoaks, in der sie ein anschaul. Bild von Land und Leuten ihrer kanad. Heimat zeichnete; die Geschichte des kanad. Kolonistengeschlechts wurde von Mazo de la R. auch dramatisiert.
Hauptwerke: Die Brüder und ihre Frauen (R., dt. 1932), Das unerwartete Erbe (R., dt. 1936), Finch im Glück (R., dt. 1937), Der Herr auf Jalna (R., 1933; dt. 1953), Whiteoaks (Dr., 1936), Quebec (R., dt. 1949), Heimkehr nach Jalna (R., dt. 1959), Wechselnde Winde über Jalna (R., dt. 1961), Hundert Jahre Jalna (R., dt. 1960).

Delarue-Mardrus, Lucie [frz. dəlarymar'drys], geb. Delarue, * Honfleur (Calvados) 3. Nov. 1880, † Château-Gontier (Mayenne) 26. April 1945, frz. Dichterin.
Seit 1900 ⚭ mit dem Orientalisten Mardrus; befreundet mit D'Annunzio u. a.; trat mit sehr persönl., geständnishaften Gedichten hervor, später mit romant.-gefühlsbetonter Lyrik über ihre normann. Heimat, mit Romanen und Erinnerungen.
Hauptwerke: Marie, fille mère (R., 1908), Le roman de six petites filles (R., 1909), Deux amants (R., 1917), Mes mémoires (Autobiogr., 1938).

Delavigne, [Jean François] Casimir [frz. dəla'viɲ], * Le Havre 4. April 1793, † Lyon 11. Dez. 1843, frz. Schriftsteller.
Befreundet mit E. Scribe, Bibliothekar am Palais Royal, 1825 Mitglied der Académie française. Berühmt durch seine Elegiensammlung „Messenische Lieder“ (1818–30, dt. 1832), in denen er seinem Schmerz über den verletzten Nationalstolz nach dem Sturz Napoleons Ausdruck gab; später beschäftigte er sich mit dem Freiheitskampf in Griechenland und der Julirevolution. Wie diese Gedichte, so sollten auch seine meisten Dramen, die ebenfalls den Freiheitsgedanken feiern, Weckrufe an das Gewissen der Franzosen sein.
Weitere Werke: Die Sicilian. Vesper (Dr., 1819; dt. 1845), Le paria (Trag., 1821), Die Schule der Alten (Kom., 1823; dt. um 1880), Marino Faliero (Dr., 1829), Die Kinder Eduards (Trag., 1833; dt. 1879–84).

Delavigne, Germain [frz. dəla'viɲ], * Giverny (Eure) 1. Febr. 1790, † Montmorency bei Paris 30. Nov. 1868, frz. Schriftsteller.
Verfasser von Vaudevilles, Komödien und Opernlibretti, unter denen bes. die Textbücher zu Aubers Oper „Die Stumme von Portici“ (1828) und zu „Robert der Teufel“ (1831) von Meyerbeer herausragen; Mitarbeiter Eugène Scribes.

Delavrancea, Barbu [rumän. dela'vrantʃ̯ea], eigtl. B. Ştefănescu, * Bukarest 23. April 1858, † Jassy 12. Mai 1918, rumän. Schriftsteller.
Wurde nach dem Studium der Rechte zunächst Anwalt, später polit. Tätigkeit. Schrieb unter mehreren Pseudonymen romant. Dramen und realist. Novellen, die aber starke Einflüsse von Phantastik und Romantik aufweisen; temperamentvoller, oft ungezügelter Stil; subtile Psychologie; dt. erschienen „Novellen und Erzählungen“ (1955).

del Campo, Estanislao ↑ Campo, Estanislao del.

del Castillo, Juan Ignacio González ↑ González del Castillo, Juan Ignacio.

del Castillo, Michel ↑ Castillo, Michel del.

Deledda, Grazia [italien. de'lɛdda], * Nuoro (Sardinien) 30. Sept. 1871, † Rom 15. Aug. 1936, italien. Schriftstellerin.
Tochter eines Grundbesitzers; autodidakt. Bildung, vielseitige Lektüre; begann sehr früh zu schreiben; war schon berühmt, als sie 1900 nach Rom ging. Unter dem Einfluß G. Vergas schilderte sie in ihren Romanen und Novellen mit plast. Anschaulichkeit in einer leidenschaftl.-dramat. Sprache das einfache Leben der Menschen ihrer sardin. Heimat; dieses in fast allen Erzählwerken immer wieder variierte Thema ist meist von einer eleg. Stimmung, Traurigkeit und Schwermut bestimmt; mit großer Offenheit werden die oft trag. Geschehnisse realist. dargestellt und urwüchsig-natürl., noch kaum von der Zivilisation berührte Menschen im Widerstreit mit all ihren Leidenschaften gezeigt. Nobelpreis 1926.
Hauptwerke: Fior di Sardegna (R., 1892), Il tesoro (R., 1897), Elias Portolu (R., dt. 1906), Schilfrohr im Winde (R., 1913; dt. 1930), Die Mutter (R., dt. 1922), Il Dio dei viventi (R., 1922), Cosima. Die Jugend einer Dichterin (Autobiogr., dt. 1943).
Literatur: Buzzi, G.: *G. D. Mailand 1952.* – Fassnacht, M.: *Sardinien, das Land u. die Leute bei G. D. Diss. Tüb. 1951 [Masch.].*

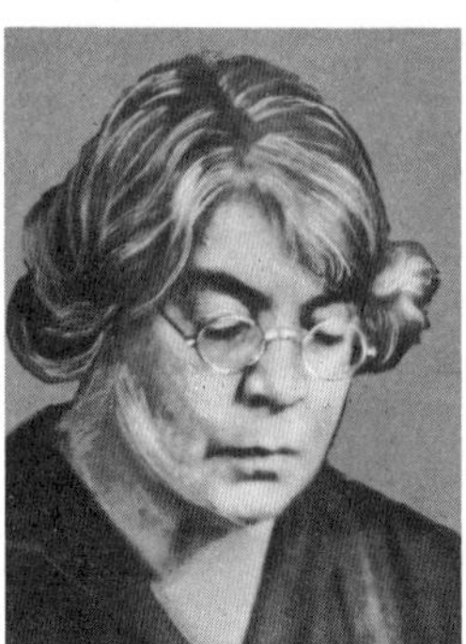
Grazia Deledda

del Encina, Juan ↑ Encina, Juan del.

Delgado, Rafael [span. dɛl'ɣaðo], * Córdoba (Veracruz) 20. Aug. 1853, † Orizaba (Veracruz) 20. Mai 1914, mex. Schriftsteller.
Schrieb realist. Romane und Erzählungen über Land und Leute Mexikos. D. trat auch als Lyriker, Dramatiker und Kritiker hervor.
Hauptwerke: La calandria (R., 1891), Angelina (R., 1895), Cuentos y notas (En., 1902), Los parientes ricos (R., 1903).

Delharpe, Jean François [frz. də'larp] ↑ La Harpe, Jean François de.

Delibes, Miguel [span. de'liβes], * Valladolid 17. Okt. 1920, span. Schriftsteller.
Dr. jur.; Journalist; Professor für Kulturgeschichte in Valladolid; trat seit 1947 mit einer Reihe vielbeachteter feinsinniger und poet. Romane und Erzählungen hervor.
Hauptwerke: La sombra del ciprés es alargada (R., 1947), Und zur Erinnerung Sommersprossen (R., dt. 1960), Wie der Herr befehlen (R., dt. 1962).

Delille, Jacques [frz. də'lil], * Aigueperse (Auvergne) 22. Juni 1738, † Paris 1. Mai 1813, frz. Dichter.
Besuchte das Collège in Lisieux, Lehrer in Paris, 1774 Mitglied der Académie française, Professor für lat. Dichtung; Abt von Saint-Séverin; verlor in der Revolution alle Stellungen, emigrierte zuerst in die Schweiz, dann nach Deutschland, schließlich nach England; 1802 Rückkehr nach Paris, wo D. rehabilitiert wurde und zurückgezogen lebte. Er schrieb klassizist.-formvollendete Gedichte, die nach antiken Vorbildern das Landleben kunstvoll beschreiben; Übersetzer Vergils.
Hauptwerke: Georgica (Übers., 1769), Les jardins ou l'art d'embellir les paysages (Ged., 1782), Les trois règnes de la nature (Ged., 1808).

Dell, Floyd [engl. dɛl], * Barry (Ill.) 28. Juni 1887, amerikan. Schriftsteller.
Reporter und Redakteur verschiedener, auch sozialist. Zeitungen; sein Interesse für Erziehung und Psychoanalyse zeigt sich in vielen Artikeln über diese Themen. In seinen Romanen schildert er oft die enttäuschte Nachkriegsjugend; er schrieb auch Kurzgeschichten („Love in Greenwich Village“, 1926), Essays („Women as worldbuilders“, 1913) und Einakter („Sweet and twenty“, 1921).

Weitere Werke: Moon-calf (R., 1920), Upton Sinclair (Essay, 1922), Love without money (R., 1931), Homecoming (Autobiogr., 1933).

Della Casa, Giovanni [italien. 'della 'ka:sa], * La Casa del Mugello 28. Juni 1503, † Montepulciano (Toskana) 14. Nov. 1556, italien. Dichter.
War Nuntius Papst Pauls III. in Venedig, Erzbischof von Benevent, zuletzt Staatssekretär unter Paul IV.; zählte zu seiner Zeit zu den vorzüglichsten italien. Prosaisten; sein bekanntestes Werk ist „Il galateo" (1558), ein Lehrbuch des gesellschaftl. Anstandes; ferner verschiedene Reden, lyr. Gedichte in der Nachfolge Petrarcas, auch lat. Gedichte.

della Mirandola, Giovanni Pico ↑ Pico della Mirandola, Giovanni.

Della Porta, Giambattista [italien. 'della 'pɔrta], * Neapel Okt. oder Nov. 1535, † ebd. 4. Febr. 1615, italien. Dramatiker.
Naturwissenschaftl. interessiert, dadurch Verbindung zur Kunst der Magie, deren er verdächtigt wurde. Seine Komödien (14 sind erhalten) zeichnen sich durch sprachl. Gefälligkeit und klaren Aufbau aus.
Hauptwerke: La Cintia (Kom., 1601), I due fratelli rivali (Kom., 1601), L'astrologo (Kom., 1606), Penelope (Tragikom., 1591), Giorgio (Trag., 1611).

Dellarosa, Ludwig ↑ Gleich, Joseph Alois.

Della Valle, Federico [italien. 'della 'valle], * Asti um 1560, † Mailand 1628, italien. Dramatiker.
Über sein Leben ist wenig bekannt; lebte am Hofe von Savoyen in Turin und zuletzt in Mailand. Gilt heute als einer der bedeutendsten italien. Tragiker. Schrieb neben einigen kleineren Werken und einer Tragikomödie („Adelonda di Frigia", UA 1595, hg. 1629) drei Tragödien: „La reina di Scozia" (1628), „Judith" (1628) und „Esther" (1628), die durch tiefe Religiosität und pessimist. Lebensauffassung gekennzeichnet sind.

delle Grazie, Marie Eugenie ↑ Grazie, Marie Eugenie delle.

Deloney, Thomas [engl. də'loʊnɪ], * London (?) um 1543, † Norwich um 1600, engl. Balladendichter und Schriftsteller.
Seidenweber, Verfasser zahlreicher „broadside ballads" (Straßenballaden). Schilderte das Dasein der Kleinbürger in humorvoll-liebenswürdiger Weise; realist. Charakterdarstellungen, kraftvoll-natürl. Sprache. „Jack of Newbury" (R., 1597) ist den Webern, „The gentle craft" (R., 1597) den Schuhmachern, „Thomas of Reading" (R., 1600) den Tuchmachern gewidmet. Außerdem Gedichte: „Strange histories" (1602), „The garland of good will" (1618).

del Valle-Inclán, Ramón María ↑ Valle-Inclán, Ramón María del.

del Valle Rossi, Adriano ↑ Valle Rossi, Adriano del.

Delwig, Anton Antonowitsch Baron; tl.: Del'vig, Anton Antonovič [russ. 'djeljvik], * Moskau 17. Aug. 1798, † Petersburg (heute Leningrad) 26. Jan. 1831, russ. Dichter.
Aus einer ins Baltikum eingewanderten dt. Familie; Schulfreund Puschkins, später der Puschkinschen Plejade zugerechnet; u.a. im Innenministerium tätig. Zeitlebens Zusammenarbeit mit Puschkin, u.a. bei der Herausgabe einer literar. Zeitschrift; Dichter des L'art pour l'art; pflegte viele Gattungen, u.a. Sonett, Ode, Elegie, Idylle, heitere anakreont. Lyrik; außer der griech. Antike auch Anregungen durch die russ. Volksdichtung in seinen Nachahmungen russ. Volkslieder.

Demedts, André [niederl. də'mɛts], * Sint-Baafs-Vijve (Westflandern) 8. Aug. 1906, fläm. Schriftsteller.
Entstammte einer bäuerl. Familie, studierte Handelswissenschaft, war Landwirt, Handelsschullehrer, dann Leiter des belg. Rundfunks und Fernsehens; begann mit melanchol. Lyrik, wandte sich dann dem psycholog. motivierten Roman zu; trotz aller Schwermut, die in der Erkenntnis der Unvereinbarkeit von Ideal und Wirklichkeit wurzelt, findet D. die Kraft zur Bejahung des Lebens.
Hauptwerke: Geploegde aarde (Ged., 1931), Das Leben treibt (R., dt. 1939), Niemals wieder (R., dt. 1948), Die Herren von Schoendaele (R., dt. 1957), Die Freiheit und das Recht (R., dt. 1960), Eine Nußschale voll Hoffnung (R., dt. 1962).

Demeter, Dimitrije [serbokroat. 'dɛmɛtɛr], * Agram 21. Juli 1811, † ebd. 24. Juni 1872, kroat. Schriftsteller.
Griech. Abstammung; Dr. med., Redakteur, zeitweise Leiter des von ihm geschaffenen kroat. Nationaltheaters. Verfechter der Ideen des Illyrismus; Einfluß der Romantik; in seinen Dramen Neigung zum Pathetischen; trug zum Spielplan des Nationaltheaters außer Opernlibretti und dem ersten Trauerspiel der modernen kroat. Bühne („Teuta", 1844) v.a. mit Übersetzungen von Goethe, Kotzebue, Nestroy, Sheridan u.a. bei; schrieb auch erzählende Werke.

Demetrios von Phaleron, * vor 344, † in Oberägypten um 280, griech. Gelehrter und Staatsmann.
Schüler Theophrasts, 317–07 unter Kassander Statthalter von Athen; durch Demetrios Poliorketes vertrieben, ging er an den Hof Ptolemaios' I. nach Alexandria; D. gab eine Sammlung von Fabeln Äsops und von Sprüchen der Sieben Weisen heraus; von seinen zahlreichen Schriften, die u.a. Interpretationen zur „Ilias" und „Odyssee", philosoph., rhetor., histor. und polit. Werke umfaßten, ist nichts erhalten, während das unter seinem Namen überlieferte Buch „Über den Stil" aus dem 1. Jh. n. Chr. stammt und wohl peripatet. Ursprungs ist.
Literatur: Grube, G. M. A.: *A Greek critic: Demetrius on style. Toronto 1961.* – Bayer, E.: *D. Phalereus, der Athener. Stuttg. 1942.*

Deml, Jakub [tschech. 'dɛml̩], * Tasov (Südmähr. Gebiet) 20. Aug. 1878, † Trebitsch (Südmähr. Gebiet) 10. Febr. 1961, tschech. Schriftsteller.
Kath. Priester, früh wegen seiner scharfen polem. Schriften in den Ruhestand versetzt; Einfluß der „kath. Moderne", bes. Léon Bloys; schrieb außer Polemiken und Verteidigungsschriften Dichtungen, die vom Ideal franziskan. Demut geprägt sind; mitbestimmend für die Gestaltung von D.s lyr. und Prosawerken war seine Freundschaft mit O. Březina.

Democritus Junior [engl. dɪ'mɔkrɪtəs 'dʒu:njə] ↑ Burton, Robert.

Demokritos (Demokrit), * Abdera (Thrakien) um 460, † um 370, griech. Philosoph.
Soll nach Diodor 90, nach anderen über 100 Jahre alt geworden sein (noch im 4. Jh. bezeugt); mit seinem Lehrer Leukippos Begründer

des antiken Atomismus, der auf der Grundlage philosoph. Spekulationen beruhenden Lehre von der atomaren Grundstruktur der Welt; D. erwarb durch weite Reisen und umfassende Studien Kenntnisse auf allen Wissensgebieten und verfaßte grundlegende, späteren Philosophen als Quellen dienende Werke über Physik, Mathematik, Technik, Ethik, Musik, Poesie, Grammatik, Phonetik, Malerei, Medizin u.a.; nur bruchstückhaft erhalten. Sein Sprachstil wird von Cicero gelobt und dem Platons gleichgestellt.
Literatur: Cole, Th.: *Democritus and the source of greek anthropology. Cleveland (Ohio) 1967.* – Mesiano, F.: *La morale materialista di Demòcrito da Abdera. Florenz 1951.* – Löwenheim, L.: *Die Wiss. Demokrits. Bln. 1914.*

Demolder, Eugène [frz. dəmɔl'dɛ:r, niederl. də'mɔldər], * Molenbeek-Saint-Jean 16. Dez. 1862, † Corbeil (heute Corbeil-Essonnes) 9. Okt. 1919, belg. Schriftsteller.
Dr. jur., zeitweilig im Brüsseler Magistrat; bemühte sich in seinem durch maler. Anschaulichkeit bestimmten Erzählwerk in farbenreichen, minutiösen Beschreibungen, die niederl. und fläm. Malerei nachzuahmen.
Hauptwerke: Die Legenden von Yperdamme (1897, dt. 1920), Der Weg der Dornen (R., 1899; dt. 1916), Le jardinier de la Pompadour (R., 1904).

Demophilos, griech. Dichter des 4. oder 3. Jh.s v. Chr. (?).
Vertreter der neuen Komödie, dessen „Onagos" Plautus seiner „Asinaria" zugrunde legte, wie er selbst im Prolog mitteilt.

De Morgan, William Frend [engl. də'mɔ:gən], * London 16. Nov. 1839, † ebd. 15. Jan. 1917, engl. Schriftsteller.
Studierte in London; war Keramiker und Kunstgewerbler; begann erst in vorgerücktem Alter zu schreiben; verfaßte, von Dickens angeregt, realist. Romane; mit Rossetti und Morris befreundet.
Hauptwerke: Joseph Vance (R., 1906), When ghost meets ghost (R., 1914).

Demosthenes, * Athen 384 oder 383, † auf Kalaureia (heute Poros) 322, griech. Rhetor und Staatsmann.
Tätigkeit als rhetor. Logograph (Anwalt); überwand mit großer Willenskraft körperl. Mängel, die seiner Laufbahn als Rhetor hinderlich gewesen wären; in der Politik für die Wiederherstellung der Vormacht Athens und die Erhaltung der griech. Freiheit, die durch Philipp von Makedonien bedroht wurde, gegen den er mit seinen berühmten Reden, den sog. „Philippika" auftrat. In der Schlacht von Chaironeia ging die athen. Unabhängigkeit verloren; nach Philipps Tod versuchte D., die Athener zum Aufstand gegen Alexander den Großen zu bewegen; der Antrag des Ktesiphon auf feierl. Bekränzung des D. führte erst 330 zum Erfolg, nachdem Aischines dies jahrelang hintertrieben hatte; später wurde D. in eine Bestechungsaffäre verwickelt, verurteilt, entzog sich aber der Strafe durch Flucht; nach Alexanders Tod triumphale Heimkehr; erneute Flucht vor den Makedonen auf die Insel Kalaureia, wo er im Tempel des Poseidon, von Verfolgern umstellt, Gift nahm. Unabhängig von der Beurteilung seiner polit. Tätigkeit bleibt die Kunst der Rede bestehen, die er, von Isokrates ausgehend, verfeinerte und variierte; die Sprache ist klar und verständl., hervorragend die rhythm. Gestaltung.
Ausgaben: D. Orationes. Hg. v. C. Fuhr *u.* I. Sykutris. *Bd. 1 u. 2,1. Lpz. 1923–37 [m.n.e.].* – *Demosthenis Orationes. Hg. v.* S. H. Butcher *u.* W. Rennie. *Oxford 1903–31. 3 in 4 Bden.*
Literatur: Wolff, H. J.: *D. als Advokat. Bln. 1968.* – Jaeger, W.: *D. Der Staatsmann u. sein Werden. Bln. [2]1963.* – Luccioni, J.: *Démosthène et le panhellénisme. Paris 1961.* – Schaefer, A.: *D. u. seine Zeit. Lpz. [2]1885–87. 3 Bde. Nachdr. Hildesheim 1966.*

Denck (Denk), Hans, * Habach (Oberfranken) um 1495, † Basel 15. (?) Nov. 1527, dt. Humanist.
Rektor der Sebaldusschule in Nürnberg; als Anhänger Müntzers 1525 aus Nürnberg ausgewiesen; wirkte als Täufer u.a. in Augsburg, Straßburg, Basel; Verfasser von theolog. Abhandlungen und Streitschriften gegen die Reformatoren; bed. wegen der von Luther anerkannten, 1527 mit Hätzer aus dem Urtext übersetzten Propheten.
Ausgabe: H. D. Schrr. Hg. v. G. Baring *u.* W. Fellmann. *Gütersloh 1955–60. 3 Bde.*
Literatur: Hege, A.: *H. D. Diss. Tüb. 1942.*

Denham, Sir John [engl. 'dɛnəm], * Dublin 1615, † London 10. März 1669, engl. Dichter.
Sohn eines ir. Richters, Studium in Oxford, 1642 Sheriff von Surrey, Royalist, 1661 geadelt; Architekt in London; starb in geistiger Umnachtung. Bekannt durch sein naturbeschreibendes, reflektierendes Gedicht „Cooper's hill" (1642); er verfaßte das histor. Trauerspiel in Blankversen „The Sophy" (1642), ferner eine „Aeneis"-Paraphrase und eine Art Poetik; Vorläufer des engl. Klassizismus.

Denis, Michael, * Schärding 27. Sept. 1729, † Wien 29. Sept. 1800, östr. Dichter.
Jesuit, Professor für Philosophie am Theresianum in Wien, dann Kustos der Hofbibliothek; Briefwechsel mit Klopstock, Übersetzer der Gesänge Ossians in Hexametern („Die Gedichte Ossians...", 1768/69); ahmte als „Sined der Barde" die Bardendichtung Klopstocks nach und verfaßte zahlreiche patriot. Gesänge und religiöse Lyrik; auch dramat. Versuche und bed. bibliograph. Werke.
Weitere Werke: Poet. Bilder... (1760), Die Lieder Sineds des Barden (1772).

Denis da Cruz e Silva, António [portugies. də'niʒ ðɐ 'kruz i 'silvɐ] ↑ Dinis da Cruz e Silva, António.

Denk, Hans ↑ Denck, Hans.

Dennery (später d'Ennery), Adolphe Philippe [frz. dɛn'ri], eigtl. Adolphe Philippe, * Paris 17. Juni 1811, † ebd. 25. Jan. 1899, frz. Dramatiker.
War zunächst journalist. tätig; gehörte mit seinen über 200 Melodramen, Vaudevilles und Zauberstücken lange Zeit zu den beliebtesten frz. Bühnenautoren; schrieb fast sämtl. Stücke in Zusammenarbeit mit anderen.
Hauptwerke: Gaspard Hauser (Dr., 1838), Si j'étais roi (Opernlibretto für A. Adam, 1852), Les deux orphelines (Dr., 1874; mit Cormon), Le tour du monde en 80 jours (Dr. nach J. Verne, 1875), Le Cid (Opernlibretto für J. Massenet, 1885).

Dennis, John [engl. 'dɛnɪs], * London 1657, † ebd. 6. Jan. 1733 oder 1734, engl. Kritiker und Dramatiker.

Studierte in Cambridge, Anhänger der Whigs, für die er scharfe Flugschriften verfaßte; schrieb erfolglose Dramen, darunter die Tragödie „Appius and Virginia“ (1709), deren unerträgl. Schwulst Pope zu seiner „Dunciad“ veranlaßte, durch die D. als Dramatiker unsterbl. lächerl. gemacht wurde. Seine literar. Kritik bezeugt feines künstler. Empfinden.
Weitere Werke: Letters on Milton and Congreve (Essays, 1696), Miscellany poems (Ged., 1697), Rinaldo and Armida (Dr., 1699), The genius and writings of Shakespeare (Essay, 1721).
Literatur: Lenz, H.: *J. D. Sein Leben u. seine Werke. Halle 1913.*

Depauw, Valère [niederl. də'pou̯], * Ronse 7. April 1912, fläm. Schriftsteller.
Vertreter des Volksromans; schildert in seinen Erzählungen und Romanen die Typen und das Alltagsleben Flanderns.
Hauptwerke: Tavi (R., dt. 1941), Die Tuchweber von Flandern (R.-Trilogie, dt. 1953), Die himmelblaue Gasse (R., dt. 1950), Alle Vögel haben ihr Nest (R., dt. 1960), Nebel über dem Moor (R., dt. 1957).

De Quincey, Thomas [engl. də'kwɪnsɪ], * Manchester 15. Aug. 1785, † Edinburgh 8. Dez. 1859, engl. Schriftsteller.
Sohn eines wohlhabenden Kaufmanns; lief von Haus und Schule fort und führte ein unstetes Wanderleben in Wales und London; studierte in Oxford und lebte dann, mit philosoph. Studien und journalist. Arbeiten beschäftigt, zunächst in Grasmere (Lake District) im Kreise von Wordsworth, Coleridge und Southey, später in London und Edinburgh; sein bekanntestes Werk, „Bekenntnisse eines Opiumessers“ (1822, erweitert 1856; dt. 1902) ist eine sensible autobiograph. Studie. Eine Art Forts. dazu bieten die traumhaft-phantasievollen „Suspiria de profundis“ (1845) und „Autobiographical sketches“ (1853); bemerkenswert ist De Qu.s meisterhafter Essay „Der Mord als eine schöne Kunst betrachtet“ (1827, dt. 1913).
Weiteres Werk: The logic of political economy (Essay, 1844).
Ausgabe: Th. de Qu. Bekenntnisse eines engl. Opiumessers. Suspiria de profundis. Die engl. Postkutsche. Der Mord als eine schöne Kunst betrachtet. Dt. Übers. Stuttg. 1962.
Literatur: Proctor, S. K.: *De Qu.'s theory of literature. New York 1966.* – Metcalf, J. C.: *De Qu. A portrait. New York 1963.*

Derème, Tristan [frz. də'rɛm], eigtl. Philippe Huc, * Marmande (Lot-et-Garonne) 13. Febr. 1889, † Oloron-Sainte-Marie (Basses-Pyrénées) 24. Okt. 1941, frz. Dichter.
War schon früh mit Jean Marc Bernard und Francis Carco Mitglied der Gruppe der „Poètes fantaisistes“ und besang in graziösen und schlichten Versen, nicht ohne eine gewisse Melancholie und Sensibilität verbergende Ironie, Liebe und Jugend, den Montmartre und die Boheme.
Hauptwerke: La verdure dorée (Ged., 1922), Poèmes des colombes (Ged., 1929), Le poisson rouge (Prosa, 1934), Le violon des muses (Prosa, 1935).

Derleth, Ludwig [...lɛt], * Gerolzhofen 3. Nov. 1870, † San Pietro di Stabio (Tessin) 13. Jan. 1948, dt. Lyriker und Epiker.
Studierte in München klass. Philologie, Philosophie und Psychiatrie, lebte als Gymnasiallehrer lange in München, Bekanntschaft mit St. George; seit 1935 im Tessin. Mit religiös-philosoph. Lyrik und Epik bemüht um ein neues, geläutertes Christentum; sein Hauptwerk, das 15000 Verse umfassende myst. Epos „Der Fränk. Koran“ (1. Teil 1933) schildert die Pilgerfahrt der menschl. Seele auf ihrem Weg von Gott über das ird. Dasein zu Gott.
Weitere Werke: Seraphin. Hochzeit (Dichtung, 1939), Der Tod des Thanatos (Dichtung, 1945).
Literatur: Jost, D.: *L. D. Gestalt u. Leistung. Stuttg. 1965. – L. D.-Gedenkb. Amsterdam 1958.*

Dermoût, Maria [niederl. 'dɛrmou̯t], eigtl. Helena Anthonia Maria Elisabeth D.-Ingerman, * Pekalongan (Java) 15. Juni 1888, † Den Haag 27. Juni 1962, niederl. Schriftstellerin.
Schauplatz ihrer Werke ist die exot. Welt ihrer Jugendjahre, deren Erlebnisse sie suggestiv zu schildern weiß.
Hauptwerke: Erst gestern noch (R., dt. 1957), Die Harfe Amoret (R., dt. 1958).

Déroulède, Paul [frz. deru'lɛd], * Paris 2. Sept. 1846, † Montboron bei Nizza 30. Jan. 1914, frz. Schriftsteller und Politiker.
Kriegsteilnehmer 1870/71; unermüdl. Vorkämpfer des Revanchismus und Nationalismus im antirepublikan. Sinne, Gründer der chauvinist. „Ligue des patriotes“ und Anhänger Boulangers; 1900 wegen Umsturzversuchs zu 10 Jahren Verbannung verurteilt, 1905 amnestiert; schrieb patriot. Kriegs- und Soldatenlieder („Chants du soldat“, 1872), die in hohen Auflagen verbreitet waren, auch Dramen („Juan Strenner“, 1869; „Messire du Guesclin“, 1896; „La mort de Hoche“, 1897).

Derschawin, Gawrila Romanowitsch; tl.: Deržavin, Gavrila Romanovič [russ. dɪr'ʒavin], * im Gouv. Kasan 14. Juli 1743, † Gut Swanka (Gouv. Nowgorod) 20. Juli 1816, russ. Dichter.
Entstammte einer kleinen Gutsbesitzersfamilie; 1762–74 Militärdienst, 1784 Gouverneur von Olonez, dann von Tambow; Sekretär Katharinas II., der Großen, 1802 Justizminister. Gilt als bedeutendster russ. Dichter des 18. Jh.s; er schrieb vorwiegend Oden; berühmt ist die Ode „Gott“ (1784, dt. 1845), die in zahlreiche Sprachen übertragen wurde; verfaßte außerdem panegyr. Oden auf Katharina die Große und ihre Heerführer; das traditionelle feierl. Preisgedicht erschien bei D. um neue Züge erweitert; Humor, Satire und Ironie fehlen trotz des Pathos nicht; neben allem ird. Prunk steht, wie in der dt. Barockdichtung, die Allgewalt des stets drohenden Todes, die Vergänglichkeit und Eitelkeit alles Irdischen.
Literatur: Clardy, J. V.: *G. R. Derzhavin. A political biography. Den Haag 1967.* – Kölle, H.: *Farbe, Licht u. Klang in der malenden Poesie Deržavins. Mchn. 1966.*

Déry, Tibor [ungar. 'de:ri], * Budapest 18. Okt. 1894, ungar. Schriftsteller.
Aus großbürgerl. Familie; studierte Volkswirtschaft, 1919 Mitglied der KP; war hoher Kulturfunktionär in der Räterepublik Béla Kuns, lebte nach deren Zusammenbruch bis 1937 im Ausland. Nach seiner Rückkehr trug ihm seine Übersetzung von Gides „Retour de l'USSR“ eine Gefängnisstrafe ein. Nach 1945 wurde er gefeiert

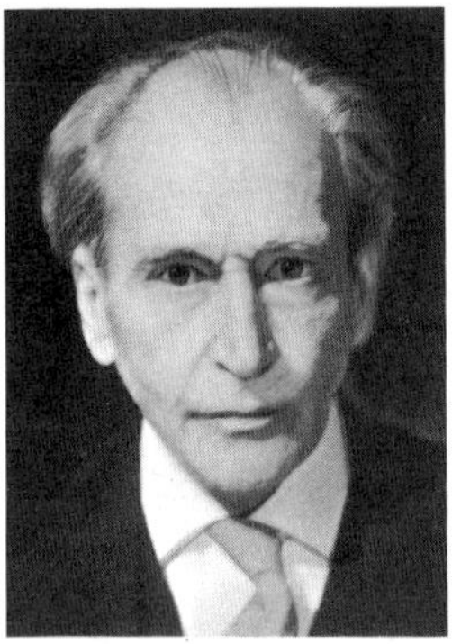
Tibor Déry

und mit dem Kossuth-Preis ausgezeichnet, geriet aber bald in Ggs. zur herrschenden doktrinärmarxist. Richtung, erhielt Publikationsverbot und wurde später auch aus der KP ausgeschlossen; während des Aufstandes 1956 setzte er sich für Gerechtigkeit ein und wirkte beschwichtigend. 1957 wurde er als Repräsentant des Petőfi-Kreises zu 9 Jahren Gefängnis verurteilt, 1961 begnadigt. D. begann mit Erzählungen und Gedichten, die er 1919 veröffentlichte; nach expressionist. Versuchen gelangte er in den 30er Jahren zu einer realistischeren Darstellungsweise. Sein Hauptwerk, der Roman „Der unvollendete Satz" (1947, dt. 1954), schildert vor dem Hintergrund der sozialen Gegensätze im Budapest der 30er Jahre, nicht frei von autobiograph. Zügen, die psycholog. Entwicklung und den weltanschaul. Wandel des suchenden jungen Helden, dessen Weg aus dem großbürgerl. Haus zu den Kommunisten führt. Satir. zu verstehen sind D.s utop. Roman „Herr G. A. in X." (dt. 1966) wie auch sein neuester Roman „Ambrosius" (dt. 1968).
Weitere Werke: Die Antwort der Kindheit (R., dt. 1952), Niki (Nov., dt. 1958), Die portugies. Königstochter (En., dt. 1959).
Literatur: Hädecke, W.: *Der Erzähler T. D. In: Neue Rundschau 77 (1966), H. 4, S. 638.*

Deržavin ↑ Derschawin.

Désaugiers, Marc Antoine [frz. dezo'ʒje], * Fréjus bei Cannes 17. Nov. 1772, † Paris 9. Aug. 1827, frz. Dichter.
Ging während der Revolution nach Amerika; war nach der Rückkehr (1797) zeitweilig Musiklehrer; 1815 Leiter des „Théâtre du Vaudeville"; schrieb, meist in Gemeinschaft mit anderen, etwa 100 Vaudevilles, daneben zahlreiche, seinerzeit vielgesungene, von heiterer Lebensfreude inspirierte Chansons („Pan-pan", „Quand on est mort, c'est pour longtemps").

Desbordes-Valmore, Marceline [frz. debɔrdval'mɔ:r], geb. Desbordes, * Douai 20. Juni 1786, † Paris 23. Juli 1859, frz. Lyrikerin.
Tochter eines Malers, der infolge der Frz. Revolution seine Existenz verlor; völlig verarmt, wurde Marceline D. Sängerin; 1817 heiratete sie den Schauspieler Valmore. Ihre gesamte Lyrik ist vom Leid einer einsamen Frau, ihrer trostlosen Jugend, der Enttäuschung durch die Liebe, einer unglückl. Ehe und eines vereinsamten Alters geprägt; die ergreifende und erschütternde Sprache ist trotz einfacher, z.T. abgegriffener Metaphern und entlehnter Bilder von hoher Musikalität; die verdiente Beachtung fand Marceline D.-V. erst nach ihrem Tod durch die Romantiker (v.a. Sainte-Beuve), mehr noch durch Verlaine.
Hauptwerke: Élégies et romances (Ged.,1818), L'atelier d'un peintre (R., 1833), Les pleurs (Ged., 1833), Pauvres fleurs (Ged., 1839), Ausgewählte Gedichte (frz. und dt. 1947).
Literatur: Jasenas, E.: *M. D.-V. devant la critique. Paris 1962.* – Zweig, St.: *M. D.-V. Das Lebensbild einer Dichterin. Lpz. 1927.*

Descaves, Lucien [frz. de'ka:v], * Paris 18. März 1861, † ebd. 6. Sept. 1949, frz. Schriftsteller.
Sohn eines Graveurs; 4 Jahre Militärdienst; 1900 Mitglied der Académie Goncourt; begann als extremer Naturalist, unterzeichnete jedoch 1887 das „Manifeste des cinq" gegen die Auswüchse dieser Richtung; seine Romane und Erzählungen „La caserne" (E., 1887), „Misères du sabre" (E., 1887) und bes. „Sous-offs" (R., 1889) brachten ihm wegen ihrer scharfen Absage an den Militarismus eine Anklage wegen Sittengefährdung ein, auch seine weiteren, gemäßigt-realist. Romane zeigen ihn auf seiten des Volkes; seit Beginn des 20. Jh.s war D. auch als Bühnenautor erfolgreich (z. T. in Zusammenarbeit mit Donnay).
Weitere Werke: L'as de cœur (Dr., 1920), Le cœur ébloui (Dr., 1926), Souvenirs d'un ours (Autobiogr., 1946).

Deschamps, Antony [frz. de'ʃã], eigtl. Antoine François Marie D. de Saint-Amand, * Paris 12. März 1800, † Passy (heute zu Paris) 29. Okt. 1869, frz. Lyriker.
Bruder von Émile D.; gehörte zum engsten Kreis der Romantiker; schrieb eine metr. Übersetzung von Dantes „Divina Commedia" (1829), schwermütige lyr. Gedichte, in denen sich die Wirkung einer sich seit Ende der 30er Jahre vorbereitenden Geisteskrankheit niederschlug, Satiren (1834) und „Études sur l'Italie" (1835).

Deschamps, Émile [frz. de'ʃã], eigtl. É. D. de Saint-Amand, * Bourges 20. Febr. 1791, † Versailles 22. April 1871, frz. Dichter und Kritiker.
War mit seinem Bruder Antony D. einer der ersten und eifrigsten Anhänger der frz. Romantik und Mitbegründer der Zeitschrift „La Muse française" (1824, mit V. Hugo); durch seine „Études françaises et étrangères" (1828) trug er wesentl. zur Einbürgerung fremder dichter. Formen in Frankreich bei (schott. Balladen, span. Romanzen

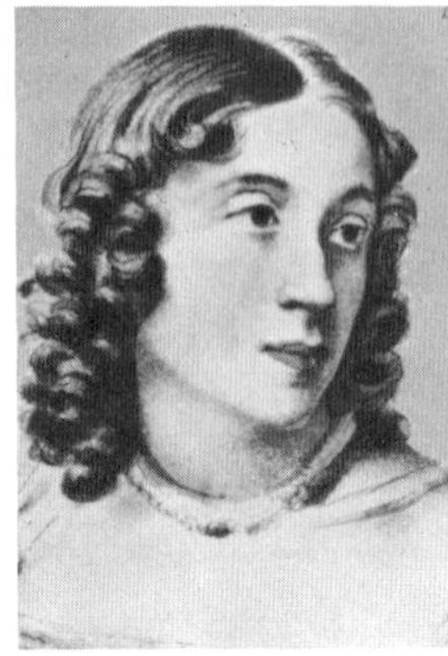
Marceline Desbordes-Valmore

u. a.); auch Übersetzer, u. a. von Shakespeare und Schiller.

Deschamps, Eustache [frz. de'ʃã], * Vertus (Champagne) um 1346, † um 1406, frz. Dichter.
Studium an der Kathedralschule Reims und an der Universität Orléans; Diplomat im Dienst Karls V.; einflußreiche Ämter. Bedeutendster frz. Dichter des 14. Jh.s, schrieb über 1000 Balladen amourösen und belehrenden Inhalts, außerdem Gelegenheitsgedichte, die zu allen Fragen, die den Dichter und seine Generation bewegten, Stellung nahmen und für die Zeitgeschichte nicht ohne Bedeutung sind; daneben Fabeln, Rondeaus, Satiren auf das Hofleben und auf Modetorheiten; unvollendet blieben das umfangreiche Gedicht vom Löwen „Fiction du lyon" und „Miroir de mariage", eine allegor. Satire auf die Ehe; die theoret. Abhandlung „Art de dictier et de fere chançons" (1392, hg. 1891) gilt als die älteste frz. Poetik.
Weiteres Werk: Dit des quatre offices de l'ostel du roy (1360).
Literatur: Penot, D.: *Étude littéraire et stylistique de „Miroir de mariage" d'E. D. Diss. Yale Univ., New Haven (Conn.) 1963.* – Dickmann, A.: *E. D. als Schilderer der Sitten seiner Zeit. Diss. Münster 1935.* – Hoepffner, E.: *E. D. Leben u. Werke. Straßburg 1904.*

Deschner, Karlheinz, * Bamberg 23. Mai 1924, dt. Schriftsteller.
Studierte nach Teilnahme am 2. Weltkrieg Forstwissenschaft, Jura, dann Philosophie und Literaturgeschichte (Dr. phil.); lebt in Haßfurt. Verfasser von stark autobiograph., zeitkrit. Romanen, von Essays und einer krit. Kirchengeschichte.
Hauptwerke: Die Nacht steht um mein Haus (R., 1956), Kitsch, Konvention und Kunst (Streitschrift, 1957), Florenz ohne Sonne (R., 1958), Talente, Dichter, Dilettanten (Essays, 1964).

Déshoulières, Antoinette [frz. dezu'ljɛːr], geb. Du Ligier de La Garde, * Paris 1. Jan. 1638, † ebd. 17. Febr. 1694, frz. Dichterin.
Schülerin Gassendis und Hesnaults, beherrschte Latein, Italien. und Span.; galt wegen ihrer preziösen Lyrik (Idyllen, Eklogen u. a.) bei ihren Zeitgenossen als „zehnte Muse" bzw. als „frz. Kalliope".

des Loges, François [frz. de'lɔːʒ] ↑ Villon, François.

Desmarets de Saint-Sorlin, Jean [frz. demarɛdsɛ̃sɔr'lɛ̃], * Paris 1595, † ebd. 28. Okt. 1676, frz. Dichter.
Günstling Richelieus, Freund des Hauses Rambouillet, erster Kanzler der Académie française; intoleranter religiöser Fanatiker, bekämpfte den Jansenismus. Schrieb zahlreiche Dramen, deren bedeutendstes die Sittenkomödie „Les visionnaires" (1637) ist; das in christl. Geiste 1673 umgearbeitete heroische Epos „Clovis" (1657) betont des Dichters Opposition gegen die heidn. Antike.
Weitere Werke: Ariane (R., 1632), Mirame (Dr., 1640), La comparaison de la langue et de la poésie française avec la grecque et la latine (1670).
Literatur: Dryhurst, J.: *Les idées de D. Diss. Liverpool 1963/64.* – Reibetanz, A.: *D. de S.-S. Diss. Lpz. 1910.*

Desnica, Vladan [serbokroat. ˌdɛsnitsa], * Zadar 17. Sept. 1905, † Agram 4. März 1967, kroat. Schriftsteller.
Jurastudium in Agram und Paris, lebte als freier Schriftsteller in Agram. D. gestaltet in seinem psycholog. vertieften, dem italien. und frz. Realismus nahestehenden Erzählwerk (Romane, Erzählungen, Novellen) Themen aus dem Dorf- und Kleinstadtleben seiner Heimat („Der Mönch mit dem grünen Bart", En., dt. 1964); sein Hauptwerk ist der Roman Zimsko letovanje (= Sommerferien im Winter, 1950); auch krit. und kunstästhet. Essays und Übersetzungen (u. a. Foscolo, Carducci, Silone, Gide).

Desnos, Robert [frz. dɛs'noːs], * Paris 4. Juli 1900, † KZ Theresienstadt 8. Juni 1945, frz. Dichter.
Mitarbeiter an Zeitungen und beim Rundfunk; wurde als konsequenter Anhänger des Surrealismus schon früh bekannt durch Gedichte, die aus seinen hypnot. Experimenten mit der sog. „écriture automatique" hervorgingen; schrieb außerdem während des Krieges eine Reihe von Widerstandsgedichten in Argot.
Hauptwerke: Deuil pour deuil (Ged., 1924), La liberté ou l'amour (Ged., 1927), Corps et biens (Ged., 1930), Le vin est tiré (R., 1943).
Literatur: Berger, P.: *R. D. Dt. Übers. Neuwied 1968.* – Buchole, R.: *L'évolution poétique de R. D. Brüssel 1956.*

Despériers (Des Périers), Bonaventure [frz. depe'rje], * Arnay-le-Duc (Côte-d'Or) um 1500, † in SW-Frankreich Winter 1543/44 (Selbstmord), frz. Schriftsteller.
Kammerdiener der Margarete von Valois; schrieb im Geiste Rabelais' und der alten Fabliaux das [erst 1558 gedruckte] Novellenbuch „Nouvelles récréations et joyeux propos devis", das 90 frisch und natürl. erzählte, meist aus mündl. Überlieferung oder persönl. Beobachtung geschöpfte Schwänke enthält sowie vier freigeistige, kirchenfeindl. Dialoge, „Cymbalum mundi en français, contenant quatre dialogues poétiques, fantastiques, joyeux et facétieux" (um 1537), die ihm die Feindschaft sowohl von Protestanten als auch Katholiken einbrachten. Arbeitete mit Olivetan an der Übersetzung der Bibel ins Französische.
Literatur: Sozzi, L.: *Les contes de B. des Périers. Contributions à l'étude de la nouvelle française de la Renaissance. Turin 1965.* – Neidhart, D.: *Das „Cymbalum mundi" des B. Des Périers. Forschungslage u. Deutung. Genf; Paris 1959.* – Becker, Ph. A.: *B. des Périers als Dichter u. Erzähler. Wien 1924.*

Desportes, Philippe [frz. de'pɔrt], * Chartres 1546, † Bonport (Eure) 5. Okt. 1606, frz. Dichter.
Hochgeachteter Hofdichter Karls IX., Heinrichs III. und Heinrichs IV.; Abt in Bonport; seine Dichtungen stehen im Zeichen Ronsards und der Pléiade sowie italien. und span. Dichter; begann mit Nachahmungen Ariostos und schrieb mit leichter Hand zahlreiche graziöse Liebeslieder, Oden, Sonette, ferner eine Psalmenübersetzung (1603).

Destouches, Louis Ferdinand [frz. de'tuʃ] ↑ Céline, Louis-Ferdinand.

Destouches, Philippe Néricault [frz. de'tuʃ], * Tours 9. April 1680, † Schloß Fortoiseau bei Villiers-en-Bière (Seine-et-Marne) 4. Juli 1754, frz. Dramatiker.
Frz. Gesandter in England; nach seiner Rückkehr 1723 Mitglied der Académie française. Begann mit Charakterlustspielen, wandte sich dann

unter engl. Einfluß dem moralisierenden Lustspiel zu, das infolge allzu lehrhafter Tendenz und ausgeprägter Schwarzweißmalerei seinen ursprüngl. Charakter als erheiterndes Bühnenstück mehr und mehr verlor. Von seinen Dramen sind am bekanntesten „Der verehelichte Philosoph" (Dr., 1727; dt. 1765), „Der Ruhmredige" (1732, dt. 1745) und „Der Verschwender" (dt. 1742).
Literatur: Hankiss, J.: *Ph. N. D., l'homme et l'œuvre. Debreczin 1918.*

Deus Ramos, João de [portugies. 'deuʒ 'rrɐmuʃ], * São Bartolomeu de Messines (Algarve) 8. März 1830, † Lissabon 11. Jan. 1896, portugies. Lyriker.
Erste dichter. Versuche bereits während der Zeit seines Rechtsstudiums in Coimbra (1849–59); dann Hg. verschiedener Zeitungen, 1868 Mitglied des Parlaments; zog sich jedoch bald von der Politik zurück. Erfand eine neue, offiziell anerkannte Lesemethode für Schulen. D. R. schrieb musikalische Lyrik in meist einfachen, aber auch kunstvoll variierten Formen; außerdem Fabeln, Epigramme und Satiren.
Hauptwerke: Flores do campo (Ged., 1869), Ramo de flores (Ged., 1870), Folhas soltas (Ged., 1875), Campo de flores (ges. Ged., 1893).

deuterokanonische Bücher ↑ Bibel.

Deuteronomium ↑ Bibel.

Deutsch, Babette [engl. dɔɪtʃ], * New York 22. Sept. 1895, amerikan. Dichterin.
Erregte schon mit ihren Erstlingsgedichten „Banners" (1919), in denen sie strengste Sonettform und freie Rhythmen mit gleicher Meisterschaft handhabte, Aufsehen. Ihre Lyrik ist gefühlsbetont und zugleich gedankentief. Zusammen mit ihrem Mann, Abraham Yarmolinsky, gab sie russ. Dichtung heraus; auch Essays über moderne Dichtung; weniger erfolgreich mit Romanen.
Weitere Werke: Honey out of the rock (Ged., 1925), Fire for the night (Ged., 1930), A brittle heaven (R., 1926), Poetry in our time (Essay, 1952), Animal, vegetable, mineral (Ged., 1954), Coming of age (Ged., 1959).

Deutsch, Niklaus Manuel ↑ Manuel, Niklaus.

Deval, Jacques [frz. də'val], eigtl. J. Boularan, * Paris 27. Juni 1890, frz. Schriftsteller.
Sein Vater war Direktor des Théâtre de l'Athénée; D. begann mit Lyrik, wandte sich dann aber dem Theater zu, für das er zahlreiche Boulevardkomödien schrieb; verfaßte auch Romane.
Hauptwerke: Une faible femme (Kom., 1920), Une tant belle fille (Kom., 1925), Tovaritch (Kom., 1933), Simone, der Hummer und die Ölsardine (Kom., 1946; dt. 1956), Heute nacht in Samarkand (Kom., 1950; dt. 1952), Demeure chaste et pure (Kom., 1953), Et l'enfer, Isabelle (Kom., 1963), Die lange Reise der jungen Couronne (R., dt. 1967).

Deyssel, Lodewijk van [niederl. 'dɛisəl], eigtl. Karel Joan L. Alberdingk Thijm, * Hilversum 22. Sept. 1864, † Haarlem 26. Jan. 1952, niederl. Schriftsteller.
Sohn von J. A. Alberdingk Thijm; u.a. Mitarbeiter der Zeitschrift „De Nieuwe Gids"; einer der führenden Vertreter der literar. Bewegung der Tachtigers; realist. detaillierende Darstellung in den beiden Romanen „Een liefde" (1888) und „De kleine republiek" (1889); später Hinwendung zu den großen Mystikern; auch bed. Kritiker und Rembrandt-Forscher.

Dhôtel, André [frz. do'tɛl], * Attigny (Ardennes) 1. Sept. 1900, frz. Schriftsteller.
Studierte klass. Sprachen und Philosophie, seit 1924 Gymnasiallehrer; zeitweilig auch am Frz. Institut in Athen tätig; schrieb eine größere Anzahl Romane unter Bevorzugung märchen- und legendenhafter Motive, ferner einige Gedichte, Dramen und literaturkrit. Arbeiten (z.B. über Rimbaud). In dt. Übersetzung liegen die Romane „David" (1848, dt. 1957) und „Das Land, in dem man nie ankommt (dt. 1957) vor.

Diagoras von Melos, griech. Dichter der 2. Hälfte des 5. Jh.s v. Chr.
Folgte der Lehre Demokrits; bekannt v.a. durch seine Angriffe auf die Religion, weniger als Dichter von Dithyramben; wegen Verspottung der Eleusinischen Mysterien mußte er aus Athen fliehen.

Diamante, Juan Bautista [span. dia'mante], * Madrid 29. Aug. 1625, † ebd. 2. Nov. 1687, span. Dramatiker.
Studierte in Alcalá de Henares; schrieb über 60 Stücke, z.T. in Zusammenarbeit mit Moreto u.a.; bearbeitete mit Vorliebe Stoffe aus der nationalen Geschichte in volkstüml. Weise: „El honrador de su padre" (1658; Cid-Drama).

Dias, António Gonçalves [brasilian. 'dias], * Caxias (Maranhão) 10. Aug. 1823, † an der brasilian. Küste 3. Nov. 1864, brasilian. Dichter.
Studierte in Coimbra, Tätigkeit im Ministerium für Außenhandel, 1856–64 in Europa; kam bei einem Schiffsunglück ums Leben. D. gilt als der erste bed. Dichter der brasilian. Romantik; seine volkstüml. Lyrik, die der brasilian. Dichtung eine bewußt nationale Tendenz gab, war von großem Einfluß auf die Folgezeit und gab der jungen literar. Entwicklung Brasiliens neue Impulse.
Hauptwerke: Primeiros cantos (Ged., 1846), Leonor de Mendonça (Dr., 1847), Segundos cantos (Ged., 1848), Últimos cantos (Ged., 1850), Os Timbiras (Epos, 1857), Cantos (Ged., 1857).
Literatur: Ackermann, F.: *Die Versdichtung des Brasiliers A. G. D. Hamb. 1938.*

Díaz Loyola, Carlos [span. 'diaz lo'jola] ↑ Rokha, Pablo de.

Díaz Mirón, Salvador [span. 'diaz mi'rɔn], * Veracruz (Mexiko) 14. Dez. 1853, † ebd. 12. Juni 1928, mex. Dichter.
Abgeordneter; zeitweilig aus polit. Gründen im Gefängnis und im Exil in Kuba; Lehrer und Journalist; begann als begeisterter Romantiker mit Gedichten wie „A Byron", „A Víctor Hugo", „Voces interiores" u.a.; wandte sich später jedoch einer ausgewogen-beschreibenden Lyrik zu („Lascas", Ged., 1901).

Díaz Rodríguez, Manuel [span. 'diar rrɔ'ðriγes], * Caracas Febr. 1871, † New York 24. Aug. 1927, venezolan. Schriftsteller.
Lebte lange in Paris (Einfluß der europ. Literatur: D'Annunzio, Proust, Barrès u.a.); einer der hervorragendsten Modernisten seines Landes und der neueren span. und südamerikan. Literatur; schrieb stilist. vollendete gesellschaftskrit. Romane („Ídolos rotos", 1901; „Sangre patricia", 1902), Novellen, krit. Essays („Camino de perfección", 1908) und Reiseberichte („Sensaciones de viaje", 1896).

Dib, Mohammed [frz. dib], * Tlemcen 21. Juli 1920, alger. Schriftsteller.

Stammt aus einer bürgerl. Familie, war Teppichfabrikant, Lehrer und Journalist; bekannt durch seine in frz. Sprache geschriebene alger. Romantrilogie „Das große Haus" (dt. 1956), „Der Brand" (dt. 1956), „Der Webstuhl" (dt. 1959), in der mit der Entwicklung eines jungen Algeriers zugleich das Erwachen des alger. Volkes geschildert wird; unausgesprochen bleibt die Anklage gegen den frz. Kolonialismus.
Weitere Werke: Au café (Novellen, 1956), Un été africain (R., 1959), Ombre gardienne (Ged., 1963).

Dicenta y Benedicto, Joaquín [span. di'θenta i βene'ðikto], ≈ Calatayud (Aragón) 3. Febr. 1863, † Alicante 20. Febr. 1917, span. Schriftsteller.
Journalist in Madrid; schrieb neben Lyrik und Romanen v.a. Dramen, in denen er erstmalig die sozialen Probleme der span. Arbeiterschaft auf die Bühne brachte; „Juan José" (1895, dt. 1919) war eines der meistgespielten Stücke seiner Zeit.
Weitere Werke: El señor feudal (Dr., 1896), Daniel (Dr., 1906), El lobo (Dr., 1914).

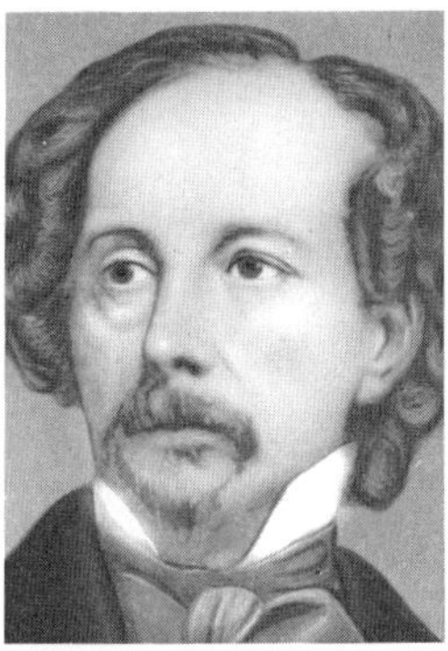
Charles Dickens

Dickens, Charles [engl. 'dɪkɪnz], * Landport bei Portsmouth 7. Febr. 1812, † Gadshill Place bei Chatham-Rochester 9. Juni 1870, engl. Schriftsteller.
Aus anglikan. Familie des mittleren Bürgertums; wegen finanzieller Schwierigkeiten des Vaters mußte D. zeitweise die Schule verlassen; Gehilfe in einer Anwaltspraxis, Gerichtsreporter, Parlamentsstenograph, schließl. Reporter des „Morning Chronicle". D. schrieb ausgezeichnete Reportagen, 1836 erschienen seine feuilletonist. Skizzen von London als „Sketches by Boz". Berühmt machten ihn die „Pickwick papers" (1836f., dt. 1837 u. d. T. „Die Pickwickier"), bes. durch die Schilderung der Donquichotterien des Mr. Pickwick; anschließend arbeitete D. fast pausenlos an mehreren Romanen gleichzeitig, wobei sich gegentl. kompositor. Schwächen (durch den Zwang der Fortsetzungslieferungen) bemerkbar machen; 1841 unternahm D. eine Amerikareise und wurde stürm. gefeiert. Seine Vorliebe für Originale (Schulung an Smollett und Fielding), denen seine Sympathie galt, die er ohne Überheblichkeit darstellte, deren Schwächen er humorvoll schilderte, sein Mitleid mit den Menschen auf der Schattenseite des Lebens, seine Neigung zur Groteske, auch zum Pathos, seine gelegentl. Schwarzweißmalerei, die seine Stellung zu den Dingen, die er beschrieb, bes. deutl. werden ließ, und seine bildhafte, in einfacher Sprache gehaltene Darstellung ließen ihn zu einem der beliebtesten Schriftsteller seiner Zeit werden.
Weitere Werke: Oliver Twist (R., dt. 1838/39), Ein Weihnachtsgesang in Prosa (E., dt. 1844), Der Raritätenladen (R., 1841; dt. 1902), Leben und Abenteuer Martin Chuzzlewits (R., dt. 1843 bis 1844), David Copperfield (R., dt. 1849/50), Bleakhaus (R., dt. 1853), Harte Zeiten (R., 1854; dt. 1880), Klein Dorrit (R., dt. 1856/57), Zwei Städte (R., 1859; dt. 1880), Große Erwartungen (R., dt. 1862), Unser gemeinsamer Freund (R., dt. 1867).
Ausgaben: Ch. D. Ges. Werke in Einzelausgg. Bln. $^{1-2}$*1966ff. Auf mehrere Bde. berechnet. – Ch. D. Werke in Einzelbden. Dt. Übers. Mchn.* $^{1-4}$*1955ff. Auf 15 Bde. berechnet. – The new Oxford illustrated D. Hg. v.* Th. Holme *u.a. London 1948–58. 21 Bde. – The Nonesuch D. Hg. v.* A. Waugh *u. a. Bloomsbury 1937–38. 23 Bde. – Ch. D. Sämtl. Romane. Dt. Übers. Naumburg 1892–98. 33 Bde.*
Literatur: Pope-Hennessy, U.: *Ch. D. London* ^{4}*1968. Dt. Übers. u. d. T.: Ch. D. Der Mensch, der Dichter, seine Zeit. Zürich 1951.* – Johnson, E.: *Ch. D., his tragedy and triumph. Neuausg. Boston (Mass.) 1965. 2 Bde.* – Miller, J. H.: *Ch. D. The world of his novels. Cambridge (Mass.) 1959.* – Forster, J.: *The life of Ch. D. Hg. v.* J. W. T. Ley. *London 1928. Dt. Ausg. u. d. T.: Ch. D.' Leben. Bln. 1872–75. 3 Bde.* – Dibelius, W.: *Ch. D. Lpz.* ^{2}*1926.*

Dickens, Monica [engl. 'dɪkɪnz], * London 10. Mai 1915, engl. Schriftstellerin.
Urenkelin von Charles D.; Auslandsreisen, arbeitete in verschiedenen Berufen, um die Erfahrungen literar. zu verarbeiten; Journalistin; ihre humorvollen Romane zeichnen sich durch treffende Charakterzeichnung aus.
Hauptwerke: Mariana (R., 1940; dt. 1966), Schwester Dickens (R., 1942; dt. 1953), Zwölf um ein Bett (R., dt. 1951), Immer wehte der Wind (R., dt. 1958), An Land ist alles anders (R., dt. 1959), Das Herz von London (R., dt. 1963), Auch Pferde brauchen Liebe (R., dt. 1964).

Dickinson, Emily [Elizabeth] [engl. 'dɪkɪnsn], * Amherst (Mass.) 10. Dez. 1830, † ebd. 15. Mai 1886, amerikan. Lyrikerin.
Tochter eines Anwalts, akadem. Bildung, lebte seit 1856 zurückgezogen im väterl. Hause, nahm aber lebhaftes Interesse am Weltgeschehen (ausgedehnte Zeitungslektüre, reger Briefwechsel). Bestimmenden Einfluß auf ihr Werk übten die Ideen der Transzendentalisten aus; als wichtigste literar. Quellen müssen v.a. die Bibel und Shakespeare genannt werden; viele schöpfer. Anregungen empfing Emily D. aus Naturbeobachtung und puritan. Selbstanalyse. Ihre herbe, unmusikal. Dichtung ist geprägt von der puritan. Nüchternheit ihrer neuengl. Umwelt, sie ist vielfach Ausdruck naiver, undogmat. Gläubigkeit, zeigt jedoch gelegentl. Neigung zu Skepsis und Verzweiflung. Die meist kurzen Gedichte zeichnen sich durch gedrängte Formulierung aus, die von ungemein treffenden Bildern unterstützt wird. Emily D. gilt als bedeutendste amerikan. Lyrikerin; ihre Werke wurden größtenteils erst postum

veröffentlicht („The poems", 1955). Eine Auswahl ihrer Gedichte erschien in dt. Übersetzung („Der Engel in Grau", 1956; „Gedichte", 1959).
Literatur: Higgins, D. J.: *Portrait of E. D. New Brunswick (N. J.) 1967. – The recognition of E. D. Selected criticism since 1890. Hg. v.* C. R. Blake *u.* C. F. Wells. *Ann Arbor (Mich.) 1964.* – Anderson, Ch. R.: *E. D.'s poetry. Stairway of surprise. New York 1960.* – Leyda, J.: *The years and hours of E. D. New Haven (Conn.) 1960. 2 Bde.*

Diderot, Denis [frz. di'dro], * Langres 5. Okt. 1713, † Paris 31. Juli 1784, frz. Schriftsteller und Philosoph.
Sohn eines Messerschmieds, von den Eltern zum Priester bestimmt, wurde jedoch Journalist und freier Schriftsteller; verdiente sich zunächst mühsam seinen Lebensunterhalt mit literar. Arbeiten; die ersten mit materialist. Ideen durchsetzten Schriften brachten ihm eine mehrmonatige Gefängnisstrafe ein. D. besaß ein in unermüdl. autodidakt. Arbeit angeeignetes umfangreiches Wissen; er wurde zum führenden Theoretiker der Aufklärungsphilosophie und zum bestimmenden Geist ihres Monumentalwerkes, der „Encyclopédie", die er gemeinsam mit d'Alembert, vom 8. Band an allein, herausgab und für die er einige tausend Artikel schrieb; er verfaßte außerdem zahlreiche philosoph., kunsttheoret. und kunstkrit. Schriften, die erst postum veröffentlicht wurden. In materielle Not geraten, wurde ihm von Katharina II., die er 1773 besuchte, ein Gehalt ausgesetzt. D. war ein Meister der Erzählkunst in kleinen, von ihm als „Petits papiers" bezeichneten Genrebildern. Er strebte auch Reformen auf dem Gebiet des Dramas an; doch fehlte ihm selbst die dramat. Befähigung für die Verwirklichung seiner Ideen; Sprache und Stil – in seinem wissenschaftl. Schrifttum einfach und sachl. – wirken in seinen meist im bürgerl. Milieu spielenden Schauspielen oft gekünstelt.
Hauptwerke: Pensées philosophiques (1746), Les bijoux indiscrets (R., 1747), Pensées sur l'interprétation de la nature (1754), Der natürl. Sohn (Dr., dt. von Lessing 1760), Der Hausvater (Dr., dt. von Lessing 1760), Moral. Erzählungen (1770, dt. 1925), Das Paradox über den Schauspieler (1778, dt. 1956), Die Nonne (R., hg. 1796; dt. 1906), Jakob und sein Herr (R., hg. 1796; dt. 1792, 1967 u. d. T. Jacques, der Fatalist), Der Neffe des Rameau (E., dt. von Goethe 1805, 1821 ins Frz. rückübersetzt), Der Traum d'Alemberts (Studie, hg. 1830; dt. 1923), Briefe an Sophie Volland (hg. 1930, dt. Ausw. 1904).
Ausgaben: D. D. Ästhet. Schrr. Dt. Übers. Hg. v. F. Bassenge. *Frkf. 1968. 2 Bde. – D. D. Philosoph. Schrr. Dt. Übers. Hg. v.* Th. Lücke. *Frkf. 1967. 2 Bde. – D. D. Das erzähler. Gesamtwerk. Dt. Übers. Hg. v.* H. Hinterhäuser. *Bln. 1966–67. 4 Bde. – D. D. Œuvres. Hg. v.* H. Bénac *u.* P. Vernière. *Paris 1959–63. 4 Bde. – D. D. Œuvres complètes. Hg. v.* J. Assézat *u.* M. Tourneux. *Paris 1875–77. 20 Bde.*
Literatur: Mornet, D.: *D. D., l'homme et l'œuvre. Neuaufl. Paris 1966.* – Mortier, R.: *D. in Deutschland. 1750–1850. Dt. Übers. Stuttg. 1966.* – Roy, M.-L.: *Die Poetik D.s. Mchn. 1966. – D. D. 1713–1963. Festkolloquium am 4. u. 5. Okt. 1963 in der Humboldt-Univ. zu Bln. In: Wiss. Zs. der Humboldt-Univ. in Bln. Gesellschafts- u. sprachwiss. R. 13 (1964), 107.* – Proust, J.: *D. et l'Encyclopédie. Paris 1962. – D. Studies. Hg. v.* O. Fellows. *Bd. 1. Genf 1949 ff.* – Thomas, J.: *L'humanisme de D. Paris ²1938.* – Rosenkranz, K.: *D.'s Leben u. Werke. Lpz. 1866. 2 Bde. Nachdr. Aalen 1964.*

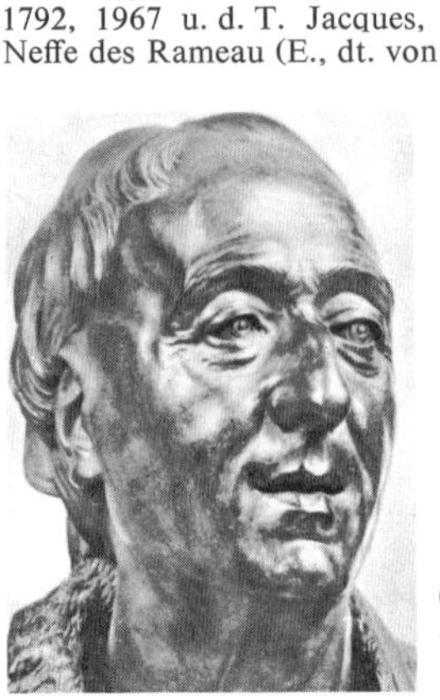

Denis Diderot (Bronzebüste von J.-B. Pigalle)

Didring, Ernst [schwed. ˌdi:driŋ], * Stockholm 18. Okt. 1868, † ebd. 13. Okt. 1931, schwed. Schriftsteller.
War zunächst Eisenbahnbeamter, später freier Schriftsteller, auch Theaterkritiker; schrieb erfolgreiche realist. Dramen, die sich durch geschickten Aufbau auszeichnen; in seinen Romanen schildert er mit Vorliebe die industrielle Entwicklung in Norrland.
Hauptwerke: Arvtagarna (Dr., 1894), Elna Hall (Dr., 1917), Hölle im Schnee (R., dt. 1924), Der Krater (R., dt. 1924).

Didymos, alexandrin. Philologe der Mitte des 1. Jh.s v. Chr.
Zeitgenosse Caesars; brachte die textkrit., erklärenden und lexikal. Arbeiten der alexandrin. Philologen in riesigen Sammelwerken (die Suda schreibt ihm die Verfasserschaft von 3500 Büchern zu) zu einem gewissen Abschluß; erhalten sind ein Teil seines Kommentars zu Demosthenes sowie Bruchstücke der aus seinen bed. Lexika zu den att. Tragikern gemachten Auszüge für den Schulgebrauch.

Diederichs, Helene ↑ Voigt-Diederichs, Helene.

Diederichs, Luise ↑ Strauß und Torney, Lulu von.

Diego, Gerardo [span. 'dieɣo], * Santander 3. Okt. 1896, span. Lyriker.
Jesuitenschüler; Philologiestudium in Salamanca und Madrid; Professor; Südamerikaaufenthalt; 1947 Mitglied der span. Akademie; einer der maßgebl. span. Lyriker der ersten Hälfte des 20. Jh.s, unter mannigfachen Einflüssen: Creacionismo, Gongorismus, Jiménez, Alberti u. a., bei großer Spannweite des Themas.
Hauptwerke: Imagen (Ged., 1922), Versos humanos (Ged., 1925), Alondra de verdad (Sonette, 1941), Paisaje con figuras (Ged., 1956), El Jándalo (Ged., 1959), Gedichte (span. und dt. 1965).
Literatur: Gallego Morell, A.: *Vida y poesía de G. D. Barcelona 1956.*

Dierx, Léon [frz. djɛrks], * Saint-Denis (Réunion) 20. Okt. 1838, † Paris 11. Juni 1912, frz. Lyriker.

Studierte an der École centrale, war dann Beamter in Paris; nach dem Tode Mallarmés zum „Prince des poètes" gewählt; schloß sich früh den Parnassiens an, suchte seinen Gedichten jedoch mehr persönl. Gehalt zu geben als sein Vorbild Leconte de Lisle.
Hauptwerke: Poèmes et poésies (1864), Les lèvres closes (Ged., 1867), Les amants (Ged., 1879).
Diesel, Eugen, * Paris 3. Mai 1889, dt. Schriftsteller.
Sohn von Rudolf D.; studierte in München und Berlin (Dr. phil.), ausgedehnte Reisen; 1919–24 techn. Kaufmann in Stockholm und New York, seit 1925 freier Schriftsteller; meist kulturphilosoph. und volkskundl. Werke, daneben auch Essays, eine Biographie seines Vaters, Dramen und Erzählungen.
Hauptwerke: Der Weg durch das Wirrsal (1926), Die dt. Wandlung (1929), Wir und das Auto (1933), Das Pergament aus Norica (Kom., 1937), Diesel (Biogr., 1937), Menschheit im Katarakt (1963).
Dietmar von Aist (Eist), mhd. Minnesänger des 12. Jahrhunderts.
Aus ritterl. Geschlecht Österreichs; urkundl. zwischen 1139 und 1171 nachweisbar; die unter seinem Namen überlieferten Lieder gehören z.T. in Form und Thematik dem älteren donauländ. Minnesang an, der noch nicht von der provenzal. Lyrik beeinflußt ist; bed. ist D. v. A. für die Entwicklung des dt. Tageliedes, dessen typ. Situation in einem seiner Lieder teilweise gegeben ist; im anderen Teil ist der Dichter inhaltl. und formal dem Neuen der frz. Lyrik verpflichtet.
Literatur: Jungbluth, G.: *Zu D.s Tagelied. In: Festgabe f. Ulrich Pretzel. Bln. 1963.* – Rathke, K.: *D. v. Eist. Form u. Geist. Lpz. 1932.*
Dietmar von Merseburg ↑Thietmar von Merseburg.
Dietrichs Drachenkämpfe ↑ Virginal.
Dietrichs erste Ausfahrt ↑ Virginal.
Dietrich und seine Gesellen ↑ Virginal.
Diettrich, Fritz, * Dresden 28. Jan. 1902, † Kassel 19. März 1964, dt. Schriftsteller.
Studierte Germanistik, Kunst-, Theaterwissenschaft und Philosophie; ausgedehnte Reisen nach Frankreich, Italien, Ungarn und in die Schweiz, 1945–47 in russ. Gefangenschaft; in Gedichten, Dramen, Essays, Nachdichtungen und in seinem Erzählwerk der abendländ. Tradition (Antike und Christentum) verpflichtet.
Hauptwerke: Stern überm Haus (Ged. und Legenden, 1932), Myth. Landschaft (Ged., 1936), Die Flügel des Daidalos (Trag., 1941), Aus wachsamem Herzen (Ged., 1948), Philemon und Baucis (Epos, 1950), Denkzettel (Aphorismen, 1953).
Ausgabe: F. D. Werke. Gött. 1963–66. 3 Bde.
Literatur: Stimmen der Freunde zum 50. Geburtstag v. F. D. Biberach 1952.
Dietzenschmidt, Anton, ursprüngl. Schmidt, * Teplitz-Schönau 21. Dez. 1893, † Esslingen am Neckar 17. Jan. 1955, dt. Schriftsteller.
Früh Vollwaise, in Berlin von dem bekannten Theologen C. Sonnenschein religiös beeinflußt; begann mit Erzählungen und Dramen im Stile Strindbergs, die meist erot. Probleme behandeln; dann Hinwendung zu bibl. und religiösen Themen; auch Volksstücke und Lustspiele.
Hauptwerke: Die Vertreibung der Hagar (Dr., 1916), Kleine Sklavin (Tragikom., 1918), Christofer (Legendenspiel, 1920), Der Verräter Gottes (Trag., 1930).
Díez Canedo, Enrique [span. 'diεθ ka'neðo], * Badajoz 1879, † Mexiko 7. Juni 1944, span. Dichter.
Studierte Rechtswissenschaft; Professor an der Escuela Central de Idiomas; Gesandter in Argentinien; seit 1935 Mitglied der span. Akademie; formgewandter, sehr persönl., gemäßigt-modernist. Lyriker; großen Einfluß erlangte er durch seine literaturkrit. Schriften.
Hauptwerke: Versos de las horas (Ged., 1906), La sombra del ensueño (Ged., 1910), Epigramas americanos (Ged., 1928), Juan Ramón Jiménez en su obra (Studie, 1944).
Digenis Akritas [neugr. ðiјε'nis a'kritas], Held des nach ihm benannten byzantin. volkstüml. Versromans aus dem 11./12. Jh.; Schauplätze der Sage, in der die Heldentaten des Markgrafen (= Akritas) Basileios (Digenis = der „Zweistämmige", da er Sohn einer Griechin und eines Syrers war) geschildert werden, sind die von Arabern heimgesuchten Reichsgrenzen in Kappadokien und im Euphratgebiet; die Handlung spielt im 10. Jh.; während die Urfassung verlorenging, sind verschiedene Handschriften (5 Fassungen) und viele Volkslieder bekannt, in denen die Heldentaten des D. A. besungen werden. D. A. ist in der griech. Dichtung der erste Volksheld seit homer. Zeit.
Diggelmann, Walter Matthias, * Zürich 5. Juli 1927, schweizer. Schriftsteller.
Uhrmacherlehre, 1944 Flucht nach Italien, von dort als Fremdarbeiter nach Deutschland gebracht, 1945 Rückkehr in die Schweiz, verschiedene Berufe, heute freier Schriftsteller; schreibt v. a. zeit- und gesellschaftskrit. Romane, auch Erzählungen, Hör- und Fernsehspiele.
Hauptwerke: Geschichten um Abel (R., 1960), Das Verhör des Harry Wind (R., 1962), Die Rechnung (En., 1963), Die Hinterlassenschaft (R., 1965), Freispruch für Isidor Ruge (R., 1967), Die Vergnügungsfahrt (R., 1969).
Di Giacomo, Salvatore [italien. di 'dʒa:komo], * Neapel 12. März 1860, † ebd. 4. April 1934, italien. Dichter.
Studierte Medizin, war Journalist und Bibliothekar in Neapel; 1929 Mitglied der Accademia reale d'Italia; bed. neapolitan. Verist (Dialektdichter), schilderte als Lyriker, Erzähler und Dramatiker meisterhaft das einfache neapolitan. Volksleben; auch neapolitan. Folklorist (Volkslied) und Historiker („Cronaca del teatro San Carlino", 1891; „La prostituzione a Napoli durante i secoli XVI, XVII e XVIII", 1905).
Weitere Werke: Novelle napolitane (1883), Sonetti (Ged., 1884), San Francisco (Dr., 1895), Ariette e sunette (Ged., 1898).
Literatur: Maurino, F.: *S. di G. and Neapolitan dialectical literature. New York 1951.* – Voßler, K.: *S. di G., ein neapolitan. Volksdichter in Wort, Bild u. Musik. Festgabe f. Fritz Neumann. Hdbg. 1908.*
Dikaiarchos, griech. Schriftsteller der 2. Hälfte des 4. Jh.s v. Chr. aus Messene.
Schüler des Aristoteles; schrieb eine bed. Kulturgeschichte Griechenlands („Bios Hellados"), die jedoch nur in Fragmenten erhalten ist; interessant waren auch seine geograph. Forschungen.
Literatur: Wehrli, F.: *D. Basel 1944.*

Diktonius, Elmer Rafael [schwed. dik'to:nius], * Helsinki 20. Jan. 1896, † ebd. 23. Sept. 1961, schwed.-sprachiger finn. Schriftsteller.
Führender Vertreter des Modernismus in Finnland, dessen Literatur er mit seiner revolutionären, z.T. sozialkrit. Lyrik entscheidende Impulse verlieh; später wurde die Revolutionstendenz von einer ruhigeren Sachlichkeit und meditativen Stimmung verdrängt.
Hauptwerke: Stenkol (Ged., 1927), Jordisk ömhet (Ged., 1938), Varsel (Ged., 1942), Annorlunda (Ged., 1948).

Diktys von Kreta, angebl. Verfasser eines fingierten Tagebuchs über den Trojan. Krieg.
1907 wurde ein Papyrusfragment des 3. Jh.s gefunden; der Autor lebte wahrscheinl. in der frühen röm. Kaiserzeit; vollständig erhalten ist eine lat. Bearbeitung „Ephemeris belli Troiani" des L. Septimius in der Zeit Konstantins; neben Dares Phrygius Hauptquelle der mittelalterl. Trojaromane.

Đilas, Milovan [serbokroat. 'dʑilas], * Polja bei Kolašin (Montenegro) 12. Juni 1911, jugoslaw. Schriftsteller und Politiker.
Enger Mitarbeiter Titos bis 1955, Haft wegen öffentl. Kritik am kommunist. System. Schrieb im Zuchthaus die polit.-publizist. Bücher „Die neue Klasse" (dt. 1958) und „Gespräche mit Stalin" (dt. 1962); nach Freilassung und erneuter Verhaftung (1961) 1966 begnadigt. Zu seinen literar. Werken sind das autobiograph. Buch „Land ohne Recht" (dt. 1958), seine Erzählungen („Exekution", dt. 1966) und die Biographie „Njegoš oder Dichter zwischen Kirche und Staat" (dt. 1968) zu rechnen. In allen drei Werken ist die montenegrin. Heimat des Autors der Hintergrund der Geschehnisse.
Weiteres Werk: Die unvollkommene Gesellschaft (dt. 1969).

Dimitrow, Emanuil [bulgar. dimi'trɔf] ↑ Popdimitrow, Emanuil.

Dimow, Dimitar; tl.: Dimov, Dimităr [bulgar. 'dimof], * Lowetsch 25. Juni 1909, † Bukarest 1. April 1966, bulgar. Schriftsteller.
Assistent für Anatomie an der veterinärmedizin., später Professor an der agronom. Fakultät der Universität Sofia. D. schrieb vielgelesene Gesellschaftsromane, u.a. den anfangs umstrittenen Roman „Tabak" (1951, dt. 1957), sein bekanntestes Werk; auch Theaterstücke.

Dimt, Christine ↑ Busta, Christine.

Dingelstedt, Franz (seit 1876) Freiherr von, * Halsdorf (Hessen) 30. Juni 1814, † Wien 15. Mai 1881, dt. Theaterleiter und Schriftsteller.
Studierte 1831–34 Theologie und Philosophie in Marburg; Lehrer in Ricklingen bei Hannover, 1836 in Kassel, 1838 Strafversetzung nach Fulda, 1841 Übersiedlung nach Stuttgart, Korrespondent in Paris und London, 1851–57 Intendant des Münchner Hoftheaters, 1857–67 des Weimarer Hoftheaters, 1867–70 Direktor der Hofoper und seit 1870 des Burgtheaters in Wien. D. schrieb formal elegante, polit.-satir. Lyrik, z.T. mit sozialrevolutionärer Tendenz; Verspottung des engstirnigen dt. Kleinbürgertums in den „Liedern eines kosmopolit. Nachtwächters" (anonym, 1841); auch Romane, Novellen, Dramen; bed. Shakespeareübersetzer und -bearbeiter, Verfasser dramaturg. Schriften.
Weitere Werke: Gedichte (1845), Das Haus der Barneveldt (Dr., 1850), Nacht und Morgen (Ged., 1851), Novellenbuch (1856), Die Amazone (R., 1868), Münchener Bilderbogen (Autobiogr., 1879).
Ausgabe: F. D.s sämmtl. Werke. Bln. 1877. 12 Bde.
Literatur: Stiepka, A.: *F. D. als Direktor des Hofburgtheaters. Diss. Wien 1949.* – Sperling, H.: *D.s Lyrik. Diss. Münster 1928.*

Dinis, Júlio [portugies. də'niʃ], eigtl. Joaquim Guilherme Gomes Coelho, * Porto 14. Nov. 1839, † ebd. 12. Sept. 1871, portugies. Schriftsteller.
Medizinstudium in Porto, später dort Professor für Medizin; starb an Tuberkulose; wurde bekannt durch eine Reihe bürgerl. Romane, die unter dem Einfluß des engl. Realismus stehen; schrieb auch [weniger bed.] Gedichte und Dramen.
Hauptwerke: As pupilas do senhor Reitor (1866), Uma família inglesa (1867), A morgadinha dos Canaviais (R., 1868).

Dinis da Cruz e Silva, António [portugies. də'niʒ ðɐ 'kruz i 'silvɐ], * Lissabon 4. Juli 1731, † Rio de Janeiro 5. Okt. 1799, portugies. Dichter.
Rechtsstudium in Coimbra; Richter; seit 1776 (mit Unterbrechung) in Rio de Janeiro; war Mitbegründer der literar. Gesellschaft „Arcádia Ulissiponense" (oder „Lusitana"), die eine Wiedergeburt der verfallenen Nationalpoesie anstrebte, und schrieb außer einem heroisch-kom. Epos „O hissope" (hg. 1802; nach Boileaus „Lutrin") und der Komödie „O falso heroismo" über 300 Sonette, ferner Eklogen, Elegien, Kanzonen, Epigramme, Episteln und pindar. Oden.

Diodoros (Diodor, Diodorus Siculus), griech. Geschichtsschreiber des 1. Jh.s v. Chr. aus Sizilien.
Unternahm ausgedehnte Reisen, lebte zur Zeit Caesars in Rom, wo er seine „Bibliotheke", eine Weltgeschichte in 40 Büchern, schrieb, von denen noch 15 erhalten sind; das Werk, in einfacher und klarer Sprache geschrieben, ist ein kritikloses Konglomerat, für das D. unselbständig und oberflächl. ältere Darstellungen benützte; wertvoll nur um des erhaltenen Geschichtsstoffes und der leicht erkennbaren, besseren, sonst nicht überlieferten Quellen willen; ganz erhalten sind die Bücher 1–5 und 11–20, daneben aus den verlorengegangenen Teilen verschiedene Auszüge.
Literatur: Spoerri, W.: *Späthellenist. Ber. über Welt, Kultur u. Götter. Basel 1959.* – Palm, J.: *Über Sprache u. Stil des D. v. Sizilien. Ein Beitrag zur Beleuchtung der hellenist. Prosa. Lund 1955.*

Diogenes Laertios, griech. Schriftsteller des 3. Jahrhunderts.
Über Person und Leben ist nichts bekannt; seine Philosophengeschichte in 10 Büchern „Über Leben und Ansichten der Philosophen" ist wegen des wertvollen Materials, das der Verfasser aus den verschiedensten Quellen – mitunter zieml. oberflächl. und flüchtig – zusammengetragen hat, von großer Bedeutung; D. L. gab außerdem eine Sammlung von Epigrammen heraus, in deren erstem Buch er die Todesarten berühmter Männer behandelte.
Ausgabe: D. Laertius. Leben u. Meinungen berühmter Philosophen. Dt. Übers. Hg. v. K. Reich. *Hamb. 1967.*
Literatur: Hope, R.: *The books of D. Laertius, its spirit and its method. New York 1930.*

Dion Cassius ↑ Cassius Dio Cocceianus.

Dion Chrysostomos [çry...], * Prusa (heute Bursa, Türkei) um 40, † Rom nach 113, griech. Rhetor und Schriftsteller.
Begann seine Laufbahn als Rhetor, wurde von Musonius Rufus, dem Lehrer Epiktets, für die stoische Philosophie gewonnen; 82 von Domitian verbannt, lebte bis zum Tode des Kaisers auf Wanderschaft als kyn. Philosoph; unter Nerva und Trajan wieder in hohen Ehren; seine Reden, von denen 78 erhalten sind, sind bed. kulturhistor. Dokumente; der Inhalt war ihm – von einigen Jugendwerken abgesehen – wichtiger als sprachl. Künstelei.
Ausgabe: D. Ch. Sämtl. Reden. Dt. Übers. Hg. v. W. Elliger. *Zürich u. Stuttg. 1967.*
Literatur: Arnim, H. v.: *Leben u. Werke des Dio v. Prusa. Bln. 1898.*
Dionysios der Perieget, griech. Schriftsteller der 1. Hälfte des 2. Jh.s aus Alexandria.
In den 1187 Hexametern seiner „Erdbeschreibung" sind aus 2 eingefügten Akrosticha Herkunft aus Alexandria und Tätigkeit unter Hadrian (76–138) zu entnehmen; das kleine Werk erfreute sich großer Beliebtheit, wurde oft übersetzt und kommentiert; lat. Fassungen des Avienus und Priscianus sind erhalten; bekannt ist außerdem eine Prosaparaphrase eines Werkes über Vögel.
Dionysios von Halikarnassos, griech. Rhetor und Geschichtsschreiber des 1. Jh.s v. Chr.
Lebte seit 30 v. Chr. in Rom und schrieb bis 7 v. Chr. seine „Antiquitates Romanae", eine auf nicht immer zuverlässigen Quellen beruhende, für Griechen bestimmte Geschichte Roms bis zum 1. Pun. Krieg in 20 Büchern, von denen nur 1–10 vollständig erhalten sind; in kleineren, meist rhetor. Schriften und stilist. Unterweisungen trat er für den Attizismus ein, wobei jedoch nicht Lysias, sondern Demosthenes sein großes Vorbild war.
Ausgabe: Dionysii Halicarnassi quae exstant Antiquitates romanae. Hg. v. C. Jacoby. *Lpz. 1885 bis 1925. 4 Bde., Suppl.-Bd. Neudr. Stuttg. 1967.*
Literatur: Bonner, S. F.: *The literary treatises of D. of H. Cambridge 1939.* – † auch Philostratos II., Flavius.
Dionysios Areopagites (Dionysius Areopagita), sog. Pseudo-D. A., christl. Schriftsteller des 5./6. Jahrhunderts.
Schrieb in griech. Sprache unter dem Namen des von Paulus bekehrten, angebl. ersten Bischofs von Athen mehrere Bücher, Abhandlungen und Briefe, die christl. und neuplaton. Gedankengut vereinen und auf die christl. Philosophie des MA, bes. die Mystik, großen Einfluß ausgeübt haben.
Literatur: Riedinger, N.: *Pseudo-D. A., Pseudo-Kaisarios u. die Akoimeten. In: Byzantin. Zs. 52 (1959), 276.* – Vanneste, J.: *Le mystère de Dieu. Essai sur la structure rationelle de la doctrine mystique du Pseudo-Denys l'Aréopagite. Paris 1959.* – Völker, W.: *Kontemplation u. Ekstase bei Pseudo-Dionysius Areopagita. Wiesb. 1958.*
Diphilos, * Sinope (heute Sinop, N-Türkei) zwischen 360 und 350, † Smyrna (heute İzmir) nach 289, griech. Dichter.
Kam um 340 nach Athen; schrieb zahlreiche Lustspiele, z.T. mit mytholog. Thematik, auch solche, in denen er seine Beziehungen zu der Hetäre Gnathaina schildert; Plautus dichtete nach Vorlagen des D. „Casina" und „Rudens". Von den etwa 100 Komödien des D. sind nur Fragmente erhalten.
Dirceu [brasilian. dir'seu̯] † Gonzaga, Tomás António.
Disraeli, Benjamin [engl. dɪz'reɪlɪ], Earl of Beaconsfield, * London 21. Dez. 1804, † ebd. 19. April 1881, engl. Staatsmann und Romancier.
Entstammte einer jüd.-italien. Familie; 1817 Übertritt zur anglikan. Kirche; seit 1837 als Konservativer Mitglied des Unterhauses, mehrfach Schatzkanzler, 1868 und 1874–80 Premierminister; Vertreter Englands auf dem Berliner Kongreß. Sein schriftsteller. Schaffen stand im Dienst seiner polit. Anschauungen, die er in einer Reihe von Tendenzromanen zum Ausdruck bringen wollte; aktuelle polit. Tagesfragen, Auseinandersetzung mit allzu selbstsüchtiger Politik und Kampf gegen soziale Ungerechtigkeit gehörten zu seinen Hauptthemen.
Hauptwerke: Vivian Grey (R., 1826f.), Contarini Fleming (R., 1832; dt. 1909), Der tolle Lord (R., 1837; dt. 1930), Coningsby oder die neue Generation (R., dt. 1845), Sybil, oder die beiden Nationen (R., dt. 1846), Tancred (R., 1847; dt. 1914), Endymion (R., 1880).
Literatur: Blake, R.: *D. London 1966.* – Maurois, A.: *B. D., Lord B. Dt. Übers. Bln. $^{28-31}$1931. Neudr. Frkf. u. Hamb. 1952.* – Monypenny, W. F./ Buckle, G. E.: *The life of B. D., Earl of B. London 1910–20. 6 Bde. Neuaufl. 1929. 2 Bde.*
Ditlevsen, Tove Irma Margit [dän. 'didleu̯sən], * Kopenhagen 14. Dez. 1918, dän. Schriftstellerin.
Stammt aus dem Arbeitermilieu; in ihren Gedichten wie im Erzählwerk einfühlsame Analyse der heranwachsenden Jugend, bes. der erot. Erfahrung der weibl. Großstadtjugend; z.T. satir.-sozialkrit. Züge.
Hauptwerke: Pigesind (Ged., 1939), Man gjorde et Barn Fortraed (R., 1941), Straße der Kindheit (R., dt. 1953).
Ditzen, Rudolf † Fallada, Hans.
Dixelius, Hildur [schwed. dik'se:lius], verh. von Aster, * Nederkalix (Norrbotten) 14. Okt. 1879, schwed. Schriftstellerin.
Ihr [bis 1916 unter dem Namen ihres 1. Mannes, Brettner, veröffentlichtes] Erzählwerk aus der bäuerl. Welt ihrer Heimat ist in der Schilderung ländl. Volkstums z.T. von kulturhistor. Interesse; ihr späteres Werk ist von der Psychoanalyse beeinflußt; das Drama „Mördaren" (1928) weist sozialkrit. Tendenz auf.
Weitere Werke: Sara Alelia (R.-Trilogie, dt. 1929), Schuhhändler Sandin (R., dt. 1939).
Dj... † Đ..., † Dsch...
Długosz, Jan [poln. 'du̯ugɔʃ], latin. Johannes Longinus, * Brzežnica 1415, † Krakau 19. Mai 1480, poln. Geschichtsschreiber.
Stammte aus einer Kleinadelsfamilie, nach Studien in Krakau Sekretär beim dortigen Bischof, Erzieher der königl. Prinzen, nahm an vielen Gesandtschaften teil, zuletzt designierter Erzbischof von Lemberg; Verfasser der bed., lat. geschriebenen Chronik Polens „Historia polonica" (hg. 1711) und anderer histor. Abhandlungen, die auf Quellenstudien beruhen.
Dmitrijew, Iwan Iwanowitsch; tl.: Dmitriev, Ivan Ivanovič [russ. 'dmitrijɪf], * Bogorodskoje (Gouv. Simbirsk) 21. Sept. 1760, † Moskau 15. Okt. 1837, russ. Dichter.

Unter Zar Alexander I. Justizminister; Freund Karamsins, mit dem er für eine einfache und natürl., von kirchenslaw. Floskeln freie russ. Schriftsprache eintrat. Charakterist. Vertreter der Empfindsamkeit; wandte sich in satir. Versen gegen die Klassizisten und die Odendichterei seiner Zeit, schrieb Elegien, Balladen und witzige Fabeln und versuchte als einer der ersten, Elemente der Volksdichtung in die Literatur einzuführen.

Dmochowski, Franciszek Ksawery [poln. dmɔ'xɔfski], * Oprawczyki 2. Dez. 1762, † Błonie bei Warschau 20. Juni 1808, poln. Dichter.
Ursprüngl. Mönch, wandte sich nach Befreiung von den Mönchsgelübden publizist. Tätigkeit zu; war Mitarbeiter des Politikers und radikalen Publizisten Kołłątaj und lebte zeitweise im Exil in Paris. Theoretiker des poln. Klassizismus durch die freie Bearbeitung von Boileaus „L'art poétique"; klassizist. Übersetzer Homers, ferner Miltons, E. Youngs, später auch Vergils, Horaz' u. a.

Döblin, Alfred, * Stettin 10. Aug. 1878, † Emmendingen 26. Juni 1957, dt. Schriftsteller.
Stammte aus einer jüd. Kaufmannsfamilie; Studium der Medizin, Spezialist für Nervenerkrankungen, Kassenarzt in Berlin (seit 1911); Mitbegründer und Mitarbeiter der expressionist.

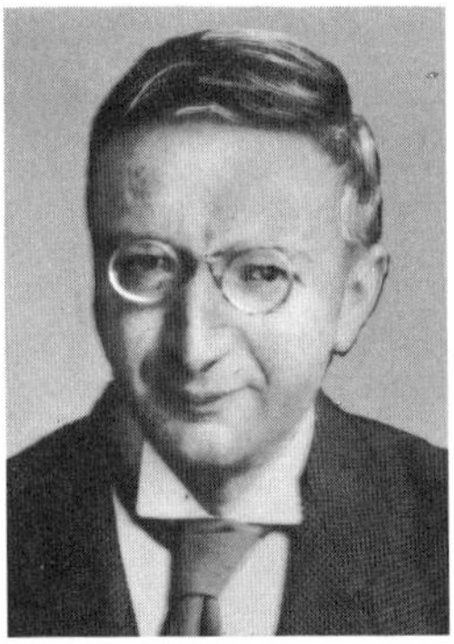

Alfred Döblin

Zeitschrift „Der Sturm"; 1933 Emigration nach Frankreich, 1940 nach den USA, konvertierte zum Katholizismus; 1945 im Auftrag der frz. Militärregierung Literaturinspekteur in Baden-Baden; wechselnde Aufenthalte in Paris und Deutschland, seit 1956 in Sanatorien bei Freiburg im Breisgau. In seinen frühen Werken Wegbereiter des Expressionismus; fand dann, bes. unter dem Einfluß von Joyce und Dos Passos, zu einem sprachl. exakten, z.T. krassen Realismus eigener Prägung und war mit Formexperimenten (naturalist. Reportagetechnik, Montagetechnik, innerer Monolog) maßgebl. an der Erneuerung des zeitgenöss. dt. Romans beteiligt; sein Hauptwerk, der Roman „Berlin Alexanderplatz" (1929), die Geschichte eines entlassenen Sträflings, der Aufnahme in die menschl. Gemeinschaft sucht, ist von dem Bemühen getragen, in der Darstellung der ganzen Vielfalt des Lebens das menschl. Chaos offenbar zu machen; an die Stelle der aggressiven Zeitkritik trat im Laufe der Zeit eine theolog. bestimmte, philosophierende Weltanschauungsdichtung, die sich jedoch auch nach seiner Konversion nicht einem bestimmten Dogmenschema anglich. D. schrieb auch Dramen und Essays.
Weitere Werke: Die Ermordung einer Butterblume (En., 1913), Die drei Sprünge des Wanglun (R., 1915), Wallenstein (R., 1920), Berge, Meere und Giganten (R., 1924, Neufassung 1932 u. d. T. Giganten), Pardon wird nicht gegeben (R., 1935), November 1918 (R.-Trilogie, 1948–50), Hamlet oder Die lange Nacht nimmt ein Ende (R., 1956).
Ausgabe: A. D. Ausgew. Werke in Einzelbden. Hg. v. W. Muschg. *Olten u. Freib. 1960 ff. Auf mehrere Bde. berechnet.*
Literatur: Peitz, W.: *A.-D.-Bibliogr. 1905–1966. Freib. 1968.* – Links, R.: *A. D. Leben u. Werk. Bln. 1965.* – Elshorst, H.: *Mensch u. Umwelt im Werk A. D.s. Mchn. 1964. – A. D. Zum 70. Geburtstag. Hg. v.* P. E. H. Lüth. *Wiesb. 1948.*

Dobraczyński, Jan [poln. dɔbra'tʃiɲski], * Warschau 20. April 1910, poln. Schriftsteller.
Studium an der Handelshochschule in Warschau, Teilnahme am 2. Weltkrieg und am Warschauer Aufstand, Kriegsgefangener in Deutschland; nach 1945 Chefredakteur verschiedener kath. Zeitschriften, freier Schriftsteller; schrieb v. a. Romane über bibl. Themen, in mehrere Sprachen übersetzt.
Hauptwerke: Die Botschaft der Sterne (R., dt. 1955), Das hl. Schwert (R., dt. 1956), Die Gewalttätigen (Essays, dt. 1961), Gib mir deine Sorgen. Die Briefe des Nikodemus (R., dt. 1955), Die Wüste (R., dt. 1957), Kreuz und Bajonett (R., dt. 1960), Die unüberwindl. Armada (R., dt. 1963), Elisabeth von Thüringen (R., dt. 1965).

Dobre, Ion [rumän. 'dobre] ↑ Crainic, Nichifor.

Dobroljubow, Nikolai Alexandrowitsch; tl.: Dobroljubov, Nikolaj Aleksandrovič [russ. dɐbra'ljubɐf], * Nischni Nowgorod (heute Gorki) 5. Febr. 1836, † Petersburg (heute Leningrad) 29. Nov. 1861, russ. Literaturkritiker.
Mitarbeiter, dann Leiter des literaturkrit. Teils der Zeitschrift „Sowremennik". Ursprüngl. tief religiös, dann Neigung zu radikalem revolutionärem Denken; polit. engagiert; forderte Literatur als Spiegel der Wirklichkeit; interessante Abhandlungen u. a. über Gontscharow und Turgenjew.

Dobson, Henry Austin [engl. dɔbsn], * Plymouth 18. Jan. 1840, † Ealing bei London 2. Sept. 1921, engl. Dichter und Kritiker.
1865–1901 Beamter in der engl. Handelskammer. Seine anmutigen, stilist. und metr. vollendeten Gedichte sind oft in alten frz. Versmaßen geschrieben; bed. Essays über das 18. Jh. („Eighteenth century vignettes", 1892–96) sowie Biographien über Fielding, Goldsmith u. a.
Weitere Werke: Vignettes in rhyme (Ged., 1873), Proverbs in porcelain (Ged., 1877), W. Hogarth (Biogr., 1879), Walpole (Biogr., 1890).

Dóczi, Lajos [ungar. 'do:tsi], eigtl. Ludwig Freiherr von Dux, * Ödenburg 29. Nov. 1845, † Budapest 27. Aug. 1919, ungar. Schriftsteller.
Jurastudium in Wien, zeitweilig Pressechef im Außenministerium, 1900 geadelt. Verfasser erfolgreicher neuromant. Dramen; als Übersetzer von Goethes „Faust" und von Schiller-Gedichten bed. Vermittler dt. Literatur in Ungarn. Dt. liegt u.a. vor „Letzte Liebe" (Schsp., dt. 1887).

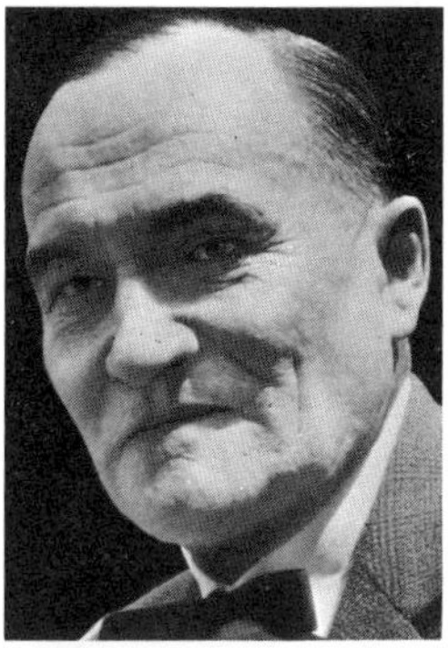

Heimito von Doderer

Doderer, Heimito von, * Weidlingau bei Wien 5. Sept. 1896, † Wien 23. Dez. 1966, östr. Schriftsteller.

1916–20 in russ. Kriegsgefangenschaft (Sibirien), Studium der Geschichte, nach Teilnahme am 2. Weltkrieg Verlagslektor, freier Schriftsteller in Wien. Wiedergewinnung der äußeren Welt und Universalität sind seine Forderungen an den modernen Roman; Witz und Humor wurzeln in fatalem Ernst und z.T. in tiefem Leid; der Einbruch des Chaos in das Menschenleben und die Entfesselung des Dämonischen im modernen Massenzeitalter geben ein universelles Bild des Verfalls, das meisterhaft gestaltet und in einer bildhaft exakten, z.T. barocken Sprache dargestellt ist; auch Lyrik, Erzählungen, Essays.

Hauptwerke: Gassen und Landschaft (Ged., 1923), Die Bresche (E., 1924), Ein Mord, den jeder begeht (R., 1938), Ein Umweg (R., 1940), Die erleuchteten Fenster oder ... (R., 1950), Die Strudlhofstiege (R., 1951), Die Dämonen (R., 1956), Die Posaunen von Jericho (E., 1958), Die Merowinger oder Die totale Familie (R., 1962), Roman No 7. Teil I: Die Wasserfälle von Slunj (R., 1963), Tangenten (Tageb., 1964), Unter schwarzen Sternen (En., 1966), Roman No 7. Teil II: Der Grenzwald (R.-Fragment, hg. 1967), Frühe Prosa (hg. 1968).

Literatur: An international symposium in memory of H. v. D. (1896–1966). In: Books Abroad 42 (1968), 343. – Weber, D.: *H. v. D. Studien zu seinem Romanwerk. Mchn. 1963.*

Dodgson, Charles Lutwidge [engl. dɔdʒsn] ↑ Carroll, Lewis.

Dodsley, Robert [engl. 'dɔdzlɪ], * bei Mansfield (Nottingham) 13. Febr. (?) 1703, † Durham 25. Dez. 1764, engl. Dichter.

Wurde von Pope gefördert, bed. als Buchhändler und Verleger, u. a. für Pope, Johnson, Goldsmith; begründete mit E. Burke das „Annual register", veröffentlichte eine Sammlung älterer engl. Dichter („Poems by several hands", 1748–58), eine Sammlung von „Old English plays" (1744); verfaßte zahlreiche Dramen („The toyshop", 1735; „The blind beggar of Bethnal Green", 1741; „Cleone", 1758) u. Gedichte („Servitude", 1729).

Dohm, Ernst, * Breslau 24. Mai 1819, † Berlin 5. Febr. 1883, dt. Schriftsteller.

Seit 1849 führender Kopf der polit.-satir. Zeitschrift „Kladderadatsch"; einer der schlagfertigsten Vertreter der polit. Satire in Deutschland.

Dolce, Lodovico [italien. 'doltʃe], * Venedig 1508, † ebd. 1568, italien. Dichter und Gelehrter.

Studierte in Padua; Hauslehrer und Schreiber; befaßte sich mit Übersetzungen und Bearbeitungen antiker Werke, mit Philosophie, Geschichte, Kunst, Sprache und Dichtung; am bekanntesten wurden sein Epos „Le prime imprese del conte Orlando" (1572) und seine Tragödie „Marianna" (1565).

Dolmatowski, Jewgeni Aronowitsch; tl.: Dolmatovskij, Evgenij Aronovič [russ. dɐlma'tɔfskij], * Moskau 5. Mai 1915, russ.-sowjet. Schriftsteller.

Nach dem Literaturstudium Aufenthalt im Fernen Osten; im 2. Weltkrieg Kriegsberichterstatter. Schrieb patriot. Lyrik, oft in Anlehnung an den Stil der satir. Pamphlete Majakowskis; „Das Lied vom morgigen Tag" (Ged., dt. 1951) zeigt antiwestl., bes. antiamerikan. Tendenz.

Domanig, Karl, * Sterzing 3. April 1851, † Sankt Michael bei Bozen 9. Dez. 1913, östr. Dichter.

Schrieb in christl.-kath. Tradition verwurzelte, z.T. auch patriot. Dramen und Epen; Erzählungen und Romane aus dem Tiroler Volksleben.

Hauptwerke: Der Tyroler Freiheitskampf (Dramentrilogie, 1885–97), Der Abt von Fiecht (Vers-E., 1887), Der Gutsverkauf (Dr., 1890), Die Fremden (R., 1898).

Literatur: Dörrer, A.: *K. D. Ein Beitrag zur Erkenntnis seiner Dichterpersönlichkeit u. der tyrol. Lit. ab 1800. Kempten ²1914.*

Domanović, Radoje [serbokroat. dɔˌmanɔvitɕ], * Ovsište 4. Febr. 1873, † Belgrad 4. Aug. 1908, serb. Schriftsteller.

Als Gymnasiallehrer wegen oppositioneller Tätigkeit entlassen; Journalist. Begann mit Dorf- und Kindererzählungen, wandte sich dann aber der humorist., bes. der polit.-aktuellen, satir. Dichtung zu; „Stradija", der Titel seiner bekanntesten Satire (1902), ist der Name eines fiktiven Landes, in das D. die von ihm angeprangerten sozialen Mißstände verlegte.

Domenchina, Juan José [span. domen'tʃina], * Madrid 18. Mai 1898, † Mexiko 1959, span. Dichter.

Lehrer und Journalist; ging nach dem Bürgerkrieg nach Mexiko; vom Modernismo ausgehender intellektualist. Lyriker unter dem Einfluß von Jiménez und Valéry; auch Romancier.

Domin, Hilde, * Köln 27. Juli 1912, dt. Schriftstellerin.

Studierte Rechtswissenschaft, Soziologie und Philosophie in Heidelberg, Berlin, Rom und Florenz; Emigration; Lehrerin in England, Lektorin an der Universität Santo Domingo, längere Aufenthalte in den USA und in Spanien, 1954 Rückkehr nach Deutschland, seit 1961 in Heidelberg. Veröffentlichte bisher drei Gedichtbände: „Nur eine Rose als Stütze" (1959), „Rückkehr der Schiffe" (1962) und „Hier" (1964), in denen sie in zarter Sprache ihrem Staunen über einfache Dinge Ausdruck gibt, und den eigenwilligen, zeitkrit. Roman „Das zweite Paradies" (1968), dessen Thema das Problem der Erschütterung der Zugehörigkeit des Menschen ist; auch Essays („Wozu Lyrik heute?", 1966) und Übersetzungen.

Domínguez Bastida, Gustavo Adolfo [span. do'miŋgeð βas'tiða] ↑ Bécquer, Gustavo Adolfo.

Dominik, Hans, * Zwickau 15. Nov. 1872, † Berlin 9. Dez. 1945, dt. Schriftsteller.

Studierte Elektrotechnik und Maschinenbau; Elektroingenieur bei verschiedenen Firmen in Deutschland und den USA, weite Reisen; 1904 selbständig, später freier techn. Schriftsteller. Schrieb populärwissenschaftl. techn. Bücher; großen Erfolg hatte er mit seinen Zukunftsromanen nach dem Vorbild J. Vernes, die ihre Möglichkeiten aus den Errungenschaften moderner Technik und Physik schöpfen; schrieb auch Jugendbücher.
Hauptwerke: Atlantis (R., 1925), Der Brand der Cheopspyramide (R., 1926), Kautschuk (R., 1930), Atomgewicht 500 (R., 1935), Treibstoff SR (R., 1940), Vom Schraubstock zum Schreibtisch (Autobiogr., 1942).

Domjanić, Dragutin [serbokroat. ˌdɔmjanitɕ], * Krče 12. Sept. 1875, † Agram 7. Juni 1933, kroat. Dichter.
Aus verarmter kroat. Landadelsfamilie; wurde nach dem Jurastudium Richter. Wandte sich nach frühen, pessimist. gestimmten Gedichten naiver und graziöser Dichtung in kajkav. Dialekt zu; viele seiner Naturgedichte, die die Landschaft bei Agram besingen, wurden vertont. Eine Lyrikauswahl in dt. Übersetzung erschien 1943.

Donalitius, Christian ↑ Duonelaitis, Kristijonas.

Donatus, Aelius, röm. Grammatiker des 4. Jahrhunderts.
Lehrer des Hieronymus; seine Grammatiklehrbücher („Ars minor" für Anfänger und „Ars maior" für Fortgeschrittene) waren in der Spätantike und im MA maßgebend. Seine gründl. und feinsinnigen Kommentare zu Terenz und Vergil sind teilweise erhalten; wichtig ist die Vita des Vergil.

Dončević, Milan [serbokroat. ˌdɔːntʃɛvitɕ], * Trnava 8. Nov. 1909, kroat. Schriftsteller.
Studierte in Agram an der land- und forstwirtschaftl. Fakultät, nahm am 2. Weltkrieg auf der Seite der Partisanen teil; nach dem Krieg Redakteur. D. ist Lyriker und Erzähler, Themen seiner Werke sind das bäuerl. und kleinstädt. Leben in N-Kroatien, gesehen unter sozialen Aspekten.

Donelaitis, Kristijonas [lit. doːnæˈlaːi̯tɪs] ↑ Duonelaitis, Kristijonas.

Doni, Anton Francesco [italien. ˈdoːni], * Florenz 16. Mai 1513, † Monselice bei Padua Sept. 1574, italien. Schriftsteller.
Entfloh 1540 dem Kloster, wurde Weltgeistlicher und durchwanderte Italien; von seinen zahlreichen Schriften sind neben einer Sammlung zeitgeschichtl. interessanter Dialoge (bes. „I marmi", 1553) v. a. „Prima libraria" (1550) und „Seconda libraria" (1551 ff.) wegen der literar. Notizen und als erster Entwurf einer italien. Bibliographie zu erwähnen.

Donici, Alexandru [rumän. ˈdonitʃ], * Orhei (heute Orgejew, Bessarabien) 1806, † Jassy 1866, moldauischer Dichter.
Zeitweise russ. Offizier, in Petersburg Freundschaft mit Puschkin, später Staatsanwalt in Jassy. Schrieb in Anlehnung an Krylow Fabeln; Neigung zu Satire und Polemik; übersetzte u. a. Puschkin ins Moldauische.

Donker, Anthonie [niederl. ˈdɔŋkər], eigtl. Nicolaas Anthony Donkersloot, * Rotterdam 8. Sept. 1902, † Amsterdam 26. Dez. 1965, niederl. Literarhistoriker und Schriftsteller.
Bed. Kritiker, Hg. der Zeitschriften „Critisch Bulletin" und „De Nieuwe Stem", Professor für niederl. Literatur in Amsterdam. Keiner literar. Strömung angehörend, galt D. mit seiner z. T. eleg. Lyrik als einer der bedeutendsten niederl. Dichter des 20. Jahrhunderts.
Hauptwerke: Kruistochten (Ged., 1929), Fausten en faunen (Essay, 1930), Schaduw der bergen (R., 1935), Karaktertrekken der vaderlandsche letterkunde (Essay, 1945), Westwaarts (1956).

Donnay, Maurice [frz. dɔˈnɛ], * Paris 12. Okt. 1859, † ebd. 31. März 1945, frz. Dramatiker.
Studierte an der École centrale; Mitglied der Académie française (1907); debütierte beim Kabarett am Montmartre „Chat-Noir" und wandte sich danach ganz dem Theater zu; seine geistvollen, witzig-iron. Stücke, meist leichte Komödien, von denen „Liebesleute" (1895, dt. 1906) eine der erfolgreichsten war, weisen ihn nicht nur als effektsicheren Bühnenschriftsteller, sondern auch als Moralisten aus; er arbeitete auch zusammen mit Descaves („La clairière", 1900; „Oiseaux de passage", 1904), Lemaître („Télémaque", 1910) und Duvernois („Legeste", 1924); verfaßte autobiograph. Werke („Mes débuts à Paris", 1937; „Mon journal", hg. 1953).

Donne, John [engl. dʌn, dɔn], * London Jan. oder Febr. 1572 oder 1573, † ebd. 31. März 1631, engl. Dichter.
Sohn eines wohlhabenden Kaufmanns; wurde kath. erzogen; studierte seit 1584 in Oxford, Cambridge und London, Teilnahme an der Azorenexpedition des Grafen Essex; nach seiner Rückkehr Sekretär des Lordsiegelbewahrers Thomas Egerton, dessen Nichte er heimlich heiratete und damit alle Aussichten auf eine hohe Staatsstellung verlor. Übertritt zur Staatskirche, in der er Geistlicher und von 1621 bis zu seinem Tode Dekan an der St. Paul's Cathedral in London war. Seine Gedichte wurden erst 1633 postum veröffentlicht; D. gilt als Hauptvertreter der „metaphysical poetry"; die Lyrik, in der sich erhabenes Pathos und eine gewöhnl. Alltagssprache auf eigenartige Weise verbinden, ist von der Unsicherheit des Irdischen, von Tod und Vergänglichkeit alles Schönen, von religiöser Sehnsucht geprägt; Hauptmerkmal ist das „conceit", die Sinnliches und Geistiges in plötzl. Übergang miteinander verknüpfende Metapher; neben Liebesgedichten und religiös-meditierenden Versen schrieb er Satiren und war einer der bedeutendsten Prediger seiner Zeit.
Ausgabe: J. D. Metaphys. Dichtungen. Engl. u. dt. Frkf. 1961.
Literatur: Stein, A.: *J. D.'s lyrics. Minneapolis (Minn.) ²1965.* – Faerber, H.: *Das Paradoxe in der Dichtung v. J. D. Diss. Zürich 1950. – The life and letters of J. D., Dean of St. Paul. Hg. v.* E. W. Gosse. *London 1899. Nachdr. Gloucester (Mass.) 1959. 2 Bde.*

Donquichote, Marguerite Marie [frz. dõkiˈʃɔt] ↑ Audoux, Marguerite.

Dons, Aage [dän. dɔnˀs], * Svanholm 19. Aug. 1903, dän. Schriftsteller.
Schildert in seinen psycholog. motivierten Romanen meist das Schicksal vereinsamter Menschen, deren Seelenleben schonungslos bloßgelegt wird.
Hauptwerke: Soldaterbrønden (R., 1936), Her mødes alle veje (R., 1941), Umweg nach Paris (R., dt. 1955), Holz für meinen Scheiterhaufen (R., dt. 1967).

Doolaard, A. den [niederl. 'do:la:rt], eigtl. Cornelis Spoelstra, * Zwolle 7. Febr. 1901, niederl. Schriftsteller.
Reisen in Europa, N-Afrika, den USA und Vorderindien; Tätigkeit als Journalist und Rundfunksprecher, hält sich jeder dichter. Gruppe oder Schule fern; schreibt Abenteuerromane und Reiseberichte.
Hauptwerke: De verliefde betonwerker (Ged., 1926), De druivenplukkers (R., 1931), Orientexpreß (R., dt. 1925), Herberge zum Hufeisen (R., dt. 1955), Am Fuße des Himmels (R., 1936; dt. 1962), Besiegtes Wasser (R., dt. 1949), Das Land hinter Gottes Rücken (R., dt. 1957).

Doolittle, Hilda [engl. 'du:lɪtl], genannt H. D., * Bethlehem (Pa.) 10. Sept. 1886, † Zürich 27. Sept. 1961, amerikan. Lyrikerin.
Kehrte von einer Europareise 1911 nicht mehr in die Heimat zurück, lebte in London, wo sie sich unter dem Einfluß von E. Pound früh den Imagisten anschloß; 1913–37 ⚭ mit R. Aldington; arbeitete an dichter. Übersetzungen aus dem Griechischen; in ihren ersten Gedichten die Stilprinzipien und die strenge Formgebung der Imagisten befolgend, stellte sie die antike Welt in einer strahlenden, jedoch leidenschaftslosen Heiterkeit dar, wobei persönl. Empfinden ganz in den Hintergrund trat; später Gedichte von leidenschaftl., unmittelbarem Gefühlsausdruck, während die Prosatragödien an ihre frühe Lyrik anknüpfen.
Hauptwerke: Sea Garden (Ged., 1916), Hymen (Ged., 1921), Heliodora (Ged., 1924), Palimpsest (Trag., 1926), Hippolytus temporizes (Dr., 1927), Red roses for bronze (Ged., 1932), Avon (Ged., dt. 1955).

Dor, Milo [serbokroat. dɔ:r], eigtl. Milutin Doroslovac, * Budapest 7. März 1923, serb. Schriftsteller.
Jugend in Belgrad, 1943 als Zwangsarbeiter nach Wien gebracht, dann bis 1949 Studium der Theaterwissenschaft; lebt als Journalist und freier Schriftsteller in Wien; schreibt in dt. Sprache; eines der Hauptmotive seiner aktuellen Romane ist die Machtlosigkeit des Individuums gegenüber organisiertem Terror; auch Novellen, Dramen, Hörspiele, Erinnerungsbücher an seine Heimat, Witzsammlungen („Der polit. Witz", 1964; „Der galante Witz", 1966; beide mit R. Federmann); ferner Übersetzungen.
Weitere Werke: Tote auf Urlaub (R., 1952), Romeo und Julia in Wien (R., 1954; mit R. Federmann), Othello von Salerno (R., 1956; mit R. Federmann), Salto mortale (En., 1960), Die weiße Stadt (R., 1969).

Dorat, Claude Joseph [frz. dɔ'ra], * Paris 31. Dez. 1734, † ebd. 29. April 1780, frz. Schriftsteller.
Advokat, Soldat; schrieb in gefälliger, jedoch überwiegend manierierter Form zahlreiche Fabeln in Gellerts Art, Episteln, Lieder, Tragödien („Théagène et Chariclée", 1763) und Komödien („Les prôneurs ou le Tartufe littéraire", 1777).

Đorđić, Ignjat [serbokroat. 'dʑɔ:rdʑitɕ] † Đurđević, Ignjat.

Doren † Van Doren.

Dörfler, Anton, * München 2. Aug. 1890, dt. Schriftsteller.
Lehrer, Redakteur, Schauspieler, Zeichner, Theaterkritiker; heute freier Schriftsteller in Seeshaupt am Starnberger See. In seinen heimatverbundenen Romanen, die oft Familien- und Eheprobleme schildern, z.T. auch im Handwerkermilieu spielen, ist D. den Realisten des 19. Jh.s, v. a. Keller, Raabe und Stifter verpflichtet; auch Lyrik und Hörspiele.
Hauptwerke: Der Weg aus der Brunnenstube (R., 1927), Der tausendjährige Krug (R., 1935), Die schöne Würzburgerin (R., 1941), Niemandsland der Ehe (R., 1949), Geliebtes Würzburg (E., 1961), Meister Till (E., 1965).

Dörfler, Peter, * Untergermaringen bei Kaufbeuren 29. April 1878, † München 10. Nov. 1955, dt. Schriftsteller.
Entstammte einer schwäb. Bauernfamilie, studierte in München und Rom Theologie und Archäologie (Dr. theol.), kath. Priester; seit 1915 Leiter eines Münchner Kinderheimes; Reisen nach Griechenland und in den Vorderen Orient. Schrieb neben großen, weniger erfolgreichen histor. Romanen aus Antike und Frühchristentum vorwiegend heimatverbundene Romane mit realist. Zeichnung des bäuerl. Lebens; die Darstellung ist von lebendiger Kraft; schlichte Kalendergeschichten in der Art J. P. Hebels, auch Dramen.
Hauptwerke: Der Kinderkreuzzug (Dr., 1905), Als Mutter noch lebte (E., 1912), Der Roßbub (E., 1917), Der ungerechte Heller (R., 1920), Die Papstfahrt durch Schwaben (R., 1923), Die Apollonia-Trilogie (R.-Trilogie: Die Lampe der törichten Jungfrau, 1930; Apollonias Sommer, 1931; Um das kommende Geschlecht, 1932), Die Allgäu-Trilogie (R.-Trilogie: Der Notwender, 1934; Der Zwingherr, 1935; Der Alpkönig, 1936), Die Gesellen der Jungfer Michline (R., 1953).
Literatur: Heuschele, O.: *Gedenkwort f. P. D. In: Dt. Akademie f. Sprache u. Dichtung in Darmstadt. Jb. 1955, 131. – P. D. zum 50. Geburtstag 1878–29. 4. 1928. Ein Almanach mit Original-Beitr. v.* K. Muth *u. a. Mchn. 1928.*

Dorgelès, Roland Maurice [frz. dɔrʒə'lɛs], eigtl. R. Lécavelé, * Amiens 15. Juni 1885, frz. Schriftsteller.
Kurzer Besuch der École des arts décoratifs in Paris; lebte über ein Jahrzehnt unter den Künstlern am Montmartre; Tätigkeit als Journalist; Kriegsfreiwilliger im 1. Weltkrieg; seine Kriegsromane – inspiriert von H. Barbusse – sind lose aneinandergereihte realist., reportagehaft gestaltete Szenen, die das Grauen des Krieges aus der unmittelbaren Sicht des einfachen Soldaten schildern; den Hauptteil seines Werkes widmet D. jedoch dem Bohemeleben der Künstler des Montmartre.
Hauptwerke: Die hölzernen Kreuze (R., 1919; dt. 1930), Das Wirtshaus zur schönen Frau (R., 1919; dt. 1930), Geschichten vom Montmartre (1933, dt. 1952), Das Paradies öffnet seine Pforten (R., 1934; dt. 1948).
Literatur: Dubeux, A.: *R. D. Paris 1930.*

Döring, Fritz † Busse, Carl.

Dörmann, Felix, eigtl. F. Biedermann, * Wien 29. Mai 1870, † ebd. 26. Okt. 1928, östr. Schriftsteller.
Schauspieler, Dramaturg und Regisseur; dekadente Lyrik neben Sittenkomödien, Schauspielen, naturalist. Erzählungen und Romanen („Jazz", 1925), ferner Operettentexte („Ein Walzertraum", 1907; „Der unsterbliche Lump", 1910).

Weitere Werke: Neurotica (Ged., 1891), Sensationen (Ged., 1892), Gelächter (Ged., 1895), Ledige Leute (Kom., 1898), Zimmerherren (Kom., 1900), Der Herr von Abadessa (Abenteurerstück, 1902), Jazz (R., 1925), Herbst in Europa (R., 1927).

Dorn, Gertrud † Fussenegger, Gertrud.

Doroslovac, Milutin [serbokroat. dɔrɔ'slɔ:vats] † Dor, Milo.

Dorst, Tankred, * Sonneberg (Thür.) 19. Dez. 1925, dt. Schriftsteller.

1942 Soldat, Kriegsgefangenschaft (USA, England), Studium der Germanistik und Theaterwissenschaft in München; schrieb seine ersten Stücke für ein Marionettentheater, an dem er selbst mitspielte; zeitkrit. Dramen in iron.-satir. Gestaltung; international erfolgreich mit seinem nach einem altchin. Stoff gestalteten Antikriegsstück „Große Schmährede an der Stadtmauer" (1962); auch Übersetzungen und Bühnenbearbeitungen (Molière, Diderot).

Weitere Werke: Gesellschaft im Herbst (Kom., 1962), Die Kurve (Farce, 1962), Freiheit für Clemens (Farce, 1962), Die Mohrin (Dr., 1964), Wittek geht um (Dr., UA 1967), Toller (Dr., 1968).

Ausgabe: T. D. Ges. Werke. Mchn. u. Wien 1964–65. 3 Bde.

d'Ors y Rovira, Eugenio † Ors y Rovira, Eugenio d'.

Dos Passos, John [Roderigo] [engl. dɔs 'pæsoʊs], * Chicago 14. Jan. 1896, amerikan. Schriftsteller.

Sohn eines Rechtsanwalts portugies. Abstammung; Reisen u. a. nach Zentralamerika und W-Europa, Studium in Harvard; kurzes Architekturstudium in Spanien, dann Sanitätsfreiwilliger im 1. Weltkrieg; in Paris im Kreis um Gertrude Stein; Interesse für bildende Kunst; zeitweise Zeitungskorrespondent; bis 1934 aktiver Kommunist, danach zunehmende Neigung zum Konservativismus. D. P. wurde nach wenig beachteten Anfängen durch den desillusionierenden Weltkriegsroman „Drei Soldaten" (dt. 1922) berühmt. Sein zweites bed. Werk, „Manhattan Transfer" (R., dt. 1927), gibt ein umfassendes Querschnittbild aller New Yorker Gesellschaftsschichten durch Darstellung repräsentativer Typen und unter Verwendung verschiedener Techniken, die ein kaleidoskopartiges Bild ermöglichen. Dieser Technik angepaßt ist der virtuose, mitunter verwirrende Stilwechsel; Einbeziehung von Assoziationen und Reflexionen. Trotz seiner modernen Darstellungsart, die auch auf europ. Romanciers (u. a. Sartre und Döblin) gewirkt hat, blieb D. P. durchaus Individualist. Einen noch umfassenderen Versuch der Gesamtdarstellung amerikan. Lebens stellt die Romantrilogie „U.S.A." („Der 42. Breitengrad", dt. 1930; „Auf den Trümmern", dt. 1932, 1962 u. d. T. „1919"; „Der große Schatten", dt. 1939, 1962 u. d. T. „Die Hochfinanz") dar. Die späteren Werke des Autors erreichen oft nicht das Niveau der genannten Romane.

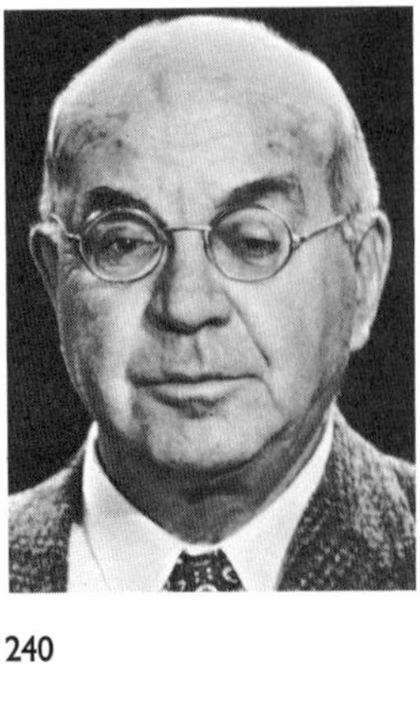

John [Roderigo] Dos Passos

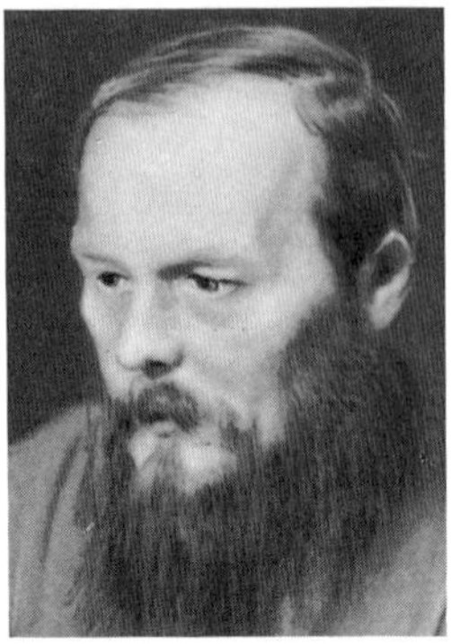

Fjodor Michailowitsch Dostojewski (Gemälde von W. G. Perow)

Literatur: Brantley, J. D.: *The fiction of J. D. P. Den Haag 1967.* – Astre, G.-A.: *Thèmes et structures dans l'œuvre de J. D. P. Paris 1956. 2 Bde.* – Geissler, W.: *Das Bild Amerikas in den Romanen v. J. D. P. Diss. Wien 1950 [Masch.].*

Dossi, Carlo [italien. 'dɔssi], eigtl. C. Alberto Pisani Dossi, * Zenevredo (Pavia) 27. März 1849, † Cardina bei Como 16. Nov. 1910, italien. Schriftsteller.

Sohn eines Grundbesitzers, ging früh nach Mailand, wo er journalist. tätig war; später im diplomat. Dienst in Bogotá, Athen u. a.; lebte zuletzt ganz der Literatur sowie archäolog. und ähnl. Studien; schrieb die beiden autobiograph. Romane „Altrieri" (1867) und „Vita di Alberto Pisani" (1870), den utop. Roman „La colonia felice" (1874) u. a.; origineller Stilist mit scharfer Beobachtung und Neigung zu Ironie und Satire; seine Grundanschauung ist pessimistisch.

Dostojewski, Fjodor Michailowitsch; tl.: Dostoevskij, Fedor Mihajlovič [dɔsto'jɛfski, russ. dɐsta'jɛfskij], * Moskau 11. Nov. 1821, † Petersburg (heute Leningrad) 9. Febr. 1881, russ. Dichter.

Sohn eines despot. strengen Arztes, verbrachte seine Jugend v. a. in Moskau, studierte an der Militäringenieurschule in Petersburg; gab eine Anstellung im Ingenieurdepartement jedoch auf, um sich ganz der Literatur zu widmen. Belinski erregte D.s Interesse für den atheist. Sozialismus und förderte D., der mit seinem Erstlingswerk, dem Briefroman „Arme Leute" (1845, dt. 1910), sofort Erfolg hatte. Wegen Teilnahme an den Treffen des Petraschewski-Kreises, einer dem utop. Sozialismus anhängenden Gruppe, zum Tode verurteilt, kurz vor der Hinrichtung zu 4jähriger Verbannung nach Sibirien begnadigt; nach der Strafverbüßung zunächst Soldat, dann Offizier in Sibirien; 1857 Heirat, 1859 Rückkehr nach Petersburg; lernte Dobroljubow, Gontscharow, A. Ostrowski, Saltykow-Schtschedrin und Tschernyschewski kennen. D. trennte sich von seiner Frau; mit seinem Bruder Michail gab er 1861–65 die Zeitschriften „Wremja" (= Die Zeit) und „Epocha" (= Die Epoche) heraus. D. unternahm mehrere Reisen nach W-Europa, u. a. nach England, wo er A. Herzen aufsuchte, und Deutschland. Diese Reisen hinterließen in ihm nur negative Eindrücke; er begab sich wegen drückender Schulden nach seiner 2. Heirat (1867) erneut ins Ausland, lebte bis 1871 nach Aufenthalten in der Schweiz und in Italien v. a. in Dresden. Nach seiner Rückkehr größere wirtschaftl. Unabhängigkeit; Kontakt mit Solowjow und der Slawophilie. 1873/74 alleiniger Hg. der Zeitschrift „Tagebuch eines Schriftstellers" (dt. 1921–23), die er mit eigenen publizist. Beiträgen füllte. 1880 Rede anläßlich des Puschkin-Jubiläums in Moskau, die stark beachtet wurde. Die zeitgenöss. Kritik verhielt sich gegenüber D. verständnislos. D., der an einer Lungenkrankheit starb, wurde als Dichter zweiten Ranges abgetan. In seinem Frühwerk lassen sich zahlreiche Einflüsse v.a. Gogols, aber auch Puschkins, E. T. A. Hoffmanns und Balzacs feststellen. So knüpft D. in den „Armen Leuten" bewußt an die „natürl. Schule" und Gogol an, teilweise in parodist. Form. Bezüge zu Gogol sind auch im „Doppelgänger" (Nov. 1846; dt. 1889) vorhanden. Doch tritt hier bereits die psycholog. Schilderung stärker hervor als das soziale Problem. Wie auch in der folgenden Novelle „Die Wirtin" (1847, dt. 1911) tritt die Entwicklung einer Handlung in den Hintergrund. Die Darstellung der Geschehnisse der äußeren Welt wird zugunsten der Darstellung seel. Erlebnisse stark reduziert. Die großen Romane D.s gehören in die Tradition der didakt. Romane. D. gab neue Impulse durch die Schaffung des „polyphonen Romans". Das Didakt. ergibt sich aus der Handlung, den Äußerungen der handelnden Personen und aus den didakt. Einschüben. Ein wesentl. Merkmal der Romane D.s ist, daß die handelnden Personen mit den von ihnen dargelegten Ideen völlig verwachsen, verkörperte Idee sind, jedoch gleichzeitig als lebendige Menschen dargestellt sind. Dabei sind weltanschaul. alle Ideen gleichberechtigt. So verkörpert der Held in „Schuld und Sühne" (1866, dt. 1882, auch u. d. T. „Rasskolnikow") den „starken Menschen", der zu allem berechtigt ist. Der Roman ähnelt äußerl. dem Kriminalroman. Im Unterschied dazu liegt die Problematik bei D. nicht in der äußeren Welt, den Indizien, sondern in der Psyche Rasskolnikows. „Der Idiot" (1868, dt. 1889), der sich mit dem Ideal des „positiven schönen Menschen" und dessen Verhältnis zur Wirklichkeit auseinandersetzt, enthält Bezüge zu Cervantes. Teilweise als Pamphlet ist der Roman „Die Dämonen" (1873, dt. 1906, 1888 u.d.T. „Die Besessenen") aufzufassen, in dem D. sich mit Zeitfragen der revolutionären Bewegung auseinandersetzt. Ebenso wie dieses Werk trägt auch der unvollendete Roman „Die Brüder Karamasow" (1879–81, dt. 1884; darin „Die Legende vom Großinquisitor") Züge des Kriminalromans; in starkem Maße enthält er jedoch didakt. Elemente, die die Handlung oft ganz verdrängen. Dabei spielt der Einfluß Schillers (bes. „Briefe über die ästhet. Erziehung") eine große Rolle. Ein Hauptthema ist die psycholog. Typologie; die Brüder Karamasow verkörpern drei Menschentypen. In dem kompliziert aufgebauten und vielschichtigen Roman sind auch zahlreiche Nebenpersonen wesentl., v.a. Frauen, mit denen die Hauptpersonen in verschiedenen Verbindungen stehen. Die Unterschiede der Menschentypen werden v.a. in ihrem Handeln deutlich gemacht. Am Ende der Handlung steht jeweils die Katastrophe. Der in den Romanen oft eingeführte fiktive Erzähler ist nicht immer deutlich vom Verfasser zu scheiden. D. verwendet vorwiegend Gesprächsstil, oft abgerissen und stockend, den psych. Vorgängen entsprechend. Epitheta spielen eine große Rolle; Ausbau von Symbolen (z.B. das Symbol der im Nebel zerfließenden Großstadt Petersburg). Naturschilderungen erscheinen nur als Symbole. Immer wiederkehrendes Zentralproblem D.s ist der Mensch als Doppelwesen, Kampfstätte von Gut und Böse, und seine Existenz, die nur durch den religiösen Glauben getragen werden kann. Neben dem Problem der Schönheit, die mehrdeutig und fragwürdig ist, spielt auch das der Freiheit und ihres Wertes eine Rolle. D. hatte große Wirkungen auf die Weltliteratur, bes. auf die russ. Symbolisten, den dt. Naturalismus, auf Nietzsche und K. Barth.

Weitere Werke: Das schwache Herz (Nov. 1846; dt. 1894), Helle Nächte (E., 1848; dt. 1890, auch u. d. T. Weiße Nächte), Nettchen Neswanowa (E., 1849; dt. 1889, auch u. d. T. Netotschka Neswanowa), Tollhaus oder Herrenhaus (R., 1859; dt. 1890, auch u. d. T. Das Dorf Stepantschikowo und seine Bewohner), Onkelchens Traum (E., 1859; dt. 1910), Erniedrigte und Beleidigte (R., 1861; dt. 1885), Aufzeichnungen aus einem Totenhaus (1861, dt. 1884), Aus den dunkelsten Winkeln der Großstadt (Nov., 1864; dt. 1895, auch u.d.T. Aufzeichnungen aus einem Kellerloch), Der Spieler (R., 1867; dt. 1888), Der Hahnrei (Nov., 1870; dt. 1888, auch u.d.T. Der ewige Gatte), Ein Werdender (R., 1875; dt. 1909, auch u.d.T. Der Jüngling), Die Sanfte (Nov., 1876; dt. 1914), Der Traum eines lächerlichen Menschen (Nov., 1877; dt. 1922).

Ausgaben: F. M. D. Sämtl. Werke. Dt. Übers. Bearb. v. E. K. Rashin. *Lausanne 1967–68. 18 Bde. – F. M. D. Ges. Briefe 1833–1881. Dt. Übers. Hg. v.* F. Hitzer. *Mchn. 1966. – F. M. D. Ges. Werke. In Einzelausgg. Dt. Übers. Mchn. 1.–96. Tsd. 1960–67. 10 Bde. – F. M. D. Sobranije sotschineni. Hg. v.* L. Großmann *u. a. Moskau 1956–58. 10 Bde. – F. M. D. Sämtl. Werke. Dt. Übers. Hg. v.* A. v. Moeller van den Bruck *u. a. Mchn. 1.–42. Tsd. 1913–29. 22 Bde. – F. M. D. Polnoje sobranije sotschineni. Hg. v.* A. G. Dostojewskaja *u.* L. P. Großmann. *St. Petersburg 1911–18. 23 Bde.*

Literatur: Trubetzkoy, N. S.: *Dostoevskij als Künstler. Den Haag 1964.* – Lavrin, J.: *F. M. Dostojevskij in Selbstzeugnissen u. Bilddokumenten. Dt. Übers. Reinbek bei Hamb. 1963.* – Maurina, Z.: *D. Menschengestalter u. Gottsucher. Memmingen ²1960.* – Yarmolinsky, A.: *Dostoevsky. His life and art. New York ²1957.* – Lauth, R.: *Ich habe die Wahrheit gesehen. Die Philosophie Dostojewskijs. Mchn. 1950.* – Moeller van den Bruck, A.: *Rechenschaft über Rußland. Bln. 1933.* – Kampmann, Th.: *D. in Deutschland. Münster 1931.* – Meier-Graefe, J.: *Dostojewskij, der Dichter. Bln. 1926.* – Nötzel, K.: *Das Leben*

Dostojewskijs. Lpz. 1925. 2 Bde. – Rosanow, W. W.: *D. u. seine Legende vom Großinquisitor. Zur Analyse der D.schen Weltanschauung. Dt. Übers. Bln. 1924.*

Doughty, Charles Montague [engl. 'daʊtɪ], * Theberton Hall (Suffolk) 19. Aug. 1843, † Sissinghurst (Kent) 20. Jan. 1926, engl. Forscher und Schriftsteller.

Verfaßte nach einer zweijährigen Reise durch Arabien den Reisebericht „Travels in Arabia deserta" (1888); das Werk gilt als eines der besten Reisebücher der Weltliteratur und beeinflußte Morris und T. E. Lawrence. Weniger erfolgreich war D. mit seinen Gedichten und Versdramen, die meist dunkel und schwer verständl. sind.

Douglas, Gavin (Gawin) [engl. 'dʌgləs], * Tantallon Castle (Schottland) um 1474, † London Sept. 1522, schott. Dichter.

1514 Bischof von Dunkeld; starb an der Pest. Bekannt durch seine Vergilübersetzung („Aeneid", 1553) mit eigenem Prolog und Ergänzungen; erste engl. Übersetzung eines antiken Werkes. Außerdem Verfasser von allegor. Dichtungen im Stile Chaucers („The palace of honour", 1553).

Douglas, George Norman [engl. 'dʌgləs], * Schloß Tilquhillie (Schottland) 8. Dez. 1868, † Capri 9. Febr. 1952, schott. Schriftsteller.

Umfassende Bildung; 1894–96 in Petersburg im diplomat. Dienst; weite Reisen nach Kleinasien, Indien, Ceylon; lebte zuletzt in Capri; eng vertraut mit der südl. Landschaft. Großer Erfolg mit „Sirokko" (R., 1917; dt. 1937); verfaßte Reisebücher, witzig-beißende Romane und Kurzgeschichten, kulturkrit. und naturwissenschaftl. Schriften sowie zwei Autobiographien.

Weitere Werke: Siren-Land (Reisebericht, 1911), They went (R., 1920), Good bye to western culture (Essay, 1930), Looking back (Autobiogr., 1933).

Douglas, George Norman [engl. 'dʌgləs], * Schloß Ham Hill bei Worcester 22. Okt. 1870, † Hove (Sussex) 20. März 1945, engl. Dichter.

Freund O. Wildes, 1895 in dessen Prozeß verwickelt; verfaßte Gedichte, Essays, Satiren und zwei Bücher über O. Wilde („O. Wilde and myself", 1914; „O. Wilde, the summing up", 1940).

Douglas, Keith [engl. 'dʌgləs], * Tunbridge Wells 24. Jan. 1920, ⚔ in der Normandie 9. Juni 1944, engl. Dichter.

Studierte in Oxford, dort Hg. der Zeitschrift „Augury" (1938–40); schon mit 15 Jahren sprach- und formsichere Gedichte; beeinflußte mit seiner schwermütigen Lyrik die neoromant. Bewegung dieser Zeit. Teilnahme am 2. Weltkrieg; seine Kriegsgedichte sind zuweilen satir. bitter. „Collected poems" erschienen 1951.

Douglas, Lloyd Cassel [engl. 'dʌgləs], * Columbia City (Ind.) 27. Aug. 1877, † Los Angeles 13. Febr. 1951, amerikan. Schriftsteller.

Sohn eines Pfarrers, wurde selbst luth. Geistlicher, widmete sich aber seit 1933 nur noch der Schriftstellerei. Verfasser sehr erfolgreicher und fesselnder Romane mit christl.-eth. Hintergrund.

Hauptwerke: Wunderbare Macht (R., dt. 1939), Rauhe Laufbahn (R., dt. 1947), Das Gewand des Erlösers (R., dt. 1946).

Dourado, Autran [brasilian. do'radu], * Patos de Minas 1926, brasilian. Schriftsteller.

Studierte Jura und Sozialwissenschaften; Journalist, Pressesekretär im Staatsdienst; veröffentlichte Novellen, Erzählungen und Romane.

Hauptwerke: Teia (Nov., 1947), Sombra e exílio (R., 1950), Tempo de amar (R., 1952), Tres histórias na praia (En., 1955), Brandung (R., dt. 1964), Ein Leben im Verborgenen (E., dt. 1967).

Douwes Dekker, Eduard [niederl. 'doʊwəs 'dɛkər] † Multatuli.

Dovizi, Bernardo [italien. do'vittsi] † Bibbiena, Bernardo Dovizi da.

Dowson, Ernest Christopher [engl. daʊsn], * Belmont Hill (Kent) 2. Aug. 1867, † Catford 23. Febr. 1900, engl. Dichter.

Lebte mehrere Jahre in Frankreich. Bed. Dekadenzdichter, bekannt durch seine lyr., in Stil und Bau gelungenen Gedichte; von den frz. Symbolisten angeregt. Übersetzer von Voltaire, Balzac, Zola u.a. frz. Schriftstellern; daneben Romane und Kurzgeschichten; mit W. Yeats und L. Johnson befreundet.

Hauptwerke: Dilemmas (R., 1895), Verses (Ged., 1896), The pierrot of the minute (Dr., 1897), Adrian Rome (R., 1899).

Doyle, Sir Arthur Conan [engl. dɔɪl], * Edinburgh 22. Mai 1859, † Crowborough (Sussex) 7. Juli 1930, engl. Schriftsteller.

Nach dem Studium der Medizin prakt. Arzt in Southsea; Reisen nach W-Afrika und in die Polargegend. In den letzten Lebensjahren Wendung zum Spiritismus, über den er einige Studien veröffentlichte. Durch psychiatr. Studien angeregt, begann er Detektivromane zu schreiben, die Weltruhm erlangten; im Mittelpunkt stehen Sherlock Holmes, der Meisterdetektiv, und sein Freund Dr. Watson; unbed. sind D.s Romanzen und seine histor. Romane.

Hauptwerke: A study in scarlet (R., 1887), Rodney Stone (R., 1896), Abenteuer des Doktor Holmes (R., dt. ^{2}1895/96), Der Hund von Baskerville (R., dt. 1903), History of spiritualism (Studie, 1936).

Ausgabe: Sir A. C. D. Ges. Werke in Einzelausgg. Dt. Übers. Hg. v. N. Erné. *Hamb.* $^{1-2}$*1959ff. Auf ca. 20 Bde. berechnet.*

Literatur: Nordon, P.: *C. D. A biography. Engl. Übers. New York 1967.* – Lamond, J.: *A. C. D. A memoir. Epilogue by Lady C. D. London 1931.*

Drach, Albert, * Wien 17. Dez. 1902, östr. Schriftsteller.

Rechtsanwalt in Mödling bei Wien (1938–47 in der Emigration in Frankreich). Veröffentlichte bereits 1919 den Gedichtband „Kinder der Träume" und 1929 das Drama „Marquis de Sade" (jetzt u. d. T. „Satansspiel vom Göttl. Marquis"), wurde aber erst mit seinem Roman „Das große Protokoll gegen Zwetschkenbaum" (1964) bekannt (erschienen als 1. Bd. einer auf mehrere Bde. berechneten Werkausgabe), in dem er unter Verwendung der altöstr. Kanzleisprache die tragikom. Geschichte des kleinen galiz. Juden Schmul Leib Zwetschkenbaum erzählt, der in das Dickicht von Justiz und Behörden gerät; auch eigenwillige Novellen und Autobiographisches.

Weitere Werke: Das Spiel vom Meister Siebentot und weitere Verkleidungen (Dramen, 1965), Die kleinen Protokolle und das Goggelbuch (En., 1965), Das Aneinandervorbeispiel und die inneren Verkleidungen (Dramen, 1966), Unsentimentale Reise (Bericht, 1966), „ZZ", das ist die Zwischenzeit (R., 1968).

Drachmann, Holger [dän. 'dragman'], * Kopenhagen 9. Okt. 1846, † Hornbæk (Seeland) 14. Jan. 1908, dän. Dichter.

Sohn eines Marinearztes, studierte in Kopenhagen, wurde Maler; Reisen durch Europa; ein Aufenthalt in London machte ihn mit sozialen Problemen bekannt. Nach der Rückkehr schloß er sich Brandes und dessen Bewegung an. D. begann mit Prosaschriften und Gedichten. Unstet im Leben wie in seiner Gesinnung wechselte er oft Tendenz und Formen seiner Dichtung, die zunächst demokrat., in der Abkehr von Brandes radikal nationalist. gestimmt war. D. schrieb v.a. Natur- und Liebeslyrik. Die Verse sind von rhythm. Musikalität und weisen neue sprachl. Formen auf. Die Prosa (Erzählungen und Skizzen), wenngleich flüssig in Sprache und Ausdruck, tritt in den Hintergrund. Auch Übersetzer Byrons.

Hauptwerke: Digte (Ged., 1872), Sange ved haved (Ged., 1877), Dybe strenge (Ged., 1884), Es war einmal (Märchenspiel, dt. 1894), Verschrieben (R., 1890; dt. 1904), Unge viser (Ged., 1892), Hr. Oluf han rider (Dr., 1906).

Literatur: Ursin, J.: *Bibliografi over Litteraturen om H. D. Kopenhagen 1959.* – Ursin, J.: *H. D. Liv og værker. Kopenhagen 1953. 2 Bde.* – Rubow, P. V.: *H. D. Kopenhagen 1940–50. 3 Bde.*

Dracontius, Blossius Aemilius, lat. Dichter vom Ende des 5. Jh.s aus Karthago.

Fiel beim Vandalenkönig Gunthamund (484–96) in Ungnade, kam ins Gefängnis, wo D. mit seinem Reuegedicht „Satisfactio" vergebl. um Begnadigung bat; das christl. Lehrgedicht „De laudibus dei" weist in seiner Darstellung der Weltschöpfung dichter. Qualitäten auf; neben mytholog. Kleinepen schuf er wahrscheinl. die ep. „Orestis tragoedia", eine langatmige Bearbeitung der Orestessage.

Drai-Chmara, Michailo; tl.: Draj-Hmara, Mihajlo [russ. 'draj'xmare], * Malyje Kanowzi (Podolien) 10. Okt. 1889, † Kolyma 19. Jan. 1939, ukrain.-sowjet. Dichter und Kritiker.

Starb in der Verbannung im Fernen Osten. Angehöriger des neoklass. Literatenkreises in Kiew; ausdrucksstarker Lyriker; bed. als Kritiker und Übersetzer aus dem Französischen und Weißrussischen.

Dranmor ['dranmo:r], eigtl. Ludwig Ferdinand Schmid, * Muri bei Bern 22. Juli 1823, † Bern 17. März 1888, schweizer. Dichter.

Kaufmann in Brasilien, 1852 östr.-ungar. Generalkonsul in Rio de Janeiro, 1868–74 Aufenthalt in Paris, nach Verlust seines Vermögens in Brasilien Journalist, 1887 Rückkehr nach Bern; schrieb Gedichte, Lieder, Elegien, gekennzeichnet durch Weltschmerz und Heimatlosigkeit.

Hauptwerke: Poet. Fragmente (Ged., 1860), Kaiser Maximilian (Ged., 1868), Requiem (Dichtung, 1869).

Drašković, Janko Graf [serbokroat. 'draʃkɔvitɕ], * Agram 20. Okt. 1770, † Radkersburg 14. Jan. 1856, kroat. Schriftsteller.

Einer der Führer der illyr. Bewegung, deren Ziele er als Publizist und patriot. Lyriker verfocht.

Drayton, Michael [engl. drɛɪtn], * Hartshill (Warwick) 1563, † London 23. Dez. 1631, schott. Dichter und Dramatiker.

Über sein Leben ist nur wenig bekannt. Sein bedeutendstes Werk, „Polyolbion" (1622), in Alexandrinern, ist eine genaue topograph. Beschreibung Englands. Verfaßte mit Dekker, Webster, Wilson u.a. Dramen, schrieb histor. Gedichte („Gaveston", 1593; „Robert, Duke of Normandie", 1596), Sonette („Idea's mirror", 1594), fiktive Briefe bed. Personen („England's heroical epistles", 1597), „Poems, lyric and heroic" (Ged., 1606), die bekannte Ballade „The battle of Agincourt" (1627), das anmutige Feenepos „Nymphidia" (1627), „Muses Elizium" (Epos, 1630) u.a. D.s Verse sind elegant und rhythm., doch manchmal konventionell-oberflächlich.

Literatur: Buchloh, P. G.: *M. D. Barde u. Historiker, Politiker u. Prophet. Neumünster 1964.* – Elton, O.: *M. D., a critical study. London; New York 1950.*

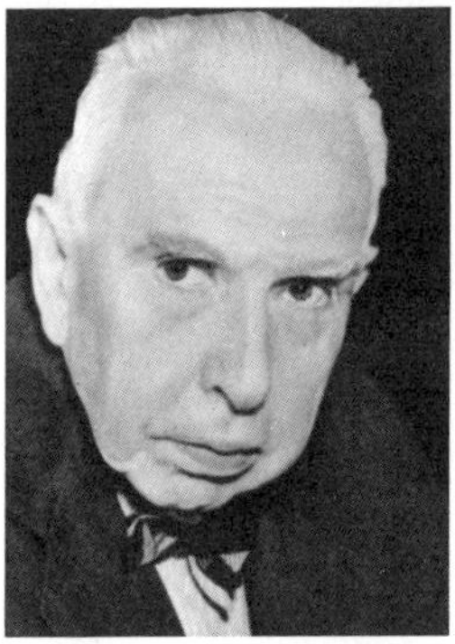

Theodore Dreiser

Drda, Jan [tschech. 'drda], * Příbram (Mittelböhm. Gebiet) 4. April 1915, tschech. Schriftsteller.

Nach 1945 lange Zeit Vorsitzender des tschech. Schriftstellerverbandes; auch als Journalist und Redakteur kulturpolit. Zeitschriften tätig. D. stellt in Romanen, Erzählungen und Dramen, die oft durch die Vermischung von Einflüssen der Märchendichtung und der naturalist. Dichtung gekennzeichnet sind, das Alltagsleben in Städten und Dörfern dar; Stellungnahme zu Kriegs- und Nachkriegsproblemen; „Die stumme Barrikade" (R., dt. 1951) schildert den Kampf der Tschechen während der Besetzung; die Erzählungen der Sammlung „Die schöne Tortisa" (dt. 1956) setzen sich mit den sozialen Umwälzungen seit 1945 auseinander.

Weitere Werke: Das Städtchen Gotteshand (R., 1940; dt. 1950), Wasser des Lebens (R., 1941; dt. 1960), Spiel mit dem Teufel (Dr., dt. 1950).

Dreiser, Theodore [engl. 'draɪzə], * Terre Haute (Ind.) 27. Aug. 1871, † Los Angeles-Hollywood 28. Dez. 1945, amerikan. Schriftsteller.

Entstammte einer dt. Einwandererfamilie; wuchs in ärml. Verhältnissen auf; besuchte verschiedene Schulen und ein Jahr die Universität Indiana; Journalist in verschiedenen nordamerikan. Städten; ließ sich schließl. in New York nieder. D. gilt als Hauptvertreter des naturalist. Romans in Nordamerika. Die Veröffentlichung seines ersten, als unmoral. abgelehnten Romans „Schwester Carrie" (1900, dt. 1929) wurde von Frank Norris

erst gegen zahlreiche Widerstände durchgesetzt. D. schildert objektiv und schonungslos in sozial- und gesellschaftskrit. Romanen menschl. Existenzen, die – oft unschuldig – im modernen amerikan. Leben zu Fall kommen. Sein Hauptwerk dieser Richtung, das scharfe Kritik an der amerikan. Zivilisation übt, ist der Roman „Eine amerikan. Tragödie" (dt. 1927). Schließl. wandte er sich einem untheoret. Sozialismus zu. D. bediente sich einer wuchtigen, schwerfälligen, doch äußerst wirksamen Sprache.
Weitere Werke: Jennie Gerhardt (R., 1911; dt. 1928), The financier, The titan, The stoic (R.-Trilogie, 1912, 1914 und 1947; die ersten beiden Werke dt. 1928 u. d. T. Der Titan), Das „Genie" (R., 1915; dt. 1929), Der Unentwegte (R., dt. 1953).
Literatur: McAleer, J. J.: *Th. D. New York 1968.* – Swanberg, W.: *D. New York 1965.* – Dreiser, H.: *Mein Leben mit D. Dt. Übers. Hamb. 1952.*

Dreyer, Max ['draɪər], * Rostock 25. Sept. 1862, † Göhren auf Rügen 27. Nov. 1946, dt. Schriftsteller.
Sohn eines Lehrers; Studium in Rostock und Leipzig (Dr. phil.), Lehrer, dann Journalist in Berlin, freier Schriftsteller ebd., später auf Rügen. Beeinflußt von Ibsen und G. Hauptmann, schrieb D. z.T. bühnenwirksame naturalist. Stücke, in denen jedoch oft der Gehalt zugunsten theatral. Effekte vernachlässigt wird; humorist. Romane und Erzählungen mit realist. Schilderungen aus seiner norddt. Heimat; auch Dialektdichter.
Hauptwerke: Liebesträume (Kom., 1898), Der Probekandidat (Dr., 1899), Das Tal des Lebens (Kom., 1902), Die Siebzehnjährigen (Dr., 1904), Ohm Peter (R., 1908), Das Gymnasium von St. Jürgen (R., 1925).
Literatur: Babendererde, P.: *M. D., der Dichter der Ostsee. Greifswald 1942.*

Drieu la Rochelle, Pierre [frz. driølarɔ'ʃɛl], * Paris 3. Jan. 1893, † ebd. 16. März 1945, frz. Schriftsteller.
Normann. Herkunft, Frontkämpfer im 1. Weltkrieg; begann mit Kriegsgedichten, Novellen und Essays, in denen er Unruhe und Verwirrung seiner Generation schildert; er ergriff Partei für den Faschismus, wurde einer der Wortführer der Kollaboration mit den dt. Nationalsozialisten; in seinen Hoffnungen betrogen, beging er Selbstmord, nachdem er sein polit. Testament „Le Français d'Europe" (1944) veröffentlicht hatte; in den Romanen spiegelt sich die eigene Unausgeglichenheit des Verfassers.
Weitere Werke: Interrogation (Ged., 1917), Mesure de la France (Essays, 1923), Das Irrlicht (R., 1930; dt. 1968), La comédie de Charleroi (Novellen, 1934), Beloukia (R., 1936), Die Unzulänglichen (R., 1939; dt. 1966), Charlotte Corday (Dr., 1944).
Literatur: Mabire, J.: *D. parmi nous. Paris. 1963.* – Grover, F.: *D. la R. Paris 1962.*

Drinkwater, John [engl. 'drɪŋkwɔ:tə], * Leytonstone (Essex) 1. Juni 1882, † London 25. März 1937, engl. Lyriker und Dramatiker.
12 Jahre Versicherungsbeamter, übernahm dann die Leitung der „Pilgrim Players", aus denen sich die „Birmingham Repertory Theatre Company" entwickelte, lebte seit 1919 in London. Begann mit formvollendeter, jedoch etwas gehaltarmer Lyrik im Stile der Präraffaeliten, wandte sich dann im wesentl. dem „chronicle play", einer Form des histor. Schauspiels zu, das in aufgelockerter Folge – mit lyr. Zwischenteilen – histor. Persönlichkeiten charakterisiert.
Hauptwerke: Cophetua (Dr., 1911), Swinburne (Studie, 1913), Abraham Lincoln (Dr., 1918), Collected poems (Ged., 1923), Inheritance (Autobiogr., 1931), Discovery (Autobiogr., 1932), Summer harvest (Ged., 1933).
Literatur: Roeder, A. W.: *J. D. als Dramatiker. Gießen 1927.*

Drooglever Fortuyn-Leenmans, Margaretha [niederl. 'dro:xle:vər fɔr'tœyn'le:nmɑns] ↑ Vasalis, Margaretha.

Droschschin, Spiridon Dmitrijewitsch; tl.: Drožžin, Spiridon Dmitrievič [russ. 'drɔʒʒɨn], * Nisowka (Gouv. Twer) 18. Dez. 1848, † ebd. 24. Dez. 1930, russ. Schriftsteller.
Sohn eines Leibeigenen; wanderte über 30 Jahre durch Rußland, ließ sich dann als Bauer in seinem Heimatdorf nieder; Lyriker des bäuerl. Lebens und der Arbeit; schrieb einfache, liedhafte Verse; bekannt mit Rilke, der einige von D.s Gedichten übersetzte.

Drosinis, Jeorjios; tl.: Drosínēs, Geṓrgios [neugr. ðrɔ'sinis], * Athen Dez. 1859, † Kifisia bei Athen 1952, neugriech. Dichter.
Trat gemeinsam mit Palamas für die Anerkennung der Volkssprache in der Literatur ein; seine eigene Lyrik – anfangs den Parnassiens verpflichtet – zeichnet sich durch sprachl. Wohlklang aus.
Hauptwerke: Amaranta (Ged., 1890), Alkyonides (Ged., 1923).

Drost, Aarnout [niederl. drɔst], * Amsterdam 15. März 1810, † ebd. 5. Nov. 1834, niederl. Schriftsteller.
Studierte Theologie; mit Bakhuizen und Potgieter Begründer der Zeitschrift „De Muzen". D. entnahm den Stoff zu seinem religiös bestimmten romant. Erzählwerk der niederl. Vergangenheit; er schrieb den ersten bed. histor. Roman der niederl. Literatur, „Hermingard van de Eikenterpen" (1832); fragmentar. weitere Romane wurden postum von seinen Freunden vollendet und herausgegeben.

Droste-Hülshoff, Annette Freiin von, eigtl. Anna Elisabeth Freiin von D. zu H., * Schloß Hülshoff bei Münster (Westf.) 10. Jan. 1797, † Meersburg 24. Mai 1848, dt. Dichterin.

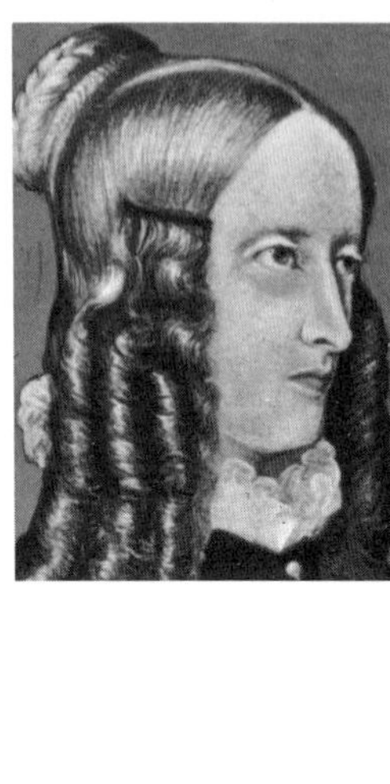

Annette Freiin von Droste-Hülshoff (Miniatur aus Familienbesitz)

Entstammte einem altwestfäl. streng kath. Geschlecht; in der Jugend kränkl.; Hinführung zur Dichtung durch A. M. Sprickmann; nach dem Tod des Vaters 1826 Übersiedlung auf den Witwensitz der Mutter, Haus Rüschhaus bei Nienberge, 1841 auf Schloß Meersburg am Bodensee, dem Besitz ihres Schwagers, des Germanisten J. Freiherr von Laßberg; Freundschaft mit Uhland, Schwab und bes. L. Schücking (nach dessen Verlobung Entfremdung); Aufenthalt in Rüschhaus, dann wieder in Meersburg, wo sie einem Herzschlag erlag. Eine kraftvoll-herbe, z.T. strenge und düstere Sprache, eine schwermütige, ernste Art der Darstellung – geprägt durch ihr Erlebnis der herben Moor- und Heidelandschaft Westfalens – und ein prägnanter Stil kennzeichnen das gesamte Werk, das von tiefen Ahnungen und Visionen, von übernatürl. dämon.-myth. Kräften bestimmt ist; in außerordentl. Gestaltungskraft und mit tiefem Verständnis für die geheimsten Reize der Natur wie des Seelenlebens gelingt der Dichterin eine feine impressionist. Zeichnung dieser vielgestaltigen Wirklichkeit; in ihren Balladen („Der Knabe im Moor" u.a.) sind lyr. und ep. Elemente vollendet zu einer Einheit verwoben; die religiösen Gedichte sind tief in der kath. Glaubenswelt verankert, doch frei von starrem Dogmatismus.
Hauptwerke: Gedichte (1838), Die Judenbuche (Nov., 1842), Das geistl. Jahr (Ged., 1851), Letzte Gaben (Nachgelassenes, hg. 1860).
Ausgaben: A. v. D.-H. Sämtl. Werke. Hg. v. C. Heselhaus. *Mchn.* [5]*1966. – A. v. D.-H. Ges. Werke. Hg. v.* K. Schulte-Kemminghausen *u.a. Mchn. 1925–30. 4 Bde.*
Literatur: Häntzschel, G.: *Tradition u. Originalität. Allegor. Darstellung im Werk v. D.-H. Stuttg. 1969.* – Heselhaus, C.: *A. v. D.-H. Düsseld. 1969.* – Thiekötter, H.: *A. v. D.-H. Eine Auswahlbibliogr. Münster* [2]*1968.* – Berglar, P.: *A. v. D.-H. in Selbstzeugnissen u. Bilddokumenten. Reinbek bei Hamb. 1967.* – Nettesheim, J.: *Die geistige Welt der Dichterin A. D. zu H. Münster 1967.* – Staiger, E.: *A. v. D.-H. Frauenfeld* [3]*1967.* – Schücking, L.: *A. v. D. Ein Lebensbild. Stuttg.* [4]*1964.*

Drouet, Minou [frz. dru'ɛ], eigtl. Marie-Noëlle D., * bei Saint-Malo 1947, frz. Schriftstellerin.
Wurde 1956 mit ihren Gedichtsammlungen „Arbre, mon ami", „Poèmes" und „17 poèmes inédits" als „literar. Wunderkind" bekannt.
Weiteres Werk: Nebel in den Augen (R., dt. 1968).

Drožžin ↑ Droschschin.

Drumew, Wassil; tl.: Drumev, Vasil [bulgar. 'drumɛf], als Metropolit: Kliment, * Schumen (heute Kolarowgrad) 23. Febr. 1841, † Sofia 10. Juli 1901, bulgar. Staatsmann und Schriftsteller.
Wurde bereits im theolog. Seminar in Odessa mit revolutionären Ideen vertraut; Teilnahme an der antitürk. Befreiungsbewegung; Priesterweihe, glänzende polit. Laufbahn; 1884 Metropolit von Tarnowo; später aus polit. Gründen verbannt. Als Schriftsteller bed. durch seine vielgelesenen Novellen; mit seinem histor. Drama „Ivanko" (1872) Mitbegründer der bulgar. Theaterdichtung.

Drummond, William [engl. 'drʌmənd], genannt W. D. of Hawthornden, * Hawthornden bei Edinburgh 13. Dez. 1585, † ebd. 4. Dez. 1649, schott. Dichter.
Studium in Edinburgh, Bourges und Paris, umfassende klass. Bildung. Lebte ab 1610 zurückgezogen in Hawthornden. D.s Werk besteht aus zarten, formal vollendeten und harmonisch gebauten Sonetten und Gedichten („Flowers of Sion", 1623; „The cypress grove", 1623), Elegien, Satiren und Prosaschriften („History of Scotland 1453–1542", 1655). Als Lyriker steht D. in der Tradition der Elisabethan. Zeit und der Schule Spensers, während er seine Sonette nach italien. Vorbild formte. Er war mit bed. Dichtern befreundet, u.a. mit B. Jonson und Drayton.
Weitere Werke: Tears on the death of Meliades (Ged., 1613), Forth feasting (Ged., 1617), A midnight's trance (Ged., 1619).

Druon, Maurice [frz. dry'õ], * Paris 23. April 1918, frz. Schriftsteller.
Studierte Philologie und an der École des sciences politiques; Résistancemitglied in London und Algier, danach Kriegsberichterstatter und Journalist; seit 1966 Mitglied der Académie française; erhielt für den betont gesellschaftskrit. Roman „Die großen Familien" (dt. 1961, 1949 u. d. T. „Wer goldene Ketten trägt"), der seinen Romanzyklus „La fin des hommes" (1948–51; 2. Teil: „Der Sturz der Leiber", dt. 1951; 3. Teil: „Rendezvous in der Hölle", dt. 1952) einleitet, den Prix Goncourt.
Weitere Werke: Die Contessa (R., dt. 1963), Die unseligen Könige, Die Wölfin von Frankreich (R.-Zyklus, dt. 1958 und 1960), Alexander, Eroberer der Welt (R., dt. 1962), Die Memoiren des Herrn Zeus (dt. 1969).

Druschinin, Alexandr Wassiljewitsch; tl.: Družinin, Aleksandr Vasil'evič [russ. dru'ʒɨnin], * Petersburg (heute Leningrad) 20. Okt. 1824, † ebd. 31. Jan. 1864, russ. Schriftsteller.
Zeitweise Beamter im Kriegsministerium; später freier Schriftsteller. Verdankt seinen Erfolg der Novelle „Polinka Sax" (1847), in der er nach dem Vorbild des Romans „Jacques" von G. Sand das Problem der Frauenemanzipation behandelt; Verteidiger des Prinzips der reinen Kunst; D. schrieb auch Essays über engl. Dichter und übersetzte Shakespeare.

Drużbacka, Elżbieta [poln. druʒ'batska], * Pomorze 1695, † Tarnów 14. März 1765, poln. Schriftstellerin.
Erste poln. Erzählerin; Hauptmotiv ihrer Erzählungen ist der Kampf sündiger Menschen gegen die Versuchung. 1752 gab Załuski eine Sammlung ihrer Werke heraus.

Družinin ↑ Druschinin.

Dryden, John [engl. draɪdn], * Aldwincle (Northampton) 9. Aug. 1631, † London 1. Mai 1700, engl. Dichter.
Stammte aus einer puritan. Familie, Erziehung in der Westminster School, Studium in Cambridge; beklagte den Tod O. Cromwells in „Heroic stanzas" (1658), später Anhänger der Stuarts und Katholik, 1668 „poet laureate", dann Hofhistoriograph; verlor während der Revolution 1688 als Katholik alle seine Hofämter; lebte in den letzten Jahren seines Lebens in großer Armut. Vertreter des engl. Klassizismus; betätigte sich in fast allen Dichtungsgattungen; schrieb formvollendete, bissige polit. Satiren, musikal.-sangbare Oden, religiöse Lehrgedichte; versuchte in seinen Dramen die Tragödien Corneilles mit dem Drama

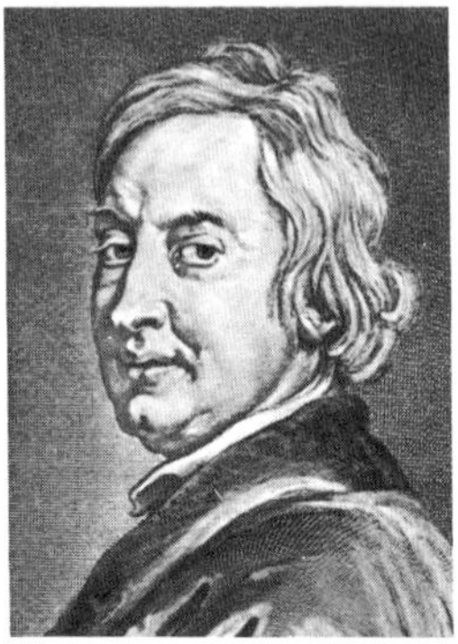

John Dryden

der Shakespearezeit zu den sog. „heroic plays" zu verbinden; bekannt ist „All for love" (1677), eine Bearbeitung von Shakespeares „Antonius und Cleopatra"; bed. als Literaturkritiker. Mit „Marriage à la mode" (1672) begründete er die engl. Lustspielgattung der Comedy of manners.

Weitere Werke: Almanzor and Almanide (Trag., 1670), The conquest of Granada (Trag., 1670f.), Aurengzebe (Trag., 1676), Absalom and Achitophel (Satire, 1681), Annus mirabilis (Essay, 1688).

Ausgabe: The works of J. D. Hg. v. E. M. Hooker *u.* H. T. Swedenberg jun. *Berkeley (Calif.); London 1956–66. 9 Bde.*

Literatur: Essential articles for the study of J. D. Hg. v. H. T. Swedenberg jun. *London 1966.* – Ward, Ch.: *The life of J. D. Chapel Hill (N.C.) 1961.* – Van Doren, M.: *The poetry of J. D. Bloomington (Ind.) ⁴1960.* – Eliot, T. S.: *J. D. New York 1932.*

Držić, Džore [serbokroat. 'dr̩ʒitɕ], * Ragusa (heute Dubrovnik) 6. Febr. 1461, † ebd. 26. Sept. 1501, ragusan. Dichter.

Geistlicher; neben Menčetić bedeutendster Vertreter der petrarkist. beeinflußten religiösen Troubadourlyrik.

Držić, Marin [serbokroat. 'dr̩ʒitɕ], * Ragusa (heute Dubrovnik) um 1508, † Venedig 2. Mai 1567, ragusan. Dichter.

Geistlicher, studierte in Siena, wo er pastorale Stücke und die italien. Commedia dell'arte kennenlernte. Einige seiner Stücke sind erhalten, teils gedruckt, teils in Handschriften; D. griff alte Motive auf, bearbeitete sie neu und gab ihnen ragusan. Kolorit; am bekanntesten ist die Komödie „Dundo Maroje" (1550). Schrieb auch Liebeslyrik; typ. Vertreter der Renaissance.

Dschajadewa; tl.: Jayadeva, ind. Dichter des 12. Jahrhunderts.

Hofdichter des bengal. Königs Lakschmanasena; D. erzählt in seiner kunstvollen, in Sanskrit geschriebenen religiös-erot. Dichtung in 12 Gesängen „Gitagowinda" (1802 ins Dt. übersetzt) von der Liebe des Gowinda (= Krischna) zu einer einfachen Hirtin. Zuneigung, Entfremdung und schließl. Wiedervereinigung sollen das Verhältnis von Gott und Einzelseele myst. darstellen.

Dschalaloddin Rumi; tl.: Ǧalālu'd-Dīn Rūmī [pers. dʒælalod'di:n ru'mi:], im Iran genannt Maulawi; tl.: Mawlawī, * Balch (Chorasan) 30. Sept. 1207, † Konya (Türkei) 17. Dez. 1273, pers. Dichter und Mystiker.

Aus einer Gelehrtenfamilie, führte ein bewegtes Leben, das Legendenbildungen begünstigte. Begründer des myst. Ordens der „tanzenden Derwische"; gestaltete die myst. Identifizierung mit einem Wanderderwisch, mit dem D. R. eine enge Freundschaft verband, in einer Anzahl von Gaselen, die beredten Eindruck des leidenschaftl. Gefühls vermitteln. Hauptwerk ist das „Masnawi je Manawi" (= Das dem inneren Sinn aller Dinge zugekehrte Masnawi, dt. Ausw. ²1913), eine Enzyklopädie des Sufismus in 6 Büchern, in denen philosoph. Betrachtungen und verschiedenartigste Legenden und Erzählungen vereinigt sind.

Dschalil, Mussa Mustafijewitsch; tl.: Džalil', Musa Mustafievič [russ. dʒa'lilj], * Mustafino (Gouv. Orenburg) 15. Febr. 1906, † Berlin 25. Aug. 1944, tatar.-sowjet. Schriftsteller.

Stammte aus einer armen Bauernfamilie, studierte in Moskau, Redakteur an verschiedenen Zeitschriften, geriet im 2. Weltkrieg in dt. Gefangenschaft, in Plötzensee hingerichtet; begann früh Gedichte zu schreiben, wurde v.a. durch das kurz vor seinem Tode geschriebene „Moabitskaja tetrad" (= Moabiter Heft, Ged.-Zyklus, tatar. hg. 1953, russ. 1957).

Dschamalsade, Saijed Mohammad Ali; tl.: Ǧamālzādaʰ, Sayyid Muḥammad 'Alī [pers. dʒæmalza'de], * Isfahan 24. Jan. 1894, pers. Schriftsteller.

Schulbesuch in Teheran und Beirut, studierte Jura in Lausanne und Dijon, 1916–30 diplomat. Tätigkeit in Berlin, dann bis 1959 am Internationalen Arbeitsamt in Genf, wo er auch weiterhin lebt. Führte die europ. Novelle als literar. Form im Iran ein; bed. realist. Gestalter, schildert krit. die Schwächen der Spießbürger, bringt genaue Milieuschilderungen; verwendet die Umgangssprache seines Landes. Er schrieb auch Romane und eine Autobiographie, verfaßte bed. histor. Arbeiten und schuf Übersetzungen (u.a. Schillers „Wilhelm Tell" und „Don Carlos"). Einige seiner Novellen wurden übersetzt, so ins Frz. („Choix de nouvelles", 1959) und Dt. (in: „Pers. Meistererzähler der Gegenwart", 1961).

Dschami, Maulana Nuroddin Abdorrahman; tl.: Ǧāmī, Mawlānā Nūru'd-Dīn 'Abdu'r-Raḥmān [pers. dʒa'mi:], * Chargerd bei Dscham (Chorasan) 7. Nov. 1414, † Herat 9. Nov. 1492, pers. Dichter.

Als Gelehrter und Dichter am Hof von Herat, viel bewundert und sehr angesehen, obwohl er als Epigone am Ende der klass. Periode der pers. Literatur steht. Ausgesprochen vielseitig und fruchtbar: drei lyr. Diwane (z.T. ins Dt. übersetzt), sieben Romanzen, darunter „Joseph und Suleïcha" (dt. 1825), die Prosadichtung „Baharestan" (dt. 1846 u. d. T. „Der Frühlingsgarten"), Lebensbeschreibungen von fast 600 Sufis und Abhandlungen über verschiedene Themen.

Dscharir Ibn Atijja; tl.: Ǧarīr Ibn Aṭiyyaʰ [dʒa'ri:r], * vor 661 (?), † um 728, arab. Dichter. Stand in der Gunst des strengen omaijad. Statthalters Al Haddschadsch, den er in Lobgedichten besang; Satiriker, der mit fast allen zeitgenöss. Dichtern in Fehden verwickelt war, aus denen er unbesiegt hervorging. Schrieb Schmäh-, Lob- und Trauergedichte.

Dschataka; tl.: Jātaka [sanskr.], Sammlung von über 500 Erzählungen über die Existenzen Buddhas vor seiner Inkarnation, z.B. „Saddanta-D.", die Erzählung vom Elefanten Sechszahn. Die uns heute vorliegenden D.s sind in Prosa abgefaßt, doch finden sich zahlreiche eingestreute Verse (Gathas); als kanon. gelten ledigl. die Verse, während der Prosatext als Kommentar gedeutet wird.

Dschinakirti; tl.: Jinakīrti, * um 1400, † 1450, ind. Dichter.
Dschainist. Mönch aus Gujarat; schrieb die beiden Epen „Tschampakaschreschthikathanaka" (= Geschichte vom Kaufmann Tschampaka) und „Palagopalakathanaka" (= Geschichte von Pala und Gopala) in einfachem, gefälligem Stil (dt. Ausgaben der Epen 1911 bzw. 1917); D. ist ein bed. Vertreter der populären Erzählliteratur.

Dsjubin, Eduard Georgijewitsch [russ. 'dzjubin] ↑ Bagrizki, Eduard Georgijewitsch.

Du Bartas, Guillaume de Salluste, Seigneur [frz. dybar'tɑ:s], * Montfort bei Auch 1544, † Paris Juli 1590, frz. Dichter.
Hugenotte, in Diensten Heinrichs IV.; Schüler Ronsards, verdankt seinen Ruhm dem großangelegten Schöpfungsepos in Alexandrinern „La semaine ou création du monde" (1579, dt. 1631 u. d. T. „Erste Woche, Von Erschaffung der Welt ..."), dessen 2. Teil „La seconde semaine", 1584 begonnen, unvollendet blieb (dt. 1622 u. d. T. „Die andere Woche..."). Das Werk war eine der meistgelesenen und -übersetzten Dichtungen des 16. Jh.s, die später auch Milton beeinflußt hat.
Literatur: Reichenberger, K.: *Du B. u. sein Schöpfungsepos. Mchn. 1962.* – Pellisier, G.: *La vie et les œuvres de du B. Paris 1882.*

Du Bellay, Joachim [frz. dybɛ'lɛ], * Liré (Anjou) um 1522, † Paris 1. Jan. 1560, frz. Dichter.
Entstammte einer berühmten, aber verarmten Adelsfamilie; studierte Rechtswissenschaft zusammen mit Ronsard und Baïf am Collège de Coqueret in Paris; 1553–57 Romaufenthalt im Gefolge des Kardinals Jean Du B.; lebte in den letzten Jahren in Paris. Bed. Vertreter der Pléiade, deren Manifest „Défense et illustration de la langue française" (1549) er, wahrscheinl. mit Ronsard und Pelletier, verfaßte; seine eigenen dichter. Werke in Nachahmung Petrarcas zeigen Du B. als Verfasser anmutig-verspielter, oft schwermütiger, z.T. auch satir. Gedichte und als Meister des Sonetts; auch lat. Gedichte und eine Teilübersetzung von Vergils „Aeneis".
Weitere Werke: L'Olive (Sonette, 1549), Les antiquitez de Rome (Tageb., 1558), Les regrets (Sonette, 1558), Le poète courtisan (Satire, 1559).
Literatur: Saulnier, V.-L.: *Du B. L'homme et l'œuvre. Neuaufl. Paris 1962.* – Boyer, F.: *J. du B. Paris 1958.*

Du Bos, Charles [frz. dy'bo], * Paris 27. Okt. 1882, † La Celle-Saint-Cloud bei Paris 5. Aug. 1939, frz. Schriftsteller.
Studienaufenthalte in Oxford, Berlin und Florenz; Freund Bourgets, Henry James', Mauriacs und Gides; von Bergson beeinflußter kath. Schriftsteller, der bes. durch seine literaturkrit. Arbeiten Bedeutung erlangte.
Hauptwerke: Notes sur Mérimée (1921), Approximations (literaturkrit. Studien, 1922–37; dt. Ausw. 1938 und 1945), Dialog mit André Gide (1929, dt. 1961), F. Mauriac et le problème du romancier catholique (1933), Was ist Dichtung? (1938, dt. 1949), Journal (1946–57).
Literatur: Dédéyan, Ch.: *Le cosmopolitisme littéraire de Ch. Du B. Paris 1965–66. 2 in 3 Bden.* – Gouhier, M.-A.: *Ch. Du B. Paris 1951.*

Ducamp (Du Camp), Maxime [frz. dy'kã], * Paris 8. Febr. 1822, † Baden-Baden 8. Febr. 1894, frz. Schriftsteller.
Zeitweilig Freund Flauberts, mit dem er eine seiner Orientreisen unternahm; 1880 Mitglied der Académie française; machte sich v.a. durch seine Reisebeschreibungen („Souvenirs et paysages d'Orient", 1848; „En Hollande", 1859) und als Historiker und Soziologe (mit Arbeiten über die Geschichte der Stadt Paris, den Kommuneaufstand, das Jahr 1848 u.a.) einen Namen; auch Lyriker („Chants modernes", 1855), Romancier und Kritiker („Souvenirs littéraires", 1882/83).

Ducasse, Isidore Lucien [frz. dy'kas] ↑ Lautréamont, Comte de.

Dučić, Jovan [serbokroat. 'dutʃitɕ], * Trebinje 5. Febr. 1874, † Gary (Ind., USA) 7. April 1943, serb. Dichter.
Jurist und Diplomat; emigrierte im 2. Weltkrieg in die USA. Seine euphon. Lyrik steht unter dem Einfluß der frz. Parnassiens und der Symbolisten; formbewußter Dichter; auch Prosawerke („Die blauen Legenden", dt. 1948).

Duclos, Charles [frz. dy'klo], eigtl. Ch. Pinot, * Dinan (Côtes-du-Nord) 12. Febr. 1704, † Paris 26. März 1772, frz. Schriftsteller.
Rechtsstudium; Mitglied der Académie française (1744) und deren ständiger Sekretär (1755); königl. Hofhistoriograph; seine galanten Romane und Erzählungen treten zurück hinter seinen zeitgeschichtl. aufschlußreichen „Betrachtungen über die Sitten dieses Jh.s" (dt. 1758) und „Geheimen Memoiren zur Geschichte der Regierung Ludwigs XIV. und XV." (dt. 1791 ff.); D. war auch Mitarbeiter am „Dictionnaire de l'Académie française".

Dudevant, Aurore Baronin [frz. dyd'vã] ↑ Sand, George.

Dudinzew, Wladimir Dmitrijewitsch; tl.: Dudincev, Vladimir Dmitrievič [russ. du'dintsəf], * Kupjansk (Ukraine) 29. Juli 1918, russ.-sowjet. Schriftsteller.
Studierte Jura in Moskau; Teilnahme am 2. Weltkrieg. D., dessen erste Erzählungen 1938 erschienen sind, ist bekannt durch sein Hauptwerk „Der

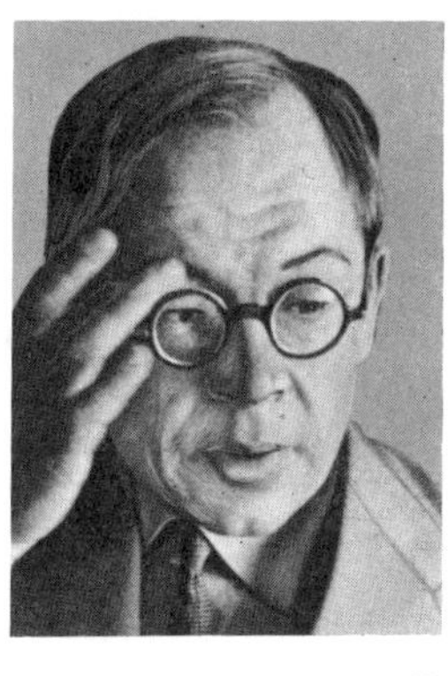

Wladimir Dmitrijewitsch Dudinzew

Mensch lebt nicht vom Brot allein" (dt. 1957), ein Roman, der Kritik an Bürokratie und Funktionären übt und kennzeichnend für die „Tauwetterperiode" der sowjet. Literatur nach Stalins Tod ist.
Weitere Werke: Ein Neujahrsmärchen (E., dt. 1960), Worte aus dem Dunkel (E., dt. 1960).

Du Fail, Noël [frz. dy'faj], Seigneur de la Hérissaye, * Château-Letard bei Rennes um 1520, † Rennes 7. Juli 1591, frz. Schriftsteller.
Jurist; Parlamentsrat in Rennes; schilderte in Rabelaisscher Manier das breton. Bauernleben: „Discours d'aucuns propos rustiques" (1547) u.a.; Hauptwerk die satir. „Contes et discours d'Eutrapel" (1585, dt. 1907 u. d. T. „Altfrz. Schwänke").

Dufresny, Charles [frz. dyfrɛ'ni], Seigneur de la Rivière, * Paris 1648, † ebd. 6. Okt. 1724, frz. Dramatiker.
Genoß als Abkömmling Heinrichs IV. die Gunst Ludwigs XIV., der ihm die Verwaltung der königl. Gärten anvertraute; schrieb geistvolle Lustspiele, meist in Prosa: „Le chevalier joueur" (1697), „L'esprit de contradiction" (1700, dt. von Luise A. Gottsched 1746), „Le double veuvage" (1702) u.a.; seine „Amusements sérieux et comiques d'un Siamois à Paris" (1699) waren das Vorbild für Montesquieus „Pers. Briefe".

du Gard, Roger Martin † Martin du Gard, Roger.

Dugonics, András [ungar. 'dugonitʃ], * Szegedin 18. Okt. 1740, † ebd. 25. Juli 1818, ungar. Schriftsteller.
Theologe und Universitätsdozent; hatte besonderen Erfolg mit dem Roman „Etelka" (1788), der dem neuerwachten histor. Interesse und der patriot. Stimmung in Ungarn entgegenkam.

Duhamel, Georges [frz. dya'mɛl], * Paris 30. Juni 1884, † Valmondois 13. April 1966, frz. Schriftsteller.
Studierte Medizin; gemeinsam mit Ch. Vildrac u.a. begründete er 1906 in Crétail die Künstlergemeinschaft „Abbaye", von der der Unanimismus ausging; Teilnahme am 1. Weltkrieg als Frontarzt; mehrere Weltreisen; 1935–37 Leiter der Zeitschrift „Mercure de France", seit 1936 Mitglied der Académie française. Schilderer des zeitgenöss. Bürgertums; Philanthrop, erfüllt vom Glauben an den Aufstieg der Menschheit; nüchterne, unsentimentale und unpathet. Darstellung in klarem, einfachem Stil; als feinfühliger Psychologe vermag D. die geheimsten Seelenregungen seiner Gestalten darzustellen; auch Reisebeschreibungen, Essays und erfolgreiche Dramen.
Hauptwerke: Des légendes, des batailles (Ged., 1907), Das Licht (Dr., 1911; dt. 1921), Le combat (Dr., 1919), Leben der Märtyrer 1914–1916 (Bericht, dt. 1919), Besitz der Welt (Essay, dt. 1922), Vie et aventures de Salavin (R.-Zyklus, 1920–32), Spiegel der Zukunft (Essay, dt. 1931), Europ. Herzensgeographie (Reisebericht, 1931; dt. 1948), Die Chronik der Pasquier (R.-Zyklus: Über die Treppen von Paris, dt. 1952; Götter in Paris, dt. 1954; Schatten im Licht Paris, dt. 1955), Théophil (R., dt. 1962).
Literatur: Hommage à G. D. (1884–1966). Mit Beitr. v. L. Binet *u.a. Paris 1967.* – Keating, L. C.: *Critic of civilization. G. D. and his writings. Lexington (Ky.) 1965.* – Saurin, M.: *Les écrits de G. D. Essai de bibliographie générale. Paris 1952.* – Santelli, C.: *G. D. avec bibliographie de G. D. Paris 1947.* – Wehrli, L.: *Welt, Mensch u. Stil im Werke G. D.'s. Diss. Zürich 1937.*

Duinkerken, Anton van [niederl. 'dœy̆nkɛrkə], eigtl. Wilhelmus Johannes Maria Antonius Asselbergs, * Bergen op Zoom 2. Jan. 1903, † Nimwegen 27. Juli 1968, niederl. Schriftsteller.
Professor für niederl. Literatur in Nimwegen; führender Vertreter der katholischen Erneuerungsbewegung, scharfsinniger Essayist, behandelte meist ästhet. und soziale Probleme; auch Satiren und einfache, schmucklose Lieder.

Dujardin, Édouard [frz. dyʒar'dɛ̃], * Saint-Gervais-la-Forêt (Loir-et-Cher) 10. Nov. 1861, † Paris 31. Okt. 1949, frz. Schriftsteller.
Spielte als Freund Mallarmés, als Theoretiker des Vers libre und Begründer der „Revue Wagnérienne" (1885) eine wichtige Rolle in der Frühzeit der symbolist. Bewegung; unter seinen Werken befinden sich Essays („De Stephane Mallarmé au prophète Ézéchiel", 1920; „Les premiers poètes du vers libre", 1923), Dramen („Antonia", 1891), Gedichte, Erzählungen („Les hantises", 1886) und religionsgeschichtl. Schriften. Verwendete in seinem einzigen Roman „Geschnittener Lorbeer" (1888, dt. 1966) als erster den inneren Monolog und wurde damit zum Vorbild für J. Joyce.

Dukes, Ashley [engl. dju:ks], * Bridgwater (Somerset) 29. Mai 1885, † London 4. Mai 1959, engl. Dramatiker und Theaterkritiker.
Gründete 1933 das „Mercury Theatre". Verfasser zahlreicher Komödien („Civil war", 1911; „The man with a load of mischief", 1924); übersetzte dt. expressionist. Dramen ins Englische. In seinen krit. Essays tritt D. für das poet.-symbolist. Drama ein („Modern dramatists", 1911; „Drama", 1926).
Weitere Werke: The song of drums (Dr., 1926), One more river (Dr., 1927), Matchmaker's arms (Dr., 1931).

Du Ligier de La Garde, Antoinette [frz. dyliʒjedla'gard] † Déshoulières, Antoinette.

Dumarchais, Pierre [frz. dymar'ʃɛ] † Mac Orlan, Pierre.

Dumas, Alexandre [frz. dy'mɑ], der Ältere, * Villers-Cotterêts 24. Juli 1802, † Puys bei Dieppe 5. Dez. 1870, frz. Schriftsteller.
Enkel einer Negerin und eines Kreolen; sein Vater war General in der Revolutionszeit; D. wuchs ohne regelmäßigen Unterricht heran, war zu-

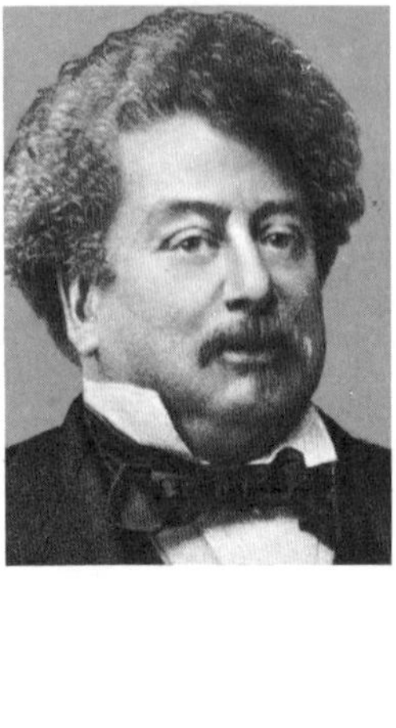

Alexandre Dumas d. Ä. (Lithographie von Lafosse)

nächst Schreiber, dann Bibliothekar des Herzogs von Orléans; erster großer Bühnenerfolg mit „Henri III et sa cour“ (1829); seine zahlreichen Werke, die in der Folgezeit entstanden, waren freie Bearbeitungen von Ereignissen der frz. Geschichte; reiche Erfindungsgabe, wirksame Dramentechnik, lebhafter Dialog, kraftvolle Sprache, aber auch Flüchtigkeiten, Mangel an Tiefe und Originalität sind für sein Riesenwerk bezeichnend, das unter Mithilfe von A. Maquet, P. Lacroix u. a. auf mehr als 250 Bände anwuchs; seine Unterhaltungsromane, die in der Nachfolge Scotts stehen, wurden fast alle ins Dt. übersetzt; am bekanntesten sind: „Die drei Musketiere“ (dt. 1844), „Zwanzig Jahre später“ (1. Forts., dt. 1845), „Der Vicomte von Bragelonne oder zehn Jahre später“ (2. Forts., dt. um 1850), „Der Graf von Monte Christo“ (dt. 1846).
Weitere Werke: Antony (Dr., 1831; dt. 1836), Napoleon (Dr., 1831; dt. 1841), Kean (Dr., dt. 1839), Die Fräulein von St. Cyr (Dr., dt. 1843), Memoiren eines Arztes (R.-Zyklus: Joseph Balsamo, dt. 1846; Das Halsband der Königin, dt. 1849/50; Ange Pitou, dt. 1851; Die Gräfin von Charny, dt. 1852), Memoiren (1852–54, dt. 1855).
Ausgabe: A. D. Werke. Dt. Übers. Bearb. v. F. Wencker. *Hamb. 1927–29. 18 Bde.*
Literatur: Maurois, A.: *Die drei D. Dt. Übers. Düsseld. 1959.* – Clouard, H.: *A. D. (père). Paris 1955.*

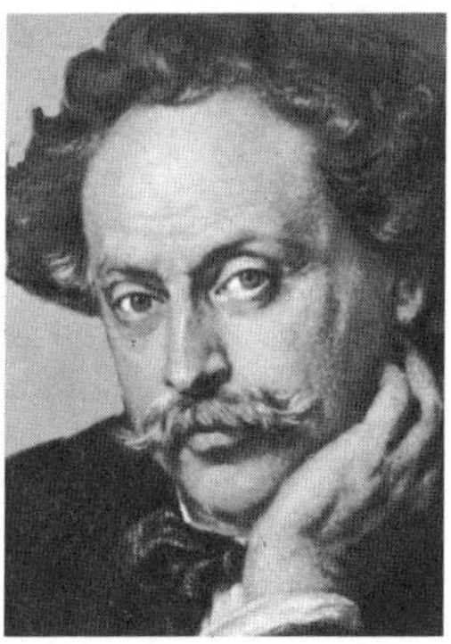

Alexandre Dumas d. J. (Lithographie aus dem 19. Jh.)

Dumas, Alexandre [frz. dy'mɑ], der Jüngere, * Paris 27. oder 28. Juli 1824, † Marly-le-Roi bei Paris 27. Nov. 1895, frz. Theaterschriftsteller.
Unehel. Sohn von Alexandre D. dem Älteren, sorgfältige Erziehung durch seinen Vater; wurde früh in die literar. Kreise in Paris eingeführt; begleitete seinen Vater auf Reisen nach Spanien und Afrika; seit 1874 Mitglied der Académie française. Gewandter Theaterpraktiker, dessen Stücke auf Beobachtung der Wirklichkeit beruhen und fast ausschließl. das Verhältnis von Mann und Frau behandeln; als Moralist war D. bestrebt, die Welt zu bessern, indem er an der Gesellschaft und ihrer Scheinmoral Kritik übte; das Thesenhafte seiner konstruierten Dramen wurde durch Einführung der Gestalt des „raisonneurs“, des philosoph. Beobachters, noch unterstrichen.
Hauptwerke: Die Dame mit den Camilien (R., dt. 1850, 1907 u.d.T. Die Kameliendame; Dr., dt. 1852), Halbwelt (Kom., UA 1855; dt. 1875), Liebling der Frauen (Dr., 1864; dt. 1891), Monsieur Alphonse (Dr., 1875), Denise (Dr., 1885).
Literatur: Hartoy, M. d': *D. fils inconnu ou le collier de la Dame aux Camélias. Paris 1964.* – *Arvin, N. C.: A. D. fils. Paris 1939.* – Gheorgiu, O.: *Le théâtre de D. fils et la société contemporaine. Nancy 1931.* – Wurzbach. W. v.: *Studien zu A. D. fils: In: Zs. f. neufrz. Sprache u. Lit. 44 (1917), 211; 45 (1920), 185.* – † auch Dumas, Alexandre, der Ältere.

du Maurier, Daphne [engl. djuː'mɔːrɪeɪ], * London 13. Mai 1907, engl. Schriftstellerin.
Tochter eines Schauspielers, Enkelin von George du M., heiratete 1932 den späteren General Browning, lebt zurückgezogen; schrieb zahlreiche Erfolgsromane, in denen oft eine Liebeshandlung mit Unheimlichem und Abenteuerlichem verknüpft ist; eine romant. Grundhaltung wird mit realist. Darstellung geschickt verbunden; gute psycholog. Charakterstudien.
Hauptwerke: Karriere (R., 1933; dt. 1951), Gerald, der Lebensroman meines Vaters (1934, dt. 1955), Rebecca (R., 1938; dt. 1946), Des Königs General (R., dt. 1947), Küß mich noch einmal, Fremder (En., dt. 1953), Meine Cousine Rachel (R., dt. 1953), Mary Anne (R., dt. 1954), Der Sündenbock (R., dt. 1957), Die Glasbläser (R., dt. 1963), Das Geheimnis des Falken (R., dt. 1965).

du Maurier, George [engl. djuː'mɔːrɪeɪ], * Paris 6. März 1834, † London 6. Okt. 1896, engl. Schriftsteller und Zeichner.
Aus alter frz. Familie. Seine drei Romane stehen zurück gegenüber seinen Karikaturen, deren Satire gegen die engl. Gesellschaft gerichtet ist. Mitarbeiter und Schriftleiter des „Punch“, für den er auch textete.

Dumitriu, Petru [rumän. dumi'triu], * Baziaş (Kreis Caraş-Severin) 8. Mai 1924, rumän. Schriftsteller.
Studierte in Bukarest und München; nach dem kommunist. Umsturz paßte er sich den neuen Gegebenheiten an und wurde bevorzugter Schriftsteller des Regimes; 1960 ging er nach Paris, heute lebt er in der BRD. Ausgehend von den großen frz. Romanciers, gestaltete er seine Themen im Sinne des sozialist. Realismus, dem er jedoch später weitgehend entsagte; schreibt heute in frz. Sprache.
Hauptwerke: Die Bojaren (R., dt. 1962, 1. Teil: Der Familienschmuck, 2. Teil: Freuden der Jugend), Treffpunkt Jüngstes Gericht (R., dt. 1962), Inkognito (R., dt. 1963), Fernwest (R., dt. 1965), Die Transmoderne (Prosa, dt. 1965), Das sard. Lächeln (R., dt. 1967), Der Mann mit den grauen Augen (R., dt. 1969).

Dunbar, Paul Laurence [engl. dʌn'bɑː], * Dayton (Ohio) 27. Juni 1872, † ebd. 9. Febr. 1906, amerikan. farbiger Dichter.
Journalist und Bibliothekar; neben Romanen schrieb D. erfolgreiche, oft balladeske Gedichte über Lebensart und Brauchtum der Neger; seine beste Lyrik, die sich durch sicheres Gefühl für Rhythmus auszeichnet, ist im Negerdialekt verfaßt.
Hauptwerke: Oak and ivy (Ged., 1893), Lyrics of lowly life (Ged., 1896), The uncalled (R., 1898), The love of Landry (R., 1900), Lyrics of love and laughter (Ged., 1903).

Dunbar, William [engl. dʌnˈbɑː], * um 1460, † um 1525, schott. Dichter.
Von vornehmer Abkunft; war kurze Zeit Franziskaner; später Hofdichter und Ratgeber Jakobs IV., zu dessen Vermählung mit Margarete von England er das allegor. Huldigungsgedicht „The thrissil and the rois" (1503) schrieb; D. war ein Meister der allegor. Satire; ein derb-realist., oft grotesker Humor zeichnet sein Werk ebenso aus wie meisterl. Sprachgewalt und farbige Darstellung; genialer Beherrscher der altschott. Mundart.
Weitere Werke: The dance of the sevin deidly synnis (Satire, vor 1508), The goldyn targe (Allegorie, 1508).
Literatur: Scott, T.: *D., a critical exposition of the poems. New York 1966.* – Baxter, J. W.: *W. D. A biographical study. Edinburgh u. London 1952.* – Schipper, J.: *W. D. Sein Leben u. seine Gedichte in Analysen u. ausgew. Übersetzungen, nebst einem Abriß der altschott. Poesie. Bln. 1884.*

Duncan, Ronald Frederick Henry [engl. ˈdʌŋkən], * Salisbury (Rhodesien) 6. Aug. 1914, engl. Lyriker und Dramatiker.
In der Schweiz erzogen, studierte in Cambridge; als Autor an T. S. Eliot geschult; behandelt in seinen Versdramen ernste Themen. Großen Erfolg hatten „Satans Ende" (dt. 1958) und „Don Juan" (1954).
Weitere Werke: The rape of Lucretia (Dr., 1946), Hier ist der Weg zum Grab (Dr., dt. 1947), Ben Jonson (Essay, 1947), The solitudes (Ged., 1960), Stratton (Schsp., dt. 1965).

Dunkelmännerbriefe ↑ Epistolae obscurorum virorum.

Dunne, Finley Peter [engl. dʌn], * Chicago 10. Juli 1867, † New York 24. April 1936, amerikan. Schriftsteller und Journalist.
Kommentierte und kritisierte in ir. Dialekt in der Gestalt des ir. Gastwirtes Mr. Dooley mit großem Erfolg Zeitereignisse und Mißstände.
Hauptwerke: Mr. Dooley in peace and in war (1898), What Mr. Dooley says (1899), Mr. Dooley on making a will (1919).

Dunsany, Edward John Moreton Drax Plunkett, Baron [engl. dʌnˈseɪnɪ], * London 24. Juli 1878, † Dublin 25. Okt. 1957, ir. Dramatiker und Schriftsteller.
Kriegsteilnehmer; Professor für engl. Literatur an der Universität Athen; behandelt v.a. fremdartige, romant. und exot. Stoffe in realist. Art; verwendet eine selbsterfundene Mythologie. D. verfaßte Erzählungen und Romane („The gods of Pegana", 1905; „The sword of Welbran", Kurzgeschichte, 1908), zahlreiche Dramen, Gedichte und Reiseberichte. Auf Anregung von Yeats ir. Themen („Der Fluch der weisen Frau", Kurzgeschichten, dt. 1947).
Weitere Werke: The glittering gate (Dr., 1909), The tents of the Arabs (Dr., 1920), Fifty poems (1930).

Duonelaitis, Kristijonas [lit. duɑnæˈlaːitɪs] (Christian Donalitius), * Lasdinehlen (Ostpreußen) 1. Jan. 1714, † Tollmingkehmen bei Gumbinnen 18. Febr. 1780, lit. Dichter.
Studierte prot. Theologie in Königsberg; Kantor, dann Rektor in Stallupönen, 1743 Pastor in Tollmingkehmen; erster bed. Dichter der lit. Literatur; Schöpfer der lit. Kunstpoesie; sein in Hexametern geschriebenes Hauptwerk „Die Jahreszeiten" (1818, dt. 1869) mit den 4 Teilen „Frühlingsfreuden", „Sommermühen", „Herbstesfülle" und „Wintersorgen" ist eine Darstellung des einfachen Volkslebens; schrieb ferner Fabeln und einige Gedichte in dt. Sprache.

Du Perron, Charles Edgar [niederl. dyːpɛˈrɔn], Pseudonym Duco Perkens, * Meestercornelis bei Batavia (heute Djakarta) 2. Nov. 1899, * Bergen (Niederlande) 14. Mai 1940, niederl. Schriftsteller.
Kam 1921 nach Europa, lebte in Belgien, Holland, Paris, später wieder in Indonesien. P. bemühte sich um eine Erneuerung der niederl. Literatur; vor dem 2. Weltkrieg hatte er großen Einfluß auf die junge Schriftstellergeneration. Verfasser oft aggressiver Essays, gefürchteter Kritiken, stark autobiograph. Erzählungen und von Lyrik im Parlandostil.
Hauptwerke: Parlando (Ged., 1930), Het land van herkomst (Autobiogr., 1935), Blocnote klein formaat (Kritiken, 1936), De man van Lebak (Multatuli-Biogr., 1937).

Dupin, Aurore [frz. dyˈpɛ̃] ↑ Sand, George.

Dupont, Pierre Antoine [frz. dyˈpõ], * Lyon 23. April 1821, † ebd. 25. Juli 1870, frz. Liederdichter.
Aus Handwerkerfamilie; Arbeiter und Angestellter; verdankt seinen Ruhm seinen populären Liedern, v.a. aus dem Landleben; nach der Februarrevolution schrieb er auch sozialist. Lieder (darunter „Le chant des ouvriers", die sog. Arbeitermarseillaise), für die er zu Deportation verurteilt wurde; zu seinen Liedern schuf er meist selbst die Melodie.

Durand, François [frz. dyˈrã] ↑ Miomandre, Francis de.

Durante [italien. duˈrante] (Ser D.), italien. Dichter des 12./13. Jahrhunderts.
Als Schöpfer von „Il fiore", der auf 232 Sonette reduzierten italien. Bearbeitung des altfrz. „Rosenromans" überliefert; von einigen Forschern wird D. für den jugendl. Dante gehalten.

Duras, Marguerite [frz. dyˈrɑːs], * Giadinh (Süd-Vietnam) 4. April 1914, frz. Schriftstellerin.
Studierte in Paris Jura und Mathematik, lebt in Paris; schrieb realist., psycholog. vertiefte Romane und Erzählungen, die stilist. z.T. von Hemingway, Steinbeck und Cesare Pavese beeinflußt sind; auch Drehbuchautorin („Hiroshima mon amour" u.a.).
Weitere Werke: Heiße Küste (R., dt. 1952), Der Matrose von Gibraltar (R., dt. 1956), Gespräch im Park (Dr., dt. 1966), Moderato Cantabile (R., dt. 1959), Dix heures et demie du soir en été (R., 1960), Ganze Tage in den Bäumen (R., dt. 1964; Dr., dt. 1966), La musica (Dr., dt. 1966), Der Vize-Konsul (R., dt. 1967).
Literatur: M. D. Cahiers de la Compagnie Madeleine Renaud-Jean Louis Barrault 52 (1965). – Seylaz, J.-L.: *Les romans de D. Essai sur une thématique de la durée. Paris 1963.*

Đurđević (Đorđić), Ignjat [serbokroat. ˈdʑuːrdʑɛvitɕ], * Ragusa (heute Dubrovnik) 13. Febr. 1675, † ebd. 21. Jan. 1737, ragusan. Dichter und Gelehrter.
Ging nach Rom und wurde Jesuit, Lehrer an verschiedenen Kollegien, verließ 1705 den Orden, kehrte nach Ragusa zurück und wurde Benediktiner, danach wiederum mehrere Italienaufenthalte; schrieb zunächst Liebesgedichte in bukol.-

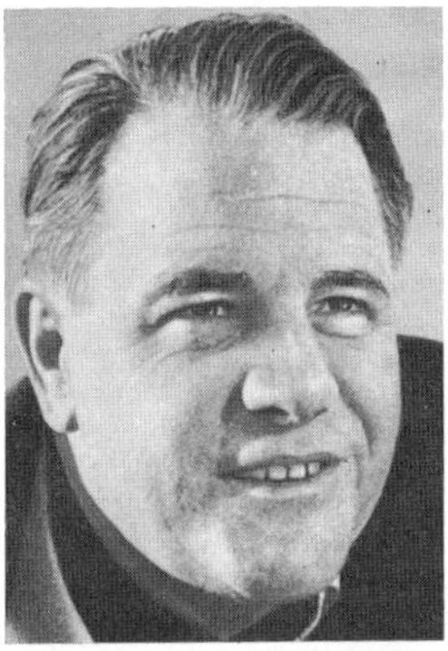

Lawrence Durrell

barockem Stil, auch pastorale Dichtung und geistl. Lieder; später kroat. und lat. Prosa, u.a. Lebensbeschreibungen ragusan. Dichter.

d'Urfé, Honoré ↑ Urfé, Honoré d'.

d'Urfey, Thomas ↑ Urfey, Thomas d'.

Duris von Samos, * um 340, † um 270, griech. Geschichtsschreiber.

Schüler Theophrasts; schrieb eine umfangreiche, von ihm ausgeschmückte Geschichte Makedoniens, eine „Geschichte des Agathokles" und eine „Samische Chronik"; auch Verfasser von kunsthistor. Schriften.

Dürne, Reinbot von ↑ Reinbot von Dürne.

Durrell, Lawrence [engl. 'dʌrəl], * Darjeeling (Indien) 27. Febr. 1912, angloir. Schriftsteller.

Schulbesuch in Darjeeling und in Canterbury; Aufenthalt in Paris, Athen, auf Korfu; während des Krieges in Ägypten, später Presseattaché des Auswärtigen Dienstes u.a. in Kairo und auf Zypern; gab sein diplomat. Amt auf und lebt in der Provence; befreundet mit H. Miller; Meister in Prosa und Vers; der östl. Mittelmeerraum ist der Schauplatz der meisten seiner Werke, die, von einem eigenwilligen, anschaul. Stil mit ausdrucksstarken, kräftigen Bildern bestimmt, eine getreue Spiegelung des jeweiligen Schauplatzes geben; daneben Vorliebe fürs Komische und Bizarre; das starke sinnl. Element des Frühwerkes wird später mehr und mehr sublimiert, so daß es D. gelingt, zu Grundfragen der Existenz vorzudringen; in seinem Roman in 4 Bänden „Alexandria Quartett" (1957–60; dt. „Justine", 1958; „Balthazar", 1959; „Mountolive", 1960; „Clea", 1961) versucht D. in einer Betrachtung über das Wesen der Liebe in unserer Zeit, Ereignisse und Personen in einer vieldimensionalen Schau von immer wechselnder Warte aus darzustellen, um die vielfältigen Aussagemöglichkeiten zu erfassen, die die eine Wahrheit ergeben.

Weitere Werke: Die schwarze Chronik (Satire, 1938; dt. 1962), The private country (Ged., 1943), Cities, plains and people (Ged., 1946), A key to the modern poetry (Essay, 1952), Sappho (Dr., dt. 1959), The tree of idleness (Ged., 1955), Bittere Limonen (Reisebericht, dt. 1962), Schwarze Oliven (Reisebericht, dt. 1963), Leuchtende Orangen (Reisebericht, dt. 1964), Actis (Dr., dt. 1964), Ein ir. Faust (Schsp., dt. 1964), Tunc (R., dt. 1969).

Literatur: Weigel, J. A.: *L. D. New York 1965.* – Perlès, A.: *Mein Freund L. D. Ein intimes Porträt. Dt. Übers. Wiesb. 1963.* – *The world of L. D. Hg. v.* H. T. Moore. *Carbondale (Ill.) 1962.*

Dürrenmatt, Friedrich, * Konolfingen bei Bern 5. Jan. 1921, schweizer. Dramatiker und Erzähler.

Sohn eines prot. Pfarrers, studierte in Bern und Zürich Philosophie, Theologie und Germanistik; war zeitweise Zeichner, Graphiker und Theaterkritiker bei der „Weltwoche", lebt als freier Schriftsteller in Neuenburg. D., einer der bedeutendsten zeitgenöss. Dramatiker dt. Sprache, ist ein effektsicherer Theaterpraktiker, gleich stark im Szenischen und Mimischen, der die Komödie und Tragikomödie als „die einzig mögl. dramat. Form, heute das Tragische auszusagen", bevorzugt. Mit vitalem Temperament begabt, das ihn sich über jede Konvention hinwegsetzen läßt, geißelt er, von Wedekind, Sternheim und v.a. von der Dramatik Brechts und Wilders beeinflußt, mit beißendem Humor, Witz, Zynismus, bisweilen auch Sarkasmus, mit Ironie und Satire alle erstarrten Konventionen eines selbstgefälligen Spießbürgertums. D. kritisiert in oft schillernd oder erschreckend doppelbödiger Darstellung den Menschen der Jetztzeit, wobei er sich, ein leidenschaftl. Moralist, einfallsreicher Farce und parodist. Fabel bedient. Zeitprobleme gestaltet D. auch in seinen Kriminalgeschichten, die ihm durch die ihnen gemäße Form eine weitere Möglichkeit geben, virtuos spannende, faszinierend bedrohliche, phantasievolle und doch realist. Mittel zu handhaben. D. schrieb auch Romane und Hörspiele und bearbeitete (sehr frei) Shakespeares „König Johann" (UA 1968) und Strindbergs „Totentanz" („Play Strindberg", 1969).

Weitere Werke: Es steht geschrieben (Dr., 1947, Neufassung 1967 u. d. T. Die Wiedertäufer), Der Blinde (Dr., UA 1948, gedruckt 1960), Pilatus (E., 1949), Romulus der Große (Kom., UA 1949, Neufassung 1958), Die Ehe des Herrn Mississippi (Kom., 1952, Neufassung 1957), Der Richter und sein Henker (R., 1952), Der Verdacht (R., 1953), Ein Engel kommt nach Babylon (Kom., 1954, Neufassung 1957), Herkules und der Stall des Augias (Kom., 1954, Neufassung 1963), Grieche sucht Griechin (Prosa-Kom., 1955), Der Besuch der alten Dame (Kom., 1956), Die Panne (E., 1956), Das Versprechen (R., 1958), Frank der Fünfte, Oper einer Privatbank (Kom., 1960), Die Physiker (Kom., 1962), Der Meteor (Kom., 1966).

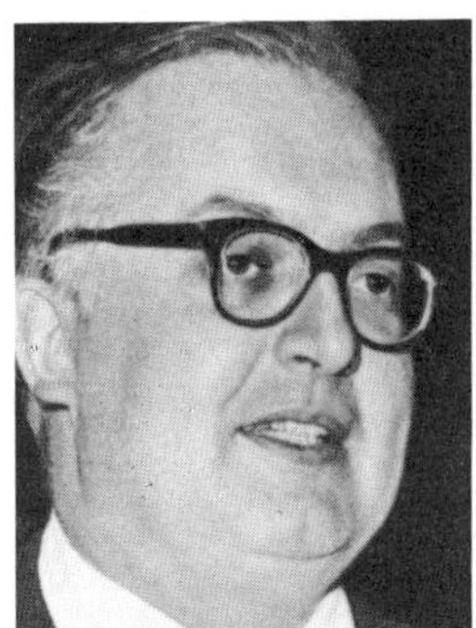

Friedrich Dürrenmatt

Literatur: Brock-Sulzer, E.: *F. D. Lebensbild u. Werkanalyse. Sonderausg. Zürich 1969.* – Hansel, J.: *D.-Bibliogr. Bad Homburg v. d. H. 1968.* – Jenny, U.: *F. D. Velber 1965.* – Jauslin, Ch. M.: *F. D. Zur Struktur seiner Dramen. Zürich 1964.* – *Der unbequeme D. Mit Beitr. v.* G. Benn *u.a. Basel 1962.* – † auch Frisch, Max.

Durtain, Luc [frz. dyr'tɛ̃], eigtl. André Nepveu, * Paris 10. März 1881, † ebd. 29. Jan. 1959, frz. Schriftsteller.
Studierte Medizin; stand kurze Zeit den Unanimisten, bes. J. Romains, nahe. Seine Gedichte und die erzählenden Werke, die alle Erscheinungen der modernen Zivilisation in verschiedenen Teilen der Erde darstellen, sind vom Geiste brüderl. Zusammengehörigkeit aller Menschen erfüllt.
Hauptwerke: Im vierzigsten Stock (Novellen, dt. 1928), Captain O. K. (E., 1931), Frank et Majorie (E., 1934), Quatre continents (Ged., 1935).
Literatur: Chatelain, Y.: *L. D. Paris 1933.* – Wessely, T.: *Ein Europäer. L. D. Brünn 1933.*

Durych, Jaroslav [tschech. 'durix], * Königgrätz 2. Dez. 1886, † Prag 7. April 1962, tschech. Schriftsteller.
Von Beruf Arzt; beeinflußt vom ekstat.-myst. Element der kath. Moderne, die Anregungen des span. Barocks verarbeitete; schrieb außer Lyrik und Dramen Reiseberichte aus Deutschland und anderen Ländern; verfaßte u.a. die Romantrilogie um Wallenstein „Friedland" (dt. 1933).

Du Toit, Jacob Daniel [afrikaans də'to:i̯], Pseudonym Totius, * Paarl 21. Febr. 1877, † Potchefstroom 1. Juli 1953, afrikaanser Lyriker.
Studierte ev. Theologie, wurde Pfarrer, später Professor; seine Gedichte stellen in einfachem Stil und schlichter Sprache Gottes Allmacht dar; in anderen Gedichten wird das Leiden des Burenvolkes wirkungsvoll geschildert; bed. auch seine Psalmenübertragung.
Hauptwerke: Wilgerboombogies (Ged., 1912), Trekkerswee (Ged., 1915), Passieblomme (Ged., 1934), Skemering (Ged., 1948).

Dutourd, Jean [frz. dy'tu:r], * Paris 1920, frz. Schriftsteller.
Wurde v.a. bekannt durch sein erstes Werk, „Le complexe de César" (1945); D. zeigte sich dann als ausgezeichneter Erzähler in „Le déjeuner du lundi" (R., 1948) und „Une tête de chien" (R., 1950); für seinen Roman „Au bon beurre" (1952), eine Satire auf die Besatzungszeit, erhielt er den Prix Interallié; schrieb zahlreiche Essays und arbeitet als Film-, Theater- und Fernsehkritiker.
Weitere Werke: Les taxis de la Marne (Essay, 1956), Les dupes (Essay, 1960), Les horreurs de l'amour (R., 1963), Le demi-solde (Autobiogr., 1965).

Duun, Olav [norweg. dʉ:n], * Fosnes (Nord-Trøndelag) 21. Nov. 1876, † Botne bei Holmestrand (Vestfold) 13. Sept. 1939, norweg. Schriftsteller.
Übte als Sohn eines Bauern und Fischers zunächst den Beruf des Vaters aus; daneben beschäftigte er sich intensiv mit der skand. Literatur; studierte und war bis 1927 Lehrer, danach freier Schriftsteller. Heimatverbundener, schwerblütig-herber, aber auch humorist. Erzähler in der dem Landsmål nahestehenden Mundart seiner Heimat mit psycholog. Scharfblick; vertraut mit dem Bauernmilieu, gelangen ihm stilist. meisterhafte Charakterisierungen der Menschen seiner ländl. Heimat; D. zeichnete in seinem Hauptwerk, dem 6bändigen histor. Epos „Die Juwikinger" (dt. 1927–29), in strengem Chronikstil der alten Sagas die Entwicklungsgeschichte eines kraftvollen norweg. Bauerngeschlechtes.
Weitere Werke: Marjane (E., 1908), Harald (R., 1915), Die Olsöy-Burschen (R., dt. 1930), Ragnhild (R., dt. 1948), Gott lächelt (R., dt. 1939), Der Mensch und die Mächte (R., dt. 1941).
Literatur: Haakonsen, D.: *O. D. Tre essays. Oslo 1958.* – Haakonsen, D.: *O. D., en dikter om vår egen tid. Oslo 1949.* – Thesen, R.: *O. D. Oslo 1946.*

Duval, Alexandre [frz. dy'val], eigtl. Alexandre Vincent Pineux-D., * Rennes 6. April 1767, † Paris 1. Sept. 1842, frz. Dramatiker.
Matrose, Ingenieur, Schauspieler, Theaterdirektor (Odéon); 1812 Mitglied der Académie française; schrieb etwa 50 Dramen, in denen er sich als glänzender Schilderer der Sitten seiner Zeit ausweist, dazu Operntexte, von denen bes. das Libretto zu Méhuls „Joseph in Ägypten" (1807) zu nennen ist; scharfer Gegner der Romantik.
Hauptwerke: Édouard en Écosse (Dr., 1802), La jeunesse de Henri V (Dr., 1806).

Duval, Paul [frz. dy'val] † Lorrain, Jean.

Duvernois, Henri [frz. dyvɛr'nwa], eigtl. Henri Simon Schwabacher, * Paris 4. März 1875, † ebd. 30. Jan. 1937, frz. Schriftsteller.
Journalist und Kritiker (für „La Presse", „La Patrie" u.a. Blätter); schildert in seinen zahlreichen spött.-humorvollen, zuweilen von Maupassant beeinflußten Romanen und Novellen mit Vorliebe echt Pariser Typen, so in „Crapotte" (R., 1908), „Faubourg Montmartre" (R., 1914), „Edgar" (R., 1919) u.a.; als Dramatiker arbeitete er u.a. mit Donnay und S. Guitry zusammen.

Dux, Ludwig Freiherr von † Dóczi, Lajos.

Duyse, Prudens van [niederl. 'dœўsə], * Dendermonde 17. Sept. 1804, † Gent 13. Nov. 1859, fläm. Dichter.
Förderte die nationalfläm. Bewegung; schrieb v.a. Gedichte, daneben auch histor. Abhandlungen.

Dvořák, Arnošt [tschech. 'dvɔrʒa:k], * Hořowitz (Mittelböhm. Gebiet) 1. Jan. 1881, † Prag 22. Okt. 1933, tschech. Dramatiker.
Militärarzt und Redakteur in Prag; schrieb Dramen mit Stoffen aus der Geschichte seines Volkes; Neigung zu materialist. Weltanschauung.

Dvořák, Xaver [tschech. 'dvɔrʒa:k], * Hostivař bei Prag 29. Nov. 1858, † Prag 22. Nov. 1939, tschech. Dichter.
Kath. Priester; Neigung zur Mystik; schulte sich an Vrchlický; Vorläufer der kath. Moderne in der tschech. Literatur; veröffentlichte mehrere Gedichtsammlungen.

Dwight, Timothy [engl. dwaɪt], * Northampton (Mass.) 14. Mai 1752, † New Haven (Conn.) 11. Jan. 1817, amerikan. Dichter.
Sohn eines Kaufmannes; 1795–1817 Präsident der Yale University in New Haven; bed. Erzieher, von großem Einfluß auf die Entwicklung Yales. Verfasser des ersten amerikan. Epos, „The conquest of Canaan" (1785), sowie von satir. Gedichten („The triumph of infidelity", 1788), polit. Schriften, Predigten, patriot. Gedichten („Ameri-

ca", 1772; „Columbia", 1777) und Hymnen. Seine Bedeutung beruht v.a. auf „Travels in New England and New York" (1821/22).
Weiteres Werk: Greenfield hill (Ged., 1794).
Dwinger, Edwin Erich, * Kiel 23. April 1898, dt. Schriftsteller.
Sohn eines dt. Marineoffiziers und einer Russin; geriet im 1. Weltkrieg schwerverwundet in russ. Gefangenschaft, entfloh und kämpfte in der Armee Koltschaks gegen die Rotarmisten, nach nochmaliger Gefangenschaft 1921 Rückkehr nach Deutschland; Teilnahme am 2. Weltkrieg; lebt im Allgäu. Schildert mit lapidarer Sachlichkeit in reportagehaften Berichten, die auf eigenem Erleben beruhen, schonungslos Leid und Elend unserer Zeit, bes. das Grauen des Krieges, der eigenen russ. Gefangenschaft und der russ. Revolution; außerdem Schilderungen aus dem 2. Weltkrieg und vom Zusammenbruch des Dritten Reiches; in den späteren Werken wird die knappe Form der Reportage durch breite gedankl. Auseinandersetzung unterbrochen.
Hauptwerke: Korsakoff (R., 1926, 1953 u. d. T. Hanka), Die dt. Passion (R.-Trilogie: Die Armee hinter Stacheldraht, 1929; Zwischen Weiß und Rot, 1930; Wir rufen Deutschland, 1932), Die letzten Reiter (R., 1935), Wenn die Dämme brechen (R., 1950), Die verlorenen Söhne (R., 1956).
Dyer, John [engl. 'daɪə], ≈ Aberglasney (Carmarthen) 13. Aug. 1699, ▭ Coningsby (Lincoln) 15. Dez. 1758, engl. Dichter und Maler.
1741 Geistlicher; seine Gedichte bezeugen Sinn für die Schönheit der Natur; bekannt als Verfasser von „Grongar Hill" (1727), einer stimmungsvollen Schilderung der Landschaft von Südwales.
Weitere Werke: The ruins of Rome (Ged., 1740), The fleece (Ged., 1757).
Dygasiński, Adolf [poln. dɨga'ɕiĩski], * Niegosławice 7. März 1839, † Grodzisk Mazowiecki bei Warschau 3. Juni 1902, poln. Schriftsteller.
Wählte oft die Gattung der Tiergeschichte zur verschleiernden Darstellung menschl. Existenzprobleme; spürbare naturalist. Tendenzen in seinen Schilderungen des Volkslebens; dt. liegt der Roman „Lebensfreuden" (dt. 1902) vor.
Dygat, Stanisław [poln. 'dɨgat], * Warschau 5. Dez. 1914, poln. Schriftsteller.
Studierte Architektur und Philosophie in Warschau; im 2. Weltkrieg in Konstanz am Bodensee interniert; lebt in Warschau. Seine Prosa behandelt in humorist Weise Alltagsmenschen und -begebenheiten. Seine Stärke ist die kleine Form, das psycholog. Detail; schreibt Grotesken, Kurzgeschichten, Feuilletons, Romane und Jugendbücher, übersetzte Shakespeare u.a.
Hauptwerke: Jezioro Bodeńskie (= Der Bodensee, R., 1946), Verwehte Träume (R., dt. 1962), Disneyland (R., 1965), Karnawał (1968).
Dyk, Viktor [tschech. dik], * Schopka bei Melnik (Mittelböhm. Gebiet) 31. Dez. 1877, † auf Lopud bei Dubrovnik (Jugoslawien) 15. Mai 1931 (ertrunken), tschech. Dichter.
Während des Jurastudiums Berührung mit radikal-sozialist. Ideen; polit. und journalist. Tätigkeit. Suchte in der iron. Darstellung menschl. Existenznöte Rettung vor dem Bewußtsein des Widerspruchs zwischen Illusion und Wirklichkeit; Tendenz zur Satire; schrieb außer erzählenden und dramat. Werken auch Lyrik.
Dykstra (Dijkstra), Waling Gerrits [niederl. 'dɛikstra:], * Vrouwen-Parochie (Friesland) 14. Aug. 1821, † Holwerd (Friesland) 15. Jan. 1914, fries. Dichter.
War zunächst Bäcker, dann Buchhändler und Journalist, beschäftigte sich mit fries. Sprach- und Literaturwissenschaft und Volkskunde, übersetzte aus dem Dt., Niederdt. und Niederl., schrieb volkstüml. Dramen, Erzählungen und Gedichte, Hg. fries. Zeitschriften; bed. Vertreter in der Fries. Bewegung.
Dymion, N. ↑ Hartung, Hugo.
Dymow, Ossip; tl.: Dymov, Osip [russ. 'dɨmɐf], eigtl. O. Issidorowitsch Perelman; tl.: O. Isidorovič Perel'man, * Białystok 16. Febr. 1878, † New York 1. Febr. 1959, russ. Schriftsteller.
Emigrierte 1913 in die USA; schrieb erzählende und dramat. Werke mit stark erot. Einschlag; auch Stücke über das Leben der Intelligenz und aus dem jüd. Leben. In dt. Übersetzung erschien 1908 die Alltagstragödie „Nju".
Džalil' ↑ Dschalil.
Dzjubin, Ėduard Georgievič ↑ Bagrizki, Eduard Georgijewitsch.

E

Eberhard von Cersne ['tsɛrsnə], mhd. Minnesänger vom Anfang des 15. Jahrhunderts.
Aus westfäl. Rittergeschlecht stammender Kanonikus in Minden, der nach 1404 frei nach dem lat. Traktat des Andreas Capellanus in kreuzweise gereimten Vierzeilern die Minneallegorie „Der Minne Regel", eine Belehrung für das Verhalten Liebender schrieb, wobei die zehn Gebote in leonin. Hexametern, den ersten in dt. Sprache, abgefaßt sind.
Eberhardt, Isabelle [frz. ebe'ra:r], * Genf 17. Febr. 1877, † Aïn-Sefra (Algerien) 21. Okt. 1904, schweizer. Schriftstellerin.
Russ. Abkunft; ging nach kurzem schriftsteller. Debut in Paris nach Algerien, wo sie sich für den Islam begeisterte und einen Moslem heiratete. Ihre Werke, in frz. Sprache geschrieben, spiegeln Leben und Erfahrung in N-Afrika.
Hauptwerke: Nouvelles algériennes (1905), Notes de route: Maroc, Algéric, Tunisie (1908).
Eberhart, Richard [engl. 'ɛɪbəhɑ:t, 'ɛbəhɑ:t], * Austin (Minn.) 5. April 1904, amerikan. Lyriker.
Studierte in England; Lehrer und Dozent für Literatur an mehreren Schulen und Universitäten, u.a. in Princeton. Autor intellektbestimmter, formal vielgestaltiger Lyrik, die intensive Gefühle in alltagssprachl. Wendungen, oft auch in allegor. Sprache wiedergibt; beeinflußt u.a. von W. Empson.
Hauptwerke: A bravery of earth (Ged., 1930), Reading the spirit (Ged., 1937), Song and idea (Ged., 1942), Burr oaks (Ged., 1947), Undercliff (Ged., 1953), Great praises (Ged., 1957), The quarry (Ged., 1964).
Eberle, Josef, Pseudonym Sebastian Blau, * Rottenburg 8. Sept. 1901, dt. Schriftsteller.
Buchhändler, dann Journalist, 1936 Schreibverbot, seit 1945 Hg. der „Stuttgarter Zeitung". E.

schrieb zahlreiche Gedichte und Erzählungen in schwäb. Mundart. Daneben beschäftigte er sich viel mit der Dichtung der röm. Antike und schrieb selbst sprachgewandte lat. Lyrik.
Hauptwerke: Schwäbisch (Essays, 1936), Die schwäb. Gedichte des Sebastian Blau (1946), Rottenburger Hauspostille (1946), Laudes (lat. Ged., 1959), Amores (lat. Ged., 1961), Vorsicht beißt! Cave canem (Epigramme, 1962), Schwarzes Salz. Sal niger (Epigramme, 1964), Lat. Nächte (Ged., 1966).

Eberlin von Günzburg, Johann [...li:n], * Kleinkötz bei Günzburg um 1465 (?), † Leutershausen bei Ansbach Okt. 1533, dt. Prediger und volkstüml. Schriftsteller.
Franziskaner, seit 1519 Anhänger Luthers, Wanderprediger, Flucht in die Schweiz, zuletzt Geistl. Rat des Grafen Georg II. von Wertheim, Reformator der Grafschaft Wertheim. Verfasser von Schriften über kirchl. und soziale Fragen. In seinem sozialpolit. Reformprogramm „Die fünfzehn Bundesgenossen" (1521–23) polemisiert er gegen Klosterwesen, Fasten- und Opfermißbrauch und Heiligenverehrung. E. war ein Meister der Sprache, reinigte die dt. Syntax von Latinismen und ist für die Erneuerung der dt. Sprache in der Lutherzeit von Bedeutung.
Literatur: Stöckl, K.: *Unterss. zu J. E. v. G. Diss. Mchn. 1952 [Masch.].* – Werner, J.: *J. E. v. G. Ein reformator. Charakterbild aus Luthers Zeit. Hdbg. ²1905.*

Ebermayer, Erich, * Bamberg 14. Sept. 1900, dt. Schriftsteller.
Sohn des Juristen Ludwig E., studierte Jura und wurde Rechtsanwalt. Im Mittelpunkt seiner kultivierten Unterhaltungsromane und Novellen stehen Menschen in Gewissensnöten. Er schrieb ferner Dramen und zahlreiche Drehbücher (u. a. „Traumulus", „Canaris").
Hauptwerke: Kaspar Hauser (Dr., 1926), Kampf um Odilienberg (R., 1929), Befreite Hände (R., 1938), Unter anderem Himmel (R., 1941), Der Schrei der Hirsche (R., 1944–49), Der letzte Sommer (R., 1952), Denn heute gehört uns Deutschland (Tageb., 1959), Verzeih, wenn du kannst (R., 1964), ... und morgen die ganze Welt (Tageb., 1966).

Ebernand von Erfurt, mhd. Dichter vom Anfang des 13. Jahrhunderts.
Seine Verslegende „Kaiser und Kaiserin" über Kaiser Heinrich II. und dessen Gemahlin Kunigunde ist wohl bald nach 1201 entstanden und verfolgt deutl. propagandist. Ziele zugunsten der erst 1201 kanonisierten neuen Heiligen. Literar. zieml. unbed., einer lat. Vita sklav. nachgedichtetes Werk, das jedoch reinen Reim und geglättetes Metrum aufweist.

Ebers, Georg Moritz, * Berlin 1. März 1837, † Tutzing 7. Aug. 1898, dt. Schriftsteller.
Studierte Jura, Sprachwissenschaft, Archäologie und Ägyptologie; Reisen durch SW-Europa, Ägypten, Arabien; Professor für Ägyptologie, Entdeckung des sog. Papyrus E. Verfasser histor. Romane, Vertreter des Professorenromans. Zu seiner Zeit fanden seine Bücher großen Anklang, weil sie dem auf histor. und oriental. Stoffe gerichteten Zeitgeschmack entgegenkamen. E. schrieb auch wissenschaftl. Abhandlungen. Am bekanntesten wurden die Romane „Eine ägypt. Königstochter" (1864), „Uarda" (1877) und „Homo sum" (1878).
Weitere Werke: Die Frau Bürgemeisterin (R., 1882), Barbara Blomberg (R., 1896).
Literatur: Müller, Elisabeth: *G. E. Ein Beitrag zum Problem des literar. Historismus in der 2. Hälfte des 19. Jh.s. Diss. München 1951 [Masch.].* – Gosche, R.: *G. E., der Forscher u. Dichter. Lpz. ²1887.*

Ebert, Johann Arnold, * Hamburg 8. Febr. 1723, † Braunschweig 19. März 1795, dt. Dichter und Übersetzer.
Studierte in Leipzig, wurde 1748 Lehrer, 1753 Professor am Carolinum in Braunschweig; befreundet mit Lessing und Klopstock, Mitarbeiter an den „Bremer Beiträgen" und der Zeitschrift „Der Jüngling". Bedeutender als seine empfindsamen oder anakreont. Dichtungen („Episteln und vermischte Gedichte", 1789–95) sind seine Übersetzungen aus dem Engl., bes. von E. Young.
Literatur: ↑ Zachariae, Just[us] Friedrich Wilhelm.

Ebert, Karl Egon Ritter von, * Prag 5. Juni 1801, † ebd. 24. Okt. 1882, östr. Dichter.
Archivar und Bibliothekar, später Konferenzrat und Administrator des Fürsten von Fürstenberg. E. schrieb zahlreiche Dramen, war aber bedeutender als Lyriker und Balladendichter („Dichtungen", 1828), ohne sich zu kraftvoller Selbständigkeit durchringen zu können.
Weitere Werke: Wlasta (Heldenged., 1829), Bretislaw und Jutta (dramat. Ged., 1835).

Ebn Al Moghaffa, Abu Amr Abdolla; tl.: Ibn Al-Muqaffaʿ, Abū Amr ʿAbdu'llāh [pers. 'ebnælmoɣæf'fæ'], * Firusabad (Iran) 724 (?), † Basra um 757, pers.-arab. Schriftsteller.
Erzogen im zoroastrischen Glauben, trat er zum Islam über, ohne jedoch den Glauben seiner Väter aufzugeben, weshalb er auf Befehl des Kalifen Al Mansur getötet wurde; rege Übersetzertätigkeit, bes. aus dem Mittelpers.; am berühmtesten ist „Kalila Wa Dimna", eine stilist. meisterhafte Übertragung des von Bursoe im 6. Jh. ins Pehlewi übersetzten „Pantschatantra" ins Arab.; außer einer Chronik der Sassanidenkönige verfaßte er auch eth. Schriften.

Ebner, Christine, * Nürnberg 26. März 1277, † Kloster Engeltal bei Nürnberg 27. Dez. 1356, dt. Mystikerin.
Aus Nürnberger Patrizierfamilie, Dominikanerin im Kloster Engeltal, 1345 Priorin; wahrscheinl. Verfasserin des „Büchleins von der Gnaden Überlast", in dem myst. Erlebnisse Engeltaler Nonnen beschrieben werden; Aufzeichnungen ihrer eigenen Gesichte durch ihren Beichtvater und ihre Mitschwestern.

Ebner, Jeannie, verh. Allinger, * Sydney (Australien) 17. Nov. 1918, östr. Schriftstellerin.
Nichte des Philosophen Ferdinand E.; Studium der Bildhauerei in Wien, seit 1950 freie Schriftstellerin ebd.; Lyrikerin und Erzählerin, anfangs unter dem Einfluß Kafkas mit Neigung zum Allegorischen, später realistischere Prosa mit Bildern einer Traumwelt vor konkretem Zeithintergrund; auch Übersetzerin.
Hauptwerke: Gesang an das Heute (Ged. und Prosa, 1952), Sie warten auf Antwort (R., 1954), Die Wildnis früher Sommer (R., 1958), Die Götter reden nicht (En., 1961), Figuren in Schwarz und Weiß (R., 1964), Gedichte (1965).

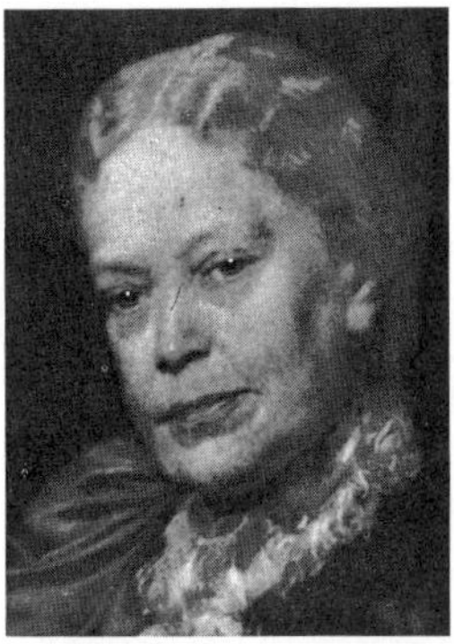

Marie Freifrau von Ebner-Eschenbach (Gemälde von J. Schmid)

Ebner-Eschenbach, Marie Freifrau von, geb. Gräfin Dubsky, * Zdislawitz (Mähren) 13. Sept. 1830, † Wien 12. März 1916, östr. Erzählerin.
Heiratete 1848 den östr. Physiker und späteren Feldmarschalleutnant Moritz Freiherr von E.-E.; lebte in Wien, dann in Klosterbruck und nach 1860 wieder in Wien; ihre frühesten Gedichte fanden erste Anerkennung durch Grillparzer, mit dem sie neben Laube, Hebbel, Halm und Saar in briefl. und persönl. Verbindung stand. Mit warmer menschl. Teilnahme schildert sie Adel und Bürgertum Wiens und die Welt der mähr. Bauern in realist. Romanen und Erzählungen, die ihre soziale Einstellung und ihr psycholog. Einfühlungsvermögen dokumentieren. Sie schrieb auch kluge und prägnante Aphorismen, die wie ihr Gesamtwerk von echter Humanität erfüllt sind.
Hauptwerke: Božena (E., 1876), Aphorismen (1880), Neue Erzählungen (1881; darin u. a.: Lotti, die Uhrmacherin), Dorf- und Schloßgeschichten (1883; darin u. a.: Krambambuli), Das Gemeindekind (E., 1887), Glaubenslos? (E., 1893), Aus Spätherbsttagen (En., 1901).
Ausgaben: M. v. E.-E. Ges. Werke. Hg. v. E. Groß. *Mchn. 1961. 9 Bde. – M. v. E.-E. Ges. Werke in drei Bden. Hg. v.* J. Klein. *Mchn. ²1956–58. – M. v. E.-E. Sämtl. Werke. Lpz. 1928. 12 Bde.*
Literatur: Fussenegger, G.: *M. v. E.-E. oder Der gute Mensch v. Zdißlawitz. Mchn. 1967.* – Benesch, K.: *Die Frau mit den hundert Schicksalen. Das Leben der M. v. E.-E. Wien 1966.* – Fink, H.: *Studien zur Ethik M. v. E.-E.s. Entsagung, Resignation u. Opfer in den Erzählungen der Dichterin. Diss. Graz 1965 [Masch.].* – Bettelheim, A.: *M. v. E.-E.s Wirken u. Vermächtnis. Lpz. 1920.*

Ebn Sina [pers. 'ebn si'nɑ:] ↑ Avicenna.

Eça de Queiroz, José Maria [portugies. 'ɛsɐ ðə kɐi̯'rɔʃ], * Póvoa de Varzim 25. Nov. 1845, † Paris 16. Aug. 1900, portugies. Erzähler.
Diplomat (Konsul u. a. in Havanna, Bristol und Paris). Wurde unter frz. Einfluß (Baudelaire, Zola) zum Meister des portugies. realist. Romans, wandte sich später nationalen Themen zu. Iron. Distanzierung und suggestive Wirkung kennzeichnen sein Werk, mit dem er wesentl. an der Formung des modernen Portugiesisch mitgewirkt hat.
Hauptwerke: Das Verbrechen des Paters Amaro (R., 1876; dt. 1930), Eine wie Tausend (R., 1878; dt. 1889), Der Vetter Basilio (R., 1878; dt. 1959), Der Mandarin (E., 1880; dt. 1954), Die Reliquie (E., 1887; dt. 1958), Stadt und Gebirge (R., dt. 1903), Der Gehenkte (E., 1902; dt. 1954).
Literatur: Ramos, F.: *E. de Queirós e os seus últimos valores. Lissabon 1957.* – Lopes d'Oliveira: *E. de Qu. Lissabon 1944.*

Ecbasis [cuiusdam] captivi [per tropologiam] [mlat.; = Flucht eines Gefangenen (in allegor. Darstellung)], das erste Tierepos der dt. Literatur, entstanden wahrscheinl. um 1040 in einem lothring. Kloster, überliefert in zwei Handschriften aus dem 11./12. bzw. 12. Jh., die von J. Grimm 1834 aufgefunden wurden; abgefaßt in leonin. Hexametern; allegor. Schilderung persönl. Erlebnisse bzw. Wunschträume des Verfassers; Verwendung verschiedener Themen aus der antiken Mythologie, der Äsopschen Fabel von der Heilung des Löwen und zahlreicher Zitate aus Dichtungen der röm. Klassiker Horaz, Vergil, Ovid.
Ausgabe: E. cuiusdam c. per tropologiam. Lat. u. dt. Hg. v. W. Trillitzsch. *Lpz. 1964.*
Literatur: Thomas, H.: *Die E. cuiusdam c., eine Trierer Dichtung aus der Zeit Heinrichs IV. In: Dt. Arch. f. Erforschung des MA 20 (1964), 130.* – Trillitzsch, W.: *Die E. c. im Lichte der Forschung. In: Forsch. u. Fortschritte 35 (1961), 146.*

Ecclesiastes ↑ Bibel.

Ecclesiasticus ↑ Bibel.

Echegaray y Eizaguirre, José [span. etʃeɣa'rai̯ i ɛi̯θa'ɣirrɛ], * Madrid 19. April 1832, † ebd. 14. oder 16. Sept. 1916, span. Dramatiker.
Ingenieur, Mathematikprofessor, Finanzminister, Mitglied der span. Akademie, mit F. Mistral Nobelpreis 1904. Verfasser erfolgreicher Bühnenstücke, die den Einfluß Ibsens, Bjørnsons und Sudermanns zeigen und das span. Theater in ganz Europa bekannt machten. Schwung, Pathos, starke Spannung und Lebendigkeit seiner Stücke begeisterten das Publikum seiner Zeit, doch wurde er später wegen mangelnder Wirklichkeitsnähe, fehlender log. Verknüpfung und starker Übertreibung heftig kritisiert und verspottet.
Hauptwerke: Die Frau des Rächers (Dr., dt. 1883), Galetto (Dr., 1881; dt. 1901), Conflicto entre dos deberes (Dr., 1882), Im Schoß des Todes (Dr., dt. 1883), Wahnsinn oder Heiligkeit (Dr., dt. 1887), Der große Kuppler (Dr., dt. 1888), Mariana (Dr., 1892).
Literatur: Martínez Olmedilla, A.: *J. E. Su vida. Su obra. Su ambiente. Madrid 1949.* – Curzon, H. de: *Le théâtre de J. E. Paris 1912.*

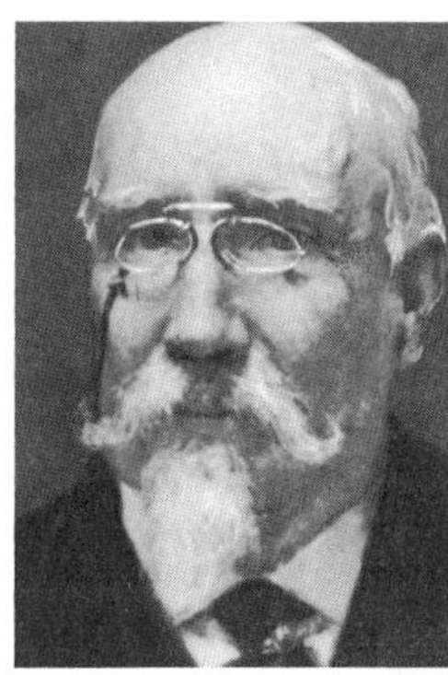

José Echegaray y Eizaguirre (zeitgenössisches Gemälde)

Echeverría, Esteban [span. etʃeβε'rria], * Buenos Aires 2. Sept. 1805, † Montevideo 19. Jan. 1851, argentin. Schriftsteller.
Politiker; lebte 1825–30 in Paris; nach einem mißglückten Aufstand gegen den Diktator Rosas mußte E. 1839 ins Exil nach Montevideo fliehen. E. gilt als Wegbereiter der Romantik in Lateinamerika, deren Ideen die anschaul. Schilderungen der heim. Landschaft und des Lebens der Gauchos und Indianer bestimmen.
Hauptwerke: La cautiva (Versdichtung, 1837), Dogma socialista (Abhandlung, 1837), El matadero (E., 1840).
Eckart † Eckhart.
Eckenlied (Ecken Ausfahrt), mhd. Heldenepos des 13. Jh.s aus dem Sagenkreis um Dietrich von Bern; ursprüngl. östr. (tirol.) Lied mit held. und burlesken Zügen, das von einem rhein. Dichter aufgenommen und im höf. Stil umgearbeitet wurde.
Literatur: Boor, H. de: *Zur Eckensage. In:* Boor: *Kl. Schrr. Bd. 2. Bln. 1966.*
Eckeren, Gerard van [niederl. 'ɛkərə], eigtl. Maurits Esser, * Haarlem 29. Nov. 1876, † Wassenaar (Südholland) 22. Okt. 1951, niederl. Schriftsteller.
Sohn eines Lehrers; war lange Zeit Schriftleiter der Zeitschrift „Den Gulden Winckel"; schrieb realist. Romane.
Hauptwerke: Donkere machten (R., 1901), Ida Westerman (R., 1908), Parade gaat door (R., 1937), De paarden van Holst (R., 1947).
Eckermann, Johann Peter, * Winsen (Luhe) 21. Sept. 1792, † Weimar 3. Dez. 1854, dt. Schriftsteller.
Seit 1823 Vertrauter und literar. Gehilfe Goethes, der E. aufgrund seiner „Beiträge zur Poesie, mit besonderer Hinweisung auf Goethe" (1823) nach Weimar gezogen hatte. E. war an der Ausgabe letzter Hand von Goethes Werken beteiligt und wurde 1836 Bibliothekar, später Hofrat in Weimar. Sein wichtigstes Werk sind die „Gespräche mit Goethe in den letzten Jahren seines Lebens" (1836–48), die aus dem persönl. Umgang E.s mit dem Dichter entstanden sind.
Ausgabe: J. P. E. Gespräche mit Goethe in den letzten Jahren seines Lebens. Neu hg. v. H. H. Houben. *Wiesb.* ²⁵*1959.*
Literatur: Mandelkow, R.: *Das Goethebild J. P. E.s. In: Gratulatio. Festschr. f. Christian Wegner. Hamb. 1963.* – Houben, H. H.: *J. P. E. Sein Leben f. Goethe. Nach seinen neuaufgefundenen Tagebb. u. Briefen. Lpz.* ¹⁻²*1925–28. 2 Bde.* – Petersen, J.: *Die Entstehung der E.schen Gespräche u. ihre Glaubwürdigkeit. Frkf.* ²*1925.*
Eckhart (Eckart, Eckehart), genannt Meister E., * Hochheim bei Gotha um 1260, † Avignon (?) vor dem 30. April 1328, dt. Dominikaner.
Adeliger Herkunft; bedeutendster Mystiker neben seinen Schülern Tauler und Seuse; um 1295 Prior des Erfurter Dominikanerkonvents und Provinzialvikar des Ordens in Thüringen; 1302 Magister in Paris, wurde 1303 Provinzial der Ordensprov. Sachsen, 1307 außerdem Generalvikar der böhm. Prov.; 1311 nochmals mit Vorlesungen in Paris beauftragt, 1314 und 1316 lehrte er in Straßburg, seit 1323 in Köln. 1326 Inquisitionsverfahren gegen E., in dem er seine Rechtgläubigkeit verteidigte; 1327 reiste er, um sich zu rechtfertigen, an den päpstl. Hof nach Avignon; nach seinem Tode wurden 26 Sätze aus seinen Schriften und Predigten von Johannes XXII. als Irrlehren verurteilt. Seine große Predigttätigkeit übte weitreichenden Einfluß v. a. auf das Spät-MA aus (etwa 200 Predigten, teils in dt. Sprache, erhalten). In seinen lat. Schriften, v. a. in dem nur teilweise erhaltenen „Opus tripartitum", in den Kommentaren zum Vaterunser, zu den Büchern Genesis, Exodus und zum Johannesevangelium, ist E. von der Scholastik (Thomas von Aquin und Albertus Magnus), jedoch auch vom Neuplatonismus (Plotin, Dionysios Areopagites und Johannes Scotus) beeinflußt. Den Weg zum myst. Grunderlebnis, der Unio mystica, findet E. nicht in ekstat. Schau, sondern in der Spekulation der Scholastik.
Weitere Werke: Buch der göttl. Tröstung, Predigt vom edlen Menschen.
Ausgaben: Meister Eckehart. Dt. Predigten u. Traktate. Übertragen u. hg. v. J. Quint. *Mchn.* ²*1964. – Meister E. Die dt. u. lat. Werke. Hg. im Auftrag der Dt. Forschungsgemeinschaft. Stuttg. 1936 ff. Auf mehrere Bde. in Lfgg. berechnet. – Meister E. Opera latina. Hg. v.* G. Théry *u.* R. Klibansky. *Lpz. 1934–36. 3 Bde. – Meister E. Hg. v.* F. Pfeiffer. *Lpz.* ⁴*1924.*
Literatur: Haas, A. M.: *Zur Frage der Selbsterkenntnis bei Meister E. In: Freiburger Zs. f. Philosophie u. Theologie 15 (1968), 190.* – Margetts, J.: *Die Satzstruktur bei Meister E. Stuttg. 1968.* – Schaller, T.: *Die Meister E.-Forschung v. der Jh.-wende bis zur Gegenwart. Tl. 1. In: Freiburger Zs. f. Philosophie u. Theologie 15 (1968), 262.* – Degenhardt, I.: *Studien zum Wandel des E.bildes. Leiden 1967.* – Oltmanns, K.: *Meister E. Frkf.* ²*1957.* – Dempf, A.: *Meister E. Einf. in sein Werk. Lpz. 1934. Tb.-Ausg. u. d. T.: Meister E. Freib. u. a. 1960.* – Quint, J.: *Die Überlieferung der dt. Predigten Meister Eckehardts. Textkrit. untersucht. Bonn 1932.*
Eckmar, F. R. [niederl. 'ɛkmɑr] † Hartog, Jan de.
Eckstein, Ernst, * Gießen 6. Febr. 1845, † Dresden 18. Nov. 1900, dt. Schriftsteller.
Studierte Philologie, Philosophie und Geschichte (Dr. phil.), Mitarbeiter verschiedener Zeitschriften; seit 1885 freier Schriftsteller in Dresden; vielseitiger, produktiver, jedoch oberflächl. Erzähler, am besten in seinen Humoresken aus dem Gymnasialleben, u. a. in „Der Besuch im Karzer" (1875); seine sensationell aufgemachten kulturhistor.-archäolog. Romane aus der Antike entsprachen dem Zeitgeschmack.
Weitere Werke: Die Claudier (R., 1881), Nero (R., 1889).
Edda, zwei Werke der altisländ. Literatur; der Name E. steht eigtl. nur dem mytholog.-metr. Lehrbuch zu, das der Überlieferung nach von Snorri Sturluson um 1230 geschrieben wurde und als Handbuch der Skaldenkunst gedacht war, diese sog. *Snorra-E.* (jüngere oder Prosa-E.) ist in Handschriften des 13. und 14. Jh.s überliefert. In der Renaissance wurde der Name von isländ. Gelehrten auf eine Liedersammlung übertragen, die in einer Handschrift des 13. Jh.s vom isländ. Bischof Brynjólfr Sveinsson entdeckt und wegen der angebl. Verfasserschaft Saemunds des Weisen *Saemundar-E.* (auch ältere E., poet. oder Lieder-E.) genannt wurde, obwohl Saemund als Verfasser mit Sicherheit nicht in Frage kommt. In dieser älteren E. sind im ganzen etwa 30 Lieder und Lied-

bruchstücke in altnord. Sprache enthalten, die mit Ergänzungen aus anderen Handschriften den heutigen E.-Text darstellen. Die E. enthält Götter- und Heldensagen, die zwischen dem 9. und 12. Jh. entstanden sind und in Island im 13. Jh. aufgezeichnet wurden; sie enthält weiter – von rein nord. Stoffen abgesehen – die ältesten Fassungen jener gemeingerman. Sagen, die sonst nur durch die mhd. Dichtung bekannt sind, die Lieder von Sigurd, Brynhild und Gudrun, das Lied von Atli (Etzel) u. a. Eingeleitet wird die ältere E. mit dem berühmten Lied „Völuspa" (Weissagung der Seherin); die Sprache ist wuchtig, schlichter und schmuckloser als die der Skalden.

Ausgaben: Die jüngere E. mit dem sog. ersten grammatikal. Traktat. Neuausg. Düsseld. u. Köln 1966. – Die E. Übers. v. F. Genzmer. *Neuausg. Düsseld. u. Köln 1963. 2 Bde. – E. Die Lieder des Codex Regius nebst verwandten Denkmälern. Neu hg. v.* H. Kuhn. *Hdbg.* $^{3-4}$*1962–68. 2 Bde.*

Literatur: Kuhn, H.: *Zur Grammatik u. Textgestaltung der älteren E. In: Zs. f. dt. Altertum u. dt. Lit. 90 (1960/61), 241.* – Hannesson, J. S.: *A supplement to bibliography of the E.s. In: Islandica 37 (1955), 93.* – Neumann, E.: *Das Schicksal in der E. Gießen 1955 ff. Auf 2 Bde. berechnet. – E., Skalden, Saga. Festschr. f. Felix Genzmer. Hg. v.* Hermann Schneider. *Hdbg. 1952.* – Schneider, Hermann: *Probleme der E.forschung. In: Universitas 6 (1951), 973.* – Hermansson, H.: *Bibliography of the E.s. In: Islandica 13 (1920), 74.*

Edfelt, Johannes [schwed. ˌeːdfɛlt], * Kyrkefalla bei Skara (Skaraborgslän) 21. Dez. 1904, schwed. Lyriker, Übersetzer und Kritiker.

Nach dem Studium in Uppsala wurde er als Literaturkritiker und Übersetzer, bes. dt. Lyrik, bekannt, Mitglied der schwed. Literaturakademie; in seinen frühen Werken zeigt sich der Einfluß der Neuen Sachlichkeit; eine Verbindung von traditioneller Form und einem surrealist. bestimmten Modernismus zeichnet seine Lyrik aus; in jüngster Zeit epigrammat. prägnante Lyrik.

Hauptwerke: Högmässa (Ged., 1934), Der Schattenfischer (Ged., dt. 1958), H. Heine (Essay, 1958).

Edgeworth, Maria [engl. ˈɛdʒwəːθ], * Black Bourton (Oxford) 1. Jan. 1767, † Edgeworthstown (Irland) 22. Mai 1849, engl. Schriftstellerin.

Tochter des Erfinders Richard Lovell E. Die Stoffe ihrer Romane, in denen sie mit Freimut, Wirklichkeitstreue und Humor, oft jedoch sehr lehrhaft, den Volkscharakter beschreibt, sind der Welt des Landadels in Irland entnommen. Scott und Turgenjew wurden durch Maria E. zu ähnl. Schilderungen angeregt.

Hauptwerke: Castle Rackrent (R., 1800), The absentee (E., 1812).

Literatur: Hawthorne, M. D.: *Doubt and dogma in M. E. Gainesville (Fla.) 1967.* – Inglis-Jones, E.: *The great M. A portrait of M. E. London 1959.* – Michael, E. F.: *Die ir. Romane v. M. E. Diss. Königsberg 1918.*

Edqvist, Dagmar Ingeborg [schwed. ˌeːdkvist], geb. Jansson, * Visby 20. April 1903, schwed. Schriftstellerin.

Gehobene Unterhaltungsromane mit sozialer und polit. Thematik; Darstellung der modernen Ehe mit ihrer Problematik, wie Freiheit und Gleichberechtigung der Partner; klare Komposition; korrekter, unpersönl. Stil.

Hauptwerke: Kamrathustru (R., 1932), Drei Männer um Celia (R., 1935; dt. 1961), Die Pforte des Paradieses (R., dt. 1956), Der Schatten wird kürzer (R., dt. 1959), Der Mann vom Meere (R., dt. 1968).

Edschmid, Kasimir [ˈeːt-ʃmɪt], bis 1947 Eduard Schmid, * Darmstadt 5. Okt. 1890, † Vulpera (Schweiz) 31. Aug. 1966, dt. Schriftsteller.

Romanistikstudium (Dr. phil.), für verschiedene Zeitungen (auch außerdt.) tätig; 1933 Rede-, 1941 Schreibverbot; nach dem Krieg Vizepräsident des dt. P.E.N.-Zentrums und der Dt. Akademie für Sprache und Dichtung. Erster Prosadichter des Expressionismus mit seinen Novellen „Die sechs Mündungen" (1915), „Das rasende Leben" (1916) und „Timur" (1916), in denen er in kühnem Flug der Phantasie, in neuartiger Sprache und Bildüberhäufungen das vorwegnahm, was er als Programmatiker und Theoretiker des Expressionismus in Essays („Über den Expressionismus in der Literatur und die neue Dichtung", 1919) und Manifesten formulierte. Im Roman noch intensivere Anwendung der Stilprinzipien („Die achatnen Kugeln", 1920). Nach der expressionist. Periode wandte sich E. einer realist. Darstellung zu, die er allerdings sehr subtil zu handhaben wußte. Später schrieb er realist., farbige Reisebücher und gehobene Unterhaltungsliteratur.

Weitere Werke: Der Engel mit dem Spleen (R., 1923), Die gespenstigen Abenteuer des Hofrat Brüstlein (R., 1926, 1947 u. d. T. Pourtalès Abenteuer), Afrika nackt und angezogen (Reisebericht, 1929), Lord Byron (R.-Biogr., 1929), Glanz und Elend Süd-Amerikas (R., 1931), Italien (5 Bde., 1935–48), Der Liebesengel (R., 1937), Wenn es Rosen sind, werden sie blühen (R., 1950, 1966 u. d. T. Georg Büchner), Tagebuch 1958–1960 (1960), Portraits und Denksteine (Essays, 1962), Vom Bodensee zur Nordsee (1963), Whisky für Algerien? (R., 1964).

Literatur: Zum 75. Geburtstag K. E.s. In: Jb. der dt. Akademie f. Sprache u. Dichtung (1965), 141. – K. E. Der Weg, die Welt, das Werk. Hg. v. L. Weltmann. *Stuttg.; Mchn. 1955. – K. E. Ein Buch der Freunde zu seinem 60. Geburtstage. Hg. v.* G. Schab. *Düsseld.; Mchn. 1950.*

Edwards, Richard [engl. ˈɛdwədz], * in Somerset um 1523, † London 31. Okt. 1566, engl. Dichter. Als Musiker und Komponist Leiter der Bühnen- und Gesangsgruppe der Chapel Royal. Madrigal-

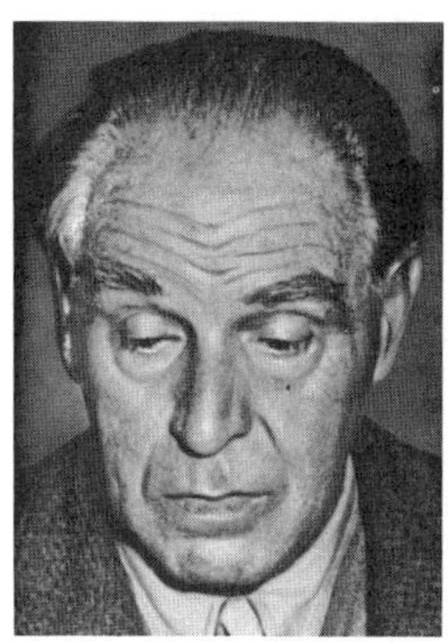

Kasimir Edschmid

dichter und Verfasser zweier Dramen; 1566 wurde das nicht überlieferte Schauspiel „Palamon and Arcite" vor Königin Elisabeth aufgeführt; erhalten blieb die oft farcenhafte Tragikomödie „The excellent comedy of Camon and Pithias" (1571); stellte auch eine Anthologie mit vielen eigenen Werken zusammen.
Literatur: Bradner, L.: *The life and poems of R. E. New Haven (Conn.) 1927.*

Eeden, Frederik Willem van [niederl. 'e:də], * Haarlem 3. April 1860, † Bussum 16. Juni 1932, niederl. Schriftsteller und Sozialreformer.
Gründete 1885 mit A. Verwey u. a. die Zeitschrift „De Nieuwe Gids", das Organ der jungholländ. Dichterschule, in dem 1886 sein bekanntestes Werk, der Roman „Der kleine Johannes" (dt. 1892), erschien. 1898 gründete er die landwirtschaftl. und industrielle Siedlungsgemeinschaft „Walden", die sich jedoch als Fehlschlag erwies. E.s vielgestaltiges Werk (Lyrik, Dramen, Romane) ist von christl. Idealen und verantwortungsbewußtem Sozialgefühl bestimmt.
Weitere Werke: Johannes der Wanderer (R., dt. 1908), Lioba (Dr., dt. 1912), Myst. Gesänge (dt. 1920), Die Nachtbraut (R., dt. 1909), Mijn dagboek (1932–46).

Eekhoud, Georges [niederl. 'e:khou̯t], * Antwerpen 27. Mai 1854, † Schaerbeek 29. Mai 1927, belg. Schriftsteller.
Journalist, Begründer der avantgardist. Zeitschrift „Le Coq rouge". In seinen Werken sehr persönl. engagierte und kraftvolle Aussagen. E. wendet sich gegen die Verlogenheit des bürgerl. Lebens, gegen den Fortschritt. Im bäuerl. Menschen sieht er das Positive; die Außenseiter des bürgerl. Lebens überhöht er zu Gestalten, die von ihm idealisiert werden.
Hauptwerke: Kees Doorik (R., 1883; dt. 1893), Kermesses (En., 1884), Nouvelles kermesses (En., 1887), Escal-Vigor (R., dt. 1903), Dernières kermesses (En., 1920).
Literatur: Deladoes, J.: *G. E., romancier. Brüssel 1956.* – Bladel, M.: *L'œuvre de G. E. Brüssel 1922.*

Effen, Justus van [niederl. 'ɛfə], * Utrecht 21. Febr. 1684, † Herzogenbusch 18. Sept. 1735, niederl. Schriftsteller.
Lernte auf Reisen nach England Newton, Pope und Swift kennen; Hg. verschiedener, nach engl. Muster verfaßter moral. Wochenschriften; Mitarbeiter der Zeitschrift „De Hollandsche Spectator"; er schrieb scharfsinnige Gesellschaftskritiken; realist. Darstellung der Welt des Kleinbürgertums.

Eftaliotis, Arjiris; tl.: Eftaliōtēs, Argúrēs [neugr. ɛfta'ljɔtis], eigtl. Kleanthis-Konstandinos Michailidis; tl.: Kleánthēs-Kōnstantínos Mihaēlídēs, * Mitilini (auf Lesbos) 14. Juli 1849, † Antibes 25. Juli 1923, neugriech. Schriftsteller.
Schilderte in seinen Inselgeschichten das naturverbundene Leben der Bewohner seiner Heimat; gehört zu den Schöpfern des modernen volkssprachl. Erzählstils.

Egestorff, Georg ↑ Ompteda, Georg Freiherr von.

Egge, Peter [norweg. ˌɛgə], * Drontheim 1. April 1869, † Oslo 15. Juli 1959, norweg. Dichter.
War zunächst in den verschiedensten Berufen zur Sicherung des Lebensunterhaltes tätig, bis er 1861 durch den mit Hilfe Hamsuns veröffentlichten Roman „Almue" bekannt wurde; es folgten eine Reihe von Erzählungen und Romanen mit Schilderungen seiner Heimat und ihrer Menschen im harten Daseinskampf; Einfluß J. P. Jacobsens; vortreffl. psycholog. Gestaltung; in seinen Dramen witzige und humorvolle Dialoge.
Weitere Werke: Gammelholm (R., dt. 1901), Der Schiffsjunge (E., dt. 1902), Die Fessel (R., dt. 1909), Das Idyll (Dr., dt. 1911), Bernt Lein (R., dt. 1942), Der Mensch Ada Graner (R., dt. 1950).

Eggebrecht, Axel, * Leipzig 10. Jan. 1899, dt. Schriftsteller.
Im 1. Weltkrieg Soldat; Germanistik- und Philosophiestudium, verschiedene Berufe (u. a. Filmdramaturg), seit 1925 freier Schriftsteller, 1933 im KZ, 1945–49 Abteilungsleiter beim Nordwestdt. Rundfunk; Verfasser von Erzählungen, Essays, Drehbüchern (u. a. „Bel ami"), Hör- und Fernsehspielen sowie Reportagen.
Weitere Werke: Katzen (Essays und En., 1927), Leben einer Prinzessin (R., 1929), Junge Mädchen (Essays und En., 1932), Was wäre, wenn... (Hsp., 1947), Weltliteratur (Darst., 1948), Volk ans Gewehr. Chronik eines Berliner Hauses 1930–34 (1959), Epochen der Weltliteratur (Essays, 1964).

Eggleston, Edward [engl. 'ɛglstən], * Vevay (Ind.) 10. Dez. 1837, † Joshua's Rock (Lake George, N.Y.) 2. Sept. 1902, amerikan. Schriftsteller.
Methodist. Geistlicher, zunächst Wanderprediger, dann in verschiedenen Pfarrstellen; später Historiker und freier Schriftsteller. Vertreter der Heimatkunst des Mittelwestens; kulturhistor. interessant sein Roman „Der Schulmeister von Flat-Creek" (dt. 1877); eine geplante Kulturgeschichte Amerikas blieb unvollendet; auch Verfasser erbaul. Jugendliteratur.
Literatur: Randel, W.: *E. E. New York 1963.*

Egill Skallagrímsson [isländ. 'ɛjɪdl 'skadlgrimsən], * 901 (?), † um 985, isländ. Skalde.
Führte ein abenteuerl. Leben, das in der „Egils Saga" des 13. Jh.s dichter. gestaltet ist; soll sich durch das Preislied „Hofuðlausn" aus der Gewalt seines Todfeindes Erik Blodyx vor dem sicheren Tod gerettet haben; E. S. verwendete erstmals den Endreim; in „Sonatorrek" gibt er seinem Schmerz über den Tod seines Sohnes ergreifend Ausdruck.

Eginetico, Cornante [italien. edʒi'nɛ:tiko] ↑ Frugoni, Carlo Innocenzo.

Eguren, José María [span. e'ɣuren], * Lima 8. Juli 1882, † ebd. 19. Febr. 1942, peruan. Dichter.
Lyriker der neueren ibero-amerikan. Literatur, in dessen Werk sich Einflüsse der span. Klassik und des frz. Symbolismus mit denen des modernen „Creacionismo" in vollendeter Form verbinden.
Hauptwerke: Simbólicas (Ged., 1911), La canción de las figuras (Ged., 1916), Sombra (Ged., 1920), Poesías (1929).

Ehlers, Edith ↑ Mikeleitis, Edith.

Ehrenburg, Ilja, russ. Erenburg, Ilja Grigorjewitsch; tl.: Ėrenburg, Ilja Grigor'evič ['e:rənbʊrk, russ. erɪm'burk], * Kiew 27. Jan. 1891, † Nowo-Jerusalem bei Moskau 31. Aug. 1967, russ.-sowjet. Schriftsteller.
Stammte aus bürgerl. jüd. Familie, floh 1908 nach Paris, 1917 vorübergehender Aufenthalt in Rußland, bis 1928 Korrespondent im Ausland (Frankreich, Belgien u. a.). E. vertrat als einer der erfolgreichsten sowjet. Schriftsteller zwar kommunist. Ideen, scheute jedoch auch nicht vor offener Kri-

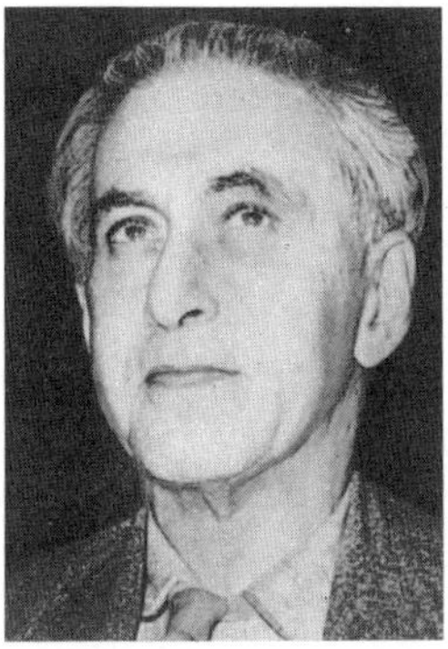
Ilja Ehrenburg

tik am sowjet. System zurück. Sein Roman „Tauwetter" (dt. 1957) gab der Periode nach Stalins Tod den Namen.
Weitere Werke: Die ungewöhnl. Abenteuer des Julio Jurenito (R., dt. 1923), Trust D. E. (R., dt. 1925), Lasik Roitschwantz (R., 1928; dt. 1969), Die heiligsten Güter (R., dt. 1931), Der Fall von Paris (R., dt. 1947), Sturm (R., dt. 1949), Die neunte Woge (R., dt. 1953), Der Löwe auf dem Marktplatz (Kom., dt. 1948), Menschen, Jahre, Leben (autobiograph. R., dt. 1962).

Ehrenstein, Albert, * Wien 23. Dez. 1886, † New York 8. April 1950, östr. Schriftsteller.
Studierte Geschichte, Philologie und Philosophie (Dr. phil.); freier Schriftsteller und Literaturkritiker in Berlin; unternahm große Reisen, die ihn bis nach China führten, emigrierte Ende 1932 nach Zürich, 1941 nach New York, wo er in Armut und Verbitterung lebte. Schrieb expressionist.-hymn. Lyrik und phantast.-skurrile Geschichten, die Ausdruck seines gebrochenen Verhältnisses zur Welt sind; Übersetzungen aus dem Chinesischen.
Hauptwerke: Tubutsch (E., 1911), Der Selbstmord eines Katers (E., 1912, 1919 u. d. T. Bericht aus einem Tollhaus), Die weiße Zeit (Ged., 1914), Der Mensch schreit (Ged., 1916), Briefe an Gott (Ged., 1922), Herbst (Ged., 1923), Menschen und Affen (Essays, 1926), Ritter des Todes (En., 1926).
Ausgabe: A. E. Gedichte u. Prosa. Hg. v. K. Otten. *Neuwied 1968.*
Literatur: Basil, O.: *A. E. In: Wort in der Zeit (1962), H. 2.*

Ehrismann, Albert, * Zürich 20. Sept. 1908, schweizer. Schriftsteller.
Zunächst Buchhalter, heute freier Schriftsteller in Zürich. Seine schlichte Lyrik und seine Erzählungen befassen sich mit dem Leben der Menschen in der Großstadt und mit dem Problem von Sehnsucht und Ferne. Schrieb ferner Dramen, Hörspiele und Essays.
Hauptwerke: Lächeln auf dem Asphalt (Ged., 1930), Der neue Kolumbus (dramat. E., 1939), Der wunderbare Brotbaum (Ged. und En., 1958), Riesenrad der Sterne (Ged., 1960), Nachricht von den Wollenwebern (Ged., 1964), Wetterhahn, altmodisch (Ged., 1968).

Ehrler, Hans Heinrich, * Bad Mergentheim 7. Juli 1872, † Liebenau bei Waldenbuch 14. Juni 1951, dt. Schriftsteller.
Seine romant. Romane und Novellen zeugen von tiefer Religiosität und sind seiner süddt. Heimat verbunden. Er schrieb volksliedhafte Lyrik und gab Anthologien heraus.
Hauptwerke: Die Reise ins Pfarrhaus (R., 1913), Die Reise in die Heimat (R., 1926), Unter dem Abendstern (Ged., 1937), Charlotte (R., 1946).
Literatur: Herbert, H.: *H. H. E. Versuch einer Wesensschau. Krailling 1942.*

Eich, Günter, * Lebus bei Frankfurt (Oder) 1. Febr. 1907, dt. Lyriker und Hörspielautor.
Studierte Jura und Sinologie, seit 1932 freier Schriftsteller; im 2. Weltkrieg Soldat, geriet in amerikan. Gefangenschaft; lebt, ⚭ mit I. Aichinger, derzeit in Großgmain (Salzburg). E. begann mit schwermütigen Natur- und Erlebnisgedichten, nach 1945 wurde seine Lyrik, überschattet von resignierender Nachkriegsstimmung, immer spröder und verschlossener; zuletzt reimlose Verse mit großer Suggestivkraft. E. trat auch als bed. Funkdichter hervor und gab mit seinen Hörspielen exemplar. Beispiele für diese Kunstform, die als literar. Gattung anerkannt wurde. Gegenstand seiner Dichtung sind Krieg, Gefangenschaft, der ungeborgene Mensch, der eine „heile" Welt kannte, die Fragwürdigkeit der geltenden Verhältnisse. Seine Hörspiele sind moderne Mysterienspiele. In den einzelnen Stücken werden Läuterungsformen verschiedener Religionen aufgezeigt: des Buddhismus („Geh nicht nach El Kuwehd"), des Christentums („Festianus, Märtyrer"). Allen gemeinsam ist, daß der Mensch die Haltung der Demut lernt. Stil und Wortwahl entsprechen der Vielschichtigkeit der Dinge und Erfahrungen.
Hauptwerke: Gedichte (1930), Abgelegene Gehöfte (Ged., 1948), Träume (4 Hörspiele, 1953), Botschaften des Regens (Ged., 1955), Stimmen (7 Hörspiele, 1958), Die Mädchen aus Viterbo (Hsp., 1960), Zu den Akten (Ged., 1964), Anlässe und Steingärten (Ged., 1966), Maulwürfe (Prosa, 1968), Kulka, Hilpert, Elefanten (Prosa, 1968).
Literatur: Zimmermann, Albrecht: *Das lyr. Werk G. E.s. Diss. Erlangen 1965.* – Höllerer, W.: *Rede auf den Preisträger des Georg-Büchner-Preises: G. E. In: Jb. der dt. Akademie f. Sprache u. Dichtung (1959), 155.*

Eich, Ilse ↑ Aichinger, Ilse.

Eichendorff, Joseph Freiherr von, * Schloß Lubowitz bei Ratibor 10. März 1788, † Neisse 26. Nov. 1857, dt. Lyriker und Erzähler.

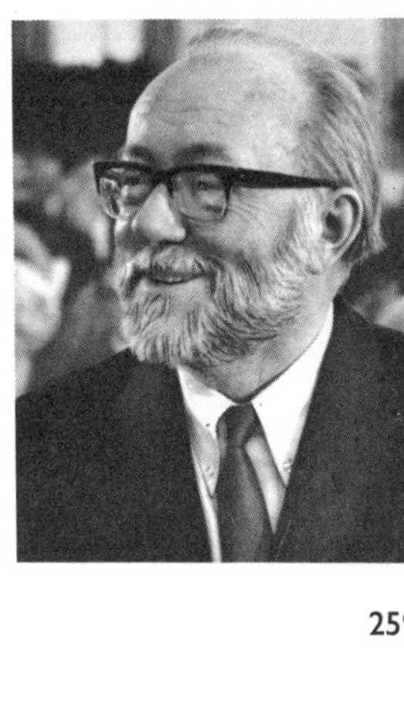
Günter Eich

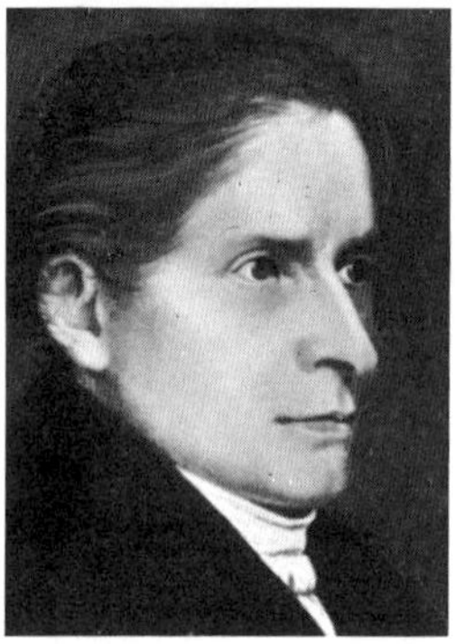

Joseph Freiherr von Eichendorff (Gemälde von F. Kugler, 1832)

Stammte aus einer alten Adelsfamilie, studierte Rechtswissenschaft und Philosophie in Halle und Heidelberg, wo er Görres, Arnim und Brentano begegnete; in Berlin lernte er F. Schlegel und A. Müller kennen; nahm an den Freiheitskriegen als Lützowscher Jäger teil und trat 1816 in den preuß. Staatsdienst ein, 1844 pensioniert. E., der als der bedeutendste Dichter der Hochromantik gilt, schuf das Beste mit seiner Lyrik, die, innig und schlicht in der Sprachgebung, höchste Übereinstimmung von Gehalt und Form erreicht und deren Themen Natur, Sehnsucht, Wander- und Lebensfreude sind, die auch sein wesentlichstes Werk, die Novelle „Aus dem Leben eines Taugenichts" (1826) bestimmen, in der in der Verbindung von Erzählung und Lied ein Höhepunkt lyr.-musikal. Stimmungskunst erreicht wird. E. vollendete die „romant. Landschaft". Sein Verhältnis zu Natur und Religion ist unreflektiert. Von seinen sangbaren Liedern wurden viele vertont (Schumann, H. Wolf). Mit seinen Dramen hatte er keinen Erfolg. In die nachromant. Zeit fallen literar. Abhandlungen; auch bed. Übersetzer (u.a. von Dramen Calderóns).

Weitere Werke: Ahnung und Gegenwart (R., 1815), Das Marmorbild (Nov., 1819), Die Freier (Lsp., 1833), Dichter und ihre Gesellen (R., 1834), Gedichte (1837), Der dt. Roman des 18. Jh.s in seinem Verhältnis zum Christentum (Abhandlung, 1851), Zur Geschichte des Dramas (Abhandlung, 1854), Geschichte der poet. Literatur Deutschlands (Darst., 1857).

Ausgaben: J. v. E. Werke. Hg. v. W. Rasch. *Mchn. ³1966. – J. v. E. Neue Gesamtausg. der Werke u. Schrr. Hg. v.* G. Baumann *u.* S. Grosse. *Stuttg. ¹⁻²1957–58. 4 Bde. – Sämtl. Werke des Frhr. J. v. E. Histor.-krit. Ausg. Hg. v.* W. Kosch *u.* H. Kunisch. *Regensb. 1908ff. Auf 22 Bde. berechnet.*

Literatur: Mühlher, R.: *E.s poet. Sprache. Hdbg. 1970.* – Bormann, A. v.: *Natura loquitur. Naturpoesie u. emblemat. Formel bei J. v. E. Tüb. 1968. – E. heute. Stimmen der Forschung. Hg. v.* P. Stöcklein. *Mit einer Bibliogr. Darmst. ²1966.* – Lüthi, H. J.: *Dichtung u. Dichter bei J. v. E. Bern u. Mchn. 1966.* – Seidlin, O.: *Versuche über E. Gött. 1965.* – Stöcklein, P.: *J. v. E. in Selbstzeugnissen u. Bilddokumenten. Reinbek bei Hamb. 1963. – Aurora. E.-Almanach [ursprüngl.: Ein romant. Almanach]. Jahresgabe der E.-Stiftung. Hg. v.* K. Schodrok. *Bd. 1–12, Oppeln u.a. 1929–43. Bd. 13ff., Regensburg 1953ff.* – Eichendorff, H. Frhr. v.: *J. v. E., sein Leben u. seine Schrr. Neu bearb. v.* K. v. Eichendorff *u.* W. Kosch. *Lpz. ³1924.* – Brandenburg, H.: *J. v. E. Sein Leben u. sein Werk. Mchn. 1922.*

Eichrodt, Ludwig [...ro:t], Pseudonym Rudolf Rodt, * Durlach (heute Karlsruhe-Durlach) 2. Febr. 1827, † Lahr 2. Febr. 1892, dt. Dichter.

Jurist; mit Scheffel befreundet; schrieb humorist. Lyrik, auch in Mundart. Veröffentlichte 1855–57 mit A. Kußmaul in den „Fliegenden Blättern" die „Gedichte des schwäb. Schullehrers Gottlieb Biedermaier und seines Freundes Horatius Treuherz", denen der Zeitstil des Biedermeiers seinen Namen verdankt.

Weitere Werke: Gedichte in allerlei Humoren (1853), Rheinschwäb. Gedichte (1869), Lyr. Kehraus (1869).

Literatur: Liede, A.: *L. E. In:* Liede: *Dichtung als Spiel. Studien zur Unsinnspoesie an den Grenzen der Sprache. Bd. 1. Bln. 1963.* – Kennel, A.: *L. E. Lahr 1895.*

Eichthal, Rudolf von, eigtl. R. Pfersmann von E., * Mährisch-Trübau 18. März 1877, östr. Schriftsteller.

Offizier im 1. Weltkrieg; Verfasser von Romanen und Erzählungen v.a. aus dem altöstr. Soldatenleben; auch Hörspiele.

Hauptwerke: Miczike (Novellen, 1931), Gloria Viktoria (En., 1935), Der göttl. Funke (R., 1937), Die goldene Spange (R., 1941), Der grüne Federbusch (R., 1951), Zapfenstreich (En., 1960), Habt acht! (En., 1964).

Eike von Repgow [...go] (Repgau, Repegouw), * um 1180, † nach 1233, edelfreier Sachse aus Reppichau (Anhalt).

Nachweisbar zwischen 1209 und 1233. Als Ratgeber der Fürsten in Nieder- und Obersachsen, Thüringen und Brandenburg schrieb er um 1224–31 den „Sachsenspiegel", eine Zusammenfassung des Land- und Lehnrechts aufgrund des sächs. Gewohnheitsrechtes. Der „Sachsenspiegel" wurde das einflußreichste Rechtsbuch im MA in Deutschland. Es ist klar und systemat. aufgebaut und wurde zur Quelle für weitere dt. Rechtsbücher („Deutschenspiegel", „Schwabenspiegel"). Sehr wahrscheinl. ist E. v. R. auch der Verfasser der „Sächs. Weltchronik" (um 1230/31), des ersten histor. Werkes in dt. Sprache. Die Chronik behandelt die Weltgeschichte von der Schöpfung bis zum Untergang der Staufer, z.T. auf Quellengrundlage; von histor. Wert ist hpts. die Darstellung der letzten Jahrzehnte. Sie wendet sich an höf. Kreise und beeinflußte den Sprachstil der höf. Epik. Die beiden Werke stehen am Anfang der mittelniederdt. Prosaliteratur.

Literatur: Sachsenspiegel. Hg. v. K. A. Eckhart. *T. 4: E. v. Repchow u. Hoyer v. Valkenstein. Gött. 1966.* – Wolf, E.: *E. v. R. In:* Wolf: *Große Rechtsdenker der dt. Geistesgesch. Tüb. ⁴1963.* – Möllenberg, W.: *E. v. R. u. seine Zeit. Recht, Geist u. Kultur des dt. MA. Burg 1934.*

Eilhart von Oberg[e], mhd. Dichter der 2. Hälfte des 12. Jh.s aus dem braunschweig. Raum.

Urkundl. zwischen 1189 und 1207 nachweisbar; Verfasser des ersten dt. Tristan-Epos, „Tristrant und Isalde" (um 1170), nach frz. Quelle. Das Gedicht ist in gereinigter mitteldt. Literatur-

sprache abgefaßt. Im Ggs. zu den Meistern der mhd. Blütezeit behandelt E. das Minnethema formelhaft in der damals modern werdenden Denkweise. Vom Original sind nur drei Fragmente erhalten. Das Werk wurde von Heinrich von Freiberg und Ulrich von Türheim für ihre Fortsetzungen Gottfrieds von Straßburg benutzt.
Ausgabe: E. v. Oberge. Hg. v. F. Lichtenstein. *Straßburg 1877.*
Literatur: Schorn, D.-H.: *Die Zeit in den Tristandichtungen E.s u. Gotfrids. Studien zur Wirklichkeitsauffassung in mittelalterl. Dichtungen. Diss. Köln 1952 [Masch.].* – Cordes, G.: *Zur Sprache E.s v. Oberg. Hamb. 1939.* – Ranke, F.: *Tristan u. Isold. Mchn. 1925.*

Einarsson, Indriði [isländ. 'ɛinarsɔn], * Húsabakki (Skagafjörður) 30. April 1851, † Reykjavík 31. März 1939, isländ. Dramatiker.
Studierte Volkswirtschaft; Wirtschafts- und Finanzexperte in führenden Staatsstellungen; schrieb populäre spätromant. Dramen, meist mit Stoffen aus der isländ. Volkssage; von Ibsen und Bjørnson beeinflußt ist sein realist. Drama „Skipið sekkur" (1902).
Weitere Werke: Die Neujahrsnacht (Dr., dt. 1910), Schwert und Krummstab (Dr., dt. 1900).

Einhard, * in Mainfranken um 770, † Seligenstadt 14. März 840, fränk. Geschichtsschreiber und Gelehrter.
Vertrauter und Berater Karls des Großen; Gründer des Klosters Seligenstadt (828), Abt mehrerer Klöster, Diplomat. E. schrieb die erste Herrscherbiographie des MA, die „Vita Caroli magni" (um 830), eine Biographie Karls des Großen. Formales Vorbild waren Suetons Kaiserviten. E.s Persönlichkeitsdarstellung erreicht eine für das MA ungewöhnl. Höhe.
Ausgabe: E. Leben Karls des Großen. Lat. u. dt. Mchn. 1928.
Literatur: Beumann, H.: *Ideengeschichtl. Studien zu E. u. anderen Geschichtsschreibern des frühen MA. Darmst. 1962.* – Hellmann, S.: *E.s literar. Stellung. In: Histor. Vjschr. 27 (1930), 40.* – Buchner, M.: *E.s Künstler- u. Gelehrtenleben. Bonn 1922.*

Einsiedel, Friedrich Hildebrand von, * Lumpzig (Landkreis Schmölln) 30. April 1750, † Jena 9. Juli 1828, dt. Schriftsteller und Übersetzer.
Kammerherr der Herzogin Anna Amalie in Weimar, gehörte dem engeren Freundeskreis Herzog Karl Augusts und Goethes an. Schrieb Erzählungen, Märchen und Lustspiele für das Weimarer Liebhabertheater, übersetzte Terenz und Plautus, veröffentlichte „Grundlinien zu einer Theorie der Schauspielkunst" (1797).

Einstein, Carl, * Neuwied 26. April 1885, † bei Pau 5. Juli 1940 (Selbstmord), dt. Kunsthistoriker und Schriftsteller.
In Berlin Studium der Kunstgeschichte, dann Aufenthalt in Paris, Teilnahme am 1. Weltkrieg und am Span. Bürgerkrieg. Seine Bedeutung liegt v.a. in dem grotesken Roman „Bebuquin oder Die Dilettanten des Wunders" (1912), einem frühen Werk der sog. „absoluten Prosa", und in dem epochemachenden Werk „Negerplastik" (1915); ferner Gedichte und Essays.

Eipper, Paul, * Stuttgart 10. Juli 1891, † München 22. Juli 1964, dt. Tier- und Reiseschriftsteller.
Buchhändler und Verleger; schrieb auch für Film, Funk, Fernsehen. Lebendige Darstellung aufgrund vorzügl. Tierbeobachtung sicherte seinen zahlreichen Büchern ihren Erfolg.
Hauptwerke: Tiere sehen dich an (1928), Freundschaft mit Katzen (1931), Die gelbe Dogge Senta (E., 1936), Elefanten, Saurier und schwarze Katzen (1951), Hundert Tage in den Rocky Mountains (Reisebericht, 1958), Die geschmiedete Rose (Autobiogr., 1961).

Eisenreich, Herbert, * Linz 7. Febr. 1925, östr. Schriftsteller.
Lyriker, Essayist, Erzähler und Hörspielautor; setzt sich mit scharfem Intellekt und psycholog. Mitteln mit der Problematik der versagenden Menschheit der Jetztzeit auseinander; expressiver, symbolhaltiger Sprachstil.
Hauptwerke: Einladung, deutlich zu leben (E., 1951), Auch in ihrer Sünde (R., 1953), Böse schöne Welt (En., 1957), Wovon wir leben und woran wir sterben (Hsp., 1958), Der Urgroßvater (E., 1964), Reaktionen (Essays, 1964), Sozusagen Liebesgeschichten (En., 1965), Sebastian. Die Ketzer (Dialoge, 1966).

Eisler von Terramare, Georg ↑ Terramare, Georg.

Eist, Dietmar von ↑ Dietmar von Aist.

Ekelöf, Bengt Gunnar [schwed. ˌe:kəlø:v], * Stockholm 15. Sept. 1907, † Sigtuna 17. März 1968, schwed. Lyriker, Kunst- und Literaturkritiker.
In seinem Schaffen von Musik, Mystik, ind. und arab. Literatur und Philosophie beeinflußt; Studium der Orientalistik und Musik; 1932 erschien seine erste Lyriksammlung, entstanden unter dem Einfluß von Strawinski und dem frz. Surrealismus. Die folgenden Publikationen sind eine konsequente Fortführung seiner Auffassung, daß die assoziative Lyrik eine Parallele zur Musik bilde („Dedikation", Ged., 1934). Unter dem Einfluß T. S. Eliots Bruch mit dem Surrealismus. Seine Lyrik wurde klarer, intellektueller, später esoterischer.
Weitere Werke: Sent på jorden (Ged., 1932), Köp den blindes sång (Ged., 1938), En mölnaelegi (Ged., 1961), Spaziergänge und Ausflüge (Essays, dt. 1966).

Ekelund, [Otto] Vilhelm [schwed. ˌe:kəlund], * Stehag (Schonen) 14. Okt. 1880, † Saltsjöbaden bei Stockholm 3. Sept. 1949, schwed. Schriftsteller.
Studium in Lund, lebte in Deutschland und Dänemark. Anfangs vom Symbolismus beeinflußt, begann er mit melanchol. Stimmungs- und Naturbildern, denen dithyramb., ekstat. Lyrik folgte, an deren Stelle um 1918 eine Dichtung mit klarer, konzentrierter Sprache von großer Schönheit und Harmonie trat. Schrieb später v.a. Essays und Aphorismen, wurde bahnbrechend für die Moderne in der schwed. Literatur.
Hauptwerke: Melodier i skymning (Ged., 1902), Metron (Essay, 1918), Spår och tecken (Essay, 1930), Concordia animi (Essay, 1942).
Ausgabe: V. E. Samlade dikter. Stockholm 1921. 3 Bde.
Literatur: Valdén, N. G.: *Inledning till V. E. Lund 1965.* – Werin, A.: *V. E. Lund 1960–61. 2 Bde.*

Ekert-Rotholz, Alice Maria, * Hamburg 5. Sept. 1900, dt. Schriftstellerin.

Lebte lange Zeit in Bangkok, von wo aus sie zahlreiche Reisen durch SO-Asien unternahm; schrieb Romane vor dem Hintergrund der polit. Verhältnisse und Ereignisse im Fernen Osten. *Hauptwerke:* Reis aus Silberschalen (R., 1954), Wo Tränen verboten sind (R., 1956), Strafende Sonne – lockender Mond (R., 1959), Mohn in den Bergen (R., 1961), Die Pilger und die Reisenden (R., 1964), Elfenbein aus Peking (En., 1966), Der Juwelenbaum. Karib. Panorama (1968).

Ekkehart I. (Ekkehard I.), * bei Sankt Gallen um 910, † Sankt Gallen 14. Jan. 973, Stiftsdekan, mlat. Dichter.
Aus vornehmem alemann. Geschlecht, Mönch im Stift Sankt Gallen; Verfasser geistl. Hymnen, Sequenzen und Antiphonen, soll das Epos „Waltharius manu fortis" verfaßt haben. Autorschaft und Entstehungszeit des Epos sind sehr umstritten.
Literatur: Brinkmann, H.: *E.s Waltharius als Kunstwerk. In:* Brinkmann: *Studien zur Gesch. der dt. Sprache u. Lit. Bd. 2. Düsseld. 1966.*

Ekkehart IV. (Ekkehard IV.), * im Elsaß (?) um 980, † Sankt Gallen 21. Okt. um 1060, Mönch in Sankt Gallen, Chronist und Dichter.
1022–32 Leiter der Schule in Mainz, danach wieder in Sankt Gallen. E. setzte – histor. ungenau, aber gut erzählt – die Chronik des Klosters Sankt Gallen von 860 bis 972 fort, gab als poet. Muster für den Schulgebrauch eine Sammlung lat. Gedichte heraus („Liber benedictionum"). Er übersetzte Ratperts „Casus Sancti Galli".
Literatur: Schulz, E.: *Über die Dichtungen E.s IV. v. St. Gallen. In: Corona quernae. Festgabe Karl Strecker zum 80. Geburtstage dargebracht. Lpz. 1941.*

Ekklesiastes † Bibel.

Ekklesiastikus † Bibel.

Ekwensi, Cyprian [engl. ɛ'kwɛnsɪ], * Minna (N-Nigeria) 1921, nigerian. Schriftsteller.
Studierte in London, unterrichtete Biologie und Chemie, dann Mitarbeiter beim nigerian. Rundfunk; sein Roman „People of the city" (1954), der das Leben in einer afrikan. Hafenstadt schildert, gilt als der erste bed. Roman eines afrikan. Schriftstellers in engl. Sprache.
Weitere Werke: When love whispers (R., 1947), The leopard's claw (R., 1947), For a roll of parchment (R., 1951), The passport of Mallam Ilia (Jugendb., 1960), Jagua Nana (R., dt. 1965), Burning grass (R., 1962), Beautiful feathers (R., 1963), Iska (R., 1966).

Eleonore, Erzherzogin von Österreich, * in Schottland 1433, † Innsbruck 20. Nov. 1480, Tochter Jakobs I. von Schottland, Gemahlin Sigmunds von Tirol und Vorderösterreich.
Verdienste als Mäzenin am Innsbrucker Hof. Ihre literar. Bedeutung liegt in der Prosaübersetzung des frz. Romans „Pontus et la belle Sidonie" (dt. „Pontus und Sidonia", gedruckt 1483), der bis ans Ende des 17. Jh.s weit verbreitet war.
Literatur: Köfler, M.: *E. v. Schottland. Versuch einer Biographie. Diss. Innsbruck 1968.*

Eleuter [poln. ɛ'lɛu̯tɛr] † Iwaszkiewicz, Jarosław.

Eliade, Mircea [rumän. eli'ade], * Bukarest 9. März 1907, rumän. Schriftsteller und Religionsphilosoph.
Philosophiestudium in Bukarest und Indien, ausgedehnte Asienreisen. Polit. Haft in Rumänien 1938, später Kulturattaché in London und Lissabon, dann Professor für Religionswissenschaft in Chicago. E. schrieb religionswissenschaftl. und kulturphilosoph. Abhandlungen sowie Romane und Novellen. Am Anfang stehen zwei Romangruppen nebeneinander, eine phantast. und eine, in der Leiden und Sehnsucht seiner Generation ihren Niederschlag finden, später verschmelzen beide Gruppen, v.a. in „Forêt interdite" (1955).
Weitere Werke: Das Mädchen Maitreyi (R., dt. 1948), Andronic und die Schlange (R., dt. 1949), Nächte in Serampore (R., dt. 1953), Das Mysterium der Wiedergeburt (dt. 1961), Mythen, Träume und Mysterien (dt. 1961).

Eliade-Rădulescu, Ion [rumän. eli'aderədu'lesku] † Heliade-Rădulescu, Ion.

Elin Pelin [bulgar. ɛ'lim pɛ'lin], eigtl. Dimitar Iwanow; tl.: Dimităr Ivanov, * Bailowo 18. Juli 1877, † Sofia 3. Dez. 1949, bulgar. Schriftsteller.
Aus armer Familie; verbrachte seine Jugend in einem Gebirgsdorf; Dorflehrer, seit 1899 Journalist; 1906/07 Studienaufenthalt in Frankreich; nach der Rückkehr nach Sofia Tätigkeit als Bibliotheks- und Museumsbeamter und als Hg. von Zeitschriften; eines der führenden Mitglieder der Akademie der Wissenschaften; im Alter hohe Ehrungen. Führender bulgar. Erzähler; detaillierte Kenntnis der bäuerl. Welt und ausgeprägte Beobachtungsgabe zeichnen seine dem psycholog. Realismus verbundenen Romane und Erzählungen aus. Einflüsse von Volksdichtung und Mundart; spürbarer Einfluß Turgenjews; humorist. Gedichte und Kindererzählungen; übersetzte E. A. Poe; einzelne Werke, so „Die Geraks" (R., 1930; dt. 1955), „Jan Bibian" (1933, dt. 1961), „Die Liebe aber ist das Größte" (En., 1936; dt. 1959) und „Begegnung" (R., 1937; dt. 1952) wurden ins Dt. übersetzt.

Eliot, George [engl. 'ɛljət], eigtl. Mary Ann Evans, * Arbury Farm (Warwick) 22. Nov. 1819, † London 22. Dez. 1880, engl. Schriftstellerin.
Streng methodist. erzogen, früh selbständig, seit 1841 in Coventry, wo sie durch den Einfluß von Ch. Bray und Ch. Hennett sich dem Freidenkertum zuwandte; lebte 1854–78 mit dem Kritiker G. H. Lewes zusammen, heiratete nach dessen Tod den gemeinsamen Freund J.W. Cross; beschäftigte sich mit bibelkrit. und positivist. Schriften; übersetzte dann D. F. Strauß' „Leben Jesu" und Feuerbachs „Wesen des Christentums".

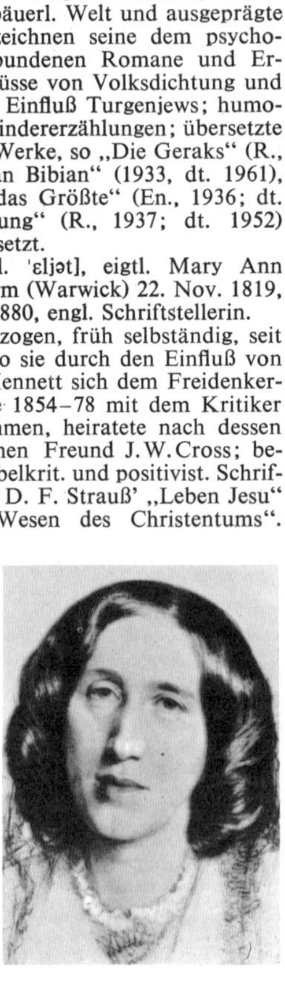
George Eliot

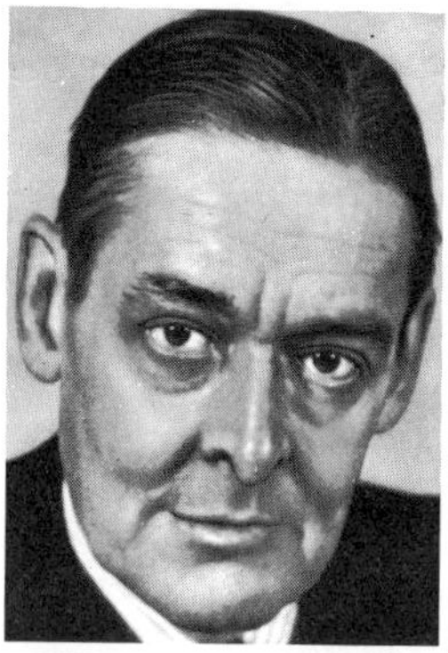

T[homas] S[tearns] Eliot

Mitarbeit an der „Westminster Review". Als eine der ersten schrieb sie psycholog.-soziale Romane, in denen sie mit feiner Charakterisierungskunst die Landbewohner Mittelenglands und deren Probleme darstellt. Die von ihr begonnene Linie wurde von Henry James fortgesetzt. Ihr Stil ist lebendig und anschaul., das Spätwerk jedoch stark gedankl. konstruiert. Überzeugend sind ihre Schilderungen seel. Konflikte und charakterl. Entwicklung.

Hauptwerke: Adam Bede (R., dt. 1860), Die Mühle am Floß (R., dt. 1861), Silas Marner (R., dt. 1861), Romda (R., 1863; dt. 1908), Felix Holt (R., dt. 1867), Middlemarch (R., 1871; dt. 1962), Daniel Deronda (R., dt. 1876).

Ausgabe: G. E. Works. Hg. v. J. W. Cross. *Boston 1885. 23 Bde.*

Literatur: Spraque, R.: *G. E. Philadelphia 1968.* – Hanson, L./Hanson, E.: *Marian Evans and G. E. A biography. London 1952.* – Bullett, G. W.: *G. E., her life and books. New Haven 1948.* – Conrad, H.: *G. E. Ihr Leben u. Schaffen. Bln. 1887.*

Eliot, T[homas] S[tearns] [engl. 'ɛljət], * Saint Louis (Mo.) 26. Sept. 1888, † London 4. Jan. 1965, amerikan.-engl. Dichter.

Streng puritan. Erziehung, studierte Philosophie, Psychologie, Sanskrit, alte Sprachen und Romanistik in Harvard, an der Sorbonne, in Oxford und in Deutschland; Bankbeamter, dann freier Schriftsteller; in den 20er Jahren Wortführer der jungen Dichtergeneration, stand E. Pound nahe. 1927 brit. Staatsbürger, trat zur anglikan. Hochkirche über; gab 1922–39 die Zeitschrift „The Criterion" heraus. 1948 Nobelpreis. Dichterpersönlichkeit von hervorragender Bedeutung. Seine Vorbilder waren Vergil, Dante, Shakespeare. An Goethe übte E. früher Kritik. Im Zentrum seines Schaffens steht die Lyrik. 1915 begann er mit „The love song of J. Alfred Prufrock", berühmt wurde er durch die Dichtung „Das wüste Land" (1922, dt. 1957), die in einer Fülle von verschiedenartigen Motiven aus allen Zeitaltern und einer Fülle disparater Erscheinungen die Suche nach einer Lösung des Existenzproblems darstellt. Am bedeutendsten ist die Dichtung „Vier Quartette" (dt. 1948), in der es E. gelingt, eine neue Sinngebung des Seins zu finden. Musikal. Kompositionselemente geben der abstrakten Dichtung einmaliges Gepräge. E., der sich literar. zur Klassik, polit. zum Royalismus und religiös zum Anglokatholizismus bekannte, schrieb im Auftrag der Kirche „Mord im Dom" (1935, dt. 1946), ein modernes christl. Mysterienspiel. Wendung zum antiken und mittelalterl. Drama, Bevorzugung des Verses. Auch Gesellschaftsstücke, in denen das Christentum ausgleichend und versöhnend wirkt. Ausgezeichnete Essays, in denen er krit. zum 19. Jh. Stellung nimmt und für die Wiederbelebung des poet. Dramas eintritt.

Weitere Werke: Dialogue on dramatic poetry (Essay, 1928), Essays ancient and modern (1936), Der Familientag (Dr., 1939; dt. 1947), Old Possums Katzenbuch (1939, dt. 1952), Die Cocktailparty (Dr., dt. 1950), Poetry and drama (Essay, 1951), Der Privatsekretär (Dr., dt. 1954), On poetry and poets (Essay, dt. 1959), Ein verdienter Staatsmann (Dr., dt. 1959).

Ausgabe: T. S. E. Werke. Dt. Übers. Frkf. 1966–69. 3 Bde.

Literatur: Kuna, F.: *T. S. E. Velber 1968.* – Kleinstück, J.: *T. S. E. in Selbstzeugnissen u. Bilddokumenten. Reinbek bei Hamb. 1966.* – Unger, L.: *T. S. E. Moments and patterns. Minneapolis (Minn.)* ³*1966.* – Seyppel, J.: *T. S. E. Bln. 1963.* – Schlüter, K.: *Der Mensch als Schauspieler. Studien zur Deutung v. T. S. E.s Gesellschaftsdramen. Bonn 1962.* – *T. S. E. A collection of critical essays. Hg. v.* H. Kenner. *New York 1962.* – Smith, G.: *T. S. E.'s poetry and plays. Chicago* ²*1956.*

Elisabeth, Königin von Rumänien ↑ Carmen Sylva.

Elisabeth von Nassau-Saarbrücken, * Vézelise bei Nancy (?) um 1394, † Saarbrücken 17. Jan. 1456, Gattin von Graf Philipp I. von Nassau-Saarbrücken (seit 1412).

Tochter Herzog Friedrichs V. von Lothringen; führte 1429–38 die Regentschaft für ihren minderjährigen Sohn. Mit der Übersetzung von vier frz. Ritterromanen aus dem karoling. Sagenkreis (bis 1437) wurde sie zur Mitbegründerin des dt. Prosaromans: „Hug Schapler" (1500), „Loher und Maller" (1513), „Herpin" (1514), „Sibille" (ungedruckt).

Elisabeth Charlotte von der Pfalz, genannt Liselotte von der Pfalz, * Heidelberg 27. Mai 1652, † Saint-Cloud bei Paris 8. Dez. 1722, Gattin Herzog Philipps I. von Orléans (seit 1671).

Tochter des Kurfürsten Karl Ludwig von der Pfalz; bewahrte während eines 50jährigen Lebens am frz. Hof ihr dt. Wesen und ihre Muttersprache; bekannt v.a. durch ihre urwüchsigen, oft derben Briefe, in denen sie, sehr freimütig und lebhaft teilnehmend, von der Eleganz, von Intrige und Klatsch am frz. Hof erzählt und das traurige Schicksal der Pfalz beklagt, die ihr Schwager, König Ludwig XIV. von Frankreich, teilweise für sich beanspruchte und verwüsten ließ.

Ausgaben: Liselotte v. der Pfalz. E. Ch. v. der Pfalz. Duchesse d'Orléans, Madame. Briefe. Ausgew. u. bearb. v. W. Langewiesche *u.* M. Westphal. *Ebenhausen (Isartal)* ²*1966.* – *Briefe der Hzgn. E. Ch. v. Orléans aus den Jahren 1676–1722. Hg. v.* W. L. Holland. *Stuttg. 1867–81. 6 Bde.*

Literatur: Knoop, M.: *Madame. Liselotte v. der Pfalz. Stuttg.* ²*1966.* – Strich, M.: *Liselotte v. Kurpfalz. Bln. 1925.* – Helmolt, H. F.: *Krit. Verz. der Briefe der Hzgn. E. Ch. v. Orléans. Nebst dem Versuch einer Liselotte-Bibliogr. Lpz. 1909.*

Elísio, Filinto [portugies. i'liziu] ↑ Nascimento, Francisco Manuel do.

Elitis, Odisseas; tl.: Elútēs, Odusséas [neugr. ɛ'litis], eigtl. Odisseas Alepudelis; tl.: Odusséas Alepoudélēs, * Iraklion (Kreta) 2. Nov. 1911, neugriech. Dichter.
Lebt in Athen; anfangs Surrealist, später Hinwendung zum Konkreten; bekannt wurde die von seiner Naturverbundenheit zeugende Gedichtsammlung „Körper des Sommers" (dt. 1960); auch Übersetzer.
Weitere Werke: Sieben nächtl. Siebenzeiler (Ged., dt. 1966), To Axion Esti – Gepriesen sei (Ged., dt. 1969).

Ellert, Gerhart, eigtl. Gertrud Schmirger, * Wolfsberg (Kärnten) 26. Jan. 1900, östr. Schriftstellerin.
Nach Studium und ausgedehnten Reisen Obstgutsbesitzerin in ihrem Heimatort; Verfasserin von zahlreichen Romanen und Dramen um histor. Persönlichkeiten, auch Jugendbücher.
Hauptwerke: Der Zauberer (R., 1933), Attila (R., 1934), Karl V. (R., 1935), Wallenstein (R., 1937), Mohammed (R., 1938), Michelangelo (R., 1942), Richelieu (R., 1948), Der blinde Löwe von San Marco (R., 1966), Columban der Ire (R., 1968).

Elliott, Ebenezer [engl. 'ɛljət], * Masborough (York) 17. März 1781, † Great Houghton bei Barnsley (York) 1. Dez. 1849, engl. Dichter.
Eisengießer, später Händler und Geschäftsmann. Berühmt durch die sozialen Gedichte gegen die Korngesetze der Regierung („Corn law rhymes", 1831), die die Not der unteren Klassen darstellen; E.s Beispiel regte die soziale Dichtung seiner Zeit an; auch polit. engagierte Dichtung; Meister der Landschaftsschilderung.

Ellison, Ralph Waldo [engl. 'ɛlɪsn], * Oklahoma City 1. März 1914, amerikan. Schriftsteller.
Verfasser des Romans „Unsichtbar" (dt. 1954), in dem er unter Verwendung autobiograph. Züge die Rassenfrage vom Standpunkt des Farbigen aus darstellt; Autor vieler Publikationen zu Fragen der Negeremanzipation.

Elohist † Bibel.

Elskamp, Max [niederl. 'ɛlskɑmp], * Antwerpen 5. Mai 1862, † ebd. 10. Dez. 1931, belg. Dichter.
Aus betont kath. fläm.-frz. Elternhaus; seine schlichten, vielfach gesucht naiven lyr. Gedichte verbinden Elemente heimatl. Folklore mit religiöser Mystik und stehen formal im Zeichen des frz. Symbolismus; seine einprägsamen Wiederholungen und Alliterationen haben bes. auf Péguy gewirkt.
Hauptwerke: Dominicales (Ged., 1892), La louange de la vie (Ged., 1898).
Ausgabe: M. E. Œuvres complètes. Paris 1967.
Literatur: Le centenaire de E. In: Le Thyrse 55 (1962), Nr. 5/6, S. 195. – Guiette, R.: *M. E. Paris 1955.*

Elsner, Gisela, * Nürnberg 2. Mai 1937, dt. Schriftstellerin.
Studium der Germanistik, Theaterwissenschaft und Philosophie in Wien, freie Schriftstellerin in London; gehört zur „Gruppe 47"; wurde bekannt durch ihren umstrittenen, als „Beitrag" bezeichneten Roman „Die Riesenzwerge" (1964), in dem sie mit monströser Phantasie erbarmungslos die gegenwärtige Gesellschaft geißelt und dabei vor makabren Kraßheiten nicht zurückschreckt. In ähnl. Stil setzte sie ihre beißende Sozialkritik in ihrem zweiten Roman, „Der Nachwuchs" (1968), im „Eigenheimmilieu" fort.

El Solitario [span. ɛl soli'tario] † Estébanez Calderón, Serafín.

Elsschot, Willem [niederl. 'ɛlsxɔt], eigtl. Alfons de Ridder, * Antwerpen 7. Mai 1882, † ebd. 31. Mai 1960, fläm. Schriftsteller.
War u.a. Direktor eines Werbebüros in Antwerpen. Seine gegen die Tradition der fläm. Heimaterzählung (Streuvels, Timmermans) gerichteten naturalist. Großstadtromane zeichnen sich durch unmittelbare und ehrl. Schilderung der Tragik des modernen Menschen aus; Zynismus und Sarkasmus in der äußeren Darstellung sind jedoch von tiefem Gefühl begleitet.
Hauptwerke: Lijmen (R., 1924), Kaas (R., 1933; dt. 1952), Tschip (R., dt. 1936), Het tankschip (E., 1942).
Literatur: Van Vlierden, B.-F.: *W. E. Brügge 1958.*

Elster, Kristian [norweg. 'ɛlstər], der Jüngere, * Drontheim 17. März 1881, † Oslo 6. Nov. 1947, norweg. Schriftsteller.
Sohn von Kristian Mandrup E., studierte Rechtswissenschaft, war Justizbeamter, dann Literatur- und Theaterkritiker; in seinen Romanen steht einer träumer.-ästhet. Romantik das aktiv-soziale Wirken in der menschl. Gemeinschaft gegenüber; auch Literarhistoriker und Jugendschriftsteller.
Hauptwerke: Das Amtsrichterhaus am Fjord (R., dt. 1929), Drei Jungen auf einer Insel (R., dt. 1932), Jon Maar und die Juristen (R., dt. 1938).

Elster, Kristian Mandrup [norweg. 'ɛlstər], * Overhalla bei Namsos 4. März 1841, † Drontheim 11. April 1881, norweg. Schriftsteller.
War Forstbeamter; seine Romane, die sich mit dem Verhältnis von Phantasie und Wirklichkeit, außerdem mit sozialen Konflikten zwischen einem urwüchsigen Bauerntum und dem Beamtenstand beschäftigen, sind von tiefem Pessimismus bestimmt; zeit seines Lebens nicht anerkannt, erlangte er erst durch den postum erschienenen Roman „Gefährl. Leute" (dt. 1882) Ruhm.
Weitere Werke: Ein Kreuzgang (E., 1871; dt. 1893), Sonnenwolken (E., 1877; dt. 1886), Ein Zugvogel (E., dt. 1899).

Elten, Thomas † Fuchs, Anton.

Éluard, Paul [frz. e'lɥa:r], eigtl. Eugène Grindel, * Saint-Denis bei Paris 14. Dez. 1895, † Charenton-le-Pont bei Paris 18. Nov. 1952, frz. Dichter.

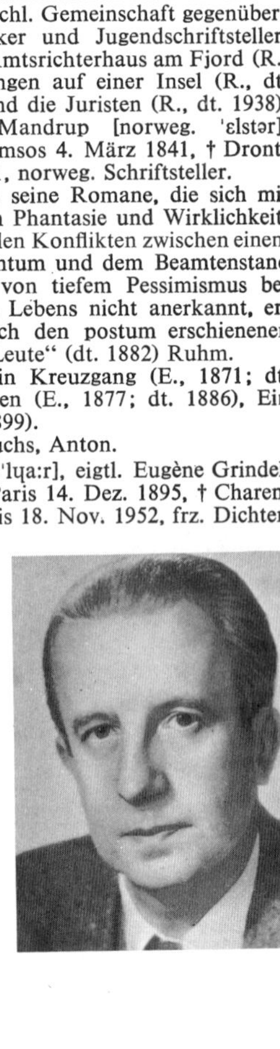
Paul Éluard

Sohn eines kleinbürgerl. Immobilienmaklers; besuchte das Lycée Colbert; 1911/12 lungenkrank, Aufenthalt in Davos; 1914 Soldat; 1917 erster Gedichtband; nach dem Krieg mit Breton, Soupault, Aragon einer der ersten Surrealisten; 1924 Weltreise: O-Asien, Australien, Amerika; Mitte der 30er Jahre Spanienreise und Begegnung mit García Lorca; während der dt. Besetzung Mitglied der Résistance, 1942 Mitglied der KP; nach dem Krieg weiter polit. aktiv, Besuch mehrerer europ. Länder; Freundschaft mit Picasso. É. war fast ausschließl. Lyriker; in den 20er Jahren neben Breton unbestrittenes Haupt der Surrealisten und während des Krieges führender Dichter des Widerstandes, blieb immer eigenwillig mit einem ursprüngl. Verhältnis zu Mensch und Dingen, zur Liebe und zur Frau; sein Stil ist von kristallklarer, klass. Transparenz.

Hauptwerke: Le devoir et l'inquiétude (Ged., 1917), Mourir de ne pas mourier (Ged., 1924), Hauptstadt der Schmerzen (Ged., 1926; dt. 1959), L'amour, la poésie (Ged., 1929), La vie immédiate (Ged., 1932), Au rendez-vous allemand (Ged., 1944), Polit. Gedichte (dt. 1949), Pouvoir tout dire (Ged., 1951), Le phénix (Ged., 1952).

Ausgabe: P. É. Ausgew. Gedichte. Choix de poèmes. Frz.-dt. Hg. v. J. Hübner. *Neuwied 1963.*

Literatur: Meurand, M.: *L'image végétale dans la poésie d'É. Paris 1966.* – Eglin, H.: *Liebe u. Inspiration im Werk v. P. E. Bern u. Mchn. 1965.* – Parrot, L./Marcenac, J.: *P. É. Neuaufl. Paris 1963. – P. É. Mit Beitr. v.* P. Abraham *u. a. Europe 403/404 (1962).*

Elútēs ↑ Elitis.

Elyot, Sir Thomas [engl. 'ɛljət], * in Wiltshire um 1490, † Carleton (Cambridge) 20. März 1546, engl. Gelehrter und Schriftsteller.

Gesandter am Hof Karls V. von Spanien; die diplomat. Stellung verdankte E. seinem Fürstenspiegel „The boke named the governour" (1531), in dem er aus betont eth. Haltung über Erziehung, Politik und Moral schrieb. Übersetzer griech. Werke, beeinflußt v. a. von Platon.

Elytis, Odysseas ↑ Elitis, Odisseas.

Emants, Marcellus [niederl. 'e:mɑnts], * Voorburg bei Den Haag 12. Aug. 1848, † Baden (Aargau, Schweiz) 14. Okt. 1923, niederl. Schriftsteller.

Studierte Jura, Reisen in S-Deutschland, der Schweiz und Italien; Wegbereiter der holländ. naturalist. Dichtung, deren Zeitschrift „De banier" er 1875–80 herausgab; sein Werk ist von tiefem Pessimismus erfüllt.

Hauptwerke: Lilith (Epos, dt. 1895), Götterdämmerung (Epos, dt. 1892), Domheidsmacht (Dr., 1904).

Emerson, Ralph Waldo [engl. 'ɛməsn], * Boston 25. Mai 1803, † Concord (Mass.) 27. April 1882, amerikan. Philosoph und Dichter.

Einer der Begründer der klass. amerikan. Literatur. Studium in Harvard. E. legte sein geistl. Amt aus Gewissensgründen nieder. Auf einer Europareise lernte er Carlyle, Wordsworth und Coleridge kennen. Bekanntschaft mit dt. Transzendentalphilosophie, Platonismus, dt. Idealismus und ind. Philosophie, die in seinem Werk ihre Spuren hinterließen. Quintessenz seines Werkes ist der Glaube an die Wirkungskraft des Geistes. In seinem Vortrag „The American scholar" (1837) rief er zu persönl. und nationaler Selbstachtung auf. E. war Führer der amerikan. Transzendentalisten und wurde zur stärksten geistigen Kraftquelle der Neuen Welt. Whitman verdankt ihm entscheidende Impulse. Von seinen Zeitgenossen unterschätzt.

Weitere Werke: Essays (1841 und 1844, dt. 1858), Repräsentanten der Menschheit (1850, dt. 1895), Engl. Charakterzüge (dt. 1857).

Ausgaben: R. W. E. Ein Weiser Amerikas spricht zu uns. Auszug aus seinen Werken. Dt. Übers. Zusammengestellt v. H. Siegfried. *Hamb. 1954. – R. W. E. Complete works. Centenary edition. Hg. v.* E. W. Emerson. *Boston 1903–04. 12 Bde.*

Literatur: Firkins, O. W.: *R. W. E. New York 1965.* – Mettke, E.: *Der Dichter R. W. E. Hdbg. 1963.* – Rusk, R. L.: *The life of R. W. E. New York 1957.* – Sakman, P.: *R. W. E.s Geisteswelt nach den Werken u. Tagebb. Stuttgart 1927.* – Cabot, J. E.: *A memoir of R. W. E. Boston 1887. 2 Bde. Nachdr. New York 1965.*

Emin, Fjodor Alexandrowitsch; tl.: Ėmin, Fedor Aleksandrovič [russ. e'min], * in der Ukraine (?) 1735, † Petersburg (heute Leningrad) (?) 29. April 1770, russ. Schriftsteller.

Weitgereister, erst spät nach Rußland gekommener Verfasser von Übersetzungen aus der westeurop. Romanliteratur und von eigenen Werken, die bes. vom frz. Roman beeinflußt sind; der an

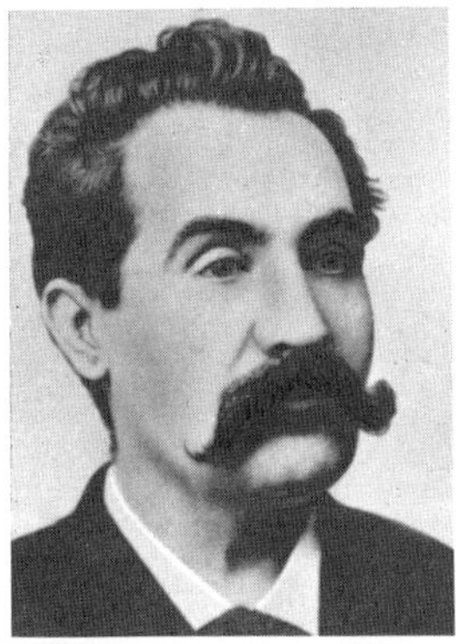

Mihai Eminescu

Rousseau geschulte Briefroman „Pisma Ernesta i Dorawry" (= Die Briefe Ernests und Dorawras, 1766), E.s Hauptwerk, wurde von den Klassizisten abgelehnt, fand aber als erster Versuch eines empfindsamen russ. Romans viele Leser.

Emin Bey, Mehmet [türk. ɛ'min 'bɛi] ↑ Mehmet Emin Yurdakul.

Eminescu, Mihai [rumän. emi'nesku], eigtl. Mihail Eminovici, * Ipoteşti bei Botoşani 15. Jan. 1850, † Bukarest 15. Juni 1889, rumän. Dichter.

Bedeutendster rumän. Dichter des 19. Jh.s und Schöpfer einer rumän. Literatursprache, verschaffte der rumän. Literatur Weltgeltung. Unstete Jugend, studierte Philosophie in Wien und Berlin; Bibliothekar, Redakteur. Fiel im Alter von 33 Jahren in geistige Umnachtung. E. ist von dt. Kultur geprägt, sein Pessimismus von Schopenhauer beeinflußt. Sein Werk zeigt musikal. Wohlklang, Empfindungs-, Gedanken- und Bilderreichtum. Der Nachlaß enthält zahlreiche Ent-

würfe zu Erzählungen, Märchen, Gedichten und Essays.
Hauptwerke: Der Abendstern (Ged., dt. 1892), Gedichte und Novellen (dt. 1913).
Literatur: Călinescu, G.: *Das Leben M. E.s. Dt. Übers. Bukarest 1967. – Studii eminesciene. 75 de ani de la moartea poetului. Hg. v.* M. Simionescu. *Bukarest 1965.* – Conte, R. del: *M. E., o dell'assoluto. Modena 1962.* – Lang, F.: *Mihail E. als Dichter u. Denker. Klausenburg 1928.*

Emmanuel, Pierre [frz. ɛma'nɥɛl], eigtl. Noël Mathieu, * Gan bei Pau (Basses-Pyrénées) 3. Mai 1916, frz. Dichter.
Seine Lyrik ist von Baudelaire und Mallarmé beeinflußt, christl. inspiriert, von leidenschaftl. und revolutionärem Charakter. Musikalität sowie realist. und zugleich myst.-barocker Wort- und Bilderreichtum sind Kennzeichen seiner Dichtung. 1941 veröffentlichte er den Gedichtband „Tombeau d'Orphée". Die Besatzungsjahre fanden ihren Niederschlag in „La liberté guide nos pas" (Ged., 1945). 1951 erschien die lyr.-myth. Schöpfung „Babel, poème à deux voix".
Weitere Werke: Le poète et son Christ (Essay, 1942), Jour de colère (Ged., 1942), Le poète fou (Ged., 1944), Tristesse, ô ma patrie (Ged., 1946), Qui est cet homme? (Autobiogr., 1947), Car enfin je vous aime (R., 1950).

Emmeran, Eusebius † Daumer, Georg Friedrich.

Emmrich, Curt † Bamm, Peter.

Empedokles, * Akragas (heute Agrigent, Sizilien) 483 oder 482, † zwischen 430 und 420, griech. Philosoph.
Stammte aus vornehmer Familie; war aktiv am Sturz der oligarch. Regierung beteiligt; sammelte als Arzt und Wanderprediger eine große Jüngerschar um sich, die ihn von Stadt zu Stadt begleitete; nach einer Legende soll er sich in den Krater des Ätna gestürzt haben. Reste seiner ep. Lehrgedichte „Peri physeos" (= Über die Natur) und „Katharmoi" (= Reinigungslehren) sind erhalten. E. sah in den vier Elementen den Urgrund aller Dinge und erklärte Werden und Vergehen als durch Anziehung und Abstoßung, Liebe und Haß bewirkte Mischung und Trennung dieser Elemente.
Literatur: Hölscher, U.: *E. In:* Hölscher: *Anfängl. Fragen. Studien zur frühen griech. Philosophie. Gött. 1968.* – O'Brien, D.: *Empedocles' cosmic cycle. London 1968.* – Altheim, F./Stiehl, R.: *Porphyrios u. E. Tüb. 1954.* – Kranz, W.: *E. Antike Gestalt u. romant. Neuschöpfung. Zürich 1949.*

Empson, William [engl. ɛmpsn], * Yokefleet Hall (York) 27. Sept. 1906, engl. Lyriker und Kritiker.
Studierte Anglistik und Mathematik. Lehrer an den Universitäten Tokio und Peking, im Krieg Leiter der China-Abteilung der BBC, dann Professor für engl. Literatur in Sheffield. Sein teils dichter., teils krit. Werk wurde von Relativitätstheorie und Buddhismus beeinflußt. Im Vordergrund seines Schaffens stehen weniger Empfindungen als Denkprobleme, in den bedeutendsten Beispielen seiner Lyrik steht kühle Esoterik neben paradoxen, rätselhaften Passagen. Krit. Schriften über die Vieldeutigkeit der Sprache.
Hauptwerke: Poems (1935), The structure of complex words (Essay, 1951), Collected poems (1955).

Ems, Rudolf von † Rudolf von Ems.

Encina, Juan del [span. en'θina], * La Encina bei Salamanca (?) 1468 oder 1469, † León Ende 1529 oder Anfang Jan. 1530, span. Dichter.
Priester, Sekretär des Herzogs von Alba; trug dazu bei, das Drama aus dem Rahmen der Liturgie zu lösen, gilt als „Vater des span. Dramas"; schrieb geistl. und weltl. Dramen, die v.a. in den Häusern des Hochadels aufgeführt wurden und deren Gestalten dem Volksleben entnommen sind. Die Prosaeinleitung „Arte de poesía castellana" zu der ersten Sammlung seiner poet. Werke („Cancionero", 1496) ist ein früher Versuch einer span. Poetik.
Literatur: Andrews, J. R.: *J. d. E., prometheus in search of prestige. Berkeley (Calif.) 1959.*

Enckell, Rabbe [schwed. 'ɛŋkəl], * Tammela 3. März 1903, schwed.-sprachiger finn. Dichter, Maler und Kritiker.
1928/29 Mitarbeit an der modernist. Zeitschrift „Quosego", begann mit Gedichten, die in exakter und subtiler Gestaltung Sinnesempfindungen beschreiben, und mit Erzählungen um Natur und Liebe; später Hinwendung zur griech. Mythologie; in seinen Dramen setzt er sich an antiken Stoffen mit Problemen der Gegenwart auseinander.
Hauptwerke: Orfeus och Eurydike (Dr., 1938), Joakasta (Dr., 1939), Nike (Ged., 1947), Hekuba (Dr., 1952), Alkman (Dr., 1959).

Endrikat, Fred ['ɛndrikat], * Nakel (Landkreis Oppeln) 7. Juni 1890, † München 12. Aug. 1942, dt. Schriftsteller.
Lebte in Berlin und München, schrieb für literar. Kabaretts, v.a. in Schwabing, witzig-satir. Brettl-Lieder, die sehr erfolgreich waren.
Hauptwerke: Die lustige Arche (Ged., 1935), Liederliches und Lyrisches (Ged., 1940), Höchst weltl. Sündenfibel (Ged., 1940), Der fröhl. Diogenes (Ged., 1942).

Enea Silvio de' Piccolomini [italien. e'nɛ:a 'silvio de pikko'lɔ:mini] † Piccolomini, Enea Silvio de'.

Engel, Georg, * Greifswald 29. Okt. 1866, † Berlin 19. Okt. 1931, dt. Schriftsteller.
Studierte Philosophie und Philologie in Berlin, später freier Schriftsteller; zeichnete in seinen Heimatromanen ein realist. Bild des Lebens der Bauern und Fischer an der pommerschen Küste.
Hauptwerke: Zauberin Circe (R., 1894), Hann Klüth, der Philosoph (R., 1905), Der Reiter auf dem Regenbogen (R., 1908), Der scharfe Junker (Kom., 1910), Uhlenspiegel (R., 1927).

Engel, Johann Jakob, * Parchim 11. Sept. 1741, † ebd. 28. Juni 1802, dt. Schriftsteller.
Studierte Theologie, Naturwissenschaften, Griech. und neuere Sprachen; Gymnasialprofessor in Berlin, Prinzenerzieher, Oberdirektor des Hof- und Nationaltheaters in Berlin; verfaßte in pädagog. Absicht nach Lessings Vorbild Dramen, moralisierende, popularphilosoph., ästhet. und krit. Schriften und den Zeitroman „Herr Lorenz Stark" (1801).
Weitere Werke: Der dankbare Sohn (Kom., 1771), Anfangsgründe einer Theorie der Dichtungsarbeiten (Abhandlung, 1783).

Engelke, Gerri[e]t, * Hannover 21. Okt. 1890, † in Frankreich 13. Okt. 1918, dt. Arbeiterdichter.
Autodidakt, lernte durch Vermittlung von R. Dehmel H. Lersch und den Nylandkreis kennen; Teilnahme am 1. Weltkrieg, 1918 schwer ver-

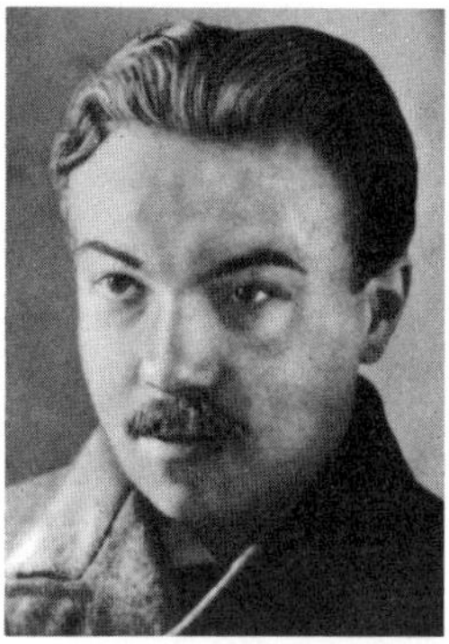

Gerri[e]t Engelke

wundet, starb er in einem engl. Lazarett. Die Welt der Arbeit, der Technik und die Großstadt sind die Themen seiner Lyrik, die, stark geprägt von W. Whitman und R. Dehmel, dem Glauben an einen „neuen Menschen" Ausdruck gibt; idealisierend, ein kosm. Weltbild, in das die moderne Welt einbezogen ist, gebend, gehört E. zu den frühvollendeten Expressionisten.
Hauptwerke: Schulter an Schulter (Ged., 1916; mit H. Lersch und K. Zielke), Rhythmus des neuen Europa (Ged., 1921), Briefe der Liebe (Ged., 1926), Gesang der Welt (Ged., Tagebuchblätter, Briefe, 1927).
Ausgabe: Gerrit E. Das Gesamtwerk. Rhythmus des neuen Europa. Hg. v. H. Blome. *Mchn. 1960.*
Literatur: Schwarzenau, D.: *Der Dichter Gerrit E. Diss. Kiel 1966. 2 Tle. [Masch.]. – Gerrit E. Arbeiter u. Dichter. Hg. v.* F. Hüser. *Dortmund 1958.*

Engelman, Johan Aloysius Antonius (Jan) [niederl. 'ɛŋəlmɑn], * Utrecht 7. Juni 1900, niederl. Schriftsteller.
Mitbegründer und Redakteur der Zeitschrift „De Gemeenschap"; gehört der jungkath. Richtung an; ekstat.-hymn. Lyrik, Vertreter eines christl. Humanismus; auch Essays über bildende Kunst und Literatur.
Hauptwerke: Sine nomine (Ged., 1930), De tuin van Eros (Ged., 1932), De dijk (Ged., 1937), Tweemaal Apollo (Essay, 1955).

Engländer, Richard † Altenberg, Peter.

Engström, Albert [schwed. ˌɛŋstrœm], * Lönneberga bei Kalmar 12. Mai 1869, † Stockholm 16. Nov. 1940, schwed. Schriftsteller und Zeichner.
Studierte in Uppsala, dann an der Kunstschule Göteborg, gründete die humorist. Zeitschrift „Strix"; 1925 Professor an der Kunsthochschule in Stockholm. E. gelang eine vortreffl. Synthese von Bild und Wort; seine Karikaturen treffen am besten die Typen der bürgerl. Gesellschaft und des Volkes, deren Darstellung ihm auch als Schriftsteller mit z. T. drast. Humor und gütigem Nachsehen am besten gelang.
Hauptwerke: Adel, präster, smugglare, bönder (Nov., 1923), Anders Zorn (Biogr., 1928), Bouppteckning (Nov., 1930).
Literatur: Lång, H.: *Kolingen och hans fäder. Om international vagabondkomik och A. E. Lund 1966.* – Sallnäs, H.: *A. E. och Småland. Stockholm 1950.*

Enikel, Jans † Jansen Enikel, Jans.

Enking, Ottomar, * Kiel 28. Sept. 1867, † Dresden 13. Febr. 1945, dt. Schriftsteller.
Redakteur in Kiel, Köln, Wismar und Dresden, wo er seit 1906 als freier Schriftsteller lebte; Vertreter der Heimatkunst, der in seinen Romanen und Novellen meist norddt. Kleinstadtleben humorvoll und psycholog. motiviert schilderte; auch Dramatiker, Lyriker und Übersetzer; den größten Erfolg hatte E. mit dem Roman „Familie P. C. Behm" (1903).

Ennery, Adolphe Philippe d' [frz. ɛn'ri] † Dennery, Adolphe Philippe.

Ennius, Quintus, * Rudiae (heute Roligliano oder Ruge, Kalabrien) 239, † Rom 169, röm. Dichter.
Nahm am 2. Pun. Krieg bei den Hilfstruppen in Sardinien teil, wo ihn Cato kennenlernte und nach Rom brachte; E. lebte dort auf dem Aventin als Geschichtslehrer; Freunde und Gönner waren Scipio Africanus, Scipio Nasica und M. Fulvius Nobilior, den E. auf dem ätol. Feldzug begleitete; 184 erhielt er das röm. Bürgerrecht. E., der sich mit freien Übertragungen und Nachdichtungen des Aischylos und Euripides – u. a. „Hecuba", „Iphigenia", „Medea Exul", „Eumeniden" – um die Vermittlung griech. Literatur verdient machte, gilt als der eigtl. Begründer der lat. Literatursprache; sein bedeutendstes Werk, zugleich das erste der röm. Literatur, von dem zahlreiche Fragmente, v. a. durch Cicero, erhalten sind, war das histor. Epos „Annales", eine Geschichte Roms von den Anfängen bis zum Beginn des 1. Pun. Krieges; in der Verherrlichung von Roms Größe das Nationalepos der Römer, bis Vergil – selbst unter dem Einfluß des E. – seine „Aeneis" schuf; zu erwähnen sind noch die Einführung des Hexameters, der „Saturae" – dem Hellenismus verpflichtete vermischte Gedichte – und des Epigramms in der Form des eleg. Distichons.
Ausgaben: E. The tragedies. The fragments. Hg. v. H. D. Jocelyn. *Cambridge 1967. – Enninae poesis reliquiae. Hg. v.* I. Vahlen. *Lpz. ²1903. Nachdr. Amsterdam 1963.*
Literatur: Skutsch, O.: *Studia Enniana. London 1968.* – Fuchs, H.: *Zu den Annalen des E. In: Museum Helveticum 12 (1955), 201.* – Norden, E.: *E. u. Vergilius. Kriegsbilder aus Roms großer Zeit. Lpz. 1915.*

Ennodius, Magnus Felix, * Arles (?) 473 oder 474, † Ticinum (heute Pavia) 17. Juli 521, lat. Schriftsteller.
Gall. Herkunft; war Geistlicher in Mailand, seit etwa 515 Bischof von Pavia, 515 und 517 Gesandter in Konstantinopel; klass.-heidn. sowie christl. Tradition verpflichtet, war er in gewollt elegantem Stil zu sehr Nachahmer der frühen großen Dichter, so daß sein Werk – inhaltl. ohne Bedeutung – durch rhetor. Schwulst und volkstüml. Barbarismen schwer verständl. blieb; E. schrieb u. a. eine Lobrede auf Theoderich den Großen, Gedichte, Reden, Briefe und eine Biographie des Bischofs Epiphanius von Pavia.

Enríquez Gómez, Antonio [span. en'rrikeð 'ɣomeθ], Pseudonym Enrique Enríquez de Paz, * Segovia 1600 (?), † Amsterdam (?) 1660 (?), span. Dichter.
Sohn eines getauften portugies. Juden; Offizier, ging 1636 nach Frankreich und in die Niederlande,

da er von der Inquisition der Sympathie mit dem jüd. Glauben verdächtigt wurde. E. G. schrieb neben 22 Komödien und gongorist. Lyrik einen Schelmenroman, den er u.d.T. „El siglo pitagórico y vida de Don Gregorio Guadaña" (1644) mit einer Reihe satir. Charakterbilder verband.

Enweri † Anwari.

Enzensberger, Hans Magnus, * Kaufbeuren 11. Nov. 1929, dt. Lyriker und Essayist.

Dr. phil.; Theatertätigkeit, Reisen durch Europa, die USA und Mexiko; Redakteur, Verlagslektor, freier Schriftsteller und Übersetzer; lebt in Tjöme (Norwegen). 1957 erschien sein erster eigener Gedichtband „Verteidigung der Wölfe", der die „braven Lämmer" des sozialen Wohlfahrtsstaates attackiert. E.s zeit- und gesellschaftskrit. Dichtung richtet sich voller Zorn und Zynismus gegen typ. Zeiterscheinungen, gegen jede Gewalt, gegen Politik und Gesellschaft. Er reißt Bestehendes ein, weiß aber keine Mittel, eine neue Ordnung zu schaffen, Auswege bieten ihm nur Utopie

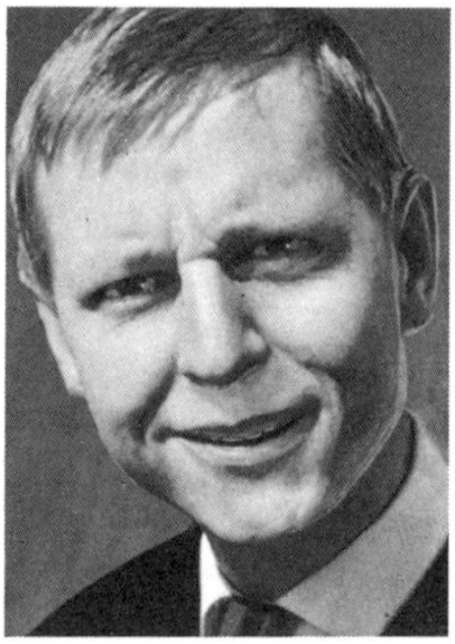

Hans Magnus Enzensberger

und Idylle. In seiner Lyrik handhabt er Wort und Vers mit anscheinend spieler. Leichtigkeit, er experimentiert mit Metaphern, gebraucht schillernde Wortspiele, entleiht und verwandelt lyr. Muster, verwendet Jargon- und Modewörter sowie eigenwillige Interpunktion und Orthographie; seine Sprache ist klar, schmucklos und federnd. E. gab auch Kinderreime und moderne Poesie heraus, seit 1965 ist er Hg. der v.a. polit. engagierten Zeitschrift „Kursbuch".

Weitere Werke: Landessprache (Ged., 1960), Clemens Brentanos Poetik (Abhandlung, 1961), Nacht über Dublin (Hsp., Ursendung 1961), Einzelheiten (Essays, 1962), Gedichte/Wie entsteht ein Gedicht (1962), Politik und Verbrechen (Essays, 1964), Blindenschrift (Ged., 1964), Deutschland, Deutschland unter anderm (Essays, 1967).

Literatur: Schröder, C.: *H. M. E. Ein Beitrag zur Problematik der nonkonformist. Lit. in Westdeutschland. In: Deutschunterricht 19 (1966), 472.* – Eppelsheimer, H. W.: *Rede auf den Preisträger des Georg-Büchner-Preises: H. M. E. In: Jb. der Dt. Akademie f. Sprache u. Dichtung (1963), 116.* – Holthusen, H. E.: *Die Zornigen, die Gesellschaft u. das Glück. Lyrik v. H. M. E. In:* Holthusen: *Krit. Verstehen. Neue Aufs. zur Lit. Mchn. 1961.*

Eobanus Hessus, Helius † Hessus, Helius Eobanus.

Eötvös, József Baron [ungar. ˈøtvøʃ], * Ofen (heute zu Budapest) 3. Sept. 1813, † Pest (heute zu Budapest) 2. Febr. 1871, ungar. Schriftsteller und Staatsmann.

Stammte aus einer Beamten- und Gutsbesitzerfamilie, studierte Jura und Philosophie, bekleidete Ämter beim Komitat und an der königl. Kanzlei; bereiste W-Europa, war seit 1840 der geistige Führer der ungar. Reformbewegung, 1848 Unterrichtsminister, dann bis 1851 im Ausland, bis 1867 kämpfte er an der Seite Deáks für den ungar. Ausgleich, wieder Unterrichtsminister, schuf die ungar. Volksschule. E. schrieb gefühlvolle Vaterlandsgedichte ohne Überzeugungskraft, polit. Abhandlungen und Romane. Seine polit. Grundsätze legte er in dem Tendenzroman „Der Dorfnotar" (dt. 1846), einer großartigen Satire, nieder.

Weitere Werke: Der Karthäuser (R., dt. 1839–42), Der Bauernkrieg in Ungarn (R., dt. 1850), Der Einfluß der herrschenden Ideen des 19. Jh.s auf den Staat (Studie, dt. 1854), Die Garantien der Macht und Einheit Österreichs (Studie, 1859).

Literatur: Weber, Johann: *E. u. die ungar. Nationalitätenfrage. Mchn. 1966.*

Ephoros von Kyme, * Kyme (Kleinasien), griech. Geschichtsschreiber des 4. Jh.s v. Chr.

Schüler des Isokrates; schrieb die erste Universalgeschichte der Griechen, „Historiai" in 30 Büchern, zum größten Teil nach 350 v. Chr.; E. beschrieb, unter Aussparung der myth. Zeit, den Zeitraum von der Eroberung des Peloponnes durch die Dorer bis zu den Anfängen Philipps von Makedonien; von seinem Sohn Demophilos wurde das Werk vollendet und herausgegeben; die lehrhaft-moralisierende Grundhaltung zeigt sich bes. in den Proömien; E. schrieb auch „Über den Stil" und das seiner Vaterstadt gewidmete „Heimatbuch".

Literatur: Barber, G. L.: *The historian E. Cambridge 1935.*

Epicharmos (Epicharm), * zwischen 540 und 530, † Syrakus um 440, griech. Komödiendichter.

Sein Schaffen reicht bis in die Zeit Hierons. In seinem umfangreichen Werk nimmt die Mythentravestie einen sehr breiten Raum ein, daneben stehen realist. Schilderungen des Alltagslebens. Seine Dramen und Komödien sind der dor. Volksposse verpflichtet und gaben dieser Gattung literar. Rang. Zur Mannigfaltigkeit des Inhalts kommt bei E. ein vielseitiges formales Bild. Nur wenige Fragmente sind erhalten, 37 Titel sind bekannt.

Epikuros (Epikur), * auf Samos 342 oder 341, † Athen 271 oder 270, griech. Philosoph.

Sohn eines athen. Kolonisten auf Samos, 323 Militärdienst in Athen, gründete 310 eine eigene Schule in Mytilene, dann in Lampsakos, seit 306 in Athen, wo er den sog. „Garten" erwarb. Mittelpunkt seiner Ethik ist das Problem der Eudämonie, d. h. der vollkommene Glückszustand des Menschen; dieses Streben nach Glück – zwar auf das Diesseits gerichtet – ersehnt jedoch nicht rohe Sinnenlust, wie der Begriff Eudämonie in röm. Zeit ausgelegt wurde, sondern Heiterkeit gegenüber Schmerz und wechselndem Schicksal. Von seinen zahlreichen Schriften, die alle im Dienst seiner Lehre standen, sind nur 2 Samm-

lungen kurzer Sprüche und 3 Briefe im Werk des Diogenes Laertios erhalten; großer Einfluß, bes. auf Lukrez.
Ausgaben: Epicuro. Opere. Griech.-italien. Hg. v. G. Arrighetti. *Turin 1960. – Epikur. Von der Überwindung der Furcht. Katechismus, Lehrbriefe, Spruchslg., Fragmente. Dt. Übers. Bearb. u. eingeleitet v.* O. Gigon. *Zürich 1949. – Epicurea. Hg. v.* H. Usener. *Lpz. 1887. Neudr. Tüb. 1966.*
Literatur: Panichas, G. A.: *Epicurus. New York 1967.* – Merlan, Ph.: *Studies in Epicurus and Aristotle. Wiesb. 1960.* – Cresson, A.: *Epicure, sa vie, son œuvre, avec un exposé de la philosophie. Paris ³1958.* – Mewaldt, J.: *Die geistige Einheit Epikurs. Halle 1927.*

Epistolae obscurorum virorum [lat.; = Dunkelmännerbriefe], fingierte, scheinbar von Reuchlins Gegnern, tatsächl. von den Humanisten (u.a. von Crotus Rubianus, Ulrich von Hutten, Nikolaus Gerbel und wahrscheinl. Mutianus Rufus) in barbar. Latein abgefaßte Briefsammlung (2 Tle., 1515 und 1517), die im Streit Reuchlins mit den Kölner Theologen – an der Spitze Ortwin Gratius – dessen Anliegen unterstützte; geniale Satire auf die mittelalterl. Scholastik, die in ihrer sinnentleerten Spitzfindigkeit ebenso iron. persifliert wird wie die frömmelnde Heuchelei, bloßes Zeremonienwesen, Unmoral, Unbildung und das heuchler. Spießbürgertum der fiktiven Schreiber.
Ausgaben: Briefe v. Dunkelmännern. Dt. Übers. Bln. 1964. – E. o. v. Hg. v. A. Bömer. *Hdbg. 1924. 2 Bde.*
Literatur: Buchholtz, K.: *Ulrich v. Huttens lat. Schrr. u. die Dunkelmännerbriefe. Frkf. 1926.* – Brecht, W.: *Die Verfasser der E. o. v. Straßburg 1904.*

Epístola moral a Fabio [span. e'pistola mo'ral a 'faβio], span. Elegie, die verschiedenen Dichtern zugeschrieben wird, wahrscheinl. von *Andrés Fernández de Andrada* (* um 1560); in klass. ebenmäßigen Versen und sprachl. Vollendung geschriebene, aus kettenreimenden Terzinen und einer abschließenden Serventese bestehende Dichtung; zeigt die distanzierte Gelassenheit des Gerechten gegenüber dem Leben mit seinem Auf und Ab, gibt in melanchol. Stimmung meditativer Neigung Ausdruck.

Erasmus, Desiderius, genannt E. von Rotterdam, * Rotterdam 27. (28.?) Okt. 1469 (1466?, 1467?), † Basel 12. Juli 1536, niederl. Humanist und Theologe.
Schulen in Deventer und Herzogenbusch (Begegnung mit der Devotio moderna und klass. Studien), Augustiner-Chorherr, seit 1491 Sekretär des Bischofs von Cambrai; ging 1496 studienhalber nach Paris, reiste 1499 erstmals nach England. Waren bisher die rein wissenschaftl. italien. Humanisten, v.a. Lorenzo Valla, sein Vorbild gewesen, so wurde er nun durch die stärker religiös interessierten Engländer Th. More und J. Colet bewogen, sich dem Studium des Griech. als dem Mittel zur Vertiefung der Einsicht in das N. T. und die altkirchl. Literatur zuzuwenden. Die Frucht dieser Anregung waren „Enchiridion militis christiani" (1503), eine Anleitung zum christl. Lebenswandel, seine vielen Ausgaben der Kirchenväter und v.a. seine berühmte lat.-griech. Ausgabe des N.T. (1516). Seine finanzielle Lage besserte sich v.a., nachdem er 1516 königl. Hofrat des späteren Kaisers Karl V. geworden war. Wegen seiner unverhohlenen Kritik an kirchl. Mißständen wurde er nach Luthers Auftreten von vielen als Vorläufer und mögl. Anhänger der Reformation angesehen. Nachdem er sich der religiösen Kontroverse zunächst zu entziehen versucht hatte, auch durch seine Übersiedlung von Löwen nach Basel, kam es 1524 durch seine Schrift „De libero arbitrio" zum Bruch mit Luther; als die Reformation auch in Basel Eingang fand, zog E. nach Freiburg im Breisgau; kurz vor seinem Tode kehrte er nach Basel zurück. Sein Werk umfaßt krit. Ausgaben antiker Klassiker und Kirchenväter, Sprichwörtersammlungen, Dialoge, Kommentare und bed. philolog. Schriften. Zur Weltliteratur gehört seine Satire „Lob der Torheit" (1511, dt. 1534), die, in Form einer iron. Lobrede auf das Laster, gegen die Rückständigkeit der Scholastik und die Verweltlichung der Kirche gerichtet ist. 3000 Briefe zeugen von seinen Beziehungen zur europ. Geisteswelt, deren unbestrittener Mittelpunkt er war. Auch in den folgenden Jh.en blieb sein Werk wirksam. Sein Bemühen galt einem christl. Humanismus im Sinne einer Synthese von Antike und Christentum.
Ausgaben: E. v. R. Ausgew. Schrr. Lat. u. dt. Hg. v. W. Welzig. *Darmst. 1967 ff. Auf 6 Bde. berechnet. – D. E. Opera omnia. Hg. v.* J. Clericus. *Leiden 1703–06. 10 in 11 Bden. Nachdr. Hildesheim 1961–62.*
Literatur: Eckert, W. P.: *E. v. R. Köln 1967. 2 Bde.* – Bietenholz, P. G.: *History and biography of E. of R. Genf 1966.* – Flitner, A.: *E. im Urteil seiner Nachwelt. Das literar. E.-Bild. v. Beatus Rhenanus bis zu Jean Le Clerc. Tüb. 1952.* – Huizinga, J.: *E. Dt. Übers. Basel ⁴1957. Tb.-Ausg. u. d. T.: Europ. Humanismus: E. Hamb. 1958.* – Schlechta, K.: *E. v. R. Hamb. ⁴1949.* – Newald, R.: *E. Roterodamus. Freib. 1947.* – Mestwerdt, P.: *Die Anfänge des E. Humanismus u. „devotio moderna". Lpz. 1917.* – Drummond, R. B.: *E., his life and character, as shown in his correspondence and works. London 1873. 2 Bde.* – ↑ auch Brant, Sebastian.

Erath, Vinzenz ['e:rat], * Waldmössingen bei Rottweil 31. März 1906, dt. Schriftsteller.
Der dt. Erzählertradition verpflichtet, versucht er in den autobiograph. bestimmten Romanen „Größer als des Menschen Herz" (1951) und „Das blinde Spiel" (1954) die Gattung des Ent-

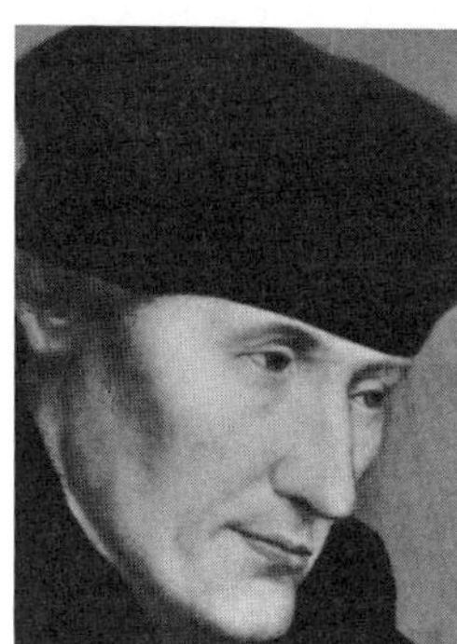
Desiderius Erasmus (Gemälde von Qu. Massys)

wicklungsromans fortzusetzen. „So zünden die Väter das Feuer an" (R., 1956) variiert das Thema vom verlorenen Sohn, in seinem Buch „Zwischen Staub und Sternen" (1966) hält E., der bis 1945 am 2. Weltkrieg teilnahm, Rückschau auf die Gefangenschaft.

Eratosthenes von Kyrene, * Kyrene (Libyen) in den 90er oder 80er Jahren des 3. Jh.s, † Alexandria Ende des 3. Jh.s v. Chr., griech. Gelehrter.
Um 246 durch Ptolemaios III. Euergetes zum Leiter der berühmten Bibliothek von Alexandria berufen; berechnete als erster den Erdumfang, entwarf eine Gradnetzkarte der bewohnten Erdgebiete; seine philosoph. Schriften sind verlorengegangen; als Dichter von Kallimachos beeinflußt; zwei seiner Dichtungen, „Hermes" (in Hexametern) und „Erigone" (im eleg. Versmaß), sind dem Inhalt nach bekannt.
Literatur: Wolfer, E. P.: *E. v. K. als Mathematiker u. Philosoph. Groningen 1954.* – Keller, G. A.: *E. u. die alexandrin. Sterndichtung. Diss. Zürich 1946.*

Erben, Ingrid ↑ Bachér, Ingrid.

Erben, Karel Jaromír [tschech. 'ɛrbɛn], * Miletin (Ostböhm. Gebiet) 7. Nov. 1811, † Prag 21. Nov. 1870, tschech. Dichter und Übersetzer.
Gab im Geiste der Romantik Literaturdenkmäler und Urkunden heraus, sammelte Volkslieder, Märchen und Sagen, verfaßte eine Geschichte des tschech. Volkes. Er übersetzte das altruss. „Igorlied" und alttschech. Literatur. In seiner Dichtung beeinflußt von Herder, Goethe und Bürger.
Hauptwerke: Regesta diplomatica nec non epistolaria Bohemiae et Moraviae (1855), Der Blumenstrauß (Ged., dt. 1900).
Literatur: ↑ Němcová, Božena.

Ercilla y Zúñiga, Alonso de [span. ɛr'θiʎa i 'θuɲiɣa], * Madrid 7. Aug. 1533, † ebd. 29. Nov. 1594, span. Dichter.
Reiste im persönl. Gefolge des späteren Königs Philipp II. nach Italien, Deutschland und England und nahm am Feldzug gegen die Araukaner in Chile teil. Sein vom lat. Epos und von Ariosto beeinflußtes histor.-ep. Gedicht in Stanzen „La Araucana" (3 Teile: 1569, 1578, 1589) behandelt in 37 Gesängen den amerikan. Feldzug; es ist eines der bedeutendsten Epen der span. Literatur des 16. Jahrhunderts.

Erckmann-Chatrian [frz. ɛrkmanʃatri'ã], Name für zwei frz. Schriftsteller: Erckmann, Émile, * Pfalzburg (Elsaß) 20. Mai 1822, † Lunéville 14. März 1899; Chatrian, Alexandre, * Aberschweiler 18. Dez. 1826, † Villemomble bei Paris 3. Sept. 1890; E. und Ch. lernten sich 1847 kennen, schrieben gemeinsam erfolgreiche Romane (veröffentlicht unter gemeinsamem Namen), die in der napoleon. Zeit spielen, Sitte, Milieu und Charakter elsäss. Menschen aus dem Volk in liebevoller Detailmalerei humorvoll schildern. Nach einem Urheberrechtsstreit trennten sich beide 1889.
Hauptwerke: Der berühmte Doktor Mathäus (R., dt. 1897), Contes de la montagne (En., 1860), Madame Thérèse (R., 1863; dt. 1953), Freund Fritz (R., 1864; dt. 1920), Contes et romans alsaciens illustrés (1876), Contes vosgiens (En., 1877).
Literatur: Benoit-Guyod, G.: *La vie et l'œuvre d'E.-Ch. Paris 1963.* – Schoumacker, L.: *E.-Ch. Paris 1933.*

Erenburg ↑ Ehrenburg.

Erényi, Erica Marguerite ['ɛre:nji] ↑ Burkart, Erika.

Erfurt, Ebernand von ↑ Ebernand von Erfurt.

Erich, Otto ↑ Hartleben, Otto Erich.

Ericson, Walter [engl. 'ɛrɪksn] ↑ Fast, Howard [Melvin].

Ericsson, Volter Adalbert [schwed. ˌe:rikson] ↑ Kilpi, Volter Adalbert.

Erinna von Telos, griech. Dichterin des 4. Jh.s v. Chr.
Lebte auf Telos, einer kleinen, zu Rhodos gehörenden Insel; schrieb das Epyllion „Die Spindel" in dor. Dialekt und mit ep. Elementen, das, in ungefähr 300 Hexametern den Tod ihrer Freundin Baukis beklagend, Bilder gemeinsam verlebter Jugend aus der Erinnerung aufsteigen läßt.

Eristawi, Georgi Dawidowitsch; tl.: Ėristavi, Georgij Davidovič [russ. eris'tavi], * Ikorta 1811, † Gorri 21. Sept. 1864, georg. Dichter.
Aus georg. Hochadel; wegen Teilnahme an der Adelsverschwörung 1832 nach Polen verbannt, wo er die westl. Literatur studierte; Gründer und Hg. der bes. nach 1857 [unter anderer Leitung] bed. kulturellen Zeitschrift „Tsiskari" (= Morgenröte). E., Begründer der nationalen Theaterliteratur Georgiens, wandte sich in bürgerl. Komödien bes. gegen den Adel; er gilt, u.a. wegen der Verwendung der Volkssprache, als Schöpfer des Realismus; große Bedeutung haben seine zahlreichen Übersetzungen u.a. von Mickiewicz, Puschkin, Petrarca, Molière und Schiller; sein Hauptwerk ist die Komödie „Die Scheidung" (UA 1850).

Eristawi, Rafael Dawidowitsch; tl.: Ėristavi, Rafael Davidovič [russ. eris'tavi], * Kistaupi 21. April 1824, † Tiflis (heute Tbilissi) 4. März 1901, georg. Dichter und Ethnograph.
Aus georg. Hochadel; diente in der Verwaltung des Staates, u.a. in Tiflis. Schrieb außer Märchen und ethnograph. Studien v.a. realist. Erzählungen, in denen er seine volkskundl. Kenntnisse des Bauerntums verwertete; auch patriot. Lyrik, übersetzte u.a. Krylow, Puschkin und Mickiewicz.

Erlingsson, Þorsteinn [isländ. 'ɛrliŋsɔn], * Stóramörk 27. Sept. 1858, † Reykjavík 28. Sept. 1914, isländ. Schriftsteller.
Zunächst Journalist, später freier Schriftsteller; Anhänger des Sozialismus; schrieb formvollendete, sozialkrit., antiklerikale und satir. Gedichte, auch empfindsame Natur- und Liebeslyrik sowie patriot. Gesänge.

Ermengem, Frédéric van ↑ Hellens, Franz.

Ernst, Otto, eigtl. O. E. Schmidt, * Ottensen bei Hamburg 7. Okt. 1862, † Hamburg-Groß Flottbek 5. März 1926, dt. Schriftsteller.
Dramatiker, Erzähler, Lyriker und Essayist; Schilderer kleinbürgerl. Verhältnisse. Mit der Komödie „Flachsmann als Erzieher" (1901), den Erzählungen aus dem Kinderleben „Appelschnut" (1907), mit „Heidede!" (E., 1923) und dem autobiograph. Roman „Asmus Sempers Jugendland" (1905) hatte er breiten Publikumserfolg.
Literatur: Volquardsen, A.: *O. E. Hamb. 1927.* – Enking, O.: *O. E. u. sein Schaffen. Lpz. 1912.*

Ernst, Paul, * Elbingerode/Harz 7. März 1866, † Sankt Georgen (Steiermark) 13. Mai 1933, dt. Schriftsteller.

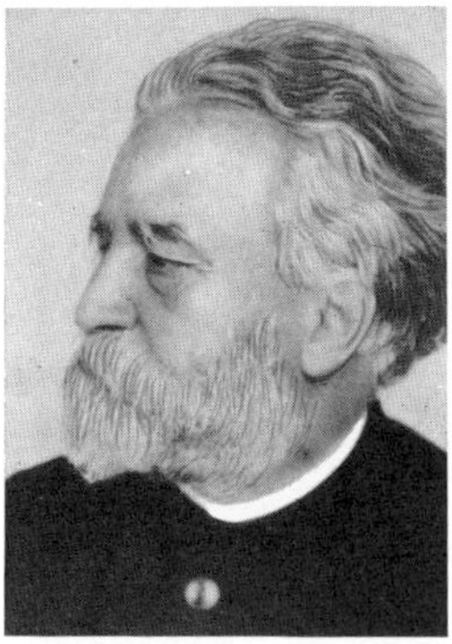

Paul Ernst

Sohn eines Bergmannes, studierte Theologie, Philologie, Geschichte und Volkswirtschaft (Dr. rer. pol.); Redakteur, Dramaturg; befreundet mit R. Dehmel, J. Schlaf, Zusammenarbeit mit A. Holz; 1900 erste Italienreise (bedeutsam für seine Kunstvorstellungen). E. war zunächst Naturalist („Lumpenbagasch", Dr., 1898), wandte sich vorübergehend der Neuromantik zu und wurde nach 1900 einer der Hauptvertreter der Neuklassik, mit dem Ziel der Erneuerung klass. Formstrenge. In seinem dichter. Werk suchte er die von ihm entwickelten kunst- und kulturkrit. Theorien („Der Weg zur Form", Essays, 1906; „Der Zusammenbruch des Idealismus", Essays, 1919) zu verwirklichen. Die stärkste Wirkung geht von seinen Novellen aus, die diese Gattung nach dem Vorbild der Renaissancenovelle erneuern (Verzicht auf psycholog. Begründung, betont konzentrierte Handlung und künstler. Geschlossenheit). Erneuerungsversuche um das Drama wenig erfolgreich, ausgenommen nur „Der Hulla" (Lsp., 1906). Auch die Versuche einer Wiederbelebung des großen Epos vermochten nicht zu überzeugen („Das Kaiserbuch", 1922–28). Später einige kleinere Romane, so „Der Schatz im Morgenbrotstal" (1926).

Weitere Werke: Die Prinzessin des Ostens (Novellen, 1903), Demetrios (Dr., 1905), Der Tod des Cosimo (Novellen, 1912), Komödiantengeschichten (1920), Spitzbubengeschichten (1920), Erdachte Gespräche (1921), Das Glück von Laubenthal (R., 1933).

Ausgaben: P. E. Werke in Einzelausgg. Gütersloh 1959 ff. Auf mehrere Bde. berechnet. – P. E. Ges. Werke. Mchn. $^{1-3}$*1928–35. 19 Bde.*

Literatur: P. E. in St. Georgen. Briefe u. Berichte aus den Jahren 1925–1933. Eine Gedenkschr. zum 100. Geburtstag des Dichters. Hg. v. K. A. Kutzbach. *Düsseld.; Gött. 1966. – Der Wille zur Form. Mitteilungsbll. der P.-E.-Gesellschaft. Hg. v.* K. A. Kutzbach. *Jg. 1, Düsseld. 1957 ff.* – Röttger, G.: *P. E. in seiner Auseinandersetzung mit dem dt. Idealismus. Diss. Hdbg. 1953.* – Potthoff, A.: *P. E. Mchn. 1935.*

Erpenbeck-Zinner, Hedda † Zinner, Hedda.

Erskine, John [engl. 'ə:skın], * New York 5. Okt. 1879, † ebd. 2. Juni 1951, amerikan. Schriftsteller, Literarhistoriker und Pianist.

Professor für Anglistik, Mithg. der „Cambridge history of American literature", Verfasser zeitgeschichtl. interessanter autobiograph. Schriften und vielgelesener Essays über Literatur und Musik. In seinen Romanen persiflierte er Stoffe der Weltliteratur und Geschichte. Großen Erfolg hatte „Das Privatleben der schönen Helena" (R., dt. 1927).

Weitere Werke: Adam und Eva (R., dt. 1928), Odysseus ganz privat (R., dt. 1959), Vergiß, wenn du kannst (R., dt. 1938).

Eršov † Jerschow.

Ersoy, Mehmet Akif [türk. ɛr'sɔi̯], * Konstantinopel (heute Istanbul) 1873, † ebd. 27. Dez. 1936, türk. Dichter.

Traditionell-islam. Ausbildung; Anhänger panislam. Gedanken, schloß sich später der Freiheitsbewegung an. Schrieb formvollendete, in den klass. Metren gestaltete Gedichte mit vorwiegend religiös-didakt. Thematik; verfaßte den Text zur türk. Nationalhymne.

Ertel, Alexandr Iwanowitsch; tl.: Ėrtel', Aleksandr Ivanovič [russ. 'ertılj], * Xisowo bei Woronesch 19. Juli 1855, † Twer 20. Febr. 1908, russ. Schriftsteller.

E. war, bevor er wie sein Vater Gutsverwalter wurde, in verschiedenen Berufen tätig; zeitweilig als Revolutionär in Haft und deportiert. Sein literar. Schaffen, auf die Zeit von 1879 bis 1896 beschränkt, umfaßt Romane, Erzählungen und Skizzen, in denen er im Geist der Volksfreunde die Welt der Bauern realist. darstellte, wobei er bes. die Stellung der Bauern zur Intelligenz berücksichtigte.

Hauptwerk: Gardeniny, ich dwornja, priwerschenzy i wragi (= Die Gardenins, ihr Gesinde, ihre Anhänger und Feinde, R., 1889).

Ertl, Emil ['ɛrtəl], * Wien 11. März 1860, † Graz 8. Mai 1935, österr. Schriftsteller.

Studierte Rechtswissenschaft und Philosophie (Dr. phil.), 1898–1922 Direktor der Bibliothek der TH Graz; befreundet mit P. Rosegger. Vertreter der österr. Heimatkunst in Romanen und Erzählungen; auch Novellen, meist aus der österr. Geschichte.

Hauptwerke: Liebesmärchen (1886), Ein Volk an der Arbeit (R.-Tetralogie, 1906–11), Gesprengte Ketten (Novellen, 1909), Der Berg der Läuterung (Nov., 1922), Karthago, Kampf und Untergang (R., 1924), Meisternovellen (1930).

Ertler, Bruno, * Pernitz (Niederösterreich) 29. Jan. 1889, † Graz 10. Dez. 1927, österr. Schriftsteller.

Studierte Germanistik und Kunstgeschichte in Prag (Dr. phil.); Journalist und Redakteur bei verschiedenen Grazer Zeitungen. Schrieb stimmungsreiche impressionist. Lyrik, ideenreiche und volkstüml. Dramen sowie sprachl. meisterhafte, formal vollendete Novellen.

Hauptwerke: Der Glücksbecher (Dr., 1911), Anna Iwanowna (Dr., 1920), Venus, die Feindin (Nov., 1921), Das Spiel von Doktor Faust (Dr., 1923).

Literatur: Hofbauer, M. Th.: *B. E.: Versuch einer Monogr. Diss. Wien 1949 [Masch.].*

Ervine, St. John Greer [engl. 'ə:vın], * Belfast 28. Dez. 1883, ir. Dramatiker.

Von 1915 an einige Zeit Theaterleiter, 1933–36 Professor für dramat. Literatur in Dublin. In seinen bedeutenderen, frühen Werken gestaltet er die bürgerl. Alltagswelt Irlands; später erfolgreiche

realist., wenig problemat. Gesellschaftsstücke von geringerem Wert; auch Erzähler.
Hauptwerke: Mixed marriage (Dr., 1910), Four Irish plays (1914), John Ferguson (Dr., 1914), Friends and relations (Dr., 1947), Private enterprise (Dr., 1948).

Erwin, Franz Theodor ↑ Kugler, Franz.

Eschenbach, Ulrich von ↑ Ulrich von Etzenbach.

Eschenbach, Wolfram von ↑ Wolfram von Eschenbach.

Eschmann, Ernst Wilhelm, * Berlin 16. Aug. 1904, dt. Schriftsteller.
Professor für Philosophie und Kulturgeschichte in Berlin, seit 1962 in Münster (Westf.). Neben seinen wissenschaftl. Abhandlungen ist sein Erzählwerk von Bedeutung, das in Sprache und Form klass. Vorbildern verpflichtet ist; in seinen Versdramen werden antike Stoffe aktualisiert; auch Lyrik, Essays, Reisebuch.
Hauptwerke: Griech. Tagebuch (Reisebericht, 1936), Ariadne (Trag., 1939), Tessiner Episteln (Ged., 1949), Alkestis (Dr., 1950), Die Tanne (R., 1953), Im Amerika der Griechen (Essays, 1961), Einträge. Notizen im Raum (1967), Ein Gott steigt herab (En., 1968).

Eschstruth, Nataly von ['ɛʃʃtru:t], * Hofgeismar 17. Mai 1860, † Schwerin 1. Dez. 1939, dt. Schriftstellerin.
War ⚭ mit dem Offizier Franz von Knobelsdorff-Brenkenhoff; begann mit Lustspielen, schrieb dann vorwiegend literar. minderwertige, rührselige Unterhaltungsromane.

Esdras ↑ Bibel.

Esenin ↑ Jessenin.

Espina y Tagle, Concha [span. es'pina i 'taɣle], eigtl. Concepción Espina de la Serna, * Mazcuerras (heute Luzmela, Santander) 15. April 1869, † Madrid 19. Mai 1955, span. Schriftstellerin.
Aus Kaufmannsfamilie; lebte nach ihrer frühen Heirat einige Jahre in Chile; Mitarbeit an span. und südamerikan. Zeitungen; ist mit ihrem vielgelesenen, umfangreichen realist. Romanwerk, das auch soziale Aspekte nicht vernachlässigt, eine der angesehensten Vertreterinnen der Literatur des span. Nordens (León).
Hauptwerke: Die Sphinx der Maragatos (R., 1914; dt. 1924), Das Metall der Toten (R., dt. 1922), Das Mädchen aus der Mühle (R., 1921; dt. 1943), Alta mayor (R., 1926), Un valle en el mar (R., 1950), Una novela de amor (R., 1953).

Espinel, Vicente [span. espi'nɛl], ≈ Ronda (Málaga) 28. Dez. 1550, † Madrid 4. Febr. 1624, span. Schriftsteller.
Studierte in Salamanca, Knappe, Sklave in Algerien, durchzog als Soldat halb Europa, dann Kaplan, auch Musiker. E. ist Verfasser des Schelmenromans „Abenteuer des Knappen Marcos de Obregón" (1618, dt. 1824), der ein buntes, auf eigenem Erleben beruhendes Bild der Zeit gibt. Lesage verwendete den Roman als Vorlage für seinen „Gil Blas". Schrieb auch Gedichte („Rimas", 1591).
Literatur: Haley, G.: *V. E. and Marcos de Obregón. A life and its literary representation. Providence (R. I.) 1959.*

Espinosa, Pedro de Sepúlveda de ↑ Sepúlveda de Espinosa, Pedro de.

Espronceda y Delgado, José Leonardo de [span. espron'θeða i ðɛl'ɣaðo], * zwischen Villafranca de los Barros und Almendralejo (Badajoz) 25. März 1808, † Madrid 23. Mai 1842, span. Dichter.
Sohn eines Obersten; früh von antidespot.-revolutionärem Geist erfüllt, schrieb 14jährig seine erste [polit.] Ode, wurde mit 16 Jahren Geheimbundmitglied, flüchtete nach Gibraltar, Lissabon und London, war an der Pariser Julirevolition und an den span. Revolutionen zwischen 1835 und 1840 beteiligt, 1841 vorübergehend Gesandtschaftssekretär in den Niederlanden und zuletzt Abgeordneter der Cortes. Seine bed. lyr. und ep. Dichtungen stehen ganz im Zeichen der europ. Romantik (Individualismus und Weltschmerz: Byron und Vigny) und der zeitgenöss. Freiheitsbewegungen; Hauptwerke sind der 6bändige Roman „Don Sancho Saldaña o..." (1834), die

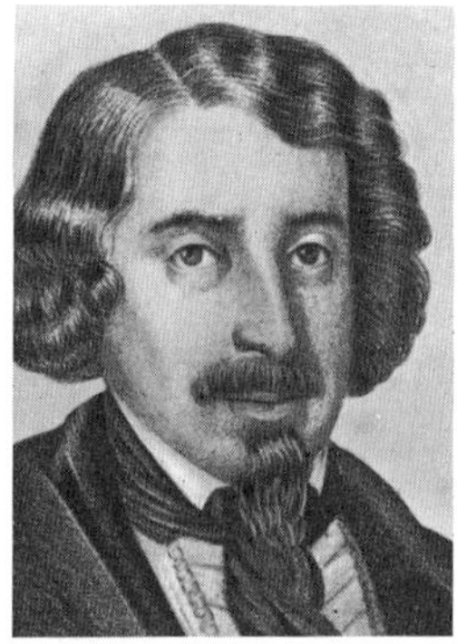

José Leonardo Espronceda y Delgado (Lithographie von Ronchi)

phantast. Verserzählung „El estudiante de Salamanca" (1839; Don-Juan-Motiv), „Poesías líricas" (1840) und das [fragmentar.] lyr. Versepos „El diablo mundo" (1841).

Esra ↑ Bibel.

Esser, Maurits [niederl. 'ɛsər] ↑ Eckeren, Gerard van.

Essig, Hermann, * Truchtelfingen bei Balingen 28. Aug. 1878, † Berlin-Lichterfelde 21. Juni 1918, dt. Schriftsteller.
Von F. Wedekind beeinflußter satir. expressionist. Dramatiker mit gesellschaftskrit. Themen; auch Prosa.
Hauptwerke: Überteufel (Trag., 1912), Des Kaisers Soldaten (Dr., 1915), Der Taifun (R., 1919).

Esslingen, Schulmeister von ↑ Schulmeister von Esslingen.

Estang, Luc [frz. ɛs'tã], eigtl. Lucien Bastard, * Paris 12. Nov. 1911, frz. Schriftsteller.
Lyriker und Erzähler des Renouveau catholique. Anfangs von Péguy, Claudel und Bernanos beeinflußt. 1938 erschien die erste Gedichtsammlung „Au-delà de moi-même". Es folgten Jahre des Suchens, bis er endlich zu einem vom christl. Glauben bestimmten Leben fand. Sein wichtigstes Werk, die Romantrilogie „Charges d'âmes" (1949–54, dt. 1953–55 unter den Titeln „Gezeichnete", „Und suchet, wen er verschlinge", „Brunnen der Tiefe"), schildert Menschen, die sich von Gott abkehren und gleichzeitig nach ihm suchen. E. vertritt einen „ev. Realismus". Moderne Gestaltung, u. a. Montagetechnik.

Weitere Werke: Le passage du Seigneur (Essay, 1945), Temps d'amour (R., 1947), Das Verhör (R., dt. 1958), Die Stunde des Uhrmachers (R., dt. 1964), Das Glück und das Heil (R., dt. 1963).

Estaunié, Édouard [frz. ɛsto'nje], * Dijon 4. Febr. 1862, † Paris 2. April 1942, frz. Schriftsteller.
Mitglied der Académie française (1923); Generalinspekteur des frz. Telegraphenwesens, Mitarbeiter mehrerer Zeitschriften. Im autobiograph. Roman „L'empreinte" (1895) übt er am jesuit. Erziehungssystem, in „Le ferment" (R., 1899) am Rationalismus des intellektuellen Proletariats Kritik. Mit Kennerschaft schildert er den Alltag unauffälliger Menschen, um zu zeigen, wie sich hinter der unauffälligen Fassade das Geheimnis des einzelnen, sein wahres, reicheres Leben verbirgt („Das geheime Leben", R., dt. 1938).
Weitere Werke: Segen der Liebe (R., dt. 1936), Schwester Therese (R., dt. 1937), Der Fall Clapain (R., dt. 1938).
Literatur: Actes du Congrès E.-Lacordaire. Dijon, 1er–3 juin 1962. In: Mémoires de l'Académie des Sciences, Arts et Belles-Lettres de Dijon 115 (1965). – Schlötke, C.: *Die eigenartige literar. Technik E.s. Borna 1938.* – Charpentier, J./Ambrière, F.: *E. Paris 1932.*

Estébanez Calderón, Serafín [span. es'teβaneθ kalde'rɔn], Pseudonym El Solitario, * Málaga 27. Dez. 1799, † Madrid 5. Febr. 1867, span. Schriftsteller.
Anwalt, Lehrer für Griechisch, Rhetorik und Poetik, hatte mehrmals hohe Staatsstellungen inne; beeinflußte das zeitgenöss. Kulturleben. Berühmt wurden seine „Escenas andaluzas" (Skizzen, 1847), Bilder des andalus. Volkslebens und seiner Menschentypen. Volkstüml. Sprache, reicher Wortschatz und sorgfältiger Stil. Gedichte meist scherzhafter Art und histor. Romane, so „Cristianos y moriscos" (1837).
Weitere Werke: Poesías (1831), Los tesoros de la Alhambra (R., 1831).
Literatur: Canovas del Castillo, A.: *El Solitario y su tiempo. Madrid 1883. 2 Bde.*

Esther † Bibel.

Ethere[d]ge, Sir George [engl. 'ɛθərɪdʒ], * um 1635, † Paris 1691, engl. Dramatiker.
Studierte in Cambridge, war zur Zeit Cromwells wahrscheinl. in Frankreich, hatte später einige diplomat. Aufträge, dabei häufig Schwierigkeiten wegen seines freien Lebenswandels. Verfasser lebhafter, witziger Komödien; einer der Begründer der Comedy of manners; Neigung zu Doppeldeutigkeiten und frivolen Anspielungen, Wechsel zwischen Prosa und Vers; auch leichte Lyrik und kulturhistor. interessante Briefe.
Hauptwerke: The comical revenge, or ... (Kom., 1664), She wou'd if she cou'd (Kom., 1668), The man of mode, or ... (Kom., 1676).
Literatur: Holland, N. N., jun.: *The first modern comedies: The significance of Etherege, Wycherley and Congreve. Cambridge (Mass.) 1959.* – Meindl, V.: *Sir G. Etheredge, sein Leben, seine Zeit u. seine Dramen. Wien 1901. Nachdr. New York 1965.*

Étienne, Charles Guillaume [frz. e'tjɛn], * Chamouilley (Haute-Marne) 6. Jan. 1777 oder 1778, † Paris 13. März 1845, frz. Schriftsteller.
Im Kaiserreich Zensor und Redakteur; 1811 Mitglied der Académie française; während der Restauration gefeierter Liberaler, 1839 Pair; gewandter Lustspielautor (sein bestes Stück: „Die beiden Schwiegersöhne", dt. 1813) und Librettist („Cendrillon" 1810; „Joconde", 1814).

Etlar, Carit [dän. 'ɛdlar] † Brosbøll, Carl.

Ettinghausen, Maurice † Sachs, Maurice.

Ettlinger, Karl, * Frankfurt am Main 22. Jan. 1882, † Berlin 5. April 1939, dt. Schriftsteller.
Kaufmannssohn; seit 1902 Redakteur der „Jugend" in München; schrieb, meist unter Decknamen (Karlchen u. a.), humorvoll-witzige Gedichte, Plaudereien, Parodien, ferner Novellen („Marquis Bonvivant", 1912), Lustspiele („Die Hydra", 1911) und dt. Nachdichtungen des Martial und Juvenal in Reimversen.

Etzenbach, Ulrich von † Ulrich von Etzenbach.

Eubulos, griech. Dichter des 4. Jh.s v. Chr.
Vertreter der sog. mittleren att. Komödie; in seinen Stücken fehlt die polit. Beziehung nicht ganz; so bekämpfte er in dem Drama „Dionysios" den sizilian. Tyrannen; ferner führte er die Figur des Kupplers ein.

Euhemeros, * um 340, † um 260, griech. Philosoph und Schriftsteller aus Messene.
Schrieb um 300 den Roman „Heilige Aufzeichnung", in dem er von einem utop. Inselstaat auf der Insel Panchaia im Ind. Ozean berichtet, auf der er eine Inschrift gefunden habe, derzufolge die Götter, sofern es sich nicht um personifizierte Naturgewalten handele, hochverdiente Menschen der Vergangenheit seien, die nur ihrer Verdienste wegen als Götter verehrt würden.

Eulaliasequenz, ältestes erhaltenes frz. Gedicht, vermutl. zwischen 880 und 890 in der Abtei Saint-Amand bei Valenciennes aufgezeichnet; besteht aus 28 (+ 1) rhythm. gegliederten, paarweise assonierenden Versen und behandelt den Märtyrertod der hl. Eulalia zur Zeit des röm. Kaisers Maximian.

Eulenberg, Herbert, * Köln-Mülheim 25. Jan. 1876, † Düsseldorf-Kaiserswerth 4. Sept. 1949, dt. Schriftsteller.
Jura- und Philosophiestudium (Dr. phil.), Dramaturg, dann freier Schriftsteller; Dramatiker, Erzähler, Lyriker und Essayist; starke Subjektivität und übermäßige Betonung des Gefühls, eine alles überwuchernde Phantasie sprengen das Gefüge seiner Dramen. Daneben schrieb er romant. Erzählwerke und Skizzen. Seine „Schattenbilder" (1910) bringen einsichtige biograph. Darstellungen bed. Persönlichkeiten.
Weitere Werke: Anna Walewska (Dr., 1899), Katinka, die Fliege (R., 1911), Belinde (Dr., 1913), Zeitwende (Schsp., 1914), Schubert und die Frauen (R., 1928).
Literatur: Richter, G.: *Humanitätsideal u. Gesellschaftskritik in den Dramen H. E.s. Diss. Lpz. 1958 [Masch.].* – Vom Endt, R.: *Der Dichter H. E. ganz menschl. gesehen. Wuppertal 1946.* – Hagens, J. G.: *H. E. Bln. 1913.*

Eulenspiegel † Till Eulenspiegel.

Euphorion von Chalkis, * Chalkis (Euböa) um 275 v. Chr., griech. Dichter des Hellenismus.
Erfolgreicher Vertreter der Gattung des Epyllions; wurde nach dem Studium in Athen – jedoch erst in vorgerücktem Alter – von Antiochos III. an die Bibliothek von Antiochia am Orontes berufen; neben Gedichten verfaßte E. auch gelehrte Schriften in Prosa. Die Verfasserschaft eines ihm zuge-

schriebenen Hippokrates-Lexikons muß bezweifelt werden.

Euphormio ↑ Barclay, John.

Eupolis, * Athen um 446, † nach 412, griech. Komödiendichter.

War zunächst mit Aristophanes befreundet, später jedoch dessen bedeutendster Rivale; Vertreter der alten att. Komödie, mit polit. Tendenz; erste Aufführung 429, errang mit 14 Komödien 7 Siege; sein Gesamtwerk ist nur in Fragmenten erhalten; am bekanntesten ist seine Komödie „Demen", die in der verworrenen polit. Situation der Zeit das Bild der glorreichen Vergangenheit zeichnet, als ein geeinigtes Griechenland alle Feinde beherrschte.

Euricius Cordus ↑ Cordus, Euricius.

Euripides, * auf Salamis 485 oder 484, † Pella (Makedonien) 406, griech. Tragiker.

Sohn eines Gutsbesitzers, hielt sich bewußt vom öffentl. Leben fern, stand im Ggs. zu Sophokles den neuen Lehren der griech. Aufklärung nicht ablehnend gegenüber; bald nach 408 ging er an den Hof des Königs Archelaos; soll von Jagdhunden zerrissen worden sein. E. gelang eine meisterhafte Darstellung des Seelenlebens seiner Helden, die ihren erhabenen Charakter verlieren und sich ganz wie im alltägl. Leben verhalten. Deshalb ablehnende Haltung seiner Zeitgenossen, die in der Tragödie die Welt ihrer Ideale dargestellt sehen wollten. Revolutionär war E. auch in der Gestaltung der äußeren Form; in [z.T. langatmigen] Prologen wurde von einer Gottheit oder einem Helden der Inhalt des Stückes vorweggenommen, am Ende der Tragödie wurde oft auf eine Lösung, die aus der Handlung und dem Charakter der Handelnden erwächst, verzichtet, indem der Handlungsknoten durch die Gottheit („deus [bzw. dea] ex machina") gewaltsam gelöst wurde. Infolge all dieser kühnen Neuerungen, seiner pessimist. Weltanschauung, seiner Kritik, die er auch am Verhalten der Götter übte (E. mußte eine Anklage der Gottlosigkeit über sich ergehen lassen), zog er sich die Gegnerschaft weiter Kreise zu. So ist es zu erklären, daß E. im dichter. Wettstreit nur viermal den Sieg davontrug. Um so nachhaltiger war jedoch die Wirkung auf die Folgezeit. E. erzielte eine reiche Kontrastierung durch das enge Nebeneinander von rationaler Argumentation und lyr. Pathos. Einzelne Teile (z.B. der Chorlieder, der Monoden) wurden formal verselbständigt; inhaltl. entspricht dem die hervorhebende Gestaltung psycholog. Reaktionen und Affekte. E. bediente sich unter dem Einfluß der „modernen" Rhetorik einer geschliffenen, verfeinerten Sprache; von 92 ihm zugeschriebenen Dramen sind außer zahlreichen Bruchstücken ein Satyrspiel („Kyklops") und 17 Tragödien erhalten: „Alkestis" (438), „Medeia" (431), „Herakliden" (um 430), „Hippolytos" (428), „Hekabe" (426?), „Andromache" (zwischen 428 und 424), „Hiketiden" (zwischen 424 und 421), „Herakles" (zwischen 421 und 415), „Troerinnen" (415), „Elektra" (413), „Helena" (412), „Ion" (bald nach 412), „Iphigenie auf Tauris" (zwischen 411 und 409), „Phoinissen" (nach 412), „Orestes" (408), „Bakchen" (nach 406), „Iphigenie in Aulis" (nach 406).

Ausgaben: E. Sämtl. Tragödien. Dt. Übers. Bearb. v. R. Kannicht *u.* B. Hagen. *Stuttg.* ^{2}*1967. 2 Bde. – Euripide. Griech. u. frz. Hg. v.* L. Meridier *u. a. Paris* $^{1-5}$*1959ff. Auf 7 Bde. berechnet. – E. Sämtl. Tragödien u. Fragmente. Dt. Übers. Bearb. v.* F. Stoessl. *Zürich 1958ff. Auf 3 Bde. berechnet. – Euripidis fabulae. Hg. v.* G. Murray. *Oxford 1902–09. 3 Bde. Neudr. 1957–58. – E. In: Tragicorum graecorum fragmenta. Hg. v.* A. Nauck. *Lpz.* ^{2}*1889.*

Literatur: Wege zu E. Hg. v. E.-R. Schwinge. *Darmst. 1968.* – Melchinger, S.: *E. Velber 1967.* – Webster, T. B. L.: *The tragedies of E. London 1967.* – Murray, G.: *E. u. seine Zeit. Dt. Übers. Bad Homburg v. d. H.; Darmst. 1957.* – Strohm, H.: *E. Interpretationen zur dramat. Form. Mchn. 1957.* – Masqueray, P.: *Euripide et ses idées. Paris 1908.* – Wilamowitz-Moellendorff, U. v.: *E., Herakles. Bln. 1889. 2 Bde. Neuausg. Darmst. 1959. 3 Bde.*

Eusebios von Caesarea, * zwischen 260 und 265, † 339 oder 340, griech. Kirchenschriftsteller.

Schüler des Pamphilos, seit 313 Bischof von Caesarea; vermittelnde Haltung gegenüber den Arianern; schrieb die erste Kirchengeschichte des Christentums, eine „Vita Constantini", eine „Chronik", ein Handbuch der Geschichte, das nur in der lat. Übersetzung des Hieronymus erhalten ist, außerdem bed. apologet. und exeget. Werke.

Ausgabe: Eusebius. Werke. Hg. v. I. A. Heikel *u.a. Lpz.; Bln.* $^{1-3}$*1902ff. Auf mehrere Bde. berechnet.*

Literatur: Wallace-Hadrill, D. S.: *Eusebius of C. London 1960.* – Berkhoff, H.: *Die Theologie des Eusebius. Amsterdam 1939.* – Laqueur, R.: *Eusebius als Historiker seiner Zeit. Bln. 1929.*

Eusebios von Emesa, * Edessa um 300, † Antiochia 359, griech. Kirchenschriftsteller.

Führer der gemäßigten Partei im Arianerstreit; bed. Exeget; von seinen Schriften ist nur wenig erhalten.

Eutropius, Flavius, röm. Geschichtsschreiber des 4. Jahrhunderts.

Schrieb im Auftrag des Kaisers Valens das „Breviarium ab urbe condita", eine röm. Geschichte bis zum Jahre 364 in 10 Büchern unter Benutzung der Livius-Epitome, einer unbekannten Kaisergeschichte und der Biographien Suetons; unselbständige, doch gute und übersichtl. Darstellung; im MA viel benutzt.

Evangelien ↑ Bibel.

Evans, Caradoc [engl. 'ɛvənz], eigtl. David E., * Pantycroy (Llandyssul, Wales) 31. Dez. 1878, † bei Aberystwyth (Wales) 11. Jan. 1945, walis. Schriftsteller.

Bäuerl. Herkunft; kam spät zum Journalismus und zur Schriftstellerei. E. schrieb Dramen, Romane, v. a. aber formvollendete Kurzgeschichten, die wegen ihres bitteren, zyn., sarkast. und satir. Tons bei der Darstellung walis. Zustände in E.' Heimat Entrüstung auslösten und teilweise unterdrückt wurden.

Hauptwerke: My people (Kurzgeschichten, 1915), Capel Sion (Kurzgeschichten, 1916), Taffy (Dr., 1923), Nothing to pay (R., 1930).

Literatur: Sandys, O. (d.i. M.F.H. Evans): *C. E. London* ^{2}*1950.*

Evans, Mary Ann [engl. 'ɛvənz] ↑ Eliot, George.

Evelyn, John [engl. 'i:vlɪn, 'ɛvlɪn], * Wotton House bei Dorking (Surrey) 31. Okt. 1620, † ebd. 27. Febr. 1706, engl. Schriftsteller.

Jurist, weitgereister und umfassend gebildeter Verfasser eines Tagebuchs („Diary", hg. 1955), das als wichtige kulturhistor. Quelle gilt; wertvolles, anschaul. Zeitbild. Mitbegründer der Royal Society.
Literatur: Higham, F.: *J. E., Esquire. Naperville (Ill.) 1968.* – Willy, M.: *English diarists: E. and Pepys. London 1963.*
Everaerts, Jan Nicolaas [niederl. 'e:vəra:rts] † Johannes Secundus.
Everyman [engl. 'ɛvrɪmæn] † Jedermann.
Evliya Çelebi [türk. ɛvli'jɑ tʃɛlɛ'bi], * Konstantinopel (heute Istanbul) 25. März 1611, † Temmuz 1682, türk. Schriftsteller.
Betrieb theolog. Studien, war einige Zeit am Hof des Sultans Murad IV., unternahm dann ausgedehnte Reisen und beschrieb seine Erlebnisse (teilweise auch Phantasieberichte) in dem 10bändigen „Seyahatname" (gedruckt 1898–1938), einem für Geographie, Kulturgeschichte und Volkskunde höchst interessanten Prosawerk, das Hammer-Purgstall für Europa entdeckte und z.T. ins Engl. übertrug. Dt. Teilübersetzung (aus Bd. 7) 1957 u. d. T. „Im Reiche des Goldenen Apfels".
Evreinov † Jewreinow.
Evtušenko † Jewtuschenko.
Ewald, Carl [dän. 'e:val'], * Gram (N-Schleswig) 15. Okt. 1856, † Charlottenlund bei Kopenhagen 23. Febr. 1908, dän. Schriftsteller.
Schrieb naturalist. Romane aus Geschichte und Gegenwart sowie Naturmärchen und Geschichten, in denen die Lehre Darwins anschaul. und lebendig dargestellt wird.
Ewald, Herman Frederik [dän. 'e:val'], * Kopenhagen 13. Dez. 1821, † Fredensborg 29. April 1908, dän. Schriftsteller.
Vater von Carl E.; schrieb von Scott beeinflußte, wenig bedeutende volkstümliche historische Romane.
Ewald, Johannes [dän. 'e:val'], * Kopenhagen 18. Nov. 1743, † ebd. 17. März 1781, dän. Dichter.
Theologiestudium, Teilnahme am Siebenjährigen Krieg, unstetes Leben, Trunksucht. Unter dem Einfluß Klopstocks beschäftigte er sich mit nord. Sagenstoffen, er projizierte seine starken Empfindungen in nord. Götter- und Heldengestalten („Balders Tod", Trag., dt. 1780). Vorbilder für seine Dichtung entnahm er dem Saxo Grammaticus. Die dän. Königshymne entstammt seinem Singspiel „Die Fischer" (dt. 1786).
Weitere Werke: Der Fall der ersten Menschen (Trag., dt. 1772), Rolf Krage (Trag., dt. 1772).
Literatur: Smith, D.: *J. E. (Eventyr, erotik, epos). Oslo 1943.* – Brix, H.: *J. E. Kopenhagen 1913.*
Ewers, Hanns Heinz, * Düsseldorf 3. Nov. 1871, † Berlin 12. Juni 1943, dt. Schriftsteller.
Studium in Berlin und Genf (Dr. jur.), seit 1897 freier Schriftsteller; 1900/01 an Wolzogens „Überbrettl"; Weltreisen. Schrieb, beeinflußt von E. T. A. Hoffmann und E. A. Poe, sensationelle Erzählungen und Romane, in denen er routiniert erot., sadist. und okkultist. Motive verwendet: „Das Grauen" (En., 1908), „Die Besessenen" (En., 1909), „Der Zauberlehrling oder Die Teufelsjäger" (R., 1909), „Grotesken" (1910), „Alraune" (R., 1911), „Vampir" (R., 1921) u. a.; auch Lyriker, Dramatiker und Essayist („E. A. Poe", 1906).
Exodus † Bibel.
Eyb, Albrecht von † Albrecht von Eyb.
Eybers, Elisabeth Françoise [afrikaans 'əibərs], * Klerksdorp (Transvaal) 26. Febr. 1915, afrikaanse Lyrikerin.
Tochter eines Pfarrers; studierte in Witwatersrand; Journalistin; trat mit Lyrik über Themen aus dem Leben der Frau und Mutter hervor; Einfluß Elizabeth Barrett Brownings und Emily Dickinsons.
Hauptwerk: Die stil avontuur (Ged., 1939).
Eyck, Pieter Nicolaas van [niederl. ɛik], * Breukelen 1. Okt. 1887, † Wassenaar (S-Holland) 10. April 1954, niederl. Lyriker, Kritiker und Literarhistoriker.
Professor für niederl. Literatur in Leiden. Vertrat in seinen Gedichten einen stoischen Pessimismus, wandte sich dann dem pantheist. Gottesbegriff zu und sah in der Welt die Selbstoffenbarung Gottes.
Hauptwerke: De getooide doolhof (Ged., 1909), Uitzichten (Ged., 1912), Inkeer (Ged., 1922), Herwaarts (Ged., 1939), Gedichten (1949).
Eyke von Repgow † Eike von Repgow.
Eysselsteijn, Ben van [niederl. 'ɛisəlstein], Pseudonym Fritz Hagemann, * Groningen 22. Jan. 1898, niederl. Schriftsteller und Theaterkritiker.
Lebt in Rijswijk (Holland); Journalist, Reisen in zahlreiche europ. Länder. E. schrieb Dramen, Lyrik und Essays, bes. aber Ehe- und Familienromane, die v. a. im niederl. Bauernmilieu spielen. In Deutschland bekannt durch den Roman „Vom Südkreuz zum Polarstern" (dt. 1938).
Weitere Werke: Harte Erde (R., dt. 1959), Verwitterte Steine (R., dt. 1958).
Eyth, Max (seit 1896) von, * Kirchheim unter Teck 6. Mai 1836, † Ulm 25. Aug. 1906, dt. Schriftsteller.
Philologie-, dann Maschinenbaustudium; war Maschineningenieur in England, Mitkonstrukteur eines bald sehr verbreiteten Dampfpflugs; bereiste als Ingenieur Europa, Ägypten und Amerika. Gründer (1884) und Leiter der Dt. Landwirtschaftsgesellschaft Berlin. Neben H. Seidel hat E. in volkstüml. Erzählweise die Welt der Technik in die dt. Literatur einbezogen; kennzeichnend: Fortschrittsgläubigkeit und romant. Lebensauffassung.
Hauptwerke: Wanderbuch eines Ingenieurs (Autobiogr., 1871–84), Hinter Pflug und Schraubstock (Autobiogr., 1899), Der Kampf um die Cheopspyramide (R., 1902), Der Schneider von Ulm (R., 1906).
Ausgabe: M. v. E. Ges. Schrr. Stuttg. ²1927. 6 Bde.
Literatur: Reitz, A.: *M. E. Hdbg. 1956.* – Weihe, K.: *M. E. Frkf. ³1950.* – Du Bois-Reymond, L.: *M. E. Ingenieur, Landwirt, Dichter. Bln. 1931.*
Ezechiel [...çiɛl] † Bibel.
Ezechiel [...çiɛl], jüd. Dichter des 2. Jh.s v. Chr. in Alexandria (?).
Schrieb in griech. Sprache das Drama „Exagoge" vom Auszug aus Ägypten, das nur fragmentar. erhalten ist.
Ezzo, Bamberger Chorherr des 11. Jahrhunderts. 1064 bezeugt als Teilnehmer am Pilgerzug des Bischofs Gunther von Bamberg nach Jerusalem; schrieb um 1060, wahrscheinl. im Auftrag des Bischofs, das „E.lied", eine fragmentar. überlieferte Weltchronik in Form eines Hymnus, in der in klarer, an lat. Hymnik geschulter Sprache die Heilsgeschichte geschildert wird; Christus wird als das strahlende Licht gesehen, das über Dunkel,

Sünde und Tod siegt; das „E.lied“ ist das erste frühmhd. Literaturdenkmal.
Literatur: Maurer, F.: *Der Bestand des alten E.liedes. In: Festgabe f. L. L. Hammerich. Aus Anlaß seines 70. Geburtstages. Kopenhagen 1962.* – Schützeichel, R.: *E.s Cantilena de miraculis Christi. Versuch einer Rekonstruktion. In: Euphorion 54 (1960), 121.*

F

Fabbri, Diego [italien. 'fabbri], * Forlì 2. Juli 1911, italien. Dramatiker.
Studierte in Bologna Jura; spielte auf kath. Laienbühnen; leitete zeitweise das vatikan. Filmbüro in Rom; schrieb bühnenwirksame Dramen mit christl. Grundhaltung, von denen ihn bes. „Prozeß Jesu“ (dt. 1957) um die Frage der Rechtmäßigkeit der Verurteilung Jesu bekannt machte.
Weitere Werke: Der Verführer (Kom., dt. 1954), Prozeß der Familie (Dr., dt. 1958), Delirio (Dr., 1958).

Fabius Pictor, Quintus, röm. Geschichtsschreiber der 2. Hälfte des 3. Jh.s v. Chr.
Gehörte nach der Niederlage bei Cannae (216) einer röm. Gesandtschaft zum Delph. Orakel an; ältester Vertreter der sog. Annalisten, der frühesten röm. Geschichtsschreiber und Prosaschriftsteller; schrieb in griech. Sprache eine Geschichte Roms von der Gründung der Stadt bis zum 2. Pun. Krieg; Quelle für Polybios und Dionysios von Halikarnassos, der den Bericht des F. P. von der Gründung Roms wiedergibt.
Literatur: Gelzer, M.: *Röm. Politik bei F. P. In:* Gelzer: *Kl. Schrr. Hg. v.* H. Strasburger *u.* Ch. Meier. *Bd. 3. Wiesb. 1964.* – Bung, P.: *Qu. F. P., der erste röm. Annalist. Unterss. über Aufbau, Stil u. Inhalt seines Geschichtswerkes an Hand v. Polybius 1–2. Diss. Köln 1951.*

Fabre, Émile [frz. fabr], * Metz 24. März 1869, † Paris 25. Sept. 1955, frz. Dramatiker.
Sohn eines Regisseurs; Journalist und langjähriger Administrator des Théâtre-Français; schrieb der Art H. Becques nahestehende soziale Dramen, die v. a. Politik und Finanzwelt satir. bloßstellen: u. a. „La vie publique“ (1901), „Das goldene Kalb“ (dt. 1906), „Les sauterelles“ (1909).
Weitere Werke: Un grand bourgeois (Dr., 1914), La maison sous l'orage (Dr., 1920).

Fabre, Ferdinand [frz. fabr], * Bédarieux (Hérault) 9. Juni 1827, † Paris 11. Febr. 1898, frz. Romanschriftsteller.
Verließ das Priesterseminar in Montpellier, wurde Bibliothekskonservator in Paris; schrieb zahlreiche realist. Romane, in denen er mit Vorliebe seine Heimat, die Cevennen, schildert und die Probleme des Priesterlebens behandelt.
Hauptwerke: Les Courbezon (R., 1862), Julien Savignac (R., 1863), Abbé Tigrane (R., dt. 1876), Mon oncle Célestin (R., 1881), Lucifer (R., 1884), Ma vocation (Autobiogr., 1889).

Fabre, Lucien [frz. fabr], * Pampelonne (Tarn) 14. Febr. 1889, † Paris 26. Nov. 1952, frz. Schriftsteller.
Dipl.-Ing.; erhielt für sein dreiteiliges Romanwerk „Rabevel ou le mal des ardents“ (1923), dessen Hauptfigur, der skrupellose Arrivist Rabevel, an Balzacs Rastignac erinnert, den Prix Goncourt; daneben bemerkenswerte Bücher über die Theorien Einsteins, über Kopernikus, die Jungfrau von Orléans („Jeanne d'Arc“, 1947), Augustinus („Saint Augustin“, 1951); auch Gedichte („Vanikoro“, 1923).
Weitere Werke: Connaissance de la déesse (Ged., 1920), Bauer ohne Pflug (R., 1925; dt. 1936).

Fabre d'Églantine [frz. fabrədeglã'tin], eigtl. Philippe François Nazaire Fabre, * Carcassonne (Aude) 28. Dez. 1755, † Paris 5. April 1794, frz. Lustspieldichter.
Zusammen mit Danton hingerichtet. F. d'É. wurde durch eine Forts. des „Misanthrope“ von Molière bekannt („Le Philinte de Molière“, Kom., 1790); Mitverfasser des Revolutionskalenders. Zum Volkslied wurde sein Gedicht „Il pleut, il pleut, bergère“. Der literar. Wert seiner Werke ist gering.
Weitere Werke: Le convalescent de qualité (Kom., 1791), Les précepteurs (Kom., 1791).
Literatur: Jacob, L.: *F. d'É. Chef des fripons. Paris 1946.*

Fabricius, Jan [niederl. fa:'bri:tsi:ʏs], * Assen 30. Sept. 1871, † Broadstone (Dorset) 23. Nov. 1964, niederl. Schriftsteller.
War nach Zimmermannslehre und Buchdruckertätigkeit Journalist und Schriftleiter in Niederl.-Indien und in Den Haag; lebte seit 1938 in England. Schrieb außer einigen Romanen v. a. Dramen, die in bäuerl. Milieu oder in der indones. Welt spielen.
Hauptwerke: Onder een dak (Dr., 1914), Der Rotkopf (Dr., dt. 1917), Loods aan boord (Dr., 1939), De ring van de profeet (R., 1952).

Fabricius, Johan [niederl. fa:'bri:tsi:ʏs], * Bandung (Java) 24. Aug. 1899, niederl. Schriftsteller.
Sohn von Jan F., lebt seit 1939 in London. Sein literar. Werk umfaßt spannend geschriebene Abenteuerromane, Dramen und Jugendbücher.
Hauptwerke: Kapitän Bontekoes Schiffsjungen (E., 1924; dt. 1938), Marietta (R., dt. 1933), Halbblut (R., dt. 1954), Die heiligen Pferde (R., dt. 1961), Weet je nog, Yoshi? (1966).

Fabricius, Sara [norweg. fa'bri:siʉs] ↑Sandel, Cora.

Fábry, Rudolf [slowak. 'fa:bri], * Budmerice (Westslowak. Gebiet) 8. Febr. 1915, slowak. Lyriker.
Seine surrealist., auch der kath. Moderne nahestehende Lyrik trug ihm 1946 den Nationalpreis ein; auch Anregungen durch verschiedene andere literar. Richtungen.

Fadejew, Alexandr Alexandrowitsch; tl.: Fadeev, Aleksandr Aleksandrovič [russ. fa'djejıf], * Kimry bei Kalinin 24. Dez. 1901, † bei Moskau 13. Mai 1956, russ.-sowjet. Schriftsteller.
Im Fernen Osten aufgewachsen. 1918 Mitglied der KP, Teilnahme am Bürgerkrieg. 1928–32 Bergbaustudium. Leiter des Schriftstellerverbandes, Mitglied des ZK, beging Selbstmord. F., ein Meister der russ. Sprache, übte bis zum Tode Stalins entscheidenden Einfluß auf die sowjet. Literatur aus. Sein Roman „Die junge Garde“ (dt. 1948) gilt als Musterbeispiel für den sozialist. Realismus. F. griff auf die Methode der psycholog. Analyse Tolstois zurück, v. a. in dem Roman „Die Neunzehn“

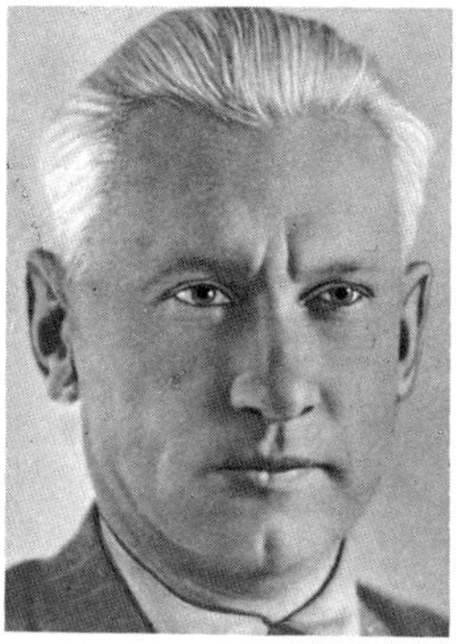

Alexandr Alexandrowitsch Fadejew

(dt. 1928), dessen Held das Ideal eines kommunist. Führers im Bürgerkrieg ist. In dem Roman „Der letzte Udehe" (dt. 1932–34) wird die Kollektivierung eines fernöstl. Stammes geschildert. Sein Bericht über Leningrad in den Tagen der Blockade (1944) ist ein Dokumentarwerk.
Literatur: Fliege, H.: *A. A. Fadeevs Anschauungen über die Menschendarst. in der Lit. Diss. Jena 1961 [Masch.].* – Oserow, W.: *Das Schaffen Alexander F.s. Dt. Übers. Bln. 1953.*

Faecke, Peter ['fɛkə], * Grunwald (Schlesien) 3. Nov. 1940, dt. Schriftsteller.
Studierte Germanistik und Romanistik, gehört zur „Gruppe 47", lebt in Köln. Machte durch den Roman „Die Brandstifter" (1963), in dem er einen heiklen Stoff mit Mitteln der modernen Erzähltechnik (Vor- und Rückgriffe in der Handlung, Überblendungen) raffiniert darstellte, auf sich aufmerksam. Sein Roman „Der rote Milan" (1965) ist eine Auseinandersetzung mit der dt. Wirklichkeit im Jahre 1941.

Faesi, Robert ['fɛ:zi], * Zürich 10. April 1883, schweizer. Germanist und Schriftsteller.
Germanistikstudium, Reisen nach Paris, London, Moskau, Rom; 1922–53 Professor für dt. Literatur in Zürich. F. steht in der Tradition der schweizer. Realisten und behandelt seine Stoffe in konservativer Form; schrieb Dramen, Lyrik, Romane, Essays.
Hauptwerke: Zürcher Idylle (1907, Neufassung 1950), Odysseus und Nausikaa (Trag., 1911), Vom Menuett zur Marseillaise (Nov., 1930), Die Stadt der Väter, Die Stadt der Freiheit, Die Stadt des Friedens (R.-Trilogie, 1941, 1944, 1952), Alles Korn meinet Weizen (R., 1961), Diodor (E., 1968).
Literatur: Huber, M.: *Das Romanwerk v. R. F. In: Dt. Rundschau 80 (1954), 262.*

Fagiuoli, Giovanni Battista [italien. fa'dʒuɔ:li], * Florenz 24. Juni 1660, † ebd. 12. Juli 1742, italien. Dichter.
Sekretär, Schauspieler; lebte am Hof verschiedener Fürsten; schrieb burleske Gedichte („Rime piacevoli", 1729) und eine Reihe einstmals erfolgreicher, von Molière beeinflußter Komödien („Il cicisbeo sconsolato", „Il marito alla moda", „Gl'inganni notevoli").

Fagus [frz. fa'gys], eigtl. Georges Faillet, * Brüssel 22. Jan. 1872, † Paris 8. Nov. 1933, frz. Dichter.
Seit 1880 in Paris, wo er bei der Präfektur tätig war; später Redakteur; kath.-royalist. Extremist, dessen bildreiche myst. Gedichte an der mittelalterl. Dichtung orientiert sind.
Hauptwerke: Testament de ma vie première (Ged., 1898), Ixion (Ged., 1903), La guirlande à l'épousée (Ged., 1921), Pas perdus (Essays, 1926), Le sacre des innocents (Ged., 1927).

Faiko, Alexei Michailowitsch; tl.: Fajko, Aleksej Mihajlovič [russ. 'fajkɐ], * 19. Sept. 1893, russ.-sowjet. Dramatiker.
Studierte in Moskau; wurde 1921 Schauspieler, Regisseur und Theaterschriftsteller; sein Frühwerk „Osero Ljul" (= Der Ljulsee, Dr., 1923) stellt wie „Utschitel Bubus" (= Lehrer Bubus, Dr., UA 1925) die revolutionären Kreise in W-Europa dar; F.s erfolgreiches Drama „Tschelowek s portfelem" (= Der Mann mit der Aktentasche, 1928) behandelt die Stellung der Sowjets gegenüber der bürgerl. Neigungen bezichtigten Intelligenz.

Faillet, Georges [frz. fa'jɛ] ↑ Fagus.

Fainsilberg, Ilja Arnoldowitsch ↑ Ilf, Ilja.

Fair, A. A. [engl. fɛə] ↑ Gardner, Erle Stanley.

Fairfield, Dame Cecily Isabel [engl. 'fɛəfi:ld] ↑ West, Rebecca.

Faisi; tl.: Fayḍī [pers. fei'zi:], eigtl. Abol Fais Ebn Mobarak; tl.: Abu'l-Fayḍ Ibn Mubārak, * Agra 1547, † ebd. 5. Okt. 1595, pers.-ind. Dichter.
Stammte aus Indien, war Hofdichter des Großmoguls Akbar, der ihm den Titel „Dichterkönig" verlieh und ihn zum Prinzenerzieher ernannte. Gemeinsam mit seinem Bruder verfaßte F. eine Biographie Akbars. F. schöpfte aus der pers. und ind. Literatur, war Kenner des Sanskrit und der arab. Dichtung, hatte großen Einfluß auf die osman. Literatur. Seine Werke, von denen „Nal O Daman", die pers. Nachbildung einer Episode aus dem ind. „Mahabharata", am erfolgreichsten war, galten als zu gekünstelt. Wesentl. sind F.s Übersetzungen (aus dem Sanskrit), die zum polit. Programm Akbars gehörten und die pers. Religion mit der ind. versöhnen sollten.

Fajko ↑ Faiko.

Fajnzil'berg, Il'ja Arnol'dovič ↑ Ilf, Ilja.

Falcão de Sousa, Cristóvão [portugies. fal'kɐ̃un də 'sozɐ], * Portalegre zwischen 1515 und 1518, † 1553, portugies. Dichter.
Ihm wird eine der berühmtesten Eklogen der portugies. Literatur, „Crisfal" (1554), zugeschrieben, deren Motiv unerfüllte Liebe ist und die eine eigentüml. Mischung lyr. und ep. Elemente darstellt.

Falco, Gian [italien. 'falko] ↑ Papini, Giovanni.

Faleński, Felicjan Medard [poln. fa'lɛi̯ski], Pseudonym Felicjan, * Warschau 5. Juni 1825, † ebd. 11. Okt. 1910, poln. Dichter.
Vertreter des Positivismus in lyr., ep. und dramat. Dichtungen; schuf anspruchsvolle, esoter. Werke; bed. Übersetzer u. a. von Ariosto, Petrarca, Hugo.

Falk, Johannes Daniel, Pseudonym Johannes von der Ostsee, * Danzig 28. Okt. 1768, † Weimar 14. Febr. 1826, dt. Schriftsteller.
Theologiestudium, Legationsrat in Weimar seit 1806. F. schrieb Grotesken, Satiren, Lieder. Volksgut wurde sein Lied „O du fröhliche". Seine postum erschienenen Goethe-Erinnerungen sind wichtig, wenn auch nicht immer zuverlässig.
Ausgaben: J. D. F. Dichtungen f. das Volk u. die Jugend ausgew. v. R. Eckart. *Querfurt 1915–17. 2 Bde. – J. D. F. Auserlesene Werke. Lpz. 1819.*

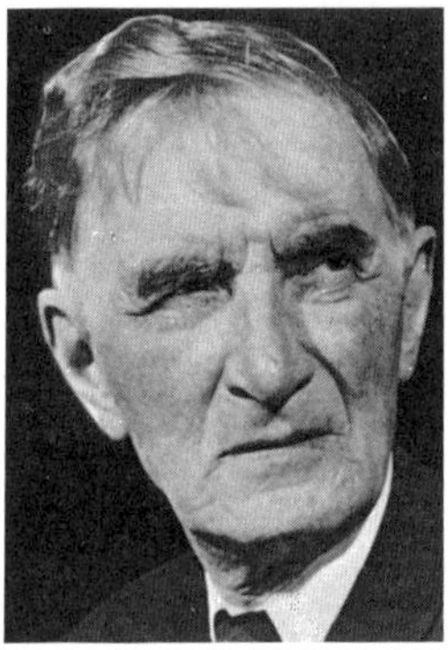

Johan Petter Falkberget

Literatur: Schering, E.: *J. F. Leben u. Wirken im Umbruch der Zeiten. Stuttg. 1961.* – Witte, E.: *F. u. Goethe. Diss. Rostock 1912.*

Falkberget, Johan Petter [norweg. 'falkbærgə], eigtl. J. P. Lillebakken, * Rugeldalen bei Røros 30. Sept. 1879, † Tyvoll bei Røros 5. April 1967, norweg. Schriftsteller.

Bergarbeiter, später Redakteur norweg. Arbeiterzeitungen, Abgeordneter, 1940 Flucht vor dt. Truppen nach Schweden. F. schrieb in bilderreichem Stil v. a. histor. Romane, Hauptthema ist das Leben der Bergarbeiter. Anfangs war F. Romantiker, später Realist religiös-sozialer Prägung. Sein Hauptwerk ist „Christianus Sextus" (R.-Trilogie, 1927–35; dt. 1938 u. d. T. „Im Zeichen des Hammers"), die Geschichte einer Erzgrube. Der Romanzyklus „Nattens brød" (1940ff.) spielt im 17. Jh. und schildert Not, Arbeit und Schicksale der Bergarbeiter.

Weitere Werke: Svarte fjelde (R., 1907), Ved den evige sne (R., 1908), Die vierte Nachtwache (R., dt. 1928), Brandopfer (R., dt. 1929).

Ausgabe: J. F. Verker. Oslo 1949. 10 Bde.

Literatur: Thesen, R.: *J. F. og hans rike. Oslo 1959.* – Dohl, E.: *J. F., bergstadens dikter. Oslo 1949.*

Falke, Gustav, * Lübeck 11. Jan. 1853, † Großborstel bei Verden (Aller) 8. Febr. 1916, dt. Dichter.

Buchhändler, Klavierlehrer; von Liliencron entdeckt und gefördert, konnte sich 1903 ganz der Literatur widmen (Ehrenpension des Hamburger Senats). Heiter-stille Gedichte, am Volkslied geschulte Verse; selbst in der Prosa noch Lyriker. Einflüsse v. a. Liliencrons, auch Eichendorffs, Mörikes, C. F. Meyers. F. schrieb auch Jugendbücher und [niederdt.] Mundartdichtung.

Hauptwerke: Mynheer der Tod (Ged., 1891), Der Mann im Nebel (R., 1899), En Handvull Appeln (Ged., 1906), Die Kinder aus Ohlsens Gang (R., 1908), Geelgösch (Novellen, 1910), Die Stadt mit den goldenen Türmen (Autobiogr., 1912).

Ausgabe: G. F. Ges. Dichtungen. Hamb. 1912. 5 Bde.

Literatur: Oppert, K.: *G. F. zum Gedächtnis. In: Euphorion 47 (1953), 68.* – Spiero, H.: *G. F. Braunschweig 1928.*

Falke, Konrad, eigtl. Karl Frey, * Aarau 19. März 1880, † Eustis (Fla., USA) 28. April 1942, schweizer. Schriftsteller.

1906–13 Dozent für Literatur an der TH Zürich; in seinem traditionsgebundenen literar. Schaffen war er v. a. C. F. Meyer verpflichtet, dessen Zug ins Monumentale bes. seine im MA und zur Zeit der Renaissance spielenden großangelegten Tragödien aufweisen; auch kulturphilosoph. Schriften, Essays, Biographien; Übersetzungen.

Hauptwerke: Francesca da Rimini (Trag., 1904), Im Banne der Jungfrau (E., 1909), Carmina Romana (Ged., 1910), Der Kinderkreuzzug (R., 1924).

Ausgabe: K. F. Dramat. Werke in 5 Bden. Zürich 1930–33.

Literatur: Inderbitzin, Z.: *K. F. Sein Leben, seine Werke. Luzern 1958.*

Fallada, Hans, eigtl. Rudolf Ditzen, * Greifswald 21. Juli 1893, † Berlin 5. Febr. 1947, dt. Schriftsteller.

Nach Besuch eines Berliner Gymnasiums, das er vorzeitig verließ, versuchte er sich in den verschiedensten Berufen, bis er schließl. Verlagslektor und freier Schriftsteller wurde. In seinen sozialkrit. Romanen „Kleiner Mann – was nun?" (1932) und „Wer einmal aus dem Blechnapf frißt" (1934) schildert er im Zuge der Neuen Sachlichkeit mit genialer Beobachtungsgabe das Milieu der „kleinen Leute", die tägl. Begebenheiten und die drückende Not der Ausgestoßenen und Gescheiterten.

Weitere Werke: Bauern, Bonzen und Bomben (R., 1931), Wolf unter Wölfen (R., 1937), Der eiserne Gustav (R., 1938), Jeder stirbt für sich allein (R., 1947), Der Trinker (R., 1950), Zwei zarte Lämmchen weiß wie Schnee (R., 1953), Junger Herr – ganz groß (R., hg. 1965).

Ausgaben: H. F. Ges. Erzählungen. Reinbek bei Hamb. 1967. – H. F. Ausgew. Werke in Einzelausgg. Hg. v. G. Caspar. *Bln.* 1–4*1966ff. Auf 10 Bde. berechnet.*

Literatur: Manthey, J.: *H. F. in Selbstzeugnissen u. Bilddokumenten. Reinbek bei Hamb. 1963.* – Lemmer, Th.: *H. F. Eine Monogr. Diss. Freiburg (Schweiz) 1961.*

Fallet, René [frz. fa'lɛ], * Villeneuve-Saint-Georges 4. Dez. 1927, frz. Schriftsteller.

Journalist; schrieb Gedichte und v. a. populist. Romane; in „Banlieue Sud-Est" (R., 1947) beschreibt er seine Jugend; auch Drehbücher.

Weitere Werke: Le triporteur (R., 1951), Les pas perdus (R., 1954), La grande ceinture (R., 1956),

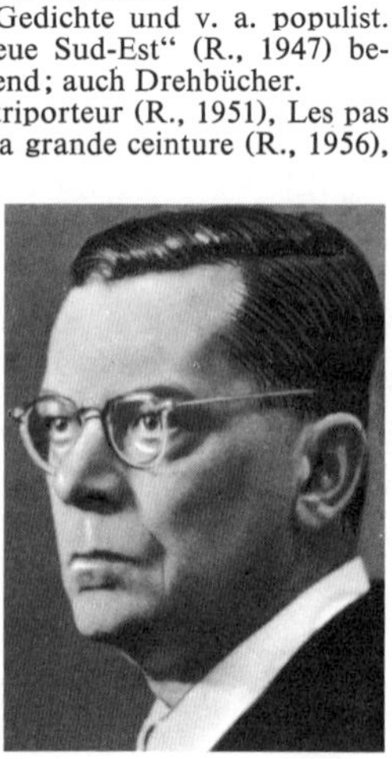

Hans Fallada

Les vieux de la vieille (R., 1958), À la fraîche (Ged., 1959), Paris au mois d'août (R., 1964).

Fallmerayer, Jakob Philipp [... mɔraɪər], * Tschötsch bei Brixen 10. Dez. 1790, † München 25. oder 26. April 1861, östr. Schriftsteller und Historiker.

Sohn eines Taglöhners, Domschüler in Brixen, studierte Theologie in Salzburg und Philosophie in Landshut, wo er Professor am Lyzeum wurde; in der Folgezeit Reisen u. a. in den Orient, nach Frankreich und Italien; Professor für Geschichte in München, als Demokrat und Mitglied des Frankfurter Parlaments entlassen. Bed. Reiseschriftsteller und Kulturschilderer; glänzende stilist. Darstellung, hervorragender Vertreter des Feuilletons. Schrieb u. a. „Fragmente aus dem Orient" (1845).

Ausgabe: J. Ph. F. Ges. Werke. Hg. v. G. M. Thomas. *Lpz. 1861. 3 Bde. Nachdr. Amsterdam 1964.*

Literatur: Appel, P.-H.: *J. Ph. F.s Sprachstil. Diss. Erlangen 1952 [Masch.].* – Seidler, H.: *J. Ph. F.s geistige Entwicklung. Mchn. 1947.*

Falster, Christian [dän. 'fal'sdər], * Branderslev 1. Jan. 1690, † Ripen 24. Okt. 1752, dän. Dichter.

Seit 1723 Rektor der Lateinschule in Ripen. Bed. Philologe (Schriften in lat. Sprache) und geistreicher Übersetzer (Ovid). Schrieb zahlreiche lat. Zeitsatiren im Stil Juvenals, in denen er menschl. Schwächen geißelte.

Faludi, Ferenc [ungar. 'fɔludi], * Güssing (Burgenland) 25. März 1704, † Rechnitz (Burgenland) 18. Dez. 1779, ungar. Dichter.

Umfangreiche Lehrtätigkeit als Jesuitenprediger bis zur Auflösung des Ordens; Anregungen durch die italien. Dichtung bei Aufenthalten in Italien, bes. in Rom. Schrieb außer dramat. und erzählenden Werken v. a. Gedichte im verspielten Stil des Rokokos; Einflüsse der Volksdichtung; lakon. prägnanter Prosastil.

Fangen, Ronald [norweg. 'faŋən], * Kragerø 29. April 1895, † Fornebu bei Oslo 22. Mai 1946 (Flugzeugunglück), norweg. Schriftsteller.

War Journalist, literar. Mitarbeiter an verschiedenen Zeitschriften, seit 1935 führendes Mitglied der Oxfordgruppenbewegung (Moral. Aufrüstung), 1940/41 von der Gestapo in Haft gehalten. Seine von christl.-moral. und antimarxist. Ideen getragenen Romane enthalten ausgedehnte weltanschaul. Auseinandersetzungen. Seine frühen Dramen sind vom dt. Expressionismus beeinflußt, später realist. Darstellungsweise.

Hauptwerke: Syndefald (Dr., 1920), Erik (R., 1931), Der Mann, der die Gerechtigkeit liebte (R., dt. 1936), En lysets engel (R., 1945).

Farasdak, Al, Hammam Ibn Ghalib; tl.: Al-Farazdaq, Hammām Ibn Ġālib [alfa'rasdak], * Basra um 641, † um 728, arab. Dichter.

Aus vornehmer Familie; führte ein abenteuerl. Leben; schrieb, im sprachl. Ausdruck dem geachteteren Rivalen Dscharir Ibn Atijja nicht nachstehend, originelle Schmäh-, Preis- und Bettelgedichte. Sein Diwan wurde teilweise ins Dt. übersetzt (u. a. 1903).

Färber, Gottlieb ↑ Tieck, Ludwig.

Fargue, Léon-Paul [frz. farg], * Paris 4. März 1876, † ebd. 24. Nov. 1947, frz. Dichter.

Sohn eines Fabrikdirektors; Schüler Mallarmés und Bergsons; widmete sich, nachdem er zunächst Maler hatte werden wollen, ganz der Literatur; Mitarbeiter an der „Nouvelle Revue française"; Freund Gides, Valérys, Valéry Larbauds u. a., auch vieler bed. Maler und Komponisten, über die er später als Chronist des Pariser Lebens berichtete. Als Lyriker zwischen Symbolismus und Surrealismus stehend; sensibler Poet, der seine Anregungen aus seinem ständigen Kontakt mit der Großstadt Paris und ihrer Kultur empfing.

Hauptwerke: Tancrède (Ged., 1911), Pour la musique (Ged., 1914), D'après Paris (Ged., 1932), Le piéton de Paris (Ged., 1939), Haute solitude (Ged., 1941), Méandres (Memoiren, 1947).

Literatur: Chonez, C.: *L.-P. F. Neuaufl. Paris 1959.* – La Rochefoucauld, E. de: *L.-P. F. Paris 1959.*

Faria e Sousa, Manuel de [portugies. fɐ'riɐ i 'sozɐ], * bei Pombeiro 18. März 1590, † Madrid 3. Juni 1649, portugies. Historiker und Dichter.

Zunächst Sekretär des Bischofs von Oporto, dann in Madrid, kurze Zeit auch in Rom; schrieb vorwiegend in span. Sprache; verfaßte Sonette, Eklogen, Kanzonen, Madrigale u. a.; berühmt als Kommentator der Werke von Camões; sein umfangreiches polit.-histor. Werk genügt nur selten krit. Maßstäben.

Farigoule, Louis [frz. fari'gul] ↑ Romains, Jules.

Farina, Salvatore [italien. fa'ri:na], * Sorso (Sardinien) 10. Jan. 1846, † Mailand 15. Dez. 1918, italien. Schriftsteller.

Studierte Jura; Redakteur, schrieb zahlreiche Romane und Novellen, die sich fast ausschließl. im kleinbürgerl. Lebenskreis bewegen, den er anschaul. und gemütvoll schildert.

Hauptwerke: Il tesoro di Donnina (R., 1873), Amore bendato (R., 1877), Mein Sohn (Autobiogr., dt. 1884), Il signor Io (R., 1882), La mia giornata (Autobiogr., 1910–15).

Farquhar, George [engl. 'fa:kwə], * Londonderry (Nordirland) 1677 oder 1678, † London 29. April 1707, ir. Dramatiker.

Schauspieler; Sohn eines Geistlichen; schrieb geistreiche, witzige Lustspiele, teils zyn.-frivol, teils derb-kom.; anschaul. Schilderung des damaligen Lebens. Zu seinen besten Komödien zählen: „Das beständige Ehepaar" (1700, dt. 1839), „The stage coach" (1704), „The recruiting officer" (1706), „Stutzerlist" (1707, dt. 1839).

Weitere Werke: Love and a bottle (Kom., 1699), The twin rivals (Kom., 1702).

Literatur: Spinner, K.: *G. F. als Dramatiker. Bern 1956.* – Schmid, David: *G. F., sein Leben u. seine Original-Dramen. Wien 1904. Nachdr. New York 1965.*

Farrell, James Thomas [engl. 'færəl], * Chicago 27. Febr. 1904, amerikan. Schriftsteller.

Sohn armer kath. ir. Einwanderer; harte Jugend, nach längerer Tätigkeit als Gelegenheitsarbeiter Studium an der Universität Chicago, das durch journalist. Erfolge ermöglicht wurde; u. a. von Dreiser und Joyce beeinflußt. Seine Frühwerke entstanden meist in Paris; daher auch Einflüsse der frz. Literatur; teils positive, teils krit. Einstellung zum Marxismus. Seine naturalist. Romane zeichnen sich durch photograph. genaue Darstellung einer düsteren, quälenden und kalten Welt aus. In dem stark autobiograph. Hauptwerk, der Trilogie „Studs Lonigan" (1932ff), schildert er den Untergang eines jungen ir. Einwanderers in

einer amerikan. Großstadt; auch literaturkrit. Essays.
Weitere Werke: Kein Stern geht verloren (R., 1938; dt. 1959), Literature and morality (Essay, 1947), A dangerous woman and other short stories (1957), The silence of history (R., 1963), Lonely for the future (R., 1966).

Farrère, Claude [frz. fa'rɛ:r], eigtl. Frédéric Charles Bargone, * Lyon 27. April 1876, † Paris 21. Juni 1957, frz. Schriftsteller.
Marinelaufbahn; während des 1. Weltkriegs im Kriegsministerium, 1919 pensioniert; Seereisen bis nach O-Asien; 1905 Prix Goncourt, 1935 Mitglied der Académie française; schrieb in der Nachfolge Lotis, den er jedoch nicht erreichte, zahlreiche exot.-farbige Romane, deren Handlung meist vor dem Hintergrund gegensätzl. europ. und oriental. Zivilisationen spielt.
Hauptwerke: Opium (R., 1904; dt. 1911), Kulturmenschen (R., dt. 1906), Der Mann, der den Mord beging (R., dt.1909), Die Schlacht (R.,1909; dt. 1914), Loti (Essay, 1929).
Literatur: Troyat, H.: *Le fauteuil de F. Discours de réception de H. T. à l'Académie Française et réponse de M. le Maréchal Juin. Paris 1960.* – Revon, M.: *C. F., son œuvre. Paris 1924.*

Farrochi, Abol Hasan Ali Ebn Dschulugh; tl.: Farruhī, Abu'l-Ḥasan 'Alī Ibn Ǧūlūġ [pers. færro'xi:], * Sistan (O-Iran), † 1038, pers. Dichter.
Lebte am Hof des Sultans Mahmud von Ghazni, den er wie dessen Nachfolger, Prinzen und Wesire in Lobgedichten verherrlichte und so Anerkennung und Reichtum erlangte. Eine spieler., rhetor. geschulte Ausdrucksweise und hohe Musikalität zeichnen seine Gedichte aus (mehr als 9000 Verse erhalten).

Faßbind, Franz, * Schwyz 7. März 1919, schweizer. Schriftsteller.
Journalist, lebt in Adliswil bei Zürich; Verfasser von Dramen, Romanen, Gedichten und Hörspielen.
Hauptwerke: Gedichte (1937), Zeitloses Leben (R., 1941), Atombombe. Ein gesprochenes Oratorium (1945), Von aller Welt geehrt (R., 1948), Der Mann (R., 1950), Valentin (R., 1959).

Fast, Howard [Melvin] [engl. fɑ:st], Pseudonym Walter Ericson, * New York 11. Nov. 1914, amerikan. Schriftsteller.
Vater Fabrikarbeiter; F. durchstreifte die USA, wobei er sich den Lebensunterhalt durch Gelegenheitsarbeiten erwarb; polit. linksstehend, Stalin-Friedenspreis 1953. Die Stärke F.s liegt auf dem Gebiet des histor. Romans, in dem immer wieder die polit. Überzeugung des Autors deutl. wird; daneben Biographien.
Hauptwerke: Bürger Tom Paine (Biogr., 1943; dt. 1953), Straße zur Freiheit (R., dt. 1948), Spartacus (R., dt. 1959), Die Affäre Winston (R., dt. 1960), Die neuen Menschen (E., dt. 1963), Versuchung der Macht (dt. 1965).

Fastenrath, Johannes [... a:t], * Remscheid 3. Mai 1839, † Köln 16. März 1908, dt. Schriftsteller.
Bereiste häufig Spanien und bemühte sich um die Förderung der dt.-span. Kulturbeziehungen. Er übersetzte zahlreiche span. Dichtungen und nahm sie für seine Werke zum Vorbild. 1899 führte er „Blumenspiele" (dichter. Wettkämpfe) ein und gründete die „F.-Stiftung" zur Unterstützung dt. Schriftsteller.
Hauptwerke: Klänge aus Andalusien (Ged., 1866), Hesperische Blüten (Ged., 1869), Calderon in Spanien (Monogr., 1882).

Faulkner, William [Harrison] [engl. 'fɔ:knə], * New Albany (Miss.) 25. Sept. 1897, † Oxford (Miss.) 6. Juli 1962, amerikan. Schriftsteller.
Stammte aus einer angesehenen, verarmten Pflanzerfamilie der Südstaaten, verließ Schule und Universität (Studium engl. und frz. Literatur) ohne Examina, war während des 1. Weltkriegs Pilot der kanad. Luftwaffe, arbeitete in meist handwerkl. Berufen und lebte seit 1926 als Farmer in Oxford (Miss.). Nach erfolglosen ersten Versuchen in Lyrik und Prosa gelang ihm der erste seiner großen Romane, die Grauenvolles mit skurrilem Humor darstellen, „Sartoris" (1929, dt. 1961). Erst der um des Aufsehens willen geschriebene makabre Roman „Die Freistatt" (1931, dt. 1951) machte ihn

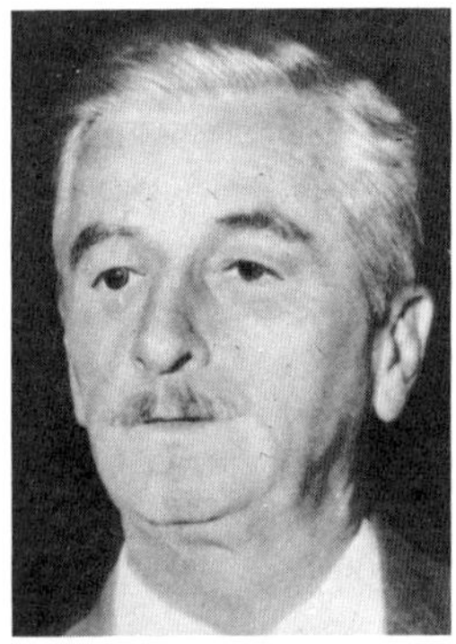

William [Harrison] Faulkner

als Schilderer pervertierter Psychopathen bekannt. Die Erzähltechnik der Wiedergabe reflektierter Bewußtseinsströme in naturalist. oder realist. Romanen erschloß neue Perspektiven für eine verrätselnde Darstellung der makabren, hekt. und der aristokrat. Welt der Südstaaten. Dem anfängl. Fatalismus folgte ein durch Resignation nuancierter Optimismus („Eine Legende", dt. 1955; „Requiem für eine Nonne", szen. R., dt. 1956). F. stellt in gegensatzreicher Sprache, oft durch mehrere Erzähler perspektiv. gesehen, Themen dar, die, gelöst von der jeweiligen Fabel, als Auflehnung und Ergebung in das menschl. Schicksal zu deuten sind. An den Gegensätzen Sitte und Sinnlichkeit, Individuum und Gemeinschaft, Freiheit und Sicheinfügen weiß er die Licht- und Schattenseiten des menschl. Lebens darzustellen. F. erhielt 1949 den Nobelpreis.
Weitere Werke: Schall und Wahn (R., 1929; dt. 1956), Als ich im Sterben lag (R., 1930; dt. 1961), Licht im August (R., 1932; dt. 1949), Absalom, Absalom! (R., dt. 1938), Das Dorf (R., 1940; dt. 1957), Griff in den Staub (R., dt. 1951), Das verworfene Erbe (E., dt. 1953), Die Stadt (R., dt. 1958), Das Haus (R., dt. 1960), Die Spitzbuben (R., dt. 1963).
Ausgabe: W. F. Collected edition. London 1967 ff. Auf mehrere Bde. berechnet.
Literatur: Straumann, H.: *W. F. Frkf. 1968.* – Vickery, O.: *The novels of W. F. A critical interpretation. Neuaufl. Baton Rouge (La.) 1964.* – Brooks, C.: *W. F. The Yoknapatawpha country.*

New Haven u. London 1963. – Christadler, M.: *Natur u. Gesch. im Werk v. W. F. Hdbg. 1962.* – *W. F. Three decades of criticism. Hg. v.* F. J. Hoffman *u.* O. W. Vickery. *East Lansing (Mich.) 1960.*

Faustbuch, Volksbuch, in dem die Abenteuer und Zaubereien eines Dr. Johannes Faust geschildert werden, dessen histor. Vorbild der umherziehende Arzt, Astrolog, Schwarzkünstler und Marktschreier Dr. Georg Faust war, * in Knittlingen (Württemberg) oder Helmstadt bei Heidelberg um 1480, der, aus mehreren Städten ausgewiesen, um 1540 in Staufen im Breisgau eines plötzl. (gewaltsamen?) Todes starb. Durch die Übertragung zahlreicher umlaufender Geschichten von Zauberkünsten, wie sie u. a. Simon Magus, Theophilus und Albertus Magnus zugeschrieben wurden, auf die Figur des Dr. Faust und ihre Erklärung durch ein Bündnis Fausts mit dem Teufel entstand die Faustsage. Die älteste erhaltene, gedruckte Fassung ist die von Johann Spies in Frankfurt am Main 1587 hg. „Historia von D. Johann Fausten...", eine in orthodox-luth. Geist als warnendes Exempel geschriebene Darstellung. Den zahlreichen Jahrmarktsbüchern vom Dr. Faust, durch die auch Goethe mit dem Stoff vertraut wurde, liegt die gekürzte Fassung des Volksbuches „von Eynem Christlich-Meynenden" (1725) zugrunde.
Ausgaben: Historia v. D. Johann Fausten. In: Dt. Volksbb. Hg. v. K. O. Conrady. *Reinbek bei Hamb. 1968. – Doctor Fausti Weheklag. Die Volksbb. v. D. Johann Faust u. Christoph Wagner. Nach den Erstdrucken neubearb. u. eingel. v.* H. Wiemken. *Bremen 1961. – Historia v. D. Johann Fausten, dem weitbeschreyten Zauberer u. Schwarzkünstler. Hg. v.* R. Benz. *Jena 5.–7. Tsd. 1924. – Das Volksb. v. Doctor Faust (nach der 1. Ausg., 1587). Hg. v.* R. Petsch. *Halle ²1911.*
Literatur: Petsch, R.: *Faustsage u. Faustdichtung. Dortmund 1966.* – Birven, H.: *Der histor. Doktor Faust. Maske u. Antlitz. Gelnhausen 1963.* – Müller, Günther: *Gesch. der dt. Seele. Vom F. zu Goethes Faust. Freib. 1939. Nachdr. Darmst. 1963.*

Favart, Charles Simon [frz. fa'va:r], * Paris 13. Nov. 1710, † ebd. 12. Mai 1792, frz. Dramatiker.
Bäcker; erfreute sich der Gunst der Madame de Pompadour; Direktor der Opéra-Comique; war ⚭ mit der gefeierten Schauspielerin Justine Duronceray; einer der Schöpfer des frz. Singspiels; schrieb etwa 150 Vaudevilles und Operetten, u. a. „Bastien und Bastienne" (1753, dt. 1764), „Lottchen am Hofe" (1755, dt. 1769).

Faydī † Faisi.

Faye, Jean-Pierre [frz. faj], * Paris 19. Juli 1925, frz. Schriftsteller.
Seine Gedichte („Couleurs pliées", 1965) und Dramen gehören der experimentellen Literatur an; der Berlin-Roman „Die Schleuse" (dt. 1967) erregte in Frankreich Aufsehen.
Weiteres Werk: Pulsschläge (R., dt. 1966).

Fechter, Paul, * Elbing 14. Sept. 1880, † Berlin 9. Jan. 1958, dt. Journalist, Schriftsteller und Literarhistoriker.
Studierte Architektur, Philosophie, Mathematik und Literaturwissenschaft. Tätigkeit für führende Berliner Blätter („Voss. Zeitung", „Berliner Tageblatt", „Dt. Allgemeine Zeitung" u. a.); v. a. Kritiker und Literarhistoriker („Der Expressionismus", 1914; „Geschichte der dt. Literatur", 1941; „Das europ. Drama", 1956–58), Verfasser humorvoller Berlin- und Ostpreußenromane und der Komödie „Der Zauberer Gottes" (1940).
Weitere Werke: Das wartende Land (R., 1931), Die Fahrt nach der Ahnfrau (E., 1935), Die Gärten des Lebens (R., 1938), Der Herr Ober (R., (1940).

Federer, Heinrich, * Brienz (BE) 7. Okt. 1866, † Zürich 29. April 1928, schweizer. Schriftsteller.
Kath. Priester, seit 1900 Redakteur und freier Schriftsteller. Den ersten unterhaltenden Romanen folgten an Keller und Gotthelf geschulte Werke, in denen er liebevoll, mit Menschenkenntnis und Güte, im Geist kath. Religiosität Menschen und Landschaft seiner Heimat schildert. Ersten Erfolg brachten ihm die „Lachweiler Geschichten" (1911) und der Roman „Berge und Menschen" (1911). Formales Können und farbiger Bilderreichtum zeichnen seine italien. Wanderbücher aus.
Weitere Werke: Das Mätteliseppi (R., 1916), Das Wunder in Holzschuhen (En., 1919), Umbr. Geschichten (En., 1919), Papst und Kaiser im Dorf (E., 1924), Am Fenster (Autobiogr., 1927).
Ausgaben: H. F. Ges. Werke in Einzelausgg. Luzern ¹⁻⁴1947–50. 15 Bde. – H. F. Ges. Werke. Bd. 1–4, 7–9, 11, 12. Bln. 1.–51. Tsd. 1931–38 [m. n. e.].
Literatur: Kessler, W.: *H. F. Zu seinem 100. Geburtstag. In: Schweizer Rundschau 65 (1966), 541.* – Frick, S.: *H. F. Leben u. Dichtung. Luzern 1960.* – Floeck, O.: *H. F. Leben u. Werk. Bln. 1938.*

Federmann, Reinhard, * Wien 12. Febr. 1923, östr. Schriftsteller.
Lebt in Wien; Dramatiker und Erzähler, der gern zeitgeschichtl. Themen wählt; häufige Zusammenarbeit mit Milo † Dor; auch Hörspielautor und Übersetzer aus dem Serbokroatischen.
Hauptwerke: Der Weg zum Frieden (Dr., UA 1949), Es kann nicht ganz gelogen sein (En., 1951), Das Himmelreich der Lügner (R., 1959), Wiener G'schichten – Geschichte Wiens (1968).

Federspiel, Jürg, * Zürich 28. Juni 1931, schweizer. Schriftsteller.
Filmkritiker, Reporter, Aufenthalte in Berlin und Paris, freier Schriftsteller in Basel. Schreibt vielschichtige Erzählungen und Romane in sachl. Sprache.
Hauptwerke: Orangen und Tode (En., 1961), Massaker im Mond (R., 1963), Der Mann, der Glück brachte (En., 1966), Museum des Hasses (Bericht, 1969).

Fedin, Konstantin Alexandrowitsch; tl.: Fedin, Konstantin Aleksandrovič [russ. 'fjedin], * Saratow 24. Febr. 1892, russ.-sowjet. Schriftsteller.
Wurde während des Studiums in Deutschland, wo er mit dem Expressionismus in Berührung kam, vom 1. Weltkrieg überrascht und interniert; seit 1918 in Rußland Rotarmist, später in der Volksbildung und als Journalist tätig. Er wurde von Gorki gefördert und schloß sich 1920 den „Serapionsbrüdern" an. Vor dem 2. Weltkrieg wiederholt in W-Europa. F. schrieb Romane, Novellen und Bühnenstücke. Sein erster Roman, „Städte und Jahre" (dt. 1927), der sehr erfolgreich war, ist kompliziert im Aufbau; formal ist der Einfluß der dt. Expressionisten und Belys spürbar. In den Romanen „Frühe Freuden" (dt. 1948) und „Ein ungewöhnl. Sommer" (dt. 1950), die zu den bed. Werken der sowjet. Literatur gezählt werden,

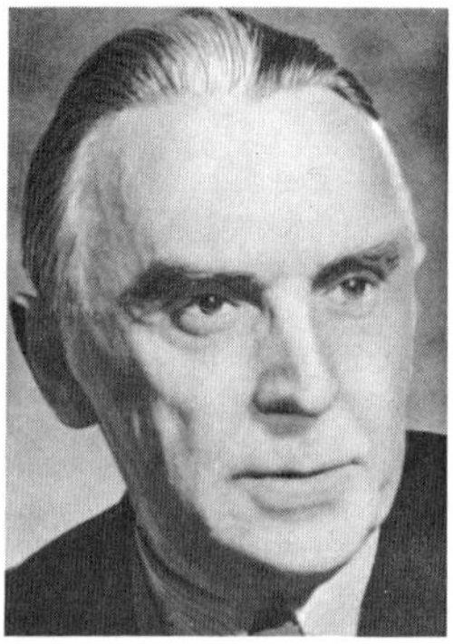

Konstantin Alexandrowitsch Fedin

macht er Zugeständnisse an den sozialist. Realismus.
Weitere Werke: Die Brüder (R., dt. 1947), Der Raub der Europa (R., dt. 1958), Die Flamme (dt. 1963).
Ausgabe: K. F. Ges. Werke. Dt. Übers. Bln. 1958–60. 10 Bde.
Literatur: Blum, J. M.: *K. F. A description and analytic study. Den Haag 1967.* – Köck, G.: *Die Gestaltung der dt. u. westeurop. Lebensproblematik im Werk K. A. F.s. Diss. Graz 1967 [Masch.].* – Hiller, B.: *K. F. u. der dt. Expressionismus. In: Zs. f. Slawistik 10 (1965), 35.* – Brainina, B.: *K. F. Dt. Übers. Bln. 1954.*

Fedkọwitsch, Ossip Juri; tl.: Fedkovič, Osip Jurij [russ. fɪt'kɔvitʃ], * Storonez-Putylow 8. Aug. 1834, † Tschernowzy 11. Jan. 1888, ukrain. Dichter.
Zunächst östr. Offizier, später Schulinspektor und Bürgermeister, ferner Mithg. der ersten ukrain. Zeitung in der Bukowina. Landschaft und Volkstum seiner Heimat prägten seine anfangs dt.-sprachige, später ukrain. Lyrik, die starke Einflüsse der westeurop. Romantik aufweist. F. begründete die huzul. Dialektdichtung; er schrieb auch Erzählungen und Dramen, in denen er (wie auch in seiner Lyrik) oft Jagd- und Kriegsmotive verwendete.

Fẹhrs, Johann Hinrich, * Mühlenbarbek (Holstein) 10. April 1838, † Itzehoe 17. Aug. 1916, niederdt. Schriftsteller.
Lehrer in Lübeck und Itzehoe bis 1903; steht als Schriftsteller in der Nachfolge Th. Storms. Schrieb lyr. und ep. Gedichte, u. a. „Krieg und Hütte" (Epos, 1872), Erzählungen wie „Lütj Hinnerk" (1878), „Allerhand Slag Lüd" (1887–91) und den Dorfroman aus der Zeit von 1848 bis 1851 „Maren" (1907).
Ausgabe: J. H. F. Ges. Dichtungen in 4 Bden. Hamb. 1913.
Literatur: Almanach 1949–64. Hg. v. der Fehrs-Gilde. Hamb. 1964. – Foerste, L.: *Idee als Gestalt in F.scher Kunst. Eine ästhet. Dichtungsbetrachtung. Neumünster; Hamb. 1962.* – Bödewadt, J.: *J. H. F. Sein Werk u. sein Wert. Braunschweig ²1922.*

Fẹhse, Willi, * Kassieck (Altmark) 16. Mai 1906, dt. Schriftsteller.
Studierte u. a. in Berlin; Rektor, Theaterkritiker; schrieb Gedichte, den Roman um Josef Kainz „Romeo im Tingeltangel" (1964), Novellen, Essays („Von Goethe bis Grass", 1963) und Hörspiele; v. a. bekannt durch seine Geschichten- und Anekdotenbücher („Blühender Lorbeer", 1953); Hg. von Anthologien.

Feisi ↑ Faisi.

Fẹith, Rhijnvis [niederl. fɛi̯t], * Zwolle 7. Febr. 1753, † ebd. 8. Febr. 1824, niederl. Dichter.
Studierte Rechtswissenschaft (Dr. jur.), Bürgermeister von Zwolle; bekannt mit Klopstock; schrieb unter dem Einfluß von Rousseau, Klopstock, Wieland und Goethe empfindsame Romane und Dramen, die ihn zum volkstümlichsten Dichter seiner Zeit machten.
Hauptwerke: Julia (R., dt. 1788), Ferdinand en Constantia (R., 1785), Ines de Castro (Dr., 1793), Oden en gedichten (1796–1814).

Fẹlder, Franz Michael, * Schoppernau bei Bregenz 13. Mai 1839, † Bregenz 26. April 1869, östr. Schriftsteller.
Sohn eines Kleinbauern, autodidakt. Bildung; schrieb unter dem Einfluß von Auerbach und Gotthelf Dorfgeschichten mit starkem sozialem Ethos.
Hauptwerke: Nümmamüllers und das Schwarzokaspale (E., 1863), Sonderlinge (En., 1867), Reich und arm (R., 1868).

Fẹldman, Miroslav [serbokroat. ˌfɛldman], * Virovitica 28. Dez. 1899, kroat. Dramatiker.
Studierte in Wien Medizin; nahm als Arzt am Partisanenkrieg gegen Deutschland teil. F. schrieb neben Gedichten v. a. Dramen, die in der Vorkriegszeit mehr satir.-groteske Züge tragen und in der Nachkriegszeit v. a. sozial engagiert sind.

Fẹldman, Wilhelm [poln. 'fɛldman], * Zbaraż (heute Sbarasch) 8. April 1868, † Krakau 25. Okt. 1919, poln. Schriftsteller, Literarhistoriker und Kritiker.
Aus jüd. (chassid.) Familie, studierte in Heidelberg und Berlin; als Kritiker bei verschiedenen linksorientierten Zeitungen und Zeitschriften, Redakteur bei „Krytyka"; trat als Publizist für die nationalen Belange Polens und die Gleichberechtigung der Juden in Polen ein. F. war Dramatiker und Erzähler; histor. und psycholog. Problemen galt sein Interesse. Bed. ist seine Abhandlung „Die poln. Literatur der Gegenwart" (1902, dt. 1916).

Felịcjan [poln. fɛ'litsjan] ↑ Faleński, Felicjan Medard.

Felịński, Alojzy [poln. fɛ'li̯ski], * Łuck 1771, † Krzemieniec 23. Febr. 1820, poln. Dichter.
Besuchte eine Piaristenschule, studierte Sprachen, Angestellter beim Reichstag, 1794 nahm er am Aufstand teil, war Sekretär Kościuszkos; seit 1819 Gymnasialdirektor in Krzemieniec. Vertreter des poln. klassizist. Dramas, dessen patriot.-pathet. Trauerspiel „Barbara Radziwiłłówna" (1811) noch heute aufgeführt wird.

Fẹlmayer, Rudolf [... maɪ̯ər], * Wien 24. Dez. 1897, östr. Schriftsteller.
Bankbeamter, freier Schriftsteller, nach 1945 Bibliothekar und Lektor beim Östr. Rundfunk in Wien; Lyriker von originaler Sprachkraft, Hg. von Anthologien und der Reihe „Neue Dichtung aus Österreich" (1955 ff.).
Hauptwerke: Die stillen Götter (Ged., 1936), Gesicht des Menschen (Ged., 1948), Der Spielzeughändler aus dem Osten (Ged., 1958), Eine wiener.

Passion (Ged., 1964), Barocker Kondukt (Dichtung, 1968).

Fénelon, eigtl. François de Salignac de La Mothe-F. [frz. fenˈlõ], * Schloß Fénelon (Dordogne) 6. Aug. 1651, † Cambrai 7. Jan. 1715, frz. Schriftsteller.

Schüler des Seminars Saint-Sulpice in Paris; um 1675 Priester; beauftragt mit der Betreuung neukonvertierter Protestantinnen; enge Beziehungen zu Bossuet, auf dessen Empfehlung hin er mit einer Missionsaufgabe in den Provinzen Saintonge und Poitou betraut wurde; 1689 mit der Erziehung des Thronfolgers, des Enkels von Ludwig XIV., beauftragt, danach Erzbischof von Cambrai; wurde unter dem Einfluß von Madame Guyon Anhänger des Quietismus und fiel deshalb bei Kirche und Hof in Ungnade, verbrachte die letzten 15 Jahre seines Lebens isoliert in Cambrai; Mitglied der Académie française (1693). Als Hauptwerk gilt der für seinen königl. Schüler bestimmte

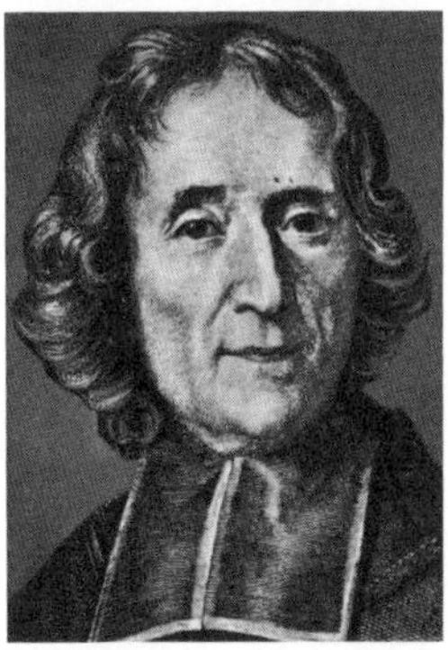

Fénelon (nach einem Gemälde von J. Vivien)

staatspolit.-pädagog. Bildungsroman „Les aventures de Télémaque", der, 1699 ohne F.s Wissen gedruckt, wegen der angebl. Angriffe auf das Königshaus und seines fortschrittl. Ideengutes bis 1717 verboten war, dann aber in zahllosen Ausgaben verbreitet und in fast alle lebenden Sprachen übersetzt wurde (dt. 1734–39); auch viele der sonstigen Schriften, v.a. „Über die Erziehung der jungen Mädchen" (1687, dt. 1740), weisen F. als einen Vorläufer der Aufklärung aus.

Weitere Werke: Totengespräche (1700, dt. 1745), Lettre sur les occupations de l'Académie française (hg. 1716), Fables (hg. 1734).

Ausgaben: F. Geistl. Werke. Briefe, Predigten, Traktate. Dt. Übers. Hg. v. F. Varillon. *Düsseld. 1961. – F. Werke religiösen Inhalts. Dt. Übers. Lpz.* ^{3}*1878. 3 in 1 Bd. – F. Œuvres complètes. Hg. v.* M. Gosselin. *Paris 1848–52. 10 Bde. Nachdr. Hildesheim 1969.*

Literatur: Spaemann, R.: *Reflexion u. Spontaneität. Studien über F. u. seine Wirkungsgesch. Stuttg. 1963.* – Carcassonne, E.: *F., l'homme et l'œuvre. Neuaufl. Paris 1953. – F. Persönlichkeit u. Werk. Festschr. zur 300. Wiederkehr seines Geburtstages. Hg. v.* J. Kraus *u.* J. Calvet. *Baden-Baden 1953.*

Fenis, Rudolf von ↑ Rudolf von Fenis.

Fenoglio, Beppe [italien. feˈnɔʎʎo], * Alba (Cuneo) 1. März 1922, † ebd. 18. Febr. 1963, italien. Schriftsteller.

F. ist einer der begabtesten Nachkriegsautoren, für den sich bes. I. Calvino einsetzte; er schrieb Erzählungen und Romane; der Roman „Eine Privatsache" (dt. 1948) lebt von der Erinnerung an seine piemontes. Heimat und stellt die Härte und Grausamkeit des Partisanenlebens dar.

Weitere Werke: La malora (R., 1954), Un giorno di fuoco (R., 1963).

Ferber, Edna [engl. ˈfəːbə], * Kalamazoo (Mich.) 15. Aug. 1887, † New York 16. April 1968, amerikan. Schriftstellerin ungar. Herkunft.

Gab ihr Schauspielstudium aus finanziellen Gründen auf und wurde Journalistin, später freie Schriftstellerin; ihre sentimental-realist. Romane behandeln, z.T. mit sozialkrit. Tendenz, Stoffe aus der amerikan. Geschichte und Gegenwart; zahlreiche Romane und Bühnenstücke wurden verfilmt.

Hauptwerke: Buttered side down (En., 1912), So Groß (R., dt. 1927), Das Komödiantenschiff (R., dt. 1929), Cimarron (R., dt. 1931), Amerikan. Schönheit (R., dt. 1933), Giganten (R., dt. 1954), Der weiße Palast (R., dt. 1958).

Ferdausi, Abol Ghasem Mansur; tl.: Firdawsī, Abu'l-Qāsim Manṣūr [pers. ferdou̯ˈsiː], * Was bei Tus (NO-Iran) um 940, † Tus 1020 oder 1026, pers. Dichter.

Gehörte der Kaste der kleinen Grundbesitzer an, von der die pers. Tradition bes. gepflegt wurde. F. ist der Verfasser des pers. Nationalepos „Schahname" (= Buch der Könige), mit dem er den Beginn der neupers. Dichtkunst setzte. Er schildert darin die Geschichte Persiens in etwa 50000 Doppelversen vom myth. Beginn bis zur Eroberung durch die Araber (651). In etwa 30jähriger Arbeit schuf F. dies mit Legenden vermischte Geschichtswerk, das den Persern noch heute als das größte Zeugnis ihrer bed. Vergangenheit gilt und von ihnen der „Ilias" gleichgestellt wird. Unschätzbar als kulturhistor. Zeugnis, in mehrere Sprachen übersetzt. F. starb arm und verbittert.

Ausgaben: Heldensagen des Firdusi. In dt. Nachbildung. Hg. v. A. F. v. Schack. *Stuttg.* ^{4}*1891–94. 3 Bde. – Firdosi's Königsb. Dt. Übers. v.* F. Rückert. *Hg. v.* E. A. Bayer. *Bln. 1890–95. 3 Bde.*

Literatur: Hansen, K. H.: *Das iran. Königsb. Aufbau u. Gestalt des Schahname v. Firdosi. Mainz; Wiesb. 1955.* – Nöldeke, Th.: *Das iran. Nationalepos. Bln.* ^{2}*1920.*

Ferguson, Sir Samuel [engl. ˈfəːgəsn], * Belfast 10. März 1810, † Howth bei Dublin 9. Aug. 1886, ir. Dichter schott. Herkunft.

Studierte in Dublin, war erfolgreicher Rechtsanwalt, 1878 geadelt. Bed. sind seine Übersetzungen und Paraphrasen ir. Gedichte; schrieb Kurzgeschichten und sammelte alte kelt. Inschriften.

Hauptwerke: Lays of the Western gael (Ged., 1865), Deirdre (Ged., 1880), Hibernian night's entertainments (Kurzgeschichten, 1887).

Fergusson, Robert [engl. ˈfəːgəsn], * Edinburgh 5. Sept. 1750, † ebd. 16. Okt. 1774, schott. Dichter.

Nach dem Studium Schreiber in einem Anwaltsbüro; starb in geistiger Umnachtung; seine volksnahe, humorist.-lebhafte schott. Dialektdichtung beeinflußte R. Burns; seine engl. Gedichte sind weniger bedeutend.

Hauptwerke: Poems (1779, 1782), Scots poems (hg. 1947).

Literatur: MacLaine, A.: *R. F. New York 1965.* – Grosart, A. B.: *R. F. Edinburgh 1898.*

Ferlin, Nils Johan Einar [schwed. fær'li:n], * Karlstad 11. Dez. 1898, † Uppsala 21. Okt. 1961, schwed. Lyriker.

In verschiedenen Berufen tätig, v. a. als Seemann und Journalist; reiste mit einer Theatergesellschaft umher; erste dichter. Versuche unter dem Einfluß von G. Fröding; schrieb volkstüml., sangbare Lyrik, die in tiefer Melancholie und iron.-verspieltem Humor Mitleid mit allen Einsamen, Schutzlosen und Geknechteten zeigt; später wandte er sich bibl. Themen zu.

Hauptwerke: Barfotabarn (Ged., 1933), Goggles (Ged., 1938), Dikter (Ged., 1950), Kejsarens papegoja (Ged., 1951).

Fernán Caballero [span. fɛr'naŋ kaβa'ʎero] ↑ Caballero, Fernán.

Fernández, Lucas [span. fɛr'nandɛθ], * Salamanca wahrscheinl. 1474, † ebd. 1542, span. Dramatiker.

War Priester und Professor für Musik in Salamanca; schrieb unter dem Einfluß von Juan del Encina religiöse und profane Spiele („Farsas y églogas al modo y estilo pastoril", 1514), die sich durch wirkungsvolle Dialogführung und geschickte Verbindung von Sprechpartien mit musikal. Einlagen auszeichnen; sein „Auto de la Pasión" gehört zu den bedeutendsten religiösen Dramen vor Calderón.

Fernández de Avellaneda, Alonso [span. fɛr'nandɛð ðe aβeʎa'neða], Pseudonym für einen unbekannten Verfasser.

Setzte den „Don Quijote" fort, als der 2. Teil des Werkes von Cervantes auf sich warten ließ (1614), und gab damit Anlaß zu Partien und Figuren im 2. Teil des echten „Don Quijote".

Fernández de la Reguera, Ricardo [span. fɛr'nandɛð ðe la rrɛ'ɣera], * Barcenillas de Cerezos 27. April 1912, span. Schriftsteller chilen. Herkunft.

Professor für span. Literatur in Barcelona; Verfasser realist. Romane, z.T. aus dem Span. Bürgerkrieg: „Schwarze Stiere meines Zorns" (dt. 1958), „Wehrlos unter Waffen" (dt. 1962), „Die Einfalt der Liebe" (dt. 1959), „Das verlorene Paradies" (R., dt. 1965).

Fernández de Lizardi, José Joaquín [span. fɛr'nandez ðe li'sarði], * Mexiko 15. Nov. 1776, † ebd. 21. Juni 1827, mex. Schriftsteller.

Sohn eines Arztes; studierte Philosophie; war journalist. und polit. tätig und wurde als Antiklerikaler exkommuniziert; seine Romane sind v. a. lehrhaft-moralisierend; auch Lyriker und Dramatiker.

Hauptwerke: El periquillo sarniento (R., 1816), Fábulas (Ged., 1817), El negro sensible (Dr., 1825).

Fernández de Moratín [span. fɛr'nandɛð ðe mora'tin] ↑ Moratín, Fernández de.

Fernández Flórez, Wenceslao [span. fɛr'nandɛθ 'florɛθ], * La Coruña 1885, † Madrid 29. April 1964, span. Schriftsteller.

Journalist; Mitglied der span. Akademie; bekannt durch seine humorist.-satir. Romane: „Ha entrado un ladrón" (1920), „El secreto de Barba Azul" (1923), „Las siete columnas" (1926), „Relato inmoral" (1927), „El bosque animado" (1943).

Fernández y González, Manuel [span. fɛr'nandeθ i ɣɔn'θalɛθ], * Sevilla 6. Dez. 1821, † Madrid 5. oder 6. Dez. 1888, span. Schriftsteller.

Offizierssohn; Rechts- und Philosophiestudium in Granada; lernte während seiner 7jährigen Dienstzeit im Heer Land und Leute kennen; mit über 300 einstmals vielgelesenen Romanen ähnl. produktiv wie Dumas der Ältere, mit dem ihn auch die Vorliebe für histor. Stoffe verbindet.

Hauptwerke: El condestable D. Álvaro de Luna (R., 1851), Los siete infantes de Lara (R., 1853), El alcalde Ronquillo (R., 1868).

Ferrari, Paolo [italien. fer'ra:ri], * Modena 5. April 1822, † Mailand 9. März 1889, italien. Dramatiker.

Jurastudium; Gymnasiallehrer und Dozent, auch polit. tätig; schrieb erfolgreiche, von Goldoni und der frz. Literatur beeinflußte, später mehr an den bürgerl. Moralbegriffen orientierte Komödien und Dramen.

Hauptwerke: Goldoni e le sue sedici commedie nuove (Kom., 1851), La satira e Parini (Kom., 1856), Il duello (Dr., 1868).

Ferrari, Severino [italien. fer'ra:ri], * Alberino (Molinella) 25. März 1856, † Collegigliato bei Pistoia 24. Dez. 1905, italien. Dichter und Gelehrter.

Zuletzt Professor in Bologna; Schüler Carduccis, mit dem er einen Kommentar zu Petrarca verfaßte; Literarhistoriker und Volksliedforscher; neben seiner satir. Dichtung „Il mago" (1884) verdienen seine v. a. an Dante und Petrarca geschulten Gedichte („Primavera fiorentina", 1900) Erwähnung.

Ferreira, António [portugies. fə'rrɐirɐ], * Lissabon 1528, † ebd. 29. Nov. 1569, portugies. Dichter.

Studierte Rechtswissenschaft in Coimbra, wo er sich eine hervorragende Kenntnis der klass. Autoren erwarb und einer der führenden portugies. Humanisten wurde. Neben seinem Lehrer Sá de Miranda wurde F. zum Begründer der klass. portugies. Literatur, für die er die antike Dichtung zum bestimmenden Vorbild nahm; formal schulte er sich an der Dichtung der italien. Renaissance, v. a. an der Petrarcas: Ode, Epigramm und Sonett gehören zu den von ihm am meisten gepflegten Dichtungsgattungen; er schrieb auch die erste Tragödie der portugies. Literatur, „Inês de Castro" (1587).

Weitere Werke: Poemas Lusitanos (Ged., 1589), Bristo (Kom., 1622), Cioso (Kom., 1622).

Literatur: Pereira, M. H. da Rocha: *Alguns aspectos do classicismo de A. F. Comillas 1960.* – Castilho, J. de: *A. F. Rio de Janeiro 1874. 3 Bde.*

Ferreira de Castro, José Maria [portugies. fə'rrɐirɐ ðə 'kaʃtru] ↑ Castro, José Maria Ferreira de.

Ferreira de Vasconcelos, Jorge [portugies. fə'rrɐirɐ ðə vɐʃkõ'sɛluʃ], * Lissabon um 1515, † ebd. um 1585, portugies. Dramatiker.

Studierte in Coimbra; schrieb die Prosakomödien „Eufrósina" (1555), „Ulisippo" ([2]1618) und „Aulegrafia" (hg. 1619), breit ausgeführte Sitten- und Charaktergemälde der Zeit (Coimbra, Lissabon), ferner den Ritterroman „Memorial das proezas da segunda Távola Redonda" (1567).

Ferrier, Susan Edmonstone [engl. 'fɛrɪə], * Edinburgh 7. Sept. 1782, † ebd. 5. Nov. 1854, schott. Schriftstellerin.

Schrieb anonym die drei auch von Scott geschätzten satir. Gesellschaftsromane „Marriage" (1818),

„The inheritance“ (1824) und „Destiny“ (1831), die lebendig und humorvoll ein getreues Bild der schott. Gesellschaft vermitteln.

Fet, Afanassi Afanassjewitsch; tl.: Fet, Afanasij Afanas'evič [russ. fjɛt], eigtl. A. A. Schenschin; tl.: A. A. Šenšin, * Nowossjolki bei Mzensk (Gouv. Orel) 5. Dez. 1820, † Moskau 3. Dez. 1892, russ. Lyriker.
Stammte aus einer reichen Gutsbesitzerfamilie, studierte Literatur an der Universität Moskau, wo er seine ersten Gedichte veröffentlichte; nahm als Offizier am Krimfeldzug teil, zog sich später auf sein Gut zurück; bekannt mit Turgenjew und L. Tolstoi. Als Vertreter der tendenzfreien Dichtung in den 60er Jahren von der Kritik angegriffen. Anschaulichkeit, feine Zeichnung seel. Zustände, ungewöhnl. Musikalität und starke Ausdrucksfähigkeit zeichnen seine Lyrik aus, die, die Tradition Schukowskis fortsetzend, bereits impressionist., dann symbolist. Züge trägt und Balmont entscheidend beeinflußt hat. Später beschäftigte er sich intensiv mit der Philosophie Schopenhauers, dessen „Welt als Wille und Vorstellung“ er übersetzte, wie er überhaupt Hervorragendes als Übersetzer leistete und neben antiken Dichtern (u. a. Horaz, Ovid, Vergil) auch Goethes „Faust“ übertrug. Eine Gedichtauswahl in dt. Übersetzung erschien 1905.

Feuchtersleben, Ernst Freiherr von, * Wien 29. April 1806, † ebd. 3. Sept. 1849, östr. Lyriker und Essayist.
Studierte in Wien Medizin, Philosophie, Literatur, Kunstgeschichte (Dr. med.), wurde Dozent für Psychiatrie, 1848 Unterstaatssekretär im Außenministerium. Mit Grillparzer befreundet. F. verfaßte vorwiegend popularphilosoph. und ästhet. Schriften, daneben prägnante Aphorismen und didakt. bestimmte Lyrik, die nur gelegentlich volkstüml. Züge annimmt.
Hauptwerke: Gedichte (1836), Beiträge zur Literatur, Kunst- und Lebenstheorie (Essays, 1837 bis 1841), Zur Diätetik der Seele (1838).
Ausgabe: E. v. F. Sämtl. Werke. Mit Ausschluß der rein medizin. Hg. v. F. Hebbel. *Wien 1851–53. 7 Bde.*
Literatur: Pospisil, F.: *E. Frhr. v. F. u. die Antike. Diss. Wien 1958 [Masch.].* – Eltz-Hoffmann, L.: *F. Salzburg 1956.*

Feuchtwanger, Lion, Pseudonym J. L. Wetcheek, * München 7. Juli 1884, † Los Angeles 21. Dez. 1958, dt. Schriftsteller.
Studierte Philosophie und Philologie (Dr. phil.), war Theaterkritiker, lebte viel im Ausland; 1914 bei Kriegsbeginn in Tunis interniert, floh nach Deutschland, wo er an der Revolution beteiligt war; 1933 Verbrennung seiner Bücher und Ausbürgerung, 1933–40 Aufenthalt in S-Frankreich, 1940 Flucht in die USA. Begann mit modernisierenden Bearbeitungen dramat. Werke der Weltliteratur; wandte sich dann dem eigenen Dramen- und Romanschaffen zu, das von Brecht, H. Mann und Döblin beeinflußt, seine pazifist.-sozialist. Einstellung zum Ausdruck bringt; durch die Parallelen in histor. und kulturgeschichtl. Stoffen erhielt sein Werk zeit- und gesellschaftskrit. Aspekte; die formalen Grenzen zwischen Dramen- und Prosawerk sind fließend.
Hauptwerke: Der tönerne Gott (R., 1910), Die häßl. Herzogin Margarete Maultasch (R., 1923),

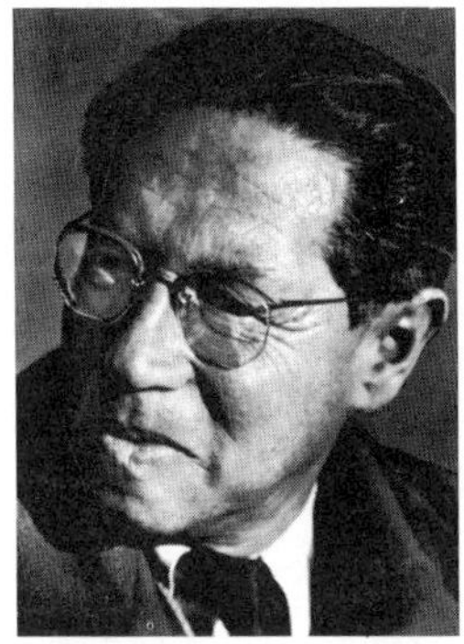

Lion Feuchtwanger

Jud Süß (R., 1925), Der falsche Nero (R., 1936), Waffen für Amerika (R., 1947), Wahn oder Der Teufel in Boston (Dr., 1948), Goya (R., 1951), Josephus (R.-Trilogie, 1951; einzeln: Der jüd. Krieg, 1932; Die Söhne, 1935; Der Tag wird kommen, 1945), Jefta und seine Tochter (R., 1957).
Ausgaben: L. F. Ges. Werke in Einzelausgg. Bln. 1–2 1959 ff. Auf ca. 20 Bde. berechnet. – L. F. Ges. Werke. Bd. 1–6, 8, 9, 11, 17, 18. Amsterdam 1933–48 [m. n. e.].
Literatur: Leupold, H.: *L. F. Lpz. 1967.* – Gottschalk, G.: *Die „Verkleidungstechnik“ L. F.s in „Waffen f. Amerika“. Bonn 1965.* – Böttcher, K.: *L. F. Bln. 4 1959. – L. F. zum Gedenken. Hg. v.* K. Dietz. *Rudolstadt 1959.*

Feuillet, Octave [frz. fœ'jɛ], Pseudonym Désiré Hazard, * Saint-Lô 11. Aug. 1821, † Paris 29. Dez. 1890, frz. Schriftsteller.
Aus Beamtenfamilie; Gymnasium in Paris; begann Jura zu studieren, wandte sich aber bald der Literatur zu; wurde 1862 Mitglied der Académie française und 1868 auf Vorschlag Kaiserin Eugénies Bibliothekar in Fontainebleau; trat zuerst mit Theaterstücken hervor, von denen bes. die an Musset orientierten, jedoch bürgerl. gefärbten „Scènes et proverbes“ (1851) und „Scènes et comédies“ (1854) erfolgreich waren; größeren Ruhm verdankt er jedoch den idealist., psycholog. motivierten Romanen „Der Roman eines armen jungen Mannes“ (1858, dt. 1895) und „Julia de Trécœur“ (1872), in denen er seiner konservativ-kath. Weltanschauung im bewußten Ggs. zu der damals herrschenden materialist. Ausdruck gab.
Weitere Werke: Graf Camors (R., dt. 1867), Histoire d'une Parisienne (R., 1881), Künstlerehre (R., dt. 1891).
Literatur: Borressen, A.: *Le théâtre d'O. F. Paris 1929.*

Féval, Paul [frz. fe'val], * Rennes 29. Nov. 1816, † Paris 8. März 1887, frz. Schriftsteller.
Zunächst Bankangestellter; veröffentlichte zahlreiche erfolgreiche Unterhaltungsromane, v. a. „Les mystères de Londres“ (1844), eine Nachahmung der „Mystères de Paris“ von Sue, und „Le bossu ou le petit Parisien“ (1858), die auch beide als Theaterstücke erfolgreich waren; nach seiner Konversion (1876) arbeitete F. die früheren Romane in mühevoller Arbeit um und verfaßte religiös orientierte Schriften, u. a. „Les étapes d'une conversion“ (autobiograph. R., 1877).

Fey, Valentin Ludwig ↑ Valentin, Karl.

Feydeau, Ernest Aimé [frz. fɛ'do], * Paris 16. März 1821, † ebd. 29. Okt. 1873, frz. Schriftsteller.
Vater von Georges F.; befaßte sich mit Börsengeschäften, widmete sich auch eingehenden archäolog. Studien; Freund Flauberts; begann mit Gedichten („Les nationales", 1844), verdankt seinen literar. Ruhm jedoch realist., häufig frivolen Romanen, von denen am bekanntesten wurden: „Fanny" (dt. 1859), „Daniel" (dt. 1859), „Catharina von Overmeire" (dt. 1860), „Sylvia" (dt. 1861) und „La comtesse de Chalis ou les mœurs du jour" (1867).

Feydeau, Georges [frz. fɛ'do], * Paris 8. Dez. 1862, † Rueil (heute Rueil-Malmaison, Hauts-de-Seine) 5. Juni 1921, frz. Schriftsteller.
Fand nach unvollkommenen Studien schon früh den Weg zum Theater; sein erster großer Erfolg als Bühnenautor war „Le tailleur pour dames" (1887), dem sich in rascher Folge zahlreiche weitere Lustspiele und Vaudevilles anschlossen, u. a. „La lycéenne" (1887), „Les fiancés de Loches" (1888), „Monsieur chasse" (1892), „L'hôtel du libre-échange" (1894), „La dame de chez Maxim" (1899), „Occupe-toi d'Amélie" (1908), „On purge bébé" (1910); vollendeter Beherrscher der Dramentechnik, dessen Meisterschaft auf dem Gebiet der „comédie légère" kaum wieder erreicht wurde.

Feylbrief, Jan Koos [niederl. 'fɛilbri:f] ↑ Oudshoorn, Jan van.

Fialho de Almeida, José Valentim [portugies. 'fiaʎu ðə al'mɐiðɐ], * Vila-de-Frades (Alentejo) 7. Mai 1857, † Cuba bei Villa-de-Frades 4. März 1911, portugies. Schriftsteller.
Studierte Medizin in Lissabon; setzte sich in seinem z.T. zeit- und sozialkrit. Werk, das impressionist. und naturalist. Stilmerkmale verbindet, vorwiegend mit dem Leben einfacher Menschen auseinander; veröffentlichte 1881 eine Sammlung „Contos", 1882 Erzählungen u. d. T. „A cidade do vício"; seine in der von ihm hg. Monatsschrift „Os Gatos" (1889–94) erschienenen satir. Pamphlete trugen maßgebl. zum Sturz der portugies. Monarchie bei, machten seine Stellung in Lissabon jedoch unhaltbar.
Weitere Werke: Lisboa galante (En., 1890), O país das uvas (En., 1893), À esquina (En., 1903).

Fichte, Hubert, * Perleberg 21. März 1935, dt. Schriftsteller.
Ausbildung zum Schauspieler, 1955–57 Landwirtschaftslehre, längere Frankreichaufenthalte (zeitweilig Schafhirt in der Provence), seit 1963 freier Schriftsteller, lebt in Reinbek bei Hamburg. Veröffentlichte 1963 den Erzählungsband „Der Aufbruch nach Turku", 1965 den preisgekrönten Roman „Das Waisenhaus", in dem er in sparsamer Diktion aus der Perspektive eines Kindes die jüngste Vergangenheit beleuchtet, und 1968 den in einem harten, hämmernden Stil geschriebenen, im Gammlermilieu Hamburgs spielenden Roman „Die Palette".

Ficker, Ludwig von, * München 13. April 1880, † Innsbruck 20. März 1967, dt. Schriftsteller und Verleger.
Studium der Germanistik und Kunstgeschichte in Innsbruck, Berlin und Wien. Begründete (1910) und leitete die halbmonatl. Kulturzeitschrift „Der Brenner", in der Dichter wie Th. Däubler und G. Trakl (von F. entdeckt und gefördert) vorgestellt wurden und Philosophen (Th. Haecker) erste Anerkennung fanden. Schrieb selbst Gedichte („Inbrunst des Sturms", 1895) und Dramen („Sündenkinder", 1900).

Field, Eugene [engl. fi:ld], * Saint Louis 2. Sept. 1850, † Chicago 4. Nov. 1895, amerikan. Dichter und Journalist.
Studierte an der Universität Missouri; seit 1883 Kolumnist an der Chicagoer „Morning News" (später „Record"), wo er seine humorist. Gedichte, aber auch ernste Prosaschriften und Lyrik veröffentlichte; schrieb auch bekannte Kinderbücher.
Hauptwerke: Little blue boy (Kinderb., 1887), Echoes from the Sabine farm (Ged., 1892).

Field, Nathaniel [engl. fi:ld], eigtl. Nathan F., ≈ London 17. Okt. 1587, † ebd. 1619, engl. Schauspieler und Dramatiker.
Wirkte als einer der sechs Mitglieder der Schauspieltruppe „Children of the Queen's revels" bei der Aufführung von Werken Shakespeares, Ben Jonsons, Beaumonts und Fletchers mit. F. schrieb heitere, bühnenwirksame Dramen in Prosa und Blankversen.
Hauptwerke: A woman is a weathercock (Dr., 1612), Amends for ladies (Dr., 1618), The fatal dowry (Dr., 1632; mit Massinger).

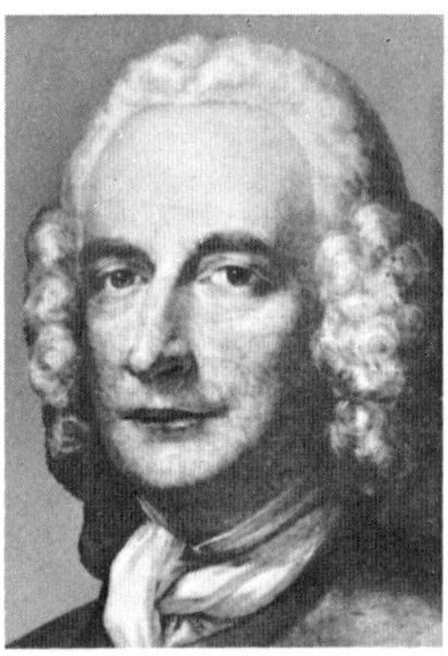
Henry Fielding

Field, Rachel [engl. fi:ld], * New York 19. Sept. 1894, † Beverly Hills (Calif.) 15. März 1942, amerikan. Schriftstellerin.
Wuchs in Massachusetts auf, besuchte das Radcliffe College, Redakteurin in New York, bevor sie sich ganz der Literatur widmete. Sie schrieb vielgelesene Unterhaltungsromane, Dramen (v. a. Einakter) und Kinderbücher.
Hauptwerke: Hitty (Kinderb., 1929; dt. 1950), Seit Menschengedenken (R., 1935; dt. 1948), Hölle, wo ist dein Sieg (R., dt. 1939), Als wär es heut (R., dt. 1942, 1951 u. d. T. Morgen wirst du vergessen).

Fielding, Henry [engl. 'fi:ldɪŋ], * Sharpham Park bei Glastonbury (Somerset) 22. April 1707, † Lissabon 8. Okt. 1754, engl. Schriftsteller.
Entstammte einer wenig begüterten Adelsfamilie, studierte Jura in Leiden; Geldmangel zwang ihn zur Rückkehr nach London; verdiente seinen Lebensunterhalt als Journalist und Lustspielautor; da er als Theaterleiter wegen polit. Unvorsichtigkeit keinen Erfolg hatte, übernahm er ein

Richteramt, dessen Anforderungen seine schwache Gesundheit jedoch nicht gewachsen war; er starb während eines Genesungsaufenthalts in Portugal. F.s Vorbild für seinen ersten Roman „Geschichte und Abenteuer von Joseph Andrews und seinem Freunde Abraham Adams" (1742, dt. 1840), der zunächst nur als Parodie auf den empfindsamen Roman von Richardson geplant war, war Cervantes' „Don Quijote"; gestaltet in der Struktur des Schelmen- und Reiseromans, trägt das Werk auch Züge des Entwicklungsromans und ist der erste große humorist. Roman der engl. Literatur. Weiterbildung der stilist. und formalen Elemente des Erstlingsromans in F.s Hauptwerk, „Die Geschichte des Tom Jones" (1749, dt. 1840), in dem der Gehalt durch Bemühung um Lebensnähe und nuancenreiche Charakterisierung vertieft wird und die äußere Gestaltung um die aus langjähriger Theatererfahrung gewonnene Situationskomik bereichert wird.

Weitere Werke: Die Lebensgeschichte Jonathan Wilds des Großen (satir. Biogr., 1743; dt. 1908), Amelia (R., 1751), Tagebuch einer Reise nach Lissabon (dt. 1764).

Ausgaben: H. F. Sämtl. Romane in vier Bden. Dt. Übers. Hg. v. N. Miller. *Mchn. 1965–66. – F.s Works. Hg. v.* W. E. Henley *u.a. New York 1903. 16 Bde.*

Literatur: Deppe, W. G.: *History versus romance. Ein Beitrag zur Entwicklungsgesch. u. zum Verständnis der Literaturtheorie H. F.s. Münster 1965.* – Dudden, F. H.: *H. F. His life, works, and times. Oxford 1952. 2 Bde.* – Iser, W.: *Die Weltanschauung H. F.s. Tüb. 1952.* – Cross, W. L.: *The history of H. F. New Haven 1918. 3 Bde.*

Fierabras [fi'e:rabras], altfrz. in Alexandrinern geschriebenes Heldenepos des 12. Jh.s aus dem Sagenkreis um Karl den Großen. Es erzählt vom Riesen F., einem heidn. Sarazenen, der vom christl. Ritter Olivier in Spanien besiegt und zum Christentum bekehrt wird. Nachdichtungen in mehreren europ. Sprachen.

Fígaro [span. 'fiɣaro] ↑ Larra, Mariano José de.

Figueiredo, Antero de [portugies. fiɣɐi̯'reðu], * Viseu 1866, † Foz de Douro 10. April 1953, portugies. Schriftsteller.

Studierte in Coimbra; zahlreiche Reisen; verfaßte Reiseerinnerungen, Novellen und Erzählungen.

Hauptwerke: Recordações e viagens (Reiseerinnerungen, 1904), Doido de amor (Nov., 1910), D. Pedro e D. Inês (E., 1913), Leonor Teles (E., 1916), Jornadas em Portugal (Erinnerungen, 1918), Toledo (Reisebericht, 1932), Amor supremo (E., 1940).

Figueroa, Francisco de [span. fiɣe'roa], * Alcalá de Henares 1536, † ebd. um 1620, span. Dichter.

Studierte in Italien, war Soldat in Flandern, lebte später sehr zurückgezogen. Schrieb, beeinflußt von Petrarca, Sonette, Kanzonen, Elegien, Komödien und Pastorellen in span. und italien. Sprache, die er gleich meisterhaft beherrschte. Da er seine Gedichte vor seinem Tode verbrannte, ist sein Werk nur in Abschriften erhalten.

Figuli, Margita [slowak. 'figuli], * Vyšní Kubín 2. Okt. 1909, slowak. Schriftstellerin.

Schrieb lyr. Novellen mit v.a. erot. Motiven, in denen sie Phantastisches mit Realem verbindet; ihr Roman „Babylon" (1946) behandelt die Existenznöte des modernen Menschen.

Filelfo, Francesco [italien. fi'lɛlfo], latin. Philelphus, * Tolentino bei Macerata 25. Juli 1398, † Florenz 31. Juli 1481, italien. Humanist.

Studierte in Padua und wurde Lehrer der Beredsamkeit in Venedig; 1420 Sekretär beim venezian. Gesandten in Konstantinopel; kehrte 1427 mit vielen griech. Handschriften zurück, lehrte dann u.a. in Bologna, Florenz und Mailand. F. war ein ausgezeichneter Kenner der klass. Sprachen und gewandter Dichter und Schriftsteller, jedoch eitel und schmähsüchtig; er schrieb lat. Reden, Briefe, Oden, Satiren, Epigramme und in italien. Sprache Reden, Briefe und Biographien, ferner einen Kommentar zu Petrarca.

Filicaia, Vincenzo da [italien. fili'ka:i̯a], * Florenz 30. Dez. 1642, † ebd. 24. Sept. 1707, italien. Dichter.

Studierte Jura in Pisa; Mitglied der Accademia della Crusca und der Accademia dell'Arcadia; Statthalter von Volterra und Pisa; schrieb v.a. patriot. und religiöse Lyrik; weithin berühmt machten ihn seine 6 „Canzoni" auf die Befreiung Wiens von den Türken (1684) und 6 patriot. Sonette.

Filidor der Dorfferer [...do:r] ↑ Stieler, Caspar von.

Filimon, Nicolaie [rumän. fili'mon], * Bukarest 6. Sept. 1819, † ebd. 19. März 1865, rumän. Schriftsteller.

Sohn eines orthodoxen Priesters, war Operntenor, Flötist und Musikkritiker; viel im Ausland. F. schrieb den ersten modernen rumän. Roman, „Parvenüs der Schreibergilde" (1863, dt. 1958), der die schnelle Umstellung der rumän. Gesellschaft nach dem Vorbild der westl. Zivilisation satir. behandelt. Kunstvoll, mit sozialkrit. Tendenz und einer Neigung zum Moralisieren, stellt er die Zustände im frühen 19. Jh. dar.

Filinto Elísio [portugies. fi'lintu i'liziu] ↑ Nascimento, Francisco Manuel do.

Filipović, Rasim [serbokroat. ˌfilipɔvitɕ], * Rastoka bei Ključ 18. Mai 1909, bosn. Dramatiker, Journalist; verfaßte mehr als 20 Dramen, in denen er Probleme Bosniens, des Lebens der Mohammedaner zwischen den beiden Weltkriegen behandelt; schrieb auch Erzählungen und Romane.

Filipowicz, Kornel [poln. fili'pɔvitʃ], * Tarnopol 27. Okt. 1913, poln. Schriftsteller.

Biologiestudium in Krakau, Mitglied eines sozialist. Jugendverbandes, Redakteur, Kriegsteilnehmer, seit 1944 im KZ in Deutschland, seit Kriegsende freier Schriftsteller in Krakau. F. schrieb v.a. Romane über die Kriegs- und Okkupationszeit. Dt. erschien 1964 „Tagebuch eines Antihelden".

Filippo, Eduardo De [italien. fi'lippo], * Neapel 24. Mai 1900, italien. Dramatiker.

Aus neapolitan. Schauspielerfamilie, wurde Schauspieler, Begründer und Leiter von Schauspieltruppen; zeitweilig Zusammenarbeit mit Pirandello; verfaßte neapolitan. Dramen und Komödien, auch mit gesellschaftskrit. Unterton.

Hauptwerke: Millionärin Neapel (Dr., 1945; dt. 1953), Filumena Marturano (Dr., 1946; dt. 1952), Il paese di Pulcinella (Ged., 1951), Il sindaco del rione Sanità (Kom., 1960).

Filjanski, Nikolai Grigorjewitsch; tl.: Fil'janskij, Nikolaj Grigor'evič [russ. filj'janskij], * Popowka 19. Dez. 1873, † 12. Jan. 1938, ukrain.-sowjet. Dichter.

Sohn eines Geistlichen, studierte Geologie und Architektur. Seine Gedichte gelten als dekadent: „Lyrik" (1906), „Calendarium" (1911). Die in sowjet. Zeit erschienenen Gedichte sind optimistischer. F. wurde ein Opfer des Stalinismus.

Finckenstein, Ottfried Graf, * Schönberg bei Marienwerder 18. April 1901, dt. Schriftsteller. Aus alter Diplomaten- und Offiziersfamilie, Studium der Volkswirtschaft, Banktätigkeit, im 2. Weltkrieg Offizier, 1950–54 Leiter des Landeskulturverbandes in Schleswig-Holstein, lebte dann in Bonn und wurde schließlich Professor für Deutsch an der Ottawa-University in Kanada. Erzähler mit Themen aus seiner ostpreuß. Heimat; herbe Erzählweise; auch Lyrik und Hörspiele.

Hauptwerke: Fünfkirchen (R., 1936), Das harte Frühjahr (En., 1937), Der Kranichschrei (Nov., 1937), Die Mutter (R., 1938), Dämmerung (R., 1942), Die Nonne (Nov., 1950), Schwanengesang (R., 1950).

Finckh, Ludwig, * Reutlingen 21. März 1876, † Gaienhofen bei Konstanz 8. März 1964, dt. Schriftsteller.

Jura- und Medizinstudium (Dr. med.), Vortragsreisen zu Auslandsdeutschen (Sudeten, Rumänien, Serbien), Reisen nach N-Afrika; setzte sich für Volkstum und Ahnenforschung ein; schöpfte seine Themen aus schwäb. Landschaft und Geschichte und gestaltete sie in seinen Erzählwerken in volkstüml. Sprache. Seine ersten Gedichte verfaßte er in der Diktion der Minnesänger („Fraue du, du Süße", 1900). Am bekanntesten wurde der Roman „Der Rosendoktor" (1906), den er seinem Freund H. Hesse widmete.

Weitere Werke: Die Reise nach Tripstrill (R., 1911), Bricklebritt (R., 1926), Stern und Schicksal (R., 1931), Herzog und Vogt (R., 1940).

Ausgabe: L. F. Ausgew. Werke. Stuttg. ^{2}1968. 2 Bde.

Literatur: Foerster, H.: *L. F. zum Gedächtnis. In: Hegau 9 (1964), 111.* – Fink, G.: *L. F., Leben u. Werk. Tüb. 1936.*

Findeisen, Kurt Arnold [ˈfɪntˌaɪzən], * Zwickau 15. Okt. 1883, † Dresden 17. Nov. 1963, dt. Schriftsteller.

War u.a. Lehrer und Krankenpfleger, lebte als freier Schriftsteller in Dresden; bekannt durch volkstüml. Romane aus seiner sächs. Heimat und biograph. Romane über bed. Musiker; auch Lyriker.

Hauptwerke: Mutterland (Ged., 1914), Der Sohn der Wälder (R., 1922), Lied des Schicksals (R., 1933), Gottes Orgel (R., 1935), Flügel der Morgenröte (R., 1956).

Fink, Humbert, * Salerno 13. Aug. 1933, östr. Schriftsteller.

Jugend in Kärnten, lebt in Villach; schrieb Gedichte mit realist. und surrealist. Elementen („Verse aus Aqua fredda", 1953), den desillusionierenden Roman „Die engen Mauern" (1958), die romanhafte Ich-Erzählung „Die Absage" (1960), in der er komplizierte Psychologie nahebringt, und Essays.

Finnsburglied, fragmentar. erhaltenes altengl. Heldenlied des 8. Jh.s, das von der alten Feindschaft zwischen Dänen und Friesen berichtet, die bei einem Besuch des Dänenkönigs Hnæf beim Friesenkönig Finn in Finnsburg wieder ausbricht; eine Ergänzung ist die Finnsburgepisode im „Beowulf".

Finžgar, Franc Saleški [slowen. ˈfiːnʒgar], * Doslovice bei Breznica 9. Febr. 1871, † Laibach 2. Juni 1962, slowen. Schriftsteller.

Bäuerl. Abstammung, studierte Theologie, war Pfarrer in verschiedenen Orten seiner Heimat, später freier Schriftsteller. Er verfaßte Gedichte, Volksstücke, Romane, Novellen und Kritiken; von modernen literar. Strömungen blieb er unberührt. Seine Novellen, viele seiner meist histor. Romane und Volksstücke schildern das Leben der Landbevölkerung seiner Heimat und beschreiben die sozialen Veränderungen und Probleme. F. ergreift stets für die Sache der Armen Partei und verherrlicht die patriarchal. Lebensform.

Hauptwerke: Iztok. Roman um Justinian und Theodora (1906/07, dt. 1963), Die Magd Anka (R., 1913; dt. 1959), Der Weg des Kreuzes (Betrachtungen, dt. 1952).

fiore, Il [italien. il ˈfioːre] † Durante.

Firbank, [Arthur Annesley] Ronald [engl. ˈfəːbæŋk], * London 4. März 1886, † Rom 21. Mai 1926, engl. Schriftsteller.

Stammte aus einer reichen Familie, wurde privat erzogen, studierte in Cambridge; bereiste Frankreich, Spanien, Italien, Afrika, den Nahen Osten und Westindien. Geschult an O. Wilde, Gautier und Verlaine, zeichnete er in eigenwilligem Stil die Gesellschaft seiner Zeit, wobei oft die Handlung zugunsten von Dialog und Charakterschilderung zurücktritt. Meister der romant. Ironie, läßt er das Geschehen in einem Phantasieland abrollen. Tendenz zur Groteske und Absurdität.

Hauptwerke: Inclinations (R., 1916), Sorrow in sunlight (R., 1924), Concerning the excentricities of Cardinal Pirelli (R., 1925).

Literatur: Kiechler, J. A.: *The butterfly's freckled wings: A study of style in the novels of R. F. Bern 1969.*

Firdawsī † Ferdausi.

Firenzuola, Agnolo [italien. firenˈtsuɔːla], eigtl. Michelangelo Girolamo Giovannini, * Florenz 28. Sept. 1493, † Prato 27. Juni 1543, italien. Dichter.

Jurastudium; Mönch, Abt, Advokat bei der Kurie, vom Mönchsgelübde entbunden; Gründer der literar. Accademia dell'Addiaccio. Sein Werk umfaßt Gedichte, zehn Novellen, eine freie Übersetzung des „Goldenen Esels" von Apuleius und Lustspiele („I lucidi", 1549; „La trinunzia", 1549). Schönheit und Lebensgenuß verherrlichend, schreibt er in volkstüml. und lebendiger Sprache; als Novellist steht er in der Nachfolge Boccaccios.

Weitere Werke: Ragionamenti d'amore (Novellen, hg. 1548; dt. 1910 u. d. T. Novellen und Gespräche), Gespräche über die Schönheit der Frauen (hg. 1548, dt. 1903), Rime (Ged., hg. 1549).

Literatur: Olivieri, M.: *A. F. Carmagnola 1935.* – Fatini, G.: *A. F. e la borghesia letterata del Rinascimento. Turin u.a. 1932.*

Firmicus Maternus, Iulius, lat. Schriftsteller des 4. Jh.s aus Syrakus.

Schrieb um 335 das umfangreichste erhaltene Lehrbuch der Astrologie in 8 Büchern; 337 bekehrte er sich zum Christentum und schrieb eine Aufforderung an die Kaiser Konstantius und Konstans zur Ausrottung des Heidentums „De errore profanarum religionum" (= Über den Irrtum der heidn. Religionen).

Fischart, Johann, eigtl. J. Fischer, genannt Mentzer, * Straßburg um 1546, † Forbach bei Saarbrücken um 1590, dt. Satiriker und Publizist. Humanist. gebildet, studierte Jura und wurde Advokat; bereiste ganz Europa. Als Moralsatiriker, derb-humorvoller Volksschriftsteller aus humanist. Geist mit pädagog. Absicht kämpfte er gegen Sittenverfall und Modetorheiten, gegen das Papsttum und die Jesuiten. Seine Schriften, die er aus kalvinist.-bürgerl. Gesinnung heraus verfaßte, dienten der Unterhaltung und Belehrung bürgerl. Leser. Berühmt wurde das Lobgedicht

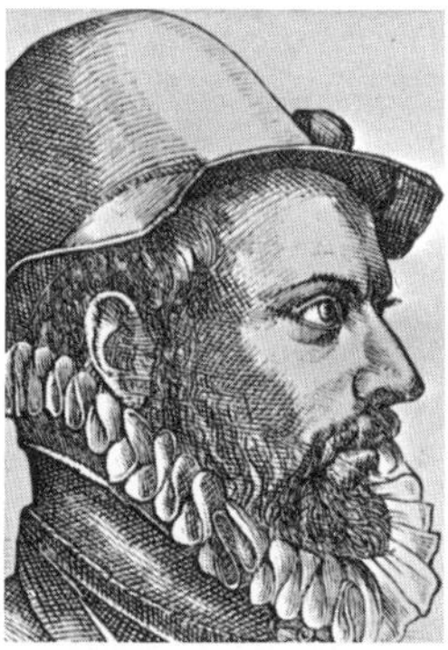

Johann Fischart (nach einem Holzschnitt von Ch. Maurer)

auf bürgerl. und polit. Tüchtigkeit „Das Glückhafft Schiff von Zürich" (1576). In „Flöhhatz, Weibertratz" (1573) gibt er in der Form eines Tierepos ein satir. Zeitbild, während sein Hauptwerk, „Affentheurlich Ungeheurliche Geschichtsschrift" (1575, 1582 u. d. T. „... Geschichtklitterung...") eine freie Bearbeitung von Rabelais' „Gargantua" ist. Geringe Phantasie; gern entlieh er fremde Stoff- und Motivmuster; durch seine sprachschöpfer. Begabung machte er sich um die Erneuerung der dt. Prosasprache verdient.

Weitere Werke: Aller Practick Großmutter (Satire, 1572), Das Philosophisch Ehzuchtbüchlein (1578).

Ausgaben: J. F. Werke. Eine Ausw. Hg. v. A. Hauffen. *Stuttg. 1895. 3 Bde. – J. F. Sämmtl. Dichtungen. Hg. v.* H. Kurz. *Lpz. 1866–68. 3 Bde.*

Literatur: Kocks, G.: *Das Bürgertum in J. F.s Werk. Diss. Köln 1965.* – Sommerhalder, H.: *J. F.s Werk. Eine Einf. Bln. 1960.* – Hauffen, A.: *J. F. Ein Literaturbild aus der Zeit der Gegenreformation. Bln. 1921–22. 2 Bde.*

Fischer, Johann Georg von, * Großsüßen (Württemberg) 25. Okt. 1816, † Stuttgart 4. Mai 1897, dt. Schriftsteller.

Lehrerseminar in Esslingen am Neckar, studierte unter Th. Vischer am Reallehrerseminar in Tübingen; Tätigkeit im Schuldienst der Städte Tübingen und Stuttgart; befreundet mit Mörike. Seine Lyrik ist von feinsinnigem Naturempfinden bestimmt; farblos und matt bleiben die histor. Dramen.

Hauptwerke: Gedichte (1838), Friedrich II. von Hohenstaufen (Trag., 1863), Kaiser Maximilian von Mexiko (Trag., 1868), Aus frischer Luft (Ged., 1872), Auf dem Heimweg (Ged., 1891).

Fischer, Otakar [tschech. 'fiʃɛr], Pseudonym Otakar Frey, * Kolin 20. Mai 1883, † Prag 12. März 1938, tschech. Dichter und Literarhistoriker. Professor für dt. Literatur in Prag; theoret. und prakt. Theaterarbeit. Ging in seiner intimen und reflexiven Lyrik formal von Vrchlický aus; gestaltete in seinen Dramen die innere Zerrissenheit des modernen Menschen; verfaßte auch literarhistor. Arbeiten über Heine, Kleist und Nietzsche, ferner Schriften zur Ästhetik und Übersetzungen engl., frz. und dt. Literatur (u.a. Goethe).

Fischer, Otto Peder Leck [dän. 'fiʃər], * Kopenhagen 26. März 1904, † Lyngby bei Kopenhagen 17. Juni 1956, dän. Schriftsteller.

Sein umfangreiches Werk, das der Problematik seiner Zeit eng verbunden ist, spiegelt das Leben der dän. Gesellschaft, bes. des Kleinbürgertums in den Jahren zwischen 1920 und 1950, realist. wider.

Hauptwerke: Leif den lykkelige (R., 1928/29), Eine Frau von 40 Jahren (R., dt. 1942), Ausgangstag (Dr., dt. 1956), Brot der Macht (Dr., dt. 1957).

Fischer[-Graz], Wilhelm, * Csakathurn 18. April 1846, † Graz 30. Mai 1932, östr. Schriftsteller.

Studierte in Graz (Dr. phil.); 1901–19 Direktor der Steir. Landesbibliothek in Graz. Vertreter einer realist.-impressionist. Heimatkunst, der in seinen „Grazer Novellen" (1894) zu eigenem Stil und eigener Aussagekraft fand; weniger erfolgreich waren seine Dramen.

Hauptwerke: Atlantis (Epos, 1880), Lieder und Romanzen (1884), Die Freude am Licht (R., 1902), Der Traum vom Golde (R., 1911), Das Licht im Schatten (R., 1925).

Fischer-Colbrie, Arthur ['kɔlbri], * Linz 25. Juli 1895, † ebd. 30. Dez. 1968, östr. Schriftsteller.

Beamter; schrieb v.a. liedhafte, formstrenge, z.T. landschaftlich gebundene Lyrik, auch Erzählungen, Essays, Rundfunkhörfolgen.

Hauptwerke: Musik der Jahreszeiten (Ged., 1928), Der ewige Klang (Ged., 1945), Der Tag ein Leben (Ged., 1955), Stern des Lebens (Kantate, 1965).

Fisher, Dorothea Frances [Canfield] [engl. 'fɪʃə] † Canfield, Dorothy.

Fishta, Gjergj [alban. 'fiʃta], * Fishta bei Skutari 23. Okt. 1871, † Skutari 30. Dez. 1940, alban. Dichter.

Franziskaner; Leiter einer Ordensschule in Skutari; Bemühungen um eine alban. Schrift- und Literatursprache (1908 Mitglied der Alphabetkommission); polit. tätig (Abgeordneter), auch mit diplomat. Missionen betraut. Bedeutendster alban. Dichter; schrieb [unter mehreren Pseudonymen] Gedichte, Satiren, Melodramen u.a. Werke; zahlreiche Übersetzungen, v.a. aus dem Italien.; förderte als Redakteur mehrerer Zeitschriften das nationale Bewußtsein seines Volkes; Hauptwerk ist das Versepos „Die Laute des Hochlandes" (1905ff., dt. 1958), in dem F. den alban. Befreiungskampf darstellt.

Fitch, Clyde William [engl. fɪtʃ], * Elmira (N.Y.) 2. Mai 1865, † Châlons-sur-Marne 4. Sept. 1909, amerikan. Dramatiker.

Erfolgreich mit histor. Dramen, Problem- und Gesellschaftsstücken (u. a. „The climbers", 1901) und Farcen. Wohl am größten war der Erfolg von „The girl with the green eyes" (1902). Realist. Darstellung, oft satir. Gesellschaftskritik, recht populär.

Fitzgerald, Edward [engl. fɪtsˈdʒɛrəld], eigtl. E. Purcell, * Bredfield bei Woodbridge 31. März 1809, † Merton Rectory (Norfolk) 14. Juni 1883, engl. Dichter und Übersetzer.
Führte ein zurückgezogenes Leben, war mit Carlyle und Tennyson befreundet. Übersetzungen und Nachdichtungen von Sophokles und Aischylos und von sechs Calderón-Dramen; am erfolgreichsten war er mit der Übertragung des „Robaejat" von Omar Chaijam aus dem Persischen (1839).
Weitere Werke: Collected poems (1849), Euphranor (Dialog, 1851).
Literatur: Richardson, J.: *E. F. London 1960.*

Fitzgerald, F[rancis] Scott [Key] [engl. fɪtsˈdʒɛrəld], * Saint Paul (Minn.) 24. Sept. 1896, † Los Angeles-Hollywood 21. Dez. 1940, amerikan. Schriftsteller.
Aus wohlhabender Familie, Ausbildung an der Universität Princeton; nach der Militärzeit (1917–19) zunächst ohne endgültigen Beruf in New York; von 1920 an rasche literar. Karriere und finanzielle Erfolge, luxuriöses Leben und Auslandsreisen, v.a. nach S-Europa; während der Prohibitionszeit verfiel F. allmählich der Trunksucht. Einer der Hauptvertreter einer Gruppe von amerikan. Schriftstellern, die oft als „verlorene Generation", Gruppe der „Flaming youth" oder als Repräsentanten des Jazz-Zeitalters bezeichnet werden; F. gibt in Romanen und Short stories, u.a. in der Sammlung „Tales of the jazz age" (1922), in nüchterner, dem Jargon seiner Charaktere angenäherter Sprache eine Darstellung des hekt. Lebens der 20er Jahre und des Zwiespalts zwischen Lebensgier und Lebensekel in einer reizüberfluteten und dennoch banalen Welt; F.s Zynismus weicht gegen das Lebensende immer mehr resignierender Schwermut.
Weitere Werke: This side of paradise (R., 1920), The beautiful and the damned (R., 1922), Der große Gatsby (R., 1925; dt. 1953), All the sad young men (Kurzgeschichten, 1926), Zärtl. ist die Nacht (R., 1934; dt. 1952).
Literatur: Schitter, H. G.: *Die drei letzten Romane F. S. F.s. Unterss. zur Spiegelung v. zeitgeschichtl. u. myth. Bewußtsein im literar. Kunstwerk. Bonn 1968.* – Bryer, J.: *The critical reputation of F. S. F. A bibliographical study. Hamden (Conn.) 1967.* – Piper, H. D.: *F. S. F. New York 1965.*

Flaccus, Gaius Valerius ↑ Valerius Flaccus, Gaius.

Flaiano, Ennio [italien. flaˈja:no], * Pescara 5. März 1910, italien. Schriftsteller.
Studierte Architektur; war Theater- und Filmkritiker für mehrere Zeitschriften; 1949–54 Chefredakteur der Zeitschrift „Il Mondo"; veröffentlichte neben Romanen und Erzählungen auch Dramen und Drehbücher (u.a. „La dolce vita").
Hauptwerke: Frevel in Äthiopien (R., dt. 1953), Una e una notte (En., 1959).

Flaischlen, Cäsar, Pseudonym C. F. Stuart, * Stuttgart 12. Mai 1864, † Gundelsheim 16. Okt. 1920, dt. Schriftsteller.
Zunächst Buchhändler, 1883 in Brüssel, 1885 in Bern, seit 1886 Studium der Philosophie und Philologie (Dr. phil.); redigierte 1895–1900 in Berlin die Kunstzeitschrift „Pan". Als Erzähler, Dramatiker und Lyriker anfangs vom Naturalismus beeinflußt, später Hinwendung zum Impressionismus. Seine Gedichte gelangten nur selten über stimmungs- und gefühlsträchtige, oft banale Idyllik hinaus.
Hauptwerke: Martin Lehnhardt (Dr., 1895), Von Alltag und Sonne (Ged., 1898), Aus den Lehr- und Wanderjahren des Lebens (Ged., 1900), Jost Seyfried (R., 1905), Mandolinchen, Leierkastenmann und Kuckuck (Ged., 1921).
Ausgabe: C. F. Ges. Dichtungen. Stuttg. 1921. 6 Bde.
Literatur: Stecher, G.: *C. F. Stuttg. 1924.*

Flake, Otto, Pseudonym Leo F. Kotta, * Metz 29. Okt. 1880, † Baden-Baden 10. Nov. 1963, dt. Dichter.
Studierte Germanistik, Philosophie und Kunstgeschichte, unternahm Reisen nach Rußland, England und v.a. Frankreich, dem seine Liebe galt. Aus seinem umfangreichen Werk, das Romane, Biographien und Essays umfaßt und das in der frühen Schaffensperiode von den jeweils herrschenden literar. Strömungen (Impressionismus, Expressionismus) beeinflußt ist, ragen bes. die großen Erziehungs- und Bildungsromane heraus: „Fortunat" (1946) mit der Forts. „Ein Mann von Welt" (1947), „Die Sanduhr" (1950), „Die Monthivermädchen" (1952, 1934/35 u. d. T. „Bad. Chronik"), die die große Tradition dieser Gattung fortsetzen, sowie seine [fiktiven] Biographien (beginnend mit „Hortense", R., 1933). Der konservativen Form dieser Werke steht die durchaus moderne Sprache gegenüber; der Erzählstil ist klar, sachl., gelassen. In F.s Vorliebe für die Gestaltung von Themen aus dem Bereich dt.-frz. kultureller und polit. Beziehungen und Gegensätze kommt sein Streben nach einem neuen geistig-polit. Verhältnis zwischen den beiden Nachbarvölkern zum Ausdruck. F. war auch Übersetzer (Stendhal, Balzac).
Weitere Werke: Die Stadt des Hirns (R., 1919), Nein und Ja (R., 1920), Das neuantike Weltbild (Essays, 1922), Die Romane um Ruland (1926 bis 1928), Scherzo (R., 1936), Türkenlouis (Biogr., 1937), Old Man (R., 1947), Der Handelsherr (E., 1948), Schloß Ortenau (R., 1955), Es wird Abend (Autobiogr., 1960).
Ausgaben: O. F. Ges. Romane. Heusenstamm 1950ff. Auf mehrere Bde. berechnet. – O. F. Die Sichtung. Ges. krit. Schrr. Heusenstamm 1948ff. Auf mehrere Bde. berechnet. – O. F. Die Erzählungen in 2 Bden. Kassel 1947.
Literatur: Schöffler, H.: *In memoriam O. F. In: Jahresring (1964/65), 290.* – Möwe, E.: *O. F. Leben, Werk, Gestalt, Beispiel. Lpz. 1931.*

Flaubert, Gustave [frz. floˈbɛ:r], * Rouen 12. Dez. 1821, † Croisset bei Rouen 8. Mai 1880, frz. Dichter.
Sohn eines Chirurgen, studierte Jura, war vielseitig gebildet. Durch ein Leiden am prakt. Beruf gehindert, lebte er, abgesehen von Reisen in Italien, Griechenland, N-Afrika und im Orient, sehr zurückgezogen in Croisset. F. begann mit zwei stark persönlich gefärbten Werken, den „Erinnerungen eines Narren" (dt. 1907) und

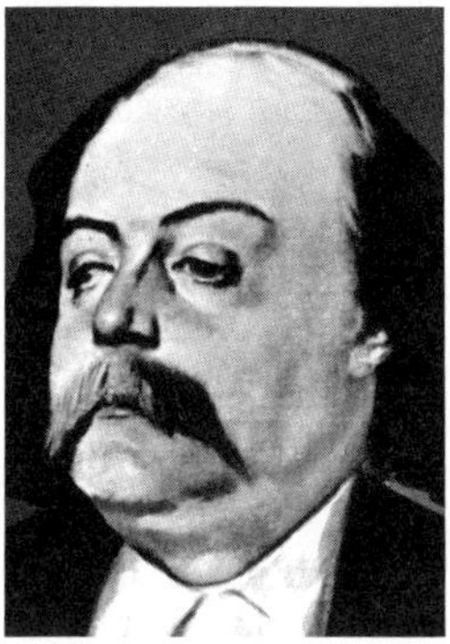

Gustave Flaubert (Gemälde von E. Giraud)

dem Roman „November" (hg. 1901, dt. 1960). Es folgte „Madame Bovary" (R., 1857; dt. 1892), F.s Hauptwerk, in dem er das Schicksal einer jungen Frau in der Provinz, die an dem Mißverhältnis von Gefühl und nüchterner Umwelt zugrunde-geht, mit unerbittl. Naturtreue, überlegener Kälte und in streng gefeilter Sprache erzählt. Mit diesem Werk setzte F. die Tradition Balzacs und Stendhals fort und wurde, entgegen seinem eigtl. romant. Wesen, zum Überwinder der Romantik und Begründer des Realismus in Frankreich. Der ständige Wechsel zwischen realist. und romant. Werken im weiteren Verlauf von F.s dichter. Schaffen spiegelt seine innere Zwiespältigkeit, die ihn die Welt bald sehnsüchtig-romant., bald enttäuscht-realist. ansehen ließ. F. schrieb seine Werke mit geradezu wissenschaftl. Genauigkeit, strebte nach größter Vollendung der Form bei möglichst vollendeter Unpersönlichkeit der Darstellung. Seine romant. bestimmten Werke zeichnen sich durch Bilderreichtum und glühende Farbigkeit aus. Zeugnis von der stilist. Meisterschaft des reifen F. geben die „Drei Erzählungen" (1877, dt. 1903). Bed. sind seine Briefe und Tagebücher („Tagebücher", dt. 1919; „Briefe an H. Taine", dt. 1954; „Briefe an G. Sand", dt. 1956).
Weitere Werke: Salambo (R., 1862; dt. 1900), Die Schule der Empfindsamkeit (R., 1869; dt. 1904), Die Versuchung des hl. Antonius (R., 1874; dt. 1905), Bouvard und Pécuchet (R.-Fragment, hg. 1881; dt. 1909).
Ausgaben: G. F. Œuvres. Hg. v. M. Nadeau. *Lausanne 1964–65. 18 Bde. – G. F. Œuvres complètes. Édition Conard. Paris 1926–33. 22 Bde. – G. F. Ges. Werke. Dt. Übers. Hg. v.* W. Weigand. *Mchn. 1923. 6 Bde. – G. F. Ges. Werke. Dt. Übers. Hg. v.* E. W. Fischer. *Minden 1907–09. 10 Bde.*
Literatur: Wetherill, P.-M.: *F. et la création littéraire. Paris 1967.* – Friedrich, H.: *Drei Klassiker des frz. Romans. Stendhal, Balzac, F. Frkf.* ^{5}*1966.* – Naaman, A. Y.: *Les débuts de G. F. et sa technique de la description. Paris 1962.* – Varende, J. de la: *G. F. in Selbstzeugnissen u. Bilddokumenten. Hamb. 1958.* – Dumesnil, R.: *G. F. L'homme et l'œuvre. Paris* ^{3}*1947.* – Thibaudet, A.: *G. F. Paris* ^{2}*1935.*

Fleck, Konrad, alemann. Dichter des 13. Jahrhunderts.
F. war wahrscheinl. ein gebildeter Bürger einer oberrhein. Stadt; sein Name ist durch Rudolf von Ems überliefert. F. verfaßte um 1220 das Versepos der Kinderminne „Floire und Blanscheflur", das wenig verbreitet war und nur in 2 späten Handschriften des 15. Jh.s und in 2 Bruchstücken des 13. Jh.s überliefert ist. Quelle ist der altfrz. Liebesroman „Floire et Blancheflor". Rudolf von Ems schreibt F. auch einen Artusroman zu.

Flecker, [Herman] James Elroy [engl. 'flɛkə], * London 5. Nov. 1884, † Davos 3. Jan. 1915, engl. Lyriker und Dramatiker.
Sohn eines Geistlichen, Studium in Oxford und Cambridge; 1910–13 im diplomat. Dienst; verfaßte unter dem Einfluß der frz. Parnassiens lyr. Gedichte, die romant. Themen in flüssiger Sprache behandeln. Der „Georgian poet" schrieb auch zwei beliebte Dramen („Hassan", dt. 1919; „Don Juan", 1925).
Weitere Werke: Forty-two poems (1911), The golden journey to Samarkand (Ged., 1913), The old ships (Ged., 1915).

Fleg, Edmond [frz. flɛg], eigtl. E. Flegenheimer, * Genf 26. Nov. 1874, † Paris 15. Okt. 1963, frz. Schriftsteller schweizer. Herkunft.
Studierte in Genf und Paris (École normale supérieure); Theaterkritiker; 1914 Fremdenlegion; behandelte als Dichter und Schriftsteller Geschichte und Wesen des Judentums.
Hauptwerke: Écoute, Israël (Ged., 1913ff.), La maison du bon Dieu (Dr., 1920), Le Juif du pape (Dr., 1925), Ein kleiner Prophet (R., dt. 1927), Warum ich Jude bin (autobiograph. Essay, dt. 1929).

Fleißer, Marieluise, verh. Haindl, * Ingolstadt 23. Nov. 1901, dt. Schriftstellerin.
Studierte Germanistik und Theaterwissenschaft, lebte bis 1933 in Berlin, dann als von den Nationalsozialisten unerwünschte Autorin wieder in Ingolstadt. Ihre Dramen, ihr einziger Roman und ihre Novellen spielen fast stets in ihrer bayr. Heimat; das Milieu ist naturalist., die Charaktere sind psycholog. geschickt gestaltet.
Hauptwerke: Fegefeuer (Dr., UA 1926), Pioniere in Ingolstadt (Kom., UA 1929), Ein Pfund Orangen (En., 1929), Mehlreisende Frieda Geier (R., 1931), Andorranische Abenteuer (En., 1932), Der starke Stamm (Kom., UA 1950), Avantgarde (En., 1963), Abenteuer aus dem Engl. Garten (En., 1969).

Fleming (Flemming), Paul, * Hartenstein (Erzgebirge) 5. Okt. 1609, † Hamburg 2. April 1640, dt. Dichter.
Studierte Medizin, nahm als Hofjunker und Truchseß des Herzogs von Holstein-Gottorp an Reisen nach Moskau und Persien teil, 1631 zum Dichter gekrönt, 1640 Dr. med. F. begann mit lat. Gedichten in der Art Petrarcas. In seiner dt. Lyrik gelang ihm der Durchbruch zu eigenständigem Schaffen. Er ist der persönlichste unter den Barocklyrikern und der bedeutendste Opitz-Schüler. Seine reife Lyrik, in der er persönl. Fühlen und Empfinden frei äußert, ist erfüllt von dichter. Kraft, Frische und Lebensnähe, vernachlässigt aber nicht die der Zeit eigene korrekte Form. Sein Werk umfaßt v.a. liedhafte Sonette, Liebes-, Trink-, Fest- und Gelegenheitsgedichte, Vaterlandslieder und geistl. Gesänge.
Hauptwerke: Klagegedichte über ... Leiden und Tod ... Jesu Christi (1632), Poetischer Gedichten

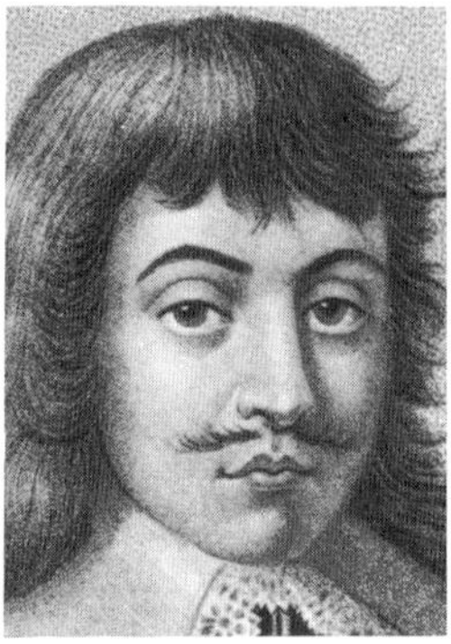

Paul Fleming

... Prodromus (1641), Teutsche Poemata (Ged., 1642).
Ausgaben: *P. F. Dt. Gedichte. Hg. v.* J. M. Lappenberg. *Stuttg. 1865. 2 Bde. Nachdr. Darmst. 1965. – P. F. Lat. Gedichte. Hg. v.* J. M. Lappenberg. *Stuttg. 1863. Nachdr. Amsterdam 1969.*
Literatur: Dürrenfeld, E.: *P. F. u. Johann Christian Günther. Motive, Themen, Formen. Diss. Tüb. 1964.* – Pyritz, H.: *P. F.s Liebeslyrik. Zur Gesch. des Petrarkismus. Gött.* ²*1963.* – ↑ auch Opitz, Martin.

Fleming, Peter [engl. 'flɛmɪŋ], Pseudonym Moth, * London 31. Mai 1907, engl. Journalist und Schriftsteller.
Studierte in Oxford, nahm am 2. Weltkrieg teil; Reisen nach Mexiko, Brasilien, China und Japan (z.T. für „The Times"). Der Erfolg seiner Reisebücher beruht auf der bes. anschaul. und eindrucksvollen Schilderung seiner Erlebnisse.
Hauptwerke: Brasilianisches Abenteuer (Reisebericht, dt. 1935), News from Tartary (Kurzgeschichten, 1936), Die sechste Kolonne (Satire, dt. 1953), A forgotten journey (Skizze, 1952), Die Belagerung zu Peking (Bericht, dt. 1961).

Flers, Robert Pellevé de La Motte-Ango, Marquis de [frz. flɛ:r], * Pont-l'Évêque (Calvados) 25. Nov. 1872, † Vittel 30. Juli 1927, frz. Dramatiker.
Journalist, später zeitweilig Feuilletonchef von „Le Figaro"; 1921 Mitglied der Académie française; schrieb zusammen mit seinem Freund Caillavet († 1915), danach mit Croisset, zahlreiche erfolgreiche Bühnenstücke, neben Operetten („Les travaux d'Hercule", 1901; Musik C. Terrasse) leichte, immer geistreiche, bisweilen satir. Lustspiele, u.a. „Le roi" (1908), „Primerose" (1911), „L'habit vert" (1913).

Fletcher, Giles [engl. 'flɛtʃə], der Jüngere, * London 1588 (?), † Alderton (Suffolk) 1623, engl. Lyriker.
Studierte in Cambridge, wo er Lektor für Griechisch wurde; später durch Vermittlung Lacons Pfarrer in Alderton. Das Epos „Christ's victorie and triumph" (1610) zeigt zwar deutl. Spensers Einfluß, dennoch gelingt es F. durch seine Neigung zum Paradoxon dem Ganzen eine persönl. Note zu geben.

Fletcher, John [engl. 'flɛtʃə], ≈ Rye (Sussex) 20. (?) Dez. 1579, † London 28. Aug. 1625, engl. Dramatiker.
Sohn eines hohen Klerikers; studierte in Cambridge, war dann in London an der dramat. Produktion von F. Beaumont beteiligt und schrieb nach dem Tod seines Freundes teils selbständig, teils mit anderen Partnern weitere Dramen. Eine Zusammenarbeit mit Shakespeare bei „The two noble kinsmen" (1634) wird für mögl. gehalten; das lyr.-dramat. Schäferspiel „The faithful shepherdess" (1608 oder 1609) wird F. allein zugeschrieben.
Literatur: Leech, C.: *The J. F. plays. Cambridge (Mass.) 1962.* – ↑ auch Beaumont, Francis.

Fletcher, John Gould [engl. 'flɛtʃə], * Little Rock (Ark.) 3. Jan. 1886, † ebd. 10. Mai 1950 (Selbstmord), amerikan. Dichter.
Studierte an der Harvard University und lebte seit 1908 in England; 1933 Rückkehr nach Amerika. Einer der Begründer und bed. Vertreter des Imagismus. Schrieb auch gedankl. tiefe Schilderungen von Landschaft und Geschichte Amerikas.
Hauptwerke: Irradiations: sand and spray (Ged., 1915), Granite and breakers (Ged., 1921), The black rock (Ged., 1928).

Fletcher, Phineas [engl. 'flɛtʃə], ≈ Cranbrook (Kent) 8. April 1582, † Hilgay (Norfolk) 1650 engl. Dichter.
Bruder von Giles F. dem Jüngeren; studierte in Cambridge; von 1621 bis zu seinem Tod Pfarrer in Hilgay; in seiner Dichtung von Spenser beeinflußt; sein Hauptwerk ist das allegor. Versepos in barockem Stil „The purple island" (1633).
Literatur: Langdale, A. B.: *Ph. F. Man of letters, science and divinity. New York 1937.*

Fleuron, Svend [dän. flø'rɔŋ], * Gut Katrinedal (auf Møn) 4. Jan. 1874, † Humlebæk 5. April 1966, dän. Schriftsteller.
Gutsbesitzerssohn, Artillerieoffizier, nahm den Abschied und lebte als freier Schriftsteller in Kongens Lyngby; zahlreiche Vortragsreisen, u.a. auch nach Deutschland. Von Jugend an mit der Natur vertraut, schrieb er als genauer Beobachter seine gelungenen Tierschilderungen; Schöpfer des modernen Tierromans.
Hauptwerke: Die rote Koppel (R., dt. 1922), Schnipp Fidelius Adelzahn (R., dt. 1922), Meister Lampe (R., dt. 1923), Die gefesselte Wildnis (R., dt. 1927), Mit dem Stöberhund durch Wald und Heide (R., dt. 1932), Ajax und die Tiere (R., dt. 1958).

Fleury, Jules [frz. flœ'ri] ↑ Champfleury, Jules.

Flex, Walter, * Eisenach 6. Juli 1887, ⚔ auf Ösel 15. (16.?) Okt. 1917, dt. Schriftsteller.
Studium in Erlangen und Straßburg (Dr. phil.); Privatlehrer im Hause Bismarck; im 1. Weltkrieg Freiwilliger an der frz. und russ. Front. Bekannt wurde er durch sein Hauptwerk „Der Wanderer zwischen beiden Welten" (1917), Erinnerungen an einen Kriegskameraden, in denen Denken und Empfinden der nationalgesinnten dt. Jugend der Kriegsjahre lebhaften Ausdruck fanden.
Weitere Werke: Demetrius (Trag., 1910), Zwölf Bismarcks (Novellen, 1913), Sonne und Schild (Ged., 1915), Im Felde zwischen Nacht und Tag (Ged., 1917).
Ausgabe: *W. F. Ges. Werke. Mchn.* ⁷*1942. 2 Bde.*
Literatur: Flex, K.: *W. F. Ein Lebensbild. Stuttg. 16.–20. Tsd. 1940.*

Fliegel, Hellmuth ↑ Heym, Stefan.

Flint, Frank Stewart [engl. flɪnt], * London 19. Dez. 1885, † in Berkshire 28. Febr. 1960, engl. Lyriker.
Beamter im Arbeitsministerium; sehr sprachbegabt, zahlreiche Übersetzungen. F. gehörte zu den Imagisten, seine Gedichte schrieb er in freirhythm. Versen. Veröffentlichte nur 3 Gedichtbände: „In the net of the stars" (1909), „Cadences" (1915), „Other world" (1920).
Floire et Blancheflor (F. et Blancheflur) [frz. flwareblãʃ'flɔ:r], altfrz. Liebesroman, älteste erhaltene Fassung von unbekanntem Verfasser um 1160; Stoff griech.-oriental. Ursprungs; schildert die Liebe eines heidn. Königssohns und einer christl. Sklaventochter, die getrennt werden und sich erst nach vielen romanesken Verwicklungen in Babylon wiederfinden; auf altfrz. Bearbeitungen dieses zu den verbreitetsten mittelalterl. Legendenmotiven gehörenden Stoffs beruhen eine niederrhein. Fassung, der sog. „Trierer Floyris" (um 1170), das Gedicht Konrad Flecks (um 1220), eine niederdt., eine mittelniederl., eine mittelengl. und eine norweg. Fassung; Boccaccio legte die Sage seinem Roman „Il Filocolo" zugrunde, worauf sie auch in Deutschland als Volksbuch von „Floris und Bianceflora" (1499) von neuem auflebte.
Literatur: Sment, G. v.: *Zum Trierer Floyris. In: Festgabe f. Wolfgang Jungandreas zum 70. Geburtstag am 9. Dez. 1964. Trier 1964.* – Ernst, L.: *F. u. Blantscheflur. Studie zur vgl. Literaturwiss. Straßburg 1912.*
Flores, Juan de [span. 'flores], span. Schriftsteller vom Ende des 15., Anfang des 16. Jahrhunderts. Schrieb den seinerzeit in ganz Europa gelesenen Roman „Historia de Grisel y Mirabella con la disputa de Torrellas y Braçayda", ferner den Roman „Grimalte y Gradissa".
Florian, Jean-Pierre Claris de [frz. flɔ'rjã], * Schloß Florian bei Sauve (Gard) 6. März 1755, † Sceaux 13. Sept. 1794, frz. Dichter.
Wuchs in den Cevennen auf; Offizier; während der Revolution zeitweilig verhaftet; seit 1788 Mitglied der Académie française. Verfasser einstmals vielbewunderter sentimentaler Schäferromane („Galatée, roman pastoral, imité de Cervantes", 1783; „Estelle", 1788) und Komödien („Le bon ménage", 1782); bedeutender jedoch als Dichter graziöser Versfabeln („Fables", 1792), die denen La Fontaines wenig nachstehen.
Florian, Miroslav [tschech. 'flɔrian], * Kuttenberg (Mittelböhm. Gebiet) 10. Mai 1931, tschech. Lyriker.
Redakteur; schrieb v.a. Gedichte, die er in mehreren Sammlungen veröffentlichte; Themen sind Alltagsgeschehnisse, die in der kleinen lyr. Form mit reicher Bildhaftigkeit gestaltet werden; einzelne Gedichte liegen in dt. Übersetzung vor.
Flügel, Heinz, * São Paulo (Brasilien) 16. März 1907, dt. Schriftsteller.
Sohn eines Konsuls, studierte in Berlin und Kiel Philosophie; Mitarbeiter der Ev. Akademie in Tutzing; in christl. Tradition stehender Erzähler, Dramatiker, Lyriker, v.a. Hörspielautor und Essayist.
Hauptwerke: Verzauberte Welt (Novellen, 1937), Wölund (Trag., 1938), Schalom (Dr., 1953), Zwischen Gott und Gottlosigkeit (Essays, 1957), Der Hahnenschrei (Hsp., 1962), Konturen des Tragischen (Essays, 1965), An Gott gescheitert (Szenen und Dialoge, 1967).
Flygare-Carlén, Emilie [schwed. ˌfly:garəkar'le:n], geb. Smith, * Strömstad 8. Aug. 1807, † Stockholm 5. Febr. 1892, schwed. Schriftstellerin.
Gattin des Arztes A. Flygare, der 1833 starb, lebte dann mit dem Juristen R. Dalin († 1835) zusammen, bevor sie den Schriftsteller J. G. Carlén heiratete; von literar. Interesse sind die realist. Romane über das Leben v.a. der Bürger und Bauern ihrer Heimat („Die Rose von Tistelön", dt. 1842); ihr umfangreiches Werk wurde 1868–70 ins Dt. übersetzt (99 Bde.).
Fock, Gorch, eigtl. Hans Kinau, * Finkenwerder (heute Hamburg-Finkenwerder) 22. Aug. 1880, ⚔ am Skagerrak 31. Mai 1916, dt. Schriftsteller.
Sohn eines Hochseefischers, Bruder von Jacob und Rudolf Kinau; Kaufmannsgehilfe, später Buchhalter u.a. in Meiningen, seit 1906 Angestellter der Hamburg-Amerika-Linie in Hamburg; Freiwilliger im 1. Weltkrieg. Die Verbundenheit mit der heimatl. Landschaft und ihren Menschen, die Liebe zur See bestimmten sein realist. gestaltetes Erzählwerk (z.T. in niederdt. Sprache).
Hauptwerke: Schullengrieper und Tungenknieper (En., 1911), Hein Godenwind (E., 1912), Seefahrt ist not! (R., 1913), Sterne überm Meer (Tageb. und Ged., 1917).
Ausgabe: G. F. Sämtl. Werke in 5 Bden. Hamb. 18.–22. Tsd. 1941.
Literatur: Meyer-Benfey, H.: *G. F. In:* Meyer-Benfey: *Welt der Dichtung. Hamb. 1962.* – Kinau, J.: *G. F. Ein Leben im Banne der See. Mchn. 1935.*
Foerster, Eberhard ['fœrstər] ↑ Weisenborn, Günther.
Fofanow, Konstantin Michailowitsch; tl.: Fofanov, Konstantin Mihajlovič [russ. 'fɔfɐnɐf], * Petersburg (heute Leningrad) 30. Mai 1862, † ebd. 30. Mai 1911, russ. Dichter.
Aus einer Kaufmannsfamilie; geringe Schulbildung. F., Vertreter der Prinzipien der reinen Kunst, hatte mit seiner anfangs von der Dichtung der Dekadenz beeinflußten Lyrik bes. in den 80er Jahren großen Erfolg. Er pflegte eine zunehmende Neigung zum Mystizismus und gilt mit seiner musikal., jedoch ungleichwertigen Lyrik als Vorläufer des Symbolismus; z.T. impressionist. Natur- und Stimmungsschilderung. 1903 erschien eine Gedichtauswahl in dt. Übersetzung.
Fogazzaro, Antonio [italien. fogat'tsa:ro], * Vicenza 25. März 1842, † ebd. 7. März 1911, italien. Dichter.
Aus wohlhabender Familie; frei von materiellen Sorgen aufgewachsen, studierte er Rechtswissenschaft in Padua und Turin; kurze Zeit Advokat; lebte abwechselnd am Luganer See und in seiner Vaterstadt; 1896 Senator. F., einer der bedeutendsten Erzähler der italien. Literatur des 19. Jh.s, verbindet in geschickter Weise Stilelemente des Symbolismus mit realist. Darstellung; Humor und treffende Charakterisierung kennzeichnen sein umfangreiches Werk, das um eine Synthese der offiziellen kath. Lehre mit den neuen Ideen des Darwinismus bemüht ist.
Hauptwerke: Miranda (Epos, 1874; dt. 1882), Malombra (R., 1881; dt. 1889), Die Kleinwelt unserer Väter (R., 1895; dt. 1903), Die Kleinwelt unserer Zeit (R., dt. 1903), Der Heilige (R., dt. 1906), Leila (R., dt. 1911).

Literatur: Balducci, E.: *A. F. Brescia 1952.* – Nardi, P.: *A. F. Mailand ²1945.* – Leo, U.: *F.s Stil u. der symbolist. Lebensroman. Hdbg. 1928.*

Fogelström, Per Anders [schwed. ˌfoːgəlstrœm], * Stockholm 22. Aug. 1917, schwed. Schriftsteller.

F. tritt in seinen Romanen für den Pazifismus und für ausgleichendes Verständnis der Menschen untereinander ein. Er schildert bes. Stockholm und seine Einwohner.

Hauptwerke: Die Zeit mit Monika (R., dt. 1953), En natt ur nuet (R., 1955), Expedition Dolly (R., 1958), Stadt meiner Träume (R., dt. 1964), Bar av sin stad (R., 1962).

Folengo, Teofilo [italien. foˈleŋgo], Pseudonym Merlin Cocai, * Mantua 8. Nov. 1491 (1496?), † Campese (heute Bassano del Grappa-Campese) 9. Dez. 1544, italien. Schriftsteller.

Philosophiestudium; Benediktiner, verließ das Kloster, im Dienst verschiedener Fürsten, Rückkehr ins Kloster, dann Prior in Palermo. F. gilt als Meister des sog. makkaron. Stils, mit dessen Hilfe er die Manier seiner Zeit, die Antike zu imitieren, verspottet. In seinen Epen „Baldus" (1517) und „Zanitonella" (1519) parodierte er die Ritterepen und Schäferidyllen. Verfaßte auch religiöse Schriften. Beeinflußte Rabelais und Fischart.

Weitere Werke: Mückenkrieg (Ged., 1519; dt. 1580), Caos del Triperuno (1527), Atto della Pinta (Dr., 1538).

Follain, Jean [frz. fɔˈlɛ̃], * Canisy (Manche) 29. August 1903, frz. Lyriker.

Rechtsanwalt, später Richter; wandte sich dann ganz der Literatur zu; Mitarbeiter zahlreicher Zeitschriften; in seiner formal eigenwilligen Lyrik (abrupter Stil) kehrt er immer wieder zu seiner Kindheit und Jugend in seiner normann. Heimat zurück; schreibt auch Prosa; F. erhielt mehrere Preise.

Hauptwerke: La main chaude (Ged., 1933), Chants terrestres (Ged., 1937), Paris (Prosa, 1937), Usage du temps (Ged., 1943), Exister (Ged., 1947), Territoires (Ged., 1953), Péron (Reisebericht, 1965), D'après tout (Ged., 1967).

Folquet de Marseille [frz. fɔlkɛdmarˈsɛj], auch Foulques de Toulouse, * Marseille (?) um 1155, † Toulouse 1231, provenzal. Troubadour.

Reicher Kaufmannssohn, scholast. Bildung; lebte an den Höfen des Barral de Baux und des Guillaume de Montpellier; war befreundet mit Bertran de Born und Richard Löwenherz. Seine Troubadourlyrik entstand zwischen 1180 und 1195, danach wandte er sich ganz von weltl. Leben und weltl. Dichtung ab, wurde Mönch, Abt, schließl. Bischof von Toulouse und war einer der Initiatoren der Albigenserkriege. Von den ihm zugeschriebenen 19 Liedern sind v.a. das ergreifende Klagelied auf den Tod des Herzogs von Baux und zwei Kreuzzugslieder zu erwähnen, daneben verfaßte er bes. Liebeslyrik (erhalten sind 14 Minnelieder, größtenteils mit Melodien), die meist an die Frauen seiner Gönner gerichtet ist. Seine Gedichte sind reich an Metaphern, Reflexionen sowie Dialektik und verstechnisch geschickt geformt.

Folz (Foltz), Hans, genannt „der Barbierer", * Worms um 1450, † Nürnberg um 1515, dt. Meistersinger.

Barbier (Wundarzt); durch seine Reform des Meistersangs hat er diese Gattung um ein weiteres Jh. lebensfähig erhalten. Zu den Tönen der „12 alten Meister" forderte er die Aufnahme neuer Weisen und erfand selbst 27. Seine Meisterlieder sind vorwiegend religiösen Inhalts; die Spruchdichtung gestaltet religiöse und profane Themen; die Schwänke (u.a. „Von einem Wirtsknecht und der Hausmeit") sind von derb-drast. Komik und bringen meist eine moral. Nutzanwendung in allegor. Form. Die ihm zuzuschreibenden 7 oder 8 Fastnachtsspiele (u.a. „Von der alten und der neuen ee", „Von dem König Salomo und Markolffo") setzen die Tradition Rosenplüts fort und sind im szen. Aufbau und in der Dialogführung sehr bühnenwirksam. Ausgelassen, witzig, einfallsreich, realist., mit feinem Sinn für Wort- und Situationskomik begabt, hat F. Hans Sachs entscheidende Anregungen gegeben.

Ausgaben: H. F. Die Reimpaarsprüche. Hg. v. Hanns Fischer. *Mchn. 1961. – H. F. Ausw. Bearb. v.* I. Spriewald. *Bln. 1960. – H. F. Meisterlieder. Hg. v.* A. L. Mayer. *Berlin 1908. Nachdr. Zürich 1967.*

Literatur: Fischer, Hanns: *H. F. Altes u. Neues zur Gesch. seines Lebens u. seiner Schrr. In: Zs. f. dt. Altertum u. dt. Lit. 95 (1966), 212.* – Heinen, H.: *Die rhythm.-metr. Gestaltung des Knittelverses bei H. F. Marburg 1966.* – Petzsch, Ch.: *Studien zum „Meistergesang" des H. F. In: Dt. Vjschr. f. Literaturwiss. u. Geistesgesch. 36 (1962), 190.*

Fønhus, Mikkjel [norweg. ˈføːnhʉːs], *Sør-Aurdal (Valdres) 14. März 1894, norweg. Schriftsteller.

Aus altem Bauerngeschlecht; nach Gymnasiumbesuch in Oslo jahrelang in der Einsamkeit N-Norwegens; mit seinen Romanen, in denen er aus eigenem Erleben den erbarmungslosen und grausamen Daseinskampf von Mensch und Tier schildert, gilt er als einer der großen skand. Darsteller des Tierlebens.

Hauptwerke: Der Troll-Elch (R., dt. 1926), Wölfe (R., dt. 1935), Der Skiläufer (R., dt. 1936), Die Biber bauen am Schwarzweiher (R., dt. 1938), Kampen mot villmarka (E., 1946).

Fonseca, António José Branquinho da [portugies. fõˈsekɐ], Pseudonym António Madeira, * Mortágua 4. Mai 1905, portugies. Schriftsteller.

Rechtsstudium in Coimbra; Verwaltungsbeamter; Hg. verschiedener Zeitschriften; trat mit sachl.-straffen Romanen und Erzählungen („Porta de Minerva", 1947, aus dem akadem. Leben Coimbras; „Mar santo", 1952, aus dem Leben portugies. Fischer), Lyrik und experimentellen Dramen hervor.

Fontainas, André [frz. fõtɛˈnɑːs], * Brüssel 5. Febr. 1865, † Paris 9. Dez. 1948, belg. Dichter.

Rechtsstudium in Brüssel; seit 1888 in Paris; von Mallarmé, de Régnier und Valéry beeinflußter Lyriker („Le sang des fleurs", Ged., 1889; „Les verges illusoires", Ged., 1892; „La nef désemparée", Ged., 1908), auch Romancier („L'ornement de la solitude", 1899; „Les étangs noirs", 1912) und Übersetzer (Keats, Swinburne) sowie Verfasser einer „Histoire de la peinture française au XIXᵉ siècle" (1906) und eines „Tableau de la poésie française d'aujourd'hui" (1931).

Fontana, Gian, * Fidaz (Graubünden) 16. Nov. 1897, † Flims 30. Nov. 1935, rätoroman. Dichter.

Parisaufenthalt; war Lehrer in Flims; schrieb Ge-

dichte und Erzählungen aus dem Leben Graubündens, die zu den bedeutendsten in rätoroman. Sprache gehören.
Hauptwerke: A casa, per l'honur (E., 1922), La parlera (E., 1923), Nora (E., 1924), Gioder dil Run (E., 1926), Poesias (Ged., 1931).

Fontana, Oskar Maurus [fɔn'ta:na], * Wien 13. April 1889, † ebd. 4. Mai 1969, östr. Schriftsteller. Sohn eines Dalmatiners; Studium in Wien; Theaterkritiker, Journalist; Hg. der expressionist. Anthologie „Die Aussaat" (1916); kam als Dramatiker und Erzähler vom neuromant. Drama über das expressionist. Stück zu einem sachl. Realismus im Roman; geistreiche Essays.
Hauptwerke: Das Märchen der Stille (Dr., 1910), Marc (Dr., 1918), Gefangene der Erde (R., 1928), Der Weg durch den Berg (R., 1936), Gefährl. Sommer (R., 1961), Meldegänger in der Spur der Sterne (Ged., 1965).

Fontane, Theodor, * Neuruppin 30. Dez. 1819, † Berlin 20. Sept. 1898, dt. Dichter und Theaterkritiker.

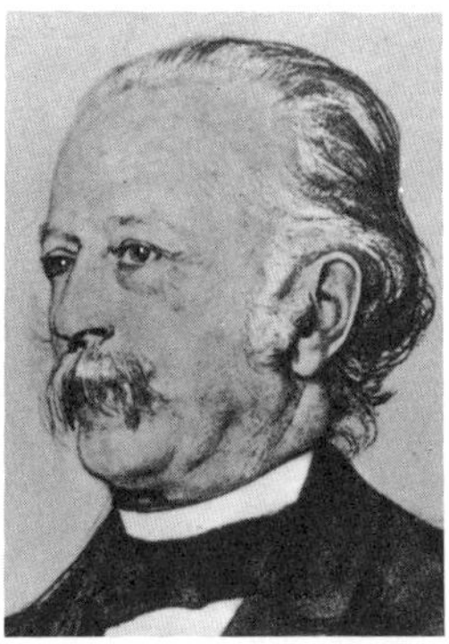
Theodor Fontane (Zeichnung von I. Gentz, 1888)

Stammte aus einer Hugenottenfamilie, war zuerst Apotheker, später Journalist, 1864, 1866 und 1870/71 Kriegsberichterstatter, geriet in frz. Haft und wurde erst auf Bismarcks Veranlassung freigelassen; nach dem Dt.-Frz. Krieg Theaterkritiker bei der „Voss. Zeitung" in Berlin; 1874/75 Italienaufenthalt; danach freier Schriftsteller. Begann mit traditioneller Lyrik und Balladen im Stil des Spätrealismus, in denen er Themen aus der schott.-engl. Geschichte („Archibald Douglas", „Maria und Bothwell") verwendete oder Gestalten der märk. Heimat („Herr von Ribbeck", „Der alten Zieten") vortreffl. nachzeichnete. Erst spät fand er zu der seiner Erzähl- und Darstellungskunst gemäßen Form, dem in der Berliner Gesellschaft oder im märk. Adel spielenden realist. Gesellschaftsroman, in dem er iron. und gütig, nüchtern, weise und melanchol. allgemein menschl. Probleme, bes. aber die durch Standesehre und Standesbewußtsein geprägten Beziehungen der Menschen zueinander mit psycholog. Meisterschaft darstellte und mit teilweise impressionist. Schilderungen von Landschaft und Milieu verband. In der Kühnheit der Themenwahl weist er bereits auf den Naturalismus hin. Eine natürl. wirkende, lebhafte Erzählform sowie die vorzügl. Dialogführung verleihen den großen Romanen ein dramat. Element.
Hauptwerke: Gedichte (1851), Balladen (1861), Wanderungen durch die Mark Brandenburg (1862–82), Vor dem Sturm (R., 1878), Grete Minde (R., 1880), L'Adultera (Nov., 1882), Schach von Wuthenow (E., 1883), Cécile (R., 1887), Irrungen, Wirrungen (R., 1888), Stine (R., 1890), Unwiederbringlich (R., 1891), Frau Jenny Treibel (R., 1892), Effi Briest (R., 1895), Die Poggenpuhls (R., 1896), Der Stechlin (R., 1899), Mathilde Möhring (R., hg. 1914).
Ausgaben: F. Nymphenburger Tb.-Ausg. Hg. v. K. *u.* A. Schreinert. *Mchn. 1969. 15 Bde. – Th. F. Briefe. Hg. v.* K. Schreinert *u.* Ch. Jolles. *Bln. 1968ff. Auf 3 Bde. berechnet. – Th. F. Sämtl. Werke. Hg. v.* W. Keitel. *Mchn. 1961ff. Auf 13 Bde. berechnet. – Th. F. Sämtl. Werke. Hg. v.* E. Gross *u.* K. Schreinert. *Mchn. 1959ff. Auf 27 Bde. berechnet. Teilweise Neuaufl. – Th. F. Ges. Werke. Bln.* $^{1-15}$*1905–14. 20 Bde., 2 Brief-Bde.*
Literatur: Th. F., 1819–1969. Stationen seines Werkes. Eine Ausstellung zum 150. Geburtstag des Dichters im Schiller-Nationalmuseum, Marbach. Bearb. v. W. Migge. *Mchn. 1969.* – Nürnberger, H.: *Th. F. in Selbstzeugnissen u. Bilddokumenten. Reinbek bei Hamb. 1968.* – Reuter, H.-H.: *F. Bln.; Mchn. 1968. 2 Bde.* – Mann, Th.: *Der alte F. In:* Mann: *Adel des Geistes. Sechzehn Versuche zum Problem der Humanität. Frkf. 18.–20. Tsd. 1967.* – Demetz, P.: *Formen des Realismus: Th. F. Krit. Unterss. Mchn.* ^{2}*1966.* – Richter, K.: *Resignation. Eine Studie zum Werk Th. F.s. Stuttg. 1966. – F.-Bll. Hg. v. „Kreis der Freunde Th. F.s". Jg. 1ff., Potsdam 1965ff.* – Schobeß, J.: *Lit. v. u. über Th. F. Potsdam* ^{2}*1965.* – Wandrey, C.: *Th. F. Mchn. 1919.* – † auch Raabe, Wilhelm.

Fontanes, Louis de [frz. fõ'tan], * Niort 6. März 1757, † Paris 17. März 1821, frz. Schriftsteller und Staatsmann.
Adeliger Abkunft; während der Frz. Revolution mehrfach verfolgt; zeitweilig in London, wo er mit Chateaubriand befreundet war; 1808 Großmeister der Université de France; 1810 Senator; behauptete sich bei der Restauration, verfaßte 1814 die Absetzungsurkunde Napoleons und wurde durch Ludwig XVIII. Pair, Marquis und Mitglied des Staatsrats; seine literar. Bedeutung beruht bes. auf seinen Reden und Artikeln im „Mercure de France" und der Förderung, die er Chateaubriands „Génie du christianisme" angedeihen ließ; seine klassizist. Gedichte sind heute vergessen; auch Übersetzer (Pope).

Fontenelle, Bernard Le Bovier de [frz. fõt'nɛl], * Rouen 11. Febr. 1657, † Paris 9. Jan. 1757, frz. Schriftsteller und Philosoph.
Sohn eines Anwalts, Neffe Corneilles; Jesuitenkolleg; Rechtsstudium; seit 1687 ständig in Paris; 1691 Mitglied der Académie française; seit 1699 Sekretär der Académie des sciences; gefeierter Schöngeist der zeitgenöss. Salons; begann mit Dramen („Psyché", 1679; „Aspar", 1680), die, z.T. zusammen mit Thomas Corneille verfaßt, jedoch keinen Widerhall fanden; sein Skeptizismus trat erstmalig formuliert in „Gespräche im Elysium" (1683, dt. 1948; nach Lukian) zutage; sein Hauptverdienst liegt in der unermüdl. Popularisierung der Erkenntnisse der Wissenschaft auf den Gebieten der Philosophie, Religion und bes. der Naturwissenschaften; wichtigste Schriften in dieser Richtung: „Entretiens sur la pluralité des

mondes“ (1686, dt. von Gottsched 1727; Apologie Galileis und Kopernikus'), „Histoire des oracles“ (1687, dt. von Gottsched 1730 u.d.T. „F.s heidnische Orakel“); in der „Querelle des anciens et des modernes“ stand er auf seiten der Modernisten; einer der bedeutendsten Vorläufer der Aufklärung.
Ausgabe: B. le B. de F. Œuvres. Paris 1818. 3 Bde.
Literatur: Krauss, W.: *F. u. die „Republik der Philosophen“. In:* Krauss: *Perspektiven u. Probleme. Neuwied 1965.* – Pizzorusso, A.: *Il ventaglio e il compasso. F. e le sue teorie letterarie. Neapel 1964.* – Fayol, A.: *F. Paris 1961.*

Fonwisin, Denis Iwanowitsch; tl.: Fonvizin, Denis Ivanovič [russ. fan'vizin], * Moskau 14. April 1745, † Petersburg (heute Leningrad) 12. Dez. 1792, russ. Dramatiker.
Adliger aus ursprüngl. livländ. Familie, war im Staatsdienst tätig; erfreute sich unterschiedl. Beliebtheit am Hof der Zarin Katharina II., da er in klassizist., von Molière und Holberg formal beeinflußten Komödien mit den Mitteln der Satire Korruption, Sittenlosigkeit, Unbildung und Arroganz der Beamten und des Landadels bloßlegte. Schwächen der Fabel werden durch die Kunst der Darstellung negativer Charaktere aufgewogen; übersetzte Holberg.
Hauptwerke: Der Brigadier (Kom., UA 1769; dt. 1890), Der Landjunker (Kom., UA 1782; dt. 1890).

Foote, Samuel [engl. fʊt], ≈ Truro 27. Jan. 1720, † Dover 21. Okt. 1777, engl. Dramatiker und Schauspieler.
Studierte in Oxford, seit 1744 Schauspieler; begann nach Verlust seines Vermögens Bühnenstücke zu schreiben. Schildert in bisweilen bissigen Satiren das Leben des zeitgenöss. London, wobei er wegen allzu scharfer Karikaturen von Zeitgenossen manchmal in Schwierigkeiten geriet.
Hauptwerke: Taste (Dr., 1752), The Englishman in Paris (Dr., 1753), The minor (Kom., 1760), The lame lover (Dr., 1770).

Forbes-Mosse, Irene [engl. 'fɔ:bz'mɔs], geb. Gräfin Flemming, * Baden-Baden 5. Aug. 1864, † Villeneuve (VD) 26. Dez. 1946, dt. Schriftstellerin.
Enkelin von Achim und Bettina von Arnim; ⚭ mit dem engl. Major F.-M.; feinsinnige neuromant. Lyrikerin und Erzählerin.
Hauptwerke: Mezzavoce (Ged., 1901), Der kleine Tod (E., 1912), Kathinka Plüsch (R., 1930), Das werbende Herz (Novellen, 1934).

Ford, Ford Madox [engl. fɔ:d], eigtl. F. M. Hueffer, * Merton (Surrey) 17. Dez. 1873, † Deauville bei Lisieux 26. Juni 1939, engl. Lyriker, Erzähler und Kritiker.
Sohn eines dt. Musikkritikers; stand in Verbindung zu den Präraffaeliten; eng befreundet mit J. Conrad; Beziehungen u.a. zu D. H. Lawrence, H. James, H. G. Wells, J. Galsworthy, E. Pound, G. Stein, J. Joyce, E. Hemingway; bedeutender durch krit. Arbeiten und durch seine Anregungen als durch seine Romane, die z.T. das Erlebnis des 1. Weltkriegs verarbeiten.
Hauptwerke: Romance (R., 1903; mit J. Conrad), The fifth queen (R., 1906), Privy seal (R., 1907), The fifth queen crowned (R., 1908), Collected poems (1914), Die allertraurigste Geschichte (R., 1915; dt. 1962), No more parades (R., 1925), Last post (R., 1928).
Literatur: Leer, N.: *The limited hero in the novels of F. M. F. East Lansing (Mich.) 1966.* – MacShane, F.: *The life and work of F. M. F. London 1965.*

Ford, John [engl. fɔ:d], ≈ Ilsington (Devon) 17. April 1586, † 1640 (?), engl. Lyriker und Dramatiker.
Stammte aus einer angesehenen Familie; lebte meist in London, wo er zeitweise jurist. tätig war. Bekannt v.a. als Verfasser von Elegien und Dramen, die oft in Zusammenarbeit (u.a. mit Dekker) entstanden. Neigung zu Melancholie unter Einfluß von Burton und zur Darstellung des Gräßlichen, Makabren und Abnormen in sprachl. und verstechn. vollendeten Dramen; als bedeutendste Werke gelten „Giovanni und Arabella“ (1633, dt. 1918), „The broken heart“ (1633) und die histor. Tragödie „Perkin Warbeck“ (1634, dt. 1961).
Literatur: Sargeaunt, J.: *J. F. New York ²1966.* – Davril, R.: *Le drame de J. F. Paris 1954.*

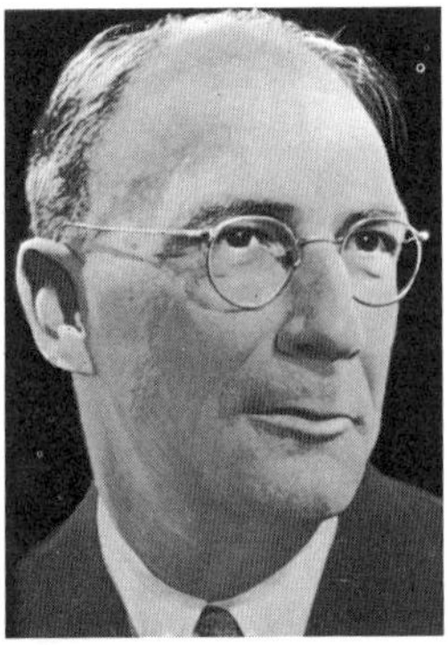
Cecil Scott Forester

Forester, Cecil Scott [engl. 'fɔrɪstə], * Kairo 27. Aug. 1899, † Fullerton (Calif.) 2. April 1966, engl. Schriftsteller.
Erziehung in England, nach Abbruch seines Medizinstudiums freier Schriftsteller; viele Reisen als Korrespondent für „The Times“, u.a. nach Spanien und Frankreich; ausgedehnte Motorbootfahrten in Mitteleuropa; seit 1932 häufig als Filmautor in Hollywood tätig. Schrieb spannende Soldaten-, Marine- und Abenteuerromane, humorvolle Reisebeschreibungen und eine Nelson-Biographie (dt. 1944). Ersten Erfolg hatte er mit dem psycholog. Kriminalroman „Zahlungsaufschub“ (1926, dt. 1951); als Hauptwerk gilt der Roman „Ein General“ (dt. 1937); besonderer Popularität erfreut sich der Romanzyklus um die Gestalt des Horatio Hornblower (dt. 1938ff.), eines brit. Seeoffiziers zur Zeit Napoleons.

Forestier, George [forɛsti'e:] † Krämer, Karl Emerich.

Forez [frz. fɔ'rɛ] † Mauriac, François.

Forner, Juan Pablo [span. fɔr'nɛr], * Mérida 23. Febr. 1756, † Madrid 17. März 1797, span. Schriftsteller.
Jura- und Philosophiestudium; wegen seiner scharfen Satiren und Pamphlete Veröffentlichungsverbot durch den König. Später Staatsanwalt in Sevilla, dann am Obersten Gerichtshof in Madrid. Als Polemiker und Satiriker schuf er mit der

literar. Allegorie „Exequias de la lengua castellana" (1782), einer Satire in Prosa und Vers, sein bedeutendstes Werk, in dem er die Tradition der span. Literatur gegen Angriffe verteidigt.

Forsch, Olga Dmitrijewna; tl.: Forš, Ol'ga Dmitrievna [russ. fɔrʃ], * Festung Gunib (Dagestan) 28. Mai 1873, † 17. Juli 1961, russ.-sowjet. Schriftstellerin.

Tochter eines Offiziers; studierte bildende Kunst und war als Malerin und Zeichenlehrerin tätig. Olga F., die ihre literar. Laufbahn 1908 mit unter dem Pseudonym A. Terek veröffentlichten Erzählungen begann, wandte sich bald dem histor. Roman zu und stellte mehrfach histor. Aspekte der Revolution dar; eines ihrer Hauptwerke ist die Trilogie um Radischtschew „Die Kaiserin und der Rebell" (R., 1934ff.; dt. 1957).

Weitere Werke: In Stein gehüllt (R., dt. 1926), Sowremenniki (= Zeitgenossen, R., 1926), Simwolisty (= Die Symbolisten, R., 1933), Achtzehnhundertfünfundzwanzig (R., 1953; dt. 1966).

Forsnäs, Veikko Antero [schwed. ˌfɔrsnɛːs] † Koskenniemi, Veikko Antero.

Forster, Edward Morgan [engl. ˈfɔːstə], * London 1. Jan. 1879, engl. Schriftsteller.

Studierte Geschichte und klass. Philologie in Cambridge; er bekam früh Kontakt mit literar. Kreisen, war journalistisch tätig und unternahm ausgedehnte Reisen, u.a. nach S-Europa, in den Nahen Osten und nach Indien; später Lehrauftrag an seinem Wohnort Cambridge; hohe Ehrungen. F. gilt in England als einer der bedeutendsten lebenden Romanciers. Liberalismus, ein individualist. Humanismus und moralist. Tendenzen wirkten auf seine Erzähldichtung, die durch skept. Ironie und ausgeprägten Sinn für Komik ebenso gekennzeichnet ist wie durch ernste, eindringl. Darstellung zeitgenöss. Existenzprobleme. Als Hauptwerke gelten „Howards End" (R., 1910; dt. 1949), eine psycholog. Schilderung der Schwierigkeiten menschl. Zusammenlebens, und „Indien" (R., 1924; dt. 1932), eine Darstellung des Aufeinandertreffens der europ. und der oriental. Welt. Wichtig für die Ästhetik des Romans ist das krit. Werk „Ansichten des Romans" (1927, dt. 1949); bedeutender Essayist.

Weitere Werke: Engel und Narren (R., 1905; dt. 1948), A room with a view (R., 1908).

Literatur: Thomson, G. H.: *The fiction of E. M. F. Detroit (Mich.) 1967.* – Gransden, K. W.: *E. M. F. Edinburgh u. London 1962.*

Forster, Friedrich, eigtl. Waldfried Burggraf, * Bremen 11. Aug. 1895, † ebd. 1. März 1958, dt. Dramatiker.

Schauspieler, Spielleiter, Dramaturg in Nürnberg, 1933–38 Schauspieldirektor in München, dann freier Schriftsteller; er schrieb bühnenwirksame, effektvolle Schauspiele, die teils histor., teils zeitkrit. Stoffe behandeln; auch Märchenspiele, Lustspiele und Bearbeitungen älterer Stoffe.

Hauptwerke: Der Graue (Dr., 1931), Robinson soll nicht sterben (Dr., 1932), Gastspiel in Kopenhagen (Dr., 1940).

Forster, [Johann] Georg, * Nassenhuben bei Danzig 27. (26.?) Nov. 1754, † Paris 10. (12.?) Jan. 1794, dt. Reiseschriftsteller.

Sohn des Naturforschers Johann Reinhold F., den er auf Forschungsreisen (u.a. Weltreise mit J. Cook 1772–75) begleitete, 1778 Professor in Kassel, 1784 in Wilna, 1788 Bibliothekar in Mainz, 1790 mit A. von Humboldt in den Niederlanden, England und Frankreich; Anhänger der Frz. Revolution, Abgeordneter der Mainzer Jakobiner in Paris, trat für den Anschluß des linksrhein. Deutschland an Frankreich ein, wurde vom Reich als Landesverräter geächtet; starb in großer Armut. Begründer der künstler. Reisebeschreibung, die er in klass. Prosa gestaltete; verband in seinen lebendigen Schilderungen Gedankengut Herders mit Ideen der Romantik.

Hauptwerke: Reise um die Welt (dt.1778–80), Ansichten vom Niederrhein (Darst., 1791–94).

Ausgaben: G. F. Werke in 4 Bden. Hg. v. G. Steiner. *Frkf. 1967ff. – G. F. Werke. Sämtl. Schrr., Tagebb., Briefe. Hg. v. der Dt. Akad. der Wiss. zu Bln., Institut f. dt. Sprache u. Lit. Bln. 1958ff. Auf 20 Bde. berechnet. – G. F.'s sämmtl. Schrr. Hg. v.* Th. Forster. *Lpz. 1843. 9 Bde.*

Literatur: Uhlig, L.: *G. F. Einheit u. Mannigfaltigkeit in seiner geistigen Welt. Tüb. 1965.* – Schlegel, F.: *G. F.s Schrr. In:* Schlegel: *Krit. Schrr. Hg. v.* W. Rasch. *Mchn. ²1964.* – Miethke, H.: *G. F. Weltreisender, Schriftsteller u. Revolutionär. Halle 1961.* – Kersten, K.: *Der Weltumsegler J. G. Adam F. 1754–1794. Bern u. Mchn. 1957.*

Fort, Gertrud Freiin von Le † Le Fort, Gertrud Freiin von.

Fort, Paul [frz. fɔːr], * Reims 1. Febr. 1872, † Monthléry bei Paris 20. April 1960, frz. Dichter.

Gründete 1890 das „Théâtre d'Art", in dem vorwiegend symbolist. Stücke aufgeführt wurden, und leitete 1905–14 die symbolist. Vierteljahrsschrift „Vers et Prose"; als typ. Vertreter des Symbolismus weisen ihn die „ballades" genannten Gedichte (Eklogen, Hymnen, Oden, Idyllen, kleine Epen) aus, die in freirhythm. Prosa, gebunden durch Assonanzen und eingestreute Verse, in lyr. und balladesken Impressionen Themen aus Geschichte und Gegenwart, auch der heimatl. Landschaft, ebenso wie menschl. Begegnungen und Beziehungen gestalten. Oberflächlichkeit und formale Mängel werden durch leuchtende Bilder, Phantasiereichtum und Musikalität aufgewogen. Wurde zum „prince des poètes" ernannt. Seine Bühnenwerke, die eher Dialoge darstellen, sind ohne dramat. Handlung.

Hauptwerke: La petite bête (Dr., 1890), Ballades françaises (1897–1940), Louis XI, curieux homme (Dr., 1922), Ysabeau (Dr., 1925), Le camp du drap d'or (Dr., 1926), L'arlequin de plomb (Dr., 1936), Mes mémoires, toute la vie d'un poète (1944), Mon grand pays (1950).

Literatur: Béarn, P.: *P. F. Neuaufl. Paris 1963.*

Forteguerri, Niccolò [italien. forteˈgu̯ɛrri], Pseudonym Niccolò Carteromaco, * Pistoia 6. Nov. 1674, † Rom 17. Febr. 1735, italien. Dichter.

Studierte Rechtswissenschaft; Prälat in Rom; einige Jahre in Spanien; sein Hauptwerk ist das gegen Pulci, Boiardo und Ariosto gerichtete kom.-satir. Epos „Ricciardetto" (hg. 1738); auch Gedichte („Capitoli", hg. 1765–77), Übersetzungen (Terenz) u.a.

Fortunatus, Venantius Honorius Clementianus † Venantius Fortunatus.

Fortunatus, um 1480 vielleicht von einem Augsburger Kaufmann geschriebenes und 1509 gedrucktes dt. Volksbuch; F., die Titelgestalt, ge-

langt in den Besitz eines unerschöpfl. Glückssäckels und eines Wunschhütleins, mit dessen Hilfe er sich an jeden beliebigen Ort versetzen kann; beides bringt F. Glück, den beiden Söhnen jedoch Unglück. Alte Schwank- und Zaubermotive werden in ein Handlungsschema verwoben, das eine Fülle von Abenteuern, Reiseerlebnissen und oriental. Motiven aufgenommen hat. Das Volksbuch will eine Warnung vor Überheblichkeit und Maßlosigkeit des bürgerl. Standes sein. Der Stoff wurde von H. Sachs, Th. Dekker, engl. Komödianten und Puppenspielern aufgegriffen; Neubelebung in der Romantik (A. W. Schlegel, Chamisso, Tieck, Uhland) und bei Hebbel, Bauernfeld und Flake.
Ausgaben: F. In: Drei dt. Volksbb. Hg. v. R. Benz. *Köln 1969. – F. Ein Volksb. aus dem Jahre 1509. Übertragen u. hg. v.* G. Schneider *u.* E. Arndt. *Bln. 1963.*
Literatur: Wis, M.: *Nochmals zum F.-Volksb. In: Neuphilolog. Mitt. 66 (1965), 199.* – Sachse, S.: *Motive u. Gestaltung des Volksb. v. F. Diss. Würzb. 1955 [Masch.].* – Günther, H.: *Zur Herkunft des Volksb. v. F. u. seinen Söhnen. Diss. Freib. 1915.*

Forzano, Giovacchino [italien. for'tsa:no], * Borgo San Lorenzo bei Florenz 19. Nov. 1883, italien. Dramatiker.
Jura- und Medizinstudium; Bariton; Theater- und Filmregisseur; daneben journalist. Tätigkeit; schrieb zahlreiche erfolgreiche, bühnenwirksame Dramen aus Geschichte und Gegenwart, daneben Operntextbücher für Mascagni, Puccini, Leoncavallo, Wolf-Ferrari u.a.
Hauptwerke: Schwester Angelica (Libretto, 1918; dt. 1945), Madonna Oretta (Dr., dt. 1921), Maestro Landi (Dr., 1925), Danton (Dr., 1930), Campo di Maggio (Dr., 1930).

Foscolo, Ugo [italien. 'foskolo], eigtl. Niccolò F., * auf Sakinthos 6. Febr. 1778, † Turnham Green bei London 10. Sept. 1827, italien. Dichter und Literarhistoriker.
Autodidaktisches Studium antiker Autoren; durch polit. Verhältnisse bedingtes wechselvolles Schicksal, Flucht nach England, wo er in Armut starb. Als leidenschaftl. Patriot kämpfte er für die Befreiung seines Heimatlandes von der Fremdherrschaft; als Vorläufer des Risorgimento, zwischen Klassizismus und Romantik stehend, erstrebte er die Reinigung der italien. Literatur von fremden Einflüssen. Er schrieb Tragödien nach Alfieris Vorbild („Tieste", 1797; „Aiace", 1802; „Ricciarda", 1813), den lyr.-philosoph. Hymnus unter Pindars Einfluß „Die Gräber" (1807, dt. 1880), den Briefroman „Die letzten Briefe des Jacopo Ortis" (1802, dt. 1847) nach dem Vorbild von Goethes „Werther" und Rousseaus „Heloise", sprachl. und formal vollendete Sonette und Oden; außerdem mehrere literaturgeschichtl. Studien.
Literatur: Fubini, M.: *U. F. Florenz ³1962.* – Frattarolo, R.: *Studi foscoliani. Bibliografia della critica (1921–52). Florenz 1954–56. 2 Bde.*

Foster, Stephen [Collins] [engl. 'fɔstə], * Pittsburgh 4. Juli 1826, † New York 13. Jan. 1864, amerikan. Liederdichter und Komponist.
Sohn eines Kaufmanns, 1852 Reise in die amerikan. Südstaaten, ergab sich dem Trunk und starb in Armut. Leistete mit seinen etwa 175 Liedern und Balladen, oft melanchol.-nostalg. Art und teils in Negerdialekt, einen bed. Beitrag zum volkstüml. amerikan. Lied; zu seinen besten Liedern zählen „Old folks at home", „Massa's in the cold ground", „My old Kentucky home", „O Susanna".
Literatur: Howard, J. T.: *St. F., America's troubadour. New York 1962.* – Morneweck, E. I.: *Chronicles of St. F.'s family. Pittsburgh 1944. 2 Bde.*

Fouillet, Nelly [frz. fu'jɛ] ↑ Sainte-Soline, Claire.

Foulques de Toulouse [frz. fulkdətu'lu:z] ↑ Folquet de Marseille.

Fouqué, Friedrich Baron de La Motte-F. [dəlamɔtfu'ke:], Pseudonym Pellegrin, * Brandenburg (Havel) 12. Jan. 1777, † Berlin 23. Jan. 1843, dt. Dichter.
Entstammte einer alten Hugenottenfamilie; Bekanntschaft mit A. W. Schlegel und H. von

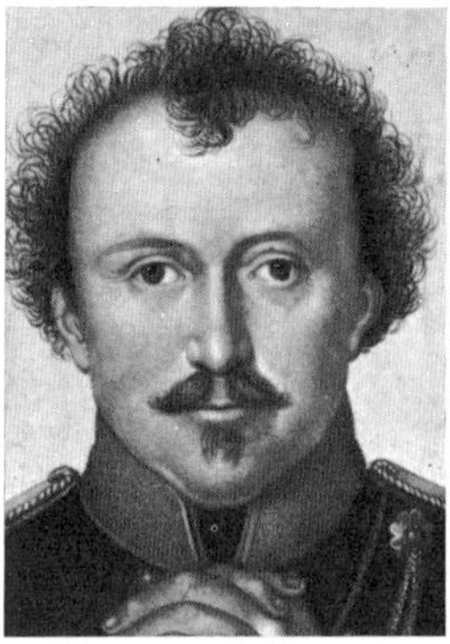
Friedrich Baron de La Motte-Fouqué

Kleist; Teilnahme an den Befreiungskriegen. Als Mithg. der „Zeitung für den dt. Adel" von König Friedrich Wilhelm IV. nach Berlin berufen. Aus romant. Einstellung griff er in seiner Dichtung auf german. und mittelalterl. Sagen- und Märchenstoffe und mhd. Ritterepen zurück, erlag aber der Gefahr sentimentalen Nachempfindens. Sein dichter. bestes Werk schuf er mit dem Kunstmärchen „Undine" (1811), das E. T. A. Hoffmann und A. Lortzing zu Vertonungen anregte. Infolge der Vielschreiberei sind die Grenzen zur Trivialisierung fließend.
Weitere Werke: Der Held des Nordens (Dramentrilogie, 1810), Eginhard und Emma (Dr., 1811), Der Zauberring (R., 1813), Sintram und seine Gefährten (E., 1815), Lebensgeschichte (Autobiogr., 1840).
Ausgaben: F. de La M.-F. Werke. Ausw. Hg. v. W. Ziesemer. *Bln. 1908. 3 Tle. in 1 Bd. – F. de La M.-F. Ausgew. Werke. Ausg. letzter Hand. Halle 1841. 12 Bde.*
Literatur: Schmidt, Arno: *F. u. einige seiner Zeitgenossen. Biograph. Versuch. Darmst. ²1959.* – Jeuthe, L.: *F. de la M. F. als Erzähler. Breslau 1910.*

Fourban, André [frz. fur'bɑ̃] ↑ Krämer, Karl Emerich.

Fournier, Henri-Alban ↑ Alain-Fournier.

Fournier, Pierre [frz. fur'nje] ↑ Gascar, Pierre.

Fracchia, Umberto [italien. 'frakkia], * Lucca 5. April 1889, † Rom 5. Dez. 1930, italien. Schriftsteller.

Journalist; bereiste Europa; Verfasser realist. Romane („Il perduto amore", 1921; „Angela", 1923; „La stella del nord", 1929) und Erzählungen („Gente e scene di campagna", hg. 1931); daneben Reiseberichte („Fogli di diario", hg. 1938) und krit. Schriften.

Fragner, Benjamín [tschech. 'fragnɛr] ↑ Klička, Benjamín.

Fra Guittone [italien. fraggu̯it'to:ne] ↑ Guittone d'Arezzo.

Frame, Janet [engl. frɛɪm], * Dunedin (Neuseeland) 28. Aug. 1924, engl. Schriftstellerin.
Übersiedelte 1946 auf die Balearen, lebt seit 1960 in London. Verfasserin von realist.-stimmungsvollen, anschaul. Kurzgeschichten und Romanen.
Hauptwerke: Die Lagune (Kurzgeschichten, 1951; dt. 1962), Wenn Eulen schreien (R., 1957; dt. 1961), See (R., 1960), Am Rande des Alphabets (R., dt. 1963), The reservoir, and other stories (1966), The rainbirds (R., 1968).

France, Anatole [frz. frɑ̃:s], eigtl. François A. Thibault, * Paris 16. April 1844, † Gut La Béchellerie bei Saint-Cyr-sur-Loire 12. Okt. 1924, frz. Schriftsteller.

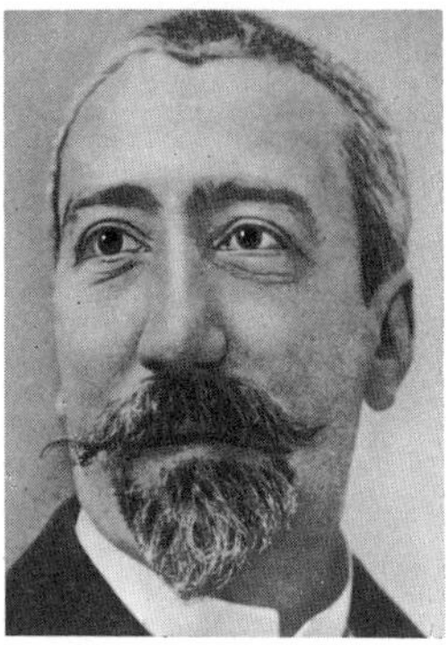
Anatole France

Lektor, Bibliothekar, wurde 1896 Mitglied der Académie française; unternahm ausgedehnte Reisen durch Südamerika; trat als Sozialist für Dreyfus ein; erhielt 1921 den Nobelpreis. F. verkörpert als einer der bedeutendsten frz. Erzähler, Essayisten und Literaturkritiker seiner Zeit die humanist. Tradition der frz. Aufklärung: Feind jeder irrationalen Strömung, auch des Symbolismus; seine Werke wurden von der kath. Kirche auf den Index gesetzt. Als Literat typ. Vertreter des Fin de siècle, jedoch ohne dessen morbide Note; er ist geistreich, iron., skept., humorvoll, gütig, weise und undogmat.; mit ungewöhnlicher Fähigkeit vermag er sich in histor. Verhältnisse und Personen einzufühlen. F. begann im Stile der Parnassiens und hatte seinen ersten Erfolg mit dem Roman „Sylvester Bonnard und sein Verbrechen" (dt. 1885); Höhepunkt seines Schaffens bildet das Romanwerk; mit Vorliebe wählte er Stoffe aus Epochen im Umbruch: der Spätantike („Thais", R., 1890; dt. 1909), dem späten MA („Das Leben der hl. Johanna", 1908, dt. 1926; nach Quellenstudien verfaßter Bericht) und aus der Zeit der Frz. Revolution („Die Götter dürsten", R., dt. 1912); F. schrieb auch Dramen, Aphorismen und literaturkrit. Abhandlungen („La vie littéraire", 1888–92).
Weitere Werke: Die Bratküche zur Königin Pédauque (R., 1893; dt. 1907), Die rote Lilie (R., 1894; dt. 1899), Der Garten des Epikur (Aphorismen, 1895; dt. 1906), Die Romane der Gegenwart (R.-Zyklus, 1896–1901; dt. 1920/21: Die Ulme am Wall, Die Probierpuppe, Der Amethystring, Professor Bergeret in Paris), Auf dem weißen Felsen (E.,1905; dt.1910), Die Insel der Pinguine (R., dt. 1909), Aufruhr der Engel (R., dt. 1917).
Ausgaben: A. F. Œuvres complètes. Paris 1925–35. 26 Bde. – A. F. Ges. Schrr. Dt. Übers. Mchn. 1–41919–26. 15 Bde., Nachtragsbd.
Literatur: Jefferson, C.: *A. F., the politics of skepticism. New Brunswick (N. J.) 1965.* – Suffel, J.: *A. F. par lui-même. Paris 1954.* – Bönsch, A.: *A. F. u. das 18. Jh. Breslau 1938.*

Francesco da Barberino [italien. fran'tʃesko dabbarbe'ri:no], * Barberino di Val d'Elsa 1264, † Florenz 1348, italien. Dichter.
Studierte in Florenz, war Notar in Bologna und Florenz, mehrere Jahre im Exil in der Provence; seine „Documenti d'amore" (1314) und der Traktat „Del reggimento e costumi di donna" (um 1314) sind bes. kulturgeschichtl. aufschlußreich; als Lyriker – er schrieb v.a. Liebesgedichte – ist er Dante verpflichtet.

Francesco d'Assisi [italien. fran'tʃesko das'si:zi] ↑ Franz von Assisi.

Franchy, Franz Karl ['fraŋki], * Bistritz (Siebenbürgen) 21. Sept. 1896, östr. Schriftsteller.
Im 1. Weltkrieg Offizier, dann Germanistikstudium, Lehrer, Journalist, freier Schriftsteller. Begann mit Dramen (histor. und zeitgebundene Thematik), später Romancier, bekannt v.a. der Roman „Die Brandgasse" (1964), in dem er mit liebenswürdigem Humor das harte Schicksal einer Judenfamilie darstellt, deren Sohn die zukünftige Verfolgung und Vernichtung der Juden Europas vorausahnt.
Weitere Werke: Nero (Dr., 1922), Summa cum laude (Schsp., 1937), Vroni Mareiter (Schsp., 1938), Maurus und sein Turm (R., 1941), Abel schlägt Kain (R., 1951), Ankläger Mitmann (R., 1952), Die vielen Tage der Ehe (R., 1955).

Franck, Hans, * Wittenburg (Mecklenburg) 30. Juli 1879, † Frankenhorst bei Schwerin 11. April 1964, dt. Schriftsteller.
Volksschullehrer, dann Dramaturg und Leiter der Hochschule für Bühnenkunst in Düsseldorf und Hg. der Zeitschrift „Masken", seit 1921 freier Schriftsteller. F. begann unter dem Einfluß Hebbels mit Ideendramen, wandte sich dann Novellen, Anekdoten und Kurzgeschichten zu und verfaßte später v.a. Romanbiographien bed. Persönlichkeiten. Sein Werk zeichnet sich durch straffe Formgebung und weitgespannte Thematik aus; ferner Gedanken- und Glaubenslyrik.
Hauptwerke: Das Pentagramm der Liebe (Novellen, 1919), Gottgesänge (Ged., 1924), Klaus Michel (Dr., 1926), Zeitenprisma (Novellen, 1932), Die Pilgerfahrt nach Lübeck (Nov., 1935), Annette (R., 1937), Sebastian (R., 1949), Marianne (R., 1953), Letzte Liebe (R., 1958), Cantate. Das Leben J. S. Bachs (1960), Ein Dichterleben in 111 Anekdoten (Autobiogr., 1961), Friedemann (R., 1963), Enden ist Beginn (Ged., 1964).

Ausgabe: H. F. Ausgew. Werke. Nachwort v. L. Bäte. *Bln. 1959. 2 Bde.*
Literatur: Das Herzgeschenk. H. F. zum 75. Geburtstag. 30. Juli 1954. Hg. v. H. Grothe. *Hameln 1954.*

Franck, Sebastian, auch genannt Frank von Wörd, * Donauwörth 20. Jan. 1499, † Basel 1542 oder 1543, dt. Schriftsteller.
Kath. Priester, dann ev. Prediger, geriet wegen seiner undogmat. Auffassung vom Christentum mit den Lutheranern in Widerspruch und wandte sich den Täufern zu. Haft, Ausweisung und Verfolgung zwangen ihn zeitweise zu einem unsteten Wanderleben, 1533–39 Buchdrucker in Ulm, ließ sich 1539 in Basel nieder. Als Denker und Wahrheitssucher war F. seiner Zeit voraus; volkstüml., freimütiger Predigtstil, ausdrucksstarke und anschaul. Sprache, bed. Prosaist. Seine histor.-geograph. Werke, in denen er die Ereignisse in Beziehung zu Gott und zur Bibel brachte, sind häufig Kompilationen.
Hauptwerke: Chronica, Zeytbuch und geschycht bibel (1531), Weltbuch (1534), Paradoxa (1534), Das Kriegs-Büchlein des Friedes (1539), Sprichwörter (1541).
Literatur: Teufel, E.: *„Landräumig". S. F., ein Wanderer an Donau, Rhein u. Neckar. Neustadt a. d. Aisch 1954.* – Räber, K.: *Studien zur Geschichtsbibel S. F.s. Basel 1952.* – Peuckert, W.-E.: *S. F. Mchn. 1943.*

Franc-Nohain [frz. frãknɔ'ɛ̃], eigtl. Maurice Étienne Legrand, * Corbigny (Nièvre) 25. Okt. 1872, † Paris 18. Okt. 1934, frz. Schriftsteller.
Anwalt, später Unterpräfekt; wurde bekannt durch seine kleinen satir. Gedichte gegen das Bürgertum und das Provinzleben („Kiosque à musique", 1922), seine meisterhaften, aktuellen Zeitungsbeiträge, Theaterstücke und Libretti (u.a. zu Ravels Oper „Die span. Stunde", 1911), einen Roman („Couci-couça", 1923) und Fabeln („Fables", 1921; „Nouvelles fables", 1927).

Franco, Niccolò [italien. 'fraŋko], * Benevent 13. Sept. 1515, † Rom 10. März 1570, italien. Dichter.
Lebte in Neapel, Venedig, Padua und Rom; zeitweilig mit Aretino befreundet; erregte Aufsehen mit seinen 200 obszönen Sonetten, die 1541 u. d. T. „Priapea" erschienen und denen 500 gegen Aretino gerichtete vorangegangen waren; Pius V. ließ ihn wegen seiner Verleumdung des Kardinals Carafa, die zu dessen Hinrichtung geführt hatte, hängen.

François de Sales [frz. frãswad'sal] † Franz von Sales.

François, Marie Luise von [frz. frã'swa], * Herzberg/Elster 27. Juni 1817, † Weißenfels 25. Sept. 1893, dt. Schriftstellerin.
Erwarb ihr Wissen fast ausschließl. autodidaktisch; sie lebte zurückgezogen in Weißenfels, schrieb, um sich zu erhalten, Romane und Novellen, unermüdl. besorgt um die Pflege der gelähmten Mutter und des erblindeten Stiefvaters; seit 1883 Reisen an den Rhein, nach Berlin und in die Schweiz. Die Strenge gegen sich selbst, Ehrlichkeit und Menschenliebe, das Wissen um Ordnung und Pflicht kennzeichnen auch die Gestalt der Eberhardine in ihrem bekanntesten Roman „Die letzte Reckenburgerin" (1871); von Marie von Ebner-Eschenbach bewundert, jedoch von ihr weit übertroffen; Freundschaft mit C. F. Meyer (Briefwechsel).
Weitere Werke: Frau Erdmuthens Zwillingssöhne (R., 1873), Stufenjahre eines Glücklichen (R., 1877), Der Katzenjunker (Nov., 1879).
Ausgabe: Louise v. F. Ges. Werke in 5 Bden. Lpz. 1918.
Literatur: Motekat, H.: *Die Akte Louise v. F. Bln. u. Weimar 1963.* – Urech, T.: *L. v. F. Versuch einer künstler. Würdigung. Diss. Zürich 1955.* – Enz, H.: *Louise v. F. Zürich 1918.*

Franičević, Marin [serbokroat. ,franitʃɛvitɕ], * Vrisnik (auf Hvar) 18. Mai 1911, kroat. Schriftsteller.
Lehrer, Studium in Agram, Teilnahme am 2. Weltkrieg, Professor in Agram. Bedeutendster Vertreter der Dichtergeneration der Zwischenkriegszeit, schrieb in čakav. Dialekt und in der Literatursprache kämpfer., aber auch intime Lyrik.

Frank, Anne, eigtl. Annelies Marie F., * Frankfurt am Main 12. Juni 1929, † KZ Bergen-Belsen März 1945, Tochter eines jüd. Bankiers.
Emigrierte 1933 mit den Eltern nach Holland. Während der dt. Besetzung hielt sich die Familie in einem Hinterhaus der Amsterdamer Innenstadt verborgen, wurde am 1. Aug. 1944 entdeckt und verschleppt. In dieser Zeit (14. Juni 1942 – 1. Aug. 1944) führte Anne F. ein Tagebuch, das in der Darstellung der Angst, des Ausgeliefertseins an Zufall, Willkür und Gewalt ein erschütterndes Dokument jüd. Schicksals ist. Mit der Unvoreingenommenheit eines jungen intelligenten Menschen hat Anne F. sich und ihre Umgebung beobachtet u. mit einer durch Not und Leid früh gewonnenen Reife beurteilt. Das Tagebuch wurde auch dramatisiert (1955, von F. Goodrich und A. Hackett) und verfilmt.
Werke: Das Tagebuch der Anne Frank (dt. 1950), Geschichten und Ereignisse aus dem Hinterhaus (dt. 1960).
Literatur: Schnabel, E.: *A. F., Spur eines Kindes. Frkf. ²1967.*

Frank, Bruno, * Stuttgart 13. Juni 1887, † Beverly Hills (Calif.) 20. Juni 1945, dt. Schriftsteller.
Dr. phil.; zahlreiche Reisen, 1933 emigriert; in seiner Lyrik anfangs von Rilke beeinflußt („Aus der goldenen Schale", 1905), als Erzähler in der Nachfolge der großen Romanciers des 19. Jh.s, v.a. Turgenjews, stehend; verfaßte flüssig geschriebene, spannungs- und handlungsreiche Romane, oft um das Schicksal histor. Persönlichkeiten (stark gegenwartsbezogen) und bühnenwirksame, erfolgreiche Lustspiele und Zeitstücke.
Weitere Werke: Tage des Königs (Novellen, 1924), Trenck (R., 1926), Polit. Novelle (1928), Sturm im Wasserglas (Kom., 1930), Cervantes (R., 1934), Der Reisepaß (R., 1937), Die Tochter (R., 1943).
Ausgabe: B. F. Ausgew. Werke. Prosa, Gedichte, Schauspiele. Hamb. 1957.
Literatur: Mann, Th.: *In memoriam B. F. In:* Mann: *Nachlese. Prosa 1951–1955. Frkf. 11.–15. Tsd. 1967.*

Frank, Elisabeth † Zinner, Hedda.

Frank, Leonhard, * Würzburg 4. Sept. 1882, † München 18. Aug. 1961, dt. Schriftsteller.
Handwerkersohn, übte verschiedene Berufe aus, studierte 1904–10 in München Malerei und Gra-

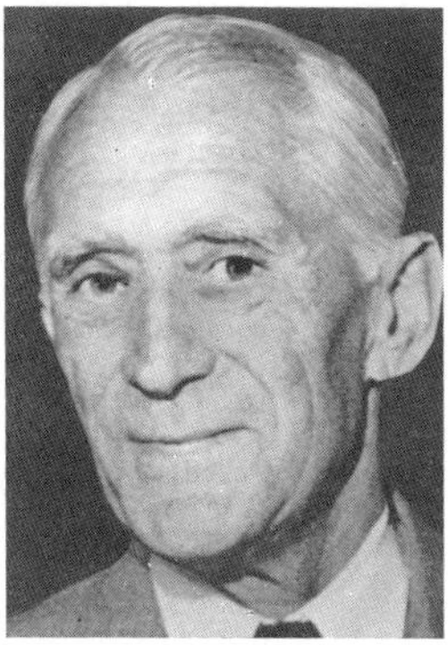

Leonhard Frank

phik, lebte 1915–18 in der Schweiz, emigrierte 1933 über die Schweiz und England in die USA und kehrte 1950 nach Deutschland zurück. F. begann mit lebendig geschriebenen, straff komponierten, im Tatsachenstil und in Novellentechnik verfaßten Romanen, in die die fränk. Landschaft einbezogen ist. Unter dem Einfluß des Expressionismus wandte er sich sozialrevolutionären Themen zu. Die tendenziöse Polemik auf polit., sozialem und erot. Gebiet überschattete in der Folge seine erzähler. Begabung. Als seine erfolgreichsten Werke gelten die Romane „Die Räuberbande" (1914) und „Das Ochsenfurter Männerquartett" (1927).
Weitere Werke: Der Mensch ist gut (En., 1918), Der Bürger (R., 1924), Karl und Anna (R., 1927), Bruder und Schwester (R., 1929), Links, wo das Herz ist (Autobiogr., 1952).
Ausgaben: L. F. Erzählende Werke. Neuausg. Mchn. 1964. 6 Bde. – L. F. Ges. Werke. Bln. $^{1-2}$1959. 6 Bde., Suppl.-Bd.
Literatur: Glaubrecht, M.: *Studien zum Frühwerk L. F.s. Bonn 1965.* – Frank, Ch./Jobst, H.: *L. F. 1882–1961. Mchn. 1962.*

Frank, Waldo David [engl. fræŋk], * Long Branch (N. J.) 25. Aug. 1889, † White Plains (N.Y.) 9. Jan. 1967, amerikan. Schriftsteller und Kritiker.
Journalist in New York, lebte lange in Mexiko und Südamerika. Behandelt in impressionist.-realist., lyr. Romanen das Thema von der Wiedergeburt der Seele durch Verwandlung; kulturkrit., antipuritan. Essays, die den europ. Einfluß ablehnen („Our America", 1919; „The rediscovery of America", 1929), Reisestudien, Milieuskizzen.
Weitere Werke: Rahab (R., 1922), Virgin Spain (Essay, 1926), The death and birth of David Markand (R., 1934), South American journey (1943), Not heaven (R., 1953), The prophetic island: A portrait of Cuba (1961).

Frankfurter, der, dt. Mystiker vom Ende des 14. Jahrhunderts.
Priester und Kustos im Deutschherrenhaus zu Frankfurt am Main; bekannt durch die wohl erst von Luther so benannte myst. Schrift „Theologia deutsch", die in einer Handschrift von 1497 überliefert ist und enge Beziehungen zu Meister Eckhart und Tauler aufweist; von Luther 1518 vollständig im Druck veröffentlicht („Eyn deutsch Theologia"), später in zahlreichen Drucken verbreitet.

Frankfurter, Philipp, Wiener Schwankdichter des 15. Jahrhunderts.
Schrieb nach 1450 die gereimte Schwanksammlung „Der Pfaffe von Kalenberg" in Form einer Rahmenerzählung; in über 2000 flüssig geschriebenen Versen wird die Torheit der Bauern und deren Überlistung durch den Pfarrer geschildert; satir. ist die Unsittlichkeit der Geistlichen gezeichnet, gegen die der Verfasser zu Felde zieht; der erste Druck dieses im Spät-MA beliebten, auch in andere europ. Sprachen übersetzten Werkes erfolgte 1473.

Franklin, Benjamin [engl. 'fræŋklın], * Boston 17. Jan. 1706, † Philadelphia 17. April 1790, amerikan. Staatsmann und Schriftsteller.
15. Kind eines Kerzenmachers, zuerst Seifensieder, dann Buchdruckergehilfe; ging 1723 nach Philadelphia, war 1725/26 als Setzer in London, eröffnete 1728 eine Buchdruckerei in Philadelphia, 1729 Kauf der „Pennsylvania Gazette" und Gründung gemeinnütziger Einrichtungen. F. lernte als Autodidakt Latein, Span., Italien., Frz. und studierte Naturwissenschaften; 1751 Erfindung des Blitzableiters. Gab 1732–64 den sehr beliebten „Poor Richard's Almanack" heraus; war seit 1757 als Vertreter Pennsylvaniens u.a. Kolonien in London, wurde 1775 Generalpostmeister für die amerikan. Kolonien, saß 1776 im Redaktionskomitee der Unabhängigkeitserklärung, war Mitunterzeichner des Friedens von Paris 1783 und seit 1785 Gouverneur von Pennsylvanien. F. verwendete als literar. Formen meist Essay, polit. Satire, Sprichwort und Fabel. „The way to wealth" (1758) zeigt F. als nüchternen Praktiker; er empfiehlt als Weg zum Erfolg Fleiß, Sparsamkeit, Selbstdisziplin. Größte Berühmtheit gewann seine „Autobiographie" (dt. 1792).
Weitere Werke: The Dogood papers (Essays, 1722), Rules by which a great empire may be reduced to a small one (Satire, 1773), Political, miscellaneous, and philosophical pieces (Essays, 1779).
Ausgaben: B. F. Papers. Hg. v. L. W. Labaree *u.* W. J. Bell jun. *New Haven (Conn.) 1959 ff. Auf mehrere Bde. berechnet. – B. F. The writings. New York 1905–07. 10 Bde. – The complete works of B. F. inclusive his private as well as his official and scientific correspondence. Hg. v.* J. Bigelow. *New York 1887–89. 10 Bde. – B. F. Leben u. Schrr. Dt. Übers. Bearb. v.* A. v. Binzer. *Kiel 1829. 4 Bde.*
Literatur: Ketcham, R. L.: *B. F. New York 1966.* – Aldridge, A. O.: *B. F.: philosopher and man. New York 1965.* – Granger, B. I.: *B. F. An American man of letters. Ithaca (N.Y.) 1964.* – Van Doren, C.: *B. F. A biography. New York 1956.* – Russell, Ph.: *B. F., the first civilized American. New York 1927. Dt. Übers. u. d. T.: B. F. Lpz. 1937.*

Franko, Iwan Jakowlewitsch; tl.: Franko, Ivan Jakovlevič [russ. fran'ko], * Nagujewitschi (O-Galizien) 27. Aug. 1856, † Lemberg 28. Mai 1916, ukrain. Dichter.
Aus bäuerl. Verhältnissen; als revolutionärer Demokrat mehrmals in Haft; bed. Journalist und nationalist. Politiker; bekannter Literaturwissenschaftler und Volkskundler; übersetzte Burns, Byron, Calderón, Dante, Goethe, Hugo, Schiller, Shakespeare u.a. F.s umfangreiches, viele Gat-

tungen umfassendes Werk ist unter Einfluß von Tschernyschewski und Herzen sowie des Marxismus z.T. sozial orientiert; F. schrieb soziale und intime Lyrik, realist. Erzählungen aus der Welt der Arbeiter und Bauern, soziale und histor. Romane und Dramen. Eine dt. Auswahl erschien 1951.

Frankopani (Frankapani), Fran Krsto [serbokroat. fraŋ,kɔpa:ni], Graf von Tersat, * 1643, † Wiener Neustadt 30. April 1671, kroat. Dichter. Wegen Teilnahme an einer Verschwörung gegen Kaiser Leopold I. hingerichtet. Hervorragender Vertreter der barocken Kavaliersdichtung in Kroatien; vom Marinismus beeinflußt; schrieb auch lat. Elegien; hinterließ Fragmente einer Molière-Übersetzung.

Frank von Wörd, Sebastian ↑ Franck, Sebastian.

Franz von Assisi (Francesco d'Assisi), hl., latin. Franziskus, eigtl. Giovanni Bernardone, * Assisi 1181 oder 1182, † ebd. 3. Okt. 1226, Stifter der Franziskanerbewegung.

Zog sich aus frohem weltl. Treiben zu Buße und tätiger Nächstenliebe in freiwillige Armut zurück und gewann als wandernder Prediger rasch Anhänger; die für sie verfaßte Regel (Bildung einer Bruderschaft) ist nicht erhalten, die ausführlichere 3. wurde von Papst Honorius III. 1223 anerkannt; 1224 Stigmatisation des Heiligen. Sein Einfluß auf die abendländ. Kultur ist von großer Bedeutung; mit dem für F.' v. A. kindhaft frohe Frömmigkeit bezeichnenden „Sonnengesang" (um 1224) steht er am Beginn einer eigenständigen italien. Dichtung.

Ausgaben: F. v. A. Die Werke. Dt. Übers. Hg. v. W. v. den Steinen. *Hamb. 1958. – Die Schrr. des hl. Franziskus v. A. Dt. Übers. Bearb. v.* K. Esser *u.* L. Hardick. *Werl 1951. – Analekten zur Gesch. des Franciscus v. A. S. Francisci opuscula, regula paenitentium, antiquissima de regula Minorum, de stigmatibus s. patris, de Sancto eiusque societate testimonia, mit einer Einl. u. Regesten zur Gesch. des Franciscus u. der Franciscaner hg. v.* H. Boehmer. *Tüb. 1904.*

Literatur: Galli, M. v.: *F. v. A. Luzern 1968.* – Clasen, S.: *Legenda Antiqua S. Francisci. Unterss. über die nachbonaventurian. Franziskusquellen. Leiden 1967.* – Sticco, M.: *San Francesco d'A. Vorwort v.* A. Gemelli. *Mailand ¹⁵1967.* – Gobry, I.: *F. v. A. in Selbstzeugnissen u. Bilddokumenten. Dt. Übers. Reinbek bei Hamb. ²1965.* – Fortini, A.: *Nova vita di San Francesco. Assisi 1960. 5 in 4 Bden.* – Thomas von Celano: *Leben u. Wunder des Hl. Franziskus v. Assisi. Dt. Übers. Hg. v.* E. Grau. *Werl 1955.* – Sabatier, P.: *Leben des Hl. F. v. A. Dt. Übers. Zürich 8.–10. Tsd. 1953.*

Franz von Sales (François de Sales) ['za:ləs, frz. sal], hl., * Schloß Sales bei Annecy (Haute-Savoie) 21. Aug. 1567, † Lyon 28. Dez. 1622, frz. Theologe und Schriftsteller.

Aus vornehmer Familie, studierte zunächst Jura in Paris und Padua, wurde nach vorübergehender Anwaltstätigkeit 1593 Priester, 1602 Bischof von Genf; 1610 stiftete er mit Jeanne de Chantal den beschaul. Orden der Salesianerinnen; 1665 kanonisiert. Sein berühmtestes literar. Werk ist das u. d. T. „Philothea" bekanntgewordene Andachtsbuch „Introduction à la vie dévote" (1608), das ihn ebenso wie sein auch als „Theotimus" bekannter Traktat „Traité de l'amour de Dieu" (1616) in die Reihe der großen frz. Prosaisten des 17. Jh.s stellt.

Ausgaben: Die Werke des hl. F. v. S. Dt. Übers. Eichstätt ²1948–51. 2 Bde. – F. v. S. Œuvres. Édition complète. Hg. v. H. B. Mackey. *Annecy 1892–1932. 26 Bde.*

Literatur: Devos, R.: *St. François de S., par les témoins de sa vie. Textes extraits des procès de béatification choisis et présentés par* Roger Devos. *Annecy 1967.* – Lajeunie, R. P.: *S. L'homme, la pensée, l'action. Paris 1966. 2 Bde.* – Schwendenwein, H.: *F. v. S. in der Entwicklung neuer Formen des Ordenslebens. Eichstätt u. Wien 1966.* – Ravier, A.: *F. v. S. Dt. Übers. Hdbg. 1963.* – Strowski, F.: *Saint François de S.; introduction à l'histoire du sentiment religieux en France au 17ᵉ siècle. Paris ²1928.*

Franzén, Frans Mikael [schwed. fran'se:n], * Oulu 9. Febr. 1772, † Härnösand 14. Aug. 1847, schwed.-sprachiger finn. Lyriker.

Sohn eines Kaufmanns, Schüler Porthans in Turku, dort 1795 Bibliothekar; nach der Annexion Finnlands durch Rußland ging er nach Schweden, wo er 1831 Bischof von Härnösand wurde. Noch dem Klassizismus verpflichtet, weist F. in die Romantik voraus; die idealistisch-frische Jugendlyrik wich später einer reflektierenden und moralisierenden Dichtung.

Hauptwerke: Den gamla knekten (Ged., 1793), Selma und Fanny (Ged., dt. 1843).

Franziskus, hl. ↑ Franz von Assisi.

Franzos, Karl Emil ['frantso:s], * Czortków (Galizien) 25. Okt. 1848, † Berlin 28. Jan. 1904, östr. Schriftsteller.

Jurastudium, Reisen durch Mitteleuropa und den Orient; Hg. der Werke G. Büchners (1879); Leiter und Hg. verschiedener Zeitungen. In Leben und Werk kommen die Spannungen zum Ausdruck, denen er als Jude einer dt.-sprachigen Minderheit in Polen ausgesetzt war. Kulturhistor. wertvoll sind die realist., stilsicheren Schilderungen aus der Welt des osteurop. Judentums („Der Pojaz", R., 1905).

Weitere Werke: Aus Halb-Asien (Skizzen, 1876), Die Juden von Barnow (Novellen, 1877), Ein Kampf ums Recht (R., 1882), Der Wahrheitssucher (R., 1893).

Literatur: Malycky, A.: *Das Ukrainertum in den Dichtungen v. K. E. F. Diss. Univ. of Cincinnati 1961.*

Frapan-Akunian, Ilse, eigtl. I. Akunian, geb. Levien, * Hamburg 3. Febr. 1849, † Genf 2. Dez. 1908, dt. Schriftstellerin.

Lehrerin in Hamburg; hörte in Stuttgart die Vorlesungen F. Th. Vischers, lebte in München und Zürich, bis sie sich 1898 mit dem armen. Schriftsteller Akunian verheiratete; dann wieder in Hamburg. Sie ließ sich wegen eines unheilbaren Leidens auf eigenen Wunsch von einer Freundin erschießen. Sie verfaßte kraftvolle Novellen über schwierige psycholog. und soziale Probleme. Ihre Romane, u.a. „Die Betrogenen" (1898) und „Arbeit" (1903), enthalten z.T. bittere Anklagen gegen die zeitgenöss. Gesellschaft.

Weitere Werke: Hamburger Novellen (1886), Vischer-Erinnerungen (1889), Gedichte (1891), Bekannte Gesichter (Novellen, 1893).

Frapié, Léon [frz. fra'pje], * Paris 27. Jan. 1863, † ebd. 29. Sept. 1949, frz. Schriftsteller.

Zunächst Angestellter der Präfektur; erhielt 1904 den Prix Goncourt; schrieb naturalist.-humanitäre Romane, in denen er sich bes. der einfacheren Volkskreise der Pariser Vororte annahm: „L'institutrice de province" (1897), „Die Kinderschule" (dt. 1905; Hauptwerk, auch dramatisiert), „La proscrite" (1906), „Die Figurantin" (dt. 1910).

Fras, Jakob [slowen. fra:z] † Vraz, Stanko.

Frashëri, Naim [alban. 'fraʃəri], Pseudonym N. H. F., * Frashër 25. Mai (?) 1846, † Kızıltoprak bei Istanbul 20. Okt. 1900, alban. Dichter.

Sohn eines Kaufmanns, türk. Lehnsherrn und Beamten. Besuchte ein griech. Gymnasium; vielseitig gebildet, Kenntnisse der antiken Schriftsteller, der pers. Literatur, Rousseaus, Voltaires u.a. War Zollbeamter, später Beamter im Unterrichtsministerium. Einer der bedeutendsten alban. Dichter, begann mit pers. Lyrik, schrieb dann, an der nationalen alban. Bewegung führend beteiligt, in alban. Sprache Lyrik, Epen, Schulbücher und Übersetzungen.

Hauptwerke: Viehzucht und Landbau (Idylle, 1886; italien. 1941), Geschichte Skanderbergs (Epos, 1898).

Frauenlob † Heinrich von Meißen.

Fraungruber, Hans, * Obersdorf (Steiermark) 26. Jan. 1863, † Wien 7. Aug. 1933, östr. Mundartdichter.

Schuldirektor in Wien; schrieb u.a. „Gedichte in steir. Mundart" (1893ff.), „Ausseer G'schichten" (1900ff.), Märchen- und Legendenspiele sowie das Volksstück „Erzherzog Johann..." (1929).

Fréchette, Louis Honoré [frz. fre'ʃɛt], * Lévis (Quebec) 16. Nov. 1839, † Montreal 31. Mai 1908, frz.-kanad. Schriftsteller.

Jurist, Abgeordneter, Journalist; Aufenthalte in Frankreich; bed. Vertreter frz. Dichtung in Kanada („La légende d'un peuple", Ged., 1887); auch Dramatiker und Novellist; trat für die Reinheit der frz. Sprache in Kanada ein.

Weitere Werke: Mes loisirs (Ged., 1863), Fleurs boréales (Ged., 1880), Originaux et détraqués (Novellen, 1892).

Fredro, Aleksander Graf [poln. 'frɛdrɔ], * Surochów bei Jaroslau 20. Juni 1793, † Lemberg 15. Juli 1876, poln. Dramatiker.

Aus vornehmer Familie; trat 1809 in die frz. Armee ein; 1814 in Paris, wo das Theater großen Einfluß auf ihn ausübte. Seit 1815 lebte F. meistens auf seinem Gut in Galizien. F. wurde zum Schöpfer und bedeutendsten Vertreter des poln. Lustspiels. Witzig und aus der Sicht des aristokrat. Offiziers setzt er sich mit den Schwächen der Gesellschaft auseinander, wobei überall die frz. Komödie (v.a. Molière) als sein Vorbild zu erkennen ist. Daneben behandelt er auch Stoffe aus der nationalen Geschichte; von den Romantikern heftig angegriffen; bed. seine Memoiren.

Hauptwerke: Herr Geldhab (Kom., 1818; dt. 1956), Damen und Husaren (Kom., 1825; dt. 1954), Die Rache (Kom., 1834; dt. 1897).

Fredro, Jan Aleksander Graf [poln. 'frɛdrɔ], * Lemberg 2. Sept. 1829, † Siemianice bei Posen 15. Mai 1891, poln. Dramatiker.

Sohn von Aleksander Graf F.; studierte Jura, kämpfte 1848 auf ungar. Seite und mußte in die Türkei emigrieren, ging von dort 1850 nach Paris; 1857 kehrte er nach Galizien zurück. F. schrieb viele farcenhafte, seinerzeit sehr beliebte Lustspiele.

Freeman, John [engl. 'fri:mən], * Dalston (Middlesex) 29. Jan. 1880, † Anerley (Kent) 23. Sept. 1929, engl. Dichter und Kritiker.

Sohn eines Handlungsreisenden; Angestellter, 1927 Direktor einer Versicherungsgesellschaft in Liverpool. Schrieb Literaturkritiken für verschiedene Zeitschriften und literar. Studien: „A portrait of G. Moore" (1922), „H. Melville" (1926). F. gehört als Lyriker zu den „Georgian poets", er preist das Schöne in lyr., von scharfem Intellekt geprägten Gedichten („Collected poems", 1928).

Freeman, Mary Eleanor [engl. 'fri:mən], geb. Wilkins, * Randolph (Mass.) 31. Okt. 1852, † Metuchen (N. J.) 13. März 1930, amerikan. Schriftstellerin.

Trug mit objektiven realist. Kurzgeschichten viel zur Entwicklung der amerikan. Heimatkunst bei. Auch Verfasserin von Romanen.

Hauptwerke: A New England nun (Kurzgeschichten, 1891), Edgewater people (Kurzgeschichten, 1918).

Literatur: Foster, E.: *M. E. F. New York 1956.*

Freiberg, Heinrich von † Heinrich von Freiberg.

Freiberg, Siegfried, * Wien 18. Mai 1901, östr. Schriftsteller.

Bibliotheksdirektor in Wien; Verfasser realist. Gegenwarts- und Sozialromane mit erschütternden Seelenschilderungen; auch Lyrik (von Rilke beeinflußt), Dramen, Hörspiele.

Hauptwerke: Die vierte Tafel (Sonette, 1928), Salz und Brot (R., 1935), Die harte Freude (R., 1938), Wo der Engel stehen sollte (R., 1948), Das kleine Weltwirtshaus (Dr., 1951), Geborgenheit (R., 1960), Der Grasel (Volksstück, 1963), Ihr werdet sehen (R., 1967).

Freiburger, Walter † Jens, Walter.

Freidank (Frîgedanc, Vrîdanc), † Abtei Kaisheim bei Donauwörth 1233 (?), mhd. Spruchdichter.

Wahrscheinl. südwestdt. Magister bürgerl. Herkunft; Verfasser der Spruchsammlung „Bescheidenheit" (= Einsicht, Weisheit). F. gibt in lose aneinandergereihten, kurzen Zwei- oder Vierzeilern Erfahrungen und Lebensweisheiten in Epigrammform, die wegen ihrer Einprägsamkeit bis ins späte MA eine starke Wirkung ausübten. F.s Quellen waren die Bibel, lat. und dt. Spruchdichtungen, Volksweisheit sowie eigene Erfahrungen und Erkenntnisse. Neu ist, daß der Verfasser aus volkstüml. Dichtungsbestand eine literar. Gattung schuf. Wegen der religiösen und moral. Einsichten ohne enge Standesbindung besitzt das Werk kulturhistor. Wert. Es ist oft abgeschrieben und Anfang des 16. Jh.s gedruckt worden.

Ausgabe: Fridankes Bescheidenheit. Hg. v. H. E. Bezzenberger. *Halle 1872. Nachdr. Aalen 1962.*

Literatur: Eifler, G.: *Die eth. Anschauungen in F.s „Bescheidenheit". Tüb. 1968.* – Seiffert, L.: *Wortfeldtheorie u. Strukturalismus. Studien zum Sprachgebrauch F.s. Stuttg. u.a. 1968.* – Spiewok, W.: *F. In: Weimarer Beitr. 11 (1965), 212.* – Leitzmann, A.: *Studien zu F.s Bescheidenheit. Bln. 1950.*

Freienthal, Reinhold von † Grob, Johannes.

Freier, Gustav † Lafontaine, August Heinrich Julius.

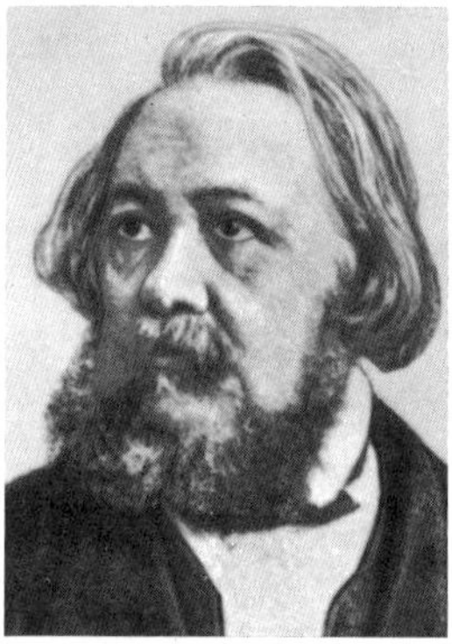

Ferdinand Freiligrath

Freiligrath, Ferdinand [...ligra:t, ...lıçra:t], * Detmold 17. Juni 1810, † Cannstatt (heute Stuttgart-Bad Cannstatt) 18. März 1876, dt. Dichter.
Kaufmannslehrling, dann Buchhalter in Amsterdam und Kontorist in Barmen. In den Gedichten aus dieser Zeit huldigt er dem Exot. und Farbenprächtigen. 1842 erhielt er durch den König von Preußen ein Ehrengehalt, auf das er 1844 verzichtete; er veröffentlichte 1844 die Gedichtsammlung „Ein Glaubensbekenntnis", in der er radikalpolit. Ziele vertrat. Seiner Gesinnung wegen verfolgt, ging er 1845 in die Schweiz, 1846 nach London. Die Umwälzung von 1848 begrüßte er mit den Gedichten „Die Revolution" und „Februarklänge"; er kehrte nach Deutschland zurück, das er 1851 wegen seiner „Neueren polit.und sozialen Gedichte" (1849–51) und der Beteiligung an der demokrat. Zentralbehörde in Köln wieder verlassen mußte. Daraufhin in London als Direktor der Schweizer Generalbank; seit 1868 in Cannstatt. Höher als seine literar. Bedeutung sind der polit. Einsatz und der idealist. Schwung, mit dem er zu sozialer Reform und nationaler Erhebung aufrief, zu werten. F. war auch Übersetzer engl. und frz. Literatur.
Weitere Werke: Ca ira! (Ged., 1846), Die Toten an die Lebenden. Juli 1848 (Ged., 1848).
Ausgaben: F. F. Werke. Hg. v. J. Schwering. *Bln. 1909. 2 Bde. Nachdr. Hildesheim 1969. – F. F. Sämtl. Werke in 10 Bden. Hg. v.* L. Schröder. *Lpz. 1907 [mit Biogr.].*
Literatur: Die Akten F. F. u. Georg Herwegh. Hg. v. B. Kaiser. *Weimar 1963. – F. F. als dt. Achtundvierziger u. westfäl. Dichter. Hg. v.* E. Kittel. *Wesselburen 1960.* – Eulenburg, H.: *F. F. Bln. 1948.*

Freimund ↑ Wienbarg, Ludolf.

Freneau, Philip Morin [engl. frɪ'noʊ], * New York 2. Jan. 1752, † New Jersey 18. oder 19. Dez. 1832, amerikan. Dichter.
Entstammte einer hugenott. Familie, studierte in Princeton, fuhr einige Jahre zur See und war danach polit. Journalist im Auftrag Jeffersons. F. wurde mit seiner polit. engagierten Lyrik zum Dichter der Revolution und der jungen amerikan. Republik; seine Naturlyrik und das allegor. Gedicht „The house of night" (1797) zeigen romant. Züge; als Moralist beschrieb F. in erzählenden Gedichten amerikan. Menschen und ihr Leben.
Weitere Werke: A poem on the rising glory of America (Ged., 1772), General Gage's confession (Satire, 1775), The British prison ship (Satire, 1781), The wild honeysuckle (Ged., 1786), The village merchant (Skizzen, 1794).
Literatur: Marsh, Ph. M.: *Ph. F., poet and journalist. Minneapolis (Minn.) 1968.* – Leary, L. G.: *That rascal F. A study in literary failure. Neuaufl. New York 1964.*

Frenssen, Gustav, * Barlt (Süderdithmarschen) 19. Okt. 1863, † ebd. 11. April 1945, dt. Schriftsteller.
Ev. Pfarrer, seit 1902 freier Schriftsteller. Wurde mit seinen beliebten Romanen („Die Sandgräfin", 1896; „Jörn Uhl", 1901; „Hilligenlei", 1906, u. a.) einer der erfolgreichsten Schriftsteller um die Jahrhundertwende. Seine Darstellung der norddt. Landschaft und des Volkslebens sowie seine sichere Charakterzeichnung wirken überzeugend, doch beeinträchtigten Sentimentalität und Manierismus sein Schaffen in zunehmendem Maße. F.s Abwendung vom Christentum gipfelt in dem Buch „Der Glaube der Nordmark" (1936), in dem er einen german.-heidn. Schicksalsglauben vertritt.
Weitere Werke: Der Untergang der Anna Hollmann (E., 1911), Lebensbericht (Autobiogr., 1940).
Ausgabe: G. F. Werke. Bln. u. Hamm 1943. 6 Bde.
Literatur: Schmidt, Arno: *Ein unerledigter Fall. Zum 100. Geburtstag v. G. F. In:* Schmidt: *Die Ritter v. Geist. Karlsruhe 1965.* – Hauser, O.: *G. F. als niederdt. Dichter. Unterss. zu Landschaft u. Volkstum seiner Heimat. Lpz. 1936.*

Freuchen, Peter [dän. 'frɔi̯'gən], * Nykøbing (Falster) 20. Febr. 1886, † Elmendorf (Alas.) 2. Sept. 1957, dän. Schriftsteller und Forscher.
Nahm an verschiedenen großen Expeditionen, u. a. mit K. Rasmussen, teil; floh, während der dt. Besatzung als Widerstandskämpfer interniert, 1944 in die USA; schrieb interessante, unterhaltsame Reiseberichte und Romane, die von tiefem psycholog. Verständnis für das Wesen der Eskimos erfüllt sind.
Hauptwerke: Der Nordkaper (R., dt. 1931), Das Leben geht weiter (Autobiogr., dt. 1941), Larions Gesetz (R., dt. 1955), I al frimodighed (Autobiogr., 1955).

Freumbichler, Johannes, * Henndorf am Wallersee 22. Okt. 1881, † Salzburg 11. Febr. 1949, östr. Schriftsteller.
Bäuerl. Abkunft; viele Berufe; schrieb realist., unsentimentale Romane (preisgekrönt „Philomena Ellenhub", 1937, ein Salzburger Bauernroman aus dem vorigen Jh.), Erzählungen und Gedichte.
Weitere Werke: Geschichten aus dem Salzburgischen (1938), Auszug und Heimkehr des Jodok Fink (R., 1942), Rosmarin und Nelken (Mundartged., 1952).

Frey, Adolf, * Rombach bei Aarau 18. Febr. 1855, † Zürich 12. Febr. 1920, schweizer. Schriftsteller.
1898–1910 Professor für Literaturgeschichte in Zürich; befreundet mit G. Keller und C. F. Meyer, die sein dichter. Schaffen in hohem Grade beeinflußten; schrieb hochdt. und mundartl. Lyrik, realist. Romane aus der schweizer. Geschichte; weniger erfolgreich waren seine Dramen; auch Biographien; bed. Literarhistoriker.

Hauptwerke: A. von Haller (Biogr., 1879), Erinnerungen an G. Keller (1892), C. F. Meyer (Biogr., 1899), Die Jungfer von Wattenwil (R., 1912), Neue Gedichte (1913), Bernhard Hirzel (R., 1918).

Frey, Alexander Moritz, * München 29. März 1881, † Zürich 24. Jan. 1957, dt. Schriftsteller.
Studierte Rechtswissenschaft und Philosophie, emigrierte 1933 nach Österreich, 1938 in die Schweiz; schrieb phantast., bizarr-groteske und schwermütige Romane, Märchen und Novellen, die von sozialer, z.T. auch polit. Satire bestimmt sind.
Hauptwerke: Dunkle Gänge (En., 1913), Solneman der Unsichtbare (R., 1914), Kastan und die Dirnen (R., 1918), Spuk des Alltags (En., 1920), Das abenteuerl. Dasein (R., 1930), Verteufeltes Theater (R., 1957).

Frey, Friedrich Hermann ↑ Greif, Martin.

Frey, Jakob, * Gontenschwil bei Aarau 13. Mai 1824, † Bern 30. Dez. 1875, schweizer. Schriftsteller.
Vater von Adolf F.; Journalist und Redakteur an verschiedenen schweizer. Zeitungen. Sein realist. Erzählwerk umfaßt v.a. Novellen und Geschichten aus dem dörfl. Leben.
Hauptwerke: Die Waise von Holligen (R., 1863), Schweizerbilder (En., 1864), Erzählungen aus der Schweiz (1885).

Frey, Karl ↑ Falke, Konrad.

Frey, Otakar [tschech. frɛj] ↑ Fischer, Otakar.

Freyenthal, Ernst Warnmund von ↑ Grob, Johannes.

Freytag, Gustav, * Kreuzburg O.S. 13. Juli 1816, † Wiesbaden 30. April 1895, dt. Schriftsteller.
Studierte german. Philologie, Dozent bis 1844, dann freier Schriftsteller; 1848–70 Mithg. der Zeitschrift „Die Grenzboten"; 1867–70 Abgeordneter der nationalliberalen Partei im Norddt. Reichstag; Publizist der aufstrebenden Mittelklasse, überzeugt, daß das Bürgertum Grundlage eines neuen Staates sei. Nüchtern in seinem dichter. Werk; pädagog. Absichten, Fortschrittsglaube, lebendige Charakterzeichnung, klarer Stil; weite Verbreitung seiner Romane. F. begann mit Gedichten und Dramen (u.a. „Die Journalisten", Lsp., 1854), es folgte „Soll und Haben" (1855), ein realist. Roman, der ein Bild der sozialen Schichten der Zeit gibt (Vorbilder Dickens und Scott). In den „Bildern aus der dt. Vergangenheit" (1859ff.), seinem wohl bedeutendsten Werk, gelangen F. eindrucksvolle Schilderungen, die das Buch noch heute kulturgeschichtl. wertvoll erscheinen lassen. In dem Romanzyklus „Die Ahnen" (1873–81) versuchte er, anhand einer Generationenreihe den Werdegang des dt. Volkes von der german. Zeit bis ins 19. Jh. zu schildern; der zunehmende Mangel an Erfindungsgabe brachte dieses Werk in die Nähe des Professorenromans. Neben seinen erzählenden Werken beschäftigten F. auch Untersuchungen über „Die Technik des Dramas" (1863).
Weitere Werke: Die verlorene Handschrift (R., 1864), Erinnerungen aus meinem Leben (1887).
Ausgaben: G. F. Ges. Werke. Hg. v. H. M. Elster. *Lpz. 1926. 12 Bde. – G. F. Ges. Werke. Lpz. ³1909–11. 22 Bde.*
Literatur: G.-F.-Bl. Organ der Dt. G.-F.-Gesellschaft. Hg. v. G. W. Freytag. *H. 1ff., Wangen 1954ff. Seit 1962ff. hg. v.* K. Fleischer. – Lindau, H.: *G. F. Lpz. 1907.* – Mayrhofer, O.: *G. F. u. das Junge Deutschland. Marburg 1907.*

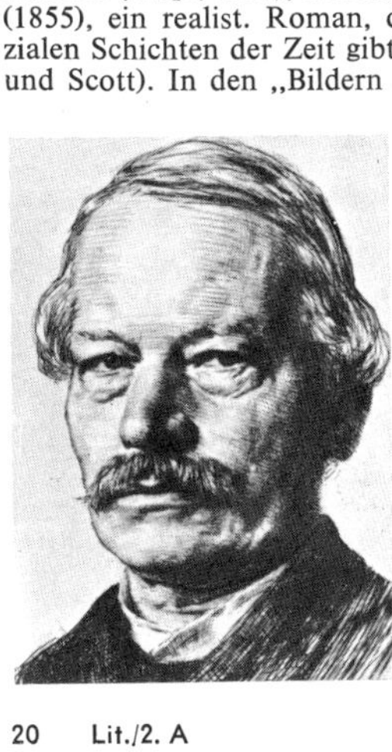
Gustav Freytag (Radierung von K. Stauffer-Bern)

Frič, Josef Václav [tschech. fritʃ], * Prag 5. Sept. 1829, † ebd. 14. Okt. 1890, tschech. Dichter.
Als Revolutionär zeitweise in Haft; langes freiwilliges Exil. Schrieb nationalist. Lyrik; seine Memoiren „Paměti" geben ein Bild der polit. und literar. Situation seiner Heimat; als Dichter vom Byronismus und von der Spätromantik beeinflußt; stand mit Herzen in Verbindung.

Frick, Wilhelm ↑ Schussen, Wilhelm.

Frída, Emil [tschech. 'fri:da] ↑ Vrchlický, Jaroslav.

Fridegård, Jan [schwed. ˌfri:dəgo:rd], * Enköping 14. Juni 1897, † Uppsala 8. Sept. 1968, schwed. Schriftsteller.
Sohn eines Landarbeiters, Volksschulbildung, in verschiedenen Berufen tätig, bis er für seinen ersten Roman 1933 einen Verleger fand. Sein Werk trägt zum großen Teil autobiograph. Züge, schildert realist. die freudlose, in Armut erlebte Kindheit und den harten Daseinskampf während der Jugendjahre; später behandelt er neben Arbeiterschicksalen auch histor. Themen.
Hauptwerke: Der Turmhahn (R., 1941; dt. 1950), Svensk soldat (R., 1959).

Friðjónsson, Guðmundur [isländ. 'friðjounsɔn], * Sílalaekur (Aðaldalur) 24. Okt. 1869, † Húsavík 26. Juni 1944, isländ. Schriftsteller.
Entstammte einer Bauernfamilie; nach kurzer Schulausbildung selbst Bauer; vom Realismus und Symbolismus beeinflußt, fand er zu einer nationalromant. Dichtung, deren Themen der harte Kampf der isländ. Bauern ums Dasein und ihre Gebundenheit an Heimat und Tradition sind.
Hauptwerke: Ólöf í Ási (R., 1907), Kveldgæður (En., 1923), Kvæði (Ged., 1925).

Friðþjofssaga ['frɪtjɔfs], altnord., wahrscheinl. um 1300 in Island aufgezeichnete Saga von der Liebe des norweg. Helden Friðþjof zur schönen Königstochter Ingibjorg; neu gestaltet in einer Verserzählung von Tegnér.

Frieberger, Kurt, * Wien 4. April 1883, östr. Schriftsteller.
Dr. jur., tätig im Staatsdienst, u.a. Senatspräsident beim Verwaltungsgerichtshof in Wien; in seiner schwermütigen, doch zugleich lebenszugewandten Lyrik der Barockdichtung verpflichtet; vielseitiger Romanschriftsteller, impressionist. Dramatiker; auch Übersetzer und Essayist.

Hauptwerke: Barocke Monologe (Ged., 1907), Hendrickje (Schsp., 1908), Barocke Balladen (1919), Bahnbrecher (R., 1946), Der Fischer Simon Petrus (R., 1953), Spiegel eines Lebens (Ged., 1960).
Literatur: Wimmer, P.: *K. F. In: Jb. der Grillparzer-Gesellschaft 4 (1965), 162.* – Braun, F.: *Über K. F. In: Worte in der Zeit 4 (1958), 405.*

Fried, Erich, * Wien 6. Mai 1921, östr. Schriftsteller.
Lebt seit 1938 in London; während des Krieges verschiedene Berufe, seit 1946 freier Schriftsteller, gehört zur „Gruppe 47"; gegenwartsnahe, zeitkrit., in den letzten Jahren polit. und gesellschaftlich stark engagierte Lyrik voll kühner Wort- und Klangkonstruktionen; auch Erzähler, Hörspielautor und Übersetzer (Shakespeare, T. S. Eliot u.a.).
Hauptwerke: Gedichte (1958), Ein Soldat und ein Mädchen (R., 1960), Warngedichte (1964), Kinder und Narren (En., 1965), und Vietnam und (Ged., 1966), Anfechtungen (Ged., 1967), Befreiung von der Flucht (Ged., 1968), Zeitfragen (Ged., 1968).

Fried, Jiří [tschech. fri:t], * Prachatitz (Südböhm. Gebiet) 1. März 1923, tschech. Schriftsteller.
Verfaßte Drehbücher, später Gedichte; bed. ist seine analyt. Prosa (Erzählungen und Novellen), in der er, psycholog. vorgehend, bis ins Detail das Innere seiner Helden bloßlegt; so z.B. in „Abel" (Nov., 1966).

Friedell, Egon [fri'dɛl], bis 1916 eigtl. E. Friedmann, * Wien 21. Jan. 1878, † ebd. 16. März 1938 (Selbstmord), östr. Journalist, Schauspieler und Schriftsteller.
Studierte Germanistik und Philosophie (Dr. phil.); befreundet mit P. Altenberg und A. Polgar; leitete das Kabarett „Fledermaus" in Wien, war Theaterkritiker, spielte Chargenrollen bei Reinhardt, dann freier Schriftsteller; glanzvoll sind seine Aphorismen, amüsant und geistreich seine Essays; am bekanntesten sind die „Kulturgeschichte der Neuzeit" (1927–31) und die „Kulturgeschichte des Altertums" (1936), in denen F. in oft überpointierter Formulierung Verbindungen schafft, die neue Einsichten ermöglichen.
Weitere Werke: Ecce poeta (Essays, 1912), Die Judastragödie (Dr., 1920), Steinbruch (Aphorismen, 1920), Die Reise mit der Zeitmaschine (R., 1946), Das Altertum war nicht antik (Essays, 1950).
Literatur: Kiaulehn, W.: *Die Gesichter E. F.s. In: Der Aquädukt. Mchn. 1963.*

Friedenthal, Richard, * München 9. Juni 1896, dt. Schriftsteller.
Studium in München, Berlin und Jena (Dr. phil.), Mitarbeiter des Knaur-Verlags in Berlin, 1938 Emigration nach England, 1945–50 Redakteur der „Neuen Rundschau", 1951–54 Verlagsleiter der Droemerschen Verlagsanstalt Th. Knaur Nachf. in München; lebt als brit. Staatsbürger in London. Anfangs Lyrik, dann sprachl. gepflegte Novellen, Romane, Essays, flüssig geschriebene Biographien Händels (1959), Leonardo da Vincis (1959), Goethes (1963) und Luthers (1967), in denen er versucht, die Personen ohne falsche Beschönigung so zu zeigen, wie sie wirklich waren; Hg. des Nachlasses von St. Zweig.
Weitere Werke: Demeter (Sonette, 1924), Maria Rebschneider (Novellen, 1927), Der Eroberer (R., 1929), Die Welt in der Nußschale (R., 1956), Die Party bei Herrn Tokaido (Reisebericht, 1958), Entdecker des Ich (Biographien, 1969).

Friedlaender, Salomo [...lɛndər], Pseudonym Mynona, * Gollantsch (Prov. Posen) 4. Mai 1871, † Paris 9. Sept. 1946, dt. Philosoph und Schriftsteller.
Studierte Medizin, dann Philosophie (Dr. phil.), freier Schriftsteller, 1933 Emigration. Veröffentlichte neben philosoph. Werken (Hauptwerk: „Die schöpfer. Indifferenz", 1918) zahlreiche Grotesken, die ihn bekannt machten und mit denen er auf die Kreise um die „Aktion" und den „Sturm" wirkte. Groteskensammlungen: „Rosa, die schöne Schutzmannsfrau" (1913), „Die Bank der Spötter" (1919), „Ich möchte bellen" (1924), „Das Eisenbahnunglück oder der Anti-Freud" (1925), „Der lachende Hiob" (1935).

Friedmann, Egon ↑ Friedell, Egon.

Friedrich von Hausen, * Hausen bei Bad Kreuznach (?) um 1150, ⚔ Philomelium (Kleinasien) 6. Mai 1190, mhd. Minnesänger.
Aus rheinfränk. Geschlecht, 1171 erstmals bezeugt, in polit. und militär. Diensten der Staufer; Teilnahme am Kreuzzug von 1189; führende Gestalt der ersten und stärksten Phase des Einflusses der provenzal. Dichtung auf den dt. Minnesang; Begründer der höf. dt. Lyrik um die Thematik der „hohen Minne"; Unterordnung der Frauen- unter die Gottesminne; tiefes religiöses Empfinden, v.a. in den Kreuzzugsliedern.
Literatur: Maurer, F.: *Zu den Liedern F.s v. H. In:* Maurer: *Dichtung u. Sprache des MA. Ges. Aufs. Bern u. Mchn. 1963.* – Kienast, R.: *H.s „Scheltliet" (MF 47, 33) u. „Der sumer von triere". Bln. 1961.* – Rieckenberg, H. J.: *Leben u. Stand des Minnesängers F. v. H. In: Arch. f. Kulturgesch. 43 (1961), 163.* – Brinkmann, H.: *F. v. H. Bad Oeynhausen 1948.*

Friedrich von Sonnenburg (Sunnenburg), * wahrscheinl. Sonnenburg im Pustertal (Tirol) um 1220, † nach 1275, mhd. Spruchdichter und Minnesänger.
Schrieb überwiegend papstfreundl. Sprüche.

Friedrich von Schwaben, mhd., in der 1. Hälfte des 14. Jh.s im östl. Schwaben entstandener Versroman; in die abenteuerl. Liebesgeschichte sind zahlreiche Motive aus Märchen und Ritterromanen verwoben; Sinn und Ziel ist die Verherrlichung des schwäb. Herzogshauses.

Frisch, Max, * Zürich 15. Mai 1911, schweizer. Schriftsteller.
Studierte Germanistik und Architektur, war Journalist, unternahm zahlreiche Reisen in europ. und überseeische Länder, dann freier Schriftsteller. Anfang der 30er Jahre erste Veröffentlichungen; Breitenwirkung mit den Romanen „Stiller" (1954), „Homo Faber" (1957) und „Mein Name sei Gantenbein" (1964) sowie den Dramen „Don Juan oder Die Liebe zur Geometrie" (1953, Neufassung 1961), „Herr Biedermann und die Brandstifter" (Hsp., 1956, Dr., 1958) und „Andorra" (1962). Hauptthema seines zeitkrit., desillusionierenden, phantasiereichen und intellektuellen Werkes ist die Erkenntnis, daß der moderne Mensch sich selbst entfremdet ist. Das Thema wird variiert als Ich-Flucht und Ich-Suche (in den Romanen), als Flucht aus der Zeit („Bin"), als Demaskierung und Desillusionierung (in den

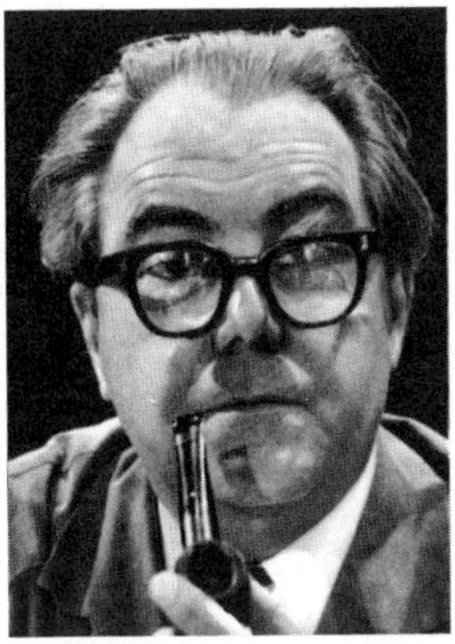

Max Frisch

Dramen). Entstellende, widersinnige Ideologien und Konventionen werden zur Maske, zu Lüge und Betrug. Aus dem Wissen, daß modernes Dasein nur als widerspruchsvolle Gegenwart, als Gespaltenheit möglich ist, ergibt sich die Bejahung des Offenseins als einzig mögliche Lebensform. Analog bevorzugt F. als literar. Form die allegor. Farce, Groteske, Moritat und als Stilmittel den Verfremdungseffekt; im Ich-Roman verwendet er den fingierten Erzähler. Die Sprache ist klar, dicht, witzig und treffend.
Weitere Werke: J'adore ce qui me brûle oder Die Schwierigen (R., 1943, Neufassung 1957), Bin oder Die Reise nach Peking (E., 1945), Nun singen sie wieder (Dr., 1946), Santa Cruz (Dr., 1947), Die chin. Mauer (dramat. Farce, 1947, Neufassung 1955), Als der Krieg zu Ende war (Dr., 1949), Graf Öderland (Dr., 1951, 3. Fassung 1961), Schinz (E., 1959), Biografie. Ein Spiel (1967).
Literatur: Jurgensen, M.: *M. F. Die Dramen. Bern 1968.* – Karasek, H.: *M. F. Velber ²1968.* – Bänziger, H.: *F. u. Dürrenmatt. Bern u. Mchn. ⁵1967.* – Stäuble, E.: *M. F. Gesamtdarst. seines Werkes. St. Gallen ³1967.* – Weisstein, U.: *M. F. New York 1967.*

Frischlin, Nikodemus [...li:n], * Erzingen bei Balingen 22. Sept. 1547, † Festung Hohenurach 29. (30.?) Nov. 1590, dt. Dichter und Humanist.
Studierte Theologie, 1568 Professor für Poetik und Geschichte in Tübingen, 1582–84 Schuldirektor in Laibach; sein unruhiges Temperament, das jede Gelegenheit zu Spott und Aggression nutzte, brachte ihm schließl. Verhaftung und Auslieferung nach Württemberg ein; bei einem Fluchtversuch tödl. verunglückt. F. versuchte, zwischen dem lat. Schuldrama (dessen Lehre und Moral) und dem dt.-sprachigen ev. Volksspiel zu vermitteln; charakterist. und neu in seinen Dramen sind die derb-realist. Nebenhandlungen, dt.-sprachigen Zwischenszenen und Chöre in den lat. Dramen, so in „Phasma" (1592), die realistischere Gestaltung der Personen, die psycholog. Motivierung. Gute Kenntnis des Werkes von Aristophanes und Lukian unterstützte die eigene Anlage zu Polemik und Witz, die Neigung, Komik und Tragik komplementär zu sehen. Von großer Bedeutung sind F.s bibl. Dramen „Rebecca" (1576), „Susanna" (1578) und die geschichtl. Dramen „Hildegardis magna" (1579) und „Frau Wendelgard" (1579, in dt. Sprache); auch Elegien, Epen, Oden, Satiren, Epigramme.
Weitere Werke: Priscianus vapulans (Kom., 1571), Julius redivivus (Kom., 1584).
Ausgabe: N. F. Dt. Dichtungen. Hg. v. D. F. Strauss. *Tüb. 1857.*
Literatur: Neumayer, E.: *F. als Dramatiker. Diss. Rostock 1924.* – Strauß, D. F.: *Leben u. Schrr. des Dichters u. Philologen Nicodemus F. Ein Beitrag zur dt. Culturgesch. in der 2. Hälfte des 16. Jh.s. Frkf. 1856.*

Frischmann, David, * Zgierz bei Lodz 5. Jan. 1865 (1864 oder 1860?), † Berlin 4. Aug. 1922, hebr. Schriftsteller.
Tätigkeit an verschiedenen bed. jidd. und hebr. Zeitungen und Zeitschriften; in seinen Gedichten, fein gezeichneten Erzählungen und krit. Essays bes. von H. Heine beeinflußt; fruchtbarer und bed. Übersetzer (u.a. Nietzsches „Also sprach Zarathustra", 1914).

Fritsch, Gerhard, * Wien 28. März 1924, † ebd. 22. März 1969 (Selbstmord), östr. Schriftsteller.
Nach Teilnahme am 2. Weltkrieg Germanistikstudium, Verlagslektor, Bibliothekar, freier Schriftsteller; schrieb schwermütige, knappe Lyrik aus dem Naturerleben, mit sozialer und humaner Tendenz; ferner Romane, Essays und Hörspiele. Grundmotiv seiner Dichtung ist das Problem von Tradition und Erneuerung. Auch Übersetzer.
Hauptwerke: Zwischen Kirkenes und Bari (Prosa und Ged., 1951), Lehm und Gestalt (Ged., 1954), Dieses Dunkel heißt Nacht (Ged., 1955), Moos auf den Steinen (R., 1956), Der Geisterkrug (Ged., 1958), Feldherr wider Willen (R., 1966), Fasching (R., 1967).

Fritz, Walter Helmut, * Karlsruhe 26. Aug. 1929, dt. Schriftsteller.
Studierte Literatur und neuere Sprachen, dann Lehrer, heute freier Schriftsteller. Begann v.a. mit Natur- und Landschaftsgedichten in einfacher und eindringl. Sprache, ging dann auch zur Prosa über. Der Band „Zwischenbemerkungen" (1964) stellt den Versuch dar, die Situation des Ungewissen zu fixieren. Der Roman „Abweichung" (1965) ist die Geschichte aus dem Alltag zweier Menschen.
Weitere Werke: bild + zeichen (Ged., 1958), Veränderte Jahre (Ged., 1963), Die Zuverlässigkeit der Unruhe (Ged., 1966), Bemerkungen zu einer Gegend (Ged. in Prosa, 1969).

Fritzlar, Herbort von † Herbort von Fritzlar.

Fröding, Gustaf [schwed. ˌfrø:diŋ], * Alster (Värmland) 22. Aug. 1860, † Stockholm 8. Febr. 1911, schwed. Dichter.
Studierte ohne Plan und ohne Abschluß in Uppsala, war dann Angestellter einer Zeitung in Karlstad; 1889 Aufenthalt in der Nervenheilanstalt Görlitz, wo er sich intensiv mit den dt. und engl. Klassikern beschäftigte; seitdem zielbewußtes dichter. Schaffen; lebte in verschiedenen Heil- und Pflegeanstalten, zuletzt, als relativ geheilt entlassen, in Stockholm. F.s melod. und rhythm. vollendete, sprachl. meisterhafte Lyrik, die aus der schwed. Heimat erwachsen ist, bezeugt das Krankhafte und Zerrissene seiner Seele, umfaßt jedoch neben visionären auch humorvolle Gedichte. Später wird die naturnahe Lyrik von philosoph. Grübeleien unter dem Einfluß Swe-

denborgs, Tolstois und Nietzsches verdrängt; zahlreiche Gedichte wurden ins Dt. übersetzt (1914, 1923, 1936).

Froissart, Jean [frz. frwa'sa:r], * Valenciennes 1337 (?), † Chimay um 1410, frz. Geschichtsschreiber und Dichter.

Er befand sich sein ganzes Leben auf Reisen und weilte an den Höfen verschiedener Gönner, zuerst am engl. Hof als Sekretär der Königin Philippa, in deren Auftrag er seine chronikal. Aufzeichnungen begann; später im Dienst Wenzels von Luxemburg, Roberts von Namur u.a., zeitweise Kaplan von Guy de Blois; als seine bedeutendste Schöpfung gilt das den Zeitraum von 1325 bis 1400 in W-Europa schildernde, für die Zeit bis 1356 sich an die Chronik von Jean Le Bel anlehnende und dann auf eigenen Kenntnissen beruhende Geschichtswerk „Chroniques de France, d'Angleterre, d'Écosse, d'Espagne, de Bretagne". Während die Betrachtung der Ereignisse vom wechselnden Standpunkt des Verfassers in der Parteinahme für den jeweiligen Auftraggeber befangen bleibt, sind die lebensnahen Schilderungen des spätmittelalterl. Rittertums und des aufstrebenden Bürgertums, die Beschreibungen von Spielen, Festen, Wettkämpfen von hohem kulturhistor. Wert; außer Gedichten schrieb F. noch den Artusroman „Méliador" (hg. 1895–99).

Literatur: Bastin, J.: *F. Chroniqueur, romancier et poète. Brüssel ²1958.*

Fromentin, Eugène [frz. frɔmã'tɛ̃], * La Rochelle 24. Okt. 1820, † Saint-Maurice bei La Rochelle 27. Aug. 1876, frz. Schriftsteller und Maler.

Entstammte einer wohlhabenden Familie, unternahm mehrere Reisen in den Orient und nach N-Afrika; F. schrieb kunstkrit. Abhandlungen, Reisebücher und Romane, die, meisterhaft in der psycholog. Motivierung gestaltet, auf Proust vorausweisen; als ein Meisterwerk frz. Erzählkunst gilt der eigene Erlebnisse verarbeitende Roman „Dominique" (1863, dt. 1907).

Weitere Werke: Un été dans le Sahara (Reiseb., 1857), Une année dans le Sahel (Reiseb., 1858), Die alten Meister (Studie, 1876; dt. 1914).

Literatur: Evans, A. R., jun.: *The literary art of E. F. Baltimore (Md.) 1964.*

Fromm, Leberecht ↑ Streckfuß, Karl.

Frommel, Emil, * Karlsruhe 5. Jan. 1828, † Plön 9. Nov. 1896, dt. ev. Theologe und Volksschriftsteller.

Stadtpfarrer in Karlsruhe und Barmen; 1869 Garnisonsprediger in Berlin, 1872 Hofprediger; seine Erzählungen, u.a. „Heinerle von Lindenbronn" (1869), kennzeichnen – wie die seines Vorbilds J. P. Hebel – volkstüml. Denken, tiefe Gläubigkeit und warmer Humor.

Weiteres Werk: Erzählungen für das Volk (1873/74).

Froschmäusekrieg ↑ Batrachomyomachia.

Frost, Robert Lee [engl. frɔst], * San Francisco 26. März 1874, † Boston 29. Jan. 1963, amerikan. Lyriker.

Der frühe Tod des Vaters zwang ihn zu Gelegenheitsarbeiten neben der Schule und dem Studium (klass. Sprachen), das er nicht beendete; 1912–15 in England, wo er durch die Vertreter des Imagismus entscheidende Anregungen erhielt und ersten Ruhm erntete; nach der Rückkehr nach Amerika auch dort literar. erfolgreich; Landwirt in Neuengland. Formsicherer, an der klass. Dichtung geschulter Lyriker, der in schlichter Sprache (fast „colloquial language") und in feiner Melodik und Rhythmik Themen der bukol. Dichtung neu gestaltete und variierte. Seine Gedichte (dt. Ausw. 1952) sind frei von jeder Beziehung zur Welt der Zivilisation. Die sichere, nüchterne Darstellung des Anschaubaren ermöglichte ihm den Verzicht auf komplizierte Formen und Bilder in seinen naiven, unrhetor., oft zarten Naturgedichten. In seinen Dramen bevorzugte er locker gebaute Blankverse. F. erhielt viermal den Pulitzerpreis.

Hauptwerke: A boy's will (Ged., 1913), North of Boston (Ged., 1914), New Hampshire (Ged., 1923), A masque of reason (Dr., 1945), A masque of mercy (Dr., 1947), In the cleaning (Ged., 1962).

Ausgabe: R. F. Ges. Gedichte. Dt. Übers. Mhm. 1952.

Literatur: Sohn, D. A./Tyre, R.: *F. The poet and his poetry. New York 1967.* – Brower, R. A.: *The poetry of R. F. New York 1963.*

Frosterus, Theodor Oskar [schwed. frɔs'te:rʊs] ↑ Pakkala, Teuvo.

Frug, Simon Samuel, russ. Semjon Grigorjewitsch F.; tl.: Semen Grigor'evič F. [russ. fruk], * Bobrowy Kut (Gouv. Cherson) 15. Nov. 1859, † Petrograd (heute Leningrad) 22. Sept. 1916, russ. Dichter.

Jüd. Herkunft; schrieb zunächst in russ. Sprache, später vorwiegend jidd., gegen Ende seines Lebens auch hebr.; in Balladen, Elegien und Satiren beklagt er die Leiden des jüd. Volkes in Rußland, besingt die große Vergangenheit seines Volkes und schildert die Sehnsucht nach Zion; auch Erzählungen und zionist. Schriften.

Frugoni, Carlo Innocenzo [italien. fru'go:ni], Pseudonym Cornante Eginetico, * Genua 21. Nov. 1692, † Parma 20. Dez. 1768, italien. Dichter.

Weltgeistlicher; lebte am Hof von Parma als angesehener Hofdichter und Theaterintendant; seine galanten arkad. Gedichte sind durch Zierlichkeit und Gewandtheit, aber auch Manieriertheit und Breite gekennzeichnet („Rime", 1734).

Fry, Christopher [engl. fraɪ], ursprüngl. Ch. Hammond, * Bristol 18. Dez. 1907, engl. Dramatiker.

Wurde nach dem Tod des Vaters, eines Architekten, dessen Beispiel folgend Quäker; beendete ohne Abschluß seine Schulausbildung und arbei-

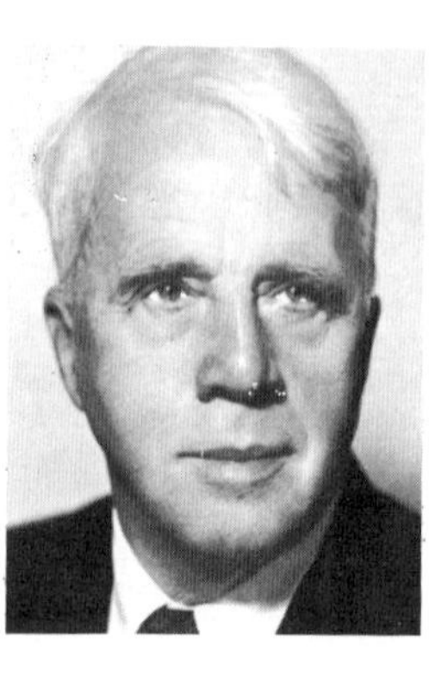

Robert Lee Frost

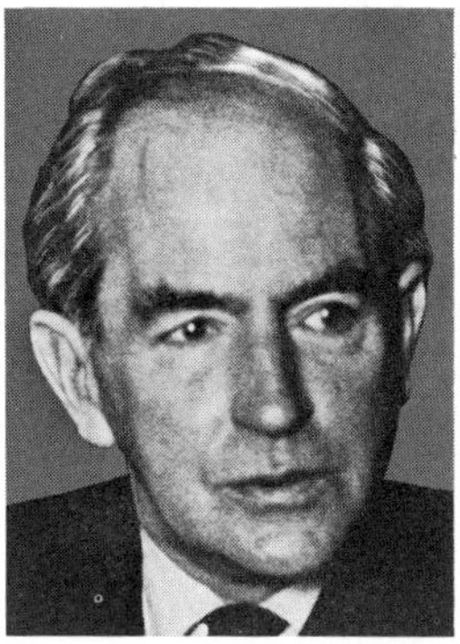

Christopher Fry

tete dann meist als Schauspieler und Theaterleiter; lebt jetzt als freier Schriftsteller in London. F. neigt in seinen in Anlehnung an T. S. Eliots dramat. Werk gestalteten bühnenwirksamen, von der Neuromantik beeinflußten Versdramen – teils Komödien, teils unorthodoxe christl. Schauspiele – zu Rhetorik, Metaphorik und versucht, durch mehrdeutige Wortspiele die Wirklichkeit zu verwandeln und das Geheimnisvolle der menschl. Existenz darzustellen. Seine gelegentl. zum Lehrhaften neigenden Komödien zeigen die Möglichkeit des Ausweichens vor nur scheinbar unausweichl. Tragik. Übersetzungen aus dem Frz. (Anouilh, Giraudoux).
Hauptwerke: Der Erstgeborene (Trag., 1946; dt. 1952), Ein Phönix zuviel (Dr., 1947; dt. 1954), Die Dame ist nicht fürs Feuer (Kom., 1947; dt. 1952), Venus im Licht (Kom., dt. 1951), Ein Schlaf Gefangener (Spiel, dt. 1952), Das Dunkel ist licht genug (Dr., dt. 1955), König Kurzrock (Dr., dt. 1961).
Literatur: Itschert, H.: *Studien zur Dramaturgie des religious festival play bei Ch. F. Tüb. 1963.* – Fitz, G.: *Das Werk Ch. F.s im Original u. in der dt. Übers. Diss. Wien 1956 [Masch.].* – Wieser, J.: *Ch. F. Gestalten u. Themen. Diss. Wien 1956 [Masch.].* – Stanford, D.: *Ch. F. An appreciation. London u. New York 1951.*

Fuchs, Anton, Pseudonym Thomas Elten, * Wien 29. Jan. 1920, östr. Schriftsteller.
Nach Abbruch des Medizin- und Philosophiestudiums verschiedene Berufe, seit 1957 Angestellter der Internationalen Atombehörde in Wien. Veröffentlichte nach einem ins Niederl. und Serbokroat. übersetzten Roman 1968 den als „Experiment" bezeichneten Roman „Vom Morgen in die Nacht". Der Held dieses an Poe und Kafka erinnernden Prosawerks bemüht sich, seine visionäre „Reise durch reale und irreale Bewußtseinszustände" sachl.-nüchtern aufzuzeichnen.

Fuchs, Günter Bruno, * Berlin 3. Juli 1928, dt. Schriftsteller.
Mit 14 Jahren Luftwaffenhelfer, dann Arbeitsdienst, belg. Kriegsgefangenschaft, nach der Entlassung Hilfsarbeiter, Student, Clown, 1948–50 Schulhelfer in Berlin (Ost), 1952–57 freier Schriftsteller und Graphiker in Reutlingen, dann in Berlin (West). Lyriker und Prosaist, der hinter seinen verspielten, märchenhaften, phantast. Versen und Texten (gern in Berlins Hinterhöfen, Rummelplätzen und Kneipen angesiedelt) Zeitkritik versteckt; auch Hörspiele.
Hauptwerke: Nach der Haussuchung (Ged., 1957), Brevier eines Degenschluckers (Ged. und En., 1960), Trinkermeditationen (Ged., 1962), Krümelnehmer oder ... (R., 1963), Pennergesang (Ged., 1965), Herrn Eules Kreuzberger Kneipentraum (E., 1966), Blätter eines Hof-Poeten (Ged., 1967), Bericht eines Bremer Stadtmusikanten (R., 1968).

Fuchsmund, Ferdinand ↑ Gregorovius, Ferdinand.

Fucini, Renato [italien. fu'tʃiːni], Pseudonym Neri Tanfucio, * Monterotondo (heute Castelnuovo di Garfagnana-Monterotondo) 8. April 1843, † Empoli bei Florenz 25. Febr. 1921, italien. Schriftsteller.
Studierte in Pisa; Schulinspektor; stellte in seinen „Cento sonetti in vernacolo pisano" (1872) das Leben des toskan. Volkes dar; daneben auch Novellen („Le veglie di Neri", 1884) und Reiseberichte („Napoli ad occhio nudo", 1877).

Fuentes, Carlos [span. 'fuentes], * Mexiko 11. Nov. 1928, mex. Schriftsteller.
Jurastudium in Mexiko und Genf; 1950/51 beim Internationalen Arbeitsamt in Genf tätig, 1952–54 Pressesekretär und 1957–60 Direktor der Abteilung für kulturelle Beziehungen im mex. Außenministerium; Begründer und Hg. der Zeitschrift „Revista Mexicana de Literatura" und der Zeitschrift „El Espectador", auch Mitarbeiter zahlreicher Zeitschriften im In- und Ausland; bemüht sich, von Joyce und Faulkner inspiriert, in seinen Romanen und Erzählungen um eine der modernen Welt angepaßte Schreibweise.
Hauptwerke: Los días enmascarados (En., 1954), La región más transparente (R., 1958), Nichts als das Leben (R., dt. 1964), Hautwechsel (R., dt. 1969).

Füetrer (Füterer, Fütrer, Fürtrer), Ulrich ['fyːɛtrər], * Landshut 1. Hälfte des 15. Jh.s, † München um 1495, dt. Dichter und Maler.
Schrieb für den bayr. Herzog Albrecht IV. als sein Hauptwerk das „Buch der Abenteuer" (zwischen 1473 und 1478), eine Zusammenstellung und Bearbeitung von Erzählstoffen des 13. Jh.s (Konrads von Würzburg „Trojanerkrieg", bed. Epen um Artus und Gral) im Rahmen des „Jüngeren Titurel" in rund 41 500 Versen (Titurelstrophen), und zwischen 1478 und 1481 eine „Baier. Chronik" (von 60 v. Chr. bis 1479) in Prosa, umfangreich, aber unkritisch.
Literatur: Harms, W.: *Anagnorisis-Szenen des mittelalterl. Romans u. U. F.s „Buch der Abenteuer". In: Zs. f. dt. Altertum u. dt. Lit. 95 (1966), 301.* – Maak, H. G.: *U. F.s Gamoreth u. Tschionachtolander. Studien zur Sprache des Abenteuerb. Diss. Wien 1964 [Masch.].*

Fühmann, Franz, * Rochlitz (Riesengebirge) 15. Jan. 1922, dt. Schriftsteller.
Apothekersohn, Teilnahme am 2. Weltkrieg, bis 1949 sowjet. Kriegsgefangenschaft, lebt in Berlin (Ost). Setzt sich – nachdem er bereits 1942 mit Gedichten hervorgetreten ist – mit dem Erlebnis des Nationalsozialismus und des 2. Weltkriegs auseinander. Sein bekanntestes Werk ist der autobiograph. bestimmte Erzählungsband „Das Judenauto" (1962) mit Episoden aus den Jahren zwischen 1929 und 1949; auch Kinderbücher.

Weitere Werke: Die Fahrt nach Stalingrad (Dichtung, 1953), Kameraden (Nov., 1955), Stürzende Schatten (En., 1959), Spuk (En., 1961), König Ödipus (En., 1966).

Fuks, Ladislav [tschech. fuks], * Prag 24. Sept. 1923, tschech. Schriftsteller.
Studierte Philosophie, Psychologie, Kunst- und Literaturgeschichte; schrieb Novellen und zwei psycholog. Romane. In „Herr Theodor Mundstock" (dt. 1964) wird das Schicksal eines alten Juden im besetzten Prag geschildert. In „Variationen für eine dunkle Saite" (dt. 1967) stellt F. das Vorkriegsprag bis zur dt. Besetzung aus der Sicht und in der Art eines halbwüchsigen Jungen dar. Dt. erschien außerdem „Die Kerze" (E., 1967).

Fulda, Ludwig, * Frankfurt am Main 15. Juli 1862, † Berlin 30. März 1939 (Selbstmord), dt. Schriftsteller.
Studierte Philosophie und Germanistik (Dr. phil.), lebte seit 1896 in Berlin. Mitbegründer der „Freien Bühne" (1889). Er begann unter dem Einfluß Ibsens als Naturalist (Gesellschaftsdramen), war dann Neuromantiker (Vers- und Märchendramen); wurde als Verfasser geschickt gebauter, kultivierter Bühnenstücke ohne großen Anspruch bekannt. Bleibendere Leistungen stellen seine Übersetzungen dar (Molière, Rostand, Shakespeare u. a.).
Hauptwerke: Die Sklavin (Schsp., 1892), Der Talisman (Dr., 1893), Jugendfreunde (Kom., 1898), Die Zwillingsschwester (Kom., 1901), Maskerade (Dr., 1904).

Fuller, Henry Blake [engl. 'fʊlə], * Chicago 9. Jan. 1857, † ebd. 28. Juli 1929, amerikan. Schriftsteller.
Verwandt mit Margaret F.; in Chicago literar., auch journalist. tätig; Europareisen, schrieb histor. Romane, in denen er das Leben an europ. Höfen schildert, u. a. „The chevalier of Pensieri-Vani" (1890), der zunächst unter dem Pseudonym Stanton Page erschien; mit dem sozialkrit. Roman „The cliff-dwellers" (1893) erwies er sich als bed. Gesellschaftsschilderer der älteren Chicagoer Schule.
Literatur: Jackson, K.: *A study of H. B. F.s Chicago novels. Diss. Univ. of Pennsylvania, Philadelphia 1961.* – Griffin, C. M.: *H. B. F. A critical biography. Philadelphia 1939.*

Fuller, [Sarah] Margaret [engl. 'fʊlə], * Cambridgeport (heute Cambridge, Vt.) 23. Mai 1810, † Fire Island bei New York 19. Juli 1850, amerikan. Schriftstellerin.
Frühreife, umfassend gebildete Tochter eines Juristen; heiratete 1847 den italien. Marchese Angelo Ossoli; sie war als Publizistin, Hg. der transzendentalist. Zeitschrift „The Dial" und Leiterin eines Konversationskreises einflußreiches Mitglied der Transzendentalistengruppe um Emerson; 1839 erschien ihre Übersetzung von Eckermanns „Gesprächen mit Goethe". Sie nahm ferner in essayist. Studien zur Frauenfrage Stellung und schrieb Essays zur Literatur und Kunst.
Hauptwerke: Woman in the 19th century (1845), Papers on literature and art (Essays, 1846).
Literatur: Brown, A. W.: *M. F. New York 1963.* – Chipperfield, F.: *In quest of love. The life and death of M. F. New York 1957.*

Furius Bibaculus, Marcus, röm. Dichter des 1. Jh.s v. Chr. aus Cremona.
Zeitgenosse Caesars, den er in frühen Gedichten angriff, später jedoch in dem Epos „Annales belli Gallici", aus dem einige Verse bekannt sind, verherrlichte; am besten die Spott- und Schimpfgedichte.

Furmanow, Dmitri Andrejewitsch; tl.: Furmanov, Dmitrij Andreevič [russ. 'furmɐnɐf], * Sereda (heute Furmanow) 7. Nov. 1891, † Moskau 15. März 1926, russ.-sowjet. Schriftsteller.
Studierte in Moskau; war im 1. Weltkrieg Sanitäter. Am bekanntesten wurde F.s dokumentar. wertvoller Roman „Tschapajew" (1923, dt. 1928) um den Partisanenführer Tschapajew, in dessen Armee F. polit. Kommissar war; der Roman wurde als erstes literar. wertvolles sowjet. Prosawerk begrüßt.
Weitere Werke: Meuterei (R., 1925; dt. 1955), Zwischen Rot und Weiß (E., dt. 1956).
Literatur: Kasper, K.: *D. F. Halle 1962.*

Furnadschiew, Nikola; tl.: Furnadžiev, Nikola [bulgar. fur'nadʒiɛf], * Pasardschik 27. Mai 1903, bulgar. Schriftsteller.
Studierte Philosophie und Pädagogik, Mitarbeiter und Redakteur an verschiedenen Zeitschriften, im Staatsdienst tätig, Sekretär des bulgar. Schriftstellerverbandes; schrieb v. a. Gedichte, anfangs von Symbolismus und Imaginismus beeinflußt, verwendete strenge, ausgefeilte Form; auch Verfasser von Märchen und Gedichten für Kinder.

Furphy, Joseph [engl. 'fə:fɪ], Pseudonym Tom Collins, * Yarra Glen (Victoria) 26. Sept. 1843, † Claremont (Queensland) 13. Sept. 1912, austral. Erzähler.
Nach harter Jugend in mehreren Berufen tätig; begann erst spät zu schreiben. Sein Hauptwerk ist der pikareske Roman „Such is life" (1903), der wegen der realist. Darstellung austral. Verhältnisse zu einem klass. Werk der austral. Literatur wurde; schrieb auch Kurzgeschichten und Lyrik.
Literatur: Barnes, J.: *J. F. Melbourne; London 1963.*

Fürtrer, Ulrich ↑ Füetrer, Ulrich.

Fusinato, Arnaldo [italien. fuzi'na:to], * Schio (Vicenza) 25. Nov. 1817, † Verona 28. Dez. 1888, italien. Dichter.
Studierte Jura in Padua; Teilnehmer der italien. Befreiungskriege; Revisor der stenograph. Parlamentsberichte in Rom; schrieb patriot. Lyrik („Poesie patriottiche", 1913), humorist.-satir. Lieder („Lo studente di Padova", 1847) und romant. Erzählungen.

Fuß, Karl ↑ Überzwerch, Wendelin.

Fussenegger, Gertrud, verh. Dorn, * Pilsen 8. Mai 1912, östr. Schriftstellerin.
Studierte Geschichte, Kunstgeschichte und Philosophie; lebt jetzt in Leonding bei Linz; schrieb breitangelegte, figuren- und symbolreiche Romane, die teils in der Vergangenheit („Geschlecht im Advent", 1937), teils in der Gegenwart spielen. Nach dem 2. Weltkrieg wandte sich ihr Interesse menschl. Grundsituationen zu, die sie in zeitbezogenen Gesellschaftsromanen behandelte. Bes. hervorzuheben sind „Das Haus der dunklen Krüge" (R., 1951) und „Das verschüttete Antlitz" (R., 1957). Auch der Ggs. von Stadt und Land oder von dt. und slaw. Welt wird dargestellt. Formal ist Gertrud F. der klass. Erzähltradition verpflichtet; auch Dramatisches, Lyrik und bed. Essays.

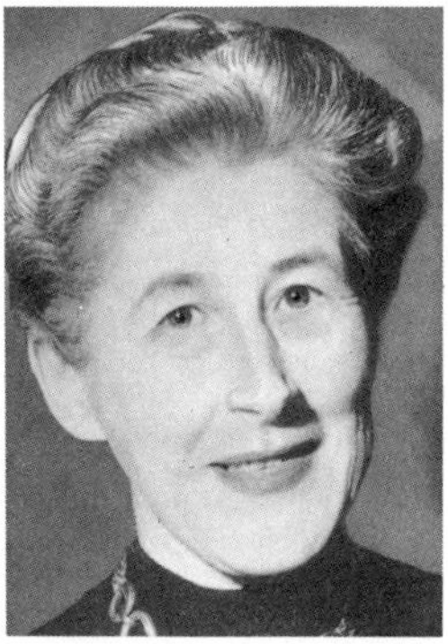

Gertrud Fussenegger

Weitere Werke: Mohrenlegende (E., 1937), Die Brüder von Lasawa (R., 1948), In deine Hand gegeben (R., 1954), Zeit des Raben, Zeit der Taube (R., 1960), Der Tabakgarten (En., 1961), Die Nachtwache am Weiher (Nov., 1963), Die Pulvermühle (R., 1968).

Fußesbrunnen, Konrad von ↑ Konrad von Fußesbrunnen.

Füst, Milán [ungar. fyʃt], * Budapest 17. Juli 1888, † ebd. 1967, ungar. Schriftsteller.
Schrieb früh für die avantgardist. Zeitschrift „Nyugat"; Professor für Ästhetik an der Universität Budapest. Schrieb außer umfassenden ästhet. Arbeiten Gedichte, Romane, Novellen und Dramen; bevorzugt als Lyriker einen freirhythm., der Liturgie angenäherten Versbau; pessimist. Grundhaltung; in dem psycholog. Roman „Die Geschichte meiner Frau" (1942, dt. 1963), seinem Hauptwerk, zeigt er Möglichkeiten der Erhaltung menschl. Werte in Grenzsituationen.

Füterer (Fütrer) Ulrich ↑ Füetrer, Ulrich.

Fuzulî ↑ Mehmet Fuzulî.

Fylypowytsch, Pawlo; tl.: Fylypovyč, Pavlo [russ. fili'pɔvitʃ], * Kastanowka (Kreis Swenigorod) 20. Aug. 1891, seit 1935 verschollen, ukrain.-sowjet. Dichter.
Professor in Kiew. Publizierte zunächst unter dem Pseudonym P. Sorew in russ. Sprache, schrieb dann in ukrain. Sprache Naturlyrik und pantheist.-philosoph. Gedichte; Einbeziehung des Kosmischen; wissenschaftl. Arbeiten u.a. über Schewtschenko, Gogol.

G

Gabe, Dora [bulgar. 'gabɛ], * Dobritsch (heute Tolbuchin) 28. Aug. 1886, bulgar. Dichterin.
Tochter eines aus Rußland emigrierten Publizisten; verbrachte ihre Kindheit in der Dobrudscha; Studium u. a. der Literatur in Genf und Grenoble; zeitweilig in hohen Ämtern literar. und kultureller Organisationen tätig. Begann mit schwermütiger Lyrik; verwandte oft Themen aus dem Leben der Frau; verfaßte daneben Kinderbücher, Übersetzungen aus der poln. und tschech. Literatur und seit Kriegsende auch sozialist. Gedichte.

Gabelentz, Georg von der [... ɛnts], * Lemnitz (Landkreis Pößneck) 1. März 1868, † Münchenbernsdorf bei Gera 16. Nov. 1940, dt. Schriftsteller.
Offizier und Militärattaché, später stellvertretender Generaldirektor des Sächs. Hoftheaters in Dresden. Neben Romanen und Novellen, deren Stoffe er aus Geschichte und Gegenwart nahm, schrieb er psycholog. motivierte, zum Spiritismus neigende Romane und Erzählungen.
Hauptwerke: Das Glück der Jahnings (R., 1905), Um eine Krone (R., 1908), Das Auge des Schlafenden (R., 1910), Judas (Dr., 1911), Masken Satans (R., 1925), Drei Nächte (En., 1935).

Gabirol (Gebirol), Salomon ben Jehuda ibn [gabi'ro:l], latin. Avicebron oder Avencebrol, * Málaga 1020 (1021 ?), † Valencia um 1070, span.-jüd. Dichter und Philosoph.
Kam aus bescheidenen Verhältnissen; erhielt eine vorzügl. Bildung, wirkte im arab. Spanien als Philosoph und Dichter (z.T. auch in arab. Sprache). G.s ernste und strenge Dichtung umfaßt Hymnen, Klagelieder, Gebete und Bußgesänge; ein Teil davon wurde in die jüd. Liturgie aufgenommen; sein berühmtestes Werk ist das Lehrgedicht „Keter Malchut" (= Königskrone), das theosoph., neuplaton., kabbalist. und astrolog. Gedanken enthält. G. schrieb auch Lobgedichte, Spottlieder, Epigramme und Rätsel, die arab. Einfluß erkennen lassen; bedeutender sind seine philosoph. Schriften, deren arab. geschriebenes Hauptwerk „Mekor chajim" nur in der lat. Fassung „Fons vitae" (= Lebensquell) erhalten ist; wegen seiner pantheist. Gedanken stieß G. bei den Juden auf Widerstand; Einfluß in ungleich höherem Maße auf die christl. Scholastik.
Literatur: Bargebuhr, F. P.: *Salomo ibn G. – west-östl. Dichtertum. Hdbg. 1970.* – Brunner, F.: *Platonisme et aristotélisme. La critique d'Ibn G. par St. Thomas d'Aquin. Löwen u. Paris 1965.* – Guttmann, J. : *Die Philosophie des S. ibn G. Gött. 1889.*

Gaboriau, Émile [frz. gabɔ'rjo], * Saujon (Charente-Maritime) 9. Nov. 1832, † Paris 28. Sept. 1873, frz. Schriftsteller.
Erfolgreicher früher Vertreter der Detektivgeschichte, beeinflußte Conan Doyle.
Hauptwerke: Die Witwe Lerouge (R., 1866; dt. 1949), Das Verbrechen von Orcival (R., 1867; dt. 1942), La clique dorée (R., 1871), Die tugendhafte Gräfin oder Der Strick um den Hals (R., 1873; dt. 1968).

Gabriel y Galán, José María [span. ga'βriel i ɣa'lan], * Frades de la Sierra (Salamanca) 28. Juni 1870, † Guijo de Granadilla (Cáceres) 6. Jan. 1905, span. Dichter.
Zunächst Dorfschullehrer; durch Heirat Besitzer eines kleinen Gutes. Seine Dichtungen sind geprägt von der bäuerl. Tradition Kastiliens, von Verständnis und Liebe für die Welt der Hirten und Bauern.
Hauptwerke: Castellanas (Ged., 1902), Extremeñas (Ged., 1902), Campesinas (Ged., 1904), Nuevas castellanas (Ged., 1905).
Literatur: Gutiérrez Macías, V.: *Biografía de G. y G. Madrid 1956.*

Gabryella [poln. gabri'ɛlla] ↑ Żmichowska, Narcyza.

Gace Brulé [frz. gasbry'le], * Nanteuil-lès-Maux (?) um 1160, † nach 1212, altfrz. Lyriker.
Ritter aus der Champagne; für 69 Lieder ist seine Verfasserschaft gesichert, weitere 15 werden ihm zugeschrieben; Lieder oft in mehreren Fassungen, größtenteils mit Melodien überliefert.

Gadda, Carlo Emilio [italien. 'gadda], * Mailand 14. Nov. 1893, italien. Schriftsteller.
Ingenieur, zeitweilig in Deutschland und Südamerika; Verfasser vielschichtiger Romane und Erzählungen, die sich durch nuancierte Charakterzeichnungen, Ironie und reichen, z.T. barock gefärbten Stil auszeichnen.
Hauptwerke: La Madonna dei filosofi (En., 1931), Il castello di Udine (R., 1934), Die gräßl. Bescherung in der Via Merulana (R., dt. 1961), Die Erkenntnis des Schmerzes (R., dt. 1963), Frankreichs Ludwige (dt. 1966).
Ausgabe: C. E. G. Erzählungen. Dt. Übers. Frkf. 1965.
Literatur: Gersbach, M.: *C. E. G. Wirklichkeit u. Verzerrung. Bern 1969.*

Gagern, Friedrich Freiherr von, * Schloß Mokritz (Krain) 26. Juni 1882, † Geigenberg bei Sankt Leonhard am Forst 14. Nov. 1947, östr. Schriftsteller.
Großneffe von A. Grün; weitgereister Verfasser von Abenteuer-, Reise- und Jagdgeschichten, in denen er sich einer sprachl. eindrucksvollen Darstellung bedient. Stimmungsvolle Naturschilderungen ohne Sentimentalität und monumentaler Aufbau sind charakteristisch für sein literar. Werk, in dem er sich auch mit polit. und kirchl. Fragen seiner Zeit auseinandersetzte.
Hauptwerke: Der böse Geist (R., 1913), Die Wundmale (R., 1919), Ein Volk (R., 1924), Der Marterpfahl (Nov., 1925), Das Grenzerbuch (En., 1927), Die Straße (R., 1929), Der Jäger und sein Schatten (Novellen, 1940), Grüne Chronik (R., 1948).
Literatur: Baur, U.: *Der Sonderlingtypus in den Werken F.s v. G. Ein Beitrag zum Verständnis des Menschenbildes des Dichters. Diss. Graz 1967 [Masch.].* – Suida, U.: *Die Landschaft im Werk F. v. G.s. Diss. Wien 1964 [Masch.].* – Wentzke, P.: *F. Frhr. v. G. In: Nassauische Lebensbilder. Bd. 4. Wiesb. 1950.*

Gaidar, Arkadi Petrowitsch; tl.: Gajdar, Arkadij Petrovič [russ. gaj'dar], eigtl. A. P. Golikow; tl.: A. P. Golikov, * Lgow 22. Jan. 1904, ⚔ bei Lepljawa 26. Okt. 1941, russ.-sowjet. Kinderbuchautor.
Sohn eines Lehrers, kämpfte schon früh in der Roten Armee, im 2. Weltkrieg Frontkorrespondent; in dem autobiograph. Werk „Schule des Lebens" (1930, dt. 1951) schildert er die Revolutionszeit; am erfolgreichsten war seine Erzählung „Timur und sein Trupp" (dt. 1947).
Weitere Werke: Ferne Länder (1932, dt. 1951), Tschuk und Gek (1939, dt. 1950).

Gailit, August, * Sangaste 9. Jan. 1891, † Almby (Örebro, Schweden) 5. Nov. 1960, estn. Schriftsteller.
Gehörte zu der in der Revolution von 1917 gegründeten literar. Siuru-Gruppe, die der Neuromantik nahestand; 1944 Emigration nach Schweden. Begann mit phantast. Novellen, neigte später zu realist. Gestaltung seiner z. T. mit novellist. Elementen versehenen Stoffe.
Hauptwerke: Nippernaht und die Jahreszeiten (R., dt. 1931), Das Lied der Freiheit (R., dt. 1938), Die Insel der Seehundsjäger (R., dt. 1939), Leegitsev süda (R., 1945).

Gaiser, Gerd, * Oberriexingen (Landkreis Vaihingen) 15. Sept. 1908, dt. Schriftsteller.
Sohn eines prot. Pfarrers; besuchte die theolog. Seminare Schöntal und Urach, wandte sich der bildenden Kunst zu; bereiste fast alle europ. Länder. Im 2. Weltkrieg Offizier einer Jagdfliegerstaffel; Kriegsgefangenschaft, danach freischaffender Maler; 1949–62 Studienrat, dann Professor an der Pädagog. Hochschule in Reutlingen. Neben Gedichten und Erzählungen hatte er bes. mit seinen Romanen Erfolg, die in kräftiger, urwüchsiger Sprache das Thema der Einsamkeit und Isoliertheit des Einzelmenschen immer wieder neu

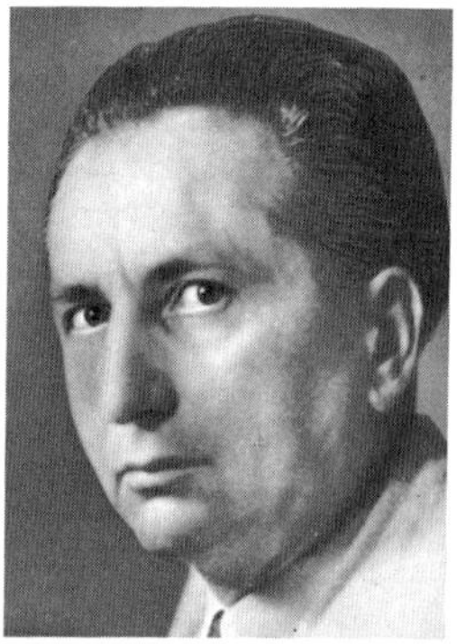

Gerd Gaiser

gestalten; in dem zeitkrit. Roman „Schlußball" (1958) wendet er sich mit iron. Empörung gegen die Sattheit der Menschen in einem schnellerworbenen Wohlstand; auch Essayist.
Weitere Werke: Reiter am Himmel (Ged., 1941), Eine Stimme hebt an (R., 1950), Die sterbende Jagd (R., 1953), Das Schiff im Berg (R., 1955), Einmal und oft (En., 1956), Gib acht in Domokosch (En., 1959), Sizilian. Notizen (1959), Am Paß Nascondo (En., 1960), Gazelle, grün (En., 1965).
Literatur: Horneck, A.: *Die Rolle des Erzählers in G. G.s „Schlußball". Diss. Graz 1964 [Masch.].* – Hohoff, C.: *G. G. Werk u. Gestalt. Mchn. 1962.*

Gaj, Ljudevit [serbokroat. ga:j], * Krapina 8. Juli 1809, † Agram 20. April 1872, kroat. Publizist.
Studierte Jura in Wien, Graz und Budapest, in Leipzig Dr. jur. Polit. Führer der Kroaten und führender Ideologe des Illyrismus; Einfluß bes. von Kollár; setzte sich erfolgreich für eine Verwendung der für die Serben von Vuk Karadžić ausgearbeiteten phonet. Orthographie mit lat. Schriftzeichen durch die Kroaten ein und trug viel zur Entstehung einer serbokroat. Schriftsprache auf štokav. Grundlage bei; schrieb auch Lyrik.

Ǧalālu'd-Dīn Rūmī ↑ Dschalaloddin Rumi.

Gałczyński, Konstanty Ildefons [poln. gau̯'tʃi̯iski], * Warschau 23. Jan. 1905, † ebd. 6. Dez. 1953, poln. Dichter.
Philologiestudium in Warschau; bis Kriegsende im KZ. Seine lyr., ep. und dramat. Werke sind durch die Stilmittel der Satire, der Ironie und des hintergründig-makabren Humors sowie durch

seine Vorliebe für das Groteske gekennzeichnet; stimmungsvolle Lyrik findet ihr Gegengewicht in Gedichten mit kabarettist. Pointen; experimentelle Einminutenstücke, die u. d. T. „Die grüne Gans" (1946–48, dt. 1969) erschienen sind.
Weitere Werke: Koniec świata (= Ende der Welt, Ged., 1930), Zabawa ludowa (= Volksvergnügen, Ged., 1934).

Galdós, Benito Pérez ↑ Pérez Galdós, Benito.

Gale, Zona [engl. gɛɪl], * Portage (Wis.) 26. Aug. 1854, † Chicago 27. Dez. 1938, amerikan. Schriftstellerin.
Studierte an der Universität Wisconsin, arbeitete als Journalistin in Milwaukee und New York; schuf realist. Milieuschilderungen und typ. Charakterdarstellungen des Lebens in der amerikan. Kleinstadt.
Hauptwerke: Friendship village (Kurzgeschichten, 1908), Birth (R., 1918), Miss Lulu Bett (R., 1920, Dr., 1921), Borgia (R., 1928).
Literatur: Simonson, H. P.: *Z. G. New York 1962.*

Gałęcki, Tadeusz [poln. ga'u̯ɛtski] ↑ Strug, Andrzej.

Galiani, Ferdinando [italien. ga'li̯a:ni], * Chieti 2. Dez. 1728, † Neapel 30. Okt. 1787, italien. Schriftsteller.
Studierte u. a. Philosophie, Rechtswissenschaft und Nationalökonomie; trat seit 1760 als Legationssekretär des Königs von Neapel in Paris mit Diderot, Marmontel, Holbach u. a. in Beziehungen; Geistlicher; vertrat in seinem berühmten Werk „Della moneta" (1750) als einer der ersten die Theorie des subjektiven Werts, während sein „Gespräch über den Kornhandel" (1770, dt. 1802) eine geistvolle Kritik an der Theorie der Physiokraten enthält. Verfasser des Librettos zu „Socrate imaginario" (1775), einer der glanzvollsten neapolitan. Buffo-Opern (Musik von Paisiello); gewandter Briefschreiber (Madame d'Épinay, F. M. von Grimm, Diderot u. a.).
Ausgabe: ↑ La Rochefoucauld, François VI, Herzog von.
Literatur: Zaboklicki, K.: *Ferdynand G. (1728 bis 1787). Warschau 1966.* – Weigand, W.: *Der Abbé G. Ein Freund der Europäer. Bonn 1948.*

Galip Dede, Şeyh Mehmet ↑ Şeyh Mehmet Galip Dede.

Galka, Ieremija [russ. 'galkɐ] ↑ Kostomarow, Nikolai Iwanowitsch.

Gallego, Juan Nicasio [span. ga'ʎeɣo], * Zamora 14. Dez. 1777, † Madrid 9. Jan. 1853, span. Dichter.
Rechts- und Theologiestudium in Salamanca; Priester; 1814 als Liberaler zu 18 Monaten Gefängnis verurteilt; 1830 Mitglied der span. Akademie; stand als Dichter dem Kreis um Meléndez Valdés nahe; sein Ruhm geht auf die den patriot. Enthusiasmus im Kampf gegen die Franzosen widerspiegelnde „Oda al Dos de Mayo" (1808) zurück; von seinem sonstigen, insgesamt nur 7 Elegien bzw. Oden umfassenden Werk ist noch die Ode „A la defensa de Buenos Aires contra los ingleses" (1807) erwähnenswert.

Gallegos, Rómulo [span. ga'jeɣɔs], * Caracas 2. Aug. 1884, † ebd. 5. April 1969, venezolan. Schriftsteller und Politiker.
Seine literar. Karriere begann er als Mithg. der Zeitschrift „Alborada", in der er seine ersten Arbeiten veröffentlichte. 1912–18 Lehrtätigkeit; 1929 zum Senator gewählt; 1931 emigrierte er für einige Jahre nach Spanien. Nach seiner Rückkehr 1936 Unterrichtsminister, 1948 kurze Zeit Präsident von Venezuela; durch eine Militärrevolte gestürzt und in die Verbannung geschickt. Obwohl seine Romane, in denen er Landschaft und Menschen Venezuelas darstellt, vom Konflikt zwischen Zivilisation und Barbarentum bestimmt sind, handelt es sich um keine Tendenzliteratur; mit klarem Stil und ausdrucksvoller Gestaltungskraft gelingt es ihm, Typisches in Mensch und Natur geschickt zu zeichnen.
Hauptwerke: El último solar (R., 1920), La trepadora (R., 1925), Doña Bárbara (R., 1929; dt. 1941), Canaima (R., 1932; dt. 1961), La brizna de paja en el viento (R., 1952).
Literatur: Damboriena, A.: *R. G. y la problemática venezolana. Caracas 1960.* – Dunham, L.: *R. G. A bibliographical study. Los Angeles 1956.* – ↑ auch Mistral, Gabriela.

Gallico, Paul William [engl. 'gælɪkoʊ], * New York 26. Juli 1897, amerikan. Schriftsteller.
Sohn eines italien. Pianisten und einer Österreicherin; Interesse an vielen Sportarten während des Studiums an der Columbia-University; zeitweilig populärster Sportjournalist der USA. Er schrieb außer Büchern über Sport heitere Romane und Erzählungen mit optimist. Grundhaltung in zartiron. Ton, von denen „Kleine Mouche" (E., dt. 1955) bes. bekannt wurde.
Weitere Werke: Ein Kleid von Dior (R., dt. 1959), Pepino u. a. Geschichten (dt. 1960), Ferien mit Patricia (R., dt. 1960), Der geschmuggelte Henry (R., dt. 1961), Freund mit Rolls-Royce (R., dt. 1969).

Gallina, Giacinto [italien. gal'li:na], * Venedig 31. Juli 1852, † ebd. 13. Febr. 1897, italien. Dramatiker.
Schauspieldirektor (Compagnia comica goldoniana); schrieb zahlreiche venezian. Dialektlustspiele aus dem Volksleben, u. a. „Una famegia in rovina" (1872), „El moroso de la nona" (1875), „Serenissima" (1891) und „La famegia del santolo" (1892), sein Hauptwerk.

Gallus, Gaius Cornelius, * Forum Iulii (heute Fréjus) um 69, † 26 v. Chr. (Selbstmord), röm. Schriftsteller.
Schloß sich Octavian an, kämpfte an dessen Seite gegen Antonius; 30 erster Präfekt von Ägypten; fiel bald in Ungnade. G., der als Schöpfer der röm. Elegie gilt, dichtete Elegien (4 Bücher), die bis auf einen Pentameter vollständig verloren sind; eine ungefähre Kenntnis des Elegikers G. ist aus der 10. Ekloge Vergils zu gewinnen, in der die Verse 43–49 wahrscheinl. von G. stammen.

Galsworthy, John [engl. 'gɔ:lzwə:ðɪ], * Coombe (heute zu London-Kingston upon Thames) 14. Aug. 1867, † London 31. Jan. 1933, engl. Schriftsteller.
In Harrow und Oxford erzogen; Anwaltspraxis, Weltreisen; daneben schriftsteller. Tätigkeit. 1908 gab er seinen Beruf auf und wurde freier Schriftsteller. G. wurde bekannt durch den Roman „Auf Englands Pharisäerinsel" (1904, dt. 1916); bis zu seinem Tode Präsident des PEN-Clubs. Seine kurzen, bühnenwirksamen Dramen beschäftigen sich hpts. mit sozialen Fragen. Sein

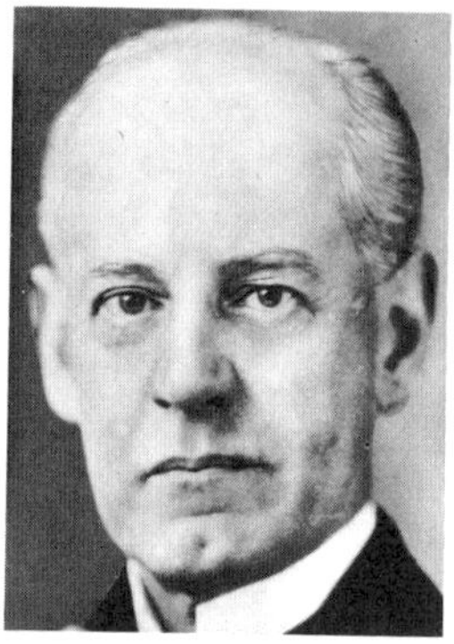

John Galsworthy

Hauptwerk ist das großartige, breit angelegte, gesellschaftskrit. Zeitgemälde der ausgehenden Viktorian. Epoche: „Die Forsyte Saga" (R.-Zyklus, dt. 1925) mit ihren Fortsetzungen „Moderne Komödie" (R.-Zyklus, dt. 1929) und „Das Ende vom Lied" (R.-Zyklus, dt. 1937). In diesem seinem Meisterwerk gelingt es G., ein typ. Bild engl. Bürgerlichkeit am Beispiel der weitverzweigten Forsyte-Familie, die das erwerbsgierige, in materiellen Kategorien denkende wohlhabende Bürgertum der ausgehenden Viktorian. Zeit repräsentiert, einfühlend, exakt, z. T. nahezu mit Akribie, lebendig und einprägsam zu gestalten. Meisterwerke feinfühliger Erzähl- und subtiler psycholog. Charakterisierungskunst sind seine Novellen; Nobelpreis 1932.

Weitere Werke: Der Zigarettenkasten (Dr., dt. 1909), Das Herrenhaus (R., dt. 1913), Justiz (Dr., dt. 1913), Die dunkle Blume (R., dt. 1922), Gesellschaft (Dr., dt. 1925), Viktorian. Miniaturen (1935, dt. 1952), Glimpses and reflections (Autobiogr., 1937).

Ausgaben: J. G. Ges. Werke. Dt. Übers. Wien 1925–30. 18 Bde. – J. G. Works. Manaton Edition. London 1922–29. 25 Bde.

Literatur: Santer, R.: *G. the man: An intimate portrait. New York 1967.* – Barker, D.: *J. G., Gentleman u. Poet. Dt. Übers. Wien u. Hamb. 1964.* – Marrot, H. V.: *The life and letters of J. G. London 1935.* – Schalit, L.: *J. G. Der Mensch u. sein Werk. Wien 1928.*

Galt, John [engl. gɔːlt], * Irvine (Ayr) 2. Mai 1779, † Greenock (Schottland) 11. April 1839, schott. Schriftsteller.

Sohn eines Kapitäns, studierte Jura in London, unternahm weite Reisen, 1825–34 in Kanada. Verfasser von Gedichten, Dramen und Romanen, in denen er humorvoll und satir. nach der Art Smolletts das Leben auf dem Lande und in schott. Kleinstädten schildert.

Hauptwerke: The Ayrshire legatees (R., 1820), Annals of the parish (Kurzgeschichten, 1821), The last of the Lairds (R., 1826), Life of Byron (Biogr., 1830), Autobiography (1834).

Gálvez, Manuel [span. 'galβes], * Paraná 18. Juli 1882, † Buenos Aires 1962, argentin. Schriftsteller.

1903 Mitbegründer der literar. Zeitschrift „Ideas"; Inspektor für das Mittelschulwesen. Der Reisebericht „El solar de la raza" (1911) machte ihn in der spanischsprechenden Welt bekannt. Thema seiner Lyrik, seiner Dramen und vieler realist.-naturalist. Erzählungen ist das Leben im modernen Argentinien; in seinen histor. Romanen gelingt es ihm, vergangene Zeiten wirklichkeitsgetreu nachzuempfinden; seine Diktion verzichtet auf alle stilist. Effekte.

Weitere Werke: Nacha Regules (R., dt. 1922), Historia de arrabal (R., 1922), Karawane der Sünder (R., 1930; dt. 1951), López (R.-Trilogie, 1928/29; dt. 1946).

Gálvez de Montalvo, Luis [span. 'galβeð ðe mɔn'talβo], * Guadalajara 1549 (?), † Palermo (?) 1591 (?), span. Dichter.

Studierte in Alcalá, wo er sich mit Cervantes befreundete, wurde Mönch und ging nach Sizilien; schrieb den vielgelesenen Schäferroman „El pastor de Fílida" (1582); auch Übersetzer von Tassos „Befreitem Jerusalem".

Gama, José Basílio da [brasilian. gɐma], * São José do Rio das Mortes (Minas Gerais) Dez. 1740, † Lissabon 31. Juli 1795, brasilian. Dichter.

Zunächst Jesuitennovize, ging nach Portugal; wurde in Rom Mitglied der Accademia dell'Arcadia; sein Hauptwerk, das [jesuitenfeindl.] klassizist. Epos „O Uruguay" (1769) über den Indioaufstand am Uruguay, ist eines der besten Werke der portugies. Kolonialliteratur.

Ǧamālzādah ↑ Dschamalsade.

Gamar-Katipa [russ. ga markɐti'pa] ↑ Patkanjan, Rafel Gabrielowitsch.

Gambara, Veronica [italien. 'gambara], * Pratalboino bei Brescia 30. Juni 1485, † Correggio (Reggio Emilia) 13. Juni 1550, italien. Dichterin.

Adeliger Herkunft, gelehrte Erziehung; heiratete 1509 Gilberto X. von Correggio und widmete sich, schon 1518 verwitwet, ganz der Regierung ihres Kleinstaates und der Literatur. Ihre eleganten, formsicheren Gedichte, die den Tod des Gatten beklagen, z. T. von Religion und Staat handeln, folgen Petrarca und Bembo; ihre Briefe, zusammen mit den Gedichten 1759 veröffentlicht, sind von kulturhistor. Interesse.

Hauptwerke: Rime e lettere (hg. 1759), Sonetti amorosi inediti o rari (hg. 1890).

Ǧāmī ↑ Dschami.

Gamsatow, Rassul Gamsatowitsch; tl.: Gamzatov, Rasul Gamzatovič [russ. gam'zatɐf], * Zada (Dagestan. ASSR) 8. Sept. 1923, dagestan.-sowjet. Dichter.

Sohn des dagestan. Volksdichters Gamsat Zadassa, Lehrer, Studium am Moskauer Gorki-Literaturinstitut; seine erste Gedichtsammlung erschien 1943; schrieb v. a. Lyrik und Poeme; einzelne seiner Gedichte sind auch dt. erschienen, Thema ist v. a. das Leben im sozialist. Dagestan.

Gan, Peter, eigtl. Richard Moering, * Hamburg 4. Febr. 1894, dt. Lyriker und Essayist.

Studierte in Oxford, Marburg, Bonn und Hamburg (Dr. jur.); freier Schriftsteller in Paris, Verlagslektor in Berlin, 1938 Emigration nach Paris, 1942–46 in Madrid, seitdem in Paris und seit 1958 in Hamburg; heiter-besinnl., verspielt-skurriler und scharfsinnig-hintergründiger Lyriker und Prosaschriftsteller; auch Übersetzer.

Hauptwerke: Von Gott und der Welt (Essays, 1935), Die Windrose (Ged., 1935), Die Holunderflöte (Ged., 1949), Schachmatt (Ged., 1957), Die Neige (Ged., 1961), Das alte Spiel (Ged., 1965).

Gandersheim, Hrotsvit von † Hrotsvit von Gandersheim.

Ganghofer, Ludwig, * Kaufbeuren 7. Juli 1855, † Tegernsee 24. Juli 1920, dt. Schriftsteller.
Studium der Philosophie und Philologie (Dr. phil.); Dramaturg, dann Feuilletonredakteur in Wien, seit 1895 in München. G. schrieb neben vielgespielten Volksstücken zahlreiche naiv-gemütvolle Romane und Erzählungen aus seiner bayr. Heimat voller Jagd- und Alpenromantik (z. T. vor histor. Hintergrund), ferner Gedichte und Kriegslieder. Seine Hochlandgeschichten eroberten sich weite Leserkreise und wurden fast alle verfilmt.
Hauptwerke: Der Herrgottsschnitzer von Ammergau (Volksstück, 1880; mit H. Neuert), Der Jäger von Fall (E., 1883), Edelweißkönig (R., 1886), Der Klosterjäger (R., 1892), Die Martinsklause (R., 1894), Schloß Hubertus (R., 1895), Das Schweigen im Walde (R., 1899), Lebenslauf eines Optimisten (Autobiogr., 1909–11), Der Ochsenkrieg (R., 1914).

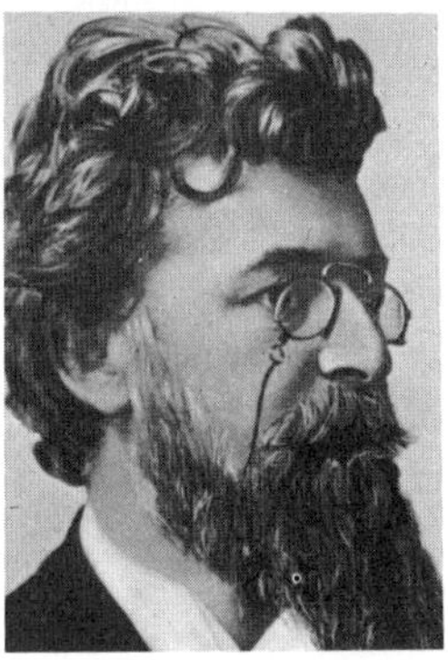

Ludwig Ganghofer

Literatur: Schwerte, H.: *G.s Gesundung. Ein Versuch über sendungsbewußte Triviallit. In: Studien zur Triviallit. Hg. v.* H. O. Burger. *Frkf. 1968.* – Cassimir, H.: *L. G. als Bühnendichter. Diss. Erlangen 1929.* – Chiavacci, V.: *L. G. Ein Bild seines Lebens u. Schaffens. Stuttg. ²1920.*

Ganivet, Ángel [span. gani'βɛt], * Granada 13. Dez. 1865, † Riga 29. Nov. 1898 (Selbstmord), span. Schriftsteller.
Seit 1892 Konsul in Antwerpen, Helsinki und Riga; schrieb Prosa, ein symbolist.-myst. Drama und geistreiche Essays; G. versuchte die Neubelebung alter philosoph. Lehren. Er stellte vergleichende Studien über nordländ. und Mittelmeervölker an; wandte sich gegen die Europäisierung Spaniens und kritisierte die span. Gesellschaft. Durch seine Lehren trug er zur Erneuerung der span. Literatur bei.
Hauptwerke: Granada la bella (Prosa, 1896), Spaniens Weltanschauung und Weltstellung (Essay, dt. 1921), La conquista del reino de Maya por el último conquistador Pío Cid (R., 1897), Cartas finlandesas (Briefe, 1898), Hombres del Norte (Aufsatz, 1905).
Literatur: Fernández Almagro, M.: *Vida y obra de G. Madrid ²1952.*

Garay, János [ungar. ɡɔrɔi], * Szekszárd 10. Okt. 1812, † Pest (heute zu Budapest) 5. Nov. 1853, ungar. Dichter.
Zunächst Redakteur, später Professor der Literatur und Universitätsbibliothekar. Schrieb u. a. an Uhland geschulte lyr., ep. und dramat. Dichtungen im Stil des Biedermeiers; bekannt durch balladeske, oft humorist. Epen, bes. sein kom. Epos „Der Veteran" (1843, dt. 1944) und originelle Genrebilder.

Garborg, Arne [norweg. ga:rbɔrg], * Time (Jæren) 25. Jan. 1851, † Asker bei Oslo 14. Jan. 1924, norweg. Dichter und Sprachreformer.
Vertrat schon 1873 journalist. eine polit. und religiös radikale Richtung; stellte sich in den Dienst der Landsmålbestrebungen. Der Roman „Aus der Männerwelt" (dt. 1888) brachte ihn um seine Stellung als Staatsrevisor. In seinen späteren Werken verlor er sich immer mehr in religiöses Grübeln, auch schwermütige Lyrik.
Weitere Werke: Bauernstudenten (R., dt. 1902), Bei Mama (R., dt. 1891), Müde Seelen (R., dt. 1893), Frieden (R., dt. 1894), Haugtussa (Ged., 1895), Paulus (Dr., dt. 1898), Der verlorene Vater (R., dt. 1901).
Literatur: Dale, J.: *Studiar i A. G.s språk og stil. Oslo 1950.* – Thesen, R.: *A. G.'s liv og skrifter. Oslo 1945.*

Garção, Pedro António Correia [portugies. gɐr'sɐ̃u], * Lissabon 29. April 1724, † ebd. 10. Nov. 1772, portugies. Dichter.
Rechtsstudium in Coimbra; durch Heirat reich und unabhängig, später finanzieller Ruin; starb unter ungeklärten Umständen im Gefängnis; Mitbegründer der Arcádia Lusitana (1765) und führender Vertreter einer antigongorist. arkad. Dichtung nach dem Vorbild des Horaz; auf dem Gebiet des Theaters erfolglos reformer. tätig.

García Calderón, Ventura [span. gar'sia kalde'rɔn], * Paris 23. Febr. 1886, † ebd. 28. Okt. 1959, peruan. Schriftsteller.
Verbrachte die meiste Zeit seines Lebens in Europa, u. a. als Gesandter in Brüssel und Bern, lebte lange in Paris; war Hg. mehrerer iberoamerikan. Zeitschriften; glänzender Journalist, Essayist und Verfasser literarhistor. Arbeiten. Er gehörte der modernist. Richtung an. Seine Prosa ist in brillant geschliffenem Stil geschrieben. Er führte frz. und span. Schriftsteller und Dichter in Südamerika ein.
Hauptwerke: La literatura peruana (Studie, 1914), Dolorosa y desnuda realidad (En., 1914), Peruan. Novellen (dt. 1926), Das Weinen des Urwalds (En., dt. 1926), Sonrisas de París (Briefe, 1926), Traum in Sierra (En., dt. 1936), Peruan. Gesichte (Novellen, dt. 1951).

García de la Huerta, Vicente [span. gar'θia ðe la 'ɥɛrta], * Zafra (Badajoz) 9. März 1734, † Madrid 12. März 1787, span. Dichter.
Studierte in Salamanca und Madrid; Bibliothekar an der königl. Bibliothek; Mitglied der span. Akademie. Er schrieb als [nicht sehr konsequenter] Gegner des frz. Klassizismus und Verteidiger des traditionellen span. Dramas eine der wenigen span. Tragödien des 18. Jh.s von Wert, „La Raquel" (1778), die den Stoff der „Jüdin von Toledo" behandelt und außerordentl. erfolgreich war; schuf auch Sonette, Elegien, Eklogen.

García Gutiérrez, Antonio [span. gar'θia ɣu'tĭɛrrɛθ], * Chiclana de la Frontera 5. Okt. 1813, † Madrid 26. Aug. 1884, span. Dramatiker und Lyriker.

Anfangs medizin. Studium, dann Soldat. 1844–49 in Amerika (Kuba, Mexiko); 1862 Mitglied der span. Akademie; Direktor des archäolog. Museums in Madrid. Der Romantiker G. G. war der erfolgreichste span. Dramatiker des 19. Jh.s. Er verfaßte über 70 Tragödien und Komödien. „El trovador" (Trag., 1836) diente als Vorlage für Verdis Oper „Der Troubadour". Seine Dramen (überwiegend polit. und histor. Stoffe) leiden unter schwacher und verwirrter Handlungsführung.
Weitere Werke: El rey monje (Dr., 1837), El encubierto de Valencia (Dr., 1840), Poesías (Ged., 1840), Luz y tinieblas (Ged., 1842), Simón Bocanegra (Dr., 1843), Venganza catalana (Dr., 1864), Las cañas se vuelven lanzas (Kom., 1864), Juan Lorenzo (Dr., 1865).
Literatur: Adams, N. B.: *The romantic dramas of G. G. New York 1922.*

García Huidobro Fernández, Vicente [span. gar'sia ui'ðoβro fɛr'nandes] ↑ Huidobro, Vicente.

García Lorca, Federico [span. gar'θia 'lɔrka], * Fuentevaqueros (Granada) 5. (15.?) Juni 1898, † Viznar (Granada) 19. Aug. (?) 1936, span. Dichter.

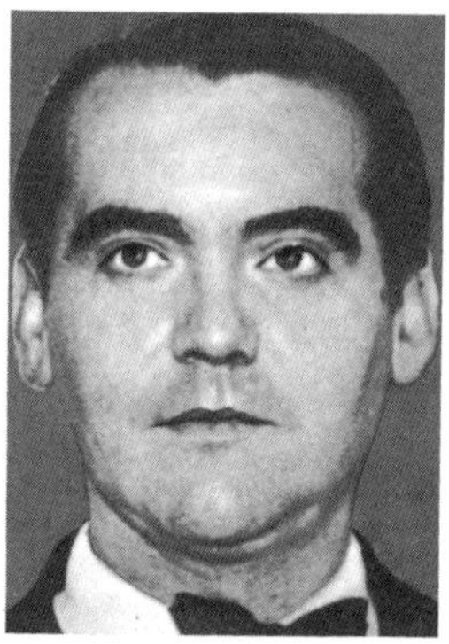
Federico García Lorca

Studierte Philosophie, Literatur und Rechtswissenschaft in Granada und Madrid; 1929/30 in Amerika, nach der Rückkehr (1931) Leiter des Studententheaters „La Barraca", das Calderón, Cervantes und Lope de Vega in der Provinz spielte. Südamerikareise. 1936 im Bürgerkrieg von Falangisten erschossen. Vielseitige Künstlerpersönlichkeit: Lyriker, Redner, Dramatiker und Musiker. Seine Dichtung wächst aus der Kultur seiner andalus. Heimat. Ihm gelang die Harmonie von volkstüml. Thematik und moderner Technik. Berühmt machten ihn die leidenschaftl. „Zigeunerromanzen" (1928, dt. 1953). G. L. ist auch Erneuerer des span. Dramas und beeinflußte die gesamte Gegenwartsdramatik. Seine Werke wurden in mehr als 20 Sprachen übersetzt. Sein wiederkehrendes Thema ist der Zusammenstoß der menschl. Natur mit der starren Tradition. Die Form seiner Stücke ist streng, immer im Stoff begründet; romanzenartig-balladesker Szenenbau mit lyr. Höhepunkten. Intensität durch Bild und Sprache, komplizierte Metaphern.
Weitere Werke: Libro de poemas (Ged., 1921), Canciones (Ged., 1927), Mariana Pineda (Dr., 1928; dt. 1954), Die wundersame Schustersfrau (Schwank, entstanden 1930, gedruckt 1938; dt. 1954), Dichtung vom tiefinnern Gesang (Ged., 1931; dt. 1956), Das kleine Don-Cristóbal-Retabel (Spiel, 1931; dt. 1960), In seinem Garten liebt Don Perlimplin Belisa (Schwank, 1933; dt. 1954), Bluthochzeit (Trag., 1933; dt. 1952), Bernarda Albas Haus (Dr., entstanden 1933–36, gedruckt 1945; dt. 1954), Yerma (Trag., 1937; dt. 1954), Doña Rosita bleibt ledig oder Die Sprache der Blumen (Dr., 1938; dt. 1954), Poeta en Nueva York (Ged., 1940).
Ausgaben: F. G. L. Die dramat. Dichtungen. Dt. Übers. Sonderausg. Frkf. 20.–25. Tsd. 1966. – F. G. L. Obras completas. Hg. v. A. de Hoyo. *Madrid* [8]*1965. – F. G. L. Gedichte. Dt. Übers. Ausgew. u. bearb. v.* E. Beck. *Hamb. 3.–5. Tsd. 1951.*
Literatur: Huber, E.: *Symbol. Darst. innerer Wirklichkeit. Zur Dichtung G. L.s. Mchn. 1967.* – Laffranque, M.: *F. G. L. Paris 1966. – F. G. L. Leben u. Werk. Ein Bücherverz. Bearb. v.* R. Blaeser. *Dortmund 1961.* – Lorenz, G. W.: *F. G. L. Karlsr. 1961.* – Guardia, A. de la: *G. L. Persona y creación. Buenos Aires* [3]*1952.*

García y Sarmiento, Félix Rubén [span. gar'sia i sar'miento] ↑ Darío, Rubén.

Garcilaso de la Vega [span. garθi'laso ðe la 'βeɣa], * Toledo 1503, † Nizza 14. Okt. 1536, span Dichter.
Am Hof Kaiser Karls V. zum Studium der Antike und der italien. Humanisten angeregt; Ehrenkavalier des Kaisers, 1530 als Gesandter in Frankreich. Später fiel er in Ungnade und wurde auf die Donauinsel Schütt verbannt; danach in Neapel, wo er seine schönsten Gedichte schrieb; Versöhnung mit dem Kaiser; im Krieg gegen Frankreich (1536) tödl. verwundet. Bedeutendster span. Dichter der Renaissance; seine Sonette, schwärmer. Eklogen und Elegien im Geiste der Renaissance und des Neuplatonismus stehen unter dem Einfluß der lat. und italien. Dichtung. In seinen Eklogen ahmt er Vergil, in den Sonetten Petrarca nach.
Literatur: Lapesa, R.: *La trayectoria poética de G. Madrid 1948.*

Garczyński, Stefan [poln. gar'tʃiĩski], * Kosmów bei Kalisch 13. Okt. 1805, † Avignon 20. Sept. 1833, poln. Dichter.
Schüler Hegels in Berlin; nach der Teilnahme am Aufstand von 1830 mit seinem Freund Mickiewicz, der nach G.s Tod dessen Werk herausgab, im Ausland. Mickiewicz war für G. auch literar. Vorbild. Patriotismus und nationale Begeisterung bestimmten die Dichtung des Frühverstorbenen, der seine bedeutendste Leistung in dem philosoph. Epos „Wacława dzieje" (= Die Taten Wacławs, 1833) vollbrachte.

Gardner, Erle Stanley [engl. gɑ:dnə], * Malden (Mass.) 17. Juli 1889, amerikan. Schriftsteller.
Rechtsanwalt; erfolgreicher Autor von Kriminalromanen, von denen er einige unter Pseudonymen (u.a. A. A. Fair) veröffentlichte; im Mittelpunkt einer Gruppe von Romanen steht der Anwalt Perry Mason, der Held einer anderen ist Douglas Selby.

Gárdonyi, Géza [ungar. ga:rdonji], * Agárd 3. Aug. 1863, † Erlau 30. Okt. 1922, ungar. Erzähler.
Zunächst Dorflehrer, später Journalist in der Provinz und in Budapest. 1897 zog er sich als bereits

erfolgreicher Schriftsteller nach Erlau zurück. G. gelangte von einer materialist.-realist. Einstellung zum Idealismus. Er begann mit heiteren Skizzen aus dem Leben der dörfl. Welt, die er anschaul. darzustellen wußte; seine eigtl. Bedeutung liegt jedoch auf dem Gebiet des histor. Romans; im Alter Neigung zum Spiritismus.
Hauptwerke: Die Lampe (E., 1897; dt. 1954), Sterne von Eger (R., 1901; dt. 1953), Ich war den Hunnen untertan (R., 1902; dt. 1959).

Garin, N. [russ. 'garin], eigtl. Nikolai Grigorjewitsch Michailowski; tl.: Nikolaj Grigor'evič Mihajlovskij, * Petersburg (heute Leningrad) 20. Febr. 1852, † ebd. 10. Dez. 1906, russ. Schriftsteller.
Arbeitete nach der Ausbildung als Eisenbahningenieur u. a. am Bau der Transsibir. Bahn mit. Hatte als Novellist Erfolg mit der Darstellung der gesellschaftl. Verhältnisse, bes. der russ. Intelligenz, vor der Revolution von 1905. Auch Reiseerzählungen aus Korea u. a. Teilen O-Asiens („Reise zum Pektusan", Reiseb., 1899; dt. 1954).

Ǧarīr Ibn Aṭiyyaʰ ↑ Dscharir Ibn Atijja.

Garland, Hamlin [engl. 'ga:lənd], * bei West Salem (Wis.) 14. Sept. 1860, † Los Angeles 4. März 1940, amerikan. Schriftsteller.
Sohn eines Pioniers aus Neuengland, verbrachte seine Jugend in Iowa, war als Farmer in Dakota; ließ sich in Chicago nieder, wo er in den 90er Jahren eine führende Rolle im literar. Leben spielte; später Übersiedlung nach New York; seit 1930 in Los Angeles. Er schrieb naturalist. Romane und Erzählungen über den harten Alltag der Pioniere, über Freude und Mühsal des Farmerlebens im Mittelwesten. Bekannt durch seine Middle Border Familienchronik. 1922 Pulitzerpreis.
Hauptwerke: Main-travelled roads (Kurzgeschichten, 1891), A spoil of office (R., 1892), Prairie folks (En., 1893), Rose of Dutcher's coolly (R., 1895), Ulysses S. Grant (Biogr., 1898), Boy life on the prairie (R., 1899), A son of the Middle Border (Autobiogr., 1917), A daughter of the Middle Border (Autobiogr., 1921), Back-trailers from the Middle Border (R., 1928).
Literatur: Arvidson, L. A.: *H. G.:Centennial tributors and a checklist of the H. G. papers in the Univ. of Southern California Library. Los Angeles 1963.* – Holloway, J.: *H. G. Austin (Tex.) 1958.*

Garnett, David [engl. 'ga:nɪt], * Brighton 9. März 1892, engl. Schriftsteller.
Studium der Botanik; später Buchhändler. Nach Erfolg des Romans „Meine Frau, die Füchsin" (1922, dt. 1952) widmete er sich ganz der Literatur. Mitarbeiter der Wochenschrift „New Statesman". Im 2. Weltkrieg Leutnant der R. A. F. und im Auswärtigen Amt. Nach dem Krieg zog er sich aufs Land zurück. In seinen grotesken Romanen und Novellen stellt er in schlichtem, sachl. Prosastil Tier und Mensch einander gegenüber und übt Kritik an der modernen Gesellschaft.
Weitere Werke: Der Mann im Zoo (R., 1924; dt. 1952), The sailor's return (Satire, 1925), Go she must (R., 1927), No love (R., 1929), Die Heuschrecken kommen (R., dt. 1933), A rabbit in the air (R., 1932), The flowers of the forest (Autobiogr., 1955), Liebe – ganz irdisch (R., dt. 1957).

Garnett, Richard [engl. 'ga:nɪt], * Lichfield 27. Febr. 1835, † London 13. April 1906, engl. Schriftsteller.
Ab 1851 Bibliothekar am Brit. Museum, wo er sich ausgezeichnete literar. Kenntnisse aneignete. Zahlreiche Übersetzungen aus dem Dt., Griech., Italien., Span. und Portugiesischen. Verfasser von krit. Biographien, u. a. über Carlyle, Milton, Blake, Emerson; Mitarbeiter an verschiedenen Enzyklopädien. Schrieb satir. Fabeln („The twilight of the gods", 1888), literarhistor. Essays und Gedichte.
Weitere Werke: Primula (Ged., 1858), Age of Dryden (Essay, 1895).

Garnier de Pont-Sainte-Maxence [frz. gar'nje] ↑ Guernes de Pont-Sainte-Maxence.

Garnier, Robert [frz. gar'nje], * La Ferté-Bernard (Sarthe) 1544, † Le Mans 20. Sept. 1590, frz. Dramatiker.
Studierte Rechtswissenschaft, war Advokat. In seinen handlungsarmen Tragödien wird der Einfluß der Bibel und antiker Dramatiker deutlich. Mit den Schultragödien steht er noch in der Tradition des Renaissancetheaters; einige seiner Dramen weisen schon auf Corneille hin. Seine berühmtesten Werke sind „Les Juives" (1583), eine bibl. Tragödie, und die nach Ariosto geschriebene Tragikomödie „Bradamante" (1582). Die Dramen zeigen tiefe Einsicht in die menschl. Tragik der Helden.
Weitere Werke: Plaintes amoureuses (Ged., 1564), Porcie, épouse de Brutus (Trag., 1568), Hippolyte, fils de Thésée (Trag., 1573), Marc-Antoine (Trag., 1578), Antigone (Trag., 1580).
Literatur: Gras, M.: *R. G., son art et sa méthode. Genf 1965.* – Frick, D.: *R. G. als barocker Dichter. Diss. Zürich 1951.*

Garrett, João Baptista da Silva Leitão de Almeida [portugies. gɐ'rrɛt], * Porto 4. Febr. 1799, † Lissabon 9. Dez. 1854, portugies. Dichter und Politiker.
Stammte aus einer von den Azoren eingewanderten Familie, flüchtete 1809 infolge der Frz. Revolution; studierte die Rechte, begeisterte sich für die Ideale der Liberalen; floh 1823 nach England, war 1826–28 Journalist; erneute Emigration, schloß sich der Befreiungsarmee an und diente dann der liberalen Regierung; 1852 Außenminister. G. stand unter dem Eindruck der Werke Shakespeares, Byrons und Scotts, beschäftigte sich mit dt. Sprache und Literatur, v. a. mit Herder, Goethe und Schiller. Portugies. Tradition fühlte er sich tief verbunden, sammelte Balladen und Lieder seiner Heimat. 1836 gründete er das Teatro Nacional. Seine Stücke, mit denen er das portugies. Theater erneuerte, sind erfüllt von freiheitl. Idealen. G. wurde zum Begründer und Führer der romant. Schule in Portugal und führe das europ. romant. Theater mit dem Drama „Manuel de Sousa" (1844, dt. 1899) auf einen Höhepunkt. Auch Lyriker und Erzähler.
Weitere Werke: Lucrécia (Dr., 1819), O retrato de Vénus (Ged., 1821), Camões (ep. Ged., 1825; dt. von A. von Schack 1890 u. d. T. Camoens), Der Schwertfeger von Santarem (Dr., 1842; dt. 1900), Wanderungen in meinem Vaterlande (R., 1846; dt. 1905).

Garrick, David [engl. 'gærɪk], * Hereford 19. Febr. 1717, † London 20. Jan. 1779, engl. Schauspieler und Dramatiker.
Schüler von S. Johnson; ging nach London; einer der bedeutendsten Schauspieler seiner Zeit, berühmt wegen seiner ungekünstelt-natürl. Darstel-

lung von Shakespeare-Charakteren; von weitreichendem Einfluß bes. seine Hamlet-Interpretation; 1747–76 Leiter des Drury Lane Theatre. G. schrieb bühnenwirksame Stücke mit gewandt gereimten Liedeinlagen.
Hauptwerke: The lying valet (Farce, 1741), The clandestine marriage (Schsp., 1766; mit G. Colman dem Älteren).
Literatur: England, M. W.: *G.'s jubilee. Columbus (Ohio) 1964.* – Stein, E. P.: *D. G., dramatist. New York 1938.* – Fitzgerald, P.: *The life of D. G. London ²1899. 2 Bde.*

Garschin, Wsewolod Michailowitsch; tl.: Garšin, Vsevolod Mihajlovič [russ. 'garʃin], * Gut Prijatnaja Dolina (Gouv. Jekaterinoslaw) 14. Febr. 1855, † Petersburg (heute Leningrad) 5. April 1888 (Selbstmord), russ. Schriftsteller.
Besuchte in Petersburg eine Bergbauschule; 1877 Freiwilliger im russ.-türk. Krieg. Nach ersten Erfolgen als Erzähler wurde G. freier Schriftsteller. Gegen den Krieg schrieb er seine naturalist. und impressionist. Erzählungen über seel. und phys. Leiden seiner empfindsamen Helden. In erregter, ungewöhnl. Sprache, knapper, prägnanter Diktion und pessimist. Ton versucht er, die Ursachen des Bösen in der Welt zu ergründen. Schrieb auch symbol. Märchen.
Hauptwerke: Vier Tage (Novellen, dt. 1887), Attalea Princeps (Märchen, dt. 1887), Die rote Blume (Nov., dt. 1887).
Ausgaben: W. M. G. Die Erzählungen. Dt. Übers. Bearb. v. V. Tornius. *Lpz. 1956. – W. M. G. Ges. Werke. Dt. Übers. Mchn. 1923. 2 Bde.*
Literatur: Parker, F.: *Vsevolod Garshin, a study of a Russian conscience. Oxford 1946.* – Zelm, E.: *Studien über Vsevolod Garšin. Lpz. 1935.*

Garth, Sir Samuel [engl. gɑ:θ], * Bowland Forest (York) 1661, † London 18. Jan. 1719, engl. Dichter.
Studierte Medizin, lebte später als erfolgreicher Arzt in London; dort befreundet u. a. mit Addison und Pope, mit denen er an einer Übersetzung von Ovids „Metamorphosen" arbeitete; 1714 geadelt und zum Leibarzt König Georgs I. ernannt. Vertreter der burlesken Dichtung, bes. mit seinem Hauptwerk, dem kom.-heroischen Epos „The dispensary" (1699), in dem er den Streit zwischen Ärzten und Apothekern verspottet.

Gärtner, Karl Christian, * Freiberg (Bezirk Chemnitz) 24. Nov. 1712, † Braunschweig 14. Febr. 1791, dt. Schriftsteller.
Lernte auf der Fürstenschule in Meißen Gellert und Rabener kennen; Schüler Gottscheds; 1744–48 Mithg. der „Bremer Beiträge", Professor am Carolinum in Braunschweig; schrieb das Schäferspiel „Die geprüfte Treue" (1744); bed. Übersetzer.
Literatur: ↑ Zachariae, Just[us] Friedrich Wilhelm.

Gary, Romain [frz. ga'ri], eigtl. Roman Kassew, * Wilna 8. Mai 1914, frz. Schriftsteller.
Sohn eines georg. Diplomaten und einer Französin, kam bereits als Kind nach Frankreich; Rechtsstudium; im 2. Weltkrieg Flieger; frz. Diplomat, lebt in Südamerika; erhielt für seinen optimist., symbolhaft-zeitbezogenen Roman „Die Wurzeln des Himmels" (dt. 1957) den Prix Goncourt; bemerkenswert auch sein autobiograph. Roman „Erste Liebe – letzte Liebe" (dt. 1961).
Weitere Werke: General Nachtigall (R., 1945; dt. 1962), Kleider ohne Leute (R., dt. 1951), Les couleurs du jour (R., 1952), La promesse de l'aube (R., 1959), Lady L. (R., dt. 1959), Grüße vom Kilimandscharo (En. und ein R., dt. 1965), Der Tanz des Dschingis Cohn (R., dt. 1969).

Gasanbekov, Sulejman ↑ Stalski, Suleiman.

Gascar, Pierre [frz. gas'ka:r], eigtl. P. Fournier, * Paris 13. März 1916, frz. Schriftsteller.
Bäuerl. Herkunft; bis 1945 in dt. Kriegsgefangenschaft; Journalist; erweist sich in seinen Romanen, die meist metaphernhaft eigenes Erleben aus Jugendzeit und Krieg wiedergeben, als illusionsloser, realist. Beobachter des fragwürdig-aggressiven Verhältnisses zwischen Mensch und Mitmensch, Mensch und Tier.
Hauptwerke: Die Tiere (Novellen, dt. 1956), Garten der Toten (R., dt. 1954), La graine (R., 1955), L'herbe des rues (R., 1957), Der Flüchtling (R., dt. 1962), Les charmes (R., 1965).

Gascoigne, George [engl. 'gæskɔɪn], * Cardington (?) (Bedford) zwischen 1530 und 1542, † Berrack bei Stamford 15. Okt. 1577, engl. Lyriker und Dramatiker.
Studierte in Cambridge, 1572 in den Niederlanden im Dienst des Prinzen von Oranien, kurze span. Gefangenschaft. Bahnbrechend für verschiedene literar. Richtungen; erster Verfasser einer Prosaerzählung über das Alltagsleben, einer Prosakomödie und eines Maskenspieles. G. schrieb flüssige, oft jedoch monotone Gedichte.
Hauptwerke: Supposes (Dr., 1566), Jocasta (Dr., 1566), A hundreth sundrie flowers (Ged., 1573), The glasse of government (Satire, 1575).

Gascoyne, David Emery [engl. 'gæskɔɪn], * Salisbury 1916, engl. Dichter.
In Frankreich Bekanntschaft mit Éluard und Jouve; Übersetzungen frz. Dichtung; zeitweilig der einzige bed. Vertreter des Surrealismus in England; später Einfluß des christl. Existentialismus; in Essays behandelt G. Probleme der surrealist. Dichtung und das Problem dichter. Besessenheit.
Hauptwerke: Poems 1937–1942 (1943), A vagrant (Ged., 1950), Night thoughts (Essay, 1956).

Gaskell, Elizabeth Cleghorn [engl. 'gæskəl], geb. Stevenson, * Chelsea (heute London-Chelsea) 29. Sept. 1810, † Holybourne bei Alton 12. Nov. 1865, engl. Erzählerin.
Tochter eines unitar. Geistlichen, besuchte die Schule in Stratford-upon-Avon, lebte dann in London; heiratete einen unitar. Geistlichen und entfaltete eine reiche Missionstätigkeit. In ihren zahlreichen Romanen, die z. T. autobiograph. Züge tragen, gestaltete sie mit tiefem Verständnis und Mitgefühl den Lebenskampf und die große Not der engl. Arbeiterklasse um die Mitte des 19. Jh.s. Viele ihrer Romane erschienen in Dickens' Zeitschriften „Household works" und „All the year round" in Fortsetzungen.
Hauptwerke: Mary Barton (R., 1848), Ruth (R., 1853), Cranford (R., 1853; dt. 1950), Sylvia's lovers (R., 1863), Wives and daughters (R., 1866).
Literatur: Ganz, M.: *E. G. New York 1968.* – Hopkins, A. B.: *E. G.: Her life and work. London 1952.*

Gašpar, Tido J. [slowak. 'gaʃpar], * Stariny 7. März 1893, slowak. Schriftsteller.
In den 20er Jahren Dramaturg am slowak. Nationaltheater, später Verlagsreferent. Schrieb ef-

fektvolle, impressionist. Novellen und Essays, in denen er erot. Probleme gestaltete. Weitere Themen sind der Widerspruch zwischen Illusion und Realität, das Erlebnis des Meeres und die Zeit nach dem 1. Weltkrieg.

Gašparovič, Pavol [slowak. 'gaʃparɔvitʃ] ↑ Hlbina, P. G.

Gassanbekow, Suleiman [russ. gɐsam'bjɛkɐf] ↑ Stalski, Suleiman.

Gaszyński, Konstanty [poln. ga'ʃiįski], * Mała Wieś (Masowien) 10. März 1809, † Aix-en-Provence 8. Okt. 1866, poln. Dichter.

Emigrierte 1831 nach dem Mißlingen des poln. Aufstandes nach Frankreich, arbeitete dort für Zeitungen. Schrieb außer Gedichten aus der Zeit des Aufstands Liebeslyrik und erzählende Werke; übersetzte u. a. Byron und Schiller.

Gatterburg, Juliana Gräfin von ↑ Stockhausen, Juliana von.

Gatti, Angelo [italien. 'gatti], * Capua 9. Jan. 1875, † Mailand 19. Juni 1948, italien. Schriftsteller.

Offizier, später Lehrer an der Militärakademie in Turin; trat mit histor. und militärwissenschaftl. Werken, Romanen und Erzählungen hervor; am bekanntesten der auch ins Dt. übertragene Roman um eine Ehe „Ilia und Albert" (1931, dt. 1937), daneben Zeitromane.

Weitere Werke: La terra (En., 1939), Il mercante di sole (R., 1942), L'ombra sulla terra (R., 1945).

Gatti, Armand [frz. gat'ti], * Monaco 26. Jan. 1924, frz. Schriftsteller.

Mitglied der Résistance, war in verschiedenen Berufen tätig; nach dem 2. Weltkrieg Journalist, wandte sich dann Theater und Film zu; G. bemüht sich in seinen oft stark zeitkrit. Bühnenstücken um eine dramat. Form, in der der Zeitablauf aufgehoben und das Imaginäre sich mit dem Alltäglichen mischt; schreibt auch Essays und Reportagen.

Hauptwerke: Der schwarze Fisch (Dr., dt. 1962), Das imaginäre Leben des Straßenkehrers August G. (Dr., dt. 1966), Die zweite Existenz des Lagers Tatenberg (Dr., dt. 1964), Berichte von einem provisor. Planeten (Dr., dt. 1966), Öffentl. Gesang vor zwei elektr. Stühlen (Dr., dt. 1967), Ein Mensch allein (Dr., dt. 1966), General Francos Leidenswege (Dr., dt. 1969), V wie Vietnam (Dr., 1969), Die Geburt (Dr., dt. 1969).

Gaudy, Franz Freiherr von ['gaʊdi], * Frankfurt (Oder) 19. April 1800, † Berlin 5. Febr. 1840, dt. Schriftsteller.

Aus schott. Familie; preuß. Offizier, nach seinem Abschied freier Schriftsteller in Berlin. Freund von Alexis und Chamisso, mit dem er die Lyrik Bérangers übersetzte und 1839 den „Dt. Musenalmanach" herausgab. G. steht mit seiner Lyrik und seinen Erzählungen zwischen Spätromantik und Realismus. Seine parodist.-pointierte Humoreske „Aus dem Tagebuch eines wandernden Schneidergesellen" (1836) ist Eichendorffs „Taugenichts" verpflichtet.

Weitere Werke: Erato (Ged., 1829), Gedanken-Sprünge eines der Cholera Entronnenen (Essays, 1832), Kaiser-Lieder (1835), Lieder und Romanzen (1837), Novelletten (1837), Venetian. Novellen (1838), Novellen und Skizzen (1839).

Literatur: Reiske, J.: *F. Frhr. v. G. als Dichter. Bln. 1911.*

Gau Ming ↑ Kao Ming.

Gautier d'Arras [frz. gotjeda'rɑ:s], altfrz. Dichter der 2. Hälfte des 12. Jahrhunderts.

Schrieb die frühhöf. Abenteuerromane in Versen „Éracle" und „Ille et Galeron" (nach der Legende vom Ehemann mit den beiden Frauen: Motiv des Lais „Éliduc" der Marie de France).

Literatur: Renzi, L.: *Tradizione cortese e realismo in G. d'A. Padua 1964.* – Hüppe, W.: *Der Sprachstil G.s v. A. Diss. Münster 1937.*

Gautier de Châtillon [frz. gotjedʃati'jõ] ↑ Walther von Châtillon.

Gautier de Coinci [frz. gotjedkwɛ̃'si], * Amiens (?) um 1177, † Soissons 25. Sept. 1236, altfrz. Dichter.

Benediktiner (Saint-Médard); Prior von Vic-sur-Aisne; Lyriker und Verfasser der sehr verbreiteten Marienlegendensammlung „Les miracles de la sainte Vierge" (nach lat. Vorlage).

Gautier, Judith [frz. go'tje], Pseudonym Judith Walter, * Paris 25. Aug. 1850, † Dinard 26. Dez. 1917, frz. Schriftstellerin.

Tochter Théophile G.s, wuchs im Literaten- und Künstlermilieu auf; 1910 Mitglied der Académie Goncourt; begeisterte sich für die chin., jap., ind. u. a. oriental. Literaturen, aus denen sie übersetzte und sich den Stoff für ihre eigenen Dichtungen holte („Le livre de jade", frz. Bearbeitungen chin. Dichtungen, 1867; „Le dragon impérial", Roman aus der chin. Geschichte, 1869); übersetzte 1893 R. Wagners „Parsifal".

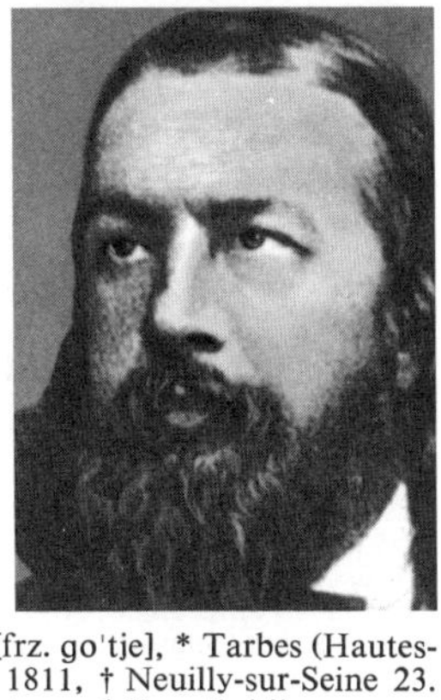

Théophile Gautier (zeitgenössische Lithographie)

Gautier, Théophile [frz. go'tje], * Tarbes (Hautes-Pyrénées) 31. Aug. 1811, † Neuilly-sur-Seine 23. Okt. 1872, frz. Dichter und Kunstkritiker.

Anfangs Maler, kam unter dem Einfluß der Romantik zur Dichtung, wurde Schriftsteller und Kunstkritiker. Freund und erster Deuter Baudelaires. Reisen nach Spanien, Italien, Rußland und in den Orient. Seit 1856 Leiter des literar. Feuilletons des „Moniteur". Zuerst unter dem Einfluß der romant. Schule V. Hugos, dann Abkehr und Auflehnung gegen deren Subjektivismus. Seine eigene Dichtung, die von der plast. visuellen Darstellungskunst des Malers zeugt und um eine maler. Wiedergabe der Umwelt bemüht ist, nimmt in der Betonung einer autonomen Schönheit und ohne zweckhaftes Interesse am Gegenstand das Ideal des L'art pour l'art des Parnasse vorweg. Virtuose Formgestaltung, farbenprächtige Bilder und formales Können kennzeichnen seine Lyrik.

In den Romanen tritt er für die Freiheit des Künstlers gegenüber allen moral. und gesellschaftl. Rücksichten ein.
Hauptwerke: Les Jeunes-France (R., 1833), Mademoiselle de Maupin (R., 1835; dt. 1913), Fortunio (R., 1837), La comédie de la mort (Ged., 1838), Emaillen und Kameen (Ged., 1852; dt. 1919), Der Roman der Mumie (1858, dt. 1903), Kapitän Fracasse (R., 1861–63; dt. 1925), Histoire du romantisme (1874).
Ausgaben: Th. G. Poésies complètes. Hg. v. R. Jasinski. *Paris 1932. 3 Bde. – Th. G. Ges. Werke. Dt. Übers. Hellerau 1925–27. 14 Bde.*
Literatur: Spencer, M. C.: *The art criticism of Th. G. Genf 1969.* – Binney, E.: *Les Ballets de Th. G. Paris 1966.* – Tild, J.: *Th. G. et ses amis. Paris 1951.* – Jasinski, R.: *Les années romantiques de Th. G. Paris 1929.*

Gay, Delphine [frz. ge], * Aachen 26. Jan. 1804, † Paris 29. Juni 1855, frz. Dichterin.
Tochter der Schriftstellerin Sophie G., ⚭ mit dem Publizisten Émile de Girardin; 1827 Italienreise; schrieb, der Romantik nahestehend, eleg. Gedichte, Romane, Dramen und Erinnerungen aus dem zeitgenöss. Paris („Lettres parisiennes", 1856).
Weitere Werke: La confession d'Amélie (Ged., 1827), Le lorgnon (R., 1831), Judith (Dr., 1843), Cléopâtre (Dr., 1847).

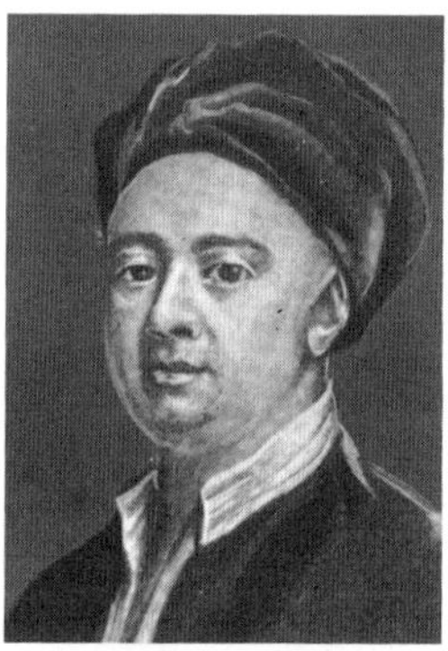

John Gay (Schabkunstblatt)

Gay, John [engl. gɛɪ], ≈ Barnstaple (Devon) 16. Sept. 1685, † London 4. Dez. 1732, engl. Dichter.
Zunächst kaufmänn. Tätigkeit, Sekretär der Herzogin von Monmouth. Mit seinen Dramen erwarb er sich ein ansehnl. Vermögen, das er durch Spekulation wieder verlor. Die letzten Lebensjahre verbrachte er auf dem Landgut seines Gönners, des Herzogs von Queensbury; beigesetzt in der Westminsterabtei. G. erwarb sich Anerkennung mit seinen anmutigen Fabeln im Stile von La Fontaine, Liedern, Balladen und Komödien. Die parodist. Posse „The beggar's opera" (1728, dt. 1770, 1960 u. d. T. „Die Bettleroper") mit eingestreuten Liedern nach altengl. Balladenmelodien machte ihn berühmt. Sie erhält durch die Verlegung der Aktion in das Londoner Verbrechermilieu und die Satire auf herrschende Schwächen der Gesellschaft revolutionären Charakter. G. ist Schöpfer der Gattung „Ballad-opera", eines Singspiels aus Liedern und begleitenden Prosatexten. „Die Bettleroper" wurde von Brecht als „Dreigroschenoper" erneuert.
Weitere Werke: Wine (Ged., 1708), The shepherd's week (Dichtung, 1714), Trivia (Dichtung, 1716), Acis und Galathea (Libretto, 1733), Fables, second series (1738), The distress'd wife (Kom., 1743).
Literatur: Armens, S. M.: *J. G., social critic. New York 1966.* – Irving, W. H.: *J. G. Durham 1940. Nachdr. New York 1962.*

Gazul, Clara [frz. ga'zyl] ↑ Mérimée, Prosper.

Gebirol ↑ Gabirol.

Gecé [span. xe'θe] ↑ Giménez Caballero, Ernesto.

Geheime Offenbarung ↑ Bibel.

Geibel, Emanuel, * Lübeck 17. Okt. 1815, † ebd. 6. April 1884, dt. Dichter.
Sohn eines Predigers, studierte in Bonn und Berlin. 1838–40 Hofmeister im Hause des russ. Gesandten in Athen, wo er Ernst Curtius kennenlernte; später Gymnasiallehrer in Lübeck; stand wegen seiner national-konservativen Gesinnung in scharfem Gegensatz zur jungdt. Bewegung. Als offizieller und gefeierter Lyriker der dt. Einigungsbestrebungen unter preuß. Führung bezog er seit 1843 von Friedrich Wilhelm IV. eine Pension. 1852 von Maximilian II. von Bayern nach München berufen, wo er Führer des dortigen Dichterkreises wurde. Seit 1868 lebte er wieder in Lübeck. Formal virtuoser, einem epigonal-klassizist. Schönheitskult huldigender Lyriker, der in seinen z.T. volkstüml. gewordenen Gedichten („Der Mai ist gekommen") echte Ursprünglichkeit durch deklamator. Pathos ersetzte. Seine Tragödien hatten keinen Erfolg; auch Übersetzer frz. und span. Lyrik.
Hauptwerke: Zeitstimmen (Ged., 1841), König Roderich (Trag., 1844), König Sigurds Brautfahrt (Epos, 1846), Zwölf Sonette für Schleswig-Holstein (1846), Juniuslieder (Ged., 1848), Meister Andrea (Lsp., 1855), Neue Gedichte (1856), Brunhild (Trag., 1857), Sophonisbe (Trag., 1868), Spätherbstblätter (Ged., 1877).
Ausgaben: E. G. Werke. Hg. v. W. Stammler. *Lpz. 1920. 3 Bde. – E. G. Ges. Werke. Stuttg. 1883. 8 Bde.*
Literatur: Hinck, W.: *Epigonendichtung u. Nationalidee. Zur Lyrik E. G.s. In: Zs. f. dt. Philologie 85 (1966), 267.* – Schneider, Heinrich: *Die freundschaftl. Begegnung Heinrich Leutholds u. E. G.s im Münchener Dichterkreis. Ein literaturgeschichtl. u. psycholog. Bericht mit bisher ungedruckten Briefen u. Dokumenten. Lübeck 1961.* – Maync, H.: *E. G. In:* Maync: *Dt. Dichter. Reden u. Abhandlungen. Frauenfeld 1927.* – Kohnt, A.: *E. G. als Mensch u. Dichter. Mit ungedruckten Briefen, Gedichten u. einer Autobiographie G.s. Bln. 1915.*

Geiger, Benno, * Rodaun (heute Wien-Rodaun) 21. Febr. 1882, † Venedig 26. Juli 1965, östr. Schriftsteller.
Kunsthistoriker, Kunsthändler in Venedig; befreundet mit Hofmannsthal, Rilke, Holz und St. Zweig. Schrieb Oden und Sonette von klassizist. Formbewußtsein; bed. Übersetzungen italien. Literatur (Pascoli, Petrarca, Dante). Auch Kunstschriftsteller.
Hauptwerke: Ein Sommeridyll (Ged., 1904), Die drei Furien (Ged., 1931), Der fünfzigste Geburtstag (Ged., 1932), Die Ferienreise (Ged., 1952).
Ausgabe: B. G. Saemtl. Gedichte. Florenz 1958. 3 Bde.

Geijer, Erik Gustaf [schwed. 'jɛiər], * Ransäter (Värmland) 12. Jan. 1783, † Stockholm 23. April 1847, schwed. Schriftsteller, Historiker, Philosoph und Komponist.
Studierte in Uppsala. 1809 reiste er nach London, wo er entscheidende Bildungsanregungen empfing. 1810 Dozent für Geschichte, 1824 Mitglied der schwed. Akademie und 1817–46 Professor in Uppsala. Bis 1837 vertrat er die konservative Geschichtsauffassung. Als Haupt der „Göterna" lieferte G. das Programm für die schwed. Romantik, als Hg. des „Literaturbladet" (1838–40) brach er mit dem Konservativismus und trat für den Liberalismus ein. Seine kräftigen und schwungvollen Dichtungen erschienen gesammelt u. d. T. „Skaldestycken" (1835). Bekannt sind seine kurzen, sangbaren Lieder; auch Kirchenlieder.
Weitere Werke: Manhem, Vikingen, Odalbonden, Den siste kämpen, Den siste skalden (Ged., 1811), Psalmförsök (Ged., 1812), Den lille kolargossen (Ged., 1815), Geschichte des schwed. Volkes (dt. 1832–36).
Ausgabe: E. G. G. Samlade skrifter. Neue Ausg. Hg. v. J. Landquist. *Stockholm 1923–31. 13 Bde.*
Literatur: Henningsson, B.: *G. som historiker. Stockholm 1961 [mit dt. Übersicht].* – Stolpe, S.: *G. En essay. Stockholm 1947.* – Skredsvik, K.: *Die Philosophie des jungen G. in ihrem ideengeschichtl. Zusammenhang. Diss. Nimwegen 1937.* – Boldt, A.: *E. G. G. En levnadsteckning. Helsinki 1909–10. 3 Bde.*

Geijerstam, Gustaf af [schwed. ˌjɛiərstam], * Jönsarbo (Västmanland) 5. Jan. 1858, † Stockholm 6. März 1909, schwed. Schriftsteller.
Studierte in Uppsala, als Journalist und im Verlagswesen tätig; Wortführer des Naturalismus in Schweden; schrieb Erzählungen und Romane, Lustspiele und Volksstücke. G. entwickelte sich vom naturalist. Schilderer und Sozialreformer zum psychologisierenden Realisten. Seine Romane sind durch eine Mischung von Sentimentalität und kleinbürgerl. Gefühlen gekennzeichnet. Den größten Erfolg hatte er mit volkstüml. Bauernkomödien.
Hauptwerke: Pastor Hallin (R., dt. 1911), Meine Jungen (R., dt. 1897), Irre am Leben (R., dt. 1917), Die Komödie der Ehe (R., dt. 1903), Das Buch vom Brüderchen (R., dt. 1902), Frauenmacht (R., dt. 1904), Die Brüder Mörk (R., dt. 1908).
Literatur: Johnsson, M.: *En ättitalist. G. af Gejerstam. Göteborg 1934.* – Poppenberg, F.: *Gustav af Geyerstam. In:* Poppenberg: *Nord. Porträts aus vier Reichen. Bln. 1904.*

Geiler von Kaysersberg, Johannes, * Schaffhausen 16. März 1445, † Straßburg 10. März 1510, dt. Theologe und Volksschriftsteller.
Nach dem Tode des Vaters vom Großvater in Kaysersberg (Oberelsaß) erzogen, studierte in Freiburg i. Br. und Basel; Rektor der Universität Freiburg i. Br., seit 1478 Münsterprediger in Straßburg. Bed. volkstüml. Kanzelredner, dessen Predigten zum Großteil nur durch Nachschriften bekannt sind. Als Anhänger der Scholastik fest auf dem Boden der kirchl. Tradition stehend, geißelt er freimütig weltl., aber auch kirchl. Mißstände. Durch drast. und derbe Komik gelangen ihm eindrucksvolle Bilder und Gleichnisse, die er mit Fabeln, Anekdoten, Sprichwörtern u.a. durchsetzte. Am berühmtesten wurden seine 1498/99 in Straßburg gehaltenen Predigten über jeden der Narren in S. Brants „Narrenschiff". Seine Werke enthalten bed. kulturgeschichtl. und volkskundl. Material.
Ausgabe: G. v. K. Ausgew. Schrr. Hg. v. Ph. de Lorenzi. *Trier 1881–83.*
Literatur: Dempsey Douglass, E. J.: *Justification in late medieval preaching. A study of John G. of Keisersberg. Leiden 1966.* – Gabler, J.: *G. v. K. u. Charitas Pirckheimer. In: Arch. f. elsäß. Kirchengesch. 10 (1935).* – Roeder v. Diersburg, E. Freiin: *Komik u. Humor bei G. v. Kaisersberg. Bln. 1921.*

Geilinger, Max, * Winterthur 30. Aug. 1884, † Saint-Maurice (Wallis) 11. Juni 1948, schweizer. Dichter.
Studierte Jura in Kiel und Zürich, kurze Zeit Rechtsanwalt, dann Staatsbeamter; seit 1930 freier Schriftsteller; Dramatiker, Übersetzer, v.a. Lyriker; schrieb eine bilderreiche, dithyramb. Naturlyrik in strenger oder in freirhythmischer Form.
Hauptwerke: Der Weg ins Weite (Ged., 1919), Der große Rhythmus (Ged., 1932), Klass. Frühling (Ged., 1934), Heiden und Helden (Dr., 1937), Genesung (Ged., 1948).

Geißler, Horst Wolfram, * Wachwitz (heute Dresden-Wachwitz) 30. Juni 1893, dt. Schriftsteller.
Studierte in Kiel und München (Dr. phil.); Feuilletonist und freier Schriftsteller; G. ist vorwiegend Erzähler, schreibt Novellen und Romane, meist mit geschichtl. und kulturgeschichtl. Themen. Sein erfolgreichster Roman ist „Der liebe Augustin" (1921). Bemerkenswert sind außerdem sein Erstlingsroman „Der letzte Biedermeier" (1916), der Spitzweg-Roman „Der ewige Hochzeiter" (1917), „Die sieben Sonderbaren" (R., 1926), „Die Dame mit dem Samtvisier" (R., 1931), „Odysseus und die Frauen" (R., 1947), „Das Lächeln des Leonardo" (R., 1960) und „Ein schwarzes und ein weißes" (R.,1968). Die Bücher verdanken ihre Popularität dem nachsichtigen Verständnis für menschl. Schwächen und ihrer liebenswürdigen Unbeschwertheit.

Gellert, Christian Fürchtegott, * Hainichen 4. Juli 1715, † Leipzig 13. Dez. 1769, dt. Dichter.
Sohn eines Predigers, besuchte die Fürstenschule in Meißen, studierte in Leipzig Theologie und Philosophie, schloß sich anfangs dem Kreis um

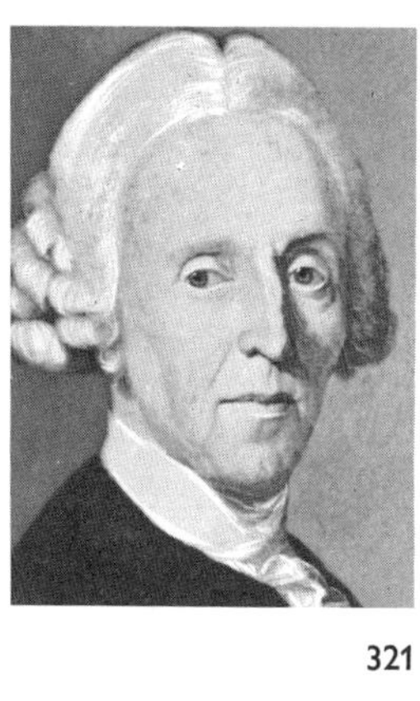
Christian Fürchtegott Gellert (Gemälde von A. Graff, 1769)

Gottsched an. Hofmeister, Mitarbeiter an den „Bremer Beiträgen", seit 1745 in Leipzig Professor für Poesie, Beredsamkeit und Moral. Volkstümlichster Dichter der Aufklärung, dessen formal und sprachl. elegantes, inhaltl. pietist. gestimmtes, im ganzen jedoch nur mittelmäßiges Werk eine erstaunl. Breitenwirkung erreichte. Bed. sind v.a. die prägnanten, dem Umgangston angepaßten Fabeln und Erzählungen unterhaltenden und belehrenden Inhalts, die gesunden Humor und bürgerl. Moral geschickt verbinden und das Ideal der Zeit in einprägsamer Weise gestalten. Auch die Komödien verfolgen eine moral.-didakt. Absicht; unter Einfluß von Richardsons rührseligen Familienromanen schuf er mit dem Roman „Das Leben der schwed. Gräfin von G..." (1747/48) den ersten bürgerl. Roman in Deutschland.

Weitere Werke: Lieder (1743), Die Betschwester (Lsp., 1745), Fabeln und Erzählungen (1746–48), Lehrgedichte und Erzählungen (1754), Geistl. Oden und Lieder (1757).

Ausgaben: Ch. F. G. Sämtl. Fabeln u. Erzählungen. Geistl. Oden u. Lieder. Mchn. 1965. – Ch. F. G. Sämtl. Schrr. Hg. v. J. A. Schlegel *u.* G. L. Heyer. *Lpz. 1769–74. 10 Bde. Nachdr. Bern 1967.*

Literatur: Schlingmann, C.: *G. Eine literarhistor. Revision. Bad Homburg v. d. H. 1967.* – May, K.: *Das Weltbild in G.s Dichtung. Frkf. 1928.* – Stein, A. (d.i. H. Nietschmann): *Ch. F. G. Ein Lebensbild. Halle ²1901.* – Ellinger, G.: *G.s Fabeln u. Erzählungen. Bln. 1895.*

Gelli, Giambattista (Giovan Battista) [italien. 'dʒɛlli], * Florenz 12. Aug. 1498, † ebd. 24. Juli 1563, italien. Schriftsteller.

Strumpfwirker; Mitglied der Florentiner Akademie; hielt Vorlesungen über Dante und Petrarca; zeichnet sich in seinen z.T. dialog. Schriften „I capricci di Giusto bottaio" (1546), „La Circe" (1549), „Ragionamento intorno alla lingua" (1551), „Tutte le lezioni fatte nell'accademia fiorentina" (1551) und den Komödien „La sporta" (1553) und „L'errore" (1555) durch philosoph. Betrachtungsweise, Menschenkenntnis und klare, oft satir. Schreibart aus.

Literatur: Fresco, U.: *Giovan Battista G. I capricci del Bottaio. Udine 1906.*

Gellius, Aulus, * um 130, † nach 170, röm. Schriftsteller.

Universal gebildet, stand unter Frontos Einfluß; sein Werk „Noctes Atticae" in kunstloser, jedoch nur stellenweise archaisch getönter Gelehrtensprache, enthält neben einem Vorwort 20 Bücher Essays und Abhandlungen zur Literatur, Philosophie und Wissenschaft. Seiner Mitteilungen über die Literatur der republikan. Epoche sowie der umfangreichen Auszüge und Zitate aus sonst verlorengegangenen Schriften antiker Autoren wegen ist G. von besonderem literarhistor. Interesse.

Ausgabe: A. G. Noctes Atticae. Dt. Übers. Bearb. v. F. Weiss. *Lpz. 1875–76. 2 Bde. Nachdr. Darmst. 1965.*

Literatur: Berthold, H.: *A. G. Aufgliederung u. Ausw. seiner Themen. Diss. Lpz. 1959 [Masch.].*

Gelsted, Einar Otto [dän. 'gɛlsdɛð], eigtl. E. O. Jeppesen, * Middelfart (Fünen) 4. Nov. 1888, † Kopenhagen 22. Dez. 1968, dän. Lyriker.

Nach seiner Schulzeit reiste er nach Deutschland und in die Schweiz; intensives Studium der Psychoanalyse, Einfluß des Expressionismus und des Futurismus, bes. aber der antiken Dichtung und der Philosophie Kants; Annäherung an kommunist. Ideen, die er jedoch ganz persönl. interpretierte. Seine Lyrik ist formal durch die Vertrautheit mit der griech. Dichtung bestimmt, sie strebt nach gedankl. Klarheit und verrät ein geschultes Empfinden für die Sinnenwelt; Übersetzer (Homer, Aristophanes, Whitman, Brecht u.a.).

Hauptwerke: De evige ting (Ged., 1920), Henimod klarhed (Ged., 1931), Emigrantdigte (Ged., 1945), Sange under den kolde krig (Ged., 1952), Digte fra en solkyst (Ged., 1961).

Gemmingen-Hornberg, Otto Heinrich Freiherr von, * Heilbronn 8. Nov. 1755, † Heidelberg 15. März 1836, dt. Dramatiker.

Studierte Jura in Heidelberg, war Hofkammerrat in Mannheim, Mitglied der Kurpfälz. Dt. Gesellschaft, Freund Dalbergs, 1799–1805 bad. Gesandter in Wien; bekannt durch sein Diderots „Le père de famille" nachgebildetes Schauspiel „Der dt. Hausvater" (1780), mit dem er nach engl. und frz. Vorbild das dt. moralisierend-rührende Familiendrama begründete. Großer Einfluß auf Schillers „Kabale und Liebe". Auch Übersetzer.

Genée, Rudolf [frz. ʒə'ne], Pseudonym P. P. Hamlet, * Berlin 12. Dez. 1824, † ebd. 19. Jan. 1914, dt. Schriftsteller.

Nach Gymnasiumsbesuch Schüler des Holzschnitzers Gubitz, später Journalist, Bühnenschriftsteller und Vortragskünstler (vorwiegend Dramen Shakespeares); erhielt 1895 den Professorentitel, 1904 vom dt. Kaiser einen Ehrensold; schrieb zahlreiche Lustspiele, Possen, daneben theaterhistor. und dramaturg. Werke; auch Romanschriftsteller und Lyriker.

Hauptwerke: Müller und Schultze (Posse, 1851), Die Klausnerin (Dr., 1885), Zeiten und Menschen (Autobiogr., 1897).

Genesis [auch 'ge:n...] † Bibel.

Genestet, Petrus Augustus de [niederl. 'xe:nəstɛt], * Amsterdam 21. Nov. 1829, † Rozendaal 2. Juli 1861, niederl. Dichter.

Remonstrant; Prediger in Delft, mußte aus gesundheitl. Gründen sein Amt niederlegen und lebte in Amsterdam; Führer der religiösen Erneuerungsbewegung; Gedichte in einfacher Sprache, z.T. mit humorist. Schilderung des holländ. Bürgers.

Hauptwerke: Eerste gedichten (1851), Laatste der eerste (Ged., 1861).

Genet, Jean [frz. ʒə'nɛ], * Paris 19. Dez. 1910, frz. Schriftsteller.

Wuchs als unehel. Fürsorgekind auf; wurde Fremdenlegionär, desertierte nach Spanien; als Landstreicher, unter falschem Namen, lebte er in fast allen europ. Ländern und wurde immer wieder des Landes verwiesen. Wegen Raubes, Zuhälterei, Geldfälschung, Opiumschmuggels und Sexualdelikten hatte er vielfach Gefängnisstrafen zu verbüßen; lebenslängl. Zuchthausstrafe, auf Fürsprache von Sartre, Cocteau und Picasso begnadigt; zeitweilig Buchhändler in Paris. G. ist einer der umstrittensten Avantgardisten der modernen Literatur. Im Gefängnis entstand 1942 sein erster Roman, „Notre-Dame-des-fleurs" (dt. 1960). Für die beiden Stücke „Die Zofen" (dt. 1957) und „Unter Aufsicht" (dt. 1957) wurde er

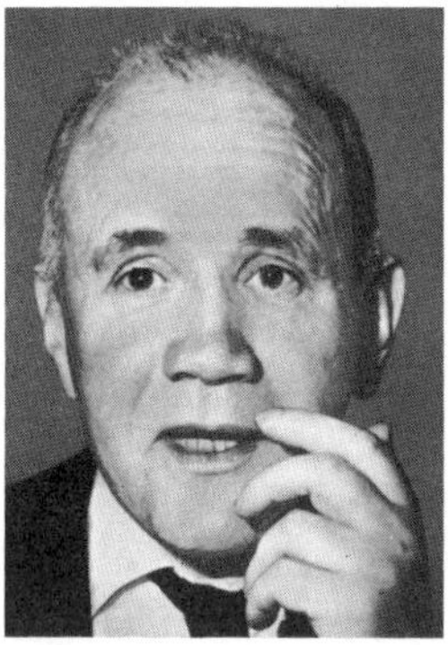
Jean Genet

mit dem Prix de la Pléiade ausgezeichnet. Seine Helden sind Ausgestoßene, die, wie er selbst, in ständiger Fehde mit der Gesellschaft leben. Er erhebt sie ins Dämonenhafte ohne den Versuch, sie zu rechtfertigen. Seine lyr. und bilderreiche, oft obszöne Sprache, die Wahl seiner Themen und ihre bravouröse Behandlung verraten eine frivole, aber geniale Hemmungslosigkeit und ursprüngl. Schöpferkraft, die ihn neben Villon und Verlaine stellen. Hinter dem gesellschaftl. Dasein des Menschen sucht er stets das Wesentliche, das Sein.
Weitere Werke: Le miracle de la rose (R., 1946), Das Totenfest (E., 1947; dt. 1966), Tagebuch eines Diebes (1949, dt. 1961), Le condamné à mort (Ged., 1951), Querelle (R., dt. 1955), Der Balkon (Dr., dt. 1959), Die Neger (Dr., dt. 1962), Wände überall (Dr., dt. 1961).
Literatur: Kließ, W.: *J. G. Velber 1967.*– Magnan, J.-M.: *J. G. Paris 1966.* – Bonnefoy, C.: *J. G. Paris 1965.*

Genevoix, Maurice [frz. ʒən'vwa], * Decize (Nièvre) 29. Nov. 1890, frz. Schriftsteller.
Als Offizier im 1. Weltkrieg schwer verwundet; bereiste Amerika und Afrika; 1946 Mitglied der Académie française, seit 1958 ihr ständiger Sekretär; Regionalist des Nivernais (Prix Goncourt für „Raboliot", 1925); auch realist. Chronist des 1. Weltkriegs („Sous Verdun", 1916).
Weitere Werke: La dernière harde (R., 1938), Derrière les collines (E., 1963).

Gengenbach, Pamphilus, * Basel um 1480, † ebd. 1525, schweizer. Dramatiker und Satiriker.
Lebte seit etwa 1503 in Basel als selbständiger Buchdrucker; Anhänger der Reformation, nahm regen Anteil am öffentl. und religiösen Leben der Stadt, er druckte Schriften zum Kirchenstreit und verfaßte gereimte Flugblätter, Meisterlieder, Büchlein in Versen und Prosa, Satiren. Bekannt machten ihn die allegor.-didakt. Fastnachtsspiele, die meist aus einer gespielten Bilderfolge und dazu gesprochenem Beitext bestehen.
Hauptwerke: Der welsch Fluß (Ged., 1513), Der Bundschuch (Schr., 1514), Die zehn Alter dieser Welt (Spiel, 1515), Der Nollhart (Spiel, 1517), Die Gouchmat der Buhler (Spiel, 1521), Die Totenfresser (Satire, 1521).
Literatur: Abbé, D. M. van: *Development of dramatic form in P. G. In: Modern Language Review 45 (1950), 46.* – Lendi, K.: *Der Dichter P. G. Bern 1926.*

Genlis, Stéphanie Félicité du Crest de Saint-Aubin, Gräfin von [frz. ʒɑ̃'lis], * Schloß Champcéry bei Autun 25. Jan. 1746, † Paris 31. Dez. 1830, frz. Schriftstellerin.
Heiratete 16jährig den Grafen Bruslart de G.; Erzieherin der Kinder der Herzogin von Chartres; während der Revolution außer Landes; schrieb zahlreiche pädagog. Bücher (u. a. „Erziehungs-Theater für junge Frauenzimmer", dt. 1780f.); ihre unzähligen Romane (der beste: „Mademoiselle de Clermont", 1802) wurden viel gelesen und auch ins Dt. übersetzt; am wertvollsten sind ihre „Denkwürdigkeiten über das 18. Jh. und die frz. Revolution" (dt. 1825–27).

Geoffrey of Monmouth [engl. 'dʒɛfrɪ əv 'mʌnməθ], * Monmouth um 1100, † Llandaff bei Cardiff 1154, engl.-walis. Geschichtsschreiber.
Wahrscheinl. Benediktiner in Monmouth; 1152 Bischof von St. Asaph. Sein von Beda, Nennius und alten Traditionen angeregtes und beeinflußtes histor. Werk „Historia regum Britanniae", das vor 1139 geschrieben wurde, verband histor. genaue Darstellung mit Sagenhaftem (Hauptquelle für die Artussage). Der größere stilist. Wert der Erzählung in Hexametern „Vita Merlini" um die Gestalt des Zauberers und Propheten Merlin führte zeitweise zu Zweifeln an G.s Verfasserschaft.
Literatur: Tatlock, J. S. P.: *The legendary history of Britain. G. of M.'s Historia regum Britanniae and its early vernacular versions. Berkeley (Calif.) 1950.*

George, Stefan, * Büdesheim (heute zu Bingen) 12. Juli 1868, † Minusio bei Locarno 4. Dez. 1933, dt. Dichter.
Sohn eines Weinhändlers und Gastwirts; studierte Philosophie und Kunstgeschichte; Reisen führten ihn durch ganz Europa; in Paris wurde er mit Mallarmé, Verlaine, Rodin u. a. Künstlern bekannt, in Wien mit Hofmannsthal, in Belgien begegnete er Verwey, Verhaeren und van Leberghe, in England Swinburne u. a.; gründete die „Blätter für die Kunst" (1892–1919), ein Organ für den sich um ihn sammelnden, sich für die geistige Elite haltenden Kreis – Simmel, Klages, Gundolf, Wolfskehl, Lepsius, Bertram u. a. –, der ihm und seinem Werk huldigte. Seit 1900 lebte G. zieml. zurückgezogen, meist in Berlin, München oder Heidelberg; 1933 ging er in die Schweiz. G. ist der bedeutendste Dichter der Neuromantik in

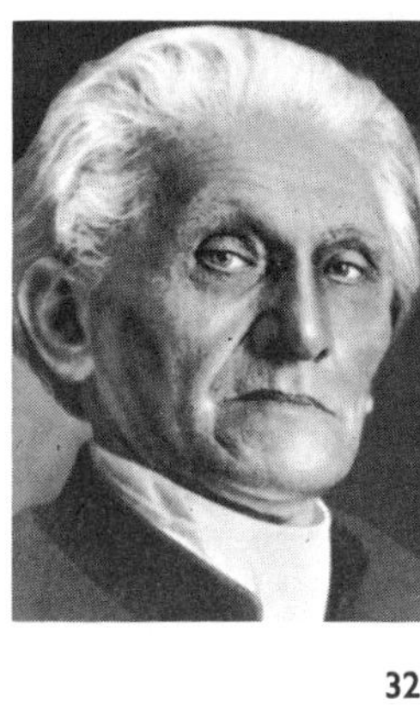
Stefan George

Deutschland; er besaß einen an höchsten Vorbildern geschulten Schönheitssinn, eine strenge Auffassung von Kunst und Künstlertum. Dem Dichter wies er eine priesterl., ja prophet. Aufgabe zu. Die Exklusivität seiner Dichtung liegt in seiner Kunstauffassung, in ungewöhnl. Bildern, der eigenartigen Form, in der getragenen Sprache. Sein Stoff ist das Große, Hoheitsvolle des herausragenden Menschen. Der Maßlosigkeit seiner Ziele entspricht ein Reichtum der Sprache. Seine Verse, von preziösem Bau, sind wohltönend, zuchtvoll und entsprechen dem griech. Ideal von Maß und Schönheit. Die ersten Gedichtbände stehen noch stark unter dem Einfluß der frz. Dekadenz, v.a. Baudelaires und der Parnassiens. Sein erfolgreichster Band, „Das Jahr der Seele" (1897), kommt reiner Poesie am nächsten. G.s Weltbild erschließt sich in den Bänden „Der Teppich des Lebens" (1900) als Vision, als erlebte Wirklichkeit im Band „Der siebente Ring" (1907), in dem auch die Vergöttlichung des geliebten, frühverstorbenen Jünglings Maximin vollzogen wird, und in den Gedichten „Der Stern des Bundes" (1914) als Lehre und Dogma. Mit seinem Spätwerk strebte G. mehr in die Öffentlichkeit. Bed. Übersetzer (Dante, Shakespeare, Baudelaire u.a.).

Weitere Werke: Hymnen (Ged., 1890), Pilgerfahrten (Ged., 1891), Algabal (Ged., 1892), Die Fibel (Ged., 1901), Tage und Taten (Prosa, 1903), Maximin. Ein Gedenkbuch (1907), Das neue Reich (Ged., 1928).

Ausgaben: St. G. Werke. Hg. v. R. Boehringer. *Ausg. in 2 Bden. Düsseld. ²1968. – St. G. Gesamt-Ausg. der Werke. Endgültige Fassung. Bln. ¹⁻²1927–34. 18 in 14 Bden. Neudr. Düsseld. 1964–69.*

Literatur: Heftrich, E.: *St. G. Frkf. 1968. – St. G. 1868–1968. Der Dichter u. sein Kreis. Bearb. v.* B. Zeller *u.a. Mchn. 1968.* – Boehringer, R.: *Mein Bild v. St. G. Düsseld. ²1967. 2 Bde.* – David, C.: *St. G. Dt. Übers. Mchn. 1967.* – Schultz, H. Stefan: *Studien zur Dichtung St. G.s. Hdbg. 1967.* – Bock, C. V.: *Wortkonkordanz zur Dichtung St. G.s. Amsterdam 1964.* – Klussmann, G.: *St. G. Zum Selbstverständnis der Kunst u. des Dichters in der Moderne. Mit einer G.-Bibliogr. Bonn 1961.* – Landmann, G. P.: *St. G. u. sein Kreis. Eine Bibliogr. Hamb. 1960.* – Gundolf, F.: *G. Bln. ³1930. Nachdr. Darmst. 1968.*

Georgiew, Michalaki; tl.: Georgiev, Mihalaki [bulgar. gɛor'giɛf], * Widin 11. Aug. 1854, † Sofia 14. Febr. 1916, bulgar. Schriftsteller.
War Lehrer, Ministerialbeamter, Redakteur und Diplomat. Er stellte in seinen Erzählungen und Humoresken das Land- und Provinzstadtleben seiner Heimat dar.

Georgios Pisides, byzantin. Dichter der 1. Hälfte des 7. Jahrhunderts.
Lebte unter Kaiser Herakleios (610–41), dessen Feldzug und Sieg gegen die Perser er in zwei Gedichten verherrlichte; in dem großen Lehrgedicht „Hexaemeron" über die Erschaffung der Welt folgt G. P. den naturwissenschaftl. Anschauungen des Aristoteles; schrieb neben zahlreichen ep.-enkomiast. und theolog.-moral. Dichtungen Epigramme über weltl. und geistl. Themen und Prosawerke (Viten). Gilt als wichtigster Vertreter der byzantin. Profandichtung.

Georgov, Ilja [tschech. 'gɛɔrgɔf] ↑ Sova, Antonín.

Georgslied, fragmentar. erhaltene alemann. Legendendichtung in vierhebigen regelmäßigen Reimversen; mit großer Wahrscheinlichkeit zur Einweihung der Georgskirche auf der Reichenau 896 verfaßt; älteste erhaltene dt. Legendendichtung, eine hymn. Lobpreisung des hl. Georg, wahrscheinl. als Festgesang bestimmt.

Gerald of Wales [engl. 'dʒɛrəld əv 'wɛɪlz] ↑ Giraldus Cambrensis.

Geraldus, Geistlicher des 9./10. Jahrhunderts. Verfasser des Widmungsprologs zum „Waltharius"; der Anspruch auf die Verfasserschaft des ganzen Werkes bleibt jedoch fraglich.

Géraldy, Paul [frz. ʒeral'di], eigtl. P. Lefèvre, * Paris 6. März 1885, frz. Schriftsteller.
War als Lyriker am erfolgreichsten mit der kleinen Sammlung von Liebesgedichten „Du und ich" (1913, dt. 1927), als Dramatiker mit seinen geistvoll analysierenden Bühnenstücken „Les noces d'argent" (1917), „Aimer" (1921), „Robert et Marianne" (1925) u.a.; bemerkenswert auch sein Essay „L'Amour. Der Mann und die Liebe" (dt. 1955).

Gerbert de Montreuil [frz. ʒɛrbɛrdəmõ'trœj] (Gibert de M.), altfrz. Dichter der ersten Hälfte des 13. Jh.s aus Montreuil-sur-Mer.
Verfaßte eine Forts. zu Chrétiens de Troyes Gralsroman „Perceval" und um 1227 den „Roman de la violette", auf dem Webers „Euryanthe" beruht.

Gerhard, Adele, geb. de Jonge, * Köln 8. Juni 1868, † ebd. 10. Mai 1956, dt. Schriftstellerin.
Seit der Heirat mit dem Justizrat G. (1889) in Berlin, 1938 Emigration in die USA. Sie veröffentlichte mehrere sozialpolit. Schriften, wandte sich dann der erzählenden Dichtung zu, in der sie soziale und psycholog. Probleme, v.a. Frauenschicksale, in einer dem Expressionismus verwandten Sprache gestaltete.

Hauptwerke: Pilgerfahrt (R., 1902), Die Geschichte der Antonie van Heese (R., 1906), Lorelyn (R., 1920), Via sacra (R., 1928), Das Bild meines Lebens (Autobiogr., 1948).

Gerhardt, Paul, * Gräfenhainichen 12. März 1607, † Lübben/Spreewald 27. Mai 1676, dt. Dichter.
Studierte in Wittenberg Theologie, 1657 Pfarrer an der Nikolaikirche in Berlin. Als bekenntnistreuer Lutheraner Gegner der vom Großen Kurfürsten angestrebten ev. Union; mußte 1666 von seinem Amt zurücktreten und wurde 1669 Archidiakonus in Lübben. G. schrieb über 130 geistl. Lieder (u.a. „Nun ruhen alle Wälder", 1648; „Befiehl du deine Wege", 1656; „Geh aus, mein Herz und suche Freud", 1656; „O Haupt voll Blut und Wunden", 1656), z.T. nach Psalmen; sein Schaffen bildet den Höhepunkt der ev. Kirchenlieddichtung nach Luther und bewirkte die Entwicklung vom Bekenntnislied zum persönl. Erbauungslied. Die schlichten Lieder zeugen von empfindsamer Frömmigkeit und starkem Gottvertrauen.

Hauptwerk: Geistl. Andachten (1667).

Ausgaben: P. G. Dichtungen u. Schrr. Hg. v. E. v. Cranach-Sichart. *Mchn. 1957. – P. G. Geistl. Lieder. Histor.-krit. Ausg. Hg. v.* J. F. Bachmann. *Bln. ²1877.*

Literatur: Ihlenfeld, K.: *Huldigung f. P. G. Bln. ²1957.* – Seebass, F.: *P. G. Der Sänger der ev. Christenheit. Gießen 1951.* – Petrich, H.: *P. G. Gütersloh 1914.*

Gerho[c]h von Reichersberg ['ge:rho:(x)], * Polling (Oberbayern) 1093, † Reichersberg (Oberösterreich) 27. Juni 1169, dt. Kirchenschriftsteller.
Domscholaster, seit 1119 Domherr in Augsburg; im Investiturstreit erst kaiserl., dann streng päpstl. gesinnt; 1124 Augustiner-Chorherr, 1127 Pfarrer, wiederholt als Gesandter des Fürstbischofs von Salzburg in Rom, seit 1132 Propst des Augustiner-Chorherrenstiftes Reichersberg, wo er eine Reformtätigkeit entfaltete, die dem Stift den Ruf eines „dt. Cluny" einbrachte. Vielseitiger und bed. Schriftsteller des MA, der zu allen kirchl. und polit. Fragen Stellung nahm und v.a. an den Mißständen der Kurie heftige, wenn auch erfolglose Kritik übte. Seine Hauptwerke sind ein Psalmenkommentar und „De investigatione Antichristi".
Literatur: Classen, P.: *Gerhoch v. R. Wiesb. 1960.* – Meuthen, E.: *Kirche u. Heilsgesch. bei Gerhoh v. R. Leiden u. Köln 1959.*
Gerhold, Franz Josef † Müller-Guttenbrunn, Adam.
German, Daniil Alexandrowitsch; tl.: German, Daniil Aleksandrovič [russ. 'gjɛrmɐn] † Granin, Daniil Alexandrowitsch.
German, Juri Pawlowitsch; tl.: German, Jurij Pavlovič [russ. 'gjɛrmɐn], * Riga 4. April 1910, † Leningrad 16. Jan. 1967, russ.-sowjet. Schriftsteller.
In seinem bekanntesten Roman, „Naschi snakomyje" (= Unsere Bekannten, 1936), stellte G. das sowjet. Alltagsleben nicht ohne Sentimentalität dar; ein kurzer Kriegsroman durfte wegen des zu wenig „positiven" Charakters des Helden 1949 nicht vollständig publiziert werden. Sein Roman über das Rußland Peters des Großen, „Rossija molodaja" (= Junges Rußland, 1952), fand die Zustimmung der parteioffiziellen Kritik. Dt. liegt u.a. „Schwert und Flamme" (En., 1952) vor. Schrieb auch Dramen und Filmdrehbücher.
Germanicus, Gaius Julius Caesar, * Rom 15 v. Chr., † Daphne bei Antiochia 19 n. Chr., röm. Feldherr.
Sohn des älteren Drusus, 4 n. Chr. von seinem Onkel Tiberius adoptiert; kämpfte 13–17 in Germanien, 18/19 mit außerordentl. Vollmachten im Osten. Neben griech. und lat. Epigrammen ist ein astronom. Lehrgedicht nach Aratos erhalten, das von des Verfassers formalem Können und dichter. Begabung zeugt.
Literatur: Akveld, W. F.: *G. Groningen 1961.*
Gerok, Friedrich Karl (seit 1868) von ['ge:rɔk], * Vaihingen an der Enz 30. Jan. 1815, † Stuttgart 14. Jan. 1890, dt. ev. Theologe und Dichter.
Studierte Theologie in Tübingen, war seit 1840 Repetent am dortigen Stift; später Diakonus in Böblingen, dann in Stuttgart u.a. als Stadtdekan tätig, schließl. Oberkonsistorialrat, Oberhofprediger und Prälat. Schrieb vorwiegend religiöse Lyrik in eleganten Versen und musikal. Sprache, daneben bes. erbaul. Literatur und Predigten; bekannt ist v.a. „Palmblätter" (Ged., 1857).
Weitere Werke: Pfingstrosen (Ged., 1864), Dt. Ostern (Ged., 1871), Der letzte Strauß (Ged., 1885).
Gerow, Alexandar; tl.: Gerov, Aleksandăr [bulgar. gɛrof], * Sofia 15. Mai 1919, bulgar. Schriftsteller.
Mitarbeiter an verschiedenen literar. Zeitschriften und beim Rundfunk, Redakteur; Autor von Gedichten, Poemen, Novellen und einem Theaterstück; setzte sich v.a. mit zeitgenöss. Themen auseinander, verwendete in seinen Gedichten eigenwillige Bilder; G. gilt als einer der interessantesten modernen bulgar. Dichter.
Gerow, Naiden; tl.: Gerov, Najden [bulgar. 'gɛrof], * Kopriwschtiza 23. Febr. 1823, † Plowdiw 9. Okt. 1900, bulgar. Schriftsteller.
Frühe Kontakte mit bulgar. Revolutionären und Aufklärern; wurde 1857 russ. Vizekonsul in Bulgarien. Führte in dem Poem „Stojan i Rada" (1845) den ton. Vers in die bulgar. Dichtung ein, die vorher nur den syllab. Vers gekannt hatte; schrieb im Dienst der Volksaufklärung Lehrbücher, u.a. eine Grammatik; seine bedeutendste Leistung ist ein Wörterbuch der bulgar. Sprache (1895ff.) mit bulgar. und russ. Worterklärungen.
Gerretson, Frederik Carel [niederl. xɛrətsɔn] † Gossaert, Geerten.
Gerschom (Gerson) ben J[eh]uda, * Metz um 960, † Mainz 1028 oder 1040, jüd. Dichter.
Begründete das Talmudstudium in Frankreich und Deutschland; geistiger Führer des Judentums seiner Zeit; schrieb einen Talmudkommentar; in seinen Bußhymnen und liturg. Dichtungen gestaltete er Verfolgungs- und Leidensschicksale.
Gerstäcker, Friedrich, * Hamburg 10. Mai 1816, † Braunschweig 31. Mai 1872, dt. Schriftsteller.
Durchzog aus Abenteuerlust 1837–43 die USA, wo er den verschiedensten Beschäftigungen nachging, bereiste 1849–52 Südamerika und Australien, später freier Schriftsteller; bekannt durch farbenprächtige und spannende Schilderungen seiner Reisen und zahlreichen Abenteuer in der Neuen Welt.
Hauptwerke: Streif- und Jagdzüge durch die Vereinigten Staaten Nord-Amerikas (Tageb., 1844), Die Regulatoren in Arkansas (R., 1846), Die Flußpiraten des Mississippi (R., 1848), Gold (R., 1858), Unter den Penchuenchen (R., 1867), In Mexico (Reisebericht, 1871).
Ausgabe: F. G. Ges. Schrr. Jena 1872–79. 44 Bde.
Literatur: Seyfarth, E.: *F. G. Freib. 1930.*
Gerstenberg, Heinrich Wilhelm von, Pseudonym Ohle Madsen, * Tondern 3. Jan. 1737, † Altona (heute Hamburg-Altona) 1. Nov. 1823, dt. Dichter und Kritiker.
Sohn eines dän. Offiziers, studierte in Jena; 1760 in dän. Heeresdienst; in Kopenhagen im Kreis von Graf Bernstorff, freundschaftl. Beziehungen zu Klopstock; Begegnung mit altnord. Dichtung und Mythologie; 1775–83 als dän. Konsul in Lübeck, 1789–1812 Justizdirektor des Lottos in Altona; vielseitiger, in der Gestaltung seiner Stoffe eigenwilliger Dichter zwischen Aufklärung, Empfindsamkeit und Sturm und Drang, dessen dramat. Theorien er vorbereitete und mit seinem bedeutendsten Werk, dem düsteren, für die Geniezeit typ. Trauerspiel „Ugolino" (1768), dichter. gestaltete. Er gilt außerdem als Begründer der Bardendichtung („Gedicht eines Skalden", 1766).
Weitere Werke: Tändeleien (Ged., 1759), Kriegslieder eines königlich dän. Grenadiers (1762), Briefe über Merkwürdigkeiten der Literatur (1766–70), Ariadne auf Naxos (Dr., 1767).
Ausgabe: H. W. v. G. Vermischte Schrr., von ihm selbst gesammelt. Altona 1816. 3 Bde.

Literatur: Kließ, W.: *Sturm u. Drang. G., Lenz, Klinger, Leisewitz, Wagner, Maler Müller. Velber 1966.* – Gerth, K.: *Studien zu G.s Poetik. Ein Beitrag zur Umschichtung der ästhet. u. poet. Grundbegriffe im 18. Jh. Gött. 1960.* – Wagner, A. M.: *H. W. G. u. der Sturm u. Drang. Hdbg. 1920–24. 2 Bde.*

Gervasius von Tilbury (Gervase of Tilbury) [engl. 'tılbərı], * Tilbury (Essex) um 1150, † um 1235, engl. Rechtsgelehrter und Geschichtsschreiber.
Angebl. ein Enkel Heinrichs II. von England; Rechtslehrer in Bologna, 1177 in Venedig, später in Guyenne am Hofe Heinrichs III., nach dessen Tod (1183) im Dienst des sizilian. Königs Wilhelm II. und in Burgund, durch Kaiser Otto IV. zum Marschall des Königreiches Arles ernannt; zur Unterhaltung des Kaisers schrieb G. sein Hauptwerk „Otia imperialia" (um 1212), ein Kompendium von geograph. und histor. Nachrichten, aufgelockert durch eingefügte Märchen, Sagen und Erzählungen.

Gerzen ↑ Herzen.

Gesarsagen, in Zentralasien mündl. und schriftl. verbreitete, in verschiedenen Sprachen und Versionen überlieferte Erzählungen, die die Gestalt des Gesar Chan, des zweitgeborenen Sohnes des Indra, zum Mittelpunkt haben; er wird von Buddha auf die Erde gesandt, um Frieden und Recht zu schaffen; im Kern wahrscheinl. uralte Mythen und Heldensagen mit buddhist. Gedankengut.

Gesell, Michael ↑ Hesse, Otto Ernst.

Gesetz ↑ Bibel.

Geßner, Salomon, * Zürich 1. April 1730, † ebd. 2. März 1788, schweizer. Dichter.
Buchhändlerlehre in Berlin, großes Interesse für Landschaftsmalerei und Kupferstecherei, in der er es zu großer Fertigkeit brachte; war später im Verlagshaus des Vaters und als Kantonalbeamter tätig. Von der antiken Bukolik (v.a. Theokrit) beeinflußter Idylliker, der die antike Mythologie mit dem Bemühen der eigenen Zeit um ein enges Verhältnis zur Natur geschickt in Verbindung brachte und in rhythm. Prosa ein behagl.-gefühlvolles Bild des zufriedenen Rokokobürgertums zeichnete; auch Illustrator (v.a. eigener Werke).
Hauptwerke: Daphnis (R., 1754), Idyllen (1756), Der Tod Abels (Prosa-Epos, 1758), Gedichte (1762).
Ausgabe: S. G. Sämmtl. Schrr. Neuausg. Hg. v. J. L. Klee. *Lpz. 1841. 2 Bde.*
Literatur: Leemann-van-Elck, P.: *S. G. Sein Lebensbild mit beschreibenden Verzeichnissen seiner literar. u. künstler. Werke. Zürich 1930.* – Wölfflin, H.: *S. G. Frauenfeld 1889.*

Gesta Romanorum [lat.; = Taten der Römer], Titel einer Novellensammlung des 13./14. Jh.s, die wahrscheinl. in England, vielleicht auch in Deutschland entstanden ist; der Verfasser oder Sammler der Legenden, Sagen und Märchen, meist mit moralisierender Tendenz, ist nicht bekannt; die Verbindung mit der Geschichte der röm. Kaiser ist nur äußerl.; in fast alle europ. Sprachen übersetzt; bed. als Quellenwerk, aus dem viele Dichter Stoffe entnommen haben.
Ausgaben: G. R. Die Taten der Römer. Ein Geschichtenb. des MA. Dt. Übers. Hg. v. H. E. Rübesamen. *Mchn. 1962.* – *G. R. Hg. v.* H. Österley. *Bln. 1871–72. 2 Tle.*
Literatur: Krepinsky, M.: *Quelques remarques relatives à l'histoire des G. R. Paris 1911.*

Gevers, Marie [niederl. 'xe:vərs], * Edegem bei Antwerpen 30. Dez. 1883, belg. Schriftstellerin.
Bekannt durch realist. Romane über Menschen und Landschaft des Scheldegebietes; schreibt auch Gedichte.
Hauptwerke: Die Deichgräfin (R., 1931; dt. 1936), Frau Orpha (R., dt. 1935), Der Damm zerreißt (R., 1934; dt. 1951), Hohe Düne (R., dt. 1951), Das Blumenjahr (R., 1949; dt. 1955).

Geyter, Julius [Jan] de [niederl. 'xɛitər], * Lede bei Aalst 25. Mai 1830, † Antwerpen 18. Febr. 1905, fläm. Dichter.
Beteiligung an der Fläm. Bewegung; schrieb Kantaten und realist. Gedichte mit polit. und antiklerikaler Tendenz; bed. ist das Epos „Keizer Karel en het rijk der Nederlanden" (1888).

Gezelle, Guido Pierre [niederl. xə'zɛlə], * Brügge 1. Mai 1830, † ebd. 27. Nov. 1899, fläm. Dichter.
Priester und Lehrer in Brügge; gilt als bedeutendster fläm. Lyriker; wegen seines ausgeprägten Nationalbewußtseins, zu dem er auch seine Schüler

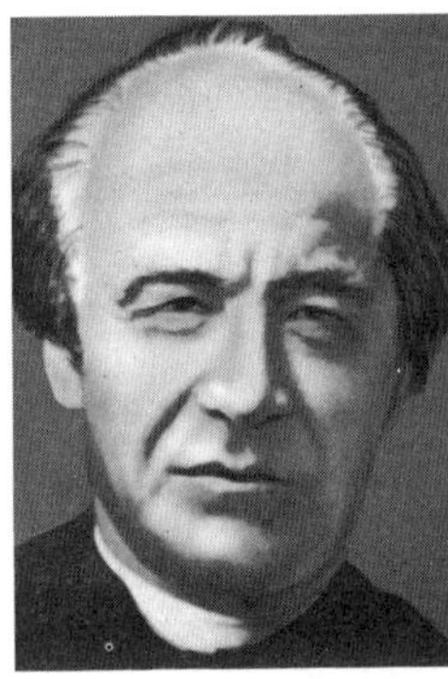

Guido Pierre Gezelle

erzog, mehrmals versetzt. 30jährige literar. Schweigeperiode, während der er intensive Sprachstudien trieb. G. war Begründer und Leiter des Volksblattes „Rond den heerd" (1865–71). Trotz schöpfer. Originalität und Sprachgewandtheit wurde er erst von der fläm. Moderne entdeckt. Er schrieb musikal. Verse über seine Heimat, sein Volk, tief religiöse über die Feste des Kirchenjahres und eine sehr lebendige Prosa.
Hauptwerke: Vlaemsche dichtoefeningen (Ged., 1858), Kerkhofblommen (Ged., 1858), Gedichten, gezangen en gebeden (1861), Liederen, eerdichten et reliqua (1878), Im Kranze der Gezeiten (Ged., 1893; dt. 1948), Rijmsnoer (Ged., 1897), Laatste verzen (1902).
Ausgabe: G. G. Dichtwerken. Hg. v. F. Bauer. *Amsterdam* $^{2-3}$*1949–50. 4 Bde.*
Literatur: Van Vlierden, B. F.: *G. G. tegenover het dichterschap. Kapellen 1967.* – Walgrave, A.: *Het leven van G. G. Amsterdam 1923–24. 2 Bde.* – Jostes, F.: *Die fläm. Lit. im Überblick mit bes. Berücks. v. G. G. Mönchengladbach 1917.*

Ghalib [engl. 'gɑ:lıb], eigtl. Asad-ul-lah Khan, genannt Mirza Noshah, * Agra 27. Dez. 1797, † Delhi 15. Febr. 1869, ind. Dichter.
Aus einer aus Zentralasien eingewanderten türk. Offiziersfamilie; befaßte sich intensiv mit pers.

Sprache und Literatur, kam um 1813 nach Delhi, gefördert vom letzten Großmogul Bahadur Schah II. G. ist einer der bedeutendsten Urdu-Dichter; sein „Diwan" in formvollendeter Sprache ist bis heute verbreitet; schrieb auch in pers. Sprache; bed. Briefe.

Ghelderode, Michel de [niederl. 'xɛldəro:də, frz. gɛldə'rɔd], eigtl. Aldemar Martens, * Ixelles 3. April 1898, † Brüssel 1. April 1962, fläm. Dramatiker.

Matrose, Journalist, Archivar, Dramaturg des „Vlaams Volkstoneel"; als Dramatiker seit 1946 auch in Frankreich (Paris) eingeführt; expressionist.-visionärer Dramatiker in spezif. fläm. Ausprägung, dessen über 50 (meist histor.) Dramen umfassendes Werk oft mit der farbigen, exzessiven Bilderwelt Breughels, Boschs und Ensors verglichen wurde; daneben Arbeiten auf dem Gebiet der belg. Geschichte und Folklore.

Hauptwerke: La mort du docteur Faust (Dr., 1926), Escorial (Dr., 1930; dt. 1963), Pantagleize (Dr., 1930; dt. 1963), Barabbas (Dr., 1933; dt. 1951), Fastes d'enfer (Dr., 1938), Hop Signor (Dr., 1942), Ein Abend des Erbarmens (Dr., dt. 1958).

Ghéon, Henri [frz. ge'õ], eigtl. H.-Léon Vangeon, * Bray-sur-Seine 15. März 1875, † Paris 13. Juni 1944, frz. Dramatiker.

Arzt; gehörte dem Gründerkreis der Zeitschrift „La Nouvelle Revue Française" an; während des 1. Weltkriegs an der Front Konversion zum Katholizismus; 1924 Leiter einer eigenen Schauspieltruppe; schrieb im Sinne eines neuen „poet." Dramas zahlreiche, meist an mittelalterl. Mysterien und Heiligenlegenden anknüpfende christl. Theaterstücke: „Die Wallfahrt nach Compostella" (1911, dt. 1931), „Der Arme unter der Treppe" (1920, dt. 1948; Stoff der Sankt-Alexius-Legende) u.a.; ferner Romane, Gedichte, Essays.

Gheorghiu, Constantin Virgil [rumän. geor'giu], * Războeni (Kreis Neamţ) 15. Sept. 1916, rumän. Schriftsteller.

Studierte u.a. in Heidelberg Theologie und Philosophie; Diplomat; im 2. Weltkrieg auf dt. Seite Kriegsberichterstatter, daher nach Kriegsende interniert. Während dieser Zeit schrieb er gemeinsam mit seiner Frau in frz. Sprache den Roman „25 Uhr" (dt. 1950), eine Anklage gegen jeden versklavenden Totalitarismus.

Weitere Werke: Johannes Chrysostomos (R., dt. 1960), Bettelt nicht um Wunder (R., dt. 1961), Die Peitsche (R., dt. 1960), Alibi für Limitroff (R., dt. 1962), Gangster Maximilian Perahin (R., dt. 1963), Die Unsterblichen von Agapia (R., dt. 1964).

Gherardi del Testa, Tommaso Graf [italien. ge'rardi del 'tɛsta], * Terricciola (Pisa) 30. Aug. 1818, † Pistoia 12. Okt. 1881, italien. Dramatiker.

Zunächst Anwalt in Florenz; wandte sich mit Erfolg v.a. dem Lustspiel aus dem Leben der Toskana zu; schrieb auch Romane und polit.-satir. Gedichte.

Hauptwerke: Una folle ambizione (Kom., 1844), Le false letterate (Kom., 1846), Il figlio del bastardo (R., 1847), Der wahre Adel (Kom., 1862; dt. 1877), La vita nuova (Kom., 1879).

Ghil, René [frz. gil], eigtl. R. Guilbert, * Tourcoing 27. Sept. 1862, † Niort 15. Sept. 1925, frz. Dichter.

Belg. Herkunft; einer der frühesten Symbolisten, Schüler Mallarmés. Legte seine für die Deutung symbolist. Dichtung in mancher Hinsicht grundlegende Theorie der „instrumentation verbale" in seinem „Traité du verbe" (1886) dar, in dem er die synästhet. Beziehungen zwischen Vokalen, Konsonanten, Farben und Tönen aufzuzeigen suchte. G. wandte seine Theorie in einer Reihe außerordentl. dunkler, z.T. kaum verständl. Gedichte an.

Ghiraldo, Alberto [span. gi'raldo], * Mercedes (Buenos Aires) 1875, † Santiago de Chile 23. März 1946, argentin. Dichter.

Journalist; lebte in Argentinien, Spanien und Chile; Beamter des argentin. Außenministeriums, seit 1943 Botschafter in Ecuador; befreundet mit Rubén Darío; Lyriker zwischen Modernismo und Romantik; schrieb auch Dramen und Erzählungen.

Hauptwerke: Música prohibida (Ged., 1904), Triunfos nuevos (Ged., 1910), Cantos argentinos (Ged., 1910).

Ghislanzoni, Antonio [italien. gizlan'tso:ni], * Barco di Maggianico (Lecco) 25. April 1824, † Caprino Bergamasco 16. Juli 1893, italien. Schriftsteller.

Medizinstudium in Pavia; Opernsänger in Mailand, nach Verlust der Stimme Schriftsteller und Journalist; Republikaner; schrieb eine Reihe von Romanen, erlangte jedoch v.a. als Librettist Verdis Bedeutung.

Hauptwerke: Die Macht des Schicksals (Libretto, 1869), Aida (Libretto, 1870).

Giacometti, Paolo [italien. dʒako'metti], * Novi Ligure 19. März 1816, † Gazzuolo (Mantua) 31. Aug. 1882, italien. Dramatiker.

Rechtsstudium; schrieb als besoldeter Dichter wandernder Schauspieltruppen über 80 bühnenwirksame Dramen, meist mit histor.-patriot. oder moral.-sozialem Hintergrund; sein bekanntestes Stück ist „La morte civile" (1862).

Weitere Werke: Il poeta e la ballerina (Kom., 1841), Torquato Tasso (Dr., 1853), La colpa vendica la colpa (Dr., 1854).

Giacomino da Verona [italien. dʒako'mi:no davve'ro:na], italien. Dichter der 2. Hälfte des 13. Jahrhunderts.

Franziskaner; schrieb vor Dante zwei religiösdidakt. Dichtungen über Paradies und Hölle: „De Jerusalem celesti" und „De Babylonia civitate infernali", beide in einem lombard.-venezian. Mischdialekt.

Giacomo, Salvatore Di ↑ Di Giacomo, Salvatore.

Giacosa, Giuseppe [italien. dʒa'ko:za], * Colleretto Parella (Piemont) 21. Okt. 1847, † Mailand 1. Sept. 1906, italien. Dramatiker.

Zunächst Rechtsanwalt; stand in Verbindung mit den bedeutendsten Autoren seiner Zeit (Carducci u.a.); einer der vielseitigsten und erfolgreichsten italien. Bühnenautoren des ausgehenden 19. Jh.s; behandelte Tagesfragen ebenso gewandt wie mittelalterl.-romaneske Stoffe („Una partita a scacchi", 1873; „La dame de Challant", 1891); Meister des bürgerl.-realist. Dramas („Tristi amori", 1888; „Come le foglie", 1900); schrieb zusammen mit L. Illica Libretti für Puccini („Tosca", 1899; „Madame Butterfly", 1904).

Giannone, Pietro [italien. dʒan'no:ne], * Camposanto (Modena) 5. März 1792, † Florenz 24. Dez. 1872, italien. Dichter.

Mußte als glühender Patriot und Republikaner fliehen und lebte in Paris, seit 1848 in Florenz; Hauptwerk ist die patriot. Versdichtung in 15 Gesängen „L'esule" (1829).

Gibbon, Edward [engl. 'gɪbən], * Putney (heute zu London) 8. Mai 1737, † London 16. Jan. 1794, engl. Historiker und Schriftsteller.

Konvertierte 16jährig in Oxford zum Katholizismus, trat später in Lausanne wieder zum prot. Glauben über; 1758 Rückkehr nach England; 1759–63 aktiver Dienst in der Bürgermiliz von Hampshire; durch Studienreisen und Aufenthalte wesentl. Einflüsse der roman. Welt; 1774–83 wenig erfolgreiche Laufbahn als Parlamentsmitglied. Seinem Hauptwerk, „Geschichte des Verfalls und Untergangs des Röm. Reiches" (dt. 1779), verdankt er seinen Ruhm. Das Werk, das die Zeit von 180 bis 1453 behandelt, zeichnet sich durch künstler. vollendete Struktur und Sprachformung aus.

Weitere Werke: Essai sur l'étude de la littérature (1761, engl. 1764), Miscellaneous works (1796).

Literatur: De Beer, Sir G.: *G. and his world. London 1968.* – Swain, J. W.: *E. G. the historian. London 1968.* – Bond, H. L.: *The literary art of E. G. Oxford 1960.* – Low, D. M.: *E. G. London 1937.*

Gibbon, Monk [engl. 'gɪbən], * Dublin 15. Dez. 1896, ir. Schriftsteller.

Studierte in Dublin und Oxford; Teilnehmer am 1. Weltkrieg; unternahm weite Reisen. Von B. Russells Philosophie beeinflußt; bekannt durch seine philosoph.-dichter. Autobiographie „Mount Ida" (1948).

Weitere Werke: Seventeen sonnets (1932), Swiss enchantment (Reisebericht, 1950), This insubstantial pageant (Ged., 1951), Austria (Reisebericht, 1953), Western Germany (Reisebericht, 1955).

Gibbs, Sir Philip Hamilton [engl. gɪbz], * London 1. Mai 1877, † Shamley Green (Surrey) 10. März 1962, engl. Schriftsteller.

Sohn eines Beamten; literar. Redakteur bei verschiedenen Zeitungen, u.a. bei „Daily Mail", „Daily Chronicle" und „Tribune", 1920 geadelt; Sonderkorrespondent im 1. Weltkrieg. Verschiedene seiner Romane entstanden aufgrund seiner Kriegseindrücke (u.a. „Realities of war", 1920) oder behandeln zeitpolit. Fragen.

Weitere Werke: Zwischen Ja und Nein (R., 1922; dt. 1936), The cross of peace (R., 1933), England spricht (Essay, dt. 1937), One of the crowd (R., 1959).

Gibson, Wilfrid Wilson [engl. gɪbsn], * Hexham (Northumberland) 2. Okt. 1878, † Virginia Water (Surrey) 26. Mai 1962, engl. Schriftsteller.

Begann sehr früh zu schreiben; Teilnahme am 1. Weltkrieg. Führender Vertreter der „Georgian poetry"; Verfasser von Gedichten über das Leben des Alltags, über die Armut der Industriearbeiter und Kleinbauern. Oft ist die Landschaft Northumberlands der Hintergrund seiner Werke; G. schrieb auch Dramen.

Hauptwerke: Mountain lovers (Ged., 1903), Kestrel Edge (Dr., 1924), Collected poems (1905–25), The outpost (Ged., 1944), Within four walls (Ged., 1950).

Gide, André [frz. ʒid], * Paris 22. Nov. 1869, † ebd. 19. Febr. 1951, frz. Schriftsteller.

Nach dem frühen Tod des Vaters, der Professor der Rechte war, von der Mutter streng religiös (prot.) erzogen; Privatunterricht, dann an der École alsacienne; 1893/94 Reise nach Algerien und Tunesien, lernte dort O. Wilde kennen; 1895 heiratete G. seine Kusine, mit der er Europa und Afrika bereiste. Seiner Frau galt seine „entsinnlichte" Liebe, die G. als das Drama seines Lebens bezeichnete. G. war Mitbegründer der Zeitschrift „La Nouvelle Revue Française" (1909); 1925/26 Reise nach Afrika im Auftrag des Kolonialministeriums. Einige Jahre stand er dem Kommunismus nahe; eine Reise in die UdSSR (1936) ernüchterte ihn. G. wurde oft ausgezeichnet (1947 Nobelpreis). 1952 wurden seine Bücher auf den Index der kath. Kirche gesetzt. Er ist eine der vielseitigsten und einflußreichsten Persönlichkeiten des literar. Lebens zu Beginn des 20. Jh.s. Sein Werk reicht von Übersetzungen (Goethe, Shakespeare, Blake, Whitman, Puschkin u.a.) über ein umfangreiches literaturkrit. Werk u. Biographien bis zu [polit.] Reisebeschreibungen, Erzählungen, Romanen, Dramen und Gedichten. Er begann als Symbolist; starke Einflüsse u.a. von Pascal, Nietzsche, Dostojewski und Goethe, der G.s

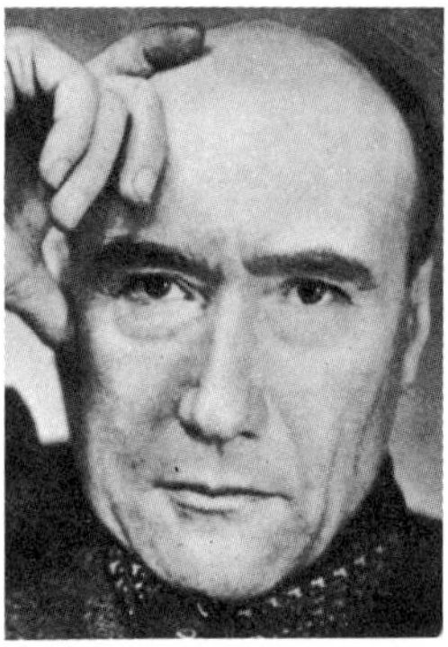

André Gide

Schaffen seit Mitte der 20er Jahre wesentl. bestimmte. In seinem Werk proklamiert G. das Recht des Individuums auf sein ganz persönl. Leben. Er wendet sich gegen jede Konvention als eine Einschränkung der Persönlichkeit. Künstler. am bedeutendsten ist seine mehrbändige Autobiographie, beginnend mit „Stirb und werde" (1924, dt. 1930); die folgenden Bände enthalten Schilderungen sexueller Erlebnisse, die bis dahin in der Literatur in dieser Form unübl. waren („Et nunc manet in te und Intimes Tagebuch", dt. 1952, und „So sei es oder Die Würfel sind gefallen", dt. 1953); klass. reine Sprache, klar, musikal., rauschhaft in der Darstellung des Lebensgenusses; Hedonismus steht neben Askese, scharfe Selbstanalyse, psycholog. Einfühlungsvermögen neben Ästhetizismus.

Weitere Werke: Les cahiers d'André Walter (Prosa, 1891), Le traité de Narcisse (E., 1891), Ein Liebesversuch (En., dt. 1907), Uns nährt die Erde (Prosa, dt. 1930), Der schlechtgefesselte Prometheus (Dr., dt. 1909), Der König Candaules (Dr., dt. 1905), Der Immoralist (R., dt. 1905), Saul (Dr., dt. 1909), Die enge Pforte (R., dt. 1909), Isabelle (E., 1911; dt. 1926), Die Rückkehr

des verlorenen Sohnes (E., dt. von Rilke 1914), Die Verliese des Vatikan (R., dt. 1922), Die Pastoralsymphonie (Nov., dt. 1925), Die Falschmünzer (R., dt. 1928), Die Schule der Frauen (R., dt. 1929), Oedipus (Dr., dt. 1931), Genoveva (R., 1936; dt. 1950).
Ausgaben: A. G. Theater. Ges. Stücke. Dt. Übers. Stuttg. 1968. – A. G. Sämtl. Erzählungen. Dt. Übers. Stuttg. 1965. – A. G. Romans, récits et soties. Œuvres lyriques. Paris 1959. – A. G. Tageb. 1889–1939. 1939–1949. Dt. Übers. Stuttg. 1950–67. 4 Bde. – A. G. Œuvres complètes. Hg. v. L. Martin-Chauffier. *Paris 1933–1954. 15 Bde., 2 Erg.-Bde.*
Literatur: Holdheim, W. W.: *Theory and practice of the novel. A study on A. G. Genf 1968. – Entretiens sur A. G. Hg. v.* M. Arland *u.* J. Mouton. *Paris 1967.* – Mann, K.: *A. G. u. die Krise des modernen Denkens. Neuausg. Mchn. 1966.* – Brée, G.: *G. New Brunswick (N.J.) 1963.* – Martin, C.: *A. G. in Selbstzeugnissen u. Bilddokumenten. Dt. Übers. Reinbek bei Hamb. 1963.* – Pierre-Quint, L.: *A. G. Der Mensch u. sein Leben, sein Werk. Dt. Übers. Neuwied 1956.*

Gierow, Karl Ragnar [schwed. 'gi:rɔv], * Hälsingborg 2. April 1904, schwed. Lyriker und Dramatiker.
Verlagsangestellter, Tätigkeit beim Rundfunk, dann Mitarbeit am „Svenska Dagbladet“, 1951–63 Intendant des Königl. Dramat. Theaters Stockholm, seit 1964 ständiger Sekretär der schwed. Akademie. Formsicherer Lyriker, nach heiteren Gedichten pessimist. Untergangsstimmung während der Kriegszeit; erfolgreicher, von T. S. Eliot beeinflußter Dramatiker.
Hauptwerke: Den gyllene ungdomen (Ged., 1928), Ödletid (Ged., 1937), Rovdjuret (Dr., 1941), Helgonsaga (Dr., 1943), Cembalo (Dr., 1961), Om livet är dig kärt (Ged., 1963).

Gifford, William [engl. 'gɪfəd], * Ashburton (Devon) 17. April 1756, † London 31. Dez. 1826, engl. Dichter und Kritiker.
Sohn eines Glasers, Schuhmacherlehrling, zuletzt in Oxford erzogen. Verfasser von zwei Satiren („The Baviad“, 1797; „The Maeviad“, 1797) gegen die engl. Della-Crusca-Schule und gegen kleinere Londoner Dramatiker. 1797 Hg. des „Anti-Jacobin“, 1809–24 der von ihm mitbegründeten „Quarterly Review“; Angriffe gegen Keats, Hazlitt und die Cockney-Schule. G. gab Werke von Massinger, Ben Jonson u.a. heraus, er übersetzte Juvenal (1802) und Persius (1821).

Gigli, Girolamo [italien. 'dʒiʎʎi], eigtl. G. Nenci, * Siena 14. Okt. 1660, † Rom 4. Jan. 1722, italien. Dichter.
Professor an der Universität Siena; suchte die Überlegenheit des Sieneser Dialekts gegenüber dem Florentiner zu beweisen und zog sich dadurch die Feindschaft der Accademia della Crusca und zeitweilige Verbannung zu; sein bedeutendstes Werk ist die Komödie „Il Don Pilone“ (1711) nach Molières „Tartuffe“; ferner schrieb er bes. Satiren („Scivolata“, 1720; „Brandaneide“, hg. 1757).

Gijsen, Marnix [niederl. 'xɛisə], eigtl. Jan-Albert Goris, * Antwerpen 20. Okt. 1899, fläm. Schriftsteller.
Studierte Geschichte (Dr. phil.); Professor an der Universität New York; begann mit expressionist. Gedichten in christl.-humanitärem Geist; später schrieb er v.a. intellektuelle Romane, die durch überlegene Ironie und eine sachl.-klare Sprache gekennzeichnet sind; nicht ohne Zynismus wendet er sich von den Idealen seiner Jugend (Glaube und Moral) ab.
Hauptwerke: Het huis (Ged., 1925), Joachim von Babylon (R., dt. 1953), An den Fleischtöpfen Ägyptens (R., dt. 1954), Zelfportret, gevleid natuurlijk (Autobiogr., 1965).

Gil, Augusto César Ferreira [portugies. ʒil], * Lordelo bei Porto 31. Juli 1873, † Lissabon 26. Febr. 1929, portugies. Dichter.
Rechtsstudium in Coimbra; Inhaber hoher Staatsstellungen; Lyriker abseits der Schulen, dessen Ausdrucksskala von scharfer Ironie und Satire bis zu volksnaher Schlichtheit reicht; auch Erzähler.
Hauptwerke: Luar de Janeiro (Ged., 1909), O craveiro da janela (Ged., 1920), Avena rústica (Ged., 1927).

Gilbert, Nicolas Joseph Laurent [frz. ʒil'bɛ:r], * Fontenoy-le-Château bei Épinal 1750, † Paris 12. Nov. 1780, frz. Dichter.
Sohn eines Bauern, lebte in Nancy und seit 1772 in Paris; starb früh an den Folgen eines Reitunfalles. Seine religiöse, gefühlsbetonte Einstellung brachte ihn in scharfen Ggs. zu den Enzyklopädisten und Philosophen der Aufklärung. In Satiren gab er seiner Verachtung für sie Ausdruck: „Le XVIIIe siècle“ (1775) und „Mon apologie“ (1778). Daneben schrieb er Oden an Ludwig XV. und Ludwig XVI. Sein schönstes Gedicht ist die Ode „Adieux à la vie“ (oder „L'ode imitée de plusieurs psaumes“).

Gilbert, Sir William Schwenck [engl. 'gɪlbət], * London 18. Nov. 1836, † Harrow Weald (Middlesex) 29. Mai 1911 (ertrunken), engl. Dramatiker.
Sohn eines Schriftstellers, Beamter im Kultusministerium, 1863 Advokat; 1907 geadelt. Verfasser beliebter kom. [Scherz]gedichte („Bab ballads“, 1868; „More Bab ballads“, 1872). G. schrieb noch heute erfolgreiche Lustspiele und Operettenlibretti von ausgezeichnetem Aufbau und köstl. Komik (bes. für den Komponisten Sir Arthur Sullivan).
Weitere Werke: The happy land (Kom., 1873), The pirates of Penzance (Operettenlibretto, 1879), Patience (Operettenlibretto, 1881), The Mikado (Operettenlibretto, 1885), The gondoliers (Operettenlibretto, 1889).

Gilgamesch-Epos, bed. ep. Dichtung der vorhomer. Zeit und gewaltigstes Werk der babylon. Literatur; unter Verwendung sumer. Vorlagen im 19./18. Jh. von einem anonymen Verfasser aufgezeichnet; die bekannteste, sog. jüngere babylon. Fassung, die um 1200 auf 12 Tontafeln mit über 3000 Versen niedergeschrieben wurde und in Abschriften aus der Palastbibliothek des Assyrerkönigs Assurbanipal (7. Jh. v. Chr.) fragmentar. erhalten ist, besingt Gilgamesch, den König von Uruk (S-Babylonien), seine Abenteuer und vergebl. Mühen, das ewige Leben, das er in der Erkenntnis von der Vergänglichkeit alles Irdischen sucht, zu erringen; Fragmente in churrit. und hethit. Sprache zeugen von der Beliebtheit des Werkes im 2. vorchristl. Jahrtausend.
Ausgabe: Das G.-E. Dt. Übers. Bearb. v. H. Schmökel. *Stuttg. 1966.*

Literatur: Schneider, Vera: *Gilgamesch. Zürich 1966.* – Heidel, A.: *The Gilgamesh epic and Old Testament parallels. Chicago ²1949.*

Gilkin, Iwan [frz. ʒil'kɛ̃], * Brüssel 7. Jan. 1858, † ebd. 29. Sept. 1924, belg. Dichter.
Bibliothekskonservator; führendes Mitglied der Dichtergruppe „La Jeune Belgique"; schrieb von Baudelaire beeinflußte Gedichte („La nuit", 1897), daneben philosoph. und histor. Dramen („Prométhée", 1900; „Savonarole", 1906).

Gill, Claes Daniel [norweg. gil], * Odda (Hardanger) 13. Okt. 1910, norweg. Lyriker.
Seemann, dann Korrektor, Schauspieler, 1945/46 Leiter des „Studioteatret" in Oxford, 1954–56 des Rogaland-Theaters in Stavanger. Seine visionäre Lyrik beschwört eine hinter der äußeren Welt verborgene geistige Wirklichkeit: „Fragment av et magisk liv" (Ged., 1939) und „Ord i jærn" (Ged., 1942).

Gille, Valère [frz. ʒil], * Brüssel 3. Mai 1867, † Haasdonk 1. Juni 1950, belg. Dichter.
Aus dem Kreise „La Jeune Belgique"; Bibliothekar; seine lyr. Gedichte („Le château des merveilles", 1893; „La cithare", 1897; „La corbeille d'octobre", 1902) zeichnen sich durch parnass. Reinheit und unverfälschte Heiterkeit aus; auch Dramatiker.

Gillhoff, Johannes, * Glaisin (Landkreis Ludwigslust) 24. Mai 1861, † Parchim 16. Jan. 1930, dt. Schriftsteller.
Als Erzähler bekannt durch seinen humorvollen Auswandererroman „Jürnjakob Swehn, der Amerikafahrer" (1917); auch folklorist. Schriften.

Gilliams, Maurice [niederl. 'xɪli:ɑms], * Antwerpen 20. Juli 1900, fläm. Schriftsteller.
Seine Gedichte zeigen eine große Übereinstimmung mit der Rilkeschen Dingpoesie; in seinen Erzählwerken gelingen G. vortreffl. Seelen- und Gefühlsschilderungen; als Essayist einer der besten fläm. Stilisten.
Hauptwerke: Het Maria-leven (Ged., 1932), Elias oder das Gefecht mit den Nachtigallen (R., 1936; dt. 1964), Winter in Antwerpen (R., 1953; dt. 1964).

Gilm zu Rosenegg, Hermann von, * Innsbruck 1. Nov. 1812, † Linz 31. Mai 1864, östr. Lyriker.
Sohn eines Gerichtsassessors, studierte Jura in Innsbruck, wirkte im jurist. Staatsdienst, zuletzt Leiter des Präsidialbüros in Linz; seine Lyrik umfaßt schlichte Natur- und Liebeslieder im Volkston und scharf tendenziöse, antiklerikale Jesuitenlieder; auch Dramatiker und Theaterkritiker.
Hauptwerke: Tiroler Schützenleben (Ged., 1863), Gedichte (1864/65).

Gil Polo, Gaspar [span. 'xil 'polo], * Valencia um 1535, † Barcelona 1591, span. Dichter.
Advokat; wurde bekannt durch seine Forts. der „Diana" des Montemayor, „Diana enamorada" (1564), mit anmutigen lyr. Einlagen (Sonette, Kanzonen, Elegien, Lieder im altnationalen Stil u. a.).

Gil Vicente [portugies. 'ʒil vi'sentə] † Vicente, Gil.

Gil y Zárate, Antonio [span. 'xil i 'θarate], * San Ildefonso (Segovia) 1. Dez. 1793, † Madrid 27. Jan. 1861, span. Dramatiker.
Studierte Naturwissenschaften in Paris; span. Erziehungsminister und Mitglied der Akademie. Schrieb nach frz. Vorbild die streng klassizist. Tragödie „Blanca de Borbón" (1835), hatte aber auch mit romant. Dramen Erfolg, so mit „Carlos II el Hechizado" (1837), „Guzmán el Bueno" (1847).

Giménez Caballero, Ernesto [span. xi'menεθ kaβa'ʎero], Pseudonym Gecé, * Madrid 2. Aug. 1899, span. Schriftsteller.
Repräsentativer und erfolgreicher Autor nach dem 1. Weltkrieg. Begründete die „Gaceta Literaria", die das literar. Leben in Spanien maßgebend mitbestimmte; bed. als Kritiker, vorwiegend vom Journalismus geprägte Werke; Mitbegründer der Falange, 1958 Gesandter in Paraguay.
Hauptwerke: Los toros, las castañuelas y la virgen (Essays, 1927), Yo inspector de alcantarillas (R., 1928), Genio de España (Essay, 1932).

Gimilninurta, Titelfigur eines im 2. Jt. v. Chr. geschriebenen anonymen babylon. Schelmenepos, das in 160 Zeilen die Streiche und Abenteuer des eulenspiegelähnl. G. schildert; 1951/52 entdeckt.

Ginsberg, Allen [engl. gɪnzbə:g], * Paterson (N.J.) 3. Juni 1926, amerikan. Lyriker.
Nach der Studienzeit ausgedehnte Reisen; G. ist einer der Hauptvertreter der Dichtung der Beat generation, in dessen Lyrik sich der Versuch der radikal-individualist. Beatniks manifestiert, durch ekstat. Lebensgestaltung dem Zwang der Konvention zu entrinnen. Formal in der Nachfolge Whitmans; Einfluß des Jazz auf den Sprachrhythmus.
Hauptwerke: Das Geheul u. a. Gedichte (dt. 1959), Empty mirror. Poems 1948–51 (Ged., 1960), Kaddisch (Ged., dt. 1962), Reality sandwiches (Ged., 1963), T.V. baby poems (1967), Planet News (ges. Ged., dt. 1969).

Ginzberg, Ascher † Achàd Ha'am.

Ginzburg, Natalia [italien. 'gindzburg], geb. Levi, * Palermo 14. Juli 1916, italien. Schriftstellerin.
Verlebte ihre Jugend in Turin; ⚭ mit Leone G., Professor für russ. Literatur; die Familie wurde von den Faschisten in die Verbannung geschickt, Leone G. 1944 von der Gestapo verhaftet (Tod während der Haft); Natalia G. war nach dem Krieg Verlagslektorin und lebt seit 1952 in Rom; sie schreibt Romane, Dramen, Essays in einem unsentimentalen, kühlen Stil.
Hauptwerke: Alle unsere Jahre (R., 1952; dt. 1967), Valentino (R., dt. 1960), Die Stimmen des Abends (R., dt. 1964), Mein Familienlexikon (R., dt. 1965), L'inserzione (Dr., 1968).

Ginzkey, Franz Karl [...aɪ], * Pola (heute Pula) 8. Sept. 1871, † Wien 11. April 1963, östr. Schriftsteller.
Besuchte die Marine- und Kadettenschule, wurde Infanterieoffizier (Salzburg, Triest und Pola). 1897–1914 war G. am Militärgeograph. Institut in Wien; im 1. Weltkrieg Archivrat und Berichterstatter, seit 1920 freier Schriftsteller. Als späten Nachfahren der Romantik weist ihn seine zarte, liedhafte Lyrik aus, in der er ebenso Themen seiner Heimatlandschaft gestaltet wie in den romant. Balladen und im Erzählwerk, das auch histor. und kulturgeschichtl. Romane und Novellen umfaßt.
Hauptwerke: Das heiml. Läuten (Ged., 1906), Jakobus und die Frauen (R., 1908), Der von der Vogelweide (R., 1912), Der Wiesenzaun (Nov., 1913), Der Gaukler von Bologna (R., 1916), Balladen aus dem alten Wien (1923), Balladenbuch (1931), Der Heimatsucher (Autobiogr., 1948), Seitensprung ins Wunderliche (Ged., 1953).

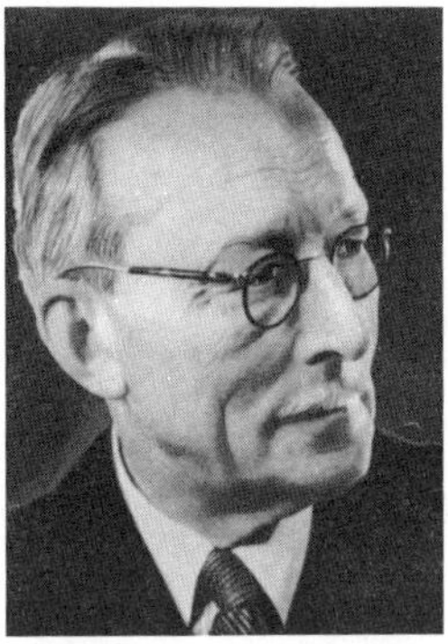

Franz Karl Ginzkey

Ausgabe: F. K. G. Ausgew. Werke in vier Bden. Wien 1960.
Literatur: Mitteregger, H.: *F. K. G. Sein lyr. Schaffen. Diss. Innsbruck 1952 [Masch.].* – Hohlbaum, R.: *F. K. G. Lpz. 1921.*

Giono, Jean [frz. ʒjɔ'no], * Manosque (Basses-Alpes) 30. März 1895, frz. Schriftsteller.
Entstammt einer einfachen Familie; bleibt in seinem Schaffen eng mit seiner Heimat verbunden; als konsequenter Pazifist, der in dem Roman „Die große Herde" (dt. 1932) und in dem Essay „Refus d'obéissance" (1937) das sinnlose Morden des 1. Weltkrieges scharf verurteilte, wurde er nach dem 2. Weltkrieg der Kollaboration verdächtigt und erhielt Veröffentlichungsverbot. Er begann mit Romanen in naturalist.-lyr. Ton über Themen seiner Heimat, in denen er seine ursprüngl. Verwurzelung mit der provenzal. Erde und eine erdhaft-sinnl. Leidenschaft bekundet; nach der polit. bedingten Schweigeperiode wandte G. sich v. a. psycholog. Stoffen zu.
Weitere Werke: Der Hügel (R., dt. 1932), Der Berg der Stummen (R., 1929; dt. 1951), Ernte (R., 1930; dt. 1951), Ein König allein (R., dt. 1951), Die große Meeresstille (R., dt. 1950), Der Husar auf dem Dach (R., dt. 1955), Das unbändige Glück (R., dt. 1957).
Literatur: Boisdeffre, P. de: *G. Paris 1965.* – Chonez, C.: *G. par lui-même. Paris 1956.* – Ciossek, H. H.: *J. G., ein Dichter der Provence. Diss. Greifswald 1934.*

Giordani, Pietro [italien. dʒor'da:ni], * Piacenza 1. Jan. 1774, † Parma 14. Sept. 1848, italien. Schriftsteller.
Studierte Philosophie und Rechtswissenschaft; Benediktiner, seit 1803 wieder im Laienstand; 1808 Sekretär der Akademie in Bologna; als Freisinniger mehrfach verfolgt; war Ästhetiker, Panegyriker und polit. Pamphletist und galt wegen seiner hervorragenden Prosakunst als maßgebende Autorität in Fragen des reinen italien. Stils; bed. Korrespondenz.
Hauptwerke: Panegirico a Napoleone (1807), Istruzione a un giovane italiano per l'arte di scrivere (1821), Lettere (1837).

Giovanni, Domenico di [italien. dʒo'vanni] ↑ Burchiello, il.

Giovannini, Michelangelo Girolamo [italien. dʒovan'ni:ni] ↑ Firenzuola, Agnolo.

Gippius ↑ Hippius.

Giraldi, Giambattista [italien. dʒi'raldi], genannt Cinzio oder Cintio, * Ferrara 1504, † ebd. 30. Dez. 1573, italien. Dichter und Literat.
War Professor für Philosophie und Rhetorik an der Universität Ferrara, später in Mondovì, Turin und Pavia und kehrte 1571 an die Universität seiner Heimatstadt zurück. G. schrieb 113 Novellen („Gli hecatommithi", 1565; dt. Ausw. 1614), die er in der Art Boccaccios in eine Rahmenhandlung hineinstellt. Den erzählten Schauergeschichten fehlt jedoch das erot. Element des „Decamerone"; Quelle u. a. für Shakespeare. G.s Werk zeigt eine stark moralisierende Tendenz. Mit „Orbecche" (1541) schuf er die erste Tragödie der neueren italien. Literatur auf klass. Grundlage. Das Schauerdrama – der Chor berichtet von den grauenerregenden Vorfällen – hatte bei der Aufführung in Ferrara ungeheuren Erfolg. G.s Tragödie fand viele Nachahmer. Auch Verfasser ästhet. Schriften, die lebhafte Polemiken verursachten („Discorso intorno al comporre delle commedie e delle tragedie", 1549).
Literatur: Horne, P. R.: *The tragedies of G. Cinthio G. London 1962.* – Guerrieri-Crocetti, C.: *G. G. e il pensiero critico del secolo XVI. Mailand 1932.*

Giraldus Cambrensis, auch Gerald of Wales, eigtl. Giraldus (Gerald) de Barri, * Manorbier Castle (Pembroke) um 1146, † 1220 (?), Geistlicher und Schriftsteller normann.-walis. Herkunft.
Teils gute, teils gespannte Beziehungen zu weltl. und geistl. Höfen; oft verfolgt. G., ein bed. Redner und großer Denker, bediente sich in seinen literar. Werken einer originellen, meist humorvollen Sprache; bes. Erwähnung verdienen v. a. die großen Werke mit historiograph.-topograph. Angaben über Irland und Wales „Itinerarium Cambriae", „Topographia Hibernia" und „Expugnatio Hibernica".

Girard, Antoine [frz. ʒi'ra:r] ↑ Saint-Amant, Marc Antoine Girard, Sieur de.

Girardin, Delphine [frz. ʒirar'dɛ̃] ↑ Gay, Delphine.

Girart de Roussillon [frz. ʒirardərusi'jõ], altfrz. Heldenepos (Chanson de geste) des 12. Jh.s, in ungleich langen Strophen assonierender Zehnsilber angeordnet und in einem frz.-provenzal. Mischdialekt abgefaßt; das Epos behandelt einen der erbitterten Vasallenkämpfe gegen die frz. Krone.

Giraud, Albert [frz. ʒi'ro], eigtl. A. Kayenbergh, * Löwen 23. Juni 1860, † Brüssel 26. Dez. 1929, belg. Lyriker.
Mitbegründer der Gruppe „La Jeune Belgique", Anhänger des frz. Parnasse, dessen Vertreter seiner eigenen Gedankenlyrik entscheidende Impulse verliehen; virtuos in der Beherrschung aller formalen Kunstmittel, gestaltet er zumeist Szenen aus dem röm. Altertum, das er der an Glanz und Ruhm armen Gegenwart gegenüberstellt; auch bilderreiche Schilderungen der heimatl. Landschaft.
Hauptwerke: Le scribe (Ged., 1883), Hors du siècle (Ged., 1888–94), La guirlande des dieux (Ged., 1910), La frise empourprée (Ged., 1912), Le miroir caché (Ged., 1921).

Giraud, Giovanni Graf [italien. dʒi'ra:ud], * Rom 28. Okt. 1776, † Neapel 31. Okt. 1834, italien. Dramatiker.
Schrieb erfolgreiche an Goldoni geschulte Lustspiele mit wirksamer Situationskomik: „Hofmeister in 1000 Ängsten" (1807, dt. 1824) u. a.; seine Satiren beeinflußten Belli und Giusti.

Giraudoux, Jean [frz. ʒiroˈdu], * Bellac (Haute-Vienne) 29. Okt. 1882, † Paris 31. Jan. 1944, frz. Schriftsteller.
Sohn eines Ingenieurs, studierte in Paris, Bonn und München; 1905–10 große Reisen durch Europa und Amerika, 1905 Prinzenerzieher im Haus Sachsen-Meiningen, 1906 Lektor in Harvard; seit 1910 im diplomat. Dienst, 1936–39 Inspekteur der frz. Auslandsvertretungen, 1939/40 Leiter des Informationsdienstes. G. ist einer der bedeutendsten frz. Dramatiker unseres Jh.s; er befreite die frz. Bühne vom Pseudorealismus und erneuerte sie. In ihm verbinden sich der Humanismus Gides, das Erbe der dt. Romantik und frz. Esprit zu einer originellen Mischung von Spott, Witz, Skepsis und Menschlichkeit, der er in stilist. blendenden Dramen Ausdruck zu geben vermag. Hinter Leichtigkeit und Phantasie steht immer eine Problematik, die polit. oder auch allgemein menschl. sein kann.

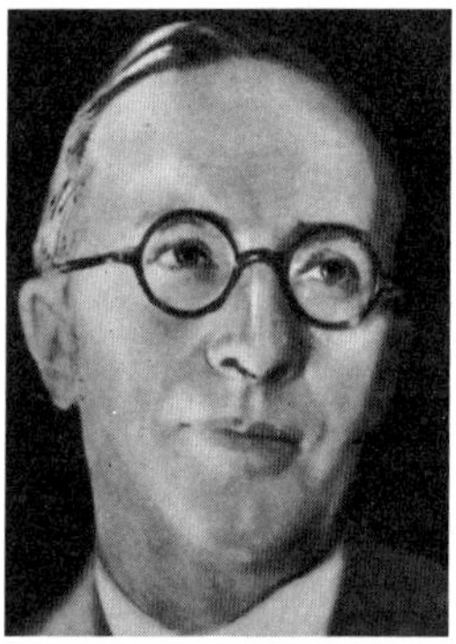

Jean Giraudoux

G. reduziert die Handlung seiner Bühnenstücke oft auf ein Minimum, seine Figuren sind keine Charaktere, sondern Typen. Moderne Probleme behandelt er gern vor antikem („Amphitryon 38", „Kein Krieg in Troja", „Elektra") oder bibl. Hintergrund („Judith", „Sodom und Gomorrha"). G. verleiht abstrakten Ideen Leben, er transponiert seine Themen in eine Welt, die jenseits der Wirklichkeit steht. Obwohl Feenspiel und Komödie G. gemäßer waren als die Tragödie, zeigen sich in seinen letzten Werken in zunehmendem Maße Pessimismus und Menschenverachtung. G.s Romane, die teilweise unter dem Eindruck des Kriegserlebnisses und der Nachkriegszeit entstanden („Siegfried..." behandelt das Thema der dt.-frz. Verständigung), weisen die gleiche Eigenwilligkeit des Stils wie die Dramen auf; sie sind themat. oft weniger bedeutsam, ihre Wirkung beruht auf Einfallsreichtum, Humor und subtiler Seelendarstellung.
Hauptwerke: Suzanne und der Pazifik (R., 1921; dt. 1958), Siegfried oder Die zwei Leben des Jacques Forestier (R., 1922; dt. 1962), Juliette im Lande der Männer (R., dt. 1927), Bella (R., dt. 1927), Eglantine (R., dt. 1928), Die Grenze (Dr., dt. 1930), Amphitryon 38 (Dr., dt. 1930), Die Abenteuer des Jérôme Bardini (R., 1930; dt. 1948), Judith (Schsp., 1931; dt. 1951), Intermezzo (Kom., 1933; dt. 1950), Kein Krieg in Troja (Dr., dt. 1936, auch u. d. T. Der trojan. Krieg findet nicht statt), Elektra (Trag., 1937; dt. 1959), Impromptu (Dr., 1937; dt. 1956), Undine (Dr., 1939; dt. 1948), Sodom und Gomorrha (Dr., dt. 1944), Die Irre von Chaillot (Dr., dt. 1950), Um Lukrezia (Dr., dt. 1954).
Ausgaben: J. G. Die Dramen. Dt. Übers. Hg. v. O. F. Best *u.* J.-P. Giraudoux. *Frkf. 1961. 2 Bde. – J. G. Ges. Werke in Einzelausgg. Dt. Übers. Hg. v.* O. F. Best. *Frkf. 1956ff. Auf mehrere Bde. berechnet. – J. G. Œuvre romanesque. Paris 1955. 2 Bde. – J. G. Le théâtre complet. Paris 1945–53. 16 Bde.*
Literatur: Michaelis, R.: *J. G. Velber 1968.* – Marker, Ch.: *J. G. in Selbstzeugnissen u. Bilddokumenten. Dt. Übers. Reinbek bei Hamb. 1961.* – Albérès, R. M.: *Esthétique et morale chez J. G. Paris 1957.* – Le Sage, L.: *L'œuvre de G. Essai de bibliographie chronologique. Paris; University Park (Pa.) 1956–58. 2 Bde.* – Fink, W.: *J. G. Glück u. Tragik. Basel 1947.* – Magny, C.-E.: *Précieux G. Paris 1945.*

Giraut de Borneil (Guiraut de Bornelh) [frz. ʒirodbɔrˈnɛj], provenzal. Troubadour des 12./13. Jh.s aus Excideuil (Dordogne) oder Umgebung.
Aus einfachen Verhältnissen; Teilnehmer des 3. Kreuzzugs im Gefolge Richard Löwenherz'; galt bei seinen Zeitgenossen als „maître des troubadours", auch von Dante geschätzt; überliefert sind etwa 80 Lieder (meist Liebeslieder), Sirventes (mit didakt. Grundzug), Klagelieder, anfangs in kunstvoll-komplizierter, später in einfacherer Form.
Literatur: Lewent, K.: *Zum Text der Lieder des G. de Bornelh. Florenz 1938.* – Salverda de Grave, J.-J.: *Observations sur l'art lyrique de G. de B. Amsterdam 1938.*

Gironella, José María [span. xiroˈneʎa], * Darníus (Gerona) 31. Dez. 1917, span. Schriftsteller.
Bed. Vertreter des zeitgenöss. span. Romans, 1946 für „Un hombre" (dt. 1959 u. d. T. „Der Mann Miguel Serra") mit dem Premio Nadal ausgezeichnet; in seiner Romantrilogie „Die Zypressen glauben an Gott" (dt. 1955), „Reif auf Olivenblüten" (dt. 1963) und „Ha estallado la paz" (1966) behandelt G. die Zeit des Span. Bürgerkriegs und die Nachkriegsjahre, bemüht um eine objektive Darstellung.

Gisander ↑ Schnabel, Johann Gottfried.

Giseke, Nikolaus Dietrich [...əkə], * Nemescsó bei Güns 2. April 1724, † Sondershausen 23. Febr. 1765, dt. Dichter.
Luth. Theologe, Erzieher, arbeitete an den „Bremer Beiträgen" mit, wurde 1753 Oberhofprediger in Quedlinburg, 1760 Superintendent in Sondershausen. Verfasser von geistl. Liedern, Oden, Episteln und didakt. Gedichten sowie Fabeln und Erzählungen in innigem, empfindsamem Stil. Seine Dichtung stand unter dem Einfluß Hagedorns, Gellerts und Klopstocks.
Hauptwerke: Poet. Werke (hg. 1767), Das Glück der Liebe (Lehrged., hg. 1769), Predigten (hg. 1780).

Gissing, George Robert [engl. ˈgɪsɪŋ], * Wakefield (York) 22. Nov. 1857, † Saint-Jean-de-Luz (Basses-Pyrénées) 28. Dez. 1903, engl. Schriftsteller.
Stammte aus ärml. Verhältnissen, studierte im Owes College (Manchester), lebte vorwiegend in London, zeitweilig auch Aufenthalt in den USA und in Deutschland; Privatunterricht und sein literar. Schaffen sicherten seinen Lebensunterhalt. Beeinflußt von Schopenhauer, Dickens, Zola,

Turgenjew und Dostojewski, schilderte er in düsterem Pessimimus und einem z. T. krassen Naturalismus Elend und Trostlosigkeit in den Londoner Armenvierteln sowie den harten Existenzkampf des verarmten Mittelstandes. Die sozialkrit. Haltung, die gute Charakter- und Milieuzeichnung, Aufbau und Stil seiner Romane hatten auf die jüngere Schriftstellergeneration Einfluß.
Hauptwerke: The unclassed (R., 1884), Demos (R., 1884; dt. 1892), A life's morning (R., 1888), The nether world (R., 1889), The emancipated (R., 1890), New Grub Street (R., 1891), Born in exile (R., 1892), The town traveller (R., 1898), The crown of life (R., 1899), Veranilda (R., 1904), The house of cobwebs (Kurzgeschichten, 1906).
Literatur: Korb, J.: *G. G., a critical biography. Seattle (Wash.) 1903.* – Weber, A.: *G. G. u. die soziale Frage. Diss. Lpz. 1932.*

Gitagowinda ↑ Dschajadewa.

Giunti, Pierre [italien. 'dʒunti] ↑ Larivey, Pierre de.

Giurlani, Aldo [italien. dʒur'la:ni] ↑ Palazzeschi, Aldo.

Giusti, Giuseppe [italien. 'dʒusti], * Monsummano Terme bei Pistoia 13. Mai 1809, † Florenz 31. März 1850, italien. Dichter.
Rechtsstudium in Pisa, Advokat; fanat. Republikaner, 1848 Mitglied der Deputiertenkammer von Toskana; schrieb formschöne Gedichte, die von Freiheitsliebe und Haß gegen Unterdrückung zeugen; seine polit.-satir. Verse, erfüllt von echtem Humanismus, waren seinerzeit sehr beliebt. Er gehört zu den Wegbereitern des Risorgimento.
Hauptwerke: Versi (1844), Gedichte (dt. Ausw. 1875), Discorso della vita e delle opere di G. Parini (1846), Raccolta di proverbi toscani (1853), Memorie (1890).
Literatur: Schippisi, R.: *G. Brescia 1951.*

Giustiniani (Giustinian, Zustinian), Leonardo [italien. dʒusti'nia:ni], * Venedig 1388, † ebd. 10. Nov. 1446, italien. Dichter und Humanist.
Aus berühmtem venezian. Geschlecht; hoher Staatsbeamter in Venedig; übersetzte Plutarch ins Lat. und schrieb sehr populäre, von ihm selbst vertonte Lieder in venezian. Mundart.

Gjallandi, Þorgils [isländ. 'gjadlandɪ] ↑ Stefánsson, Jón.

Gjellerup, Karl Adolph [dän. 'gɛl'ərob], * Roholte (Seeland) 2. Juni 1857, † Dresden 11. Okt. 1919, dän. Schriftsteller.

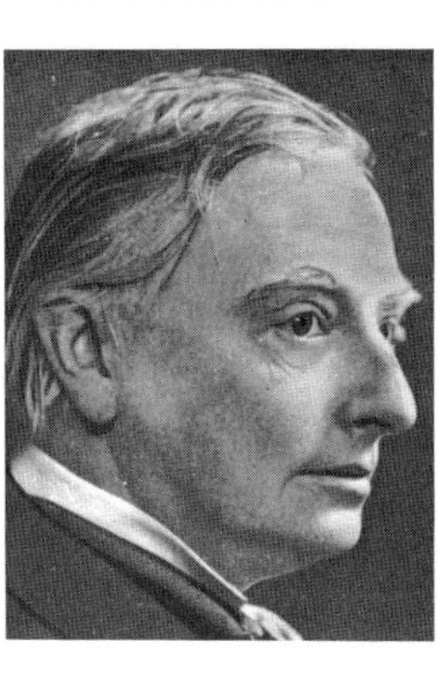

Karl Adolph Gjellerup

Pfarrerssohn, studierte Theologie; anfangs unter dem Einfluß Brandes' und Darwins, wandte sich dann vom Christentum ab. G. bereiste Deutschland, Rußland, Griechenland, Italien, er ließ sich endgültig in Deutschland nieder. Er fühlte sich als Jünger der dt. und griech. Klassik. Später fand er im Buddhismus die ihm zusagende Weltauffassung. G. schrieb Dramen, Novellen und Romane. Seine letzten Werke schrieb er in dt. Sprache. Nobelpreis (mit H. Pontoppidan) 1917.
Hauptwerke: Ein Jünger der Germanen (R., dt. 1923), Romulus (Nov., dt. 1888), Saint-Just (Dr., dt. 1925), Minna (R., dt. 1897), Pastor Mors (R., dt. 1894), Die Hügelmühle (R., dt. 1909), An der Grenze (R., dt. 1919), Der Pilger Kamanita (R., dt. 1907), Das Weib des Vollendeten (Dr., dt. 1907), Die Weltwanderer (R., dt. 1910), Das heiligste Tier (En., 1920).
Literatur: K. G., der Dichter u. Denker. Sein Leben in Selbstzeugnissen u. Briefen. Hg. v. P. A. Rosenberg. *Lpz. 1921–23. 2 Bde.*

Gladkow, Fjodor Wassiljewitsch; tl.: Gladkov, Fedor Vasil'evič [russ. glat'kɔf], * Tschernawka (Gouv. Saratow) 21. Juni 1883, † Moskau 20. Dez. 1958, russ.-sowjet. Schriftsteller.
Sohn eines Bauern; anfangs Gelegenheitsarbeiter. Seine ersten Werke erschienen 1899; mit Gorki bekannt; wegen Teilnahme an der Revolution 1905 zu 3 Jahren Verbannung verurteilt; Lehrer in Sibirien, später im Kuban-Gebiet; schloß sich der Dichtergruppe „Kusniza" an. G. wurde mit dem auch dramatisierten und verfilmten Industrie- und Wiederaufbau-Roman „Zement" (dt. 1927) bekannt.
Weitere Werke: Ugrjumow erzählt vom Zuchthaus (R., dt. 1931), Neue Erde (R., dt. 1932), Energie (R., dt. 1935), Der Schnee schmilzt (Autobiogr., dt. 1956).

Gläser (Glaeser), Ernst, * Butzbach (Landkreis Friedberg, Hessen) 29. Juli 1902, † Mainz 8. Febr. 1963, dt. Schriftsteller.
Studierte in Freiburg i. Br. und München, Dramaturg, Mitarbeiter der „Frankfurter Zeitung". 1933 wurden seine Bücher verbrannt, er emigrierte in die Schweiz, kehrte 1939 nach Deutschland zurück, wurde eingezogen und arbeitete als Hauptschriftleiter der Frontzeitung „Adler im Süden". Schrieb spannende, handlungsreiche, realist. Romane, bekannt v. a. durch „Jahrgang 1902" (R., 1928), die Darstellung der Probleme seiner Generation, und „Frieden" (R., 1930, 1960 u. d. T. „Die zerstörte Illusion"). Im Roman „Der letzte Zivilist" (1936) zeichnete G. ein Bild der Jahre vor Hitlers Machtübernahme, und in „Glanz und Elend der Deutschen" (R., 1960) versuchte er, der westdt. Wirtschaftswunderwelt einen krit. Spiegel vorzuhalten.
Weitere Werke: Überwindung der Madonna (Dr., 1924), Das Kirschenfest (En., 1953).

Glasgow, Ellen [engl. 'glæsgoʊ], * Richmond 22. April 1874, † ebd. 21. Nov. 1945, amerikan. Schriftstellerin.
Private Erziehung, vielseitig interessiert; verließ ihre Heimatstadt nur für einige Reisen. Die Themen ihrer Romane schöpfte Ellen G. aus der Welt der Südstaaten. Ihre realist. Darstellungsweise mit psycholog. Differenziertheit zeigt sie von H. James beeinflußt. Iron., mitunter satir., weiß sie das Leben der Südstaatler

aller Gesellschaftsschichten der jüngeren Vergangenheit und ihrer eigenen Zeit zu schildern.
Hauptwerke: The battle-ground (R., 1902), Barren ground (R., 1925), The romantic comedians (R., 1926), The sheltered life (R., 1932), Die eiserne Ader (R., 1935; dt. 1947), So ist das Leben (R., 1941; dt. 1948).
Literatur: Santas, J. F.: *E. G.'s American dream. Charlottesville (Va.) 1965.* – Kelly, W. W.: *E. G. A bibliography. Hg. v.* O. Steele. *Charlottesville (Va.) 1964.*

Glaspell, Susan [engl. 'glæspɛl], eigtl. S. G.-Cook, * Davenport (Iowa) 1. Juli 1882, † Provincetown (Mass.) 27. Juli 1948, amerikan. Schriftstellerin. Heiratete 1913 den Schriftsteller George Cram Cook, der 1924 in Griechenland starb. Die Geschichte ihrer Ehe schilderte sie in „The road to the temple" (1926). Mit ihrem Mann gründete sie „The Provincetown Players" (1915), für die sie Dramen und leicht satir. Einakter schrieb („Trifles", 1916). Auch das „Playwrights' Theater" in Greenwich Village (N. Y.) geht auf sie zurück.

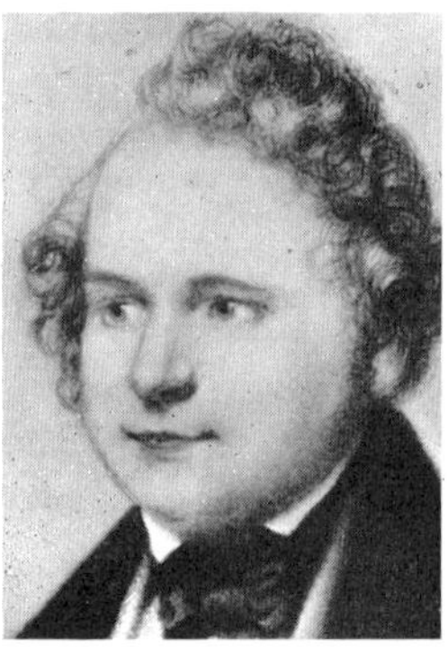
Adolf Glaßbrenner (Lithographie von F. Oldermann)

Für das Drama „Alison's house" (1930), dessen Stoff auf E. Dickinsons Leben beruht, erhielt sie 1931 den Pulitzerpreis.
Weitere Werke: The glory of the conquered (R., 1909), Treue (R., 1915; dt. 1947), The inheritors (Dr., 1921).

Glaßbrenner, Adolf, Pseudonym Adolf Brennglas, * Berlin 27. März 1810, † ebd. 25. Sept. 1876, dt. Journalist und Schriftsteller.
Kaufmann, dann Schriftsteller und Mitarbeiter verschiedener Zeitschriften, zeitweilig seiner liberalen Haltung wegen verfolgt. G. gilt als Begründer der humorist.-satir. Berliner Volksliteratur, die er in zündendem Witz und iron. Humor um typ. Gestalten bereicherte.
Hauptwerke: Berlin, wie es ist – und trinkt (32 Hefte, 1832–50), Leben und Treiben der feinen Welt (1834), Buntes Berlin (15 Hefte, 1837–41), Neuer Reineke Fuchs (Epos, 1846).
Ausgabe: Unsterbl. Volkswitz. A. G.s Werk in Ausw. Hg. v. K. Gysi *u.* K. Böttcher. *Bln. 1954.*
Literatur: Finger, W.: *A. G. Ein Vorkämpfer der Demokratie. Bln. ²1952.* – Rodenhauser, R.: *A. G. Ein Beitrag zur Gesch. des „Jungen Deutschland" u. der Berliner Lokaldichtung. Bln. 1912.*

Glatigny, Joseph Albert Alexandre [frz. glati'ɲi], * Lillebonne bei Le Havre 21. Mai 1839, † Sèvres 16. April 1873, frz. Dichter.
Zunächst Druckerlehrling, dann vom 17. Lebensjahr an Wanderschauspieler, auch Journalist; das beste Stück, das er für die Wandertruppe schrieb, war „L'illustre Brizacier" (1873), eine einaktige Verskomödie; von seiner Lyrik, die unter dem Einfluß Banvilles steht, sind die Sammlungen „Les vignes folles" (1860) und „Les flèches d'or" (1864) zu nennen; sein abenteuerl. Leben hat C. Mendès, seinen Jugendfreund, zu dem Versdrama „Glatigny" (1906) angeregt.

Gleich, Joseph Alois, Pseudonyme Adolph Blum, Ludwig Dellarosa, H. Walden, * Wien 14. Sept. 1772, † ebd. 10. Febr. 1841, östr. Schriftsteller.
Staatsbeamter, daneben Theaterdichter des Theaters in der Leopoldstadt und des Theaters in der Josefstadt (dort 1814–16 auch Vizedirektor); starb verarmt. G. schrieb weit über 200 Wiener Volksstücke und Zauberpossen (Vorläufer F. Raimunds, dessen Schwiegervater er war), ferner damals äußerst beliebte Ritter- und Schauerromane.

Gleim, Johann Wilhelm Ludwig, * Ermsleben (Landkreis Aschersleben) 2. April 1719, † Halberstadt 18. Febr. 1803, dt. Dichter.
Studierte in Halle und begründete mit Uz und Götz den anakreont. Halleschen Dichterkreis. Hauslehrer in Potsdam, Sekretär beim Prinzen Wilhelm von Brandenburg-Schwedt, den er in den 2. Schles. Krieg begleitete. 1745 Sekretär des Fürsten Leopold von Dessau, 1747 Domsekretär in Halberstadt, schließl. Kanonikus des Stiftes Waldeck. Führender Vertreter der anakreont. Dichtung in Deutschland mit leichten, anspruchslosen, z.T. melod. Liedern, die voller Witz, jedoch ohne echte Erlebniskraft die Freuden des Weines und der Liebe besingen. Vorbilder waren Horaz und Petrarca. G. schrieb außerdem Fabeln, Epigramme, Oden, Balladen und Romanzen. Er stand mit allen führenden Dichtern seiner Zeit in briefl. Verbindung.
Hauptwerke: Versuch in scherzhaften Liedern (1744–58), Fabeln (1756/57), Preuß. Kriegslieder von einem Grenadier (1758), Lieder nach dem Anakreon (1766), Gedichte nach den Minnesingern (1773), Halladat oder ... (Epos, 1774).
Ausgaben: J. W. L. G. Versuch in scherzhaften Liedern u. Lieder. Hg. v. A. Anger. *Tüb. 1964.* – *J. W. L. G. Sämmtl. Werke. Hg. v.* W. Körte. *Halberstadt 1811–13. 7 Bde., Suppl.-Bd. Lpz. 1841.*
Literatur: Baer, K.: *Der junge G. u. die Hallische Schule. Diss. Erlangen 1924.* – Becker, Carl: *G. Der Grenadier u. seine Freunde. Halberstadt 1919.*

Glišić, Milovan [serbokroat. 'gliʃitɕ], * Gradac 6. Jan. 1847, † Dubrovnik 20. Jan. 1908, serb. Schriftsteller.
War im Staatsdienst tätig, zeitweilig Redakteur, Dramaturg des Nationaltheaters, schließl. Direktor der Nationalbibliothek. Seine oft humorvollen Erzählungen aus dem serb. Dorfleben und seine Übersetzungen u.a. von Werken Gontscharows, Ostrowskis und L. Tolstois beeinflußten die serb. Literatur des Realismus.

Glissant, Édouard [frz. gli'sɑ̃], * Sainte-Marie (Martinique) 21. Sept. 1928, frz. Dichter afrikan. Herkunft.
Studierte in Paris; einer der jüngsten Vertreter der modernen Negerdichtung in frz. Sprache; gestaltet in Gedichten und Romanen das neue, bewußt nationale Lebensgefühl seiner Rasse; schreibt auch Bühnenstücke („Monsieur Toussaint", 1961).

Weitere Werke: Un champ d'îles (Ged., 1953), La terre inquiète (Ged., 1956), Les Indes (Ged., 1956), Sturzflut (R., dt. 1959), Quatrième siècle (R., 1964).

Gloux, Olivier [frz. glu] † Aimard, Gustave.

Głowącki, Aleksander [poln. gu̯ɔ'vatski] † Prus, Bolesław.

Glykas, Michael, byzantin. Dichter und Geschichtsschreiber des 12. Jahrhunderts.
Wurde 1159 wegen seiner Kritik an Kaiser Manuel I. geblendet. Wandte sich an den Kaiser mit einem Bittgedicht, das in volkstüml. Griech. geschrieben ist; Verfasser einer Weltchronik (reichend bis 1118), die naturgeschichtl. und theolog. Passagen enthält, und einer Sammlung theolog. exeget. Briefe, die in der Hochsprache geschrieben sind.

Gmelin, Otto [...i:n], * Karlsruhe 17. Sept. 1886, † Bensberg bei Köln 22. Nov. 1940, dt. Schriftsteller.
Studierte Naturwissenschaften, Mathematik und Philosophie, studienhalber 2 Jahre in Mexiko; bis 1936 Studienrat, dann freier Schriftsteller. G. bevorzugte histor. Themen (Völkerwanderungszeit und MA), die er unter dem Gesichtspunkt der Reichsidee behandelte, u. a. „Das Angesicht des Kaisers" (R., 1927). Daneben Themen aus der Gegenwart um Probleme der Liebe.
Weitere Werke: Der Homunkulus (En., 1923), Temudschin, der Herr der Erde (R., 1925), Naturgeschichte des Bürgers (Essays, 1929), Sommer mit Cordelia (E., 1932), Konradin reitet (E., 1933), Die Gralsburg (E., 1935), Die junge Königin (E., 1936), Der Ruf zum Reich (R., 1936), Das Haus der Träume (R., 1937), Die Fahrt nach Montsalvatsch (E., 1939).

Gnaphaeus, Guilhelmus [gna'fɛ:ʊs], auch Gulielmus Fullonius, eigtl. Willem de Volder van dé Voldersgraft, * Den Haag 1493, † Norden 29. Sept. 1568, niederl. Humanist und Dramatiker.
Anhänger Luthers, floh nach Deutschland; bed. für die Förderung des prot. lat. Schuldramas war „Acolastus" (1528), eine Paraphrase über das Thema vom verlorenen Sohn.

Gneditsch, Nikolai Iwanowitsch; tl.: Gnedič, Nikolaj Ivanovič [russ. 'gnjeditʃ], * Poltawa 13. Febr. 1784, † Petersburg (heute Leningrad) 15. Febr. 1833, russ. Dichter und Übersetzer.
Aus altem Adel; eingehende Studien der klass. Sprachen. Schrieb außer klassizist. Dichtungen – darunter die Idylle „Rybaki" (= Die Fischer, 1822) nach dem Muster Theokrits – v. a. Übersetzungen dramat. Werke, u. a. von Schiller und Shakespeare; sein Hauptwerk ist die bis heute unübertroffene russ. Übersetzung der „Ilias" in Hexametern, die nach über 20jähriger Arbeit 1829 erschien.

Goasses, Gerben, eigtl. Teerdze Eeltje Holtrop, * IJlst 27. Dez. 1865, † ebd. 11. Nov. 1925, westfries. Erzähler.
Lehrer; seine Novellen, gegen die herkömml. Heimaterzählung gerichtet, haben die neuwestfries. Literatur entscheidend beeinflußt; in einer kraftvollen, impulsiven Sprache gelangen ihm meisterhafte Naturschilderungen und ausgezeichnete Charaktere.

Gobineau, Joseph Arthur Graf von [frz. gɔbi'no], * Ville-d'Avray bei Paris 14. Juli 1816, † Turin 13. Okt. 1882, frz. Schriftsteller.
In Frankreich und in der Schweiz erzogen; Diplomat, Gesandter u. a. in Deutschland, Persien, Griechenland; G. gehörte dem Kreis um R. Wagner an. Mit seiner Abhandlung „Versuch über die Ungleichheit der Menschenrassen" (1853–55, dt. 1898–1901), in der er die Gleichwertigkeit der Menschen verschiedener Rassen leugnet und die Überlegenheit der „arischen" Rasse demonstrieren will, hat er auf Wagner und Nietzsche entscheidenden Einfluß ausgeübt und Argumente für den Rassenfanatismus des Nationalsozialismus geliefert. Seine dichter. beste Leistung vollbrachte er in dramat. gestalteten Erzählungen und Novellen.
Weitere Werke: Reiseerlebnisse (Novellen, 1872; dt. 1945), Das Siebengestirn (R., 1874; dt. 1909, 1964 u. d. T. Die Plejaden), Asiat. Novellen (1876, dt. 1923), Die Renaissance (Dichtung, 1877; dt. 1896), Alexander (Dr., dt. 1902).
Ausgaben: J. A. v. G. Ges. Werke. Dt. Übers. R. 1. 4 Bde. Lpz. 1924–25 [m. n. e.]. – J. A. Gf. G. Nachgelassene Schrr. Hg. v. L. Schemann. *Straßburg 1907–11. 2 Bde.*
Literatur: Buenzod, J.: *La formation de la pensée de G. et l'Essai sur l'inégalité des races humaines. Paris 1967. – Études gobiniennes. Hg. v.* A.-V. Duff *u.* J. Gaulmier. *Bd. 1 ff., Paris 1966 ff.* – Schemann, L.: *G. Eine Biographie. Straßburg 1913–16. 2 Bde.*

Godden, [Margaret] Rumer [engl. gɔdn], eigtl. Margaret Rumer, verh. Dixon, * in Sussex 10. Dez. 1907, engl. Schriftstellerin.
Verlebte ihre Jugend in Indien; veröffentlichte v.a. in Indien spielende Romane; auch Dramen und Kinderbücher.
Hauptwerke: Der Fluß (R., dt. 1947), Eisvogel fängt Feuer (R., dt. 1954), Gefährl. Freundschaft (R., dt. 1959), Die Zeit der Schmetterlinge (R., dt. 1968).

Godoy Alcayaga, Lucila [span. go'ðoi̯ alka'jaɣa] † Mistral, Gabriela.

Godwin, William [engl. 'gɔdwɪn], * Wisbech (Cambridge) 3. März 1756, † London 7. April 1836, engl. Schriftsteller.
1778–83 Prediger verschiedener Dissentersgemeinden, später freier Schriftsteller, der bes. als Anreger der engl. Romantik und ihr Theoretiker großen Einfluß hatte (Shelley, Coleridge, Wordsworth, Southey); G., ⚭ mit M. Wollstonecraft, deren Biographie „Memoirs of the author of a vindication of the rights of women" (1798) er schrieb, trat für die Freiheit der Persönlichkeit ein, stellte sich gegen jeden [polit.] Zwang, verkündete anarchist. und atheist. Ideen, erwies sich als Pazifist und Befürworter polit. und sozialer Reformen; den engl. Schreckensroman erweiterte er zum soziolog.-revolutionären Roman; Biograph Chaucers.
Weitere Werke: Caleb Williams oder Die Dinge wie sie sind (R., 1794; dt. 1931), St. Leon (R., 1799), Fleetwood (R., 1805).
Literatur: Pollin, B. R.: *G. criticism. A synoptic bibliography. Toronto 1967.* – Smith, E. E./Smith E. G.: *W. G. New York 1965.*

Goeckingk, Leopold Friedrich Günther von ['gœkɪŋ], * Gröningen (Landkreis Oschersleben) 13. Juli 1748, † Wartenberg (Schlesien) 18. Febr. 1828, dt. Dichter.
Besuchte die Domschule in Halberstadt; Jurastudium; Freundschaft mit Gleim und Bürger;

Verwaltungsbeamter, lebte seit 1806 in Berlin und auf seinen Gütern. G. war Vertreter der Rokokodichtung mit Beziehung zum „Göttinger Hain" und stand bereits unter dem Einfluß des Sturm und Drangs. Durch Erlebnis und echtes Gefühl wies er über das Spielerische der Anakreontik hinaus.
Hauptwerke: Sinngedichte (1772), Lieder zweier Liebenden (1777), Gedichte (1780–82).
Goering, Reinhard ['gø:rıŋ], * Schloß Bieberstein bei Fulda 23. Juni 1887, † Flur Bucha bei Jena 14. Okt. 1936 (Selbstmord), dt. Schriftsteller.
Studierte Medizin, kurze Zeit Feldarzt, als Lungenkranker jahrelang in Davos; G.s Bedeutung liegt in seinen expressionist. Dramen, in denen er, ergriffen von den Leiden des Krieges, die Frage nach dem Sinn der Opfer stellt. In der Tragödie „Seeschlacht" (1917) gestaltet er die Passion von 7 Matrosen im Panzerturm eines Kreuzers; keine Handlung, knappe Sprache, gedrängte Dynamik, die durch den abrupten Wechsel von Dialog, akust. Effekten und Gestik ein eigenes Gepräge erhielt. Sprachlich tendiert G. bereits zur Neuen Sachlichkeit, der er mit seinem Spätwerk angehört. Auch Roman und Lyrik.
Weitere Werke: Jung Schuk (R., 1913), Der Erste (Dr., 1918), Die Retter (Trag., 1919), Scapa Flow (Dr., 1919), Der Zweite (Trag., 1919), Die Südpolexpedition des Kapitäns Scott (Dr., 1930).
Ausgabe: R. G. Prosa, Dramen, Verse. Hg. v. Dieter Hoffmann. *Mchn. 1961.*
Literatur: Gottlieb, E.: *R. G. Der Dramatiker des ersten Weltkrieges. In: Theater u. Zeit 4 (1956–57), 21.*
Goes, Albrecht [gø:s], * Langenbeutingen (Landkreis Öhringen) 22. März 1908, dt. Schriftsteller.
Studierte Theologie; seit 1930 ev. Pfarrer, während des Krieges Nachrichtensoldat und Lazarettgeistlicher, seit 1953 lebt er als freier Schriftsteller und Prediger in Stuttgart-Rohr. G. schreibt Lyrik, Erzählungen, Essays, Laienspiele, Biographien und Predigten. Er bevorzugt die kleine Form. Sein Werk steht auf der Grundlage einer christl.-humanist. Gesinnung. Die Erzählungen „Unruhige Nacht" (1950) und „Das Brandopfer" (1954), die Ausschnitte aus der harten Realität des Weltkriegs sind, schildern trag. Schicksale in den Wirren der Zeit.
Weitere Werke: Die Hirtin (Spiel, 1934), Der Hirte (Ged., 1934), Heimat ist gut (Ged., 1935), Vergebung (Spiel, 1937), Mörike (Biogr., 1938), Der Nachbar (Ged., 1940), Schwäb. Herzensreise (Essays, 1946), Die Herberge (Ged., 1947), Hagar am Brunnen (Predigten, 1958), Das Löffelchen (E., 1965), Dichter und Gedicht (Essays, 1966).
Literatur: A. G. Werkh. zum 60. Geburtstag. Mit einer Bibliogr. 1932–68. Frkf. 1968.
Goes, Johannes Antonides van der [niederl. xu:s] ↑ Antonides van der Goes.
Goetel, Ferdynand [poln. 'gɛtɛl], * Sucha 15. Mai 1890, † London 24. Nov. 1960, poln. Schriftsteller.
Dt. Abstammung; früh sozialist. Neigungen; im 1. Weltkrieg nach Turkestan deportiert; floh nach Persien und Indien; unternahm als Journalist viele Reisen; wandte sich vom Sozialismus ab, lebte zuletzt im Exil in London. Schrieb Romane und Erzählungen, meist mit Themen aus exot. Ländern, in einem der Reportage angenäherten Stil.
Hauptwerke: Der Flüchtling von Taschkent (E., dt. 1927), Menschheit (E., dt. 1931), Von Tag zu Tag (R., dt. 1931).
Goethe, Johann Wolfgang von ['gø:te], * Frankfurt am Main 28. Aug. 1749, † Weimar 22. März 1832, dt. Dichter.
Sohn des Kaiserl. Rates Johann Kaspar G. und der lebensfrohen, gebildeten Katharina Elisabeth, geb. Textor; Kindheit und Jugend [mit seiner Schwester Cornelia] in Frankfurt. Das Studium der Rechtswissenschaft (seit 1765) wurde gegen G.s Neigung vom Vater bestimmt. Er ging nach Leipzig, wo er mit der Welt Gellerts und Gottscheds vertraut wurde; Liebe zu Anna Katharina (genannt Käthchen) Schönkopf. Ein schwerer seel. und körperl. Zusammenbruch ließ G. nach Frankfurt zurückkehren, er genas 1768/69 nur langsam. Entscheidend in dieser Zeit der Selbstbesinnung wurden pietist. Einflüsse, vermittelt durch Susanne von Klettenberg. 1770/71

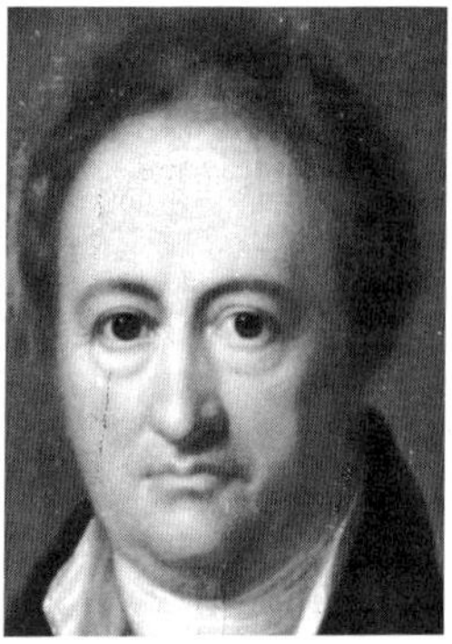
Johann Wolfgang von Goethe (Gemälde von G. von Kügelgen, 1810)

Abschluß des Studiums in Straßburg. Dort Begegnung mit Vertretern des Sturm und Drangs (Lenz, Klinger u.a.) und v.a. mit Herder; Erlebnis der got. Baukunst („Von dt. Baukunst", Schr., 1773); entscheidend war daneben die Lektüre Homers, Shakespeares und des Ossian; Liebe zu Friederike Brion, Pfarrerstochter von Sesenheim. 1771–75 weilte G. in Frankfurt, um sich auf den Anwaltsberuf vorzubereiten; 1772 vorübergehend Praktikant am Reichskammergericht in Wetzlar, wo er Charlotte Buff kennenlernte. April 1775 Verlobung mit Lili Schönemann aus Frankfurt, nach einer Reise in die Schweiz (Begegnung mit Lavater) Trennung. In Frankfurt Beziehungen zu Merck und dem Darmstädter Kreis. Im November 1775 folgte G. der Einladung an den Hof des Herzogs Karl August nach Weimar, wo er in Verbindung mit der Herzogin Anna Amalia, mit Wieland, Herder, Bertuch u.a. stand; enge Bindung an Charlotte von Stein. Polit. und administrative Tätigkeit in verantwortungsvollen Stellen; 1776 Geheimer Legationsrat in weimar. Dienst; Fürstenerzieher, Staatsrat, Minister, 1779 weimar. Kriegskommissär, Direktor des Wegebaus und Geheimer Rat; 1782 in den Adelsstand erhoben, Leiter der obersten Finanzbehörde. Von größter Bedeutung für sein gesamtes weiteres Schaffen wurde die erste Italienreise (1786–88), die einer Flucht aus den engen Weimarer Verhältnissen gleichkam;

1788 Begegnung mit Schiller, die erst von 1794 an zu Freundschaft und fruchtbarer Zusammenarbeit führte; 1790 zweite Italienreise. 1791 wurde G. Direktor des Weimarer Hoftheaters. 1792 Teilnahme am Feldzug nach Frankreich bis zur Kanonade von Valmy. 1806 ließ er die Verbindung mit Christiane Vulpius, die er bald nach der ersten Italienreise zu sich genommen hatte (1789 Geburt des Sohnes August), legalisieren. 1807 Liebe zu Minchen Herzlieb in Jena. 1808 Zusammentreffen mit Napoleon I.; 1814/15 Begegnung mit Marianne von Willemer („Suleika"); 1815 Ernennung zum Staatsminister. Aufenthalt in Karlsbad und Marienbad; dort lernte er 1821 die 19jährige Ulrike von Levetzow kennen. Bis in die letzten Lebensjahre war G. unermüdl. tätig. Bekanntschaft mit Eckermann, der sein Sekretär wurde. In den letzten Lebensjahren besucht u.a. von Heine, Grillparzer, Turgenjew, Thackeray. Beisetzung am 26. März 1832 in der Weimarer Fürstengruft. Universal begabt, vielseitig interessiert, mit den kulturellen Strömungen seiner Zeit vertraut, hat G. das abendländ. Geistesleben auf zahlreichen Gebieten entscheidend beeinflußt und geprägt. Neben umfangreicher literar., polit. und administrativer Tätigkeit bed. wissenschaftl. Studien zur Botanik (1810 Konzeption der Urpflanze), zur Anatomie (Entdeckung des Zwischenkieferknochens beim Menschen), zur Zoologie, Mineralogie, Meteorologie, Optik und Farbenlehre. In der frühesten Zeit seines literar. Schaffens entstanden Gedichte (Liederbuch „Annette", 1767) und Schäferspiele („Die Laune des Verliebten", 1765) im Geist des Rokokos. Zu unmittelbarer Aussage fand G. in der von der Liebe zu Friederike Brion bestimmten erlebnishaften, ursprüngl. Lyrik („Mailied", „Willkommen und Abschied" u.a.), mit der er der dt. Sprache neue Aussagemöglichkeiten eröffnete und das Alltägliche, Selbsterlebte mit dichter. Kraft symbolisch überhöhte. Unter Herders Einfluß entscheidende Wendung zur Geniedichtung, der G. mit elementarer Darstellungskunst neue Impulse verlieh. Bed. Werke dieser Periode sind v.a. die pathet. Hymnen (u.a. „Wanderers Sturmlied", „Ganymed", „Prometheus"), das Drama „Götz von Berlichingen mit der eisernen Hand" (1773), die Satire „Götter, Helden und Wieland" (1773), der G.s europ. Ruhm begründende empfindsame Briefroman „Die Leiden des jungen Werthers" (1774, Neufassung 1787) sowie der „Urfaust" (entstanden 1772–75), erste Arbeit am „Wilhelm Meister"; durch das Italienerlebnis tiefer Eindruck der Kunst der Antike und der Renaissance, Studium des Volkslebens; Bemühung um das klass. Kunstideal („Röm. Elegien", entstanden 1788–90); in diese Zeit fällt die Beendigung der Tragödie „Egmont" (1788), die Umdichtung der „Iphigenie auf Tauris" (1787) in Blankverse, der Entwurf des „Torquato Tasso" (1790). In Weimar entzog sich G. weitgehend dem öffentl. Leben und widmete sich fast ausschließl. den naturwissenschaftl. Studien: „Versuch, die Metamorphose der Pflanze zu erklären" (1790) und Arbeiten „Zur Farbenlehre" (gedruckt 1810). Erneute Wendung zu schöpfer. literar. Tätigkeit durch die Freundschaft mit Schiller. In direkter Zusammenarbeit entstanden die „Xenien" (1796), feinsinnige, scharfe, prägnante und in der Diktion vollendete Epigramme, in denen der „Literaturbetrieb" bekämpft wurde; im Wettstreit mit Schiller schrieb G. 1797 („Balladenjahr") die meisten und bedeutendsten seiner Balladen (u.a. „Der Zauberlehrling", „Der Gott und die Bajadere"). Daneben Arbeit an der endgültigen Fassung des „Wilhelm Meister", des wichtigsten Bildungs-, Entwicklungs- und Erziehungsromans der dt. Klassik, der in seiner zeitlosen Gültigkeit über diese Epoche hinaus einen maßgebenden Einfluß ausgeübt hat. In die gleiche Zeit fruchtbarsten Schaffens fiel das Versepos „Hermann und Dorothea" (1797), das dt. Zeitgehalt vollendet in antik-ep. Gewand kleidet. Alle Werke der klass. Epoche überragt jedoch der „Faust", dessen 1. Teil 1806 beendet und in der ersten Gesamtausgabe (1806–10) veröffentlicht wurde. Nach Schillers Tod begann der alternde G. zu vereinsamen. Das weitere Schaffen wurde mehr und mehr von romant. Elementen bestimmt und in der Gesamtkonzeption stärker vom Gedanklichen geprägt. Naturwissenschaftl. Abhandlungen, Aufsätze zur Kunst und Literatur, krit. Schriften waren das reiche Ergebnis. Daneben sind bes. zu erwähnen der das Eheproblem in subtiler Weise gestaltende Roman „Die Wahlverwandtschaften" (1809), die dichter. Autobiographie „Aus meinem Leben. Dichtung und Wahrheit" (1811–33), der Roman „Wilhelm Meisters Wanderjahre" (2. Fassung 1829) sowie das aus dem Liebeserlebnis zu Marianne von Willemer heraus entstandene lyr. Hauptwerk „West-östlicher Divan" (1819), Zeugnis der tiefen Altersweisheit, und die „Marienbader Elegie" (1823), in der G. seine späte Zuneigung zu der jungen Ulrike von Levetzow zur Entsagung und Resignation läuterte. Die Summe seiner Altersweisheit legte G. im 2. Teil des 1831 abgeschlossenen „Faust" nieder. G.s Gesamtwerk, die hohe dichter. Leistung wie sein exaktes wissenschaftl. Forschen zeugen von einer Universalität der Begabung und Interessen, wie sie nach ihm in der dt. und europ. Geistesgeschichte nicht wieder erreicht wurde. Sein dichter. Ruhm, zunächst von dem Schillers überschattet, ist seit der Mitte des 19. Jh.s unbestritten.

Weitere Werke: Neue Lieder (Ged., 1770), Clavigo (Trag., 1774), Stella (Schsp., 1776), Wilhelm Meisters theatral. Sendung (R.-Fragment, entstanden 1777–85, hg. 1911), Die Geschwister (Schsp., 1787), Die Mitschuldigen (Lsp., 1787), Reineke Fuchs (Epos, 1794), Unterhaltungen deutscher Ausgewanderten (Novellen, 1795), Wilhelm Meisters Lehrjahre (R., 1795/96), Die natürl. Tochter (Trag., 1804).

Ausgaben: Neue Weimarer Ausg. der Werke G.s. Briefe v. G. Hg. v. den Nat. Forschungs- u. Gedenkstätten der klass. dt. Lit. in Weimar. Weimar 1969 ff. Auf 40 Bde. berechnet. – G.s Werke. Hamburger Ausg. in vierzehn Bden., Reg.-Bd. Hg. v. E. Trunz *u.a. Hamb.* $^{3-8}$*1963–67. – G.s Briefe. Hg. v.* K. R. Mandelkow. *Hamb. 1962–67. 4 Bde. – G. Werke. Hg. v. der Dt. Akademie der Wiss. zu Bln. Bln. 1952 ff. Auf zahlreiche Bde. berechnet. – G. Gesamtausg. der Werke u. Schrr. Stuttg.* $^{1-4}$*1950–69. 22 Bde., Erg.-Bd. – J. W. v. G. Werke. Gedenkausg. der Werke, Briefe u. Gespräche. Hg. v.* E. Beutler. *Zürich* $^{1-2}$*1948–66. 24 Bde., 2 Erg.-Bde. Tb.-Ausg. Mchn.* $^{1-3}$*1961–67.*

45 Bde. – J. W. v. G. Die Schrr. zur Naturwiss. Hg. v. K. L. Wolf *u.a. Weimar 1947ff. Auf 11 Bde., 7 Kommentar-Bde. berechnet. – J. W. v. G. Sämtl. Werke. Jubiläumsausg. in 40 Bden. Hg. v.* E. v. der Hellen. *Stuttg. 1902–07. Reg.-Bd. 1912. – J. W. v. G. Werke. Hg. im Auftrage der Großhzgn. Sophie v. Sachsen. Weimar 1887–1919. 133 in 143 Bden. Nachdr. Köln; Nendeln (Liechtenstein) 1969ff. – J. W. v. G. Sämmtl. Werke. Vollständige Ausg. letzter Hand. Stuttg. 1828–42. 60 Bde., Reg.-Bd.*

Literatur: Allgemeines: Holtzhauer, H.: *G.-Museum. Werk, Leben u. Zeit in G.s Dokumenten. Hg. v. den Nat. Forschungs- u. Gedenkstätten der klass. dt. Lit. in Weimar. Bln. u. Weimar 1969.* – Fuchs, A.: *G.-Studien. Bln. 1968.* – Wertheim, U.: *G.-Studien. Hg. v.* H. Kaufmann *u.a. Bln. 1968.* – Korff, H. A.: *Geist der G.zeit. Lpz. 5–8 1966. 4 Bde., Reg.-Bd.* – Kindermann, H.: *Das G.bild des 20. Jh.s. Darmst. 2 1966. – G.-u. Schiller-Arch. Bestandsverz. Bearb. v.* K.-H. Hahn. *Weimar 1963.* – Beutler, E.: *Essays um G. Bremen 6 1962.* – Pyritz, H.: *G.-Studien. Hg. v.* I. Pyritz. *Köln u. Graz 1962. – Beitr. zur G.-Forschung. Hg. v.* E. Grumach. *Bln. 1959. – G. N.F. des Jb. der G.-Gesellschaft (Frkf. 1880ff. u. d. T.: G.-Jb.; zahlreiche Titeländerungen). Hg. v.* A. B. Wachsmuth. *Bd. 1, Weimar 1937ff.* – Gundolf, F.: *G. Bln. 46.–50. Tsd. 1930. – Biographie:* Friedenthal, R.: *G. Sein Leben u. seine Zeit. Mchn. 42.–51. Tsd. 1967.* – Grimm, H.: *Das Leben G.s. Neu bearb. u. eingeleitet v.* R. Buchwald. *Stuttg. 7 1959.* – Staiger, E.: *G. 1749–1832. Freib. u. Zürich 1–3 1959–60. 3 Bde.* – Bielschowsky, A.: *G. Neubearb. v.* W. Linden. *Mchn. 143.–147. Tsd. 1928. 2 Bde.* – Bode, W./Tornius, V.: *G.s Leben. Bln. 1–2 1920–27. 9 Bde. – Theater:* Flemming, W.: *G. u. das Theater seiner Zeit. Stuttg. 1968.* – Henze, W.: *G. Velber 1968–69. 2 Bde. – Naturwissenschaften:* Frede, L.: *G. der Sammler. Köln 1969.* – Wachsmuth, A. B.: *Geeinte Zwienatur. Aufs. zu G.s naturwiss. Denken. Bln. 1966.* – Fischer, Hans: *G.s Naturwissenschaft. Zürich 1950. – Faust:* Mommsen, K.: *Natur- u. Fabelreich in Faust II. Bln. 1968.* – Nollendorfs, V.: *Der Streit um den Urfaust. Den Haag 1967.* – Buchwald, R.: *Führer durch G.s Faustdichtung. Erklärung des Werkes u. Gesch. seiner Entstehung. Stuttg. 7 1964.* – Emrich, W.: *Die Symbolik v. Faust II. Sinn u. Vorformen. Frkf. 3 1964.* – Friedrich, Th./Scheithauer, L. J.: *Kommentar zu G.s Faust. Mit einem Faust-Wörterb. u. einer Faust-Bibliogr. Neuaufl. Stuttg. 1963.* – Rickert, H.: *G.s Faust. Dramat. Einheit der Dichtung. Tüb. 1932.* – Fischer, Kuno: *G.s Faust nach Entstehung, Idee u. Komposition. Hdbg. 7 1912–13. 4 Bde. – Philosophie und Weltanschauung:* Spranger, E.: *G. Seine geistige Welt. Tüb. 1967.* – Schmitz, H.: *G.s Altersdenken im problemgeschichtl. Zusammenhang. Bonn 1959.* – Flitner, W.: *G. im Spätwerk. Glaube, Weltsicht, Ethos. Bremen 1957.* – Weinhandl, F.: *Die Metaphysik G.s. Bln. 1932. Nachdr. Darmst. 1965. – Nachschlagewerke: Lex. der G.-Zitate. Hg. v.* R. Dobel. *Zürich u. Stuttg. 1968. – G.-Wörterb. Hg. v. der Dt. Akademie der Wiss. zu Bln., der Akademie der Wiss. zu Gött. u. der Heidelberger Akademie der Wiss. Stuttg. 1966ff. Auf mehrere Bde. berechnet. – G.-Hdb. G., seine Welt u. Zeit in Werk u. Wirkung. Hg. v.* A. Zastrau. *Stuttg. 2 1956ff. Auf 4 Bde. berechnet. – G.-Taschenlex. Hg. v.* K. J. Obenauer. *Stuttg. 1955.* – Fischer, P.: *G.-Wortschatz. Ein sprachgeschichtl. Wörterb. zu G.s Sämtl. Werken. Lpz. 1929. Nachdr. Köln u.a. 1968. – Bibliographie: G.-Bibliogr. Begr. v.* H. Pyritz, *fortgef. v.* H. Nicolai *u.* G. Burkhardt. *Hdbg. 1965–69. 2 Bde.* – Goedeke, K.: *Grundr. zur Gesch. der dt. Dichtung. Bd. 4, 2–4. Dresden 3 1910–13. Nachdr. Bln.; Düsseld. 1955. 3 Bde. Bd. 4, 5. 1960.* – ↑ auch Eckermann, Johann Peter.

Goetz, Curt [gœts], eigtl. Kurt Götz, * Mainz 17. Nov. 1888, † Grabs (Sankt Gallen) 12. Sept. 1960, dt. Bühnenschriftsteller.

Begann seine Karriere als Schauspieler in Rostock, Nürnberg und Berlin, schrieb später Gesellschaftskomödien, die ihre Wirksamkeit der

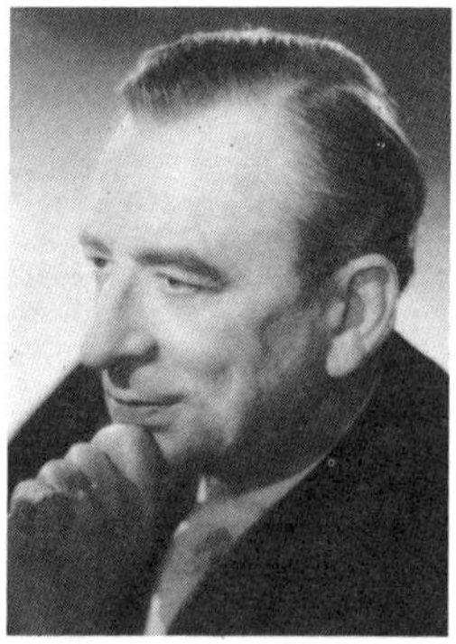

Curt Goetz

glänzenden Situationskomik und den geistreich-witzigen Dialogen verdanken (teilweise unter seiner Regie verfilmt). 1923 heiratete er die Schauspielerin Valérie von Martens; 1933 ging er in die Schweiz, zu Beginn des Krieges nach Kalifornien, 1946 kehrte er nach Deutschland zurück. 1958 wurde er Mitglied der Berliner Akademie der Künste. Außer seinen vielen Dramen war auch seine satir. Prosa erfolgreich.

Hauptwerke: Ingeborg (Kom., 1921), Die tote Tante (Kom., 1924), Hokuspokus (Kom., 1927), Der Lügner und die Nonne (Kom., 1929), Dr. med. Hiob Prätorius (Kom., 1934), Die Tote von Beverly Hills (R., 1951), Das Haus in Montevideo (Kom., 1953), Miniaturen (3 Einakter, 1958), Die Memoiren des Peterhans von Binningen (Erinnerungen, 1960).

Ausgaben: C. G. Sämtl. Bühnenwerke. Stuttg. 21.–30. Tsd. 1966. – Kurt G. Ges. Werke. Bln. 1937. 3 Bde.

Literatur: Das große C. G.-Album. Hg. v. V. v. Martens *mit einer Einl. v.* W. Wien. *Stuttg. 1968.*

Goetz, Wolfgang [gœts], * Leipzig 10. Nov. 1885, † Berlin 3. Nov. 1955, dt. Schriftsteller.

Studium der Germanistik und Geschichte, ausgedehnte Reisen, 1920–29 Mitarbeiter der Filmprüfstelle in Berlin, 1936–40 Präsident der Gesellschaft für Theatergeschichte, 1946–49 Hg. der „Berliner Hefte für geistiges Leben“. G. war v.a. Dramatiker und bes. mit histor. Dramen erfolgreich: „Neidhardt von Gneisenau“ (1925) und „Der Ministerpräsident“ (1936); seine Stärke ist die Dialogführung und die vorzügl. Charakteri-

sierung der Personen. Als Erzähler trat er mit Novellen, Romanen und dem satir. Zeitroman „Der Mönch von Heisterbach" (1935) hervor.
Weitere Werke: Kreuzerhöhung. Der böse Herzog (2 Einakter, 1911), Die Reise ins Blaue (E., 1920), Das Gralswunder (R., 1926), Robert Emmet (Dr., 1928), Kavaliere (Kom., 1930), Kampf ums Reich (Dr., 1939), Ergoetzliches (Prosa, 1940).

Goga, Octavian [rumän. 'goga], * Răşinari bei Hermannstadt 1. April 1881, † Ciucea 7. Mai 1938, rumän. Dichter.
Studierte Philologie in Hermannstadt, Kronstadt und Budapest; trat für die Vereinigung Siebenbürgens mit Rumänien ein; war Professor, Chef einer nationalist. Partei, Akademiemitglied und 1937/38 Ministerpräsident. Schrieb ausdrucksstarke, formal wenig elegante Lyrik mit nationalen und sozialen Motiven; daneben Dramen und polem. Essays.
Hauptwerke: Ne cheamă pămîntul (= Uns ruft die Erde, Ged., 1909), Domnul notar (= Der Herr Notar, Dr., 1914), Cîntece fără ţară (= Lieder ohne Land, Ged., 1916).

Goggan, John Patrick [engl. 'gɔgən] ↑ Patrick, John.

Gogol, Nikolai Wassiljewitsch; tl.: Gogol', Nikolaj Vasil'evič ['go:gɔl, russ. 'gɔgɐlj], * Sorotschinzy (Gouv. Poltawa) 31. März 1809, † Moskau 4. März 1852, russ. Schriftsteller.
Sohn eines ukrain. Gutsbesitzers, ging 1828 nach Petersburg, um Schauspieler zu werden; dann Hauslehrer, Staatsbeamter und Dozent, bis er sich mit seinen Erzählungen einen Namen gemacht hatte. Freundschaft mit Puschkin. Trotz des großen Theatererfolges seines „Revisors" floh G. mißverstanden und enttäuscht ins Ausland, wo er sich mit einigen Unterbrechungen von 1836 bis 1848 (bes. in Italien) aufhielt. In seinen letzten Jahren verfiel er einem selbstzerstörer. religiösen Mystizismus. 1848 pilgerte er ins Heilige Land; kurz vor seinem Tode verbrannte er, wahrscheinl. in einem depressiven Zustand, das Manuskript des 2. Teils seines Romans „Die toten Seelen" (1. Teil 1842, dt. 1846, 2. Teil fragmentar. 1855). G.s schriftsteller. Tätigkeit begann mit der Idylle „Hans Küchelgarten" (1829, dt. 1914), die von Voss' „Luise" beeinflußt und völlig erfolglos war. Sehr erfolgreich hingegen waren die ersten beiden Novellenbände „Abende auf dem Vorwerk bei Dikanka" (1831, dt. 1910). Die 8 Novellen schildern das Bauernleben in der Ukraine; Verbindung von folklorist. mit romant. Elementen; romant. sind auch die feine Ironie und der Kunstgriff des fiktiven Erzählers. Die berühmteste Novelle aus diesem Zyklus ist „Die schreckl. Rache", die Geschichte eines verdammten Geschlechts. Bed. sind auch die Novellensammlungen „Arabesken" (2 Bde., 1835), die drei Petersburger Novellen – „Der Newski-Prospekt" (die bedeutendste), „Das Bildnis" (2. Fassung 1842), „Die Aufzeichnungen eines Wahnsinnigen" – enthalten, und „Mirgorod" (2 Bde., 1835; dt. 1910) mit vier Novellen des ukrain. Themenkreises – u.a. „Der Vij" und „Taras Bulba", eine histor. Novelle über die Kämpfe der Kosaken gegen die Polen im 17. Jh. – und der Novelle „Die Geschichte darüber, wie Iwan Iwanowitsch sich mit Iwan Nikiforowitsch stritt". Die bedeutendste Komödie G.s, „Der Revisor" (1836, dt. 1877), wurde mit didakt. Absichten geschrieben. Das Thema der Verwechslung ist alt (Anregung dazu von Puschkin); die traditionelle Liebesintrige ist nur parodist. eingefügt, die Charaktere der Personen sind ins Groteske gesteigert; dadurch neue Wirkung der übl. Bühnenmittel. 1842 erschien der 1. Teil des Romans „Die toten Seelen" (geplant als Trilogie, jedoch unvollendet geblieben), der zur Gattung des Schelmenromans gehört; auch hier Verzerrung der Figuren ins Groteske. „Der Mantel" (1842, dt. 1883) ist G.s bedeutendstes novellist. Werk. Die nur soziale Deutung (so auch die heutige sowjet. Forschung) wird der Novelle nicht gerecht; auch hier ist der Held zur Groteske „entmenschlicht". G.s Stil wirkte stark auf die russ. Literatur (v.a. auf Dostojewski). Bes. die Realisten bezogen sich auf G.; jedoch ist der Unterschied zwischen der Poetik G.s mit ihrer grotesken Darstellung der Dinge und der Wirklichkeitsauffassung der Realisten erheblich. Künstler. Stilmittel sind v.a. Hyperbel und Oxymoron. Die Sprache ist mit Neologismen, Wörtern verschiedener Sprachschichten und ungewöhnl. Formen durchsetzt.
Weitere Werke: Die Nase (Nov., 1836; dt. 1921), Die Brautschau (Kom., 1842; dt. 1920, 1952 u. d. T. Die Heirat), Die Spieler (Kom., 1842; dt. 1923), Rom (Nov., 1842).
Ausgaben: N. G. Ges. Werke in Einzelbden. Dt. Übers. Hg. v. M. Wegner. *Bln. 1968 ff. Auf 5 Bde. berechnet. – N. G. Ges. Werke. Dt. Übers. Hg. v.* J. v. Guenther. *Bln. 1952. 5 Bde. – N. W. G. Polnoje sobranije sotschineni. Moskau 1937–52. 14 Bde. – N. W. G. Sotschineni. Hg. v.* N. Tichonrawow *u.* W. I. Schönrock. *Moskau* [10]*1889 bis 1896. 7 Bde.*
Literatur: Günther, H.: *Das Groteske bei N. V. G.'. Formen u. Funktionen. Mchn. 1968.* – Storch, W.: *G. Velber 1967.* – Tschiżewskij, D.: *Der unbekannte G.'. G.': Artist and thinker. Zur Komposition v. G.'s „Mantel". In: G.–Turgenev–Dostoevskij–Tolstoj. Zur russ. Lit. des 19. Jh.s. Mchn. 1966.* – Driessen, F. C.: *G. as a short-story writer. Engl. Übers. Den Haag 1965.* – Setschkareff, V.: *N. Vassiljewitsch G. Wiesb. 1953.* – ↑ auch Puschkin, Alexandr Sergejewitsch.

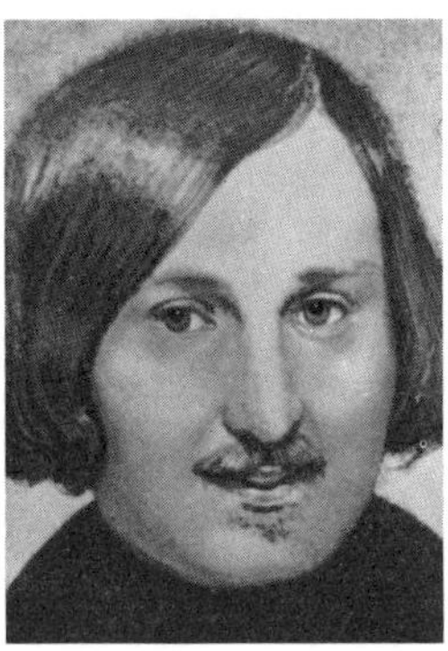
Nikolai Wassiljewitsch Gogol (Gemälde von F. A. Moller)

Gojawiczyńska, Pola [poln. gɔjavi'tʃĩska], eigtl. Apolonia G., * Warschau 1. April 1896, † ebd. 29. März 1963, poln. Schriftstellerin.

Gab in Romanen und Erzählungen ein realist., sozialkrit. Bild vom Leben in Industriegebieten und Großstädten; stellte oft Existenzprobleme poln. Frauen und Mädchen dar; schilderte in Erzählungen ihre Erlebnisse in dt. Gefängnissen während des 2. Weltkriegs.

Golaw, Salomon von [...af] ↑ Logau, Friedrich Freiherr von.

Goldfaden, Abraham, * Starokonstantinow (Ukraine) 12. Juli 1840, † New York 9. Jan. 1908, jidd. Dramatiker.

Bed. als Initiator und Gründer des 1. jidd. Theaters (1876 in Jassy, Rumänien); G., der als Dramatiker, Komponist und Regisseur für dieses Theater wirkte und mit ihm jahrelange Tourneen unternahm, hatte bes. Erfolg mit histor. Operetten; spött. weiß er typ. Wesenszüge der Juden herauszustellen, die mit den kom. und sentimentalen Wesenszügen seiner Dramen zu seinem damaligen Erfolg beitrugen.

Hauptwerke: Bobe mitn einikel (Volksstück, 1875), Schmendrik (Volksstück, 1876), Di kischufmacherin (Volksstück, 1878), Almosado (Dr., 1880), Bar Kochba (Dr., 1882), Akedat Jitzchak (Dr., 1897), Maschiachs zeiten (Dr., 1897), Hozmachs Kremel (Dr., 1897).

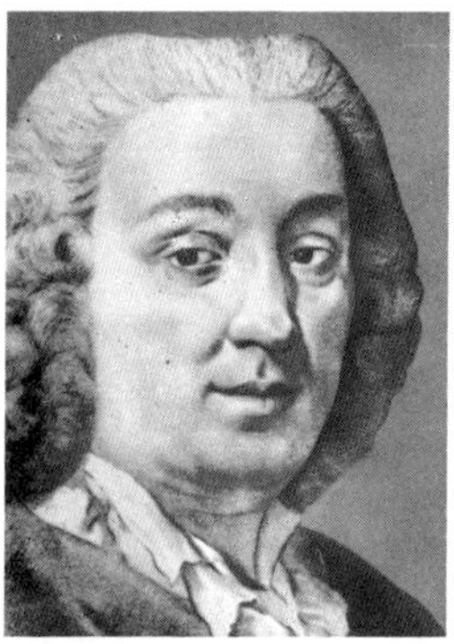

Carlo Goldoni (Stich von M. A. Pitteri nach einem Gemälde von G. Piazzetta)

Golding, Louis [engl. 'goʊldɪŋ], * Manchester 19. Nov. 1895, † London 9. Aug. 1958, engl. Schriftsteller.

Reisen nach Palästina und Sizilien fanden ihren Niederschlag in den Reiseberichten „Sunward" (1924) und „Sicilian noon" (1925). In Romanen, Kurzgeschichten und Hörspielen gestaltete G. oft Probleme des Judentums; schrieb auch Gedichte und eine Studie über J. Joyce (1933).

Weitere Werke: Day of atonement (R., 1925), Five Silver daughters (R., 1934), Elsie Silver (R., 1945; dt. 1961), Leb wohl, Ithaka (R., dt. 1956).

Golding, William [engl. 'goʊldɪŋ], * Saint Columb Minor (Cornwall) 19. Sept. 1911, engl. Schriftsteller.

Studium in Oxford; bis 1962 Professor in Salisbury; seine Romane sind philosoph.-allegor. Untersuchungen zur Natur des Menschen: paradies. Zustände haben zwar einmal bestanden, sind aber seit Auftreten des Menschen nicht mehr möglich; der Mensch ist unfähig, auf Erden ein Paradies zu schaffen.

Hauptwerke: Herr der Fliegen (R., dt. 1956), Die Erben (R., 1955; dt. 1964), Der Felsen des zweiten Todes (R., dt. 1960), Freier Fall (R., dt. 1963), Der Turm der Kathedrale (R., dt. 1966), The pyramid (R., 1967).

Goldoni, Carlo [italien. gol'do:ni], * Venedig 25. Febr. 1707, † Paris 6. Febr. 1793, italien. Dramatiker.

Studierte Philosophie und Rechtswissenschaft, war Advokat in Venedig und Florenz, fühlte sich jedoch schon seit frühester Jugend dem Theater verbunden, für das er sich 1734 endgültig entschied. Er schrieb zunächst für das Teatro di Sant'Angelo, dann für das Teatro di San Luca. Wegen der Zwistigkeiten mit seinem größten Rivalen Chiari und mit Gozzi ging er nach Paris, wo er das italien. Theater leitete und zum größten Teil in frz. Sprache schrieb. Er starb, in den Revolutionswirren verarmt, im Elend. Als Reformator der italien. Komödie gelang es G., die in ihrer Thematik erschöpfte „Commedia dell'arte" durch eine v.a. an Molière geschulte italien. Rokokokomödie zu ersetzen, in der er mit einfachen künstler. Mitteln, geschickter psycholog. Motivierung, realist. Charakterzeichnungen und lebhafter, bühnenwirksamer Handlungsführung die alltägl. Wirklichkeit lebensnah darstellt.

Hauptwerke: Das Kaffeehaus (Kom., 1743; dt. 1771), Mirandolina (Kom., 1753; dt. 1910, 1770 u. d. T. Die Gastwirtin), Der Diener zweier Herren (Kom., 1753; dt. 1957), Die neugierigen Frauen (Kom., 1753; dt. 1956, 1768 u. d. T. Das neugierige Frauenzimmer), Der Lügner (Kom., 1756; dt. 1767), Skandal in Chioggia (Kom., 1761–64; dt. 1935), Die vier Grobiane (Kom., 1762; dt. 1957), Geschichte meines Lebens und meines Theaters (Memoiren, 1787; dt. 1968, 1788 u. d. T. Goldoni über sich selbst ...).

Ausgaben: C. G. Lustspiele. Dt. Übers. Hg. v. L. Lorme *u.* M. Schell-v. Noé. *Wien 1957–59. 4 Bde. – C. G. Tutte le opere. Hg. v.* G. Ortolani. *Mailand* $^{2-4}$*1950–59. 14 Bde. – C. G. Opere complete. Venedig 1907–51. 38 Bde.*

Literatur: Riedt, H.: *C. G. Velber 1967.* – Mangini, N.: *Bibliografia G.ana 1908–1957. Rom 1961. Hauptwerk, Erg.-Bd.* – Caccia, E.: *Carattere e caratteri nella commedia del G. Varese 1958. – Convegno internazionale di studi goldoniani. Hg. v.* V. Branca *u.* N. Mangini. *Venedig 1957.* – Caprin, G.: *C. G. La sua vita, le sue opere. Mailand 1907.*

Goldschmidt, Meïr Aron [dän. 'gɔlsmed], * Vordingborg 26. Okt. 1819, † Kopenhagen 15. Aug. 1887, dän. Schriftsteller.

Sohn eines jüd. Kaufmanns, Journalist, 1840–46 Hg. des satir. Wochenblattes „Corsaren"; begann mit dem Roman „Ein Jude" (1846, dt. 1856), einer scharfen Anklage gegen den Antisemitismus; der Roman „Heimatlos" (dt. 1854 bis 1858) ist ein interessantes kulturgeschichtl. Dokument über die 40er Jahre des 19. Jh.s in Dänemark; G. wurde erst spät anerkannt.

Goldsmith, Oliver [engl. 'goʊldsmɪθ], * Pallas[more] (Irland) 10. Nov. 1728, † London 4. April 1774, engl. Schriftsteller ir. Herkunft.

Studierte Medizin, vagabundierte durch Europa, kam 1756 nach England zurück, war Arzt und Apotheker, übte verschiedene andere Berufe aus; arbeitete gelegentl. für die „Monthly Review"; Hg. der Zeitschrift „The Bee". Freundschaft mit S. Johnson. Seine wesentlichste Leistung ist der Familienroman „Der Landpfarrer von Wake-

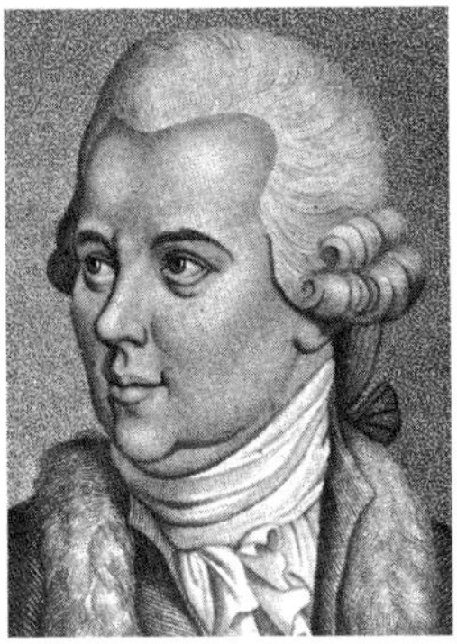

Oliver Goldsmith (Lithographie von F. Fleischmann)

field" (1766, dt. 1841), der wohl kompositionelle Schwächen aufweist, durch seinen gesunden Humor und die vorzügl. Charakterzeichnung jedoch beeindruckte und große Wirkung hinterließ. Bühnenwirksame Komödien („The good-natured man", 1768; „Sie läßt sich herab, um zu siegen", dt. 1773), bed. Essays und Gedichte („Das verlassene Dorf", 1770; dt. 1812), Porträts berühmter Zeitgenossen (in „Retaliation", 1774) lassen ihn zu einem der bedeutendsten Vertreter der engl. Literatur des 18. Jh.s werden.
Ausgabe: O. G. Collected works. Hg. v. A. Friedman. *Oxford 1966. 5 Bde.*
Literatur: Quintana, R.: *O. G. A Georgian study. New York 1967.* – Freeman, W.: *O. G. New York 1952.* – Laun, A.: *O. G. Sein Leben, sein Charakter u. seine Werke. Bln. 1876.*

Golikow, Arkadi Petrowitsch; tl.: Golikov, Arkadij Petrovič [russ. 'gɔlikɐf] ↑ Gaidar, Arkadi Petrowitsch.

Goll, Ernst, * Windischgrätz 14. März 1887, † Graz 13. Juli 1912 (Selbstmord), östr. Lyriker. Einer der ersten Expressionisten der östr. Literatur; seine Lyrik, der Hölderlins und Lenaus verwandt, wurde von seinem Freund J. F. Schütz in dem Band „Im bitteren Menschenland" (1912) herausgegeben.

Goll, Yvan [frz. gɔl], Pseudonyme Iwan Lazang, Tristan Torsi u.a., * Saint-Dié 29. März 1891, † Neuilly-sur-Seine 27. Febr. 1950, frz.-dt. Dichter.
Elsäss.-lothring. Abstammung; Jugendjahre in Metz, studierte in Straßburg; lebte 1914–18 in der Schweiz, wo er Verbindung zu den Dadaisten aufnahm und sich mit Joyce, St. Zweig und Arp befreundete. Oft Zusammenarbeit mit seiner Frau Claire G. Von 1919 bis zur Flucht nach Amerika (1939) lebte er in Paris. G. schrieb in dt., frz. und engl. Sprache und gehörte den verschiedensten literar. Strömungen an. In seinen frühen Gedichten Expressionist, dann Vorkämpfer des Surrealismus in Frankreich. Auf der Suche nach dem Geheimnis des Wortes kam G. u.a. zum „Überdrama", dem grotesken Maskentheater. G. neigte später zu dunkler Metaphorik. Seine Schlüsselromane sind zeitkrit. und satirisch.
Hauptwerke: Der Panamakanal (Ged., 1912), Requiem. Für die Gefallenen von Europa (1917), Die Unterwelt (Ged., 1919), Methusalem oder Der ewige Bürger (Dr., 1922), Der Stall des Augias (Dr., 1924), Poèmes d'amour (Ged., 1925; mit Claire G.), Poèmes de la vie et de la mort (Ged., 1926; mit Claire G.), Le microbe de l'or (R., 1927), Die Eurokokke (R., 1928), Der Mitropäer (R., 1928), Atom elegy (Ged., 1946), Abendgesang (Ged., 1954), Melusine (Dr., 1956).
Ausgabe: Y. G. Dichtungen. Lyrik, Prosa, Drama. Teilw. dt. Übers. Hg. v. C. Goll. *Neuwied 1960.*
Literatur: Hauck, W.: *Die Bildwelt bei G. Diss. Mchn. 1965.* – Schaefer, D.: *Die frühe Lyrik G.s. Darst. u. Deutung seines lyr. Werkes bis zum Jahre 1935. Mit einer Bibliogr. des Gesamtwerks. Diss. Kiel 1965.* – Müller, Joachim: *Y. G. im dt. Expressionismus. Bln. 1962.*

Goltz, Bogumil, * Warschau 20. März 1801, † Thorn 12. Nov. 1870, dt. Schriftsteller.
Landwirtschaftslehre, zweijähriges Studium (Philosophie und Theologie), als Landwirt erfolglos, freier Schriftsteller. G. schrieb eine geistreiche Prosa, zyn., mit Humor gewürzt, an Jean Paul ererinnernd; wirkungsvoll in der Darstellung von Genrebildern. Oft wendet er sich gegen die Überbetonung der Zivilisation, setzt sich für eine naturhafte Lebensform, für patriarchal. Sitte ein. Erzieherische Tendenzen.
Hauptwerke: Buch der Kindheit (1847), Das Menschen-Dasein (1850), Ein Jugendleben (1852), Ein Kleinstädter in Ägypten (1853), Exakte Menschenkenntnis (1859/60), Typen der Gesellschaft (1860), Die Weltklugheit und die Lebensweisheit (1869).

Goltz, Joachim Freiherr von der, * Westerburg (Westerwald) 19. März 1892, dt. Schriftsteller.
Studierte Jura, Nationalökonomie, Philosophie und Geschichte, war im 1. Weltkrieg Soldat und Kriegsberichterstatter, lebt als Landwirt und freier Schriftsteller in Baden. G. wurde mit seinen Kriegsgedichten „Dt. Sonette" (1916) und dem kraftvollen Schauspiel um Friedrich den Großen „Vater und Sohn" (1921) bekannt. In weiteren Dramen und Romanen geht es meist um eth. Entscheidungen; auch Lyrik, Kinderbücher und Übersetzungen.
Weitere Werke: Der Rattenfänger von Hameln (Dr., 1932), Der Baum von Cléry (R., 1934), Von mancherlei Hölle und Seligkeit (En., 1936), Das Meistermädchen (Kom., 1938), Der Steinbruch (R., 1938), Mich hält so viel mit Liebesbanden (Ged., 1951).

Goltzheim, Ilse Stach von ↑ Stach, Ilse von.

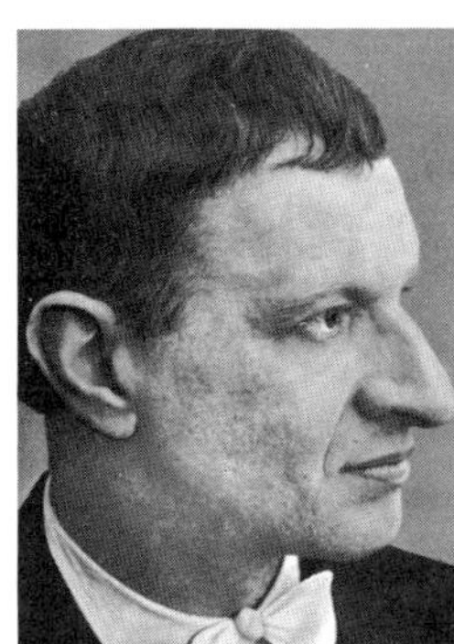

Yvan Goll

Gomberg, Wladimir Germanowitsch [russ. 'gɔmbɪrk] ↑ Lidin, Wladimir [Germanowitsch].

Gomberville, Marin Le Roy, Sieur de [frz. gõbɛr'vil], * Paris 1600, † ebd. 14. Juni 1674, frz. Schriftsteller.

Neben histor. Werken und Gedichten waren v. a. seine Romane beliebt, in denen er Ritterromanzen im höf. Gewand des 17. Jh.s gestaltete; auch Verfasser einer Sittenlehre; Mitglied der Académie française.

Hauptwerke: Polexandre (R., 1637), La Cythérée (R., 1639), La jeune Alcidiane (R., 1651).

Gombrowicz, Witold [poln. gɔm'brɔvitʃ], * Małoszyce bei Krakau 4. Aug. 1904, † Vence 25. Juli 1969, poln. Schriftsteller.

Studierte Jura in Warschau, Philosophie und Ökonomie in Paris, arbeitete in Warschau an Gerichten; im Sommer 1939 Reise nach Argentinien, blieb nach Kriegsausbruch dort; lebte als freier Schriftsteller in Südamerika und Frankreich, zeitweise auch in Berlin (West) u. a. G. war extremer Vertreter der grotesk-sinnl. Erzählweise, der mit allen Möglichkeiten der Sprache arbeitete; einfallsreiche Verfremdungen.

Hauptwerke: Ferdydurke (R., 1938; dt. 1960), Yvonne (Dr., 1938; dt. 1964), Trans-Atlantik (R., 1953; dt. 1964), Die Trauung (Dr., 1953; dt. 1964), Verführung (R., dt. 1963), Tagebuch 1957 bis 1961 (dt. 1961), Kosmos (R., dt. 1965), Berliner Notizen (dt. 1965), Die Ratte (En., dt. 1966), Gespräche (dt. 1969).

Gomes, João Baptista [portugies. 'gomɪʃ], * Porto 1775, † ebd. 20. Dez. 1803, portugies. Dramatiker.

Verfasser der nach seinem Tode außerordentl. erfolgreichen Verstragödie „Nova Castro" (hg. 1806, dt. 1841), einer neuen Bearbeitung des histor. Inês-de-Castro-Stoffes.

Gomes Coelho, Joaquim Guilherme [portugies. 'gomɪʃ 'kuɐʎu] ↑ Dinis, Júlio.

Gomes de Amorim, Francisco [portugies. 'gomɪʒ ðə ɐmu'rĩ], * Povoa de Varzim 13. Aug. 1827, † Lissabon 4. Nov. 1891, portugies. Schriftsteller.

Aus bescheidenen Verhältnissen; kam 10jährig nach Brasilien, kehrte 1846 nach Portugal zurück; 1858 Mitglied der Akademie der Wissenschaften; Bibliothekar; wurde schon früh durch Garrett zur Literatur geführt; sein Ruhm beruht auf der Bearbeitung und Herausgabe der 3bändigen Memoiren Garretts (1881–84), lyr. Gedichten (u. a. „Cantos matutinos", 1858), Dramen (u. a. „O cedre vermelho", mit einem Kommentar über Sprache und Sitten der Indianer Brasiliens), Romanen („Os salvagens", 1875; ein Bild brasilian. Lebens); schrieb auch einen Camões-Kommentar.

Gómez de Avellaneda, Gertrudis [span. 'gomɛθ ðe aβeʎa'neða], * Puerto Príncipe (Kuba) 23. März 1814, † Madrid oder Sevilla 1. Febr. 1873, span. Dichterin.

Kam 1836 nach Spanien, arbeitete bei verschiedenen Zeitschriften, schrieb Novellen und erfolgreiche romant. Dramen, u. a. „Leoncia" (1840), „Alfonso Munio" (1844) und „El príncipe de Viana" (1844). Die Romane „Sab" (1841) und „Espatolino" (1844), von G. Sands sozialen Anschauungen beeinflußt, sind kraftvoll in der Darstellung. Großen Erfolg hatte Gertrudis G. de A. als Lyrikerin: „Poesías líricas" (1841), „Devocionario en prosa y verso" (1861). Ihre konventionellen Verse zeichnen sich durch Gefühlsintensität und prosod. Korrektheit aus.

Gómez de la Serna, Ramón [span. 'gomɛθ ðe la 'sɛrna], * Madrid 5. Juli 1891, † Buenos Aires 12. Jan. 1963, span. Schriftsteller.

Von Jugend an journalist. und literar. tätig; er kämpfte bes. gegen die Starrheit literar. Konventionen. Seine „Greguerías", geistvolle, sprachl. brillante Aphorismen, enthüllen gleichnishaft, oft humorist.-grotesk das Wesen der Dinge. Seine Essays und Romane, eigtl. nur eine Summe von „Greguerías", sind reizvolle ästhet. Spielereien ohne Kausalität, ohne polit., religiöses oder moral. Anliegen. Außer den „Greguerías" (dt. Ausw. 1958) sind „Pombo" (1918–24), die Chronik eines literar. Zirkels, dessen Haupt G. de la S. war, „La viuda blanca y negra" (R., 1928), „Torero Caracho" (R., dt. 1928), „Das Rosenschloß" (R., dt. 1929), viele Künstlerbiographien und die autobiograph. Erzählung „Automoribundia" (1949) erwähnenswert.

Literatur: Cardona, R.: *A study of G. de la S. and his works. New York 1957.*

Gomringer, Eugen, * Cachuela Esperanza (Bolivien) 20. Jan. 1925, schweizer. Schriftsteller.

Studium in Bern und Rom, 1954–57 Sekretär von Max Bill an der Hochschule für Gestaltung in Ulm, seit 1967 Kulturbeauftragter der Firma Rosenthal in Selb. Gründete 1960 die Eugen G. Press zur Herausgabe der Schriftenreihe „konkrete poesie – poesia concreta". Haupttheoretiker der avantgardist. „konkreten Poesie"; verwendet als lyr. Grundformen u. a. vereinzelt gesetzte Wörter, Reihungen von permutierenden Wortelementen sowie graph. Konstellationen.

Hauptwerke: konstellationen (1953), 33 konstellationen (1960), das stundenbuch (1965), Josef Albers (1968), Worte sind Schatten (Slg., 1969).

Gomulicki, Wiktor [poln. gɔmu'litski], * Ostrołęka 17. Okt. 1848, † Warschau 14. Febr. 1919, poln. Dichter.

Strebte in seiner Großstadtlyrik im Sinne der Parnassiens nach höchster sprachl. Vollendung und stellte auch in Romanen, Novellen und Skizzen die Schönheiten des Warschauer Lebens dar; das Frühwerk ist teilweise autobiograph., zum Spätwerk gehören seine histor. Romane.

Gonçalves de Magalhães, Domingos José [brasilian. gõ'salviz di maga'ʎɐ̃is] ↑ Magalhães, Domingos José Gonçalves de.

Gonçalves Dias, António [brasilian. gõ'salviz 'dias] ↑ Dias, António Gonçalves.

Gončar ↑ Gontschar.

Gončarov ↑ Gontscharow.

Goncourt, Edmond [Huot] de [frz. gõ'ku:r], * Nancy 26. Mai 1822, † Champrosay bei Paris 16. Juli 1896, und sein Bruder Jules [Huot] de, * Paris 17. Dez. 1830, † ebd. 20. Juni 1870, frz. Schriftsteller.

Schrieben und veröffentlichten ihre Werke meistens gemeinsam. Von Bedeutung sind v. a. die Studien über Kunst-, Gesellschafts- und Sittengeschichte des 18. Jh.s. Mit ihren Romanen gelten sie als Vorläufer des Naturalismus, dessen erste grundlegende Theorie sie in dem bed. Vorwort zu dem Roman „Das Dienstmädchen Germinie" (1864, dt. 1928) gaben. In ihren frühnaturalist. Romanen aus Bürger- und Künstlerkreisen „Renée Mauperin" (1864, dt. 1900), „Manette Salo-

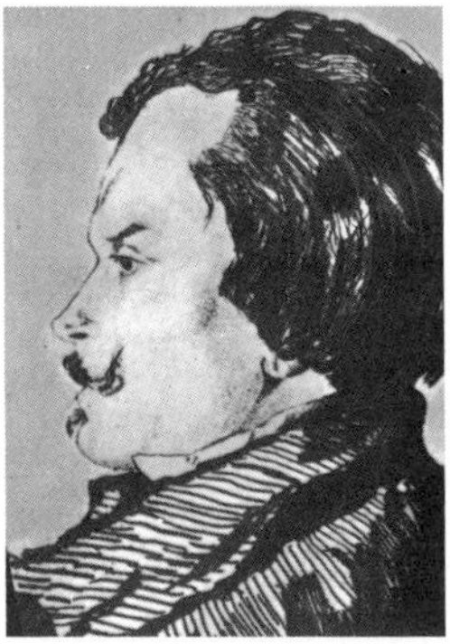

Edmond [Huot] de Goncourt (Radierung seines Bruders Jules [Huot] de Goncourt)

mon“ (1867), „Madame Gervaisais“ (1869) u.a. werden Personen und Milieu mit wissenschaftl. Exaktheit dargestellt, die Ereignisse authent. dokumentiert und in impressionist. Darstellungsweise gestaltet. Nach des Bruders frühem Tod ging Edmond den gemeinsam eingeschlagenen Weg konsequent weiter. Von kulturhistor. Interesse ist v.a. das gemeinsam begonnene „Journal des G., Mémoires de la vie littéraire“ (hg. 1887 bis 1896 und 1956–58, dt. Ausw. 1905). Die „Académie G.“, eine von Edmond de G. begründete Institution, vergibt jährl. den Literaturpreis „Prix Goncourt“.
Weitere Werke: Die Dubarry (Biogr., 1860; dt. 1932), Frau von Pompadour (Biogr., 1860; dt. 1922), Die Brüder Zemganno (R., 1879; dt. 1892, nur von Edmond de G.), Chérie (R., 1884, nur von Edmond de G.).
Ausgabe: E. et J. de G. Œuvres. Paris 1926–37. 27 Bde.
Literatur: Caramaschi, E.: *Le réalisme romanesque des G. Pisa 1964.* – Billy, A.: *Les frères G. La vie littéraire à Paris pendant la seconde moitié du 19e siècle. Paris 1954.* – Köhler, E.: *E. u. J. de G. Die Begründer des Impressionismus. Eine stilgeschichtl. Studie zur Lit. u. Malerei des 19. Jh.s. Lpz. 1912.*

Gondola, Giovanni [italien. 'gɔndola] ↑ Gundulić, Ivan.

Góngora y Argote, Luis de [span. 'gɔŋgora i ar'ɣote], * Córdoba 11. Juli 1561, † ebd. 23. Mai 1627, span. Dichter.

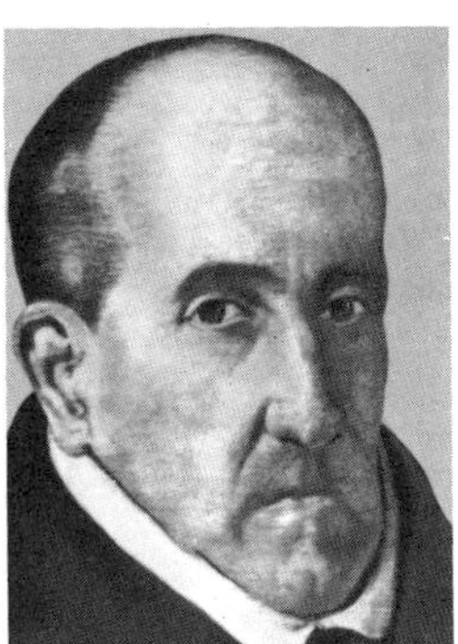

Luis de Góngora y Argote

Studierte die Rechte und klass. Literatur; wurde Diakon, zog sich mit 50 Jahren aufs Land zurück, wo er seine Meisterwerke schrieb; 1617 empfing er die Priesterweihe und wurde Ehrenkaplan Philipps III. G. y A. wandte sich nach seinen frühen volkstüml. Dichtungen der Romances und Letrillas um 1600 dem „estilo culto“ zu, begründete den sog. Gongorismus, eine barocke, typ. span. Stilrichtung, die eine gekünstelte, schwülstige, aber virtuose Sprache, komplizierte Wortstellung und einen dunklen, mit Bildern überladenen Stil pflegte, bald überall in Europa in Mode kam und bis ins 18. Jh. wirkte; wurde in neuester Zeit wiederentdeckt (v.a. durch Rubén Darío). Neben kleineren Dichtungen (elegante Sonette, Kanzonen) sind v.a. die Versdichtung „Die Fabel von Poliphem und Galatea“ (1612, dt. 1930) und „Die Soledades ...“ (1613, dt. 1934) zu erwähnen.
Ausgaben: Soledad. Das Spätwerk G.s. Dt. Übers. Bearb. v. F. Eggarter. *Bremen 1962. – L. de G. y A. Sonette. Span. u. dt. Bearb. v.* S. Meurer. *Bln. 1960. – L. de G. y A. Obras completas. Hg. v.* J. *u.* I. Millé y Giménez. *Neuaufl. Madrid 1956.*
Literatur: Jammes, R.: *Études sur l'œuvre poétique de Don L. de G. Bordeaux 1967.* – Pabst, W.: *L. de G. im Spiegel der dt. Dichtung u. Kritik (17. bis*

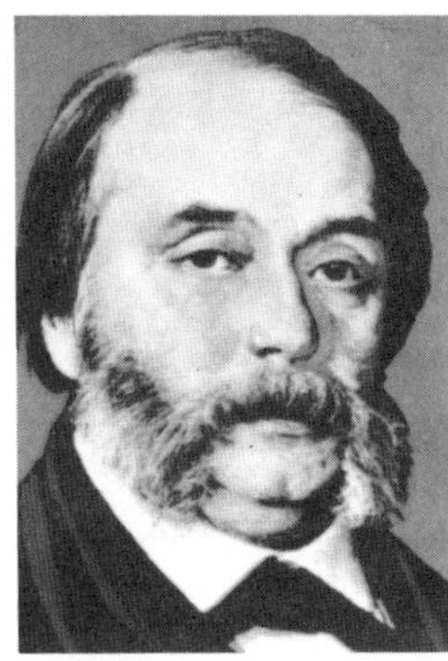

Iwan Alexandrowitsch Gontscharow

20. Jh.). Hdbg. 1967. – Müller, Bodo: *G.s Metaphorik. Wiesb. 1963.* – Alonso, D.: *Estudios y ensayos gongorinos. Madrid ²1961.* – Artigas y Ferrando, M.: *Don L. de G. y A. Biografía y estudio crítico. Madrid 1925.*

Gontschar, Oles Terentjewitsch; tl.: Gončar, Oles Terent'evič [russ. gan'tʃar], * Sucha bei Poltawa 3. April 1918, ukrain.-sowjet. Schriftsteller.
Journalist, seit 1959 Vorsitzender des ukrain. Schriftstellerverbandes. Schrieb u.a. eine Romantrilogie über den 2. Weltkrieg, „Die Bannerträger“ (dt. 1953), und den Bürgerkriegsroman „Sturm auf die Landenge“ (dt. 1960).
Weitere Werke: Die schwarzen Stürme (R., dt. 1955), Mensch und Waffen (R., dt. 1964), Tronka (R., dt. 1964).

Gontscharow, Iwan Alexandrowitsch; tl.: Gončarov, Ivan Aleksandrovič [russ. gɐntʃɪ'rɔf], * Simbirsk (heute Uljanowsk) 18. Juni 1812, † Petersburg (heute Leningrad) 27. Sept. 1891, russ. Schriftsteller.
Entstammte einer Gutsbesitzerfamilie; 1834, nach dem Studium in Moskau, im Staatsdienst

in Petersburg. 1852 machte er eine Weltreise und verfaßte die Reisebeschreibung „Die Fregatte Pallas" (1856, dt. 1925) in Tagebuchform. 1856 wurde er Zensor, später Beamter in der obersten Pressebehörde. Seine 3 bed. Romane sind vom gleichen Grundthema, der maßlosen Langeweile, bestimmt, das G. von Werk zu Werk zu steigern vermag. Was in dem Roman „Eine alltägl. Geschichte" (1847, dt. 1900) erst anklingt, wird in „Oblomow" (1859, dt. 1869) zum wesentl. Inhalt. Der Roman ist handlungsarm, sein Titelheld lebt träge und energielos, jedoch nicht ohne Verstand und Empfindung dahin und verliert schließl. die Verbindung zur Zeit und zu seinen Mitmenschen; poet. Höhepunkt ist der Traum Oblomows. In dem Roman „Die Schlucht" (1869, dt. 1912) Steigerung zu einer dem Nihilismus nahestehenden Weltsicht.

Ausgabe: I. A. G. Ges. Werke in 4 Bden. Dt. Übers. Bln. 1923.

Literatur: Rehm, W.: *G. u. Jacobsen oder Langeweile u. Schwermut. Gött. 1963.* – Lavrin, J.: *Goncharov. Cambridge 1954.* – Mazon, A.: *Un maître du roman russe: Ivan Gontcharov (1812 à 1891). Paris 1914.*

Gonzaga, Tomás António [brasilian. gõ'zaga], Pseudonym Dirceu, * Porto 11. Aug. 1744, † Moçambique 1810, brasilian. Dichter.

Studierte Rechtswissenschaft in Coimbra; Jurist im brasilian. Staatsdienst; 1792 der Teilnahme an der Minas-Verschwörung angeklagt und zu 10jähriger Verbannung nach Moçambique verurteilt. Berühmt durch seine leidenschaftl. melanchol. Gedichte „Marília de Dirceu" (1792), die seine Liebe zu der jungen Maria Dorotéia Joaquina de Seixas (Marília) besingen und oft mit Petrarca und dessen Liebe zu Laura in Beziehung gesetzt wurden.

González, Fray Diego Tadeo [span. gɔn'θalεθ], * Ciudad Rodrigo 1732, † Madrid 1794, span. Dichter.

Augustiner; studierte in Madrid und Salamanca, war Prediger und Prior verschiedener Klöster; zeitweise Haupt der Dichterschule von Salamanca, deren Ziel die Erneuerung der span. Dichtung war. G. schrieb bukol. Dichtungen, die den künstler. Tendenzen des 18. Jh.s entsprachen. Er eiferte Fray Luis de León nach und ließ oft den persönl. Stil vermissen; bed. sind v.a. die religiösen Gedichte sowie die Liebeslyrik. Seine Dichtung („Poesías", 1796) wurde erst postum herausgegeben.

González Blanco, Andrés [span. gɔn'θalεð 'βlaŋko], * Cuenca 21. Aug. 1888, † Madrid 21. Okt. 1924, span. Schriftsteller und Literaturkritiker.

Philologiestudium in Madrid; schrieb neben bed. literarhistor. Arbeiten („Historia de la novela en España", 1909; „Los dramaturgos españoles contemporáneos", 1917; „Escritores representativos de América", 1918), auch [modernist.] Lyrik und Romane.

González del Castillo, Juan Ignacio [span. gɔn'θalεð ðεl kas'tiʎo], * Cádiz 1763, † ebd. 1800, span. Dramatiker.

Theatersouffleur; Schöpfer des andalus. Sainete: „El payo de la carta", „El café de Cádiz" u.a.

González Martínez, Enrique [span. gɔn'salez mar'tines], * Guadalajara (Jalisco) 13. April 1871, † Mexiko 19. Februar 1952, mex. Dichter.

Arzt, später Diplomat (in Südamerika, Spanien, Portugal); gelangte, ausgehend von Baudelaire und den frz. Symbolisten, zu einer modernist. Poesie, die ausgeprägtes Zartgefühl und Sinn für die Nuance mit philosoph. Tiefe verbindet.

Hauptwerke: Los senderos ocultos (Ged., 1911), La muerte del cisne (Ged., 1915), Parábolas (Ged., 1918), Poemas truncos (1935), Ausencia y canto (Ged., 1937), El diluvio de fuego (Ged., 1938).

González Prada, Manuel [span. gɔn'sales 'praða], * Lima 6. Jan. 1848, † ebd. 22. Juli 1918, peruan. Lyriker, Kritiker und Essayist.

Aus aristokrat. Familie, wandte sich früh gegen die Vorrechte seiner eigenen Klasse, gegen die span.-religiöse Tradition und die krassen sozialen Gegensätze. Seine Polemiken sind trotz ihrer Leidenschaftlichkeit von Klarheit und Disziplin. Er verfocht ein modernist. Literaturprogramm. Seine Poesie verrät ästhet. Gefühl, sie ist in ihrer subtilen Form – Reimlosigkeit, freie Strophen, Polyrhythmie – ihrer Zeit weit voraus.

Hauptwerke: Páginas libres (Essay, 1894), Horas de lucha (Essay, 1908), Exóticas (Ged., 1911), Baladas peruanas (1915), Nuevas páginas libres (Essay, 1937), El tonel de Diógenes (Prosa, 1945).

Literatur: Calcagno, M. A.: *El pensamiento de G. P. Montevideo 1958.*

Gonzalo de Berceo [span. gɔn'θalo] † Berceo, Gonzalo de.

Goodrich, Samuel Griswold [engl. 'gʊdrɪtʃ], Pseudonym Peter Parley, * Ridgefield (Conn.) 19. Aug. 1793, † New York 9. Mai 1860, amerikan. Schriftsteller.

Buchhändler und Verleger; Hg. des Jahrbuchs „The Token", zu dem Hawthorne, Longfellow u.a. Beiträge lieferten. Verfasser pädagog.-moral. Erbauungsbücher für die Jugend.

Gorbatow, Boris Leontjewitsch; tl.: Gorbatov, Boris Leont'evič [russ. gar'batɐf], * Petromar (heute Perwomaisk, Donbass) 15. Juli 1908, † Moskau 20. Jan. 1954, russ.-sowjet. Schriftsteller.

Begann mit literar. Arbeiten, in denen er die Arbeit des Komsomol darstellte, dem er angehörte. G. war während des Krieges Berichterstatter. Er setzte sich in seinen Erzählwerken u.a. mit Problemen der Arbeiter auseinander und stellte in seinem von Gogol abhängigen Roman „Die Unbeugsamen" (dt. 1944) Heldentum und Patriotismus einfacher russ. Menschen während des Krieges dar.

Weitere Werke: Meine Generation (R., 1933; dt. 1954), Die Geburt auf dem Gurkenland (R., 1937/38; dt. 1952), Donbass (R., dt. 1953).

Gorbunow, Iwan Fjodorowitsch; tl.: Gorbunov, Ivan Fedorovič [russ. gɐrbu'nɔf], * im Gouv. Moskau 22. Sept. 1831, † Petersburg (heute Leningrad) 5. Jan. 1896, russ. Schriftsteller und Schauspieler.

Ausbildung am Moskauer Gymnasium wegen Geldmangels abgebrochen, gehörte zeitweise zur Redaktion des „Moskwitjanin" (= Der Moskauer), ging nach Petersburg und lebte dort als Schauspieler; mit Ostrowski bekannt. Schrieb skizzenhafte, humorist.-parodist. Erzählungen aus der Welt der Bauern, Kaufleute und Bürger; Rezitator seiner Werke; Vorliebe für Kleinformen (wie Tschechow).

Gordimer, Nadine [engl. 'gɔ:dɪmə], * Springs (Transvaal) 20. Nov. 1923, südafrikan. Schriftstellerin.
Studierte und lebt in Johannesburg; begann früh zu veröffentlichen, hpts. in amerikan. Zeitschriften. Nadine G. schildert in Kurzgeschichten und Romanen (in engl. Sprache) meist südafrikan. Milieu, stellt den Rassenkonflikt, auch die Spannungen zwischen den Südafrikanern brit. und holländ. Herkunft dar; verfaßte auch psycholog. Studien.
Hauptwerke: Entzauberung (R., dt. 1956), Sechs Fuß Erde (R., dt. 1959), Fremdling unter Fremden (R., dt. 1962), Not for publication (1965).

Gordon, Adam Lindsay [engl. gɔ:dn], * Faial (Azoren) 19. Okt. 1833, † Brighton bei Melbourne 24. Juni 1870 (Selbstmord), austral. Dichter.
Schott. Abstammung, studierte in Oxford, wanderte 1853 nach Australien aus, wo er u.a. Pferdehändler war; war wenig erfolgreich. Wertmäßig unterschiedl. Lyrik, die das Buschleben schildert; seine Pferdegedichte sind Vorläufer der austral. Ballade.
Hauptwerke: Sea spray and smokedrift (Ged., 1868), Bush ballads and galloping rhymes (Ged., 1870).

Gorenko, Anna Andrejewna [russ. ga'rjɛnkɐ] † Achmatowa, Anna Andrejewna.

Görgg, Hanns † Schlegel, Johann Adolf.

Gorgias von Leontinoi, * Leontinoi (heute Lentini, Sizilien) um 485, † Larissa (Thessalien) um 380, griech. Redner.
427 Führer einer Gesandtschaft seiner Vaterstadt nach Athen; unternahm größere Reisen, von denen wenig bekannt ist; soll Schüler des Empedokles gewesen sein; bed. Vertreter der älteren griech. Sophistik; das Wissen um die überzeugende und verführer. Macht des Wortes bestimmt seine Reden, aber auch seine philosoph. Schrift „Über das Nichtseiende oder über die Natur", die z.T. erhalten ist. Sein reich geschmückter, rhetor. Stil hat auf die asian. Beredsamkeit einen großen Einfluß ausgeübt; Platon, der in G. den Hauptvertreter sophist. Rhetorik sah, benannte nach ihm den bekannten Dialog.
Literatur: Zucker, F.: *Der Stil des G. nach seiner inneren Form. In:* Zucker: *Semantica, Rhetorica, Ethica. Bln. 1963.* – Gigon, O.: *G. „Über das Nichtsein". In: Hermes 71 (1936), 186.*

Gorion, Micha Josef bin † Bin Gorion, Micha Josef.

Goris, Jan-Albert [niederl. 'xo:rɪs] † Gijsen, Marnix.

Gorki, Maxim; tl. Gor'kij, Maksim ['gorki, russ. 'gɔrjkij], eigtl. Alexei Maximowitsch Peschkow; tl.: Aleksej Maksimovič Peškov, * Nischni Nowgorod (heute Gorki) 28. März 1868, † Moskau 18. Juni 1936, russ.-sowjet. Schriftsteller.
Aus ärml. Verhältnissen, ohne geregelte Schulbildung aufgewachsen, durchstreifte als Gelegenheitsarbeiter weite Teile Rußlands und der Ukraine; 1892 begann er zu schreiben („Makar Tschudra", 1892; dt. 1924), seine 1898 veröffentlichten Skizzen und Erzählungen machten ihn bekannt. Es folgten weitere Erzählungen, die naturalist. das Leben der Landstreicher darstellen, es mit einer gewissen Romantik vermischend („Sechs und zwanzig und Eine und andere Erzählungen", 1899; dt. 1902). Spätere Romane und

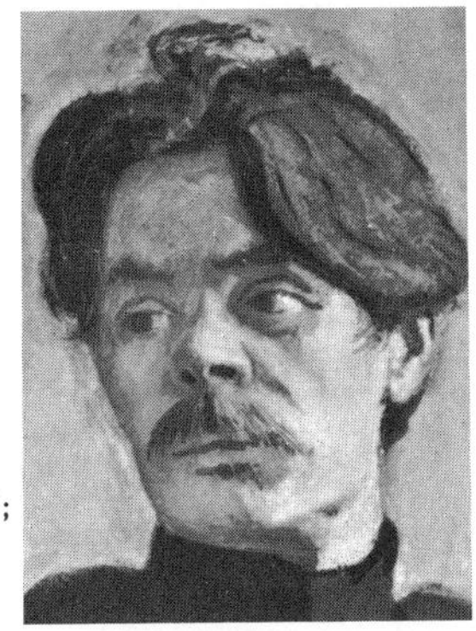
Maxim Gorki (Gemälde von W. A. Serow, 1904; Ausschnitt)

Schauspiele weisen eine polit. Tendenz auf. 1905 lernte G. Lenin kennen, er stand Marxisten und Sozialdemokraten nahe. 1906 Amerikareise, dann jahrelang in W-Europa (bis 1913, 1921–28). Den Terror der Oktoberrevolution lehnte er ab, obwohl er sich zum Bolschewismus bekannte. G. förderte junge Dichter, bejahte eine proletar. Literatur und stand dem sozialist. Realismus, zu dessen Mitbegründern er gehörte, positiv gegenüber. Seinen Werken, die ihn als warmherzigen Menschen zeigen, haften Kompositionsschwächen und oft Mängel in der Charakterdarstellung an. Er stellte in ep. und dramat. Werken u.a. das Milieu der Kleinbürger und das der Kaufleute dar („Die Kleinbürger", Dr., 1901, dt. 1902; „Das Werk der Artamonows", R., dt. 1927). Aus G.s Werk ragt das Schauspiel „Nachtasyl" (dt. 1903) heraus, mit dem er die Menschheit auf das Elend der Gestrauchelten aufmerksam machen wollte. Sein Pessimismus wird immer wieder von Hoffnung auf Besserung durchbrochen. Bed. sind seine biograph. Werke. Sein Vorbild Tschechow konnte er nicht erreichen.
Weitere Werke: Verlorene Leute (E., dt. 1901), Lied vom Falken (dt. 1901), Die alte Isergil (E., dt. 1901), Foma Gordejew (R., dt. 1901), Drei Menschen (R., dt. 1902), Die Feinde (Dr., dt. 1907), Die Mutter (R., dt. 1908), Meine Kindheit (Autobiogr., dt. 1917), Unter fremden Menschen (Autobiogr., dt. 1918), Meine Universitäten (Autobiogr., dt. 1926), Das Leben des Klim Samgin (R., 1925–36; dt. 1952–57), Jegor Bulytschow und die anderen (Dr., 1932; dt. 1946).
Ausgaben: M. G. Ges. Werke in Einzelbden. Dt. Übers. Hg. v. E. Kosing *u.* E. Mirowa-Florin. *Bln. 1965ff. Auf 24 Bde. berechnet. – M. G. Ges. Werke in Einzelausgg. Dt. Übers. Bln. 1926–31. 17 Bde.*
Literatur: Habermann, G. E.: *M. G. Bln. 1968.* – Ludwig, N.: *M. G. Bln. 1968. – M. Gor'kij in Deutschland. Bibliogr. 1899 bis 1965. Zusammengestellt u. annotiert v.* E. Czikowskiy, I. Idzikowski *u.* G. Schwarz. *Bln. 1968.* – Borras, F. M.: *M. G., the writer. Oxford 1967.* – Gourfinkel, N.: *M. G. in Selbstzeugnissen u. Bilddokumenten. Hamb. 1958.*

Górnicki, Lukasz [poln. gur'nitski], * Auschwitz 1527, † Lipniki (bei Tykocin) 22. Juli 1603, poln. Dichter.

Studierte u.a. in Padua; später erneut Italienaufenthalt; im Dienst kirchl. und weltl. Höfe. Lernte in Italien die Gedankenwelt des Humanismus kennen. Unter seinen poet. und histor. Werken hat die von G. im Sinn des Humanismus bearbeitete Übersetzung des „Cortegiano" von Castiglione, „Der poln. Demokrit als Hofmann" (1566, dt. 1856), die größte Bedeutung; Seneca-Übersetzer.
Literatur: Picchio, R.: *Le courtisan selon G. Châlons-sur-Marne 1952.* – Löwenfeld, R.: *Lukasz G. Sein Leben u. seine Werke. Breslau 1884.*

Gorodezki, Sergei Mitrofanowitsch; tl.: Gorodeckij, Sergej Mitrofanovič [russ. gɐra'djɛtskij], * Petersburg (heute Leningrad) 17. Jan. 1884, † Moskau 8. Juni 1967, russ.-sowjet. Dichter.
Lange Zeit journalist. tätig. Stand anfangs dem Symbolismus nahe, mit Gumiljow Begründer des Akmeismus; seine vorrevolutionäre, mit Elementen einer stilisierten altruss. Volksmythologie ausgestattete Lyrik beeinflußte die Gruppe der Bauerndichter, zu der u.a. Jessenin gehörte. G. zog sich nach der Revolution auf das Gebiet der kommunist. Propagandadichtung zurück; auch Kritiker und Übersetzer.

Gorostiza, Manuel Eduardo [span. goros'tisa], * Veracruz 13. Okt. 1789, † Tacubaya bei Mexiko 23. Okt. 1851, mex. Dramatiker.
Oberst, später im konsular. und diplomat. Dienst (London, Paris); schrieb erfolgreiche klassizist. Lustspiele, u.a. „Indulgencia para todos" (1818), „Contigo, pan y cebolla" (1833).

Görres, Ida Friederike, * Ronsperg (Westböhm. Gebiet) 2. Dez. 1901, östr.-dt. Schriftstellerin.
Schwester von Richard Nikolaus Graf Coudenhove-Kalergi; um eine innere Erneuerung des Katholizismus bemüht; Verfasserin von geistl. Gedichten, Heiligenleben, Spielen und Jugendbüchern.
Hauptwerke: Gespräch über die Heiligkeit (1932), Die siebenfache Flucht der Radegundis (E., 1927), Das verborgene Antlitz (Studie über Therese von Lisieux, 1944), Die leibhaftige Kirche (1950), Der karierte Christ (1964).

Görres, [Johann] Joseph von, * Koblenz 25. Jan. 1776, † München 29. Jan. 1848, dt. Publizist und Gelehrter.
Studierte Medizin und Naturwissenschaften; Anhänger der Frz. Revolution und einer rhein. Republik. Ernüchtert vom Pariser Revolutionsterror und enttäuscht von der Politik (nach einem Aufenthalt in Paris 1799/1800). In Koblenz Lehrer, 1806–08 Privatdozent in Heidelberg, wo er die ersten germanist. Vorlesungen hielt und an der von Brentano und Arnim hg. „Zeitung für Einsiedler" mitarbeitete. 1814–16 Hg. des „Rhein. Merkur", des besten journalist. Organs der Zeit, einer scharfen Waffe im nationalen Kampf gegen Napoleon. Als er sich für eine freiheitl. Verfassung in einem geeinten Deutschland unter östr. Führung einsetzte, wurde die Zeitschrift verboten; nach Erscheinen seiner Schrift „Teutschland und die Revolution" (1819) mußte er fliehen, er lebte in der Schweiz und in Straßburg. Hier wandte er sich wieder dem Katholizismus zu. 1827 wurde er Professor für Geschichte in München. G. war eine der führenden Persönlichkeiten der kath. Spätromantik und der kath. Publizistik, von ungewöhnl. Sprachkraft, hervorragendem Stil und weitreichendem Einfluß. Bed. auch als Hg. der dt. Literatur des MA („Altteutsche Volks- und Meisterlieder", 1817).
Weitere Werke: Aphorismen über Kunst (1802), Glauben und Wissen (1806), Die teutschen Volksbücher (Abhandlung, 1807), Mythengeschichte der asiat. Welt (1810), Die christl. Mystik (1836 bis 1842).
Ausgaben: J. v. G. Ges. Schrr. Hg. v. W. Schellberg *u.a. Köln 1926 ff. Auf 28 Bde. berechnet. – J. v. G. Ges. Schrr. Hg. v.* M. Görres. *Mchn. 1854 bis 1874. 9 Bde. in 2 Abteilungen.*
Literatur: Habel, R.: *J. G. Studien über den Zusammenhang v. Natur, Gesch. u. Mythos in seinen Schrr. Wiesb. 1960.* – Bürke, G.: *Vom Mythos zur Mystik. J. v. G.' myst. Lehre u. die romant. Naturphilosophie. Einsiedeln 1958.* – Saitschik, R.: *J. G. u. die abendländ. Kultur. Olten u. Freib. 1953.* – Schultz, Franz: *J. G. als Hg., Litterarhistoriker, Kritiker im Zusammenhange mit der jüngeren Romantik. Bln. 1902. Nachdr. New York 1967.* – Sepp, J. N.: *G. u. seine Zeitgenossen. 1776–1848. Nördlingen 1877.*

Gorrio, Tobia [italien. 'gɔrrio] ↑ Boito, Arrigo.

Gorter, Herman [niederl. 'xɔrtər], * Wormerveer 26. Nov. 1864, † Brüssel 15. Sept. 1927, niederl. Lyriker.
Studierte klass. Philologie in Amsterdam, war Lehrer in Amersfoort, Mithg. der Zeitschriften „De Jonge Gids" und „De Nieuwe Tijd"; später Hinwendung zu extremen marxist. Strömungen, als Kommunist Tätigkeit in der Arbeiterbewegung; G. versucht sich als Lyriker von jegl. verstandesmäßigen Deutung zu lösen und erstrebt dichter. Wirkung allein durch die Schönheit von Klang und Rhythmus; bed. ist das breitangelegte Epos „Mai" (1889, dt. 1909).
Weitere Werke: Verzen (Ged., 1890), Kenteringssonnetten (1891 und 1893), Ein kleines Heldengedicht (dt. 1909), De arbeidersraad (Ged., 1931), Sonetten (1934), De groote dichters (Essays, 1935).

Gossaert, Geerten [niederl. 'xɔsa:rt], eigtl. Frederik Carel Gerretson, * Kralingen (Südafrika) 9. Febr. 1884, † Utrecht 27. Okt. 1958, niederl. Lyriker, Historiker und Essayist.
1925–54 Geschichtsprofessor an der Universität Utrecht; formstrenger, in seinen Themen jedoch leidenschaftl.-bewegter Lyriker, dessen Poesie von einer starken Spannung zwischen Sinnlichkeit und Religiosität lebt; gab nur einen Sammelband von Gedichten (1911, dt. 1929) heraus, die in späteren Auflagen nur gering verändert wurden.

Gosse, Sir Edmund William [engl. gɔs], * London 21. Sept. 1849, † ebd. 16. Mai 1928, engl. Kritiker und Schriftsteller.
1884–90 Professor für engl. Literatur in Cambridge, 1904–14 Bibliothekar des brit. Oberhauses. G. war befreundet mit bed. Schriftstellern (Swinburne, Stevenson, H. James u.a.), Interesse auch für die frz. und skand. Literatur. Verfasser bed. Literaturkritiken und Biographien, lyr. Landschafts- und Naturgedichte.
Hauptwerke: Seventeenth century studies (Essays, 1883), Life of Congreve (Biogr., 1888), Father and son (Autobiogr., 1907), H. Ibsen (Essay, 1908), Life of Swinburne (Biogr., 1917).

Gosselin, Théodore [frz. gɔ'slɛ̃] ↑ Lenôtre, Georges.

Goszczyński, Seweryn [poln. gɔʃ'tʃiȷ̑ski], * Ilinze bei Kiew 4. Nov. 1801, † Lemberg 25. Febr. 1876, poln. Dichter.
Wegen Teilnahme am poln. Aufstand 1830/31 ab 1838 bis kurz vor Lebensende in Frankreich und der Schweiz. Gehört zur „Ukrain. Schule" der poln. Romantik; sein Frühwerk „Das Schloß von Kaniow" (Epos, dt. 1832) ist in seiner düsteren Stimmung von Byron beeinflußt; weitere bed. Werke gestalten Eindrücke der Karpatenwelt und – allegor. – poln. Probleme; Übersetzer Ossians (1838).

Gött, Emil, * Jechtingen bei Freiburg im Breisgau 13. Mai 1864, † Freiburg im Breisgau 13. April 1908, dt. Dramatiker.
Studierte Philologie und Nationalökonomie; beeinflußt von sozialen und wirtschaftl. Reformideen, führte er ein ruheloses Wanderleben als Handwerker und Landarbeiter, zeitweise in der Gesellschaft seines Freundes Emil Strauß. Er erwarb schließl. ein Gut und wurde Landwirt; war auch polit. tätig. G. schrieb Erzählungen, Lyrik, Spruchdichtungen und Aphorismen, bühnenwirksame, gedankentiefe Dramen mit sozialer und ethischer Problematik. Die psycholog., humorvollen Stücke sind vom klass. span. Theater beeinflußt.
Hauptwerke: Verbotene Früchte (Kom., 1894), Edelwild (Dr., 1901), Mauserung (Lsp., 1908), Freund Heißsporn (Lsp., 1911), Nachdenkl. Geschichten (1923).

Gotta, Salvatore [italien. 'gɔtta], * Montalto Dora bei Ivrea 18. Mai 1887, italien. Schriftsteller.
Jurist und Journalist; trat mit dem umfangreichen Romanzyklus „La saga dei Vela" (1954; Chronik einer italien. Familie) hervor, aus dem bes. „Il figlio inquieto" (1917) zu nennen ist; auch Novellen und Dramen.

Gotter, Friedrich Wilhelm, * Gotha 3. Sept. 1746, † ebd. 18. März 1797, dt. Dichter.
Studierte Jura, war Archivar in Gotha; gründete 1769 mit Boie den „Göttinger Musenalmanach"; 1770 Legationssekretär in Wetzlar; Bekanntschaft mit Goethe; 1772 Geheimer Sekretär in Gotha, setzte sich für das Gothaer Hoftheater unter Ekhof und Iffland ein. Er bereiste S-Frankreich und die Schweiz, lebte schließl. als Schriftsteller in Gotha. Als klassizist. Lyriker und Dramatiker bearbeitete er frz. Originale in oft glatter Verskunst.
Hauptwerke: Die Dorfgala (Lsp., 1774), Orest und Elektra (Trag. nach Voltaire, 1774), Medea (Dr., 1775), Die Geisterinsel (Singspiel nach Shakespeare, 1799).

Gottfried von Monmouth ↑ Geoffrey of Monmouth.

Gottfried von Neif[f]en, mhd. Minnesänger des 13. Jahrhunderts.
Urkundl. nachweisbar zwischen 1234 und 1255; stammte aus einem schwäb. Freiherrngeschlecht aus der Gegend von Neuffen bei Reutlingen; gehörte dem ritterl. Kreis um Heinrich VII. an; virtuos in der Beherrschung der äußeren Form, geschickt in der Verwendung klangl. und metr. raffinierter Künste, schrieb G. inhaltl. wenig originelle, der Tradition verhaftete Minnelieder. Diese stehen hinter seinen volkstüml. Liedern mit stellenweise derb-realist. Motiven aus der bäuerl. Welt weit zurück.

Gottfried von Straßburg, † um 1215, mhd. Dichter.
Über sein Leben ist wenig bekannt, da er in seinem Werk – im Ggs. zu Hartmann von Aue und Wolfram von Eschenbach – keinerlei Anspielungen bringt. Er war wohl kein Ritter, sondern wurde wahrscheinl. als Angehöriger des elsäss. Stadtbürgertums in einer Kloster- oder Domschule erzogen und übertraf mit seiner gelehrten Bildung die Dichter der damaligen Zeit. Beziehungen zum Bischofshof in Straßburg können nicht ausgeschlossen werden, gleichwohl sind sie nicht zu beweisen. Neben Hartmann und Wolfram, den G. der dunklen, z.T. unverständl. Sprache wegen ablehnt – Hartmann wird der klaren Diktion wegen gerühmt –, der 3. große Epiker der hochhöf. Zeit. G. schrieb zwischen 1205 und 1215 anonym (als Autor in Sekundärquellen belegt) das unvollendet gebliebene Epos „Tristan und Isolt", das er inhaltl. und kompositor. stark an seine Quelle, die Tristandichtung des Thomas von Britanje anlehnte; dennoch gelingt G. eine Vertiefung, eine Vereinheitlichung und die Straffung der Vorlage, aus der er alle Widersprüche beseitigt. Mit höchster sprachl. Verfeinerung gelingt es ihm, Ausschließlichkeit und Unbedingtheit der Liebe zu gestalten und inhaltl. wie formal eine Vollendung der höf.-stilisierten Dichtung zu erreichen. Der unvollendete Roman wurde von Ulrich von Türheim und von Heinrich von Freiberg fortgesetzt. G. werden ferner 2 Sprüche unter Walthers Einfluß zugeschrieben („Das gläserne Glück", „Mein und Dein").
Ausgaben: G. v. St. Tristan u. Isold. Hg. v. F. Ranke. *Textbd. Zürich 1958 [m.n.e.]. – G. v. St. Tristan u. Isolde. Nhd. Übertragung. Hg. v.* W. Hertz. *Stuttg. [6]1907. – G. v. St. Werke. Aus den besten Hss. hg. v.* F. H. v. der Hagen. *Breslau 1823. 2 Bde.*
Literatur: Weber, Gottfried/Hoffmann, Werner: *G. v. St. Stuttg. [3]1968.* – Gnädinger, L.: *Musik u. Minne im „Tristan" Gotfrids v. St. Düsseld. 1967.* – Hollandt, G.: *Die Hauptgestalten in G.s Tristan. Wesenszüge, Handlungsfunktion, Motiv der List. Bln. u.a. 1966.* – Weber, Gottfried: *G.s v. St. Tristan u. die Krise des hochmittelalterl. Weltbildes um 1200. Stuttg. 1953. 2 Bde.*

Gotthelf, Jeremias, eigtl. Albert Bitzius, * Murten (Freiburg) 4. Okt. 1797, † Lützelflüh (Bern) 22. Okt. 1854, schweizer. Erzähler.

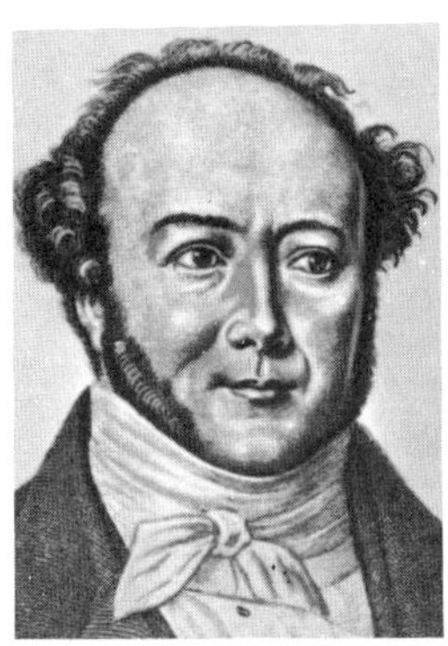
Jeremias Gotthelf (nach einem Gemälde von J. F. Dietler, 1844)

Pfarrerssohn, wuchs unter dem Eindruck der Revolutionskriege auf, studierte in Bern und Göttingen Theologie, war Vikar an verschiedenen Orten der Schweiz, Pfarrer in Lützelflüh (seit 1832) und Volkserzieher im Geiste Pestalozzis. Er begann erst spät zu schreiben und wurde, ursprüngl. ein Anhänger liberaler Ideen, eifriger Streiter gegen den liberalen Zeitgeist und die städt. Zivilisation. Mit dem Erziehungsroman „Der Bauernspiegel oder Lebensgeschichte des Jeremias Gotthelf" (1837) begründete er den dt.-sprachigen Bauernroman. Seine weiteren, fast ausschließl. in der Berner Bauernwelt spielenden Dorfgeschichten, u.a. „Wie Uli der Knecht glücklich wird" (1841) und „Uli der Pächter" (1849), gehen zwar themat. nicht über den heimatl. Raum hinaus, besitzen aber in dem von Derbheit bis zur Zartheit reichenden, sprachgewaltigen Realismus, den sozialen, religiösen und psycholog. Einsichten überzeitl. Wert; scharfe Beobachtungsgabe und Bildhaftigkeit der Sprache ließen lebendige Gestalten entstehen; bed. auch die naturalist.-symbolist. Novelle „Die schwarze Spinne" (in: „Bilder und Sagen aus der Schweiz", 1842–46).
Weitere Werke: Wie Anne Bäbi Jowäger haushaltet... (R., 1843/44), Der Knabe des Tell (E., 1846), Käthi, die Großmutter (R., 1947), Erzählungen und Bilder aus dem Volksleben der Schweiz (1850–55; darin u.a.: Elsi, die seltsame Magd), Die Käserei in der Vehfreude (R., 1850), Zeitgeist und Berner Geist (R., 1852).
Ausgaben: J. G. Hauptwerke in 18 Bden. Neu durchgesehen u. hg. v. W. Juker. *Erlenbach (ZH) 1962–66. – J. G.s Werke. Hg. v.* W. Muschg. *Stuttg. u. Basel 1948–53. 20 Bde. – J. G. Sämtl. Werke in 24 Bden. u. 20 Erg.-Bden. Hg. v.* R. Hunziker *u.a. Mchn.; Erlenbach (ZH) 1911 ff.*
Literatur: Juker, W.: *Leben u. Persönlichkeit J. G.s. Bern 1969.* – Buhne, R.: *J. G. u. das Problem der Armut. Bern u. Mchn. 1968.* – Fehr, K.: *J. G. Stuttg. 1967.* – Günther, W.: *J. G. Wesen u. Werk. Bln. u.a. ²1954.* – Muschg, W.: *G. Die Geheimnisse des Erzählers. Mchn. 1931. Neudr. 1967.*

Gottsched, Johann Christoph ['gɔtʃe:t], * Juditten (heute Königsberg (Pr)-Juditten) 2. Febr. 1700, † Leipzig 12. Dez. 1766, dt. Literaturtheoretiker und Kritiker.
Sohn eines Predigers, studierte Theologie, Philosophie und Philologie, kurze Zeit Lehrer der Philosophie in Königsberg; floh 1724 vor den Werbern des Königs von Preußen nach Leipzig, war Privatdozent, seit 1730 Professor der Poesie und seit 1734 Professor der Logik und Metaphysik. G. setzte sich als Anhänger der Wolffschen Philosophie für die Aufklärung ein und wurde als Kritiker und Spracherzieher, der auch eine Reihe von literar. Zeitschriften herausgab, zum Reformer und geistigen Führer der Frühaufklärung. In einem starren, aristokrat. Klassizismus erstrebte er eine Reform der dt. Literatur, v.a. des dt. Dramas, das er, auf den Theorien Boileaus fußend, nach dem Vorbild von Corneille, Racine und Molière im Sinne des frz. Klassizismus gestalten wollte. So waren verstandesmäßige Klarheit und Grundsätze der Vernunft seine höchsten Gebote. Mit phantasielosem Rationalismus bekämpfte er die Regellosigkeit in der Dichtung und trat gegen das Wunderbare, gegen Phantasie und Gefühl auf. Haupt- und Staatsaktionen, die barocke Oper und Hanswurstintermezzi verbannte er von der dt. Bühne. In seiner starren dogmat. Einstellung lehnte er u.a. auch Milton, Shakespeare und Klopstock ab und geriet seiner intoleranten Haltung wegen in einen heftigen literar. Streit mit den Schweizern Bodmer und Breitinger. Seine eigenen Musterdramen blieben in ihrer Konstruiertheit und der strengen Anwendung der klassizist. Regeln matt und farblos. Sein größtes Verdienst erwarb er sich um das dt. Theater, er sorgte für die deklamator. Ausbildung der Schauspieler und in Zusammenarbeit mit Karoline Neuber für das soziale Ansehen des Standes. G. trat auch als Übersetzer hervor (Fontenelle, Racine, Bayle u.a.), gab moral. Wochenschriften („Die vernünftigen Tadlerinnen", 1725/26; „Der Biedermann", 1727) und eine v.a. aus Übersetzungen bestehende Sammlung von Musterdramen, „Die dt. Schaubühne nach den Regeln und Exempeln der Alten" (1741–45), heraus.
Weitere Werke: Ausführl. Redekunst (1728), Versuch einer Crit. Dichtkunst vor die Deutschen (1730), Der sterbende Cato (Trag., 1732), Grundlegung einer dt. Sprachkunst (1748).
Ausgaben: J. Ch. G. Ausgew. Werke. Hg. v. J. Birke. *Bln. 1968 ff. Auf 12 Bde., 2 Reg.-Bde. berechnet. – J. Ch. G. Ges. Schrr. Ausg. der G.-Gesellschaft. Hg. v.* E. Reichel. *Bln. 1903–06. 6 Bde.*
Literatur: Scherpe, K. R.: *Gattungspoetik im 18. Jh. Histor. Entwicklung v. G. bis Herder. Stuttg. 1968.* – Birke, J.: *G.s Neuorientierung der dt. Poetik an der Philosophie Wolffs. In: Zs. f. dt. Philologie 85 (1966), 560.* – Reichel, E.: *G. Bln. 1908–12. 2 Bde.*

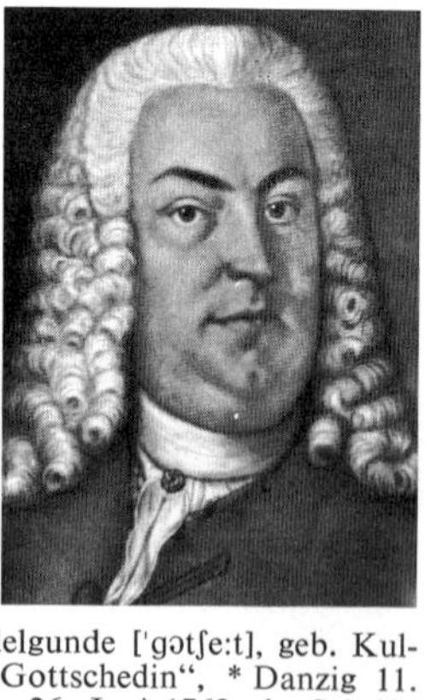
Johann Christoph Gottsched (nach einem Gemälde von L. Schorer, 1744)

Gottsched, Luise Adelgunde ['gɔtʃe:t], geb. Kulmus, genannt „die Gottschedin", * Danzig 11. April 1713, † Leipzig 26. Juni 1762, dt. Schriftstellerin.
Seit 1735 ⚭ mit Johann Christoph G., dessen Zielen ihre Interessen und ihr Schaffen galten. Sie übertrug Lustspiele von Destouches und Molière in dt. Prosa, wobei sie auch den Ort der Handlung nach Deutschland verlegte, und schrieb derbe Sittenkomödien, vorwiegend nach frz. Muster, z.T. nach Holberg; auch Übersetzerin von Pope („Der Lockenraub", 1744) und Addison.
Weitere Werke: Die Pietisterey im Fischbein-Rocke (Lsp., 1736), Triumph der Weltweisheit

(Satire, 1739), Sämmtliche Kleinere Gedichte (1763).

Götz, Johann Nikolaus, * Worms 9. Juli 1721, † Winterburg bei Bad Kreuznach 4. Nov. 1781, dt. Dichter.
Studierte Theologie in Halle, wo er mit Uz und Gleim die Anakreontik begründete. Er war Hauslehrer, Schloßprediger, 1748 Feldprediger in einem frz. Regiment, später Konsistorialrat und Superintendent von Winterburg. In seinen Dichtungen sind Freude, Genuß und Tugend auf dem Boden bürgerl. Moral vereint. G.' Gedichte u. d. T. „Versuch eines Wormsers in Gedichten" (1745) zeichnen sich durch lebendige Sinnlichkeit und sprachl. Wohlklang aus. Mit Uz Übersetzer des Pseudo-Anakreon (1746).
Weitere Werke: Der Tempel zu Gnidus (Übers., 1759), Die Gedichte Anakreons und der Sappho Oden (Übers., 1760), Die Mädchen-Insel (Elegie, 1773).

Götz, Kurt ↑ Goetz, Curt.

Goudelin (Goudouli), Pierre [frz. gu'dlɛ̃], * Toulouse 1579, † ebd. 10. Sept. 1649, provenzal. Dichter.
Eines der wenigen hervorragenden lyr. Talente während des Darniederliegens der provenzal. Literatur (16.–19. Jh.), schrieb im Dialekt der Gascogne Balladen, Stanzen, Elegien, Epigramme u.a. (1617 u. d. T. „Ramelet moundi" veröffentlicht); daneben Dichtungen in nordfrz. Sprache (Ode auf den Tod Heinrichs IV.).

Gourmont, Remy de [frz. gur'mõ], * Bazoches-au-Houlme (Orne) 4. April 1858, † Paris 27. Sept. 1915, frz. Schriftsteller.
Studierte in Caen, danach Angestellter der Bibliothèque nationale; führte wegen einer entstellenden Hautkrankheit ein völlig zurückgezogenes, nur der Literatur gewidmetes Leben; Mitbegründer des „Mercure de France"; einer der hervorragendsten Theoretiker des Symbolismus: skept. Antitraditionalist, an Voltaire und Renan geschult; Essayist („L'esthétique de la langue française", 1899; „La culture des idées", 1900; „Die Physik der Liebe", 1903, dt. 1910), Romancier („Ein jungfräul. Herz", dt. 1908), Lyriker („Oraisons mauvaises", 1900) und Dramatiker („Lilith", 1892).
Literatur: Burne, G. S.: *R. de G. His ideas and influences in England and America. Carbondale (Ill.) 1963.* – Uitti, K. D.: *La passion littéraire de G. Paris; Princeton (N. J.) 1962.* – Gräfer, G.: *R. de G. als Kritiker u. Literarhistoriker. Diss. Marburg 1922 [Masch.].*

Govekar, Franc, * Ig bei Laibach 9. Dez. 1871, † Laibach 31. März 1949, slowen. Schriftsteller.
Pflegte nach dem Vorbild Zolas den naturalist. Roman, den er in die slowen. Literatur einführte; später literar. und prakt. Theaterarbeit.

Govoni, Corrado [italien. go'vo:ni], * Tamara (heute Copparo-Tamara) 29. Okt. 1884, † Pomezia bei Rom 20. Okt. 1965, italien. Dichter.
Bäuerl. Herkunft; trat mit Erzählungen und zeitweilig bes. von D'Annunzio und vom Futurismus beeinflußten, außerordentl. bilderreichen lyr. Gedichten hervor („Fuochi d'artifizio", Ged., 1905; „Poesie elettriche", 1911).

Gower, John [engl. 'gaʊə], * Kent um 1330, † Southwark (heute London-Southwark) 1408, engl. Dichter.
Kelt. Landedelmann, war dem Hof verbunden, lebte vorwiegend in London. Sein Lehrgedicht „Mirour de l'omme" (1376–79, in frz. Sprache) ist eine satir. Darstellung der Todsünden und der Weltstände. Die religiös-moral. lat. Zeitsatire „Vox clamantis" (nach 1381) behandelt den Bauernaufstand und soziale Mißstände. Höhepunkt seiner Erzählkunst ist die „Confessio amantis" (um 1390, dt. 1856 u. d. T. „Beichte des Liebenden") in engl. Sprache; hier erläutert er Moralsätze an über 100 Einzelgeschichten, die aus verschiedenen Quellen stammen und durch eine Rahmenhandlung zu einem Ganzen zusammengefaßt sind.
Literatur: Weber, Edwart: *J. G. Zur literar. Form seiner Dichtung. Bad Homburg v. d. H. 1966.* – Fisher, J. H.: *J. G., moral philosopher and friend of Chaucer. London 1965.* – Wickert, M.: *Studien zu J. G. Köln 1953.*

Goyen, William [engl. 'gɔɪən], * Trinity (Texas) 24. April 1915, amerikan. Schriftsteller.
Nach dem Studium der Literatur Teilnahme am 2. Weltkrieg; später ausgedehnte Europareisen; lebt als freier Schriftsteller in Europa. Gestaltet eine verinnerlichte, entrückte Welt von Erinnerungen, Assoziationen und Halluzinationen mit den Stilmitteln einer sensiblen, lyr. Prosa, die sich durch subtile Sprachmusikalität und Rhythmik auszeichnet; in seinem Hauptwerk, dem Roman „Haus aus Hauch" (dt. 1952), erscheint die Außenwelt nur als Spiegelung der inneren Welt.
Weitere Werke: Geist und Fleisch (E., dt. 1955), Im fernsten Land (R., dt. 1957), The fair sister (R., 1963).

Goytisolo, Juan [span. gɔi̯ti'solo], * Barcelona 5. Jan. 1931, span. Schriftsteller.
Rechtsstudium in Barcelona und Madrid; trat mit zeitkrit. Romanen aus der span. Gegenwart und dem Bürgerkrieg hervor.
Hauptwerke: Die Falschspieler (R., dt. 1958), Trauer im Paradies (R., dt. 1958), Das Fest der anderen (R., dt. 1960), El circo (R., 1957), Strandgut (R., dt. 1965), Sommer in Torremolinos (R., dt. 1963), Span. Gewissensforschung (Essays, dt. 1966), Spanien und die Spanier (dt. 1969).

Goytisolo, Luis [span. gɔi̯ti'solo], * Barcelona 1935, span. Schriftsteller.
Bruder von Juan G.; erhielt für seinen Roman „Las Afueras" (1959) den Premio Biblioteca Breve 1958; er gibt darin eine pessimist. Schilderung des Lebens im heutigen Spanien.

Gozzano, Guido [italien. god'dza:no], * Agliè Canavese (Turin) 19. Dez. 1883, † ebd. 9. August 1916, italien. Dichter.
Studierte Jura (Dr. jur.), konnte aber keinen Beruf ausüben, da schon früh lungenkrank; 1912/13 Indienreise. D'Annunzio, Jammes und Verlaine haben auf seine Dichtung gewirkt. Seine sehnsüchtig-melanchol. Gedichte sind erfüllt von der Ahnung seines frühen Todes. G. ist der bedeutendste Vertreter der „Crepuscolari". Die düstere Ausweglosigkeit und Trauer, die über dem Werk liegt, ist echt empfunden und glaubhaft; hervorragender Sprachkünstler.
Hauptwerke: I tre talismani (Ged., 1904), Domani (Sonette, 1904), La via del rifugio (Ged., 1907), I colloqui (Ged., 1911), I primi e gli ultimi colloqui (1915), L'altare del passato (Novellen,

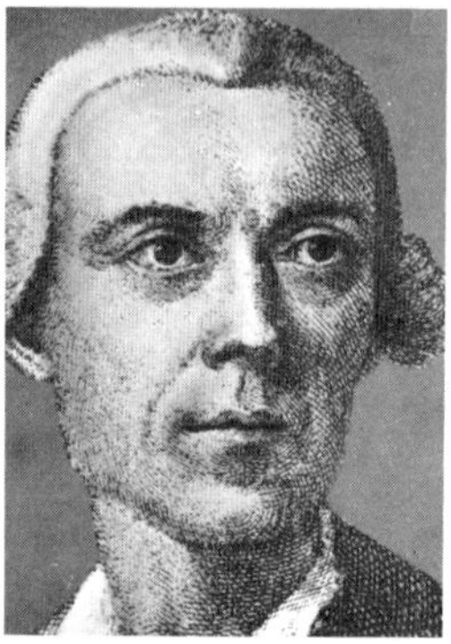

Carlo Graf Gozzi (Stich von F. Bartolozzi)

hg. 1918), L'ultima traccia (Novellen, hg. 1919).
Literatur: Vaccari, W.: *La vita e i pallidi amori di G. G. Mailand 1958.* – Mazzoleni, F.: *La poesia di G. G. Mailand 1950.*

Gozzi, Carlo Graf [italien. 'gottsi], * Venedig 13. Dez. 1720, † ebd. 4. April 1806, italien. Lustspieldichter.

Aus altem venezian. Adelsgeschlecht, zeigte früh Interesse für das Theater; mit seinem Bruder kämpfte er gegen alles Fremde, Nichtitalien., wie er sich überhaupt sehr konservativ zeigte; Mitbegründer der Accademia dei Granelleschi. Polemik gegen Goldoni und Chiari, die sich gegen die Commedia dell'arte stellten, die G. weiter vertrat. Für ihn blieb das Spektakel und die Zauberwelt das Entscheidende beim Theater. Theoret. Abhandlungen und 10 phantast. dramat. Märchen vereinigte er in dem Werk „Fiabe" (1772). In „La Marfisa bizzarra" (1774) brachte er seine literar. Gegner als kom. Figuren auf die Bühne. G.s Erfolg war beträchtl., auch wenn seine Gegner neben ihm bestanden. Seine Fabel „Turandot" bearbeitete Schiller, sie lieferte den Stoff für Opern von Busoni und Puccini.

Weitere Werke: Tartana degli influssi per l'anno bisestile (1757), Die Liebe zu den drei Pomeranzen (Dr., 1772; dt. 1777–79; Vorlage für die Oper „Die Liebe zu den drei Orangen" von Prokofjew), Der Rabe (Dr., 1772; dt. 1777–79), König Hirsch (Dr., 1772; dt. 1777–79; vertont von H. W. Henze), Das grüne Vögelchen (Dr., 1772; dt. 1795), Droghe d'amore (Dr., 1777).

Literatur: Cestaro, B.: *C. G. Turin 1932.* – Rusack, H. Hoffmann: *G. in Germany. New York u. London 1930.*

Gozzi, Gasparo Graf [italien. 'gottsi], * Venedig 4. Dez. 1713, † Padua 26. Dez. 1786, italien. Schriftsteller.

Bruder Carlo G.s; ⚭ mit der Dichterin L. Bergalli; Theaterleiter und Zensor; wurde bekannt als Hg. des „Osservatore Veneto", einer moral. Zeitschrift nach dem Vorbild von Addisons „Spectator"; durch seine „Difesa di Dante" (1758) gab er dem Dantekult neuen Auftrieb; glänzender Stilist, auch Satiriker und Übersetzer.

Grabbe, Christian Dietrich, * Detmold 11. Dez. 1801, † ebd. 12. Sept. 1836, dt. Dramatiker.

Sohn eines Zuchthausverwalters, belastende Eindrücke durch das Leben im Zuchthaus; studierte 1820–22 Jura in Leipzig und Berlin, lernte in Berlin Heine, in Dresden Tieck kennen; versuchte Schauspieler und Regisseur zu werden; 1824 jurist. Examen, 1827 Militärauditor in Detmold, 1834 aus der Beamtenlaufbahn ausgeschieden, ging nach Frankfurt am Main, dann zu Immermann ans Düsseldorfer Theater. Aber auch dort machte er sich bald gesellschaftl. unmöglich; G. war Trinker (etwa seit 1830), zügellos, hatte Zerwürfnisse mit allen Menschen, war von großem Mißtrauen erfüllt. Seine Werke zeigen ihn als genialen Sonderling, als Repräsentanten der Disharmonie. Anfangs stand G. unter dem Einfluß Shakespeares und des Jungen Deutschland. Bald ging er eigene Wege und wurde neben Büchner zum bedeutendsten Anreger des realist. Dramas. Er setzt dem idealgerichteten klassizist. Drama die Bedingtheit menschl. Wollens durch Charakter, Umwelt, Ereignisse entgegen; folgerichtig wird eine auf moral.-sittl. Werten gegr. Ordnung vom Zufall abgelöst; dem entspricht die Auflösung des klass. Formenkanons: oft willkürl. aneinandergereihte, ep. konzipierte Bilder treten an die Stelle durchdachter Komposition; Massenszenen, Überforderung der Bühnentechnik; Vorliebe für histor. Stoffe. Bissige Ausfälle gegen die Literatur und das Geistesleben seiner Zeit in „Scherz, Satire, Ironie und tiefere Bedeutung" (Kom., 1827).

Weitere Werke: Herzog Theodor von Gothland, Marius und Sulla (mit weiteren Werken in: Dramat. Dichtungen, 1827), Don Juan und Faust (Trag., 1829), Die Hohenstaufen (Tragödienzyklus: Kaiser Friedrich Barbarossa, 1829; Kaiser Heinrich VI., 1830), Napoleon oder Die hundert Tage (Dr., 1831), Hannibal (Trag., 1835), Die Hermannsschlacht (Dr., 1838).

Ausgaben: Ch. D. G. Ges. Werke in einem Bd. Hg. v. F. Siefert. *Gütersloh 1964. – Ch. D. G. Werke u. Briefe. Histor.-krit. Gesamtausg. Hg. v. der Akademie der Wiss. in Gött. Emsdetten 1960ff. Auf 4 Bde., 2 Briefbde. berechnet.*

Literatur: Nicholls, R. A.: *The dramas of Ch. D. G. Den Haag 1969. – G. in Ber. seiner Zeitgenossen. Hg. v.* A. Bergmann. *Stuttg. 1968.* – Hegele, W.: *G.s Dramenformen. Mchn. 1968.* – Steffens, W.: *Ch. D. G. Velber 1966.* – Böttger, F.: *G. Glanz u. Elend eines Dichters. Bln. 1963.* – Schneider, Ferdinand Josef: *Ch. D. G. Persönlichkeit u. Werk. Mchn. 1934.*

Grabe, Reinhold Th. ↑ Brenner, Hans Georg.

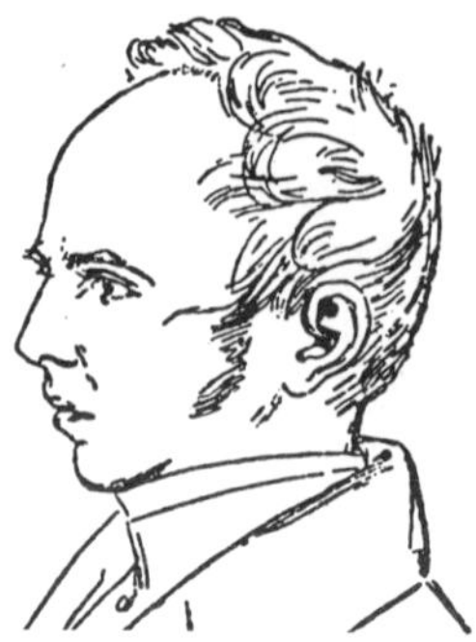

Christian Dietrich Grabbe (Stich von F. X. Stöber nach Th. Hildebrandt)

Gracián y Morales, Baltasar [span. gra'θian i mo'rales], * Belmonte de Calatayud 8. Jan. 1601, † Tarazona 6. Dez. 1658, span. Schriftsteller und Philosoph.
Seit 1619 Mitglied des Jesuitenordens; Professor und Prediger an Ordenskollegien, u. a. in Huesca, Tarragona, vorübergehend auch am Hof in Madrid. G. verteidigte in seiner außerordentl. einflußreichen Schrift „Agudeza y Arte de ingenio" (1648) den zeitgenöss. Stil des Kultismus und Konzeptionismus und gab in weiteren Werken voll barocker, pessimist. Vergänglichkeitsstimmung Maximen und exemplar. Verhaltensweisen („Oráculo manual y Arte de prudencia", 1647, dt. von Schopenhauer 1862 u. d. T. „Handorakel"; „Criticón", allegor.-satir. Roman, 1651ff., dt. 1957, u. a.).

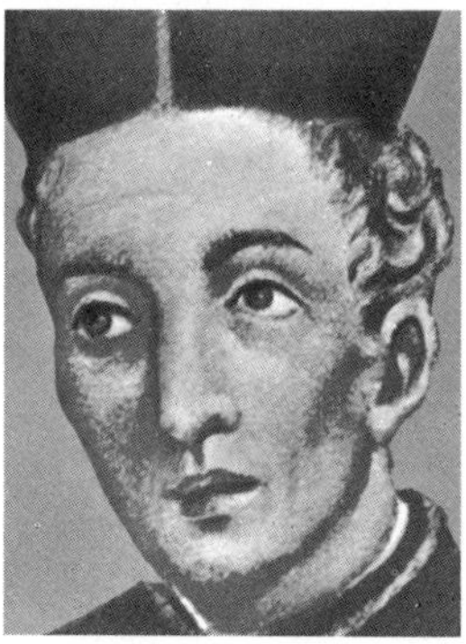

Baltasar Gracián y Morales

Ausgabe: B. G. Obras completas. Hg. v. A. del Hoyo. *Madrid [2]1960.*
Literatur: Schröder, G.: *B. G.s Criticón. Eine Unters. zur Beziehung zw. Manierismus u. Moralistik. Mchn. 1966.* – Correa Calderón, E.: *B. G. Su vida y su obra. Madrid 1961.* – Krauss, W.: *G.s Lebenslehre. Frkf. 1947.*

Gracq, Julien [frz. grak], eigtl. Louis Poirier, * Saint-Florent-le-Vieil (Maine-et-Loire) 27. Juli 1910, frz. Schriftsteller.
Studierte Geschichte an der École normale supérieure, Gymnasiallehrer in Paris; nahm am 2. Weltkrieg teil, 1941 wegen eines Lungenleidens aus der Gefangenschaft entlassen. G. schloß sich den Surrealisten an und war Schüler von Breton. Für den Roman „Das Ufer der Syrten" (dt. 1952), in dessen vieldeutigem, verschlüsseltem Inhalt G. das Schicksal des Menschen in einem imaginären Stadtstaat symbolhaft gestaltet, bekam er den Prix Goncourt. Prunkvoll schwere Prosa von mag. Gewalt, ungewöhnl. Bilder und eine klass. anmutende surreale Traumwelt sind typisch.
Weitere Werke: Auf Schloß Argol (R., 1938; dt. 1954), Un beau ténébreux (R., 1945), Liberté grande (Ged., 1947), Ein Balkon im Wald (R., dt. 1960), Entdeckungen (Essays, dt. 1965).
Literatur: Leutrat, J.-L.: *G. Paris 1967.*

Grädener (Graedener), Hermann, * Wien 29. April 1879, † Altmünster (Oberösterreich) 24. Febr. 1956, östr. Schriftsteller.
Bekannt durch sein kraftvolles, sprachl. eigenwilliges Prosaepos aus dem Bauernkrieg „Utz Urbach" (1913); expressionist. Sprache, Hinwendung zum Mythischen; auch iron. Prosa.

Gradnik, Alojz [slowen. 'gra:dnik], * Medana bei Görz 3. Aug. 1882, † Laibach 14. Juli 1967, slowen. Lyriker.
War in hohen jurist. Ämtern tätig. In Wien Einflüsse von Dehmel und Hofmannsthal; gestaltete in seiner Lyrik Stoffe des slowen. Volkstums u. seiner heimatl. Landschaft, aber auch die Motive der Liebe und des Todes; ein Hauptthema seiner Gedankenlyrik ist der Konflikt zwischen der realen Welt und der Welt der Vorstellung; er schrieb zeitweise auch polit. Lyrik mit nationaler Tendenz; hervorragende Übersetzungen. Von 1916 ab erschienen mehrere Gedichtsammlungen.

Graedener, Hermann ['grɛ:...] † Grädener, Hermann.

Graf, Arturo [italien. graf], * Athen 19. Jan. 1848, † Turin 30. Mai 1913, italien. Schriftsteller.
Seit 1882 Professor für italien. Literatur in Turin; veröffentlichte scharfsinnige literarhistor. Studien: „Roma nella memoria e nelle immaginazioni del medio evo" (1882), „Attraverso il cinquecento" (1888), „Foscolo, Manzoni, Leopardi" (1898); als Dichter ging er von der europ. Romantik (Leopardi, Byron) aus, seine Gedichte tragen einen tief pessimist. Grundzug; auch Romancier.
Weitere Werke: Medusa (Ged., 1880), Dopo il tramonto (Ged., 1893), Morgana (Ged., 1901), Il riscatto (R., 1901), Rime della selva (Ged., 1906).

Graf, Oskar Maria, * Berg (Landkreis Starnberg) 22. Juli 1894, † New York 28. Juni 1967, dt. Schriftsteller.
Bäckerlehre in München; schloß sich nach dem 1. Weltkrieg der revolutionären Gruppe um Kurt Eisner an; Tätigkeit an einer Arbeiterbühne als Dramaturg; 1933 emigrierte er über Österreich, die Tschechoslowakei und die UdSSR in die USA, wo er seit 1938 lebte. Den frühen Gedichten „Die Revolutionäre" (1918) folgten sozialkrit. Novellen und Romane, die z. T. auf eigenem Erleben beruhen. Zu seinem eigtl. Gebiet fand er in den sozialkrit., erot. Dorf- und Kleinstadtromanen sowie den mitunter derb-realist. volkstüml. Schnurren und Schwänken; später auch utop. Romane.
Weitere Werke: Wir sind Gefangene (Autobiogr., 1927), Das bayr. Dekameron (En., 1928), Kalender-Geschichten (1929 und 1958), Bolwieser (R., 1931), Einer gegen alle (R., 1932), Das Leben meiner Mutter (Biogr., engl. 1940, dt. 1945), Die Eroberung der Welt (R., 1949), Der große Bauernspiegel (En., 1962), Die Ehe des Herrn Bolwieser (R., 1964), Gelächter von außen. 1918–1933 (Autobiogr., 1966), Anton Sittinger (R., 1969).

Grafe, Felix, * Wien 9. Juli 1888, † ebd. 18. Dez. 1942, östr. Lyriker.
Als Mitglied der Widerstandsbewegung hingerichtet; von K. Kraus entdeckter Lyriker; übersetzte Shakespeare, Baudelaire, Verlaine, Wilde u. a.
Hauptwerke: Idris (Ged., 1915), Ruit hora (Ged., 1916).
Ausgabe: F. G. Dichtungen. Histor.-krit. Ausg. Hg. v. J. Strelka. *Wien 1961.*

Grafenberg, Wirnt von † Wirnt von Grafenberg.

Graff, Sigmund, * Roth bei Nürnberg 7. Jan. 1898, dt. Schriftsteller.
Kriegsfreiwilliger 1914–18, dann Journalist, Regierungsrat, Mitarbeiter des Reichsdramaturgen in Berlin; vorwiegend Dramatiker, anfangs mit Stoffen aus dem Kriegserlebnis, dann aus Ge-

schichte, Kunst und Literatur; schrieb auch Volksschauspiele, Komödien, Aphorismen, Essays.
Hauptwerke: Die endlose Straße (Dr., 1926; mit C. E. Hintze), Die einsame Tat (Dr., 1930), Die vier Musketiere (Volksstück, 1932), Begegnung mit Ulrike (Kom., 1937), Vom Baum der Erkenntnis (Aphorismen, 1955).

Graf[f]igny, Françoise d'Issembourg d'Happoncourt [frz. grafi'ɲi], * Nancy 13. Febr. 1695, † Paris 12. Dez. 1758, frz. Schriftstellerin.
Lebte in Cirey bei Madame du Châtelet und Voltaire, bevor sie sich in Paris niederließ und einen u. a. von Helvétius besuchten Salon eröffnete; ihren größten literar. Erfolg erzielte sie mit den Montesquieus „Pers. Briefen" nachgeahmten, im übrigen jedoch eher empfindsamen „Lettres d'une Péruvienne" (1747); daneben Dramen.

Graf Rudolf, frühmhd., vor 1173 in Thüringen nach frz. Vorbild aus dem Kreise der Chansons de geste entstandene höf. Verserzählung, die nur fragmentar. erhalten ist; realist. Darstellung der Kreuzzugsabenteuer, der Ritterkämpfe und -feste sowie der Minne G. R.s zu einer Heidenprinzessin; Vereinigung, Trennung und glückl. Wiederfinden der Liebenden wird getreu dem alten hellenist. Romanschema geschildert.

Grahame, Kenneth [engl. 'grɛɪəm], * Edinburgh 8. März 1859, † Pangbourne 6. Juli 1932, schott. Schriftsteller.
Sohn eines Advokaten, erzogen in Oxford, 1898 bis 1907 Angestellter der Bank von England. Verfasser von sehr beliebten, humorvollen Kinderbüchern („The golden age", 1895; „Dream days", 1898). Sein bedeutendstes, von A. A. Milne als „Toad of Toadhall" (1930) dramatisiertes Werk ist „The wind in the willows" (1908, dt. 1952 u. d. T. „Die Leutchen um Meister Dachs").

Granada, Fray Luis de ↑ Luis de Granada, Fray.

Grandmontagne, Francisco [span. granmon'taɲe], * Barbadillo de Herreros (Burgos) 1. Okt. 1866, † San Sebastián 1. Mai 1936, span. Schriftsteller bask. Herkunft.
Lebte in Argentinien, wo er die Tageszeitung „La Prensa" leitete; Verfasser realist. Romane und krit. Essays; hatte seinen größten Erfolg mit dem gesellschaftskrit. Roman „Teodoro Foronda" (1896).

Granin, Daniil Alexandrowitsch; tl.: Granin, Daniil Aleksandrovič [russ. 'granin], eigtl. D. A. German, * Wolyn (Gebiet Kursk) 1. Jan. 1918, russ.-sowjet. Schriftsteller.
Studierte Elektrotechnik, Ingenieur; Freiwilliger im 2. Weltkrieg; erste Veröffentlichungen 1949, behandelt in seinen Werken Themen aus dem Leben und der Arbeit von Wissenschaftlern und Technikern, so in den Romanen „Bahnbrecher" (dt. 1955) und „Dem Gewitter entgegen" (dt. 1964, auch u. d. T. „Zähmung des Himmels").
Weiteres Werk: Die eigene Meinung (E., dt. 1957).

Granville-Barker, Harley [engl. 'grænvɪl'bɑːkə], * London 25. Nov. 1877, † Paris 31. Aug. 1946, engl. Dramatiker.
Auch Schauspieler und Theaterleiter; berühmt durch Shakespeare-Inszenierungen im elisabethan. Stil; beispielgebende Inszenierungen von Ibsen und Maeterlinck. Seine eigenen Werke sind von Ibsen beeinflußt; er verfaßte außer oft iron. Gesellschafts- und Problemstücken bedeutsame Beiträge zur Ästhetik des Theaters.
Hauptwerke: The Voysey inheritance (Dr., 1905), Waste (Dr., 1907), The Madras house (Dr., 1910), The secret life (Dr., 1923), The use of the drama (Schr., 1945).
Literatur: Morgan, M. M.: *A drama of political man; a study in the plays of H. G. B. London 1961.* – Purdom, C. B.: *H. G.-B. Man of the theatre, dramatist, and scholar. Cambridge (Mass.) 1956.*

Gras, Félix [frz. grɑ], * Malemort-du-Comtat (Vaucluse) 3. Mai 1844, † Avignon 4. März 1901, neuprovenzal. Dichter.
Rechtsstudium; Friedensrichter in Avignon; war neben Mistral, Aubanel und Roumanille die bedeutendste Persönlichkeit der Félibres und seit 1891 deren Großmeister (capoulié); schrieb nach dem Vorbild Mistrals das Epos „Li carbounié" (1876) und nach dem Muster der Chansons de geste „Toloza" (1882), ferner die Gedichte „Lou roumancero prouvençau" (1887), die Erzählungen „Li papalino" (1891) und den viel übersetzten Roman aus der Frz. Revolution „Li rouge dou miejour" (1896).

Grass, Günter, * Danzig 16. Okt. 1927, dt. Schriftsteller.
Sohn dt.-poln. Eltern; 1944–46 Kriegsgefangener, danach Arbeiter und Steinmetz. Zuerst in Düsseldorf und 1953 in Berlin Bildhauereistudium. 1956–60 lebte er mit seiner Familie unter großen Entbehrungen als Bildhauer, Graphiker und Schriftsteller in Paris, danach in Berlin. Gehört zur „Gruppe 47". Die frühe Lyrik und die ersten Dramen G.' fanden Anerkennung, aber keine Verbreitung. 4 Jahre lang arbeitete er an dem Roman „Die Blechtrommel" (1959), der ein großer Erfolg wurde. In dieser humorist. Entwicklungs- und Bildungsgeschichte des Blechtrommlers – eigtl. die Realisierung einer Maske ohne individuelle Persönlichkeit –, der im Irrenhaus sein Leben erzählt und über die Zeit sein Urteil fällt, bricht G. mit allen moral., sozialen und religiösen Tabus der Gesellschaft. Er schreibt einen vitalen, naturalist. Stil, durchsetzt mit surrealist. Elementen, und opfert die Komposition der provozierenden Wirkung. Noch größeres Aufsehen erregte G. mit seinem Roman „Hundejahre" (1963), in dem er das für ihn Charakteristische von Mensch und Geschick, Zeit und histor. Evolution im Deutschland der Jahre etwa zwischen 1920 und 1955 festhielt und auf seine Art deutete. Mit seinem „dt. Trauerspiel" „Die Plebejer proben den

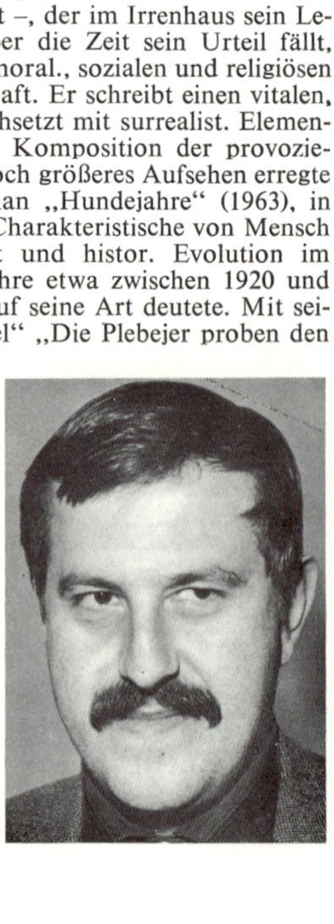

Günter Grass

Aufstand" (1966), in dem er sich mit dem Verhalten Bert Brechts während des Volksaufstandes am 17. Juni 1953 auseinandersetzt, lenkte G. auch als Dramatiker die Aufmerksamkeit auf sich.
Weitere Werke: Die Vorzüge der Windhühner (Ged. und Prosa, 1956), Gleisdreieck (Ged., 1960), Katz und Maus (Novelle, 1961), Onkel, Onkel (Dr., 2. Fassung 1965), Ausgefragt (Ged., 1967), Über das Selbstverständliche (Reden, Aufs. u. a., 1968), Davor (Dr., 1969), Örtlich betäubt (R., 1969).
Literatur: G. G. Hg. v. Th. Wieser. *Neuwied 1968.* – Schwarz, W. J.: *Der Erzähler G. G. Bern u. Mchn.* ²*1968.* – Tank, K. L.: *G. G. Bln.* ³*1968.* – *Von Buch zu Buch. G. G. in der Kritik. Eine Dokumentation. Hg. v.* G. Loschütz. *Neuwied 1968.*

Grassal, Georges Joseph [frz. gra'sal] † Rebell, Hugues.

Gratius [Faliscus] (Grattius [Faliscus]), röm. Dichter des beginnenden 1. Jahrhunderts.
Freund Ovids, der G.' Lehrgedicht über die Jagd „Cynegetica" erwähnt, von dem über 500 Verse erhalten sind.

Grau, Franz † Gurk, Paul.

Grau, Shirley Ann [engl. grɔ:], * New Orleans 8. Juli 1929, amerikan. Schriftstellerin.
Wuchs in Alabama auf; sie schreibt für verschiedene Zeitschriften (u. a. für „The New Yorker", „Holiday", „The Atlantic"); in ihren Romanen und Kurzgeschichten zeichnet sie das Leben in den Südstaaten; Shirley Ann G. erhielt 1965 für ihren Roman „Die Hüter des Hauses" (dt. 1966) den Pulitzerpreis, sie behandelt in ihm persönl. Probleme einer Familie in den Südstaaten vor polit. Hintergrund.
Weitere Werke: Der schwarze Prinz (Kurzgeschichten, dt. 1958), Harter blauer Himmel (R., dt. 1961), Ein Mädchen aus New Orleans (R., dt. 1968).

Grau Delgado, Jacinto [span. 'grau̯ ðɛl'ɣaðo], * Barcelona 1877, † Buenos Aires 14. Aug. 1958, span. Dramatiker.
Katalan. Abkunft (Vater), wuchs in Barcelona auf; seit dem Bürgerkrieg im argentin. Exil; knüpft in seinen techn. vollendeten, psycholog. meisterhaft motivierten Dramen an die Dramentradition des Siglo de oro an.
Hauptwerke: Don Juan de Carillana (1913), El Conde Alarcos (1917), El hijo pródigo (1918).

Graves, Alfred Perceval [engl. grɛɪvz], * Dublin 22. Juli 1846, † Harlech (Nordwales) 27. Dez. 1931, ir. Dichter.
War Schulinspektor in Manchester, Taunton und zuletzt in Southwark. Bed. Führer und Förderer der ir. Renaissance („The book of Irish poetry", 1915; „A treasury of Irish prose and verse", 1915). Sprachl. kraftvoll-ursprüngl. Lyrik.
Weitere Werke: Songs of Killarney (Ged., 1872), Irish songs and ballads (Ged., 1879), To return to all that (Autobiogr., 1930).

Graves, Robert [Ranke] [engl. grɛɪvz], genannt R. von Ranke G., * London 26. Juli 1895, engl. Schriftsteller.
Urenkel Leopold von Rankes; im 1. Weltkrieg Offizier in Frankreich, lebte danach in Wales. Philologie- und Geschichtsstudium in Oxford, 1926 Professor für engl. Literatur in Kairo. Seit 1927 lebt er (mit einer Unterbrechung) auf Mallorca. G. begann mit experimenteller Lyrik und hatte mit dem autobiograph. Kriegsbuch „Strich drunter" (dt. 1930) seinen ersten Erfolg. Allgemein bekannt wurde er durch den histor. Roman „Ich, Claudius, Kaiser und Gott" (dt. 1935), in dem G. in Form fiktiver Aufzeichnungen des Kaisers Claudius eine mit zahlreichen iron.-satir. Anspielungen auf die Gegenwart versehene geschickte Rekonstruktion des Lebens in der röm. Kaiserzeit gelang.
Weitere Werke: Rostbraun-gezähnt (R., dt. 1937), Belisar von Byzanz (R., dt. 1939), Das goldene Vlies (R., 1944; dt. 1953), Die Inseln der Torheit (R., dt. 1953), König Jesus (R., dt. 1954), Nausikaa und ihre Freier (R., dt. 1956).
Literatur: Stade, G.: *Robert G. New York 1967.* – Day, D.: *Swifter than reason. The poetry and criticism of Robert G. Chapel Hill (N. C.) 1963.* – Jackson, A.: *Religiöse u. weltanschaul. Fragen in Robert G.' Romanwerken. Diss. Wien 1950.*

Gravina, Gian Vincenzo [italien. gra'vi:na], * Roggiano Gravina (Cosenza) 16. Febr. 1664, † Rom 6. Jan. 1718, italien. Schriftsteller und Rechtsgelehrter.
Ging 1688 nach Rom, wo er Professor der Rechte wurde und mit anderen die Arcadia begründete; trennte sich später von dieser und gründete die Akademie der „Querini"; als Hauptwerk gilt die Abhandlung „Della ragion poetica" (1708), in der er eine Konzeption der Dichtung jenseits aller Normen und Gattungsbegriffe suchte; nicht weniger bed. ist der 2bändige Traktat „Della tragedia" (1715), der auf das zeitgenöss. Theater wirkte; ferner 5 Tragödien (u. a. „Palamede", 1712; „Andromeda", 1712; „Servio Tullio", 1712) und rechtswissenschaftl. Werke.

Gray, Thomas [engl. grɛɪ], * London 26. Dez. 1716, † Cambridge 30. Juli 1771, engl. Dichter.
Studierte in Cambridge Jura und klass. Literatur; 1739–41 begleitete er Walpole nach Frankreich und Italien; lebte von da an meist in Cambridge, wo er 1768 Professor für Geschichte und moderne Sprachen wurde. Formal noch dem Spätklassizismus verpflichtet, weist er in der Erschließung und Nachahmung altnord. und gäl. Dichtung sowie durch seine schwermütig-moral., sprachl. und formal geschlossene „Elegie auf einem Dorfkirchhof" (1751, dt. 1787) in die Zeit der Romantik voraus.
Weitere Werke: Journal of a tour in Italy (Reisebericht, 1741), An ode on a distant prospect of Eton College (Ged., 1747), Progress of poesy (Ode, 1757).
Literatur: Golden, M.: *Th. G. New York 1964.* – Ketton-Cremer, R. W.: *Th. G., a biography. Cambridge 1955.* – Martin, R.: *Essai sur Th. G. Oxford 1934.*

Graziani, Girolamo [italien. grat'tsi̯a:ni], * Pergola 1604, † ebd. 10. Sept. 1675, italien. Dichter.
Stand im Dienst der Herzöge von Modena; Verfasser des Heldengedichts „Il conquisto di Granata" (1650).

Grazie, Marie Eugenie delle [italien. 'delle 'grattsi̯e], * Weißkirchen (Banat) 14. Aug. 1864, † Wien 19. Febr. 1931, östr. Schriftstellerin.
Entstammte einer alten venezian. Familie, verlebte die Jugendjahre im Banat, kam nach Wien, wo sie das Lehrerinnenseminar besuchte und freie Schriftstellerin wurde. Ihr literar. Schaffen umfaßt realist. Lyrik, Dramen und erzählende Wer-

ke, die durch gesellschafts- und sozialkrit. Tendenz, Eintreten für die Emanzipation der Frau, tiefe Friedenssehnsucht, später durch religiöse Gläubigkeit gekennzeichnet sind.
Hauptwerke: Gedichte (1882), Saul (Trag., 1885), Robespierre (Epos, 1894), Schlagende Wetter (Dr., 1899), Der Schatten (Dr., 1901), Heilige und Menschen (R., 1909), Vor dem Sturm (R., 1910), Donaukind (autobiograph. R., 1918), Die weißen Schmetterlinge von Clairvaux (Nov., 1925).
Grazzini, Antonfrancesco [italien. grat'tsi:ni], * Florenz 22. März 1503, † ebd. 18. Febr. 1584, italien. Dichter.
Entstammte einer angesehenen Bürgerfamilie und erhielt eine sorgfältige Ausbildung; wurde Apotheker; wandte sich jedoch der Literatur zu und wurde unter dem Namen „il Lasca" Mitbegründer der Accademia degli Umidi und der Accademia della Crusca zur Reinerhaltung der italien. Sprache; G. schrieb volkstüml., satir. und burleske Gedichte in der Nachfolge Ariostos und Bernis sowie realist. Prosakomödien und hatte seinen größten Erfolg mit der nicht nur in der Rahmentechnik von Boccaccio beeinflußten Novellensammlung „Le cene" (entstanden nach 1540, hg. 1743 und 1756; dt. 1909 u.d.T. „Die Novellen der Nachtmahle"), in der von zehn jungen Damen und Herren z.T. tragische Liebesabenteuer erzählt werden; die schlichte Darstellung entspricht dem Anliegen der Reinhaltung der italien. Sprache.
Weitere Werke: La gelosia (Dr., 1550), La spiritata (Dr., 1561), La strega (Kom., 1582), La pinzochera (Kom., 1582).
Gréban, Arnoul [frz. gre'bã], * Le Mans um 1420, † ebd. 1471, frz. Dichter.
Studierte in Paris Theologie, war später Kanonikus. Er inszenierte Aufführungen selbstverfaßter Mysterienspiele. Vor 1452 schrieb er das ausgesprochen didakt. Passionsmysterium „Die Passion" (dt. 1919), das die theolog. Weltsicht des MA spiegelt. G. lehnt sich zwar noch eng an den Vulgatatext an, führt aber eine Reihe von Nebenfiguren und Symbolgestalten neu ein. Mit seinem Bruder *Simon G.* († 1473) verfaßte er „Le mystère des actes des apôtres" (nach 1452); von bed. Einfluß auf das frz. Drama.
Literatur: Snyder, S. B.: *The paradox of despair. Studies of the despair theme in medieval and Renaissance literature. Diss. Columbia Univ., New York 1963.*
Grécourt, Jean-Baptiste Joseph Willart de [frz. gre'ku:r], * Tours 1683, † ebd. 2. April 1743, frz. Dichter.
Aus schott. Adelsfamilie; Kanonikus in Tours; dichtete als großzügiger Epikureer mit leichter Hand Episteln, Chansons, Fabeln und Erzählungen von zuweilen frivoler Erotik.
Green, Henry [engl. gri:n], eigtl. H. Vincent Yorke, * Forthampton Court (Gloucester) 29. Okt. 1904, engl. Schriftsteller.
Erzogen in Eton, Studium in Oxford, trat in die Fabrik des Vaters ein, deren leitender Direktor er heute ist; daneben literar. Tätigkeit. In seinen Romanen, die fast nur dialog. Form aufweisen und durch Tendenz zu Symbolen gekennzeichnet sind, sagt G. kaum etwas über die handelnden Personen aus, sondern stellt sie in entsprechend charakterdarstellende Situationen hinein.
Hauptwerke: Blindness (R., 1926), Living (R., 1929), Party going (R., 1936), Caught (R., 1943), Liebe (R., 1945; dt. 1964), Dämmerung (R., dt. 1953), Schwärmerei (R., dt. 1954).
Literatur: Ryf, R. S.: *H. G. New York 1967.* – Stokes, E.: *The novels of H. G. London 1959.*
Green, Julien [frz. grin], * Paris 6. Sept. 1900, frz. Schriftsteller kanad. Herkunft.
Prot. erzogen, trat 1915 zum Katholizismus über, von dem er sich unter dem Einfluß Gides löste; 1939 erneute Konversion; Freiwilliger im 1. Weltkrieg, studierte in den USA Philologie; nach seiner Rückkehr widmete er sich der Malerei, der Literatur und der Musik; im 2. Weltkrieg emigrierte er in die USA, von wo aus er die frz. Widerstandsbewegung unterstützte. Die ihn bedrängende Problematik des Daseins gestaltet G. in den „Tagebüchern" (dt. 1932ff.) und in seinen zahlreichen Romanen, deren Gestalten G. mit einer Atmosphäre düsterer und grauenvoller Wirklichkeit umgibt, die des Menschen Verlorenheit und Lebensangst dokumentiert; hinter dem Morbiden, dem Sündhaften und

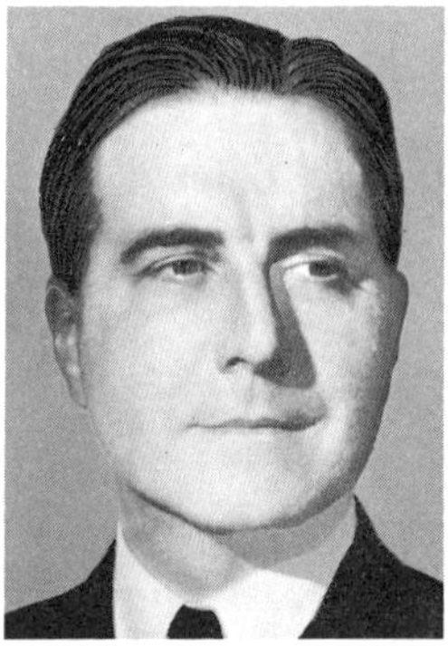
Julien Green

dem Grauen gibt es jedoch eine transzendente Wirklichkeit, die manchen seiner hilflosen Gestalten einen letzten Halt bedeutet.
Weitere Werke: Mont-Cinère (R., dt. 1928), Adrienne Mesurat (R., dt. 1928), Leviathan (R., dt. 1930), Treibgut (R., dt. 1932), Der Geisterseher (R., dt. 1934), Mitternacht (R., dt. 1936), Moira (R., dt. 1952), Der Mann, der aus der Fremde kommt (Dr., 1953; dt. 1960), Der Feind (Dr., dt. 1955), In den Augen der Gesellschaft (R., dt. 1962), Aufbruch vor Tag (Autobiogr. 1. Teil, dt. 1965), Tausend offene Wege (Autobiogr. 2. Teil, dt. 1966), Fernes Land (Autobiogr. 3. Teil, dt. 1967).
Literatur: J. G. Hg. v. B. T. Fitch. *Paris 1966.* – Brodin, P.: *J. G. Neuaufl. Paris 1963.* – Gorkine, M.: *J. G. Paris 1956.*
Green, Paul [Eliot] [engl. gri:n], * Lillington (N. C.) 17. März 1894, amerikan. Dramatiker.
Professor an der Universität North Carolina; lernte auf der elterl. Farm das Leben der Neger kennen; auf diesen Eindrücken sowie auf folklorist. Elementen beruhen die meisten seiner Stücke.
Hauptwerke: In Abraham's bosom (Dr., 1927), The house of Connelly (Dr., 1932), Roll, sweet chariot (Dr., 1934), The Stephen Foster story (Dr., 1960).

Greene, Graham [engl. gri:n], * Berkhamsted (Hertford) 2. Okt. 1904, engl. Schriftsteller.
Sohn eines Schulinspektors, studierte in Oxford; zunächst journalist. Tätigkeit; trat zum kath. Glauben über; reiste nach Liberia und Amerika; dann längere Zeit in Mexiko; gehörte während des Krieges dem Foreign Office an und besuchte in einer Sondermission Westafrika; nach dem Krieg war er eine Zeitlang Verlagsdirektor. Erfolgreicher Romancier, dessen Werke zum großen Teil religiöse Thematik aufweisen. Mit psycholog. Geschick gelingt es G., das z.T. abnorme Seelenleben seiner „Helden" – oft der unerbittl. Grausamkeit des Lebens ausgelieferte Dulder – bloßzulegen. Sowohl in den ernsten Romanen als auch in den vom Verfasser selbst „entertainments" genannten, fesselnd dargestellten, zur Unterhaltung

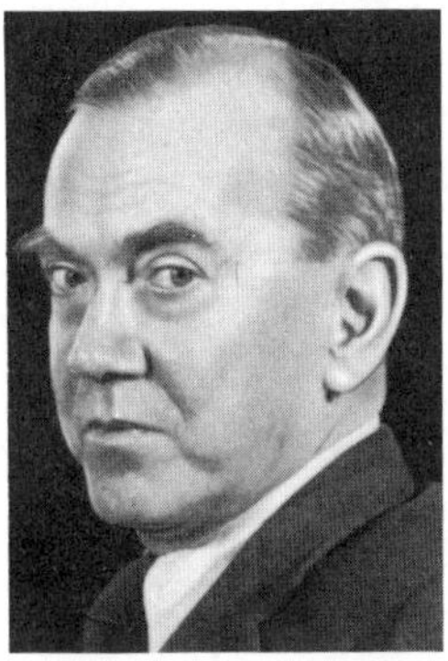

Graham Greene

geschriebenen Geschichten tritt eine didakt.-moral. Tendenz zutage. Zahlreiche Werke dieser zweiten Art sind raffiniert aufgebaute Kriminalgeschichten, aus der Sicht des Verbrechers dargestellt. Die faszinierende Erzählweise, die Fülle an einprägsamen Bildern, der brutale Naturalismus der Schilderung und die verblüffende Mischung einer sehr subjektiven Religiosität, des Erotischen und Abenteuerlichen machten die Bücher überaus erfolgreich (viele wurden verfilmt). Die ernsten Romane, die das Abgründige und Böse in der Welt schonungslos offenbaren, bemühen sich um eine Analyse von Schuld und Sühne und versuchen zu zeigen, daß der Mensch in all seiner Verstrickung auf die göttl. Gnade angewiesen ist; auch Dramatiker, geistreicher Essayist und Verfasser von Kinderbüchern.
Hauptwerke: Orientexpress (R., 1932; dt. 1950), Schlachtfeld des Lebens (R., 1934; dt. 1952), Ein Sohn Englands (R., 1935; dt. 1952), Das Attentat (R., 1936; dt. 1950), Am Abgrund des Lebens (R., 1938; dt. 1950), Die Kraft und die Herrlichkeit (R., 1940; dt. 1948), Das Herz aller Dinge (R., dt. 1949), Das Ende einer Affäre (R., dt. 1962, 1951 u. d. T. Der Ausgangspunkt), Der dritte Mann (R., dt. 1951), Der stille Amerikaner (R., dt. 1956), Unser Mann in Havanna (R., dt. 1959), Der verbindl. Liebhaber (Dr., dt. 1960), Die Stunde der Komödianten (R., dt. 1966), Leihen Sie uns Ihren Mann? (En., dt. 1967).
Ausgaben: G. G. Ges. Werke. Dt. Übers. Wien u. Hamb. 1962–65. 6 Bde. – G. G. The works. London $^{1-2}$*1947–61. 15 Bde.*
Literatur: Atkins, J.: *G. G. Neuaufl. New York 1966.* – Matthews, R.: *Mein Freund G. G. Dt. Übers. Wien u. Hamb. 1957.* – Rischik, J.: *G. G. u. sein Werk. Diss. Bern 1951.*

Greene, Robert [engl. gri:n], * Norwich 8. Juli 1558, † London 3. Sept. 1592, engl. Schriftsteller.
Studierte in Cambridge, bereiste Europa und ging dann verarmt und verelendet in der elisabethan. Theaterboheme zugrunde. G. schrieb seit 1585 romant. Tragikomödien, u. a. „Comical history of Alphonsus, King of Aragon" (1587), „Orlando Furioso" (1588), „Friar Bacon and Friar Bungay" (1594, dt. 1823 u. d. T. „Die wunderbare Sage von Pater Baco") und „The Scottish history of James IV" (1590). G. steht in der Tradition Marlowes und weist in seiner phantasievollen, wirklichkeitsgetreuen, z.T. erschütternd-realist. Darstellung klass. und volkstüml. Stoffe auf Shakespeare hin, der auch Stoffe von G. verwendete. Seine Hirtenromane stehen deutl. unter dem Einfluß Lylys. Seine gegen Ende des Lebens geschriebenen Pamphlete sind in der Echtheit und Unmittelbarkeit der Darstellung eine bis dahin kaum gekannte schonungslose Zeichnung der Schattenseiten des Elisabethan. England.
Weitere Werke: Arbasto (R., 1584), The mirror of modesty (R., 1584), Pandosto (R., 1588), Perimedes (R., 1589), Menaphon (R., 1589), Never too late (Pamphlet, 1590), The defence of conny-catching (Pamphlet, 1592).
Literatur: Jordan, J. C.: *R. G. Neuausg. New York 1965.*

Greenwood, Walter [engl. 'gri:nwʊd], * Salford (Lancashire) 17. Dez. 1903, engl. Schriftsteller.
Schildert durch eigenes Erleben gewonnene Erfahrungen vom Leid der sozial Benachteiligten; sein Hauptwerk „Love on the dole" (R., 1933) wurde auch dramatisiert.
Weitere Werke: Time is ripe (R., 1935), The secret kingdom (R., 1938).

Grẹflinger, Georg, * bei Regensburg um 1620, † Hamburg um 1677, dt. Dichter.
Nach abenteuerl. Jugend 30 Jahre Notar in Hamburg; unter dem Namen Seladon (Celadon) Mitglied des Elbschwanenordens, von Rist 1653 zum Dichter gekrönt; schrieb volkstüml., z.T. derbmuntere, lebensnahe, von echtem Gefühl bestimmte Lieder; auch Dramatiker, Epiker, Epigrammatiker, Historiker und Übersetzer; Hg. des „Nord. Merkurs".
Hauptwerke: Ferrando Dorinde (Dr., 1644), Seladons beständige Liebe (Ged., 1644), Deutscher Epigrammatum erstes Hundert (1645), Poet. Rosen und Dörner, Hülsen und Körner (Ged., 1655), Der Deutschen Dreißigjähriger Krieg (Epos, 1657), Celadonische Musa (Epigramme, 1663).

Grẹgh, Fernand [frz. grɛg], * Paris 14. Okt. 1873, † ebd. 5. Jan. 1960, frz. Dichter.
Sohn des Komponisten Louis G.; Philosophiestudium in Paris; Journalist; zahlreiche Reisen (Europa, Amerika); 1953 Mitglied der Académie française; trat 1902 mit einem Manifest zur Gründung einer neuen, gegen die z. T. übersteigerte Artistik des zeitgenöss. Symbolismus gerichteten Dichterschule eines natürl. „Humanismus" hervor; als Lyriker stand er unter dem Einfluß V. Hugos und Verlaines (u. a. „La maison de l'enfance", 1896; „L'or des minutes", 1905; „Le mot du monde", 1957); von seinen krit. Studien sind

zu nennen „L'œuvre de Victor Hugo" (1933) und „Portrait de la poésie française: De Chénier à Valéry" (1936).

Gregor von Nazianz, hl., genannt „der Theologe", * Arianz (Kappadokien) um 329, † ebd. (?) um 390, griech. Kirchenlehrer und Schriftsteller.
Sohn des Bischofs Gregor des Älteren, zusammen mit Basileios dem Großen Rhetorikstudium in Athen; Priester, Bischof in Konstantinopel, zog sich dann zu literar. Tätigkeit auf sein Gut in Arianz bei Nazianz zurück. Verfaßte Reden zu verschiedenen Anlässen (45 davon erhalten), Gedichte, Epigramme und gab eine Briefsammlung heraus. G. gilt als bedeutendster christl. Schriftsteller seiner Zeit, der die klass. rhetor. Stilmittel beherrschte und gekonnt anwandte.

Gregor von Tours, hl., latin. Gregorius Turonensis, * Clermont-Ferrand 30. Nov. 538, † Tours 17. Nov. 594, fränk. Geschichtsschreiber.
Aus vornehmer galloröm. Familie; 573 Bischof von Tours; hatte bed. Einfluß auf die fränk. Könige; er war an den inneren Kämpfen des Merowingerreichs beteiligt und trat den Gewalttätigkeiten des Königs Chilperich entgegen. G., ein meisterhafter Erzähler, schrieb im Vulgärlatein des frühen MA neben Heiligenleben die „Historia Francorum", die bis 591 reicht und über die Anfänge des Merowingerreiches Aufschluß gibt. Sie ist keine zusammenhängende Geschichtsdarstellung, bringt jedoch eine Fülle von charakterist. Einzelheiten, so daß ein gutes Bild dieser Zeit entsteht.
Literatur: Loebell, J. W.: *G. v. T. u. seine Zeit. Lpz. ²1869.*

Gregor, Joseph, * Tschernowzy 26. Okt. 1888, † Wien 12. Okt. 1960, östr. Theaterwissenschaftler und Schriftsteller.
Studierte Philologie und Theaterwissenschaft, Regieassistent bei Reinhardt, dann an der Östr. Nationalbibliothek in Wien, deren Theatersammlung er begründete und leitete; Dozent an der Wiener Universität und am Reinhardt-Seminar. G. schrieb Gedichte, Dramen und expressionist. Erzählungen, Opernlibretti für R. Strauss sowie theatergeschichtl. und theaterwissenschaftl. Werke.
Hauptwerke: Isabella von Orta (R., 1920), Nacht (E., 1920), Erben (R., 1921), Gedichte (1921), Welt und Gott (Dr., 1922), Die Schwestern von Prag (Novellen, 1929), Friedenstag (Libretto, 1938), Daphne (Libretto, 1938), Die Liebe der Danae (Libretto, 1944), Geschichte des östr. Theaters (1948), Gerhart Hauptmann (Monogr., 1951).

Gregorčič, Simon [slowen. grɛˈgoːrtʃitʃ], * Vrsno bei Görz 15. Okt. 1844, † Görz 24. Nov. 1906, slowen. Dichter.
Aus einer Bauernfamilie; kath. Geistlicher ohne Liebe zu seinem Beruf. G. bevorzugte schlichte Formen, die er vollendet gestaltete; eine schwermütige, empfindsame Grundhaltung bestimmt seine besten Gedichte; er behandelt Motive aus der Natur; zunehmende Neigung zu Rhetorik.

Gregor-Dellin, Martin [...liːn], * Naumburg (Saale) 3. Juni 1926, dt. Schriftsteller.
1951–58 Verlagslektor in Halle (Saale), ging dann in die BRD, 1961/62 Rundfunkredakteur, 1962–66 Verlagslektor in München, dann freier Schriftsteller. Stellte in seinem 1956 erschienenen Roman „Jakob Haferglanz" das Schicksal eines jüd. Schülers zur Zeit des Dritten Reiches unaufdringl. dar. In dem Roman „Der Kandelaber" (1962) behandelt G.-D. das Problem des Lebens unter totalitärer Herrschaft am Beispiel eines Studienrats in einer kleinen thüring. Stadt; auch Hörspiele.
Weitere Werke: Der Nullpunkt (R., 1959), Möglichkeiten einer Fahrt (En., 1964), Einer (R., 1965).

Gregorovius, Ferdinand [...viʊs], Pseudonym Ferdinand Fuchsmund, * Neidenburg bei Allenstein 19. Jan. 1821, † München 1. Mai 1891, dt. Dichter, Kulturhistoriker und Essayist.
Studierte Theologie und Philosophie; war Journalist, lebte in Rom und seit 1879 in München. Er stand der jungdt. Bewegung nahe und begann mit polit.-satir. Dichtung, schrieb dann auch Romane, Epen, Dramen u. a., hatte jedoch erst Erfolg mit den in lebendiger Darstellung gestalteten kulturhistor. Werken, v. a. aus dem Mittelmeerraum.
Hauptwerke: Konrad Siebenhorns Höllenbriefe an seine lieben Freunde in Deutschland (Satire, 1843), Polen- und Magyarenlieder (1849), Corsica (Reisebericht, 1854), Wanderjahre in Italien (Reisebericht, 1856–80), Geschichte der Stadt Rom im MA (1859–72), Geschichte der Stadt Athen im MA (1889).
Literatur: Hönig, J.: *F. G. Stuttg. ²1944.*

Gregory, Horace [engl. ˈgrɛgərɪ], * Milwaukee (Wis.) 10. April 1898, amerikan Lyriker.
Seit 1934 Mitglied der engl. Fakultät eines College im Staat New York. Schrieb unter zunehmendem stilist. Einfluß von E. Pound Gedichte, die häufig den gegen sein Lebensschicksal kämpfenden Menschen schildern; übersetzte Catull.
Hauptwerke: No retreat (Ged., 1933), Chorus for survival (Ged., 1935), Medusa in Gramercy Park (Ged., 1961).

Gregory, Lady Isabella Augusta [engl. ˈgrɛgərɪ], geb. Persse, * Roxborough (Galway) 5. März 1852, † Coole Park (Galway) 22. Mai 1932, ir. Schriftstellerin.
Verwaltete nach dem Tod ihres Mannes sein Gut in Coole Park und machte es zum Zentrum der ir. literar. Renaissance. Durch ihre Freundschaft mit W. B. Yeats und die mit ihm betriebene Sammlung folklorist. Stoffe kam sie zur Literatur; Mitbegründerin des „Irish Literary Theatre"; sie widmete sich der ir. Theaterbewegung, wurde Direktorin, Regisseurin und Dramatikerin des „Abbey Theatre". Sie verfaßte rund 25 possenhafte Volksdramen in angloir. Dialekt (Einakter, groteske Komödien, Konversationsstücke und bearbeitete Sagenstoffe); auch Übersetzerin (Molière).
Hauptwerke: Spreading the news (Kom., 1904), The white cockade (Dr., 1905), Gaol gate (Einakter, 1906), Hyacinth Halvey (Kom., 1906), The rising of the moon (Kom., 1907), Seven short plays (1909), New comedies (1913), The Kiltartan poetry book (Ged., 1919), Three wonder plays (1922), Coole (Dr., 1931).
Literatur: Dedio, A.: *Das dramat. Werk v. Lady G. Bern u. Mchn. 1967.* – Coxhead, E.: *Lady G.: A literary portrait. Neuaufl. New York 1966.* – Klenze, H. v.: *Lady G.s Leben u. Werk. Bochum 1940. Nachdr. New York 1968.*

Greif, Andreas ↑ Gryphius, Andreas.

Greif, Martin, eigtl. Friedrich Hermann Frey, * Speyer 18. Juni 1839, † Kufstein 1. April 1911, dt. Dichter.
Kadett, 1859–67 Artillerieoffizier; danach freier Schriftsteller; lebte meistens in München. G. hatte mit seinen patriot. und histor. Dramen wenig Erfolg. Seine Naturlyrik steht unter dem Einfluß Mörikes, Lenaus, Goethes und auch des Volksliedes, doch fehlt ihr zumeist, trotz aller formalen Glätte und Eleganz, Tiefe und echtes Gefühl.
Hauptwerke: Gedichte (1868), Nero (Trag., 1877), Prinz Eugen (Dr., 1880), Heinrich der Löwe (Dr., 1887), Ludwig der Bayer (Dr., 1891), Agnes Bernauer (Trag., 1894).

Greiffenberg, Katharina Regina von, geb. Freiin von Seyssenegg, * Schloß Seyssenegg bei Amstetten 7. September 1633, † Nürnberg 10. April 1694, dt. Dichterin des Barocks.
Mitglied von Zesens „Teutschgesinnter Genossenschaft"; ihre religiösen Lieder zeugen von tiefer Gläubigkeit; Sonette im Stile Rists.
Hauptwerke: Geistl. Sonette (1662), Nichts als Jesus (Betrachtungen, 1672).
Literatur: Frank, H.-J.: *Catharina R. v. G. Leben u. Welt der barocken Dichterin. Gött. 1967.* – Villiger, L.: *Catharina R. v. G. (1633–1694). Zur Sprache u. Welt der barocken Dichterin. Zürich 1952.*

Greiner, Leo, * Brünn 1. April 1876, † Berlin 21. Aug. 1928, östr. Lyriker und Dramatiker.
Jugend in Kronstadt, studierte in München Philosophie, wo er sich dem Kreis um Wedekind anschloß; Mitbegründer und künstler. Leiter des Kabaretts „Die elf Scharfrichter"; in seinem Werk Neuromantiker; erinnert in seiner Lyrik an Lenau.
Hauptwerke: Lenau (Biogr., 1904), Der Liebeskönig (Dr., 1906), Das Tagebuch (Ged., 1906), Herzog Boccaneras Ende (Dr., 1908).

Greinz, Rudolf, * Pradl (heute zu Innsbruck) 16. Aug. 1866, † ebd. 16. Aug. 1942, östr. Schriftsteller.
Studierte in Graz und Innsbruck; zahlreiche Reisen nach Italien. Tiroler Heimaterzähler und Mundartdichter; heitere Darstellung der Tiroler Eigenart; auch Liebes- und Eheromane.
Hauptwerke: Das Haus Michael Senn (R., 1909), Gertraud Sonnweber (R., 1912), Die Stadt am Inn (R., 1917), Der Garten Gottes (R., 1919), Das fröhliche Dorf (En., 1932).
Ausgabe: R. G.-Gedächtnisausg. Innsbruck 1946 bis 1947. 3 Bde.
Literatur: Rossi, P.: *R. G. Lpz. 1926.*

Grengg, Maria [grɛŋk], * Stein (heute zu Krems an der Donau) 26. Febr. 1888, † Wien-Rodaun 8. Okt. 1963, östr. Schriftstellerin und Malerin.
Besuch der Kunstgewerbeschule in Wien; Verfasserin anschaul. erzählter volkstüml. Romane und Novellen mit Stoffen aus ihrer Heimat; auch Märchen, Hörspiele, Essays; Illustrationen zu Kinderbüchern.
Hauptwerke: Die Flucht zum grünen Herrgott (R., 1930), Peterl (R., 1932), Die Liebesinsel (R., 1934), Die Kindlmutter (R., 1938), Die Tulipan (Nov., 1938), Lebensbaum (R., 1944), Das Hanswurstenhaus (R., 1951).

Greshoff, Jan [niederl. 'xrɛshɔf], * Nieuw-Helvoet 15. Dez. 1888, niederl. Lyriker, Kritiker und Essayist.
War Korrespondent in Südafrika, danach in New York; die feinfühlige Melancholie seiner frühen Gedichte wich später humorvoller Ironie, zuweilen beißendem Zynismus.

Gresset, Jean-Baptiste Louis [frz. grɛ'sɛ], * Amiens 29. Aug. 1709, † ebd. 16. Juni 1777, frz. Dichter.
Von Jesuiten erzogen, wurde selber Ordensmitglied, wegen seiner spött. Verse jedoch relegiert; 1748 Mitglied der Académie française; im Alter Rückkehr zur Religion; schrieb liebenswürdig-frivole Versdichtungen, meist mit antiklerikalem Unterton: „Der Papagei..." (1734, dt. 1779), „Le carême impromptu" (1734), „Le lutrin vivant" (1734) u.a., auch Bühnenstücke, von denen bes. „Der Nichtswürdige" (dt. 1753) als eines der besten Lustspiele des 18. Jh.s zu nennen ist.

Gretser (Gretscher, Grether), Jakob, * Markdorf bei Friedrichshafen 27. März 1562, † Ingolstadt 29. Jan. 1625, dt. Dramatiker.
Studierte in Innsbruck, wurde 1578 Jesuit, war u.a. Professor in Ingolstadt (für Philosophie, 1592–1616 für Theologie); Verfasser von über 200 fachtheolog. Schriften; mit 23 lat. Dramen bed. Vertreter des Jesuitendramas, das er mit der Aufführung seines Dramas „Udo" in München 1598 in eine neue Entwicklungsphase führte.

Grettissaga, altisländ. Saga des 14. Jh.s; erzählt die trag. Lebensgeschichte des unglückl. Geächteten Grettir Asmundarson, der, angebl. von Hexen verflucht und durch Runen verzaubert, an einer unheilbaren Wunde starb.

Grévin, Jacques [frz. gre'vɛ̃], * Clermont-en-Beauvaisis 1538, † Turin 5. Nov. 1570, frz. Dichter.
Freund Ronsards, mit dem er sich wegen seiner Konversion zum Protestantismus überwarf; nahm an den Religionskriegen teil und flüchtete als Protestant nach England und in die Niederlande; Leibarzt der Herzogin von Savoyen; erreichte mit seiner Tragödie „César" (1561) den Rang Jodelles; daneben Komödien, lyr. Gedichte (Chansons, Oden, Sonette), Übersetzungen und medizin. Werke.

Grey, Zane [engl. grɛɪ], * Zanesville (Ohio) 31. Jan. 1875, † Altadena (Calif.) 23. Okt. 1939, amerikan. Schriftsteller.
Schrieb vielgelesene und oft verfilmte abenteuerl. Romane, meist aus der Welt der Cowboys und des Wilden Westens; seine Werke zeichnen sich durch lebendige Milieuschilderung aus; künstler. nachteilig sind die melodramat. und moralisierenden Elemente. Am erfolgreichsten war der Roman „Das Gesetz der Mormonen" (1912, dt. 1928).

Gribojedow, Alexandr Sergejewitsch; tl.: Griboedov, Aleksandr Sergeevič [russ. griba'jɛdɐf], * Moskau 15. Jan. 1795, † Teheran 11. Febr. 1829, russ. Dramatiker.
Studierte Literatur und Rechtswissenschaft, wurde Offizier; war im diplomat. Dienst im Kaukasus und in Persien, wo er einem Attentat zum Opfer fiel. Humanist. gebildet, hielt er am erhabenen Stil und den Regeln der klassizist. Tradition fest, die er nur im Versmaß, freien gereimten Jamben, durchbricht; Meister der subtilen Charakterschilderung der handelnden Personen, die in ihrer Individualität dargestellt und dennoch typ. Gestalten sind; G.s Ruhm wurde durch seine

einzige Komödie, „Verstand schafft Leiden" (dt. 1853), begründet, eine treffende Satire auf die Moskauer Gesellschaft.
Literatur: Bonamour, J.: *A. S. Griboedov et la vie littéraire de son temps. Paris 1966.*

Griechen-Müller ↑ Müller, Wilhelm.

Grieg, Nordahl [norweg. gri:g], * Bergen 1. Nov. 1902, † Berlin 2. Dez. 1943, norweg. Schriftsteller.
Verwandter des Komponisten Edvard G., fuhr als Matrose um die halbe Welt, studierte in Oslo und Oxford; journalist. Tätigkeit, langer Aufenthalt im Ausland, kam bis nach China, später in Moskau, Kriegsberichterstatter während des Span. Bürgerkrieges, 1940 Flucht vor den Deutschen nach London, wo er Offizier wurde und als Reporter die norweg. Streitkräfte in England, Kanada und Island besuchte. Als Kriegsflieger über Berlin abgestürzt. Unrast, Abenteuerlust, Freiheits- und Heimatliebe bestimmten Leben und Werk G.s, der in seiner Aufgeschlossenheit für Zeitereignisse und Umwelt zu den bed. norweg. Schriftstellern des 20. Jh.s gehört.
Hauptwerke: Und das Schiff geht weiter (R., dt. 1927), Barrabas (Dr., 1927), Unsere Ehre und unsere Macht (Dr., 1935; dt. 1950), Die Niederlage (Dr., 1937; dt. 1947).
Literatur: Haslund, F. J.: *N. G. En dikter og hans tid. Oslo 1962.* – Egeland, K.: *N. G. Oslo 1953.*

Gries, Johann Diederich, * Hamburg 7. Febr. 1775, † ebd. 9. Febr. 1842, dt. Übersetzer und Dichter.
Studierte, nachdem er anfängl. Kaufmann war, Jura in Jena, später in Göttingen (Dr. jur.); während seines unsteten Lebens lernte er viele der führenden Dichter, fast alle Romantiker kennen. Die Bedeutung von G. liegt nicht in seinem dichter. Werk (Lyrik), sondern in seiner Tätigkeit als Übersetzer: Tassos „Befreites Jerusalem" (1800–03), Ariostos „Rasender Roland" (1804 bis 1808), „Schauspiele" von Calderón (1815–42), Boiardos „Verliebter Roland" (1835–39) u. a.

Griese, Friedrich, * Lehsten (Bez. Neubrandenburg) 2. Okt. 1890, dt. Schriftsteller.
Bäuerl. Abstammung, Lehrer, im 1. Weltkrieg Freiwilliger, 1931 Rektor in Kiel, seit 1935 freier Schriftsteller auf seinem Hof Rethus bei Parchim, nach 1945 interniert, floh 1947 in die BRD. Verfasser schlichter Erzählungen und Romane in kräftiger, herber Sprache. Die Verbundenheit der Menschen mit ihrem Land im Auf und Ab der Natur (Einflüsse nord. Sagas, auch Hamsuns) steht im Mittelpunkt seines Werks.
Hauptwerke: Feuer (R., 1921), Die letzte Garbe (Novellen, 1927), Winter (R., 1927), Sohn seiner Mutter (R., 1929), Der ewige Acker (R., 1930), Der Saatgang (En., 1932), Das letzte Gesicht (R., 1934), Die Wagenburg (E., 1935), Der Zug der großen Vögel (R., 1951), Das nie vergessene Gesicht (R., 1962), In dieser Nacht (En., 1964).
Literatur: Nivelle, A.: *F. G.s Romankunst. Paris 1951.* – Melcher, K.: *F. G. Bln. 1936.*

Grieve, Christopher Murray [engl. gri:v] ↑ McDiarmid, Hugh.

Griffith, John [engl. 'grɪfɪθ] ↑ London, Jack.

Grigorjew, Apollon Alexandrowitsch; tl.: Grigor'ev, Apollon Aleksandrovič [russ. gri'gɔrjɪf], * Moskau 1. Aug. 1822, † Petersburg (heute Leningrad) 7. Okt. 1864, russ. Schriftsteller.
Studierte Jura; zunächst Hegelianer, später Anhänger Schellings; gab die Beamtenlaufbahn auf, war Redakteur und Mitarbeiter von Zeitschriften; slawophile Gesinnung. Als Lyriker mit Vorliebe für Melancholisches und Emotionales hatte er Einfluß auf Blok. Bed. als Übersetzer dt. Dichter und Literaturkritiker im Geist Schellings und des dt. Idealismus; er verfocht die „organ." Literaturkritik, die das literar. Werk als eigenständiges, zeitl. festgelegtes Produkt eines ewig gleichen Geistes sieht.

Grigorowitsch, Dmitri Wassiljewitsch; tl.: Grigorovič, Dmitrij Vasil'evič [russ. griga'rɔvitʃ], * Simbirsk 31. März 1822, † Petersburg (heute Leningrad) 3. Jan. 1900, russ. Schriftsteller.
Mitschüler Dostojewskis an der Petersburger Militäringenieurschule; mit Nekrassow bekannt, in dessen Sammelband „Physiologie Petersburgs" G.s Erstlingswerke erschienen. Bekannt wurde G. durch die bereits zur sog. Anklageliteratur gehörenden Erzählungen „Derewnja" (= Das Dorf, 1846) und „Anton Goremyka" (1847), in denen er das harte Leben leibeigener Bauern darstellte. Der Roman „Die Fischer" (dt. 1857) gibt eine ethnograph. angereicherte Darstellung des Volkslebens; interessante Memoiren.

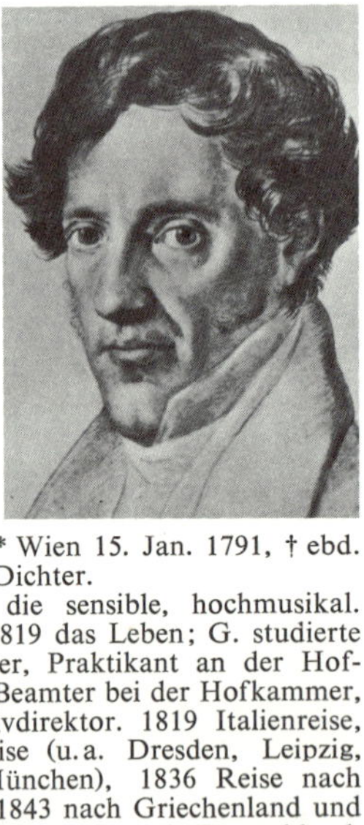
Franz Grillparzer (Zeichnung von J. J. Schmeller)

Grillparzer, Franz, * Wien 15. Jan. 1791, † ebd. 21. Jan. 1872, östr. Dichter.
Freudlose Jugend, die sensible, hochmusikal. Mutter nahm sich 1819 das Leben; G. studierte Jura, war Hauslehrer, Praktikant an der Hofbibliothek, ab 1815 Beamter bei der Hofkammer, dort 1832–56 Archivdirektor. 1819 Italienreise, 1826 Deutschlandreise (u. a. Dresden, Leipzig, Berlin, Weimar, München), 1836 Reise nach Paris und London, 1843 nach Griechenland und Konstantinopel, 1847 erneut nach Deutschland, im selben Jahr Mitglied der Wiener Akademie der Wissenschaften, 1861 Mitglied des Herrenhauses. G., ein reizbarer, von Depressionen befallener, mißtrauischer, selbstquäler. Mensch, wie seine Bekenntnisgedichte bezeugen, lernte 1821 Katharina Fröhlich kennen, seine „ewige Braut", mit der ihn aufrichtige Zuneigung verband, die er jedoch nicht heiratete. Nach Ablehnung seines Lustspiels „Weh' dem, der lügt" (1840), veröffentlichte er nichts mehr. G. ist der bedeutendste östr. Dramatiker, der, im wesentl. im Anschluß an die Weimarer Klassik, aber auch in der Tradition des Barocktheaters östr. und span.

Prägung, beeinflußt vom Wiener Volksstück und der Romantik, von Shakespeare, Lope de Vega und Calderón, zu eigener Art fand. In bildhafter, teils lyr. getönter Sprache behandelte G. v.a. zwei Probleme: die Zwiespältigkeit der Menschen in ihrem Verlangen nach der Fülle des Lebens und ihrem Bestreben, sich zu bewahren, sich nicht aus ihrer Passivität aufrütteln zu lassen, und die Frage nach Recht und Sinn des Staates. G. hebt mit seiner Gestaltung dieser Problematik das Drama in einen neuen Bereich. Poet. am vollendetsten ist die Tragödie um Hero und Leander „Des Meeres und der Liebe Wellen" (1840). Von den Erzählungen ist bes. „Der arme Spielmann" (1848) zu nennen, der G. sein eigenes Los zugrunde legte. Wichtig für sein Verständnis sind seine Tagebücher und Autobiographie.

Weitere Werke: Die Ahnfrau (Trag., 1817), Sappho (Trag., 1819), Das goldene Vließ (Dramentrilogie, 1822: Der Gastfreund, Die Argonauten, Medea), König Ottokars Glück und Ende (Trag., 1825), Ein treuer Diener seines Herrn (Trag., 1830), Der Traum ein Leben (Dr., 1840), Libussa (Trag., 1872), Ein Bruderzwist in Habsburg (Trag., 1872), Die Jüdin von Toledo (Dr., 1873).

Ausgaben: F. G. Sämtl. Werke. Hg. v. P. Frank *u.* K. Pörnbacher. *Mchn. 1960–65. 4 Bde. – F. G. Sämtl. Werke (ursprüngl. u. d. T.: Werke). Histor.-krit. Gesamtausg. Hg. v.* A. Sauer *u.* R. Backmann. *Wien 1909–48. 42 in 41 Bden.*

Literatur: Paulsen, W.: *F. G. Das Werk u. sein Dichter. Hdbg. 1970.* – Baumann, G.: *Zu F. G. Versuche zur Erkenntnis. Hdbg. 1969. – G.-Forum Forchtenstein. Vortrr., Forsch., Berr. 1968. Hg. v. G.-Forum Forchtenstein. Red.* E. Schmitz-Mayr-Harting. *Hdbg. 1969.* – Naumann, W.: *F. G. Stuttg. ²1967.* – Schäble, G.: *F. G. Velber 1967.* – Baumann, G.: *F. G. Dichtung u. östr. Geistesverfassung. Frkf. 1966.* – Müller, Joachim: *F. G. Stuttg. ²1966.* – Nadler, J.: *F. G. Wien 1952.*

Grimm, Friedrich Melchior Freiherr von, * Regensburg 26. Dez. 1723, † Gotha 19. Dez. 1807, dt. Schriftsteller.

Lebte 1748–90 in Paris, kehrte nach dem Ausbruch der Frz. Revolution nach Deutschland (Gotha) zurück; 1795 von Katharina II. von Rußland zum Staatsrat ernannt. In Paris entstand, z.T. unter Mitwirkung von Diderot, Madame d'Épinay und anderen, die berühmte „Correspondance littéraire, philosophique et critique" (1753–73), in der über das frz. Geistesleben berichtet wird. Wichtig als Mittler der frz. Aufklärung. G.s dichter. Werke sind ohne Belang.

Literatur: Schwartz, L.: *M. G. The „Correspondance littéraire" and the philosophical spirit. Diss. Univ. of Southern California, Los Angeles 1962.* – Filger, B.: *F. M. G. u. seine correspondance littéraire. Diss. Köln 1955.*

Grimm, Hans, * Wiesbaden 22. März 1875, † Lippoldsberg (Landkreis Hofgeismar) 27. Sept. 1959, dt. Schriftsteller.

Kaufmann. Lehre in England, 13 Jahre in Kapland als Kaufmann; studierte dann in München Staatswissenschaften, seit 1918 in Lippoldsberg. Seine „Südafrikan. Novellen" (1913), die ihn bekannt machten, sind herb und künstler. gerundet, sie begründeten die dt. Kolonialdichtung. Sein tendenziöser Kolonialroman „Volk ohne Raum" (1926), dessen Titel zum nationalsozialist. Schlagwort wurde, schildert das Schicksal eines dt. Kolonisten. In einigen seiner Werke aus der Zeit nach 1945 versuchte G., die dt. Kriegsschuld abzuwälzen.

Weitere Werke: Der Ölsucher von Duala (Tageb., 1918), Die Olewagen-Saga (E., 1918), Das dt. Südwesterbuch (1929), Engl. Rede (1938), Rückblicke (Autobiogr., 1950).

Literatur: H. G. 22. März 1875–27. Sept. 1959 (Gedenkgabe). Lippoldsberg 1962. – Becker, O.: *Die Klein-Epik H. G.s. Diss. Marburg 1955 [Masch.].*

Grimm, Jacob, * Hanau am Main 4. Jan. 1785, † Berlin 20. Sept. 1863, dt. Sprachwissenschaftler.

Juristensohn, Rechtsstudium, Berührung mit den Heidelberger Romantikern, 1808 Bibliothekar in Kassel, 1829 Professor der dt. Altertumswissenschaft in Göttingen, wegen seiner freiheitl. Gesinnung als einer der „Göttinger Sieben" amtsenthoben und des Landes verwiesen; 1840 von Friedrich Wilhelm IV. als Mitglied der Akademie der Wissenschaften und Professor nach Berlin berufen. Gab auf A. von Arnims Anregung hin zusammen mit seinem Bruder Wilhelm die Sammelwerke „Kinder- und Hausmärchen" (1812–15) und „Dt. Sagen" (1816–18) heraus; untersuchte in der „Dt. Grammatik" (1819–37) und in der „Geschichte der dt. Sprache" (1848) die german. Sprachen auf ihre Gesetzmäßigkeiten und vertiefte die vergleichende zu einer histor. Sprachwissenschaft. Wiederum in Zusammenarbeit mit Wilhelm G. begann er 1852 das „Dt. Wörterbuch", das nach seinem Tode fortgeführt, jedoch erst 1961 beendet wurde; weiter bed. die „Dt. Mythologie" (1835) und „Dt. Rechtsalterthümer" (1828).

Literatur: Ginschel, G.: *Der junge J. G. Bln. 1967.* – Simon, E.: *Zu J. G.s Sprache, Stil u. Persönlichkeit. In:* Simon: *Brücken. Ges. Aufs. Hdbg. 1965. – J.G. Zur 100. Wiederkehr seines Todestages. Festschr. des Inst. f. Dt. Volkskunde. Hg. durch* W. Fraenger *u.* W. Steinitz. *Bln. 1963.* – Schoof, W.: *J. G. Aus seinem Leben. Bonn u.a. 1961. – Die Brüder G. Ihr Leben u. Werk in Selbstzeugnissen, Briefen u. Aufzeichnungen. Bearb. u. hg. v.* H. Gerstner. *Ebenhausen bei Mchn. 1952.* – Scherer, W.: *J. G. Bln. ²1885. Nachdr. mit Beigaben aus der 1. Aufl. u. Scherers Rede auf G. Hg. v.* S. v. der Schulenburg. *Bln. 1921.*

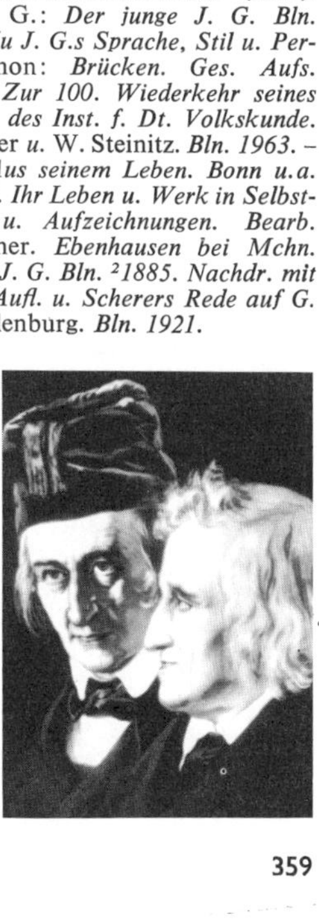

Wilhelm und Jacob Grimm (Gemälde von E. Jerichau, 1855; Ausschnitt)

Grimm, Wilhelm, * Hanau am Main 24. Febr. 1786, † Berlin 16. Dez. 1859, dt. Sprachwissenschaftler.
Studierte Rechtswissenschaft, war Bibliothekar in Kassel, Professor in Göttingen, als Mitglied der „Göttinger Sieben" amtsenthoben, ging mit seinem Bruder Jacob G. als Mitglied der Akademie der Wissenschaften nach Berlin; arbeitete meist mit Jacob G. zusammen, wobei ihm an der sprachl. meisterhaften Gestaltung der „Kinder- und Hausmärchen" (1812–15) der Hauptanteil gebührt. Sagenforscher und Hg. zahlreicher mhd. Literaturwerke.
Literatur: Schoof, W.: *W. G. Aus seinem Leben. Bonn u.a. 1960.* – † auch Grimm, Jacob.

Grimmelshausen, Johann (Hans) Jakob Christoffel von, * Gelnhausen um 1622, † Renchen (Landkreis Kehl) 17. Aug. 1676, dt. Dichter.

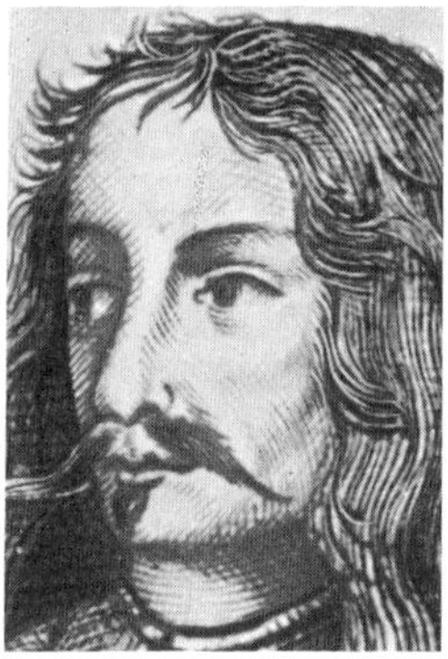

Johann Jakob Christoffel von Grimmelshausen (?) (nach dem Titelkupfer zum „Simplicissimus" von 1670)

Sohn prot. Eltern, die er vermutl. durch den Krieg früh verlor; tat bis 1648 Kriegsdienste und erlangte 1667 das Schultheißenamt in Renchen. Hier scheint er kath. geworden zu sein. Seine schriftsteller. Tätigkeit begann er 1658 unter verschiedenen Decknamen. Sein Hauptwerk ist der im Anschluß an die span. Schelmenromane geschaffene Barockroman „Der Abentheurliche Simplicissimus Teutsch" (1668, erweitert 1669), die in urwüchsiger, z.T. mit Dialekt durchsetzter Sprache gestaltete Darstellung des abenteuerl. Lebens eines „reinen Toren" während des Dreißigjährigen Krieges. Der von redl. Streben erfüllte Held wird immer wieder das Opfer seiner eigenen Schwächen, bis er schließl. als Einsiedler Frieden findet. Unbeständigkeit und Wahn der Welt und die Hoffnung auf Erlösung im Jenseits sind das immer variierte Thema auch der sog. Simplizian. Schriften: „... Landstörtzerin Courasche" (1669), „Der seltzame Springinsfeld" (1670), „Das wunderbarliche Vogel-Nest" (1672) u.a.
Ausgaben: G. Werke in zwei Bden. Neu bearb. v. A. A. Steiner. *Frkf. u. Zürich 1967. – Hans J. Ch. v. G. Ges. Werke in Einzelausgg. Hg. v.* R. Tarot *u.a. Tüb. 1967ff. Auf 14 Bde. berechnet. – Hans J. Ch. v. G. Werke in 4 Bden. Ausgew. u. eingel. v.* S. Streller. *Bln. ²1964.*
Literatur: Feldges, M.: *G.s „Landstörtzerin Courasche". Eine Interpretation nach der Methode des vierfachen Schriftsinnes. Bern u. Mchn. 1969.* – Weydt, G.: *Nachahmung u. Schöpfung im Barock. Studien um G. Bern u. Mchn. 1968.* – Koschtig, M.: *Der Mythos v. „Bauernpoeten" G. In: Jb. der dt. Schillergesellsch. 9 (1965), 33.* – Herbst, G.: *Die Entwicklung des G.bildes in der wiss. Lit. Bonn 1957.* – Könnecke, G.: *Quellen u. Forsch. zur Lebensgesch. G.s. Hg. v.* J. H. Scholte. *Weimar 1926–28. 2 Bde.* – Gundolf, F.: *G. u. sein Simplicissimus. In: Dt. Vjschr. f. Literaturwiss. u. Geistesgesch. 1 (1923), 339. Nachdr. in: Dt. Romane v. G. bis Musil. Hg. v.* J. Schillemeit. *Frkf. 1966.* – Ermatinger, E.: *Weltdeutung in G.s Simplicius Simplicissimus. Lpz. 1925.* – † auch Opitz, Martin.

Grimod de La Reynière, Alexandre Balthasar Laurent [frz. grimodlarɛ'njɛ:r], * Paris 20. Nov. 1758, † Villiers-sur-Orge (Essonne) 25. Dez. 1838, frz. Schriftsteller.
Zunächst Advokat; exzentr. Sonderling, schrieb im Lauf seines abenteuerl. Lebens über Literatur, Lebensgenuß, Gastronomie: „Réflexions philosophiques sur le plaisir, par un célibataire" (1783), „La lorgnette philosophique" (1785), den witzigen „Almanach des gourmands ou Calendrier nutritif" (1803–12) u.a. Werke.

Grin, Alexandr; tl.: Grin, Aleksandr [russ. grin], eigtl. Alexandr Stepanowitsch Grinewski; tl.: Aleksandr Stepanovič Grinevskij, * Slobodskoi (Gouv. Wjatka) 23. Aug. 1880, † Stary Krim 8. Juli 1932, russ.-sowjet. Schriftsteller.
Weite Reisen als Matrose. Hauptsächl. Verfasser von romant.-exot. Abenteuerromanen ohne polit. Tendenz, in denen er in originellem Stil Phantastisches und Realistisches mischt; Einflüsse von E. T. A. Hoffmann, Poe und Stevenson; Tendenz zu märchenähnl. Gestaltung; dt. erschienen die Erzählungen „Das Purpursegel" (1923, dt. 1946, 1962 u. d. T. „Rote Segel"), „Wogenleiter" (1928, dt. 1949), „Der silberne Talisman" (1930, dt. 1962), „Die goldene Kette" (1939, dt. 1964), zeitweise als unpolit. Autor verfemt, 1956 rehabilitiert.

Grinčenko † Grintschenko.

Grinewski, Alexandr Stepanowitsch; tl.: Grinevskij, Aleksandr Stepanovič [russ. gri'njɛfskij] † Grin, Alexandr.

Gringoire (Gringor[e]), Pierre [frz. grɛ̃'gwa:r (grɛ̃'gɔ:r)], * Thury-Harcourt (Calvados) um 1475, † in Lothringen um 1538, frz. Dichter.
Anfangs im Dienst Ludwigs XII., dann am Hof des Herzogs Antoine von Lothringen; Theaterunternehmer, Haupt der Narrenzunft „Enfants sans souci" in Paris; schrieb neben Zeitgedichten und Pamphleten v.a. Schauspiele, z.T. als Auftragsarbeiten; am berühmtesten die gegen die Kurie gerichtete Satire „Jeu du prince des sots et de la mère sotte" und ein Mysterienspiel (Darstellung der Taten Ludwigs des Heiligen).
Literatur: Dittmann, W.: *P. Gringore als Dramatiker. Bln. 1923.*

Grintschenko, Boris Dmitrijewitsch; tl.: Grinčenko, Boris Dmitrievič [russ. grin'tʃɛnkɐ], Wilchowi Jar (Gebiet Charkow) 9. Dez. 1863, † Ospedaletti (Italien) 6. Mai 1910, ukrain. Schriftsteller.
Von Beruf Lehrer. Sein Werk umfaßt Aufsätze zu Fragen der Schulbildung, ethnograph. Schriften, ein 4bändiges, mit ethnograph. Aufzeichnungen versehenes ukrain. Wörterbuch (1902–09) und literar. Arbeiten im Stil des Realismus. Er schrieb

auch unter mehreren Pseudonymen Gedichte und Erzählungen, in denen er sich mit Problemen des ukrain. Nationalismus und des Sozialismus in der Welt der Bauern auseinandersetzt; für seine Dramen wählte er meist histor. Stoffe; er übersetzte u.a. Goethe, Schiller und G. Hauptmann.

Griparis, Ioannis N.; tl.: Grupárēs, Iōánnēs N. [neugr. ɣri'paris], * auf Sifnos 20. Juli 1870, † Athen 10. März 1942, neugriech. Dichter.
Seine Dichtungen, zunächst von den frz. Parnassiens, dann von den Symbolisten beeinflußt, gelten als sprachl. und formal vorbildl.; G. übertrug die Tragödien des Aischylos, auch verschiedene Werke Goethes ins Neugriechische.

Gripenberg, Bertel Johan Sebastian Baron von [schwed. ˌgri:pənbærj], * Petersburg (heute Leningrad) 10. Sept. 1878, † Sävsjö 6. Mai 1947, schwed.-sprachiger finn. Dichter.
Teilnahme am finn. Freiheitskampf (1917). In seinen ersten Dichtungen sang er von Lebensgenuß, Liebe und Wein, war Schüler Wildes und Baudelaires, später wurde aus dem Ästheten der polit. Dichter des finn. Freiheitskampfes. Im Spätwerk ergreifende Lyrik von Vergänglichkeit und Tod.
Hauptwerke: Dikter (Ged., 1903), Rosenstaden (Ged., 1907), Aftnar i Tavastland (Ged., 1911), Under fanan (Ged., 1923), Vid gränsen (Ged., 1930).

Grisebach, Eduard, * Göttingen 9. Okt. 1845, † Berlin-Charlottenburg 22. März 1906, dt. Dichter und Literarhistoriker.
Studierte Jura, war 1872–89 im diplomat. Dienst tätig. Seine anonym erschienenen epigonalen, formgewandten, rhetor.-pathet. Verserzählungen „Der neue Tanhäuser" (1869) und „Tanhäuser in Rom" (1875) weisen eine eigenartige Mischung von Sinnlichkeit und schopenhauerschem Weltschmerz auf; sie kamen der Zeitstimmung sehr entgegen. Bedeutender war G. als Literarhistoriker, Übersetzer (aus dem Chin.) und Herausgeber; auch Schopenhauer-Forscher („Schopenhauer", Biogr., 1897) und Bibliophile.

Grob, Johannes, Pseudonyme Reinhold von Freienthal, Ernst Warnmund von Freyenthal, * Enzenschwyl (heute Grobenentswil bei Flawil, Sankt Gallen) 16. Sept. 1643, † Herisau 1. April 1697, schweizer. Epigrammatiker.
Leinwandhändler, 1670 Landeskommissär, aus konfessionellen Gründen Übersiedlung nach Herisau, 1690 appenzell. Gesandter beim Kaiser in Regensburg; schrieb v.a. satir. Sinngedichte, in denen er allgemeine menschl. Schwächen und die Zeitverhältnisse anprangert.
Hauptwerke: Dichter. Versuchsgabe (Epigramme, 1678), Treugemeinter Eydgenösischer Aufwecker (Streitschrift, 1689), Poet. Spazierwäldlein (Epigramme, 1700).

Grochowiak, Stanisław [poln. grɔ'xɔvjak], * Leszno Wielkopolskie 24. Jan. 1934, poln. Schriftsteller.
Studierte Polonistik, Redakteur bei verschiedenen Zeitschriften. Schrieb einen Roman, Erzählungen, Dramen und Hörspiele und v.a. Gedichte, von denen einige dt. in Anthologien erschienen sind.

Grogger, Paula, * Öblarn (Steiermark) 12. Juli 1892, östr. Schriftstellerin.
Lehrerin, 1929 mit Ehrensold pensioniert; in ihren Werken, hochdt. und mundartl. Gedichten und Erzählungen, gestaltet die dem Volkstum ihrer Heimat und dem kath. Glauben verhaftete Autorin in bildstarker Sprache Themen aus ihrem Lebenskreis. In ihrem Hauptwerk, dem Roman „Das Grimmingtor" (1926), chronikartige Darstellung aus der Zeit Napoleons.
Weitere Werke: Die Sternsinger (Legende, 1927), Die Räuberlegende (Legenden, 1929), Das Spiel von Sonne, Mond und Sternen (1933), Der Lobenstock (En., 1935), Bauernjahr (Ged., 1947), Die Mutter (E., 1958), Die Reise nach Salzburg (E., 1958).

Grombeck, Ernst Ludwig ↑ Rubiner, Ludwig.

Gröndal, Benedikt Sveinbjarnarson [isländ. 'grœndal], * Bessastaðir 6. Okt. 1826, † Reykjavík 2. Aug. 1907, isländ. Schriftsteller.
Studierte altnord. Philologie (Dr. phil.); erzähler. Hauptwerk ist die Burleske „Sagan af Heljarslóðarorrusta" (1861), in der in Form eines mittelalterl. Ritterromans die Schlacht von Solferino zum Mittelpunkt eines breiten und eindrucksvollen Zeitgemäldes gemacht wird; auch burleske Lyrik, die jedoch nicht die gleiche künstler. und literar. Höhe erreicht.

Grosourdy, Michel de [frz. grozur'di], Marquis de Saint Pierre ↑ Saint Pierre, Michel de.

Grosse, Julius, * Erfurt 25. April 1828, † Torbole (Gardasee) 9. Mai 1902, dt. Schriftsteller.
Studierte Jura, dann Malerei, stand dem Münchner Dichterkreis (v.a. E. Geibel) nahe, Feuilletonredakteur verschiedener Zeitungen. Klassizist.-epigonaler Dichter; schrieb volksnahe, formstrenge Lyrik, unbed. Dramen; erfolgreicher mit Versepen, [historischen] Romanen und Novellen.
Hauptwerke: Gedichte (1857), Gundel vom Königssee (Epos, 1864), Tiberius (Trag., 1876), Der getreue Eckart (R., 1885), Ursachen und Wirkungen (Autobiogr., 1896).

Grossi, Tommaso [italien. 'grɔssi], * Bellano (Como) 23. Jan. 1790, † Mailand 10. Dez. 1853, italien. Dichter.
Notar; mit Manzoni befreundet; schrieb die romant. Versnovelle „La fuggitiva" (1816) und andere Dichtungen in Mailänder Mundart, ferner die erzählenden Versdichtungen „Ildegonda" (1820) und „Ulrico e Lida" (1837), das Heldengedicht „I Lombardi alla prima crociata" (1826), den von Manzoni inspirierten histor. Roman „Marco Visconti" (1834, dt. 1859) u.a. Werke.

Grossman, Wassili Semjonowitsch; tl.: Grossman, Vasilij Semenovič [russ. 'grɔsmɐn], * Berditschew (Ukraine) 12. Dez. 1905, † Moskau 14. Sept. 1964, russ.-sowjet. Schriftsteller.
Arbeitete als Chemiker, später Kriegsberichterstatter im 2. Weltkrieg. Sein von der sowjet. Kritik z.T. abgelehntes Werk umfaßt u.a. den Roman „Stepan Koltschugin" (1934–40, dt. 1953, 1962 u.d.T. „Stürmische Jahre"), in dem die bolschewist. Untergrundbewegung der Revolution dargestellt wird, den Roman „Dies Volk ist unsterblich" (dt. 1946), eine Schilderung verschiedener Charaktere der Roten Armee, und den Stalingradroman „Wende an der Wolga" (1952, dt. 1960).

Groth, Klaus, * Heide (Dithmarschen) 24. April 1819, † Kiel 1. Juni 1899, dt. Dichter.
Schreiber, dann Lehrer in Heide, 1847–53 auf der Insel Fehmarn, wo die meisten seiner plattdt.

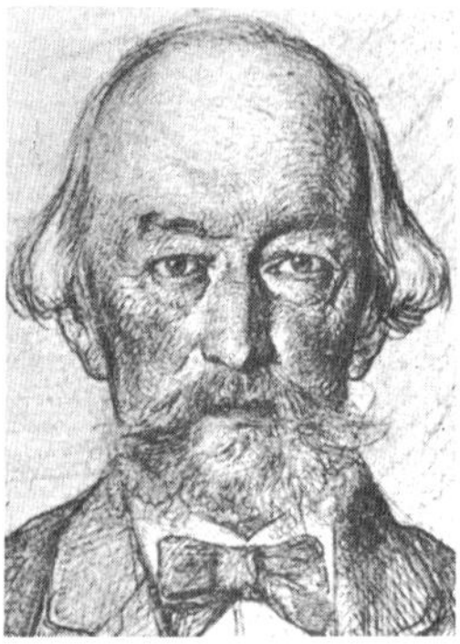

Klaus Groth (Zeichnung von Ch. W. Allers)

Gedichte entstanden; 1853 zog er nach Kiel; hier erarbeitete er mit K. Müllenhoff plattdt. Rechtschreibgrundlagen; Studium in Bonn, 1866 Professor für dt. Sprache und Literatur in Kiel. Mit der Sammlung „Quickborn" (1852 und 1871) bewies G. die Literaturfähigkeit der niederdt. Mundart. Die beiden Bände enthalten Lieder, Balladen, Idyllen und Erzählungen über Land und Leute seiner Heimat. G.s Werke zeichnen sich durch gemüt- und liebevolle Zeichnung, melodiösen Ton und behagl. Stimmung aus.
Weitere Werke: Hundert Blätter (hochdt. Ged., 1854), Vertelln (En., 1855–59), Voer de Goern (Kinderreime, 1858), Rothgeter Meister Lamp un sin Dochder (Idyllen, 1862), Ut min Jungsparadies (En., 1876).
Ausgabe: K. G. Sämtl. Werke. Hg. v. F. Pauly, I. Braak *u.* R. Mehlem. *Flensburg 1952–65. 8 Bde. [mit Biogr.].*
Literatur: Mehlem, R.: *K. G.-Forschung in neuer Sicht. In: Niederdt. Jb. 87 (1964), 139. – K. G.-Gesellschaft. Jahresgabe 1960 ff. Hg. v.* B. Weihmann. *Heide (Holst.) 1960 ff.* – Seelig, G.: *K. G. Sein Leben u. Werden. Hamb. 1924.*

Groto (Grotto), Luigi [italien. 'grɔ:to], * Adria bei Venedig 7. Sept. 1541, † Venedig 13. Dez. 1585, italien. Dichter.
Seit Geburt blind (daher „il Cieco d'Adria" genannt), trat schon mit 15 Jahren als Redner öffentl. hervor; 1565 erster Präsident der Akademie der „Illustrati"; schrieb bukol. Dramen in manieriertem Stil („Calisto", 1577), Tragödien („Adriana", 1578), Komödien, Gedichte und die „Orazioni volgari e latine" (1586).

Grübel, Johann Konrad, * Nürnberg 3. Juni 1736, † ebd. 8. März 1809, dt. Mundartdichter.
Stadtflaschner (Klempner) in Nürnberg; Mitglied des „Pegnes. Blumenordens"; in seinen „Gedichten in Nürnberger Mundart" (1798–1812) getreue Wiedergabe des bürgerl. Lebens.

Gruber, Ludwig ↑ Anzengruber, Ludwig.

Grubiński, Wacław [poln. gru'biįski], * Warschau 25. Jan. 1883, poln. Schriftsteller.
Lebt in London; neigt zu skurriler und paradoxer Darstellung auswegloser Konfliktsituationen in Novellen und Dramen; Vorliebe für iron. Gestaltung und witzigen Dialog; seine frühen Dramen zeichnen sich durch subtile Charakterisierung aus; später Neigung zu paradoxer, übertreibender Typisierung.

Grumelkut, Johann [...ku:t] ↑ Johann von Soest.

Grün, Anastasius, eigtl. Anton Alexander Graf von Auersperg, * Laibach 11. April 1806, † Graz 12. Sept. 1876, östr. Dichter.
Studierte in Wien und Graz Philosophie und Jura, verkehrte mit Bauernfeld, Castelli u.a., stand mit dem Schwäb. Dichterkreis in Verbindung und war später mit Lenau befreundet. Seit 1831 lebte G. auf seinen Gütern; er unternahm mehrere Reisen durch Europa. 1848 Mitglied des Frankfurter Parlaments, 1861 des östr. Herrenhauses, 1868 Präsident der östr. Reichsratsdelegation. G. trat für Liberalismus, Reichseinheit und Reformgesetzgebung ein. In seinem bekanntesten Werk, „Spaziergänge eines Wiener Poeten" (1831), kämpft er gegen Klerus und Reaktion, als deren Verkörperung ihm Metternich galt. G. schrieb polit. Lyrik, auch Epen, war Übersetzer und Hg. der Werke Lenaus.

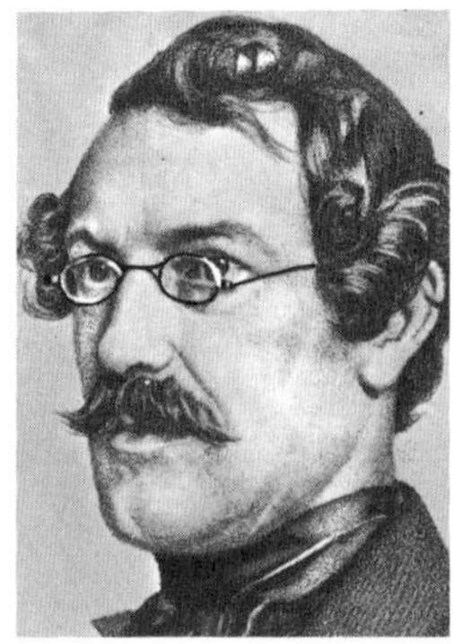

Anastasius Grün (nach einer Lithographie von F. Kriehuber)

Weitere Werke: Schutt (Dichtungen, 1835), Gedichte (1837), Nibelungen im Frack (Epos, 1843), Der Pfaff vom Kahlenberg (Epos, 1850).
Ausgabe: A. G. Sämtl. Werke in 10 Bden. Hg. v. A. Schlossar. *Lpz. 1907.*
Literatur: Wache, K.: *A. G. Der erste polit. Lyriker in dt. Landen. In:* Wache: *Jahrmarkt der Wiener Lit. Wien 1966.* – Wächter, R.: *A. G.s polit. Dichtung. Jena 1933.* – Hermens, P.: *A. G. Ein Zeitbild aus der östr. Dichtung. Lpz. 1900.*

Grün, Max von der, * Bayreuth 25. Mai 1926, dt. Schriftsteller.
Kaufmannslehre, Teilnahme am 2. Weltkrieg, Gefangenschaft (in Louisiana, Texas, New Mexico), nach Entlassung im Baugewerbe tätig, 1951–64 im Ruhrgebiet Bergmann unter Tage, seither freier Schriftsteller; gehört zur Dortmunder „Gruppe 61", die er mitbegründete. Wurde bekannt durch seine sozialkrit., im Grubenmilieu spielenden realist. Romane „Männer in zweifacher Nacht" (1962) und „Irrlicht und Feuer" (1963). 1968 erschien der umstrittene Roman „Zwei Briefe an Pospischiel", in dem er die Scheinfreiheit in einer „verplanten" Gesellschaft anprangert; schrieb auch Erzählungen („Fahrtunterbrechung", 1965), das polit. Agitationsstück „Notstand..." (UA 1969) und Fernsehspiele.

Grundtvig, Nicolai Frederik Severin [dän. 'grondvi], * Udby (Seeland) 8. Sept. 1783, † Kopenhagen 2. Sept. 1872, dän. Theologe, Historiker und Dichter.

Sohn eines streng luth. Pfarrers, studierte Theologie in Kopenhagen, war Hauslehrer, dann Pfarrer; legte, als er unter Zensur gestellt wurde, sein Amt nieder, reiste nach England; 1839 Kaplan in Kopenhagen, gründete 1844 in Rødding die erste dän. Volkshochschule; 1861 Bischof von Seeland. Bed. Volkserzieher, Förderung der Erwachsenenbildung. In bewußtem Ggs. zum Rationalismus wandte er sich, von H. Steffen angeregt, romant. Gedanken zu und beschäftigte sich intensiv mit der nord. Vorzeit, die er in seinen Übersetzungen von Saxo Grammaticus, Snorri Sturluson und Beowulf zugängl. machen wollte; seine Lyrik umfaßt v.a. geistl. Lieder, die, voller Naturfreude und Lebensbejahung, der nord. religiösen Lyrik neue Impulse verliehen.
Ausgaben: G. Sang-Værke. Kopenhagen 1944–51. 5 Bde. Reg. in 3 Tlen. 1956–64. – N. F. S. G. Værker i udvalg. Hg. v. G. Christensen *u.* H. Koch. *Kopenhagen 1940–49. 10 Bde. – N. F. S. G. Schrr. zur Volkserziehung u. Volkheit. Dt. Übers. Bearb. v.* J. Tiedje. *Jena 1927. 2 Bde.*
Literatur: Kontroverse um Kierkegaard u. G. Hg. v. K. E. Løgstrup *u.* G. Harbsmeier. *Mchn. 1966 ff. Auf mehrere Bde. berechnet.* – Simon, G.: *Sucher, Prediger, Dichter. N. F. G., Erneuerer der dän. Kirche. Bln. 1965.* – Steffensen, S.: *G. u. die dt. Romantik. In: Beitr. zur dt. u. nord. Lit. Festschr. f. Leopold Magon zum 70. Geburtstag, 3. April 1957. Hg. v.* H. W. Seiffert. *Bln. 1958.* – Lehmann, Edvard: *G. Dt. Übers. Tüb. 1932.* – Rønning, F. V. V.: *N. F. S. G. Kopenhagen 1907–14. 4 Bde.*
Grupárēs ↑ Griparis.
Gryphius, Andreas, eigtl. A. Greif, * Glogau 2. Okt. 1616, † ebd. 16. Juli 1664, dt. Dichter.
Früher Tod des Vaters, schwere Kindheit und Jugend, dennoch vorzügl. gebildet; hervorragende Kenntnis der alten und neuen Weltsprachen; unternahm ausgedehnte Reisen, wurde 1637 zum Dichter gekrönt, studierte in Leiden, wo er 1638 ein akadem. Lehramt übernahm; seit 1650 Syndikus der Landstände des Fürstentums Glogau; seit 1662 Mitglied der „Fruchtbringenden Gesellschaft"; bedeutendster Lyriker und Dramatiker des dt. Barocks. Sein literar. Schaffen ist in seinem tiefen Pessimismus vom zentralen Motiv der Vanitas bestimmt, es steht deutl. unter dem Eindruck des Dreißigjährigen Krieges und des damit verbundenen persönl. Unglücks. Einflüsse des an-

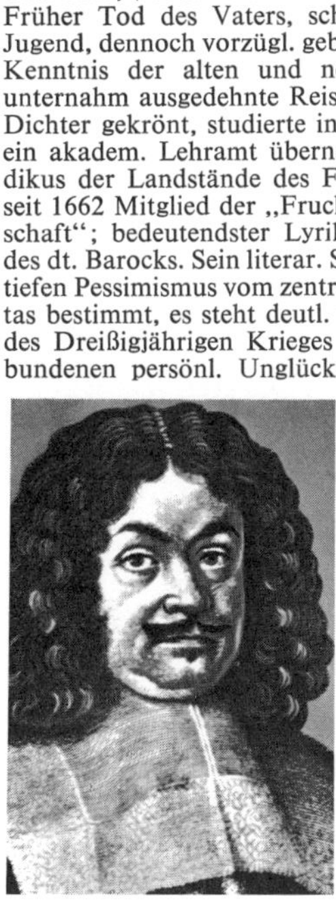

Andreas Gryphius (nach einem Stich von Ph. Kilian)

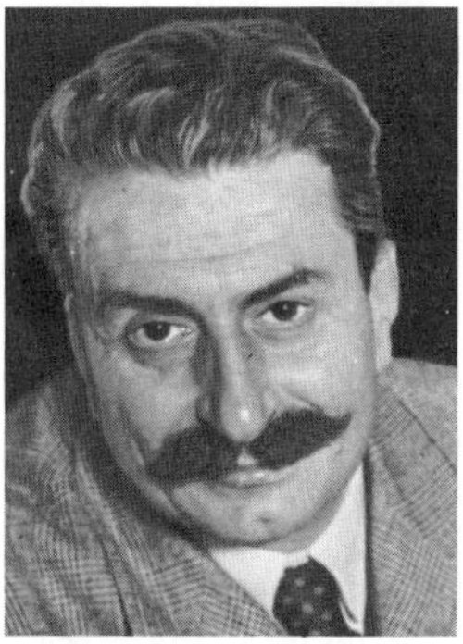

Giovanni Guareschi

tiken (v.a. Seneca), des niederl. Dramas (v.a. Vondel) und der Jesuitendramatik wirkten auf seinen dramat. Stil ein. In der Thematik zeigt sich eine Verbindung der stoischen Philosophie der Entsagung mit einer christl. Opfergesinnung, v.a. in den Märtyrertragödien, die sich durch Vorliebe für grelle Effekte und pathet. gesteigerte Sprachformen auszeichnen. Die Lustspiele wirken bes. durch possenhafte Situationskomik.
Hauptwerke: Sonn- und Feiertagssonette (1639), Epigrammata (1643), Deutscher Gedichte Erster Theil (1657; darin u.a. die Tragödien: Leo Armenius, Catharina von Georgien, Carolus Stuardus, Cardenio und Celinde), Absurda Comica oder Herr Peter Squentz (Kom., 1658), Großmütiger Rechtsgelehrter oder Sterbender Aemilius Paulus Papinianus (Trag., 1659), Verliebtes Gespenst. Die geliebte Dornrose (Singspiele, 1661), Horribilicribrifax (Kom., 1663).
Ausgaben: A. G. Gesamtausg. der dt.-sprachigen Werke. Hg. v. M. Szyrocki *u.* H. Powell. *Tüb. 1963 ff. Auf 10 Bde. berechnet. – A. G. Werke. Hg. v.* H. Palm *u.* F. W. Wentzlaff-Eggebert. *Tüb. 1878–1938. 4 Bde. Nachdr. Hildesheim 1961.*
Literatur: Mannack, E.: *A. G. Stuttg. 1968.* – Eggers, W.: *Wirklichkeit u. Wahrheit im Trauerspiel v. A. G. Hdbg. 1967.* – Wentzlaff-Eggeberg, F. W.: *Dichtung u. Sprache des jungen G. Die Überwindung der lat. Tradition u. die Entwicklung zum dt. Stil. Bln. ²1966.* – Flemming, W.: *A. G. Persönlichkeit u. Werk. Eine Monogr. Stuttg. 1965.* – Szyrocki, M.: *A. G. Sein Leben u. Werk. Tüb. 1964.* – ↑ auch Opitz, Martin.
Guarẹschi, Giovanni [italien. gu̯a'reski], * Fontanelle di Roccabianca (Parma) 1. Mai 1908, † Cervia 22. Juli 1968, italien. Schriftsteller und Karikaturist.
Redakteur bzw. Leiter humorist.-satir. Blätter („Bertoldo", 1936–43; „Candido", 1945–61). G. erlangte Weltruhm durch seinen heiter-satir. Roman „Don Camillo und Peppone" (dt. 1950), der den Ggs. Kirche–Kommunismus im Gewand eines modernen Schelmenromans behandelt.
Weitere Werke: La scoperta di Milano (En., 1941; z.T. dt. 1952), Don Camillo und seine Herde (R., dt. 1953), Bleib in deinem D-Zug (En., dt. 1955), Genosse Don Camillo (R., dt. 1964), Don Camillo und die Rothaarige (R., dt. 1969).
Guarịni, Giovanni Battista [italien. gu̯a'ri:ni], * Ferrara 10. Dez. 1538, † Venedig 7. Okt. 1612, italien. Dichter.

Professor für Rhetorik, im Dienst des Herzogs Alfons II. von Ferrara, für den er auch diplomat. tätig war; fiel in Ungnade und diente an verschiedenen anderen Höfen. Mit dem Schäferdrama „Der treue Schäfer" (1590, dt. 1619), in eleganter Sprache und vollendeter Versform, schuf er die Gattung der Tragikomödie und beeinflußte damit die weitere Entwicklung des Schäferspiels und Madrigals. Auch theoret. setzte er sich u.a. mit dem Schäferdrama auseinander (z.T. im Anhang des genannten Dramas). G. schrieb Gedichte, die durch ihre Form bestechen und oft vertont wurden.

Weitere Werke: Verato (Dialog, 1588), Verato secondo (Dialog, 1593), Il segretario (Essay, 1594), Rime (1598).

Literatur: Pasquazi, S.: *B. G. Mailand 1958.* – Olschki, L.: *G. B. G.s Pastor Fido in Deutschland. Lpz. 1908.*

Guðmundsson, Kristmann [isländ. 'gvʏðmʏndsɔn], * Þverfell (Borgarfjörður) 23. Okt. 1902, isländ. Schriftsteller.

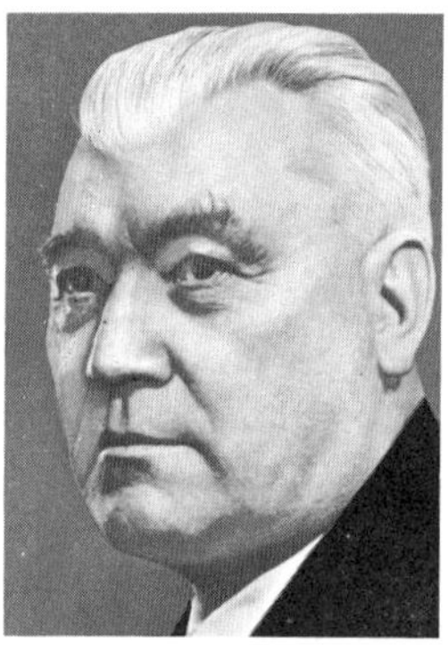

Kristmann Guðmundsson

Aus ärml. Verhältnissen, war u.a. Fischer und Seemann, später Journalist; dann freier Schriftsteller; bed., von Hamsun beeinflußter Romancier, der seine isländ. Heimat und deren naturverbundene Menschen in ihrer Triebgebundenheit und Haltlosigkeit darstellt; daneben auch psycholog. motivierte Erzählwerke um Gegenwartsprobleme; schrieb norweg., später isländisch.

Hauptwerke: Das Brautkleid (R., dt. 1930), Morgen des Lebens (R., dt. 1934), Die blaue Küste (R., dt. 1934), Das neue Land (R., dt. 1936), Helle Nächte (R., 1934; dt. 1950), Kinder der Erde (R., dt. 1937), Kvöld i Reykjavík (R., 1948), Ísold hin svarta (Autobiogr., 1959).

Guðmundsson, Tómas [isländ. 'gvʏðmʏndsɔn], * Efri-Brú (Grímsnes) 6. Jan. 1901, isländ. Schriftsteller.

Tätigkeit am Statist. Amt in Reykjavík; ein Teil seiner populären Gedichte führt, erfüllt von träumer. Melancholie und tiefer Sehnsucht, in das Reykjavík seiner Jugendzeit, andere gestalten eine romant.-imaginäre Welt.

Hauptwerke: Stjörnur vorsins (Ged., 1940), Prologus (Dr., 1942), Fljótið helga (Ged., 1950).

Gudrun ['gu:dru:n] ↑ Kudrun.

Guenther, Johannes von ['gʏntər], * Mitau (Kurland) 26. Mai 1886, dt. Schriftsteller und Übersetzer.

Zeitweilig Redakteur und Verlagsleiter. Schrieb v.a. histor. Romane und Dramen, die er häufig nach älteren Vorlagen gestaltete; bes. bekannt durch seine Übersetzungen v.a. russ. Literatur.

Hauptwerke: Martinian sucht den Teufel (R., 1916), Don Gil von den grünen Hosen (Kom. nach Tirso de Molina, 1918), Cagliostro (R., 1927), Rasputin (R., 1939), Der Kreidekreis (Dr., 1942), Sakuntala (Spiel, 1953), Hörst Du, was die Stunde spricht (1966), Ein Leben im Ostwind (Autobiogr., 1969).

Guérin, Alexandre [frz. ge'rɛ̃] ↑ Chenevière, Jacques.

Guérin, Charles [frz. ge'rɛ̃], * Lunéville 29. Dez. 1873, † ebd. 17. März 1907, frz. Dichter.

Studierte Philologie in Nancy, wo er die Zeitschrift „Le Sonnet" herausgab; konnte, da aus vermögender Familie stammend, ganz der Dichtkunst leben. G. weist sich in seinen Lyriksammlungen (u.a. „Fleurs de neige", 1893; „Le sang des crépuscules", 1895; „Le cœur solitaire", 1898) als sanft-melanchol. Elegiker aus.

Guérin, Maurice de [frz. ge'rɛ̃], * Schloß Le Cayla bei Albi 4. Aug. 1810, † ebd. 19. Juli 1839, frz. Dichter.

Kam 1832/33 in der Bretagne mit dem Kreis um Lamennais in Verbindung. Starb verarmt an Schwindsucht. Einblick in sein Leben geben sein intimes Tagebuch und das seiner Schwester Eugénie. Pantheist. Neigungen, romant. Lebensgefühl, tiefer Pessimismus und myst. Melancholie vereinigen sich in seinem Werk.

Hauptwerke: Der Kentauer (Prosaged., 1840; dt. von Rilke 1911), Die Bacchantin (Prosaged., 1861; dt. 1922).

Ausgaben: M. de G. Dichtungen, Tagebb. u. Briefe. Dt. Übers. In Ausw. hg. v. J. Huppelsberg. *Krefeld 1949. – M. de G. Œuvres complètes. Hg. v.* B. d'Harcourt. *Paris 1947. 2 Bde.*

Literatur: Schärer-Nussberger, M.: *M. de G., l'errance et le demeure. Paris 1965.* – Renker, A.: *La cité intérieure. M. de G. u. Friedrich Hölderlin. Offenbach am Main 1960.* – Heuschele, O.: *M. de G. Leben u. Werk eines Dichters. Bühl 1947.* – Decahors, E.: *M. de G. Essai de biographie psychologique. Paris 1932.*

Guernes de Pont-Sainte-Maxence [frz. gɛrndəpõsɛ̃tmak sã:s] (Garnier de Pont-Sainte-Maxence), altfrz. Dichter des 12. Jh.s aus Pont-Sainte-Maxence (Oise).

Schrieb zwischen 1172 und 1174 eine bed. Vita des hl. Thomas Beckett von Canterbury in Alexandrinern.

Guerra, Gregório de Matos ↑ Matos Guerra, Gregório de.

Guerra Junqueiro, Abílio Manuel de [portugies. 'gɛrrɐ ʒuŋ kɐiru], * Freixo de Espada (Trás-os-Montes) 17. Sept. 1850, † Lissabon 7. Juli 1923, portugies. Dichter.

Studierte Rechtswissenschaft in Coimbra; Verwaltungsbeamter; wiederholt Abgeordneter; in Porto einer der Führer der Ultrademokraten; 1910 Gesandter der neuen portugies. Republik in Bern, danach zurückgezogen auf dem Lande lebend; einer der hervorragendsten Lyriker der neueren portugies. Literatur, zwischen Romantik und Realismus; zeichnete sich durch revolutionäre Leidenschaft, sarkast. Humor, hohe poet. Inspiration und meisterhafte Beherrschung der Sprache aus;

seit den 90er Jahren zunehmend pantheist.-myst. Neigungen. Bed. sind das satir. Don-Juan-Epos „A morte de D. João“ (1874), der voltair.-antiklerikale Gedichtzyklus „A velhice do Padre Eterno“ (1885) und „Os simples“ (Ged., 1892).
Literatur: Lopes d'Oliveira: *G. J. A sua vida e a sua obra. Lissabon 1954. 2 Bde.* – Carvalho, A. de: *G. J. e a sua obra poética. Porto 1945.*

Guerrazzi, Francesco Domenico [italien. guer'rattsi], * Livorno 12. Aug. 1804, † Cecina (Livorno) 23. Sept. 1873, italien. Politiker und Schriftsteller.
Rechtsstudium in Pisa; Freund Mazzinis; wiederholt aus polit. Gründen verbannt oder im Gefängnis; 1848/49 Innenminister und diktator. Regierungschef der Republik Florenz; später Mitglied des italien. Parlaments; einer der leidenschaftlichsten literar. Vorkämpfer der italien. Erhebung, schrieb v.a. histor. Romane („Die Schlacht von Benevent“, 1827, dt. 1853; „Die Belagerung von Florenz“, 1836, dt. 1849; „Beatrice Cenci“, dt. 1858) und Novellen, ferner polit. Pamphlete und Satiren („La serpicina“, 1830; „L'asino“, 1857).

Guerrini, Olindo [italien. guer'ri:ni], Pseudonym Lorenzo Stecchetti, * Forlì 4. Okt. 1845, † Bologna 21. Okt. 1916, italien. Dichter.
Rechtsstudium, Bibliotheksdirektor; wurde berühmt durch den 1877 erschienenen, durch Baudelaire und den frz. Naturalismus beeinflußten Canzoniere „Postuma“, ein in seiner Mischung von derbem Realismus (Verismus) und echt poet. Zügen einzigartiges Werk, das als angebl. Nachlaß eines 30jährig an Lungenschwindsucht verstorbenen fiktiven Lorenzo Stecchetti erschien; in seinen folgenden Gedichtbänden „Polemica“ (1878) und „Nova polemica“ (1878) setzte sich G. mit seinen literar. Gegnern auseinander.

Guesmer, Carl ['gy:smər], * Kirch Grambow (heute Wedendorf-Kirch Grambow) 14. Mai 1929, dt. Schriftsteller.
Wurde 1951 Bibliothekar in Marburg a.d. Lahn; seine Naturlyrik, „Von Minuten beschattet“ (1957), „Alltag in Zirrusschrift“ (1960), „Zeitverwehung“ (1965), ist der Dichtung Loerkes und Lehmanns verpflichtet: Miniaturen, die Abend und Herbst, Abschied, Vergänglichkeit und Trauer in erlesener, im Vergleich zu seinen Vorbildern in spröderer und schwerfälligerer Metaphorik zum Ausdruck bringen. 1967 erschien sein erster Prosaband, „Geschehen und Landschaft“.

Guevara, Antonio de [span. ge'βara], * Treceño (Santander) um 1480, † Mondoñedo (Lugo) 3. April 1545, span. Schriftsteller.
Franziskaner, Hofprediger, Chronist und Reisebegleiter Karls V., Inquisitor in Valencia, 1528 Bischof von Guadix, 1542 von Mondoñedo. Er schrieb den oft übersetzten biograph. Roman „Marco Aurelio y el reloj de príncipes“ (1529), der in Form fiktiver Briefe des Mark Aurel das Idealbild des Herrschers zeichnet; größere Nachwirkung hatte sein „Menosprecio de corte y alabanza de aldea“ (R., 1539; Preis des Landlebens).
Literatur: Schweitzer, Ch. E.: *A. de G. in Deutschland. In: Romanist. Jahrb. 11 (1961), 328.*

Guevara, Luis Vélez de ↑ Vélez de Guevara, Luis.

Guggenheim, Kurt, * Oberengstringen bei Zürich 14. Jan. 1896, schweizer. Schriftsteller.
Hielt sich 1920–25 in Frankreich, England und den Niederlanden auf; Redakteur, Buch- und Kunstantiquar, seit 1935 freier Schriftsteller; gestaltet in einfacher Sprache Stoffe aus dem bürgerl. Leben; z.T. psycholog. motivierte Romane; auch Dramen.
Hauptwerke: Riedland (R., 1938), Der sterbende Schwan (Dr., 1943), Alles in allem (R., 1952–55), Der Friede des Herzens (R., 1956), Sandkorn für Sandkorn (Autobiogr., 1959), Der goldene Würfel (R., 1967).

Guidi, Alessandro [italien. 'gui:di], * Pavia 14. Juni 1650, † Frascati 13. Juni 1712, italien. Dichter.
Lebte in der Umgebung der Königin Christine von Schweden in Rom; Mitglied der Accademia dell'Arcadia; v.a. als Lyriker („Poesie liriche“, 1671) von Bedeutung, weniger als Dramatiker („Amalasunta in Italia“, Trag., 1681; „Endimione“, Pastoral-Dr., 1692).

Guido delle Colonne [italien. 'gui:do 'delle ko'lonne], * Messina (?) um 1210, † nach 1287, italien. Dichter und Chronist.
War Richter in Messina; schrieb neben lyr. Gedichten in der Volkssprache eine „Historia destructionis Troiae“ in lat. Sprache nach der Vorlage des „Roman de Troie“ von Benoît de Sainte-More; die Bearbeitung von G. wurde seinerzeit in fast sämtl. Sprachen übersetzt.

Guido y Spano, Carlos [span. 'giðo i es'pano], * Buenos Aires 19. Jan. 1827, † ebd. 25. Juli 1918, argentin. Dichter.
Wuchs in Brasilien auf; Reisen durch Europa; Diplomat; klass. orientierter Lyriker, später zur Romantik neigend; Übersetzer antiker Literatur (Sappho u.a.).
Hauptwerke: Hojas al viento (Ged., 1871), Ráfagas (Essays, 1879), Ecos lejanos (Ged., 1895).

Guilbert, René [frz. gil'bɛ:r] ↑ Ghil, René.

Guilhe[l]m IX [frz. gi'jɛm], Herzog von Aquitanien ↑ Wilhelm IX., Herzog von Aquitanien.

Guilhe[l]m de Cabestanh (Cabestaing) [frz. gijɛmdəkabɛs'tã], provenzal. Troubadour der 2. Hälfte des 12. Jh.s aus dem Roussillon.
Held der sog. Herzmaere (Sage vom gegessenen Herzen); erhalten sind mehrere kunstvolle Minnelieder.

Guillaume de Lorris [frz. gijomdəlɔ'ris] ↑ Rosenroman.

Guillaume de Machau[l]t [frz. gijomdəma'ʃo], * Machault (Ardennes) um 1300, † Reims 1377, frz. Dichter und Komponist.
Reisen quer durch Europa; trat mit zahlreichen Balladen, Rondeaux, Chants royaux, Lais im Stil der Zeit hervor, pflegte aber auch die traditionelle Gattung des Versromans: „Livre dou voir dit“ (um 1363), „Le jugement dou Roy de Navarre“ u.a. Seine Dichtungen stehen seinen bed. Tonschöpfungen im Wert nicht nach.
Weiteres Werk: Prise d'Alexandrie (Reimchronik, um 1370).
Literatur: Damerini, A.: *G. de Machaut e l'„Ars Nova“ italiana. Florenz 1960.* – Machabey, A.: *G. de Machault 1300?–1377. La vie et l'œuvre musicale. Paris 1955. 2 Bde.* – Eichelberg, W.: *Dichtung u. Wahrheit in Machauts Voir dit. Düren 1935.*

Guillén, Jorge [span. gi'ʎen], * Valladolid 18. Jan. 1893, span. Dichter.

War nach Auslandsreisen 1917–23 Lektor an der Sorbonne, dann Lehrer in Spanien; seit 1938 in den USA. 1928 erschienen seine knappen, sprachl. und formal vollendeten, v. a. den klass. Metren verpflichteten Gedichte über Erscheinungen des Alltags, voller Begeisterung für die Wunder der Welt und des Lebens, erfüllt von Lob und Dank an die Gottheit, der „Cántico“ (1928, dt. Ausw. 1952 u. d. T. „Lobgesang“), der in immer neuer Gestalt und um zahlreiche Gedichte erweitert erschien; Übersetzer Valérys und Claudels.
Literatur: González Muela, J.: *La realidad y J. G. Madrid 1962.* – Gil de Biedma, J.: *Cántico: El mundo y la poesía de J. G. Barcelona 1960.* – Lind, G. R.: *J. G.s „Cántico“. Eine Motivstudie. Frkf. 1955.*

Guillén, Nicolás [span. gi'jen], * Camagüey (Kuba) 10. Juli 1902, kuban. Lyriker.
Afrikan.-europ. Abkunft; nahm am Span. Bürgerkrieg teil; lebt als Redakteur in Kuba; trat im Kampf gegen die Unterdrückung der mittelamerikan. Neger und Mischlinge mit sozialrevolutionärer, folklorist. gefärbter Negerlyrik hervor („Bitter schmeckt das Zuckerrohr“, dt. Ausw. 1952; „Bezahlt mich nicht, daß ich singe“, dt. Ausw. 1961).

Guillevic, Eugène [frz. gil'vik], * Carnac (Morbihan) 5. Aug. 1907, frz. Lyriker.
Sohn eines Matrosen; wuchs in der Bretagne und im Elsaß auf; Beamter; trat 1942 der frz. KP bei; Vertreter einer zunächst von Éluard beeinflußten unromant.-gegenständl., jedoch immer poet. Kunst.
Hauptwerke: Terraqué (Ged., 1942), Exécutoire (Ged., 1947), Le goût de la paix (Ged., 1951), 31 sonnets (1954), Carnac (Ged., 1961), Sphère (Ged., 1963).

Guilloux, Louis [frz. gi'ju], * Saint-Brieuc 15. Jan. 1899, frz. Romancier.
Sozialist, Journalist, begleitete A. Gide 1936 in die UdSSR; sein Werk ist erfüllt von tiefer Liebe zur Menschheit, bes. zu den sozial Unterdrückten. Hauptwerk ist der pessimist. Roman aus einer frz. Kleinstadt des Jahres 1917 „Le sang noir“ (1935).
Weitere Werke: Gefährten (R., 1930; dt. 1950), Le pain des rêves (R., 1942), Le jeu de patience (R., 1949), Les batailles perdues (R., 1960).

Guimarães Rosa, João [brasilian. gima'rẽjs 'rrɔza], * Cordisburgo 1908, † Rio de Janeiro 20. Nov. 1967, brasilian. Schriftsteller.
Ursprüngl. Arzt; seit 1934 diplomat. Karriere, u. a. 1938–42 in Hamburg, dann in Bogotá; bedeutendster brasilian. Epiker seiner Zeit; veröffentlichte Erzählungen, Novellen und Romane, von denen „Grande Sertão“ (dt. 1964) als das Epos Brasiliens gilt; er gestaltet ein unbekanntes Brasilien, das Leben der Bewohner der Steppen und Wälder im Innern des Landes; bed. Sprachschöpfer mit an Joyce erinnernder Technik.
Weitere Werke: Sagarana (En., 1946), Corps de ballet (R.-Zyklus, dt. 1966), Das dritte Ufer des Flusses (En., dt. 1968).

Guimerá, Ángel [katalan. gimə'ra], * Santa Cruz de Tenerife 6. Mai 1849, † Barcelona 18. Juli 1924, katalan. Dichter.
Wuchs in Katalonien auf, trat nach dem Studium zunächst in das väterl. Geschäft ein; Redakteur der katalan. Zeitschrift „La Renaixensa“ und Vorkämpfer der katalan. Autonomiebestrebungen; gelangte in ganz Spanien zu hohem Ansehen; schrieb neben meist aus Historie oder Legende inspirierten lyr. Gedichten erfolgreiche romant. und zeitweilig naturalist. [Vers]dramen: „Gala Placídia“ (Trag., 1879), „Judith de Welp“ (Trag., 1883) u. a.; bekanntestes Stück ist das in zahlreiche Sprachen übersetzte Drama „Terra baixa“ (1896; Grundlage für d'Alberts Oper „Tiefland“).

Guinizelli (Guinizzelli, Guinicelli), Guido [italien. guinit'tsɛlli], * Bologna zwischen 1230 und 1240, † Monselice (Padua) um 1276, italien. Dichter.
Studierte Rechtswissenschaft und war Richter in Bologna; mußte als Gibelline ins Exil gehen, wo er starb; G., das Haupt der Bologneser Dichterschule, gilt als Begründer des Dolce stil nuovo; wurde von Dante „Vater der italien. Dichtkunst“ genannt. Nur wenige seiner anmutigen Gedichte (Kanzonen, Liebessonette) sind erhalten, in denen die provenzal.-sizilian. Troubadourlyrik mit einer platonisierenden Liebesauffassung intellektuell-myst. Prägung verbunden ist.
Literatur: Scheludko, D.: *G. u. der Neuplatonismus. In: Dt. Vjschr. f. Literaturwiss. u. Geistesgesch. 12 (1934), 364.*

Guiot (Guyot) de Provins [frz. gijodəprɔ'vɛ̃], altfrz. Lyriker des 12./13. Jh.s aus Provins (Champagne).
Mönch in Clairvaux, dann in Cluny; unternahm eine Jerusalemreise; außer 5 Liebesliedern ist nur eine um 1210 entstandene Satire auf die verschiedenen Stände erhalten („Bible“, rund 2700 Achtsilber).

Güiraldes, Ricardo [span. gɥi'raldes], * Buenos Aires 13. Febr. 1886, † Paris 8. Okt. 1927, argentin. Schriftsteller.
Bereiste Europa und den Orient; schloß sich den Modernisten an, gründete 1924 mit Jorge Luis Borges die Literaturzeitschrift „Proa“. G.' erstes Werk waren die in Argentinien spielenden, sprachl. vorzügl. Erzählungen „Cuentos de muerte y de sangre“ (1915); sein bekanntestes Buch, der autobiograph. Bildungsroman „Das Buch vom Gaucho Sombra“ (dt. 1934), ist eine klass. Schilderung der argentin. Pampas und der Gauchos ohne die übl. Sentimentalität. Daneben schrieb G. die avantgardist. Gedichte „El cencerro de cristal“ (1915), den Roman „Xamaica“ (1923) u. a. Werke.

Guiraut de Bornelh [frz. girodbɔr'nɛj] ↑ Giraut de Borneil.

Guitry, Sacha [frz. gi'tri], eigtl. Alexandre Pierre Georges G., * Petersburg (heute Leningrad) 21. Febr. 1885, † Paris 24. Juli 1957, frz. Schriftsteller.
Schauspieler und Regisseur; Sohn des Schauspielers Lucien G. Mit dem Einakter „Nono“ (1905) begann seine Karriere. Bald war er ein gefeierter Künstler, vielseitig, gewandt, witzig; Kommandeur der Ehrenlegion, Mitglied der Académie Goncourt. Während der dt. Besetzung im 2. Weltkrieg als Kollaborateur verfemt, später rehabilitiert. Seine rund 130 Bühnenwerke, meistens Komödien, sind bestes Pariser Boulevardtheater, geistreich und charmant. Amüsant ist seine Autobiographie „Wenn ich mich recht erinnere“ (dt. 1939). Verfasser von Filmdrehbüchern.
Weitere Werke: Le scandale de Monte-Carlo (Kom., 1908), Le veilleur de nuit (Kom., 1911), La prise de Berg-op-Zoom (Kom., 1913), Schwarz und Weiß (Kom., dt. 1926), Roman eines Schwind-

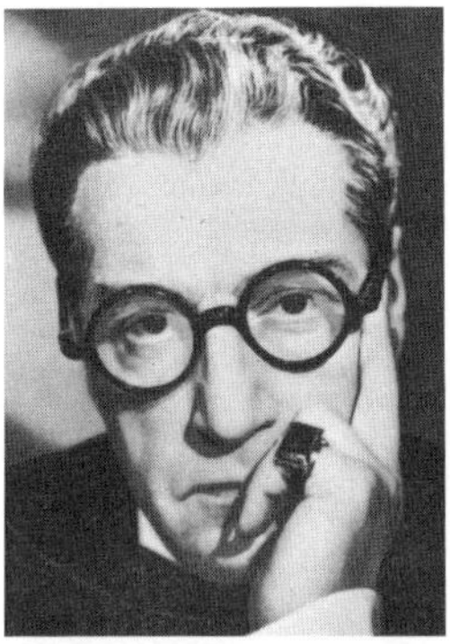
Sacha Guitry

lers (dt. 1937), Le mot de Cambronne (Kom., 1936), Nicht zuhören, meine Damen (Kom., dt. 1951).
Ausgabe: S. G. Théâtre. Paris 1959 ff. Auf mehrere Bde. berechnet.
Literatur: Lauwick, H.: *S. G. et les femmes. Paris 1965.* – Prince, St.: *G. hors sa légende. Paris 1959.*
Guittone d'Arezzo [italien. gu̯it'to:ne da'rettso], genannt Fra G., * Arezzo um 1225, † Florenz um 1294, italien. Dichter.
Entstammte einem aretin. Bürgergeschlecht, erhielt eine vorzügl. Ausbildung und verbrachte eine sorgenfreie und fröhl. Jugend; trat in den Orden der „Cavalieri di Santa Maria" ein; bed. Prediger. Schrieb in der Jugend vorwiegend sprachl. und themat. der Troubadourlyrik verpflichtete Liebeslyrik, von der er sich später ganz abwandte; er schrieb dann neben polit. v.a. religiöse und moral.-didakt. Lieder.
Hauptwerke: Lettere (hg. 1923), Rime (Ged., hg. 1940).
Gulbranssen, Trygve [norweg. 'gulbransən], * Kristiania (heute Oslo) 15. Juni 1894, † Gut Hobøe bei Eidsberg 10. Okt. 1962, norweg. Schriftsteller.
Bäuerl. Herkunft, besuchte die Handelsschule, leitete eine Tabakfaktorei, war Großhändler in Oslo und lebte seit 1942 auf seinem Gut Hobøe. G. war auch journalist. tätig. Er schrieb die bekannte Romantrilogie über das Leben eines alten norweg. Bauerngeschlechts auf Björndal, deren 1. Teil u. d. T. „Und ewig singen die Wälder" (dt. 1935), deren 2. und 3. Teil u. d. T. „Das Erbe von Björndal" (dt. 1936) erschienen sind; der herbe, kraftvolle Erzählstil und die romant., jedoch nicht sentimentale Darstellungsweise erinnern stellenweise an S. Lagerlöf und K. Hamsun.
Gulfilas ↑ Ulfilas.
Gullberg, Hjalmar Robert [schwed. gulbærj], * Malmö 30. Mai 1898, † Stockholm 19. Juli 1961, schwed. Lyriker.
War 1936–50 Leiter der literar. Abteilung beim Rundfunk; seine in schlichter Sprache abgefaßte Lyrik ist durch die paradoxe Vermischung von Sublimem mit Alltägl.-Banalem, Idyll. und Apokalypt., tief empfundenem Christentum und heidn. Sinnenfreudigkeit gekennzeichnet; Übersetzungen u.a. aus dem Griech. und Spanischen.
Hauptwerke: Sonat (Ged., 1929), Kärlek i tjugonde seklet (Ged., 1933), Dödsmask och lustgård (Ged., 1952), Gedichte (dt. Ausw. 1959).
Gullvaag, Olav [norweg. gulvo:g], * Drontheim 31. Dez. 1885, † Hvalstad bei Oslo 25. Sept. 1961, norweg. Schriftsteller.
Sohn eines Lehrers und Handwerkers; zunächst Maler; kam als Journalist in verschiedene europ. Länder; trat v. a. mit großangelegten, breit erzählten, in typ. nord. Atmosphäre gestalteten Romanen hervor, die in der Nachfolge Hamsuns und Duuns meist im 18. Jh. spielen und das an wechselvollen Schicksalen reiche Leben einfacher nord. Menschen zeitlos schildern.
Hauptwerke: Es begann in einer Mittsommernacht (R., dt. 1939), Im Licht der Gnade (R., dt. 1952), Kain der Schuhmacher (R., dt. 1952), Ein altes Lied klingt aus (R., dt. 1954).
Gumiljow, Nikolai Stepanowitsch; tl.: Gumilev, Nikolaj Stepanovič [russ. gumi'ljɔf], * Kronstadt 15. April 1886, † Petrograd (heute Leningrad) 24. Aug. 1921, russ. Dichter.
Studierte in Petersburg und Paris, bereiste Europa und Afrika; 1910–18 ⚭ mit A. Achmatowa; zuerst Symbolist, schloß sich dann den Akmeisten an, deren Zeitschrift „Apollon" er 1909–17 leitete; 1914 Kriegsfreiwilliger; seit 1918 literar. Organisationstätigkeit; wegen Verdachts einer Verschwörung erschossen. Bed. Vertreter des Symbolismus, von dem er sich langsam löste; trat für Exaktheit, Realismus und Anschaulichkeit in der Dichtung ein; in seiner Begeisterung für alles Heroische und Abenteuerl., in der Entdeckung sowohl russ. Volksdichtung wie auch frz. und exot. Volkspoesie hat er einen nicht unbed. Einfluß ausgeübt; auch Verfasser von Dramen und Erzählungen.
Hauptwerke: Put konkwistadorow (= Weg der Konquistadoren, Ged., 1905), Koltschan (= Der Köcher, Ged., 1916), Kostjor (= Scheiterhaufen, Ged., 1918), Schatjor (= Das Zelt, Ged., 1918).
Literatur: Maline, M.: *Nicolas Gumilev, poète et critique acméiste. Brüssel 1964.* – Strakhovsky, L. J.: *Craftsmen of the word. Three poets of modern Russia: Gumilyov, Akhmatova, Mandelstam. Cambridge (Mass.) 1949.*
Gumpert, Martin, * Berlin 13. Nov. 1897, † New York 18. April 1955, dt. Lyriker und Erzähler.
Studierte Medizin, wurde Arzt, emigrierte 1936 nach den USA, Praxis in New York; befreundet mit Th. Mann. Nach expressionist.-lyr. Anfängen schrieb er Dokumentarromane über medizingeschichtl. Themen; sein literar. Schaffen in den USA ist aus dem Exilerlebnis heraus gestaltet.
Hauptwerke: Verkettung (Ged., 1917), Heimkehr des Herzens (Ged., 1921), Hahnemann (Biogr., 1934), Berichte aus der Fremde (Ged., 1937), Dunant (R., 1938), Der Geburtstag (R., 1948).
Gumppenberg, Hanns Freiherr von, Pseudonyme Jodok, Immanuel Tiefbohrer, * Landshut 4. Dez. 1866, † München 29. März 1928, dt. Dramatiker.
Studierte Philosophie und Literatur in München; Redakteur, Theaterkritiker und freier Schriftsteller; Mitbegründer und Mitglied des Kabaretts „Die elf Scharfrichter". Schrieb Weltanschauungsdramen, Geschichtstragödien und Lustspiele, auch Gedankenlyrik und glänzende Parodien auf zeitgenöss. Schriftsteller.
Hauptwerke: Thorwald (Trag., 1888), Alles und Nichts (Dr., 1894), Das teutsche Dichterroß, in allen Gangarten geritten (Parodien, 1901), Über-

dramen (1902), Aus meinem lyr. Tagebuch (Ged., 1906).

Gunadhja; tl.: Guṇāḍhya, ind. Dichter des 3. Jh.s v. Chr. (?).
Ihm wird ein nicht erhaltenes, jedoch als Quelle für die jüngere Literatur bed. Sammelwerk von Fabeln, Märchen und Erzählungen zugeschrieben, das angebl. 100000 Strophen umfaßt hat. Wir besitzen mehrere Werke, die nach eigenen Angaben den Inhalt von G.s im Paischatschi-Dialekt abgefaßten „Brihatkatha" wiedergeben; wieweit diese in Wirklichkeit auf G. zurückgehen, ist nicht geklärt.

Gundacker von Judenburg, geistl. Dichter der Steiermark vom Ende des 13. Jahrhunderts.
Verfasser des über 5000 Verse umfassenden Gedichts „Christi Hort", einer sachl. Darstellung des Lebens Christi (v.a. Passion und Auferstehung) mit Veronika- und Pilatuslegende.

Günderode, Karoline von, Pseudonym Tian, * Karlsruhe 11. Febr. 1780, † Winkel (Rheingaukreis) 26. Juli 1806, dt. Schriftstellerin.
Wuchs in Hanau am Main auf, lebte seit 1797 als Stiftsdame in Frankfurt am Main, befreundet mit Clemens und Bettina Brentano; unglückliche Liebe zu dem Heidelberger Mythologen F. Creuzer trieb sie zum Selbstmord. Schrieb schwermütige, z.T. ekstat. Gedichte, romant. Dramen und Phantasien, die ein bis zur Exaltation gesteigertes schwärmer. Gefühl bekunden.
Werke: Gedichte und Phantasien (1804), Poet. Fragmente (1805), Melete von Ion (Ged.,1806).
Literatur: Preitz, M.: *K. v. G. in ihrer Umwelt. K. v. G.s Briefwechsel mit Friedrich Karl u. Gunda v. Savigny. In: Jb. des Freien Dt. Hochstifts (1964), 158.* – Wilhelm, R.: *Die G. Dichtung u. Schicksal. Frkf. 1938.*

Gundulić, Ivan (Dživo) [serbokroat. ˌgundulitɕ], italien. Giovanni Gondola, * Ragusa (heute Dubrovnik) 8. Jan. 1589 (1588?), † ebd. 8. Dez. 1638, ragusan. Dichter.
Aus alter Patrizierfamilie, klass. gebildet, später in hohen Ämtern tätig. G. ist der bedeutendste Vertreter der südslaw. Barockliteratur und des „Goldenen Zeitalters" der ragusan. Literatur. Von zehn Dramen, die er unter dem Einfluß Tassos schrieb, gehören die vier erhaltenen in die Tradition der marinist. Literatur. Später Hinwendung zur religiösen Dichtung, zu der seine Lieder des Königs David gehören; seine Hauptwerke sind die von der italien. Epik beeinflußten Epen „Suze sina razmetnoga" (= Tränen des verlorenen Sohnes, 1622) und „Osman" (dt.1918), ein 1626 oder später entstandenes heroisches Epos mit ritterl.-romant. Episoden um den Sieg der Polen über die Türken, sowie das dem italien. Schäferspiel nahestehende allegor. Schauspiel „Dubravka" (1628), in dem G. den freiheitsliebenden Stadtstaat Ragusa verherrlicht.
Literatur: Setschkareff, V.: *Die Dichtungen G.s u. ihr poet. Stil. Frkf. 1952.*

Gunn, Neil Miller [engl. gʌn], * Dunbeath (Caithness) 8. Nov. 1891, schott. Erzähler.
Sohn eines Fischers; z.T. autodidakt. Bildung; 1906–37 Beamter. Stellt in seinen Romanen v.a. das Leben der Fischer und Hochlandbewohner seiner Heimat dar.
Hauptwerke: Frühflut (R., dt. 1938), Felsen der Herrschaft (R., dt. 1949), Der Quell am Ende der Welt (R., dt. 1955), The other landscape (R., 1954).

Gunnarsson, Gunnar [isländ. ˈgʏnarsɔn], * Valþjófsstaður 18. Mai 1889, isländ. Schriftsteller.
Aus bäuerl. Geschlecht, ging 18jährig nach Dänemark, wo er arbeitete und studierte; 1939 Rückkehr nach Island; G. schrieb zunächst in dän., später in isländ. Sprache Gedichte, Novellen, Dramen und Essays. Seine bedeutendsten Romane wurden oft übersetzt und weisen G. als einen der Hauptrepräsentanten der modernen skand. Literatur aus; stilist. der kraftvollen Sprache der altisländ. Sagas verpflichtet, gestaltet er sowohl Themen der ruhmvollen Vergangenheit wie auch solche von aktueller Problematik; z.T. tief pessimistisch.

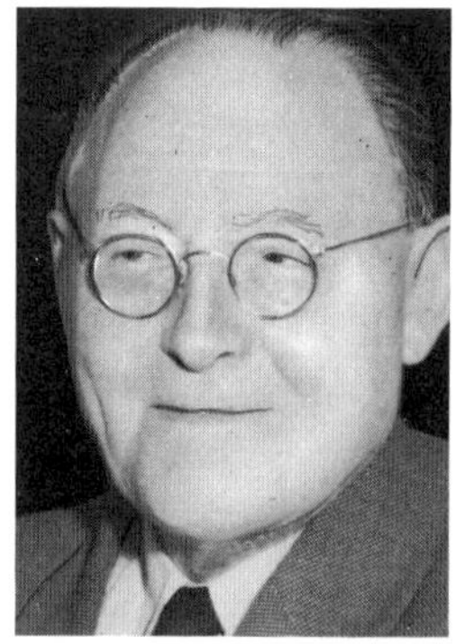
Gunnar Gunnarsson

Hauptwerke: Die Leute auf Borg (R., dt. 1927), Strand des Lebens (R., 1914; dt. 1929), Die Eidbrüder (R., 1918; dt. 1934), Schiffe am Himmel (R., dt. 1928), Der weiße Krist (R., dt. 1935), Die Eindalssaga (R., dt. 1959).
Literatur: Boor, H. de: *Isländ. Dichter G. G. In: German.-Roman. Mschr. 26 (1938), 109.* – Elfelt, K.: *G. G. Kopenhagen 1927.*

Günther, Agnes [ˈgʏntər], geb. Breuning, * Stuttgart 21. Juli 1863, † Marburg a.d.Lahn 16. Febr. 1911, dt. Schriftstellerin.
Frau des Theologen Rudolf G., schrieb den Roman „Die Heilige und ihr Narr" (hg. 1913), eine schwärmer.-redselige, religiös gefärbte Darstellung der Entwicklung einer Frauenseele. Mit ihrer romantisierenden Sentimentalität traf sie den Geschmack eines breiten Publikums.
Weiteres Werk: Von der Hexe, die eine Heilige war (Dr., 1913).

Günther, Herbert [ˈgʏntər], * Berlin 26. März 1906, dt. Schriftsteller.
Studierte Literatur- und Theaterwissenschaft in Berlin, Marburg a.d.Lahn und München; Schauspieler; gab 1930 die Anthologie „Hier schreibt Berlin" heraus, ein literar. Dokument der 20er Jahre; nach Teilnahme am 2. Weltkrieg Aufenthalt in Paris; lebt heute in München. G., ein vielseitiger Autor, verfaßte Lyrik, Erzählungen und Reisebücher sowie Kritiken und Essays.
Hauptwerke: Franken und die Bayer. Ostmark (Reisebericht, 1936), Glückl. Reise (Reisebericht, 1939), Mag. Schicksal (En., 1943), Der Funke (Ged., 1953), Drehbühne der Zeit (Erinnerungen, 1957), Goethe (Essays, 1966).

Günther, Johann Christian ['gʏntər], * Striegau 8. April 1695, † Jena 15. März 1723, dt. Dichter. Studierte Medizin in Wittenberg und Leipzig, lebte, nachdem er sich mit seinem Vater zerstritten hatte, meist von Einkünften, die ihm seine Gelegenheitsgedichte einbrachten, erkrankte mehrfach schwer, bewarb sich 1719 vergebl. um die Stelle eines Hofdichters in Dresden, starb im Elend. G.s Werk ist zunächst noch dem Barock verpflichtet; sehr bald aber fand er die ihm gemäße Form, die der Zeit voraus ist und auf Sturm und Drang weist. Seine Dichtung wurde zum Ausdruck ganz persönl. Erlebens. Auch G.s geistl. Lieder sind eigenwillig und individuell.
Hauptwerke: Die von Theodosio bereuete Eifersucht (Trauerspiel, 1715), Dt. und lat. Gedichte (1724–35).
Ausgaben: J. Ch. G. Werke in 1 Bd. Ausgew. u. eingel. v. H. Dahlke. *Weimar 1962. – J. Ch. G. Sämtl. Werke. Histor.-krit. Gesamtausg. Hg. v.* W. Krämer. *Lpz. 1930–37. 6 Bde. Nachdr. Darmst. 1964.*
Literatur: Rippley, La Verne J.: *Landscape imagery in the lyrics of J. Ch. G. Diss. Ohio State Univ., Columbus 1965.* – Dahlke, H.: *J. Ch. G. Seine dichter. Entwicklung. Bln. 1960.* – Krämer, W.: *Das Leben des schles. Dichters J. Ch. G. Düsseld. 1950.* – Hoffmann, Adalbert: *J.-Ch.-G.-Bibliogr. Breslau 1929. Nachdr. Hildesheim 1965.* – ↑ auch Fleming, Paul.

Günzburg, Johann Eberlin von ↑ Eberlin von Günzburg, Johann.

Gurk, Paul, Pseudonym Franz Grau, * Frankfurt (Oder) 26. April 1880, † Berlin 12. Aug. 1953, dt. Schriftsteller.
Nach der Lehrerausbildung Verwaltungsbeamter in Berlin; konnte sich trotz aller Anerkennung nicht restlos durchsetzen. Grübler., phantasiereicher Erzähler und Dramatiker ohne Kontakt zur Welt; hinterließ über 30 Dramen, ein umfangreiches erzähler. Werk und Lyrik. Bed. sind sein „Thomas Münzer" (Dr., 1922), „Meister Eckehart" (R., 1925), „Judas" (R., 1931) und der autobiograph. Roman „Berlin" (1934).
Weitere Werke: Persephone (Dr., UA 1922), Die Wege des teelschen Hans (R., 1922), Bruder Franziskus (Dr., UA 1923), Palang (R., 1930), Tresoreinbruch (R., 1935), Tuzub 37 (R., 1935), Iskander (R., 1944), Magister Tinius (Dr., 1946).

Gusai [jap. gusai], jap. Dichter des 14. Jahrhunderts.
Einer der Hauptvertreter der literar. Gattung des Kettengedichtes, an dessen Regelbuch „Oanschinschiki" (1372) er mitarbeitete; viele seiner Gedichte sind im „Tsukubaschu", einer Anthologie von Kettengedichten, zu finden.

Gustaf-Janson, Gösta [schwed. ˌgustav'jɑ:nsɔn], * Nacka 6. Nov. 1902, schwed. Erzähler.
Schildert in seinen anschaul. erzählten Romanen mit feiner Ironie, oft auch mit bissigem Sarkasmus das Milieu des satten, selbstgefälligen bürgerl. Mittelstandes.
Hauptwerke: Gubben kommer (R., 1934), Die Kogers (R., dt. 1943), Stampen (R., 1951), Hotel Mylinge (R., 1965).

Gustafsson, Lars [schwed. gustavsɔn], * Västerås 17. Mai 1936, schwed. Schriftsteller und Kritiker. Schreibt Lyrik und Prosa, in der er sich mit philosoph. und sprachtheoret. Problemen auseinandersetzt. Dt. liegen vor: „Thorn" (Prosa, dt. 1966), „Bildnis eines Amerikaners" (Prosa, dt. 1966), „Die Maschinen" (Ged., dt. Ausw. 1967) und „Der eigentl. Bericht über Herrn Arenander" (Prosa, dt. 1969).

Gutenburg, Ulrich von ↑ Ulrich von Gutenburg.

Gütersloh, Albert Paris [...lo:], eigt. A. Conrad Kiehtreiber, * Wien 5. Febr. 1887, östr. Schriftsteller und Maler.
War Schauspieler, Journalist und Regisseur, seit 1945 Professor der Akademie der bildenden Künste in Wien. Begann als Expressionist in stark abstrakter Sprache, wandte sich später einer Katholizismus und antik-heidn. Sinnenfreudigkeit verbindenden Geisteshaltung zu; verwendet gern spieler. sprachl. Effekte.
Hauptwerke: Die tanzende Törin (R., 1913), Innozenz oder ... (R., 1922), Der Lügner unter Bürgern (R., 1922), Eine sagenhafte Figur (R., 1946), Sonne und Mond (R., 1962), Kain und

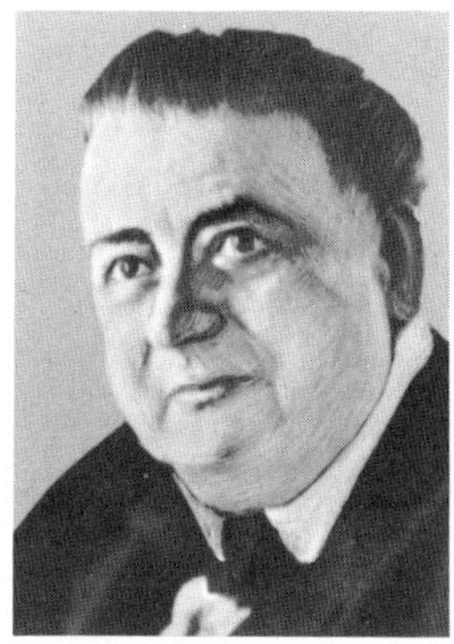

Albert Paris Gütersloh

Abel (Legende, 1963), Der innere Erdteil. Aus den „Wörterbüchern" (1966), Die Fabel von der Freundschaft. Ein sokrat. Roman (1969).
Literatur: A. P. G. zum 75. Geburtstag. Autor u. Werk. Mchn. 1962.

Guth, Paul [frz. gyt], * Ossun (Hautes-Pyrénées) 5. März 1910, frz. Schriftsteller.
1934–45 Gymnasiallehrer in Dijon, Rouen und Paris, dann widmete er sich ganz dem Journalismus und der Literatur; am bekanntesten zwei Serien humorist. Romane; der erste Romanzyklus, der um die Abenteuer eines Naiven kreist, ist teilweise autobiograph., G. schildert darin Situationen des modernen Lebens; auch Kinderbücher.
Hauptwerke: Mémoires d'un naïf (R., 1953), Erdgeschoß, Hofseite links (R., dt. 1958), Zwecks späterer Heirat (R., dt. 1959), Nur wer die Liebe kennt (R., dt. 1960), Jeanne la mince (R., 1960).

Gutiérrez, Antonio García ↑ García Gutiérrez, Antonio.

Gutiérrez, Juan María [span. gu tiɛrrɛs], * Buenos Aires 6. Mai 1809, † ebd. 26. Febr. 1878, argentin. Schriftsteller.
Lebte lange in der Verbannung (Uruguay, Chile, Peru); Rektor der Universität von Buenos Aires; trat mit verhaltener romant. Lyrik („Poesías", 1869), Romanen („El hombre hormiga", 1838), Biographien, histor. und literaturkrit. Werken hervor.

Gutiérrez Nájera, Manuel [span. gu'tjɛrrɛz 'naxera], * Mexiko 22. Dez. 1859, † ebd. 3. Febr. 1895, mex. Dichter.
Journalist; Gründer der „Revista azul"; einer der Väter des Modernismo, schrieb unter dem Einfluß der frz. Romantik (Musset, Lamartine, V. Hugo) sprachl. und metr. vollendete, melod.-einfache Lyrik; auch bed. Prosastilist.
Hauptwerke: Psalmos de la vida (Ged., 1893), Poesías (1896).

Guttenbrunner, Michael, * Althofen (Kärnten) 7. Sept. 1919, östr. Lyriker und Erzähler.
Freier Schriftsteller in Wien; schreibt eine schwerblütige, symbolreiche Lyrik in einfacher Sprache; beeinflußt von Trakl. Leidenschaftl. und kompromißlos wendet er sich gegen Unmenschlichkeit und Ungerechtigkeit. Hg. der Anthologie „Schmerz und Empörung" (1947); auch Übersetzer (Baudelaire, Rimbaud).
Weitere Werke: Schwarze Ruten (Ged., 1947), Spuren und Überbleibsel (Prosa, 1948), Opferholz (Ged., 1954), Ungereimte Gedichte (1959), Die lange Zeit (Ged., 1965).

Gutzkow, Karl [...ko], * Berlin 17. März 1811, † Sachsenhausen (heute Frankfurt am Main-Sachsenhausen) 16. Dez. 1878, dt. Schriftsteller und Publizist.
Studierte Theologie und Philosophie; 1846–49 Dramaturg am Dresdener Hoftheater, dann freier Schriftsteller. Seine Fähigkeiten als Publizist, Literat und seine radikal-liberale polit. Überzeugung ließen ihn zur führenden Persönlichkeit des Jungen Deutschland werden. Vielseitige und reiche literar. und journalist. Tätigkeit. Er verfaßte zu seiner Zeit aktuelle Romane und Dramen. Einen Skandal verursachte sein Roman „Wally, die Zweiflerin" (1835), der freisinnig religiöse Probleme erörtert und erot. Schilderungen enthält; er brachte G. eine Gefängnisstrafe und das Verbot seiner Schriften ein. Die Zeitromane G.s wirken konstruiert und weitschweifig, sind aber interessante Zeitdokumente. Mit seinem Gesamtwerk tat G. einen entscheidenden Schritt von der Romantik zum Realismus.
Weitere Werke: Richard Savage (Dr., 1839), Börnes Leben (Biogr., 1840), Die Schule der Reichen (Dr., 1841), Zopf und Schwert (Lsp., 1844), Das Urbild des Tartüffe (Lsp., 1844), Uriel Acosta (Dr., 1847), Die Ritter vom Geiste (R., 1850/51), Der Zauberer von Rom (R., 1858–61), Rückblicke auf mein Leben (Autobiogr., 1875).
Ausgaben: K. G. Werke. Hg. v. R. Gensel. *Bln. 1912. 15 Tle. in 7 Bden. Nachdr. Hildesheim 1969. – K. G. Ges. Werke. 1. Serie. 2. Ausg. Jena* $^{1-3}$*1879. 12 Bde. 2. Serie: Dramat. Werke. 3.–4. Ausg. Jena* $^{3-10}$*1871–81. 20 in 19 Bden.*
Literatur: Dobert, E. W.: *K. G. u. seine Zeit. Bern u. Mchn. 1968.* – Hasubek, P.: *K. G.s Romane „Die Ritter v. Geiste" u. „Der Zauberer v. Rom". Studien zur Typologie des dt. Zeitromans im 19. Jh. Diss. Hamb. 1964.* – Freiburg-Rüter, K.: *Der literar. Kritiker K. G. Eine Studie über Form, Gehalt u. Wirkung seiner Kritik. Lpz. 1930.*

Guyon du Chesnoy, Jeanne-Marie [frz. gɥijõdyʃɛ'nwa, gijõ...], geb. Bouvier de La Motte (Mothe), * Montargis (Loiret) 13. April 1648, † Blois 9. Juni 1717, frz. Mystikerin.
Früh Witwe; vermögend; stand in Beziehungen zum Hof und zu Fénelon; trat unermüdl. für den Quietismus ein, wodurch sie mit der Kirche in Konflikt geriet; mehrfach im Gefängnis, u. a. in Vincennes und in der Bastille; sie hinterließ ein vielbändiges literar. Werk.

Guzmán, Martín Luis [span. guz'man], * Chihuahua 6. Okt. 1887, mex. Schriftsteller.
Rechtsstudium in Mexiko; seit der Revolution bis in die 30er Jahre im polit. Exil (Spanien, USA); schrieb ep. Werke, u. a. aus der nationalen und sozialen Revolution Mexikos „Adler und Schlange" (R., dt. 1932), „La sombra del caudillo" (R., 1929).

Gwerder, Alexander Xaver, * Thalwil bei Zürich 11. März 1923, † Arles 14. Sept. 1952 (Selbstmord), schweizer. Schriftsteller.
Offsetkopist in einem graph. Betrieb in Zürich; formal an G. Benn anknüpfende, teils impressionist., teils expressionist. Gedichte sowie Kurzprosa von melanchol.-düsterer Stimmung.
Hauptwerke: Blauer Eisenhut (Ged., 1951), Dämmerklee (Ged., 1955), Möglich, daß es gewittern wird (Prosa, 1957), Land über Dächer (Ged., 1959).

Gyllembourg[-Ehrensvärd], Thomasine Christine [dän. 'jyləmbur' (schwed. 'e:rənsvæ:rd)], geb. Buntzen, * Kopenhagen 9. Nov. 1773, † ebd. 1. Juli 1856, dän. Erzählerin.
War ∞ mit P. A. Heiberg, dann mit dem schwed. Baron C. F. G.-Ehrensvärd; kritisierte in ihren volkstüml. und volkserzieher. Novellen die Mißstände ihrer Zeit; sie gilt als Schöpferin der modernen bürgerl. Novelle in Dänemark. Dt. erschienen zahlreiche ihrer Werke, so 1852 ihre Novellen.

Gyllenborg, Carl Graf [schwed. ˌjylənbɔrj], * Stockholm 17. März 1679, † ebd. 20. Dez. 1746, schwed. Dramatiker.
1703 Dienst an der schwed. Gesandtschaft in London, verschiedene diplomat. Aufgaben, als Kanzleipräsident seit 1739 unglückl. Politik (Krieg mit Rußland 1741–43); erwarb sich als Universitätskanzler durch Förderung der Wissenschaften große Verdienste. Verspottete in seinen Lustspielen die sog. Halbgebildeten, während ehrl. Selbsteinschätzung gerühmt wird; bekannt wurde „Svenska sprätthöken" (1740).

Gyllenborg, Gustaf Fredric Graf [schwed. ˌjylənbɔrj], * Strömbro bei Linköping 6. Dez. 1731, † Stockholm 30. März 1808, schwed. Schriftsteller.
Studierte in Uppsala und Lund, wurde Kavalier des Kronprinzen Gustav, 1774 Kanzleirat. Begann mit bukol. Dichtung im Geiste des Rokokos und Satirenimitationen nach klass. lat. Vorbildern; in seinem späteren Werk wich das Heiter-Verspielte einem tiefen Pessimismus.
Hauptwerke: Vinterkväde (Ged., 1759), Penelope (Dr., 1791), Fabler (Fabeln, 1795), Dikter (Ged., 1795–98).

Gyllensten, Lars Johan Wictor [schwed. ˌjylənste:n], * Stockholm 12. Nov. 1921, schwed. Schriftsteller.
Arzt und Dozent für Histologie, dann Prosektor, seit 1966 Mitglied der schwed. Akademie; seine techn. komplizierten, vielschichtigen Romane zeichnen sich durch ungewöhnl. Intelligenz und Sensibilität aus; Probleme werden von verschiedenen Seiten immer wieder gestellt, neue Fragen ergeben neue, aber keineswegs völlig zufrieden-

stellende Antworten; Vieldeutigkeit ist für den Menschenkenner und Seelenzergliederer bezeichnend.
Hauptwerke: Barnabok (R., 1952), Senilia (R., 1956; dt. 1969), Senatorn (R., 1958), Kains Memoiren (dt. 1968).

Gyöngyösi, István [ungar. 'djøndjøʃi], * Ungvár (?) 1629, † Rozsnyó 24. Juli 1704, ungar. Dichter.
Barockdichter, der dem konservativen Adel als vorbildl. galt und großen Einfluß auf die weitere Entwicklung der ungar. Literatur hatte. Als Jurist und Hofdichter im Dienst verschiedener Adelsgeschlechter. Er schrieb formal gewandte ep. Gedichte in flüssigem, reizvollem Stil (oft in Alexandrinern), in denen er das Leben adliger Herren darstellte, häufig in allegor. Form.

Gyp [frz. ʒip], eigtl. Sibylle Gabrielle Marie-Antoinette Gräfin von Martel de Janville, geb. de Riqueti de Mirabeau, * Schloß Koëtsal (Morbihan) 15. Aug. 1849, † Neuilly-sur-Seine 28. Juni 1932, frz. Schriftstellerin.
Letzter Sproß aus dem Hause Mirabeau; schrieb über 100 Bände [heute vergessener] realist. Romane und Novellen, in denen sie mit Vorliebe die zeitgenöss. Zivilisation und das hohle Leben der frz. Aristokratie krit. schilderte; nationalist.-konservativ, auch antisemitisch.
Hauptwerke: Petit Bob (R., 1882), Flederwischs Hochzeit (R., dt. 1896).

Gysander † Schnabel, Johann Gottfried.

Gyulai, Pál [ungar. 'djulɔi], * Klausenburg 25. Jan. 1826, † Budapest 9. Nov. 1909, ungar. Schriftsteller und Kritiker.
Studierte Jura und Theologie, war journalist. tätig; Reisen durch Deutschland und Frankreich, lebte seit 1862 in Pest, wo er sich allmähl. zum bedeutendsten ungar. Kritiker seiner Zeit entwickelte. Er wurde Redakteur der Literaturzeitschrift „Szépirodalmi Figyelő", war Chefredakteur der Literaturzeitschrift „Budapesti Szemle", seit 1876 Professor an der Budapester Universität und seit 1879 Präsident der Kisfaludy-Gesellschaft. G. verfaßte weniger bed. Gedichte, Erzählungen und Satiren, wertvolle literar. Porträts und ästhet.-krit. Studien. Er setzte sich für eine volksverbundene nationale Dichtung ein.
Hauptwerke: Ein alter Schauspieler (E., 1851; dt. 1870), Der letzte Herr eines alten Edelhofes (E., 1857; dt. 1874), Frauen vor dem Spiegel (E., dt. 1864).

Gyurkó, László [ungar. 'djurko:], * Budapest 22. April 1930, ungar. Schriftsteller.
War Beamter, dann freier Schriftsteller; wurde durch seinen Kurzroman „Csütörtök" (= Donnerstag, 1963) und seine Lenin-Biographie „Lenin, Október" (1966) bekannt; auch Verfasser eines Dramas, Kritiker, Essayist, Übersetzer.

H

Haanpää, Pentti [finn. 'hɑ:mpæ:], * Pulkkila 14. Okt. 1905, † Piippola 30. Sept. 1955, finn. Erzähler.
Bäuerl. Abstammung; Flößer, Landarbeiter und Vagabund; Naturtalent. Seine gedankl. unklare, naturalist. gefärbte Prosa mit pessimist., dunklen Tönen zeugt von einer außerordentl. Beobachtungsgabe, einer gewaltigen Sprache, starker intuitiver Gestaltungskraft und einer Fähigkeit, seine Helden – primitive, animal. Charaktere – in knapper Form scharf zu umreißen. Bed. als Novellist.
Hauptwerke: Maantietä pitkin (Novellen, 1925), Kolmen Töräpään tarina (R., 1927), Taivalaaran näyttelijä (R., 1938), Nykyaikaa (Novellen, 1942), Jutut (Novellen, 1946).

Haar, Bernard ter [niederl. ha:r], * Amsterdam 13. Juni 1806, † Velp bei Arnheim 19. Nov. 1880, niederl. Dichter.
Studierte Theologie, war Pfarrer, dann Professor für Kirchengeschichte in Utrecht; neben kirchengeschichtl. Werken schrieb er u.a. ep. Gedichte, die zu seiner Zeit sehr beliebt waren; bekannt die Erzählung „Huibert en Klaartje" (1844).

Haavio, Martti [finn. 'hɑ:viɔ] † Mustapäa, P.

Habakuk [...kʊk] † Bibel.

Habbema, Koos [niederl. 'hɑbəma:] † Heijermans, Herman.

Habberton, John [engl. 'hæbətən], * Brooklyn (heute New York-Brooklyn) 24. Febr. 1842, † Glen Ridge (N.J.) 24. Febr. 1921, amerikan. Schriftsteller.
Nach dem Dienst in der Unionsarmee während des Bürgerkriegs Journalist bei angesehenen New Yorker Zeitungen. Bekannt v.a. als Autor von „Helenes Kinderchen" (R., dt. 1885) u.a. humorvoller Kinderbücher und Lausbubengeschichten („Anderer Leute Kinder", R., dt. 1886).

Habe, Hans, eigtl. H. Bekessy, * Budapest 12. Febr. 1911, östr. Schriftsteller und Publizist.
Studium in Wien, seit 1929 Journalist, während des Krieges in der frz. und amerikan. Armee, dann Chefredakteur in München, Aufenthalt in Hollywood, lebt heute als freier Schriftsteller in Ascona. Schrieb Tatsachenberichte und Romane, die meist der Unterhaltungsliteratur zuzurechnen sind; bes. erfolgreich sein Bericht über die Ermordung J. F. Kennedys „Der Tod in Texas" (1964); auch Drehbücher.
Weitere Werke: Drei über die Grenze (R., 1936), Ob Tausend fallen (Bericht, 1941), Ich stelle mich (Autobiogr., 1954), Off limits (R., 1955), Ilona (R., 1960), Die Tarnowska (R., 1960), Die Mission (R., 1965), Christoph und sein Vater (R., 1966), Das Netz (R., 1969).

Habeck, Fritz, * Neulengbach (Niederösterreich) 8. Sept. 1916, östr. Schriftsteller.
Nach dem 2. Weltkrieg in Wien Regieassistent und Dramaturg, 1950 Abschluß seines Jurastudiums; bed. zeitkrit. Erzähler, der in der Darstellung histor., bes. aber zeitgenöss. Ereignisse in knappem, sachl. Prosastil v.a. von Hemingway beeinflußt ist; auch Jugendbücher und Übersetzungen frz. Dramen (u.a. von Cocteau, Anouilh).
Hauptwerke: Der Scholar vom linken Galgen (R., 1941), Zwei und zwei ist vier (Dr., 1948), Der Tanz der sieben Teufel (R., 1950), Das Boot kommt nach Mitternacht (R., 1951), Ronan Gobain (R., 1956), Der Fremde jenseits des Flusses (Hsp., 1956), Der Ritt auf dem Tiger (R., 1958), Der Piber (R., 1965), Aufstand der Salzknechte (R., 1967), François Villon (Biogr., 1969).

Habernig, Christine † Lavant, Christine.

Hackländer, Friedrich Wilhelm Ritter von, * Burtscheid (heute Aachen-Burtscheid) 1. Nov. 1816, † Leoni bei Starnberg 6. Juli 1877, dt. Schriftsteller.

Zunächst kaufmänn. Lehrling, dann Artillerist; Kaufmann; trat schließl. in Hofdienste (1843–49 Sekretär des Kronprinzen von Württemberg), 1849 Berichterstatter im Feldzug gegen Piemont. 1855 Mitbegründer der „Hausblätter", 1858 der illustrierten Wochenschrift „Über Land und Meer". H. schrieb Unterhaltungsromane, künstler. ungleichwertige Novellen, humorist. Kasernengeschichten, Reiseschilderungen und Lustspiele.

Hauptwerke: Bilder aus dem Soldatenleben im Frieden (En., 1841), Wachtstubenabenteuer (En., 1845), Handel und Wandel (R., 1850), Der geheime Agent (Lsp., 1851), Eugen Stillfried (R., 1852), Fürst und Kavalier (R., 1865), Der letzte Bombardier (R., 1870), Der Roman meines Lebens (Autobiogr., 1878).

Hacks, Peter, * Breslau 21. März 1928, dt. Dramatiker und Essayist.

Sohn eines Rechtsanwalts, lebte seit 1946 in Dachau und studierte in München Soziologie, Germanistik und Theaterwissenschaft; seit 1955 beim Brecht-Ensemble in Berlin (Ost), dann Dramaturg am Dt. Theater, seit 1963 freier Schriftsteller in Berlin (Ost). H. schreibt Zeitstücke und Komödien mit gesellschaftskrit. Tendenz und geschichtsinterpretierendem Charakter, meist in histor. Gewand. Seine beiden Stücke „Die Sorgen und die Macht" (UA 1960, gedruckt 1965) und „Moritz Tassow" (1965), die sich mit den Realitäten der DDR krit. auseinandersetzen, fanden nicht die Anerkennung der SED und wurden bald vom Spielplan abgesetzt. H. ist auch Autor von Hör- und Fernsehspielen und Kinderbüchern; auch Bearbeitungen (u.a. „Der Frieden" nach Aristophanes, 1963; „Die schöne Helena" nach Meilhac und Halévy, 1965).

Weitere Werke: Das Windloch (En., 1956), Das Volksbuch vom Herzog Ernst (Dr., 1957), Eröffnung des ind. Zeitalters (Dr., 1957), Die Schlacht bei Lobositz (Kom., 1957), Der Müller von Sanssouci (Kom., 1958), Kasimir der Kinderdieb (Farce, UA 1967).

Hadamar von Laber, mhd. Dichter des 14. Jahrhunderts.

Entstammte einem oberpfälz. Rittergeschlecht, war Gefolgsmann Ludwigs des Bayern; schrieb um 1335 das Gedicht „Die Jagd", in dem die allegorisierende Minnelehre einen künstler. Höhepunkt erfuhr; das in der Titurelstrophe abgefaßte Werk ist durch gesuchte Reime, dunkle Wendungen, manierierten Stil und leidenschaftl. mitreißende Sprache gekennzeichnet; in der Folgezeit oft nachgeahmt.

Ausgabe: H. v. L. Die Jagd. Bearb. v. K. Stejskal. *Wien 1880.*

Literatur: Hese, E. E.: *Die Jagd H.s v. L. Beitr. zu ihrer Erklärung. Breslau 1936.* – Bethke, E.: *Über den Stil H.s v. L. in seiner Jagd. Diss. Bln. 1892.*

Hadewych [niederl. 'ha:dəwɪx], fläm. Dichterin der 1. Hälfte des 13. Jahrhunderts.

Lebte als Begine; bedeutendste Lyrikerin des fläm. Sprachgebietes im MA; in ekstat., visionären Gedichten besingt sie ihre Liebe zu Gott, für die Tugend und Nächstenliebe die wahren Kennzeichen sind; die Briefe sind von denselben Ideen erfüllt wie die stroph. Gedichte, die der höf. Minnedichtung deutl. verpflichtet sind.

Hadina, Emil, * Wien 16. Nov. 1885, † Ingolstadt 7. Aug. 1957, östr. Schriftsteller.

Schuldirektor in Troppau; schrieb v.a. Romane über das Leben berühmter Dichter und der mit diesen eng verbundenen Frauen; auch Novellen und Lyrik.

Hauptwerke: Die graue Stadt – die lichten Frauen (R., 1922), Dämonen der Tiefe (R., 1923), Advent (R., 1923), Kampf mit dem Schatten (R., 1925), Ihr Weg zu den Sternen (R., 1926), Götterliebling (Nov., 1927), Friederike erzählt (R., 1931).

Hadlaub (Hadloub), Johannes ['ha:tlaʊp], † Zürich an einem 16. März vor 1340, mhd. Minnesänger.

Wohlhabender Bürger in Zürich (1302 urkundl. bezeugt); 54 Lieder seiner epigonalen Lyrik sind erhalten; neben persönl., ep. gehaltenen Liebesliedern stehen solche der niederen Minne im derben, realist. Stil Neidharts und Steinmars; auch 3 Leiche sind überliefert; H. ist außer durch sein Werk bekannt durch G. Kellers Novelle.

Literatur: Leppin, R.: *Der Minnesänger J. H. Monogr. u. Textkritik. Diss. Hamb. 1961 [Masch.].* – Lang, H.: *J. H. Bln. u. a. 1959.*

Hadwiger, Viktor ['ha:tvɪgər], * Prag 6. Dez. 1878, † ebd. 4. Okt. 1911, östr. Lyriker und Erzähler.

Mitglied des Prager Dichterkreises und Vorläufer des Expressionismus; zahlreiche seiner Gedichte finden sich in expressionist. Anthologien und Zeitschriften.

Hauptwerke: Ich bin (Ged., 1903), Blanche. Des Affen Jogo Liebe und Hochzeit (En., 1911), Abraham Abt (R., 1912).

Haecker, Hans-Joachim ['hɛkər], * Königsberg (Pr) 25. März 1910, dt. Dichter.

Studierte Philosophie, Germanistik und Anglistik, Studienrat in Königsberg; nahm am 2. Weltkrieg teil, 1944–48 in engl. Kriegsgefangenschaft; später wieder Studienrat in Wilhelmshaven und Hannover. Als Lyriker und Dramatiker bemüht er sich unter dem Einfluß Strindbergs und Kafkas, in tiefgründigen, abstrakt-surrealist., doppelbödigen Dramen die metaphys. Situation des Menschen darzustellen.

Hauptwerke: Hiob (Spiel, 1937), Segler gegen Westen (Dr., 1941), Die Insel Leben (Ged., 1943), Der Tod des Odysseus (Trag., 1948), Nicht im Hause, nicht auf der Straße (Dr., 1953), Dreht euch nicht um (Dr., 1961), Der Briefträger kommt (Dr., 1962).

Haensel, Carl ['hɛnzəl], * Frankfurt am Main 12. Nov. 1889, † Winterthur 25. April 1968, dt. Schriftsteller.

Rechtsanwalt in Berlin, 1945 in Freiburg im Breisgau, Verteidiger bei den Nürnberger Prozessen; seit 1952 Professor in Tübingen. Begann als Dramatiker, wandte sich dann mehr und mehr dem landschaftsgebundenen Tatsachenroman und Biographien zu; auch Verfasser von jurist. Fachschriften.

Hauptwerke: Das Grauen (R., 1919), Der Kampf ums Matterhorn (R., 1928), Die letzten Hunde schingiDs Khans (R., 1929), Das war Münchhausen (R., 1930), Das Gericht vertagt sich. Tagebuch eines Nürnberger Verteidigers (1950), Professoren (R., 1957), Frankfurter Ballade (R., 1964).

Hafes; tl.: Ḥāfiẓ [pers. hɑ'fez], eigtl. Schamsoddin Mohammad; tl.: Šamsu'd-Dīn Muḥammad, * Schiras um 1325, † ebd. 1390 (?), pers. Dichter. Früh verwaist, sorgfältige, umfassende Ausbildung; Schreiber und später Lehrer der Theologie und Rechtskunde an der Medrese in Schiras. Er gehörte einer Gemeinschaft von Sufis an. Seine ersten Gedichte entsprachen der lyr. Tradition. Unter der strengen Herrschaft des fanat.-orthodoxen Wesirs Mobaresoddin schlug er geheimnisvolle, myst. allegor. Töne an (Verwendung einer dunklen Sprache, schwer zu enträtselnde Bilder). Mit dem Ende der Tyrannei wurde seine Dichtung heiter und lebensfroh, er feierte und pries die neue Regierung in formschönen Gaselen, besang die weltl. Freuden, Liebe und Wein und führte als größter Meister des Gasels die pers. Lyrik zu höchster Formvollkommenheit. 1369 wurde er auf klerikalen Einspruch vom Hof verbannt, trotz Gnadeersuchen erreichte er seine privilegierte Stellung nicht mehr. Er lebte dann zurückgezogen in seiner Heimatstadt, bis er kurz vor seinem Lebensende rehabilitiert wurde. Seine formschöne, tiefe Lyrik wurde nach seinem Tode im „Diwan“ zusammengefaßt. Sie ist oft mit Kommentaren versehen worden, deren Verschiedenheit ein Beweis für die schillernde Vieldeutigkeit seines Ausdrucks ist. In Europa haben seine Werke höchste Wertschätzung gefunden. Auch Goethes „West-östl. Divan“ entstand unter dem Eindruck von H.' Dichtung. Dt. Übersetzungen erschienen u.a. 1812/13 (von Hammer-Purgstall) und 1856–64, eine Auswahl u.a. von Rückert, hg. 1926.

Ausgaben: Hafis. Liebesgedichte. Dt. Übers. Hamb. 1965. – Hafis. Gedichte aus dem Divan, Gaselen, Qit'a, Vierzeiler, Schenkenb. Dt. Übers. Eingel. v. R.-D. Keil. *Düsseld. u. Köln 1957. – Der Diwan des großen lyr. Dichters Hafis. Pers. u. dt. Hg. v.* V. v. Rosenzweig-Schwannau. *Wien 1858–64. 3 Bde.*

Literatur: Roemer, H. R.: *Probleme der Hafiz-Forschung u. der Stand ihrer Lösung. Wiesb. 1951.*

Hafis ↑ Hafes.

Hafner, Philipp, * Wien 27. Sept. 1731, † ebd. 30. Juli 1764, östr. Dramatiker.

Studierte Rechtswissenschaft, Tätigkeit am Stadtgericht in Wien, dann Schauspieler und Bühnendichter; mit Prehauser befreundet. H.s frühe Stücke sind der Wiener Hanswurstkomödie und dem Stegreifspiel noch stark verpflichtet. Die späteren Mundartpossen von unmittelbarem, volksnahem Charakter zeichnen sich durch eine geschickte Mischung von Realismus und echter Wiener Komik aus; H. gilt als „Vater des Wiener Volksstücks“; Einfluß bis Raimund und Nestroy.

Hauptwerke: Die bürgerl. Dame oder... (Kom., 1763), Scherz und Ernst in Liedern (1763/64), Megära, die förchterl. Hexe oder... (Kom., 1764/65), Evakathel und Schnudi (lustiges Trauerspiel, 1765), Die reisenden Comödianten oder... (Lsp., 1774).

Literatur: Alker, E.: *Ph. H. Ein Altwiener Komödiendichter. Wien 1923.*

Hafstein, Hannes [isländ. 'hafstεin], * Möðruvellir 4. Dez. 1861, † Reykjavík 13. Dez. 1922, isländ. Lyriker und Essayist.

Studierte Rechtswissenschaft und wandte sich der Politik zu; 1904–09 und 1912–14 Ministerpräsident Islands; schrieb unter dem Einfluß von Heine und Drachmann formal vollendete, sprachl. brillante optimist. Gedichte, u.a. „Kvæðabók“ (1916).

Hagalín, Guðmundur (Gislason) [isländ. 'ha:ɣali:n], * Lokinhamrar (Arnafjörður) 10. Okt. 1898, isländ. Schriftsteller.

Tätigkeit als Bibliothekar, Journalist und Politiker; beschrieb, von Hamsun beeinflußt, in prägnantem Sagastil einfache nord. Menschen in ihrem harten Daseinskampf.

Hauptwerke: Brennumenn (R., 1927), Kristrún í Hamravík (R., 1933), Sturla í Vogum (R., 1938), Moðir ísland (E., 1945).

Hage, Jan van den [niederl. 'ha:xə] ↑ Oltmans, Jan Frederik.

Hagedorn, Friedrich von, * Hamburg 23. April 1708, † ebd. 28. Okt. 1754, dt. Dichter.

Studierte in Jena Jura, war Sekretär des dän. Gesandten in London, später Angestellter einer engl. Handelsgesellschaft in Hamburg. Von Horaz, engl. (v.a. Prior, Gay), später frz. (bes. La Fontaine) Dichtern inspirierter anakreont. Lyriker und Fabeldichter, der in seinen Gedichten im Ggs. zum Spätbarock eine heiter-verspielte, anmutige und musikal. Sprache verwandte und themat. einem unbeschwerten, kultivierten Lebensgenuß huldigte; Neubelebung der Tierfabel; schrieb zahlreiche Gelegenheitsgedichte und Epigramme; von großem Einfluß bis auf Lessing und den jungen Goethe.

Hauptwerke: Versuch einiger Gedichte (1729), Versuch in poet. Fabeln und Erzählungen (1738), Sammlung Neuer Oden und Lieder (1742–52), Moralische Gedichte (1750).

Ausgabe: F. v. H. Sämtl. poet. Werke. Hamb. 1757. Nachdr. Bern 1967. 3 in 1 Bd.

Literatur: Guthke, K. S.: *F. v. H. u. das literar. Leben seiner Zeit im Lichte unveröffentl. Briefe an J. J. Bodmer. In: Jb. des Freien Dt. Hochstifts (1966), 1.* – Stierling, H.: *Leben u. Bildnis F.s v. H. Hamb. 1911.*

Hagelstange, Rudolf, * Nordhausen (Harz) 14. Jan. 1912, dt. Schriftsteller.

Studierte Philologie in Berlin; Aufenthalt in Italien und auf dem Balkan; journalist. Tätigkeit; im 2. Weltkrieg Soldat in Frankreich und Italien; nach dem Krieg freier Schriftsteller. Sein lyr. Werk ist in der formal-strengen Gestaltung klass. Vorbildern verpflichtet und in der Thematik bemüht, in eth. Verantwortungsbewußtsein und christl.-humanist. Grundhaltung eine erschütterte und zerstörte Welt geistig zu erneuern; auch Erzähler und Übersetzer (Boccaccio, Poliziano).

Hauptwerke: Venezian. Credo (Ged., 1946), Strom der Zeit (Ged., 1948), Balthasar (E., 1951), Ballade vom verschütteten Leben (Ged., 1952), Zwischen Stern und Staub (Ged., 1953), How do you like America? (1957), Spielball der Götter (R., 1959), Lied der Jahre (ges. Ged., 1961), Die Puppen in der Puppe (Reisebericht, 1963), Zeit für ein Lächeln (Prosa, 1966), Altherrensommer (R., 1969).

Hagemann, Fritz [niederl. 'ha:xəman] ↑ Eysselsteijn, Ben van.
Hagenau, Reinmar von ↑ Reinmar von Hagenau.
Haggai ↑ Bibel.
Haggard, Sir Henry Rider [engl. 'hægəd], * Bradenham Hall (Norfolk) 22. Juni 1856, † London 14. Mai 1925, engl. Schriftsteller.
Schrieb Abenteuerromane, in denen er seine an wichtigen Verwaltungsstellen in Natal erworbenen Kenntnisse Afrikas verwertete; betonte bes. das Geheimnisvolle und bezog übersinnl. Elemente in seine Romanhandlungen ein; am bekanntesten wurde der Roman „König Salomos Schatzkammer" (dt. 1888, 1954 u. d. T. „Die Schätze des Königs Salomo").
Hahn-Hahn, Ida Gräfin von, * Tressow (Landkreis Waren) 22. Juni 1805, † Mainz 12. Jan. 1880, dt. Schriftstellerin.
Reisen durch Europa und in den Orient; 1850 Übertritt zur kath. Kirche; 1852 im Mutterhaus des Ordens vom Guten Hirten in Angers, später in einem von ihr gegr. Kloster dieses Ordens in Mainz; trat in gesellschaftskrit., vom Jungen Deutschland beeinflußten Romanen für die Emanzipation der Frau ein; später schrieb sie Bekehrungsromane, auch Reisebücher.
Hauptwerke: Gräfin Faustine (R., 1841), Von Babylon nach Jerusalem (Autobiogr., 1851), Peregrin (R., 1864).
Ausgaben: I. Gfn. H.-H. Ges. Werke. Mit einer biograph.-literar. Einl. v. O. v. Schaching. *Regensb. 1902–05. 45 Bde. – I. Gfn. H.-H. Ges. Schr. Bln. 1851. 21 Bde.*
Literatur: Töpker, A.: *Beziehungen I. H.-H.s zum Menschentum der dt. Romantik. Bochum 1937.* – Haffner, P.: *Gfn. I. H.-H. Eine psycholog. Studie. Frkf. 1880.*
Haidvogel, Carl Julius, * Wien 13. Sept. 1891, östr. Schriftsteller.
War Standesbeamter; schrieb v.a. Romane, in denen er den Ggs. zwischen Natur und Zivilisation gestaltete; sein wichtigstes Werk ist der Roman eines östr. Beamten „Der Reiter auf zwei Pferden" (1954); auch Lyrik, Dramen, Erzählungen, Essays.
Weitere Werke: Einer am Rande (R., 1939), Die Pfeiler Gottes (R., 1942), Wast (E., 1943), Herbsthimmel (Ged., 1955), Mensch nach siebzehn Uhr (R., 1965).
Haikal, Muhammad Husain; tl.: Haykal, Muḥammad Ḥusayn ['haɪkal], * Kasr Ghannam (Ad Dakahlijja) 20. Aug. 1888, † Kairo 8. Dez. 1956, ägypt.-arab. Schriftsteller und Politiker.
Studierte in Kairo und Paris, war dann Rechtsanwalt in Kairo und wandte sich zunehmend der Politik zu. H. redigierte die Zeitschrift „As Sijasa" (= Politik); war mehrfach Minister, dann bis 1945 Senatspräsident; mehrere Europareisen. In seinen Artikeln und Abhandlungen befaßte er sich mit der europ. Literatur, mit aktuellen gesellschaftl. und kulturellen Problemen und mit der Literatur und der Sprache seines Landes. Er schrieb Erzählungen, Biographien und Reisebeschreibungen. „Sainab" (1914) ist für die ägypt. Literatur der erste in der modernen arab. Schriftsprache geschriebene Roman mit bäuerl. Thematik. Die bedeutendste seiner Reisebeschreibungen ist „Waladi" (1931). Wegen seiner liberalen Auffassung wurde er angegriffen; er antwortete mit einem Werk über das Leben Mohammeds (1935), denn bei aller Empfänglichkeit gegenüber abendländ. Einflüssen geht sein Streben nach der Lebensform des Islams.
Literatur: Johansen, B.: *Muḥammad Ḥusain H. Wiesb. 1967.*
Hailey, Arthur [engl. 'heɪlɪ], * Luton 5. April 1920, kanad. Schriftsteller engl. Herkunft.
Während des Krieges als Pilot in der Royal Air Force; wanderte 1947 nach Toronto aus; H. hat heute die kanad. Staatsangehörigkeit und lebt seit 1966 in Kalifornien; mehrere seiner Romane, die eine Mischung aus Roman und Sachbuch sind, wurden Bestseller; „Airport" (dt. 1968) zeigt die Problematik des Massenflugverkehrs und schildert zwei Stunden voller Hektik auf einem großen eingeschneiten amerikan. Flugplatz; H. erhielt auch zahlreiche Auszeichnungen als Fernsehdramatiker.
Weitere Werke: Letzte Diagnose (R., dt. 1967), Hotel (R., dt. 1966).
Haimonskinder, nach den 4 Söhnen des Grafen Aymon de Dordogne (Allard, Renaud, Guiscard und Richard) benannte, aus dem 12. Jh. stammende Chanson de geste, „Les quatre fils Aymon" (oder „Renaut de Montauban"). Es ist dies die erste überlieferte dichter. Behandlung des karoling. Sagenstoffes von der Auflehnung der 4 Brüder gegen Karl den Großen, von den zahlreichen Kämpfen und der schließl. Unterwerfung; in einer Reihe von Bearbeitungen, in Volksbüchern u.a., auch in Deutschland verbreitet.
Ausgaben: Histori v. den vier Heymonskindern. In: Dt. Volksbb. Ausgew. u. eingel. v. P. Suchsland. *Bd. 3. Bln. 1968. – Die H. in dt. Übers. Hg. v.* A. Bachmann. *Tüb. 1896. – Renaus de Montauban oder Die H. Altfrz. Gedicht. Hg. v.* H. Michelant. *Stuttg. 1862. Nachdr. Amsterdam 1966.*
Literatur: Colin, W. C.: *The old French epic of revolt: „Raoul de Cambrai", „Renaut de Montauban", „Gormond et Isembard". Genf; Paris 1962.* – Jordan, L.: *Die Sage v. den vier H.n. Erlangen 1905.*
Haindl, Marieluise [...dəl] ↑ Fleißer, Marieluise.
Hajaschi, Fumiko; tl.: Hayashi, Fumiko [jap. hajaʃi], * Schimonoseki 31. Dez. 1904, † Tokio 28. Juni 1951, jap. Schriftstellerin.
Ging nach harter Jugend verschiedenen Beschäftigungen nach; erster literar. Erfolg mit „Horoki", einer Art Tagebuch; nach 1945 pessimist., düstere Schilderungen des harten Lebens während des Krieges.
Hakel, Hermann, * Wien 12. Aug. 1911, östr. Schriftsteller.
Besuch der Kunstgewerbeschule, dann freier Schriftsteller; 1939 Emigration nach Italien, zeitweise interniert, 1943–48 in Palästina, dann wieder in Wien. Schrieb v.a. Lyrik mit Visionen des Schreckens aus der Kriegszeit („1938 bis 1945. Ein Totentanz", 1950) und mit zeitloser Thematik („Hier und dort", 1955) sowie von Kafka beeinflußte Kurzgeschichten („Zwischenstation", 1949); Hg. von Anthologien.
Halas, František [tschech. 'halas], * Brünn 3. Okt. 1901, † Prag 27. Okt. 1949, tschech. Dichter.
Aus Arbeiterfamilie; autodidakt. Bildung, Redakteur; später im Informationsministerium. Begann mit metaphernbeladenen Gedichten, die

durch ihren reinen Wortkult häufig schwer zugängl. sind; gestaltete v. a. die Motive der Lebensangst und des Todes; Ende der 30er Jahre auch soziale Themen; hinterließ eine Absage an das tschech. kommunist. Regime, 1952 im „Figaro Littéraire" publiziert; in dt. Sprache erschienen der Gedichtband „Alte Frauen" (dt. 1936) und „Poesie" (tschech. und dt. 1965).

Halbe, Max, * Güttland bei Danzig 4. Okt. 1865, † Gut Neuötting (Oberbayern) 30. Nov. 1944, dt. Schriftsteller.
Sohn eines Gutsbesitzers, studierte Jura, Geschichte und Germanistik. 1888–94 freier Schriftsteller in Berlin, dann in Kreuzlingen am Bodensee und seit 1895 in München, wo er mit Wedekind, Hartleben, Keyserling und Thoma befreundet war. In seinem Frühwerk Hebbel und O. Ludwig nahestehend, geriet er bald unter den Einfluß Ibsens, Hauptmanns und Sudermanns. Nach

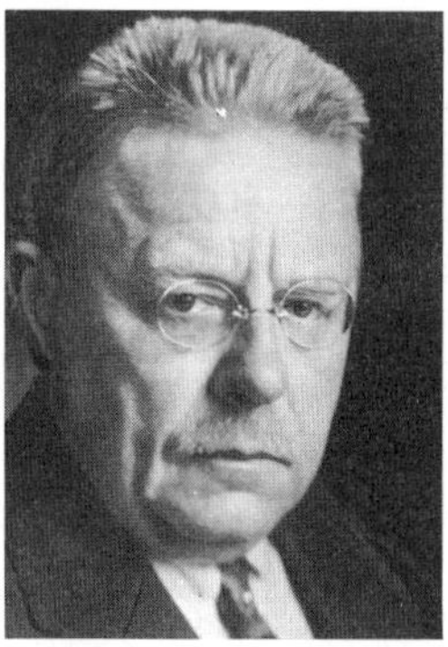
Max Halbe

weniger bed. Anfängen hatte er mit dem lyr.-melanchol. Drama „Jugend" (1893), der Tragödie einer zerstörten Liebe, seinen größten Erfolg. Dieses und das bühnenwirksame Stück „Mutter Erde" (1897), das lebendiger und echter ist, veranschaulichen die naturalist. Thesen von der Bedeutung des Milieus und der Unausweichlichkeit des Schicksals. Weniger erfolgreichen realist. Dichtungen folgten symbol. Stücke, Satiren und Komödien sowie Geschichtsdramen. Schrieb dunkle, psycholog. motivierte Romane über Ehe und Liebe sowie Erzählungen und Lebenserinnerungen, die ein ausgezeichnetes Zeitbild vermitteln.
Weitere Werke: Eisgang (Dr., 1892), Der Amerikafahrer (Kom., 1894), Frau Meseck (Nov., 1897), Das tausendjährige Reich (Dr., 1900), Der Strom (Dr., 1904), Der Ring des Lebens (Novellen, 1909), Schloß Zeitvorbei (Dr., 1917), Generalkonsul Stenzel und sein gefährl. Ich (R., 1931), Heinrich von Plauen (Dr., 1933), Scholle und Schicksal (Autobiogr., 1933), Jahrhundertwende (Autobiogr., 1935), Kaiser Friedrich II. (Dr., 1940).
Ausgabe: M. H. Sämtl. Werke. Salzburg 1945–50. 14 Bde.
Literatur: M. H. zum 100. Geburtstag. Mchn. 1965. – Zillmann, F.: *M. H. Wesen u. Werk. Würzb. 1959.*

Halberstadt, Albrecht von ↑ Albrecht von Halberstadt.

Halbertsma, Eeltje Hiddes [niederl. 'halbərtsma:], * Grouw 8. Okt. 1797, † ebd. 22. März 1858, westfries. Dichter.
Studierte Medizin, promovierte in Heidelberg; literar. bedeutender als sein Bruder Joast Hiddes H., stand unter dem Einfluß der Romantik, deren Thematik er in seinen Gedichten mit volksliedhafter Schlichtheit aufs glücklichste verband.

Halbertsma, Joast Hiddes [niederl. 'halbərtsma:], * Grouw 23. Okt. 1789, † Deventer 27. Febr. 1869, westfries. Gelehrter und Dichter.
Studierte Theologie, war Pfarrer; seine philolog. Forschungsarbeit, die der fries. Sprache galt, ist bedeutender als seine dichter. Versuche, die die Schwächen seiner Zeit satir. aufzeigen; Publikation zunächst gemeinsam mit seinem Bruder; bed. ist seine Übersetzung des Matthäusevangeliums.

Hale, Edward Everett [engl. hɛɪl], * Boston 3. April 1822, † Roxbury (Mass.) 10. Juni 1909, amerikan. Schriftsteller.
Wurde nach Studien in Boston und an der Harvard University unitar. Geistlicher; moralist. und philanthrop. Neigungen; umfassende publizist. Tätigkeit auf vielen Gebieten; seinen Nachruhm verdankt er v. a. der 1863 im „Atlantic Monthly" erschienenen, später mehrmals neu gedruckten patriot.-didakt. Erzählung „Der Mann ohne Vaterland" (1863, dt. 1958), die das Nationalgefühl der Amerikaner zur Zeit des Bürgerkriegs beschwor.

Hálek, Vítězslav [tschech. ha:lɛk], * Dolínek 5. April 1835, † Prag 8. Okt. 1874, tschech. Dichter, Journalist und Kulturpolitiker.
Studierte Philosophie; Redakteur verschiedener Literaturzeitschriften. Als Kritiker setzte er sich für die nationalen Werte seines Landes ein. H. war v. a. Lyriker. Seine schönsten Gedichte, Liebeslieder und Naturskizzen sind in den Sammlungen „Abendlieder" (dt. 1874) und „V přírodě" (= In der Natur, 1872–74) enthalten. In ep. Dichtungen, in den klassizist. Geschichtsdramen und in den Balladen zeigt er sich von Shakespeare, Byron, Puschkin, von der Romantik beeinflußt. Seine realist. Novellen aus dem bäuerl. Milieu erinnern an Turgenjew.

Halevi, Juda ↑ Juda Halevi.

Halévy, Ludovic [frz. ale'vi], * Paris 1. Jan. 1834, † ebd. 8. Mai 1908, frz. Dramatiker und Erzähler. Seit 1884 Mitglied der Académie française. Er schrieb Textbücher zu Offenbachs Operetten, meist zusammen mit Meilhac („Die schöne Helena", 1865, dt. 1928; „Pariser Leben", 1866, dt. 1927), zu „Carmen" von Bizet und (ebenfalls mit Meilhac) die Pariser Sittenkomödie „Frou-Frou" (dt. 1872). Allein verfaßte er humorist. Erzählungen aus der Welt des Pariser Kleinbürgers und den gemütvollen Familienroman „Abbé Constantin" (dt. 1884).
Weitere Werke: Die Großherzogin von Gerolstein (Libretto, 1867; dt. 1926), Monsieur et Madame Cardinal (Szenen, 1873), Un mariage d'amour (R., 1881).

Haliburton, Thomas Chandler [engl. 'hælɪbə:tn], * Windsor (Neuschottland) 17. Dez. 1796, † Isleworth (heute Hounslow) 27. Aug. 1865, kanad. Humorist.
Nach Jurastudium Richter in Kanada bis zur Übersiedlung nach England (1856), wo er Parlamentsmitglied wurde. Erster bed. kanad. Schrift-

steller; sein Einfluß auf die amerikan. humorist. Literatur beruht auf dem Roman „The clockmaker or, ...“ (1837–40), dessen Hauptfigur Sam Slick witzig zu polit. und sozialen Fragen Stellung nimmt.

Halide Edip Adıvar [türk. haːliˈdɛ ɛˈdip adiˈvar], Pseudonym Halide Salih, * Konstantinopel (heute Istanbul) 1884 (?), † ebd. 9. Jan. 1964, türk. Schriftstellerin.
Von Gelehrten unterrichtet; beteiligte sich nach dem 1. Weltkrieg am Aufstand in Anatolien, Anhängerin der pantürk. Bewegung, führend in der türk. Frauenbewegung. 1923–38 aus polit. Gründen im Exil in England, Amerika, Indien, 1938 amnestiert, Rückkehr in die Türkei, Professor für engl. Literatur und Sprache in Istanbul, Abgeordnete im türk. Parlament. Journalistin. Schrieb, teilweise in engl. Sprache, v.a. realist., psycholog. Romane, in denen sich die Verhältnisse der modernen Türkei spiegeln. Ihre bedeutendsten Werke sind „Sinekli Bakkal“ (R., 1936, engl. 1935 u. d. T. „The clown and his daughter“), „Memoirs“ (1926), „The Turkish ordeal“ (Memoiren, 1928).
Weitere Werke: Handan (R., dt. 1917), Das Neue Turan (R., dt. 1916), Das Flammenhemd (R., dt. 1924).

Halit Ziya Uşaklıgil [türk. haˈlit ziˈja ˈuʃaklɨˌgil], * Konstantinopel (heute Istanbul) 1866, † ebd. 27. März 1945, türk. Schriftsteller.
Hg. einer Zeitung, Bankbeamter, Dozent, Oberhofsekretär; Reisen nach Europa. Die wegen ihrer neuartigen Form und Schreibweise aufsehenerregenden, am frz. Realismus geschulten Romane und Erzählungen schildern den Alltag einfacher Menschen und das Leben intellektueller Kreise. In dt. Sprache erschien 1893 sein Roman „Tagebuch eines Toten“.

Hall, James [engl. hɔːl], * Philadelphia 19. Aug. 1793, † Cincinnati 5. Juli 1868, amerikan. Schriftsteller.
Stammte aus literar. gebildeter Familie, studierte Jura, war Anwalt, Richter, Bankier und Verleger, u.a. der ersten literar. Zeitschrift westl. des Ohio; schrieb in gewandtem Stil erzählende und histor. Werke u.a. über die nordamerikan. Indianer; interessante geograph. und ethnograph. Details und lebhafte Darstellungen des Grenzerlebens machen H.s Werke kulturgeschichtl. bedeutsam.
Hauptwerke: Legenden des Westens (dt. 1855), Sketches of history, life and manners in the West (1834), Tales of the border (1835).

Hall, James Norman [engl. hɔːl], * Colfax (Iowa) 22. April 1887, † Papeete (Tahiti) 5. Juli 1951, amerikan. Schriftsteller.
Lebte abwechselnd auf Tahiti und in Island; schrieb mit Charles B. Nordhoff Südseeromane; den größten Erfolg hatte der Roman „Schiff ohne Hafen, Meer ohne Grenzen“ (dt. 1935f.) mit dem Thema der „Bounty“-Meuterei.

Hall, Joseph [engl. hɔːl], * Bristow Park bei Ashby de la Zouch 1. Juli 1574, † Higham bei Norwich 8. Sept. 1656, engl. Erbauungsschriftsteller und Satiriker.
Hoher Kleriker, weitgereist; u.a. im Dienst von Jakob I.; Bischof von Exeter, später von Norwich; beide Male wegen konfessioneller Kontroversen abgesetzt. Bed. Satiriker; Nachahmer von Juvenal und Martial; Vorliebe für Epigrammatisches; nahm zu Zeitfragen, auch zu polit. Problemen Stellung; verfaßte als erster engl. Autor kulturgeschichtl. wertvolle Charakterskizzen nach dem Muster Theophrasts.

Hall, Margaret Radclyffe [engl. hɔːl], * Bournemouth (Hampshire) 1886 (?), † London 7. Okt. 1943, engl. Schriftstellerin.
Begann mit lyr. Gedichten, wandte sich dann dem Roman zu. Ihr bekanntester Roman, „Quell der Einsamkeit“ (dt. 1929), der das Thema der lesb. Liebe behandelt, wurde in England verboten, hatte aber im Ausland, bes. in den USA, sensationellen Erfolg. Das Werk ist in ankläger. Ton geschrieben, es zeichnet sich durch psycholog. Subtilität aus.

Hall, Willis [engl. hɔːl], * Leads (York) 6. April 1929, engl. Schriftsteller.
H. schreibt v.a. realist. Dramen, aber auch Romane, Funk- und Fernsehspiele; am bekanntesten wurde sein Antikriegsstück „Das Ende vom Lied“ (dt. 1960).
Weitere Werke: A glimpse of the sea (Dr., 1959), Last day in the dreamland (Dr., 1959).

Halleck, Fitz-Greene [engl. ˈhælɪk], * Guilford (Conn.) 8. Juli 1790, † ebd. 19. Nov. 1867, amerikan. Schriftsteller.
War in New York an mehreren Banken, u.a. bei J. J. Astor angestellt. Formbegabter, aber oft sorglos schreibender, von Byron angeregter Dichter, der weniger seiner Lyrik wegen als durch die Ärgernis erregenden Satiren auf die New Yorker Gesellschaft, „Poems, by Croaker ...“ (1819; auch bekannt als „Croaker Papers“), berühmt wurde, die er mit J. R. Drake gemeinsam schrieb.

Haller, Albrecht von, * Bern 16. Okt. 1708, † ebd. 12. Dez. 1777, schweizer. Gelehrter und Dichter.
Aus einer Patrizierfamilie, studierte Medizin in Tübingen und Leiden (Dr. med.), später in Basel Mathematik; Arzt, 1736–53 Professor in Göttingen, gründete dort den botan. Garten, eine Entbindungsanstalt und die königl. „Sozietät der Wissenschaften“. Ab 1753 wieder in Bern, dort polit. und wissenschaftl. tätig. Lehrgedichte und Staatsromane machen im wesentl. sein dichter. Werk aus. In seinen philosoph. und moral. Gedichten, die, obwohl sie typ. Züge der Aufklärung tragen, wesentl. für das sich wandelnde Naturgefühl sind, verbindet sich lyr. Empfinden mit moral. Anliegen. „Die Alpen“ (in: „Versuch schweizer. Gedichte“, 1732) sind sein bedeutendstes Werk. In den Staatsromanen „Usong“ (1771), „Alfred, König der Angelsachsen“ (1773) und „Fabius und Cato“ (1774) demonstriert H. an verschiedenen Staatsformen, daß nicht die Form, sondern die Art ihrer Realisierung ausschlaggebend ist. Literar. und kulturhistor. interessant sind sein „Tagebuch“ (1787) und die „Tagebücher seiner Reisen“ (1883).
Ausgabe: A. v. H. Gedichte. Krit. durchgesehene Ausg. Hg. v. H. Maync. *Frauenfeld 1923.*
Literatur: Siegrist, Ch.: *A. v. H. Stuttg. 1967.* – Tonelli, G.: *Poesia e pensiero in A. v. H. Turin* [2]*1965.* – Guthke, K. S.: *H. u. die Lit. Gött. 1962.*

Haller, Paul, * Rein bei Brugg 13. Juli 1882, † Zürich 10. März 1920 (Selbstmord), schweizer. Mundartdichter.
Studium der Theologie in Basel, Marburg a. d. Lahn und Berlin, später der Germanistik und Geschichte in Zürich; nach Aufgabe des Pfarramts

Lehrer; bekannt durch die Verserzählung „s Juramareili" (1911), in der er von Krankheit und Tod eines armen Fabrikmädchens berichtet, und die Tragödie in Mundart „Marie und Robert" (1916), das Seelendrama zweier Menschen; ferner u.a. hochdt. Gedichte.

Hallgrímson, Jansson [isländ. 'hadlgrimsɔn] ↑ Kamban, Guðmundur.

Hallgrímsson, Jónas [isländ. 'hadlgrimsɔn], * Hraun 16. Nov. 1807, † Kopenhagen 26. Mai 1845, isländ. Lyriker.
Sohn eines Pfarrers, studierte in Kopenhagen; unternahm verschiedene Forschungsreisen durch seine Heimat; Mitbegründer der Zeitschrift „Fjölnir"; Hauptvertreter der isländ. Romantik; schrieb formal vollendete, bilderreiche und musikal. Naturlyrik; in seinen vaterländ.-begeisterten Gedichten wird die große isländ. Vergangenheit heraufbeschworen; auch Übersetzer (u. a. H. Heine).

Hallmann, Johann Christian, * Breslau um 1640, † ebd. um 1704, dt. Dramatiker.
Sohn eines Verwaltungsbeamten aus einem Patriziergeschlecht; besuchte das Magdalenengymnasium in Breslau, studierte Jura in Jena, war Rechtsanwalt in Breslau, konvertierte zum Katholizismus, war dann Schauspieler und Leiter einer Studentenbühne. In der Nachfolge von Gryphius und Lohenstein stehender Dramatiker, der mit blutigen Märtyrer- und Tyrannenstücken seine Vorbilder nicht erreichte.
Hauptwerke: Mariamne (Trag., 1670), Sophia (Trag., 1671), Trauer-, Freuden- und Schäferspiele (1672).

Hallström, Per August Leonard [schwed. ˌhalstrœm], * Stockholm 29. Sept. 1866, † ebd. 18. Febr. 1960, schwed. Dichter.
Sohn eines Beamten, Ingenieur und Chemiker, zeitweise auch in den USA; seit 1898 ausschließl. literar. tätig. 1909 Mitglied der schwed. Akademie, 1931 deren Sekretär und Mitglied des Nobelpreisausschusses. H. begann mit lyr. Versuchen, schrieb dann naturalist., pessimist. Novellen mit sozialer Tendenz, wandte sich unter dem Einfluß von S. Lagerlöf und V. von Heidenstam von der düsteren, unerfreul. Wirklichkeitsschilderung ab und fand mit seinen psycholog. tiefen, lyr.-wehmütigen oder iron. und intellektuellen Erzählungen seinen eigenen Ton. Seine Grundeinstellung blieb skept. und pessimist. Die dunklen Bilder seiner Dichtungen werden durch Schönheitssinn, Phantasie und feinen Humor aufgehellt. H.s Erzählungen übertreffen an künstler. Kraft seine Gedichte und Dramen; auch glänzende Essays und Übersetzungen aus dem Englischen.
Hauptwerke: Lyrik och fantasier (Ged., 1891), Verirrte Vögel (Nov., dt. 1904), Eine alte Geschichte (R., dt. 1903), Der kleine Karl (Autobiogr., dt. 1898), Frühling (R., dt. 1903), Ein geheimes Idyll (Novellen, dt. 1904), Die rote Rose (Novellen, dt. 1919), Der Volksfeind (Essay, dt. 1916).
Literatur: Gullberg, H.: *P. H. In: Ord och bild 55 (1946).* – Gullberg, H.: *Berätterkonst och stil: P. H.s prosa. Göteborg 1939.*

Halm, Friedrich, eigtl. Eligius Franz-Joseph Freiherr von Münch-Bellinghausen, * Krakau 2. April 1806, † Wien 22. Mai 1871, östr. Dichter. 1845 Kustos der Hofbibliothek, 1868–70 Generalintendant der Wiener Hoftheater. H. hatte seinen ersten Bühnenerfolg 1835 mit „Griseldis" (1837). Mit seinen prunkvollen, meist auf Kosten des Gehalts bühnenwirksamen Stücken war er zu seiner Zeit einer der beliebtesten Theaterautoren. Als Lyriker trat er mit den Sammlungen „Gedichte" (1850) und „Neue Gedichte" (1864) hervor. Künstler. wertvoller sind seine Novellen „Die Marzipanliese" (1864) und „Das Haus an der Veronabrücke" (1872).
Weitere Werke: Camoëns (Dr., 1838), Der Sohn der Wildnis (Dr., 1843), Der Fechter von Ravenna (Trag., 1856), Iphigenie in Delphi (Dr., 1864), Wildfeuer (Dr., 1864).
Ausgabe: F. H. Werke. Hg. v. F. Pachler *u.* E. Kuh. *Wien 1856–72. 12 Bde.*
Literatur: Arendt, D.: *Das novellist. Werk F. H.s. Diss. Marburg 1953 [Masch.].* – Nahlik, K.: *F. H. u. das Burgtheater. Diss. Wien 1949 [Masch.].* – Schneider, Hermann: *F. H. u. das span. Drama. Bln. 1909.*

Halvid, Einar ['halvɪt] ↑ Helwig, Werner.

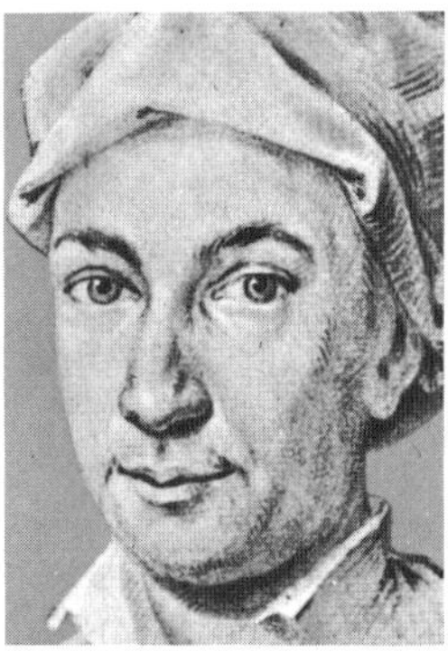

Johann Georg Hamann (zeitgenössische Zeichnung)

Hamann, Johann Georg, * Königsberg (Pr) 27. Aug. 1730, † Münster (Westf.) 21. Juni 1788, dt. Philosoph und Schriftsteller.
Studierte Philosophie, Theologie und Jura, war Hauslehrer, später in Handelsgeschäften tätig; unruhiges Leben in den Niederlanden und in England; nach Erweckungserlebnis Rückkehr nach Königsberg, Studium der Literatur und oriental. Sprachen; zeitweise Zeitungsredakteur, seit 1766 im Zolldienst, 1787 pensioniert. H.s kurze, meist fragmentar. Schriften sind vom Kampf gegen den einseitigen Rationalismus der Aufklärung geprägt. Der reinen Vernunft stellte er die irrationalen Elemente Intuition, Gefühl, Gemüt und das innere religiöse Erlebnis gegenüber. Für die Literatur ist er auch durch seine Untersuchungen über die Entstehung von Sprache und Dichtung bedeutsam. H., der wegen seiner oft dunklen, schwer zugängl. und in prophet. Manier geschriebenen Schriften „Magus des Nordens" genannt wurde, hatte keine Breitenwirkung. Um so stärker beeinflußte er die Ästhetik der folgenden Zeit; v.a. die Sturm-und-Drang-Dichter sahen in ihm ihren Propheten, er wirkte aber über die Klassik bis in die Romantik hinein.
Hauptwerke: Sokrat. Denkwürdigkeiten (1759), Wolken (1761), Kreuzzüge des Philologen (1762), Des Ritters von Rosencreuz letzte Willensmey-

nung (1772), Golgatha und Scheblimini (1784). *Ausgaben: J. G. H. Hauptschrr. erklärt. Hg. v.* F. Blanke *u.a. Gütersloh 1956ff. Auf 8 Bde. berechnet. – J. G. H. Briefwechsel. Hg. v.* W. Ziesemer *u.* A. Henkel. *Frkf. 1955ff. Auf 7 Bde., 1 Erläuterungsbd. berechnet. – J. G. H. Sämtl. Werke. Histor.-krit. Ausg. Hg. v.* J. Nadler. *Wien 1949 bis 1957. 6 Bde.*
Literatur: Unger, R.: *H. u. die Aufklärung. Studien zur Vorgesch. des romant. Geistes im 18. Jh. Tüb. ⁴1968. 2 Bde.* – Gajek, B.: *Sprache beim jungen H. Bern 1967.* – Suchy, V.: *J. G. H., Kirchenvater, „Myst. Zeuge" oder Häresiarch (Hundertfünfzig Jahre H.-Deutung u. -Forschung). In: Jb. des Wiener Goethe-Vereins. N. F. der Chronik. Bd. 69–71 (1965–67).* – Koepp, W.: *Der Magier unter Masken. Versuch eines neuen H.-Bildes. Gött. 1964.* – Knoll, R.: *J. G. H. u. Friedrich Heinrich Jacobi. Hdbg. 1963.* – Nadler, J.: *J. G. H., 1730–1788. Der Zeuge des Corpus mysticum. Salzburg 1949.*

Hambraeus, Axel Edvard [schwed. ham'bre:ʊs], * Nora 1. Jan. 1890, schwed. Schriftsteller.
Pfarrer; seine volkstüml., z.T. humorvollen Romane und Erzählungen sind von christl. Thematik bestimmt.
Hauptwerke: Marit (R., dt. 1955), Der Pfarrer in Uddarbo (R., dt. 1954), Per-Magnus baut (R., dt. 1956), Eine Frau fuhr nach Halldal (R., dt. 1961), Die sieben Ärgernisse (En., dt. 1963), Unruhig ist unser Herz (R., dt. 1967).

Hamburger, Salomon Herman [niederl. 'hɑmbʏrxər] ↑ Man, Herman de.

Hamerling, Robert, eigtl. Rupert Johann Hammerling, * Kirchberg am Walde 24. März 1830, † Stifting (heute Graz-Stifting) 13. Juli 1889, östr. Dichter.
Aus armer Familie, studierte klass. Philologie, Geschichte und Medizin; 1848 in der „Akadem. Legion"; später Gymnasiallehrer (1855–66 in Triest), seit 1866 pensioniert in Graz. In seiner Begeisterung für die Antike schrieb der klassizist. Epigone pathet. und zur Dekadenz neigende Epen und Gedichte. Auch Satiriker und Übersetzer (Leopardi). Großen Erfolg hatte seinerzeit das Epos „Ahasverus in Rom" (1866).
Weitere Werke: Venus im Exil (Ged., 1858), Ein Schwanenlied der Romantik (Ged., 1862), Der König von Sion (Epos, 1869), Danton und Robespierre (Trag., 1871), Aspasia (R., 1876), Amor und Psyche (Epos, 1881), Homunculus (Epos, 1888).
Ausgabe: R. H. Sämtl. Werke in 16 Bden. Mit einem Lebensbild u. Einl. Hg. v. M. M. Rabenlechner. *Lpz. 1911. Neudr. 1922.*
Literatur: Ritzer, W.: *R. H.-Bibliogr. Eine geisteswissenschaftl. Dokumentation. In: Biblos 7, 3 (1958), 144.* – Altmann, A.: *R. H.s Weltanschauung – ein Optimismus. Histor.-krit.-literar.-philosoph. Studie. Salzburg 1944.*

Hamilton, Antoine (Anthony) Graf von [frz. amil'tõ], * Roscrea (Tipperary) (?) um 1646, † Saint-Germain-en-Laye 21. April 1720, frz. Schriftsteller ir. Herkunft.
Kämpfte nach dem Sturz Jakobs II. bis 1690 in Irland für dessen Sache und lebte dann im Exil am Hof des Prätendenten in Saint-Germain; sein Hauptwerk sind die in frz. Sprache geschriebenen kulturgeschichtl. aufschlußreichen, geistvollen „Memoiren des Grafen Grammont" (1713, dt. 1853); er schrieb ferner Märchen im Stil von „Tausendundeiner Nacht" und Gedichte.

Hamilton, Clive [engl. 'hæmɪltən] ↑ Lewis, Clive Staples.

Hamlet, P. P. ['hamlɛt] ↑ Genée, Rudolf.

Hammarskjöld, Lorenzo [schwed. hamarʃœld], eigtl. Lars H., * Tuna (Kalmar) 7. April 1785, † Stockholm 15. Okt. 1827, schwed. Schriftsteller.
Sohn eines Kapitäns, studierte in Uppsala, 1812 Magister, seit 1806 Bibliothekar der Königl. Bibliothek in Stockholm; Mitbegründer von „Witterhetens Wänner", der Zeitschrift „Polyfem" und Mitarbeiter der Zeitschrift „Phosphoros". H. war Kritiker, Vorkämpfer und Wegbereiter der Romantik. Verbindet Polemik mit treffsicherem Humor.
Hauptwerke: Försök till en kritik över F. Schiller (Abhandlung, 1808), Prins Gustaf (Dr., 1812), E. J. Stagnelius (Studie, 1823).

Hammenhög, Waldemar [schwed. ˌhamənhø:g], * Stockholm 18. April 1902, schwed. Schriftsteller.
Verfasser sozialkrit. Romane, die durch vortreffl. Milieuschilderungen und gute Charakterzeichnungen der handelnden Personen ausgezeichnet sind; später Hinwendung zu religiösen Themen; nicht immer auf gleicher künstler. Höhe.
Hauptwerke: Petterson & Bendel (R., dt. 1935), Det är bara ovanan, damen! (R., 1938), Torken (R., 1951), Omne animal (R., 1952), Den eviga kärleken (R., 1957/58).

Hammer, Friedrich Julius, * Dresden 7. Juni 1810, † Pillnitz (heute Dresden-Pillnitz) 23. Aug. 1862, dt. Schriftsteller.
Studierte in Leipzig, Feuilletonredakteur in Dresden, lebte dann in Nürnberg. Schrieb in Nachahmung Rückerts didakt.-erbaul. Spruchdichtung; unbed. als Dramatiker und Erzähler.
Hauptwerke: Schau um dich und schau in dich (Ged., 1851), Zu allen guten Stunden (Ged., 1854), Auf stillen Wegen (Ged., 1859).

Hammerling, Rupert Johann ↑ Hamerling, Robert.

Hammer-Purgstall, Joseph Freiherr von [...ʃtal], * Graz 9. Juni 1774, † Wien 23. Nov. 1856, östr. Orientalist.
Studierte in Wien, trat in den diplomat. Dienst ein, war u.a. Legationssekretär in Konstantinopel, seit 1807 in der Hofkanzlei in Wien; erbte 1835 von einer Gräfin Purgstall deren Güter und nannte sich H.-P.; 1847–49 erster Präsident der Wiener Akademie der Wissenschaften. Verdient um die Vermittlung oriental. Kultur und bekannt durch Übersetzungen arab., pers. („Der Diwan von ... Hafis", 1812/13) und türk. Dichtung; weniger bed. ist sein eigenes literar. Werk.
Weitere Werke: Fundgruben des Orients (1809 bis 1818), Geschichte des osman. Reiches ... (1827–35), Literaturgeschichte der Araber (1850 bis 1856).

Hammerstein-Equord, Hans Freiherr von ['e:kvɔrt], * Schloß Sitzenthal (Niederösterreich) 5. Okt. 1881, † Gut Pernlehen bei Micheldorf 9. Aug. 1947, östr. Dichter.
Studierte Jura, im Verwaltungsdienst tätig. Teilnahme am 1. Weltkrieg, u.a. Justizminister, schließl. Staatssekretär für Kulturpropaganda in Wien. 1938 pensioniert, 1944/45 im KZ Mauthausen. Schrieb histor. Romane aus kath. Sicht,

die z.T. ein gutes Bild vergangener Zeiten geben; daneben naturnahe Lyrik, Epen, Märchennovellen.
Hauptwerke: Zwischen Traum und Tagen (Ged., 1919), Ritter, Tod und Teufel (R., 1921/22), Mangold von Eberstein (R., 1922).

Hammett, [Samuel] Dashiell [engl. 'hæmɪt], * im County Saint Marys (Md.) 27. Mai 1894, † New York 10. Jan. 1961, amerikan. Schriftsteller.
Arbeitete in vielen Berufen, u.a. bei der Pinkerton-Detektei. Begründete mit seinen psycholog. motivierten, realist. Erzählungen die „harte Schule" des amerikan. Kriminalromans, deren Kennzeichen u.a. lakon., präziser Dialog und unsentimentale Erzählweise sind; berühmt wurde v.a. der Roman „Der Malteser Falke" (1930, dt. 1951).

Hammond, Christopher [engl. 'hæmənd] ↑ Fry, Christopher.

Hamp, Pierre [frz. ã:p], eigtl. Henri Bourillon, * Nizza 23. April 1876, † Le Vésinet bei Paris 19. Nov. 1962, frz. Schriftsteller.
War Koch, Eisenbahner, später Ingenieur; Autodidakt; beschreibt mit Zolascher Exaktheit und sozialer Intention die Welt der Arbeit und der Berufe; Hauptwerk ist die umfangreiche Romanserie „La peine des hommes" (1908–57).

Hamsun, Knut [norweg. 'hamsʊn], eigtl. K. Pedersen, * Lom (Oppland) 4. Aug. 1859, † Nørholm bei Grimstad 19. Febr. 1952, norweg. Erzähler.
Sohn eines Schneiders aus altem Bauerngeschlecht, harte Jugend, ging verschiedenen Beschäftigungen nach, unternahm zwei Amerikareisen (literar. Vorträge); nach seiner Rückkehr einige Jahre in der Heimat, dann in Paris, wo er u.a. Umgang mit Gauguin, Strindberg und Boyer hatte; später Reisen nach Finnland, Rußland, Persien und der Türkei, 1911 Rückkehr in die Heimat; lebte seit 1918 auf seinem Gut Nørholm; 1920 Nobelpreis; deutschfreundl. Gesinnung im 2. Weltkrieg, weshalb er 1946 des Landesverrats angeklagt, seines hohen Alters wegen jedoch nur zu einer hohen Geldstrafe verurteilt wurde. H. ist trotz lyr. Begabung ep. Erzähler und gilt als der größte Romancier der norweg. Literatur, der in seinen Romanen Nuancierungen des unbewußten Seelenlebens auszudrücken weiß. In seiner Ablehnung der amerikanisierten Zivilisation findet er zu seiner norweg. Heimat mit ihren

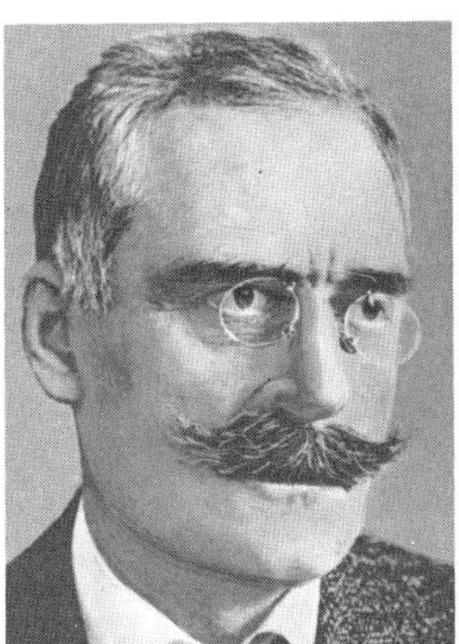
Knut Hamsun

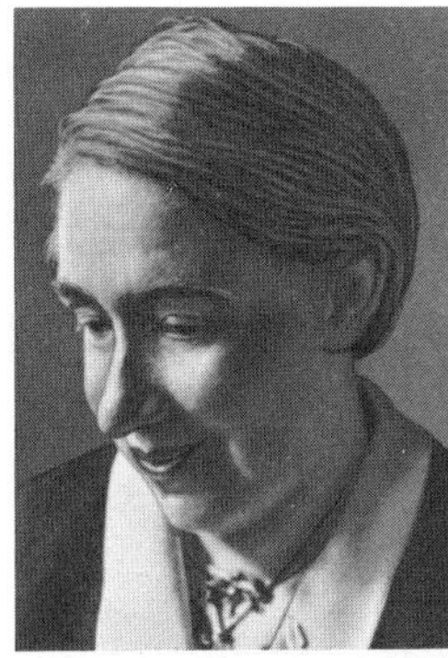
Enrica Freiin von Handel-Mazzetti

einfachen Menschen zurück, die er vielfach variierend mit meisterhafter Intensität darstellt. Die Synthese einer bäuerl.-aristokrat. Lebenshaltung und einer Erzählkunst, die alle vom Naturalismus bis zum Impressionismus gewonnenen Stilmittel zu gebrauchen weiß, gibt seinem Werk ein einzigartiges Gepräge.
Hauptwerke: Hunger (R., dt. 1891), Neue Erde (R., dt. 1894), Pan (R., dt. 1895), Abendröte (Dr., dt. 1904), Victoria (Nov., dt. 1899), Königin Tamara (Dr., dt. 1903), Gedämpftes Saitenspiel (R., dt. 1910), Segen der Erde (R., dt. 1918), Das letzte Kapitel (R., dt. 1924), August Weltumsegler (R., dt. 1930), Der Ring schließt sich (R., dt. 1936), Auf überwachsenen Pfaden (Autobiogr., dt. 1950).
Ausgaben: K. H. Samlede værker. Oslo [6]*1963–64. 15 Bde. – K. H. Sämtl. Romane u. Erzählungen. Mchn. 1958. 5 Bde. – K. H. Ges. Werke. Dt. Originalausg. Hg. v.* J. Sandmeier. *Mchn. 1921–36. 17 Bde.*
Literatur: Friese, W.: *Das dt. H.-Bild. In: Edda 52 (1965), 257. – Heimat u. Weltgeist. Jb. der K.-H.-Gesellschaft. Hg. v.* H. Fürstenberg. *Mölln; Lübeck 1960 ff.* – Hamsun, M.: *K. H. Mchn. 1959.* – Behaim-Schwarzbach, M.: *K. H. in Selbstzeugnissen u. Bilddokumenten. Hamb. 1958.* – Fechter, P.: *K. H. Gütersloh 1952.*

Hamsun, Marie [norweg. 'hamsʊn], geb. Andersen, * Elverum (Hedmark) 19. Nov. 1881, † Nørholm bei Grimstad 5. Aug. 1969, norweg. Erzählerin.
Zunächst Lehrerin, dann Schauspielerin, heiratete 1909 Knut H.; bekannt v.a. durch ihre anschaul., aus der kindl. Sicht heraus gestalteten Kinderbücher, u.a. „Die Langerudkinder im Sommer" (dt. 1928), „Ola Langerud in der Stadt" (dt. 1930), „Die Langerudkinder wachsen heran" (dt. 1932); ferner schrieb sie Lebenserinnerungen: „Die letzten Jahre mit Knut Hamsun" (dt. 1961).

Hamza ↑ Chamsa.

Handel-Mazzetti, Enrica Freiin von, * Wien 10. Jan. 1871, † Linz 8. April 1955, östr. Schriftstellerin.
Fand nach unbed. novellist. und dramat. Versuchen mit ihrem Roman „Meinrad Helmpergers denkwürdiges Jahr" (1900) große Beachtung. Er ist wie die meisten ihrer breitangelegten histor. Romane von leidenschaftl. Religiosität und christl. Humanitätsdenken geprägt; der Gang der Handlung wird durch konfessionellen Ggs. bestimmt.

Ihr Romanwerk ist nicht nur themat. und gedankl., sondern auch formal dem östr.-kath. Barock verpflichtet; ihre Stärke liegt im Einfühlungsvermögen in die Seele ihrer Figuren sowie in der Plastizität und Bildhaftigkeit ihrer Sprache.
Weitere Werke: Pegasus im Joch (Lsp., 1895), Jesse und Maria (R., 1906), Dt. Recht (Ged., 1908), Die arme Margaret (R., 1910), Stephana Schwertner (R., 1912–14), Der dt. Held (R., 1920), Das Rosenwunder (R., 1924–26, 1934 u. d. T. Sand-Trilogie), Die Waxenbergerin (R., 1934).
Literatur: Vancsa, K.: *In Memoriam E. v. H.-M. Luzern 1955. – Persönlichkeit, Werk u. Bedeutung E. v. H.-M.s. Bearb. u. hg. v.* P. Siebertz. *München 1930.*
Handke, Peter, * Griffen (Kärnten) 6. Dez. 1942, östr. Schriftsteller.
1961–65 Studium der Rechtswissenschaft in Graz; lebt als freier Schriftsteller in der BRD; gehört zur „Gruppe 47". Erfolgreicher Autor von Experimentalstücken im Beat-Rhythmus: „Publikumsbeschimpfung" (1966), „Weissagung" (1967), „Selbstbezichtigung" (1967). Auch in

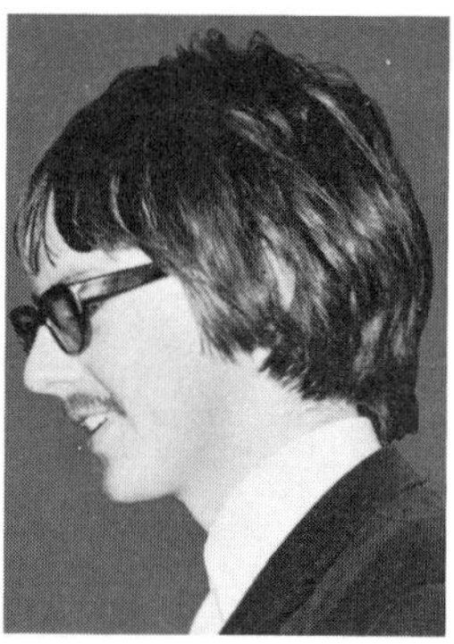
Peter Handke

seinem abendfüllenden Stück „Kaspar" (1968) steht im Mittelpunkt die Sprache, auf die er in dem Stück ohne Worte „Das Mündel will Vormund sein" (1969) völlig verzichtet. Außerdem schrieb H. die Romane „Die Hornissen" (1966) und „Der Hausierer" (1967), in dem er die Technik des Kriminalromans zum Objekt der Darstellung macht, Gedichte, Texte und Hörspiele.
Weitere Werke: Hilferufe (Sprechstück, 1967), Begrüßung des Aufsichtsrates (Prosatexte, 1967), Die Innenwelt der Außenwelt der Innenwelt (Texte, 1969), Dt. Gedichte (1969).
Ausgabe: P. H. Prosa, Gedichte, Theaterstücke, Hörspiele, Aufs. Frkf. 1969.
Hanka, Václav [tschech. 'haŋka], * Hořiněves 10. Juni 1791, † Prag 12. Jan. 1861, tschech. Schriftsteller.
Studierte in Prag und Wien; Bibliothekar am Böhm. Museum; Privatdozent, Professor für slaw. Sprachen in Prag. Widmete sich unter Einfluß der Romantik der Pflege des Volkslieds in Übersetzungen und eigenen Dichtungen; behandelte sprachwissenschaftl., grammat. und orthograph. Probleme, v.a. bekannt als Hg. der angebl. von ihm entdeckten „Königinhofer" (1817) und „Grünberger Handschrift" (1818), die er gemeinsam mit Freunden fälschte, um das Vorhandensein einer tschech. Heldenepik vorzutäuschen.
Hankin, St. John Emile [engl. 'hæŋkɪn], * Southampton 25. Sept. 1869, † Llandrindod Wells (Wales) 15. Juni 1909, engl. Dramatiker.
Begabter Autor konstruierter, wenig gehaltvoller Gesellschaftsdramen, in denen er auch soziale Fragen behandelte und seinen leichten Zynismus durch humorvolle Darstellung milderte.
Hauptwerke: The two Mr. Wetherbys (Dr., 1903), The Cassilis engagement (Dr., 1907), The last of the De Mullins (Dr., 1908).
Hanley, James [engl. 'hænlɪ], * Dublin 3. Sept. 1901, ir. Schriftsteller.
Arbeitersohn, ohne abgeschlossene Schulbildung; ging zur See, einige Zeit Gelegenheitsarbeiter, dann Journalist; schrieb Essays und Romane, bes. aus dem Milieu der Elendsviertel, u.a. „Der letzte Hafen" (R., dt. 1957).
Hanrieder, Norbert, * Kollerschlag (Oberösterreich) 2. Juni 1842, † Putzleinsdorf (Oberösterreich) 14. Okt. 1913, östr. Mundartdichter.
Kath. Priester; schrieb neben Dichtungen in oberöstr. Mundart („D Baurnkriag", Epos, 1905; „Mühlviertler Mahrl", Ged., 1924) Erzählendes und Dramatisches in hochdt. Sprache.
Hans von Bühel, * um 1360, † zwischen 1429 und 1444, mhd. Epiker aus Südbaden.
Seit 1414 als Ministeriale der Markgrafen von Hachberg bei Basel nachweisbar; schrieb den Versroman „Die Königstochter von Frankreich" wohl nach einer frz. Vorlage, abgeschlossen im Februar 1401, daneben die aus dem Orient stammende Geschichte von den 7 weisen Meistern u.d.T. „Diocletians Leben" (1412).
Hans am See ↑ Hansjakob, Heinrich.
Hansberry, Lorraine Vivian [engl. 'hænzbərɪ], * Chicago 19. Mai 1930, † New York 12. Jan. 1965, amerikan. Dramatikerin.
Aus wohlhabender Negerfamilie, studierte in Wisconsin; erhielt 1959 für ihr 19 Monate lang am Broadway gezeigtes Erfolgsstück „Raisin in the sun" den amerikan. Kritikerpreis; sie schildert darin Generationskonflikte in einer Negerfamilie.
Weiteres Werk: The sign in Sidney Brustein's window (UA 1964).
Hansen, Anton ↑ Tammsaare, Anton Hansen.
Hansen, Jap Peter, * Westerland (auf Sylt) 8. Juli 1767, † Keitum (auf Sylt) 9. Aug. 1855, fries. Dichter.
Sohn eines Lehrers; erst Seemann, später als Nachfolger seines Vaters Lehrer; schrieb in fries. Sprache Gedichte, Novellen und Theaterstücke und begründete das nordfries. (Sylter) Schrifttum; u.a. „Di Gitshals of di Söl'ring Piðersdai" (Kom., 1809), „Di lekelk faslk Tiring" (Nov., hg. 1934).
Hansen, Lars [norweg. 'hansən], * Molde 8. Jan. 1869, † Bergen 20. Juli 1944, norweg. Schriftsteller.
War Fischer und Robbenfänger im Eismeer und auf Spitzbergen; seine spannenden Erzählungen geben das [abenteuerl.] Leben der Seeleute im Eismeer wieder.
Hauptwerke: Die weiße Hölle (E., dt. 1928), In Schnee und Nordlicht (En., dt. 1938).
Hansen, Martin Alfred [dän. 'han'sən], * Strøby (Seeland) 20. Aug. 1909, † Kopenhagen 27. Juni 1955, dän. Schriftsteller.

Entstammte einer bäuerl. Familie; wurde Lehrer; während der dt. Besetzung Mitarbeiter der illegalen Zeitschrift „Folk og Frihed"; setzte sich in seinen frühen Romanen v. a. mit der Krisenzeit zwischen den beiden Kriegen, mit sozialen Problemen und Ideen des Kommunismus auseinander; auch wenn er in die Vergangenheit (MA) ausweicht oder scheinbar unverfängl. Bereiche aufsucht (Fabel), bleiben H.s Stoffe stark gegenwartsbezogen.
Hauptwerke: Nu opgiver han (R., 1935), Kolonien (R., 1937), Jonatans rejse (R., 1941), Lykkelige Kristoffer (R., 1945), Der Lügner (R., dt. 1952), Die Osterglocke (Novellen, dt. Ausw. 1953).

Hansjakob, Heinrich, Pseudonym Hans am See, * Haslach im Kinzigtal 19. Aug. 1837, † ebd. 23. Juni 1916, dt. Volksschriftsteller.
Studierte in Freiburg i. Br. und in Tübingen Theologie und klass. Philologie, wurde kath. Priester, Gymnasiallehrer in Waldshut; 1869–84 Pfarrer in Hagnau (Bodensee), dann in Freiburg i. Br., während des Kulturkampfes mehrfach inhaftiert. Schrieb lebendige Reiseschilderungen und Lebenserinnerungen; beliebter, populärer Volkserzähler.
Hauptwerke: Auf der Festung (Autobiogr., 1870), Im Gefängnisse (Autobiogr., 1874), Aus meiner Jugendzeit (Autobiogr., 1880), Dürre Blätter (En., 1889/90), Bauernblut (En., 1896), Waldleute (En., 1897).
Ausgabe: H. H. Ausgew. Erzählungen. Stuttg. 13.–19. Tsd. 1917–32. 5 Bde.
Literatur: Stintzi, M.-P.: *H. H. Dichter der Heimat u. des Volkes. Freib. 1966.* – Kremann, B.: *H. H., der Schwarzwalderzähler. H.-Bibliogr. Münster 1961.*

Hansson, Ola [schwed. 'hɑ:nsɔn], * Hönsinge (Schonen) 12. Nov. 1860, † Büyükdere bei Istanbul 26. Sept. 1925, schwed. Dichter.
Aus altem Bauerngeschlecht; Bekanntschaft mit Strindberg, Studium Nietzsches, lebte von 1889 an freiwillig im Exil; reiste, vom Verfolgungswahn getrieben, rastlos durch Europa; ein Teil seiner Werke erschien zuerst in dt. Sprache; seine impressionist. Gedichte und psycholog.-realist. Erzählungen schildern die heimatl. Landschaft und deren Menschen; im Ggs. zu den literar. Strömungen seiner Zeit stehend – Kampf gegen Ibsen, Brandes und den Naturalismus –, blieb ihm der äußere Erfolg versagt; auch literarhistor. Essays.
Hauptwerke: Dikter (Ged., 1884), Sensitiva amorosa (E., dt. 1892), Der Schutzengel (R., 1896), Nya visor (Ged., 1907).

Hanuš, Miroslav [tschech. 'hanuʃ], * Prag 15. Mai 1907, tschech. Schriftsteller.
Bed. Vertreter des tschech. psycholog. Romans; sein Interesse gilt den wechselseitigen menschl. Beziehungen und Problemen der student. Jugend; verfaßte auch Novellen.

Han Yü, auch genannt Han Wen-kung (= Fürst der Literatur), * Nanyang (Honan) 768, † Changan (Schensi) 824, chin. Dichter und Philosoph.
In verschiedenen Staatsämtern tätig, fiel mehrmals in Ungnade; bekämpfte als strenger Konfuzianer den Buddhismus; bed. Lyriker und Meister einer klar durchgebildeten, nicht an rhythm. Regeln gebundenen Prosa.

Happel, Eberhard Werner, * Kirchhain bei Marburg a. d. Lahn 12. Aug. 1647, † Hamburg 15. Mai 1690, dt. Schriftsteller.
Sohn eines Predigers, studierte Mathematik und Medizin, war Lehrer an verschiedenen Orten, zuletzt in Hamburg; schrieb spätbarocke Mode- und Unterhaltungsromane, sog. Geschichtsromane, die seit 1681 jährl. erschienen und „in einer anmutigen und wohlerfundenen Liebes- und Helden-Geschichte" die interessantesten Ereignisse des vergangenen Jahres in verschiedenen Erdteilen behandeln.
Hauptwerke: Der Asiat. Onogambo (R., 1673), Der Insulan. Mandorell (R., 1682), Der Academ. Roman (R., 1690).

Haralampiev, Dobri ↑ Nemirow, Dobri.

Harambašić, August [serbokroat. ˌharambaʃitɕ], * Donji Miholjac 14. Juli 1861, † Stenjevac bei Agram 16. Juli 1911, kroat. Dichter.
Studierte Rechtswissenschaft, 1901 Deputierter der Staatsrechtspartei im Landtag. Seine mit formalen Mängeln behaftete Lyrik machte H. wegen der leidenschaftl., romant.-patriot. Grundhaltung für etwa ein Jahrzehnt zum Lieblingsdichter der Kroaten. Er setzte sich für eine Vereinigung aller Balkanslawen in einem kroat. Staat zum gemeinsamen Kampf gegen Türkei und Österreich ein. Große Bedeutung als Übersetzer (u. a. Gogol, Tolstoi, Shakespeare, Grillparzer).

Harbou, Thea von [ar'bu:, 'harbu], * Tauperlitz bei Hof 27. Dez. 1888, † Berlin 1. Juli 1954, dt. Schriftstellerin und Schauspielerin.
War ⚭ mit dem Filmregisseur Fritz Lang, für dessen Filme sie zahlreiche Drehbücher schrieb, u. a. zum Film „Die Nibelungen"; daneben auch unterhaltende Romane und Novellen mit spannender Handlung; seinerzeit sehr beliebt, v. a. „Die Flucht der Beate Hoyermann" (R., 1916), „Das ind. Grabmal" (R., 1917), „Metropolis" (R., 1926).

Hardekopf, Ferdinand, Pseudonym Stefan Wronski, * Varel 15. Dez. 1876, † Zürich 26. März 1954, dt. Dichter.
Lebte in Berlin (hier Reichstagsstenograph), Paris, an der Riviera, im 2. Weltkrieg in der Schweiz; in Berlin gehörte er zum Kreis der „Aktion", deren enger Mitarbeiter er war; befreundet u. a. mit R. Schickele und F. Pfemfert. Er war süchtig und starb in einer Heilanstalt. Obwohl er nur wenig schrieb, gehört er zu den führenden Berliner Frühexpressionisten; Lyriker („Privatgedichte", 1921) und geistreicher Essayist, auch Übersetzer.
Ausgabe: F. H. Ges. Dichtungen. Hg. v. E. Moor-Wittenbach. *Zürich 1963.*

Harden, Maximilian, ursprüngl. M. Felix Ernst Witkowski, * Berlin 20. Okt. 1861, † Montana (Wallis) 30. Okt. 1927, dt. Schriftsteller.
Sohn eines Kaufmanns, Schauspieler; Mitbegründer der „Freien Bühne", begründete 1892 die polit. Wochenschrift „Die Zukunft", schrieb unter dem Pseudonym Apostata aufsehenerregende Aufsätze zur aktuellen Politik und griff bes. Kaiser Wilhelm II. scharf an; durch sein radikales Eintreten für die Demokratie nach dem 1. Weltkrieg zog er sich die Gegnerschaft weiter Kreise zu; streitbar auch in der Literatur; trat für Ibsen, Strindberg, Tolstoi, Dostojewski und Maeterlinck ein, kritisierte G. Hauptmann und lehnte Sudermann ab.

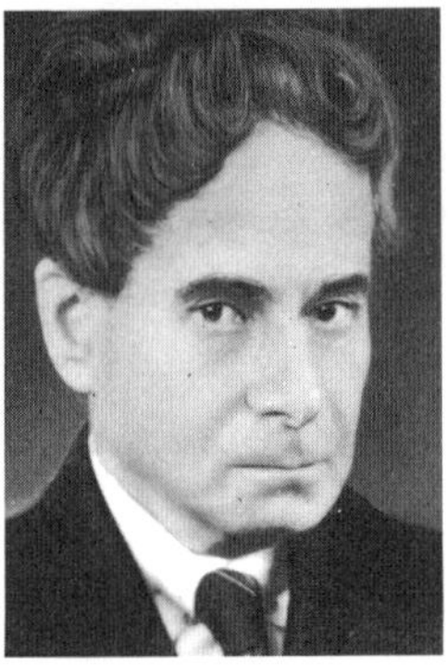

Maximilian Harden

Hauptwerke: Apostata (Essays, 1892), Literatur und Theater (Essays, 1896), Krieg und Friede (Essays, 1918), Von Versailles nach Versailles (Autobiogr., 1927).
Literatur: Gottgetreu, E.: *M. H. Ways and errors of a publicist. In: Leo Baeck Institut Yearbook 7 (1962), 215.* – Rogge, H.: *Holstein u. H. Polit.-publizist. Zusammenspiel zweier Außenseiter des Wilhelmin. Reiches. Mchn. 1959.* – Young, H. F.: *M. H., censor Germaniae. The critic in opposition from Bismarck to the rise of Nazism. Den Haag 1958.*

Hardenberg, Friedrich Leopold Freiherr von ↑ Novalis.

Hardt, Ernst, * Graudenz 9. Mai 1876, † Ichenhausen bei Günzburg 3. Jan. 1947, dt. Schriftsteller.
Bereiste Griechenland, Spanien und Portugal, wurde 1898 Kritiker bei der „Dresdner Zeitung", lebte dann als freier Schriftsteller in Berlin und Weimar, wo er 1919–24 auch Generalintendant des Dt. Nationaltheaters war; danach bis 1933 Intendant der Schauspielbühne in Köln und Leiter des Westdt. Rundfunks; anfangs unter dem Einfluß des Georgekreises, später dem jungen Hofmannsthal und den frz. Symbolisten verpflichtet, gestaltete er v.a. Stoffe aus Sage und Geschichte; nach dem 2. Weltkrieg Hinwendung zu aktuellen Themen und Zeitproblemen; neben Lyrik und Novellen trat er mit lyr. Dramen hervor, die in rauschhafter Fülle und barocker Überladenheit unnatürl. wirken; Erfolg hatte bes. die Tristan-Episode „Tantris der Narr" (Dr., 1907). Zahlreiche Übersetzungen aus dem Frz. (Zola, Flaubert, Claudel u.a.).
Weitere Werke: Aus den Tagen des Knaben (Ged., 1904), Gudrun (Trag., 1911), Schirin und Gertraude (Lsp., 1913).
Ausgabe: E. H. Ges. Erzählungen. Lpz. 1919.
Literatur: Adler, F.: *Das Werk E. H.s. Greifswald 1921.*

Hardy, Alexandre [frz. ar'di], * Paris um 1570, † 1631 oder 1632, frz. Dramatiker.
Vermutl. Schauspieler der Truppe Valléran-Lecomtes; von seinen angebl. 600 Stücken sind 34 erhalten. H., der sich in seinen Dramen als geschickter Theaterpraktiker ausweist und die Stoffe – meist der Antike entnommen – sehr publikumswirksam zu gestalten wußte, gilt als der führende Bühnendichter im 1. Drittel des 17. Jh.s und wird wegen der Neubelebung traditioneller Bestandteile der Tragödie als Vorläufer Corneilles angesehen.
Hauptwerke: Didon (Trag., 1603), Coriolan (Trag., um 1607), Mariamne (Trag., 1610), La mort d'Alexandre (Trag., 1624), Corinna (Pastoral-Dr., zwischen 1624 und 1628), Alceste (Tragikomödie).

Hardy, Thomas [engl. 'hɑːdɪ], * Upper Bockhampton (Dorset) 2. Juni 1840, † Max Gate bei Dorchester 11. Jan. 1928, engl. Schriftsteller.
Sohn eines Baumeisters, Lehrling bei einem Kirchenarchitekten; 1862–67 Architekturstudium in London, als Architekt in Weymouth, seit 1880 freier Schriftsteller. H. begann mit Romanen, schrieb daneben Lyrik, der in seinen letzten Lebensjahren seine ganze Schaffenskraft galt. Nach anfängl. pittoresken Erzählwerken sind seine Romane von einem düsteren Schicksalsglauben bestimmt. Die individuell gestalteten Hauptpersonen sind machtlos gegen Veranlagung, Milieu und unerbittl. waltende Zufälle kämpfende Menschen, die das erstrebte harmon. Glück vergebl. zu erringen suchen. Dem düsteren Fatum angemessen ist die Schilderung der Landschaft, oft der Heidelandschaft in Wessex. Am bekanntesten wurde H.s „Tess von d'Urbervilles" (R., 1891; dt. 1925). Hervorzuheben ist außerdem der Geschichtsroman „The dynasts" (1903–08), in dem H. in Blankversszenen, Prosateilen und Chorgesprächen ein Bild der Napoleon. Kriege vor Waterloo zeichnet.
Weitere Werke: Desperate remedies (R., 1871), Die Liebe der Fancy Day (R., 1872; dt. 1949), Far from the madding crowd (R., 1874), Die Rückkehr (R., 1878; dt. 1955), The mayor of Casterbridge (R., 1886), The woodlanders (R., 1887), Wessex tales (Kurzgeschichten, 1888), Life's little ironies (Kurzgeschichten, 1894), Juda, der Unberühmte (R., dt. 1901, 1956 u.d.T. Herzen in Aufruhr), Poems of the past and present (Ged., 1901). Satires of circumstances (Ged., 1914).
Literatur: Howe, I.: *Th. H. New York 1967.* – Reinhard-Stocker, A.: *Charakterdarst. u. Schicksalsgestaltung in den Romanen Th. H.s. Winterthur 1958.* – Purdy, R. L.: *Th. H., a biographical study. London 1954.*

Haren, Onno Zwier van [niederl. 'ha:rə], * Leeuwarden 2. April 1713, † Wolvega (Friesland) 2. Sept. 1779, niederl. Dichter.
Studierte Jura; Anhänger des Statthalters Wilhelm IV., Diplomat, wurde verleumdet und zog sich 1760 auf sein Landgut zurück. Epiker und Dramatiker, der vaterländ. Stoffe behandelte, aber auch das niederl. Vorgehen in den Kolonien scharf verurteilte.
Hauptwerke: Agon, Sulthan van Bantam (Trag., 1769), De Geuzen (Epos, 1771), Willem de Eerste (Trag., 1773).

Haren, Willem van [niederl. 'ha:rə], * Leeuwarden 21. Febr. 1710, † Sint Oedenrode 4. Juli 1768 (Selbstmord), niederl. Dichter.
1740–47 Mitglied der Generalstaaten und Gesandter in Brüssel, wurde gestürzt und lebte in großer Not. Der zeitgenöss., von den Franzosen beherrschten Modedichtung fernstehend, schrieb er das Heldengedicht „Gevallen van Friso" (1741), die vaterländ.-hymn. Ode „Leonidas"

(1742) und die Elegie „Het menschelijk leven" (1760).

Häring, Wilhelm ↑ Alexis, Willibald.

Haringer, Johann (Jan) Jakob, eigtl. Johann Franz H., * Dresden 16. März 1898, † Zürich 3. April 1948, dt. Schriftsteller.
Führte ein unstetes Leben, vielfach in Konflikt mit der bürgerl. Ordnung, z.T. von Freunden unterstützt; seit 1930 in Aigen bei Salzburg, emigrierte 1938 in die Schweiz; Mitarbeiter zahlreicher Zeitungen und Zeitschriften; eigenwilliger, von Weltschmerz gequälter Dichter, schrieb expressionist. Lyrik und Prosa voller Empfindungstiefe und Phantasie; willkürl. Sprachgebrauch, Einfachheit neben bombast. Wortorgien; auch Essays sowie Übersetzungen aus dem Frz. und Chinesischen.
Hauptwerke: Hain des Vergessens (Ged., 1919), Abendbergwerk (Prosa, 1920), Weihnacht im Armenhaus (E., 1925), Vermischte Schriften (1935), Lieder eines Lumpen (Ged., hg. 1962).
Literatur: Amstad, W.: *J. H. Leben u. Werk. Diss. Freiburg (Schweiz) 1967.* – Heinzelmann, P.: *J. H. in memoriam. Fürstenfeldbruck 1955.*

Hariri, Al, Abu Muhammad Al Kasim Ibn Ali; tl.: Al-Ḥarīrī, Abū Muḥammad Al-Qāsim Ibn ʻAlī [alhaˈriːri], * Basra 1054, † ebd. 1122, arab. Dichter.
Studierte in Basra; ein reiches Erbe ermöglichte dem Gutsbesitzerssohn das sorgenfreie Leben eines freien Gelehrten, der sich v. a. mit philolog. Schriften beschäftigte, von denen ein grammatikal. Lehrgedicht und eine Schrift über Sprachfehler des Volkes von wissenschaftl. Bedeutung sind. Als genialer Sprachkünstler beherrschte er alle Feinheiten seiner Muttersprache, die er in seinen 50 vielfach nachgeahmten „Makamat" (Makamen) voll zur Geltung brachte; von Rückert meisterhaft ins Dt. übertragen (1826 und 1837).

Harraden, Beatrice [engl. ˈhærədən], * Hampstead (heute zu London-Camden) 24. Jan. 1864, † Barton-on-Sea 5. Mai 1936, engl. Schriftstellerin.
In Dresden und London erzogen, ausgedehnte Reisen; Verfechterin der Frauenemanzipation. Großen Erfolg hatte ihr Roman „Schiffe, die nachts sich begegnen" (dt. 1895), dessen Handlung in einem Sanatorium spielt; mehrere Frauenromane.

Harris, Frank [engl. ˈhærɪs], eigtl. James Thomas H., * Galway (Irland) 14. Febr. 1856, † Nizza 26. Aug. 1931, angloir. Schriftsteller.
Wanderte 15jährig nach den USA aus; später Jurist; in England Publizist und Hg. mehrerer Zeitschriften; gehörte in London zu den Freunden von Wilde und Shaw, denen er [ungenaue] Biographien widmete; schrieb erzählende und dramat. Werke; seine Autobiographie erschien 1926–30 in deutscher Übersetzung.
Literatur: Brome, V.: *F. H. London ²1959.*

Harris, Joel Chandler [engl. ˈhærɪs], * bei Eatonton (Ga.) 9. Dez. 1848, † Atlanta (Ga.) 3. Juli 1908, amerikan. Schriftsteller.
Setzer, später Redakteur. Berühmt durch die Kurzgeschichtensammlung „Uncle Remus, his songs and his sayings" (1881), in der er, im Dialekt der farbigen Plantagenarbeiter der Südstaaten und deren Vorstellungswelt angepaßt, die Sagen und Märchen der Neger oft humorvoll nacherzählte. Die Sammlung gehört zu den beliebtesten Werken der amerikan. Heimatkunst.

Harṣa ↑ Harscha.

Harsányi, Zsolt [ungar. ˈhɔrʃaːnji], * Krompach (Ostslowak. Gebiet) 27. Jan. 1887, † Budapest 29. Nov. 1943, ungar. Schriftsteller.
Aus einer Kleinadelsfamilie, studierte Philosophie und Jura; Redakteur in Klausenburg und Budapest, zeitweise Theaterdirektor; spielte als Mitglied literar. Gesellschaften eine bed. Rolle im literar. Leben Ungarns, Verfasser von Erzählungen, zugkräftigen Dramen sowie zuweilen etwas oberflächl. und mit Interesse für Intimitäten geschriebenen, erfolgreichen biograph. Romanen.
Hauptwerke: Ungar. Rhapsodie (R., dt. 1936), Zum Herrschen geboren (R., dt. 1951), Und sie bewegt sich doch (R., dt. 1937), Mit den Augen einer Frau (R., dt. 1938).

Harscha; tl.: Harṣa, * um 600, † um 647, ind. Herrscher und Dichter.
Regierte seit 606 und vereinigte ein mächtiges Reich in seiner Hand; war ein Gönner der Dichtkunst; ihm werden drei Dramen zugeschrieben: „Ratnawali" und „Prijadarschika" handeln von der Liebe des Udajana zu den Titelheldinnen, während „Nagananda" von buddhist. Gedankengut erfüllt ist; H. gilt auch als Verfasser buddhist. Hymnen.

Harsdörffer (Harsdörfer), Georg Philipp, * Nürnberg 1. Nov. 1607, † ebd. 22. Sept. 1658, dt. Dichter.
Aus einer Nürnberger Patrizierfamilie, studierte Jura, Philosophie, Geschichte und Sprachen, reiste durch W- und S-Europa; seit 1655 Mitglied des Nürnberger Rates; gründete mit J. Klaj 1644 den „Löbl. Hirten- und Blumenorden an der Pegnitz" (Mitglied als „Strefon"), durch den die Schäferdichtung zu reicher Blüte gelangte. H. schrieb u. a. geistl. und weltl. Lieder in klangvoller und bilderreicher Sprache sowie kleine anekdot. Erzählungen, außerdem eine Poetik („Poet. Trichter, die Teutsche Dicht- und Reimkunst, ohne Behuf der lat. Sprache, in 6 Stunden einzugießen", 1647–53); gesellschaftl. Lebensformen suchte er durch „Gesprächsspiele" zu fördern; auch Übersetzer.
Weitere Werke: Frauenzimmer Gesprechsspiele (1641–49), Pegnes. Schäfergedicht (1641, mit J. Klaj), Hertzbewegl. Sonntagsandachten (1649 bis 1651), Der große Schauplatz lust- und lehrreicher Geschichte (1650–52), Der große Schauplatz jämmerl. Mordgeschichte (1650/51), Hundert Andachtsgemälde (1656).
Ausgabe: Die Pegnitzschäfer: G. Ph. H., Johann Klaj, Sigmund v. Birken. Gedichte. Hg. v. G. Rühm. *Bln. 1964.*
Literatur: Kieslich, G.: *Auf dem Wege zur Zs. G. Ph. H.s Frauenzimmer Gesprechsspiele (1641–49). In: Publizistik 10 (1965), 515.* – Kayser, W.: *Die Klangmalerei bei H. Ein Beitrag zur Gesch. der Lit., Poetik u. Sprachtheorie der Barockzeit. Gött. ²1962.*

Hart, Heinrich, * Wesel 30. Dez. 1855, † Tecklenburg 11. Juni 1906, dt. Schriftsteller.
Studierte neuere Sprachen, Geschichte und Philosophie; Journalist, u. a. in Berlin; durch das zusammen mit seinem Bruder Julius H. veröffentlichte erfolgreiche Literaturorgan „Krit. Waffengänge" (1882–84) wurde er einer der führenden Vorkämpfer des Naturalismus, auch in der Folge-

zeit journalist. und theaterkrit. Tätigkeit; Heinrich H. war ein glänzender, scharfer Kritiker und Theoretiker, seine eigenen Dichtungen – Lyrik, Epik, Dramen – sind jedoch wenig bedeutend. Das auf 24 Bände berechnete Epos „Das Lied der Menschheit", eine Darstellung der Menschheitsentwicklung, blieb mit den 3 Teilen „Tul und Nahila", „Nimrod" und „Mose" Fragment (1888–96).
Weitere Werke: Weltpfingsten (Ged., 1872), Sedan (Trag., 1882).
Ausgabe: H. H. Ges. Werke. Hg. v. J. Hart *u.a. Bln. 1907. 4 Bde.*
Literatur: Tillmann, K.: *Die Zss. der Gebrüder H. Diss. Mchn. 1923 [Masch.].* – Wolf, L. H.: *Die ästhet. Grundl. der Literaturrevolution der achtziger Jahre (Die „Krit. Waffengänge" der Brüder H.). Eine literargeschichtl. Studie. Diss. Bern 1921.*

Hart, Julius, * Münster (Westf.) 9. April 1859, † Berlin 7. Juli 1930, dt. Schriftsteller.
Studierte Jura, war journalist. tätig, u.a. Theaterkritiker in Bremen. Seit 1881 Mitarbeiter seines Bruders Heinrich H. in Berlin; Dichter und Kritiker des Naturalismus; außer den mit seinem Bruder gemeinsam hg. krit. Schriften veröffentlichte er die Gedichtsammlungen „Sansara" (1879), „Homo sum" (1890), „Triumph des Lebens" (1898). Schrieb hpts. pantheist. Gedankenlyrik, später Tendenz zum Symbolismus und Expressionismus; als Dramatiker war er weniger erfolgreich.
Weitere Werke: Die Schauspielerin (Trag., 1884), Fünf Novellen (1888), Die Richterin (Dr., 1888), Träume der Mittsommernacht (Prosa, 1905), Revolution der Ästhetik (Schr., 1909).
Literatur: Jürgen, I.: *Der Theaterkritiker J. H. Diss. Freie Univ. Bln. 1956.* – ↑ auch Hart, Heinrich.

Harte, [Francis] Bret[t] [engl. hɑːt], * Albany (N.Y.) 25. August 1836, † Camberley (Surrey) 5. Mai 1902, amerikan. Schriftsteller.
Sohn eines Lehrers, in dessen Bibliothek sich der frühreife H. z.T. autodidakt. bildete. Sein Vorbild war v.a. W. Irving. Ging 1854 nach Kalifornien, dort nach Tätigkeit in verschiedenen Berufen Lehrer und Journalist. 1878 ging er für immer nach Europa, zunächst als Konsul nach Krefeld, später nach Glasgow; zuletzt Journalist in London. Trotz großer Begabung in der formalen Gestaltung ep. Kleinformen war er nicht fähig, neue Gehalte zu bewältigen. H. blieb Vertreter der amerikan. Heimatkunst, der seine Charaktere und Stoffe aus dem Goldgräbermilieu schematisierend und typisierend (nach der Art Dickens') gestaltete. Am erfolgreichsten war er mit den frühen Erzählungen aus dem Goldgräbermilieu „The luck of Roaring Camp" (1868), „The outcasts or Poker Flat" (1869) und dem Dialektgedicht „The heathen Chinee" (1870).
Ausgabe: Bret H. The works. New York 1914. 25 Bde.
Literatur: O'Connor, R.: *Bret H. A biography. Boston (Mass.) 1966.* – Stewart, G. R.: *Bret H., argonaut and exile. Boston 1931.*

Hartlaub, Felix, * Bremen 17. Juni 1913, † bei Berlin (?) 1945, dt. Schriftsteller und Historiker.
Sohn des Kunsthistorikers Gustaf Friedrich H., studierte Romanistik und neuere Geschichte; seit 1939 Soldat; seit Ende 1940 Archivar in Paris, später in der kriegsgeschichtl. Abteilung beim Oberkommando der Wehrmacht in Berlin, 1942 Sachbearbeiter der Abteilung Kriegstagebuch im Führerhauptquartier; seit April 1945 vermißt. Seine Erzählungen, Dramen, literar. Skizzen und Tagebücher weisen ihn als bed. Prosaisten und Erzähler aus, der sich durch eigentüml. realist. Stil und objektive Darstellung auszeichnet.
Ausgabe: F. H. Das Gesamtwerk. Dichtungen, Tagebb. Hg. v. G. Hartlaub. *Frkf. 1959.*
Literatur: Piontek, H.: *F. H.s Gesamtwerk. In:* Piontek: *Buchstab, Zauberstab. Über Dichter u Dichtung. Mchn. u. Esslingen 1959.*

Hartlaub, Geno[veva], * Mannheim 7. Juni 1915, dt. Schriftstellerin.
Tochter des Kunsthistorikers Gustaf Friedrich H., kaufmänn. Lehre, Auslandskorrespondentin in Frankfurt am Main, studierte 1938 in Italien; im 2. Weltkrieg dienstverpflichtet, geriet in Gefangenschaft; nach 1945 Lektorin bei der Zeitschrift „Die Wandlung", dann Verlagslektorin, seit 1956 Redakteurin beim „Sonntagsblatt" in Hamburg. Sie schrieb Romane, Hörspiele, Essays und gab den Nachlaß ihres Bruders Felix H. heraus.
Hauptwerke: Die Entführung (Nov., 1942), Anselm der Lehrling (R., 1946), Die Tauben von San Marco (R., 1953), Gefangene der Nacht (R., 1961), Der Mond hat Durst (E., 1963), Nicht jeder ist Odysseus (R., 1967), Rot heißt auch schön (En., 1969).

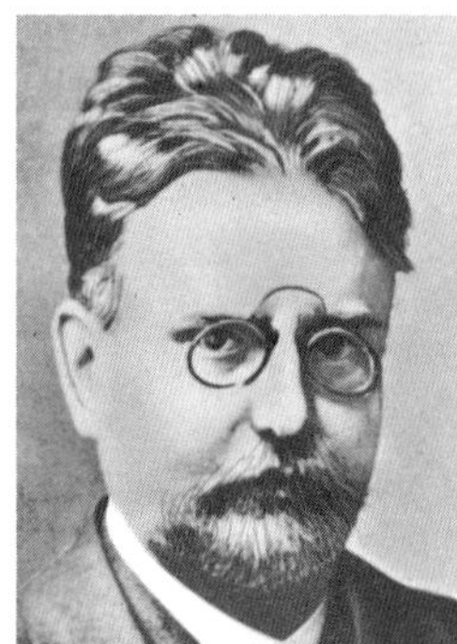

Otto Erich Hartleben

Hartleben, Otto Erich, Pseudonym Otto Erich, * Clausthal (heute Clausthal-Zellerfeld) 3. Juni 1864, † Salò 11. Febr. 1905, dt. Schriftsteller.
Studierte Jura, Referendar, dann freier Schriftsteller in Berlin, von 1901 an in München, später aus Gesundheitsgründen am Gardasee. H. begann als naturalist. Dramatiker mit geistreich-iron. Verspottung kleinbürgerl. Philistertums; später tief pessimist. gestimmt; seine Bühnenwerke sind geschickt aufgebaut und effektvoll gestaltet, z.T. mit gesellschaftskrit. Thematik; sein größter Erfolg war die Offizierstragödie „Rosenmontag" (1900), eine romant.-sentimentale Liebesgeschichte; auch humorist.-satir. Novellen und formstrenge Lyrik.
Weitere Werke: Die Erziehung zur Ehe (Kom., 1893), Hanna Jagert (Kom., 1893), Die sittl. Forderung (Kom., 1897), Tagebuch (1906).
Ausgabe: O. E. H. Ausgew. Werke in 3 Bden. Hg. v. F. F. Heitmüller. *Bln. 1909.*

Literatur: Lücke, H.: *O. E. H. Clausthal-Zellerfeld 1941.* – Hock, F.: *Die Lyrik O. E. H.s. Bln. 1931. Nachdr. Nendeln (Liechtenstein) 1968.*

Hartley, Leslie Poles [engl. ˈhɑːtlɪ], * Peterborough (Northampton) 30. Dez. 1895, engl. Schriftsteller.

Erziehung in Harrow, Studium in Oxford, nahm am 1. Weltkrieg teil, Theater- und Literaturkritiker; psycholog. Geschick und meisterhafte Stilisierung bestimmen seine Romane, bes. die Kinderdarstellungen; auch Kurzgeschichten.

Hauptwerke: Simonetta Perkins (R., 1925), Das Goldregenhaus (R., dt. 1948), Der sechste Himmel (R., dt. 1948), Eustace und Hilda (R., dt. 1949), Das Boot (R., 1950; dt. 1962), My fellow devils (R., 1951), Der Zoll des Glücks (R., dt. 1956), Botschaft für Lady Franklin (R., dt. 1958).

Hartlieb, Johannes, * um 1400, † 18. Mai (?) 1468, dt. Dichter.

Stand in enger Verbindung zum bayr. Herzogshof, an dem er nach dem Medizinstudium als Arzt und Hofdichter wirkte. Vorläufer humanist. Bestrebungen der Universalität von Wissenschaft und Kunst; neben medizin., pharmazeut. u.a. Abhandlungen v.a. bed. durch seine Übertragungen aus dem Lat., so des „Dialogus miraculorum" des Caesarius von Heisterbach (um 1460).

Härtling, Peter, * Chemnitz 13. Nov. 1933, dt. Schriftsteller.

Kam 1942 nach Olmütz, 1945 über Österreich nach Nürtingen; 1956–62 Redakteur der „Dt. Zeitung" in Köln, dann der Zeitschrift „Der Monat" in Berlin, seit 1967 Cheflektor des Verlags S. Fischer in Frankfurt am Main. Begann mit lyr.-verspielten Gedichten, veröffentlichte 1959 den Zeitroman „Im Schein der Kometen" und 1964 sein bisher wichtigstes Werk, den Roman um Nikolaus Lenau „Niembsch oder Der Stillstand", eine poet. Komprimierung des literarhistor. vorgegebenen Lebenslaufs, sprachl. zu einer musikal. „Suite" aufgebaut. In der Erinnerungsstudie „Janek" (R., 1966) führte H. die dynam. Technik des inneren Monologs weiter; auch Essayist.

Weitere Werke: Poeme und Songs (Ged., 1953), Yamins Stationen (Ged., 1955), Unter den Brunnen (Ged., 1958), Spielgeist Spiegelgeist (Ged., 1962), Das Familienfest (R., 1969).

Hartmann von Aue, * um 1168, † nach 1210, mhd. Dichter.

Urkundlich ist er nicht belegbar, Biographisches ist eigenen Angaben zu entnehmen, mit denen er sein Werk reichl. versah; aus alemann. Geschlecht; nennt sich Dienstmann der Herren von Aue (welcher ist nicht geklärt). Seine gelehrte Bildung – in seinem Werk immer hervorgehoben – empfing er wahrscheinl. in einer Klosterschule; Kenner der klass. lat. Dichtung (u. a. Vergil und Ovid) und des geistl. Schrifttums; hatte daneben auch frz. Sprachkenntnisse; nahm am Kreuzzug 1189 teil. Erster der drei großen höf. Epiker; begann mit der didakt. Minnelehre in Streitgesprächsform zwischen Seele und Leib nach einer frz. Quelle, die er dem „Büchlein" (um 1180–85) zugrunde legte; es folgten einige Minnelieder, in ganz persönl. Ton gehalten, die bereits auf die Thematik seiner Hauptwerke hinweisen. Deren erstes ist das von Chrétien de Troyes konzipierte höf. Epos „Erec" (um 1185), mit dem H. den Artusstoff in die dt. Literatur einführte. Hier wie in seinem 2. Epos „Iwein" (um 1202) ist der Dichter ebenso wie in den Legendendichtungen „Gregorius" (um 1187–89) und „Der arme Heinrich" (um 1195) bemüht, ritterl.-höf. Ideale und einen diesen Idealen entsprechenden Rittertyp zu gestalten. In klarer und gepflegter Diktion, einfachem Metrum u. meisterhafter Erzählkunst strebt er nach der „mâze", die auch das Verhältnis zu seinem Stoff bestimmt. Es gelingt gegenüber den Quellen eine nicht unbed. psycholog. Verfeinerung der Charaktere und eine z.T. vortreffl. Stilisierung der Motive; die große Kunst H.s (Verbindung von sittl. Gehalt mit vortreffl. Form) wurde bereits zu Lebzeiten, v. a. von Gottfried von Straßburg, gerühmt.

Ausgaben: H. v. A. Ep. Dichtungen. Nhd. Übertragung. Jena 1939. – H. v. A. Werke. Hg. v. F. Bech. *Lpz. 4–5 1934. 3 Bde.*

Literatur: Wapnewski, P.: *H. v. A. Stuttg. 4 1969.* – Blattmann, E.: *Die Lieder H.s v. A. Ein Zyklus. Bln. 1968.* – Klemt, I.: *H. v. A. Eine Zusammenstellung der über ihn u. sein Werk seit 1927 erschienenen Lit. Köln 1968.* – Sparnaay, H.: *Brauchen wir ein neues H.bild? In: Dt. Vjschr. f. Literaturwiss. u. Geistesgesch. 39 (1965), 639.* – Sparnaay, H.: *H. v. A. Studien zu einer Biogr. Halle 1933–38. 2 Bde.*

Hartmann, Moritz, * Duschnik bei Příbram 15. Okt. 1821, † Wien 13. Mai 1872, östr. Dichter.

Entstammte einer jüd. Familie, studierte in Prag, war Hauslehrer; verließ 1844 Österreich; 1848 Mitglied des Frankfurter Parlaments; Beteiligung an der Revolution und am bad. Aufstand hatte die erneute Flucht zur Folge; Reisen durch verschiedene europ. Länder; 1862 Schriftleiter in Stuttgart, seit 1868 in Wien Feuilletonredakteur; bed. polit. Lyriker, wandte sich später der idyll. Dichtung zu; auch Romane, Novellen und Reiseerzählungen.

Hauptwerke: Kelch und Schwert (Ged., 1845), Reimchronik des Pfaffen Mauritius (Satire, 1849), Erzählungen eines Unsteten (1858), Die Diamanten der Baronin (R., 1868).

Ausgabe: M. H. Ges. Werke. Hg. v. L. Bamberger *u.* W. Vollmer. *Stuttg. 1873–74. 10 Bde.*

Literatur: Laß, H.: *M. H. Entwicklungsstufen des Lebens u. Gestaltwandel des Werkes. Diss. Hamb. 1963.* – Wittner, O.: *M. H.s Leben u. Werke. Prag 1906–07. 2 Bde.*

Hartog, Jan de [niederl. ˈhɑrtɔx], Pseudonym F. R. Eckmar, * Haarlem 22. April 1914, niederl. Schriftsteller.

Verließ als Kind das Elternhaus (Vater Professor der Theologie) und ging zur See; volontierte ab 1932 am Theater; 1937 Indienreise; floh im 2. Weltkrieg nach England, heiratete die Tochter von Priestley, lebte nach dem Krieg in England, Paris und den USA. Vielseitiger und produktiver Schriftsteller, dessen Werk – anfangs niederl., später engl. geschrieben – Romane, Dramen, Kriminalgeschichten und auch Filmdrehbücher umfaßt; aus christl. Gesinnung werden meist allgemein menschl. Probleme, bes. die Verlorenheit des einzelnen gestaltet (Abb. S. 386).

Hauptwerke: Fort 99 (R., 1931), Hollands Glorie (R., dt. 1947), Gottes Trabanten (R.-Trilogie, dt. 1952 f.), Stella (R., dt. 1951), Mary (R., dt. 1951), Thalassa (R., dt. 1953), Kapitän Harinx (R., dt. 1968), Der Künstler (R., dt. 1969).

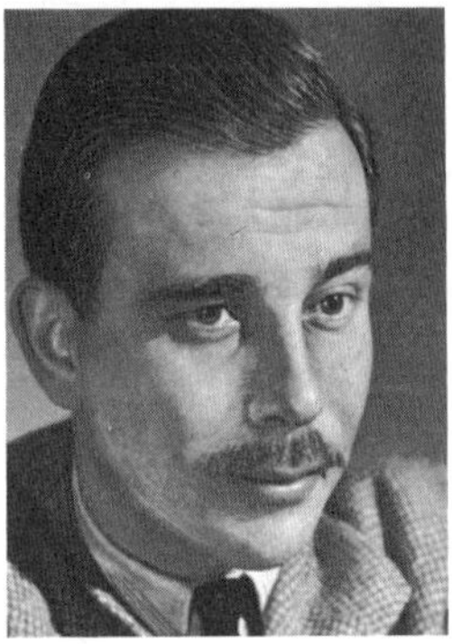

Jan de Hartog

Hartung, Hugo, Pseudonym N. Dymion, * Netzschkau (Landkreis Reichenbach) 17. Sept. 1902, dt. Schriftsteller.
Studierte Theaterwissenschaft, Literatur- und Kunstgeschichte, war Dramaturg, Schauspieler, Journalist und Mitarbeiter des Rundfunks; dann freier Schriftsteller in Berlin und München. Geschickter Erzähler, der – manchmal satir.-humorist. – Gegenwartsprobleme in gehobenen Unterhaltungsromanen behandelt; auch Hör- und Fernsehspiele, Filmdrehbücher.
Hauptwerke: Der Himmel war unten (R., 1951), Aber Anne hieß Marie (R., 1952), Ich denke oft an Piroschka (R., 1954), Wir Wunderkinder (R., 1957), Timpe gegen alle (R., 1962), Ihr Mann ist tot und läßt Sie grüßen (R., 1965).

Hartzenbusch, Juan Eugenio [span. artsεm'butʃ], * Madrid 6. Sept. 1806, † ebd. 2. Aug. 1880, span. Dichter.
Dt.-span. Abstammung; Autodidakt, journalist. Tätigkeit, 1854 Direktor der Escuela normal, seit 1862 Leiter der Nationalbibliothek in Madrid. Außer durch Übersetzungen und Bearbeitungen altspan. Komödien für die Bühne ist er, der Hauptvertreter des romant. Dramas in Spanien, durch Charakter- und Sittenstücke, Intrigenlustspiele, histor. Dramen über nationale Stoffe und Zauberkomödien bekannt. Phantasie und kräftige Sprache zeichnen sein literar. Schaffen aus, das auch philosoph. und religiöse Werke umfaßt. Daneben veröffentlichte er auch Fabeln und Gedichte und

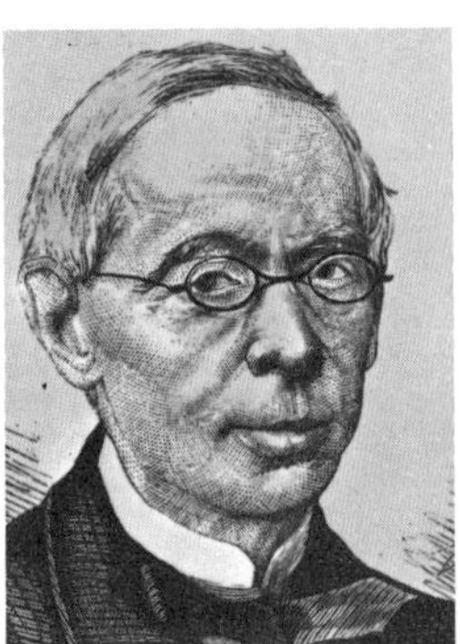

Juan Eugenio Hartzenbusch

machte sich durch krit. Ausgaben altspan. Dramen (Calderón, Alarcón, Lope de Vega) verdient.
Hauptwerke: Die Liebenden von Teruel (Dr., 1836; dt. 1853), Doña Mencía (Dr., 1838), La redoma encantada (Kom., 1839), La madre de Pelayo (Dr., 1846), Fábulas (1862).

Hasar O Jęk Rus [pers. hæ'zɑ:r o 'jek 'ru:z] ↑ Tausendundein Tag.

Hasdeu, Bogdan Petriceicu [rumän. haz'deu], * Crişteneşti (Bessarabien) 28. Febr. 1838, † Cîmpina 25. Okt. 1907, rumän. Schriftsteller.
Historiker und Sprachforscher; lange in Rußland, u. a. als Offizier; dann Richter in Rumänien; später Bibliothekar, Leiter der Staatsarchive und Professor für vergleichende Sprachwissenschaft in Bukarest; schrieb außer in der romant. Tradition stehenden Gedichten, Dramen, erzählenden Werken und Kritiken bed. Werke zur Geschichte und Sprachgeschichte Rumäniens; Begründer des rumän. Wörterbuchs „Etymologicum magnum Romaniae“ (1886ff.), das Fragment blieb.

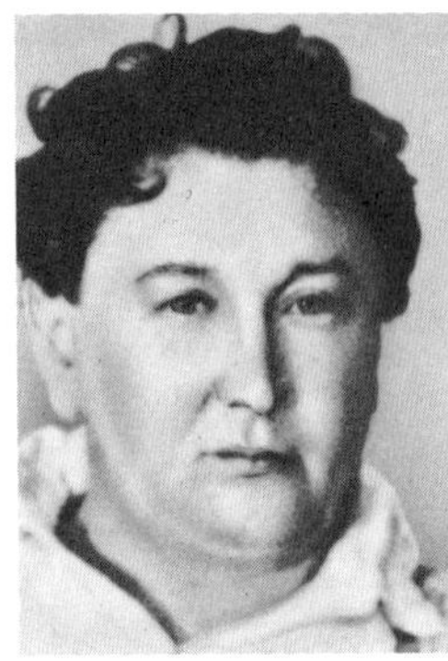

Jaroslav Hašek

Hasebroek, Johannes Petrus [niederl. 'ha:zəbru:k], * Leiden 6. Nov. 1812, † Amsterdam 29. März 1896, niederl. Schriftsteller.
Studierte Theologie, war Pfarrer in verschiedenen Ortschaften; gehörte der „Réveil“-Bewegung an; schrieb unter dem Pseudonym Jonathan die volkstüml.-humorist. Prosaskizzen „Waarheid en droomen“ (1840), die durch mustergültige Sprache ausgezeichnet sind; auch religiöse Gedichte und zahlreiche theolog. Schriften.

Hašek, Jaroslav [tschech. 'haʃεk], * Prag 24. April 1883, † Lipnitz 2. (3.?) Jan. 1923, tschech. Schriftsteller.
Beamtensohn; Soldat im 1. Weltkrieg, schloß sich der tschech. Legion an, dann der Roten Armee, wurde Mitglied der KP; 1920 Rückkehr in seine Heimat; ging an Trunksucht zugrunde. H. begann als Reporter und Journalist mit humorist.-satir. Skizzen gegen Kirche, Monarchie und die verlogene bürgerl. Moral. Weltruhm erlangte er mit dem viel übersetzten satir. Roman „Die Abenteuer des braven Soldaten Schwejk“ (1920–23, dt. 1926), in dem der nur scheinbar einfältige Soldat den Militarismus lächerl. macht. Humorvoll und doch scharf wendet sich H. gegen Unterdrückung, Militarismus und die Sinnlosigkeit des Kriegs. K. Vaněk vollendete den Roman, der mehrfach dramatisiert (B. Brecht) und auch verfilmt wurde. Auswahlausgaben der Erzählungen H.s liegen

auch in dt. Übersetzung vor, so „Schwejks Lehrjahre" (1962), „Der Tolpatsch u. a. Erzählungen" (1964), „Die Beichte des Hochverräters" (1967), „Schweijkiaden" (1969).
Ausgabe: J. H. Spisy. Prag 1957ff. Bisher 15 Bde.
Literatur: Janouch, G.: *J. H. Der Vater des braven Soldaten Schwejk. Bern u. Mchn. 1967.*

Hasenclever, Walter [... kle:vər], * Aachen 8. Juli 1890, † Les Milles (Bouches-du-Rhône) 21. Juni 1940, dt. Lyriker und Dramatiker.
Sohn eines Sanitätsrates, studierte Philosophie und Literaturgeschichte, wurde unter dem Eindruck des 1. Weltkrieges Pazifist. In den 20er Jahren als Korrespondent meistens in Paris, vorübergehend in Hollywood als Drehbuchautor. H. mußte 1933 Deutschland verlassen und ließ sich schließlich in Cagnes-sur-Mer bei Nizza nieder,

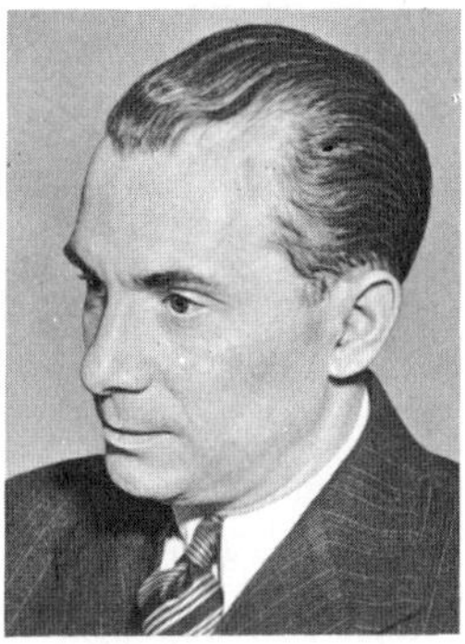
Walter Hasenclever

beging im Internierungslager beim Anmarsch der dt. Truppen Selbstmord. H. fand nach frühen, ahnungsvollen Versen zu einer melod. und zeitbedingt aufrührer. Lyrik. Alle seine Gedichte sind wie die Dramen und Romanversuche von jugendl. Feuer und mitreißendem Pathos erfüllt. Berühmt wurde er mit dem Drama „Der Sohn" (1914), das den Vater-Sohn-Konflikt zum Thema hat und ihn zum Repräsentanten der jungen Generation werden ließ. H. stand im Mittelpunkt der expressionist. Bewegung. In den folgenden Jahren trat er in seinen Stücken – z. T. expressionist. Experimenten – für eine neue, bessere Welt ein, wandte sich von der polit. Dichtung ab und einer sehr persönl. Mystik zu. Ende der 20er Jahre begann er literar. unbed. Lustspiele zu schreiben.
Weitere Werke: Der Jüngling (Ged., 1913), Der Retter (Dr., 1916), Antigone (Trag., 1917), Jenseits (Dr., 1920), Ein besserer Herr (Lsp., 1927), Ehen werden im Himmel geschlossen (Kom., 1929), Napoleon greift ein (Kom., 1930), Irrtum und Leidenschaft (R., 1934–39, hg. 1969).
Ausgabe: W. H. Gedichte, Dramen, Prosa. Hg. v. K. Pinthus *u. a. Reinbek bei Hamb. 1962.*
Literatur: Huder, W.: *W. H. u. der Expressionismus. In: Welt u. Wort 21 (1966), 255.* – Zeltner, E.: *Die expressionist. Dramen W. H.s. Diss. Wien 1961 [Masch.].*

Hasenkamp, Gottfried, * Bremen 12. März 1902, dt. Schriftsteller.
Studierte Geschichte, Kunstgeschichte und Philosophie (Dr. phil.); nach dem 2. Weltkrieg Verlagsleiter; konvertierte zum Katholizismus, der H.s Lyrik, Dramen und Essays mitgeprägt hat.
Hauptwerke: Hymnen (1924), Sponsa Christi (geistl. Spiel, 1924), Münsterisches Dombauspiel (1947), Das Totenopfer (Ged., 1948), Das Morgentor (Ged., 1956).

Hassan Ibn Thabit, tl.: Ḥassān Ibn Ṯābit [ha sa:n 'ɪbən 'ta:bɪt], * Medina um 563 (?), † 674, arab. Dichter.
Entstammte dem in Medina ansässigen Stamm Chasradsch; Hofdichter in Al Hira und Damaskus; stand dann im Dienst des Propheten Mohammed; schrieb Gedichte in einfacher Sprache zum Lob des Propheten und zur Schmähung seiner Gegner; sein Diwan wurde ins Dt. übersetzt (1953).

Hasselt, G. van [niederl. 'hɑsəlt] ↑ Claes, Ernest [André Jozef].

Hatefi, Abdollah; tl.: Hātifī, 'Abdu'llāh [pers. hɑte'fi:], * Chargerd, † 1521, pers. Epiker.
Neffe des Dichters Dschami; schrieb eine „Chamse" nach dem Vorbild Nesamis, von der jedoch nur 4 Teile erhalten sind; neu war, daß der Dichter das übl. „Eskandarname" (= Alexanderlied) durch ein „Timurname" ein großangelegtes Epos über die Kriegszüge des Eroberers Timur, ersetzte; von Schah Ismail aufgefordert, ein ähnl. Gedicht über seine Taten zu schreiben, konnte H. bis zum Tode nur 1000 Verse vollenden.

Hatim At Tai; tl.: Ḥātim At-Ṭā'ī ['ha:tɪm a'ta:i], vorislam. arab. Dichter des 6./7. Jahrhunderts.
Bekannt durch seine Freigebigkeit, die ihn zum Helden eines Volksromans machte, der ins Pers., Türk. und Hindi übersetzt wurde. Die Gedichte seines Diwans (wahrscheinl. sind darunter zahlreiche unechte) besingen diese edle arab. Tugend, die unter den harten Bedingungen eines entbehrungsreichen Lebens in der Wüste bes. geschätzt wurde.

Hatzfeld, Adolf von, * Olpe 3. Sept. 1892, † Bonn 25. Juli 1957, dt. Dichter.
Entstammte einer westfäl. Adelsfamilie, erblindete infolge eines Selbstmordversuches während seiner Offiziersausbildung, studierte Literaturwissenschaft und Philosophie (Dr. phil.), unternahm große Reisen durch Europa und Asien und lebte seit 1925 in Bad Godesberg als freier Schriftsteller. H. verfaßte hymn., religiös-ekstat. Lyrik, expressionist. Bekenntnisromane, Novellen und Dramen in lebensvoller, farbenreicher Darstellung. Sein Werk zeugt von seiner tiefen Verbundenheit mit seiner westfäl. Heimat.
Hauptwerke: Gedichte (1916), Franziskus (R., 1918), Die Lemminge (R., 1923), Positano (Reisebericht, 1925), Das zerbrochene Herz (Trag. nach J. Ford, 1926), Der Flug nach Moskau (E., 1942), Melodie des Herzens (Ged., 1951).
Literatur: A. v. H. Einf. v. F. Baukloh. *Dortmund 1959.*

Hatzópoulos ↑ Chadsopulos.

Hauch, Carsten [dän. hau'g], * Frederikshald (heute Halden, Norwegen) 12. Mai 1790, † Rom 4. März 1872, dän. Dichter.
Wuchs in Norwegen auf; studierte in Kopenhagen Zoologie; befreundet mit Oehlenschläger, der ihn mit den Ideen der Romantik vertraut machte; erste dichter. Versuche blieben erfolglos; erst während eines Italienaufenthaltes fand er wieder zur Dichtung; später Professor in Kiel, dann Professor für Ästhetik in Kopenhagen; nahm sich während einer Italienreise das Leben. Als Romantiker

von Schelling beeinflußt; schuf mehr lyr. als dramat. Bühnenstücke; seine Romane stehen unter dem Einfluß W. Scotts; am besten sind seine volksliedhaft-schlichte Naturlyrik und die antiken Vorbildern verpflichteten Oden.
Hauptwerke: Der Goldmacher (R., dt. 1837), Marsk Stig (Dr., 1843), Samlede digte (Ged., 1891).
Hauff, Wilhelm, * Stuttgart 29. Nov. 1802, † ebd. 18. Nov. 1827, dt. Dichter.
Studierte Theologie und Philosophie in Tübingen, Mitglied der burschenschaftl. „Kompagnie". 1824–26 war er Hauslehrer, 1826 Reisen nach Frankreich, den Niederlanden und N-Deutschland. 1827 Schriftleiter des „Cottaschen Morgenblattes" in Stuttgart. H. war ein frühvollendeter,

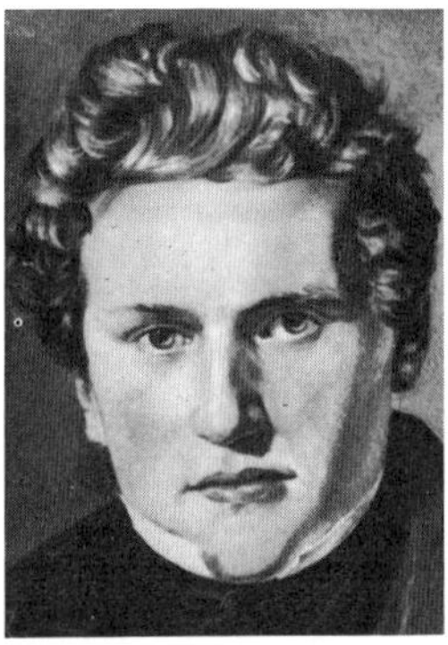

Wilhelm Hauff (Gemälde von K. Leybold, Ausschnitt)

vielseitiger und fruchtbarer Erzähler, der Märchen, Novellen, Zeitsatiren und Romane schrieb. Er knüpft an Jean Paul, E.T.A. Hoffmann und Tieck an; bleibt in seinem Werk Eklektizist, der Romantisches auf einem realist. Hintergrund lebendig werden läßt. Mit seinem histor. Roman „Lichtenstein" (1826) steht H. in der Nachfolge Scotts. Seinen Roman „Der Mann im Mond" (1826) veröffentlichte er in parodist. Absicht unter dem Pseudonym des erfolgreichen Unterhaltungsschriftstellers H. Clauren, was ihm einen Preßprozeß einbrachte. Einige von H.s Liedern wurden volkstüml. und sind noch heute lebendig.
Weitere Werke: Märchenalmanach auf das Jahr 1826 (1827, 1828) (1826–28; darin: Das Wirtshaus im Spessart), Mitteilungen aus den Memoiren des Satan (E., 1826/27), Phantasien im Bremer Ratskeller (E., 1827), Novellen (1828), Phantasien und Skizzen (1828).
Ausgaben: W. H. Werke. Vollständige Dünndruckausg. mit einer Ausw. aus den Briefen. Hg. v. E. Engelhard. *Stuttg. 1961–62. 2 Bde. – W. H. Sämtl. Werke. Mit einer Einf. v.* C. G. v. Maassen. *Mchn. 1923. 5 Bde.*
Literatur: Jaschek, A.: *W. H.s Stellung zw. Romantik u. Realismus. Diss. Frkf. 1956 [Masch.].* – Hofmann H.: *W. H. Frkf. 1902.*
Haug, Friedrich, * Niederstotzingen (Landkreis Heidenheim) 9. März 1761, † Stuttgart 30. Jan. 1829, dt. Schriftsteller.
Auf der Karlsschule Mitschüler Schillers, später Bibliothekar und Hofrat; 1807–17 Schriftleiter von Cottas „Morgenblatt"; schrieb zahlreiche Epigramme, die er unter dem Pseudonym Friedrich Hophthalmos veröffentlichte.
Hauptwerke: Sinngedichte (1791), Hundert Epigramme auf Ärzte, die keine sind (1806), Gedichte (1827).
Haukland, Andreas [norweg. 'hœy̆klan], * Vefsn bei Mosjøen 10. Okt. 1873, † Capri 6. Okt. 1933 (Selbstmord), norweg. Schriftsteller.
Nach einer ärml. Jugend in verschiedenen Berufen tätig; in histor. Romanen von Hamsun beeinflußter Schilderer des harten Daseins norweg. Bauern und Fischer; auch Darstellungen aus der Wikingerzeit und der vorchristl. Epoche.
Hauptwerke: Ol-Jörgen (R., dt. 1928), Orms Söhne (R., dt. 1913), Flut und Ebbe (R., dt. 1930).
Haulleville, Eric de [frz. ol'vil], * Etterbeek (Brabant) 13. Sept. 1900, † Saint-Paul-de-Vence (Alpes-Maritimes) 20. März 1941, belg. Dichter.
Rechtsstudium in Brüssel; 1928–34 in Paris, wo er u.a. Kunsthändler war; trat mit Gedichten (u.a. „Dénoûment", 1923), dem phantast. Prosagedicht „Le genre épique" (1928), dem surrealist. Roman „Voyage aux Îles Galapagos" (1934) und Essays hervor.
Hauptmann, Carl, * Bad Salzbrunn 11. Mai 1858, † Schreiberhau 4. Febr. 1921, dt. Schriftsteller.
Älterer Bruder von Gerhart H.; studierte Naturwissenschaften und Philosophie (u.a. bei Haeckel und Avenarius); seit 1889 in Berlin, ab 1891 in Schreiberhau freier Schriftsteller. H. begann, themat. und sprachl. seiner schles. Heimat verbunden, mit naturalist. Dramen, die soziale Probleme behandeln. Die seinem Wesen entsprechende schles. Mystik wies ihn zu Grüblertum und visionärer Erkenntnis; in seinem Spätwerk steht er dem Expressionismus nahe. Bestechend ist die psycholog. Durchdringung seiner Erzählwerke (v.a. „Einhart der Lächler", R., 1907). Als Lyriker gelangen H. zarte impressionist. Bilder.
Weitere Werke: Waldleute (Dr., 1896), Ephraims Breite (Dr., 1900), Die Bergschmiede (Dr., 1902), Mathilde (R., 1902), Die armseligen Besenbinder (Dr., 1913), Ismael Friedmann (R., 1913), Krieg. Ein Tedeum (Dr., 1914), Rübezahlbuch (En., 1915), Tobias Buntschuh (Kom., 1916), Tantaliden (R.-Fragment, 1927).
Literatur: Stroka, A.: *C. H.s Werdegang als Denker u. Dichter. Breslau 1965. – C. H. Ein schles. Dichter. Zur 100. Wiederkehr seines Geburtstages. Zusammengestellt v.* Th. Duglor. *Troisdorf 1958.* – Goldstein W.: *C. H. Lebensbild. Schweidnitz 1931.*
Hauptmann, Gerhart, * Bad Salzbrunn 15. Nov. 1862, † Agnetendorf (Landkreis Hirschberg i. Rsgb.) 6. Juni 1946, dt. Dichter.
Sohn eines Gastwirts, landwirtschaftl. Ausbildung, 1880–82 Besuch der Breslauer Kunstschule, Ende 1882/83 Studium in Jena bei Eucken und Haeckel, 1883/84 als Bildhauer in Rom, 1884 Kunstakademie Dresden, dann histor. Studien in Berlin, auch Schauspielunterricht, 1885 Heirat und damit finanzielle Unabhängigkeit; 1904 Scheidung und 2. Ehe; lebte in Berlin (Verkehr im Friedrichshagener Kreis), bis er sich 1891 in Agnetendorf ankaufte, dann nur noch zeitweise in Berlin. H. unternahm Reisen u.a. nach Paris (1894), Amerika (1894 und 1932), Griechenland (1907) und mehrmals nach Italien. 1912 Nobelpreis. Er starb in dem unter poln. Verwaltung stehenden Agnetendorf, begraben wurde er auf Hiddensee. In H.s literar. Werk sind die Erkenntnisse eines langen Lebens, das in die Zeit einer

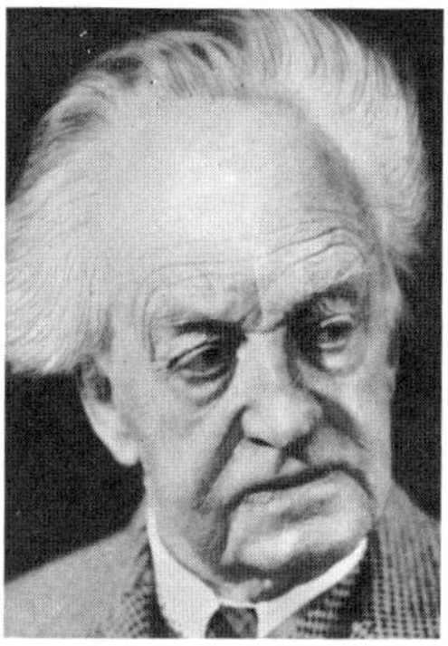

Gerhart Hauptmann

umwälzenden gesellschaftl. Veränderung fiel, eingegangen; er huldigte allen Formen und Stilen seiner Zeit. H. nahm soziale, myth. und histor. Themen auf, wählte aber auch antike. Sein Werk, das in seiner Mitleidensfähigkeit und einer vitalen dichter. Schöpfungskraft wurzelt, ist weniger auf formale Vollendung gerichtet als auf elementare Erfassung und Durchdringung der ihn anrührenden Probleme, bes. religiöser und sozialer, aber auch solcher des künstler. Individuums. Stets steht der unterdrückte, hilflose, triebgebundene Mensch, der „passive Held" im Mittelpunkt. H. ist der bedeutendste Dramatiker des Naturalismus, dem er mit „Vor Sonnenaufgang" (1889) zum Durchbruch verhalf und dessen Hauptwerk, „Die Weber" (1892, 1. Fassung in schles. Mundart u. d. T. „De Waber") er schrieb. Mit Sagen-, Mythen- und Märchenspielen steht er in der Neuromantik, es folgen weniger erfolgreiche histor. Dramen, dann klassizist. Verstragödien mit antiken Stoffen. Seine Erzählungen und Romane geben ein Bild von chthon. Gewalten, von den Urkräften der Natur, der Macht des Eros; oft fließt Autobiographisches ein. Weniger bed. die Lyrik, H. schrieb ferner Autobiographien, Reisebücher, Essays u. a.

Weitere Werke: Das Friedensfest (Trag., 1890), Einsame Menschen (Trag., 1891), Der Apostel. Bahnwärter Thiel (Novellen, 1892), College Crampton (Kom., 1892), Der Biberpelz (Kom., 1893), Hannele (Dr., 1894, 1896 u.d.T. Hanneles Himmelfahrt), Florian Geyer (Dr., 1896), Die versunkene Glocke (Dr., 1897), Fuhrmann Henschel (Dr., 1899), Michael Kramer (Dr., 1900), Schluck und Jau (Kom., 1900), Der rote Hahn (Tragikom., 1901), Rose Bernd (Dr., 1903), Elga (Dr., 1905), Und Pippa tanzt (Dr., 1906), Griech. Frühling (Reisebericht, 1908), Der Narr in Christo Emanuel Quint (R., 1910), Die Ratten (Tragikom., 1911), Atlantis (R., 1912), Gabriel Schillings Flucht (Dr., 1912), Der Ketzer von Soana (Nov., 1918), Indiphodi (Dr., 1920), Die Insel der großen Mutter oder ... (R., 1925), Dorothea Angermann (Trag., 1926), Des großen Kampffliegers ...Till Eulenspiegel Abenteuer ... (Epos, 1928), Buch der Leidenschaft (Autobiogr., 1930), Vor Sonnenuntergang (Dr., 1932), Hamlet in Wittenberg (Dr., 1935), Das Abenteuer meiner Jugend (Autobiogr., 1937), Iphigenie in Delphi (Trag., 1941), Magnus Garbe (Trag., 1942), Iphigenie in Aulis (Trag., 1944), Agamemnons Tod. Elektra (Tragödien, 1948).

Ausgaben: G. H. Sämtl. Werke. Centenar-Ausg. Hg. v. H.-E. Hass. *Bln. 1962ff. Auf 10 Bde. berechnet. – G. H. Ausgew. Dramen. Hg. v.* Hans Mayer. *Bln.* ^{2}*1956. 4 Bde. – G. H. Ausgew. Prosa. Hg. v.* Hans Mayer. *Bln. 1956. 4 Bde. – G. H. Das ges. Werk. Ausg. letzter Hand. Abt. 1. Bln. 1942. 17 Bde. [m.n.e.].*

Literatur: Hilscher, E.: *G. H. Biographie. Bln. 1969.* – Reichart, W. A.: *G.-H.-Bibliogr. Bad Homburg v. d. H. 1969.* – Hildebrandt, K.: *G. H. u. die Gesch. Mchn. 1968.* – Tank, K. L.: *G. H. in Selbstzeugnissen u. Bilddokumenten. Reinbek bei Hamb.* ^{8}*1968.* – Mayer, Hans: *G. H. Velber 1967. – G. H. Leben u. Werk. Ausstellung u. Kat. zum 100. Geburtstag des Dichters. Bearb. v.* B. Zeller *u.a. Mchn. 1962.* – Gregor, J.: *G. H. Das Werk u. unsere Zeit. Wien 1951. – G. H. Studien zum Werk u. zur Persönlichkeit. Dem Dichter zum 80. Geburtstag. Breslau 1942.* – Schlenther, P./ Eloesser, A.: *G. H. Leben u. Werke. Bln.* $^{8-13}$*1922.*

Hausen, Friedrich von ↑ Friedrich von Hausen.

Hausenstein, Wilhelm, Pseudonym Johann Armbruster, * Hornberg (Landkreis Calw) 17. Juni 1882, † München 3. Juni 1957, dt. Kunstschriftsteller und Essayist.

Studierte Philosophie, Geschichte und Nationalökonomie, später Kunstgeschichte; Reisen durch S- und W-Europa; 1917–43 Mitarbeiter der „Frankfurter Zeitung", seit 1951 dt. Geschäftsträger, 1953–55 Botschafter in Paris; schrieb zahlreiche Kunst- und Reisebücher sowie Erzählungen („Das Gastgeschenk", 1923; „Buch der Kindheit", 1936; „Herbstlaub", 1947) und Erinnerungen („Lux perpetua", 1947; „Pariser Erinnerungen", 1961); auch Nachdichtungen (u. a. Baudelaire).

Literatur: W. H. Wege eines Europäers. Kat. einer Ausstellung. Bearb. v. W. Migge. *Mchn. 1967. – Festgabe f. W. H. Zum 70. Geburtstag, 17. Juni 1952. Hg. v.* W. E. Süskind. *Mchn. 1952.*

Hauser, Heinrich, * Berlin 27. Aug. 1901, † Dießen a. Ammersee 25. März 1955, dt. Schriftsteller.

Sohn eines Arztes; im 1. Weltkrieg Seekadett; danach Leichtmatrose; befuhr – teilweise im Wohnwagen – ganz Europa; journalist. Tätigkeit; 1939 emigrierte er in die USA; 1948 Rückkehr nach Deutschland, Chefredakteur der Zeitschrift „Stern"; schrieb im Stil der Neuen Sachlichkeit Romane, Erzählungen, Erlebnisberichte und Reportagen.

Hauptwerke: Brackwasser (R., 1928), Donner überm Meer (R., 1929), Die letzten Segelschiffe (Bericht, 1930), Australien. Der menschenscheue Kontinent (Bericht, 1938), Gigant Hirn (R., 1958).

Hauser, Kaspar ↑ Tucholsky, Kurt.

Haushofer, Albrecht, * München 7. Jan. 1903, † Berlin 23. April 1945, dt. Schriftsteller.

Sohn des Geopolitikers Karl H.; studierte in München (Dr. phil.), 1940 Professor für polit. Geographie und Geopolitik in Berlin; Mitarbeiter des Auswärtigen Amtes; 1941 Entlassung und Redeverbot; wegen Teilnahme an der Verschwörung vom 20. Juli 1944 verhaftet und kurz vor Kriegsende erschossen. H. schrieb klassizist. Römerdramen („Scipio", 1934; „Sulla", 1938; „Augustus", 1939), in denen er, histor. Parallelen

ziehend, Kritik am Nationalsozialismus übte. Seine bedeutendste Dichtung und zugleich die bedeutendste des Widerstands sind die „Moabiter Sonette" (hg. 1946).
Literatur: Preiß, E.: *A. H. Diss. Wien 1957 [Masch.].*
Haushofer, Marlen, * Frauenstein (Oberösterreich) 11. April 1920, östr. Schriftstellerin.
Germanist. Studien in Wien und Graz, lebt in Steyr. Gestaltet in ihren Romanen die Unsicherheit des Menschen; fand v. a. mit den Romanen „Die Wand" (1963) und „Himmel, der nirgendwo endet" (1966) internationale Anerkennung; auch Erzählungen, Hörspiele, Kinderbücher.
Weitere Werke: Das fünfte Jahr (Novellen, 1951), Eine Handvoll Leben (R., 1955), Die Tapetentür (R., 1957), Schreckl. Treue (En., 1967), Die Mansarde (R., 1969).
Hausmann, Manfred, * Kassel 10. Sept. 1898, dt. Schriftsteller.
Fabrikantensohn, Soldat im 1. Weltkrieg; studierte Philologie, Philosophie und Kunstgeschichte, war als Dramaturg, Kaufmann und Redakteur tätig; lebte nach einer Amerikareise (1929) jahrelang als freier Schriftsteller in Worpswede, jetzt in Bremen-Rönnebeck. H., der auch als Übersetzer jap., chin. und griech. Lyrik hervorgetreten ist, schrieb Gedichte, Erzählungen, Romane, Dramen und Essays. Lange Zeit war sein Werk romant. schwermütig, geprägt von verhaltenem Naturerlebnis. In seinem Roman „Abschied von der Jugend" (1937) kündigte sich eine Wandlung an, die in der Nachkriegszeit – unter dem Einfluß Kierkegaards und K. Barths – zum Christentum bzw. zu einer Art christl. Existentialismus führte. „Das Worpsweder Hirtenspiel" (Dr., 1946), „Der dunkle Reigen" (Dr., 1951) und „Der Fischbecker Wandteppich" (Spiel, 1955) sind die wohl bedeutendsten Zeugnisse dieser Wandlung.
Weitere Werke: Jahreszeiten (Ged., 1924), Lampioon küßt Mädchen und kleine Birken (R., 1928), Lilofee (Dr., 1929), Salut gen Himmel (R., 1929), Abel mit der Mundharmonika (R., 1932), Jahre des Lebens (Ged., 1938), Irrsal der Liebe (Ged., 1960), Kleiner Stern im dunklen Strom (R., 1963), Unvernunft zu dritt (En., 1968).
Ausgabe: M. H. Ges. Schrr. in Einzelausgg. Frkf. 1955–67. 9 Bde.
Literatur: M. H. Festschr. zum 70. Geburtstag. Hg. v. K. Schauer. *Frkf. 1968.* – Fröhling, G. P.: *Sprache u. Stil in den Romanen M. H.s. Diss. Bonn 1965.* – Schauder, K.: *M. H. Wuppertal-Barmen 1963.*
Havel, Václav [tschech. ˈhavɛl], * Prag 5. Okt. 1936, tschech. Schriftsteller.
Laborant, Studium an der TH Prag, Theatertechniker, Dramaturg und Regieassistent; 1963 erschien sein erstes Stück „Das Gartenfest" (dt. 1967), das, wie die folgenden Stücke „Die Benachrichtigung" (dt. 1967) und „Erschwerte Möglichkeit der Konzentration" (dt. EA 1968), eine satir. Groteske ist. Geschult an Ionesco, benutzt H. Elemente des absurden Theaters, um die Sinnlosigkeit in den mechanisierten Beziehungen innerhalb der menschl. Gesellschaft aufzudecken.
Haverschmidt, François [niederl. ˈhaːvərsmɪt], * Leeuwarden 14. Febr. 1835, † Schiedam 19. Jan. 1894, niederl. Schriftsteller.
Studierte kalvinist. Theologie und wurde Pfarrer; schwermütig veranlagt, beging Selbstmord. Veröffentlichte unter dem Pseudonym Piet Paaltjens Gedichte und Skizzen, die seinem romant. Weltschmerz beredt Ausdruck verleihen.
Hauptwerke: Snikken en grimlachjes (Ged., 1867), Familie en kennissen (Skizzen, 1876).
Havlíček[-]Borovský, Karel [tschech. ˈhavliːtʃɛk ˈbɔrɔfskiː], Pseudonym Havel Borovský, * Borová 31. Okt. 1821, † Prag 29. Juli 1856, tschech. Schriftsteller.
Wegen liberaler Neigungen aus dem Priesterseminar entlassen, danach Lehrer in Rußland, wo er zum Gegner des zarist. Absolutismus wurde; nach Rückkehr einflußreicher Journalist, wegen seiner polit. Einstellung deportiert; starb nach der Heimkehr an Schwindsucht; von Gogol beeinflußt; zwischen Romantik und Realismus stehender Publizist. H. verfocht seine nationalist. polit. Ideale in Parodien und Satiren, darunter „Die Taufe des Zaren Wladimir" (1877, dt. 1906); Lessing und Logau waren die Vorbilder für seine Epigramme. Ebenfalls dt. erschienen „Tiroler Elegien" (1861, dt. 1936).
Hawel, Rudolf, * Wien 19. April 1860, † ebd. 25. Nov. 1923, östr. Schriftsteller.
Wuchs in ärml. Verhältnissen auf, Volksschullehrer in Wien. H. schilderte in volkstüml. Romanen und Bühnenstücken das Leben der Arbeiter und des Wiener Kleinbürgertums.
Hauptwerke: Märchen für große Kinder (1900), Die Politiker (Kom., 1904), Erben des Elends (R., 1906), Im Reiche der Homunkuliden (R., 1910).
Hawkins, Sir Anthony Hope [engl. ˈhɔːkɪnz] ↑ Hope, Anthony.
Hawley, Cameron [engl. ˈhɔːlɪ], * Howard 19. Sept. 1905, amerikan. Schriftsteller.
Zunächst in der Werbebranche tätig, später freier Schriftsteller; schrieb in sachl. Sprache Romane aus der harten Realität amerikan. Wirtschaftslebens.
Hauptwerke: Sie fragten ihre Frauen (R., dt. 1954), Cash McCall (R., dt. 1958), Die Lincoln Lords (R., dt. 1961).
Hawthorne, Nathaniel [engl. ˈhɔːθɔːn], * Salem (Mass.) 4. Juli 1804, † Plymouth (N. H.) 18. oder 19. Mai 1864, amerikan. Schriftsteller.
Entstammte einer alten Familie Neuenglands, studierte zusammen mit Longfellow, war als

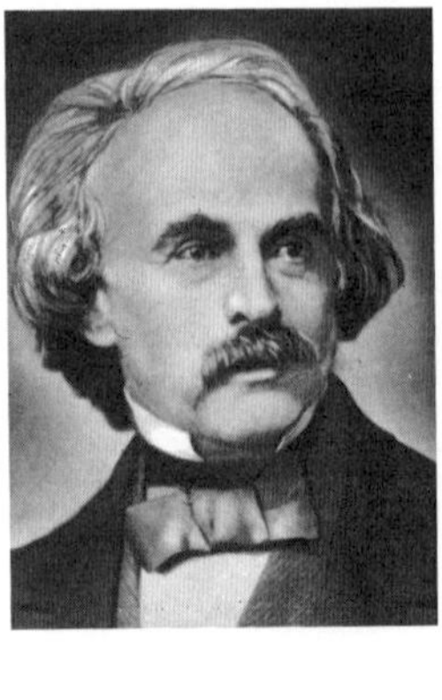

Nathaniel Hawthorne

Journalist und Zollbeamter tätig und wurde erst als Konsul in Liverpool von finanziellen Sorgen frei. Nach einer Italienreise kehrte er 1860 in die Staaten zurück. Seine ersten Erzählungen und der noch unausgereifte Roman „Fanshawe" (1828) erschienen anynonym. Sein Meisterwerk ist der histor. Roman „Der scharlachrote Buchstabe" (dt. 1851), der zu den bedeutendsten Werken der amerikan. Literatur zählt und wie die meisten seiner Romane in der Welt der alten Puritaner Neuenglands spielt. Das Werk ist eine meisterhafte psycholog. Durchleuchtung des Schuldbewußtseins und seiner Folgen, eine Darstellung des freudlosen Lebens der sittenstrengen, ihre Gefühle unterdrückenden Puritaner. Das Problem der Sünde und andere Gewissensfragen behandelt H. aus streng eth., aber religiös freisinniger Sicht auch in den Romanen „Das Haus der sieben Giebel" (dt. 1851) und „Blithedale" (dt. 1852). Sein suggestiver psycholog. Realismus wird bisweilen von Symbolik durchbrochen. H.s Sprache ist bilderreich, klar und eindringlich.
Weitere Werke: Zweimal erzählte Geschichten (Kurzgeschichten, 1837, erweitert 1842; dt. Ausw. 1852), Mosses from an old manse (Kurzgeschichten, 1846), The snow-image (Kurzgeschichten, 1851), Miriam (R., dt. 1862, 1961 u. d. T. Der Marmorfaun).
Ausgaben: N. H. The centenary edition of the works. Hg. v. W. Charvat *u.a. Athens (Ohio) 1962ff. Auf mehrere Bde. berechnet. – N. H. Romane u. Erzählungen. Dt. Übers. Hg. v.* F. Blei. *Potsdam u. Bln. 1923. 4 Bde. – N. H. The complete works. Riverside edition. Boston (Mass.) 1883. 12 Bde.*
Literatur: James, H.: *N. H. Neuausg. New York 1967.* – Link, F. H.: *Die Erzählkunst N. H.s. Hdbg. 1962.* – Van Doren, M.: *N. H. New York 1949.* – Stewart, R.: *N. H. A biography. Neuausg. New Haven 1961.* – Hawthorne, J.: *N. H. and his circle. New York 1903.*

Hay, John [Milton] [engl. hɛɪ], * Salem (Ind.) 8. Okt. 1838, † Newbury (N.H.) 1. Juli 1905, amerikan. Politiker und Schriftsteller.
Sekretär Lincolns; dann journalist. tätig; später Diplomat in Europa, u.a. Gesandter in London; 1898–1905 Außenminister unter Roosevelt. Verfaßte Skizzen über seinen Spanienaufenthalt, Gedichte, einen sozialkrit. Tendenzroman und mit J. G. Nicolay eine Biographie Lincolns; v.a. bekannt als Autor derb-humorist. Dialektballaden, der „Pike county ballads" (1871), in denen er das Grenzerleben darstellt.

Háy, Gyula (Julius) [ungar. 'ha:i], * Abony 5. Mai 1900, ungar. Schriftsteller.
Studierte in Budapest Architektur, emigrierte 1919 – nach Niederschlagung der Räterepublik – nach Deutschland, lebte in Dresden und Berlin, ging 1933 ins Exil nach Moskau, kehrte 1945 nach Ungarn zurück, wurde nach dem Aufstand 1956 zu mehreren Jahren Gefängnis verurteilt, nach dreijähriger Haft amnestiert, lebt heute in der Schweiz. H. trat als marxist. Dramatiker seit 1930 hervor; er schrieb seine Theaterstücke v.a. in dt. Sprache. Bekannt wurde H. bes. durch sein Schauspiel „Haben" (1938), in dem an Hand einer Giftmordaffäre der soziale Verfall der Dorfgesellschaft gezeigt wird; in „Gáspár Varrós Recht" (Dr., 1965) und „Der Großinquisitor" (Dr., 1968) setzt sich H. mit Problemen des Sozialismus auseinander.
Weitere Werke: Gott, Kaiser und Bauer (Dr., 1935), Das neue Paradies (Kom., 1938), Gerichtstag (Dr., 1946), Der Putenhirt (Dr., 1948), Begegnung (Dr., 1953), Attilas Nächte (Trag., 1964), Das Pferd (Kom., 1964), Der Barbar (Dr., 1966).
Ausgabe: Julius H. Dramen. Reinbek bei Hamb. 1964–66. 2 Bde.

Hayashi, Fumiko † Hajaschi, Fumiko.

Haykal, Muḥammad Ḥusayn † Haikal, Muhammad Husain.

Haynẹccius, Martin [haɪ'nɛktsiʊs], * Borna 10. Aug. 1544, † Grimma 28. April 1611, dt. Lustspieldichter.
Lehrerssohn, war selbst Lehrer, zuletzt Rektor der Landesschule in Grimma; verfaßte in lat. Sprache zahlreiche Schulkomödien, die dann ins Dt. übersetzt wurden.
Hauptwerke: Almansor, sive ludus literarius (Dr., 1578; dt. 1603 u. d. T. Schulteufel), Hansoframea seu Mimoscopus (Dr., 1581; dt. 1582 u. d. T. Hans Pfriem).

Hazạrd, Désiré [frz. a'za:r] † Feuillet, Octave.

Hazār Wa Jik Rūz † Tausendundein Tag.

Hazlitt, William [engl. 'hæzlɪt, 'hɛɪzlɪt], * Maidstone bei London 10. April 1778, † London 18. Sept. 1830, engl. Essayist.
Sollte auf Wunsch des Vaters unitar. Theologe werden; gab den Plan jedoch auf, da seine polit. und philosoph. Interessen überwogen. Unter dem Eindruck der Begegnung mit Coleridge Hinwendung zur Malerei, später zur Literatur, journalist. Arbeiten. Bed. Kritiker und Essayist, der mit leidenschaftl. persönl. Teilnahme zu allen literar. und polit. Fragen Stellung nahm. Er pflegte v.a. die witzige, unterhaltsame Essayistik im Konversationston; Vorbilder waren bes. Montaigne und Burke. Seine gedankl. klare, unbefangene Kritik wurde sowohl den Eigenheiten des Klassizismus wie denen der Vorromantik gerecht.
Hauptwerke: The characters of Shakespeare's plays (1817), The English poets (1818), On the English comic writers (1819), The dramatic literature of the age of Elizabeth (1820), The spirit of the age (1825), Sketches and essays (1839).
Literatur: Baker, H.: *W. H. Cambridge (Mass.) 1962.*

H. D. [engl. 'ɛɪtʃ 'di:] † Doolittle, Hilda.

Hearn, Lafcadio [engl. hə:n], * auf Lefkas (Griechenland) 27. Juni 1850, † Tokio 26. Sept. 1904, engl.-amerikan. Schriftsteller.
Sohn eines engl. Arztes und einer Griechin; Jugend in Frankreich und England, 1869 wanderte er nach Amerika aus, zunächst wenig erfolgreicher Journalist, lebte in Armut; begann mit Übersetzungen und gab eine Sammlung negerfrz. Sprichwörter und oriental. Legenden heraus. Seit 1890 Berichterstatter in Japan, heiratete eine Japanerin, wurde Lehrer, nahm den jap. Namen Jakumo Koisumi an und war seit 1896 Professor für engl. Literatur in Tokio. Als feinsinniger Beobachter des Brauchtums seiner neuen Heimat gelangen ihm eindrucksvolle Impressionen.
Hauptwerke: Izumo. Blicke in das unbekannte Japan (1894, dt. 1907f.), Out of the East (1895), Kokoro (Novellen, dt. 1906), Jap. Geistergeschichten (dt. 1925).

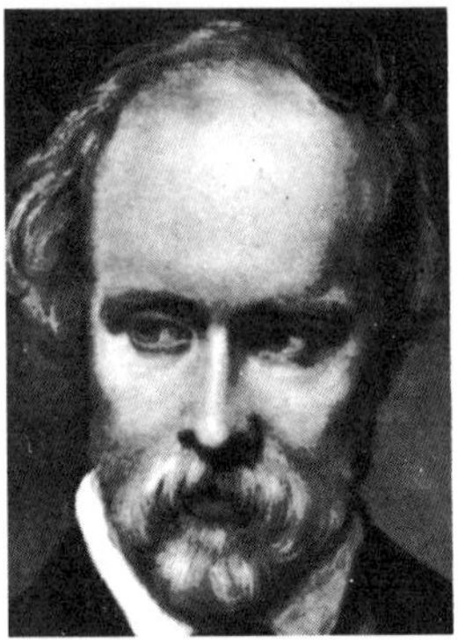

Christian Friedrich Hebbel (Gemälde von K. Rahl, 1851; Ausschnitt)

Literatur: Stevenson, E.: *L. H. Portland (Oreg.) 1961.* – McWilliams, V.: *L. H. Cambridge (Mass.); Boston 1946.*

Hebbel, Christian Friedrich, * Wesselburen (Landkreis Norderdithmarschen) 18. März 1813, † Wien 13. Dez. 1863, dt. Dramatiker.

Nach ärml. Jugend Maurerlehrling, dann Kirchspielschreiber, autodidakt. Bildung, studierte 1836–39 in Heidelberg und München (zuerst Jura, später Geschichte, Literatur, Philosophie), 1839 Rückkehr nach Hamburg. Er wurde unterstützt von der Näherin Elise Lensing, zu der er jahrelang (seit 1835) engere Beziehungen unterhielt. Er unternahm viele Reisen; 1842/43 in Kopenhagen, wo ihm vom König ein 2jähriges Reisestipendium gewährt wurde, Bekanntschaft mit Oehlenschläger, Thorvaldsen und Andersen, in Paris (1843/44) mit Heine, in Italien (1844/45) mit Mommsen und Hettner, in Wien mit der Burgschauspielerin Christine Enghaus, die er 1846 heiratete. Lebte seither in Wien (hier Feuilletonredakteur), seit 1855 auch am Traunsee. Reisen u. a. nach Weimar, Paris, London. H. gilt als einer der großen Dramatiker des 19. Jh.s, er schrieb jedoch auch Novellen und Gedichte. Die Tragödie „Judith" (1841) brachte ihm den ersten Erfolg. Das am häufigsten gespielte Drama ist das bürgerl. Trauerspiel „Maria Magdalene" (1844), das für den Durchbruch des modernen trag. Realismus von großer Bedeutung ist. „Gyges und sein Ring" (1856) gilt als das künstler. vollendetste von H.s Dramen. Formal geschult an Shakespeare, Kleist und antiken Autoren, steht H. zwischen Idealismus und Realismus; der Einfluß Hegels und Schopenhauers ist in all seinen Werken spürbar. Sein Hauptthema ist das trag. Verhältnis zwischen Individuum und Welt, das bes. in Übergangszeiten und an großen Persönlichkeiten deutl. wird. Das Wollen des einzelnen steht im Widerspruch zum Weltwillen und wird allein schon durch das Vorhandensein des Einzelwillens zum Unrecht. Im Sinne von Hegels Geschichtsphilosophie wird die Persönlichkeit zum Werkzeug einer höheren Macht und wird der Vernichtung preisgegeben, wenn sie ihren Auftrag erfüllt hat. Durch den Kampf der Geschlechter wird dieser Dualismus kompliziert („Judith", „Herodes und Mariamne", „Gyges und sein Ring"). Eine Erlösung vom trag. Dasein gibt es bei H. nicht. Seine Stoffe entnimmt er dem A. T. („Judith", „Herodes und Mariamne"), der Frühgeschichte („Gyges und sein Ring"), der german. Sagenwelt („Die Nibelungen"), dem MA („Genoveva", „Agnes Bernauer") und seiner Zeit („Maria Magdalene"). Trotz großräumiger Anlage der Dramen erdrücken Gedanken häufig die dichter. Komponenten. Auch die Lyrik ist gedankenbeladen und steht der Prosa nahe. Die „Gedichte" (1857) sind L. Uhland gewidmet; der Band enthält Balladen, Sonette und Epigramme. Bekannt sind: „Heideknabe", „Sommerbild", „Nachtlied". In den Novellen herrscht das Groteske und Grausige vor, so daß sich in diesem herben Werk das idyll. Hexameterepos „Mutter und Kind" (1859) fast fremd ausnimmt. Die Epigramme und Kritiken weisen H. als scharfsinnigen und eigenwilligen Denker aus. H.s Tagebücher sind voller Selbstkritik und spiegeln die geistigen Auseinandersetzungen des 19. Jahrhunderts. Auch Theoretiker der Tragik („Mein Wort über das Drama", 1843).

Weitere Werke: Genoveva (Trag., 1843), Der Diamant (Kom., 1847), Herodes und Mariamne (Trag., 1850), Der Rubin (Kom., 1851), Agnes Bernauer (Trag., 1855), Michel Angelo (Dr., 1855), Erzählungen und Novellen (1855), Die Nibelungen (Tragödientrilogie, 1862), Demetrius (Trag., 1864).

Ausgaben: F. H. Werke. Hg. v. G. Fricke *u. a. Mchn. 1963–67. 5 Bde. – F. H. Sämtl. Werke. Histor.-krit. Ausg. (Säkular-Ausg). Hg. v.* R. M. Werner. *1. Abteilung Bd. 1–15; 2. Abteilung Bd. 1–4. Bln. 1911–22 [m. n. e.]. – F. H. Sämtl. Werke. Histor.-krit. Ausg. Hg. v.* R. M. Werner. *Bln. 1901–17. 3 Abteilungen in 27 Bden. Nachdr. Bern 1969.*

Literatur: Wittkowsky, W.: *Der junge H. Zur Entstehung u. zum Wesen der Tragödie H.s. Bln. 1968.* – Schaub, M.: *F. H. Velber 1967.* – Meetz, A.: *F. H. Stuttg. ^{2}1965. – H. in neuer Sicht. Hg. v.* H. Kreuzer. *Stuttg. 1963. – H.-Jb. Hg. v.* L. Koopmann. *Heide (Holst.) Jg. 1 ff., 1939 ff.* – Purdie, E.: *F. H. A study of his life and work. London 1932.* – Kuh, E.: *Biographie F. H.s. Wien ^{3}1912. 2 Bde.*

Hebel, Johann Peter, * Basel 10. Mai 1760, † Schwetzingen 22. Sept. 1826, dt. Dichter.

Von einfacher Herkunft, studierte Theologie in Erlangen, wurde Vikar und Hauslehrer; seit 1783 Lehrer am Pädagogium in Lörrach, später

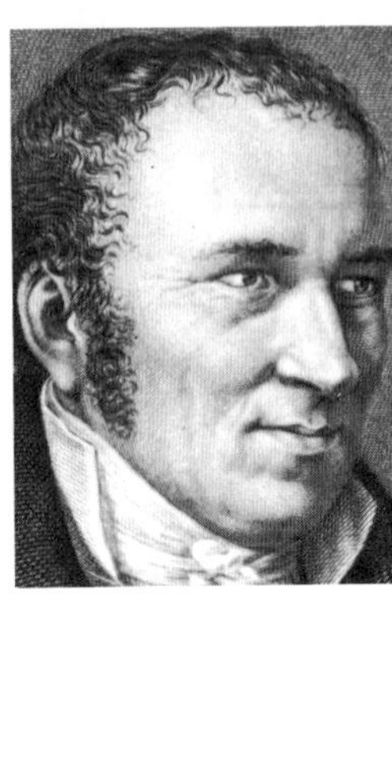

Johann Peter Hebel

am Gymnasium in Karlsruhe und Subdiakonus der dortigen Hofkirche, seit 1808 Direktor des Gymnasiums; 1819 Prälat und Abgeordneter des bad. Landtags; bedeutendster alemann. Mundartdichter; schrieb im Dialekt der Gegend von Lörrach (Baden) „Alemann. Gedichte" (1803 und 1820), idyll. Lebens- und Landschaftsschilderungen, einfache bäuerl. Sittengemälde von gemütstiefer, humorvoller und naiver Art, daneben auch schlichte, z.T. didakt. Kurzerzählungen, die in seinem Kalender „Der Rheinländ. Hausfreund" (1808–11), später im „Schatzkästlein des rhein. Hausfreundes" (1811) erschienen und ihn als Meister der Anekdote und der volkstüml. Kalendergeschichte ausweisen.
Ausgaben: J. P. H. Werke. Hg. v. E. Meckel. *Frkf. 1968. 2 Bde. – J. P. H. Briefe. Gesamtausg. Hg. v.* W. Zentner. *Karlsr. ²1957. – J. P. H. Werke. Hg. v.* W. Altwegg. *Zürich 1943. 3 Bde.*
Literatur: Kully, R. M.: *J. P. H. Stuttg. 1969.* – Hirtsiefer, G.: *Ordnung u. Recht in der Dichtung J. P. H.s. Bonn 1968.* – Zentner, W.: *J. P. H. Eine Biographie. Karlsr. ²1965. – J. P. H. u. seine Zeit. Zur 200. Wiederkehr seines Geburtstages am 10. Mai 1960. Festschr. hg. v.* W. Zentner. *Karlsr. 1960.* – Altwegg, W.: *J. P. H. Frauenfeld 1935.*

Hecht, Ben [engl. hɛkt], * New York 28. Febr. 1894, † ebd. 18. April 1964, amerikan. Schriftsteller und Journalist.
Schrieb realist., psycholog. vertiefte Romane, Kurzgeschichten und Dramen mit satir. Einschlag und polem. Neigung, u.a. „Die Leidenschaftlichen" (R., dt. 1960); auch zahlreiche Drehbücher.
Weitere Werke: A child of the century (Autobiogr., 1954), Gaily, Gaily (R., 1963).

Heckmann, Herbert, * Frankfurt am Main 25. Sept. 1930, dt. Schriftsteller.
Studium der Germanistik und Philosophie (Dr. phil.), wissenschaftl. Assistent an der Univ. Münster, dann Heidelberg; seit 1963 Mithg. der „Dt. Rundschau". Veröffentlichte parabelhafte Erzählungen („Das Portrait", 1958; „Schwarze Geschichten", 1964), in denen er die Frage nach dem Ich anschneidet, und den humorvoll geschriebenen Roman „Benjamin und seine Väter" (1962), die Geschichte eines unehel. Jungen, der seinen Vater sucht.

Hedaje, Sadegh; tl.: Hidāyaʰ, Ṣādiq [pers. heda'je], * Teheran 17. Febr. 1903, † Paris 9. April 1951 (Selbstmord), pers. Schriftsteller.
Entstammte einer aristokrat. Familie, studierte 1926–30 in Frankreich (Paris, Besançon), war nach seiner Rückkehr Mitbegründer der Künstlergruppe „Rab", studierte 1936/37 in Bombay Pehlewi, betrieb volkskundl. Studien, gab Volkslieder heraus und veröffentlichte Schriften u.a. über pers. Magie. H., beeinflußt von Tschechow, Poe, Kafka, schrieb v.a. Novellen von großer sprachl. Meisterschaft, die oft im Milieu der untersten Volksschichten spielen, sowie Dramen. In dt. Übersetzung liegen u.a. vor: „Die blinde Eule" (Nov., 1936; dt. 1960), „Die Legende von der Schöpfung" (Legenden und Märchen, 1946; dt. 1960) und „Die Prophetentochter" (Novellen, dt. Ausw. 1960).

Hedberg, Carl Olof (Olle) [schwed. he:dbærj], * Norrköping 31. Mai 1899, schwed. Schriftsteller.
Aus bürgerl. Familie, studierte in Stockholm, unternahm längere Auslandsreisen, zog sich von der Außenwelt zurück und lebt einsam in Östergötland. Kritiker des Bürgertums, das er mit psycholog. motivierter Ironie und beißender Satire, aber auch mit wehmütiger Liebe schildert; sachl. und klare Charakterisierung seiner Personen.
Hauptwerke: Skära, skära havre (R., 1931), Darf ich um die Rechnung bitten (R., 1932; dt. 1946), Karsten Kirsewetter (R.-Trilogie, dt. 1943), Foto von Blomberg (R., 1953), Storken i Sevilla (R., 1957), Mitt liv var en dröm (Autobiogr., 1962).

Hedberg, Tor Harald [schwed. he:dbærj], * Stockholm 23. März 1862, † ebd. 13. Juli 1931, schwed. Schriftsteller.
Sohn des Schriftstellers Frans H., studierte in Uppsala; 1897–1907 Literatur- und Theaterkritiker beim „Svenska Dagbladet". 1910–22 Direktor des Dramat. Theaters in Stockholm, danach Kunstkritiker beim „Dagens Nyheter"; Mitglied der schwed. Akademie. H. begann zunächst mit realist.-naturalist. Erzählungen und Romanen, wandte sich dann mehr einer psycholog.-symbolist. Gestaltung zu; auch die Dramen, die den Höhepunkt seines Schaffens darstellen, zeigen seine starke Gestaltungskraft und sein psycholog. Verständnis; besonderen Anklang fanden seine Lustspiele. H. schrieb auch klassizist. Gedichte von großer Einfachheit und Künstlermonographien; auch Übersetzer (Molière und Ben Jonson).
Hauptwerke: Judas (R., dt. 1897), Versöhnt (R., dt. 1898), Sånger och sagor (Ged., 1903), Johan Ulfstjerna (Dr., dt. 1907), Perseus och vidundret (Dr., 1917), Hemmets sånger (Ged., 1922), Rembrandts son (Dr., 1927).

Hedenvind-Eriksson, Gustav [schwed. ˌhe:dənvind-ˌe:riksən], * Gubbhögen (Alanäs) 17. Mai 1880, † Stockholm 17. April 1967, schwed. Schriftsteller.
Ging verschiedenen Beschäftigungen nach; unternahm größere Reisen; schildert realist. und ausdrucksstark das harte Leben der Bauern des nordschwed. Grenzlandes, bes. die Auseinandersetzungen mit der modernen Industrialisierung.
Hauptwerke: Branden (R., 1911), På friköpt jord (R., 1930), Sagofolket som kom bort (1946).

Heemskerck, Johan van [niederl. 'he:mskɛrk], * Amsterdam 1597, † ebd. (?) 27. Febr. 1656, niederl. Schriftsteller.
Studierte Rechtswissenschaft in Leiden, war Rechtsanwalt in Den Haag; schrieb Liebeslyrik und führte mit seinem Roman „Batavische Arcadia" (1637) den Schäferroman in die niederl. Literatur ein; auch bed. Übersetzer.

Heer, Gottlieb Heinrich, * Ronchi dei Legionari 2. Febr. 1903, † Scherzingen (TG) 23. Okt. 1967, schweizer. Schriftsteller.
Neffe von Jakob Christoph H.; studierte Germanistik und Kunstgeschichte, dann freier Schriftsteller und Journalist. Seine Novellen und Romane wurzeln themat. in Landschaft und Geschichte seiner Heimat.
Hauptwerke: Der Getreue (Novellen, 1927), Die Königin und der Landammann (R., 1936), Thomas Platter (R., 1937), Junker Diethelm und die Obristin (R., 1942), Verlorene Söhne (R., 1951), Spuk in der Wolfsschlucht (R., 1953), Die rote Mütze (E., 1963).

Heer, Jakob Christoph, * Töß (heute Winterthur-Töß) 17. Juli 1859, † Rüschlikon bei Zürich 20. Aug. 1925, schweizer. Erzähler.
Lehrer, dann Feuilletonredakteur der „Neuen Zürcher Zeitung", 1899–1902 Schriftleiter der „Gartenlaube" in Stuttgart. H. schrieb Gedichte, Novellen und Reisebilder, wurde aber v.a. durch seine unterhaltenden Heimatromane bekannt, die z.T. auch verfilmt wurden, u.a. „An heiligen Wassern" (1898), „Der König der Bernina" (1900), „Felix Notvest" (1901), „Der Wetterwart" (1905), „Tobias Heider" (R., 1922).
Literatur: Kulda, M. M.: *J. Ch. H. Versuch einer Monogr. Diss. Wien 1957 [Masch.].* – Heer, G. H.: *J. Ch. H. Frauenfeld 1927.*

Heerberger, Helge ↑ Brenner, Arvid.

Heermann, Johannes, * Randten bei Wohlau 11. Okt. 1585, † Lissa bei Posen 17. Febr. 1647, dt. ev. Kirchenliederdichter.
Studierte Theologie, 1611–38 Pfarrer in Köben a./Oder, zog sich in den Kriegswirren nach Polen zurück. Seine Kirchenlieder, die z.T. heute noch gesungen werden („Herzliebster Jesu, was hast du verbrochen"), gehörten zu den ersten, die den Regeln der Opitzschen Verskunst entsprachen; auch asket. Schriften und Lehrgedichte.
Hauptwerke: Gebettbuch (1609), Exercitium pietatis (Ged., 1630), Poet. Erquickstunden (Ged., 1656).

Heever, Toon van den [afrikaans 'he:vər], eigtl. Frans van den H., * Heidelberg bei Johannesburg 29. Nov. 1894, † Bloemfontein 29. Jan. 1956, afrikaanser Lyriker.
Studierte Rechtswissenschaft in Pretoria, war Richter, zuletzt in Bloemfontein; deutl. erkennbar ist die Wirkung Heines auf sein Werk, das eine tiefe Liebe zum Leben mit seinen Schönheiten verrät und sich durch eine ganz persönl. Gestaltung des erot. Elementes auszeichnet; u.a. „Gedigte" (1919) und „Die speelman van Dorestad" (Ged., 1949).

Hegeler, Wilhelm, * Varel 25. Febr. 1870, † Irschenhausen bei Ebenhausen 8. Okt. 1943, dt. Schriftsteller.
Studierte Jura, 1895 freier Schriftsteller in München, schließl. in Blankenhain bei Weimar. H. gilt als Schöpfer des naturalist. Charakterromans mit ausgezeichneter, psycholog. tiefgründiger Beobachtung des modernen Lebens; spätere Romane gehören der Unterhaltungsliteratur an.
Hauptwerke: Mutter Bertha (R., 1893), Sonnige Tage (R., 1898), Ingenieur Horstmann (R., 1900), Pietro der Korsar und die Jüdin Cheirinca (R., 1906), Der Zinsgroschen (R., 1928)

Hegemon von Thasos, griech. Dichter der 2. Hälfte des 5. Jh.s v. Chr.
Zeitgenosse des Alkibiades; machte als erster die Parodie zu einer selbständigen Dichtungsgattung und trat bei Agonen mit Dichtung dieser Art auf; bes. erfolgreich war seine „Gigantomachia".

Hegner, Ulrich, * Winterthur 7. Febr. 1759, † ebd. 3. Jan. 1840, schweizer. Schriftsteller.
Studierte Medizin in Straßburg; war Landschreiber in Kiburg, seit 1798 am Appelationsgericht in Zürich tätig; war im Rat seiner Vaterstadt, 1812 Mitglied der Regierung in Zürich und kehrte 1813 nach Winterthur zurück. H. gilt als der erste bed. schweizer. Volksschriftsteller. Seine realist. Romane zeichnen sich durch vorzügl. Beobachtungsgabe und Humor aus.
Hauptwerke: Die Molkenkur (R., 1812), Suschen's Hochzeit (R., 1819).
Ausgabe: U. H. Ges. Schrr. Bln. 1828–30. 5 Bde.
Literatur: Waser, H.: *U. H. Ein schweizer Kultur- u. Charakterbild. Halle 1901.*

Heiberg, Gunnar Edvard Rode [norweg. 'hɛi̯bærg], * Kristiania (heute Oslo) 18. Nov. 1857, † ebd. 22. Febr. 1929, norweg. Dramatiker.
Aus wohlhabender Familie; lernte auf einer Romreise Ibsen kennen, dessen Einfluß sich in seinem Werk stark bemerkbar machte; leitete das Nationaltheater in Bergen, wo er sich für einen modernen Spielplan einsetzte und deshalb in Schwierigkeiten geriet. Zahlreiche Auslandsaufenthalte, v.a. in Paris. H. forderte eine norweg. Republik. Seine tendenziösen Gesellschaftsdramen, anfangs in der Art Ibsens, sind durch starke Aggressivität gekennzeichnet. Später spielen auch polit. und sozialkrit. Themen eine gewisse Rolle in seinem Werk, das satir. Elemente aufnimmt und sein Hauptthema im Konflikt zwischen Verstand und triebhafter Erotik findet.
Hauptwerke: Tante Ulrike (Dr., dt. 1911), König Midas (Dr., dt. 1890), Der Balkon (Dr., dt. 1894), Das große Los (Dr., dt. 1896), Die Tragödie der Liebe (Dr., dt. 1906).
Literatur: Skavlan, E.: *G. H. Oslo 1950.* – Bab, J.: *Das Drama der Liebe. Stuttg. ²1925.*

Heiberg, Hermann, * Schleswig 17. Nov. 1840, † ebd. 16. Febr. 1910, dt. Schriftsteller.
Buchhändler, dann Direktor bed. Berliner Zeitungen, Journalist und freier Schriftsteller; schrieb zahlreiche naturalist. Romane und Novellen mit vortreffl. Schilderungen des kleinbürgerl. Milieus; dann Unterhaltungsschriftsteller.
Hauptwerke: Ausgetobt (R., 1883), Apotheker Heinrich (R., 1885), Dunst aus der Tiefe (R., 1890), Zwischen engen Gassen (R., 1896).

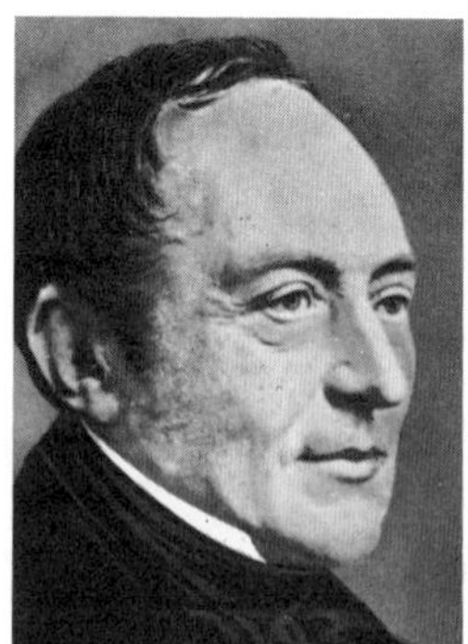

Johan Ludvig Heiberg

Heiberg, Johan Ludvig [dän. 'hai̯bɛr'], * Kopenhagen 14. Dez. 1791, † Bonderup 25. Aug. 1860, dän. Dichter und Kritiker.
Sohn von Peter Andreas H., studierte Literatur, Mathematik, Astronomie; er lernte, bei einem Besuch bei seinem Vater in Paris, das frz. Theater und v.a. das Vaudeville kennen. 1822 Professor in Kiel (Einfluß Hegels), 1825 kehrte er nach Kopenhagen zurück, Theaterdichter des Königl. Theaters, dessen Leiter er 1849–56 war. Literatur-

und Kunstkritiker, Hg. der Zeitschrift „Køvenhavns flyvende post", Mitarbeiter weiterer Zeitungen. H. war eine der bed. Persönlichkeiten des geistigen Lebens in Dänemark. Berühmt seine Fehde gegen Oehlenschläger und dessen Epigonen. Philosoph. und naturwissenschaftl. Studien in den letzten Lebensjahren. H. begann als Dramatiker in der romant. Tradition („Der Elfenhügel", 1828; dt. 1849), wurde Wegbereiter des Realismus und schuf das dän. Vaudeville, mit dem er dem dän. Theaterleben Auftrieb gab; auch Lyriker.

Weitere Werke: Kong Solomon og Jørgen Hattemager (Kom., 1825), Recensenten og dyret (Kom., 1826), Alferne (Dr., 1835), Syvoverdag (Dr., 1840).

Literatur: Borup, M.: *J. L. H. Kopenhagen 1947–49. 3 Bde.* – Spang-Hanssen, E.: *Bibliografi over J. L. H.s skrifter. Kopenhagen 1929.*

Heiberg, Johanne Luise [dän. 'haibɛr'], geb. Pätges, * Kopenhagen 22. Nov. 1812, † ebd. 21. Dez. 1890, dän. Schriftstellerin.

⚭ mit Johan Ludvig H.; war Schauspielerin am Königl. Theater; schrieb unterhaltsame, literar. unbed. Vaudevilles; nach ihrem Tode erschienen die kulturhistor. interessanten Memoiren „Ein Leben, in der Erinnerung noch einmal durchlebt" (dt. 1901).

Heiberg, Peter Andreas [dän. 'haibɛr'], * Vordingborg 16. Nov. 1758, † Paris 30. April 1841, dän. Schriftsteller.

Den Lehren der Aufklärung verhafteter und von den Ideen der Frz. Revolution beeinflußter Publizist, der sich in Aufsätzen und seinem literar. Werk für Druckfreiheit einsetzte, die gesellschaftl. Verhältnisse kritisierte und gegen den Einfluß der Deutschen polemisierte. Er wurde 1799 verbannt und lebte seitdem in Paris. H. schrieb satir. Lustspiele, Komödien und populäre, witzige polit. Lieder.

Hauptwerke: Rigsdalersedlens hændelser (R., 1789–93), Holger Tyske (Prosa, 1789), Poverty and wealth (1799).

Heidenstam, Verner von [schwed. ˌhɛidənstam], * Olshammar (Örebro) 6. Juli 1859, † Övralid (Östergötland) 20. Mai 1940, schwed. Dichter.

Mußte seine Ausbildung wegen eines Lungenleidens abbrechen und unternahm ausgedehnte Reisen, v.a. nach S-Europa und in den Orient. In Rom Malerausbildung; in der Schweiz schloß H. Bekanntschaft mit Strindberg. 1887 kehrte er in die Heimat zurück. Seit 1912 Mitglied der schwed. Akademie, 1916 Nobelpreis. Bedeutsam war seine Gründung des „Svenska Dagbladet". Hauptvertreter der neuromant. schwed. Literatur. Seine künstler. Ziele sind in dem Essay „Renässans" (1889) formuliert. Das sehr persönl. Werk „Hans Alienus" (Epos, 1892; dt. 1904) ist ein autobiograph. gefärbtes, visionäres Lebensbild eines Schönheitssuchers. Sein berühmtestes Werk ist der Novellenzyklus „Carl XII. und seine Krieger" (dt. 1898) über die trag. Gestalt des großen schwed. Königs. Zu den Hauptwerken H.s gehört das geschichtl. Volkslesebuch „Die Schweden und ihre Häuptlinge" (dt. 1909); v.a. mit seiner spieler. farbenfrohen und sehr subjektiven Lyrik gelangen H. Gedichte von vollkommener Schönheit, denen realist. Elemente nicht fehlen, auch Verse von verhaltener Traurigkeit: „Gedichte" (dt. Ausw. 1910). Wie in seiner Prosa, so drängt es ihn auch als Lyriker zur Gestaltung nationaler Themen, wie auch die „Nyadikter" (1915) zeigen. Im Spätwerk nur noch Gedankenlyrik.

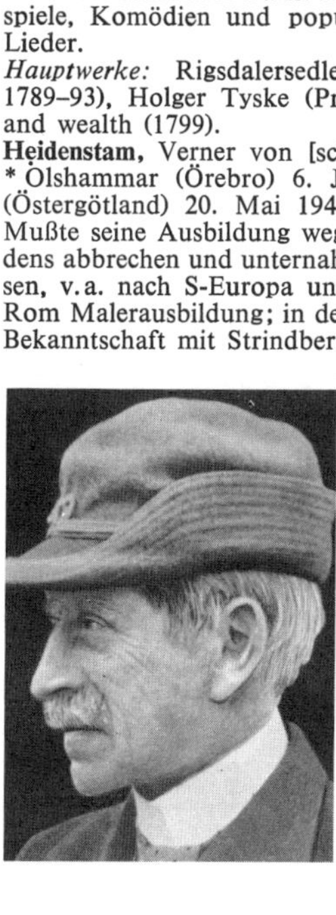

Verner von Heidenstam

Weitere Werke: Endymion (R., dt. 1891), Die Pilgerfahrt der hl. Birgitta (R., dt. 1903), Der Wald rauscht (En. und Sagen, dt. 1913), Der Stamm der Folkunger (R., dt. 1909 f.), Als die Kastanien blühten (R., 1941; dt. 1948).

Literatur: Björck, S.: *V. v. H. Stockholm 1947.* – Böök, F.: *V. v. H. Stockholm 1945–46. 2 Bde.* – Carlberg-Rosenhagen, M.: *Heimat u. Nation in der Dichtung. V. v. H.s. Greifswald 1939.*

Heije, Jan Pieter [niederl. 'hɛiə] ↑ Heye, Jan Pieter.

Heijermans, Herman [niederl. 'hɛiərmans], Pseudonyme Iwan Jelakowitsch, Koos Habbema u.a., * Rotterdam 3. Dez. 1864, † Zandvoort 22. Nov. 1924, niederl. Schriftsteller.

Journalist. tätig, u.a. Gründer der sozialist. Zeitschrift „De Jonge Gids" und Mithg. von „De Nieuwe Tijd". Nach 5jährigem Berlinaufenthalt 1912 Direktor von „De Toneelvereniging". H. gilt als Hauptvertreter des naturalist. niederl. Dramas („Die Hoffnung auf Segen", dt. 1901; „Ora et labora", dt. 1904; „Allerseelen", dt. 1906; „Glück auf", 1912). Die Dramen zeichnen sich durch Bühnenwirksamkeit und eine reiche, differenzierte Sprache aus. Die trostlose Thematik wird durch H.' Humor gemildert. Auch in naturalist. Erzählungen, Skizzen und Romanen schildert er die Gesellschaftsverhältnisse; am bedeutendsten sind „Trinette" (R., dt. 1902), „Kamertjeszonde" (R., 1897), „Intérieurs" (R., dt. 1903) und „Diamantstadt" (R., 1904). 1896–1915 erschienen 19 Bände Skizzen, v.a. aus dem niederl. Kleinbürgerleben, „Schetsen" (dt. Ausw. 1903/04).

Weitere Werke: Ahasverus (Dr., dt. 1904), Ghetto (Dr., dt. 1903), Das siebente Gebot (Dr., dt. 1903), Erlösung (Dr., dt. 1907), De dageraad (Dr., 1921).

Heilborn, Ernst, * Berlin 10. Juni 1867, † ebd. 16. Mai 1942, dt. Schriftsteller.

Studierte Germanistik, Geschichte und Philosophie, seit 1892 bei verschiedenen Zeitschriften als Redakteur; seit 1901 Theaterkritiker der „Frankfurter Zeitung" ebenfalls in Berlin. 1911 übernahm er die Schriftleitung der Zeitschrift „Das literar. Echo" (bis 1933), 1926–31 Hg. der Monatsschrift „Die Literatur". H. verfaßte realist. No-

vellen und Romane, schrieb literarhistor. und kulturgeschichtl. Monographien. Auch als Hg. literar. Werke tätig (Novalis).
Hauptwerke: Kleefeld (R., 1900), Der Samariter (R., 1901), Josua Kersten (R., 1908), Die steile Stufe (R., 1910), Die kupferne Stadt (Großstadtlegende, 1918).

Heimann, Moritz, * Werder (Havel) 19. Juli 1868, † Berlin 22. Sept. 1925, dt. Schriftsteller.
Studierte Philosophie und Literatur, 1896 Lektor des S. Fischer Verlages; in dieser Stellung entwickelte er einen bed. Einfluß auf die moderne Literatur. H. verfaßte Dramen und psycholog. Novellen; bedeutender als diese sind seine Essays und Aphorismen.
Hauptwerke: Der Weiberschreck (Lsp., 1896), Gleichnisse (Novellen, 1905), Joachim von Brandt (Kom., 1908), Prosaische Schriften (1918–26), Armand Carrel (Dr., 1920), Das Weib des Akiba (Dr., 1922), Nachgelassene Schriften (hg. 1926), Die Wahrheit liegt nicht in der Mitte (Essays, hg. 1966).
Literatur: Lehmann, W.: *M. H. Eine Einf. in sein Werk u. eine Ausw. Wiesb. 1960.*

Heimesfurt, Konrad von ↑ Konrad von Heimesfurt.

Heindl, Friederike ['...dəl] ↑ Mayröcker, Friederike.

Heine, Heinrich, * Düsseldorf 13. Dez. 1797, † Paris 17. Febr. 1856, dt. Dichter.
Sohn eines jüd. Tuchhändlers, wurde Kaufmann und versuchte sich erfolglos mit einem eigenen Manufakturwarengeschäft; Jurastudium in Bonn (Burschenschafter; hörte bei Arndt und A. W. Schlegel), dann in Göttingen (wegen Duellvergehens relegiert) und bis 1823 in Berlin, wo er in R. Varnhagens Salon verkehrte, u. a. Chamisso, Fouqué, Schleiermacher kennenlernte und sich mehr Philosophie (bes. Hegel) und Literatur zuwandte. 1824 Fußreise durch den Harz, Besuch bei Goethe; 1825 Abschluß seines Jurastudiums in Göttingen (Dr. jur.) und Übertritt zum Protestantismus. Er lebte nun in Hamburg und Lüneburg, machte Reisen u. a. nach London und Italien, war 1827/28 Mitarbeiter von Cottas „Neuen allgemeinen polit. Annalen". April 1831 ging H. als Korrespondent der „Allgemeinen Zeitung" (Augsburg) nach Paris, wo er, abgesehen von 2 Reisen nach Deutschland, bis zu seinem Tod lebte. In Paris schloß sich H. den Saint-Simonisten an, verkehrte u. a. mit Meyerbeer, Hugo, Dumas, Börne, Béranger, G. Sand und Balzac. 1835 wurden seine Schriften in Deutschland verboten (Bundestagsbeschluß gegen das Junge Deutschland). Seit 1841 war H. ⚭ mit „Mathilde" (Crescence Eugénie Mirat); seine letzte Liebe galt „Mouche" (Elise Krinitz). Seit 1848 lag H. in seiner „Matratzengruft", langsam an einem Rückenmarksleiden dahinsiechend. Literar. geht H. von der Romantik aus, ohne Romantiker zu sein. Zum Weltschmerz, zur Schwermut und poet. Sicht der Dinge, bes. der Natur, gesellt sich Ironie und gewolltes Pathos; Spiel mit den romant. Gefühlen, die nicht mehr ungebrochen sind, dokumentieren die Zwiespältigkeit und Bindungslosigkeit des Dichters. Ausgesprochen musikal. sprachl. Gestaltung, spielerisch freie Handhabung der metr. Formen (starke Wirkung bis in die Gegenwart). In plaudernder Lässigkeit, scharf beobachtend und sich spöttelnd distanzierend, schrieb er seine Feuilletons, auch seine Reisebilder, die oft impressionist. Bilder aufweisen. Bissig und schneidend wird H., wenn er zeitkrit. und polit. Themen berührt. Er schrieb Stimmungslyrik, Liebeslyrik, Lieder im Stil des Volksliedes („Loreley"), Sonette, Balladen, freirhythm. Gedichte, Versepik, Tragödien, Novellen und Prosa. H., der als erster bed. dt. Journalist gilt, versuchte zwischen Deutschland und Frankreich geistige Fäden zu knüpfen und Verständnis zu wecken.

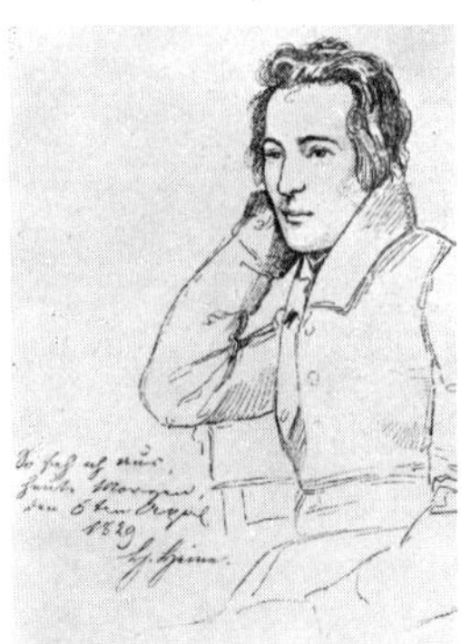

Heinrich Heine (Stich von E. Mandel nach F. Kugler)

Hauptwerke: Reisebilder (1826–31), Buch der Lieder (1827), Zur Geschichte der neueren schönen Literatur in Deutschland (Schr., 1833, 1836 u. d. T. Die romant. Schule), Frz. Zustände (Essays, 1833), Der Salon (1834–40), Über Ludwig Börne (Schr., 1840), Deutschland. Ein Wintermärchen (1844), Neue Gedichte (1844), Atta Troll (Epos, 1847), Romanzero (Ged., 1851), Die Harzreise (1853), Vermischte Schriften (1854).
Ausgaben: H. H. Sämtl. Werke. Histor.-krit. Ausg. Hg. v. M. Windfuhr. *Hamb. 1970ff. Auf 16 Doppelbde. berechnet. – H. H. Säkularausg. der Werke, des Briefwechsels u. der Lebenszeugnisse. Hg. v. den Nat. Forschungs- u. Gedenkstätten der klass. dt. Lit. in Weimar. Bln. 1969ff. Auf 50 Bde. berechnet. – H. H. Sämtl. Schrr. Hg. v.* K. Briegleb. *Mchn. 1968ff. Auf 6 Bde. berechnet. – H. H. Werke u. Briefe in zehn Bden. Hg. v.* H. Kaufmann. *Bln. 1961–64; Tb.-Ausg. u. d. T.: Sämtl. Werke in 14 Doppelbden. Mchn. 1964–65. – H. H. Briefe. Erste Gesamtausg. nach den Hss. Hg. v.* F. Hirth. *Mainz 1950–57. 3 Bde., 3 Kommentarbde. Neuausg. 1965. 2 Bde. – H. H. Ges. Werke. Hg. v.* E. Elster. *Lpz. 1887–90. 7 Bde.*
Literatur: Müller, Joachim: *H.s Prosakunst. Hdbg. 1969.* – Windfuhr, M.: *H. H. Revolution u. Reflexion. Stuttg. 1969.* – Kaufmann, H.: *H. H. Geistige Entwicklung u. künstler. Werk. Bln. 1968.* – Seifert, H.: *H.-Bibliogr. 1954–1964. Bln. u. Weimar 1968.* – Galley, E.: *H. H. Stuttg. ²1967.* – Kurz, P. K.: *Künstler – Tribun – Apostel. H. H.s Auffassung vom Beruf des Dichters. Mchn. 1967.* – Paucker, H. R.: *H. H., Mensch u. Dichter zw. Deutschland u. Frankreich. Bern 1967.* – Hofrichter, L.: *H. H. Biographie seiner Dichtung. Gött. 1966. – H.-Jb. Hg. v. H.-Arch. Düsseld. Hamb. Jg. 1 ff., 1962ff.* – Wilhelm, G./Galley, E.: *H.-Bibliogr. Weimar 1960. 2 Bde.* – Strodtmann, A.: *H. H.'s Leben u. Werke. Hamb. ³1884. 2 Bde.*

Heinesen, William [dän. 'hainəsən], * Thórshavn (Färöer) 15. Jan. 1900, dän. Schriftsteller.
Kaufmänn. Ausbildung in Kopenhagen, Reisen durch Europa; lebt seit 1932 in seinem Heimatort. Seine Lyrik steht unter dem Eindruck der heimatl. Landschaft; die Romane sind z.T. von scharfer sozialkrit. Tendenz bestimmt und schildern das Leben einfacher Menschen im harten Daseinskampf.
Hauptwerke: Arktiske Elegier (Ged., 1921), Der schwarze Kessel (R., dt. 1951), Die verdammten Musikanten (R., dt. 1952), Gute Hoffnung (R., dt. 1968).

Heinrich VI., * Nimwegen 1165, † Messina 28. Sept. 1197, dt. Kaiser.
Sohn Friedrichs I. Barbarossa; 1169 zum König gewählt, seit 1186 ⚭ mit Konstanze von Sizilien, regierte seit 1190; 1191 Kaiserkrönung. Unter seinem Namen sind drei Minnelieder überliefert, die wahrscheinl. in seiner Jugend um 1184 entstanden sind; zwei davon, ein Wechsel- und ein Tagelied, sind noch der vorhöf. Lyrik verpflichtet, während das dritte – das erste dt. Minnelied mit daktyl. Versen – provenzal. Einfluß zeigt.
Literatur: Jungbluth, G.: *Die Lieder Ks. H.s. In: Beitr. zur Gesch. der dt. Sprache u. Lit. (Tüb.) 85 (1963), 65.* – Toeche, Th.: *Ks. H. VI. Lpz. 1867. Nachdr. Darmst. 1963.*

Heinrich der Glichesaere ['gli:çəzɛ:rə] (H. der Gleisner), mhd. Dichter des 12. Jh.s aus dem Elsaß.
Verfaßte um 1180 das mhd. Tierepos „Reinhart Fuchs" oder auch „Isengrines Not"; der Beiname des Dichters stammt von einer bruchstückhaft erhaltenen Handschrift des 12./13. Jh.s und bezieht sich wahrscheinlich auf das Epos; das volkstüml.-kunstlose, im Stil der vorhöf. Epen geschriebene satir.-lehrhafte Werk geht teilweise auf den frz. „Roman de Renart" zurück und gehört zu den wenigen Tierepen in der dt. Literatur.
Ausgabe: H. d. G. Das mhd. Gedicht v. Fuchs Reinhart. Hg. v. G. Baesecke. *Bearb. v.* I. Schröbler. *Halle ²1952.*
Literatur: Baesecke, G.: *H. der Glichezaere. In: Zs. f. dt. Philologie 52 (1927), 1.*

Heinrich der Teichner, * um 1310, † um 1375, mhd. Dichter.
Stammte wahrscheinl. aus Kärnten; schrieb zwischen 1350 und 1375 (?) rund 750 kurze Reimsprüche mit etwa 70000 Versen, in denen er als ernster Moralist zu allen mögl. Fragen des Lebens Stellung nimmt und alle ird. Zustände tadelt; er rügt auch den geistl. Stand; v.a. klagt er die weltl. Stände an, da sie gegen die ihnen von Gott gesetzte Ordnung verstoßen; mit seiner pessimistischen Grundhaltung hat er auf die bürgerliche Spruchdichtung einen nachhaltigen Einfluß ausgeübt.
Ausgabe: H. d. T. Die Gedichte. Hg. v. H. Niewöhner. *Bln. 1953–56. 3 Bde.*
Literatur: Lämmert, E.: *Reimsprecherkunst im Spät-MA. Eine Unters. der Teichnerreden. Stuttg. 1969.* – Karajan, Th. G. v.: *Über H. den T. Wien 1855.*

Heinrich der Vogler, fahrender Dichter der 2. Hälfte des 13. Jh.s aus Tirol.
Während er ursprüngl. als Verfasser der mhd. Epen „Dietrichs Flucht" und „Rabenschlacht" galt, schreibt man ihm heute nur noch die Verfasserschaft des letzten Teiles von „Dietrichs Flucht" und außerdem die Überarbeitung des ganzen Werkes zu.

Heinrich von dem Türlin ['ty:rli:n], mhd. Dichter des 13. Jh.s aus Kärnten.
Aus bürgerl. Geschlecht; schrieb um 1215 seinen umfangreichen Artusroman „Der aventiure crône", eine Sammlung von Abenteuergeschichten mit Gawan im Mittelpunkt; an die Stelle der inneren Gestaltung trat mehr und mehr ein verbindendes Ansammeln und eine Häufung von bekannten Motiven des Artuszyklus; Hartmanns, Wolframs und Gottfrieds Einfluß ist nicht zu übersehen. Außerdem ist der Anfang eines Versromans u.d.T. „Der Mantel" erhalten.
Ausgabe: H. v. d. T. Die crône. Hg. v. G. H. F. Scholl. *Stuttg. 1852. Nachdr. Amsterdam 1966.*
Literatur: Wallbank, R. E.: *The composition of „Diu krône." H. v. d. T. narrative technique. In: Medieval miscellany, presented to Eugène Vinaver by pupils, colleagues and friends. Hg. v.* F. Whitehead *u.a. New York 1965.* – Klarmann, J.: *H. v. d. T.: Diu Krône. Unters. der Quelle. Diss. Tüb. 1944 [Masch.].*

Heinrich von Esslingen ↑ Schulmeister von Esslingen.

Heinrich von Freiberg, mhd. Epiker des 13. Jahrhunderts, stammte wahrscheinl. aus Freiberg in Sachsen.
Schuf um 1290 im Auftrag eines Herrn aus böhm. Hofadel eine dem Stil Gottfrieds von Straßburg vollendet angepaßte Forts. des „Tristan", wobei er Eilhart von Oberge und Ulrich von Türheim folgte, die er jedoch in der künstler. und sprachl. Gestaltung bei weitem übertraf; er schrieb ferner die Legende vom Holz des Kreuzes Christi und die Schwanksage vom Schrätel und Wasserbär.
Literatur: Kraus, C. v.: *Studien zu H. v. F. Mchn. 1941. 2 Tle.*

Heinrich von Hesler, mhd. Schriftsteller vom Anfang des 14. Jahrhunderts.
Aus Thüringen stammender Ritter des Dt. Ordens; schrieb um 1300 ein „Evangelium Nicodemi" und nach 1300 eine „Apokalypse", außerdem eine fragmentar. erhaltene „Erlösung"; klare, schlichte Form unter Einfluß Konrads von Würzburg.
Literatur: Boor, H. de: *Stilbeobachtungen zu H. v. H. In:* Boor: *Kl. Schrr. Bd. 1. Bln. 1964.*

Heinrich von Laufenberg, * Rapperswil (SG) oder Freiburg im Breisgau um 1390, † Straßburg 31. März 1460, dt. Dichter.
Priester in Freiburg i. Br., später Mönch des Johanniterklosters in Straßburg; schrieb geistl., von der Mystik beeinflußte Lieder; übertrug lat. Hymnen und Sequenzen ins Dt., bearbeitete größere lat. Werke in Reimen; seine Werke sind nur teilweise erhalten.

Heinrich von Meißen, genannt Frauenlob, * Meißen um 1250, † Mainz 29. Nov. 1318, mhd. Dichter.
Fahrender Sänger bürgerl. Standes; weilte an verschiedenen Fürstenhöfen; schrieb rund 300 Sangsprüche, einige [Minne]lieder und Leiche (v.a. berühmt der Leich zu Ehren der Jungfrau Maria), die in künstler.-virtuoser Sprach- und Formspielerei das Inhaltliche zurückdrängen; H. gilt als Vorbild der Meistersinger.

Ausgabe: H. v. M. Leiche, Sprüche, Streitgedichte u. Lieder. Hg. v. L. Ettmüller. *Quedlinburg 1843. Nachdr. Amsterdam 1966.*
Literatur: Bertau, K.: *Genialität u. Resignation im Werk H. Frauenlobs. In: Dt. Vjschr. f. Literaturwiss. u. Geistesgesch. 40 (1966), 316.* – Boor, H. de: *Frauenlobs Streitgespräch zw. Minne u. Welt. In: Beitr. zur Gesch. der dt. Sprache u. Lit. (Tüb.) 85 (1963), 383.* – Krayer, R.: *Frauenlob u. die Naturallegorese. Motivgeschichtl. Unterss. Ein Beitrag zur Gesch. des antiken Traditionsgutes. Hdbg. 1960.* – Kron, J.: *Frauenlobs Gelehrsamkeit. Beitr. zu seinem Verständnis. Diss. Straßburg 1906.* – ↑ auch Walther von der Vogelweide.

Heinrich von Melk, mhd. Dichter des 12. Jahrhunderts.
Wahrscheinl. ritterl. Laienbruder des Klosters Melk; predigt in seinen beiden um 1160 entstandenen Gedichten „Von des tôdes gehugede" (= Erinnerung an den Tod) und„Priesterleben" die unbedingte Bösartigkeit der Welt und ruft zu völliger Abkehr von der Welt auf; bildhaft-anschaul. Sprache, radikale Zeitkritik.
Ausgabe: Der sog. H. v. M. Nach R. Heinzels *Ausg. v. 1867 neu hg. v.* R. Kienast. *Hdbg. 1946.*
Literatur: Schweigart, E.: *Studien zu H. v. M. Diss. Mchn. 1952.* – Baunack, Th.: *Beitr. zur Erklärung H.s v. M. In: Zs. f. dt. Altertum u. dt. Lit. 54 (1913), 99; 57 (1920), 49; 58 (1921), 239.*

Heinrich von Morungen, * Burg Morungen bei Sangerhausen um 1150, † Leipzig 1222, mhd. Dichter.
Ministeriale des Markgrafen Dietrich von Meißen; vermachte seine Besitzungen dem Leipziger Thomaskloster, in das er 1217 eintrat. Er gilt als einer der bedeutendsten Dichter des höf. Minnesangs; seine Lieder (33 erhalten), die von der frz. Troubadourdichtung beeinflußt sind, sind von großer formaler Gewandtheit und Musikalität des Ausdrucks; er bediente sich vielgestaltiger Strophenformen und wandte die verschiedensten (u. a. auch daktyl.) Verse an; der Themenkreis war sehr eng; Lob der Frau, die er in allen Tönen preist; leidenschaftl. und unmittelbar, z.T. von persönl. Erfahrung bestimmt, variierte er das Thema der hochhöf. Minneethik; eine religiös überhöhte Steigerung beweisen Formulierungen aus dem Marienkult; H. v. M. war von seiner dichter. Sendung überzeugt.
Ausgabe: H. v. M. (Mhd. u. nhd.). Hg. v. C. v. Kraus. *Mchn.* ^{2}*1950.*
Literatur: Frings, Th.: *Ein M.porträt. In: Beitr. zur Gesch. der dt. Sprache u. Lit. (Halle) 88 (1966), 91.* – Maurer, F.: *Zur Chronologie der Lieder H.s v. M. In: Festschr. f. Jost Trier zum 70. Geburtstag. Hg. v.* W. Foerste *u.* K. H. Borck. *Köln u. Graz 1964.* – Schwietering, J.: *Der Liederzyklus H.s v. M. In: Zs. f. dt. Altertum u. dt. Lit. 82 (1948–50), 77.* – Kraus, C. v.: *Zu den Liedern H.s v. M. Bln. 1916.*

Heinrich von Mügeln, dt. Dichter des 14. Jahrhunderts.
Gelehrter Bürger aus Mügeln im Meißnischen; lebte an verschiedenen Fürstenhöfen, u.a. am Hof Kaiser Karls IV. in Prag und bei Rudolf IV. von Österreich. Dichtete zu Ehren Karls IV. zwei Sangsprüche und das allegorisierende Reimpaargedicht in 2600 Versen „Der Meide Kranz", in dem er den Kaiser einen Streit der „freien Künste" – personifiziert als 12 Jungfrauen – zugunsten der Theologie entscheiden läßt; erhalten sind ferner Minnelieder in geblümtem und lehrhaftem Stil, eine lat. Reimchronik über Ungarn, eine dt. Ungarnchronik, eine Psalmenübersetzung u.a.
Literatur: Kibelka, J.: *der ware meister. Denkstile u. Bauformen in der Dichtung H.s v. M. Bln. 1963.* – Stackmann, K.: *Der Spruchdichter H. v. M. Vorstudien zur Erkenntnis seiner Individualität. Hdbg. 1958.*

Heinrich von Neustadt, mhd. Dichter vom Ende des 13./Anfang des 14. Jahrhunderts.
Arzt aus Wiener Neustadt, 1312 urkundl. in Wien nachgewiesen; schrieb in kunstloser Sprache das mehr als 20000 Verse umfassende, inhaltsreiche Riesenepos „Apollonius von Tyrland", die Bearbeitung eines spätantiken Abenteuer- und Liebesromans unter Einfluß von Hartmann von Aue und Wolfram von Eschenbach; das geistl. Epos „Von Gottes Zukunft" nach dem lat. „Anticlaudianus" des Alanus ab Insulis handelt von der dreimaligen Herabkunft Christi auf die Erde.

Heinrich von Ofterdingen, sagenhafter Minnesänger des 13. Jahrhunderts.
Bekannt durch den zykl. „Wartburgkrieg" des 13. Jh.s, in dem er bei einem Sängerwettstreit als Gegner Wolframs von Eschenbach und Walthers von der Vogelweide auftritt; von den Meistersingern als einer der ersten Meister gefeiert.
Literatur: Mess, F.: *H. v. O. Wartburgkrieg u. verwandte Dichtungen. Köln u. Graz 1963.*

Heinrich von Rugge, mhd. Dichter des 12. Jahrhunderts.
Wahrscheinl. mit Henricus de Rugge, der urkundl. zwischen 1175 und 1191 bezeugt ist, identisch; schwäb. Ministeriale der Pfalzgrafen von Tübingen in Blaubeuren; verbindet in seinem Werk die moderne Minnelyrik mit den altertüml. Frauenstrophen; sein Leich, der erste dt. Kreuzleich, ermahnt die Gläubigen aus der Erschütterung über den Tod Friedrichs I. Barbarossa (1190) zur Unterstützung des Kreuzzuges.
Literatur: Paus, J.: *Das Liedercorpus des H. v. R. Diss. Freib. 1964.*

Heinrich von Veldeke ['fɛldəkə], * um 1140, † vor 1210, mhd. Dichter.
Entstammte einem Ministerialengeschlecht, das sich nach dem Dorf Veldeke westl. von Maastricht benannte. H. erhielt eine gründl. geistl. Bildung; um 1170 im Dienst der Herren von Loon; Teilnahme am Mainzer Hoffest Barbarossas (1184), Beziehungen zum Hof des Landgrafen Hermann von Thüringen; wahrscheinl. vor 1170 entstand seine erste ep. Dichtung, die Legende des limburg. Heiligen Servatius, des Patrons von Maastricht; die Minnelieder sind von der frz. Troubadourdichtung beeinflußt, vom Thema der hohen Minne bestimmt, dennoch naturnah und unreflektiert; bald nach 1170 begann er mit seinem Hauptwerk, dem höf. Epos „Eneit", der ersten dt. Bearbeitung eines antiken Stoffes im mitteralterl.-höf. Sinn; Hauptquelle war, obwohl H. v. V. zweifellos die „Aeneis" des Vergil kannte, der frz. „Roman d'Énéas"; neben der stoffl. Bewältigung ist die bed. formale Leistung zu erwähnen, das Streben nach reinem Reim und ein alternierendes Prinzip; zwischen dem „Servatius" und der Vollendung der „Eneit" liegen etwa 30 Jahre, in denen wohl das verlorene Gedicht „Salomo und die Minne"

entstanden ist, das vom Dichter des „Moriz von Craûn“ erwähnt wird.
Ausgaben: Henric van Veldeken. Eneide. Hg. v. G. Schieb *u.* Th. Frings. *Bln. 1964–65. 2 Tle. – H. v. V. Die ep. Werke. Krit. hg. v.* Th. Frings *u.* G. Schieb. *Halle 1956ff. Auf mehrere Bde. berechnet.*
Literatur: Schröder, W.: *V.-Studien. Bln. 1969.* – Dittrich, M. E.: *Die „Eneide“ H.s v. V. Ein quellenkrit. Vergleich mit dem Roman d'Énéas u. Vergils Aeneis. Wiesb. 1966ff. Auf 2 Tle. berechnet.* – Schieb, G.: *Henric van Veldeken. H. v. V. Stuttg. 1965.* – Frings, Th./Schieb, G.: *Drei V.studien. Das V.problem. Der Eneideepilog. Die beiden Stauferpartien. Bln. 1949.* – Kraus, C. v.: *H. v. V. u. die mhd. Dichtersprache. Halle 1889.*

Heinrich, Willi, * Heidelberg 9. Aug. 1920, dt. Schriftsteller.
Kaufmänn. Angestellter; im Krieg 4 Jahre Infanterist, mehrmals verwundet. Nach 1945 Angestellter, seit 1954 freier Schriftsteller. H. verfaßte in viele Sprachen übersetzte spannende Kriegsgeschichten von den Schrecken an der Ostfront und Romane über Heimkehrerschicksale.
Hauptwerke: Das geduldige Fleisch (R., 1955), Der goldene Tisch (R., 1956), Die Gezeichneten (R., 1958), Alte Häuser sterben nicht (R., 1960), Gottes zweite Garnitur (R., 1962), Mittlere Reife (R., 1966), Geometrie einer Ehe (R., 1967), Schmetterlinge weinen nicht (R., 1969).

Heinrich Julius, * Schloß Hessen in Braunschweig 15. Okt. 1564, † Prag 20. Juli 1613, Herzog von Braunschweig-Wolfenbüttel.
Sohn und seit 1589 Nachfolger des Herzogs Julius; genoß eine gelehrte Erziehung, wurde 1576 Rektor der Universität Helmstedt, seit 1578 fiel ihm die Verwaltung des Bistums Halberstadt zu, 1581–85 war er Bischof von Minden. H. J. war ein großer Freund von Wissenschaft und Kunst und nahm lebhaft Anteil am geistigen Leben seiner Zeit. 1592 rief er engl. Komödianten nach Wolfenbüttel und behielt eine Truppe an seinem Hof, für die er selbst Prosastücke verfaßte. H. J. schrieb unter dem Einfluß Frischlins, später der engl. Komödianten Tragödien, Tragikomödien und Komödien mit erzieher. Absicht; Stoffe aus dem Alltagsleben, realist. Szenen; starke Theatereffekte.
Hauptwerke: Von der Susanna (Dr., 1593), Von einem Fleischhawer (Kom., 1593), Von einem Buler und Bulerin (Trag., 1593), Von einem Weibe (Kom., 1593), Vor einem Wirthe (Kom., 1593), Von einem ungeratenen Sohn (Trag., 1594), Von einer Ehebrecherin (Trag., 1594), Von einem Edelman (Kom., 1594).
Literatur: Emmerich, Ch.: *Das dramat. Werk des Hzg. H. J. v. Braunschweig. Habil. Jena 1964 [Masch.].* – Knight, A. H. J.: *H. J. Duke of Brunswick. Oxford 1948.* – Pfützenreiter, W.: *H. J. v. Braunschweig u. der norddt. Späthumanismus. Diss. Münster 1936.*

Heinse, Johann Jakob Wilhelm, * Langewiesen (Bezirk Suhl) 15. (16.?) Febr. 1746, † Aschaffenburg 22. Juni 1830, dt. Schriftsteller.
Studierte Jura in Jena und Leipzig, lebte dann bis 1774, unterstützt von Gleim, in Halberstadt, wurde von J. G. Jacobi als Mitarbeiter der Zeitschrift „Iris“ nach Düsseldorf berufen; 1780–83 bereiste er Italien, 1786 Vorleser, dann Hofrat und Bibliothekar am kurfürstl. Hof in Mainz, mit dem er 1795 nach Aschaffenburg flüchtete. Im Werk H.s sind Einflüsse Wielands, Platons und Rousseaus nachzuweisen. H., der literar. in den Umkreis von Sturm und Drang gehört, vertritt eine naturhafte Sinnlichkeit, Hingabe an den Genuß, völlige Freiheit des Künstlers von Normen und Gesetzen, bes. in seinem Künstlerroman „Ardinghello oder die glückseligen Inseln“ (1787), in dem er auch ein utop. Bild eines Staates, einer auf Freiheit und Schönheit basierenden menschl. Gemeinschaft zeichnet. In „Hildegard von Hohenthal“ (R., 1795/96) nehmen musiktheoret. Ausführungen breiten Raum ein. Sprachl. sind H.s Werke leidenschaftl. bewegt. Bed. als Übersetzer (Petronius, Tasso und Ariosto) und als Kunstschriftsteller (Gemäldebeschreibungen).
Weitere Werke: Sinngedichte (1771), Laidion oder die Eleusin. Geheimnisse (R., 1774), Anastasia und das Schachspiel (R., 1803).
Ausgabe: W. H. Sämmtl. Werke. Hg. v. C. Schüddekopf *u.* A. Leitzmann. *Lpz. 1902–25. 10 Bde.*
Literatur: Koller, M.: *Die poet. Darst. der Musik im Werk W. H.s. Diss. Graz 1968 [Masch.].* – Magris, C.: *W. H. Udine 1968.* – Moore, E. M.: *Die Tagebb. J. J. W. H.s. Mchn. 1967.* – Baeumer, M. L.: *H.-Studien. Stuttg. 1966.* – Schober, J.: *H.s Leben u. seine Werke. Lpz. 1882.*

Heinsius, Daniel [niederl. 'hɛinsi:ʏs], * Gent 9. Jan. (Juni?) 1580, † Leiden 25. Febr. 1655, niederl. Philologe und Dichter.
Professor in Leiden; gab die Werke zahlreicher klass. Schriftsteller heraus; schrieb lat. und niederl. Gedichte, die auf M. Opitz und dessen Anhänger einen bed. Einfluß ausübten; auch Dramen, die der griech. Tragödie sowie Seneca verpflichtet sind.
Hauptwerke: Auriacus sive... (Dr., 1602), Nederduytsche poemata (Ged., 1616), Herodes infanticida (Dr., 1632).

Heinsius, Nicolaas [niederl. 'hɛinsi:ʏs], * Den Haag 1656, † Culemborg 1718, niederl. Schriftsteller.
Studierte Medizin und Philosophie in Deutschland, trat zum Katholizismus über. Arzt in Den Haag, um 1687 Leibarzt der Königin Christine von Schweden in Rom und später des brandenburg. Kurfürsten in Kleve. Neben medizin. Schriften schrieb H. nach dem span. „Lazarillo de Tormes“ den bekannten Schelmenroman „Den vermakelijken avonturier“ (R., 1695; dt. 1714 u. d. T. „Der niederl. Robinson“) und nach dem Vorbild von Du Verdiers „Chevalier hypochondriaque“ seinen „Don Clarazel de Gontarnos ofte den buitensporigen dolenden Ridder“ (1697). Übersetzte Scarrons „Roman comique“.

Heinzelin von Konstanz [...tsəli:n], mhd. Dichter des 13./14. Jahrhunderts.
Küchenmeister am Hof des Konstanzer Domherrn Graf Albrecht von Hohenberg, des späteren Bischofs von Würzburg; schrieb unter dem Einfluß Konrads von Würzburg 2 Streitgespräche, deren eines, „Von dem Ritter und von dem Pfaffen“, das beliebte Thema des besseren Liebhabers, deren anderes, „Von den zwei Sanct Johansen“, einen Rangstreit zwischen dem Apostel und dem Täufer behandelt.

Heiseler, Bernt von, * Großbrannenberg bei Degerndorf a. Inn 14. Juni 1907, † ebd. 24. Aug. 1969, dt. Schriftsteller.

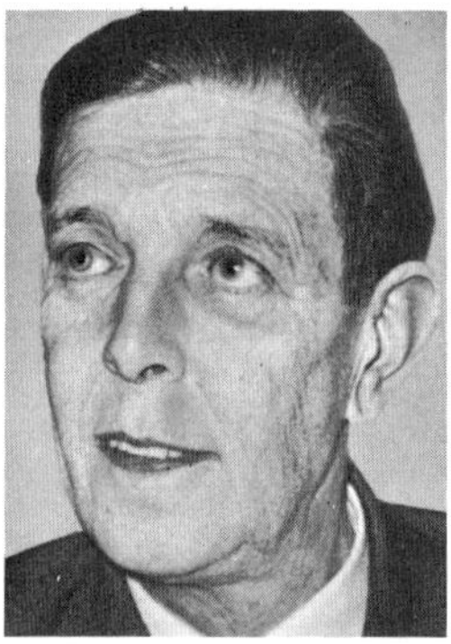

Bernt von Heiseler

Nach kurzem Studium freier Schriftsteller; H. ist Verfasser sprachl. wohlgeformter christl. Laien- und Volksspiele, neuromant. Historiendramen, klassizist. Ideen- und Glaubensdramen, religiöser Natur- und Gedankenlyrik, von Familien- und Zeitromanen, sowie von Essays zur Kunst und Literatur; er schrieb Biographien und war Hg. dt. Klassiker und der Werke seines Vaters, Henry von H. Sein mannigfaltiges Werk fußt auf humanist. Tradition, christl. Gedankengut und nationalen Idealen.
Hauptwerke: Wanderndes Hoffen (Ged., 1935), Stefan George (Biogr., 1936), Die Unverständigen (En., 1936), Schill (Dr., 1937), Des Königs Schatten (Kom., 1938), Die gute Welt (R., 1938), Ahnung und Aussage (Essays, 1939), Cäsar (Trag., 1942), Der Bettler unter der Treppe (Dr., 1947), Hohenstaufen-Trilogie (Dramentrilogie, 1948), Versöhnung (R., 1953), Das Haller Spiel von der Passion (1954), Philemon (Kom. nach J. Bidermann, 1958), Sieben Spiegel (En., 1962), Till Eulenspiegel und die Wahrheit (Schelmenstück, 1963), Das verschwiegene Wort (R., 1964), Leben, Zeit und Vaterland. Ein Bericht (1967).

Heiseler, Henry von, * Petersburg (heute Leningrad) 23. Dez. 1875, † Vorderleiten bei Rosenheim 25. Nov. 1928, dt. Schriftsteller.
Kam um die Jahrhundertwende nach Deutschland, trat in Verbindung zum Georgekreis; bei einem Besuch bei seinen Eltern in Rußland vom 1. Weltkrieg überrascht, mußte er auf russ. Seite (auch in der Roten Armee) kämpfen; 1922 Flucht. In seiner Lyrik anfangs St. George verpflichtet, wandte er sich später in seinen Versdramen der klass.-schlichten Form zu; auch Novellen. Große Bedeutung hat H. als Übersetzer russ. Dichtung.
Hauptwerke: Peter und Alexéj (Trag., 1912), Die mag. Laterne (Lsp., 1919), Die Nacht des Hirten (Adventsspiel, 1927), Aus dem Nachlaß (1929), Die Rückkehr der Alkestis (Dr. nach Euripides, 1929), Die Legenden der Seele (nachgelassene Ged., 1933).
Ausgaben: H. v. H. Sämtl. Werke. Hdbg. 1965. – H. v. H. Ges. Werke. Hg. v. B. v. Heiseler. *Dessau 1937–38. 3 Bde.*
Literatur: Gronicka, A. v.: *H. v. H. A Russo-German writer. New York 1944.* – Heiseler, B. v.: *H. v. H. Radolfzell 1932.*

Heissenbüttel, Helmut, * Wilhelmshaven-Rüstringen 21. Juni 1921, dt. Lyriker.
Bis zu seiner schweren Verletzung (Verlust eines Armes) 1941 Teilnahme am 2. Weltkrieg; studierte seit 1942 Architektur, dann Germanistik und Kunstgeschichte; Verlagsangestellter, später Redakteur und Leiter der Abteilung „Radio-Essay" beim Süddt. Rundfunk in Stuttgart. Beeinflußt u.a. von Strindberg und George, ist H. bemüht, als avantgardist. „Wortgestalter" zu neuen Ausdrucksformen zu gelangen; Summe seiner Sprachmeditationen sind seine [bisher] 6 „Textbücher" mit Lyrik und Prosa (1960, 1961, 1962, 1964, 1965, 1967); auch Essayist.
Weitere Werke: Kombinationen (Ged., 1954), Topographien (Ged., 1956), Über Literatur (Essays, 1966).
Literatur: Kurz, P. K.: *Skelette des Sagbaren – Demonstrationen einer Welt. Zu den Verstexten v. H. Heißenbüttel. In: Stimmen der Zeit 179 (1967), 127.* – Döhl, R.: *H. Heißenbüttel. Ein Versuch. In: Wort in der Zeit 12,6 (1966), 50.*

Heisterbach, Caesarius von ↑ Caesarius von Heisterbach.

Hekataios von Abdera, griech. Schriftsteller um 300 v. Chr.
Sein unter Ptolemaios I. entstandenes Werk „Über die Ägypter", das durch Exzerpte Diodors bekannt ist, verbindet histor.-ethnograph. Material mit myth. und freierfundenen Themen und stellt den Ptolemäerstaat als Idealstaat dar, in dem sich menschl. Kultur und eine ideale Verfassung entwickelten; ganz im Bereich der Phantasie spielt der utop. Roman „Über die Hyperboreer", in dem ein fiktiver Staat dargestellt wird.

Hekataios von Milet, griech. Schriftsteller und Geograph um 500 v. Chr.
Entstammte einem alten Adelsgeschlecht; unternahm weite Reisen, die sein Weltbild erweiterten; über seine ägypt. Reise sind wir durch Herodot unterrichtet; die von H. angefertigte Erdkarte mit Erdbeschreibung übernahm die von Anaximander vertretene oriental. Konzeption einer vom Okeanos umflossenen Scheibe; bed. sind die 4 Bücher „Genealogien", sagenhafte Stammbäume von Adelsgeschlechtern, mit denen er auf die ion. Geschichtsschreibung einen nachhaltigen Einfluß ausübte. Sein Werk ist fragmentar. erhalten.

Hektorović, Petar [serbokroat. hɛkˌtɔrɔvitɕ], * Starigrad (Hvar) 1487, † ebd. 13. März 1572, kroat. Dichter.
Humanist. gebildeter Patrizier mit freundschaftl. Beziehungen zu ragusan. Dichtern; Italienaufenthalt nach Flucht vor den Türken. Hervorragender dalmatin. Renaissancedichter; schrieb außer Übersetzungen (u.a. Ovids „Remedia amoris", 1525) und Beiträgen zur Versepistelliteratur v.a. die naturnahe Fischeridylle „Ribanje i ribarsko prigovaranje" (1568), in der die ältesten langzeiligen Heldenlieder (Bugarštice) erhalten sind.

Heliade-Rădulescu, Ion [rumän. eli'aderədu'lesku], * Tîrgoviște 6. Jan. 1802, † Bukarest 9. Mai 1872, rumän. Schriftsteller.
Nach der Revolution von 1848 im Exil in Paris; wurde 1868 erster Präsident der rumän. Akademie; Gründer der ersten literar. Gesellschaft und der ersten literar. Zeitschrift Rumäniens; förderte das rumän. Theater, befaßte sich sprachwissenschaftl. mit dem Verhältnis der rumän. zur italien. Sprache; Einfluß des frz. Rationalismus auf seine Gedankenlyrik; pflegte auch

Fabel und Satire; Anregungen durch die Volksdichtung; H.-R. gilt als „Vater der rumän. Literatur"; die Gedichte erschienen 1887 in dt. Übersetzung.

Heliand (= Heiland), anonymes und titellos überliefertes, zum großen Teil erhaltenes altsächs. Epos mit etwa 6000 Stabreimversen in der Technik der alten Heldendichtung. Die Geschichte vom Leben Christi wurde nach der lat. Vorrede des Humanisten Flacius Illyricus auf Veranlassung Ludwigs des Frommen um 830 geschaffen; als Vorbild diente Tatians „Evangelienharmonie" unter Benutzung verschiedener Kommentare. Ob der H. (seit der 1. Ausgabe von J. A. Schmeller 1830–40 so bezeichnet) von einem Geistlichen aus dem Kloster Werden an der Ruhr stammt, kann nicht mit Sicherheit festgestellt werden. In der ep. Breite des lat. Hexameters und der Rhetorik lat. Predigten erreicht die Dichtung ihre besondere Wirkung durch die in der german. Epik ausgebildeten Stilmittel der Variierung und des schmückenden Beiwortes; doch diese „Germanisierung" der Form wie des Stoffes haftet am Äußeren, selbst die Darstellung Christi als eines mächtigen german. Volkskönigs und seiner Jünger als treuer Gefolgsmannen täuscht nicht darüber hinweg, daß der Dichter, der die Bergpredigt in den Mittelpunkt seines Werkes stellte, fest auf dem Boden der christl. Lehre steht.

Ausgaben: H. u. Genesis. Hg. v. O. Behaghel. *Bearb. v.* W. Mitzka. *Tüb. 81965. – Der H. Nhd. Übers. v.* K. Simrock. *Lpz. 13.–15. Tsd. 1959. – H. hg. v.* E. Sievers. *Halle 1878.*

Literatur: Huber, W.: *Quellenstudien zum Verhältnis v. H. u. Matthäusexegese. Mchn. 1968.* – Sehrt, E. H.: *Vollständiges Wörterb. zum H. u. zur altsächs. Genesis. Gött. 21966.* – Simon, W.: *Zur Sprachmischung im H. Bln. 1965.* – Krogmann, W.: *Absicht oder Willkür im Aufbau des H. Hamb. 1964.* – Rathofer, J.: *Der H. Theolog. Sinn als tekton. Form. Vorbereitung u. Grundlegung der Interpretation. Köln 1962.* – Behaghel, O.: *Die Syntax des H. Wien u. Prag 1897. Nachdr. Wiesb. 1966.* – † auch Otfrid von Weißenburg.

Heliodoros (Heliodor) von Emesa, griech. Schriftsteller des 3. Jahrhunderts.

Schrieb den vielgelesenen Roman „Aithiopika" (10 Bücher), der, in virtuoser Erzähltechnik gestaltet, die Liebesabenteuer des Theagenes und der Charikleia schildert; kunstvolle, rhetor. geschulte Sprache, Buntheit der Handlung und neue religiöse Kräfte zeichnen das Werk aus, das kompositor. allzu gekünstelt erscheint.

Ausgabe: Heliodor. Aithiopika. Die Abenteuer der schönen Chariklea. Dt. Übers. v. R. Reymer. *Zürich 1950.*

Literatur: Hefti, V.: *Zur Erzählungstechnik in Heliodors Aethiopica. Diss. Basel 1950.* – Oeftering, M.: *Heliodor u. seine Bedeutung f. die Litteratur. Bln. 1901.*

Hellaakoski, Aaro Antti [finn. 'hɛlla:kɔski], * Oulu 22. Juni 1893, † Helsinki 23. Nov. 1952, finn. Schriftsteller.

Studierte Naturwissenschaften, auch Beschäftigung mit Malerei und Bildhauerei; Kulturkritiker; experimentierfreudiger Gedankenlyriker, dessen Werk durch Rhythmik, Bildhaftigkeit und ein stark ausgeprägtes meditatives Element gekennzeichnet ist; während die ersten Gedichte eine negative Einstellung zum Leben erkennen lassen, zeigen die späteren Zustimmung zum Schicksal, sogar zum eigenen Tod. H. gilt als der bedeutendste finn. Lyriker nach dem 2. Weltkrieg.

Hauptwerke: Runoja (Ged., 1916), Jääpeili (Ged., 1928), Uusi runo (Ged., 1943), Sarjoja (Ged., 1952).

Hellens, Franz [frz. ɛ'lɛ̃:s], eigtl. Frédéric van Ermengem, * Brüssel 8. Sept. 1881, belg. Schriftsteller.

Rechtsstudium in Gent; Bibliothekar am Parlament in Brüssel, ging später nach Paris; schrieb neben symbolist. Gedichten (u.a. „La femme au prisme", 1920) phantast.-mysteriöse, auch psycholog. analysierende Erzählungen und Romane („Bass-Bassina-Bulu", dt. 1923; „Réalités fantastiques", En., 1932; „Entre toutes les femmes", 1960) und Essays („Gérard Terborch", 1911; „James Ensor", 1921).

Heller, Frank [schwed. 'hɛlər], eigtl. Martin Gunnar Serner, * Lösen (Blekinge) 20. Juli 1886, † Stockholm 14. Okt. 1947, schwed. Erzähler.

Studierte an der Universität Lund (Dr. phil.), lebte meist im Ausland; humorvoll-witziger, eleganter Erzähler, der neben zahlreichen Abenteuerromanen auch histor. Romane und Reiseberichte schrieb.

Hauptwerke: Herrn Collins Abenteuer (R., dt. 1917), Die Finanzen des Großherzogs (R., dt. 1917), Des Kaisers alte Kleider (R., dt. 1923), Die Diagnosen des Dr. Zimmertür (R., dt. 1928), Marco Polos Millionen (R., dt. 1929), Der gestohlene Eiffelturm (R., dt. 1934), Der meistgehaßte Mann Europas (R., dt. 1946).

Hellman, Lillian [engl. 'hɛlmən], * New Orleans 20. Juni 1905, amerikan. Dramatikerin.

Wuchs in New York auf; studierte an der Universität New York, dort später Dramenlektorin; verfaßte zahlreiche erfolgreiche Problemstücke.

Hauptwerke: The little foxes (Dr., 1939), Autumn garden (Dr., 1950), Zerbrochenes Spielzeug (Dr., dt. 1962).

Hello, Ernest [frz. ɛ'lo], * Lorient 4. Nov. 1828, † ebd. 15. April 1885, frz. Schriftsteller.

Jurist; Freund Léon Bloys, den er nachhaltig beeinflußte; kath.-myst. Denker, dessen zu Lebzeiten wenig beachtete Schriften sich gegen den modernen Atheismus und bes. gegen die liberale Theologie Renans richten; auch Verfasser von Erzählungen.

Hauptwerke: M. Renan, l'Allemagne et l'athéisme au XIXe siècle (1859), L'homme: la science, la vie, l'art (1872), Heiligengestalten (1875, dt. 1946), Worte Gottes (1877, dt. 1950), Seltsame Geschichten (En., 1879; dt. 1951).

Hellström, Erik Gustaf [schwed. ˌhɛlstrœm], * Kristianstad 28. Aug. 1882, † Stockholm 27. Febr. 1953, schwed. Schriftsteller.

Auslandskorrespondent des „Dagens Nyheter" in London, Paris und New York; gab sein Bestes in breitangelegten Romanen, die, vorzügl. in der psycholog. Motivierung, Probleme v.a. von sozialem Interesse behandeln und zeitkrit. die bürgerl. Gesellschaft Schwedens zeichnen.

Hauptwerke: Kutscher (R., dt. 1912), Meister Lekholm hat eine Idee (R., 1927; dt. 1939), Noveller (1927), Stürmisches Paradies (R., 1935; dt. 1945), Personligt. Minnesbilder och meningar (Erinnerungen, 1953).

Hẹlman, Albert [niederl. 'hɛlmɑn], eigtl. Lou A. M. Lichtveld, * Paramaribo (Niederl.-Guayana) 7. Nov. 1903, niederl. Schriftsteller.
Lehrer, Tätigkeit für verschiedene Zeitschriften, im Span. Bürgerkrieg Teilnahme auf republikan. Seite; nach dem 2. Weltkrieg Landesminister von Surinam. Verfasser gefühlvoller Novellen und Romane, die sich mit Problemen in Surinam beschäftigen.
Hauptwerke: Mijn aap schreit (R., 1927), De stille plantage (R., 1931), Mijn aap lacht (R., 1953).

Hẹlmbold, Ludwig, * Mühlhausen i. Thür. 13. Jan. 1532, † ebd. 8. April 1598, dt. Dichter.
Studierte in Leipzig und Erfurt; war im Schuldienst tätig; Diakonus und Superintendent in seiner Heimatstadt; H. schrieb lat. und dt. Oden sowie geistl. Lieder; bekannt v. a. „Von Gott will ich nicht lassen“ und „Ich weiß, daß mein Erlöser lebt“.

Hẹlmers, Jan Frederik [niederl. 'hɛlmərs], * Amsterdam 7. März 1767, † ebd. 26. Febr. 1813, niederl. Dichter.
Als Patriot unter Napoleon von den Franzosen verfolgt; trat in dem pathet. Gedicht „De Hollandsche natie“ (1812) gegen Napoleon auf und verhalf dem unterdrückten niederl. Volke durch die Schilderung der glorreichen Vergangenheit wieder zu einem Nationalbewußtsein.
Weitere Werke: Gedichten (1809f.), Nagelaten gedichten (1815).

Hẹlvius Cịnna, Gaius ↑ Cinna, Gaius Helvius.

Hẹlwig, Werner, Pseudonym Einar Halvid, * Berlin 14. Jan. 1905, dt. Schriftsteller.
Gehörte der Jugendbewegung an, studierte Ethnologie; als freier Schriftsteller meist auf Reisen. Seit 1933 hielt er sich lange in Griechenland, der Stätte entscheidender Erlebnisse, in Italien und während des Krieges in der Schweiz und in Liechtenstein auf. Sein abenteuerl. Leben gestaltet er in seinem umfangreichen literar. Schaffen, das Romane, Novellen, Reisebücher, Gedichte und auch gelungene Nachdichtungen ostasiat. Lyrik umfaßt; bes. bekannt wurde der Roman „Raubfischer in Hellas“ (1939, endgültige Fassung 1960).
Weitere Werke: Im Dickicht des Pelion (R., 1941), Auf der Knabenfährte (Autobiogr., 1951), Reise ohne Heimkehr (R., 1953), Das Steppenverhör (R., 1957), Die Waldschlacht (E., 1959), Erzählungen der Windrose (1961), Xenophon und die Raubfischer (1963), Das Paradies der Hölle (R., 1965).

Hemacandra ↑ Hematschandra.

Hẹmans, Felicia Dorothea [engl. 'hɛmənz], * Liverpool 25. Sept. 1793, † Dublin 16. Mai 1835, engl. Schriftstellerin.
Ihre frühen Gedichte (1808 erschienen) erregten die Aufmerksamkeit Shelleys; zu ihren Bewunderern gehörten Wordsworth, Byron, Scott und Freiligrath; hohes Ansehen bes. in Amerika; ihren Gedichten ist schlichte Schönheit eigen, die jedoch den Mangel an gedankl. Tiefe und poet. Reife nicht immer aufwiegt; auch erzählende Dichtungen und [erfolglose] Dramen; 1871 übersetzte Freiligrath ihr bestes Gedicht, „Das Waldheiligtum“.

Hematschạndra; tl.: Hemacandra, * Dhundhuka 1088, † Ahmedabad 1172, ind. Dichter, Grammatiker und Lexikograph.
Sohn eines Kaufmanns, von einem Mönch erzogen; 21jährig bereits Lehrer; zum Hofgelehrten ernannt, entfaltete er eine rege literar. Tätigkeit, die er auf verschiedene Wissensgebiete ausdehnte; im Auftrag des Königs verfaßte er eine Sanskrit-Grammatik, in der auch das Prakrit berücksichtigt wurde, Wörterbücher und Werke über Poetik und Metrik; dichter. Ruhm wurde ihm v. a. durch das zwischen 1160 und 1172 entstandene große Epos „Trischaschtischalakapuruschatscharitra“ (= Die Taten der 63 Großen Männer) zuteil, in dem H. in einfacher Sprache eine ausführl. Darstellung des Dschainismus gibt.

Hẹmeldonck, Emiel van [niederl. 'he:məldɔŋk], Pseudonym Paul van der Venen, * Zwijndrecht bei Antwerpen 29. Nov. 1897, fläm. Schriftsteller.
Unternahm weite Reisen; volkstüml. Erzähler mit Heimatromanen in kath. idealist. Gesinnung und histor. Romanen.
Hauptwerke: Das Dorf in der Heide (R., 1938; dt. 1952), Der Hof am Veen (R., dt. 1943), Der kleine Kaiser (R., 1943; dt. 1950), Das Mädchen Maria (R., dt. 1948), Das gelobte Land (R., dt. 1951), Wolken über der Schelde (R., dt. 1956).

Hẹmerken, Thomas ↑ Thomas a Kempis.

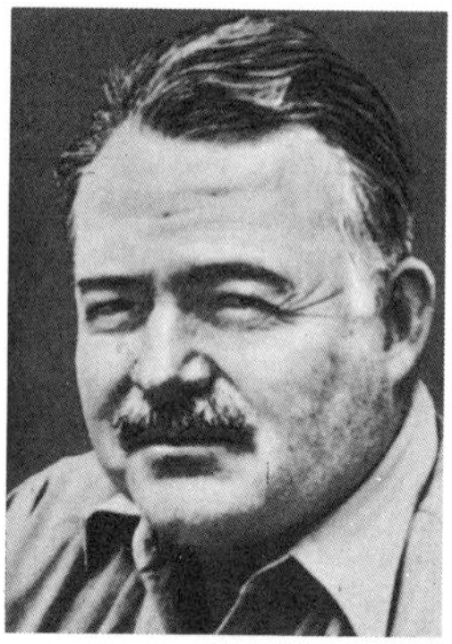

Ernest [Miller] Hemingway

Hẹmingway, Ernest [Miller] [engl. 'hɛmiŋwɛɪ], * Oak Park (Ill.) 21. Juli 1899, † Ketchum (Idaho) 2. Juli 1961, amerikan. Schriftsteller.
Sohn eines Landarztes, begeisterte sich auf Jagdfahrten und beim Fischfang früh für Abenteuer und Gefahr; H. lehnte sich schon als Kind gegen den Zwang im Elternhaus auf, wurde 18jährig Reporter, ging 1918 als Freiwilliger des Roten Kreuzes an die italien. Front, wo er verwundet und ausgezeichnet wurde; danach im Nahen Osten, 1920 in Chicago (lernte dort Sh. Anderson kennen), 1921–27 als Korrespondent in Europa (hpts. Paris, wo er mit G. Stein, E. Pound und F. Scott Fitzgerald zusammentraf), einige Jahre in Amerika, 1936/37 Berichterstatter im Span. Bürgerkrieg (auf republikan. Seite), dann in China, auf Kuba, bei der Invasion 1944/45 in Frankreich; 1954 Nobelpreis; auf seiner Farm nahm er sich das Leben. H.s Welt war die des Abenteuers und der Gefahr. Tiefseefischerei, Großwildjagd, Stierkampf, auch der Krieg zogen ihn an und waren Themen seiner erzählenden Werke, die eine ausgesprochen männl. Welt repräsentieren, in der Bewährung dem Abenteuer gegenüber und gegenüber selbstgesetzten Normen in

einer sinnlosen Welt alles bedeuten. In nüchterner Sprache, unter Vermeidung aller emotionalen Elemente gestaltet H. kraftvoll den vollen persönl. Einsatz für etwas, das nur gemäß der individuellen Ethik diesen Einsatz lohnt. Sich scheinbar nur an die „facts" haltend, lassen die Dialoge eine Hintergründigkeit deutl. werden, die an tiefste Überzeugungen und Gefühle rührt.
Hauptwerke: Fiesta (R., dt. 1928), In einem anderen Land (R., dt. 1930), Tod am Nachmittag (Schr., 1932; dt. 1957), Die grünen Hügel Afrikas (E., 1935; dt. 1954), Haben und Nichthaben (R., 1937; dt. 1951), The fifth column and the first forty-nine (Dr. und Kurzgeschichten, 1938; dt. 1950 u. d. T. 49 Stories [ohne Drama]), Wem die Stunde schlägt (R., dt. 1941), Der Schnee vom Kilimandscharo (En., dt. 1949; Dr., dt. 1952), Über den Fluß und in die Wälder (R., dt. 1951), Der alte Mann und das Meer (E., dt. 1952), Paris, ein Fest fürs Leben (Kurzgeschichten, dt. 1965).
Ausgabe: E. H. Sämtl. Erzählungen. Dt. Übers. Reinbek bei Hamb. 1966.
Literatur: E. H. Hg. v. H. Stresau. *Bln. ²1968.* – Baker, C.: *E. H. Dt. Übers. Reinbek bei Hamb. 1967.* – Astre, G. A.: *E. H. Reinbek bei Hamb. 1961.* – † auch Pavese, Cesare.

Hemmer, Jarl [schwed. 'hɛmər], * Vaasa 18. Sept. 1893, † Borgå 6. Dez. 1944, schwed.-sprachiger finn. Dichter.
Studierte russ. Sprache und Literatur, reiste u.a. nach Rußland, Deutschland und Italien; beging nach dem Zusammenbruch seines Landes (1944) Selbstmord. Rauschhafte Freude, Begeisterung am Leben, das Wissen um Vergänglichkeit und Tod, Leid und Lebensangst bestimmen in gleicher Weise sein Werk, in dem die Schwermut immer mehr zum bestimmenden Element wurde.
Hauptwerke: Rösterna (Ged., 1914), Pelaren (Ged., 1916), Onni Kokko (E., 1920; dt. 1937), Väntan (Ged., 1922), Gehenna (R., dt. 1933), Die Morgengabe (R., dt. 1936).

Hemnicer † Chemnizer.

Hémon, Louis [frz. e'mõ], * Brest 12. Okt. 1880, † Chapleau (Ontario) 8. Juli 1913, frz. Schriftsteller.
Bretone, Sohn eines Professors, besuchte die Kolonialakademie; nach dem frühen Tod seiner Frau gab er die Welt, in der er lebte, auf und wanderte nach Kanada aus, wo er in den Wäldern unter Holzfällern lebte und ihr hartes Leben, ihre Bräuche und Sitten kennenlernte. Aus diesen Erfahrungen entstand sein bekannter Roman „Maria Chapdelaine" (hg. 1916, dt. 1923).
Weitere Werke: Der Jahrmarkt der Wahrheiten (En., dt. 1925), Colin-Maillard (R., hg. 1924), Der Boxer und die Lady (R., dt. 1927), Monsieur Ripois' Londoner Nächte (R., hg. 1926; dt. 1958).

Henckell, Karl [...əl], * Hannover 17. April 1864, † Lindau (Bodensee) 30. Juli 1929, dt. Lyriker.
Studierte Philosophie, Philologie und Nationalökonomie; früh Beziehungen zum Naturalismus; in München Mithg. der „Modernen Dichtercharaktere" (1885); lebte in Mailand, Wien, Brüssel, ließ sich 1890 in Zürich nieder, gründete dort eine Verlagsbuchhandlung (1895); später in Berlin, dann wieder in München. Verbindet in seinem Werk sozialrevolutionäre und naturalist. Tendenzen; in pathet.-rhetor. Gedichten setzt er sich für die unteren Schichten ein, indem er die bestehende Gesellschaftsordnung angreift; besser in den Liebesliedern und Naturgedichten.
Hauptwerke: Umsonst (Ged., 1884), Poet. Skizzenbuch (Ged., 1885), Trutznachtigall (Ged., 1891), Neues Leben (Ged., 1900), Schwingungen (Ged., 1906), Weltmusik (Ged., 1918).
Literatur: Schmid, K. F.: *K. H. im Spiegel seiner Umwelt. Aufs., Briefe, Gedichte als Gedenkschr. ges. u. hg. Stuttg. 1931.* – Droop, F.: *K. H.-Brevier. Mchn. 1924.* – Blei, F.: *K. H. Ein moderner Dichter. Zürich 1895.*

Hendscho; tl.: Henjô [jap. hendʒo:], eigtl. Joschimine Munesada; tl.: Yoshimine Munesada, * 816, † 3. Febr. 890, jap. Dichter.
Bekleidete hohe Staatsämter und wurde Mönch. Seine in verschiedene Sammlungen aufgenommenen Gedichte zeichnen sich durch formale Vollendung und Humor aus.

Hennings, Emmy † Ball-Hennings, Emmy.

Henningsen, Agnes [dän. 'hɛneŋsən], geb. Andersen, * Skovsbo bei Kerteminde 18. Nov. 1868, † Kopenhagen 21. April 1962, dän. Schriftstellerin.
Entstammte einer einfachen Familie; schrieb außer Gesellschaftsdramen v.a. erot. Frauenromane, in denen sie die Liebe in ihrer Vielfältigkeit aus der Sicht verschiedener Frauen verschiedener Altersstufen darstellt; ins Dt. übersetzt wurden u.a. die Romane „Polens Töchter" (dt. 1904), „Die vielgeliebte Eva" (dt. 1911), „Die große Liebe" (dt. 1919).

Hennseler, Karl Friedrich † Hensler, Karl Friedrich.

Henrici, Christian Friedrich [hɛn'ri:tsi], Pseudonym Picander, * Stolpen 14. Jan. 1700, † Leipzig 10. Mai 1764, dt. Schriftsteller.
Schrieb Kirchenlieder und geistl. Texte, u.a. zur Matthäuspassion und zu vielen Kantaten J. S. Bachs, daneben derb-realist. Komödien sowie Lyrik in der Nachahmung J. Ch. Günthers.
Hauptwerke: Teutsche Schauspiele (1726), Ernst-, scherzhafte und satir. Gedichte (1727–37).

Henriot, Émile [frz. ã'rjo], eigtl. É. Maigrot, * Paris 3. März 1889, † ebd. 14. April 1961, frz. Schriftsteller.
Sohn des Zeichners Henri Maigrot, genannt H.; langjähriger Mitarbeiter von „Le Temps" und von „Le Monde"; 1945 Mitglied der Académie française; 1948–61 Präsident der Alliance française; begann als Lyriker („La flamme et les cendres", 1909), verdankt seinen Ruhm jedoch seinen analyt. Romanen („Valentin", 1918; „Aricie Brun", 1924) und seinen Essays („Vue générale du XVIIe siècle", 1954), Biographien und literaturkrit. Zeitungsbeiträgen.

Henry, O. [engl. 'hɛnrɪ], eigtl. William Sydney Porter, * Greensboro (N.C.) 11. Sept. 1862, † New York 5. Juni 1910, amerikan. Schriftsteller.
Sohn eines Arztes, ging 1882 nach Texas, versuchte dort die Herausgabe einer humorist. Wochenschrift, schrieb dann für die „Houston Post"; später Bankangestellter, wurde der Veruntreuung beschuldigt, floh nach Honduras, kehrte 1897 nach Texas zurück und wurde zu 5 Jahren Gefängnis verurteilt. Seit 1901 in New York, schrieb, um sich am Leben zu erhalten, rund 600 in ihrem Aufbau meisterhafte Kurzgeschichten, deren Wert bald erkannt wurde. Ihre Figuren sind kleine Leute, Durchschnittscharaktere, Groß-

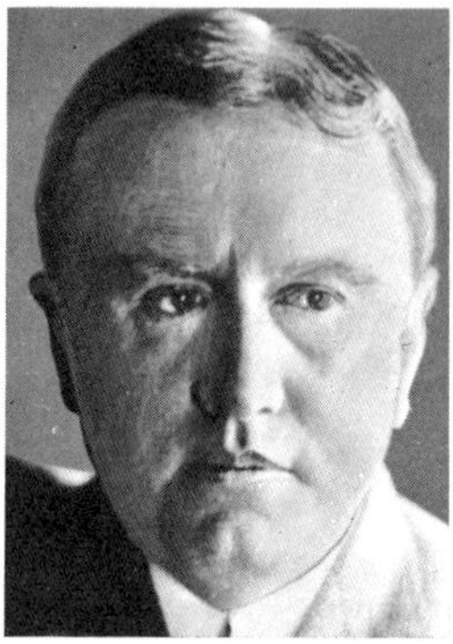
O. Henry

stadttypen. H.s Eigentümlichkeit ist die Ironie des Zufalls in der überraschenden Schlußpointe.
Hauptwerke: Kohlköpfe und Könige (R., dt. 1955), The four millions (Kurzgeschichten, 1906), The voice of the city (Kurzgeschichten, 1908), Roads of destiny (Kurzgeschichten, 1909), Rollende Steine setzen kein Moos an (En., dt. Ausw. 1966), Glück, Geld und Gauner (En., dt. Ausw. 1967).
Literatur: Current-García, E.: *O. H. New York 1965.* – Long, E. H.: *O. H., the man and his work. Philadelphia (Pa.) 1949. Nachdr. New York 1969.*

Hẹnryson, Robert [engl. 'hɛnrɪsn], * um 1430, † um 1506, schott. Dichter.
Lehrer, wahrscheinl. an der Schule der Benediktinerabtei Dunfermline; als Dichter Schüler von Chaucer; gebildet, mit feinem Formgefühl, Witz und Sinn für makabre Komik; pflegte v.a. die Tierfabel nach dem Vorbild des Äsop; frische Gestaltung bes. durch Einbeziehung der schott. Landschaft und Natur; seine Dichtung „Orpheus und Eurydice" (hg. 1508) ist einer Vorlage von Boethius nachgestaltet; „The testament of Cresseid" (1532 in einer Chaucer-Ausgabe von Thynne gedruckt) ist als moralisierende Forts. der „Troilus und Cressida"-Fassung Chaucers zu verstehen; „Robene and Makyne" (gedruckt 1724) ist die erste schott. Pastoraldichtung; weitgehend realist., heimatverbundene Darstellung bäuerl. Lebens in Schottland.

Hẹnschke, Alfred ↑ Klabund.

Hẹnsel, Luise, * Linum (Bezirk Potsdam) 30. März 1798, † Paderborn 18. Dez. 1876, dt. Dichterin.
Pfarrerstochter, Erzieherin in Berlin, konvertierte 1818 zum Katholizismus, war Gesellschafterin, Krankenpflegerin und Lehrerin, ging 1874 in Paderborn ins Kloster. War mit den Romantikern, v.a. mit C. Brentano befreundet. Sie schrieb gemütvolle geistl. Lieder und Gedichte, die z.T. volkstüml. wurden, u.a. „Müde bin ich, geh' zur Ruh'...".

Hẹnsen, Herwig [niederl. 'hɛnsə], eigtl. Florant Mielants, * Antwerpen 22. Jan. 1917, fläm. Lyriker und Dramatiker.
Lehrer; seine in subtiler Verskunst gestaltete Lyrik ist von Rilke beeinflußt; seine neoklassizist., sehr bühnenwirksamen Dramen gehören zu den besten der fläm. Literatur nach dem 2. Weltkrieg.
Hauptwerke: Hamlet in den spiegel (Ged., 1939), Antonio (Dr., 1942), Lob der Bereitschaft (Ged., dt. Ausw. 1949), Alkestis (Dr., 1953), De andere Jehanne (Dr., 1955), Sodom en Gomorra (Dr., 1955).

Hẹnsler (Hennseler), Karl Friedrich, * Vaihingen an der Enz 1. Febr. 1759, † Wien 24. Nov. 1825, dt. Bühnendichter.
Theologiestudium in Tübingen, 1779 Magister, kam 1784 nach Wien und wurde 1786 Theaterdichter des Theaters in der Leopoldstadt, das er 1803 pachtete; später auch Pächter des Theaters an der Wien und des Theaters in der Josefstadt. Schrieb über 200 seinerzeit beliebte Bühnenstücke, v.a. Märchenspiele, Räuber- und Ritterstücke, Possen und Kasperliaden; Singspieltexte.

Hẹnz, Rudolf, Pseudonym R. Miles, * Göpfritz an der Wild (Niederösterreich) 10. Mai 1897, östr. Schriftsteller.
Studierte Germanistik und Kunstgeschichte, 1931–38 wissenschaftl. Leiter beim östr. Rundfunk; bis 1945 Schreibverbot, arbeitete dann wieder in leitenden Stellungen beim Rundfunk. H. schrieb Lyrik, Romane, Erzählungen, Dramen und Volksschauspiele. Nach expressionist. Anfängen fand er zu einer Art christl. Realismus. Sein Hauptwerk ist das monumentale Terzinenepos „Der Turm der Welt" (1951).
Weitere Werke: Lieder eines Heimkehrers (Ged., 1920), Unter Brüdern und Bäumen (Ged., 1929), Die Gaukler (R., 1932), Kaiser Joseph II. (Trag., 1937), Östr. Trilogie (Ged., 1950), Die große Entscheidung (Dr., 1954), Die Nachzügler (R., 1961), Der geschlossene Kreis (Ged., 1964), Der Kartonismus (R., 1965).

Herakleitos von Ephesos, * um 540, † um 480 v. Chr., griech. Philosoph.
Entstammte einer Aristokratenfamilie, hielt sich bewußt von der Menge zurück, war eigenwillig aristokrat. in seinem Denken, wird seines blockartig-knappen Stiles wegen „der Dunkle" genannt; sein Werk ist nur in Fragmenten erhalten; H. versteht den Wandel aller Dinge als die ständige Aufeinanderfolge und Ablösung von Gegensätzen, hinter denen die feste Einheit des Logos, des göttl. Gesetzes, steht. Bewegende Kraft ist das Weltfeuer.
Ausgabe: Heraklit. Fragmente. Griech. u. dt. Hg. v. B. Snell. *Mchn.* ⁵*1966.*
Literatur: Hölscher, U.: *Heraklit. In:* Hölscher: *Anfängl. Fragen. Gött. 1968.* – Axelos, K.: *Héraclite et la philosophie: La première saisie de l'être en devenir de la totalité. Paris 1962.* – Winterhalder, L.: *Das Wort Heraklits. Erlenbach (ZH) 1962.* – Brecht, F. J.: *Heraklit. Ein Versuch über den Ursprung der Philosophie. Hdbg. 1936.* – Gigon, O.: *Unterss. zu Heraklit. Lpz. 1935.*

Heraklit von Ephesos ↑ Herakleitos von Ephesos.

Heraskov ↑ Cheraskow.

Hẹrben, Jan [tschech. 'hɛrbɛn], * Brumovice 7. Mai 1857, † Prag 24. Dez. 1936, tschech. Schriftsteller und Journalist.
Auch polit. tätig; schilderte in oft humorvollen Prosaskizzen und bes. in seinem Hauptwerk „Do třetího a čtvrtého pokolení" (= Bis in die dritte und vierte Generation, 1892 und 1921), einem histor., der Form der Chronik nahestehenden Roman, realist. Leben und Schicksal seiner Heimat

Mähren; Mitarbeiter Masaryks, dessen Biographie er schrieb (dt. 1937).

Herbert, George [engl. 'hə:bət], * Montgomery Castle (Wales) 3. April 1593, ▭ Bemerton bei Salisbury 3. März 1633, engl. Dichter.

Bruder des Philosophen Lord H. of Cherbury, studierte in Cambridge und wurde dort Dozent, später Lektor für Rhetorik, 1626 Geistlicher und 1630 Pfarrer in Bemerton. H. war Freund und Schüler Donnes, dessen religiöse Dichtung nachhaltigen Einfluß auf ihn hatte. Sein dichter. Werk ist fast vollständig in der Sammlung „The church" enthalten, die er 1633 in „The temple" umbenannte. In den in frommem Pathos geschriebenen religiösen Gedichten zeigt sich seelsorger. Bemühen.

Weiteres Werk: A priest to the temple (Schr., 1652).

Literatur: Stein, A.: *G. H.'s lyrics. Baltimore (Md.) 1968.* – Summers, J. H.: *G. H. His religion and art. London; Cambridge (Mass.) 1954.*

Herbert, Zbigniew [poln. 'xɛrbɛrt], * Lemberg 29. Okt. 1924, poln. Schriftsteller.

Besuchte die Handelsakademie in Krakau, studierte in Thorn Jura, in Warschau Philosophie; schrieb v. a. Lyrik, die sich durch eine ausgewogene Sprache auszeichnet; H.s Themen sind die Konflikte des Menschen und philosoph. und moral. Probleme. Dt. liegen vor: „Gedichte" (dt. Ausw. 1964), „Ein Barbar in einem Garten" (Prosa, dt. 1965), „Inschrift" (Ged., dt. 1967), „Das andere Zimmer" (Dr., dt. EA 1966), „Die Höhle des Philosophen" (Dr., dt. EA 1967).

Herbort von Fritzlar, * Fritzlar um 1180, mhd. Epiker.

Übertrug um 1210 im Auftrag des Landgrafen Hermann von Thüringen, an dessen Hof er vermutl. Geistlicher war, den „Roman de Troie" des Benoît de Sainte-More ins Dt.; das „Liet von Troye" (in 18458 Versen), formal und inhaltl. unhöfisch, ist die erste dt. Bearbeitung des Sagenstoffes um die Geschehnisse von Troja und war als Einleitung zu Veldekes „Eneit" gedacht.

Ausgabe: H. v. F. Liet v. Troye. Hg. v. G. K. Frommann. *Quedlinburg 1837. Nachdr. Amsterdam 1966.*

Literatur: Worstbrock, F. J.: *Zur Tradition des Troiastoffes u. seiner Gestaltung bei H. v. F. In: Zs. f. dt. Altertum u. dt. Lit. 92 (1963), 248.* – Auernhammer, R.: *Die höf. Gesellschaft bei H. v. F. Diss. Erlangen 1939.* – Menhardt, H.: *H.studien. In: Zs. f. dt. Altertum u. dt. Lit. 65 (1928), 225; 66 (1929), 173; 77 (1940), 256.*

Herburger, Günter, * Isny (Allgäu) 6. April 1932, dt. Schriftsteller.

Studierte Philosophie, Soziologie und Sanskrit; verschiedene Berufe in mehreren Ländern, Fernsehredakteur in Stuttgart, freier Schriftsteller in Berlin. Wurde bekannt durch seinen Prosaband „Eine gleichmäßige Landschaft" (1964), dessen zeitkrit. Erzählungen in der bundesdt. Gegenwart spielen und weniger Einzelschicksale als Situationen und Atmosphäre in milieugerechter Sprache schildern. H. schrieb ferner Lyrik („Ventile", 1966), den Roman „Die Messe" (1969), Hör- und Fernsehspiele sowie Dramen („Bekehrungen I–IV", Einakter, 1962; „Tanker", Schsp., 1966) und Filmdrehbücher.

Herculano de Carvalho e Araújo, Alexandre [portugies. irku'lɐnu ðə kɐr'vaʎu i ɐrɐ'uʒu], * Lissabon 28. März 1810, † Vale de Lobos 13. Sept. 1877, portugies. Geschichtsforscher und Dichter.

Lebte nach dem Studium ein Jahr im polit. Exil, war dann Bibliothekar, Redakteur, Bibliotheksdirektor und seit 1844 Hg. der „Portugaliae Monumenta Historica". Ab 1867 lebte er zurückgezogen auf seinem Landsitz. H. schrieb grundlegende Werke zur portugies. Geschichte, zwei lyr. Frühwerke religiös-polit. Inhalts und histor. Romane in der Art W. Scotts, von denen nur einer ins Dt. übertragen wurde („Eurich der Priester der Gothen", dt. 1847). H. wird mit Almeida Garrett als Begründer der portugies. romant. Schule angesehen; seine Vorbilder waren frz. und dt. Romantiker.

Herczeg, Ferenc [ungar. 'hɛrtsɛg], eigtl. Franz Herzog, * Werschetz (Jugoslawien) 22. Sept. 1863, † Budapest 24. Febr. 1954, ungar. Schriftsteller.

Donauschwabe; besuchte die dt. Schule und studierte Rechtswissenschaft; seine literar. Karriere begann bei der Zeitung „Pesti Hírlap"; 1896 Abgeordneter und 1910 Mitglied der ungar. Akademie der Wissenschaften. Zwischen den beiden Weltkriegen Repräsentant der ungar. Literatur. H. ist einer der erfolgreichsten Vertreter der modernen ungar. Literatur; er schrieb Erzählungen, Romane und Dramen. Seinen Ruf begründeten die geistreich-amüsanten, flüssigen Novellen aus der Welt der gehobenen städt. Gesellschaft. Andere Romane, wie „Die Töchter der Frau Gyurkovics" (dt. 1896), „Die Brüder Gyurkovics" (dt. 1908), die sich mit dem verarmten und leichtlebigen Landadel beschäftigen, sind zum spezif. ungar. Naturalismus zu rechnen. Seine spannenden, im psycholog. Aufbau modernen histor. Romane gehören zur Neuromantik. Die bekanntesten sind „Im Banne der Pußta" (dt. 1910), „Rákóczi der Rebell" (dt. 1937).

Weitere Werke: Die Ehe des Herrn von Szabolcs (R., dt. 1898), Die erste Schwalbe u.a. Erzählungen (dt. 1898), Unter fremden Menschen (R., dt. 1906), Das Tor des Lebens (R., dt. 1947).

Herdal, Harald [dän. 'hɛrda:'l], * Kopenhagen 1. Juli 1900, dän. Schriftsteller.

Stammte aus einer Arbeiterfamilie und versuchte sich in verschiedenen Berufen; in seinen sozialist., von antibürgerl. Tendenz bestimmten Romanen sind des Autors eigene bittere Lebenserfahrungen verarbeitet; sie geben ein schonungsloses desillusionierendes Bild des Arbeitermilieus der 30er Jahre in Dänemark.

Hauptwerke: Man muß ja leben (R., 1934; dt. 1950), Løg (R., 1935), Barndom (Erinnerungen, 1944), De unge år (Erinnerungen, 1945), Læreår (Erinnerungen, 1946).

Herdan, Johannes ↑ Koenig, Alma Johanna.

Herder, Johann Gottfried von, * Mohrungen 25. Aug. 1744, † Weimar 18. Dez. 1803, dt. Dichter und Philosoph.

Pietist. erzogen, autodidakt. gebildet, studierte H. nach ärml. Jugend Medizin, Theologie und Philosophie in Königsberg, wo er durch Kant und Hamann entscheidende Anregungen erhielt; Lehrer und Prediger in Riga; 1769 Seereise nach Nantes, die, nach H.s eigenen Angaben, die ent-

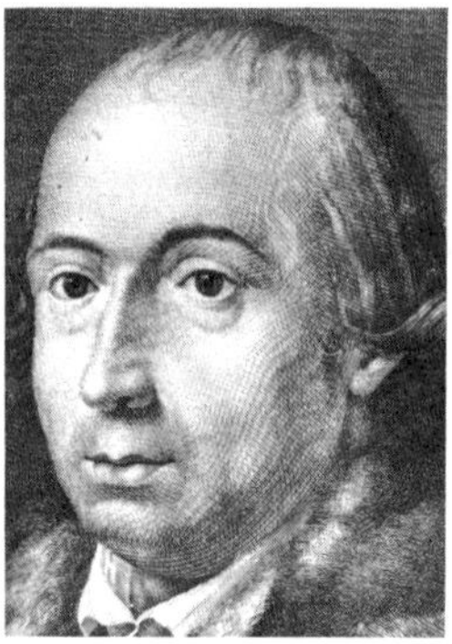

Johann Gottfried von Herder (Kupferstich von M. Steinla nach dem Gemälde von F. Rehberg)

scheidende Wende von der Aufklärung zum Sturm und Drang brachte; Reise nach Paris und Amsterdam, in Hamburg Bekanntschaft mit Lessing und Claudius, in Darmstadt mit Merck, in Straßburg mit Goethe, auf dessen Veranlassung er 1776 in Weimar Hofprediger und Generalsuperintendent wurde; befreundet u.a. mit Wieland und Jean Paul, zeitweise Entfremdung von Goethe; 1802 geadelt; im Alter lebte er, vereinsamt und verbittert, ganz zurückgezogen. Obwohl keines seiner Werke überdauert hat, sind seine Gedanken und Anregungen für die dt. und europ. Geistesgeschichte von entscheidender Bedeutung gewesen und haben heute ihre Gültigkeit noch nicht verloren; von Montesquieu, Rousseau, Hamann u.a. beeinflußt, half er als Denker des Irrationalismus, die Aufklärung zu überwinden. Alle Erscheinungen des Menschenlebens sind für ihn in Vergangenheit und Gegenwart organ. gewachsen und nur aus ihren bes. zeitbedingten Gegebenheiten zu verstehen. Die Eigentümlichkeit der dt. Dichtung erforschend, erkannte er ihre Besonderheit im Vergleich mit Dichtungen anderer Nationen und weitete so das Verstehen über die dt. Dichtung hinaus auf die Dichtung der Weltliteratur aus am Beispiel Homers, Shakespeares, Ossians, der Volkskunst und der Bibel. Da ein Kunstwerk durch religiöse, geschichtl. und zeitl. Bedingungen eines Volkes und Menschen geprägt sei, müsse es aus diesen Gegebenheiten heraus verstanden werden. Begründer der Volksliedforschung – das Wort „Volkslied" prägte H. – mit seiner Sammlung „Volkslieder" (1778/79), die 1807 u. d. T. „Stimmen der Völker in Liedern" erschien. Hier zeigt H. sein großartiges Gefühl für Poetisches, auch in fremder Fassung; H. erwies sich zugleich als Meister feinfühliger Übertragung, die auch in dt. Sprache das Eigentüml. des Fremden aufweist. Seine eigenen dichter. Werke, im Stil orator. Lyrik nach Klopstocks Muster, sind weniger bedeutend.

Weitere Werke: Über die neuere dt. Literatur (1767), Krit. Wälder (1769), Abhandlung über den Ursprung der Sprache (1772), Von dt. Art und Kunst (1773), Ideen zur Philosophie der Geschichte der Menschheit (1784–91), Briefe zur Beförderung der Humanität (1793–97), Der Cid (Romanzenzyklus, 1805).

Ausgaben: Briefe J. G. H.s. Hg. v. den Nat. Forschungs- u. Gedenkstätten der klass. dt. Lit. in Weimar. Weimar 1970ff. Auf 10 Bde. berechnet. – J. G. v. H. Werke in 5 Bden. Ausgew. u. eingel. v. W. Dobbek. *Bln. ³1964. – J. G. v. H. Werke. Hg. v.* B. Suphan. *Bln. 1877–1913. 33 Bde. Nachdr. Hildesheim 1967–68.*

Literatur: Knoll, S. B.: *H. and the French Revolution. Hdbg. 1970.* – Dobbeck, W.: *J. G. H.s Weltbild. Versuch einer Deutung. Köln u.a. 1969.* – Kathau, A.: *H.s Literaturkritik. Unterss. zu Methodik u. Struktur am Beispiel der frühen Werke. Göppingen 1969.* – Adler, E.: *H. u. die dt. Aufklärung. Dt. Übers. Wien 1968.* – Irmscher, H. D.: *Probleme der H.-Forschung. In: Dt. Vjschr. f. Literaturwiss. u. Geistesgesch. 37 (1963), 266.* – Baur, E.: *J. G. H. Stuttg. 1960. – H.-Studien. Hg. v.* W. Wiora. *Würzb. 1960.* – Haym, R.: *H. Nach seinem Leben u. seinen Werken. Bln. ²1958. 2 Bde. – Im Geiste H.s. Ges. Aufs. zum 150. Todestage J. G. H.s. Hg. v.* E. Keyser. *Würzb. 1953.* – Gillies, A.: *H. Der Mensch u. sein Werk. Dt. Übers. Hamb. 1949.* – ↑ auch Gottsched, Johann Christoph.

Heredia (Hérédia), José-Maria de [frz. ere'dja], * La Fortuna Cafeyera (Kuba) 22. Nov. 1842, † Bourdonné (Yvelines) 3. Okt. 1905, frz. Dichter.

Studierte in Havanna und Paris, war Bibliothekar und Mitarbeiter literar. Zeitschriften; befreundet mit Leconte de Lisle, der, wie Th. Gautier, sein Lehrer war. 1895 Mitglied der Académie française. H., dessen Hauptwerk „Trophäen" (1893, dt. 1909), eine in 5 Zyklen gegliederte Folge von 118 Sonetten, ist (daneben nur wenige Gedichte), gilt als bedeutendster Vertreter der jüngeren Generation des Parnasse. Er stellt in den Sonetten Epochen der Geschichte dar, unpersönlich, in vollendeter Verstechnik, suggestiv in ausgefallene und klangvolle Worte gekleidet, musikal. im Rhythmus, alle Möglichkeiten der Wortkunst ausschöpfend.

Literatur: Suchaj, M. M.: *L'esthétique du Parnasse étudiée à travers les „Trophées" de H. Diss. Univ. of Manitoba 1965.* – Ibrovac, M.: *J.-M. de H. Sa vie, son œuvre. Paris 1923. 2 Bde.*

Heredia, Marie Louise Antoinette de [frz. ere'dja] ↑ Houville, Gérard d'.

Heredia y Campuzano, José María [span. e'reðja i kampu'sano], * Santiago de Cuba 31. Dez. 1803, † Toluca (Mexiko) 7. Mai 1839, kuban. Schriftsteller.

Jurist. und humanist. Studien. Hg. literar. Zeitschriften; Anwalt. Wegen Teilnahme an einer Verschwörung Flucht nach Boston. Bed. Dichter der hispanoamerikan. Revolutionszeit; Lyriker, Dramatiker, Essayist, Kritiker. Sein Werk ist inhaltl. der Romantik, formal dem Klassizismus verpflichtet; er verbindet Phantasiereichtum, hervorragende Fähigkeit der Beschreibung, Reflexionen und leidenschaftl. Vaterlandsliebe mit formaler Begabung. Übersetzungen aus dem Lat., Frz. und Englischen.

Hauptwerke: Poesías (Ged., 1835), Los últimos romanos (Trag., 1829).

Herger, auch Älterer Spervogel, mhd. Dichter des 12. Jahrhunderts.

Nennt seinen Namen in einem Spruch selbst; Verfasser von sprachl. und formal einfachen, z.T. religiösen, seine untheolog. Frömmigkeit manifestierenden Sprüchen, die unter dem Namen Spervogel überliefert sind.

Hergesheimer, Joseph [engl. 'hə:gəshaɪmə], * Philadelphia 15. Febr. 1880, † Sea Isle City (N.J.) 25. April 1954, amerikan. Schriftsteller. Besuch einer Kunstschule, dann freier Schriftsteller; seine Erzählwerke sind von unterschiedl. Qualität. Familienchroniken in histor. Milieu eingebettet, meist aber Liebes- und Gesellschaftsromane, oft aus der dekadenten Welt internationaler Müßiggänger, spannend und gepflegt geschrieben.
Hauptwerke: Bergblut (R., 1915; dt. 1932), Die drei schwarzen Pennys (R., 1917; dt. 1931), Kap Java (R., dt. 1927), Linda Condon (R., 1919), The happy end (Kurzgeschichte, 1919), Aphrodite (R., dt. 1928), Der bunte Shawl (R., dt. 1928), Tampico (R., dt. 1927), Das Pariser Abendkleid (R., dt. 1931).

Herhaus, Ernst, * Ründeroth bei Köln 6. Febr. 1932, dt. Schriftsteller.
Längere Aufenthalte in Paris, Wien und Zürich, lebt seit 1965 in Frankfurt am Main, wo seine beiden humorist.-karikierenden Romane „Die homburg. Hochzeit" (1967) und „Roman eines Bürgers" (1968) spielen, die ihn bekannt machten.

Hériat, Philippe [frz. e'rja], eigtl. Raymond Gérard Payelle, * Paris 15. Sept. 1898, frz. Schriftsteller.
Schauspieler und Regieassistent beim Film; gibt untendenziöse Darstellungen aus dem bürgerl. Leben; Prix Goncourt für „Agnes Boussardel" (R., 1939; dt. 1946), fortgeführt mit „Famille Boussardel" (R., 1946) und „Grilles d'or" (R., 1957). Seit 1949 Mitglied der Académie Goncourt.
Weitere Werke: L'innocent (R., 1931), La foire aux garçons (R., 1934), Miroirs (R., 1936), L'immaculée (Dr., 1947), Belle de jour (Dr., 1950), Les joies de la famille (Dr., 1960).

Herling-Grudziński, Gustaw [poln. 'xɛrliŋkgru'dʑiįski], * Kielce 20. Mai 1919, poln. Schriftsteller.
Studierte in Warschau Polonistik, Widerstandskämpfer, 1940–42 in einem sowjet. Lager, kämpfte in der poln. Armee u.a. in Italien, nach dem Krieg Redakteur in Rom, 1948–52 in London, seit 1955 in Neapel Mitarbeiter verschiedener Zeitschriften u.a. der Pariser „Kultura". H.-G. gilt als bedeutendster Novellist und Essayist der poln. Emigranten; schrieb in poln., engl. und italien. Sprache. Dt. liegen vor: „Welt ohne Erbarmen" (Prosa, dt. 1953), „Der Turm und die Insel" (En., dt. 1966).

Herman[n], Nikolaus, * Altdorf bei Nürnberg um 1480, † Sankt Joachimsthal (Westböhm. Gebiet) 3. Mai 1561, dt. Dichter und Komponist.
1518–47 Lehrer und Kantor in Sankt Joachimsthal. Seine meist von ihm selbst auch vertonten geistl. Lieder („Sonntagsevangelia", 1560) zeichnen sich durch Innigkeit und Leichtigkeit der Sprache aus. Mitunter benutzte er Weisen des Meistersangs.

Hermann von Reichenau, genannt H. der Lahme oder Hermannus Contractus, * 18. Juli 1013, † Reichenau 24. Sept. 1054, Mönch in Reichenau. Sohn eines schwäb. Grafen, seit 1043 Mönch im Benediktinerkloster Reichenau; schrieb eine Weltchronik („Chronicon") in Annalenform, die, sehr sorgfältig gearbeitet, die Geschichte von Christi Geburt an darstellt; verfaßte auch astronom., mathemat. und musiktheoret. Werke und Hymnen, die er selbst vertonte.

Hermann von Sachsenheim, * 1365 (?), † Konstanz 29. Mai 1458, mhd. Dichter.
Entstammte einem schwäb. Rittergeschlecht; gehörte dem Kreis Mechthilds von Vorderösterreich an; Vertreter einer spähöf. Ritterromantik, die jedoch die höf. Welt nur noch nach äußerer Aufmachung, nicht mehr nach Geist und Ethos faßt; schrieb in geblümtem Stil 6 satir. und allegor. Gedichte, z.T. auch religiösen Inhalts.
Literatur: Huschenbett, D.: *H. v. S. Ein Beitrag zur Literaturgesch. des 15. Jh. s. Bln. 1962.*

Hermann von Salzburg, auch Johann von Salzburg oder Mönch von Salzburg, mhd. Liederdichter vom Ende des 14. Jahrhunderts.
Schrieb nach dem Vorbild lat. Hymnen mehr als 40 geistl. und über 60 weltl. Lieder, die von der spähöf. Dichtung beeinflußt sind; bes. wertvoll sind die erhaltenen Melodien.

Hermann, Georg, eigtl. G. H. Borchardt, * Berlin 7. Okt. 1871, † KZ Birkenau (?) 19. Nov. 1943, dt. Schriftsteller.
Studierte Kunstgeschichte, war Journalist und Kunstkritiker; emigrierte 1933 nach Laren (Niederlande). H. schildert in seinen Romanen bevorzugt das Leben jüd. Familien der Biedermeierzeit, liebevoll die kleinen Dinge beachtend („Jettchen Gebert", 1906, und die Forts. „Henriette Jacoby", 1908); auch Kunstkritiker.
Weitere Werke: Die Nacht des Doktors Herzfeld (R., 1912), Heinrich Schön jr. (R., 1915), Rosenemil (R., 1936).

Hermann der Lahme ↑ Hermann von Reichenau.

Hermannus Contractus ↑ Hermann von Reichenau.

Hermans, Willem Frederik [niederl. 'hɛrmɑns], * Amsterdam 1. Sept. 1921, niederl. Schriftsteller.
Dozent für Geographie in Groningen, Zeitschriftenredakteur; schreibt Gedichte, Romane, Novellen, Dramen und Essays; gibt in seinen Romanen seiner pessimist. Einstellung zum Leben unserer Zeit provozierend Ausdruck.
Hauptwerke: Horror coeli (Ged., 1946), Conserve (Nov., 1947), Hypodrome (Ged., 1947), Die Tränen der Akazien (R., 1948; dt. 1968), Ik heb altijd gelijk (R., 1951), Paranoia (Novellen, 1953), De donkere kamer van Damocles (R., 1958), De woeste wandeling (Dr., 1962).

Hermant, Abel [frz. ɛr'mã], * Paris 3. Febr. 1862, † Chantilly bei Senlis 28. Sept. 1950, frz. Schriftsteller.
Studierte an der École normale supérieure, wandte sich aber bald der Literatur zu; 1927–45 Mitglied der Académie française; nach 1944 als Kollaborateur verurteilt; stand als Romancier nacheinander unter dem Einfluß Zolas, der Goncourts und Bourgets und wies sich als iron.-satir. Beobachter der zeitgenöss. frz. Gesellschaft aus; schrieb auch Dramen; in zahlreichen Schriften (u.a. „Entretiens sur la grammaire française", 1923) nahm er sich der Probleme der frz. Sprache an.
Weitere Werke: Monsieur Rabosson (R., 1884), Le cavalier Miserey (R., 1887), Nathalie Madoré (R., 1888), Serge (R., 1891), La meute (Dr., 1896), Les transatlantiques (R., 1897), Mémoires pour servir à l'histoire de la société (R., 1901 ff.).

Hermes, Johann Timotheus, Pseudonyme Heinrich Meister, T. S. Jemehr, * Petznick bei Star-

gard i. Pom. 31. Mai 1738, † Breslau 24. Juli 1821, dt. Schriftsteller.
Studierte ev. Theologie, war Lehrer, Prediger, zuletzt Oberkonsistorialrat und Professor der Theologie in Breslau. H. steht mit dem Roman „Geschichte der Miß Fanny Wilkes" (1766) noch stark im Bann des engl. Familien- und Gesellschaftsromans. Mit „Sophiens Reise von Memel nach Sachsen" (1769–73), seinerzeit sehr erfolgreich, gelang ihm eine selbständigere Leistung. Engl. Verhältnisse ersetzt er durch dt. (der Roman spielt im Siebenjährigen Krieg) und gibt so eine kulturhistor. interessante Schilderung, die allerdings, ganz im Sinne der Aufklärung, mit moralisierenden und lehrhaften Erörterungen durchsetzt ist. Von Goethe und Schiller wurde H. in den Xenien verspottet.
Literatur: Schulz, G.: *H. u. die Liebe. In: Jb. der Schles. Friedrich-Wilhelm-Univ. zu Breslau 6 (1961), 369.* – Hoffmann, Georg: *J. Thimotheus H. Ein Lebensbild aus der ev. Kirche Schlesiens im Zeitalter der Aufklärung. Breslau 1911.*
Hermesianax von Kolophon, griech. Dichter um 300 v. Chr.
Stand in lebendiger Beziehung zu Philitas; sein eleg. Sammelgedicht „Leontion", das nach dem Namen seiner Geliebten benannt ist, enthält im 3. Buch einen Katalog der Dichter, die von Eros bezwungen wurden; Fragmente erhalten.

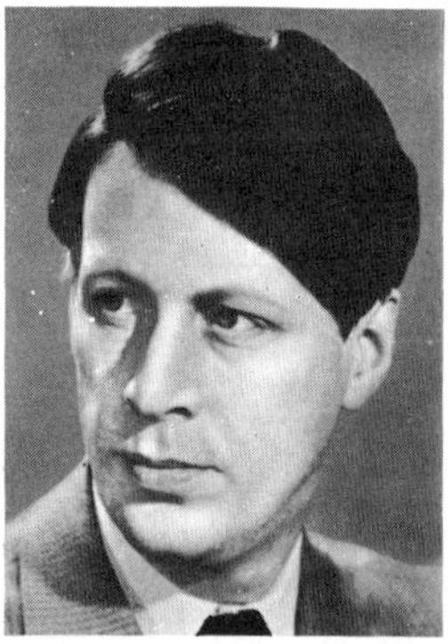
Stephan Hermlin

Hermlin, Stephan, eigtl. Rudolf Leder, * Chemnitz 13. April 1915, dt. Schriftsteller.
Schloß sich 1931 der kommunist. Jugend an, 1936 Emigration (u.a. nach Spanien, wo er am Span. Bürgerkrieg teilnahm, und Frankreich, wo er die frz. Widerstandsbewegung unterstützte), 1945 Rückkehr nach Deutschland, seit 1947 freier Schriftsteller in Berlin (Ost). H.s Gedichte standen anfangs unter dem Einfluß des frz. Surrealismus; seine Themen sind die antifaschist. Widerstandsbewegung und der sozialist. Aufbau in der DDR; trotz des polit. Engagements gelingen H. echte Dichtungen. Bed. die Übertragungen frz., lateinamerikan. und Negerdichtungen. Mehrfach von der Partei kritisiert, wurde H. 1963 nicht mehr in den Vorstand des Schriftstellerverbandes der DDR gewählt.
Hauptwerke: Zwölf Balladen von den großen Städten (Ged., 1945), Der Leutnant Yorck von Wartenburg (E., 1946), Mansfelder Oratorium (1950), Die Zeit der Gemeinsamkeit (En., 1950), Der Flug der Taube (Ged., 1952), Die Kommandeuse (E., 1954), Gedichte und Prosa (1965).
Literatur: Balluseck, L. v.: *Der Fall St. H. In:* Balluseck: *Lit. u. Ideologie. Bad Godesberg 1963.*
Hernández, José [span. ɛr'nandes], * Perdriel (San Martín) 10. Nov. 1834, † Buenos Aires 21. Okt. 1886, argentin. Schriftsteller.
Gaucho, autodidakt. Bildung, journalist. und polit. Tätigkeit, Abgeordneter und Senator. Mit der ep. Dichtung „Martín Fierro" (1872–79, dt. 1945) wurde er berühmt. Er schildert darin das Leben der Gauchos und des argentin. Volkes, fordert Gerechtigkeit für die Hirten und lehrt sie, mit dem modernen Leben fertigzuwerden. Seine übrigen Schriften sind vorwiegend didakt. oder biograph. Prosa.
Weitere Werke: Vida del Chacho (Prosa, 1863), La instrucción del estanciero (Prosa, 1880).
Hernández, Miguel [span. ɛr'nandɛθ], * Orihuela 30. Okt. 1910, † Alicante 28. März 1942, span. Dichter.
Zunächst Hirtenjunge; seit Mitte der 30er Jahre in Madrid, wo er mit Aleixandre und Neruda befreundet war; besuchte 1937 die UdSSR; Teilnehmer am Bürgerkrieg, starb als Republikaner im Zuchthaus. Einflußreicher moderner span. Lyriker, der von der klass. Literatur seines Landes ausging.
Hauptwerke: Perito en lunas (Ged., 1933), El rayo que no cesa (Ged., 1936), El labrador de más aire (Dr., 1937), Cancionero y romancero de ausencias (Ged., 1958).
Literatur: Cano Ballesta, J.: *La poesía de M. H. Madrid ²1963.* – Guerrero Zamora, J.: *M. H. poeta (1910–42). Madrid 1955.*
Herodas (Herondas) von Kos, griech. Dichter des 3. Jh.s v. Chr.
Seine „Mimiamben", von denen erst 1890 ein bed. Teil gefunden wurde, weisen deutl. auf das Vorbild des Hipponax hin, dem er in Sprache und Vers (Hinkjambus) folgte; bunt im Inhalt gestalten die kurzen Szenen, die wahrscheinl. von einem Sprecher vorgetragen wurden, frisch und lebendig das Leben der kleinen Leute.
Herodot ↑ Herodotos.
Herodotos, * Halikarnassos um 485, † Thurioi (Unteritalien) um 425, griech. Geschichtsschreiber. Infolge Verwicklung in Parteikämpfe mußte er aus seiner Heimatstadt fliehen; eine Zeitlang auf Samos; nach der Rückkehr in die Heimat am Sturz des Tyrannen Lygdamis beteiligt; in Athen Verbindung mit Perikles und Sophokles; ließ sich später in Thurioi, der von Perikles gegründeten Kolonie in Unteritalien, nieder. Für die Entwicklung des H. und für die Entstehung seines Werkes sind die Studienreisen von entscheidender Bedeutung. Nach 4monatigem Aufenthalt in Ägypten hielt er sich in Phönikien und Mesopotamien auf. Seine zweite große Reise führte ihn ins Gebiet der Skythen. H. stellte seine 9 Bücher „Historien" – die Einteilung stammt aus hellenist. Zeit – unter den Gesamtaspekt der Auseinandersetzung zwischen Griechenland und dem Orient, zwischen Europa und Asien, mit dem Höhepunkt in den Perserkriegen. Von großer Bedeutung sind die kulturhistor. und ethnograph. Exkurse über die verschiedenen Völker, die er auf seinen Reisen kennengelernt hatte, dazu eine Fülle novellenhafter Erzählungen. Zwar übernahm H. Stoffliches von

den Logographen, doch erhebt ihn das Streben nach histor. Wahrheit über sie (nach Cicero „Vater der Geschichtsschreibung"), auch wenn er manchem Irrtum erlag, sofern er nicht Selbsterlebtes berichtet. Das Walten der Götter (im Ggs. zu Thukydides) und der Glaube an ihre im histor. Geschehen wirksame Gerechtigkeit beherrschen sein Werk, das von sittl. Ernst getragen ist.
Ausgaben: Herodot. Das Geschichtswerk in zwei Bden. Dt. Übers. Bearb. v. H. Barth. *Bln. 1967. – Herodot. Historien. Dt. Gesamtausg. Neuhg. v.* H. W. Haussig. *Stuttg. ³1963. – Herodot. Historien. Griech. u. dt. Hg. v.* J. Feix. *Mchn. 1963. 2 Bde. – Herodot. Erklärt v.* H. Stein. *Bln. ³1870–75. 5 in 9 Bden.*
Literatur: Bornitz, H.-F.: *Herodot-Studien. Beitr. zum Verständnis der Einheit des Geschichtswerkes. Bln. 1968.* – Sélincourt, A. de: *Die Welt Herodots. Dt. Übers. Wiesb. 1967. – Herodot. Eine Ausw. aus der neueren Forschung. Hg. v.* W. Marg. *Mchn. ²1966.* – Powell, J. E.: *A lexicon to Herodotus. Cambridge 1938. Nachdr. Hildesheim 1960.* – Pohlenz, M.: *Herodot, der erste Geschichtsschreiber des Abendlandes. Lpz. 1937. Nachdr. Darmst. 1961.* – Aly, W.: *Volksmärchen, Sage u. Novelle bei Herodot u. seinen Zeitgenossen. Eine Unters. über die volkstüml. Elemente der altgriech. Prosaerzählung. Gött. 1921. Neudr., mit einem Vorwort hg. v.* L. Huber, *1968.*

Héroët, Antoine [frz. erɔ'ɛ], genannt La Maisonneuve, * Paris um 1492, † Digne 1568, frz. Dichter.
Befreundet mit Marot, dann zur Pléiade tendierend; wurde Bischof von Digne. Verherrlichte in seinen Werken die platon. Liebe („La parfaicte amye", Ged., 1542).
Weitere Werke: L'androgyne (Ged., 1542), Opuscules d'amour (1547).

Hérold, André Ferdinand [frz. e'rɔld], * Paris 24. Febr. 1865, † im Departement Ardèche 23. Okt. 1940, frz. Schriftsteller.
École des chartes; langjähriger Mitarbeiter des „Mercure de France"; formgewandter Lyriker, zunächst dem Parnasse, dann dem Symbolismus (Mallarmé) nahestehend; veröffentlichte lyr., ep. und dramat. Gedichte („Intermède pastoral", Sonette, 1896; „Images tendres et merveilleuses", 1897), Dramen („L'exil de Harini", 1888; „Maison seule", 1910), Erzählungen („L'abbaye de Sainte-Aphrodise", 1904; „Les amants hasardeux", 1938) und Übersetzungen.

Herondas von Kos † Herodas von Kos.

Herrand von Wildonie ['hɛrant, vɪl'do:niə], mhd. Dichter der 2. Hälfte des 13. Jahrhunderts.
Urkundl. nachweisbar zwischen 1248 und 1278; stammte aus steir. Ministerialengeschlecht unweit Graz; Schwiegersohn Ulrichs von Lichtenstein; war in die polit. Wirren seiner Zeit verwickelt; schrieb 4 realist. Kurzerzählungen, von denen die ersten drei in deutl. lehrhafter Tendenz vorbildl. Frauentreue, Erziehung zur Demut und zur Selbsterkenntnis gestalten, während die vierte das Schwankthema vom genarrten Ehemann behandelt; Minnelyrik in der Nachahmung Walthers von der Vogelweide.
Ausgabe: H. v. W. Vier Erzählungen. Hg. v. Hanns Fischer. *Tüb. 1959.*
Literatur: Curschmann, M.: *Zur literarhistor. Stellung H.s v. W. In: Dt. Vjschr. f. Literaturwiss. u. Geistesgesch. 40 (1966), 56.* – Kracher, A.: *H. v. W. Politiker, Novellist u. Minnesänger. In: Bll. f. Heimatkunde (Graz) 33 (1959), 40.* – Schröder, E.: *H. v. Wildon u. Ulrich v. Lichtenstein. In: Nachrichten v. der Gesellsch. der Wiss. zu Gött. Phil.-hist. Klasse 74 (1923), 33.*

Herrera, Fernando de [span. ɛ'rrɛra], * Sevilla um 1534, † ebd. 1597, span. Dichter.
Studierte Theologie; lebte, ohne Priester zu sein, von einer Pfründe, widmete sich ganz der Dichtkunst. H. ist der Führer der andalus. Dichterschule des 16. Jh.s, deren Kennzeichen rhetor. Stil, brillante Form, klangvolle Verse, Phantasiereichtum und kühne Metaphorik sind. Er ist der bedeutendste span. Vertreter des Petrarkismus und Vorläufer Góngoras mit dessen Forderung nach einer eigenen, von der Umgangssprache unterschiedenen Dichtersprache.
Hauptwerke: Algunas obras (Ged., 1552), Canción por la victoria de Lepanto (Ged., nach 1571), Anotaciones a las obras de Garcilaso de la Vega (1580), Elogio de la vida y muerta de Tomás Moro (Biogr., 1592).
Literatur: Macri, O.: *F. de H. Madrid 1959.*

Herrera y Reissig, Julio [span. ɛ'rrɛra i, dt. 'raɪsɪç], * Montevideo 9. Jan. 1875, † ebd. 18. März 1910, uruguay. Lyriker.
Lebte in bescheidenen Verhältnissen; Reisen in Europa; Bibliothekar; anfangs Romantiker, dann einer der typischsten Vertreter des Modernismo.
Hauptwerke: Los éxtasis de la montaña (1905 ff.), Los peregrinos de piedra (1908).

Herrick, Robert [engl. 'hɛrɪk], ≈ London 24. Aug. 1591, ▭ Dean Prior (Devon) 15. Okt. 1674, engl. Dichter.
Studierte nach einer Goldschmiedlehre in Cambridge, lebte dann einige Jahre in London (befreundet u. a. mit Ben Jonson), 1629 erhielt er die Pfarrei Dean Prior, wurde 1647 von den Puritanern seines Amtes enthoben und erst 1662 wieder eingesetzt. Anakreont.-epikureischer Lyriker, der in leichten, techn. vollendeten Versen mit großer Wortkunst religiöse und weltl. Gedichte verfaßte; Betonung der sprachmusikal., euphon. Elemente. Zu den besten seiner gehaltl. meist anspruchslosen Gedichte gehören seine Natur- und Liebeslieder. H. schrieb auch dem Volkslied nahestehende Lyrik, pflegte u. a. die Gattungen der bukol. Dichtung und des Epigramms und versuchte, Catull und Horaz nachzuahmen; seine weniger gelungene geistl. Lyrik veröffentlichte er 1647 u. d. T. „Noble numbers" und 1648 zusammen mit seinen weltl. Gedichten u. d. T. „Hesperides"; von Freiligrath 1846 ins Dt. übersetzt.
Literatur: Rollin, R. B.: *R. H. New York 1966.* – Roeckerath, N.: *Der Nachruhm H.s u. Wallers. Lpz.; London 1931.*

Herrick, Robert [engl. 'hɛrɪk], * Cambridge (Mass.) 26. April 1868, † Charlotte Amalie (Jungferninseln) 23. oder 24. Dez. 1938, amerikan. Schriftsteller.
Nach dem Studium in Harvard Professor der Anglistik in Chicago (1893–1923). Bedeutendster kulturkrit. Romancier Amerikas vor dem 1. Weltkrieg, dessen puritan. maßvolle, formal zuchtvolle Erzählkunst u. a. an H. James geschult ist. In seinem Hauptwerk, „The memoirs of an American citizen" (R., 1905), stellt er den charakterschwachen, aber erfolgreichen Geschäfts-

mann als Symbol des neuen, kapitalist. Amerika dar. In „Together" (R., 1908) unternahm H. den großangelegten Versuch, das amerikan. Eheleben zu analysieren.
Literatur: Nevius, B.: *R. H.: The development of a novelist. Berkeley (Calif.) 1962.*
Herrmann, Gerhart ↑ Mostar, Gerhart Herrmann.
Herrmann, Ignát [tschech. 'hɛrman], * Chotěboř bei Prag 12. Aug. 1854, † Řewnitz (Ostböhm. Gebiet) 8. Juli 1935, tschech. Schriftsteller.
Verschiedene Berufe, zuletzt Reporter und Redakteur; sein Vorbild war u.a. J. Neruda; gab genrehafte, oft humorist. Darstellungen des Prager Kleinbürgerlebens, u.a. in dem Roman „Vater Kondelik und Bräutigam Wejwara" (1898, dt. 1907).
Herrmann-Neiße, Max, eigtl. M. Herrmann, * Neisse 23. Mai 1886, † London 8. April 1941, dt. Schriftsteller.
Studierte in München und Breslau Literatur- und Kunstwissenschaft; Mitarbeiter verschiedener Zeitschriften; freier Schriftsteller; 1933 Emigration in die Schweiz, dann nach England, wo er in London zurückgezogen lebte. Dramatiker, Erzähler und Lyriker, der sich mit sozialer Thematik dem Expressionismus zuwandte; später sprachl. und formal konservativ, trat er für alle Gepeinigten und Unterdrückten ein und rief zur Überwindung der menschl. Einsamkeit und Verbrüderung der Menschen auf; Schwermut, Trauer und Klage bestimmen seine melod. Gedichte, deren letzte sein Emigrantenschicksal gestalten, das er zum allgemeinen Menschenlos erhöht.
Hauptwerke: Sie und die Stadt (Ged., 1914), Empörung, Andacht, Ewigkeit (Ged., 1917), Joseph der Sieger (Dr., 1919), Die Laube der Seligen (Kom., 1919), Der Todeskandidat (E., 1927), Um uns die Fremde (Ged., 1936), Letzte Gedichte (1941), Mir bleibt mein Lied (Ged., 1942).
Ausgabe: M. H.-N. Lied der Einsamkeit. Gedichte 1914–1941. Hg. v. F. Grieger. *Mchn. 1961.*
Literatur: Lorenz, R.: *M. H.-Neisse. Stuttg. 1966.*
Hersey, John [Richard] [engl. 'həːsɪ, 'həːzɪ], * Tientsin (China) 17. Juni 1914, amerikan. Schriftsteller.
Sohn amerikan. Missionare in China; Studium in Yale und in Cambridge, 1937 Sekretär von S. Lewis; Journalist, Kriegskorrespondent in Italien, Polen, der UdSSR und Japan, Mitarbeiter von „The Time" und „The New Yorker"; veröffentlichte zahlreiche Dokumentarromane, halb Erlebnisbericht, halb Dichtung; für seinen Roman „Eine Glocke für Adano" (dt. 1945), der das Leben italien. Bauern im 2. Weltkrieg schildert, erhielt er 1945 den Pulitzerpreis.
Weitere Werke: Hiroshima (Erlebnisbericht, dt. 1947), Die Mauer (R., dt. 1951), Die Treibjagd (E., dt. 1956), Verdammt sind wir alle (R., dt. 1960).
Hertz, Benedykt [poln. xɛrts], * Warschau 7. Juni 1872, † 31. Okt. 1952, poln. Schriftsteller.
Studierte in Zürich und Paris; bevorzugte die Form der Tierallegorie für seine Bühnenstücke, Fabeln und Märchen, in denen er auch soziale und polit. Probleme behandelte; dt. erschien 1953 die Erzählung „Felek".
Hertz, Henrik [dän. hɛrds], * Kopenhagen 25. Aug. 1798, † ebd. 25. Febr. 1870, dän. Dichter. Entstammte einer jüd. Bürgerfamilie, studierte Rechtswissenschaft; in den 1830 anonym hg. „Gjenganger-Breve" bekannte er sich zur poet. Schule Heibergs; am erfolgreichsten war H. als Dramatiker; von großer Ursprünglichkeit sind seine bürgerl. Komödien, die den Durchbruch des bürgerl. Realismus anbahnten. Der Romantik gehören die Tragödie „Svend Dyrings Hus" (1837) und das Troubadourdrama „König Renés Tochter" (dt. 1856) an.
Weiteres Werk: Sparekassen (Dr., 1836).
Hertz, Wilhelm, * Stuttgart 24. Sept. 1835, † München 7. Jan. 1902, dt. Dichter.
Studierte Sprachwissenschaft und Philosophie in Tübingen; Reisen nach England, Frankreich und Italien; Professor für dt. Literatur an der TH München; schloß sich dem Kreis um Geibel und Heyse an und schrieb formglatte, lebensfrohe Gedichte sowie Versepen; bekannter durch die Nachdichtung altfrz. und mhd. Dichter.
Hauptwerke: Gedichte (1859), Lanzelot und Ginevra (Epos, 1860), Das Rolandslied (Übers., 1861), Aucassin und Nicolette (Übers., 1865), Heinrich von Schwaben (Epos, 1867), Gottfried von Straßburg: Tristan und Isolde (Übers., 1877), Bruder Rausch (Epos, 1882).
Hervé-Bazin, Jean-Pierre [frz. ɛrveba'zɛ̃] ↑ Bazin, Hervé.

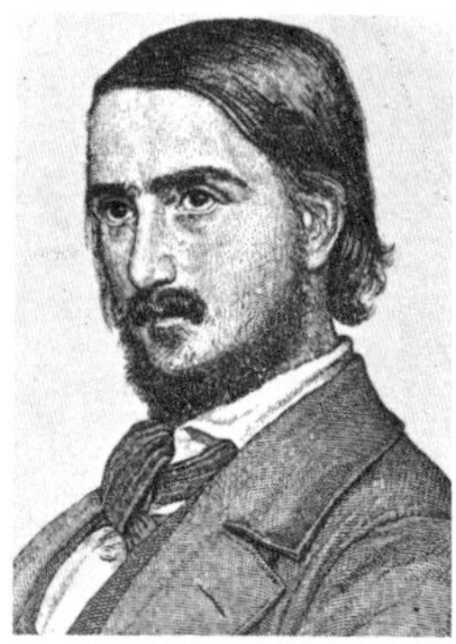
Georg Herwegh (Stich von C. Gonzenbach nach dem Gemälde von C. Hitz)

Hervieu, Paul Ernest [frz. ɛr'vjø], * Neuilly-sur-Seine 2. Sept. 1857, † Paris 25. Okt. 1915, frz. Schriftsteller.
War zunächst Anwalt in Paris und Gesandtschaftssekretär in Mexiko; seit 1900 Mitglied der Académie française; begann seine literar. Laufbahn mit gesellschaftskrit.-satir. Romanen („Im eigenen Licht", dt. 1895; „Baron Saffre", 1893, dt. 1901), wandte sich dann als Moralist der Bühne zu und behandelte in log. aufgebauten Tendenzstücken mit Vorliebe Probleme des Familienlebens, der Frau und des Eherechts („Les tenailles", 1895; „La loi de l'homme", 1897; „La course au flambeau", 1901).
Herwegh, Georg [...ve:k], * Stuttgart 31. Mai 1817, † Baden-Baden-Lichtental 7. April 1875, dt. Lyriker.
Theologiestudium, freier Schriftsteller; wegen Ehrenhändel Flucht in die Schweiz, wo die „Gedichte eines Lebendigen" (1841–43) entstanden, die H. berühmt machten. Reise durch Deutschland (1842 Audienz beim preuß. König), nach Ausweisung aus Preußen Aufenthalt in der

Schweiz, 1848 aktiv am bad. Aufstand beteiligt; bis 1866 wieder in der Schweiz. Seine polit.-revolutionären Gedichte begeisterten seine Anhänger durch zündenden Rhythmus, leidenschaftl. Pathos und sichere Beherrschung rhetor. Effekte (Kehrreim, überraschende Reimwirkungen, Wortspiele), daneben nur einzelne unpolit. Lieder mit schwermütigen Themen; übersetzte Lamartine und Shakespeare.
Weitere Werke: 21 Bogen aus der Schweiz (Ged., 1843), Neue Gedichte (hg. 1877).
Ausgaben: G. H. Werke in einem Bd. Ausgew. u. eingel. v. H.-G. Werner. *Bln. 1967. – G. H. Werke in 3 Tlen. Hg. v.* H. Tardel. *Bln. 1909.*
Literatur: Schmidt-Künsemüller, F. A.: *G. H.s Wandlung zum polit. Radikalismus. In: Heine-Jb. (1965), 68.* – Ziegengeist, A.: *Die Literaturkritik des jungen G. H. Mit neuen Texten aus H.s Frühwerk. Diss. Humboldt-Univ., Bln. 1965 [Masch.]. – Der Freiheit eine Gasse. Aus dem Leben u. Werk G. H.s. Hg. v.* B. Kaiser. *Bln. 1948.* – Fleury, V.: *Le poète G. H. Paris 1911.* – ↑ auch Freiligrath, Ferdinand.

Herwig, Franz, * Magdeburg 20. März 1880, † Weimar 15. Aug. 1931, dt. Schriftsteller.
Journalist, dann Buchhändler und Verlagslektor in Berlin, wo er mit dem kath. Theologen Carl Sonnenschein in Verbindung trat; später lebte er in Weimar. H. schrieb Dramen, Romane, Weihnachts- und Passionsspiele; kath.-nationale Einstellung; später auch sozialkrit. Thematik; ekstat. Stil, dann realist. Aussageweise.
Hauptwerke: Herzog Heinrich (Dr., 1904), Wunder der Welt (R., 1910), Die Stunde kommt (R., 1911), Dunkel über Preußen (R., 1920), Die Eingeengten (R., 1926), Fluchtversuche (R., 1930).

Herzen, Alexander Iwanowitsch, russ. Alexandr Iwanowitsch Gerzen; tl.: Aleksandr Ivanovič Gercen [russ. 'gjɛrtsən], eigtl. Alexandr Iwanowitsch Jakowlew; tl.: Aleksandr Ivanovič Jakovlev, Pseudonym Iskander, * Moskau 6. April 1812, † Paris 21. Jan. 1870, russ. Schriftsteller.
Illegitimer Sohn eines wohlhabenden russ. Gutsbesitzers und einer Deutschen; Mathematikstudium, 1825 vom Dekabristenaufstand begeistert, setzte er sich mit anderen Adligen für die Abschaffung der Leibeigenschaft ein. Mit Belinski Mittelpunkt literar. und polit. Salons in Moskau, Führer des radikalen russ. Westlertums. Stark von dt. und frz. Geistesleben beeinflußt, v. a. von Schiller, Hegel, Feuerbach, Saint-Simon. Lebte nach mehrjähriger Verbannung innerhalb Rußlands seit 1847 in W-Europa. Befreundet mit Marx, Garibaldi, Mazzini, Kossuth. Bed. als Sozialpolitiker, Denker und Schriftsteller; dichter. Werke ließ er nur in den 40er Jahren des 19. Jh.s erscheinen, darunter den einzigen Roman „Wer ist schuld?" (dt. 1855). Hervorragendes Zeugnis seines Zeitalters und zugleich eines der besten russ. Memoirenwerke sind seine „Erinnerungen" (1852–55, dt. 1907).
Weitere Werke: Vom andern Ufer (Essay, dt. 1850), Die Pflicht vor allem (Nov., dt. 1887).
Ausgabe: A. I. H. Ausgew. philosoph. Schrr. Dt. Übers. Moskau 1949.
Literatur: Reißner, E.: *A. H. in Deutschland. Bln. 1963.* – Piroschkow, V.: *A. H. Der Zusammenbruch einer Utopie. Mchn. 1961.* – Wurzbach, A. v.: *A. H. Wien 1871.*

Herzl, Theodor [...tsəl], * Budapest 2. Mai 1860, † Edlach an der Rax (Niederösterreich) 3. Juli 1904 (Selbstmord), Schriftsteller.
Ungar. Jude, seit 1878 in Wien, studierte dort Jura, 1884 Dr. phil.; Referendar in Wien und Salzburg; 1891–95 Korrespondent der „Neuen Freien Presse" in Paris, dann Feuilletonredakteur in Wien. H. ist der Begründer des Zionismus, dessen Ziele in seiner Schrift „Der Judenstaat" (1896) niedergelegt sind. Er forderte die Errichtung eines selbständigen jüd. Nationalstaates, den er in dem Roman „Altneuland" (1902) darstellt.
Ausgabe: Th. H. Ges. zionist. Werke. Bln. 1–31934–35. 5 Bde.
Literatur: Chouraqui, A.: *Théodore H. Paris 1960.* – Bein, A.: *Th. H. Wien 1934. Engl. Ausg. Neuaufl. New York 1956. – Th. H. Ein Gedenkb. zum 25. Todestage. Hg. v. der Exekutive der Zionist. Organisation. Bln. 1929.*

Herzmanovsky-Orlando, Fritz Ritter von [...ɔfski], * Wien 30. April 1877, † Schloß Rametz bei Meran 27. Mai 1954, östr. Schriftsteller.
Studierte Architektur und war in Wien Architekt und Graphiker, freier Schriftsteller in Meran; lebte meist zurückgezogen. H.-O. verfaßte phantast. Erzählungen, parodist. Dramen („Zerbinettas Befreiung", venezian. Maskenkomödie, UA 1961), Pantomimen und Ballette. Bekannt sind sein tragikom.-skurriler Roman aus der Zeit des Wiener Vormärz „Der Gaulschreck im Rosennetz" (1928) und der parodist. Einakter mit Musik „Kaiser Joseph und die Bahnwärterstochter" (UA 1956).
Ausgabe: F. v. H.-O. Ges. Werke. Hg. v. F. Torberg. *Mchn. 1957–63. 4 Bde.*
Literatur: Ties, J.: *Das Bild Österreichs bei F. v. H.-O. Diss. Innsbruck 1966 [Masch.].* – Bronnen, B.: *F. v. H.-O. Original u. Bearbeitung. Diss. Mchn. 1955.*

Herzog, Émile [frz. ɛr'zɔg] ↑ Maurois, André.

Herzog, Franz ↑ Herczeg, Ferenc.

Herzog, Rudolf, * Barmen (heute Wuppertal-Barmen) 6. Dez. 1869, † Rheinbreitbach (Landkreis Neuwied) 3. Febr. 1943, dt. Schriftsteller.
Kaufmannslehre, Farbentechniker, Philosophiestudium, Journalist, Teilnahme am 1. Weltkrieg; Dramatiker und erfolgreicher Erzähler mit Themen aus der Welt des nationalgesinnten Bürgertums (bes. der Jahrhundertwende), der eine breite Leserschicht ansprach.
Hauptwerke: Der Graf von Gleichen (R., 1901), Die vom Niederrhein (R., 1903), Die Wiskottens (R., 1905), Hanseaten (R., 1909), Die Stoltenkamps und ihre Frauen (R., 1917), Das Fähnlein der Versprengten (R., 1926).

Herzog, Wilhelm, * Berlin 12. Jan. 1884, † München 18. April 1960, dt. Publizist und Dramatiker.
Studierte Philosophie und Literaturwissenschaft, war Kritiker und Essayist. Mitbegründer der Zeitschrift „Pan"; Redakteur der Zeitschrift „März" in München; seine Zeitschrift „Das Forum" wurde 1915 wegen ihrer kriegsfeindl. Haltung verboten. 1919 Leiter der sozialist. Tageszeitung „Die Republik"; emigrierte nach S-Frankreich, später Journalist in der Schweiz. Während des Krieges auf Trinidad, in den USA, seit 1947 in der Schweiz. Bed. v. a. als Essayist und Hg.; sein bekanntestes Drama (mit Rehfisch) war „Die Affäre Dreyfus" (1929).

Herzog Ernst, vor 1186 entstandenes mhd. vorhöf. Epos eines mittelfränk. Dichters; das Historische – die Kämpfe H. E.s II. von Schwaben gegen seinen Stiefvater, Kaiser Konrad II., damit verbunden die Auflehnung Liudulfs von Schwaben gegen seinen Vater, Kaiser Otto I., – wird nur in knapper chronikal. Form geschildert; es überwiegen, v. a. im 2. Teil, phantast. Elemente, wie sie in den vorhöf. Epen gebräuchl. waren; zahlreiche Bearbeitungen; Volksbuch im 16. Jh.
Ausgaben: Das Lied v. H. E. Krit. hg. v. K. C. King. *Bln. 1959. – H. E. Hg. v.* K. Bartsch. *Wien 1869. Nachdr. Hildesheim 1968.*
Literatur: Rosenfeld, H.-F.: *Das H. E.-Lied u. das Haus Andechs. In: Zs. f. dt. Altertum u. dt. Lit. 94 (1965), 108.* – Carles, J.: *Das Lied v. H. E. La chanson du Duc E. Étude sur l'origine et l'utilisation d'une matière légendaire ancienne dans le genre tardif du Lied. Paris 1964.* – Heselhaus, C.: *Die H.-E.-Dichtung. In: Dt. Vjschr. f. Literaturwiss. u. Geistesgesch. 20 (1942), 170.* – Rosenfeld, H.-F.: *H. E. D u. Ulrich v. Eschenbach. Lpz. 1929.*

Hesekiel [...iɛl] ↑ Bibel.

Hesiod ↑ Hesiodos.

Hesiodos, griech. Dichter aus Askra (Böotien) um 700 v. Chr.
Stammte aus Askra in Böotien, wohin sein Vater, ein armer Bauer aus dem äol. Kyme, gezogen war. H. lebte in seiner Jugend als Hirt in den Bergen, wo er, wie er selbst berichtet, beim Weiden der Schafe von den Musen des Berges Helikon die Dichterweihe empfing. Er durchbricht als erster mit persönl. Einspruch die Anonymität der ep. Dichtung in der Frühzeit der griech. Literatur. Sein Werk spiegelt die Welt der kleinen Bauern, die in der Abgeschiedenheit Böotiens ihr kärgl. Dasein fristen. Die Götter werden in der religiös gewissenhaften Mentalität dieser Menschen – im Ggs. zum homer. Epos – nicht als heitere Olympier gesehen, sondern als gewaltige, erhabene, auch segnende Mächte, deren Walten der Mensch in ehrfürchtiger Scheu gegenübersteht. Pessimist. sieht der Dichter den Weltablauf in 5 Zeitaltern, die den stetigen Niedergang des Menschengeschlechtes aufzeigen, dennoch verfällt H. nicht in resignierte Verzweiflung. Der Glaube an die Heiligkeit des Rechts ist es, der ihn ein zwar mühevolles, aber gerechtes Dasein bejahen läßt. In seinem Hauptwerk, der „Theogonie", besingt H. Weltentstehung und Ursprung der Götter, wobei er z.T. auf vorgeschichtl. Mythen zurückgreift. „Werke und Tage" ist ein Lehrbuch über den Landbau; der „Schild des Herakles" dagegen stammt nicht von Hesiodos.
Ausgaben: Hesiod. Sämtl. Werke. Dt. Übers. v. Th. v. Scheffer. *Hg. v.* Günther Schmidt. *Bremen ²1965. – Hesiodi carmina. Hg. v.* A. Rzach. *Lpz. ²1913. Nachdr. Stuttg. 1965.*
Literatur: Gigon, O.: *Der Ursprung der griech. Philosophie v. Hesiod bis Parmenides. Basel u. Stuttg. ²1968. – Hesiod. Hg. v.* E. Heitsch. *Darmst. 1966.* – Nicolai, W.: *Hesiods Erga. Hdbg. 1964.* – Troxler, H.: *Sprache u. Wortschatz Hesiods. Zürich 1964.*

Hesler, Heinrich von ↑ Heinrich von Hesler.

Hesse, Hermann, Pseudonym Emil Sinclair, * Calw 2. Juli 1877, † Montagnola (Schweiz) 9. Aug. 1962, dt. Dichter.
Vater dt.-balt. Missionsprediger, Mutter schweizer. Missionarstochter; pietist. Erziehung, der er sich 1892 nach einjährigem Aufenthalt im ev.-theolog. Seminar Maulbronn entzog; Buchhändler und Antiquar in Basel seit 1899; dann freier Schriftsteller; lebte, von Reisen durch Europa und Indien (1911) abgesehen, zurückgezogen am Bodensee und später im Tessin (seit 1923 schweizer. Staatsbürger); während des 1. Weltkrieges für die Kriegsgefangenen tätig; 1946 Nobelpreis, 1955 Friedenspreis des Dt. Buchhandels. In seiner Erzählkunst geprägt von Goethe und Keller, begann H. als Neuromantiker mit stark autobiograph. Werken, die seine krisenhafte Entwicklung, die aus den Konventionen der engen Erziehung hinausführte, darstellen. Bereits hier anklingend, bestimmt der Ggs. Geist – Leben (Natur), dem er auf der Suche nach harmon. Ausgleich in immer neuen Variationen Ausdruck gibt, sein weiteres literar. Schaffen. Stark beeindruckt von der ind. Philosophie, stellt er zeitweise das meditative Element in den Vordergrund, aber auch Einflüsse der psychoanalyt. Erkenntnisse lassen sich (bes. im Roman „Steppenwolf", 1927) feststellen. Eine Synthese versucht H. in seinem Alterswerk „Das Glasperlenspiel" (1943), das,

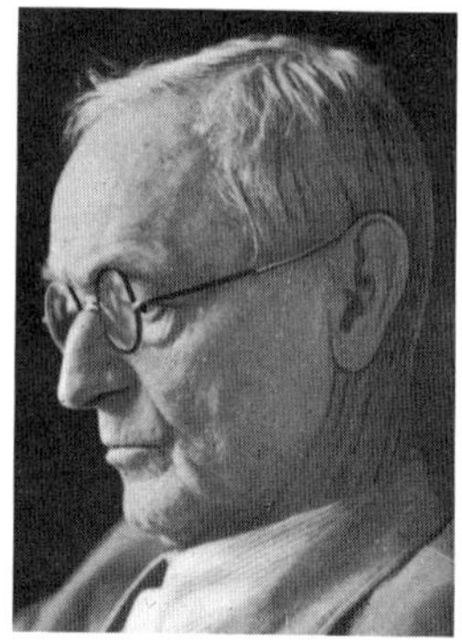

Hermann Hesse

westl. und östl. Weisheit vereinend, spieler. die Form einer Chronik verwendend, ein „utop." Bild geistiger Gemeinschaft zeichnet. Seine Sprache ist gekennzeichnet durch impressionist. Bilder; sie ist meist schlicht, mitunter sentimental. H. schrieb auch Lyrik, die oft volksliednah ist. Schuf Illustrationen eigener Werke.
Weitere Werke: Peter Camenzind (R., 1904), Unterm Rad (R., 1906), Gertrud (R., 1910), Roßhalde (R., 1914), Knulp (R., 1915), Demian (E., 1919), Gedichte des Malers (1920), Klingsors letzter Sommer (En., 1920), Siddharta (Dichtung, 1922), Trost der Nacht (Ged., 1929), Narziß und Goldmund (E., 1930), Weg nach innen (En., 1931), Die Morgenlandfahrt (E., 1932), Der Europäer (Aufs., 1946).
Ausgaben: H. H. Briefe. Neue erweiterte Ausg. Frkf. 16. Tsd. 1959. – H. H. Ges. Schrr. in 7 Bden. Frkf. 13. Tsd. 1958.
Literatur: Ball, H.: *H. H. Frkf. ⁴1967.* – Boulby, M.: *H. H. His mind and art. Ithaca (N. Y.) 1967.* – Ziolkowski, Th.: *The novels of H. H. A study in theme and structure. Princeton (N. J.) 1965.* – Zeller, B.: *H. H. in Selbstzeugnissen u. Bilddoku-*

menten. Reinbek bei Hamb. 1963. – Bareiss, O.: *H. H. Eine Bibliogr. der Werke über H. H. Basel 1962–64. 2 Bde.* – Waibler, H.: *H. H. Eine Bibliogr. Bern u. Mchn. 1962.*

Hesse, Max René, * Wittlich 17. Juli 1885, † Buenos Aires 15. Dez. 1952, dt. Schriftsteller.
Nach dem Studium der Medizin Arzt in Argentinien, dann längere Zeit Großwildjäger in Südamerika und Afrika; 1943 Korrespondent in Spanien, 1944 in Südamerika; schrieb psycholog. feinfühlig motivierte Entwicklungs- und Gesellschaftsromane, z.T. mit sozialkrit. Tendenz, in denen junge Menschen einer korrupten und morbiden Gesellschaft gegenüberstehen.
Hauptwerke: Partenau (R., 1929), Morath schlägt sich durch (R., 1933), Morath verwirklicht einen Traum (R., 1933), Dietrich Kattenburg (R.-Trilogie, 1949/50), Liebe und Lüge (R., 1950).

Hesse, Otto Ernst, Pseudonym Michael Gesell, * Jeßnitz 20. Jan. 1891, † Berlin 16. Mai 1946, dt. Schriftsteller.
Studierte Philosophie, Geschichte, Literatur und Rhetorik, 1915 Dozent für Rhetorik in Königsberg; Redakteur und Theaterkritiker (u.a. seit 1925 bei der „Vossischen Zeitung“, seit 1935 bei der „B. Z. am Mittag“), dann freier Schriftsteller in Berlin. Gedichte, erfolgreiche Komödien und Novellen.
Hauptwerke: Mörderin und Mutter Zeit (Ged., 1915), Zweisamkeit (Ged., 1918), Das Privileg (Kom., 1921), Regina spielt Fagott (Novellen, 1942), Die schöne Jugend und die späte Zeit (Novellen, 1942).

Hessus, Helius Eobanus, eigtl. Eoban Koch, * Halgehausen bei Frankenberg-Eder 6. Jan. 1488, † Marburg a. d. Lahn 4. Okt. 1540, dt. Humanist und nlat. Dichter.
Studierte in Erfurt, wo er später lehrte; gehörte dem Erfurter Humanistenkreis an; dann in Nürnberg, 1533 wieder in Erfurt, seit 1536 Professor in Marburg. Bed. nlat. Lyriker seiner Zeit; neben zahlreichen Gelegenheitsgedichten, Eklogen und den „Heroiden“ Ovids nachgestalteten Briefen hl. Frauen verfaßte er eine Übersetzung der „Ilias“ in lat. Sprache.
Literatur: Krause, C.: *H. E. H., sein Leben u. seine Werke. Ein Beitrag zur Cultur- u. Gelehrtengesch. des 16. Jh.s. Gotha 1879. 2 Bde.*

Heun, Karl Gottlieb † Clauren, Heinrich.

Heuschele, Otto, * Schramberg (Landkreis Rottweil) 8. Mai 1900, dt. Schriftsteller.
Studierte Literatur- und Kunstgeschichte und Philosophie; lebt als freier Schriftsteller in Waiblingen; begann mit Essays, denen er 1924 die lyr.-schwärmer. „Briefe aus Einsamkeiten“ folgen ließ; sein Gesamtwerk ist dem geistigen Erbe seiner schwäb. Heimat sowie den Idealen der dt. Klassik und Romantik verpflichtet; oft wird der romant. Zwiespalt von Wirklichkeit und Traum, Sein und Schein in der modernen Welt feinsinnig dargestellt.
Weitere Werke: Geist und Gestalt (Essays, 1927), Licht übers Land (Ged., 1931), Groß war die Nacht (Ged., 1935), Die Sturmgeborenen (R., 1938), Der Knabe und die Wolke (E., 1951), Gaben der Gnade (Ged., 1954), Die Gaben des Lebens (Autobiogr., 1957), Am Abgrund (R., 1961), Das Mädchen Marianne (E., 1962), Wegmarken (Ged., 1967).
Literatur: Larese, D.: *O. H. Amriswil 1965.* – *Auftrag u. Erfüllung. Zum 60. Geburtstag v. O. H. Mchn. 1960.* – *O. H. Leben u. Werk. Mit einer Einf. v.* H. Helmerking. *Amriswil 1959.*

Hewlett, Maurice Henry [engl. 'hju:lɪt], * Addington 22. Jan. 1861, † Broad-Chalke bei Salisbury 15. Juni 1923, engl. Schriftsteller.
Schrieb Romane mit histor. Hintergrund, in denen er in archaisierendem Stil eine romantisierte und idealisierte Darstellung des MA gab; verfaßte auch Charakterromane nach dem Vorbild von Meredith.
Hauptwerke: Die Chronik der Königin Maria Stuart (R., 1904; dt. 1913), The stooping lady (R., 1907), The song of the plow (Ged., 1916).

Hey, Richard, * Bonn 15. Mai 1926, dt. Dramatiker und Hörspielautor.
Studierte Musik, Theaterwissenschaft und Philosophie; Musikkritiker, Journalist, Tätigkeit beim Rundfunk; lebt als freier Schriftsteller in Hamburg. Autor v.a. von tragikom. Dramen, in denen sich Kabarettistisches, Satirisches und Surrealistisches verbindet.
Hauptwerke: Thymian und Drachentod (Dr., 1956), Der Fisch mit dem goldenen Dolch (Dr., 1957), Margaret oder Das wahre Leben (Dr., 1958), Kein Leben für Augusto (Hsp., 1961), Weh dem, der nicht lügt (Kom., 1962).

Hey, Wilhelm, * Leina bei Gotha 26. Mai 1789, † Ichtershausen (Landkreis Arnstadt) 19. Mai 1854, dt. Dichter.
Studierte Theologie in Jena und Göttingen, war Hauslehrer, Pfarrer, Hofprediger in Gotha und seit 1832 Superintendent in Ichtershausen. H. schrieb religiöse Lieder und Fabeln; seine von O. Speckter illustrierten „50 Fabeln für Kinder“ (1833) und „Noch 50 Fabeln für Kinder“ (1837) waren zu seiner Zeit sehr verbreitet und beliebt.
Weitere Werke: Gedichte (1816), Bilder und Reime für Kinder (1859).

Heyden, Friedrich August von, * Gut Nerfken bei Heilsberg (Ostpreußen) 3. Sept. 1789, † Breslau 5. Nov. 1851, dt. Schriftsteller.
Studierte Jura; 1813–15 Soldat; seit 1826 Oberregierungsrat in Breslau. Seine Dichtungen, histor. Tendenzdramen, Novellen, Verserzählungen, Romane und Gedichte sind formgewandt, aber epigonenhaft. Am bekanntesten wurde die poet. Erzählung aus der Hohenstaufenzeit „Das Wort der Frau“ (1843).
Weitere Werke: Die Gallione (Epos, 1825), Reginald (Epos, 1831), Die Intriguanten (R., 1840), Der Schuster zu Isphahan (Epos, 1850), Gedichte (hg. 1852).

Heyduk, Adolf [tschech. 'hɛjduk], * Richenburg (Ostböhm. Gebiet) 7. Juni 1835, † Pisek (Südmähr. Gebiet) 6. Febr. 1923, tschech. Dichter.
Schrieb stimmungsvolle, volksliedhafte Gedichte, auch patriot. Lyrik sowie Romanzen und andere Verserzählungen, wobei er gelegentl. allegor. Formen verwandte; interessante literar. Memoiren „Vzpomínky literární“ (1911).

Heye, Jan Pieter [niederl. 'hɛjə], * Amsterdam 1. März 1809, † ebd. 24. Febr. 1876, niederl. Lyriker.
Studierte Medizin in Leiden, lebte als Arzt in Amsterdam; Mitarbeiter der Zeitschriften „De Vriend des Vaderlands“ und „De Muzen“; schrieb zahlreiche volkstüml. Lieder und Kinderlieder.

Hauptwerke: Kinderliederen (1844/45), Al de volksdichten (Ged., 1865), Volksdichten (1869 bis 1870), Gedichten (1870).

Heyking, Elisabeth Freifrau von, * Karlsruhe 10. Dez. 1861, † Berlin 5. Jan. 1925, dt. Schriftstellerin.

Enkelin von A. und B. von Arnim, Schwester von Irene Forbes-Mosse, in 2. Ehe ∞ mit dem Diplomaten Edmund Freiherr von H., den sie auf seinen Missionen nach Nordamerika, Mexiko, Chile, Indien, Ägypten und China begleitete. Bekannt wurde sie durch den zuerst anonym erschienenen Roman aus der Adels- und Diplomatensphäre „Briefe, die ihn nicht erreichten" (1903).

Weitere Werke: Der Tag Anderer (R., 1905), Ille mihi (R., 1912), Tschun (R., 1914), Das vollkommene Glück (E., 1920), Tagebücher aus vier Weltteilen. 1886–1904 (hg. 1926).

Heym, Georg, * Hirschberg i. Rsgb. 30. Okt. 1887, † Berlin 16. Jan. 1912, dt. Lyriker.

Kindheit und Jugendjahre in Hirschberg und Berlin; studierte Jura in Würzburg, Jena und Berlin, 1911 Dr. jur. in Rostock; ertrank mit seinem Freund Ernst Balcke beim Eislaufen auf der Havel in der Nähe von Schwanenwerder; bed. Vertreter des Frühexpressionismus, der, beeinflußt von Baudelaire, Verlaine, Rimbaud, Hölderlin und George, bald zu eigener, ausdrucksstarker Sprache fand, die in ihrer Gewalt auf die expressionist. Lyrik einen nachhaltigen Einfluß ausübte. Chaos und Grauen bestimmen seine z.T. formstrenge Dichtung, die den einsamen und verwahrlosten Menschen in den großstädt. Steinwüsten schildert und in dämon.-apokalypt. Visionen, Krieg und Untergang prophezeiend, die Sinnlosigkeit des Daseins gestaltet. Auch Dramatiker und Erzähler.

Hauptwerke: Der Athener Ausfahrt (Trag., 1907), Der ewige Tag (Ged., 1911), Umbra vitae (nachgelassene Ged., 1912), Der Dieb (Novellen, 1913), Marathon (Sonette, 1914, vollständig hg. 1956).

Ausgaben: G. H. Dichtungen u. Schrr. Gesamtausg. Hg. v. Karl Ludwig Schneider. *Mchn. 1960ff. Auf 6 Bde. berechnet. – G. H. Ges. Gedichte. Mit einer Darst. seines Lebens u. Sterbens. Hg. v.* C. Seelig. *Zürich 1947. – G. H. Dichtungen. Hg. v.* K. Pinthus *u.* E. Loewenson. *Mchn. 1922.*

Literatur: Schneider, Karl Ludwig: *Der bildhafte Ausdruck in den Dichtungen G. H.s, Georg Trakls u. Ernst Stadlers. Studien zum lyr. Sprachstil des dt. Expressionismus. Hdbg. ³1968.* – Eykmann, Ch.: *Die Funktion des Häßlichen in der Lyrik G. H.s, Georg Trakls u. Gottfried Benns. Bonn 1965.* – Schwarz, G.: *G. H. Mühlacker 1963.* – Loewenson, E.: *G. H. oder Vom Geist des Schicksals. Mchn. 1962.* – ↑ auch Stadler, Ernst.

Heym, Stefan, eigtl. Hellmuth Fliegel, * Chemnitz 10. April 1913, dt. Schriftsteller.

1933 Emigration in die Tschechoslowakei, Journalist, Studium an der Universität Chicago (USA), 1937–39 Chefredakteur der Wochenzeitung „Dt. Volksecho" in New York, 1943 Eintritt in die amerikan. Armee, Mitbegründer der amerikan. „Neuen Zeitung" in München, wegen prokommunist. Haltung in die USA zurückversetzt, kam 1952 in die DDR und lebt als freier Schriftsteller in Berlin (Ost). Schrieb seine stark polit. orientierten Romane in engl. Sprache; auch Essays und Reportagen.

Hauptwerke: Der Fall Glasenapp (R., dt. 1958), Der bittere Lorbeer (R., dt. 1948), Die Augen der Vernunft (R., dt. 1955), Goldsborough (R., dt. 1954), Schatten und Licht (En., 1960), Die Papiere des Andreas Lenz (R., 1963, 1965 u.d.T. Lenz oder die Freiheit), Lassalle (R., 1969).

Literatur: Ernst, O.: *St. H.s Auseinandersetzung mit Faschismus, Militarismus u. Kapitalismus. Dargestellt an den Gestalten seiner Romane. Diss. Jena 1965 [Masch.].*

Heymel, Alfred Walter (seit 1907) von, * Dresden 6. März 1878, † Berlin 26. Nov. 1914, dt. Schriftsteller.

Zusammen mit O. J. Bierbaum und R. A. Schröder Begründer der Zeitschrift „Die Insel", dann des Insel-Verlags. Lyriker, Dramatiker und Erzähler; bedeutender jedoch als Förderer junger Talente.

Hauptwerke: In der Frühe (Ged., 1898), Ritter Ungestüm (E., 1900), Der Tod des Narcissus (Dr., 1901).

Heynicke, Kurt, * Liegnitz 20. Sept. 1891, dt. Schriftsteller.

Sohn eines Arbeiters, kaufmänn. Angestellter, Teilnahme am 1. Weltkrieg; seit 1923 Dramaturg am Schauspielhaus Düsseldorf; später in Berlin, wo er auch für die Ufa arbeitete, seit 1943 freier Schriftsteller. H. begann mit expressionist. Lyrik und gehörte dem Kreis um H. Walden an; später wandte er sich mehr der Prosa und dem dramat. Schaffen zu; schrieb auch fabulierende Unterhaltungsromane, Hör- und Fernsehspiele und Drehbücher.

Hauptwerke: Rings fallen Sterne (Ged., 1917), Das namenlose Angesicht (Ged., 1919), Der Kreis (Dr., 1920), Eros inmitten (En., 1925), Kampf um Preußen (Dr., 1926), Fortunata zieht in die Welt (R., 1929), Rosen blühen auch im Herbst (R., 1942), Das Lächeln der Apostel (Hsp., 1958), Auf Wiedersehen in der Rue de Pontoise (Hsp., Ursendung 1963).

Literatur: K. H. Mit Beitrr. v. K. H. B. Berger *u. einer K. H.-Bibliogr. v.* H. Bieber. *Dortmund 1966.*

Heyse, Paul (seit 1910) von, * Berlin 15. März 1830, † München 2. April 1914, dt. Schriftsteller.

Sohn des Sprachforschers Carl Wilhelm Ludwig H.; studierte in Berlin und Bonn klass., german. und roman. Philologie. 1852/53 durch ein Forschungsstipendium ermöglichter Italienaufenthalt;

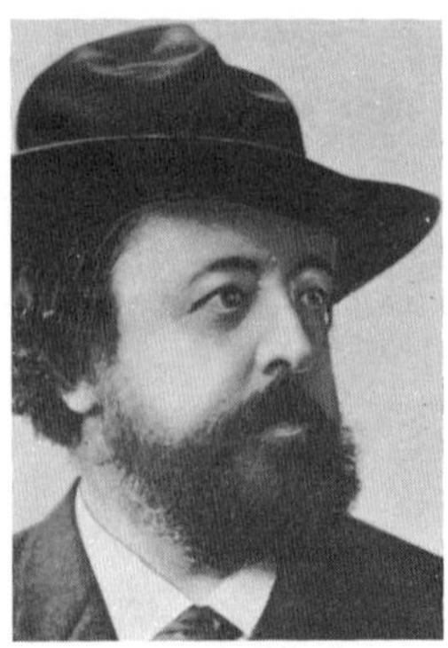

Paul von Heyse

kurze Zeit Privatgelehrter in Berlin, wurde 1854 von König Maximilian II. nach München berufen, wo er mit Geibel den Mittelpunkt des Münchner Dichterkreises bildete; Freundschaft mit Keller, Storm, H. Kurz u.a. In ungewöhnl. fruchtbarer literar. Produktion der klass.-romant. Tradition verpflichteter Epigone, der sich zwar an moderne Stoffe wagte, sie jedoch in einem zum Ästhetischen stilisierten Kult aller Tiefen des Lebens und jegl. menschl. Problematik enthob; sprachl. Anmut, äußere Liebenswürdigkeit und formale Glätte lassen echte dichter. Empfindung vermissen; das Beste gab er in den formal vollendeten, seiner Sprachbegabung gemäßen Übersetzungen und in den Novellen; auch Theoretiker der Novelle („Falkentheorie"). 1910 Nobelpreis.
Hauptwerke: Novellen (1855; darin u.a.: L'Arrabbiata), Neue Novellen (1858), 4 neue Novellen (1859), Italien. Liederbuch (Übers., 1860), Neue Novellen (1862; darin u.a.: Andrea Delfin), Meraner Novellen (1864), Moral. Novellen (1869), Kinder der Welt (R., 1873), Skizzenbuch (Ged., 1877), Troubadour-Novellen (1882), Über allen Gipfeln (R., 1895), Gegen den Strom (R., 1907).
Ausgaben: P. v. H. Ges. Werke. Stuttg.; Bln. 1924. 3 Reihen in 15 Bden. – P. H. Ges. Werke. Bln., Stuttg. $^{1-19}$1871–1914. 38 Bde.
Literatur: Jan, A. v.: *Die zeitgenöss. Kritik an P. H. Diss. Mchn. 1966.* – Schunicht, M.: *Die Novellentheorie u. Novellendichtung P. H.s. Diss. Münster 1957 [Masch.].* – Spiero, H.: *P. H. Stuttg. 1910.*

Heyward, DuBose [engl. 'hɛɪwəd], * Charleston (S. C.) 31. Aug. 1885, † Tryon (N. C.) 16. Juni 1940, amerikan. Schriftsteller.
Aus verarmter Familie der Pflanzeraristokratie in den Südstaaten; hatte nach anfängl. Versuchen als Lyriker sofort Erfolg mit dem Roman „Porgy" (dt. 1930), in dem er seine genaue Kenntnis des Lebens und der Psyche der Südstaatenneger verwertete; später bearbeitete H. zusammen mit seiner Frau die Vorlage für die Bühne und schrieb mit Ira Gershwin das Libretto für G. Gershwins Oper „Porgy and Bess" (1935, dt. 1945).

Heywood, John [engl. 'hɛɪwʊd], * London 1497 (?), † Mecheln 1580, engl. Dramatiker und Epigrammatiker.
Studium in Oxford, Hofmusiker Heinrichs VIII., als gläubiger Katholik Günstling der Königin Maria, ging nach deren Tod ins Exil. Schrieb v.a. Interludien (zwischen den Gattungen Moralitätenspiel und Renaissancedrama stehend); große Begabung für Handlungsaufbau und burleske, oft derb-kom. Gestaltung lebensvoller Charaktere. Von den wenigen erhaltenen Dramen sind bes. zu nennen „The pardoner and the frere" (Dr., 1533) und „The four P's" (Burleske, 1545; nur z.T. erhalten). H. verfaßte ferner die Fabel „The spider and the fly" (1556), in der er in allegor. Form zu religiösen und polit. Fragen Stellung nahm, und veröffentlichte eine Sammlung von Epigrammen und Sprichwörtern.
Literatur: Maxwell, I.: *French farce and J. H. Victoria (Australien) 1946.* – Bolwell, R. W.: *The life and works of J. H. Diss. Columbia Univ., New York 1921.*

Heywood, Thomas [engl. 'hɛɪwʊd], * in Lincolnshire um 1573, ▭ London 16. Aug. 1641, engl. Dichter.
Studierte in Cambridge, war später Schauspieler und Dramatiker. Seine Sallust-Übersetzung und seine verschiedenen Prosaschriften werden von seinen Bühnenwerken, von denen viele verloren sind, an Bedeutung weit übertroffen. H.s Familientragödien, die sich durch lebensechte Darstellung bürgerl. Menschen, psycholog. überzeugende Konflikte und moral. Tendenz auszeichnen, werden als Vorläufer des bürgerl. Trauerspiels angesehen. Auch Schaustücke und Maskenspiele für den Hof.
Hauptwerke: A woman killed with kindness (Dr., 1607), The rape of Lucrece (Schsp., 1608), The four prentices of London (Schsp., 1615), The fair maid of the west (Kom., 1631).
Literatur: Clark, A. M.: *Th. H., playwright and miscellanist. New York 1958.* – Grivelet, M.: *Th. H. et le drame domestique élizabéthain. Paris 1957.*

Hichens, Robert Smythe [engl. 'hɪtʃɪnz], * Speldhurst (Kent) 14. Nov. 1864, † Zürich 20. Juli 1950, engl. Schriftsteller.
Studierte Musik, besuchte dann eine Schule für Journalismus, hielt sich einige Zeit in Ägypten auf und lebte dann als Journalist, Musikkritiker und Schriftsteller meist in der Schweiz. Wurde bekannt durch den Roman „The green carnation" (1894); bevorzugte exot., myst. und spiritist. Stoffe; bes. erfolgreich war der später auch dramatisierte Roman „Der Garten Allahs" (1904, dt. 1929) mit stimmungsvollen Schilderungen der nordafrikan. Wüste.

Hidalgo, José Luis [span. i'ðalɣo], * Torrelavega (Santander) 10. Okt. 1919, † Madrid 3. Febr. 1947, span. Dichter.
Kunststudium in Valencia; schwermütiger Lyriker, beeinflußt von Alberti, García Lorca und Aleixandre.
Hauptwerke: Raíz (Ged., 1944), Los animales (Ged., 1945), Los muertos (Ged., 1947).

Hidāyah ↑ Hedaje.

Hiel, Emanuel [niederl. hi:l], * Sint Gillis-bij-Dendermonde 30. Mai 1834, † Schaerbeek bei Brüssel 27. Aug. 1899, fläm. Dichter.
Ging verschiedenen Berufen nach; Vertreter der Fläm. Bewegung; erfolgreicher, zu rhetor. Ausdrucksweise neigender Lyriker; v.a. bekannt durch Oratorien, u.a. „De Schelde" (1866) und Kantaten, u.a. „De wind" (1864).

Hieronymus, Sophronius Eusebius [hi-e...], hl., * Stridon (Dalmatien) um 345, † Bethlehem 30. Sept. 420 (419?), lat. Kirchenvater.
Stammte aus einer wohlhabenden christl. Familie, studierte bei Donatus in Rom Grammatik und Rhetorik, lernte in Antiochia Griech., zog sich später als Einsiedler in die Wüste zurück, wo er Hebr. lernte; nach der Priesterweihe eingehendes Studium der griech. Kirchenschriftsteller; von Papst Damasus I. beauftragt, die sog. „Itala", den lat. Text des A.T. und N.T., zu überprüfen; nach dem Tod des Papstes ging er nach Bethlehem, wo er ganz seiner literar. Tätigkeit lebte und in jahrzehntelanger unermüdl. Arbeit zahlreiche Kommentare, dogmat. Schriften und Predigten schrieb; daneben sind seine Geschichtswerke von Bedeutung, die nach dem Vorbild Suetons abgefaßte erste christl. Literaturgeschichte „De viris illustribus" und bes. die „Chronik", eine Übertragung der griech. „Chronik" des Eusebius, die er um die Daten der röm. Geschichte erweiterte und bis 378

n. Chr. fortführte; unlösbar verbunden bleibt der Name des H. mit der von ihm teils neu geschaffenen, teils revidierten lat. Bibelübertragung, der sog. „Vulgata“, die auf den Urtext zurückgeht; von kulturhistor. Interesse sind seine Briefe; seine Schriften zeichnen sich durch Klarheit der Sprache und Eleganz der stilist. Gestaltung aus.
Literatur: Steinmann, J.: *H. Ausleger der Bibel. Dt. Übers. Köln 1961.* – Grützmacher, G.: *H. Eine biograph. Studie zur alten Kirchengesch. Lpz. 1901–08. 3 Bde.*

Hiesel, Franz, * Wien 11. April 1921, östr. Schriftsteller.
Drogistenlehre; nach 1945 Straßenbahnschaffner, 1951 Bibiliotheksangestellter in Wien, seit 1958 Hörspieldramaturg beim Norddt. Rundfunk. H. veröffentlichte hpts. in Zeitungen und Zeitschriften; er verfaßte Dramen, Hörspiele, Erzählungen und Gedichte; v. a. soziale Stoffe.
Hauptwerke: Die Bahnhofshalle (Dr., 1950), Die enge Gasse (Dr., 1951), Die Dschungel der Welt (Hsp., 1956), Auf einem Maulwurfshügel (Hsp., 1960).

Higutschi, Itschijo; tl.: Higuchi, Ichiyô [jap. hiŋutʃi], * Tokio 25. März 1872, † ebd. 23. Nov. 1896, jap. Schriftstellerin.
Entstammte einer Samuraifamilie; zunächst von Ibara Saikaku und Koda Rohan beeinflußt, fand sie zu eigener realist. Aussage, die ihre späteren, meist Frauenschicksale behandelnden Werke bestimmt. Ihre Novellen wurden z.T. ins Engl. übersetzt.

Hikmet, Nazim [türk. hik'mɛt] (Nâzım Hikmet Ran), * Saloniki 20. Jan. 1902, † Moskau 3. Juni 1963, türk. Schriftsteller.
Besuch der Marine-Oberschule in Konstantinopel, 1921–28 in der UdSSR; Studium an der „Kommunist. Universität für die Werktätigen des Orients“, Mitglied der illegalen türk. KP, mehrmals in polit. Haft, lebte seit 1951 in den Ostblockstaaten. Bed. moderner türk. Lyriker; auch soziale Romane und Bühnenstücke, beeinflußt von Expressionismus, Dadaismus und von Majakowski. Seine Werke wurden in zahlreiche Sprachen übersetzt, u.a. ins Dt.: „Türk. Telegramme“ (Ged., dt. 1956), „Von allen vergessen“ (Schsp., dt. 1960), „Legende von der Liebe“, „Josef in Egyptenland“ (Schauspiele, dt. 1961), „In jenem Jahr 1941“ (R. in Versen, dt. 1963).

Hilbert, Jaroslav [tschech. 'hilbɛrt], * Laun (Nordböhm. Gebiet) 19. Jan. 1871, † Prag 10. Mai 1936, tschech. Schriftsteller.
Chemiker, übte seinen Beruf nicht aus, war publizist. tätig und unternahm ausgedehnte Reisen. Schrieb neben Gedichten und Erzählungen v.a. psycholog. Dramen nach dem Vorbild Ibsens; gestaltete auch histor., religiöse und soziale Probleme und verfaßte Lustspiele, die meist Liebesintrigen zum Thema haben; dt. erschien 1896 das Drama „Die Schuld“.

Hildebrand ↑ Beets, Nicolaas.

Hildebrandslied, ältestes, fragmentar. erhaltenes Heldenlied der dt. Literatur in stabreimenden Langzeilen; wahrscheinl. langobard. Ursprungs, gelangte das H. nach Bayern, wo es umgedichtet wurde; die überlieferte Aufzeichnung erfolgte zu Anfang des 9. Jh.s in Fulda, als das Lied von zwei Mönchen des dortigen Klosters auf die erste und letzte Seite einer theolog. Handschrift in 53 Zeilen in entstellter niederdt. Fassung kopiert wurde; der Inhalt – das idgm. Motiv des Vater-Sohn-Kampfes – beweist deutlich, daß das Christentum noch nicht in der Lage war, den überkommenen german.-heroischen Schicksalsglauben gänzlich umzuformen. Die Handschrift bricht mitten in der Schilderung des Zweikampfes zwischen Hildebrand und dessen Sohn Hadubrand ab. Sicherlich war das Ende tragisch. Das *Jüngere H.*, wahrscheinl. aus dem 13. Jh., hat dagegen einen versöhnl. Schluß.
Ausgaben: Das H. In der langobard. Urfassung hergestellt v. W. Krogmann. *Bln. 1959. – Das Hildebrandlied. Ahd. u. nhd. Hg. v.* G. Baesecke. *Halle 1945.*
Literatur: Kolk, H. van der: *Das H. Eine forschungsgeschichtl. Darst. Amsterdam 1967.* – Boor, H. de: *Die nord. u. dt. Hildebrandsage. In:* Boor: *Kleine Schrr. Bd. 2. Bln. 1966.* – Hennig, J.: *„Ik gihorta dat seggen“. Das Problem der Geschichtlichkeit im Lichte des H.s. In: Dt. Vjschr. f. Literaturwiss. u. Geistesgesch. 39 (1965), 489.* – Baesecke, G.: *Das Hildebrandlied. Halle 1945.*

Hildegard von Bingen, hl., * Bermersheim bei Alzey 1098, † Kloster Rupertsberg bei Bingen 17. Sept. 1179, dt. Mystikerin.
Tochter eines Ministerialen aus dem Hochstift Speyer; Benediktinerin; gründete das Kloster Rupertsberg und das Filialkloster Eibingen bei Rüdesheim; Visionen regten sie zu ihrem literar. Werk an, das religiöse Schriften und Briefe, prophet. Ankündigungen in bildhafter, jedoch geheimnisvoller Sprache umfaßt; bed. ist die visionäre Schilderung des myst. Aufschwungs der Seele im „Liber Scivias“ (dt. 1928 u. d. T. „Wisse die Wege“). Von histor. Interesse sind auch die medizin. und naturwissenschaftl. Arbeiten; daneben stehen geistl. Lieder, zu denen sie selbst die Melodien komponierte; bed. Briefwechsel.
Weitere Werke: Liber vitae meritorum, Liber divinorum operum.
Ausgaben: H. v. B. Schrr. Dt. Übers. Ausgew. v. J. Bühler. *Lpz. 1922. – S. Hildegardis abbatissae opera omnia, ad optimorum librorum fidem edita. Hg. v.* C. Daremberg *u.* F. A. De Reuss. *Paris 1855.*
Literatur: Koch, J.: *Der heutige Stand der H.-forschung. In: Histor. Zs. 186 (1958), 558.* – Schrader, M./Führkötter, A.: *Die Echtheit des Schrifttums der hl. H. v. B. Quellenkrit. Unterss. Köln u. Graz 1956.* – May, J.: *Die hl. H. v. B. Ein Lebensbild. Kempten ²1929.*

Hildesheimer, Wolfgang, * Hamburg 9. Dez. 1916, dt. Schriftsteller.
Lebte als Möbeltischler und Innenarchitekt 1933 bis 1936 in Palästina, studierte Malerei und Graphik in London, war während des Krieges brit. Informationsoffizier in Palästina, 1946–49 Simultandolmetscher beim Nürnberger Prozeß, seit 1950 freier Schriftsteller, gehört zur „Gruppe 47“. H., der jetzt in Graubünden lebt, ist einer der führenden dt. Hörspielautoren. Seine Stücke sind vom Wort her konzipiert, sie wollen nur feststellen und gesellschaftl. Klischees aufzeigen. In den Dramen verbinden sich Ironie und Satire mit surrealist. Groteske, der Einfluß Ionescos ist unverkennbar.
Hauptwerke: Lieblose Legenden (En., 1952), Paradies der falschen Vögel (R., 1953), Der

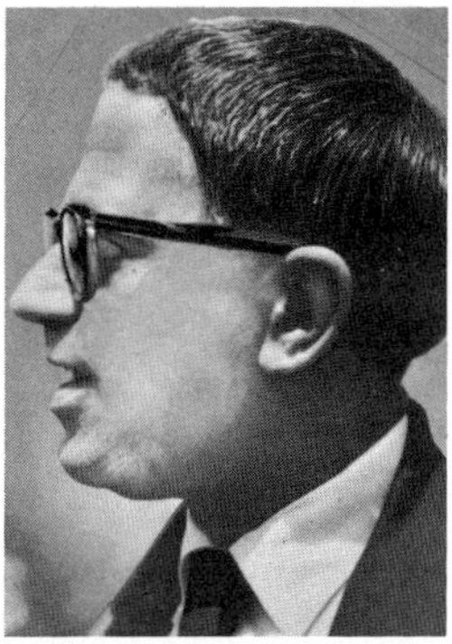

Wolfgang Hildesheimer

Drachenthron (Kom., 1955, Neufassung 1961 u. d. T. Die Eroberung der Prinzessin Turandot), Ich trage eine Eule nach Athen (En., 1956), Spiele, in denen es dunkel wird (Dramen, 1958), Herrn Walsers Raben (Hsp., 1960), Die Verspätung (Dr., 1961), Vergebl. Aufzeichnungen (1963), Tynset (R., 1965).
Literatur: Jens, W.: *Laudatio f. W. H. In: Jb. der dt. Akad. f. Sprache u. Dichtung (1968), 136.* – Domin, H.: *Zu H.s „Tynset". In: Neue dt. Hefte 12 (1965), H. 107, S. 124.*

Hillard, Gustav, eigtl. G. Steinbömer, * Rotterdam 24. Febr. 1881, dt. Schriftsteller.
Sohn eines dt. Kaufmanns, 1896–1900 Mitschüler des dt. Kronprinzen, lebte lange Zeit am Kaiserhof; 1913–18 Generalstabsoffizier; studierte dann Kunstgeschichte, Germanistik und Philosophie und war Dramaturg in Berlin bei Max Reinhardt. Seit 1944 lebt er in Lübeck. H. schrieb Romane, Novellen und kulturkrit. Essays in gepflegter Sprache.
Hauptwerke: Spiel mit der Wirklichkeit (R., 1938), Der Smaragd (Nov., 1948), Der Brand im Dornenstrauch (R., 1948), Herren und Narren der Welt (Erinnerungen, 1954), Kaisers Geburtstag (R., 1959), Wert der Dauer (Essays, 1961), Anruf des Lebens (E., 1963), Recht auf Vergangenheit (Essays u. a., 1966).

Hille, Peter, * Erwitzen (Landkreis Höxter) 11. Sept. 1854, † Großlichterfelde (heute Berlin-Lichterfelde) 7. Mai 1904, dt. Schriftsteller.
Zunächst Gerichtsschreiber in Höxter, studierte in Leipzig Philosophie und Literatur; Journalist, unstetes Leben, viele Reisen, seit 1891 meist in Berlin; Inbegriff des Bohemien; viele seiner Werke gingen seiner Sorglosigkeit wegen verloren; außer Romanen, einer Tragödie und myst. gestimmten, impressionist. Naturgedichten schuf er sein Bestes in klugen und prägnanten Aphorismen.
Hauptwerke: Die Sozialisten (R., 1887), Des Platonikers Sohn (Trag., 1896), Cleopatra (R., 1905), Aus dem Heiligtum der Schönheit (Aphorismen und Ged., hg. 1909).
Ausgabe: P. H. Ges. Werke. Hg. v. seinen Freunden. Bln. 1904–05. 4 Bde.
Literatur: Naused, E.: *P. H. Eine Einf. in sein Werk u. eine Ausw. Wiesb. 1957.* – Vogedes, A.: *P. H. Paderborn 1947.*

Hiller, Kurt, * Berlin 17. Aug. 1885, dt. Publizist, Kritiker und Essayist.
Studierte Rechtswissenschaft (Dr. jur.); als Präsident der Gruppe revolutionärer Pazifisten von den Nationalsozialisten eingekerkert; 1934 Flucht ins Ausland, seit 1955 in Hamburg; eigenwilliger Vertreter einer sozialist. Staats- und Gesellschaftsordnung. Bei der Verwirklichung seiner Ideen weist er dem Schriftsteller und damit der Literatur eine bed. Stellung zu; H. bedient sich einer exakten, schlagkräftigen, zuweilen provozierend scharfen Sprache.
Hauptwerke: Die Weisheit der Langenweile (1913), Geist werde Herr (1920), Verwirklichung des Geistes im Staat (1925), Profile (1938), Köpfe und Tröpfe. Profile aus einem Vierteljahrhundert (1950), Hirn- und Haßgedichte (1957), Ratioaktiv. Reden 1914–64 (1966), Leben gegen die Zeit (Erinnerungen, 1969).

Hiller, Philipp Friedrich, * Mühlhausen an der Enz 6. Jan. 1699, † Steinheim am Albuch (Landkreis Heidenheim) 24. April 1769, dt. Kirchenliederdichter.
Seit 1748 Pfarrer in Steinheim. Er schrieb über 1000 geistl. Lieder, u. a. „Solang ich hier noch walle" und „Weicht ihr Berge, fallt ihr Hügel". Die meisten seiner Lieder sind im „Geistl. Liederkästlein" (1762–67) zusammengefaßt. Sie waren v. a. in pietist. Kreisen verbreitet.

Hiltbrunner, Hermann, * Biel-Benken bei Basel 24. Nov. 1893, † Uerikon (Zürich) 11. Mai 1961, schweizer. Schriftsteller.
Volksschullehrer, studierte dann Naturwissenschaften, Philosophie und Germanistik; lebte seit 1920 in Zürich, seit 1935 in Uerikon als freier Schriftsteller. H. schrieb sprachl. schlichte Gedankenlyrik, Landschaftsschilderungen von großem Zauber, Reisebücher und Essays; auch Übersetzer.
Hauptwerke: Heiliger Rausch (Ged., 1939), Fallender Stern (Ged., 1941), Heimwärts (Ged., 1943), Geistl. Lieder (1945), Wenn es Abend wird (Ged., 1955), Alles Gelingen ist Gnade (Tagebücher, 1958), Spätherbst (Ged., 1958), Und das Licht gewinnt (Ged., 1960).

Hilton, James [engl. 'hıltən], * Leigh (Lancashire) 9. Sept. 1900, † Los Angeles-Hollywood 20. Dez. 1954, engl. Romancier.
Studierte in Cambridge, wurde Journalist; seine ungewöhnl. erfolgreichen Unterhaltungsromane sind voller Spannung, Güte und Humor.
Hauptwerke: Ein schweigsamer Held (R., 1933; dt. 1941), Irgendwo in Tibet (R., dt. 1937), Leb wohl, Mr. Chips (R., dt. 1935), Jahr um Jahr (R., dt. 1954).

Himerios, * Prusias (Bithynien) um 310, † Athen um 385, griech. Redner.
Sophist, Lehrer der Rhetorik in Athen; 362 von Kaiser Julianus an den Hof nach Antiochia berufen; seine berühmtesten Schüler waren Gregor von Nazianz und Basileios; von seinen Reden, die sprachl. und stilist. Gorgias verpflichtet sind, wurden 24 überliefert.

Hinrek van Alkmar [niederl. 'hınrək], niederl. Dichter des 15. Jahrhunderts.
Verfaßte eine moralisierende Bearbeitung des niederl. Tierepos „Reinaerde" (Druck um 1487), auf dem die mittelniederdt. Übertragung „Reinke de Vos" beruht.

Hinrichs, August [...rıçs], * Oldenburg (Oldenburg) 18. April 1879, † Huntlosen-Dehland (Ge-

meinde Großenkneten, Oldenburg) 20. Juni 1956, dt. Schriftsteller.
Tischlermeister, seit 1929 freier Schriftsteller, Verfasser erfolgreicher, z.T. in niederdt. Sprache geschriebener Bühnenstücke und Erzählwerke aus dem bäuerl. Milieu, die sich durch Humor, lebendige, realist. Darstellungsweise, sichere Handlungsführung und Situationskomik auszeichnen. Am bekanntesten wurde seine Komödie „Krach um Jolanthe" (niederdt. u. d. T. „Swienskomödi", 1930).
Weitere Werke: Das Licht der Heimat (R., 1920), Die Hartjes (R., 1924), Wenn de Hahn kreiht (Kom., 1932), Die Stedinger (Dr., 1934), För de Katt (Kom., 1938), Siebzehn und zwei (Kom., 1955).

Hiob [...ɔp] † Bibel.

Hippel, Theodor Gottlieb von, * Gerdauen (Ostpreußen) 31. Jan. 1741, † Königsberg (Pr) 23. April 1796, dt. Schriftsteller.
Studierte in Königsberg Theologie, später Jura; seit 1765 Rechtsanwalt, später Stadtpräsident; Freund Kants. H. verbindet in seinen witzigen, z.T. breitangelegten und weitschweifigen Romanen, die von Sterne beeinflußt sind, empfindsame, lehrhafte, humorist. und satir. Elemente; popularphilosoph. Verbreitung Kantischer Ideen; bed. Einfluß auf Jean Paul.
Hauptwerke: Der Mann nach der Uhr oder... (Lsp., 1765), Geistl. Lieder (1772), Lebensläufe nach aufsteigender Linie (R., 1778–81), Kreuz- und Querzüge des Ritters A bis Z (R., 1793/94).
Ausgabe: Th. G. v. H. Sämmtl. Werke. Bln. 1827–38. 12 Bde., 2 Briefbde.
Literatur: Vormus, H.: *Th. G. v. H.: „Lebensläufe nach aufsteigender Linie". Nebst Beilagen A, B, C. Eine Interpretation. In: Études germaniques 21 (1966), 1.* – Greiner, M.: *Th. G. v. H. Gießen 1958.*

Hippius, Sinaida [Nikolajewna], russ. Sinaida Nikolajewna Gippius; tl.: Zinaida Nikolaevna Gippius [russ. 'gipius], * Beljow 20. Nov. 1869, † Paris 9. Sept. 1945, russ. Schriftstellerin.
Aus altem dt. Adel; heiratete 1889 D. Mereschkowski, mit dem sie für die Anerkennung der symbolist. Dichtung publizist. tätig war. 1903–09 gemeinsame Redaktion der religionsphilosoph. Zeitschrift „Neuer Weg". Trotz positiver Beurteilung der Revolution von 1905 antikommunist. Haltung; 1919 gemeinsame Emigration nach Paris. Dichterin des russ. Symbolismus und Hauptperson ihres bed. literar. Salons in Petersburg. In ihrer intellektbestimmten Lyrik, die oft philosoph., religiöse und allgemeinchristl. Motive verwandte, bevorzugte Sinaida H. klare, schlichte Strukturen und gestaltete oft düstere, alptraumhafte Stimmungen. Ihre Prosawerke, bes. die sozialen Romane, sind von Dostojewski beeinflußt. Sie verfaßte auch krit. Arbeiten unter dem Pseudonym Anton Krainy. In Tagebüchern, z.T. in Versform geschrieben, wird ihre antibolschewist. Haltung deutlich. Außer einigen Gedichten liegt der Roman „Des Teufels Puppe" (dt. 1912) in Übersetzung vor.

Hippolyt (Hippolytos), hl., * 2. Hälfte des 2. Jh.s, † auf Sardinien um 235, frühchristl. Schriftsteller. Schüler des Irenaeus, röm. Presbyter, Gegenpapst Kalixts I., dem er eine allzu nachsichtige Kirchen- und Bußzucht vorwarf; 235 nach Sardinien verbannt, wo er – im Frieden mit der Kirche – starb, später als Märtyrer verehrt; bed. altchristl. Theologe; Verfasser zahlreicher exeget. und polem. Schriften.
Literatur: Friedrich, W. H.: *Hippolytos. In:* Friedrich: *Euripides u. Diphilos. Zur Dramaturgie der Spätformen. Mchn. 1953.*

Hipponax, griech. Dichter des 6. Jh.s v. Chr.
Wahrscheinl. adeliger Abstammung, mußte vor den Tyrannen Athenagoras und Komas nach Klazomenai fliehen, wo er ein kümmerl. Dasein fristete und als Bettelpoet mit Spottgedichten in dem von ihm erfundenen Hinkjambus und in vulgärer Sprechweise der niederen Bevölkerungsschicht seinen Lebensunterhalt bestritt. Von Catull nachgeahmt.

Hirche, Peter, * Görlitz 2. Juni 1923, dt. Schriftsteller.
Nach Teilnahme am 2. Weltkrieg u.a. Kabarettist und Nachtwächter, seit 1949 freier Schriftsteller, lebt in Berlin. Hörspielautor und Dramatiker mit sozial- und zeitkrit. Themen.
Hauptwerke: Die seltsamste Liebesgeschichte der Welt (Hsp., Ursendung 1953), Triumph in tausend Jahren (Schsp., UA 1957), Nähe des Todes (Hsp., Ursendung 1958), Die Söhne des Herrn Proteus (Dr., 1960), Der Unvollendete (Hsp., Ursendung 1962), Miserere (Hsp., Ursendung 1965).

Hirschfeld, Georg, * Berlin 11. Febr. 1873, † München 17. Jan. 1942, dt. Schriftsteller.
Sohn eines Fabrikanten, kaufmänn. Lehre, studierte Philosophie und Literatur, freier Schriftsteller in Berlin, dann in Dachau und München; Beziehungen zu O. Brahm, G. Hauptmann und Th. Fontane; erfolgreich mit naturalist. Dramen aus dem Berliner Milieu, mit Komödien und Volksstücken sowie Novellen mit schwierigen psycholog. Problemen; schrieb später Unterhaltungsliteratur.
Hauptwerke: Dämon Kleist (Novellen, 1895), Zu Hause (Dr., 1896), Die Mütter (Dr., 1896), Pauline (Kom., 1899), Der junge Goldner (Kom., 1901), Nebeneinander (Dr., 1904), Die Belowsche Ecke (R., 1914), Die Frau mit den hundert Masken (R., 1931).

Hirtius, Aulus, ⚔ bei Mutina (heute Modena) 43 v. Chr., röm. Schriftsteller.
Offizier und enger Vertrauter Caesars, dessen „De bello Gallico" er in einem an seinem Vorbild geschulten Stil mit dem 8. Buch abschloß; vielleicht auch Verfasser des „Bellum Alexandrinum", das sich an das 3. Buch von Caesars „De bello civili" anschließt.

Historia von D. Johann Fausten † Faustbuch.

Hita, Ginés Pérez de † Pérez de Hita, Ginés.

Hitomaro † Kakinomoto no Hitomaro.

Hitopadescha; tl.: Hitopadeśa [sanskr.; = die gute Lehre], altind., in Sanskrit abgefaßte Erzählungs- und Fabelsammlung in 4 Büchern, eine weitverbreitete, von Narajana nach dem 9. Jh. vorgenommene Bearbeitung des „Pantschatantra".

Hix, Auguste [frz. iks] † Rouget de Lisle, Claude Joseph.

Hjortø, Knud [dän. 'jɔrdø:'], * Kirke Værløse 4. Jan. 1869, † Frederiksberg 25. Nov. 1931, dän. Schriftsteller.
Lehrer in der Provinz; schrieb Romane, deren Handlung oft in kleinstädt. Milieu spielt; phan-

tast.-satir. Gestaltung und psycholog. Motivierung bestimmen seine Darstellungskunst; auch Novellist.
Hauptwerke: Staub und Sterne (R., dt. 1905), Zwei Welten (R., dt. 1906), Hans Raaskov (R., dt. 1906).

Hłasko, Marek [poln. 'xu̯askɔ], * Warschau 14. Jan. 1934, † Wiesbaden 14. Juni 1969, poln. Schriftsteller.
Verschiedene Berufe, Redakteur, Drehbuchautor, erhielt den „Großen Preis der Verleger", wurde später heftig angegriffen und bat 1957 in der BRD um polit. Asyl, lebte zeitweilig in Israel. Schrieb Romane, Erzählungen und Drehbücher. Seine Werke, die stilist. unter dem Einfluß Hemingways stehen, sind v.a. Protest gegen Unterdrückung und Leiden.
Hauptwerke: Der achte Tag der Woche (En., dt. 1958), Der Nächste ins Paradies (R., dt. 1960), Peitsche deines Zorns (R., dt. 1963), Alle hatten sich abgewandt (En., dt. 1965), Am Tage seines Todes. Die zweite Ermordung des Hundes (En., dt. 1969).

Hlaváček, Karel [tschech. 'hlava:tʃɛk], * Prag 23. Aug. 1874, † ebd. 15. Juni 1898, tschech. Dichter.
Vertreter der Dekadenz und des Symbolismus; schuf nach dem Vorbild Verlaines und Maeterlincks feinsinnige, bildhafte Gedichte; der Versuch, sozialreformer. Probleme zu gestalten, scheiterte.

Hlbina, P. G. [slowak. 'hl̩bina], eigtl. Pavol Gašparovič, * Vel'ké Kršteňany 13. Mai 1908, slowak. Lyriker.
Kath. Priester; Dichter in der Tradition der kath. Moderne, dessen Gedichte von religiös-eth. Werten bestimmt sind; zeitweilig Neigung zur „poésie pure"; bed. auch als Übersetzer und Theoretiker der Dichtkunst.

Hlebnikov ↑ Chlebnikow.

Hlinka, Vojtěch [tschech. 'hliŋka] ↑ Pravda, František.

Hmel'nickij ↑ Chmelnizki.

Hobart, Alice Tisdale [engl. 'hoʊbɑ:t], * Lockport (N.Y.) 28. Jan. 1882, † Oakland (Calif.) 14. März 1967, amerikan. Schriftstellerin.
Historikerin; lebte 20 Jahre mit ihrem Mann, einem amerikan. Geschäftsmann, in China; schrieb Reiseberichte, dann Romane mit dem Thema des Gegensatzes zwischen östl. und westl. Mentalität, von denen der bekannteste „Petroleum für die Lampen Chinas" (dt. 1935) war; später verfaßte sie Romane, die in Mexiko und Kalifornien spielen und sich mit dem sozialen und industriellen Aufschwung in den USA befassen.
Weitere Werke: Strom, du Schicksal (R., dt. 1935), Das Haus der heilenden Hände (R., 1936; dt. 1946), Their own country (R., 1940), Diese Erde ist mein (R., 1942; dt. 1960), Tal der Unruhe (R., dt. 1953), Im Zeichen der Schlange (R., dt. 1953), Einer blieb zurück (R., dt. 1957), Gusty's child (Autobiogr., 1959).

Hoccleve, Thomas [engl. 'hɔkli:v] ↑ Occleve, Thomas.

Hochhuth, Rolf [...hu:t], * Eschwege 1. April 1931, dt. Schriftsteller.
Buchhandelslehre, Verlagslektor; nahm in seinem breit angelegten, als „christl. Trauerspiel" bezeichneten Stück „Der Stellvertreter" (1963) polem. Stellung gegen das Verhalten Papst Pius' XII., dem er Schweigen während des 2. Weltkrieges gegenüber der Judenausrottung durch Hitler vorwirft. Durch das Schauspiel wurde eine breite Diskussion ausgelöst, die sich einmal mit der Frage der histor. Wahrheit, zum andern mit der Frage, wieweit ein Autor in der Darstellung histor. Vorgänge gebunden sei, befaßte. Auch mit seinem zweiten dokumentar. Stück, „Soldaten" (1967), erzielte H. weltweites Aufsehen. Es geht ihm darin um die Ächtung des Luftkrieges gegen wehrlose Zivilisten und um eine entsprechende Erweiterung der Genfer Abkommen. Zentralfigur wurde Churchill, mit dessen polit. Haltung im 2. Weltkrieg sich H. krit. auseinandersetzte.
Weiteres Werk: Berliner Antigone (E., 1966).
Literatur: Melchinger, S.: *R. H. Velber 1967. – Der Streit um H.s „Stellvertreter". Mit Beitr. v.* J. Günther *u.a. Basel 1963.*

Hochwälder, Fritz, * Wien 28. Mai 1911, östr. Dramatiker.
Erlernte das Tischler- und Tapeziererhandwerk, emigrierte 1938 in die Schweiz, wo er seitdem

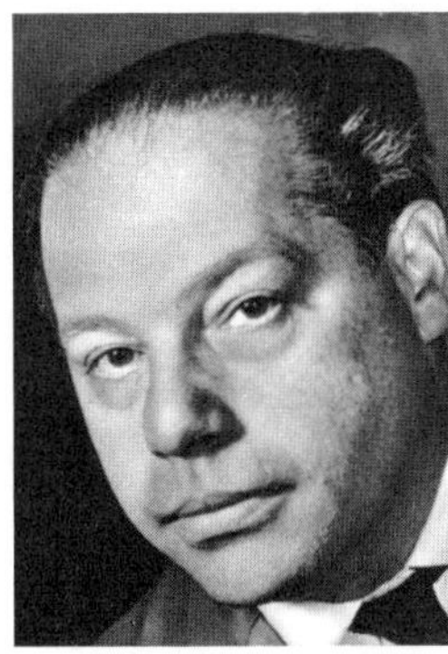
Fritz Hochwälder

als freier Schriftsteller lebt. Bekanntschaft mit Georg Kaiser, der sein dramat. Schaffen entscheidend beeinflußte. H. ist bemüht, in seinen Hauptwerken, die in der Gestaltung histor. und weltanschaul. Themen eine aktualisierende Tendenz zeigen, das streng gebaute, idealist. Drama fortzuführen.
Hauptwerke: Meier Helmbrecht (Dr., 1946), Das hl. Experiment (Dr., 1947), Der Unschuldige (Kom., 1949), Donadieu (Dr., 1953), Der öffentl. Ankläger (Dr., 1954), Die Herberge (Dr., 1956), Donnerstag (Mysterienspiel, 1959), Der Himbeerpflücker (Dr., 1964), Der Befehl (Dr., 1965).
Ausgabe: F. H. Dramen. Mchn. 1959–64. 2 Bde.
Literatur: Schlien, H.: *F. H. Werk u. Leben. In:* Hochwälder, F.: *Das hl. Experiment. Emsdetten 1956.* – Féret, H.-M.: *Sur la terre comme au ciel ... le vrai drama de H. Paris 1953.*

Hochzeit, Die, mhd. allegor. Gedicht aus der Mitte des 12. Jh.s, erhalten in der Millstätter Handschrift; Auslegung der ird. Hochzeit im Sinne des Hohenlieds als Symbol für die Verbindung der Seele (Braut) mit dem Hl. Geist (Bräutigam).

Hock, Theobald ↑ Hoeck, Theobald.
Hodasevič ↑ Chodassewitsch.
Hoddis, Jakob van, eigtl. Hans Davidsohn, * Berlin 16. Mai 1887, † 30. April 1942 (auf der Deportation), dt. Dichter.
Sohn eines Berliner Arztes, studierte Architektur, Mitbegründer des frühexpressionist. „Neuen Clubs". Freundschaft mit G. Heym; seit 1912 Anzeichen von Geisteskrankheit; unerwiderte Liebe zu Lotte Pritzel und Emmy Hennings; er führte ein gehetztes Wanderleben, Aufenthalt in Sanatorien. H. schrieb schwermütige, oft iron. Gedichte voller prophetisch-visionärer Bilder in expressionist. Technik. Ein großer Teil seines literar. Werkes ging verloren.
Ausgabe: J. v. H. Weltende. Ges. Dichtungen. Hg. v. P. Pörtner. *Zürich 1958.*
Literatur: Schneider, Hansjörg: *J. v. H. Ein Beitrag zur Erforschung des Expressionismus. Basel u. Mchn. 1967.*
Hodgson, Ralph [engl. hɔdʒsn], * Darlington (York) 9. Sept. 1871, † Alliance (Ohio) 3. Nov. 1962, engl. Dichter.
Zeitweise Dozent für engl. Literatur in Japan; mehrmals für seine Dichtungen ausgezeichnet. Ließ fast alle Gedichte nach Art der Flugblattliteratur auf Einzelblättern („broadsides") drukken; H.s Lyrik ist klar und einfach, sie ist Ausdruck seines Mitleids mit der Kreatur und seiner Liebe zur Natur.
Hauptwerke: The last blackbird (Ged., 1907), Poems (Ged., 1917), The muse and the mastiff (Ged., 1943).
Hodža, Michal Miloslav [slowak. 'hɔdʒa], * Rakša 22. Sept. 1811, † Teschen 26. März 1870, slowak. Dichter und Publizist.
Ev. Pfarrer; Mitarbeiter Štúrs, bes. bei dessen Bemühungen um eine slowak. Schriftsprache; H. setzte die etymolog. Orthographie durch. 1848 Führer des slowak. Aufstands; 1868 nach Teschen verbannt. Schrieb außer Epigrammen patriot. und religiöse Lyrik; dem Spätwerk gehören philosophische Epen mit visionären Elementen an.
Hoeck (Hock), Theobald [hœk], * Limbach bei Homburg (Saarland) 10. Aug. 1573, † nach 1618, dt. Lyriker.
Humanist. Bildung; lebte als Soldat oder Vagant am Prager Hof, dann Sekretär eines böhm. Adligen, 1602 geadelt. Eintreten für die ev. Union, deshalb zum Tode verurteilt, 1618 beim Prager Aufstand befreit, als Oberst verschollen. Vorbarocker Lyriker, der wegen seiner reformer. Bemühungen um die dt. Dichtung – er wollte u.a. die Hofgesellschaft für die dt. Dichtung gewinnen – als Vorläufer Weckherlins und Opitz' gilt. In seinen Gedichten „Schönes Blumenfeld" (1601), in denen Unmittelbarkeit, Leidenschaft und Weltschmerz zum Ausdruck kommen, verwendete der Verfasser eine volkstüml. Sprache, die von vielen Dialektwendungen und Sprichwörtern durchsetzt ist. In den Gedichten wird der Übergang vom Meisterlied zu roman. Formgebung deutlich.
Hoeflich, Eugen ['hø:flıç] ↑ Ben-gavriêl, Moscheh Ya'akov.
Hoel, Sigurd [norweg. hu:l], * Nord-Odal 14. Dez. 1890, † Oslo 14. Okt. 1960, norweg. Schriftsteller.
Studierte Naturwissenschaften in Oslo, wo er 1912–18 Lehrer, dann Sekretär der Akademie der Wissenschaften, später Mitarbeiter verschiedener Zeitungen war. Von S. Freud beeinflußter Dramatiker und Erzähler, der mit pessimist. gestimmten erot. Darstellungen und scharfer Satire gegen das norweg. Bürgertum Entrüstung, Kritik, aber auch Bewunderung erregte; auch Übersetzer.
Hauptwerke: Sünder am Meer (R., dt. 1932), Ein Tag im Oktober (R., dt. 1932), Der Weg bis ans Ende der Welt (R., dt. 1957).
Hoerner, Herbert von ['hœrnər], * Gut Ihlen (Kurland) 9. Aug. 1884, † Torgau Mai 1950, dt. Schriftsteller.
Maler und Zeichenlehrer, starb in russ. Haft. Gab in sprachl. vollendeten Erzählungen ein Bild seiner balt. Heimat; Übersetzer aus dem Russ. (Gogol, Puschkin, Tolstoi, Turgenjew).
Hauptwerke: Villa Gudrun (En. und Ged., 1922), Die Kutscherin des Zaren (E., 1936), Die letzte Kugel (E., 1937), Die grüne Limonade (E., 1952).
Hoerschelmann, Fred von ['hœr...], * Hapsal (Estland) 16. Nov. 1901, dt. Schriftsteller.
Studium in Dorpat und München, freier Schriftsteller in Berlin, 1936 emigrierte er nach Estland, kam 1939 nach Polen, 1942–45 Soldat, seit 1945 in Tübingen. H. ist Hörspielautor, Dramatiker und Erzähler mit Themen aus Geschichte und Gegenwart.
Hauptwerke: Die zehnte Symphonie (Dr., 1940), Wendische Nacht (Dr., 1942), Die Stadt Tondi (En., 1950), Das Schiff Esperanza (Hsp., 1953), Die verschlossene Tür (Hsp., 1958), Dichter Nebel (Hsp., 1961), Sieben Tage, sieben Nächte (En., 1963).
Hofdijk, Willem Jacobsz[oon] [niederl. 'hɔfdɛik], * Alkmaar 27. Juni 1816, † Arnheim 29. Aug. 1888, niederl. Lyriker, Epiker und Dramatiker.
Zunächst Lehrer, dann Rathausschreiber, später Gymnasiallehrer in Amsterdam. Schrieb Versepen mit Stoffen aus der Vergangenheit; Einfluß Ossians und der Spätromantik.
Hauptwerke: Rosamunde (Epos, 1839), Aëddon (Epos, 1852), De gesluierde Wichelares (Dr., 1869).
Hofer, Fridolin, * Meggen bei Luzern 26. Okt. 1861, † Römerswil bei Luzern 16. März 1940, schweizer. Dichter.
Lehrer, Erzieher und Organist, lebte zeitweise in Italien, Frankreich und S-Deutschland, schrieb bodenständige Lyrik, die in der Tradition Eichendorffs und Mörikes steht.
Hauptwerke: Stimmen aus der Stille (Ged., 1907), Im Feld- und Firnelicht (Ged., 1914), Daheim (Ged., 1918), Neue Gedichte (1934), Festl. Alltag (Ged., 1930).
Hoff, Kay, eigtl. Adolf Max H., * Neustadt in Holstein 15. Aug. 1924, dt. Schriftsteller.
Dr. phil., lebt in Bergisch Gladbach; trat als Lyriker („Zeitzeichen", 1962; „Skept. Psalmen", 1965; „Netzwerk", 1969) und Hörspielautor („Die Chance", Ursendung 1965) hervor, ehe er sich dem Roman zuwandte. „Bödelstedt oder Würstchen bürgerlich" (1966) ist eine Satire auf die dt. Kleinbürgerei, der Roman „Ein ehrlicher Mensch" (1967) zeigt das Scheitern eines zur Selbstbeichte entschlossenen Mannes.
Hoffmann, Elisabeth ↑ Langgässer, Elisabeth.

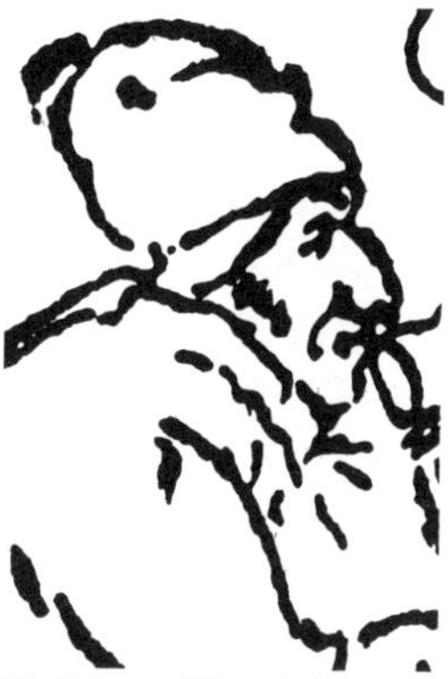

E[rnst] T[heodor] A[madeus] Hoffmann (Selbstbildnis, Zeichnung)

Hoffmann, E[rnst] T[heodor] A[madeus], eigtl. E. Th. Wilhelm H., * Königsberg (Pr) 24. Jan. 1776, † Berlin 25. Juni 1822, dt. Dichter, Komponist und Maler.
Studierte Jura, war im Staatsdienst, zuletzt in Warschau, wo der Einmarsch der Franzosen seiner Laufbahn zunächst ein Ende bereitete. 1808 wurde er Musikdirektor und Dramaturg in Bamberg, 1813 Musikdirektor in Leipzig und Dresden; 1816 Wiedereinstellung als Rat am Kammergericht in Berlin. Wie sich sein Leben in Gegensätzen bewegte, wie er gleichzeitig gewissenhafter Beamter und fanat. Künstler war, so verband H. als Dichter außerordentl. Wirklichkeitssinn mit ausschweifender romant. Phantasie, der das Lächerlich-Groteske ebenso vertraut war wie das Unheimlich-Gespensterhafte. Realist. Alltagswelt und spukhafte Geisterwelt stehen in seinen Novellen, Erzählungen und Märchen unmittelbar nebeneinander und gehen unvermittelt ineinander über. Bewußtseinsspaltung und Doppelgängertum spielen eine bed. Rolle, wie etwa in seinem dämon., der romant. Schicksalstragödie verwandten Roman „Die Elixiere des Teufels" (1815/16). Zwei grundverschiedene Handlungsabläufe überschneiden sich in den „Lebensansichten des Katers Murr..." (1820–22): Die Memoiren des Kapellmeisters Johannes Kreisler (ein übersteigertes Selbstporträt) und auf der Rückseite der Makulaturblätter die Betrachtungen seines schreibkundigen Katers. H.s bevorzugtes Interesse galt der Musik. Als Musikkritiker (unter dem Pseudonym Johannes Kreisler) setzte er sich für Beethoven und den fast vergessenen J. S. Bach ein. Von seinen zahlreichen eigenen Kompositionen war v.a. die Oper „Undine" (UA 1816) sehr erfolgreich. Als Maler und Zeichner war er ein Meister der Karikatur.
Weitere Werke: Phantasiestücke in Callot's Manier (En., 1814/15; darin u.a.: Ritter Gluck, Kreisleriana, Der Magnetiseur, Der goldene Topf), Nachtstücke (En., 1817; darin u.a.: Das Majorat), Seltsame Leiden eines Theaterdirektors (En., 1819), Die Serapionsbrüder (En., 1819–21; darin u.a.: Rat Krespel, Die Bergwerke zu Falun, Nußknacker und Mäusekönig, Doge und Dogaressa, Meister Martin der Küfer, Das Fräulein von Scuderi), Klein Zaches genannt Zinnober (Märchen, 1819), Prinzessin Brambilla (1821), Meister Floh (Märchen, 1822).
Ausgaben: E. T. A. H.s Briefwechsel. Hg. v. F. Schnapp. *Mchn. 1967–69. 3 Bde. – E. T. A. H. Poet. Werke. Hg. v.* K. Kanzog. *Bln. 1957–68. 12 Bde., Indexbd. – E. T. A. H. Sämtl. Werke. Histor.-krit. Ausg. Hg. v.* C. G. v. Maassen. *Bd. 1–4, 6–9/10. Mchn.; Bln. 1908–28 [m. n. e.].*
Literatur: Mühlher, R.: *E. T. A. H. Hdbg. 1969 ff. Auf 2 Bde. berechnet. – E. T. A. H.s Leben u. Werk in Daten u. Bildern. Hg. v.* G. Wittkop-Ménardeau. *Frkf. 1968.* – Segebrecht, W.: *Autobiographie u. Dichtung. Eine Studie zum Werk E. T. A. H.s. Stuttg. 1967.* – Vörster, J.: *160 Jahre E. T. A. H.-Forsch. Eine Bibliogr. mit Inhaltserfassung u. Erll. Stuttg. 1967. – Mitt. der E. T. A. H.-Gesellschaft. Jg. 1 ff., Bamberg 1938/40 ff.* – Harich, W.: *E. T. A. H. Das Leben eines Künstlers. Bln. ³1922. 2 Bde.*

Hoffmann, Heinrich, * Frankfurt am Main 13. Juni 1809, † ebd. 20. Sept. 1894, dt. Schriftsteller.
Arzt und Direktor der städt. Irrenanstalt in Frankfurt a. M.; wurde durch seine Kinderbücher bekannt, die er auch selbst illustrierte, v.a. weltberühmt „Der Struwwelpeter" (1847); kulturhistor. interessant sind seine Memoiren „Struwwelpeter-Hoffmann erzählt aus seinem Leben" (hg. 1926).
Literatur: Bogeng, G. A. E.: *Der Struwelpeter u. sein Vater. Potsdam 1939.*

Hoffmann, Ruth, * Breslau 19. Juli 1893, dt. Schriftstellerin.
Besuch der Kunstakademie in Breslau, Malerin und Graphikerin, heiratete 1929 Erich Scheye, der in Auschwitz ermordet wurde; 1936–45 Publikationsverbot; ihre volkstüml. Novellen und Romane behandeln oft Probleme der Frau und spielen meistens in der Welt einfacher Menschen. Bekannt machten sie der schles. Familienroman „Pauline aus Kreuzburg" (1935), und ihre Erzählungen „Meine Freunde aus Davids Geschlecht" (1947); auch Jugendbücher.
Weitere Werke: Dunkler Engel (Ged., 1946), Das goldene Seil (Ged., 1946), Der verlorene Schuh (R., 1949), Die Zeitenspindel (E., 1949), Die tanzende Sonne (E., 1956), Der Wolf und die Trappe (R., 1963), Der Mohr und der Stern (En., 1966).

Hoffmann, Walter † Kolbenhoff, Walter.

Hoffmann [von Fallersleben], August Heinrich, * Fallersleben bei Braunschweig 2. April 1789, † Schloß Corvey (Westfalen) 19. Jan. 1874, dt. Germanist und Lyriker.

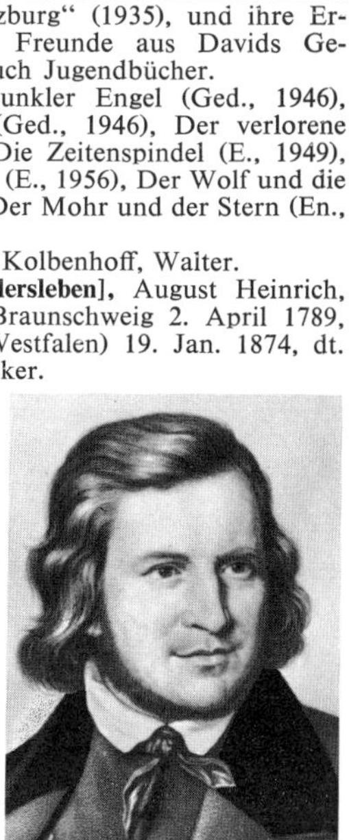

August Heinrich Hoffmann [von Fallersleben]

Studierte in Göttingen und Bonn, ab 1830 Professor für dt. Sprache und Literatur in Breslau; wegen seiner nationalliberalen Haltung, die in den „Unpolit. Liedern“ (1840/41) bezeugt ist, seines Amtes enthoben; auf Helgoland entstand 1841 das Deutschlandlied; 1848 rehabilitiert; seit 1860 Bibliothekar des Herzogs von Ratibor; neben seiner polit. Lyrik veröffentlichte er heitere, sangbare Lieder, von denen bes. die Kinderlieder bekannt sind („Alle Vögel sind schon da“, „Kuckuck“ u.a.).

Ausgabe: H. v. F. Ges. Werke. Hg. v. H. Gerstenberg. *Bln. 1890–93. 8 Bde.*

Literatur: Mitteilungsbll. der H. v. F.-Gesellschaft. Jg. 1 ff., Fallersleben 1953 ff. – Raaf, K. H. de: *H. v. F. Den Haag 1943.* – Gerstenberg, H.: *Deutschland, Deutschland über alles! Ein Lebensbild des Dichters H. v. F. Mchn. 1916.*

Hofmann, Gert, * Limbach 29. Jan. 1931, dt. Schriftsteller.

Dr. phil., schrieb Hör- und Fernsehspiele sowie Dramen; v.a. bekannt durch das zeitkrit. Stück „Der Bürgermeister“ (1963) und das in der Nachkriegszeit spielende, ausweglose Heimkehrerstück „Der Sohn“ (UA 1965), in dem sich Mutterliebe ins Unmenschliche wandelt.

Weiteres Werk: Kündigungen (2 Einakter, 1969).

Hofmannsthal, Hugo von, Pseudonyme Theophil Morren, Loris, Loris Melikow, * Wien 1. Febr. 1874, † Rodaun (heute Wien-Rodaun) 15. Juli 1929, östr. Dichter.

Jura- und Romanistikstudium (Dr. phil.), seit 1901 freier Schriftsteller; Hg. verschiedener literar. Organe; dauernde Zusammenarbeit mit R. Strauss und M. Reinhardt, Freundschaft mit R. Borchardt. H. gehört mit Lyrik und Drama zu den bed. Vertretern des östr. Impressionismus und Symbolismus. Sein Romanfragment „Andreas oder die Vereinigten“ (1932), seine formal vollendeten Novellen, seine Essays, bes. über literar. Fragen, und auch die Briefe sind Prosawerke von hohem Rang. H. vereinigt in sich Zivilisationsmüdigkeit und Traditionsbewußtsein mit slaw. Schwermut und roman. Formgefühl. Beeinflußt vom frz. Symbolismus und von George, schrieb er im Frühwerk formvollendete, in unüberbietbar verfeinerter Wortkunst und einem durch Sprachmagie verwandelten Beziehungsreichtum lyr. bestimmte Gedichte und Dramen voll Musikalität und Empfindung. Das Ästhetische gilt als letzte Instanz des Daseins, Schönheit und Tod sind vorherrschende Themen. Aller Erfahrung wird die Welterkenntnis vorweggenommen („Der Thor und der Tod“, Dr., 1900). Innere Krise und Sprachkrise bezeichnet der sog. „Chandos-Brief“ („Ein Brief des Philipp Lord Chandos an Francis Bacon“, 1902). Bemüht um Überwindung von Lyrismus und Ästhetizismus, wendet sich H. der antiken und christl.-abendländ. Tradition zu, dem griech Drama („Elektra“, Dr., 1904), dem religiösen Mysterienspiel („Jedermann“, 1911), dem Altwiener Lustspiel („Der Schwierige“, 1921) und dem östr. Barocktheater („Das Salzburger große Welttheater“, Spiel, 1922). H. gewinnt statt der ästhet. eine eth. Grundhaltung, die sich formal in der Entscheidung für die Tragödie [und Komödie], themat. in der Behandlung neuer Probleme (Ehe, Staat), in der Gestaltung der Wirklichkeit und der veränderten Stellung zur Sprache, die als Ausdruck von Konvention und Scheinwelt verstanden wird, ausdrückt. Als Verfasser literar. eigenständiger, von R. Strauss vertonter Opernlibretti schuf er eine neue Form des Musiktheaters („Der Rosenkavalier“, Kom., 1911) und förderte mit den für die Salzburger Festspiele geschriebenen Stücken den Festspielgedanken.

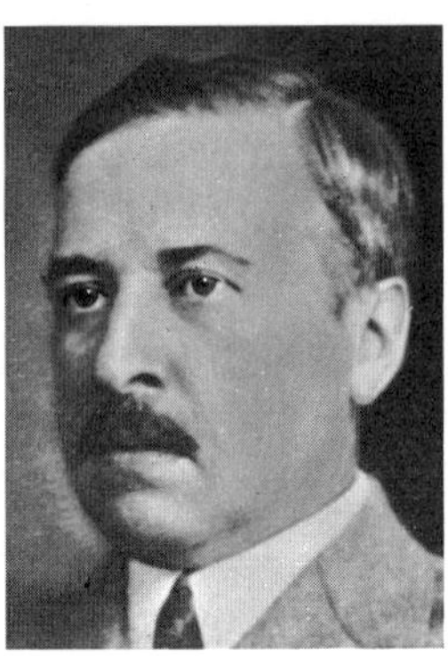

Hugo von Hofmannsthal

Weitere Werke: Der Tod des Tizian (Dr., 1902), Ausgewählte Gedichte (1903), Ödipus und die Sphinx (Trag., 1906), Cristinas Heimreise (Kom., 1910), Alkestis (Dr., 1911), Ariadne auf Naxos (Opernlibretto, 1912), Die Frau ohne Schatten (Opernlibretto, 1916; E., 1919), Der Unbestechliche (Kom., 1923), Der Turm (Dr., 1925), Das Schrifttum als geistiger Raum der Nation (Rede, 1927), Arabella (Opernlibretto, 1933), Das Bergwerk von Falun (Dr., 1933).

Ausgabe: H. v. H. Ges. Werke in Einzelbden. Hg. v. H. Steiner. *Frkf. 1.–16. Tsd. 1953–66. 15 Bde.*

Literatur: Exner, R.: *H.-Studien. Hdbg. 1970.* – Goldschmidt, R.: *H. v. H. Velber 1968.* – Hoppe, M.: *Literatentum, Magie u. Mystik im Frühwerk H. v. H.s. Bln. 1968. – H. v. H. Hg. v.* S. Bauer. *Darmst. 1968. – H.-Bll. Veröff. der H. v. H.-Gesellschaft Frankfurt am Main e.V. Verantwortl. Red.:* M. Stern. *H. 1 ff., Hdbg. 1968 ff.* – Alewyn, R.: *Über H. v. H. Gött. ⁴1967.* – Ritter, F.: *H. v. H. u. Österreich. Hdbg. 1967.* – Volke, W.: *H. v. H. in Selbstzeugnissen u. Bilddokumenten. Reinbek bei Hamb. 1967.* – Weber, Horst: *H. v. H. Bibliogr. des Schrifttums 1892–1963. Bln. 1966.* – Fiechtner, H. A.: *H. v. H.: die Gestalt des Dichters im Spiegel der Freunde. Wien 1949.* – Naef, K. J.: *H. v. H.s Wesen u. Werk. Zürich 1938.*

Hofmann von Hofmannswaldau, Christian, * Breslau 25. Dez. 1617, † ebd. 18. April 1679, dt. Dichter.

Gymnasien Breslau und Danzig (hier von Opitz beeinflußt und gefördert), jurist. Studium in Leiden, Reisen nach England, Frankreich und Italien; Ratsherr in Breslau, 1657 kaiserl. Rat, 1677 Präsident des Ratskollegiums. H. v. H. schrieb v.a. weltl. und geistl. Lieder, Oden, Heldenbriefe (nach dem Vorbild Ovids) und galante Lieder; er gilt als Haupt der in der Literaturgeschichte früher 2. schles. Dichterschule benannten Gruppe und als Wegbereiter des Marinismus in Deutschland; die artist. Überfeinerung, das Pathos und der sprachl. Schwulst sowie die galante Frivolität

der dt. spätbarocken Literatur gehen stark auf seinen Einfluß zurück. Seine Lyrik ist virtuos, melod., geistreich pointiert und reich an verschlüsselter, blumiger Metaphorik, doch findet sich in einzelnen seiner Gedichte auch ein sehr schlichter, volksnaher Ton.
Hauptwerke: Hundert ... Grabschriften (1663), Dt. Übersetzungen und Gedichte (1673 und 1679–82).
Ausgaben: Ch. H. v. H. Dt. Übersetzungen u. Gedichte. Hg. v. F. Heiduk. *Hildesheim 1969. 2 Bde. – Herrn v. Hofmannswaldau u. andrer Deutschen auserlesene u. bissher ungedruckte Gedichte. B. Neukirchs Anthologie. Nach dem Erstdruck v. Jahre 1697. Hg. v.* A. G. de Capua *u.* E. A. Philippson. *Tüb. 1961–65. 2 Bde.*
Literatur: Rotermund, E.: *Ch. H. v. H. Stuttg. 1963.* – Ibel, R.: *H. v. H. Studien zur Erkenntnis dt. Barockdichtung. Bln. 1928.*

Hofmiller, Josef, * Kranzegg bei Immenstadt i. Allgäu 26. April 1872, † Rosenheim 11. Okt. 1933, dt. Schriftsteller und Kritiker.
Nach Philologiestudium (Dr. phil.) Lehrer, zuletzt Oberstudienrat. Mithg. der „Süddt. Monatshefte", befreundet mit L. Thoma. H. war als Hg., Übersetzer, Essayist und Kritiker tätig; von der frz. Literatur beeinflußt.
Hauptwerke: Versuche (Essays, 1909), Zeitgenossen (Essays, 1910), Über den Umgang mit Büchern (Essays, 1927), Nord. Märchen (1933), Letzte Versuche (hg. 1935).

Hogaş, Calistrat [rumän. 'hogaʃ], * Tecuci 1. Mai 1847 oder 1848, † Roman 10. Sept. 1917, rumän. Schriftsteller.
Gymnasiallehrer u.a. in Piatra-Neamt, Tecuci, Jassy; begann 1874 mit Lyrik; in seinen Prosawerken beschreibt er seine Wanderungen durch die Heimat und zeichnet dabei ein Bild der Schönheit der rumän. Landschaft.
Hauptwerke: Amintiri dintr-o călătorie (= Erinnerungen an eine Reise, 1914), În munţii Neamţului (= In den Bergen von Neamt, 1921).

Högberg, Olof [schwed. ˌhøːgbærj], * Högsjö (Ångermanland) 27. Sept. 1855, † Njurunda 12. Okt. 1932, schwed. Schriftsteller.
Aus altem Bauerngeschlecht, studierte Naturwissenschaften und Mathematik in Uppsala, war dann als Journalist und Lehrer in seiner Heimat tätig. Ein starkes Interesse am Volksleben des Nordlandes mit seinen Sagen, Mythen und Bräuchen bestimmte H.s literar. Schaffen, das in nationalpatriot. Interesse dem Nordland eine eigene Geschichte und eine bäuerl.-antiklerikale Gesellschaftsform geben wollte.
Hauptwerke: Den stora vreden (R., 1906), Fribytare (R., 1910), Utbölingar (R., 1912).

Hogg, James [engl. hɔg], ≈ Ettrick bei Selkirk 9. Dez. 1770, † Altrive bei Yarrow bei Selkirk 21. Nov. 1835, schott. Dichter.
War wie sein Vater Schäfer, bildete sich autodidakt. und begann mit dichter. Arbeiten. Sein Talent wurde von W. Scott entdeckt. Er kam als „Ettrick-Schäfer" in den literar. Salons Edinburghs zu hohem Ansehen. Anerkennung u.a. durch Byron und Wordsworth. Bes. begabt als Erzähler in Vers und Prosa, bevorzugte folklorist. Stoffe; auch talentierter Satiriker.
Hauptwerke: Scottish pastorals, poems and songs (1801), The mountain bard (Ged., 1807), The forest minstrel (Ged., 1810), The queen's wake (Vers-E., 1813), Winter evening tales (En., 1820), Vertraul. Aufzeichnungen und Bekenntnisse eines gerechtfertigten Sünders (R., 1824; dt. 1951), Dramatic tales (1825).
Literatur: Simpson, L.: *J. H., a critical study. Edinburgh 1962.* – Strout, A. L.: *The life and letters of J. H., the Ettrick shepherd. Lubbock (Tex.) 1947.*

Hohelied Salomos ↑ Bibel.

Hohenstein, Lily, geb. Sommer, * Darmstadt 11. Mai 1896, dt. Schriftstellerin.
Lebt in Wiesbaden. Sie verfaßte Romane und Biographien großer Dichterpersönlichkeiten.
Hauptwerke: Ilse Bandeloh (R., 1934), Manfred (R., 1937), Schiller (Biogr., 1940), Goethe (Biogr., 1942), Wolfram von Eschenbach (R., 1943), Die Legende vom Venezian. Glas (Nov., 1948), C. F. Meyer (Biogr., 1957).

Hohenthal, Karl ↑ May, Karl.

Hohes Lied ↑ Bibel.

Hohlbaum, Robert, * Jägerndorf 28. Aug. 1886, † Graz 4. Febr. 1955, östr. Schriftsteller.
Studierte Literaturgeschichte, Bibliothekar in Wien, 1937 in Duisburg, 1942 in Weimar; lebte seit Kriegsende bei Salzburg und in Graz. In seinen polit. Romanen behandelte H. vorwiegend Probleme aus der dt.-östr. Geschichte in großdt. Sicht. Er schrieb ferner Romane und Novellen über Künstlerpersönlichkeiten (A. Bruckner, Goethe) und Gedichte.
Hauptwerke: Österreicher (R., 1914), Der Frühlingswalzer (E., 1925), Volk und Mann (R.-Trilogie, 1938; einzeln: König Volk, 1931; Der Mann aus dem Chaos, 1933, 1952 u. d. T. Finale in Moskau; Stein, 1935), Frühlingssturm (R.-Trilogie, 1940; einzeln: Die dt. Passion, 1924; Der Weg nach Emmaus, 1925; Die Pfingsten von Weimar, 1926), Tedeum (R., 1950), Sonnenspektrum (R., 1951).

Hohoff, Curt ['hoːhɔf], * Emden 18. März 1913, dt. Schriftsteller.
Studierte Medizin, dann Germanistik, Geschichte und Philosophie (Dr. phil.), Reisen nach England, Italien und Frankreich, Soldat im 2. Weltkrieg, freier Schriftsteller in München (wie vor dem Krieg), unterbrochen durch seine Tätigkeit als Feuilletonchef des „Rhein. Merkur" (1948–50). H.s Werk umfaßt Romane, Erzählungen, Essays und krit. Arbeiten. Er setzt sich v.a. mit aktuellen und religiösen Stoffen auseinander; betont christlich. Am bekanntesten ist sein Kriegstagebuch „Woina, Woina" (1951).
Weitere Werke: Hochwasser (En., 1948), Feuermohn im Weizen (R., 1953), Geist und Ursprung (Essays, 1954), Paulus in Babylon (R., 1956), Die verbotene Stadt (E., 1958), Die Märzhasen (R., 1966).

Hojeda (Ojeda), Fray Diego de [span. ɔ'xeða], * Sevilla 1570 oder 1571, † Huanuco de los Caballeros (Peru) 24. Okt. 1615, span. Dichter.
Wanderte nach Peru aus; Prior des Dominikanerklosters in Lima, später im Kloster Cuzco; schrieb nach italien. Vorbild eine der bedeutendsten religiösen Dichtungen der span. Blütezeit, das Epos „La Cristiada" (1611), eine barocke Darstellung der Leidensgeschichte Christi.

Holan, Vladimír [tschech. 'hɔlan], * Prag 16. Sept. 1905, tschech. Schriftsteller.

Gilt als einer der bedeutendsten Lyriker der tschech. Gegenwartsliteratur; begann mit experimenteller Lyrik, in der er eine symbol- und metaphernreiche Sprache verwendete; in den Kriegsjahren Hinwendung zum Zeitgeschehen; seine Dichtung „Nacht mit Hamlet" (1962) erschien 1969 in dt. Übersetzung. H. schrieb auch dichterische Prosa und übersetzte aus dem Russischen, Deutschen und Französischen.

Holberg, Ludvig Baron von [dän. 'hɔlbɛr'], Pseudonym Hans Mikkelsen, * Bergen (Norwegen) 3. Dez. 1684, † Kopenhagen 28. Jan. 1754, dän. Dichter und Historiker.

Sohn eines Offiziers, früh verwaist, studierte Theologie in Kopenhagen, unternahm mehrere große Reisen durch Europa, wurde 1717 in Kopenhagen Professor der Metaphysik, später auch der Rhetorik und der Geschichte, schließl. Administrator der Universität; 1747 Erhebung in den Freiherrenstand. H., als Gelehrter wie als Dichter eine der bedeutendsten Persönlichkeiten der dän. Aufklärung, war auf fast allen literar. Gebieten Schöpfer und Anreger. Seine flüssig geschriebenen, auf Quellenkritik aufgebauten Geschichtswerke wurden zum Vorbild für die dän. Prosa. Als Dichter ging es H. v.a. um moral. Belehrung durch satir. Behandlung zeitübl. Torheiten und Schwächen. In seinem kom. Heldengedicht „Peter Paar's" (1719f., dt. 1764) rechnete er im Stil antiker Heldenepik mit der Aufgeblasenheit, bes. der pedant. Schulgelehrsamkeit seiner Zeit ab. Seine größte Bedeutung bis in die Gegenwart erlangte H. durch seine 32 derbrealist. Komödien, die er (von einigen Alterswerken abgesehen) 1722–27 für die dän. Nationalschaubühne schrieb (dt. 1743–54). Wie „Der polit. Kannegießer" den politisierenden Spießbürger trifft, so ist H.s ganze Komödiendichtung, wie das frz. Vorbild (v.a. Molière), Typen- und Standessatire: „Jean de France" trifft den frz. Modenarren, „Don Ranudo de Colibrados" dummstolzen Adelsdünkel, „Erasmus Montanus" gelehrte Pedanterie, „Jeppe vom Berge" Bauerngrobheit. „Ulysses von Ithaca" und „Melampe" sind Parodien auf die geschwollenen dt. Haupt- und Staatsaktionen und auf die gestelzte frz. Alexandrinertragödie. Nach 1730 schrieb H. meist lat., ebenfalls satir.-moral. Dichtungen, so v.a. den utop. Reiseroman „Nil Klim's unterird. Reise" (lat. 1741, dt. 1741, dän. 1742), der starke Zeitkritik enthält.

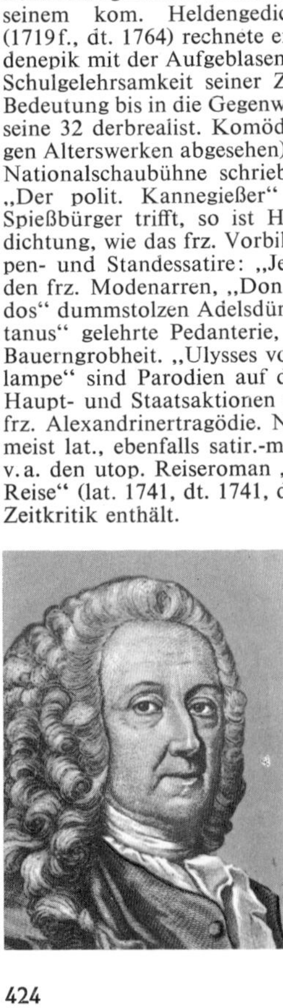

Ludvig Baron von Holberg (Stich von Roselius)

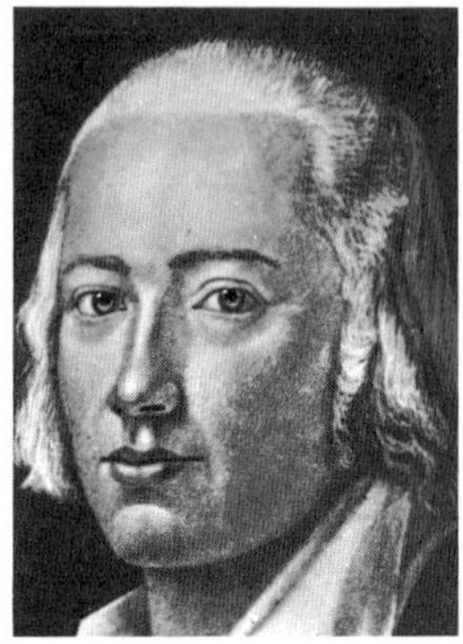

Johann Christian Friedrich Hölderlin (Pastellbild von F. K. Hiemer, 1792)

Weitere Werke: Dän. und norweg. Staatsgeschichte (1732–35, dt. 1750), Allgemeine Kirchenhistorie ... (1738, dt. 1749ff.), Episteln (1748–54, dt. 1752–55).

Ausgabe: *L. H.s samlede skrifter. Hg. v.* C. S. Petersen. *Kopenhagen 1913–63. 19 Bde.*

Literatur: Brix, H.: *H.s Komedier. Den danske Skueplads. Kopenhagen 1942.* – Ehrencron-Müller, *H.: Bibliogr. over H.s Skrifter. Kopenhagen 1933–35. 3 Bde.* – Brandes, G.: *L. H. u. seine Zeitgenossen. Dt. Übers. Bln. 1885.*

Holcroft, Thomas [engl. 'hoʊlkrɔft], * London 10. Dez. 1745, † ebd. 23. März 1809, engl. Dramatiker.

Harte Jugend; nach erfolglosen Anfängen fand H. Anerkennung für die Übersetzung und Aufführung von Beaumarchais' „Die Hochzeit des Figaro" (1784); er schrieb Romane, Gedichte, weitere Übersetzungen – u.a. Goethes „Hermann und Dorothea" (1801) – und auch Zeitungsartikel. Als bestes Werk gilt sein melodramat. Lustspiel „The road of ruin" (1792).

Hölderlin, Johann Christian Friedrich [...li:n], * Lauffen am Neckar 20. März 1770, † Tübingen 7. Juni 1843, dt. Dichter.

Pietist. Erziehung, besuchte die Klosterschule Maulbronn, studierte 1788–93 am theolog. Seminar in Tübingen, dort mit Hegel und Schelling befreundet; auf Schillers Vermittlung Hauslehrer bei Charlotte von Kalb, Besuch der Vorlesungen Fichtes; 1795 bei Schiller; 1796 Hauslehrer bei Bankier Gontard in Frankfurt am Main; Liebe zu dessen Gattin Susette, die H. als „Diotima" in seiner Dichtung verherrlicht; 1798–1800 in Homburg bei seinem Freund I. von Sinclair. Weitere Hauslehrerstellen bei Sankt Gallen und in Bordeaux; 1802–04 geisteskrank bei der Mutter, anschließend wieder bei Sinclair (Scheinstellung als Bibliothekar), 1806 in der Heilanstalt in Tübingen, seit 1807 in Pflege beim Tischlerehepaar Zimmer, wo er bis zu seinem Tode in geistiger Umnachtung lebte. H. ist Dichter des dt. Idealismus ganz eigenständiger Art zwischen Klassik und Romantik. Verehrung für Klopstock, Schiller, Ossian, auch Rousseau und Gedanken der Frz. Revolution; Begeisterung für das Griechentum, das für H. dionys. geprägt ist. Sein Griechenbild, antike Mythologie und das klass. Ideal sind die Leitfäden seines Werkes. Auch seine metr. Vorbilder entnimmt er der Antike:

alkäische und asklepiadeische Odenmaße, Elegien in Hexametern, pindar. freirhythm. Hymnen. Mit H.s Lyrik gewinnt die dt. Sprache eine einzigartige Höhe. Gedankentiefe, Leuchtkraft und Symbolgehalt von Wort und Bild, metr. meisterhaft geformte Sprache verschmelzen zu großer Dichtung. H. schrieb persönl. gefärbte Natur-, Landschafts-, Freundschafts- und Liebeslyrik, dann Elegien, in denen er über das versunkene goldene Zeitalter klagt und eine Erneuerung des Menschen erhofft, Hymnen um Leben und Tod, den lyr. Briefroman „Hyperion oder der Eremit in Griechenland" (1797–99), das Dramenfragment „Der Tod des Empedokles" (1798f.), in dem Empedokles seine angemaßte Gleichsetzung mit Gott durch den sich selbst gegebenen Tod büßt, schuf Übersetzungen von „Ödipus" und „Antigone" des Sophokles und verfaßte Aufsätze zur Philosophie und Ästhetik. Ringen um Freiheit und befreiende Heiterkeit, Aufbäumen gegen sein Schicksal, Resignation; er wendet sich Christus zu, später ist es die Urmutter in myth. Manifestationen; die Dichtung wird orph.-dunkel, überkausale mag. Zusammenhänge, bis sich die Verbindungen ganz lösen. H. wurde erst im 20. Jh. voll gewürdigt, v.a. aufgrund der von F. Beißner veranstalteten Großen Stuttgarter Ausgabe 1943ff.

Ausgaben: F. H. Sämtl. Werke (Kleine Stuttgarter H.-Ausg.). Hg. v. F. Beißner. *Stuttg. 1944–59. Neudr. 1965–66. 6 Bde. – F. H. Sämtl. Werke (Große Stuttgarter H.-Ausg.). Hg. v.* F. Beißner. *Stuttg. 1–2 1943ff. Auf 8 in ca. 14 Bden. berechnet. – F. H. Sämtl. Werke. Histor.-krit. Ausg. Begonnen durch* N. v. Hellingrath, *fortgef. durch* F. Seebass *u.* L. v. Pigenot. *Bln. 2 1923. 6 Bde. – F. H. Sämtl. Werke u. Briefe. Hg. v.* F. Zinkernagel. *Bd. 1–5. Lpz. 1914–26 [m.n.e.].*

Literatur: Gesamtdarstellungen: Michel, W.: *Das Leben F. H.s. Neuausg. Frkf. 1967.* – Ryan, L.: *F. H. Stuttg. 2 1967.* – Häussermann, U.: *F. H. in Selbstzeugnissen u. Bilddokumenten. Reinbek bei Hamb. 1961.* – Böhm, W.: *H. Halle 1928–30. 2 Bde. – Forschung und Interpretation:* Bertaux, P.: *H. u. die Frz. Revolution. Frkf. 1969. – Dichter über H. Hg. v.* Jochen Schmidt. *Frkf. 1969.* – Kudszus, W.: *Sprachverlust u. Sinnwandel. Zur späten u. spätesten Lyrik H.s. Stuttg. 1969.* – Szondi, P.: *H.-Studien. Mit einem Traktat über philolog. Erkenntnis. Frkf. 1967.* – Pellegrini, A.: *F. H. Sein Bild in der Forschung. Bln. 1965.* – Beißner, F.: *H. – heute. Der lange Weg des Dichters zu seinem Ruhm. Stuttg. 1963. – F. H. Gedenkschr. zu seinem 100. Todestag 7. VI. 1943. Hg. v.* P. Kluckhohn. *Tüb. 2 1944.* – Hellingrath, N. v.: *H.-Vermächtnis, Forsch. u. Vortrr. Mchn. 2 1944. – Weltbild:* Böckmann, P.: *H. u. seine Götter. Mchn. 2 1969.* – Heidegger, M.: *Erll. zu H.s Dichtung. Frkf. 3 1963.* – Allemann, B.: *H. u. Heidegger. Freib. u. Zürich 2 1959.* – Pigenot, L. v.: *H. Das Wesen u. die Schau. Ein Versuch. Mchn. 1923. – Bibliographien und Zeitschriften:* Kohler, M./Kelletat, A.: *H.-Bibliogr. 1938–50. Bebenhausen 1953. – H.-Jb. (Jg. 1, 1944, u. d. T.: Iduna. Jb. der H.-Gesellschaft). Begründet v.* F. Beißner *u.* P. Kluckhohn, *hg. v.* W. Binder *u.* A. Kelletat. *Jg. 2ff., Tüb. 1948ff.* – Seebass, F.: *H.-Bibliogr. Mchn. 1922.* – † auch Loerke, Oskar, † Novalis.

Holeček, Josef [tschech. 'hɔlɛtʃɛk], * Stožice bei Wodnaň 27. Febr. 1853, † Prag 6. März 1929, tschech. Schriftsteller.
Nach dem Studium Journalist; Reisen in slaw. Länder, begeisterter Panslawist, der die Idee der slaw. Kultureinheit vertrat und um die Erschließung der südslaw. Kultur bemüht war. Er übersetzte serbokroat., auch finn. Werke (u.a. das finn. Epos „Kalewala"). Sein Hauptwerk ist ein unvollendeter 10bändiger Romanzyklus, „Naši" (= Die Unsrigen, 1910–30), der, chronikal. die Jahre 1840–66 aufzeichnend, ein Bild der um ihr Recht kämpfenden Bauern gibt, in denen H. die sittl. und geistigen Kräfte seines Volkes sieht.

Holgersen, Alma, * Innsbruck 27. April 1896, östr. Schriftstellerin.
Schrieb neben Romanen und Erzählungen auch Lyrik, Dramen und Kinderbücher. Ihre Prosa hat soziale und religiöse Thematik und ist von Gerechtigkeit und Menschlichkeit erfüllt. Bekannt wurde sie mit ihrem sozialen Bauernroman „Der Aufstand der Kinder" (1935).
Weitere Werke: Der Wundertäter (R., 1936), Kinderkreuzzug (R., 1940), Sursum corda (Ged., 1949), Gesang der Quelle (R., 1953), Die Reichen hungern (R., 1955), Das Buch von La Salette (R., 1956), Weiße Taube in der Nacht (R., 1963).

Holitscher, Arthur, * Budapest 22. Aug. 1869, † Genf 14. Okt. 1941, östr. Schriftsteller.
Kaufmann, Bankbeamter, seit 1895 freier Schriftsteller; lebte in verschiedenen europ. Hauptstädten; Weltreisen. Vorübergehend Anhänger des Kommunismus. Neben literatur- und kunstwissenschaftl. Schriften, Essays und Dramen schrieb er psycholog. Romane und Novellen, stark beeinflußt vom frz. Symbolismus. Seine Schriften sind vom Mitgefühl für Unterdrückte und Angriffen gegen die bürgerl. Gesellschaft bestimmt. Große Popularität erzielte er mit seinen Reiseberichten.
Hauptwerke: Leidende Menschen (Novellen, 1893), Der vergiftete Brunnen (R., 1900), Der Golem (Dr., 1908), Geschichten aus zwei Welten (1914), Wiedersehen mit Amerika (1930), Ein Mensch ganz frei (R., 1931).

Hollaender, Felix ['hɔlɛndər], * Leobschütz (Oberschlesien) 1. Nov. 1867, † Berlin 29. Mai 1931, dt. Schriftsteller und Theaterkritiker.
Studium in Berlin, ausgedehnte Reisen in verschiedene europ. Länder, seit 1894 in Berlin; 1908–13 Dramaturg am Dt. Theater Berlin, 1914 Amerikareise; 1920 Nachfolger M. Reinhardts am Großen Schauspielhaus in Berlin, später Theaterkritiker. H. verfaßte naturalist. Novellen und Romane (sozialist. Thematik), lebensechte Berliner Sittengemälde, auch Dramen; später Unterhaltungsromane.
Hauptwerke: Jesus und Judas (R., 1891), Frau Ellin Röte (R., 1893), Sturmwind im Westen (R., 1896), Erlösung (R., 1899), Der Weg des Thomas Truck (R., 1902), Unser Haus (R., 1911), Der Demütige und die Sängerin (R., 1925).

Hollander, Walther von, * Blankenburg (Harz) 29. Jan. 1892, dt. Schriftsteller.
Studierte Philosophie, Soziologie und Literaturwissenschaft (Dr. phil.), Verlagslektor, Theaterkritiker, seit 1939 freier Schriftsteller und Gutsbesitzer in Niendorf bei Mölln. H. schreibt Drehbücher, Hörspiele, Essays und Novellen im Stil

gepflegter Unterhaltungsliteratur, v.a. Frauen- und Eheromane, auch Anweisungen zur prakt. Lebensführung.
Hauptwerke: Legenden vom Mann (Novellen, 1923), Das fiebernde Haus (R., 1926), Komödie der Liebe (R., 1931), Der Mensch über Vierzig (Essays, 1938), Therese Larotta (R., 1939), Das Leben zu zweien. Ein Ehebuch (1940), Akazien (R., 1941), Es wächst schon Gras darüber (R., 1947), Bunt wie Herbstlaub (R., 1955, 1965 u. d. T. Lucia Bernhöven), Perlhuhnfedern (En., 1966).

Holle, Berthold von ↑ Berthold von Holle.

Höllerer, Walter, * Sulzbach-Rosenberg (Oberpfalz) 19. Dez. 1922, dt. Germanist und Schriftsteller.
Studierte Germanistik, Geschichte und vergleichende Literaturwissenschaft (Dr. phil.), seit 1959 Professor an der TU Berlin; gehört zur „Gruppe 47". Bes. vielseitig um die moderne Dichtung bemüht: Mithg. der Zeitschrift „Akzente", Hg. der Zeitschrift „Sprache im techn. Zeitalter", Hg. von Anthologien (u.a. „Transit", 1956), Vorträge (u.a. in Amerika), Essays („Zwischen Klassik und Moderne", 1958). Trat selbst mit Lyrik, die als knapp, kräftig, unsentimental, intellektuell und experimentell zu kennzeichnen ist, und Erzählungen hervor.
Weitere Werke: Der andere Gast (Ged., 1952), Gedichte/Wie entsteht ein Gedicht (1964).

Hollý, Ján [slowak. 'holi:], * Borský Mikuláš 24. März 1785, † Dobrá Voda 14. April 1849, slowak. Dichter.
Kath. Priester. Als Übersetzer von Homer, Theokrit, Ovid, Horaz und Vergil an der Antike orientiert, pflegte er in seiner eigenen Dichtung die Idylle, Elegie und Ode in klassizist. Stil; in seiner Epik behandelt er, seinem patriot. Gefühl gemäß, v.a. Stoffe aus der Geschichte seiner Heimat.

Holm, Korfiz, * Riga 21. Aug. 1872, † München 5. Aug. 1942, dt. Schriftsteller.
Studierte Jura in Berlin und München, gehörte längere Zeit zur Redaktion des „Simplicissimus"; Mitbesitzer des Verlages Albert Langen seit 1918. H. war Erzähler und Dramatiker sowie Übersetzer (russ. Klassiker).
Hauptwerke: Arbeit (Schsp., 1899), Mesalliancen (En., 1901), Thomas Kerkhoven (R., 1906), Hundstage (Lsp., 1911), Marys großes Herz (Kom., 1913), Herz ist Trumpf (R., 1917), Farbiger Abglanz (Erinnerungen an L. Thoma, M. Dauthendey und A. Langen, 1940).

Holmes, Oliver Wendell [engl. houmz], * Cambridge (Mass.) 29. Aug. 1809, † Boston 7. Okt. 1894, amerikan. Schriftsteller.
Studierte klass. Literatur und Medizin in Harvard und Paris, war Arzt, dann Professor für Anatomie. Sein Hauptwerk ist „The autocrat of the breakfast-table", eine Mischung von Gedichten, Essays und Plaudereien (publiziert 1857ff. in „The Atlantic Monthly"; dt. 1876 u. d. T. „Der Tisch-Despot"), in denen H. in Gesprächsform – die Titelfigur ist er selbst – sprühend, geistreich, fast allwissend seine Leser unterhält und belehrt. In früheren Romanen greift der durch das patriot. Gedicht „Old ironsides" (1836) bekanntgewordene Autor die orthodoxe Einstellung der neuengl. Kalvinisten an, stellt er Vererbung und Kindheitserlebnisse als maßgebl. für Psyche und Moral des Menschen dar. Auch Essays, Gedichte, medizin. Abhandlungen.
Weitere Werke: Der Professor am Frühstückstische (1860, dt. 1889), Elsie Venner (R., dt. 1866), Der Dichter am Frühstückstische (dt. 1876), A mortal antipathy (R., 1855), Over the teacups (Essays, 1891).

Holmsen, Bjarne Peter, gemeinsames Pseudonym für Arno ↑ Holz und Johannes ↑ Schlaf.

Holmström, Arvid Ragnar [schwed. ˌholmstrœm], * Årnäs 6. Aug. 1894, † Stockholm 30. Nov. 1966, schwed. Schriftsteller.
Sohn eines Malers, autodidakt. Bildung; gehört zu den Arbeiterdichtern; realist. Schilderer seiner eigenen Erlebnisse, Darstellung der kleinbürgerl. Welt und des Arbeitermilieus.
Hauptwerke: Jonas Ödmarks Geschichte (R., 1926; dt. 1933), Jonas Ödmarks söner (R., 1927), Das Dorf am Meer (R., dt. 1938), Män ombord (R., 1942), Seger i lejonbur (R., 1957).

Holstein, Ludvig Detlef [dän. 'holsdai̯'n], * Langebækgaard 3. Dez. 1864, † Kopenhagen 11. Juli 1943, dän. Lyriker.
Entstammt einem Adelsgeschlecht, lebte sehr zurückgezogen; tiefe Ehrfurcht vor der Natur, ein Gefühl der Einheit mit allem Lebenden bestimmte seine Gedichte, die er in verschiedenen kleineren Sammlungen herausgab; er schrieb auch ein Schauspiel und eine philosoph. Abhandlung.
Hauptwerke: Digte (Ged., 1895), Tove (Dr., 1898), Den grønne mark (Abhandlung, 1925), Jehi (Ged., 1929).

Holtby, Winifred [engl. 'houltbi], * Rudston House (York) 23. Juni 1898, † London 25. Sept. 1935, engl. Schriftstellerin.
Studierte in Oxford; Mitarbeiterin von „Time and Tide". Schrieb tief empfundene Romane unter Berücksichtigung sozialer Aspekte.
Hauptwerke: Mandoa Mandoa (R., 1933), South riding (R., 1936).

Holtei, Karl von, * Breslau 24. Jan. 1798, † ebd. 12. Febr. 1880, dt. Schriftsteller.
Sohn eines östr. Rittmeisters; landwirtschaftl. Ausbildung, Soldat, studierte dann Rechtswissenschaft, debütierte als Schauspieler in Breslau; Theaterdichter, Schauspieler und Regisseur an mehreren Bühnen (u.a. Berlin, Darmstadt), führte ein unstetes Künstlerleben. H. war ein meisterhafter Rezitator Shakespeares und ein vielseitiger Bühnenschriftsteller. Die Rührseligkeit seiner Stücke traf den Publikumsgeschmack der Zeit. Am erfolgreichsten war er mit seinen Singspielen im Stil der frz. Vaudevilles. Als Lyriker trat H. mit den „Schles. Gedichten" (1830) hervor. Später schrieb er Romane aus dem Theaterleben („Die Vagabunden", 1852; „Der letzte Komödiant", 1863). Ein kulturgeschichtl. Dokument ist seine Autobiographie („Vierzig Jahre", 1843 bis 1850; „Noch ein Jahr in Schlesien", 1864).
Weitere Werke: Berliner in Wien (Lsp., 1825), Gedichte (1827), Farben, Sterne, Blumen (Dramen, 1828), Lenore (Schsp., 1829), Dt. Lieder (1834), Lorbeerbaum und Bettelstab (Dr., 1840), Christian Lammfell (R., 1853), Die Eselsfresser (R., 1860), Erlebnisse eines Livreedieners (R., 1868), Nachlese (En., 1870/71).
Literatur: Beaten, U. B.: *Der Tendenzroman zw. 1848 u. 1866, unter bes. Berücks. der konservativen*

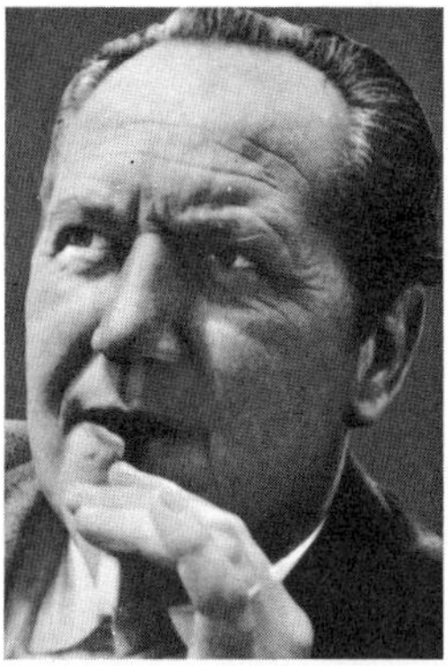

Hans Egon Holthusen

Romane K. v. H.s. Diss. Birmingham 1964. – Moschner, A.: *H. als Dramatiker. Breslau 1911.*

Holthusen, Hans Egon, * Rendsburg 15. April 1913, dt. Schriftsteller.

Studierte Germanistik, Geschichte und Philosophie (Dr. phil.), Verlagslektor, Privatlehrer, 1939–45 Soldat, dann freier Schriftsteller, Mitarbeiter literar. Zeitschriften, Vortragsreisen (Europa und Amerika); 1961–64 Programmdirektor des Goethe-Hauses in New York, seither wieder in München. H. ist Verfasser von Gedichten und Erzählungen sowie Kritiker; Vertreter eines christl. Existentialismus. Er wurde v.a. durch eine krit. Würdigung von Th. Manns „Doktor Faustus" in der Studie „Die Welt ohne Transzendenz" (1949) und den Essay „Der unbehauste Mensch" (1951 und 1955) bekannt.

Weitere Werke: Klage um den Bruder (Ged., 1947), Labyrinth. Jahre (Ged., 1952), Das Schiff (R., 1956), Das Schöne und das Wahre (Essays, 1958), Krit. Verstehen (Essays, 1961), Plädoyer für den Einzelnen. Krit. Beiträge zur literar. Diskussion (1967).

Holtrop, Teerdze Eeltje [niederl. 'hɔltrɔp] ↑ Goasses, Gerben.

Hölty, Ludwig Christoph Heinrich [...ti], * Mariensee bei Hannover 21. Dez. 1748, † Hannover 1. Sept. 1776, dt. Dichter.

Sohn eines Pastors, studierte Theologie und neue Sprachen, war Mitbegründer und eines der tätigsten Mitglieder des „Göttinger Hains", Mitarbeiter am „Göttinger Musenalmanach". Unglückl. Liebe und angestrengte Arbeit führten den frühen Tod des Tbc-Kranken herbei. Seine Gedichte (z. B. „Üb' immer Treu' und Redlichkeit") sind durch Grazie, Weichheit des Gefühls, warmes Naturempfinden und Harmonie der Sprache gekennzeichnet. Seine Balladen gehören zu den frühesten dt. Versuchen in dieser Gattung. Seine Gedichte wurden zuerst von A. F. Geißler (1782 bis 1784), dann von seinen Freunden L. Graf zu Stolberg und J. H. Voß (1783) herausgegeben.

Ausgaben: L. Ch. H. H. Werke u. Briefe. Hg. v. U. Berger. *Bln. 1966. – L. Ch. H. H. Sämtl. Werke. Krit. u. chronolog. hg. v.* W. Michael. *Weimar 1914–18. 2 Bde. Nachdr. Hildesheim 1969.*

Literatur: Oberlin-Kaiser, Th.: *L. Ch. H. H. Zürich 1964.*

Holub, Miroslav [tschech. 'hɔlup], * Pilsen 13. Sept. 1923, tschech. Schriftsteller.

Von Beruf Biochemiker; Themen und Metaphorik seiner Gedichte stammen v.a. aus dem Bereich der Wissenschaft; er gab mehrere Gedichtbände heraus – dt. erschien 1969 „Obwohl..." – und ein Prosawerk, anläßl. eines Amerikaaufenthaltes entstanden, das künstler., philosoph. und soziolog. Reportagen enthält.

Holz, Arno, * Rastenburg 26. April 1863, † Berlin 26. Okt. 1929, dt. Schriftsteller.

Sohn eines Apothekers, kam 1875 nach Berlin; kleinere Reisen nach Holland und Frankreich; freier Schriftsteller in Niederschönhausen bei Berlin, Freundschaft und Zusammenarbeit mit J. Schlaf; nach dessen Abwendung von der gemeinsamen literar. Richtung Bruch. Seiner doktrinären Haltung wegen war er in zahlreiche literar. Fehden verwickelt. Er konnte seinen Lebensunterhalt nur mühsam bestreiten. Mit J. Schlaf Begründer des konsequenten Naturalismus in theoret. Schriften und gemeinsam verfaßten Musterbeispielen naturalist. Dichtung unter dem Pseudonym Bjarne Peter Holmsen („Papa Hamlet", Novellen, 1889; „Die Familie Selicke", Dr., 1890). Nach frühen, formal traditionellen Gedichten erschien 1886 die in Haltung und Stoff bewußt moderne, stilist. jedoch konventionelle Gedichtsammlung „Das Buch der Zeit. Lieder eines Modernen"; in der Folgezeit Studium von literartheoret. Schriften (Zola) und Beschäftigung mit den modernen Naturwissenschaften. In seiner Bemühung um neue Ausdrucksmöglichkeiten bezog H. Umgangssprache und neue Themen (soziale Tendenz, sozialrevolutionäre Bekenntnisse, Großstadtbilder) in die Literatur ein. Unter Verzicht auf Reim und alle Formregeln ist seine z.T. sprachl. virtuose Lyrik allein vom „inneren Rhythmus" her bestimmt. Auch dramat. Skizzen, Dramen und literar. Komödien; vortreffl. Imitator barocker Lyrik in der Gedichtsammlung „Dafnis" (1904).

Weitere Werke: Die Kunst, ihr Wesen und ihre Gesetze (1891/92), Socialaristokraten (Kom., 1896), Phantasus (Ged., 1898/99), Traumulus (Kom., 1904; mit O. Jerschke), Sonnenfinsternis (Trag., 1908), Ignorabimus (Trag., 1913), Kindheitsparadies (Erinnerungen, 1924).

Ausgaben: A. H. Werke. Hg. v. W. Emrich *u.* A. Holz. *Neuwied 1961–64. 7 Bde. – A. H. Das Werk. Monumental-Ausg. in 12 Bden. Einf. v.* H. W. Fischer. *Bln.* [1–3]*1926.*

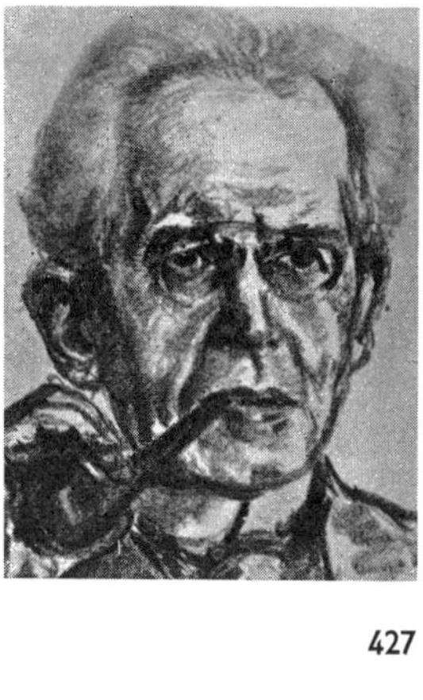

Arno Holz (Lithographie von E. Stumpp, 1923)

Literatur: Schulz, Gerhard: *A. H. Eine Monogr. Hdbg. 1970.* – *Die Akte A. H. Hg. v.* A. Klein. *Weimar 1966.* – Motekat, H.: *A. H. Persönlichkeit u. Werk. Kitzingen 1953.* – Döblin, A.: *A. H. Die Revolution der Lyrik. Wiesb. 1951.*

Holz, Detlef † Benjamin, Walter.

Holzamer, Wilhelm ['hɔlts'amər], Nieder-Olm bei Mainz 28. März 1870, † Berlin 28. Aug. 1907, dt. Schriftsteller.
Lehrer, Bibliothekar, seit 1902 freier Schriftsteller. H. schrieb Dorf- und Heimatgeschichten, später Problemromane, bed. der Entwicklungsroman eines Priesters „Der hl. Sebastian" (1902); auch Gedichte und Essays.
Weitere Werke: Auf staubigen Straßen (Skizzen, 1897), Im Dorf und draußen (Novellen, 1901), Peter Nockler (R., 1902), Um die Zukunft (Dr., 1906), Gedichte (hg. 1912).

Holzer, Rudolf, * Wien 28. Juli 1875, † ebd. 17. Juli 1965, östr. Schriftsteller.
Studierte Maschinenbau, später Germanistik und Kunstgeschichte in Wien; Journalist, 1924–33 Chefredakteur der „Wiener Zeitung"; Dramatiker, Novellist, Feuilletonist; v.a. heimatgebundene Dramen.
Hauptwerke: Frühling (Dr., 1901), Hans Kohlhase (Dr., 1905, 1941 u. d. T. Justitia), Gute Mütter (Kom., 1913), Das Ende vom Lied (Dr., 1917), Der Himmel voller Geigen (Dr., 1946), Sieger (Dr., 1960).

Homberg, Hans, * Berlin-Charlottenburg 14. Dez. 1903, dt. Schriftsteller.
Studierte in Berlin, Journalist; ausgedehnte Reisen in die Mittelmeerländer, nach Amerika und Vorderasien; freier Schriftsteller in Wörgl in Tirol. H. schrieb amüsante und bühnensichere Komödien, Drehbücher, Hörspiele und Unterhaltungsromane.
Hauptwerke: Ein jeder lebt's (Kom., 1945), Schnee fällt auf den schwarzen Harnisch (R., 1947), Die Memoiren des Herkules (R., 1950), Hauptmann a.D. (Kom., 1951), Die Schnapsidee (Hsp., 1954), Das Roß der fröhl. Lerche (E., 1962), Der Haifisch soll leben! (1966).

Home, John [engl. hoʊm], * Leith 21. Sept. 1722, † Merchiston Bank bei Edinburgh 5. Sept. 1808, schott. Dramatiker.
Führte ein bewegtes Leben, stand in der Gunst des Hofes und einiger weltl. Würdenträger; war einige Zeit Geistlicher, gab sein Amt aber auf, da seine literar. Werke von den Vorgesetzten mißbilligt wurden. H. schrieb u.a. das eine alte Ballade variierende Drama „Douglas" (1757), das ihn in Schottland bekannt machte; in seinem Versuch, Shakespeare in einer gefühlvollen „Sprache des Herzens" nachzuahmen, neigte er zu Übertreibungen, so daß zahlreiche Stücke Mißerfolge wurden.

Homerische Hymnen, 34 Götterlieder, deren Entstehungszeit und Herkunft sehr verschieden sind; während die ältesten bis ins 8./7. Jh. zurückgehen, dürften die jüngeren erst in hellenist. Zeit abgefaßt worden sein; obwohl von verschiedenen Rhapsoden verfaßt, wurden sie unter dem Namen Homers überliefert, da sie ganz in der Art der großen homer. Epen geschrieben und der Sprache Homers weitgehend verpflichtet sind.
Ausgabe: H. H. Griech.-dt. Hg. v. A. Weiher. *Mchn. ²1961.*
Literatur: Dornseiff, F.: *Die archaische Mythenerzählung. Folgerungen aus dem homer. Apollonhymnos. Bln. 1933.*

Homeros (Homer), griech. Epiker der 2. Hälfte des 8. Jh.s v. Chr.
Wirkte als wandernder – nach späterer Legende blinder – Rhapsode an ion. Fürstenhöfen. Unter seinem Namen wurden neben „Ilias" und „Odyssee", den ersten und zugleich bedeutendsten altgriech. Heldenliedern, die meisten Epen des sog. Kyklos, Götterhymnen und sogar eine Parodie auf die „Ilias", die „Batrachomyomachia", tradiert. Die „Ilias" behandelt nicht den ganzen Trojan. Krieg, sondern nur einen Ausschnitt, den Zorn Achills wegen der ihm von Agamemnon geraubten Briseis, die wechselvollen Kämpfe bis zu Patroklos' Tod, Hektors Fall und Bestattung; kunstvoll ist die gespannte Fülle der Handlung um das zentrale Thema des Zornes komponiert; es gelingt dem Dichter, den Krieg um Troja in einer knappen Zeitspanne von nur 51 Tagen zu spiegeln und dessen charakterist. Momente so aufzuzeigen, daß man das ganze 10jährige Geschehen mitzuerleben glaubt; der bunte Wechsel von Situationen, das raffinierte Abschweifen in scheinbar Endloses, das plötzl. Einhalten und Zurückkehren zum zentralen Thema verleihen dem Werk besonderen Reiz. An die Stelle des gleichmäßig dahingleitenden Flusses, des ep. Reihens ist ein kunstvolles Verknüpfen und Beziehen getreten. Nicht weniger kunstvoll – wenn auch anders – ist die „Odyssee" gestaltet, deren Unterschiede zur „Ilias" im wesentl. stoffl. Art sind. Zwei Motivkreise lassen sich herauskristallisieren; einmal die weitverbreitete Geschichte des Mannes, der, auf weiter Fahrt lange Zeit von zu Hause entfernt, für tot gehalten wird und bei der Rückkehr seine Frau von Freiern umworben vorfindet; Wiedererkennen und Kampf stellen die alten Rechte wieder her; zum anderen die im 2. Jt. v. Chr. weitverbreiteten Schiffermärchen. Diese beiden Stoffkreise liegen der heroischen Welt der „Ilias" fern. Des Odysseus Rückkehr von den Kämpfen um Troja nach Ithaka, seine Rache an Penelopes Freiern, die Wiedervereinigung mit der treuen Gattin werden in kunstvoller Verschränkung und glückl. Führung der Komposition gestaltet. Auch hier ist wie in der „Ilias" das Geschehen auf einen kurzen Zeitabschnitt (40 Tage) zusammengedrängt. Während dort die Raffung durch ein zentrales Motiv erreicht wird, sind die kompositor. Mittel in der „Odyssee" einfacher, leichter zu fassen, daher aber um so wirksamer. Ein linear ablaufender Vorgang wird zergliedert und wieder kunstvoll zusammengefügt, was sich in der von Odysseus bei den Phäaken selbst geführten Erzählung seiner Abenteuer und Leiden bes. charakterist. manifestiert. Der erwachenden antiken Kritik, die H. schon früh die kykl. Epen absprach, blieben die Unterschiede zwischen beiden Epen, viele Widersprüche und Zwiespältiges in ihnen selbst nicht verborgen, was zur Annahme zweier Dichter oder späterer Einschübe führte. Die moderne Philologie diskutiert die sog. Homerische Frage seit 1795, als F. A. Wolf erklärte, „Ilias" und „Odyssee" seien Jahrhunderte lang von fahrenden Sängern mündl. überliefert und erst unter Peisistratos (6. Jh.) in Athen redigiert worden. Andere nahmen Erweiterung einer „Ur-

Ilias" durch Hinzudichtung (G. Hermann) oder Kompilation verschiedener Kleinepen (A. Kirchhoff) an, zerlegten sie in Einzellieder (K. Lachmann) oder dachten an zahlreiche Überarbeiter (U. von Wilamowitz-Moellendorff). Neuerdings weist man wieder mehr auf die meisterl. Komposition der „Ilias" hin und betrachtet sie als das Werk eines großen Dichters, der – vielleicht als erster – altes Liedgut schriftl. fixierte, den Stoff dramatisierte und humanisierte. Daß die etwa eine Generation jüngere „Odyssee" ein Späterer auf den Spuren des H. schuf, wird kaum mehr bestritten. Beide Epen haben aufs nachhaltigste Menschentum und religiöse Vorstellungen der Griechen geprägt, der lat. Literatur (Livius Andronicus, Ennius, Vergil) und seit der Renaissance – im MA trat Vergil in den Vordergrund – z.T. in Übersetzungen (u.a. J. H. Voß) der abendländ. Kultur wertvolle Impulse gegeben.
Ausgaben: Homer. Die Odyssee. Dt. Übers. Hg. v. W. Schadewaldt. *Zürich u. Stuttg. 1966. – Homer. Ilias. Odyssee. Dt. Übers. v.* J. H. Voß. *Neuaufl. Mchn. 1965. – Homer. Ilias u. Odyssee. Griech. u. dt. Hg. v.* H. Stegemann-Rupé *u.* A. Weiher. *Mchn. 2–3 1961–67. 2 Bde. – Homer. Ilias u. Odyssee. Dt. Übers. v.* Th. v. Scheffer. *Bremen 5–6 1958. 2 Bde. – Homer. Ilias u. Odyssee. Hg. v.* K. F. Ameis *u.a. Lpz. 4–9 1905–25. 12 Hefte. Neudr. 1964–65.*
Literatur: Allgemeines: Wackernagel, J.: *Sprachl. Unterss. zu Homer. Gött. 1968. – Archaeologia Homerica. Die Denkmäler u. das frühgriech. Epos. Hg. v.* F. Matz *u.* H.-G. Buchholz. *Gött. 1967ff. Auf 3 Bde. berechnet.* – Kahl-Furthmann, G.: *Wann lebte Homer? Meisenheim 1967.* – Lesky, A.: *H. Stuttg. 1967.* – Schadewaldt, W.: *Von Homers Welt u. Werk. Aufs. u. Auslegungen zur homer. Frage. Stuttg. 4 1965.* – Wace, A. J. B./Stubbings, F. H.: *A companion to Homer. London 1962.* – Ebeling, H.: *Lexicon Homericum. Lpz. 1880–85. 2 Bde. Nachdr. Hildesheim 1963. – Ilias:* Wilamowitz-Moellendorff, U. v.: *Die Ilias u. Homer. Zürich 3 1966.* – Reinhardt, K.: *Die Ilias u. ihr Dichter. Gött. 1961.* – Grimm, H.: *Homers Ilias. Stuttg. 2 1907. – Odyssee:* Merkelbach, R.: *Unterss. zur Odyssee. Mchn. 2 1969.* – Schadewaldt, W.: *Neue Kriterien zur Odyssee-Analyse. Hdbg. 2 1966.* – Eichhorn, F.: *Homers Odyssee. Ein Führer durch die Dichtung. Gött. 1965.*

Homeros (Homer) von Byzanz, griech. Tragödiendichter des 3. Jh.s v. Chr.
Gehörte dem von Philadelphos in Alexandria geförderten Dichterkreis an.

Homjakov ↑ Chomjakow.

Homunculus ↑ Radecki, Sigismund von.

Hood, Thomas [engl. hʊd], * London 23. Mai 1799, † ebd. 3. Mai 1845, engl. Schriftsteller.
Kaufmann, Kupferstecher und Hg. verschiedener Zeitschriften; illustrierte seine Werke selbst. H. hatte mit sozialen Gedichten Erfolg, die mit ihrem Pathos und Stimmungsgehalt dem Geschmack der Zeit entsprachen („The song of the shirt", „The bridge of sighs", „The haunted house"). Auch die Zeitereignisse karikierenden „Whims and oddities in prose and verse" (1826f.) fanden Anklang.
Weitere Werke: Odes and addresses to great people (Ged., 1825), Hood's own (1839).

Hooft, Pieter Cornelisz[oon] [niederl. ho:ft], * Amsterdam 16. März 1581, † Den Haag 21. Mai 1647, niederl. Dichter und Historiker.
Vater war Bürgermeister von Amsterdam; sorgfältige klass. Bildung, Reisen nach Frankreich, Deutschland und Italien; Jurastudium; von 1609 bis zum Lebensende Drost zu Muiden bei Amsterdam, im Muiderkring Mittelpunkt bed. Persönlichkeiten seiner Zeit. Seine sprachl. und formal vollendete Liebeslyrik ist von antiken Autoren, Petrarca und den Dichtern der Pléiade, seine polit. weltanschaul. Einstellung von Montaigne beeinflußt; bed. v.a. als Wegbereiter und Anreger auf dem Gebiete des Dramas („Granida", 1615; gilt als bedeutendstes Schäferspiel der niederl. Literatur), dessen Stoffe er der antiken Klassik, aber auch der nationalen Geschichte entnahm; auch techn. durch die Einführung der Einheit von Ort und Zeit wichtig; zuverlässige Darstellung der niederl. Geschichte von 1555 bis 1587 in „De Nederlandsche historieen" (1642 und 1654).
Weitere Werke: Geeraerdt van Velsen (Dr., 1613), Achilles en Polyxena (Dr., 1614), Warenar (Dr., 1617), Gedichten (1636).
Literatur: Tricht, H. W. van: *P. C. H. Arnheim 1951.*

Hoornik, Eduard [niederl. 'ho:rnɪk], * Den Haag 9. März 1910, niederl. Schriftsteller.
Mitbegründer der Zeitschriften „Werk" und „Criterium". Seine Erlebnisse im KZ Buchenwald und im KZ Dachau übten entscheidenden Einfluß auf sein Werk aus; er ringt um den Sinn des Daseins.
Hauptwerke: Mattheus (Ged., 1938), Geburt (Ged., dt. 1939), Tafelronde (Essays, 1940), De bezoeker (Dr., 1952), Na jaren (Ged., 1955), De zeewolf (Dr., 1955), Kains geslacht (Dr., 1955).

Hope, Anthony [engl. hoʊp], eigtl. Sir A. H. Hawkins, * London 9. Febr. 1863, † ebd. 8. Juli 1933, engl. Schriftsteller.
Erfolgreicher Jurist, schrieb phantasievolle Ritter- und Abenteuerromane im Stil der pseudohistor. Spätromantik, u.a. „Der Gefangene von Zenda" (dt. 1898), das in dem fiktiven Land Ruritania spielt; humorist. Skizzen, Novellen und Dramen.
Weitere Werke: The king's mirror (R., 1899), Quisante (R., 1900).

Hopfen, Hans von, * München 3. Jan. 1835, † Großlichterfelde (heute Berlin-Lichterfelde) 19. Nov. 1904, dt. Schriftsteller.
Jurastudium, Gerichtstätigkeit; Mitglied des Münchner Dichterkreises. H. bevorzugte in seinem literar. Werk die Darstellung von Künstler- und Studentenschicksalen.
Hauptwerke: Verdorben zu Paris (R., 1868), Bayr. Dorfgeschichten (En., 1878), Robert Leichtfuß (R., 1888).

Hophthalmos, Friedrich [hɔf'talmɔs] ↑ Haug, Friedrich.

Hopkins, Gerard Manley [engl. 'hɔpkɪnz], * Stratford (Essex) 28. Juli 1844, † Dublin 8. Juni 1889, engl. Dichter.
Entstammte einer vornehmen Familie, studierte in Oxford; unter dem Einfluß von Kardinal Newman Übertritt zum Katholizismus, seit 1868 Jesuit, später Professor für alte Sprachen an der Universität Dublin. Begann auf Wunsch des Ordens wieder zu schreiben(rühe Gedichte hatte

er vernichtet). Seine Gedichte wurden erst 1918 veröffentlicht. H.' Dichtung ist lebendiges Zeugnis seines Ringens um den wahren Glauben. Neuartige Syntax und Rhythmik, gehäufte Kompositionen, gedrängte Einsilbenworte, gedankl. Komprimierung, Verwendung von Alliteration, Assonanz, Konsonanz und Binnenreim, stabreimartige Hebungen geben dem Inhalt ein modernes Gepräge; der Einfluß auf die Dichtung des 20. Jh.s ist von großer Bedeutung. Wertvolle Briefe, in denen sich H. mit literar. Problemen auseinandersetzt.
Ausgabe: G. M. H. Gedichte, Schrr., Briefe. Dt. Übers. Hg. v. H. Rinn. *Mchn. 1954.*
Literatur: Hunter, J.: *G. M. H. London 1966.* – Gardner, W. H.: *G. M. H. A study of poetic idiosyncrasy in relation to poetic tradition. London ²1948. 2 Bde. Neudr. 1958.* – Pick, J.: *G. M. H. Priest and poet. New York 1942. Tb.-Ausg. 1966.*

Hopkinson, Francis [engl. 'hɔpkɪnsn], * Philadelphia 2. Okt. 1737, † ebd. 9. Mai 1791, amerikan. Schriftsteller.
In hohen jurist. und polit. Ämtern; einer der Unterzeichner der Unabhängigkeitserklärung. Vielseitig begabt; schrieb und komponierte das erste Lied eines gebürtigen Amerikaners; entwarf das amerikan. Sternenbanner; bekannt v.a. als Autor der Ballade „The battle of the kegs“ (1778) und weiterer antibrit. Satiren und Pamphlete.

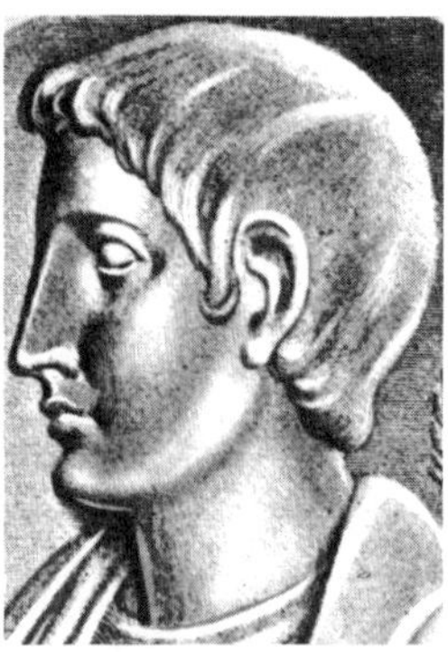
Quintus Horatius Flaccus

Hora, Josef [tschech. 'hɔra], * Dobříň bei Raudnitz an der Elbe 8. Juli 1891, † Prag 21. Juni 1945, tschech. Lyriker.
Redakteur verschiedener Zeitschriften; Reisen, u.a. nach Rußland. Begann mit neuromant. Gedichten, die auch durch impressionist. Stilzüge bestimmt sind; zeitweilig einer der hervorragendsten Vertreter der tendenziösen sozialist. Dichtung; Anfang der 30er Jahre wandte er sich einer meditativen, metaphys. Dichtung zu; unter dem Eindruck der polit. Geschehnisse von 1938 um die Heimatdichtung bemüht; übersetzte dt. sowie russ. Dichtung.

Horatius Flaccus, Quintus, * Venusia 8. Dez. 65, † Rom 27. Nov. 8 v. Chr., röm. Dichter.
Über sein Leben sind wir durch die Vita Suetons und durch Selbstzeugnisse des Dichters gut unterrichtet; Sohn eines Freigelassenen, der aus dem Süden nach Rom zog, um seinem Sohn eine sorgfältige Ausbildung zu ermöglichen, die durch philosoph. Studien in Athen abgeschlossen wurde. Im Herbst 44 trat H. in die Armee des Brutus ein und nahm an der Schlacht von Philippi als Militärtribun teil. Er zog sich nach dem Mißerfolg ganz von der Politik zurück und mußte, da er sein väterl. Gut verloren hatte, seinen Lebensunterhalt als Schreiber verdienen. Von Vergil und Varius wurde er bei Maecenas eingeführt, der ihm als Gönner ein sorgenfreies Leben ermöglichte und ihm die Bekanntschaft des Augustus vermittelte. Zeitl. zusammen fallen „Epoden“ und „Satiren“, angriffslustige Spottverse, Invektiven gegen Einzelpersonen, gegen polit. und moral. Niedergang, und kurzstrophige Gedankenlyrik. Der literar. Gattung der Satire, die er von Lucilius übernahm, gab er in genialer Weise eine souverän-persönl. Note. Seinen dichter. Ruhm begründeten seine nach griech. Vorbildern gestalteten „Carmina“ (seit den Kommentatoren der Kaiserzeit „Oden“ genannt), deren drei erste Bücher 23 v. Chr., deren viertes zwischen 17 und 13 entstanden. Da sie jedoch nicht den erwarteten Erfolg hatten, wandte sich H. der philosophierenden Dichtung zu und nahm in den „Epistulae“ zu den verschiedensten Lebensfragen Stellung; die 20 „Briefe“, die zwar an bestimmte Adressaten gerichtet sind, wurden mit dem Gedanken an ein größeres Publikum geschrieben; der letzte Brief des 2. Buches „Ad Pisones“ wurde u. d. T. „Ars poetica“ bekannt. Augustus bat H. zur Säkularfeier des Jahres 17 v. Chr. um das „Carmen saeculare“. Die Wirkung des H., der ein Formkünstler hohen Ranges (Behandlung griech. Versmaße), ein Welt- und Menschenkenner war, steht weit hinter der Vergils zurück.
Ausgaben: Horaz. Sämtl. Werke. Lat.-dt. Hg. v. H. Färber *u.* W. Schöne. *Mchn. ⁴1967. – Horaz. Satiren u. Briefe. Lat. u. dt. Hg. v.* R. Helm. *Zürich u. Stuttg. 1962. – Qu. H. F. Hg. v.* A. Kiessling *u.* R. Heinze. *Zürich ⁷⁻¹²1961–67. 3 Tle.*
Literatur: Flach, D.: *Das literar. Verhältnis v. Horaz u. Properz. Gießen 1967.* – Wili, W.: *Horaz u. die augusteische Kultur. Basel u. Stuttg. ²1966. – Lexicon Horatianum. Hg. v.* D. Bo. *Hildesheim 1965–66. 2 Bde.* – Becker, C.: *Das Spätwerk des Horaz. Gött. 1963.* – Fraenkel, E.: *Horaz. Dt. Übers. Darmst. 1963.* – Büchner, K.: *Horaz. Wiesb. 1962.*

Horaz ↑ Horatius Flaccus, Quintus.

Horheim, Bernger von ↑ Bernger von Horheim.

Horia, Vintilă [rumän. 'horia], * Segarcea (Dolj) 18. Dez. 1915, rumän. Schriftsteller.
Studierte Jura und Philosophie; war im diplomat. Dienst; seit 1945 im Exil, lebt in Paris; gab 1960 aus polit. Gründen den Prix Goncourt zurück. Schrieb Lyrik in rumän. Sprache und Romane in rumän. und frz. Sprache, deren Grundstimmung aus Milde und Resignation resultiert; sein Hauptwerk „Gott ist im Exil geboren“ (R., dt. 1961) behandelt das Problem der Emigration.
Weitere Werke: Der Ritter der Resignation (R., dt. 1962), La septième lettre (R., 1964).

Hörmann, Markus ↑ Basil, Otto.

Horn, Heinrich ↑ Cordan, Wolfgang.

Horn, Otto ↑ Bäuerle, Adolf.

Horneck, Ottokar von ↑ Ottokar von Steiermark.

Horst, Karl August, * Darmstadt 10. Aug. 1913, dt. Schriftsteller und Literaturkritiker.
Studierte Germanistik und Romanistik, war 1945–48 Assistent am Seminar für roman. Phi-

lologie der Universität Bonn; Dr. phil., seit 1949 freier Schriftsteller. Trat v.a. mit Arbeiten zur modernen, bes. dt. Literatur („Die dt. Literatur der Gegenwart", 1956; „Krit. Führer durch die dt. Literatur der Gegenwart", 1962), und Übersetzungen (u.a. J. L. Borges) hervor. Er selbst schrieb Essays, den Roman „Zero" (1951) und den Erzählungsband „Der Skorpion" (1963), ausgezeichnet durch Formstrenge und sprachl. Präzision.

Hortátzēs ↑ Chortadsis.

Horváth, Ödön (Edmund) von [ungar. 'horva:t], * Fiume (heute Rijeka) 9. Dez. 1901, † Paris 1. Juni 1938, östr. Schriftsteller.

Studierte in München u.a. Theaterwissenschaft, dann freier Schriftsteller in Berlin; ging 1934 nach Österreich, 1938 nach Paris, wo er von einem stürzenden Baum erschlagen wurde. H. begann früh zu schreiben, v.a. Dramen und Erzählungen. In seinen z.T. sozial- und moralkrit. Bühnenwerken versuchte er, das Wiener Volksstück wieder zu beleben. Seine Stücke weisen sichere, knappe Stilisierung, dichte Atmosphäre, geschickte Dialogführung und treffende Menschendarstellung auf. In „Jugend ohne Gott" (R., 1938) und „Ein Kind unserer Zeit" (R., 1938) gibt er seinem Entsetzen über das Wesen der Diktatur Ausdruck.

Weitere Werke: Der ewige Spießer (R., 1930), Geschichten aus dem Wienerwald (Volksstück, 1931), Italien. Nacht (Volksstück, 1931), Hin und her (Dr., UA 1934), Figaro läßt sich scheiden (Kom., 1934), Die Unbekannte aus der Seine (Dr., UA 1949, hg. 1961).

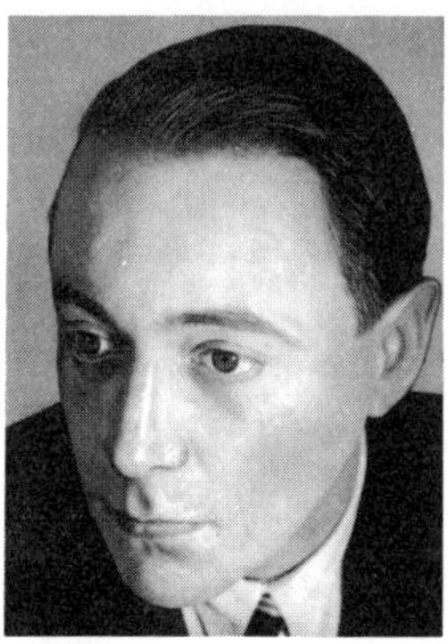
Ödön von Horváth

Ausgabe: Ö. v. H. Stücke. Hg. v. T. Krischke. *Reinbek bei Hamb. 5.-7. Tsd. 1965.*

Literatur: Kahl, K.: *Ö. v. H. Velber 1966.* – Reuther, G.: *Ö. v. H. Gestalt, Werk u. Verwirklichung auf der Bühne. Diss. Wien 1962 [Masch.].*

Hosea ↑ Bibel.

Hostovský, Egon [tschech. 'hɔstɔfski:], * Hronow (Ostböhm. Gebiet) 23. April 1908, tschech. Schriftsteller.

Lebt seit 1938 in den USA; schildert in Romanen und Novellen, die der Psychoanalyse und dem psycholog. Roman Dostojewskis Anregungen verdanken, das Problem des Ausgestoßenseins, das er oft am Beispiel der Prager Juden exemplar. darstellt; weiteres Hauptmotiv ist die innere Unsicherheit und Zerrissenheit seiner Helden. In dt. Übersetzung erschien 1958 der Roman „Der Mitternachtspatient" (1954).

Hostrup, Jens Christian [dän. 'hɔsdrob], * Kopenhagen 20. Mai 1818, † ebd. 21. Nov. 1892, dän. Schriftsteller.

Nach dem theolog. Examen widmete sich H. dem Theater, gab 1854 diese Tätigkeit auf, wurde Pfarrer und schloß sich der grundtvigianischen Strömung an. H.s Schauspiele und Lieder können als spätromant. Studentendichtung charakterisiert werden.

Hauptwerke: Gjenbœrne (Dr., 1844), En spurv i Tranedans (Dr., 1846), Eventyr paa Fodrejsen (Dr., 1848).

Houdar de La Motte, Antoine [frz. udardəla'mɔt], auch La Motte-Houdar, * Paris 17. (18.?) Jan. 1672, † ebd. 26. Dez. 1731, frz. Dichter.

Studierte Rechtswissenschaft, wandte sich aber bald dem Theater zu; bes. erfolgreich waren sein Singspiel „L'Europe galante" (1697) und seine Tragödie „Ines de Castro" (1723, dt. 1774); er widersetzte sich der Forderung der drei Einheiten im Drama, stand im „Streit der Alten und Modernen" auf seiten der modernen Dichtung und entschied sich in der von ihm angeregten Aussprache über den Wert der Verskunst für die von ihm als natürlicher empfundene Prosa („Odes [en prose] avec un discours sur la poésie en général", 1709); seine Fabeln (1719) wurden 1721 von B. H. Brockes ins Dt. übertragen; schuf eine „gereinigte" Übersetzung der „Ilias" (1714) nach der Übertragung der Madame Dacier.

Houghton, William Stanley [engl. hoʊtn], * Ashton-upon-Mersey (Cheshire) 22. Febr. 1881, † Manchester 11. Dez. 1913, engl. Dramatiker.

Zunächst Kaufmann; nach Erfolgen auf Londoner Bühnen gab er seinen Beruf auf und lebte als freier Schriftsteller. Vertreter des realist. Dramas in der Nachfolge Ibsens; stellt v.a. Generationsprobleme und Geschlechterkonflikte dar; treffsichere Charakterisierung.

Hauptwerke: The younger generation (Dr., 1910), Hindle wakes (Dr., 1912).

Housman, Alfred Edward [engl. 'haʊsmən], * Fockbury (Worcester) 26. März 1859, † Cambridge 30. April 1936, engl. Dichter.

Bed. Latinist, edierte eine wichtige textkrit. Ausgabe des Manilius. Verzichtete in seiner pessimist. Lyrik auf rhetor. Ornamente; erstrebte weitgehende Schlichtheit und Klarheit der Sprache; gestaltete häufig das Motiv der Vanitas. Seine poet. Theorien legte er in der Schrift „The name and nature of poetry" (1933) dar.

Weitere Werke: A Shropshire lad (Ged., 1896), Last poems (Ged., 1922), More poems (Ged., 1936), Manuscript poems (Ged., 1955).

Ausgabe: A. E. H. The collected poems. London 1939.

Literatur: Skutsch, O.: *A. E. H. New York 1961.*

Housman, Laurence [engl. 'haʊsmən], * Bromsgrove (Worcester) 18. Juli 1865, † Glastonbury 20. Febr. 1959, engl. Dichter.

Studierte zunächst Malerei; schrieb v.a. Schauspiele, von denen bes. die Chronikdramen sehr erfolgreich waren, Gedichte in der Art der Präraffaeliten und Romane, z.T. polit.-satir. Inhalts. Seine Märchen und Gedichte illustrierte er teilweise selbst.

Hauptwerke: An English woman's love letters (R., 1900), Selected poems (Ged., 1909), Nazareth (Dr., 1916), Little plays of St. Francis (Dramen,

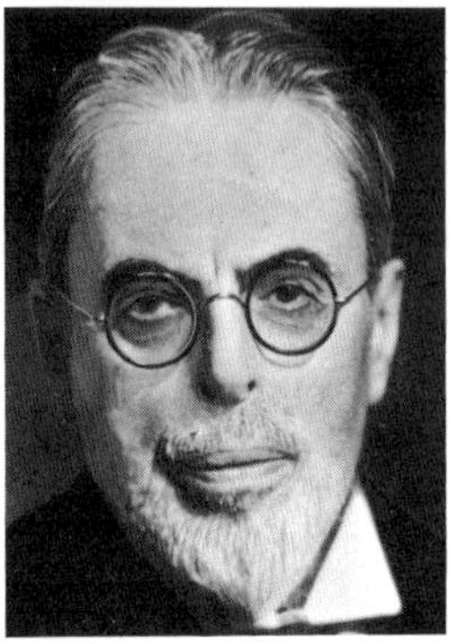

Laurence Housman

1922–35), Victoria Regina (Dr., 1934; dt. 1949), Cynthia (Epos, 1947).

Houville, Gérard d' [frz. u'vil], eigtl. Marie Louise Antoinette de Régnier, geb. de Heredia, * Paris 20. Dez. 1875, † Suresnes 6. Febr. 1963, frz. Schriftstellerin.
Tochter von José-M. de Heredia, ∞ mit Henri de Régnier; ihre Romane zeugen von hervorragender Kenntnis der weibl. Psyche („Le temps d'aimer", R., 1908; „Tant pis pour toi!", R., 1921).

Houwald, Christoph Ernst Freiherr von ['hu:valt], * Straupitz (Bezirk Cottbus) 29. Nov. 1778, † Lübben (Lausitz) 28. Jan. 1845, dt. Schriftsteller.
Studierte Jura, wurde 1822 Landsyndikus für die Niederlausitz. Hauptvertreter der romant. Schicksalstragödie neben Müllner; auch Erzähler und Jugendschriftsteller.
Hauptwerke: Romant. Akkorde (En., 1817), Das Bild (Trag., 1821), Der Leuchtturm. Die Heimkehr (2 Trauerspiele, 1821).

Houwink, Roel [of Martinus Frederik] [niederl. 'houwɪŋk], * Breda 17. Jan. 1899, niederl. Schriftsteller.
Studierte Rechtswissenschaft; Psychologe; religiös orientierter Lyriker und Erzähler.
Hauptwerke: Novellen (1924), Madonna in tenebris (Ged., 1925), Faust als levensspiegel (Essay, 1932), Spes unica (Ged., 1951).

Howard, Henry, Earl of Surrey [engl. 'hauəd] ↑ Surrey, Henry Howard, Earl of.

Howard, Sidney [Coe] [engl. 'hauəd], * Oakland (Calif.) 26. Juni 1891, † Tyringham (Mass.) 23. Aug. 1939, amerikan. Dramatiker.
Nach dem 1. Weltkrieg als Journalist in New York; schrieb publikumswirksame, erfolgreiche Theaterstücke.
Hauptwerke: Swords (Dr., 1921), They knew, what they wanted (Dr., 1924), Lucky Sam (Dr., 1925), The silver cord (Dr., 1926), Dodsworth (1934, mit S. Lewis).

Howe, E[dgar] W[atson] [engl. hau], * Treaty (Ind.) 3. Mai 1853, † Atchison (Kans.) 3. Okt. 1937, amerikan. Schriftsteller.
Gründer und Hg. von Zeitungen, journalist. tätig. Vermittelt in seinem Roman „The story of a country town" (1883) ein frühnaturalist. Bild städt. Lebens im amerikan. Mittelwesten.

Howe, Julia Ward [engl. hau], * New York 27. Mai 1819, † Newport (R.I.) 17. Okt. 1910, amerikan. Schriftstellerin.
Kämpfte für die Rechte der Frau und gegen die Sklaverei in den Südstaaten; v.a. bekannt durch das Gedicht „The battle hymn of the republic" (1862), dessen Wirkung von „Onkel Toms Hütte" nur wenig übertroffen wurde; schrieb auch Dramen, Essays und eine Autobiographie („Reminiscences", 1899).

Howells, William Dean [engl. 'hauəlz], * Martins Ferry (Ohio) 1. März 1837, † New York 11. Mai 1920, amerikan. Schriftsteller.
Autodidakt, Reporter, Hg. verschiedener Zeitungen; dann Sprachen- und Literaturstudium, Konsul in Venedig, Förderer junger Talente; befreundet mit H. James und Mark Twain; erst spät anerkannt. Vorkämpfer des realist. Romans und führender Erzähler Amerikas vor der Jahrhundertwende. Begann sein vielseitiges Werk, dessen Themenkreis sich immer mehr erweiterte, mit Reiseskizzen. Er schildert das Amerika sowohl des urwüchsigen Westens wie des kultivierten Ostens, die Begegnung mit Europa sowie typ. amerikan. Zeiterscheinungen, mit denen er sich auch krit. auseinandersetzt; großes soziales Verantwortungsgefühl und feines stilist. Empfinden.
Hauptwerke: Lives and speeches of Abraham Lincoln (1860), A chance acquaintance (R., 1873), Voreilige Schlüsse (R., dt. 1876), A modern instance (R., 1882), Die große Versuchung (R., 1885; dt. 1958).
Literatur: McMurray, W.: *Literary realism of W. D. H. Carbondale (Ill.) 1967.* – Brooks, V. W.: *H., his life and world. New York 1959.*

Hoyer, Alexandra Galina von ↑ Rachmanowa, Alja.

Hrabal, Bohumil [tschech. 'hrabal], * Brünn 28. März 1914, tschech. Schriftsteller.
Studierte Jura, war in verschiedenen Berufen tätig; schrieb Erzählungen, in denen er in der Art Hašeks verschiedenste Themen und Anekdotisches aneinanderreiht. In dt. Übersetzung liegen vor: „Die Bafler" (En., 1966), „Tanzstunden für Erwachsene und Fortgeschrittene" (En., 1966), „Reise nach Sondervorschrift, Zuglauf überwacht" (En., 1968), „Inserat auf ein Haus, in dem ich nicht mehr wohnen mag" (En., 1968).

Hrabanus Maurus [ra'ba:nus], * Mainz um 780, † Winkel (Rheingaukreis) 4. Febr. 856, Erzbischof von Mainz.
Schüler Alkuins in Tours; seit 804 Vorsteher der Klosterschule Fulda, 822–42 Abt des Klosters, das er zu einem kulturellen Zentrum machte; seit 847 Erzbischof von Mainz. Bedeutendster Theologe seiner Zeit; für die Literatur von Interesse sind seine Bibelkommentare, die von Otfrid von Weißenburg und vom Dichter des „Heliand" verwendet wurden; er schrieb außerdem zahlreiche exeget. Arbeiten, Enzyklopädien und Glossen, auch einige lat. Gedichte in gekünstelter Form; vielleicht schrieb er ein Stück der ahd. Übertragung des „Tatian", die um 830 im Kloster Fulda entstand.
Literatur: Lehmann, Paul: *Zu H.' geistiger Bedeutung. In:* Lehmann: *Erforschung des MA. Bd. 3. Stuttg. 1960.* – Türnau, D.: *Rabanus M., der praeceptor Germaniae. Ein Beitrag zur Gesch. der Pädagogik des MA. Mchn. 1900.*

Hranilović, Jovan [serbokroat. ˌhranilɔvitɕ], * Kričke (Dalmatien) 18. Dez. 1855, † Neusatz 5. Aug. 1924, kroat. Dichter.

Griech.-unierter Pfarrer, später zeitweilig Redakteur; publizist. tätig. Wandte sich in krit. Abhandlungen oft aggressiv und polem. gegen das Prinzip der Kunst um der Kunst willen und schrieb patriot. und soziale Gedichte sowie moralisierende Erzählungen.

Hrčić, Fran [serbokroat. 'hr̩tʃitɕ], * Samobor 7. Okt. 1876, † ebd. 1. Nov. 1953, kroat. Schriftsteller.
Nach Ausschluß vom Studium in Agram Handelsstudium in Prag; Bankangestellter in Agram, dann freier Schriftsteller. Unterstützte in Kritiken die künstler. Moderne; schrieb Gedichte, Novellen und realist Dramen (z.T. mit sozialer Thematik).

Hrintschenko ↑ Grintschenko.

Hristópoulos ↑ Christopulos.

Hristov ↑ Christow.

Hrotsvit (Roswitha) von Gandersheim ['ro:tsvɪt], * um 935, † nach 973, dt. Dichterin.
Aus sächs. Adel, Kanonisse des sächs. Stiftes Gandersheim; schrieb in mlat. Sprache Legendendramen (u.a. „Abraham") und ep. Legenden (in leonin. Hexametern). Ihr Ziel war, die zum Unterricht der Dialektik gehörende Terenzlektüre durch christl. bestimmte Stücke zu ersetzen. Die frühen Versuche eines christl. Dramas im MA blieben ohne Beispiel bis in die Zeit des Humanismus; ferner verfaßte sie zwei histor. Gedichte, von denen das die Taten Kaiser Ottos verherrlichende Epos „Carmen de gestis Oddonis I imperatoris" bes. bekannt wurde.
Ausgaben: Hrothsvith v. G. Sämtl. Dichtungen. Vollständige Ausg. Dt. Übers. Bearb. v. O. Baumhauer *u.a. Mchn. 1966. – Hrotsvitha. Opera. Hg. v.* K. Strecker. *Lpz. 1930.*
Literatur: Hroswitha v. G. Her life, time and works, and a comprehensive bibliography. Hg. v. A. L. Haight. *New York 1965.* – Nagel, B.: *H. v. G. Stuttg. 1965.*

Hrubín, František [tschech. 'hrubi:n], * Prag 17. Sept. 1910, tschech. Schriftsteller.
War bis 1945 Bibliotheksangestellter, dann freier Schriftsteller; begann mit traditioneller, zarter, formvollendeter Liebes- und Naturlyrik; wandte sich dann der sozial engagierten Dichtung zu und behandelte Probleme der Nachkriegszeit. Verfaßte Kinderbücher, auch Theaterstücke und zwei Erzählungen; Übersetzer und Nachdichter aus dem Dt. und Frz. (Heine, Verlaine, Rimbaud). In dt. Übersetzung liegt u.a. sein philosoph. Gedicht „Die Verwandlung" (dt. 1966) vor.

Hrušovský, Ján [slowak. 'hruʃɔu̯ski:], * Waagneustadtl (Westslowak. Gebiet) 4. Febr. 1892, slowak. Schriftsteller.
Redakteur einer polit. Zeitschrift; wandte sich nach Erzählungen mit erot. Motiven dem expressionist. Roman zu; stellt oft Kriegserlebnisse dar.

Hsiao Chien, * Peking 17. Dez. 1911, chin. Schriftsteller.
Redakteur, dann Korrespondent und Dozent in London, später Professor für chin. Literatur an der Universität Schanghai. Von der westl. Literatur stark beeinflußt; bekannt durch realist. Erzählungen („Die Seidenraupen", dt. 1946); bed. Literarhistoriker.

Hsü Chih-mo, * Haining (Tschekiang) 1896, † bei Tientsin 19. Okt. 1931, chin. Lyriker.
Studierte in Peking, New York und Cambridge; Bekanntschaft mit K. Mansfield und E. M. Forster; größere Reisen durch Europa, Tätigkeit an verschiedenen Universitäten; gehörte der modernen, vom ags. Schrifttum beeinflußten Richtung der chin. Literatur an; volkstüml. Gedichte, die wegen ihrer Natürlichkeit und eines frohen Enthusiasmus weit verbreitet waren; bed. Übersetzer.

Hubalek, Claus [...ɛk], * Berlin 18. März 1926, dt. Schriftsteller.
Nach Kriegsgefangenschaft Philologiestudium, Lehrer, zeitweilig Dramaturg bei Brecht; seit 1952 freier Schriftsteller; v.a. Dramatiker, der sich krit. mit der Kriegs- und Nachkriegszeit auseinandersetzt; schrieb ferner Hör- und Fernsehspiele, Erzählungen und den Roman „Die Ausweisung" (1962).
Weitere Werke: Der Hauptmann und sein Held (Kom., UA 1954), Keine Fallen für die Füchse (Kom., UA 1957), Die Festung (Schsp., 1957), Die Stunde der Antigone (Dr., 1960), Stalingrad (Dr., UA 1962).

Huc, Philippe [frz. hyk] ↑ Derème, Tristan.

Huch, Felix, * Braunschweig 6. Sept. 1880, † Tutzing 6. Juli 1952, dt. Erzähler.
Sohn eines Notars, Bruder von Friedrich H. und Vetter von Ricarda H.; verbrachte seine Jugend in Dresden, wurde Arzt, lebte 3 Jahre in Südamerika; schrieb biograph. Romane, v.a. über Komponisten.
Hauptwerke: Der junge Beethoven (R., 1927), Beethovens Vollendung (R., 1931), Mozart (R., 1941), Mozart in Wien (R., 1948), Dresdner Capriccio (R., 1948), Der Kaiser von Mexiko (R., 1949).

Huch, Friedrich, * Braunschweig 19. Juni 1873, † München 12. Mai 1913, dt. Schriftsteller.
Vetter von Ricarda H.; studierte Philologie und Philosophie, war Erzieher, später freier Schriftsteller in München; schrieb Satiren gegen die bürgerl. Dekadenz, daneben zarte, einfühlende Gestaltung des Seelenlebens junger Menschen in teils satir.-humorist., teils psychologisierenden Romanen.
Hauptwerke: Peter Michel (R., 1901), Geschwister (R., 1903), Mao (R., 1907), Pitt und Fox (R., 1909), Enzio (R., 1911).
Ausgabe: F. H. Ges. Werke. Stuttg. 1925. 4 Bde.
Literatur: Moulton, Th.: *F. H. Persönlichkeit u. künstler. Schaffensprozeß. Diss. Tüb. 1959 [Masch.].* – Jollos, N.: *F. H. u. sein Werk. Straßburg 1930.*

Huch, Ricarda, Pseudonym Richard Hugo, * Braunschweig 18. Juli 1864, † Schönberg (Taunus) 17. Nov. 1947, dt. Erzählerin und Lyrikerin.
Tochter eines Kaufmanns, studierte Geschichte und Philosophie (Dr. phil.), Tätigkeit an der Züricher Stadtbibliothek; dann Lehrerin in Bremen; heiratete in Wien den italien. Zahnarzt Ermanno Ceconi, nach der Scheidung ihren Vetter Richard H., von dem sie sich 1910 wieder trennte; seitdem freie Schriftstellerin, zuletzt in Frankfurt am Main. Von ihrem Frühwerk voller Phantasie und lyr. Subjektivismus (Lebens- und Glücksverlangen; leidenschaftl. Ergreifen des Augenblicks, Trauer um die Vergänglichkeit alles Irdischen) führt der Weg immer mehr zur beschreibenden, objektiven Darstellung histor. Gestalten

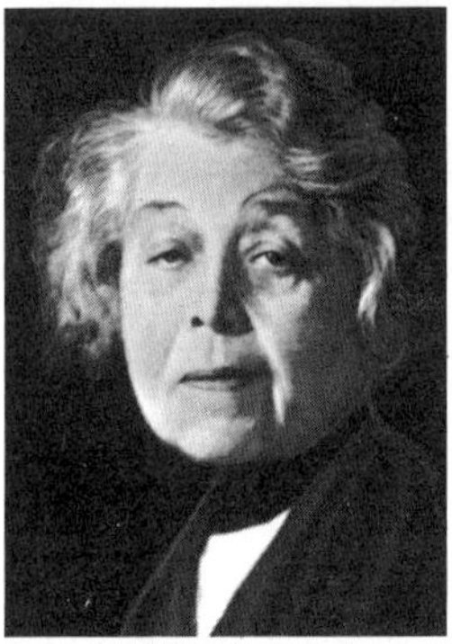
Ricarda Huch

und Ereignisse. Einen Höhepunkt ihres literar. Schaffens dieser Richtung bildet die großartige Schilderung der Schreckenszeit des Dreißigjährigen Krieges („Der große Krieg in Deutschland", 1912–14, 1937 u. d. T. „Der dreißigjährige Krieg"), aufgelöst in farbige, realist. gestaltete Bilder und Einzelszenen. Eine Sonderstellung nimmt ihr literar- und kulturgeschichtl. Werk „Die Romantik" (1908 zusammengefaßt aus: „Blütezeit der Romantik", 1899, und „Ausbreitung und Verfall der Romantik", 1902) ein, das für die Wiederentdeckung der Romantik und für die Überwindung des Naturalismus von großer Bedeutung war.
Weitere Werke: Gedichte (1891), Erinnerungen von Ludolf Ursleu dem Jüngeren (R., 1893), Fra Celeste u. a. Erzählungen (1899), Aus der Triumphgasse (Skizze, 1901), Vita somnium breve (R., 1903, 1913 u. d. T. Michael Unger), Die Geschichte von Garibaldi (Die Verteidigung Roms, 1906; Der Kampf um Rom, 1907), Der letzte Sommer (E., 1910), Das Leben des Grafen Federigo Confalonieri (Biogr., 1910), Der wiederkehrende Christus (E., 1926), Frühling in der Schweiz (Erinnerungen, 1938), Herbstfeuer (Ged., 1944), Urphänomene (Schr., 1946), Der lautlose Aufstand (Bericht, hg. 1953).
Ausgabe: R. H. Ges. Werke. Hg. v. W. Emrich. *Köln 1966ff. Auf 11 Bde., Reg.-Bd. berechnet.*
Literatur: Baumgarten, H.: *R. H. Von ihrem Leben u. Schaffen. Köln u. Graz* ^{2}*1968.* – Baum, M.: *Leuchtende Spur. Das Leben R. H.s. Tüb.* ^{4}*1964. – R. H. 1864–1947. Ein Bücherverz. Einf. u. Bibliogr. bearb. v.* B. Weber. *Dortmund 1964.* – Hoppe, E.: *R. H. Weg, Persönlichkeit, Werk. Stuttg.* ^{2}*1951.*
Huch, Rudolf, Pseudonym A. Schuster, * Pôrto Alegre (Brasilien) 28. Febr. 1862, † Bad Harzburg 12. Jan. 1943, dt. Schriftsteller.
Bruder von Ricarda H., studierte Jura; Rechtsanwalt und Notar, u. a. in Wolfenbüttel und Bad Harzburg. H. schrieb Romane, Erzählungen, Lustspiele und kulturkrit. Essays. Als Erzähler stand er in der Tradition Goethes, Kellers und Raabes. Seine satir., zeitkrit. Romane, in denen er das provinzielle Kleinbürgertum verspottet, seine Erziehungs- und Bildungsromane und der Schelmenroman „Wilhelm Brinkmeyers Abenteuer" (1911) zeigen H. als glänzenden Erzähler mit Ironie, Humor und feiner Beobachtungsgabe.
Weitere Werke: Aus dem Tagebuch eines Höhlenmolches (R., 1896), Mehr Goethe! (Essay, 1899), Hans der Träumer (R., 1903), Der Frauen wunderlich Wesen (R., 1905), Die Familie Hellmann (R., 1909), Junker Ottos Romfahrt (R., 1914), Das Lied der Parzen (R., 1920), Humorist. Erzählungen (1936), Mein Weg (Autobiogr., 1937).
Huchel, Peter, * Berlin 3. April 1903, dt. Lyriker und Hörspielautor.
Jugend auf dem Bauernhof des Großvaters; Studium der Philosophie und Literaturwissenschaft; längerer Aufenthalt in Frankreich, später freier Schriftsteller in Berlin; 1940 Soldat, 1945 russ. Gefangenschaft, dann Lektor, Chefdramaturg und Sendeleiter des Rundfunks in Berlin (Ost), 1948–62 Chefredakteur der Zeitschrift „Sinn und Form"; lebt in Potsdam-Wilhelmshorst. Seine in einfacher, jedoch bilderreicher Sprache gestaltete realist. Naturlyrik schöpft ihre Themen aus seiner märk. Heimat; später Hinwendung zu zeitgeschichtl. Ereignissen.
Hauptwerke: Dr. Faustens Teufelspakt und Höllenfahrt (Hsp., Ursendung 1933), Gedichte (1948), Chausseen, Chausseen (Ged., 1963), Die Sternenreuse. Gedichte 1925–1947 (1967).
Literatur: Hommage f. P. H. Zum 3. April 1968. Hg. v. O. F. Best. *Mchn. 1968.*
Hudson, W[illiam] H[enry] [engl. hʌdsn], * Quilmes bei Buenos Aires 4. Aug. 1841, † London 18. Aug. 1922, engl. Schriftsteller.
Bereiste die Umgebung des Río de la Plata; seine genaue Kenntnis der Lebensbedingungen in den Pampas verwertete er in Romanen und naturwissenschaftl. Büchern. H. hatte erst spät Erfolg. Seine Werke zeichnen sich durch Genauigkeit der Naturschilderung und erzähler. Geschick aus.
Hauptwerke: Roman in Uruguay (R., 1885; dt. 1930), El Ombú (Kurzgeschichte, 1902), Rima (R., 1904; dt. 1958).
Hueffer, Ford Madox [engl. 'hju:fə] ↑ Ford, Ford Madox.
Huelsenbeck, Richard ['hʏl...], * Frankenau (Landkreis Frankenberg) 23. April 1892, dt. Schriftsteller.
Studierte Medizin, später Germanistik und Kunstgeschichte, beendete unter dem Eindruck des Kriegsausbruches sein Studium (Dr. med.); 1916 gehörte er mit H. Arp, H. Ball, M. Janco und T. Tzara zu den Initiatoren des Dadaismus, 1917 begründete er mit R. Hausmann den Berliner Dada. Mit den Schriften „En avant Dada", „Dada siegt" und als Hg. des „Dada-Almanachs" (alle 1920) wurde er Wortführer der Dada-Bewegung. Nach dem Krieg Weltreisen als Schiffsarzt und Zeitungskorrespondent; 1936 Emigration nach New York, wo er als Psychiater und Psychoanalytiker unter dem Namen Charles R. Hulbeck lebt. Die Gedichte und Novellen H.s sind Sprachexperimente im Sinne des Dadaismus: „Schalaben, Schalomai, Schalamezomai" (Ged., 1916), „Phantast. Gebete" (Ged., 1916), „Verwandlungen" (Nov., 1918). Das Ergebnis seiner Reisen sind die Berichte und Romane „Afrika in Sicht" (1928), „Der Sprung nach Osten" (1928), „China frißt Menschen" (1930) und „Der Traum vom großen Glück" (1933).
Weitere Werke: Die New Yorker Kantaten (Ged., 1952), Die Antwort der Tiefe (Ged., 1954), Mit Witz, Licht und Grütze (Erinnerungen, 1957).

Huerta, Vicente García de la † García de la Huerta, Vicente.

Hufnagl, Max [...gəl] † Spindler, Karl.

Hugdietrich, anonyme mhd. Versnovelle aus dem 13. Jh. (im 15. Jh. gedruckt), in der die Brautfahrt H.s, des Vaters von Wolfdietrich, zu Hiltgunt, der Tochter Walgunts von Salnecke, geschildert wird; eine spätere Fassung führt die Darstellung fort.

Huggenberger, Alfred, * Bewangen bei Winterthur 26. Dez. 1867, † Gerlikon bei Frauenfeld 14. Febr. 1960, schweizer. Dichter.
War zeitlebens Bauer; sein Vorbild war J. Gotthelf, dessen ep. Kraft ihm aber fehlte. Schrieb schlichte Lyrik und Balladen, Romane, Dorfgeschichten, histor. Bühnenstücke und Lustspiele in Mundart. Am stärksten wirken seine Erzählwerke, deren Sprache kräftig und bilderreich ist und die von gelassenem Humor durchzogen sind.
Hauptwerke: Lieder und Balladen (1896), Hinterm Pflug (Ged., 1908), Die Bauern von Steig (R., 1913), Die Frauen von Siebenacker (R., 1925), Bauernbrot (En., 1941), Abendwanderung (Ged., 1946).
Literatur: Kägi, H.: *A. H. Frauenfeld 1937.*

Hughes, John Ceiriog [engl. hju:z], Pseudonym Ceiriog, * Llanarmon-Dyffryn-Ceiriog (Wales) 25. Sept. 1832, † Caersws (Montgomery) 23. April 1887, walis. Dichter.
Bahnbeamter; folklorist Studien; schrieb in kymr. Sprache volkstüml. Natur- und Liebeslyrik, die sich durch schlichte Ursprünglichkeit des Naturgefühls auszeichnet. Eine engl. Übersetzung erschien 1926.

Hughes, [James] Langston [engl. hju:z], * Joplin (Mo.) 1. Febr. 1902, † New York 22. Mai 1967, amerikan. Dichter.
Schulbildung in Cleveland und Mexiko, besuchte 1921/22 die Columbia University, fuhr zwei Jahre zur See, kam so nach Afrika und Europa, lebte u.a. in Paris, dann in Washington; hier erste literar. Erfolge; 1932/33 Zeitungskorrespondent in der UdSSR, später im Span. Bürgerkrieg; lebte zuletzt als Schriftsteller und Leiter des Negertheaters von Harlem in New York. Angeregt und beeinflußt von der Dichtung C. Sandburgs, W. Whitmans und P. L. Dunbars, stellte H. anklagend die Existenzprobleme der amerikan. Neger dar, wobei ihm oft der Negerdialekt Harlems als sprachl. Medium diente. Die Absicht der literar. Adaption von Jazzelementen, deren melanchol. und elegische Stimmungen H. nachgestaltete und deren häufigen Ausdruck der Verbitterung er nachempfand, wird durch einige Buchtitel noch bes. betont, z.B. durch „The weary blues" (Ged., 1926) und „Das Buch vom Jazz" (dt. 1956); H., einer der bed. farbigen Dichter der USA, stand ideolog. der polit. Linken nahe. Er schrieb auch Romane, Kurzgeschichten, Dramen, Opernlibretti und Musicals, ferner die Autobiographie „Ich werfe meine Netze aus" (1940, dt. 1963).
Weitere Werke: Simpel spricht sich aus (Kurzgeschichten, dt. 1959), Lachen um nicht zu weinen (Kurzgeschichten, dt. 1959), Trommeln zur Seligkeit (R., dt. 1959), Gedichte (dt. 1960), Weißgepuderte Gesichter (Kurzgeschichten, dt. 1961).

Hughes, Richard Arthur Warren [engl. hju:z], * Weybridge (Surrey) 19. April 1900, engl. Schriftsteller.
Als Student in Oxford befreundet mit A. Huxley, T. E. Lawrence u.a.; abenteuerl. Leben; viele Reisen, u.a. nach Amerika und in den Orient; große Verdienste um das walis. Theaterleben. Verfasser der ersten Hörspiele für den Rundfunk (die H. die Anerkennung Shaws eintrugen); schrieb auch Lyrik und Einakter; wandte sich dann dem Roman zu, in dem er Elemente des psycholog. und des Abenteuerromans verbindet; er wurde bekannt durch den Roman „Ein Sturmwind auf Jamaika" (dt. 1931); daneben Kurzgeschichten und Märchen; Einfluß der Nonsense-Dichtung.
Weitere Werke: Das Walfischheim (Märchen, dt. 1933), Von Dienstag bis Dienstag (R., dt. 1938, 1956 u. d. T. Hurrikan im Karib. Meer), Der Fuchs unterm Dach (R., dt. 1963).

Hughes, Thomas [engl. hju:z], * Uffington (Berkshire) 20. Okt. 1822, † Brighton 22. März 1896, engl. Schriftsteller.
Studierte Jura in Oxford; war polit. für die Liberalen tätig; 1865–74 im Parlament; setzte sich für christl.-soziale Reformen ein. Sein vielgelesener Roman „Tom Browns Schuljahre" (1856, dt. 1892) setzt sich objektiv mit dem System der engl. Public Schools und mögl. Reformen auseinander; die Forts. „Tom Brown at Oxford" (R., 1861) blieb erfolglos; reizvolle Landschaftsschilderungen zeichnen den Roman „The scouring of the white horse" (1859) aus; bed. sind seine Biographien.

Hugo von Montfort [frz. mõ'fɔ:r], * 1357, † 4. April 1423, mhd. Dichter.
Graf zu Bregenz, zog 1377 mit Albrecht III. von Österreich gegen die Preußen, wurde 1388 östr. Landvogt im Thurgau, war 1413–16 Landeshauptmann der Steiermark; zwischen Minnesängern und Meistersingern stehender Lyriker ohne formale Ambitionen; die meisten seiner Lieder sind im Ggs. zum konventionellen Minnesang echte Erlebnisdichtung; meist Preis der eigenen Frau; außerdem Spruchgedichte, Briefe von autobiograph., kulturhistor. und polit. Interesse.
Literatur: Kayser-Petersen, A.: *H. v. M. Beitr. zum Gattungsproblem im MA. Diss. Mchn. 1960.*

Hugo von Saint-Victor [frz. sɛ̃vik'tɔ:r] (H. von Sankt Viktor), * in Sachsen (Hartingham?) oder in Flandern (bei Ypern?) um 1096, † Paris 11. Febr. 1141, Scholastiker und Mystiker.
Augustiner-Chorherr; Leiter der Klosterschule von Sankt Viktor in Paris; vielseitige schriftsteller. Tätigkeit auf nahezu allen Gebieten des [weltl. und geistl.] Wissens seiner Zeit. Zu seinen Hauptwerken gehören die Abhandlungen „Didascalion" (hg. 1939) und „De sacramentis christianae fidei" (hg. 1939). Bed. sind auch seine myst. Schriften, die von nachhaltigem Einfluß auf die mittelalterl. Mystik waren.
Literatur: Schlette, H. R.: *Die Nichtigkeit der Welt. Der philosoph. Horizont des H. v. St. V. Mchn. 1961.* – Hauréau, J. B.: *Les œuvres de Hugues de St-V., essai critique. Paris ²1886.*

Hugo von Trimberg, * Trimberg bei Bad Kissingen um 1230, † nach 1313, mhd. Dichter.
Ausbildung an einer Klosterschule; Schulmeister, dann Schulrektor am Stift St. Gangolf zu Bamberg; schrieb die Viten von 200 Kalenderheiligen („Laurea Sanctorum"), das „Solsequium", eine Sammlung von Prosaexempla,

„Registrum multorum auctorum", eine Geschichte der lat. Literatur. Das Hauptwerk, „Der Renner" (über 24000 Verse), eine breitangelegte bürgerl. Morallehre, aufgebaut nach den 7 Hauptsünden, wurde 1300 vollendet, jedoch bis 1313 mit Nachträgen versehen. Eingeflochten sind eine Fülle von Fabeln, Anekdoten, Beispielen, auch persönl. Erlebnisse des Verfassers. Das Gedicht erhält durch zahlreiche Darlegungen aus den verschiedensten Wissensgebieten den Charakter einer Enzyklopädie.
Ausgabe: H. v. T. Lat. Werke. Hg. v. E. Seemann. *Bd. 1. Mchn. 1914 [m.n.e.].*
Literatur: Vomhof, F.: *Der „Renner" H,s v. T. Diss. Köln 1959.* – Langosch, K.: *Das Registrum multorum auctorum des H. v. T. Unterss. u. kommentierte Textausg. Bln. 1942.*

Hugo, Richard ↑ Huch, Ricarda.

Hugo, Victor [Marie] [frz. y'go], * Besançon 26. Febr. 1802, † Paris 22. Mai 1885, frz. Dichter.
Sohn eines napoleon. Generals, war bereits als Kind auf großen Reisen; studierte kurze Zeit an der École polytechnique in Paris, wandte sich

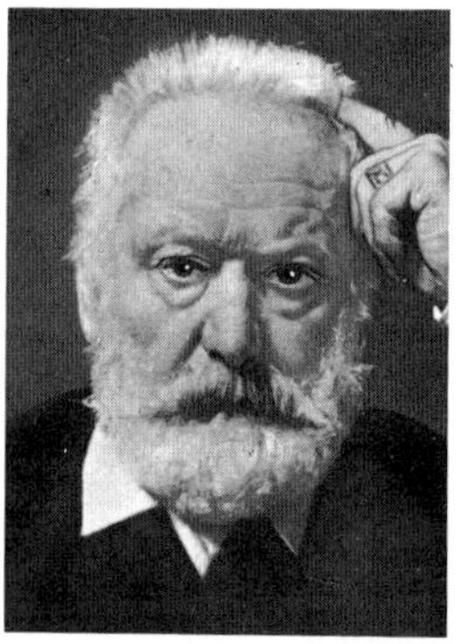

Victor [Marie] Hugo (Gemälde von L. Bonnat, 1879)

dann ganz der Literatur zu; 1822 Dichtergehalt von Ludwig XVIII.; Gründer und Hg. des Organs der frz. Romantik „La Muse française"; 1841 Mitglied der Académie française; polit. Aktivität: demokrat. Abgeordneter der Pariser Kammer, Eintreten für liberale Ideen; als Gegner Napoleons III. mußte er 1851 ins Exil gehen (Brüssel, Jersey und Guernsey); 1870 Rückkehr nach Paris; im Panthéon bestattet. Einer der bedeutendsten und volkstümlichsten Dichter Frankreichs, Haupt der frz. Romantik, deren Programm er in der Vorrede zum Drama „Cromwell" (1827, dt. 1830) aufstellte. H. schuf maßgebl. Musterbeispiele romant. Dichtung mit Dramen, Romanen und Gedichten. Seine ungewöhnl. Phantasie befähigte ihn, in bewegter, an kühnen Bildern, Antithesen und Metaphern reicher, z.T. rhetor.-pathet. Sprache immer wieder die Entwicklung und Läuterung der Menschheit sowie die Erneuerung der Gesellschaft darzustellen. Als sein Meisterwerk gilt der romant. histor. Roman „Notre Dame von Paris" (1831, dt. 1836), ein großartiges Gemälde des mittelalterl. Paris.
Weitere Werke: Odes (1822), Oden und Balladen (1826, dt. 1841), Aus dem Morgenland (Ged., 1829; dt. 1841), Hernani (Dr., dt. 1830), Herbstblätter (Ged., 1831; dt. 1841), Marion Delorme (Dr., dt. 1833), Der König amüsiert sich (Dr., 1832; dt. 1876), Lukrezia Borgia (Dr., dt. 1835), Dämmerungsgesänge (Ged., 1835; dt. 1841), Innere Stimmen (Ged., 1837; dt. 1842), Lichter und Schatten (Ged., dt. 1842), Ruy Blas (Dr., 1838; dt. 1842), Die Burggrafen (Dr., dt. 1843), Les châtiments (Ged., 1853), Les contemplations (Ged., 1856), Die Weltlegende (Epos, 1. Teil 1859, dt. 1860; 2. und 3. Teil 1877–83), Die Elenden (R., dt. 1862), Die Arbeiter des Meeres (R., dt. 1866), Der lachende Mann (R., dt. 1869), Dreiundneunzig (R., dt. 1874).
Ausgaben: V. H. Œuvres complètes. Hg. v. P. Meurice *u.* G. Simon. *Paris 1904–52. 45 Bde. – V. H. Sämmtl. Werke. Dt. Übers. Stuttg. ³1858 bis 1862. 21 Bde.*
Literatur: Barrère, J.-B.: *H. à l'œuvre. Le poète en exil et en voyage. Paris 1966.* – Dédéyan, Ch.: *V. H. et l'Allemagne. Paris 1964ff. Auf 3 Bde. berechnet.* – Maurois, A.: *Olympio, V. H. Dt. Übers. Hamb. 1957.* – Barrère, J.-B.: *La fantaisie de V. H. Paris 1949–60. 3 Bde.* – Berret, P.: *V. H. Paris 1927.* – Hofmannsthal, H. v.: *Versuch über V. H. Mchn. 1925.*

Huidobro, Vicente [span. ui'ðoβro], eigtl. V. García H. Fernández, * Santiago de Chile 10. Jan. 1893, † ebd. 2. Jan. 1948, chilen. Dichter.
Lebte lange in Paris und Madrid; Freund Apollinaires; wirkte als Begründer des avantgardist. Creacionismo auf die neuere span.-sprachige Lyrik; schrieb teilweise auch in frz. Sprache.
Hauptwerke: Canciones en la noche (Ged., 1913), Las pagodas ocultas (Ged., 1915), Adán (Ged., 1916), Horizon carré (Ged., 1917), Tour Eiffel (Ged., 1918), Automne régulier (Ged., 1925), Ver y palpar (Ged., 1941), Poesie (dt. Ausw. 1966).

Hulbeck, Charles R. [engl. 'hʌlbɛk] ↑ Huelsenbeck, Richard.

Hulewicz, Jerzy [poln. xu'lɛvitʃ], * Kościanki 4. Aug. 1886, † Warschau 1. Juli 1941, poln. Schriftsteller.
Vertrat die Stilprinzipien des Expressionismus, die er auch für die Malerei forderte; bemühte sich um „schöpfer. Kritik"; verwirklichte seine Ideen in Dramen und Graphiken; Vorbild für ihn war v.a. Wyspiański.
Hauptwerke: Kain (Dr., 1920), Bolesław śmiały (= Bolesław der Kühne, Dr., 1921), Aruna (Dr., 1922).

Hulme, Thomas Ernest [engl. hju:m], * Endon bei Stoke-on-Trent 16. Sept. 1883, ⚔ Nieuport (Belgien) 28. Sept. 1917, engl. Dichter und Philosoph.
Theoret. Begründer des Imagismus, sowohl antiromant. wie gegen die überreiche Bildwelt der Symbolisten und die radikale zeitgenöss. Dichtung der Futuristen gerichtet. H. beeinflußte v.a. E. Pound und T. S. Eliot. Ein lakon. knapper, assoziationsbeladener lyrischer Stil ist kennzeichnend.

Hülsen, Hans von, * Warlubien (Landkreis Schwetz) 5. April 1890, † Rom 14. April 1968, dt. Schriftsteller.
Sohn eines Pfarrers, studierte Philosophie, Geschichte und Literatur; Redakteur, dann bis 1933 Korrespondent verschiedener Auslandszeitungen; lebte zuletzt in Rom. Er gestaltet in Romanen histor. und biograph. Stoffe; auch Lyrik und Essays.

Hauptwerke: Das aufsteigende Leben (R., 1911), Den alten Göttern zu (R., 1918), Der Kelch und die Brüder (R., 1925), Der Schatz im Acker (R., 1929, 1943 u. d. T. Die drei Papen), Ein Haus der Dämonen (R., 1932, 1941 u. d. T. August und Ottilie), Die Wendeltreppe (autobiograph. En., 1941), Zwillings-Seele (Autobiogr., 1947), Röm. Funde (Schr., 1962), Zeus, Vater der Götter und Menschen (1966).

Hülsen, Ilse von † Reicke, Ilse.

Humboldt, Wilhelm Freiherr von, * Potsdam 22. Juni 1767, † Tegel (heute Berlin-Tegel) 8. April 1835, dt. Staatsmann und Gelehrter.

Bruder des Naturforschers Alexander Freiherr von H., studierte die Rechte in Frankfurt (Oder) und in Göttingen; größere Reisen, war bis 1791 im diplomat. Dienst und begann danach mit dem privaten Studium des Altertums. Seit 1794 lebte er als Privatgelehrter in Jena, war u.a. mit Schiller, Goethe und den Brüdern Schlegel bekannt. Neue diplomat. Missionen führten ihn durch M- und W-Europa; später im preuß. Innenministerium, leitete das Kultus- und Unterrichtswesen. 1810 Gründung der Berliner Universität; Gesandter in Österreich, vertrat die Interessen Preußens auf dem Wiener Kongreß 1814/15, Gesandter in London. 1819 Minister für ständische u. kommunale Angelegenheiten. Wegen ablehnender Haltung gegenüber den Karlsbader Beschlüssen und seines Eintretens für eine Verfassung mußte er zurücktreten. Er lebte seither auf Schloß Tegel. H. war universal gebildet. Er arbeitete an Schillers „Horen" und an Goethes Zeitschrift „Die Propyläen" mit, schuf Übersetzungen, schrieb literaturkrit. Arbeiten, auch Sonette. H. ist charakterist. Vertreter und Künder der klass. Humanitätsidee, er repräsentierte das Ideal des harmon. gebildeten Menschen und forderte eine Art „menschl. Selbstvollendung" durch universale Bildung. Die Sprache ist ihm, wie Herder, Ausdruck des Geistes der Völker.

Hauptwerke: Über die Aufgabe des Geschichtsschreibers (1822), Briefwechsel zwischen Schiller und W. v. H. Mit einer Vorerinnerung über Schiller und den Gang seiner Geistesentwicklung (1830), Über die Verschiedenheit des menschl. Sprachbaues und ihren Einfluß auf die geistige Entwicklung des Menschengeschlechts (1836), Ideen zu einem Versuch, die Grenzen der Wirksamkeit des Staats zu bestimmen (1851).

Ausgaben: W. v. H. Werke in 5 Bden. Hg. v. A. Flitner *u.* K. Giel. *Stuttg. 1960ff. – W. v. H. Briefe. Ausw. v.* W. Rößle. *Mchn. 1952. – W. v. H. Ges. Schrr. Hg. v. der Kgl. Preuß. Akademie der Wiss. zu Bln. Bln. u. Lpz. 1903–36. 17 Bde. Nachdr. Bln. 1967–68.*

Literatur: Die Brüder H. heute. Hg. v. der H.-Gesellschaft. Mhm. 1968. – Kessel, E.: *W. v. H. Idee u. Wirklichkeit. Stuttg. 1967.* – Müller-Vollmer, K.: *Poesie u. Einbildungskraft. Zur Dichtungstheorie W. v. H.s. Stuttg. 1967. – W. v. H. Sein Leben u. Wirken, dargestellt in Briefen, Tagebb. u. Dokumenten seiner Zeit. Ausgew. u. zusammengestellt v.* R. Freese. *Bln. 1955.* – Spranger, E.: *W. v. H. u. die Humanitätsidee. Bln. ²1928.* – Haym, R.: *W.v. H. Lebensbild u. Charakteristik. Bln. 1856.*

Humo, Hamza [serbokroat. 'hu:mɔ], * Mostar 30. Dez. 1895, bosn. Schriftsteller.

Leiter der Gemäldegalerie in Sarajewo. Stellte nach Anfängen als Lyriker in erzählenden und dramat. Werken idealisierend das Leben mohammedan. Bosnier in kleinbürgerl. Milieu dar. Zentrales Motiv ist meist der Zwiespalt zwischen Islam und Christentum.

Hauptwerk: Trunkener Sommer (R., 1926; dt. 1961).

Huna, Ludwig, * Wien 18. Jan. 1872, † Sankt Gallen (Steiermark) 28. Nov. 1945, östr. Schriftsteller.

Bis 1906 Offizier in Wien, danach freier Schriftsteller. Begann als Dramatiker, fand dann aber die ihm entsprechende Ausdrucksform im histor. Unterhaltungsroman. Bekannt sind seine „Borgia-Trilogie" mit den Romanen „Die Stiere von Rom" (1920), „Der Stern des Orsini" (1921), „Das Mädchen von Nettuno" (1922) und die „Christus-Trilogie", bestehend aus den Teilen „Ein Stern geht auf" (R., 1938), „Das hohe Leuchten" (R., 1938) und „Golgatha" (R.,1939).

Weitere Werke: Lockere Vögel (Einakterzyklus, 1908), Die Kardinäle (R., 1939).

Hunnius, Monika, * Narwa 14. Juli 1858, † Riga 31. Dez. 1934, balt. Schriftstellerin.

Als Gesangs- und Deklamationslehrerin in Riga tätig. Sie schrieb reizvolle, als Kulturbilder interessante Memoiren und Lebensbilder, die eine christl. Grundhaltung verraten.

Hauptwerke: Bilder aus der Zeit der Bolschewikenherrschaft in Riga (1921), Mein Onkel Hermann (Erinnerungen, 1922), Menschen, die ich erlebte (1922), Meine Weihnachten (E., 1922), Das Lied von der Heimkehr (1932).

Hunt, James Henry Leigh [engl. hʌnt], * Southgate (heute London-Southgate) 19. Okt. 1784, † Putney (heute London-Putney) 28. Aug. 1859, engl. Schriftsteller.

Gründer, Hg. und Mitarbeiter zahlreicher Zeitschriften; u.a. mit Bentham, Shelley und Lamb befreundet. Die Freundschaft mit Byron, der ihn nach Pisa einlud, endete nach kurzer gemeinsamer Arbeit an der Zeitschrift „The Liberal" (1822/23). Bed. v.a. als Essayist und Kritiker, der sich für kirchl. und polit. Reformen einsetzte. Erster bed. Theaterkritiker Englands, wichtig als Wegbereiter und Förderer von Shelley und Keats. Unbedeutende Lyrik.

Literatur: Landré, L.: *L. H., 1784–1859. Contribution à l'histoire du romantisme anglais. Paris 1936. 2 Bde.* – Blunden, E.: *L. H., a biography. London 1930.*

Hurban, Jozef Miloslav [slowak. 'hurban], * Beckov 19. März 1817, † Hlboké 21. Febr. 1888, slowak. Schriftsteller.

Ev. Pfarrer; umfangreiches publizist. Schaffen; trat v.a. für Štúrs Reform der Schriftsprache ein; 1848 aktiv am Freiheitskampf beteiligt. Zu seinem dichter. Werk gehören außer polit. Epigrammen patriot. und histor. Gedichte, oft unter Einbeziehung mytholog. Elemente; auch histor. Erzählwerke im Sinne der Romantik. Verfasser der ersten slowak. Literaturgeschichte und Biograph Štúrs. H. ging erst unter dem Eindruck der Ereignisse von 1848 von der tschech. zur slowak. Sprache über.

Hurban-Vajanský, Svetozár [slowak. 'hurban'vajanski:], * Hlboké 16. Jan. 1847, † Martin 17. Aug. 1916, slowak. Dichter.

Sohn von Jozef Miloslav Hurban; Rechtsanwalt, später Redakteur; wegen polit. Aktivität mehrfach inhaftiert. Unter Einfluß des Vaters der Romantik nahestehend, vertrat er stilist. schon den Realismus nach dem Vorbild Turgenjews. Er schrieb patriot. Lyrik, Verserzählungen nach dem Vorbild Byrons sowie Novellen und Romane, bes. mit Stoffen aus dem Lebensbereich des Landadels, ferner Reiseberichte und Studien zur Literatur und Kultur.

Hürnen Seyfried, Lied vom, anonymes mhd. Epos aus dem Stoffkreis der Nibelungensage, das die Jugendgeschichte Siegfrieds erzählt, vom Drachensieg, der ihn „hürnen" machte, und von der Befreiung der Königstochter Kriemhild aus dem Drachenfelsen; wohl um 1400 entstanden, ist das Gedicht nur in Drucken – der erste in Nürnberg 1527 – und im „Volksbuch vom gehörnten Siegfried" (1726) erhalten.

Ausgaben: Historie v. dem Gehörnten Siegfried. In: Dt. Volksbb. Hg. v. K. O. Conrady. *Reinbek bei Hamb. 1968. – Das L. v. H. S. Hg. v.* K. C. King. *Manchester 1958. – Das L. v. h. Seyfrid nach der Druckred. des 16. Jh.s. Mit einem Anhang: Das Volksb. v. gehörnten Siegfried nach der ältesten Ausg. (1726), hg. v.* W. Golther. *Halle ²1911.*

Literatur: Kroes, H. W. J.: *Der sagengeschichtl. Gehalt des L.es v. H. Sewfrid. In: German.-Roman. Mschr. 39 N. F. 8 (1958), 193.* – Schneider, Hermann: *Die dt. Lieder v. Siegfrieds Tod. Weimar 1947.* – Kroes, H. W. J.: *Unterss. über das Lied v. H. Seyfrid, mit Berücksichtigung der verwandten Überlieferungen. Gouda 1924.*

Hurst, Fannie [engl. həːst], * Hamilton (Ohio) 19. Okt. 1889, † New York 23. Febr. 1968, amerikan. Schriftstellerin.

Studium an der Washington University; begann mit Kurzgeschichten, verfaßte dann zahlreiche Romane, Dramen und Drehbücher, die ihr Interesse am Bühnenleben und an der Musik zeigen.

Hauptwerke: Every soul hath its song (Kurzgeschichten, 1916), Gaslight sonatas (Kurzgeschichten, 1918), Humoresque (Kurzgeschichten, 1919), Star-dust (R., 1921), Lummox (R., 1923), Man with one head (R., 1954), Anatomy of me (Autobiogr., 1958), God must be sad (R., 1961).

Hurtado de Mendoza, Diego [span. ur'taðo ðe men'doθa], * Granada 1503, † Madrid 14. Aug. 1575, span. Dichter.

Geschichtsschreiber und Diplomat; lernte klass. Sprachen, Hebräisch und Arabisch, bereiste Italien, kämpfte bei Pavia und war später Gesandter in England, Statthalter in Siena, zeitweise am Madrider Hof und in Brüssel; 1568–74 nach Granada verbannt; hinterließ lyr. Dichtungen (Sonette, Kanzonen, Eklogen und Episteln im italien. Stil, auch Gedichte nach alter Volksweise), das den letzten Aufstand der Morisken (1568–71) behandelnde Geschichtswerk in Prosa „Historia de la guerra de Granada" (1627) u. a.; sehr zweifelhaft ist, ob H. de M. Verfasser des Schelmenromans „El Lazarillo de Tormes" ist.

Literatur: González Palencia, A./Mele, E.: *Vida y obras de Don D. H. de M. Madrid 1941–43. 3 Bde.*

Hurtado de Toledo, Luis [span. ur'taðo ðe to'leðo], * Toledo 1523 (?), † um 1590, span. Dichter.

Pfarrer in Toledo; ihm wurde fälschl. der Ritterroman „Palmerín de Inglaterra" (1547, eine span. Version des portugies. Originals von Morais) zugeschrieben; er vollendete den „Auto de las cortes de la muerta" von Carvajal und die „Comedia de Preteo y Tibaldo" des Álvarez de Ayllón und übersetzte wohl Ovids „Metamorphosen"; weiter werden ihm Romanzen zugeschrieben.

Hu Shih (Hu Schi), * Schanghai 17. Dez. 1891, † Taipeh 24. Febr. 1962, chin. Schriftsteller und Literarhistoriker.

Studierte in den USA (Dr. phil.); Professor für Philosophie in Peking und Schanghai; später meist in den USA (1942–45 als chin. Botschafter). Hu Sh. schloß sich 1917 der literar. Reformbewegung an, die die Nachahmung der Klassiker strikt ablehnte und einen eigenen persönl. Stil forderte. Die neue Literatur sollte Volksliteratur, leicht verständl. und lebenswahr sein; große Verdienste erwarb sich Hu Sh. durch krit. und histor. Einführungen; bed. Werke über chin. Philosophie und Monographien einzelner Philosophen.

Husson, Jules [frz. y'sõ] ↑ Champfleury, Jules.

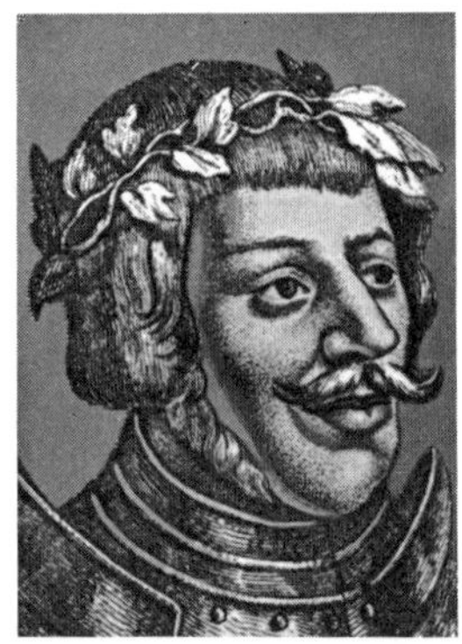

Ulrich von Hutten

Hutchinson, Ray Coryton [engl. 'hʌtʃɪnsn], * London 23. Jan. 1907, engl. Schriftsteller.

Studierte in Oxford u. a. Volkswirtschaft und arbeitete später als Werbeassistent, bis er sich 1935 ganz der Literatur zuwandte; lebt bei London. Schrieb im Geist seiner christl. orientierten Weltanschauung psycholog. Romane in einfachem, schmucklosem Stil.

Hauptwerke: Der Unvergessene (R., 1933; dt. 1944), Die Stiefmutter (R., dt. 1957), Der neunte März (R., dt. 1959), Der Ruf der Insel (R., dt. 1963).

Hutten, Ulrich von, * Burg Steckelberg bei Schlüchtern 21. April 1488, † Insel Ufenau im Zürichsee 29. Aug. 1523, dt. Humanist und Publizist. Entstammte einem fränk. Rittergeschlecht; floh 1505 aus der Klosterschule Fulda nach Köln und Erfurt, Studium, Anschluß an Humanistenkreise; 1506 Magister; seit 1509 Vagantenleben, Fehde gegen Herzog Ulrich von Württemberg, Jurastudium in Italien, 1513 Landsknechtsdienste vor Padua, stand 1517/18 im Dienst des Erzbischofs Albrecht von Mainz, den er auf den Reichstag von Augsburg begleitete, wo er von Kaiser Maximilian I. zum Dichter gekrönt wurde; Anhänger Luthers, der sich jedoch wie Erasmus von Rotterdam von H. abwandte, als dieser sich auf

der Flucht vor seinen Gegnern bei Franz von Sickingen verbarg. Zwingli bot dem inzwischen Geächteten ein Asyl auf der Insel Ufenau. Wortgewaltiger, streitbarer und leidenschaftl. Publizist, der als Parteigänger der Reformation zu allen aktuellen Zeitfragen Stellung nahm und bes. in scharfen Satiren, Epigrammen, Reden und Dialogen in dramat. Sprache und rhetor. Pathos gegen den Papst sowie die reaktionäre kath. Dogmatik und Geistlichkeit auftrat; Mitverfasser der „Epistolae obscurorum virorum"; auch Liederdichter. Polit. verfocht H. das Ideal eines einheitl., starken dt. Kaisertums mit führender Beteiligung der Reichsritterschaft, blieb jedoch ohne Erfolg.
Hauptwerke: Querelae (Ged., 1510), Exhortatio (Ged., 1512), Nemo (Ged., 1518), Aula (Dialoge, 1518), Gesprächsbüchlein (1521).
Ausgaben: U. v. H. Die dt. Dichtungen. Stuttg. 1890–91. Nachdr. Darmst. 1967. – U. v. H. Schrr. Hg. v. E. Böcking. *Lpz. 1859–70. 5 Bde., 2 Suppl.-Bde.*
Literatur: Holborn, H.: *U. v. H. Gött. 1968.* – Newald, R.: *U. v. H. In:* Newald: *Probleme u. Gestalten des dt. Humanismus. Bln. 1963.* – Quattrocchi, L.: *U. v. H. e l'Umanesimo tedesco. Rom 1963.* – Flake, O.: *U. v. H. Bln.* ^{7}*1930.* – Strauß, D. F.: *U. v. H. Lpz. 1858–60. 3 Tle. Nachdr. Tl. 1–2. Lpz. 1938.* – ↑ auch Crotus Rubianus, ↑ Epistolae obscurorum virorum,

Huxley, Aldous [Leonard] [engl. 'hʌksli], * Godalming bei London 26. Juli 1894, † Los Angeles-Hollywood 22. Nov. 1963, engl. Schriftsteller.
Aus berühmter Gelehrtenfamilie; erzogen in Eton, Studium in Oxford, dort Dozent für engl. Literatur, häufige Auslandsaufenthalte, u.a. auf dem europ. Kontinent (1923–30 in Italien), in Indien und Amerika. Redakteur und Mitarbeiter bekannter Zeitschriften; befreundet mit D. H. Lawrence; seit Ende der 30er Jahre in Kalifornien wohnhaft. H. war früh erfolgreich; sehr gebildet, scharfsinnig und witzig. Seine Gabe, zu registrieren und zu analysieren, machte ihn zu einem der bedeutendsten Kultur- und Gesellschaftskritiker unserer Zeit. Stilist. glänzende Romane, Kurzgeschichten und Essays; Eleganz der Sprache und geistige Virtuosität werden mitunter durch überspitzten Intellektualismus und Pessimismus in der Wirkung gemindert. H. zerstört das herkömml. Menschenbild, greift den Fortschrittsglauben an und entlarvt zyn. die engl.

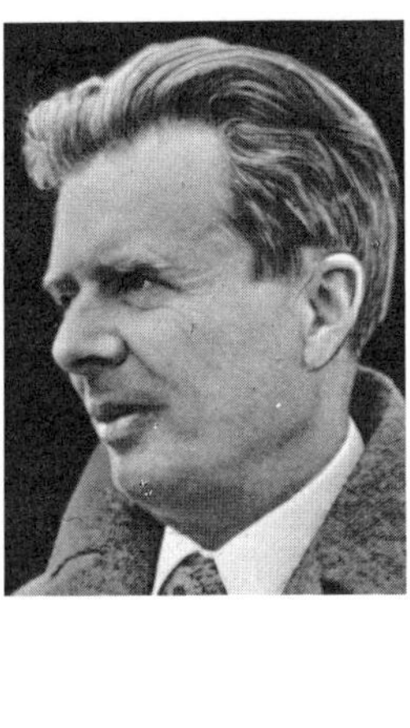

Aldous [Leonard] Huxley

High-Society. Während er in dem Jahrzehnt nach dem 1. Weltkrieg als Repräsentant der engl. Literatur galt, ging er seit den 30er Jahren einen ganz eigenen Weg. Beeinflußt durch die buddhist. Lehre (er gehörte der religiösen Gemeinschaft „Vedanta" an), neigte er mehr und mehr philosoph. Problemen zu und sah in myst. Kontemplation die Lösung des Lebensproblems. Sinnl.-materielle Einstellung ablehnend, suchte er einem neuen Lebensbewußtsein den Weg zu bahnen, das in der Erkenntnis des höchsten geistigen Faktors, der Überzeitlichkeit, besteht, die H. am ehesten in den östl. Religionen zu finden glaubte. In negativen Utopien („Welt – wohin?", R., dt. 1932, 1953 u.d.T. „Schöne neue Welt"; „Affe und Wesen", R., dt. 1951) malt er entsetzl. Bilder einer zukünftigen automatisierten, aller natürl. Impulse beraubten Welt.
Weitere Werke: Das Lächeln der Gioconda (Novellen, 1924; dt. 1931), Selected poems (1925), Parallelen der Liebe (R., dt. 1929), Kontrapunkt des Lebens (R., dt. 1930), Meisternovellen (1930, dt. 1951), Texts and pretexts (Essays, 1932), Geblendet in Gaza (R., 1936; dt. 1953), Nach vielen Sommern (R., 1939; dt. 1954), Die graue Eminenz (R., 1941; dt. 1948), Zeit muß enden (R., 1944; dt. 1950), Die Teufel von Loudon (R., dt. 1955), Das Genie und die Göttin (R., dt. 1956), Himmel und Hölle (Essays, dt. 1957), 30 Jahre danach oder Wiedersehen mit der „wackeren neuen Welt" (Essays, dt. 1960).
Ausgabe: A. H. Collected edition. London $^{1-5}$*1948–63. 26 Bde.*
Literatur: A. H. zum Gedächtnis. Dt. Übers. Mchn. 1969. – Fietz, L.: *Menschenbild u. Romanstruktur in A. H.s Ideenromanen. Tüb. 1969.* – Atkins, J.: *A. H. New York 1968.* – Huxley, L. A.: *This timeless moment. New York 1968. – A. H. A bibliography 1916–1959. Hg. v.* C. J. Eschelbach *u.* J. L. Shober. *Berkeley (Calif.) 1961.*

Huydecoper, Balthazar [niederl. 'hœydəko:pər], * Amsterdam 10. April 1695, † ebd. 23. Sept. 1778, niederl. Gelehrter und Dichter.
Bed. Sprachforscher; erster Hg. altniederl. Texte; seine Trauerspiele zeigen frz.-klassizist. Einfluß; übersetzte Horaz.
Hauptwerke: Achilles (Trag., 1719), Gedichten (1788).

Huygens, Constantijn [niederl. 'hœyxəns], Heer van Zuylichem, * Den Haag 4. Sept. 1596, † ebd. 28. März 1687, niederl. Schriftsteller.
Sorgfältige Ausbildung; Jurastudium; Englandreise, Bekanntschaft mit Bacon; Geheimsekretär der Prinzen von Oranien; befreundet mit Descartes, Heinsius, Vossius, Hooft. Komponist und Renaissancedichter kalvinist. Prägung. In seinen meist epigrammat. Gedichten schildert er moralisierend oder satir. Leben und Gesellschaft seiner Zeit. Vorherrschen des Verstandes. Das Leben einfacher Menschen stellt er realist. in „Trijntje Cornelis" (Dr., 1653) dar.
Weitere Werke: Zedeprenten (Ged., 1623), Daghwerck (Ged., 1637), Oogentroost (Satire, 1647).

Huysmans, Joris-Karl [niederl. 'hœysmans, frz. ɥis'mã:s], eigtl. Georges Charles H., * Paris 5. Febr. 1848, † ebd. 12. Mai 1907, frz. Dichter.
Aus niederl. Malerfamilie; lebte in Paris, war 1866–98 Angestellter des Innenministeriums; konvertierte 1892 zum Katholizismus; seit 1899 Laien-

bruder in einem Benediktinerkloster. H. begann als Naturalist (Freundschaft mit Zola), obwohl er vor der Häßlichkeit und der Verworfenheit des beschriebenen Großstadtmilieus Ekel empfand, wandte sich dann in seiner 2. Schaffensperiode einem symbolist. gefärbten Schönheitskult zu und gelangte nach einer Phase, die von seinem Interesse für Okkultismus und schwarze Magie bestimmt war, zuletzt zu einem ästhetisierenden Katholizismus. Seine Werke sind gekennzeichnet durch naturalist. genaue Wortwahl aus reichem Wortschatz und an den Impressionismus der Malerei gemahnende Sprache.

Hauptwerke: Marthe, histoire d'une fille (R., 1876), Sac au dos (Nov., 1880), Der Junggeselle (R., 1881; dt. 1905), Stromabwärts (E., 1882; dt. 1925), Gegen den Strich (R., 1884; dt. 1905), Da unten (R., 1891; dt. 1903, 1921 u. d. T. Tief unten), Vom Freidenkertum zum Katholizismus (R., 1895; dt. 1914), Die Kathedrale (R., 1898; dt. 1924), Geheimnisse der Gotik (Essay, 1908; dt. 1918).

Ausgabe: J.-K. H. Œuvres complètes. Bd. 1–23. Paris 1928–34 [m.n.e.].

Literatur: Billy, A.: *H. et Co. Brüssel 1962.* – Baldick, R.: *The life of J.-K. H. Oxford 1955.* – Schöffler, H.: *Die Stellung H.' im frz. Roman. Diss. Lpz. 1911.*

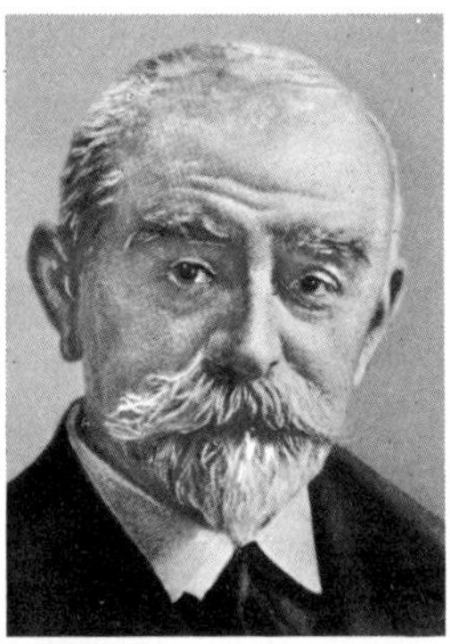

Joris-Karl Huysmans

Hviẹzdoslav [slowak. 'hviɛzdɔslau̯], eigtl. Pavol Országh, Pseudonym Jozef Zbranský, * Vyšný Kubín 2. Febr. 1849, † Dolný Kubín 8. Nov. 1921, slowak. Dichter.

Studierte Jura, war Richter, Rechtsanwalt, ab 1899 freier Schriftsteller; H., der die slowak. Literatur durch Übersetzungen (Goethe, Schiller, Shakespeare u. a.), neue Formen und neu geprägte Wörter bereicherte, war ein bed. Realist, der in seiner Lyrik die Eigenschaften seines Volkes preist, aber auch in tiefer Religiosität die Natur und Gottes Allmacht besingt. In Dramen und Verserzählungen wählt H. bibl. Stoffe und Themen aus dem Leben des slowak. Volkes. Sein bedeutendstes Werk ist das Epos: „Hájnikova žena" (= Die Frau des Hegers, 1884). Gegen den Krieg wendet er sich in „Krvavé sonety" (= Blutige Sonette, Ged., 1914).

Hyde, Douglas [engl. haɪd] (Dubhglas de h'Ide), Pseudonym An Craoibhin Aoibhinn, * Frenchpark (Roscommon) 17. Jan. 1860, † Dublin 12. Juli 1949, ir. Dichter und Gelehrter.

Seine Bemühungen um die Wiederbelebung der ir. Sprache führten ihn zur Gründung der „Gaelic League" (1893), deren Präsident er bis 1915 war; als Gelehrter und Politiker setzte er sich für die Pflege der modernen ir. Sprache ein; Verdienste um das ir. Theater. 1938–45 erster Präsident der Republik Irland. H. lieferte bed. Beiträge zur ir. Sprach- und Literaturforschung; Interesse für Folklore; schrieb viele Werke in ir. Sprache, übersetzte ir. Dichtungen und machte sie so einem größeren Publikum zugänglich; auch Verfasser einiger kurzer Dramen in ir. Sprache.

I

I̯acopo da Varazze [italien. 'i̯a:kopo davva'rattse] ↑ Jacobus a Voragine.

I̯acopọne da Todi [italien. i̯ako'po:ne dat'tɔ:di], eigtl. Iacopo dei Benedetti, latin. Jacobus Tuderdinus oder de Benedictis, * Todi um 1230, † San Lorenzo bei Collazzone (Perugia) 25. Dez. 1306, italien. Dichter.

Entstammte einer vornehmen und begüterten Familie, lebte als Rechtsanwalt in seiner Vaterstadt; nach dem trag. Tod seiner Frau zog er sich aus dem weltl. Leben zurück und wurde Franziskaner, nachdem er seinen ganzen Besitz verschenkt hatte; als Gegner von Papst Bonifaz VIII. griff er die Verweltlichung der Kirche scharf an, was ihm eine mehrjährige Haft eintrug und den Kirchenbann nach sich zog; Papst Benedikt XI. nahm ihn aber wieder in die Kirche auf. I. da T. ist eine der profiliertesten Dichterpersönlichkeiten des 13. Jh.s; seine Satiren („Le satire", hg. 1914) gegen das weltl. Treiben in der Kirche erreichen eine größere literar. Höhe als die zahlreichen geistl. Lobgesänge (hg. 1490, dt. 1924 u.d.T. „Die Lauden"); die Bußpredigten wurden durch ihn literaturfähig gemacht; eine Grundlage des religiösen Dramas schuf er mit den in Dialogform gestalteten Marienklagen; vielleicht Verfasser des Marienhymnus „Stabat mater dolorosa".

Literatur: Mussimi, C.: *I. da T., vita spirituale e poetica. Turin 1950.* – Steiger, J.: *J. da T. Diss. Zürich 1945.*

I̯amblichos, griech. Schriftsteller des 2. Jh.s aus Syrien.

Schrieb einen durch Auszüge des Photios teilweise erhaltenen Roman „Babyloniaka", dessen Bücherzahl von der Suda mit 39 angegeben wird; geschickte Komposition und eine von der Rhetorik beeinflußte Sprache bestimmen die erhaltenen Fragmente.

Ibáñez, Sara [Iglesias] de [span. i'βaɲes], * Tucuarembo 11. Jan. 1909, uruguay. Dichterin.

Schrieb formstrenge Lyrik voll dunkler Metaphorik.

Hauptwerke: Canto (1940), Canto a Montevideo (1941), Hora ciega (1943), Pastoral (1948), Artigas (1952).

Ibáñez, Vicente Blasco ↑ Blasco Ibáñez, Vicente.

Ibara Saikaku (Ihara Saikaku) [jap. ibara saikaku], eigtl. Hirajama Togo; tl.: Hirayama Tôgo, * Osaka 1642, † ebd. 10. Aug. 1693, jap. Schriftsteller.

Begüterter Kaufmann; bed. Haiku-Dichter; hatte zahlreiche Schüler; später Hinwendung zur Erzählliteratur; Schöpfer eines realist. Gesellschafts- und Sittenromans; scharfe Beobachtungsgabe, treffender Witz, Fabulierfreude und ein prägnanter Stil sind für I. S.s Werk charakteristisch. In dt. Übersetzung liegen einige erot. Erzählungen vor, u.a. „Yonosuke, der dreitausendfache Liebhaber" (1682, dt. 1965), „5 Geschichten von liebenden Frauen" (1686, dt. 1960).

Ibarbourou, Juana de [span. iβar'βuru], geb. Juanita Fernández Morales, * Melo (Cerro Largo) 8. März 1895, uruguay. Dichterin.
Frühreif; wurde durch ihre tiefempfundene, freimütige und sehr weibl. Lyrik (u.a. „Las lenguas de diamante", 1918; „Raíz salvaje", 1922) bereits in den 20er Jahren in der ganzen span.-sprechenden Welt bekannt; später machen sich surrealist. Einflüsse und eine Neigung zur Schwermut bemerkbar.

Ibn Al Arabi (Ibn Arabi), Muhji Ad Din; tl.: Ibn Al-ʿArabī (Ibn ʿArabī), Muḥyī Ad-Dīn ['ɪbən al-'ʔarabi], * Murcia 28. Juli 1165, † Damaskus 16. Okt. 1240, span.-arab. Mystiker des Islams.
Studierte in Sevilla, seit 1201 Reisen in den Osten, ließ sich in Damaskus nieder; fruchtbare schriftsteller. Tätigkeit; vertrat eine pantheist. Weltanschauung; in seinen philosoph. Spekulationen vom griech. und ind. Denken stark beeinflußt. Sein Hauptwerk, die „Futujat Al Makijja" (= Mekkan. Offenbarungen), enthält eine systemat. Darstellung der myst. Erkenntnis. Er schrieb auch sinnl., myst. interpretierte Gedichte (dt. Ausw. 1912).

Ibn Al Chatib, Lisan Ad Din Muhammad; tl.: Ibn Al-Ḫaṭīb, Lisān Ad-Dīn Muḥammad ['ɪbən alxa'ti:p], * Loja bei Granada 1313, † Fes 1374, span.-arab. Dichter und Geschichtsschreiber.
Studierte in Granada, trat in den span. Staatsdienst und bekleidete hohe Ämter; wurde gefangengesetzt, freigelassen, in einen Religionsprozeß verwickelt und zum Tode verurteilt; im Gefängnis ermordet; Verfasser zahlreicher Schriften aus vielen Wissensgebieten, hpts. histor. Werke; er war einer der gefeiertsten Dichter und Stilisten seiner Zeit.

Ibn Al Farid, Umar; tl.: Ibn Al-Fāriḍ, ʿUmar ['ɪbən al'fa:rɪt], * Kairo 12. März 1182, † ebd. 1235, arab. Dichter.
Studierte Theologie und die Rechte; wurde zum Sufismus bekehrt und lebte eine Zeitlang als Einsiedler bei Kairo, wo seine Grabstätte heute noch als Heiligengrab verehrt wird. Er gilt als der bedeutendste myst. Dichter in arab. Sprache; seine sprachl. schönen, mit rhetor. Schmuck verzierten Gedichte wurden oft bei Versammlungen von Sufis rezitiert und vorgesungen. Von seinem Diwan sind am bekanntesten das Weinlied und die sog. „Große auf t reimende Ode" (dt. 1854 von Hammer-Purgstall).

Ibn Al-Muqaffaʿ † Ebn Al Moghaffa.

Ibn Al Mutass, Abu Al Abbas Abdallah; tl.: Ibn Al-Muʿtazz, Abū Al-ʿAbbās ʿAbdallāh ['ɪbən almu'tas], * Bagdad 861, † ebd. Dez. 908, arab. Dichter.
Sohn des Kalifen Al Mutass, widmete sich ganz wissenschaftl. und künstler. Neigungen, bis er in den polit. Wirren sich zum Gegenkalifen gegen den 13jährigen Al Muktadir ausrufen ließ und von dessen Anhängern ermordet wurde. Konventionell in der Themenwahl, gelang ihm eine Synthese des Kunstwillens der Alten mit der modernen Richtung des Abu Nuwas; bed. ist ein 450 Doppelverse umfassendes Lobgedicht auf seinen Vetter, den Kalifen Al Mutadid (dt. 1886), ferner ein Werk über die Dichtkunst.

Ibn Chaldun, Abd Ar Rahman; tl.: Ibn Ḫaldūn, ʿAbd Ar-Raḥmān ['ɪbən xal'du:n], * Tunis 27. Mai 1332, † Kairo 19. März 1406, maghrebin.-arab. Geschichtsschreiber.
Bekleidete in einem wechselvollen polit. Leben hohe Hofämter in Spanien und N-Afrika; auf einer Pilgerfahrt nach Mekka ließ er sich in Kairo nieder; schrieb eine Weltgeschichte, die besonderen Ruf wegen der ausführl. Einleitung genießt, in der aus histor. Ereignissen allgemeine Gesetze über Werden und Vergehen der Völker und Staaten abgeleitet werden (dt. Ausw. 1951).

Ibn Esra, Abraham ben Meir ['ɪbən 'ɛsra] † Aben Esra, Abraham ben Meir.

Ibn Esra, Mose ben Jakob ['ɪbən 'ɛsra] † Aben Esra, Mose ben Jakob.

Ibn Hasm, Ali; tl.: Ibn Ḥazm, ʿAlī ['ɪbən 'hazəm], * Córdoba 7. Nov. 994, † bei Niebla 15. Aug. 1064, span.-arab. Dichter, Theologe und Gelehrter.
Sohn eines Wesirs aus got. oder keltoroman. Familie; wechselvolles Leben; zog sich aus dem polit. Leben auf sein Landgut bei Niebla zurück. Sein berühmtestes Werk, „Das Halsband der Taube" (um 1027, dt. 1961), handelt in feiner psycholog. Motivierung über die Liebe und enthält eingefügte Gedichte und Erzählungen, die eine hohe, den neuplaton. Ideen nahekommende Liebesauffassung manifestieren; ferner religiöse und histor. Abhandlungen sowie Jugendgedichte.

Ibn Sina; tl.: Ibn Sīnā ['ɪbən 'zi:na] † Avicenna.

İbrahim Şinasi [türk. ibra:'him ʃina:'si], * Konstantinopel (heute Istanbul) 1826, † ebd. 13. Sept. 1871, türk. Dichter.
Studierte in Paris Finanzwissenschaften; setzte sich nach der Rückkehr in seine Heimat bes. in den von ihm hg. Zeitschriften für eine Angleichung der Türkei an Europa ein, wurde zu einem neuerl. Aufenthalt in Paris gezwungen (1865–69). Förderte europ. Einflüsse auf die türk. Literatur durch zahlreiche Übersetzungen frz. Werke. Er schuf die erste türk. Originalkomödie („Dichterheirat", dt. 1876), schrieb Gedichte im traditionellen Stil und Prosa in einer zunehmend vereinfachten Sprache.

Ibsen, Henrik [norweg. 'ɪpsən], Pseudonym Brynjolf Bjarme, * Skien 20. März 1828, † Kristiania (heute Oslo) 23. Mai 1906, norweg. Dichter.
Nach Verarmung des Vaters Apothekerlehre, Medizinstudium; Mithg. von Zeitungen, Theaterdirektor, längerer Aufenthalt in Rom, lebte dann etwa 20 Jahre in Deutschland. Begann mit revolutionären Gedichten und dem Drama „Catilina" (1850). Die Bühnenwerke der folgenden Jahre entstanden unter dem Einfluß national-romant. Strömungen. Den ersten größeren Erfolg erzielte I. mit „Kronprätendenten" (1863, dt. 1872). Der nächsten Phase gehören die sog. Ideendramen an (als erstes „Brand", 1866, dt. 1872), die Weltgeltung erhalten sollten, ihnen folgten die gesell-

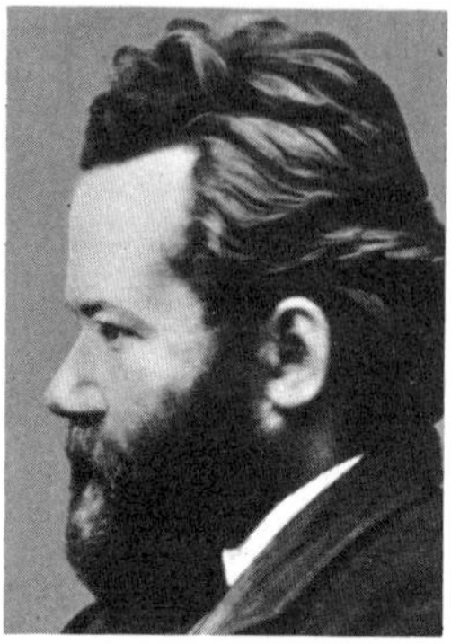

Henrik Ibsen

schaftskrit. Dramen, in denen er die meisterhafte Technik des frz. Salonstücks mit der analyt. Technik der antiken Tragödie verband und die an Stoffen aus dem Alltag die Lebenslüge, d.h. die bisher verdeckte Brüchigkeit zwischenmenschl. Beziehungen, enthüllen sollen. Kennzeichnend ist die hintergründige Symbolik der Leitmotive und die ep.-monolog. Form. Obwohl die Dramen Thesenstücke sind, stellt der Dichter lebensvolle Gestalten auf die Bühne. Endgültigen Weltruhm brachte ihm „Nora oder Ein Puppenheim" (Dr., dt. 1880). In einigen seiner späten Dramen nahm er psychoanalyt. Erkenntnisse vorweg, aufgezeigt u.a. an schwierigen Charakteren („Hedda Gabler", Dr., dt. 1891) und an der Auseinandersetzung mit sich selbst („Baumeister Solness", Dr., dt. 1893; „Wenn wir Toten erwachen", Dr., dt. 1900). I. hat dem Naturalismus in Deutschland und Skandinavien den Weg bereitet, sein Einfluß auf die Bühnendichtung der Folgezeit war stark.

Weitere Werke: Peer Gynt (Dr., dt. 1881), Kaiser und Galiläer (Dr., dt. 1888), Stützen der Gesellschaft (Kom., dt. 1878), Gespenster (Dr., dt. 1884), Ein Volksfeind (Dr., dt. 1883), Die Wildente (Dr., dt. 1888), Rosmersholm (Dr., dt. 1887), John Gabriel Borkman (Dr., dt. 1897).

Ausgaben: H. I. Schauspiele in einem Bd. Dt. Übers. Hamb. 1968. – H. I. Samlede værker. Oslo 1928–30. 20 Bde. – H. I. Sämtl. Werke in dt. Sprache. Hg. v. G. Brandes *u.a. Bln.* $^{1-2}$*1898* bis *1924. 2 Reihen in 14 Bden.*

Literatur: George, D. E. R.: *H. I. in Deutschland. Rezeption u. Revision. Gött. 1968.* – Meyer, Hans Georg: *H. I. Velber 1967.* – Tedford, I.: *I. bibliography 1928 to 1957. New York 1961.* – Stuyver, C.: *I.s dramat. Gestalten. Psychologie u. Symbolik. Amsterdam 1952.* – Gran, G.: *H. I., der Mann u. sein Werk. Dt. Übers. Lpz. 1928.* – Meyen, F.: *I.-Bibliogr. Braunschweig 1928.* – Reich, E.: *I.s Dramen. 20 Vorlesungen. Dresden* ^{14}*1925.*

Ibykos, griech. Dichter des 6. Jh.s v. Chr. aus Rhegion (Unteritalien).

Führte ein Wanderleben und trat in den Städten Unteritaliens und Siziliens als Sänger auf; um 540 ging er an den Hof des Polykrates von Samos; die späthellenist. Anekdote von der Ermordung des I. gestaltete Schiller („Die Kraniche des Ibykus"). I. begann mit chorlyr. Mythenerzählungen in der Art des Stesichoros; widmete sich dann mehr und mehr dem äol. Lied und schrieb dor. Chorlieder, in denen er die Liebe zu schönen Knaben leidenschaftl. besang; von den Alexandrinern wurden seine Gedichte (nur fragmentar. erhalten) in 7 Bücher eingeteilt.

Icaza, Francisco Asís de [span. i'kasa], * Mexiko 2. Febr. 1863, † Madrid 28. Mai 1925, mex. Dichter.

Vertrat sein Land als Diplomat in Spanien und Deutschland; modernist. Lyriker, veröffentlichte „Efímeras" (Ged., 1892), „Lejanías" (Ged., 1899), „La canción del camino" (Ged., 1905), „Cancionero de la vida honda y de la emoción fugitiva" (Ged., 1922) u. a., daneben Studien über Cervantes, Lope de Vega, Hebbel und Nietzsche.

Icaza Coronel, Jorge [span. i'kasa koro'nɛl], * Quito 10. Juni 1906, ecuadorian. Schriftsteller. Aus einfachen Verhältnissen, Autodidakt; war im diplomat. Dienst tätig; seit 1960 Direktor der Nationalbibliothek in Quito; begann als Dramatiker, verdankt seinen Ruhm jedoch in erster Linie dem in vielen Sprachen verbreiteten, kraß realist. Roman über die Versklavung der Indianer seiner Heimat „Huasipungo" (dt. 1952).

Weitere Werke: En las calles (R., 1935), El chulla Romero y Flores (R., 1958), Viejos cuentos (En., 1960).

Iching [chin.; = Buch der Wandlungen], im 7./6. Jh. (?) entstandenes chin. Buch, das ursprüngl. aus Wahrsageformeln in der Chou-Zeit von einem unbekannten Verfasser zusammengestellt wurde; da die Konfuzianer (vielleicht der Chien-Han-Zeit) ihre Gedanken polit. und metaphys.-eth. Art daran anknüpften, wurde das I. im 2./1. Jh. unter die 5 Kanon. Bücher des Konfuzianismus aufgenommen; es enthält u. a. die „Shihi" (= zehn Flügel, d. h. zehn Kapitel Erklärungen), die der traditionellen Ansicht zufolge dem Konfuzius zugeschrieben werden, in Wirklichkeit jedoch aus späterer Zeit stammen.

Ausgaben: I Ging. Das Buch der Wandlungen. Dt. Übers. Hg. v. R. Wilhelm. *Düsseld. 21.–23. Tsd. 1967. – The Yî King. Engl. Übers. v.* J. Legge. *Oxford 1882.*

Literatur: Wilhelm, H.: *Die Wandlung. Acht Essays zum I Ging. Zürich 1958.* – Wilhelm, R.: *Wandlung u. Dauer. Die Weisheit des I Ging. Darmst. 1956.*

Iffland, August Wilhelm, * Hannover 19. April 1759, † Berlin 22. Sept. 1814, dt. Schauspieler und Dramatiker.

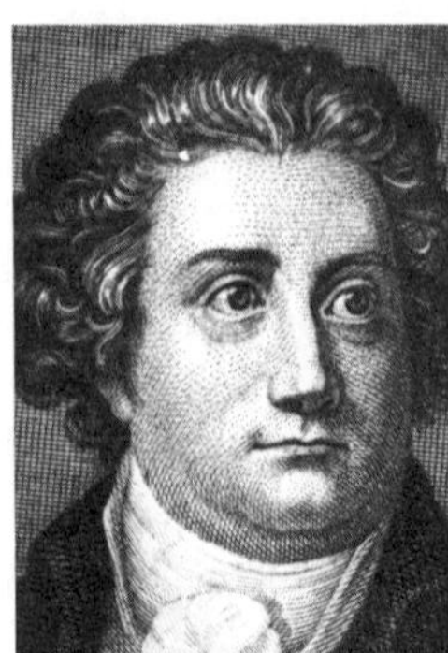

August Wilhelm Iffland

Zum Theologen bestimmt, entfloh, war seit 1777 am Gothaer Hoftheater, seit 1779 am Mannheimer Nationaltheater tätig, neben seinem Lehrer Ekhof und F. L. Schröder gefeiertster Schauspieler seiner Zeit. Direktor des Königl. Preuß. Nationaltheaters (1796–1811), seit 1811 Generaldirektor der Königl. Schauspiele in Berlin; verdient um die Aufführung Schillers und Shakespeares. Im Ggs. zur deklamator. Richtung Weimars setzte er sich für ein natürl., lebensnahes Spiel ein. Mit seinen bühnenwirksamen Stücken, die geschickt moral. Pathos, einfache Spannungseffekte und kleinbürgerl.-rührselige Handlung miteinander verbinden, war er zu seiner Zeit neben Kotzebue der meistgespielte Autor. Er verfaßte auch schauspieltheoret. Schriften.
Hauptwerke: Die Jäger (Dr., 1785), Die Hagestolzen (Lsp., 1793), Der Spieler (Dr., 1798), Almanach fürs Theater (1807–12, 1815 teilweise hg. u. d. T. Theorie der Schauspielkunst).
Ausgabe: A. W. I. Theater. Mit Biogr. des Verfassers. Wien 1843. 24 Bde.
Literatur: Klingenberg, K.-H.: *I. u. Kotzebue als Dramatiker. Weimar 1962.* – Kliewer, E.: *A. W. I. Ein Wegbereiter in der dt. Schauspielkunst. Bln. 1937.*

Iging ↑ Iching.

Iglesias (Iglesies), Ignacio (Ignasi) [span. iɣlesi̯as (katalan. iˈɣlɛzi̯əs)], * San Andrés de Palomar (Barcelona) 7. Aug. 1871, † Barcelona 9. Okt. 1928, katalan. Dramatiker.
Arbeitersohn; Gymnasium in Lérida; von Ibsen beeinflußt, behandelte er in realist., vielfach pessimist. Darstellung und in geschicktem Aufbau meist soziale Probleme der arbeitenden Schichten: „poeta dels humils" (= Dichter der Erniedrigten).
Hauptwerke: Fructidor (Dr., 1897), El cor del poble (Dr., 1897), La mare eterna (Dr., 1902), Els vells (R., 1903), Les garces (Dr., 1905).

Ignjatović, Jakov [serbokroat. iˌgnja:tɔvitɕ], * Sankt Andrä (Ungarn) 8. Dezember 1822, † Neusatz 5. Juli 1889, serb. Schriftsteller.
Aus wohlhabender Familie; Jurist; studierte in Paris frz. Literatur; Redakteur einer literar. Zeitschrift; später Abgeordneter. Schrieb zunächst Novellen und histor. Romane nach romant. Vorbildern, wandte sich dann dem Realismus zu und stellte in seinen abenteuerl. und sozialen Romanen den Niedergang der herrschenden Bürgerschicht dar. Die Romane „Alte und neue Meister" (1878) und „Die Dulderin" (1888) wurden auch ins Dt. übersetzt.

Ignotus ↑ Müller-Guttenbrunn, Adam.

Ignotus, eigtl. Hugó Veigelsberg, * Pest (heute zu Budapest) 2. Nov. 1869, † Budapest 3. Aug. 1949, ungar. Schriftsteller.
Studierte Jura; 1908 Chefredakteur der einflußreichsten ungar. Literaturzeitschrift „Nyugat", er förderte Vertreter der modernen Literatur; seine eigenen Werke, v. a. impressionist. Gedichte und Novellen, sind sehr persönl. gehalten.

Igorlied (russ. Slowo o polku Igorewe), 1185 von einem unbekannten Verfasser geschriebenes Heldenepos, das den Feldzug Fürst Igors von Nowgorod-Sewersk im Jahre 1185 gegen die Steppennomaden, die Polowzer, besingt. Von Igors anfängl. Sieg, seiner schließl. Niederlage, Gefangenschaft und Flucht wird in teils ep., teils lyr. Form erzählt. Das I. ist das bedeutendste Denkmal altruss. Literatur (im 18. Jh. in einer Kopie aus dem 15./16. Jh. in einem Sammelkodex entdeckt). Der Verfasser gibt ein von subjektiven Betrachtungen und Gefühlsäußerungen durchsetztes, buntes Bild vom russ. Leben im 11./12. Jh. Der schönste, poetischste Teil der Dichtung ist die Klage Jaroslawnas, der Frau Igors. Die ep. Erzählung ist mit Bildern, Symbolen, Metaphern und Alliterationen geschmückt, sie besitzt volksliedhafte Elemente; byzantin. und nord. Einflüsse sind festzustellen.
Ausgaben: Die Mär v. der Heerfahrt Igors. Der ältesten russ. Heldendichtung dt. nachgedichtet v. A. Luther. *Mchn. 1923. – Das Lied v. der Heerfahrt Igor's, Fürsten v. Sěversk. Dt. Übers. Bearb. v.* H. v. Paucker. *Bln. 1884.*
Literatur: Besharov, J.: *Imagery of the Igor' tale in the light of Byzantino-Slavic poetic theory. Leiden 1956.* – Mazon, A.: *Le Slovo d'Igor. Paris 1940.* – Abicht, R.: *Das südruss. Igorjlied u. sein Zusammenhang mit der nordgerman. Dichtung. Breslau 1906.*

Ihara Saikaku ↑ Ibara Saikaku.

Ihlenfeld, Kurt, * Colmar 26. Mai 1901, dt. Schriftsteller.
Studierte ev. Theologie und Kunstgeschichte, war 1925–45 Pfarrer; 1933–43 Hg. der Literaturzeitschrift „Eckart", begründete als geistiges Widerstandszentrum jener Zeit den „Eckart-Kreis" junger christl. Autoren; seit 1950 freier Schriftsteller in Berlin. I. ist als Erzähler, Lyriker und Essayist um die Gestaltung zeitnaher Themen aus prot.-christl. Sicht bemüht.
Hauptwerke: Der Schmerzensmann (E., 1949), Wintergewitter (R., 1951), Kommt wieder, Menschenkinder (R., 1954), Der Kandidat (R., 1959), Gregors vergebl. Reise (R., 1962), Stadtmitte. Krit. Gänge in Berlin (1964), Noch spricht das Land. Eine ostdt. Besinnung (1966).

Iking ↑ Iching.

Ikor, Roger [frz. iˈkɔ:r], * Paris 28. Mai 1912, frz. Schriftsteller.
Wuchs als Kind russ. Emigranten in Frankreich auf; École normale supérieure; Gymnasiallehrer; erhielt 1955 für seinen Roman „Die Söhne Abrahams" (dt. 1957), der den Schicksalsweg einer jüd. Emigrantenfamilie im Frankreich des 20. Jh.s nachzeichnet, den Prix Goncourt.
Weitere Werke: Le semeur de vent (R., 1960), Les murmures de la guerre (R., 1961), Regen über dem Meer (R., 1962; dt. 1969), La ceinture du ciel (R., 1964).

Ilf, Ilja; tl.: Il'f Il'ja [russ. iljf], eigtl. Ilja Arnoldowitsch Fainsilberg; tl.: Il'ja Arnol'dovič Fajnzil'berg, * Odessa 15. Okt. 1897, † Moskau 13. April 1937, russ.-sowjet. Schriftsteller.
Aus bürgerl. Familie; Mitarbeiter satir. Zeitschriften. Sein Hauptwerk ist der auf Anregung W. Katajews mit E. Petrow gemeinsam verfaßte Schelmenroman „Zwölf Stühle" (dt. 1930), der den sowjet. Alltag und v.a. die Reste bürgerl. Anschauungen satir. darstellt; ernster und bitterer wird die Satire in der Forts. dieses Werks, „Ein Millionär in Sowjetrußland" (dt. 1932, 1946 u.d.T. „Das goldene Kalb"); stark tendenziösen Charakter hat das mit Petrow verfaßte Skizzenbuch über Amerika.

Il fiore ↑ Durante.

Ilg, Paul, * Salenstein (Thurgau) 14. März 1875, † Romanshorn 15. Juni 1957, schweizer. Schriftsteller.
Kaufmann, später Redakteur in Berlin, seit 1903 freier Schriftsteller in Uttwil; schrieb volksliedhafte Gedichte sowie kraftvoll-realist., gesellschaftskrit. Zeit- und Entwicklungsromane, auch Dramen.
Hauptwerke: Lebensdrang (R., 1906), Gedichte (1907), Der Landstörtzer (R., 1909), Das Menschlein Matthias (R., 1913), Der starke Mann (R., 1917), Der Führer (Dr., 1919), Probus (R., 1922), Grausames Leben (R., 1944).

Ilias ↑ Homeros.

Ilić, Vojislav [serbokroat. ˌiliːtɕ], * Belgrad 14. April 1862, † ebd. 20. Febr. 1894, serb. Dichter.
Lehrer, dann Journalist; als Kritiker und durch sein lyr. Werk von bed. Einfluß auf die Entwicklung der serb. Literatur; führte freiere Metren ein und suchte seine Stoffe und Motive vorzugsweise in der antiken Dichtung; weltoffene, kosmopolit. Grundhaltung.

Iljin, Michail Andrejewitsch; tl.: Il'in, Mihail Andreevič [russ. ilj'jin] ↑ Ossorgin, Michail Andrejewitsch.

Iłłakowiczówna, Kazimiera [poln. iu̯u̯akɔvi'tʃuvna], * Wilna 6. Aug. 1892, poln. Dichterin.
Frühe Neigung zur sozialist. Ideologie, war um die Sozialfürsorge bemüht und in polit. Ämtern tätig; die „Erinnerungen an Marschall Piłsudski", dessen Sekretärin sie 1926–30 war, erschienen 1939 in dt. Übersetzung; galt Ende der 20er Jahre als bedeutendste poln. Lyrikerin mit sozialer Lyrik, Natur- und Liebesgedichten sowie hervorragenden heroischen Balladen; übersetzte u. a. Goethe und Schiller.

Illyés, Gyula [ungar. 'ijjeːʃ], * Rácegrespuszta 2. Nov. 1902, ungar. Schriftsteller.
Bäuerl. Herkunft, studierte in Paris; befreundet u. a. mit Aragon, Éluard, Breton, Tzara; Verbindung mit der Arbeiterbewegung; von Babits gefördert. Seine Dichtung, die ihre Themen meist der bäuerl. Welt entnimmt, ist in ihren Anfängen von der westeurop., v. a. der frz. Moderne geprägt und findet dann zu einer Art von „lyr. Realismus"; dt. erschien „Poesie" (1968). In den 30er Jahren schloß er sich den „Volkstümlern" an, zu deren bedeutendsten Vertretern er mit seinem soziograph. Prosawerk „Pußtavolk" (dt. 1947) gehört. Auch erfolgreicher Dramatiker, Essayist und Übersetzer.

Immanuel ben Salomo, genannt Manoello Giudeo oder Immanuel Romano, * Rom um 1270, † Fermo um 1330 (?), italien. Dichter jüd. Abkunft.
Befreundet mit Dante; unruhiges Wanderleben; schrieb in hebr. und italien. Sprache; jüd. Denken und der Geist der italien. Renaissance verbinden sich in seinem Werk, das frivol-spött. Erzählungen, daneben auch formstrenge Gedichte (u. a. Sonette) und Gebete sowie Bibelkommentare, u. a. zu den Psalmen und zum Hohen Lied, umfaßt.
Hauptwerk: Machberot (Verse und Prosa, 1491).

Immermann, Karl Leberecht, * Magdeburg 24. April 1796, † Düsseldorf 25. Aug. 1840, dt. Dichter.
Entstammte einer alten preuß. Beamtenfamilie, studierte Rechtswissenschaft, nahm an den Befreiungskriegen teil; seit 1817 im preuß. Staatsdienst, 1827 Landgerichtsrat in Düsseldorf, wo er

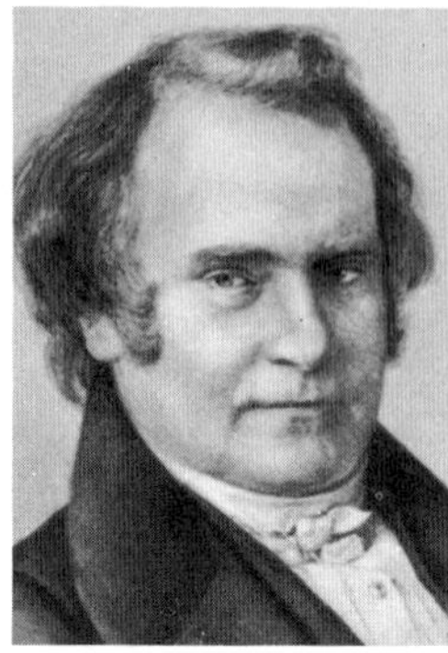
Karl Leberecht Immermann (Zeichnung von K. F. Lessing)

einen Theaterverein gründete und 1835–37 Leiter des Theaters war. I. stand als Dichter am Übergang vom Idealismus zum Realismus des 19. Jh.s; in seinem Werk finden die gegensätzl. Tendenzen und Richtungen dieses Jh.s ihren besonderen Ausdruck; I., der sich selbst als Epigone der Klassik und Romantik empfand, war bemüht, das Aufeinandertreffen überkommener idealist. Vorstellungen und neuer Erfahrungen dichter. zu gestalten; mit scharfer Beobachtung und Humor gelang es ihm, die Menschen zu charakterisieren, bed. v. a. der zeitkrit.-satir. Roman „Münchhausen" (1838/39) mit der später auch selbständig erschienenen realist. Dorfidylle „Der Oberhof"; die Auflösung der alten Gesellschaftsordnung wird in dem Zeitroman „Die Epigonen" (1836) dargestellt; weniger erfolgreich als Dramatiker.
Weitere Werke: Gedichte (1822), Cardenio und Celinde (Trag., 1826), Das Trauerspiel in Tirol (Dr., 1828, später u. d. T. Andreas Hofer), Der im Irrgarten der Metrik umhertaumelnde Cavalier (Satire, 1829), Tulifäntchen (Epos, 1830), Merlin (Dr., 1832), Memorabilien (1840–43).
Ausgaben: K. L. I. Ges. Werke in 5 Bden. Hg. v. B. v. Wiese. *Bad Homburg v. d. H. 1968 ff.* – *K. L. I. Werke. Mit einer Biogr. des Dichters v.* R. Boxberger. *Bln. 1883. 20 Bde.*
Literatur: Wiese, B. v.: *K. I., sein Werk u. sein Leben. Bad Homburg v. d. H. 1969.* – Windfuhr, M.: *I.s erzähler. Werk. Zur Situation des Romans in der Restaurationszeit. Gießen 1957.* – Maync, H.: *I. Der Mann u. sein Werk im Rahmen der Zeit- u. Literaturgesch. Mchn. 1920.*

Imperial, Micer Francisco [span. impe'ri̯al], * Genua um 1360, † 1. Hälfte des 15. Jh.s, span. Dichter.
Gründer einer italien.-andalus. Dichterschule in Sevilla; erster Vermittler Dantes in Spanien. Sein Hauptwerk ist die Dichtung „Dezir de las siete virtudes".

Imru Al Kais ['ɪmru al'kaɪs] ↑ Umru Al Kais.

Inber, Wera Michailowna; tl.: Inber, Vera Mihajlovna [russ. 'imbɪr], * Odessa 10. Juli 1890, russ.-sowjet. Schriftstellerin.
Ihr lyr. Frühwerk stand unter dem Einfluß von A. Achmatowa; wandte sich dann der Gruppe der Konstruktivisten zu. Bekannt durch ihren Tagebuchbericht aus dem belagerten Leningrad „Fast drei Jahre" (dt. 1946) und durch den Roman „Der Platz an der Sonne" (dt. 1930).

Inge, William [Motter] [engl. ɪŋ], * Independence (Kans.) 3. Mai 1913, amerikan. Dramatiker.
Begann als Journalist und lehrte Dramaturgie an einem College in Missouri. I. schrieb erfolgreiche Dramen aus der Welt der amerikan. Mittelklasse; er schildert menschl. Unsicherheit und stellt die Sehnsüchte seiner Dramenhelden mit feinem psycholog. Einfühlungsvermögen dar.
Hauptwerke: Komm wieder, kleine Sheba (Dr., 1950; dt. 1955), Picnic (Dr., dt. 1954), Bus stop (Dr., dt. 1955), Das Dunkel am Ende der Treppe (Dr., dt. 1958), A loss of roses (Dr., 1960).

Ingelow, Jean [engl. 'ɪndʒɪloʊ], * Boston (Lincoln) 17. März 1820, † London 20. Juli 1897, engl. Schriftstellerin.
Aus wohlhabender Familie, Freundschaft mit Ruskin. Schrieb Lyrik, Romane und eine Reihe vielgelesener Kinderbücher; zu ihren Hauptwerken gehören Gedichte mit Motiven aus ihrer Heimat, der Roman „Sarah de Berenger" (1879) und das Kinderbuch „Mopsa the fairy" (1869).

Ingemann, Bernhard Severin [dän. 'eŋəman], * Torkilstrup (Falster) 28. Mai 1789, † Sorø 24. Febr. 1862, dän. Schriftsteller.
Studierte in Kopenhagen, schrieb hier, in einer seel. Krise und unter dem Eindruck der dt. Romantik, überspannte, sentimentale Gedichte. Nach einer Reise durch Deutschland, Italien und die Schweiz schrieb er, unter dem Einfluß Grundtvigs, histor. Romane in der Art W. Scotts. In seinen späteren Lebensjahren trat er mit tief religiöser und nationaler Lyrik hervor, die großenteils vertont wurde.
Hauptwerke: Blanca (Trag., 1816), Abenteuer und Erzählungen (En., dt. 1826), Waldemar der Sieger (R., dt. 1827), Die erste Jugend Erik Menveds (R., dt. 1829), Dronning Margrethe (Vers.-R., 1836), Holger Danske (Ged., 1837).

Inglin, Meinrad ['ɪŋli:n], * Schwyz 28. Juli 1893, schweizer. Schriftsteller.
Nach Kellnerlehre Besuch des Gymnasiums, dann Studium; Redakteur, später freier Schriftsteller; Verfasser wirklichkeitsnaher, zugleich hintergründiger Romane und Erzählungen aus dem schweizer. Volksleben, bes. um den Ggs. zwischen Bauerntum und wurzelloser Zivilisation in der Tradition des schweizer. Realismus.
Hauptwerke: Die Welt in Ingoldau (R., 1922), Grand Hotel Excelsior (R., 1928), Schweizerspiegel (R., 1938), Die Lawine (En., 1947), Werner Amberg (R., 1949), Erlenbüel (R., 1965).
Ausgabe: M. I. Erzählungen. Zürich 1968 ff. Auf 2 Bde. berechnet.
Literatur: Wilhelm, E.: *M. I. Weite u. Begrenzung. Roman u. Novelle im Werk des Schwyzer Dichters. Zürich 1957.*

Ingoldsby, Thomas [engl. 'ɪŋgəldzbɪ] ↑ Barham, Richard Harris.

Ingolič, Anton [slowen. 'i:ŋgolitʃ], * Spodnja Polskava bei Pragerhof 5. Jan. 1907, slowen. Schriftsteller.
Gymnasiallehrer; Redakteur einer literar. Zeitschrift. Sein literar. Schaffen, das von Anfang an dem Realismus verbunden war, näherte sich immer mehr dem sozialist. Realismus; I. schildert in Dramen, Novellen und Romanen die Existenznöte der arbeitenden Schichten seiner Heimat. Dt. liegen vor: „Die Drauflößer" (En., 1943), „Durst" (En., 1948).

Ingorokwa, Egnate Fomitsch; tl.: Ingorokva, Ėgnate Fomič [russ. inga'rɔkvɐ] ↑ Ninoschwili, Egnate Fomitsch.

Inoue, Jasuschi; tl.: Inoue, Yasushi [jap. inoue], * 1907, jap. Schriftsteller.
Schon während seines Studiums an der Universität Kioto und seiner Tätigkeit als Journalist schriftsteller. tätig, machte er erst 1949 als Erzähler auf sich aufmerksam; v.a. wurde er bekannt durch die Erzählung „Das Jagdgewehr" (dt. 1964) und den realist.-psycholog. Roman „Die Eiswand" (dt. 1968).

Ioannidis, Andreas; tl.: Iōannídēs, Andréas [neugr. ioa'niðis] ↑ Kalwos, Andreas.

Ion von Chios, * Chios um 490, † 422, griech. Dichter.
Kam früh nach Athen, wo er mit Kimon, Themistokles, Aischylos, Sophokles u.a. bekannt wurde; seine vielseitige literar. Tätigkeit erstreckte sich – vom Epos abgesehen – auf alle Dichtungsgattungen; bes. erfolgreich war er als Tragiker; das umfangreiche Werk ist nur bruchstückhaft erhalten.

Ionesco, Eugène [frz. jɔnɛs'ko], * Slatina 26. Nov. 1912, rumän.-frz. Dramatiker.
Frz. Mutter, Kindheit in Paris, studierte in Bukarest Philologie, Gymnasiallehrer, Literatur- und Theaterkritiker; ging 1938 mit einem staatl. Stipendium nach Paris, blieb in Frankreich, fühlt

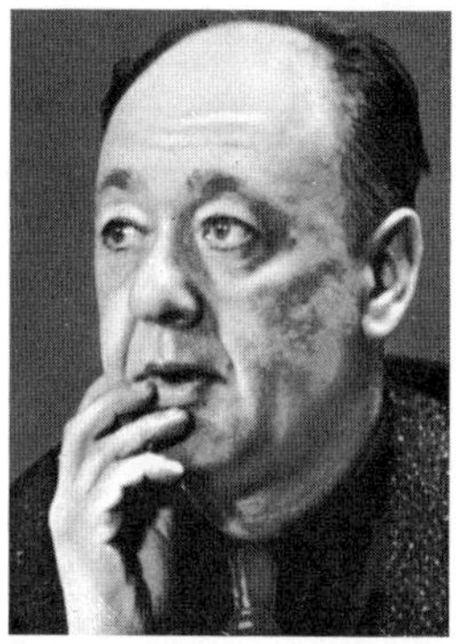
Eugène Ionesco

sich als Franzose. Seine literar. Laufbahn begann mit Gedichten (rumän. und frz.). I.s erstes Stück, „Die kahle Sängerin" (UA 1950, dt. 1959), ist ein Affront, ein „Antidrama" ohne Handlung, ohne Entwicklung, ohne sinnvollen Dialog. I. will durch die Absurdität seiner Stücke aufrütteln, will „die ontolog. Leere" deutl. machen. Er wählt die Form der Groteske, löst selbst die Sprache in rhythm. Lautgebilde auf, die höchstens Assoziationen erwecken, oder begnügt sich mit Gemeinplätzen. In dem Stück „Die Nashörner" (dt. 1960) schockiert er durch eine fiktive Welt, die in ihrer scheinbaren Ernsthaftigkeit eine mögl. Realität spiegelt. Den Prozeß der Vergänglichkeit schildert er am Sterben des Königs Behringer I. in „Der König stirbt" (Dr., dt. 1964). Er ist als Dramatiker außerordentl. erfolgreich; auch Erzählungen, Essays und Theaterkritiken.
Weitere Werke: Die Unterrichtsstunde (Dr., 1950; dt. 1955), Die Stühle (Dr., 1951; dt. 1959), Amédée oder Wie wird man ihn los? (Dr., 1953; dt.

1959), Der neue Mieter (Dr., 1953; dt. 1960), Fußgänger der Luft (Dr., dt. 1964), Hunger und Durst (Dr., dt. 1964), Tagebuch (dt. 1968), Heute und gestern, gestern und heute (Tageb., dt. 1969).
Ausgaben: E. I. Theaterstücke. Dt. Übers. Neuwied ¹⁻³*1962–67. 4 Bde. – E. I. Théâtre. Paris 1954–63. 4 Bde.*
Literatur: Ronge, P.: *Polemik, Parodie u. Satire bei I. Elemente einer Theatertheorie u. Formen des Theaters über das Theater. Bad Homburg v.d.H. 1967.* – Wendt, E.: *E. I. Velber 1967.* – Benmussa, S.: *E. I. Paris 1966.* – Donnard, J.-H.: *I. dramaturge ou l'artisan et le démon. Paris 1966.*

Iọrga, Nicolaie [rumän. 'i̯orga], * Botoşani (Moldau) 17. Juni 1871, † bei Bukarest 28. Nov. 1940, rumän. Schriftsteller.
Historiker und Politiker; studierte Geschichte, u.a. in Paris und Berlin, promovierte in Leipzig; 1894 Professor für Geschichte in Bukarest, später auch in Paris; Mitglied der rumän. Akademie, Gründer wissenschaftl. Institute; 1931/32 Ministerpräsident; 1940 von Mitgliedern der Eisernen Garde ermordet. Verfaßte zahlreiche Dramen, meist mit histor. Stoffen, schrieb auch Lyrik, Biographien u.a.; setzte sich in Kritiken für das Nationale, Bodenständige ein; wissenschaftl. Publikationen auch zur Literaturgeschichte; veröffentlichte auch in dt. Sprache.

Iọsif, Ştefan Octavian [rumän. 'i̯osif], * Kronstadt 11. Okt. 1875, † Bukarest 22. Juni 1913, rumän. Lyriker.
Studierte in Kronstadt, Hermannstadt und Bukarest; Mitarbeiter verschiedener Zeitschriften, u.a. 1906–08 von „Semănătorul"; seine Gedichte, in denen er der Sehnsucht nach einer patriarchal. Urheimat Ausdruck gibt, sind von idyll., melanchol. Grundstimmung; arbeitete teilweise mit seinem Freund D. Anghel zusammen; ausgezeichneter Übersetzer (Shakespeare, Schiller, Goethe, Bürger, Lenau, Uhland, Hölderlin, Petőfi und v.a. Heine), zusammen mit D. Anghel übersetzte er Verlaine und Ibsen.

Iqbal, Sir Mohammed [engl. ɪk'bɑːl], * Sialkot 22. Febr. 1873, † Lahore 21. April 1938, ind. Staatsmann und Dichter.
Studierte in England Philosophie und Jura, Dr. phil.; ließ sich als Rechtsanwalt in Lahore nieder. Sprach sich 1930 erstmals für die Schaffung eines selbständigen, islam. ausgerichteten Staates aus; wird „geistiger Vater" Pakistans genannt. Sein dichter. Werk gestaltete er in pers. Sprache und in Urdu; in der Behandlung der verschiedensten Themen galt sein Hauptanliegen dem Preis des Islams in dessen Glanzzeit und dessen Wiederaufstieg zur einstigen Größe. In dt. Sprache erschienen 1957 „Das Buch der Ewigkeit" (Ged.) und 1968 „Pers. Psalter". I. bemühte sich, modernes europ. Denken und die Ideen des Islams fruchtbar zu verbinden.
Literatur: Schimmel, A.: *Gabriel's wing. A study of the religious ideas of Sir Muhammad I. Leiden 1963.*

Iriạrte, Tomás de [span. i'ri̯arte], * La Orotava (Teneriffa) 18. Sept. 1750, † Madrid 17. Sept. 1791, span. Dichter.
Neffe des Gelehrten Juan de I., bei dem er auch studierte; Übersetzer und Archivar in Regierungsdiensten; hervorragende Figur des zeitgenöss. Madrider literar. Lebens, Wortführer des frz. Klassizismus; als Dichter bekannt durch das Lehrgedicht „La música" (1779), die Sammlung „Literar. Fabeln" (1782, dt. 1884), eine Übersetzung der Horazschen „Ars poetica" (1777), verschiedene Komödien u.a.

Iron, Ralph [engl. 'aɪən] ↑ Schreiner, Olive.

Irving, Washington [engl. 'ɔːvɪŋ], Pseudonyme Geoffrey Crayon, Diedrich Knickerbocker, * New York 3. April 1783, † bei Tarrytown (N.Y.) 28. Nov. 1859, amerikan. Schriftsteller.
Studierte Jura, lebte 1804–06, 1815–32 und 1842–45 in Europa (teils als Gesandtschaftsattaché u.a. in Spanien); berühmt wurde I. mit „A history of New York" (1809), einer parodist. Darstellung; gegen Jefferson gerichtete satir. Elemente sind mit solchen des kom. Epos gemischt. Sein bestes Werk ist das Scott gewidmete „Gottfried Crayon's Skizzenbuch" (1819f., dt. 1826),

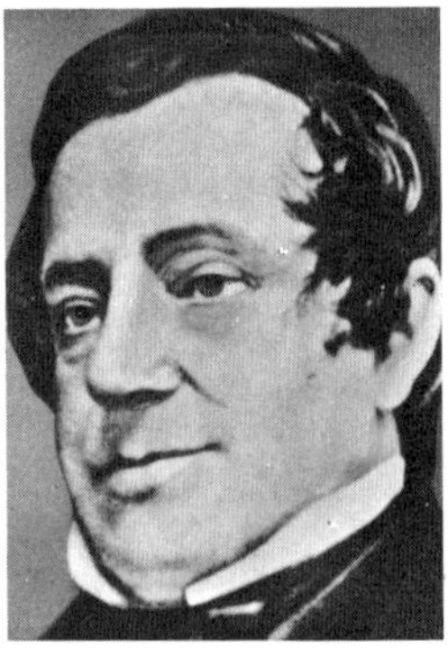
Washington Irving

das neben elegischen Familienerzählungen umgeformte, ins amerikan. Milieu transponierte dt. Sagenstoffe umfaßt, von denen „Rip Van Winkle" und „The legend of Sleepy Hollow" als frühe Muster der Kurzgeschichte gelten. Bes. von Spanien beeinflußt, schrieb I. „Die Geschichte des Lebens und die Reisen Christoph Columbus" (dt. 1828), die Sammlung span. Legenden „Die Alhambra" (dt. 1832), daneben Biographien (Goldsmith und Washington) und histor. Darstellungen.
Weitere Werke: Salmagundi or ... (Essays, 1807f.) Erzählungen eines Reisenden (dt. 1825).
Ausgaben: W. I. The works. New York 1897–1903. – W. I. Sämtl. Werke. Dt. Übers. Frkf. 1826–37. 74 Bde.
Literatur: Hedges, W. L.: *W. I. New York 1965.* – Hellmann, G. S.: *W. I. London 1925.*

Isaạcs, Jorge [span. isa'aks], * Cali 10. April 1837, † Ibagué (Tolima) 17. April 1895, kolumbian. Schriftsteller.
Sohn eines getauften Juden; studierte zeitweilig Medizin, war journalist. und polit. tätig, u.a. Präsident von Antioquia; schrieb unter dem Einfluß der frz. Romantik den idyll., teilweise autobiograph. Roman aus dem heimatl. Caucatal „María" (1867), der außerordentl. Widerhall fand.

Isaịas ↑ Bibel.

Isakovskij ↑ Issakowski.

Ịsherwood, Christopher [William Bradshaw] [engl. 'ɪʃəwʊd], * Disley (Cheshire) 26. Aug. 1904, angloamerikan. Schriftsteller.

Lebt in Kalifornien; studierte Medizin, dann Geschichte, war in London und Berlin als Lehrer tätig und unternahm ausgedehnte Reisen durch Europa; verließ Deutschland 1933 und lebte in London; in Zusammenarbeit mit W. H. Auden, mit dem ihn linksradikale Ideen verbanden, entstanden Versdramen ohne Bühnenwirksamkeit; 1938 Chinareise mit Auden; 1940 Emigration nach den USA; wurde 1946 naturalisiert; Filmarbeiten in Hollywood; Reisen u.a. durch Südamerika; Mitglied der „Vedanta-Gesellschaft", die oriental. Religionsphilosophie vertrat; Übersetzer religiöser Literatur Indiens; durch diese Interessen Kontakt mit A. Huxley. Sein photograph. genauer Stil gibt bes. seinem Bericht über das Berlin vor 1933 „Leb' wohl, Berlin" (dt.1949) eine eigene Note; ähnlich „Ich bin eine Kamera" (dt. 1953), eine Bühnenbearbeitung eines Teils der Romanhandlung des Berlin-Buches; Bemühung um neutrale, objektive Darstellung; vom Journalismus mitgeprägter klarer, gelegentlich sarkast. Stil; übersetzte auch Baudelaire.

Weitere Werke: Lions and shadows (Autobiogr., 1938), Praterveilchen (R., dt. 1949), Tage ohne Morgen (R., dt. 1964), Der Einzelgänger (R., dt. 1965).

Isidor von Sevilla, hl., * Cartagena um 560, † Sevilla 4. April 636, lat. Kirchenlehrer und Schriftsteller.

Wurde um 600 Erzbischof von Sevilla; als letzter bed. Autor der Spätantike verfaßte er zahlreiche Schriften, mit denen er dem frühen MA eine Auswahl des antiken Bildungsgutes vermittelte; sein Hauptwerk dieser Richtung sind die 20 Bücher „Etymologiae" (auch „Origines" genannt), in denen eine umfassende wissenschaftl. Enzyklopädie zusammengestellt wurde; als Historiker schrieb er eine „Historia Gothorum" und eine Geschichte seiner Zeit, die „Chronica maiora"; sein theolog. Hauptwerk, die „Sententiae", sind v.a. Augustinus und Gregor dem Großen verpflichtet. Verfasser der Literaturgeschichte „De viris illustribus", die v.a. Spanien berücksichtigt.

Ausgabe: Isidori, Hispalensis episcopi, etymologiarum sive originum libri XX. Hg. v. W. M. Lindsay. *Oxford 1911. 2 Bde.*

Literatur: Pérez de Urbel, J.: *I. v. S. Sein Leben, sein Werk u. seine Zeit. Dt. Übers. Köln 1962. – Isidoriana. Colección de estudios sobre Isidoro de S. Hg. v.* M. C. Díaz y Díaz. *León 1961.* – Fontaine, J.: *I. de S. et la culture classique dans l'Espagne wisigothique. Paris 1959. 2 Bde.*

Iskander † Herzen, Alexander Iwanowitsch.

Isla y Rojo, José Francisco de [span. 'izla i 'rrɔxo], eigtl. Isla de la Torre y Rojo, Pseudonym Francisco Lobón de Salazar, * Vidanes (León) 24. März 1703, † Bologna 2. Nov. 1781, span. Schriftsteller. Jesuit, berühmter Prediger, Professor für Theologie und Philosophie, mit seinem Orden aus Spanien vertrieben, lebte in Italien. I. y R. wurde berühmt durch seinen Roman „Geschichte des berühmten Predigers Bruder Gerundio von Campazas ..." (1758, dt. 1773), der als der beste span. Roman des 18. Jh.s gilt. I. y R. wendet sich darin gegen klerikale Selbstgefälligkeit und Korruption. Das Werk, eine Mischung von satir., burlesken und didakt. Elementen, mit treffenden Charakterzeichnungen, wurde von der Inquisition verboten.

Weitere Werke: Triunfo del amor... (Prosa, 1746), Reflexiones cristianas sobre las grandes verdades de la fe (Abhandlung, 1785).

Ismailow, Alexandr Jefimowitsch; tl.: Izmajlov, Aleksandr Efimovič [russ. iz'majlɐf], * Petersburg (heute Leningrad) 25. Juni 1779, † ebd. 28. Jan. 1831, russ. Schriftsteller.

Adliger, Ministerialbeamter, zeitweilig Vizegouverneur; Hg. und Redakteur von Zeitschriften. Als Fabeldichter Vorläufer Krylows; v.a. bekannt als Verfasser des Erziehungsromans „Jewgeni" (1799), der, unter dem Einfluß Rousseaus und Scarrons, moral.-satir. Elemente enthält.

Isokrates, * Athen 436, † ebd. 338, griech. Rhetor und Schriftsteller.

Sohn eines wohlhabenden Handwerkers, sehr sorgfältige Ausbildung; entscheidend war, daß Gorgias zu seinen Lehrern gehörte; infolge wirtschaftl. Not in den Kriegswirren sah I. sich gezwungen, als rhetor. Logograph seinen Lebensunterhalt zu verdienen. Bald wandte er sich ganz der Lehrtätigkeit zu, da er in der Rhetorik die Vermittlerin wahrer Bildung sah. Das Programm der sophist. Wanderprediger vollendend, gründete er um 390 eine Rhetorenschule, die die meistbesuchte und bedeutendste in Athen wurde. Erhalten sind je 7 Schul-, Gerichts- und polit. Reden und 9, jedoch nur z.T. echte Briefe. I., der in erster Linie Formkünstler war und sein wollte, galten ausgefeilte, vollendete sprachl. Formkunst, Schönheit des Stils, Wohllaut, rhythm. Durchgestaltung der Rede mehr als gedankl. Tiefe. Die größte Wirkung übte I. deshalb auf die Vollendung der att. Kunstprosa aus.

Ausgabe: Isokrate. Discours. Griech.-frz. Hg. v. G. Mathieu *u.* É. Brémond. *Paris* $^{1-3}$*1950–62. 3 Bde.*

Literatur: Bringmann, K.: *Studien zu den polit. Ideen des I. Gött. 1965.* – Cloché, P.: *Isocrate et son temps. Paris 1963.* – Mikkola, E.: *I. Seine Anschauungen im Lichte seiner Schrr. Helsinki 1954.*

Israel ben Elieser † Baal-Schem-Tob.

Issa [jap. issa], eigtl. Kobajaschi Nobujuki; tl.: Kobayashi Nobuyuki, * Kaschiwabara 5. Mai 1763, † ebd. 19. Nov. 1827, jap. Lyriker.

Bauernsohn, führte ein unstetes Wanderleben; bed. Haiku-Dichter; obwohl der stilist. Tradition verpflichtet, zeigen seine von tiefem Gefühl getragenen Gedichte in eindringl. Bildern durchaus Eigenes; schrieb auch meisterhafte Prosa. Seine Tagebuchaufzeichnungen (mit eingeflochtenen Gedichten) „Oragaharu" (1852) wurden 1959 ins Deutsche übersetzt.

Issakowski, Michail Wassiljewitsch; tl.: Isakovskij, Mihail Vasil'evič [russ. isa'kɔfskij], * Glotowka (Gebiet Smolensk) 19. Jan. 1900, russ.-sowjet. Lyriker.

I. gestaltete in seiner Lyrik v.a. das neue Leben und die Umwandlungen auf dem Dorf in sowjet. Zeit; setzte sich von der eleg. Dorfdichtung Jessenins ab. Seine Gedichte sind von liedhafter Musikalität, bed. Liederdichter; auch Verfasser von Aufsätzen über Dichtung und Übersetzer aus dem Weißruss. und Ukrain. Einzelne Gedichte sind in dt. Übersetzung in Anthologien enthalten.

Istrati, Panait [rumän. is'trati], * Brăila 10. Aug. 1884, † Bukarest 16. April 1935, rumän. Schriftsteller.

Arbeitete in verschiedenen Berufen, war Gewerkschaftssekretär, Redakteur, führte 1913–16 ein Wanderleben in den Mittelmeerländern; wurde nach der russ. Revolution Kommunist; nach einer Rußlandreise (1927–29) entschiedener Gegner des Kommunismus. I. wurde von R. Rolland entdeckt; er schrieb frz. und gewann darum leichter Zugang zum westeurop. Publikum, das von der farbigen Darstellung halborienttal. Balkanszenen und -typen gefesselt wurde. Mit dem sowjetruss. System setzte sich I. in den „Drei Büchern über Sowjetrußland" (dt. 1930) auseinander.
Weitere Werke: Kyra Kyralina (R., dt. 1926), Die Haiduken (R., dt. 1929), Kodin (R., dt. 1930), Nerrantsoula (R., dt. 1927), Die Disteln des Baragan (R., dt. 1928), Freundschaft oder ein Tabakladen (R., dt. 1932).

Isyllos von Epidauros, griech. Dichter um 300 v. Chr.
Schrieb mehrere Gedichte in schwerfälligen Hexametern und einen Päan in ion. Versmaß auf Apollon und Asklepios.
Literatur: Wilamowitz-Moellendorff, U. v.: *I. v. E. Zürich ²1967.*

Italicus † Silius Italicus, Tiberius Catius Asconius.

Iulianus Apostata, eigtl. Flavius Claudius Iulianus, * 332 (331?), ⚔ in Mesopotamien 26. Juni 363, röm. Kaiser, Philosoph und Schriftsteller.
Neffe Konstantins des Großen, christl. erzogen, 355 zum Caesar ernannt, von seinen Truppen im Kampf in Gallien zum Kaiser ausgerufen, von den Christen Apostata (= der Abtrünnige) genannt. Sein Versuch, den heidn. Gottesdienst wieder einzuführen und in diesen die christl. Hierarchie und den Karitasgedanken einzubauen, mißlang. Er hat als Schriftsteller fast alle literar. Gattungen gepflegt. Seine Schriften, v.a. philosoph. Inhalts, und Briefe sind in griech. Sprache abgefaßt. 87 Briefe sind erhalten (nicht alle echt), ferner 8 Reden, einige Satiren, Epigramme und Streitschriften (u.a. gegen das Christentum).

Iulius Valerius, röm. Schriftsteller des 3./4. Jahrhunderts.
Verfasser eines Alexanderromans, einer lat. Bearbeitung des griech. Alexanderromans des Pseudo-Kallisthenes; eine der Quellen der mittelalterl. Alexanderdichtung.

Iustinus, Marcus Iunianus, röm. Schriftsteller des 2. oder 3. Jahrhunderts.
Bekannt durch einen sehr knappen Auszug des Geschichtswerks „Philippica" des Pompeius Trogus.

Iuvenalis, Decimus Iunius, * Aquinum zwischen 58 und 67, † nach 127, röm. Satiriker.
Über sein Leben besitzen wir nur ungenaue Angaben, die z.T. unglaubwürdig sind; das Studium der Rhetorik bezeugt er selbst; lebte meist als Klient vermögender Gönner in Rom; begann erst in mittleren Jahren zu dichten; eine angebl. Verbannung nach Ägypten wird von Viten und Scholien gleichermaßen berichtet, doch muß wegen der zahlreichen widerspruchsvollen Einzelheiten die Tatsache selbst zweifelhaft erscheinen. Begann nach den ersten Jahren des 2. Jh.s seine 16 Satiren in 5 Büchern zu veröffentlichen; mit scharfem Witz, leidenschaftl. Entrüstung, rhetor. Pathos, kraftvoll-realist. Drastik, jedoch ohne die überlegene Ironie eines Horaz geißelt I. den Sittenverfall Roms zur Zeit Domitians; viele formale Unebenheiten (u.a. Härte im Versbau), Nachlässigkeiten in der Sprache, Umständlichkeit im stilist. Ausdruck, Lockerung in der Komposition beweisen, daß es I. nur um die Sache ging, um eine ungeschminkte Darstellung des Aktuellen und der z.T. harten Realität; im MA wurde I. sehr geschätzt.
Ausgaben: Juvenalis. Satiren. Dt. Übers. v. U. Knoche. *Mchn. 1951. – D. Junius Juvenalis. Saturae. Hg. v.* U. Knoche. *Mchn. 1950.*
Literatur: Highet, G.: *Juvenal the satirist. Oxford 1954.* – Marmorale, E.V.: *Giovenale. Bari ²1950.* – Jachmann, G.: *Studien zu Juvenal. Gött. 1943.*

Iuvencus, Gaius Vettius Aquilinus, span. Presbyter und lat. Dichter um 330.
Schuf, beeinflußt von der Formkunst Vergils, eine Evangelienharmonie in lat. Hexametern, um die heidn. Epen Homers und Vergils aus dem Bewußtsein des Volkes zu verdrängen.

Iwanow, Dimitar; tl.: Ivanov, Dimităr [bulgar. iva'nɔf] † Elin Pelin.

Iwanow, Georgi Wladimirowitsch; tl.: Ivanov, Georgij Vladimirovič [russ. i'vanɐf], * Kowno 23. Sept. 1894, † Hyères (Frankreich) 26. Aug. 1958, russ. Schriftsteller.
Lebte seit der Oktoberrevolution im Exil; bed. Lyriker unter zunehmendem Einfluß A. Bloks; betonte die musikal., euphon. Elemente der lyr. Sprache; wachsende Tendenz zu Nihilismus und iron. Desillusionierung.
Hauptwerke: Weresk (= Heidekraut, Ged., 1916), Treti Rim (= Das dritte Rom, R.-Fragment, 1929), Stichi (Ged., 1953).

Iwanow, Wjatscheslaw Iwanowitsch; tl.: Ivanov, Vjačeslav Ivanovič [russ. i'vanɐf], * Moskau 28. Febr. 1866, † Rom 16. Juli 1949, russ. Dichter.
Studierte klass. Philologie und Archäologie, u.a. bei Th. Mommsen; zahlreiche Bildungsreisen; stand im Mittelpunkt eines Kreises von Künstlern, Dichtern und Gelehrten; stand der Revolution 1905 positiv, der Oktoberrevolution 1918 ablehnend gegenüber und emigrierte nach Italien, wo er zur kath. Kirche übertrat. I. gilt als Theoretiker der 2. Generation der russ. Symbolisten und neben Blok und Bely als deren bedeutendster Vertreter. Seine Lyrik ist durch dunkle, schwerverständl. Sprache, gleichzeitig aber durch große Erlebnisintensität gekennzeichnet; mytholog.-symbol. und christl.-myth. Gehalt; in feierl.-erhabener, oft prunkvoller Sprache greift I. auf den Odenstil sowie den archaischen Wortschatz des Kirchenslaw. zurück; bed. auch seine literar- und kulturgeschichtl. Abhandlungen.
Hauptwerke: Tantalos (Trag., 1904; dt. 1940), Eros (Ged., 1907), Cor ardens (Ged., 1909–11), Klüfte (Essay, dt. 1922), Briefwechsel zwischen zwei Zimmerwinkeln (Essay, dt. 1946; mit M. Gerschenson).
Literatur: Holthusen, J.: *Studien zur Ästhetik u. Poetik des russ. Symbolismus. Gött. 1957.*

Iwanow, Wsewolod Wjatscheslawowitsch; tl.: Ivanov, Vsevolod Vjačeslavovič [russ. i'vanɐf], * Lebjaschje (Gouv. Semipalatinsk) 24. Febr. 1895, † Moskau 15. Aug. 1963, russ.-sowjet. Schriftsteller.
Sohn eines Lehrers, führte ein unstetes Leben und ging verschiedenen Beschäftigungen nach; kämpfte im Bürgerkrieg auf seiten der Revolutionäre;

wurde von Gorki unterstützt, schloß sich den „Serapionsbrüdern" an; zahlreiche Vorwürfe der sowjet. Kritik führten ihn zum sozialist. Realismus. I. ist der Epiker des Bürgerkrieges, den er in vielen Erzählungen darstellte; seine Bedeutung liegt v.a. in der Ursprünglichkeit der künstler. Gestaltung, in einer von Elementen der Volksdichtung bestimmten bildhaften, kräftigen und ornamentalen Sprache; die Erzählungen kennen nicht den gleichmäßigen Ablauf der Handlung, sondern die Fabel wird auf verschiedenen Ebenen gleichzeitig gestaltet. Neben einer ursprüngl. Lebensfreude steht die Neigung zum Pessimismus.
Hauptwerke: Panzerzug 14–69 (R., 1921; dt.1955), Die Rückkehr des Buddha (R., 1923; dt. 1962), Abenteuer eines Fakirs (R., dt. 1937), Alexander Parchomenko (R., 1939; dt. 1955).

Iwaszkiewicz, Jarosław [poln. ivaʃ'kjɛvitʃ], Pseudonym Eleuter, * Kalnik (Ukraine) 20. Febr. 1894, poln. Schriftsteller.
Entstammt einer Landadelsfamilie, studierte Jura und Musik in Kiew; Mitbegründer der futurist. Dichtergruppe „Skamander"; Diplomat in Dänemark, Belgien und Persien; ausgedehnte Reisen; Präsident des poln. Schriftstellerverbandes, Hauptschriftleiter der Zeitschrift „Twórczość" (= Schaffen). Begann mit Lyrik, die sich durch suggestive Klangwirkungen auszeichnet; später Hinwendung zum histor. Roman; I. gelang es vortrefflich, die Atmosphäre anderer Länder und Zeiten wiederzugeben und seine Helden zu charakterisieren, übersetzte Goethe, George, Rimbaud, Tolstoi u.a.; verfaßte Monographien über J. S. Bach, F. Chopin und R. Szymanowski.
Hauptwerke: Oktostychy (= Achtzeiler, Ged., 1919), Die Mädchen vom Wilkohof (En., 1933; dt. 1956), Die roten Schilder (R., 1934; dt.1955), Der Höhenflug (R., dt. 1959), Ruhm und Ehre (R., dt. 1960), Die Liebenden von Marona (En., dt. 1961), Drei Mühlen (dt. 1965), Die Rückkehr der Proserpina (En., dt. 1967).

Izmajlov ↑ Ismailow.

J

Jablonský, Boleslav [tschech. 'jablɔnski:], eigtl. Karel Tupý, * Kardaschřečitz 14. Jan. 1813, † Krakau 27. Febr. 1881, tschech. Dichter.
Aus finanzieller Bedrängnis Prämonstratenser; später Pfarrer bei Krakau. Ein Jugenderlebnis gab ihm das Motiv für seine reizvolle Liebeslyrik; später Hinwendung zur lehrhaften, religiös orientierten Dichtung.

Jackson, Helen [Maria] Hunt [engl. dʒæksn], * Amherst (Mass.) 15. Okt. 1830, † San Francisco 12. Aug. 1885, amerikan. Schriftstellerin.
Jugendfreundin E. Dickinsons; begann mit Lyrik, bekannt durch die krit. Studie „A century of dishonor" (1881) über das den Indianern angetane Unrecht und durch den vielgelesenen sentimentalen Anklageroman „Ramona" (1884).

Jackson, Laura [Riding] [engl. dʒæksn] ↑ Riding, Laura.

Jacob, Heinrich Eduard ['ja:kɔp], * Berlin 7. Okt. 1889, † Salzburg 25. Okt. 1967, dt. Schriftsteller. Freund G. Heyms, zeitweilig Korrespondent des „Berliner Tageblatts" in Wien, emigrierte nach den USA; setzte sich in seinen frühen Romanen und Novellen mit Problemen der Jugend und zeitkrit. Themen auseinander; bes. erfolgreich wurden die kulturgeschichtl. Darstellungen („Sage und Siegeszug des Kaffees", 1934; „Sechstausend Jahre Brot", engl. 1944, dt. 1954) und die Musikerbiographien; auch Dramen und Lyrik.
Weitere Werke: Das Leichenbegängnis der Gemma Ebria (Novellen, 1912), Beaumarchais und Sonnenfels (Dr., 1919), Jacqueline und die Japaner (R., 1928), Joseph Haydn (Biogr., dt. 1952), Mozart (Biogr., 1955), Felix Mendelssohn (Biogr., 1959).

Jacob, Johan [schwed. ˌjɑ:kɔp] ↑ Ahrenberg, Jac[ob].

Jacob, Max [frz. ʒa'kɔb], * Quimper 11. Juli 1876, † KZ Drancy bei Paris 5. März 1944, frz. Dichter und Maler.
Befreundet mit Picasso und Apollinaire, war in verschiedenen Berufen tätig; trat zur kath. Kirche über und zog sich ins Kloster Saint-Benoît-sur-Loire zurück; wurde als Jude verhaftet und ins KZ gebracht, wo er an einer Lungenentzündung starb. Sein umfangreiches und sehr vielseitiges Werk ist nur z.T. veröffentlicht. J. gilt als „Vater" der surrealist. Lyrik, seine Gedichte zählen zu den bedeutendsten der 20er Jahre. Sein Leben und Werk haben nachhaltigen Einfluß auf die frz. Dichtung ausgeübt. J. verbindet sprühende Phantasie, Naivität, Zartheit, Anmut und religiöse Leidenschaft mit satan. Spott, Skepsis, Spitzfindigkeit, Affektiertheit und Zweideutigkeit. Er bevorzugt visionäre Tagträume und apokalyptische Halluzinationen. Seine Dichtung entsteht um des Poetischen willen, sie hat ihren Sinn nicht im Gedanklichen.
Hauptwerke: Saint Matorel (R., 1909), Der Würfelbecher (Ged., 1917; dt. Ausw. 1968), La défense de Tartuffe (Ged. und Prosa, 1919), Le laboratoire central (Ged., 1921), Art poétique (Essays, 1922), Isabella und Pantalon (Kom., dt. 1926), Les pénitents en maillots roses (Ged., 1925), Le terrain Bouchaballe (R., 1923), Méditations religieuses (Ged., 1945), Ratschläge für einen jungen Dichter (hg. 1945, dt. 1969).

Jacobi, Friedrich Heinrich, * Düsseldorf 25. Jan. 1743, † München 10. März 1819, dt. Schriftsteller und Philosoph.
Kaufmannssohn, studierte Philosophie, übernahm das väterl. Geschäft; Beziehung zu Hamann, Wieland, Goethe, Herder, Heinse u.a., Präsident der Akademie der Wissenschaften in München und Professor für Philosophie; kritisierte Kant, Mendelssohn und den „Spinozismus" Lessings, trat für eine christl. Gefühlsfrömmigkeit ein; weist auf Kierkegaard, Nietzsche und die Existenzphilosophie voraus; literar. von Interesse sind die beiden Briefromane „Woldemar" (1779) und – beeinflußt von Rousseau und Goethes „Werther" – „Eduard Allwill's Briefsammlung" (1792).
Ausgaben: F. H. J. Werke, Nachlaß, Briefwechsel. Hg. v. O. F. Bollnow *u.a. Stuttg. 1968 ff. Auf ca. 14 Bde. berechnet. – F. H. J. Werke. Lpz. 1812–25. 6 in 7 Bden.*
Literatur: Baum, G.: *Vernunft u. Erkenntnis. Die Philosophie F. H. J.s. Bonn 1968.* – Verra, V.: *F.*

H. J. Dall'illuminismo all'idealismo. Turin 1963. – Bollnow, O. F.: *Die Lebensphilosophie F. H. J.s. Stuttg. 1933. Neudr. 1966.* – Heraeus, O.: *Fritz J. u. der Sturm u. Drang. Hdbg. 1928.* – ↑ auch Hamann, Johann Georg.

Jacobi, Johann Georg, * Düsseldorf 2. Sept. 1740, † Freiburg im Breisgau 4. Jan. 1814, dt. Dichter.
Bruder von Friedrich Heinrich J.; Theologie-, Jura- und Philologiestudium, Professor für Philosophie; Hg. der Zeitschrift „Iris", die auch Beiträge von Goethe brachte; später Hg. der „Taschenbücher" (seit 1803 „Iris"), 1784 Professor der Ästhetik in Freiburg i. Br.; konvertierte zum Katholizismus. Ein Spiegel des Zeitalters der Empfindsamkeit ist sein Briefwechsel mit Gleim, mit dem J. befreundet war; stand unter dem Einfluß engl. und frz. Vorbilder und dichtete bes. im Stil der Anakreontik; im Sturm und Drang verspottet.
Hauptwerke: Poet. Versuche (1764), Abschied an den Amor (Ged., 1769), Die Winterreise (Ged., 1769), Die Sommerreise (Ged., 1770).
Literatur: Schober, U.: *J. G. J.s dichter. Entwicklung. Breslau 1938.*

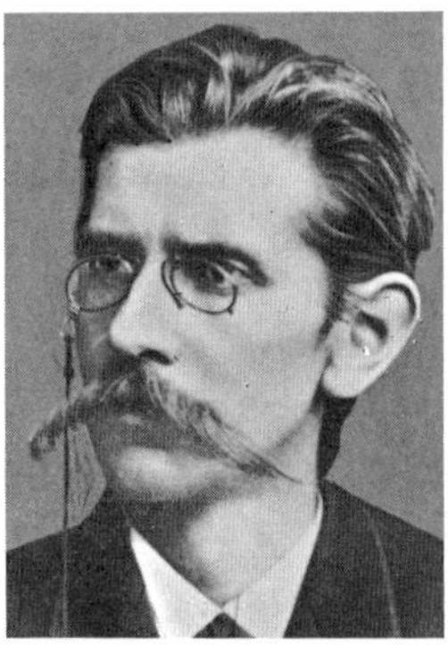
Jens Peter Jacobsen

Jacobs, William Wymark [engl. 'dʒeɪkəbz], * London 8. Sept. 1863, † ebd. 1. Sept. 1943, engl. Schriftsteller.
Schrieb humorist. Kurzgeschichten und Skizzen, meist aus dem Milieu der Matrosen und Hafenarbeiter, deren seltsame und kom. Erlebnisse er naturalist. schildert. Zu seinen bedeutendsten Werken gehört die klass. Gruselgeschichte „The monkey's paw", die 1902 in der Sammlung „The lady of the barge" erschien; auch Dramatiker.
Weitere Werke: Many cargoes (Kurzgeschichten, 1896), Ein voreiliges Experiment (Kurzgeschichten, dt. 1905).

Jacobsen, Jens Peter [dän. 'jakɔbsən], * Thisted 7. April 1847, † ebd. 30. April 1885, dän. Dichter.
Studierte nach sorgloser Jugend Botanik, Dr. phil.; Anhänger Darwins, dessen Ideen er in Dänemark populär machte; Beziehungen zu den ihm geistesverwandten Brüdern Brandes; 1873 Italienreise; schwere Erkrankung, von der er sich nicht mehr erholte. Obwohl sein gesamtes Werk nur geringen Umfang hat – 2 Romane, einige Novellen und Gedichte –, gehört J. zu den bedeutendsten europ. Dichtern seiner Epoche. Naturalist; verzichtete ganz auf die soziale Tendenz, zeichnete in meisterhaften Farben impressionist. Bilder, die feinste Seelenregungen und Naturstimmungen geschickt erfassen.
Hauptwerke: En cactus springer ud (Ged., 1869), Mogens (Nov., 1872; dt. 1891), Frau Marie Grubbe (R., 1876; dt. 1878), Niels Lyhne (R., 1880; dt. 1889), Pesten i Bergamo (Nov., 1881).
Ausgaben: J. P. J. Sämtl. Werke. Dt. Übers. Zürich 1947. 3 Bde. – *J. P. J. Ges. Werke. Dt. Übers. Mchn. 1927. 3 Bde. [mit Biogr. v.* G. Christensen*].* – *J. P. J. Samlede skrifter. Kopenhagen 1924–29. 5 Bde.*
Literatur: Schmidt-Wiegand, R.: *Der burde have været roser. J. P. J. u. die Überwindung des Naturalismus in Deutschland. In: Beitr. zur dt. u. nord. Lit. Festgabe f. Leopold Magon zum 70. Geburtstag, 3. Apr. 1957. Hg. v.* H. W. Seiffert. *Bln. 1958.* – Nielsen, F.: *J. P. J. Digteren og mennesket. En literær undersøgelse. Kopenhagen 1953.* – Knudsen, A.: *J. P. J.; hans digtning. Kopenhagen 1950.* – ↑ auch Gontscharow, Iwan Alexandrowitsch.

Jacobsen, Jørgen-Frantz [dän. 'jakɔbsən], * Thórshavn (Färöer) 29. Nov. 1900, † Vejlefjord 24. März 1938, dän.-färöischer Schriftsteller.
Studierte Geschichte; Mitarbeiter der Zeitung „Politiken", bekannt durch den erst nach seinem frühen Tod veröffentlichten unvollendeten Roman „Barbara und die Männer" (dt. 1940), ein faszinierend gezeichnetes, realist. Porträt einer außerhalb jeder Moral stehenden Frau.

Jacobus a Voragine [vo'ra:gine] (J. a Varagine, Iacopo da Varazze), * Viraggio (heute Varazze) bei Genua um 1230, † Genua 14. Juli 1298, italien. geistl. Schriftsteller.
Dominikaner, Prediger, Professor für Theologie, später Erzbischof von Genua. Bed. v. a. als Verfasser der „Legenda aurea", der bekanntesten Legendensammlung des MA (dt. 1470), einer in ganz Europa beliebt gewordenen Zusammenstellung von Heiligenviten.
Weitere Werke: Chronicon ianuense (entstanden 1297, hg. 1941), Sermones de sanctis de tempore (hg. 1484).
Ausgaben: Die Legenda aurea des J. v. V. Dt. Übers. v. R. Benz. *Neuausg. Köln 1969.* – *Jacobi a V. legenda aurea vulgo historia lombardica dicta. Hg. v.* J. G. Th. Graesse. *Breslau ³1890.*
Literatur: Waresquiel, M. de: *Jacques de V. Paris 1902.* – ↑ auch Passional.

Jadschurweda ↑ Weda.

Jaeckle, Erwin ['jɛklə], * Zürich 12. Aug. 1909, schweizer. Lyriker und Essayist.
Dr. phil., 1942–50 Mitglied des Gemeinderats von Zürich, seit 1947 auch des Nationalrates; seit 1943 Chefredakteur einer Tageszeitung; eigenwilliger Lyriker, für dessen Gedichte (Themen: Landschaft, Leben, Liebe) neben Musikalität Ausdrucksübersteigerungen kennzeichnend sind.
Hauptwerke: Die Kelter des Herzens (Ged., 1943), Schattenlos (Ged., 1947), Gedichte aus allen Winden (1956), Das himml. Gelächter (Ged., 1962), Der Ochsenritt (Ged., 1967), Nachricht von den Fischen (Ged., 1969).

Jæger, Frank [dän. 'jɛ:ɣər], * Kopenhagen-Fredriksberg 19. Juni 1926, dän. Schriftsteller.
Nach seiner Ausbildung als Bibliothekar Redakteur der Zeitschrift „Heretica"; schreibt Romane, Novellen, Dramen, Hörspiele und Essays. Seine

künstler. Begabung zeigt sich v.a. in der Lyrik, die sprachl. vorzügl. und von heiterer Ironie ist, auf philosoph. Gedankengänge und moderne Abstraktion verzichtet und dabei allen aktuellen Problemen gerecht wird.
Hauptwerke: Iners (R., 1950), Hverdagshistorier (Novellen, 1951), Tyren (Ged., 1953), Didrik (Schsp., 1955), Jomfruen fra Orléans (R., 1955), Cinna (Ged., 1959).

Jæger, Hans [norweg. 'je:gər], * Drammen 2. Sept. 1854, † Kristiania (heute Oslo) 8. Febr. 1910, norweg. Schriftsteller.
Gehörte zu einer radikalen Künstlergruppe, betrieb nebenberuflich philosoph. Studien, die ihn zu einem determinist. Standpunkt führten. J., Erzähler und Dramatiker, wurde zum Fürsprecher für die freie Liebe und erweckte einen Sturm im norweg. Kulturleben mit dem naturalist. Roman „Christiania-Bohême" (1885, dt. 1902), der dieses Thema behandelt. Sein antimoral. und antireligiöses, rücksichtslos ehrl. Werk besitzt geringe künstler. Tragfähigkeit.
Weitere Werke: Olga (Schsp., 1883; dt. 1920), Kranke Liebe (R., 1893; dt. 1920).

Jaeger, Henry ['jɛ:gər], eigtl. Karl-Heinz J., * Frankfurt am Main 29. Juni 1927, dt. Schriftsteller.
Sohn eines Kupferschmieds, 15jährig zum Kriegsdienst eingezogen, engl. Gefangenschaft, dann verschiedene Berufe; wurde als Chef einer Bande (Raubüberfälle, Einbrüche) 1956 zu 12 Jahren Zuchthaus verurteilt, 1963 begnadigt, dann Journalist. Bekannt durch gesellschaftskrit. Zeitromane in knapper, kühler Sprache mit Neigung zum Understatement. Sein erster Roman „Die Festung" (1962), während der Haft entstanden, und der Roman „Die bestrafte Zeit" (1963) sind Anklagen gegen den dt. Strafvollzug; schrieb auch Gedichte.
Weitere Werke: Die Rebellion der Verlorenen (R., 1963), Jeden Tag Geburtstag (Novellen, 1966), Das Freudenhaus (R., 1966), Der Club (R., 1969).

Jäger, Johann ↑ Crotus Rubianus.

Jahn, Moritz, * Lilienthal (Landkreis Osterholz) 27. März 1884, dt. Schriftsteller.
Volksschullehrer, studierte 1921–25 Germanistik und Kunstgeschichte und war bis 1943 Rektor in Geismar, danach freier Schriftsteller. Er schreibt hpts. in niederdt. Mundart. Sein im niederdt. Raum beheimatetes Werk zeigt trag. und grübler., satir. und kom. Elemente; Mundartgedichte und Balladen, Märchen und Geschichtserzählungen.
Hauptwerke: Unkepunz. Ein dt. Gesicht (Ged., 1931), Frangula (E., 1933), Ulenspegel un Jan Dood (Ged. und Balladen, 1933), Im weiten Land (En., 1938), De Moorfro (Nov., 1950), Luzifer (E., 1956).
Ausgabe: M. J. Ges. Werke in 3 Bden. Hg. v. H. Blome. *Gött. 1963–64.*
Literatur: Peters, R.: *M. J. in seinen Prosawerken. Magister-Arb. Univ. of Manitoba, Winnipeg 1966.*– Tränckner, Ch.: *M. J. In: Die Neue Lit. 39, 1 (1938).*

Jahnn, Hans Henny, * Hamburg-Stellingen 17. Dez. 1894, † Hamburg 29. Nov. 1959, dt. Dichter.
1915–18 als Pazifist im Exil in Norwegen, Orgelbauer, Musikverleger, nach 1933 in der Emigration, 1950 wieder in Hamburg. Nach frühen erfolglosen dichter. Versuchen gelang ihm 1919 mit dem Drama „Pastor Ephraim Magnus" der Durchbruch. Sein Werk, z.T. schwer deutbar, war heftig umstritten (Theaterskandale). Psychoanalyse, Expressionismus und Naturalismus haben seine Thematik beeinflußt. Aus Protest gegen Zivilisation, Konvention, mechanist. Denken propagierte er einen heidn. Vitalismus und entwarf als Stifter der „Glaubensgemeinde Ugrino" (1920) die Utopie eines neuheidn. Reiches. Liebe faßte J. als rein biolog. Vorgang auf und schildert sie in allen, v.a. patholog. Formen mit kaum zu überbietender Drastik. Unter seinen Dramen ragt „Armut, Reichtum, Mensch und Tier" (1948) bes. hervor. Sein Hauptwerk ist der Roman „Perrudja" (1929), stilist. von Joyce beeinflußt, in dem J.s überragende dichter. Begabung, sein Reichtum an einzigartigen Impressionen und Visionen und seine eigenwillige Formensprache bes. deutlich werden. Auch Essayist.
Weitere Werke: Die Krönung Richards III. (Trag., 1921), Der gestohlene Gott (Trag., 1924), Medea (Trag., 1926), Fluß ohne Ufer (R.-Trilogie, 1949–61), Thomas Chatterton (Trag., 1955), Die Nacht aus Blei (R., 1956), Die Trümmer des Gewissens (Dr., UA 1961 u. d. T. Der staubige Regenbogen).
Ausgabe: H. H. J. Dramen. Mit einem Nachwort v. W. Muschg. *Frkf. 1963–65. 2 Bde.*
Literatur: Brown, R. E.: *H. H. J.s „Fluß ohne Ufer". Eine Studie. Bern u. Mchn. 1969.* – Emrich, W.: *Das Problem der Form in H. H. J.s Dichtungen. Wiesb. 1968.* – Meyer, Jochen: *Verz. der Schrr. v. u. über H. H. J. Neuwied 1967.* – Muschg, W.: *Gespräche mit H. H. J. Frkf. 1967.* – Wolffheim, H.: *H. H. J. Der Tragiker der Schöpfung. Beitr. zu seinem Werk. Frkf. 1966.*

Jahwist ↑ Bibel.

Jaimes Freyre, Ricardo [span. 'xaimes 'frɛire], * Tacna (Tucumán) 12. Mai 1868, † ebd. 24. April 1933, bolivian. Dichter.
Professor an der Universität Tucumán, später u.a. bolivian. Erziehungsminister; mit Rubén Darío Begründer der „Revista de América" (1894); bed. modernist. Lyriker mit Neigung zur Neuromantik.
Hauptwerke: Castalia bárbara (Ged., 1897), Los sueños son vida (Ged., 1917).

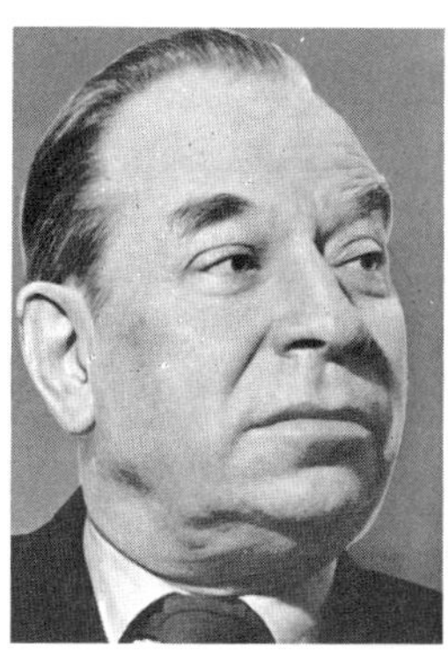

Hans Henny Jahnn

Jakob I. (James I.), * Dunfermline Juli 1394, † Perth 20. Febr. 1437, König von Schottland.
Geriet 1406 in engl. Gefangenschaft, wurde 18 Jahre, meist im Tower, in ehrenvoller Haft gehalten; dabei hervorragende Ausbildung; durch Lösegeld befreit, bestieg er 1424 den Thron; reformierte das Wirtschaftsleben Schottlands; von unbotmäßigen Adligen ermordet. Die ihm zugeschriebene Stanzendichtung „The kingis quair" (= Des Königs Buch, 1423f., hg. 1884), in der er in allegor. Form nicht höf., sondern ehel. Liebe besingt, steht in der Chaucer-Tradition; gilt als eine der schönsten engl. Liebesdichtungen. J.s Verfasserschaft bei anderen Werken ist umstritten.

Jakob von Sarug (Sarudj), * Kurtam am Euphrat um 451, † Batna[n] 29. (?) Nov. 521, syr. Kirchenschriftsteller.
Geistlicher, seit 518 Bischof von Batna[n]. Seine zahlreichen Briefe und Sendschreiben nahmen zu allen innerkirchl. Problemen Stellung; von literar. Bedeutung sind die in 12silbigem Versmaß abgefaßten Homilien, die sich durch feine Stilisierung und gefällige Sprache auszeichnen.

Jakobusbrief ↑ Bibel.

Jakowlew, Alexandr Iwanowitsch; tl.: Jakovlev, Aleksandr Ivanovič [russ. 'jakɐvlɪf] ↑ Herzen, Alexander Iwanowitsch.

Jakšić, Đura [serbokroat. 'jakʃitɕ], * Srpska Crnja 8. Aug. 1832, † Belgrad 16. Nov. 1878, serb. Dichter und Maler.
Sohn eines orthodoxen Priesters; Kunststudium; als Ikonen- und Porträtmaler wenig erfolgreich, wurde Lehrer, 1871 Korrektor. Schrieb histor. Dramen und Novellen im Sinn der Romantik mit nationaler Tendenz; später zum Realismus neigend; Landschafts- und Menschenschilderung werden bes. betont; zu seiner Zeit bes. als Lyriker geschätzt; seine romant. Gedichte verherrlichen pathet. nationale Werte.

Jakubowitsch, Pjotr Filippowitsch; tl.: Jakubovič, Petr Filippovič [russ. jɪku'bɔvitʃ], verschiedene Pseudonyme, * Issajewo (Gouv. Nowgorod) 3. Nov. 1860, † Petersburg (heute Leningrad) 30. März 1911, russ. Schriftsteller.
Aus altem Adel; wegen revolutionärer Tätigkeit zu Zwangsarbeit verurteilt. Seine Lyrik hat nach dem Vorbild Nekrassows oft soziale Motive; das skizzenhafte Erinnerungsbuch „In der Welt der Verstoßenen" (1895–98, dt. 1903) schildert das Leben der Deportierten in Sibirien; auch krit. Essays; erste russ. Übersetzung der „Fleurs du mal" von Baudelaire.
Weitere Werke: Sibir. Sklaven (E., dt. 1904), Judenkinder (E., dt. 1905).

Jaloux, Edmond [frz. ʒa'lu], * Marseille 19. Juni 1878, † Lausanne 22. Aug. 1949, frz. Schriftsteller und Kritiker.
Zeitweise im Außenministerium, Mitglied der Académie française, floh 1940 in die Schweiz. Wurde bekannt mit Literaturkritiken; schrieb scharf beobachtete und phantasievolle, z.T. surrealist. Romane sowie Biographien Goethes und Rilkes.
Hauptwerke: Le reste est silence (R., 1909), Fumées dans la campagne (R., 1918), Die Tiefen des Meeres (R., dt. 1928), Dich hätte ich geliebt (R., dt. 1928), La balance faussée (R., 1932), Essences (Essays, 1944).
Literatur: Kolbert, J.: *E. J. et sa critique littéraire. Genf 1962.* – Deletang-Tardif, Y.: *E. J. Paris 1947.*

Jamamoto, Juso; tl.: Yamamoto, Yûzô [jap. jamamoto], * Präfektur Totschigi 27. Juli 1887, jap. Dramatiker.
Sohn eines Kaufmanns, studierte an der Universität Tokio dt. Literatur; er hat mit seinen Ideen und Reformversuchen das moderne jap. Theater entscheidend beeinflußt; erstrebt eine betonte Sachlichkeit; auch Übersetzer.
Hauptwerke: Jamahiko (Dr., dt. in: Das junge Japan 1, 1924), Die Wellen (R., dt. 1938).

James I. [engl. dʒɛɪmz] ↑ Jakob I.

James, George Payne Rainsford [engl. dʒɛɪmz], * London 9. Aug. 1799 (1801?), † Venedig 9. Mai 1860, engl. Schriftsteller.
Brit. Konsul in den USA, dann in Venedig; Hofhistoriograph. Verfasser zahlreicher und vielgelesener biograph. Romane um histor. Gestalten. J. erreichte nie das literar. Niveau seines Vorbilds Scott; Mängel in der Charakterisierungskunst, spannende Darstellung.
Hauptwerke: Richelieu (Biogr., 1831), Philip Augustus (R., 1831), The robber (R., 1838), The king's highway (R., 1840).

James, Henry [engl. dʒɛɪmz], * New York 15. April 1843, † London-Chelsea 28. Febr. 1916, amerikan. Schriftsteller.
Aus einer Schriftsteller- und Gelehrtenfamilie; Privaterziehung in Amerika und Europa; jurist. Studien in Harvard; ausgedehnte Europaaufenthalte; in Paris Bekanntschaft mit Flaubert und Turgenjew; 1882 endgültige, nur durch einen vorübergehenden Amerikaaufenthalt unterbrochene Ansiedlung in England; 1915 brit. Staatsbürgerschaft. Kosmopolit. denkender, den naturalist. Tendenzen in der Literatur seiner Zeit skept. oder ablehnend gegenüberstehender Verfasser von psycholog.-realist. Romanen, die häufig die problemat. Begegnungen unbefangener Amerikaner mit der etablierten europ. Gesellschaft zum Thema haben. Die Struktur seiner Romane wird von der Benutzung der „Standpunkttechnik" bestimmt, die den Leser das Geschehen aus dem Blickwinkel des Romanhelden erleben läßt. Verwendung des inneren Monologs. Die subtilen Situationsanalysen und feinen Nuancierungen psycholog. Vorgänge beeinflußten die Entwicklung des modernen psycholog. Romans; bes. Einfluß auf J. Conrad.

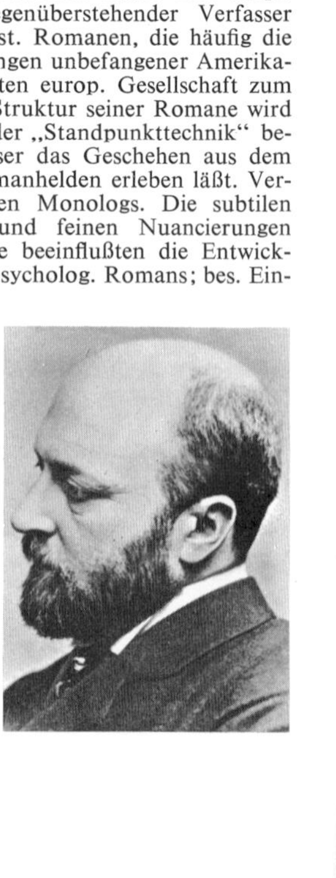
Henry James

Hauptwerke: Der Amerikaner (R., dt. 1877), Bildnis einer Dame (R., 1881; dt. 1950), Die Erbin von Washington Square (R., 1881; dt. 1956), Die Damen aus Boston (R., 1886; dt. 1964), Prinzessin Casamassima (R., 1886; dt. 1954), Die sündigen Engel (E., 1898; dt. 1954), Die Flügel der Taube (R., 1902; dt. 1962), Die Gesandten (R., 1903; dt. 1956), Die goldene Schale (R., 1904; dt. 1963), Tagebuch eines Schriftstellers. Notebooks (dt. 1965).
Ausgaben: H. J. The novels and stories. London 1921–23. 35 Bde. – H. J. The novels and tales. New York edition. London 1907–09. 24 Bde.
Literatur: Putt, S. G.: *A reader's guide to H. J. London 1966.* – Krook, D.: *The ordeal of consciousness in H. J. London 1962.* – Edel, L.: *H. J. London 1953 ff. Auf 4 Bde. berechnet.*

Jammes, Francis [frz. ʒam(s)], * Tournay (Hautes-Pyrénées) 2. Dez. 1868, † Hasparren (Basses-Pyrénées) 1. Nov. 1938, frz. Dichter.
Lebte, von einigen Reisen nach Paris, einer Algerien- und einer Belgienreise abgesehen, zurückgezogen in einer Provinzkleinstadt; erhielt 1917 den Großen Literaturpreis der Académie française; befreundet mit Gide und Claudel. Außerhalb der literar. und polit. Strömung seiner Zeit stehender Lyriker und Erzähler, dessen dichter. Schaffen von antiker Weltfröhlichkeit und einer franziskan. Liebe zu aller Kreatur bestimmt ist. Formal ist J. um größtmögl. Einfachheit bemüht. Seit der Hinwendung zur kath. Kirche unter Einfluß von Claudel setzte sich das religiöse Element in seiner Dichtung stärker durch, ohne daß J. zu neuer Aussage gelangte.

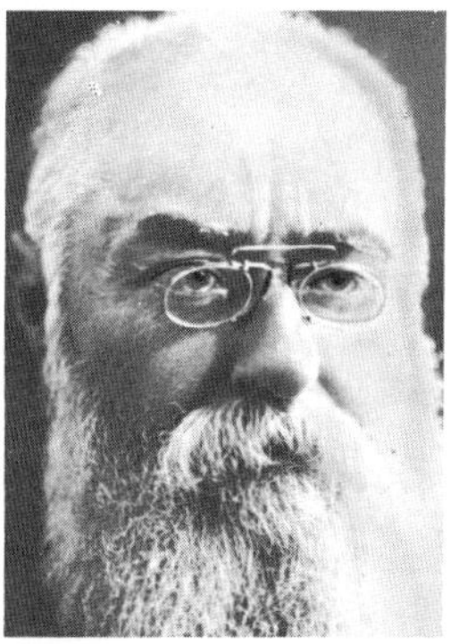
Francis Jammes

Hauptwerke: De l'angélus de l'aube à l'angélus du soir (Ged., 1898), Klara oder... (Nov., 1899; dt. 1921), Almaide oder... (Nov., 1901; dt. 1919), Der Hasenroman (R., 1903; dt. 1916), Röslein (Nov., 1904; dt. 1920), Die Gebete der Demut (Ged., dt. 1913), Rosenkranzroman (R., 1916; dt. 1929), Der Pfarrherr von Ozeron (R., dt. 1921), Hochzeitsglocken oder Der Baskische Himmel um Marie (R., 1923; dt. 1934), De tout temps à jamais (Ged., 1935).
Ausgabe: F. J. Œuvres. Paris 1913–26. 5 Bde.
Literatur: Mallet, R.: *F. J. Sa vie, son œuvre. 1868–1938. Paris 1961.* – Van der Burght, R./ Van der Burght, L.: *F. J., le faune chrétien. Brüssel 1961.* – Ewald, M.: *F. J. u. der franziskan. Geist. Bochum 1934.*

Jan de Clerc [niederl. 'jan də 'klɛrk] † Boendale, Jan van.

Jandl, Ernst [...dəl], * Wien 1. Aug. 1925, östr. Schriftsteller.
Dr. phil., Gymnasiallehrer in Wien; vielseitiger Vertreter der experimentellen Poesie, schrieb u. a. Gedichte, in denen das lautl. Element im Vordergrund steht („Sprechgedichte"); auch Autor experimenteller Hörspiele („Fünf Mann Menschen", Ursendung 1968; mit F. Mayröcker).
Weitere Werke: Andere Augen (Ged., 1956), Laut und Luise (Ged., 1966), Sprechblasen (Ged., 1968).

Janevski, Slavko [makedon. 'janɛfski], * Skopje 11. Jan. 1920, makedon. Schriftsteller.
Bedeutendster moderner Schriftsteller Makedoniens; schrieb Lyrik mit Motiven aus dem Alltagsleben, verfaßte Erzählungen und schuf den ersten makedon. Roman mit einem Stoff aus dem Dorfleben.

Janicki, Klemens [poln. ja'nitski], latin. Janicius, * Januszkowo 17. Nov. 1516, † Krakau (?) Ende 1542 oder Anfang 1543 (vor dem 12. Febr. 1543), poln. Dichter.
Studierte und promovierte in Posen; von Papst Paul III. als erster Pole zum Dichter gekrönt. Hervorragendster lat. Dichter der poln. Literatur; schrieb v. a. Elegien, ferner Versviten geistl. und weltl. Würdenträger Polens.

Janin, Jules Gabriel [frz. ʒa'nɛ̃], * Saint-Étienne 16. Febr. 1804, † Passy (heute zu Paris) 20. Juni 1874, frz. Schriftsteller.
Rechtsstudium; Journalist und langjähriger Theaterkritiker bekannter Blätter; 1870 Mitglied der Académie française; bes. wegen seiner krit. Schriften und literar. Zeitungsbeiträge bed. („prince des critiques"); gab seine besten Artikel u. d. T. „Histoire de la littérature dramatique" (1853–58) heraus; daneben Romane („L'âne mort et la femme guillotinée", 1829) und Erzählungen („Phantasiestücke", dt. 1835).

Janković, Emanuilo [serbokroat. 'ja:ŋkɔvitɕ], * Neusatz 1758, † Subotica 23. Sept. 1792, serb. Schriftsteller.
Unterstützte die Bemühungen D. Obradovićs um die Übernahme der Volkssprache in die serb. Literatur; förderte das Theaterleben durch Übersetzungen dt. und italien. Dramatiker.

Jankus, Jurgis [lit. 'jæŋŋkʊs], * Biliunai 27. Juli 1906, lit. Schriftsteller.
Emigrierte 1944 nach Deutschland, seit 1949 in den USA; beeinflußt von Hamsun; gestaltet in seinen Romanen das Verhältnis von Mensch und Umwelt; meisterhafte Naturschilderungen in den Märchen; in dt. Übersetzungen erschien „Das Teufelsmoor" (1951).

Jannsen, Lydia Emilis Florentine † Koidula, Lydia.

Jansen Enikel, Jans (Johans) [d. h. der Enkel eines oder einer Familie Jans], † Wien um 1280, mhd. Dichter.
Wiener Bürger; Verfasser einer weitläufigen „Weltchronik", die er als unterhaltende Sammlung von Anekdoten schrieb, und eines „Fürstenbuches von Österreich".

Janson, Kristofer [norweg. 'jansɔn], * Bergen 5. Mai 1841, † Kopenhagen 17. Nov. 1917, norweg. Schriftsteller.
Nach dem theolog. Examen lehrte J. 1869–78 an der Volkshochschule. 1881 ging er als unitar.

Geistlicher nach Minneapolis; gründete 1895 eine unitar. Gemeinde in Norwegen. J. sah in Bjørnsons Bauernerzählungen sein dichter. Vorbild; sein gesamtes Werk ist in Landsmål geschrieben.
Hauptwerke: Fraa Bygdom (R., 1865), Vore Bedsteforældre (R., 1882), Nordmænd i Amerika (E., 1887), Fra begge Sider Havet (R., 1890), Digte (Ged., 1911), Hvad jeg har oplevet (Autobiogr., 1914).

Janus Pannonius, eigtl. János Csezmiczey, * Česmica (Slawonien) 29. Aug. 1434, † Medvedgrad bei Agram 27. März 1472, ungar. Humanist.
Nach mehrjährigen Studien in Italien wurde er Domherr in Várad, Beamter am Hof des Matthias Corvinus und Bischof von Fünfkirchen; später in Ungnade, 1471 in eine Verschwörung verwickelt, starb auf der Flucht. Bedeutendster humanist. Dichter in Ungarn; verfaßte weltl. Lyrik, zunächst Epigramme und Panegyriken, später Eklogen, Elegien und Hymnen in lat. Sprache. Er war erfüllt von tiefem Nationalgefühl, besang die heimatl. Landschaft und die Schönheiten des Lebens.

Janus Secundus ↑ Johannes Secundus.

Japiks, Gysbert [niederl. 'ja:pɪks], * Bolsward bei Leeuwarden 1603, † ebd. Sept. 1666, westfries. Dichter.
Lehrer und Vorsänger der ref. Gemeinde. Bedeutendster Vertreter der frühen westfries. Literatur; schrieb zahlreiche Psalmen sowie Gedichte, von denen die meisten erst nach seinem Tod in dem Sammelwerk „Friesche Rymlerye" (1668) erschienen. Sie haben hpts. das Leben der Landbevölkerung und der Seeleute zum Inhalt.

Jardiel Poncela, Enrique [span. xar'ðiɛl pon'θela], * Madrid 15. Okt. 1901, † ebd. 18. Febr. 1952, span. Schriftsteller.
War zuerst Journalist, wandte sich Mitte der 20er Jahre zunächst dem humorist.-iron. Roman („Amor se escribe sin hache", 1926; „Pero, ¿hubo alguna vez once mil vírgines?", 1930) und danach dem Theater zu, das ihm als erfolgreichem Autor effektsicherer, humor-, geist- und phantasievoller Komödien schnell zu außerordentl. Popularität verhalf; am bekanntesten wurden die Stücke „Margarita, Armando y su padre" (1931), „Usted tiene ojos de mujer fatal" (1933), „Angelina o..." (1934), „Cuatro corazones con freno y marcha atrás" (1936), „Eloísa está dejabo de un almendro" (1940) und „Los tigres escondidos en la alcoba" (1949). J. P. schrieb auch Erzählungen („Los 38 asesinatos y medio del Castillo de Hull", hg. 1958) und Aphorismen.

Järnefelt, Arvid [schwed. ˌjærnəfɛlt], Pseudonym Hilja Kahila, * Pulkowa 16. Nov. 1861, † Helsinki 27. Dez. 1932, finn. Schriftsteller.
Offizierssohn, studierte Philologie und Jura. Von Tolstoi beeinflußt, wandte er sich einem einfachen Leben (Schmied und Bauer) zu, später freier Schriftsteller. Seine Romane und Erzählungen standen zunächst ganz unter dem Einfluß Tolstois, später fand er zu einem eigenen, freien Standpunkt. Besonderen Anklang fanden seine Romane, die sich durch Realismus und kultivierte, einfache Sprache auszeichnen.
Hauptwerke: Jsänmaa (R., 1893), Die Lehre der Sklaven (Dr., dt. 1910), Maaemon lapsia (R., 1905), Kuolema (Dr., 1927), Vanhempieni romaani (R., 1928–30).

Jarnés Millán, Benjamín [span. xar'nez mi'ʎan], * Codo (Zaragoza) 7. Okt. 1888, † Madrid 11. Aug. 1949, span. Schriftsteller.
Studierte Theologie, daneben klass. Sprachen, Philosophie u. a.; lebte nach Francos Sieg in Mexiko; machte sich v. a. durch sein umfangreiches essayist., biograph., literaturkrit. und übersetzer. Werk (Ben Jonson) und durch seine hohe Prosakunst einen Namen; von seinen eher lyr. Romanen sind hervorzuheben „El profesor inútil" (1926), „El convidado de papel" (1928) und „Teoría del zumbel" (1930).

Jarrell, Randall [engl. 'dʒærəl], * Nashville (Tenn.) 6. Mai 1914, † 14. Okt. 1965 (Verkehrsunfall), amerikan. Lyriker und Kritiker.
War Dozent an verschiedenen Universitäten und Colleges. Schrieb pathet. Gedichte, die voll Bitterkeit die Sinnlosigkeit gesellschaftl. Lebens und des Krieges darstellen; plast., klare Sprache, gelegentl. epigrammat. Prägnanz des Ausdrucks; bed. als Kritiker.
Hauptwerke: Little friend, little friend (Ged., 1945), Losses (Ged., 1948), Poetry and the age (Essays, 1953), Pictures from an institution (R., 1954), The woman at the Washington zoo (Ged., 1960), The lost world (Ged., 1965).

Jarry, Alfred [frz. ʒa'ri], * Laval (Bretagne) 8. Sept. 1873, † Paris 1. Nov. 1907, frz. Dichter.
Starb früh durch Tbc und Trunksucht; erste Veröffentlichungen in Zeitschriften; 1896 Skandalerfolg mit „König Ubu" (Dr., dt. 1958); die Titelfigur wurde zum Inbegriff des bornierten, opportunist. Bürgers und der Fragwürdigkeit von polit. und sozialer Macht. J. greift mit beißender Ironie und derber Sprache die bürgerl. Scheinmoral an. Surrealist. Züge zeigt der utop. Roman „Le surmâle/Der Supermann" (1902, dt. 1969).
Weitere Werke: Les minutes de sable: mémorial (Ged. und Prosa, 1894), César Antéchrist (Dr., 1895), Ubu enchaîné (Dr., 1900), Heldentaten und Ansichten des Dr. Faustroll, Pataphysiker (R., hg. 1911; dt. 1969).
Ausgabe: A. J. Œuvres complètes. Monte Carlo 1948. 8 Bde.
Literatur: Perche, L.: *A. J. Paris 1965.* – Giedion-Welcker, C.: *A. J. Zürich 1960.*

Jasieński, Bruno [poln. ja'ɕɛ̃ski], * Klimontow 17. Juli 1901, † bei Wladiwostok Jan. 1939, poln. Schriftsteller.
Lebte in Paris, gind dann in die UdSSR und wurde wahrscheinl. ein Opfer stalinist. Säuberungsaktionen. Begann als Futurist, wandte sich jedoch bald dem sozialist. Realismus zu; schrieb kühne experimentelle Lyrik und Romane, z. T. mit histor. Themen; sein zunächst in Paris erschienener Roman „Je brûle Paris" wurde 1934 in Polen herausgegeben; schrieb auch in russischer Sprache.

Jasmin [frz. ʒas'mɛ̃], eigtl. Jacques Boé, * Agen 6. März 1798, † ebd. 4. Okt. 1864, gascogn. Mundartdichter.
Ursprüngl. Perückenmacher; schrieb Dichtungen in gascogn. Dialekt, bes. volkstüml. Verserzählungen, die er mit großem mim. Talent selbst vortrug.
Hauptwerke: Me cal mouri (Ged., 1822), Las papillotos (Ged., 1835, 1842, 1851, 1863).

Jasnorzewska, Marja ↑ Pawlikowska-Jasnorzewska, Marja.

Jastrun, Mieczysław [poln. 'jastrun], eigtl. M. Agatstein, * Korolowka (O-Galizien) 29. Okt. 1903, poln. Schriftsteller.
Studierte Polonistik, Germanistik und Philosophie in Krakau, war Lehrer, veröffentlichte seit 1924 seine Gedichte, ohne einer literar. Gruppe anzugehören; wurde zum Mittler zwischen poln. Moderne und antiker und christl. Tradition; das anklagende Element in seiner Dichtung zur Zeit des Krieges wich nach Kriegsende wachsendem Optimismus; J. übernahm offizielle Funktionen im Literaturleben; er verfaßte wertvolle biograph. Romane u.a. über Słowacki, Mickiewicz (dt. 1953) und Kochanowski (dt. 1957); bed. Essayist und Übersetzer aus dem Frz., Russ. und Deutschen.
Jasykow, Nikolai Michailowitsch; tl.: Jazykov, Nikolaj Mihajlovič [russ. jɪ'zɨkɐf], * Simbirsk (heute Uljanowsk) 16. März 1803, † Moskau 7. Jan. 1847, russ. Dichter.
Begann während seiner ohne Abschluß beendeten Studienzeit in Dorpat zu schreiben; stand dem Dichterkreis um Puschkin nahe; der formale Wert seiner frühen anakreont. Gedichte überwiegt ihre gehaltl. Bedeutung; J. wandte sich später der religiösen Lyrik zu und pflegte die elegische Dichtung; darin häufig ausgeprägtes orthodox-slawophiles Gedankengut; bed. durch rhythm. und formale Neuerungen in seiner Balladendichtung.
Literatur: Wytrzens, G.: *Michajlovič Jazykov u. die dt. Lit. In: Wiener slavist. Jb. 10 (1963), 73.*
Jātaka ↑ Dschataka.
Jaufré Rudel [frz. ʒofrery'dɛl] (Geoffroi R.), Seigneur de Blaye, provenzal. Troubadour des 12. Jh.s aus Blaye (Gironde).
Soll, einer berühmten Legende zufolge, kurz nach der Ankunft bei seiner fernen Geliebten, die er in einigen wenigen erhaltenen Liebesliedern besingt und die Rostand zur Titelfigur seines Dramas „La princesse lointaine" machte, in Tripoli gestorben sein.
Literatur: Spitzer, L.: *L'amour lointain de J. R. et le sens de la poésie des troubadours. Chapel Hill 1944.* – Stimming, A.: *Der Troubadour Jaufre R., sein Leben u. seine Werke. Kiel 1873.*
Jáuregui y Aguilar, Juan Martínez de [span. 'xau̯reɣi i aɣi'lar], * Sevilla 1583, † Madrid 11.(?) Jan. (?) 1641, span. Dichter und Maler.
In Rom als Maler ausgebildet, soll bes. in der Porträtkunst (Cervantes u.a.) Hervorragendes geleistet haben; als Dichter trat er zunächst gegen Góngora und den zeitgenöss. Konzeptismus auf („Discurso poético", 1624), doch verraten seine späteren Werke dessen Einwirkung; auch Übersetzer (Tasso, Lukan).
Weitere Werke: Rimas (Ged., 1618), Orfeo (Ged., 1624).
Jaworow, P[ejo] K.; tl.: Javorov, P[ejo] K. [bulgar. 'javorof], eigtl. Peju [T.] Kratscholow; tl.: Peju [T.] Kračolov, * Tschirpan (Thrakien) 1. Jan. 1878, † Sofia 29. Okt. 1914 (Selbstmord), bulgar. Dichter.
Postbeamter in der Provinz (bis 1900); stand u.a. P. Slawejkow nahe, der seine Neigung zum Individualismus stärkte; 1902 am makedon. Aufstand gegen die Türken beteiligt; polit. engagiert; 1903 Anstellung an der Nationalbibliothek Sofia; 1908 bis 1913 Dramaturg am Nationaltheater. Begann mit pathet. Revolutionsdichtung, wandte sich aber unter dem Eindruck einer Frankreichreise (1906/07) dem Symbolismus zu. Sein widersprüchl. Charakter erweckt in seiner Dichtung oft den Eindruck des Dämon., hinzu kommt eine Neigung zum Elegischen; schrieb als Dramaturg Dramen unter Strindbergs Einfluß. Eine der bedeutendsten Gestalten der neueren bulgar. Literatur; sein Erinnerungsbuch „Gotze Deltschew" (dt. 1925) stellt Erlebnisse während des Aufstands dar.
Jayadeva ↑ Dschajadewa.
Jazykov ↑ Jasykow.
Jean d'Arras [frz. ʒɑ̃da'rɑ:s], * vor 1350, † nach 1394, frz. Schriftsteller.
Führte mit seinem Prosaroman „Livre de Mélusine" (um 1390) die Sage von der Nixe Melusine in die abendländ. Literatur ein.
Jean de Meung [frz. ʒɑ̃d'mœ̃] ↑ Rosenroman.
Jean Paul [ʒɑ̃'paʊl], eigtl. Johann Paul Friedrich Richter, * Wunsiedel 21. März 1763, † Bayreuth 14. Nov. 1825, dt. Dichter.
Studierte nach entbehrungsreicher Jugend Theologie und Philosophie, aus finanziellen Gründen

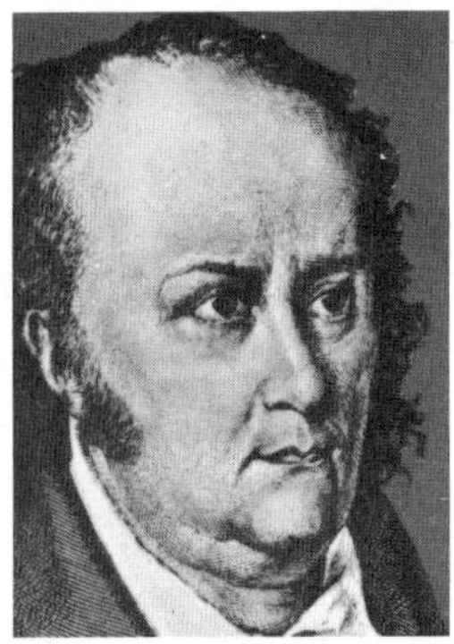
Jean Paul (Kupferstich)

Abbruch des Studiums, Hauslehrer auf Schloß Töpen bei Hof, Gründer und bis 1794 Leiter der Elementarschule in Schwarzenbach; in Leipzig Bekanntschaft mit Charlotte von Kalb, auf deren Veranlassung 1798–1800 in Weimar, dort Freundschaft mit Herder, während Goethe und Schiller ihm reserviert begegneten; dann Legationsrat des Herzogs von Meiningen, später in Coburg und Bayreuth; erhielt zunächst eine Jahrespension vom Fürstprimas Karl Theodor von Dalberg, danach vom König von Bayern. Seine von grotesker Phantasie und liebevollem Humor bestimmten Romane stehen außerhalb der literar. Strömungen seiner Zeit, obwohl all die Züge vorhanden sind, die ein romant. Kunstwerk auszeichnen: musikal. Konzeption, Lyrik, Traum, Reflexion, Ironie, starke Kontraste u.a. Aber J. P. gestaltet die kleinbürgerl. Wirklichkeit, die weder die Klassik noch die Romantik dargestellt haben. Auch die philosoph., religiösen, polit. und sozialen Schriften heben sich in der Grundeinstellung und Darstellungsform deutl. ab von der zeitgenöss. Klassik sowie vom romant. Ich-Prinzip Fichtes und der Brüder Schlegel, auch von Kants Philosophie. In der realist. Milieuschilderung und der subtilen psycholog. Gestaltung nimmt J. P. typ. Elemente der Dichtung des 19. Jh.s bereits vorweg.

Gedankenspiele, Abschweifungen, Einschübe, Fußnoten, Verfremdungseffekte, Zeitverschiebungen u. a. muten modern an.

Hauptwerke: Auswahl aus des Teufels Papieren (R., 1789), Leben des vergnügten Schulmeisterlein Maria Wuz (E., 1790), Die unsichtbare Loge (R., 1793), Hesperus (R., 1795), Blumen-, Frucht- und Dornenstücke oder Ehestand, Tod und Hochzeit des Armenadvokaten F. St. Siebenkäs (R., 1796/97), Leben des Quintus Fixlein (R., 1796), Titan (R., 1800–03), Flegeljahre (R., 1804/05), Vorschule der Ästhetik (Abhandlung, 1804), Levana oder Erziehungslehre (Abhandlung, 1807), Dr. Katzenbergers Badereise (R., 1809), Der Komet (E., 1820–22).

Ausgaben: J. P. Werke. Hg. v. N. Miller. *Mchn.* $^{1-2}$*1963–66. 6 Bde. – J. P.'s sämtl. Werke. Histor.-krit. Ausg. Hg. v. der Dt. Akademie der Wiss. zu Bln. Weimar 1927 ff. Auf 25 Bde. in 2 Abteilungen berechnet. 3. Abteilung (Briefe). Bln. 1952–64. 9 Bde.*

Literatur: Fieguth, G. W.: *J. P. als Aphoristiker. Meisenheim 1969. – J. P. 1763–1963. Ausstellung u. Kat. zum 200. Geburtstag des Dichters. Bearb. v.* E. Berend *u. a. Mchn.* ^{2}*1968.* – Profitlich, U.: *Der seelige Leser. Unterss. zur Dichtungstheorie J. P.s. Bonn 1968.* – Baumann, G.: *J. P. Zum Verstehensprozeß der Dichtung. Gött. 1967. – Jb. der J. P.-Gesellschaft (1925 u. d. T.: J. P.-Jb.; 1926–44: J. P.-Bll.; 1951–66: Hesperus. Bll. der J. P.-Gesellschaft). Hg. v.* K. Wölfel. *Jg. 1 ff., Bayreuth 1966 ff.* – Kommerrell, M.: *J. P. Frkf.* ^{4}*1966.* – Berend, E.: *J.-P.-Bibliogr. Neu bearb. u. ergänzt v.* J. Krogoll. *Stuttg. 1963. – J. P.s Persönlichkeit in Ber. der Zeitgenossen. Ges. u. hg. v.* E. Berend. *Köln u. Graz 1956.* – Harich, W.: *J. P. Lpz. 1925.*

Jebavý, Václav [tschech. 'jɛbavi:] ↑ Březina, Otokar.

Jedermann (engl. Everyman), bedeutendstes engl. Moralitätenspiel vom Ende des 15. Jh.s; der Grad der Abhängigkeit von einer niederl. Vorlage ist nicht zweifelsfrei geklärt, ebensowenig die Zusammenhänge des J. mit weiteren kontinentalen Varianten im östr. Raum. Die einfache Schönheit der Gestaltung – unter Verzicht auf rhetor. Kunstgriffe – erhebt den J. weit über das Niveau anderer Moralitäten. Gestaltet ist das Problem des Todes. J. will den Weg nicht allein antreten, doch alles und alle weigern sich, ihm zu folgen. So ergibt er sich demütig in Gottes Willen. Das gattungstyp. Nebeneinander von menschl. Helden und allegor. Verkörperungen religiös-eth. Vorstellungen blieb in der hervorragendsten modernen Neugestaltung des Stoffes vom christl. Tod des sündigen Menschen durch Hofmannsthal erhalten.

Ausgabe: Vom Sterben des reichen Mannes. Die Dramen v. Everyman, Homulus, Hecastus u. dem Kauffmann. Übers. u. hg. v. H. Wiemken. *Bremen 1965.*

Literatur: Stockum, Th. C. van: *Das J.-Motiv u. das Motiv des verlorenen Sohnes im niederl. u. im niederdt. Drama. Amsterdam 1958.* – Adolf, H.: *From Everyman and Elckerlijc to Hofmannsthal and Kafka. In: Comparative Literature 9 (1957), 204.* – Ryan, L. V.: *Doctrine and dramatic structure in „Everyman". In: Speculum 32 (1957), 722.* – Goedeke, K.: *Every-man, Homulus u. Hekastus. Hann. 1865.*

Jefferies, Richard [engl. 'dʒɛfrɪz], * Coate (Wiltshire) 6. Nov. 1848, † Worthing (Sussex) 14. Aug. 1887, engl. Schriftsteller.

Journalist in der Provinz, später in London. Einer der bedeutendsten Naturschilderer der engl. Literatur; Neigung zu Mystizismus, naturalist. präziser Stil.

Hauptwerke: The gamekeeper at home (Skizze, 1878), Wood magic (R., 1881), The story of my heart (Autobiogr., 1883).

Jeffers, [John] Robinson [engl. 'dʒɛfəz], * Pittsburgh (Pa.) 10. Jan. 1887, † Carmel (Calif.) 21. Jan. 1962, amerikan. Dichter.

In Europa aufgewachsen, Studium teils in Zürich, teils in den USA; ließ sich 1914 an der kaliforn. Küste nieder; J. wurde mit dem Gedichtband „Roan Stallion, Tamar, and other poems" (1926) berühmt. Seine Stärke liegt in kürzeren lyr. Gedichten. Thema seiner philosoph. Dichtungen ist das absurde Dasein in einer dem Menschen feindl. Welt. Ausgesprochen zivilisationsfeindl., wählt J., der von Nietzsche und Freud beeinflußt ist, gern Themen aus der Bibel und der antiken Dichtung. Myst.-allegor. Darstellungen in freien Rhythmen, kraftvoll und leidenschaftlich. Dem quälenden Bewußtsein stellt er primitive Triebe gegenüber, gelegentl. an der Grenze des Perversen. J. übertrug Dramen des Euripides.

Weitere Werke: Californians (Ged., 1916), Solstice (Ged., 1934), Medea (Dr., 1946; dt. 1960), The double axe (Ged., 1948), Hungerfield (Ged., 1954).

Ausgabe: R. J. Dramen. Dt. Übers. Vorwort v. E. Hesse. *Reinbek bei Hamb. 1960.*

Literatur: Bennett, M. B.: *Stone mason of Tor House: The life and times of R. J. Los Angeles 1966.* – Powell, L. C.: *R. J. New York* ^{2}*1940.*

Jehan Clopinel [frz. ʒãklopi'nɛl] (J. Chopinel) ↑ Rosenroman.

Jekaterina II [russ. jɪkɐtɪ'rinɐ] ↑ Katharina II.

Jellinek, Oskar [...inɛk], * Brünn 22. Jan. 1886, † Los Angeles 12. Okt. 1949, östr. Schriftsteller.

Jurastudium (Dr. jur.), Richter, freier Schriftsteller, 1938 Emigration. J. schrieb Dramen und Gedichte, bedeutender ist er als Novellist. In formstrengen Novellen schildert er das Schicksal mähr. Dorfbewohner, erhebt er ihr Geschick ins Allgemeingültige.

Hauptwerke: Der Bauernrichter (Nov., 1925), Das ganze Dorf war in Aufruhr (Novellen, 1930), Die Seherin von Daroschitz (Nov., 1933).

Literatur: Krejči, K.: *O. J. Leben u. Werk. Brünn 1967.*

Jelusich, Mirko ['jɛluzɪtʃ], * Semil (Nordböhm. Gebiet) 12. Dez. 1886, † Wien 22. Juni 1969, östr. Schriftsteller kroat.-sudetendt. Herkunft.

Jurastudium, im 1. Weltkrieg Offizier; 1938 kurze Zeit Leiter des Burgtheaters, dann freier Schriftsteller; nach Versuchen mit lyr. Gedichten und Balladen sowie nach einigen expressionist. Dramen hatte J. mit histor.-biograph. Romanen Erfolg (v. a. „Caesar", 1929). Er läßt Ereignisse und Persönlichkeiten der Geschichte im Geiste der Gegenwart – oft auf Kosten der histor. Treue – neu erstehen. Knappe, konzentrierte Sprache und anschaul. Erzählweise; ferner Trauerspiele, Komödien, er dramatisierte auch eigene Romane.

Weitere Werke: Der gläserne Berg (Dr., 1917), Die schöne Dame ohne Dank (Kom., 1921),

Don Juan (R., 1931), Cromwell (R., 1933), Hannibal (R., 1934), Der Ritter (R., 1937), Der Traum vom Reich (R., 1941), Die Wahrheit und das Leben (R., 1949), Talleyrand (R., 1954), Asa von Agder (R., 1964).

Jemehr, T. S. ↑ Hermes, Johann Timotheus.

Jenko, Simon [slowen. 'je:ŋkɔ], * Podreča (Oberkrain) 27. Okt. 1835, † Krainburg 18. Okt. 1869, slowen. Dichter.

Aus ärml. Verhältnissen, zuerst im Priesterseminar in Klagenfurt, studierte dann klass. Philologie, schließl. Jura in Wien, war daneben Hauslehrer; Konzipist in verschiedenen Kanzleien in Krainburg. Seine Dichtung, vorwiegend in Zeitschriften veröffentlicht, zeigt v.a. Einflüsse des Volksliedes. J. schrieb patriot. Gedichte, die seinem Nationalstolz Ausdruck geben, und tiefempfundene, sehr musikal. Erlebnislyrik. Seine Prosa ist weniger bedeutend.

Jens, Walter, Pseudonym Walter Freiburger, * Hamburg 8. März 1923, dt. Schriftsteller.

Professor für klass. Philologie und allgemeine Rhetorik in Tübingen; gehört zur „Gruppe 47". J. begann sein literar. Werk in der Nachfolge Kafkas, wandte sich dann, auch von seinen Erkenntnissen als Literarhistoriker ausgehend, dem „intellekten" Roman (einer Synthese von Dichtung, Wissenschaft und Philosophie) zu. Seiner kühlen sprachl. Gestaltung ist der Wissenschaftler anzumerken; auch Hör- und Fernsehspiele, literar. Essays und Übersetzungen griech. Klassiker.

Weitere Werke: Das weiße Taschentuch (Nov., 1947), Nein. Die Welt der Angeklagten (R., 1950), Der Blinde (E., 1951), Vergessene Gesichter (R., 1952), Der Mann, der nicht alt werden wollte (R., 1955), Statt einer Literaturgeschichte (Essays, 1957), Das Testament des Odysseus (E., 1957), Die Götter sind sterblich (Essays, 1959), Herr Meister. Dialog über einen Roman (R., 1963), Die rote Rosa (Fsp., Ursendung 1966).

Literatur: W. J. Eine Einf. Mchn. 1965. – Lambrecht, E.: *W. J. Ein Ringen mit dem Individuum. In: Studia Germanica Gandensia 2 (1960), 139.*

Jensen, Johannes Vilhelm [dän. 'jɛnsən], * Farsø 20. Jan. 1873, † Kopenhagen 25. Nov. 1950, dän. Dichter.

Studierte Medizin, lebte jahrelang in den USA, dann als Zeitungskorrespondent in Frankreich, Spanien und im Fernen Osten; 1944 Nobelpreis. J. begann mit dem dekadent-symbolist. Roman „Danskere" (1896), fand jedoch bald, gebunden an Volkstum und Heimat, beeindruckt durch Reiseerlebnisse, zu einem eigenen Stil, der, geprägt durch J.s optimist. Lebensbild und seine Diesseitsbezogenheit, für die moderne dän. Literatur von großem Einfluß wurde. Niederschlag seines Studiums in Essays und Romanen über die Evolutionstheorie (Einfluß Darwins). Die 6teilige Romanfolge „Die lange Reise" (dt. 1915–32) schildert die Entwicklung des nord. Menschen bis ins 15. Jh. In seinen unter dem Einfluß Whitmans und Kiplings stehenden Gedichten vermag J. sein zwiespältiges Gefühl des Fern- und Heimwehs eindrucksvoll wiederzugeben. Seine zahlreichen „Myter" (1907–44, dt. Ausw. u. d. T. „Mythen und Jagden", 1911) sind meisterhaft gestaltete Novellen, Skizzen und Erzählungen, in denen J. den kleinen Dingen tiefere Bedeutung verleiht.

Weitere Werke: Himmerlandshistorier (E., 1898 bis 1910; dt. Ausw. 1905), Exot. Novellen (1907–15, dt. 1925), Evolution und Moral (Essay, dt. 1925), Die Stadien des Geistes (Essay, dt. 1929).

Literatur: Wamberg, N. B.: *J. V. J. Kopenhagen 1961.* – Nedergaard, L.: *J. V. J. Kopenhagen 1943.* – Johansen, F./Marcus, A.: *J. V. J. En bibliografi. Kopenhagen 1933–51. 2 Bde.*

Jensen, Thit [dän. 'jɛnsən], * Farsø 19. Jan. 1876, † Kopenhagen 14. Mai 1957, dän. Schriftstellerin.

Schwester von Johannes Vilhelm J.; zunächst Lehrerin; früh an sozialen Fragen interessiert, kämpfte für eine Verbesserung der Stellung der Frau; trat für sexuelle Aufklärung, bewußte Mutterschaft ein. Im Zeichen dieser Ideen stehen ihre Romane, bis sie sich um 1930 histor. Themen zuwandte, die sie herb, doch farbenprächtig gestaltete,.

Hauptwerke: Gerd (R., 1918), Den erotiske hamster (R., 1919), Af blod er du kommet (R., 1928), Storken (Dr., 1929), Stygge Krumpen (R., 1936), Valdemar Atterdag (R., 1940), Jörgen Lykke (R., dt. 1937), Drotten (R., 1943).

Jensen, Wilhelm, * Heiligenhafen 15. Febr. 1837, † Thalkirchen (heute München-Thalkirchen) 24. Nov. 1911, dt. Schriftsteller.

Studierte Medizin, Philosophie und Literaturwissenschaft; Redakteur, seit 1872 freier Schriftsteller; befreundet mit W. Raabe. Er schrieb v.a. histor. Romane und Erzählungen, die z.T. in seiner holstein. Heimat spielen; gute Natur- und Stimmungsbilder; seinerzeit überschätzt.

Hauptwerke: Nordlicht (Novellen, 1872), Aus den Tagen der Hansa (Novellen, 1885).

Jeppesen, Einar Otto [dän. 'jɛbəsən] ↑ Gelsted, Einar Otto.

Jeřábek, František Václav [tschech. 'jɛrʒa:bɛk], * Sobotka 25. Jan. 1836, † Prag 31. März 1893, tschech. Dramatiker.

Studierte Philologie in Prag, wurde Gymnasiallehrer, war später polit. tätig; verfaßte beliebte Lustspiele im Stil des Realismus, histor. Tragödien und behandelte in dem sozialen Drama „Služebník svého pána" (= Der Diener seines Herrn, 1870) den Klassenkonflikt im Sinne eines humanitären, um Ausgleich bemühten Liberalismus.

Jeremia[s] ↑ Bibel.

Jerome, Jerome K[lapka] [engl. 'dʒɛroum], * Walsall (Stafford) 2. Mai 1859, † Northampton 14. Juni 1927, engl. Schriftsteller.

Verschiedene Berufe, dann freier Schriftsteller; seine mit liebenswürdigem Humor geschriebene Erzählung „Drei Mann in einem Boot" (1889, dt. 1897) war sehr erfolgreich, ebenso sein Theaterstück „Der Fremde" (dt. 1912). Auch weltanschaul. und Entwicklungsromane sowie Komödien.

Weitere Werke: Drei Männer auf dem Bummel (E., dt. 1905), Anthony John (R., dt. 1924).

Jeroschin, Nikolaus von ↑ Nikolaus von Jeroschin.

Jerschow, Pjotr Pawlowitsch; tl.: Eršov, Petr Pavlovič [russ. jɪr'ʃɔf], * Besrukowo (W-Sibirien) 6. März 1815, † Tobolsk 30. Aug. 1869, russ. Märchendichter.

Studium in Petersburg, Lehrer, später Gymnasialdirektor in Tobolsk. Fand bes. mit der Verserzählung „Gorbunok, das Wunderpferdchen" (Märchen, 1834; dt. 1953) mit Motiven des Volksmärchens Puschkins Beifall und wurde bekannt; J. verwendet in seinem Werk, das sich durch volkstüml. Humor und z.T. durch satir. Elemente auszeichnet, die Volkssprache; auch Erzählungen und Lyrik.

Jesaja ↑ Bibel.

Jesenský, Janko [slowak. 'jɛsɛnski:], * Martin 30. Dez. 1874, † Preßburg 27. Dez. 1945, slowak. Dichter.

Teilnahme am 1. Weltkrieg; danach Rechtsanwalt; auch polit. tätig; schrieb subjektive Gedankenlyrik mit pessimist. Grundstimmung und Neigung zum Sarkasmus; als zeitkritischer Erzähler ist J., der v.a. Motive aus dem Kleinstadtleben bevorzugte, der Tradition des Realismus verpflichtet.

Jessenin, Sergei Alexandrowitsch; tl.: Esenin, Sergej Aleksandrovič [russ. jɪ'sjenin], * Konstantinowo (heute Jessenino, Gouv. Rjasan) 3. Okt. 1895, † Leningrad 28. Dez. 1925, russ.-sowjet. Lyriker.

Entstammte einer bäuerl., streng altgläubigen Familie; Bekanntschaft mit Blok; Teilnahme an den Zusammenkünften der Symbolisten; zahlreiche und große Reisen, u.a. in die USA; endete, enttäuscht von den Ergebnissen der Revolution, durch Selbstmord. Beeinflußt von Bely, Blok und Kljujew, wurde er zum großen Bauerndichter der russ. Literatur; mit naiver Frömmigkeit, Frische, in bildhafter, volkstüml. Sprache preist er die Schönheit des naturverbundenen Lebens. Melancholie und vitale Kraft bestimmen seine Lyrik; J. verzweifelte an der Industrialisierung, durch die die Einheit von Religion und bäuerl.-patriarchal. Tradition verlorengeht. Dt. liegen vor: „Liebstes Land, das Herz träumt leise" (dt. 1958), „Gedichte" (dt. 1961).

Literatur: De Graaff, F.: *Sergej Esenin. A biographical sketch. Den Haag 1966.* – Auras, Ch.: *Sergej Esenin. Bilder u. Symbolwelt. Mchn. 1965.*

Jesus Sirach ↑ Bibel.

Jeu d'Adam [frz. ʒøda'dã] ↑ Adamsspiel.

Jewett, Sarah Orne [engl. 'dʒu:ɪt], * South Berwick (Maine) 3. Sept. 1849, † ebd. 24. Juni 1909, amerikan. Schriftstellerin.

Aus angesehener Familie Neuenglands; Verbindung zu den literar. Gruppen in Boston. Vertreterin der amerikan. Heimatkunst; hielt das neuengl. Lokalkolorit in vielen Kurzgeschichten fest; Hauptmotiv ist die unsentimentale Darstellung des Untergangs des wirtschaftl. gesunden, puritan. Neuengland.

Hauptwerke: Deephaven (En., 1877), Das Land der spitzen Tannen (En., 1896; dt. 1961), Der weiße Reiher u.a. Erzählungen aus dem Land der Spitzen Tannen (dt. 1966).

Literatur: Matthiesen, F. O.: *S. O. J. Neuaufl. Gloucester (Mass.) 1965.*

Jewreinow, Nikolai Nikolajewitsch; tl.: Evreinov, Nikolaj Nikolaevič [russ. jɪv'rjejnɐf], * Moskau 26. Febr. 1879, † Paris 1953, russ. Regisseur und Dramatiker.

Gab die Beamtenlaufbahn auf; 1909 Theaterdirektor in Petersburg; emigrierte 1922 nach Paris. Forderte in theoret. Schriften ein autonomes Theater, das dem Anspruch des Theatral., Ausgangspunkt aller schöpfer. Impulse im Leben zu sein, gerecht werde; Vorbild ist ihm v.a. L. Andrejew; umfangreiche theoret. Arbeiten zu Theaterfragen; seine dramat. Werke, so „Die Hauptsache" (dt. 1924, auch u. d. T. „Die Bühne des Lebens"), konnten sich nicht durchsetzen; interessant ist J.s „Histoire du théâtre russe" (1947).

Jewtuschenko, Jewgeni Alexandrowitsch; tl.: Evtušenko, Evgenij Aleksandrovič [russ. jɪftu'ʃɛnkɐ], * Station Sima (Gebiet Irkutsk) 18. Juli 1933, russ.-sowjet. Dichter.

Nach ersten Erfolgen mit Gedichten Literaturstudium am Gorki-Institut in Moskau; Vortragsveranstaltungen, ausgedehnte Vortrags- und Studienreisen nach England, Kuba und den USA. Seine Lyrik ist formal an Majakowski geschult; empfing bed. Impulse von Rilke und Hemingway; lehnt sich gegen Parteidogmen auf, Bitterkeit über den Verrat an den Idealen der Revolution; J. macht sich durch betonten Individualismus der offiziellen sowjetruss. Kritik mißliebig; seine autobiograph. Versdichtung „Sima" (1956) führte zum Ausschluß aus dem Komsomol. Dt. erschienen Gedichte („Mir ist folgendes geschehen ...", dt. 1962; „Gedichte", dt. Ausw. 1963) und Erzählungen („Der Hühnergott", dt. 1966).

Jeż, Teodor Tomasz [poln. jɛʃ], eigtl. Zygmunt [Fortunat] Miłkowski, * Saraceja (Podolien) 23. März 1824, † Lausanne 11. Jan. 1915, poln. Schriftsteller.

Studierte in Rußland; viele Auslandsaufenthalte im Nahen Osten und in W-Europa; unstetes Leben. Seine Romane haben stark patriot. Färbung und zeigen J. als Kämpfer für Freiheit und Demokratie; Stoffe aus den südslaw. Freiheitskämpfen gestaltete er u.a. in dem Roman „Die Uskoken" (1869, dt. 1891).

Jilemnický, Peter [slowak. 'jilɛmnitski:], * Geiersberg (Ostböhm. Gebiet) 18. März 1901, † Moskau 19. Mai 1949, slowak. Schriftsteller tschech. Herkunft.

Lehrer und kommunist. Journalist. Realist. Romancier, der in seinen besten Werken slowak. Volksleben darstellte und kommunist. interpretierte; lebendige Reportagen.

Hauptwerke: Brachland (R., dt. 1935f.), Ein Stück Zucker (R., 1934; dt. 1952), Der Wind dreht sich (Reportage, dt. 1951).

Jiménez, Juan Ramón [span. xi'menɛθ], * Moguer (Huelva) 24. Dez. 1881, † San Juan (Puerto Rico) 29. Mai 1958, span. Dichter.

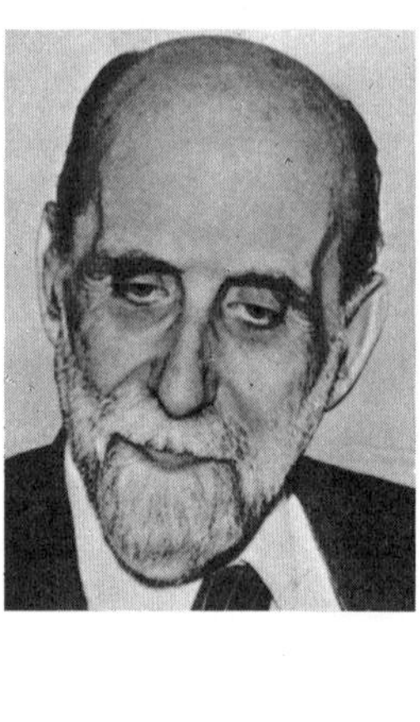

Juan Ramón Jiménez

Wurde von den Jesuiten in Puerto de Santa María (Cádiz) erzogen, studierte an der Universität Sevilla; unternahm zahlreiche Reisen durch Europa und nach Nordamerika; befreundet u.a. mit Rubén Darío und Gómez de la Serna, Bekanntschaft auch mit Azorín, Ortega y Gasset, Benavente u.a.; übersiedelte 1951 nach Puerto Rico. 1956 Nobelpreis. Bedeutendster Vertreter und zugleich Überwinder des Modernismo, bemüht um die Heranbildung der literar. Jugend. Er war zu Beginn der 20er Jahre der führende Dichter Spaniens; wesentl. Einfluß auf span. und lateinamerikan. Lyriker. Sein frühes Schaffen ist gekennzeichnet durch Musikalität der Verse, melanchol., träumer. und idyll. Stimmungsbilder, zarte Schlichtheit sowie volkstüml. andalus. Landschaftsmotive. Später wandte er sich einer „poésie pure" zu, die nach Überzeitlichkeit, Verinnerlichung und Abstraktion strebt.

Hauptwerke: Almas de violeta (Ged., 1900), Arias tristes (Ged., 1903), Jardines lejanos (Ged., 1904), Pastorales (Ged., 1905), Elegías puras (Ged., 1908), Melancolía (Ged., 1912), Platero und ich (Prosa, 1914; dt. Ausw. 1953), Sonetos espirituales (Ged., 1917), Diario de un poeta recién casado (Ged., 1917), Eternidades (Ged., 1918), Animal de fondo (Ged., 1949), Herz, stirb oder singe (Ged., dt. Ausw. 1958), La corriente infinita (Prosa, hg. 1961).

Literatur: Olson, P. R.: *Circle of paradox. Time and essence in the poetry of J. R. J. Baltimore (Md.) 1967.* – Schonberg, J.-L.: *J. R. J. ou le chant d'Orphée. Neuenburg 1961.* – Palau de Nemes, G.: *Vida y obra de J. R. J. Madrid 1957.* – Neddermann, E.: *Die symbolist. Stilelemente im Werke v. J. R. J. Hamb. 1935.*

Jinakīrti ↑ Dschinakirti.

Jirásek, Alois [tschech. 'jira:sɛk], * Hronow (Ostböhm. Gebiet) 23. Aug. 1851, † Prag 12. März 1930, tschech. Schriftsteller.

Studierte Geschichte, war Geschichtslehrer; polit. sehr aktiv; Parlamentarier bis 1925; unterstützte republikan. Ideen. Obwohl stilist. und gedankl. mehr dem 19. Jh. zugehörig, zählt J. noch immer zu den meistgelesenen tschech. Romanciers; wegen antiklerikaler Tendenzen seit Kriegsende staatl. gefördert. Er gibt im Stil des Realismus kulturhistor. und folklorist. wertvolle Darstellungen der tschech. Vergangenheit (bes. aus der Zeit der Hussiten), die psycholog. und andere Mängel seiner oft zykl. zugelegten Romane verdecken. Seine dramat. Werke (u.a. „Gero", Dr., dt. 1906; „Die Laterne", Spiel, dt. 1906) sind wenig bühnenwirksam, wurden aber z.T. erfolgreich aufgeführt.

Weitere Werke: Chodische Freiheitskämpfer (R., 1886; dt. 1904, 1952 u. d. T. Die Hundsköpfe), Wider alle Welt (R., dt. 1904).

Jirgal, Ernst, * Stockerau bei Wien 18. Jan. 1905, † Wien 17. Aug. 1956, östr. Schriftsteller.

In seinen zeitkrit., nicht leicht zugängl. Gedichten und Prosaschriften greifen zeitbezogene und surreale Elemente ineinander. Starke Gedanklichkeit, Innerlichkeit und ein herber, konzentrierter Stil kennzeichnen sein Werk; auch Dramatiker, Essayist und Kritiker.

Hauptwerke: Landschaften (Ged., 1937), Tantalos (Dr., 1946), Erinnertes Jahr (E., 1947), Schlichte Kreise (Ged., 1955).

Joannes de Curiis ['ku:ri-ɪs] ↑ Dantyszek, Jan.

Job ↑ Bibel.

Jochumsson, Matthías [isländ. 'jɔkʏmsɔn], *Skógar (Þorskafjörður) 11. Nov. 1835, † Akureyri 18. Nov. 1920, isländ. Dichter.

Durch Gönner ermöglichtes Theologiestudium; Pfarrer, dann journalist. Tätigkeit, wurde zum Dichter gekrönt; unternahm ausgedehnte Reisen. Meisterhafte Beherrschung der isländ. Sprache, ausgeprägtes Formgefühl, Phantasie, rhythm. Kraft und ein starkes Nationalbewußtsein bestimmen seine Dichtung. Neben den religiösen und patriot.-histor. Liedern schrieb er zur Mystik neigende Gedankenlyrik und Dramen; Schöpfer des Textes der isländ. Nationalhymne.

Hauptwerke: Ljóðmæli (Ged., 1884), Grettisljóð (Epos, 1897), Jón Arason (Dr., 1900).

Jodelle, Étienne [frz. ʒɔ'dɛl], Sieur de Lymodin, * Paris 1532, † ebd. Juli 1573, frz. Dichter.

Anhänger Ronsards und Mitglied der Pléiade; bereits 17jährig als Dichter bekannt; großen Erfolg brachte ihm bei Hof die erste frz. Renaissancetragödie, „Cléopâtre captive" (1552), die Schulbeispiel und Vorbild für die klass. Tragödie wurde (Verwendung eines klass. Stoffes, Einhaltung der drei Einheiten, Abfassung in Alexandrinern sowie die Einteilung in 5 Akte); verfaßte auch Sonette.

Weitere Werke: Eugène (Kom., 1552), Didon se sacrifiant (Trag., um 1555).

Jodok ↑ Gumppenberg, Hanns Freiherr von.

Joel ['jo:ɛl] ↑ Bibel.

Johann von Salzburg ↑ Hermann von Salzburg.

Johann von Soest [zo:st], eigtl. J. Grumelkut (oder Steinwert), * Unna 1448, † Frankfurt am Main 2. Mai 1506, dt. Schriftsteller, Musiker und Arzt.

Neben kleineren Dichtungen und einer kulturhistor. und psycholog. interessanten Autobiographie schrieb er den Ritterroman „Margarethe von Limburg" (1480), zu dem er als Quelle einen Ritterroman des Niederländers Heinric van Aken (um 1400) benutzte.

Johann von Würzburg, mhd. Dichter um 1300.

Wahrscheinl. bürgerl. Dichter; schloß 1314 seinen Versroman „Wilhelm von Österreich" ab, der in dem bewußten Festhalten an der literar. Tradition deutl. epigonale Züge trägt und die großen Vorbilder nicht erreichen kann; gleichwohl blieb der Stoff – das Motiv der Kinderliebe in einer von Abenteuern und Gefahren reichen Welt – bis ins 16. Jh. beliebt. Eine Prosafassung wurde 1481 gedruckt.

Johannes von Damaskus, hl., latin. Johannes Damascenus, genannt Chrysorrhoas, * Damaskus zwischen 650 und 670, † Kloster Saba bei Jerusalem um 750, griech. Kirchenvater.

Erhielt eine umfangreiche und solide Bildung; zunächst im Dienst der mohammedan. Kalifen von Damaskus, wurde um 700 Mönch und entfaltete eine rege literar. Tätigkeit; sein bekanntestes Werk, „Die Quelle der Erkenntnis" (dt. 1923), wurde zur Sammlung der dogmat. und theolog. Lehre der orthodoxen Kirche; neben weiteren theolog. Schriften, zahlreichen Reden und dem erbaul. Roman „Barlaam und Joasaph" verdienen bes. die kunstvoll gestalteten Hymnen und Kanones Erwähnung, die geschickt das Prinzip der antiken quantitierenden Metrik mit dem der byzantin. akzentuierenden verbinden.

Literatur: Der griech. Barlaam-Roman, ein Werk des hl. J. v. Damaskos. Ettal 1953.

Johannes (Johann) von Neumarkt, * Hohenmauth (Ostböhm. Gebiet) oder Neumarkt bei Breslau um 1310, † Leitomischl 23. oder 24. Dez. 1380, dt. Humanist.

Geistl. Bildung, 1344 Pfarrer in Neumarkt bei Breslau, 1352 Bischof von Naumburg, später von Breslau, 1353–74 Hofkanzler Kaiser Karls IV., Beziehungen zu Cola di Rienzo und Petrarca; führende Persönlichkeit des böhm. Humanistenkreises, Lehrer des Johannes von Tepl; Anreger und Mittler zwischen roman. und german. Kulturkreis. Von kulturhistor. Interesse sind seine lat. Briefe „Cancellaria" und „Summa cancellariae Caroli IV". Für die Entwicklung des dt. Prosastils sind seine stilsicheren Übersetzungen von Bedeutung, u.a. eine pseudo-augustin. Schrift, ein „Leben des hl. Hieronymus" (1364) und eine Sammlung dt. Gebete.

Literatur: Klapper, J.: *Johann v. N., Bischof u. Hofkanzler. Lpz. 1964.*

Johannes von Saaz ↑ Johannes von Tepl.

Johannes von Tepl ['te:pəl] (J. von Saaz), * Sitbor um 1350, † Prag um 1414, dt. Dichter.

Aus vornehmer Bürgerfamilie, erwarb in Prag den Magistergrad, Schüler des Johannes von Neumarkt, Schulmeister in Tepl, später Rektor der Lateinschule, Notar und Stadtschreiber in Saaz; zuletzt Notar der Prager Neustadt. In dem unmittelbar nach der Erschütterung über den Verlust seiner am 1. Aug. 1400 im Kindbett verstorbenen Frau aus starkem inneren Erleben gestalteten Streitgespräch mit dem Tod „Der Ackermann aus Böhmen" erhöht J. v. T. das eigene trag. Schicksal zum allgemeinen Los der Menschheit; in künstler. geformter, rhythm., teilweise mit rhetor. Pathos gezierter Prosa ringt der Ackermann – stellvertretend für alle Menschen – mit dem Tod um dessen Berechtigung in der göttl. Weltordnung.

Ausgaben: J. v. T. Der Ackermann aus Böhmen. Textausg. v. A. Hübner. *Lpz. ³1965. – J. v. T. Der Ackermann u. der Tod. Ein Streitgespräch. Nhd. v.* W. Krogmann. *Mit einem Nachwort v.* Reinhold Schneider. *Frkf. 81.–86. Tsd. 1965. – Der Ackermann aus Böhmen des J. v. Saaz. Textausg. v.* L. L. Hammerich *u.* G. Jungbluth. *Hdbg. 1951.*

Literatur: Der Ackermann aus Böhmen des J. v. T. u. seine Zeit. Vom MA zur Neuzeit. Hg. v. E. Schwarz. *Darmst. 1968.* – Hahn, G.: *J. v. Saaz. Der Ackermann aus Böhmen. Mchn. 1964.* – Burdach, K.: *Der Dichter des Ackermann aus Böhmen u. seine Zeit. Bln. 1926–32. 2 Tle.*

Johannesbriefe ↑ Bibel.

Johannes Chrysostomos, hl., * Antiochia zwischen 344 und 354, † bei Komana (beim heutigen Kayseri, Türkei) 14. Sept. 407, griech. Kirchenvater.

Schüler des Libanios, erhielt seiner Beredsamkeit wegen den Namen Ch. (= Goldmund); einer der bedeutendsten Prediger der griech. Kirche; 398 Patriarch von Konstantinopel; wurde wegen seiner strengen Haltung verbannt; seine Predigten sind nicht nur inhaltl. und sprachl. bed. – J. Ch. ist einer der Klassiker der griech. Sprache und Literatur in ihrer Nachblüte –, sie sind auch als Zeugnisse des kirchl. und kulturellen Lebens seiner Zeit von großem Interesse. Von seinen Gelegenheitsreden sind am bekanntesten die 21 Predigten „De statuis" (= Säulenreden). J. Ch. hat nachhaltigen Einfluß ausgeübt. Hunderte von Homilien sind erhalten.

Johannesevangelium ↑ Bibel.

Johannes Kyriotes, byzantin. Dichter des 10. Jahrhunderts.

Universelle Bildung; umfangreiches literar. Schaffen; kannte das griech. Altertum, bes. dessen Philosophie; neben zahlreichen Epigrammen, Lobgedichten auf die Gottesmutter u.a. Gedichten schrieb er ein panegyr. Lobgedicht auf den hl. Panteleemon; auch Prosaschriftsteller.

Johannes Secundus (Janus Secundus), eigtl. Jan Nicolaas Everaerts, * Den Haag 23. Nov. 1511, † Abtei Saint-Amand bei Tournai 3. Okt. 1536, niederl. Dichter.

Sohn eines Juristen, studierte die Rechte in Spanien, wurde Sekretär des Kardinal-Erzbischofs von Toledo und Karls V.; nlat. Lyriker unter dem Einfluß v.a. von Catull und Tibull; schrieb Elegien, Liebesgedichte, Epigramme, Oden und ein Reisetagebuch; dt. erschien 1907 „Basia" (Ged., 1539).

Johannes Tzetzes, * Konstantinopel (heute Istanbul) um 1110, † um 1180, byzantin. Dichter.

Philolog. geschult, Grammatiklehrer, dann von Mäzenen unterstützt. Sein umfangreiches Werk enthält Kommentare und Scholien in Versen zu Homer, Hesiod, Aristophanes u.a., eine Reihe kleinerer Gedichte und die „Chiliades", ein mytholog., polit.-histor. und literarhistor. Lehrgedicht in fast 13000 Versen (jamb. Fünfzehnsilber).

Johannes vom Kreuz ↑ Juan de la Cruz.

Johannes von Höfen ↑ Dantyszek, Jan.

Johan[n]sdorf, Albrecht von ↑ Albrecht von Johan[n]sdorf.

Johansson, Lars (Lasse) [schwed. ˌju:hansən], Pseudonym Lucidor, ≈ Stockholm 18. Okt. 1638, † ebd. 13. Aug. 1674, schwed. Dichter.

In Pommern aufgewachsen, Studium in Deutschland, bereiste England, Frankreich und Italien; Sprachlehrer; kam bei einer Schlägerei ums Leben. J. schrieb frische, humorvolle, religiösernste, auch melanchol. Liebes- und Trinklieder, Hochzeits- und Totengedichte. In seinen Gedichten, die im wesentl. Gelegenheitsgedichte sind, erfaßt er alle Stimmungen des Barocks, geht aber weit über die Epoche hinaus durch seine sehr persönl. bestimmte Haltung. Er schrieb in mehreren Sprachen.

Hauptwerke: Lucida intervalla (Ged., 1685), Helicons blomster (Ged., 1689).

John, Eugenie ↑ Marlitt, E[ugenie].

Johnson, Eyvind [Olof Verner] [schwed. ˌjunsən], * Svartbjörnsbyn (Norbotten) 29. Juli 1900, schwed. Schriftsteller.

Stammt aus dem Arbeitermilieu, verließ früh das Elternhaus, Kontakt mit Arbeiterdichtern; 1921 bis 1923 in Deutschland, dann mehrere Jahre in Frankreich, 1947–49 in der Schweiz. Mitglied der schwedischen Akademie und der schwedischen UNESCO-Abordnung; Dr. phil. h.c.; J., der sich einen geschärften Blick für soziale und polit. Probleme erworben hat, verarbeitet in seinen Erzählwerken persönl. Erfahrungen, die er sprachl. meisterhaft, sehr engagiert gestaltet. Betonte Stellungnahme gegen jede Dik-

tatur, für die Freiheit im Rahmen der Demokratie. Als psycholog. Realist beginnend, wandte sich J., teils unter dem Einfluß von Proust und Joyce, immer stärker modernen Romantechniken zu: verschiedene Perspektiven, Rückblenden, eingeschobene Berichte und innere Monologe.
Hauptwerke: De fyra främlingarna (Nov., 1924), Stad i ljus (R., 1928), Hier hast du dein Leben (R., 1934–37; dt. 1951), Krilon-Trilogie (R., 1941–43), Die Heimkehr des Odysseus (R., dt. 1948), Träume von Rosen und Feuer (R., dt. 1952), Fort mit der Sonne! (R., dt. 1953), Wolken über Metapont (R., dt. 1964), Eine große Zeit (R., dt. 1966).
Literatur: Claudi, J.: *E. J. En karakteristik. Kopenhagen 1947.*

Johnson, James Weldon [engl. dʒɔnsn], * Jacksonville (Fla.) 17. Juni 1871, † Darkharbor (Maine) 26. Juni 1938, farbiger amerikan. Schriftsteller.
Studierte Jura, war Lehrer und Rechtsanwalt; später als Diplomat in Südamerika. Trat auch mit literar. Arbeiten für die Emanzipation der Neger ein; gab zusammen mit seinem Bruder eine wertvolle Ausgabe amerikan. Negro Spirituals heraus. Seine eigene Lyrik wurde von der religiösen Negerdichtung beeinflußt; ein bed. Beitrag zur Selbstdarstellung des modernen amerikan. Negers war sein Roman „Der weiße Neger" (1912, dt. 1928).
Weitere Werke: Gib mein Volk frei (Ged., 1927; dt. 1960), Black Manhattan (Novellen und Skizzen, 1930), Along this way (Autobiogr., 1933).

Johnson, Lionel Pigot [engl. dʒɔnsn], * Broadstairs (Kent) 15. März 1867, † London 4. Okt. 1902, engl. Dichter und Kritiker.
Lebte nach dem Studium zurückgezogen in London, arbeitete journalist.; trat 1891 zum Katholizismus über; verfiel zunehmend der Trunksucht. In seiner Dichtung verbinden sich Einflüsse von W. Pater mit Anregungen durch die kelt. Überlieferung; J. nahm regen Anteil an der ir. Renaissance; seine vorwiegend elegische Lyrik ist durch formale Meisterschaft und Euphonie gekennzeichnet; auch bed. literaturkrit. Essays.

Johnson, Samuel [engl. dʒɔnsn], * Lichfield 18. Sept. 1709, † London 13. Dez. 1784, engl. Schriftsteller.
War nach dem aus Geldnot vorzeitig abgebrochenen Studium Lehrer, Verlagsangestellter, Journalist, Hg. literar. Zeitschriften, Kritiker, Biograph

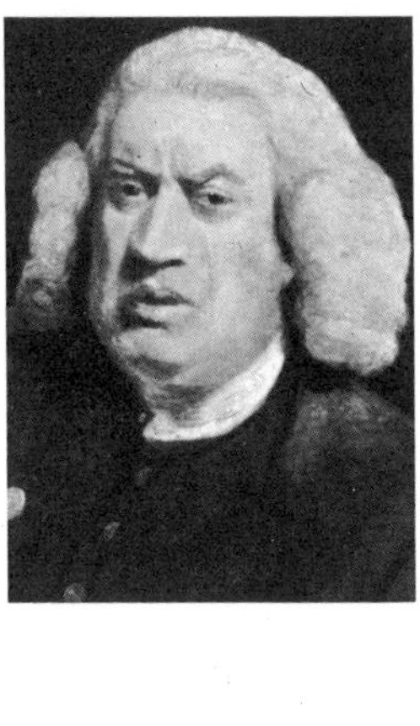
Samuel Johnson (Gemälde von J. Reynolds)

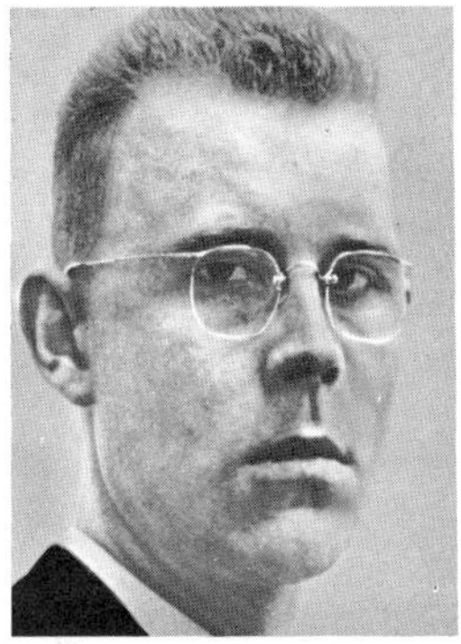
Uwe Johnson

und Gelehrter; mit bed. literar. Persönlichkeiten seiner Zeit befreundet. J. lehnte die Dichtungstheorien der „metaphysical poetry" und der Vorromantik ab und beeinflußte die Auffassung von der Dichtung im Sinne der Aufklärung. Besonderen Erfolg hatte sein richtungweisendes Wörterbuch „Dictionary of the English language" (1755); daneben wurden bes. seine „Biograph. und krit. Nachrichten von engl. Dichtern" (dt. 1781–83) berühmt, die in ihrer Verbindung von treffenden Charakterzeichnungen und Werkanalysen vorbildl. wurden. Als sein bestes dichter. Werk gilt die Satire „The vanity of human wishes" (1749). Auch Hg. Shakespeares.
Weitere Werke: London (Ged., 1738), Irene (Trag., 1749), Rasselais, Prinz von Abyssinien (E., dt. 1762), Reisen nach den westl. Inseln von Schottland (Reisebericht, dt. 1775).
Literatur: Alkon, P. K.: *S. J. and moral discipline. Evanston (Ill.) 1967.* – Boswell, J.: *Life of J. bound with Journal of a tour to the Hebrides, and S. J.'s Diary of journey into North Wales. Hg. v.* G. B. Hill *u.* L. F. Powell. *Neuausg. New York 1965. 6 Bde. Gekürzte dt. Ausg. u. d. T.: Dr. S. J. Leben u. Meinungen. Mit dem Tageb. einer Reise nach den Hebriden. Zürich 1951.* – Krutch, J. W.: *S. J. Neuaufl. New York 1963.* – Pearson, H.: *J. and Boswell. London 1958.*

Johnson, Uwe [ˈjo:nzɔn], * Cammin i. Pom. 20. Juli 1934, dt. Schriftsteller.
Studium der Germanistik in Rostock und Leipzig; seit 1959 in Berlin (West), Reisen nach den USA und Italien. Beeinflußt von Joyce und Faulkner, gelang es J., dessen zentrales Thema Probleme des geteilten Deutschland sind, bis in Aufbau und Sprache die Unsicherheit und Ungewißheit der Teilungssituation realist. nahezubringen. In seinem bisher letzten Roman Abkehr von der experimentellen Gestaltung seiner ersten Werke (verschiedene Erzählebenen, extreme Verfremdung der Sprache u.a.); Neigung zu exakter Detaildarstellung.
Hauptwerke: Mutmaßungen über Jakob (R., 1959), Das dritte Buch über Achim (R., 1961), Karsch u. a. Prosa (1964), Zwei Ansichten (R., 1965).
Literatur: Popp, H.: *Einf. in U. J.s Roman „Mutmaßungen über Jakob". Stuttg. 1967.* – Deschner, K.: *U. J. Das dritte Buch über Achim. In:* Deschner: *Talente, Dichter, Dilettanten. Überschätzte u. unterschätzte Lit. der Gegenwart. Wiesb. 1964.*

Johnston, [William] Denis [engl. 'dʒɔnstən], Pseudonym S. W. Tocher, * Dublin 18. Juni 1901, ir. Schriftsteller.
Gab den Anwaltsberuf auf, wurde Schauspieler, später Theaterdirektor; Arbeit für Bühne, Rundfunk und Fernsehen; seit 1950 Literaturdozent in Massachusetts. Schrieb Dramen, z.T. in realist., manchmal impressionist. Stil, doch erregte er mit expressionist., sprachexperimentierenden Versuchen, so „The old lady says ‚No'" (1929), und mit dem mit E. Toller verfaßten „Blind man's buff" (1938) mehr Aufsehen; Vorliebe für groteske Gestaltung. „A bride for the unicorn" (Dr., 1933) gilt als sein bestes Stück.
Weitere Werke: The moon in the yellow river (Dr., 1931), The dreaming dust (Dr., 1940).
Johnstone-Wilson, Angus Frank [engl. 'dʒɔnstən-'wɪlsn] ↑ Wilson, Angus.
Johst, Hanns, * Seerhausen bei Riesa 8. Juli 1890, dt. Schriftsteller.
Pfleger in der Bodelschwinghschen Anstalt in Bethel, Studium der Medizin, Philologie und Kunstwissenschaft, nach dem 1. Weltkrieg freier Schriftsteller; 1933 zum Preuß. Staatsrat ernannt, 1935–45 Präsident der Reichsschrifttumskammer und der Dt. Akademie der Dichtung; SS-Brigadeführer; 1949 als Hauptschuldiger eingestuft. J. begann als Expressionist. Das „ekstat. Szenarium" „Der junge Mensch" (1916) behandelt die Empörung des Studenten gegen die Lehrer, in das Grabbe-Drama „Der Einsame" (1917) flossen eigene Probleme ein; später immer mehr Betonung des Völkischen („Der König", Dr., 1920; „Thomas Paine", Dr., 1927). Mit dem Drama „Schlageter" (1933) stellte sich J. in die vorderste Reihe der dem nationalsozialist. Regime genehmen Autoren; auch Lyriker und Erzähler.
Weitere Werke: Der Anfang (R., 1917), Gesegnete Vergänglichkeit (R., 1955).
Joinville, Jean Sire de [frz. ʒwɛ̃'vil], * Schloß Joinville bei Chalons-sur-Marne 1224, † 24. Dez. 1317, frz. Geschichtsschreiber.
Aus altem Adelsgeschlecht, das die Seneschallen der Champagne stellte; begleitete 1248 König Ludwig IX., den Heiligen, nach Ägypten (6. Kreuzzug), lehnte jedoch 1270 die Teilnahme an dessen Tuniszug ab; sein berühmtes, zwischen 1305 und 1309 entstandenes Alterswerk „Histoire de Saint Louis", das eine anschaul. und mit großer Sachtreue wiedergegebene Chronik des 6. Kreuzzuges sowie persönl. Erinnerungen aus dem Umgang mit dem König enthält, ist nicht nur histor. wertvoll, sondern gilt auch innerhalb der frühen frz. Memoirenliteratur als erstrangig.
Jókai, Mór [ungar. 'jo:kɔi], * Komorn 18. Febr. 1825, † Budapest 5. Mai 1904, ungar. Schriftsteller.
Aus einer Adelsfamilie, studierte Rechtswissenschaft, in Pest Verbindung zu Petőfi; 1848 einer der Führer der revolutionären Jugend; nach dem Zusammenbruch amnestiert. Bedeutendster und populärster Erzähler der ungar. Literatur; stand unter dem Einfluß der frz. Romantik; zunächst Vorliebe für Elemente des Schauerromans, kam über persönl. geprägte Darstellungen zu einem volkstüml. Realismus, ausgezeichnete Beobachtungsgabe, lebendige und natürl. Sprache, Fabulierkunst und Humor; Stoffe aus der ungar. Geschichte, v.a. des Freiheitskampfes.
Hauptwerke: Türkenwelt in Ungarn (R., dt. 1855), Ein ungar. Nabob (R., dt. 1858), Der neue Gutsherr (R., 1863; dt. 1876), Der Mann mit dem steinernen Herzen (R., 1869; dt. 1874), Schwarze Diamanten (R., dt. 1871), Ein Goldmensch (R., dt. 1873), Die weiße Rose (R., dt. 1884, 1895 u. d. T. Die gelbe Rose).
Jokostra, Peter [jo'kɔstra], * Dresden 5. Mai 1912, dt. Schriftsteller.
Studierte Philosophie und Kunstgeschichte, seit 1933 Landarbeiter, Jäger, Fischer, Bauer in Masuren und Mecklenburg; nach 1945 Lehrer und Lektor im Ostteil Berlins, 1958 Flucht nach Frankreich, dann Ansiedlung in der BRD; Kritiker, Lektor, jetzt freier Schriftsteller in Linz am Rhein; schrieb Lyrik mit Neigung zu Natursymbolik und starker Metaphorik, zeitkrit. Prosa und Essays; Hg. von Anthologien.
Hauptwerke: An der besonnten Mauer (Ged., 1958), Mag. Straße (Ged., 1960), Hinab zu den Sternen (Ged., 1961), Herzinfarkt (R., 1961), Die Zeit hat keine Ufer (Tageb., 1963), Die gewendete Haut (Ged., 1966), Bobrowski und andere (Autobiogr., 1967).
Jølsen, Ragnhild [norweg. 'jœlsən], * Enebakk 28. März 1875, † ebd. 28. Jan. 1908, norweg. Schriftstellerin.
Gute Beobachtungsgabe, feinsinnige psycholog. Gestaltung und eine lyr. Sprache kennzeichnen ihre teils realist., teils schwärmer. Romane, die aus tiefer Verbundenheit mit ihrer ostnorweg. Heimat entstanden sind. Der Roman „Rikka Gan" wurde 1905 ins Dt. übersetzt.
Jona[s] ↑ Bibel.
Jonathan [niederl. 'jo:na:tɑn] ↑ Hasebroek, Johannes Petrus.
Jones, Arthur Llewellyn [engl. dʒoʊnz] ↑ Machen, Arthur.
Jones, David [engl. dʒoʊnz], * Brookley (Kent) 1. Nov. 1895, engl. Lyriker.
Konvertierte 1921 zum Katholizismus; Einfluß der kath. Liturgie auf sein lyr. Werk, das auch der Alltagssprache, dem Soldatenidiom, der kelt. Überlieferung Anregungen für neue Ausdrucksmöglichkeiten verdankt; J.' 1. Gedichtsammlung „In parenthesis" (1937) enthält Kriegslyrik, der 2. Band, „The anathemata" (1952), ist der Versuch einer lyr. Autobiographie; schuf auch Gemälde, Aquarelle und Holzschnitte.
Jones, Henry Arthur [engl. dʒoʊnz], * Grandborough 20. Sept. 1851, † Hampstead (heute zu London-Camden) 7. Jan. 1929, engl. Schriftsteller.
Aus walis. Bauernfamilie; hatte großen Erfolg mit dem künstler. unbed. Melodrama „The silver king" (1882); schrieb danach außer Lustspielen und Tragödien v.a. Bühnenstücke, die gesellschaftl. Probleme darstellen und in denen er sich nach dem Vorbild Ibsens gegen religiöse und gesellschaftl. Heuchelei wandte; auch Essays.
Weitere Werke: Saints and sinners (Dr., 1891), Michael and his lost angel (Dr., 1896).
Jones, James [engl. dʒoʊnz], * Robinson (Ill.) 6. Nov. 1921, amerikan. Schriftsteller.
Nahm am Krieg im Pazifik teil; wurde schlagartig bekannt mit seinem auch verfilmten Roman „Verdammt in alle Ewigkeit" (dt. 1951), einer ungeschminkten Darstellung des Soldatenlebens in einem Ausbildungslager auf Hawaii kurz vor dem jap. Überfall auf Pearl Harbor.

Weitere Werke: Die Entwurzelten (R., dt. 1959), Die Pistole (R., dt. 1959), Der tanzende Elefant (R., dt. 1963), Kraftproben (R., dt. 1968).

Jones, Thomas Gwynn [engl. dʒoʊnz], Pseudonym Rhufaw, * Betwsyn-Rhos (Denbigh) 10. Okt. 1871, † Aberystwyth 7. März 1949, walis. Schriftsteller.

Seit 1919 Professor für walis. Literatur in Aberystwyth; schrieb Romane und v.a. formal meisterhafte Gedichte, die sich durch Treffsicherheit des Ausdrucks und souveräne Beherrschung metr. Gesetze auszeichnen; Neigung zur Gestaltung des Phantastischen und Märchenhaften; auch krit. biograph. Abhandlungen.

Jong, Adrianus Michael de [niederl. jɔŋ], * Nieuw-Vossemeer 29. März 1888, † Blaricum 18. Okt. 1943, niederl. Schriftsteller.

Aus kath. Arbeiterfamilie, zuerst Lehrer, seit 1919 Schriftleiter der Zeitung „Het Volk", später der Zeitschrift „Nu"; während der Besetzung von den Deutschen ermordet. J.s Werke, die hervorragende Charakterzeichnungen enthalten, zeugen von der sozialist. und antireligiösen Einstellung des Verfassers.

Hauptwerke: Untergang (R., dt. 1921), Mereyntje Geysens Kindheit (R., dt. 1929/30, 1955 u.d.T. Herz in der Brandung), Der krumme Lindert (R., 1930; dt. 1949), Heller Klang aus dunkler Flöte (R., 1935–38; dt. 1959).

Jonson, Ben (auch Benjamin) [engl. dʒɔnsn], * Westminster (?) 11. Juni 1572, † ebd. 6. Aug. 1637, engl. Dichter.

Ärml. Jugend, Maurerlehrling, Soldat in den Niederlanden, Schauspieler und Bühnenautor; wegen eines Duells, später wegen Beleidigung des schott. Königs vorübergehend in Haft; Reisen nach Frankreich als Erzieher des Sohnes von Sir Walter Raleigh; „poet laureate", Magister artium ehrenhalber in Oxford. Den größten Erfolg hatte er mit seinen Komödien, sorgfältigen realist., humorvollen Schilderungen von Sitten und Charakteren, mit denen er Mißstände seiner Zeit und menschl. Laster verspottete. J. kreierte die „Comedy of humours", in deren Mittelpunkt schrullige Charaktere stehen, meist in Schwarzweißtechnik gezeichnete Träger bestimmter Eigenarten oder Laster. Seine histor. Dramen sind schwerfälliger, sein Versuch, die antike Tragödie neu zu beleben, mißlang. Dagegen zählen seine höf. Maskenspiele zu den poetischsten dieser Gattung. Von seinen Gedichten, vorwiegend Liebesliedern, sind einzelne anmutig und musikal., die meisten etwas steif. J. schrieb auch Essays; sein Einfluß auf die Literatur der Zeit war groß.

Hauptwerke: Everyman in his humour (Kom., 1598), The poetaster (Kom., 1601), Der Sturz des Sejanus (Trag., 1603; dt. 1912), Volpone oder der Fuchs (Kom., 1605; dt. 1912), The masque of queens (Maskenspiel, 1609), Der Alchemist (Kom., 1610; dt. 1836), Bartholomäusmarkt (Kom., UA 1614; dt. 1912).

Ausgabe: B. J. Hg. v. C. H. Herford *u.* P. Simpson. *Oxford 1925–52. 11 Bde.*

Literatur: Thayer, C. G.: *B. J., studies in the plays. Norman (Okla.) ²1966.* – Partridge, E. B.: *The broken compass. A study of the major comedies of B. J. London; New York 1958.* – Aronstein, Ph.: *B. J. Bln. 1906.*

Jonsson, Thorsten [schwed. 'junsɔn], * Hörnsjö (Västerbotten) 25. April 1910, † Stockholm 7. Aug. 1950, schwed. Schriftsteller.

Studium in Stockholm, Journalist, zeitweise in New York. J. bevorzugt die harte Schilderung grauenhafter Vorgänge und patholog. Verbrechertypen in der Art des Thrillers; pflegt den realist. Dokumentationsroman der 30er Jahre, verbindet seine knappe, lakon. konzentrierte, u.a. von Hemingway, Steinbeck und Faulkner beeinflußte Erzählweise mit surrealist. Elementen. Sein Einfluß auf die junge schwed. Literatur ist bed. Der Roman „Menschen im Konvoi" wurde 1951 ins Dt. übersetzt.

Jónsson, Hjálmar [isländ. 'jou̯nsɔn], genannt Bólu-Hjálmar, * Halland (Eyjafjord) 29. Sept. 1796 (?), † Bóla (Skagefjord) 5. Aug. 1875, isländ. Lyriker.

Bauer und Fischer; Autodidakt; seine von herbem und kraftvollem Stil bestimmte Lyrik, in der sich persönl. Schicksal, Frömmigkeit und Vaterlandsliebe widerspiegeln, ist von Empfindungs- und Bilderreichtum geprägt.

Jontza, Georg ↑ Krämer, Karl Emerich.

Joostens, Renaat Antoon [niederl. 'jo:stəns] ↑ Albe.

Jordan, Wilhelm, * Insterburg 8. Febr. 1819, † Frankfurt am Main 25. Juni 1904, dt. Schriftsteller.

Dr. phil., Mitglied des Frankfurter Parlaments. Tätigkeit im Handelsministerium; reiste durch Europa und Amerika und trug eigene Dichtungen vor. Typ. Vertreter des selbstbewußten Bürgertums der Bismarckzeit. Wollte mit seinem Hauptwerk, dem Stabreimepos „Nibelunge" (1867–74), das dt. Nationalepos erneuern. Neben Romanen und Bühnenstücken von geringerer literar. Qualität auch theoret. Schriften und zahlreiche Übersetzungen (George Sand, Shakespeare, Homer, „Edda").

Weitere Werke: Glocke und Kanone (Ged., 1841), Der ep. Vers der Germanen und sein Stabreim (Abhandlung, 1867), Durchs Ohr (Lsp., 1870).

Jørgensen, Johannes [dän. 'jœrn'sən], eigtl. Jens J., * Svendborg (Fünen) 6. Nov. 1866, † ebd. 29. Mai 1956, dän. Dichter.

Studierte Biologie; war Journalist, Redakteur der Zeitschrift „Katholiken", später Korrespondent von „Nationaltidende". Übertritt zum Katholizismus; lebte meist im Ausland. 1913/14 Professor für Ästhetik in Löwen; lebte während des 2. Weltkrieges in Schweden. J. begann mit stimmungsvoller Lyrik, wurde zum Führer des symbolist. Kreises um die von ihm hg. Zeitschrift „Tårnet". Seine späten Gedichte und Erzählungen sind erfüllt von tiefer Religiosität. Von besonderem Publikumsinteresse waren seine Kriegsromane. In den späteren Werken fand J. zu einem knappen, herben und strengen, aller Bildhaftigkeit entsagenden Stil.

Hauptwerke: Bekenntnis (Ged., 1894; dt. 1917), Das Reisebuch (1895, dt. 1910), Parabeln (dt. 1899), Röm. Heiligenbilder (1902, dt. 1906), Das Pilgerbuch (dt. 1905), Franz von Assisi (Biogr., dt. 1911), Lieblichste Rose (R., 1907; dt. 1909), Birgitta af Vadstena (Biogr., 1941–43), Digte i Danmark (1943).

Literatur: Frederiksen, E.: *J. J.s ungdom. Kopenhagen 1946.*

Josano, Akiko; tl.: Yosano, Akiko [jap. josano], eigtl. Otori Akiko; tl.: Ôtori Akiko, * Sakai (Osaka) 7. Dez. 1878, † Tokio 29. Mai 1942, jap. Dichterin.
Früh Hinwendung zur Literatur; ⚭ mit J. Tekkan; nachhaltiger Eindruck einer Europareise; schrieb u.a. unter Einfluß von Baudelaire und Verlaine Liebesgedichte; darüber hinaus nahm sie zu zahlreichen Zeitfragen krit. Stellung und schrieb Kommentare zur klass. jap. Literatur; am bekanntesten ist der Gedichtband „Midaregami" (1901, engl. 1935 u. d. T. „Tangled hair").
Josano, Tekkan; tl.: Yosano, Tekkan [jap. josano], eigtl. Josano Hiroschi; tl.: Yosano Hiroshi, * Kioto 26. Febr. 1873, † Tokio 26. März 1935, jap. Dichter.
Beschäftigte sich mit jap. und chin. Literatur; einer der Schöpfer der neuen jap. Lyrik; Gründer der Autorengemeinschaft „Tokioschinschischa", Hg. der Zeitschrift „Meisei".
Joschida Kenko; tl.: Yoshida Kenkô [jap. joʃida keŋko:], eigtl. Urabe Kanejoschi; tl.: Urabe Kaneyoshi, auch Kenko Hoschi; tl.: Kenkô Hôshi, * Kioto 1283, † ebd. 8. April 1350, jap. Schriftsteller.
Aus einem Priestergeschlecht; Hofbeamter, dann buddhist. Laienmönch; bekannt durch das „Tsuresuregusa" (1940 ins Dt. übersetzt), skizzenhafte Aufzeichnungen, in denen er ein wahres Bild des Menschen zu geben sucht; auch Lyriker.
Josephson, Ragnar [schwed. ˌju:sɛfsɔn], * Stockholm 8. März 1891, † Lund 27. März 1966, schwed. Schriftsteller und Kunsthistoriker.
Professor in Lund, zeitweise Leiter des „Kungliga Dramatiska Teatern" in Stockholm. J. verfaßte neben kunsthistor. Arbeiten bühnensichere Dramen, gab eine Anthologie jüd. Dichtung heraus und schrieb einen Roman über Uppsala.
Hauptwerke: Kedjan (Ged., 1912), Judiska dikter (Ged., 1916), Imperfektum (R., 1920), Nyckelromanen (Dr., 1931), Leopold luftkonstnär (Dr., 1934), Sista satsen (Dr., 1945).
Josephus (Flavius J.), eigtl. Joseph ben Mathitjahn, * Jerusalem 37 oder 38, † Rom um 100, jüd. Geschichtsschreiber.
Priester aus vornehmer Familie, Pharisäer; 64 erste Romreise; geriet während des jüd. Aufstandes 67 in röm. Gefangenschaft, 69 von Vespasian, dem er die Kaiserkrone geweissagt hatte, wieder freigelassen; seitdem trug er den Namen Flavius; die Zerstörung Jerusalems erlebte er im röm. Lager mit; dann Aufenthalt in Rom, wo er in griech. Sprache seine Geschichtswerke abfaßte, mit denen er der nichtjüd. Welt bewußt ein Bild jüd. Geschichte und Kultur vermitteln wollte. Die 7 Bücher „Über den jüd. Krieg", die zunächst aram. geschrieben waren, wurden von J., freilich nicht ohne fremde Hilfe, ins Griech. übersetzt; seine Autobiographie wurde eine polit. Rechtfertigungsschrift; von seinem Hauptwerk, der „Jüd. Archäologie", schildern die ersten 11 Bücher die ältere jüd. Geschichte, wobei jedoch freier Erfindung und Ausschmückung viel Raum bleibt, während die Bücher 12–20, die bis in die Zeit Neros reichen, histor. zuverlässiger sind; die Schrift „Gegen Apion" wendet sich gegen die antisemit. Angriffe des Adressaten.
Ausgaben: Flavius J. Der jüd. Krieg. Dt. Übers. u. Einl. v. H. Endrös. *Mchn. 1965–66. 2 Bde. – Flavius J. De bello Iudaico. Der jüd.Krieg. Griech.-dt. Hg. v.* O. Michel *u.* O. Bauernfeind. *Darmst.; Mchn. 1959–69. 3 in 4 Bden. – Flavius J. Opera. Hg. v.* B. Niese. *Lpz. 1887–95. 7 Bde. Nachdr. Zürich 1955.*
Literatur: Schalit, A.: *Namenwörterb. zu Flavius J. Leiden 1968.* – Williamson, G. A.: *The world of J. London 1964.* – Laqueur, R.: *Der jüd. Historiker Flavius J. Gießen 1920.*
Jósika, Miklós [ungar. 'jo:ʃikɔ], * Torda 28. April 1794, † Dresden 27. Febr. 1865, ungar. Schriftsteller.
Entstammte einer Adelsfamilie; studierte in Klausenburg; polit. aktiv; Mitglied der Akademie der Wissenschaften, Präsident der Kisfaludy-Gesellschaft; lebte nach der Niederwerfung des Freiheitskampfes in Brüssel und Dresden. J. ist, beeinflußt von W. Scott, Schöpfer des ungar. Geschichtsromans; er schrieb auch Gesellschaftsromane z.T. mit polit. und moral. Tendenz; den größten Erfolg hatte er mit seinem ersten Roman „Abafi" (dt. 1838).
Weitere Werke: Die Familie Mailly (R., dt. 1850), Die Hexen von Szegedin (R., dt. 1863), Franz Rákóczi II. (R., dt. 1862).
Josua † Bibel.
Jotuni, Maria [finn. 'jɔtuni], eigtl. Maria Tarkiainen, geb. Haggrén-Jotuni, * Kuopio 9. April 1880, † Helsinki 30. Sept. 1943, finn. Schriftstellerin.
Studierte in Helsinki, dann freie Schriftstellerin; schrieb Tragödien, Komödien, Romane und Novellen aus dem Alltag des einfachen Volkes und aus dem Milieu des Kleinbürgertums in realist. Stil und psycholog.-motivierter Darstellung; feine Zeichnung der Frauengestalten.
Hauptwerke: Alltagsleben (R., 1909; dt. 1923), Martinin rikos (E., 1914), Kurdin prinssi (Dr., 1932), Norsunluinen laulu (E., 1947).
Joubert, Joseph [frz. ʒu'bɛ:r], * Montignac (Dordogne) 7. Mai 1754, † Villeneuve-sur-Yonne 4. Mai 1824, frz. Schriftsteller.
Zunächst Schüler, dann Lehrer an einem christl. Collège in Toulouse; ging 1778 nach Paris, wo er mit Diderot, Marmontel, Chateaubriand u.a. verkehrte und Universitätsrat wurde. Sein Nachruhm knüpft sich an ein geistvolles, ursprüngl. nicht zur Veröffentlichung bestimmtes „Journal intime" aus den Jahren 1786–1824, 1838 postum hg. von Chateaubriand u.d.T. „Pensées".
Ausgabe: J. J. Les Carnets. Hg. v. A. Beaunier. *Paris 1938. 2 Bde.*
Literatur: Gaudemar, P. de: *La signification du thème de la pudeur dans la pensée morale et sociale de J. In: Homo 4 (1965), 153.* – Perche, L.: *J. parmi nous. Vorwort v.* A. Maurois. *Limoges 1954.*
Jouhandeau, Marcel [frz. ʒuã'do], eigtl. M. Provence, * Guéret (Creuse) 26. Juli 1888, frz. Schriftsteller.
Studierte Philologie, 1912–49 Mathematiklehrer in Paris; heiratete 1929 die Tänzerin Elisabeth Toulémon; einer der bedeutendsten zeitgenöss. Prosaschriftsteller der frz. Literatur, gehört der literar. Richtung des „Renouveau catholique" an. Gegenstand seines literar. Werkes ist die Welt, in der er lebt, die Provinz mit ihren Menschen, die er in symbolhafter Steigerung oft mit engelhaften oder satan. Zügen ausstattet; seinen Per-

sonen von oft maskenhafter Starre verleiht er jeweils eine besondere Eigenschaft; sie sind wie er Gottsucher und ringen um Erlösung; Hang zu peinl. und erschreckender Selbstenthüllung.
Hauptwerke: Der junge Theophil (R., 1921; dt. 1957), Die Pincengrains (R., 1924; dt. 1966), Herr Godeau (R., 1926; dt. 1966), Veronicaeana (E., 1933; dt. 1966), Herr Godeau heiratet (R., 1933; dt. 1968), Elise erzählt (E., 1933; dt. 1968), Chaminadour (En., 1934–41; dt. Ausw. 1964), Das anmutige Ungeheuer (R., 1938; dt. 1956), Essai sur moi-même (1947), Mémorial (Erinnerungen, 1948–58), Der Heuchler oder Elise die Bilderstürmerin (R., 1950; dt. 1968), Bausteine. Elemente einer Ethik (dt. 1958).
Ausgabe: M. J. Ges. Werke in Einzelausgg. Dt. Übers. Reinbek bei Hamb. 1964ff. Auf 5 Bde. berechnet.
Literatur: Danon, J.: *Entretiens avec Élise et M. J. Paris 1966.* – Cabanis, J.: *J. Paris 1959.* – Gaulmier, J.: *L'univers de M. J. Paris 1959.*

Jouve, Pierre Jean [frz. ʒu:v], * Arras 11. Okt. 1887, frz. Dichter.
1924 Übertritt zum Katholizismus; anfangs von den Unanimisten beeinflußt, später Anhänger Freuds und der Psychoanalyse. Bed. Lyriker, Literatur- und Musikkritiker. Hauptthema seiner spröden, schwer verständl. Lyrik ist das Spannungsverhältnis zwischen weltzugewandter Sinnlichkeit und einer myst. Geistigkeit sowie Sehnsucht nach Erlösung. Bekannt wurde er mit Gedichten, die im 1. Weltkrieg entstanden. Sein Einfluß auf die junge Dichtergeneration ist bed.; auch Übersetzer.
Hauptwerke: Ihr seid Menschen (Ged., dt. 1918), Paulina 1880 (R., dt. 1925), Les mystérieuses noces (Ged., 1925), Vagadu (R., 1931), Matière céleste (Ged., 1937), Kyrie (Ged., 1938), Hymne (Ged., 1947), Inventions (Ged., 1958), Ténèbres (Ged., 1964).
Literatur: Schneider, Ursula: *La quête du „Nada" dans l'œuvre de P. J. J. Zürich 1968.* – Micha, R.: *P.-J. J. Paris 1963.*

Jouy, Victor-Joseph Étienne de [frz. ʒwi], eigtl. Victor-Joseph Étienne, * Jouy-en-Josas bei Paris 12. Sept. 1764, † Saint-Germain-en-Laye 4. Sept. 1846, frz. Schriftsteller.
Bis 1797 Offizier (auch in Indien), später Bibliothekar des Louvre; 1815 Mitglied der Académie française; schrieb Novellen und Sittenbilder („L'hermite de la chaussée d'Antin", 1812–14), streng klassizist. Tragödien („Sylla", 1822), ferner Lustspiele, Vaudevilles und Operntexte („Die Vestalin", 1807, Musik von Spontini; „Wilhelm Tell", 1829, Musik von Rossini).

Jovanović, Jovan [serbokroat. jɔˌvanɔvitɕ], Pseudonym Zmaj, * Neusatz 24. Nov. 1833, † Kamenica 3. Juni 1904, serb. Dichter.
Arzt, redigierte zahlreiche Zeitschriften, u.a. die humorist.-satir. Zeitschrift „Zmaj" (= Drache; daher sein Pseudonym). Schrieb zarte, gelegentl. elegische Liebeslyrik, patriot. Lieder u.a. polit. Gedichte; nahm polem. und satir. zu aktuellen Fragen Stellung; bes. beliebt als Kinderdichter. Übersetzer (u.a. Goethe, Lermontow, Petőfi).

Jovellanos y Ramírez, Gaspar Melchor de [span. xoβeˈʎanos i rraˈmirεθ], * Gijón (Oviedo) 5. Jan. 1744, † Puerto de Vega (Oviedo) 27. Nov. 1811, span. Dichter.
Studium, Richteramt, Justizminister; Haft wegen Angriffs auf die Inquisition; Mitglied der Junta Central nach den Franzoseneinfällen. Beziehung zur Dichterschule von Salamanca. Als Vertreter der span. Aufklärung setzte er sich für die Entwicklung der span. Wirtschaft und Kultur ein. Verfasser von histor. Schriften, Essays, Schauspielen, Oden, Satiren; schrieb eines der hervorragendsten Tagebücher der span. Literatur, das der Schilderung des span. Provinzlebens wegen von großem Interesse ist.
Hauptwerke: Pelayo (Dr., 1769), El delincuente honrado (Kom., 1774), Diario (Tageb., hg. 1952).
Literatur: Polt, J. H. R.: *J. and his English sources. Economic, philosophical, and political writings. Philadelphia 1964.* – Alonso Bonet, J.: *Grandeza y desventura de Don G. M. de J. Madrid 1944.* – Somoza y García Sala, J.: *Documentos para escribir la biografía de J. (Centenario de J.). Madrid 1911. 2 Bde.*

Jovine, Francesco [italien. ˈjo:vine], * Guardialfiera (Campobasso) 9. Okt. 1902, † Rom 30. April 1950, italien. Schriftsteller.
Studierte Philosophie, Universitätsassistent; setzte sich in seinen Romanen und Erzählungen aus dem Mezzogiorno als Vertreter eines sozialist. orientierten Neoverismus bes. für die sozial Entrechteten ein.
Hauptwerke: Signora Ava (R., 1942), L'impero in provincia (E., 1945), Tutti i miei peccati (En., 1948), Die Äcker des Herrn (R., dt. 1952).

Jowkow, Jordan; tl.: Jovkov, Jordan [bulgar. ˈjɔfkof], * Scherawna bei Kotel 9. Nov. 1880, † Plowdiw 15. Okt. 1937, bulgar. Schriftsteller.
Dorfschullehrer in der Dobrudscha; Teilnahme am Balkankrieg und am 1. Weltkrieg; 1920–27 Sekretär und Dolmetscher der bulgar. Gesandtschaft in Bukarest, danach Dienst im Außenministerium. Gilt neben Elin-Pelin als einer der bedeutendsten modernen bulgar. Erzähler; sein realist. Stil ist mit romant. Elementen verbunden; Betonung des Nationalen in der Darstellung des patriarchal. Dorflebens in der Dobrudscha; verwandte auch histor. Stoffe. Schrieb außerdem Tiergeschichten und Dramen.
Hauptwerke: Der Schnitter (E., 1920; dt. 1941), Balkanlegenden (1927, dt. 1959), Im Gasthof zu Antimowo (En., 1928; dt. 1942), Das Gut an der Grenze (R., dt. 1939), Borjana (Kom., dt. 1943).

Joyce, James [engl. dʒɔɪs], * Rathgar (heute Rathmines and Rathgar) 2. Febr. 1882, † Zürich 13. Jan. 1941, ir. Schriftsteller.
Wuchs im Irland gärender nationaler Hoffnungen auf, die seinen Widerstand gegen engl. Herrschaft, kirchl. Autorität, Kulturprovinzialismus und familiäre Enge förderten. Für das Priesteramt bestimmt, durchlief er die Jesuitenschulen Clongowes Wood (1888–92) und Belvedere College in Dublin (1892–98). Am Beginn seines von akust. Eindrücken wesentl. bestimmten Werkes stand zarte Lyrik („Kammermusik", 1907; dt. 1957), der die ausdrucksstarken Skizzen „Dublin" (1914, dt. 1928) folgten. Die Absage an die herrschenden Mächte bildet den Schluß von „Portrait of the artist as a young man" (R., 1917; dt. 1926 u.d.T. „Jugendbildnis"), in dem sich der auf den inneren Monolog gerichtete Stilwille und die radikale Bewußtseinserforschung zeigen (eine frühe Teilfassung: „Stephen Hero", hg. 1944; eine dramati-

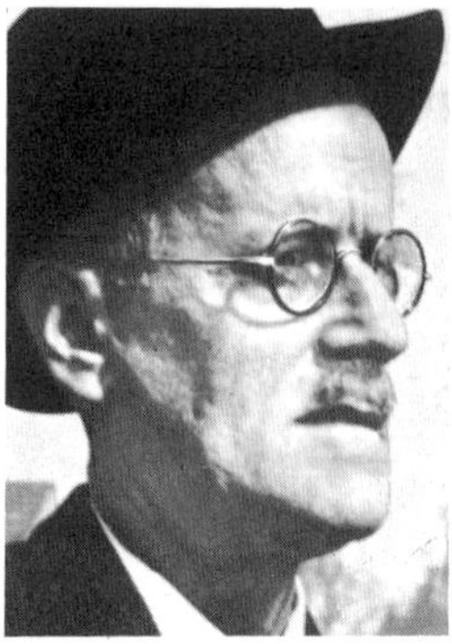

James Joyce

sierte Version: „Stephen D.", hg.1961). J. studierte 1898–1902 Philosophie und Sprachen in Dublin und ging 1902 nach Paris. Nach Entbehrungen und Krankheit – im Lauf des Lebens erblindete er nahezu – kehrte er für kurze Zeit nach Irland zurück. 1904 emigrierte er – diesmal mit seiner Lebensgefährtin Nora Barnacle – für immer. Er lebte als Journalist und Sprachlehrer in Paris, Triest und Zürich und arbeitete hier an seinen großen ep. Werken, dem Tagbuch „Ulysses" (1922, dt. 1927) und dem Nachtbuch „Finnegans wake" (1939). Während im „Ulysses" die Bewußtseinsinhalte und -vorgänge eines gewöhnl. Menschen und zweier ihm nahestehender Personen – autobiograph. Züge bei Stephen Daedalus – an einem einzigen Tag in akausaler, synchroner Vielschichtigkeit mit ordnendem Bezug auf Episoden und Motive der „Odyssee" dargestellt sind, wurde das bisher nur ungenügend entschlüsselte experimentelle Werk „Finnegans wake" zu einer myth. Universallegende der Welt im träumenden Bewußtsein eines aus der ir. Volksballade stammenden, bei J. proteushaft entgrenzten Helden und seiner Familie. Dieses archetyp. Muster menschl. Konstellationen wird in einem riesigen Prozeß des gedankl. und sprachl. Anreicherns, Spaltens und Wucherns zum komplexen, multilingualen Wortspiel. J. hat nach eigener Ansicht mit seinen drei Romanen zugleich den lyr.-ep.-dramat. Dreischritt getan, formal dramat. Gestalt jedoch hat nur das aus dem Erlebnis der Emigration geborene Schauspiel „Verbannte" (dt. 1919) erhalten.

Weiteres Werk: Giacomo Joyce (Autobiogr., 1914; dt. 1968).

Ausgabe: J. J. Werke. Frankfurter Ausg. Dt. Übers. Frkf. 1969ff. Auf 7 Bde., Erg.-Bd. berechnet.

Literatur: Gilbert, St.: *Das Rätsel Ulysses. Dt. Übers. Neuausg. Frkf. 1969.* – Burgess, A.: *Ein Mann in Dublin namens J. Dt. Übers. Bad Homburg v. d. H. 1968.* – Recklinghausen, D. v.: *J. J. Chronik v. Leben u. Werk. Frkf. 1968.* – Mayoux, J.-J.: *J. Dt. Übers. Frkf. 1967.* – Ellmann, R.: *J. J. Dt. Übers. Zürich 1961.* – Joyce, St.: *Meines Bruders Hüter. Mit einem Vorwort v.* T. S. Eliot *u. einer Einf. v.* R. Ellmann. *Dt. Übers. Frkf. 1960.* – Paris, J.: *J. J. in Selbstzeugnissen u. Bilddokumenten. Dt. Übers. Reinbek bei Hamb. 1960.* – Magalaner, M./Kain, R. M.: *J. The man, the work, the reputation. New York 1956.*

József, Attila [ungar. 'jo:ʒɛf], * Budapest 11. April 1905, † Balatonszárszó 3. Dez. 1937 (Selbstmord), ungar. Dichter.
Aus einer Proletarierfamilie, studierte in Szegedin, Wien und Paris, schloß sich der Arbeiterbewegung an; sozial-revolutionärer Dichter der Großstadt; Bitterkeit und Liebe, Rebellion und Resignation beherrschen seine Gedichte, von denen 1960 eine dt. Auswahl erschien („Gedichte", 1963 u.d.T. „Am Rande der Stadt").

Juan de Ávila [span. 'xu̯an de 'aβila], sel., * Almodóvar del Campo (Ciudad Real) 1500, † Montilla (Córdoba) 10. Mai 1569, span. Prediger, Missionar und Schriftsteller.
Studierte Jura, Philosophie, Theologie; 1529 Priester in Sevilla, erwarb sich den Ruf eines „Apostels von Andalusien"; durch Leo XIII. seliggesprochen; schrieb zahlreiche religiöse und myst. Schriften, auch Briefe.

Hauptwerk: Epistolario (hg. 1579).

Juana Inés de la Cruz, Sor [span. 'xu̯ana i'nez ðe la 'krus], eigtl. J. I. de Asbaje y Ramírez de Santillana, * San Miguel de Nepantla 12. Nov. 1651, † Mexiko 17. April 1695, mex. Dichterin.
Aus span. Adelsfamilie; universell begabt; schrieb schon mit 8 Jahren Gedichte, 13jährig kam sie an den Hof des Vizekönigs von Mexiko; ging nach einer Liebesenttäuschung mit 16 Jahren ins Kloster; lebte der Wissenschaft und Dichtung, bis sie 1691 ihre literar. Arbeit aufgab, ihre Bibliothek zugunsten der Armen veräußerte und sich der Krankenpflege widmete; starb während einer Pestepidemie. Weltl. und myst. Liebe sind die Themen ihrer Dichtung, die sie im Stil der Zeit (Góngora) schrieb; anmutige Verse, die sehr beliebt waren; auch Dramen in der Nachfolge Calderóns.

Hauptwerke: Neptuno alegórico (Ged., 1680), El divino Narciso (Dr., 1690), Die Welt im Traum (Ged., dt. 1946), Sonetos (hg. 1931).

Literatur: Garces, J. J.: *Vida y poesia de Sor J. I. de la C. Madrid 1953.* – Arroyo, A.: *Razón y pasión de Sor J. Mexiko 1952.* – Pfandl, L.: *J. I. de la Crux. Ihr Leben, ihre Dichtung, ihre Psyche. Die zehnte Muse v. Mexico. Mchn. 1946.*

Juan de la Cruz [span. 'xu̯an de la 'kruθ] (Johannes vom Kreuz), hl., eigtl. Juan de Yepes [y] Álvarez, * Fontiveros (Ávila) 24. Juni 1542, † Úbeda (Jaén) 14. Dez. 1591, span. Mystiker, Kirchenlehrer und Dichter.
Trat in den Karmelitenorden ein und begründete mit Therese von Ávila den reformierten Orden der unbeschuhten Karmeliten; 1726 kanonisiert; eine der charakteristischsten und wichtigsten Gestalten der span. Mystik, verbindet in seinen bed. Dichtungen („Cántico espiritual", 1576–78) religiös-myst. Ekstase mit poet. Empfindung.

Weitere Werke: Noche oscura del alma (Ged., hg. 1618), Llama de amor viva (Ged. und Prosa, hg. 1618), Subida del Monte Carmelo (Prosa, hg. 1618).

Ausgabe: Des hl. Johannes vom Kreuz sämtl. Werke. Neue dt. Ausg. v. Aloysius ab Immac. Conceptione *u.* Ambrosius a S. Theresia. *Mchn.* [4–5]*1956–67. 5 Bde.*

Literatur: Hondet, J.-G.: *Les poèmes mystiques de saint Jean de la Croix. Paris 1966.* – Orozco

Díaz, E.: *Poesía y mística. Introducción a la lírica de San J. de la C. Madrid 1959.* – Wessely, F.: *Johannes vom Kreuz. Wien 1938.* – Stanislaus a S. Theresia: *Der hl. Johannes vom Kreuz. Dt. Übers. Mchn. 1928.*

Juan Manuel, Infante Don [span. 'xuan ma'nuɛl], * Escalona (Toledo) 5. Mai 1282, † Córdoba um 1348, span. Schriftsteller.

Neffe König Alfons' X. von Kastilien, am Hof Sanchos IV. erzogen, umfassend gebildet; nahm an den Kämpfen gegen die Mauren teil, gründete das Dominikanerkloster Peñafiel. J. M. schrieb Gedichte, Erzählungen, Novellen, didakt. und histor. Werke. Sein Hauptwerk ist „Der Graf von Lucanor" (1335, hg. 1575; dt. von J. von Eichendorff 1840), 50 Erzählungen und Lehrfabeln, die, eingebettet in eine Rahmenhandlung, fußend auf arab., ind., antiken und bibl. Quellen, erzieher. Absicht verfolgten und seinerzeit sehr beliebt waren. Starke literar. Wirkung auf Cervantes, Calderón, Shakespeare.

Weitere Werke: El libro de los estados (1330), Libro del caballero y del escudero (hg. 1893), Libro de la caza (hg. 1948).

Juda Al Charisi ben Salomo ['ju:da alxari'zi:], * Granada (?) um 1170, † um 1235, span.-jüd. Dichter und Übersetzer.

Sein ruheloses Wanderleben führte ihn nach Palästina, Griechenland, Ägypten, Persien, Frankreich. Er verfaßte formal gewandte Lehrgedichte, Epigramme und den satir., zeitgeschichtl. interessanten Roman „Tachkemoni" (dt. 1858 u.d.T. „Die ersten Makamen des Charisi"); er übersetzte wissenschaftl. Bücher aus dem Arab. ins Hebr. (u. a. Maimonides).

Juda Halevi ['ju:da hale'vi:], auch J. ben Samuel H., arab. Abul Hasan, * Toledo um 1083, † auf einer Reise nach Palästina 1141 (verschollen), span.-jüd. Theologe, Philosoph und Dichter.

Lebte als Arzt in Córdoba und Toledo; eine der großen Gestalten der iberojüd. Literatur; in seinem Werk mischen sich jüd., arab. und christl. Gedankengut; von seinen religiösen Gedichten (86 im 1864 hg. „Diwan" enthalten), die von der arab. Mystik beeinflußt sind, gingen zahlreiche in die jüd. Liturgie über („An Zion"). In dem arab. geschriebenen Lehrgespräch „Al Chasari" („Kusari") wägt er die Vorzüge der jüd. Religion gegenüber Islam und Christentum ab. Der Großteil von J. H.s weltl. Dichtung war lange Zeit verschollen, eine vollständige Ausgabe liegt bis heute nicht vor (am besten der 1894–1903 hg. „Diwan"). Dt. Teilübersetzungen erschienen u.a. 1920, 1926 und 1933.

Judasbrief † Bibel.

Judenburg, Gundacker von † Gundacker von Judenburg.

Judith † Bibel.

Juhász, Ferenc [ungar. 'juha:s], * Bia (Komitat Pest) 16. Aug. 1928, ungar. Schriftsteller.

Sohn eines Maurers, Studium an der Universität in Budapest, Lektor, Redakteur; schrieb v.a. Gedichte und Epen in einer an Bildern reichen Sprache, auch Märchendichtungen. Einige seiner Gedichte wurden auch ins Dt. übersetzt.

Juhász, Gyula [ungar. 'juha:s], * Szegedin 4. April 1883, † ebd. 6. April 1937, ungar. Schriftsteller. Studierte in Budapest Philosophie, Mittelschullehrer in verschiedenen Provinzstädten, litt an Neurasthenie und endete durch Selbstmord; war zunächst bed. Führer der Nyugatbewegung, orientierte sich an den frz. Impressionisten; später wurden seine Gedichte immer düsterer. J. ist Meister der kleinen Form, der knappen Bilder. Einige seiner Gedichte sind in dt. Übersetzung in Anthologien erschienen.

Jung, Franz, * Neisse 26. Nov. 1888, † Stuttgart 21. Jan. 1963, dt. Schriftsteller.

Jura- und Volkswirtschaftsstudium, seit 1912 Mitarbeit an Pfemferts „Aktion"; 1918 Teilnahme an der Revolution, Haft, ging 1937, nachdem bereits vorher über ihn Schreibverbot verhängt war, ins Exil (Ungarn, 1948 USA), 1960 Rückkehr nach Europa; begann als Expressionist, dann sozialkrit. Prosa; mehrere Werke über die Sowjetunion, die er auf Reisen kennengelernt hatte.

Hauptwerke: Das Trottelbuch (E., 1912), Opferung (R., 1916), Saul (Dr., 1916), Der Sprung aus der Welt (R., 1918), Der Fall Gross (Nov., 1921), Proletarier (E., 1921), Der Weg nach unten (Autobiogr., 1961).

Jung, Johann Heinrich † Jung-Stilling, Johann Heinrich.

Jünger, Ernst, * Heidelberg 29. März 1895, dt. Schriftsteller.

Sohn eines Apothekers, Bruder von Friedrich Georg J.; trat 1913 in die frz. Fremdenlegion ein, 1914 Kriegsfreiwilliger, mehrmals schwer verwundet, ausgezeichnet mit dem Orden „Pour le mérite"; studierte Naturwissenschaften und Philosophie, freier Schriftsteller; im 2. Weltkrieg im Stab des dt. Militärbefehlshabers von Paris; 1944 wegen „Wehrunwürdigkeit" aus der Armee entlassen; lebt in Wilflingen über Riedlingen. J.s Gesamtwerk, das, in kühl distanzierter, glasklarer Sprache, durch eleganten Stil sowie ständige Verwandlung der Stil-, Denk- und Darstellungsformen gekennzeichnet ist, spiegelt aufschlußreich die polit. und geistige Entwicklung Deutschlands seit dem 1. Weltkrieg. In seinem Bemühen um die philosoph. Analyse der Zeit wechselt J. immer wieder seinen geistigen Standpunkt. Er begann mit Tatsachenberichten und Tagebuchaufzeichnungen aus dem 1. Weltkrieg. Über diese Kriegserlebnisse hinaus versucht J. das Phänomen Krieg in seiner modernen Form zu ergründen, die die Ohnmacht der Natur und des einzelnen Menschen deutlich aufzeigt. In der Folgezeit ist J. um das Verhältnis von Einzelwesen und

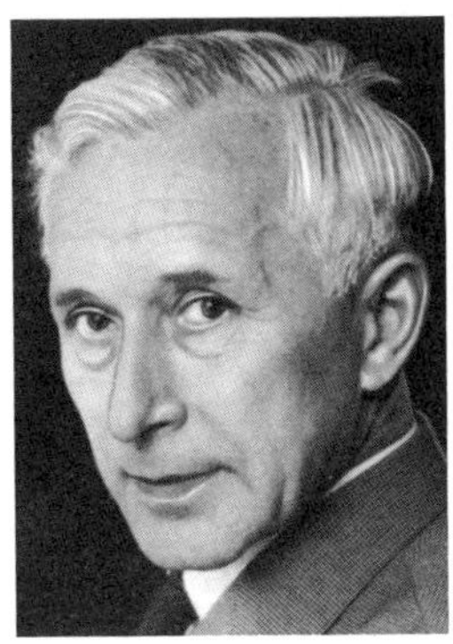

Ernst Jünger

Macht, Natur und Technik bemüht, in deren Mißverhältnis er die Tragik der Moderne sieht. Später wandte er sich dem symbol. Roman und der Utopie zu, schrieb jedoch daneben immer wieder Reiseberichte und Tagebücher.
Hauptwerke: In Stahlgewittern (Tageb., 1920), Der Kampf als inneres Erlebnis (Essay, 1922), Feuer und Blut (E., 1925), Das abenteuerl. Herz (Essays, 1929), Afrikan. Spiele (E., 1936), Auf den Marmorklippen (R., 1939), Gärten und Straßen (Tagebücher, 1942), Der Friede (Essay, 1945), Heliopolis (R., 1949), Strahlungen (Tageb., 1949), Das Sanduhrbuch (Essay, 1954), Am Sarazenenturm (Tageb., 1955), Gläserne Bienen (E., 1957), An der Zeitmauer (Essay, 1959), Der Weltstaat (Essay, 1960), Typus, Name, Gestalt (Essay, 1963), Subtile Jagden (Essays, 1967).
Ausgabe: E. J. Werke. Stuttg. 1960–64. 10 Bde.
Literatur: Kranz, G.: *E. J.s symbol. Weltschau. Düsseld. 1968. – Wandlung u. Wiederkehr. Festschr. zum 70. Geburtstag E. J.s. Hg. v.* H. L. Arnold. *Aachen 1965. – E. J. zum 70. Geburtstag. Antaios 6 (1964/65), H. 5/6.* – Paetel, K. O.: *E. J. in Selbstzeugnissen u. Bilddokumenten. Reinbek bei Hamb. 1962.* – Loose, G.: *E. J. Gestalt u. Werk. Frkf. 1957.* – Mohler, A.: *Die Schleife. Dokumente zum Weg v. E. J. Zürich 1955.* – Brock, E.: *Das Weltbild E. J.s. Darst. u. Deutung. Zürich 1945.*

Jünger, Friedrich Georg, * Hannover 1. Sept. 1898, dt. Schriftsteller.
Bruder von Ernst J.; Teilnahme am 1. Weltkrieg; studierte Rechtswissenschaft (Dr. jur.), Rechtsanwalt, seit 1926 freier Schriftsteller in Berlin, später in Überlingen am Bodensee. Als Lyriker von hohem Traditionsbewußtsein, v. a. den Dichtern der klass. Antike, ferner Klopstock, Hölderlin und George verpflichtet; wie den klass. Formen (Bevorzugung der Ode) fühlt er sich auch dem Lebensgefühl der Antike und der dt. Klassik verbunden; J.s humanist. Geisteshaltung prägt auch seine feinsinnigen Essays, in denen er zu ästhet., kulturphilosoph. und zeitkrit. Problemen Stellung nimmt; sein Erzählwerk ist z. T. autobiograph. bestimmt.
Hauptwerke: Gedichte (1934), Der Taurus (Ged., 1937), Griech. Götter (Essays, 1943), Über die Perfektion der Technik (Essay, 1944), Die Perlenschnur (Ged., 1947), Dalmatin. Nacht (En., 1950), Grüne Zweige (Autobiogr., 1951), Der erste Gang (R., 1954), Schwarzer Fluß und windweißer Wald (Ged., 1955), Zwei Schwestern (R., 1956), Spiegel der Jahre (Autobiogr., 1958), Kreuzwege (En., 1960), Sprache und Denken (Essays, 1962), Wiederkehr (En., 1965).
Literatur: Des Condres, H.-P.: *F. G. J.-Bibliogr. In: Philobiblon 7 (1963), 160. – F. G. J. zum 60. Geburtstag. Mchn. 1958.*

Jünger, Johann Friedrich, * Leipzig 15. Febr. 1759, † Wien 25. Febr. 1797, dt. Schriftsteller.
Kaufmann, Jura- und Literaturstudium; Prinzenerzieher, freier Schriftsteller in Weimar, Dramaturg und Hoftheaterdichter in Wien. In Leipzig gehörte er zum Kreis um Gottfried Körner und den Buchhändler Göschen; lernte dort Schiller kennen. Erfolgreich mit seinen Lustspielen im Geist der Aufklärung; unbed. Romane und Gedichte.
Hauptwerke: Die Badekur (Lsp., 1782), Lustspiele (1785–89).

Jungmann, Josef [tschech. 'juŋgman], * Hudlitz (Mittelböhm. Gebiet) 16. Juli 1773, † Prag 14. Nov. 1847, tschech. Schriftsteller und Philologe.
Jurastudium, Gymnasiallehrer, Direktor des Akadem. Gymnasiums in Prag. J. setzte sich mit seinem Schaffen für eine geistige Erneuerung des tschech. Volkes im Sinne der Romantik ein. Er bereicherte seine Muttersprache durch meisterhafte Übersetzungen aus dem Engl., Frz. und Dt., durch Wortneubildungen, durch ein umfangreiches tschech.-dt. Wörterbuch (1834–39). Außerdem schrieb er eine Geschichte der tschech. Literatur (1825).

Jungnickel, Max, * Saxdorf (Landkreis Bad Liebenwerda) 27. Okt. 1890, vermißt, dt. Schriftsteller.
Seine Märchen, Erzählungen, Romane und Kleinprosa sind gekennzeichnet durch Stimmungsreichtum, Humor und romant. Kleinmalerei.
Hauptwerke: Der Himmelsschneider (Märchenspiel, 1913), Der Sturz aus dem Kalender (R., 1932), Gesichter am Wege (Erinnerungen, 1937).

Jung-Stilling, Johann Heinrich, eigtl. J. H. Jung, * Grund (Landkreis Siegen) 12. Sept. 1740, † Karlsruhe 2. April 1817, dt. Schriftsteller.
Pietist. erzogen, Schneiderlehre, bildete sich selbst, wurde Lehrer, studierte dann Medizin in Straßburg, lernte dort Goethe und Herder kennen; berühmter Augenarzt, Professor verschiedener Disziplinen; wesentliches Werk neben geistl. Liedern, unbed. Romanen und pietist. Schriften ist seine 6bändige Autobiographie (v. a. der 1. Band „Henrich Stillings Jugend", 1777), die, zwischen Roman und Bericht angelegt, pietist. Frömmigkeit, Humanitätsstreben, psycholog. Selbsterforschung zeigt; echte Empfindung, natürl. und frisch geschriebene Bilder des Kleinstadt- und Dorflebens.
Ausgabe: J. H. Jung's, gen. Stilling, sämmtl. Werke. Neue vollständige Ausg. Stuttg. ³1843–44. 12 Bde.
Literatur: Geiger, M.: *Aufklärung u. Erweckung. Beitr. zur Erforschung J. H. J.-St.s u. der Erweckungstheologie. Zürich 1963.* – Stecher, G.: *J. St. als Schriftsteller. Bln. 1913.*

Junosza, Klemens [poln. ju'nɔʃa] † Szaniawski, Klemens.

Junqueiro, Abílio Manuel de Guerra † Guerra Junqueiro, Abílio Manuel de.

Jurčič, Josip [slowen. 'ju:rtʃitʃ], * Muljava (Slowenien) 4. März 1844, † Laibach 3. Mai 1881, slowen. Schriftsteller.
Stammte aus einer Bauernfamilie; gab wegen Geldmangels 1867 sein Studium der klass. Philologie in Wien auf und arbeitete als Journalist und freier Schriftsteller. Von Stritar unterstützter Verfasser histor. Romane (nach dem Vorbild W. Scotts), nach romant. Muster, gestaltet mit realist. Zügen; pflegte als erster Slowene den Gesellschaftsroman und stellte in Dorfgeschichten, die er in die slowen. Literatur einführte, das Leben der Bauern dar.
Hauptwerke: Zigeuner, Janitscharen und Georg Kozjak (Nov., 1864; dt. 1957), Der zehnte Bruder (R., 1866; dt. 1960).

Jurković, Janko [serbokroat. 'ju:rkɔvitɕ], * Slavonska Požega 21. Nov. 1827, † Agram 20. März 1889, kroat. Schriftsteller.
Gab 1848 das Theologiestudium auf, studierte Jura, danach Philologie; als Journalist und im

Schuldienst tätig; Mitglied der Akademie. Realist, der in humorist. Erzählungen und Komödien den Alltag des Kleinbürgertums darstellte; J. war der erste kroat. Humorist und Mitschöpfer der kroat. Volkskomödie.

Juschkewitsch, Semjon Solomonowitsch; tl.: Juškevič, Semen Solomonovič [russ. juʃ'kjevitʃ], * Odessa 1868, † Paris 12. Febr. 1927, russ. Schriftsteller.
Emigrierte 1920; schilderte, zunächst von Gorki anerkannt und gefördert, teils kraß naturalist., teils sentimental die Probleme, vor die das Ostjudentum in den Gettos der Provinzstädte gestellt war; auch Satiriker.
Hauptwerke: Das Ghetto (En., dt. 1903), Der Hunger (Dr., dt. 1905), Die Komödie der Ehe (Kom., dt. 1911), Miserere (Dr., 1923), Leon Drei (R., 1928).

Juvenal † Iuvenalis, Decimus Iunius.

Juvonen, Helvi [finn. 'juvɔnɛn], * Iisalmi 5. Nov. 1919, † Helsinki 1. Okt. 1959, finn. Lyrikerin.
Schrieb v. a. pessimist. Gedichte, in denen sie ganz persönl., nüchtern und genau Aussagen ins Allgemeinverbindliche erhebt.

K

Kaalund, Hans Vilhelm [dän. 'kɔ:lon'], * Kopenhagen 27. Juni 1818, † Frederiksborg 27. April 1885, dän. Dichter.
War auch Maler und Bildhauer; steht am Übergang von der Romantik zum Realismus; bemüht um ein neues Verhältnis zur Wirklichkeit; bekämpfte den dän. Naturalismus; gab sein Bestes in schlichter Naturlyrik und Tierfabeln für Kinder: „Fabler for børn“ (1845).

Kabáfēs † Kawafis.

Kab Ibn Suhair; tl.: Ka'b Ibn Zuhayr ['kap 'ɪbən zu'haɪər], arab. Dichter der 1. Hälfte des 7. Jahrhunderts.
Sohn des Dichters Suhair; Zeitgenosse Mohammeds, den er zuerst mit Spottversen bedachte; gewann die Gunst des Propheten durch das panegyr. Gedicht „Suad ist fortgezogen“ (dt. von F. Rückert 1846 in der „Hamasa“); weitere Dichtungen besingen geschichtl. Ereignisse aus vorislam. Zeit.

Kabir, * Benares um 1440, † Maghar 1518, ind. religiöser Dichter.
Nach der Geburt ausgesetzt, von einem mohammedan. Weber gefunden und erzogen; selbst Weber. Anhänger des wischnuit. Heiligen Ramanand, Gründer der Hinduismus und Islam in einem strengen Monotheismus vereinenden Sekte der Panthis; von den ihm zugeschriebenen 61 in Hindi abgefaßten Dichtungen, in denen er Gottesliebe verkündete, darf am ehesten die in bewußt dunkler Sprache gestaltete Gedichtsammlung „Bijak“ als authent. gelten. R. Tagore übersetzte „Hundert Gedichte K.s“ ins Englische (dt. 1961).

Kačić-Miošić, Andrija [serbokroat. 'katʃitɕ,miɔʃitɕ], * Brist (Dalmatien) 1704, † Kloster Zaostrog 14. Dez. 1760, kroat. Dichter.
Franziskaner, zuletzt in Zaostrog; im Dienst der päpstl. Diplomatie. Verfasser der philosoph. Schrift „Elementa peripatetica“ (1752); verdankt seinen Ruhm v. a. der noch heute populären Sammlung ep. Dichtungen „Razgovor ugodni naroda slovinskoga“ (= Das unterhaltsame Gespräch des slaw. Volkes, 1756), in der er, den Volksliedton nachahmend, Ereignisse der südslaw. Geschichte gestaltet; Herder entnahm daraus für seine „Stimmen der Völker in Liedern“ drei Gedichte.

Kaczkowski, Zygmunt [poln. katʃ'kɔfski], * Kamionka Wołoska (Galizien) 2. Mai 1825, † Paris 7. Sept. 1896, poln Schriftsteller.
Stammte aus verarmtem galizischem Adel; brach sein Studium ab, 1846–48 wegen Teilnahme am Aufstand inhaftiert, zum Tod verurteilt, aber amnestiert; später freiwilliges Exil; erwarb als Teilhaber an westeurop. Presseorganen ein Millionenvermögen. Verfaßte Gedichte, Novellen und v. a. histor. Romane. Sein Vorbild war Rzewuski; trat später mit seinen histor. Romanen in Konkurrenz zu Sienkiewicz.

Kadelburg, Gustav, * Pest (heute zu Budapest) 26. Juli 1851, † Berlin 11. Sept. 1925, östr. Schauspieler und Bühnendichter.
Spielte u. a. in Leipzig und Berlin; seit 1894 freier Schriftsteller in Berlin. Verfasser erfolgreicher, problemloser Lustspiele, auch von Schwänken und Operettentexten, meist gemeinsam mit O. Blumenthal oder F. von Schönthan; bes. bekannt wurde das Lustspiel „Im weißen Rößl“ (1898) durch die Operettenbearbeitung R. Benatzkys.

Kaden-Bandrowski, Juliusz [poln. 'kadɛmban'drɔfski], * Rzeszów 24. Febr. 1885, † Warschau 6. Aug. 1944, poln. Schriftsteller.
Studierte Musik in Krakau, Lemberg und Brüssel, 1918 in Warschau, wo er publizist. tätig war. Führende Position im literar. Leben, seit 1933 Generalsekretär der poln. Literaturakademie. 1944 kam er beim Warschauer Aufstand ums Leben. K.-B. war als vielseitiger und erfolgreicher Schriftsteller Wortführer der Anhänger Piłsudskis. Über die Neuromantik hinausgehend, fand er zu einem übersteigerten expressionist. Prosastil, der auf die moderne poln. Literatur starken Einfluß ausübte; überraschende, z. T. überladene Metaphern, grelle Akzente, sprunghafte Handlung und kurze, abgehackte Sätze kennzeichnen sein Werk, das, z. T. zeitkrit. und satir., ein vortreffl. Bild des zeitgenöss. poln. Lebens gibt.
Hauptwerke: Łuk (= Der Bogen, R., 1919), General Barcz (R., 1923; dt. 1929), Bündnis der Herzen (R., 1924; dt. 1928), Miasto mojej matki (=Die Stadt meiner Mutter, Erinnerungen, 1925), Mateusz Bigda (R., 1933).

Kaeser-Kesser, Hermann ['kɛ:zər] † Kesser, Hermann.

Kaffka, Margit [ungar. 'kɔfkɔ], * Nagykároly (heute Carei, Rumänien) 10. Juni 1880, † Budapest 1. Dez. 1918, ungar. Schriftstellerin.
Aus verarmter Adelsfamilie, Lehrerin; befreundet mit Ady. Begann mit traditionellen Gedichten und Novellen. Bed. sind jedoch v. a. ihre Romane, bes. über Probleme der Frau in der modernen Gesellschaft; Befürworterin der Gleichberechtigung der Frau.

Kafka, Franz, * Prag 3. Juli 1883, † Kierling bei Wien 3. Juni 1924, östr. Erzähler.

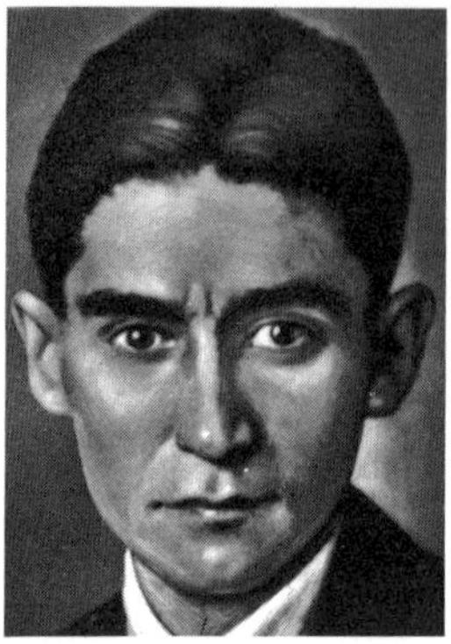

Franz Kafka

Kaufmannssohn, studierte Jura in Prag (1906 Dr. jur.), Freundschaft mit M. Brod, Praktikant am Landes- und Strafgericht zu Prag, Versicherungsangestellter; 1917 Erkrankung an Tbc, 1922 Aufgabe des Berufes; Sommer 1923 Übersiedlung nach Berlin, 1924 Verschlechterung des Gesundheitszustandes, Aufenthalt im Sanatorium Kierling. K. ist einer der bedeutendsten dt.-sprachigen Prosaisten der 1. Hälfte des 20. Jh.s; er gehörte keiner literar. Richtung an, stand jedoch dem Expressionismus nahe. In der Münchner Zeitschrift „Hyperion" 1909 erste Veröffentlichungen seiner Prosaskizzen, 1913 der Erzählung „Das Urteil", 1915 „Die Verwandlung", 1919 „In der Strafkolonie". Alle Prosawerke stellen den Menschen in einer Art Selbstentfremdung dar: das Menschliche, die Bindung an den Nachbarn, das Vertrauen auf die Gesellschaft sind verlorengegangen. Der Mensch entartet unter den Bedingungen seiner verödeten Einsamkeit. K.s Bildwelt baut sich aus den Bruchstücken seiner Wirklichkeitserfahrung auf: Symbol des Bösen, Abschreckenden, Zerstörenden sind u.a. der Vater, das Gericht, der Handlungsreisende. Als Bild erscheint eine Landschaft der Träume, Ängste und verdrängten Komplexe, Widerspiegelung der Lebens- und Existenzangst des Menschen im beginnenden 20. Jh. K. hinterließ mehrere Romanfragmente: „Der Prozeß" (1925), „Das Schloß" (1926), „Amerika" (1927), die von M. Brod in umstrittenen Ausgaben publiziert wurden. Auch diese Romane bieten interpretator. Schwierigkeiten, doch immer bleibt die gleiche Grundkonstellation: dem einzelnen, dem Ausgestoßenen, Fremden, Beziehungslosen steht eine Hierarchie der Ordnung, Sicherheit und Abgeschlossenheit gegenüber. Die Frage lautet: Wie bewährt sich der Mensch, wie findet er seine Existenzform vor der weltl. Gewalt („Der Prozeß"), der göttl. Allmacht („Das Schloß") oder der breiten, ihn erdrückenden Gesellschaft („Amerika")?

Weitere Werke: Betrachtung (Skizzen, 1913), Ein Landarzt (En., 1920), Ein Hungerkünstler (E., 1924), Beim Bau der chin. Mauer (En. und Prosa, 1931).

Ausgabe: F. K. Ges. Werke in Einzelbden. Hg. v. M. Brod. *Frkf. 1.–37. Tsd. 1954–67. 10 Bde.*

Literatur: Dichter über ihre Dichtungen: F. K., hg. v. E. Heller *u.* J. Beng. *Mchn. 1969.* – Janouch, G.: *Gespräche mit K. Aufzeichnungen u. Erinnerungen. Erweiterte Ausg. Frkf. 1968.* – Kraft, W.: *F. K. Durchdringung u. Geheimnis. Frkf. 1968.* – Politzer, H.: *F. K., der Künstler. Dt. Übers. Studienausg. Frkf. 1968.* – Brod, M.: *Über F. K. Frkf. 1966.* – *K.-Symposion. Zusammengestellt v.* J. Born *u.a. Bln. ²1966.* – Emrich, W.: *F. K. Das Baugesetz seiner Dichtung. Der mündige Mensch jenseits v. Nihilismus u. Tradition. Frkf. ⁵1965.* – Urzidil, J.: *Da geht K. Zürich u. Stuttg. 1965. Erweiterte Lizenz-Ausg. Mchn. 1966.* – Sokel, W. H.: *F. K., Tragik u. Ironie. Zur Struktur seiner Kunst. Mchn. 1964.* – Wagenbach, K.: *F. K. in Selbstzeugnissen u. Bilddokumenten. Reinbek bei Hamb. 1964.*

Kagawa, Tojohiko; tl.: Kagawa, Toyohiko [jap. kaŋawa], * Kobe 10. Juli 1888, † Tokio 23. April 1960, jap. Schriftsteller.
Sohn eines Samurai, wurde ev. Christ, studierte Theologie in Kobe und Princeton; wandte sich der sozialen Arbeit zu, der er auch den Ertrag seines literar. Schaffens zukommen ließ. Außer zahlreichen religiösen, philosoph. und sozialpolit. Abhandlungen schrieb er Romane (z.T. autobiograph.), Dramen, Lyrik und literaturkrit. Essays.
Hauptwerke: Auflehnung und Opfer (R., 1920; dt. 1929), Taijowoirumono (R., 1921).

Kạhila, Hilja [finn. 'kɑhilɑ] ↑ Järnefelt, Arvid.

Kạhle, Maria, * Wesel 3. Aug. 1891, dt. Schriftstellerin.
Bis 1919 Auslandskorrespondentin in Rio de Janeiro und São Paulo; Schriftleiterin in Kassel; Ende der 20er Jahre Fabrikarbeiterin; Vortragsreisen durch Europa und Südamerika; ihr Werk umfaßt Gedichte, Erzählungen und Essays über soziale Probleme der Auslandsdeutschen (v.a. in Brasilien); auch Übersetzungen aus dem Portugiesischen; zuletzt Jugendbücher.
Hauptwerke: Liebe und Heimat (Ged., 1916), Urwaldblumen (Ged., 1921), Dt. Volk in der Fremde (Essays, 1933), Die dt. Frau und ihr Volk (Ged. und Essays, 1934), Herz der Frau (Ged., 1956).

Kạhn, Gustave [frz. kan], * Metz 21. Dez. 1859, † Paris 5. Sept. 1936, frz. Dichter.
Studierte in Paris; spielte zu Beginn der symbolist. Bewegung eine hervorragende Rolle, bes. als Theoretiker und Mitbegründer der Zeitschrift „Le Symboliste"; von seinen theoret. und krit. Schriften sind v.a. zu nennen: „Symbolistes et décadents" (1902), „Le vers libre" (1912), „Charles Baudelaire" (1928), „Les origines du symbolisme" (1936); daneben Gedichte („Les palais nomades", 1887; „Chansons d'amant", 1891), Romane („Les petites âmes pressées", 1898) und Biographien, u. a. über Boucher (1905) und Rodin (1906).

Kaikạus Ebn Eskandar Ebn Ghabus; tl.: Kaykā'ūs Ibn Iskandar Ibn Qābūs [pers. keikɑ'u:s], * 1021 oder 1022, † 1098 oder 1099, pers. Fürst.
Verfasser des bedeutendsten Fürstenspiegels der pers. Literatur, „Nasihatname", gewöhnl. „Ghabusname" genannt, den er für seinen Sohn schrieb; das 1082/83 vollendete Werk des in der alten heim. Tradition verwurzelten Verfassers spiegelt die sozialen Verhältnisse der Entstehungszeit; bed. als kulturhistor. Dokument. 1811 u.d.T. „Buch des Kabus" ins Dt. übersetzt.

Kạilas, Uuno [finn. 'kailɑs], * Heinola 29. März 1901, † Nizza 22. März 1933, finn. Lyriker.

Bäuerl. Abstammung, studierte Philologie und Geschichte; Journalist, Schriftsteller und Übersetzer. Führend unter den jüngeren finn. Dichtern, die in den 20er Jahren an die mitteleurop. Literatur Anschluß zu finden versuchten. Sein Werk ist z.T. vom dt. Expressionismus beeinflußt; später fand K. zu ausgewogener, formstrenger Lyrik, die von melanchol., pessimist. Stimmung beherrscht ist und in transzendentale Bereiche vordringt; bed. auch die meisterhafte Übertragung dt. Lyrik in der Anthologie „Kaunis Saksa".

Kaiser, Georg, * Magdeburg 25. Nov. 1878, † Ascona 4. Juni 1945, dt. Dramatiker.

Nach kaufmänn. Lehre 3 Jahre Kaufmann in Argentinien, Spanien und Italien; an Malaria erkrankt, kehrte er nach Deutschland zurück und lebte als freier Schriftsteller meist in Magdeburg, später in Grünheide und Berlin; emigrierte 1938

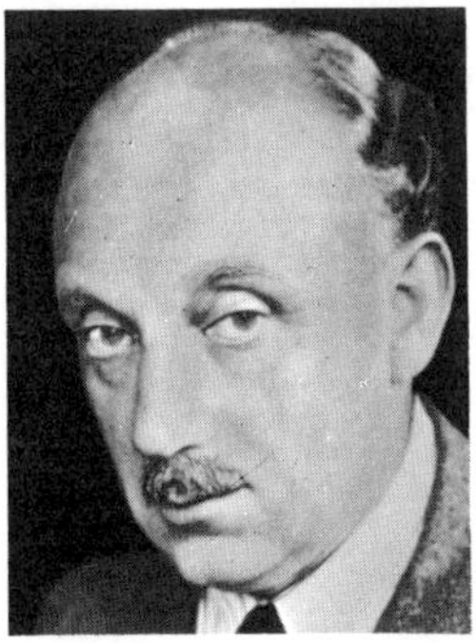

Georg Kaiser

über die Niederlande in die Schweiz, wo er bis zu seinem Tode als mittelloser, vergessener Emigrant lebte. K. war der fruchtbarste, vielseitigste und meistgespielte Dramatiker des Expressionismus. In seinen Dramen gestaltete er stets – auch in zeitfernen Stoffen – aktuelle Zeitprobleme und das typisch expressionist. Thema der Erneuerung des Menschentums. So entstanden pathet. histor. Dramen, Geschichtsparodien, daneben auch Ballette und Revuen. Anfangs von Hofmannsthal und George beeinflußt, wandte er sich später v.a. Strindberg und Wedekind zu. In seiner mittleren Schaffensperiode bediente er sich des visionären und ekstat. Stils der Expressionisten, ihres Pathos, der abstrahierten, skelettartigen Handlung und konzentrierten Sprache. Alle Bühnenstücke sind durch starke gedankl. Konstruiertheit und bühnenwirksamen Aufbau gekennzeichnet, der v.a. in seinen späteren Werken bei deren Mangel an dichter. Substanz stark ins Gewicht fällt. K.s Spätwerk fand kaum noch Anklang. Wenig bekannt sind seine Romane und seine Lyrik.

Hauptwerke: König Hahnrei (Dr., 1913), Die Bürger von Calais (Dr., 1914), Der Kongreß (Kom., 1914, 1927 u.d.T. Der Präsident), Rektor Kleist (Dr., 1914), Von Morgens bis Mitternachts (Dr., 1916), Die Koralle (Dr., 1917), Gas I (Dr., 1918), Der Brand im Opernhaus (Dr., 1919), Der gerettete Alkibiades (Dr., 1920), Gas II (Dr., 1920), Die Flucht nach Venedig (Dr., 1923), Gilles und Jeanne (Dr., 1923), Nebeneinander (Volksstück, 1923), Kolportage (Kom., 1924), Oktobertag (Dr., 1928), Der Gärtner von Toulouse (Dr., 1938), Der Soldat Tanaka (Dr., 1940), Die Spieldose (Dr., 1942), Das Floß der Medusa (Dr., UA 1945).

Ausgaben: G. K. Stücke, Erzählungen, Aufs., Gedichte. Hg. v. W. Huder. *Köln 1966. – G. K. Ges. Werke. Bln. 1928. 2 Bde.*

Literatur: Steffens, W.: *G. K. Velber 1968.* – Schürer, E.: *Metapher, Allegorie u. Symbol in den Dramen G. K.s. Diss. Yale Univ., New Haven (Conn.) 1966.* – Paulsen, W.: *G. K. Die Perspektiven seines Werkes. Mit einem Anhang: Das dichter. u. essayist. Werk G. K.s. Eine histor.-krit. Bibliogr. Tüb. 1960.* – Schütz, A. M.: *G. K.s Nachlaß. Eine Unters. über die Entwicklungslinien im Lebenswerk des Dichters. Basel 1951.* – Fivian, E. A.: *G. K. u. seine Stellung im Expressionismus. Mchn. 1947.*

Kaiserchronik, eine um die Mitte des 12. Jh.s wahrscheinl. von mehreren Regensburger Geistlichen abgefaßte, die Zeit von der Gründung Roms bis 1147 umfassende mhd. Reimchronik; enthält in chronolog. Folge eine Fülle von Biographien röm. und dt. Kaiser, mit zahlreichen eingestreuten Legenden, Sagen und Anekdoten. Die K., die geprägt ist von der Augustin. Geschichtsidee (Geschichte als Spannung und Ausgleich zwischen göttl. und weltl. Reich), schildert die Kaiser unter dem Gesichtspunkt ihres Verhältnisses zur Kirche in reiner Schwarzweißmalerei. Für die Zeit Lothars III. und Konrads III. ist sie von histor. Wert. Im 13. Jh. entstand eine bis Rudolf von Habsburg reichende Fortsetzung.

Ausgaben: Die K. Ausgew. Erzählungen. Nach dem Vorauer Text hg. v. W. Bulst. *Hdbg. 1946. 2 Bde. – Die K. eines Regensburger Geistl. Hg. v.* E. Schröder. *Hann. 1892. Nachdr. Zürich 1964.*

Literatur: Neumann, F.: *Wann entstanden K. u. Rolandslied? In: Zs. f. dt. Altertum u. dt. Lit. 91 (1961/62), 263.* – Scherr, R.: *Unterss. zur stroph. Form der K. Diss. Freib. 1961.* – Ohly, E. F.: *Sage u. Legende in der K. Unterss. über Quellen u. Aufbau der Dichtung. Münster 1940.*

Kakinomoto no Hitomaro [jap. kakinomoto no hitomaro], * um 662, † Kamojama (Iwami) um 710, jap. Dichter.

Im kaiserl. Dienst tätig; setzte bewußt die altjap. Tradition fort; die meisten seiner Gedichte wurden in das „Manioschu" aufgenommen; reichhaltige Thematik (v.a. Liebe und Natur) in Langgedichten und Lyrik von großer Empfindungsdichte.

Kálbos ↑ Kalwos.

Kalchberg, Johann von, eigtl. J. Kalchegger von Kalchberg, * Schloß Pichl (Steiermark) 15. März 1765, † Graz 3. Febr. 1827, östr. Dichter und Historiker.

Landesbeamter in Graz, in persönl. Verbindung mit Erzherzog Johann, Kurator des Grazer Joanneums. Lyriker und v.a. Dramatiker (Ritterstücke und Jambendramen mit Themen aus der östr. Geschichte).

Kaleb, Vjekoslav [serbokroat. 'kalɛ:b], * Tijesno bei Šibenik 27. Nov. 1905, kroat. Schriftsteller. War im Lehramt tätig, lebt seit Kriegsende in Agram. In seinen Romanen und Novellen gestaltet er v.a. soziale Probleme oder das Kriegserlebnis.

Hauptwerke: Na kamenju (= Auf den Steinen, R., 1940), Divota prašine (= Wunder des Staubes, R., 1954).

Kalenberg, Pfaffe von ↑ Frankfurter, Philipp.

Kalenter, Ossip ['kalɛntər], * Dresden 15. Nov. 1900, dt. Schriftsteller.
Studierte Kunstgeschichte und Germanistik; Mitarbeiter verschiedener liberaler Zeitungen. 1924–34 in Italien, dann in Prag; Emigration nach Zürich; 1956 schweizer. Staatsbürger. Begann mit expressionist. Lyrik; meisterhafter Erzähler mit besonderer Vorliebe für die kleinen Formen; gewandter Essayist und Übersetzer aus dem Engl. und Französischen.
Hauptwerke: Der seriöse Spaziergang (Ged., 1920), Herbstl. Stanzen (Ged., 1923), Die Abetiner (E., 1950), Ein gelungener Abend (En., 1955), Die Liebschaften der Colombina (E., 1956), Rendezvous um Mitternacht (En., 1958), Olivenland (Skizzen, 1960).

Kalewala, finn. Nationalepos, das [in der endgültigen Fassung von 1849] aus 50 Gesängen mit 22295 Versen in 4füßigen Trochäen besteht. Das Epos ist die Frucht jahrelangen Bemühens von E. Lönnrot, der mündl. tradierte ep. und lyr. Lieder der Volkspoesie sammelte, sie um eine Zentralfigur komponierte und mit diesem Werk die größte finn. Dichtung schaffen half. Der Ursprung der Lieder ist schamanist.; sie sammeln das Zauberwissen, das auch die Größe des Helden ausmacht, und wurden seit mehr als einem Jt. von Volkssängern gesungen und weitergegeben. In einen das Epos beherrschenden Kampf zwischen den Völkern Kalewalas und Pohjolas sind Episoden von der Erschaffung der Welt bis zum Tod des alten Sängers Väinämöinen, der Zentralfigur, eingeflochten.
Ausgaben: Kalevala. Dt. Übers. Hg. v. W. Steinitz. *Rostock 1968. – Kalevala. Das finn. Epos des Elias Lönnrot. Mchn. 1967. Textbd., Kommentarbd.*
Literatur: Haavio, M.: *Väinämöinen. Eternal sage. Engl. Übers. Helsinki 1952.* – Meuli, K.: *K. Altfinn. Volks- u. Heldenlieder. Basel 1940.* – Meyer, Rudolf: *Das Geisteserbe Finnlands. Der finn. Mythos u. das Volksepos „K.". Basel 1940.* – Krohn, K.: *Kalevalastudien. Helsinki; Lpz. 1924–28. 6 Tle.*

Kalhana; tl.: Kalhaṇa, * Anfang des 12. Jh.s, † um 1150, ind. Dichter und Geschichtsschreiber.
Brahmane aus Parspor, Sohn eines Ministers, lebte am Hof des Herrschers von Kaschmir; verfaßte das bed. Sanskritepos „Radschatarangini", eine poet. Chronik von Kaschmir, in der er sich als Meister der Charakterzeichnung erweist; während die Darstellung der Vorzeit auf Sagen beruht, bemühte sich K. bei der Beschreibung seiner eigenen Epoche um weitgehende Geschichtstreue. Das auch kulturhistor. interessante Werk, das K. 1148 (?) vollendete, wurde später von anderen kaschmir. Schriftstellern bis 1586 fortgeführt.

Kalidasa; tl.: Kālidāsa, ind. Dichter um 400 (?).
Obwohl er unbestritten als größter Dichter der klass. Zeit gilt, ist über sein Leben nichts bekannt, so daß zahlreiche Legenden entstanden; danach soll K., obwohl brahman. Herkunft, als einfacher Kuhhirte aufgewachsen sein; als Gemahl einer Prinzessin habe er durch die Göttin Kali (Name!) die Gabe der Dichtung erhalten und habe schließl. nach einem bewegten Leben durch die Hand einer Kurtisane den Tod gefunden. K., der sich in gleicher Weise als Epiker, Lyriker und Dramatiker auszeichnete, führte die klass. ind. Kunstdichtung auf ihren Höhepunkt und die brahman. Welt zu dichter. Vollendung; als Meister einer kunstvollen Sprache, die dennoch von übertriebenen rhetor. Künsteleien frei ist, gelang es K. wie keinem anderen Dichter der ind. Literatur, Form und Gehalt zu einem vollendeten harmon. Ganzen zu verbinden. Seine Schauspiele, kompliziert, aber geschickt aufgebaut, haben durch ihre musikal. Untermalung etwas Opernhaftes. K. schuf das bedeutendste Werk der dramat. ind. Literatur, „Schakuntala" (genauer „Abhidschnanaschakuntala"), ein 7aktiges Drama, das die Legende von der heiml. Heirat eines Königs und der Tochter eines Einsiedlers gestaltet. 4 Rezensionen sind überliefert. Der Stoff ist in der ind. Literatur mehrfach behandelt. Weltruhm erlangten auch drei Kunstgedichte, das von der Geburt des Kriegsgottes handelnde Epos „Kumarasambhawa", das Epos „Rahguwamscha", eine Darstellung der sagenhaften Dynastie der Sonnenkönige von Ajodhja (heute Audh) und das lyr. Gedicht „Meghaduta" (= Wolkenbote) in 111 Strophen, das bes. durch glänzende Naturschilderungen gekennzeichnet ist. Während der Stoff zu den beiden Epen der Überlieferung entnommen ist, scheint das lyr. Gedicht auf eigener Erfindung des Dichters zu beruhen; zahlreiche Werke in dt. Übersetzung („Schakuntala" 1791 ins Dt. übersetzt).
Literatur: Jensen, H.: *K. Indiens größter Dichter u. sein Drama Sakuntala. Rostock 1958.* – Ruben, W.: *Kālidāsa. Die menschl. Bedeutung seiner Werke. Bln. 1956.* – Hillebrandt, A.: *K. Ein Versuch zu seiner literar. Würdigung. Breslau 1921.*

Kalinčák, Ján [slowak. 'kalintʃja:k], * Horné Zaturčie 10. Aug. 1822, † Martin 16. Juni 1871, slowak. Schriftsteller.
Gymnasiallehrer; schilderte in seinen Romanen den slowak. Adel; obwohl noch zur Romantik gehörend, zeigt sein Roman „Reštavrácia" (1860) bereits realist. Züge.

Kallas, Aino [finn. 'kɑllɑs], * Wyborg 2. Aug. 1878, † Helsinki 9. Nov. 1956, finn. Schriftstellerin.
Tochter von J. Krohn, heiratete den estn. Folkloristen O. K.; schrieb formstrenge, in sachl. Sprache gestaltete Gedichte, später realist. Skizzen und Romane um das harte Schicksal Estlands, dessen bäuerl. Menschen sie in feinfühliger psycholog. Motivierung darstellt; auch Tagebücher und Reisebeschreibungen.
Hauptwerke: Fremdes Blut (R., dt. 1921), Sankt Thomasnacht (R., dt. 1935), Polttoroviolla (Ged., 1945).

Kallimachos, * Kyrene im letzten Jahrzehnt des 4. Jh.s v. Chr., † Alexandria um 240, griech. Dichter.
Studierte in Athen bei Hermokrates von Iasos und Praxiphanes von Mytilene; war Elementarlehrer in Eleusis bei Alexandria, dann Grammatiklehrer in Alexandria, wo er bald in enge Beziehungen zu dem kunstfreudigen Herrscherhaus der Ptolemäer trat und Prinzenerzieher wurde; als bed. Gelehrter übte er auf den Geist des Hofes nicht geringen Einfluß aus. Aus seinem wissenschaftl. Werk ragen die „Pinakes" (Katalog aller griech. Schriftsteller und ihrer Werke), die erste

Bibliographie der griech. Literatur, heraus; daneben stehen zahlreiche enzyklopäd. Schriften über die verschiedensten Wissensgebiete; die gesamten Prosaschriften sind jedoch nur fragmentar. überliefert. Sein dichter. Werk ist z.T. erhalten (6 Hymnen, mehr als 60 Epigramme, daneben fragmentar. das Hauptwerk „Aitia" [= Ursachen], eine Fülle mytholog. Ursprungssagen; fest datierbar ist die Elegie „Locke der Berenike" 246/45). Kleine Formen, feine Darstellung zeigen des Dichters Vorliebe für elegante Ausschmükkung, für einfache Handlung und weniger bekannte Themen; dagegen lehnte K. das Großepos ab, darüber kam es zur literar. Fehde mit Apollonios von Rhodos, dem das durch die Nachdichtung Ovids bekannte Schmähgedicht „Ibis" galt. Namentl. auf die röm. Dichter hat K., der Führer der alexandrin. Dichtung, nachhaltigen Einfluß ausgeübt.

Ausgabe: K. Die Dichtungen. Griech. u. dt. Hg. v. E. Howald *u.* E. Staiger. *Zürich u. Stuttg. 1955.*

Literatur: Wilamowitz-Moellendorff, U. v.: *Hellenist. Dichtung in der Zeit des K. Zürich* ²*1962. 2 in 1 Bd.* – Wimmel, W.: *K. in Rom. Die Nachfolge seines apologet. Dichtens in der Augusteerzeit. Wiesb. 1960.* – Howald, E.: *Der Dichter K. v. Kyrene. Erlenbach (ZH) 1943.* – † auch Lucilius, Gaius, † Nonnos.

Kallinos von Ephesos, griech. Dichter der ersten Hälfte des 7. Jh.s v. Chr.

Älterer Zeitgenosse des Archilochos; sprachl. und gedankl. von Homer beeinflußter, erster Elegiker der griech. Literatur; das einzige längere erhaltene Stück ist ein Aufruf an die jungen Männer zu tapferem Kampf für das Vaterland.

Kallisthenes, * Olynthos um 370, † 327 v. Chr., griech. Geschichtsschreiber.

Großneffe und Schüler des Aristoteles, den er an den makedon. Königshof begleitete; stellte sein schriftsteller. Schaffen in den Dienst der makedon. Politik und verherrlichte in den „Taten Alexanders" dessen Heldentaten, die er überschwengl. feiert und mit zahlreichen Wundern umgibt, weshalb er fälschl. als Verfasser eines phantasiereichen Alexanderromans angesehen wurde; bed. ist auch seine „Griech. Geschichte", die die Jahre von 387 bis 356 umfaßt; K. wurde, da er sich der Proskynese widersetzte und an einer Verschwörung gegen Alexander teilgenommen haben soll, hingerichtet.

Kaltenbrunner, Karl Adam, * Enns 30. Dez. 1804, † Wien 6. Jan. 1867, östr. Schriftsteller und Mundartdichter.

Seit 1859 Vizedirektor der östr. Hof- und Staatsdruckerei; schrieb neben Gedichten in oberöstr. Mundart („Obderennsische Lieder", 1845) Dorfgeschichten, Dramen und Lyrik.

Kaltneker, Hans, eigtl. H. K. von Wallkampf, Pseudonym H. von Wahlkampf, * Temesvar 2. Febr. 1895, † Gutenstein (Niederösterreich) 29. Sept. 1919, östr. Schriftsteller.

Sohn eines Offiziers; schrieb übersteigerte, explosive expressionist. Dramen von starker Bühnenwirkung, Erzählungen und feurige Lyrik (erst postum veröffentlicht); sein Werk ist lyr. Art; Thema ist die selbstbekenner., welterlösende Liebe.

Hauptwerke: Die Opferung (Trag., 1918), Das Bergwerk (Trag., 1921), Die Schwester (Mysterium, 1924), Dichtungen und Dramen (1925), Die drei Erzählungen (1929).

Kalwos, Andreas; tl.: Kálbos, Andréas [neugr. 'kalvɔs], eigtl. A. Ioannidis; tl.: A. Iōannídēs, * Zante (heute Sakinthos) April 1792, † Keddington bei Louth 3. Nov. 1869, neugriech. Dichter. Jugend in Italien, später in England und auf Korfu; schrieb v.a. patriot. Oden, die, in stark antikisierendem Ton gehalten, durch eigentüml. Sprach- und Versform sowie Breite gekennzeichnet sind.

Kamal Chodschandi; tl.: Kamāl Ḫuǧandī [pers. kæ'mɑːlxodʒæn'diː], * Chodschand (heute Leninabad) um 1335, † Täbris 1401, pers. Lyriker. Lebte in einem Kloster in Täbris; myst. Liebe steht im Mittelpunkt seiner schwer verständlichen, zarten Gedichte, die sich durch leichtes, fließendes Versmaß auszeichnen. Meister des Gasels.

Kamare, Stephan von, eigtl. St. Čokorač von Kamare, * Wien 22. Juni 1880, † Wien-Hadersdorf 7. April 1945 (Selbstmord), östr. Dramatiker. Studierte Jura in Wien, war Direktor eines Industrieunternehmens. K. hatte mit seinen Dramen, v.a. mit dem vielgespielten Lustspiel „Leinen aus Irland" (1929), großen Erfolg.

Weitere Werke: Die Fremden (Dr., 1917), Knorpernato (Schsp., 1930), Der junge Baron Neuhaus (Lsp., 1933), Kühe am Bach (Dr., 1940).

Kamasutra; tl.: Kāmasūtra [sanskr.], ind. Lehrbuch der Erotik, das eine umfassende systemat.-wissenschaftl. Beschreibung der Liebeskunst der Inder gibt. Das K., bestehend aus 7 Prosakapiteln und eingestreuten Versen, im 3. Jh. (?) von Mallanaga Watsjajana verfaßt, wurde oft nachgeahmt und in viele Sprachen übersetzt (dt. erstmals 1897). Es ist von großer kulturhistor. Bedeutung.

Ausgaben: Vatsyayana. Das K. Dt. Übers. Hanau 1964. – Das K.m des Vatsyayana. Die ind. ars amatoria nebst dem vollständigen Kommentare (Jayamangala) des Yaśodhara. Dt. Übers. Schmiden ⁵*1959.*

Literatur: Chakladar, H. C.: *Social life in ancient India. A study in Vatsyayana's K. Kalkutta* ²*1954.* – Schmidt, Richard: *Beitr. zur ind. Erotik. Bln.* ²*1911.*

Kamban, Guðmundur [isländ. 'kamban], eigtl. Jansson Hallgrímson, * Álftanes bei Reykjavík 8. Juni 1888, † Kopenhagen 5. Mai 1945, isländ. Schriftsteller.

K., der 1910–14 an der Universität Kopenhagen studierte, gehörte zu einer Gruppe isländ. Dichter, die hpts. in norweg. oder dän. Sprache isländ. Verhältnisse schilderten. Nach 1915 hielt er sich meist im Ausland auf (New York, Kopenhagen, Berlin); Journalist, Dramaturg, als Regisseur verschiedener Kopenhagener Theater schrieb er v.a. gesellschaftskrit. und Probleme der Ehe schildernde Dramen, die sich durch Gefühl für Zeit und Milieu auszeichnen; knapp im Ausdruck wie altisländ. Sagas.

Hauptwerke: Wir Mörder (Dr., dt. 1920), Ragnar Finnsson (R., dt. 1925), Das schlafende Haus (R., dt. 1926), Sterne der Wüste (Dr., dt. 1929), Die Jungfrau auf Skalholt (R., dt. 1934), Der Herrscher auf Skalholt (R., dt. 1943).

Kamenski, Wassili Wassiljewitsch; tl.: Kamenskij, Vasilij Vasil'evič [russ. ka'mjɛnskij], * auf einem Schiff auf der Kama 17. April 1884, † Moskau 11. Nov. 1961, russ.-sowjet. Schriftsteller.

Mitbegründer des Futurismus; mit Majakowski auf Vortragsreisen, die er in einer autobiograph. Studie schildert; schuf bewußt schockierende, avantgardist. Dichtungen mit vielen Neologismen; zu seinen Hauptwerken zählen die Verserzählungen über russ. Rebellenführer der Vergangenheit, u.a. Stenka Rasin und Jemeljan Pugatschow.

Kamphoevener, Elsa Sophia Baronin von [...hø:vənər], * Hameln 14. Juni 1878, † Traunstein 27. Juli 1963, dt. Schriftstellerin.
Tochter des Marschalls von K.-Pascha, des Reorganisators der türk. Armee; über 40 Jahre in der Türkei. 1916 trat sie mit dem Roman „Der Smaragd des Scheichs" hervor. Sie verfaßte Romane, Essays, erfolgreiche oriental. Märchenbücher, auch Übersetzungen aus dem Arabischen.
Weitere Werke: Die Pharaonin (R., 1926), Flammen über Bagdad (R., 1934), An Nachtfeuern der Karawan-Serail (Märchen, 1956f.), Damals im Reiche der Osmanen (Biogr., 1959), Anatolische Hirtenerzählungen (Märchen, 1960).

Kampow, Boris Nikolajewitsch; tl.: Kampov, Boris Nikolaevič [russ. 'kampɐf] † Polewoi, Boris Nikolajewitsch.

Kangro, Bernard, * Alt-Anzen 18. Sept. 1910, estn. Dichter und Literarhistoriker.
Studierte in Dorpat Literatur, ebd. Dramaturg und Dozent an der Universität; seit 1944 in Schweden, Hg. der Zeitschrift „Tulimuld" und Verlagsleiter. Begann als Lyriker, schrieb dann v.a. Romane, in denen ihm eine präzise Seelenanalyse gelang; auch Dramen und wissenschaftl. Schriften. Dt. erschien 1954 „Flucht und Bleibe".

Kanık, Orhan Veli [türk. ka'nɨk], * Konstantinopel (heute Istanbul) 1914, † ebd. 14. Nov. 1950, türk. Dichter.
Studierte in Istanbul, Verwaltungsbeamter, Militärdienst, seit 1949 Hg. und Autor der Literaturzeitschrift „Yaprak". K. verbindet in seiner Lyrik geschickt traditionelle volkstüml. und moderne Elemente; großer Einfluß auf Spätere; bed. Übersetzer frz. Literatur.

Kannegießer, Karl Friedrich Ludwig, * Wendemark (Landkreis Seehausen) 9. Mai 1781, † Berlin 14. Sept. 1861, dt. Dramatiker, Lyriker und Übersetzer.
Studierte Theologie und Philosophie, war Lehrer in Berlin und Prenzlau, Gymnasialdirektor in Breslau; sein Bestes sind Übersetzungen von Horaz, Dante, Leopardi, Chaucer, Byron u.a.

Kant, Hermann, * Hamburg 14. Juni 1926, dt. Schriftsteller.
Elektrikerlehre, Soldat, 1945–49 in poln. Kriegsgefangenschaft, Germanistikstudium, wissenschaftl. Assistent, Redakteur, dann freier Schriftsteller in Berlin (Ost). Schrieb den Erzählungsband „Ein bißchen Südsee" (1962), in dem er reizvoll und hintergründig vom Leben einfacher Menschen berichtet, und den humorvoll-iron. Roman „Die Aula" (1966), den er auch dramatisiert hat; Ort der Handlung ist die Arbeiter- und Bauernfakultät von Rostock, an der sich nach dem Krieg junge Arbeiter und Bauern auf das Abitur vorbereiten.
Weiteres Werk: Das Impressum (R., 1969).

Kantemir, Antioch Dmitrijewitsch Fürst; tl.: Kantemir, Antioh Dmitrievič [russ. kɐntɪ'mir], * Konstantinopel (heute Istanbul) 21. Sept. 1708, † Paris 11. April 1744, russ. Dichter.
Aus rumän. Hochadel, Sohn von Dimitrie Cantemir; studierte in Petersburg; Freund Montesquieus und Briefpartner Voltaires, im diplomat. Dienst in England und Frankreich. Vertreter einer weltoffenen, westeurop. orientierten Dichtung im Sinne der Aufklärung. K.s Vorbilder waren v.a. Horaz und Boileau, stilist. stand er dem Klassizismus nahe. Er unterstützte mit den Mitteln der Satire die Reformen Peters I. und den Kampf gegen die Unbildung weiter Kreise. K. schrieb u.a. Fabeln, lieferte Übersetzungen (Anakreon, Horaz und Montesquieu).
Literatur: Grasshoff, H.: *A. D. K. u. Westeuropa. Bln. 1966.*

Kantor-Berg, Friedrich † Torberg, Friedrich.

Kantorowicz, Alfred [...vɪtʃ], * Berlin 12. Aug. 1899, dt. Publizist, Literarhistoriker und Schriftsteller.
Studium der Literaturgeschichte und der Rechtswissenschaft (Dr. jur.); Journalist, Literaturkritiker, Mitarbeiter verschiedener literar. Zeitschriften; verließ als Kommunist 1933 Deutschland, war in Frankreich, 1936–38 Offizier bei den Internationalen Brigaden im Span. Bürgerkrieg, während des 2. Weltkriegs in den USA, seit 1946 in Berlin (Ost), 1947–49 Hg. der Zeitschrift „Ost und West", seit 1949 Professor für neueste dt. Literatur, Direktor des „Heinrich-Mann-Archivs", kam 1957 in die BRD. Das publizist. und literar. Werk K.s, klar und sachl. geschrieben, zeigt deutl. das polit. Engagement des Verfassers.
Hauptwerke: In unserem Lager ist Deutschland (Essays, 1936), Tschapaiew. Das Bataillon der 21 Nationen (1938), Span. Tagebuch (Bericht, 1948), Porträts (En., 1947), Dt. Schicksale (En., 1949), Die Verbündeten (Schsp., 1951), Meine Kleider (En., 1956), Dt. Tagebuch (1959–61), Im 2. Drittel unseres Jh.s (1967).

Kao Ming, auch genannt Kao Tsu-cheng, * Juian (Tschekiang) 1310 (?), † nach 1368, chin. Dichter.
Beamter, zog sich nach Gründung der Dynastie Ming ins Privatleben zurück. Verfasser des bedeutendsten Dramas der Südchinesen, „Pipachi" (= Die Laute, 1367, UA 1404; dt. 1930), in dem das Schicksal des Literaten Tsai Yung aus der Han-Zeit dargestellt wird; auch Lyriker.

Kapijew, Effendi; tl.: Kapiev, Ėffendi [russ. ka'pijɪf], * Kumuch 13. März 1909, † Pjatigorsk 27. Jan. 1944, dagestan.-sowjet. Schriftsteller.
Arbeitete als Lehrer und Journalist. Bed. Sammler der Dichtung seiner Heimat, die er ins Russ. übersetzte und edierte; schrieb in russ. Sprache Gedichte, Novellen und Prosaskizzen, die u.a. Erlebnisse aus dem 2. Weltkrieg widerspiegeln.

Kaplický, Václav [tschech. 'kaplitski:], * Alttabor 28. Aug. 1895, tschech. Schriftsteller.
Verfasser einer Reihe von histor. Romanen und Romanchroniken (v.a. aus der Geschichte der Gegenreformation und der Zeit der Bauernaufstände des 17. bis 19. Jahrhunderts).

Kapnist, Wassili Wassiljewitsch; tl.: Kapnist, Vasilij Vasil'evič [russ. kap'nist], * Gut Obuchowka (Gouv. Poltawa) 23. Febr. 1757 (1758 ?), † ebd. 9. Nov. 1823, russ. Schriftsteller.
War Offizier, zeitweise Theaterdirektor, zuletzt Ministerialbeamter in Petersburg. Griff in seinem erfolgreichsten Werk, der bald verbotenen klassizist. Verskomödie „Jabeda" (= Ränke, 1798),

mit den Mitteln der Satire Korruption und andere Mängel der russ. Rechtsprechung an; starkes soziales Engagement; wie sein Freund Derschawin auch Lyriker.

Kappus, Franz Xaver, Pseudonym Franz Xaver, * Temesvar 17. Mai 1883, † Berlin 9. Okt. 1966, östr. Schriftsteller.
Offizier, Kriegsberichterstatter, dann Journalist, seit 1925 in Berlin; schrieb Lyrik, Satiren, Humoresken aus dem Soldatenmilieu, Komödien und v.a. spannende Unterhaltungsromane. K. ist bekannt durch den 1902–08 geführten Briefwechsel mit Rilke, der an K. „Briefe an einen jungen Dichter" (hg. 1929) richtete.
Hauptwerke: Die lebenden Vierzehn (R., 1918), Der Mann mit den zwei Seelen (R., 1924), Der Hamlet von Laibach (R., 1931), Flammende Schatten (R., 1941).

Karadžić, Vuk Stefanović [serbokroat. 'karadʒitɕ], * Trschitz (Nordmähr. Gebiet) 26. Okt. 1787, † Wien 26. Jan. 1864, serb. Philologe.
Schöpfer der modernen serb. Schriftsprache; seine autodidakt. Bildung vervollkommnete er an einer Klosterschule; floh 1813 nach dem Scheitern des serb. Aufstandes nach Wien, wo der Slawist Kopitar sein Förderer und Anreger wurde. K. steht unter dem Einfluß der nationalromant. Geistesströmungen seiner Zeit. Er forderte den Ersatz der kirchenslaw. Elemente der serb. Literatursprache durch die Volkssprache. K. reformierte das Alphabet, führte die phonet. Rechtschreibung ein, schuf eine serb. Grammatik (1814, dt. von J. Grimm 1824) und ein serb.-dt.-lat. Wörterbuch (1818); bed. als Sammler folklorist. Denkmäler; gab u.a. eine Sammlung von Volksliedern heraus und lieferte wertvolle Beiträge zur Erforschung der serb. Geschichte (u.a. für Rankes Darstellung der serb. Revolution). Seine Übersetzung des N.T. nach den neuen serb. Sprachnormen wirkte nachhaltig auf die serb. Literatur der Folgezeit.

Karagatsis, Manolis; tl.: Karagátsēs, Manólēs [neugr. kara'ɣatsis], eigtl. D. Rodopulos; tl.: D. Rodópoulos, * Athen 24. Juni 1908, † ebd. 14. Sept. 1960, neugriech. Schriftsteller.
Studierte Rechts- und Staatswissenschaften; bemüht, die Tiefen der menschl. Seele und ihre geheimsten Regungen zu erforschen, scheute K. bes. in der Darstellung sexueller Szenen nicht vor schonungsloser Offenheit zurück. Sein Roman „Der Vogt von Kastropyrgos" (1943) wurde 1962 ins Dt. übersetzt.

Karalitschew, Angel; tl.: Karalijčev, Angel [bulgar. kara'lijtʃɛf], * Straschiza 21. Aug. 1902, bulgar. Schriftsteller.
Studierte Staatswissenschaften, entwickelte früh ein außergewöhnl. literar. Talent, wurde Mitarbeiter mehrerer literar. Zeitschriften und einer der bedeutendsten Vertreter der modernen bulgar. Literatur; heute Redakteur und Präsidiumsmitglied des Schriftstellerverbandes. K. stellt in Romanen und Erzählungen in an Vorbildern der romant. und impressionist. Literatur geschulter lyr. Prosa meist das bulgar. Volksleben dar; auch Reiseerzählungen, Kinderbücher, histor. und folklorist. Skizzen sowie Kleindramen und Gedichte.

Karamsin, Nikolai Michailowitsch; tl.: Karamzin, Nikolaj Michajlovič [russ. kɐram'zin], * Michailowka 12. Dez. 1766, † Petersburg (heute Leningrad) 3. Juni 1826, russ. Schriftsteller.
Entstammte einer Landadelsfamilie, wurde in einem dt. Pensionat in Moskau erzogen. Nach der Militärzeit (1781–83) kam er mit Freimaurerkreisen in Berührung. 1798–91 bereiste er Deutschland, die Schweiz, Frankreich und England. In dem Bericht „Briefe eines russ. Reisenden" (1791/92, dt. 1922) faßte er seine Reiseeindrücke unter den Einfluß des europ. Kunst- und Geisteslebens zusammen. 1803 wurde er Historiograph des Zaren und 1816 Staatsrat. Die Reformideen Lomonossows aufgreifend und den westeurop. sentimentalen Stil in die russ. Literatur einführend, wurde K. zum Hauptvertreter der empfindsamen Dichtung Rußlands, die zur Romantik überleitete. Seine Balladen sind für die Entwicklung dieser Gattung in der russ. Literatur von großer Bedeutung; sein Hauptverdienst liegt in der natürl., einfachen und klaren Prosa, die die russ. künstler. Prosa nachhaltig beeinflußt hat. Von Interesse auch die erste wissenschaftl. Darstellung der russ. Geschichte, „Geschichte des russ. Reiches" (dt. 1820–33).
Literatur: Rothe, H.: *N. M. Karamzins europ. Reise, der Beginn des russ. Romans. Philolog. Unterss. Bad Homburg v.d.H. u.a. 1968.* – Nebel, H. M., jun.: *N. M. Karamzin, a Russian sentimentalist. Den Haag 1967.* – Bächtold, R.: *Karamzins Weg zur Gesch. Basel 1946.*

Karaosmanoğlu, Yakup Kadri [türk. kɑ'rɑɔsmɑnɔː,lu], * Kairo 1889, türk. Schriftsteller.
Stammt aus einer alten Beamtenfamilie, erhielt an mehreren Schulen eine vorzügl. Ausbildung; polit. und diplomat. Tätigkeit, zuletzt als türk. Gesandter in Bern. Geistreicher und stilist. sehr gewandter Prosaist, der in psycholog. feinfühliger Motivierung der handelnden Personen große Ereignisse der jüngsten türk. Geschichte interessant zu gestalten weiß. Meisterhafte, subtile psycholog. Analyse in dem Roman „Flamme und Falter" (1922, dt. 1947).
Weitere Werke: Eine Weibergeschichte u.a. Novellen (dt. Ausw. 1923), Aus den Gärten der Weisen (Dichtung, 1922; dt. 1949), Der Fremdling (R., 1932; dt. 1939).

Karásek ze Lvovic, Jiří [tschech. 'karaːsɛk 'zɛ lvɔvits], eigtl. Josef J. Antonín K., * Prag 21. Jan. 1871, † ebd. 5. März 1951, tschech. Dichter.
Vertreter der tschech. Dekadenz unter Einfluß der frz. Literatur, bes. Baudelaires und Huysmans', auch Wildes; schuf formschöne Dichtungen, die die Bedrohung der menschl. Existenz durch unkontrollierbare Mächte und Triebe darstellen; betonte das Myst. und Erot.; Destruktion, Verfall und Tod sind oft zentrales Motiv; literaturkrit. Studien.

Karaslawow, Georgi; tl.: Karaslavov, Georgi [bulgar. kara'slavof], * Debar (Kreis Plowdiw) 12. Jan. 1904, bulgar. Schriftsteller.
1947–49 Leiter des Nationaltheaters in Sofia; später im Sekretariat des bulgar. Schriftstellerverbandes. Schildert in realist. Romanen und Erzählungen vom Standpunkt des Kommunisten aus bulgar. Dorfleben; schrieb auch Dramen und Essays.
Hauptwerke: Die Schwiegertochter (R., dt. 1954), Der ungläubige Thomas (En., dt. 1956), Stanka (R., dt. 1958).

Karawajewa, Anna Alexandrowna; tl.: Karavaeva, Anna Aleksandrovna [russ. kɐra'vajıvɐ], * Perm 27. Dez. 1893, russ.-sowjet. Schriftstellerin.
In mehreren Berufen tätig, später freie Schriftstellerin. Gehörte zunächst zu der trotzkifreundl. Literatengruppe „Perewal“, schloß sich dann aber der Einheitsorganisation der sowjet. Schriftsteller an; ihr zentrales Thema ist die Darstellung sozialer Probleme bes. der Bauern.
Hauptwerke: Die Fabrik im Walde (R., dt. 1930), Das Vaterhaus (R., dt. 1952).

Karawelow, Ljuben; tl.: Karavelov, Ljuben [bulgar. kara'vɛlof], * Kopriwschtiza um 1834, † Russe 2. Febr. 1879, bulgar. Schriftsteller.
Hatte seit seiner Moskauer Studienzeit Kontakt mit den Slawophilen. Anfang 1867 ging K. nach Belgrad, begann eine rege polit. Tätigkeit und publizierte in serb. Sprache; suchte Unterstützung für seine Idee einer Balkanföderation; von 1869 an leitete er die bulgar. Revolutionsbewegung und redigierte Zeitschriften in Bukarest. Gilt als bedeutendster Mitschöpfer des krit. Realismus in der bulgar. Literatur. Den Stoff für seine Vers- und Prosadichtungen lieferten ihm das Erlebnis des Freiheitskampfes gegen die Türken und seine Kenntnis der Probleme des türk. Reiches. Seine erzählenden Werke zeichnen sich durch ungekünstelten Aufbau und Stil sowie durch schlichte, oft humorvolle Sprache aus; K. beherrschte auch den Ton sarkast. Kritik.

Karinthy, Frigyes [ungar. 'kɔrinti], * Budapest 24. Juni 1887, † Siófok 29. Aug. 1938, ungar. Schriftsteller.
Journalist, durch seine geistreichen und amüsanten Werke eine der volkstümlichsten Gestalten der modernen ungar. Literatur; wurde bekannt mit seinen literar. Parodien und Persiflagen, die die zeitgenöss. Literatur krit. spiegeln; verfaßte auch Gedichte, Dramen, Romane, Novellen, Skizzen und Epigramme. Sein von intellektueller Ironie geprägtes Werk zeigt Anregungen und Einflüsse Swifts und Voltaires, aber auch S. Freuds. Ziel seines Spotts war das Kleinbürgertum.
Hauptwerke: Bitte, Herr Professor! (Humoreske, dt. 1926), Die Reise nach Faremido (R., dt. 1919), Selbstgespräche in der Badewanne (dt. Ausw. 1937).

Kariotakis, Kostas; tl.: Karuōtákēs, Kṓstas [neugr. karjɔ'takis], * Tripolis 30. Okt. 1896, † Prewesa 21. Juli 1928 (Selbstmord), neugriech. Dichter.
Studierte Rechtswissenschaft in Athen, Justizbeamter. Pessimist. Haltung bestimmt seine Dichtung, die auf die Jüngeren nicht ohne Einfluß blieb.

Karkawitsas, Andreas; tl.: Karkabítsas, Andréas [neugr. karka'vitsas], * Lechena (Peloponnes) 1866, † Amarusion 24. Okt. 1922, neugriech. Schriftsteller.
Studierte Medizin und wurde Militärarzt; realist., z.T. satir. Schilderer des griech. Volkslebens; bed. Sprachschöpfer; eine Auswahl seiner Erzählungen erschien 1907 in dt. Übersetzung.

Karlfeldt, Erik Axel [schwed. ˌkɑ:rlfɛlt], * Folkärna (Kopparberg) 20. Juli 1864, † Stockholm 8. April 1931, schwed. Lyriker.
Bäuerl. Herkunft, Studium, Lehrer, Journalist, Bibliothekar, Dr. h.c.; erhielt 1931 postum den Nobelpreis. Neuromantiker, verband Phantasie mit dem Blick für die Wirklichkeit, Humor, Ursprünglichkeit und Kraft mit Bildung und Verfeinerung. Seine eigenwillige Lyrik wurzelt in der heimatl. Landschaft, er bezieht Sage, Geschichte, altes Brauchtum, Bauernregeln, Vorstellungen des Volksglaubens und bibl. Motive in seine Dichtung ein. Sein Werk wirkt trotz innerer Gegensätze einheitl., unübertroffen in der Formkunst und der außerordentl. musikal., zuweilen archaisierenden Sprache.
Hauptwerk: Fridolins Lieder (Ged., 1901; dt. 1944).
Literatur: Fridholm, R. V.: *Sångmön av Pungmakarbo. En studie över K.s diktning. Vorwort v.* S. Ek. *Stockholm 1950.* – Kulling, J.: *K.s livsproblem. Stockholm 1943.* – Fogelqvist, T.: *E. A. K. Stockholm [2]1941.*

Karlweis, C., eigtl. Karl Weiß, * Wien 22. Nov. 1850, † ebd. 27. Okt. 1901, östr. Schriftsteller.
Beamter der östr. Staatseisenbahn; in Romanen, Schwänken, Komödien u.a. anschaul. Schilderung des Wiener Kleinbürgertums.
Hauptwerke: Cousine Melanie (Lsp., 1879), Wiener Kinder (R., 1887), Ein Sohn seiner Zeit (R., 1892), Der kleine Mann (Volksstück, 1894).

Karo, Joseph ben Ephraim, * Toledo 1488, † Safad (Palästina) 24. März 1575, jüd. Talmudist und Mystiker.
Wurde als Kind aus Spanien vertrieben, lebte in verschiedenen türk. Städten, war schließl. Oberrabbiner in Safad. Seine Hauptwerke sind „Beth Joseph“, ein Kommentar zum Gesetzbuch „Arbaâh Turim“ des Jakob ben Ascher in Toledo, und „Keseph Mischne“, ein Kommentar zum Gesetzkodex „Mischne Thora“ des Maimonides; am bekanntesten wurde sein Auszug aus „Beth Joseph“, „Schulchan Aruch“, der zum maßgebenden jüd. Gesetzbuch wurde. K. war außerdem Vertreter einer ekstat. Mystik.

Karpenko-Kary, Iwan Karpowitsch; tl.: Karpenko-Karyj, Ivan Karpovič [russ. kar'pjɛnkɐ'karij], eigtl. I. K. Tobilewitsch; tl.: I. K. Tobilevič, * Arsenjewka (Gebiet Kirowograd) 29. Sept. 1845, † Berlin 15. Sept. 1907, ukrain. Dramatiker.
Beamter, zeitweise im Polizeidienst, wegen revolutionärer Tätigkeit verbannt; auch Schauspieler und Regisseur; bedeutendster ukrain. Bühnendichter des 19. Jh.s, von A. Ostrowski beeinflußt; K.-K. wandte sich gegen die ukrain. Tradition des am Volkstum orientierten Dramas; er führte soziale Tendenzen ein und übernahm vom realist. Drama die Milieuschilderung; als Themen stehen die sozialen Probleme der Dorfbevölkerung im Vordergrund; auch histor. Dramen in romant. Tradition.

Karpiński, Franciszek [poln. kar'piįski], * Hołosków (Galizien) 4. Okt. 1741, † Gut Chorowszczyzna (Litauen) 16. Sept. 1825, poln. Dichter und Kritiker.
Aus verarmter Adelsfamilie; Sekretär und Hauslehrer, zuletzt Gutspächter; wandte sich gegen den Pseudoklassizismus; Hauptvertreter der Empfindsamkeit; am besten in seiner liedhaften Dichtung.

Karr, Alphonse [frz. ka:r], * Paris 24. Nov. 1808, † Saint-Raphaël 30. Sept. 1890, frz. Schriftsteller.
Studierte am Collège Bourbon; Repetitor; 1839 Chefredakteur von „Le Figaro“ und Hg. der satir. Monatsschrift „Les Guêpes“; antiklerikal;

schrieb eine große Anzahl populärer, humorist.-sentimentaler, z.T. autobiograph. Romane, von denen „Sous les tilleuls" (1832) und „Voyage autour de mon jardin" (1845) besonderen Erfolg hatten.
Literatur: Scales, D.: *A. K. Sa vie et son œuvre (1808–1890). Genf 1959.*

Karsch[in], Anna Luise, geb. Dürbach, * bei Schwiebus 1. Dez. 1722, † Berlin 12. Okt. 1791, dt. Dichterin.
Aus armen Verhältnissen, war zweimal unglückl. verheiratet; bildete sich autodidakt., erwarb sich durch Gelegenheitsgedichte die Gunst des Barons von Kottwitz, der sie zur weiteren Ausbildung nach Berlin brachte, wo sie durch Sulzer, Ramler und auch Lessing gefördert wurde und sich als Dichterin durchsetzte. Sie wurde auch bei Hof eingeführt. Gleim gab 1764 ihre erste Gedichtsammlung heraus. Die Verse der Karschin zeugen z.T. von echtem Naturgefühl, meist sind sie nur gewandte Gelegenheitsdichtungen ohne künstler. Tiefe, die immer mehr zu bloßer Reimerei wurden; zu ihrer Zeit als „dt. Sappho" überschätzt.
Hauptwerke: Auserlesene Gedichte (1764), Neue Gedichte (1772), Gedichte (hg. 1792).
Literatur: Kohut, A.: *Die dt. Sappho. Ihr Leben u. Dichten. Ein Litteratur- u. Culturbild aus dem Zeitalter Friedrich's d. Gr. Dresden ²1888.*

Karuōtákēs ↑ Kariotakis.

Karvaš, Peter [slowak. 'karvaʃ], * Neusohl 25. April 1920, slowak. Schriftsteller.
Verfasser mehrerer Dramen, die einen wesentl. Beitrag zur modernen slowak. Dramatik darstellen. Themen und Ereignisse aus der Kriegs- und Nachkriegszeit, an denen K. z.T. selbst beteiligt war. Dt. erschien 1961 das Drama „Mitternachtsmesse", ein Stück, in dem das slowak. Kleinbürgertum während des Krieges analysiert wird; ferner „Antigone und die anderen" (Dr., dt. 1966), eine Paraphrase des antiken Stoffes, verlegt in ein Konzentrationslager.

Kasack, Hermann, * Potsdam 24. Juli 1896, † Stuttgart 10. Jan. 1966, dt. Schriftsteller.
Studierte Germanistik und Volkswirtschaft; Lektor und Verlagsdirektor, freier Schriftsteller, Mitarbeit am Rundfunk. 1933 Verbot der Vortragstätigkeit; zahlreiche Reisen in verschiedene europ. Länder; Mitbegründer des dt. P.E.N.-Zentrums, 1953–63 Präsident der Dt. Akademie für Sprache und Dichtung. Befreundet mit O. Loerke.

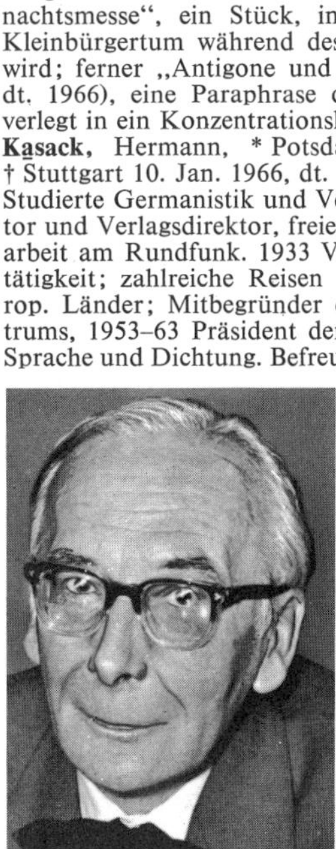
Hermann Kasack

Deutlich spürbare Einflüsse Kafkas (in der Darstellung der unwirklichen Welt) und des Surrealismus, Joyces (in der psycholog. Gespaltenheit), des Existentialismus (Grenzsituation) und des Buddhismus. Sein Hauptwerk ist der Roman „Die Stadt hinter dem Strom" (1947), in dem der Verfasser unter dem unauslöschl. Eindruck des Kriegsgeschehens das moderne Dasein gleichnishaft in der Form eines Mythos zu deuten versucht, der beängstigenden Vision eines schemenhaften Zwischenreichs, Abbild einer totalen, seelenlosen Diktatur und mechanisierten Bürokratie, in der die Menschen ohnmächtig dahinvegetieren. Seine weiteren Romane behandeln allegor. oder satir. typ. Zeiterscheinungen. Die Sprache seiner Prosa ist unpathet. und klar, in den streng geformten Gedichten herrscht das Gedankliche vor („Das ewige Dasein", 1943).
Weitere Werke: Der Webstuhl (E., 1949), Das große Netz (R., 1952), Fälschungen (E., 1953), Aus dem chin. Bilderbuch (Ged., 1955), Wasserzeichen (Ged., 1964).
Literatur: Leben u. Werk v. H. K. Ein Brevier. Zusammengestellt v. W. Kasack. *Frkf. 1966.*

Kasakewitsch, Emmanuil Genrichowitsch; tl.: Kazakevič, Emmanuil Genrihovič [russ. kɐza'kjevitʃ], * Krementschug 24. Febr. 1913, † Moskau 22. Sept. 1962, russ.-sowjet. Schriftsteller.
Lehrersohn, Techniker, schrieb bis zum 2. Weltkrieg jidd., danach erfolgreicher russ. Schriftsteller bes. mit der Erzählung „Stern" (1947, dt. 1965) und dem Roman „Frühling an der Oder" (dt. 1953); wurde dann heftig kritisiert wegen der Erzählung „Das Todesurteil" (dt. 1965, auch u.d.T. „Zwei in der Steppe"), die das Schicksal eines zum Tode verurteilten jungen Offiziers darstellt, und des Nachkriegsromans „Das Haus am Platz" (dt. 1957); erst mehrere Jahre nach Stalins Tod wieder akzeptiert.
Weitere Werke: Das Herz des Freundes (dt. 1961), Das blaue Heft (Nov., dt. 1962).

Kasakow, Juri Pawlowitsch; tl.: Kazakov, Jurij Pavlovič [russ. kɐza'kɔf], * Moskau 8. Aug. 1927, russ.-sowjet. Schriftsteller.
Zunächst Studium an der Musikhochschule, dann am Gorki-Literaturinstitut; schrieb Erzählungen in lyr. Prosa, die v.a. moral.-philosoph. Probleme behandeln; Einflüsse von Tschechow, in den Naturschilderungen auch von Paustowski, Prischwin und Turgenjew.
Hauptwerke: Musik bei Nacht (En., dt. 1961), Der Duft des Brotes (En., dt. 1965), Larifari u.a. Erzählungen (En., dt. 1966).

Kasandsakis, Nikos; tl.: Kazantzákēs, Nīkos [neugr. kazan'dzakis], * Iraklion (Kreta) 18. Febr. 1887, † Freiburg im Breisgau 26. Okt. 1957, neugriech. Schriftsteller.
Studierte Rechtswissenschaft in Athen (Dr. jur.) und Philosophie bei Bergson in Paris; wurde Ministerialdirektor, nach dem 2. Weltkrieg Minister unter Sofulis, auch Professor der Rechte; unternahm zahlreiche große Reisen, die ihn bis nach Japan und China führten; letzte Lebensjahre in Antibes. K. gehört zu den bedeutendsten Vertretern der neugriech. Literatur; sein literar. Schaffen ist durch die alten Religionen (v.a. Buddhismus) ebenso bestimmt wie durch eine intensive Beschäftigung mit der Philosophie (griech. Rationalismus, Nietzsche, Bergson). Ver-

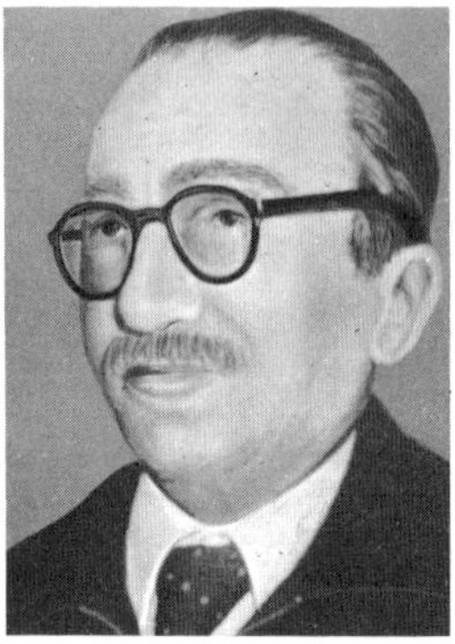

Nikos Kasandsakis

bindung einer kraftvollen, ursprüngl. und unverfälschten Vitalität und hoher Gelehrsamkeit. Das Beste gab K. mit sprachl. und stilist. meisterhaften Romanen; er schrieb auch lyr. und ep. Gedichte, Tragödien und Reiseberichte; bed. Übersetzer.
Hauptwerke: Komödie (Dr., 1909; dt. 1969), Odysseia (Epos, 1938), Alexis Sorbas (R., dt. 1952), Griech. Passion (R., dt. 1951), Die letzte Versuchung (R., dt. 1953), Mein Franz von Assisi (R., dt. 1956), Rechenschaft vor El Greco (autobiograph. R., dt. 1964–67), Brudermörder (R., dt. 1968).
Literatur: Kazantzaki, E. N.: *Le dissident. Biographie de N. Kazantzaki. Paris 1968.* – Prevelakis, P.: *N. Kazantzakis and his Odyssee. Engl. Übers. New York 1961.*

Kaschnitz, Marie Luise, eigtl. M. L. Freifrau von K.-Weinberg, * Karlsruhe 31. Jan. 1901, dt. Schriftstellerin.
Tochter eines Offiziers; nach Buchhändlerlehre in Weimar und München seit 1924 in einem Antiquariat in Rom tätig. 1925 heiratete sie den Archäologen Guido Freiherrn von K.-Weinberg; zahlreiche Reisen. Sie ist in den vorwiegend traditionellen Formen ihrer Dichtung bemüht, ein neues Lebensgefühl zu gestalten, das der Humanität tief verbunden ist; neben Lyrik und Erzählungen auch Essays und Hörspiele.
Hauptwerke: Liebe beginnt (R., 1933), Elissa (R., 1937), Gedichte (1947), Totentanz und Gedichte zur Zeit (1947), Zukunftsmusik (Ged., 1950), Ewige Stadt (Ged., 1952), Das Haus der Kindheit (Autobiogr., 1956), Lange Schatten (En., 1960), Dein Schweigen – meine Stimme (Ged., 1962), Hörspiele (1962), Wohin denn ich (Autobiogr., 1963), Ein Wort weiter (Ged., 1965), Ferngespräche (En., 1966), Tage, Tage, Jahre (Tagebuchaufzeichnungen, 1968).
Literatur: Reiners, R.: *Tradition u. Moderne in der Lyrik v. M. L. K. In: Schrr. der Theodor-Storm-Gesellschaft 14 (1965), 40.*

Kasia, byzantin. Kirchendichterin um 810.
Gründete ein Kloster, in dem sie als Nonne lebte; ein Teil ihrer Gedichte wird noch heute in der Liturgie der Ostkirche gesungen; bes. berühmt ist das Idiomelon auf den Mittwoch der Karwoche; auch Sentenzen und Epigramme.

Kasin, Wassili Wassiljewitsch; tl.: Kazin, Vasilij Vasil'evič [russ. 'kazin], * Moskau 6. Aug. 1898, russ.-sowjet. Dichter.
Gehörte bereits in den 20er Jahren zur literar. Gruppe der Kosmisten, die im Geiste einer orthodox-kommunist. Weltanschauung ihre Themen aus dem Bereich der Fabrikarbeit bezogen; Verherrlichung des Kollektivs; kosm. Metaphern kennzeichnen den Stil.

Kasprowicz, Jan [poln. kas'prɔvitʃ], * Szymborze bei Hohensalza 12. Dez. 1860, † Harenda (Tatra) 1. Aug. 1926, poln. Dichter.
Während des Studiums betätigte er sich als Sozialist, deshalb zeitweilig in Haft; 1908 in Lemberg Professor für Literaturwissenschaft; nach Anfängen mit sozialist. Tendenzdichtung und einer symbolist. Übergangszeit Hauptvertreter des „Jungen Polen"; nach der pessimist. Lyrik seiner symbolist. Schaffensperiode wandte er sich der Dichtung mit humanitärer, philanthrop. Thematik zu; hervorragender Übersetzer (griech., frz., engl. und dt. Literatur).
Hauptwerke: Poezje (Ged., 1889), Chrystus (Epos, 1891), Anima lachrymans (Ged., 1894), Mein Abendlied (Ged., dt. 1905), Vom heldenhaften Pferd und vom einstürzenden Haus (Ged., dt. 1922), Marcholt (Dr., 1920), Hymny (Ged., 1921).

Kassák, Lajos [ungar. 'kɔʃʃa:k], * Neuhäusel (Westslowak. Gebiet) 21. März 1887, † Budapest 22. Juli 1967, ungar. Lyriker und Erzähler.
Sohn eines Arbeiters, autodidakt. Bildung; durchwanderte Europa, war Fabrikarbeiter und Journalist, auch Maler; Hg. expressionist., pazifist. Zeitschriften; bahnbrechend für den ungar. Expressionismus; obwohl Marxist, setzte er sich stets für eine überpolit. Kunst ein. Er nahm an der proletar. Revolution teil und lebte 1919–27 als Journalist in Wien in der Emigration. Sein bekanntester Roman ist „Angyalföld" (1929), ein trostloses Gemälde eines Budapester Arbeiterbezirks; einige seiner Dichtungen und Erzählungen sind in dt. Übersetzung in Anthologien erschienen.

Kassew, Roman [frz. ka'sɛf] † Gary, Romain.

Kassiodor † Cassiodorus, Flavius Magnus Aurelius.

Kassner, Rudolf, * Großpawlowitz (Südmähr. Gebiet) 11. Sept. 1873, † Siders (Wallis) 1. April 1959, östr. Philosoph und Schriftsteller.
Sohn eines Gutsbesitzers und Zuckerfabrikanten; studierte in Wien und Berlin Geschichte und Philosophie; bereiste, obwohl er seit seinem ersten Lebensjahr teilweise gelähmt war, Rußland, N-Afrika und Indien, lebte als Privatgelehrter in

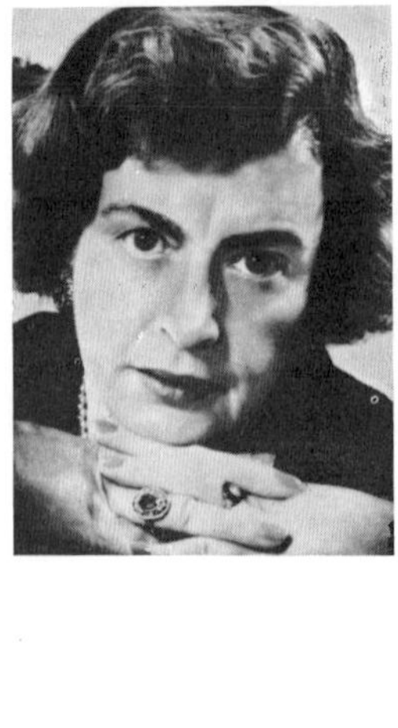

Marie Luise Kaschnitz

Berlin, Paris, London, München und Wien, seit 1945 in der Schweiz; befreundet mit Hofmannsthal und Rilke, O. Wilde und P. Valéry, die er mehr oder weniger nachhaltig beeinflußt hat. Das ureigenste Gebiet K.s, der als bed. Kulturphilosoph, origineller Denker, Essayist und Erzähler weitreichenden Einfluß ausübte, ist die „Physiognomik", ein Weltdeuten, das er auf weite Bereiche des menschl. Denkens und Fühlens, die menschl. Existenz überhaupt anwendet. Für die Literatur proklamiert er in seinen Essays eine neuromant. ästhet. Richtung. Auch bed. Übersetzer u.a. von Werken Platons, Gogols, Tolstois, Dostojewskis und Gides.
Hauptwerke: Die Mystik, die Künstler und das Leben (1900), Der ind. Idealismus (1903), Von den Elementen der menschl. Größe (1911), Zahl und Gesicht (1919), Die Grundlagen der Physiognomik (1922), Das physiognom. Weltbild (1930), Die zweite Fahrt (Memoiren, 1946), Umgang der Jahre (Memoiren, 1949), Das inwendige Reich (1953).
Literatur: Bachmann, D.: *K. In:* Bachmann: *Essays u. Essayismus. Stuttg. 1969.* – Paeschke, H.: *R. K. Pfullingen 1963. – R. K. zum achtzigsten Geburtstag. Gedenkb. hg. v.* A. C. Kensik *u.* D. Bodmer. *Erlenbach (ZH) 1953.* – Wieser, Th.: *Die Einbildungskraft bei R. K.: Studie mit Abriß v. Leben u. Werk. Zürich 1949.*

Kaštẹlan, Jure [serbokroat. kaʃˌtɛlaːn], * Zakučac bei Omiš 18. Dez. 1919, kroat. Schriftsteller.
Studierte an der philosoph. Fakultät in Agram, nach der Teilnahme am 2. Weltkrieg Redakteur und Universitätsdozent. Schrieb v.a. Lyrik, auch Essays, Dramen und Feuilletons. Verwendete in seiner Dichtung assoziative Wortspiele, aber auch Elemente der Volksdichtung. Bed. ist der Zyklus „Tifusari" (= Opfer des Typhus), der zur besten Partisanendichtung gehört.

Kạ̈stner, Abraham Gotthelf, * Leipzig 27. Sept. 1719, † Göttingen 20. Juni 1800, dt. Dichter.
Studierte Rechtswissenschaft, Philosophie, Mathematik und Physik. Professor für Mathematik und Physik in Göttingen. K. schrieb Sinngedichte aus der Welt der Kunst und Wissenschaft, Aphorismen und scharfe Epigramme sowie satir. Glossen auf literar. Neuheiten; Übersetzer.
Hauptwerke: Neueste großentheils noch ungedruckte Sinngedichte und Einfälle (1781), 30 Briefe und mehrere Sinngedichte (hg. 1810), Gesammelte Poet. und Prosaische Schönwissenschaftl. Werke (hg. 1841).

Kạ̈stner, Erhart, * Augsburg 13. März 1904, dt. Schriftsteller.
Dr. phil., wurde 1930 Bibliothekar in Dresden, war 1936–38 Sekretär G. Hauptmanns, im 2. Weltkrieg Soldat in Griechenland und Kreta, als Kriegsgefangener in Afrika. 1950–68 Leiter der Herzog-August-Bibliothek in Wolfenbüttel. K. trat mit sehr persönl. Erlebnisbüchern hervor, die vom Eindruck der Mittelmeerlandschaft und der antiken Welt geprägt sind.
Hauptwerke: Kreta (Reisebericht, 1946), Zeltbuch von Tumilad (Erinnerungen, 1949), Ölberge, Weinberge (Reisebericht, 1953), Die Stundentrommel vom hl. Berg Athos (Bericht, 1956), Die Lerchenschule (Tageb., 1964).

Kạ̈stner, Erich, Pseudonym Melchior Kurtz, * Dresden 23. Febr. 1899, dt. Schriftsteller.
Lehrerseminar, Kriegsdienst, Bankbeamter, Redakteur, studierte Germanistik (Dr. phil.), ab 1927 als freier Schriftsteller in Berlin. Zu den ersten Veröffentlichungen gehörten die Gedichtbände „Herz auf Taille" (1927), „Lärm im Spiegel" (1929) u.a. aktuelle, zeitkrit., polit.-satir. Gedichte sowie die ätzende Satire „Fabian" (R., 1931/32), in denen er sich mit rücksichtsloser Kritik und treffsicherem Witz gegen spießbürgerl. Moral, Militarismus und Faschismus wendet. Daneben schrieb K. erfolgreiche unterhaltende Romane voller Humor und amüsante, spannende Kindergeschichten mit verborgener erzieher. Tendenz. K.s sprachl. geschickte Bücher bleiben trotz ihrer Leichtigkeit nicht an der Oberfläche. 1933 wurden seine Bücher verbrannt und verboten; K. publizierte in der Folgezeit im Ausland. Nach 1945 war er Feuilletonredakteur der „Neuen Zeitung" in München. Hg. einer Jugendzeitschrift und Mitglied des Münchner Kabaretts „Die Schaubude".

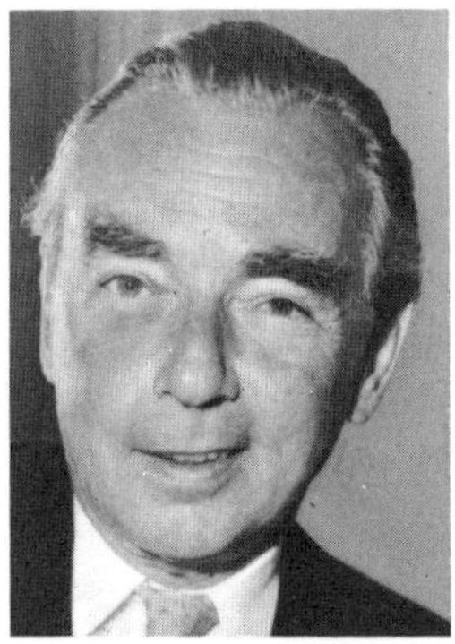
Erich Kästner

Weitere Werke: Emil und die Detektive (Kinderb., 1929), Pünktchen und Anton (Kinderb., 1931), Gesang zwischen den Stühlen (Ged., 1932), Das fliegende Klassenzimmer (Kinderb., 1933), Drei Männer im Schnee (R., 1934), Die verschwundene Miniatur (R., 1935), Dr. Erich Kästners lyr. Hausapotheke (Ged., 1935), Georg und die Zwischenfälle (R., 1938, 1949 u.d.T. Der kleine Grenzverkehr), Bei Durchsicht meiner Bücher (Ged., 1946), Das doppelte Lottchen (Kinderb., 1949), Die Schule der Diktatoren (Kom., 1956), Als ich ein kleiner Junge war (Erinnerungen, 1957), Notabene 45 (Tageb., 1961), Der kleine Mann (Kinderb., 1963), Von Damen und anderen Weibern (1963), Der kleine Mann und die kleine Miss (Kinderb., 1967).
Ausgaben: E. K. Ges. Schrr. f. Erwachsene. Mchn. u. Zürich 1969. 8 Bde. – E. K. Ges. Schrr. Köln; Bln. ³1965. 7 Bde.
Literatur: Beutler, K.: *E. K. Eine literaturpädagog. Unters. Weinheim 1967.* – Enderle, L.: *E. K. in Selbstzeugnissen u. Bilddokumenten. Reinbek bei Hamb. 1966.*

Katạjew, Jewgeni Petrowitsch; tl.: Kataev, Evgenij Petrovič [russ. ka'tajɪf] † Petrow, Jewgeni Petrowitsch.

Katạjew, Walentin Petrowitsch; tl.: Kataev, Valentin Petrovič [russ. ka'tajɪf], * Odessa 28. Jan. 1897, russ.-sowjet. Schriftsteller.

Seit 1915 Soldat und Rotarmist, seit 1922 freier Schriftsteller in Moskau; 1955–62 Chefredakteur der Literaturzeitschrift „Junosti". K. begann früh mit Gedichten; bekannt wurde er mit Erzählungen („Otez" [= Der Vater], 1925), die v.a. Eindrücke aus der Zeit des 1. Weltkriegs und des Bürgerkriegs widerspiegeln. Mit dem satir. Roman „Die Defraudanten" (dt. 1928) und der Komödie „Die Quadratur des Kreises" (dt. 1930) wandte er sich aktuellen Fragen zu. Später paßte er sich ganz der Parteilinie an und ist seither einer der erfolgreichsten sowjet. Autoren; eines seiner beliebtesten Bücher ist „Es blinkt ein einsam Segel" (R., dt. 1946), das autobiograph. Züge trägt.

Weitere Werke: Ninotschka (Nov., dt. 1946), Der Sohn des Regiments (Nov., dt. 1953), In den Katakomben von Odessa (R., dt. 1955), Der hl. Brunnen (E., dt. 1967), Das Kraut des Vergessens (Memoiren, dt. 1968).

Kate, Jan Jacob Lodewijk ten [niederl. 'ka:tə], * Den Haag 23. Dez. 1819, † Amsterdam 29. Dez. 1886, niederl. Dichter.

Studierte Theologie, war reformierter Prediger; von seinen v.a. didakt., zunächst romant. beeinflußten Dichtungen wurde „Die Schöpfung" 1881 ins Deutsche übertragen; K. übersetzte Goethes „Faust".

Katenin, Pawel Alexandrowitsch; tl.: Katenin, Pavel Aleksandrovič [russ. ka'tjenin], * Gut Schajowo im Gouv. Kostroma 22. Dez. 1792, † ebd. 4. Juni 1853, russ. Dichter.

Verteidigte die ältere russ. Literatursprache gegen die Neuerungen Karamsins; letzter Klassizist unter den russ. Bühnendichtern; übersetzte Corneille und Racine; griff in seinen realist. Balladen im Ggs. zu Schukowski, dessen Dichtung er parodierte, bewußt auf altruss. Thematik zurück.

Katerla, Józef [poln. ka'tɛrla] ↑ Żeromski, Stefan.

Katharina II. (Jekaterina II Alexejewna), die Große, geb. Sophie Auguste Prinzessin von Anhalt-Zerbst, * Stettin 2. Mai 1729, † Zarskoje Selo (heute Puschkin) 17. Nov. 1796, russ. Zarin (seit 1762).

Gemahlin Peters III., Mutter Pauls I., korrespondierte mit den führenden frz. Aufklärern und Enzyklopädisten, v.a. mit Diderot und Voltaire. Als Schriftstellerin pflegte sie bes. die Satire und die satir. Komödie, in der sie mit nachsichtiger Milde Schwächen ihrer Untertanen kritisierte; förderte eine von ihr kontrollierte satir. Zeitschrift; sie ist v.a. als Anregerin und Förderin von Bedeutung.

Literatur: Dukes, P.: *Catherine the Great and the Russian nobility. London 1967.* – Gaxotte, P., *u.a.: Catherine de Russie. Paris 1966.* – Grey, I.: *K. d. Gr. Dt. Übers. Tüb. ³1964.* – Rimscha, H. v.: *K. II. Von der preuß. Generalstochter zur Ksn. v. Rußland. Gött. 1961.* – Bilbassoff, B. v.: *K. II. Ksn. v. Rußland im Urtheile der Weltlit. Dt. Übers. Bln. 1897. 2 Bde.*

Katharina von Siena (Caterina da Siena), hl., eigtl. Caterina Benincasa, * Siena 25. März 1347, † Rom 29. April 1380, italien. Dichterin und Mystikerin.

Hatte bereits als Kind Visionen, trat 1364 in den Dritten Orden des hl. Dominikus ein, wo sie ein strenges und entbehrungsreiches Bußleben führte; kluge Vermittlerin in Angelegenheiten des polit. und kirchl. Lebens; bewog Papst Gregor IX., von Avignon nach Rom zurückzukehren, 1375 Stigmatisierung; 1461 heiliggesprochen. Neben myst. Traktaten („Libro della divina dottrina", hg. 1472) sind v.a. die rund 400 Briefe (hg. 1492, dt. Ausw. 1906) bed., die in klarer und natürl. Sprache dasselbe aussagen: des Menschen wahre Heimat ist in jener Welt, in der ird. Stimmen schweigen; nur die Kontemplation läßt den Menschen die ewigen Wahrheiten erkennen.

Literatur: Levasti, A.: *K. v. S. Dt. Übers. Regensb. 1952.* – Dolezich, G.: *Caterina v. S. Freib. 1947.* – Fawtier, R.: *Sainte Catherine de Sienne. Essai de critique des sources. Paris 1921–30. 2 Bde.*

Katholische Briefe ↑ Bibel.

Katona, József [ungar. 'kɔtonɔ], * Kecskemét 11. Nov. 1791, † ebd. 16. April 1830, ungar. Dramatiker.

Bürgerl. Abstammung, studierte Jura, wurde Schauspieler. Daneben begann er Tragödien zu übersetzen, Ritterromane zu dramatisieren und eigene Stücke zu schreiben. Sein einziges herausragendes Drama ist „Bánk bán" (1821, dt. 1858), das zwar am mittelalterl. Hof König Andreas' II. spielt, aber dennoch brennende aktuelle polit. Probleme aufgreift; echte dramat. Spannung und klarer Aufbau, ausgeprägte Charakterisierung der handelnden Personen und bühnenwirksame Gestaltung.

Katull ↑ Catullus, Gaius Valerius.

Katz, Richard, * Prag 21. Okt. 1888, † Muralto 8. Nov. 1968, dt. Schriftsteller.

Studierte Rechtswissenschaft, Journalist; als Berichterstatter u.a. in O-Asien und Australien; 1933 Emigration in die Schweiz, dann nach Brasilien, Rückkehr in die Schweiz. K. schrieb erfolgreiche, in viele Sprachen übersetzte Reisebücher, Erzählungen, Jugend- und Tierbücher.

Hauptwerke: Ein Bummel um die Welt (Reiseb., 1927), Heitere Tage mit braunen Menschen (Reiseb., 1930), Leid in der Stadt (R., 1938), Begegnungen in Rio (Essays, 1945), Mein Inselbuch (Autobiogr., 1950), Wandernde Welt (Novellen, 1950), Gruß aus der Hängematte (Autobiogr., 1958), Übern Gartenhag (1961), Steckenpferde (1967).

Kauffmann, Fritz Alexander, * Denkendorf (Landkreis Esslingen) 26. Juni 1891, † Uhingen 19. Mai 1945 (Autounfall), dt. Schriftsteller.

Studierte Romanistik, Anglistik und Kunstgeschichte, Lehrtätigkeit an Schulen, dann an der Pädagog. Akademie Halle; 1933 entlassen, freier Schriftsteller. K. verfaßte Essays, Monographien und kunsttheoret. Schriften, die nur z.T. veröffentlicht sind; er wurde durch „Leonhard" (1956), der sprachl. hervorragenden Geschichte seiner Kindheit, bekannt.

Weitere Werke: Die Woge des Hokusai (Abhandlung, 1938), Roms ewiges Antlitz (Schr., 1940), Kirchen und Klöster des oberschwäb. Barock (Schr., hg. 1947).

Kaufman, George S[imon] [engl. 'kɔ:fmən], * Pittsburgh 16. Nov. 1889, † New York 2. Juni 1961, amerikan. Dramatiker.

Gab sein Jurastudium auf und kam nach verschiedenen Gelegenheitsarbeiten zum Journalismus; dann freier Schriftsteller. Schrieb, fast immer in Zusammenarbeit mit anderen Autoren, äußerst bühnenwirksame und erfolgreiche Schauspiele; seine besten Werke sind treffende Gesell-

schaftssatiren; daneben pflegte er die musikal. Komödie. Zu seinen Mitarbeitern gehörten u. a. E. Ferber und G. Gershwin, der am Erfolg von „Of thee I sing" (Kom., 1931) wesentl. beteiligt war.
Weitere Werke: Stage door (Kom., 1936; mit E. Ferber), Silk stockings (Kom., 1955).

Kavanagh, Patrick [engl. 'kævənə], * Inniskean (Monaghan) 21. Okt. 1904, † Dublin 30. Nov. 1967, ir. Schriftsteller.
Wuchs in bäuerl. Umwelt auf; lebte später als Journalist, Kritiker und Dozent in Dublin. Die Landschaft des ir. Binnenlandes ist häufiges Motiv seiner herben, dem Impressionismus nahestehenden Lyrik; als Hauptwerk gilt sein großes ep. Gedicht „The great hunger" (1942).
Weitere Werke: Tarry Flynn (R., 1949), Nimbus (Ged., 1956), One and once (Ged., 1960).

Kaverin ↑ Kawerin.

Kawabata, Jasunari; tl.: Kawabata, Yasunari [jap. kawabata], * Osaka 11. Juni 1899, jap. Schriftsteller.

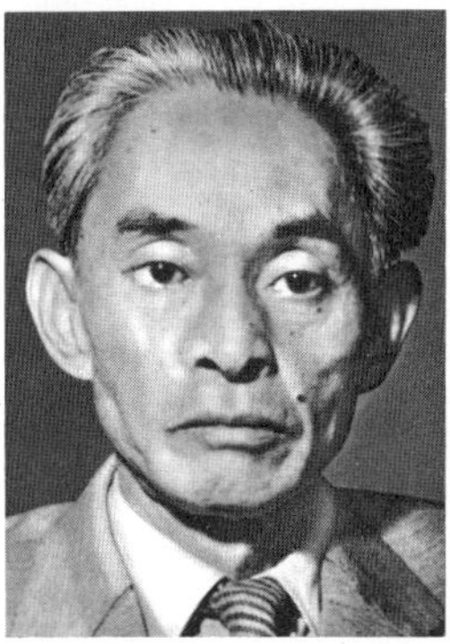
Jasunari Kawabata

Sohn eines Arztes, wurde früh Waise; studierte in Tokio 1917–24 Anglistik und jap. Literatur, Beschäftigung mit dem Buddhismus; freier Schriftsteller, 1948–65 Präsident des jap. PEN-Clubs. Nach neuimpressionist. Anfängen Wendung zum realist., doch auch lyr., typisch jap. Erzählstil; v. a. Meister in der Darstellung jap. Frauen. Sein 1934–37 entstandener, 1947 abgeschlossener Roman „Schneeland" (dt. 1957), ebenso realist. wie taktvoll geschrieben, wird zu den schönsten Liebesromanen der gegenwärtigen Weltliteratur gezählt. K. erhielt 1968 den Nobelpreis.
Weitere Werke: Die kleine Tänzerin von Izu (Nov., 1922; dt. 1948), Tagebuch eines Sechzehnjährigen (1925, dt. 1969), Tausend Kraniche (R., 1951; dt. 1956), Ein Kirschbaum im Winter (R., 1952; dt. 1969), Kyoto oder Die jungen Liebenden in der alten Kaiserstadt (R., 1962; dt. 1965).

Kawafis, Konstandinos; tl.: Kabáfēs, Kōnstantinos [neugr. ka'vafis], * Alexandria 17. April 1863, † ebd. 29. April 1933, neugriech. Lyriker. Verlebte Kindheit und frühe Jugend in London, später in Konstantinopel und kehrte mit 22 Jahren nach Alexandria zurück; in London wurde er mit der westl. Literatur vertraut, die neben der byzantin. Tradition sein eigenes literar. Schaffen entscheidend beeinflußte; als Auslandsgrieche stellte er sich bewußt in Ggs. zu den zeitgenöss. literar. Strömungen, bediente sich älterer, nicht mehr gebräuchl. Formen der griech. Sprache. Thema seiner Dichtung ist das menschl. Leben in seiner abgrundtiefen Verworrenheit und Zerrissenheit. Eine Auswahl seiner Gedichte wurde 1953 ins Dt. übersetzt, ebenso 1967 „Ithaka".

Kawatake, Mokuami [jap. kawatake], eigtl. Schinschitschi Joschimura; tl.: Shinshichi Yoshimura, * Edo (heute Tokio) 3. Febr. 1816, † Tokio 22. Jan. 1893, jap. Dramatiker.
Sohn eines Kaufmanns, wurde Schauspieler; erfolgreicher Dramatiker mit mehr als 360 Stücken, deren Themen vorwiegend der bürgerl. Welt entstammen. Das Schauspiel „Der Weg ins Unbekannte ..." wurde 1937 ins Dt. übersetzt.

Kawerin, Weniamin [Alexandrowitsch]; tl.: Kaverin, Veniamin [Aleksandrovič] [russ. ka'vjerin], eigtl. W. [A.] Silber; tl.: V. [A.] Zil'ber, * Pleskau 19. April 1902, russ.-sowjet. Schriftsteller.
Von Gorki gefördert; gehörte der Gruppe der „Serapionsbrüder" an; später zunehmende Annäherung an den sozialist. Realismus. Im Frühwerk starke Einflüsse von Gogol, E. T. A. Hoffmann und Poe; oft Formexperimente. K. stellt mit Vorliebe spannende Abenteuer dar; anspruchsvoller Jugendbuchautor.
Hauptwerke: Skandalist (= Unruhestifter, R., 1928), Unbekannter Meister (R., 1931; dt. 1961), Zwei Kapitäne (R., 1940ff.; dt. 1946f.), Glückl. Jahre (R., dt. 1954).

Kayenbergh, Albert ↑ Giraud, Albert.

Kaye-Smith, Sheila [engl. 'keɪ'smɪθ], * Saint Leonards-on-Sea (heute zu Hastings) 4. Febr. 1887, † Northiam (Sussex) 14. Jan. 1956, engl. Schriftstellerin.
Trat 1929 zusammen mit ihrem Mann, einem prot. Geistlichen, zum Katholizismus über. Schildert, beeinflußt von Th. Hardy, in ihren bedeutendsten Werken Leben und Heimat der Bauern in Sussex; auch Frauenromane.
Hauptwerke: Stechginster von Sussex (R., 1916; dt. 1937), Johanna Godden (R., 1921; dt. 1938), Das Ende des Hauses Alard (R., 1923; dt. 1936), Das Licht in der Dunkelheit (R., dt. 1947), Die tapfere Frau (R., dt. 1951).

Kaykā'ūs Ibn Iskandar Ibn Qābūs ↑ Kaikaus Ebn Eskandar Ebn Ghabus.

Kayssler, Friedrich, * Neurode (Prov. Niederschlesien) 7. April 1874, † Kleinmachnow bei Berlin 24. April 1945, dt. Schauspieler und Schriftsteller.
Studierte Philosophie, wurde Schauspieler, war vorwiegend an Berliner Bühnen tätig; seine Dramen sind v. a. dem Impressionismus verpflichtet; auch tiefsinnige Lyrik, Essays und geistreiche Aphorismen.
Hauptwerke: Simplicius (Trag., 1905), Schauspielernotizen (1910–14), Zwischen Tal und Berg der Welle (Ged., 1917), Besinnungen... (Aphorismen, 1921).
Literatur: Bab, J.: *F. Kayßler. Bln. 1920.*

Kazakevič ↑ Kasakewitsch.

Kazakov ↑ Kasakow.

Kazan, Elia [engl. kə'zɑ:n], eigtl. E. Kazanjoglous, * Konstantinopel (heute Istanbul) 7. Sept. 1909, amerikan. Regisseur und Schriftsteller. Nach dem Studium in Yale Schauspieler (Group Theatre); dann Regisseur, seit 1944 auch Filmregisseur; drehte v.a. sozialkrit. („Die Faust im Nacken", 1954) und psychoanalyt. („Endstation Sehnsucht", 1951) Filme; zahlreiche Auszeichnungen (Pulitzerpreise und Oscars); sein erster Roman, „America, America" (1962), schildert den Weg eines armen, verfolgten griech. Jungen in der Türkei, der am Anfang des 20. Jh.s in die USA kommt; sein zweites Buch, „Das Arrangement" (R., dt. 1968) wurde ein Bestseller.

Kazantzákēs ↑ Kasandsakis.

Kazin ↑ Kasin.

Kazinczy, Ferenc [ungar. 'kɔzintsi], * Érsemlyén 27. Okt. 1759, † Széphalom 22. Aug. 1831, ungar. Schriftsteller.
Aus adliger Familie, studierte Theologie und Rechtswissenschaft, 1784 Vizenotar im Komitat Abaúj, seit 1786 Schulinspektor. Mithg. der ersten ungar. literar. Zeitschrift „Magyar Muzeum". Im Zusammenhang mit der Jakobinerverschwörung Martinovics' zum Tode verurteilt, begnadigt, $6^1/_2$ Jahre inhaftiert. Von ihm und seinem Kreis ging die bedeutendste ungar. Sprachreform aus (Reinigung und Erneuerung des Sprachschatzes). K. war weniger durch dichter. Werke als durch seine organisator. und krit. Tätigkeit bedeutend. Seine Vorbilder waren die dt. Klassiker sowie Shakespeare und Ossian. Er übersetzte u.a. Werke von Shakespeare, Geßner, Herder, Goethe.

Keats, John [engl. ki:ts], * London 29. oder 31. Okt. 1795, † Rom 23. Febr. 1821, engl. Dichter.
Wurde 15jährig Vollwaise, verließ daraufhin die Schule, Lehre bei einem Wundarzt, fand in einem Londoner Hospital Beschäftigung; widmete sich schon früh intensiven literar. Studien; las v.a. Spenser, Shakespeare und Milton und begann selbst zu dichten. Das erste seiner bed. eigenständigen Werke war das Sonett „On first looking into Chapman's Homer" (1815). Unter dem Einfluß seines Freundes Shelley wandte er sich schließl. ganz der Dichtung zu. Die schonungslose Kritik an seiner unausgeglichenen, genial. Dichtung „Endymion" (1820, dt. 1897), die trotz der poet. Schönheit ihrer intensiven, an Ornamenten überreichen Sprache als Gesamtwerk mißlang, führte zu einer schweren Krise. Als Vertreter der zweiten Generation der engl. Romantik gehört K. zu den hervorragendsten engl. Odendichtern. Besondere Bedeutung erlangte für ihn die antike Mythologie, die den Einfluß Spensers zurückdrängte. Seine leidenschaftl., sensualist. Dichtung zeugt von hoher Wortkunst, wirkt jedoch durch ihre Spontaneität oft gedankl. unreif; der bildhafte, ornamentale Stil und die Bemühung um Euphonie sind kennzeichnend für K.' Ideal poet. Schönheit, die nach seinen Vorstellungen mit höchster Wahrheit ident. ist. Wirkung auf die Präraffaeliten.
Weitere Werke: Isabella (Vers-E., 1818), Hyperion (ep. Fragment, 1819; dt. 1897), The eve of St. Agnes (Romanze, 1819), On a Grecian urn (Ode, 1819), La belle dame sans merci (Ballade, 1820).
Ausgaben: J. K. The poetical works. Hg. v. H. W. Garrod. *Oxford ²1958. – J. K. Gedichte u. Briefe. Dt. Übers. Hg. v.* H. W. Häusermann. *Zürich 1950.*
Literatur: Gittings, R.: *J. K. London 1968.* – Bate, W. J.: *J. K. Cambridge (Mass.); London 1963.* – Colvin, S.: *J. K. His life and poetry, his friends, critics and after fame. London 1917.* – Gothein, M.: *J. K. Leben u. Werke. Halle 1897. 2 Bde.*

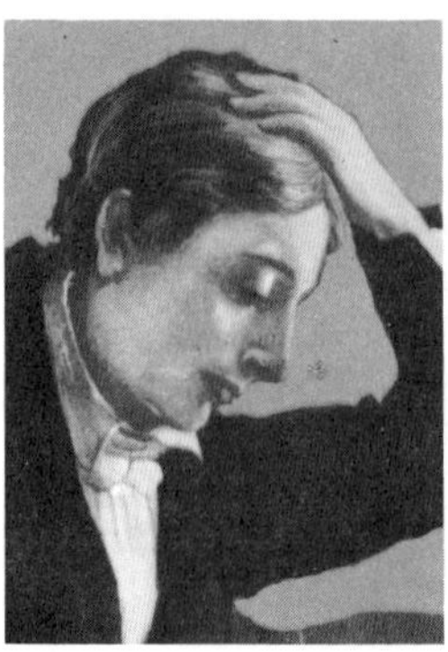

John Keats

Keble, John [engl. ki:bl], * Fairford (Gloucester) 25. April 1792, † Bournemouth 29. März 1866, engl. Dichter.
Studierte in Oxford, wurde 1815 Geistlicher in der Pfarre seines Vaters. Seine Sammlung religiöser Gedichte „The Christian year" (1827) machte ihn berühmt und trug ihm 1831 die Berufung an den Lehrstuhl für Poesie in Oxford ein, den er bis 1841 innehatte; seine Predigt „National apostasy" (1833), die sich gegen den antiklerikalen Liberalismus wandte, ließ ihn zum Initiator der Oxfordbewegung werden; nach Newman war K. Führer dieser Bewegung.
Literatur: Battiscombe, G.: *J. K. A study in limitations. New York 1964.*

Keckeis, Gustav ['kɛkaɪs], Pseudonym Johannes Muron, * Basel 27. März 1884, † ebd. 10. März 1967, schweizer. Verleger und Schriftsteller.
Studium u.a. der Germanistik und Kunstgeschichte, seit 1925 in führenden Positionen im Verlagswesen; schrieb realist. Romane und Erzählungen, gekennzeichnet durch themat. Vielfalt und bildhafte Sprache, Essays, Jugendbücher.
Hauptwerke: Der Vetter (E., 1922), Die span. Insel (R., 1926–28), Das kleine Volk (R., 1939), Die fremde Zeit (R., 1947), Fedor (R., 1957), Der Trabant (1966).

Keim, Franz, * Alt-Lambach (heute Stadl-Paura) 28. Dez. 1840, † Brunn am Gebirge (Niederösterreich) 26. Juni 1918, östr. Dichter.
Sohn eines Gastwirts, bei den Benediktinern erzogen, studierte Philologie und Geschichte, Gymnasiallehrer in Sankt Pölten; seit 1902 lebte er in Wien. Mit seinen Dramen, in denen er v.a. histor. Stoffe behandelte, stand er in der Nachfolge Hebbels und Anzengrubers; außerdem schrieb er ep. und lyr. Gedichte.
Hauptwerke: Sulamith (Trag., 1875), Stefan Fadinger (Epos, 1885), Die Spinnerin am Kreuz (Dr., 1892), Der Schenk von Dürnstein (Dr., 1892), Der Schelm vom Kahlenberg (Lsp., 1894).

Keller, Gottfried, * Zürich 19. Juli 1819, † ebd. 15. Juli 1890, schweizer. Dichter.
Sohn eines früh verstorbenen Drechslermeisters, wurde 1834 von der kantonalen Industrieschule verwiesen, wollte Maler werden, erkannte nach einem Studienaufenthalt in München 1840–42 seine Unzulänglichkeit auf diesem Gebiet und wurde sich seiner dichter. Gaben bewußt. Die erste Sammlung seiner „Gedichte" (1846) brachte

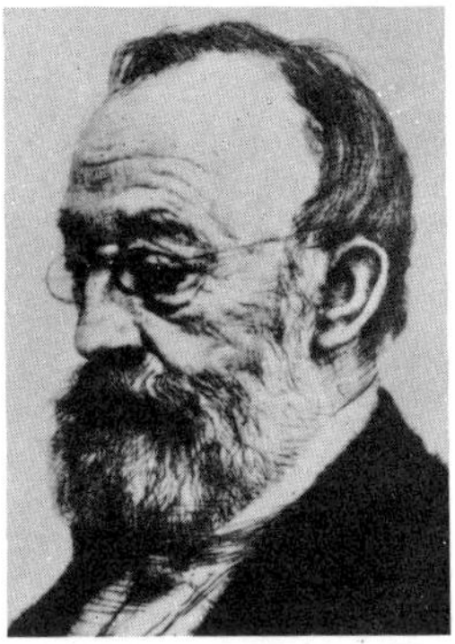

Gottfried Keller (Radierung von K. Stauffer-Bern, 1887)

ihm ein Stipendium des Kantons Zürich ein, mit dessen Hilfe er 1848–50 in Heidelberg studieren konnte. 1850–55 lebte er in Berlin, 1861–76 übte er gewissenhaft das Amt des Ersten Staatsschreibers in Zürich aus, danach lebte er dort ganz seinem dichter. Schaffen. K., im wesentl. Epiker, ist der bedeutendste Vertreter des poet. Realismus. Seine Weltanschauung war stark geprägt durch die Lehre L. Feuerbachs, unter dessen Einfluß er dem Jenseitsglauben entsagte und das Diesseits in seiner einmaligen Schönheit und Fülle freudig bejahte. Sein Werk ist ausgezeichnet durch ernste Gesinnung, kernigen Humor, Phantasie und großartiges Darstellungsvermögen. Während seiner Berliner Zeit entstand nach dem Vorbild des „Wilhelm Meister" der autobiograph. Künstler- und Entwicklungsroman „Der grüne Heinrich" (1. Fassung 1854/55). In einer Neubearbeitung (1879/80) setzte er an die Stelle des trag. einen versöhnl. Schluß. Zur wahren Meisterschaft seiner Erzählkunst gelangte K. jedoch erst in seinen plast. durchgeformten, teils heiter-iron., teils trag. Novellen, die er meist zu lockeren Zyklen zusammenfaßte: „Die Leute von Seldwyla" (1856–74) mit „Pankraz der Schmoller", „Romeo und Julia auf dem Dorfe", „Frau Regel Amrain und ihr Jüngster", „Die drei gerechten Kammacher", „Spiegel das Kätzchen", „Kleider machen Leute" u.a.; die anmutigen, geistvoll-heiteren „Sieben Legenden" (1872); die „Züricher Novellen" (1878) mit „Hadlaub", „Der Landvogt von Greifensee", „Das Fähnlein der sieben Aufrechten" u.a.; die Novellensammlung „Das Sinngedicht" (1882). Sein letztes größeres Werk war der polit. Erziehungsroman „Martin Salander" (1886). Seine Lyrik („Gesammelte Gedichte", 1883) hat vorwiegend weltanschaul.-betrachtenden Charakter, die frühen dramat. Versuche blieben Fragmente.

Ausgaben: G. K. Werke. Neu hg. v. D. Bodmer. *Freib. u. Zürich 1965. 5 Bde. – G. K. Sämtl. Werke u. ausgew. Briefe. Hg. v.* C. Heselhaus. *Mchn. ²1964. 3 Bde. – G. K. Ges. Werke in 10 Bden. Neuaufl. Zürich 1947–48. – G. K. Sämtl. Werke. Histor.-krit. Ausg. Hg. v.* J. Fränkel *u.* C. Helbling. *Bern ¹⁻²1926–48. 22 in 24 Bden. – Ges. Briefe. Hg. v.* C. Helbling. *Bern 1950–54. 4 in 5 Bden.*

Literatur: Szemkus, K.: *Gesellschaftl. Wandel u. sprachl. Form. Literatursoziolog. Studien zur Dichtung G. K.s. Stuttg. 1969.* – Wildbolz, H.: *Mensch u. Stand im Werke G. K.s. Bern 1969.* – Breitenbruch, B.: *G. K. in Selbstzeugnissen u. Bilddokumenten. Reinbek bei Hamb. 1968.* – Lindsay, J. M.: *G. K. Life and works. London 1968.* – Wiesmann, L.: *G. K. Das Werk als Spiegel der Persönlichkeit. Frauenfeld u. Stuttg. 1967.* – Preisendanz, W.: *Die K.-Forschung der Jahre 1939–1957. In: German.-Roman. Mschr. 39. N. F. 8 (1958), 144.* – Ermatinger, E.: *G. K.s Leben. Zürich ⁸1950.* – Lukács, G.: *G. K. Bln. ²1947.* – Zippermann, Ch. C.: *G. K.-Bibliogr. 1844–1934. Zürich 1935. – Jahresber. der G. K.-Gesellschaft. 1 ff., Zürich 1932 ff.*

Keller, Hans Peter, * Rosellerheide bei Neuß am Rhein 11. März 1915, dt. Lyriker.
Studierte in Löwen, Köln und Innsbruck Philosophie, arbeitete als Verlagslektor. Seine knappen Gedichte sind in melanchol. Ton gehalten und führen häufig in die Bereiche des Mythischen und Magischen; auch Essays.
Hauptwerke: Die schmale Furt (Ged., 1938), Zelt am Strom (Ged., 1943), Der Schierlingsbecher (Ged., 1947), Die Opfergrube (Ged., 1953), Die wankende Stunde (Ged., 1958), Die nackten Fenster (Ged., 1960), Auch Gold rostet (Ged., 1962), Grundwasser (Ged., 1965), Panoptikum aus dem Augenwinkel. Bruchstücke (1967).

Keller, Helen [Adams] [engl. 'kɛlə], * Tuscambia (Ala.) 27. Juni 1880, † Westport (Conn.) 1. Juni 1968, amerikan. Schriftstellerin.
Seit ihrem 2. Lebensjahr blind und taubstumm; Schulausbildung und erfolgreicher Besuch des Radcliff College mit Hilfe ihrer Lehrerin Anne Sullivan Macy; viele Ehrendoktorate. Verfaßte autobiograph. Bücher, die ihr schweres und kraftvoll gemeistertes Leben nachfühlen lassen, Schriften über Blindenerziehung und Existenzprobleme der Blinden.
Hauptwerke: Geschichte meines Lebens (Autobiogr., dt. 1904), Optimismus (Autobiogr., dt. 1906), Meine Welt (Autobiogr., dt. 1908), Dunkelheit (Autobiogr., dt. 1909).
Literatur: Harrity, R./Martin, R. G.: *Three lives of H. K. New York 1962.* – Cleve, E.: *H. K. Bln. 11.–20. Tsd. 1951.*

Keller, Paul, * Arnsdorf bei Schweidnitz 6. Juli 1873, † Breslau 20. Aug. 1932, dt. Schriftsteller.
Sohn eines Maurers, Volksschullehrer, seit 1908 freier Schriftsteller; seit 1912 Hg. der von ihm gegr. Monatsschrift „Die Bergstadt". In seinen volkstüml.-gemütvollen Romanen und Erzählungen schildert er meist die Menschen seiner schles. Heimat.
Hauptwerke: Waldwinter (R., 1902), Die Heimat (R., 1903), Der Sohn der Hagar (R., 1907), Stille Straßen (Novellen, 1912), Ferien vom Ich (R., 1915), Hubertus (R., 1918).
Literatur: Wentzig, H.: *P. K. Leben u. Werk. Mchn. 1954.*

Keller, Paul Anton, * Radkersburg 11. Jan. 1907, östr. Schriftsteller.
Schauspielersohn, lebt als freier Schriftsteller bei Graz; heimatverbundener Lyriker und Erzähler mit Neigung zur Darstellung von übersinnl. Vorgängen; Landschaftsbücher, Essays.
Hauptwerke: Gesang vor den Toren der Welt (Ged., 1931), Die Garbe fällt (En., 1941), Jahre, die gleich Wolken wandern (Erinnerungen, 1948), Der Mann im Moor (En., 1953), Du holde Frühe (Ged., 1954), Salvatore und sein Hund (R., 1966).

Kellermann, Bernhard, * Fürth 4. März 1879, † Klein-Glienicke (heute Potsdam-Klein Glienicke) 17. Okt. 1951, dt. Schriftsteller.
Sohn eines Beamten, studierte in München, Hinwendung zur Malerei; 1904/05 Aufenthalt in Rom; unternahm größere Reisen, u.a. in die UdSSR und die USA; 1949 Volkskammerabgeordneter; begann unter dem Einfluß von Hamsun, Jacobsen und Jensen mit impressionist.-neuromant. Romanen; den größten Erfolg errang er mit dem sensationellen techn.-utop. Roman „Der Tunnel" (1913), dem Romane gleicher Art folgten; daneben zeitkrit. Themen; auch Reiseberichte, Dramen, Essays.
Weitere Werke: Yester und Li (R., 1904), Ingeborg (R., 1906), Die Brüder Schellenberg (R., 1925), Totentanz (R., 1948).
Ausgabe: B. K. Ausgew. Werke in Einzelausgg. Im Auftrag der Dt. Akademie der Künste in Bln. hg. v. E. Kellermann *u.* U. Dietzel. *Bln. 1958ff. Auf mehrere Bde. berechnet.*
Literatur: Ilberg, W.: *B. K. in seinen Werken. Bln. 1959. – B. K. zum Gedenken. Aufs., Briefe, Reden 1945–51. Bln. 1952.*

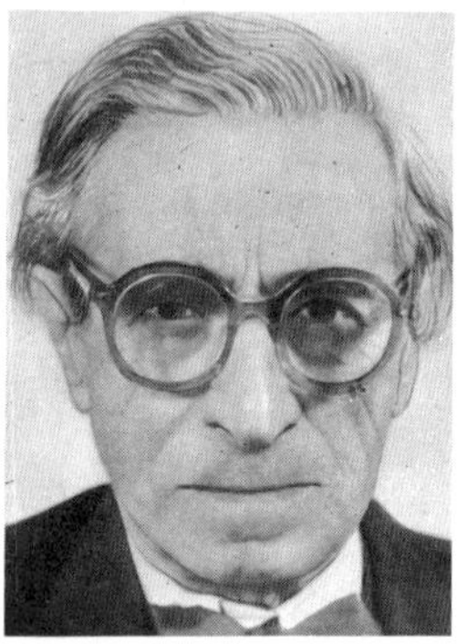
Bernhard Kellermann

Kellgren, Johan Henrik [schwed. 'tçɛlgre:n], * Floby (Västergötland) 1. Dez. 1751, † Stockholm 20. April 1795, schwed. Dichter.
Pastorensohn, schloß 1772 sein philosoph. Studium in Åbo ab, 1774 dort Dozent, kam 1777 als Hauslehrer nach Stockholm; Mitarbeiter, später Hg. und Verleger der Zeitung „Stockholmsposten"; 1780 königl. Bibliothekar, eines der ersten Mitglieder der schwed. Akademie. Ganz der Aufklärung verhaftet; Vernunft und Sensualismus waren für ihn bestimmend. Stark von den frz. Enzyklopädisten und Voltaire beeinflußt, zeigt er sich antireligiös und antiklerikal. In langem Streit mit Thorild kämpfte er gegen literar. Neuerungen und erwies sich als glänzender Parodist. In Gedichten stellte er sich gegen die Vorurteile der Zeit. Bed. auch als Journalist, der Partei für die Frz. Revolution ergriff. Immer geschliffen in der Form, geistreich, Intellekt und Temperament zu ihrem Recht kommen lassend, ist K. eine führende Gestalt der Aufklärung, der in seinen Spätwerken jedoch bereits zur Romantik neigt.
Hauptwerke: Mina löjen (Ged., 1777), Våra villor (Ged., 1780), Man äger ej snille för det man är galen (Ged., 1787), Till Kristina (Ged., 1789), Dumboms lefverne (Ged., 1790), Filosofen på landsvägen (Essay, 1792), Ljusets fiender (Ged., 1792).
Kemal, Yahya ↑ Beyatlı, Yahya Kemal.
Kemal, Yaşar ↑ Yaşar Kemal.
Kemal Bey ↑ Namık Kemal, Mehmet.
Kemal Tahir [türk. kɛ'mal tɑ:'hir], * Konstantinopel (heute Istanbul) 1910, türk. Schriftsteller. Journalist. Tätigkeit, lebt als freier Schriftsteller in Istanbul. Schildert in straff komponierten Romanen das Volksleben Anatoliens.
Hauptwerke: Körduman (R., 1957), Köyün Kamburu (R., 1959).
Kemenaten, Albrecht von ↑ Albrecht von Kemenaten.
Kemény, Zsigmond Baron [ungar. 'kɛme:nj], * Vințu de Jos 12. Juni 1814, † Pusztakamarás 22. Dez. 1875, ungar. Schriftsteller.
Aus vornehmer Siebenbürger Adelsfamilie, studierte Jura, später Naturwissenschaften und Medizin; seit 1846 in Pest, nahm regen Anteil am polit. Leben; Redakteur des „Pesti Hírlap", 1855–69 des „Pesti Napló". K. war eine führende Persönlichkeit im polit. und literar. Leben, Mitglied der Akademie der Wissenschaften, Abgeordneter; publizist. setzte er sich für den Ausgleich mit Österreich ein. K. schrieb u.a. von Balzac beeinflußte, zeitbezogene histor. Romane und aktuelle Gesellschafts- und Sittenromane, deren Sprache der romant. Tradition verpflichtet ist; meisterhafte Charakterdarstellung, ausgezeichnete Seelenanalyse und Wiedergabe der Zeitatmosphäre. Auch Verfasser von Porträts ungar. Persönlichkeiten; Essays. In dt. Übersetzung erschien 1867 der Roman „Rauhe Zeiten".
Kemp, Petrus Johannes [niederl. kɛmp], * Maastricht 1. Dez. 1886, † ebd. 21. Juli 1967, niederl. Lyriker.
Fayencemaler, später Verwaltungsbeamter; schrieb stimmungsvolle, impressionist. Lyrik mit einer starken psycholog. Komponente. Im kleinen Gedicht fand er die ihm gemäße Form. Phantasievolle Poesie, deren Farbensymbolik und assoziative Form auffällt.
Hauptwerke: Stabielen en passanten (1934), Phototropen en noctophilen (Ged., 1947), Forensen voor Cythère (Ged., 1949), Ameritaat (Ged., 1959).
Kempen, Thomas von ↑ Thomas a Kempis.
Kempner, Alfred ↑ Kerr, Alfred.
Kempner, Friederike, * Opatow (Posen) 25. Juni 1836, † Friederikenhof bei Reichthal 23. Febr. 1904, dt. Dichterin.
Tochter eines Pächters; erwarb sich auf dem Gebiet der Sozialfürsorge große Verdienste. Ihre in ernster Absicht verfaßten „Gedichte" (1873) erlebten wegen ihrer ungewollten Komik viele Auflagen; auch Novellen und Dramen.
Weitere Werke: Berenice (Dr., 1860), Novellen (1861), Jahel (Dr., 1886).
Ausgabe: Die sämtl. Gedichte der F. K. Mit einem Nachwort v. P. H. Neumann. *Bremen 1964.*
Kendall, Thomas Henry Clarence [engl. kɛndl], * Kirmington bei Ulladulla (Neusüdwales) 18. April 1839, † Redfern bei Sydney 1. Aug. 1882, austral. Dichter.
Führte ein unstetes Leben, war in mehreren Berufen tätig; verfiel dem Alkohol. Erster austral. Dichter von Rang, dessen Dichtung heimat- und naturverbunden ist. Elegischen Gedichten mit

dem Motiv der Vanitas und seiner Naturlyrik verdankt K. seinen Nachruhm.
Hauptwerke: Leaves from an Australian forest (Ged., 1869), Songs from the mountains (Ged., 1880).
Kennedy, John Pendleton [engl. 'kɛnɪdɪ], * Baltimore 25. Okt. 1795, † Newport 18. Aug. 1870, amerikan. Schriftsteller.
Gab seine Rechtsanwaltspraxis auf und schlug die polit. Laufbahn ein; 1852 Marineminister; seit 1853 vorwiegend literar. tätig; mit Thackeray befreundet, dem er Informationen für „Die Virginier" lieferte. Vermittelte in „Swallow Barn" (1832) ein skizzenhaftes Bild des Landlebens im aristokrat. Süden Amerikas und korrigierte in dem Roman „Hufeisen-Robinson" (1835, dt. 1853) das von Cooper geprägte einseitige Bild des amerikan. Grenzers.
Kennedy, Margaret [engl. 'kɛnɪdɪ], * London 23. April 1896, † Banbury 31. Juli 1967, engl. Schriftstellerin.
Schrieb erfolgreiche populäre Romane, die oft Probleme künstler. Existenz in bürgerl. Umwelt zum Thema haben; ihr erfolgreichster Roman, „Die treue Nymphe" (dt. 1925), wurde für die Bühne bearbeitet und verfilmt. Dt. erschien ferner u.a. der Roman „Zwei Seelen" (dt. 1955).
Kerkhove, Valeer Victor van [niederl. 'kɛrkho:və], * Sleidinge 30. April 1919, fläm. Schriftsteller.
Studienrat; der Roman „De weerlozen" (1951) hatte sofort großen Erfolg wie seine folgenden modernen psycholog. Problemromane. Mauriac und G. Greene gelten als seine Vorbilder.
Weitere Werke: Dies irae (R., 1953), De bungalow (R., 1956).
Kerkidas von Megalopolis, griech. Lyriker des 3. Jh.s v. Chr.
Kyn. Philosoph, wohl mit dem gleichnamigen Staatsmann und Feldherrn bei Polybios ident.; in seinen „Meliamben" eifert er als kyn. Moralprediger gegen den übertriebenen Luxus seiner Mitmenschen; die kräftige Sprache, z.T. mit dor. Elementen durchsetzt, verbindet in eigenartiger Weise die verschiedensten Metren.
Kern, Alfred, * Hattingen (Ruhr) 22. Juli 1919, frz. Schriftsteller.
Wuchs im Elsaß auf; geisteswissenschaftl. Studium in Heidelberg, Straßburg, Leipzig; lehrt in Paris; trat mit psycholog., sehr poet. und symbol. vertieften Romanen hervor.

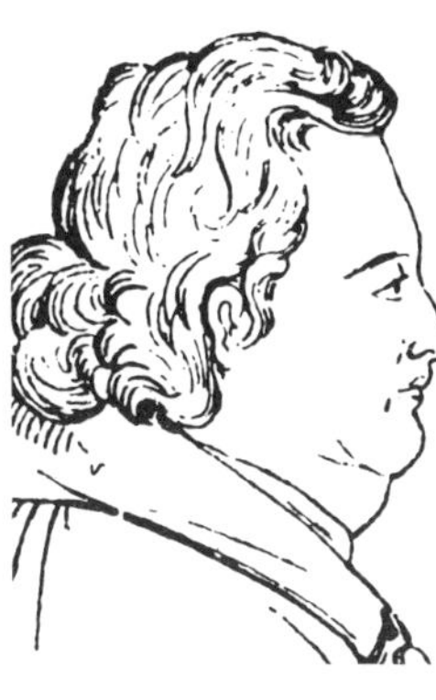

Justinus [Andreas Christian] Kerner (Zeichnung von M. Kerner)

Hauptwerke: Der Clown (R., 1957; dt. 1962), Ird. Liebe (R., dt. 1960), Das zerbrechl. Glück (R., dt. 1964), Le viol (R., 1964).
Kerner, Justinus [Andreas Christian], * Ludwigsburg 18. Sept. 1786, † Weinsberg (Landkreis Heilbronn) 21. Febr. 1862, dt. Dichter.
Tuchmacherlehrling, studierte Naturwissenschaften und Medizin in Tübingen, wo er mit Uhland, G. Schwab u.a. befreundet war; 1808 Dr. med.; Reisen; Arzt in Wien, dann in Dürrmenz, Wildbad, Welzheim, Oberamtsarzt in Gaildorf und schließl. in Weinsberg, wo er Friederike Hauffe, die „Seherin von Prevorst", pflegte. Bed. Persönlichkeiten verkehrten im „Kernerhaus". K. gehört zu den bedeutendsten Lyrikern der spätromant. schwäb. Dichterschule. Seine dem Volkslied verpflichtete Lyrik ist durch schlichte Sprache, z.T. frischen Humor, oft jedoch tiefe Wehmut sowie Neigung zum Myst. und Okkulten gekennzeichnet; bed. ist v.a. der satir. Roman „Reiseschatten" (1811); daneben auch Schriften über medizin. und okkultist. Themen.
Weitere Werke: Gedichte (1826), Die Seherin von Prevorst (R., 1829), Der Bärenhäuter im Salzbade (Schattenspiel, 1837), Die lyr. Gedichte (1847), Das Bilderbuch aus meiner Knabenzeit (Autobiogr., 1849), Der letzte Blütenstrauß (Ged., 1852), Winterblüten (Ged., 1859), Klecksographien (1890).
Ausgaben: J. K. Sämtl. poet. Werke in 4 Bden. Hg. v. J. Gaismaier. *Lpz. 1905. – J. K. Sämtl. Werke in 8 Büchern. Hg. v.* W. Heichen. *Bln. 1903.*
Literatur: Lahnstein, P.: *J. K. In:* Lahnstein: *Bürger u. Poet. Dichter aus Schwaben als Menschen ihrer Zeit. Stuttg. 1966.* – Rüttiker, H.: *J. K. Ein Beitrag zur Gesch. der Spätromantik. Diss. Zürich 1952.* – Straumann, H.: *J. K. u. der Okkultismus in der dt. Romantik. Horgen 1928.*
Kerner, Theobald, * Gaildorf (Landkreis Backnang) 14. Juni 1817, † Weinsberg (Landkreis Heilbronn) 11. Aug. 1907, dt. Dichter.
Sohn von Justinus K., studierte Medizin, mußte 1848 fliehen, verbüßte auf dem Hohenasperg eine Festungsstrafe. Bemüht, die medizin. und naturwissenschaftl. Versuche seines Vaters weiterzuführen, gründete er 1852 in Stuttgart eine galvanomagnet. Heilanstalt. Seit 1863 lebte er im väterl. Hause als Arzt. Mit seinen Gedichten steht er in der Nachfolge seines Vaters, daneben Lustspiele, Novellen, Kinderbücher.
Hauptwerke: Gedichte (1845), Prinzessin Klatschrose (Kinderb., 1851), Dichtungen (1879), Der neue Ahasver (Lsp., 1885), Pastor Staber (Lsp., 1888), Altes und Neues (Dichtung, 1902).
Kernstock, Ottokar, * Marburg (Slowenien) 25. Juli 1848, † Festenburg (Steiermark) 5. Nov. 1928, östr. Dichter.
Studierte Germanistik, später Theologie; 1871 Priesterweihe, Chorherr, Bibliothekar und Archivar des Stiftes Vorau, dann Pfarrvikar in Festenburg. K. verfaßte neben theolog. und archäolog. Schriften lyr. Gedichte, die z.T. vertont wurden, patriot. Lieder und Balladen; Verfasser der östr. Nationalhymne der Jahre 1934–38.
Hauptwerke: Die wehrhafte Nachtigall (Ged., 1900), Aus dem Zwingergärtlein (Ged., 1901), Turmschwalben (Ged., 1908), Schwertlilien aus dem Zwingergärtlein (Ged., 1915), Christkindleins Trost (Spiel, 1928).

Kerouac, Jack [engl. 'kɛrʊæk], * Lowell (Mass.) 13. März 1922, † Saint Petersburg (Fla.) 21. Okt. 1969, amerikan. Schriftsteller.
Unternahm zahlreiche Tramptouren durch die USA und Mexiko, bestritt seinen Lebensunterhalt durch Gelegenheitsarbeiten; gemeinsam mit A. Ginsberg Hauptvertreter der Beat generation; gibt in seinem Werk, das z.T. Erfahrungen seines Lebens als Tramp enthält, der Suche nach neuen Lebenswerten mit allen Mitteln unbürgerl. Lebensgestaltung in dynam., oft dem Slang nahestehender Sprache Ausdruck.
Hauptwerke: Unterwegs (R., dt. 1959), Mexiko City blues (Ged., 1959), Gammler, Zen und hohe Berge (R., dt. 1963), Engel, Kif und neue Länder (R., dt. 1967), Satori in Paris (R., dt. 1968).

Kerr, Alfred, ursprüngl. A. Kempner, * Breslau 25. Dez. 1867, † Hamburg 12. Okt. 1948, dt. Theaterkritiker und Schriftsteller.
Studierte Philosophie und Germanistik; Weltreisen; war in Berlin 1900–19 Kritiker am „Tag", seit 1920 am „Berliner Tageblatt"; 1933 Emigration über die Schweiz und Paris nach London. Nach K.s Ansicht ist die Kritik eine eigene künstler. Gestaltungsform. Seine Theaterkritiken zeichnen sich durch virtuose Formulierungskunst, zergliedernde Technik, treffsichere Charakterisierungen und Einordnung in geistesgeschichtl. Zusammenhang aus, oft stark subjektive und überpointierte Züge. K. beherrschte weitgehend die Literaturentwicklung und das Theaterleben im Berlin der Jahrhundertwende. Er setzte sich frühzeitig für das naturalist. Drama ein, v.a. für Ibsen und G. Hauptmann. Seine Lyrik erinnert in der Form an H. Heine und befaßt sich hpts. mit Zeitereignissen; ferner eigenwillige Reiseschilderungen.
Hauptwerke: Schauspielkunst (1904), Das neue Drama (1905), Die Welt im Drama (ges. Kritiken, 1917), Die Harfe (Ged., 1917), Die Welt im Licht (Kritiken, 1920), O Spanien! (Reisebericht, 1924), Yankee-Land (Reisebericht, 1925), Caprichos (Ged., 1926), Melodien (Ged., 1938).
Literatur: Huder, W.: *A. K. Ein dt. Kritiker im Exil. In: Sinn u. Form 18 (1966), 1262.* – Rychner, M.: *A. K. In: Merkur 4 (1949), 330.* – Chapiro, J.: *Für A. K. Ein Buch der Freundschaft. Bln. 1928.* – ↑ auch Polgar, Alfred.

Kersnik, Janko [slowen. kərs'ni:k], * Brdo 4. Sept. 1852, † Laibach 28. Juli 1897, slowen. Erzähler.
Stand unter dem Einfluß von Jurčič; sein Versuch, sich von romant. Vorbildern zu lösen und dem Stil des Realismus nahezukommen, gelang nicht mit letzter Konsequenz; seine Romane enthalten (bes. in den späteren Jahren) aufschlußreiche Gesellschaftsanalysen.
Hauptwerke: Ciklamen (R., 1883), Agitator (R., 1885).

Kessel, Joseph [frz. kɛ'sɛl], * Clara (Argentinien) 10. Febr. 1898, frz. Schriftsteller.
Arztsohn russ. Abkunft; studierte Medizin und Philosophie in Paris; nahm als Flieger am 1. Weltkrieg teil; Journalist verschiedener Pariser Blätter, auch Reporter in Rußland; 1939–45 wieder Kriegsteilnehmer; 1962 Mitglied der Académie française; schrieb Flieger-, Abenteuer- und Reisebücher, z.T. reportageartig; daneben moderne Gesellschafts- und Familienromane.
Hauptwerke: L'équipage (R., 1923), La Belle de Jour – Die Schöne des Tages (R., 1929; dt. 1968), Die Gefangenen (R., dt. 1930), Brunnen der Medici (R., dt. 1951, 1961 u.d.T. Brunnen der Parzen), Patricia und der Löwe (R., dt. 1959), Tous n'étaient pas des anges (Prosa, 1963).

Kessel, Martin, * Plauen 14. April 1901, dt. Schriftsteller.
Studierte Germanistik, Philosophie, Musik- und Kunstwissenschaft (Dr. phil.), seit 1923 freier Schriftsteller in Berlin, das er gern zum Schauplatz seiner Dichtungen macht. Zeitkrit. Moralist, Essayist, Erzähler und Lyriker mit Vorliebe für kleinere Formen (wie Aphorismen), die er in meisterhafter, geistvoller und geschliffener Sprache gestaltet; Neigung zu Ironie, Satire und bisweilen Sarkasmus verbindet sich mit tiefem Humor.
Hauptwerke: Gebändigte Kurven (Ged., 1925), Betriebsamkeit (4 Novellen, 1927, 3 davon 1929 u.d.T. Eine Frau ohne Reiz), Herrn Brechers Fiasko (R., 1932), Romant. Liebhabereien (Essays, 1938), Die Schwester des Don Quijote (R., 1938), Aphorismen (1948), Gegengabe (Aphorismen, 1960), Kopf und Herz. Sprüche im Widerstreit (1963), Lydia Faude (R., 1965).

Kesser, Hermann, eigtl. H. Kaeser-Kesser, * München 4. Aug. 1880, † Basel 4. April 1952, dt. Schriftsteller.
1933 Emigration in die Schweiz, 1938 in die USA, 1945 Rückkehr nach Basel. Vom Expressionismus ausgehender Erzähler, Dramatiker und Essayist; kämpfte für soziale und pazifist. Ideen.
Hauptwerke: Die Stunde des Martin Jochner (R., 1917), Summa Summarum (Tragikom., 1920), Vom Chaos zur Gestaltung (Essays, 1925).

Kesten, Hermann, * Nürnberg 28. Jan. 1900, dt. Schriftsteller.
Studierte Jura, Volkswirtschaft, Geschichte, Philosophie und Germanistik (Dr. phil.); seit 1933 im Exil in Amsterdam und New York; nach dem Krieg Rückkehr nach Europa, freier Schriftsteller. Illusionsloser, bitter-iron. Publizist, der mit scharfem Verstand und guter Beobachtungsgabe heftige Polemiken gegen Unaufrichtigkeit, Gleichgültigkeit und Gewalt schreibt. Seine Romane und Novellen enthalten Gesellschaftskritik und satir. Zeitdiagnose und sind Bekenntnisse zu Humanität und Freiheit („Die Kinder von Gernika", R., 1939). Auch Verfasser von Biographien, Essayist, Übersetzer, Kritiker und Hg. (u.a. der Werke H. Manns).
Weitere Werke: Josef sucht die Freiheit (R., 1927), Glückl. Menschen (R., 1931), Der Scharlatan (R., 1932), Der Gerechte (R., 1934), Ferdinand und Isabella (R., 1936, 1953 u.d.T. Sieg der Dämonen), König Philipp der Zweite (R., 1938, 1950 u.d.T. Ich der König), Die fremden Götter (R., 1949), Um die Krone. Der Mohr von Kastilien (R., 1952), Meine Freunde, die Poeten (Essays, 1953), Ein Sohn des Glücks (R., 1955), Die Abenteuer eines Moralisten (R., 1961), Lauter Literaten (Essays, 1963), Die Zeit der Narren (R., 1966).
Ausgabe: H. K. Ges. Werke in Einzelausgg. Mchn. 1966ff. Auf mehrere Bde. berechnet.
Literatur: H. K. Ein Buch der Freunde. Zum 60. Geburtstag am 28. Jan. 1960. Mchn.; Köln 1960.

Kestner, René ↑ Rehfisch, Hans José.

Kette, Dragotin [slowen. 'ke:ttɛ], Pseudonym Siluška, * Prem 19. Jan. 1876, † Laibach 26. April 1899, slowen. Dichter.

Frühvollendeter Vertreter der slowen. Moderne, der nach anfängl. Versuchen im Volksliedton in formstrengen Sonetten seinen dichter. Höhepunkt erreichte; Entwicklung von freier, heiterer Dichtung zu pantheist. Gedankenlyrik; 1933 erschien u. d. T. „Blätter aus der slowen. Lyrik" eine dt. Auswahl.

Keun, Irmgard, * Berlin 6. Febr. 1910, dt. Schriftstellerin.
Stenotypistin, dann Schauspielerin; 1935 Emigration, seit 1940 wieder in Deutschland (bis 1945 illegal); schreibt seit den 30er Jahren sehr erfolgreiche Unterhaltungsromane, z.T. mit scharfer satir. und gesellschaftskrit. Tendenz.
Hauptwerke: Gilgi – eine von uns (R., 1931), Das kunstseidene Mädchen (R., 1932), Das Mädchen, mit dem die Kinder nicht verkehren durften (R., 1936), Nach Mitternacht (R., 1937), D-Zug dritter Klasse (R., 1938), Bilder und Gedichte aus der Emigration (1947), Wenn wir alle gut wären (En., 1957), Blühende Neurosen (1962).

Key, Francis Scott [engl. ki:], * Frederick County (Md.) 1. Aug. 1779, † Baltimore 11. Jan. 1843, amerikan. Lyriker.
Erfolgreicher Jurist, Distriktsanwalt in Washington. Dichter des 1931 zur Nationalhymne der USA erklärten Gedichts „The star spangled banner" (1814), das er während des engl. Angriffs auf Baltimore schrieb.

Keyes, Sidney Arthur Kilworth [engl. ki:z, kaɪz], * Dartford (Kent) 27. Mai 1922, ⚔ Tunis 29. April 1943, engl. Dichter.
Offizierssohn, studierte in Oxford; formbewußter, an Romantik und Neuromantik (u.a. an Wordsworth und Yeats) geschulter Lyriker der Kriegsgeneration; lehnte den Realismus der 30er Jahre ab; ein häufiges Motiv seiner Dichtung ist der Tod, dessen dichter. Bewältigung bei K. von Rilke beeinflußt ist; schrieb auch Kleindramen und Kurzgeschichten.
Hauptwerke: The iron laurel (Ged., 1942), The cruel solstice (Ged., 1944), Beauty and beast (Ged., 1944).

Keyserling, Eduard Graf von, * Schloß Paddern (Kurland) 14. oder 15. Mai 1855, † München 28. Sept. 1918, dt. Schriftsteller.
Studierte Jura, Philosophie und Kunstgeschichte, lebte vorübergehend auf seinem Gut, dann lange in Italien, seit 1899 in München; freier Schriftsteller, befreundet mit Wedekind und L. Andreas-Salomé. Geschult an Fontane, Turgenjew, J. P. Jacobsen; seit 1907 erblindet, starb in Einsamkeit. Meister der impressionist. Prosa, stilsicherer Schilderer der kurländ. Landschaft und des balt. Adels. Der Mangel an stoffl. Abwechslung – Hauptmotive: Vereinsamung, Langeweile, Resignation – wird durch die fesselnde Darstellung, den prägnanten Dialog und atmosphär. Dichte nicht fühlbar. Mit wenigen Strichen sind Menschen und Landschaft anschaul. gezeichnet. Nach naturalist. Anfängen fand er mit „Beate und Mareile" (E., 1903) zu seiner eigtl. Darstellungsform. Eins seiner besten Werke ist der Roman „Dumala" (1908).
Weitere Werke: Schwüle Tage (Novellen, 1906), Wellen (R., 1911), Abendl. Häuser (R., 1914), Am Südhang (E., 1916), Fürstinnen (E., 1917), Im stillen Winkel (En., 1918), Feiertagskinder (R., 1919).
Ausgabe: E. Gf. K. Ges. Erzählungen. Hg. v. E. Heilborn. *Bln. 1922. 4 Bde.*
Literatur: Baumann, H.: *E. v. K.s Erzählungen. Eine Interpretation des Romans „Abendl. Häuser". Zürich 1967.* – Sauter, I.: *Menschenbild u. Natursicht in den Erzählungen E. v. K.s. Diss. Freib. 1960 [Masch.].* – Knoop, K.: *Die Erzählungen E. v. K.s. Marburg 1929.*

Kianto, Ilmari [finn. ˈkiɑntɔ], eigtl. Calamnius, * Suomussalmi 7. Mai 1874, finn. Schriftsteller.
Sohn eines Pfarrers; Vertreter eines radikalen Sozialismus; seine Romane spielen v.a. in den proletar. Bevölkerungsschichten Kareliens. Dt. erschien 1920 der Roman „Der rote Strich".

Kiaulehn, Walther, Pseudonym Lehnau, * Berlin 4. Juli 1900, † München 7. Dez. 1968, dt. Schriftsteller.
Elektromeister, Journalist, Kunstmaler, freier Schriftsteller, Schauspieler, Theaterkritiker. Teilnahme an beiden Weltkriegen, 1935 in polit. Haft. Verfasser populärer, anschaulich geschriebener, z.T. kulturhistor. Unterhaltungsliteratur. Sehr erfolgreich waren „Lesebuch für Lächler" (Essays, 1938) und „Berlin, Schicksal einer Weltstadt" (Darst., 1958).
Weitere Werke: Lehnaus Trostfibel und Gelächterbuch (1932), Die eisernen Engel (Darst., 1935), Rüdesheimer Fragmente (1960), Mein Freund der Verleger. Ernst Rowohlt und seine Zeit (1967).

Kidde, Harald [dän. ˈkiðə], * Vejle 14. Aug. 1878, † Kopenhagen 23. Nov. 1918, dän. Dichter.
Brach das theolog. Studium aus Gewissensgründen ab, lebte als freier Schriftsteller, seit 1912 zeitweise in Schweden. Stand im Ggs. zum Kulturoptimismus und Fortschrittsglauben seiner Zeit, schrieb eher skept. Romane, voller Schwermut und Gedankentiefe, weltanschaul. von Kierkegaard, stilist. von J. P. Jacobsen, J. Jørgensen und der dän. Romantik beeinflußt.
Weitere Werke: Åge og Else (R., 1902/03), Der Held (R., dt. 1927).
Literatur: Kuke, I.: *H. K. Diss. Jena 1940.*

Kiehtreiber, Albert Conrad † Gütersloh, Albert Paris.

Kielland, Alexander L[ange] [norweg. ˈçɛlan], * Stavanger 18. Febr. 1849, † Bergen 6. April 1906, norweg. Schriftsteller.
Nach dem jurist. Examen (1871) übernahm K. eine Ziegelei; 1891 Bürgermeister der Stadt Stavanger und später Bezirksamtmann in Møre. K. gelang es in seinen Werken, eine radikale Tendenz, die sich gegen soziale Mißverhältnisse und Heuchelei innerhalb von Kirche und Gesellschaft richtet, mit einer künstler. Form zu vereinen. Geistreiche Ironie und elegante Sprache waren seine Waffen.
Hauptwerke: Garman & Worse (R., dt. 1881), Käptn Worse (R., dt. 1882, auch u.d.T. Schiffer Worse), Else (E., dt. 1882), Gift (R., dt. 1886), Johannisfest (R., dt. 1886), Jakob (R., dt. 1899).
Ausgabe: A. L. K. Ges. Werke. Dt. Übers. Lpz. 1905–08. 6 Bde.
Literatur: Bachrendatz, N. E.: *A. K.s litterära genombrott. Diss. Stockholm 1952.* – Bull, F.: *Omkring A. L. K. Oslo 1949.* – Krag-Kielland, B.: *Min far A. L. K. Oslo ²1949.*

Kikutschi, Kan; tl.: Kikuchi, Kan [jap. kikutʃi], * Takamatsu (Kagawa) 26. Dez. 1888, † Tokio 3. Juni 1948, jap. Schriftsteller.

Anglistikstudium, journalist. Tätigkeit, Hg. der bed. Literaturzeitschrift „Bungei Schundschu“; Dramatiker und Erzähler; beeinflußt von Shaw und Galsworthy, fand er bald zu eigener realist. Gestaltung mit moralisierender Tendenz.
Hauptwerke: Vater kehrt zurück (Dr., 1917; dt. 1935), Jenseits von Liebe und Haß (E., 1919; dt. 1961).

Kilchner, Ernst ↑ Bernoulli, Karl Albrecht.

Kilpi, Volter Adalbert [finn. 'kilpi], früher Ericsson, * Kustavi 12. Dez. 1874, † Turku 13. Juni 1939, finn. Schriftsteller.
Philologiestudium, Bibliotheksdirektor. Anfangs von Nietzsche, der dt. Romantik und den engl. Präraffaeliten, in späteren Werken von der zeitgenöss. europ. Prosaliteratur (Proust, Joyce) beeinflußt, schildert K. das Leben seiner westfinn. Inselheimat in Geschichte und Gegenwart. K. bediente sich einer experimentellen Sprache.
Hauptwerke: Bathseba (E., 1900), Parsifal (E., 1902), Alastalon salissa (R., 1933), Pitäjän pienempiä (Novellen, 1934), Kirkolle (Novellen, 1937).

Kinau, Hans ↑ Fock, Gorch.

Kinau, Jacob, * Finkenwerder (heute Hamburg-Finkenwerder) 28. Aug. 1884, † Hamburg 14. Dez. 1965, dt. Schriftsteller.
Bruder Gorch Focks, dessen Biograph und Hg. seiner Werke; Kapitän, Nordseefischer, Zollbeamter. Seine Romane berichten vom Leben der Bauern und Seeleute seiner Heimat.
Hauptwerke: Die See ruft (R., 1924), Gorch Fock (Biogr., 1935), Freibeuter (R., 1938), Legerwall (R., 1950).

Kinau, Rudolf, * Finkenwerder (heute Hamburg-Finkenwerder) 23. März 1887, dt. Schriftsteller.
Bruder von Gorch Fock und Jacob K.; Fischer, freier Schriftsteller. Verfasser humorvoller, realist. Skizzen, Erzählungen und Romane aus dem Leben der Finkenwerder Bevölkerung, teils plattdt., teils hochdt.; auch Hörspiele.
Hauptwerke: Blinkfüer (Skizzen, 1918), Hinnik Seehund (R., 1923), Sünnschien un gooden Wind! (Skizze, 1953), Seehüs en' Hus (Kurzgeschichten, 1962), Land in Sicht (Kurzgeschichten, 1965).

Kinck, Hans Ernst [norweg. çiŋk], * Øksfjord (Finnmark) 11. Okt. 1865, † Oslo 13. Okt. 1926, norweg. Schriftsteller.
Sohn eines Arztes, studierte Geschichte, klass. und nord. Sprachen; war Lehrer, dann Bibliothekar. 1893/94 Parisaufenthalt, weilte öfter in Italien. Mit der Landschaft und den Menschen seiner Heimat verbunden, begann K. – grübler.-krit. veranlagt – mit naturalist. Erzählungen, war dann mehr und mehr bemüht, das Wesen des norweg. Menschen analyt. darzustellen; nahm auch zu aktuellen Fragen, bes. zum Problem der Auswanderung Stellung; seine Sprache ist dunkel, der Stil schwülstig und mit mundartl. Ausdrücken durchsetzt; auch Dramatiker.
Hauptwerke: Wenn die Liebe stirbt (R., 1903; dt. 1913), Auswanderer (R., dt. 1906), Driftekaren (Dr., 1908), Sneskavlen brast (R., 1918/19), Herman Ek (R., dt. 1927), Machiavelli (Essay, dt. 1938).
Literatur: Lea, D.: *H. E. K. Grunnmotiver i hans diktning. Oslo 1941.* – Alker, H. E.: *H. E. K. In: Arch. f. Kulturgesch. 24 (1934), 186.*

Kinesias, griech. Lyriker des 5./4. Jh.s v. Chr. aus Athen.
War v.a. Dithyrambendichter; wurde von Aristophanes bes. in den „Vögeln“ verspottet.

Kingo, Thomas [dän. 'keŋgo], * Slangerup 15. Dez. 1634, † Odense 14. Okt. 1703, dän. Dichter.
Entstammte einer schott. Familie, wurde Geistlicher, zuletzt Bischof von Odense. Bedeutendster Vertreter der Barockdichtung in Dänemark, von Opitz' Poetik beeinflußt; von seinen Psalmen sind noch heute etwa 100 im geltenden dän. Gesangbuch zu finden.

Kingsley, Charles [engl. 'kɪŋzlɪ], * Holne (Devon) 12. Juni 1819, † Eversley (Hampshire) 23. Jan. 1875, engl. Schriftsteller.
Studierte Jura, dann Theologie; unter dem Einfluß Carlyles Anschluß an die christl.-soziale Bewegung von F. D. Maurice; 1860–69 Professor für neuere Geschichte in Cambridge, danach in hohen Kirchenämtern tätig. Nahm unter dem Pseudonym Parson Lot zu sozialen Problemen Stellung; auch seine Romane, bes. sein Hauptwerk, der histor. Roman „Hypatia“ (dt. 1858), enthalten christl.-soziales Gedankengut; daneben Lyrik, Kinderbücher, Predigten u.a.
Weitere Werke: Alton Locke, Schneider und Dichter (Autobiogr., 1850; dt. 1891), Die Wasserkinder (Kinderb., 1863; dt. 1947), Hereward, der Wachsame (R., dt. 1867).
Literatur: Thorp, M. F.: *Ch. K., 1819–75. Neuausg. New York 1967.*

Kingsley, Henry [engl. 'kɪŋzlɪ], * Barnack (Northampton) 2. Jan. 1830, † Cuckfield (Sussex) 24. Mai 1876, engl. Schriftsteller.
Bruder von Charles K.; gab sein Studium auf; Goldsucher in Australien, wo er später bei der berittenen Polizei diente; seit 1858 freier Schriftsteller in England, 1869 Hg. der „Daily Review“ in Edinburgh; im Dt.-Frz. Krieg 1870/71 Kriegsberichterstatter. Schrieb spannende, abenteuerl. Romane, die aristokrat. Wesen verherrlichen, u.a. „Ravenshoe oder Der falsche Erbe“ (R., dt. 1863).

Kingsley, Sidney [engl. 'kɪŋzlɪ], * New York 18. Okt. 1906, amerikan. Schriftsteller.
Ursprüngl. Schauspieler; erhielt für sein erstes Stück, „Men in white“ (1933), das den Arztberuf und seine Probleme zeigt, den Pulitzerpreis; noch erfolgreicher war sein auch verfilmtes Stück „Dead end“ (1935) über die Slums in New York, auf das einige Gesetze bei der Slumbereinigung zurückgehen.
Weitere Werke: Ten million ghosts (Dr., 1936), The outward room (Dr., 1939), Detective story (Dr., 1949), Lunatics and lovers (Farce, 1954).

Kinkel, Johann Gottfried, * Oberkassel (Siegkreis) 11. Aug. 1815, † Zürich 13. Nov. 1882, dt. Schriftsteller.
Studierte Theologie und Philologie, Privatdozent für Kirchengeschichte in Berlin, unternahm zahlreiche Reisen, wurde Religionslehrer am Gymnasium in Bonn; Wechsel zur philosoph. Fakultät; 1848 Mitglied der preuß. Nationalversammlung; am bad.-pfälz. Aufstand beteiligt, gefangen und zu lebenslängl. Zuchthaus verurteilt; in Spandau von C. Schurz befreit, Flucht nach England; Reise nach Amerika; Professor für dt. Literatur am Hyde Park College in London, 1866 Professor für Archäologie und Kunstgeschichte am Polytech-

nikum in Zürich. Epigonaler Lyriker und Dramatiker mit sentimentalen Theaterstücken, polit. Lyrik und Versepen.
Hauptwerke: König Lothar von Lothringen (Trag., 1842), Gedichte (1843), Der Grobschmied von Antwerpen (Epos, 1872).
Literatur: De Jonge, A. R.: *G. K. as political and social thinker. New York 1926.* – Joesten, J.: *G. K. Köln 1904.*
Kinker, Johannes [niederl. 'kɪŋkər], * Nieuwer-Amstel 1. Jan. 1764, † Amsterdam 16. Sept. 1845, niederl. Dichter.
Studierte Medizin, dann Jura, war Anwalt in Den Haag und Amsterdam, 1817–30 Professor für niederl. Sprache und Literatur in Lüttich. Zuerst von der Anakreontik, dann vom Sturm und Drang, später von Klopstock und Schiller beeinflußt; schrieb Gedichte, Dramen, literar. Parodien und krit. Essays, übersetzte Schillers „Maria Stuart" und „Die Jungfrau von Orleans". Als Philosoph erster niederl. Interpret von Kants „Kritik der reinen Vernunft".
Hauptwerke: Eerstelingen (Ged., 1788), Celia (Trag., 1792), Almanzor en Zehra (Trag., 1804), Gedichten (1819–21), Beoordeling van Bilderdijk's Nederlandsche spraakleer (Essay, 1829).
Kinpingmei † Chinpingmei.

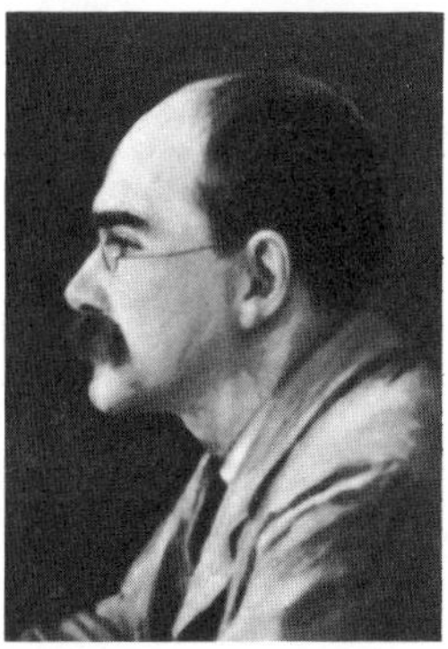

[Joseph] Rudyard Kipling (Gemälde von Sir Ph. Burne-Jones, 1899)

Kipling, [Joseph] Rudyard [engl. 'kɪplɪŋ], * Bombay 30. Dez. 1865, † London 18. Jan. 1936, engl. Schriftsteller.
Kam mit sechs Jahren nach England, kehrte 1882 nach Indien zurück, war Mitarbeiter verschiedener Zeitungen, unternahm, z.T. im Auftrag der Presse, weite Reisen, heiratete 1892 in den USA und kehrte 1896 nach England zurück; empfing hohe Ehrungen und Auszeichnungen, 1907 den Nobelpreis. Begann mit Gedichten, beherrschte aber v.a. die Form der knappen, lakon. Kurzgeschichte mit dynam. Handlung und prägnanter Skizzierung und Typisierung; hervorragende Naturschilderungen im expressionist. Stil; erfolgreich durch Darstellung exot. Motive (bes. Indien), Schilderung männl. Tugenden (Gehorsam, Tatkraft, Mut) und als emphat. Vertreter des Imperialismus (Kolonisation als Kulturtat). Seine kraftvollen Romane und Erzählungen waren sehr erfolgreich.
Hauptwerke: Schlichte Geschichten aus Indien (Kurzgeschichten, dt. 1895), Soldatengeschichten (Kurzgeschichten, dt. 1900), Im Dschungel (Tiergeschichten, dt. 1898), Das neue Dschungelbuch (dt. 1899), Kim (R., dt. 1908).
Ausgaben: J. R. K. Ges. Werke. Dt. Übers. Hg. v. J. Gottwaldt. *Mchn. 1965. 3 Bde. – R. K. Complete works. Sussex-Edition. London 1937–38. 35 Bde. – R. K. Ausgew. Werke. Dt. Übers. Hg. v.* H. Reisiger. *Lpz. 1925–27. 10 Bde.*
Literatur: K.s mind and art. Essays. Hg. v. A. Rutherford. *Edinburgh 1965.* – Carrington, Ch.: *R. K. His life and work. London 1955.* – Brown, Ch. H.: *R. K. A new appreciation. London 1945.* – Mertner, E.: *Das Prosawerk R. K.s. Ein Beitrag zur Gesch. der engl. Novelle. Bln. 1940.*
Kipphardt, Heinar, * Heidersdorf (Schlesien) 8. März 1922, dt. Schriftsteller.
Medizinstudium, Facharzt für Psychiatrie; seit 1950 [Chef]dramaturg am Dt. Theater in Berlin (Ost), 1959 am Düsseldorfer Schauspielhaus, seit 1960 freier Schriftsteller in München. Verfasser von Gedichten, Erzählungen und v.a. Dramen, in denen er sich vorzugsweise mit Stoffen aus der Kriegs- und Nachkriegszeit auseinandersetzt. Errang internationalen Erfolg mit seinem Dokumentarstück „In der Sache J. Robert Oppenheimer" (1964), in dem er das 1954 vor der amerikan. Atomenergiekommission geführte Untersuchungsverfahren gegen den Atomphysiker szen. interpretiert und zu dessen Gegenstand er den unlösbaren Gewissenskonflikt eines modernen Wissenschaftlers macht.
Weitere Werke: Shakespeare dringend gesucht (Lsp., 1954), Der Aufstieg des Alois Piontek Tragikom., 1956), Die Stühle des Herrn Szmil (Lsp., 1958), Der Hund des Generals (Schsp., 1962), Die Ganovenfresse (En., 1964), Joel Brand (Schsp., 1965), Die Nacht, in der der Chef geschlachtet wurde (Kom., UA 1967), Die Soldaten (Kom. nach J. M. R. Lenz, 1968).
Kirchhoff, Hans Wilhelm, * Kassel um 1525, † Spangenberg bei Kassel um 1603, dt. Dichter.
War Landsknecht, studierte in Marburg, seit 1584 Burggraf zu Spangenberg. Bekannt durch die Schwanksammlung „Wendunmuth" (1563–1603).
Kirchmair, Thomas [...maɪər] † Naogeorg[us], Thomas.
Kirijenko-Woloschin, Maximilian Alexandrowitsch; tl.: Kirienko-Vološin, Maksimilian Aleksandrovič [russ. kiri'jɛnkɐva'lɔʃɨn] † Woloschin, Maximilian Alexandrowitsch.
Kirk, Hans [dän. kirg], * Hadsund 11. Jan. 1898, † Kopenhagen 16. Juni 1962, dän. Schriftsteller.
Arztsohn, studierte Jura, war Magistratsangestellter, dann literar. Mitarbeiter verschiedener Zeitungen, floh 1943 aus dt. Internierungshaft und arbeitete seit 1945 an der kommunist. Zeitung „Land og folk". In seinen Romanen ist er krit. Realist; künstler. wertvolle Gestaltung; Marxist aus echter Anteilnahme am Leid des Mitmenschen.
Hauptwerke: Fiskerne (R., 1928), Die Tagelöhner (R., dt. 1938), Der Sklave (R., dt. 1950).
Kirsanow, Semjon Issaakowitsch; tl.: Kirsanov, Semen Isaakovič [russ. kir'sanɐf], * Odessa 18. Sept. 1906, russ.-sowjet. Lyriker.
Studierte in Odessa, begann 1922 zu veröffentlichen, ab 1925 in der Zeitschrift „Lef", trat mit Majakowski in Rezitationsveranstaltungen auf; schrieb Gedichte mit formalist. Experimenten; in den 30er Jahren v.a. publizist. tätig, im 2. Welt-

krieg Korrespondent; vielseitige Thematik seiner Nachkriegsgedichte, die allegor. und philosoph. Züge tragen. Auch Übersetzer Aragons, Nerudas, Brechts und Broniewskis. Dt. erschienen seine Gedichte in verschiedenen Anthologien (v.a. in „Gegen Grenzen", 1962).

Kirschon, Wladimir Michailowitsch; tl.: Kiršon, Vladimir Mihajlovič [russ. kir'ʃɔn], * Naltschik 19. Aug. 1902, † 28. Juli 1938, russ.-sowjet. Dramatiker.
Wurde als Trotzkist inhaftiert und hingerichtet; 1957 rehabilitiert. Sah im Drama eine Möglichkeit, zu aktuellen Problemen satir. Stellung zu nehmen; sein erfolgreichstes Stück war „Chleb" (= Brot, Dr., 1930). Dt. liegt die Komödie „Die wunderbare Legierung" (dt. 1936) vor.

Kirschweng, Johannes, * Wadgassen (Landkreis Saarlouis) 19. Dez. 1900, † Saarlouis 22. Aug. 1951, dt. Schriftsteller.
Studierte kath. Theologie, war Kaplan, seit 1934 freier Schriftsteller; Heimatliebe und kath. Lebenshaltung prägten seine histor. Romane und Novellen, liebevoller Humor seine Provinzgeschichten, die ihn zum Heimatdichter des Saarlandes werden ließen.
Hauptwerke: Zwischen Welt und Wäldern (En., 1933), Das wachsende Reich (R., 1935), Feldwache der Liebe (R., 1936), Das Tor der Freude (R., 1940), Trost der Dinge (Essays, 1940), Spät in der Nacht (Ged., 1946).

Kiršon † Kirschon.

Kirst, Hans Hellmut, * Osterode i. Ostpr. 5. Dez. 1914, dt. Schriftsteller.
Berufssoldat, nach dem Krieg in verschiedenen Berufen, dann freier Schriftsteller; Reisen durch Europa und Afrika; erfolgreicher Verfasser von zeitkrit. gemeinten Romanen in einem dem Geschmack eines breiten Publikums entgegenkommenden Stil.
Hauptwerke: Null-acht fünfzehn (R.-Trilogie, 1954/55), Keiner kommt davon (R., 1957), Fabrik der Offiziere (R., 1960), Kameraden (R., 1961), Die Nacht der Generale (R., 1962), Null-acht fünfzehn heute (R., 1963), Aufstand der Soldaten (R., 1965), Die Wölfe (R., 1967), Kein Vaterland (R., 1968).

Kisch, Egon Erwin [tschech. kiʃ], * Prag 29. April 1885, † ebd. 31. März 1948, tschech. Journalist und Schriftsteller.
Dt.-jüd. Abstammung; seit 1904 Reporter, zuerst in Prag, dann in Berlin und Wien (ausgewiesen als Teilnehmer der Revolution und tschech. Staatsbürger), wieder in Berlin (bis 1933 als Starreporter liberaler Blätter); emigrierte 1933 über Prag nach Paris, Teilnahme am Span. Bürgerkrieg, in New York, 1940–46 in Mexiko, seit 1946 in Prag, Stadtrat. Ausgedehnte Reisen führten K. u.a. auch nach Australien und Asien. Sie fanden in abenteuerl. anmutenden Reportagen und Büchern – geschrieben in dt. Sprache – ihren Niederschlag. K., der seine kommunist. Einstellung nie verleugnete, erhob die Reportage zu literar. Rang; seine Romane hatten nur geringen Erfolg.
Hauptwerke: Die Abenteuer in Prag (R., 1920), Soldat im Prager Korps (Tageb., 1922, später u.d.T. Schreib das auf, Kisch), Der rasende Reporter (Reportagen, 1925), Zaren, Popen, Bolschewiken (Bericht, 1927), Paradies Amerika (Bericht, 1930), China geheim (Bericht, 1933), Abenteuer in fünf Kontinenten (Bericht, 1936), Entdeckungen in Mexiko (Bericht, 1947).
Ausgabe: E. E. K. Ges. Werke in Einzelausgg. Hg. v. B. Uhse *u.* G. Kisch. *Bln. 1960ff. Auf 8 Bde. berechnet.*
Literatur: Schlenstedt, D.: *Leben u. Werk. Bln. 1969.* – Reinhardt, E.: *E. E. K. als Lokalreporter. Diss. Wien 1958 [Masch.].* – Utitz, E.: *E. E. K., der klass. Journalist. Bln. 1956.*

Kisfaludy, Károly [ungar. 'kiʃfɔludi], * Tét 5. Febr. 1788, † Pest (heute zu Budapest) 21. Nov. 1830, ungar. Dichter.
Aus transdanub. Adel, Offizier in den Napoleon. Kriegen, studierte kurz an der Kunstakademie in Wien, war dann in Italien und seit 1817 wieder in Pest. Seine literar. Karriere begann mit der Aufführung des histor. Dramas „Die Tartaren in Ungarn" (dt. 1820). Es folgten weitere histor.-patriot. Dramen und glänzende, bühnenwirksame Lustspiele; daneben schrieb K. einige Novellen, Balladen und volkstüml. Lieder. Mit seinem Werk wurde er zum Führer der ungar. Romantik. 1822 gründete er die literar. Zeitschrift „Aurora"; ihm zu Ehren wurde die K.-Gesellschaft gegründet. Ebenfalls dt. liegt das Drama „Stibor" (dt. 1820) vor.

Kisfaludy, Sándor [ungar. 'kiʃfɔludi], * Sümeg 27. Sept. 1772, † ebd. 28. Okt. 1844, ungar. Dichter.
Aus transdanub. Adel, Bruder von Károly K., studierte Jura und Philosophie in Preßburg, war als Offizier in Italien und Frankreich; romant. Lyriker, bekannt durch den Zyklus von Liebesgedichten „Himfy's auserlesene Liebeslieder" (dt. 1829); daneben schrieb er gereimte „Sagen aus der ungar. Vergangenheit" (dt. 1863) und wenig erfolgreiche histor. Dramen.

Kishon, Ephraim [ki'ʃɔn], * Budapest 23. Aug. 1924, israel. Schriftsteller.
Studierte Kunstgeschichte, seit 1949 in Israel, übte verschiedene Berufe aus, lebt in Tel-Aviv als freier Schriftsteller; Verfasser von Theaterstükken und Satiren über das heutige Israel, die ihn auch in Deutschland bekannt gemacht haben. Dt. liegen vor: „Der Trauschein" (Kom., dt. 1962), „Drehn Sie sich um, Frau Lot" (Satiren, dt. 1962), „Arche Noah, Touristenklasse" (Satiren, dt. 1963), „Der seekranke Walfisch oder Ein Israeli auf Reisen" (Satiren, dt. 1965), „Wie unfair, David" (Satiren, dt. 1967), „Pardon, wir haben gewonnen" (Satiren, dt. 1968), „Der Fuchs im Hühnerstall" (R., dt. 1969).

Kisielęwski, Jan August [poln. kiɕɛ'lɛfski], * Rzeszów 8. Febr. 1876, † Warschau 29. Jan. 1918, poln. Dramatiker.
Hatte ledigl. mit zwei Dramen, „W sieci" (= Im Netz, 1899) und „Karykatury" (= Karikaturen, 1899), die in der Tradition des realist. Theaters stehen, großen Erfolg durch die desillusionierende Ironie der Darstellung; auch Verfasser wertvoller Theaterkritiken.

Kiss, József [ungar. kiʃ], eigtl. J. Klein, * Mezőcsát 30. Nov. 1843, † Budapest 31. Dez. 1921, ungar. Lyriker.
Entstammte einer jüd. Familie, Volksschullehrer, dann Redakteur der Zeitschrift „Képes Világ" in Budapest; 1876–82 Notar der Synagoge in Temesvar, später Angestellter in Budapest. Gründer und Hg. der literar. Zeitschrift „A Hét", um die sich ein Kreis fortschrittl. jüd. Dichter scharte, die in kosmopolit. Einstellung für die modernen

westl. dekadenten Strömungen aufgeschlossen waren. K.' Dichtung umfaßt Geschichtsballaden v.a. mit jüd. Thematik und Großstadtlyrik; mitunter soziale, religiöse und pazifist. Tendenz. Dt. erschienen „Gedichte" in Auswahl (1886 und 1887).

Kistemaekers, Henry [niederl. 'kɪstəma:kərs, frz. kistma'kɛrs], * Floreffe (Namur) 13. Okt. 1872, † Paris 21. Jan. 1938, frz. Schriftsteller belg. Herkunft.
Sohn des Brüsseler Verlegers K.; ging nach Paris, wo er sich naturalisieren ließ; Verfasser erfolgreicher leichter, realist.-romanesker Gesellschaftsstücke (u.a. „Marthe", 1899; „L'instinct", 1905; „La rivale", 1907, mit Derald) und von Romanen (u.a. „L'illégitime", 1898; „Les amants romanesques", 1899; „La femme inconnue", 1901).

Kivi, Aleksis [finn. 'kivi], eigtl. A. Stenvall, * Nurmijärvi 10. Okt. 1834, † Tuusula 31. Dez. 1872, finn. Schriftsteller.
Entbehrungsreiche Jugend als Sohn eines Dorfschneiders, Besuch der schwed. Schule und seit 1859 vorübergehend der Universität in Helsinki; danach freier Schriftsteller, ohne zu Lebzeiten volle Anerkennung zu finden; 1870 Nervenzusammenbruch, seitdem unheilbar geisteskrank. K. leitete die moderne Literatur in finn. Sprache ein, ist deren erster Dramatiker und bed. Romancier. Humorvoller Realismus, v.a. in der Charakterkomödie „Die Heideschuster" (1864, dt. 1922), in der er anschaul. die Typen seiner Heimat schilderte, und in seinem z.T. in Dialogform gehaltenen Roman „Die sieben Brüder" (1870, dt. 1921), seinem Hauptwerk, mit dem er das Volkstüml. als grundlegendes Element in die finn. Literatur einführte. Starke und ursprüngl. Ausdruckskraft besitzt seine reimlose Lyrik, deren Bedeutung erst später erkannt wurde. K. gilt als einer der bedeutendsten finn. Schriftsteller.

Kjær, Nils [norweg. çæ:r], * Holmestrand 11. Sept. 1870, † Son 9. Febr. 1924, norweg. Dramatiker.
Beeinflußt von Strindberg, schrieb er v.a. bühnenwirksame Komödien und zeitkrit., soziale Satiren; daneben geistvolle und einfallsreiche Essays; auch Reiseschriftsteller.
Hauptwerke: Capriccio (Essay, 1898; dt. 1910), Der Tag der Rechenschaft (Dr., 1902; dt. 1909), Mimosas hjemkomst (Dr., 1907), Det lykkelige valg (Kom., 1914).

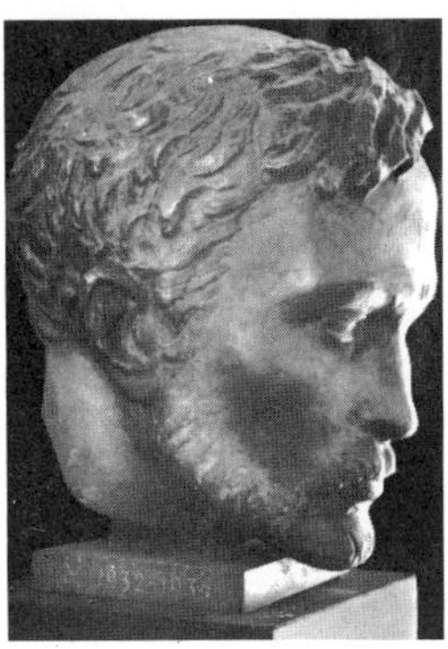

Aleksis Kivi (Büste von W. Aaltonen)

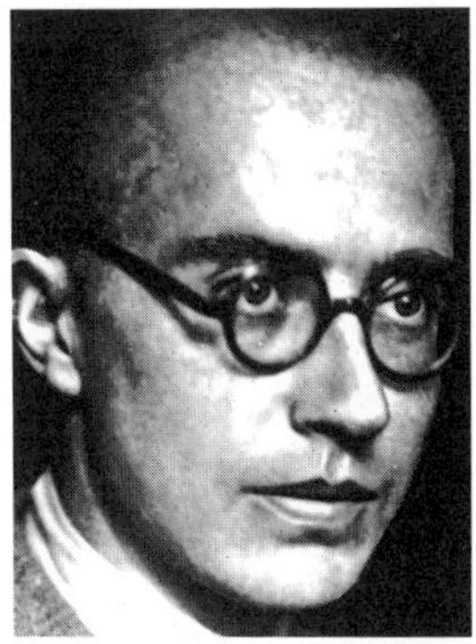

Klabund

Kjellgren, Josef [schwed. 'tçɛlgre:n], * Mörkö (Södermanland) 13. Dez. 1907, † Stockholm 8. April 1948, schwed. Schriftsteller.
Hatte verschiedene Berufe, war in der Gewerkschaft tätig, schließl. Journalist; gehörte der literar. Gruppe „Fem Unga" an, einer Reihe junger Modernisten, die der schwed. Literatur neue Wege weisen wollten. Als überzeugter und sozialkrit. Arbeiterdichter schildert er in Prosa und Lyrik realist. und eindrucksvoll das harte Leben der Seeleute.
Hauptwerke: Människor kring en bro (R., 1935), Smaragden (R., 1939), Nu seglar jag (R., 1948).

Kjuchelbeker ↑ Küchelbecker.

Kjuljawkow, Krum; tl.: Kjuljavkov, Krum [bulgar. kju'ljafkof], * Kjustendil 24. (25.?) Febr. 1893, † Sofia 18. Dez. 1955, bulgar. Schriftsteller.
Lebte 1928–40 in der UdSSR; seine Frühwerke stehen dem Symbolismus nahe; K. wandte sich jedoch bald dem sozialist. Realismus zu und schilderte in verschiedenen literar. Gattungen die Lebensverhältnisse der Bulgaren; auch humorist. Gedichte.

Klabund, eigtl. Alfred Henschke, * Crossen (Oder) 4. Nov. 1890, † Davos 14. Aug. 1928, dt. Schriftsteller.
Studierte Philosophie und Literatur in München und Lausanne, dann freier Schriftsteller in München und Berlin; häufiger Aufenthalt in Sanatorien (Tuberkulose). K. stand zwischen Impressionismus und Expressionismus. Sein Werk, in rastloser Arbeit entstanden, wirkt oft flüchtig-skizzenhaft, ist unausgeglichen, in ständiger Wandlung begriffen (Klabund = Wandlung; nach anderer Erklärung ist der Name durch Kontamination aus „Klabautermann" und „Vagabund" entstanden) und wurde der stark erot. oder pazifist. Themen wegen häufig angegriffen. Seine von Villon ausgehende Lyrik ist durch Farben- und Formenreichtum ausgezeichnet, bald ekstat. aufgewühlt, bald volksliedhaft schlicht. Als Erzähler schuf K. expressionist. Kurzromane, die teils autobiograph., teils stilisiert histor., symbolhafte und erot. Züge tragen. Sein Bestes leistete er als einfühlender Nachdichter fernöstl. Lyrik nach dt., engl. und frz. Übersetzungen: aus dem Chin. „Dumpfe Trommeln und berauschtes Gong" (1915), „Li tai-pe" (1916), aus dem Jap. „Die Geisha O-sen" (1918) und aus dem Pers. „Das Sinngedicht des pers. Zeltmachers" (1917), „Der Feueranbeter" (1919).

Am bekanntesten wurde seine Nachgestaltung des chin. Dramas „Der Kreidekreis“ (1925).
Weitere Werke: Morgenrot! Klabund! Die Tage dämmern! (Ged., 1913), Moreau (R., 1916), Mohammed (R., 1917), Bracke (R., 1918), Der himml. Vagant (Ged., 1919), Dreiklang (Ged., 1920), Pjotr (R., 1923), XYZ (Kom., 1928), Borgia (R., 1928), Rasputin (R., 1929), Novellen von der Liebe (1930).
Ausgaben: K. Der himml. Vagant. Eine Ausw. aus dem Werk. Hg. v. M. Kesting. *Köln 1968.* – *K. Ges. Werke in Einzelausgg. Wien 1930. 6 Bde.*
Literatur: Paulsen, W.: *K. A critical bibliography. In: Philological Quarterly 37 (1958), 1.* – Zink, A.: *Polarität u. Einheit bei K. Versuch einer Deutung. Diss. Freib. 1957 [Masch.].* – Horn, O.: *K.s histor. Romane. Mit einem biograph. Abriß u. umfassender Bibliogr. der Werke K.s. Diss. Jena 1954 [Masch.].* – Tatzel, J.: *K. Leben u. Werk A. Henschkes. Diss. Wien 1954 [Masch.].*

Klage, Die, mhd. Dichtung in 4hebigen Reimpaaren aus dem Anfang des 13. Jh.s; in allen vollständigen Handschriften des „Nibelungenliedes“ als eine Art Anhang enthalten, doch von weitaus geringerem literar. Wert; vermutl. in Bayern entstanden. Geschildert werden die Klagen der Überlebenden um die Gefallenen am Hof König Etzels, in Bechelaren, in Passau und in Worms und der Entschluß Dietrichs zur Heimkehr.
Ausgaben: Diu K. mit den Lesarten sämmtl. Hss. hg. v. K. Bartsch. *Lpz. 1875. Nachdr. Darmst. 1964.* – *Die K. mit vollständigem krit. Apparat u. ausführl. Einl. Hg. v.* A. Edzardi. *Hann. 1875.* – ↑ auch Nibelungenlied.
Literatur: Scholler, H.: *A word index to the Nibelungenklage. Based on the K. Lachmann edition. Ann Arbor (Mich.) 1966.* – Körner, J.: *Die K. u. das Nibelungenlied. Lpz. 1920.*

Klagelieder [Jeremias] ↑ Bibel.

Klaj, Johann [klaɪ], der Jüngere, latin. Clajus, * Meißen 1616, † Kitzingen 1656, dt. Dichter.
Studierte ev. Theologie, war Lehrer und Pfarrer; führte mit Harsdörffer die Schäferdichtung in Nürnberg ein und gründete mit ihm den „Pegnes. Blumenorden“. K. schrieb Andachts- und Kirchenlieder, Weihnachts-, Passions- und Auferstehungsspiele; Wegbereiter des Oratoriums. Er war bemüht, die gelehrte Kunstübung auf die Dichtung anzuwenden, erhob die poet. Sprache weit über die Alltags- und Amtssprache, kannte eine Vielfalt metr. und rhythm. Formen. Der Anwendung rhetor. Mittel verdankt er die eindrucksvolle Wirkung seiner Dichtung.
Hauptwerke: Auferstehung Jesu Christi (Oratorium, 1644), Höllen- und Himmelfahrt Jesu Christi (Oratorium, 1644), Pegnes. Schäfergedicht (1644, mit Harsdörffer), Engel- und Drachenstreit (Oratorium, 1645), Lobrede der Teutschen Poeterey (1645), Andachtslieder (1646).
Ausgabe: ↑ Harsdörffer, Georg Philipp.
Literatur: Wiedemann, C.: *J. K. u. seine Redeoratorien. Unterss. zur Dichtung eines dt. Barockmanieristen. Nürnb. 1966.* – Franz, A.: *J. K. Ein Beitrag zur dt. Literaturgesch. des 17. Jh.s. Marburg 1908.*

Kldiaschwili, Dawid [Samsonowitsch]; tl.: Kldiašvili, David Samsonovič [russ. kldiaʃ'vili], * Simoneti (Kutais) 11. Sept. 1862, † ebd. 24. April 1931, georg.-sowjet. Schriftsteller.
Aus verarmtem Adel, in Rußland erzogen und zum Offizier ausgebildet; Revolutionär; 1930 als Volksschriftsteller Georgiens geehrt. K. stellt in realist., oft humorist. Erzählungen den Verfall des georg. Landadels und die Welt der georg. Bauern vor der Revolution dar; auch erfolgreicher Lustspielautor.

Klein, József ↑ Kiss, József.

Klein, Julius Leopold, * Miskolc (Ungarn) 1810, † Berlin 2. Aug. 1876, dt. Dramatiker und Literarhistoriker.
Studierte in Wien und Berlin Medizin, Geschichte, Philologie und Naturwissenschaften, besuchte Italien und Griechenland, lebte als Schriftsteller, Kunst- und Theaterkritiker in Berlin und war Schriftleiter der „Balt. Blätter“. K. schrieb neben histor. Tragödien, sozialen Dramen und Lustspielen das grundlegende Werk „Geschichte des Dramas“ (1865–76), das jedoch Fragment blieb.
Weitere Werke: Maria von Medici (Dr., 1841), Zenobia (Dr., 1847), Kavalier und Arbeiter (Dr., 1850), Voltaire (Lsp., 1862).

Kleist, Ewald Christian von, * Zeblin (Prov. Pommern) 7. März 1715, † Frankfurt (Oder) 24. Aug. 1759, dt. Dichter.
Jura-, Philosophie- und Mathematikstudium; dän. Offizier, dann im Heer Friedrichs des Großen auf östr., frz. und russ. Kriegsschauplätzen, starb an einer in der Schlacht bei Kunersdorf erlittenen Verwundung. Bekanntschaft mit Gleim, Ramler, Nicolai, Geßner, Gellert und Lessing. K., der als Dichter zwischen Aufklärung und Empfindsamkeit steht, begann mit Gedichten im Stil der Anakreontik. Unter dem Einfluß Klopstocks und Thomsons entstand die bukol. Idylle „Der Frühling“ (1749), die ein neuartiges Naturgefühl aufweist; auch vaterländ. Gedichte, Oden und Versepik.
Weitere Werke: Ode an die preuß. Armee (1757), Neue Gedichte (1758), Cissides und Paches (Epos, 1759).
Ausgabe: E. v. K. Histor.-krit. Ausg. Hg. v. A. Sauer. *Bln. 1883. 3 Bde. Nachdr. Bern 1967.*
Literatur: Stümbke, H.: *E. Ch. v. K., Krieger, Dichter, Denker. Diss. Gött. 1949 [Masch.].* – Guggenbühl, H.: *E. v. K. Weltschmerz als Schicksal. Erlenbach (ZH) 1948.*

Kleist, Heinrich von, * Frankfurt (Oder) 18. Okt. 1777, † Wannsee (heute Berlin-Wannsee) 21. Nov. 1811, dt. Dichter.

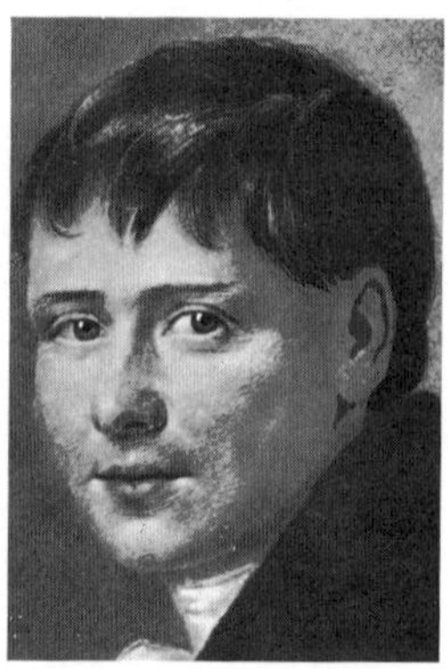

Heinrich von Kleist (anonyme Zeichnung)

Sohn eines preuß. Majors, früh Waise, trat 1792 in das Potsdamer Garderegiment ein, Teilnahme am Rheinfeldzug, bereits 1799 Abschied, studierte 1799/1800 Philosophie, Physik, Mathematik und Staatswissenschaft in seiner Heimatstadt. Mit seiner Stiefschwester Ulrike besuchte er 1801 Dresden, Leipzig, Straßburg und Paris. An seinem Plan, sich am Thuner See als Landwirt niederzulassen, um so das Rousseausche Naturideal zu verwirklichen, scheiterte seine 1800 geschlossene Verlobung mit Wilhelmine von Zenge. 1802/03 lebte er einige Zeit in Weimar, wo Wieland sich für ihn einsetzte. 1803 unternahm er eine 2. Reise in die Schweiz und nach Paris. Dort verbrannte er in einem Anfall von Verzweiflung sein fast vollendetes Drama „Robert Guiskard" (das erhaltene Fragment hat er aus dem Gedächtnis neu geschrieben). 1804 Rückkehr nach Potsdam, trat in den preuß. Staatsdienst; 1805/06 Diätar an der Domänenkammer in Königsberg. Im Jan. 1807 in Berlin als vermeintl. Spion festgenommen und gefangengehalten. Ging dann nach Dresden, Bekanntschaft mit Tieck, gründete 1808 mit A. H. Müller die Monatsschrift „Phöbus". 1809 reiste er zum östr. Kriegsschauplatz und kehrte nach längerem Aufenthalt in Prag 1810 nach Berlin zurück. Seine seit Okt. 1810 erschienenen „Berliner Abendblätter" mußten schon nach einem halben Jahr ihr Erscheinen wieder einstellen. Ohne literar. Erfolg, an menschl. Bindungen zweifelnd und über die polit. Lage verzweifelt, nahm er sich gemeinsam mit der unheilbar kranken Henriette Vogel das Leben. Als Dichter steht K. zwischen Klassik und Romantik. Durch ein Mißverstehen Kants wurde die Welt für ihn zu einem Ort des Scheins, der Unsicherheit und Doppeldeutigkeit, an dem die Richtlinien für die Verantwortlichkeit der sittl. Person nicht erkennbar sind. Allein das innerste, unverwirrbare Gefühl gibt dem Menschen Halt. Gleichnis für diese vom Bewußtsein ungestörte Seele ist für K. die Marionette, die durch einen Künstler von einem unsichtbaren Schwerpunkt aus gelenkt wird („Über das Marionettentheater", Aufsatz, 1810). Im Mittelpunkt seiner Dramen steht daher nicht ein Problem oder eine Idee, sondern der wirkl. Mensch, der sein Gefühl als den absoluten Maßstab setzt und mit der Realität in Konflikt gerät. In den Trauerspielen „Die Familie Schroffenstein" (1803; ursprüngl. „Die Familie Ghonorez") und „Penthesilea" (1808) führt dies zum Verderben, während in den anderen Dramen ein Ausgleich zwischen Gefühl und Verstand gefunden wird. Im histor. Ritterschauspiel „Das Käthchen von Heilbronn" (1810) siegt das unbewußte Gefühl weibl. Hingabe, „Prinz Friedrich von Homburg" (1821) überwindet sich im Angesicht des Todes und fügt sich seiner wesentl. Bestimmung gemäß der Staatsräson. Als ein Meister des Lustspiels erwies sich K. in seinem Einakter „Der zerbrochene Krug" (1811; bei der UA 1808 in Weimar in Goethes Bearbeitung in 3 Akten ausgepfiffen), in dem der Richter zugleich Kläger und Angeklagter ist. In der Komödie „Amphitryon" (1808) wird Molières leichtfertig-frivole Fabel ins Myst. umgedeutet. Als reines Zeitstück ist das gegen Napoleon und gegen die dt. Uneinigkeit gerichtete Schauspiel „Die Hermannsschlacht" (1821) anzusehen. K.s Sprachkunst erreichte ihre Meisterschaft in den straff gebauten, Extremfälle menschl. Seins schildernden „Erzählungen" (1810/11), unter denen „Das Erdbeben in Chili", „Die Marquise von O.", „Die Verlobung in St. Domingo", „Der Findling", „Das Bettelweib von Locarno", v.a. aber „Michael Kohlhaas", die trag. Geschichte des beleidigten und verirrten Rechtsgefühls, hervorragen. K. schrieb ferner patriot. Gedichte, meisterl. Anekdoten und Essays.

Ausgaben: H. v. K. Sämtl. Werke. Nach dem Text der Ausgg. letzter Hand unter Berücks. der Erstdrucke u. Hss. Hg. v. C. Grützmacher. *Mchn. 1967. – H. v. K. Sämtl. Werke u. Briefe. Hg. v.* H. Sembdner. *Mchn. ⁴1966. 2 Bde. Tb.-Ausg. Mchn. 1964. 7 Bde. – H. v. K. Werke. Hg. v.* Erich Schmidt. *Neu bearb. v.* G. Minde-Pouet. *Bd. 1–7. Lpz. ²1936–38 [m.n.e.].*

Literatur: Leben und Werk: Dichter über ihre Dichtungen: H. v. K., hg. v. H. Sembdner. *Mchn. 1969.* – Michaelis, R.: *H. v. K. Velber 1965.* – Hohoff, C.: *H. v. K. in Selbstzeugnissen u. Bilddokumenten. Reinbek bei Hamb. ⁵1963.* – Maass, J.: *K., die Fackel Preußens. Mchn. u.a 1957. Tb.-Ausg. Bln. 1966.* – Brahm, O.: *Das Leben H.s v. K. Bln. ⁵1911. – Studien:* Rèske, H.: *Traum u. Wirklichkeit im Werk H. v. K.s. Stuttg. 1969.* – Gearey, J.: *H. v. K. A study in tragedy and anxiety. Philadelphia 1968.* – Kreutzer, H. J.: *Die dichter. Entwicklung H.s v. K. Unters. zu seinen Briefen u. zu Chronologie u. Aufbau seiner Werke. Bln. 1968. – H. v. K. Aufs. u. Essays. Hg. v.* W. Müller-Seidel. *Darmst. 1967.* – Müller-Seidel, W.: *Versehen u. Erkennen. Eine Studie über H. v. K. Köln u.a. ²1967.* – Mayer, Hans: *H. v. K. Der geschichtl. Augenblick. Pfullingen 1962.* – Fricke, G.: *Gefühl u. Schicksal bei H. v. K. Bln. 1929. – Bibliographien und Zeitschriften:* Sembdner, H.: *K.-Bibliogr. 1803–62. H. v. K.s Schrr. in frühen Drucken u. Erstveröff. Stuttg. 1966.* – Rothe, E.: *K.-Bibliogr. 1945–60. In: Jb. der dt. Schillergesellschaft 5 (1961), 414. – Jb. der K.-Gesellschaft 1921–1938. Hg. v.* G. Minde-Pouet *u.* J. Petersen. *Bln. 1922–38 [m.n.e.].*

Kleitarchos, griech. Geschichtsschreiber um 300 v. Chr.

Schrieb nach Alexanders Tod eine Biographie des Königs, die dessen Weg von der Thronbesteigung bis zum Ende schildert und auf spätere Alexanderdarstellungen bed. Einfluß ausgeübt hat; eine Exzerption ist im 17. Buch Diodors enthalten.

Klemens von Alexandria † Clemens, Titus Flavius C. Alexandrinus.

Klemm, Wilhelm, Pseudonym Felix Brazil, * Leipzig 15. Mai 1881, † Wiesbaden 23. Jan. 1968, dt. Lyriker.

Medizinstudium, Verleger; gehörte als stark durch das Erlebnis des 1. Weltkrieges geprägter expressionist. Lyriker in den Kreis um „Die Aktion"; ekstat. Sprache, soziale Thematik.

Hauptwerke: Gloria! (Ged., 1915), Verse und Bilder (Ged., 1916), Aufforderung (Ged., 1917), Entfaltung (Ged., 1919), Die Satanspuppe (Ged., 1922), Geflammte Ränder (Ged., 1964).

Literatur: Brockmann, J.: *Unterss. zur Lyrik W. K.s. Ein Beitrag zur Expressionismus-Forschung. Diss. Kiel 1961 [Masch.].*

Klepper, Jochen, * Beuthen O.S. 22. März 1903, † Berlin-Nikolassee 11. Dez. 1942, dt. Schriftsteller.

Studierte Theologie, war publizist. tätig; beging mit seiner jüd. Frau und seiner Stieftochter unter polit. Druck Selbstmord. Sein literar. Schaffen ist von tiefer prot. Frömmigkeit geprägt; bed. auf dem Gebiet des christl. histor. Romans, in dem er das sinnvolle Walten Gottes darstellte; schlichte geistl. Lieder („Kyrie", 1938), erschütternde Tagebuchaufzeichnungen („Unter dem Schatten deiner Flügel", hg. 1956; „Überwindung", hg. 1958).

Weitere Werke: Der Vater (R., 1937), Der Soldatenkönig und die Stillen im Lande (Berichte und Gespräche, 1938), Das ewige Haus (R.-Fragment, hg. 1951).

Literatur: Jonas, J.: *J. K. Dichter u. Zeuge. Bln. 1967.* – Wentorf, R.: *J. K. Ein Dichter im Dennoch. Gießen u. Basel 1964.* – Seier, H.: *Kollaborative u. oppositionelle Momente der inneren Emigration J. K.s. In: Jb. f. die Gesch. Mittel- u. Ostdeutschlands 8 (1959), 319.* – ↑ auch Schröder, Rudolf Alexander.

Klička, Benjamín [tschech. 'klitʃka], eigtl. B. Fragner, * Prag 20. Nov. 1897, † ebd. 26. Dez. 1943, tschech. Schriftsteller.

Arzt; schrieb neben Gedichten Romane und Novellen v.a. mit sozialer Problematik; eindringl. Gesellschaftsanalysen.

Klicpera, Václav Kliment [tschech. 'klitspɛra], * Chlumetz (Ostböhm. Gebiet) 23. Nov. 1792, † Prag 15. Sept. 1859, tschech. Schriftsteller.

Gab den Metzgerberuf auf, studierte und war erfolgreich als Lehrer und Schulleiter tätig. Hauptvertreter des histor.-romant. Dramas in der tschech. Literatur; schrieb auch zahlreiche Lustspiele und Lokalpossen mit lebhafter Handlung; seine histor. Novellistik ist bes. von W. Scott beeinflußt; daneben heitere, witzige Lyrik.

Hauptwerke: Blaník (Trag., 1813), Valdek (Trag., 1822), Točník (Nov., 1828).

Klikspaan [niederl. 'klɪkspa:n] ↑ Kneppelhout, Johannes.

Klíma, Ivan [tschech. 'kli:ma], * Prag 14. Sept. 1931, tschech. Schriftsteller.

Studierte Bohemistik und Literaturwissenschaft, Redakteur, später freier Schriftsteller; begann mit Reportagen über die Slowakei (1960), es folgten eine Monographie über Karel Čapek (1962), ein Roman, Erzählungen und das Drama „Ein Schloß" (dt. 1965), dessen Titel und Metaphern an Kafka erinnern; scharfe Gesellschaftskritik.

Klingemann, Ernst August Friedrich, * Braunschweig 31. Aug. 1777, † ebd. 25. Jan. 1831, dt. Schriftsteller.

Studierte Rechtswissenschaft und Philosophie in Jena, hörte Fichte, Schelling und A. W. Schlegel; Theaterdirektor in Braunschweig, wo er am 19. Jan. 1829 zum erstenmal Goethes „Faust" öffentl. aufführte. Er selbst schrieb romant. Dramen und Ritterromane; Schriften über die Schauspielkunst.

Hauptwerke: Wildgraf Eckard von der Wölpe (R., 1795), Martin Luther (Dr., 1809), Faust (Trag., 1815).

Literatur: Burath, H.: *A. K. u. die dt. Romantik. Braunschweig 1948.*

Klingen, Walther von ↑ Walther von Klingen.

Klinger, Friedrich Maximilian (seit 1780) von, * Frankfurt am Main 17. Febr. 1752, † Dorpat 9. März 1831, dt. Dramatiker.

Wuchs in ärml. Verhältnissen auf, war mit Goethe befreundet, der ihn während des Jurastudiums in Gießen unterstützte; 1776 Besuch bei Goethe in Weimar, reiste dann als Schauspieler und Theaterdichter mit der Seylerschen Truppe; 1780 russ. Offizier, als Kurator der Universität in Dorpat (1803–17) wichtiger Vermittler dt. Kultur. Mit J. M. R. Lenz bedeutendster und fruchtbarster Dramatiker des Sturm und Drangs, dem er mit seinem gleichlautenden, 1776 gedruckten Drama (ursprüngl. Titel „Wirrwarr", von Ch. Kaufmann umbenannt) die Epochenbezeichnung gab. Die Themen seiner frühen Dramen waren ebenso neu wie deren stilist. Gestaltung; elementare, kraftgenial. Leidenschaftsausbrüche manifestieren sich in einer unbändigen, übersteigerten Sprache und in revolutionärer Form; die Fülle einander jagender Szenen kennt keine Grenze; jede Einheit ist aufgelöst. Später bemühte sich K. um einen harmon. Ausgleich und zuchtvoll gemäßigte Sprache; unter dem Einfluß der Ideen Rousseaus entstanden eine Reihe philosoph. Romane, die mehr des Gehaltes als der Gestaltung wegen der Klassik nahekamen.

Weitere Werke: Otto (Dr., 1775), Das leidende Weib (Dr., 1775), Simsone Grisaldo (Dr., 1776), Die Zwillinge (Dr., 1776), Fausts Leben, Taten und Höllenfahrt (R., 1791), Geschichte Giafars des Barmeciden (R., 1792–94), Geschichte eines Deutschen der neuesten Zeit (R., 1798).

Ausgaben: F. M. K. Werke. Ausgew. u. eingel. v. H. J. Geerdts. *Weimar ²1964. 2 Bde. – F. M. K. Sämmtl. Werke in 12 Bden. Stuttg. u. Tüb. 1842.*

Literatur: Hering, Ch.: *F. M. K. Der Weltmann als Dichter. Bln. 1966.* – Zilk, G.: *Faust u. Antifaust. Eine Studie zum Denken u. Dichten F. M. K.s. Diss. Mchn. 1965.* – Smoljana, O.: *F. M. K. Leben u. Werk. Dt. Übers. Weimar 1962.* – ↑ auch Gerstenberg, Heinrich Wilhelm von, ↑ Wagner, Heinrich Leopold.

Klinger, Kurt, * Linz 11. Juli 1928, östr. Schriftsteller.

Dramaturg in Linz, seit 1961 in Düsseldorf und seit 1964 in Frankfurt am Main. In Lyrik, Hörspiel und Drama besondere Anteilnahme am Schicksal der Heimgesuchten; starkes sprachl. und formales Können.

Hauptwerke: Harmonie aus Blut (Ged., 1951), Der goldene Käfig (Dr., 1952), Odysseus muß wieder reisen (Dr., 1954), Das kleine Weltkabarett (Dr., 1958), Die neue Wohnung (Lsp., 1960), Die vierte Wand (En., 1966).

Klingnau, Steinmar von ↑ Steinmar von Klingnau.

Klipstein, Editha, geb. Blaß, * Kiel 13. Nov. 1880, † Laubach (Oberhessen) 27. Mai 1953, dt. Schriftstellerin.

Ausbildung zur Malerin, heiratete den Maler Felix K. († 1941); Essayistin und Erzählerin; von frz. Prosaisten beeinflußt, fand sie zum eigenen literar. Schaffen.

Hauptwerke: Anna Linde (R., 1935), Die Bekanntschaft mit dem Tode (R., 1947), Das Hotel in Kastilien (Nov., 1951).

Klitgaard, Mogens [dän. 'klidgɔ:'r], * Kopenhagen 23. Aug. 1906, † Århus 23. Dez. 1945, dän. Schriftsteller.

Früh Waise, verschiedene Berufe, unruhiges Wanderleben in Europa. Mitglied der Widerstands-

bewegung, mußte 1943 nach Schweden flüchten. Mit nüchternem Realismus im Stil Falladas werden Menschen und Probleme unter sozialem Blickwinkel beobachtet.
Hauptwerke: Der sidder en mand i en sporvogn (R., 1937), Gud mildner luften for de klippede får (R., 1938), Den guddommellige hverdag (R., 1942).

Kljujew, Nikolai Alexandrowitsch; tl.: Kljujev, Nicolaj Aleksandrovič [russ. 'kljujɪf], * Wytegra 1887, † in Sibirien 1937, russ.-sowjet. Dichter.
Bäuerl. Herkunft; originellster und interessantester russ. Bauerndichter; vom Symbolismus beeinflußt; regte u.a. Blok an und wirkte nachhaltig auf Jessenins Dichtung; eine wesentl. Rolle spielte für K. das Volkstum und die vielschichtigen volkstüml. religiösen Überlieferungen seiner nordruss. Heimat. Seine offensichtl. Verbitterung über die Folgen der Revolution für die Bauern gab Anlaß zu seiner Deportation; starb wahrscheinl. im Straflager.

Kloepfer, Hans ['klœpfər], * Eibiswald (Steiermark) 18. Aug. 1867, † Köflach (Steiermark) 27. Juni 1944, östr. Schriftsteller.
Arzt in Köflach; Erzähler und Lyriker, bekannter steir. Mundartdichter. Seine Dichtung wurzelt in seiner Heimat, sie ist stimmungsreich und von verhaltener Schönheit.
Hauptwerke: Vom Krainachboden (En., 1912), Aus dem Sulmtale (En., 1922), Aus alter Zeit (En., 1933), Was mir die Heimat gab (1936), Gedichte in steir. Mundart (1924), Steir. Geschichten (1937).

Klonowicz, Sebastian Fabian [poln. klɔ'nɔvitʃ], Pseudonym Acernus, * Sulmirschütz um 1545, † Lublin 29. Aug. 1602, poln. Dichter.
Nach jurist. Ausbildung in öffentl. Ämtern tätig; schrieb poln. und lat.; bedeutendster poln. Satiriker des 16. Jh.s und führender Vertreter der beschreibenden Dichtung; bes. in seinem Hauptwerk „Victoria deorum" (1587), einer Adelssatire, erweist er sich als bed. Zeitkritiker.

Kloos, Willem Johan Theodoor [niederl. klo:s], * Amsterdam 6. Mai 1859, † Den Haag 31. März 1938, niederl. Lyriker und Essayist.
Studierte klass. Philologie in Amsterdam, Mitbegründer der Zeitschrift „De nieuwe Gids", führender Theoretiker der Tachtigers, trat für die Verwirklichung ästhet. Formen in der Dichtkunst ein. Formstrenge, meisterhafte sprachl. Gestaltung und eine leidenschaftl. Liebe zum Ästhet. kennzeichnen seine Lyrik, in der er sich v.a. des Sonetts bediente; auch bed. Kritiker.
Hauptwerke: Verzen I (1894), Nieuwe Verzen (1895), Verzen II (1902), Verzen III (1913).

Klopstock, Friedrich Gottlieb, * Quedlinburg 2. Juli 1724, † Hamburg 14. März 1803, dt. Dichter.
Pietist. Erziehung, Schulbesuch u.a. in Schulpforta, Theologiestudium, Mitarbeit an den „Bremer Beiträgen", in denen die ersten drei Gesänge des „Messias" erschienen. Hauslehrer; auf Einladung Bodmers in der Schweiz, Bruch mit Bodmer; Ehrengehalt des dän. Königs, Aufenthalt in Kopenhagen, später in Hamburg. K. ist der dichter. Genius zwischen Barock und Klassik, Wegbereiter jener Einheit von Volkstümlichkeit und Idealität, die sich in der Klassik verwirklicht. In einer Zeit moral.-rationaler, witzig-frivoler oder pietist.-frömmelnder Lebenshaltung wirkte der Ausbruch elementarer, ungeahnter Sprach- und Gefühlsgewalt und der Einbruch des Irrationalen wie eine Offenbarung. Sie bereitete die Dichtung der Empfindsamkeit, des Sturm und Drangs und die moderne Erlebnisdichtung vor. Neu war auch K.s Auffassung vom Dichter als Seher und Erzieher. Das abgegriffene Vokabular der Gelegenheitsdichtung wurde bei ihm wieder zur Sprache von ursprüngl. Leuchtkraft, die Skala dichter. Ausdrucksfähigkeit um kühne Neuprägungen erweitert, das musikal. Element der Sprache (neben dem bildl.) einbezogen. Von weitreichender Bedeutung war K.s Trennung der Dichtersprache von der Alltagssprache. Die Metrik löste er von den frz. Vorbildern und dem von Opitz geforderten alternierenden Versmaß. K. führte den Hexameter ein und paßte ihn der Eigengesetzlichkeit des dt. Sprachrhythmus an. Stufen seiner metr. Leistung sind Ode, Hexameter, freie Rhythmen; v.a. in den freien Rhythmen wird Übereinstimmung von innerem Ausdruck und äußerer Form erreicht. Von epochemachender Bedeutung waren das bibl. Hexameterepos „Der Messias" (1748–73)

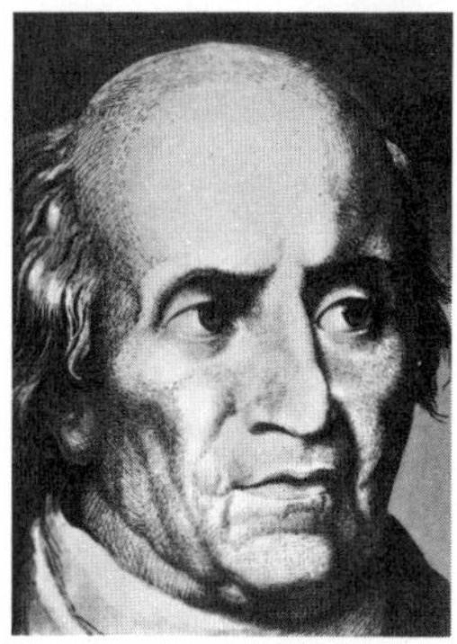
Friedrich Gottlieb Klopstock (Federzeichnung von J. H. W. Tischbein)

und die „Oden" (1771). Das Epos ist aus dem Geist pietist. Empfindsamkeit entstanden, Handlung und Charaktere treten zurück hinter dem Ziel, die Empfindung zu steigern, die Zuhörer zu erheben und zu erschüttern. Bes. die ersten Gesänge wurden begeistert aufgenommen (Bodmer, Wieland, Herder). Bei Abschluß wirkte der „Messias" antiquiert, andere geistige und künstler. Strömungen hatten inzwischen Geltung gewonnen. Die Oden sind von Horaz, Pindar, Milton und Young beeinflußt. In schweren, prunkvollen Rhythmen, getragen von mächtiger Empfindung, von Pathos, überströmender Begeisterung und Phantasie, behandeln sie nur Erhabenes: Vaterland, Freundschaft, Liebe, Gott. Die bekanntesten sind „Die Frühlingsfeier", „Der Zürichersee", „Der Eislauf", „An meine Freunde", „Das Wiedersehen". Weitere Werke K.s stehen im Schatten der beiden großen Schöpfungen. Seine Dramen sind wenig bühnenwirksam, religiöse und vaterländ. Weihespiele (Bardiete) ohne dramat. Bewegung. Im Rückgriff auf german. Mythologie wollte K. einen Ersatz für die griech. Mythologie schaffen. Von den theoret. Schriften (u.a. über Metrik, Poetik, Rechtschreibung und

Etymologie) ist „Die dt. Gelehrtenrepublik" (1774) von besonderer Bedeutung. Im Alter entfremdete er sich der literar. Entwicklung, namentl. der Weimarer Klassik.
Weitere Werke: Der Tod Adams (Trag., 1757), Geistl. Lieder (1758–69), Salomo (Trag., 1764), Hermanns Schlacht (Dr., 1769), Oden und Elegien (1771), David (Trag., 1772), Hermann und die Fürsten (Dr., 1784), Hermanns Tod (Dr., 1787).
Ausgaben: F. G. K. Ausgew. Werke. Hg. v. K. A. Schleiden. *Mchn. ²1962. – F. G. K. Sämmtl. Werke. Stereotyp-Ausg. Lpz. 1844–45. 10 Bde. Neudr. 1854–55. – F. G. K. Sämmtl. Werke. Hg. v.* A. L. Back *u.* A. R. C. Spindler. *Lpz.; Weimar; Stuttg. 1823–39. 18 Bde., 1 Suppl.-Bd., 3 Erg.-Bde.*
Literatur: Schneider, Karl Ludwig: *K. u. die Erneuerung der dt. Dichtersprache im 18. Jh. Hdbg. ²1965.* – Kaiser, G.: *K. Religion u. Dichtung. Gütersloh 1963.* – Schleiden, K. A.: *K.s Dichtungstheorie als Beitrag zur Gesch. der dt. Poetik. Saarbrücken 1954.* – Muncker, F.: *F. G. K. Gesch. seines Lebens u. seiner Schrr. Bln. ²1900.*

Klossowski, Pierre [frz. klɔsɔf'ski], * Paris 1903, frz. Schriftsteller.
Mit Rilke und Gide befreundet; Studium der Scholastik und der Theologie in Lyon und Paris; 1948–50 Mitarbeiter der Zeitschrift „Les Temps modernes"; steht mit seinen Werken zwischen Nietzsche und dem Surrealismus, er variiert immer ein Thema, die Frage nach der vom Christentum geprägten Sexualität.
Hauptwerke: Die Gesetze der Gastfreundschaft (R.-Trilogie, dt. 1966), Der Baphomet (R., dt. 1968).

Klotz, Christian Adolf, * Bischofswerda 13. Nov. 1738, † Halle (Saale) 31. Dez. 1771, dt. Gelehrter und Dichter.
Sohn eines Pastors; studierte in Leipzig und Jena; war Professor in Göttingen und Halle. Seine gehässigen und neid. Angriffe gegen Lessing und Herder ließen seine formal sehr gewandten lat. Verse, seine Anregungen auf verschiedenen Gebieten der Wissenschaft und Geistesgeschichte in Vergessenheit geraten.
Hauptwerke: Opuscula poetica (1766), Über das Studium des Altertums (1766).

Kluge, Alexander, * Halberstadt 14. Febr. 1932, dt. Regisseur und Schriftsteller.
Studierte Rechtswissenschaft (Dr. jur.), Geschichte und Kirchenmusik; Rechtsanwalt, Filmproduzent und -regisseur, Dozent an der Hochschule für Gestaltung in Ulm. Wurde bekannt durch die Erzählungen „Lebensläufe" (1962), eine Auseinandersetzung mit der älteren Generation, die das Dritte Reich überstand. 1964 folgte sein Roman „Schlachtbeschreibung", in dem er die Niederlage von Stalingrad aus verschiedener Sicht beschreibt; auch Filmdrehbücher („Abschied von gestern", 1966; „Die Artisten in der Zirkuskuppel: ratlos", 1968).

Kluge, Kurt, * Leipzig 29. April 1886, † Fort Eben-Emael bei Lüttich 26. Juli 1940, dt. Schriftsteller, Bildhauer und Erzgießer.
Im 1. Weltkrieg Soldat, Kunststudium, Professor für Erzgießerei in Berlin, vielseitige mus. Begabung; begann erst 1929 zu schreiben; unbekümmert um literar. Zeitströmungen, ganz in der Tradition des bürgerl. Realismus stehend und an Jean Paul und W. Raabe erinnernd. Seine Romane, die z.T. autobiograph. Züge tragen, zeichnen sich durch Phantasiereichtum, Gestaltenfülle, humorvolle Weisheit und ep. Ruhe aus. Sein Hauptwerk ist der Roman „Der Herr Kortüm" (1938); er schrieb auch Gedichte, Dramen und kunstwissenschaftl. Abhandlungen.
Weitere Werke: Der Glockengießer Christoph Mahr (R., 1934), Die gefälschte Göttin (E., 1935), Nocturno (E., 1939), Die Zaubergeige (R., 1940), Die Sanduhr (En., Texte, Essays, hg. 1966).
Literatur: Meyer, Hermann: *K. K.: Der Herr Kortüm. In:* Meyer: *Der Sonderling in der dt. Dichtung. Mchn. 1963.* – Sommer, V.: *Der Künstler K. K. u. der schöpfer. Mensch in seiner Dichtung. Diss. Bonn 1953 [Masch.].* – Lauer, H.: *K. K. Der Herr Kortüm: Weltbild u. humorist. Lebensgefühl. Diss. Münster 1947 [Masch.].*

Klytschkow, Sergei; tl.: Klyčkov, Sergej [russ. klɨtʃ'kɔf], eigtl. Sergei Antonowitsch Leschenkow; tl.: Sergej Antonovič Lešenkov, * Dubrowki (Gouv. Twer) 13. Juli 1889, † 21. Jan. 1940, russ.-sowjet. Schriftsteller.
Schrieb zunächst Gedichte, später v.a. Prosa; gehörte zum Kreis der Bauerndichter um Kljujew und Jessenin; fiel wahrscheinl. einer stalinist. Säuberungsaktion zum Opfer. Seine Dichtung enthält viele folklorist. Elemente; von besonderer Bedeutung waren für K. die Volksmärchen und Legenden, deren literar. Wiedererweckung von der offiziellen sowjet. Literaturkritik mißbilligt wurde.

Knapp, Albert, * Alpirsbach 25. Juli 1798, † Stuttgart 18. Juni 1864, dt. ev. Theologe und Kirchenliederdichter.
War Pfarrer in Stuttgart; schrieb religiöse Gedichte und Kirchenlieder, die sich durch klaren Aufbau und tiefes Gefühl auszeichnen.
Hauptwerke: Christl. Gedichte (1829 und 1834), Gedichte (1843), Herbstblüten (Ged., 1859).

Knauth, Joachim, * Halle (Saale) 5. Jan. 1931, dt. Schriftsteller.
Studierte Jura und Germanistik, Dramaturg in Meißen und Berlin (Ost), seit 1962 freier Schriftsteller ebd.; Verfasser von histor. Schauspielen und Komödien, Hör- und Fernsehspielen. Geschichtsdeutung im Sinn des histor. Materialismus in seiner Komödie „Heinrich VIII. oder Der Ketzerkönig" (1960).
Weitere Werke: Der Tambour und sein Herr König (Schsp., UA 1957), Wer die Wahl hat (Kom., 1958), Die Kampagne (Lsp., 1963).

Knebel, Karl Ludwig von, * Wallerstein (Landkreis Nördlingen) 30. Nov. 1744, † Jena 23. Febr. 1834, dt. Lyriker und Übersetzer.
Studierte Rechtswissenschaft, wurde preuß. Offizier, 1774 Hofmeister in Weimar, wo er dem Kreis um Goethe und Herder angehörte; Mitarbeit an den „Horen". Seine lyr. und epigrammat. Versuche stehen hinter seinen Übersetzungen des Properz (1798) und des Lukrez (1821) zurück.

Kneip, Jakob, * Morshausen (Landkreis Sankt Goar) 24. April 1881, † Mechernich (Landkreis Schleiden) 14. Febr. 1958, dt. Schriftsteller.
Sohn eines Bauern, landwirtschaftl. Tätigkeit; Besuch des Priesterseminars in Trier, später Studium der Philologie in Bonn, London und Paris; trat in den höheren Schuldienst ein; gründete mit J. Winckler und W. Vershofen den „Bund der Werkleute auf Haus Nyland"; Mithg. der Zeit-

schrift „Quadriga" (später „Nyland"); befreundet mit G. Engelke und H. Lersch. Heimatliebe, Religiosität und positive Einstellung zur modernen Arbeitswelt bestimmen sein literar. Schaffen, das Gedichte, Romane (z.T. autobiograph. bestimmt) und Essays umfaßt; bes. erfolgreich war der Bauernroman aus dem Hunsrück „Hampit der Jäger" (1927).
Weitere Werke: Bekenntnis (Ged., 1917), Porta Nigra (R., 1932), Feuer vom Himmel (R., 1936), Frau Regine (R., 1941), Weltentscheidung des Geistes am Rhein (Essays, 1953), Johanna, eine Tochter unserer Zeit (E., 1954), Der Apostel (R., 1955).

Kneppelhout, Johannes [niederl. 'knεpəlhout], * Leiden 8. Jan. 1814, † Oosterbeek 9. Nov. 1885, niederl. Schriftsteller.
Studierte Rechtswissenschaft, Freundschaft mit Beets und Hasebroek; schrieb zuerst in frz., später, z.T. unter dem Pseudonym Klikspaan, in niederl. Sprache; volkstüml. wurden seine humorist. Darstellungen des Studentenlebens in den Skizzen „Studententypen" (1841) und „Studentenleven" (1844); später meisterhafte psycholog. Erzählungen.

Kniaźnin, Franciszek Dyonizy [poln. 'knjaʑnin], * Witebsk 4. Okt. 1750, † Końskowola 25. Aug. 1807, poln. Dichter.
Anfangs im zivilen und militär. Dienst tätig, widmete er sich später ganz der literar. Tätigkeit; er schrieb lyr. und dramat. Dichtungen in poln. und lat. Sprache; vertrat einen stark empfindsam gefärbten Klassizismus; zu seinen Vorbildern gehörten Anakreon, Horaz, Geßner und Ossian.

Knickerbocker, Diedrich [engl. 'nɪkəbɔkə] † Irving, Washington.

Knigge, Adolph [Franz Friedrich] Freiherr von, * Schloß Bredenbeck bei Hannover 16. Okt. 1752, † Bremen 6. Mai 1796, dt. Schriftsteller.
Jurastudium in Göttingen, Assessor der Kriegs- und Domänenkammer in Kassel, Gutsbesitzer, weimar. Kammerherr, Oberhauptmann in Bremen; führendes Mitglied des Illuminatenordens; bekannt v.a. durch die aus dem Geist der Aufklärung entstandene Sammlung prakt., z.T. pedant. Lebensregeln „Über den Umgang mit Menschen" (1788, kurz „Knigge" genannt); K. schrieb außerdem Reiseromane („Die Reise nach Braunschweig", 1792), Satiren, Dramen und Traktate; auch Übersetzungen.

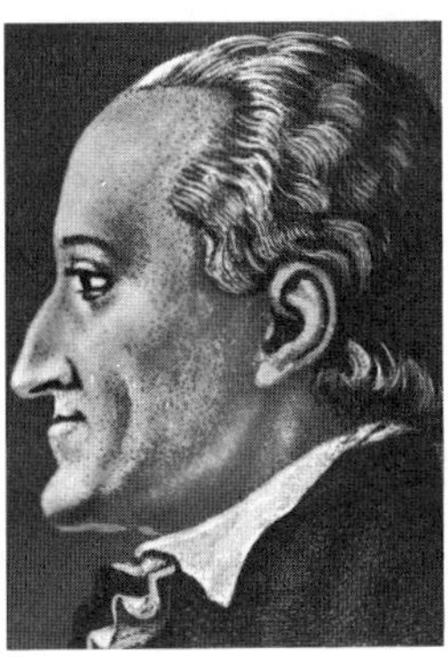

Adolph [Franz Friedrich] Freiherr von Knigge (Kupferstich von G. L. Lahde, 1796)

Weitere Werke: Der Roman meines Lebens (1781–83), Geschichte des armen Herrn von Mildenburg (R., 1784–97).
Ausgaben: A. Frhr. K. Der Traum des Herrn Brick. Essays, Satiren, Utopien. Hg. v. H. Voegt. *Bln. 1968. – Frhr. A. F. F. L. v. K. Schrr. Hann.* *1–11 1804–30. 12 Bde.*
Literatur: Rychner, M.: *A. v. K. In: A. v. K. Über den Umgang mit Menschen. Bremen 1964.* – Zaehle, B.: *K.s Umgang mit Menschen u. seine Vorläufer. Hdbg. 1933.* – Goedeke, K.: *A. Frhr. K. Hann. 1844.*

Knight, Eric Mowbray [engl. naɪt], * Menston bei Leeds 10. April 1897, † Niederl.-Guayana (Flugzeugabsturz) 15. Jan. 1943, engl. Schriftsteller.
Lebte lange in den USA; Interesse für bildende Kunst. K. schrieb heimat- und naturverbundene Romane mit Stoffen aus Yorkshire; optimist. Grundhaltung.
Hauptwerke: Wer verliert, gewinnt (R., dt. 1944), Lassie kehrt zurück (R., dt. 1945).

Knittel, John, eigtl. Hermann K., * Dharwar (Indien) 24. März 1891, schweizer. Schriftsteller.
Sohn eines Missionars aus Basel; u.a. Bankbeamter und Theaterleiter in London, lebt heute abwechselnd in der Schweiz und in Ägypten; schrieb zunächst in engl., später in dt. Sprache zahlreiche, vielgelesene Liebes-, Gesellschafts- und Abenteuerromane, die z.T. verfilmt wurden; auch Theaterstücke.
Hauptwerke: Die Reisen des Aaron West (R., engl. 1920; dt. 1922, 1949 u.d.T. Kapitän West), Der Weg durch die Nacht (R., engl. 1924; dt. 1926), Therese Etienne (R., 1927), Abd-el-Kader (R., 1930), Via mala (R., 1934), El Hakim (R., 1936), Amadeus (R., 1939), Terra magna (R., 1948), Jean Michel (R., 1953), Marietta (R., 1959).
Literatur: Knöll, E.: *J. K. Diss. Wien 1950 [Masch.].*

Knjaschnin, Jakow Borissowitsch; tl.: Knjažnin, Jakov Borisovič [russ. knɪʒ'nin], * Pleskau 14. Okt. 1742, † Petersburg (heute Leningrad) 25. Jan. 1791, russ. Dramatiker.
Entstammte einer Adelsfamilie; zeitweilig als Zivilbeamter und im Militärdienst tätig. Schrieb Tragödien und 4 als seine gelungensten Werke geltende Komödien im Geist des Klassizismus, dessen frz. Vertretern er auch themat. Anregungen verdankt; K. übersetzte Voltaire, Corneille u.a.; seine polit. Aggressivität wurde bes. in der 1793 öffentl. verbrannten Tragödie „Wadim Nowgorodski" (1793) deutl., in der er die zarist. Autokratie angriff. Auch Gedichte und Libretti für kom. Opern.

Knöller, Fritz, * Pforzheim 13. Jan. 1898, † München 30. März 1969, dt. Schriftsteller.
Studierte in Heidelberg, Freiburg i.Br. und München; lebte zuletzt als freier Schriftsteller in München; schrieb vorwiegend Komödien, auch Lyrik und Erzählungen; bearbeitete Komödien Goldonis, Holbergs u.a.
Hauptwerke: So und so, so geht der Wind (Kom., 1926), Männle (R., 1934), Stadt ohne Vergangenheit (R., 1961).

Knoop, Gerhard Ouckama, Pseudonym Gerhard Ouckama, * Bremen 9. Juni 1861, † Innsbruck 6. Sept. 1913, dt. Schriftsteller.

Studierte Chemie, lebte längere Zeit in Moskau; später in München; neuromant. Erzähler mit humorvollen, satir., psycholog. motivierten, feinsinnigen Romanen.
Hauptwerke: Die Dekadenten (R., 1898), Die Grenzen (R., 1903–05), Nadeshda Bachini (R., 1906), Die Hochmögenden (R., 1912).

Knorring, Sophie Margareta von [schwed. ˌknɔriŋ], geb. von Zelow, * Gräfsnäs (Västergötland) 29. Sept. 1797, † Skålltorp bei Skara 13. Febr. 1848, schwed. Schriftstellerin.
Tochter eines Majors und späteren Hofmarschalls; erwies ihre literar. Stärke in der Schilderung des Lebens des schwed. Landadels. Ihr literar. Werk, von ungleichem künstler. Wert und mit starker Neigung zum Sentimentalen, enthält den ersten schwed. Bauernroman: „Torparen och hans omgivning" (1843).

Knowles, James Sheridan [engl. noʊlz], * Cork 12. Mai 1784, † Torquay 30. Nov. 1862, engl. Dramatiker.
Studierte zunächst Medizin, wandte sich aber bald der Literatur zu; schrieb äußerst erfolgreiche und zu einer Zeit des Verfalls der dramat. Kunst relativ hochwertige Dramen; war auch Schauspieler; wurde 1843 Baptistenprediger.
Hauptwerke: Caius Gracchus (Dr., 1815), Virginius (Dr., 1820), The hunchback (Dr., 1832), The love chase (Dr., 1837).

Knox, Ronald Arbuthnott [engl. nɔks], * Kibworth Beauchamp (Leicester) 17. Febr. 1888, † Mells (Somerset) 24. Aug. 1957, engl. Schriftsteller.
Sohn eines anglikan. Bischofs; konvertierte zum Katholizismus, seit 1919 Priester und 1926–39 Seelsorger in Oxford; danach Arbeit an einer Vulgata-Übersetzung. Nahm publizist. zu religiösen Problemen Stellung. K. schrieb meist satir. Unterhaltungsromane und einfallsreiche Kriminalromane.

Knudsen, Jakob [dän. ˈknusən], * Rødding 14. Sept. 1858, † Birkerød 21. Jan. 1917, dän. Schriftsteller.
Sohn eines Pfarrers, studierte Theologie und wurde Lehrer an der Volkshochschule in Askov, 1890–96 Pfarrer in Mellerup bei Randers, seit 1901 freier Schriftsteller. K. war Anhänger N. Grundtvigs. Er ging aus von der natürl. Ungleichheit des Menschen, lehnte jede Art von liberalem Humanismus ab, wandte sich v.a. gegen die Frauenemanzipation und gegen demokrat. Einrichtungen. Er trat für eine individuelle Entfaltung der Persönlichkeit und für ein „persönl." Verhältnis des einzelnen zu Gott ein. Seine Themen wählte er meist aus dem bäuerl. Lebensbereich. Als Meister der Charakterzeichnung erwies er sich in dem zweiteiligen Lutherroman „Angst" und „Mut" (dt. 1914).
Weitere Werke: Der alte Pfarrer (R., 1898; dt. 1910), Anders Hjarmstedt (R., 1903; dt. 1908), Fortschritt (R., dt. 1909).

Kobell, Franz Ritter von [...bəl], * München 19. Juli 1803, † ebd. 11. Nov. 1882, dt. Mineraloge und Schriftsteller.
Studierte Rechtswissenschaft, dann Mineralogie; Professor in München; Erfinder der Galvanographie (Tiefdruckverfahren); schrieb Gedichte, auch in oberbayr. und pfälz. Mundart, Volksstücke und humorvolle Jagdgeschichten.
Hauptwerke: Gedichte in hochdt., oberbayr. und pfälz. Mundart (1839–41), Schnadahüpfeln und Sprüchln (1846).

Kobyljanskaja, Olga Julianowna; tl.: Kobyljanskaja, Ol'ga Julianovna [russ. kɐbɨˈljanskɐjɐ], * Gura-Gumora (Bukowina) 27. Nov. 1863, † Tschernowzy 21. März 1942, ukrain. Schriftstellerin.
Von den Nationalsozialisten verfolgt; starb vor der Verurteilung durch ein dt. Militärgericht. Stellte in lyr., euphon. Prosa Frauengestalten dar; ihre Romane und Erzählungen sind durch impressionist. Stil und feinsinnige Gestaltung der psych. Regungen ihrer Charaktere gekennzeichnet; bed. ihre Naturdarstellung.

Koch, Eoban ↑ Hessus, Helius Eobanus.

Koch, Martin [schwed. kɔk], * Stockholm 23. Dez. 1882, † Hedemora 22. Juni 1940, schwed. Schriftsteller.
Gymnasium, Anstreicher, studierte dann an der Kunstakademie; später Journalist, zeitweise Auslandskorrespondent. Seine Romane sind nahezu Berichte über soziale Fragen, von naturalist. Schärfe in Themenbehandlung und Sprache. Sein bedeutendstes Werk, „Guds vackra värld" (1916), ist eine erschütternde Darstellung des Schicksals dreier Generationen einer Bauernfamilie im Schatten der Industrialisierung; K. schrieb auch Gedichte, die er selbst vertonte.
Weitere Werke: Arbetare (R., 1912), Timmerdalen (R., 1913), Mauritz (R., 1939).

Kochanowski, Jan [poln. kɔxaˈnɔfski], * Sycyna bei Radom 1530, † Lublin 22. Aug. 1584, poln. Dichter.
Während des Studiums in Frankreich und Italien starke Einflüsse bes. der italien. Literatur; in Polen zeitweise im Dienst des Königs. Bes. von Petrarca, aber auch von Ronsard beeinflußter Dichter der Renaissance: Begründer der nationalen poln. Dichtung; schrieb, der humanist. Tradition entsprechend, lat. Dichtungen in subtilem Stil; seine bedeutenderen Werke sind jedoch in poln. Sprache abgefaßt, deren poet. Möglichkeiten er als erster erkannte und verwertete. Auch die Volksdichtung hatte bestimmenden Einfluß auf K.s Werk, von dem seine Psalmennachdichtung (1578) und die Klagelieder auf den Tod seiner Tochter (1580) genannt werden müssen. K. schrieb ferner polit. Klagedichtungen, Epigramme, panegyr. Lyrik, kurze Gedichte erot., satir. und philosoph. Inhalts u.a.; ferner die Tragödie „Die Abfertigung der griech. Gesandten" (1578, dt. 1929); ausgewählte Werke wurden ins Deutsche übersetzt.
Literatur: Jastrun, M. (d.i. Mieczysław Agatstein): *Poet u. Hofmann. Ein Bild des poln. Dichters J. K. Dt. Übers. Bln. 1957.* – Langlade, J.: *J. K., l'homme, le penseur, le poète lyrique. Paris 1932.*

Kochanowski, Piotr [poln. kɔxaˈnɔfski], * Sycyna bei Radom 1566, † Krakau 1620, poln. Dichter.
Neffe Jan K.s, abenteuerl. Leben als Malteserritter, lernte in Italien die italien. Dichtung kennen. Seine dem Original nicht ganz nahekommende Übersetzung des „Befreiten Jerusalem" von Tasso, die 1618 gedruckt wurde, gilt als bedeutendste Übersetzungsleistung der poln. Dichtung; K. erschloß der poln. Literatur die Gattung des Ritterepos; vorbildl. wurde v.a. die Stanze als Strophe der poln. Epik; seine Übersetzung

von Ariostos „Rasendem Roland" wurde 1905 gedruckt.

Kochowski, Wespazjan [poln. kɔ'xɔfski], * Gaj (Kielce) 1633, † Krakau 6. Juni 1700, poln. Dichter.
Als Historiograph im Dienst Jan Sobieskis; Teilnahme an verschiedenen Kriegen, u.a. an der Rettung Wiens bei der Türkenbelagerung 1683. Hervorragender Vertreter der gegenreformator. Dichtung Polens mit zunehmender Neigung zur Mystik; starke patriot. Tendenz; schrieb u.a. panegyr. Dichtung, Kriegslieder, Oden, Epigramme und religiöse Werke; seine „Psalmodia polska" (1693) entstand nach dem Vorbild der Psalmenparaphrase J. Kochanowskis; sein „Annalium Poloniae ..." (1683 ff.) ist ein eigenwilliges histor. Werk.

Kočić, Petar [serbokroat. 'kɔtʃitɕ], * Stričići (Bosnien) 29. Juni 1877, † Belgrad 28. Aug. 1916, serb. Schriftsteller.
Im Lehramt tätig; Gründer zweier Zeitschriften, Redakteur; als Abgeordneter antihabsburg. orientiert, daher mehrmals in Haft; starb in geistiger Umnachtung. Sein Erzählwerk vermittelt ein realist. Bild des harten Lebens der bosn. Bauern unter der östr. Verwaltung; häufig satir. Darstellung seiner Stoffe; das aggressiv-satir. Drama „Jazavac pred sudom" (= Der Dachs vor Gericht, 1904), das Mängel der Justiz aufdeckt, wird noch heute aufgeführt.

Kocjubinskij † Kozjubinski.

Kock, Charles Paul de [frz. kɔk], * Passy (heute zu Paris) 21. Mai 1793, † Paris 29. Aug. 1871, frz. Schriftsteller niederl. Abkunft.
Begann schon als Banklehrling zu schreiben; schilderte in seinen außerordentl. populären und zahlreichen, im In- und Ausland verbreiteten Romanen die Welt des [Pariser] Kleinbürgers: „Gustav oder der Bruder Liederlich" (1821, dt. 1837), „Monsieur Dupont" (1824), „Die Jungfrau von Belleville" (dt. 1838), „Pariser Sitten" (dt. 1839), „Der Mann mit drei Hosen" (dt. 1843); K. war auch mit Melodramen und Vaudevilles erfolgreich (u.a. „Madame de Valnoir", 1814).

Kočkurov, Nikolaj Ivanovič † Wessjoly, Artjom.

Koda, Rohan; tl.: Kôda, Rohan [jap. ko:da], eigtl. Koda Narijuki; tl.: Kôda Nariyuki, * Tokio 26. Juli 1867, † Ischikawa 30. Juli 1947, jap. Lyriker und Erzähler.
Entstammte einer jap. Samuraifamilie, war Journalist, später Universitätsdozent; seine v.a. in der Vergangenheit spielenden Erzählungen, vom europ. Idealismus mitbestimmt, zeichnen sich durch geschickte psycholog. Motivierung aus; bekannt ist die Erzählung „Die fünfstöckige Pagode" (1891, dt. 1961).

Kodschiki; tl.: Kojiki [jap. kodʒiki], ältestes überliefertes jap. Literaturdenkmal; 712 von dem Gelehrten O no Jasumaro im Auftrag der Kaiserin Gemmio Tenno mit chin. Schriftzeichen in jap. Sprache verfaßt; in 3 Bänden werden Mythologie, Sagen und eine Reichsgeschichte bis 628 dargestellt, in den Text sind 111 Gesänge, die ältesten überlieferten Poesiedenkmäler der jap. Literatur, eingestreut; Quellenwerk des Schintoismus.

Koenig, Alma Johanna ['kø:nɪç], Pseudonym Johannes Herdan, * Prag 18. Aug. 1887, seit 27. Mai 1942 verschollen († KZ Minsk?), östr. Schriftstellerin.
War ⚭ mit Baron von Ehrenfels; stellte in ihren Romanen Allzumenschliches dar und wählte dazu gern einen histor. Hintergrund; schrieb leidenschaftl. Liebesgedichte in klass. Versmaß.
Hauptwerke: Die Windsbraut (Ged., 1918), Der hl. Palast (R., 1922), Die Lieder der Fausta (Ged., 1922), Geschichte von Half dem Weibe (R., 1924), Liebesgedichte (1930), Leidenschaft in Algier (R., 1931), Sonette für Jan (Ged., 1946), Der jugendl. Gott (R., 1947), Sahara (Novellen, 1951).

Koeppen, Wolfgang ['kœpən], * Greifswald 23. Juni 1906, dt. Schriftsteller.
Verschiedene Berufe, studierte Theaterwissenschaft, Literaturgeschichte und Philosophie; Dramaturg, Schauspieler, Redakteur; ausgedehnte

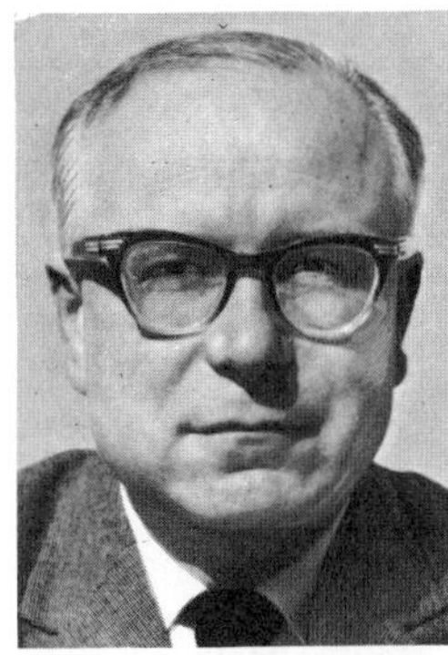

Wolfgang Koeppen

Reisen, längere Zeit in den Niederlanden. Schrieb seit 1951 v.a. zeitkrit. Romane, die die reichen stilist. und techn. Fähigkeiten des Autors bezeugen; auch Filmdrehbücher und reportagehafte Reiseberichte.
Hauptwerke: Eine unglückl. Liebe (R., 1934), Die Mauer schwankt (R., 1935, 1939 u.d.T. Die Pflicht), Tauben im Gras (R., 1951), Das Treibhaus (R., 1953), Der Tod in Rom (R., 1954), Nach Rußland und anderswohin (Reisebericht, 1958), Amerikafahrt (Reisebericht, 1959), Reisen nach Frankreich (Reisebericht, 1961).
Literatur: Jens, W.: *Melancholie u. Moral. Rede auf W. K. Stuttg. 1963.* – Reich-Ranicki, M.: *Der Zeuge K. In:* Reich-Ranicki: *Dt. Lit. in Ost u. West. Prosa seit 1945. Mchn. 1963.*

Koestler, Arthur ['kœstlər, engl. 'kɛstlə], * Budapest 5. Sept. 1905, engl. Schriftsteller ungar. Herkunft.
Sohn eines jüd. Kaufmanns; studierte an der TH, daneben Philosophie und Literaturwissenschaft an der Universität Wien. Ging 1926 als Zionist nach Palästina; Auslandskorrespondent im Nahen Osten; 1932/33 Aufenthalt in der UdSSR, 1931–37 Mitglied der KP; Berichterstatter für „News Chronicle" auf republikan. Seite im Span. Bürgerkrieg, wurde gefangengenommen und begnadigt. Bei Kriegsausbruch 1939 war er in Frankreich interniert, floh über Portugal nach England und wurde Kriegsberichterstatter. K. lebt in London. Sein literar. Werk (in dt. und engl. Sprache) umfaßt Romane mit polit. oder eth. Problemen (wesentl. seine Auseinander-

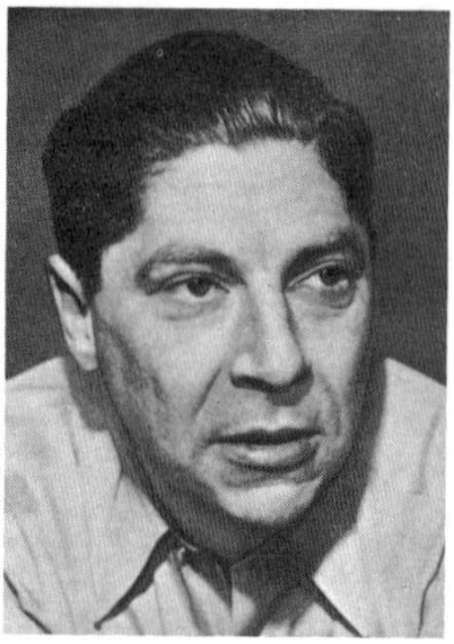

Arthur Koestler

setzung mit dem Kommunismus), spannende Berichte, Reportagen und Sachbücher.
Hauptwerke: Sonnenfinsternis (R., 1940; dt. 1948), Ein Mann springt in die Tiefe (R., dt. 1945), Der Yogi und der Kommissar (Essays, dt. 1950), Diebe in der Nacht (R., dt. 1949), Gottes Thron steht leer (dt. 1951), Pfeil ins Blaue (Autobiogr., dt. 1953), Die Geheimschrift (Autobiogr., dt. 1955), Von Heiligen und Automaten (Bericht, dt. 1961), Der göttl. Funke (Essays, dt. 1966), Das Gespenst in der Maschine (dt. 1968).
Literatur: Huber, P. A.: *A. K. Das literar. Werk. Zürich 1962.*

Kogălniceanu, Mihail [rumän. kogəlni'tʃeanu], * Jassy 6. Sept. 1817, † Paris 2. Juli 1891, rumän. Schriftsteller.
Historiker und Politiker; studierte Rechtswissenschaft und Geschichte in Lunéville und Berlin; kehrte 1838 nach Rumänien zurück; gründete die Zeitschrift „Dacia literară" und war Mitarbeiter zahlreicher anderer histor. und literar. Zeitschriften; 1843 Professor für Geschichte in Jassy; aktive Teilnahme bei der Revolution von 1848, dann Exil in Paris; 1855 Rückkehr in die Moldau, setzte sich für die Union und die Wahl von A. I. Cuza ein; 1860/61 Ministerpräsident der Moldau, 1863–65 von Rumänien; zog sich nach Cuzas Sturz bis 1877 aus der Politik zurück; vertrat 1878 sein Land auf dem Berliner Kongreß; veröffentlichte 1837 in frz. Sprache „Esquisse sur l'histoire, les mœurs et la langue des Cigains, connus en France sous le nom de Bohémiens" und den ersten Band einer Geschichte, in denen er den Rumänen ihre vergangenen Epochen vorführt, „Histoire de la Valachie, de la Moldavie et des Valaques transdanubiens"; in dt. Sprache erschien ebenfalls 1837 „Rumän. oder wallach. Sprache und Literatur".

Koheleth ↑ Bibel.

Kohout, Pavel [tschech. 'kohou̯t], * Prag 20. Juli 1928, tschech. Schriftsteller.
Schrieb zunächst polit. und Liebesgedichte, wandte sich dann der Dramatik zu; schrieb eigene Stücke, Dramatisierungen („Josef Schwejk", Dr. nach J. Hašek, dt. 1967) und Hörspiele, auch Regisseur.
Weitere Werke: Reise um die Erde in 80 Tagen (Dr., dt. 1964), Solche Liebe (Dr., dt. 1958, 1967 u. d. T. So eine Liebe), Der Krieg mit den Molchen (Dr., dt. 1967), August August, August (Dr., 1968), Aus dem Tagebuch eines Konterrevolutionärs (dt. 1969).

Koidula, Lydia, eigtl. L. Emilis Florentine Jannsen, * Vändra 24. Dez. 1843, † Kronstadt (Rußland) 11. Aug. 1886, estn. Dichterin.
Tochter des Lehrers, Journalisten und volkstüml. Schriftstellers Johann Woldemar Jannsen, der ihre literar. Neigungen förderte; Lydia K. verdankt ihren Nachruhm den Verdiensten um das estn. Theater und ihrer Dichtung, die Themen des estn. Kampfes gegen den balt. Adel behandelt; schrieb auch Erzählungen.

Kojiki ↑ Kodschiki.

Kokinwakaschu (Kokinschu); tl.: Kokinwakashû (Kokinshû), erste amtl. jap. Gedichtsammlung, 905–22 im Auftrag des Kaisers Godaigo Tenno von den Gelehrten Ki no Tsurajuki, Ki no Tomonori, Oschikotschi no Mitsune und Mibu no Tadamine zusammengestellt; enthält 1100 Gedichte aus der Zeit seit etwa 760 und ist das klass. Denkmal jap. Lyrik des Mittelalters.

Kokko, Yrjö [finn. 'kokko], * Sortavala 16. Okt. 1903, finn. Schriftsteller.
Tierarzt; geschickter Märchenerzähler und anschaul. darstellender Schilderer Lapplands, dessen naturverbundene Menschen er meisterhaft als Typen erfaßt; tiefes Naturempfinden und feines Einfühlungsvermögen.
Hauptwerke: Singschwan, der Schicksalsvogel (E., dt. 1952), Die Insel im Vogelsee (E., dt. 1960).

Kokoschka, Oskar [ko'koʃka, 'kokoʃka], * Pöchlarn (Niederösterreich) 1. März 1886, östr. Maler und Dichter.
1908/09 Besuch der Kunstgewerbeschule in Wien, 1918–24 Professor an der Kunstakademie in Dresden; lebte nach weiten Reisen seit 1931 in Wien, 1934–38 in Prag, 1938–54 in London, seitdem am Genfer See. K. ist als Maler einer der ersten und bedeutendsten Vertreter des Expressionismus; in seiner Frühzeit auch Dramatiker; bemühte sich, wie in seinen Bildern, durch die äußerl. sichtbare Maske zu dringen und das Wesenhaft-Typische freizulegen. Seine Dichtung ist getragen von ekstat. Ausbrüchen und von bildkräftiger, den Rahmen der Logik sprengender Phantasie; auch Lyrik, Erzählungen, Essays.
Hauptwerke: Sphinx und Strohmann (Dr., 1907, 1917 erweitert u. d. T. Hiob), Die träumenden Knaben (Dichtung, 1908), Der brennende Dornbusch (Dr., 1911), Mörder, Hoffnung der Frauen (Dr., 1916), Der gefesselte Kolumbus (Dichtung, 1916), Orpheus und Eurydike (Dr., 1919).
Ausgabe: O. K. Schrr. 1907–55. Bearb. v. H. M. Wingler. *Mchn. 1956. Tb.-Ausg. Frkf. 1964.*
Literatur: Brandt, R.: *Figurationen u. Kompositionen in den Dramen O. K.s. Mchn. 1968.* – Hodin, J. P.: *O. K. Sein Leben, seine Zeit. Mainz 1968.* – Hoffmann, Edith: *O. K. His life and work. London 1947.*

Kołakowski, Leszek [poln. kou̯a'kofski], * Radom 23. Okt. 1927, poln. Philosoph und Schriftsteller.
Studierte Philosophie in Lodz, Paris und in den Niederlanden, seit 1958 Professor für Philosophiegeschichte an der Warschauer Universität, 1966 aus der poln. KP ausgeschlossen, 1968 während der Studentenunruhen von der Universität entfernt. K. schrieb außer philosoph. Arbeiten Essays, Erzählungen und Theaterstücke. Er ist

krit. Marxist, der sich v.a. mit dem Marxismus sowjet. Prägung und dem Katholizismus auseinandersetzt. In seinen belletrist. Werken stellt er – oft in Parabelform – das Verhältnis von Mensch und übergeordnetem Prinzip (Gottheit, dann übertragen auch [sozialist.] Staat) dar. Dt. liegen vor: „Mensch ohne Alternative" (Essays, dt. 1960), „Der Himmelsschlüssel. Erbaul. Geschichten" (dt. 1965), „Gespräche mit dem Teufel. Acht Diskurse über das Böse und zwei Stücke" (dt. 1968).

Kolar, Slavko [serbokroat. ˌkɔla:r], * Palešnik 1. Dez. 1891, † Agram 15. Sept. 1963, kroat. Schriftsteller.
War Beamter und Funktionär in der Landwirtschaft; 1944 Partisan; nach dem 2. Weltkrieg freier Schriftsteller. Nach Anfängen mit Novellen in der Tradition eines humorist., oft satir. Realismus wandte sich K. einer mehr vom Volkstum geprägten Erzählkunst zu; ferner Jugendbücher und Dramen. Einige seiner Novellen, u.a. „Die Hochzeit des Imbra Futač" (1951) und „Das Narrenhaus" (1966), wurden ins Dt. übersetzt.

Kolas, Jakub [russ. 'kɔlɐs], eigtl. Konstantin Michailowitsch Mizkewitsch; tl.: Konstantin Mihajlovič Mickevič, * Akintschizy bei Minsk 3. Nov. 1882, † Minsk 13. Aug. 1956, weißruss.-sowjet. Dichter.
Trieb als Lehrer folklorist. Studien, denen er wichtige Anregungen verdankte; wurde einer der bedeutendsten weißruss. Dichter und – neben J. Kupala – Begründer der weißruss. Literatursprache; wählte als Lyriker und Erzähler meist folklorist. Themen, pflegte aber auch – bis etwa 1930 ohne stärkere Anlehnung an die offizielle Kulturpolitik der Partei – die von sozialen Problemen bestimmte Dichtung.

Kolb, Annette, eigtl. Anne Mathilde K., * München 2. Febr. 1870, † ebd. 3. Dez. 1967, dt. Schriftstellerin.
Mütterlicherseits frz. Abstammung; trat im 1. Weltkrieg aktiv für den Frieden ein; emigrierte 1933 nach Paris, 1940 in die USA, 1945 Rückkehr nach Europa (Paris, München). Zeitlebens um einen Ausgleich zwischen Deutschland und Frankreich bemühte, feinsinnige, geistreiche Erzählerin und Essayistin, die sich krit. mit Zeiterscheinungen, aber auch kulturellen Themen (Literatur, Musik) auseinandersetzte. Das frz. Element äußert sich am stärksten in den Essays, die z.T. in frz. Sprache geschrieben sind. In den oft autobiograph. Romanen, die die aristokrat. Gesellschaft S-Deutschlands vor dem 1. Weltkrieg darstellen, schildert sie eindringl. und mit feinem psycholog. Geschick Frauenschicksale; auch Übersetzerin („Die Briefe der hl. Catarina von Siena", 1906).
Weitere Werke: Das Exemplar (R., 1913), 13 Briefe einer Deutsch-Französin (1921), Spitzbögen (En., 1925), Daphne Herbst (R., 1928), Die Schaukel (R., 1934), Mozart (Biogr., 1937), Festspieltage in Salzburg und Abschied von Österreich (Erinnerungen, 1938), Franz Schubert (Biogr., 1941), König Ludwig II. und Richard Wagner (R.,1947), Memento (Erinnerungen, 1960), 1907–1964. Zeitbilder (1964).
Literatur: Benyoetz, E.: *A. K. u. Israel. Hdbg. 1969.* – Rauenhorst, D.: *A. K. Ihr Leben u. ihr Werk. Freiburg (Schweiz) 1969.*

Kolbenheyer, Erwin Guido, * Budapest 30. Dez. 1878, † München 12. April 1962, dt. Schriftsteller.
Sohn eines Ungarndeutschen, studierte in Wien (Dr. phil.), freier Schriftsteller. Nach dem 2. Weltkrieg heftig umstrittener Autor (5 Jahre Schreibverbot). In seiner völkischen, antiindividualist. und antikirchl. Einstellung Berührungspunkte mit der Ideologie des Nationalsozialismus. K. schrieb vorwiegend histor. Dramen und histor.-biograph. Romane, in denen er auch sprachl. (Verwendung einer an das Lutherdeutsch angelehnten Sprache in den Romanen) um Einfühlung in die Geisteswelt der dargestellten Epoche bemüht ist. Seine Lyrik ist dunkel und stark gedankl. bestimmt.
Hauptwerke: Giordano Bruno (Dr., 1903, 1929 u. d. T. Heroische Leidenschaften), Amor Dei (R., 1908), Meister Joachim Pausewang (R., 1910), Montsalvasch (R., 1912), Die Bauhütte. Elemente einer Metaphysik der Gegenwart (Abhandlung, 1925), Das Lächeln der Penaten (R., 1927), Paracelsus (R.-Trilogie, 1927/28; einzeln: Die Kindheit des Paracelsus, 1917; Das Gestirn des Paracelsus, 1922; Das dritte Reich des Paracelsus, 1926), Jagt ihn – ein Mensch (Dr., 1931), Gregor und Heinrich (Dr., 1934), Das gottgelobte Herz (R., 1938), Vox humana (Ged., 1940), Sebastian Karst über sein Leben und seine Zeit (Autobiogr., 1957/58).
Ausgaben: E. G. K. Gesamtausg. der Werke letzter Hand. In 2 Abt. zu je 7 Bden. Nürnb.; Darmst. 1957ff. – E. G. K. Ges. Werke in 8 Bden. Mchn. 1938–41.
Literatur: White, A. D.: *The development of the thought of E. G. K. from 1901 to 1934. Diss. Oxford 1967 [Masch.].* – Koch, F.: *K. Gött. 1953.* – Wandrey, K.: *K. Der Dichter u. der Philosoph. Mchn. 1934.*

Kolbenhoff, Walter, eigtl. W. Hoffmann, * Berlin 20. Mai 1908, dt. Schriftsteller.
Sohn eines Arbeiters, wurde Fabrikarbeiter, zog als Vagabund durch Europa, Kleinasien und Nordafrika, 1933 Emigration nach Dänemark, wurde 1942 Soldat der dt. Wehrmacht, nach dem Krieg Redakteur, dann freier Schriftsteller. Setzte sich in Romanen und Hörspielen v.a. mit sozialen Problemen und Zeiterscheinungen auseinander.
Hauptwerke: Untermenschen (R., 1933), Von unserem Fleisch und Blut (R., 1947), Heimkehr in die Fremde (R., 1949), Die Kopfjäger (R., 1960).

Kol'cov ↑ Kolzow.

Kölcsey, Ferenc [ungar. 'kølʧɛi], * Sződemeter 8. Aug. 1790, † Cseke 24. Aug. 1838, ungar. Dichter.
Stammte aus einer Adelsfamilie, studierte in Debreczin, umfassend klass. gebildet; Vizenotar, später Obernotar in Sathmar und Abgeordneter. Liberaler Führer der sog. Reformbewegung; befreundet mit Kazinczy, dem er sich im Kampf um die Spracherneuerung anschloß, und P. Szemere, mit dem er 1826 die literar.-krit. Zeitschrift „Élet és Literatura" herausgab; setzte sich für eine nationale Literatur ein; als Dichter vertrat er nach anfängl. sentimental. Pessimismus mit tiefem Pathos die Ideale des nationalen Selbstbewußtseins, der Unabhängigkeit und des Fortschritts; schuf den Text der ungar. Nationalhymne; später Annäherung an die Volksdichtung; auch Übersetzer.

Kollár, Ján [slowak. 'kɔla:r], * Mošovce (Westslowak. Gebiet) 29. Juli 1793, † Wien 24. Jan. 1852, slowak. Dichter und Gelehrter.
Studierte Theologie in Jena, wurde ev. Geistlicher; seit 1849 Professor für slaw. Archäologie in Wien. Wurde unter dem Einfluß v.a. dt. Geistesströmungen zum Begründer des romant. Panslawismus ohne polit. Absicht, sondern mehr literarisch. Sein poet. Hauptwerk ist der Sonettenzyklus „Slávy dcera" (= Die Tochter der Slava, 1824, erweitert 1832), der erot. Motive gestaltet und ebenfalls panslawist. Gedankengut enthält; sammelte Volkslieder.

Kollontai, Alexandra Michailowna; tl.: Kollontaj, Aleksandra Mihajlovna [russ. kɐllan'taj], * Petersburg (heute Leningrad) 31. März 1872, † Moskau 9. März 1952, russ.-sowjet. Schriftstellerin.
Schloß sich früh der sozialist. Bewegung an, hatte nach der Oktoberrevolution hohe polit.-diplomat. Ämter inne (u.a. 1930–45 Botschafterin in Schweden). Ihre publizist. und literar. Veröffentlichungen behandeln die Frauenfrage vom Standpunkt der überzeugten Kommunistin aus.
Hauptwerke: Die neue Moral und die Arbeiterklasse (Studie, dt. 1920), Wege der Liebe (En., dt. 1925).

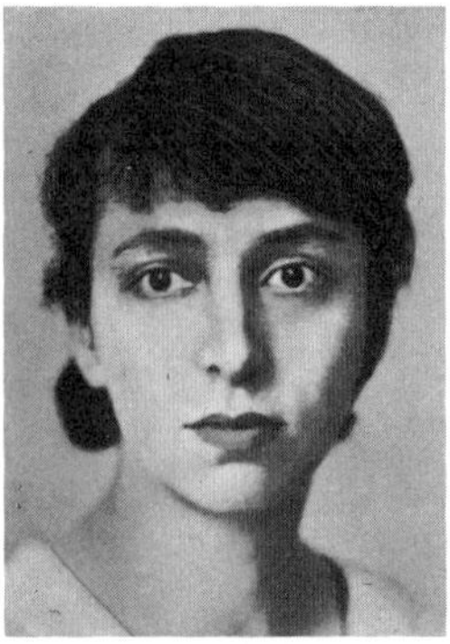
Gertrud Kolmar

Kolluthos, griech. Dichter des 5./6. Jh.s aus Lykopolis in Ägypten.
Erhalten ist das bes. Nonnos verpflichtete Gedicht in 394 streng gebauten Hexametern „Raub der Helena".

Kolmar, Gertrud, eigtl. G. Chodziesner, * Berlin 10. Dez. 1894, † 1943 (?), dt. Lyrikerin.
Tochter eines jüd. Strafverteidigers aus Kolmar in Posen, Sprachlehrerin, Dolmetscherin im 1. Weltkrieg, Erzieherin in Dijon, unterrichtete taubstumme und kranke Kinder. 1943 verschleppt und seither verschollen. Ihre bildhafte, dunkle Lyrik, von der zu ihren Lebzeiten nur wenig erschienen ist, stand abseits jeder literar. Strömung; neben visionären Naturgedichten und Gedichten über histor. Themen stehen solche mit balladen- und volksliedhaften Tönen. Sie schrieb auch Erzählungen und Dramen.
Werke: Gedichte (1917), Preuß. Wappen (Ged., 1934), Die Frau und die Tiere (Ged., 1938), Welten (Ged., hg. 1947), Eine Mutter (E., hg. 1965).
Ausgabe: G. K. Das lyr. Werk. Mchn. 1960.

Kolozsvári Grandpierre, Emil [ungar. 'kolozva:ri, frz. grã'pjɛ:r], * Klausenburg 15. Jan. 1907, ungar. Schriftsteller.
Stellt in humorist.-satir. Romanen und Novellen im Spiegel einfacher und komplizierter Charaktere gesellschaftl. Verhältnisse dar. K. G.s Vorbild ist der frz. analyt. Roman. Charakterist. für sein Werk sind feine Ironie, die psycholog. tiefe Darstellung, v.a. der Frauengestalten, und die Betonung des Erotischen.
Hauptwerke: Die Balaniden der Adria (R., dt. 1948), Der Sternäugige (R., dt. 1956).

Kölwel, Gottfried ['kœlvəl], * Beratzhausen bei Regensburg, 16. Okt. 1889, † München 21. März 1958, dt. Schriftsteller.
Studierte Philosophie in München, freier Schriftsteller. Natur und Heimat inspirierten ihn und lieferten den Stoff zu feinsinniger Lyrik, exakt gestalteten Romanen und Erzählungen sowie volkstüml. Schauspielen; schrieb auch Hörspiele.
Hauptwerke: Gesänge gegen den Tod (Ged., 1914), Das Jahr der Kindheit (Erinnerungen, 1935, 1942 u. d. T. Das glückselige Jahr), Das Glück auf Erden (En., 1936), Der verborgene Krug (R., 1944, 1952 u. d. T. Aufstand des Herzens), Als das Wunder noch lebte (En., 1960).
Ausgabe: G. K. Prosa, Dramen, Verse. Hg. v. O. Heuschele. *Mchn. 1962–64. 3 Bde.*

Kolzow, Alexei Wassiljewitsch; tl.: Kol'cov, Aleksej Vasil'evič [russ. kalj'tsɔf], * Woronesch 15. Okt. 1809, † ebd. 10. Nov. 1842, russ. Dichter.
Sohn eines Viehhändlers; autodidakt. Bildung. Seine besten Werke sind Lieder im Volksliedton; weniger bed. ist seine von Schelling beeinflußte Gedankenlyrik. Ein Teil seiner Gedichte wurde 1885 ins Dt. übersetzt.

Komenský, Jan Amos [tschech. 'kɔmɛnski:] † Comenius, Johann Amos.

Kommerell, Max [...ərɛl], * Münsingen 25. Febr. 1902, † Marburg a.d.Lahn 25. Juli 1944, dt. Literaturwissenschaftler und Schriftsteller.
Germanistikstudium; die 10jährige Freundschaft mit St. George zerbrach 1930. Literarhistoriker an den Universitäten Frankfurt a.M. und Marburg. K. ist genialer Deuter dichter. Werke und Gestalten, von großer Sprachbegabung und spieler. Bewältigung aller dichter. Formen. Am stärksten kommt seine schriftsteller. Begabung in den Literaturessays zum Ausdruck, die selbst Literatur geworden sind. Seine Hauptwerke sind „Geist und Buchstabe der Dichtung" (Essays, 1940) und „Gedanken über Gedichte" (Essays, 1943). Als Dichter hat er sich in allen Gattungen und in vielfältigen Formen versucht. Themen seiner Lyrik sind Liebe, Tod, Natur, Jugend, Erinnerungen. In der Prosa ist ihm Jean Paul Vorbild, im dramat. Schaffen Calderón, den er ebenso wie Michelangelo übersetzte.
Weitere Werke: Der Dichter als Führer in der dt. Klassik (Abhandlung, 1928), Leichte Lieder (Ged., 1931), Der Lampenschirm aus den drei Taschentüchern (E., 1940), Lessing und Aristoteles (Abhandlung, 1940), Die Lebenszeiten (Ged., 1942), Mit gleichsam chin. Pinsel (Ged., 1946), Kasperlespiele für große Leute (1948).
Ausgabe: M. K. Werke u. Briefe aus dem Nachlaß. Hg. v. I. Jens. *Olten u. Freib. 1967ff. Auf 2 Bde. berechnet.*

Literatur: Holthusen, H. E.: *M. K. u. die dt. Klassik. In:* Holthusen: *Das Schöne u. das Wahre. Neue Studien zur modernen Lit. Mchn. 1958.* – Gadamer, H.-G.: *Gedenkrede auf M. K. In: M. K. Dichterische Welterfahrung. Essays. Frkf. 1952.*

Kommodian ↑ Commodianus.

Komparu Sentschiku; tl.: Komparu Zenchiku [jap. komparu zentʃiku], eigtl. Komparu Udschinobu; tl.: Komparu Ujinobu, * 1405, † 1468 (?), jap. No-Dichter.
Schwiegersohn des Seami Motokijo; schrieb außer zahlreichen No-Spielen (er war auch Schauspieler dieser Gattung) wichtige kunsttheoret. Schriften.

Kompert, Leopold, * Münchengrätz (Mittelböhm. Gebiet) 15. Mai 1822, † Wien 23. Nov. 1886, östr. Schriftsteller.
Nach dem Philosophiestudium in Prag Hofmeister in Wien, später Journalist. 1848–52 Redakteur des „Östr. Lloyd" in Wien. Gab in seinen Erzählungen und Romanen lebensvolle Darstellungen des östr. und ungar. Judentums.
Hauptwerke: Geschichten aus dem Ghetto (En., 1848), Böhm. Juden (En., 1851, 1860 u. d. T. Neue Geschichten aus dem Ghetto), Zwischen Ruinen (R., 1875).

Konarski, Stanisław Hieronym [poln. kɔ'narski], * Żarczyce 30. Sept. 1700, † Warschau 3. Aug. 1773, poln. Schriftsteller.
Trat 1717 in den Piaristenorden ein; Lehrtätigkeit, zeitweise Studien in Rom und Paris; Gründer des Warschauer „Collegiums nobilium" und dessen Bühne; Schulreformator. Führender Vertreter der Aufklärung, in deren Geist er das poln. Kulturleben beeinflußte; berief sich auf frz. Vorbilder, führte die frz. Sprache im Schulunterricht ein, übersetzte Corneille. Sein Drama „Tragedia Epaminondy" (1756) ist nach frz. Muster gestaltet; K. schrieb auch lat. Lyrik in der Manier des Horaz.

Kondoglu, Fotis; tl.: Kóntoglou, Fṓtēs [neugr. 'kɔndɔɣlu], * Kydonia (heute Ayvalık) 8. Nov. 1896, neugriech. Schriftsteller.
Auch als Ikonenmaler tätig; Christentum und byzantin. Tradition bestimmen sein literar. Schaffen, das durch die Verbindung von bibl. Sentenzen und moderner Volkssprache besonderen Reiz erhält.

Koneski, Blaže [makedon. 'kɔnɛski], * Nebregovo bei Prilep 19. Dez. 1921, makedon. Schriftsteller, Literarhistoriker und Philologe.
Studierte Slawistik und wurde als Professor an die Universität Skopje berufen. Mitschöpfer der modernen makedon. Schriftsprache, in der er in verschiedenen poet. Gattungen und in Übersetzungen (Njegoš, Shakespeare, Heine) neue Ausdrucksmöglichkeiten fand; K. löste sich von der Tradition der Nachahmung des Volksliedtons.

Konfuzius (Konfutse, chin. Kung Tzu), eigtl. Kung Chiu, * Prov. Schantung 551 (?), † 479 (?), chin. Philosoph.
Entstammte einer alten, verarmten Fürstendynastie, war umfassend gebildet; zeitweise polit. tätig, doch mußte er Feinden weichen und führte als Lehrer meist ein unstetes Wanderleben. Als Berater von Fürsten tätig, doch nie polit. von maßgebl. Einfluß. Dagegen war er als Philosoph bestimmend für die Gesellschafts- und Sozialordnung Chinas, wenn auch seine Lehre in mehr als 2000 Jahren manche Wandlung erfahren hat. K. lehrte die Gesetzmäßigkeit (Tao) des Kosmos als Vorbild eth. Handelns, Grundtugenden sind: Nächstenliebe, Rechtlichkeit, Schicklichkeit, Weisheit und Treue. Höchstes Ziel sind sittl. Vollkommenheit und Selbsterziehung. Berechtigt zur Herrschaft sind die Edelsten, denen die Grundtugenden eigen sind. Das Vater-Sohn-Verhältnis der Unterordnung ist Vorbild für die Staatshierarchie. Die Lehren des K., der zum Inbegriff der klass. chin. Geisteswelt wurde, wurden durch seine Schüler aufgezeichnet; Werke von K. existieren nicht, obwohl ihm die chin. Tradition das „Chunchju", Teile des „Iching" und die Kompilation von zwei weiteren Werken zuschreibt. Im „Lunyü" erfahren wir von den Schülern über K.' Leben und seine Lehre (Dialoge und Äußerungen), das „Chiayü" ist nur teilweise authent. (apokryphe Sammlung von Lehren aus dem 3. Jh.), kanon. Geltung hat das „Lunyü", als wichtigste Quelle oft kommentiert, im 17. Jh. ins Mandschu, später ins Mongol., 1912 auch ins Dt. übersetzt.
Ausgabe: K. Werke. Dt. Übers. Hg. v. Lin Yutang. *Frkf. 1957.*
Literatur: Do-Dinh, P.: *K. in Selbstzeugnissen u. Bilddokumenten. Dt. Übers. Reinbek bei Hamb. 1960.* – Wilhelm, R.: *Kung-tse. Leben u. Werk. Stuttg. ²1956.* – Creel, H. G.: *Confucius. The man and the myth. New York 1949.*

König, Barbara, * Reichenberg 9. Okt. 1925, dt. Schriftstellerin.
1944/45 in „Schutzhaft" der Gestapo, nach Kriegsende Flucht nach Deutschland, Journalistin, dann freie Schriftstellerin in München; gehört zur „Gruppe 47"; schrieb nach der Erzählung „Das Kind und sein Schatten" (1958) und „Kies" (R., 1961) den Roman „Die Personenperson" (1965), worin sie sich mit der Frage nach der Identität des Ichs auseinandersetzt: Die Hauptfigur des Romans besteht aus einer Gruppe von Ich-Variationen.

König, Eberhard, * Grünberg in Schlesien 18. Jan. 1871, † Berlin 26. Dez. 1949, dt. Schriftsteller.
Studierte Philologie und Archäologie, war Dramaturg, später freier Schriftsteller in Berlin. Schrieb die durch kraftvolle Sprache und bewegte Handlung ausgezeichneten Dramen „Filippo Lippi" (1899), „Gevatter Tod" (1900), „Wielant der Schmied" (1906), „Stein" (1907), die Dramentrilogie „Dietrich von Bern" (1917–22), die parodist. Komödie „Alkestis" (1912), Gedichte, Erzählungen, Märchen und Legenden.

König, Johann Ulrich (seit 1740) von, * Esslingen am Neckar 8. Okt. 1688, † Dresden 14. März 1744, dt. Dichter.
Wirkte 1710–16 in Hamburg, wo er für die Oper Texte verfaßte und mit Brockes und Richey die „Teutschübende Gesellschaft" begründete; wurde 1719 Hofpoet und Geheimsekretär in Dresden, 1729 Zeremonienmeister. Schrieb höf.-schmeichler. Gelegenheitsgedichte (z. B. das Epos „August im Lager", 1731), Maskenspiele (sog. Wirtschaften), Lustspiele, Singspiele u. a. Als Hofpoet wechselte er vom schwülst. italien. Barock zum frz. Klassizismus.

König, Joseph ↑ Rumohr, Carl Friedrich von.

Könige ↑ Bibel.

König Rother, vorhöf. mhd. Epos, entstanden um 1150; berichtet von der an Abenteuern reichen

Werbung K. R.s um die Tochter des byzantin. Kaisers; realist., z.T. burlesk-kom. Schilderung ihrer Entführung, ihrer Rückeroberung durch einen byzantin. Spielmann und schließl. ihrer gewaltsamen Entführung durch K. R., der – im Ggs. zu Karl dem Großen im Rolandslied – aktiv in das Geschehen eingreift (u.a. Befreiung der gefangenen Brautwerber durch den als Kaufmann verkleideten Rother); als Verfasser wird ein rhein. Geistlicher angenommen.
Ausgaben: K. R. Gesch. einer Brautwerbung aus alter Zeit. Nhd. Übertragung. Bln. 1961. – K. R. Nach der Ausg. v. Th. Frings *u.* J. Kuhnt *besorgt v.* I. Köppe-Benath. *Halle* ³*1968. – R. Hg. v.* J. de Vries. *Hdbg. 1922.*
Literatur: Gellinek, Ch.: *K. R. Studien zur literar. Deutung. Bern u. Mchn. 1968.* – Siegmund, K.: *Zeitgesch. u. Dichtung im K. R. Bln. 1959.* – Schröder, W. J.: *K. R., Gehalt u. Struktur. In: Dt. Vjschr. f. Literaturwiss. u. Geistesgesch. 29 (1955), 301.* – † auch Salman und Morolf.

Konopnicka, Marja [poln. kɔnɔp'nitska], geb. Wasiłowska, Pseudonym Jan Sawa, * Suwałki 23. Mai 1842, † Lemberg 8. Okt. 1910, poln. Dichterin.
In einem Klosterinternat erzogen; Redakteurin; 1890 wegen antizarist. Haltung aus Rußland ausgewiesen; anschließend Reisen in W- und S-Europa; 1902 wurde Marja K. durch eine nationale Schenkung ausgezeichnet. Sie gilt als größte poln. Lyrikerin; nach einer Schulung an romant. Vorbildern wandte sie sich zunehmend einer sozial engagierten Dichtung mit Themen aus dem Lebensbereich der Bauern zu. Sie betonte in ihrer Lyrik die Sprachmelodik und war um formale und stilist. Schönheit bemüht. Ihr Hauptwerk, das Epos „Pan Balcer w Brazylji" (= Herr Balcer in Brasilien, 1910), schildert die Existenznöte poln. Emigranten.
Weitere Werke: Marysia und die Zwerge (Märchen, 1895; dt. 1949), Geschichten aus Polen (En., 1897; dt. 1917), Leben und Leiden (En., dt. 1904).

Konrad, Pfaffe, auch K. der Pfaffe oder K. von Regensburg, mhd. Dichter des 12. Jahrhunderts.
Geistlicher in Regensburg, bearbeitete um 1170 das altfrz. „Chanson de Roland" zunächst in lat. Versen, dann in dt. Reimpaaren, wobei nationalfrz. Elemente entfernt bzw. umgewandelt wurden; stilist. an der „Kaiserchronik" geschult, zeigt der Verfasser eine auffallende Vorliebe für Schlachtendarstellungen; Karl der Große ist das große Vorbild des idealen Gottesritters, seine Rittertaten stehen im Dienst Gottes.
Ausgabe: Das Rolandslied des Pf.n K. Hg. v. C. Wesle. *Bearb. v.* P. Wapnewski. *Tüb.* ²*1955.* – † auch Lamprecht, Pfaffe.
Literatur: Backes, H.: *Bibel u. ars praedicandi im Rolandslied des Pf.n K. Bln. 1966.* – Kartoschke, D.: *Die Datierung des dt. Rolandsliedes. Stuttg. 1965.* – Golther, W.: *Das Rolandslied des Pf.n K. Mchn. 1887.* – † auch Rolandslied.

Konrad von Ammenhausen, mhd. Dichter der 1. Hälfte des 14. Jh.s aus dem Thurgau.
Mönch und Leutpriester in Stein am Rhein; seine 1337 entstandene Übersetzung des „Schachzabelbuchs" des Jacobus de Cessoles weicht nur wenig von der Vorlage ab, ist jedoch als kulturhistor. Quelle von Interesse.

Konrad von Fußesbrunnen, mhd. Dichter vom Ende des 12./Anfang des 13. Jh.s aus der Gegend von Krems an der Donau.
Urkundl. zwischen 1182 und 1186 nachweisbar; schrieb um 1200 nach einem lat. apokryphen Evangelium die „Kindheit Jesu" (hg. 1881); Einfluß auf Konrad von Heimesfurt, Rudolf von Ems u. a.

Konrad von Heimesfurt, mhd. Dichter der 1. Hälfte des 13. Jh.s (?) aus Hainsfarth bei Oettingen in Bayern.
Seine Darstellung des Todes Mariens in dem geistl. Gedicht „Von unser vrouwen hinvart" ist dem höf. Stil Konrads von Fußesbrunnen verpflichtet; in seiner „Urstende" (= Auferstehung) nach dem apokryphen „Evangelium Nicodemi" schildert er Christi Leiden, Höllenfahrt und Auferstehung.

Konrad von Regensburg † Konrad, Pfaffe.

Konrad von Würzburg, * Würzburg zwischen 1220 und 1230, † Basel 31. Aug. 1287, mhd. Dichter.
Stammte aus einer bürgerl. Familie und erhielt eine gründl., umfassende Ausbildung; war der lat. Sprache kundig; zuerst fahrender Dichter, fand er am Oberrhein, in Straßburg, v.a. in Basel, seine Gönner, die dem kulturell aufgeschlossenen Bürgertum oder der weltoffenen Geistlichkeit angehörten. In seinem Bemühen um die Wiedererweckung des klass. Formideals eiferte er seinem Vorbild Gottfried von Straßburg nach. Stilist. Gewandtheit, virtuose Beherrschung aller Möglichkeiten der Sprache und des Verses, flüssige Glätte der Darstellung, die z.T. artist. Formen annimmt und in erstaunl. Kunstfertigkeit bis zu spieler. Selbstzweck gesteigert wird, zeichnen sein umfangreiches dichter. Werk aus, das alle literar. Gattungen umfaßt. Am besten sind die straff gebauten, vollendet durchkomponierten kleinen Erzählungen, Novellen und Legenden, während die zu sehr in die Breite gehenden Romane in ihrer ungeheueren Weitschweifigkeit nicht die dem Stoff angemessene Form gefunden haben. Zu seinen bekanntesten Werken gehören die kurzen Verserzählungen „Herzmaere", „Der Welt Lohn", „Otto mit dem Barte", „Der Schwanritter", die Legenden „Silvester", „Alexius", „Pantaleon" und die histor. Epen „Engelhard", „Partonopier" und „Trojanerkrieg". Mit „Turnier von Nantheiz" Begründer der Wappendichtung.
Ausgaben: K. v. W. Kleinere Dichtungen. Hg. v. E. Schröder. *Nachwort v.* L. Wolff. *Zürich* ³⁻⁸*1959 bis 1967. 3 Tle. – K. v. W. Die Legenden. Hg. v.* P. Gereke. *Halle 1925–27. 3 Bde. – K. v. W. Der trojan. Krieg. Hg. v.* A. v. Keller. *Stuttg. 1858. Nachdr. Amsterdam 1965. 2 Bde.*
Literatur: Boor, H. de: *Die Chronologie der Werke K.s v. W., insbes. die Stellung des Turniers v. Nantes. In: Beitr. zur Gesch. der dt. Sprache u. Lit. (Tüb.) 89 (1968), 210.* – Moneche, W.: *Studien zur ep. Technik K.s v. W. Das Erzählprinzip der Wildekeit. Stuttg. 1968.* – Brauneck, M.: *Die Lieder K.s v. W. Diss. Mchn. 1965.* – Schröder, E.: *Studien zu K. v. W. 1–4. In: Nachr. v. der königl. Gesellschaft der Wiss. zu Gött. Phil.-hist. Klasse (1912), 1; (1917), 96.*

Konstantinow, Aleko; tl.: Konstantinov, Aleko [bulgar. konstan'tinof], * Swischtow 1. Januar

1863, † bei Peschtera 11. Mai 1897, bulgar. Schriftsteller.
Studierte Jura, war in Sofia Mitglied des Bezirksgerichts, danach Staatsanwalt am Appellationsgericht; die Schilderungen seiner Reisen, u.a. nach den USA, brachten ihm erste literar. Erfolge; K. wurde Opfer eines polit. Mordes. Er schrieb Feuilletons z.T. polit. Inhalts, meist humorist. Skizzen, und führte mit dem satir. Roman „Der Rosenölhändler" (1894, dt. 1959) eine neue Gattung in die bulgar. Literatur ein.

Konstantinow, Konstantin; tl.: Konstantinov, Konstantin [bulgar. konstan'tinof], * Sliwen 20. Aug. 1890, bulgar. Schriftsteller.
Lange Aufenthalte in Paris, von frz. Literatur und Kultur geprägt. Bed. Übersetzer frz. und russ. Literatur; begann sein eigenes Schaffen mit Lyrik, schrieb dann lyr. gefärbte Prosadichtung, Reiseberichte, Romane und Erzählungen in realist. Stil mit satir. Tendenz; ferner Kinderbücher.

Konstantin Porphyrogennetos, * 905, † 959, byzantin. Kaiser und Schriftsteller.
Galt als schwacher Kaiser, widmete sich v.a. der literar. Tätigkeit. Legte Sammlungen antiker und frühbyzantin. Literaturdenkmäler an, die er nach Fachgebieten aufteilte; ließ naturwissenschaftl. Sammelwerke verfassen und schrieb selbst histor. und administrative Schriften, die kulturgeschichtl. interessant sind, auch Briefe und liturg. Dichtungen.

Konstanz, Heinzelin von ↑ Heinzelin von Konstanz.

Kóntoglou ↑ Kondoglu.

Kopisch, August, * Breslau 26. Mai 1799, † Berlin 3. Febr. 1853, dt. Maler und Dichter.
Besuchte die Kunstakademien in Prag und Wien, ging 1823 nach Italien, wo er sich mehr der Dichtkunst zuwandte. 1826 entdeckte er mit Ernst Fries die berühmte Blaue Grotte bei Capri. Seit 1833 lebte er in Berlin, später in Potsdam und beschrieb dort im Auftrag des Königs „Die Königl. Schlösser und Gärten zu Potsdam" (1854). In seinen beiden Gedichtsammlungen „Gedichte" (1836) und „Allerlei Geister" (1848; darin u.a.: „Die Heinzelmännchen von Köln", „Der Nöck") bewies er im Vortrag volkstüml. Schwänke Sprachgewandtheit und naiven Humor. Er schrieb auch Dramen und Novellen und übersetzte Dante (1842).
Ausgaben: A. K. Geistergedichte, Schwänke u. Balladen. Ausgew. u. hg. v. M. Landmann. *Mit einem Vorwort v.* B. Pischel. *Bln. 1960. – A. K. Ges. Werke. Hg. v.* C. Bötticher. *Bln. 1856. 5 Bde.*
Literatur: Bornefeld, P.: *A. K. Sein Leben u. seine Werke mit einer Quellenunters. zu seiner Sagendichtung. Diss. Münster 1912.*

Kopit, Arthur L. [engl. 'kɔpɪt], * New York 1937, amerikan. Dramatiker.
Studium an der Harvard University, wo an der Studienbühne seine ersten Stücke aufgeführt wurden; zur Parodie und Groteske neigender Vertreter des absurden Theaters, der psychoanalyt. Erkenntnisse verarbeitet.
Hauptwerke: The questioning of Nick (Dr., 1962), Oh Vater, armer Vater, Mutter hängt dich in den Schrank, und ich bin ganz krank (Dr., dt. 1965), Sing zu mir durch offene Fenster (Einakter, dt. 1966), Kammermusik (Einakter, dt. 1966), Als die Huren auszogen, Tennis zu spielen (Dr., dt. 1966).

Kopp, Josef Vital, * Beromünster 1. Nov. 1906, † Luzern 22. Sept. 1966, schweizer. Schriftsteller.
Studium der kath. Theologie und klass. Philologie in Innsbruck, Heidelberg, Berlin und Freiburg (Schweiz), Priester, Professor für klass. Sprachen am Gymnasium Luzern. Schrieb v.a. histor. Romane aus heidn. und christl. Vergangenheit; auch Essays.
Hauptwerke: Sokrates träumt (R., 1946), Brutus (R., 1950), Die schöne Damaris (R., 1954), Der sechste Tag (R., 1961), Entstehung und Zukunft des Menschen (Essay, 1961), Die Tochter Sions (R., 1966), Der Forstmeister (R., 1967).
Literatur: Fehr, K.: *J. V. K. Ein Dichter- u. Priesterleben im Bannkreis moderner Welt- u. Gottesschau. Luzern u. Mchn. 1968.*

Kopta, Josef [tschech. 'kɔpta], * Libochovice 16. Juni 1894, tschech. Journalist und Schriftsteller.
Stellt in Werken der verschiedensten literar. Gattungen, bes. in Erzählungen und Romanen, die Entwicklung und den Kampf der tschech. Legion des 1. Weltkrieges dar; bevorzugt die Gestaltung psycholog. interessanter Charaktere; schrieb auch abenteuerl. Jugendbücher.

Korais, Adamandios; tl.: Koraēs, Adamántios [neugr. kɔra'is] (frz. A. Coray), * Smyrna (heute İzmir) 27. April 1748, † Paris 6. April 1833, neugriech. Philologe und Schriftsteller.
War Kaufmann in Amsterdam, später Arzt in Paris; bemühte sich durch kommentierte Klassikerausgaben erfolgreich um die Hebung des Bildungsstandes in Griechenland; verdient um die Entwicklung der neugriech. Sprache; sein Hauptwerk ist die „Hellenike Bibliotheke" (hg. 1805–26).

Koran (arab. Al Kuran; tl.: Al-Qur'ān), auch genannt Al Kitab (= das Buch), Sammlung der Offenbarungen, die Mohammed nach islam. Tradition in den Jahren 610–32 von Gott erhalten haben soll und die Wort für Wort als von Gott eingegeben gelten. Das hl. Buch des Islams umfaßt neben Aussagen über Gott, Paradies und Hölle kult. Anordnungen, Predigten, gesetzl. Bestimmungen, Prophetenerzählungen, die z.T. schon zu Lebzeiten Mohammeds niedergeschrieben, jedoch erst nach dem Tode des Propheten unter dem Kalifen Uthman um 650 in kanon. Sammlung einheitl. redigiert wurden. Wert und Umfang der in Verse geteilten 114 Suren (= Abschnitte) sind ungleich, nicht alle Abschnitte erreichen die gleiche literar. Höhe. Dennoch hat der K., der, in Reimprosa gestaltet, nach islam. Tradition als unübersetzbar gilt, als erstes religiöses Werk in arab. Prosa die Entwicklung der arab. Sprache und Literatur aufs nachhaltigste beeinflußt. Als erste abendländ. Übersetzung entstand eine lat. (1143, gedruckt 1543), der zahlreiche europ. Übertragungen folgten (u.a. Teilübers. von F. Rückert, hg. 1888).
Ausgaben: Der K. Das hl. Buch des Islam. Dt. Übers. Neubearb. v. L. W. Winter. *Mchn. ⁴1968. – Der K. Dt. Übers. Bearb. v.* R. Paret. *Stuttg. 1966. Qur'ān. Der K. Arab.-dt. Übers., Einl. u. Erklärung v.* M. Sadr-ud-Din. *Bln. 1939. – The Qur'ān. Engl. Übers. v.* R. Bell. *Edinburgh 1937–39. 2 Bde.*
Literatur: Arberry, A. J.: *The K. interpreted. London 1964.* – Masson, D.: *Le Coran et la révélation judéochrétienne. Études comparées. Paris*

1958. 2 Bde. – Blachère, R.: *Le Coran. Paris 1947–51. 3 Bde.* – Bell, R.: *Introduction to the Qur'an. Edinburgh 1953.* – Nöldecke, Th.: *Gesch. des Qorāns. Lpz. ²1909–38. 3 Bde. Nachdr. Hildesheim 1961.*

Korinna aus Tanagra, griech. Dichterin um 500 v. Chr., vielleicht auch erst um 200 v. Chr.
Gilt nach Sappho als bedeutendste antike Dichterin; behandelte in sprachl., stilist. und metr. einfachen Gedichten meist Themen der böot. Sage, von denen manche in die Mythologie eingegangen sind.

Kormákr, Ogmundarson [isländ. ˈkɔrmaukʏr], * um 930, † um 970, isländ. Skalde.
Seine Strophen, durch persönl. Erlebnisse bestimmt, stehen im Ggs. zur konventionellen isländ. Skaldenkunst; das Leben K.s wurde in der „Kormakssaga“ gestaltet (13. Jh.).

Korneitschuk, Alexandr Jewdokimowitsch; tl.: Kornejčuk, Aleksandr Evdokimovič [russ. kɐrnɪjˈtʃuk], * Christinowka (Gouv. Kiew) 25. Mai 1905, ukrain.-sowjet. Schriftsteller.
Studium an der literar. Fakultät des Kiewer Instituts für Volksbildung; begann mit Erzählungen, schrieb dann v.a. Dramen. Bedeutendstes Drama aus der Vorkriegszeit ist „Der Chirurg“ (1934, dt. 1947), das das Thema des sowjet. Intellektuellen behandelt; zu den erfolgreichsten Nachkriegsstücken zählt „Das Holunderwäldchen“ (Kom., dt. 1951). Die Dramen K.s zeichnen sich durch eine klare Handlungsführung, ausgefeilte Dialoge und volkstüml. Sprache aus.
Weiteres Werk: Grube Stern (Dr., dt. 1950).

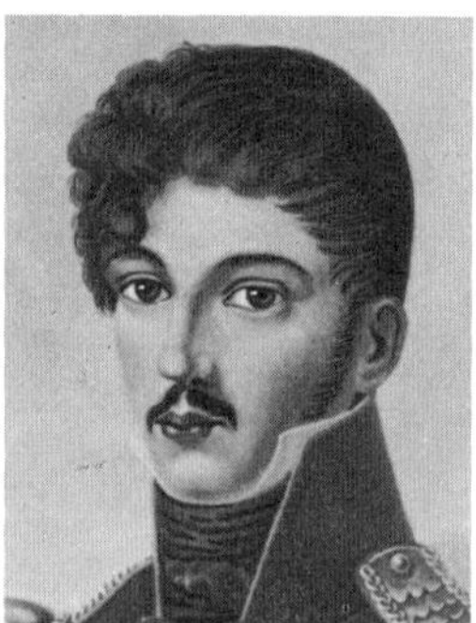

Theodor Körner (Gemälde von D. Stock, Ausschnitt)

Körner, Theodor, * Dresden 23. Sept. 1791, ⚔ Gadebusch 26. Aug. 1813, dt. Dichter.
Studierte an der Bergakademie in Freiberg, dann Rechtswissenschaft in Leipzig, Philosophie und Geschichte in Berlin. Von 1811 an hielt er sich in Wien auf, wo er mit W. von Humboldt, A. Müller, F. Schlegel und Eichendorff verkehrte und 1812 und 1813 als Hoftheaterdichter erfolgreich war. 1813 diente er beim Lützowschen Freikorps und fiel im Gefecht bei Gadebusch. Seine sprachl. sicheren, bühnenwirksamen Unterhaltungsstücke und pathet. Trauerspiele sind themat. anspruchslos und von geringem literar. Wert; gefeierter patriot. Dichter der Freiheitsbewegung („Lützows wilde Jagd“).
Hauptwerke: Sühne (Dr., 1812), Der Nachtwächter (Kom., 1812), Leyer und Schwerdt (Ged., 1814), Zriny (Trag., 1814), Tagebuch und Kriegslieder aus dem Jahre 1813 (hg. 1893).
Ausgaben: Th. K. Werke. Hg. v. H. Marquardt. *Lpz. 1959. – Th. K. Werke. Hg. v.* H. Zimmer. *Krit. durchgesehene u. erl. Ausg. Lpz. ²1917. 2 Bde.*
Literatur: Berger, K.: *Th. K. Bielefeld 1912.*

Kornfeld, Paul, * Prag 11. Dez. 1889, † KZ Lodz wahrscheinl. Jan. 1942, dt. Dramatiker.
Dramaturg in Berlin bei Reinhardt, später in Darmstadt, seit 1933 im Exil in Prag, 1941 nach Polen verschleppt. K. verfaßte eine der wichtigsten Bekenntnisschriften des expressionist. Theaters, „Der beseelte und der psycholog. Mensch“ (1918), in der er eine metaphys. Auffassung vom Menschen gegen die monist. und mechanist. Theorie des Naturalismus vertrat. Er proklamierte das unpsycholog., metaphys. Drama mit neuen Sprach- und Bauformen (Verwendung lyr. Arien), das den wesenhaft beseelten Menschen in seiner Teilhabe am Ewigen darstellt. Mit zwei lyr.-ekstat. Erlösungsdramen, „Die Verführung“ (1916) und „Himmel und Hölle“ (1919), leistete er seinen Beitrag zum expressionist. Theater. Doch kam seine Formkraft über eine gekünstelte Beschreibung nicht hinaus. Mit den dann folgenden Gesellschaftskomödien („Kilian oder Die gelbe Rose“, 1926), dem Historiendrama „Jud Süß“ (1931) und dem iron. Zeit- und Gesellschaftsroman „Blanche oder Das Atelier im Garten“ (hg. 1957) gehört er nicht mehr dem Expressionismus an.
Literatur: Maren-Grisebach, M.: *Weltanschauung u. Kunstform im Frühwerk P. K.s. Diss. Hamb. 1960 [Masch.].*

Korningen, Ann Tizia ↑ Leitich, Ann Tizia.

Kornitschuk, Nikolai Iwanowitsch; tl.: Korničuk, Nikolaj Ivanovič [russ. kɐrniˈtʃuk] ↑ Tschukowski, Kornei Iwanowitsch.

Korolenko, Wladimir Galaktionowitsch; tl.: Korolenko, Vladimir Galaktionovič [russ. kɐraˈljɛnkɐ], * Schitomir 27. Juli 1853, † Poltawa 25. Dez. 1921, russ. Schriftsteller.
Stand bereits während der Studienzeit unter dem Einfluß der revolutionären Demokraten, näherte sich in den 70er Jahren den „Volksgläubigen“, wurde 1876 vom Studium ausgeschlossen; K. verließ Moskau, hielt sich im Gouv. Wjatka, dann in Perm auf und wurde schließl. nach Sibirien deportiert, von wo er 1885 zurückkehrte; 1893 Amerikareise, 1896 in Petersburg, Hg. der Zeitschrift „Russkoje bogatstwo“ (= Russ. Reichtum), lebte seit 1900 in Poltawa. Die sibir. Landschaft und das dortige Volksleben gaben ihm Stoffe für seine „Sibir. Geschichten“ (dt. 1888). K. führte die ukrain. Tradition der ethnograph. Erzählung weiter. Seine meist schlichte Erzählkunst und die humanitäre Tendenz seiner Werke brachten ihm einige Zeit literar. Erfolg.
Weitere Werke: In schlechter Gesellschaft (Nov., dt. 1895), Der blinde Musiker (Nov., 1886; dt. 1892), Der Wald rauscht (Nov., 1886; dt. 1891), Die Geschichte meines Zeitgenossen (Erinnerungen, dt. 1919).
Literatur: Häusler, E.: *Vladimir K. u. sein Werk. Königsberg 1930.*

Kortum, Karl Arnold, * Mülheim a.d. Ruhr 5. Juli 1745, † Bochum 15. Aug. 1824, dt. Schriftsteller.
Medizinstudium, prakt. Arzt; Mitarbeit an Zeitschriften, Verfasser populärwissenschaftl. Arbei-

ten und alchimist. Schriften; Gründer einer Alchimistengesellschaft; Schüler Wielands. Bemerkenswert ist v.a. „Die Jobsiade" (1799), eine in 4zeiligen Knittelversstrophen geschriebene Parodie auf Heldengedicht, empfindsamen Bildungsroman und Spießertum, ein letzter Ausläufer des pikaresken Romans, von K. mit eigenen Holzschnitten illustriert. Einfluß auf W. Busch, der 1872 „Bilder zur Jobsiade" erscheinen ließ. K. schrieb auch Märchen und Gelegenheitsgedichte.
Literatur: Axer, M.: *K. A. K.: Die Jobsiade. Gattung, Stoff u. Form. Diss. Bonn 1951 [Masch.].* – Deicke, K.: *Der Jobsiadendichter Carl A. K. Sein Leben u. seine Schrr. Mühlheim 1893.*

Korwin-Piotrowska, Gabryela [poln. 'kɔrvimpjɔ'trɔfska] ↑ Zapolska, Gabryela.

Korzeniowski, Józef [poln. kɔʒɛ'njɔfski], * bei Brody (Galizien) 19. März 1797, † Dresden 17. Sept. 1863, poln. Schriftsteller.
Gymnasialprofessor und Schuldirektor in der Ukraine, später in Warschau; als Visitator für das Schulwesen in Polen mitverantwortlich. Entwickelte sich nach pseudoklassizist. Anfängen und einer romant. Übergangsphase zum Realisten: weniger bed. als Lyriker; zu seinen Hauptwerken gehören Schauspiele und Komödien aus dem bürgerl. Leben und realist. Romane mit oft sozialer Thematik; sein Roman „Krewni" (= Die Verwandten, 1857) gehört zu den frühen literar. Werken des Positivismus.
Weitere Werke: Der Spekulant (R., 1846; dt. 1880), Der Dorfadel (R., 1847; dt. 1875, 1879 u.d.T. Unsere Szlachta).

Korzeniowski, Józef Teodor Konrad [poln. kɔʒɛ'njɔfski] ↑ Conrad, Joseph.

Koš, Erih [serbokroat. kɔʃ], * Sarajevo 15. April 1913, serb. Schriftsteller.
Studierte in Belgrad Jura, schon früh Kommunist, Teilnahme am 2. Weltkrieg, danach kulturelle Ämter. In seinen Romanen und Erzählungen befaßt sich K. mit Themen aus der Kriegs- und Nachkriegszeit und solchen des modernen Lebens.
Hauptwerke: Die Spatzen von Van Pe (R., dt. 1964), Wal-Rummel (R., dt. 1965), Montenegro, Montenegro (R., dt. 1967).

Kosač[-Kvitka], Larisa Petrovna ↑ Ukrainka, Lessja.

Kosegarten, Gotthard Ludwig Theobul, Pseudonym Tellow, * Grevesmühlen (Bezirk Rostock) 1. Febr. 1758, † Greifswald 26. Okt. 1818, dt. Schriftsteller.
Studierte ev. Theologie in Greifswald, 1808 Dozent für Geschichte in Greifswald, schließl. Professor der Theologie. K. schrieb empfindsame Romane und schwülstige Gedichte, die zu seiner Zeit sehr beliebt waren, unbed. Dramen, vielgelesene idyll. Epen wie „Jucunde" (1803) und „Die Inselfahrt oder Aloysius und Agnes" (1805) sowie Legenden.
Weitere Werke: Gesänge (1776), Wunna oder Die Tränen des Wiedersehns (Schsp., 1780), Gedichte (1788), Poesien (1798–1802), Ebba von Medem (Trag.,1800), Die Inselfahrt oder Aloysius und Agnes (Epos, 1804).
Literatur: Franck, H.: *G. L. K. Ein Lebensbild. Halle 1887.*

Koskenniemi, Veikko Antero [finn. 'kɔskɛnniɛmi], eigtl. V. A. Forsnäs, * Oulu 8. Juli 1885, † Turku 4. Aug. 1962, finn. Lyriker.
Studierte in Helsinki, Literaturkritiker und Redakteur, 1921–48 Professor für Literaturgeschichte in Turku. Neben zahlreichen literarhistor. Abhandlungen und geistreichen Aphorismen schrieb er u.a. formal vollendete Gefühls- und Gedankenlyrik, Balladen und einen Roman; auch Übersetzer.
Hauptwerke: Gedichte (dt. 1907), Der junge Anssi u.a. Gedichte (dt. 1937), Alfred de Musset (Biogr., 1918), Gaben des Glücks (Autobiogr., dt. 1938).

Kosma Prutkow; tl.: Koz'ma Prutkov [russ. kazj'ma prut'kɔf], Pseudonym der Schriftsteller A. M. und W. M. Schemtschuschnikow und A. K. Tolstoi, die den 1854 in der Zeitschrift „Sowremennik" (= Der Zeitgenosse) erstmals belegten fingierten Dichter K. P. parodist., satir., krit. Dichtungen veröffentlichen ließen; die Autorengruppe wandte sich krit. gegen literar. Schwächen, bes. gegen romant. Pose.

Kosmas von Jerusalem, byzantin. Dichter des 8. Jahrhunderts.
War Mönch im Sabaskloster von Jerusalem, dann Bischof von Maiuma; dichtete wie sein Adoptivbruder Johannes von Damaskus Kanones für die Festtage der Kirche.

Kosor, Josip [serbokroat. 'kɔsɔr], * Trbounje bei Drniš 27. Jan. 1879, † Dubrovnik 23. Jan. 1961, kroat. Schriftsteller.
Lebte oft im Ausland; Vertreter der kroat. Moderne; stellte in Romanen und Novellen die Existenznöte gescheiterter und unterdrückter Menschen dar; seine vom Expressionismus beeinflußten Dramen, in denen er in leidenschaftl. Stil u.a. erot. Motive und Machtstreben gestaltete, hatten auch im Ausland beträchtl. Erfolg; ein charakterist. Bühnenwerk ist „Brand der Leidenschaften" (Dr., dt. 1911).

Kosovel, Srečko [slowen. kɔsɔ've:l], * Sežana 18. März 1904, † Tomaj 27. Mai 1926, slowen. Dichter.
Sohn eines Lehrers im Grenzgebiet zwischen Slowenien und Italien; wurde nach dem Studium der slaw. und roman. Philologie Redakteur. Veröffentlichte kulturkrit. Abhandlungen; gestaltete als Lyriker Todesahnungen und die Motive der Lebensangst und Einsamkeit; verwandte die Stilmittel des Expressionismus.

Kossak[-Szczucka], Zofia [poln. 'kɔsak('ʃtʃutska)], auch Kossak-Szatkowska, * Skoworódki (Wolynien) 8. Aug. 1890, † Bielitz-Biala 9. April 1968, poln. Schriftstellerin.
Unterstützte den poln. Widerstand gegen die dt. Besatzung, kam ins KZ, wurde zum Tode verurteilt, konnte aber entkommen; lebte in England, von wo sie 1957 in ihre Heimat zurückkehrte. Behandelte in ihren auch ins Engl. und Dt. übersetzten Werken anfangs soziale Probleme der Gegenwart, wandte sich dann dem histor. Roman nach Vorbild Sienkiewiczs zu.
Hauptwerke: Frommer Betrug (Skizze, 1924; dt. 1947), Gottesnarren (Legende, 1929; dt. 1960), Die Walstatt von Liegnitz (R., dt. 1931), Der Held ohne Waffe (R., dt. 1949), Der Bund (R., 1946; dt. 1958).

Kossatsch[-Kwitka], Larissa Petrowna [russ. ka'satʃ('kvitkɐ)] ↑ Ukrainka, Lessja.

Kossmann, Alfred Karl [niederl. 'kɔsman], * Leiden 31. Jan. 1922, niederl. Schriftsteller.

Sprachl. Virtuosität und gedankl. Tiefe kennzeichnen seine Lyrik, die romant. und realist. Elemente in sich vereinigt; die psycholog. motivierten Romane verarbeiten z.T. autobiograph. Material.
Hauptwerke: Het vuurwerk (Ged., 1946), De nederlaag (R., 1950), Apologie der varkens (Ged., 1954), De misdaad (R., 1962).

Kostić, Laza [serbokroat. 'kɔstitɕ], * Kovilj 31. Jan. 1841, † Wien 9. Dez. 1910, serb. Dichter. War u.a. Gymnasiallehrer, Richter und Abgeordneter; als Hochverräter 2 Jahre in Haft; war an führender Stelle in der Jugendbewegung „Omladina" tätig; bekannt durch Jambentragödien, in denen er histor. Stoffe im Geist Shakespeares (den er auch übersetzte) behandelte; führender Literaturtheoretiker der serb. Romantik.

Kostomarow, Nikolai Iwanowitsch; tl.: Kostomarov, Nikolaj Ivanovič [russ. kɐsta'marɐf], Pseudonym Ieremija Galka, * Jurassowka (Gouv. Woronesch) 16. Mai 1817, † Petersburg (heute Leningrad) 19. April 1885, ukrain. Schriftsteller und Historiker.
Als Mitbegründer der Kyrill-Methodschen Gesellschaft, eines Geheimbundes mit dem Ziel einer Föderation demokrat. slaw. Staaten, verbannt; 1859–62 Professor für Geschichte in Petersburg. Schrieb außer positivist. histor. Darstellungen, bes. aus der ukrain. Geschichte, Dramen und Gedichte im Geist der jüngeren ukrain. Romantikergeneration; dt. erschien 1885 ein Teil der „Russ. Geschichte in Biographien".

Kostrowitski, Wilhelm Apollinaris de ↑ Apollinaire, Guillaume.

Kosztolányi, Dezső [ungar. 'kostola:nji], * Szabadka (heute Subotica) 29. März 1885, † Budapest 3. Nov. 1936, ungar. Dichter.
Sohn eines Schuldirektors, studierte Literaturgeschichte in Budapest und Wien; Mitglied der Kisfaludy-Gesellschaft und Präsident des PEN-Clubs. K. war Lyriker, Novellist, Romancier, Publizist, Essayist und Übersetzer. Seine von den Franzosen beeinflußte Dichtung bedeutet einen Höhepunkt der impressionist.-symbolist. Lyrik in der ungar. Literatur. Gleich glänzend wie die Lyrik, souverän in der Sprachbeherrschung sind seine psycholog. und psychoanalyt. Novellen und Romane.
Hauptwerke: Der schlechte Arzt (Novellen, 1921; dt. 1929), Der blutige Dichter (R., dt. 1924), Anna Édes (R., dt. 1929).

Kotljarewski, Iwan Petrowitsch; tl.: Kotljarevskij, Ivan Petrovič [russ. kɐtlı'rjɛfskij], * Poltawa 9. Sept. 1769, † ebd. 10. Nov. 1838, ukrain. Dichter.
Gilt als Begründer der ukrain. Literatur, da er in seiner „Aeneis"-Travestie (1798, vollständig 1842) die ukrain. Volkssprache zur Literatursprache erhob; K. schrieb ferner zwei noch heute populäre Singspiele.

Kotschkurow, Nikolai Iwanowitsch [russ. katʃ-'kurɐf] ↑ Wessjoly, Artjom.

Kotta, Leo F. ↑ Flake, Otto.

Kotzebue, August von [...bu], * Weimar 3. Mai 1761, † Mannheim 23. März 1819, dt. Dramatiker.
Nach Rechtsstudium in Duisburg und Jena 1780/81 Anwalt in Weimar, 1781–90 in gehobenen Staatsstellungen in russ. Diensten (1785 geadelt), lebte danach in Paris und Mainz, seit 1795 auf seinem Landgut bei Reval als Schriftsteller. 1797–99 war er Theaterdichter in Wien, wirkte 1799 vorübergehend in Weimar, wurde 1800 bei seiner Rückkehr nach Rußland verhaftet und nach Sibirien verschickt, nach einigen Monaten jedoch rehabilitiert und zum Direktor des Dt. Theaters in Petersburg berufen. In Berlin gab er 1803–07 (seit 1804 Mithg.) die Zeitschrift „Der Freimütige" heraus, mit der er Goethe und die Romantiker bekämpfte, in Königsberg die Zeitschriften „Die Biene" (1808–10) und „Die Grille" (1811/12), die gegen Napoleon gerichtet waren. 1813 russ. Generalkonsul in Königsberg, 1816 Staatsrat in Petersburg, 1817 persönl. Berichterstatter des Zaren, in dessen Auftrag er Deutschland bereiste. In seiner 1818 gegr. Zeitschrift „Literar. Wochenblatt" verspottete er die liberalen Ideen der Burschenschafter. Er wurde von dem fanat. Studenten K. L. Sand ermordet. K. schrieb mehr als 200 sehr effektvoll gebaute, aber oberflächl. Dramen, mit denen er den Spielplan der Goethezeit beherrschte. Bis heute gehalten haben sich die Lustspiele „Die beiden Klingsberg" (1801) und „Die dt. Kleinstädter" (1803). Ferner erzählende Prosa, histor. und autobiograph. Schriften.
Weitere Werke: Menschenhaß und Reue (Schsp., 1789), Armut und Edelsinn (Lsp., 1795), Der Rehbock (Lsp., 1815; Vorlage für Lortzings Oper „Der Wildschütz").
Ausgabe: A. v. K. Theater. Lpz. 1840–41. 40 Bde.
Literatur: A. v. K. Zum Gedenken an die 200. Wiederkehr seines Geburtstages. Ausstellung 11. Nov. 1961–15. Jan. 1962. Kat. Mhm. 1961. – Mathes-Thierfelder, H.: *A. v. K. u. das Bürgertum im 18. Jh. im Spiegel seiner dramat. Werke. Diss. Mchn. 1953 [Masch.].* – Rabany, G.: *K., sa vie et son temps, ses œuvres dramatiques. Paris 1893.* – ↑ auch Iffland, August Wilhelm.

Kovačić, Ante [serbokroat. ˌkɔvatʃitɕ], * Oplaznik (Marija Gorica) 6. Juni 1854, † Stenjevac 10. Dez. 1889, kroat. Schriftsteller.
Beschaffte sich die Mittel für sein jurist. Studium u.a. durch Gelegenheitsschriftstellerei; Rechtsanwalt. Seine Bedeutung beruht v.a. auf seiner meisterhaften karikaturist. und satir. Darstellung, bes. der sozialen Ungerechtigkeiten seiner Zeit. K. erschloß dem krit. Realismus neue Ausdrucksmöglichkeiten, seine romant., idealisierende Jugendlyrik und seine frühe Prosa stehen an Bedeutung zurück.

Kovačić, Ivan Goran [serbokroat. ˌkɔvatʃitɕ], * Lukovdol 21. März 1913, ⚔ bei Vrbnica Juli 1943, kroat. Schriftsteller.
Im 2. Weltkrieg Partisan; nach Abbruch seiner philolog. Studien Mitarbeiter verschiedener literar. Zeitschriften. Schrieb Lyrik und übersetzte Dichtungen des frz. Symbolismus; sein Sestinen-Poem „Jama" (= Die Grube, hg. 1944), beklagt die Opfer des 2. Weltkriegs. Seine Novellen stellen das harte Leben des Volkes seiner Heimat dar.

Kozak, Ferdo [slowen. kɔ'za:k], * Laibach 28. Okt. 1894, † ebd. 8. Dez. 1957, slowen. Schriftsteller.
Teilnahme am 1. Weltkrieg, dann Redakteur, Sekretär am Theater in Laibach, Studium in Prag, Bibliothekar, nach dem 2. Weltkrieg in hohen Staatsämtern. Schrieb Lyrik, Prosa, Kritiken, Essays und v.a. Dramen, in denen er das klein-

bürgerl. Leben, dessen Moral und Mentalität scharf kritisiert; das Drama dient K. zur psycholog. Zergliederung der Person und ihrer Persönlichkeit.

Kozak, Juš [slowen. kɔ'za:k], Pseudonym Jelanov, * Laibach 26. Juni 1892, slowen. Schriftsteller.
Nach dem 2. Weltkrieg Intendant des Nationaltheaters in Laibach. K. vermittelt in Novellen, Romanen u.a. Prosagattungen ein Bild der sozialen, polit. und kulturellen Zustände seiner Heimat vor und im 2. Weltkrieg; er verwertete dabei Autobiograph.; einige Werke wurden u.a. in der Sammlung „Sloven. Erzähler" 1933 ins Dt. übersetzt.

Kozarac, Josip [serbokroat. kɔ,za:rats], * Vinkovci 18. März 1858, † Koprivnica 21. Aug. 1906, kroat. Schriftsteller.
Studierte in Wien Forstwissenschaft, lebte dann in Kroatien; die während der Studienzeit erworbenen Kenntnisse der naturwissenschaftl. und soziolog. Lehrsätze Darwins und A. Smiths beeinflußten sein Erzählwerk; bedeutendster, von Turgenjew beeinflußter realist. Erzähler seiner Heimat.

Koziubinski, Michail Michailowitsch; tl.: Kocjubinskij, Mihail Mihajlovič [russ. kɐtsju'binskij], * Winniza 17. Sept. 1864, † Tschernigow 25. April 1913, ukrain. Schriftsteller.
War u.a. Lehrer und Statistiker; begann um 1890 zu veröffentlichen; seine Kontakte zu den „Volksgläubigen" beeinflußten sein literar. Schaffen; wandte sich nach realist. Anfängen unter Tschechows und Maupassants Einfluß dem Impressionismus zu, dessen Hauptvertreter er in der ukrain. Literatur wurde; Meister der Landschaftsdarstellung; in seinem Hauptwerk, dem Roman „Fata Morgana" (1903–10, dt. 1962), schildert er die Einstellung der ukrain. Bauern zu den revolutionären Strömungen um 1905.

Koz'ma Prutkov ↑ Kosma Prutkow.

Kračolov, Peju [T.] ↑ Jaworow, P[ejo] K.

Kraft, Werner, * Braunschweig 4. Mai 1896, dt. Schriftsteller.
Studierte in Berlin, Freiburg i. Br. und Hamburg; war Bibliotheksrat an der Provinzialbibliothek in Hannover, 1933 Emigration über Stockholm und Paris nach Jerusalem, wo 1937 seine erste Gedichtsammlung „Wort aus der Leere" erschien; K. ist in seiner nüchternen, knappen, gedankentiefen und wortgewandten Lyrik v.a. Karl Kraus verpflichtet; auch bed. Kritiker und Interpret dt. Dichtung.
Weitere Werke: Gedichte II (1938), Gedichte III (1946), Figur der Hoffnung (Ged., 1955), Der Wirrwarr (R., 1960), Rudolf Borchardt (Monogr., 1961), Augenblicke der Dichtung (Essays, 1963), Gespräche mit Martin Buber (1966).

Krag, Thomas Peter [norweg. kra:g], * Kragerø 28. Juli 1868, † Kristiania (heute Oslo) 13. März 1913, norweg. Schriftsteller.
Unternahm Reisen nach Frankreich, Italien und Deutschland, längere Zeit in Dänemark; Neuromantiker, dessen Werk auf einen dunklen Ton gestimmt ist, schrieb, unter dem Einfluß V. Hugos, J. P. Jacobsens und J. Jørgensens, phantasiereiche, handlungsarme Familienerzählungen und Romane.
Hauptwerke: Jon Gräff (R., dt. 1906), Mulm (R., 1893), Die eherne Schlange (R., dt. 1898), Ada Wilde (E., dt. 1900), Tubal der Friedlose (R., dt. 1910).

Krag, Vilhelm [norweg. kra:g], * Kristiansand 24. Dez. 1871, † Ny-Hellesund 10. Juli 1933, norweg. Schriftsteller.
Jüngerer Bruder Thomas K.s, war 1908–11 Leiter des Nationaltheaters Oslo. Bed. v.a. als neuromant. Lyriker. Seine melodiöse Sprache gibt auch seinen Erzählungen und seinen dramat. Versuchen besonderen Klang.
Hauptwerke: Digte (Ged., dt. Auswahl 1896f.), Hjemve (R., 1895), Der lustige Leutnant (E., dt. 1897), Major von Knarren und seine Freunde (E., dt. 1909), Sange fra min Ø (Ged., 1918), Verdens barn (Ged., 1920).

Kralik, Richard, Ritter von Meyrswalden, Pseudonym Roman, * Eleonorenheim (Böhmerwald) 1. Okt. 1852, † Wien 5. Febr. 1934, östr. Schriftsteller und Kulturphilosoph.
Studierte Jura, Philologie und Geschichte, bereiste Griechenland und Italien, trat zum Katholizismus über und betätigte sich aktiv in der kath. Bewegung in Österreich; gründete und leitete den „Gralbund". K., ein Vertreter der neuromant. Dichtung, erstrebte die Erneuerung der Kunst durch Besinnung auf die Antike und auf das Volkstum. Beeinflußt von Calderón und R. Wagner, versuchte er die Wiederbelebung des Weihefestspiels; schrieb Dramen, Volksschauspiele, Weihnachts- und Osterspiele, Puppenspiele, Heimaterzählungen, Romane und Gedichte, daneben zahlreiche kultur- und literarhistor. u.a. wissenschaftl. Schriften, gab mittelalterl. Spiele, Sagen und Epen heraus.
Hauptwerke: Das Mysterium vom Leben und Leiden des Heilands (Osterfestspiel, 1895), Prinz Eugenius (Epos, 1896), Das Veilchenfest zu Wien (Dr., 1905), Die Revolution (Dramen, 1908), Der hl. Gral (Dr., 1912), Die Weltliteratur im Lichte der Weltkirche (1916), Tage und Werke (Erinnerungen, 1922).

Kramer, Theodor, * Niederhollabrunn (Niederösterreich) 1. Jan. 1897, † Wien 3. April 1958, östr. Lyriker.
Sohn eines Arztes, in verschiedenen Berufen tätig; studierte Staatswissenschaften, im 1. Weltkrieg schwer verwundet; schließl. freier Schriftsteller. 1938 emigrierte er nach England und war dort Bibliothekar; 1957 Rückkehr. K.s eigenwillige Dichtung umfaßt von seiner niederöstr. Heimat geprägte Landschaftsgedichte, realist., sozialkrit. Lyrik aus der Welt der Wiener Arbeiterbezirke sowie Kriegs- und Emigrationsgedichte.
Hauptwerke: Die Gaunerzinke (Ged., 1929), Wir lagen in Wolhynien im Morast (Ged., 1931), Mit der Ziehharmonika (Ged., 1936), Verbannt aus Österreich (Ged., 1943), Wien 1938. Die grünen Kader (Ged., 1946), Vom schwarzen Wein (Ged., 1956).

Krämer, Karl Emerich, Pseudonyme George Forestier, Georg Jontza, André Fourban, Gerhard Rustesch, * Düsseldorf 31. Jan. 1918, dt. Schriftsteller.
Studierte Germanistik und Staatswissenschaften (Dr. phil.), Teilnahme am 2. Weltkrieg, Verlagslektor, Verlagsleiter. Veröffentlichte unter dem Namen G. Forestier als angebl. postumes Werk eines in Indochina verschollenen Fremdenlegionärs Gedichte, die bei Kritik und Publikum

beachtl. Erfolg errangen („Ich schreibe mein Herz in den Staub der Straße", 1952; „Stark wie der Tod ist die Nacht, ist die Liebe", 1954); auch Romane („Im Regen, der über Europa fällt", 1953), Erzählungen, weitere Lyrik („Nachtgeländer", 1966) und Laienspiele.

Krämer-Badoni, Rudolf, *Rüdesheim am Rhein 22. Dez. 1913, dt. Schriftsteller.
Studium in Frankfurt a. M. (Dr. phil.), publizist. Tätigkeit, freier Schriftsteller; hatte Erfolg mit dem Roman „In der großen Drift" (1949), einer Schilderung der während der Diktatur herangewachsenen jungen Kriegsgeneration; die Handlung seiner Kurzgeschichten spielt meist in der kleinbürgerl. Welt; auch bed. Essayist.
Weitere Werke: Der arme Reinhold (R., 1951), Die Insel hinter dem Vorhang (R., 1955), Bewegl. Ziele (R., 1962), Vorsicht, gute Menschen von links (Essays, 1962).

Kramp, Willy, * Mülhausen (Elsaß) 18. Juni 1909, dt. Schriftsteller.
Studierte Philologie in Bonn, Berlin und Königsberg, geriet im 2. Weltkrieg in russ. Gefangenschaft; war Leiter des Ev. Studienwerks in Villigst. Im Mittelpunkt seiner Romane stehen schwergeprüfte Menschen, die das ihnen auferlegte Schicksal meistern; realist., z. T. autobiograph. Darstellung des harten Daseins der Soldaten in russ. Kriegsgefangenschaft.
Hauptwerke: Die ewige Feindschaft (R., 1932), Die Fischer von Lissau (R., 1939), Die Jünglinge (R., 1943), Die Prophezeiung (E., 1950), Die Purpurwolke (R., 1953), Das Wespennest (R., 1959), Brüder und Knechte. Ein Bericht (1965).

Kranewitter, Franz, * Nassereith (Tirol) 18. Dez. 1860, † ebd. 4. Mai 1938, östr. Dichter.
Studierte Germanistik, Leiter der „Tiroler Wochenschrift" und freier Schriftsteller in Innsbruck; als Dichter stark seiner Heimat verbunden, trat v. a. als Dramatiker, aber auch mit lyr. und ep. Werken hervor; gehörte der freiheitl. gesinnten literar. Bewegung „Jung-Tirol" an.
Hauptwerke: Lyr. Fresken (Ged., 1888), Kulturkampf (Epos, 1890), Michel Gaißmayr (Trag., 1899), Um Haus und Hof (Volksstück, 1899), Andre Hofer (Schsp., 1904), Die sieben Todsünden (Dramen, 1910–30), Wieland der Schmied (Schsp., 1910).
Ausgabe: F. K. Ges. Werke. Hg. v. der Adolf-Pichler-Gemeinde in Innsbruck. Salzburg 1933.
Literatur: Wagerer, F.: *F. K. Leben u. Werk. Diss. Wien 1948 [Masch.].*

Kranjčević, Silvije Strahimir [serbokroat. 'kra:njtʃɛvitɕ], * Zengg 17. Febr. 1865, † Sarajevo 29. Okt. 1908, kroat. Dichter.
Lehrer und Schulinspektor, als Redakteur und Mitarbeiter für literar. Zeitschriften tätig. Nach pathet. Lyrik im Geist des Patriotismus fand K. den Zugang zu einer realist., vom Symbolismus mitgeformten Dichtung, in der er auch christl., z. T. myst. Elemente verwandte; die demokrat. Tendenz in seinem Werk vertrat K. oft mit sarkast. Ironie; Neigung zu Pessimismus in seinen Klageliedern.

Kranjec, Miško [slowen. 'kra:njəts], * Velika Polana 15. Sept. 1908, slowen. Schriftsteller.
Bekannte sich früh zum Sozialismus, deshalb während der Zeit der dt. Besetzung mehrfach inhaftiert und interniert; Partisan; wurde Redakteur und Verlagsdirektor. Seine Romane und Novellen stellen Kriegsgeschehnisse realist. dar und behandeln Fragen der Lebensgestaltung im kleinbürgerl. und bäuerl. Alltag; K. erwies sich als Meister lebendiger Landschaftsschilderung. Dt. liegen vor: „Sprung in die Welt" (dt. 1953) und „Herr auf eigenem Grund" (dt. 1953).

Krapiwa, Kondrat; tl.: Krapiva, Kondrat [russ. krɐpi'va], eigtl. Kondrat Kondratjewitsch Atrachowitsch; tl.: Kondrat Kondrat'evič Atrahovič * Nisok 5. März 1896, weißruss.-sowjet. Schriftsteller.
Volksschullehrer, später Leiter des sprachwissenschaftl. Instituts in Minsk; Abgeordneter im weißruss. Obersten Sowjet. Wurde populär durch satir. Gedichte und Fabeln; schrieb auch Erzählungen und Dramen in der Volkssprache; bekennt sich zum sozialist. Realismus.

Krasicki, Ignacy [poln. kra'ɕitski], * Dubiecko (Galizien) 3. Febr. 1735, † Berlin 14. März 1801, poln. Dichter.
Geistl. Laufbahn, 1765 Fürstbischof von Ermland; wurde durch die 1. Teilung Polens preuß. Untertan; Freundschaft mit Friedrich dem Großen; später Erzbischof von Gnesen. Hervorragendster literar. Vertreter der poln. Aufklärung und bedeutendster poln. Dichter vor Mickiewicz; verwertete Anregungen bes. aus der frz. Literatur der Aufklärung, auch der engl. Literatur. Zu seinen Hauptwerken gehören das kom. Heldenepos „Die Mäuseade" (dt. 1790), die Erziehungsromane „Begebenheiten des Mikołaj Doświadczyński" (dt. 1777) und „Der Herr Untertruchseß" (dt. 1779), das satir.-kom. Epos „Der Mönche-Krieg" (1778, dt. 1870) und seine „Fabeln" (1779, dt. 1913).

Krasiński, Zygmunt Graf [poln. kra'ɕiiski], * Paris 19. Febr. 1812, † ebd. 23. Febr. 1859, poln. Dichter.
Stammte aus dem poln. Hochadel; Auslandsreisen, mehrmaliges Zusammentreffen mit Mickiewicz. K. gilt neben Mickiewicz und Słowacki, von denen er stark beeinflußt ist, als bedeutendster Dichter der poln. Romantik; frühvollendet; veröffentlichte anonym und unter verschiedenen Pseudonymen. Nach einer Übergangszeit (Anlehnung an Byron und Scott) fand K. den Weg zu gehaltvoller, tiefer Gedankendichtung. Zunehmende Neigung zu patriot., nationaler Dichtung. K. sah in der Geschichtsdeutung eine wesentl. Aufgabe der Dichtung, so u. a. in seinem ersten Hauptwerk „Ungöttl. Komödie" (Dr., dt. 1841), in dem er das Wesen und die Kontroverse von Aristokratie und Demokratie dichter. erfaßte und gestaltete. Eine ähnl. Problematik ist zentrales Thema in „Irydion" (dt. 1847), einer dramat. Darstellung des poln. Freiheitskampfes. Die Verherrlichung Polens und seiner messian. Sendung erreicht ihren Höhepunkt in der allegor.-visionären Gedankendichtung „Przedświt" (= Morgenröte, 1843); dt. liegen noch vor: „Versuchung" (dt. 1881), „Sommernacht" (dt. 1881), „Hundert Briefe an Delfina" (dt. 1968).

Krasko, Ivan [slowak. 'kraskɔ], eigtl. Ján Botto, weiteres Pseudonym Bohd. J. Potokinová, * Lukovištia bei Groß-Steffelsdorf 12. Juli 1876, † Preßburg 3. März 1958, slowak. Dichter.
Chemiker, wurde Beamter und betätigte sich polit.; Mitglied der tschech. Akademie. Hauptver-

treter der slowak. Moderne, vom Symbolismus beeinflußt; überwand durch Gläubigkeit und Gottsuche den Pessimismus, der sein Frühwerk prägte; schrieb auch autobiograph. Prosa; wandte sich 1912 von der Literatur ab.

Krásnohorská, Eliška [tschech. 'kra:snɔhɔrska:], eigtl. E. Pechová, * Prag 18. Nov. 1847, † ebd. 26. Nov. 1926, tschech. Schriftstellerin.
Setzte sich mit den Problemen der Frauenbewegung auseinander; gründete 1875 in Prag eine Frauenzeitschrift. Schrieb Literaturkritiken, in denen sie u. a. eine Förderung der nationalen Literatur propagierte, zu der sie mit ihrer Dichtung beitragen wollte. Patriot., auch panslawist. Lyrik in rhetor.-pathet. Stil steht im Vordergrund ihres Schaffens; Libretti für Smetana u. a.; von besonderem Interesse sind ihre Autobiographie und ihre Übersetzungen, u. a. von Byron, Puschkin und Mickiewicz.

Krasnow, Pjotr Nikolajewitsch; tl.: Krasnov, Petr Nikolaevič [russ. kras'nɔf], auch Peter K. (Krasnov), * Petersburg (heute Leningrad) 22. Sept. 1869, † Moskau 1947, russ. Schriftsteller.
Antikommunist. Kosakenführer; lebte seit 1919 im dt. und frz. Exil; wurde 1947 wegen Kollaboration hingerichtet. Bekannt als Autor des erfolgreichen, literar. nur bedingt wertvollen Romans „Vom Zarenadler zur roten Fahne" (dt. 1922).

Kraszewski, Józef Ignacy [poln. kra'ʃɛfski], Pseudonym Bohdan Bolesławita, * Warschau 28. Juli 1812, † Genf 19. März 1887, poln. Schriftsteller.
Umfassende Studien, vielseitige Bildung; 1831 als Revolutionär zum Tode verurteilt, 1832 begnadigt, floh 1863 nach Dresden, seit 1876 sächs. Staatsbürger; 1884 auf Betreiben Bismarcks wegen Landesverrats verurteilt; nach $1^1/_2$ Jahren Haft aus Gesundheitsgründen gegen Bürgschaft entlassen. Sein etwa 500 Bücher umfassendes Gesamtwerk ist von unterschiedl. Wert; es gelang ihm, die Vorherrschaft des frz. Romans in Polen zu brechen. K. behandelte häufig sozial- und kulturkrit. Themen. Im Frühwerk Einflüsse bes. der dt. Romantik, später wurden u. a. Stendhal und Dickens seine Vorbilder. Viele seiner Werke wurden ins Dt. übersetzt, darunter „Jermola, der Töpfer" (dt. 1877) und „Meister Twardowski" (dt. 1879).

Kratinos, griech. Komödiendichter des 5. Jh.s v. Chr.
Sein dichter. Schaffen läßt sich von der Mitte der 50er Jahre bis 423 verfolgen, als er mit der Komödie „Pytine" über Aristophanes' „Wolken" siegte; 28 Stücke und weitere 8 Siege sind bekannt; K. gilt neben Aristophanes und Eupolis als der bedeutendste Vertreter der alten att. Komödie.

Kratochvíl, Jaroslav [tschech. 'kratɔxvi:l], * Tučapy 17. Jan. 1885, † KZ Theresienstadt März 1945, tschech. Schriftsteller.
Besuchte in Brünn das Landwirtschaftsinstitut; seine ersten Erzählungen spielten im dörfl. Bereich, später auch Kriegserzählungen mit starkem gesellschaftl. Engagement; verfaßte ferner Abhandlungen sowie Reportagen über die Sowjetunion.

Kratochvíl, Miloš Václav [tschech. 'kratɔxvi:l], * Wien 6. Jan. 1904, tschech. Schriftsteller.
Verfaßte neben Dramen und Erzählungen v. a. histor. Romane; bearbeitete Stoffe aus der Hussitenzeit und dem Dreißigjährigen Krieg.

Kratscholow, Peju [T.] [bulgar. 'kratʃolof] † Jaworow, P[ejo] K.

Kraus, Karl, * Jitschin (Ostböhm. Gebiet) 28. April 1874, † Wien 12. Juni 1936, östr. Schriftsteller und Satiriker.
Sohn eines jüd. Papierfabrikanten, in Wien aufgewachsen, studierte ohne Interesse einige Semester Jura und Philosophie. Versuche als Schauspieler mißlangen; K. war dann freier Mitarbeiter verschiedener Zeitungen. 1899 gründete er die Zeitschrift „Die Fackel", die bis zu seinem Tode in 922 Nummern erschien. Anfangs hatte er Mitarbeiter (u. a. Trakl, Werfel, Strindberg, H. Mann, Lasker-Schüler, A. Ehrenstein), seit 1912 publizierte er nur noch eigene Schriften: Aufsätze, Essays, Glossen, Aphorismen, Gedichte und Epigramme meist satir. Inhalts („Worte in Versen", 1916–30). Sein berühmtestes Werk ist das satir.

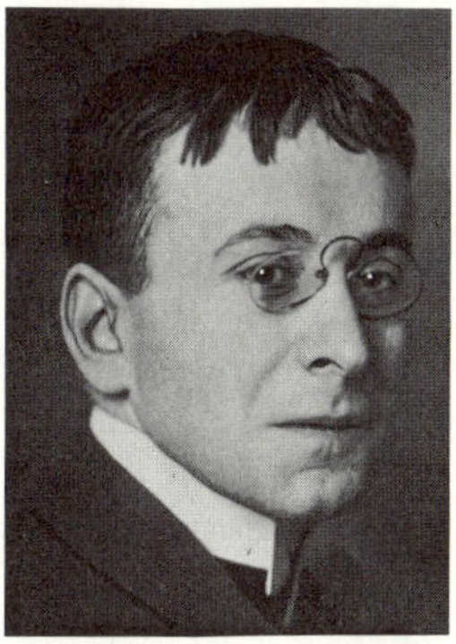

Karl Kraus

Antikriegsstück „Die letzten Tage der Menschheit" (Lesedrama, 1919). Unabhängig und weltanschaul. nicht gebunden, aber kompromißlos einem eth. Maß verpflichtet, das in seinem Glauben an die Gottesschöpfung gründet, machte K. „Die Fackel" zur gefürchteten krit. Instanz und verfolgte mit leidenschaftl. Haß Dummheit und Bosheit in Literatur, Journalismus und Politik. Er beschreibt den moral. und geistigen Verfall der Epoche. Grundlage ist das von ihm ausgebildete Verfahren der Sprachkritik („Die Sprache", 1937). Die schärfste Waffe seiner Satire ist das Zitat: Im Medium der „Fackel" wird der Text zum Zeugen gegen seinen Urheber. Sein Leben lang bekämpfte K. die Presse, in deren Sprache er nicht nur das genaue Abbild des Zustands der Zeit sah, sondern auch dessen Ursache. Hielt mit großem Erfolg Vorlesungen (über 700) aus eigenen und fremden Schriften, schuf Bearbeitungen von Shakespeare-Dramen und Offenbach-Operetten.
Weitere Werke: Heine und die Folgen (Essays, 1910), Die Chin. Mauer (Essays, 1910), Untergang der Welt durch schwarze Magie (Essays, 1922), Literatur und Lüge (Essays, 1929), Die dritte Walpurgisnacht (Essays, hg. 1952).
Ausgabe: K. K. Ges. Werke. Hg. v. H. Fischer. *Mchn.* $^{1-4}$*1956–67. 14 Bde.*
Literatur: K. K. Bibliographie mit Reg. der Glossen, Satiren, Essays, Gedichte u. Aphorismen. Hg. v. O. Kerry. *Mchn. 1970.* – Kohn, C.: *K. K. als Lyriker. Paris 1968.* – Weigel, H.: *K. K. oder Die Macht der Ohnmacht. Wien 1968.* – Iggers, W. A.:

K. K. A Viennese critic of the twentieth century. Den Haag 1967. – Kohn, C.: *K. K. Dt. Übers. Stuttg. 1966.* – Stephan, J.: *Satire u. Sprache. Zu dem Werk v. K. K. Mchn. 1964.* – Kraft, W.: *K. K. Beitr. zum Verständnis seines Werkes. Salzburg 1956.*

Kreft, Bratko, * Marburg (Slowenien) 11. Febr. 1905, slowen. Dramatiker.
Studierte in Wien und Laibach Slawistik, seit 1930 Regisseur und Dramaturg am Laibacher Theater, seit 1957 Professor für russ. Literatur; Meister der dramat. Technik, der die Möglichkeiten der Darstellung kennt; behandelte Themen aus der slowen. Geschichte; schrieb auch publizist. Arbeiten über Theater- und kulturpolit. Probleme.

Krejčí, František Václav [tschech. 'krɛjtʃi:], * Böhmisch-Trübau 4. Okt. 1867, † Prag 30. Sept. 1941, tschech. Schriftsteller.
Lehrer, später Journalist und Kritiker; schrieb mehrere Monographien zur Literatur- und Musikgeschichte, u. a. über Ibsen (1897), Smetana (1900), Neruda (1902), Mácha (1907), Vrchlický (1913); lieferte Übersetzungen von Flaubert, A. France und Nietzsche, verfaßte krit. Essays zur Philosophie und Literatur und stellte in erzählenden und dramat. Werken den Kampf der tschech. Legion in Sibirien dar; nahm vom Standpunkt des Sozialdemokraten zu moral. Fragen Stellung.

Krell, Max, * Hubertusburg (heute Wermsdorf-Hubertusburg) 24. Sept. 1887, † Florenz 11. Juni 1962, dt. Schriftsteller.
Arztsohn; studierte u. a. in München und Leipzig, lebte in Berlin und emigrierte während des Dritten Reichs; trat, vom Expressionismus ausgehend, bes. als Erzähler und Essayist hervor; auch Übersetzer.
Hauptwerke: Das Meer (E., 1919), Entführung (Nov., 1920), Der Spieler Cormick (R., 1922), Orangen in Ronco (R., 1930), Der Regenbogen (R., 1950), Die Dame im Strohhut (Nov., 1952), Das Haus der roten Krebse (R., 1962).

Kretschmann, Lily von † Braun, Lily.

Kretzer, Max, * Posen 7. Juni 1854, † Berlin 15. Juli 1941, dt. Schriftsteller.
Fabrikarbeiter und Dekorationsmaler; Autodidakt, freier Schriftsteller und Mitarbeiter verschiedener sozialdemokrat. Zeitungen. Er verfaßte unter dem Einfluß Zolas und Dickens' kraß naturalist. Romane, Novellen und Dramen aus dem Arbeiter- und Handwerkermilieu, konnte den Stoff künstler. nicht immer bewältigen, sank allmähl. zur Kolportage ab.
Hauptwerke: Die beiden Genossen (R., 1880), Meister Timpe (R., 1888), Das Gesicht Christi (R., 1897).
Literatur: Watzke, H.: *Die soziolog. Problematik bei M. K. Diss. Wien 1958 [Masch.].*

Kreuder, Ernst, * Zeitz 29. Aug. 1903, dt. Schriftsteller.
Banklehre, Studium der Philosophie, Literaturwissenschaft und Kriminalistik; Mitarbeiter der „Frankfurter Zeitung", 1926/27 Wanderung durch die Balkanländer, Redakteur des „Simplicissimus", freier Schriftsteller. K. wurde durch die Erzählung „Die Gesellschaft vom Dachboden" (1946) bekannt. Als sein Hauptwerk gilt der Roman „Die Unauffindbaren" (1948), die surrealist. Darstellung einer Phantasie- und Traumwelt. Traumhaft anarch. Weltflucht ist seine Reaktion auf das Kriegserlebnis; er ist ein moderner Romantiker, hat Phantasie und Originalität, ist humorvoll-skurril. Seine Sprache ist genau, ausdrucksvoll, oft lyrisch; schrieb auch Gedichte und Essays zur Literatur.
Weitere Werke: Herein ohne anzuklopfen (E., 1954), Agimos oder Die Weltgehilfen (R., 1959), Spur unterm Wasser (E., 1963).

Kreutzwald, Friedrich Reinhold, * Jõepere (Kreis Wierland) 26. Dez. 1803, † Dorpat 25. Aug. 1882, estn. Schriftsteller.
Einer der Initiatoren der Neubelebung der estn. Sprache und Literatur im 19. Jh.; trug so zum Entstehen eines neuen estn. Nationalgefühls bei; verdankte der Beschäftigung mit der Folklore viele Anregungen; schrieb Lyrik, Erzählprosa und Dramen, z. T. stark von der dt. Literatur beeinflußt; sein Hauptwerk ist das kunstvolle Epos „Kalevipoeg" (1857 ff., dt. 1910), in dem er volkstüml. Überlieferungen verwandte.

Krėvė-Mickevičius, Vincas [lit. kre:'væ:mɪts'kæ:vɪtʃʊs], * Subartoniai (S-Litauen) 19. Okt. 1882, † Marple Township bei Philadelphia 7. Juli 1954, lit. Dichter.
War Lehrer, Konsul, polit. Beamter, Professor für Slawistik und 1940 Außenminister; emigrierte 1944 nach Österreich, 1947 nach den USA. Begann als nationaler Romantiker, wandte sich später jedoch dem Realismus zu; stellte das lit. Bauernleben und in seinen Dramen Ereignisse der lit. Geschichte idealisierend dar; bed. für sein Schaffen waren Volkssagen und Märchen.

Kreymborg, Alfred [engl. 'krɛɪmbɔ:g], * New York 10. Dez. 1883, † ebd. Aug. 1966, amerikan. Schriftsteller.
Aus armer Familie; acht Jahre lang Berufsschachspieler. Begann mit lyr. Versuchen, in denen er größtmögl. Einfachheit der lyr. Aussage zu erreichen bestrebt war; Einfluß der Imagisten; später Abkehr von Experimenten; schrieb Dramen, häufig Einakter, mit stark lyr. Prägung; Vorliebe für Groteskes und Komisches, oft marionettenhafte Stilisierung der Charaktere; K.s bedeutendstes Werk ist seine Autobiographie „Troubadour" (1925).

Krieger, Arnold, * Dirschau bei Danzig 1. Dez. 1904, † Frankfurt am Main 9. Aug. 1965, dt. Schriftsteller.
Lebte nach 1945 zeitweilig in der Schweiz und in Afrika; schrieb Dramen, Hörspiele, Märchen, Essays, Gedichte und v. a. Romane, darunter eine Reihe von Afrika-Romanen, von denen „Geliebt, gejagt und unvergessen" (1955) am erfolgreichsten war. Seine von humanitären Idealen bestimmten und z. T. zeitkrit. Werke zeichnen sich durch Ausdruckskraft sowie formales und sprachl. Geschick aus.
Weitere Werke: Mann ohne Volk (R., 1934, 1957 u. d. T. Hendrik und Sannah), Christian de Wet (Dr., 1936), So will es Petöfi (R., 1943, 1956 u. d. T. Sein Leben war Liebe), Das schlagende Herz (Ged., 1944), Reichtum des Armen (Ged., 1958), Der Kuckuck und die Zerreißprobe (R., 1963).

Krige, Uys [afrikaans 'kri:xə], Pseudonyme Mattheus Joubert, Arnoldus Retief, * Bonteboksloof bei Swellendam (Südafrika) 4. Febr. 1910, afrikaanser Lyriker und Dramatiker.

Studierte Jura, unternahm Reisen nach Europa; von der engl. und frz. Romantik beeinflußt; bed. als Übersetzer frz. und span. Lyrik.
Hauptwerke: Kentering (Ged., 1935), Die wit muur (Dr., 1942), Hart sonderhawe (Ged., 1949), Die goue kring (Dr., 1956).

Krinagoras, griech. Dichter des 1. Jh.s v. Chr. aus Mytilene.
Kam zwischen 45 und 25 als Gesandter seiner Vaterstadt nach Rom; erweiterte den alten Themenkreis des Epigramms und nahm Stoffe des tägl. Lebens auf.

Kringsteiner, Joseph Ferdinand, * Wien 17. Sept. 1775, † ebd. 15. Juni 1810, östr. Bühnenschriftsteller.
Beamter; schrieb seinerzeit erfolgreiche Altwiener Volksstücke („Der Zwirnhändler aus Oberösterreich", 1807) und Travestien („Othello der Mohr in Wien", 1806; „Werthers Leiden", 1807) für das Theater in der Leopoldstadt.

Krischnamischra; tl.: Kṛṣṇamiśra, ind. Dichter und Philosoph der 2. Hälfte des 11. Jahrhunderts. Über sein Leben ist nichts Glaubwürdiges bekannt; erhalten ist das metaphys.-allegor. Drama „Prabodhatschandrodaja" (= Mondaufgang der Erkenntnis, dt. 1842); geschildert wird der Sieg des Wedanta wischnuit. Prägung, dem der Dichter selbst anhängt, über die Lehre der Ketzer; kunstvolle Komposition, geschickte Dialogführung und lebendige Frische zeichnen das Werk aus.

Kristensen, Erling [dän. 'kresdənsən], * Holte Heide (Vendsyssel) 9. Juni 1893, † Skagen 25. Juni 1961, dän. Schriftsteller und Kritiker.
Sohn eines Landarbeiters, war zunächst Mechaniker. Als Literaturkritiker wandte sich K. satir. gegen die Bauernromantik der Heimatliteratur. Seine Romane richten sich gegen das Kleinbürgertum und dessen Schwächen.
Hauptwerke: Støtten (R., 1927), Byen mellem to tårne (R., 1928), Menneske mellem menesker (R., 1936), Den sidste færge (Novellen, 1936).

Kristensen, Tom [dän. 'kresdənsən], * London 4. Aug. 1893, dän. Schriftsteller.
Studierte Literatur, unternahm ausgedehnte Reisen in Europa, Japan und China. Neben dichter. Schaffen auch Literaturkritik und Übersetzungen. K.s expressionist. Lyrik vermittelt in harten, farbigen Rhythmen die Spannungen seiner Persönlichkeit; auch seine Prosa ist von lyr. Expressionismus bestimmt. K.s Werke geben die Lebensanschauungen zweier Epochen wieder, sie schließen in sich den Optimismus der 20er Jahre und die Ernüchterung des folgenden Jahrzehnts. Die Angst vor der Sinnlosigkeit des Lebens tritt in seiner späteren Dichtung immer stärker hervor.
Hauptwerke: Livets arabesk (R., 1921), Hærværk (R., 1930), Mod den yderste rand (Ged., 1936).

Krklec, Gustav [serbokroat. 'kr̩klɛts], * Udbinja bei Karlstadt 23. Juni 1899, kroat. Schriftsteller.
Studium der Philosophie in Wien und Prag, vor dem 2. Weltkrieg Sekretär an der Belgrader Börse, heute Redakteur und freier Schriftsteller. Die erste Gedichtsammlung, beeinflußt von Rilke und B. Šimić, erschien nach dem 1. Weltkrieg. K.s Gedichte, auch die späteren, zeichnen sich durch Melodiosität und vollendete Form aus. K. ist auch Kritiker und v.a. Übersetzer Puschkins und Brechts.

Krleža, Miroslav [serbokroat. ˌkr̩lɛʒa], * Agram 7. Juli 1893, kroat. Schriftsteller.
Studierte an der Militärakademie Budapest; begann nach dem 1. Weltkrieg mit schriftsteller. Arbeit, wurde bed. Ideologe der Arbeiterbewegung; Vizepräsident der jugoslaw. Akademie, Chefredakteur der jugoslaw. Enzyklopädie. K., der als bedeutendster moderner kroat. Schriftsteller gilt, schrieb Gedichte, Erzählungen, Dramen, Romane und Essays. Er stellt v.a. das Milieu der Städte Wien, Budapest, Belgrad und Agram dar und behandelt das Thema des Generationsunterschieds.
Hauptwerke: Der kroat. Gott Mars (En., 1922; dt. 1965), Gospoda Glembajevi (= Die Herren Glembajev, Dr., 1928), Beisetzung in Theresienburg (E., dt. 1964), Die Rückkehr des Filip Latinovicz (R., 1932; dt. 1961), Tausendundein Tod (E., 1933; dt. 1966), Ohne mich (R., 1938; dt. 1962), Bankett in Blitwien (R., 1938/39; dt. 1963), Der Großmeister aller Schurken. In extremis (En., dt. 1963), Requiem für Habsburg (En., dt. 1968).

Krnarutić, Brno [serbokroat. kr̩ˌnarutitɕ], * Zadar zwischen 1515 und 1520, † ebd. 1572 oder 1573, kroat. Dichter.
Aus adeliger Familie; studierte Jura in Italien. Renaissanceschriftsteller; schrieb das erste kroat. Heldenepos, in dem er die Erstürmung Szigets durch die Türken darstellt; behandelt nach dem Muster Ovids den Stoff von Pyramus und Thisbe.

Krog, Helge [norweg. kro:g], * Kristiania (heute Oslo) 9. Febr. 1889, † Oslo 30. Juli 1962, norweg. Schriftsteller.
Studierte Volkswirtschaft, wurde Journalist und spezialisierte sich auf Theater- und Literaturkritik. Schrieb in der Absicht, die Debatte über soziale und moral. Themen zu entfachen, bühnenwirksame naturalist. sozialkrit. Dramen und satir. Komödien.
Hauptwerke: Auf der Sonnenseite (Dr., 1927; dt. 1955), Konkylien (Dr., 1929), Opbrudd (Dr., 1936).

Kröger, Timm, * Haale (Landkreis Rendsburg) 29. Nov. 1844, † Kiel 29. März 1918, dt. Schriftsteller.
Zuerst landwirtschaftl. Tätigkeit; Autodidakt, studierte Jura, dann Rechtsanwalt in Flensburg, Elmshorn und Kiel; befreundet mit Liliencron. Meisterhafter, humorvoller Schilderer des niederdt. Bauernlebens mit vorzügl. psycholog. Charakterisierung der einzelnen Gestalten; seine Vorliebe gilt den seltsamen Käuzen; aber auch die stille, menschenleere Natur weiß er anschaulich zu gestalten.
Hauptwerke: Eine stille Welt (En., 1891), Der Schulmeister von Handewitt (Nov., 1894), Um den Wegzoll (Nov., 1905).
Literatur: Behrens, H.: *Bekenntnis zu T. K. In: Hebbel-Jb. (1957), 59.* – Bödewadt, J.: *T. K. Ein dt. Dichter eigener Art. Hamb. 1916.*

Krogzemis, Miķelis ↑ Auseklis.

Krohg, Christian [norweg. kro:g], * Vestre Aker (heute zu Oslo) 13. Aug. 1852, † Oslo 16. Okt. 1925, norweg. Maler und Schriftsteller.
War Direktor der Kunstakademie Oslo. Von dem literar. Programm Brandes' ergriffen, schrieb K. den [später verbotenen] Roman „Albertine" (1886, dt. 1913), der vom Leben einer Prostituierten handelt, als Beitrag zu der gesellschaftskrit. Debatte der Zeit.

Krohn, Julius Leopold Fredrik [schwed. kru:n], Pseudonym Suonio, * Wyborg 19. Mai 1835, † bei Wyborg 28. Aug. 1888, finn. Sprachforscher, Literarhistoriker und Schriftsteller.
Seit 1862 Dozent, seit 1885 Professor für finn. Sprache und Literatur in Helsinki. Als Schriftsteller trat er v.a. mit patriot. Gedichten, die Anregungen von F. M. Franzén und J. L. Runeberg verraten, und histor.-romant. Erzählungen hervor.

Krokann, Inge [norweg. 'kru:kan], * Oppdal 19. Aug. 1893, † 27. Dez. 1962, norweg. Schriftsteller.
Schrieb v.a. kulturhistor. Romane über das Leben norweg. Bauern im 15./16. Jahrhundert.
Hauptwerke: I dovre-sno (R., 1929), Blodrøter (R., 1936), Da bøndene reiste seg (R., 1937), Under himmelteiknet (R., 1941), Noregs nye dag (Ged., 1945).

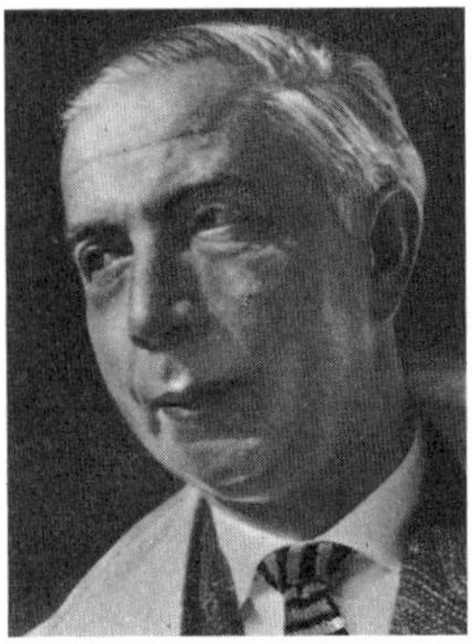
Karl Krolow

Krolow, Karl [...lo], * Hannover 11. März 1915, dt. Lyriker.
Studierte Germanistik, Romanistik, Philosophie und Kunstgeschichte, seit 1942 freier Schriftsteller, 1960/61 Gastdozent für Poetik an der Universität Frankfurt am Main. K. gehört zu den bedeutendsten dt. Lyrikern seiner Generation. Seine ersten Gedichte stehen unter dem Einfluß moderner Naturlyrik (W. Lehmann, Loerke), sind in strengen Rhythmen und meist liedhaften Strophen geschrieben. Zunehmender Einfluß der frz. und span. Surrealisten. Das Stimmungshafte und Ichbezogene der Naturlyrik weicht der Reflexion und dem Sprachexperiment. Konkrete und abstrakte Bereiche werden in Beziehung gesetzt, freie Rhythmen treten neben gebundene. K. erstrebt Zeitlyrik im unaktuellen Sinn, Grundthema ist die Angst des Menschen ohne Gott und Götter. Repräsentativ sind die Gedichtbände „Die Zeichen der Welt" (1952), „Wind und Zeit" (1954), „Tage und Nächte" (1956), „Fremde Körper" (1959), „Unsichtbare Hände" (1962), „Landschaften für mich" (1966). Auch Essayist und Übersetzer (frz. und span. Lyrik).
Weitere Werke: Aspekte zeitgenöss. dt. Lyrik (Essays, 1961), Schattengefecht (Essays, 1964), Poet. Tagebuch (Aufzeichnungen und Essays, 1966), Minuten-Aufzeichnungen (Prosa, 1968).
Ausgabe: K. K. Ges. Gedichte. Frkf. 1965.
Literatur: Tonelli, G.: *La nuova lirica tedesca. K. K. In:* Tonelli: *Aspetti della lirica tedesca. 1895–1960. Palermo 1963.* – Holthusen, H. E.: *Naturlyrik u. Surrealismus. Die lyr. Errungenschaften K. K.s. In:* Holthusen: *Ja u. Nein. Neue krit. Versuche. Mchn. 1954.*

Kropiwnizki, Mark Lukitsch; tl.: Kropivnickij, Mark Lukič [russ. krɐpiv'nitskij], * Beschbairaki 7. Mai 1840, † bei Charkow 21. April 1910, ukrain. Dramatiker.
War auch Schauspieler, Regisseur und Dramaturg. K. schuf mit anderen Theaterleuten die Grundlagen für ein ukrain. Berufstheater; seine erfolgreichen Stücke verbanden kom. und trag. Elemente.

Kṛṣṇamiśra ↑ Krischnamischra.

Kručenyh ↑ Krutschonych.

Kruczkowski, Leon [poln. krutʃ'kɔfski], * Krakau 28. Juni 1900, † Warschau 1. Aug. 1962, poln. Schriftsteller.
Studierte Chemie in Krakau; während des 2. Weltkrieges als Kriegsgefangener in Deutschland, 1945–48 stellvertretender Kulturminister, 1949–56 Vorsitzender des poln. Schriftstellerverbandes, mehrfacher Preisträger. Schrieb Romane und v.a. Dramen. Sein erster Roman, „Rebell und Bauer" (1932, dt. 1952), behandelt das Verhältnis Adel – Bauerntum. Am erfolgreichsten war K. mit dem Drama „Die Sonnenbrucks" (dt. 1951) über das Verhalten eines dt. Intellektuellen gegenüber dem Faschismus. In dt. Übersetzung liegen ferner vor: „Pfauenfedern" (R., 1935; dt. 1958), „Der erste Tag der Freiheit" (Dr., 1959; dt. 1967).

Krúdy, Gyula [ungar. 'kru:di], * Nyíregyháza 21. Okt. 1878, † Budapest 12. Mai 1933, ungar. Schriftsteller.
Aus verarmter Landadelsfamilie; Journalist; Verfasser romant. Novellen und Romane, impressionist. Erzählungen und Liebesgeschichten aus dem Provinzstadtmilieu. In seinen frühen Werken Einfluß Mikszáths, Turgenjews und Dickens', später fand er zu einem persönl., lyr. Stil. Seine Prosa wird von Stimmungen beherrscht; die Grenzen zwischen Gegenwart und Vergangenheit verschwimmen; K.s Ruhm begründete der erot. „Szindbád"-Zyklus (eine Auswahl der Geschichten liegt dt. vor: „Sindbad. Reisen im Diesseits und Jenseits", 1967). Im Alter schrieb K. surrealist. Erzählungen. Zu seinen Hauptwerken zählt auch der Roman „Die rote Postkutsche" (1914, dt. 1966).

Krüger, Bartholomäus, * Sperenberg bei Potsdam um 1540, † Trebbin bei Potsdam nach 1597, dt. Dichter.
Stadtschreiber und Organist in Trebbin; schrieb ev. Schuldramen und Schwänke.
Hauptwerk: Hans Clawerts Werckliche Historien (Schwänke, 1587).

Krüger, Hermann Anders, * Dorpat 11. Aug. 1871, † Neudietendorf bei Erfurt 10. Dez. 1945, dt. Schriftsteller.
Dr. phil.; Bibliothekar in Dresden, Professor in Hannover, Bibliotheksdirektor in Gotha, dann in Weimar. Veröffentlichte zahlreiche literarhistor. Schriften, daneben pädagog. Romane.
Hauptwerke: Gottfried Kämpfer (R., 1904), Kaspar Krumbholtz (R., 1909/10), Sohn und Vater (Autobiogr., 1922).

Krusenstjerna, Agnes von [schwed. ˌkrʉ:sən-ʃæ:rna], * Växjö 9. Okt. 1894, † Stockholm 10. März 1940, schwed. Schriftstellerin.

Brach durch bürgerl. Heirat mit ihrem aristokrat. Milieu und wandte sich als Schriftstellerin scharf gegen dessen Konventionen. Künstler. höher stehen die Romane, die das Heranwachsen eines Mädchens zur Frau schildern („Tony", R.-Trilogie, 1922–26) oder Natur und Stimmungen in wohlmodulierter Prosa wiedergeben.
Weitere Werke: Fröknarna von Pahlen (R., 1930–35), Fattigadel (R., 1935–38).
Literatur: Lagercrantz, O. G. H.: *A. v. K. Stockholm 1951.*

Krüss, James, Pseudonyme Markus Polder, Felix Ritter, * Helgoland 31. Mai 1926, dt. Schriftsteller.
Pädagog. Hochschule, ging 1949 nach München und begann dort Kindergedichte und -hörspiele zu schreiben. Lebt auf den Kanar. Inseln und in Gilching bei München. K. ist einer der angesehensten dt. Jugendbuchautoren, dessen vielfach preisgekrönte Werke sich durch sprachl. Meisterschaft auszeichnen; auch Fernsehsendungen, Bühnenbearbeitungen und Spiele für Kinder, Übersetzungen.
Hauptwerke: Der Leuchtturm auf den Hummerklippen (1956), Die glückl. Inseln hinter dem Winde (1958 und 1960), Mein Urgroßvater und ich (1959), Der wohltemperierte Leierkasten (1961), 3 mal 3 an einem Tag (1963), Adler und Taube (1963).

Krutschonych, Alexei Jelissejewitsch; tl.: Kručenyh, Aleksej Eliseevič [russ. kru'tʃɔnɨx], * Olewka (Gouv. Cherson) 21. Febr. 1886, russ.-sowjet. Lyriker.
Gehörte zur radikalsten, traditionsfeindlichsten Gruppe der Futuristen, deren bedeutendster Dichter er neben Majakowski und Chlebnikow war. Mitunterzeichner des Manifests der russ. Futuristen und Mitarbeiter der Zeitschrift „Lef", bediente sich in seiner Dichtung einer begrifflosen, erfundenen Sprache.

Krylow, Iwan Andrejewitsch; tl.: Krylov, Ivan Andreevič [russ. krɨ'lɔf], * Moskau 13. Febr. 1769 (1768?), † Petersburg (heute Leningrad) 21. Nov. 1844, russ. Fabeldichter.
Sohn eines Offiziers; wurde Beamter, dann Journalist und Hg. satir. Zeitschriften; hatte einige Erfolge mit Satiren, satir. Dramen und Tragödien. 1809 erregte die Veröffentlichung seiner ersten Fabelsammlung Aufsehen. 1812–41 war K. Bibliothekar der Öffentl. Bibliothek Petersburg. Außer Übersetzungen und Nachdichtungen der besten Fabeln La Fontaines schrieb er zahlreiche eigenständige Fabeln, die teils literar. Quellen haben, teils von K. selbst erfundene Motive und Stoffe gestalteten. Ihren Erfolg verdankten die Fabeln dem humorvoll-volkstüml. Stil, der nicht ganz frei von klassizist. Wendungen ist, der gelungenen Pointierung und der Beschränkung der „Moral" auf Feststellungen des gesunden Menschenverstandes ohne tiefere philosoph. Bedeutung und sittl. Anforderung. Grundlage seines Stils ist die Volkssprache; dank dieser Tatsache und der sprachl. Prägnanz vieler Verse wurden zahlreiche Zitate aus K.s Fabeln sprichwörtlich.
Ausgabe: I. A. K. Sämtl. Fabeln. Dt. Übers. Zürich 1960.
Literatur: Stepanow, N.: *I. A. K. Schisn i twortschestwo. Erweiterte Ausg. Moskau 1958.* – Rammelmeyer, R.: *Studien zur Gesch. der russ. Fabel des 18. Jh.s. Lpz. 1939.*

Krymow, Juri Solomonowitsch; tl.: Krymov, Jurij Solomonovič [russ. 'krɨməf], eigtl. J. S. Beklemischew; tl.: J. S. Beklemišev, * Petersburg (heute Leningrad) 19. Jan. 1908, ⚔ bei Poltawa 20. Sept. 1941, russ.-sowjet. Schriftsteller.
Radiotechniker und Ingenieur der Erdölflotte des Kasp. Meeres; Repräsentant der Aufbauperiode der 30er Jahre; im Mittelpunkt seiner Werke steht die sozialist. Arbeit.
Hauptwerke: Tanker „Derbent" (R., 1938; dt. 1946), Die Ingenieurin (R., 1941; dt. 1949).

Kschemendra; tl.: Ksemendra, * in Kaschmir um 1010, † ebd. 1070, ind. Dichter.
Stammte aus einer wohlhabenden Familie; wurde in der Dichtkunst unterrichtet; Anhänger des Wischnuglaubens, dem Buddhismus wohlwollend gegenüberstehend. K. ist einer der fruchtbarsten und vielseitigsten Dichter der gesamten ind. Literatur, was sich jedoch in der literar. Qualität seiner Werke nachteilig auswirkt. Sie sind stellenweise langatmig angelegt, mangelhaft komponiert, enthalten aber stilist. gewandte Passagen und aus dem tägl. Leben gegriffene, z.T. satir. gestaltete Sittenbilder, auch Aussprüche tiefer Lebensweisheit. K. schrieb Epen, Dramen, religiöse Dichtungen, Lehrgedichte, Werke über Poetik, Metrik und Politik und bearbeitete literar. Werke. Bed. sind seine Auszüge in Versen aus den großen ind. Nationalepen „Mahabharata" und „Ramajana": „Bharatamandschari" und „Ramajanamandschari".

Kubin, Alfred ['ku:bi:n, ku'bi:n], * Leitmeritz (Nordböhm. Gebiet) 10. April 1877, † Landgut Zwickledt bei Wernstein am Inn 20. Aug. 1959, östr. Graphiker und Schriftsteller.
Sohn eines Offiziers, Kunstgewerbeschule Salzburg, Kunstakademie München; Studienreisen in die Schweiz, nach Frankreich, Italien und auf den Balkan; seit 1906 lebte K. auf dem Landsitz Zwickledt. Er wurde mit Zeichnungen und Illustrationen, die in einer Welt des Phantast.-Traumhaften, des Gespenstischen und Grotesken beheimatet sind, berühmt, trat aber auch als Erzähler und Essayist hervor. Wie in seinem graph. Werk dringt er auch mit seinem literar. Schaffen in die unheiml. Bezirke geheimnisvoll-düsteren Zaubers ein. Sein Hauptwerk ist der phantast.-symbol. Roman „Die andere Seite" (1909).
Weitere Werke: Der Guckkasten (En., 1925), Abenteuer einer Zeichenfeder (1941), Dämonen und Nachtgesichte (Autobiogr., 1959).
Literatur: Hewig, A.: *Phantast. Wirklichkeit. Interpretationsstudien zu K.s „Die andere Seite". Mchn. 1967.* – Horodisch, A.: *A. K. Taschenbibliogr. Hamb. 1962.* – *A. K. Leben, Werk, Wirkung. Zusammengestellt v.* P. Raabe. *Hamb. 1957.* – Schneditz, W.: *A. K. Wien 1956.*

Kübler, Arnold, * Wiesendangen bei Winterthur 2. Aug. 1890, schweizer. Schriftsteller.
Bildhauer, Schauspieler, dann Redakteur; schrieb humorvolle Romane und Erzählungen, ferner Dramen.
Hauptwerke: Schuster Aiolos (Kom., 1922), Oeppi von Wasenwachs (R., 1943), Oeppi der Student (R., 1947), Oeppi und Eva (R., 1951), Stätten und Städte erlebt, gezeichnet, erläutert (1963), Oeppi der Narr (R., 1964).

Kuby, Erich [...bi], * Baden-Baden 28. Juni 1910, dt. Journalist und Schriftsteller.
Studierte Volkswirtschaft, arbeitete in einem Verlag, nahm am 2. Weltkrieg teil, wurde Chefredakteur der Zeitschrift „Ruf", später Redaktionsmitglied der „Süddt. Zeitung"; lebt als freier Journalist in München. K. schrieb Erzählungen, Kinderbücher, Dramen, Hör- und Fernsehspiele sowie Filmdrehbücher. Er machte v. a. durch seine umstrittenen zeitkrit. Berichte und Skizzen von sich reden, in denen er die Verhältnisse in der Bundesrepublik Deutschland angreift.
Weitere Werke: Das ist des Deutschen Vaterland (Bericht, 1957), Rosemarie (R., 1958), Alles im Eimer (Bericht, 1960), Sieg! Sieg! (R., 1961), Richard Wagner & Co. (1963), Ich, Weyer. Dekorateur der dt. Gesellschaft (1968).

Küchelbecker, Wilhelm [Karl] (russ. Wilgelm Karlowitsch Kjuchelbeker; tl.: Vil'gel'm Karlovič Kjuhel'beker [russ. kjuxılj'bjekır]), * Petersburg (heute Leningrad) 21. Juni 1797, † Tobolsk 23. Aug. 1846, russ. Dichter.
Dt. Herkunft; als Dekabrist zu Zwangsarbeit verurteilt. Vertreter der Gruppe der jüngeren Archaisten; K. akzeptierte sprachl. und stilist. Neuerungen, hielt aber im Sinne Derschawins an der Forderung nach ernsten Inhalten der Poesie fest; nahm daher bewußt die Sprachnormen Lomonossows und die Regeln der frz. Klassizisten zum Vorbild; pflegte v. a. die Odendichtung.

Kudrun (Gudrun), um 1230/40 entstandenes mhd. Heldenepos; Verfasser ist ein unbekannter östr. Spielmann. Das Lied ist nur in einer Handschrift des 16. Jh.s überliefert. Es zerfällt in 3 Teile, der Hauptteil ist der K.geschichte gewidmet. Zugrunde liegt das Brautraubmotiv, verbunden mit dem Thema der Frauentreue. K. wird von dem abgewiesenen Freier Hartmut geraubt, hält ihrem Verlobten Herwig 13 Jahre lang die Treue, muß Magddienste tun und wird schließl. von Herwig und ihrem Bruder befreit. Das Gedicht endet versöhnl. mit der Hochzeit. Das K.lied ist die Umformung des skand. Hilde-Epos nach dem stilist. und sprachl. Vorbild des Nibelungenliedes, ohne dessen Größe zu erreichen.
Ausgaben: K. Hg. v. K. Bartsch. *Überarbeitet v.* K. Stackmann. *Wiesb. ⁵1965. – K. Hg. v.* B. Symons. *Bearb. v.* B. Boesch. *Tüb. ⁴1964. – K. (Gudrun). Übers. v.* K. Simrock. *Eingel. u. überarbeitet v.* F. Neumann. *Stuttg. 1958.*
Literatur: Wisniewski, R.: *K. Stuttg. ²1968.* – Hoffmann, Werner: *K. Ein Beitrag zur Deutung der nachnibelung. Heldendichtung. Stuttg. 1967.* – Siefken, H.: *Überindividuelle Formen u. der Aufbau des K.epos. Mchn. 1967.* – Carles, J.: *Le poème Kûdrûn. Étude de sa matière. Paris 1963.* – Panzer, F.: *Hilde-Gudrun. Eine sagen- u. literargeschichtl. Unters. Halle 1901.*

Küfer, Bruno ↑ Scheerbart, Paul.

Kügelgen, Wilhelm von, * Petersburg (heute Leningrad) 20. Nov. 1802, † Ballenstedt 25. Mai 1867, dt. Maler und Schriftsteller.
Sohn des Malers Gerhard von K.; Kunststudium in Dresden und Rom, längerer Rußlandaufenthalt, Hofmaler, seit 1853 Kammerherr Herzog Karl Alexanders von Anhalt-Bernburg; malte religiöse Bilder und Porträts (darunter Goethe u. a. bed. Zeitgenossen). K. ist Verfasser des berühmtgewordenen Memoirenwerkes „Jugenderinnerungen eines alten Mannes" (Autobiogr., 1870), das, im Geist des Biedermeiers und aus der überlegenen Schau des reifen Mannes geschrieben, über die Erlebnisse an mitteldt. Fürstenhöfen berichtet.
Ausgaben: W. v. K. Erinnerungen. Zum 100. Todestag des Verfassers neu hg. v. E. *u.* B. v. Kügelgen. *Lpz. 1967. 2 Bde. – W. v. K. Erinnerungen 1802–1867. Hg. v.* J. Werner *u.* P. S. v. Kügelgen. *Lpz. 1923–25. 3 Bde.*
Literatur: Leuthe, H.: *Studien zu den Autobiographien Ludwig Emil Grimms, W. v. K.s, Ludwig Richters u. Friedrich Wasmanns. Diss. Freib. 1953 [Masch.].* – Ernst, F.: *W. v. K. In:* Ernst: *Essais Bd. 2. Zürich 1946.*

Kugler, Franz Theodor, Pseudonym Franz Theodor Erwin, * Stettin 19. Jan. 1808, † Berlin 18. März 1858, dt. Kunsthistoriker, Maler und Dichter.
Studierte Philosophie und Kunstgeschichte; 1833 Professor der Kunstgeschichte in Berlin, seit 1843 im Kultusministerium; bed. ist seine von A. von Menzel illustrierte „Geschichte Friedrichs des Großen" (1840); daneben Gedichte, Dramen und Erzählendes; volkstüml. wurde das Lied „An der Saale hellem Strande".
Literatur: Treue, W.: *F. Th. K. Kulturhistoriker u. Kulturpolitiker. In: Histor. Zs. 175 (1953), 483.* – Kaletta, E.: *F. Th. K. 1809–59. Breslau 1937.*

Kuhar, Lovro [slowen. 'ku:har] ↑ Prežihov, Voranc.

Kuhbier, Heinz ['ku:bi:r] ↑ Coubier, Heinz.

Kuhlmann, Quirinus, * Breslau 25. Febr. 1651, † Moskau 4. Okt. 1689, dt. Dichter.
Sohn eines Kaufmanns, studierte Jura; beschäftigte sich mit Theosophie, kam durch die Schriften J. Böhmes zu einem ekstat.-visionären Chiliasmus. Er durchreiste die Niederlande, England und Frankreich, versuchte den Papst und in Konstantinopel den Sultan für seine Überzeugung zu gewinnen. In Moskau wurde er als Unruhestifter verbrannt. K. ist Verfasser schwärmer.-visionärer Barocklyrik, mit der er den allgemeinen Gefühlsüberschwang seiner Zeit noch übertraf.
Hauptwerke: Unsterbl. Sterblichkeit (1668), Himml. Liebes-Küsse (Ged., 1671), Lehrreiche Weißheit – Lehr – Hof – Tugend – Sonnenblumen Preißwürdigster Sprüche ... (1671), Lehrreicher Geschicht-Herold oder ... (1673), Der Kühlpsalter (Ged., 1684–86).
Literatur: Vordtriede, W.: *Qu. K.s „Kühlpsalter". In: Antaios 7 (1965/66), 501.* – Dietze, W.: *Qu. K. Ketzer u. Poet. Versuch einer monograph. Darst. v. Leben u. Werk. Bln. 1963.* – Bock, C. V.: *Qu. K. als Dichter. Ein Beitrag zur Charakteristik des Ekstatikers. Bern 1957.*

Kühne, Gustav, * Magdeburg 27. Dez. 1806, † Dresden 22. April 1888, dt. Schriftsteller.
Studierte Literaturgeschichte und Philosophie; 1835–42 leitete er in Leipzig die „Zeitung für die elegante Welt", 1846 übernahm er die Zeitschrift „Europa", später freier Schriftsteller in Dresden. Anhänger der jungdt. Bewegung; tendenziöse Romane und Novellen, epigonenhafte Dramen, Gedichte und Sagen treten an Bedeutung hinter seinen krit. Schriften zurück. Bed. auch seine dokumentar. wertvollen Erinnerungen.
Hauptwerke: Weibl. und männl. Charaktere (Skizzen, 1838), Klosternovellen (1838), Wittenberg und Rom (Novellen, 1876).

Kühnelt, Hans Friedrich, * Bozen 20. März 1918, östr. Lyriker und Dramatiker.
Ingenieur, Schauspieler, dann freier Schriftsteller; nach lyr. Anfängen fast ausschließl. Dramatiker; schrieb u.a. die iron.-groteske Komödie „Ein Tag mit Edward" (UA 1953), das nach einem Atomkrieg spielende Stück „Es ist später, als du denkst" (UA 1957) und die romant. Komödie „Eusebius und die Nachtigall" (UA 1959).
Weitere Werke: Das Traumschiff (Ged., 1949), Der Steinbruch (Dr., UA 1950), Straße ohne Ende (Dr., 1963).

Kuhnert, Adolf-Artur, * Braunschweig 4. Juli 1905, † Sulzfeld a. Main 1. Aug. 1958, dt. Schriftsteller.
War Müller, arbeitete als Packer und Hafenarbeiter, studierte in Hamburg, dann freier Schriftsteller. K. gehörte in Dresden zur Dichtergruppe um die Zeitschrift „Die Kolonne". Als Rundfunkreporter bereiste er die nord. Länder. Er schrieb Romane, Erzählungen, Dramen, Drehbücher und Hörspiele. Als sein bedeutendstes Werk gilt der symbol. Roman „Die große Mutter vom Main" (1935).
Weitere Werke: Paganini (R., 1929), Kriegsfront der Frauen (R., 1929), Fische im Fjord (R., 1930), Die Männer von Sankt Kilda (R., 1931), Karjane, Geliebte unseres Sommers (R., 1933).

Kükelhaus, Heinz, * Essen 12. Febr. 1902, † Bad Berka 3. Mai 1946, dt. Schriftsteller.
Führte ein abenteuerl. Wanderleben, war in der Fremdenlegion, später Arbeiter im Ruhrgebiet. 1931 ging er als Siedler nach Ostpreußen und lebte schließl. als freier Schriftsteller in Thüringen; schrieb Abenteuergeschichten aus der Fülle eigener Erlebnisse, Dramen und Gedichte.
Hauptwerke: Erdenbruder auf Zickzackfahrt (R., 1931), Armer Teufel (R., 1933), Mensch Simon (R., 1937), Justinia (Kom., 1938), Auferstehung (Dr., 1939), Thomas, der Perlenfischer (R., 1941), Gedichte (1948).

Kukolnik, Nestor Wassiljewitsch; tl.: Kukol'nik, Nestor Vasil'evič [russ. 'kukɐljnik], * Petersburg (heute Leningrad) 20. Sept. 1809, † Taganrog 20. Dez. 1868, russ. Dramatiker.
Hatte beim kleinbürgerl. Publikum mit melodramat., monarchist.-patriot. Stücken großen Erfolg; starker Einfluß des Historismus; als Erzähler erfolglos.

Kukučin, Martin [slowak. 'kukutʃin], eigtl. Matej Bencúr, * Jasenová 17. Mai 1860, † Lipik (Kroatien) 21. Mai 1928, slowak. Schriftsteller.
Arzt, lebte lange in Südamerika. Bed. slowak. Realist, der in seinen besten Werken, sprachl. vollendeten Dorfnovellen, das slowak. Volksleben oft humorvoll darstellte; schrieb außer [weniger bed.] Dramen interessante Reiseschilderungen aus Südamerika, eine Chronik der Not kroat. Emigranten und histor. Romane.

Kulisch, Panteleimon Alexandrowitsch; tl.: Kuliš, Pantelejmon Aleksandrovič [russ. ku'liʃ], * Woronesch 8. Aug. 1819, † Matronowka 14. Febr. 1897, ukrain. Schriftsteller.
Zeitweise verbannt wegen seiner Kontakte zum bürgerl.-liberalen Flügel der „Kyrill-Methodschen Gesellschaft", deren demokrat. Anschauungen er teilte; vertrat einen bürgerl. Nationalismus. Von seinen ep., lyr. und dramat. Werken, die er z.T. unter deutl. Einfluß Schewtschenkos schrieb, hatte nur der histor. Roman „Tschorna rada" (= Der schwarze Rat, 1857) Erfolg; dagegen wurden bes. seine Übersetzungen (u.a. Shakespeare, Byron, Goethe, Schiller und die Bibel) bedeutsam für die Entwicklung der ukrain. Literatursprache; er schuf eine eigene ukrain. Orthographie, die „Kulischowka"; einige seiner Gedichte erschienen 1955 in dt. Übersetzung in H. Koch: „Die ukrain. Lyrik, 1840–1940".

Kulka, Georg, * Weidling bei Wien 5. Juni 1897, † Wien 29. April 1929 (Selbstmord), östr. Schriftsteller.
Reserveoffizier im 1. Weltkrieg, Philosophiestudium, Buchhersteller, Kaufmann; expressionist. Lyriker mit Vorliebe für den Gebrauch seltener oder neuer Wörter.
Hauptwerke: Der Stiefbruder (Aufzeichnungen und Lyrik, 1920), Der Zustand Karl Kraus (1920), Requiem (Ged., 1921), Verlöbnis (Dichtungen, 1921).

Kumičić, Evgenij [serbokroat. ˌkumitʃitɕ], Pseudonym Jenio Sisolski, * Brseč (Istrien) 11. Jan. 1850, † Agram 13. Mai 1904, kroat. Schriftsteller.
War polit. tätig; lernte in Paris den frz. Naturalismus kennen und führte ihn in die kroat. Literatur ein; dennoch starke Nachwirkung der romant. Tradition; wandte sich vom aktuellen Gesellschaftsroman ab und dem histor. Roman zu.

Kumran-Texte [kʊm'ra:n], Schriften einer jüd. Sekte (Essener?) aus der Zeit etwa zwischen 200 v. Chr. und 70 n. Chr., die seit 1947 durch Zufall und systemat. Grabungen westl. des Toten Meeres neben Münzen, Tonscherben, Siedlungsresten und Gräberfeldern gefunden wurden. Die Grabung ist noch nicht abgeschlossen, von den umfangreichen Funden ist erst ein Teil veröffentlicht worden. Die in hebr., aram. und griech. Sprache verfaßten Schriften sind bedeutungsvoll für die Geschichte des Judentums und die Vorgeschichte des Christentums. Außer Bibelhandschriften und Kommentaren wurden u.a. eine Hymnensammlung, Gemeindeordnungen, Urkunden und Briefe aus der Zeit des Bar-Kochba-Aufstandes gefunden.
Ausgaben: Die Texte aus Qumran. Hebr. u. dt. Hg. v. E. Lohse. *Mchn. 1964. – Die Texte v. Toten Meer. Dt. Übers. v.* Johann Maier. *Mchn. 1960. 2 Bde.*
Literatur: Cross, F. M.: *Die antike Bibliothek v. Qumran u. die moderne bibl. Wiss. Neukirchen 1967.* – Trever, J. C.: *Das Abenteuer v. Qumran. Dt. Übers. Kassel 1967.* – Hempel, J.: *Die Texte v. Qumran in der heutigen Forschung. Gött. 1962.* – Burrows, M.: *Die Schriftrollen v. Toten Meer. Dt. Übers. Mchn. ^{3}1960.* – Burchard, C.: *Bibliogr. zu den Hss. v. Toten Meer. Bln. $^{1-2}$1959–65. 2 Bde. – Revue de Qumran. Paris 1958 ff.*

Kuncewiczowa, Maria [poln. kuntsɛvi'tʃɔva], geb. Szczepańska, * Samara (Rußland) 30. Okt. 1899, poln. Schriftstellerin.
Studierte Musik, unternahm Reisen in Europa und im Orient, emigrierte 1939, lebte in London, dann in New York; gründete den PEN-Club für Schriftsteller im Exil. Ihr Hauptwerk, der Roman „Cudzoziemka" (= Die Fremde, 1936; engl. 1944), zeichnet sich durch subtile Charakterdarstellung aus.

Kundera, Milan [tschech. 'kundɛra], * Brünn 1. April 1929, tschech. Schriftsteller.

Absolvierte die Akademie der Mus. Künste in Prag, Dozent für Literatur, Redaktionsmitglied bei „Literární listy". Schrieb zunächst Gedichte, die in mehreren Sammlungen erschienen, später Erzählungen und Essays. Dt. erschienen 1968 der Roman „Der Scherz", in dem er sich mit Problemen der sozialist. Gesellschaft auseinandersetzt, und das Drama „Die Schlüsselbesitzer", ein Stück, das in der Okkupationszeit spielt.

Kunert, Günter, * Berlin 6. März 1929, dt. Schriftsteller.
Studierte nach 1945 an der Hochschule für angewandte Kunst in Berlin-Weißensee; lebt als freier Schriftsteller in Berlin (Ost). Sein erster Gedichtband, „Wegschilder und Mauerinschriften" (1950), enthält lakon., herbe Verse, in denen er sich mit der faschist. Vergangenheit auseinandersetzt; der Gedichtband „Unter diesem Himmel" (1955) steht unter dem Eindruck des Kriegserlebnisses. Durch den satir. Roman „Im Namen der Hüte" (1967), in dem er das Chaos Berlins 1945 phantasie- und spannungsreich darstellt, wurde K. auch als Prosaist bekannt. Seine Erzählungssammlung „Die Beerdigung findet in aller Stille statt" (1968) enthält groteske, iron., zeitbezogene Geschichten; auch Hör- und Fernsehspiele, Kinderopern, Drehbücher.
Weitere Werke: Der ewige Detektiv (Satiren, 1954), Erinnerung an einen Planeten (Ged., 1963), Der ungebetene Gast (Ged., 1965), Verkündigung des Wetters (Ged., 1966), Kramen in Fächern (En., Parabeln, 1969).

Kunew, Trifon; tl.: Kunev, Trifon [bulgar. 'kunɛf], * Aglen 20. Febr. 1880, † Sofia 1. Febr. 1954, bulgar. Dichter.
Lehrer, studierte dann Jura und arbeitete lange als Journalist; vor der kommunist. Machtübernahme polit. tätig, daher 1947 in Haft. Der anfangs den Stil seiner Lyrik bestimmende Einfluß der Volkspoesie schwand zunehmend nach K.s Bekanntschaft mit dem Symbolismus; K. schrieb ferner humorist. Erzählungen und Essays.

Kung Chi, auch genannt Tzu Ssu, * 492, † 431, chin. Philosoph.
Enkel des Konfuzius; die Überlieferung schreibt ihm die Traktate „Tahsüeh" (= Große Lehre) und „Chungyung" (= Das Maßvolle treffen) zu, die nach anderer Ansicht nicht von ihm stammen; beide wurden ins „Lichi" aufgenommen, gehören zu den „4 klass. Büchern" und wurden grundlegend für das konfuzian. Staats- und Gesellschaftsideal.

Kung Tzu ↑ Konfuzius.

Kunikida, Doppo [jap. kunikida], eigtl. Kunikida Tetsuo, * Präfektur Tschoschi Tschiba 15. Juli 1871, † Präfektur Tschigasaki Kanagawa 23. Juni 1908, jap. Schriftsteller.
Übertritt zum Christentum; Kriegsberichterstatter im Krieg gegen China 1894/95; schrieb realist. Erzählungen und Romane mit Neigung zum romant. Idealismus; auch Essayist. Einige seiner Werke wurden ins Dt. übersetzt, u.a. „Der Tod eines armen Mannes" (E., 1908; dt. 1937) und „Der Schutzmann" (E., 1908; dt. 1937).

Kupala, Janka [russ. ku'palɐ], eigtl. Iwan Dominikowitsch Luzewitsch; tl.: Ivan Dominikovič Lucevič, * Wjasinka bei Minsk 7. Juli 1882, † Moskau 28. Juni 1942 (Selbstmord), weißruss.-sowjet. Dichter.
Sohn eines kleinadligen Pächters, autodidakt. Bildung; war zeitweilig Bibliothekar, dann Redakteur, lebte 1909–12 in Petersburg, 1918–39 in Minsk; seit 1928 Akademiemitglied. K., der sich nach 1930 den sowjet. Literaturdoktrinen beugte oder sie umging, indem er auf das Gebiet der Übersetzung (v.a. ukrain. und poln. Dichtung) auswich, gilt als größter weißruss. Dichter, als nationaler Erwecker und als Mitschöpfer der weißruss. Literatursprache (mit J. Kolas). Sein Schaffen ist weitgehend von den folklorist. Überlieferungen seiner Heimat geprägt, die er kunstvoll stilisierte. Seine lyr. und dramat. Dichtung ist oft sozial orientiert.

Kuprin, Alexandr Iwanowitsch; tl.: Kuprin, Aleksandr Ivanovič [russ. ku'prin], * Narowtschat (Gebiet Pensa) 7. Sept. 1870, † Leningrad 25. Aug. 1938, russ. Schriftsteller.
Offizier, dann freier Schriftsteller; hatte Kontakt mit Gorki; emigrierte nach der Revolution und kehrte erst 1937 wieder in die UdSSR zurück. Sein bewegtes Leben vermittelte ihm den Stoff für seine Romane, Novellen und Erzählungen, deren Stil an Tolstoi, Tschechow u.a. geschult war; Stoffe aus dem Offiziersalltag, aus der Welt des Zirkus, aus dem Milieu der unteren Schichten. Meister in der Darstellung des einzelnen und des Details. Sein Hauptwerk, der Roman „Das Duell" (dt. 1905), gibt ein Sittenbild aus dem Offiziersmilieu. Hier und in den meisten seiner Werke ist K.s Weltbild von Hoffnungslosigkeit, Pessimismus und Resignation geprägt.
Weitere Werke: Der Moloch (Nov., dt. 1907), Die Gruft (R., dt. 1910), Das Granatarmband (Nov., dt. 1911), Olessja und andere Novellen (dt. 1911), Junkera (autobiograph. R., 1933).

Kuran, Al [alku'ra:n] ↑ Koran.

Kürenberger, der, mhd. Dichter der Mitte des 12. Jahrhunderts.
Aus dem Geschlecht der Kürnberger, deren Burg in der Nähe von Linz lag; frühester dem Namen nach bekannter dt.-sprachiger Lyriker; unter seinem Namen sind 15 einfach gebaute, meist einstrophige, unreflektierte Lieder in der Nibelungenstrophe erhalten, die als Dokumente des frühen donauländ. Minnesangs – unbeeinflußt von der provenzal. Lyrik – die Frau nicht als die idealisierte, unnahbare Herrin besingen, sondern sie gleichgeordnet als Liebe Fordernde und Gebende neben den Ritter stellen; kunstvoll gestaltet der K. den Wechsel, die monologhafte Aussprache der Liebenden, die, räuml. getrennt, ihren sehnsüchtigen Gedanken beredt Ausdruck verleihen.
Literatur: Haller, H. M.: *Der K. u. seine Lieder. Stellenbosch (Südafrika) 1963.*

Kürnberger, Ferdinand, * Wien 3. Juli 1821, † München 14. Okt. 1879, östr. Schriftsteller.
Studierte Philosophie und Philologie; floh wegen liberaler Anschauungen 1848 nach Deutschland, dort wegen Teilnahme am Dresdner Aufstand zu Festungshaft verurteilt, lebte später in Hamburg, Bremen und Frankfurt am Main, seit 1864 wieder in Österreich. Geistreich, bisweilen satir. sind seine Feuilletons und Kritiken, realist. und von großer Gedankentiefe und Zartheit seine Romane, Novellen und Dramen. Bekannt wurde er mit seinem Schlüsselroman um Lenau „Der Amerika-Müde" (1855).

Weitere Werke: Catilina (Dr., 1854), Siegelringe (Feuilletons, 1874), Der Haustyrann (R., 1876), Das Schloß der Frevel (R., 1904), 50 Feuilletons (1905), Dramen (1907).

Kurtz, Hermann † Kurz, Hermann.

Kurtz, Melchior † Kästner, Erich.

Kurz (bis 1848 Kurtz), Hermann, * Reutlingen 30. Nov. 1813, † Tübingen 10. Okt. 1873, dt. Schriftsteller.
Stiftserziehung in Maulbronn und Tübingen (Schüler von D. F. Strauß), Vikar, Redakteur und Bibliothekar. Begann mit Übersetzungen und Nachdichtungen (engl. Lyrik, Ariosto, Cervantes, Gottfried von Straßburg) und Gedichten unter dem Einfluß Mörikes. Volkstüml. geworden sind seine beiden Romane „Schillers Heimatjahre" (1843) und „Der Sonnenwirt" (1854), Kulturbilder in der Nachfolge Hauffs und Scotts, in denen er in realist. Kleinmalerei schwäb. Landschaft und Umwelt sicher darstellt. Seine Gestalten sind psycholog. überzeugend und mit Humor gezeichnet. Zusammen mit P. Heyse gab er 1871–75 den „Dt. Novellenschatz" heraus. Auch literarhistor. Arbeiten.

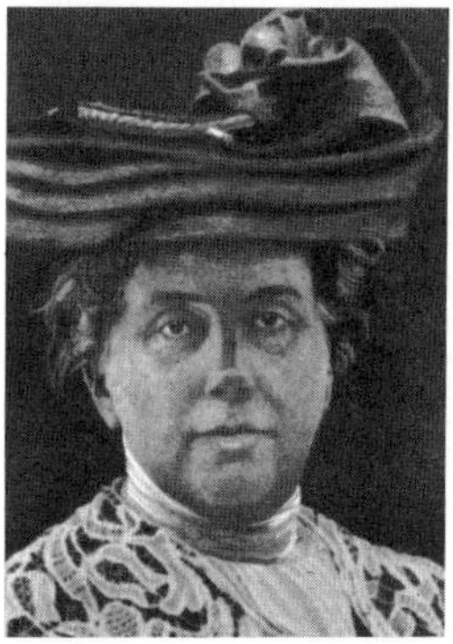

Isolde Kurz (Radierung von Lindner, 1902)

Kurz, Isolde, * Stuttgart 21. Dez. 1853, † Tübingen 5. April 1944, dt. Schriftstellerin.
Tochter von Hermann K.; Übersetzerin, lebte 1877–1913 in Florenz, 1915–43 in München. Sie schrieb unter dem Einfluß C. F. Meyers und P. Heyses; ausgeprägtes Formgefühl und Liebe zur Renaissance bestimmen ihr Werk, in dem Romantik und Realismus eine Synthese eingehen. Stärkste Wirkung geht von ihren Novellen aus („Florentiner Novellen", 1890). Neigung zur Satire, aber auch zu Mythos und Märchen. Auch Lyrikerin.
Weitere Werke: Phantasien und Märchen (1890), Im Zeichen des Steinbocks (Aphorismen, 1905), Aus meinem Jugendland (Autobiogr., 1918), Nächte von Fondi (R., 1922), Der Caliban (R., 1925), Der Ruf des Pan (Novellen, 1928), Vanadis (R., 1931), Das Haus des Atreus (E., 1939).
Ausgabe: I. K. Ges. Werke. Mchn. 1925. 6 Bde.
Literatur: Nennecke, C.: *Die Frage nach dem Ich im Werk v. I. K. Ein Beitrag zum Weltbild der Dichterin. Diss. Mchn. 1958.* – Wenke, A.: *Die italien. Renaissance in den Werken der I. K. Diss. Marburg 1950 [Masch.].* – Bäumer, G.: *I. K. In:* Bäumer: *Gestalt u. Wandel. Frauenbildnisse. Bln. 1939.*

Kurz (Kurtz), Joseph Felix Freiherr von, genannt K.-Bernardon, * Wien 22. Febr. 1717, † ebd. 2. Febr. 1784, östr. Wanderschauspieler und Komödiendichter.
Spielte mit großem Erfolg als Komiker die selbstgeschaffene, naiv-drollige Rolle des Bernardon. Mit seinen Bernardoniaden neben Stranitzky und Prehauser Hauptvertreter des Wiener Hanswursttheaters. Er hat etwa 300 Komödien geschrieben. Die von ihm eingeführten Gesangseinlagen im Prosadialog lebten in der Singspiel-Kasperliade weiter und haben sich über Raimund hinaus erhalten.
Hauptwerke: Bernardon, die getreue Prinzeßin Pumphia und Hanns Wurst, der tyrann. Tartar-Kulikan (Lsp., 1756), Die Hofmeisterin (Lsp., 1764).

Kusenberg, Kurt, Pseudonyme Hans Ohl und Simplex, * Göteborg 24. Juni 1904, dt. Schriftsteller.
Studierte Kunstgeschichte, war Kunstkritiker und Redakteur in Berlin, nach dem Krieg Lektor und freier Schriftsteller, seit 1958 Hg. von „rowohlts monographien". K.s Vorliebe für das Groteske kommt bes. in seinen skurrilen Kurzgeschichten zum Ausdruck, in denen er Traum und Wirklichkeit, Reales und Phantastisches in humorvoll-iron. Weise vermischt. Trat auch als stilsicherer Essayist und Übersetzer hervor und verfaßte Hörspiele.
Hauptwerke: Der blaue Traum (Kuzgeschichten, 1942), Mal was andres (Kurzgeschichten, 1954), Im falschen Zug (Kurzgeschichten, 1960), Zwischen oben und unten (Kurzgeschichten, 1964).
Ausgabe: K. K. Ges. Erzählungen. Reinbek bei Hamb. 1969.

Kusmin, Michail Alexejewitsch; tl.: Kuz'min, Mihail Alekseevič [russ. kuzj'min], * Jaroslawl 5. Okt. 1875, † Leningrad 3. März 1936, russ. Schriftsteller.
Studierte Musik, widmete sich dann aber v.a. der Literatur; vertonte auch erfolgreich eigene Lyrik; zog sich nach der Oktoberrevolution mehr und mehr zurück. K. bemühte sich in seiner Dichtung v.a. um strenge Stilisierung und um subtile Komposition; Vorbild war ihm dabei die Formkunst des Klassizismus; weitere Anregungen bezog er aus den alexandrin. und spätröm. Kulturkreisen, die er in den „Alexandrin. Gesängen" (1906, dt. 1921), zu denen auch eine Nachdichtung der „Chansons de Bilitis" von P. Louÿs gehört, neu vergegenwärtigte; K. übernahm ferner heitere und erot. Motive der Rokokodichtung, etwa in der Gedichtsammlung „Spieluhr der Liebe" (dt. 1920). Für K. kennzeichnend ist seine radikale Abkehr vom dunklen Stil der Symbolisten und von deren Neigung zum Mystizismus; K. bekannte sich zur Klarheit der Form und der Aussage in der Lyrik, zu zielstrebiger Handlungsführung, zum Intrigenspiel und zum Abenteuerlichen in der Erzählkunst.
Weitere Werke: Krylja (= Die Flügel, R., 1906), Aimé Lebœufs Abenteuer (R., 1907; dt. 1920), Das wunderl. Leben des Joseph Balsamo Grafen Cagliostro (E., 1910; dt. 1928), Der stille Hüter (R., dt. 1928).

Kusnezow, Anatoli Wassiljewitsch; tl.: Kuznecov, Anatolij Vasil'evič [russ. kuznɪ'tsɔf], * Kiew 18. Aug. 1929, russ.-sowjet. Schriftsteller.

In der Jugend u.a. Zigarettenverkäufer und Ballettschüler, meldete sich 1952 zur Arbeit an der Großbaustelle Nowaja Kachowka, anschließend bis 1960 Studium am Gorki-Literaturinstitut in Moskau; bat 1969 in London um polit. Asyl. Bekannt durch sein erstes Buch, „Im Gepäcknetz nach Sibirien" (R., dt. 1958), in dem er seine als Bauarbeiter in Sibirien gesammelten Erfahrungen niederlegte, und v.a. durch den dokumentar. Roman „Babi Jar" (dt. 1968).
Weitere Werke: Die Legende geht weiter (R., dt. 1957), Feuer (R., dt. 1969).

Kutzleb, Hjalmar, * Siebleben (heute Gotha-Siebleben) 23. Dez. 1885, † Celle 19. April 1959, dt. Schriftsteller.
Studierte Geschichte, Germanistik und Geographie; Studienrat, später Professor für Geschichte am Pädagog. Institut Weilburg. In seinen humorvollen, oft satir., unter dem Einfluß W. Raabes stehenden Romanen und Jugendbüchern verwendete er hpts. Stoffe aus der Geschichte.
Hauptwerke: Die Söhne der Weißgerberin (R., 1925), Haus der Genesung (R., 1932), Der erste Deutsche (R., 1934), Das letzte Gewehr (R., 1938), Grimmenstein (R., 1939), Pfingstweide (R., 1942), Die Lücke im Stammbaum oder... (R., 1953).

Kuzmány, Karol [slowak. 'kuzma:ni], * Bries (Mittelslowak. Gebiet) 16. Nov. 1806, † Martin (Mittelslowak. Gebiet) 14. Aug. 1866, slowak. Schriftsteller und Gelehrter.
Ev. Pfarrer, später Professor der Theologie in Wien. War, obgleich selbst eher Spätklassizist, ein Förderer der Romantik; schrieb z.T. sehr populäre patriot., religiöse und histor. Gedichte, das idyll. Epos „Běla" (1836) nach dem Vorbild Goethes und den ersten philosoph. Roman der slowak. Literatur, „Ladislav" (1856); schrieb anfangs in tschech., später in slowak. Sprache.

Kuz'min ↑ Kusmin.

Kuznecov ↑ Kusnezow.

Kvapil, Jaroslav [tschech. 'kvapil], * Chudenice 25. Sept. 1868, † Prag 10. Jan. 1950, tschech. Dichter.
Wurde Journalist, dann Dramaturg und Regisseur; K. wurde zu Anfang von der frz. Dekadenz, dann von dem Neuromantiker Vrchlický beeinflußt; schrieb v.a. Liebeslyrik und z.T. symbolhafte oder allegor. Märchendramen, darunter „Prinzessin Heidenröschen" (dt. 1901); auch Übersetzer und Librettist, u.a. für Dvořák.

Kvaran, Einar Hjörleifsson [isländ. 'kva:ran], * Vallanes 6. Dez. 1859, † Reykjavík 21. März 1938, isländ. Schriftsteller.
Hg. verschiedener Zeitschriften; studierte Volkswirtschaft in Kopenhagen; war 1885–95 in Winnipeg als Journalist tätig und gehört zu den Initiatoren der Zeitschrift „Verdandi". K.s Werk, das anfangs unter dem Einfluß Brandes' steht und in der dän. Literatur wurzelt, kreist mit zuversichtl. Grundstimmung um den Kampf zwischen Gut und Böse unter den Menschen. K., einer der ersten Realisten der isländ. Literatur, gilt in Island als der Verfasser der besten isländ. Novellen.
Hauptwerke: Smælingjar (Novellen, 1908), Die Übermacht (R., dt. 1910), Gull (R., 1911).

Kwitka, Grigori Fjodorowitsch; tl.: Kvitka, Grigorij Fedorovič [russ. 'kvitkɐ], Pseudonym Grizko Osnowjanenko; tl.: Gric'ko Osnov'janenko, * Osnowa bei Charkow 29. Nov. 1778, † Charkow 20. Aug. 1843, ukrain. Schriftsteller.
Freund W. Schukowskis; Begründer der neuen ukrain. Prosa; stand in der Tradition von Kotljarewski; schrieb sowohl russ. als auch ukrain.; bes. erfolgreich war sein russ. Roman „Pan Chaljawski" (1839) durch die humorist. Darstellung des Lebens des kleinruss. Adels; seine Komödie „Prijesschi is stolizy" (= Der Fremde aus der Hauptstadt, 1840) hat wahrscheinl. auf Gogols „Revisor" gewirkt.

Kyber, Manfred, * Riga 1. März 1880, † Löwenstein bei Heilbronn 10. März 1933, dt. Schriftsteller.
Studierte in Leipzig, lebte in Berlin, später in Stuttgart und Heilbronn; bes. bekannt durch seine feinfühlig gestalteten Tiererzählungen; daneben auch Satiren, Grotesken, Dramen und Märchen.
Hauptwerke: Unter Tieren (En., 1912), Märchen (1920), Neue Tiergeschichten (1926), Gesammelte Tiergeschichten (1934).

Kyd, Thomas [engl. kɪd], ≈ London 6. Nov. 1558, † ebd. Ende 1594, engl. Dramatiker.
Führte ein unstetes Leben, stand u.a. Marlowe nahe, wurde schließl. des Atheismus beschuldigt und inhaftiert; starb nach seiner Entlassung in Armut. Sein Hauptwerk, „Die span. Tragödie" (entstanden 1587 oder 1588, dt. 1881), erweist K. als bedeutendsten engl. Dramatiker neben Marlowe vor Shakespeare; das nach Senecas Vorbild gestaltete Blankversdrama hatte u.a. in dt. Übersetzung großen Erfolg wegen seiner effektreichen Rachehandlung (Hamletmotive); K.s Verfasserschaft am sog. „Ur-Hamlet" sowie an einzelnen Stellen seines Hauptwerks (wahrscheinl. von anderen später eingefügt) ist nicht geklärt; er übersetzte aus dem Frz. „Cornelia" (Dr., 1594) und „Pompey the Great" (Trag., 1594).
Literatur: Freeman, A.: *Th. K.: Facts and problems. New York 1967.* – Carrère, F.: *Le théâtre de Th. K. Toulouse 1951.*

Kynewulf ↑ Cynewulf.

Kyser, Hans, * Graudenz 23. Juli 1882, † Berlin 24. Okt. 1940, dt. Schriftsteller.
Studierte Germanistik, Geschichte und Philosophie, stand dem Friedrichshagener Kreis um G. Hauptmann nahe, gründete und leitete den Schutzverband Dt. Schriftsteller und war Verlagsleiter bei S. Fischer in Berlin. K. schrieb Lyrik und Erzählwerke, u.a. den psycholog. fesselnden Roman „Der Blumenhiob" (1909), ferner Drehbücher, Hörspiele, hpts. aber Dramen: „Titus und die Jüdin" (Trag., 1911), „Charlotte Stieglitz" (Schsp., 1915), „Schicksal um Yorck" (Schsp., 1933), „Der große Kapitän" (Schsp., 1935), „Schillers dt. Traum" (Schsp., 1935).

L

Labé, Louise [frz. la'be], eigtl. L. Charly, genannt „la belle cordière" (= die schöne Seilerin), * Parcieux bei Lyon um 1526, † ebd. 25. April 1566, frz. Dichterin.
Entstammte einer reichen Familie; vielseitig gebildet; folgte mit 16 Jahren aus Abenteuerlust den

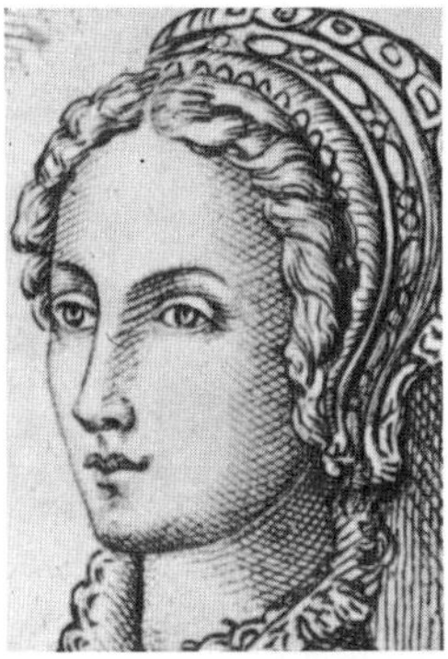

Louise Labé (anonymer Holzschnitt)

königl. Truppen; nach ihrer Rückkehr heiratete sie einen reichen Seilermeister; in ihrem Hause traf sich die elegante und literar. Gesellschaft Lyons. Louise L. ist bes. durch ihre von Petrarca beeinflußten drei Elegien und 24 Sonette (1555) bekannt, die, leidenschaftl. und schmerzl. von einer unerfüllten Liebe bestimmt, einen eigenen und neuen Akzent aufweisen.
Weiteres Werk: Débat de folie et d'amour (Prosadialog, 1555).
Ausgaben: Louïze L. Die vierundzwanzig Sonette. Frz. u. dt. Nachdichtung v. R. M. Rilke. *Frkf. 61.–68. Tsd. 1963. – Louize L. Die Sonette u. Elegien. Dt. Übers. Fürstenfeldbruck 1957. – L. L. Œuvres. Hg. v.* Ch. Boy. *Paris 1887. 2 Bde.*
Literatur: Girault, Y.: *L. L. Lausanne 1966.* – Harvey, L. E.: *The aesthetics of the Renaissance love sonnet. An essay on the art of the sonnet in the poetry of L. L. Genf 1962.* – Vom Steeg, G.: *L. L., ihr Leben u. ihr Werk. Diss. Marburg 1941.*
Laber, Hadamar von † Hadamar von Laber.
Laberius, Decimus, * um 106 (115?), † 43, röm. Dichter.
Entstammte einem Rittergeschlecht, vorzügl. gebildet; bed. Mimendichter; wurde 46 von Caesar gezwungen, in einem Mimus selbst aufzutreten, wodurch er ehrlos wurde; L. ließ es in dem Wettstreit mit Caesars Günstling Publilius Syrus an scharfen Angriffen gegen seinen Nebenbuhler, bes. aber gegen die Diktatur Caesars nicht fehlen, der Publilius zwar den Sieg zusprach, L. jedoch die Ritterehre wiedergab; von seinen populären Mimen, die sich durch lebhafte, oft derbe Sprache auszeichneten, sind nur Fragmente erhalten.
Labiche, Eugène [frz. la'biʃ], * Paris 5. Mai 1815, † ebd. 23. Jan. 1888, frz. Dramatiker.
Sohn eines reichen Industriellen, studierte Rechtswissenschaft; bereits 1837 hatte er mit „La cuvette d'eau" seinen ersten Erfolg; 1880 Mitglied der Académie française. Verfaßte rund 100 Sittenkomödien und Vaudevilles, oft in Zusammenarbeit mit anderen. Seine meist possenhaften Theaterstücke, in denen er gern das Bürgertum karikierte, sind sehr bühnenwirksam.
Weitere Werke: Der Florentinerhut (Kom., dt. nach 1856), Le misanthrope et l'Auvergnat (Kom., 1852), Sand in die Augen (Kom., dt. um 1862), Ich werde den Major einladen (Kom., dt. 1879; mit Marc-Michel), Ein reizbarer Herr (Kom., dt. 1890; mit Marc-Michel).

Literatur: Soupault, P.: *E. L., sa vie, son œuvre. Paris 1964.* – Gschladt, E.: *Gesellschaft u. Charaktere in den Lustspielen v. E. L. Diss. Wien 1949 [Masch.].*
La Boétie, Étienne de [frz. labɔe'si], * Sarlat (Dordogne) 1. Nov. 1530, † Germignan (heute zu Le Taillan-Médoc) 18. Aug. 1563, frz. Schriftsteller.
Parlamentsrat in Bordeaux; enger Freund Montaignes, der La B.s Werke 1571 herausgab; sein Hauptwerk ist die gegen Tyrannis und Monarchie gerichtete Schrift „Über freiwillige Knechtschaft" (1576, dt. 1925), ferner schrieb er v.a. Sonette.
Labrunie, Gérard [frz. labry'ni] † Nerval, Gérard de.
La Bruyère, Jean de [frz. labry'jɛ:r], * Paris 16. Aug. 1645, † Versailles 10. oder 11. Mai 1696, frz. Schriftsteller.
War Anwalt, dann Schatzmeister im Steuerbezirk zu Caen; widmete sich schließl. ganz seinen literar. und psycholog. Studien; sein in klass., bilderreicher Sprache und mit scharfer psycholog. Beobachtungsgabe geschriebenes Hauptwerk „Die Charaktere oder die Sitten im Zeitalter Ludwigs XIV." (1688, dt. 1871) stellt einen Höhepunkt frz. Moralistik und literar. Porträtkunst dar. 1693 Mitglied der Académie française.
Ausgaben: La B. Œuvres complètes. Hg. v. J. Benda. *Paris ²1951. – La B. Die Charaktere oder Die Sitten des Jh.s. Dt. Übers. Hg. v.* G. Hess. *Bremen 1947. – La B. Œuvres. Hg. v.* G. Servois. *Paris 1865–82. 5 in 4 Bden.*
Literatur: Richard, P.: *La B. et ses caractères. Essai biographique et critique. Neuaufl. Paris 1966.* – Klaus, H.: *J. de La B. Mensch u. Gesellschaft in seinen „Charakteren". Diss. Bln. 1935.*
La Calprenède, Gau[l]t[h]ier de Coste[s], Sieur de [frz. lakalprə'nɛd], * Schloß Toulgou-en-Périgord bei Sarlat zwischen 1609 und 1614, † Le Grand-Andely (Eure) Okt. 1663, frz. Schriftsteller.
Studierte in Toulouse, ging nach Paris, war dort zunächst Soldat, danach am Hofe; typ. Vertreter des heroisch-galanten Romans des 17. Jh.s: „Cassandre" (1642–60, dt. 1685–1707), „... Cleopatra..." (1647–58, dt. 1700–02), „Faramond ou l'histoire de France" (1661–70); auch Tragödien: „La mort de Mithridate" (1635), „Le comte d'Essex" (1638) u.a.
La Chaussée, Pierre Claude Nivelle de [frz. laʃo'se], * Paris 1692, † ebd. 14. März 1754, frz. Dramatiker.
Sohn eines Finanzmannes; 1736 Mitglied der Académie française; begründete mit seinen rund 20 heute vergessenen Stücken in Frankreich die Gattung des moralisierenden bürgerl. Rührstücks, der sog. Comédie larmoyante, die das bürgerl. Trauerspiel des 18. Jh.s und die Sittenkomödie des 19. Jh.s vorbereitete.
Hauptwerke: La fausse antipathie (Dr., 1733), Le préjugé à la mode (Dr., 1735), Die Schule der Freunde (Dr., 1737; dt. 1902), Mélanide (Dr., 1741), Paméla (Dr., 1743), L'école des mères (Dr., 1744).
Lăcis, Vilis, * Vecmīlgrāvis bei Riga 12. Mai 1904, † Riga 6. Febr. 1966, lett.-sowjet. Schriftsteller. Verbrachte einige Jahre im Altaigebiet, Rückkehr nach Lettland 1921, arbeitete in verschiedenen

Berufen. Veröffentlichte seit den 30er Jahren Erzählungen und Romane; in sowjet. Zeit erschienen drei große Romane: „Die Sturmjahre" (1945–48, dt. 1956/57), „Zu neuen Ufern" (dt. 1954), „Die verlorene Heimat" (1940–52, dt. 1955). L. bekleidete hohe Staatsämter.
Weitere Werke: Vögel ohne Flügel (R., 1929–31; dt. 1954), Der Fischersohn (R., 1933; dt. 1955).

Laclos, Pierre Ambroise François Choderlos de [frz. la'klo], * Amiens 18. Okt. 1741, † Tarent 5. Sept. 1803, frz. Schriftsteller.
Offizier und Privatsekretär des Herzogs von Orléans, während der Revolution Jakobiner, unter Napoleon General; berühmt v.a. durch seinen Briefroman „Gefährl. Liebschaften" (1782, dt. 1922 von H. Mann), der in seiner psycholog. glänzenden Motivierung des Verführungsthemas eine bedeutsame Darstellung der Sittengeschichte des ausgehenden Ancien régime ist.
Literatur: Knufmann, H.: *Das Böse in den „Liaisons dangereuses" des Ch. de L. Mchn. 1965.* – Thelander, D. R.: *L. and the epistolary novel. Genf 1963.* – Dard, E.: *Un acteur caché du drame révolutionnaire. Le général Ch. de L., auteur des „Liaisons dangereuses", 1741–1803, d'après des documents inédits. Paris 1936.* – Friedrich, H.: *Immoralismus u. Tugendideal in den Liaisons dangereuses. In: Roman. Forsch. 49 (1935), 317.*

la Cour, Paul [Arvid Dornonville de] [dän. la'ku:r], * Rislev (Seeland) 9. Nov. 1902, † Roskilde 20. Sept. 1956, dän. Lyriker.
Lebte längere Zeit in Paris; auch bed. Kritiker und Übersetzer. Begann mit Gedichten, die von der frz. Lyrik beeinflußt waren; es folgte eine Art pantheist. Naturlyrik, bevor sich la C. der Zeitthematik zuwandte und in Gedichten mit sozialer Thematik z.T. kommunist. Ideen vertrat; bed. v.a. auch seine kunstkrit. Arbeiten, in denen er den jungen Dichtern neue Wege wies.
Hauptwerke: Regn over verden (Ged., 1933), Fragmente eines Tagebuchs (Aphorismen, 1948; dt. 1953), Mellem bark og ved (Ged., 1950).

Lacretelle, Jacques de [frz. lakrə'tɛl], * Cormatin (Saône-et-Loire) 14. Juli 1888, frz. Schriftsteller.
Verlebte seine früheste Jugend bis zum Tod seines Vaters im Nahen Osten, studierte in Paris und Cambridge; seit 1936 Mitglied der Académie française; seine analyt. Romane sind der frz. Tradition des psycholog. Romans verpflichtet. In seinem Hauptwerk, dem Romanzyklus „Les Hauts-Ponts" (1932–35), erzählt er vom Verfall einer Familie in drei Generationen. Daneben Übersetzungen aus dem Englischen.
Weitere Werke: Die unruhige Jugend des Jean Hermelin (R., dt. 1930), Silbermann (R., dt. 1924), Kreuzweg der Ehe (R., dt. 1931), Le tiroir secret (Autobiogr., 1959).
Literatur: Maurois, A.: *L. In:* Maurois: *De Proust à Camus. Paris 1963.* – Alden, D.: *J. de L.: An intellectual itinerary. New Brunswick 1958.*

la Cruz Cano y Olmedilla, Ramón de † Cruz Cano y Olmedilla, Ramón de la.

Lactantius, Lucius Cae[ci]lius Firmianus, * in N-Afrika zwischen 250 und 260, † Trier (?) nach 317, lat. Schriftsteller.
Schüler des Arnobius; von Diokletian als Lehrer der Beredsamkeit nach Nikomedia berufen; nach 317 Erzieher von Konstantins Sohn Crispus in Gallien; seines glänzenden Stils wegen von den Humanisten „Cicero christianus" genannt; zahlreiche Werke sowie der umfangreiche Briefwechsel sind verloren; erhalten ist sein Hauptwerk „Divinae institutiones" in 7 Büchern, eine Apologie des Christentums gegen heidn. Angriffe.
Literatur: Wlosok, A.: *Laktanz u. die philosoph. Gnosis. Unterss. zur Gesch. u. Terminologie der gnost. Erlösungsvorstellung. Hdbg. 1960.* – Brandt, S.: *Über die dualist. Zusätze u. die Kaiseranreden bei L. Nebst einer Unters. über das Leben des L. u. die Entstehungsverhältnisse seiner Prosaschrr. Wien 1889–90. 3 Tle.*

la Cueva, Juan de † Cueva, Juan de la.

Laertios, Diogenes † Diogenes Laertios.

Laet, Jan Alfried (Jan Jacob) de [niederl. la:t], * Antwerpen 13. Dez. 1815, † ebd. 22. April 1891, fläm. Schriftsteller.
Arzt, Künstler, Politiker; führend in der Fläm. Bewegung. Schrieb romant. Gedichte, Novellen und den Roman „Het huis van Wezenbeke" (1842).

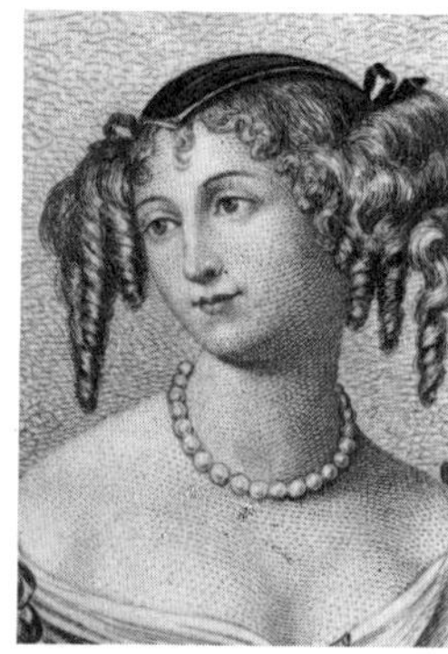

Marie-Madeleine Gräfin von La Fayette

La Fare, Charles Auguste Marquis de [frz. la'fa:r], * Valgorge (Ardèche) 1644, † Paris 29. Mai 1712, frz. Dichter.
Teilnehmer der Feldzüge von 1667 und 1674; Freund der Madame de La Sablière; führte in Paris ein ausschweifendes Leben, das er in geistvollen, galanten Versen besang. Interessant sind seine Memoiren („Mémoires et réflexions sur les principaux événements du règne de Louis XIV", 1715).

La Farge, Oliver [Hazard Perry] [engl. lə'fa:dʒ], * New York 19. Dez. 1901, † Albuquerque (N. Mex.) 2. Aug. 1963, amerikan. Schriftsteller.
Nachfahre B. Franklins; aus angesehener Künstlerfamilie; studierte Anthropologie, Archäologie und v.a. Ethnologie. Schrieb psycholog. motivierte Romane und kleinere Erzählwerke über das Leben der Indianer.
Hauptwerke: Der große Nachtgesang (R., dt. 1949), Die Welt der Indianer (1956, dt. 1961), Die letzte Flasche Whisky (R., dt. 1958).

La Fayette (Lafayette), Marie-Madeleine Gräfin von [frz. lafa'jɛt], geb. Pioche de la Vergne, ≈ Paris 18. März 1634 (* 16. März?), † ebd. 25. Mai 1693, frz. Schriftstellerin.
Erhielt eine sorgfältige Ausbildung, heiratete 1655 den Grafen von La F., den sie nach der Geburt zweier Kinder wieder verließ; sie kehrte nach Paris zurück, wo sie am Hof eine bed. Rolle spielte; eng

befreundet mit La Rochefoucauld; brach mit der Tradition des heroisch-galanten Romans und schuf mit dem psycholog. Roman „Die Prinzessin von Cleve“ (1678, dt. 1790) das erste Meisterwerk dieser Gattung, in dem sie das trag. Leben einer unglückl. liebenden Frau gestaltet.
Weitere Werke: Die Prinzessin von Montpensier (R., 1662; dt. 1957), Zaida (R., 1670; dt. 1790), La comtesse de Tende (R., hg. 1724).
Ausgabe: M. M. de La F. Romans et nouvelles. Hg. v. E. Magne. *Neuaufl. Paris 1963.*
Literatur: Remy, J.-C.: *Madame de La F. Lausanne 1966.* – Dédéyan, Ch.: *Madame de La F. Paris* ²*1965.* – Köhler, E.: *Madame de Lafayettes „La Princesse de Clèves“. Studien zur Form des klass. Romans. Hamb. 1959.* – Meyer, Erich: *Die Gfn. v. Lafayette. Lpz. 1905.*

Lafontaine, August Heinrich Julius [frz. lafõ'tɛn] Pseudonyme Gustav Freier, von Selchow, * Braunschweig 20. Okt. 1758, † Halle (Saale) 20. April 1831, dt. Schriftsteller.
Aus frz. Emigrantenfamilie, studierte Theologie, wurde Hauslehrer, Feldprediger und später Kanonikus am Magdeburger Domstift; Günstling Friedrich Wilhelms III. L. war ein ungewöhnl. erfolgreicher Unterhaltungsschriftsteller; seine mehr als 160 Bände – zum großen Teil sentimentale Familienromane – trafen den Geschmack des breiten Publikums.
Hauptwerke: Familiengeschichten (1797–1804), Kleine Romane (1799), Kleine Romane und moral. Erzählungen (1801–10), Dramat. Werke (1805).

La Fontaine, Jean de [frz. lafõ'tɛn], * Château-Thierry 8. Juli 1621, † Paris 13. April 1695, frz. Dichter.
Studierte Theologie, dann Rechtswissenschaft in Reims; war Forstmeister in seiner Geburtsstadt; ging 1658 nach Paris, wo er von hochgestellten Persönlichkeiten, u.a. von Fouquet, der Herzogin von Orléans und Madame de La Sablière, gefördert wurde; befreundet mit Racine, Molière und Boileau; 1684 Mitglied der Académie française. Bereits 1654 hatte er eine dem Zeitgeschmack geschickt angepaßte Nachahmung der „Eunuchen“ des Terenz veröffentlicht. Weltgeltung erlangte La F. als Erneuerer der Fabel. Seine auf Äsop, Phaedrus, Babrios und Bidpai zurückgehenden 240 Fabeln in 12 Büchern (1668, 1678/79 und 1694, dt. 1791–94) verbinden in abwechslungsreicher Folge lebendige, liebevolle Naturschilderung, heitere Verspottung seiner Zeit und die Weltweisheit eines lächelnden Epikureers. Er verfaßte auch [frivole] Erzählungen („Contes et nouvelles en vers“, 1665–74; dt. 1811 u.d.T. „Schwänke und Märchen“).
Weitere Werke: Adonis (Vers-R., 1658), Élégie aux nymphes de Vaux (Dichtung, 1661), Eine Reise ins Limousin (Reiseb., 1663; dt. 1966), Amor und Psyche (R., 1669; dt. 1966), La captivité de Saint Malc (Ged., 1673), Épître à Huet (Prosa, 1687).
Ausgaben: J. de La F. Die Fabeln. Gesamtausg. Dt. Übers. Düsseld. u. Köln 1964. – *J. de La F. Œuvres complètes. Hg. v.* R. Groos *u.a. Neuaufl. Paris 1958–59. 2 Bde.* – *J. de La F. Œuvres. Hg. v.* H. Regnier. *Neuausg. Paris 1883–97. 11 Bde. u. Album.*
Literatur: Jasinski, R.: *La F. et le premier recueil des „Fables“. Paris 1966. 2 Bde.* – Kohn, R.: *Le goût de La F. Paris 1962.* – Raasch, A.: *Die Entwicklung des La F.-Bildes in Frankreich. La F.s Fabeln in der literar. Kritik v. der Klassik bis zur Gegenwart. Diss. Kiel 1959 [Masch.].* – Voßler, K.: *La F. u. sein Fabelwerk. Hdbg. 1919.*

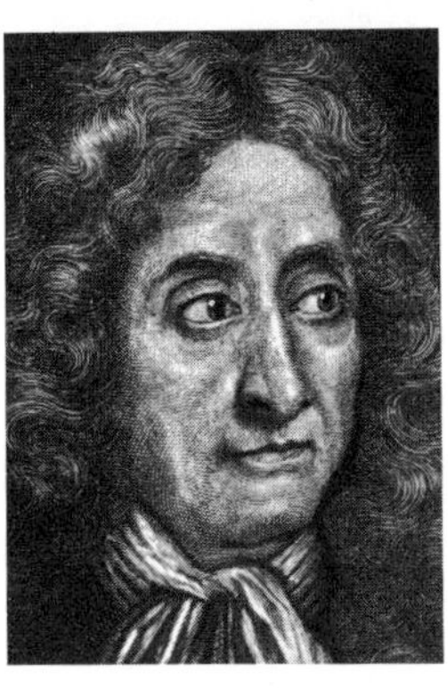

Jean de La Fontaine (Kupferstich von Dufflos)

Laforet, Carmen [span. lafo'rɛt], * Barcelona 6. Sept. 1921, span. Schriftstellerin.
Jugend in Las Palmas; studierte Philosophie, Literatur und Jura in Barcelona und Madrid; trat mit realist. Romanen und Erzählungen hervor.
Hauptwerke: ... Nada (R., dt. 1948), La isla y los demonios (R., 1952), Die Wandlung der Paulina Goya (R., dt. 1958), 25 Peseten u.a. Erzählungen (dt. 1961).

Laforgue, Jules [frz. la'fɔrg], * Montevideo 16. Aug. 1860, † Paris 20. Aug. 1887, frz. Dichter.
Breton. Abstammung, kam mit 6 Jahren nach Tarbes (S-Frankreich), später nach Paris; 1881–86 Vorleser der dt. Kaiserin in Berlin; schrieb symbolist. und dekadente Lyrik. In seinen Prosaerzählungen „Sagenhafte Sinnspiele“ (hg. 1887, dt. 1905) deutet er bekannte Sagen- und Legendenstoffe modern um; bed. sein Einfluß auf die späteren Dichtergenerationen.
Weitere Werke: Les complaintes (Ged., 1885), L'imitation de Notre-Dame la lune (Ged., 1886), Le concile féerique (Ged., 1886), Des fleurs de bonne volonté (Ged., hg. 1890).
Literatur: Durry, M.-J.: *J. L. Neuaufl. Paris 1963.* – Ruchon, F.: *J. L. Sa vie, son œuvre. Genf 1924.* – ↑ auch Corbière, Tristan.

Lagarde, Paul Anton de [frz. la'gard], ursprüngl. P. A. Bötticher, * Berlin 2. Nov. 1827, † Göttingen 22. Dez. 1891, dt. Orientalist, Philosoph und Schriftsteller.
Studium, Gymnasiallehrer in Berlin, seit 1869 Professor für oriental. Sprachen und Theologie in Göttingen; bed. sind seine textkrit. Arbeiten zum A.T.; L. verfaßte auch Gedichte und polit.-kulturkrit. Schriften.
Hauptwerke: Gesammelte Abhandlungen (1866), Gedichte (1885), Gedichte (hg. 1897).
Literatur: Lougee, R. W.: *P. de L., 1827–91. Cambridge (Mass.) 1962.* – Schemann, L.: *P. de L. Ein Lebens- u. Erinnerungsbild. Lpz.* ³*1944.*

Lagerkvist, Pär Fabian [schwed. ˌlɑ:gərkvist], * Växjö 23. Mai 1891, schwed. Schriftsteller.
In seiner Jugend Anhänger des Darwinismus, studierte kurze Zeit Literatur- und Kunstge-

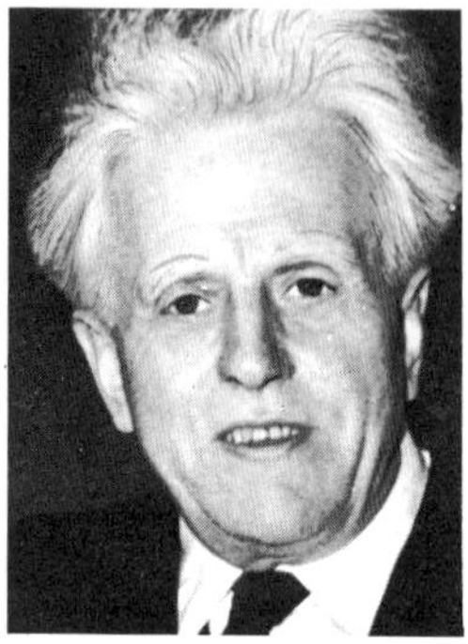

Pär Fabian Lagerkvist

schichte an der Universität Uppsala; während dieser Zeit Mitarbeiter linksradikaler Blätter; sein frühes Werk wurde wesentl. durch die Katastrophenstimmung des 1. Weltkrieges bestimmt; 1916 erschien seine expressionist. Gedichtsammlung „Angst“. Seit 1930 lebt er zurückgezogen auf der Insel Lidingö; mit symbol. Dramen verteidigte er den humanist. Idealismus gegenüber der nazist. Gewalt („Mannen utan själ“, 1936). Trotz verschiedener Strömungen und Einflüsse durchzieht sein Werk eine immer wieder aufgenommene Suche nach religiöser Gewißheit. L. hatte bed. Einfluß auf die schwed. Literatur. 1951 Nobelpreis.
Hauptwerke: Barabbas (R., dt. 1950), Die Sibylle (R., dt. 1957), Der Tod Ahasvers (R., dt. 1961), Das Hl. Land (R., dt. 1966), Mariamne (R., dt. 1968).
Ausgabe: P. L. Samlade dikter. Stockholm 1941.
Literatur: Linnér, S.: *P. L.s livstro. Stockholm 1961.* – Oberholzer, H. O.: *P. L. Studien zu seiner Prosa u. seinen Dramen. Hdbg. 1958.*

Lagerlöf, Selma [schwed. ˌlaːgərløːv], * Gut Mårbacka (Värmland) 20. Nov. 1858, † ebd. 16. März 1940, schwed. Erzählerin.
Nach glückl. Jugend Besuch des Lehrerinnenseminars in Stockholm, 1885 Lehrerin in Landskrona, 1895 reiste sie nach Italien, 1899 nach Palästina; 1897 freie Schriftstellerin in Falun, seit 1909 auf dem väterl. Hof in Mårbacka, den sie zurückkaufen konnte, nachdem die Familie 1888 nach dem Tode des Vaters zum Verkauf gezwungen war; 1909 Nobelpreis, 1914 als erste Frau in die schwed. Akademie aufgenommen. Aus der Tradition ihrer Heimat Värmland und der nord. Sagenwelt schöpfte sie die Themen für ihr vielgestaltiges und umfangreiches Erzählwerk, das durch elementare Kraft der Schilderung, eindringl. psycholog. Gestaltung, moralisierende Darstellung und tiefe Religiosität gekennzeichnet ist.
Hauptwerke: Gösta Berling (R., dt. 1896), Unsichtbare Bande (Novellen, dt. 1897), Die Wunder des Antichrist (R., dt. 1899), Eine Herrenhofsage (E., dt. 1900), Herrn Arnes Schatz (R., dt. 1904), Christuslegenden (dt. 1904), Wunderbare Reise des kleinen Nils Holgersson mit den Wildgänsen (Kinderb., dt. 1907), Das Mädchen vom Moorhof (E., dt. 1920), Jans Heimweh (R., dt. 1915), Tagebuch (dt. 1934), Die Löwenskölds (R.-Trilogie, dt. 1960).
Ausgaben: S. L. Skrifter. Neuaufl. Stockholm 1943. 12 Bde. – S. L. Ges. Werke in 12 Bden. Dt. Übers. Mchn. 1928.
Literatur: Vrieze, F. S. de: *Fact and fiction in the autobiographical works of S. L. New York 1958.* – Wägner, E.: *S. L. Hg. v.* H. Ahlenius. *Stockholm* ²*1954. 2 Bde.* – Berendsohn, W. A.: *S. L. Heimat u. Leben, Künstlerschaft, Werke, Wirkung u. Wert. Mchn. 1927.*

La Harpe (Laharpe), Jean François de [frz. la'arp], eigtl. J. F. Del[a]harpe, * Paris 20. Nov. 1739, † ebd. 11. Febr. 1803, frz. Schriftsteller.
Früh Waise; Stipendiat des Collège d'Harcourt; 1776 Mitglied der Académie française; Professor für Literatur, Literatur- und Theaterkritiker; zunächst Anhänger Voltaires, später Gegner der Revolution und konservativer Katholik; sein Hauptwerk ist die erste umfassende frz. Literaturgeschichte, die 1799 u.d.T. „Lycée ou cours de littérature ancienne et moderne“ erschien; daneben schrieb er u.a. lyr. Dichtungen („Héroïdes“, 1759), Dramen („Warwick“, Trag., 1763; dt. 1771), „Éloges“ (auf Heinrich IV., Fénelon, Racine u.a., 1770ff.).

Lahor, Jean [frz. la'ɔːr] ↑ Cazalis, Henri.

Laktanz ↑ Lactantius, Lucius Cae[ci]lius Firmianus.

Lale[n]buch, 1597 erschienene Sammlung von Schwänken, die Geschichten aus bäuerl. Umkreis und weitverbreitete Ortsneckereien nach Laleburg verlegten; Darstellung von Torheiten der Philister, heitere krit. Selbstverspottung des Spießbürgers in grotesker Übertreibung. Bekannter wurde die Sammlung in der Fassung eines oberhess. Bearbeiters, der die Begebenheiten nach Schilda verlegte und den Titel „Die Schildbürger“ (1598) einführte. Eine weitere Umarbeitung von demselben Verfasser u.d.T. „Grillenvertreiber“ (1603) ist von geringem Wert.
Ausgaben: Die Schildbürger. In: Dt. Volksbb. Hg. v. K. O. Conrady. *Reinbek bei Hamb. 1968. – Die Geschicht des Pfarrers v. Kalenberg. Hans Clawerts werckl. Historien. Das Lalebuch. Drei altdt. Schwankbb. Hg. v.* W. Henning. *Mchn. 1962. – Das Lalebuch (1597) mit den Abweichungen u. Erweiterungen der Schiltbürger (1598) u. des Grillenvertreibers (1603). Hg. v.* K. v. Bahder. *Halle 1914.*
Literatur: Ertz, St.: *Aufbau u. Sinn des Lalebuchs. Diss. Köln 1965.* – Hesse, W.: *Das Schicksal des Lalebuchs in der dt. Lit. Diss. Breslau 1929.*

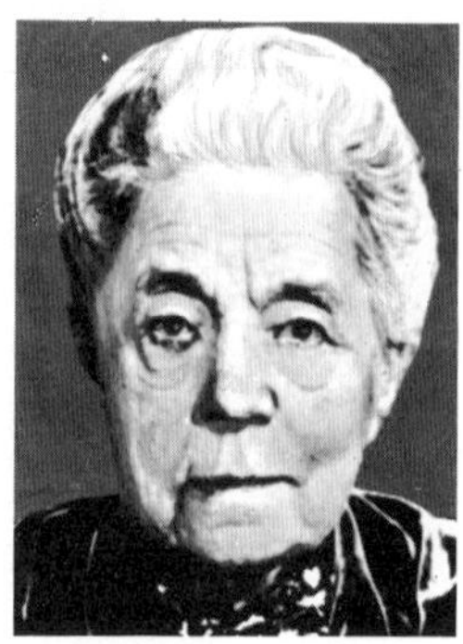

Selma Lagerlöf

Lalić, Mihajlo [serbokroat. 'lalitɕ], * Trepča 7. Okt. 1914, serb. Schriftsteller.
Studierte in Belgrad Jura, Teilnahme am 2. Weltkrieg als Partisan, nach dem Krieg Redakteur. Schrieb Lyrik, Erzählungen und Romane, in denen er in dramat. und pathet. Stil Menschen in entscheidenden Konfliktsituationen schildert. In dt. Übersetzung erschien u. a. der Roman „Der Berg der Klagen“ (dt. 1967).

La Maisonneuve [frz. lamɛzõ'nœ:v] † Héroët, Antoine.

Lamar [bulgar. la'mar], eigtl. Laljo Marinow; tl.: Lal'o Marinov, * Kaleiza bei Trojan 1. Jan. 1898, bulgar. Lyriker.
Redakteur an verschiedenen Zeitschriften; schrieb Antikriegsgedichte und -poeme, ist seit seinem Eintritt in die KP um eine proletar. Dichtung bemüht; Meister der Landschaftsschilderung.

La Marche, Olivier de [frz. la'marʃ], * in Burgund gegen 1426, † Brüssel 1. Febr. 1502, frz.-burgund. Schriftsteller.
Im Dienst der Herzöge von Burgund; Vertreter der burgund. Schule; schrieb Memoiren u. a. Prosaschriften, ferner die allegor. Gedichte „Le chevalier délibéré“ (1486) und „Parement et triomphe des dames“ (1492; eine Ehrenrettung der Frau).

la Mare, Walter John de † de la Mare, Walter John.

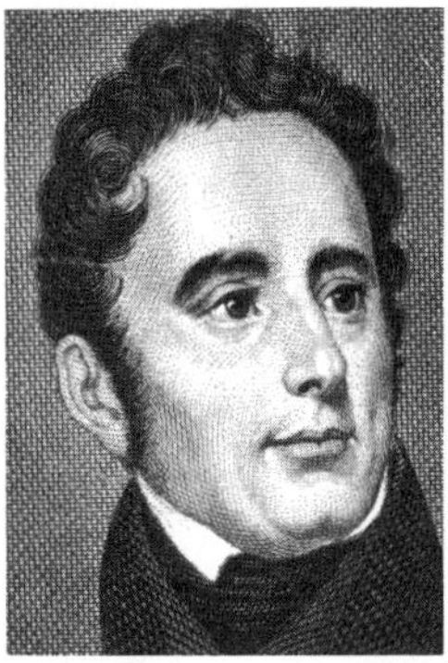

Alphonse de Lamartine (nach einem Gemälde von F. Gérard)

Lamartine, Alphonse de [frz. lamar'tin], * Mâcon 21. Okt. 1790, † Paris 28. Febr. oder 1. März 1869, frz. Dichter.
Wurde nach einer ungeregelten Ausbildung 1814 kurze Zeit Offizier; die Liebe zu Julie Charles und die Erschütterung über ihren frühen Tod bestimmten seine „Poet. Meditationen“ (1820, dt. 1826), die ein internationaler Erfolg wurden; diplomat. Missionen in Neapel und Florenz; 1830 Mitglied der Académie française, 1848 Außenminister der provisor. Regierung; durch Napoleons III. Staatsstreich wurde seine polit. Laufbahn beendet. L. gilt mit seiner Lyrik, die voller Melancholie, Weltschmerz und myst. Verinnerlichung ist, als der erste große Lyriker der frz. Romantik; verfaßte auch ep., histor., autobiograph. Werke. In seinen letzten Lebensjahren wurde er durch materielle Sorgen zur Vielschreiberei getrieben.
Weitere Werke: Nouvelles méditations poétiques (Ged., 1823), Poet. und religiöse Harmonien (Ged., dt. 1831), Reise in den Orient in den Jahren 1832 und 1833 (Reiseb., dt. 1835), Jocelyn (Epos, 1836; dt. 1840), Der Fall eines Engels (Epos, dt. 1840), Geschichte der Girondisten (dt. 1847), Geständnisse (Autobiogr., dt. 1849), Raphael (Autobiogr., dt. 1849), Graziella (E., 1852; dt. 1947).
Ausgaben: A. de L. Œuvres poétiques complètes. Hg. v. M.-F. Guyard. *Paris 1963. – A. de L. Œuvres complètes. Paris 1860–66. 41 Bde. – A. de L. Sämmtl. Werke. Dt. Übers. Hg. v.* G. Herwegh. *Stuttg. 1839–1853. 30 Bde.*
Literatur: Hirdt, W.: *Studien zur Metaphorik L.s. Mchn. 1967. – Actes du Congrès des Secondes Journées européennes d'études lamartiniennes. Mâcon, 18 au 20 sept. 1965. Mâcon 1965.* – Lucas-Dubreton, J.: *L. Paris 1951.*

Lamb, Lady Caroline [engl. læm], * Rockhampton 13. Nov. 1785, † London 26. Jan. 1828, engl. Erzählerin.
Stammte aus dem Hochadel; Gattin des Premierministers William L., Viscount Melbourne. Schrieb drei aufsehenerregende Romane von geringem literar. Niveau; im ersten dieser Romane, „Glenarvon“ (1816, 1865 u. d. T. „The fatal passion“), karikierte sie Lord Byron, mit dem sie 1813–15 liiert war. Bei der zufälligen Begegnung mit Byrons Leichenzug erlitt sie einen Schock, der zu einer dauernden Geistesstörung führte.

Lamb, Charles [engl. læm], Pseudonym Elia, * London 10. Febr. 1775, † Edmonton (heute zu London-Enfield) 27. Dez. 1834, engl. Schriftsteller.
Wollte Geistlicher werden, mußte dieses Vorhaben jedoch wegen eines Sprachfehlers aufgeben; 1792 bis zur Pensionierung 1825 Beamter der East India Company; gab Heiratspläne auf, um seine Schwester Mary zu pflegen, die zeitweise geistig umnachtet war; wenn sie gesund war, arbeitete sie mit ihrem Bruder zusammen; gemeinsam schrieben sie die „Tales from Shakespeare“ (1807, dt. 1928 u. d. T. „Das Shakespeare-Geschichtenbuch“; Nachdichtungen der Shakespeare-Dramen). Bedeutung erlangte L. jedoch v. a. durch seine in liebenswürdigem Plauderton abgefaßten geistreichen literaturkrit. Essays; er gilt als der eigtl. Begründer dieses Genres als Kunstform.
Weitere Werke: Specimens of English dramatic poets who lived about the time of Shakespeare (1808), Poetry for children (1809).
Literatur: Anthony, K. S.: *The L.s. A story of pre-Victorian England. London 1949.* – Lucas, E. V.: *The life of Ch. L. London ⁵1921. 2 Bde.*

Lambert le Tort [frz. lãbɛrlə'tɔ:r], altfrz. Dichter der 2. Hälfte des 12. Jh.s aus Châteaudun.
Geistlicher; einer der Fortsetzer des altfrz. Alexanderromans.

La Mennais (Lamennais), [Hugues] Félicité Robert de [frz. lam'nɛ], * Saint-Malo 19. Juni 1782, † Paris 27. Febr. 1854, frz. kath. Theologe und Schriftsteller.
1816 zum Priester geweiht. In seinem Bemühen, liberale Ideen in der Kirche durchzusetzen, trat er für die Trennung von Kirche und Staat sowie für die Religionsfreiheit aller Bekenntnisse ein. Vom Papst verwarnt, verkündete er in seinem faszinierend geschriebenen Hauptwerk „Worte eines Gläubigen“ (dt. 1834) im Namen der Reli-

gion die Souveränität des Volkes. Den Bann des Papstes beantwortete er mit „Angelegenheiten Roms“ (dt. 1837). Er starb unversöhnt mit der Kirche.
Weitere Werke: Das Buch des Volkes (dt. 1838), Die Sklaverei unserer Zeit (dt. 1840).
Literatur: Le Guillou, L.: *L'évolution de la pensée religieuse de F. Lamennais. Paris 1966.* – Jürgensen, K.: *Lamennais und die Gestaltung des belg. Staates. Der liberale Katholizismus in der Verfassungsbewegung. Wiesb. 1963.* – Derré, J.-R.: *Lammenais, ses amis et le mouvement des idées à l'époque romantique (1824–1834). Paris 1962.* – Le Hir, Y.: *Lamennais, écrivain. Paris 1948.*

Lamentationes † Bibel.

La Motte-Fouqué, Friedrich Baron de † Fouqué, Friedrich Baron de La Motte-F.

La Motte-Houdar, Antoine [frz. lamɔtu'da:r] † Houdar de La Motte, Antoine.

Lampe, Friedo, * Bremen 4. Dez. 1899, † Klein Machnow bei Berlin 2. Mai 1945, dt. Erzähler.
Studierte Germanistik und Kunstgeschichte, Redakteur in Bremen, Bibliothekar in Stettin und Hamburg, Verlagslektor in Berlin; von sowjet. Besatzungssoldaten irrtüml. erschossen; betätigte sich als Hg. und Kritiker. L. schrieb Romane, Kurzerzählungen und Gedichte. Eine z.T. surrealist. Darstellung, eine von romant. Elementen geprägte Sprache und ein mag. Realismus bestimmen sein Werk.
Hauptwerke: Am Rande der Nacht (R., 1934), Das dunkle Brot (Ged., 1936), Von Tür zu Tür (En., 1946).

Lampedusa, Giuseppe Tomasi di † Tomasi di Lampedusa, Giuseppe.

Lampel, Peter Martin, eigtl. Joachim Friedrich Martin L., * Schönborn (Landkreis Liegnitz) 15. Mai 1894, † Hamburg 22. Febr. 1965, dt. Schriftsteller und Maler.
Sohn eines Pfarrers, Teilnehmer des 1. Weltkrieges, später Freikorpskämpfer; studierte Philosophie, Staats- und Rechtswissenschaft, Malerausbildung an der Münchner Kunstakademie; 1936–49 in der Emigration; als Schriftsteller erregte er mit Zeitstücken um die unverstandene Jugend Aufsehen.
Hauptwerke: Jungen in Not (Bericht, 1928), Giftgas über Berlin (Schsp., 1929), Revolte im Erziehungshaus (Schsp., 1929), Verratene Jungen (R., 1929, als Schsp. u.d.T. Pennäler, UA 1929), Wir fanden den Weg (E., 1955).

Lampo, Hubert Léon [niederl. 'lɑmpo:], * Antwerpen 1. Sept. 1920, fläm. Schriftsteller.
Besuchte eine Lehrerbildungsanstalt, Inspektor von Volksbüchereien; schrieb geschickt gebaute psycholog. motivierte Romane über Stoffe aus Geschichte und Gegenwart in traditionellen Formen. Das Erot. nimmt eine zentrale Stelle ein.
Hauptwerke: Hélène Defraye (R., 1945), Triptiek van de onvervulde liefde (Novellen, 1947), De ruiter op de wolken (R., 1948), De belofte aan Rachel (R., 1952), De duivel en de maagd (R., 1955), Hermione betrapt (R., 1962).

Lamprecht, Pfaffe, moselfränk. Dichter der 1. Hälfte des 12. Jahrhunderts.
Geistlicher; schuf eine lehrhafte Versbearbeitung des Buches „Tobias“, von der nur Bruchstücke erhalten sind; bed. für die Entwicklung der dt. Literatur ist seine Übertragung und Bearbeitung des „Alexander“ des Albéric de Besançon um 1140–50, das erste weltl. Epos, das nach einer fremden Quelle in dt. Sprache abgefaßt wurde; nur fragmentar. erhalten („Vorauer Alexander“), um 1160 von einem Unbekannten weitergeführt und in frühhöf. Sinn umgestaltet („Straßburger Alexander“).
Ausgaben: Pf. Lambrecht. Das Alexanderlied. Das Rolandslied des Pfaffen Konrad. Hg. v. F. Maurer. *Lzp. 1940. Nachdr. Darmst. 1964. – Pf. L. Die Werke. Nach den ältesten Überlieferungen hg. v.* Hans Ernst Müller. *Mchn. 1923.*
Literatur: Fischer, Wolfgang: *Die Alexanderliedkonzeption des Pf.n Lambrecht. Mchn. 1964.* – Sitte, E.: *Die Datierung v. L.s Alexander. Halle 1940.*

Lamprecht von Regensburg, * um 1215, mhd. Dichter.
Minorit; verdeutschte noch vor seinem Eintritt in den Orden, vermutl. unter der Anregung Bertholds von Regensburg, die „Vita S. Francisci“ des Thomas von Celano: „Sanct Francisken Leben“ (um 1240). Als Ordensbruder schuf er eine gereimte Übertragung des Traktats „Filia Syon“.

Landau, Mark Alexandrowitsch [russ. lan'dau] † Aldanow, Mark.

Landauer, Gustav, * Karlsruhe 7. April 1870, † München 2. Mai 1919, dt. Schriftsteller.
Sozialist; Gegner der dt. Sozialdemokratie; Hg. radikaler Zeitschriften. Als Mitglied der Räteregierung bei Straßenkämpfen getötet. L. veröffentlichte neben literaturwissenschaftl. und polit. Abhandlungen den Roman „Der Todesprediger“ (1893) und die Novellensammlung „Macht und Mächte“ (1903); auch Übersetzer.
Weitere Werke: Aufruf zum Sozialismus (1911), Vorträge über Shakespeare (1920).
Literatur: Kalz, W.: *G. L. Kultursozialist u. Anarchist. Meisenheim 1967.*

Landesmann, Heinrich † Lorm, Hieronymus.

Landgrebe, Erich, * Wien 18. Jan. 1908, östr. Schriftsteller.
Künstler. und kaufmänn. Ausbildung und Tätigkeit, 1931–33 in den USA; im 2. Weltkrieg Kriegsberichterstatter, nach dem Krieg Verlagsleiter. L. schrieb stark autobiographisch bestimmte Romane, Malerromane („Ein Maler namens Vincent“, 1957; „Das ferne Land des Paul Gauguin“, 1959), Erzählungen, Hörspiele („Hafen der Venus“, 1961), Lyrik („Das junge Jahr“, 1934), Essays; auch Maler und Graphiker.
Weitere Werke: Adam geht durch die Stadt (R., 1936), Die neuen Götter (R., 1939), Gebratene Äpfel (Geschichten, 1939), Die Nächte von Kuklino (R., 1952), Narr des Glücks (R., 1962), Geschichten, Geschichten, Geschichten (1965).

Landino, Cristoforo [italien. lan'di:no], * Florenz 1424, † ebd. 24. Sept. 1498, italien. Gelehrter und Schriftsteller.
Professor für Poetik und Rhetorik in Florenz, später Kanzler der Signoria; führendes Mitglied der platon. Akademie Ficinos; Verfasser der philosoph. „Camaldolens. Gespräche“ (um 1480, dt. 1927), eines Dante-Kommentars in italien. Sprache (1481), bed. Briefe, lat. Liebesgedichte und eines Kommentars zu Vergils „Aeneis“ (1478).
Literatur: Müller-Bochat, E.: *Leon Battista Alberti u. die Vergil-Deutung der Disputationes*

Camadulenses. Zur allegor. Dichter-Erklärung bei C. L. Krefeld 1968.

Landor, Walter Savage [engl. 'lændə], * Gut Ipsley Court (Warwick) 30. Jan. 1775, † Florenz 17. Sept. 1864, engl. Schriftsteller.
Wegen seines stolzen und impulsiven Charakters zeitlebens in Streitigkeiten verwickelt; nahm 1808 mit eigener Truppe am Krieg gegen Napoleon in Spanien teil; lebte zuletzt lange in Florenz. Seine frühen Gedichte und sein Epos „Gebir" (1798, lat. 1803) waren erfolglos, trugen L. aber die Freundschaft Southeys ein; mit seinem histor. Lesedrama „Count Julian" (Trag., 1812) erregte er erstmals Aufsehen; sein Hauptwerk, „Erfundene Unterhaltungen" (1824ff., dt. 1919), Dialoge bed. histor. Persönlichkeiten, zeigt L. als hervorragenden Stilisten; klass. Schlichtheit und Klarheit; u.a. von Wordsworth geschätzt; L. kann weder dem Klassizismus noch der Romantik eindeutig zugerechnet werden.
Literatur: Vitoux, P.: *L'œuvre de W. S. L. Paris 1964.* – Super, R. H.: *W. S. L. A biography. New York 1954.* – Richter, H.: *W. S. L. In: Anglia 50 (1926), 123; 51 (1927), 1.*

Landry, Charles François [frz. lã'dri], * Lausanne 19. März 1909, schweizer. Schriftsteller.
Beschreibt in seinen Romanen Menschen und Landschaft der Schweiz und der Provence; auch Kurzgeschichten, Gedichte, Hörspiele und Dramen; schreibt in frz. Sprache.
Hauptwerke: Diégo (R., 1938; dt. 1946), Buschwald (R., dt. 1941), Am Rande der Welt (R., 1941; dt. 1949), Garcia (R., 1947), La Devinaize (R., 1950), Chambre noire (Ged., 1955), Rose Bertin (R., 1960).

Landstad, Magnus Brostrup [norweg. 'lansta], * Måsøy 7. Okt. 1802, † Kristiania (heute Oslo) 8. Okt. 1880, norweg. Dichter.
Pfarrer; gab, angeregt von der nationalromant. Bewegung, die größte norweg. Volksliedersammlung „Norske folkeviser" (1853) heraus. Seine Kirchenlieder sind Ausdruck inniger Frömmigkeit.

Lang, Andrew [engl. læŋ], * Selkirk (Schottland) 31. März 1844, † Banchory-Devenick bei Aberdeen 20. Juli 1912, schott. Gelehrter und Dichter.
Zunächst College-Dozent, später Journalist und freier Schriftsteller; schuf als ausgezeichneter Kenner der klass. und modernen Literatur vorbildl. Homer- und Theokrit-Übertragungen und setzte sich in Essays mit literar. Fragen auseinander; L.s Romane sind wenig bed., wertvoller ist seine originelle Lyrik, in der er Kleinformen bevorzugt; auch Märchen und Kinderbücher.
Literatur: Salmond, J. B.: *A. L. and journalism. Edinburgh 1951.* – Green, R. L.: *A. L. A critical biography. Leicester 1946.*

Lang, Othmar Franz, * Wien 8. Juli 1921, östr. Schriftsteller.
Erhielt für seine unterhaltsamen Jugendbücher und amüsanten, trotzdem verinnerlichten Romane und Erzählungen, für die Dramen und Hörspiele mehrere Preise.
Hauptwerke: Der Aquarellsommer (R., 1955), Die Männer von Kaprun (Jugend-R., 1955), 17 unter einem Dach (Jugend-R., 1959), Vom Glück verfolgt (R., 1962), Alle Schafe meiner Herde (R., 1964), Paradies aus zweiter Hand (R., 1965), Geständnis nach dem Urteil (R., 1967).

Lang, Siegfried, * Basel 25. März 1887, schweizer. Lyriker.
Dr. phil., Bibliothekarassistent. L. ist ein sprachbegabter, feinsinniger Lyriker, dessen Dichtung überwiegend zeitlose Thematik behandelt. Daneben übersetzte er Werke der Weltliteratur.
Hauptwerke: Gedichte (1909), Neue Gedichte (1912), Gärten und Mauern (Ged., 1922), Versenkungen (Ged., 1932), Vom anderen Ufer (Ged., 1944), Gedichte und Übertragung (1950).

Langbein, August Friedrich Ernst, * Radeberg bei Dresden 6. Sept. 1757, † Berlin 2. Jan. 1835, dt. Schriftsteller.
Studierte Jura, schrieb für Bürgers „Musenalmanach", war Advokat in Dresden und Zensor in Berlin. Seine leichte Lyrik, die schwankhaften Balladen, seine pikant-scherzhaften Unterhaltungsromane, Erzählungen und Possen waren seinerzeit beliebt.
Hauptwerke: Gedichte (1788), Schwänke (1792), Der graue König (R., 1802), Die Schule der Eleganz (Posse, 1805), Thomas Kellerwurm (R., 1806), Franz und Rosalie (R., 1808), Neuere Gedichte (1812).

Lange, Antoni [poln. 'laŋgɛ], * Warschau 1883 (?), † ebd. 17. März 1929, poln. Dichter.
Umfassende Studien u.a. der Orientalistik vermittelten ihm ausgezeichnete Kenntnisse der Weltliteratur; L. schuf hervorragende Übersetzungen, bes. aus dem Sanskrit, aus der span. und engl.-sprachigen Literatur, und übertrug Baudelaires „Fleurs du mal"; seine Dichtung ist vom frz. Symbolismus und Shelleys Werk beeinflußt; L. schrieb subjektive Reflexionslyrik, oft mit sozialer Thematik, ferner Erzählungen und Dramen; benutzte mehrere Pseudonyme.

Lange, Hartmut, * Berlin 31. März 1937, dt. Schriftsteller.
Besuch der Dt. Hochschule für Filmkunst in Potsdam-Babelsberg, Dramaturg in Berlin (Ost), kam 1965 nach Berlin (West); einfallsreicher, sprach- und bildmächtiger Dramatiker mit zeitbezogener Thematik; auch Bearbeiter und Übersetzer.
Hauptwerke: Marski (Kom., 1965), Senftenberger Erzählungen (Dr., 1967, entstanden 1960), Erlösung des Gelehrten Ch'ien Wan-hsuean (Dr., UA 1967), Der Hundsprozeß. Herakles (2 Einakter, 1968).

Lange, Horst, * Liegnitz 6. Okt. 1904, dt. Schriftsteller.
Studierte am Weimarer Bauhaus, in Berlin und Breslau Kunst- und Literaturwissenschaft; seit 1931 freier Schriftsteller; ∞ mit Oda Schaefer. Gestaltet in Lyrik, Dramen, Romanen und Erzählungen ein düsteres Bild des Daseins.
Hauptwerke: Nachtgesang (Ged., 1928), Zwölf Gedichte (1933), Schwarze Weide (R., 1937), Ulanenpatrouille (R., 1940), Die Leuchtkugeln (En., 1944), Ein Schwert zwischen uns (R., 1952), Verlöschende Feuer (R., 1956), Aus dumpfen Fluten kam Gesang (Ged., 1958).

Lange, Oda ↑ Schaefer, Oda.

Lange, Per [dän. 'laŋə], * 30. Aug. 1901, dän. Lyriker.
Sohn des Schriftstellers Sven L., Studium der Philologie, hielt sich 1923 in Österreich auf, später auch in Italien; seine Lyrik, durch klass. Reinheit der Form und Sprache vollendet, schil-

dert das Suchen des Menschen in einer Zeit voll Angst und geistiger Krisen und dokumentiert die stoische Lebenshaltung des Dichters.
Hauptwerke: Kaos og stjernen (Ged., 1926), Relieffer (Ged.-Ausw., 1943).

Lange, Samuel Gotthold, * Halle (Saale) 22. März 1711, † Laublingen 25. Juni 1781, dt. Dichter.
Studierte Theologie, war Prediger, schließl. Inspektor der Kirchen und Schulen im Saalekreis. Zunächst verfocht er die Ideen Gottscheds, gründete mit I. J. Pyra in Halle eine „Gesellschaft zur Förderung der dt. Sprache, Poesie und Beredsamkeit". Später bezogen beide Stellung gegen Gottsched; Horaz-Übersetzer („Des Quintus Horatius Flaccus Oden ...", 1752).
Weitere Werke: Thyrsis' und Damons freundschaftl. Lieder (Ged. von L. und Pyra, hg. von J. J. Bodmer 1745), Horazische Oden (1747), Eine wunderschöne Historie von dem gehörnten Siegfried dem Zweiten (Satire, 1747).

Lange, Sven [dän. 'laŋə], * Kopenhagen 22. Juni 1868, † ebd. 6. Jan. 1930, dän. Schriftsteller.
1896–98 Redakteur des „Simplicissimus" in München, dann Kritiker an der Zeitung „Politiken". Als Dramatiker in der Nachfolge Ibsens.
Hauptwerke: Hjertets gerninger (R., 1901), De stille stuer (Dr., 1902), Ein Verbrecher (Dr., dt. 1903), Simson und Delila (Tragikom., dt. 1910), Amor og Bacchus (R., 1926).

Langenbeck, Curt, * Elberfeld (heute Wuppertal-Elberfeld) 20. Juni 1906, † München 5. Aug. 1953, dt. Dramatiker.
Fabrikantensohn, studierte, nach Ausbildung in der Industrie und Auslandsaufenthalten an verschiedenen Universitäten, 1935 Dramaturg. Er schrieb v.a. histor. Dramen. L. setzte sich für eine Wiedergeburt des symbol., heroischen Dramas auf der Grundlage der antiken Tragödie ein. Zeitweilig von nationalsozialist. Ideen beeindruckt.
Hauptwerke: Bianca und der Juwelier (Kom., 1933), Alexander (Trag., 1934), Der getreue Johannes (Dr., 1937), Heinrich VI. (Trag., 1936), Wiedergeburt des Dramas aus dem Geist der Zeit (Rede, 1940), Das Schwert (Trag., 1940), Frau Eleonore (Nov., 1941).

Langendijk, Pieter [niederl. 'lɑŋəndɛik], * Haarlem 25. Juli 1683, † ebd. 18. Juli 1756, niederl. Dichter.
Zeichner und Maler; arbeitete als Musterzeichner in einer Amsterdamer Damastweberei, verarmte später völlig und wurde Geschichtsschreiber der Stadt Haarlem. L. verfaßte Gedichte, zahlreiche, von Molière beeinflußte, wenig problemat. Lustspiele über zeitgeschichtl. Themen, z.T. mit erzieher. Absicht, Sittenstücke und andere satir. Werke.
Hauptwerk: Het wederzijdsch huwelijks bedrog (Lsp., 1712).

Langendonck, Prosper van [niederl. 'lɑŋəndɔŋk], * Werchter bei Löwen 15. März 1862, † Brüssel 7. Nov. 1920, fläm. Dichter.
Arbeitete im Justizministerium und als Parlamentsübersetzer. Er begründete 1893 die Zeitschrift „Van Nu en Straks" und arbeitete 1903 bis 1907 an der Zeitschrift „Vlaanderen" mit. L. wird als erster Neuromantiker der fläm. Literatur bezeichnet. In seiner Lyrik offenbart sich seine seel. Gespaltenheit, die bittere Erkenntnis, daß ideale Vorstellungen und Realitäten nicht zu vereinen sind.
Hauptwerk: Verzen (1900 und 1918).

Langenfeld, Friedrich Spee von ↑ Spee, Friedrich Sp. von Langenfeld.

Langer, Anton, * Wien 12. Jan. 1824, † ebd. 7. Dez. 1879, östr. Volksschriftsteller.
Studierte in Wien; war journalist. tätig (seit 1850 Hg. des satir. Volksblattes „... Hans-Jörgel von Gumpoldskirchen ..."); Theatergründer; beliebter Wiener Volksschriftsteller mit Romanen über histor. Stoffe und Themen aus dem Wiener Volksleben; auch Lustspiele und Volksstücke für die Vorstadtbühnen sowie Übersetzungen.
Hauptwerke: Der letzte Fiaker (R., 1855), Die Carbonari in Wien oder ... (R., 1857), Wiener Volksbühne (1859–64), Die Schweden vor Wien (R., 1862), Der letzte Babenberger (R., 1863), Kaiserssohn und Baderstochter (R., 1871).

Langer, František [tschech. 'laŋgɛr], * Prag 3. März 1888, † ebd. 2. Aug. 1965, tschech. Schriftsteller.
Studierte Medizin, während des 1. Weltkrieges Militärarzt, geriet in russ. Gefangenschaft, nach Rückkehr Offizier des Gesundheitsdienstes, 1935–38 Dramaturg, befreundet mit den Brüdern Čapek und Jaroslav Hašek; im 2. Weltkrieg in Frankreich und England, 1945 Rückkehr nach Prag. Im Westen v.a. als Autor zahlreicher Dramen bekannt, die z.T. auch verfilmt wurden. Wie auch in seinen Erzählungen stellt L. in seinen Stücken die Welt der kleinen Leute, das Schuld- und Sühneproblem in dramat. und theatertechn. wirksamer Form dar.
Hauptwerke: Das Kamel geht durch das Nadelöhr (Dr., 1923; dt. 1929), Peripherie (Dr., dt. 1926), Die Bekehrung des Ferdys Pistora (Schsp., dt. 1929), Der weiße Schlüssel (E., dt. 1958).

Langewiesche, Marianne, * Ebenhausen bei München 16. Nov. 1908, dt. Schriftstellerin.
Tochter des Verlegers Wilhelm L.-Brandt; wurde nach dem Besuch der höheren Schule Fürsorgerin, dann Journalistin; ⚭ mit Heinz Coubier; lernte auf Reisen den Balkan, Italien, die Niederlande, Frankreich und Spanien kennen; im Mittelpunkt ihres erzähler. Werkes stehen histor. Romane und anekdotenhafte impressionist. Erzählungen.
Hauptwerke: Königin der Meere (R., 1940), Die Dame in Schwarz (Novellen, 1940), Die Allerheiligen-Bucht (R., 1942), Die Bürger von Calais (E., 1949), Der Ölzweig (R., 1952), Der Garten des Vergessens (E., 1953).

Langgässer, Elisabeth, * Alzey 23. Febr. 1899, † Rheinzabern (Landkreis Germersheim) 25. Juli 1950, dt. Dichterin.
Lehrerin; 1929 freie Schriftstellerin in Berlin; 1935 Heirat mit dem Philosophen Wilhelm Hoffmann; während der nationalsozialist. Zeit Publikationsverbot; 1944 zwangsverpflichtet; übersiedelte 1948 nach Rheinzabern. Ihre von myth. Naturkräften bestimmten Gedichte sind der Naturlyrik A. von Droste-Hülshoffs verpflichtet. Das religiöse Problem (Überwindung des Satan. durch göttl. Gnade) sowie die Schreckensjahre des Krieges und der Nachkriegszeit sind die Hauptthemen ihrer Werke.
Hauptwerke: Der Wendekreis des Lammes (Ged., 1924), Proserpina (E., 1932), Triptychon des Teufels (Novellen, 1932), Die Tierkreisgedichte

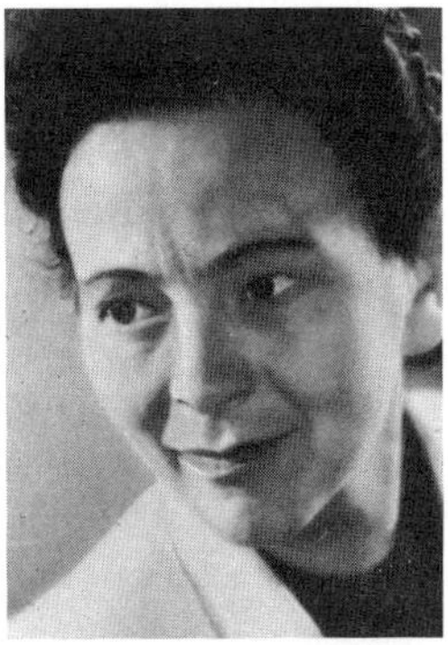

Elisabeth Langgässer

(1935), Das unauslöschl. Siegel (R., 1946), Der Laubmann und die Rose (Ged., 1947), Märk. Argonautenfahrt (R., 1950), Das Christliche der christl. Dichtung (Essays und Briefe, hg. 1961).
Ausgabe: E. L. Ges. Werke in Einzelausgg. Düsseld. 1959–64. 5 Bde.
Literatur: Tosin, R.: *Dämonie u. Gnade in E. L.s Roman „Das unauslöschl. Siegel". Diss. Graz 1967 [Masch.].* – Behrend, J. E.: *Die Einheit v. E. L.s Weltbild in der „Märk. Argonautenfahrt". Diss. Ohio State Univ., Columbus 1963.* – Augsberger, E.: *E. L. Assoziative Reihung, Leitmotiv u. Symbol in ihren Prosawerken. Nürnb. 1962.*

Langland (Langley), William [engl. 'læŋlənd], * wahrscheinl. in Shropshire um 1332, † London (?) um 1400, engl. Dichter.
L. war einfacher Herkunft, empfing die niederen Weihen, lebte später mit seiner Frau und einer Tochter in London. Sein alliterierendes visionäres Versepos „The vision of William concerning Piers the Plowman" ist eines der bedeutendsten Werke der engl. mittelalterl. Dichtung; drei Versionen sind erhalten: A-Text (1362), B-Text (1377), C-Text (1398), letztere erweitert. L. verbindet darin die Verspottung von Mißständen mit reformer. religiösen Anliegen.
Literatur: Ryan, W. M.: *W. L. New York 1968.* – Lawlor, J.: *Piers Plowman. An essay in criticism. London 1962.* – Erzgräber, W.: *W. L.s „Piers Plowman" (Eine Interpretation des C-Textes). Hdbg. 1957.*

Langmann, Philipp, * Brünn 5. Febr. 1862, † Wien 22. Mai 1931, östr. Schriftsteller.
War Arbeiter, autodidakt. Bildung, studierte an der TH in Brünn, wurde Fabrikleiter, schließl. Beamter. Er bevorzugte in seinen Dramen, Romanen und Novellen soziale Themen und verstand es meisterhaft, treffende Milieuschilderungen zu geben. Als Dramatiker folgte er Anzengruber.
Hauptwerke: Arbeiterleben (Novellen, 1893), Herzmarke (Dr., 1901), Leben und Musik (R., 1904).

Langner, Ilse, eigtl. I. Siebert, * Breslau 21. Mai 1899, dt. Schriftstellerin.
Jugend in Schlesien; unternahm 1928 Reisen in die UdSSR, nach Konstantinopel und Paris, 1933 nach China, Japan und in die USA. Sie lebte dann in Berlin und unternahm nach 1960 wieder eine Ostasienreise. Erfolgreiche Dramatikerin und Erzählerin mit sozialkrit. und pazifist. Thematik; zeitbezogen sind auch ihre Griechendramen.
Hauptwerke: Die Heilige aus USA (Dr., 1931), Amazonen (Kom., 1936), Die purpurne Stadt (R., 1937), Klytämnestra (Trag., 1947), Iphigenie kehrt heim (Dr., 1948), Zwischen den Trümmern (Ged., 1948), Sonntagsausflug nach Chartres (R., 1956), Chin. Tagebuch (1960), Die Zyklopen (R., 1960), Jap. Tagebuch (1961), Ich lade Sie ein nach Kyoto ... (1963).

Lang[h]veld[t], Joris van [niederl. 'laŋvɛlt] ↑ Macropedius, Georgius.

Lanier, Sidney [engl. lə'nɪə], * Macon (Ga.) 3. Febr. 1842, † Lynn (N. C.) 7. Sept. 1881, amerikan. Dichter.
Musikal. begabt; kämpfte im Bürgerkrieg für die Südstaaten; war Lehrer, Anwalt, zuletzt Literaturdozent in Baltimore. Pflegte eine musikal. Lyrik, die formal der Whitmans verwandt ist; auch Einflüsse E. A. Poes; L. versuchte, die Gesetze der Musik auf die Dichtung anzuwenden; er verfaßte mehrere literaturtheoret. Abhandlungen.
Literatur: Starke, A. H.: *S. L. A biographical and critical study. Chapel Hill u. London 1933.*

Lanoux, Armand [frz. la'nu], * Paris 24. Okt. 1913, frz. Schriftsteller.
In verschiedenen Berufen tätig, u.a. Journalist; wandte sich 1943 der Literatur zu, seit 1964 Direktor der Zeitschrift „À la page", Mitglied der Académie Goncourt; L. erhielt zahlreiche Literaturpreise.
Hauptwerke: La nef des foux (R., 1948), Colporteur (R., 1953), Les lézards dans l'horloge (R., 1953), Bonjour, Monsieur Zola (Studie, 1954), Amour 1900 (Studie, dt. 1964), Wenn das Meer zurückweicht (R., dt. 1965), Le violon dans le feu (Essay, 1967).

Lansel, Peider, * Pisa 15. Aug. 1863, † Genf 9. Dez. 1943, rätoroman. Schriftsteller.
Lebte lange in Italien, zeitweilig als schweizer. Konsul in Livorno; gab als Lyriker, Erzähler und Sammler von Volksliedern der rätoroman. Literatur neue Impulse; trat in Abhandlungen für die rätoroman. Sprache und Kultur ein und veröffentlichte Anthologien rätoroman. Lyrik.
Hauptwerke: Primulas (Ged., 1892), La cullana d'ambras (Ged., 1912), Il vegl chalamêr (Ged., 1929), Grusaidas albas ed oters raquints (Novellen, 1931), La funtana chi staina (Ged., 1936), Versiuns veglias e nouvas (Ged., 1940).

Lanzelot, um 1225 entstandener frühester dt. Prosaroman; zentrales Thema ist die Liebe L.s zu Ginevra, der Gemahlin des Königs Artus; Quelle war wohl eine verlorene frz. Prosafassung, nach deren Vorbild man dem Abenteuerroman neue Reize abgewinnen wollte; eine Neubearbeitung nahm im 15. Jh. Ulrich Füetrer in Titurelstrophen vor.
Ausgabe: Lancelot. Hg. v. R. Kluge. *Bln. 1948–63. 2 Bde.*
Literatur: Ruberg, U.: *Raum u. Zeit im Prosa-Lancelot. Mchn. 1965.* – Tilvis, P.: *Prosa-Lancelot-Studien. Helsinki 1957. 2 in 1 Bd.* – Lot, F.: *Étude sur le Lancelot en prose. Paris 1954.*

Laotse [la'o:tse, 'laʊtse] (Lao Tzu), chin. Philosoph, der nach chin. Überlieferung im 6. Jh. v. Chr. lebte.
Legendenhafte, widersprüchl. biograph. Angaben; das ihm von der chin. Tradition zugeschrie-

bene, aber immer wieder bezweifelte „Taoteking" (Taoteching; = Buch vom Tao und Te) weist in manchen Grundzügen auf das 3. Jh. v. Chr.; im Mittelpunkt dieses sowohl metaphys.-kosmogon. als auch eth. und polit. Werkes steht die Lehre vom Tao, dem unveränderl. Urgrund des Seins, dessen Erscheinungsweise sich als das im Menschen wirksame Te, die wirkende Kraft, manifestiert; im Sichrichten nach dem Tao entspricht der Mensch seiner eigentl. Bestimmung; im Tun ohne Zweck und Selbstzweck, frei von jeder gesetzten Norm, allein durch das Waltenlassen des Tao selber in ihm, vollendet sich im Bereich von natürl. Dasein, Gesellschaft und Staat der vom Te bestimmte Mensch. Das Werk besteht aus 81 z. T. gereimten Sprüchen und ist in 2 Rezensionen überliefert.

Ausgaben: Lau Dse. Dau dö djing. Das Buch v. rechten Wege u. v. der rechten Gesinnung. Dt. Übers. Hg. v. J. Ulenbrook. *Bremen 1962. – Laotze. Tao te ching. The book of the way and its virtue. Engl. Übers. Hg. v.* J. J. L. Duyvendak. *London 1954. – Lao-tse. Tao-tê-king. Dt. Übers. u. Kommentar v.* V. v. Strauß. *Bearb. u. Einl. v.* W. Y. Tonn. *Zürich 1950.*

Literatur: Opitz, P. J.: *Lao-tzu. Die Ordnungsspekulationen im Tao-tê-ching. Mchn. 1968.* – Eckardt, A.: *L.s Gedankenwelt. Nach dem Tao-teking. Baden-Baden 1957.* – Wilhelm, R.: *Lao-Tse u. der Taoismus. Stuttg. ²1948.* – Lüth, P. E. H.: *Der seidene Mond. Die Legenden v. Lao-tse u. Li T'ai Po. Wiesb. 1947.*

Lapidoth-Swarth, Hélène [niederl.'la:pi:dɔt'swart] † Swarth, Hélène.

Laprade, Victor Richard de [frz. la'prad], * Montbrison (Loire) 13. Jan. 1812, † Lyon 13. Dez. 1883, frz. Dichter.

Jurist; Professor für frz. Literatur in Lyon; 1858 Mitglied der Académie française; weist sich nach der Art seiner Naturschilderungen und in der Behandlung philosoph.-religiöser Themen als Schüler Lamartines aus; Hauptwerke sind die symbol. Legende „Psyché" (1841), die „Odes et poèmes" (Ged., 1844), „Poèmes évangéliques" (Ged., 1852), „Symphonies" (Ged., 1855) und „Idylles héroïques" (1858); daneben schrieb L. populäre patriot. Lyrik und ästhet. Schriften.

Larbaud, Valery [frz. lar'bo], * Vichy 29. Aug. 1881, † ebd. 2. Febr. 1957, frz. Schriftsteller.

Studierte an der Sorbonne, unternahm ausgedehnte Bildungsreisen nach Rußland, Griechenland, in die Türkei, nach Mitteleuropa, N-Afrika und Skandinavien, die alle seine Werke beeinflußten. So steht auch im Mittelpunkt seines Hauptwerks, des kosmopolit. [autobiograph.] Globetrotter-Romans „A. O. Barnabooth"(1913, dt. 1956), ein Multimillionär und Weltenbummler. L. schrieb außerdem bed. Essays, Gedichte und Erzählungen und übersetzte u. a. Coleridge und Butler; war an der Übertragung des „Ulysses" von Joyce ins Frz. (1929) beteiligt.

Weitere Werke: Fermina Márquez (R., 1911; dt. 1957), Kinderseelen (En., 1918; dt. 1953), Glückl. Liebende (Novellen, 1923; dt. 1955), Ce vice impuni, la lecture (Essays, 1925), Sankt Hieronymus, Schutzpatron der Übersetzer (Essays, 1946; dt. 1956).

Ausgabe: V. L. Œuvres complètes. Paris 1950–55. 10 Bde.

Literatur: Weissman, F.: *L'exotisme de V. L. Paris 1966.* – Blankenhorn, G.: *Der Kosmopolitismus bei V. L. Wiesb. 1958.* – Jean-Aubry, G.: *V. L. Sa vie et son œuvre. Monaco 1949.*

Lardner, Ring[gold] W[ilmer] [engl. 'lɑ:dnə], * Niles (Mich.) 6. März 1885, † East Hampton (N.Y.) 25. Sept. 1933, amerikan. Schriftsteller.

Bekannter Sportjournalist; schrieb satir. und humorist. Kurzgeschichten mit pessimist. Unterton; als sprachl. Darstellungsmittel diente ihm oft der Slang, bes. das Idiom der Baseballspieler.

Hauptwerke: You know me, Al (E., 1916), How to write short stories (Kurzgeschichten, 1924).

Larguier, Léo [frz. lar'gje], * La Grand-Combe (Gard) 6. Dez. 1878, † Paris 31. Okt. 1950, frz. Dichter.

Hugenott. Abstammung; ging 18jährig nach Paris; 1936 Mitglied der Académie Goncourt; neuromant. Lyriker („La maison du poète", Ged., 1903; „Les isolements", Ged., 1905), auch Romancier („Les heures déchirées", 1918), Essayist (über Lamartine, Gautier, Mistral u. a.), Dramatiker („Esclarmonde de Montségur", 1913).

Larivey, Pierre de [frz. lari'vɛ], eigtl. P. Giunti, * Troyes um 1540, † ebd. 12. Febr. 1619, frz. Dramatiker.

Aus Florentiner Kaufmannsfamilie in Troyes; Kanoniker ebd.; steht mit seinen 9 frz. Prosabearbeitungen italien. Komödien (die wirkungsvollste: „Les esprits", 1579, nach der „Aridosia" des Lorenzino de' Medici) am Beginn der großen frz. Komödientradition.

la Roche, Mazo de † de la Roche, Mazo.

La Roche, Sophie von [frz. la'rɔʃ], geb. Gutermann von Gutershofen, * Kaufbeuren 6. Dez. 1731, † Offenbach am Main 18. Febr. 1807, dt. Schriftstellerin.

Arzttochter; Jugendgeliebte Wielands in Biberach; ihre Tochter Maximiliane ist die Mutter von C. und B. Brentano. Ihre inhaltl. und formal von Richardson beeinflußten empfindsamen Briefromane (mit erzähler. Passagen) und Erzählungen verbinden aufklärer. Vernunftmoral mit der enthusiast. Seelensprache des Pietismus.

Hauptwerke: Geschichte des Fräulein von Sternheim (R., 1771), Moral. Erzählungen (1782–84), Melusinens Sommerabende (E., 1806).

Literatur: Gebele, E.: *S. v. La R. In: Lebensbilder aus dem bayer. Schwaben. Hg. v.* G. Frhr. v. Pölnitz. *Bd. 7. Mchn. 1959.* – Milch, W.: *S. La R., die Großmutter Brentanos. Frkf. 1935.*

La Rochefoucauld, François VI, Herzog von [frz. larɔʃfu'ko], Prince de Marcillac, * Paris 15. Dez. 1613, † ebd. 17. März 1680, frz. Schriftsteller.

Wurde in die Intrigen gegen Richelieu verwickelt, nahm als Offizier am Aufstand der Fronde teil. Seine „Mémoires" (1662) gehören zu den bedeutendsten literar. Denkmälern der Fronde. In „Betrachtungen oder moral. Sentenzen und Maximen" (1665, dt. 1906) entwirft er mit aphorist. Prägnanz ein tiefes, psycholog. begründetes Menschenbild. La R. sieht die Handlungsmotive unbewußt aus der Selbstsucht erwachsen und hält sie für rational-eth. nicht begründbar.

Ausgaben: La R. Œuvres complètes. Hg. v. L. Martin-Chauffier *u.* J. Marchand. *Paris ²1964. – Die frz. Moralisten. La R., Vauvenargues, Chamfort, Montesquieu, Galiani, Rivarol, Joubert u. Jouffroy. Dt. Übers. Hg. v.* F. Schalk. *Bremen*

[2-3]*1962–63. 2 Bde. – La R. Œuvres complètes. Hg. v.* D. L. Gilbert *u.* J. Gourdault. Paris *1868–83. 5 Bde.*
Literatur: Mora, E.: *La R. Étude sur l'écrivain. Choix de textes. Bibliographie. Paris 1965.* – Kruse, M.: *Die Maxime in der frz. Lit. Studien zum Werk La R.s u. seiner Nachfolger. Hamb. 1960.* – Bourdeau, J.: *La R. Paris 1895.* – † auch Vauvenargues, Luc de Clapiers, Marquis de.

Larra, Mariano José de [span. 'larra], Pseudonym Fígaro, * Madrid 24. März 1809, † ebd. 13. Febr. 1837, span. Schriftsteller.
Rechtsstudium in Valladolid und Valencia; Redakteur, war Hauptschriftleiter der „Revista española"; Reisen in Europa; beging Selbstmord aus unglückl. Liebe. Sein Schriftstellerruhm beruht weniger auf seinen von der Romantik inspirierten Dramen („Macías", 1834) und histor. Romanen („Der Doncel", 1834; dt. 1853), als auf seinen 1835ff. gesammelt erschienenen krit.-satir. Zeitungs- und Zeitschriftenartikeln, die ein wertvolles Bild der Zeit vermitteln. L. war der bedeutendste span. Journalist seiner Zeit. Übersetzte u. a. Hugo, Dumas, La Mennais.

Larreta, Enrique Rodríguez [span. la'rreta], * Buenos Aires 4. März 1875, † ebd. 6. Juli 1961, argentin. Schriftsteller.
Rechtsstudium in Buenos Aires; lebte vorübergehend in Spanien, zeitweilig Gesandter in Paris; Mitglied der argentin. Akademie; modernist. Romancier, schrieb bed., auch außerhalb der span.-sprechenden Welt beachtete histor. Romane, u. a. „Versuchungen des Don Ramiro" (1908, dt. 1929), „Der Unglückselige" (1926, dt. 1942); auch Lyriker und Dramatiker.
Weitere Werke: Tiempos iluminados (Essay, 1916), La calle de la vida y de la muerte (Ged., 1918), Orillas del Ebro (R., 1949), En la pampa (R., 1955), Clamor (Dr., 1960).

L'Arronge, Adolph [frz. la'rõ:ʒ], eigtl. A. Aronsohn, * Hamburg 8. März 1838, † Kreuzlingen bei Konstanz 25. Mai 1908, dt. Theaterleiter und Bühnenschriftsteller.
Studierte am Konservatorium Leipzig und war Kapellmeister, dann Theaterdirektor, leitete 1883–94 das von ihm mitbegründete Dt. Theater in Berlin. Schrieb zahlreiche Singspiele, Berliner Lokalpossen und Volksstücke.
Hauptwerke: Mein Leopold (Volksstück, 1876), Hasemann's Töchter (Volksstück, 1879), Doctor Klaus (Lsp., 1879), Wohltätige Frauen (Lsp., 1880), Die Sorglosen (Lsp., 1886).
Literatur: Raeck, K.: *Das Dt. Theater zu Bln. unter der Direktion A. L'A.s. Diss. Bln. 1928.* – Klaar, A.: *L'A. In: Biograph. Jb. 18 (1917), 323.*

Larsen, Gunnar [norweg. 'larsən], * Kristiania (heute Oslo) 5. Febr. 1900, † ebd. 5. Nov. 1958, norweg. Erzähler.
Jurastudium, war Journalist. L. erzählt mit dem nüchternen Blick des Zeitungsmannes. Seine Darstellungstechnik weist Parallelen zur modernen amerikan. Literatur auf, der er in der Knappheit des Ausdrucks und in der psycholog. Zielsicherheit verpflichtet ist.
Hauptwerke: I sommer (R.,1932), To mistenkelige personer (R., 1933), Sneen som falt i fjor (R., 1948).

Larsen, Johannes Anker † Anker Larsen, Johannes.

Larsen, Karl [dän. 'larsən], * Rendsburg 28. Juli 1860, † Kopenhagen 11. Juli 1931, dän. Schriftsteller.
Seine Romane sind durch die Vertrautheit mit dem Leben Kopenhagens und die Kenntnis der Mentalität seiner Bürger bestimmt. Durch die sachl. Beobachtung und das feine Empfinden für sprachl. Nuancen erreichte L. realist. Prägnanz in der Personen- und Milieuschilderung.
Hauptwerke: Dr. X (R., 1896; dt. 1898), Udenfor rangklasserne (R., 1896), Was siehst Du aber den Splitter (R., dt. 1903), Die in die Fremde zogen (Bericht, 1913).

Larsen, Thøger [dän. 'larsən], * Tørring bei Lemvig 5. April 1875, † Lemvig 29. Mai 1928, dän. Lyriker.
Landwirtschaftl. und journalist. Tätigkeit in seiner Heimat, von 1904 an Redakteur einer lokalen Tageszeitung; L.s Dichtung wurzelt in der heimatl. Natur, deren Menschen er auf kosm. Hintergrund sieht.
Hauptwerke: Jord (Ged., 1904), Dagene (Ged., 1905), Søndergalm (Ged., 1926), Frejas rok (R., 1928).

Larsson [i By], Carl Filip [schwed. 'lɑ:rsɔn i 'by:], * By (Dalarna) 25. Juli 1877, † ebd. 9. Aug. 1948, schwed. Schriftsteller.
Als Sohn eines Bauern tatkräftig um die Erhaltung der alten Kultur seiner Heimat bemüht. Die Liebe zum vertrauten Milieu bestimmt seine v. a. durch die Schilderung des Landlebens und der Natur gekennzeichneten Werke.
Hauptwerke: By och bonde (Ged., 1907), Tionde (Ged., 1909), Den sista kärven (Ged., 1914), Kristi återkomst (R., 1924), Den gamla goda tiden (Nov., 1941).

La Sal[l]e, Antoine de [frz. la'sal], * bei Arles (?) vielleicht 1388, † nach 1461, frz. Schriftsteller.
Lernte als Kriegsmann und Prinzenerzieher Italien, Sizilien, Frankreich, Brabant und Portugal kennen; verfaßte neben didakt. Schriften den Entwicklungs- und Sittenroman „Le petit Jehan de Saintré" (1459), eine iron. Darstellung der Erziehung zum vollkommenen Ritter, in dem La S. durch seine realist. Schilderung den Rahmen des höf. Romans sprengt. La S.s Verfasserschaft der „Cent nouvelles nouvelles" (um 1462) und der „Quinze joyes de mariage" kann nicht mit Sicherheit bewiesen werden.

Lasca, il [italien. il 'laska] † Grazzini, Antonfrancesco.

Laschetschnikow, Iwan Iwanowitsch; tl.: Lažečnikov Ivan Ivanovič [russ. la'ʒetʃnikɐf], * Kolomna 25. Sept. 1792, † Moskau 8. Juli 1869, russ. Schriftsteller.
Kämpfte 1812 im Napoleon. Krieg; hatte später hohe kulturelle und polit. Funktionen. Autor erfolgreicher histor. Romane, in denen er u. a. durch Einfügung dokumentar. Materials histor. Genauigkeit zu erreichen bemüht war; seine Hauptwerke sind „Die Eroberung Livlands" (R., dt. 1852), „Der Eispalast" (R., dt. 1838), eine Darstellung der russ. Opposition gegen den dt. Günstling der Zarin Anna Iwanowna, Biron, und „Basurman" (1838), ein Roman aus der Zeit des Zaren Iwan III.

Lasker-Schüler, Else, * Elberfeld (heute Wuppertal-Elberfeld) 11. Febr. 1869, † Jerusalem 18. Jan. 1945, dt. Dichterin.

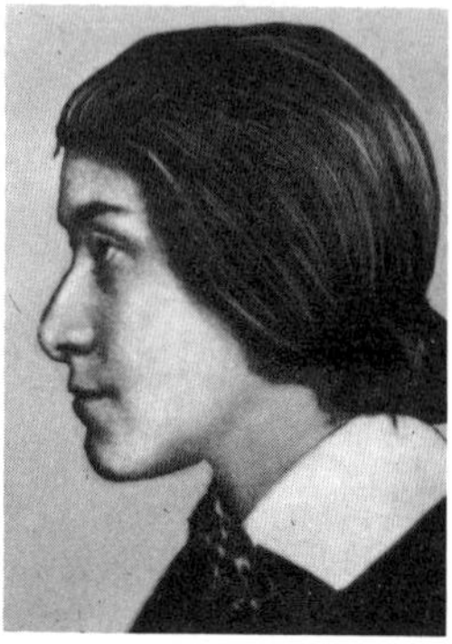

Else Lasker-Schüler

Enkelin eines westfäl. Großrabbiners, war ⚭ mit dem Arzt B. Lasker, seit 1901 mit dem Hg. der Zeitschrift „Der Sturm“, H. Walden. In den expressionist. Jahren lebte sie als Bohemienne in Berlin. Fruchtbare Freundschaft verband sie u.a. mit P. Hille, G. Trakl, Th. Däubler, G. Benn, F. Werfel, K. Kraus, mit F. Marc und O. Kokoschka. Den größten Teil ihres Lebens verbrachte die vom Fernweh Geplagte als dichtende Vagantin. 1933 emigrierte sie in die Schweiz, hielt sich in Palästina und Ägypten auf. Ab 1937 lebte sie in großer Armut in Jerusalem. Else L.-Sch. war Vorläuferin, Repräsentantin und Überwinderin des literar. Expressionismus. Sie schrieb Lyrik, Dramen[versuche] und Erzählungen. Ihrer Dichtung wie ihrer Persönlichkeit sind eine schwärmer.-visionäre Atmosphäre eigen, sie sind vom Emotionalen beherrscht. Von der ersten Gedichtsammlung „Styx“ (1902) bis zum schwermütigen letzten Band „Mein blaues Klavier“ (1943) ist ihr dichter. Werk ein Fluchtversuch vor der realen Welt, trunkene Hingabe an eine traumhafte Verzauberung und Phantastik, eine exot.-oriental. Märchenwelt und an zügellose Sinnlichkeit und Ekstatik.

Weitere Werke: Das Peter Hille-Buch (1906), Die Nächte Tinos von Bagdad (Novellen, 1907), Die Wupper (Dr., 1909), Meine Wunder (Ged.,1911), Mein Herz (R., 1912), Hebr. Balladen (1913), Der Prinz von Theben (En., 1914), Der Malik (E., 1919), Arthur Aronymus. Die Geschichte meines Vaters (E., 1932), Arthur Aronymus und seine Väter (Schsp., 1932).

Ausgabe: E. L.-Sch. Ges. Werke in 3 Bden. Hg. v. F. Kemp *u.* W. Kraft. *Mchn.* $^{1-2}$*1961–62.*

Literatur: L.-Sch. Ein Buch zum 100. Geburtstag der Dichterin. Hg. v. Michael Schmid. *Wuppertal 1969.* – Guder, G.: *E. L.-Sch. Deutung ihrer Lyrik. Siegen 1966.* – Wallmann, J. P.: *E. L.-Sch. Mühlacker 1966.*

Lasos von Hermione, griech. Dichter der 2. Hälfte des 6. Jh.s v. Chr.

Vielleicht Lehrer Pindars; durch die kunstvolle Ausgestaltung des Dithyrambos hat er einen bed. Einfluß ausgeübt.

Laßwitz, Kurd, Pseudonym L. Velatus, * Breslau 20. April 1848, † Gotha 17. Okt. 1910, dt. Philosoph und Schriftsteller.

Studierte Mathematik und Naturwissenschaften, nahm 1870 am Krieg gegen Frankreich teil, war Lehrer an Gymnasien in Breslau und Ratibor und seit 1876 in Gotha; Neukantianer; verfaßte neben Essays und wissenschaftl. Schriften naturwissenschaftl. und philosoph., z.T. utop. Romane und Märchen.

Hauptwerke: Bilder aus der Zukunft (En., 1878), Seifenblasen (Märchen, 1890), Auf zwei Planeten (R., 1897), Religion und Naturwissenschaft (Vortrag, 1904), Aspira (R., 1905), Sternentau (Märchen, 1909).

Last, Jef [niederl. lɑst], eigtl. Josephus Carel Franciscus L., * Den Haag 2. Mai 1898, niederl. Schriftsteller.

Arbeitete in den verschiedensten Berufen, studierte Sinologie in Leiden, kurze Zeit Lehrer in Bali; auch als Journalist tätig; Mitglied der KP, lebte in der UdSSR, war dort für die sowjet. Schriftstellervereinigung tätig. Im Span. Bürgerkrieg stand er auf republikan. Seite; aus den Niederlanden wurde er ausgebürgert. Inzwischen trennte er sich von den Kommunisten. Im 2. Weltkrieg gehörte er der niederl. Untergrundbewegung an und gab das illegale Blatt „De Vonk“ heraus; vorübergehend Berater des indones. Präsidenten für Fragen der Kunst und Kultur auf Bali. Bed. moderner Lyriker und Erzähler, dessen frühe Werke eine stark sozialist. Tendenz aufweisen, während die späteren unter dem Einfluß seines Freundes A. Gide und der chin. Philosophie von religiösen Themen bestimmt sind.

Hauptwerke: Bakboordslichten (Ged., 1927), Marianne (R., 1930), Zuidersee (R., dt. 1936), De bevrijde eros (Ged., 1936), De Spaanse tragedie (Prosa, 1937), De vliegende Hollander (R., 1939), Een socialistische Renaissance (Prosa, 1945), Das erste Schiff auf der Newa (R., dt. 1947), Djagaprana (Dr., 1954).

La Tailhède, Raymond Pierre Joseph Gagnabé de [frz. lata'jɛd], * Moissac (Tarn-et-Garonne) 14. Okt. 1867, † Montpellier 25. April 1938, frz. Lyriker.

Kam früh nach Paris und wurde dort um 1891 neben Maurras, Moréas, Du Plessys und Raynaud einer der Mitbegründer der an klass. Formen orientierten „École romane“.

Hauptwerke: La métamorphose des fontaines (Ged., 1895), Poésies (Ged., 1926), Un débat sur le romantisme (Schr., 1928; mit Maurras).

La Taille, Jean de [frz. la'taj], * Bondaroy (Loiret) zwischen 1533 und 1540, † zwischen 1607 und 1617, frz. Dichter.

Rechtsstudium in Orléans; nahm als Hugenotte an den Religionskriegen teil; Vertreter des frz. Renaissancedramas: „Saül le furieux“ (Trag., 1572), „La famine ou les Gabéonites“ (Trag., 1574); formulierte als einer der ersten die Regel von den drei dramat. Einheiten.

Lateur, Frank [niederl. la:'tø:r] ↑ Streuvels, Stijn.

Latini, Ser Brunetto [italien. la'ti:ni], * Florenz zwischen 1210 und 1220, † ebd. 1294 oder 1295, italien. Gelehrter und Dichter.

Aus angesehener Familie; Stadtkanzler in Florenz; Guelfe; 1260 in diplomat. Mission in Spanien, danach bis 1266 im frz. Exil; schrieb in frz. Sprache eine Art Enzyklopädie des Wissens seiner Zeit u.d.T. „Li livres dou tresor“, in italien. Versen die allegor.-didakt. Dichtung „Il tesoretto“ (beide etwa 1265), ferner eine „Rettorica“ (hg. 1915) u.a.

Latorre, Mariano [span. la'tɔrrɛ], * Cobquecura 4. Jan. 1886, † Santiago de Chile 12. Nov. 1955, chilen. Schriftsteller.
Professor und Literaturkritiker; schrieb Romane und Erzählungen über Chile und seine Bewohner, u.a. „Sus mejores cuentos" (En., 1925), „Chilenos del mar" (En., 1929).
Weitere Werke: Cuna de cóndores (Nov., 1918), Zurzulita (R., 1920), La literatura de Chile (Essay, 1941), La Pasquera (R., 1942).
La Tour, Abbé de [frz. la'tu:r] † Charrière, Isabelle Agnès Élisabeth de.
La Tour du Pin, Patrice de [frz. laturdy'pɛ̃], * Paris 16. März 1911, frz. Lyriker.
Trat mit lyr. Gedichten in klass. Sprache und religiös-myst. Grundhaltung hervor; u.a. „La quête de joie" (1933), „Une somme de poésie" (1946) und „Le second jeu" (1959).
Lattmann, Dieter, * Potsdam 15. Febr. 1926, dt. Schriftsteller.
Buchhändlerlehre; lebt als freier Schriftsteller, Rundfunkautor und Verlagsberater in München; 1968/69 Präsident der Bundesvereinigung Dt. Schriftstellerverbände, 1969 Vorsitzender des neugegründeten Verbandes dt. Schriftsteller. Verfasser von Romanen, Essays und Hörspielen.
Hauptwerke: Ein Mann mit Familie (R., 1962), Mit einem dt. Paß (Tageb., 1964), Zwischenrufe u. a. Texte (Essays, 1967), Schachpartie (R., 1968).
Laube, Heinrich, * Sprottau 18. Sept. 1806, † Wien 1. Aug. 1884, dt. Schriftsteller und Publizist.
Nach anfängl. Studium der ev. Theologie in Halle und Breslau Journalist und Redakteur; zeitweilig Wortführer des Jungen Deutschland; 1834 wegen seiner Sympathie für die frz. Julirevolution aus Sachsen verwiesen und in Berlin festgehalten; seine Schriften wurden durch den Bundestag verboten; 1839 bereiste er Frankreich und Algerien, 1848 wurde er Mitglied der Frankfurter Nationalversammlung. 1849–67 war er Direktor des Wiener Burgtheaters, das er zu hoher Blüte brachte (Einsatz für Grillparzer); 1871 Begründer des Wiener Stadttheaters, das er bis 1879 leitete. Als Schriftsteller wurde L. durch histor.-polit. Skizzen, durch geschichtl. Romane und bühnenwirksame Dramen bekannt, deren bedeutendste „Die Karlsschüler" (1846), „Struensee" (1847) und „Graf Essex" (1856) sind; auch Übersetzungen und Bearbeitungen frz. Dramen.
Weitere Werke: Das Junge Europa (R., 1833–37), Gräfin Chateaubriant (R., 1843), Die Bernsteinhexe (Schsp., 1847), F. Grillparzers Lebensgeschichte (1884), Theaterkritiken und dramaturg. Aufsätze (hg. 1906).
Ausgabe: H. L. Ges. Werke in 50 Bden. Hg. v. H. H. Houben. *Lpz. 1908–09.*
Literatur: Becker, W. J.: *Zeitgeist u. Krisenbewußtsein in H. L.s Novellen. Diss. Frkf. 1960.* – Sträter, L.: *Burgtheaterdirektor H. L. Diss. Wien 1960.* – Ziemann, E.: *H. L. als Theaterkritiker. Emsdetten 1934.*
Lauber, Cécile, geb. Dietler, * Luzern 13. Juli 1887, schweizer. Schriftstellerin.
Besuch der Kunstgewerbeschule in Luzern, Musikstudium in Lausanne; schrieb neben Gedichten, Dramen und Jugendbüchern v.a. zahlreiche heimat- und naturverbundene Novellen und Romane, denen sie oft einen düsteren Schluß gibt.
Hauptwerke: Die Erzählung vom Leben und Tod des Robert Duggwyler (1922), Die Versündigung an den Kindern (E., 1924), Die Wandlung (R., 1929), Der Gang in die Natur (E., 1930), Gedichte (1937), In der Gewalt der Dinge (R., 1961).
Lauckner, Rolf, * Königsberg (Pr) 15. Okt. 1887, † Bayreuth 26. April 1954, dt. Schriftsteller.
Stiefsohn H. Sudermanns, Studium (Dr. jur. et rer. pol.), unternahm ausgedehnte Reisen, v.a. im Mittelmeerraum. In Stuttgart leitete er 1919 bis 1923 die Zeitschrift „Über Land und Meer"; dann in Stuttgart und Wien Dramaturg; seit 1925 freier Schriftsteller, meist in Berlin. Bekannt wurde er mit dem expressionist. Drama „Der Sturz des Apostels Paulus" (1918). Spätere Geschichtsdramen lassen ein Sympathisieren mit nationalsozialist. Anschauungen erkennen.
Weitere Werke: Gedichte (1912), Christa, die Tante (Kom., 1918), Wahnschaffe (Dr., 1920), Caesar und Cicero (Dr., 1947), Der Gesang des Wächters (Ged., 1950).
Lauesen, Marcus [dän. 'lauəsən], * Loitkirkeby bei Apenrade 22. Nov. 1907, dän. Schriftsteller.
Einfacher Herkunft; seine Bauernromane schildern Probleme der dän. Minderheit in N-Schleswig während des 1. Weltkriegs; auch Lyriker.
Hauptwerke: En mand går bort fra vejen (R., 1929), Und nun warten wir auf das Schiff (R., dt. 1932), En mand og hans fjende (E., 1932), Mor (R., 1961).
Laufenberg, Heinrich von † Heinrich von Laufenberg.
Lauff, Joseph (seit 1913) von, * Köln 16. Nov. 1855, † Sehl (heute zu Cochem) 20. Aug. 1933, dt. Schriftsteller.
Preuß. Offizier, dann Dramaturg am Hoftheater in Wiesbaden. Seit 1903 war L. freier Schriftsteller; er schrieb Romane, die vorwiegend in seiner niederrhein. Heimat spielen, unbed. Dramen, rhetor. Epen und Lyrik.
Hauptwerke: Jan van Calker (Epos, 1887), Klaus Störtebeker (Epos, 1893), Der Mönch von Sankt Sebald (R., 1896), Der Burggraf (Schsp., 1897), Marie Verwahnen (R., 1902), Pittje Pittjewitt (R., 1903), O du mein Niederrhein (R., 1930).
Laukhard, Friedrich Christian, * Wendelsheim bei Bad Kreuznach 7. Juni 1758, † Bad Kreuznach 28. April 1822, dt. Schriftsteller.
Sohn eines Predigers, studierte Theologie; Magister und Privatdozent in Halle; durch leichtsinniges Leben in Not geraten, wurde er Soldat in der preuß. Armee, kam in frz. Gefangenschaft, in die Revolutionsarmee und kehrte 1795 nach vielen Abenteuern nach Deutschland zurück, wo er wieder Privatlehrer wurde. Die lebendig und realist. geschilderten Erlebnisse „Leben und Schicksale von ihm selbst beschrieben" (1792 bis 1802) sind von kulturgeschichtl. Interesse.
Lauremberg, Johann, Pseudonyme Hans Willmsen, L. Rost, * Rostock 26. Febr. 1590, † Sorø (Seeland) 28. Febr. 1658, dt. Schriftsteller.
Sohn eines Arztes, studierte in seiner Heimatstadt, wo er 1618–23 Professor für Poesie war; 1623 vom dän. König als Professor der Mathematik an die Ritterakademie nach Sorø berufen. Bed. Satirendichter; seine „Veer Schertz-Gedichte in nedderdütsch gerimet" (1652) verspotten in z.T. derben plattdt. Reimversen die Nachahmung fremder, bes. frz. Lebensart.

Weitere Werke: Pompejus magnus (Trag., 1610), Zwo Komoedien (1635), Satyrae (1648).
Literatur: Peter, K.: *Der Humor in den niederdt. Dichtungen J. L.s. Seine Struktur u. Funktion. Köln u. a. 1967.* – Fife, W. H.: *J. L., son of the folk. In: Germanic Review 30 (1955), 27.*

Laurentius von Schnüffis (Schnifis), eigtl. Johann Martin, * Schnifis (Vorarlberg) 24. Aug. 1633, † Konstanz 7. Jan. 1702, dt. Dichter.
Fahrender Schüler, Schauspieler in Wien und Innsbruck, wo er Theologie studierte; trat nach dem Tod seines Gönners, des Erzherzogs Ferdinand Karl, in Zug in den Kapuzinerorden ein. L. v. Sch. schrieb volkstüml. Barocklyrik in der Nachfolge Spees und der Pegnitzschäfer und wurde mit seinen Liedern bekannt, die er meist selbst vertonte. Kaiser Leopold I. krönte ihn zum Dichter.
Hauptwerke: Philotheus, Oder ... (Ged., 1678), Mirantisches Flötlein (Ged., 1682), Mirantische Wald-Schallmey (Ged., 1688).

Laurin [...i:n], auch „Der kleine Rosengarten" genannt, um 1250 entstandenes kurzes mhd. Epos aus dem Sagenkreis um Dietrich von Bern, der mit seinen Recken in den Rosengarten des Zwergenkönigs L. eindringt und von diesem durch List überwunden wird; Dietrich wird durch die von L. geraubte Schwester seines Gefährten Dietleib befreit; nach Kämpfen mit Zwergen und Riesen kommt es zur Aussöhnung zwischen Dietrich und Laurin.

Lautensack, Heinrich, * Vilshofen 15. Juli 1881, † München 10. Jan. 1919, dt. Dichter.
Kabarettist, Filmdramaturg; schrieb Brettllieder und balladenhafte Gedichte mit antiklerikaler Tendenz, bühnenwirksame, aber unausgereifte Dramen, meist um sexuelle Probleme, mit bayr. Lokalkolorit; auch Übersetzer.
Hauptwerke: Der Hahnenkampf (Kom., 1908), Dokumente der Liebesraserei (Ged., 1910), Die Pfarrhauskomödie (Kom., 1911), Altbayr. Bilderbogen (Prosadichtungen, 1920).
Ausgabe: H. L. Das verstörte Fest. Ges. Werke. Hg. v. W. L. Kristl. *Mchn. 1966.*
Literatur: Kristl, W. L.: *... u. morgen steigt ein Licht herab. Vom Leben u. Dichten des H. L. Mchn. 1962.*

Lautréamont, Comte de [frz. lotrea'mõ], eigtl. Isidore Lucien Ducasse, * Montevideo 4. April 1846, † Paris 24. Nov. 1870, frz. Dichter.
Kam 20jährig nach Paris; lebte dort einsam und arm; starb an Tuberkulose. Aus seinen Prosagedichten „Les chants de Maldoror" (1869) spricht Verzweiflung und Auflehnung gegen Gott; L.s hochentwickelte Wortkunst ist ein eigenartiges Gemisch von klass. und symbolist. Elementen; er übte großen Einfluß auf den Surrealismus aus.
Weiteres Werk: Poésies (1870).
Ausgaben: L. Œuvres complètes. Paris 1964. – L. Das Gesamtwerk. Nachwort u. Bibliogr. v. R. Soupault. *Dt. Übers. Reinbek bei Hamb. 1963.*
Literatur: Nesselroth, P. W.: *L.'s imagery. A stilistic approach. Genf 1969.* – Bachelard, G.: *L. Neuaufl. Paris 1963.* – Linder, H. R.: *L. Sein Werk u. sein Weltbild. Diss. Basel 1947.*

Lavant, Christine ['la:vant], eigtl. Ch. Habernig, geb. Thonhauser, * Großedling (heute Edling, Kärnten) 4. Juli 1915, östr. Lyrikerin und Erzählerin.
Lebt als Strickerin in Sankt Stefan im Lavanttal; Autodidaktin. Ihre formstrenge, zum Mystischen neigende Lyrik hat wie ihre Erzählungen, die meistens ergreifende Kinderschicksale behandeln, eine fast visionäre Aussage. Reales und Irreales durchdringen sich gegenseitig.
Hauptwerke: Das Kind (E., 1948), Die unvollendete Liebe (Ged., 1949), Baruscha (En., 1952), Die Rosenkugel (E., 1956), Die Bettlerschale (Ged., 1956), Spindel im Mond (Ged., 1959), Der Pfauenschrei (Ged., 1962), Das Ringelspiel (En., 1963), Hälfte des Herzens (Ged., 1967), Nell (En., 1969).

La Varende, Jean Mallard, Vicomte de [frz. lava'rã:d], * Schloß Bonneville-Chamblac (Eure) 24. Mai 1887, † Paris 8. Juni 1959, frz. Schriftsteller.
Nachkomme eines alten Adelsgeschlechtes; beschäftigte sich mit Studien der Geschichte der Seefahrt; in seinen Romanen schildert er meist Seefahrerschicksale und Begebenheiten seiner normann. Heimat; oft chronikartige Sittenromane um Schicksale des normann. Adels.
Hauptwerke: Unter der Maske (R., dt. 1939), Der Himmelsreiter (R., dt. 1939), Die romant. Seefahrt (Essays, dt. 1957).
Literatur: Lelièvre, R.: *La V., dernier seigneur des lettres. Coutances 1963.* – Brunetière, Ph.: *La V., le visionnaire. Paris 1959.*

Lavater, Johann Kaspar, * Zürich 15. Nov. 1741, † ebd. 2. Jan. 1801, schweizer. Philosoph und prot. Theologe.
Pfarrer in Zürich; Schüler Bodmers und Breitingers, Anhänger des Sturm und Drangs, stand mit vielen dt. Dichtern, u. a. mit Goethe und Klopstock, in Beziehung, Vertreter pietist. Anschauungen gegen Rationalismus und Aufklärung; bekannt v. a. durch sein Hauptwerk, „Physiognom. Fragmente zur Beförderung der Menschenkenntnis und Menschenliebe" (1775–78), in dem er die Ansicht vertrat, daß man „durch das Äußerliche eines Menschen sein Inneres zu erkennen" vermöge; L. schrieb auch religiöse Gedichte, Epen und bibl. Dramen; Briefwechsel.
Weitere Werke: Abraham und Isaak (Dr., 1776), Lieder für Leidende (1787).
Ausgaben: J. K. L. Ausgew. Werke. Hg. v. E. Stähelin. *Zürich 1943. 4 Bde. – J. K. L. Sämmtl. Werke. Augsburg 1834–38. 6 Bde.*
Literatur: Lavater-Sloman, M.: *Genie des Herzens. Die Lebensgesch. J. Caspar L.s. Zürich u. Stuttg. ⁵1955.* – Forssman, J.: *L. u. die religiösen Strömungen des 18. Jh.s. Riga 1935.* – Janentzky, Ch.: *J. Caspar L. Frauenfeld 1928. – J. Caspar L., 1741–1801. Denkschr. zur 100. Wiederkehr seines Todestages. Hg. v. der Stiftung v. Schnyder v. Wartensee. Zürich 1902.* – ↑ auch Wieland, Christoph Martin.

Lavater-Sloman, Mary, * Hamburg 14. Dez. 1891, dt. Schriftstellerin.
Tochter eines Reeders, kam 1910 nach Petersburg und heiratete den Schweizer Ingenieur Emil Lavater, lebte 1912–18 in Moskau; floh dann in die Schweiz. Sie schrieb zahlreiche histor. Romane, Biographien und Charakterbilder histor. Persönlichkeiten.
Hauptwerke: Der Schweizerkönig (R., 1935), Henri Meister (R.-Biogr., 1936), Genie des Herzens (Lavater-Biogr., 1939), Katharina und die

russ. Seele (Biogr., 1941), Die große Flut (R., 1943), Einsamkeit (Droste-Biogr., 1950), Der strahlende Schatten (Eckermann-Biogr., 1959), Jeanne d'Arc (Biogr., 1963), Ein Schicksal. Das Leben der Königin Christine von Schweden (1966).

Lavedan, Henri [frz. lav'dã], * Orléans 9. April 1859, † Paris 12. (?) Sept. 1940, frz. Schriftsteller.
Jurastudium in Paris; wurde Journalist; 1898 Mitglied der Académie française; begann mit gesellschaftskrit.-satir. Dialogchroniken und Romanen, wandte sich dann dem Theater zu, für das er Boulevardstücke („Le prince d'Aurec", 1894; „Les deux noblesses", 1895), aber auch mit Erfolg Dramen schrieb, in denen er die zeitgenöss. Gesellschaft zeichnete (u.a. „Le marquis de Priola", 1902; „Le duel", 1905).
Weitere Werke: Aber die Jugend... (R., dt. 1907), Auf der Galeere (R., 1928; dt. 1951).

Lavery, Emmet [engl. 'lɛɪvərɪ, 'læv...], * Poughkeepsie (N.Y.) 8. Nov. 1902, amerikan. Dramatiker.
Ursprüngl. Journalist, dann Studium der Rechtswissenschaft, Anwalt; Schauspieler und Drehbuchautor; verfaßte Bühnenstücke, die oft Themen der kath. Kirche behandeln oder biograph. Charakter haben.
Hauptwerke: Die erste Legion (Dr., dt. 1935), The magnificent Yankee (Dr., 1946), Fénelon (Dr., 1956).

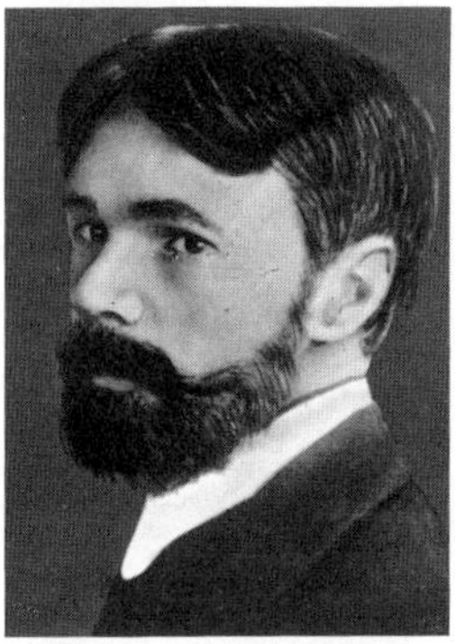

D[avid] H[erbert] Lawrence

La Vigne, André (Andry, Andrieu) de [frz. la'viɲ], * La Rochelle um 1457, † vor 1527, frz. Dichter.
Jurist; Hofdichter Karls VIII., dessen Zug nach Neapel er in Versen beschrieb (in „Vergier d'honneur de l'entreprise et voyage de Naples", um 1499); von ihm stammen ferner ein Mysterienspiel („Mystère du glorieux Saint Martin"), das 1496 zusammen mit einer Moralität und einer Farce in Seurre (Burgund) aufgeführt wurde, und lyr. Gedichte.

Lavrenev † Lawrenjow.

Lawrence, D[avid] H[erbert] [engl. 'lɔrəns], * Eastwood 11. Sept. 1885, † Vence bei Nizza 2. März 1930, engl. Schriftsteller.
Arbeitete in einer orthopäd. Fabrik; 1906 Studium am Nottingham University College, 1908 Lehrer in London; 1911 erkrankte L. an Tuberkulose und mußte seine Stellung als Lehrer aufgeben; seit 1914 folgten Reisen nach Italien, Australien und in die USA, längere Aufenthalte in New Mexico, Italien und S-Frankreich. Bereits in seinem ersten Roman, „Der weiße Pfau" (1911, dt. 1936), schlägt er das Grundthema seines Gesamtwerkes an: den Kampf gegen Unnatürlichkeit und die den Menschen einengende Zivilisation sowie die Forderung nach freier Entfaltung der Persönlichkeit. L. weist dabei dem Erotischen und Sexuellen eine bed. Stellung zu und stellt es mit schonungsloser Offenheit dar, um die Spaltung des Menschen in geistige und leibl. Kräfte zu bekämpfen. Stark autobiograph. ist der Roman „Söhne und Liebhaber" (dt. 1925); „Lady Chatterley und ihr Liebhaber" (dt. 1930) gestaltet noch einmal das Hauptanliegen L.s. Er schrieb auch Gedichte, Erzählungen und Essays.
Weitere Werke: Todgeweihtes Herz (R., 1912; dt. 1937), Love Poems and others (Ged., 1913), Der Regenbogen (R., 1915; dt. 1922), Liebende Frauen (R., 1921; dt. 1927), England, my England (Kurzgeschichten, 1922), Der Fuchs (E., 1923; dt. 1960), Der Hengst St. Mawr (R., 1925; dt. 1931), Die Frau, die davon ritt (Novellen, dt. 1928).
Ausgabe: D. H. L. The Phoenix edition of the works. Hg. v. R. Aldington *u.a. London 1954ff. Auf 24 Bde. berechnet.*
Literatur: Hsia, A.: *D. H. L. Die Charaktere seiner Kurzgeschichten in Handlung und Spannung. Bonn 1968.* – Sagar, K.: *The art of D. H. L. New York 1966.* – Aldington, R.: *D. H. L. Dt. Übers. Reinbek bei Hamb. 1961. – D. H. L. A composite biography. Hg. v.* E. H. Nehls. *Madison (Wis.) 1957–59. 3 Bde.*

Lawrence, T[homas] E[dward] [engl. 'lɔrəns], genannt Lawrence of Arabia (L. von Arabien), * Tremadoc (Wales) 15. oder 16. Aug. 1888, † Moreton (Dorset) 19. Mai 1935 (Motorradunfall), engl. Schriftsteller und Orientalist.
Studierte in Oxford; kam 1911 als Archäologe nach Arabien, organisierte im 1. Weltkrieg einen Aufstand der Araber gegen die Türkei, den er später in seinem Hauptwerk „Die sieben Säulen der Weisheit" (dt. 1936) ausführl. schilderte; 1919 vertrat er erfolglos die arab. Interessen in Versailles, 1921/22 Berater im engl. Kolonialministerium; 1922–35 tat er als einfacher Soldat Dienst in der brit. Luftwaffe.
Weitere Werke: Aufstand in der Wüste (dt. 1927), Selbstbildnis in Briefen (hg. 1938, dt. 1948), Unter dem Prägestock (dt. 1955).
Literatur: Benoist-Méchin, J.: *L. v. Arabien. Dt. Übers. Stuttg. 1967.* – Mousa, S.: *T. E. L. An Arab view. Engl. Übers. London 1966.* – Armitage, F.: *L. v. Arabien. Die Wüste u. die Sterne. Dt. Übers. Mchn. 1963.* – Aldington, R.: *Der Fall T. E. L. Eine krit. Biogr. Dt. Übers. Mchn. 1955.* – Beraud-Villars, J.: *Le colonel L., ou La recherche de l'absolu. Paris 1955.*

Lawrenjow, Boris Andrejewitsch; tl.: Lavrenev, Boris Andreevič [russ. lɐvrɪ'njɔf], * Cherson 17. Juli 1891, † Moskau 7. Jan. 1959, russ.-sowjet. Schriftsteller.
Studierte Jura, wurde im 1. Weltkrieg Kavallerieoffizier und diente in der Roten Armee; später freier Schriftsteller. Begann 1913 mit Lyrik unter dem Einfluß der Futuristen, dann Gumiljows, schließl. der Akmeisten; dann einer der bedeutendsten und phantasiereichsten sowjet. Erzähler, der zunächst v.a. dynam. Handlungsführung und romant.-abenteuerl. Themen bevorzugte, später

das Psycholog. betonte; L. stellte mit Vorliebe Konflikte zwischen Pflicht und Neigung dar; schrieb auch Dramen.
Hauptwerke: Der Einundvierzigste (E., dt. 1928, 1960 u.d.T. Der letzte Schuß), Die Bresche (Dr., 1928; dt. 1950), Die Stimme Amerikas (Dr., dt. 1950), Wind kommt auf (En., dt. 1960).

Laxness, Halldór Kiljan [isländ. 'laxsnɛs], eigtl. Guðjónsson, * Laxness bei Reykjavík 23. April 1902, isländ. Schriftsteller.
Wie seine Vorfahren Landwirt; Einfluß auf sein Schaffen hatten die Sagas, daneben A. Strindberg, S. Undset, der dt. Expressionismus, den er in Deutschland kennenlernte, der Katholizismus, zu dem er in einem luxemburg. Kloster übertrat, der Surrealismus, mit dessen Vertretern er während

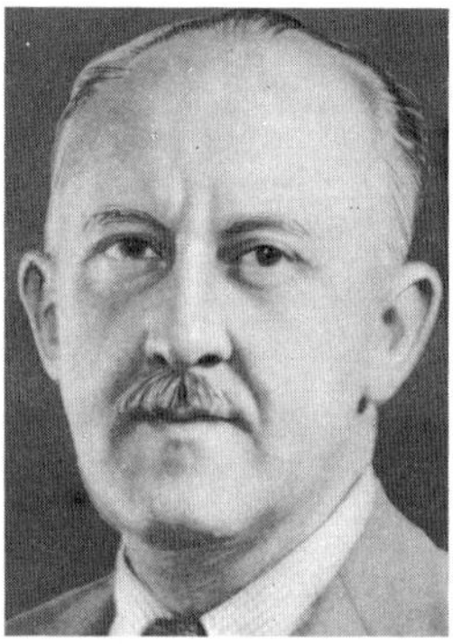
Halldór Kiljan Laxness

seines Frankreichaufenthalts 1924–26 in Berührung kam, und sozialist. Ideen, zu denen er sich nach seiner Rückkehr von einem 3jährigen Aufenthalt in Amerika bekannte. Neben Lyrik, Essays, Erzählungen und Dramen sind die sozialkrit. Romane aus dem Island von heute bed., in denen er den ep. Sagastil aufnahm und meisterhaft umgestaltete; Nobelpreis 1955.
Hauptwerke: Kvædakver (Ged., 1930), Der Freisasse (R., dt. 1936), Weltlicht (R., dt. 1955), Islandglocke (R., dt. 1951), Atomstation (R., dt. 1955), Sein eigener Herr (R., dt. 1969).
Literatur: Koetz, G.: *Das Problem Dichter u. Gesellschaft im Werke v. H. K. L. Gießen 1966.* – Hallberg, P.: *Den store vävaren. Stockholm 1954.*

Layamon [engl. 'laɪəmən], genauer Lazamon, modernisiert Law[e]man, ags. Dichter, der um 1200 in Ernley (heute Arley Kings, Worcester) lebte.
Geistlicher; verfaßte um 1200 eine bearbeitende und erweiternde Übersetzung des „Roman de Brut" von Wace in alliterierenden Langzeilen; Thema der Dichtung, des bedeutendsten ep. Werkes der engl. Literatur zwischen „Beowulf" und dem Werk Chaucers, ist die engl. Frühgeschichte seit Ankunft des Sohnes von Aeneas, Brutus, auf den brit. Inseln; das Werk enthält viele brit. und normann. Sagen- und Legendenstoffe, darunter König Lear, Cymbeline; bedeutsam für die weitere Stoffgeschichte der engl. Literatur v.a. die Gestalten König Artus und Gawein.
Ausgabe: Lazamon's Brut, or chronicle of Britain: A poetical paraphrase of the Bruts of Wace. Hg. v. F. Madden. *London 1847. 3 Bde.*
Literatur: Pilch, H.: *L.s „Brut". Hdbg. 1960.*

Laye, Camara [frz. la'je], * Kouroussa 1928, guineischer Schriftsteller.
Studium der Technik in Conakry; ging nach Frankreich, um sich auf den Flugzeugbau zu spezialisieren; wandte sich dann ganz der Literatur zu; sein erster Roman, „L'enfant noir" (1953), der die Mentalität des afrikan. Menschen nachzeichnet, erhielt den Prix Charles Veillon 1954; schreibt in frz. Sprache.
Weitere Werke: Le regard du roi (R., 1954), Dramouss (R., 1966).

Lazang, Iwan [frz. la'zã] ↑ Goll, Yvan.

Lazarillo de Tormes [span. laθa'riʎo ðe 'tɔrmes], Titelheld des 1554 anonym erschienenen ersten span. Schelmenromans „La vida de Lazarillo de Tormes y de sus fortunas y adversidades", einer Selbstbiographie des armen Lazaro, der in knapper, realist. und zyn. Darstellung die Abenteuer und Streiche in seinen verschiedenen Berufen sowie die Laster der Zeit zeichnet; wurde in zahlreiche Sprachen, u.a. 1614 auch ins Dt. übersetzt. Mehrfach fortgesetzt.
Ausgabe: Die Gesch. v. Leben des L. v. T. Dt. Übers. Mchn. 1963.
Literatur: Maldonado de Guevara, F.: *Interpretación del „L. de T.". Madrid 1957.* – Siebenmann, G.: *Über Sprache u. Stil im L. de T. Bern 1953.*

Lažečnikov ↑ Laschetschnikow.

Leacock, Stephen [Butler] [engl. 'li:kɔk], * Swanmore (Hampshire) 30. Dez. 1869, † Toronto 28. März 1944, kanad. Schriftsteller engl. Herkunft.
Lehrer, 1903–36 Professor für Volkswirtschaft und polit. Wissenschaft in Montreal. Bedeutendster kanad. Humorist seit Haliburton; verfaßte neben hervorragenden wissenschaftl. Arbeiten zeitkrit.-satir. Essays; pflegte auch die Gattung der Nonsense-Erzählung; schrieb Biographien über Mark Twain (1932) und Charles Dickens (1933); Memoiren: „The boy I left behind me" (1946).

Leal, José da Silva Mendes ↑ Mendes Leal, José da Silva.

Leander, Richard ↑ Volkmann, Richard von.

Lear, Edward [engl. lɪə], * London 12. Mai 1812, † San Remo 30. Jan. 1888, engl. Maler und Dichter.
Aus kinderreicher Familie dän. Herkunft; von Jugend auf Asthmatiker und Epileptiker; wurde Zeichner, Maler, Illustrator; gewann Gönner und Freunde, darunter Tennyson; Zeichenlehrer der Königin Viktoria; unternahm ausgedehnte Reisen, auch nach Afrika und Asien. Leistete einen bed. Beitrag zu der skurril-phantast. Nonsense-Dichtung, die er um die Gattung des Limericks bereicherte. 1846 erschien „The book of nonsense", Ergänzungen folgten; 1947 erschien die vollständige Ausgabe, „The complete nonsense".
Literatur: Davidson, A.: *E. L. Landscape painter and nonsense poet, 1812–1888. London 1938. Tb.-Ausg. Harmondsworth 1950.*

Léautaud, Paul [frz. leo'to], Pseudonym Maurice Boissard, * Paris 18. Jan. 1872, † Robinson (heute zu Le Plessis-Robinson) 22. Febr. 1956, frz. Schriftsteller.
Unglückl. Jugend; Einzelgänger und Skeptiker; jahrelang Anwaltsgehilfe, bevor er beim „Mercure de France" tätig war; schrieb für diesen, für „La Nouvelle Revue Française" und für „Les Nouvelles littéraires" (bis 1939) eine auch in

Buchform u.d.T. „Le théâtre de Maurice Boissard" (1926–43) vorliegende Folge origineller und geistvoller Kritiken; daneben einige Erzählungen, Theaterstücke und ein bed. „Journal littéraire" (hg. 1954ff., dt. Ausw. 1966 u.d.T. „Literar. Tagebuch 1893–1956").
Weitere Werke: Der kleine Freund (R., 1902; dt. 1967), Madame Cantili (E., 1925), Passetemps (Essays, 1929), Entretiens avec Robert Mallet (Dialoge, 1952).
Literatur: Auriant: *Une vipère lubrique. L. Brüssel 1965.* – Dormoy, M.: *L. Paris 1958.*

Leb, Hans, * Hüttenberg (Kärnten) 7. Febr. 1909, † Villach 19. Sept. 1961, östr. Schriftsteller.
Architekt und Graphiker: naturverbundener, zur Reflexion neigender Lyriker und Erzähler.
Hauptwerke: Die Anrufung (Ged., 1939), Die Mutter (Nov., 1943), Der unsterbl. Tag (Ged., 1946), Herzschlag der Erde (R., 1948), Die Enthüllung (Ged., 1948).

Lebeau, Paul [frz. lə'bo], * Borgerhout bei Antwerpen 29. Juni 1908, fläm. Schriftsteller.
Dr. phil., Lehrer und später Professor für Germanistik. L. schrieb psycholog.-analyt. Romane, in denen er sich mit wichtigen Nachkriegsproblemen und den geistigen Fragen, die sich der Jugend aufdrängen, auseinandersetzte.
Hauptwerke: Mein Freund Max (R., dt. 1943), De zondenbok (R., 1947), Johanna-Maria (R., dt. 1954), Het Siegfried-motief (R., 1954), Xantippe (R., dt. 1960).

Lebedew-Kumatsch, Wassili Iwanowitsch; tl.: Lebedev-Kumač, Vasilij Ivanovič [russ. 'ljebɪdɪf-ku'matʃ], * Moskau 8. Aug. 1898, † ebd. 20. Febr. 1949, russ.-sowjet. Liederdichter.
Sohn eines Schusters; studierte in Moskau, Mitarbeiter der satir. Zeitschrift „Krokodil" u. a. Zeitschriften; schrieb Filmdrehbücher, v.a. aber (meist vertonte) Lieder, von denen das Lied von der Heimat „Pesnja o rodine" (1935) als inoffizielle russ. Hymne galt; L.-K. stand unter dem Einfluß von Majakowski und Bedny, mit denen er befreundet war.

Lebensohn, Abraham Dov, Pseudonym Adam, * Wilna 1794, † ebd. 19. Nov. 1878, hebr. Dichter.
Kaufmann, Lehrer und seit 1849 Dozent an der Rabbinerschule in Wilna. L. galt als bedeutendster hebr. Gelehrter seiner Zeit und gehörte zu den führenden Persönlichkeiten der lit.-jüd. Aufklärung. Er begann erst spät Gedichte zu schreiben, die, vollendet in der formalen Gestaltung, in der Aussage von tiefem Pessimismus bestimmt sind. Auch Dramatiker und Übersetzer. Bed. Verdienste erwarb er sich mit Kommentaren zu Hesekiel und Jeremias.

Lebert, Hans, * Wien 9. Jan. 1919, östr. Schriftsteller.
War zunächst Opernsänger; erhielt für sein schriftsteller. realist., zeitkrit. Werk verschiedene Auszeichnungen.
Hauptwerke: Ausfahrt (En., 1952), Das Schiff im Gebirge (E., 1955), Die Wolfshaut (R., 1960).

Leblanc, Maurice [frz. lə'blã], * Rouen 11. Dez. 1864, † Perpignan 6. Nov. 1941, frz. Schriftsteller.
Begann mit Erzählungen und psycholog. Romanen; schuf mit seinen zahlreichen populären Kriminal- und Abenteuerromanen die bekannte Figur des Arsène Lupin (u.a. „Die Abenteuer des Arsène Lupin", dt. 1925).

Le Braz, Anatole [frz. lə'bra], eigtl. Jean François Marie Lebras, * Duault oder Saint-Servais (Côtes-du-Nord) 2. April 1859, † Menton 20. März 1926, frz. Schriftsteller.
Professor für frz. Literatur in Rennes, zeitweilig auch in Amerika; widmete fast seine ganze schriftsteller. Tätigkeit der literar. Darstellung seiner breton. Heimat, der er in literarhistor. und volkskundl. Untersuchungen, Gedichtsammlungen, Romanen und Erzählungen ein Denkmal setzte.
Hauptwerke: Le gardien du feu (R., 1890), Les légendes de la mort en Basse-Bretagne (Slg., 1893), Contes du soleil et de la brume (Novellen, 1905).

Lebrecht, Peter ↑ Tieck, Ludwig.

Lebrun, Pierre Antoine [frz. lə'brœ̃], * Paris 29. Nov. 1785, † ebd. 27. Mai 1873, frz. Dichter.
Steuereinnehmer; Bonapartist („Ode à la Grande Armée"), verlor während der Restauration Amt und Ehrenpension Napoleons I.; bereiste Italien und Griechenland („Le voyage en Grèce", 1828); Mitglied der Académie française (1828); während des 2. Kaiserreichs Senator; einer der letzten klassizist. Tragödien- und Odendichter.
Weitere Werke: Ulysse (Dr., 1815), Marie Stuart (Trag., 1820).

Lebrun, Ponce Denis Écouchard [frz. lə'brœ̃], genannt Lebrun-Pindare, * Paris 11. Aug. 1729, † ebd. 31. Aug. 1807, frz. Dichter.
Sekretär des Prinzen Conti, huldigte Ludwig XVI., Robespierre und Napoleon; Klassizist, berühmtester frz. Odendichter seiner Zeit; auch gewandter Epigrammatiker.

Lec, Stanisław Jerzy [poln. lɛts], * Lemberg 6. März 1909, † Warschau 7. Mai 1966, poln. Lyriker.
Zeigte in seiner Lyrik, in der er sich oft mit Fragen der Gegenwart auseinandersetzte, immer stärker werdende Neigung zu satir. Aussage; im westl. Ausland wurde L. bes. durch seine Aphorismen „Unfrisierte Gedanken" (dt. 1959), ein Produkt der Tauwetterperiode, bekannt; L. pflegt als Meister der subtilen Pointierung auch das Epigramm.
Weitere Werke: Über Brücken schreitend (Ged., dt. Ausw. 1950), Neue unfrisierte Gedanken (dt. 1964), Letzte unfrisierte Gedanken (dt. 1968).

Le Cardonnel, Abbé Louis [frz. ləkardɔ'nɛl], * Valence 25. Febr. 1862, † Avignon 28. Mai 1936, frz. Dichter.
Ging in den 80er Jahren nach Paris, wo er mit Mallarmé, Huysmans, Ch. Cros und A. Samain verkehrte; Seminarist in Rom, 1896 Priesterweihe; lebte seitdem meist in Italien; symbolist. Lyriker, in dessen Werk sich sein Weg zum Christentum spiegelt.
Hauptwerke: Poèmes (Ged., 1904), Carmina sacra (Ged., 1912), De l'une à l'autre aurore (Ged., 1924).

Le Carré, John, eigtl. David Cornwell, * Poole (Dorset) 19. Okt. 1931, engl. Schriftsteller.
War Mitarbeiter der brit. Spionageabwehr; seine Romane zeigen die Fragwürdigkeit der Geheimdienstarbeit.
Hauptwerke: Der Spion, der aus der Kälte kam (R., dt. 1964), Krieg im Spiegel (R., dt. 1965).

Lécavelé, Roland [frz. leka'vle] ↑ Dorgelès, Roland Maurice.

Lechoń, Jan [poln. 'lɛxɔi̯n], eigtl. Leszek Serafinowicz, * Warschau 13. März 1899, † New York 8. Juni 1956 (Selbstmord), poln. Lyriker.
Jüngstes Mitglied des engeren Kreises der „Skamander"-Gruppe, zeitweilig Mithg. der gleichnamigen Zeitschrift; emigrierte 1939, lebte nach Kriegsende in den USA. Erst die nationale Katastrophe Polens veranlaßte ihn zur Behandlung betont poln. Fragen; gestaltete zunächst v.a. die Themen Liebe und Tod mit großer formaler Vollendung; auffallend die pessimist. Grundhaltung; L. war dem Romantiker J. Słowacki und dem Jungpolen Wyspiański mehr verbunden als den Dichtern seiner Zeit.

Leclercq, Michel Théodore [frz. lə'klɛ:r], * Paris 1. April 1777, † ebd. 15. Febr. 1851, frz. Dramatiker.
Bekannt durch seine „Proverbes dramatiques" (1823–26) und „Nouveaux proverbes dramatiques" (1830–33), wegen ihres gepflegten Stils und der geistreichen Dialoge beliebte Salonstücke.

Le Clézio, Jean-Marie Gustave [frz. ləkle'zjo], * Nizza 13. April 1940, frz. Schriftsteller.
Erhielt für seinen ersten Roman, „Das Protokoll" (dt. 1965), den Prix Renaudot 1963; gehört heute zu den wichtigsten Prosaisten in Frankreich; im Roman „Die Sintflut" (dt. 1968) schildert er den Untergang des Einzelmenschen in der bedrängenden Großstadt, die ihm zur Sintflut aus Geräuschen, Körpern und Eindrücken wird.
Weitere Werke: La fièvre (R., 1965), Le procès (R., 1965), L'extase matérielle (Essay, 1967), Terra amata (R., 1967).

Lecomte, Charles Marie [frz. lə'kõ:t] ↑ Leconte de Lisle, Charles Marie.

Lecomte, Georges Charles [frz. lə'kõ:t], * Mâcon 9. Juli 1867, † Paris 27. Aug. 1958, frz. Schriftsteller.
Rechtsstudium; 1924 Mitglied der Académie française; schrieb gesellschaftskrit.-iron. Romane („Les valets", 1897; „Les cartons verts", 1901), histor., kunsthistor. („L'art impressionniste", 1892) und biograph. Abhandlungen („Clemenceau", 1918); auch Dramen („La meule", 1891).

Leconte de Lisle, Charles Marie [frz. ləkõtdə'lil], eigtl. Ch. M. Lecomte, * Saint-Paul (La Réunion) 22. Okt. 1818, † Voisins-le-Bretonneux bei Paris 18. Juli 1894, frz. Dichter.
Reisen nach Indien und den Sundainseln; Rechtsstudium in Rennes; Betätigung auf polit. und soziolog. Gebiet; 1886 Mitglied der Académie française. L. de L. gilt als der bedeutendste Vertreter der literar. Gruppe des „Parnasse". Dichten bedeutete für ihn reine Sprachkunst, deshalb lehnte er die romant. Gefühlspoesie ab; er forderte künstler. Zucht und eine disziplinierte Sprache. Leistete Hervorragendes als Übersetzer griech. Dichter (u.a. Homer, Aischylos, Euripides).
Hauptwerke: Poèmes antiques (Ged., 1852), Poèmes barbares (Ged., 1862), Poèmes tragiques (Ged., 1884), L'Apollonide (Dr., 1888), Derniers poèmes (Ged., hg. 1895).
Ausgabe: Ch.-M. L. de L. Poésies complètes. Paris 1927–28. 4 Bde.
Literatur: Priou, J.-M.: *L. de L. Paris 1966.* – Lelleik, L.: *Der „Parnassien" L. als Theoretiker u. Dichter. Diss. Bonn 1961.* – Putter, J.: *The pessimism of L. de L. The work and the time. Berkeley (Calif.) u. Los Angeles 1961.*

Ledeganck, Karel Lodewijk [niederl. 'le:dəxaŋk], * Eeklo 9. Nov. 1805, † Gent 19. März 1847, fläm. Lyriker.
Leineweber, Rathausschreiber, Jurastudium (Dr. jur.), Friedensrichter in Zomergem, Hochschullehrer in Gent. Erster fläm. Romantiker, von Byron und Lamartine beeinflußt. Sein Werk „De drie zusterden" (Ged., 1846), in dem er fläm. Städte verherrlicht, ist eine Manifestation des fläm. Sprach- und Kulturbewußtseins. Bürgerl. Sentimentalität und romant. Weltschmerz kommen in seinen elegischen oder rhetor. Gedichten zum Ausdruck.
Weitere Werke: Bloemen mijner lente (Ged., 1839), Het burgslot van Zomergem (Ged., 1840).

Leder, Rudolf ↑ Hermlin, Stephan.

Lederer, Joe, * Wien 12. Sept. 1907, östr. Schriftstellerin.
Journalistin; Reisen durch europ. Länder und nach China, emigrierte 1939 nach England. Verfasserin lebendig und spannend geschriebener, erfolgreicher Unterhaltungsromane und Jugendbücher.
Hauptwerke: Das Mädchen George (R., 1928), Blatt im Wind (R., 1935), Blumen für Cornelia (R., 1936), Unruhe des Herzens (R., 1956), Sturz ins Dunkel (R., 1957), Die törichte Jungfrau (R., 1960).

Ledie, Emil [le'di:] ↑ Seidl, Johann Gabriel.

Ledig, Gert, * Leipzig 4. Nov. 1921, dt. Schriftsteller.
Elektrotechn. Lehre, im 2. Weltkrieg Soldat, dann in verschiedenen Berufen tätig, seit 1953 freier Schriftsteller, unterhält seit 1963 in München ein Büro für den Handel mit techn. Nachrichten. L. trat v. a. als Erzähler, auch als Dramatiker hervor. Von seinen zeit- und gesellschaftskrit. Werken in realist., kalt distanziertem Stil wurde der Roman „Die Stalinorgel" (1955) bes. bekannt.
Weitere Werke: Die Vergeltung (R., 1956), Faustrecht (R., 1957), Das Duell (Hsp., 1958).

Leduc, Violette [frz. lə'dyk], * Arras 8. April 1907, frz. Schriftstellerin.
Lenkte mit ihrem ersten Roman, „Ma mère ne m'a jamais donné la main" (1945), die Aufmerksamkeit von Jouhandeau, Sartre und S. de Beauvoir auf sich; wurde bes. bekannt durch ihren autobiograph. Roman „Die Bastardin" (dt. 1965).

Lee, [Nelle] Harper [engl. li:], * Monroeville (Ala.) 28. April 1926, amerikan. Schriftstellerin.
Tochter eines Juristen; hatte großen Erfolg (Pulitzerpreis) mit ihrem ersten Roman „Wer die Nachtigall stört" (dt. 1962), der v.a. durch die Darstellung des Rassenkonflikts Aufsehen erregte; sprachlich schlicht schildert sie die Erlebnisse eines Kindes.

Lee, Harriet [engl. li:], * London 1757, † Clifton bei Bristol 1. Aug. 1851, engl. Schriftstellerin.
Schwester von Sophia L., mit der sie zusammenarbeitete; die Kurzgeschichte „Kruitzner" aus ihrem Hauptwerk „The Canterbury tales" (1797ff.) lieferte Byron den Stoff zu seinem Drama „Werner".

Lee, Laurie [engl. li:], * in den Cotswold Hills (Gloucester) 26. Juni 1914, engl. Schriftsteller.
Durch Reisen und Literaturstudien bes. mit der span. Welt vertraut. Schrieb, u.a. an García Lorca geschult, Lyrik und zwei Versdramen im

Geist der Neuromantik; bemühte sich um eine barock-euphuist. Diktion.
Hauptwerke: The sun my monument (Ged., 1944), The bloom of candles (Ged., 1947), Eine Rose für den Winter (Reisebericht, dt. 1959), Des Sommers ganze Fülle (R., dt. 1964).

Lee, Nathaniel [engl. li:], * Hatfield (Hertfort) um 1653, ▭ London 6. Mai 1692, engl. Dramatiker.
Sohn eines Geistlichen; führte ein unstetes Leben als Schauspieler und Dramatiker; verfiel dem Alkohol und starb in geistiger Umnachtung. Verfaßte histor. Dramen von großer Bühnenwirksamkeit, die eine Vorliebe für das Bombastische und Schwülstige zeigen. L. ragte bes. als Gestalter von Frauencharakteren hervor. Nach Versuchen mit dem Metrum des heroischen Couplets verwendete er vornehml. den Blankvers. Sein Hauptwerk ist die Tragödie „The rival queens" (1677). L. schrieb auch einige Komödien und wurde als Mitarbeiter Drydens (u.a. an dessen Ödipus-Bearbeitung) bekannt.

Lee, Sophia [engl. li:], * London 1750, † Clifton bei Bristol 13. März 1824, engl. Schriftstellerin.
Schwester von Harriet L., mit der zusammen sie an deren Hauptwerk, der Kurzgeschichtensammlung „The Canterbury tales" (1797ff.), arbeitete; schrieb auch vielgelesene Romane und erfolgreiche Dramen mit teils sentimentalem, teils pikareskem Inhalt; auch Neigung zum Unheimlichen im Geist der Vorromantik. Großen Erfolg hatte ihre erste Oper „The chapter of accident" (1780).

Lee, Vernon [engl. li:], eigtl. Violet Paget, * Boulogne-sur-Mer 14. Okt. 1856, † Florenz 13. Febr. 1935, engl. Schriftstellerin.
Unternahm ausgedehnte Reisen. Schrieb außer kunsthistor. Werken und Reisedarstellungen (bes. über Italien) phantast. Erzählungen und Romane; ihre Dramentrilogie „Satan the waster" (1920) bezeugt ihren Einsatz für pazifist. Bestrebungen.
Weitere Werke: Euphorion (Essays, 1884), Miß Brown (R., 1884), Genius loci (Essay, 1898), Gospels of anarchy (Essay, 1908), Louis Norbert (R., 1914).

Leeuw, Aart van der [niederl. le:u̯], * Delft 23. Juni 1876, † Voorburg 17. April 1931, niederl. Dichter.
Dr. jur., Stadtarchivar, dann bei einer Lebensversicherung tätig, später freier Schriftsteller; Italienreise. Neuromantiker mit schwermütigstimmungsvollen und feinnervigen Gedichten und Prosadichtungen. Auf der Suche nach Glück flieht er aus der Wirklichkeit in eine arkad.-idyll. Phantasiewelt. L. wurde auch in Deutschland durch den märchenhaften Roman „Ich und mein Spielmann" (1927, dt. 1937) und den autobiograph. bestimmten Roman „Der kleine Rudolf" (1930, dt. 1942) bekannt.
Weitere Werke: Kinderland (R., 1914), Herscheppingen (Ged., 1916).

Le Fanu, Joseph Sheridan [engl. 'lɛfənju:], * Dublin 28. Aug. 1814, † ebd. 7. Febr. 1873, ir. Romancier.
Großneffe von R. B. Sheridan; wurde bekannt durch zwei Balladen, „Phaudrig Croohoore" und „Shanus O'Brien"; schrieb Romane; Vorliebe für das Makabre, Ungewöhnliche und Übernatürliche.
Weitere Werke: The house by the churchyard (R., 1863), Uncle Silas (R., 1864).

Lefèvre, Paul [frz. lə'fɛ:vr] † Géraldy, Paul.

Leffler, Anne Charlotte [schwed. 'lɛflər], * Stockholm 1. Okt. 1849, † Neapel 21. Okt. 1892, schwed. Schriftstellerin.
Mit gut geschriebenen, geistvollen, z.T. aber trockenen Erzählungen und Dramen, in denen sie bevorzugt Frauenschicksale darstellte, war sie eine der führenden Gestalten des gesellschaftskrit. Naturalismus in Schweden; ihr literar. Salon in Stockholm war in den 80er Jahren literar. Mittelpunkt.
Hauptwerke: Wie man Gutes tut (Dr., 1885; dt. 1898), Eine Sommergeschichte (R., 1886; dt. 1895), Weiblichkeit und Erotik (R., 1890; dt. 1902).

Le Fort, Gertrud Freiin von [frz. lə'fɔ:r], * Minden 11. Okt. 1876, dt. Dichterin.
Entstammt einer Hugenottenfamilie; studierte Geschichte, Philosophie und ev. Theologie, trat

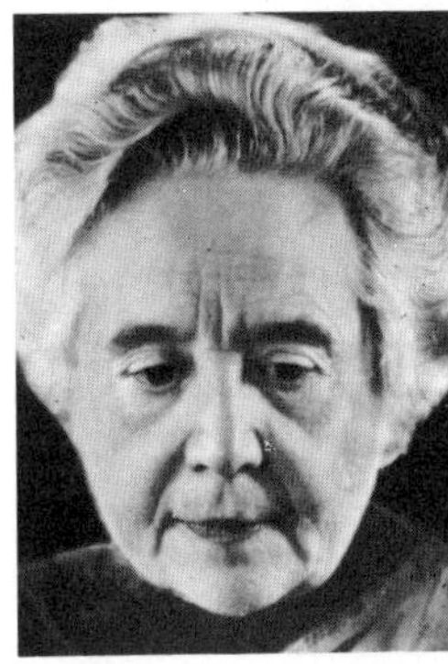

Gertrud
Freiin von Le Fort

1925 in Rom zum Katholizismus über. Sie gestaltete mit großer Sprachkraft religiöse und histor. Themen; ihr „Urerlebnis", die Gnade der kath. Kirche, durchzieht in immer neuer Form ihre Werke. Ihre Novellen deuten das Wesen der Frau.
Hauptwerke: Hymnen an die Kirche (Ged., 1924), Das Schweißtuch der Veronika (R., 1. Teil 1928, 1946 u. d. T. Der röm. Brunnen, 2. Teil 1946: Der Kranz der Engel), Der Papst aus dem Ghetto (R., 1930), Die Letzte am Schafott (Novelle, 1931), Hymnen an Deutschland (Ged., 1932), Die Magdeburgische Hochzeit (R., 1938), Das Gericht des Meeres (E., 1943), Die Consolata (E., 1947), Die Tochter Farinatas (En., 1950), Das fremde Kind (E., 1961), Aphorismen (1962), Die Tochter Jephthas (Legende, 1964), Hälfte des Lebens (Erinnerungen, 1965), Das Schweigen (Legende, 1967).
Ausgabe: G. v. Le F. Erzählende Schrr. Mchn.; Frkf. 1956. 3 Bde.
Literatur: Berger, L.: *Der „Heimweg" zu den ewigen Ordnungen im Werk G. v. Le F.s. Diss. Wien 1965 [Masch.].* – Focke, A.: *G. v. Le F. Gesamtschau u. Grundlagen ihrer Dichtung. Graz 1960.* – Heinen, N.: *G. v. Le F. Einf. in Leben, Kunst u. Gedankenwelt der Dichterin. Luxemburg ²1960.*

Le Franc, Jean-Jacques [frz. lə'frã], Marquis de Pompignan, * Montauban 10. Aug. 1709, † Pompignan (Tarn-et-Garonne) 1. Nov. 1784, frz. Dichter.

Studierte in Paris; Jurist; 1759 Mitglied der Académie française. Verfaßte religiöse Oden („Odes chrétiennes et philosophiques", 1771), Übersetzer der Tragödien des Aischylos und der Psalmen; auch Dramatiker („Didon", 1734); Gegner Voltaires und der Enzyklopädisten.

Legenda aurea ↑ Jacobus a Voragine.

Léger, Alexis [Saint-Léger] [frz. le'ʒe] ↑ Saint-John Perse.

Le Goffic, Charles [frz. ləgɔ'fik], Pseudonym Jean Capékerne, * Lannion (Côtes-du-Nord) 14. Juli 1863, † ebd. 12. Febr. 1932, frz. Schriftsteller.

Studierte in Nantes, Rennes, Paris; Gymnasiallehrer; 1930 Mitglied der Académie française; Lyriker („Amour breton", Ged., 1889; „Le bois dormant", Ged., 1900), Romancier („Le crucifié de Kéraliès", 1892; „Passé l'amour", 1895), Kritiker und Folklorist („L'âme bretonne", 1902ff.); bes. verdient um das literar. und volkskundl. Erbe seiner Heimat.

Legouvé, Ernest [frz. ləgu've], * Paris 15. Febr. 1807, † ebd. 14. März 1903, frz. Schriftsteller. Mitglied der Académie française (1855); begann mit Gedichten („La découverte de l'imprimerie", 1829) und Romanen („Max", 1833; „Édith de Falsen", 1840), fand aber erst durch seine Vorlesungen am Collège de France (gedruckt u. d. T. „Histoire morale des femmes", 1848) und die Untersuchung „La femme en France au XIXe siècle" (1864), denen weitere ähnl. folgten, sowie durch seine Dramen (u. a. „Adrienne Lecouvreur", 1849, dt. um 1873; mit Scribe) allgemeine Anerkennung.

Weitere Werke: La croix d'honneur et les comédiens (Essay, 1863), Soixante ans de souvenirs (Erinnerungen, 1885–87).

Legrand, Maurice Étienne [frz. lə'grã] ↑ Franc-Nohain.

Lehmann, Arthur Heinz, * Leipzig 17. Dez. 1909, † bei Rosenheim 28. Aug. 1956 (Autounfall), dt. Schriftsteller.

Verleger; hatte großen Erfolg mit seinen humorvollen Büchern über Pferde und Menschen; am bekanntesten die Erzählungen „Hengst Maestoso Austria" (1940), „Die Stute Deflorata" (1948) und „Maestoso Orasa" (1958).

Lehmann, John Frederick [engl. 'lɛɪmən], * Bourne End (Buckingham) 2. Juni 1907, engl. Lyriker und Essayist.

Bruder von Rosamond Nina L.; Verleger und Hg. Schrieb außer krit. Studien und Essays wehmütige Naturgedichte; wandte sich später einer mehr sozialkrit., oft polem. Dichtung zu; auch als Balladendichter bekannt.

Hauptwerke: A garden revisited (Ged., 1931), The noise of history (Ged., 1934), Forty poems (Ged., 1942), The age of the dragon (Ged., 1951), Memoirs of a literary life (Autobiogr., 1969).

Lehmann, Rosamond Nina [engl. 'lɛɪmən], * London 13. Juli 1903, engl. Schriftstellerin.

Wählte als Ort der Handlung ihres ersten Romans, „Mädchen auf der Suche" (1927, dt. 1932), das Cambridge ihrer Studienzeit; sie stellt mit psychoanalyt. Mitteln vorzugsweise den Charakter und die psych. Regungen junger Mädchen dar. Als ihr Hauptwerk gilt „Aufforderung zum Tanz" (R., 1932; dt. 1938). Auch ihr trag. Generationenroman „Unersättl. Herz" (1944, dt. 1950) war erfolgreich; schrieb auch Kurzgeschichten und Dramen.

Lehmann, Wilhelm, * Puerto Cabello (Venezuela) 4. Mai 1882, † Eckernförde 17. Nov. 1968, dt. Lyriker und Erzähler.

Sohn eines Lübecker Kaufmanns, studierte Philosophie, neue Sprachen und Naturwissenschaft, 1923–47 Studienrat; ausgedehnte Reisen; befreundet u.a. mit O. Loerke. Wurde, nachdem er mit Lyrik begonnen hatte (bisher unveröffentlicht), zuerst durch Romane und Erzählungen bekannt. L.s Bedeutung liegt v. a. in seinen seit

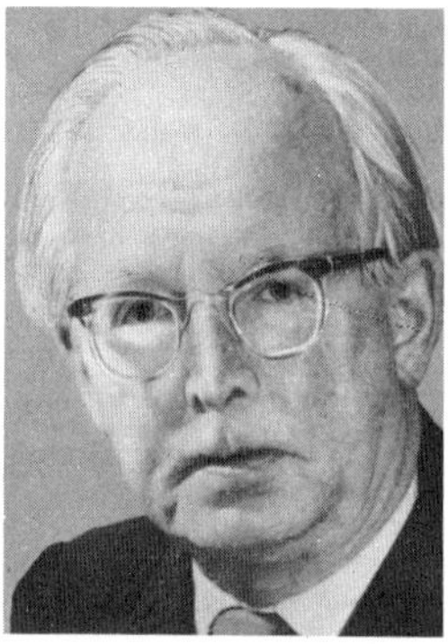

Wilhelm Lehmann

1935 erschienenen, streng geformten Gedichten, in denen eine Vereinigung von Natur und Mystik angestrebt wird; Verwendung einer symbol- und bilderreichen Sprache; L. übte großen Einfluß auf die neuere dt. Lyrik aus.

Hauptwerke: Der Bilderstürmer (R., 1917), Die Schmetterlingspuppe (R., 1918), Weingott (R., 1921), Antwort des Schweigens (Ged., 1935), Der grüne Gott (Ged., 1942), Entzückter Staub (Ged., 1946), Bewegl. Ordnung (Essays, 1947), Mühe des Anfangs (Autobiogr., 1952), Ruhm des Daseins (R., 1953), Meine Gedichtbücher (Ged., 1957), Der Überläufer (R., 1962), Sichtbare Zeit (Ged., 1967).

Ausgabe: W. L. Sämtl. Werke in drei Bden. Gütersloh 1962.

Literatur: Schäfer, H. D.: *W. L. Studien zu seinem Leben u. Werk. Bonn 1969. – Gegenwart des Lyrischen. Essays zum Werk W. L.s. Hg. v.* W. Siebert. *Gütersloh 1967.* – Bruns, H.: *W. L. Sein Leben u. Dichten. Eine Chronik. Kiel 1962.*

Lehnau ↑ Kiaulehn, Walther.

Lehtonen, Joel [finn. 'lɛhtɔnɛn], * Sääminki 27. Nov. 1881, † Huopalahti bei Helsinki 20. Nov. 1934, finn. Schriftsteller.

Journalist, dann freier Schriftsteller; ausgedehnte Reisen; in seinem frühen Schaffen von Hamsun, Nietzsche und S. Lagerlöf beeinflußt, schrieb er romant. Werke voller Phantasie und ungezügelter Leidenschaft. Später wandte er sich einem individuellen Realismus zu.

Hauptwerke: Paholaisen viulu (E., 1904), Rakkaita muistoja (Ged., 1911), Putkinotkon metsäläiset (R., 1919), Putkinotkon herrastelijat (R., 1920).

Leifhelm, Hans, * München-Gladbach (heute Mönchengladbach) 2. Febr. 1891, † Riva 1. März 1947, dt. Schriftsteller.

Studierte Philosophie, Volkswirtschaft und Naturwissenschaften (Dr. phil.), Freundschaft mit H. Lersch; Italienwanderung; Redakteur, Berufsberater, freier Schriftsteller, Universitätslektor in Italien. Feind seelenloser Zivilisation, besingt L. in expressionist. Hingabe an Makrokosmos und Mikrokosmos die Landschaft Österreichs und Italiens. Seine Balladen und Lieder sind streng gereimt, zeigen traditionelle, virtuose Rhythmen.
Hauptwerke: Hahnenschrei (Ged., 1926), Gesänge von der Erde (Ged., 1933), Steir. Bauern (En., 1935), Die grüne Steiermark (1938), Lob der Vergänglichkeit (Ged., 1949).
Ausgabe: H. L. Gedichte u. Prosa. Hg. v. N. Langer. *Salzburg* $^{1-2}$*1955–57. 2 Bde.*

Leininger, Harald [dän. 'lainenər] † Munk, Kaj.

Leino, Eino [finn. 'lεinɔ], eigtl. Armas E. Leopold Lönnbohm, * Paltamo 6. Juli 1878, † Tuusula 10. Jan. 1926, finn. Schriftsteller.
Zunächst Kritiker und Feuilletonist, gründete mit seinem Bruder Kasimir L. die Zeitschrift „Nykaika"; seine Romane, v. a. aber seine Gedichte sind von der finn. Volksdichtung, bes. von den Liedern der „Kalewala" bestimmt und haben die Entwicklung der modernen finn. Literatur maßgebl. beeinflußt; bed. auch seine Übersetzungen (u. a. Goethe, Schiller); zahlreiche Essays.
Hauptwerke: Helkavirsiä (Ged., 1903 und 1916; dt. Ausw. 1943 u. d. T. Finn. Balladen), Talviyö (Ged., 1905), Naamioita (Dramen, 1905–11), Elämäni kuvakirja (Memoiren, 1925).

Leip, Hans, * Hamburg 22. Sept. 1893, dt. Schriftsteller.
Sohn eines Hafenarbeiters und Seemanns; war Lehrer, Graphiker (eigene Ausstellungen), Kunstkritiker, Schriftleiter und Zeichner für den „Simplicissimus", freier Schriftsteller. Die meisten Romane und Erzählungen sind von Abenteuerlust und Liebe zur See bestimmt. Lyrik im Ton der Shanties (bekannt v. a. „Lili Marleen"); auch Dramen und Hörspiele.
Weitere Werke: Godekes Knecht (R., 1925), Der Nigger auf Scharhörn (E., 1927), Jan Himp und die kleine Brise (R., 1934), Die kleine Hafenorgel (Ged., 1937), Das Muschelhorn (R., 1940), Der große Fluß im Meer (R., 1954), Bordbuch des Satans. Eine Chronik der Freibeuterei (1959), Die Taverne zum mus. Schellfisch (autobiograph. R., 1963), Aber die Liebe (R., 1969).
Literatur: H. L. Leben u. Werk. Zusammengestellt im Auftrag der Freien Akademie der Künste in Hamb. aus Anlaß v. H. L.s 65. Geburtstag am 22. Sept. 1958 v. R. Italiaander. *Hamb. 1958.*

Leiris, Michel [frz. lε'ris], * Paris 20. April 1901, frz. Schriftsteller.
Unternahm ethnograph. Forschungsreisen nach Afrika; gehörte anfangs zur Gruppe der Surrealisten, trennte sich dann aber wieder von ihr und begründete diese Entwicklung in dem Essay „Mannesalter" (1938, dt. 1963); nach surrealist. Gedichten schrieb er eine Art Bekenntnisliteratur mit schonungsloser Selbstanalyse.
Weitere Werke: Le point cardinal (Ged., 1927), L'Afrique fantôme (Essay, 1934), Haut mal (Ged., 1943), Nuits sans nuits (autobiograph. Schr., 1961), Fibrilles (autobiograph. Schr., 1966).

Leisewitz, Johann Anton, * Hannover 9. Mai 1752, † Braunschweig 10. Sept. 1806, dt. Dramatiker.
Stand während des Jurastudiums in Göttingen kurze Zeit dem „Göttinger Hain" nahe, 1775 Anwalt in Braunschweig, später Sekretär der braunschweig. Landschaft, 1786 Prinzenerzieher, seit 1805 Präsident des Obersanitätskollegiums. Sein einziges Trauerspiel, „Julius von Tarent" (1776), das als eines der bedeutendsten Dramen des Sturm und Drangs den jungen Schiller stark beeinflußt hat, behandelt wie dessen „Braut von Messina" das Thema der feindl. Brüder. Da beim Hamburger Preisausschreiben Schröders jedoch Klingers „Zwillingen" der erste Preis zuerkannt wurde, veröffentlichte L. nichts mehr und ließ spätere Arbeiten nach seinem Tod verbrennen.
Ausgabe: J. A. L. Sämmtl. Schrr. Braunschweig 1838.
Literatur: Sidler, J.: *J. A. L.: „Julius v. Tarent". Zürich 1966.* – Kutschera v. Aichbergen, G.: *J. A. L. Wien 1876.* – † auch Gerstenberg, Heinrich Wilhelm von.

Leitgeb, Josef [...ge:p], * Bischofshofen (Salzburg) 17. Aug. 1897, † Innsbruck 9. April 1952, östr. Schriftsteller.
Wandte sich nach dem Jurastudium dem Lehrberuf zu und war zuletzt Stadtschulinspektor in Innsbruck; bed. ist seine hymn. Lyrik, die ihre Impulse von der Musik der Klassiker, von Reger und den großen Slawen empfangen hat, z. B. „Musik der Landschaft" (1935); L. schrieb auch feinsinnige Romane und sprachl. überzeugende Erzählungen.
Weitere Werke: Kinderlegende (R., 1934), Christian und Brigitte (R., 1938), Vita somnium breve (Ged., 1943), Das unversehrte Jahr (autobiograph. R., 1948), Abschied und fernes Bild (En. und Essays, 1959).

Leitich, Ann Tizia, verh. Korningen, * Wien 25. Jan. 1897, östr. Schriftstellerin.
Nach Studium in den USA ebd. Korrespondentin verschiedener östr. und dt. Zeitungen. Beschäftigte sich, nach Wien zurückgekehrt, mit kulturhistor. Themen, schrieb Romane, in denen sie v. a. Wiener Stoffe behandelte oder Erlebnisse ihres Amerikaaufenthaltes verwertete, Monographien und Reisebücher.
Hauptwerke: Die Wienerin (1939), Vienna gloriosa (1946), Der Liebeskongreß (R., 1951), Augustissima (R.-Biogr., 1953, 1963 u. d. T. Maria Theresia), Der Kaiser mit dem Granatapfel (R.-Biogr., 1955), Damals in Wien (1958), Metternich und die Sibylle (R., 1960), Genie und Leidenschaft (R., 1962), Eine rätselhafte Frau (1967).

Leland, Charles Godfrey [engl. 'li:lənd], * Philadelphia 15. Aug. 1824, † Florenz 20. März 1903, amerikan. Schriftsteller.
Studierte Jura u. a. in Heidelberg, München und Paris, wurde Anwalt in Philadelphia, dann Journalist und Hg. von Zeitschriften; seit 1869 meist in Europa; trieb folklorist. Studien, u. a. bei Zigeunern. L., auch als Heine-Übersetzer bekannt, verdankt seinen Ruf v. a. den in dt.-amerikan. Mischdialekt geschriebenen „Hans Breitmann's ballads" (1914), die satir. die Lebens- und Denkweise der Deutschamerikaner darstellen.

Lem, Stanisław [poln. lεm], * Lemberg 12. Sept. 1921, poln. Schriftsteller.
Studierte Medizin und Philosophie, Arzt, lebt in Krakau, Mitarbeiter an der Zeitschrift „Życie literackie" (= Literar. Leben), Begründer der

Poln. Astronaut. Gesellschaft. L. schrieb v. a. utop. Romane, in denen er wissenschaftl.-phantast. Weltraumstaaten und Sternenlandschaften schildert. Dt. liegen vor: „Der Planet des Todes" (R., dt. 1954), „Gast im Weltraum" (R., dt. 1956), „Die Irrungen des Dr. Stefan T." (R., dt. 1959), „Sterntagebücher" (R., dt. 1961), „Robotermärchen" (En., dt. 1969).

Lemaire de Belges, Jean [frz. ləmɛrdə'bɛlʒ], * Bavay bei Avesnes-sur-Helpe 1473, † vor 1525 (?), frz. Dichter.
Unternahm weite Reisen, war Bibliothekar und Historiograph bei Margarete von Österreich, dann bei Anna von Bretagne; soll im Elend gestorben sein. L. de B. führte italien. Formen- und Gedankengut in die frz. Dichtkunst ein; Freude an der Natur und die Kraft menschl. Leidenschaften bestimmen seine Lyrik; der rhetor. Schule nahestehend, war er schon Vorläufer der Pléiade; in den „Illustrations de Gaule et singularités de Troye" (1510–13) behandelt er das bereits im MA gestaltete Thema der Abstammung der Franzosen von den Trojanern.
Weitere Werke: Épîtres de l'amant vert (E., 1505), Concorde des deux langages (Traktat, 1511).
Literatur: Frappier, J.: *L'humanisme de L. de B. In: Bibliothèque d'Humanisme et Renaissance 25 (1963), 289.* – Neubert, F.: *Die Briefe L.s de B. In: Die Neueren Sprachen 12 (1963), 451.* – Becker, Ph. A.: *J. L., der erste humanist. Dichter Frankreichs. Straßburg 1893.*

Lemaitre, Jules [frz. lə'mɛtr], * Vennecy (Loiret) 27. April 1853, † Tavers (Loiret) 5. Aug. 1914, frz. Schriftsteller.
Gymnasial- und Universitätsprofessor, seit 1884 freier Schriftsteller und Journalist in Paris, überzeugter Nationalist. 1896 Mitglied der Académie française. L. gilt mit seinen Studien über zeitgenöss. Schriftsteller in der „Revue bleue", seinen Chroniken für den „Figaro" und den Theaterkritiken im „Journal des Débats" als Wegbereiter der impressionist. Kritik; verfaßte auch Gedichte, Erzählungen und meist moralisierende Dramen.
Hauptwerke: Impressions de théâtre (Essays, 1888–1920), Révoltée (Dr., 1889), Dix contes (En., 1889), L'âge difficile (Dr., 1895), En marge des vieux livres (En., 1905–07).
Literatur: Harry, M.: *La vie de J. Lemaître. Paris 1946.* – Seillière, E.: *J. Lemaître. Historien d'évolution naturaliste. Paris 1935.* – Grimm, L.: *L. als Kritiker des frz. Theaters. Nürnb. 1927.*

Lemański, Jan [poln. lɛ'majski], * Głażewo bei Płock 7. Juli 1866, † Warschau 11. Nov. 1933, poln. Dichter.
Seine Fabeln betonen weniger das lehrhafte Element; das ep. Element der Fabel tritt hinter dem lyr. zurück, das die Form der üblicherweise zu Knappheit und Prägnanz neigenden Gattung dehnt; starke Neigung zur Satire.

Lembourn, Hans Jørgen [dän. 'lɛmbɔrn], * Kopenhagen 26. März 1923, dän. Schriftsteller.
Studium, Tätigkeit als Journalist und Redakteur; v. a. von Kafka und Hemingway beeinflußter Erzähler; auch Lyriker.
Hauptwerke: Es kommt ein Tag (R., dt. 1956), Hotel Styx (R., dt. 1955), Graf Frederik (R., dt. 1961).

Lemercier, Népomucène [frz. ləmɛr'sje], * Paris 21. April 1771, † ebd. 7. Juni 1840, frz. Dichter. Mitglied der Académie française (1810); klassizist. Dramatiker und Epiker im Zeichen der Vorromantik, schrieb u. a. die Tragödie „Agamemnon" (1794), die Tragikomödie „Pinto" (1800), das aufsehenerregende „regellose" Drama „Christophe Colomb" (1809), die philosoph. Satire in 16 Gesängen „La Panhypocrisiade" (1819, vier weitere Gesänge 1832).

Lemnius, Simon, eigtl. S. Lemm-Margadant, * Santa Maria im Münstertal 1511 (?), † Chur 24. Nov. 1550, schweizer. Humanist und nlat. Dichter.
Studierte in Wittenberg bei Melanchthon; Konflikt mit Luther, wurde relegiert; später Lehrer in Chur. Geschickter, sprachgewandter Epigrammatiker; wandte sich mit der „Monachopornomachia" (= Mönchshurenkrieg, 1539) gegen Luther; übersetzte die „Odyssee" ins Lat.; verherrlicht in seinem Hauptwerk „Libri IX de bello Suevico ..." (hg. 1874, dt. 1882 u. d. T. „Heldengedicht in 8 Gesängen") den Heldenmut der Schweizer in ihrem Kampf gegen Maximilian I.

Lemonnier, Camille [frz. ləmɔ'nje], * Ixelles bei Brüssel 24. März 1844, † Brüssel 13. Juni 1913, belg. Schriftsteller.
Sohn eines Wallonen und einer Flamin, lebte zurückgezogen nur seiner schriftsteller. Tätigkeit; in seinen dem frz. Naturalismus nahestehenden Romanen ist er ein meisterhafter Schilderer von Menschen und Landschaft seiner Heimat; verfaßte auch Kunstkritiken (u. a. über Courbet, F. Rops), außerdem Kinder- und Tiergeschichten.
Hauptwerke: Der Wilderer (R., 1881; dt. 1910), Der eiserne Moloch (R., 1886; dt. 1910), Es geht ein Wind durch die Mühlen (R., 1901; dt. 1928).
Ausgabe: C. L. Ausgew. Werke. Dt. Übers. Bln. $^{1-2}$1910–14. 6 Bde.
Literatur: Vanwelkenhuysen, G.: *Histoire d'un livre. „Un mâle" de L. Brüssel 1961.* – Rency, G.: *C. L., 1844–1944. Son rôle, sa vie, son œuvre, ses meilleures pages. Brüssel 1944.* – Kiepert, A.: *C. L. u. seine Romane. Greifswald 1924.*

Lenartowicz, Aleksander Teofil [poln. lɛnar'tɔvitʃ], * Warschau 27. Febr. 1822, † Florenz 3. Febr. 1893, poln. Lyriker.
Lebte in jungen Jahren lange in Masowien, war dann Kanzlist in Warschau, wo er Beziehungen zur dortigen Boheme hatte; unternahm Wanderungen durch Masowien, dessen Folklore starken Einfluß auf die Dichtung L.s hatte; 1851 verließ er Polen, lebte in Brüssel, Paris und Italien. Seine lyr. idyll. Gedichte zeichnen das bäuerl. Leben; L. verfaßte später ep. histor. Werke; war auch Bildhauer.

Lenau, Nikolaus, eigtl. Nikolaus Franz Niembsch, Edler von Strehlenau, * Csatád, Ungarn (heute Lenauheim, Rumänien) 13. Aug. 1802, † Oberdöbling (heute zu Wien-Döbling) 22. Aug. 1850, östr. Dichter.
Sohn dt. Eltern; studierte in Wien, Preßburg und Heidelberg Philosophie, Jura und Medizin. In Wien hatte er Umgang mit Grillparzer, Zedlitz, Raimund und A. Grün, in Stuttgart stand er mit dem Schwäb. Dichterkreis in Verbindung. 1832 ging er nach Amerika, kehrte aber 1833 enttäuscht zurück. Aussichtslose Liebe steigerte seine Schwermut bis zum geistigen Zusammenbruch (1844). L.s seel. Zerrissenheit und Ruhelosigkeit, seine Apathie und Ohnmacht gegenüber dem Leben

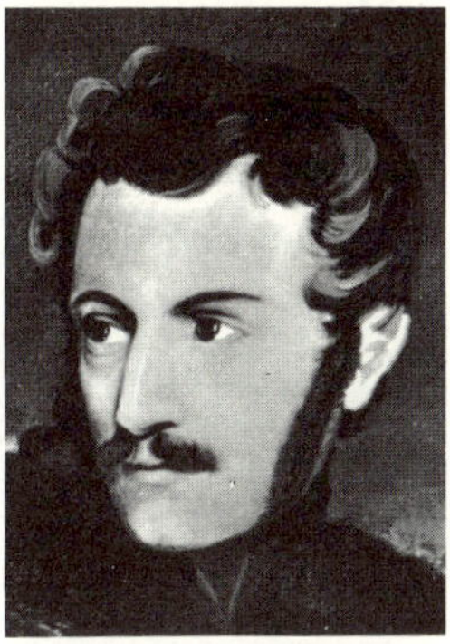

Nikolaus Lenau (Gemälde von K. Rahl)

spiegelt sich in der vom Weltschmerz bestimmten Lyrik, bes. in den Schilfliedern und den Waldliedern. Die musikal. empfundene, romant. Naturbeseelung seiner landschaftl. Stimmungsbilder ist ebenfalls Ausdruck seiner Melancholie. Formal unbewältigt und zum Teil fragmentar. blieben seine ep.-dramat. Dichtungen um monumentale Stoffe der Weltliteratur, wie „Faust" (Fragment, 1836), „Savonarola" (1837), „Die Albigenser" (1842) und „Don Juan" (Fragment im Nachlaß), die lyr. empfunden sind und gedankl. den freiheitl. Anschauungen des Jungen Deutschland nahekommen.
Weitere Werke: Gedichte (1832), Neuere Gedichte (1838).
Ausgaben: N. L. Sämtl. Werke u. Briefe. Auf der Grundl. der histor.-krit. Gesamtausg. v. E. Castle *neu hg. v.* W. Dietze. *Lpz. 1968. 2 Bde. – N. L. Sämtl. Werke. Briefe. Hg. v.* H. Engelhard. *Stuttg. 1959. – N. L. Sämtl. Werke u. Briefe. Hg. v.* E. Castle. *Lpz. 1910–23. 6 Bde.*
Literatur: Wenzlitschke, K.: *N. L. u. die polit.-sozialen Strömungen seiner Zeit. Diss. Köln 1963.* – Turóczi-Trostler, J.: *L. Dt. Übers. Bln. 1961.* – Martens, W.: *Bild u. Motiv im Weltschmerz. Studien zur Dichtung L.s. Köln u. Graz 1957.* – Schurz, A. X.: *L.s Leben. Stuttg. 1855. Erneut u. erweitert v.* E. Castle. *Bd. 1. Wien 1913 [m. n. e.].*

Leneru, Marie [frz. ləne'ry], Pseudonym Antoine Morsain, * Brest 2. Juni 1875, † Lorient 23. Sept. 1918, frz. Schriftstellerin.
Seit 1889 taub und fast blind, daher stark auf die Innenwelt eingestellt, die sie in ihrem nachgelassenen „Journal" (1922) schildert; schrieb bes. von F. de Curel beeinflußte Dramen, die v. a. den Konflikt zwischen Theorie und Leben, zwischen Instinkt und Verstand behandeln, u. a. „Les affranchis" (1911) und „Le redoutable" (1912).
Weitere Werke: Le cas de Miss Helen Keller (Essay, 1908), Saint-Just (Essay, hg. 1922).

Lengefeld, Karoline von † Wolzogen, Karoline Freifrau von.

Lengyel, Menyhért [ungar. 'lɛndjɛl], * Balmazújváros 12. Jan. 1880, ungar. Dramatiker.
Angestellter, Journalist und Theaterdirektor, ging nach London, dann in die USA. Er verfaßte in viele Sprachen übersetzte Schauspiele, in denen er soziale und allgemeinmenschl. Fragen behandelt, und wirkungsvolle Lustspiele, deren durchschlagender Erfolg v. a. auf seine routinierte Bühnentechnik zurückzuführen ist. L. is auch Verfasser des Textbuches zu Bartóks Pantomime „Der wunderbare Mandarin"; Drehbuchautor.

Lennep, Jacob van [niederl. 'lɛnəp], * Amsterdam 24. März 1802, † Oosterbeek bei Arnheim 25. Aug. 1868, niederl. Dichter.
Reichsadvokat, Mitglied der 2. Kammer; schrieb zuerst, unter Einfluß von Byron und Scott, poet. Erzählungen („Nederlandsche legenden", 1828), wurde beliebt v. a. durch seine histor. Romane und Erzählungen, die ein halbes Jh. sehr viel gelesen wurden; schrieb auch Bühnenstücke und Lyrik. Das größte Verdienst erwarb er sich durch seine für die Zeit vorzügl. Vondel-Ausgabe mit Biographie („De werken van Vondel ...", 1855–69).
Weitere Werke: Der Pflegesohn (R., dt. 1835), Die Rose von Dekama (R., dt. 1837), Unsere Ahnen (Novellen, dt. 1840–43), Die Abenteuer Ferdinand Huyck's (R., dt. 1841), Hänschen Siebenstern (R., dt. 1867).

Lenngren, Anna Maria [schwed. 'lɛngre:n], geb. Malmstedt, * Uppsala 18. Juni 1754, † Stockholm 8. März 1817, schwed. Dichterin.
Tochter eines Dozenten, sorgfältige Ausbildung; ihr Salon war ein Mittelpunkt des geistigen Lebens in Stockholm. In Satiren und Epigrammen, die sich durch Witz, Anschaulichkeit und Geschmack auszeichnen und meist anonym in der Presse erschienen, geißelte sie menschl. Schwächen.
Hauptwerk: Skaldeförsök (Ged., 1819).

Lenormand, Henri René [frz. lənɔr'mɑ̃], * Paris 3. Mai 1882, † ebd. 16. Febr. 1951, frz. Bühnenschriftsteller.
Führte anfangs ein unstetes Wanderleben, dem ein jahrelanger Sanatoriumsaufenthalt in der Schweiz folgte. L. wurde nach dem 1. Weltkrieg schnell berühmt. In seinen aufsehenerregenden, von Freud, Strindberg und Pirandello beeinflußten, bühnenwirksamen Stücken zeigt er Menschen, die dämon. Naturgewalten und Trieben hilflos ausgeliefert sind. Er veröffentlichte auch zwei Romane, verschiedene Essays und bed. Memoiren.
Hauptwerke: Poussière (Dr., 1914), Le temps est un songe (Dr., 1919), Les ratés (Dr., 1920), Le mangeur de rêves (Dr., 1922), Im Schatten des Bösen (Dr., 1925; dt. 1930), Asie (Dr., 1931), Une fille est une fille (R., 1949).
Literatur: Blanchart, P.: *Le théâtre de H. R. L. Apocalypse d'une société. Paris 1947.* – Küppers, J.: *L. Diss. Greifswald 1938.*

Lenôtre, Georges [frz. lə'no:tr], eigtl. Théodore Gosselin, * Pépinville bei Metz 7. Okt. 1857, † Paris 7. Febr. 1935, frz. Historiker und Dramatiker.
1932 Mitglied der Académie française; veröffentlichte seit 1893 anschaul. geschriebene, erfolgreiche Bücher über die Zeit der Frz. Revolution und des Kaiserreichs, ebenso historische Dramen.
Hauptwerke: Vieilles maisons, vieux papiers (1900–29, teilweise dt. 1949 u. d. T. Im Schatten der Guillotine), Varennes (Dr., 1904), La petite histoire (1932–54, dt. Ausw. 1958 u. d. T. Historie und Histörchen), Die Göttin der Vernunft (En., dt. 1948), Wenn Steine reden (En., dt. 1952).

Lenz, Hermann, * Stuttgart 26. Febr. 1913, dt. Schriftsteller.

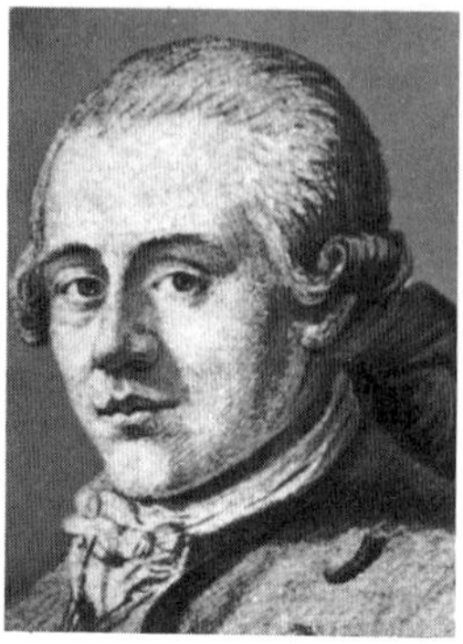

Jakob Michael Reinhold Lenz (Zeichnung von H. Pfenninger)

Studierte Germanistik, Archäologie und Kunstgeschichte; seit 1951 Sekretär des Süddt. Schriftstellerverbandes in Stuttgart. Schreibt Prosa und Lyrik, teils impressionist., teils mag.-realist. gestaltet; wurde bekannt mit dem Roman „Nachmittag einer Dame" (1961). Seine beiden Romane „Verlassene Zimmer" (1966) und „Andere Tage" (1968), Familienchroniken aus der Zeit zwischen der Jahrhundertwende und dem Kriegsausbruch 1939, tragen autobiograph. Züge.
Weitere Werke: Das doppelte Gesicht (En., 1949), Der russ. Regenbogen (R., 1959), Spiegelhütte (R., 1962), Die Augen eines Dieners (R., 1964).

Lẹnz, Jakob Michael Reinhold, * Seßwegen (Livland) 12. Jan. 1751, † Moskau 24. Mai 1792, dt. Dichter.
Studierte in Königsberg (Pr) Theologie (bes. Verehrung Kants), begegnete 1771 als Hofmeister in Straßburg Goethe, empfing dort neue Anregungen (Lektüre Homers, Shakespeares, Ossians). 1776 beim Herzog von Weimar; verließ 1777 nach Differenzen mit Goethe Weimar, reiste – geistig bereits erkrankt – wiederholt in die Schweiz, nach Riga und starb, nach Besserung seines Zustandes, in Moskau im Elend. L. ist der typ. Vertreter des Sturm und Drangs. Alle seine Werke sind stark von persönl. Begegnungen und Erlebnissen bestimmt. Niederschlag eines unruhigen, nervösreizbaren, impulsiven Temperaments; mit einer übermäßigen Phantasie begabt, die keine Disziplin zügelte, steigerte er sich in Stimmungen, verausgabte sich in Anklage und Leidenschaft, in burlesker Satire, innerl. haltlos, daher stets auf der Suche nach einem Vorbild (Goethe). Bed. sind seine Dramen „Der Hofmeister" (1774) und „Die Soldaten" (1776), die moderne Formkonzeptionen vorausnehmen (impressionist. Szenenfolge, Situationstechnik), inhaltl. die damals viel erörterten sozialkrit. Themen variieren. Von besonderem Einfluß auf Büchner (Novelle „Lenz") und Brecht (Bearbeitung seiner Dramen).
Weitere Werke: Der neue Menoza (Kom., 1774), Der Waldbruder (R.-Fragment, hg. 1797), Pandaemonium Germanicum (Satire, hg. 1819).
Ausgaben: J. M. R. L. Ges. Werke in vier Bden. Hg. v. R. Daunicht. *Mchn. 1967ff. – J. M. R. L. Werke u. Schrr. Hg. v.* B. Titel *u.* H. Haug. *Stuttg. 1966–67. 2 Bde. – Briefe v. u. an J. M. R. L. Hg. v.* K. Freye *u.* W. Stammler. *Lpz. 1918. 2 Bde. Nachdr. Bern 1969. – J. M. R. L. Ges. Schrr. Hg. v.* F. Blei. *Mchn. 1909–13. 5 Bde.*
Literatur: Girard, R.: *L. (1751–1792). Genèse d'une dramaturgie du tragi-comique. Paris 1968.* – Kindermann, H.: *J. M. R. L. u. die dt. Romantik. Wien 1925.* – Rosanow, M. N.: *J. M. R. L. Sein Leben u. seine Werke. Dt. Übers. Lpz. 1909.* – ↑ auch Gerstenberg, Heinrich Wilhelm von, ↑ Wagner, Heinrich Leopold.

Lẹnz, Siegfried, * Lyck 17. März 1926, dt. Schriftsteller.
Studierte Philosophie, Literatur und Anglistik, war zunächst Redakteur, lebt heute als freier Schriftsteller in Hamburg, gehört zur „Gruppe 47". Erregte bereits mit seinem ersten Roman, „Es waren Habichte in der Luft" (1951), einem eigenwilligen Sinnbild des verfolgten Menschen unserer Zeit, Aufsehen. Ein Grundthema seiner Erzählwerke, Dramen und Hörspiele ist die Ausweglosigkeit des Menschen durch Schuld und Verfolgung. Daneben heitere masur. Erzählungen („So zärtlich war Suleyken", 1955).
Weitere Werke: Der Mann im Strom (R., 1957), Das Feuerschiff (En., 1960), Zeit der Schuldlosen (Dr., 1962), Stadtgespräch (R., 1963), Lehmanns Erzählungen (E., 1964), Das Gesicht (Kom., 1964), Der Spielverderber (En., 1965), Haussuchung (Hörspiele, 1967), Deutschstunde (R., 1968).
Literatur: Just, K. G.: *S. L. als Erzähler. In: Wirkendes Wort 16 (1966), 112. – S. L. Ein Prospekt. Hamb. 1966.*

León, Fray Luis de [span. le'ɔn], * Belmonte (Cuenca) 1527 oder 1528, † Madrigal de las Altas Torres (Ávila) 23. Aug. 1591, span. Mystiker und Dichter.
1544 Augustiner-Eremit, erhielt 1561 einen theolog. Lehrstuhl an der Universität Salamanca; 1572–76 durch die Inquisition eingekerkert, 1591 wurde er zum Provinzial des Ordens gewählt, starb jedoch schon wenige Tage später. L. schrieb myst. Traktate und einige an Horaz geschulte, formvollendete Gedichte; daneben übersetzte er griech., lat., italien. Lyrik und verfaßte Bibelkommentare.
Hauptwerke: De los nombres de Cristo (Traktat, 1583), La perfecta casada (Traktat, 1583), Poesías (Ged., hg. 1631), Exposición del Libro de Job (Traktat, hg. 1779).
Ausgaben: Obras poéticas del Maestro de la Orden de San Agustín. Hg. v. P. M. Vélez *u.* J. Llobera. *Cuenca 1932–33. 2 Bde. – F. L. de L. Opera. Madrid 1891–95. 7 Bde.*

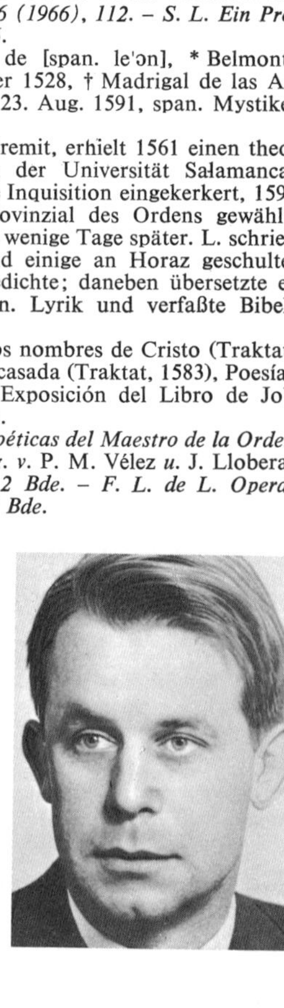

Siegfried Lenz

Literatur: Nerlich, M.: *El hombre justo y bueno: Inocencia bei F. L. de L. Frkf. 1966.* – Vallejo, G.: *F. L. de L. Su ambiente. Su doctrina espiritual. Cali 1959.* – Voßler, K.: *L. de L. Mchn. 1946.* – Bell, A. F. G.: *L. de L. Oxford 1925.*

Leonard, Frederick [engl. 'lɛnəd] † Lonsdale, Frederick.

Leonard, William Ellery [engl. 'lɛnəd], * Plainfield (N.J.) 25. Jan. 1876, † Madison (Wis.) 2. Mai 1944, amerikan. Dichter.
Studierte u.a. in Bonn und Göttingen; erhielt 1906 eine Professur an der Universität von Wisconsin. Seine formal konventionelle, impressionist. Lyrik gibt Darstellungen von Seelenzuständen, oft mit Neigung zum Visionären, Traumhaften; L. schrieb auch satir. Fabeln; seine Autobiographie „The locomotive god" (1927) schildert L.s psych. Belastung durch das Erlebnis der Technik.

Leonardo de Argensola, Bartolomé Juan [span. leo'narðo ðe arxen'sola], * Barbastro bei Huesca 26. Aug. 1562, † Zaragoza 4. Febr. 1631, span. Dichter.
Bruder von Lupercio L. de A.; studierte Rechtswissenschaft und Philosophie in Huesca, klass. Sprachen in Zaragoza, war Kaplan Marias von Österreich, der Witwe Maximilians II., begleitete 1610 den span. Vizekönig nach Neapel und wurde nach dem Tod seines Bruders Historiograph von Aragonien; schrieb eine „Historia de la conquista de las islas Molucas" (1609), eine Forts. der „Anales de Aragón" von Zurita (1630); als [antigongorist.] Lyriker eher didakt. und an klass. Vorbildern (bes. an Horaz, den er übersetzte) geschult („Rimas", hg. 1634).

Leonardo de Argensola, Lupercio [span. leo'narðo ðe arxen'sola], * Barbastro bei Huesca 14. Dez. 1559, † Neapel März 1613, span. Dichter.
Studierte wie sein Bruder Bartolomé J. L. de A. in Huesca und Zaragoza und stand in Diensten der Kaiserin Maria; von Philipp III. zum Historiographen von Aragonien ernannt, begleitete er mit seinem Bruder den span. Vizekönig nach Neapel; brachte schon als Jüngling drei Tragödien (u.a. „La Isabela", 1585) zur Aufführung, zeichnete sich jedoch v.a. als Lyriker aus und schrieb wie sein Bruder, ebenfalls an klass. Vorbildern orientiert, formvollendete Kanzonen, Sonette, Satiren und Episteln sowie histor. Werke.

León Felipe [span. le'ɔn fe'lipe], eigtl. L. F. Camino, * Tábara (Zamora) 11. April 1884, † Mexiko 18. Sept. 1968, span. Dichter.
Studierte Pharmazie; Schauspieler; Sprachlehrer in den USA; während des Span. Bürgerkriegs auf republikan. Seite; lebte in Mexiko. Vom Modernismo, von Whitman, später auch vom Surrealismus beeinflußter, sehr persönl. Lyriker.
Hauptwerke: Versos y oraciones de caminante (Ged., 1920ff.), Drop a star (Ged., 1933), Español del éxodo y del llanto (Ged., 1939), Ganarás la luz (Ged., 1943), El ciervo (Ged., 1958).

Leonhard, Rudolf, * Lissa bei Posen 27. Okt. 1889, † Berlin 19. Dez. 1953, dt. Dichter.
Studierte Germanistik und Jura, 1914 Kriegsfreiwilliger, bald Kriegsgegner, beteiligte sich aktiv an der Novemberrevolution, war kurze Zeit im Außenministerium, dann Verlagslektor, später freier Schriftsteller, seit 1927 in Frankreich, 1939 interniert, als Widerstandskämpfer in das Lager Castres gebracht; seit 1950 in Berlin (Ost). Lyriker, Dramatiker, Erzähler und Essayist, im Frühwerk vom Expressionismus geprägt; später realist. Gestaltung, linksradikale Tendenz.
Hauptwerke: Über den Schlachten (Ged., 1914), Poln. Gedichte (1918), Beate und der große Pan (R., 1918), Spartakussonette (1922), Segel am Horizont (Dr., 1925), Geiseln (Trag., 1947).
Ausgabe: R. L. Ausgew. Werke in Einzelausgg. Bln. 1961ff. Auf 4 Bde. berechnet.
Literatur: Stöber, R.: *R. L. Seine literar. u. weltanschaul. Entwicklung. Diss. Halle 1963 [Masch.].* – Scheer, M.: *Freunde über R. L. Bln. 1958.*

Leonora Christine, * Frederiksborg 8. Juli 1621, † Maribo 16. März 1698, dän. Schriftstellerin.
Tochter König Christians IV., als Gemahlin des als Landesverräter verurteilten Corfitz Ulfeldt 22 Jahre in Haft. Ihre z.T. während dieser Zeit entstandenen, erst 1869 veröffentlichten Memoiren, „Jammers minde", sind ein ergreifendes Zeugnis der Kraft einer Frau, ein schweres Schicksal mit Stolz, Frömmigkeit, Geduld und Humor zu meistern.

Leonow, Leonid Maximowitsch; tl.: Leonov, Leonid Maksimovič [russ. lɪ'ɔnɐf], * bei Moskau 31. Mai 1899, russ.-sowjet. Schriftsteller.
Sohn eines Dichters bäuerl. Herkunft; diente in Moskau 3 Jahre in der Roten Armee; fand bald Gorkis Anerkennung; hatte hohe kulturelle und polit. Ämter inne. L.s erzählende und dramat. Werke bieten meist Darstellungen sowjet. Lebens; seine Frühwerke, die zu der Zeit seiner Kontakte mit den „Serapionsbrüdern" entstanden, zeichnen sich durch den Reichtum an stilist. Ornamenten aus; später wandte er sich dem psycholog. Roman in der Tradition Dostojewskis zu; trotz seiner Abweichungen vom streng dogmat. sozialist. Realismus wird er von der sowjet. Kritik anerkannt; L.s Dramen wirken v.a. durch subtile psycholog. Schilderung.
Hauptwerke: Barsuki (R., dt. 1926 u.d.T. Die Bauern von Wory, 1957: Aufruhr, 1963: Die Dachse), Der Dieb (R., dt. 1928), Aufbau (R., dt. 1930, 1949 u.d.T. Das Werk im Urwald), Professor Skutarewski (R., dt. 1956), Die goldene Kutsche (R., dt. 1959), Der russ. Wald (R., dt. 1960), Der Weg zum Ozean (R., dt. 1966), Der Besuch (Kom., dt. 1969).

Leontjew, Konstantin Nikolajewitsch; tl.: Leont'ev, Konstantin Nikolaevič [russ. lɪ'ɔntjɪf], * Kudinowo bei Kaluga 25. Jan. 1831, † im Kloster des hl. Sergius bei Moskau 24. Nov. 1891, russ. Schriftsteller.
Arzt, dann im diplomat. Dienst, den er aus Gründen polit. Opposition verließ; wurde Journalist und Zensor in Moskau; lebte 1887 bis zu seinem Tod in Klöstern, zunächst in Optina Pustyn, wo er insgeheim Mönch wurde. Fand früh Kontakt zu Turgenjew; am bedeutendsten ist L. als konservativ-slawophiler Publizist und Denker, der bes. auf das byzantin. Kulturerbe Rußlands die Aufmerksamkeit lenkte; in seinem ästhet.-aristokrat., antiliberalen Denken hat er einige Züge mit Nietzsche gemein.
Literatur: Kologriwof, I. v.: *Von Hellas zum Mönchtum. Leben u. Denken K. L.s (1831–91). Regensb. 1948.*

León y Román, Ricardo [span. le'on i rrɔ'man], * Málaga 15. Okt. 1877, † Madrid 16. Dez. 1943, span. Schriftsteller.

Zunächst Soldat, dann Bankangestellter, im 1. Weltkrieg Kriegsberichterstatter in Deutschland; als Vertreter der alten nationalen und religiösen Ideale Spaniens viel gelesen, hatte nach Anfängen als Lyriker („Lira de bronce", Ged., 1901) großen Erfolg mit dem Roman „Herrenrasse" (dt. 1910), dem viele weitere folgten (u.a. „Alcalá de los Zegríes", 1909; „El amor de los amores", 1910; „El hombre nuevo", 1925); auch bekannt als Essayist.

Leopardi, Giacomo Graf [italien. leo pardi], * Recanati 29. Juni 1798, † Neapel 14. Juni 1837, italien. Dichter.

Wuchs in einer streng kath. und konservativen Familie auf, deren Einfluß er sich jedoch entzog; Atheist; stets kränkl., schlug er sich nach Verlassen des Elternhauses mit literar. Arbeiten in verschiedenen Städten Italiens durch, bis sein Freund Ranieri den Schwerkranken zu sich nach

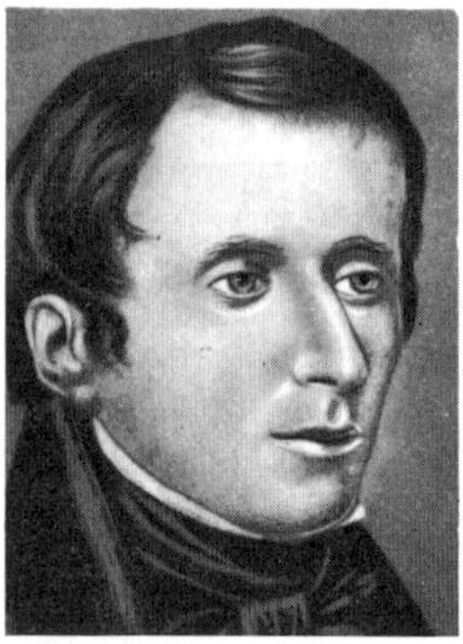

Giacomo Graf Leopardi

Neapel nahm; mit seiner von klass. Formwillen geprägten Lyrik, die Ausdruck einer [romant.] Schwermut und seel. Zerrissenheit ist, gilt L. als der größte italien. Lyriker nach Petrarca.

Hauptwerke: Operette morali (philosoph. Dialoge, 1827), Gesänge (1831, dt. 1837), Gedanken (1845, dt. 1922), Pensieri di varia filosofia e di bella letteratura (hg. 1898, dt. Ausw. 1943 u.d.T. Gedanken aus dem Zibaldone).

Ausgaben: G. L. Canzonen. Dt. Übers. Bremen 1963. – G. L. Opere (Edizione critica). Hg. v. F. Moroncini. *Bologna 1927–31. 4 Bde. – G. L. Ausgew. Werke. Dt. Übers. Lpz. 1924.*

Literatur: Geishofer, H.: *Der Weltschmerz bei G. L. u. Arthur Schopenhauer unter bes. Berücks. der Gedanken über den Tod. Diss. Graz 1963 [Masch.].* – Scheel, H. L.: *L. u. die Antike. Mchn. 1959.* – Maurer, K.: *G. L.s „Canti" u. die Auflösung der lyr. Genera. Frkf. 1957.* – Mazzatinti, G., *u.a.: Bibliographia leopardiana. Bd. 1 (bis 1898) Florenz 1931. Bd. 2 (1898–1930) 1932. Bd. 3 (1931–51) 1953.* – Voßler, K.: *L. Mchn. 1923.*

Leopold, Carl Gustaf af [schwed. 'le:opɔld], * Stockholm 26. März (?) 1756, † ebd. 9. Nov. 1829, schwed. Dichter.

Studierte in Uppsala, war Hauslehrer, Studium in Greifswald, wo er Dozent war; Bibliothekar und dann im Staatsdienst. Anhänger Voltaires und der frz. Aufklärung, für die er in philosoph. Schriften und seiner Dichtung eintrat; führender Vertreter der schwed. Aufklärung, bed. v.a. als Verfasser von geistreichen Epigrammen und Satiren; schrieb auch formsichere Dramen und an Schillers Gedankenlyrik geschulte Oden.

Leopold, Jan Hendrik [niederl. 'le:o:pɔlt], * Herzogenbusch 11. Mai 1865, † Rotterdam 21. Juni 1925, niederl. Dichter.

Studierte klass. Philologie (Dr. phil.), Gymnasiallehrer, zurückgezogenes Leben; zu Lebzeiten wenig bekannt, gilt heute als der bedeutendste Dichter in den Niederlanden vor dem 1. Weltkrieg. Sensibilität, prägnantes Denkvermögen und reiche Metaphorik zeichnen seine symbolist. Lyrik aus, die von Spinoza, Verlaine, aber auch klass. Autoren sowie pers. und arab. Dichtern beeinflußt ist; er gestaltet v.a. die durch die Lebensumstände (Taubheit) bedingte Einsamkeit und sucht diese durch Liebe und den Willen zur Gemeinschaft zu überbrücken.

Hauptwerke: Verzen (Ged., 1913), Cheops (Ged., 1915), Verzen (Ged., 1926).

Lerberghe, Charles van [niederl. 'lɛrbɛrxə], * Ledeberg bei Gent 21. Okt. 1861, † Brüssel 26. Okt. 1907, belg. Dichter.

Flame; Philologiestudium in Brüssel; Symbolist, veröffentlichte seine ersten Verse 1886/87 in „La Pléiade" und in „Le Parnasse de la Jeune Belgique"; Hauptwerk ist das ep.-lyr. Gedicht in freien Versen „La chanson d'Ève" (1904); sein symbolist. Drama in Prosa „Les flaireurs" (1889), eine Schilderung der Todesahnung, beeinflußte Maeterlincks Drama „L'intruse".

Lermontow, Michail Jurjewitsch; tl.: Lermontov, Mihail Jur'evič ['lɛrmɔntɔf, russ. 'ljɛrmɐntɐf], * Moskau 15. Okt. 1814, † Pjatigorsk 27. Juli 1841, russ. Dichter.

Väterlicherseits wahrscheinl. schott. Abstammung; früher Tod der Mutter; wurde von der Großmutter mütterlicherseits erzogen; studierte in Moskau, wurde mit der Dichtung Byrons bekannt; 1832 von der Universität verwiesen, Besuch der Gardejunkerschule in Petersburg, dann Kornett in einem Garderegiment; wegen eines Gedichts auf Puschkins Tod 1837 in den Kaukasus strafversetzt, 1838 Rückkehr nach Petersburg, 1840 infolge eines Duells erneute Versetzung in den Kaukasus, dort im Duell getötet. Bed. Dichter der russ. Romantik und Hauptvertreter der Weltschmerzpoesie in der russ. Literatur; begann mit pathet. Lyrik, kam unter dem Einfluß

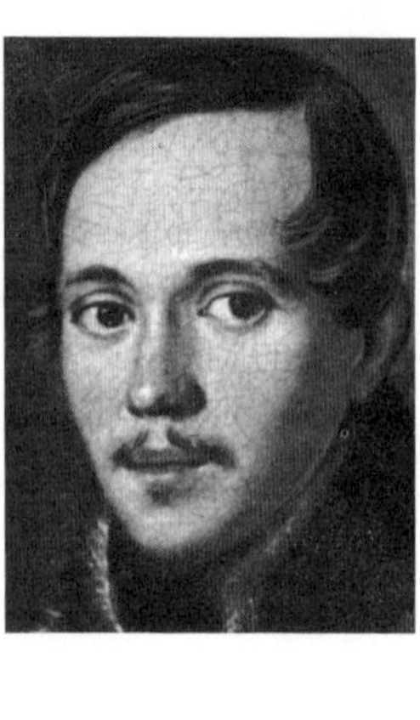

Michail Jurjewitsch Lermontow (zeitgenössisches Gemälde)

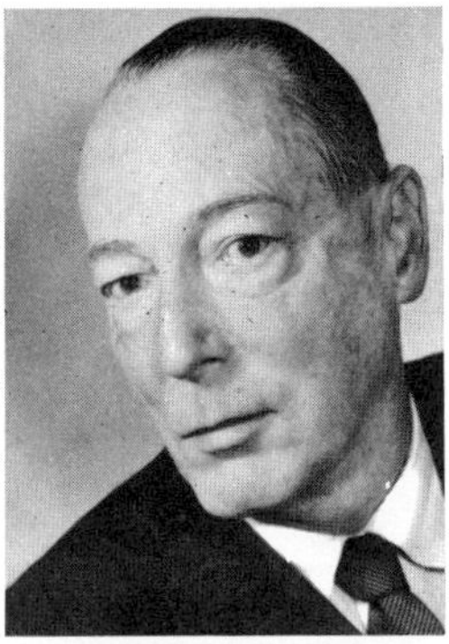
Alexander Lernet-Holenia

Byrons zur Verserzählung und fand zur künstler. vollendeten Prosa; sein Hauptwerk, der Roman „Ein Held unserer Zeit" (1840, dt. 1906), läßt bereits Züge des psycholog. Romans erkennen; seine Dramenversuche blieben ohne Erfolg, u.a. das dt. geschriebene Schauspiel „Menschen und Leidenschaften" (1830).
Weitere Werke: Der Mzyri (Poem, 1840; dt. 1948), Der Dämon (Poem, 1841; dt. 1921), Gedichte und Verserzählungen (dt. Ausw. 1950).
Ausgaben: M. J. L. Werke. Dt. Übers. Hg. v. A. Luther. *Lpz. 1922. – Michaïl Lérmontoff. Poet. Nachlaß. Dt. Übers. Hg. v.* F. Bodenstedt. *Bln. 1852. 2 Bde.*
Literatur: Gerlinghoff, P.: *Frauengestalten u. Liebesproblematik bei M. J. Lermontov. Meisenheim 1968.* – Mersereau, J.: *Mikhail Lermontov. Carbondale (Ill.) 1962.* – Duchesne, E.: *M. L. Sa vie et ses œuvres. Paris 1910.* – ↑ auch Bodenstedt, Friedrich von.

Lernet-Holenia, Alexander [ˈlɛrnətho ˈleːnia], * Wien 21. Okt. 1897, östr. Erzähler, Dramatiker und Lyriker.
Offizier in beiden Weltkriegen; unternahm größere Reisen, lebt als freier Schriftsteller abwechselnd am Wolfgangsee und in Wien; seit 1969 Präsident des östr. PEN-Clubs; schrieb spannende Romane und Erzählungen, von denen manche an die Kunst Hofmannsthals erinnern, der neben H. Bahr L.-H.s bühnenwirksame Dramen beeinflußt hat; Behandlung verschiedenartiger Stoffe (bes. aus dem Bereich Altösterreichs); seine sprachl. und formal strenge Lyrik steht v. a. unter dem Einfluß von Hölderlin und Rilke.
Hauptwerke: Pastorale (Ged., 1921), Demetrius (Dr., 1926), Östr. Komödie (Dr., 1926), Ollapotrida (Kom., 1926), Ich war Jack Mortimer (R., 1933), Die Standarte (R., 1935), Die goldene Horde (Ged. und Szenen, 1935), Der Baron Bagge (E., 1936), Ein Traum in Rot (R., 1939), Beide Sizilien (R., 1942), Mars im Widder (R., 1947), Der Graf Luna (R., 1955), Das Halsband der Königin (R., 1962), Die weiße Dame (R., 1965), Pilatus (R., 1967), Die Hexen (R., 1969).
Literatur: Jank, E.: *A. L.-H.s Dramen. Diss. Wien 1950 [Masch.].* – Kowarna, I.: *Das erzählende Werk v. A. L.-H. Diss. Wien 1950 [Masch.].*

Leroux, Gaston [frz. ləˈru], * Paris 6. Mai 1868, † Nizza 15. April 1927, frz. Schriftsteller.
Journalist, Mitarbeiter des „Matin"; schrieb v. a. Kriminalromane, davon zahlreiche um die Figur des Amateurdetektivs Rouletabille.
Hauptwerke: Le mystère de la chambre jaune (R., 1908), Le parfum de la dame en noir (R., 1909).

Lersch, Heinrich, * Mönchengladbach 12. Sept. 1889, † Remagen 18. Juni 1936, dt. Arbeiterdichter.
Kesselschmied; Autodidakt; seit 1925 freier Schriftsteller; im Mittelpunkt seines Werkes, das vom Expressionismus beeinflußt ist, stehen die Welt des Arbeiters, die Mühe der tägl. Arbeit, das Leid des ganzen Volkes in der Notzeit des Krieges: „Herz! Aufglühe dein Blut" (Ged., 1916), „Deutschland" (Ged., 1918); v.a. in seinem Hauptwerk, „Mensch im Eisen" (Ged., 1925), gestaltete L. das neue Arbeiterethos.
Weitere Werke: Hammerschläge (R., 1930), Mut und Übermut (En., 1934), Die Pioniere von Eilenburg (R., 1934), Im Pulsschlag der Maschinen (Novellen, 1935).
Ausgaben: H. L. Ausgew. Werke. Hg. v. J. Klein. *Düsseld. u. Köln 1965–66. 2 Bde. – H. L. Das dichter. Werk. Stuttg. 42.–46. Tsd. 1944. 2 Bde.*
Literatur: Meidinger-Geise, I.: *H. L. In: Rhein. Lebensbilder. Bd. 1. Hg. v.* E. Strutz. *Düsseld. 1961. – H. L. Kesselschmied u. Dichter. 1889–1936. Dortmund 1959.* – Weber, Klaus: *H. L. Dichter u. Arbeiter. Freib. 1936.*

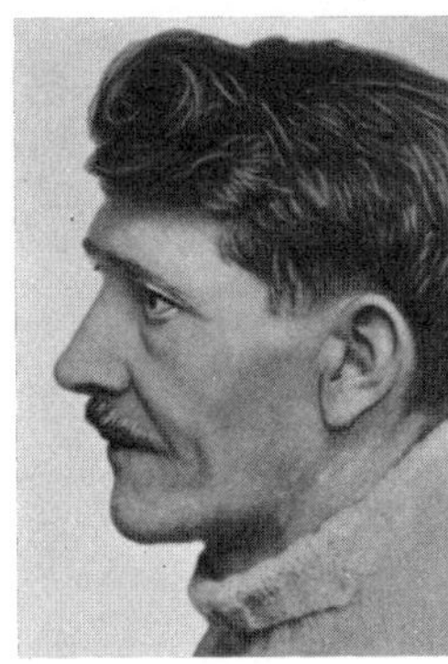
Heinrich Lersch

Lerse, Heinrich ↑ Weinrich, Franz Johannes.

Lesage (Le Sage), Alain René [frz. ləˈsaːʒ], * Sarzeau (Morbihan) 8. Mai 1668, † Boulogne-sur-Mer 17. Nov. 1747, frz. Schriftsteller.
War Advokat in Paris; begann mit Übersetzungen span. Komödien, verfaßte dann selbst Theaterstücke und Romane; am bekanntesten sind die in klarer Sprache und bildhafter Anschaulichkeit geschriebenen kom. Romane „Der hinkende Teufel" (1707, dt. 1711) und „Gil Blas von Santillana" (1715–35, dt. 1774), nach dem Vorbild des span. Schelmenromans angelegt, die eine glänzende, realist.-satir. Schilderung des zeitgenöss. Frankreich bieten.
Weitere Werke: Der Nebenbuhler seines Herrn (Kom., 1707; dt. 1772), Turcaret (Kom., 1709) Les aventures de M. Robert Chevalier ... (R., 1734).
Ausgaben: A. R. L. Werke. Dt. Übers. Hg. v. E. Wallroth. *Stuttg. 1839–40. 12 Bde. – A. R. L. Œuvres complètes. Paris 1821. 12 Bde.*

Literatur: Dédéyan, Ch.: *L. et Gil Blas. Paris 1965. 2 Bde.* – Lintilhac, E.: *L. Paris 1893.*

Leschenkow, Sergei Antonowitsch [russ. lɪˈʃɛnkɐf] ↑ Klytschkow, Sergei.

Lesches [ˈlɛsçɛs], griech. Epiker des 7. (?) Jh.s v. Chr.
Gilt als Verfasser der „Kleinen Ilias“, eines (fragmentar. erhaltenen) Epos, das als Forts. der „Ilias“ in knapper Form die Ereignisse nach Hektors Tod schilderte.

Lešenkov, Sergej Antonovič ↑ Klytschkow, Sergei.

Leskovar, Janko, * Valentinovo bei Pregrada 12. Dez. 1861, † ebd. 4. Febr. 1949, kroat. Schriftsteller.
Lehrer, 1908–14 Schulinspektor. Leitet mit seinen psycholog. Romanen und Novellen vom Realismus zur Erzählkunst der Moderne über; er stellt v. a. die Zwiespältigkeit der Intellektuellen dar; Einflüsse von Turgenjew und Schopenhauer.

Leskow, Nikolai Semjonowitsch; tl.: Leskov, Nikolaj Semenovič [russ. lɪsˈkɔf], Pseudonym N. Stebnizki; tl.: N. Stebnickij, * Gorochowo (Gouv. Orel) 16. Febr. 1831, † Petersburg (heute Leningrad) 5. März 1895, russ. Schriftsteller.
Sohn eines Beamten, verlor früh seine Eltern und mußte den Lebensunterhalt selbst bestreiten; als Angestellter einer engl. Handelsfirma lernte er auf Reisen durch ganz Rußland das bäuerl. Leben kennen, das sich in seinem Werk immer wieder spiegelt. 1862 wurde er Journalist und ließ sich schließl. in Petersburg nieder, wo er ein Amt im Kultusministerium bekleidete. In seinen realist. Romanen schildert L. die Welt des alten Rußland, der Kleinbürger, der Kaufleute und bes. der Popen; unter dem Einfluß Tolstois wandte er sich der Volkslegende zu, die er durch Bearbeitungen und eigene Schöpfungen erneuerte; Meister der kleinen Form.
Hauptwerke: Lady Macbeth des Mzensker Umkreises (Nov., 1866; dt. 1904), Bis aufs Messer (R., 1870), Die Klerisei (R., 1872; dt. 1920), Der versiegelte Engel (Nov., 1873; dt. ³1904), Der verzauberte Pilger (Nov., 1874; dt. ²1904), Am Ende der Welt (E., 1876; dt. 1927), Der ungetaufte Pope (E., 1877), Der Linkshänder (E., 1882; dt. 1949), Der Gaukler Pamphalon (E., 1887; dt. 1927), Der Bösewicht von Askalon (E., 1889; dt. 1927).
Ausgaben: N. L. Ges. Werke in Einzelbden. Dt. Übers. Hg. v. E. Reißner. *Bln. 1967 ff. Auf 5 Bde. berechnet. – N. Lesskow. Ges. Werke. Dt. Übers. Mchn. 1924–27. 9 Bde. [mit Biographie]. ²1948–51. 6 Bde.*
Literatur: Setschkareff, V.: *N. S. Leskov. Sein Leben u. sein Werk. Wiesb. 1959.* – Lilienfeld, F. v.: *Glaube u. Tat. N. L., ein russ. Dichter christl. Nächstenliebe. Bln. 1956.*

Lesman, Jan Wiktor [poln. lɛsman] ↑ Brzechwa, Jan.

Leśmian, Bolesław [poln. lɛɕmjan], * Warschau 12. Jan. 1878, † ebd. 5. Nov. 1937, poln. Dichter.
Von Beruf Rechtsanwalt; wurde 1933 Mitglied der poln. Akademie. Einflußreicher Symbolist; schrieb, da in Kiew erzogen, seine Lyrik z. T. in russ. Sprache; seine Neigung zu grotesker Übersteigerung wirkte stark auf den poln. Futurismus, bes. auf den Surrealismus; seine Nachdichtungen der oriental. Märchen von Sindbad u. a. wirken gelegentl. zu artistisch; übersetzte E. A. Poe.
Literatur: Pankowski, M.: *L., la révolte d'un poète contre les limites. Brüssel 1967.*

Lesort, Paul André [frz. ləˈsɔːr], * Granville (Manche) 14. Nov. 1915, frz. Schriftsteller.
Rechtsstudium; kath. Romancier, trat mit psycholog. Romanen und Novellen hervor: u. a. „Auf Herz und Nieren“ (R., 1946; dt. 1955), „Das Brandmal“ (R., dt. 1958).

Lespinasse, Julie de [frz. lɛspiˈnas], * Lyon 9. Nov. 1732, † Paris 23. Mai 1776, frz. Schriftstellerin.
Unehel. Tochter einer Gräfin d'Albon; war Mittelpunkt des Salons der Madame Du Deffand, später eines eigenen Salons; ihre leidenschaftl. Briefe an den Grafen Guibert (dt. 1810) voll schwärmer. Liebessehnsucht und Todesverlangen gehören zu den bedeutendsten des 18. Jahrhunderts.
Literatur: Boissounouse, J.: *J. de L. Ses amitiés, sa passion. Paris 1958.* – Ehmer, G.: *Die sensible Selbstdarstellung bei J. de L. Diss. Freie Univ. Bln. 1957.* – Ségur, P. de: *J. de L. Paris ⁷1925.*

Lessing, Doris [engl. ˈlɛsɪŋ], * Kermanschah 22. Okt. 1919, engl. Schriftstellerin.
Doris L. verbrachte ihre Jugend in Südrhodesien, kam 1949 nach England. Sie schreibt Romane und Kurzgeschichten über die polit. Verhältnisse in Rhodesien, wobei sie v. a. die psycholog. Auswirkungen des Rassenkonflikts gestaltet; auch Lyrik und Dramen.
Hauptwerke: Afrikan. Tragödie (R., dt. 1953), Jedem seine eigene Wildnis (Schsp., dt. 1962), Spiel mit dem Tiger (Schsp., dt. 1964), The fourgated city (R., 1969).

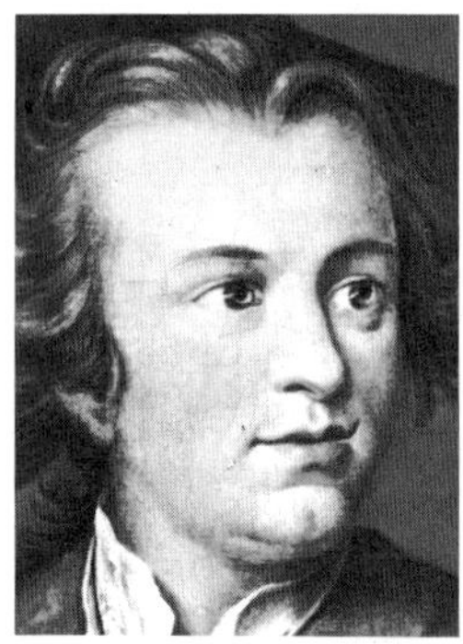

Gotthold Ephraim Lessing (Gemälde von J. H. Tischbein d. Ä.)

Lessing, Gotthold Ephraim, * Kamenz (Bezirk Dresden) 22. Jan. 1729, † Braunschweig 15. Febr. 1781, dt. Dichter und Kritiker.
Sohn eines Pfarrers, besuchte die Fürstenschule St. Afra in Meißen, studierte Medizin, dann Theologie in Leipzig; Bekanntschaft mit Caroline Neuber, Leiterin der berühmten Theatertruppe; ab 1748 freier Schriftsteller in Berlin; schrieb Rezensionen, Übersetzungen und Abhandlungen, u. a. für die „Voss. Zeitung“; 1760–65 Sekretär des preuß. Generalleutnants von Tauentzien in Breslau; 1767 Dramaturg am neueröffneten Hamburger Nationaltheater, ab 1770 fürstl. Bibliothekar in Wolfenbüttel; bedeutendster Vertreter der dt. Aufklärung, dessen Wirkung weit über diese Epoche hinausgeht; lehnte Gottsched ab, wies auf Shakespeare hin, den er neben und über die frz. Vorbilder stellte. Auf die Leipziger Zeit (1745–48) geht eine Reihe von Lustspielen zurück, u. a. „Der junge Gelehrte“ (entstanden 1747, Erst-

ausgabe 1754), „Die Juden“ (entstanden 1749, Erstausgabe 1754), „Der Freigeist“ (entstanden 1749, Erstausgabe 1755), Jugenderlebnisse (St. Afra) und Leipziger Erfahrungen (Caroline Neuber) verarbeitend. Von der Position der Aufklärung her werden menschl. Schwächen kritisiert: Besitzgier, Gelehrtendünkel, Hochmut. Im Spiel komödienhafter Grundtypen werden Torheiten verlacht, an deren Stelle Großmut und Toleranz treten. In Berlin (1748–67, 1760–65 Aufenthalt in Breslau) wertvolle Freundschaft mit F. Nicolai und M. Mendelssohn, aus deren Briefwechsel mit L. sich Grundzüge einer Theorie des Dramas entwickeln. L. erarbeitete eine Theorie der Fabel (Abhandlungen über die Fabel, 1759); daneben gattungstheoret. Untersuchungen zur Abgrenzung von Malerei und Poesie („Laokoon oder Über die Grenzen von Malerei und Poesie“, 1766) und eine Grundkonzeption für die Bewertung der dt. Literatur, bes. des Dramas („Briefe, die neueste Literatur betreffend“, 1759–65). 1755 erschien „Miß Sara Sampson“, die Tragödie eines bürgerl. Mädchens, voller sentimentaler Züge, die reine Verstandeswelt der Aufklärung überwindend. In „Minna von Barnhelm“ (entstanden 1760–63, Erstausgabe 1767) gestaltet L. den Konflikt eines preuß. Offiziers mit dem erstarrten Ehrbegriff. 1767–70 hielt sich L. in Hamburg auf. Als Dramaturg am Nationaltheater gab er seine „Hamburgische Dramaturgie“ heraus (1767–69); im 1. Bd. bespricht er die laufenden Aufführungen, im 2. Bd. erörtert er mehr und mehr ledigl. Fragen der Literaturtheorie. Ausgehend von den Aufgaben des Theaters im allgemeinen und denen der Tragödie im besonderen, entwickelt L. die Theorie des bürgerl. Dramas, bei dem es um die Identifikation des Zuschauers mit den Vorgängen auf der Bühne geht, um durch Erregung von Leidenschaften eine Katharsis zu bewirken. 1770 ging L. als wissenschaftl. Bibliothekar nach Wolfenbüttel. Er überarbeitete frühe Pläne eines Virginia-Dramas, das nun als „Emilia Galotti“ erschien (1772), eine Anklage gegen den fürstl. Absolutismus in Deutschland. Von ihrem leidenschaftl. Fürsten verfolgt und um ihre Standhaftigkeit bangend, erfleht die tugendhafte Emilia von ihrem Vater den Tod. In einer Reihe von Streitschriften setzte sich L. mit theolog. Fragen auseinander, frühe Gedanken fortführend. In seinem Drama „Nathan der Weise“ (1779) legt der Religionsphilosoph L. sein Glaubensbekenntnis ab: die rechte Religion erweise sich am Verhalten des Menschen, die Formen der Religion seien variabel und irrelevant. Für die Geschichte der Literatur gewinnt L.s Werk höchste Bedeutung: „Miß Sara Sampson“ ist das erste dt. bürgerl. Trauerspiel, „Minna von Barnhelm“ das erste dt. bürgerl. Lustspiel; „Emilia Galotti“ verbindet Elemente der Aufklärung mit neuen Zügen des Sturm und Drangs, und „Nathan der Weise“ ist bereits ein Drama mit durchaus klass. Grundhaltung. In der Literaturtheorie setzt L. neue Maßstäbe, v. a. auf dem Gebiet der Theorie des Dramas entwickelt er die Grundlagen der klass. Dramatik. Als Religionsphilosoph überwindet er von der Position der Aufklärung her alle Erscheinungsformen der Orthodoxie durch eine eigenwillige Verknüpfung der Philosophie Spinozas mit der von Leibniz.

Weitere Werke: Der Misogyn (Kom., entstanden 1748, Erstausgabe 1755), Die alte Jungfer (Kom., 1749), Samuel Henzi (Dramenfragment, entstanden 1749, Erstausgabe 1753), Der Schatz (Kom., entstanden 1750, Erstausgabe 1755), Faust (Dramenfragment, entstanden 1758ff., Erstausgabe 1780), Fabeln (1759), Philotas (Trag., 1759), Briefe antiquar. Inhalts (1768/69), Wie die Alten den Tod gebildet (Abhandlung, 1769), Anti-Goeze (1778), Ernst und Falk. Gespräche für Freimaurer (1778–80), Die Erziehung des Menschengeschlechtes (1780), Fragmente des Wolfenbüttelschen Ungenannten (hg. 1884).

Ausgaben: G. E. L. Ges. Werke in zehn Bden. Hg. v. P. Rilla. *Bln. ²1968. – G. E. L. Ges. Werke. Hg. v.* W. Stammler. *Mchn. ³1964. 2 Bde. – G. E. L. Werke. Hg. v.* J. Petersen *u.* W. v. Olshausen. *Bln. 1925–35. 29 Tle. in 25 Bden. Nachdr. Hildesheim 1967. – G. E. L. Sämtl. Schrr. Hg. v.* K. Lachmann, *bearb. v.* F. Muncker. *Stuttg.; Bln. ³1886–1924. 22 Bde., Reg.-Bd. Neudr. Bln. 1968.*

Literatur: Allgemeines: Ein unpoet. Dichter. Dokumente aus drei Jh.en zur Wirkungsgesch. L.s in Deutschland. Hg. v. H. Steinmetz. *Frkf. 1969. – G. E. L. Hg. v.* G. *u.* S. Bauer. *Darmst. 1968. – L. im Gespräch. Ber. u. Urteile v. Freunden u. Zeitgenossen. Hg. v.* R. Daunicht. *Mchn. 1968. – L. u. die Zeit der Aufklärung. Vorträge auf der Tagung der Joachim Jungius-Gesellschaft der Wiss., Hamburg, am 10. u. 11. Okt. 1967. Gött. 1968.* – Guthke, K. S.: *Der Stand der L.forschung. Ein Bericht über die Lit. v. 1932–1962. Stuttg. 1965. – Leben und Werk:* Guthke, K. S./ Schneider, H.: *G. E. L. Stuttg. 1967. – L.s Leben u. Werk in Daten u. Bildern. Hg. v.* K. Wölfel. *Frkf. 1967.* – Ritzel, W.: *G. E. L. Stuttg. 1966.* – Mann, O.: *L. Sein u. Leistung. Bln. ²1961.* – Rilla, P.: *L. u. sein Zeitalter. Bln. 1960.* – Schmidt, Erich: *L. Gesch. seines Lebens u. seiner Schrr. Bln. ³1909. 2 Bde. Nachdr. Bern 1967. – Dramen:* Brock-Sulzer, E.: *G. E. L. Velber 1967.* – Rempel, H.: *Tragödie u. Komödie im dichter. Schaffen L.s. Bln. 1935. – Ästhetik, Philosophie und Religion:* Strohschneider-Kohrs, I.: *Vom Prinzip des Maßes in L.s Kritik. Stuttg. 1969.* – Pons, G.: *G. E. L. et le christianisme. Paris 1964.* – Kommerell, M.: *L. u. Aristoteles. Unters. über die Theorie der Tragödie. Frkf. ³1960.* – Leander, F.: *L. als ästhet. Denker. Göteborg 1942.*

Lesskow, Nikolai (Nikolaj) ↑ Leskow, Nikolai Semjonowitsch.

Lettau, Reinhard, * Erfurt 10. Sept. 1929, dt. Schriftsteller.
Studium der Germanistik, Philosophie und vergleichenden Literaturwissenschaft in Heidelberg und an der Harvard University, Dozent in Hamburg und Northampton (Mass.), seit 1967 Professor für dt. Literatur an der University of California, San Diego. Wurde bekannt durch die mit skurriler Phantasie geschriebenen Erzählungsbände „Schwierigkeiten beim Häuserbauen“ (1962) und „Auftritt Manigs“ (1963).
Weitere Werke: Gedichte (1968), Feinde (Prosa, 1968).

Leuchtenberg, Carl Johann ↑ Mendelssohn, Peter de.

Leutelt, Gustav, * Josefsthal bei Gablonz 21. Sept. 1860, † Seefelden bei Gotha 17. Febr. 1947, dt. Schriftsteller.

Lehrerseminar in Leitmeritz, Lehrer in Josefsthal, später Oberlehrer in Unter-Maxdorf; natur- und heimatverbundener Erzähler des Isergebirges.
Hauptwerke: Schilderungen aus dem Isergebirge (1899), Die Königshäuser (R., 1906), Das zweite Gesicht (R., 1911), Das Buch vom Walde (1928), Siebzig Jahre meines Lebens (Autobiogr., 1930).

Leuthold, Heinrich [...thɔlt], * Wetzikon (Zürich) 5. Aug. 1827, † Zürich 1. Juli 1879, schweizer. Dichter.
Sohn eines Sennen, studierte in Bern und Basel Jura, Literatur und Philosophie, übersiedelte 1857 nach München, wo er dem Münchner Dichterkreis angehörte; seit 1877 geisteskrank, starb in der Anstalt Burghölzli; bekannt durch die mit Geibel übersetzten „Fünf Bücher frz. Lyrik" (1862); seine eigenen sprachl. und formal vollkommenen Gedichte erinnern an die klassizist. Lyrik Platens.
Weitere Werke: Penthesilea (Epos, 1868), Hannibal (Epos, 1871), Gedichte (1879).
Ausgabe: H. L. Ges. Dichtungen. Hg. v. G. Bohnenblust. *Frauenfeld 1914.*
Literatur: Hoffmann, K. E.: *Das Leben des Dichters H. L. Basel 1935.* – ↑ auch Geibel, Emanuel.

Leutner, Em. ↑ Raupach, Ernst.

Levertin, Oscar [schwed. 'le:vərtin], * Gryt bei Norrköping 17. Juli 1862, † Stockholm 22. Sept. 1906, schwed. Schriftsteller.
Entstammte einer jüd. Kunsthändlerfamilie, seit 1889 Dozent und seit 1899 Professor für Literaturgeschichte; bed. Literaturkritiker; wandte sich nach naturalist. Anfängen der romant. Dichtung zu und empfing aus dem Studium von Kunst und Dichtung vergangener Zeiten, aus der Mystik des Orients und der Welt der Bibel seine Inspirationen; als Essayist verstand er es, sein fundiertes Wissen in künstler. Form darzulegen.
Hauptwerke: Konflikter (Nov., 1885), Legender och visor (Ged., 1891), Selma Lagerlöf (Studie, dt. 1904), Aus dem Tagebuch eines Herzens (Nov., dt. 1905), Sista noveller (Novellen, 1907).
Literatur: Böök, F.: *O. L. Stockholm 1944.* – Söderhjelm, W.: *O. L. En minnesteckning. Stockholm 1914–17. 2 Bde.*

Levi, Carlo [italien. 'lɛ:vi], * Turin 29. Nov. 1902, italien. Schriftsteller.
Arzt, Maler; wurde 1935 wegen seiner antifaschist. Einstellung nach Lukanien verbannt. Die Erfahrungen, die er in dieser Welt sammelte, legte er seinem dokumentar. Roman „Christus kam nur bis Eboli" (dt. 1947) zugrunde, mit dem er die Öffentlichkeit eindringl. auf die brennende soziale Not des italien. Südens aufmerksam machte.
Weitere Werke: Paura della libertà (Essay, 1946), L'orologio (R., 1950), Aller Honig geht zu Ende (Tageb., dt. 1965).

Levi, Paolo [italien. 'lɛ:vi], * Genua 20. Juli 1919, italien. Dramatiker.
Zunächst Theaterkritiker, 1944–49 in Südamerika in der Emigration, lebt heute in Rom; erfolgreicher, auch außerhalb Italiens gespielter Bühnenschriftsteller und Hörspielautor.
Hauptwerke: Anna e il telefono (Dr., 1951), Der Weg ist dunkel (Schsp., dt. 1957), Der Fall Pinedus (Schsp., dt. 1957), Empfänger unbekannt verzogen (Schsp., dt. 1966).

Levickij, Ivan Semenovič ↑ Netschui-Lewizki, Iwan Semjonowitsch.

Levin, Georg ['le:vi:n, le'vi:n] ↑ Walden, Herwarth.

Levin, Meyer [engl. lə'vɪn], * Chicago 8. Okt. 1905, amerikan. Erzähler jüd. Herkunft.
Harte Jugend in den Elendsvierteln von Chicago; nach dem Studium Journalist. L., Anhänger des Zionismus, stellt in oft autobiograph. Romanen soziale Fragen zur Diskussion; bestimmend ist der Einfluß hebr. religiösen Denkens.
Hauptwerke: Zwang (R., dt. 1958), Eva (R., dt. 1960).

Levin, Rahel ['le:vi:n, le'vi:n] ↑ Varnhagen von Ense, Rahel.

Levita, Elias, auch Germanus oder Tischbi, eigtl. Elia Levi ben Ascher, * Neustadt a. d. Aisch 13. Febr. 1469, † Venedig 28. Jan. 1549, jüd. Dichter und Grammatiker.
Verbrachte einen Großteil seines Lebens in Italien, wo er christl. Humanisten Hebr. lehrte; schrieb zahlreiche Konkordanzen und grammat. Abhandlungen, ferner das erste jidd.-hebr. Wörterbuch; als jidd. Volksschriftsteller verfaßte er Ritterdichtungen, die z.T. als Parodien heroischer Stoffe gedacht waren. Trat auch als Übersetzer hervor (Psalmen).
Literatur: Levi, I.: *Elia L. u. seine Leistungen als Grammatiker. Breslau 1888.*

Leviticus (Levitikus) ↑ Bibel.

Levitov ↑ Lewitow.

Levstik, Fran [slowen. 'le:ustik], * Spodnje Retje bei Velike Lašče (Slowenien) 28. Sept. 1831, † Laibach 16. Nov. 1887, slowen. Schriftsteller.
War u. a. als Lehrer, Journalist und Bibliothekar tätig; auch Hg. einer satir. Zeitschrift. Er schrieb außer zeitkrit. Satiren und ausdrucksstarker Lyrik eine oft humorist., realist. Prosa, in der er die Darstellung des ländl. Lebens bevorzugte; größere poet. Formen, wie Roman und Drama, konnte er nur unzureichend bewältigen; L. war ferner ein bed. Philologe und hervorragender Kenner der slowen. Sprache.

Levy, Julius ['le:vi] ↑ Rodenberg, Julius.

Lewald, August, * Königsberg (Pr) 14. Okt. 1792, † München 10. März 1871, dt. Schriftsteller.
Schauspieler und Regisseur, leitete die literar. einflußreiche Zeitschrift „Europa" in Stuttgart; stand zunächst dem Jungen Deutschland nahe („Aquarelle aus dem Leben", Skizzen, 1836/37), vertrat später ultramontane Tendenzen („Clarinette", R., 1863).
Weitere Werke: Der Divan (Novellen, 1839), Theater-Roman (1841), Der Insurgent (R., 1865).

Lewald, Fanny, * Königsberg (Pr) 24. März 1811, † Dresden 5. Aug. 1889, dt. Schriftstellerin.
Tochter des jüd. Kaufmanns Markus, der den Namen L. annahm; wurde später ev., bereiste Frankreich und Italien; heiratete den Kunstkritiker Adolf Stahr; schrieb vielgelesene und einflußreiche Unterhaltungsromane, in denen sie sich im Sinne der Jungdeutschen für die Emanzipation der Frau einsetzte.
Hauptwerke: Dünen- und Berggeschichten (1851), Meine Lebensgeschichte (1861–63), Gefühltes und Gedachtes (Tageb., hg. 1900), Röm. Tagebuch. 1845–1846 (hg. 1927).
Ausgabe: F. L. Ges. Werke. Neue Ausg. Bln. 1–21871–75. 12 Bde.
Literatur: Steinhauer, M.: *F. L., die deutsche George Sand. Diss. Bln. 1937.*

Lewis, Alun [engl. 'lu:ɪs], * Aberdare (Wales) 1. Juli 1915, ⚔ Arakan (Birma) 5. März 1944, engl. Schriftsteller.
War Dozent, dann Lehrer in Aberdare; diente als Leutnant in Hinterindien. Seine Gedichte und Kurzgeschichten sind vom Erlebnis des Krieges bestimmt; L. galt als einer der vielversprechendsten engl. Dichter der Kriegsgeneration.
Hauptwerke: Raider's dawn (Ged., 1941), The last inspection (Kurzgeschichten, 1942), Ha! Ha! Among the trumpets (Ged., 1945), In the green tree (Kurzgeschichten, hg. 1948).
Lewis, Cecil Day ↑ Day Lewis, Cecil.
Lewis, Clive Staples [engl. 'lu:ɪs], Pseudonym C. Hamilton, * Belfast 29. Nov. 1898, † Oxford 22. Nov. 1963, engl. Schriftsteller und Literaturwissenschaftler.
Studierte in Oxford, 1954 Professor für engl. Literatur des MA und der Renaissance in Cambridge. Zwei Aspekte bestimmen sein schriftsteller. Schaffen: die wissenschaftl. Erforschung der älteren engl. Literatur und die populäre Darstellung religiösen Wissens; die erfolgreichste seiner religiösen Schriften ist „Dämonen im Angriff" (dt. 1944, 1958 u. d. T. „Dienstanweisung für einen Unterteufel").
Weitere Werke: Jenseits des schweigenden Sterns (R., 1938; dt. 1957), Perelandra (R., 1943; dt. 1957), Die böse Macht (R., 1945; dt. 1954), Du selbst bist die Antwort (R., dt. 1958).
Literatur: Cunningham, R. B.: *C. St. L. Defender of the faith. Philadelphia 1967. – Light on C. St. L. Hg. v.* J. Gibb. *London 1965.*
Lewis, Matthew Gregory [engl. 'lu:ɪs], genannt Monk (= Mönch) L., * London 9. Juli 1775, † auf See 14. Mai 1818, engl. Schriftsteller.
War 1796–1802 Parlamentsmitglied; bei einem Besuch seiner Güter in Jamaika (1817), wo er sich für eine Verbesserung der Lebensbedingungen der Sklaven einsetzte, erkrankte er an Gelbfieber und starb auf der Rückreise. Eignete sich umfassende Kenntnisse der dt. Literatur an, besuchte Goethe und übersetzte u. a. Schiller und Kotzebue; vermittelte Byron die Kenntnis des „Faust"; L.' Beiträge zur Schauerdramatik und zur Balladendichtung mit Gruseleffekten sind heute fast völlig vergessen; am bekanntesten wurde der makabre Schauerroman „Die blutige Gestalt mit Dolch und Lampe" (dt. 1799, 1962 u. d. T. „Der Mönch"); mit Scott und Southey schrieb er Sammelbände mit „romant." Erzählungen.
Literatur: Peck, L. F.: *A life of M. G. L. Cambridge (Mass.) 1961.* – Guthke, K. S.: *Engl. Vorromantik u. dt. Sturm u. Drang. M. G. L.' Stellung in der Gesch. der dt.-engl. Literaturbeziehungen. Gött. 1958.*
Lewis, [Harry] Sinclair [engl. 'lu:ɪs], * Sauk Center (Minn.) 7. Febr. 1885, † Rom 10. Jan. 1951, amerikan. Romancier.
Sohn eines Landarztes, studierte in Yale, führte ein unstetes Wanderleben, arbeitete bei verschiedenen Zeitungen und Zeitschriften, jedoch ohne großen Erfolg, seit 1916 widmete er sich ganz seiner schriftsteller. Tätigkeit; in seinen realist. Erzählungen und Romanen übt er aggressive Kritik an der amerikan. Gesellschaft, verspottet in satir. und sarkast. Weise ihre Scheinideale, bekämpft die Konvention seiner Zeit und die religiöse Heuchelei; Nobelpreis 1930.
Hauptwerke: Die Benzinstation (R., 1919; dt. 1927), Die Hauptstraße (R., dt. 1922), Babbitt (R., dt. 1925), Dr. med. Arrowsmith (R., dt. 1925), Elmer Gantry (R., dt. 1928), Der Mann, der den Präsidenten kannte (R., dt. 1929), Sam Dodsworth (R., dt. 1930), Ann Vickers (R., dt. 1933), Das Kunstwerk (R., dt. 1934), Die verlorenen Eltern (R., dt. 1939), Cass Timberlane (R., dt. 1948).
Ausgabe: S. L. Works. Nobel prize edition. New York 1931. 9 Bde.
Literatur: Dooley, D. J.: *The art of S. L. Lincoln (Nebr.) 1967.* – Schorer, M.: *S. L. Ein amerikan. Leben. Dt. Übers. Mchn. 1964.* – Van Doren, C.: *S. L. A biographical sketch. Garden City (N. Y.) 1933.*
Lewis, [Percy] Wyndham [engl. 'lu:ɪs], * auf See (auf der Höhe von Neuschottland) 17. März 1884, † London 7. März 1957, engl. Schriftsteller und Maler.
Hg. mehrerer erfolgloser Zeitschriften, einmal mit E. Pound als Partner. Charakterist. für viele von L.' Werken ist ihre Mittelstellung zwischen Roman- und Essayform; vorherrschendes Stilmittel ist das der Satire; L. wandte sich unter dem Einfluß des Imagismus gegen den Realismus; er wurde Begründer der dem Kubismus und Futurismus nahestehenden Bewegung des „Vorticism", dessen Hauptwerk L.' Roman „Tarr" (1918) wurde; sein zweites Hauptwerk ist die Romantetralogie „The human age" (1928ff.).
Literatur: Pritchard, W. H.: *W. L. New York 1968.* – Wagner, G.: *W. L. A portrait of the artist as the enemy. London 1957.*
Lewitow, Alexandr Iwanowitsch; tl.: Levitov, Aleksandr Ivanovič [russ. lɪ'vitɐf], * Dobroje (Gouv. Tambow) 2. Juli 1835, † Moskau 16. Jan. 1877, russ. Schriftsteller.
Führte ein unruhiges Wanderleben; stand den Narodniki nahe. L. schilderte in handlungsarmen Skizzen und Erzählungen die Leiden der Bauern und das Elend der unteren Schichten in den Großstädten; verzichtete auf die Konstruktion einer Fabel.
Lewizki, Iwan Semjonowitsch [russ. lɪ'vitskij] ↑ Netschui-Lewizki, Iwan Semjonowitsch.
L'Hermite, François ↑ Tristan L'Hermite.
Libanios, * Antiochia 314, † um 393, griech. Rhetor.
Erfolgreichster Lehrer der Redekunst seiner Zeit; eröffnete 340/41 eine Rednerschule in Kon-

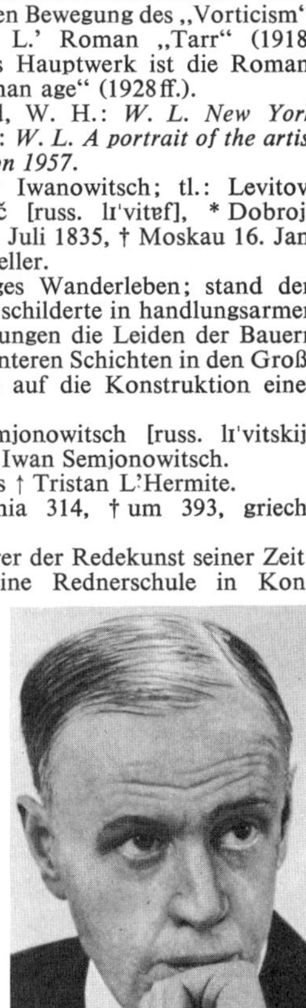
[Harry] Sinclair Lewis

stantinopel, ging dann nach Nikomedia, lebte seit 354 in seiner Geburtsstadt; zu seinen bedeutendsten Schülern gehörten Johannes Chrysostomos, Basileios der Große und Gregor von Nazianz. Ein großer Teil seines umfangreichen Werkes blieb erhalten; neben zahlreichen Reden für die verschiedensten Anlässe stehen sog. Schuldeklamationen und Musterstücke einer ausgefeilten Redekunst; erhalten ist auch eine Biographie des Demosthenes, dessen Formkunst zu erreichen L. stets bestrebt war; bed. ist die umfangreiche Sammlung der Briefe (zum größten Teil erhalten).
Ausgaben: L. Autobiograph. Schrr. Dt. Übers. Hg. v. P. Wolf. *Zürich u. Stuttg. 1967. – Libanii opera. Hg. v.* R. Förster. *Lpz. 1903–27. 12 in 13 Bden. Nachdr. Hildesheim 1963.*

Libedinski, Juri Nikolajewitsch; tl.: Libedinskij, Jurij Nikolaevič [russ. libɪ'dinskij], * Odessa 10. Dez. 1898, † Moskau 24. Nov. 1959, russ.-sowjet. Schriftsteller.
Schrieb Novellen und Romane meist geringeren Umfangs, die als dokumentar. Beiträge zur Darstellung des sowjet. Alltags bed. sind. L. war 1923–32 in führender Position in der Vereinigung der proletar. Schriftsteller.
Hauptwerke: Eine Woche (R., dt. 1928), Sawtra (= Morgen, R., 1923), Roschdenije geroja (= Die Geburt eines Helden, R., 1930), Berge und Menschen (R., dt. 1954), Feuerschein (R., dt. 1956).

Libertino, Clemente [portugies. liβər'tinu] ↑ Melo, Francisco Manuel de.

Li Chang-chi, * Tschiang (Kiangsi) 13. Juli 1376, † ebd. 17. März 1452, chin. Dichter.
Beamter, fiel in Ungnade und wurde zu Zwangsarbeit verurteilt, später jedoch rehabilitiert. Verfasser der Novellensammlung „Chientengyühua" (= Weitere Gespräche beim Putzen der Lampe) nach dem Muster des Chü Yu, zum großen Teil Spuk- und Liebesgeschichten; dt. Übersetzung u. d. T. „Die Goldene Truhe" (1959).

Lichi [chin.; = Buch der Riten], eines der 5 Kanon. Bücher des Konfuzianismus, in dem Vorschriften zur Etikette sowie Brauchtum und kult. Fragen dargestellt sind; wahrscheinl. ins 4. und 3. Jh. v. Chr. zurückgehend.

Lichnowsky, Mechtilde Fürstin [lıç'nɔfski], geb. Gräfin von und zu Arco-Zinneberg, * Schloß Schönburg bei Griesbach i. Rottal 8. März 1879, † London 4. Juni 1958, dt. Schriftstellerin.
Urenkelin der Kaiserin Maria Theresia; lebte als Gattin des dt. Botschafters Karl Max Fürst L. bis 1914 in London, danach längere Zeit an der frz. Riviera, in der Tschechoslowakei, in München, seit 1937 – in 2. Ehe ⚭ mit dem engl. Major Peto – in London. L. schrieb Romane aus dem Leben der Aristokratie vor 1914, Dramen, Gedichte, Essays, sprachästhet. Abhandlungen und aphorist. Prosastücke. Hervorragend durch sprachl. Präzision und gedankl. Tiefe.
Hauptwerke: Der Stimmer (E., 1915, 1936 u. d. T. Das rosa Haus), Geburt (R., 1921), Worte über Wörter (Essays, 1949), Heute und vorgestern (Ged. und Prosa, 1958).

Lichtenberg, Georg Christoph, * Ober-Ramstadt bei Darmstadt 1. Juli 1742, † Göttingen 24. Febr. 1799, dt. Physiker und Schriftsteller.
Sohn eines Generalsuperintendenten, studierte Mathematik und Physik in Göttingen, wo er 1770 Professor wurde. Sein Ruf als Schriftsteller beruht auf naturwissenschaftl. und philosoph. Aufsätzen, bes. aber auf seinen iron.-geistvollen „Aphorismen" (hg. 1902–08), in denen er sich als psycholog. scharfsinniger Beobachter und darüber hinaus als Repräsentant der Aufklärung erweist, und den satir. Aufsätzen, die meist in dem von ihm 1778–99 hg. „Göttingischen Taschenkalender" erschienen. In ihnen bekämpfte er v. a. den übertriebenen Geniekult des Sturm und Drangs und die religiöse Intoleranz. Bed. auch als Kunstkritiker („Ausführl. Erklärung der Hogarthischen Kupferstiche", 1794–99).
Ausgaben: G. Ch. L. Schrr. u. Briefe. Hg. v. W. Promies. *Mchn. 1967ff. Auf 4 Bde. berechnet. – G. Ch. L. Ges. Werke. Hg. v.* W. Grenzmann. *Baden-Baden 1949. 2 Bde., Erg.-Bd. – G. Ch. L. Vermischte Schrr. Neue v. dessen Söhnen veranstaltete Originalausg. Gött. 1853. 8 Bde.*
Literatur: L.-Bibliogr. Zusammengestellt u. hg. v. R. Jung. *Hdbg. 1970.* – Mautner, F. H.: *L. Gesch. seines Geistes. Bln. 1968.* – Requadt, P.: *L. Zum Problem der dt. Aphoristik. Stuttg. ²1964.* – Brinitzer, C.: *G. Ch. L. Die Gesch. eines gescheiten Mannes. Tüb. 1956.*

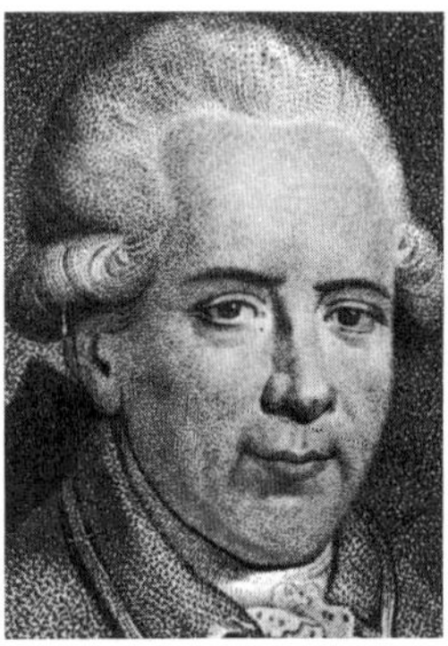
Georg Christoph Lichtenberg (Kupferstich von F. W. Bollinger nach einer Zeichnung von J. L. Strecker)

Lichtenberger, André [frz. liʃtɛ̃bɛr'ʒe], * Straßburg 29. Nov. 1870, † Paris 23. März 1940, frz. Schriftsteller und Soziologe.
Studierte Geschichte; 1905 Kabinettchef des Kammerpräsidenten Doumer; veröffentlichte neben histor. und soziolog. Arbeiten (bes. über den Sozialismus) auch Romane und Erzählungen aus Geschichte, Vorgeschichte und Mythologie sowie erfolgreiche Kinderbücher.
Hauptwerke: Mein kleiner Trott (Kinderb., dt. 1901), La mort de Corinthe (R., 1900), Herr von Migurac oder Der philosoph. Marquis (R., dt. 1905), Le sang nouveau (R., 1914), Biche (R., 1920).

Lichtenstein, Alfred, * Berlin 23. Aug. 1889, ⚔ Vermandevillers bei Reims 25. Sept. 1914, dt. Dichter.
Dr. jur. 1913; Mitarbeiter der Zeitschrift „Die Aktion"; expressionist. Lyriker und Erzähler, von J. von Hoddis beeinflußt; seine Dichtung hat stark groteske Züge, sie zeigt Zerrissenheit und Verzweiflung und prophezeit den Untergang.
Werke: Die Geschichte des Onkel Krause (Kinderb., 1910), Die Dämmerung (Ged., 1913), Gedichte und Geschichten (hg. 1919).

Ausgabe: A. L. Ges. Gedichte. Ges. Prosa. Hg. v. K. Kanzog. *Zürich 1962–66. 2 Bde.*
Literatur: Meyer, Alfred Richard: *Über A. L. u. G. Benn. In: Expressionismus. Aufzeichnungen u. Erinnerungen der Zeitgenossen. Hg. v.* P. Raabe. *Olten u. Freib. 1965.* – Heckmann, H.: *Marginalien zu L. In: Akzente 2 (1955), 408.*

Lichtenstein, Ulrich von ↑ Ulrich von Lichtenstein.

Lichtveld, Lou Albert M. [niederl. 'lɪxtfɛlt] ↑ Helman, Albert.

Lichtwer, Magnus Gottfried ['lɪçtvɛr], * Wurzen bei Leipzig 30. Jan. 1719, † Halberstadt 7. Juli 1783, dt. Dichter.
Studierte in Leipzig und Wittenberg (Jura und Philosophie), war zuletzt Konsistorialrat; von Bedeutung sind seine von Gellert beeinflußten Fabeldichtungen; gab 1748 „Vier Bücher Äsopischer Fabeln" heraus.
Weiteres Werk: Das Recht der Vernunft (Ged., 1758).

Licinius, Gaius L. Calvus Macer ↑ Calvus, Gaius Licinius C. Macer.

Lidin, Wladimir [Germanowitsch]; tl.: Lidin, Vladimir [Germanovič] [russ. 'lidin], eigtl. W. G. Gomberg, * Moskau 15. Febr. 1894, russ.-sowjet. Erzähler.
Studierte in Moskau Jura; wurde Rotarmist. L., der in seinem vorwiegend novellist. Schaffen stark von Tschechow beeinflußt ist, vermittelt Bilder aus dem Leben im nachrevolutionären Rußland und stellt auch die ungewöhnl. Seiten des sowjet. Großstadtlebens dar.
Hauptwerke: Idut korabli (= Es fahren die Schiffe, R., 1926), Der Abtrünnige (R., dt. 1928), Vier Erzählungen (dt. 1939), Zwei Leben (R., dt. 1951).

Lidman, Sara [schwed. 'li:dman], * Jörn (Västerbotten) 30. Dez. 1923, schwed. Schriftstellerin.
Bauerntochter, studierte Philosophie, Mitglied der literar. Gruppe „De Nio"; ihr Motivkreis ist mit ihrem Jugendmilieu ident.; sie verwendet zur Verdichtung des Lokalkolorits auch die Mundart. Die Schilderung fließt in ruhigen Bahnen, die Charaktere sind psycholog. meisterhaft gezeichnet. Sara L. errang schon mit ihrem ersten Roman „Der Mensch ist so geschaffen" (dt. 1955) Anerkennung.
Weitere Werke: Im Land der gelben Brombeeren (R., dt. 1959), Ich und mein Sohn (R., 1961; dt. 1969).

Lidman, Sven [schwed. 'li:dman], * Karlskrona 30. Juni 1882, † Stockholm 14. Febr. 1960, schwed. Schriftsteller.
Nach jurist. und philosoph. Studien in Uppsala Reserveoffizier; 1906 erste größere literar. Erfolge; vertrat zunächst eine ästhetizist. Weltanschauung, trat aber Anfang der 20er Jahre der religiösen Erweckungsbewegung der „Pfingstfreunde" bei, war Prediger und widmete sich ausschließl. dem Erbauungsschrifttum; wurde 1948 aus der Bewegung ausgeschlossen. Schrieb an Rimbaud erinnernde, symbolist. Lyrik mit stark ausgeprägten erot. Elementen („Primavera", 1905), wandte sich später der religiösen Lyrik zu („Oroligt var mitt hjärta", 1933); nahm in histor. Romanen zu aktuellen polit. Fragen Stellung; besonderen Wert haben seine schonungslos aufrichtigen, jedoch sehr subjektiven autobiograph. Werke.

Lidner, Bengt [schwed. 'li:dnər], * Göteborg 16. März 1757, † Stockholm 4. Jan. 1793, schwed. Dichter.
Aus pietist. Familie; zügelloses Leben, verdarb sich damit in Schweden wie in Deutschland und Paris die Aussichten, die ihm einflußreiche Gönner schafften. Seine Werke, an Klopstocks Pathos geschult, sind Erzeugnisse der Selbstberauschung, kantatenartig bewegte Verse von glühendem Schwung, voll Schwulst und Sentimentalität.
Hauptwerke: Grevinnan Spastaras död (Ged., 1783), Medea (Dr., 1784), Året 1783 (Ged., 1784), Yttersta domen (Ged., 1788).

Lie, Jonas [norweg. li:], * Modum oder Eiker bei Drammen 6. Nov. 1833, † Stavern (?) 5. Juli 1908, norweg. Schriftsteller.
Verlebte seine Kindheit in Tromsö, 1859 Rechtsanwalt in Kongsvinger; wegen Fehlspekulationen zog er sich aus dem öffentl. und berufl. Leben zurück und widmete sich der literar. Arbeit, mit der er großen Erfolg hatte; neben Seeromanen und Schilderungen aus dem Arbeitermilieu schrieb er realist. Ehe- und Familienromane; dichter. Gestalter der Menschen seiner heimatl. Landschaft.
Hauptwerke: Der Geisterseher (R., dt. 1876), Die Familie auf Gilje (R., 1883; dt. 1919), Ein Mahlstrom (R., 1884; dt. 1888), Eine Ehe (R., 1887; dt. 1925), Böse Mächte (R., 1890; dt. 1901), Troll (Sagensammlung, dt. 1897).
Literatur: Paasche, F.: *J. L. Oslo 1933.* – Lie, E.: *J. L.s Erlebnisse. Mit Briefen, Illustrationen u. Porträts. Dt. Übers. Lpz. 1909.*

Liechtenstein, Ulrich von ↑ Ulrich von Lichtenstein.

Lieder-Rolicz, Wacław Koźma Damian [poln. 'ljɛdɛr'rɔlitʃ], * Warschau 27. Sept. 1866, † ebd. 25. April 1912, poln. Dichter.
Studierte in Krakau, Paris und Wien Jura, in Paris Orientalistik; hielt sich mehrere Jahre im Ausland auf. Ließ seine Gedichte nur in wenigen Exemplaren drucken; sie enthalten altpoln. und oriental. Elemente und Einflüsse des frz. Symbolismus. L.-R. stand St. George nahe, der auch einige seiner Gedichte ins Dt. übertrug. L.-R. übersetzte aus dem Arab. und Pers., Dt. und Russischen.

Lieknis, Edvarts ↑ Virza, Edvarts.

Lienert, Meinrad, * Einsiedeln 21. Mai 1865, † Küsnacht (ZH) 26. Dez. 1933, schweizer. Schriftsteller.
Studierte in Heidelberg, München und Zürich Jura, 1890 Notar, 1894 Schriftleiter; schrieb naturverbundene Dialektgedichte, weniger bed. seine Verserzählungen, Erzählungen und Romane, deren Stoffe er v. a. Jugenderinnerungen und dem Sagenschatz und Brauchtum der Heimat entnahm.
Hauptwerke: Flüehblüemli (En., 1891), 's Schwäbelpfyffli (Ged., 1913–20), Bergdorfgeschichten (1914), Schweizer Sagen und Heldengeschichten (1914), Der doppelte Matthias und seine Töchter (R., 1929).

Lienhard, Friedrich, * Rothbach (Elsaß) 4. Okt. 1865, † Eisenach 30. April 1929, dt. Schriftsteller.
Studierte Theologie und Philosophie, war Journalist und freier Schriftsteller, 1920–25 Hg. der Zeitschrift „Der Türmer"; mit A. Bartels und H. Sohnrey Vorkämpfer einer als Heimatkunst bezeichneten literar. Strömung, für die er in seinen

Schriften eintrat. Seine mit der gleichen Tendenz geschriebenen Romane hatten beim Bürgertum Erfolg, seine Dramen vermochten nicht zu überzeugen.
Hauptwerke: Naphtali (Dr., 1888), Till Eulenspiegel (2 Dramen, 1896), Gottfried von Straßburg (Schsp., 1897), Neue Ideale (Aufs., 1901), Wartburg (Dramentrilogie: Heinrich von Ofterdingen, 1903; Die hl. Elisabeth, 1904; Luther auf der Wartburg, 1906), Oberlin (R., 1910), Der Meister der Menschheit (Essays, 1919–21), Meisters Vermächtnis (R., 1927).

Ligne, Charles Joseph Fürst von [frz. liɲ], * Brüssel 23. Mai 1735, † Wien 13. Dez. 1814, östr. Feldmarschall, Diplomat und Schriftsteller.
Zeichnete sich im Siebenjährigen Krieg und im Bayer. Erbfolgekrieg aus; war in diplomat. Mission in Petersburg; geistreicher Essayist und Briefschreiber; stand u. a. mit Katharina II., Voltaire, Friedrich dem Großen, Rousseau, Goethe und Wieland im Briefwechsel.
Hauptwerke: Mélanges militaires, littéraires et sentimentaires (34 Bde., 1795–1812), Briefe, ... (dt. 1912).
Literatur: Walbröhl, H.: *Der Fürst v. L. Leben u. Werk. Genf; Paris 1965. – Hommage au Prince de L. à l'occasion du 150e anniversaire de sa mort. Mit Beitr. v.* M. Thiry *u. a. In: Bulletin de l'Académie Royale de Langue et de Littérature françaises 42 (1964), 131.*

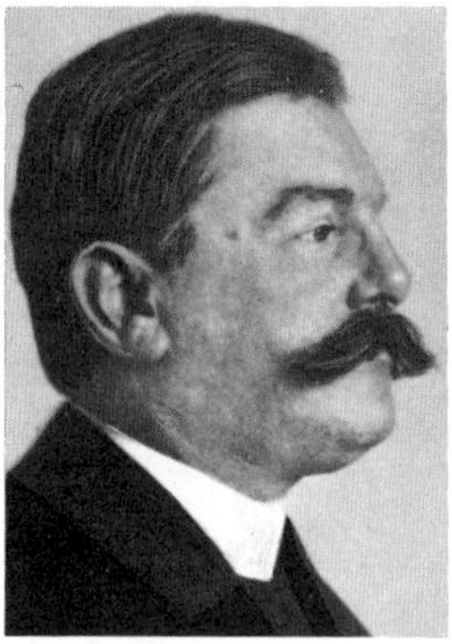
Detlev von Liliencron

Liliencron, Detlev von [...kro:n], eigtl. Friedrich Adolf Axel Freiherr von L., * Kiel 3. Juni 1844, † Alt-Rahlstedt (heute Hamburg-Rahlstedt) 22. Juli 1909, dt. Dichter.
Preuß. Offizier in den Feldzügen von 1866 und 1870/71; nahm seiner großen Schulden wegen Abschied vom Dienst und wanderte nach Amerika aus; kehrte nach einem Jahr enttäuscht zurück; 1882–87 Verwaltungsbeamter in Schleswig-Holstein; dann freier Schriftsteller in München und Berlin; Berührung mit O. J. Bierbaum und dem Schwabinger Kulturkreis; Ehrengehalt des dt. Kaisers; lebte zuletzt in Alt-Rahlstedt. L. schrieb meisterhafte impressionist. Natur- und Liebeslyrik, die in kunstvoll gebauten, schwierigen Formen (Siziliane, Stanze) prägnant und knapp sinnl.-individuelle Erlebnisse festhält; überzeugend gestaltet sind seine Balladen und Novellen, bes. die realist. Kriegserzählungen; wenig Erfolg mit Romanen und Dramen.
Hauptwerke: Adjutantenritte (Ged., 1883), Unter flatternden Fahnen (En., 1888), Die Merowinger (Trag., 1888), Kriegsnovellen (1895), Poggfred (Epos, 1896).
Ausgaben: D. v. L. Ges. Werke. Hg. v. R. Dehmel. *Bln. u. Stuttg.* $^{8-15}$*1922. 8 Bde. – D. v. L. Sämtl. Werke. Bln.* $^{1-19}$*1904–08. 15 in 14 Bden.*
Literatur: Schlaffer, H.: *Lyrik im Realismus. Studien über Raum u. Zeit in den Gedichten Mörikes, der Droste u. L.s. Bonn 1966.* – Roediger, H.: *Der Wunschtraum bei D. v. L. Diss. Wien 1949 [Masch.].* – Spiero, H.: *D. v. L. Sein Leben u. seine Werke. Lpz. 1913.* – Böckel, F.: *D. v. L. Erinnerungen u. Urteile. Lpz. 1912.* – Bierbaum, O. J.: *L. Mchn.* ^{2}*1910.*

Lilienfein, Heinrich, * Stuttgart 20. Nov. 1879, † Weimar 20. Dez. 1952, dt. Schriftsteller.
Studierte Philosophie und Geschichte (Dr. phil.), lebte ab 1902 als freier Schriftsteller in Berlin, ab 1920 als Generalsekretär der Dt. Schillerstiftung in Weimar. L. schrieb Dichterbiographien, Erzählungen und Dramen, die in der klassizist. Tradition stehen.
Hauptwerke: Der Stier von Olivera (Dr., 1910), Die feurige Wolke (R., 1919), Die Geisterstadt (R., 1929), Das fressende Feuer (R., 1932), Tile Kolup (Dr., 1935), Die Stunde Karls XII. (Dr., 1938), Licht und Irrlicht (En., 1943), Bettina (Biogr., 1949).
Literatur: Clewing, M.: *Der Dramatiker H. L. als Vertreter der Bildungsdichtung nach 1900. Diss. Erlangen 1954 [Masch.].*

Liliew, Nikolai; tl.: Liliev, Nikolaj [bulgar. 'liliɛf], eigtl. N. Michailow; tl.: N. Mihajlov, * Stara Sagora 7. Juni 1885, † Sofia 6. Okt. 1960, bulgar. Schriftsteller.
Zunächst Bankangestellter, studierte 1905–07 in Lausanne Literaturwissenschaft, wurde Gymnasiallehrer, dann Ministerialbeamter; erneutes Studium in München und Wien; 1924–47 mit kurzen Unterbrechungen Dramaturg am Nationaltheater Sofia. War mit seiner zarten, melanchol., symbolist. Lyrik Vorbild der jungen bulgar. Dichter. Er betonte bes. das musikal. Element der Sprache; hatte auch durch literaturkrit. Werke und Übersetzungen, u. a. von V. Hugo, Hofmannsthal, Klabund, Shakespeare und L. Tolstoi, großen Einfluß.

Lilja, Göran [schwed. ˌlilja] † Stiernhielm, Georg.

Lille, Alain de [frz. lil] † Alanus ab Insulis.

Lillebakken, Johan Petter [norweg. 'liləbakən] † Falkberget, Johan Petter.

Lillo, George [engl. 'lɪloʊ], * London 4. Febr. 1693, † ebd. 3. Sept. 1739, engl. Dramatiker.
Schrieb das erste bürgerl. Trauerspiel in engl. Sprache „The London merchant, or the history of George Barnwell" (1731), das Lessings „Miß Sara Sampson" maßgebl. beeinflußte; Polemik gegen die Vorrechte der gehobenen Stände, Lob des standesbewußten Bürgers und rührende Sentimentalität ließen das Stück seinerzeit zu einem großen Erfolg werden.
Weitere Werke: The christian hero (Dr., 1735), Fatal curiosity (Dr., 1736), Marina (Dr., 1738).
Literatur: Lossack, G.: *G. L. u. seine Bedeutung f. die Gesch. des engl. Dramas. Diss. Gött. 1939.* – Kunze, A.: *L.s Einfluß auf die engl. u. dt. Lit. Magdeburg 1911.*

Lilly, John [engl. 'lɪlɪ] † Lyly, John.

Lima, Jorge de [brasilian. 'lima], * União dos Palmares (Alagoas) 23. April 1895, † Rio de Janeiro 15. Nov. 1953, brasilian. Lyriker.
Arzt; kath., regionalist. Modernist des brasilian. Nordostens, schrieb „XIV Alexandrinos" (Ged., 1914), „Poemas" (Ged., 1928), „Novos poemas" (Ged., 1929), „Tempo e eternidade" (Ged., 1935) u. a.; auch Erzähler („O Calunga", R., 1935).

Linati, Carlo [italien. li'na:ti], * Como 25. April 1878, † Rebbio (Como) 11. Dez. 1949, italien. Schriftsteller.
War Rechtsanwalt in Mailand, Schriftsteller und Kritiker; weltoffener Übersetzer Eliots, Hemingways, E. Pounds, Joyces, Yeats', D. H. Lawrences, Melvilles u. a.; in seinen Romanen, Novellen und Skizzen ist er der lombard. Tradition eng verbunden.
Hauptwerke: Cristabella (R., 1909), Duccio da Bontà (R., 1912), Doni della terra (Skizzen, 1915), Sulle orme di Renzo (Skizzen, 1919), Due (R., 1928).

Lind, Jakov, * Wien 10. Febr. 1927, östr. Schriftsteller.
Entstammt einer ostjüd. Familie; 1938 Emigration in die Niederlande, nach dem Krieg mehrere Jahre in Israel; verschiedene Berufe, jetzt freier Schriftsteller in London; gehört zur „Gruppe 47"; wurde bekannt durch seine Erzählungssammlung „Eine Seele aus Holz" (1962), in der er Groteske-Absurdes in sehr eigenwilliger Sprache und in erdrückenden Visionen darstellte; stark umstrittener Autor.
Weitere Werke: Landschaft in Beton (R., 1963), Anna Laub (Hsp., 1965), Die Heiden (Dr., 1965), Eine bessere Welt (R., 1966), Angst und Hunger (2 Hörspiele, 1967).

Linda, Josef [tschech. 'linda], * Nové Mitrovice bei Pilsen Okt. 1789, † Prag 10. Febr. 1834, tschech. Dichter.
L., v. a. bekannt durch seine Mitarbeit an V. Hankas Fälschungen der „Königinhofer Handschrift" und der „Grünberger Handschrift", schrieb Versfabeln, Balladen, einen Roman im Geist der Romantik und ein Drama; heute vergessen.

Lindau, Paul, * Magdeburg 3. Juni 1839, † Berlin 31. Jan. 1919, dt. Theaterleiter und Schriftsteller.
Studierte Philosophie, Literaturgeschichte und Geschichte (Dr. phil.), war Schriftleiter verschiedener Zeitungen, dann 1895–99 Intendant des Meininger Hoftheaters, 1899–1903 Direktor des Berliner Theaters, 1904/05 des Dt. Theaters, dann 1. Dramaturg der Königl. Schauspiele. Schrieb Berliner Romane – nach aktuellen Anlässen –, Dramen in der Nachfolge von Dumas und Sardou, Essays, Kritiken, Feuilletons.
Hauptwerke: Theater (1873–81), Gesammelte Aufsätze (1875), Herr und Frau Bewer (Nov., 1882), Der Zug nach dem Westen (R., 1886), Arme Mädchen (R., 1887), Spitzen (R., 1888), Der Andere (Dr., 1893), Nur Erinnerungen (Autobiogr., 1916).

Lindau, Rudolf von, * Gardelegen 10. Okt. 1829, † Paris 14. Okt. 1910, dt. Diplomat und Schriftsteller.
Bruder von Paul L.; studierte Philologie (Dr. phil.), war Hauslehrer, Sekretär von J. Barthélemy-Saint-Hilaire; bereiste 10 Jahre lang Indien, China, Japan; im diplomat. Dienst in Paris und Konstantinopel. Schrieb neben interessanten Reiseberichten („Aus China und Japan", 1896) Romane und Novellen, in denen er v. a. mit Schilderungen der Gesellschaft überzeugte.
Weitere Werke: Un voyage autour du Japon (1864), Robert Ashton (R., 1877), Gute Gesellschaft (R., 1879), Türk. Geschichten (1897).

Linde, Otto zur, * Essen 26. April 1873, † Berlin 16. Febr. 1938, dt. Schriftsteller.
Nach dem Studium der Philosophie und der dt. Literatur weilte er einige Jahre in England, wo er als Journalist und am Brit. Museum tätig war; gemeinsam mit R. Pannwitz gründete er 1904 die Dichtervereinigung „Charon" und die gleichnamige Zeitschrift, in der er sich bewußt in Ggs. zu den Vertretern des Naturalismus stellte. L. strebte eine Verbindung der Dichtung mit einer pantheist.-idealist. Philosophie an; seine aus dem Rhythmischen erwachsende Lyrik weist expressionist. Züge auf.
Hauptwerke: Gedichte, Märchen, Skizzen (1901), Fantoccini (1902), Die Kugel. Eine Philosophie in Versen (1909).
Ausgabe: O. z. L. Ges. Werke. Bln. 1910–25. 10 Bde.
Literatur: Kugel, W.: *Weltbild u. Lyrik O. z. L.s. Diss. Köln 1959.* – Paulsen, R.: *O. z. L. Ein Kapitel aus dem dt. Schrifttum der Gegenwart. Groß-Lichterfelde u. Lpz. 1912.*

Lindegren, Erik [schwed. ˌlindəgre:n], * Luleå 5. Aug. 1910, † Stockholm 31. Mai 1968, schwed. Lyriker.
Publizist., literar. und literaturkrit. Tätigkeit; nahm bes. in den 40er Jahren eine führende Position unter den Vertretern der neuen schwed. Lyrik ein; überlegen beherrscht er die modernen Stilmittel. In seiner Gedichtsammlung „Mannen utan väg" (1942) legt er in konsequentem Surrealismus Zeugnis ab von der Zersplitterung der menschl. Seele unter dem Druck des Chaos. Melodischer sind die Verse seiner späteren Sammlungen. Bed. auch als Übersetzer (Faulkner, T. S. Eliot, Graham Greene, Saint-John Perse u. a.).
Weitere Werke: Sviter (Ged., 1947), Vinteroffer (Ged., 1954).

Lindemann, Kelvin [dän. 'lenəma'n], * Kainsk (Sibirien) 6. Aug. 1911, dän. Schriftsteller.
Kaufmannssohn, besuchte die Handelsschule, wurde dann Journalist, Korrespondent im Span. Bürgerkrieg, 1931 Reise in die UdSSR, 1944/45 entfloh er der dt. Besatzungsmacht und lebte in Finnland und Schweden. Unter dem Einfluß des Krieges schrieb L. histor. Romane (bes. aus dem 17./18. Jh.), die Parallelen zu seiner Zeit aufzeigen; ferner Erzählungen und Kurzgeschichten.
Hauptwerke: Das Haus mit dem grünen Baum (R., 1942; dt. 1948), Den kan vel frihed bære (R., 1943), Ein Abend in Kopenhagen (R., dt. 1955), Nachtfalter und Lampion (R., dt. 1962).

Lindemayr, Maurus ['lɪndəmaɪər], eigtl. Kajetan L., * Neukirchen (Oberösterreich) 15. Nov. 1723, † ebd. 19. Juni 1783, östr. Dichter.
Benediktiner, Prior in Lambach, dann Pfarrer in Neukirchen. L. schuf die mundartl. Bauerndichtung in Österreich; aus den Posseneinlagen der Jesuitenspiele entwickelte er die derb-realist., aufklärer.-moral. Komödie.
Hauptwerke: Kurzweiliger Hochzeitsvertrag (Lsp., 1770), Der ernsthafte Spaß oder Der versoffene

Hans (Lsp., 1776), Reisende Ceres (Lsp., 1788), Dichtungen in obderenns. Volksmundart (1822).

Lindener, Michael, * Leipzig um 1520, † Friedberg 7. März 1562, dt. Schwankdichter.
Studierte in Leipzig, war Korrektor und Schulmeister, wurde wegen Totschlags hingerichtet. L. kritisierte in seinen Schwänken („Katzipori", „Rastbüchlein", beide 1558) die Übelstände seiner Zeit, bes. Kritik an Klerus und Feudaladel.

Lindgren, Astrid [schwed. ˌlindgre:n], geb. Ericsson, * Näs bei Vimmerby 14. Nov. 1907, schwed. Schriftstellerin.
Verlagsangestellte; hatte großen Erfolg mit ihren Kinderbüchern, bes. der Pippi-Langstrumpf-Serie, in der sie die Hauptgestalt, ein natürl., heiteres Mädchen, das sich der Unvernunft der Erwachsenen widersetzt, alle Widerstände überwinden läßt. Ähnl. Erfolg hatten ihre Bücher um Kalle Blomquist, den „Meisterdetektiv". Ihre Bücher sind kindertüml., einfach und ausdrucksstark erzählt.

Lindorm, Erik [schwed. ˌlindurm], * Stockholm 20. Juli 1889, † ebd. 30. Jan. 1941, schwed. Schriftsteller.
Gehörte der jungsozialist. Bewegung an, Mitarbeiter sozialist. Zeitungen, gründete die Witzzeitung „Naggen", war Theaterkritiker; beliebt als Verfasser von Kurzgeschichten und Plaudereien. Seine Lyrik fesselt durch ihren innigen persönl. Ton. Nur scheinbar ausgeglichen gestaltet L. in realist. Gedichten die häusl. Sphäre. Dunkle Wehmut spricht aus den Liebesgedichten. Aus dem Kleinbürgertum und Proletariat nimmt er die Themen seiner Volkskomödien, in denen er mitfühlend ironisierend menschl. Schwächen darstellt.
Hauptwerke: Min värld (Ged., 1918), Domedagar (Ged., 1920), Moloch (Kom., 1926), Röda dagen (Kom., 1929), På marsch (Ged., 1934).

Lindsay, Sir David [engl. 'lɪndzɪ] ↑ Lyndsay, Sir David.

Lindsay, Philip [engl. 'lɪndzɪ], * Sydney 1. Ma 1906, † 4. Jan. 1958, austral. Schriftsteller.
Pflegte v. a. den histor. Roman mit biograph. Einschlag; vielgelesener Unterhaltungsschriftsteller.
Hauptwerke: Here comes the king (R., 1933), The duke is served (R., 1936), A piece for candlelight (R., 1953).

Lindsay, [Nicholas] Vachel [engl. 'lɪndzɪ], * Springfield (Ill.) 10. Nov. 1879, † ebd. 5. Dez. 1931 (Selbstmord), amerikan. Dichter.
Eine umfassende mus. Begabung und sein Missionierungsdrang ließen ihn zum populären, fahrenden Bänkelsänger und Rezitator werden; der besondere Reiz seiner von Negro Spirituals und Bluestexten beeinflußten Lyrik wurde in L.s eigenen Rezitationen am deutlichsten spürbar. L. vertrat einen extremen Schönheitskult und zeigte Neigung zum Visionären. Seinen Erfolg begründete das Gedicht „General Booth enters into heaven" (1913), am bedeutendsten ist „The Congo" (Ged., 1914).
Literatur: Ruggles, E.: *West-going heart. A life of V. L. New York 1959.* – Masters, B. L.: *V. L. A poet in America. New York u. London 1935.*

Lindström, Sigfrid [schwed. ˌlindstrœm], * Lidhult 19. April 1892, † Lund 1. Mai 1950, schwed. Schriftsteller.
Studierte Anglistik, war Mitarbeiter an „Lunds Dagblad"; L., der in gewählter Sprache Lyrik, Miniaturen und Märchen schrieb, stellt ohne Illusionen die Verlogenheit der Zeit dar, ohne den Benachteiligten des Lebens sein Mitgefühl zu entziehen; sein Werk ist grotesk-phantast., bitter-iron., in der Perspektive jedoch oft komisch.
Hauptwerke: Sagor och meditationer (1922), De besegrade (Ged., 1927), Leksaksballonger (Novellen, 1931).

Lingg, Hermann von [lɪŋk], * Lindau (Bodensee) 22. Jan. 1820, † München 18. Juni 1905, dt. Dichter.
Wurde Militärarzt, seit 1851 im Ruhestand, von Maximilian II. durch ein Jahresgehalt unterstützt. Von E. Geibel wurde er mit seinen „Gedichten" (1854) in die Literatur eingeführt; Mitglied des Münchner Dichterkreises. Seine stark rhetor. Begabung offenbarte sich v. a. in seinen Balladen. Sein Epos „Die Völkerwanderung" (1866–68) hat prachtvolle Einzelschilderungen, leidet jedoch an der Überfülle der Motive. Wenig Erfolg hatten seine histor. Dramen und Erzählungen.
Weitere Werke: Vaterländ. Balladen und Gesänge (1868), Zeitgedichte (1870), Schlußsteine (1878).

Linhartová, Věra [tschech. 'linhartɔva:], * 1939, tschech. Schriftstellerin.
Kunsthistorikerin, war in der Kunstgalerie in Frauenberg tätig, freie Schriftstellerin; schreibt erzählende Prosa, die der abstrakten Malerei und dem Surrealismus verwandt ist. Dt. erschienen 1967 die Geschichten „Mehrstimmige Zerstreuung".

Linke, Johannes, * Dresden 8. Jan. 1900, seit Febr. 1945 im Osten vermißt, dt. Schriftsteller.
Ging verschiedenen Beschäftigungen nach, Volksschullehrer im Vogtland, später im Bayer. Wald. Schrieb Gedichte, Erzählungen und Romane, die das Leben seiner bayr. Wahlheimat widerspiegeln.
Hauptwerke: Das festl. Jahr (Ged., 1928), Ein Jahr rollt übers Gebirg (R., 1934), Wälder und Wäldler (R., 1936; mit K. Linke), Losnächte (En., 1941).

Linklater, Eric Robert Russell [engl. 'lɪŋklɛɪtə], * Dounby (Orkney) 8. März 1899, schott. Schriftsteller.
Medizinstudium, Journalist, häufige Auslandsaufenthalte, u. a. in Persien, Indien, China und den USA; 1945–48 Lordrektor der Universität Aberdeen; schott. Nationalist. Pflegte zahlreiche literar. Gattungen, bes. die erzählenden; den größten Erfolg hatte L. mit dem witzig-satir. Schelmenroman „Juan in Amerika" (1931, dt. 1942). Sein Werk ist durch stilist. Brillanz und die eigentüml. schott. Mischung von Humor, Witz und Ironie ausgezeichnet.
Weitere Werke: Der kleine Landurlaub (R., 1937; dt. 1959), Aufruhr in Namua (R., dt. 1957), Auf der Höhe der Zeit (R., dt. 1961), Die fidele Muse (R., dt. 1962).

Linna, Väinö [finn. 'linnɑ], * Urjala 20. Dez. 1920, finn. Schriftsteller.
Autodidakt, Wald- und Fabrikarbeiter; errang mit seinem hervorragend komponierten Roman „Kreuze in Karelien" (dt. 1955), einem Kriegsbuch, das in hartem Realismus den Krieg ad absurdum führt, einen großen Erfolg.

Weitere Werke: Musta rakkaus (R., 1949), Täällä pohjantähden alla (1959–62).

Linnankoski, Johannes [finn. 'linnaŋkɔski], eigtl. J. Vihtori Peltonen, * Askola 18. Okt. 1869, † Helsinki 10. Aug. 1913, finn. Schriftsteller.
Aus bäuerl. Geschlecht; wurde nach Besuch eines Lehrerseminars Redakteur an einer Zeitung und bemühte sich um die Förderung der Volksbildung; ab 1900 freie schriftsteller. Tätigkeit; während L. in seinen Dramen v. a. bibl. Stoffe gestaltete, wendete er sich in den nationalromant.-idealist. Romanen Themen seiner Heimat und ihrer bäuerl. Bevölkerung zu. Bilderreiche, fließende Sprache, romant. Phantasie, temperamentvolle Schilderungen. Liebe und Leben preist er in dem Roman „Das Lied von der glutroten Blume" (dt. 1909, 1963 u. d. T. „Don Juan in Suomi").
Weitere Werke: Ikuinen taistelu (Dr., 1903), Die Flüchtlinge (1908, dt. 1922).
Literatur: Söderhjelm, W.: *J. L. Stockholm 1918.*

Lins do Rêgo Cavalcanti, José [brasilian. 'līz du 'rregu kaval'kɐnti], * Farm Corredor bei Pilar (Paraíba) 3. Juni 1901, † Rio de Janeiro 12. Sept. 1957, brasilian. Schriftsteller.
Studierte Rechtswissenschaft; regionalist. Romancier des brasilian. Nordostens; sein Hauptwerk ist der aus 6 Romanen bestehende gesellschaftskrit. „Ciclo da cana de açúcar" (= Zuckerrohrzyklus, 1932–43).
Weitere Werke: Pedra Bonita (R., 1938), Rhapsodie in Rot (R., 1953; dt. 1958), Gregos e Troianos (Reiseb., 1957).

Lin Yutang, eigtl. Lin Yü-tang, * Amoy 10. Okt. 1895, chin. Schriftsteller.
Als Sohn eines Kaufmanns und späteren Missionsgeistlichen auf der Missionsschule erzogen; Studium an der Harvard University, in Jena und Leipzig; 1923–26 Professor für engl. Philologie an der Universität Peking; gab in der Folgezeit verschiedene Zeitschriften heraus; 1936 ging er nach New York, 1948 wurde er zum Leiter des künstler. Sektors der UNESCO ernannt, 1954/55 war er Rektor an der Nanyang University in Singapur; im Mittelpunkt seines meist in engl. Sprache geschriebenen Werks stehen Zeitromane aus dem modernen China; daneben kulturgeschichtl. Studien über China und Übersetzungen chin. Volksgeschichten.
Hauptwerke: Peking, Augenblick und Ewigkeit (R., dt. 1952), Mein Volk und meine Leute (Studie, dt. 1936), Chinesenstadt (R., dt. 1952), Kontinente des Glaubens (Autobiogr., dt. 1961).

Lipinski-Gottersdorf, Hans, * Leschnitz bei Oppeln 5. Febr. 1920, dt. Schriftsteller.
Landwirtschaftl. Tätigkeit; Teilnahme am 2. Weltkrieg, Gefangenschaft, nach dem Krieg Fabrikarbeiter, dann freier Schriftsteller. Behandelt in seinem Erzählwerk meist Stoffe seiner oberschles. Heimat und setzt sich mit Zeitproblemen auseinander.
Hauptwerke: Fremde Gräser (R., 1955), Finsternis über den Wassern (E., 1957), Stern der Unglücklichen (Weihnachtsgeschichten, 1958), Wenn es Herbst wird (E., 1961), Die Prosna-Preußen. 1. Buch: Das Dominium (R., 1968).

Li Po, genannt Li Tai-po, * in Szetschuan 701 (?), † bei Nanking (?) 762, chin. Lyriker.
Führte ein nur durch zeitweilige Berufungen an den Kaiserhof unterbrochenes, der Dichtkunst und dem Wein gewidmetes Wanderleben; mit seinen anschaul.-schlichten Trinkliedern und Naturgedichten gilt er als der bedeutendste Dichter der Tang-Zeit und als einer der größten Lyriker der chin. Literatur überhaupt; seine sprachl. und gedankl. kühne, stark vom Taoismus beeinflußte Lyrik fand in Deutschland v. a. durch Nachdichtungen von Klabund Eingang.
Literatur: Waley, A.: *The poetry and career of Li Po. 701–762 A. D. London; New York 1950.* – † auch Laotse.

Lippi, Lorenzo [italien. 'lippi], * Florenz 3. Mai 1606, † ebd. 15. April 1665, italien. Maler und Dichter.
Wurde als Dichter bes. bekannt durch sein flüssig geschriebenes, unter dem Pseudonym Perlone Zipoli hg. kom. Versepos „Il malmantile racquistato" (hg. 1676), ein Muster klass. italien. Stils.

Lippl, Alois Johannes [... pəl], Pseudonym Blondel vom Rosenhag, * München 21. Juni 1903, † Gräfelfing bei München 8. Okt. 1957, dt. Schriftsteller.
Nach seinem Studium Theaterarbeit, v. a. in der religiösen Laienspielbewegung; war Bankbeamter, freier Schriftsteller; beim Bayer. Rundfunk, 1948–53 Intendant des Bayer. Staatsschauspiels. L. schrieb Laienspiele und Volksstücke, mit denen er das Erbe L. Thomas übernahm, daneben auch Komödien, Märchen und Mysterienspiele. Seine Bühnenstücke sind außerordentl. theaterwirksam; er schrieb ferner Drehbücher, Hörspiele und Romane.
Hauptwerke: Das Überlinger Münsterspiel (1924), Das Spiel von den klugen und törichten Jungfrauen (1926), Das Erler Andreas-Hofer-Spiel (1927), Auferstehung (Schsp., 1931), Die Pfingstorgel (Kom., 1933), Der Holledauer Schimmel (Kom., 1937), Der Engel mit dem Saitenspiel (Kom., 1938), Saldenreuther Weihnacht (R., 1954).

Liscow, Christian Ludwig ['lɪsko], * Wittenburg (Bezirk Schwerin) 29. April 1701, † Gut Berg bei Eilenburg 30. Okt. 1760, dt. Satiriker.
Im Dienst des Herzogs Karl Leopold von Mecklenburg, 1741 des sächs. Gesandten Graf Brühl, 1745–49 Kriegsrat in Dresden. Verspottete in geistreichen, stilist. klaren und lebendigen Satiren v. a. die Torheiten seiner Zeit; am bedeutendsten „Die Vortrefflichkeit und Notwendigkeit der Elenden Skribenten gründl. erwiesen" (1734).
Ausgaben: L. Werke. Ausw. Hg. v. A. Holder. *Halle 1901. – Ch. L. L. Sämmtl. satyr. Schrr. Hg. v.* K. Müchler. *Lpz. 1806. 3 Bde.*
Literatur: Litzmann, B.: *Ch. L. L. in seiner literar. Laufbahn. Hamb. 1883.* – † auch Rabener, Gottlieb Wilhelm.

Liselotte von der Pfalz ['li:zələtə, - -'- -] † Elisabeth Charlotte von der Pfalz.

Lispector, Clarice [brasilian. lispe'tor], * Tschetschelnik (Ukraine) 1924, brasilian. Schriftstellerin.
Russ. Herkunft; Jugend in Recife, Jurastudium in Rio de Janeiro; heiratete einen Diplomaten und lebte lange in Europa und Nordamerika; arbeitete als Journalistin; vertritt in ihren Romanen eine psychologisierende Tendenz.
Hauptwerke: Der Apfel im Dunkeln (R., dt. 1964), Die Nachahmung der Rose (En., dt. 1967).

Lissauer, Ernst, * Berlin 10. Dez. 1882, † Wien 10. Dez. 1937, dt. Dichter.

Sohn eines jüd. Kaufmanns, studierte dt. Literatur und Philosophie, seit 1906 freier Schriftsteller in Berlin. Soldat im 1. Weltkrieg, gab die Feldzeitung „Front" heraus, seit 1933 lebte er in der Emigration in Wien. L. war v. a. Lyriker; symbol. Verse, von eigenem Formwillen geprägt, betont nationalist. („Haßgesang gegen England", 1914) und freireligiös; später stärker verinnerlichte Lyrik. Histor. Persönlichkeiten und Ereignisse sind Themen seiner Zyklen wie auch der heroischen Dramen. Prosaschriftsteller und Hg. von Anthologien.
Weitere Werke: Der Strom (Ged., 1912), 1813 (Ged., 1913), Der brennende Tag (Ged., 1916), Die ewigen Pfingsten (Ged., 1919), Bach (Ged., 1919), Eckermann (Dr., 1921), Yorck (Schsp., 1921), Das Weib des Jephta (Dr., 1928), Luther und Thomas Münzer (Dr., 1929), Die Steine reden (Dr., 1936).
Literatur: Brand, G. K.: *E. L. Stuttg. 1923.*

List, Margarete ↑ Bentlage, Margarete zur.

List, Rudolf, * Leoben (Steiermark) 11. Okt. 1901, östr. Schriftsteller.
Studierte in Graz Germanistik und Kunstgeschichte, Redakteur; sein gesamtes literar. Schaffen ist der steir. Heimat verpflichtet.
Hauptwerke: Tor aus dem Dunkel (Ged., 1935), Der große Gesang (R., 1941), Trost der Welt (Ged., 1952), Silberne Nacht (En., 1961).

Lista y Aragón, Alberto [span. 'lista i ara'ɣɔn], * Sevilla 15. Okt. 1775, † ebd. 5. Okt. 1848, span. Dichter.
Professor für Mathematik und Literatur in Sevilla, später in Madrid; zeitweilig in Frankreich; einer der bedeutendsten span. Lyriker der Zeit zwischen Klassik und Romantik; Wortführer der klassizist. Sevillaner Dichterschule, von starker normativer Kraft; sein Vorbild war Rioja; auch Literarhistoriker.
Hauptwerke: Poesías (1822), Lecciones de literatura dramática (Essays, 1836), Ensayos literarios y críticos (Essays, 1844).

Li Tai-po ↑ Li Po.

Livings, Henry [engl. 'lɪvɪŋz], * Prestwich (Lancashire) 20. Sept. 1929, engl. Dramatiker.
Vom absurden Theater beeinflußter, zur Satire neigender Verfasser von Lustspielen, die der Burleske und Groteske nahestehen.
Hauptwerke: Stop it (Dr., 1961), François Villon (Dr., 1961), Rise and fall of Nig Nog (Dr., 1961), Nil Carborundum (Dr., 1962), Big soft Nellie (Dr., 1962), Kellys Schuld (Dr., dt. 1964).

Livius, Titus, * Patavium (heute Padua) 59 v. Chr., † ebd. 17 n. Chr., röm. Geschichtsschreiber.
Wurde in seiner Vaterstadt erzogen, erhielt eine rhetor. Ausbildung; seit 30 v. Chr. hielt er sich meistens in Rom auf, wo er sich seinem Lebenswerk „Ab urbe condita libri", einer Geschichte der Stadt Rom in 142 Büchern, von der Gründung der Stadt bis zu Drusus' Tod (9 v. Chr.), widmete (erhalten sind die Bücher 1–10 und 21–45, ferner Fragmente und Inhaltsangaben des ganzen Werkes). L. benutzte die zu seiner Zeit vorliegenden Geschichtswerke, bes. die jüngeren Annalisten und Polybios; er stellte jedoch die künstler. Darstellung über die histor. Treue; die alten röm. Ideale sind für ihn die Kräfte, die Roms Aufstieg bewirkten, wie die Abkehr von ihnen den Niedergang verschuldete. Die romantische idealisierende Darstellung der Vergangenheit und die religiös-sittl. Tendenz entsprachen den Bestrebungen des Augusteischen Zeitalters, deshalb von Augustus sehr geschätzt.
Ausgaben: T. L. Röm. Gesch. Dt. Übers. Bearb. v. H. A. Gärtner. *Stuttg. 1968ff. Auf 3 Bde. berechnet. – Titi Livii ab urbe condita libri. Hg. v.* W. Weissenborn. *Neu bearb. v.* H. J. Müller. *Bln. $^{2-10}$1880–1924. Neudr. Dublin $^{4-13}$1965. 10 Bde.*
Literatur: L. Hg. v. E. Burck. *Darmst. 1967.* – Klingner, F.: *2000 Jahre L. In:* Klingner: *Röm. Geisteswelt. Mchn. ^{5}1965.* – Burck, E.: *Die Erzählkunst des T. L. Zürich ^{2}1964.* – Walsh, P. G.: *Livy, his historical aims and methods. London 1961.* – Klotz, A.: *L. u. seine Vorgänger. Lpz. 1940–41. 3 Hefte. Nachdr. Amsterdam 1964.*

Livius Andronicus, Lucius, * um 284, † um 204, röm. Dichter.
Freigelassener aus Tarent, gründete eine Schule für die Söhne der Vornehmen; seine Übersetzung der „Odyssee" in saturn. Versmaß ist die erste umfangreiche [Nach]dichtung in lat. Sprache; mit der lat. Bearbeitung griech. Tragödien und Komödien begründete er das lat. Kunstdrama; die erste Aufführung fand 240 während der Ludi Romani statt.
Literatur: Mariotti, S.: *Livio Andronico e la traduzione artistica. Mailand 1952.*

Li Yü, * Jukao (Kiangsu) 1611, † Wuchow um 1680, chin. Dramatiker.
Verzichtete auf eine Beamtenlaufbahn, unternahm ausgedehnte Reisen durch ganz China und war zeitweise Leiter einer Schauspieltruppe; forderte eine Neuorientierung des Dramas; verhalf dem Volkstheater auch unter den Gelehrten zu neuem Ansehen. Die zehn besten Dramen Li Yüs, heitere, volkstüml. Lustspiele mit stark erot. Akzent, sind unter dem Namen „Shihchungchü" bekannt. Seine Novellen („Die 13stöckige Pagode", dt. 1940; „Der Turm der fegenden Wolken", dt. 1953) sind humorvoll unterhaltsam. Außerdem schrieb er Abhandlungen über die verschiedensten Themen (Phonetik, Kosmetik u. a.).

Ljungdal, Arnold [schwed. ˌjʊŋdɑːl], * Mellerud 2. Aug. 1901, † Stockholm 12. Juli 1968, schwed. Lyriker.
Bibliothekar an der Stadtbibliothek Stockholm, in der Clartébewegung engagiert, bekleidete er verschiedene Vertrauensposten im schwed. Zweigverein; 1940–48 Vorsitzender des schwed. Schriftstellervereins. L.s Dichtung, die marxist. Züge trägt, ist H. Barbusse verpflichtet. L. übersetzte Rilkes „Duineser Elegien".
Hauptwerke: Till den nya tiden (Ged., 1926), Fanorna (Ged., 1927), Ungdom (Ged., 1931), Katedral (Ged., 1950), Till mäniska klarnad (Ged., 1953).

Llewellyn (L. Lloyd), Richard [engl. luː'ɛlɪn], eigtl. R. David Vivian L. Lloyd, * Saint David's (Pembroke) 8. Dez. 1906, walis. Schriftsteller.
Arbeitete im Bergwerk, ging nach Italien zur Erlernung des Hotelgewerbes; interessiert an bildender Kunst; war Drehbuchautor, wurde Filmproduzent. Schrieb außer Dramen v.a. folklorist. Romane, die der Unterhaltungsliteratur nahestehen; in seinem Hauptwerk, dem Roman „So grün war mein Tal" (dt. 1940), stellte L. die Welt der walis. Bergarbeiter dar.

Weitere Werke: Einsames Herz (R., dt. 1943), Die tapferen Frauen von Merthyn (R., dt. 1957), Das neue Land der Hoffnung (R., dt. 1961), Der Mann im Spiegel (R., dt. 1962), Der Judastag (R., dt. 1966).

Llor, Miguel [span. ʎɔr], * Barcelona 9. Mai 1894, katalan. Schriftsteller.
Schrieb psycholog. Romane aus der Welt des mittleren und niederen katalan. Bürgertums; auch Übersetzer (Moravia, Gide).

Llorens Torres, Luis [span. jo'rens 'tɔrrɛs], * Juana Díaz 14. Mai 1878, † San Juan 16. Juni 1944, puertorican. Dichter.
Studierte in Spanien; von Rubén Darío und Whitman beeinflußter modernist. Lyriker.
Hauptwerke: Al pie de la Alhambra (Ged., 1899), Sonetos sinfónicos (1914), La canción de las Antillas y otros poemas (Ged., 1929), Alturas de América (Ged., 1940).

Llorente i Olivares, Teodoro [span. ʎo'rente i oli'βares], * Valencia 7. Jan. 1836, † ebd. 2. Juli 1911, katalan. Dichter.
Rechts- und Literaturstudium in Valencia; Journalist und Abgeordneter der Cortes; Gründer des „Rat Penat", einer Gesellschaft zur Pflege des valencian. Dialekts; schrieb Gedichte in katalan. (valencian.) und span. Sprache; auch Übersetzer Goethes, Byrons, Heines, Hugos u. a.
Hauptwerke: Llibret de versos (Ged., 1885), Versos de la juventud (Ged., 1905).

Lloyd, Richard David Vivian Llewellyn [engl. lɔɪd] ↑ Llewellyn, Richard.

Llull, Ramón [katalan. ʎuʎ] ↑ Lullus, Raimundus.

Lobato, José Bento Monteiro ↑ Monteiro Lobato, José Bento.

Lobeira (Loveira), Vasco de [portugies. lu'βɐirɐ (lu'vɐirɐ)], * Elvas um 1360, † ebd. um 1403, portugies. Dichter.
Verfaßte angebl. die ersten [nicht erhaltenen] portugies. Bücher (oder einen Teil davon) des „Amadisromans".

Lobesam, Hannchen ↑ Zinner, Hedda.

Lobón de Salazar, Francisco [span. lo'βɔn de sala'θar] ↑ Isla y Rojo, José Francisco de.

Lobsien, Wilhelm [lɔp'si:n], * Foldingbro (Schleswig) 30. Sept. 1872, † Niebüll 26. Juli 1947, dt. Schriftsteller.
Lehrer; von Storm und Liliencron beeinflußt; Landschaft und Leute der Nordsee und Halligen stehen im Mittelpunkt seines gesamten literar. Werkes.
Hauptwerke: Strandblumen (Ged., 1894), Pidder Lyng (R., 1910), Der Halligpastor (R., 1914), Halligleute (R., 1925), Der Heimkehrer (R., 1941), Wind und Woge (En., 1947), Koog und Kogge (Nov., 1950).

Lobwasser, Ambrosius, * Schneeberg 4. April 1515, † Königsberg (Pr) 27. Nov. 1585, dt. Dichter.
Studierte Rechtswissenschaft in Leipzig; nach ausgedehnten Reisen seit 1563 Professor der Rechte in Königsberg; seine Psalmenübertragung (nach der frz. Bearbeitung von Marot und Beza), die 1565 abgeschlossen und 1573 gedruckt wurde, war mehr als zwei Jh.e maßgebend. Große Bedeutung haben seine Kirchenlieder.

Locher, Jakob, genannt Philomusus, * Ehingen (Donau) Ende Juli 1471, † Ingolstadt 4. Dez. 1528, dt. Humanist.
Studierte in Basel, Freiburg i. Br., Ingolstadt, Tübingen und Bologna; war Lieblingsschüler S. Brants, dessen „Narrenschiff" er ins Lat. übersetzte und damit allgemein bekannt machte; Professor der Poetik in Freiburg i. Br.; 1498 Nachfolger von Celtis in Ingolstadt; geriet in Freiburg in Ggs. zu Wimpfeling, als er sich entschieden für die lat. Klassiker einsetzte; entscheidende philolog. Tat war die erste Horaz-Ausgabe in Deutschland; seine eigenen Dramenversuche besitzen wenig literar. Wert.

Lockhart, John Gibson [engl. 'lɔkha:t, 'lɔkət], * Cambusnethan (Lanark) 14. Juli 1794, † Abbotsford (Roxburgh) 25. Nov. 1854, schott. Schriftsteller.
Sohn eines Geistlichen; verlor das Interesse an seinem jurist. Beruf und wandte sich der Literatur zu; heiratete 1820 die Tochter W. Scotts. Hinterließ ein bedeutsames biograph. Werk, v. a. die Biographie Scotts (1837f.) gilt als vorbildlich. Weniger bed. sind die Romane aus seiner schott. Heimat. „Peter's letters to his kinsfolk" (1819) sind Skizzen aus dem gesellschaftl. Leben. Übersetzer der Vorlesungen von A. W. Schlegel.
Literatur: Lochhead, M. C.: *J. G. L. A biography. London 1954.*

Lodeizen, Johan August Frederik [niederl. lo:'dɛizə], * Naarden 20. Juli 1924, † Lausanne 26. Juli 1950, niederl. Lyriker.
Studierte in den Niederlanden und in den USA; moderner Romantiker, gilt als Vorläufer der „Experimentellen". Verzicht auf Reim und Versmaß; Assoziations- und Bilderreichtum.
Hauptwerk: Het innerlijk behang en andere gedichten (1952).

Lodge, Thomas [engl. lɔdʒ], * West Ham (heute zu London-Newham) um 1558, † London Sept. 1625, engl. Schriftsteller.
Studierte Jura, wandte sich aber der Literatur zu; 1591–93 Südamerikareise (mit Cavendish); Medizinstudium, lebte als Arzt in London; starb an der Pest. In seinem programmat. Essay „A defense of plays" (1580) wandte sich L. gegen theaterfeindl. Tendenzen und begann nach dem Vorbild Senecas, den er später übersetzte, histor. Tragödien zu schreiben. Er schuf auch Prosaromanzen, Vorläufer des modernen Romans in Elisabethan. Zeit. Weitere Werke sind Liebesgedichte, Kleinepen, Satiren und eine Josephus-Übersetzung; L.s Romanze „Rosalynde, Euphues' golden legacie" (1590), im euphuist. Stil Lylys geschrieben, lieferte Shakespeare den Stoff zu „Wie es euch gefällt".
Literatur: Sisson, Ch. J.: *Th. L. and other Elizabethans. New York 1966.* – Ryan, P. M., jun.: *Th. L., gentleman. Hamden (Conn.) 1958.*

Loerke, Oskar ['lœrkə], * Jungen bei Marienwerder 13. März 1884, † Berlin 24. Febr. 1941, dt. Dichter.
1903 Studium der Germanistik und Musik in Berlin; von 1917 bis zu seinem Tode Lektor beim S. Fischer Verlag. L. wirkte vorbereitend und anregend für die moderne Lyrik (W. Lehmann, K. Krolow), hatte Anteil an der Bewegung des Expressionismus und ist doch auch Spätklassiker einer langen lyr. Tradition. Er ließ die Dinge durch das poet. Wort „sich selbst aussprechen", daher Ausschluß von Allegorie und bildhaftem Vergleich. Natur ist weder Szenerie für Mensch-

liches, noch ist sie vermenschlicht, sie steht für sich selbst. Als Erzähler grüblerisch, als Essayist von Musikalität bestimmter Interpret von Dichtern und Musikern.
Hauptwerke: Vineta (E., 1907), Die heiml. Stadt (Ged., 1921), Der Oger (R., 1921), Der längste Tag (Ged., 1926), Pansmusik (Ged., 1929), Atem der Erde (Ged., 1930), Der Silberdistelwald (Ged., 1934), Der Wald der Welt (Ged., 1936), Tagebücher 1903–39 (hg. 1955).
Ausgaben: O. L. Gedichte u. Prosa. Hg. v. P. Suhrkamp. *Frkf. 1958. 2 Bde. – O. L. Reden u. kleinere Aufs. Hg. v.* H. Kasack. *Wiesb. 1957.*
Literatur: Eppelsheimer, R.: *Mimesis u. Imitatio Christi bei L., Däubler, Morgenstern, Hölderlin. Bern u. Mchn. 1968.* – Gebhard, W.: *O. L.s Poetologie. Mchn. 1968. – O. L. Eine Gedächtnisausstellung zum 80. Geburtstag des Dichters im Schiller-Nationalmuseum Marbach a. N. Kat. bearb. v.* R. Tgahrt *u.* T. Krömer. *Stuttg.; Mchn. 1964.* – Kasack, H.: *O. L. Charakterbild eines Dichters. Wiesb. 1951.*

Loetscher, Hugo ['lœtʃər], * Zürich 22. Dez. 1929, schweizer. Schriftsteller.
Studierte Philosophie, Wirtschaftsgeschichte, Soziologie und dt. Literatur (Dr. phil.), Mitarbeiter an Zeitungen und beim Fernsehen. L. begann als Dramatiker („Schichtwechsel", UA 1960), wurde dann v. a. bekannt durch den allegor.-satir. Roman „Abwässer" (1963), den realist.-gleichnishaften Roman „Die Kranzflechterin" (1964) und den „Roman einer Konjunktur" „Noah" (1967), eine Zeitsatire.

Löffelholz, Franz † Mon, Franz.

Logau, Friedrich Freiherr von, Pseudonym Salomon von Golaw, * Dürr Brockuth (Landkreis Strehlen) Juni 1604, † Liegnitz 24. Juli 1655, dt. Dichter.
Studierte Rechtswissenschaft, war Regierungsrat am Hof Herzog Ludwigs von Brieg; Mitglied der „Fruchtbringenden Gesellschaft". L. gilt mit seinen prägnanten satir. Sinngedichten, in denen er scharfe Kritik am moral. und religiösen Verfall und an der sozialen Ungerechtigkeit seiner Zeit übte, als bedeutendster Epigrammatiker des Barocks. Lessing erneuerte als Mithg. von L.s Werken sein Andenken.
Hauptwerke: Erstes Hundert Teutscher Reimen-Sprüche (1638), Deutscher Sinngedichte Drey Tausend (1654).
Ausgabe: F. v. L. Deutscher Sinngedichte Drey Tausend. Breslau 1654. Hg. v. G. Eitner. *Stuttg. 1872. Nachdr. Hildesheim 1968.*
Literatur: Baumeister, F.: *Der Gedankeninhalt der Epigramme L.s. Diss. Erlangen 1922.* – Hempel, P.: *Die Kunst F.s v. L. Bln. 1917.*

Loges, François des [frz. lɔ:ʒ] † Villon, François.

Lohengrin [...gri:n], wahrscheinl. in den 80er Jahren des 13. Jh.s entstandenes mhd. Epos; der Verfasser war gebildeter Laie, vielleicht Beamter des bayr. Herzogs, doch sind Text- und Entstehungsgeschichte nicht geklärt; undeutl. sind die Beziehungen zum „Wartburgkrieg", ferner zu einem zweiten L.gedicht, das nur in einer späteren Meistersingerbearbeitung des 15. Jh.s bekannt, in seinem Ursprung jedoch älter ist und auf dem die Anfangspartie des L. beruhen könnte; inhaltl. Abhängigkeit von Wolfram von Eschenbach, der Kern nimmt jedoch nur einen geringen Umfang des Gesamtwerkes ein, das u. a. die durch Eike von Repgow bekannten Ungarnkämpfe Kaiser Heinrichs einbezieht und auf diese Weise die Märchenfabel zu einem histor. Epos umgestaltet. Hauptquelle für das gleichnamige Musikdrama R. Wagners.
Ausgabe: L. Hg. v. H. Rückert. *Quedlinburg 1857.*
Literatur: Krogmann, W.: *Die Schwanrittersage. In: Arch. f. das Studium der neueren Sprachen u. Literaturen 92, 171 (1937), 76.* – Panzer, F.: *L.-Studien. Halle 1894.* – Elster, E.: *Beitr. zur Kritik des L. In: Beitr. zur Gesch. der dt. Sprache u. Lit. 10 (1885), 81.*

Lohenstein, Daniel Casper von, eigtl. Daniel Casper, * Nimptsch bei Reichenbach (Eulengebirge) 25. Jan. 1635, † Breslau 28. April 1683, dt. Dichter.
Sohn eines Ratsherrn, studierte Jura; Bildungsreisen durch Deutschland, die Niederlande, die Schweiz und Österreich; Anwalt, Syndikus, Gesandter, kaiserl. Rat, bedeutendster dt. Dramatiker des Spätbarocks. Im Alter von 15 Jahren schrieb er sein erstes Trauerspiel („Ibrahim Bassa"); seine Vorbilder waren Seneca der Jüngere und v. a. Gryphius, dem er aber an dichter. Stärke nachsteht. Seine pathet.-heroischen Stücke, die voll erregender, oft blutrünstiger und erot. Handlung und mit grellen Effekten ausgestattet sind, entsprechen dem Stilideal der extensiven Fülle. Alles, was L. an Neuem und Positivem zur Fortentwicklung des schles. Kunstdramas beigetragen hat, findet sich in der „Sophonisbe" (Trag., 1680): mitreißende Handlung, ein eigenartiger Frauencharakter, lebhafte Sprache und geschickte Versbehandlung. Sein [unvollendetes] Hauptwerk, der heroisch-galante Roman „Großmütiger Feldherr Arminius oder ..." (1689/90), zeigt ein erstaunl. Maß an Erfindungsgabe, leidet aber an der Überfülle von Wissensstoff und abstruser Gelehrsamkeit. L. schrieb auch bildkräftige Lyrik.
Weitere Werke: Cleopatra (Trag., 1661), Agrippina (Trag., 1665), Epicharis (Trag., 1665), Ibrahim Sultan (Trag., 1673), Trauer- und Lustgedichte (1680).
Ausgaben: D. C. v. L. Gedichte. Ausgew. u. hg. v. G. Henniger. *Bln. 1961. – D. Caspar v. L. Dramen. Hg. v.* K. G. Just. *Stuttg. 1953–57. 3 Bde.*
Literatur: Vosskamp, W.: *Zeit- u. Geschichtsauffassung im 17. Jh. bei Gryphius u. L. Bonn 1967.* – Gillespie, G. E. P.: *D. C. v. L.s historical tragedies. Columbus (Ohio) 1966.* – Verhofstadt, E.: *D. C. v. L. Untergehende Wertwelt u. ästhet. Illusionismus. Brügge 1964.* – Müller, Conrad: *Beitr. zum Leben u. Dichten D. C.s v. L. Breslau 1881.* – † auch Opitz, Martin.

Lo-Johansson, Ivar [schwed. 'lu:ˌju:ansɔn], * Ösmo (Södermanland) 23. Febr. 1901, schwed. Schriftsteller.
Sohn eines Landarbeiters, Autodidakt; 1925–29 Auslandsaufenthalt, der ihn künstler. reifen ließ. Das Thema seiner Werke ist der Landarbeiter (Lo-J. ist führend in der sog. Landarbeiterschule), teils in breitangelegten Werken über die sozial benachteiligte und unterdrückte Klasse, teils in mitfühlenden, psycholog. scharf nuancierten Porträts einzelner. Die Großstadtromane behandeln das Problem der Anpassungsschwierigkeit der landflüchtigen Jugend.

Hauptwerke: Monna ist tot (R., 1932; dt. 1949), Godnatt jord (R., 1933), Kungsgatan (R., 1935; dt. 1949), Nur eine Mutter (R., 1939; dt. 1946), Traktorn (R., 1943), Analfabeten (Autobiogr., 1951), Von Hof zu Hof (E., dt. 1959), Lyckan (1962, dt. 1968).

Løland, Rasmus [norweg. 'lø:lan], * Løland (Ryfylke) 24. Mai 1861, † Hvalstaddalen 12. Okt. 1907, norweg. Schriftsteller.

Schon in der Jugend kränkl., Neurotiker; einer der hervorragendsten Schriftsteller seiner Zeit in Landsmål; melanchol. und mitfühlend schilderte L. Menschen, die außerhalb der menschl. Gemeinschaft stehen, sei es als bes. Begabte oder als bes. Schwache. L.s Stärke als Verfasser von Kinderbüchern liegt in der Darstellung der kindl. Psyche.

Hauptwerke: Folkeliv (En., 1891), Skuld (E., 1892), Emne (E., 1896), Ute og heime (E., 1901), Paa skuggesida (E., 1908), Hunorar aar (R., 1910).

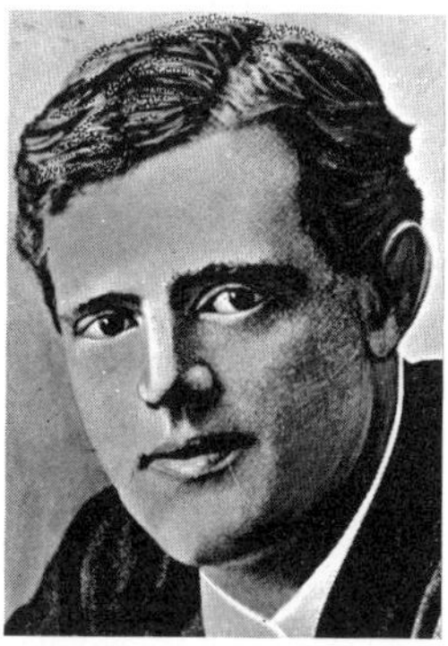

Jack London

Lomonossow, Michail Wassiljewitsch; tl.: Lomonosov, Mihail Vasil'evič [lomo'nɔsɔf, russ. lɐma'nɔsɐf], * Mischaninskaja (Gouv. Archangelsk) 19. Nov. 1711, † Petersburg (heute Leningrad) 15. April 1765, russ. Universalgelehrter und Dichter.

Sohn eines Fischers, studierte nach dem Besuch eines slaw.-griech.-lat. Gymnasiums in Moskau, Petersburg und Deutschland, wurde 1745 Professor der Chemie, Mitglied der Akademie der Wissenschaften in Petersburg; außer naturwissenschaftl., geschichtl. und sprachwissenschaftl. Arbeiten schrieb L. Idyllen, Tragödien und Oden, die, von frz. und dt. Vorbildern beeinflußt, den umfangreichsten Teil seines Werkes bilden; bekannt sind die Oden an die Zarinnen Elisabeth und Katharina, eine Ode zur Eroberung von Chotin und die Betrachtung über Gottes Majestät.

Ausgabe: M. W. L. Ausgew. Schrr. Dt. Übers. Bln. 1961. 2 Bde.

Literatur: Grasshoff, H.: *M. L. Bln. 1962.* – Morosow, A. A.: *M. W. L. 1711–1765. Dt. Übers. Bln. 1954.* – Martel, A.: *Michel Lomonosov et la langue littéraire russe. Paris 1933.*

London, Jack [engl. 'lʌndən], eigtl. John Griffith, später J. G. London (nach seinem Stiefvater), * San Francisco 12. Jan. 1876, † Glen Ellen (Calif.) 22. Nov. 1916 (Selbstmord), amerikan. Schriftsteller.

Wuchs als unehel. Kind eines umherziehenden Astrologen in ärml. Verhältnissen auf, mußte seinen Lebensunterhalt selbst verdienen; führte ein abenteuerl. Leben als Fabrikarbeiter, Goldsucher, Landstreicher, Seemann und Berichterstatter während des Russ.-Jap. Krieges; Alkoholiker, extravagante Lebensführung. Literar. Einfluß Kiplings und Stevensons. Jack L. schrieb v.a. Tiergeschichten und naturalist.-romant. Abenteuerromane, denen oft eigene Erlebnisse zugrunde liegen; auch Romane mit sozialkrit. Tendenz (1916 brach Jack L. mit der Sozialist. Partei), die – durch eigene Erfahrungen – überzeugende Bilder des harten Lebenskampfes geben. Er überschritt oft die Grenze von packender Darstellung zu bloßer Sensationslust; einer der meistübersetzten amerikan. Autoren.

Hauptwerke: Der Sohn des Wolfs (E., 1900; dt. 1927), Der Seewolf (R., 1904; dt. 1926), Wenn die Natur ruft (R., dt. 1907, auch u.d.T. Der Ruf der Wildnis), Wolfsblut (E., dt. 1912), Martin Eden (autobiograph. R., 1909; dt. 1927), König Alkohol (autobiograph. R., 1913; dt. 1925).

Ausgaben: J. L. Tb.-Ausg. Dt. Übers. Bln. 1963 ff. Auf mehrere Bde. berechnet. – J. L. Gesamtausg. der Werke. Dt. Übers. Bln. 1924–32. 31 Bde. – J. L. Tauchnitz Edition. Lpz. 1911–14. 9 in 12 Bden.

Literatur: Troller, G. St.: *Der Abenteurer. Das kurze wilde Leben des J. L. Gütersloh 1968.* – Walker, F.: *J. L. and the Klondike. The genesis of an American writer. San Marino (Calif.) 1966.* – Stone, I.: *Das Leben J.L.s. Dt. Übers. Hamb. 1955.*

Longfellow, Henry Wadsworth [engl. 'lɔŋfɛloʊ], * Portland (Maine) 27. Febr. 1807, † Cambridge (Mass.) 24. März 1882, amerikan. Dichter.

Studium, 1826–29 Aufenthalt in Frankreich, Italien, Spanien und Deutschland; 1829–35 Professor für moderne Sprachen an der Universität in Bowdoin, 1836–54 an der Harvard University. L.s Dichtung ist von der dt. Romantik, der schott. Balladendichtung und den Dichtern des Viktorian. England, bes. Tennyson, beeinflußt. Seine Versepen „Evangeline" (1847, dt. 1851) und „Das Lied von Hiawatha" (dt. 1856) ragen aus einer Anzahl Epen, die ihre Themen aus der amerikan. Geschichte oder der indian. Mythologie nehmen, heraus. L. schrieb wenig persönl., aber formal vollendete Lyrik. Seine Übersetzung von Dantes „Divina Commedia" und ein zugehöriger Sonettzyklus (1864–67) sind seine bedeutendsten Leistungen.

Weitere Werke: Voices of the night (Ged., 1839), Ballads and other poems (1842), The golden legend (Dr., 1851), The courtship of Miles Standish and other poems (1858), Ultima Thule (Ged., 1880).

Ausgaben: H. W. L. Sämtl. poet. Werke in 2 Bden. Dt. Übers. Lpz. ²1916. – H. W. L. The works. Boston 1886–91. 14 Bde. [mit Biogr.].

Literatur: Thompson, L.: *Young L., 1809–1843. Neuaufl. New York 1967.* – Wagenknecht, E.: *H. W. L. Portrait of an American humanist. New York 1966.* – Brooks, Van Wyck: *Die Blüte Neuenglands. L., Emerson u. ihre Zeit. Dt. Übers. Mchn. 1948.*

Longinos, Kassios, latin. Cassius Longinus, * um 213, † 273, griech. Schriftsteller.

Neuplaton. Philosoph; Lehrer in Athen, dann Berater am Hofe der Königin Zenobia in Palmyra; nach deren Besiegung von Aurelianus hingerichtet. Erhalten sind ein Kommentar zu Hephaistion, Fragmente einer Rhetorik sowie ein Brief in der Plotin-Biographie des Porphyrios; die ihm lange Zeit zugeschriebene stilkrit. Abhandlung „Über das Erhabene" stammt von einem unbekannten Verfasser der 1. Hälfte des 1. Jh.s n. Chr.

Longinus, Johannes † Długosz, Jan.

Longos, griech. Prosaiker des 3. (?) Jh.s aus Lesbos.

Bekannt allein durch „Daphnis und Chloe", den bedeutendsten erhaltenen griech. Roman, in dem das Schicksal zweier ausgesetzter Kinder geschildert wird; vollendet im Aufbau, anmutig in der Darstellung der bukol. Welt, meisterhaft in der Gegenüberstellung von derber Sinnlichkeit und naiver Unschuld, hat der Roman auf die Schäferpoesie des Rokokos bed. Einfluß ausgeübt; Anregungen empfingen auch bildende Kunst (J. P. Cortot, Maillol) und Musik (Scarlatti, Ravel).

Ausgabe: L. Hirtengeschichten v. Daphnis u. Chloe. Griech.-dt. Hg. v. O. Schönberger. *Bln.; Darmst. 1960.*

Literatur: Chalk, H. H. O.: *Eros and the Lesbian pastorals of L. In: Journal of Hellenic studies 80 (1960), 32.* – Merkelbach, R.: *Longus: Daphnis u. Chloe. In: Antaios 1 (1959), 47.* – Rohde, G.: *Longus u. die Bukolik. In: Rhein. Museum f. Philologie. N. F. 86 (1937), 24.*

Longstreet, Augustus Baldwin [engl. 'lɔŋstri:t], * Augusta (Ga.) 22. Sept. 1790, † Oxford (Miss.) 9. Juli 1870, amerikan. Jurist, Erzieher und Schriftsteller.

War hoher Richter, Präsident von Colleges und Universitäten; hatte seinerzeit großen Erfolg mit den humorvoll-realist. „Georgia scenes, characters, and incidents" (Skizzen, 1835); sein Erzählstil wirkte auf die Autoren der „local color"-Schule, darunter Baldwin, Harris und Mark Twain; teilweise autobiograph. ist sein Roman „Master William Mitten" (1864).

Lönnbohm, Armas Eino Leopold [schwed. ˌlœnbu:m] † Leino, Eino.

Lönnrot, Elias [schwed. ˌlœnru:t], * Sammatti (Nyland) 9. April 1802, † ebd. 19. März 1884, finn. Schriftsteller und Volkskundler.

Sohn eines Schneiders; Arzt; unternahm seit 1828 Forschungsreisen durch Finnland, um die alte Volksdichtung, die Sprache und die Volkslieder seiner Heimat zu studieren; Frucht dieser Forschungen ist sein Hauptwerk, die „Kalewala", eine Zusammenstellung alter ep. Heldenlieder; sein zweites großes Werk, die „Kanteletar" (1840), ist eine Sammlung finn. Volkslyrik und balladenartiger Dichtungen. Außerdem gab er eine Sammlung von Sprichwörtern heraus: „Suomen kansan sanalaskuja" (1842).

Ausgabe: † Kalewala.

Löns, Hermann [lø:ns, lœns], * Culm bei Bromberg 29. Aug. 1866, ⚔ bei Reims 26. Sept. 1914, dt. Schriftsteller.

Nach dem Studium der Naturwissenschaften und der Medizin war L. – meist in Hannover und Bückeburg – als Berichterstatter und Schriftleiter tätig; seine Skizzen „Mein grünes Buch" (1901), „Mein braunes Buch" (1906), „Was da kreucht und fleucht" (1909), „Mümmelmann" (1909), in denen er sich als Meister der Naturschilderung zeigt, sind von der Liebe zur Lüneburger Heide bestimmt; L. schrieb außerdem dem Volkslied verpflichtete Lyrik und volkstüml. Romane.

Weitere Werke: Dahinten in der Heide (R., 1910), Der Wehrwolf (R., 1910), Der kleine Rosengarten (Ged., 1911), Das zweite Gesicht (R., 1912).

Ausgaben: H. L. Werke. Gesamtausg. hg. v. W. Deimann. *Hamb. 1960. 5 Bde. – H. L. Sämtl. Werke in 8 Bden. Hg. v.* F. Castelle. *Lpz. 56.–65. Tsd. 1942.*

Literatur: Dugall, H.: *H. L. Eine biograph. Studie. Mainzlar (Kreis Gießen) 1966.* – Klein, J.: *H. L. heute u. einst. Versuch einer krit. Einordnung u. Selbstbiographie des Dichters. Hameln u. Hann. 1966.* – Deimann, W.: *Der andere L. Münster; Hameln u. Hann. 1965.* – Deimann, W.: *Der Künstler u. Kämpfer. Eine L.biographie u. Briefausg. Hann. 1935.* – Löns, E.: *H. L. Minden 1927–43. 3 Bde.*

Lonsdale, Frederick [engl. 'lɔnzdɛɪl], eigtl. F. Leonard, * Jersey 5. Febr. 1881, † London 4. April 1954, engl. Dramatiker.

Diente bei der Marine, dann in der Armee, wurde freier Schriftsteller. Publikumswirksame Schauspiele, meist witzige Komödien und musikal. Lustspiele wenig anspruchsvollen Inhalts, zeigen L.s Begabung für brillante Ironie; seine musikal. Komödie „The maid of the mountains" (1916) brachte ihm den größten Erfolg.

Weitere Werke: The last of Mrs. Cheyney (Kom., 1925), Spring cleaning (Kom., 1925), On approval (Kom., 1927), Canaries sometimes sing (Kom., 1929), Another love story (Kom., 1943).

Loos, Cécile Ines, eigtl. I. Cäcilia L., * Basel 4. Febr. 1883, † ebd. 21. Jan. 1959, schweizer. Schriftstellerin.

Früh Vollwaise, wurde von Pflegeeltern in Bern erzogen, besuchte die Höhere Töchterschule, Erzieherin, zahlreiche Reisen; lebte später einsam und verarmt. Behandelte in ihren Romanen meist Frauen- und Kinderschicksale; oft Verbindung von Realistischem und Visionärem.

Hauptwerke: Matka Boska (R., 1929), Die Rätsel der Turandot (R., 1931), Hinter dem Mond (R., 1942), Jehanne (R., 1946), Leute am See (E., 1951).

Looy, Jacobus van [niederl. lo:i̯], * Haarlem 12. Sept. 1855, † ebd. 24. Febr. 1930, niederl. Schriftsteller.

Erziehung im Waisenhaus; Schriftsetzer, studierte Malerei; unternahm ausgedehnte Reisen in die Mittelmeerländer, lebte später zurückgezogen. Schrieb impressionist. Skizzen, z.T. Reisebeschreibungen mit besonderer Liebe für die objektive Wiedergabe des Kleinen; auch Lyriker und Übersetzer.

Hauptwerke: Gekken (R., 1892), Reizen (Skizzen, 1913), Jaap (R., 1923), Op reis (Skizzen, 1929), Gedichten (1932).

Lope de Vega, Félix ['lo:pe de 've:ga, span. 'lope ðe 'βeɣa] † Vega Carpio, Lope Félix de.

Lopes, Fernão [portugies. 'lɔpɪʃ], * 1380 (?), † 1460 (?), portugies. Geschichtsschreiber.

War offizieller Historiograph der portugies. Krone und Leiter des Nationalarchivs; steht mit seinen [weitgehend objektiven] Chroniken über die Regierungszeit der Könige Peter I. (hg. 1735), Ferdinand I. (hg. 1816) und Johann I. (hg. 1644), die ihn als einen der bedeutendsten mittelalterl. Chronisten ausweisen, am Beginn der portugies. histor. Prosaliteratur.

Lopes Vieira, Alfonso [portugies. 'lɔpɪʒ 'vjɐirɐ], * Leiria 26. Jan. 1878, † Lissabon 25. Jan. 1946, portugies. Dichter.
Rechtsstudium in Coimbra; bereiste Europa, Afrika, Amerika; patriot. Lyriker, dem v.a. Tradition und Geschichte seines Landes als Quellen dienten; auch bed. literarhistor. Arbeiten, u.a. über Gil Vicente, Montemor, Camões und den „Amadisroman".
Weitere Werke: Para quê? (Ged., 1897), O encoberto (Ged., 1905), O pão e as rosas (Ged., 1908).

López Albújar, Enrique [span. 'lopes al'βuxar], * Piura 23. Nov. 1872, † Lima 6. März 1966, peruan. Schriftsteller.
War Gerichtspräsident von Tacna; trat mit realist. Erzählungen hervor, in denen er bes. das Schicksal der ausgebeuteten Indianer behandelt; auch Lyriker.
Hauptwerke: Cuentos andinos (En., 1920), Nuevos cuentos andinos (En., 1937), Poesías de la tierra brava (1938).

López de Ayala, Pe[d]ro [span. 'lopeð ðe a'jala], genannt „el Canciller", * Vitoria 1332, † Calahorra bei Logroño 1407, span. Dichter und Chronist.
Bed. sind seine Chroniken über die Zeit der vier kastil. Könige, unter denen er hohe Staatsstellungen (seit 1398 Großkanzler) innehatte: „Crónicas de los reyes de Castilla" (hg. 1779–82); in seinem literar. Hauptwerk, dem satir. Lehrgedicht „Rimado de palacio" (entstanden um 1385, hg. 1829) geißelt er den Sittenverfall seiner Zeit. L. de A. war auch ein hervorragender Übersetzer klass. und italien. Autoren.
Literatur: Contreras López de Ayala, Marqués de Lozoya, J. de: *Introducción a la biografía del canciller Ayala, con apéndices documentales. Bilbao 1950.* – Díaz de Arcaya, M.: *El Gran Canciller Don Pedro L. de A., su estirpe, su casa, vida y obras. Vitoria 1900.*

López de Ayala y Herrera, Adelardo [span. 'lopeð ðe a'jala i ɛ'rrɛra], * Guadalcanal bei Sevilla 1. Mai 1828, † Madrid 30. Dez. 1879, span. Schriftsteller und Politiker.
Rechtsstudium in Sevilla; Minister, Präsident der Cortes; Verfasser des revolutionären Manifests von 1868, das zum Sturz der Königin Isabella II. führte; später konservativer Monarchist; 1870 Mitglied der span. Akademie; vorwiegend Dramatiker, ausgehend von der Romantik (histor. Versdramen), trat er seit Mitte der 50er Jahre mit realist. Stücken über moral. und soziale Themen hervor.
Hauptwerke: Un hombre de estado (Dr., 1851), Rioja (Dr., 1854), El tejado de vidrio (Dr., 1857), El tanto por ciento (Dr., 1861), Consuelo (Kom., 1878).

López de Mendoza, Íñigo [span. 'lopeð ðe men'doθa] † Santillana Íñigo López de Mendoza, Marqués de.

López de Úbeda, Francisco [span. 'lopeð ðe 'uβeða], span. Mediziner des 16./17. Jh.s aus Toledo.
Unter seinem Namen wurde 1605 der Schelmenroman „Die Landstörtzerin Justina Dietzin Pícara" (dt. 1626/27) veröffentlicht.

López Picó, Josep Maria [katalan. 'lopəs pi'ko], * Barcelona 14. Okt. 1886, † ebd. 24. Mai 1959, katalan. Dichter.
Studierte Philosophie u.a. in Barcelona; langjähriger Hg. und Mitbegründer der literar. Zeitschrift „La Revista"; subtiler, formbewußter und sehr produktiver Lyriker mit starker intellektualist. Neigung und Vorliebe für religiöse Stoffe.
Hauptwerke: L'ofrena (Ged., 1915), Elegia (Ged., 1925), Invocació secular (Ged., 1926), Variacions líriques (Ged., 1934), Seny (Ged., 1938).

López Silva, José [span. 'lopeθ 'silβa], * Madrid 4. April 1861, † Buenos Aires April 1925, span. Schriftsteller.
Zunächst Handlungsgehilfe in Madrid; Mitarbeiter der Zeitschrift „Madrid Cómico"; schrieb allein oder zusammen mit Arniches, Fernández Shaw u.a. erfolgreiche Sainetes und Zarzuelas aus dem Volksleben Madrids (u.a. „El colillero", 1895; „Las bravías", 1896; „La revoltosa", 1897); daneben Madrider Festgedichte.

López Velarde, Ramón [span. 'lopez βe'larðe], * Jerez (Zacatecas) 15. April 1888, † Mexiko 19. Juni 1921, mex. Dichter.
Journalist, Dr. jur., Ministerialbeamter, Professor für Literatur in Mexiko; bed., v.a. von Lugones beeinflußter, spezif. mex. Lyriker eines gemäßigten Modernismo.
Hauptwerke: La sangre devota (Ged., 1916), Zozobra (Ged., 1919), La suave patria (Ged., 1921).

Lorca, Federico García † García Lorca, Federico.

Lorenzini, Carlo [italien. loren'tsi:ni] † Collodi, Carlo.

Loris † Hofmannsthal, Hugo von.

Lorm, Hieronymus, eigtl. Heinrich Landesmann, * Nikolsburg (Südmähr. Gebiet) 9. Aug. 1821, † Brünn 3. Dez. 1902, östr. Schriftsteller.
Mit 15 Jahren taub und bereits fast blind; mußte wegen der polit.-krit. Schrift „Wiens poet. Schwingen und Federn" (1847) nach Berlin übersiedeln; 1848 Rückkehr nach Wien, später Schriftleiter in Dresden und Brünn. Außer krit. und satir. Schriften veröffentlichte er sprachl. und formal vollendete Lyrik, die Züge des Weltschmerzes trägt, sowie Romane aus dem Zeitgeschehen und Novellen; auch Dramen.
Hauptwerke: Am Kamin (En., 1857), Gedichte (1873), Vor dem Attentat (R., 1884), Das Leben kein Traum (R., 1887), Nachsommer (Ged., 1896).
Literatur: Straub, J.: *Hieronimus L. (Heinrich Landesmann). Biographie. Grundloser Optimismus. Prosa. Frkf. 1960.*

Lorrain, Jean [frz. lɔ'rɛ̃], eigtl. Paul Duval, * Fécamp 9. Aug. 1855, † Paris 1. Juli 1906, frz. Schriftsteller.
War Soldat in Algerien, dann in Paris Maler und Journalist; Verfasser naturalist. Sittenromane aus dem zeitgenöss. Paris mit ausgeprägter Vorliebe für die Beschreibung phantast. Perversionen („Monsieur de Bougrelon", 1897; „Monsieur de Phocas", 1901), auch Lyriker („Le sang des dieux", 1882) und Dramatiker („Très russe", 1893; mit O. Méténier).

Lorris, Guillaume de [frz. lɔ'ris] † Rosenroman.

Lot, Parson [engl. lɔt] † Kingsley, Charles.

Lotarjow, Igor Wassiljewitsch; tl.: Lotarev, Igor' Vasil'evič [russ. lɐta'rjɔf] † Sewerjanin, Igor.

Lothar, Ernst, eigtl. E. Müller, * Brünn 25. Okt. 1890, östr. Schriftsteller.
Jurist; Ministerialbeamter, dann Theaterkritiker, seit 1935 Leiter des Theaters in der Josefstadt in Wien, 1938–45 in der Emigration in den USA, dann Regisseur am Wiener Burgtheater und bei den Salzburger Festspielen. Von Schnitzler beeinflußter Erzähler mit besonderer Bevorzugung erot.-psycholog. Probleme; Gesellschafts- und Zeitdarstellungen nach dem Zusammenbruch der Donaumonarchie.
Hauptwerke: Macht über alle Menschen (R.-Trilogie, 1921–24), Ich! (Dr., 1923), Der Engel mit der Posaune (R., engl. 1943; dt. 1946), Das Wunder des Überlebens (Erinnerungen, 1960).
Ausgabe: E. L. Ausgew. Werke. Wien u. Hamb. 1961–68. 6 Bde.

Lothar, Rudolf, eigtl. R. Spitzer, * Budapest 23. Febr. 1865, † nach 1933 (in der Emigration verschollen), östr. Schriftsteller, Kritiker und Essayist.
Studierte Jura, dann Philosophie und Philologie, lebte in Wien, Mitarbeiter der „Neuen Freien Presse", war in Berlin Redakteur des „Lokal-Anzeigers", gründete dort 1912 das Komödienhaus. L. schrieb Erzählungen und Romane, v.a. aber Dramen (bes. Lustspiele), Opern- und Operettentexte.
Hauptwerke: König Harlekin (Spiel, 1900), Tiefland (Opernlibretto, 1904), Kurfürstendamm (R., 1910), Die drei Grazien (Lsp., 1910; mit O. Blumenthal), Der Herr von Berlin (R., 1910), Casanovas Sohn (Lsp., 1920), Besuch aus dem Jenseits (Dr., 1931).

Loti, Pierre [frz. lɔ'ti], eigtl. Julien Viaud, * Rochefort 14. Jan. 1850, † Hendaye (Basses-Pyrénées) 10. Juni 1923, frz. Schriftsteller.
Entstammte einer Hugenottenfamilie, bereiste als Marineoffizier fast alle Meere. 1891 Mitglied der Académie française. Seine zahlreichen exot. Romane, Novellen und Reisebeschreibungen schildern in sensibler Sprache den melanchol., europamüden Helden, hinter dem sich L. meist selbst verbirgt; die Liebe zu vergangenen oder vergehenden Kulturen, Haß gegen den techn. Fortschritt und Todesfurcht sind immer wiederkehrende Themen.
Hauptwerke: Aziyadeh (R., 1879; dt. 1902), Der Spahi (R., 1881; dt. 1892), Mein Bruder Yves (R., 1883; dt. 1901), Islandfischer (R., dt. 1888), Madame Chrysanthème (R., dt. 1896), Ramuntcho (R., dt. 1898), Gen Ispahan (Reiseb., dt. 1906), Die Entzauberten (R., dt. 1908).
Literatur: Millward, K. G.: *L'œuvre de L. et l'esprit „Fin de siècle". Paris 1956. – Cahiers P. L. Association internationale des amis de P. L. 1ff., Paris 1952ff.* – Farrère, C.: *P. L. Neuaufl. Paris 1949.* – Briquet, P. E.: *P. L. et l'Orient. Neuenburg 1945.*

Lotichius, Petrus L. Secundus, * Niederzell bei Schlüchtern 2. Nov. 1528, † Heidelberg 7. Nov. 1560, nlat. Dichter.
Studierte Medizin und Philologie; Teilnahme am Schmalkald. Krieg; 1558 Professor der Medizin in Heidelberg. Bed., Ovid und Vergil nacheifernder Lyriker, der in seinen Gedichten lebendige Bilder seines bewegten Lebens gibt. Das erste Buch „Elegien" erschien 1551 (dt. 1826), eine Sammlung in 4 Büchern erst nach seinem Tode.

Lou, Henry [lu:] ↑ Andreas-Salomé, Lou.

Louis, Pierre-Félix [frz. lwi] ↑ Louÿs, Pierre.

Louvet de Couvray, Jean-Baptiste [frz. luvɛdku'vrɛ], * Paris 12. Juni 1760, † ebd. 25. Aug. 1797, frz. Schriftsteller.
Konventsmitglied (Jakobiner), Gegner Robespierres; Mitglied des Rates der 500; später Konsul in Palermo; schrieb den vielgelesenen romanesk-erot. Roman „Die Abenteuer des jungen Faublas" (1787–90, dt. 1805–11), ein Sittenbild aus der frz. Gesellschaft des 18. Jh.s, außerdem „Mémoires sur la Révolution française" (hg. 1889).

Louw, Nicola[a]s Petrus van Wyk [afrikaans loʊ], * Sutherland (Kapprovinz) 11. Juni 1906, afrikaanser Schriftsteller, Kritiker und Literaturwissenschaftler.
Studierte Philosophie, Literatur und Pädagogik, 1929 Dozent in Kapstadt, 1952 Professor in Amsterdam, seit 1958 in Johannesburg. In seinem Werk (Gedichte, Dramen und Essays) fruchtbare Spannung zwischen Individualismus und philosoph. Spekulation sowie zwischen Sinnlichkeit und Vitalismus. L., der den Künstler als Ideenträger ansieht, gestaltet den Konflikt, in den bes. der Intellektualist und Künstler in der Auseinandersetzung mit der Gemeinschaft und Gott gerät.
Hauptwerke: Alleensprak (Ged., 1935), Die halwe kring (Ged., 1937), Raka (Epos, 1941), Gestaltes en diere (Ged., 1942), Dias (Dr., 1952), Nuwe verse (Ged., 1954), Germanicus (Dr., 1956), Dagboek van n soldaat (Dr., 1961).

Louÿs, Pierre [frz. lwis], eigtl. Pierre-Félix Louis, * Gent 10. Dez. 1870, † Paris 4. Juni 1925, frz. Dichter.
Kam als Mitarbeiter an den Zeitschriften „La Conque" und „Le Centaure" mit Leconte de Lisle, Moréas, Valéry und Heredia (dessen jüngste Tochter er 1899 heiratete) in Verbindung. L. schrieb „Lieder der Bilitis" (1894, dt. 1900), kunstvoll antikisierende, die griech. Sinnenfreude verherrlichende Gedichte, die er als Übersetzung einer griech. Dichterin des 6. Jh.s ausgab, und den Roman „Aphrodite" (dt. 1897), Beispiele seines feinfühligen, heidn. Lebensfreude und Ästhetizismus vereinigenden Werkes. Bed. als Übersetzer griech. Dichter.
Weitere Werke: Das Weib und der Hampelmann (R., dt. 1899), Idyllen (En., dt. 1900), Sanguines (En., 1903), Die Abenteuer des Königs Pausol (R., dt. 1900), Psyche (R., hg. 1927; dt. 1960), Journal intime (hg. 1929).
Literatur: Niederauer, D.: *L. His life and works. Diss. California Univ., Berkeley 1961/62.* – Farrère, C.: *Mon ami P. Louys. Paris 1953.* – Cardinne-Petit, R.: *P. L. inconnu. Paris 1948.*

Lovelace, Richard [engl. 'lʌvlɪs], * Woolwich (heute zu London-Greenwich) 1618, † London 1658, engl. Dichter.
Verlor sein großes Vermögen aus polit. Gründen; zweimal in Haft; starb in Armut. Einer der bedeutendsten Kavalierdichter seiner Zeit; L., der dem Ideal des Ritterlichen poet. Ausdruck gab, schrieb neben zahlreichen kalten, gekünstelten Versen einige formal und stilist. vollkommene Gedichte, darunter „To Althea from prison" (1642); erster engl. Catull-Übersetzer; seine dramat. Werke sind nicht erhalten.
Weiteres Werk: Lucasta (Ged., 1649).

Loveling, Virginie [niederl. 'lo:vəlıŋ], * Nevele bei Gent 17. Mai 1836, † Gent 1. Dez. 1923, fläm. Lyrikerin und Erzählerin.
Schrieb, anfangs gemeinsam mit ihrer Schwester *Rosalie L.* (* 1834, † 1875), Romane und Novellen, die, scharf in Beobachtung und Aussage, antiklerikale Tendenz aufweisen.
Hauptwerke: Gedichten (1870), Sophie (R., 1885), Een revolverschot (R., 1911).

Lovinescu, Eugen [rumän. lovı'nesku], * Fălticeni 31. Okt. 1881, † Bukarest 16. Juli 1943, rumän. Schriftsteller.
Klass. Philologe, übersetzte u.a. Homer und Horaz; durch sein Studium in Paris (Dr. phil.) Anhänger frz. Kultur; wurde Gymnasiallehrer; förderte als Kritiker zahlreiche junge Talente. Führender Vertreter des rumän. Modernismus, verfocht die Autonomie der Kunst, verband wissenschaftl. Präzision mit stilist. Brillanz.

Low, Hanns [lo:] ↑ Tralow, Johannes.

Lowell, Amy [engl. 'loʊəl], * Brookline (Mass.) 9. Febr. 1874, † ebd. 12. Mai 1925, amerikan. Lyrikerin.
Entstammte einer Gelehrtenfamilie aus den Neuenglandstaaten (Kusine von Robert [Traill Spence] L.), auf wiederholten Europareisen lernte sie in England E. Pound kennen und schloß sich den Imagisten an, deren Hauptvertreterin sie in Amerika wurde. Amy L. schrieb v.a. Gedichte – in freien Rhythmen und verschiedenen Strophenformen –, die durch prägnante Bilder und genaue Wiedergabe visueller Eindrücke bestechen. Neben ihrer „polyphonen Prosa" bed. literaturkrit. Werke.
Hauptwerke: Men, women and ghosts (Ged., 1916), Pictures of the floating world (Ged., 1919), Legends (Ged., 1921), John Keats (Biogr., 1925), Poetry and poets (Essay, 1930).
Literatur: Gregory, H.: *A. L.; portrait of the poet in her time. Edinburgh u. London 1958.* – Damon, S. F.: *A. L. A chronicle with extracts from her correspondence. Boston 1935.*

Lowell, James Russell [engl. 'loʊəl], * Cambridge (Mass.) 22. Febr. 1819, † Elmwood bei Cambridge 12. Aug. 1891, amerikan. Schriftsteller.
Gab Anfang der 40er Jahre seine Pläne, Jurist zu werden, auf und wandte sich der Literatur zu; bereiste Europa, wurde 1855 als Nachfolger Longfellows auf den Lehrstuhl für Literatur und moderne Sprachen in Harvard berufen; zeitweise Hg. von „The Atlantic Monthly"; 1877–80 Gesandter in Spanien, 1880–85 in England. Neben Longfellow einer der bedeutendsten geschmacksbildenden Lehrer und Autoren der USA. Er begann mit aggressiver, zeitkrit. Dichtung oft satir. Prägung, in der er sich u.a. für die Sklavenbefreiung einsetzte, so in den im Yankeedialekt verfaßten „Biglow papers" (Satire, 1848ff.). Zum Frühwerk gehört ferner empfindsame und oft patriot. Lyrik. Später wandte sich L. einem traditionsbewußten Konservativismus zu und neigte zu westeurop. orientiertem, kultiviertem Stil im Sinn des Viktorianismus; bed. Essayist.
Weitere Werke: A fable for critics (Verssatire, 1848), Among my books (Essay, 1870ff.), Democracy and other addresses (Essays und Reden, 1887).
Ausgabe: J. R. L. The complete writings. Boston 1904. 16 Bde.
Literatur: Duberman, M. B.: *J. R. L. Boston (Mass.) 1966.* – Scudder, H.: *J. R. L. A biography. London 1901. 2 Bde.*

Lowell, Robert [Traill Spence] [engl. 'loʊəl], * Boston 1. März 1917, amerikan. Dichter.
Großneffe von James Russell L.; studierte u.a. in Harvard Literatur; trat 1940 zum röm.-kath. Glauben über; Wehrdienstverweigerer; war Fachberater für Dichtung an der Kongreßbibliothek; Lehrtätigkeit. Seine durch einen puritan. modifizierten Katholizismus geprägte Lyrik zeichnet sich durch Allegorienreichtum, formales Geschick und barocke Ausdruckskraft aus; 1947 Pulitzerpreis für „Lord Weary's castle" (Ged., 1946).
Weitere Werke: Land of unlikeness (Ged., 1944), Life studies (Ged., 1959), Imitations (Ged., 1961).

Löwenhjelm, Harriet [schwed. ˌlø:vənjɛlm], * Hälsingborg 18. Febr. 1887, † Sanatorium Romanäs bei Jönköping 24. Mai 1918, schwed. Lyrikerin.
Studierte Malerei; die letzten Lebensjahre verbrachte sie lungenkrank in Sanatorien. In ihren postum erschienenen, sehr persönl. Gedichten (1919, 1928, 1941), die sie selbst illustrierte, mischen sich Nonchalance, Melancholie und Schwermut, später kommt ein Ton der Angst und Verzweiflung hinzu, den sie durch ergreifend heroische Gegentöne zu überdecken versucht; auch Naturlyrik.

Lowry, Malcolm [engl. 'laʊərı], * Merseyside (Cheshire) 28. Juli 1909, † Ripe (Sussex) 27. Juni 1957, engl. Schriftsteller.
Weitgereister, nach 1939 in Kanada ansässiger Romancier; 1929–32 studierte L. Philosophie in Cambridge. Sein Hauptwerk ist der mehrfach umgearbeitete Roman „Unter dem Vulkan" (dt. 1951), der die Daseinsnot des Menschen symbolisiert; er ist wegen seiner chiffrenhaften Sprache schwer zugänglich. L. wurde u.a. von Joyce beeinflußt; er schrieb auch Kurzgeschichten und Gedichte.
Weitere Werke: Ultramarine (R., 1933), Hör uns, o Herr, der Du im Himmel wohnst (En., 1955; dt. 1965).
Literatur: Edmonds, D. H.: *M. L. A study of his life and work. Diss. Univ. of Texas, Austin 1965.*

Łoziński, Władysław [poln. u̯ɔ'ʑiĩski], * Opary 29. Mai 1843, † Lemberg 21. Mai 1913, poln. Schriftsteller.
Bekannt v.a. als einer der ersten poln. Autoren von kulturgeschichtl. Essays in brillantem Stil; schrieb auch fein stilisierte Romane und Novellen.
Hauptwerke: Das Marienbild von Busowiska (R., dt. 1900), Poln. Leben in vergangenen Zeiten (Essay, dt. 1917).

Lozza, Alexander, * Marmorera (Graubünden) 29. Juni 1880, † Casti (Graubünden) 13. Febr. 1953, rätoroman. Dichter.
Zunächst Hirtenjunge, 1895 Eintritt in ein Kapuzinerkloster in Genua, später Priester in Graubünden; trat mit kraftvoller rätoroman. Lyrik und Erzählungen aus seiner Bündner Heimat hervor.
Hauptwerke: Ziteil (Ged., rätoroman. und dt. 1951), Poesias (hg. 1954), Prosa (hg. 1961).

Lublinski, Samuel, * Johannisburg (Ostpreußen) 18. Febr. 1868, † Weimar 26. Dez. 1910, dt. Schriftsteller.
Nach dem Studium Buchhändler; später Journalist, dann freier Schriftsteller; auch scharfsinniger

Kritiker und Religionsphilosoph; gilt als einer der bedeutendsten neuklass. Dramatiker; begann im Stil des Naturalismus, den er später ebenso wie den Impressionismus scharf bekämpfte.
Hauptwerke: Der Imperator (Trag., 1901), Hannibal (Trag., 1902), Vom unbekannten Gott (Abhandlung, 1904), Gunther und Brunhild (Trag., 1908).

Lubomirski, Stanisław Herakliusz [poln. lubɔ'mirski], Pseudonym Mirobulius Tassalinus, * Rzeszów 1642, † Ujazdów 17. Jan. 1702, poln. Dichter.
Von Jesuiten ausgebildet; bed. poln. Barockdichter, gelangte durch seine nlat., stilist. ausgezeichneten Werke zu gesamteurop. Ansehen. Seine poln. Lyrik hat religiöse Themen, als Dramatiker ist er von italien. Vorbildern beeinflußt. Nahm in polit. Traktaten, die er poln. und nlat. schrieb, zu Zeitfragen Stellung.

Luca de Tena, Juan Ignacio [span. 'lukaðe 'tena], * Madrid 23. Okt. 1897, span. Dramatiker.
Auch journalist. und polit. tätig; Mitglied der span. Akademie; Verfasser zahlreicher Komödien, z.T. unter dem Einfluß von Pirandello.
Hauptwerke: ¿Quién soy yo? (Kom., 1935), Dos mujeres a las nueve (Kom., 1949; mit Miguel de la Cuesta), ¿Dónde vas, triste de té? (Kom., 1959).

Lucanus, Marcus Annaeus, * Córdoba (Spanien) 3. Nov. 39, † Rom 30. April 65, röm. Dichter.
Neffe des Philosophen Seneca, Günstling Neros, erregte durch sein Talent dessen Eifersucht; wegen Teilnahme an der Pison. Verschwörung verurteilt, tötete er sich selbst. Sein in bewußtem Ggs. zu Vergil geschriebenes Epos „Pharsalia" (10 Bücher, unvollendet) über den Bürgerkrieg zwischen Caesar und Pompeius zeigt L. als Anhänger der stoischen Oppositionspartei, der gegen die Monarchie für die republikan. Freiheit eintritt.
Ausgabe: Lucain. La guerre civile (La Pharsale). Lat.-frz. Hg. v. A. Bourgery *u.* M. Ponchont.*Paris* $^{1-3}$*1948–58. 2 Bde.*
Literatur: Morford, M. P. O.: *The poet Lucan. Oxford 1967.* – Ollfors, A.: *Studien zum Aufbau des Hexameters Lucans. Göteborg 1967.* – Ollfors, A.: *Textkrit. u. interpretator. Beitr. zu Lucan. Göteborg 1967.* – Pfligersdorffer, G.: *L. als Dichter des geistigen Widerstandes. In: Hermes 87 (1959), 344.*

Lucebert [niederl. ly:sə'bɛrt] † Swaanswijk, Lubertus Jacobus.

Lucena, João de [portugies. lu'senɐ], * Trancoso 27. Dez. 1549, † Lissabon 2. Okt. 1600, portugies. Schriftsteller.
Jesuit; Professor für Philosophie in Évora und berühmter Prediger; Verfasser der klass. „História da vida do Padre Francisco Xavier" (1600).

Lucevič, Ivan Dominikovič † Kupala, Janka.

Lucić, Hanibal [serbokroat. 'lu:tsitɕ], * Hvar um 1485, † ebd. 14. Dez. 1553, kroat. Dichter.
Aus altem dalmatin. Adel, humanist. gebildet; Vertreter der Renaissance. Verfaßte v.a. Sendschreiben, an ragusan. und italien. Vorbildern (Petrarca) geschulte Liebeslieder und das erste originale Schauspiel der kroat. Literatur, „Robinja" (= Die Sklavin, 1556); verdienstvoll als Übersetzer Ovids.

Lucidarius, um 1190 im Auftrag Heinrichs des Löwen verfaßtes mhd. Prosabuch; in Form eines Katechismus – Frage und Antwort wechseln ab – gestaltet, will der L. dem Laien das gesamte Wissensgut seiner Zeit vermitteln; theolog. und dogmat. Fragen treten jedoch zurück; im MA weitverbreitet; z.T. enge Anlehnung an die Hauptquelle, die lat. Lehrbücher des Honorius Augustodunensis aus der ersten Hälfte des 12. Jahrhunderts.

Lucidor [schwed. 'lʉ:sidɔr] † Johansson, Lars.

Lucilius, Gaius, * Suessa (Aurunca) um 180 (?), † Neapolis (heute Neapel) 102/01, röm. Satirendichter.
Entstammte einer reichen Ritterfamilie, war mit dem jüngeren Scipio befreundet; seine „Saturae", in verschiedenen Versmaßen, bes. in Hexametern geschrieben, geißeln in kraftvoller und lebendiger Sprache scharf und freimütig alle Mißstände des polit., wirtschaftl. und literar. Lebens; seine Satiren, von denen nur Fragmente erhalten sind, waren vorbildl. für Horaz.
Literatur: Mariotti, I.: *Studi Luciliani. Florenz 1960.* – Puelma Piwonka, M.: *L. u. Kallimachos. Frkf. 1949.* – Cichorius, C.: *Unterss. zu L. Bln. 1908. Neudr. Zürich u. Bln. 1964.*

Lucka, Emil, * Wien 11. Mai 1877, † ebd. 15. Dez. 1941, östr. Schriftsteller.
Beamter, später freier Schriftsteller; schrieb zahlreiche psycholog. motivierte Romane; auch Dramatiker, bed. Essayist und Biograph.
Hauptwerke: Tod und Leben (R., 1907), Isolde Weißhand (R., 1909), Die drei Stufen der Erotik (Essays, 1913), Am Sternbrunnen (R., 1925), Der blutende Berg (R., 1931), Der Impresario (R., 1937).

Lucretius Carus, Titus, * zwischen 99 und 94, † 10. Okt. 55 (?) (Selbstmord), röm. Dichter.
Über sein Leben gibt es nur spärl. und sich widersprechende antike Zeugnisse; er schrieb das bed. hexametr. Lehrgedicht in sechs Büchern „De rerum natura", das – unvollendet – von Cicero herausgegeben wurde. In der Darstellung der materialist. Philosophie Epikurs behandelte er die Ansichten seines Lehrmeisters über Entstehung und Erhaltung der Welt, wollte er die Menschen lehren, wie sie, frei von Furcht vor der schrankenlosen Willkür der Götter und vor dem Tod, frei von jegl. Aberglauben, sich in dieser Welt zurechtfinden könnten; lebendig in der Darstellung des nüchternen philosoph. Stoffes, kraftvoll und altertüml. in der Sprache, hat L. auf spätere Lehrgedichte in lat. Sprache, u.a. auf Vergils „Georgica", großen Einfluß ausgeübt.
Ausgaben: T. L. C. Über die Natur der Dinge. Dt. Übers. Bearb. v. H. Diels. *Bln. 1957.* – *T. L. C. Welt aus Atomen. Lat. u. dt. v.* K. Büchner. *Zürich u. Stuttg. 1956.* – *T. L. C. De rerum natura. Lat. u. dt. Hg. v.* H. Diels. *Bln. 1923–24. 2 Bde.*
Literatur: Conche, M.: *Lucrèce. Paris 1967.* – *L. Hg. v.* D. R. Dudley. *London 1965.* – Büchner, K.: *Lukrez u. Vorklassik. Wiesb. 1964.* – Boyancé, P.: *Lucrèce et l'épicurisme. Paris 1963.* – Regenbogen, O.: *Lukrez. Seine Gestalt in seinem Gedicht. In:* Regenbogen: *Kleine Schrr. Hg. v.* F. Dirlmeier. *Mchn. 1961.* – Paulson, J.: *Index Lucretianus... Lpz.* ^{2}*1926. Nachdr. Darmst. 1961.*

Ludolf von Sachsen, * um 1300 (?), † Straßburg 10. April 1377, dt. Mystiker.
Dominikaner, seit 1340 Kartäuser, seine „Meditationes vitae Jesu Christi" (1474) gehörten zu den beliebtesten und einflußreichsten spätmittelalterl.

Erbauungsbüchern; L. verfaßte auch einen Psalmenkommentar.

Ludus de Antichristo [lat.; = Spiel vom Antichrist], um 1160 von einem oberdt. Geistlichen verfaßtes lat. Festspiel in Versen; ernster Stil, feierl., oratorienhaftes Pathos und bühnenwirksame Handlung sind charakterist. für die Gestaltung des Stoffes, der patriot.-national gefärbt behandelt wird; im Mittelpunkt des Geschehens steht der Triumph der Kirche über den Antichrist.

Ludwig, Emil, ursprüngl. E. Cohn, * Breslau 25. Jan. 1881, † Moscia bei Ascona 17. Sept. 1948, dt.-schweizer. Schriftsteller.
Unternahm nach dem Studium der Rechte weite Reisen, ließ sich in Ascona als freier Schriftsteller nieder, 1932 schweizer. Staatsbürger. Seine effektvoll aufgebauten, wirkungsvoll geschriebenen Biographien entsprechen nicht immer der histor. Wahrheit; auch Dramatiker, Erzähler und Übersetzer.
Hauptwerke: Napoleon (Dr., 1906), Bismarck (Biogr., 1912), Goethe (Biogr., 1920), Genie und Charakter (Biographiensammlung, 1924), Roosevelt (Biogr., 1938), Stalin (Biogr., 1945).
Ausgabe: E. L. Ges. Werke. Zürich 1945–46. 5 Bde.
Literatur: Hansen, N.: *Der Fall E. L. Oldenburg (Oldenburg) 1930.*

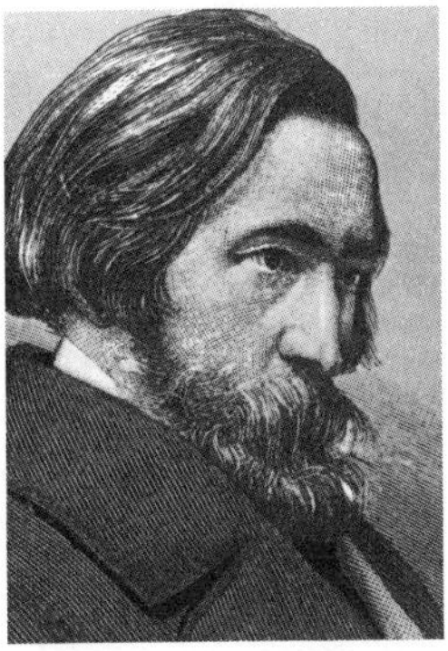

Otto Ludwig (Kupferstich von A. Weger)

Ludwig, Otto, * Eisfeld (Landkreis Hildburghausen) 12. Febr. 1813, † Dresden 25. Febr. 1865, dt. Dichter.
Nach dem Studium der Musik bei Mendelssohn-Bartholdy in Leipzig, das er aus gesundheitl. Gründen aufgeben mußte, wandte er sich der Dichtung zu; lebte zurückgezogen; seit 1856 Pension von König Maximilian II. von Bayern. L. prägte Begriff und Stil des poet. Realismus; bed. sind seine realist. Erzählungen, von denen bes. „Zwischen Himmel und Erde" (1856) durch meisterhafte psycholog. Gestaltung überzeugt, während seine Dramen die theoret. Forderungen, die L., eigentlich Epiker, in stetem Bemühen um Gesetze, Prinzipien und Technik der dramat. Kunstform aufstellte, nicht erfüllten. Bewunderung für Shakespeare („Shakespeare-Studien" hg. 1871), Polemik gegen Schillers Dramen.
Weitere Werke: Der Erbförster (Trag., 1853), Die Makkabäer (Trag., 1854), Die Heiterethei (E., 1857).
Ausgaben: O. L. Werke. Hg. v. der Dt. Akademie der Wiss. zu Bln. Inst. f. dt. Sprache u. Lit. Bln. 1961ff. Auf 3 Bde. berechnet. – O. L. Werke. Hg. v. A. Bartels. *Neuausg. Lpz. 1924. 6 Tle. in 3 Bden. – O. L. Sämtl. Werke. Unter Mitwirkung des Goethe- u. Schiller-Arch. hg. v.* P. Merker. *Bd. 1; 3–6. Mchn. 1912–22 [m. n. e.].*
Literatur: Müller, Joachim: *Die Akte O. L. Weimar 1965.* – McClain, W. H.: *Between real and ideal. The course of O. L.'s developments as a narrative writer. Chapel Hill 1963.* – Mis, L.: *Les œuvres dramatiques d'O. L. Lille 1922–25. 2 Bde.* – Stern, A.: *O. L. Ein Dichterleben. Lpz. ²1906.*

Ludwig, Paula, * Altenstadt (Vorarlberg) 5. Jan. 1900, östr. Lyrikerin.
Malerin und Schauspielerin; lebte 1938–53 in der Emigration, zuletzt in Brasilien; Lyrik und Prosa sind von Tiefe des Gefühls und expressiver Sprachkraft bestimmt.
Hauptwerke: Die selige Spur (Ged., 1919), Der himml. Spiegel (Ged., 1927), Traumlandschaft (Prosa, 1934), Gedichte (1958), Träume (Aufzeichnungen, 1962).

Ludwigslied, ahd. Preislied eines unbekannten rheinfränk. Dichters auf den Sieg König Ludwigs III. über die Normannen bei Saucourt (881). Das in Reimversen nach dem Muster Otfrids von Weißenburg abgefaßte Gedicht verbindet german. Heldenideal mit christl. Vorstellungen.
Literatur: Schützeichel, R.: *Das L. u. die Erforschung des Westfränkischen. In: Rhein. Vjbll. 31, 1/4 (1967), 291.* – Wehrli, M.: *Gattungsgeschichtl. Betrachtungen zum L. In: Philologia deutsch. Festschr. zum 70. Geburtstag v. Walter Henzen. Hg. v.* W. Kohlschmidt *u.* P. Zinsli. *Bern u. Mchn. 1965.* – Naumann, H.: *Das L. u. die verwandten lat. Gedichte. Diss. Halle 1932.*

Luganski, Kasak; tl.: Luganskij, Kazak [russ. lu'ganskij] † Dal, Wladimir Iwanowitsch.

Lugones Argüello, Leopoldo [span. lu'ɣones ar'ɣuejo], * Villa María del Río Seco (Córdoba) 13. Juni 1874, † Buenos Aires 19. Febr. 1938 (Selbstmord), argentin. Dichter.
Journalist und Herausgeber, Reisen in Europa, argentin. Vertreter beim Völkerbund, Bibliotheksdirektor in Buenos Aires. Ging als Lyriker aus dem modernist. Kreis der „Revista de América" hervor und entwickelte sich zum einflußreichen nationalist. Sänger Argentiniens und seiner Landschaft („Las montañas del oro", 1897; „Los crepúsculos del jardín", 1905; „Odas seculares", 1910; „El libro de los paisajes", 1917); schrieb auch Romane („El ángel de la sombra", 1926) und Novellen („La guerra gaucha", 1905), und Essays.

Lu Hsün, eigtl. Chou Shu-jen, * Shaohing (Tschekiang) 25. Sept. 1881, † Schanghai 19. Okt. 1936, chin. Schriftsteller.
Entstammte einer alten, verarmten Beamtenfamilie; studierte nach harter Jugend Medizin; Lehrer, Professor für chin. Literatur an verschiedenen Universitäten, zuletzt freier Schriftsteller. Bed. realist. Erzähler, einer der führenden Köpfe der literar. Revolution von 1917; setzte sich in seinen Romanen und Erzählungen, die in der Umgangssprache geschrieben sind, mit sozialen Mißständen des veralteten Familiensystems scharf auseinander; Kampf gegen den Konfuzianismus, gegen jeden Formalismus und alle Tradition; auch bed. Literaturkritiker und Übersetzer. Einige seiner Novellen wurden ins Dt.

übersetzt, u.a. „Die Reise ist lang" (dt. 1955) und „Die Flucht auf den Mond" (dt. 1960).

L[h]uillier, Claude Emmanuel [frz. lɥi'lje] ↑ Chapelle.

Luis de Granada, Fray [span. 'lu̯iz ðe ɣra'naða], eigtl. Luis [de] Sarria, * Granada 1504, † Lissabon 31. Dez. 1588, span. Prediger und Schriftsteller.
Dominikaner, zeitweilig Provinzial seines Ordens in Portugal; einer der hervorragendsten myst. und asket. Schriftsteller Spaniens; klass. Prosaist, schrieb u.a. ein „Libro de la oración y meditación" (1554), eine „Guía de pecadores" (1555), ein „Memorial de la vida cristiana" (um 1557).

Luis de León, Fray [span. 'lu̯iz ðe le'ɔn] ↑ León, Fray Luis de.

Lukáč, Emil Boleslav [slowak. 'luka:tʃ], * Hodruša 1. Nov. 1900, slowak. Schriftsteller.
Ev. Geistlicher, Redakteur verschiedener Zeitschriften; auch polit. tätig. Der Einfluß, den das Denken und Dichten Claudels auf L.s Dichtung ausübte, drängte den allmähl. schwächer werdenden Ausdruck des Pessimismus, der noch im Frühwerk deutl. war, zurück; auch Übersetzer.

Lukan ↑ Lucanus, Marcus Annaeus.

Lukasevangelium ↑ Bibel.

Lukianos (Lukian) von Samosata, * Samosata am Euphrat zwischen 120 und 125, † Ende des 2. Jh.s, griech. Satiriker.
Syrer; erlernte die griech. Sprache erst im Unterricht, erhielt dann eine Ausbildung als Rhetor; durchreiste als Wanderredner Kleinasien, Griechenland, Italien, Gallien, war schließl. Sekretär beim Statthalter von Ägypten. L., geistvoll, witzig, sehr bewegl., geißelte in elegantem, schlicht-gefälligem Attisch das überlieferte Bild der Religion, die Verkehrtheit des Aberglaubens, die Eitelkeit von Philosophen, Literaten und Rhetoren, von Reichen und Mächtigen seiner Zeit. Für seine Satiren bevorzugte er die Form des Dialogs, später die des Briefes.
Ausgaben: Lukian. Die Hauptwerke. Griech.-dt. Hg. v. K. Mras. *Mchn. 1954. – Lukian. Sämtl. Werke. Nach der Übers. v.* Ch. M. Wieland *hg. v.* H. Floerke. *Mchn. 1911. 5 Bde. – Lucianus. Hg. v.* K. Jacobitz. *Lpz. 1836–41. 4 Bde.*
Literatur: Bompaire, J.: *Lucien écrivain, imitation et création. Paris 1959.* – Neef, E.: *Lukians Verhältnis zu den Philosophenschulen. Bln. 1940.*

Lukin, Wladimir Ignatjewitsch; tl.: Lukin, Vladimir Ignat'evič [russ. lu'kin], * Petersburg (heute Leningrad) 19. Juli 1737, † ebd. 20. Juli 1794, russ. Dramatiker.
Schrieb Bühnenstücke, darunter satir. und rührende Komödien, mit dem Ziel, durch Annäherung an das Ideal des realist. Dramas den Klassizismus zu verdrängen; pflegte daher die Darstellung russ. Volkslebens; bemühte sich um das nationale Singspiel und tat damit den ersten Schritt auf dem Weg zur russ. kom. Oper; auch Übersetzungen und Bearbeitungen frz. Vorlagen.

Lukrez ↑ Lucretius Carus, Titus.

Lullus, Raimundus (kastil. Ramón Lull, katalan. Ramón Llull), sel., genannt Doctor illuminatus, * Palma (Mallorca) 1235 (?), † Bougie (Algerien) (?) zwischen Dez. 1315 und 25. März 1316, katalan. Theologe, Mystiker, Enzyklopädist und Dichter.
Sarazenenmissionar; soll von Mohammedanern gesteinigt worden sein. L., der das Katalan. zur Literatursprache erhob, schrieb außer theolog. und philosoph. Traktaten („Ars magna", 1272), in denen er sich gegen den Averroismus wandte, Liebeslyrik im Stil der Troubadourdichtung, didakt.-religiöse Dichtungen, enzyklopäd. Prosawerke und utop. Romane.
Weitere Werke: Blanquerna (R., entstanden um 1283, hg. 1882; dt. Ausw. 1954 u.d.T. Das Ave Maria des Abtes Blanquerna), Das Buch vom Liebenden und Geliebten (Traktat, enthalten in: Blanquerna, hg. 1927; dt. 1948), Fèlix de les meravelles del món (Prosa, 1288; dt. Ausw. 1872 u.d.T. Ein katalan. Tierepos, 1953 u.d.T. Die treulose Füchsin).
Ausgaben: Ramón Llull. Obres. Hg. v. der Comissió editora Lulliana. Palma (Mallorca) 1906–50. 21 Bde. – R. L. Opera omnia. Hg. v. I. Salzinger. *Bd. 1–6; 9–10. Mainz 1721–42 [m.n.e.]. Nachdr. Frkf. 1964.*
Literatur: Platzeck, E.-W.: *Raimund Lull: Sein Leben, seine Werke, die Grundll. seines Denkens. Düsseld. 1962–64. 2 Bde.* – Schleicher, W.: *Ramon Lulls „Libre de Evast et Blanquerna". Eine Unters. über den Einfluß der franziskan.-dominikan. Predigt auf die Prosawerke des katalan. Dichters. Genf; Paris 1958.* – Xirau Palau, J.: *Vida y obra de Ramón Lull, filosofía y mística. Mexiko 1946.*

Lunatscharski, Anatoli Wassiljewitsch; tl.: Lunačarskij, Anatolij Vasil'evič [russ. luna'tʃarskij], * Poltawa 6. Dez. 1875, † Menton (Frankreich) 26. Dez. 1933, russ.-sowjet. Schriftsteller und Politiker.
Lebte vor der Revolution lange in der Emigration, wurde, u.a. unter dem Einfluß Lenins, im Sinne des Kommunismus aktiv, 1917–29 Volkskommissar für Bildungswesen. Förderer und Theoretiker der proletar. Literatur, lehnte aber die Vernachlässigung der Klassiker ab. Seine literar. wenig wertvollen Dramen mit starker Revolutionsrhetorik stehen in der romant. Tradition; in dt. Sprache liegt das Drama „Der befreite Don Quichotte" (dt. 1925) vor.

Lunc ↑ Lunz.

Lundegård, Axel Wilhelm [schwed. ˌlʊndəgo:rd], * Västra Sallerup (Schonen) 17. Dez. 1861, † Stockholm 20. Dez. 1930, schwed. Schriftsteller.
Studierte u.a. in Kopenhagen, kam als Journalist nach Stockholm zurück. L., der Victoria Benedictsson nahestand und sich um ihren literar. Nachlaß bemühte, entfernte sich wie sie vom Realismus der 80er Jahre und schloß sich dem Idealismus Heidenstams an. Größten Erfolg errang er als Verfasser histor. Romane.
Hauptwerke: Den röde prinsen (R., 1889), Titania. Die Sage von einer Liebe (R., 1892; dt. 1920), Königin Margarete, die Tochter des Dänenkönigs Waldemar (R., dt. 1911).

Lundemis, Menelaos; tl.: Lountémēs, Menélaos [neugr. lun'dɛmis], * 1912, neugriech. Schriftsteller.
Infolge wirtschaftl. Not schon sehr früh zum Broterwerb gezwungen. Sein literar. Schaffen ist stark von den Erlebnissen einer harten, düsteren Kindheit und Jugend bestimmt.

Lundkvist, Nils Artur [schwed. ˌlʊndkvist], * Oderljunga (Schonen) 3. März 1906, schwed. Schriftsteller.

Bauernsohn, Autodidakt, Publizist und Kritiker in Stockholm; weltweite Reisen; Anhänger eines polit. Radikalismus; gründete 1929 die literar. Gruppe „Fem Unga"; Leninpreis 1958. Seine Gedichte sind Äußerungen eines intensiven Daseinserlebnisses, das sich nicht in konventionelle Formen binden läßt. Später vom Surrealismus beeinflußt; auch Essays, Reiseberichte, Romane.
Hauptwerke: Glöd (Ged., 1928), Naket liv (Ged., 1929), Svart stad (Ged., 1930), Korsväg (Ged., 1942), Der verwandelte Drache (Reisebericht, dt. 1955), Gedichte (dt. 1963).

Lunyü ↑ Konfuzius.

Lunz, Lew Natanowitsch; tl.: Lunc, Lev Natanovič [russ. lunts], * Petersburg (heute Leningrad) 2. Mai 1902, † Hamburg 9. Mai 1924, russ. Schriftsteller.
Aus einer jüd. Intellektuellenfamilie; studierte Romanistik bis 1922; 1923 folgte er seinen Eltern ins dt. Exil. Verteidigte im Manifest der Gruppe der „Serapionsbrüder" die Freiheit der Kunst von außerliterar. Dogmen; L. sah nachahmenswerte Vorbilder v.a. in den westl. Nationalliteraturen; von seinen Werken haben bes. die Dramen Bedeutung; unter ihnen gilt die Tragödie „Wne sakona" (= Vogelfrei, 1921) als Hauptwerk. Postum erschien die romant. Tragödie „Gorod prawdy" (= Die Stadt der Wahrheit, 1924).

Lü Pu-wei, * Yangchai (Honan) um 300, † ebd. um 235, chin. Staatsmann, Philosoph und Literat. Großkaufmann, Minister und Günstling des Kaisers Shi Huang-ti; wurde in verschiedene Hofintrigen verwickelt, zum Tode verurteilt, begnadigt; beging, erneut des Verrats angeklagt, Selbstmord. Bed. ist „Lüshihchunchiu" (um 240, dt. 1928 u. d. T. „Frühling und Herbst des Lü Bu We"), eine Enzyklopädie aller damals verbreiteten philosoph. Lehren, im Auftrag Lüs von mehreren Gelehrten und Schriftstellern gemeinsam verfaßt; Lüs Mitautorschaft ist fraglich.

Luserke, Martin, * Berlin 3. Mai 1880, † Meldorf 1. Juni 1968, dt. Pädagoge und Schriftsteller. Sohn eines Architekten; seit 1910 Leiter der Freien Schulgemeinde Wickersdorf, später Begründer eines Landerziehungsheims auf Juist („Schule am Meer"); pflegte bes. Musik, Sport und das Laienspiel, über das er verschiedene theoret. Schriften verfaßte. Seine Romane und Erzählungen sind durch die Liebe zum Meer bestimmt und handeln v.a. von der Nordsee und ihren Küsten in Geschichte und Gegenwart; auch Essays.
Hauptwerke: Seegeschichten (1932), Hasko (R., 1935), Windvögel in der Nacht (En., 1936), Die hohe See (R., 1942), Spuk überm Strand (En., 1942).
Literatur: Kiessig, M.: *M. L. Gestalt u. Werk. Diss. Lpz. 1936.*

Lustig, Arnošt [tschech. 'lustik], * Prag 21. Dez. 1926, tschech. Schriftsteller.
Schrieb Erzählungen und Novellen, in denen er das Schicksal jüd. Häftlinge in den Konzentrationslagern und Menschen, die mit den Schrecken des vergangenen Krieges fertig werden müssen, schildert. Dt. erschien der Erzählungsband „Diamanten der Nacht" (1958, dt. 1964).

Luther, Martin, * Eisleben 10. Nov. 1483, † ebd. 18. Febr. 1546, dt. Reformator.
Sohn eines Bergmannes, studierte 1501–05 an der Universität Erfurt (1505 Magister), seit 1505 Augustiner-Eremit in Erfurt, studierte Theologie in Erfurt und Wittenberg, 1512 Doktorpromotion und Professor für Hl. Schrift in Wittenberg; am 31. Okt. 1517 Anschlag der 95 Thesen; Bann durch den Papst und Reichsacht 1521, Asylgewährung durch Friedrich III. von Sachsen auf der Wartburg, wo L. mit der Übersetzung des N.T. begann. L. ist bes. durch seine Bibelübersetzung (N.T. 1522, Gesamtbibel 1534), seine Kirchenlieder und die übrigen Schriften, die in bewußtem Ggs. zu den erstarrten, nach dem Lat. ausgerichteten Kanzleisprachen auf der Grundlage v.a. der ostmitteldt. Mundart geschrieben waren, für die Entwicklung der nhd. Schriftsprache von entscheidender Bedeutung. Bes. in seinen Schriften und Liedern („Ein feste Burg ist unser Gott", „Vom Himmel hoch" u.a.) wie auch in den „Tischreden" und seinen Briefen bemühte sich L. um eine volkstüml. Sprache, die klar, plast. und humorvoll, oft auch spött. seiner Überzeugung und seinem Glauben Ausdruck gibt. Übersetzer von Fabeln Äsops (1530).
Weitere Werke: Von der Freiheit eines Christenmenschen (Schr., 1520), An den christl. Adel dt. Nation von des christl. Standes Besserung (Schr., 1520), Dt. Katechismus (1529).
Ausgaben: M. L. Werke in Ausw. Hg. v. A. Leitzmann *u.* O. Clemen. *Bln. ³⁻⁶1962–68. 8 Bde. – L. dt. Die Werke M. L.s in neuer Ausw. f. die Gegenwart. Hg. v.* K. Aland. *Stuttg.; Gött. ¹⁻³1957 ff. Auf mehrere Bde. berechnet. – M. L. Ausgew. Werke. Hg. v.* H. H. Borcherdt *u.* G. Merz. *Mchn. ³⁻⁵1948 ff. Auf 6 Bde. u. mehrere Erg.-Bde. berechnet. Teilweise Neudr. – D. M. L. Werke (Weimarer Ausg.). Weimar 1882 ff. In 4 Abtt. Bis 1968 99 Bde. Teilw. Nachdr. Graz 1964 ff.*
Literatur: Allgemeines: Fitzer, G.: *Was L. wirklich sagte. Wien u. Mchn. 1968.* – Manns, P.: *L.forschung heute. Krise u. Aufbruch. Wiesb. 1967.* – Bornkamm, H.: *L.s geistige Welt. Gütersloh ⁴1960.* – Ritter, G.: *L. Gestalt u. Tat. Mchn. ⁶1959. – Leben und Werk:* Friedenthal, R.: *L. Sein Leben u. seine Zeit. Mchn. ³1968.* – Bainton, R. H.: *M. L. Dt. Übers. Gött. ⁶1967.* – Fausel, H.: *D. M. L. Leben u. Werk. Stuttg. 1966. 2 Bde. Tb.-Ausg. Mchn. 1966. 2 Bde.* – Lilje, H.: *M. L. in Selbstzeugnissen u. Bilddokumenten. Reinbek bei Hamb. 1965. – Bibelübersetzung, Sprache, Literatur:* Bornkamm, H.: *L. als Schriftsteller. Neuaufl. Hdbg. 1965.* – Arndt, E.: *L.s dt. Sprachschaffen. Ein Kapitel aus der Vorgesch. der dt. Nationalsprache u. ihrer Ausdrucksformen. Bln. 1962.* – Roethe, G.: *L.s Bedeutung f. die dt. Lit. In:* Roethe: *Dt. Reden. Lpz. 1927.* – Schramm, A./Gerber, W.: *L. u. die Bibel. Lpz. 1923. 2 Tle.* – Franke, C.: *Grundzüge der Schriftsprache L.s in allgemeinverständl. Darst. Halle 1913–22. 3 Bde. Nachdr. Hildesheim 1967. – Periodika und Nachschlagewerke:* Benzing, J.: *L.bibliogr. Verz. der gedruckten Schrr. M. L.s bis zu dessen Tod. Baden-Baden 1966. – L.lex. Hg. v.* K. Aland. *Stuttg.; Gött. 1961.* – Aland, K.: *Hilfsb. zum L.-studium. Bearb. in Verbindung mit* E. O. Reichert *u.* G. Jordan. *Bln. ²1958. – L.-Jb. Jb. der L.-Gesellschaft. Hg. v.* F. Lau. *Jg. 1, Lpz. 1919. Jg. 2 ff., Hamb. 1920 ff.* – Dietz, Ph.: *Wörterb. zu L.s*

Dt. Schrr. Lpz. 1870–72. 2 Bde. Nachdr. Hildesheim 1961. – ↑ auch Crotus Rubianus.

Luther, Otto Jens ↑ Rehn, Jens.

Lütken, Hulda [dän. 'lydgən], * Elling 5. Okt. 1896, † Frederikshavn 9. Juli 1946, dän. Dichterin. Poln.-jüd. Herkunft; Lehrerin; schrieb Romane mit autobiograph. Zügen sowie religiös-myst. Lyrik um Liebe und Tod.
Hauptwerke: De uansvarlige (R., 1933), Saa er jeg fri (R., 1945), Skærsilden (Ged., 1945).

Lützkendorf, Felix, * Leipzig 2. Febr. 1906, dt. Schriftsteller.
Studium der Germanistik, Geschichte und Philosophie (Dr. phil.); Schriftleiter, 1937–43 Chefdramaturg der Berliner Volksbühne, nach dem Krieg freier Schriftsteller; v.a. Dramatiker (vielfältige Stoffe), Autor von Hörspielen, Drehbüchern und Romanen.
Hauptwerke: Alpenzug (Dr., 1936), Märzwind (R., 1938), Opfergang (Dr., 1939), Brüder zur Sonne (R.-Trilogie: Die dunklen Jahre, 1955; Und Gott schweigt, 1956; Feuer und Asche, 1958), Sühnetermin (R., 1960), Dallas 22. November (szen. Bericht, 1965), Die Jahre des Zorns (R., 1965), Florentiner Spitzen (R., 1967).

Lux, Josef August, * Wien 8. April 1871, † Anif bei Salzburg 23. März 1947, östr. Schriftsteller.
Studierte in Wien, München, London und Paris; konvertierte 1921 zum Katholizismus, gehörte zu den Gründern der Bildungsschule in Dresden-Hellerau und der Kralik-Gesellschaft in Wien; während des Dritten Reiches im KZ Dachau; erwarb sich Verdienste um die Entwicklung des kath. Laienspiels; schrieb Gedichte, Dramen, Romane und Essays.
Hauptwerke: Wiener Sonette (Ged., 1900), Grillparzers Liebesroman (1912), Franz Schuberts Lebenslied (R., 1914), Beethovens unsterbl. Geliebte (R., 1926).

Luzán y Claramunt, Ignacio de [span. lu'θan i klara'mun], * Zaragoza 28. März 1702, † Madrid 19. Mai 1754, span. Schriftsteller.
Studierte die Rechte in Italien, wo er bis 1733 lebte; zeitweilig im diplomat. Dienst in Paris; hervorragender Kenner der antiken, frz., italien., auch dt. und engl. Literatur, führte mit seiner „Poética o reglas de la poesía..." (1737) den frz. Klassizismus in die span. Dichtkunst ein; Übersetzer und Bearbeiter v.a. frz. und italien. Stücke; auch Lyriker.

Luzewitsch, Iwan Dominikowitsch [russ. lu'tsevitʃ] ↑ Kupala, Janka.

Luzzatto, Moses Chajim [italien. lut'tsatto], * Padua 1707, † Akko (heute Akka) 16. Mai 1746, hebr. Mystiker und Dichter.
Stammte aus einer portugies. Familie; aus Italien verbannt, lebte in Frankfurt am Main und Amsterdam, starb in Palästina an der Pest. Themat. der italien. allegor.-dramat. Schule verpflichtet, hat er die spätere hebr. Literatur stilist. entscheidend beeinflußt. Bekannt sind die Schrift „Der Weg der Frommen" (1740, dt. 1925) und das Drama „Lob der Gerechten" (dt. 1889).

Lybeck, Karl Mikael [schwed. 'ly:bɛk], * Nykarleby 18. März 1864, † Grankulla 11. Okt. 1925, schwed.-sprachiger finn. Schriftsteller.
Nach dem Studium an der Universitätsbibliothek Helsinki tätig; Erzähler, Lyriker und Dramatiker unter dem Einfluß des Naturalismus, der Neuromantik und des Symbolismus. Von seinen Prosawerken ist „Breven till Cecilia" (R., 1920), von seiner Lyrik der Zyklus „Dödsfången" bes. bedeutsam. Seine dramat. Werke leiden unter mangelnder Bühnenwirksamkeit.
Weitere Werke: Gedichte (dt. Ausw. 1899), Die Eidechse (Dr., dt. 1909), Schopenhauer (Dr., 1922).

Lydgate, John [engl. 'lɪdgeɪt], * Lydgate (Suffolk) um 1370, † Kloster Bury Saint Edmunds (Suffolk) 1451 (?), engl. Dichter.
Mönch in Bury Saint Edmunds; zeitweilig, wohl zu Studienzwecken, im Ausland; möglicherweise mit Chaucer bekannt; einige Zeit Hofdichter. Hinterließ ein ungewöhnl. vielfältiges Werk; schrieb formal gewandt, jedoch langatmig und moralist.-didakt.; seine wertvollsten Dichtungen sind die Liebesallegorie „The temple of glass" (1400), die nach Guido delle Colonne bearbeitete Kompilation älterer Trojadichtungen „The Troy book" (1412ff.), der Versroman „The siege of Thebes" (1420ff.) und die moralist. Dichtung „Fall of princes" (1430ff.).
Literatur: Renoir, A.: *The poetry of J. L. London 1967.* – Schirmer, W.: *J. L.: Ein Kulturbild aus dem 15. Jh. Tüb. 1952.*

Lykophron, * Chalkis um 320, † um 250 v. Chr., griech. Dichter.
Lebte in der Blütezeit der alexandrin. Literatur unter Ptolemaios II. Philadelphos an dessen Hof in Alexandria, wo er in der Bibliothek die Komödien ordnete; Ergebnis dieser umfangreichen Arbeit war das vielbändige Werk „Über die Komödie", von dem jedoch nichts erhalten ist; überliefert ist hingegen die „Alexandra", ein dramat. Gedicht in 1474 jamb. Trimetern, das, durch dunkle, schwerverständl. Sprache gekennzeichnet, eine Prophezeiung der Kassandra über den Fall Trojas und die weiteren Schicksale der Griechen wiedergibt.

Lykurgos (Lykurg), * Athen um 390, † 325 oder 324, griech. Staatsmann und Rhetor. Makedonenfeindl. Patriot, leitete 338–27 die athen. Finanzverwaltung, ließ das Dionysos-Theater am Südhang der Akropolis erbauen, die Statuen der drei großen Tragiker errichten und je ein Staatsexemplar jedes ihrer Werke herstellen; in der Antike waren 15 Gerichtsreden (davon 13 Anklagereden) von L. bekannt, von denen nur die Rede „Gegen Leokrates" (331/30) überliefert ist.

Lyly (Lilly), John [engl. 'lɪlɪ], * Weald (Kent) 1553 oder 1554, ▭ London 30. Nov. 1606, engl. Dichter.
Studium in Oxford und Cambridge, begann seine literar. Laufbahn in London; Tätigkeit u.a. für die Hofbühne der Königin Elisabeth, Parlamentsmitglied 1589–1601, vertrat im Marprelate-Streit (Angriff der Puritaner gegen die Staatskirche) die Sache der Bischöfe. L.s Komödien – in ihrer phantast., meist mytholog. Handlung für die Hofgesellschaft bestimmt – zeichnen sich durch geistreiche und geschliffene Dialoge aus und waren von großem Einfluß auf die engl. Bühne des 16. Jh.s. Literar. Bedeutung erlangte L. durch den ersten engl. Bildungsroman, „Euphues, or the anatomy of wit" (1578), und dessen Forts. „Euphues and his England" (1580), womit L. die Stilrichtung des Euphuismus begründete; im Mittelpunkt der

dürftigen Handlung stehen die Schicksale eines jungen Atheners, doch werden, z.T. ohne Rücksicht auf die Handlungsführung, lehrhafte Dialogszenen, lange Erörterungen gebracht, antike Rhetorikregeln überspitzt angewendet; das Werk hatte seinerzeit großen Erfolg.
Weitere Werke: Alexander and Campaspe (Kom., 1584), Sapho and Phao (Kom., 1584), Endymion (Kom., 1591), Midas (Schsp., 1592).
Literatur: Hunter, G. K.: *J. L.: The humanist as courtier. London 1962.*
Lynch, Benito [span. lintʃ], * Buenos Aires 25. Juni 1885, † La Plata 25. Dez. 1951, argentin. Schriftsteller.
Ir. Abkunft; Meister des Pampa- und Gauchoromans.
Hauptwerke: Die Geier von La Florida (R., 1916; dt. 1935), El inglés de los güesos (R., 1924), De los campos porteños (En., 1931), El romance de un gaucho (R., 1933).
Lyndsay (Lindsay), Sir David [engl. 'lɪndzɪ], * Cupar (Fife) oder Garmylton bei Haddington (East Lothian) um 1490, † Edinburgh um 1555, schott. Schriftsteller.
Diente am Hof Jakobs IV. und Jakobs V.; 1529 geadelt; war in diplomat. Mission am Hof Karls V., in England und in Dänemark. Bed. Satiriker, der sich durch scharfe Kritik bes. am Klerus und Adel um die schott. Reformation verdient machte; die Publikumswirksamkeit seines Moralitätenspiels „A pleasant satire of the three estates" (1540) hat sich bis heute erhalten.
Lyngby-Jepsen, Hans [dän. 'løŋby:''jɛbsən], * Ålborg 1. April 1920, dän. Schriftsteller.
Vorsitzender des dän. Schriftstellerverbandes. Entwirft in knapper Zeichnung in Romanen und Novellen das Bild des modernen Menschen mit seinen Konflikten.
Hauptwerke: Den blinde vej (R., 1946), Rød jord (R., 1949), Håbet (Novellen, 1953), I kærlighed (Novellen, 1959).
Lysias, * Athen zwischen 450 und 440, † um 380, griech. Rhetor.
Sohn eines Metöken aus Syrakus; erhielt in Thurioi (Unteritalien), wohin er nach dem Tode des Vaters ausgewandert war, seine rhetor. Ausbildung; 412 Rückkehr nach Athen. War zunächst als Lehrer der Rhetorik tätig, schrieb schließl. als Logograph Gerichtsreden für andere (nur die Rede „Gegen Eratosthenes" hielt er in eigener Sache); außerordentl. hohes Talent, mit sicherem Einfühlungsvermögen und geistiger Wendigkeit Situation und Wesen des Auftraggebers zu erfassen. Seine schlichte Diktion wurde Stilmuster der Attizisten. Erhalten sind 34 Reden, darunter das rhetor. Glanzstück „Für den Krüppel".
Lyttkens, Anna Alice Maria [schwed. 'lytkəns], * Malmö 17. Dez. 1897, schwed. Schriftstellerin.
Lyzeum, Sprachstudien in Italien, Österreich und Spanien. Schrieb histor. Romane mit milieutreuer Wiedergabe der Stockholmer Verhältnisse des 18. und 19. Jh.s sowie Familienromane.
Hauptwerke: Ich komme nicht zum Abendessen (R., 1934; dt. 1951), Falsches Zeugnis (R., dt. 1943), Der Tempel des Glücks (R., dt. 1945), Die Jungfrau in Blau (R., dt. 1953).
Lytton, Edward George Earle L. Bulwer-L., Baron ↑ Bulwer-Lytton, Edward George Earle L., Baron Lytton.

M

Maartens, Maarten [niederl. ma:rtəns] ↑ Poorten Schwartz, Joost Marius Willem van der.
Maass, Edgar, * Hamburg 4. Okt. 1896, † Paterson (N. J.) 6. Jan. 1964, dt. Schriftsteller.
Chemiker und freier Schriftsteller; 1926–34 und seit 1938 in den USA. Bewegt von den Erlebnissen des 1. Weltkrieges, schrieb er zunächst die Erzählung „Novemberschlacht" (1935), die Romane „Verdun" (1936) und „Im Nebel der Zeit" (1938), später gab er dem histor. Roman den Vorzug: „Der Traum Philipps des Zweiten" (engl. 1944, dt. 1951), „Kaiserl. Venus" (engl. 1946, dt. 1952), „Der Arzt der Königin" (engl. 1947, dt. 1950).
Weitere Werke: Werdelust (R., 1937), Don Pedro und der Teufel (R., engl. 1941; dt. 1954), Der Fall Daubray (R., 1957, 1964 u.d.T. Eine Dame von Rang).
Maass, Joachim, * Hamburg 11. Sept. 1901, dt. Schriftsteller.
Bruder von Edgar M.; kurze Zeit Redakteur bei der „Vossischen Zeitung", seit 1924 freier Schriftsteller, Auslandsreisen, bes. nach Portugal; emigrierte 1933 in die USA, seit 1939 Lektor, dann

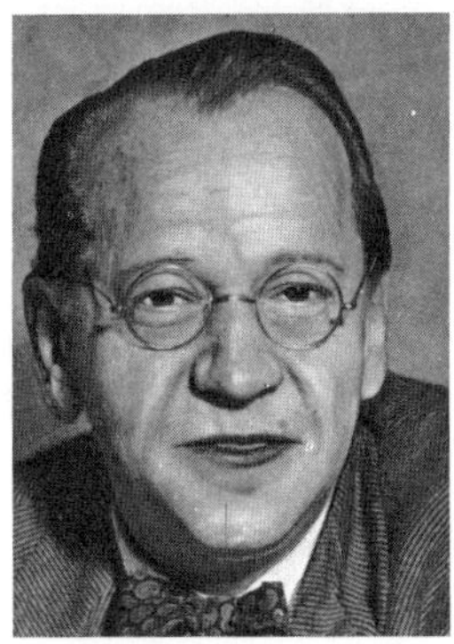

Joachim Maass

Professor für Literatur, nach dem Krieg zeitweise in Deutschland. M. schrieb Essays, trat mit Übersetzungen hervor und verfaßte Lyrik, seine Stärke liegt jedoch im Erzählerischen. Histor. wie auch Zeitromane zeigen psycholog. genau gesehene Gestalten; Ironie und sprachl. Kraft prägen sein Werk, das von Th. Mann beeinflußt ist.
Hauptwerke: Boheme ohne Mimi (R., 1930), Der Widersacher (R., 1932), Borbe (E., 1934), Die unwiederbringl. Zeit (R., 1935), Auf den Vogelstraßen Europas (Reisebericht, 1935), Stürm. Morgen (R., 1937), Ein Testament (R., 1939), Das mag. Jahr (R., 1945), Der Fall Gouffé (R., 1952), Schwierige Jugend (E., 1952), Kleist, die Fackel Preußens (Biogr., 1957), Der Zwillingsbruder (Dr., UA 1960, auch u.d.T. Das Leben nach dem Tode).
Mabinogi[on] (= Unterweisung für Jugendliche; Stoff, der jungen Barden gelehrt wurde), Sammlung von 11 kymr.-walis. Prosaerzählungen myth. Inhalts, wahrscheinl. im 11. Jh. entstanden, in einer Handschrift aus dem 14. Jh. erhalten; vermutl. von Normannen gesammelte mündl. Überlieferungen, die im ältesten erhaltenen Denkmal kymr. Kunstprosa festgehalten wurden. Im en-

geren Sinn sind in der Handschrift nur vier Erzählungen als M. bezeichnet, die Bez. wurde jedoch für sieben weitere Erzählungen übernommen. Die in der Sammlung enthaltenen mag. Überlieferungen sind kulturhistor. bedeutsam. Den Reiz der Erzählungen macht die bevorzugte Darstellung des Phantast. u. Märchenhaften aus.
Literatur: Watkin, M.: *La civilisation française dans le Mabinogion. Paris 1962.* – Zenker, R.: *Die Mabinogion-Frage. Halle 1912.*

Macaulay, Dame (seit 1958) Rose [engl. mə'kɔ:lɪ], * Cambridge 1. Aug. 1881, † London 30. Okt. 1958, engl. Schriftstellerin.
Studierte in Oxford; Kulturkritikerin, die die Sprachungenauigkeit und das ihr zugrundeliegende unscharfe Denken, Kulturoptimismus und Fortschrittsgläubigkeit der traditionsbefangenen engl. Gesellschaft angreift; wendet sich in iron., satir. und spött. Art gegen Selbstgenügsamkeit und alles Zweitrangige. Sie schrieb Romane, Essays, Reiseberichte und Lyrik.
Hauptwerke: Gefährl. Jahre (R., 1921; dt. 1932), Told by an idiot (R., 1923), Irrwege (R., dt. 1928), Keeping up appearances (R., 1928), They were defeated (R., 1932), J. Milton (Abhandlung, 1934), The world my wilderness (R., 1950), Tante Dot, das Kamel und ich (R., dt. 1958).

Macaulay, Thomas Babington, Lord M. of Rothley [engl. mə'kɔ:lɪ], * Rothley Temple (Leicester) 25. Okt. 1800, † London 28. Dez. 1859, engl. Staatsmann, Historiker und Schriftsteller.
Sohn eines wohlhabenden Kaufmanns, studierte in Cambridge und wurde dank seiner brillanten rhetor. Begabung ein erfolgreicher Anwalt, seit 1830 Politiker; diente u.a. in der ind. Kolonialverwaltung als Mitglied des Obersten Rates; wurde nach seiner Rückkehr nach England (1838) u.a. Kriegsminister; 1857 wurde er geadelt. M., der seit 1825 wachsenden Ruhm als Essayist, bes. mit seinem Essay über Milton (1825), das er später ablehnte, erlangte, ist v.a. als bedeutendster Historiker des Viktorian. England bekannt geworden. Seine im Geist des Liberalismus verfaßte „Geschichte von England seit dem Regierungsantritt Jacobs II." (5 Bde., dt. 1849–61) wurde wegen M.s meisterhafter Charakterisierungskunst zu einem der literar. hervorragendsten histor. Werke.
Weiteres Werk: Altröm. Heldenlieder (Ged., 1842; dt. 1888).
Ausgaben: Th. B. M. The works. Hg. v. Lady Trevelyan. *London 1866. 8 Bde. – Th. B. M. Sämmtl. Werke in 25 Bden. Dt. Übers. Braunschweig 1860–61.*
Literatur: Potter, G. R.: *M. New York 1962.* – Trevelyan, Sir G. O.: *Life and letters of Lord M. Neuausg. London u. New York 1961. 2 Bde. Dt. Ausg. u.d.T.: Leben u. Briefe Lord M.s. Hg. v.* G. O. Trevelyan. *Jena ²1882–83. 2 Bde.*

McCarthy, Mary [Therese] [engl. mə'kɑ:θɪ], * Seattle (Wash.) 21. Juni 1912, amerikan. Schriftstellerin.
Stand anfangs dem Kommunismus nahe; schrieb realist. Romane und Kurzgeschichten, in denen sie, oft mit iron. Unterton, auf Mißstände der amerikan. Gesellschaft hinweist; am bekanntesten wurde „Die Clique" (R., dt. 1964), lose aneinandergereihte Geschichten über 8 Studentinnen, die 1933 das Vassar College verließen und nach und nach ihre Illusionen vernichtet sehen.
Weitere Werke: Sie und die anderen (R., 1942; dt. 1965), The oasis (E., 1949), The groves of Academe (R., 1952), Eine kath. Kindheit (Erinnerungen, 1957; dt. 1966), Florenz (Essay, dt. 1960), Vietnam-Report (dt. 1967).

MacCathmhaoil, Seosamh [engl. mæk'kæwɪl] † Campbell, Joseph.

MacCrone, Guy [engl. mə'kru:n], * Birkenhead (Cheshire) 1898, schott. Romancier.
Verlebte seine Jugend in Schottland; studierte in Glasgow und Cambridge. Schrieb an Galsworthy erinnernde Romane, in denen er das schott. Bürgertum darstellte; auch Dramen.
Hauptwerke: Phoebe (R.-Trilogie, dt. 1949), Bel Moorhouse (R., dt. 1950).

McCullers, Carson [engl. mə'kʌləz], geb. Smith, * Columbus (Ga.) 19. Febr. 1917, † Nyack bei New York 29. Sept. 1967, amerikan. Schriftstellerin.
Begann in New York ihre literar. Laufbahn, nachdem sie einige Zeit durch Gelegenheitsarbeiten ihren Unterhalt verdient hatte. Zählt zu den anerkannten Persönlichkeiten der amerikan. Literatur der jüngeren Generation; gestaltete in Romanen und Novellen meist das Motiv der Einsamkeit; wählte als Helden oft Melancholiker, die sie subtil charakterisiert; auch die objektive Behandlung des Rassenproblems brachte ihr Anerkennung; bereits ihr Erstlingsroman „Das Herz ist ein einsamer Jäger" (1940, dt. 1950) hatte Erfolg.
Weitere Werke: Der Soldat und die Lady (R., dt. 1958, 1966 u.d.T. Spiegelbild im goldenen Auge), Das Mädchen Frankie (R., dt. 1947; Dr., 1950), Die Mär von der glücklosen Schenke (En., dt. 1954, 1961 u.d.T. Die Ballade vom traurigen Café), Uhr ohne Zeiger (R., dt. 1962), Der Marsch (Nov., dt. 1968).

McDiarmid, Hugh [engl. mək'dɪəmɪd], eigtl. Christopher Murray Grieve, * Langholm (Dumfries) 11. Aug. 1892, schott. Schriftsteller.
Mitbegründer der schott. Nationalpartei und der schott. Sektion des PEN-Clubs. Der polit. linksorientierte Lyriker, Satiriker, Essayist, Kritiker und Kommentator war als einer der führenden Dichter an der Renaissance der modernen schott. Literatur beteiligt; als Hauptwerk dieser mundartl. Schaffensperiode, die um 1934 endete, gilt „Sangschaw" (1925).
Weitere Werke: Scots unbound (Ged., 1932), Stony limits (Ged., 1934), Selected poems (1945).
Literatur: Buthlay, K.: *H. Macdiarmid (Ch. M. Grieve). Edinburgh 1964.*

MacDonagh, Thomas [engl. mək'dʌnə], * Cloughjordan (Tipperary) 1878, † Dublin 3. Mai 1916, ir. Dichter.
Lehrer, später Dozent für engl. Literatur an der Universität Dublin; als einer der Führer des nationalist. ir. Aufstandes von den Engländern erschossen. Einer der Hauptvertreter der kelt. Renaissance und Verfechter der kulturellen Eigenständigkeit Irlands; seine Lyrik ist an der metaphys. Dichtung, bes. an Crashaw geschult; bed. Kritiker.
Hauptwerke: Through the ivory gate (Ged., 1902), Songs of myself (Ged., 1910), Lyrical songs (1910).

Macdonald, George [engl. mək'dɔnəld], * Huntly (Aberdeen) 10. Dez. 1824, † Ashstead (Surrey) 18. Sept. 1905, schott. Schriftsteller.

Gab die theolog. Laufbahn auf und wurde freier Schriftsteller; lebte zuletzt oft in Italien. M., ein Freund von Ruskin und L. Carroll, schrieb außer Balladen, Liedern und Kinderbüchern v. a. humorvolle Heimatromane, oft in schott. Dialekt, z. B. „David Elginbrod" (R., 1862); neigte zur Einbeziehung des Myst.; versuchte sich auch als Dramatiker.

Macedo, Joaquim Manuel de [brasilian. ma'sedu], * Itaboraí (Rio de Janeiro) 24. Juni 1820, † Rio de Janeiro 11. April 1882, brasilian. Dichter.
War Arzt, Journalist, Politiker, Professor für brasilian. Geschichte in Rio; steht mit seinem umfangreichen, noch heute populären erzähler. Werk (u. a. „A moreninha", 1844; „O moço louro", 1845) am Anfang des brasilian. Romans; auch vielseitiger Dramatiker („O cego", 1849; „Lusbela", 1863) und Lyriker („A nebulosa", Ged., 1857; Stoff einer brasilian. Legende).

Macedo, José Agostinho de [portugies. mɐ'seðu], * Beja 11. Sept. 1761, † Pedrouços bei Lissabon 2. Okt. 1831, portugies. Dichter.
War Augustiner, Weltpriester, 1822 Abgeordneter, 1830 Hofhistoriograph Dom Miguels; fruchtbarer, jedoch weniger schöpfer. veranlagter Dichter und Kritiker; angesehene literar. Autorität konservativer Observanz; schrieb u. a. Epen („O Gama", 1811, spätere Fassung u. d. T. „O Oriente", 1814; behandelt die Entdeckung Indiens), polit. Satiren („Os burros", 1812) und philosoph. Gedichte („A meditação", 1813).

Macedonski, Alexandru [rumän. matʃe'donski], * Craiova 14. März 1854, † Bukarest 24. Nov. 1920, rumän. Schriftsteller.
Studium im Ausland und in Bukarest; Staatsbeamter; war Anhänger verschiedener polit. Richtungen; gründete 1880 die Zeitschrift „Literatorul", um die sich ein Literatenkreis bildete; 1884–1913 in Paris; fühlte sich der frz. Literatur, bes. den Parnassiens verbunden, vertrat aber später als Praktiker und Theoretiker den Symbolismus; legte in seiner Lyrik Wert auf die Sprachmelodik, zeigte sich als Romantiker empört über das unglückl. Schicksal des Genies in einer Gesellschaft, die unfähig ist, die hohen Ideale zu würdigen; schrieb auch in frz. Sprache; seine Dramen haben geringeren künstler. Wert.
Hauptwerke: Poezii (= Gedichte, 1882), Bronzes (Ged., 1897), Flori sacre (= Heilige Blumen, Ged., 1912).

Macer, Aemilius, † in Asien 16 v. Chr., röm. Dichter.
Stammte aus Verona; befreundet u. a. mit Vergil; von Ovid als Verfasser dreier Lehrgedichte erwähnt, die nur fragmentar. erhalten sind.

Mácha, Karel Hynek [tschech. 'ma:xa], * Prag 16. Nov. 1810, † Leitmeritz 5. Nov. 1836, tschech. Dichter.
Hauptvertreter der tschech. Romantik, bes. von Byron und Novalis beeinflußt; sein Werk, das auch in Epos und Prosa sehr zum Lyr. tendiert, verbindet Neigung zur Spekulation und leidenschaftl., sensibles Temperament.
Hauptwerke: Zigeuner (R., 1836; dt. 1877), Der Mai (Epos, dt. 1844), Ausgewählte Gedichte (dt. 1862).
Literatur: Králik, O.: *Zu den dt. Gedichten K. H. M.s. In: Zs. f. Slawistik 6 (1961), 387; 7 (1962), 60.* – ↑ auch Němcová, Božena.

Macháček, Karel Simeon [tschech. 'maxa:tʃɛk], * Prag 10. Dez. 1799, † ebd. 2. Okt. 1846, tschech. Dichter.
Schrieb lyr. und ep. Gedichte, ferner histor. Dramen mit stark patriot. Elementen; übersetzte Goethe und Schiller.

Machado de Assis, Joaquim Maria [brasilian. ma'ʃadu di a'sis], * Rio de Janeiro 21. Juni 1839, † ebd. 29. Sept. 1908, brasilian. Dichter.
Aus ärml. Verhältnissen, wurde Buchdrucker, Korrektor, übernahm journalist. Arbeiten, gründete schließl. die brasilian. Akademie für Literatur und wurde ihr Präsident. Als Lyriker der erste Parnassien der brasilian. Literatur, als Erzähler bed. Repräsentant des Realismus.
Hauptwerke: Crisálidas (Ged., 1864), Falenas (Ged., 1869), Yaya Garcia (R., 1878), Die nachträgl. Memoiren des Bras Cubas (R., 1881; dt. 1950), Dom Casmurro (R., 1900; dt. 1951).
Ausgabe: M. de A. Meistererzählungen. Dt. Übers. Hamb. 1964.
Literatur: Grieco, A.: *M. de A. Rio de Janeiro ²1960.* – Coutinho, A.: *A filosofia de M. de A. e outros ensaios. Rio de Janeiro 1959.*

Machado y Ruiz, Antonio [span. ma'tʃaðo i 'rruiθ], * Sevilla 26. Juli 1875, † Collioure (Pyrénées-Orientales) 22. Febr. 1939, span. Dichter.
1900 Vizekonsul von Guatemala in Paris; 1907 Professor für Frz. in Soria (Kastilien). Im Span. Bürgerkrieg Republikaner. Schüler und Freund von Rubén Darío; von großem Einfluß auf sein Werk war die Philosophie H. Bergsons. Gilt als einer der bedeutendsten span. Dichter des 20. Jh.s. Abgesehen von Theaterstücken, wie „Juan de Mañara" (1927), „La Lola se va a los puertos" (1930), die er gemeinsam mit seinem Bruder Manuel verfaßte, und Essays zur Theorie der Dichtung schrieb M. y R. v. a. Lyrik: „Soledades" (1903), „Soledades, galerías y otros poemas" (1907), „Campos de Castilla" (1912), Preislieder auf seine kastil. Heimat, und „Nuevas canciones" (1924). Spaniens Schicksal und Niedergang waren ihn bewegende Themen. Eine dt. Auswahl seiner Gedichte erschien 1964.
Ausgabe: Manuel y A. M. y R. Obras completas. Madrid ³1957.
Literatur: Orozco Díaz, E.: *A. M. en el camino. Notas a un tema central de su poesía. Granada 1962.* – Zubiria, R.: *La poesía de A. M. y R. Madrid 1955.* – Pérez Ferrero, M.: *Vida de A. M. y Manuel. Madrid 1947.*

Machado y Ruiz, Manuel [span. ma'tʃaðo i 'rruiθ], * Sevilla 29. Aug. 1874, † Madrid 19. Jan. 1947, span. Dichter.
Bruder von Antonio M. y R.; Studium in Madrid, vorübergehend in Paris, Archivar in Madrid; journalist. Tätigkeit; 1938 Mitglied der span. Akademie; schrieb, von Rubén Darío ausgehend, formvollendete Lyrik, u. a. „Alma" (1902), „Caprichos" (1905); der andalus. Volkspoesie stehen „Los cantares" (1907), „Cante hondo" (1912), „Sevilla y otros poemas" (1920) nahe; daneben Dramen mit seinem Bruder Antonio.
Literatur: Brotherston, G.: *M. M.: A revaluation. London u. New York 1968.* – ↑ auch Machado y Ruiz, Antonio.

Machar, Josef Svatopluk [tschech. 'maxar], * Kolin bei Prag 29. Febr. 1864, † Prag 17. März 1942, tschech. Dichter.

War nach Abbruch seines Jurastudiums Bankbeamter in Wien (1891–1918); dort Bekanntschaft, später Freundschaft mit T. G. Masaryk; 1919–24 Generalinspektor der tschech. Armee; hohe Ehrungen, Mitglied der Akademie. M., Gegner des Neuromantikers Vrchlický, fand infolge seiner Neigung zu einem oft iron. gefärbten Skeptizismus den Weg von subjektivist., romant. Frühdichtung zu einem unpathet., krit. Realismus und wandte sich mehr und mehr der sozialkrit. Dichtung und der polit. Satire zu; er vertrat eine antichristl., heidn.-antike Weltanschauung (Einfluß Nietzsches).
Hauptwerke: Confiteor (Ged., 1887ff.), Hier sollten Rosen blühen (Vers-En., 1891–94; dt. 1923), Magdalena (Vers-R., 1894; dt. 1905), Rom (Feuilleton, dt. 1908), Im Strahl der hellenischen Sonne (Epos, 1907; dt. 1919), Gift aus Judäa (Epos, 1907; dt. 1919), Barbaren (Epos, 1911; dt. 1919), Antike und Christentum (dt. 1919).

Machau[l]t, Guillaume de [frz. ma'ʃo] ↑ Guillaume de Machau[l]t.

Machen, Arthur [engl. 'mɛɪtʃən], eigtl. A. Llewellyn Jones, * Caerleon (Monmouth) 3. März 1863, † Beaconsfield bei London 15. Dez. 1947, walis. Schriftsteller.
Sohn eines Geistlichen; lebte in ärml. Verhältnissen; war Lehrer, Verlagsangestellter, Schauspieler und Journalist. Schrieb Essays, makabre Erzählungen und Werke myst. und romant. Charakters; seinen Roman „The hill of dreams" (1907) nannte M. einen „Schelmenroman der Seele"; erfolgreich war seine Kurzgeschichtensammlung „The bowmen, and other legends of the war" (1915); schrieb auch autobiograph. Werke und übersetzte Casanova.

Machiavelli, Niccolò [italien. maki̯a'vɛlli], * Florenz 3. Mai 1469, † ebd. 22. Juni 1527, italien. Politiker und Schriftsteller.
1498–1512 Sekretär in der Kanzlei des Rates der Zehn; mit polit. Missionen beauftragt, begegnete er Ludwig XII. von Frankreich, Cesare Borgia, Kaiser Maximilian I. Von den Medici 1512 seines Amtes enthoben, eingekerkert, gefoltert, freigesprochen, zog er sich schließl. auf sein Landgut bei San Casciano zurück und widmete sich schriftsteller. Arbeit. In dem Traktat „Il principe" (entstanden 1513, gedruckt 1532; dt. 1804 u.d.T. „Der Fürst") und den „Unterhaltungen über die erste Dekade der röm. Geschichte des Livius" (entstanden 1513–21, gedruckt 1531; dt. 1776) analysierte M. die Ursachen der polit. Ohnmacht Italiens mit tiefer Einsicht in die Notwendigkeiten der Politik. Axiomat. wird das dämon. Wesen der Macht gezeigt, die Wiedergewinnung der „virtù" als Überwindung der „ambizione" dargetan. M. wagte als erster auszusprechen, daß zur Regeneration Italiens – auch im eth. Sinne – die polit. Vernunft sich jedes Mittels bedienen müsse. Sein bedeutendstes literar. Werk ist „Mandragola" (1518, gedruckt 1524; dt. 1882), eine der besten italien. Komödien, in der, geistvoll und elegant dialogisiert, ein Originalstoff gestaltet ist.
Weitere Werke: Die Kriegskunst in sieben Büchern (1521, dt. 1833), Historien von Florenz (entstanden 1520–25, gedruckt 1531; dt. 1788), Clizia (Kom., entstanden nach 1513, gedruckt 1537; dt. 1967).
Ausgaben: N. M. Opere. Hg. v. E. Raimondi. *Mailand 1966. – N. M. Ges. Schrr. Hg. v.* H. Floerke. *Mchn. 1925. 5 Bde. – N. M. Le Opere. Hg. v.* L. Passerini *u.a. Florenz 1873–77. 6 Bde.*
Literatur: Ridolfi, R.: *Studi sulle commedie del M. Pisa 1968.* – Kluxen, K.: *Polit. u. menschl. Existenz bei M. Dargestellt am Begriff der Necessitá. Stuttg. 1967.* – Sasso, G.: *Studi su M. Neapel 1967.* – Chabod, F.: *Scritti su M. Turin 1964.* – Ridolfi, R.: *The life of N. M. Engl. Übers. London 1963.* – Villari, P.: *N. M. e i suoi tempi. Florenz ⁴1927. 2 Bde. Dt. Ausg. u.d.T.: N. M. u. seine Zeit. Rudolstadt 1877–83. 3 Bde.*

Macías [span. ma'θias], * 2. Hälfte des 14. Jh.s, † nach 1390, galic. Troubadour.
Genannt „el Enamorado" (= der Verliebte), da er sich einer Legende zufolge in eine Dame vom Hofe verliebt hatte, die gegen ihren Willen einem anderen vermählt wurde und deren Gatte ihn tötete, weil er nicht aufhörte, sie zu besingen; einige der ihm zugeschriebenen Lieder in galic.-portugies. Sprache sind im „Cancionero de Baena" (hg. 1851) erhalten.

Maciejowski, Ignacy [poln. matɕɛ'jɔfski], Pseudonym Sewer, * Warschau 28. Juli 1839, † Krakau 22. Sept. 1901, poln. Schriftsteller.
Als einer der führenden Revolutionäre 1863 in Haft; danach unstetes Wanderleben, u.a. in England, das er in einem Buch mit Reiseskizzen darstellte. M., der noch in der Tradition der Romantik stand, aber bereits positivist. beeinflußt war, beschrieb in Dramen, Novellen und Romanen, die er z.T. pseudonym publizierte, das Leben der Bauern und deren Reaktion auf die Industrialisierung. Als sein Hauptwerk gilt der Roman „Nafta" (1894).

Mačiulevičius-Mačiulis, Jonas [lit. matʃʊ'læ:vɪtʃʊsma'tʃʊlɪs] ↑ Maironis.

Mack, Lorenz, * Ferlach 17. Juni 1917, östr. Schriftsteller.
Büchsenmacher, nach 1945 freier Schriftsteller; Erzähler von schlichter Eindringlichkeit und anschaul. Darstellungsart, schrieb v.a. Romane über das Leben in Balkandörfern; auch Hörspiele.
Hauptwerke: Das Glück wohnt in den Wäldern (R., 1952), Die Saat des Meeres (R., 1954), Die Brücke (R., 1958), Sohn der Erde (R., 1959), Hiob und die Ratten (R., 1961), An jenem Samstag (R., 1965).

Mackay, John Henry [engl. mə'kaɪ], * Greenock (Schottland) 6. Febr. 1864, † Berlin-Charlottenburg 21. Mai 1933, dt. Schriftsteller.
Kam als Kind nach Deutschland; Buchhändler, Literatur- und Kunstgeschichtsstudium, Reisen nach Portugal und England, Aufenthalt in der Schweiz, dann in Rom, seit 1892 in Berlin. M. begann als Lyriker im Stil Ossians, wandte sich dann sozialen Themen zu; später vertrat er unter Einfluß Stirners einen individuellen Anarchismus. Einige seiner Gedichte wurden aufgrund des Sozialistengesetzes verboten (u.a. „Arma parata fero", 1886). In Lyrik und Prosa verbindet er Individualismus, Anarchismus und die Sozialauffassung des Naturalismus.
Hauptwerke: Sturm (Ged., 1887), Die Anarchisten (R., 1891), Die Menschen der Ehe (En., 1892), Max Stirner (Biogr., 1898), Der Schwimmer (R., 1901), Gedichte (1909), Staatsanwalt Sierlin (Nov., 1928), Ehe (Szene, 1930).

Mackay, Mary [engl. mə'kaɪ] † Corelli, Marie.
MacKaye, Percy [Wallace] [engl. mə'kaɪ], * New York 16. März 1875, † Cornish (N. H.) 31. Aug. 1956, amerikan. Dramatiker.
Studierte in Harvard und Leipzig; war Dozent für Theaterwesen und Dichtung, Leiter von Theaterfestivals; Reisen durch die USA weckten sein Interesse an der amerikan. Folklore. Pflegte nach Anfängen mit lyr. Dramen u.a. das Freilichtspiel; schrieb auch satir. Komödien und Libretti für Opern; in Kritiken und Essays setzte er sich für eine Belebung des Theaters ein; seine „Lügengeschichten aus den Bergen Kentuckys" (1926) erschienen 1946 in dt. Übersetzung.
Mackenzie, Sir Compton [engl. mə'kɛnzɪ], eigtl. Edward Montague Compton M., * West Hartlepool bei Durham 17. Jan. 1883, engl. Schriftsteller.
Stammt aus einer Schauspielerfamilie; studierte Geschichte und Jura, zog aber eine literar. Laufbahn vor; konventierte 1914 zum Katholizismus; Kriegsteilnehmer im 1. Weltkrieg; 1952 geadelt. Stellt in seinen Romanen vom Standpunkt des kath. Christen die Haltlosigkeit bes. der jungen Generation dar; schrieb auch humorist. Romane, darunter „Das Whisky-Schiff" (dt. 1952).
Weitere Werke: Bananen, Frauen und Spione (R., 1933; dt. 1958), Der Herr im Hochmoor (R., 1941; dt. 1953), Herrlich und in Freuden (R., dt. 1959), Die Mondrepublik (Satire, dt. 1961).
Literatur: Robertson, L.: *C. M. An appraisal of his literary work. London 1954.*
Mackenzie, Henry [engl. mə'kɛnzɪ], * Edinburgh 26. Aug. 1745, † ebd. 14. Jan. 1831, schott. Schriftsteller.
Studierte Jura, war Steuerkontrolleur, Journalist; eine der bedeutendsten Persönlichkeiten des literar. Lebens in Edinburgh; zu seiner Zeit beliebter, mit Addison verglichener und von Sterne beeinflußter Verfasser von empfindsamen, moralisierenden Romanen und skizzenhaften Erzählungen; in dem Roman „The man of feeling" (1771) ist die von Rousseau übernommene soziale Einstellung bemerkenswert; versuchte sich auch als Dramatiker.
Maclaren, Ian [engl. mə'klærən] † Watson, John.
MacLeish, Archibald [engl. mə'kli:ʃ], * Glencoe (Ill.) 7. Mai 1892, amerikan. Schriftsteller.
1920–23 Rechtsanwalt in Boston, lebte 1923–28 vorwiegend in Paris, 1939 Leiter der Kongreßbibliothek in Washington, in leitender Funktion im Außenministerium, 1949 Professor für Rhetorik an der Harvard University. Seine Versdichtung, getragen von der Ahnung drohenden Unheils, von Melancholie und Skepsis, zeigt Einflüsse E. Pounds und T. S. Eliots, u.a. „The pot of earth" (Ged., 1925), „Conquistador" (Epos, 1932). Seine Wendung zur Politik bestimmt die späteren Werke, v.a. das Versdrama „Panic" (1935) und das Vershörspiel „Der Fall der Stadt" (1937, dt. 1949). In dem Drama „Spiel um Job" (dt. 1958) projiziert er das Schicksal Hiobs in die amerikan. Gegenwart.
Literatur: Falk, S.: *A. M. New York 1965.*
Macleod, Fiona [engl. mə'klaʊd], eigtl. William Sharp, * Paisley 12. Sept. 1855, † Schloß Maniace am Ätna (Sizilien) 12. Dez. 1905, schott. Schriftsteller.
Studierte in Glasgow, Seereise nach Australien, war kurze Zeit Angestellter in London, dann freier Schriftsteller. Schrieb unter seinem streng gehüteten weibl. Pseudonym neu-ossian. Romane mit visionären Zügen und kelt.-heidn. Elementen; schrieb ferner Dramen und ep.-lyr. Dichtungen oft myst. Inhalts; seine romant. Naturlyrik, zwei Romane und Biographien über Heine, Browning, Rossetti und Shelley erschienen unter seinem bürgerl. Namen.
Hauptwerke: Das Reich der Träume (R., 1899; dt. 1922), Wind und Woge (En., 1902; dt. 1922).
MacNeice, Louis [engl. mək'ni:s], Pseudonym L. Malone, * Belfast 12. Sept. 1907, † London 3. Sept. 1963, engl. Dichter und Kritiker ir. Herkunft.
War nach Abschluß seiner Studien in Oxford Dozent an verschiedenen Universitäten und Colleges; ging 1941 zur BBC. M., der Auden und dessen literar. Gruppe nahestand, verbindet in seiner Dichtung oft Stilelemente der klass. lat. Dichtung mit denen der Umgangssprache; Einfluß des Jazz; schrieb außer Lyrik auch Dramen, Hörspiele und Kritiken; übersetzte u.a. Goethes „Faust" in gekürzter Form.
Hauptwerke: Out of the picture (Dr., 1937), Christopher Columbus (Dr., 1944), The dark tower (Dr., 1946), Collected poems (1949).
Mac Orlan, Pierre [frz. makɔr'lã], eigtl. P. Dumarchais, * Péronne (Somme) 26. Febr. 1882, frz. Schriftsteller.
Führte, bevor er zur Literatur kam, ein bewegtes Leben, übte verschiedene Berufe aus und unternahm weite Reisen (u.a. nach Nordafrika); 1950 Mitglied der Académie Goncourt; fruchtbarer Prosaschriftsteller mit unerschöpfl. Einfällen; begann mit humorist.-satir. Erzählungen und wandte sich dann bes. dem Abenteuerroman und dem Roman aus der Halbwelt zu.
Hauptwerke: Die Reiterin Elsa (R., dt. 1923), Marguerite de la nuit (R., 1925), Le quai des brumes (R., 1927), Malice (R., 1956).
Macpherson, James [engl. mək'fə:sn], * Ruthven (Inverness) 27. Okt. 1736, † Besitztum Belville (Inverness) 17. Febr. 1796, schott. Dichter.
Studierte Theologie und wurde Lehrer; 1760 veröffentlichte er 15 „Fragments of ancient poetry, collected in the highlands of Scotland", die er für Übersetzungen alter gäl. Lieder des blinden Helden und Sängers Ossian ausgab; M. übersetzte den engl. Text auch ins Gälische, um ein Original vorzutäuschen; eine Fälschung, die die empfindsam-heroische Stimmung und Sehnsucht seiner Zeit, auch ihre Vorstellung von archaischer Dichtung so genial einbezog, daß sie die bedeutendsten damaligen Dichter, Goethe, Herder, Hölderlin, v.a. aber die Vertreter des Sturm und Drangs, schöpfer. beeinflußte.
Ausgaben: Ossian. Werke. Dt. Übers. v. F. Spunda. *Lpz. 1924. – The works of Ossian. Neu hg. v.* W. Sharp. *Edinburgh 1896.*
Literatur: Thomson, D. S.: *The Gaelic sources of M.'s „Ossian". Edinburgh u. London 1952.* – Schöffler, H.: *Ossian. Hergang eines großen Betrugs. In: Goethe-Kalender 35 (1942).* – Smart, J. S.: *J. M. An episode in literature. London 1905.*
Macrobius, Ambrosius Theodosius, lat. Schriftsteller, Grammatiker und Philosoph um 400.
Prokonsul von Afrika 410; M. schrieb einen Kommentar zum Schlußteil von Ciceros „De re publica" und sieben Bücher „Saturnalia", in denen

er röm. Senatoren und Gelehrte am Saturnalienfest fiktive Gespräche über Vergil, den Witz bed. Römer, über Luxus und Wissenschaft der Antike u.a. führen läßt; neuplaton. Gedankengut. Teilweise erhalten ist die Schrift „De differentiis et societatibus Graeci Latinique verbi".
Ausgabe: Macrobii opera. Hg. v. J. Willis. *Lpz. 1963. 2 Bde.*
Literatur: Mras, K.: *M.' Kommentar zu Ciceros Somnium. Ein Beitrag zur Geistesgesch. des 5. Jh.s n. Chr. Bln. 1933.* – Whittaker, T.: *M. Cambridge 1923.*

Macropedius, Georgius, eigtl. Joris van Lang[h]veld[t], * Gemert um 1475, † Herzogenbusch Juli 1558, niederl. Humanist und Dramatiker.
Schüler von Reuchlin; schrieb 12 nlat. Dramen, u.a. „Hecastus" (1539, dt. von H. Sachs 1549). Held dieses Schuldramas ist Jedermann, ein reicher Bürger, der, plötzl. vor den Richterstuhl Gottes gerufen, durch Glaube und Reue erlöst wird.
Weitere Werke: Aluta (Schwank, 1535, hg. 1897), Rebelles (Schwank, 1535, hg. 1897).

Madách, Imre [ungar. 'mɔda:tʃ], * Alsósztregova 21. Jan. 1823, † ebd. 5. Okt. 1864, ungar. Dichter.
Stammte aus altem ungar. Adel, Kalvinist; Rechtsstudium; Teilnahme am polit. Leben, bis 1848 Notar; nach der Revolution Gefängnisstrafe; sein Ruhm knüpft sich an das großangelegte Werk „Die Tragödie des Menschen" (dt. 1865), ein an Goethes „Faust" erinnerndes philosoph. Gedicht über Weg und Schicksal des Menschen vom Sündenfall bis zum Jüngsten Tag. Zahlreiche Übersetzungen in die wichtigsten Sprachen; auch in der Bühnenfassung (1883) sehr erfolgreich.
Literatur: Lotze, D.: *M.s „Tragödie des Menschen" in der Begegnung mit der dt. Geisteswelt. Studien zu einem Kapitel der Weltliteraturgesch. Diss. Innsbruck 1961 [Masch.].* – Barta, J.: *I. M. Budapest 1942.*

Madariaga y Rojo, Salvador de [span. maða ɾiaɣa i 'rrɔxo], * La Coruña 23. Juli 1886, span. Schriftsteller.
Frz. Schul- und Universitätsausbildung, 1921–27 Leiter der Abrüstungskommission des Völkerbundes, 1928–31 Professor für span. Literatur in Oxford, 1931 span. Botschafter in Washington, 1932 in Paris, seit 1936 in England im Exil, Professor in Oxford. Schrieb in span., engl. und frz. Sprache Romane, u.a. „Das Herz von Jade" (1942, dt. 1951), „Ein Strauß von Irrtümern" (dt. 1955), „Krieg im Blut" (dt. 1958), Lyrik, Biographien, u.a. „Bolivar" (dt. 1961), „Cortés, Eroberer Mexikos" (dt. 1951), Darstellungen der span. und span.-amerikan. Kultur, u.a. „Spanien" (dt. 1930), v.a. aber krit. Arbeiten und Essays zur Völkerpsychologie, über internationale polit. Beziehungen, über seine Konzeption des Liberalismus, u.a. „Engländer, Franzosen, Spanier" (1928, dt. 1966), „Porträt Europas" (dt. 1952), „Von der Angst zur Freiheit. Bekenntnisse eines revolutionären Liberalen" (dt. 1959); schrieb auch Dramen.

Madeira, António [portugies. mɐ'ðɐirɐ] ↑ Fonseca, António José Branquinho da.

Madelung, Aage, * Södertou (Schonen) 5. Juli 1872, † Kopenhagen 27. Okt. 1949, dän.-dt. Schriftsteller.
Geschäftsmann in Rußland, dann Journalist, im 1. Weltkrieg dt. Kriegsberichterstatter. Außer zwei in dt. Sprache geschriebenen Kriegstagebüchern schrieb er teils dt., teils dän. sozialeth. Novellen und Romane; verfaßte ferner den utop. Roman „Zirkus Mensch" (1918), die Robinsonade „Das Gut auf dem Mond" (1929) und Schilderungen aus dem Leben eines Jägers, „Jagd auf Tiere und Menschen" (dt. 1909).
Weitere Werke: Die Gezeichneten (R., dt. 1913), Das unsterbl. Wild (E., 1924).

Madsen, Ohle ↑ Gerstenberg, Heinrich Wilhelm von.

Maerlant, Jacob van [niederl. 'ma:rlɑnt], * bei Brügge um 1235, † Damme bei Brügge nach 1291, niederl. Dichter.
Zunächst Küster auf Voorne, dann Stadtschreiber in Damme; begann mit Ritterromanen nach lat. oder frz. Vorbild, u.a. „Alexanders geesten" (hg. 1882); dann kritisierte er in stroph. Gedichten, u.a. „Wapene Martijn", „Der kerken claghe", die geistige Trägheit, soziale und sittl. Mißstände der Zeit. Lehrgedichte waren für den aufkommenden Bürgerstand geschrieben, der sich in der eigenen Sprache unterrichten wollte. Er behandelte die Staatskunst in „Heimelicheit der heimelichede" (hg. 1838), die Naturwissenschaften in „Der naturen bloeme" (hg. 1857), die bibl. Geschichte in „Rijmbijbel" (hg. 1858) und die Geschichte in „Spieghel historiael" (4 Teile; vollendet von Lodewijk van Veltheim; hg. 1857 bis 1863).

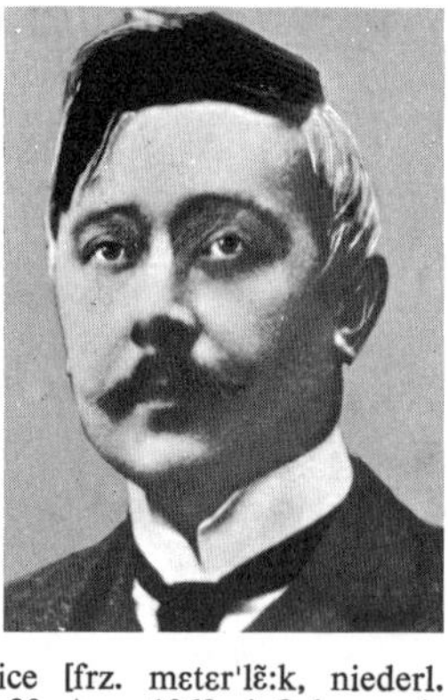
Maurice Maeterlinck

Maeterlinck, Maurice [frz. mɛtɛr'lɛ̃:k, niederl. 'ma:tərlɪŋk], * Gent 29. Aug. 1862, † Orlamonde bei Nizza 6. Mai 1949, belg. Schriftsteller.
Studierte in Gent Rechtswissenschaft, wandte sich aber bald der Literatur zu; ging 1886 nach Paris (Anschluß an Villiers de l'Isle-Adam, Grégoire Leroy u.a.); wurde berühmt durch die Aufführung seines Dramas „Prinzessin Maleine" (1889, dt. 1902). Studium von Ruusbroec, Novalis, Emerson. 1896 endgültige Übersiedlung nach Paris. Während des 2. Weltkrieges im Exil in den USA, lebte dann in seiner Villa an der frz. Riviera. M. ist als Lyriker und Dramatiker einer der bedeutendsten Vertreter des Symbolismus; in seinem frühen dramat. Werk zeigt er den Menschen in einer Situation, in der er von einem blinden Schicksal, dem Tod, überrascht wird und ihm hilflos ausgeliefert ist: „Der Eindringling" (1890,

dt. 1901), „Die Blinden“ (1891, dt. 1901), „Zu Hause“ (1894, dt. 1901). Themat. ähnl., durch die Vertonung Debussys bekannt geworden, ist das Märchendrama „Pelleas und Melisande“ (1892, dt. 1902). In seinen naturphilosoph. Schriften, u.a. „Das Leben der Bienen“ (dt. 1901), „Das Leben der Ameisen“ (dt. 1930), zeigt M., daß auch die Menschen, analog den Tierstaaten, unbewußt auf ein unbekanntes, naturhaft-göttl. Ziel hinarbeiten. 1911 Nobelpreis.

Weitere Werke: Les serres chaudes (Ged., 1889), Douze chansons (Ged., 1896), Die 7 Prinzessinnen (Dr., 1891; dt. 1901), Alladine und Palonides (Dr., 1894; dt. 1901), Der Tod des Tintagiles (Dr., 1894; dt. 1901), Monna Vanna (Dr., dt. 1903), Der blaue Vogel (Märchenspiel, dt. 1910), Geheimnisse des Weltalls (Schr., dt. 1930).

Ausgaben: M. M. Poésies complètes. Hg. v. J. Hanse. *Brüssel 1965. – M. M. Werke. Dt. Übers. Hg. v.* F. v. Oppeln-Bronikowski. *Jena 1.–49. Tsd. 1924–29. 9 Bde.*

Literatur: Maenner, P. J.: *M. Theatral. Repräsentation einer Philosophie im Zusammenhang der modernen Dramaturgie. Diss. Freie Univ. Bln. 1964.* – Pasquier, A.: *M. M. Brüssel 1963. – M. M. 1862–1962. Hg. v.* J. Hanse *u.* R. Vivier. *Brüssel 1962.* – Bailly, A.: *M. Paris 1931.*

Maeztu y Whitney, Ramiro de [span. ma'εθtu i ṷit'nεi], * Vitoria 4. Mai 1875, † Aravaca bei Madrid 7. Nov. 1936, span. Schriftsteller.

Bask.-engl. Abkunft; zeitweilig in Paris und Kuba; Zeitungskorrespondent in England, Botschafter in Argentinien; Gründer der „Acción Española“; Mitglied der span. Akademie; während des Bürgerkriegs ermordet. Einflußreicher kath.-monarchist. Nationalist, dessen bedeutendere Essays meist aus Zeitungsartikeln hervorgingen; zu nennen sind: „La crisis del humanismo“ (1919), „Don Quijote, Don Juan y la Celestina“ (1926), „Defensa de la Hispanidad“ (1934).

Maffei, Andrea [italien. maf'fε:i], * Molina di Ledro 19. April 1798, † Mailand 27. Nov. 1885, italien. Dichter.

Machte sich v.a. mit seinen Übersetzungen und Nachdichtungen einen Namen (Shakespeare, Milton, Klopstock, Moore, Goethe, Schiller u.a.).

Maffei, Francesco Scipione Marchese [italien. maf'fε:i], * Verona 1. Juni 1675, † ebd. 11. Febr. 1755, italien. Dramatiker und Gelehrter.

Neben kulturhistor. und archäolog. Studien, bes. über seine Vaterstadt Verona, wurde er mit seinem Schauspiel „Merope“ (1713) für die Entwicklung eines eigenständigen italien. Dramas wichtig. Diese Tragödie, nach dem griech. Ideal in klass. Einfachheit gebaut, wurde ein europ. Erfolg. M. übersetzte Teile der „Ilias“ und „Aeneis“, war Hg. der literar. Zeitschrift „Giornale dei Letterati“.

Magalhães, Domingos José Gonçalves de [brasilian. maga'ʎẽis], Visconde de Araguaia, * Rio de Janeiro 13. Aug. 1811, † Rom 10. Juli 1882, brasilian. Dichter.

Studierte Medizin; lehrte Philosophie in Rio de Janeiro; 1830–40 Haupt der nationalen brasilian. Dichterschule; bereiste als Diplomat Europa, zuletzt Gesandter beim Vatikan; schrieb romant. Elegien („Suspiros poéticos e saudades“, 1836, das erste größere Werk neubrasilian. Dichtung), das Epos des brasilian. Indianismus „A confederação dos Tamoios“ (1856), philosoph. Gedichte, Dramen („António José“, 1839, und „Olgiato“, 1841; die ersten von einem brasilian. Dichter verfaßten Tragödien), Kritiken u.a.

Magallanes Moure, Manuel [span. maɣa'janez 'moṷre], * La Serena 8. Nov. 1878, † Santiago de Chile 19. Jan. 1924, chilen. Dichter.

Modernist. Lyriker unter dem Einfluß des frz. Impressionismus, schrieb „Facetas“ (Ged., 1902), „Matices“ (Ged., 1904), „La jornada“ (Ged., 1910), „La casa junto al mar“ (Ged., 1918); auch Dramatiker („La batalla“, 1912), Erzähler („Qué es el amor“, En., 1915), Kritiker und Maler.

Magdeburg, Mechthild von † Mechthild von Magdeburg.

Magelone, Die schöne, dt. Volksbuch, volkstüml. Rittergeschichte, die von der Werbung Peters, des Grafen von Provence, um die Prinzessin M. von Neapel, ihrer heiml. Flucht und Trennung, von M.s Treue und beider Wiedersehen erzählt. Dt. Übersetzung von Veit Warbeck (1527) nach einer frz. Vorlage. Ähnl. Motive bereits in „1001 Nacht“.

Ausgaben: Die sch. M. In: Dt. Volksbb. Hg. v. K. O. Conrady. *Reinbek bei Hamb. 1968. – Die sch. Magelonna. In: Dt. Volksbb. Ausgew. u. eingel. v.* P. Suchsland. *Bd. 1. Bln. 1968.*

Magha; tl.: Māgha, ind. Dichter der 2. Hälfte des 7. Jahrhunderts.

Lebte als reicher Bürger vermutl. in Shrimala (heute Bhinmal) in Gujarat. Bed. Epiker der klass. ind. Literatur. Sein Epos „Schischupalawadha“ hat die Tötung des Königs Schischupala durch Krischna zum Inhalt, den jener beleidigt hatte. Großen Raum nehmen Naturschilderungen und Liebesszenen ein.

Magnússon, Guðmundur [isländ. 'magnusɔn] † Trausti, Jón.

Magny, Olivier de [span. ma'ɲi], * Cahors um 1530, † Paris um 1561, frz. Dichter.

Befreundete sich in Rom mit Du Bellay; zuletzt Sekretär Heinrichs II.; Lyriker im Zeichen der Pléiade, schrieb Sonette und Oden.

Hauptwerke: Les amours (Ged., 1553), Les soupirs (Ged., 1557), Les odes (1559), Sonnets (1560).

Mahabharata; tl.: Mahābhārata [sanskr.], ind. Sanskritepos, in der Legende Wjasa zugeschrieben; im 5. Jh. aufgezeichnet, jedoch wesentl. früher entstanden; es besteht aus 18 Büchern und einem Anhang (zusammen über 106000 Verse); den Kern bildet ein Heldenepos, das von den Kämpfen zwischen den Nachkommen des Bharata, den Kaurawas und den Pandawas, berichtet und dem Göttersagen, Tierfabeln, philosoph. (u.a. das „Bhagawadgita“) und lehrhafte Gesänge angegliedert bzw. eingefügt sind. Das M. ist das bedeutendste religiöse und moral. Lehrbuch der Inder. Eine dt. Auswahl erschien 1845ff. („Ind. Sagen“).

Ausgaben: Das M. Ein altind. Epos. Dt. Übers. Hg. v. B. Roy. *Düsseld. u. Köln 1961. – The M. Engl. Übers. v.* P. Ch. Roy. *Kalkutta* $^{1-2}$*1883–96. 10 in 15 Bden.*

Literatur: Oldenberg, H.: *Das M. Seine Entstehung, sein Inhalt, seine Form. Gött. 1922.* – Jacobi, H.: *Mahābhārata. Inhaltsangabe, Index u. Conkordanz der Calcuttaer u. Bombayer Ausgg.*

Bonn 1903. – Holtzmann, A.: *Das M. u. seine Theile. Kiel 1892–95. 4 Bde.*

Mahen, Jiří [tschech. 'mahɛn], eigtl. Antonín Vančura, * Časlau (Mittelböhm. Gebiet) 12. Dez. 1882, † Brünn 22. Mai 1939, tschech. Schriftsteller.

War Lehrer, dann Bibliothekar, Redakteur und zeitweilig Dramaturg am Nationaltheater Brünn. Vielseitiger Vertreter des Impressionismus, der die verschiedensten Gattungen pflegte, v.a. aber mit seinen z.T. histor. Dramen Erfolg hatte. Seine „Anglergeschichten“ (1921) erschienen 1956 in dt. Übersetzung.

Mahler, Zdeněk [tschech. 'ma:lɛr], * Batelov bei Iglau 7. Dez 1928, tschech. Schriftsteller.

Neffe Gustav Mahlers; studierte Anglistik und Bohemistik in Prag, Rundfunkredakteur und Dramaturg, freier Schriftsteller; schrieb Drehbücher, eine Reportage aus Indien und Dramen: „Die Mühle“ (dt. 1965) und „Tolle Hochzeit“ (dt. 1967), außerdem ein Buch über die Tschechoslowakei (1966).

Mahlmann, Siegfried August, * Leipzig 13. Mai 1771, † ebd. 16. Dez. 1826, dt. Dichter und Publizist.

Studierte Philosophie, Literatur und Jura; wurde 1799 Verlagsbuchhändler, leitete 1805–16 die „Zeitung für die elegante Welt“, 1810–18 auch die „Leipziger Zeitung“, wurde 1821 Direktor der erneuerten Leipziger Ökonom. Sozietät. Von seinen vielfach vertonten „Gedichten“ (1825) wurden einige („Mein Lebenslauf ist Lieb' und Lust“, „Weg mit den Grillen und Sorgen“) volkstümlich. Er schrieb ferner „Erzählungen und Märchen“ (1802) und die witzige Kotzebue-Parodie „Herodes vor Bethlehem“ (1803).

Mahmut Abdülbaki [türk. mɑh'mut ɑbdylbɑ:'ki] (Baki), * Konstantinopel (heute Istanbul) 1526 oder 1527, † ebd. 7. Nov. 1600, türk. Dichter.

War Richter, am Hof sehr geschätzt, erhielt als Poeta laureatus ein Staatsbegräbnis. Hauptwerk ist sein Diwan (dt. von Hammer-Purgstall 1825), Meisterwerk eine Elegie auf den Tod des Sultans Suleiman II.; diesseitsorientierte formvollendete Lyrik, die durch Reinheit der Sprache, Wortspiele und Innigkeit des Ausdrucks besticht.

Literatur: Rypka, J.: *Báqí als Ghazeldichter. Prag 1926.*

Maigrot, Émile [frz. mɛ'gro] ↑ Henriot, Émile.

Maikow, Apollon Nikolajewitsch; tl.: Majkov, Apollon Nikolaevič [russ. 'majkɐf], * Moskau 4. Juni 1821, † Petersburg (heute Leningrad) 20. März 1897, russ. Dichter.

Studierte in Petersburg und Paris Jura, wandte sich aber der Literatur zu; Freund Gontscharows. M., Übersetzer Goethes und Heines, vertrat in seiner formstrengen Lyrik das Prinzip der reinen Kunst; seine der Anakreontik nahestehenden Gedichte weisen Einflüsse u.a. von Horaz und Puschkin auf; bestimmende Einflüsse aus der Dichtung der klass. Antike wirkten auch auf sein dramat. Werk; bed. Versübersetzung des „Igorlieds“.

Weitere Werke: Dichtungen (dt. 1893), Drei Tode (Dr., dt. 1884), Gedichte (dt. 1901).

Mailer, Norman [engl. 'mɛɪlə], * Long Branch (N.J.) 31. Jan. 1923, amerikan. Schriftsteller.

Studierte an der Harvard University Bautechnik, arbeitete in verschiedenen Berufen; 1944 Soldat. Nach seiner Heimkehr schrieb er den kraß realist. Kriegsroman „Die Nackten und die Toten“ (dt. 1950), der sowohl erschüttert-anerkennend aufgenommen als auch als abscheuerregend und ekelhaft-pornograph. verworfen wurde; 1969 erhielt M. für sein die Anti-Vietnam-Demonstrationen in den USA behandelndes Buch „Heere aus der Nacht“ (dt. 1968) den Pulitzerpreis.

Weitere Werke: Am Rande der Barbarei (R., dt. 1952), Der Hirschpark (R., dt. 1955), Reklame für mich selber (Autobiogr., dt. 1963), Der Alptraum (R., dt. 1965), Miami and the siege of Chicago (1969).

Literatur: Foster, R.: *N. M. Minneapolis 1968.*

Maiorescu, Titu Liviu [rumän. maio'resku], * Craiova 27. Febr. 1840, † Bukarest 1. Juli 1917, rumän. Schriftsteller.

Philosoph und Staatsmann; studierte in Österreich und Deutschland, 1859 Dr. phil. (Gießen), 1861 Dr. jur. (Paris); wurde zunächst Staatsanwalt in Bukarest, später Gymnasiallehrer und Professor für Philosophie in Jassy; erfolgreicher Politiker, 1912–14 Ministerpräsident. Vertrat eine idealist. Philosophie nach dem Vorbild des dt. Idealismus; führendes Mitglied der „Junimea“; gilt als eigtl. Begründer und größter Vertreter der rumän. Kritik, Reformator der rumän. Orthographie und einer der bedeutendsten Anreger und Förderer der rumän. Literatur.

Mairet, Jean [de] [frz. mɛ'rɛ], * Besançon 4. Jan. (?) 1604, † ebd. 31. Jan. 1686, frz. Dramatiker.

Aus ursprüngl. dt. Familie; ging früh nach Paris, wo er die Gunst des Herzogs von Montmorency gewann; 1650 Resident der Franche-Comté in Paris, zeitweilig aus der Hauptstadt verbannt. Von seinen Dramen, in denen er als einer der ersten die drei dramat. Einheiten anwandte, sind bes. zu nennen: „Silvanire“ (1630), „Les galanteries du Duc d'Ossonne“ (1632) und „Sophonisbe“ (1634), sein Meisterwerk.

Maironis [lit. mai'ro:nɪs], eigtl. Jonas Mačiulevičius-Mačiulis, * Pasandravis bei Raseiniai 2. Nov. 1862, † Kaunas 28. Juni 1932, lit. Dichter.

Sohn eines reichen Bauern, wurde kath. Priester, seit 1909 Rektor des Priesterseminars, seit 1922 auch Professor für Moraltheologie an der Universität in Kaunas. M. war der bedeutendste Vertreter der national-idealist. Romantik in Litauen und von großem Einfluß auf die moderne lit. Literatur. Seine lyr. Dichtung ist geprägt von Liebe zur Heimat. Seine Verse sind in einfacher Sprache gehalten und durch vollendete Reime und akzentuierende Metrik ausgezeichnet. Er überwand damit die silbenzählende Metrik der älteren lit. Dichtung. Mit „Jaunoji Lietuva“ (= Jung-Litauen, 1895) schuf er ein lit. Nationalepos.

Maistre, Joseph Graf von [frz. mɛstr], * Chambéry 1. April 1753, † Turin 26. Febr. 1821, frz. Diplomat, Geschichtsphilosoph und Schriftsteller.

Gegner der Frz. Revolution; floh 1793 nach Lausanne; 1802–17 sardin. Gesandter in Petersburg; lehrte einen kath.-restaurativen Monarchismus ohne Verfassung und verlangte höchste weltl.-geistl. Macht für den Papst.

Hauptwerke: Considérations sur la France (1796), Vom Papste (1819, dt. 1822), Abendstunden zu St. Petersburg (Erinnerungen, dt. 1824).

Literatur: Triomphe, R.: *J. de M. Étude sur la vie et sur la doctrine d'un matérialiste mystique. Genf 1968.* – Brunello, B.: *J. de M. politico e filosofo. Bologna 1967.* – Huber, M.: *Die Staatsphilosophie v. J. de M. im Lichte des Thomismus. Basel 1958.* – Röck, A.: *Gf. J. de M. Ein Versuch über seine Persönlichkeit u. seine Ideen. Mchn. 1913.*

Maistre, Xavier Graf von [frz. mɛstr], * Chambéry 8. Nov. 1763, † Petersburg (heute Leningrad) 12. Juni 1852, frz. Schriftsteller.
Bruder von Joseph de M.; anfangs im sardin., später im russ. Heer, aus dem er 1817 als Generalmajor ausschied; von seinen teils naiv-sentimentalen, teils sarkast. Erzählungen aus der Zeit der Vorromantik werden einige heute noch gelesen.
Hauptwerke: Die Reise um mein Zimmer (Idylle, 1795; dt. 1875), Der Aussätzige von Aosta (E., 1811; dt. 1841), Die Gefangenen des Kaukasus (E., 1815; dt. 1881), Die junge Sibirierin (E., 1815; dt. 1856), Nachtfahrt um mein Zimmer (E., 1825; dt. 1892).

Maistre Pathelin [frz. mɛtrəpaˈtlɛ̃], berühmteste frz. Farce des MA, unbekannter Herkunft, entstanden etwa 1465 (ältester erhaltener Druck Lyon 1485/86); ihr Held ist ein betrüger. Advokat, der zum Schluß selber betrogen wird. Zahlreiche Nachdichtungen (u. a. von Reuchlin).

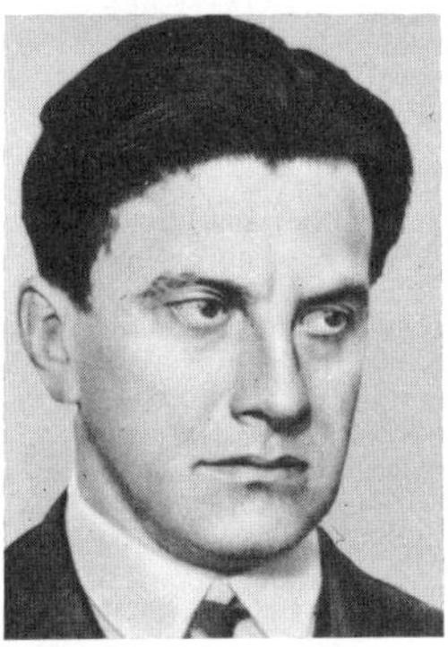

Wladimir Wladimirowitsch Majakowski

Majakọwski, Wladimir Wladimirowitsch; tl.: Majakovskij, Vladimir Vladimirovič [russ. mɐjɪˈkɔfskij], * Bagdadi (heute Majakowski bei Kutaissi, Georgien) 19. Juli 1893, † Moskau 14. April 1930 (Selbstmord), russ.-sowjet. Dichter.
Früh Mitglied der KP, wegen revolutionärer Umtriebe verfolgt und verhaftet; 1910 Eintritt in die Schule für Malerei, Skulptur und Architektur, gehörte 1912 zu den Unterzeichnern des futurist. Manifests u. d. T. „Eine Ohrfeige dem öffentl. Geschmack"; ein Jahr später Druck seiner ersten Gedichte; 1915 Beginn der Freundschaft mit Gorki; seit der Oktoberrevolution polit. Agitationsdichtung, wurde berühmt als Rezitator eigener Gedichte; Auslandsreisen, u. a. nach den USA. Seine Neigung zum Paradoxen, Auffallenden und zu skurrilen Groteskerien gibt seiner Dichtung besonderen Reiz, ebenso seine Tendenz zu revolutionärem, kämpfer. Pathos und greller Rhetorik; bewußte Wendung zur polit. Dichtung mit hohem künstler. Niveau und Ablehnung der nicht ideolog.-polit. Dichtung seiner Zeit. M.s bedeutendste Leistung auf dem Gebiet der Vers- und Reimtechnik ist die Verwirklichung der Erkenntnis der Symbolisten, daß im russ. Vers zwischen den Hebungen die Zahl der unbetonten Silben – mit Einschränkung – beliebig ist, und die Einführung der oft aus mehreren Wörtern zusammengesetzten phonet. Reime, deren Ungewöhnlichkeit neben der Kühnheit der rhetor. Figuren sein stilist. Hauptmerkmal ist; Vorliebe für entfaltete Metaphern. M.s Dramen sind satir. oder parodistisch.
Hauptwerke: Wolke in Hosen (Poem, 1915; dt. 1949), Mysterium Buffo (Dr., 1918; dt. 1960 nach der 2. Ausgabe von 1922), 150000000 (Ged., 1921; dt. 1925), Ich liebe (Poem, 1922; dt. 1952), Darüber (Poem, 1923; dt. 1952), Wladimir Iljitsch Lenin (Poem, 1924; dt. 1940), Meine Entdeckung Amerikas (Prosa, 1926; dt. 1948), Gut und Schön (Poem, 1927; dt. 1940), Die Wanze (Kom., 1928; dt. 1959), Das Schwitzbad (Dr., 1929; dt. 1960), Wie macht man Verse? (Abhandlung, dt. 1949).
Ausgabe: W. W. M. Werke. Dt. Nachdichtung v. H. Huppert. *Hg. v.* L. Kossuth. *Frkf. 1967 ff. Auf 5 Bde. berechnet.*
Literatur: Mierau, F.: *M. Velber 1968.* – Duwakin, W.: *Rostafenster. M. als Dichter u. bildender Künstler. Dt. Übers. Dresden 1967.* – Huppert, H.: *W. M. in Selbstzeugnissen u. Bilddokumenten. Reinbek bei Hamb. 1965.* – Ripellino, A. M.: *Majakowskij u. das russ. Theater der Avantgarde. Dt. Übers. Köln 1964.* – Jakobson, R.: *Von einer Generation, die ihre Dichter vergeudet hat. In: Slaw. Rundschau 2 (1930), 481.*

Mạjerová, Marie [tschech. ˈmajɛrɔva:], eigtl. M. Bartošová, * Úvaly bei Prag 1. Febr. 1882, † Prag 16. Jan. 1967, tschech. Schriftstellerin.
Kulturpolit. aktive Sozialistin. Sie schildert in realist. Romanen und Novellen die Welt der Arbeiter und gestaltet mit psycholog. Feinheit Frauencharaktere; auch Reiseberichte.
Hauptwerke: Platz der Republik (R., 1914; dt. 1951), Die Sirene (R., 1935; dt. 1951), Bergmannsballade (R., 1938; dt. 1951), Der entzauberte Garten (En., dt. 1952).

Majkov ↑ Maikow.

Makạrenko, Anton Semjonowitsch; tl.: Makarenko, Anton Semenovič [russ. maˈkarɪnkɐ], * Belopolje (Ukraine) 13. März 1888, † Moskau 1. April 1939, russ.-sowjet. Pädagoge und Schriftsteller.
Besuchte ein Lehrerbildungsseminar und das Lehrerbildungsinstitut in Poltawa, gründete nach der Revolution die Gorki-Kolonie für verwahrloste Jugendliche; seit 1936 nur noch literar. tätig, von Gorki unterstützt; M. geht in seinen Werken über die bloße Tatsachenliteratur hinaus, so in den Romanen „Der Weg ins Leben" (1933–35, dt. 1954) und „Flaggen auf den Türmen" (1938, dt. 1952).
Weiteres Werk: Ein Buch für Eltern (1937, dt. 1962).
Ausgabe: A. S. M. Werke. Hg. v. der Akademie der Pädagog. Wiss. der RSFSR. Dt. Übers. Bln. 1–4 1962–67. 7 Bde.
Literatur: Rüttenauer, I.: *A. S. M. Ein Erzieher u. Schriftsteller in der Sowjetgesellschaft. Freib. 1965.* – Hillig, G./Rauch, I.: *A. S. M. Das deutschsprachige Schrifttum bis 1962. Wiesb. 1963.*

Makkabạ̈er ↑ Bibel.

Maksim Grek ↑ Maxim Grek.

Makuszỵński, Kornel [poln. makuˈʃɨɲski], * Stryj 8. Jan. 1884, † Zakopane 31. Juli 1953, poln. Schriftsteller.

M., der als Lyriker unter dem Einfluß von Staff die strenge Form bevorzugte und sich als brillanter Verstechniker erwies, war zugleich einer der beliebtesten poln. Humoristen; als bedeutendste Werke gelten seine Kriegsdichtungen; schrieb auch Romane und Erzählungen; wandte sich Mitte der 20er Jahre der Jugendliteratur zu.

Malachias ↑ Bibel.

Małaczewski, Korwin Eugeniusz [poln. mau̯a'tʃɛfski], * in der Ukraine 1895, † Zakopane 22. April 1922, poln. Dichter.

Sein vom Erlebnis des 1. Weltkriegs geprägtes, wenig umfangreiches Schaffen umfaßt patriot. Lyrik und den Novellenzyklus „Koń na wzgórzu“ (= Das Pferd auf dem Hügel, 1921), der mehr zeitdokumentar. als literar. Bedeutung hat.

Malamud, Bernard [engl. 'mæləməd], * New York-Brooklyn 26. April 1914, amerikan. Schriftsteller.

Übte mehrere Berufe aus, wurde dann Collegelehrer. Einer der hervorragendsten modernen amerikan. Erzähler; traditionsverbunden, u.a. an Dostojewski geschult, führt M. den realist. Romanstil weiter. Er sucht seine Helden und Schauplätze im Milieu des amerikan. Kleinbürgertums; erhielt 1967 für seinen Roman „Der Fixer“ (dt. 1968) den Pulitzerpreis.

Weitere Werke: Der Gehilfe (R., dt. 1961), Das Zauberfaß (En., dt. 1962), Ein neues Leben (R., dt. 1964).

Literatur: Richman, S.: *B. M. New York 1966.*

Malaparte, Curzio [italien. mala'parte], eigtl. Kurt Erich Suckert, * Prato 9. Juni 1898, † Rom 19. Juli 1957, italien. Schriftsteller.

Sohn einer Italienerin und eines Deutschen, Mitarbeiter an Zeitungen; zunächst Anhänger der Faschisten, später von ihnen verhaftet und verbannt, Kriegsberichterstatter, nach Kriegsende Verbindungsoffizier zur US-Armee; konvertierte vor seinem Tode zum Katholizismus. M. erregte Aufsehen durch seine polem. Kriegs- bzw. Nachkriegsromane „Kaputt“ (1944, dt. 1951) und v.a. „Die Haut“ (frz. 1948, italien. 1949, dt. 1950), in denen er zeigt, daß mit dem Sieg und Unterjochen die Neigung wächst, die Erniedrigung des Unterlegenen und Mißachteten bis zur Grausamkeit und Obszönität auszukosten, um sich als Sieger fühlen zu können.

Weitere Werke: Avventuri di un capitano di sventura (En., 1927), Anche le donne hanno perso la guerra (Dr., 1954), Verdammte Toskaner (dt. 1957), Der Zerfall (Essay, dt. 1961), Verflixte Italiener (Schr., dt. 1962).

Literatur: Vegliani, F.: *M. Mailand u. Venedig 1957.*

Malczewski, Antoni [poln. mal'tʃɛfski], auch Malczeski, * Kniahinin (Wolynien) 3. Juni 1793, † Warschau 2. Mai 1826, poln. Dichter.

Sohn eines Generals, aus wolyn. Adel; diente zunächst beim Militär, studierte dann Mathematik, später in Paris Naturwissenschaften und beschäftigte sich mit Magnetismus und Hypnose; viele Auslandsaufenthalte; verlor sein Vermögen und starb in Armut. Romantiker der „ukrain. Schule“, auf dessen Hauptwerk, das Epos „Maria“ (1825, dt. 1845), die Dichtung von M.s Freund Byron Einfluß hatte, das aber doch durch nationale Züge und sprachl. Originalität einen hohen Grad an Selbständigkeit aufweist.

Maleachi ↑ Bibel.

Maler Müller ↑ Müller, Friedrich.

Malherbe, François de [frz. ma'lɛrb], * in oder bei Caen 1555, † Paris 16. Okt. 1628, frz. Dichter und Literaturtheoretiker.

Stammte aus einer Juristenfamilie, studierte in Paris und Heidelberg, trat zum Katholizismus über; wurde 1605 an den Hof berufen, dessen Gunst er genoß, und gelangte schließl. zu Ansehen und materiellem Wohlstand. M.s Bedeutung liegt in seinen Reformbemühungen um die frz. Literatur, für die er einen Katalog rational bestimmter Regeln aufstellte; er vertrat eine vernunftbeherrschte Dichtung, für die sprachl. Gestaltung forderte er äußerste Exaktheit im Gebrauch des Reims, der auch opt. „rein“ sein sollte, und verbannte Hiatus, Enjambement, Neologismen, Archaismen, allzu kühne Bilder und den Gebrauch mundartl. Ausdrücke. Er stellte sich damit in Ggs. zum überkommenen Sprachgebrauch der Pléiade und bereitete den frz. Klassizismus vor. Boileau sagte von ihm „Enfin M. vint!“ (= Endlich trat M. auf!). M.s eigene Dichtungen, Sonette, Oden, Stanzen, Chansons, die vielfach Gelegenheitsdichtungen sind, zeigen Einfachheit, Klarheit, Strenge und Unpersönlichkeit.

Hauptwerke: Les larmes de saint Pierre (Ged., 1587), Consolation à Monsieur Du Perrier (Ged., 1599), L'académie de l'art poétique (Abhandlung, 1610), Œuvres poétiques (hg. 1630).

Literatur: Ponge, F.: *Pour un M. Paris 1965.* – Fromilhague, R.: *La vie de M. Paris 1954.*

Malik Muhammad Jayasi, * Jayas (Audh) 1493, † Amethi 1542, ind. Dichter.

Muselman. Fakir; steht auf dem Boden der alten ind. Überlieferung, obwohl das Epos in 47 Gesängen „Padumawati“ in pers. Sprache abgefaßt ist. Die histor. Begebenheit der Eroberung Cittors durch den Sultan Ala'ud-din Chilji wird dichter. mit märchenhaften Zügen ausgestaltet und erhält einen religiös-allegor. Sinn; die Erzählung des Gedichtes, das künstler. auf einer hohen Stufe steht, ist geschickt motiviert.

Malinovski, Ivan [dän. mali'nɔfski], * Kopenhagen 18. Febr. 1926, dän. Schriftsteller.

Modernist, der in seinem dem Expressionismus nahestehenden Werk der Sinnlosigkeit des Daseins Gestalt gibt. Bed. als Übersetzer.

Hauptwerke: De tabte slag (Ged., 1946), Vejen (Novellen, 1954), Galgenfrist (Ged., 1958).

Mälk, August, * Koovi auf Ösel 4. Okt. 1900, estn. Schriftsteller.

Lehrer, seit 1935 freier Schriftsteller, lebt seit 1944 in der Emigration in Schweden. Schrieb histor. Romane und volkstüml. Dramen, wurde v.a. durch realist. Romane und Novellen bekannt, die das Leben der Fischer und Seeleute schildern.

Hauptwerke: Das blühende Meer (R., 1935; dt. 1949), Im Angesicht des Himmels (R., dt. 1941), Der gute Hafen (R., dt. 1947).

Mallanaga Watsjajana; tl.: Mallanāga Vātsyāyana ↑ Kamasutra.

Mallarmé, Stéphane [frz. malar'me], * Paris 18. März 1842, † Valvins (Seine-et-Marne) 9. Sept. 1898, frz. Dichter.

Einer der Begründer des frz. Symbolismus und einer seiner einflußreichsten Vertreter. 1864–93 Gymnasiallehrer in Tournon, Besançon, Avignon

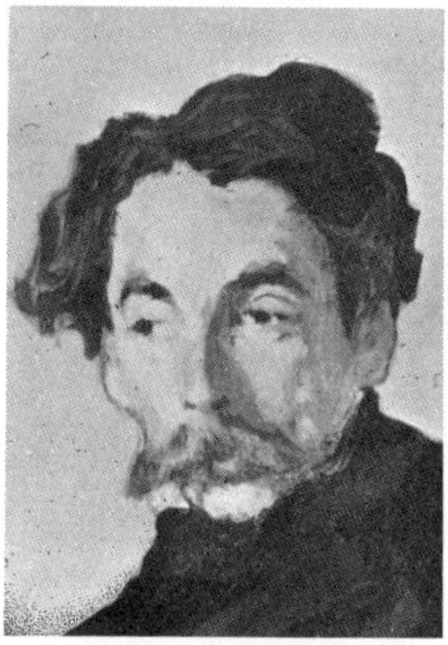
Stéphane Mallarmé (Gemälde von É. Manet, 1876)

und zuletzt in Paris. M. schrieb – zunächst unter dem Einfluß Baudelaires und dann der parnass. Schule – Lyrik, die nicht aus Inspiration und Stimmung erwächst, sondern Ergebnis eines Zusammenwirkens von Intellekt und Phantasie ist. Die einfachen Dinge werden „entdinglicht", d.h. des konventionellen Realzusammenhanges beraubt und mit Geheimnis, Assoziationen und Suggestionskraft aufgeladen. Sie sollen so als Spannungsträger das absolute Sein enthüllen. M.s sehr musikal. Lyrik überzeugt durch Suggestivität, verschiedene Bedeutungsschichten machen jedoch oft eine Deutung schwierig, wenn nicht unmöglich. Neben dem dichter. Werk stehen gleichwertig die dichtungstheoret. Schriften; bed. ist auch die Übersetzung der Gedichte von E. A. Poe (1888).
Hauptwerke: Herodias (3 Ged.-Fragmente, 1869, 1913 und 1916; dt. Gesamtausgabe 1957), Der Nachmittag eines Fauns (Ged., 1876; dt. 1920; vertont von Debussy), Poésies (1887), Album de vers et prose (1887), Divagations (Prosa, 1897), Ein Würfelwurf hebt den Zufall nicht auf (Lyrik, 1. Fassung 1897, 2. Fassung hg. 1914; dt. 1966, erstmals 1957), Igitur (Prosafragment, hg. 1925; dt. 1957).
Ausgaben: St. M. Œuvres complètes. Hg. v. H. Mondor *u.* G. Jean-Aubry. *Neuaufl. Paris 1961. – St. M. Sämtl. Gedichte. Frz. u. dt. Bearb. v.* Carl Fischer. *Hdbg. 1957.*
Literatur: Park, Y.: *L'idée chez M. Paris 1967.* – Steland, D.: *Dialekt. Gedanken in M.s „Divagations". Mchn. 1965.* – Walzer, P.-O.: *Essai sur M. Bibliographie, portraits, fac-similés. Paris 1963.* – Wais, K.: *M. Dichtung, Weisheit, Haltung. Mchn.* ^{2}*1952.* – Mondor, H.: *Vie de M. Paris 1946.* – Thibaudet, A.: *La poésie de St. M. Paris* ^{5}*1930.*

Mallea, Eduardo [span. ma'jea], * Bahía Blanca 14. Aug. 1903, argentin. Schriftsteller.
Studierte Rechtswissenschaft in Buenos Aires; zunächst Journalist, später im diplomat. Dienst; Reisen in Europa; trat mit bed., psycholog. fundierten Romanen und Essays über Mensch und Gesellschaft Argentiniens hervor.
Hauptwerke: Historia de una pasión argentina (Essay, 1937), Die Bucht des Schweigens (R., 1940; dt. 1968), Alles Gras verdorrt (R., 1941; dt. 1964), Beredsame Liebhaber (En., dt. 1966).
Literatur: Gillesen, H.: *Themen, Bilder u. Motive im Werk E. M.s. Genf; Paris 1966.*

Mallet-Joris, Françoise [frz. malɛʒɔ'ris], * Antwerpen 6. Juli 1930, belg. Schriftstellerin.
Studium in den USA und in Paris; Verlagslektorin; erhielt 1958 für ihren Roman „Bei Sokrates am Montparnasse" (dt. 1961) den Prix Femina; in ihrem Roman „Les personnages" (1961) wandte sich Françoise M.-J. dem Zeitalter Richelieus zu.
Weitere Werke: Die Verlogenen (R., dt. 1959), Marie Mancini (R., 1965), Lettre à moi-même (Essay, 1963), Enfance, ton regard (R., 1967).

Malm, Einar [schwed. malm], * Botkyrka bei Stockholm 6. Juli 1900, schwed. Lyriker.
Jugend in Stockholm, Studium in Uppsala, wurde dort 1928 Lizentiat. Das wechselnde Gesicht der Landschaft zwischen beiden Städten bietet ihm immer neue Aspekte für seine Dichtung. Er besitzt besonderen Sinn für die Schönheit der Natur in den Schären.
Hauptwerke: Blodets oro (Ged., 1921), Bländverk (Ged., 1926), Under bar himmel (Ged., 1930), Ankargrund (Ged., 1941), Räcker din synrand (Ged., 1947), Hundvakt (Ged., 1953), Förbjuden utflykt (Ged., 1958).

Malmberg, Bertil [schwed. ˌmalmbærj], * Härnösand 13. Aug. 1889, † Stockholm 11. Febr. 1958, schwed. Lyriker.
Studierte in Uppsala, Berlin und Lund, lebte 1917–26 in München; sein Schaffen stand in dieser Zeit unter dem Einfluß St. Georges. Die Gedichtsammlung „Dikter vid gränsen" (1935) legt in ihren von Spengler eingegebenen Untergangsvisionen endgültig die Disharmonie und den Pessimismus des Dichters bloß. Der rhetor. Perfektion entkleidet, steigt die Angst aus seinen Werken der 40er und 50er Jahre. M. verwendete später auch die knappen Stilmittel der modernist. Lyrik.
Weitere Werke: Der kleine Åke und seine Welt (R., dt. 1927), Slöjan (Ged., 1927), Vinden (Ged., 1929), Illusionernas träd (Ged., 1932), Flöjter ur ödsligheten (Ged., 1941), Die Exzellenz (Dr., dt. 1945), Men bortom marterpålarna (Ged., 1948), Klaviatur (Ged., 1955).

Malmström, Bernhard Elis [schwed. ˌmalmstrœm], * Tysslinge (Örebro) 14. März 1816, † Uppsala 21. Juni 1865, schwed. Dichter.
War nach theolog. und humanist. Studien Dozent und später Professor in Stockholm. Zunächst Anhänger der Philosophie Schellings, wandte sich dann Hegel zu, doch blieben in seiner formstrengen Dichtung romant. Elemente vorherrschend; Verfasser von ästhet. Schriften über Shakespeare, Swift und Cervantes.
Hauptwerke: Ariadne (Ged., 1838), Angelica (Ged., 1839), Dikter (Ged., 1845, 1847).

Malone, Louis [engl. mə'loʊn] ↑ MacNeice, Louis.

Malory, Sir Thomas [engl. 'mælərɪ], * in der Grafschaft Warwick Anfang des 15. Jh.s, † London März 1471, engl. Schriftsteller.
Wahrscheinlich 1451 wegen Beleidigung inhaftiert. Sein Prosawerk, dessen Originaltitel „The book of king Arthur and his knights of the round table" später vom Drucker William Caxton in „Morte d'Arthur" (1485, dt. 1913) geändert wurde, ist eine zusammenfassende Bearbeitung aller vorhandenen Artussagen nach frz. Vorlagen. In fast kindl. schlichter Prosa schuf M. mit diesem Werk eine ideale, ritterl., in Zeit und Ort nicht fixierbare Welt der Gerechtigkeit und Treue.

Literatur: Moorman, Ch.: *The book of King Arthur. The unity of M.'s Morte Darthur. Lexington (Ky.) 1965.* – Lumiansky, R. M.: *M.'s originality. A critical study of „Le Morte Darthur". Baltimore 1964.*

Malot, Hector Henri [frz. ma'lo], * La Bouille bei Rouen 20. Mai 1830, † Fontenay-sous-Bois bei Paris 18. Juli 1907, frz. Schriftsteller.
Rechtsstudium in Paris, Journalist, erwies sich mit seinen 70 Romanen als einer der erfolgreichsten Vertreter des gefühlvollen, idealist.-humanitären Romans und als sehr sozial empfindender Moralist.
Hauptwerke: Romain Kalbris (R., 1869), Ohne Familie (R., dt. 1880, später u.d.T. Heimatlos), Daheim (R., 1893; dt. 1902).

Malraux, André [frz. mal'ro], * Paris 3. Nov. 1901, frz. Politiker und Schriftsteller.
Studierte Archäologie, Sanskrit und Chin.; 1923 Expedition nach Indochina, Kambodscha und

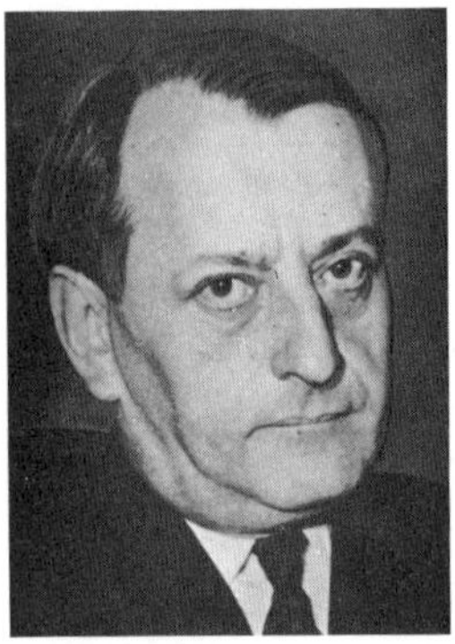

André Malraux

Siam, Ausgrabungen in Indochina; bald Beauftragter der Kuomintang für ganz Indochina, Kambodscha und Siam, dann Mitglied des chin. Zwölferkomitees. Nachdem Tschiangkaischek mit dem Kommunismus gebrochen hatte, kehrte M. nach Frankreich zurück; radikale Abwendung vom Kommunismus 1939; Soldat bei der Panzerwaffe, dt. Kriegsgefangenschaft; Résistancemitglied; wurde Propagandaminister de Gaulles, 1946 Pressechef, 1959 Kulturminister. M. stellt den von allen Bindungen der Tradition und Religion gelösten, den Katastrophenereignissen unserer Zeit ausgelieferten Menschen, der sich nur im Handeln, im Willen zum Mut, in der Kameradschaft mit Würde behaupten kann, in den Mittelpunkt seines Werkes. Auch Kunsttheoretiker.
Hauptwerke: Eroberer (R., dt. 1929), Der Königsweg (R., 1930; dt. 1950), So lebt der Mensch (R., dt. 1934), Die Hoffnung (R., 1937; dt. 1954), Psychologie der Kunst (dt. 1949–51), Anti-Memoiren (dt. 1968).
Literatur: Boack, D.: *A. M. London 1968.* – Maierhofer, A. Th.: *Das Menschenbild bei M. Diss. Graz 1966 [Masch.].* – Malraux, C.: *Nos vingt ans. Paris 1966.*

Malß, Karl, * Frankfurt am Main 2. Dez. 1792, † ebd. 3. Juni 1848, dt. Schriftsteller.
Wurde zunächst Ingenieur und war 1815–20 am Koblenzer Festungsbau beteiligt; seit 1827 Direktor des Frankfurter Stadttheaters; beliebte Lustspiele und Possen in Frankfurter Mundart, von denen „Die Landpartie nach Königstein" (1832) heute noch aufgeführt wird.

Maltesos, Jeorjios-Themistoklis; tl.: Maltézos, Geórgios-Themistoklẽs [neugr. mal'tεzɔs], * Patras 1. Sept. 1904, neugriech. Bildhauer und Schriftsteller.
Studierte Jura und bildete sich in Athen und Paris zum Bildhauer aus. Schrieb neben jurist., kunstkrit. und archäolog. Werken (u.a. „Eleusis und die Mysterien", dt. 1957) auch Novellen und Gedichte in dt. Sprache.
Weiteres Werk: Schatten aus der Stille (Ged., 1957).

Malyschkin, Alexandr Georgijewitsch; tl.: Malyškin, Aleksandr Georgievič [russ. ma'lɨʃkin], * Bogorodskoje (Gouv. Pensa) 21. März 1892, † Moskau 3. Aug. 1938, russ.-sowjet. Schriftsteller.
Sohn eines Bauern; verbrachte seine Jugend in Mokschan, studierte Philologie in Petersburg, begann 1912 zu schreiben; diente 1918–24 in der Schwarzmeerflotte. Wandte sich, anfangs von Bely und Pilnjak beeinflußt, dem sozialist. Realismus zu; oft übernimmt das Kollektiv die Rolle des Helden.
Hauptwerke: Sewastopol (R., 1930), Der dreizehnte Winter (R., 1938; dt. 1951), Der unsichtbare Zyklon (En., dt. 1969).

Mamin-Sibirjak, Dmitri Narkissowitsch; tl.: Mamin-Sibirjak, Dmitrij Narkisovič [russ. 'maminsibir'jak], eigtl. Mamin, * Wissimo-Schaitanski bei Nischni Tagil 6. Nov. 1852, † Petersburg (heute Leningrad) 15. Nov. 1912, russ. Schriftsteller.
Wurde als Sohn eines Geistlichen an theolog. Schulen erzogen und studierte 1872–76 in Petersburg Tiermedizin; seit 1882 freier Schriftsteller. Schrieb nach dem Vorbild Zolas naturalist. Romane; seine sozialkrit., antikapitalist. Werke behandeln oft das Thema der demoralisierenden Wirkung des Geldes, sie enthalten Darstellungen der zum Untergang verurteilten alten Dorfgemeinschaft (= Mir) und des Brauchtums.
Hauptwerke: Die Priwalowschen Millionen (R., 1883; dt. 1953), Das Bergnest (R., 1884; dt. 1959), Gold (R., 1892; dt. 1956), Korn (R., 1895; dt. 1957).

Man, Herman de [niederl. mɑn], eigtl. Salomon H. Hamburger, * Woerden 11. Juli 1898, † Schiphol bei Amsterdam 14. Nov. 1946, niederl. Schriftsteller.
Wurde Journalist; befaßte sich mit den religiösen Problemen der Bauern in Südholland.
Hauptwerke: Aardebanden (R., 1922), Die steigende Flut (R., dt. 1926), Scheepswerf de Kroonprinces (R., 1936), Heilig Pietje de Booy (R., 1940).

Mandelschtam, Ossip Emiljewitsch; tl.: Mandel'štam, Osip Ėmil'evič [russ. mɐndɪlj'ʃtam], * Warschau 15. Jan. 1891, † Wladiwostok (?) 27. Dez. 1938, russ.-sowjet. Dichter.
Aus jüd. Kaufmannsfamilie; lernte 1907 in Paris die Symbolisten kennen und publizierte 1909 erste Gedichte; studierte 1910 in Heidelberg, danach in Petersburg Philologie; geriet unter den Einfluß der Akmeisten, bes. Gumiljows, und wandte sich gegen Symbolismus und Futurismus;

hervorragender Literaturkritiker und -theoretiker, war hpts. Lyriker; seine Dichtung, von der jüd., russ., lat. und griech. Geisteswelt beeinflußt, war bes. an der klass. Antike orientiert, daher kühl, distanziert, rhythm. ausgewogen und klangvoll; sprachl. zeichnet sich M.s Lyrik durch die geschickte Verbindung von Archaismen mit volkssprachl. Wendungen aus; seine russ. Vorbilder waren v. a. Derschawin und Tjuttschew.
Hauptwerke: Gedichte (dt. 1959), Die ägypt. Briefmarke (Aufs., 1928; dt. 1965).
Literatur: † Gumiljow, Nikolai Stepanowitsch.

Mander, Karel (Carel) van [niederl. 'mandər], * Meulebeke Mai 1548, † Amsterdam 2. Sept. 1606, niederl. Maler und Schriftsteller.
Mußte nach mehrjährigem Aufenthalt in Italien, Basel und Wien als Mennonit nach den nördl. Niederlanden fliehen, wirkte seit 1583 in Haarlem, gründete und leitete eine Malerschule, an der u. a. Frans Hals sein Schüler wurde; lebte zuletzt in Heemskerk und Amsterdam. Auf literar. Gebiet erwarb sich M. bes. Bedeutung durch „Het Schilder-Boeck" (1604, dt. Ausw. 1906 u. d. T. „Das Leben der niederl. und dt. Maler"), die erste allgemeine geschichtl. Darstellung der Kunst im Norden, zu der er Vasaris Werk über italien. Künstler verwendete. Es enthält außer einem einleitenden Lehrgedicht (dt. 1916) Lebensbeschreibungen italien., dt. und niederl. Künstler. M. schrieb ferner bibl. Trauerspiele (nicht erhalten) und geistl. Lieder; auch Übersetzungen (Homer und Vergil).

Mandeville, Bernard de [engl. 'mændəvɪl], * Dordrecht um 1670, † Hackney (heute zu London-Hackney) 21. Jan. 1733, engl. Schriftsteller und Philosoph.
Jugend und Studium in den Niederlanden; von Beruf Arzt, kam nach London und schrieb in engl. Sprache. Nahm in seinem Hauptwerk „Bienenfabel" (1715, dt. 1914), das bereits 1705 als anonymes Flugblatt u. d. T. „The grumbling hive, or ..." erschienen war, gegen die idealist. Moralphilosophie Shaftesburys Stellung; vertrat eine streng rationalist. Weltanschauung; Moralist und bed. Satiriker mit Neigung zu Zynismus; Angriffe und Anklagen zwangen M. zum Widerruf seiner Lehren.

Mándy, Iván [ungar. 'ma:ndi], * Budapest 23. Dez. 1918, ungar. Schriftsteller.
Schrieb neben einer Reihe von Jugendromanen und einem Musical v. a. Erzählungen und Romane, in denen er die Welt der Budapester Kleinbürger schildert; dt. liegen „Erzählungen" (dt. 1966) und „Die Frauen von Fabulya" (R., dt. 1966) vor.

Manikkawaschagar; tl.: Māṇikkavāśagar, südind. Dichter des 8. oder 9. Jahrhunderts.
Sohn eines Brahmanen, wurde Minister; Schiwa-Verehrer, Gegner der Dschainas und Buddhisten; schuf zwei religiöse Hymnendichtungen in Tamil, „Tiruwaschagam" und „Tirukkowaijar", die das 8. Buch des von Nambijandar Nambi (11. oder 12. Jh.) hg. „Tirumurai" bilden.

Manilius, Marcus, röm. Dichter der 1. Hälfte des 1. Jahrhunderts.
Sonst unbekannter Verfasser eines astrolog. Lehrgedichtes in 5 Büchern, „Astronomica"; M. gelang es, den spröden Stoff des an Poseidonios orientierten Stoizismus dichter. zu gestalten.

Manioschu; tl.: Manyôshû [jap. manjo:ʃu:], jap. Gedichtsammlung, um 760 entstanden; der größte Teil der über 4000 meist lyr. Gedichte stammt aus dem 7. und 8. Jh.; die bedeutendsten in dieser ältesten jap. Anthologie vertretenen Dichter sind Kakinomoto no Hitomaro, Jamabe no Akahito und Otomo no Jakamotschi.

Maniu, Adrian [rumän. ma'niu], * Bukarest 18. Febr. 1891, † ebd. 20. April 1968, rumän. Dichter.
Studium der Rechte, Redakteur; 1933 Mitglied der rumän. Akademie. Einer der Hauptvertreter des rumän. Modernismus, der gleichwohl traditionelle Themen und Motive aus der Folklore und der heimatl. Landschaft behandelt; schrieb u. a. symbolist. Lyrik nach frz. Vorbildern, Mysterienspiele und Erzählprosa; kennzeichnend sind sein bildhafter Stil und seine Neigung zum Verrätseln und zur Mystik; vorbildl. Verskünstler; übertrug Ibsens „Peer Gynt" ins Rumänische.

Manley, [Mary] Delariviere [engl. 'mænlɪ], auch de la Riviere M., * auf Jersey 7. April 1663, † London 11. Juli 1724, engl. Schriftstellerin.
Wurde aufgrund einer Heirat mit ihrem bereits verheirateten Vetter von der Gesellschaft geächtet und wegen ihrer zweifelhaften Moral angegriffen. Sie rächte sich durch die Publikation polit. Skandalgeschichten mit den Stilmitteln des satir. Schlüsselromans und hatte mit ihrer temperamentvollen, wenn auch orthograph. mangelhaften Gesellschaftschronik viel Erfolg; ihre Schlüsseldramen sind gewagt; bemerkenswert ist ihre Autobiographie „The adventures of Rivella" (1714).
Weitere Werke: Secret memoirs ... of several persons of quality ... (1709), Lucius (Dr., 1717).

Mann, Erika, * München 9. Nov. 1905, † Zürich 27. Aug. 1969, dt. Schriftstellerin.
Tochter von Thomas M.; Ausbildung als Schauspielerin; 1933 Emigration in die Schweiz, Gründung des antinazist. Kabaretts „Die Pfeffermühle", mit dem sie durch Europa reiste; später Aufenthalt in den USA als Journalistin und Kriegsberichterstatterin, zuletzt in Kilchberg (ZH); Verwalterin der Hinterlassenschaft ihres Vaters. Schrieb Jugendbücher, Erzählungen, Essays und eine Biographie ihres Vaters.
Hauptwerke: Stoffel fliegt übers Meer (E., 1932), Muck, der Zauberonkel (E., 1934), Das letzte Jahr. Bericht über meinen Vater (1956).

Mann, Heinrich, * Lübeck 27. März 1871, † Santa Monica bei Los Angeles 12. März 1950, dt. Schriftsteller.
Bruder von Thomas M.; Buchhändlerlehre in Dresden, im S. Fischer Verlag in Berlin. Studium in Berlin und München; Europareisen, lebte später in München und Berlin. 1930 Präsident der Preuß. Akademie der Künste, Sektion Dichtkunst; von Goebbels vertrieben, floh er 1933 über die Tschechoslowakei nach Frankreich, blieb dort 8 Jahre im Exil, veranstaltete mit Barbusse, Gide, Aragon, Bloch u. a. antifaschist. Volksversammlungen, bekämpfte den Nationalsozialismus durch Pamphlete, polem. Bücher und Aufrufe. 1940 Flucht über Spanien nach Kalifornien. 1950 zum Präsidenten der Dt. Akademie der Künste gewählt, starb kurz vor der Rückkehr nach Deutschland. Beeinflußt von Stendhal, Balzac, Flaubert und D'Annunzio, begann M. – stets ein leidenschaftl. Sozialkritiker – mit einfühlsa-

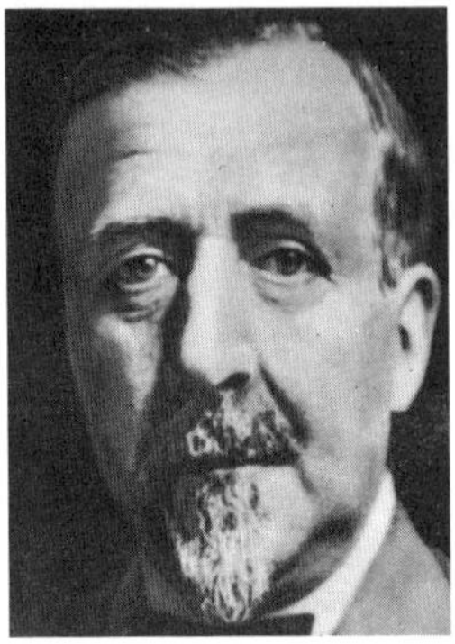

Heinrich Mann

men Darstellungen der dekadenten europ. Oberschicht („Im Schlaraffenland", R., 1900; „Die Göttinnen oder Die drei Romane der Herzogin von Assy", R.-Trilogie, 1903), versuchte dann, unter Berufung auf Voltaire und Zola, die frz. Tradition der freiheitl.-aufklärer. „Literaten" in Deutschland fortzusetzen; in seiner Romantrilogie „Das Kaiserreich" („Der Untertan", 1914; „Die Armen", 1917; „Der Kopf", 1925) schilderte er krit. und mit z.T. expressionist. Stilmitteln die psycholog. und polit. Vorbereitung der dt. Gesellschaft auf den Weltkrieg. Als polit. und sozial engagierter Schriftsteller wählte M. eine scharfe, pointierte und knappe Sprache, eine bewußte Reduzierung seiner Neigung zur Wortartistik. Seine polit. Überzeugung vertrat er in Essays und Streitschriften; weniger Bedeutung als Dramatiker.
Weitere Werke: Die Jagd nach Liebe (R., 1903), Professor Unrat (R., 1905, 1948 u.d.T. Der blaue Engel), Zwischen den Rassen (R., 1907), Die kleine Stadt (R., 1909), Madame Legros (Dr., 1913), Macht und Mensch (Essays, 1919), Eugénie oder Die Bürgerzeit (R., 1928), Sieben Jahre (Essays, 1929), Geist und Tat (Essays, 1931), Die Jugend des Königs Henri Quatre (R., 1935), Es kommt der Tag (Essays, 1936), Die Vollendung des Königs Henri Quatre (R., 1938), Ein Zeitalter wird besichtigt (Autobiogr., 1946), Der Atem (R., 1949).
Ausgaben: H. M. Ges. Werke in 25 Bden. Hg. v. L. Mann-Askenazy *u. der Dt. Akademie der Künste zu Bln. Bln.* $^{1-3}$*1967 ff. – H. M. Ges. Werke in Einzelausgg. Hamb.* $^{1-4}$*1960–66. 8 Bde. – H. M. Ausgew. Werke in Einzelausgg. Hg. v.* A. Kantorowicz *u.a. Bln.* $^{1-14}$*1951–62. 13 Bde.*
Literatur: Banuls, A.: *H. M. Le poète et la politique. Paris 1967. – H.-M.-Bibliogr. Bearb. v.* E. Zenker. *Bln. 1967 ff. Auf 2 Bde. berechnet.* – Schröter, K.: *H. M. in Selbstzeugnissen u. Bilddokumenten. Reinbek bei Hamb. 1967.* – Winter, L.: *H. M. u. sein Publikum. Eine literatursoziolog. Studie zum Verhältnis v. Autor u. Öffentlichkeit. Köln 1965.* – Weisstein, U.: *H. M. Eine histor.-krit. Einf. in sein dichter. Werk. Mit einer Bibliogr. der v. ihm veröffentlichten Schrr. Tüb. 1962.* – Kantorowicz, A.: *H. u. Thomas Mann; die persönl., literar. u. weltanschaul. Beziehungen der Brüder. Bln. 1956.* – Ihering, H.: *H. M. Bln.* ^{3}*1952.* – † auch Mann, Thomas.

Mann, Klaus [Heinrich Thomas], * München 18. Nov. 1906, † Cannes 22. Mai 1949 (Selbstmord), dt.-amerikan. Schriftsteller.
Sohn von Thomas M.; 1925 Theaterkritiker in Berlin; literar. Kabarettdarbietungen mit der Schwester Erika M. und der Tochter Frank Wedekinds, Pamela. 1933 Emigration, seit 1936 in den USA (amerikan. Staatsbürger), redigierte eine avantgardist. Zeitschrift und nahm am Mittelmeerfeldzug teil. Seine Romane sind geprägt von der Unruhe der Zeit und der Unruhe des Autors.
Hauptwerke: Der fromme Tanz (R., 1926), Alexander (R., 1929), Kind dieser Zeit (Autobiogr., 1932), Symphonie pathétique (R., 1935), Mephisto (R., 1936), Der Vulkan (R., 1939), Der Wendepunkt (Autobiogr., 1942; dt. 1952).
Literatur: K. M. zum Gedächtnis. Amsterdam 1950. – † auch Pavese, Cesare.

Mann, Thomas, * Lübeck 6. Juni 1875, † Zürich 12. Aug. 1955, dt. Schriftsteller.
Sohn eines wohlhabenden Getreidehändlers, Mutter aus portugies.-kreol. Familie; ging 1893 nach München, volontierte bei einer Versicherungsgesellschaft, war 1894 Mitarbeiter, 1899 Redakteur am „Simplicissimus", hörte Vorlesungen verschiedener Fächer, freier Schriftsteller, Italienreise (1895–97), lebte mit Unterbrechungen in München, bis er 1933 emigrierte. 1936 Ausbürgerung, tschechoslowak. Staatsbürger; bis 1939 in der Schweiz (1937–39 Mithg. der Zeitschrift „Maß und Wert"), ging 1939 in die USA, 1944 amerikan. Staatsbürger; kehrte nach dem Krieg zurück, lebte seit 1952 bei Zürich. M., der zu Anfang unter dem Einfluß Schopenhauers, Nietzsches und Wagners stand, ist einer der bedeutendsten Erzähler des 20. Jh.s. Bereits in seinem ersten Roman, „Buddenbrooks" (1901), der den in der Lebensuntüchtigkeit des künstler. veranlagten jüngsten Sprosses gipfelnden Verfall einer Lübecker Kaufmannsfamilie schildert, kündigt sich das Thema seines Gesamtwerkes an. Die Gegensätze Bürger – Künstler, Leben – Geist werden von ihm in potenzierter Dialektik immer neu variiert, immer anders akzentuiert, einander spieler. beziehungsreich angenähert. Wesentl. Mittel der Gestaltung ist ihm die subtile psycholog. Darstellung der Charaktere, bes. der krankhaft-dekadenten, die er fein zu differenzieren weiß und gegen die robust-gesunden abhebt. Formal erreicht er seine poet. Absicht durch

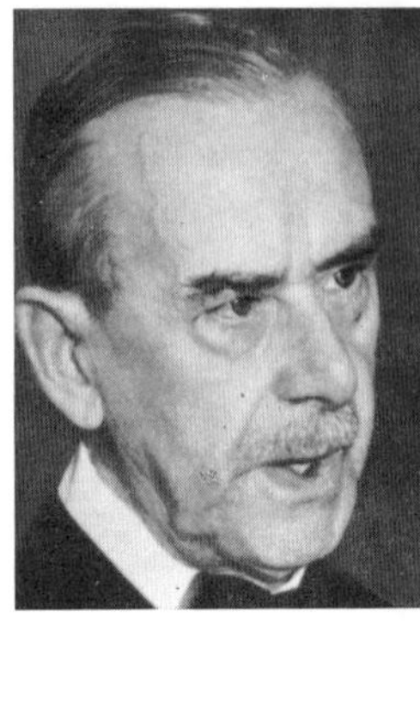

Thomas Mann

Nuancierung des Wortes, Differenzierung der Aussage, die allen Unwägbarkeiten und Perspektiven gerecht werden soll, und das wichtige Stilmittel der Ironie, die bisweilen zur Manieriertheit gesteigert wird. Mit der Selbstparodie des Romans, der Ironisierung der Aussage und neuer Zeitbehandlung durchbricht M. die Schranken des herkömml. Romans, erschließt ihm neue Möglichkeiten. Neue Gestaltung vorgegebener Stoffe in artist. Konstruktion und scheinbar spieler. Leichtigkeit (dabei kühl-distanziert in der Sprache und doch engagiert in der Verbindung mit moderner und immer gültiger Problematik), fast enzyklopäd. Aufnahme geistiger Strömungen, faszinierende Kultur- und Zeitanalysen kennzeichnen das Spätwerk. Der Bogen des Werkes von Thomas M. reicht vom Familienroman über vollendet gestaltete Novellen, den großen Zeitroman „Der Zauberberg" (1924), den Künstlerroman „Doktor Faustus" (1947) und den Schelmenroman „Bekenntnisse des Hochstaplers Felix Krull" (1922, erweitert 1936 und 1954) bis zu der Romanserie „Joseph und seine Brüder" („Die Geschichten Jaakobs", 1933; „Der junge Joseph", 1934; „Joseph in Ägypten", 1936; „Joseph, der Ernährer", 1942); daneben hat M. in zahlreichen Essays zu literar., philosoph. und auch polit. Fragen Stellung genommen. Thomas M., der 1929 den Nobelpreis erhielt, hatte als Meister der künstler. Prosa und als Mahner zu Humanität beträchtl. Einfluß.

Weitere Werke: Tristan (Novellen, 1903), Fiorenza (Dr., 1907), Königl. Hoheit (R., 1909), Der Tod in Venedig (Nov., 1913), Tonio Kröger (Nov., 1914), Betrachtungen eines Unpolitischen (1918), Wälsungenblut (E., 1921), Unordnung und frühes Leid (Nov., 1926), Mario und der Zauberer (Nov., 1930), Achtung, Europa! (Aufs., 1938), Lotte in Weimar (R., 1939), Die vertauschten Köpfe (Legende, 1940), Adel des Geistes (Essays, 1945), Die Entstehung des Doktor Faustus (Essay, 1949), Der Erwählte (R., 1951), Die Betrogene (E., 1953).

Ausgaben: Th. M. Das essayist. Werk. Hg. v. H. Bürgin. *Frkf. u. Hamb. 1968. 8 Bde. – Th. M. Das erzähler. Werk. Frkf. u. Hamb. 1967. 12 Bde. – Th. M. Briefe. Hg. v.* E. Mann. *Frkf. 1.–19. Tsd. 1962–65. 3 Bde. – Th. M. Ges. Werke in 12 Bden. Frkf. 1960. – Th. M. Stockholmer Gesamtausg. Frkf. 1.–1188. Tsd. 1948–67. 17 in 18 Bden.*

Literatur: Allgemeines: Schröter, K.: *Th. M. im Urteil seiner Zeit. Dokumente 1891 bis 1955. Hamb. 1969.* – Scherrer, P./Wysling, H.: *Quellenkrit. Studien zum Werk Th. M.s. Bern u. Mchn. 1967. – Betrachtungen u. Überblicke. Zum Werke Th. M.s. Hg. v.* G. Wenzel *u.* H. Matter. *Bln. 1966–69. 2 Bde.* – Lehnert, H.: *Th.-M.-Forschung. Ein Bericht. 3 Tle. In: Dt. Vjschr. f. Literaturwiss. u. Geistesgesch. 40 (1966), 257; 41 (1967), 599; 42 (1968), 126.* – Lehnert, H.: *Th. M. Fiktion, Mythos, Religion. Stuttg. 1965.* – Bürgin, H., *u.a.: Das Werk Th. M.s. Eine Bibliogr. Frkf. 1959. – Bll. der Th. M.-Gesellschaft, Zürich. Nr. 1 ff., Zürich 1958 ff.* – Jonas, K.W./Jonas, I. B.: *Th. M. studies. A bibliography of criticism (Bd. 1 u.d.T.: Fifty years of Th. M. studies). Minneapolis; Philadelphia 1955–67. 2 Bde. – Leben und Werk:* Berendsohn, W. A.: *Th. M. Künstler u. Kämpfer in bewegter Zeit. Lübeck 1965.* – Bürgin, H./Mayer, Hans-Otto: *Th. M. Eine Chronik seines Lebens. Frkf. 1965.* – Schröter, K.: *Th. M. in Selbstzeugnissen u. Bilddokumenten. Reinbek bei Hamb. 1964.* – Lukács, G.: *Th. M. Bln. ⁵1957.* – Mayer, Hans: *Th. M. Werk u. Entwicklung. Bln. 1950. – Einzelfragen:* Banuls, A.: *Th. M. u. sein Bruder Heinrich. Eine repräsentative Gegensätzlichkeit. Stuttg. u.a. 1968.* – Diersen, I.: *Unterss. zu Th. M. Die Bedeutung der Künstlerdarst. f. die Entwicklung des Realismus in seinem erzähler. Werk. Bln. ⁵1965.* – Heller, E.: *Th. M. Der iron. Deutsche. Bremen 1959.* – ↑ auch Mann, Heinrich.

Manninen, Otto [finn. 'manninen], * Kangasniemi 13. Aug. 1872, † Helsinki 6. April 1950, finn. Dichter.

Studierte Philosophie und Philologie, 1913 Dozent, 1925 Professor in Helsinki; seine erlesene, kristallklare Lyrik, eine Verschmelzung von Gefühl und Intellekt, zeichnet sich durch harmon. Form, durch Ausdruckskraft und Klangfülle aus. M. übersetzte die Werke vieler europ. Dichter, u.a. von Homer, Sophokles, Molière, Goethe, Heine, Petőfi.

Hauptwerke: Säkeitä (Ged., 1905), Virrantyven (Ged., 1925), Matkamies (Ged., 1938), Muistojen tie (Ged., 1951).

Mannyng (Manning), Robert [engl. 'mænɪŋ], auch Robert of Brunne, * Brunne (heute Bourne, Lincoln) 1283 (1264?), † 15. Mai 1338 (?), engl. Dichter.

Kanoniker des Gilbertinerklosters in Sempringham. Seine Übertragung des „Manuel des Péchiez" von Wadington, die er „Handlyng synne" (1303?) nannte, besteht aus didakt. Verserzählungen um die sieben Todsünden; sein Hauptwerk, „The story of England" (1338 ?), eine auf Waces „Brut" und einer frz. Vorlage aufbauende Reimchronik, ist wie das erste Werk auf Unterhaltung bedacht; beide Werke sind als kulturhistor. Denkmäler von Bedeutung.

Manoello Giudeo [italien. mano'ɛllo dʒu'dɛ:o] ↑ Immanuel ben Salomo.

Manrique, Gómez [span. man'rrike], * Amusco (Palencia) um 1412, † Toledo um 1490, span. Dichter.

Onkel Jorge M.s; kämpfte gegen die Mauren und nahm aktiv an den polit. Auseinandersetzungen seiner Zeit teil; hervorragender Lyriker und Dramatiker; der 1885 hg. „Cancionero de Gómez M." enthält über 100 Gedichte, darunter ein allegor. Gedicht auf den Tod des Markgrafen von Santillana; seine „Representación del nacimiento de Nuestro Señor" ist eines der frühesten erhaltenen span. Mysterienspiele.

Manrique, Jorge [span. man'rrike], * Paredes de Nava um 1440, ⚔ vor Schloß Garci-Muñoz bei Calatrava 27. März 1479, span. Dichter.

Lebte lange Zeit am portugies. Hof; schrieb neben formal und themat. konventioneller Lyrik ein allegor. Gedicht (40 Strophen, Verbindung von Achtsilbern und Viersilbern) auf den Tod seines Vaters Rodrigo, ein Meisterwerk spätmittelalterl. Dichtung; in echter Trauer über Verlorenes versucht M. sich vom Flüchtigen und Vergängl. zu lösen und sich ganz dem Unvergängl.-Ewigen zuzuwenden.

Hauptwerk: Coplas por la muerte de su padre don Rodrigo (Ged., entstanden 1476, hg. 1494).

Literatur: Borghini, V.: *Giorgio M. La sua poesia e i suoi tempi. Genua 1952.*

Mansfield, Katherine [engl. 'mænsfi:ld], eigtl. Kathleen M.-Beauchamp, * Wellington (Neuseeland) 14. Okt. 1888, † Fontainebleau 9. Jan. 1923, engl. Schriftstellerin.

Tochter eines Bankiers, kam 1903 nach London, 1903–06 am Queen's College, Ausbildung als Cellistin, 1906–08 in Neuseeland, dann wieder in London, wo sie ein bewußt unbürgerl. Leben führte; heiratete nach kurzer 1. Ehe in 2. Ehe den Literaturkritiker Middleton Murry; lungenkrank, viel in Sanatorien; Freundschaft mit D. H. Lawrence und A. Huxley. Sie ist eine Meisterin der Kurzgeschichte, die sie einfühlsam und leicht melanchol. gestaltete. Ihr Vorbild war Tschechow.

Hauptwerke: Für 6 Pence Erziehung (Kurzgeschichten, 1920; dt. 1937), Seligkeit u.a. Erzählungen (1920, dt. 1952), Das Gartenfest (Kurzgeschichten, 1922; dt. 1938), The dove's nest and other stories (1923), Journal (Tageb., hg. 1927), Letters (hg. 1928).

Literatur: Schwendimann, M. A.: *K. M. Ihr Leben in Darst. u. Dokumenten. Mchn. 1967.* – Alpers, A.: *K. M. London; New York 1954.* – Berkman, S.: *K. M. A critical study. New Haven 1951.*

Månsson, Karl Fabian [schwed. 'mo:nsɔn, 'mɔnsɔn], * Hasslö 20. Jan. 1872, † Stockholm 4. Jan. 1938, schwed. Schriftsteller.

Aus den Reihen der Arbeiter kommend, war M. eifriger Fürsprecher der Sozialdemokratie; Journalist, Reichstagsabgeordneter (1912), freier Schriftsteller; schrieb v.a. histor. Romane, in denen er sich für einen Ausgleich der sozialen Gegensätze einsetzte.

Hauptwerke: Rättfärdiggörelsen genom tron (R., 1916), Sancte Eriks gård (R., 1922–26), Gustav Vasa och Nils Dacke (R., 1928–48).

Mantovano, Battista [italien. manto'va:no] ↑ Spagnoli, Giovan Battista.

Manuel, Don Juan ↑ Juan Manuel, Don.

Manuel, Hans Rudolf, * Erlach (Bern) 1525, † Morges (Waadt) 23. April 1571, schweizer. Dichter.

Sohn von Niklaus M., seit 1562 Landvogt in Morges; schrieb Fastnachtsspiele, in denen er die Unsitten seiner Zeit geißelte. Im Spiel „Vom edeln Wein und der trunkenen Rotte" (1548) derbe Saufszenen; auch Zeichner.

Manuel, Niklaus, eigtl. N. Alleman, * Bern um 1484, † ebd. 28. April 1530, schweizer. Maler, Dichter und Staatsmann.

Nach der Künstlersignatur NMD irrtüml. N. M. Deutsch genannt; nach neueren Forschungen wird das D als [Schweizer]degen erklärt; war seit 1512 Mitglied des Großen Rates, 1522 im frz. Kriegsdienst in Italien, 1523 Landvogt von Erlach, 1528 Mitglied des Kleinen Rates. M. förderte eifrig die Reformation durch satir. Schriften und drast.-volkstüml. Fastnachtsspiele, u.a. „Vom Papst und seiner Priesterschaft" (UA 1523, hg. 1923).

Ausgabe: *N. M. Hg. v.* J. Baechtold. *Frauenfeld 1878.*

Literatur: Tardent, J.-P.: *N. M. als Staatsmann. Bern 1967.* – Beerli, C.-A.: *Le peintre poète Nicolas M. et l'évolution sociale de son temps. Genf 1953.*

Manyôshû ↑ Manioschu.

Manzini, Gianna [italien. man'dzi:ni], * Pistoia 24. März 1896, italien. Schriftstellerin.

Lebt in Rom; zeichnet in Romanen und Erzählungen bes. das Bild der einsamen Frau.

Hauptwerke: Tempo innamorato (R., 1928), Incontro col falco (E., 1929), Lettera all'editore (R., 1945), Forte come un leone (R., 1947), La sparviera (R., 1956), Arca di Noè (R., 1960), Un'altra cosa (R., 1961).

Manzoni, Alessandro [italien. man'dzo:ni], * Mailand 7. März 1785, † ebd. 22. Mai 1873, italien. Dichter.

Aus adeliger Familie, wurde von Geistlichen unterrichtet, kam 1805 nach Paris und schloß sich aufklärer. Kreisen an. Nach seiner Heirat mit

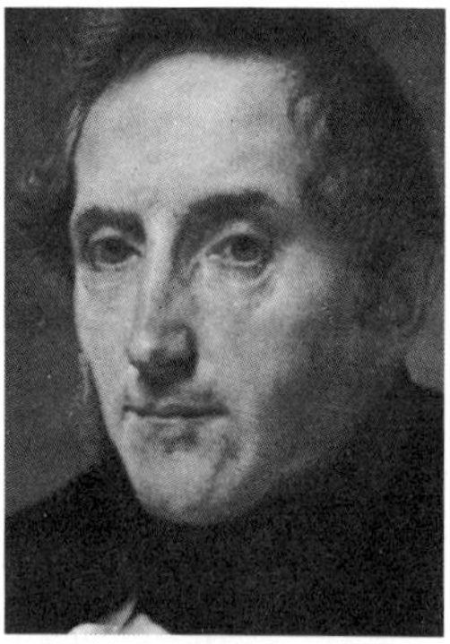

Alessandro Manzoni (Gemälde von F. Hayez, 1860)

Henriette Blondel (1808) fand der Freidenker zum kath. Glauben zurück. Religiöse Ehrfurcht spiegelt sich in den fünf „Heiligen Hymnen" (1812–22, dt. 1889), die die christl. Feste und deren Gehalt preisen. In seinen weniger dynam.-dramat. als lyr. Trauerspielen „Der Graf von Carmagnola" (1820, dt. 1824) und „Adelgis" (1822, dt. 1827) durchbrach er die starren Formen (drei Einheiten u.a.) der frz. Schule und gab der Dramentheorie der Romantik poet. Gestalt. Europ. Einfluß hatte sein histor., auf Anregung Scotts entstandener, in der Lombardei im 17. Jh. spielender Roman „I promessi sposi" (dt. 1827 u.d.T. „Die Verlobten"), dessen Geschlossenheit und bildhaft-frische Schilderung des italien. Volkslebens Goethe begeisterte. Mit diesem Werk bestärkte M., der bedeutendste italien. Romantiker, das erwachende Nationalbewußtsein des italien. Volkes.

Weiteres Werk: Il cinque maggio (Ged., 1822; dt. von Goethe 1823).

Ausgaben: *M. Opere. Edizione nazionale. 2. S. Hg. v.* J. Sanesi. *Florenz 1954 ff. Auf mehrere Bde. berechnet. – A. M. Opere. Florenz 1923. 9 Bde. – A. M. Die Werke. Dt. Übers. Hg. v.* H. Bahr *u.* E. Kamnitzer. *Bd. 3–6. Mchn. 1923 [m. n. e.].*

Literatur: Leone-De Castris, A.: *A. M. tra ideologia e storicismo. Bari 1962.* – Hudig-Frey, M.: *M. Dichter, Denker, Patriot. Bern 1958.* – Momigliano, A.: *A. M. Messina [5]1948.* – Galletti, A.: *A. M.: Il pensatore e il poeta. Mailand 1927. 2 Bde.*

Mao Tse-tung, * Shaoyang (Hunan) 26. Dez. 1893, chin. Staatsmann und Schriftsteller.

Aus bäuerl. Familie; Besuch des Lehrerseminars, Hilfsbibliothekar in Peking; 1921 Mitbegründer der chin. KP, Organisator von Bauernverbänden, 1934/35 Führer der kommunist. Verbände auf dem „Langen Marsch" von Kiangsi nach Schensi, 1949–54 Vorsitzender der Zentralen Volksregierung der Volksrepublik China, 1954–58 Präsident des Zentralen Volksrats (Staatsoberhaupt), seither Vorsitzender des Politbüros und des ZK. Schrieb neben seinen polit. Schriften und kommunist. Kampfliedern zarte Gedichte im klass. Stil („37 Gedichte", dt. 1965). Eine Sammlung von Zitaten aus Schriften und Reden, veröffentlicht 1964, wurde bald zu einer Art Bibel des chin. Kommunismus und fand auf der ganzen Welt Verbreitung (dt. 1967 u. d. T. „Das Rote Buch. Worte des Vorsitzenden Mao Tse-tung").

Ausgaben: M. T.-t. Ausgew. Werke. Dt. Übers. Peking 1968 ff. Auf 4 Bde. berechnet. – M. T.-t. Ausgew. Schrr. Dt. Übers. Hg. v. T. Grimm. *Frkf. 1964.*

Literatur: Schram, St.: *M. T.-t. Dt. Übers. Frkf. 1969.* – Grimm, T.: *M. T.-t. in Selbstzeugnissen u. Bilddokumenten. Reinbek bei Hamb. 1968.* – MacGregor-Hastie, R.: *M. Tsé-toung. Frz. Übers. Bearb. v.* M. Beerblook. *Neuausg. Verviers; Paris 1967.* – Payne, R.: *M. T.-T. Dt. Übers. Hamb. 1965.* – Pálóczi-Horváth, G.: *Der Herr der blauen Ameisen, M. T.-t. Dt. Übers. Frkf. 6.–20. Tsd. 1963. Überarbeitete Tb.-Ausg. u. d. T.: M. T.-t. Der Herr der blauen Ameisen. Bln. 1967.*

Mao Tun, eigtl. Shen Yen-ping, * Tunghsiang (Tschekiang) 1896, chin. Schriftsteller und Politiker.

Studierte in Peking, arbeitete vorübergehend für die Kuomintang, lebte 1937–42 in Hongkong; 1949–64 Kultusminister der Volksrepublik China; auch journalist. tätig. Schrieb zahlreiche Romane, Novellen, Dramen und Essays.

Hauptwerke: Shanghai im Zwielicht (R., dt. 1938), Der Laden der Familie Lin (E., dt. 1953), Seidenraupen im Frühling (En., dt. 1955).

Map, Walter [engl. mæp], latin. Mapes, * in Hereford um 1140, † Westbury 1209, engl. Schriftsteller.

Studierte in Paris; war Archidiakon in Oxford; u. a. in diplomat. Mission beim Laterankonzil 1179. Verfasser satir. Miszellen „De nugis curialium" (1193), die in brillantem lat. Stil unterhaltsame, oft anekdotenhafte Geschichten über hohe Würdenträger darstellen; die verschiedentl. überlieferte These, die Verbindung zwischen Artus- und Gralssage gehe auf M. zurück, wird bezweifelt.

Mapu, Abraham, * Wiliampol bei Kaunas 10. Jan. 1808, † Königsberg (Pr) 9. Okt. 1867, hebr. Schriftsteller.

War Gymnasiallehrer in Kaunas. M. gilt als der literar. Vorläufer des Zionismus. Seine ersten Romane, die er in hebr. Sprache in bibl. Stil über bibl. Themen schrieb, reich an satir. Charakter- und Milieuschilderungen, erregten ihrer weltl. Einstellung wegen unter den orthodoxen Juden des Ostens Aufsehen.

Hauptwerke: Thamar (R., 1853; dt. 1885), Aschmat Schomron (= Die Sünde Samarias, R., 1866), Ajit zawua (= Der Heuchler, R., 1869).

Maragall i Gorina, Joan [katalan. mərə'ɣaʎ i ɣu'rinə], * Barcelona 10. Okt. 1860, † ebd. 20. Dez. 1911, katalan. Dichter.

Studierte Jura in Barcelona und war dann journalist. tätig; trat als kath. Konservativer für die katalan. Autonomie ein, ohne jedoch polit. Ämter zu übernehmen; als Lyriker, Essayist und Übersetzer (Goethe, Novalis, Nietzsche) eine der bedeutendsten Gestalten der modernen katalan. Literatur.

Hauptwerke: Poesies (1895), Visions i cants (Ged., 1900), Enllà (Ged., 1906), Seqüències (Ged., 1911).

Márai, Sándor [ungar. 'ma:rɔi], * Kaschau 11. April 1900, ungar. Schriftsteller.

Aus einer Patrizierfamilie, studierte an dt. Universitäten. In den 20er Jahren war er Zeitungskorrespondent in Paris, 1948 ging er freiwillig ins Exil, lebt heute in den USA. M. begann als Lyriker, ist jedoch als Erzähler, Essayist und Dramatiker bedeutender. Seine Werke, die Themen wie Flucht, Rebellion, Auflehnung gegen Konvention behandeln, aber auch Gesellschaftsromane aus der Welt des Bürgertums umfassen, waren sehr erfolgreich.

Hauptwerke: Doch blieb er ein Fremder (R., 1930; dt. 1935), Achtung! Bissiger Hund! (R., 1932; dt. 1940), Die Geständnisse eines Bürgers (R., dt. 1935), Die Nacht vor der Scheidung (R., 1935; dt. 1951), Schule der Armen (Essay, 1939; dt. 1947), Wandlungen der Ehe (R., 1941; dt. 1949), Verzauberung in Ithaka (R., dt. 1952).

Maraini, Dacia [italien. mara'i:ni], * Florenz 13. Nov. 1936, italien. Schriftstellerin.

Lebte während des 2. Weltkrieges in Japan; studierte in Florenz, Palermo und Rom; Redakteurin; veröffentlichte verschiedene Erzählungen in „Nuovi Argomenti"; für ihren zweiten Roman, „Zeit des Unbehagens" (dt. 1963), erhielt sie den Prix Formentor 1962; schreibt auch Gedichte.

Weitere Werke: Tage im August (R., dt. 1964), Crudeltà all'aria aperta (Ged., 1966).

Marais, Eugène Nielen [afrikaans mə'rɛ:], * Pretoria 9. Jan. 1871, † bei Pretoria 30. März 1936 (Selbstmord), afrikaanser Schriftsteller.

Journalist, Redakteur, Medizin- und Jurastudium. Zahlreiche Reisen in Europa, Anwalt in Südafrika; schrieb Gedichte und Erzählungen mit guter psycholog. Beobachtung. Eines der bedeutendsten Gedichte der afrikaansen Literatur ist sein „Winternag" (1904). Aus genauer Kenntnis des Tierlebens, der Natur Afrikas und der Eingeborenen entstanden populärwissenschaftl. Schriften, von denen v. a. „Die Seele der weißen Ameise" (dt. 1939) bekannt geworden ist.

Weitere Werke: Die huis van die vier winde (E., 1933), Burgers van die berge (Schr., 1938).

Maran, René [frz. ma'rã], * Fort-de-France (Martinique) 5. Nov. 1887, † Paris 8. Mai 1960, frz. Schriftsteller.

Mittelamerikan. Neger, genoß seine Schulbildung in Frankreich, war lange im frz. Kolonialdienst in Afrika tätig; trat mit realist. Romanen und Erzählungen über die Probleme der Neger in Äquatorialafrika hervor; schrieb auch Tiergeschichten.

Hauptwerke: Batuala (R., dt. 1922), Le livre de la brousse (En., 1934), Mbala, l'éléphant (R., 1943).

Marañón y Posadillo, Gregorio [span. mara'ɲon i posa'ðiʎo], * Madrid 19. Mai 1887, † ebd. 27. März 1960, span. Arzt und Schriftsteller.

Medizinstudium, auch in Deutschland, Professor für Medizin in Madrid; Mitglied der span. Akademie; schrieb neben medizin. Werken (Endokrinologie) auch bed. histor. und literarhistor. Essays und Biographien: „Amiel: Un estudio sobre la timidez" (Biogr., 1932), „Olivares. Der Niedergang Spaniens als Weltmacht" (Biogr., dt. 1939), „Tiberius. Geschichte eines Ressentiments" (Biogr., 1939; dt. 1952), „Don Juan. Legende und Wirklichkeit" (Essay, 1942; dt. 1954).

Marcabru (Marcabrun) [frz. marka'bry (marka'brœ̃)], einer der ältesten bekannten provenzal. Troubadoure der 1. Hälfte des 12. Jahrhunderts. Vermutl. aus der Gascogne; angebl. Findelkind, wurde vom Troubadour Cercamon unterwiesen und lebte an frz. und span. Höfen; wurde ermordet. Erhalten sind über 40 Lieder, von denen viele die Minne schmähen, da sie die Ritter verweichliche; ausgezeichneter Satiriker; sein Stil ist dunkel.

Literatur: Errante, G.: *M. e le fonti sacre dell'antica lirica romanza. Florenz 1948.* – Spanke, H.: *M.studien. Gött. 1940.*

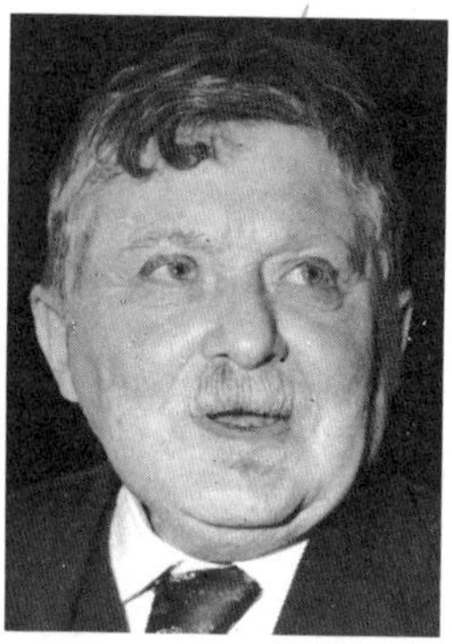

Gabriel Marcel

Marceau, Félicien [frz. mar'so], eigtl. Louis Carette, * Kortenberg bei Brüssel 16. Sept. 1913, belg. Schriftsteller.

Studierte Jura, war Rundfunkredakteur und lebte nach dem Krieg u.a. in Rom und Paris. Erweist sich in seinen Romanen als distanzierter, kühler Beobachter, in seinen erfolgreichen Boulevardstücken auch als geistvoller, alles in Frage stellender Parodist.

Hauptwerke: Vielgeliebte Gespielin (R., dt. 1956), Denise (R., dt. 1957), Heiml. Hochzeiten (En., dt. 1963), Kleine Insel Capri (R., dt. 1963), Dramen (Das Ei, Der Nerz, Nero; dt. 1961), Der Manager (Dr., dt. 1964).

Marcel, Eugène [frz. mar'sɛl] ↑ Prévost, Marcel.

Marcel, Gabriel [frz. mar'sɛl], * Paris 7. Dez. 1889, frz. Philosoph, Dramatiker und Kritiker. Bed. Vertreter des christl. Existentialismus (nennt sich seit 1950 Neo-Sokratiker); lernte schon in seiner Jugend viele europ. Länder und deren Literaturen kennen; war mit 20 Jahren bereits Professor der Philosophie; ab 1922 Arbeit im Verlagswesen, als Hg. und als Theaterkritiker; konvertierte 1929 zum Katholizismus; erhielt 1964 den Friedenspreis des Dt. Buchhandels. Bed. für ihn war der Einfluß von Proust, Péguy, Mauriac, Rilke, Bernanos, Jaspers und Heidegger. In den philosoph. Werken, u.a. „Sein und Haben" (1935, dt. 1954), „Philosophie der Hoffnung" (dt. 1949), zeigt er, wie an den Menschen der Anspruch gestellt ist, trotz und in aller Einsamkeit und Nichtigkeit anzuerkennen, daß es eine „Sinnfülle der Transzendenz" gibt, daß die ursprüngl. Totalität durch Treue, Glaube und Hoffnung wiederherzustellen möglich ist. M.s Bühnenwerke sollen „die höchsten Konflikte der Seele mit intensivem Leuchten erhellen", sollen Anruf, nicht Botschaft sein.

Weitere Werke: Zerbrochene Welt (Dr., 1923; dt. 1953), Ein Mann Gottes (Dr., 1925; dt. 1951), Der Stachel (Dr., 1937; dt. 1953), Rom nicht mehr in Rom (Dr., dt. 1953), Die Wacht am Sein (Dr., dt. 1965).

Ausgabe: G. M. Schauspiele. Dt. Übers. Nürnb. 1962. 3 Bde.

Literatur: Ricoeur, P.: *G. M. Entretiens. Paris 1968.* – Davy, M.-M.: *G. M. Ein wandernder Philosoph. Dt. Übers. Frkf. 1964.* – Hoefeld, F.: *Der christl. Existentialismus M.s. Eine Analyse der geistigen Situation der Gegenwart. Zürich 1956.* – Sottiaux, E: *G. M. Philosophe et dramaturge. Löwen; Paris 1956.*

Marčevski ↑ Martschewski.

March, Ausias [katalan. mark], * Gandía (Valencia) um 1397, † Valencia 1459, katalan. Dichter. Sohn des Dichters Pedro M.; lebte am Hof Alfons' V. von Aragonien, den er auf seinem Italienfeldzug begleitete; einer der frühesten und bedeutendsten Vertreter provenzal. und italien. (Petrarca) beeinflußter Dichtung auf der Pyrenäenhalbinsel; seine bilderreiche Lyrik („Cants de mort", „Cants d'amor", „Cants morals", „Cant espiritual") ist Ausdruck tiefen menschl. Gefühls.

Literatur: Fullana, L.: *El poeta A. M. Su ilustre ascendencia, su vida y sus escritos. Valencia 1945.* – Pagès, A.: *A. M. et ses prédécesseurs. Essai sur la poésie amoureuse et philosophique en catalogue aux XIVe et XVe siècles. Paris 1912.*

March, William [engl. mɑːtʃ], eigtl. W. Edward March Campbell, * Mobile (Ala.) 18. Sept. 1893, † New Orleans 15. Mai 1954, amerikan. Schriftsteller.

Studierte Jura, war Angestellter einer Anwaltsfirma, wurde im 1. Weltkrieg verwundet und hoch dekoriert, war dann Angestellter einer Schiffsgesellschaft, schließl. freier Schriftsteller. Schrieb Kurzgeschichten und Romane um Kriegserlebnisse und über Stoffe aus dem Leben in der Provinz der amerikan. Südstaaten. Er stellte mit Vorliebe und Geschick das Exzentr. und Schreckliche dar, etwa in dem vielgelesenen Roman „The bad seed" (1954).

Marchi, Emilio de [italien. 'marki], * Mailand 31. Juli 1851, † ebd. 6. Febr. 1901, italien. Schriftsteller.

Studierte in Mailand und wandte sich nach journalist. und Lehrtätigkeit der Schriftstellerei zu; verfaßte zahlreiche erzieher. Schriften (u.a. „L'età preziosa", 1887; „Lettere a un giovane signore", 1891), Gedichte und Novellen, gab das Beste jedoch in seinen realist. Romanen (bes. denen aus dem Mailänder Kleinbürgermilieu), die einen pessimist.-trag. Grundzug haben und ebenfalls erzieher. wirken sollen; am bekanntesten sind „Il cappello del prete" (1888), „Demetrio Pianelli" (1890) und „Arabella" (1892).

Marchwitza, Hans [març'vɪtsa, 'ma...], * Scharley bei Beuthen O.S. 25. Juni 1890, † Potsdam 17. Jan. 1965, dt. Schriftsteller.
Bergarbeiter, 1920 KPD-Mitglied, 1933 Emigration (Schweiz, Frankreich, Spanien), Teilnahme am Span. Bürgerkrieg, 1939–41 in Frankreich interniert, 1941–46 in den USA, 1946 Rückkehr nach Deutschland, zunächst in Stuttgart, dann Potsdam-Babelsberg; schrieb v.a. polit. und sozialkrit. Romane, z.T. mit autobiograph. Gehalt.
Hauptwerke: Sturm auf Essen (R., 1930), Die Kumiaks (R., 1934), Meine Jugend (R., 1947), Die Heimkehr der Kumiaks (R., 1952), Roheisen (R., 1955), Die Kumiaks und ihre Kinder (R., 1959).
Marcinkevicius, Justinas Motejaus [lit. martsɪŋ'kæ:vɪtʃʊs], * bei Prenaj 30. März 1930, lit.-sowjet. Schriftsteller.
Studium an der histor.-philolog. Fakultät der Universität Wilna; veröffentlichte 1953 seine ersten Gedichte, schrieb neben Gedichten Poeme – bekannt wurde M. bes. durch „Kraujas ir pelenai" (= Blut und Asche, Poem, 1961) – und einen Kurzroman. Am bedeutendsten sind M.' Dichtungen, deren Verse knapp und eindringl. sind. Neben philosoph. Themen ist Litauen mit seiner Geschichte und Gegenwart und seinen Menschen Hauptthema. M. übersetzt auch aus dem Russ. und Polnischen. Dt. erschienen das Poem „Donelaitis" (dt. 1967) und einzelne Gedichte.
Marco Polo † Polo, Marco.
Marcus Aurelius Antoninus (Mark Aurel), eigtl. Catilius Severus, seit 130 Marcus Annius Verus, * Rom 26. April 121, † Vindobona (heute Wien) 17. März 180, röm. Kaiser.
Regierte seit 161 (bis 169 gemeinsam mit seinem Adoptivbruder Lucius Verus); starb im Feldlager vielleicht an der Pest. Wandte sich schon vor seinem Regierungsantritt einer stoisch ausgerichteten Philosophie zu, die aus den 12 Büchern aphorist. Selbstbetrachtungen (in griech. Sprache geschrieben) spricht. Er zeigt sich als zwar sehr skept. denkender, jedoch pflichtbewußter Regent.
Ausgaben: Marc Aurel. Selbstbetrachtungen. Dt. Übers. Bearb. v. W. Capelle. *Stuttg.* ¹²*1967. – Ks. Marc Aurel. Wege zu sich selbst. Griech.-dt. Hg. v.* W. Theiler. *Zürich u. Stuttg. 1951.*
Literatur: Birley, A.: *Mark Aurel. Ks. u. Philosoph. Dt. Übers. Mchn. 1968.* – Proyart, P. de: *Marc-Aurèle, un empereur citoyen du monde. Clamart (Seine) 1962.* – Görlitz, W.: *Marc Aurel. Ks. u. Philosoph. Stuttg. 1954.*
Mare, Walter John de la † de la Mare, Walter John.
Marek, Kurt W. ['ma:rɛk] † Ceram, C. W.
Marenco, Carlo [italien. ma'rɛŋko], * Cassolo di Lomellina (Pavia) 1. Mai 1800, † Savona 29. Sept. 1846, italien. Dramatiker.
Studierte Rechtswissenschaft in Turin; Verfasser zahlreicher erfolgreicher Dramen (Tragödien) unter dem Einfluß von S. Pellico, steht mit seiner Vorliebe für mittelalterl., religiöse und histor.-patriot. Stoffe zwischen Klassik und Romantik.
Hauptwerke: Buondelmonte e gli Amidei (Dr., 1827), Corso Donati (Dr., 1830), Pia de' Tolomei (Dr., 1837).
Marenco, Leopoldo [italien. ma'rɛŋko], * Ceva (Cuneo) 8. Nov. 1831, † Mailand 30. April 1899, italien. Dramatiker.
Sohn von Carlo M.; bekannt durch seine romant.-sentimentalen Tragödien und Komödien aus Gegenwart, MA und Legende: „Isabella Orsini" (Trag., 1851), „Celeste" (Kom., 1866), „Il falconiere di Pietra Ardena" (Dr., 1871) u.a.; schrieb zuletzt auch [erfolglose] soziale Komödien.
Margarete von Navarra (Marguerite de Navarre), auch genannt M. von Angoulême, M. von Valois, * Angoulême 11. April 1492, † Odos (Hautes-Pyrénées) 21. Dez. 1549, frz. Schriftstellerin.
Tochter Karls von Orléans, Schwester Franz' I., Großmutter Heinrichs IV.; 1509–25 ⚭ mit Herzog Karl von Alençon, nach dessen Tod seit 1527 mit Henri d'Albret, König von Navarra; förderte Dichter und Künstler und protegierte verfolgte Hugenotten; ihr literar. Hauptwerk ist die berühmte, gleichermaßen von Platonismus und Esprit gaulois erfüllte und in offensichtl. Anlehnung an Boccaccios „Decamerone" entstandene Sammlung von 72 durch eine Rahmenhandlung verbundenen Novellen u.d.T. „Das Heptameron" (1559, dt. 1909, 1791 u.d.T. „Margaritha, der Königin von Navarra, romant. Erzählungen"); auch bed. Lyrikerin („Le miroir de l'âme pécheresse", 1531; „Les marguerites de la Marguerite des princesses", 1547).
Ausgaben: Marguerite de Navarre. Le théâtre profane. Hg. v. V. L. Saulnier. *Neuausg. Genf 1965. – M. v. N. Das Heptameron. Dt. Übers. Nachwort v.* P. Amelung. *Mchn.* ²*1960. – Marguerite de Navarre. L'Heptaméron. Hg. v.* M. François. *Paris 1960.*
Literatur: Gelernt, J.: *World of many loves: The Heptameron of Marguerite de Navarre. Chapel Hill (N. C.) 1966.* – Jourda, P.: *Marguerite d'Angoulême. Paris* ²*1941. 2 Bde.* – Lotheissen, F.: *Kgn. Margarethe v. N. Ein Cultur- u. Literaturbild aus der Zeit der frz. Reformation. Bln. 1885.*
Margueritte, Paul [frz. margə'rit], * Laghouat (Algerien) 1. Febr. 1860, † Hossegor (Landes) 30. Dez. 1918, frz. Schriftsteller.
Angestellter des Erziehungsministeriums. Wandte sich bald dem naturalist. Roman zu, unterzeichnete jedoch 1887 das „Manifeste des cinq" gegen Zola; schrieb 1896–1908 zusammen mit seinem Bruder Victor M. u.a. eine vielgelesene histor. Romantetralogie über den Krieg von 1870/71 „Der große Krieg" (dt. 1902–04) und weitere Romane, in denen er sich bes. für den sozialen Fortschritt einsetzte.
Weitere Werke: Jours d'épreuve (R., 1889), La force des choses (R., 1891).
Margueritte, Victor [frz. margə'rit], * Blida (Algerien) 1. Dez. 1866, † Monestier (Isère) 23. März 1942, frz. Schriftsteller.
Gab 1896 seine Militärlaufbahn auf und schrieb bis 1908 gemeinsam mit seinem Bruder Paul M. eine Reihe von Werken, u.a. den Romanzyklus „Der große Krieg" (dt. 1902–04) und das erfolgreiche Kinderbuch „Poum" (1897, dt. 1924); nach dem Tode seines Bruders erregte er Aufsehen durch seine Romane, in denen sich die Situation der Frau in der Nachkriegszeit widerspiegelt („La femme en chemin", R.-Trilogie, 1922–24; „Die Junggesellin", dt. 1924; „Vers le bonheur", R.-Trilogie, 1925–30); v.a. erwies er sich als unermüdl. Kämpfer für Frieden und Völkerfreundschaft („La patrie humaine", Essay, 1931; „Aristide Briand", Biogr., dt. 1932).

Maria, Jaroslav [tschech. 'marija], eigtl. J. Mayer, * Rakonitz 24. Febr. 1870, † Theresienstadt Juni 1942, tschech. Schriftsteller.
Rechtsanwalt in Tabor; schrieb anfangs Dramen mit Neigung zur Dekadenz, später naturalist.-expressionist. Romane.

Marie de France [frz. marid'frã:s], frz. Dichterin der 2. Hälfte des 12. Jahrhunderts.
Älteste bekannte frz. Dichterin; ihre Identität ist umstritten; lebte am Hof Heinrichs II. von England, dem sie ihre 12 wahrscheinl. zwischen 1180 und 1185 entstandenen Versnovellen, sog. Lais oder „lais bretons" (u.a. „Bisclavret", „Lanval", „Chievrefueil", „Éliduc"), widmete, höf. Kleinepik in schlichter, anschaul. und anmutiger Sprache; die Dichtungen, die Stoffe der breton. Spielmannsepik verwenden, gestalten Wunderbares und Traumhaftes; u.a. ist ein sonst nicht belegtes Tristan-Abenteuer bei M. de F. überliefert; sie übersetzte auch Fabeln aus dem Lat. und verfaßte eine Heiligenlegende.
Ausgaben: M. de F. Die Lais. Hg. v. K. Warnke. *Halle* [3]*1925. – M. de F. Poet. Erzählungen nach altbreton. Liebes-Sagen. Dt. Übers. Stuttg. 1862.*
Literatur: Baum, R.: *Recherches sur les œuvres attribuées à M. de F. Hdbg. 1968.* – Hoepffner, E.: *Les lais de M. de F. Neuausg. Paris 1959.* – Nagel, E.: *M. de F. als dichter. Persönlichkeit. In: Roman. Forsch. 44 (1930), 1.*

Marinescu, Iancu-Leonte [rumän. mari'nesku] † Sadoveanu, Ion Marin.

Marinetti, [Emilio] Filippo Tommaso [italien. mari'netti], * Alexandria 22. Dez. 1876, † Bellagio 2. Dez. 1944, italien. Schriftsteller.
Wuchs in Frankreich auf, studierte in Paris, Pavia und Genua; später in Mailand. Wegen Immoralität seines Romans „Mafarka le futuriste" (1910) zu zwei Monaten Gefängnis verurteilt; gefördert von Mussolini, befehdet von B. Croce. Sein futurist. Manifest, das er am 20. Febr. 1909 im „Figaro" veröffentlichte, forderte den Bruch mit allen Stil- und Denkformen der Vergangenheit, zumal mit dem literar. Ästhetizismus. M. suchte, aggressiv gegen alle traditionellen Sprachbindungen, eine neue Syntax zu schaffen und ein Vokabular, das der Entwicklung von Technik und Zivilisation angemessen ist. Schrieb in italien. und frz. Sprache.
Weitere Werke: La conquête des étoiles (Ged., 1902), Le futurisme (Schr., 1911), Tamburo di fuoco (Dr., 1932).
Literatur: Vaccari, W.: *Vita e tumulti di F. T. M. Mailand 1959.* – Viviani, A.: *Il poeta M. e il futurismo. Turin 1940.*

Marini, Giambattista [italien. ma'ri:ni] † Marino, Giambattista.

Marinković, Ranko [serbokroat. ma,ri:ŋkɔvitɕ], * auf Vis 22. Febr. 1913, kroat. Schriftsteller.
Gehörte zum linksorientierten literar. Kreis um Krleža, dessen Dramatik ihn beeinflußte; weiteres Vorbild für M.s ep.-dramat. Werk wurde Pirandello. M. bedient sich auch der Mittel der Psychoanalyse; in seinen realist. Erzählungen, die oft satir. gefärbt sind, gestaltet er bes. die Motive der Lebensangst und des Todes. Dt. erschien 1961 die Erzählungssammlung „Hände".

Marino (Marini), Giambattista [italien. ma'ri:no], * Neapel 18. Okt. 1569, † ebd. 25. März 1625, italien. Dichter.
Zunächst in Schutz und Dienst des Kardinals Aldobrandini in Rom, Ravenna, Turin; ab 1608 am Hof des Herzogs von Savoyen in Turin, seit 1615 in Paris, eingeladen von Maria de' Medici. 1623 nach Italien zurückgekehrt, lebte er, geehrt und gefeiert, in Rom. Das allegor. Epos „Adone" (1623), sein Hauptwerk, schildert in 45000 Versen, mit vielen Abschweifungen, die Geschichte von Venus und Adonis; dieses Werk beeindruckte durch das virtuose Spiel mit Antithesen, Assonanzen, mit reichen Metaphern, raffinierten Klangfiguren, mit der Bevorzugung des Dunklen, Schockierenden, des Preziösen und Alogischen und regte zur Nachahmung an (Marinismus).
Weitere Werke: La lira (Ged., 1608–14), La galleria (Ged., 1620), Der bethlehemit. Kindermord (Epos, 1632; dt. 1715).
Literatur: Borzelli, A.: *Storia della vita e delle opere di G. M. Neapel 1927.*

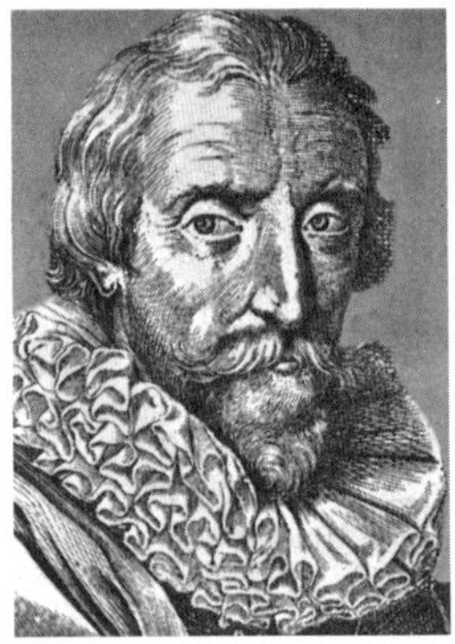
Giambattista Marino (zeitgenössischer Kupferstich)

Marinow, Laljo; tl.: Marinov, Lal'o [bulgar. ma'rinof] † Lamar.

Maritain, Jacques [frz. mari'tɛ̃], * Paris 18. Nov. 1882, frz. Philosoph und Essayist.
Konvertierte 1906 unter dem Einfluß Léon Bloys zum Katholizismus und wandte sich in der Folge einem dezidierten Neuthomismus zu. Großer Einfluß auf breite Kreise des frz. Kulturlebens (Claudel, Julien Green, Bernanos, Rouault u.a.). Maßgebl. Vertreter des Renouveau catholique im 20. Jh.; 1945–48 frz. Botschafter beim Hl. Stuhl.
Hauptwerke: Éléments de philosophie (1923–26), De la philosophie chrétienne (1933), Science et sagesse (1935), De la justice politique (1940), Réflexions sur l'Amérique (1959), La philosophie morale (1960).
Literatur: Rover, Th. D.: *The poetics of M.; a Thomistic critique. Washington 1965.* – Sampaio, L. F. de Almeida: *L'intuition dans la philosophie de J. M. Paris 1963.* – Bars, H.: *M. en notre temps. Paris 1959.*

Marius Victorinus, Gaius, * in Afrika im letzten Viertel des 3. Jh.s, † nach 362, lat. Kirchenschriftsteller.
Lehrer der Rhetorik, trat zum Christentum über; schrieb in schwerfälligem Lat. Kommentare zu klass. Autoren sowie zu Büchern der Bibel; nur fragmentar. erhalten.

Marivaux, Pierre Carlet de Chamblain de [frz. mari'vo], * Paris 4. Febr. 1688, † ebd. 12. Febr. 1763, frz. Schriftsteller.

War ständiger Gast in den Salons der Damen de Lambert und de Tencin, später in denen der Madame Du Deffand und der Madame de Geoffrin. Hg. der Wochenzeitschrift „Le Spectateur français". 1743 Mitglied der Académie française. Seine Komödien – v. a. Liebeskomödien, die, psycholog. fein motiviert, das Entstehen der Liebe in immer neuen Versionen behandeln –, u. a. „Das Spiel von Liebe und Zufall" (1730, dt. 1747), „Le legs" (1736), „Die falschen Vertraulichkeiten" (1737, dt. 1798, 1756 u. d. T. „Die falschen Bedienten oder..."), geschrieben v. a. für die italien. Komödianten wie auch für die Comédie-Française, fesseln durch witzigen, sprachlich ausgefeilten Dialog. Man nannte deshalb diese Art Konversation, inhaltl. Belangloses elegant-graziös in gewähltem, nuanciertem Stil zu sagen, „marivaudage". Seine unvollendeten Romane „Das Leben der Marianne" (1731–36, dt. 1968, 1868 u. d. T. „Marianne oder die Abenteuer der Gräfin von...") und „Der Bauer im Glück" (1735, dt. 1968, 1868 u. d. T. „Der emporgekommene Bauer oder ...") zeichnen sich ebenfalls durch kultivierte Diktion aus.

Weitere Werke: La surprise de l'amour (Kom., 1722), Unbeständigkeit auf beiden Seiten (Kom., 1723; dt. 1968, 1749 u. d. T. Die beyderseitige Unbeständigkeit), Der Versuch (Kom., 1740; dt. 1783).

Ausgaben: M. Théâtre complet. Hg. v. M. Arland. *Paris 1950. – M. Romans, récits, contes et nouvelles. Hg. v.* M. Arland. *Paris 1949.*

Literatur: Schricke, G./Lotschak, P.: *Leben u. Werk des P. Ch. de M. Düsseld. 1968.* – Greene, E. J. H.: *M. Toronto 1965.* – Arland, M.: *M. Paris 1950.*

Marjoram, J. [engl. 'mɑ:dʒərəm] ↑ Mottram, Ralph Hale.

Mark Aurel ↑ Marcus Aurelius Antoninus.

Markham, Edwin [engl. 'mɑ:kəm], eigtl. Charles Edward Anson M., * Oregon City (Oregon) 23. April 1852, † Staten Island (N. Y.) 7. März 1940, amerikan. Dichter.

War Farmer, Viehzüchter, dann Lehrer, schließl. freier Schriftsteller. Von seiner humanitären, sozialbewußten Dichtung wurde v. a. das Titelgedicht der Sammlung „The man with the hoe and other poems" (1899) bekannt, das, ein Gemälde Millets interpretierend, das Leben des arbeitenden Volkes darstellt.

Markov, Marko Marinov [bulgar. 'markof] ↑ Martschewski, Marko.

Marković, Franjo [serbokroat. 'ma:rkɔvitɕ], * Kreuz 26. Juli 1845, † Agram 15. Sept. 1914, kroat. Dichter.

Studierte in Wien, in Deutschland und Frankreich, war zunächst Mittelschullehrer, dann Professor; M. vertrat die bürgerliche Romantik; schrieb Epen in Anlehnung an Byron und Mickiewicz, außerdem histor. Dramen; M. hatte als Ästhetiker und Literaturtheoretiker richtungweisenden Einfluß auf die kroat. Literatur.

Marković, Svetozar [serbokroat. 'ma:rkɔvitɕ], * Jagodina (heute Svetozarevo) 9. Sept. 1846, † Triest 26. Febr. 1875, serb. Schriftsteller.

Wurde unter dem Einfluß Tschernyschewskis, den er während des Studiums in Petersburg kennenlernte, sowie unter dem Dobroljubows, Herzens und der Züricher sozialist. Internationale, deren Mitglied er war, zum Begründer des serb. Sozialismus. Hg. der ersten sozialist. Zeitung Serbiens. M., ein bed. polit. Publizist, wirkte auch auf die Literatur, indem er gegen die nationalgestimmte Romantik Stellung nahm und den Positivismus und den literar. Realismus förderte.

Literatur: McClellan, W. D.: *S. M. and the origins of Balkan socialism. Princeton (N.J.) 1964.*

Markovič, Marija Aleksandrovna ↑ Wowtschok, Marko.

Marko[-]Vovčok ↑ Wowtschok, Marko.

Markow, Marko Marinow [bulgar. 'markof] ↑ Martschewski, Marko.

Markowitsch, Marija Alexandrowna [russ. mar'kɔvitʃ] ↑ Wowtschok, Marko.

Marko[-]Wowtschok [russ. 'markɐvaf'tʃɔk] ↑ Wowtschok, Marko.

Mark Twain [engl. 'mɑ:k 'twɛɪn], eigtl. Samuel Langhorne Clemens, * Florida (Mo.) 30. Nov. 1835, † Redding (Conn.) 21. April 1910, amerikan. Schriftsteller.

War nach Abbruch seines Schulbesuchs u. a. Lotse auf dem Mississippi; er entlehnte sein Pseudonym einem Ausdruck seiner damaligen Berufssprache; nahm am Sezessionskrieg auf seiten der Konföderierten teil, versuchte sich u. a. als Journalist und Schriftsteller; nach ersten Erfolgen unternahm er ausgedehnte Studien- und

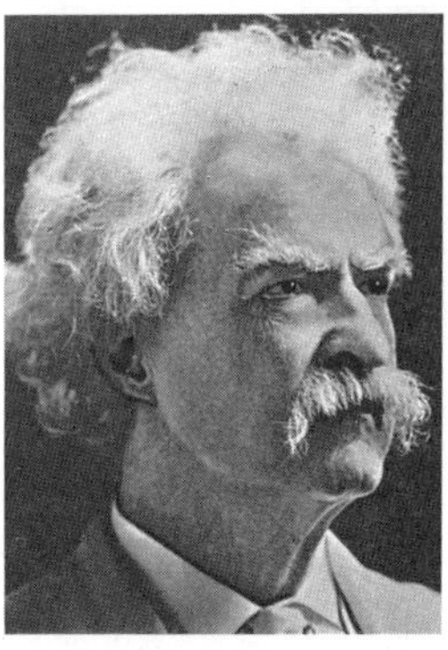

Mark Twain

Vortragsreisen, die dazu beitragen sollten, seine Schulden abzutragen; durch persönl. Mißgeschicke wurde M. T.s Neigung zu Skeptizismus und Pessimismus gefördert; er fand v. a. in Europa zunehmende Anerkennung. M. T., der einerseits u. a. der amerikan. Tradition des „Western humor" verpflichtet war, andererseits Anregungen der europ. und der europ. orientierten amerikan. Literatur aufgriff, wurde bes. als bedeutendster amerikan. Humorist bekannt; sein Hauptwerk, der v. a. als Jugendbuch verstandene Roman „Abenteuer und Fahrten des Huckleberry Finn" (dt. 1890), die Fortsetzung des Romans „Die Abenteuer Tom Sawyers" (dt. 1876), wird zu den hervorragendsten Werken der amerikan. Prosaliteratur des ausgehenden 19. Jh.s gezählt; es verbindet realist. und symbol. Aussage. Zu M. T.s [autobiograph. beeinflußten] Hauptwerken gehört auch „Leben auf dem Mississippi" (dt. 1888); M. T.s skept. Verhältnis zu Europa wird deutl. in dem Roman „Ein Yankee am Hofe des

Königs Artus" (1889, dt. 1923); immer stärkere Vorbehalte gegenüber amerikan. Zuständen zeigt der Roman „Querkopf Wilson" (dt. 1898); in M. T.s Spätwerk überwiegt die pessimist. Satire.
Weitere Werke: Die Arglosen im Ausland (Reiseb., 1869; dt. 1964), Prinz und Bettelknabe (E., 1881; dt. 1956).
Ausgaben: M. T. Ges. Werke in fünf Bden. Dt. Übers. Hg. v. K.-J. Popp. *Mchn. 1965–67. – M. T. Ausgew. Werke. Dt. Übers. Hg. v.* K.-H. Schönfelder. *Bln. 1961–67. 12 Bde. – M. T. The writings. New York 1922–25. 37 Bde.*
Literatur: M. T. A profile. Hg. v. J. Kaplan. *New York 1967. – M. T. A collection of critical essays. Hg. v.* H. N. Smith. *Englewood Cliffs (N.J.) 1963.* – Wagenknecht, E.: *M. T. Neuausg. Norman (Okla.) 1961.* – Schönemann, F.: *M. T. als literar. Persönlichkeit. Jena 1925.* – Paine, A. B.: *The personal and literary life of Samuel Langhorne Clemens. New York 1912. 3 Bde.*

Markusevangelium ↑ Bibel.

Marlinski, A[lexandr]; tl.: Marlinskij, A[leksandr] [russ. mar'linskij] ↑ Bestuschew, Alexandr Alexandrowitsch.

Marlitt, E[ugenie], eigtl. Eugenie John, * Arnstadt 5. Dez. 1825, † ebd. 22. Juni 1887, dt. Schriftstellerin.
Zunächst Sängerin, verließ, durch ein Gehörleiden gezwungen, das Theater und wurde Vorleserin der Fürstin von Schwarzburg-Sondershausen; lebte seit 1863 wieder in Arnstadt, veröffentlichte in rascher Folge (zunächst in der Zeitschrift „Die Gartenlaube") viele Unterhaltungsromane, die dank der spannenden Handlung sehr gefielen.
Hauptwerke: Goldelse (1867), Das Geheimnis der alten Mamsell (1868), Das Haideprinzeßchen (1872), Die zweite Frau (1874), Die Frau mit den Karfunkelsteinen (1885).
Literatur: Potthast, B.: *E. M. Ein Beitrag zur Gesch. des dt. Frauenromans. Diss. Köln 1926.*

Marlowe, Christopher [engl. 'mɑːloʊ], * Canterbury 6. Febr. 1564, † Deptford (heute zu London-Lewisham) 30. Mai 1593, engl. Dramatiker.
Sohn eines Schuhmachers; Stipendien ermöglichten ihm eine Schulbildung und das Studium in Cambridge, das er 1587 mit dem Magistergrad abschloß; führte in London wahrscheinl. ein sehr freies Leben, u. a. im Kreis der sog. „University wits"; bekannt mit Kyd, Nash u. a., möglicherweise auch mit Raleigh in engem Kontakt; stand zeitweilig unter der Anklage des Atheismus; wurde bei einem Wirtshausstreit erstochen. M., der bedeutendste engl. Dramatiker vor Shakespeare, schrieb außer einer unvollendeten freien Bearbeitung von Musaios' „Hero und Leander" (1593), die von Chapman 1598 ergänzt wurde, Übersetzungen der Elegien Ovids und lyr. Gedichten pathet. Dramen, in denen er erstmals den Blankvers verwandte; seine Helden sind oft leidenschaftl. Charaktere, die der Vorstellung vom Renaissancemenschen entsprechen; seine Stücke sind bühnenwirksam und zeichnen sich durch bildkräftige, pathet. Sprache aus.
Hauptwerke: Tamburlaine the Great (Dr., 1590), Eduard II. (Dr., 1594; dt. 1912), Doctor Faust (Trag., 1604; dt. 1818), Der Jude von Malta (Trag., 1633; dt. 1831).
Ausgabe: Ch. M. Works. Hg. v. R. H. Case. *London 1930–33. 6 Bde. [mit Biogr.].*
Literatur: Knoll, R. E.: *Ch. M. New York 1968.* – Steane, J. B.: *M. A critical study. London 1964.* – Bakeless, J. E.: *The tragical history of Ch. M. Cambridge (Mass.) 1942. 2 Bde.* – Boas, F. S.: *Ch. M., a biography and critical study. Oxford 1940.*

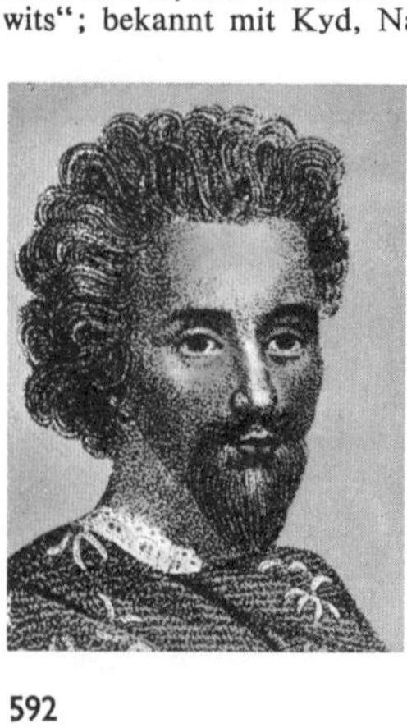

Christopher Marlowe (Kupferstich)

Mármol, José [span. 'marmɔl], * Buenos Aires 2. Dez. 1818, † ebd. 9. Aug. 1871, argentin. Dichter.
Studierte Jura in Buenos Aires, wurde als Gegner des Diktators Rosas verbannt, war nach dessen Sturz Abgeordneter und Direktor der Nationalbibliothek; romant. Lyriker, schrieb die an Byrons „Ritter Harolds Pilgerfahrt" erinnernde Dichtung „Cantos del peregrino" (1847), den erfolgreichen Roman aus der Zeit der Herrschaft Rosas' „Amalia" (1851) und weniger bed. Dramen.

Marmontel, Jean-François [frz. marmõ'tɛl], * Bort-les-Orgues (Corrèze) 11. Juli 1723, † Abloville bei Saint-Aubin-sur-Gaillon (Eure) 31. Dez. 1799, frz. Schriftsteller.
Erst Kleriker (Jesuit), kam durch Voltaire 1745 in die Pariser literar. Kreise. Seine beiden Tragödien „Denys le tyran" (1748) und „Aristomène" (1749), seine kom. Opern, sein philosoph. Roman „Belisar" (dt. 1769) machten ihn schnell berühmt. Seit 1763 Mitglied, seit 1783 Sekretär der Académie française; seit 1771 Historiograph von Frankreich, zog er sich bei Beginn der Revolution nach Gaillon zurück. Seine Intentionen kommen bes. in den „Moral. Erzählungen" (dt. 1762) zum Ausdruck und in der Erzählung „Die Inkas" (1777, dt. 1783), in der er sich im Sinne der Aufklärung für religiöse Toleranz einsetzt. Neben den Artikeln für die Enzyklopädie schrieb er die „Mémoires d'un père pour servir à l'instruction de ses enfants" (hg. 1804), zugleich eine Geschichte der berühmten frz. Salons des 18. Jahrhunderts.
Literatur: Buchanan, M.: *Les „Contes moraux" de M. Diss. Univ. of Southern California, Los Angeles 1965.* – Neubert, F.: *Die Memoiren des M. In:* Neubert: *Frz. Literaturprobleme. Bln. 1962.* – Knauer, K.: *Ein Künstler poet. Prosa in der frz. Vorromantik: J.-F. M. Bochum 1936.*

Marner, Konrad, genannt „der Marner", * in Schwaben (Ulm?), † um 1270 (hochbetagt ermordet), mhd. Spruchdichter.
Urkundl. nachweisbar zwischen 1231 und 1267, im Alter erblindet; schrieb Minnelieder, Sprüche

weltl., geistl. und polit. Inhalts, lat. Vagantenlieder; Nachahmer Walthers von der Vogelweide; wurde zu den 12 legendären Meistern des Meistersangs gerechnet.
Ausgabe: Der *M. Hg. v.* Ph. Strauch. *Straßburg 1876. Nachdr. Bln. 1965.*
Literatur: Riordan, J. L.: *More notes to M.s „Minnelieder". In: Modern Language Notes 11 (1950), 146.* – Riordan, J. L.: *Additional notes to the M.s „Tagelieder". In: Modern Language Notes 7 (1946), 329.*

Marnix, Philips van [niederl. 'marnıks], Heer van Sint Aldegonde, * Brüssel 1540, † Leiden 15. Dez. 1598, niederl. Staatsmann und Schriftsteller.
Literar. trat er v.a. durch eine Satire gegen die kath. Kirche hervor: „De byencorf der h. Roomsche kercke" (1569). Übersetzte Psalmen und Teile der Bibel. Die niederl. Nationalhymne „Wilhelmus van Nassouwe" ist vermutl. nicht von ihm.
Literatur: Gerlo, A.: *M. v. Sint Aldegonde 1540–1598. Antwerpen 1960.* – Kalken, F. van/ Jonckheere, T.: *M. de Sainte-Aldegonde 1540–1598, le politique et le pamflétaire; le pédagogue. Brüssel 1952.*

Marot, Clément [frz. ma'ro], * Cahors (Lot) 23. Nov. 1496, † Turin 10. (12.?) Sept. 1544, frz. Dichter.
Am Hofe Franz' I., 1526 eingekerkert wegen Mißachtung des Abstinenzgebotes; die Satire „L'enfer" (1539) ist als antike Höllenfahrt mit derb-realist. Angriffen gegen das verrottete Justizwesen seiner Zeit eine symbol. Darstellung dieser Haft; wieder freigelassen durch Intervention Franz' I. M.s papstfeindl. Haltung machte seine Flucht notwendig. Rückkehr 1536, 1542 wiederum im Exil (Genf, Savoyen, Turin) wegen seiner Psalmenübersetzung (1541–43), die von Calvin übernommen wurde. Literar. bedeutsam sind v.a. seine treffsicheren, sprühenden Epigramme und Episteln sowie seine Sonette im italien. Stil (Einfluß der Renaissance). Dichtete in allen überkommenen Formen – Complaintes, Epitaphien, Balladen, Rondeaus u.a. (enthalten v.a. in „L'adolescence clémentine", 1532, und „Suite de l'adolescence clémentine", 1534) – kunstvoll und elegant.
Literatur: Screech, M. A.: *M. évangélique. Genf 1967.* – Vianey, J.: *Les épîtres de M. Paris 1962.* – Becker, Ph. A.: *C. M., sein Leben u. seine Dichtung. Mchn. 1926.*

Marotta, Giuseppe [italien. ma'rɔtta], * Neapel 5. April 1902, † ebd. 10. Okt. 1963, italien. Schriftsteller.
Journalist; schrieb glänzend erzählte, realist., humorvolle Romane und Novellen über Neapel, seine Bewohner und ihre sozialen Probleme; gelegentl. Neigung zur Groteske; auch Drehbücher und Schlagertexte.
Hauptwerke: Das Gold von Neapel (Novellen, dt. 1954), Die Götter des Don Federico (R., dt. 1955), Mütter (R., dt. 1955), Gruß an die Nacht (R., dt. 1957), Frauen in Mailand (En., dt. 1967).

Marquand, J[ohn] P[hillips] [engl. mɑː'kwɑːnd], * Wilmington (Del.) 10. Nov. 1893, † Newburyport (Mass.) 16. Juli 1960, amerikan. Schriftsteller.
Aus angesehener neuengl. Familie; studierte in Harvard, war als Journalist tätig, ausgedehnte Reisen. Schrieb Detektivgeschichten und abenteuerl. Fortsetzungsromane für die Presse, wurde aber hpts. durch satir. Darstellungen neuengl. Lebensverhältnisse bekannt; 1938 Pulitzerpreis für den Roman „Der selige Mr. Apley" (dt. 1937).
Weitere Werke: Haus Wickford (R., dt. 1943), H. M. Pulham (R., dt. 1942), Es gibt kein Zurück (R., dt. 1951), Ergebenst Ihr Willis Wayde (R., 1955; dt. 1960), Zwischenspiel in Tokio (R., dt. 1958).

Marquina, Eduardo [span. mar'kina], * Barcelona 21. Jan. 1879, † New York 21. Nov. 1946, span. Dichter.
Seit 1939 Mitglied der span. Akademie; hervorragender Dramatiker und Lyriker des Modernismo, wählte den Stoff für seine poet. Dramen mit Vorliebe aus der span. Vergangenheit.
Hauptwerke: Odas (Ged., 1900), Las hijas del Cid (Trag., 1908), Vendimión (Ged., 1909), En Flandes se ha puesto el sol (Kom., 1910), Doña María la brava (Dr., 1910), La ermita, la fuente y el río (Dr., 1927).

Marryat, Frederick [engl. 'mærıət], * London 10. Juli 1792, † Langham (Norfolk) 9. Aug. 1848, engl. Romancier.
Diente 1806–30 in der Marine, seit 1825 als Kapitän; Teilnahme an Seekriegen; viele Seereisen; wurde für seine Erfindung eines Signalcodes zum Mitglied der Royal Society ernannt. Schrieb in der Nachfolge Smolletts spannende Seeromane, die bes. von der Jugend viel gelesen wurden; realist. Handlungs- und Charakterdarstellung und kraftvoller Humor zeichnen seine Werke aus; in Deutschland wurde v.a. sein Roman „Sigismund Rüstig" (dt. 1843) bekannt.
Weitere Werke: Peter Simpel (R., 1834; dt. 1843), Midshipman Easy (R., 1836; dt. 1888), Der fliegende Holländer (R., 1839; dt. 1843).

Marschak, Samuil Jakowlewitsch; tl.: Maršak, Samuil Jakovlevič [russ. mar'ʃak], * Woronesch 3. Nov. 1887, † Moskau 4. Juli 1964, russ.-sowjet. Schriftsteller.
Studierte u.a. in Petersburg und London; Freund Gorkis; gilt als Begründer der sowjet. Kinderliteratur und Förderer des Jugendtheaters; übersetzte Shakespeare, Byron, Heine, Petőfi u.a.
Hauptwerke: Die 12 Monate (Märchen, dt. 1948), Märchen (dt. 1959).

Marschall, Josef, * Wien 2. Okt. 1905, † ebd. 24. Nov. 1966, östr. Erzähler und Lyriker.
Staatsbibliothekar; schildert in seinen Romanen mit sicherer Einfühlungskraft zwiespältige Charaktere, v.a. Musiker; bilderreiche, von leichter Schwermut überschattete Lyrik.
Hauptwerke: Der Dämon (E., 1930), Die vermählten Junggesellen (R., 1931), Der Fremde (R., 1940), Herbstgesang (Ged., 1949), Die Vertreibung aus dem Paradies (E., 1956), Fahrt ans Ufer (Ged., 1966).

Marshall, Bruce [engl. 'mɑːʃəl], * Edinburgh 24. Juni 1899, schott. Schriftsteller.
Gab den Plan, anglikan. Geistlicher zu werden, auf und konvertierte zum Katholizismus; Wirtschaftsprüfer u.a. in Paris; Teilnehmer an beiden Weltkriegen; 1945 in der Kontrollkommission der Allierten in Wien; lebt in S-Frankreich. Seine vielgelesenen, von undogmat.-kath. Weltsicht geprägten, Zeiterscheinungen krit. analysierenden Romane behandeln vorzugsweise Existenzprobleme der kath. Kirche in einer rationalisierten Welt; M.s Darstellungsstil

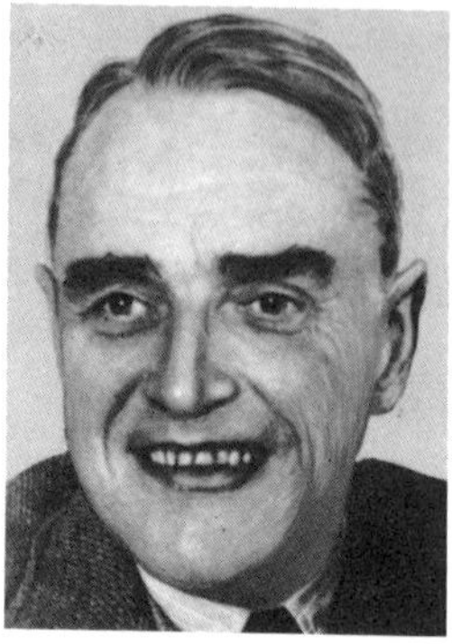

Bruce Marshall

nähert sich oft der Kolportage; in seinen Werken steht lebensbejahender Humor neben satir. Ironie; M. wird oft mit G. K. Chesterton verglichen. *Hauptwerke:* Das Wunder des Malachias (R., 1931; dt. 1950), Die Welt, das Glück und Father Smith (R., dt. 1947), Die rote Donau (R., 1947; dt. 1956), Keiner kommt zu kurz oder Der Stundenlohn Gottes (R., dt. 1952), Du bist schön, meine Freundin (R., dt. 1953), Mädchen im Mai (R., 1956; dt. 1959), Auf Heller und Pfennig (R., dt. 1958), Der verhinderte Held (R., dt. 1963), Der Monat der fallenden Blätter (R., dt. 1964), Pater Hilarys Urlaub (R., dt. 1966).

Marsman, Hendrik [niederl. 'marsman], * Zeist 30. Sept. 1899, † im Kanal 21. Juni 1940, niederl. Schriftsteller.
Jurastudium, Rechtsanwalt, kam auf der Flucht nach England ums Leben; führende Persönlichkeit der expressionist.-vitalist. Richtung (Einfluß des dt. Expressionismus und Nietzsches); zentrales Thema seines Werkes ist der Tod und sein Bekenntnis zum Heidentum. Höhepunkt seines Werkes ist „Tempel en kruis" (Ged., 1940). *Weitere Werke:* Verzen (1923), Paradise regained (Ged., 1927), De lamp van Diogenes (Essay, 1928), Witte vrouwen (Ged., 1930), De dood van Angèle Degroux (R., 1933).

Marston, John [engl. 'ma:stən], * Coventry (?) 1575 oder 1576, † London 25. Juni 1634, engl. Schriftsteller.
Studierte Jura, lebte als freier Schriftsteller, wurde schließl. Pfarrer. Schrieb die gewagte erot. Dichtung „The metamorphosis of Pygmalion's image" (1598), die wie die Satire „The scourge of villanie" (1598) auf Anordnung des Erzbischofs von Canterbury verbrannt wurde; auch bühnenwirksame, aber schwülstige, derbe und blutrünstige Tragödien, ferner satir. Lustspiele. M.s Kontroverse mit Ben Jonson endete mit einer Versöhnung und der Zusammenarbeit beider mit Chapman an der Satire „Eastward ho!" (1605), die Chapman und M. Haftstrafen eintrug.
Literatur: Finkelpearl, Ph. J.: *J. M. of the Middle Temple. An Elizabethan dramatist in his social setting. Cambridge (Mass.) 1969.* – Axelrad, A. J.: *Un malcontent élizabethain: J. M. (1576–1634). Paris 1955.*

Martello (Martelli), Pier Iacopo [italien. mar'tɛllo (mar'tɛlli)], * Bologna 28. April 1665, † ebd. 10. Mai 1727, italien. Dichter.
War Professor in Bologna und Mitglied der Accademia dell'Arcadia; früher Vertreter des klassizist. Dramas nach frz. Mustern und Erfinder des Martellian. Verses (paarweise reimende Vierzehnsilber, sog. „italien. Alexandriner"); schrieb „Alceste" (1707), „Ifigenia in Tauride" (1709) u. a. Dramen, bedeutender sind seine Komödien („Il Parigino italiano", 1719; „Femia sentenziato", 1724).

Martens, Aldemar [niederl. 'martəns] ↑ Ghelderode, Michel de.

Martens, Kurt, * Leipzig 21. Juli 1870, † Dresden 16. Febr. 1945, dt. Schriftsteller.
Studierte Rechtswissenschaft (Dr. jur.); Referendar, dann freier Schriftsteller in Dresden, München, zuletzt wieder in Dresden. Schildert in Romanen und Novellen mit scharfer Beobachtung und Ironie das Leben der modernen Gesellschaft; als Zeitbild ist seine Selbstbiographie „Schonungslose Lebenschronik" (1921–24) von Interesse. *Weitere Werke:* Roman aus der Décadence (1898), Katastrophen (Novellen, 1904), Die junge Cosima (R., 1937), Verzicht und Vollendung (R., 1941).

Marti, Hugo, Pseudonym Bepp, * Basel 23. Dez. 1893, † Davos 20. April 1937, schweizer. Schriftsteller.
Studium der Philologie (Dr. phil.); seit 1922 Feuilletonredakteur an der Berner Zeitung „Der Bund". Als Erzähler anfangs unter dem Einfluß Spittelers, dann Lösung von der myth. Poesie und Zuwendung zu menschl. Themen, Verarbeitung eigenen Erlebens; auch Lyriker und Dramatiker. *Hauptwerke:* Das Haus am Haff (E., 1922), Das Kirchlein zu den sieben Wundern (Legende, 1922), Ein Jahresring (R., 1925), Der Kelch (Ged., 1925), Rumän. Intermezzo (E., 1926), Davoser Stundenbuch (autobiograph. Aufzeichnungen, 1935).

Martí, José [span. mar'ti], * Havanna 28. Jan. 1853, † Boca de Dos Ríos (Kuba) 19. Mai 1895, kuban. Schriftsteller.
Sohn eines span. Soldaten; studierte in Spanien, hielt sich danach u. a. in Paris, Mexiko, Guatemala, New York und Venezuela auf; Journalist, Professor, Konsul; unermüdl. Vorkämpfer der kuban. Unabhängigkeit, starb im Kampf gegen die Spanier; er trat mit sehr persönl., einfachen lyr. Gedichten („Ismaelillo", 1882; „Versos sencillos", 1891; „Versos libres", hg. 1913), einem Roman („Amistad funesta", 1885), Dramen („Abdala", 1869; „Adúltera", 1874), zahlreichen journalist. Artikeln, krit. Studien und einer umfangreichen Korrespondenz hervor.

Martial ↑ Martialis, Marcus Valerius.

Martial d'Auvergne (M. de Paris) [frz. marsjaldo'vɛrɲ], * Paris um 1430, † ebd. 13. Mai 1508, frz. Dichter.
Jurist in Paris, schrieb eine scherzhafte Sammlung von Liebesfällen in jurist. Form, „Les arrêts d'amour" (etwa 1465), und eine Geschichte Karls VII. in Versen in der Art eines Stundenbuchs: „Vigilles de Charles VII" (etwa 1492).

Martialis, Marcus Valerius, * Bilbilis (beim heutigen Calatayud, Spanien) um 40, † ebd. zwischen 102 und 104, röm. Dichter.
Etwa 64–98 in Rom als Klient vieler reicher Herren, die er durch literar. Ehrung, zuweilen sogar Schmeichelei (Domitian) zu gewinnen ver-

stand; pflegte ausschließl. eine Kunstform: das scharf pointierte, witzige und aggressive Epigramm. Als Sujet bot sich ihm die Gesellschaft Roms, deren „Typen" er, scharf beobachtend, in ihren Schwächen geistvoll bloßstellt. Die mehr als 1500 Epigramme wurden von M. selbst in 12 Büchern zusammengefaßt; seine „Xenia" und „Apophoreta" sind Begleitverse für Saturnaliengeschenke.
Ausgaben: *Martial. Epigramme. Dt. Übers. Bearb. v.* R. Helm. *Zürich u. Stuttg. 1957.* – *M. Epigrammaton libri. Kommentierte Ausg. v.* L. Friedländer. *Lpz. 1886. 2 Bde. Nachdr. Amsterdam 1961.*
Literatur: Illuminati, L.: *Marziale nella vita e nell'arte. Messina 1951.* – Weinreich, O.: *Studien zu Martial. Stuttg. 1928.*

Martianus Capella, nordafrikan. lat. Schriftsteller der 1. Hälfte des 5. Jahrhunderts.
Schrieb zwischen 410 und 439 in lat. Sprache neun Bücher „De nuptiis Mercurii et Philologiae", ein vollständiges Kompendium der Sieben Freien Künste in phantast. Einkleidung. Dieses Werk, das für das ganze MA maßgebl. war, stellt in Prosa und Vers die Heirat Merkurs (als Hermes Logios) mit der Philologie dar; die Mitgift der Braut sind sieben Mägde, die Sieben Freien Künste, denen je ein Buch des um seiner reichen allegor. Einzelheiten willen einflußreichen Werkes gewidmet ist.

Martin, Johann [...i:n] † Laurentius von Schnüffis.

Martin, Marie Françoise Thérèse [frz. mar'tɛ̃] † Theresia vom Kinde Jesu [und vom hl. Antlitz].

Martin, Sir Theodore [engl. 'mɑ:tɪn], * Edinburgh 16. Sept. 1816, † Bryntysilio bei Llangollen 18. Aug. 1909, schott. Schriftsteller.
Anwalt in Edinburgh, dann in London. Schrieb unter dem Pseudonym Bon Gaultier und in Zusammenarbeit mit W. E. Aytoun die noch immer populären, geistreichen und humorvollen „Bon Gaultier ballads" (1845); übersetzte u.a. Goethes „Faust" und Lyrik von Heine; bekannt v.a. als Autor der Biographie des Prinzgemahls im Auftrag der Königin Viktoria.

Martin du Gard, Roger [frz. martɛ̃dy'ga:r], * Neuilly-sur-Seine 23. März 1881, † Bellême (Orne) 22. Aug. 1958, frz. Schriftsteller.
Studierte Archäologie, war Archivar, lebte seit 1920 auf seinem Landgut; Nobelpreis 1937. Bereits sein erster bed. Roman, „Jean Barois" (1913, dt. 1930), schildert, noch ganz in der Romantradition des 19. Jh.s, die er im folgenden mit modernen psycholog. Mitteln verbindet, die zum Verfall verurteilte Generation des Großbürgertums vor dem 1. Weltkrieg. M. du G. zeichnet skept., nüchtern, scheinbar gleichmütig, doch nie ohne Teilnahme und Sympathie den durch die freidenker. Ideen und wissenschaftl. Erkenntnisse zur Auseinandersetzung mit dem kath. Glauben gezwungenen Menschen. „Die Thibaults" (1922 bis 1940, dt. 1928f.), M. du G.s Hauptwerk, ist ein Romanzyklus mit 8 Romanen, der sein Thema an einer prot. und einer kath. Pariser Bürgerfamilie demonstriert.
Weitere Werke: Devenir! (R., 1909), La gonfle (Farce, 1928), La confidence africaine (Nov., 1930), Un taciturne (Dr., 1931), Kleine Welt (R., dt. 1935), Notes sur André Gide (Erinnerungen, 1951).
Ausgabe: *R. M. du G. Œuvres complètes. Paris* *1–2 1959–61. 2 Bde.*
Literatur: Schalk, D. L.: *R. M. du G. The novelist and history. Ithaca (N.Y.) 1967.* – Schlobach, J.: *Gesch. u. Fiktion in „L'été 1914" v. R. M. du G. Mchn. 1965.* – Boak, D.: *R. M. du G. Oxford 1963.*

Martineau, Harriet [engl. 'mɑ:tɪnoʊ], * Norwich 12. Juni 1802, † bei Ambleside (Westmorland) 27. Juni 1876, engl. Schriftstellerin.
Aus hugenott. Familie; harte Jugend, stets kränkl.; bereiste Amerika und den Orient; nahm in Romanen und Schriften zu polit. und menschl. Problemen, u.a. zu Sklaverei Armenrecht und Steuerwesen Stellung; schrieb auch Kinder- und Reiseliteratur. Interessant ist ihre Autobiographie.

Martinet, Marcel [frz. marti'nɛ], * Dijon 22. Aug. 1887, † Saumur 18. Febr. 1944, frz. Dichter.
Ursprüngl. Kommunist; trat als Lyriker, Dramatiker und Romancier v.a. gegen Militarismus, Krieg und soziale Unterdrückung auf.
Hauptwerke: Die Tage des Fluches (Ged., dt. 1919), Culture prolétarienne (Essay, 1936), La victoire (Ged., 1937), Le solitaire (Ged., 1946).

Martínez de la Rosa, Francisco [span. mar'tinɛð ðe la 'rrɔsa], * Granada 10. März 1787, † Madrid 7. Febr. 1862, span. Schriftsteller und Politiker.
Mit 18 Jahren Professor in Granada, 1814 wegen liberaler Veröffentlichungen nach Afrika verbannt, 1820 Rückkehr nach Spanien, 1822 Außenminister, 1823–31 in Frankreich, 1834/35 Regierungschef, später Gesandter in Paris und Rom, 1852 Cortespräsident, 1858 Staatsratspräsident. Pflegte zunächst das klassizist. Drama, trat jedoch bereits 1830 in Paris mit einem der frühesten romant. Dramen der span. Literatur hervor: es erschien zunächst in frz. Sprache u.d.T. „La révolte des Maures sous Philippe II", wurde dann von M. de la R. selbst ins Span. übersetzt u.d.T. „Aben Humeya"; auch Lyriker („Poesías", 1833) und Romancier.
Weitere Werke: Moraima (Trag., 1818), Poética (Schr., 1827), Edipo (Trag., 1833), La conjuración de Venecia (Dr., UA 1834), Doña Isabel de Solís, reina de Granada (R., 1837–46).

Martínez de Toledo, Alfonso [span. mar'tinɛð ðe to'leðo], genannt Arcipreste de Talavera, * Toledo (?) 1398 (?), † ebd. (?) 1470 (?), span. Schriftsteller.

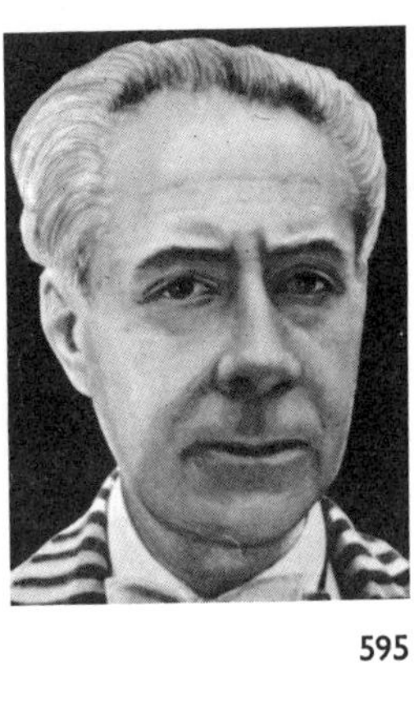
Roger Martin du Gard

Studierte in Salamanca; zunächst Kaplan Johanns II. in Toledo, dann Erzpriester von Talavera; schrieb unter dem Einfluß von Boccaccio eine berühmte, sehr lebendige und an volkstüml. Ausdrücken reiche, auch kulturgeschichtl. wertvolle Satire gegen die Frauen, „El corbacho o Reprobación del amor mundano" (entstanden 1438, gedruckt um 1495).

Martínez Garrido, Alfonso [span. mar'tinεð ɣa-rriðo], * Navalmoral de la Mata (Cáceres) 22. Nov. 1936, span. Schriftsteller.
Chefredakteur einer Zeitung in Nordafrika; veröffentlichte Gedichte, erhielt 1964 den Premio Nadal für seinen Roman „Furcht und Hoffnung" (dt. 1968), in dem er das Schicksal einer Soldatengruppe im Bürgerkrieg schildert.

Martínez Ruiz, José [span. mar'tinεr 'rrụiθ] † Azorín.

Martínez Sierra, Gregorio [span. mar'tinεθ 'sịεrra], * Madrid 6. Mai 1881, † ebd. 1. Okt. 1947, span. Schriftsteller.
Studierte in Madrid, widmete sich jedoch bald ganz dem Journalismus und der Literatur; 1915 Theaterleiter; ging 1931 nach Hollywood, wo er erfolgreiche Filme drehte, kehrte erst kurz vor seinem Tode nach Spanien zurück. M. S. begann mit lyr. Gedichten („El poema del trabajo", 1898; „Flores de escarcha", 1900), Novellen und Romanen („Pascua florida", 1903; „Tú eres la paz", 1906; „El amor catedrático", 1910), machte sich jedoch v.a. als Verfasser betont lyr. Dramen von großer Sensibilität (u.a. „La sombra del padre", 1909; „Canción de cuna", Kom., 1911; „Don Juan de España", 1921) einen Namen; später Tendenz zum Boulevardstück; erfolgreicher Übersetzer und Bearbeiter (u.a. Maeterlinck, Pirandello, Pagnol).

Martínez Zuviría, Gustavo [span. mar'tines su-βi'ria] † Wast, Hugo.

Martini, Fausto Maria [italien. mar'ti:ni], * Rom 14. April 1886, † ebd. 13. April 1931, italien. Dichter.
Vorübergehend in Amerika, Journalist und Theaterkritiker; begann mit lyr. Gedichten, die dem frz. Symbolismus nahestehen, schrieb später jedoch vorwiegend Dramen, die manches mit denen Pirandellos gemeinsam haben; daneben Romane und Novellen.
Hauptwerke: Le piccole morte (Ged., 1906), Aprile (Dr., 1917), Ridi, pagliaccio (Dr., 1919), Verginità (R., 1920), Il fiore sotto gli occhi (Kom., 1922), L'altra Nanetta (Kom., 1923).

Martini, Ferdinando [italien. mar'ti:ni], * Florenz 30. Juli 1841, † Monsummano Terme (Pistoia) 24. April 1928, italien. Dramatiker.
Sohn des Bühnenautors Vincenzo M.; war Lehrer, Journalist, liberaler Abgeordneter, 1892/93 Unterrichtsminister, später Statthalter von Eritrea, Kolonialminister und Senator. Trat mit Komödien, bes. mit Proverbes nach frz. Muster hervor („Chi sa il gioco non l'insegni", 1871, u.a.), pflegte aber auch Roman und Erzählung.

Martins, Joaquim Pedro de Oliveira † Oliveira Martins, Joaquim Pedro de.

Martinson, Harry [Edmund] [schwed. ˌmartinsɔn], * Jämshög (Blekinge) 6. Mai 1904, schwed. Schriftsteller.
Entbehrungsreiche Jugend bei Pflegeeltern, ging 16jährig zur See, war in Indien und Brasilien, kehrte lungenkrank zurück, bildete sich autodidakt. in Jahren der Arbeitslosigkeit; schloß sich 1929 der Dichtergruppe „5 unga" an, Mitglied der schwed. Akademie. M. begann mit Gedichten, die durch symbolhafte Sprache und Landschaftsschilderungen, die des Autors Ambitionen als Maler verraten, gekennzeichnet sind. Er vertritt in seinen Werken einen vitalen Primitivismus. Neben seinem modernen Romantizismus steht eine tiefe Skepsis, die der richtigen Nutzung des techn. Fortschritts durch die Menschen gilt („Aniara", Epos, dt. 1961).
Weitere Werke: Spökskepp (Ged., 1929), Nomad (Ged., 1931), Reisen ohne Ziel (Reisebericht, 1932; dt. 1949), Kap Farväl (Reisebericht, 1933), Die Nesseln blühen (R., 1935; dt. 1967), Passad (Ged., 1945), Der Weg nach Glockenreich (R., 1948; dt. 1953), Gräsen i Thule (Ged., 1948), Utsikt från en grästuva (Essay, 1963), Der Weg hinaus (R., dt. 1969).
Literatur: Holm, I.: *H. M. Myter, målingar, motiv. Stockholm 1960.*

Martinson, Moa [schwed. ˌmartinsɔn], eigtl. Helga Maria M., geb. Swartz, * Vårdnäs (Östergötland) 2. Nov. 1890, † Södertälje 5. Aug. 1964, schwed. Schriftstellerin.
Ärml. Jugend, auch in erster Ehe, aus der 5 Kinder hervorgingen, in großer Armut; 1929–40 in 2. Ehe ⚭ mit Harry E. M. Moa M. schrieb für die sozialist. Presse. Das Thema ihres erzähler. Werkes, dessen Wirkung weniger auf sprachl. Qualitäten und kompositor. Stärke als auf temperamentvoller, humorvoller und v.a. mitfühlender Gestaltung von Problemen der verelendeten Landarbeiter und des Großstadtproletariats beruht, erwächst aus eigenen Erlebnissen.
Hauptwerke: Frauen und Apfelbäume (R., dt. 1937), Mutter heiratet (Autobiogr., 1936; dt. 1957), Die Frauen von Kolmården (R., dt. 1942), Weg unter Sternen (R., 1940; dt. 1949), Der unsichtbare Liebhaber (R., 1943; dt. 1960), Du är den enda (R., 1952).

Martorell, Joanot [katalan. mərtu'reʎ], * Valencia zwischen 1410 und 1420, † nach 1462, katalan. Schriftsteller.
Schwager des katalan. Dichters A. March; führte ein abenteuerl. Ritterleben mit Reisen bis nach England; schrieb nach einer engl. Vorlage den berühmten, in viele Sprachen übersetzten katalan. Ritterroman „Tirant lo Blanch" (entstanden um 1455, zuerst veröffentlicht 1490).

Martschewski, Marko; tl.: Marčevski, Marko [bulgar. mar'tʃεfski], eigtl. M. Marinow Markow; tl.: M. Marinov Markov, * Martscha 13. Okt. 1898, † Sofia 10. April 1962, bulgar. Schriftsteller.
Emigrierte 1925 nach Griechenland, dann in die UdSSR, Studium an der philolog. Fakultät in Charkow; begann mit humorist.-satir. Gedichten; schrieb später Romane über soziale, revolutionäre und sozialist. Themen; Verfasser einer philosoph. und einer literar. Enzyklopädie.

Martyn, Edward [engl. 'mɑ:tɪn], Pseudonym Sirius, * Tulira (Galway) 31. Jan. 1859, † Dublin 15. Dez. 1923, ir. Dramatiker.
Wurde in Windsor und Oxford erzogen. Schrieb, bes. von Ibsen und G. Moore beeinflußt, Dramen im Geist des neuen ir. Theaters, dessen Mitbegründer er war.

Hauptwerke: The heather field (Dr., 1899), Maeve (Dr., 1900).

Martynow, Leonid Nikolajewitsch; tl.: Martynov, Leonid Nikolaevič [russ. mar'tinəf], * Omsk 22. Mai 1905, russ.-sowjet. Lyriker.

Wuchs in Sibirien auf, wanderte durch weite Teile Sibiriens, Gelegenheitsarbeiter. M.s Poeme und Gedichte zeichnen sich durch eine prägnante, oft auch schwierige Sprache aus. Bes. bekannt machte ihn der Lyrikband „Perworodstwo" (= Erstgeburt, 1965) mit seinen kurzen philosoph. Betrachtungen.

Marulić, Marko [serbokroat. 'marulitɕ], * Split 1450, † ebd. 1524, kroat. Dichter.

Aus einer Patrizierfamilie, humanist. Bildung. Begründer der kroat. Renaissanceliteratur; schrieb außer lat. moralphilosoph. Schriften im Sinn der kath. Erneuerungsbewegung (am bedeutendsten „De institutione bene vivendi", 1504), durch die er im Ausland bekannt wurde, auch volkssprachl. Werke; M. ist der Verfasser des ersten religiösen Epos der kroat. Literatur, „Judita" (1521).

Marut, Ret ↑ Traven, B.

Marvell, Andrew [engl. 'mɑ:vəl], * Winestead (York) 31. März 1621, † London 18. Aug. 1678, engl. Schriftsteller.

Bereiste nach dem Studium den Kontinent, lebte einige Zeit in Rom; Erzieher in aristokrat. Familien; wurde 1657 Mitarbeiter Miltons im Staatsrat. Furchtloser polit. Satiriker, der sich auch gegen religiöse Intoleranz wandte; stand Cromwell und Milton nahe; seine Lyrik steht in der Nachfolge der engl. Kavaliersdichtung, aber auch der metaphys. Dichtung Donnes. 1927 wurden die „Poems and letters" herausgegeben; dt. erschienen 1962 „Gedichte".

Literatur: Leishman, J. B.: *The art of M.'s poetry. London 1966.* – Legouis, P.: *A. M. Poet, Puritan, patriot. Oxford 1965.*

Marwitz, Roland, * Stettin 10. Febr. 1896, † München 7. Okt. 1961, dt. Dramatiker, Romancier und Lyriker.

Begann als Schauspieler; später Dramaturg, dann freier Schriftsteller, auch Mitarbeiter des Bayer. Rundfunks.

Hauptwerke: Ewig Europa! (Dr., 1929), Nachklang (Ged., 1946), Der Maulwurf und die Schwalbe (R., 1961), Die Wandlung (E., 1963).

Maschmann, Melita, * Berlin 10. Jan. 1918, dt. Schriftstellerin.

Philosophiestudium, Journalistin; ihre Romane, in deren Mittelpunkt Probleme der Gegenwart stehen, sind von Th. Wilder beeinflußt.

Hauptwerke: Das Wort hieß Liebe (R., 1955), Der Dreizehnte (R., 1960), Die Aschenspur (R., 1961), Fazit. Kein Rechtfertigungsversuch (Autobiogr., 1963).

Maschtoz ↑ Mesrop.

Masefield, John [engl. 'mɛɪsfi:ld], * Ledbury (Hereford) 1. Juni 1878, † bei Abingdon (Berkshire) 12. Mai 1967, engl. Dichter.

Ging dreizehnjährig zur See, kehrte 1897 nach Abenteuern auf dem Meer und in Amerika (dort in verschiedenen Berufen tätig) nach England zurück und arbeitete dann für mehrere Zeitungen; freier Schriftsteller, seit 1930 „poet laureate". Bedeutender als seine Lyrik, die ohne formale Strenge, glatt und ohne echte Tiefe ist, ist seine Versepik. Meisterhafte Beschreibungen des Lebens auf dem Meer. Neben kraß realist. Abenteuerromanen stehen geheimnisumwobene Kindergeschichten. Als Dramatiker eröffnete er dem Versdrama neue Möglichkeiten; schrieb auch religiöse Mysterienspiele, Essays und eine bed. Shakespeare-Monographie.

Hauptwerke: Salzwasserballaden (Ged., 1902; dt. 1951), Captain Margaret (R., 1908), The widow in the Bye Street (Epos, 1912), Dauber (Epos, 1913), Reynard the fox (Dichtung, 1913), Traum von Juanita (R., 1924; dt. 1949), Tee aus Futschau (R., 1933; dt. 1953), In the mill (Autobiogr., 1941), On the hill (Ged., 1949), So long to learn (Autobiogr., 1952).

Ausgabe: J. M. Collected works. Wanderer edition. London 1935–37. 5 Bde.

Literatur: J. M. Hg. v. G. Handley-Taylor. *Philadelphia 1960.* – Spark, M.: *J. M. London 1953.* – Parton, H.: *Prosawerke Joseph Conrads u. J. M.s. Diss. Wien 1948 [Masch.].*

Masen, Jakob, latin. Masenius, * Rheindahlen (heute zu Mönchengladbach) 23. März 1606, † Köln 27. Sept. 1681, dt. Barockdichter.

Jesuit, Lehrer für Poetik und Rhetorik, Prediger. Verfasser typ. Jesuitendramen, u.a. „Ollaria" (Kom., 1647), „Josaphatus" (Tragikom., 1647); schrieb eine das Theater des 17. und 18. Jh.s beeinflussende Abhandlung über die Theorie des Dramas („Palaestra eloquentiae ligatae", 1654 bis 1657), ferner pädagog., histor. und theolog. Schriften.

Mason, Alfred Edward Woodley [engl. mɛɪsn], * London 7. Mai 1865, † ebd. 22. Nov. 1948, engl. Schriftsteller.

Gab nach dem Erfolg seines ersten Romans, „A romance of Wastdale" (1895), seinen Schauspielerberuf auf und wurde freier Schriftsteller; 1906–10 Parlamentarier. Schrieb histor., Abenteuer-, schließl. Kriminalromane.

Mason, Richard [engl. mɛɪsn], * Hale (Cheshire) 16. Mai 1919, engl. Schriftsteller.

War Mitarbeiter bei einem Filmmagazin; diente im 2. Weltkrieg bei der Royal Air Force in Birma und Malaya; verfaßte erfolgreiche [exot.] Romane.

Hauptwerke: ... denn der Wind kann nicht lesen (R., dt. 1948), Schatten über den blauen Bergen (R., dt. 1950), Suzie Wong (R., dt. 1958), Zweimal blüht der Fieberbaum (R., dt. 1962).

Massillon, Jean-Baptiste [frz. masi'jõ], * Hyères (Var) 24. Juni 1663, † Beauregard (Puy-de-Dôme) 18. Sept. 1742, frz. Theologe und Kanzelredner.

Wurde 1681 Oratorianer und lehrte Philosophie und Rhetorik; seit 1699 Hofprediger Ludwigs XIV., 1717 Bischof von Clermont-Ferrand; Gegner des Jansenismus; 1719 Mitglied der Académie française; einer der hervorragendsten frz. Kanzelredner, dessen bedeutendste [Fasten]predigten sich in der Sammlung „Petit Carême" (1718, dt. Ausw. 1835 u.d.T. „Zwölf auserlesene Fastenpredigten ...") finden.

Massinger, Philip [engl. 'mæsɪndʒə], ≈ Salisbury 24. Nov. 1583, ▭ London 18. März 1640, engl. Dramatiker.

Gab sein Studium in Oxford ohne Abschluß auf; trat zum Katholizismus über; lebte in London in ärml. Verhältnissen. Nur 18 seiner Theaterstücke sind erhalten; sie verfolgen eine offensichtl. moral.

Absicht; M.s erste belegte Tragödie, „The virgin martyr" (1622), erschien als Werk M.s und Dekkers; M. arbeitete anfangs mit Fletcher zusammen und wurde nach dessen Tod 1625 führender Dramatiker der Theatergruppe „The King's men"; er nahm in allen Stücken, auch in seinen bühnenwirksamen Komödien, zu Zeitfragen Stellung.
Weitere Werke: Eine neue Weise, alte Schulden zu bezahlen (Kom.,1633; dt.1836), Die Bürgersfrau als Dame (Kom., gedruckt 1658; dt. 1836).

Masters, Edgar Lee [engl. 'mɑ:stəz], * Garnett (Kans.) 23. Aug. 1869, † Philadelphia 5. März 1950, amerikan. Schriftsteller.
Jurist, der polit. Linken nahestehend; gehörte wie V. Lindsay und C. Sandburg zur Chicago-Gruppe; wandte sich später vom literar. Kreis um Lindsay ab. Nach Mißerfolgen mit mehreren Gedichtbänden und Theaterstücken konventionellen Inhalts brachte ihm die Epitaphiensammlung „Die Toten von Spoon River" (dt. 1924) Anerkennung; in oft epigrammat. kurzen Gedichten stellte M. die verlogenen Lobreden auf den Grabinschriften von Bürgern einer amerikan. Kleinstadt dar; das Werk wurde zu einem der wichtigsten der modernen desillusionierenden amerikan. Dichtung; M. versuchte sich auch als Romancier und schrieb beachtenswerte krit. Biographien über Lincoln (1931), V. Lindsay (1935), Whitman (1937) und Mark Twain (1938).

Masters, John [engl. 'mɑ:stəz], * Kalkutta 26. Okt. 1914, angloind. Schriftsteller.
Aus einer Familie der brit. Kolonialverwaltung in Indien; wurde Offizier, später Journalist und freier Schriftsteller, lebt in den USA; schrieb Unterhaltungsromane, meist mit Abenteuerstoffen aus seinem Geburtsland.
Hauptwerke: Dies ist die Nacht (R., dt. 1951), Knotenpunkt Bhowani (R., dt. 1955), Fern, fern die Gipfel (R., dt. 1957), Indisches Abenteuer (R., dt. 1963), Gericht über Monomoy (R., dt. 1966).

Masuccio [Salernitano] [italien. ma'zuttʃo salerni'ta:no], eigtl. Tommaso Guardati, * Salerno um 1420, † ebd. um 1480, italien. Schriftsteller.
Lebte am Hof des Königs von Neapel und verdankt seinen Ruhm seiner Novellensammlung „Il Novellino", einer vermutl. erst postum erschienenen Sammlung von 50 Novellen (entstanden gegen 1450, gedruckt 1476, dt. 1905 u.d.T. „Novellen"), die meisterhafte Satiren in der Nachfolge Boccaccios enthalten.

Matavulj, Sima (Simo) [serbokroat. ma'tavu:lj], * Šibenik 14. Sept. 1852, † Belgrad 20. Febr. 1908, serb. Schriftsteller.
Zunächst Lehrer; dann Erzieher des montenegrin. Kronprinzen; unternahm Reisen in W-Europa, bes. in Frankreich. M. lehnte, von Maupassant und Zola, die er übersetzte, beeinflußt, eine Lyrisierung der Prosa ab und vertrat einen konsequenten Realismus; er stellte in oft humorvollen Romanen und Erzählungen das Leben der dalmatin. Bauern und Fischer dar und übte Kritik am großstädt. Bürgertum Belgrads; schrieb auch Reiseschilderungen und eine Autobiographie; Übersetzungen auch aus der italien. und engl. Literatur.

Mathieu, Noël [frz. ma'tjø] † Emmanuel, Pierre.

Matić, Dušan [serbokroat. 'ma:titɕ], * Ćuprija 31. Aug. 1898, serb. Schriftsteller.
Studierte in Paris und Belgrad Philosophie, danach Lehrer, wegen polit. Aktivität mehrmals verhaftet; nach dem Krieg Professor an der Akademie für Theaterkunst in Belgrad, Vorsitzender des serb. Schriftstellerverbandes. M. schrieb Lyrik, Essays und Romane, in denen er die serb. Syntax verwendet, über die Spannung und Veränderung des Menschen in der Beziehung zur sich verändernden Welt. Als Hauptwerk gilt sein Roman „Gluho doba" (= Geisterstunde, 1940).

Matković, Marijan [serbokroat. 'matkɔvitɕ], * Karlstadt 21. Sept. 1915, kroat. Dramatiker.
Intendant in Agram und Präsident des kroat. Schriftstellerverbandes. Schrieb außer Lyrik und Essays über Probleme des Theaters v.a. bühnenwirksame, erfolgreiche Dramen über soziale Themen; M. gilt als der bedeutendste moderne kroat. Dramatiker.

Matoš, Antun Gustav [serbokroat. 'matɔʃ], * Tovarnik 13. Juni 1873, † Agram 17. März 1914, kroat. Schriftsteller.
Studierte in Wien, diente im östr. Heer, desertierte und lebte bis zur Amnestie (1908) im Ausland; danach freier Schriftsteller in Agram. Hatte als geistvoller, literar. gebildeter, westeurop. (bes. frz.) orientierter Kritiker großen Einfluß auf das literar. Leben; M.s anfangs realist. Erzählkunst geriet zunehmend unter den Einfluß von Poe und E. T. A. Hoffmann; seine Lyrik steht unter dem Einfluß der frz. Dekadenz und der Symbolisten.

Matos Guerra, Gregório de [brasilian. 'matuz 'gɛrra], * Bahia 1623 (?), † Pernambuco 19. Okt. 1696, brasilian. Dichter.
Kam aus angesehener Familie, studierte in Coimbra und wirkte Jahrzehnte als Advokat und Richter in Lissabon; Franziskaner; einer der frühesten Vertreter der portugies. Literatur in Brasilien; schrieb Satiren (hg. 1882), religiöse Dichtungen und gongorist. Liebesgedichte.

Matsuo Bascho † Bascho.

Matthäusevangelium † Bibel.

Matthijs, Marcel [niederl. mɑ'tɛi̯s], * Oedelem 11. Jan. 1899, fläm. Schriftsteller.
Autodidakt; schrieb Erzählungen und Romane, die v.a. sozial engagiert sind.
Hauptwerke: Der enttäuschte Sozialist (R., 1933; dt. 1935), Filomene (R., 1938; dt. 1950), Wer kann das begreifen (R., dt. 1949), Spiegel von Leben und Tod (Nov., 1954; dt. 1963).

Matthisson, Friedrich (seit 1809) von, * Hohendodeleben bei Magdeburg 23. Jan. 1761, † Wörlitz bei Dessau 12. März 1831, dt. Dichter.
Studierte Theologie und Philologie, 1781–84 Lehrer am Philanthropinum in Dessau, dann Hauslehrer, viel auf Reisen, Vorleser und Reisebegleiter der Fürstin Luise von Anhalt-Dessau; später Theaterintendant und Oberbibliothekar in Stuttgart, 1828 im Ruhestand. Seine klassizist.-epigonenhafte, empfindsame Lyrik von rhetor. Glätte fand das Lob Schillers und Wielands, wurde hingegen von den Romantikern abgelehnt.
Hauptwerke: Gedichte (1787), Das Dianenfest bei Bebenhausen (Ged., 1813).
Literatur: Heers, A.: *Das Leben F. v. M.s. Lpz. 1913.*

Maturin, Charles Robert [engl. 'mætjʊrɪn], * Dublin 1782, † ebd. 30. Okt. 1824, ir. Schriftsteller hugenott. Abstammung.

Prot. Geistlicher in Dublin; mit Scott und Byron befreundet. Schrieb Dramen, von denen „Bertram" (Trag., 1816) sehr erfolgreich war, fand aber erst im Schauerroman die ihm gemäße Gattung; sein Hauptwerk, der stilist. wie gehaltl. bedeutendste romant. Schauerroman „Melmoth der Wanderer" (1820, dt. 1969), verbindet Motive des Faust-Stoffes mit Motiven des Stoffs vom Ewigen Juden.

Matute, Ana María [span. ma'tute], * Barcelona 26. Juli 1926, span. Schriftstellerin.
Studium in Madrid und Barcelona; erhielt zahlreiche Preise für ihre Romane und Erzählungen [aus der Zeit des Span. Bürgerkriegs], u.a. 1959 den Premio Nadal für den ersten Teil einer Trilogie, „Erste Erinnerung" (dt. 1965).
Weitere Werke: Fiesta en el Noroeste (R., 1952), Pequeño teatro (R., 1954), Los hijos muertos (R., 1958), Nachts weinen die Soldaten (R., 1965).

Maugham, William Somerset [engl. mɔːm], * Paris 25. Jan. 1874, † Saint-Jean-Cap-Ferrat 16. Dez. 1965, engl. Schriftsteller.
Beherrschte von Jugend auf Englisch und Französisch, studierte in Heidelberg und London Medizin, übte jedoch den Arztberuf nie aus; unternahm ausgedehnte Reisen, u.a. in den Fernen Osten, und lebte zeitweilig in London, New York und Paris, zuletzt vorwiegend an der frz. Riviera. Kosmopolit. denkender, bes. der frz. Kultur verbundener Autor ungewöhnl. erfolgreicher erzählender und dramat. Werke, in denen er gesellschaftl. Probleme krit., meist skept.-iron. und distanziert darstellt; M. neigt vielfach zu zyn.-desillusionierender psychologischer Analyse und bevorzugt, an den literar. Werken des Realismus und Naturalismus (u.a. an Maupassant) geschult, eine leidenschaftslose, von Toleranz geprägte Darstellung von Menschen, die sich in krit. Situationen bewähren oder untergehen.
Hauptwerke: Der Menschen Hörigkeit (R., 1915; dt. 1939), Der Besessene (R., 1919; dt. 1927, 1950 u.d.T. Silbermond und Kupfermünze), Menschen der Südsee (Kurzgeschichten, 1921; dt. 1932), Der Kreis (Kom., dt. 1923), Der bunte Schleier (R., dt. 1928), Finden Sie, daß Constanze sich richtig verhält? (Kom., dt. 1927), Ein Stück Weges (R., dt. 1934), Auf Messers Schneide (R., 1944; dt. 1949), Schein und Wirklichkeit (En., 1947; dt. 1959), Ein Abstecher nach Paris (Aufzeichnungen, dt. 1967).

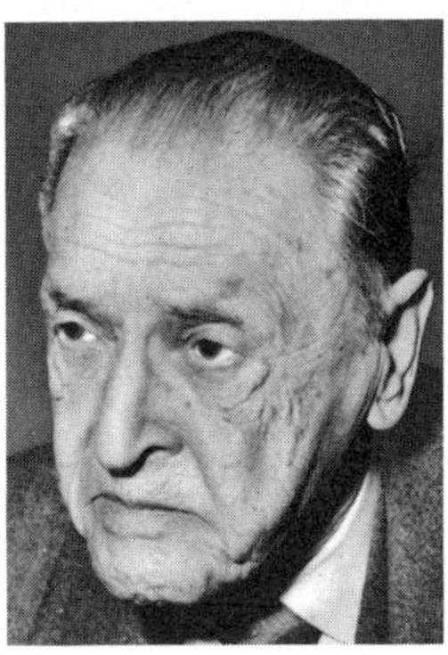
William Somerset Maugham

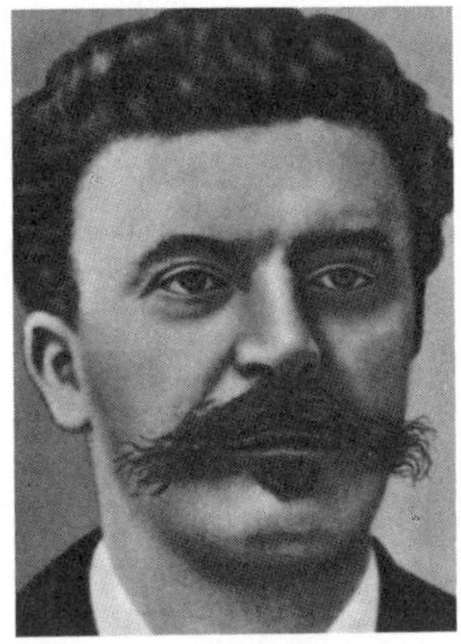
Guy de Maupassant

Ausgabe: W. S. M. The works. Collected edition. London 1934–67. 24 Bde.
Literatur: Naik, M. K.: *S. M. Norman (Okla.) 1966.* – Cordell, R. A.: *S. M. London 1961.* – Papajewski, H.: *Die Welt-, Lebens- u. Kunstanschauungen S. M.s. Köln 1952.*

Maulawi [pers. moulæ'viː] † Dschalaloddin Rumi.

Maulnier, Thierry [frz. mo'nje], eigtl. Jacques Louis Talagrand, * Alès (Gard) 1. Okt. 1909, frz. Schriftsteller.
Journalist und Literaturkritiker; konservativer Nationalist, lange Mitarbeiter der „Action française", auch in seinen [neoklassizist.] Dramen und in seinen krit. Aufsätzen Traditionalist; seit 1964 Mitglied der Académie française.
Hauptwerke: La crise est dans l'homme (Essay, 1932), Nietzsche (Essay, 1933), Racine (Essay, 1935), Introduction à la poésie française (1939), La course des rois (Dr., 1947), Jeanne et les juges (Dr., 1949), La maison de la nuit (Dr., 1951), Die leere Muschel (Kom., dt. 1960).

Maupassant, Guy de [frz. mopɑ'sã], * Schloß Miromesnil bei Dieppe 5. Aug. 1850, † Paris 7. Juli 1893, frz. Erzähler.
Begann nach mehrjähriger Tätigkeit als Beamter unter Anleitung und Aufsicht Flauberts zu schreiben und vollendete in angestrengter Arbeit über 250 Novellen, sechs Romane, drei Reisebeschreibungen, einen Band Gedichte, einige Dramen und eine Reihe von Zeitungsartikeln; fiel 1891 in geistige Umnachtung. M. ist einer der bedeutendsten Novellisten der Weltliteratur. In seinem Werk, das durch die kühle Objektivität der Darstellung und die klare und elegante Sprache fasziniert, spiegeln sich Verachtung und Schmerz angesichts der Mittelmäßigkeit der Menschen (Provinzbürger, niedere Aristokraten und Beamte, Pariser Halbwelt, Fischer und Bauern der Normandie), die in einer grauen Welt leben und ihre Langeweile mit Habsucht, banalen Illusionen, mit Grausamkeit und Erotik überdecken. Zu M.s bedeutendsten Werken gehören: „Fettklößchen" (Nov., 1880; dt. 1927, 1893 u.d.T. „Dickchen"), „Familie Tellier und andere Erzählungen" (Novellen, 1881; dt. 1893), „Fräulein Fifi" (Novellen, 1883; dt. 1898), „Ein Leben" (R., 1883; dt. 1894), „Yvette" (Nov., 1884; dt. 1894), „Die Geschwister Rondoli" (Novellen, 1884; dt. 1892), „Bel ami" (R., 1885; dt. 1947, 1892 u.d.T. „Der schöne Georg"), „Der Horla u.a.

Geschichten" (Novellen, 1887; dt. 1893), „Zwecklose Schönheit" (Novellen, 1890; dt. 1899).
Ausgaben: G. de M. Gesamtausg. der Novellen u. Romane in 10 Bden. Dt. Übers. Hg. u. eingel. v. E. Sander. *Mchn. 1963–64. – G. de M. Œuvres complètes illustrées. Hg. v.* G. Sigaux. *Lausanne 1961–62. 16 Bde. – G. de M. Œuvres complètes. Paris 1908–10. 29 Bde. – G. de M. Ges. Werke. Dt. Übers. Bln. 1898–1903. 20 Bde.*
Literatur: Lanoux, A.: *M., le Bel-Ami. Paris 1967.* – Keßler, H.: *M.s Novellen. Typen u. Themen. Braunschweig 1966.* – Roch, H.: *M. Ein Leben. Bln. 1959.* – Mahn, P.: *G. de M. Sein Leben u. seine Werke. Bln. 1908.*

Maurhut, Richard ↑ Traven, B.

Mauriac, François [frz. mɔ'rjak], Pseudonym Forez, * Bordeaux 11. Okt. 1885, frz. Romancier.
Erziehung durch die strenggläubige Mutter und die Großmutter, Studium an der Universität Bordeaux, in Paris an der École des chartes;

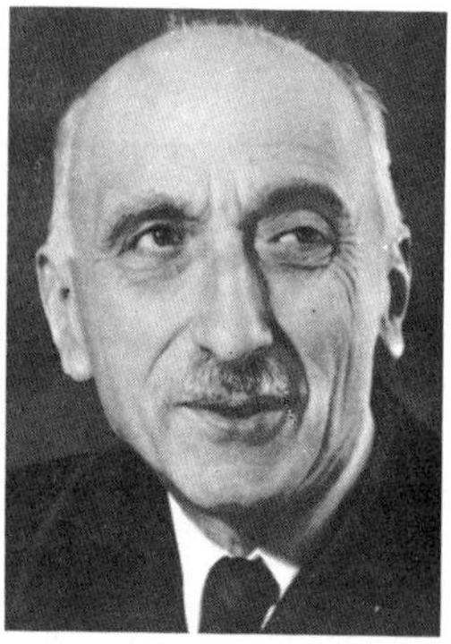

François Mauriac

arbeitete für Zeitschriften, gründete 1912 das Magazin für kath. Kunst und Literatur „Les Cahiers". Nach dem 2. Weltkrieg Delegierter bei der UNESCO; in Leitartikeln in der Zeitung „Le Figaro" kämpfte er leidenschaftl. gegen den Kommunismus, für „geistige Reinheit des Menschen" und „Atlantikkultur"; Mitglied der Académie française, Nobelpreis 1952. In seinen Romanen und Erzählungen, die knapp konzipiert, einfach und doch plast. erzählt sind, gestaltet M. den Konflikt zwischen Gut und Böse, himml. und ird. Liebe im Sinne der kath. Ethik. Schwache und Böse, Herrschsüchtige, Unzüchtige, Geldgierige und Mörder sind grell und lebensvoll dargestellt. Sie erleiden alle Grauen des Wissens um ihre Verworfenheit. In späteren Werken werden die reuigen Sünder durch Gottes Gnade erlöst. Als Dramatiker hatte M. nur mit „Asmodée" (1938, dt. 1948) Erfolg. Er steht als Erzähler unter dem Einfluß von Barrès und Gide, Dostojewski und Balzac, von Péguy, Bloy und Bernanos.
Weitere Werke: L'adieu à l'adolescence (Ged., 1911), Fleisch und Blut (R., 1920; dt. 1949), Der Aussätzige und die Heilige (R., 1922; dt. 1928), Die Einöde der Liebe (R., dt. 1927), Die Tat der Therese Desqueyroux (R., dt. 1928), Das Natterngezücht (R., dt. 1936), Das Ende der Nacht (R., 1935; dt. 1953), Die schwarzen Engel (R., dt. 1936), Die Wege des Meeres (R., 1939; dt. 1968), Die Pharisäerin (R., 1941; dt. 1946), Bloc-notes (1958), Die verborgenen Quellen (Erinnerungen, dt. 1967), De Gaulle (Biogr., dt. 1965).
Ausgabe: F. M. Œuvres complètes. Paris 1949–56. 12 Bde.
Literatur: Goesch, K.: *F. M. Essai de bibliographie chronologique (1908–1960). Paris 1965.* – Alyn, M.: *F. M. Paris 1960.* – Cormeau, N.: *L'art de F. M. Paris 1951.* – Schwarzenbach, J.: *Der Dichter des zwiespältigen Lebens F. M. Einsiedeln 1938.*

Maurice de Craon [frz. mɔrisdə'krã] ↑ Moriz von Craûn.

Maurier, Daphne du ↑ du Maurier, Daphne.

Maurina, Zenta, * Lejasciems (Lettland) 15. Dez. 1897, lett. Schriftstellerin.
Arzttochter, wuchs dreisprachig (lett., dt. und russ.) auf. Studium in Riga, Heidelberg, Florenz, Wien und Paris; freie Schriftstellerin, 1944 Emigration nach Deutschland, lebte seit 1946 in Schweden und seit 1965 auch zeitweise in Deutschland. Zenta M. schrieb neben einer 5bändigen Autobiographie v.a. Essays über Literatur, Dichter und menschl. Probleme, auch Erzählungen. Bekannt wurde sie v.a. mit ihrem biograph. Werk „Dostojewski" (1929, dt. 1952). Sie schreibt in dt. und lettischer Sprache.
Weitere Werke: Mosaik des Herzens (Essay, dt. 1947), Welteinheit und die Aufgabe des Einzelnen (Essay, dt. 1963).
Literatur: Buch der Freundschaft f. Z. M. Mit Beitr. v. C. J. Burckhardt *u.a. Memmingen 1967.* – Schempp, O.: *Das Herz hat Flügel. Z. M. – Leben u. Werk. Memmingen 1957.*

Maurois, André [frz. mɔ'rwa], ursprüngl. Émile Herzog, * Elbeuf (Seine-Maritime) 26. Juli 1885, † Neuilly-sur-Seine 9. Okt. 1967, frz. Schriftsteller.
Im Gymnasium Schüler Alains, der einen nachhaltigen Einfluß auf M. ausübte; zunächst Textilkaufmann im Unternehmen der Familie, gelangte im ersten Weltkrieg als Dolmetscher ins brit. Hauptquartier; seit 1938 Mitglied der Académie française. M. begründete mit der Biographie „Ariel oder Das Leben Shelleys" (dt. 1928) in Frankreich die Gattung der „biographie romancée"; bekannt wurden v.a., weil strenger an die Lebensdokumente gebunden, „Benjamin Disraeli, Lord Beaconsfield" (dt. 1928), „Byron" (dt. 1930), „Dunkle Sehnsucht. Das Leben der George

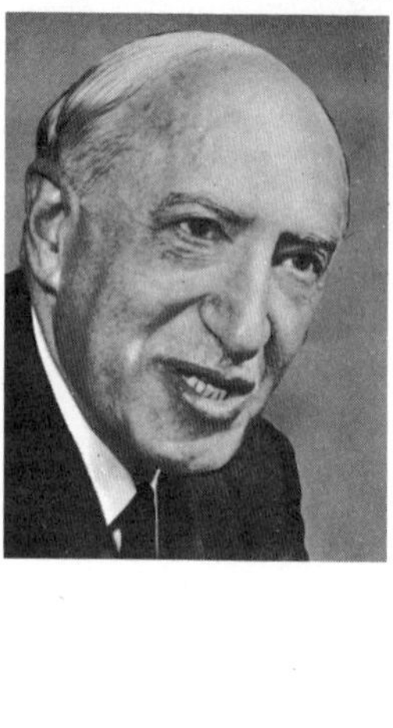

André Maurois

Sand" (dt. 1953), „Olympio, Victor Hugo" (dt. 1957) und, nach persönl. Erinnerungen entstanden, „Auf den Spuren von Marcel Proust" (dt. 1956). Frucht seiner Dolmetschertätigkeit im brit. Hauptquartier sind die völkerpsycholog. Skizzen in den Erzählungen „Das Schweigen des Obersten Bramble" (dt. 1929) und „Die Gespräche des Doktors O'Grady" (dt. 1930). M.' Romane schildern meist menschl. Leidenschaften; psycholog. feinsinnig zeichnet er das frz. Großbürgertum. Essays und histor. Werke, literar. Studien und moralist. Schriften runden das umfangreiche Werk des intellektuell geprägten Autors, der in der Tradition der frz. Moralisten und Rationalisten steht, ab.
Weitere Werke: Bernhard Quesnay (R., dt. 1928), Wandlungen der Liebe (R., dt. 1929), Im Kreise der Familie (R., dt. 1932), Claire oder Das Land der Verheißung (R., dt. 1947), Die drei Dumas (Biogr., dt. 1959), Prometheus oder Das Leben Balzacs (Biogr., dt. 1966).
Ausgabe: A. M. Œuvres complètes. Paris 1950–56. 16 Bde.
Literatur: Suffel, J.: *A. M. Paris 1963.* – Adelhöfer, I.: *Die Interpretation engl. u. amerikan. Geistes in M.' Werk. Diss. Freie Univ. Bln. 1961.*

Maurras, Charles [frz. mɔ'rɑ:s], * Martigues (Bouches-du-Rhône) 20. April 1868, † Saint-Symphorien bei Tours 16. Nov. 1952, frz. Schriftsteller, Journalist und Politiker.
Mitbegründer der royalist.-chauvinist. „Action française"; 1926 exkommuniziert; nach Zusammenbruch des Pétain-Regimes als Kollaborateur zu lebenslängl. Zuchthaus verurteilt, 1952 begnadigt; 1938–45 Mitglied der Académie française. Veröffentlichte neben polit.-philosoph. Schriften, in denen er seine antiklerikalen, atheist., antisemit. Anschauungen vertrat, auch Gedichte und Essays, u. a. „L'ordre et le désordre: vérité, justice, patrie" (1948–51), „La balance intérieure" (Ged., 1952).
Literatur: Fabrègues, J. d'Axmar de: *Ch. M. et son Action française, un drame spirituel. Paris 1966.* – Joseph, R./Forges, J.: *Le poète M. ou la muse intérieure. Essai, suivi d'une bibliographie poétique complète de M. Paris 1962.* – Barko, I. v. P.: *L'esthétique littéraire de Ch. M. Genf 1961.* – Massis, H.: *M. et notre temps. Paris 1961.*

Maurus, Hrabanus † Hrabanus Maurus.

Mauthner, Fritz, * Hořitz (Ostböhm. Gebiet) 22. Nov. 1849, † Meersburg 29. Juni 1923, östr. Schriftsteller und Sprachphilosoph.
Studierte Jura, Mitarbeiter verschiedener Zeitungen, Mitbegründer der „Freien Bühne" in Berlin, wo er dem Kreis der Naturalisten angehörte. Romancier, der Gesellschafts-, dann histor. Romane schrieb, Dramatiker; am erfolgreichsten mit literar. Parodien.
Hauptwerke: Nach berühmten Mustern (Parodien, 1878–80), Der neue Ahasver (R., 1882), Berlin W (3 Romane, 1886–90), Beiträge zu einer Kritik der Sprache (1901/02), Der Atheismus und seine Geschichte im Abendlande (Abhandlung, 1920–23).
Literatur: Kappstein, Th.: *F. M. Bln. 1926.*

Mavor, Osborne Henry [engl. 'mɛɪvə] † Bridie, James.

Mawlawī † Dschalaloddin Rumi.

Maxim Grek; tl.: Maksim Grek [russ. mak'sim 'grjek] (Maximos der Grieche), eigtl. Michail Triwolis; tl.: Mihail Trivolis, * Arta (Epirus) um 1475, † bei Moskau 1556, Humanist griech. Herkunft.
In Italien ausgebildet, dort mit Savonarola und Pico della Mirandola bekannt; seit 1506 Mönch in einem Kloster des Athos; kam 1508 auf Wunsch des Moskauer Großfürsten nach Rußland; Parteigänger des Nil Sorski; fiel aus teils kirchenpolit. Gründen in Ungnade (Klosterhaft). M. G., der außer bed. Übersetzungen aus dem Griech. und korrigierenden Bearbeitungen älterer ostslaw. Handschriften mehrere theolog. Werke verfaßte, fand in späterer Zeit v. a. bei den russ. Altgläubigen Verehrung.

Maximianus, röm. Dichter des 6. Jh.s aus Etrurien.
Seine melanchol. gestimmten Elegien sind sehr stark den großen Vorbildern, u. a. Ovid, Tibull, Properz verpflichtet.

Maximilian I., genannt „der letzte Ritter", * Wiener Neustadt 22. März 1459, † Wels (Oberösterreich) 12. Jan. 1519, deutscher Kaiser.
Sohn Kaiser Friedrichs III., seit 1477 ∞ mit Maria von Burgund († 1482), wurde 1493 Kaiser und heiratete Bianca Maria Sforza; 1508 Annahme des Titels „Erwählter Röm. Kaiser"; Förderer der Künste und Wissenschaften, verfaßte selbst Schriften (über Jagd, Kriegskunst u. a.) und hatte persönl. Anteil an zwei Dichtungen: „*Theuerdank*" (Teuerdank), ein allegor. Versepos mit der Schilderung der Brautfahrt M.s zu Maria von Burgund, geht in der Anlage auf den Kaiser zurück. Es wurde von M. Pfintzing bearbeitet, durch einen Allegorienschlüssel ergänzt und 1517 herausgegeben. Nach M.s Anweisungen entstand auch das um 1516 abgeschlossene allegor.-autobiograph. Prosawerk „*Weißkunig*", ausgeführt vom Geheimschreiber Marx Treitzsaurwein. Großen Anteil hat der Kaiser v. a. am 3. Teil des Werkes, der von den Kriegen zwischen 1477 und 1513 berichtet.
Ausgaben: Ks. M. I. Teuerdank. Nach dem Erstdruck v. 1517 hg. v. H. Unger. *Mchn. 1968.* – *Ks. M.s Weißkunig. Hg. v.* H. Th. Musper *u. a. Stuttg. 1956. Textbd., Tafelbd.*
Literatur: Buchner, R.: *M. I., Ks. an der Zeitenwende. Gött. 1959.* – *M. I. 1459–1519. Ausstellung Östr. Nationalbibliothek. Graph. Slg. Albertina. Kunsthistor. Museum. Kat. Red. v.* F. Unterkircher *u. a. Wien* ²*1959.* – Fitz, I.: *M.s Teuerdank – Spensers Feenkönigin. Diss. Wien 1951 [Masch.].* – Ulmann, H.: *Ks. M. I. Auf urkundl. Grundl. dargestellt. Stuttg. 1884–91. 2 Bde. Nachdr. Wien 1968.*

Maximos Planudes, * Nikomedia (heute İzmit) um 1260, † Konstantinopel (heute Istanbul) 1310, byzantin. Gelehrter und Dichter.
Nach Eintritt in ein Kloster widmete er sich altphilolog. Studien; beherrschte die lat. Sprache und entfaltete eine rege Übersetzertätigkeit (v. a. Cicero, Ovid, Augustinus); sein an großen Vorbildern geschulter Stil wirkte sich fruchtbar auf das eigene literar. Werk aus, das neben Gedichten und wissenschaftl. Abhandlungen (bes. sprachl. und mathemat.) eine umfangreiche Briefsammlung umfaßte.

Maximus, Valerius † Valerius Maximus.

May, Karl, Pseudonym Karl Hohenthal u.a., * Ernstthal (heute Hohenstein-Ernstthal) 25. Febr. 1842, † Radebeul 30. März 1912, dt. Schriftsteller.
Stammte aus äußerst ärml. Verhältnissen, brachte es bis zum Volksschullehrer, mußte jedoch wegen wiederholter Eigentumsdelikte mehrere Jahre ins Gefängnis, wo seine ersten schriftsteller. Arbeiten entstanden. M. schrieb mehr als 60 Romanbände, er kam zu Ansehen und Vermögen. Schauplatz seiner spannenden, jedoch psycholog. anspruchslosen Abenteuerromane sind v.a. der Nahe Osten und die amerikan. Indianerterritorien. Die Moral seiner „Edelmenschen" bewegt sich in bürgerl.-christl. Kategorien, das Gute besiegt stets das Böse. M.s außergewöhnl. Breitenwirkung und Faszinationskraft sind noch heute ungebrochen.
Hauptwerke: Durch die Wüste (1892), Die Sklavenkarawane (1893), Winnetou (1893–1910), Der Schatz im Silbersee (1894), Old Surehand (1894 bis 1897), Das Vermächtnis des Inka (1895), Mein Leben und Streben (Autobiogr., 1910).
Ausgabe: K. M. Ges. Werke. Hg. v. Euchar Albrecht Schmid *u.* Roland Schmid. *Bamberg 1951ff. Bisher 73 Bde. Zahlreiche Neuauflagen.*
Literatur: Forst de Battaglia, O.: *K. M. Traum eines Lebens. Leben eines Träumers. Bamberg 1966.* – Wollschläger, H.: *K. M. in Selbstzeugnissen u. Bilddokumenten. Reinbek bei Hamb. 1965.* – Schmidt, Arno: *Sitara u. der Weg dorthin. Eine Studie über Wesen, Werk u. Wirkung K. M.s. Karlsr. 1963.* – Böhm, V.: *K. M. u. das Geheimnis seines Erfolges. Ein Beitrag zur Leserpsychologie. Wien 1955.*

Maya, Rafael [span. 'maja], * Popayán 19. März 1898, kolumbian. Lyriker.
Gehörte der Gruppe „Los Nuevos" an; Lyriker unter dem Einfluß des Modernismo; auch Prosaist.
Hauptwerke: La vida en la sombra (Ged., 1925), Coros del mediodía (Ged., 1928), Domus aurea (Ged., 1930), Poesía (1940, 1944), Tiempo de luz (Ged., 1951).

Mayer, Christian Anton ↑ Amery, Carl.

Mayer, Jaroslav [tschech. 'majɛr] ↑ Maria, Jaroslav.

Mayröcker, Friederike, verh. Heindl, * Wien 20. Dez. 1924, östr. Schriftstellerin.
Lehrerin in Wien; Vertreterin der experimentellen Poesie; veröffentlichte 1966 u. d. T. „Tod durch Musen" „poet. Texte", die an abstrakte Kunst erinnern, und 1968 „Minimonsters Traumlexikon", Texte in Prosa, in denen sie sich noch stärker von den sprachl. Normen löst. Verfaßte auch experimentelle Hörspiele mit E. Jandl.

Mažuranić, Ivan [serbokroat. ma͵ʒuranitɕ], * Novi Vinodolski 18. (11.?) Aug. 1814, † Agram 4. Aug. 1890, kroat. Dichter.
Erfolgreicher Jurist; setzte sich als Politiker für kulturelle Reformen ein; einer der führenden Vertreter des Illyrismus. M.s Lyrik, zunächst vom Klassizismus bestimmt, wurde zunehmend von ragusan. Vorbildern beeinflußt und empfing Anregungen aus der Volksdichtung; 1844 gab M. Gundulićs Epos „Osman" neu heraus und ergänzte es durch zwei den barocken Stil glänzend nachahmende Gesänge; sein Hauptwerk ist das Heldenepos „Der Tod des Smail Aga Čengić" (1846, dt. 1864), das als Darstellung des südslaw. Freiheitskampfes gegen die Türken als eines der bedeutendsten Werke der nationalen Romantik der Südslawen gilt.

Mc... ↑ Mac...

Mechow, Karl Benno von [...ço], * Bonn 24. Juli 1897, † Emmendingen 11. Sept. 1960, dt. Schriftsteller.
Sohn eines Offiziers, war im 1. Weltkrieg Ulanenoffizier, studierte Philosophie, Volks- und Landwirtschaft, war Landwirt in Brandenburg, später in Oberbayern; gab 1934–45 mit P. Alverdes die Zeitschrift „Das Innere Reich" heraus; lebte zuletzt in Freiburg im Breisgau. M. schrieb formvollendete Romane und Erzählungen mit z.T. autobiograph. Zügen. Verbundenheit von Mensch, Natur und Landschaft ist in allen Werken gegenwärtig. Sein Hauptwerk ist der im Geiste Stifters geschriebene Roman „Vorsommer" (1933).
Weitere Werke: Das Abenteuer (R., 1930), Sorgenfrei (E., 1934), Leben und Zeit (Memoiren, 1938), Novelle auf Sizilien (1941), Glück und Glas (E., 1942), Der Mantel und die Siegerin (E., 1942), Auf dem Wege (E., 1956).

Mechthild von Magdeburg ['mɛçtɪlt], * in Niedersachsen um 1210, † Kloster Helfta bei Eisleben um 1282, dt. Mystikerin.
Gründl. Bildung, mit weltl. Dichtung vertraut; lebte über 30 Jahre als Begine in Magdeburg; seit etwa 1268 Zisterzienserin in Helfta. Legte ihre Visionen von Fegefeuer, Himmel und Hölle sowie ihre myst. Gesichte und ihre Gespräche mit Christus 1250–65 schriftl. nieder. Sie sind ursprüngl. niederdt. geschrieben und auf losen Blättern in Tagebuchform aufgezeichnet. Ihr Werk ist u. d. T. „Das fließende Licht der Gottheit" bekannt; überliefert ist es in einer lat. Bearbeitung (um 1290) und in der alemann. Fassung des Heinrich von Nördlingen von 1345. Das Werk ist das erste Buch der dt. Mystik in dt. Sprache, stärkste dichter. Leistung der mhd. Brautmystik, unmittelbar aus persönl. erlebter Frömmigkeit gestaltet.
Ausgaben: M. v. M. Das fließende Licht der Gottheit. Eingeführt v. Margot Schmidt, *mit einer Studie v.* H. U. v. Balthasar. *Einsiedeln u.a. 1955.* – *Offenbarungen der Schwester M. v. M. oder Das fließende Licht der Gottheit. Aus den einzelnen Hss. des Stiftes Einsiedeln hg. v.* G. Morel. *Regensb. 1869. Nachdr. Darmst. 1963.*
Literatur: Neumann, H.: *M. v. M. u. die mittelniederl. Frauenmystik. In: Mediaeval German studies. Presented to Frederick Norman on the occasion of his retirement. London 1965.* – Neumann, H.: *Beitr. zur Textgesch. des „Fließenden Lichts der Gottheit" u. zur Lebensgesch. M.'s v. M. Gött. 1954.* – Molenaar, M.: *Die Frau v. anderen Ufer. Ein Lebensbild M.s v. M. Dt. Übers. Hdbg. 1946.*

Meckauer, Walter, * Breslau 13. April 1889, † München 6. Febr. 1966, dt. Schriftsteller.
Bankangestellter, 1910/11 in Peking; dann Studium in Breslau (Dr. phil.); Bibliothekar, Redakteur, Dramaturg, Verleger; 1933–53 in der Emigration; Autor der erfolgreichen, in China spielenden Romane „Die Bücher des Kaisers Wutai" (1928) und „Die Sterne fallen herab" (1952). In die Handlung sind fremdartige Mythen und Legenden verwoben.

Weitere Werke: Wesenhafte Kunst (Essays, 1919), Mein Vater Oswald (E., 1954), Viel Wasser floß den Strom hinab (R., 1957), Heroisches Tagebuch (Ged., 1960).
Literatur: W. M. Mensch u. Werk. Hg. v. J. Zeuschner. *Mchn. 1959.*
Meckel, Christoph, * Berlin 12. Juni 1935, dt. Schriftsteller.
Kunststudium in Freiburg im Breisgau und München, Reisen und Aufenthalte im Ausland, freier Schriftsteller und Graphiker. Mischung surrealer Einfälle mit herkömml. Denkgewohnheiten, am deutlichsten in seiner grotesken Prosa; auch Lyrik und Hörspiel sowie graph. Zyklen („Der Krieg", 1960; „Der Turm", 1961).
Weitere Werke: Tarnkappe (Ged., 1956), Nebelhörner (Ged., 1959), Manifest der Toten (Prosa, 1960), Im Land der Umbranauten (E., 1960), Tullipan (E., 1965), Die Noticen des Feuerwerkers Christopher Magalan (Briefe, Zeichnungen, Dokumente, 1966), Bei Lebzeiten zu singen (Ged., 1967), Der Wind, der dich weckt, der Wind im Garten (Hsp., 1967).
Mécs, László [ungar. me:tʃ], eigtl. József Martoncsik, * Hernádszentistván 17. Jan. 1895, ungar. Dichter.
Mönch und Priester; sein programmat. Werk ist erfüllt von Religiosität, christl. Nächstenliebe und Diesseitsfreude. Einfluß der Volkspoesie und der Moderne, Tendenz zum Expressionismus.
Medek, Rudolf [tschech. 'mɛdɛk], * Königgrätz 8. Jan. 1890, † Prag 22. Sept. 1940, tschech. Schriftsteller.
Lehrer; als hoher Offizier mit der tschech. Legion in Sibirien. Wandte sich von Symbolismus und Dekadenz ab und schrieb nationale Werke in neuklassizist. Stil; seine Hauptwerke, der Roman „Anabase" (1927) und das Drama „Plukovník Švec" (= Oberst Švec, 1928), schildern die Schicksale der tschech. Legion; M. gab auch Beschreibungen seiner weiten Reisen und schrieb Jugendbücher sowie Feuilletons.
Medici, Lorenzino de' [italien. 'mɛ:ditʃi], eigtl. Lorenzo di Pierfrancesco de' M., * Florenz 23. März 1514, † Venedig 26. Febr. 1548, italien. Schriftsteller.
Ermordete 1537 seinen Vetter Herzog Alessandro, flüchtete u. a. nach Konstantinopel und Paris und wurde schließl. im Auftrag von Cosimo I de' Medici ermordet; Titelfigur des „Lorenzaccio" von Musset; schrieb u. a. die von Plautus und Terenz inspirierte Komödie „Aridosia" (1536) und die persönl. Rechtfertigungsschrift „Apologia".
Medici, Lorenzo I de' [italien. 'mɛ:ditʃi], genannt „il Magnifico" (= der Prächtige), * Florenz 1. Jan. 1449, † Careggi (heute Fiesole-Careggi) 8. April 1492, italien. Herrscher und Dichter der Renaissance.
Leitete als Nachfolger seines Vaters die Republik Florenz seit 1469. Er machte Florenz zum Mittelpunkt der Künste und Wissenschaften, zog berühmte Humanisten und Künstler an seinen Hof (Accademia Platonica), u. a. Pico della Mirandola, Poliziano, Ficino, Pulci und Michelangelo. Seine eigene dichter. Begabung zeigte sich in Liebesgedichten im Stil Petrarcas, die gedankl. vom Neuplatonismus bestimmt sind, und in seinen volkstüml. Art geschriebenen Balladen, Liedern, Burlesken und Laudi.
Literatur: Rochon, A.: *La jeunesse de Laurent de Médicis (1449–1478). Paris 1963.* – Bizzarri, E.: *Il magnifico L. Mailand 1950.* – Young, G. F.: *Die M. Dt. Übers. Mit einem Literaturbericht u. Kommentar v.* W. R. Deusch. *Mchn. ³1950.* – Reumont, A. v.: *L. de' M. il Magnifico. Lpz. ²1883. 2 Bde.*
Medina y Tomás, Vicente [span. me'ðina i to'mas], * Archena (Murcia) 1866, † ebd. 1937, span. Dichter.
Ging aus wirtschaftl. Not nach Argentinien, wo er mehr als 20 Jahre lebte; regionalist. Lyriker, schrieb u. a. „Aires murcianos" (Ged., 1898), „La canción de la huerta" (Ged., 1905), teilweise in der Mundart Murcias.
Medwall, Henry [engl. 'mɛdwɔ:l], † wahrscheinl. kurz nach 1500, engl. Dramatiker.
Kaplan des Kardinals Morton. Erster namentl. bekannter Verfasser eines weltl. Theaterstücks in der engl. Literatur; M.s Interludium „Fulgens and Lucrece" (1497, hg. 1926) weist noch Züge des Moralitätenspiels auf, der Dialog befaßt sich jedoch v. a. mit weltl. Dingen; M. schrieb ferner das Moralitätenstück „Nature" (um 1495, gedruckt um 1525) mit gewandter Verstechnik.
Meersch, Maxence Van der ↑ Van der Meersch, Maxence.
Meester, Eliza Johan de [niederl. 'me:stər], * Harderwijk 6. Febr. 1860, † Utrecht 16. Mai 1931, niederl. Schriftsteller.
Journalist, Feuilletonredakteur an der Zeitung „Nieuwe Rotterdamsche Courant". Von Zola beeinflußter Erzähler des Naturalismus.
Hauptwerke: De menschenliefde in de werken van Zola (Essay, 1903), Geertje (R., 1906), Carmen (R., 1915), Eva (R., 1929).
Megerle, Johann Ulrich ↑ Abraham a San[c]ta Clara.
Mehmet Akif Ersoy [türk. mɛh'mɛt ɑ'kif ɛr'sɔi̯] ↑ Ersoy, Mehmet Âkif.
Mehmet Emin Yurdakul [türk. mɛh'mɛt ɛ'min jurdɑ'kul], früher M. E. Bey, * Beşiktaş bei Istanbul 15. Mai 1869, † Istanbul 14. Jan. 1944, türk. Lyriker.
Fischerssohn, der sich bis zum Gouverneur emporarbeitete; Anhänger Atatürks. Mit seinen in volksnaher Sprache geschriebenen patriot. Gedichten förderte er den türk. Nationalismus.
Hauptwerke: Türkçe şiirler (Ged., 1899), Türk sazı (Ged., 1914; dt. Ausw. 1921).
Mehmet Esat [türk. mɛh'mɛt ɛ'sat] ↑ Şeyh Mehmet Galip Dede.
Mehmet Fuzulî [türk. mɛh'mɛt fuzu:'li], * Hilla (Irak) 1494 (?), † Bagdad 1555 oder 1556, türk. Dichter.
Über sein Leben ist fast nichts bekannt; er starb während einer Pestepidemie; bedeutendster Vertreter der türk. Klassik; schrieb in türk., arab. und pers. Sprache; seine Lyrik ist von pessimist. Daseinshaltung und tief myst. Gottesliebe geprägt. Hauptwerke sind sein türk. Diwan (dt. Ausw. 1913) und das 4000 Doppelverse umfassende Mesnewi (Dichtung in Doppelversen aus paarweise reimenden Halbversen) „Leylâ ile Mecnun" (dt. 1943).
Mehmet Galip Dede, Şeyh ↑ Şeyh Mehmet Galip Dede.
Mehring, Walter, * Berlin 29. April 1896, dt. Schriftsteller.

Begann als expressionist. Lyriker (Veröffentlichungen in der Zeitschrift „Der Sturm"), wandte sich dann dem Dadaismus und dem literar.-polit. Kabarett zu; war in Berlin und Paris heimisch. Emigrant während des Dritten Reiches; Vertreter eines aggressiven Antifaschismus.
Hauptwerke: Das Ketzerbrevier (Kabarettexte, 1921), Algier (Novellen, 1927), Der Kaufmann von Berlin (Dr., 1929), Die Gedichte, Lieder und Chansons (1929), Die verlorene Bibliothek. Autobiogr. einer Kultur (engl. 1951, dt. 1958), Verrufene Malerei (Essays, 1958), Berlin-Dada (Erinnerungen, 1959), Neues Ketzerbrevier (Balladen und Songs, 1962).

Mei, Lew Alexandrowitsch; tl.: Mej, Lev Aleksandrovič [russ. mjej], * Moskau 25. Febr. 1822, † Petersburg (heute Leningrad) 28. Mai 1862, russ. Schriftsteller.
Sohn eines Offiziers dt. Herkunft; Vertreter des L'art pour l'art; sah in der griech. Antike sein formales Vorbild; M. schrieb anakreont. und von der Volksdichtung beeinflußte Lyrik und gestaltete Stoffe altruss. Balladen; seine histor. Dramen aus der Zeit Iwans des Schrecklichen verwandte Rimski-Korsakow als Libretti; zahlreiche Lieder M.s wurden u.a. von Mussorgski und Tschaikowski vertont; von besonderer Bedeutung sind M.s Übersetzungen (Goethe, Heine, Victor Hugo, Mickiewicz u.a.), von denen v.a. die meisterhafte Übersetzung von Schillers „Wallensteins Lager" Beachtung verdient.

Meichsner, Dieter ['maiksnər], * Berlin 14. Febr. 1928, dt. Schriftsteller.
Wurde 1945 noch zum Kriegsdienst eingezogen; studierte später Anglistik und Geschichte; seit 1966 Chefdramaturg der Hauptabteilung Fernsehspiel des Norddt. Rundfunks, seit 1968 Leiter dieser Abteilung; Verfasser von zeitkrit. Erzählungen, Romanen und Hör- und Fernsehspielen, die autobiograph. Elemente enthalten und zuweilen in Form des Tatsachenberichtes gestaltet sind.
Hauptwerke: Versucht's noch mal mit uns (E., 1948), Weißt Du, warum? (R., 1952), Die Studenten von Berlin (R., 1954), Besuch aus der Zone (Dr., UA 1958), Ein Leben (Hsp., 1960), Preis der Freiheit (Fsp., Ursendung 1966).

Meidner, Ludwig, * Bernstadt in Schlesien 18. April 1884, † Darmstadt 14. Mai 1966, dt. Maler und Schriftsteller.
Kunststudium in Breslau und Paris, Begründer der Malergruppe „Die Pathetiker"; nahm am 1. Weltkrieg teil und war später Mitglied des expressionist. „Sturm"-Kreises; seit 1933 galt seine Kunst als unerwünscht; bis 1939 Zeichenlehrer in Köln, dann bis 1953 im Exil. M. schrieb hymnisch gesteigerte Prosa, auch Essays.
Hauptwerke: Im Nacken das Sternemeer (Prosa, 1918), Septemberschrei (Prosa, 1920), Gang in die Stille (Prosa, 1929).
Literatur: Grochowiak, Th.: *L. M. Recklinghausen 1966.*

Meier, Herbert, * Solothurn 29. Aug. 1928, schweizer. Schriftsteller.
Studierte Germanistik und Philosophie, Schauspielausbildung; hielt sich in Wien und Paris auf, war kurze Zeit Schauspieler und Dramaturg, lebt in Zürich als freier Schriftsteller; schreibt Dramen, Lyrik, Romane, Hörspiele und übersetzt moderne frz. Autoren.
Hauptwerke: Die Barke von Gawdos (Dr., 1954), Siebengestirn (Ged., 1956), Ende September (R., 1959), Jonas und der Nerz (Dr., 1962), Verwandtschaften (R., 1963), Skorpione (Fsp., 1964).

Meilhac, Henri [frz. mɛ'jak], * Paris 21. Febr. 1831, † ebd. 6. Juli 1897, frz. Dramatiker.
Seit 1888 Mitglied der Académie française; berühmt durch seine erfolgreichen Lustspiele und Vaudevilles sowie Opern- und Operettenlibretti, die er zusammen mit Halévy schrieb (u. a. „Die schöne Helena", 1864, dt. 1928, Musik von Offenbach; „Carmen", 1875, nach Mérimées Novelle, Musik von Bizet; „Manon", 1884, mit Ph. Gille, Musik von Massenet).
Weitere Werke: Fanny Lear (Kom., 1868; mit Halévy), Frou-Frou (Kom., 1869; dt. 1872; mit Halévy), Le mari de la débutante (Kom., 1879; mit Halévy).

Meinhold, Wilhelm, * Netzelkow (Usedom) 27. Febr. 1797, † Charlottenburg (heute Berlin-Charlottenburg) 30. Nov. 1851, dt. Schriftsteller.
Ev. Pfarrer; Neigung zum Katholizismus brachte ihn in Konflikt mit den kirchl. Behörden, so daß er sein Amt niederlegte; bekannt v.a. durch den Roman „Maria Schweidler, die Bernsteinhexe" (1843), der Geist und Sprache der Chroniken des 17. Jh.s so täuschend nachahmt, daß man lange an die Echtheit dieser „Chronik" glaubte.
Weitere Werke: St. Ott, Bischof von Bamberg (Epos, 1826), Sidonia von Bork, die Klosterhexe (R., 1847/48).

Meinloh von Sevelingen ['ze:v...], dt. Dichter der 2. Hälfte des 12. Jh.s aus Söflingen (heute Ulm-Söflingen).
Aus schwäb. Ministerialengeschlecht; formal dem frühen Minnesang (Einfluß des Kürenbergers) zugehörig, ist er in der Gestaltung des gesellschaftseth. Wertes der Minne den Provenzalen verpflichtet.

Meisl, Karl [...zəl], * Laibach 30. Juni 1775, † Wien 8. Okt. 1853, östr. Dramatiker.
Staatsbeamter; Hauptvertreter der realist. Wiener Lokalposse. M. schrieb seine rund 200 Volksstücke, Possen, Ritterstücke, Travestien und Parodien – voller Humor und Sarkasmus – hauptsächl. für das Leopoldstädter Theater.
Hauptwerke: Carolo Carolini (Volksstück, 1801), Amors Triumph (Volksstück, 1817), Der lustige Fritz oder Schlaf, Traum und Besserung (Volksstück, 1819), Das Gespenst auf der Bastei (Volksstück, 1819), Die Fee aus Frankreich (Volksstück, 1822), Othellerl, der Mohr von Wien (Travestie, 1828).

Meißen, Heinrich von † Heinrich von Meißen.

Meissinger, Karl August, * Gießen 30. April 1883, † Gauting bei München 14. Nov. 1950, dt. ev Theologe, Historiker und Schriftsteller.
Gymnasiallehrer, 1933 entlassen; Mithg. der Weimarer Luther-Ausgabe; gründete das Institut für Reformationsforschung, das den Anteil kath. Elemente im Luthertum erforschte. Als Schriftsteller behandelte er in Romanen und Biographien religiöse, philosoph., histor. und kulturhistor. Themen.
Hauptwerke: Friedrich List (Biogr., 1930), Helena, Schillers Anteil am Faust (Schr., 1934), Roman des Abendlandes (1939), Erasmus von Rotterdam (Biogr., 1942), Angelika Wingerath (R., 1949).

Meißner, Alfred (seit 1884) von, * Teplitz 15. Okt. 1822, † Bregenz 29. Mai 1885 (Selbstmord), östr. Schriftsteller.
Studierte in Prag Medizin, ging nach Leipzig, später nach Paris, London, wieder nach Prag, seit 1869 in Bregenz; Bekanntschaft mit Heine; freiheitl. Gesinnung, stand den Ideen des Jungen Deutschland nahe; schrieb vorwiegend Zeit- und Unterhaltungsromane, auch Reiseberichte und Novellen; epigonenhafte Dramen, Lyrik.
Hauptwerke: Gedichte (1845), Ziska (Epos, 1846), Heinrich Heine (Biogr., 1856), Schwarzgelb (R., 1862–64), Geschichte meines Lebens (Autobiogr., 1884).

Meißner, August Gottlieb, * Bautzen 3. Nov. 1753, † Fulda 18. Febr. 1807, dt. Schriftsteller.
Studierte Jura, wurde Professor in Prag; dann Konsistorialrat und Lyzeumsdirektor in Fulda. Von Wieland beeinflußter Unterhaltungsschriftsteller mit vorwiegend histor. Romanen; auch Übersetzungen, Ritterdramen, Lustspiele und Singspieltexte.
Hauptwerke: Johann von Schwaben (Dr., 1780), Alcibiades (R., 1781–88), Bianca Capello (R., 1785), Masaniello (R., 1785).

Meister, Ernst, * Hagen 3. Sept. 1911, dt. Schriftsteller.
Studierte Theologie, Germanistik, Kunstgeschichte, Philosophie; Soldat im 2. Weltkrieg; freier Schriftsteller; Reflexion und „Gesang" sind die Pole seiner Dichtung, Erlebnis wird zu Chiffren verdichtet; M. schreibt Lyrik, Dramen, Hörspiele und Novellen.
Hauptwerke: Ausstellung (Ged., 1932), Unterm schwarzen Schafspelz (Ged., 1953), Dem Spiegelkabinett gegenüber (Ged., 1954), Zahlen und Figuren (Ged., 1958), Der Bluthänfling (E., 1959), Die Formel und die Stätte (Ged., 1960), Flut und Stein (Ged., 1962), Ein Haus für meine Kinder (Dr., UA 1966), Zeichen um Zeichen (Ged., 1968).

Meister, Heinrich † Hermes, Johann Timotheus.

Meister Eckhart † Eckhart.

Mej † Mei.

Melanchthon, Philipp, eigtl. Ph. Schwarzerd, * Bretten 16. Febr. 1497, † Wittenberg 19. April 1560, dt. Humanist und Reformator.
Neffe Reuchlins; studierte in Heidelberg und Tübingen; Professor für Griech., seit 1519 für Theologie in Wittenberg; zeitlebens Freund und Mitarbeiter Luthers, stand in reger, zeitweise durch Spannungen beeinträchtigter Verbindung mit Erasmus; Teilnehmer an der Leipziger Disputation sowie an den Religionsgesprächen in Marburg a.d. Lahn (1529), Worms (1540/41) und Regensburg (1541). Hervorragend beteiligt an der Abfassung der „Confessio Augustana", zu der er auch die „Apologie" schrieb. Reformator des höheren Schul- und Universitätswesens in Deutschland (deshalb „Praeceptor Germaniae" genannt). M. suchte einen Ausgleich zwischen Humanismus, Protestantismus und Katholizismus und war deswegen Ziel heftiger Anfeindungen. Er veröffentlichte neben theolog. und pädagog. Schriften in lat. Sprache auch zahlreiche Werke in dt. Sprache; Kirchenlieder.
Weitere Werke: Loci communes rerum theologicarum (1521), De potestate Papae (1537).
Ausgaben: M.s Werke. Studienausg. Hg. v. R. Stupperich *u.a. Gütersloh 1951 ff. Auf 8 in 9 Bden. berechnet. – Supplementa M.iana. Hg. v. der M.-Komm. des Vereins f. Reformationsgesch. Lpz. 1910–29. 6 Bde. Nachdr. Frkf. 1967. – Philippi M.is opera quae supersunt omnia. Hg. v.* C. G. Bretschneider *u.* H. E. Bindseil. *Halle u. Braunschweig 1834–60. 28 Bde. Nachdr. New York; Frkf. 1964.*
Literatur: Haendler, K.: *Wort u. Glaube bei M. Gütersloh 1968.* – Fraenkel, P./Greschat, M.: *Zwanzig Jahre M.studium. Sechs Literaturber., 1945–65. Genf; Paris 1967.* – Hammer, W.: *Die M.forschung im Wandel der Jh.e. Gütersloh 1967 ff. Auf mehrere Bde. berechnet.* – Maurer, W.: *Der junge M. Zw. Humanismus u. Reformation. Gött. 1967–68. 2 Bde.* – Stupperich, R.: *Der unbekannte M. Wirken u. Denken des Praeceptor Germaniae in neuer Sicht. Stuttg. 1961.* – Rogge, J. *u.a.: Ph. M. 1560–1960. Eine Gabe zu seinem 400. Todestag. Bln. 1960.* – Ellinger, G.: *Ph. M. Bln. 1902.*

Melas, Spiros; tl.: Melās, Spūros [neugr. mɛ'las], * Nafpaktos 1883, † Athen 2. April 1966, neugriech. Journalist und Schriftsteller.
Bedeutendster Bühnenautor der neugriech. Literatur; übte auf die junge Generation entscheidenden Einfluß aus. Seine Dramen zeichnen sich durch innere Spannung, glänzende Sprache und bes. durch geistreiche Dialoge aus; auch Biographien, Essays und Erzählungen. „Der König und der Hund" (Kom.) wurde 1960 ins Dt. übersetzt.

Meleagros, * Gadara um 140, † um 70 v. Chr., griech. Dichter.
Schrieb u.a. heiter-verspielte, in Form und Sprache vollendete Epigramme, die von Liebe und Wein handeln; bed. sein „Stephanos" (= Kranz), eine Anthologie griech. Epigramme, in die er Gedichte von älteren und jüngeren Dichtern sowie eigene aufnahm.

Meléndez Valdés, Juan [span. me'lendɛð βal'des], * Ribera del Fresno (Badajoz) 11. März 1754, † Montpellier 24. Mai 1817, span. Dichter.
Studierte in Madrid und Salamanca, wo er sich mit Jovellanos und Quintana befreundete; später Professor für klass. Philologie in Salamanca; danach Inhaber verschiedener Verwaltungsstellen; mußte nach Frankreich emigrieren, nachdem er sich während der frz. Besatzungszeit den Franzosen angeschlossen hatte. M. V. galt als Meister anakreont.-verspielter Formen im Stil des 18. Jh.s und war als führendes Mitglied der Dichterschule von Salamanca einer der bedeutendsten span. Lyriker seiner Zeit; schrieb später auch Oden philosoph. Inhalts.
Hauptwerke: Batilo (Ekloge, 1780), Poesías (1785).
Literatur: Demerson, G.: *Don J. M. V. et son temps, 1754–1817. Paris 1962.* – Colford, W. E.: *J. M. V. New York 1942.*

Meli, Giovanni [italien. 'mɛːli], * Palermo 6. März 1740, † ebd. 20. Dez. 1815, italien. Dichter.
Arzt auf dem Lande, später Professor an der Universität Palermo; besang in anmutig-schlichten Versen in sizilian. Dialekt Natur und Volkstum seiner Heimat („Poesie siciliane", 1787 und 1814).

Melikow, Loris [...kɔf] † Hofmannsthal, Hugo von.

Melissanthi; tl.: Melissánthē [neugr. mɛli'sanθi], eigtl. Iwi Skandalaki; tl.: 'Ēbē Skandalákē, * Athen 9. April 1910, neugriech. Lyrikerin.

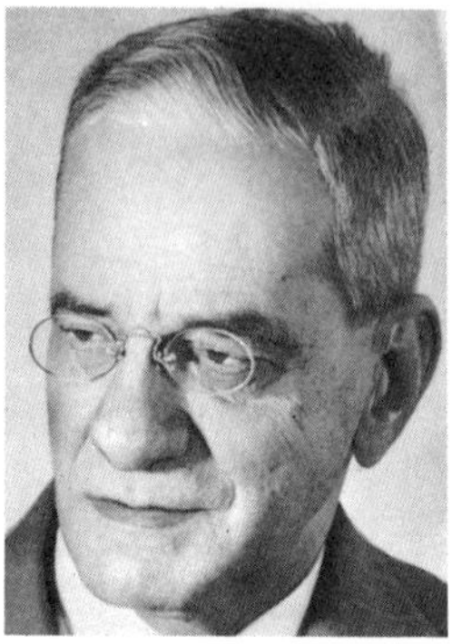

Max Mell

Religiöses Empfinden bestimmt ihre formal moderne Lyrik.

Melissus, Paulus ↑ Schede Melissus, Paulus.

Melk, Heinrich von ↑ Heinrich von Melk.

Mell, Max, * Marburg (Slowenien) 10. Nov.1882, östr. Dichter.

Philologiestudium in Wien, lebt ebd.; Freund Hofmannsthals. Volksnaher, der Heimat, der Natur und der östr. Tradition verbundener Dichter christl.-humanist. Grundhaltung. Das Schwergewicht seines dichter. Schaffens liegt auf dem Gebiet der Dramatik, bes. der dramatisierten Legende. M. bevorzugt religiöse und histor. Stoffe, die er in strenger Prosa, gelegentl. mundartl. gefärbt, faßt; auch Essayist und Übersetzer.

Hauptwerke: Barbara Naderers Viehstand (Nov., 1914), Gedichte (1919, 1929, 1953), Das Wiener Kripperl von 1919 (Spiel, 1921), Das Apostelspiel (1923), Das Schutzengelspiel (1923), Das Nachfolge-Christi-Spiel (1927), Die Sieben gegen Theben (Trag., 1932), Das Spiel von den dt. Ahnen (1935), Steir. Lobgesang (Prosa, 1939), Verheißungen (En., 1943), Der Nibelunge Not (Dr., 1944–51), Jeanne d'Arc (Schsp., 1957), Paracelsus und der Lorbeer (Dr., UA 1964).

Ausgabe: M. M. Prosa, Dramen, Verse. Mchn. 1962. 4 Bde.

Literatur: Stahel, R.: *M. M.s Tragödien. Zürich 1967. – Licht aus der Stille. Dank an M. M. Mchn. u. Wien 1962.* – Emich, I.: *M. M. Der Dichter u. sein Werk. Versuch einer Deutung. Wien 1957.*

Mellos, Ilias [neugr. 'mɛlɔs] ↑ Wenesis, Ilias.

Melnikow, Pawel Iwanowitsch; tl.: Mel'nikov, Pavel Ivanovič [russ. 'mjeljnikɐf], Pseudonym Andrei Petscherski; tl.: Andrej Pečerskij, * Nischni Nowgorod (heute Gorki) 6. Nov. 1818, † ebd. 13. Febr. 1883, russ. Schriftsteller.

War zunächst Lehrer, dann Beamter beim Gouverneur. Seine literar. und volkskundl. Studien verwertete M. in den mehrbändigen Romanen „In den Wäldern" (dt. 1878) und „Na gorach" (= Auf den Bergen, 1875ff.), die in dichter. Gestalt viel dokumentar. Material bes. über die Altgläubigen enthalten; dt. erschien 1962 der Erzählungsband „Die alten Zeiten".

Melo, Francisco Manuel de [portugies. 'mɛlu], Pseudonym Clemente Libertino, * Lissabon 23. Nov. 1608, † ebd. 13. Okt. 1666, portugies. Geschichtsschreiber und Dichter.

Führte ein abenteuerl. Leben, kämpfte u.a. in Flandern; wurde wegen eines Liebesabenteuers, das die Eifersucht König Johanns IV. erregte, eingekerkert und zeitweilig nach Brasilien verbannt; zuletzt mit verschiedenen diplomat. Missionen in Europa betraut. Einer der bedeutendsten portugies. Prosaisten. Unter seinen teils span., teils portugies. geschriebenen Werken ist bes. die „Historia de los movimientos y separación de Cataluña" (1645) hervorzuheben; als Lyriker folgte er Góngora („Las tres musas del Melodino", 1649; „Obras métricas", 1665).

Weitere Werke: Carta de guia de casados (Schr., 1651), Epanáforas de vária história portuguesa (Abhandlung, 1660), Cartas familiares (Briefe, 1664), Auto do fidalgo aprendiz (entstanden 1646, hg. 1665), Apólogos dialogais (Dialoge, hg. 1721).

Melville, Herman [engl. 'mɛlvɪl], * New York 1. Aug. 1819, † ebd. 28. Sept. 1891, amerikan. Schriftsteller.

Aus verarmter Familie, ging früh zur See, kam auf einem Walfänger u.a. in die Südsee, wo er kurze Zeit unter Eingeborenen lebte, Rückkehr in die USA 1844 auf einem Kriegsschiff; unternahm Studien- und Vortragsreisen, u.a. nach England und Palästina; lebte seit 1863 in New York, zeitweilig als Zollinspektor, gegen Lebensende zunehmende Vereinsamung. Bekannt v.a. durch den seinem Freund Hawthorne gewidmeten Roman „Moby Dick" (1851, dt. 1927), sein Hauptwerk, das als bedeutendste Prosadichtung des amerikan. Symbolismus gilt; der in der Katastrophe endende Kampf des rachebesessenen Kapitäns Ahab gegen den weißen Wal Moby Dick symbolisiert die schicksalhafte Spannung zwischen Mensch und Natur. M. schrieb außer erzählenden Werken lyr. Gedichte. Vielfach wird die erst postum veröffentlichte trag. Erzählung „Billy Budd" (1924, dt. 1938) als M.s zweites Meisterwerk angesehen.

Weitere Werke: Vier Monate auf den Marquesas-Inseln oder... (dt. 1846, mehrmals u.d.T. Taipi), Omoo (dt. 1847), Redburns erste Reise (R., dt. 1850), Weißjacke (R., 1850, dt. 1948), Israel Potter (R., 1855; dt. 1956), The piazza tales (Kurzgeschichten, 1856; darin: Benito Cereno, dt. 1945), Ein sehr vertrauenswürdiger Herr (R., 1857; dt. 1958).

Ausgabe: H. M. The works. Standard edition. London 1922–24. 16 Bde.

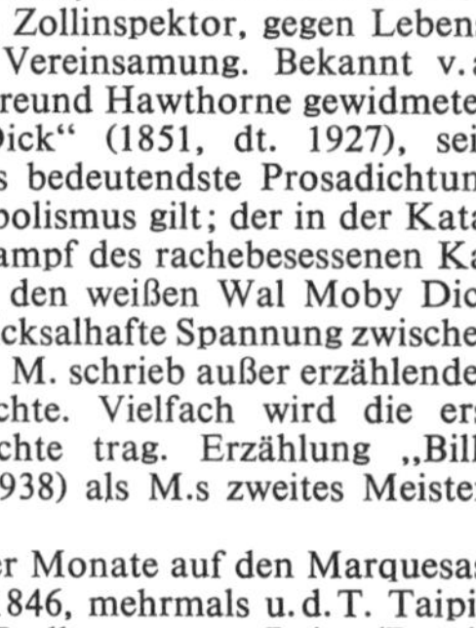

Herman Melville

Literatur: Dryden, E. A.: *M.'s thematics of form. The great art of telling the truth. New York 1968.* – *Moby-Dick. Centennial essays. Hg. v.* T. Hillway *u.* L. S. Mansfield. *Dallas 1953.* – Sedgwick, W. E.: *H. M. The tragedy of mind. Cambridge (Mass.) 1945.* – Weaver, R.: *H. M., mariner and mystic. London 1921.* – Weber, W.: *H. M., eine stilist. Unters. Diss. Basel 1937.*

Mena, Juan de [span. 'mena], * Córdoba 1411, † Torrelaguna (Madrid) 1456, span. Dichter.
Studierte in Salamanca, lebte zeitweilig in Italien und wurde danach lat. Sekretär und Hofhistoriograph Johanns II.; gilt als Vater der gelehrten span. Dichtung; schrieb das von großer Gelehrsamkeit erfüllte, von Dantes „Göttl. Komödie" beeinflußte allegor. Gedicht „El laberinto de Fortuna" (entstanden 1444, gedruckt 1496), nach der Strophenzahl auch [ungenau] „Las trescientas" genannt, ferner lyr. Gedichte, die sich in den zeitgenöss. Cancioneros finden, u.a.; seine [gekürzte] Bearbeitung der „Ilias" ist die erste Übertragung dieses Werkes ins Spanische.

Menandros (Menander), * Athen 342/41, † ebd. 292 v. Chr. oder wenig später, griech. Dichter.
Befreundet mit Demetrios von Phaleron, Hörer und wahrscheinl. auch Schüler des Theophrast; bedeutendster Vertreter der „Neuen Komödie". Schrieb Lustspiele aus der bürgerl. Welt Athens, dramaturg. geschickt und überlegt komponiert, mit stehenden Motiven, unter Ausschluß von Politik und Mythos, mit feiner Differenzierung der Charaktere. Die Anmut der Komödien beruht auf M.' Anliegen, die Personen auch unter einem verwirrenden Schicksal liebenswert und gut erscheinen zu lassen, und auf der schlichten Eleganz seiner Sprache, die sich, nuancenreich und leicht, der jeweiligen Situation und Person anpaßt. Neben Fragmenten aus Grammatikern, Lexikographen und Florilegien und den Komödien des Terenz, die als Nachdichtungen guten Einblick gewähren, sind, v.a. durch Papyrusfunde des 20. Jh.s, zwei Drittel der Komödie „Epitrepontes" (= Das Schiedsgericht) bekannt, vollständig die Komödie „Dyskolos" (= Der Mißvergnügte) und Teile der Komödie „Sikyonios" (= Der Mann von Sikyon).
Ausgaben: Menander. Dyskolos. Griech. u. dt. Hg. v. M. Treu. *Mchn. 1960.* – *Menandri quae supersunt reliquiae. Hg. v.* A. Körte *u.a. Lpz.* $^{1-2}$*1959 ff. Auf 3 Bde. berechnet.* – *M. Die Komödien u. Fragmente. Dt. Übers. Zürich u. Stuttg. 1949.*
Literatur: Menanders Dyskolos als Zeugnis seiner Epoche. Hg. v. F. Zucker. *Bln. 1965.* – Schäfer, Armin: *Menanders Dyskolos. Meisenheim 1965.* – Webster, T. B. L.: *Studies in Menander. Manchester* ^{2}*1960.* – ↑ auch Aristophanes.

Menčetić, Šiško [serbokroat. ˌmentʃɛtitɕ] (Sigismondo Menze), * Ragusa (heute Dubrovnik) 27. Febr. 1457, † ebd. 1527, ragusan. Dichter.
Einer alten Patrizierfamilie entstammend, hatte hohe Ämter in der Stadtrepublik inne. M. ist neben D. Držić der älteste belegte und zugleich bedeutendste Vertreter der ragusan. Liebeslyrik in kroat. Sprache; Einfluß des Petrarca-Stils.

Mencius ↑ Meng Tzu.

Mencken, Henry Louis [engl. 'mɛŋkɪn], * Baltimore 12. Sept. 1880, † ebd. 29. Jan. 1956, amerikan. Journalist und Schriftsteller.
Aus ursprüngl. dt. Familie; begann mit journalist. und redaktioneller Tätigkeit an Zeitungen und Zeitschriften, Mitbegründer des „American Mercury", 1924–33 dessen Hg.; während des 1. Weltkriegs Korrespondent in Deutschland und Rußland; Wegbereiter Nietzsches und Shaws in Amerika, setzte sich für Th. Dreiser ein; beherrschte vollendet die Stilmittel geistvoller Ironie, die er gegen das Spießbürgertum einsetzte.
Hauptwerke: The philosophy of Nietzsche (1908), Die amerikan. Sprache (1919, dt. 1927), Prejudices (Essays, 1919–27).
Literatur: Nolte, W. H.: *H. L. M., literary critic. Middletown (Conn.) 1966.* – Singleton, M. K.: *H. L. M. and the American Mercury adventure. Durham (N. C.) 1962.* – Adler, B.: *H. L. M. The M. bibliography. Baltimore 1961.*

Mendele Moicher Sforim, eigtl. Schalom Jakob Abramowitsch, * Kopyl bei Minsk 20. Dez. 1835, † Odessa 8. Dez. 1917, jidd. Dichter.
Klassiker der jidd. Literatur und Literatursprache, die er aus der jidd. Umgangssprache schuf. Setzte (anfangs in hebr. Sprache) in realist., humorvollen Werken der Welt des Ostjudentums ein bleibendes Denkmal.
Hauptwerke: Das Winschfingerl (R., 1865), Fischke, der Krumer (R., 1869), Die Kliatsche (R., 1873), Die Wanderungen Benjamins des Dritten (1878).
Ausgabe: M. M. S. Werke. Dt. Übers. Olten u. Freib. 1961–62. 2 Bde.
Literatur: Gorelik, Sch.: *Mendele. Bln. 1920.*

Mendelssohn, Hilde de [...lszo:n] ↑ Spiel, Hilde.

Mendelssohn, Moses [...lszo:n], eigtl. Moses ben Menachem Mendel, * Dessau 6. Sept. 1729, † Berlin 4. Jan. 1786, dt. Philosoph.
Sohn eines jüd. Lehrers; war Hauslehrer, Buchhalter und Geschäftsmann in Berlin; Autodidakt; Freund Lessings und Nicolais; popularisierte den Toleranzgedanken und das Humanitätsideal der Aufklärung, das er mit dem orthodoxen Mosaismus zu versöhnen suchte. Gewandter Stilist. Übersetzte Teile des A.T. ins Deutsche.
Hauptwerke: Über die Empfindungen (1755), Phaedon oder Über die Unsterblichkeit der Seele (1767), Jerusalem oder Über religiöse Macht und Judentum (1783), Morgenstunden oder Vorlesungen über das Dasein Gottes (1785).
Ausgaben: M. M. Ges. Schrr. Jubiläumsausg. Hg. v. I. Elbogen *u.a. Bd. 1, 1; 2, 2; 3, 1; 7, 1; 11, 1; 16, 3. Bln. 1929–32 [m. n. e.].* – *M. M. Ges. Schrr. Hg. v.* G. B. Mendelssohn. *Lpz. 1843–45. 7 Bde.*
Literatur: Meyer, Hermann: *M.-M.-Bibliogr. Bln. 1966.* – Simon, M.: *M. M., his life and times. London 1952.* – Richter, L.: *Philosophie der Dichtkunst. M. M.s Ästhetik zw. Aufklärung u. Sturm u. Drang. Hamb. 1948.* – Kayserling, M.: *M. M. Sein Leben u. sein Wirken. Bln.* ^{2}*1888.*

Mendelssohn, Peter de [...lszo:n], Pseudonym Carl Johann Leuchtenberg, * München 1. Juni 1908, dt. Journalist und Schriftsteller.
Exil in Paris (1933), dann (1935) England, nach 1945 Pressechef bei der Brit. Kontrollkommission in Düsseldorf, später Rundfunkberichterstatter in London. ⚭ mit Hilde Spiel. M. schrieb neben zeit- und literaturkrit. Essays polit.-dokumentar. Arbeiten („Die Nürnberger Dokumente", 1947; „Inselschicksal England", 1965), die Biographie „Churchill" (1957), die Darstellung „Zeitungsstadt Berlin" (1959), Romane und Novellen.

Weitere Werke: Paris über mir (R., 1932), Schmerzl. Arkadien (E., 1932), Wolkenstein (R., 1935), Einhorn singt im Regen (Aufs., 1952), Marianne (R., 1954).

Mendès, Catulle [frz. mɛ̃'dɛs], * Bordeaux 22. Mai 1841, † bei Saint-Germain-en-Laye 8. Febr. 1909, frz. Schriftsteller.
Ließ sich schon früh in Paris nieder, wo er 1866 die ersten Lieferungen des Sammelwerks „Le Parnasse contemporain, recueil de vers nouveaux" herausgab, von dem die parnass. Schule ihren Namen ableitete; kurze Zeit ⚭ mit der Tochter Théophile Gautiers; er war zunächst Lyriker („Philomela", 1863; „Hesperus", 1869) im Sinne des Parnasse, wandte sich jedoch bald dem Roman und der Novelle und bes. dem Theater zu („La reine Fiammette", Dr., 1898; „Scarron", Dr., 1905; „Glatigny", Dr., 1906); einer der ersten Wagner-Verehrer Frankreichs.

Mendes Leal, José da Silva [portugies. 'mendɪʒ 'ljal], * Lissabon 18. Okt. 1818, † Sintra 22. Aug. 1886, portugies. Dichter.
War Handels- und Marineminister, Direktor der Nationalbibliothek, Gesandter in Paris und Botschafter in Madrid; Verfasser romant. Dramen, Komödien und Romane, auch Lyriker.
Hauptwerke: Os dois renegados (Dr., 1839), A estátua de Nabuco (Nov., 1846), Cânticos (Ged., 1858), Os amores de Bocage (Dr., 1865).

Mendes Pinto, Fernão [portugies. 'mendɪʃ 'pintu], * Montemor-o-Velho 1510 (?), † Pragal bei Almada 8. Juli 1583, portugies. Schriftsteller.
Seine „Peregrinação" (hg. 1614, dt. 1809 u.d.T. „F. Mendes Pinto abentheuerl. Reise ..."), in der er von seinen Reisen im Nahen und Fernen Osten erzählt, ist eines der besten Prosawerke der portugies. Literatur des 16. Jahrhunderts.

Mendoza, Diego Hurtado de ↑ Hurtado de Mendoza, Diego.

Mendoza, Íñigo López de ↑ Santillana, Íñigo López de Mendoza, Marqués de.

Menen, Aubrey [engl. 'mɛnən], eigtl. Salvator A. Clarence Menon, * London 22. April 1912, engl. Schriftsteller ind.-ir. Abstammung.
Entdeckt und gefördert von H. G. Wells; M. wurde Theaterkritiker und Regisseur; war während des 2. Weltkriegs Rundfunksprecher in Indien. Behandelt in seinen Werken den Ggs. zwischen ind. und europ. Kultur und stellte in satir. Form die Einstellung moderner Menschen zu moral. Problemen dar.
Hauptwerke: ... nichts als Hexen (R., dt. 1953), Der Stein des Anstoßes (R., 1949; dt. 1959), Anisetta, die Braut von gestern (R., 1950; dt. 1955, 1957 u.d.T. Eine unmoderne Frau), Das Liebesnest (R., dt. 1957), The Ramayana retold (Übers. und Bearbeitung, 1954).

Meng Tzu, latin. Mencius, eigtl. Meng Ko, * Tsou (Schantung) 372, † ebd. 289 v. Chr., chin. Philosoph.
Politiker, ohne großen Einfluß, und Lehrer an verschiedenen Fürstenhöfen; M.T.s Bedeutung liegt weniger in originalen Ideen als in der literar. und propagandist. geschickten Auswertung, z.T. auch Umbildung der Lehren des Konfuzianismus auf kulturellem, polit. und sozialem Gebiet. Nachhaltiger Einfluß auf die chin. Staatsphilosophie (Viertugendlehre). Das Buch „M.T." (von M.T.s Schülern) gehört zu den die konfuzian. Lehrmeinung vertretenden „4 klass. Büchern". Es umfaßt 7 Kapitel und besteht v.a. aus Dialogen. R. Wilhelm übersetzte es 1921 ins Deutsche.

Menippos (Menipp), griech. Philosoph der 1. Hälfte des 3. Jh.s v. Chr.
Sklave aus Gadara (Syrien), kaufte sich frei, brachte es zu Wohlstand und wurde Bürger von Theben; in Geschichten mit phantast. Einkleidung enthüllte der Kyniker M. mit heiterem Spott die Nichtigkeit des Daseins, griff die Torheit der Menschen und die Systeme der Philosophen an; die von ihm geschaffene, aus Prosa und Vers gemischte Satire war von großem Einfluß auf Lukian, Seneca, Petronius und Varro, der seine Saturae nach M. benannte („Saturae Menippeae").
Literatur: Helm, R.: *Lucian u. Menipp. Lpz. 1906.*

Menon, Salvator Aubrey Clarence [engl. 'mɛnən] ↑ Menen, Aubrey.

Menze, Sigismondo [italien. 'mɛntse] ↑ Menčetić, Šiško.

Menzel, Wolfgang, * Waldenburg (Schles.) 21. Juni 1798, † Stuttgart 23. April 1873, dt. Schriftsteller.
Sohn eines Arztes, Literatur- und Geschichtsstudium in Jena, aktiver Burschenschafter; seit 1825 in Stuttgart, war Redakteur, Literaturkritiker und Literarhistoriker, Landtagsabgeordneter; Nationalist. Nach der Julirevolution 1830 ausgesprochen reaktionär, einer der Hauptgegner des Jungen Deutschland, dessen Verfolgung durch den Bundestag wesentl. auf seine Kritik zurückging; auch Gegner des „unpolit." Goethe. In seinen Dramen und Erzählungen Vertreter der späten Romantik.
Hauptwerke: Die dt. Literatur (1828), Dt. Dichtung von der ältesten bis auf die neueste Zeit (1858/59), Denkwürdigkeiten (hg. 1877).
Literatur: Schlippe, E.: *Der Burschenschaftler W. M. Eine Quelle zum Verständnis des Nationalsozialismus. Frkf. 1952.* – Jenal, E.: *W. M. als Dichter, Literarhistoriker u. Kritiker. Bln. 1937.*

Mera, Juan León [span. 'mera], * Ambato (Tungurahua) 28. Juni 1832, † ebd. 13. Dez. 1894, ecuadorian. Dichter.
Mitbegründer der ecuadorian. Akademie; trat mit „Poesías" (1858), der Legende „La virgen del sol" (1861), „Melodías indígenas" (Ged., 1887) u.a. als Lyriker hervor, als Romanschriftsteller mit romant. Schilderungen des Lebens der Indianer (u.a. „Cumandá o un drama entre salvajes", 1879).

Mercier, Louis Sébastien [frz. mɛr'sje], * Paris 6. Juni 1740, † ebd. 25. April 1814, frz. Schriftsteller.
Führte ein typ. Literatenleben in Paris, war während der Revolution Abgeordneter des Konvents und Mitglied des Rates der Fünfhundert, danach Professor für Geschichte an der École centrale; zunächst Lyriker, dann Dramatiker, von Diderot geschätzt; wandte sich bereits 1773 mit seinem Essay „Neuer Versuch über die Schauspielkunst" (dt. 1776) gegen das klassizist. Drama und wies auf Shakespeare hin; in seinen umfangreichen kulturhistor. Werken „Paris, ein Gemälde" (dt. 1783 ff.) und „Das neue Paris" (dt. 1799) gibt M. ein realist. Bild der frz. Gesellschaft gegen Ende des 18. Jh.s; übersetzte u.a. Shakespeare, Schiller, Pope.

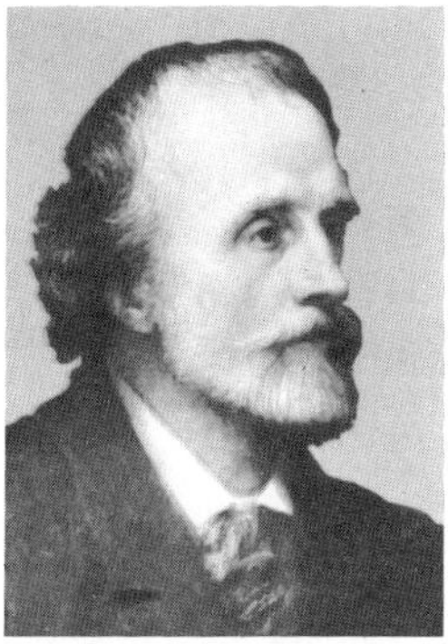
George Meredith

Merck, Johann Heinrich, Pseudonym Johann Heinrich Reimhardt der Jüngere, * Darmstadt 11. April 1741, † ebd. 27. Juni 1791 (Selbstmord), dt. Schriftsteller.
Sohn eines Apothekers, Studium in Gießen, Erlangen, Dresden (Kunstakademie); seit 1774, als Kriegsrat, wieder in Darmstadt. M. war Mitarbeiter an den „Frankfurter Gelehrten Anzeigen", der „Allgemeinen Dt. Bibliothek" Nicolais und dem „Teutschen Merkur" Wielands. Seine Bedeutung gewann er als krit. Beobachter der zeitgenöss. Literatur und durch den mittelbaren Einfluß, den er auf Herder, Wieland, Lavater, Goethe u.a. ausübte, mit denen ihn z.T. enge Freundschaft verband. Mit seinen eigenen dichter. Werken hatte er wenig Erfolg.
Ausgaben: J. H. M. Werke. Ausgew. u. hg. v. A. Henkel. *Briefe, hg. v.* H. Kraft. *Frkf. 1968. 2 Bde. – J. H. M. Schrr. u. Briefwechsel. Hg. v.* K. Wolff. *Lpz. 1909. 2 Bde.*
Literatur: Berglar, P.: *J. H. M. Menschentum u. geistige Gestalt. In: Jb. des Wiener Goethe-Vereins 69 (1965), 120.* – Prang, H.: *J. H. M. Ein Leben f. Andere. Wiesb. 1949.*
Mereau, Sophie [frz. me'ro], geb. Schubert, * Altenburg 28. März 1770 (?), † Heidelberg 31. Okt. 1806, dt. Schriftstellerin.
Heiratete in 2. Ehe 1803 C. Brentano; schrieb romant.-klassizist. Gedichte für Schillers „Musenalmanach" und Romane, u.a. „Das Blütenalter der Empfindung" (1794).
Meredith, George [engl. 'mɛrədɪθ], * Portsmouth (Hampshire) 12. Febr. 1828, † Flint Cottage bei Dorking (Surrey) 18. Mai 1909, engl. Schriftsteller.
Sohn eines Schneiders, früh Waise, als Kind mehrere Jahre in Deutschland; begann Jura zu studieren, wandte sich aber schon bald dem Journalismus zu, war zeitweise Zeitungshg., Lektor, Korrespondent, dann freier Schriftsteller. M. war einer der letzten großen Romanciers des Viktorian. Zeitalters. Er begann als Lyriker; seine frühen Gedichte sind naturnah und erdverbunden und stehen unter dem Einfluß von Shelley, Keats, Wordsworth; später finden sowohl die Gedankenwelt Spencers, Comtes, Darwins und der Schönheitskult der Präraffaeliten, denen er auch persönl. nahestand, in seine Lyrik Eingang und gehen eine zuweilen eigenwillige Synthese ein. Das gilt auch für seine realist., psycholog., nicht immer leicht zugängl. Romane, die M. als feinsinnigen Ironiker kennzeichnen; zwei Meisterwerke („ep. Komödien"): „Richard Feverels Prüfung" (R., 1859; dt. 1904) und „Der Egoist" (R., 1879; dt. 1905).
Weitere Werke: Poems (1851), Rhoda Fleming (R., 1865; dt. 1905), Diana vom Kreuzweg (R., 1885; dt. 1905), Ballads and poems of tragic life (1887).
Ausgaben: G. M. The works. Memorial edition. London 1909–11. 27 Bde. – G. M. Ges. Romane. Dt. Übers. Bln. 1904–08. 4 Bde.
Literatur: Lindsay, J.: *G. M., his life and work. London 1956.* – Stevenson, L.: *The ordeal of G. M. London 1954.* – Dick, E.: *G. M. Drei Versuche. Bln. 1910.*
Mereschkowski, Dmitri Sergejewitsch; tl.: Merežkovskij, Dmitrij Sergeevič [russ. mɪrɪʃ'kɔfskij], * Petersburg (heute Leningrad) 14. Aug. 1865, † Paris 9. Dez. 1941, russ. Dichter.
Aus ukrain. Adel, emigrierte nach der russ. Oktoberrevolution nach Paris, Antibolschewist; Mitbegründer des russ. Symbolismus, wandte sich später einer betont christl., myst.-spekulativen Schau von Mensch und Welt zu. Spiegel seiner Auffassungen sind die großangelegten Geschichtsromane, in denen sich die Menschheitsgeschichte als Antagonismus von Christ und Antichrist darstellt. Bed. Biographien über Dante, Leonardo da Vinci, Napoleon, Gogol, Tolstoi, Dostojewski u.a.
Hauptwerke: Christos i Antichrist (R.-Trilogie, dt.: Julian Apostata, 1903, Leonardo da Vinci, 1903, Peter der Große und sein Sohn Alexei, 1905), Alexander I. (R., dt. 1913), Der Tod Pauls I. (Dr., dt. 1910), Der vierzehnte Dezember (R., dt. 1921).
Literatur: Lundberg, E.: *M. u. sein neues Christentum. Dt. Übers. Bln. 1922.*
Meri, Veijo [finn. 'mɛri], * Viipuri 31. Dez. 1928, finn. Schriftsteller.
Stammt aus einer Offiziersfamilie, studierte in Helsinki Geschichte; Verlagsleiter, freier Schriftsteller; Verfasser von Romanen und Erzählungen, in denen er sich mit dem Phänomen des Krieges und mit Gegenwartsproblemen auseinandersetzt; verwendet eine raffinierte, oft humorvolle Sprache; gekonnte Komposition.
Hauptwerke: Das Manilaseil (R., dt. 1966), Der Töter (En., dt. 1967), Die Frau auf dem Spiegel (R., dt. 1967), Der Wortbruch (Dr., dt. 1969).
Mérimée, Prosper [frz. meri'me], * Paris 28. Sept. 1803, † Cannes 23. Sept. 1870, frz. Schriftsteller.

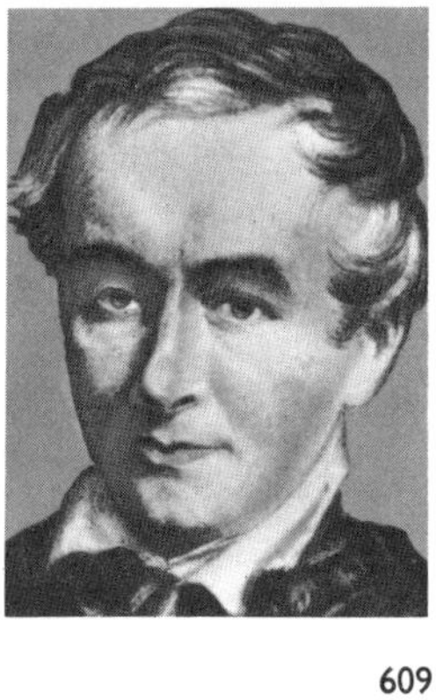
Prosper Mérimée (Lithographie nach einer Zeichnung von Rochard, 1853)

Sohn eines Kunstmalers, wollte zunächst ebenfalls Maler werden; studierte Jura, wurde 1831 Inspekteur der histor. Denkmäler Frankreichs; weite Reisen, v.a. im Mittelmeerraum; lernte in Spanien die spätere frz. Kaiserin Eugénie kennen und wurde ihr Berater, erhielt durch sie Zugang zum Hof; 1853 Senator; Freundschaft mit Stendhal; trat zuerst 1825 mit einer Reihe romant.-sarkast. Dramen hervor, die er unter dem Namen einer fiktiven span. Dichterin, Clara Gazul, herausgab („Das Theater der span. Schauspielerin Clara Gazul", 1825; dt. 1845). Es folgte eine Balladensammlung, die er unter dem Namen eines angebl. illyr. Dichters veröffentlichte („La Guzla ou Choix de poésies illyriques", 1826). Am gelungensten sind seine Novellen (u.a. „Colomba", dt. 1841; „Carmen", 1845, Vorlage zu Bizets Oper). Sie zeichnen sich durch ihre realistisch-objektive Darstellung und ihr südländ. Lokalkolorit aus, das in der frz. Literatur noch kein Vorbild hatte. In seinen histor. Romanen folgte er Scott. M. steht zwischen Romantik und Realismus. Schrieb auch Literaturkritiken, histor. und archäolog. Studien; übersetzte Gogol und Turgenjew.
Weitere Werke: Die Bartholomäusnacht (R., 1829; dt. 1845), Matteo Falcone (Nov., 1829; dt. 1872), Tamango (Nov., 1829; dt. 1923), Die Venus von Ille (Nov., 1837; dt. 1911), Notes d'un voyage en Corse (Reiseb., 1840), Essais sur l'histoire romaine (1841), Lettres à une inconnue (mit Vorwort von H. Taine, hg. 1873).
Ausgaben: P. M. Œuvres complètes. Hg. v. P. Trahard *u.* É. Champion. *Paris 1927–33. 12 Bde. – P. M. Ges. Werke. Dt. Übers. Hg. v.* A. Schurig. *Mchn. u. Bln. 1924–26. 4 Bde.*
Literatur: Léon, P.: *M. et son temps. Paris 1962.* – Billy, A.: *M. Paris 1959.* – Trahard, P.: *P. M. Paris 1924–30. 3 in 4 Bden.* – Falke, E.: *Die romant. Elemente in P. M.s Roman u. Novellen. Halle 1915.*

Merkel, Garlieb Helwig, * Lodiger (Livland) 21. Okt. 1769, † Depkinshof bei Riga 9. Mai 1850, dt. Schriftsteller.
Sohn eines Pfarrers, ging 1797 nach Weimar, 1800 nach Berlin, flüchtete 1806 vor den Franzosen in seine Heimat. Bekämpfte Goethe und die Romantik, v.a. in den „Briefen an ein Frauenzimmer ..." (1801–03) und in der mit Kotzebue gegr. Zeitschrift „Der Freymüthige".

Merker, Emil, * Mohr (Nordböhm. Gebiet) 7. April 1888, dt. Lyriker und Erzähler.
Sohn eines Häuslers, Studium in Prag (Dr. phil.); schrieb naturverbundene, schwermütige Lyrik, Wahlverwandtschaft mit Stifter, dessen Biographie er verfaßte (1939); Erzählwerke mit Themen aus seiner böhm. Heimat.
Weitere Werke: Die Kinder (R., 1933), Der Kreuzweg (Ged., 1934), Der Weg der Anna Illing (R., 1938), Unterwegs (Erinnerungen, 1951), Das brennende Staunen (Ged., 1958), Aufbrechende Welt (R., 1959), Drinnen und draußen (Essays, 1962), Böhm. Erzgebirge (Essays, 1965).

Merle, Robert [frz. mɛrl], * Tébessa (Algerien) 20. Aug. 1908, frz. Schriftsteller.
Studierte in Paris Philosophie und engl. Literatur; seit dem 2. Weltkrieg Professor für Anglistik; erhielt 1949 für seinen realist. Erstlingsroman „Wochenend in Zuidcoote" (dt. 1950) über die Schlacht von Dünkirchen, an der er teilgenommen hatte, den Prix Goncourt; auch Dramatiker (u.a. „Sisyphus und der Tod", dt. 1957).
Weiteres Werk: Der Tag der Delphine (R., dt. 1969).

Merrick, Leonard [engl. 'mɛrɪk], eigtl. L. Miller, * London 21. Febr. 1864, † ebd. 7. Aug. 1939, engl. Schriftsteller.
Arbeitete alsAufseher in den südafrikan.Diamantminen, war nach der Rückkehr nach London Schauspieler, dann freier Schriftsteller. Lebte zuletzt oft in Paris, dem Schauplatz der meisten seiner sorgfältig stilisierten Romane, die vom breiten Lesepublikum kaum beachtet wurden; als Dramatiker hatte er wenig Erfolg.
Hauptwerke: The actor-manager (R., 1898), Conrad in quest of his youth (R., 1903).

Merrill, James [engl. 'mɛrɪl], * New York 3. März 1926, amerikan. Schriftsteller.
Im 2. Weltkrieg Soldat; Lehrer am Amherst College, dann am Bart College; unternahm zahlreiche Reisen in Europa, v.a. in Italien; veröffentlichte hpts. Lyrik, schrieb aber auch Dramen und Romane, teilweise mit dekadenten Zügen.
Hauptwerke: First poems (1951), The immortal husband (Dr., 1955), Tanning Junior (R., dt. 1961), The country of a thousand years of peace (Ged., 1959), Water Street (Ged., 1962), The (Diblos) Notebook (R., 1965).

Merrill, Stuart Fitzrandolph [engl. 'mɛrɪl], * Hempstead (N.Y.) 1. Aug. 1863, † Versailles 1. Dez. 1915, amerikan.-frz. Lyriker.
Sohn eines amerikan. Diplomaten, wuchs in Frankreich auf, studierte Rechtswissenschaft in Paris und New York; symbolist. Lyriker, schrieb in frz. Sprache: „Les gammes" (Ged., 1887), „Les fastes" (Ged., 1891), „Petits poèmes d'automne" (1895), „Les quatres saisons" (Ged., 1900) u.a.; auch Übersetzer von A. Bertrand und Baudelaire ins Englische.

Merseburg, Thietmar (Dietmar) von ↑ Thietmar von Merseburg.

Merseburger Zaubersprüche, zwei ahd. heidn. Zauberformeln in Stabreimen, überliefert in einer Handschrift der Merseburger Dombibliothek aus dem 10. Jh.; im selben Jh. wahrscheinl. in Fulda auf dem Vorsatzblatt eines Missales aufgezeichnet; 1842 erstmals von J. Grimm herausgegeben. Die Sprüche zerfallen in einen ep. Teil, der in den durch Zauber zu beschwörenden Sachverhalt einführt, und in die eigtl. Zauberformel: Beschwörung der Götter zur Lösung von Fesseln (1. Spruch) und zur Heilung eines lahmen Pferdes (2. Spruch).
Literatur: Wolff, L.: *Die M. Z. In: Die Wiss. v. dt. Sprache u. Dichtung. Festschr. f. Friedrich Maurer. Stuttg. 1963.*

Meschendörfer, Adolf, * Kronstadt (Siebenbürgen) 8. Mai 1877, † ebd. 4. Juli 1963, dt. Schriftsteller.
Studierte Germanistik und ev. Theologie; im Mittelpunkt seiner Dramen und Romane stehen Themen und Stoffe seiner siebenbürg. Heimat.
Hauptwerke: Die Stadt im Osten (R., 1931), Zauber der Heimat (Nov., 1944), Siebenbürg. Geschichten (1947).

Meško, Franc Ksaver [slowen. 'meːʃkɔ], * Tomaž bei Ormož 28. Okt. 1874, † Windischgraz 12. Jan. 1964, slowen. Schriftsteller.

Kath. Priester; als Patriot während des 1. Weltkriegs in östr. Haft. Schrieb Lyrik, erzählende und dramat. Dichtungen, meist mit Themen aus der Welt der Bauern seiner Heimat; schuf gemeinsam mit Cankar einen in der slowen. Literatur neuen, auf genauer psycholog. Beobachtung beruhenden Typ der Kurzgeschichte, der sich durch die symbol. Bedeutung der Handlung und individuelle lyr. Gestaltung auszeichnet.

Mesomedes, griech. Dichter der 1. Hälfte des 2. Jh.s aus Kreta.
Freigelassener Hadrians; bed. Hymnendichter, von dem 11 Hymnen bekannt sind, drei davon mit Noten.

Mesonero Romanos, Ramón de [span. meso'nero rrɔ'manɔs], * Madrid 19. Juli 1803, † ebd. 30. April 1882, span. Schriftsteller.
Mitglied der span. Akademie (1838); wurde durch seine lebendig geschriebenen Sittenschilderungen aus Madrid berühmt, u. a. „Escenas matritenses" (1836–42), „Tipos y caracteres" (1843–62).

Mesrop, hl., eigtl. Maschtoz, * Hatsek (heute Hatzeg) um 361, † Etschmiadsin 7. (17.?) Febr. 440, armen. Mönch und Missionar.
M. übersetzte mit Katholikos Sahak die Bibel ins Armen. (in den Dialekt der Provinz Ararat, der dadurch zur Literatursprache wurde), gründete mit ihm Übersetzerschulen, in denen die griech. und syr. Kirchenschriftsteller, Aristoteles und der Alexanderroman übersetzt wurden. Mit diesen Übersetzungen und originalen Werken begann das „Goldene Zeitalter" der armen. Literatur, dessen Sprache als das klass. Armen. gilt. M.s Biographie schrieb sein Schüler Koriun. M. wird auch die Schaffung der armen. Schrift (nach griech. Vorbild) zugeschrieben.

Messager, Charles [frz. mɛsa'ʒe] ↑ Vildrac, Charles.

Messenius, Johannes [schwed. me'se:niʊs], * bei Vadstena um 1579, † Oulu (Finnland) 8. Nov. 1636, schwed. Dramatiker und Geschichtsschreiber.
Ausbildung am Jesuitenseminar, weite Reisen, Professor der Rechte in Uppsala 1609; wegen angebl. Konspiration mit Polen lebenslängl. in Haft (in Finnland); Hg. histor. Quellen, Autor einer Geschichte Schwedens („Scondia illustrata", hg. 1700–05), von Streitschriften gegen die Jesuiten und einer Anzahl von histor. Dramen, die kaum mehr als Dialogszenen sind.
Weitere Werke: Disa (Dr., 1611), Signill (Dr., 1612), Svanhuita (Dr., 1612).

Metalious, Grace [engl. mə'tɛlɪəs], * Manchester (N. H.) 8. Sept. 1924, † Boston 25. Febr. 1964, amerikan. Schriftstellerin.
Schrieb erfolgreiche Romane, in denen sie die verdeckten Skandale und Schwächen im Alltagsleben neuengl. Kleinstadtbürger darstellte; am erfolgreichsten waren „Die Leute von Peyton Place" (R., dt. 1958) und „Rückkehr nach Peyton Place" (R., dt. 1960).
Weiteres Werk: Der enge weiße Kragen (R., dt. 1961).

Metastasio, Pietro [italien. metas'ta:zio], eigtl. Pietro Antonio Domenico Bonaventura Trapassi, * Rom 3. Jan. 1698, † Wien 12. April 1782, italien. Dichter.
Aus kleinbürgerl. Verhältnissen; frühreif; erzogen und literar. gefördert durch den angesehenen Juristen Gravina, dessen Vermögen er im Alter von 20 Jahren erbte; Mitglied der Accademia dell'Arcadia; seit 1719 in Neapel; die Verbindung mit der Sängerin Bulgarelli, deren Protektion er genoß, führte ihn zur Musik; von 1729 bis zu seinem Tode war er kaiserl. Hofdichter in Wien. M. war einer der bedeutendsten Vertreter der arkad. Rokokolyrik (Kanzonetten, Liebesgedichte), der seine ihm gemäße künstler. Ausdrucksform jedoch erst in dem musiknahen, lyr.-sentimentalen Melodrama, dem Singspiel und Opernlibretto nach den überkommenen klass. Stoffen fand. Seine größten Erfolge waren das frühe Melodrama „Didone abbandonata"(1723; Musik von Sarri), ferner „La clemenza di Tito" (um 1734, nach Corneilles „Cinna"; Musik von Mozart) und „Attilio Regolo" (entstanden 1740, UA 1750). Verfaßte auch literaturkrit. Schriften; erhalten sind außerdem mehr als 2000 Briefe, die Aufschluß über seine Persönlichkeit geben.
Ausgaben: P. M. Opere. Hg. v. F. Nicolini. *Bari 1912–14. 4 Bde. – M. Dramen. Dt. Übers. Hg. v.* R. Schenck. *Halle 1910.*
Literatur: Apollonio, M.: *M. Mailand* ^{2}*1950.* – Varese, C.: *Saggio sul M. Florenz 1950.* – Russo, L.: *P. M. Bari* ^{3}*1945.*

Metge, Bernat [katalan. 'meddʒə], * Barcelona um 1350, † ebd. nach 1410, katalan. Schriftsteller.
Zeitweise Sekretär des Königs; abenteuerl. Leben; klass. katalan. Prosaist unter dem Einfluß Boccaccios und des Raimundus Lullus; führte als Übersetzer Petrarca in Spanien ein.
Hauptwerk: Lo somni (Dialoge, 1398).

Methodios [von Olympos], hl., * Olympos (Lykien) um 230, † 311, griech. Kirchenschriftsteller.
Als Bischof von Olympos Gegner des Origenes; starb als Märtyrer; von seinen z. T. asket. Schriften ist das „Gastmahl der 10 Jungfrauen oder Über die Keuschheit", eine ins Christl. gekehrte Nachahmung von Platons „Gastmahl", erhalten.

Meun[g], Jean de [frz. mœ̃] ↑ Rosenroman.

Mexía (Mejía), Pe[d]ro [span. mɛ'xia], * Sevilla 1499 oder 1500, † ebd. 7. Jan. 1552 (?), span. Schriftsteller.
Historiograph Karls V.; von universaler Gelehrsamkeit, schrieb eine „Historia imperial y cesárea" (1545) und gab in seinen Sammelwerken „Silva de varia lección" (1540) und „Coloquios y diálogos" (1547) eine Art Panorama der zeitgenöss. Wissenschaft.

Meyer, Alfred Richard, Pseudonym Munkepunke u. a., * Schwerin 4. Aug. 1882, † Lübeck 9. Jan. 1956, dt. Schriftsteller.
Studierte Jura, war u. a. Verlagsbuchhändler; gab Liebhaberdrucke heraus, verlegte frühexpressionist. Lyrik. Sein eigenes literar. Werk zeichnet sich durch Witz, Frische und formale Vollendung aus.
Hauptwerke: Würzburg im Taumel (Ged., 1911), Flandr. Etappe (Nov., 1917), Der große Munkepunke (ges. Werke, 1924), Die maer von der musa expressionistica (Schr., 1948), Wenn nun wieder Frieden ist ... (Ged., 1948).

Meyer, Conrad Ferdinand, * Zürich 11. Okt. 1825, † Kilchberg (ZH) 28. Nov. 1898, schweizer. Dichter.
Aus angesehener Patrizierfamilie; von seiten der Mutter Anlage zu Melancholie und Nerven-

schwäche; ausgedehnte private und akadem. Studien; 1852 kurze Zeit in einer Nervenheilanstalt, danach wechselnde Aufenthaltsorte, mehrere Reisen, u. a. nach Paris, München und Rom. M. begann seine literar. Laufbahn spät. Er entschied sich erst unter dem Eindruck des Krieges 1870/71 endgültig gegen die frz. und für die dt. Sprache. Literar. Schaffen bis 1892, dann neue Anzeichen einer Geisteskrankheit; starb in geistiger Umnachtung. M., der bedeutendste schweizer. Erzähler und Lyriker des 19. Jh.s neben Keller und Gotthelf, wandte sich gegen den Willen der streng kalvinist. Mutter der Literatur zu. Er begann mit histor. Versdichtungen, pflegte eine bild- und symbolhafte Lyrik und schrieb histor. Erzählwerke, meist in Form der Rahmenerzählung. M.s bedeutendste Werke sind sein histor. Roman „Georg Jenatsch" (1876, 1883 u.d.T. „Jürg Jenatsch") und seine histor. Novellen, darunter „Der Heilige" (1880). Realist. Gestaltung handlungs- und konfliktreicher Stoffe; Kraft und Objektivität der Darstellung, meisterhafte Charakteristik, straffer, dramat. Aufbau und Einfühlung in den Geist vergangener Zeiten zeichnen seine Werke aus.

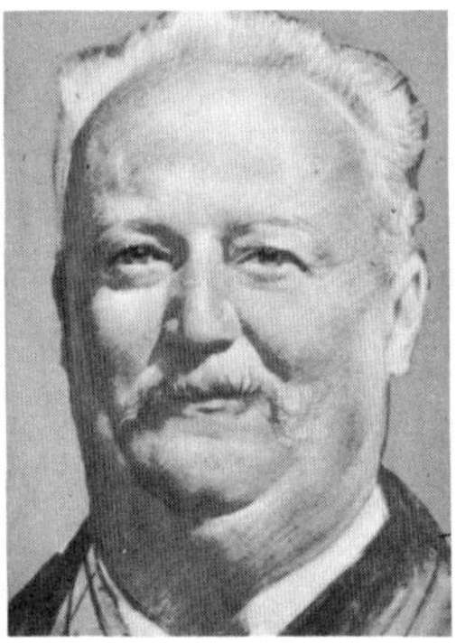

Conrad Ferdinand Meyer (Kreidezeichnung von K. Stauffer-Bern, 1885)

Weitere Werke: Balladen (1867), Romanzen und Bilder (Ged., 1871), Huttens letzte Tage (Epos, 1871), Das Amulett (Nov., 1873), Der Schuß von der Kanzel (Nov., 1877), Plautus im Nonnenkloster (Nov., 1882), Gustav Adolfs Page (Nov., 1882), Die Hochzeit des Mönchs (Nov., 1884), Die Richterin (Nov., 1885), Die Versuchung des Pescara (Nov., 1887), Angela Borgia (Nov., 1891), Unvollendete Prosadichtungen (hg. 1916).
Ausgaben: C. F. M. Sämtl. Werke in 2 Bden. Mchn. 1968. – C. F. M. Sämtl. Werke. Histor.-krit. Ausg. Hg. v. H. Zeller *u.* A. Zäch. *Bern 1958 ff. Auf 15 Bde. berechnet. – C. F. M. Sämtl. Werke. Mit einer Einf. v.* R. Faesi. *Lpz. 1926. 4 Bde.*
Literatur: Øhrgaard, P.: *C. F. M. Zur Entwicklung seiner Thematik. Kopenhagen 1968.* – Brunet, G.: *C. F. M. et la nouvelle. Paris 1967.* – Wiesmann, L.: *C. F. M. Der Dichter des Todes u. der Maske. Bern 1958.* – Baumgarten, F. F.: *Das Werk C. F. M.s. Hg. v.* H. Schumacher. *Zürich; Wien 1948.* – Frey, A.: *C. F. M. Sein Leben u. seine Werke. Stuttg. ⁴1925.* – Meyer, Betsy: *C. F. M. In der Erinnerung seiner Schwester. Bln. 1903.*

Meyer, Gustav † Meyrink, Gustav.

Meyer-Eckhardt, Victor, * Hüsten (heute Neheim-Hüsten) 22. Sept. 1889, † Breyell bei Krefeld 2. Sept. 1952, dt. Schriftsteller.
Studierte in Münster (Westf.), Dr. phil., war Bibliothekar in Düsseldorf, dann freier Schriftsteller. Antike Kultur, Humanismus und Christentum bestimmten sein Erzählwerk, das v. a. histor. Stoffe behandelt; auch Lyrik und Dramen.
Hauptwerke: Die Möbel des Herrn Berthélemy (R., 1924), Das Marienleben (hymn. Dichtung, 1927), Madame Sodale (R., 1950).

Meyer-Förster, Wilhelm, * Hannover 12. Juni 1862, † Berlin 17. März 1934, dt. Schriftsteller. Den größten Erfolg seiner sentimental-rührseligen Werke brachte ihm „Alt-Heidelberg" (1903), eine Dramatisierung des Romans „Karl Heinrich" (1899).

Meynell, Alice Christiana Gertrude [engl. mɛnl], geb. Thompson, * Barnes (heute London-Barnes) 22. Sept. 1847, † London 27. Nov. 1922, engl. Dichterin.
In der Jugend meist in Italien, trat 1872 zur kath. Kirche über; heiratete 1877 den ebenfalls konvertierten Verleger und Lyriker Wilfried M.; Beziehungen zu vielen Schriftstellern ihrer Zeit (Browning, Rossetti, Ruskin und Tennyson). Alice M. schrieb außer feinsinnigen Essays v. a. konventionelle, später eigenständige religiöse Reflexionslyrik, beeinflußt von der Lyrik der Präraffaeliten und der u. a. durch F. Thompson vermittelten engl. Dichtung des 17. Jahrhunderts.

Meyr, Melchior ['maɪər], * Ehringen bei Nördlingen 28. Juni 1810, † München 22. April 1871, dt. Schriftsteller.
Dr. phil. Sein Hauptwerk, „Erzählungen aus dem Ries" (1856), ist ein frühes Zeugnis der Heimatkunst; die Darstellungen aus dem Volksleben gehören zu den besten dt. Dorfgeschichten; auch Gedichte, Dramen, Romane und religionsphilosoph. Schriften.
Weitere Werke: Wilhelm und Rosina (Ged., 1835), Franz von Sickingen (Dr., 1851), Vier Deutsche (R., 1861), Ewige Liebe (R., 1864).

Meyrink, Gustav ['maɪrɪŋk], ursprüngl. G. Meyer, * Wien 19. Jan. 1868, † Starnberg 4. Dez. 1932, östr. Schriftsteller.
Unehel. Sohn des württemberg. Ministers Carl Freiherr von Varnbüler und einer Schauspielerin; Schulzeit in München, Hamburg, Prag; 1889 bis 1902 dort Inhaber eines Bankgeschäfts; 1903 Chefredakteur einer humorist. Wiener Zeitschrift, Mitarbeiter des „Simplicissimus"; 1927 Übertritt zum Buddhismus; Novellist und Romancier mit Vorliebe für das Grotesk-Phantast., Okkulte und Unheiml.; wirkungsvolle parodist. Effekte und Satire, die sich in der Regel gegen das Bürgertum richtet: „Des dt. Spießers Wunderhorn" (Novellen, 1913); Freund Kubins, Einfluß auf Kafka.
Weitere Werke: Der Golem (R., 1915), Fledermäuse (En., 1916), Walpurgisnacht (R., 1917).
Ausgabe: G. M. Ges. Werke. Lpz. 1917. 6 Bde.
Literatur: Schödel, S.: *Studien zu den phantast. Erzählungen G. M.s. Diss. Erlangen 1965.* – Frank, E.: *G. M. Werk u. Wirkung. Büdingen-Gettenbach 1957.*

Meysenbug, Malwida (Malvida) Freiin von [...bu:k], * Kassel 28. Okt. 1816, † Rom 26. April 1903, dt. Schriftstellerin.

Entstammte einer hugenott. Emigrantenfamilie, war mit Mazzini, Garibaldi, Wagner, R. Rolland, Nietzsche u.a. bed. Persönlichkeiten befreundet. Aufgrund ihrer Korrespondenz mit führenden Männern der Revolution von 1848 im Jahr 1852 aus Berlin ausgewiesen. Lebte in London, Paris, Florenz, Rom, Ischia. Parteinahme für Arbeiter- und Frauenemanzipation. Verfasserin aufschlußreicher Memoiren; ihre Romane sind weniger bedeutend.
Hauptwerke: Memoiren einer Idealistin (1876), Der Lebensabend einer Idealistin (Autobiogr., 1898).
Ausgabe: M. v. M. Ges. Werke. Hg. v. B. Schleicher. *Stuttg. 1922. 5 Bde.*
Literatur: Sandow, E.: *M.-v.-M.-Bibliogr. In: Lipp. Mitt. 36 (1967), 53.* – Kröll, J.: *M. v. M. In: Arch. f. die Gesch. v. Oberfranken 46 (1966), 241.* – Meyer-Hepner, G.: *M. v. M. Bln. 1948.* – Schleicher, B.: *M. v. M. Ein Lebensbild zum 100. Geburtstag der Idealistin. Bln. u. Stuttg. ³1922.*

Miaskowski, Kasper Malcher [poln. mjas'kɔfski], * Smogorzew 1553(?), † ebd. 22. April 1622, poln. Lyriker des Barocks.
Schrieb tendenziöse polit. Dichtungen im Interesse des poln. Königtums und kath. orientierte religiöse Lyrik, darunter poet. Paraphrasen von Gebeten sowie zeitkrit. Satiren; den höchsten dichter. Wert haben M.s gefühlstiefe, unmittelbare Gedichte an seine Freunde.

Micha ↑ Bibel.

Michäas ↑ Bibel.

Michael, Friedrich [...aɛl], * Ilmenau 30. Okt. 1892, dt. Schriftsteller.
Studium der Theaterwissenschaft (Dr. phil.); seit 1933 Mitarbeiter des Insel-Verlags, 1945–60 Leiter der Zweigstelle in Wiesbaden; verfaßte humorist. Romane, Komödien und Essays, auch Lyrik.
Hauptwerke: Dt. Theater (Schr., 1923), Die gut empfohlene Frau (R., 1932), Flucht nach Madras (R., 1934), Der blaue Strohhut (Kom., 1942), Große Welt (Kom., 1943), Ausflug mit Damen (Kom., 1946), So müßte man sein (Lsp., 1961).

Michaëlis, Karin [dän. mika'e:lis], eigtl. Katharina M., geb. Bech-Brøndum, * Randers 20. März 1872, † Kopenhagen 11. Jan. 1950, dän. Schriftstellerin.
Musikstudium; heiratete 1905 Sophus M., 1912 Professor Ch. Stangeland; Vortragsreisen in Europa und in den USA; betätigte sich auf sozialem Gebiet, trat während des 1. Weltkrieges für Deutschland ein, nahm während des NS-Regimes dt. Flüchtlinge auf (u.a. Brecht), während des 2. Weltkrieges Exil in den USA; Verfasserin international bekannter Jungmädchenbücher („Bibi", R.-Serie, dt. 1929 bis 1938), moderner Frauenromane und -novellen im impressionist. Stil, in denen sie Erscheinungsformen des weibl. Phantasie- und Trieblebens schildert. Schrieb auch Gedichte.
Weitere Werke: Das Kind (R., dt. 1902), Das gefährliche Alter (R., dt. 1910), Die sieben Schwestern (R., 1923; dt. 1932), Vagabundin des Herzens (R., dt. 1932), Nielsine, die Mutter (R., dt. 1936).

Michaëlis, Sophus [August Berthel] [dän. mika'e:lis], * Odense 14. Mai 1865, † Kopenhagen 28. Jan. 1932, dän. Schriftsteller.
Studierte Romanistik, Germanistik und Kunstgeschichte. Typ. Vertreter der Epoche vor dem 1. Weltkrieg, beeinflußt von Ibsen, Maeterlinck und bes. von Nietzsche; verherrlichte den Übermenschen; Ästhetizismus, später auch Rhetorik und Pathos kennzeichnen sein Werk; auch Lyrik; meisterhafte Übersetzungen aus dem Dt., Frz. und Portugiesischen.
Hauptwerke: Aebelö (R., dt. 1900), Revolutionshochzeit (Dr., dt. 1909), Der ewige Schlaf (R., dt. 1912), Hellenen und Barbaren (R., dt. 1920).

Michailidis, Kleanthis-Konstandinos [neugr. mixai'liðis] ↑ Eftaliotis, Arjiris.

Michailow, A. [russ. mi'xajlɐf] ↑ Scheller, Alexandr Konstantinowitsch.

Michailow, Nikolai [bulgar. mi'xajlof] ↑ Liliew, Nikolai.

Michailowski, Nikolai Grigorjewitsch [russ. mixaj'lɔfskij] ↑ Garin, N.

Michailowski, Stojan; tl.: Mihajlovski, Stojan [bulgar. mixaj'lɔfski], * Elena 7. Jan. 1856, † Sofia 3. Aug. 1927, bulgar. Schriftsteller.
Erhielt seine höhere Schulbildung in Istanbul, studierte in Paris Jura und Literatur, war eine bed. Persönlichkeit des polit. und kulturellen Lebens in Bulgarien. M., der die Stilmittel der Satire bevorzugte, nahm in lyr., dramat. und erzählenden Werken sowie in Essays krit. zur Kulturpolitik seines Landes Stellung.

Michalkow, Sergei Wladimirowitsch; tl.: Mihalkov, Sergej Vladimirovič [russ. mixal'kɔf], * Moskau 12. März 1913, russ.-sowjet. Schriftsteller.
Verfasser von Jugendliteratur in Vers und Prosa, schrieb auch Schauspiele und – in der Nachfolge Krylows – Fabeln meist polit.-satir. Art; Mitautor der sowjet. Nationalhymne (1943).
Hauptwerke: Ilja Golowni und seine Wandlung (Dr., dt. 1950), Ausgewählte Fabeln (dt. 1955), Der Löwe und der Hase (Fabeln, dt. 1966).

Michaux, Henri [frz. mi'ʃo], * Namur 24. Mai 1899, frz.-belg. Dichter.
Aus wohlhabender bürgerl. Familie, begann ein Medizinstudium, wurde dann aber Matrose; Reisen nach Nord- und Südamerika, später auch nach Asien und Afrika. Das Werk Lautréamonts führte ihn zur Literatur; enger Freund Supervielles, verkehrte in Pariser Maler- und Literatenkreisen. Obwohl von großem Einfluß auf die zeitgenöss. frz. Literatur, steht er abseits der literar. Strömungen. In sein v.a. lyr., aber auch essayist. Werk sind die Einflüsse Lautréamonts und der Surrealisten eingegangen. Daneben stehen präzise, z.T. iron. Reiseschilderungen. Den Erfahrungsbereich seiner Weltreisen suchte er später durch systemat. Experimente mit Rauschgift ins Imaginäre zu erweitern und für seine Poesie fruchtbar zu machen. M.' Weltauffassung ist ambivalent und läßt sowohl der Sinnerfüllung des Daseins als auch einer totalen Absurdität Raum. Seine Satire ist gelegentl. von swiftscher Schärfe.
Hauptwerke: Qui je fus (Ged., 1927), Plume (Ged., 1938; dt. Ausw. 1960 u.d.T. Plume und andere Gestalten), Épreuves, exorcismes (Ged., 1945), L'infini turbulent (Ged., 1957).
Ausgabe: H. M. Dichtungen, Schrr. Frz. u. dt. Hg. v. P. Celan. *Frkf. 1966 ff. Auf 2 Bde. berechnet.*

Literatur: Murat, N.: *M. Paris 1967. – H. M. Hg. v.* D. de Roux. *Paris 1966.* – Engler, W.: *M. Das M.bild 1922–1959. Tüb. 1964.*

Michel, Georges [frz. mi'ʃɛl], * Paris 4. März 1926, frz. Schriftsteller.

Ursprüngl. Uhrmacher im Arbeiterviertel Belleville in Paris; sein erstes Stück, „Spielzeug" (dt. EA 1964), wurde noch vor der Uraufführung von Sartre in seiner Zeitschrift „Les Temps modernes" gedruckt; seine nächsten Stücke, „Der Sonntagsspaziergang" (dt. 1966) und „Der Überfall" (dt. 1967) wurden in mehrere Sprachen übersetzt; M. beschreibt Aspekte des modernen sozialen Lebens und seine Absurdität.

Michel, Robert, * Karbitz bei Aussig 24. Febr. 1876, † Wien 11. Febr. 1957, östr. Schriftsteller. War Offizier, arbeitete im Kriegsarchiv in Wien. Nach seiner Teilnahme am 1. Weltkrieg war er 1918 Mitglied der Direktion des Burgtheaters. M. schrieb realist. Romane, Novellen und Erzählungen sowie Dramen, meist mit Stoffen aus seiner böhm. Heimat. Vorliebe für poet. Naturbilder, für das Myth. und Geheimnisvolle. Im Spätwerk geht er über den Expressionismus hinaus, surrealist. Elemente treten auf.

Hauptwerke: Die Verhüllte (Novellen, 1907), Der steinerne Mann (R., 1909), Mejrima (Dr., 1909), Das letzte Weinen (Novellen, 1912), Die Häuser an der Džamija (R., 1915), Die Burg der Frauen (R., 1934), Die Wila (R., 1948).

Michelangelo [italien. mike'landʒelo], eigtl. Michelagniolo di Lodovico di Lionardo di Buonarroti Simoni, * Caprese (heute Caprese Michelangelo) bei Arezzo 6. März 1475, † Rom 18. Febr. 1564, italien. Bildhauer, Maler, Baumeister und Dichter.

Trat als universaler Renaissancekünstler auch mit tiefempfundenen, meist schwermütigen Sonetten im petrarkisierenden Stil der Zeit hervor, die Vittoria Colonna gewidmet sind; Entstehungszeit nach 1534, erstmalig (in Überarbeitung) hg. 1623 u. d. T. „Rime", im Original erst 1863; zahlreiche Übersetzungen (dt. 1875 und öfter) und Nachdichtungen; M.s Briefe sind für die Kenntnis seiner Person von Bedeutung (hg. 1875, dt. 1957).

Ausgaben: M. Sonette. Italien. u. dt. Hg. v. E. Redslob. *Hdbg. 1964. – M. Buonarroti. Lebensberichte, Briefe, Gedichte. Dt. Übers. Hg. v. H.* Hinderberger. *Zürich 1947. – Des Michelagniolo Buonarroti Dichtungen. Hg. v.* C. Frey. *Bln. 1897.*

Literatur: Rolland, R.: *Das Leben M.s. Dt. Übers. Neuausg. Bln. 1968.* – Grimm, H.: *M. Sein Leben in Gesch. u. Kultur seiner Zeit, der Blütezeit der Kunst in Florenz u. Rom. Hg. v.* R. Jaspert. *Neuausg. Bln. 1967. – M. Bildhauer, Maler, Architekt, Dichter. Mit Beitr. v.* Ch. de Tolnay *u. a. Dt. Übers. Wiesb. 1967.* – Clements, R. J.: *The poetry of M. London 1966.* – Koch, H.: *M. in Selbstzeugnissen u. Bilddokumenten. Reinbek bei Hamb. 1966.* – Steinmann, E.: *M. im Spiegel seiner Zeit. Lpz. 1930.* – Steinmann, E./Wittkower, R.: *M.-Bibliogr. 1510–1926. Lpz. 1927.*

Michelsen, Hans Günter, * Hamburg 21. Sept. 1920, dt. Dramatiker.

Soldat, bis 1949 in Kriegsgefangenschaft, Theater- und Rundfunktätigkeit, zwei Jahre Pressechef des Berliner Schillertheaters, dann freier Schriftsteller in Frankfurt am Main. Schreibt hintergründige, in der Diktion treffsichere Zeitstücke; auch Übersetzer.

Hauptwerke: Stienz (Dr., 1963), Lappschiess (Dr., 1963), Drei Akte (Dr., 1965), Helm (Dr., 1965), Frau L (Dr., 1967).

Michener, James A[lbert] [engl. 'mɪtʃɪnə], * New York 3. Febr. 1907, amerikan. Schriftsteller.

Unternahm nach dem Studium viele Reisen; diente im 2. Weltkrieg bei der Pazifik-Flotte. Seine Kriegserfahrungen verwertete M. in vielgelesenen Romanen und Erzählungen, die ihren Erfolg auch der Schilderung der exot. Welt der Südsee verdanken; seine „Tales of the South Pacific" (1947) waren für Rodgers und Hammerstein Vorlage für das Musical „South Pacific".

Weitere Werke: Die Brücken von Tokori (R., dt. 1953), Sayonara (R., dt. 1954), Hawaii (R., dt. 1960), Karawanen der Nacht (R., dt. 1964), Die Quelle (R., dt. 1966).

Michiels, Ivo [niederl. mi:'xi:ls], eigtl. Rik Ceuppens, * Mortsel (Prov. Antwerpen) 8. Jan. 1923, fläm. Schriftsteller.

Journalist; schrieb existentialist. Gedichte und Romane um Zeitprobleme aus kath. Sicht. Einfluß Kafkas, Greens und Camus'.

Hauptwerke: Daar tegenover (Ged., 1947), Der Abschied (R., dt. 1960), Journal brut (R., 1958), Das Buch Alpha (R., dt. 1965), Orchis Militaris (R., dt. 1969).

Miciński, Tadeusz [poln. mi'tɕiịski], * Lodz 9. Nov. 1873, † Tschetschersk (Weißrußland) Febr. 1918, poln. Dichter.

Sohn eines wohlhabenden Grundbesitzers; unternahm weite Reisen; während der Nachkriegswirren unter unbekannten Umständen ermordet. Esoter. Symbolist, dessen Werke bisher nur z. T. veröffentlicht wurden; neigte zu verrätselnder, myst. Darstellung; pflegte lyr., ep. und dramat. Dichtung; am bekanntesten wurde neben seiner Fassung des Faust-Stoffs „Ksiądz Faust" (= Pater Faust, Nov., 1913) sein historisches Drama „Bazylissa Teofanu" (1909) aus dem alten Byzanz.

Mickel, Karl, * Dresden 12. Aug. 1935, dt. Schriftsteller.

Studierte Volkswirtschaftsplanung und Wirtschaftsgeschichte, war Redakteur, lebt jetzt als Dozent in Berlin (Ost). Schrieb neben Kabarettstücken und Szenenfolgen v. a. von Brecht beeinflußte, an ungewöhnl. Metaphorik reiche Gedichte („Lobverse und Beschimpfungen", 1963; „Vita nova mea", 1967).

Mickevič, Konstantin Mihajlovič ↑ Kolas, Jakub.

Mickiewicz, Adam [Bernard] [poln. mits'kjɛvitʃ], * Zaosie (Litauen) 24. Dez. 1798, † Konstantinopel (heute Istanbul) 26. Nov. 1855, poln. Dichter.

Stammte aus dem Kleinadel, Vater war Jurist; Studium der klass. Philologie in Wilna, wo er zum Philomatenkreis gehörte, seit 1819 Lehrer in Kaunas. 1820 schrieb M. die „Ode an die Jugend" (dt. 1919), ein Gedicht in klassizist. Odenform, jedoch mit den Gedanken der Aufklärung. M. verfaßte auch Balladen und Romanzen, die 1822 u. d. T. „Poezje" (= Poesie) erschienen. Diese Sammlung enthält das programmat. Gedicht „Romantyczność" (= Romantik). 1823 erschien ein zweiter Band, der noch stärker die romant. Seite betont; darin sind zwei Teile der „Totenfeier" (dt. 1887) enthalten. 1823 Vorgehen der russ. Behörden gegen Geheimgesellschaften, Verhaftung M.s und Ausweisung aus Litauen; Aufenthalte in Petersburg, Odessa, auf der Krim und in Moskau, wo er mit Puschkin zusammenkam. In Rußland entstanden zwei Zyklen „Sonety krymskie" (= Krimsche Sonette, 1826) und das histor. Epos „Konrad Wallenrod" (1827, dt. 1834), in dem der Kampf der Litauer gegen die dt. Kreuzritter geschildert wird. 1829 Ausreise aus Rußland, Aufenthalte in Prag, Deutschland, wo M. Goethe traf, und schließl. in Rom. Wegen des poln. Aufstandes (1830/31) Reise bis an die russ. Grenze nach Posen; nach Niederschlagung des Aufstandes ließ sich M. in Dresden nieder, wo ein weiterer Teil der „Totenfeier" entstand, der die Wilnaer Ereignisse widerspiegelt und – wie auch die Teile aus der Wilnaer Zeit – autobiograph. Züge trägt. 1832 ging M. in das Zentrum der

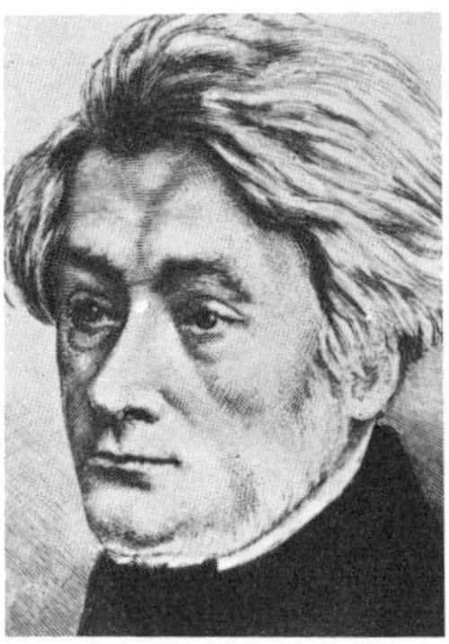

Adam [Bernard] Mickiewicz

poln. Emigration, nach Paris. Dort schrieb er „Die Bücher der poln. Nation und der poln. Pilgerschaft" (dt. 1833), mit denen er als geistiger Führer der poln. Nation hervortrat; Einflüsse des christl. Sozialismus Lamennais'. Seit 1834 ⚭ mit Celina Szymanowska. Im gleichen Jahr erschien das Epos „Herr Thaddäus oder der letzte Einfall in Litauen" (dt. 1834), ein heiteres Bild des alten poln. Kleinadels mit stark patriot. Zügen in einer ausgeglichenen, dem klassizist. Epos nahestehenden Form. 1839/40 vorübergehende Lehrtätigkeit für lat. Literatur in Lausanne; Rückkehr nach Paris, Professor für slaw. Literaturen am Collège de France bis 1844. M. geriet mehr und mehr unter den Einfluß Towiańskis und dessen myst. Lehre; war in dieser Zeit vorwiegend nur noch publizist. tätig; Reise nach Rom zum Papst; Teilnahme am Krimkrieg gegen Rußland; starb an der Cholera. M. gilt als der bedeutendste poln. Dichter, insbes. der Romantik. Als glühender Patriot wurde er zum Symbol des poln. Nationalbewußtseins.

Weitere Werke: Grażyna (Epos, 1823), Farys (Epos, 1828), O krytykach i recensentach Warszawskich (= Über die Warschauer Kritiker und Rezensenten, Abhandlung, 1828).

Ausgaben: A. B. M. Dzieła. Wydanie jubileuszowe. Warschau 1955. 16 Bde. – A. B. M. Dzieła. Hg. v. M. Kridl. *Warschau 1922 ff. 20 Bde. – A. M. Poet. Werke. Dt. Übers. Lpz. 1882–87. 2 Bde.*

Literatur: A. M. in world literature. A symposium. Hg. v. W. Lednicki. *Berkeley (Calif.) 1956. – A. M. 1798–1855. Hommage de l'UNESCO à l'occasion du centième anniversaire de sa mort. Paris 1955.* – Weintraub, W.: *The poetry of A. M. Den Haag 1954.* – Jastrun, M.: *M. Dt. Übers. Bln. 1953.* – ↑ auch Asachi, Gheorghe.

Middleton, Thomas [engl. 'mɪdltən], ≈ London 18. April 1580, ▭ Newington Butts (Surrey) 4. Juli 1627, engl. Dramatiker.

Begann mit Gedichten, die er während seiner Studentenzeit in Oxford schrieb, wandte sein Interesse jedoch bald der Bühne zu; arbeitete manchmal mit Dekker und Rowley zusammen, mit letzterem u.a. bei der Verbrechertragödie „The changeling" (1622); erfolgreich waren seine derben Sittenkomödien, die die Londoner Gesellschaft satir. darstellten; pflegte ab 1615 nur noch das ernste Drama; sein Hauptwerk ist das gegen Spanien gerichtete polit.-allegor. Schauspiel „A game at chess" (1624).

Weitere Werke: The honest whore (Kom., 1604), Women beware women (Trag., zwischen 1620 und 1627).

Literatur: Barker, R. H.: *Th. M. New York 1958.* – Ellis-Fermor, U.: *The Jacobean drama. London ³1953.*

Midhat, Ahmet ↑ Ahmet Midhat.

Miegel, Agnes, * Königsberg (Pr) 9. März 1879, † Bad Salzuflen 26. Okt. 1964, dt. Dichterin.

Aus angesehener Kaufmannsfamilie, Erziehung in dt. und engl. Pensionaten, 1920–26 Redakteurin an der „Ostpreuß. Zeitung" in Königsberg, seither freie Schriftstellerin, lebte seit 1948 in Bad Nenndorf; bedeutendste Dichterin Ostpreußens, seiner Menschen, seiner Landschaft, seiner Sagen, Mythen und Geschichte ihrer Zeit; vorwiegend Erzählerin und Lyrikerin mit ausgeprägter Vorliebe für die Ballade und balladeske Wirkungen, schwermütige Stimmungen und Unheimliches, dem sie hintergründige Bedeutung verleiht.

Hauptwerke: Gedichte (1901), Balladen und Lieder (1907), Gedichte und Spiele (1920), Geschichten aus Altpreußen (En., 1926), Die schöne Malone (E., 1926), Gesammelte Gedichte (1927), Kinderland (Erinnerungen, 1930), Dorothee. Heimgekehrt (En., 1931), Gang in die Dämmerung (En., 1934), Das Bernsteinherz (En., 1937), Katrinchen kommt nach Hause (En., 1937), Du aber bleibst in mir. Flüchtlingsgedichte (1949), Mein Weihnachtsbuch (1959), Heimkehr (En., 1962).

Ausgabe: A. M. Ges. Werke. Neue Gesamtausg. Düsseld. u. Köln ¹⁻³1955–66. 7 Bde.

Literatur: Piorreck, A.: *A. M. Ihr Leben u. ihre Dichtung. Düsseld. u. Köln 1967. – Leben, was war ich dir gut. A. M. zum Gedächtnis. Stimmen der Freundschaft u. Würdigung. Hg. v.* R. M. Wagner. *Mchn. 1965.* – ↑ auch Sudermann, Hermann.

Mielants, Florant [niederl. 'mi:lɑnts] ↑ Hensen, Herwig.

Mieželaitis, Eduardas [lit. mɪɛʒæ'la:ɪtɪs], * Kareiviškiai 3. Okt. 1919, lit.-sowjet. Schriftsteller.

Studierte in Kaunas und Wilna Jura, Kriegsberichterstatter, seit 1959 Vorsitzender des lit. Schriftstellerverbandes; in seinen frühen Gedichten von Nėris und lit. Volksliedern und

Märchen beeinflußt; die Lyrik seiner späteren Sammlungen ist stark vom sozialist. Realismus geprägt; auch Übersetzer aus dem Russischen.
Mihaēlídēs, Kleánthēs-Kōnstantínos † Eftaliotis, Arjiris.
Mihăescu, Gib [rumän. mihə'iesku], * Drăgăşani bei Craiova 5. Mai 1894, † ebd. 19. Okt. 1935, rumän. Schriftsteller.
Nach Versuchen mit Erzählungen und einem Drama wandte sich M. dem Roman zu und wurde einer der hervorragendsten Vertreter dieser Gattung in der rumän. Literatur; seine meisterhafte, subtile psycholog. Darstellung der Leidenschaften und Sehnsüchte seiner Charaktere zeigt sich bes. in seinem Hauptwerk, dem Roman „Donna Alba" (1935).
Mihajlov, A. † Scheller, Alexandr Konstantinowitsch.
Mihajlov, Nikolaj † Liliew, Nikolai.
Mihajlovski † Michailowski.
Mihajlovskij, Nikolaj Grigor'evič † Garin, N.
Mihalkov † Michalkow.
Mihanović, Antun [serbokroat. mi,ha:nɔvitɕ], * Agram 10. Juni 1796, † Novi Dvori 14. Nov. 1861, kroat. Dichter.
Studierte Jura in Wien, wurde Beamter, Offizier und Diplomat. Einer der führenden Vertreter des Illyrismus, bekannt als Sammler kyrill. Handschriften; trat für die Verwendung der Volkssprache in der Literatur ein; schrieb patriot. Lyrik, darunter die kroat. Nationalhymne „Hrvatska domovina" (= Kroat. Vaterland, 1835).
Mihkelson, Friedebert † Tuglas, Friedebert.
Mikeleitis, Edith, verh. Ehlers, Pseudonym Edzar Schumann, * Posen 27. Febr. 1905, dt. Schriftstellerin.
1918 vertrieben; ging nach Schlesien, Studium der Philologie; später u.a. in Berlin. Verfasserin von Lyrik, Essays, Dramen, Hörspielen, Film- und Fernsehmanuskripten, hatte v.a. mit Romanen Erfolg; bekannt wurde sie durch „Das ewige Bildnis" (1942), einen Roman um J. Böhme. Sie gestaltete v.a. das Leben histor. Persönlichkeiten: Königin Luise („Die Königin", R., 1940), Kopernikus („Die Sterne des Kopernikus", E., 1943), Karoline Schelling („Die blaue Blume", R., 1948), Nietzsche („Der große Mittag", R., 1954), Rembrandt („Der Engel vor der Tür", R., 1962).
Weitere Werke: Das Herz ist heilig (En., 1947), Ehe du kamst, Gynander (Ged., 1964).
Mikes, Kelemen [ungar. 'mikɛʃ], * Zágon Aug. 1690, † Rodostó (heute Tekirdağ, Türkei) 2. Okt. 1761, ungar. Schriftsteller.
Wurde im Jesuitenkonvikt erzogen, war Page, später Schreiber beim Fürsten Franz II. Rákóczi und folgte ihm 1711 in die Verbannung, zuerst nach Polen, England, Frankreich, schließlich in die Türkei. In der Einsamkeit seines türk. Exils schrieb er seine „Törökországi levelek" (= Briefe aus der Türkei, hg. 1794), in denen er stimmungsvoll über das Leben der ungar. Kolonie in Rodostó, seinen Herrn und sich selbst erzählt.
Mikkola, Maria [finn. 'mikkɔlɑ] † Talvio, Maila.
Mikszáth, Kálmán [ungar. 'miksa:t], * Szklabonya 16. Jan. 1847, † Budapest 28. Mai 1910, ungar. Schriftsteller.
Studierte in Budapest Jura, wurde Beamter, später Journalist; schrieb für verschiedene Blätter und war Redakteur der Zeitschrift „Néplap"; wurde 1887 liberaler Abgeordneter. M. ist von Jókai, dessen Romantik er überwand, und auch von Dickens beeinflußt. Er ist ein humorvoller Erzähler mit Vorliebe für Anekdoten, der einen farbigen, spezif. Realismus pflegte.
Hauptwerke: Sankt Peters Regenschirm (R., dt. 1898), Der närrische Graf Pongrácz (R., dt. 1941), Sonderbare Ehe (R., dt. 1943), Szelistye, das Dorf ohne Männer (R., dt. 1906), Die Hochzeit des Herrn von Noszty (R., 1908; dt. 1953), Die schwarze Stadt (R., 1910; dt. 1953), Der schwarze Hahn (En., dt. 1968).
Mikulášek, Oldřich [tschech. 'mikula:ʃɛk], * Prerau 26. Mai 1910, tschech. Lyriker.
Seine Gedichte erschienen in zahlreichen Sammlungen (die erste 1930); seine Auffassung von der Poesie und vom Leben ist durch den Umbruchscharakter seiner Zeit begründet. In seinen Gedichten zeigt er das menschl. Leben als unaufhörl. dramat. Kampf.
Miladinov, Dimitar [makedon. mi'ladinɔf], * Struga 1810, † Konstantinopel (heute Istanbul) 23. Jan. 1862, makedon. Schriftsteller.
Machte sich als Lehrer um das Schulwesen verdient und war an den Bemühungen um die kulturelle und polit. Selbständigkeit Makedoniens beteiligt; starb in türk. Haft. Die bedeutendste literar. Leistung M.s war die mit seinem Bruder *Konstantin M.* (* 1830, † 1862) 1861 hg. Sammlung makedon. Volkslieder.
Miles, R. ['mi:lɛs] † Henz, Rudolf.
Milesische Geschichten (Milesiaka), eine nicht erhaltene Sammlung erot.-frivoler Novellen, nach ihrem Schauplatz Milet benannt; von Aristeides um 100 v. Chr. verfaßt oder herausgegeben. Die M.n G., deren Name zum Gattungsbegriff wurde, genossen weitverbreiteten Ruhm. Muster der Gattung finden sich in den Einlagen der Romane des Petronius und Apuleius.
Milew, Geo; tl.: Milev, Geo [bulgar. 'milɛf], * Radnewo bei Stara Sagora 15. Jan. 1895, † Sofia kurz nach dem 15. Mai 1925 (ermordet), bulgar. Dichter.
Studien im westl. Ausland; als Sozialist von bulgar. Faschisten verfolgt und verschleppt. M., einer der bedeutendsten bulgar. Übersetzer (aus der engl., frz., russ. und dt. Literatur), leistete einen wertvollen Beitrag zur neueren bulgar. Lyrik und machte sich als Dramatiker und Regisseur um das Theater verdient.
Miłkowski, Zygmunt [Fortunat] [poln. miu̯-'kɔfski] † Jeż, Teodor Tomasz.
Millar, Margaret [engl. 'mɪlə], * Kitchener (Ontario) 5. Febr. 1915, amerikan. Schriftstellerin kanad. Herkunft.
Ursprüngl. Musikerin; Studium der griech. Literatur in Toronto, später der Psychiatrie; lebt in Kalifornien; verfaßte zahlreiche Romane, die die Vielseitigkeit ihres Lebens spiegeln.
Hauptwerke: Erwecket die Liebe nicht (R., dt. 1964), Die Feindin (R., dt. 1965), Liebe Mutter, es geht mir gut (R., dt. 1967).
Millay, Edna St. Vincent [engl. 'mɪlɛɪ], Pseudonym Nancy Boyd, * Rockland (Maine) 22. Febr. 1892, † Farm Steepletop bei Austerlitz (N.Y.) 19. Okt. 1950, amerikan. Dichterin.
Lebte bis zu ihrer Heirat (1923) im Milieu der New Yorker Boheme, schrieb Short stories, war

Schauspielerin und verfaßte Bühnenstücke, darunter satir. Phantasien in einem Akt und das Opernlibretto „The king's henchman" (1927); in ihrer Lyrik, die zuletzt zunehmend polit. Charakter hatte, zeigte sich Edna M.s Neigung zum romant. Extravaganten, oft Hekt., gelegentl. zum Zyn.; ihr berühmtestes Gedicht ist „Renascence" (1917); ihre Sonette sind u. a. von Donne beeinflußt und zeugen von ihrer Bewunderung für Keats; Pulitzerpreis 1923.

Mille, Pierre [frz. mil], * Choisy-le-Roi bei Paris 27. Nov. 1864, † Paris 14. Jan. 1941, frz. Schriftsteller.

War lange im Kolonialdienst und als Zeitungskorrespondent, u. a. in Afrika, Indochina, Brit.-Indien, tätig und wurde als Romanschriftsteller und Erzähler bes. durch seine iron.-heiteren Sittenbilder aus den damaligen Kolonialgebieten bekannt.

Hauptwerke: Barnavaux et quelques femmes (R., 1908), Caillou et Tili (R., 1911), Louise et Barnavaux (R., 1912), Le monarque (R., 1913), Histoires exotiques et merveilleuses (1920), Das Totenschiff (Novellen, dt. 1926).

Miller, Arthur [engl. 'mɪlə], * New York 17. Okt. 1915, amerikan. Schriftsteller.

Sohn eines aus Österreich eingewanderten jüd. Fabrikanten; Studium an der Universität von Michigan, zeitweilig Hafen- und Fabrikarbeiter; 1938 Redakteur, Kriegsteilnehmer, nach dem Krieg in Hollywood und New York; 1956–60 ⚭ mit Marilyn Monroe; einer der führenden Autoren der zeitgenöss. Bühne, der sich der überkommenen Stilmittel des europ. Theaters bedient und bes. Ibsen und dessen naturalist. Enthüllungstechnik verpflichtet ist. Er ist trotz seiner Darstellung der trag. Situation des einzelnen in der Masse von einem kraftvollen Glauben an den Menschen und seine Zukunft beseelt. Seine wichtigsten Dramen sind „Alle meine Söhne" (dt. 1948), „Der Tod des Handlungsreisenden" (dt. 1950) und „Hexenjagd" (dt. 1954). Bemerkenswert auch sein auf die Möglichkeiten des Films zugeschnittener Drehbuchroman „Nicht gesellschaftsfähig" (dt. 1961).

Weitere Werke: Brennpunkt (R., dt. 1950), Nach dem Sündenfall (Dr., dt. 1964), Zwischenfall in Vichy (Dr., dt. 1965), The price (Dr., 1968).

Ausgaben: A. M. Ges. Erzählungen. Dt. Übers. Sonderausg. Reinbek bei Hamb. 1969. – A. M. Dramen. Dt. Übers. Frkf. 1966 ff. Auf mehrere Bde. berechnet. – A. M. Collected plays. New York 1957.

Literatur: Moss, L.: *A. M. New York 1968.* – Lübbren, R.: *A. M. Velber 1966.*

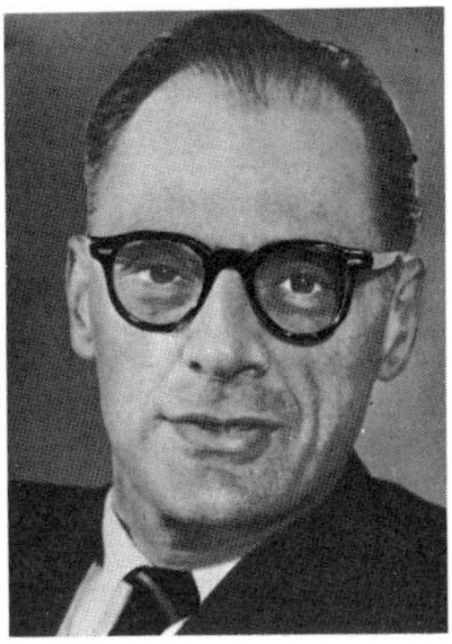
Arthur Miller

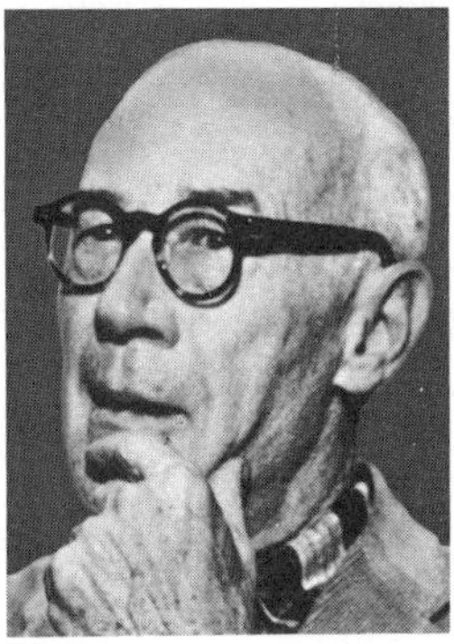
Henry Miller

Miller, Henry [engl. 'mɪlə], * New York 26. Dez. 1891, amerikan. Schriftsteller.

Sohn eines Schneiders dt. Herkunft; verließ vorzeitig die Schule und schlug sich mit zahlreichen Gelegenheitsarbeiten durch, war u. a. Totengräber, Verkäufer, Plakatkleber, Kellner, Hafenarbeiter; seit Mitte der 20er Jahre Schriftsteller; 1930–40 in Europa, im wesentl. in Paris, seither wieder in den USA. M. ist der Vertreter eines extremen Individualismus von provozierender Aggressivität, dessen Spannweite bis zum Anarchismus reicht; M.s Werk ist dementsprechend fast ausschließl. eine permanente Spiegelung seiner individuellen Gefühlswelt. Der „sexualist." Grundton seiner Romane ist als Teil seiner Bestrebungen zur Umwertung des traditionellen bürgerl.-puritan. Wertesystems der nordamerikan. Gesellschaft zu verstehen. Eigene künstler. Formen hat M. nicht gefunden, stilist. bewegt er sich zwischen derbem Naturalismus und teilweise surrealist. Visionen.

Hauptwerke: Wendekreis des Krebses (R., 1934; dt. 1953), Schwarzer Frühling (E., 1936; dt. 1954), Wendekreis des Steinbocks (R., 1939; dt. 1953), Die Welt des Sexus (Essay, 1940; dt. 1960), Sexus (R., 1949), Big Sur und die Orangen des Hieronymus Bosch (autobiograph. Idylle, dt. 1958), Nexus (R., dt. 1961), Just wild about Harry (Dr., 1963), Stille Tage in Clichy (R., dt. 1968), Briefe an Anaïs Nin (dt. 1968).

Ausgabe: H. M. Sämtl. Erzählungen. Dt. Übers. Sonderausg. Reinbek bei Hamb. 1968.

Literatur: Gordon, W. A.: *The mind and art of H. M. Baton Rouge (La.) 1967.* – Schmiele, W.: *H. M. in Selbstzeugnissen u. Bilddokumenten. Reinbek bei Hamb. 1962.*

Miller, Joaquin [engl. 'mɪlə], eigtl. Cincinnatus Hiner (oder Heine) M., * bei Liberty (Ind.) 10. März 1839, † Oakland (Calif.) 17. Febr. 1913, amerikan. Schriftsteller.

Führte ein bewegtes Leben in den Goldminen Kaliforniens und in Klondike, war Zeitungshg. in Oregon, unternahm Weltreisen und stand in Verbindung mit vielen literar. Kreisen. Schrieb in nachlässiger Form Lyrik und Prosawerke ohne besonderen literar. Wert, in denen er den amerikan. Westen glorifiziert; seine „Songs of the sierras" (Ged., 1871) galten in Europa, bes. in England, einige Zeit als repräsentative Dichtung des amerikan. Südwestens.

Miller, Johann Martin, * Ulm 3. Dez. 1750, † ebd. 21. Juni 1814, dt. Dichter.
Sohn eines Predigers; studierte in Göttingen Theologie und schloß sich dort dem „Göttinger Hain" an; wurde Prediger, Professor am Gymnasium in Ulm, schließl. Dekan. Vertreter der Empfindsamkeit, schrieb rührselige Briefromane und Lieder, die bald volkstüml. wurden; auch Predigten.
Hauptwerke: Beitrag zur Geschichte der Zärtlichkeit (R., 1776), Siegwart. Eine Klostergeschichte (R., 1776), Predigten für das Landvolk (1776–84), Gedichte (1783), Die Geschichte Gottfried Walthers, eines Tischlers, und des Städtleins Erlenburg (R., 1786).

Miller, Leonard [engl. 'mɪlə] † Merrick, Leonard.

Millevoye, Charles Hubert [frz. mil'vwa], * Abbeville 24. Dez. 1782, † Paris 26. Aug. 1816, frz. Dichter.
Studierte in Paris und trat in eine Anwaltskanzlei ein, arbeitete später bei einem Buchhändler; lungenkrank; Lyriker zwischen Klassizismus und Romantik, schrieb „Élégies" (1811), einige heroische Gedichte („Charlemagne à Pavie", 1808), drei (mittelmäßige) Tragödien u.a. Werke.

Millin (Millin), Sarah Gertrude [engl. 'mɪlɪn], geb. Liebson, * Barkly bei Kimberley 19. März 1889, † 6. Juli 1968, südafrikan. Schriftstellerin.
Schrieb in engl. Sprache; eine der bedeutendsten Schriftstellerinnen Südafrikas, die in ihren Romanen in klarer Sprache und objektiver Darstellung das Leben südafrikan. Menschen mit ihren spezif. religiösen, sozialen, psycholog. und künstler. Problemen schildert. Im Vordergrund steht die Rassenfrage. Schrieb auch Studien und Essays, ferner Biographien und Tagebücher aus der Zeit des 2. Weltkriegs.
Weitere Werke: The dark river (R., 1920), Middle class (R., 1921), Gottes Stiefkinder (R., 1924; dt. 1933), The sons of Mrs. Aab (R., 1931), Rhodes (Biogr., 1933), King of the bastards (R., 1949), The burning man (R., 1952).

Milne, Alan Alexander [engl. mɪln], * London 18. Jan. 1882, † Hartfield (Sussex) 31. Jan. 1956, engl. Schriftsteller und Journalist.
1906–14 Mithg. des „Punch"; schrieb humorist. Essays und geistreiche Lustspiele, hatte aber bes. mit seinen Kinderbüchern großen Erfolg, so mit „Pu der Bär" (dt. 1928) und „Wiedersehen mit Pu" (1928, dt. 1953).

Milosz, Oscar Venceslas (Vladislas) de Lubicz-M. [frz. mi'lɔʃ], * Čereja bei Kaunas 28. Mai 1877, † Fontainebleau 2. März 1939, frz. Dichter lit. Herkunft.
Seit seiner Jugend in Paris, Reisen in Europa und N-Afrika, zeitweilig Diplomat; veröffentlichte lyr. Gedichte („Les sept solitudes", 1904; „Les éléments", 1910, u.a.), dramat. Mysterien („Miguel Mañara", 1912, dt. 1944; mit dem Don-Juan-Motiv), Märchen und Erzählungen aus seiner lit. Heimat („Contes et fabliaux de la vieille Lithuanie", 1930) sowie philosoph. Schriften und Übersetzungen; seine Dichtung ist erfüllt von tiefer Religiosität mit stark myst. Einschlag; zunächst Symbolist, später von Claudel beeinflußt.
Weitere Werke: L'amoureuse initiation (R., 1910), Méphiboseth (Dr., 1914), Ars magna (Essay, 1924).

Miłosz, Czesław [poln. 'miu̯ɔʃ], * Seteiniai (Litauen) 30. Juni 1911, poln. Dichter.
Neffe des Dichters Oscar V. de Lubicz-Milosz; studierte in Wilna, lebte danach in Warschau; nach dem 2. Weltkrieg Eintritt in den diplomat. Dienst, vertrat sein Land als Kulturattaché in Washington und Paris; emigrierte 1951 nach Frankreich; seit 1956 Professor für slaw. Sprachen und Literaturen in den USA; bed. als Lyriker, Romancier („Tal der Issa", dt. 1957), Essayist und Übersetzer v.a. anglo-amerikan. Literatur; setzte sich in dem Essayband „Verführtes Denken" (dt. 1953) mit dem Phänomen des Kommunismus auseinander.
Weitere Werke: West und östliches Gelände (Autobiogr., dt. 1961), Lied vom Weltenende (Ged., dt. 1966).

Milton, John [engl. 'mɪltən], * London 9. Dez. 1608, † ebd. 8. Nov. 1674, engl. Dichter.
Sohn eines Notars, seit 1625 Student in Cambridge, wo er bereits lat. Verse schrieb und sich zum Dichter berufen fühlte; 1632 Master of Arts; 1638/39 Reisen nach Frankreich und Italien, traf dort u.a. mit Hugo Grotius und Galilei

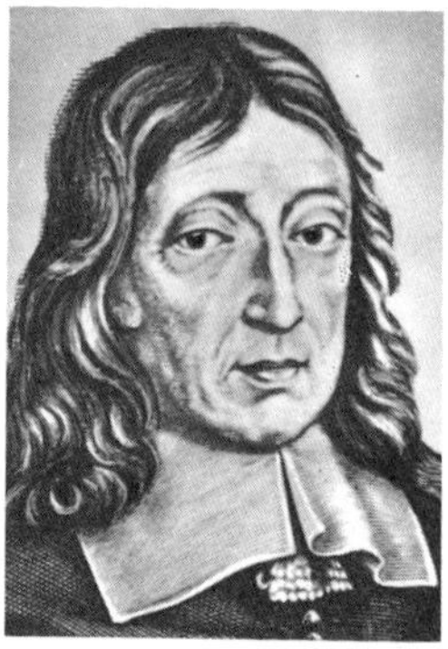

John Milton
(Stich und Zeichnung von W. Faithorne d. Ä., 1670)

zusammen, kämpfte während des engl. Bürgerkrieges auf seiten des Parlaments und wurde unter Cromwell zum Staatssekretär ernannt; trat polit. für eine Blockbildung der europ. prot. Staaten ein; lebte nach Rückkehr der Stuarts einsam, arm und erblindet nur noch seinem dichter. Schaffen. M.s poet. Hauptwerk ist das 12 Gesänge in Blankversen umfassende epochale puritan. Menschheitsepos „Das verlorene Paradies" (1667, dt. 1682 u.d.T. „Das Verlustigte Paradeis"), das die Schöpfung des Menschen und den Sündenfall behandelt und durch seine kühnen allegor. Bilder bes. auf Klopstock und die ganze engl. Romantik gewirkt hat. Ein Seitenstück fand die Dichtung 1671 in dem schwächeren Epos „Wiedererobertes Paradies" (dt. 1752). Als Dramatiker trat M. mit dem frühen Maskenspiel „Comus" (1634, dt. 1840) und dem bibl. Lesedrama mit autobiograph. Hintergrund „Samson Agonistes" (1671, dt. 1840) hervor. M.s tiefempfundene Sonette gehören zu den Meisterwerken ihrer Gattung. Zahlreiche weitere Werke, meist polem. und

pamphlet. Charakters, in engl. und lat. Sprache, stammen aus M.s langer polit. Kampfzeit, in der er sich für die Sache der puritan. Republik, für die Pressefreiheit, das Recht zur Ehescheidung u.a. einsetzte.
Weitere Werke: L'allegro (Ged., 1632), Il penseroso (Ged., 1632).
Ausgaben: J. M. The works. Hg. v. F. A. Patterson *u.a. New York 1931–40. 18 Bde., 2 Indexbde. – J. M. Poet. Werke. Dt. Übers. Hg. v.* H. Ullrich. *Lpz. 1910 [mit Biogr.].*
Literatur: Grace, W. J.: *Ideas in M. Notre Dame (Ind.) u. London 1968.* – Hagenbüchle, R.: *Sündenfall u. Wahlfreiheit in M.s „Paradise Lost". Bern u. Mchn. 1968.* – Tillyard, E. M. W.: *M. Neuaufl. London 1966.* – Hanford, J. H.: *M. handbook. New York ⁴1946.* – Masson, D.: *The life of J. M. London 1859–94. 6 Bde., Reg.-Bd.* – Stern, A.: *J. M. u. seine Zeit. Lpz. 1877–79. 2 Tle. in 4 Bden.*

Milutinović-Sarajlija, Sima [serbokroat. milu,ti:nɔvitɕsa'rajlija], * Sarajevo 3. Okt. 1791, † Belgrad 30. Dez. 1847, serb. Schriftsteller.
Sein unstetes Wanderleben führte ihn u.a. nach Bulgarien, Rußland und Deutschland; kämpfte gegen die Türken; wurde 1827 Erzieher des späteren montenegrin. Wladika Petar II. Petrović Njegoš; nach Belgrad zurückgekehrt, erhielt er 1842 einen hohen Posten im Unterrichtsministerium. M.-S., ein national denkender Romantiker, schrieb außer lyr. und ep. Gedichten, in denen er im Stil schlichter Volksdichtung das Heldentum und die Not seines unterdrückten Volkes darstellte, histor. Dramen und Geschichtswerke; als Sammler und Hg. serb. Volkslieder Vermittler des Liedguts an den Westen.

Mimnermos von Kolophon, griech. Dichter um 600 v. Chr.
Wurde von den Alexandrinern für den Begründer der von ihnen bes. gepflegten erzählenden Elegie gehalten; seine elegische Dichtung, von der nur wenige Fragmente erhalten sind, erhält ihre Impulse von dem Ggs. zwischen den Freuden der Jugend, bes. der heiml. Liebe, und den Leiden des Alters; daneben behandelt M. in den Elegien auch Themen aus der Mythologie; bekannt sind die Elegien auf die angebl. Geliebte Nanno.

Minkow, Swetoslaw; tl.: Minkov, Svetoslav [bulgar. 'minkof], * Radomir 14. Febr. 1902, † Sofia 22. Nov. 1966, bulgar. Schriftsteller.
Studierte in Sofia und München; 1943/44 im diplomat. Dienst in Tokio, war Zeitungsredakteur und freier Mitarbeiter kultureller Zeitschriften, arbeitete in der Filmwirtschaft, wurde Verlagsredakteur. M. stellte, anfängl. unter dem Einfluß der dt. Literatur, später unter dem des sozialist. Realismus, in humorist. Erzählungen, Skizzen und Feuilletons das Verhältnis des Menschen zur Technik dar; er übersetzte u.a. Meyrink, Hamsun und H.Ch. Andersen; in dt. Übersetzung erschien „Die Dame mit den Röntgenaugen" (1934, dt. 1956).

Minne, Richard [niederl. 'mɪnə], * Gent 30. Nov. 1891, fläm. Schriftsteller.
Landwirt, Journalist. Sarkasmus, Selbstverspottung, Skeptizismus sind die Masken, hinter denen sich leichte Verletzbarkeit, Liebe zur Natur und zum Leben verbergen. Als Reaktion auf den Expressionismus, dem er sich widersetzte, ist seine Sprache volksnah und schlicht.
Hauptwerke: In den zoeten inval (Ged., 1927), Heineke Vos en zijn biograaf (Nov., 1933), Wolfijzers en schietgeweren (Ged. und Prosa, 1942), In twining lijnen (1955).

Minot, Laurence [engl. 'maɪnət], * 1300 (?), † 1352 (?), engl. Dichter.
Nachrichten über sein Leben fehlen, doch läßt die Detailgenauigkeit seiner elf in kraftvollem, nordengl. Dialekt verfaßten patriot. Schlachtgedichte, die die erfolgreichen Kriegszüge Eduards III. darstellen, vermuten, daß M. Soldat war; die Gedichte sind wichtige kulturhistor. Denkmäler.

Minski, N.; tl.: Minskij, N. [russ. 'minskij], eigtl. Nikolai Maximowitsch Wilenkin; tl.: Nikolaj Maksimovič Vilenkin, * Glubokoje (Gouv. Wilna) 27. Jan. 1855, † Paris 2. Juli 1937, russ. Dichter.
Vertreter des L'art pour l'art; wurde nach Anfängen im Stil Nekrassows zum Vorläufer der Symbolisten; gestaltete in seiner Lyrik vorwiegend elegische, pessimist. Stimmungen; steht in manchen Gedankengängen Nietzsche nahe; starker Einfluß der oriental. Mystik.

Minucius Felix, Marcus, röm. Schriftsteller des 2. oder 3. Jahrhunderts.
Vermutl. Afrikaner (Numidien), kam als Rechtsanwalt nach Rom, bekehrte sich zum Christentum. Bed. ist sein Dialog „Octavius", die möglicherweise älteste Apologie des Christentums in der lat. Literatur.
Ausgabe: M. M. F. Octavius. Lat.-dt. Hg. v. B. Kytzler. *Mchn. 1965.*
Literatur: Becker, Carl: *Der „Octavius" des M. F. Mchn. 1967.* – Baylis, H. J.: *M. F. and his place among the early fathers of the Latin church. London 1928.*

Minulescu, Ion [rumän. minu'lesku], * Bukarest 18. Jan. 1881, † ebd. 11. April 1944, rumän. Dichter.
War zeitweilig Direktor des Bukarester Nationaltheaters, in leitender Stellung im Kultusministerium. Führender Lyriker des rumän. Symbolismus; sein lyr. Hauptmotiv ist seine Sehnsucht nach exot. Ländern und dem Meer; weitere bevorzugte Motive sind Liebe und Tod; in seiner Lyrik wie in seinen Romanen und den barock wirkenden Komödien fehlt selten eine leicht iron. Färbung des Stils; erhielt 1928 den Nationalpreis.

Miomandre, Francis de [frz. mjɔ'mã:dr], eigtl. François Durand, * Tours 22. Mai 1880, † Saint-Quay-Portrieux (Côtes-du-Nord) 2. Aug. 1959, frz. Schriftsteller.
In Marseille aufgewachsen; Verfasser phantasievoll-poet. Romane und Erzählungen, der École fantaisiste nahestehend, erhielt für sein Buch „Écrit sur de l'eau" 1908 den Prix Goncourt; auch Lyriker.
Weiteres Werk: Das Herz und der Chinese (R., 1914; dt. 1929).

Mirabeau, Sybille Gabrielle Marie-Antoinette de Riqueti de [frz. mira'bo] ↑ Gyp.

Mira de Amescua (M. de Mescua), Antonio [span. 'mira ðe a'meskųa], * Guadix (Granada) um 1574, † ebd. 8. Sept. 1644, span. Dramatiker.
Studierte Theologie und Rechtswissenschaft in Granada, war Kaplan ebd. und lebte 1610–19 bei dem Grafen von Lemos in Neapel; fruchtbarer

Dramatiker in der Nachfolge Lope de Vegas, schrieb „El esclavo del demonio“ (1612), „La rueda de la fortuna“ (1615), „El fénix de Salamanca“ (1630), „La desgraciada Raquel“ (1726; Geschichte Alfons' VIII. und der Jüdin von Toledo); daneben u.a. ep. Gedichte, Sonette, Elegien.

Miran, Boris [slowen. 'mi:ran] † Stritar, Josip.

Miranda, Francisco de Sá de † Sá de Miranda, Francisco de.

Mirandola, Giovanni Pico della † Pico della Mirandola, Giovanni.

Mirbeau, Octave [frz. mir'bo], * Trévières bei Bayeux 16. Febr. 1850, † Paris 16. Febr. 1917, frz. Schriftsteller.

Sohn eines Arztes, verlor früh seine Mutter; unglückl. Jugend, besuchte die Jesuitenschule in Vannes; Rechtsstudium in Paris; war zunächst konservativ eingestellter Journalist, wandte sich dann radikal-fortschrittl. Ideen zu; Vorkämpfer des Impressionismus in Malerei und Musik (Monet, Manet, Cézanne; Debussy); antimilitaristisch und antiklerikal, Parteinahme für Dreyfus. Gegenstand seiner vorwiegend naturalist. beeinflußten krit. und satir. Romane sind meist soziale und moral. Skandale. Sein aufsehenerregendes Theaterstück „Geschäft ist Geschäft“ (dt. 1903) hat sich bis heute auf der Bühne gehalten.

Weitere Werke: Le calvaire (R., 1886), Der Abbé (R., 1888; dt. 1925), Der Garten der Qualen (R., dt. 1902), Enthüllungen einer Kammerzofe (R., dt. 1901), Die Badereise eines Neurasthenikers (R., dt. 1902), Le foyer (Kom., 1908; mit T. Natanson).

Literatur: Schwarz, M.: *O. M. Den Haag 1966.*

Miriam [poln. 'mirjam] † Przesmycki, Zenon.

Miriwilis, Stratis; tl.: Muribēlēs, Stratēs [neugr. miri'vilis], * Skamna (auf Lesbos) 13. Juli 1892, neugriech. Schriftsteller.

Tätigkeit als Publizist und Journalist. Die Romane und Erzählungen M.', der wesentl. zur Emanzipation der neugriech. Literatur beigetragen hat, zeichnen sich durch ausdrucksstarke Sprache und lebendige Handlung aus.

Hauptwerke: Ta pagana (E., 1944), Die Madonna mit dem Fischleib (R., dt. 1955).

Mirobulius Tassalinus † Lubomirski, Stanisław Herakliusz.

Miró Ferrer, Gabriel [span. mi'ro fɛ'rrɛr], * Alicante 28. Juli 1879, † Madrid 27. Mai 1930, span. Schriftsteller.

Schilderte in teilweise symbolist., mehr lyr. als handlungsbewegten Romanen Landschaft und Atmosphäre der span. Provinz. Meister eines impressionist.-andeutenden Stils. Behandelte auch bibl. Stoffe: „Figuras de la pasión del Señor“ (Prosaskizzen, 1916).

Weitere Werke: Nómada (E., 1908), Libro de Sigüenza (R., 1917), Nuestro padre San Daniel (R., 1921), El obispo leproso (R., 1926), Años y leguas (R., 1928).

mirror for magistrates, A [engl. ə 'mɪrə fə 'mædʒɪstrɪts], engl. Dichtung, deren erste, unterdrückte Fassung 1554/55 entstand; vom Hg. William Baldwin 1559 erstmals gedrucktes und von ihm durch erklärende Zwischentexte zu einer Einheit verbundenes nationales historiograph. Werk, zu dem mehrere Schriftsteller Lebensläufe trag. endender hochgestellter histor. Persönlichkeiten Englands in Ichform beitrugen; Vorbilder waren Boccaccios „De casibus virorum illustrium“ und Lydgates „Fall of princes“; das Sammelwerk wurde in den folgenden Auflagen ständig erweitert; 1563 wurden als bedeutendste Beiträge Sackvilles „Induction“ und „The complaint of the Duke of Buckingham“ aufgenommen.

Mirza Schaffy [...fi] † Bodenstedt, Friedrich von.

Mischima, Jukio; tl.: Mishima, Yukio [jap. miʃima], eigtl. Hiraoka Kimitake, * Tokio 14. Jan. 1925, jap. Schriftsteller.

Entstammt einer angesehenen Beamtenfamilie; studierte Jura, war Beamter im Finanzministerium, widmete sich jedoch bald nur noch seiner literar. Tätigkeit. Neben der klass. jap. Literatur hat v.a. die moderne europ. sein Erzählwerk, das nihilist. und skeptizist. Elemente aufweist, entscheidend beeinflußt; schrieb auch Nô-Spiele und Essays. Ins Dt. übersetzt wurden die Romane „Das Geständnis einer Maske“ (dt. 1964), „Die Brandung“ (dt. 1959), „Der Tempelbrand“ (dt. 1961), „Nach dem Bankett“ (dt. 1967) sowie „Sechs moderne Nô-Spiele“ (1962; darin u.a.: „Die Damasttrommel“, UA 1955).

Mistral, Frédéric [frz. mis'tral], * Maillane bei Arles 8. Sept. 1830, † ebd. 25. März 1914, neuprovenzal. Dichter.

War 1854 Mitbegründer, später Leiter des Félibrige, der Erneuerungsbewegung der provenzal. Literatur, und machte das Provenzal. wieder literaturfähig. Lyriker, Epiker, Lexikograph. Sein berühmtestes Werk ist das von der Académie française preisgekrönte Versepos der provenzal. Landschaft „Mirèio“ (1859, dt. 1880), eine trag. Liebesgeschichte in 12 Gesängen. M. ist Verfasser eines monumentalen zweibändigen Wörterbuchs der neuprovenzal. Sprache (1879–86). Übersetzte zahlreiche seiner Werke selbst ins Frz.; Nobelpreis 1904 (zusammen mit J. Echegaray y Eizaguirre).

Weitere Werke: Calendau (Epos, 1867; dt. 1909), Lis isclo d'or (Ged., 1875), Nerto (Epos, 1884; dt. 1900), La rèino Jano (Dr., 1890), Erinnerungen (dt. 1908).

Ausgaben: F. M. Œuvres poétiques complètes. Éd. bilingue. Aix-en-Provence 1967. 2 Bde. – F. M. Ausgew. Werke. Dt. Übers. Hg. v. A. Bertuch. *Stuttg.* $^{1-5}$*1908–10. 2 Bde.*

Literatur: Bayle, L.: *Grandeur de M. Essai critique littéraire. Toulon 1964.* – Peyre, S.-A.: *F. M. Paris 1963.* – Welter, N. Freder: *M., der Dichter der Provence. Marburg 1899.*

Mistral, Gabriela [span. mis'tral], eigtl. Lucila Godoy Alcayaga, * Vicuña (Chile) 7. April 1889, † Hempstead (N.Y.) 10. Jan. 1957, chilen. Dichterin.

Tochter eines Lehrers, wurde selbst Lehrerin, später Aufstieg zur Schulleiterin und maßgebenden Mitarbeiterin an einer Schul- und Erziehungsreform in Mexiko; Gastprofessor in den USA und Mitarbeiterin beim Völkerbund; vertrat seit den 30er Jahren ihr Land als Konsul u.a. in Spanien, Portugal, Brasilien, den USA und Mexiko; Nobelpreis für Literatur 1945; eine der bedeutendsten Lyrikerinnen der roman. Literaturen, jedoch fast ausschließl. in der iberoamerikan. Kultur verwurzelt; ihre 1914 in Santiago preisge-

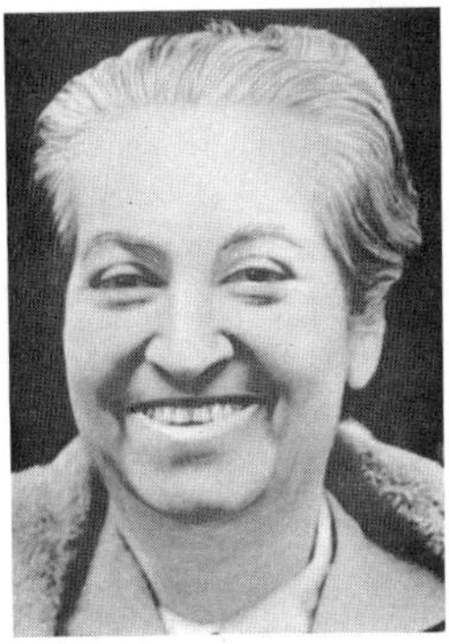

Gabriela Mistral

krönten „Sonetos de la muerte“ entstanden aus dem tiefen Schmerz über den Selbstmord ihres Verlobten; auch die Gedichtbände „Desolación“ (1922, dt. Ausw. 1960 u.d.T. „Spürst du meine Zärtlichkeit?“) und „Ternura“ (1924) hatten bemerkenswerten Erfolg; Gabriela M.s Lyrik verbindet humanist. und christl. Geist und besingt eine vergeistigte Liebe, bes. die Mutter- und Kindesliebe.
Weitere Werke: Rondas de niños (Ged., 1923), Tala (Ged., 1938).
Ausgaben: G. M. Gedichte. Dt. Übers. Hg. v. A. Theile. *Neuwied 1958. – G. M. Poesías completas. Hg. v.* M. Bates. *Madrid 1958.*
Literatur: Arce de Vázquez, M.: *G. M. Engl. Übers. New York 1964.* – Rheinfelder, H.: *G. M.: Motive ihrer Lyrik. Mchn. 1955.* – Wais, K.: *Zwe Dichter Südamerikas: G. M. Rómulo Gallegos. Bln. u. Neuwied 1955.*

Mitchell, Margaret [engl. 'mɪtʃəl], * Atlanta (Ga.) 8. Nov. 1900, † ebd. 16. Aug. 1949, amerikan. Schriftstellerin.
Tochter eines Rechtsanwalts, verbrachte ihre Schulzeit in Atlanta und Northampton (Mass.), Journalistin in Atlanta; ihr einziges Buch, an dem sie zehn Jahre lang schrieb und das ihr Weltruf einbrachte, ist der beispiellos erfolgreiche Roman aus der Zeit des amerikan. Sezessionskrieges, gesehen vom Standpunkt des Südstaatlers, „Vom Winde verweht“ (dt. 1937).
Literatur: Farr, F.: *Die M.-M.-Story u. die Gesch. des Buches „Vom Winde verweht“. Dt. Übers. Düsseld. 1967.*

Mitchell, S[ilas] Weir [engl. 'mitʃəl], * Philadelphia 15. Febr. 1829, † ebd. 4. Jan. 1914, amerikan. Schriftsteller.
Von Beruf Arzt; schrieb außer populärmedizin. und wissenschaftl. Werken psycholog. und histor. Romane, von denen viele sein Interesse für psych. und neurot. Leiden und Abnormitäten bezeugen; gilt als einer der besten Gestalter amerikan. Frauencharaktere; seine Hauptwerke sind „Hugh Wynne, Free Quaker“ (R., 1897) und „Westways“ (R., 1913), in denen er die Schrecken des Bürgerkrieges schonungslos darstellte.

Mitford, Mary Russell [engl. 'mɪtfəd], * Alresford (Hampshire) 16. Dez. 1787, † Swallowfield bei Reading 10. Jan. 1855, engl. Schriftstellerin.
Sie war weniger mit ihren Gedichten und unoriginellen Verstragödien als mit den Skizzen aus dem Landleben erfolgreich, die sie u.a. in der Sammlung „Our village“ (1824ff.) herausgab; sie führte mit diesen stimmungsvollen, handlungsarmen Kleinformen der Prosaerzählung eine neue Gattung in die engl. Literatur ein; auch Verfasserin von [unbed.] Romanen.

Mitford, Nancy Freeman [engl. 'mɪtfəd], * London 28. Nov. 1904, engl. Schriftstellerin.
Aus Adelsfamilie; lebte zunächst in ärml. Verhältnissen, bis ihr Vater den Adelstitel erbte. Ihre Romane sind in brillantem Stil verfaßte Analysen der engl. Gesellschaft, von ihr selbst iron. Sittenkomödien genannt; auch biograph. Studien über Madame Pompadour und Voltaire.
Hauptwerke: The pursuit of love (R., 1945), Liebe eisgekühlt (R., dt. 1953).

Mitrović, Milorad [serbokroat. 'mitrɔvitɕ], * Belgrad 6. Febr. 1866, † ebd. 14. Mai 1907, serb. Dichter.
Von Beruf Justizbeamter in verschiedenen Funktionen; schrieb lyr. und ep. Dichtungen, darunter Balladen, ein histor. Drama und polit. Satiren; war als Übersetzer Uhlands, Platens und Lenaus ein bed. Mittler dt. Literatur.

Mitterer, Erika, verh. Petrowsky, * Wien 30. März 1906, östr. Schriftstellerin.
Trat bes. mit Lyrik und Erzählungen hervor; in ihrer frühen Lyrik beeinflußt von Rilke, mit dem sie einen „Briefwechsel in Gedichten“ (hg. 1950) führte; als Erzählerin bewegt sie sich in traditionellen Bahnen und wählt ihre Stoffe aus Geschichte und Gegenwart; auch erot. Themen.
Hauptwerke: Dank des Lebens (Ged., 1930), Charlotte Corday (Dr., 1932), Gesang der Wandernden (Ged., 1935), Der Fürst der Welt (R., 1940), Begegnung im Süden (R., 1941), Die nackte Wahrheit (R., 1951), Tauschzentrale (R., 1958).

Mizkewitsch, Konstantin Michailowitsch [russ. mitsˈkjevitʃ] ↑ Kolas, Jakub.

Mňačko, Ladislav [slowak. 'mnjatʃkɔ], * Veľké Klobúky (Slowakei) 29. Jan. 1919, slowak. Schriftsteller.
War Hilfsarbeiter, während des 2. Weltkrieges Zwangsarbeit in Deutschland; Partisan, überzeugter Kommunist; Journalist und Redakteur, 1967/68 ausgebürgert wegen Parteinahme für Israel; nach vorübergehender Rückkehr in die ČSSR lebt M. seit Aug. 1968 in der Emigration. Schrieb Reportagen, so „Der Rote Foltergarten“ (dt. 1964) und „Die Aggressoren“ (dt. 1968), ein Buch über Vietnam; v.a. polit. Aufsehen erregten die Bücher „Wie die Macht schmeckt“ (dt. 1967), eine literar. Reportage, und „Die siebente Nacht“ (dt. 1968), ein Protest gegen die sowjet. Intervention in der ČSSR. Bes. erfolgreich war M.s Roman „Der Tod heißt Engelchen“ (1959, dt. 1968), der auch verfilmt wurde.
Weiteres Werk: Die Nacht von Dresden (R., dt. 1969).

Moberg, [Carl Artur] Vilhelm [schwed. ˌmu:bærj], * Algutsboda (Kronoberg) 20. Aug. 1898, schwed. Schriftsteller.
Sohn eines Soldaten, war längere Zeit Landarbeiter, dann Journalist und Schriftsteller; mehrere Studienreisen in den USA. In seinen Romanen schildert er in kraftvoller Sprache, oft mit derbem Humor, Leben und Probleme der gesellschaftl. Veränderungen in seiner Heimat. Bed. ist

die Romantrilogie über Knut Toring („Knut Torings Verwandlung", dt. 1936; „Schlaflos", dt. 1938; „Giv oss jorden", 1939). Mit dem histor. Roman „Reit heute nacht!" (dt. 1946) setzt er sich mit dem Nationalsozialismus auseinander. Der schwed. Auswanderung nach den USA hat M. durch eine dokumentar. Romanreihe, „Bauern ziehen übers Meer" (dt. 1954), „Neue Heimat in fernem Land" (dt. 1955), „Nybyggarna" (1956) und „Sista brevet till Sverige" (1959), ein literar. Denkmal gesetzt. M.s Dramen gehen oft von seinen Romanen aus; in einigen tritt er als Gesellschaftskritiker hervor.
Weitere Werke: Kamerad Wacker (R., dt. 1935), Fern von der Landstraße (R., dt. 1937), Die harten Hände (R., dt. 1935), Alles für das Wohl der Stadt (R., dt. 1934), Weib eines Mannes (R., dt. 1936, Dr., 1943), Das Mädchenzimmer (Dr., dt. 1940), Die Brautquelle (En., dt. 1948).

Mockel, Albert [frz. mɔ'kɛl], * Ougrée bei Lüttich 27. Dez. 1866, † Ixelles bei Brüssel 30. Jan. 1945, belg. Dichter.
Studierte in Brüssel und Lüttich, lebte bis 1937 in Paris; gründete 1886 in Brüssel das Organ der belg. Symbolisten „La Wallonie"; symbolist. Lyriker, schrieb „Chantefable un peu naïve" (1891), „Clartés" (Ged., 1901), „La flamme immortelle" (Ged., 1924) und wertvolle literar. Studien, u.a. über Mallarmé und Verhaeren.

Moe, Jørgen Ingebretsen [norweg. mu:], * Hole bei Oslo 22. April 1813, † Kristiansand 27. März 1882, norweg. Volkskundler und Dichter.
Studierte Theologie, war Professor für Volkskunde, später Bischof in Kristiansand. Nicht nur als Forscher, sondern auch als Dichter beschäftigte M. das Volksmärchen. Mit Asbjørnsen sammelte er die Märchen seiner Heimat und erzählte sie stilsicher nach. Das volkstüml. Erzählgut und seine Verbundenheit mit der ostnorweg. Landschaft leben in M.s Dichtung, die auch von religiösem Empfinden getragen wird.
Hauptwerke: Norske folkeeventyr (Märchen, 1841–44), Digte (Ged., 1849).

Moens, Wies [niederl. mu:ns], * Sint-Gillis-bij-Dendermonde 28. Jan. 1898, fläm. Dichter.
Setzte sich für die Fläm. Bewegung ein, 1919–21 im Gefängnis, nach dem 2. Weltkrieg zum Tode verurteilt wegen Kollaboration, lebt in Heerlen (Niederlande). Expressionist, der sich auch in seinem literar. Werk, v.a. bildreichen Gedichten, für freie Entfaltungsmöglichkeiten der Flamen einsetzte. Schrieb auch Essays.
Hauptwerke: Celbrieven (Prosa, 1920), De boodschap (Ged., 1920), De tocht (Ged., 1921), Landing (Ged., 1923), De doden leven (Essays, 1938).

Moering, Richard ['mø:rɪŋ] † Gan, Peter.

Moers, Hermann [mø:rs], * Köln 31. Jan. 1930, dt. Dramatiker und Hörspielautor.
Kaufmänn. Ausbildung, verschiedene Berufe; Verfasser von symbol. Gegenwartsstücken, u.a. der utop. Gefangenengroteske „Zur Zeit der Distelblüte" (1962); zahlreiche Hörspiele.
Weitere Werke: Koll (Dr., 1962), Der kleine Herr Nagel (Dr., UA 1964).

Moersberger, Rose Felicitas ['mø:rs...] † Rose, Felicitas.

Moeschlin, Felix ['mœʃli:n], * Basel 31. Juli 1882, † ebd. 4. Okt. 1969, schweizer. Schriftsteller.
Studierte Naturwissenschaften, dann freier Schriftsteller und Journalist; hielt sich in Berlin und in Schweden auf, kam auf seinen Reisen auch nach Amerika; Mitarbeiter verschiedener Zeitschriften, 1941–47 Nationalrat. Seine histor. und Gegenwartsromane zeugen von großer Darstellungskraft und psycholog. Einfühlungsvermögen.
Hauptwerke: Der Amerika-Johann (R., 1912), Wachtmeister Vögeli (R., 1922), Die Revolution des Herzens (Dr., 1925), Barbar und Römer (R., 1931), Der schöne Fersen (R., 1937), Wir durchbohren den Gotthard (R., 1947–49), Morgen geht die Sonne auf (R., 1958), Das Blumenwunder (En., 1960).

Mohr, Joseph, * Salzburg 11. Dez. 1792, † Wagrain Markt (Salzburg) 5. Dez. 1848, östr. kath. Geistlicher.
Verfasser des Liedes „Stille Nacht, heilige Nacht" (entstanden 1818), das von seinem Freund F. Gruber vertont wurde. Das Weihnachtslied wurde von Zillertaler Sängern nach Deutschland gebracht und fand in der Folge weltweite Verbreitung.

Mohr, Michael † Simmel, Johannes Mario.

Moinaux, Georges [frz. mwa'no] † Courteline, Georges.

Molden, Paula † Preradović, Paula von.

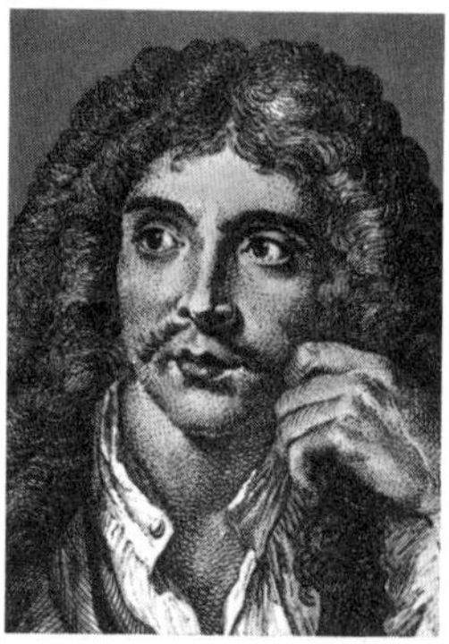
Molière

Molière [frz. mɔ'ljɛ:r], eigtl. Jean-Baptiste Poquelin, * Paris 15. Jan. 1622, † ebd. 17. Febr. 1673, frz. Komödiendichter und Schauspieler.
Sohn eines wohlhabenden königl. Hofbeamten; erzogen am Collège de Clermont in Paris; Unterricht bei dem Philosophen Gassendi; Studium der Rechte mit Erwerb der Lizentiatenwürde in Orléans; schloß sich schon um 1643 einer Schauspielerwandertruppe an und bereiste mit dieser unter dem Namen M. die frz. Provinz, bes. den Süden; seit 1658 spielte die Truppe unter M.s Leitung ständig in Paris, zuletzt, trotz mannigfacher Widerstände der schon bestehenden Theater, als „Troupe du roi" unter königl. Schutz. M. war ein geborener Komödiant, der mit seinem Werk die abendländ. Komödie auf einen nahezu unangefochtenen Höhepunkt führte. Der Umfang des M.schen Werkes reicht, formal gesehen, von der effektsicheren Farce (in der Nachfolge der italien. Commedia dell'arte) über die freiere [Prosa]komödie bis zur „haute comédie" in Versen, die unter Beachtung der drei Einheiten in 5 Akten abläuft. Inhaltlich gesehen steht neben der reinen

Situationskomödie (Possen, Farcen) die Sittenkomödie, die meist die Modetorheiten zur Zeit Ludwigs XIV. geißelt („Die lächerl. Preziösen", 1659, dt. 1752; „Der Bürger als Edelmann", 1671, dt. 1918, 1788 u.d.T. „Der adelsüchtige Bürger") und die universale, zeitlose Charakterkomödie mit ihrer lebenswahren Heraushebung des Allgemeinmenschl. und Typ. („Der Misanthrop", 1667, dt. 1912, 1742 u.d.T. „Der Menschenfeind"; „Der Geizige", UA 1668, gedruckt 1682, dt. 1670; „Tartuffe", 1669, dt. 1696). All diese Varianten der Komödie gestaltete M. mit Gefühl für das Echte, sowohl in der Situation, im Charakter als auch in der Sprache. Die wider das Vernünftige handelnden Gestalten (Grund der Komik) gibt M. der Lächerlichkeit preis.

Weitere Werke: Die Schule der Ehemänner (Kom., 1661; dt. 1865, 1752 u.d.T. Die Männerschule), Die Schule der Frauen (Kom., 1663; dt. 1866, 1752 u.d.T. Die Schule des Frauenzimmers), Don Juan (Kom., UA 1665, gedruckt 1682; dt. 1866, 1694 u.d.T. Das steinerne Gastmahl), Der Arzt wider Willen (Kom., 1667; dt. 1867, 1694 u.d.T. Der widerwillige Arzt), Amphitryon (Kom., 1668; dt. 1947/48), George Dandin (Kom., 1669; dt. 1670), Scapins Streiche (Kom., 1671; dt.1922, 1694 u.d.T. Deß Scapins Betrügereyen), Die gelehrten Frauen (Kom., 1672; dt. 1752), Der eingebildete Kranke (Kom., 1673; dt. 1867, 1674 u.d.T. Der Krancke in Einbildung).

Ausgaben: M. Werke. Dt. Übers. Neuaufl. Frkf. 1968. – M. Œuvres complètes. Hg. v. M. Rat. *Neuaufl. Paris 1959. 2 Bde. – M. Sämtl. Werke. Dt. Übers. Hg. v.* E. Neresheimer. *Mchn.; Bln. 1911–21. 6 Bde. – M. Œuvres complètes. Hg. v.* E. Despois *u.a. Paris 1873–1900. 13 Bde. – M.s Werke [frz.]. Mit dt. Kommentar, Einleitungen u. Excursen. Hg. v.* A. Laun *u.* W. Knörich. *Bln.* $^{1-2}$*1873–85. 14 Bde.*

Literatur: Dulait, S.: *Inventaire raisonné des autographes de M., avec fac-similés de tous les autographes dont on possède encore l'original ou la reproduction figurée (1643–1967). Genf 1967.* – Mander, G.: *Jean-Baptiste M. Velber 1967.* – Mongrédieu, G.: *Recueil de textes et des documents du XVII*^{e} *siècle relatifs à M. Paris 1966. 2 Bde.* – Jurgens, M./Maxfield-Miller, E.: *Cent ans de recherches sur M., sur sa famille et sur les comédiens de sa troupe. Paris 1963.* – Meyer, J. L. A.: *M. Paris 1963.* – Heiß, H.: *M. Lpz. 1929.*

Molin, Pelle [schwed. mu'li:n], * Multrå (Västernorrland) 8. Juli 1864, † Bodø (Norwegen) 26. April 1896, schwed. Dichter und Maler.

Erst 1897, als seine Schriften postum erschienen, wurde er als Dichter bekannt. Die lyr. Elemente seiner Dichtung, die von starker Heimatverbundenheit zeugen, lassen ihn zunächst als einen Romantiker der 90er Jahre erscheinen, doch seine wirklichkeitsnahe Darstellungsweise und sein handfester Humor zeigen eine enge Verwandtschaft mit Realisten wie Strindberg.

Hauptwerk: Nordlandserzählungen (dt. 1912).

Molina, Tirso de ↑ Tirso de Molina.

Molinet (Moulinet), Jean [frz. mɔli'nɛ], * Desvres bei Boulogne-sur-Mer 1435, † Valenciennes 23. Aug. 1507, frz.-burgund. Dichter.

Kanoniker in Valenciennes; Historiograph Karls des Kühnen, später Bibliothekar Marias von Burgund; Fortsetzer der Chronik von Burgund für die Jahre 1474–1504; seine vorwiegend allegor.-didakt., manierierte Lyrik steht im Zeichen der burgund. Schule der „Rhétoriqueurs"; 1503 Prosaübersetzung des „Rosenromans".

Møller, Poul Martin [dän. 'møl'ər], * Uldum bei Vejle 21. März 1794, † Kopenhagen 13. März 1838, dän. Schriftsteller.

Theologiestudium, Schiffspfarrer, Chinareise, Professor für Philosophie in Kopenhagen. Lyriker, Novellist und Essayist zwischen Romantik und Realismus, der Humor, Frische und psycholog. Interesse zeigt. Mit seinem Hauptwerk „En dansk students eventyr" (beendet 1824, postum veröffentlicht) schuf er den ersten dän. phantast. Roman.

Möllhausen, Balduin, * bei Bonn 27. Jan. 1825, † Berlin 28. Mai 1905, dt. Schriftsteller.

Landwirtschaftl. Tätigkeit, ausgedehnte Forschungsreisen in Nordamerika, Teilnehmer an verschiedenen Expeditionen, 1854 Rückkehr nach Deutschland; durch Vermittlung A. von Humboldts Kustos der königl. Bibliotheken in Potsdam, 1857/58 nochmals Teilnahme an einer Expedition in Nordamerika. Schrieb außer zahlreichen Reiseschilderungen 45 Romane und 80 Novellen, die zum großen Teil in Amerika spielen und von Cooper, Sealsfield und Gerstäcker beeinflußt sind.

Hauptwerke: Tagebuch einer Reise vom Mississippi nach den Küsten der Südsee (1858), Der Halbindianer (R., 1861), Der Flüchtling (R., 1862), Das Mormonenmädchen (R., 1864), Haus Montague (R., 1891).

Molnár, Albert [ungar. 'molna:r] ↑ Szenczi Molnár, Albert.

Molnár, Ferenc (Franz) [ungar. 'molna:r], * Budapest 12. Jan. 1878, † New York 1. April 1952, ungar. Schriftsteller.

Sohn eines Arztes, Schulzeit in Budapest, Jurastudium, Redakteur; emigrierte Anfang der 30er Jahre über Italien nach den USA; erlangte als Bühnenautor Weltruhm; außerordentl. gewandter, souveräner Beherrscher der dramaturg. Möglichkeiten, publikumswirksamer Bühneneffekte und eines geistreichen Dialogs zwischen Ironie, Satire, Zynismus und Sentimentalität; geschult an der westeurop. Gesellschafts- und Boulevardkomödie (Sardou, Courteline, O. Wilde u.a.), überschritt aber deren Grenze in seinem bedeutendsten Erfolgsstück, der tragikom. Vorstadtlegende „Liliom" (dt. 1912), in die auch Elemente des Volksstücks und Traumspiels eingingen. M. war auch Romancier und Novellist; internationalen Erfolg brachte ihm v.a. der Roman „Die Jungens der Paulstraße" (dt. 1910).

Weitere Werke: Der Teufel (Dr., dt. 1908), Fasching (Dr., dt. 1917), Der Schwan (Dr., dt. 1921), Der gläserne Pantoffel (Dr., dt. 1925), Spiel im Schloß (Dr., dt. 1927), Die Fee (Dr., dt. 1930).

Molo, Walter Reichsritter von, * Sternberg (Nordmähr. Gebiet) 14. Juni 1880, † Hechendorf bei Murnau 27. Okt. 1958, dt. Schriftsteller.

Aus altem Reichsadel schwäb. Herkunft, in Wien aufgewachsen, Studium an der TH, Dipl.-Ing., später am Patentamt Wien; von 1914 an freier Schriftsteller in Berlin, 1928–30 Präsident der Preuß. Dichterakademie, lebte seit 1933 wegen

Schwierigkeiten mit dem NS-Regime zurückgezogen auf seinem Gut bei Murnau; Verfasser einst vielgelesener, monumental angelegter histor.-biograph. Romane, bes. aus der preuß.-dt. Geschichte; auch Dramen und Lyrik.
Hauptwerke: Klaus Tiedemann, der Kaufmann (R., 1908, 1912 u.d.T. Die Lebenswende, 1928 u.d.T. Das wahre Glück), Der Schiller-Roman (1912–16), Ein Volk wacht auf (R.-Trilogie, 1918–22), Zwischen Tag und Traum (Reden und Essays, 1930), Der kleine Held (R., 1934).
Literatur: Küntzel, G.: *W. v. M. Schriftenverz. In: Jb. der Akademie der Wissenschaften u. der Lit. (1959), 47.* – *W. v. M. Erinnerungen, Würdigungen, Wünsche. Zum 70. Geburtstag des Dichters. Bln. u.a. 1950.* – Rassy, J. Ch.: *W. v. M. Lpz. 1936.*

Molza, Francesco Maria [italien. 'mɔltsa], * Modena 18. Juni 1489, † ebd. 28. Febr. 1544, italien. Dichter.
Studierte in Bologna; verbrachte sein Leben zum größten Teil in Gesellschaft von Dichtern, Höflingen und Frauen in Rom; Verfasser eines eleganten Pastoralgedichts „La ninfa tiberina" (1538), von sieben Novellen und zahlreichen lyr. Gedichten, bes. Scherzgedichten, in lat. und italien. Sprache.

Mombert, Alfred [...bɛrt], * Karlsruhe 6. Febr. 1872, † Winterthur 8. April 1942, dt. Dichter.
Rechtsstudium in Heidelberg, Leipzig, München, Berlin (Dr. jur.), Rechtsanwalt in Heidelberg, weite Reisen; lehnte 1933, trotz Gefährdung wegen seiner jüd. Abstammung eine Emigration ab und kam 1940 in das KZ Gurs (S-Frankreich), von dort durch Bemühungen von Freunden in die Schweiz. Ekstat.-visionärer Lyriker, Frühexpressionist, mit seiner Lyrik und seinen Dramen Dichter kosm. Visionen in hymn. Weltschau, der gnost. Elemente aufnimmt. Später Wendung zu menschl. Problemen.
Hauptwerke: Tag und Nacht (Ged., 1894), Die Schöpfung (Ged., 1897), Der Denker (Ged., 1901), Die Blüte des Chaos (Ged., 1905), Aeon (Dramentrilogie, 1907–11), Atair (Ged., 1925), Aiglas Herabkunft (Dr., 1929), Aiglas Tempel (Dr., 1931), Sfaira der Alte (Dichtung, 1936–42).
Ausgabe: A. M. Dichtungen. Gesamtausg. in 3 Bden. Hg. v. E. Herberg. *Mchn. 1963.*
Literatur: A. M. Ausstellung zum 25. Todestag. 10. April bis 8. Juli 1967 (Kat. u. Ausstellung: U. Weber*). Karlsruhe 1967.* – Behrmann, A.: *Das Werk A. M.s im Spiegel seiner Deuter u. Kritiker. Diss. Freie Univ. Bln. 1956 [Masch.].* – Hennecke, H.: *A. M. Eine Einf. in sein Werk u. eine Ausw. Wiesb. 1952.* – Benz, R.: *Der Dichter A. M. Hdbg. 1947.*

Mommsen, Theodor, * Garding (Landkreis Eiderstedt) 30. Nov. 1817, † Charlottenburg (heute Berlin-Charlottenburg) 1. Nov. 1903, dt. Historiker und Jurist.
1848–50 Professor für Zivilrecht in Leipzig, 1852 für röm. Recht in Zürich, 1854 in Breslau, 1858 für alte Geschichte in Berlin, 1881–84 MdR. Erhielt in besonderem Hinblick auf seine stilist. glänzende monumentale „Röm. Geschichte" 1902 den Nobelpreis für Literatur.
Ausgabe: Th. M. Ges. Schr. Zürich ^{2}*1966ff. Auf 9 Bde. berechnet.*
Literatur: Wickert, L.: *Th. M. Eine Biogr. Frkf. 1959ff. Auf 4 Bde. berechnet.*

Mon, Franz, eigtl. F. Löffelholz, * Frankfurt am Main 6. Mai 1926, dt. Schriftsteller.
Studium der Germanistik, Philosophie und Geschichte (Dr. phil.), lebt als Verlagslektor in Frankfurt am Main. M. gehört zu den führenden Vertretern der „konkreten Poesie"; Mithg. des Sammelbandes „movens. Dokumente und Analysen zur Dichtung, bildenden Kunst, Musik, Architektur" (1960); M. verwendet als lyr. Formen u.a. Montagen, Letterngraphiken; auch experimentelle Prosa, Drama, Essays, Hörtexte.
Hauptwerke: artikulationen (Ged. und Essays, 1959), Spiel Hölle (Theaterstück, 1962), Lesebuch (1967), Herzzero (R., 1968).

Mönch von Salzburg ↑ Hermann von Salzburg.

Monkhouse, Allan Noble [engl. 'mʌŋkhaʊs], * Barnard Castle (Durham) 7. Mai 1858, † Disley (Cheshire) 10. Jan. 1936, engl. Schriftsteller.
Seit 1902 Theaterkritiker des „Manchester Guardian". Schrieb hpts. für die Bühnen von Manchester und Liverpool iron. Lustspiele mit witzigen Dialogen, aber oft etwas blutleeren Charakteren; sein Roman „Marmaduke" (1924) behandelt soziale Fragen.
Weitere Werke: Mary Broome (Dr., 1912), The conquering hero (Dr., 1923), The Grand Cham's diamond (Dr., 1925).

Mönnich, Horst, * Senftenberg (Lausitz) 8. Nov. 1918, dt. Schriftsteller.
Studierte Germanistik und Zeitungswissenschaft, im 2. Weltkrieg eingezogen, Kriegsgefangener, dann Landarbeiter, Redakteur; freier Schriftsteller, gehört zur „Gruppe 47". Seine ersten Gedichte erschienen in dem Band „Die Zwillingsfähre" (1942) mit Gedichten seines Bruders Günther M.; ferner Novellen, Hörspiele und Reisebücher. Sein Industrieroman „Die Autostadt" (1951) erregte Aufsehen.
Weitere Werke: Russ. Sommer (Tageb., 1943), Der Kuckucksruf (En., 1952), Das Land ohne Träume (Bericht, 1954), Erst die Toten haben ausgelernt (E., 1956), Reise durch Rußland (Bericht, 1961), Einreisegenehmigung (Bericht, 1967).

Monnier, Henri [Bonaventure] [frz. mɔ'nje], * Paris 6. Juni 1799, † ebd. 3. Jan. 1877, frz. Schriftsteller.
Notariatsgehilfe, Justizbeamter, Buchillustrator; debütierte auch bald als Autor humorist. Dialogszenen, von Vaudevilles und als Schauspieler. M. ist der Schöpfer der in das Allgemeinbewußtsein eingegangenen Figur des Joseph Prudhomme, des mit scharfer Beobachtungsgabe realist. gezeichneten Typs des beschränkten, großtuerischen Spießbürgers seiner Zeit.
Hauptwerke: Scènes populaires dessinées à la plume (Dialoge, 1830), Nouvelles scènes populaires (1835–39), Grandeur et décadence de M. Joseph Prudhomme (Dr., 1853), Les mémoires de M. Joseph Prudhomme (R., 1857).

Monnier, Marc [frz. mɔ'nje], * Florenz 7. Dez. 1829, † Genf 18. April 1885, frz. Schriftsteller.
Wuchs in Neapel auf; lebte meist in Italien, war seit 1872 Professor für vergleichende Literaturgeschichte in Genf; schrieb neben zahlreichen histor. und literarhistor. Werken (bes. über Italien) auch Romane, Novellen („Neapolitan. Novellen", 1879, dt. 1946), Gedichte und Komödien („Théâtre des marionnettes", 1871). Übersetzte Goethes „Faust".

Monnier, Thyde [frz. mɔ'nje], eigtl. Mathilde M., * Marseille 23. Juni 1887, † bei Nizza 18. Jan. 1967, frz. Romanschriftstellerin.
Tochter eines Fabrikanten, besuchte das Lyzeum in Marseille, schon während dieser Zeit erste schriftsteller. Versuche; lebte in Nizza; Gegenstand ihrer oft naturalist.-harten Romane sind die Landschaft der Provence- und die Schicksale ihrer provenzal. Landsleute, das Leben, die Liebe und die Leidenschaften von Hirten, Fischern, Arbeitern, Handwerkern und Zuhältern; ihre bedeutendsten Romane schließen sich zu breitangelegten Chronikzyklen aus dem Leben provenzal. Familien zusammen („Les Desmichels", 7 Bde., 1937ff.).
Weitere Werke: Die kurze Straße (R., 1937; dt. 1947), Liebe, Brot der Armen (R., dt. 1939), Wein und Blut (R., dt. 1949), Frisette (R., dt. 1953), Der jungfräul. Ölbaum (R., dt. 1958), Schloß Désirade (R., dt. 1958), Die Talsperre (R., dt. 1963), Moi – Ein Leben aus vollem Herzen (Autobiogr., dt. 1967).

Monro, Harold Edward [engl. mən'roʊ, 'mʌnroʊ], * Brüssel 14. März 1879, † Broadstairs (Kent) 16. März 1932, engl. Lyriker.
Schott. Abkunft; in Brüssel aufgewachsen; Gründer und Hg. einflußreicher literar. Zeitschriften, Gründer des „Poetry Bookshop", der als Verlag und Vertrieb der Förderung junger literar. Talente diente; M. publizierte u.a. Werke der „Georgian poets". Seine eigene Lyrik hat kaum literar. Wert.

Monroe, Harriet [engl. mən'roʊ, 'mʌnroʊ], * Chicago 23. Dez. 1860, † Arequipa (Peru) 26. Sept. 1936, amerikan. Schriftstellerin.
Tochter eines wohlhabenden Juristen; umfassende, weltoffene Bildung; als Autorin der offiziellen Ode für die Weltausstellung in Chicago 1893 gelangte sie zu einem gewissen literar. Ansehen; ihre größte Leistung war die Gründung der Zeitschrift „Poetry: a magazine of verse" (1912ff.), die – mit Unterstützung E. Pounds und anderer – zum zentralen Organ der bedeutendsten angloamerikan. Dichter der Zeit wurde; ihre Autobiographie „A poet's life" (1937) ist ein wichtiges kulturhistor. Dokument.

Monsaemon † Tschikamatsu Monsaemon.

Montagu, Mary Wortley [Lady] [engl. 'mɔntəgju:], geb. Pierrepont, ≈ London 26. Mai 1689, † ebd. 21. Aug. 1762, engl. Schriftstellerin.
Geistreiche, zum Exzentr. neigende Persönlichkeit des engl. Hochadels; lebte 1716–18 mit ihrem Mann, einem Diplomaten, in Konstantinopel, später zeitweise in Italien. Lady M. hinterließ mit ihren „Reisebriefen" (1763, dt. 1931), die sie aus dem Orient an bed. Persönlichkeiten in der Heimat schrieb, wertvolle kulturhistor. Dokumente.
Literatur: Halsband, R.: *The life of Lady M. W. M. Oxford 1956.* – Melville, L.: *Lady M. W. M.: Her life and letters, 1689–1762. London 1925.*

Montague, Charles Edward [engl. 'mɔntəgju:], * London 1. Jan. 1867, † Manchester 28. Mai 1928, engl. Schriftsteller.
Sohn eines ehemals kath. Geistlichen; war Mitarbeiter, später Mithg. des „Manchester Guardian". Sein Werk, vom Erlebnis des 1. Weltkriegs geprägt, zeigt eine pazifist. Grundhaltung; M. schrieb auch hervorragende Literatur- und Theaterkritiken sowie zeitkrit. Essays; der aufsehenerregende Roman über die Sinnlosigkeit des Krieges, „Disenchantment" (1922), gilt als M.s Hauptwerk.
Weitere Werke: Fiery particles (Kurzgeschichten, 1923), Rough justice (R., 1926).

Montague Compton Mackenzie, Edward [engl. 'mɔntəgju: 'kʌmptən mə'kɛnzɪ] † Mackenzie, Sir Compton.

Montaigne, Michel Eyquem de [frz. mõ'tɛɲ], * Schloß Montaigne (heute Saint-Michel-de-Montaigne, Périgord) 28. Febr. 1533, † ebd. 13. Sept. 1592, frz. Schriftsteller und Philosoph.
Sohn eines einflußreichen und gebildeten Kaufmanns, wurde als Kind lat.-sprachig erzogen und genoß eine sorgfältige humanist. Schulbildung; studierte die Rechte in Toulouse und Bordeaux; Steuerrat in Périgueux, Parlamentsrat in Bordeaux bis 1570 und zeitweilig Bürgermeister; schloß dort enge, dauernde Freundschaft mit Étienne de la Boétie; Reisen nach Paris und große Bildungsreise über Deutschland und die

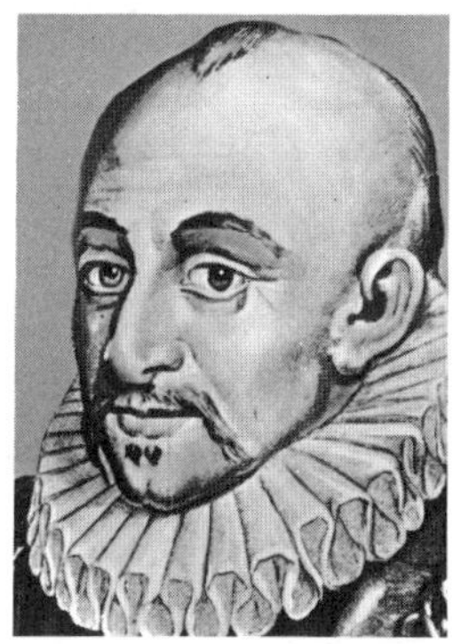
Michel Eyquem de Montaigne

Schweiz nach Italien; lebte in den letzten Lebensjahren zurückgezogen auf Schloß Montaigne. M. war der eigtl. Schöpfer der Gattung des literar.-philosoph. Essays, dessen er sich für die unmethod. schriftl. Fixierung seiner Gedanken über Literatur, Politik, Geschichte, Philosophie, Religion, Fragen der persönl. Lebensführung, der Kindererziehung usw. bediente; steht mit seiner skept.-rationalen, epikureisch gefärbten Grundhaltung, die nur noch den überlieferten Gottesglauben unversehrt läßt, und der Kunst der unvoreingenommenen Menschen- und Selbstbetrachtung am Anfang der großen frz. Tradition der Moralisten und Aufklärer von La Rochefoucauld über Voltaire bis André Gide.
Hauptwerke: L'apologie de Raimond de Sebonde (1569), Les essais (1580, 1588, 1595, dt. 1753/54 u.d.T. Michaels Herrn von Montagne Versuche, 1908–11 u.d.T. Essays), Reisen durch die Schweiz, Deutschland und Italien (1774, dt. 1777–79).
Ausgaben: M. de M. Œuvres complètes. Hg. v. A. Thibaudet *u.* M. Rat. *Neuaufl. Paris 1963.* – *M. E. de M. Œuvres complètes. Hg. v.* A. Armaingaud. *Paris 1924–41. 12 Bde.* – *M. de M.s ges. Schrr. Histor.-krit. Ausg. Dt. Übers. Hg. v.* O. Flake *u.* W. Weigand. *Mchn. $^{1-2}$1911–15. 8 Bde.*
Literatur: Friedrich, H.: *M. Bern u. Mchn. ^{2}1967.* – Palassie, G.: *Mémorial du 1er Congrès*

International des Études Montaignistes (Bordeaux-Sarlat, 1er–4 juin 1963). Bordeaux 1964. – Thibaudet, A.: *M. Hg. v.* F. Gray. *Paris 1963.* – Lanson, G.: *Les „Essais" de M. Étude et analyse. Neuaufl. Paris 1958.* – Weigand, W.: *M. Mchn. 1911.* – Bonnefon, P.: *M. L'homme et l'œuvre. Bordeaux 1892. Nachdr. Paris 1943.*

Montale, Eugenio [italien. mon'ta:le], * Genua 12. Okt. 1896, italien. Lyriker.
Nahm am ersten Weltkrieg teil, wurde Journalist, später Bibliothekar in Florenz; lebt heute – als Redakteur beim „Corriere della Sera" – in Mailand; maßgebl. italien. Lyriker der Gegenwart und ein Hauptvertreter des Hermetismus, den er mit Ungaretti begründete; M.s schwer zugängl. („hermet.") lyr. Werk wurde oft mit dem T. S. Eliots verglichen (den er neben Shakespeare, Melville, Steinbeck, Corneille u.a. übersetzte), es zeigt auch Elemente des Symbolismus (Valéry) und des Surrealismus.
Hauptwerke: Ossi di seppia (Ged., 1925, erweitert 1928), La casa dei doganieri e ... (Ged., 1932), Le occasioni (Ged., 1939), La bufera e altro (Ged., 1956), Glorie des Mittags (Ged., dt. 1960), Nach Finisterre (Ged., dt. 1965).
Literatur: Binni, W.: *Omaggio a M. In: La Rassegna della letteratura italiana 7 (1966), 227.* – Lunardi, R.: *E. M. e la nuova poesia. Padua 1948.*

Montalvo, Juan [span. mɔn'talβo], * Ambato bei Quito 13. April 1832, † Paris 17. Jan. 1889, ecuadorian. Schriftsteller.
Journalist; in diplomat. Diensten in Europa (Frankreich, Italien); als Gegner ecuadorian. Diktatoren wiederholt im Exil; bereicherte die südamerikan. Literatur bes. durch seine in klass. span. Stil geschriebenen, von Montaigne, Bacon und Addison beeinflußten Essays: „Siete tratados" (1882), „El espectador" (1886–89) u.a.; auch Erzähler („Capítulos que se le olvidaron a Cervantes, ensayo de imitación de un libro inimitable", hg. 1895), Lyriker, Dramatiker, Pamphletist.

Montalvo, Luis Gálvez de † Gálvez de Montalvo, Luis.

Montanelli, Indro [italien. monta'nɛlli], * Fucecchio bei Florenz 22. April 1909, italien. Schriftsteller.
Journalist; war Leiter des italien. Kulturinstituts in Reval, lebt in Rom als Korrespondent mehrerer Zeitungen und Zeitschriften, Redakteur beim „Corriere della Sera". Beweist seine große Charakterisierungskunst in geistvoll-iron., oft zeitkrit. Essays, Reisebüchern und v.a. in literar. Porträts; schrieb auch Erzählungen und Komödien.
Hauptwerke: Drei Kreuze (E., dt. 1946), Il buon uomo Mussolini (Biogr., 1947), Wenn ich so meine lieben Landsleute betrachte ... (dt. 1954), Eine Geschichte Roms (dt. 1959), Die Träume sterben bei Sonnenaufgang (Dr., dt. 1961), Italien. Zeitgenossen (dt. 1963).

Montanus, Martin[us], * Straßburg um 1537, dt. Dichter.
Verfaßte außer Dramen, Novellen, Satiren und Fabeln zwei aus italien. und dt. Quellen schöpfende bed. Schwanksammlungen: „Weg kürtzer" (1557) und als Forts. zu J. Freys „Gartengesellschaft" „Ander theyl der Gartengesellschaft" (um 1559).

Montchrétien (Montchrestien), Antoine de [frz. mõkre'tjɛ̃], Sieur de Vasteville, * Falaise (Calvados) um 1575, † Les Tourailles (Orne) 7. Okt. 1621, frz. Dramatiker.
Früh Waise, unstetes Leben; flüchtete 1605 nach einem Zweikampf nach England, von wo er mit nationalökonom. Reformideen („Traicté de l'œconomie politique", 1615) zurückkehrte; gründete Industrie- und Handelsunternehmen; als Führer eines Hugenottenaufstandes getötet; Verfasser lyr.-elegischer Versdramen: „L'Écossoise ou le désastre" (1601; Maria-Stuart-Stoff), „Les Lacènes ou la constance" (1601), „David" (1601), „Hector" (1604) u.a.; auch lyr. Gedichte.
Literatur: Ciureanu, P.: *Monchrestien prosatore. In: Bolletino dell'Istituto di Lingue Estere 7 (1964/65), 3.* – Willner, K.: *Montchrestiens Tragödien u. die stoische Lebensweisheit. Bln. 1932.*

Montcorbier, François de [frz. mõkɔr'bje] † Villon, François.

Monteiro Lobato, José Bento [brasilian. mon'teiru lo'batu], * Taubaté (São Paulo) 18. April 1882, † São Paulo 4. Juli 1948, brasilian. Schriftsteller.
Kaufmann, Journalist, Kritiker; um Sozialreformen bemüht; Vertreter des brasilian. Regionalismus, trat bes. mit Erzählungen hervor: „Urupês" (1918), „Cidades mortas" (1919) u.a.; daneben populäre Kinderbücher.

Montemayor, Jorge de [span. mɔntema'jɔr] (portugies. Montemor), * Montemor-o-Velho (Coimbra) um 1520, † Turin 26. Febr. 1561, span. Dichter portugies. Herkunft.
War während der 40er und 50er Jahre des 16. Jh.s als Sänger am span. Hof, wo er sich den hispanisierten Namen seines Geburtsortes zulegte; gehörte zeitweilig auch zum portugies. Hof; hielt sich in Sevilla, Valencia, in den Niederlanden und möglicherweise auch kurz in England auf; starb an den Folgen eines Duells; schuf nach dem Vorbild von Sannazaros Roman „Arcadia" den ersten span. lyr. Schäferroman „Los siete libros de la Diana" (um 1559, unvollendet; dt. 1619 u.d.T. „Diana"), mit dem er einen außerordentl. Einfluß auf die gesamte europ. arkad. Schäferdichtung (Philip Sidney, H. d'Urfé, Opitz u.a.) ausübte; seine Sammlung weltl. und geistl. Lyrik „Cancionero" (1554, erweitert 1558) tritt dagegen zurück.

Montesquieu, Charles de Secondat, Baron de La Brède et de [frz. mõtɛs'kjø], * Schloß La Brède bei Bordeaux 18. Jan. 1689, † Paris 10. Febr. 1755, frz. Staatsphilosoph und Schriftsteller.
Genoß eine sorgfältige Erziehung, studierte die Rechte, wurde 1714 Rat beim Parlament in Bordeaux und 1726 dessen Präsident; 1728 Mitglied der Académie française; zum Studium der staatl. Verhältnisse Europas bereiste er Deutschland, Ungarn, Italien, die Schweiz, die Niederlande und England; literar. begann er mit den „Persischen Briefen" (1721, dt. 1803), einer Art Schlüssel-Briefroman, in dem er die polit., sozialen und religiösen Zustände im Frankreich seiner Zeit geißelte. Frucht seiner ausgedehnten histor. und staatspolit. Studien waren die „Betrachtungen über die Ursachen der Größe und des Verfalls der Römer" (1734, dt. 1786) und sein Hauptwerk „De l'esprit des lois" (1748, dt. 1753 u.d.T. „Der Geist der Gesetze"), in dem er die gesetzl. Einrichtungen zum erstenmal als eine Funktion ethnolog., sozialer, religiöser, klimatolog. und ähnl. Bedingungen auffaßte und die

Theorie der Trennung der staatl. Gewalten begründete, die für das europ. Verfassungsrecht von grundlegender Bedeutung wurde.
Ausgaben: M. Œuvres complètes. Hg. v. A. Masson. *Paris 1950–55. 3 Bde. – M. Sämmtl. Werke. Dt. Übers. Wien 1799. 8 Bde.*
Literatur: Falk, B.: *M. In: Klassiker des polit. Denkens. Hg. v.* Hans Maier *u.a. Bd. 2. Mchn. 1968.* – Dedieu, J.: *M., sa vie, son œuvre. Neuaufl. Paris 1966.* – Ehrard, J.: *M., critique d'art. Paris 1966.* – Cabeen, D. C.: *M. A bibliography. New York 1947.* – Klemperer, V.: *M. Hdbg. 1914–15. 2 Bde.* – † auch La Rochefoucauld, François VI, Herzog von.
Montesquiou-Fezensac, Robert Graf von [frz. mõtɛskjufəzã'sak], * Paris 19. März 1855, † Menton 11. Dez. 1921, frz. Dichter.
Aus bekanntem frz. Uradel; Typ des dekadent-preziösen Pariser Salonliteraten der „belle époque", verkehrte mit Mallarmé, Huysmans u.a. und schrieb sensible, meist gesucht-raffinierte symbolist. Lyrik: „Les chauves-souris" (1892), „Les hortensias bleus" (1896), einen Roman („La petite mademoiselle", 1911), zahlreiche Essays (u.a. „Félicité", 1894) und Memoiren.
Montfort, Hugo von † Hugo von Montfort.
Montgomery, James [engl. mənt'gʌmərɪ, ...'gɔm...], * Irvine (Ayr) 4. Nov. 1771, † Sheffield 30. April 1854, schott. Dichter.
Sohn eines Geistlichen; führte zunächst ein unstetes Wanderleben, wandte sich dann dem Journalismus zu und war, da er sich für eine Parlamentsreform einsetzte, zweimal in Haft. M., dessen Ruhm sich auf seine religiöse Hymnen, die z.T., wie „For ever with the Lord", noch immer gesungen werden, gründet, schrieb außer erfolglosen Essays v.a. „The wanderer of Switzerland" (Epos, 1806).
Montherlant, Henry [Millon] de [frz. mõtɛr'lã], Graf von Gimart, * Neuilly-sur-Seine 21. April 1896, frz. Dichter.
Aus altem Adel, besuchte das kath. Kolleg Sainte-Croix in Neuilly; meldete sich als Kriegsfreiwilliger und wurde mehrfach (1918 schwer) verwundet; lebte 1925–35 in Spanien und Nordafrika; in Spanien als Stierkämpfer verletzt; Kriegskorrespondent im 2. Weltkrieg; 1960 Mitglied der Académie française; lebt in Paris. Entscheidendes Erlebnis für M.s Persönlichkeit und Werk wurde der 1. Weltkrieg, dessen „heroische"

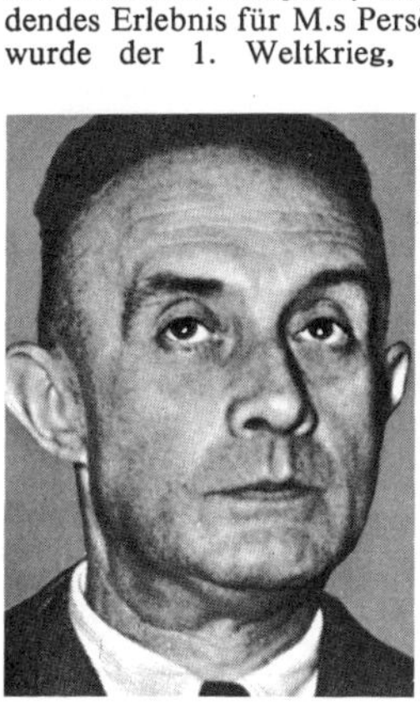
Henry [Millon] de Montherlant

Aspekte er ebenso wie die „männl." Werte des Sportes und des Stierkampfes bereits in seinen ersten, z.T. autobiograph. gefärbten Romanen hervorhebt: „La relève du matin" (1920), „Le songe" (1922), „Les Olympiques" (1924), „Die Tiermenschen" (dt. 1929) u.a.; M.s an Barrès' Ichkult, an Nietzsche und D'Annunzio orientierte männl.-heroische Lebensanschauung zeigt sich auch in der abwertenden Darstellung der Frau in seinem vierteiligen Romanzyklus „Erbarmen mit den Frauen" (1936ff., dt. 1957). M. ist auch Verfasser von Dramen. Sein Werk spiegelt die widersprüchl. Wesenszüge des Autors, heidn.-sensualist. ebenso wie kath.-mystische.
Weitere Werke: Die Junggesellen (R., 1934; dt. 1956), Die tote Königin (Dr., 1942; dt. 1948), Malatesta (Dr., 1946), Der Ordensmeister (Dr., dt. 1949), Port Royal (Dr., dt. 1956), Der Kardinal von Spanien (Dr., dt. 1960), Das Chaos und die Nacht (R., dt. 1964), Der Bürgerkrieg (Dr., dt. 1965), Geh, spiel mit diesem Staub (Tagebücher 1958–1964, dt. 1968).
Ausgaben: H. de M. Théâtre. Paris 1965. – H. de M. Romans et œuvres de fiction non théâtrales. Paris 1959.
Literatur: Batchelor, J.: *Existence and imagination: The theatre of H. de M. San Francisco u. New York 1967.* – Schlenker, W.: *Die iber. Gesch. im dramat. Werk v. M. Diss. Tüb. 1966.* – Veville, D. E.: *M., a contemporary master. A bibliographical and biographical essay. Lawrence (Kansas) u. Cambridge 1966.* – Perruchot, H.: *M. Paris 1959.*
Monti, Vincenzo [italien. 'monti], * Alfonsine bei Ravenna 19. Febr. 1754, † Mailand 13. Okt. 1828, italien. Dichter.
Studierte Rechtswissenschaft in Ferrara, wandte sich jedoch bald ganz der Literatur zu; lebte seit 1778 in Rom, wo er Mitglied der Accademia dell'Arcadia wurde; nach dem Sturz der Zisalpin. Republik, in der er Ämter bekleidete, vorübergehend in Paris, danach von Napoleon zum Professor der Eloquenz in Pavia und Historiographen des Königreichs Italien ernannt, was ihn jedoch nicht hinderte, später auch dem östr. Regime zu huldigen, ohne daß sein italien. Nationalgefühl allzusehr darunter litt; einer der bedeutendsten italien. Dichter zwischen Klassizismus und Romantik; ahmte in seinem antirevolutionären Epos „La Basvilliana" (1793) Dante nach, schrieb dann prorevolutionäre, antiklerikale Gedichte und huldigte dem Bonapartismus u.a. mit dem Epos „La Mascheroniana" (1800) und dem lyr.-ep. Gedicht „Il bardo della selva nera" (1806); neben seinen sonstigen Werken (klassizist. Tragödien und lyr. Gedichte) verdient bes. seine „Ilias"-Übersetzung (1806f.) Erwähnung.
Weitere Werke: Aristodemus (Trag., 1786; dt. 1805), Galeotto Manfredi (Trag., 1788), Cajus Gracchus (Trag., 1802; dt. 1874), Proposta di alcune correzioni ed aggiunte al vocabolario della Crusca (Abhandlung, 1818).
Literatur: Allevi, F.: *V. M. Florenz 1954.*
Montupet, Jeanne (Janine) [frz. mõty'pɛ], * Oran (Algerien) 16. Febr. 1919, frz. Schriftstellerin.
Aus alter Kolonistenfamilie in Algerien, kors.-italien.-ir. Abstammung, lebt seit 1935 in Paris; Verfasserin der erfolgreichen Romantrilogie aus dem Siedlermilieu Algeriens „Das Haus Vermorel" (dt. 1957).

Weitere Werke: Fiora (R., dt. 1962), La reinerie (R., 1964).

Monzaemon ↑ Tschikamatsu Monsaemon.

Moody, William Vaughn [engl. 'mu:dɪ], * Spencer (Ind.) 8. Juli 1869, † Colorado Springs 17. Okt. 1910, amerikan. Dichter.
Professor für engl. Literatur in Chicago. Einer der bedeutendsten Repräsentanten der amerikan. Literatur um die Jahrhundertwende; ausdrucksvolle, bildhafte, oft sprachmelod. Gedankenlyrik und Dramen; seine unvollendete, als Versdramen-Trilogie geplante Gestaltung des Prometheus-Stoffes gilt als sein dramat. Hauptwerk („The fire-bringer", 1904); seine erfolgreichen Prosadramen behandeln Probleme und Konfliktsituationen im Leben des Amerikaners.
Literatur: Halpern, M.: *W. V. M. New York 1964.*

Moore, George [Augustus] [engl. mʊə], * Moore Hall (Mayo, Irland) 24. Febr. 1852, † London 21. Jan. 1933, ir. Dichter.
Sohn eines Parlamentsabgeordneten, ging mit 18 Jahren nach Frankreich, um Maler zu werden, begeisterte sich für Manet und den Impressionismus, wandte sich dann jedoch der Literatur zu; kehrte 1901 nach Irland zurück; stand zeitweise der „kelt. Renaissance" (Yeats u.a.) nahe; Konversion zum Protestantismus; von 1911 an in England; schrieb, zunächst vom frz. Naturalismus (Zola, Goncourt) beeinflußt, „Confessions of a young man" (1888); 1894 folgte der bed. naturalist. Roman eines Dienstmädchens, „Arbeite und bete" (dt. 1904); unter dem Einfluß Huysmans' steht der religiöse Doppelroman „Evelyn Innes" (1898) und „Sister Teresa" (1901, beide dt. 1905 u.d.T. „Ird. und himml. Liebe"); Zeugnis für M.s zunehmende Wendung zu religiösen Fragen ist auch das durch eine Palästinareise vorbereitete Buch „The brook Kerith" (1916), eine Art Rekonstruktion des Lebens Jesu.
Ausgabe: G. M. The works. Ebury edition. London 1936–37. 13 in 16 Bden.
Literatur: Zirker, H.: *G. M. Realismus u. autobiograph. Fiktion. Versuch zur Form der Autobiographie. Köln u.a. 1968.* – Noël, J. C.: *G. M. L'homme et l'œuvre (1852–1933). Paris 1966.*

Moore, Marianne [Craig] [engl. mʊə], * Saint Louis 15. Nov. 1887, amerikan. Lyrikerin.
War 1925–29 leitende Redakteurin der avantgardist. Kunstzeitschrift „The Dial". Schrieb intellektbetonte Lyrik mit unkonventionellen Metaphern; ihre Neigung zum Exzentr., oft zum Grotesken, zeigt sich bes. deutl. in der Kontrastierung von Sprach- und Denkstilen; als Lyrikerin mehrmals ausgezeichnet; 1954 erschien ihre Übersetzung der Fabeln von La Fontaine; dt. erschienen „Gedichte" (1954).
Literatur: Weatherhead, A. K.: *Edge of image: M. M., William C. Williams, and some others. Seattle (Wash.) 1967.* – Engel, B. F.: *M. M. New York 1963.*

Moore, Thomas [engl. mʊə], * Dublin 28. Mai 1779, † Sloperton Cottage bei Devizes 25. Febr. 1852, ir. Dichter.
Schulzeit in Dublin, studierte Jura in London, danach bei der Admiralitätsverwaltung auf den Bermudas; bereiste Amerika und später Italien, dort Begegnung mit Byron; lebte zeitweilig in Paris; gewann als ir. Nationaldichter europ. Ruhm durch seine „Ir. Melodien" (1807–34, dt. 1877), lyr. Gedichte, denen ir. Wesen und anakreont. Motive zugrunde liegen, die Texte sind alten ir. Melodien angeglichen. Ein Seitenstück hierzu bilden die „National airs and sacred melodies" (1815), Lieder zu nicht-ir. Volksmelodien. M.s beste erzählende Versdichtung ist „Lalla Rukh" (1817, dt. 1822), die vier poet. Erzählungen aus der farbigen Welt des Nahen Ostens umfaßt (darunter „Das Paradies und die Peri", von Robert Schumann vertont). Als Biograph Byrons veröffentlichte M. 1830 „Letters and journals of Lord Byron with notices of his life".
Literatur: Jones, H. M.: *The harp that once – a chronicle of the life of Th. M. New York 1937.* – Stockmann, A.: *Th. M., der ir. Freiheitssänger. Freib. 1910.*

Moore, Thomas Sturge [engl. mʊə], * Hastings (Sussex) 4. März 1870, † Windsor 18. Juli 1944, engl. Schriftsteller.
Sohn eines Arztes; bildete sich größtenteils autodidakt., da er wegen schwacher Gesundheit früh die Schule verlassen mußte; war sowohl an Literatur als auch an bildender Kunst interessiert und veröffentlichte mehrere Bücher über moderne Künstler. M. schrieb v.a. Lyrik mit Themen aus der antiken Mythologie.
Hauptwerke: The vinedresser (Ged., 1899), Aphrodite against Artemis (Dr., 1901), Danaë (Ged., 1903), Judas (Ged., 1923).

Moosdorf, Johanna, * Leipzig 12. Juli 1911, dt. Schriftstellerin.
Kam nach dem 2. Weltkrieg nach Berlin; schrieb vom Erlebnis des Dritten Reiches und des Krieges geprägte, stets zeitbezogene Romane und Erzählungen, die das Thema vom Verlorensein des Menschen in dieser Welt umkreisen; auch Lyrik, Hörspiele, Drama.
Hauptwerke: Brennendes Leben (Ged., 1947), Flucht nach Afrika (R., 1952), Schneesturm in Worotschau (Nov., 1956), Nebenan (R., 1961), Die lange Nacht (E., 1963), Die Andermanns (R., 1969).

Móra, Ferenc [ungar. 'mo:rɔ], * Kiskunfélegyháza 17. Juli 1879, † Szegedin 8. Febr. 1934, ungar. Schriftsteller.
Sohn eines bäuerl. Handwerkers; Lehrerexamen, studierte in Budapest, war Journalist, wurde Kustos und später Museumsdirektor in Szegedin. M. verfaßte Bauernromane, Novellen, Skizzen und Lyrik, auch Märchen und hervorragende Jugendbücher; Meister der kleinen Form, schrieb aber auch breitangelegte histor. Romane. Seine Prosa ist anekdotenhaft. Seine Bücher stehen trotz seiner „linkshumanistischen" Einstellung auf christl. Grundlage.
Hauptwerke: Lied von den Weizenfeldern (R., dt. 1936), Der einsame Kaiser (R., dt. 1942, auch u.d.T. Der goldene Sarg), Der Wundermantel (Nov., dt. 1957).

Morais, Francisco de [portugies. mu'raiʃ], * in oder bei Lissabon um 1500, † Évora 1572, portugies. Dichter.
Schützling König Johanns III.; vorübergehend Gesandtschaftssekretär in Paris; wurde ermordet. Schrieb 1544 die 1567 erschienene [portugies.] Urfassung des phantast. Ritterromans „Palmeirim de Inglaterra", der lange als das Werk von Hurtado de Toledo, seines span. Übersetzers (1547), galt.

Morais, Venceslau José de Sousa [portugies. mu'raiʃ], * Lissabon 30. Mai 1854, † Tokuschima (Japan) 1. Juli 1929, portugies. Schriftsteller.
Zunächst Marineoffizier in Afrika und Asien, dann portugies. Konsul in seiner Wahlheimat Japan. Widmete sein ganzes literar. Werk dem Fernen Osten, bes. Japan, dessen Wesen er sich zu eigen zu machen suchte (u.a. „Dai-Nippon", Bericht, 1897; „Cartas do Japão", Briefe, 1904ff.; „Paisagens da China e do Japão", Schr., 1906).

Moraitidis, Alexandros; tl.: Mōraïtídēs, Aléxandros [neugr. mɔrai'tiðis], * auf Skiathos 1851, † 1929, neugriech. Schriftsteller.
Schrieb zunächst in der gelehrten Sprache, dann in der Volkssprache. Schildert in seinem Erzählwerk eindringl. das Leben der Fischer und Seeleute seiner Heimatinsel.

Morales, Tomás [span. mo'rales], * Moya (Gran Canaria) 10. Okt. 1886, † Las Palmas 23. Aug. 1921, span. Dichter.
Studierte Medizin in Madrid und lebte als Arzt auf den Kanar. Inseln; schrieb kunstvolle, vom Modernismo beeinflußte lyr. Gedichte über seine Heimat und das Meer: „Poemas de la gloria, del amor y del mar" (1908) und „Las rosas de Hércules" (1919–22).

Morand, Paul [frz. mɔ'rã], * Paris 13. März 1888, frz. Schriftsteller.
Studierte in Paris und Oxford, war Diplomat in London, Rom und Madrid, bereiste zwischen den Kriegen die Welt, während des 2. Weltkrieges Gesandter der Vichy-Regierung in Bern und Bukarest, nach Kriegsende vorübergehend im Exil; Mitglied der Académie française; vielseitiger, scharf beobachtender, kosmopolit. eingestellter, zeitweise auch dem literar. Avantgardismus nahestehender Romancier, Reiseschriftsteller, [polit.] Essayist und Biograph, schrieb „Nachtbetrieb" (En., dt. 1926), „Der lebende Buddha" (R., dt. 1928), „Magie noire" (E., 1928), Städtebilder von New York, London, Bukarest, biograph. (Maupassant, Giraudoux, Proust) und autobiograph. Schriften.

Morante, Elsa [italien. mo'rante], * Rom 18. Aug. 1918, italien. Schriftstellerin.
⚭ mit Alberto Moravia; erhielt 1948 den Premio Viareggio für ihren Roman „Lüge und Zauberei" (1948, dt. 1968), in dem sie den Verfall eines süditalien. Adelsgeschlechtes schildert.
Weitere Werke: Das heimliche Spiel (En., 1941; dt. 1966), Arturos Insel (R., dt. 1959).

Moratín, Leandro Fernández de [span. mora'tin], genannt Moratín der Jüngere, * Madrid 10. März 1760, † Paris 21. Juli 1828, span. Dichter.
Orientierte sich auf Reisen durch Europa über das Theaterwesen, reformierte das span. Theater; 1817 Flucht vor der Inquisition nach Frankreich. M., der sich auf allen literar. Gebieten betätigte, zeigt seine eigtl. Begabung auf dramat. Gebiet. Meister des klassizist. Lustspiels, das er nach Molières Vorbild schuf. Die beste seiner fünf Komödien, die sich durch dramat. Geschick, gut gezeichnete Charaktere, lebhafte, geistreiche Dialoge und vollkommenen Stil auszeichnen, ist „El sí de las niñas" (1806). Von seinen Gedichten sind die Sonette am lebendigsten. M. verfaßte auch eine bed. Abhandlung über die Ursprünge des span. Theaters, übersetzte Molière und übertrug Shakespeares „Hamlet" in span. Prosa.
Weitere Werke: El viejo y la niña (Kom., 1790), Die neue Komödie (Kom., 1792; dt. 1843), El barón (Kom., 1803), La mojigata (Kom., 1804).

Moratín, Nicolás Fernández de [span. mora'tin], * Madrid 1737, † ebd. 11. Mai 1780, span. Dichter.
Vater von Leandro F. de M., studierte Rechtswissenschaft, war zuletzt Professor für Poetik in Madrid; Vertreter des frz. Klassizismus in Spanien, schrieb Komödien und Tragödien („Lucrecia", Trag., 1763; „Guzmán el Bueno", Trag., 1777, u.a.), den „Canto épico de las naves de Cortés destruidas" (1777) und lyr. Gedichte (Sonette, Oden, Elegien u.a.).

Moravia, Alberto [italien. mo'ra:vi̯a], eigtl. A. Pincherle, * Rom 28. Nov. 1907, italien. Schriftsteller.
Eltern ursprüngl. aus Mähren (italien. = Moravia), ⚭ mit Elsa Morante; widmete sich schon nach seinen ersten schriftsteller. Erfolgen ganz seinem Werk; während des 2. Weltkriegs Korrespondent in Deutschland und O-Asien; erhielt hohe literar. Auszeichnungen und wurde 1959 Vorsitzender des Internationalen PEN-Clubs;

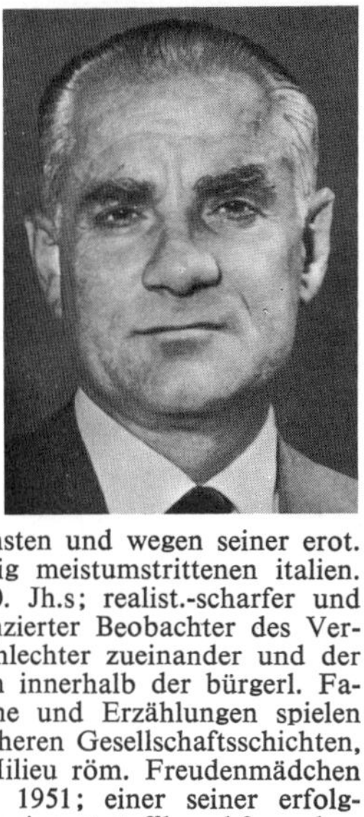

Alberto Moravia

einer der erfolgreichsten und wegen seiner erot. Thematik gleichzeitig meistumstrittenen italien. Schriftsteller des 20. Jh.s; realist.-scharfer und zugleich iron.-distanzierter Beobachter des Verhältnisses der Geschlechter zueinander und der psycholog. Situation innerhalb der bürgerl. Familie. Seine Romane und Erzählungen spielen nicht nur in den höheren Gesellschaftsschichten, sondern auch im Milieu röm. Freudenmädchen („Adriana ...", dt. 1951; einer seiner erfolgreichsten Romane); erinnert stoffl. und formal an Maupassant und W. S. Maugham, mit denen er bisweilen verglichen wurde.
Weitere Werke: Die Gleichgültigen (R., 1929; dt. 1956), Gefährl. Spiel (R., 1935; dt. 1951), Agostino (R., dt. 1948), Der Ungehorsam (R., 1948; dt. 1964), Der Konformist (R., 1951; dt. 1960), Die Mädchen vom Tiber (En., dt. 1957), Die Verachtung (R., 1954; dt. 1963), Cesira (R., dt. 1958), La Noia (R., dt. 1961), Inzest (R., dt. 1966), Das schöne Leben (En., dt. 1967), Die Kulturrevolution in China (dt. 1968), Il dio Kurt (Dr., 1967), Ein Ding ist ein Ding (En., dt. 1969).
Ausgaben: A. M. Ges. Werke in Einzelausgg. Dt. Übers. Mchn. $^{1-2}$*1962ff. Auf mehrere Bde. berechnet. – A. M. Opere complete. Mailand* $^{1-5}$*1956ff. Auf 15 Bde. berechnet.*

Literatur: Heiney, D.: *Three Italian novelists: M., Pavese, Vittorini. Ann Arbor (Mich.) 1968.* – De Michelis, E.: *Introduzione a M. Florenz 1954.*

Morax, René [frz. mɔ'raks], * Morges 11. Mai 1873, † ebd. 3. Jan. 1963, schweizer. Dramatiker. Begründete 1908 (zusammen mit seinem Bruder) das regionale westschweizer. Festspieltheater „Théâtre du Jorat" in Mézières (Waadt); er schrieb in frz. Sprache das histor. Festspiel „La dîme" (1903), die Schauspiele „Guillaume Tell" (1914), „König David" (1921; Musik von A. Honegger) und „Charles le téméraire" (1944).

More, Hannah [engl. mɔ:], * Stapleton bei Bristol 2. Febr. 1745, † Clifton 7. Sept. 1833, engl. Schriftstellerin.
Nach erfolgreicher Publikation einiger Dramen durch Garrick, der ihr Trauerspiel „Percy" (1777) aufführte, in die literar. Zirkel Londons eingeführt; nach Garricks Tod wandte sich Hannah M. der Erbauungsliteratur zu und widmete sich der Armenpflege; ihre philanthrop. Werke sind religiös und sozial orientiert.
Weiteres Werk: Cheap repository tracts (1809).
Literatur: Jones, M. G.: *H. M. Cambridge 1952.*

More, Henry [engl. mɔ:], * Grantham (Lincoln) 12. Okt. 1614, † Cambridge 1. Sept. 1687, engl. Philosoph.
Vertreter der platonist. Schule von Cambridge. Lehrte in vielbeachteten Schriften eine von der Kabbala, den Neuplatonikern und Böhme beeinflußte Mystik; pflegte die philosoph. Dichtung.
Hauptwerke: Philosophical poems (1647), The mystery of godliness (Studie, 1660), The mystery of iniquity (Studie, 1664), Divine dialogues (1668).
Literatur: Hutin, S.: *H. M. Essai sur les doctrines théosophiques chez les platoniciens de Cambridge. Hildesheim 1966.* – Reimann, H.: *H. M.s Bedeutung f. die Gegenwart. Basel 1941.*

More, Sir Thomas [engl. mɔ:], hl., latin. Morus, * London 7. Febr. 1478, † ebd. 6. (7.?) Juli 1535, engl. Humanist, Staatsmann und Schriftsteller. Sohn eines Richters, Student der Rechte in Oxford, danach Anwalt in London, 1510 Untersheriff, seit 1518 Mitglied des Geheimen Rats, 1521 Unterschatzmeister, 1529 Großkanzler, verweigerte 1534 aus theolog. Gründen die Anerkennung des Erbfolgegesetzes, das sich auf die Ehe Heinrichs VIII. mit Anna Boleyn gründete, wie auch den Suprematseid, wurde deshalb als Hochverräter hingerichtet; 1935 von der röm.-kath. Kirche heiliggesprochen. In seinem Staatsroman „De optimo statu rei publicae deque nova insula Utopia" (1516, engl. 1551, dt. 1922 u. d. T. „Utopia") legte er seine Gedanken über ein ideales, auf Kollektiveigentum und allgemeiner Arbeitspflicht beruhendes Gemeinwesen nieder, wobei er deutl. Kritik an den Staatswesen seiner Zeit übte.
Ausgaben: The Yale Edition of the complete works of St. Th. M. New Haven u. London 1963ff. Auf mehrere Bde. berechnet. – The English works of Th. M. Hg. v. W. E. Campbell. *London; New York 1931. 2 Bde. – Th. Mori opera omnia latina. Frkf. u. Lpz. 1689. Nachdr. Frkf. 1963.*
Literatur: Reynolds, E. E.: *The field is won. The life and death of St. Th. M. London 1968.* – Möbus, G.: *Politik u. Menschlichkeit im Leben des Th. Morus. Mainz ²1967.* – Chambers, R. W.: *Th. Morus. Dt. Übers. Basel 1947.*

Moréas, Jean [frz. mɔre'ɑ:s], eigtl. Ioannis Papadiamantopoulos, * Athen 15. April 1856, † Paris 30. März 1910, frz. Dichter griech. Herkunft. Jugend in Marseille, erhielt eine sorgfältige frz. Erziehung; verkehrte während seines Rechtsstudiums in Paris vorwiegend in den literar. Kreisen des Quartier latin; seit 1882 ständig in Paris; M. war v. a. Lyriker; er begann als Anhänger des Symbolismus, wandte sich dann einer an der Pléiade orientierten neuklassizist. Poesie zu und begründete mit Ch. Maurras 1891 die sog. „École romane"; seine Versuche zur Erneuerung des klass. Versdramas blieben episodisch.
Hauptwerke: Les syrtes (Ged., 1884), Les cantilènes (Ged., 1886), Die Stanzen (Ged., 1899–1901 und 1920; dt. 1922), Iphigénie (Dr., 1903), Contes de la vieille France (Slg., 1904).
Literatur: Butler, J. D.: *J. M. A critique of his poetry and philosophy. Den Haag 1967.* – Niklaus, R.: *J. M., poète lyrique. Paris 1936.*

Moreau, Hégésippe [frz. mɔ'ro], * Paris 9. April 1810, † ebd. 20. Dez. 1838, frz. Dichter.
Früh Waise, wuchs in Provins auf; in Paris zunächst Setzer bei Didot, später Privatlehrer in kümmerl. Verhältnissen; 1830 Teilnehmer der Barrikadenkämpfe; Lyriker und Erzähler der Romantik, schrieb sensible, elegische Verse und anmutig-schlichte Erzählungen in Prosa: „Le myosotis" (Sammelband, 1838).

Morel, Robert [frz. mɔ'rɛl], * Pont-à-Mousson (Meurthe-et-Moselle) 22. März 1922, frz. Schriftsteller.
Kath. Romancier, fragt nach der Bewährung des Christen im Alltag: „Der Weinberg der Gerechten" (R., dt. 1951), „Sonntag der Satten" (R., dt. 1949) u. a.; auch Dramatiker.

Moreland, Robert J. † Veen, Adriaan van der.

Moreno, Bento [portugies. mu'renu] † Teixeira de Queirós, Francisco.

Moreno Villa, José [span. mo'reno 'βiʎa], * Málaga 16. Febr. 1887, † Mexiko 1955, span. Dichter. Studierte Chemie in Freiburg im Breisgau, lebte danach in Madrid und war Archivar, Maler, Schriftsteller und Journalist; nach dem Bürgerkrieg als Emigrant in Amerika; Lyriker von großer Originalität, unter dem Einfluß Rubén Daríos und des Surrealismus (auch als Maler) und bes. von seiner Heimat Andalusien inspiriert, schrieb: „Garba" (Ged., 1913), „El pasajero" (Ged., 1914), „Luchas de pena y alegría" (Ged., 1915), „Jacinta la pelirroja" (Ged., 1929), „Carambas" (Ged., 1931), „Salón sin muros" (Ged., 1936) u. a.; daneben Novellen („Patrañas", 1921), Dramen und Essays.

Moreto y Cavana (Cabaña), Don Agustín [span. mo'reto i ka'βana], ≈ Madrid 9. April 1618, † Toledo 26. oder 27. Okt. 1669, span. Dramatiker. Aus italien. Familie; Geistlicher in Diensten und unter Protektion des Erzbischofs von Toledo; war neben Calderón, mit dem er befreundet war, der erfolgreichste span. Dramatiker des 17. Jh.s; bezog seine Motive, die er durchaus selbständig verarbeitete und sorgfältig komponierte, u. a. von Lope de Vega, Calderón und Tirso de Molina; seine Charakterkomödien erinnern oft an Plautus und Molière, die bekanntesten sind „Der Unwiderstehliche" (1659, dt. 1925) und „El desdén con el desdén" (1672, dt. Bearbeitung 1819 u. d. T. „Donna Diana"; Vorwurf zu Rezničeks Oper).

Weiteres Werk: Der ritterl. Richter (Kom., 1658; dt. 1842).
Literatur: Casa, F. P.: *The dramatic craftmanship of M. Cambridge (Mass.) 1966.*

Moretti, Marino [italien. mo'retti], * Cesenatico (Forlì) 18. Juli 1885, italien. Schriftsteller.
Schauspielstudium in Florenz; schrieb zunächst lyr. Gedichte, dann Romane und Novellen, in denen er in subtiler Darstellung bes. das einfache und eintönige Leben in der Provinz zeichnet.
Hauptwerke: La voce di Dio (R., 1920), Mia madre (R., 1923), Il trono dei poveri (R., 1928), Das Ehepaar Allori (R., dt. 1960).

Morgan, Charles [Langbridge] [engl. 'mɔ:gən], * Kent 22. Jan. 1894, † London 6. Febr. 1958, engl. Schriftsteller.
Diente nach Abschluß seiner College-Ausbildung bei der Marine, im 1. Weltkrieg als Offizier; studierte in Oxford, 1921–39 Theaterkritiker der „Times", danach freier Schriftsteller; Dozenturen in Glasgow und Oxford sowie hohe Ehrenämter; nach dem Sensationserfolg des Romans „The gunroom" (1919) wandte er sich dem philosoph. Roman zu, dessen aus der Oxfordtradition stammenden Platonismus er mit modernen Erzähltechniken des psycholog. Romans verbindet; seine philosoph. Dramen stehen der klassizist. frz. Formkunst nahe.
Weitere Werke: Das Bildnis (R., 1929; dt. 1936), Der Quell (R., dt. 1933), Die Flamme (R., dt. 1936), Der leuchtende Strom (Dr., dt. 1940), Die Reise (R., dt. 1942, auch u.d.T. Die Lebensreise), Das leere Zimmer (R., 1941; dt. 1955), Der Richter (R., 1947; dt. 1952), Der Reiher (R., 1949; dt. 1954, Dr., dt. 1953), Morgenbrise (R., 1951; dt. 1955), Das Brennglas (Dr., dt. 1955), Herausforderung an Venus (R., dt. 1957).
Literatur: Duffin, H. Ch.: *The novels and plays of Ch. M. London 1959. – Ch. M. Romane, Dramen, Essays. Bearb. v.* O. Kaulen. *Dortmund 1957.*

Morgan, Stephen [engl. 'mɔ:gən] ↑ Murray, Thomas C.

Morgan, William Frend De ↑ De Morgan, William Frend.

Morgenstern, Christian, * München 6. Mai 1871, † Meran 31. März 1914, dt. Dichter.
Stammte aus einer Künstlerfamilie, studierte Volkswirtschaft und Jura, dann Philosophie und Kunstgeschichte; Reisen nach Skandinavien und Italien; erkrankte früh an Tuberkulose, häufig in Sanatorien, lebte schließl. bis zu seinem Tod in Südtirol. Seine ernste Gedankenlyrik machte ihn weniger bekannt als seine oft tiefsinnigen, immer witzigen, zu skurriler Phantastik neigenden Sprachgrotesken, mit denen er die „sinnlos gewordene Welt auf den Kopf stellen, durch groteske Komik entspannen wollte"; gesammelt in den oft aufgelegten „Galgenliedern" (1905) und „Palmström" (1910). Seine ernste Lyrik stand unter dem Einfluß Nietzsches, später des Buddhismus und der Anthroposophie Steiners. Auch Aphoristiker; Einfluß auf das Theaterleben u.a. durch Übersetzungen skand. Dramen (Ibsen, Strindberg, Hamsun).
Ausgabe: Ch. M. Ges. Werke. Hg. v. M. Morgenstern. *Mchn. 56.–69. Tsd. 1966.*
Literatur: Walter, J.: *Sprache u. Spiel in Ch. M.s Gedichten. Freib. u. Mchn. 1966.* – Beheim-Schwarzbach, M.: *Ch. M. in Selbstzeugnissen u. Bilddokumenten. Reinbek bei Hamb. 1965.* – Bauer, M.: *Ch. M.s Leben u. Werk. Mchn.* ⁵*1954.* – ↑ auch Loerke, Oskar.

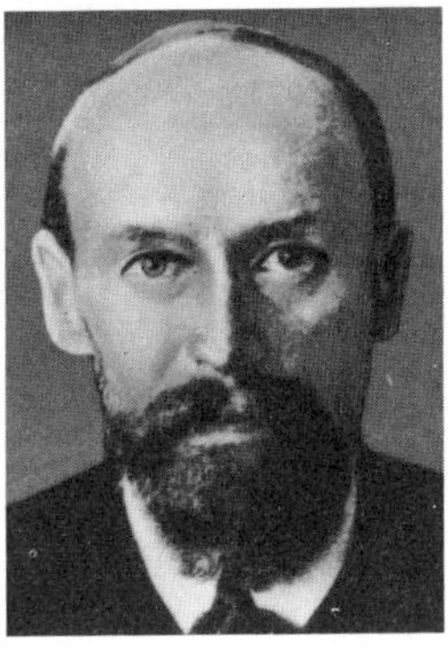
Christian Morgenstern

Mori, Ogai; tl.: Mori, Ôgai [jap. mori], eigtl. Mori Rintaro; tl.: Mori Rintarô, * Tsuwano (Schimane) 19. Jan. 1862, † Tokio 9. Juli 1922, jap. Schriftsteller.
Studierte 1884–88 in Deutschland, wurde Generalarzt der jap. Armee. Er schuf formal vollendete Übersetzungen europ., bes. dt. Dichtungen, verfaßte anfangs neuromant., später antinaturalist. Romane und Dramen.
Hauptwerke: Maihime (Nov., 1890; engl. 1907 u.d.T. The dancing girl), Die Wildgans (E., 1911–13; dt. 1962), Der Untergang des Hauses Abe (E., 1914; dt. 1961).

Móricz, Zsigmond [ungar. 'mo:rits], * Tiszacsécse 30. Juni 1879, † Budapest 4. Sept. 1942, ungar. Schriftsteller.
Studierte Theologie, dann Jura und wurde Journalist; später Philologiestudium; Beamter, bis er für die liberale Zeitung „Az Újság" zu arbeiten begann, Redakteur; 1929 Schriftleiter bei der Zeitschrift „Nyugat", gab die Zeitschrift „Kelet Népe" heraus. Entscheidend für M.' schriftsteller. Weg ist die Förderung durch Ady. Romancier und Theaterschriftsteller, Verfasser von Kurzerzählungen und Novellen. Seine ersten Werke tragen naturalist. Züge, sie spielen v.a. im Dorf- und Kleinstadtmilieu. Es folgten großangelegte histor. und Gesellschaftsromane unter Einbeziehung der Zeitereignisse. Neu an seiner Prosa ist die ursprüngl. Sprache.
Hauptwerke: Gold im Kote (R., 1910; dt. 1921), Waisenmädchen (R., 1915; dt. 1923), Arme Menschen (E., 1918; dt. 1960), Siebenbürgen (R., 1922–35; dt. 1936), Eines Kindes Herz (R., 1922; dt. 1937), Der glückliche Mensch (R., 1935; dt. 1955).

Mörike, Eduard [...ɪkə], * Ludwigsburg 8. Sept. 1804, † Stuttgart 4. Juni 1875, dt. Dichter.
Bereitete sich in Urach und am Tübinger Stift auf die theolog. Laufbahn vor, in verschiedenen Orten ev. Vikar, 1834–43 Pfarrer in Cleversulzbach, nach vorzeitiger Pensionierung u.a. als Literaturlehrer in Stuttgart, später ohne feste Anstellung auch an verschiedenen anderen Orten; Unglück in der Ehe und berufl. Mißgeschick führten ihn zu einem bescheidenen Leben in Zurückgezogenheit. M.s musikal. und zeichner.

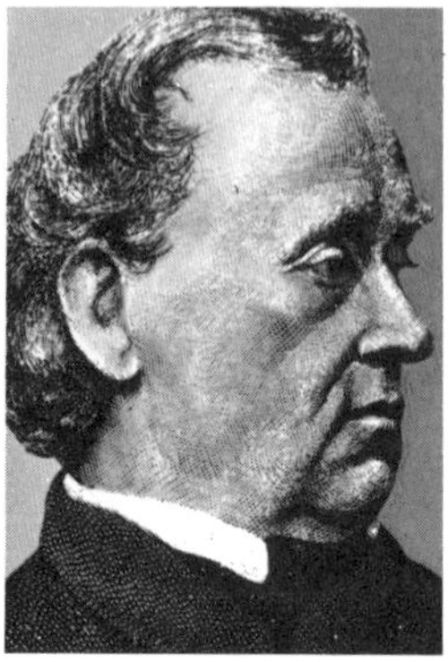

Eduard Mörike

Begabung kam seiner rhythm. ausgefeilten, bildhaften Lyrik zustatten, die Volksliedhaftes, Balladeskes, Idyll. und strenggefügte antikisierende Formen umfaßt. M. vereint in ihr die Tradition des literar. Rokokos, Einflüsse Goethes und der Romantik und schafft gleichzeitig etwas Neues, das durch die Unmittelbarkeit der Aussage und die raffinierte Kunst der Form bed. Station zwischen Goethe und dem Realismus bildet. Seine Lyrik ist plast., heiter verklärt und doch mitgeprägt von der Bedrohung des Menschen. Sein meisterhaftes Prosawerk, die Novelle „Mozart auf der Reise nach Prag" (1856), setzt sich wie der Künstlerroman „Maler Nolten" (1832, 2. Fassung unvollendet, hg. 1877) mit der künstler. Existenz auseinander. Von seinen weiteren Prosawerken sind bes. die Märchen zu nennen. M. übersetzte griech. und röm. Lyrik und hinterließ auch wertvolle Briefe.
Weitere Werke: Gedichte (1838 und 1848), Idylle vom Bodensee oder Fischer Martin und die Glockendiebe (1846), Das Stuttgarter Hutzelmännlein (Märchen, 1853), Vier Erzählungen (1856).
Ausgaben: E. M. Werke u. Briefe. Histor.-krit. Gesamtausg. Hg. v. H. H. Krummacher *u.a. Stuttg. 1966ff. Auf 15 Bde. berechnet. – E. M. Sämtl. Werke. Hg. v.* H. G. Göpfert. *Mchn. ³1964. – E. M. Sämtl. Werke, Briefe. Vollständige Ausg. Hg. v.* G. Baumann *u.* S. Grosse. *Stuttg. ¹⁻²1959–61. 3 Bde.*
Literatur: Storz, G.: *E. M. Stuttg. 1967.* – Meyer, Herbert: *E. M. Stuttg. ²1965.* – Prawer, S. S.: *M. u. seine Leser. Mit einer M.bibliogr. u. einem Verz. der wichtigsten Vertonungen. Stuttg. 1960.* – Goes, A.: *M. Stuttg. 67.–69. Tsd. 1954.* – Wiese, B. v.: *E. M. Tüb. 1950.* – Maync, H.: *E. M. Stuttg. ⁵1944.* – ↑ auch Liliencron, Detlev von.

Morin, Étienne [frz. mɔˈrɛ̃] ↑ Passeur, Steve.

Moritz, Karl Philipp, * Hameln 15. Sept. 1756, † Berlin 26. Juni 1793, dt. Schriftsteller.
Aus armer Familie, schwere Jugend; Hutmacherlehrling, Schauspieler, studierte dann in Erfurt und Wittenberg Theologie, war Lehrer am Philanthropinum in Dessau, später in Berlin, ging 1782 nach England, 1786 nach Italien, wo er sich mit Goethe befreundete; 1789 Professor für Altertumskunde in Berlin. Sein Hauptwerk, der pietist. gefärbte autobiograph. Roman „Anton Reiser" (1785–94), ist eine psycholog. und kulturgeschichtl. interessante Darstellung der geistigen Entwicklung eines jungen Menschen in der Sturm-und-Drang-Zeit; sein „Versuch einer dt. Prosodie" (1786) wirkte auf Goethe.
Weitere Werke: Andreas Hartknopf (R., 1787), Über die bildende Nachahmung des Schönen (Schr., 1788), Reisen eines Deutschen in Italien (1792/93).
Literatur: Menz, E.: *Die Schr. K. Ph. M.ens „Über die bildende Nachahmung des Schönen". Göppingen 1968.* – Grolimund, J.: *Das Menschenbild in den autobiograph. Schrr. K. Ph. M.'. Eine Unters. zum Selbstverständnis des Menschen in der Goethezeit. Zürich 1967.* – Catholy, E.: *K. Ph. M. u. die Ursprünge der dt. Theaterleidenschaft. Tüb. 1962.* – Langen, A.: *K. Ph. M.' Weg zur symbol. Dichtung. In: Zs. f. dt. Philologie 81 (1962), 169; 402.*

Moriz von Craûn [kraʊn], mhd. Versnovelle von unbekanntem, vermutl. rheinpfälz. Verfasser, etwa 1215 entstanden; wahrscheinl. nach frz. Vorlage behandelt das Werk eine erot.-pikante Episode aus dem Leben des frz. Grafen und Minnesängers Maurice de Craon.
Ausgabe: Moritz v. C. Hg. v. U. Pretzel. *Tüb. ³1966.*
Literatur: Harvey, R.: *Moritz v. C. and the chivalric world. London 1961.* – Stackmann, K.: *Die mhd. Versnovelle „M. v. C.". Diss. Hdbg. 1948 [Masch.].*

Mörne, Arvid [schwed. ˌmœːrnə], * Kuopio 6. Mai 1876, † Grankulla bei Helsinki 15. Juni 1946, schwed.-sprachiger finn. Schriftsteller.
Setzte sich als Volkshochschulleiter und Zeitungsredakteur für die Unabhängigkeit Finnlands ein; 1913 Dozent für finn. Literatur in Helsinki. Seine von patriot. und sozialist. Ideen getragene Lyrik nimmt in späteren Jahren stark subjektive, pessimist. Züge an. Schrieb auch polit. betonte Romane; weniger bed. sind seine Dramen.
Hauptwerke: Skärgårdens vår (Ged., 1913), Kristina Bjur (R., 1922; dt. 1949), Ett liv (E., 1925), Under vintergatan (Ged., 1934).

Morré, Karl [mɔˈreː], * Klagenfurt 8. Nov. 1832, † Graz 20. Febr. 1897, östr. Schriftsteller.
Studierte Jura, wurde Verwaltungsbeamter, später liberaler Abgeordneter. M. schrieb, in der Art Anzengrubers, vielgespielte Volksstücke mit Gesangseinlagen, Possen und Schwänke, die soziales Mitgefühl und die Nationalitätenfrage anklingen lassen. Auch Verfasser sozialreformer. Schriften.
Hauptwerke: Die Familie Schneck (Volksstück, 1881), Die Frau Räthin (Volksstück, 1884), s' Nullerl (Volksstück, 1885), Der Glückselige (Volksstück, 1886), Gedichte und humorist. Vorträge (1899).

Morren, Theophil ↑ Hofmannsthal, Hugo von.

Morriën, Adriaan [niederl. ˈmɔriːən], * IJmuiden 5. Juni 1912, niederl. Schriftsteller.
Schriftleiter der Zeitschrift „Litterair Paspoort". Verfasser von Gedichten, Erzählungen und Essays. In Deutschland wurde er mit der Novellensammlung „Ein unordentl. Mensch" (dt. 1955) und den Skizzen „Ein besonders schönes Bein" (dt. 1957) bekannt; Preis der „Gruppe 47".
Weitere Werke: Alissa und Adrienne oder die Erziehung der Eltern (Skizzen, dt. 1957), Kinder in der großen Stadt (dt. 1958), Laß dir Zeit (dt. 1960).

Morris, William [engl. 'mɔrɪs], * Walthamstow (heute London-Walthamstow) 24. März 1834, † London 3. Okt. 1896, engl. Maler und Dichter.
In Oxford erzogen, arbeitete zunächst als Architekt und Maler und gründete mit Rossetti und anderen einen kunsthandwerkl. Betrieb, dessen Produktion die Dekorationskunst des engl. Jugendstils in Anlehnung an die strengen Formen got. Kunst mitprägte; die von ihm gegründete „Kelmscott Press" brachte Meisterwerke des Buchdrucks heraus; Carlyle, dem der aktive Sozialist M. viele Anregungen verdankte, und Ruskin beeinflußten seine präraffaelit. Versdichtung, in der er Stoffe der mittelalterl. Ritterdichtung und der heroischen nord. Sagenwelt gestaltete; der Stil isländ. Sagas bestimmte auch den Stil seiner Prosaromane; Übersetzer Vergils und Homers, Hg. einer neuengl. Bearbeitung des „Beowulf".
Hauptwerke: The earthly paradise (Sagen-Slg., 1868–70), Love is enough (Dr., 1872), Sigurd the Volsung and the fall of the Niblungs (Epos, 1876), The house of the Wolfings (R., 1889).
Ausgabe: W. M. Collected works. London ²1934. 24 Bde.
Literatur: Henderson, Ph.: *W. M. His life, work, and friends. London 1967.* – Mackail, J. W.: *The life of W. M. Erweitert u. hg. v.* S. Cockerell. *London 1950.*

Morris, Wright [engl. 'mɔrɪs], * Central City (Nebr.) 6. Jan. 1910, amerikan. Romancier.
Wurde bes. in den 40er und 50er Jahren bekannt; pflegt einen knappen, präzisen Stil nach dem Vorbild Hemingways; häufig ist dem Wort das photograph. Bild gleichberechtigt nebengeordnet.
Hauptwerke: Die gläserne Insel (R., dt. 1957), Die maßlose Zeit (R., dt. 1958), Liebe unter Kannibalen (R., dt. 1959), Unterwegs nach Lone Tree (R., dt. 1963), Cause for wonder (R., 1963), One day (R., 1965).
Literatur: Madden, D.: *W. M. New York 1964.*

Morsain, Antoine [frz. mɔr'sɛ̃] ↑ Leneru, Marie.

Morselli, Ercole Luigi [italien. mor'sɛlli], * Pesaro 19. Febr. 1882, † Rom 16. März 1921, italien. Schriftsteller.
Studierte Medizin und Literatur in Florenz; Reisen in Afrika und Amerika; Mitarbeiter verschiedener Zeitschriften; Dramatiker und Erzähler mit elegischem Grundton und Neigung zur Satire, schrieb lyr. Dramen, u. a. „Glauco" (1919), „Belfagor" (hg. 1930; Musik von Respighi), ferner Novellen, u. a. „Favole per i re d'oggi" (1909), „Storie da ridere ... e da piangere" (1918).

Morstin, Ludwik Hieronim [poln. 'mɔrstin], * Pławowice 12. Dez. 1886, † Warschau 12. Mai 1966, poln. Lyriker.
Seine von verschiedenen Traditionen der poln. Literatur, u. a. von den großen Romantikern, vom Neuklassizismus und der Neuromantik beeinflußte lyr. und lyr.-dramat. Dichtung ist stilist. wandelbar; zum Besten seiner Lyrik gehören die Hymnen.

Morsztyn, Andrzej [poln. 'mɔrʃtin], * bei Sandomierz um 1613, † Châteauvillain 8. Jan. 1693, poln. Dichter.
Liberaler Katholik aus ursprüngl. unitar., wegen ihrer Verdienste geadelter Familie; unternahm Auslandsreisen u. a. nach Frankreich, unterstützte die Frankophilen am poln. Hof; floh, als Landesverräter beschuldigt, nach Frankreich, wo er als Graf von Châteauvillain lebte. M.s formgewandte, vom Marinismus beeinflußte Dichtung gilt als Höhepunkt des Barocks in der poln. Literatur; M. übersetzte Corneilles „Cid", Tassos „Aminta" und Werke Marinos.

Mortimer, John [engl. 'mɔːtɪmə], * London 21. April 1923, engl. Dramatiker.
Rechtsanwalt in London. Die Stoffe zu seinen Dramen nimmt er v. a. aus dem bürgerl. Milieu der Gegenwart; auch Hör- und Fernsehspiele.
Hauptwerke: Das Pflichtmandat (Kom., dt. 1961), Die Mittagspause (Kom., dt. 1961), Regatta-Tag (Schsp., dt. 1963).

Morucchio, Umberto [italien. mo'rukkio], * Venedig-Murano 30. Juni 1893, italien. Schriftsteller.
Journalist; lange Zeit Gymnasiallehrer, wandte sich dann ganz der Literatur und dem Theater zu; seine Komödie „Der schönste Tag" (dt. 1955, auch u. d. T. „Die Gewehre der Tiscornia") ist eine Satire auf den Arbeitskampf.
Weitere Werke: Storie di ieri, di oggi ... e domani (Novellen, 1958), Una donna in lotteria (Nov., 1961).

Morungen, Heinrich von ↑ Heinrich von Morungen.

Morus, Thomas ↑ More, Sir Thomas.

Moscherosch, Johann Michael, Pseudonym Philander von Sittewald, * Willstädt bei Kehl 5. März 1601, † Worms 4. April 1669, dt. Satiriker.
Aus span. Adel, studierte in Straßburg, bereiste Frankreich und Deutschland, war Hofmeister, Amtmann, seit 1656 Kriegs- und Kirchenrat in Hanau, seit 1664 in hess. Diensten; 1645 wurde er als „der Träumende" in die „Fruchtbringende Gesellschaft" aufgenommen; sein kulturhistor. bed. Hauptwerk ist die Zeitsatire „Visiones de Don de Quevedo. Wunderl. und wahrhaftige Gesichte Philanders von Sittewald" (1642/43), in der er, über sein Vorbild für den 1. Teil, Quevedos „Sueños", hinausgehend, in der Ichform das höf. Wesen mit seiner Nachahmung ausländ. Mode und Sitte, allgemeine Eitelkeit, Heuchelei und Torheit verurteilt und dabei einen betont nationalen und ev. Standpunkt vertritt.
Literatur: Höft, B.: *J. M. M.s „Gesichte Philanders v. Sittewald". Eine Quellenstudie zum 1. Tl. des Werkes. Diss. Freib. 1964.* – Bechtold, A.: *Krit. Verz. der Schrr. M.s nebst Verz. der über ihn erschienenen Schrr. Mchn. 1922.*

Moschion ['mɔsçiɔn], griech. Tragiker vielleicht des 4. oder 3. Jh.s v. Chr.
Schrieb die histor. Dramen „Themistokles" und „Pheraier" (wahrscheinl. eine Tragödie über die Ermordung des Tyrannen Alexandros von Pherai).

Moschos ['mɔsçɔs], griech. Dichter um die Mitte des 2. Jh.s v. Chr. aus Syrakus.
Der Suda zufolge Schüler Aristarchs; schrieb in der Nachfolge Theokrits heitere, in der sprachl. Gestaltung schlichte Hirtengedichte; erhalten ist das Epyllion „Europa", das den Raub der Europa dichter. gestaltet, ferner „Der Ausreißer Eros", während die M. oft zugeschriebene Dichtung „Megara" nicht von ihm stammt.

Mosen, Julius, * Marieney (Landkreis Oelsnitz) 8. Juli 1803, † Oldenburg (Oldenburg) 10. Okt. 1867, dt. Schriftsteller.
Studierte Rechtswissenschaft, war u. a. Advokat in Dresden, später Dramaturg am Hoftheater in

Oldenburg; neben rhetor. überspitzten, epigonenhaften Dramen schrieb er Gedichte, die z.T. sehr volkstüml. wurden („Andreas Hofer"), Erzählungen und Versepen.
Weitere Werke: Das Lied vom Ritter Wahn (Epos, 1831), Ahasver (Epos, 1838).

Moser, Friedrich Karl Freiherr von, * Stuttgart 18. Dez. 1723, † Ludwigsburg 11. Nov. 1798, dt. Politiker und polit. Schriftsteller.
Studierte Rechtswissenschaft, trat 1747 in hessenhomburg. Dienste, wurde 1767 Reichshofrat in Wien, 1772–80 Minister in Hessen-Darmstadt; danach kehrte er nach Württemberg zurück. M. verfaßte staatsrechtl. Schriften, in denen er Despotie und Sittenlosigkeit bei Hof angreift; bes. sein Fürstenspiegel gegen die Tyrannei „Der Herr und der Diener, geschildert mit patriot. Freiheit" (1759) erregte Aufsehen. In der Erzählung „Daniel in der Löwengrube" (1763) Angriff auf den unterwürfigen Beamtenstand.
Weitere Werke: Reliquien (1766), Von dem dt. Nationalgeist (Schr., 1766), Patriot. Archiv für Deutschland (1784–94).
Literatur: Kaufmann, H.-H.: *F. Carl v. M. als Politiker u. Publizist. Darmst. 1931.*

Moser, Gustav von, * Spandau (heute Berlin-Spandau) 11. Mai 1825, † Görlitz 23. Okt. 1903, dt. Lustspieldichter.
Lange Zeit preuß. Offizier, dann Landwirt, schließl. freier Schriftsteller; schrieb teils allein, teils mit L'Arronge, von Schönthan und Trotha viele unterhaltsame Lustspiele, Einakter und Possen. Amüsant die Erinnerungen „Vom Leutnant zum Lustspieldichter" (hg. 1908).
Weitere Werke: Er soll dein Herr sein (Lsp., 1860), Ultimo (Lsp., 1874), Der Veilchenfresser (Lsp., 1874), Der Bibliothekar (Lsp., 1878), Krieg im Frieden (Lsp., 1881; mit von Schönthan).

Möser, Justus, * Osnabrück 14. Dez. 1720, † ebd. 8. Jan. 1794, dt. Historiker und Schriftsteller.
Rechts- und Philologiestudium; 1747 Anwalt, 1768 Ratgeber des Regenten von Osnabrück, 1783 Geheimer Justizrat; diplomat. Aufenthalte in England und Frankreich; Vertreter einer konservativen, altdt.-national orientierten Geschichtsauffassung; Gegner der Frz. Revolution; beeinflußte Goethe und Herder und die Entwicklung des dt. Nationalbewußtseins. M. schrieb u. a. „Osnabrückische Geschichte" (1768), „Patriot. Phantasien" (1774–78) und die Tragödie „Arminius" (1749).
Ausgaben: J. M. Sämtl. Werke. Histor.-krit. Ausg. Hg. v. der Akademie der Wiss. zu Gött. Oldenburg (Oldenburg) 1943 ff. Auf 14 Bde. berechnet. – J. M. Sämmtl. Werke. Hg. v. B. R. Abeken. *Bln. ²1858. 10 Bde. [mit Biogr.].*
Literatur: Bäte, L.: *J. M. Advocatus patriae. Frkf. 1961.* – Klassen, P.: *J. M. Frkf. 1936.*

Moses ['mo:zɛs] † Bibel.

Moses von Chorene ['mo:zɛs], armen. Schriftsteller des 5. (?) Jahrhunderts.
Als histor. Persönlichkeit sehr umstritten. Die ihm zugeschriebene „Geschichte Armeniens" soll im 7. oder 8. Jh. überarbeitet worden sein: bed. Quelle (enthält altarmen. Volks- und Heldensagen).

Mostar, Gerhart Herrmann, eigtl. G. Herrmann, * Gerbitz bei Bernburg 8. Sept. 1901, dt. Schriftsteller.
Lehrer, studierte Germanistik, wandte sich bald dem Journalismus zu; 1933–45 als Emigrant u. a. in Österreich, Italien und auf dem Balkan; bekannt durch Romane („Der Aufruhr des schiefen Calm", 1929; „Der schwarze Ritter", ein Karl-Marx-Roman, 1933), Bühnenstücke („Der Zimmerherr", eine Satire auf Hitler, 1946; „Meier Helmbrecht", ein zeitbezogenes Schauspiel, 1946), ferner durch Lyrik, Reportagen, Hörspiele, humorvolle, geistreiche Essays und histor. Plaudereien („Weltgeschichte höchst privat", 1954; „Liebe, Klatsch und Weltgeschichte", 1965).
Literatur: Samelson, W.: *G. H. M. A critical profile. Den Haag 1966.*

Moth [engl. mɔθ] † Fleming, Peter.

Motte-Fouqué, Friedrich Baron de La † Fouqué, Friedrich Baron de La Motte-F.

Mottram, Ralph Hale [engl. 'mɔtrəm], Pseudonym J. Marjoram, * Norwich 30. Okt. 1883, engl. Schriftsteller.
M., der bei seinem literar. Beginn von Galsworthy betreut wurde, wurde bes. durch die Romantrilogie „Der span. Pachthof" (dt. 1929) bekannt.
Weitere Werke: Europa's beast (R., 1930), Flower Pot End (R., 1936), Bowler hat (R., 1940), The gentleman of leisure (R., 1947), Over the wall (R., 1955).

Moulinet, Jean [frz. muli'nɛ] † Molinet, Jean.

Mrożek, Sławomir [poln. 'mrɔʒɛk], * Borzęcin bei Krakau 26. Juni 1930, poln. Schriftsteller.
Studierte in Krakau, unternahm zahlreiche Reisen, lebt in Warschau und in Italien; sozialkrit. Erzähler und Dramatiker mit Tendenz zum Antiideolog. und Undogmat.; setzt sich für eine nicht uniforme Kunst ein. M. stellt in oft gespenst. wirkenden, surrealist. Satiren unter – meist polit. – Terror und Totalität leidende Individuen oder Kollektive dar; die Suche nach innerer Freiheit endet für M.s teils lächerl., teils trag. Helden meist mit dem Rückzug in den privaten Bereich oder mit sinnloser Auflehnung; die Stücke sind denen Ionescos, Becketts, Genets verwandt; M. bezieht sich aber v. a. auf Witkiewicz und Gombrowicz.
Hauptwerke: Der Elefant (Satire, dt. 1960), Die Polizei (Dr., dt. 1961), Das Martyrium des Peter O'Hey (Dr., dt. 1963), Truthahn (Dr., 1960; dt. EA 1969), Hochzeit in Atomweiler (Satire, dt. 1961), Auf hoher See (Dr., dt. 1963), Karl (Dr., dt. 1963), Striptease (Dr., dt. 1963), Zabawa (Dr., dt. 1965), Eine wundersame Nacht (Dr., dt. 1965), Tango (Dr., dt. 1965), Noch mal von vorn (Dr., dt. UA 1968), Die Propheten (Dr., dt. UA 1968).

Mrštík, Alois [tschech. 'mr̩ʃtji:k], * Ingrowitz bei Zwittau 14. Okt. 1861, † Brünn 24. Febr. 1925, tschech. Schriftsteller.
Von Beruf Lehrer. Schrieb, meist mit seinem Bruder Vilém M. zusammen, naturalist. Erzählungen und Dramen; während der Zusammenarbeit entstanden die [später verfilmte] Tragödie einer Gattenmörderin „Maryša" (1894) und die Chronik der mähr. Slowakei „Rok na vsi" (= Ein Jahr auf dem Lande, 1903 f.), in der die Verfasser erste Spuren der Dekadenz im bäuerl. Lebensbereich darstellen.

Mrštík, Vilém [tschech. 'mr̩ʃtji:k], * Ingrowitz bei Zwittau 14. Mai 1863, † Diváky 2. März 1912, (Selbstmord), tschech. Schriftsteller.

Entschied sich, sowohl literar. als auch für Malerei begabt, für den Schriftstellerberuf. Schrieb außer den mit seinem Bruder Alois M. verfaßten Werken naturalist. Dorfgeschichten unter dem Einfluß Zolas und Romane aus der student. und bürgerl. Welt des alten Prag; übersetzte aus dem Russischen.

Muallakat; tl.: Mu'allaqāt [muala'ka:t] [arab.; = die Aufgehängten], Sammlung altarab. Gedichte, die in vorislam. Zeit als Meistergedichte an der Kaaba in Mekka aufgehängt worden sein sollen und die im 8. Jh. von Hammad Ar Rawija zusammengestellt wurden. Man rechnet zu der Sammlung sieben Kassiden (von Umru Al Kais, Tarafa, Suhair, Antara, Al Ascha u.a.), denen in der Regel drei weitere Gedichte angefügt sind. Dt. Übersetzung der sieben „Preisgedichte der Araber" 1857.

Mügeln, Heinrich von † Heinrich von Mügeln.

Mügge, Theodor, * Berlin 8. Nov. 1806, † ebd. 18. Febr. 1861, dt. Schriftsteller.

Studierte Philosophie, Geschichte und Naturwissenschaften, arbeitete an verschiedenen Zeitschriften mit. Verfaßte interessante Reisebeschreibungen und zahlreiche Unterhaltungsromane.

Hauptwerke: Der Vogt von Sylt (R., 1851), Afraja (R., 1854), Leben und Lieben in Norwegen (1856).

Mühlberger, Josef, * Trautenau 3. April 1903, dt. Schriftsteller.

Dr. phil.; Reisen durch verschiedene europ. Länder, Lehrer, im 2. Weltkrieg Soldat, Redakteur. Die Themen seiner rhythm. Prosa, seiner Lyrik, Dramen und Hörspiele sind Menschen, Landschaft und Geschichte seiner sudetendt. Heimat, Eindrücke seiner Reisen und das Kriegserlebnis. Naturnahe Bilder von starker Atmosphäre.

Hauptwerke: Aus dem Riesengebirge (En., 1929), Hus im Konzil (R., 1931), Die Knaben und der Fluß (E., 1934), Wallenstein (Dr., 1934), Der Galgen im Weinberg (E., 1951), Lavendelstraße (Ged., 1962), Herbstblätter. Gedanken und Gestalten (1963), Das Ereignis der 3000 Jahre (Reiseaufzeichnungen, 1963).

Muhr, Adelbert, * Wien 9. Nov. 1896, östr. Schriftsteller.

Studium in Wien, Beamter der Donau-Dampfschiffahrts-Gesellschaft, Journalist, freier Schriftsteller. Bekannt durch seine Romane, in deren Mittelpunkt er Landschaften an großen Flüssen stellt („Dichter der Ströme"); auch Übersetzer.

Hauptwerke: Die Reise zum Nibelungenlied (Nov., 1945), Der Sohn des Stromes (R., 1945), Zwischen Moldau und Donau (Tageb., 1948), Theiß-Rhapsodie (R., 1949), Sie haben uns alle verlassen (R., 1956), Die letzte Fahrt (R., 1964).

Mühsam, Erich, * Berlin 6. April 1878, † KZ Oranienburg 10. oder 11. Juli 1934, dt. Schriftsteller.

Zunächst Apotheker, dann Redakteur an den anarchist. Zeitschriften „Der arme Teufel" und „Weckruf", 1911–14 und 1918/19 Hg. der Monatsschrift „Kain. Zeitschrift für Menschlichkeit"; 1919 Mitglied des Zentralrats der bayr. Räterepublik; nach deren Sturz zu 15 Jahren Festungshaft verurteilt, von denen er 6 Jahre im Gefängnis verbüßte. 1933 erneut verhaftet und nach grausamen Mißhandlungen ermordet. M. schrieb expressionist., von radikal anarchist. Gesinnung erfüllte Gedichte, Dramen und Essays, teils kraftvoll anklagend, teils aber hohl pathetisch.

Hauptwerke: Die Wüste (Ged., 1904), Die Hochstapler (Lsp., 1906), Der Krater (Ged., 1909), Die Freivermählten (Dr., 1914), Brennende Erde (Ged., 1920), Judas (Dr., 1921), Revolution (Ged., 1925), Staatsräson (Dr., 1928).

Ausgabe: E. M. Ausgew. Werke in Einzelausgg. Zürich 1962. 2 Bde.

Literatur: Pawlowa, N.: *Die Dichtung E. M.s. In: Kunst u. Lit. 7 (1959), 937.* – Mühsam, K.: *Der Leidensweg E. M.s. Zürich; Paris 1935.*

Muir, Edwin [engl. mjʊə], * Deerness (Orkney) 15. Mai 1887, † bei Cambridge 3. Jan. 1959, schott. Schriftsteller.

Gab 1919 seinen Beruf als kaufmänn. Angestellter auf und arbeitete als freier Journalist; lebte mit seiner Frau Willa Anderson, mit der er u.a. Kafka übersetzte und in England bekannt machte, lange auf dem Kontinent. Schrieb außer wertvollen Beiträgen zu literaturkrit. Fragen, darunter die Studie „The structure of the novel" (1928), schott. Heimatromane und v.a. religiös-metaphys. Lyrik, in der er Alltägl. symbolhaft gestaltet.

Weitere Werke: First poems (1925), Variations on a time theme (Ged., 1934), The narrow place (Ged., 1943), The voyage (Ged., 1946), One foot in Eden (Ged., 1956).

Literatur: Butter, P. H.: *E. M.: Man and poet. London 1966.*

Mulisch, Harry [niederl. 'my:li:ʃ], * Haarlem 29. Juli 1927, niederl. Schriftsteller.

Bankierssohn, unternahm ausgedehnte Reisen; schreibt phantasiereiche philosoph. Romane.

Hauptwerke: Der Diamant (R., 1954; dt. 1961), Schwarzes Licht (R., 1956; dt. 1962), Das steinerne Brautbett (R., dt. 1960).

Müller, Artur, Pseudonym Arnolt Brecht, * München 26. Okt. 1909, dt. Schriftsteller.

Buchhändler, 1933 monatelang im KZ, Soldat im 2. Weltkrieg, 1944 aktiv in der Widerstandsbewegung, in Abwesenheit zum Tode verurteilt; Dramaturg, 1953–58 Programmdirektor des Hess. Fernsehens. M. verfaßte Romane, Novellen, Dramen, Hör- und Fernsehspiele. Der Zeitroman „Am Rande einer Nacht" (1940) ist in seiner film. Technik neuartig. Ein weiterer Zeitroman, „Die verlorenen Paradiese" (1950), gilt als sein Hauptwerk. Sein dramat. Werk enthält Ideendramen und aktuelle Zeitstücke.

Weitere Werke: Das östl. Fenster (R., 1936), Traumherz (R., 1938), Fessel und Schwinge (Dramen, 1942), Die letzte Patrouille? (Dr., 1958), Die Sonne, die nicht aufging (Trotzki-Biogr., 1959), Gespräche zur Weltgeschichte (1965).

Müller, Ernst † Lothar, Ernst.

Müller, Friedrich, genannt Maler Müller, * Bad Kreuznach 13. Jan. 1749, † Rom 23. April 1825, dt. Dichter und Maler.

Siedelte 1774 nach Mannheim über (Kontakt mit Dalberg), wo er, von der Sturm-und-Drang-Bewegung angeregt, v.a. als Schriftsteller tätig war. 1777 wurde er kurfürstl. Kabinettsmaler, seit 1778 in Rom, wurde 1780 dort kath.; 1805 zum bayr. Hofmaler ernannt. An Geßners Dichtung geschult, begann er mit bibl. und antikisierenden Rokokoidyllen; Eigenständiges leistete er erst mit den kleinen volkstüml. Genrebildern, die

Begebenheiten aus dem pfälz. Dorf realist., oft auch derb schildern: „Die Schafschur" (Idylle, 1775), „Das Nußkernen" (Ged., 1811). Seine in der Anlage ep. Dramen sind stilist. kraftgenialisch, doch von großer Gestaltungskraft.
Weitere Werke: Golo und Genoveva (entstanden 1775–81, gedruckt 1811), Balladen (1776), Fausts Leben dramatisiert (1778), Niobe (Dr., 1778).
Ausgaben: F. M. Werke. Volks- u. Jubiläumsausg. in 2 Bden. Hg. v. M. Oeser. *Neustadt an der Weinstraße 1916–18 [mit Biogr.]. – Maler M. Dichtungen. Hg. v.* H. Hettner. *Lpz. 1868. 2 Bde. Nachdr. Bern 1968.*
Literatur: Dönnges, U.: *Maler M.s Prosastil, aufgezeigt an seinen Idyllen. Diss. Tüb. 1960 [Masch.].* – Schmidt, F. A.: *Maler M.s dramat. Schaffen unter bes. Berücks. seiner Faustdichtungen. Diss. Gött. 1936.* – Seuffert, B.: *Maler M. Im Anhang Mitt. aus M.s Nachlaß. Bln. 1877.* – † auch Gerstenberg, Heinrich Wilhelm von.

Müller, Fritz † Müller-Partenkirchen, Fritz.

Müller (M.-Einigen), Hans, * Brünn 25. Okt. 1882, † Einigen am Thuner See 8. März 1950, dt. Schriftsteller.
Bruder von E. Lothar; studierte in Wien (Dr. jur. et phil.), ausgedehnte Reisen, u.a. Chefdramaturg in Hollywood, lebte zuletzt in der Schweiz. M. schrieb anfangs zarte, musikal. Gedichte und Novellen, später Lustspiele und v.a. Dramen über aktuelle Stoffe; auch Librettist und Drehbuchautor.
Hauptwerke: Die Puppenschule (Dr., 1907), Träume und Schäume (Novellen, 1911), Könige (Dr., 1915), Der Tokaier (Lsp., 1925), Im Weißen Rößl (Lsp., 1930), Eugenie (Dr., 1938), Die Menschen sind alle gleich (En., 1946).

Müller, Heiner, * Eppendorf (Bezirk Chemnitz) 9. Jan. 1929, dt. Dramatiker.
Angestellter, dann Journalist, 1958/59 Mitarbeiter des Maxim-Gorki-Theaters in Berlin (Ost), seit 1959 freier Schriftsteller ebd.; verfaßte seine Gegenwartsstücke (anfangs in der Tradition Brechtscher Lehrstücke) meist zusammen mit seiner Frau *Inge M.* (* 1925, † 1966); aktuelle Neufassungen antiker Stoffe; Übersetzungen.
Hauptwerke: Der Lohndrücker (Dr., 1960), Die Korrektur (Dr., 1960), Die Umsiedlerin oder Das Leben auf dem Lande (Dr., UA 1961), Der Bau (Dr., 1965), Philoktet (Dr. nach Sophokles, 1965), Herakles 5 (Dr., 1966), Ödipus Tyrann (Dr. nach Sophokles/Hölderlin, 1969).

Müller, Johann Gottwerth, genannt M. von Itzehoe, * Hamburg 17. Mai 1743, † Itzehoe 23. Juni 1828, dt. Erzähler.
Studierte Medizin, war Buchhändler, seit 1783 Privatgelehrter in Itzehoe. M. schrieb satir. Werke nach dem Vorbild des engl. kom. Romans des 18. Jh.s. Mit „Siegfried von Lindenberg" (1779) schuf er einen köstl. satir. Roman, in dem er die Empfindsamkeit und den Geniekult verspottet.
Weitere Werke: Gedichte (1770/71), Der Ring (E., 1777), Kom. Romane (1784–91), Sara Reinert (R., 1796).

Müller, Wilhelm, genannt Griechen-Müller, * Dessau 7. Okt. 1794, † ebd. 30. Sept. 1827, dt. Dichter.
Sohn eines Schuhmachers, Philologiestudium in Berlin; nahm als Freiwilliger an den Befreiungskriegen teil; Reisebegleiter in Italien, 1819 Lehrer an der Dessauer Gelehrtenschule, dann herzogl. Bibliothekar; bekannt mit Tieck, Goethe und Uhland; schrieb „Gedichte aus den hinterlassenen Papieren eines reisenden Waldhornisten" (1821 bis 1824) und „Lieder der Griechen" (1821–24), in denen seine Sympathie für den Freiheitskampf der Griechen begeisterten Ausdruck fand. „Neugriech. Volkslieder" (Übers., 1825) und „Lyr. Reisen und epigrammat. Spaziergänge" (1827) folgten, auch philolog. Arbeiten; seine Lieder, z.T. Rollenlieder, sind frisch, innig und natürl. und treffen den Volksliedton; von Schubert vertont wurden die Zyklen „Die schöne Müllerin" und „Winterreise".
Ausgabe: W. M. Vermischte Schrr. Hg. v. G. Schwab. *Lpz. 1830. 5 Bde.*
Literatur: Just, K. G.: *W. M. u. seine Liederzyklen. In:* Just: *Übergänge. Probleme u. Gestalten der Lit. Bern u. Mchn. 1966.* – Cottrell, A. P.: *W. M.s lyr. Liederzyklen. Diss. Ohio State Univ., Columbus 1963.* – Lohre, H.: *W. M. als Kritiker u. Erzähler. Lpz. 1927.*

Müller, Wolfgang, genannt M. von Königswinter, * Königswinter 15. März 1816, † Bad Neuenahr 29. Juni 1873, dt. Dichter.
Sohn eines Arztes, studierte Medizin; verkehrte mit Freiligrath, Simrock und Kinkel, war auch mit Tieck bekannt, wurde Militärarzt in Düsseldorf, 1842 hielt er sich in Paris auf, wo er mit Heine, Herwegh und Dingelstedt in Verbindung kam, war dann Arzt in Düsseldorf, gehörte 1848 der Frankfurter Nationalversammlung an, lebte seit 1853 in Köln, seit 1869 in Wiesbaden. M. verherrlichte in Epen, Liedern, Romanzen, Balladen, Märchen und Erzählungen die rhein. Lebensart und die rhein. Landschaft; auch Dramen.
Hauptwerke: Rheinfahrt (Epos, 1846), Gedichte (1847), Zum stillen Vergnügen (En., 1865), Der Einsiedler von Sanssouci (Lsp., 1865), Die Rose von Jericho (Trag., 1865).

Müller-Einigen, Hans † Müller, Hans.

Müller-Guttenbrunn, Adam, Pseudonyme Ignotus, Franz Josef Gerhold, * Guttenbrunn (Banat) 22. Okt. 1852, † Wien 5. Jan. 1923, östr. Schriftsteller.
In Linz im östr. Staatsdienst, dann Beamter in Wien, wo er Laubes Sympathien gewann; seit 1886 Kritiker und Feuilletonredakteur der „Dt. Zeitung" in Wien, 1892–96 Direktor des Raimundtheaters, 1898–1903 des Stadttheaters in Wien; setzte sich in Essays und Abhandlungen für die Erneuerung des Wiener Theaters ein. Später gab er den „Schwäb. Hausfreund" heraus; 1919 Abgeordneter. Schrieb Dramen, Romane, Erzählungen, Kultur- und Geschichtsbilder aus seiner donauschwäb. Heimat. In Abhandlungen warf er immer wieder das Nationalitätenproblem auf. Er ist auch Verfasser einer bed. biograph. Romantrilogie über Lenau: „Sein Vaterhaus" (1919), „Dämon. Jahre" (1920) und „Auf der Höhe" (1921).
Weitere Werke: Die Dame in Weiß (R., 1907), Die Glocken der Heimat (R., 1910), Der große Schwabenzug (R., 1913), Joseph der Deutsche (R., 1917), Meister Jakob und seine Kinder (R., 1918), Der Roman meines Lebens (Autobiogr., 1927).

Müller-Partenkirchen, Fritz, auch genannt Müller-Zürich, eigtl. F. Müller, * München 24. Febr.

1875, † Hundham bei Miesbach 4. Febr. 1942, dt. Schriftsteller.
War u.a. Kaufmann und Handelsschullehrer, studierte Volkswirtschaft, lebte in der Schweiz und in Oberbayern. Seine unterhaltenden Romane und Erzählungen, teilweise aus der Kaufmannswelt, die Dialektgeschichten, Skizzen und Plaudereien sind volkstüml. und voll Humor.
Hauptwerke: Kramer & Friemann (R., 1920), Die Kopierpresse (En., 1926), Kaum genügend (En., 1927), Das verkaufte Dorf (R., 1928), Cannero (E., 1930), Die Firma (R., 1935), Der Kaffeekönig (R., 1939).

Müller-Schlösser, Hans, * Düsseldorf 14. Juni 1884, † ebd. 21. März 1956, dt. Schriftsteller.
Freier Schriftsteller, leitete in Düsseldorf nach 1945 das Kleine Theater. M.-Sch. hatte mit seinen rhein. Volkskomödien, Schnurren, Schwänken und Geschichten, die ihn als guten, nüchternen Beobachter ausweisen, außerordentl. Erfolg. Bes. beliebt war seine Komödie „Schneider Wibbel" (1914).
Weitere Werke: Eau de Cologne (Schwank, 1920), Der Rangierbahnhof (Volksstück, 1921), Schneider Wibbels Tod und Auferstehung (R., 1938), Jan Krebsereuter (R., 1946), Der Sündenbock (Kom., 1947).

Müller von Itzehoe [...'ho:] ↑ Müller, Johann Gottwerth.

Müller von Königswinter ↑ Müller, Wolfgang.

Müller-Zürich, Fritz ↑ Müller-Partenkirchen, Fritz.

Müllner, Adolf, * Langendorf bei Weißenfels 18. Okt. 1774, † Weißenfels 11. Juni 1829, dt. Schriftsteller.
Dr. jur.; gründete in Weißenfels ein Privattheater, Leiter und Hg. mehrerer Zeitschriften, zu seiner Zeit gefürchteter Theaterkritiker; mit seinen auf Bühnenwirksamkeit berechneten Theaterstücken Hauptvertreter der romant. Schicksalstragödie. Auch Erzählungen.
Hauptwerke: Der 29. Februar (Trag., 1812), Die Schuld (Trag., 1816), König Yngurd (Trag., 1817).
Literatur: Koch, G.: *Adolph M. als Theaterkritiker, Journalist u. literar. Organisator. Emsdetten 1939.*

Mulock, Dinah Maria [engl. 'mju:lɔk] ↑ Craik, Dinah Maria.

Multatuli [niederl. mʏlta:'ty:li:], eigtl. Eduard Douwes Dekker, * Amsterdam 2. März 1820, † Ingelheim am Rhein 19. Febr. 1887, niederl. Schriftsteller.
Sohn eines Kapitäns; kurze Gymnasialzeit; trat frühzeitig in den niederl. Kolonialdienst ein und war seit 1851 Ministerresident in Amboina, später in Lebak bei Batavia; lernte dort die Ausbeutung der einheim. Bevölkerung durch die Kolonialverwaltung kennen; kehrte in die Niederlande zurück und schrieb unter dem Decknamen M. den autobiograph. Roman „Max Havelaar oder die Holländer auf Java" (1860, dt. 1875), in dem er die Mängel der niederl. Kolonialregierung schilderte; das Buch, in blendendem Stil geschrieben, erregte großes Aufsehen, erntete aber nur literar. Erfolg; die 7 Bände „Ideën" (1862–77) sind eine bed. Quelle für M.s freigeistig-humanist. Gedankengut; sie enthalten auch das bemerkenswerte autobiograph. Romanfragment „Die Abenteuer des kleinen Walter" (1890, dt. 1901 f.).
Weitere Werke: Duizend en eenige hoofdstukken over specialiteiten (1871), Fürstenschule (Dr., 1874; dt. 1901).
Ausgaben: M. Volledige Werken. Hg. v. G. Stuiveling. *Amsterdam 1950–60. 10 Bde. – M. Ausw. aus seinen Werken. Dt. Übers. Eingel. durch eine Charakteristik seines Lebens, seiner Persönlichkeit u. seines Schaffens v.* W. Spohr. *Minden ²1902.*
Literatur: Brom, G.: *M. Utrecht u. Antwerpen 1958.* – Gruyter, J. de: *Het leven en de werken van Eduard Douwes-Dekker. Amsterdam 1920–21. 2 Bde.*

Mumelter, Hubert [...mɔltər], * Bozen 26. Aug. 1896, östr. Schriftsteller.
Rechtsanwalt, dann Skilehrer und freier Schriftsteller; lebt bei Völs am Schlern; heimatverbundene Romane, z.T. aus der Geschichte Tirols, Gedichte, humorvolle Ski- und Bergfibeln.
Hauptwerke: Zwei ohne Gnade (R., 1931), Die falsche Straße (R., 1934), Schatten im Schnee (R., 1940), Maderneid (R., 1951), Wein aus Rätien (En., 1954).

Münch-Bellinghausen, Eligius Franz-Joseph Freiherr von ↑ Halm, Friedrich.

Münchhausen, Börries Freiherr von, Pseudonym H. Albrecht, * Hildesheim 20. März 1874, † Schloß Windischleuba bei Altenburg 16. März 1945 (Selbstmord), dt. Dichter.
Jugendzeit auf den Familiengütern in Niedersachsen und Thüringen; studierte Rechts- und Staatswissenschaften, bereiste Italien, Dänemark, Deutschland; im 1. Weltkrieg Offizier an der Ostfront; lebte seit 1920 auf seinem Gut Windischleuba. Hauptvertreter der neueren dt. Balladendichtung, einer Gattung, der er auch zahlreiche theoret. Abhandlungen widmete und die seiner aristokrat. Lebensauffassung, seiner virtuosen Sprachbeherrschung und seinem starken Temperament bes. entsprach; Themen v.a. aus der mittelalterl. Ritterwelt, aus Sage und Märchen.
Hauptwerke: Gedichte (1897), Balladen (1900), Ritterl. Liederbuch (1903), Die Standarte (Ged., 1916), Meisterballaden. Ein Führer zur Freude (Schr., 1923), Das Balladenbuch (1924), Idyllen und Lieder (1928), Das Liederbuch (1928), Geschichten aus der Geschichte (1934).
Ausgabe: B. Frhr. v. M. Das dichter. Werk. Ausg. letzter Hand. Stuttg. 21.–85. Tsd. 1963–64. 2 Bde.
Literatur: Seidel, I.: *B. Frhr. v. M. In:* Seidel: *Frau u. Wort. Stuttg. 1965.* – Enders, C.: *B. v. M. u. die dt. Ballade. Bonn 1914.*

Munday, Anthony [engl. 'mʌndɪ], * London 1553, ▭ ebd. 10. Aug. 1633, engl. Schriftsteller.
Begann mit antipapist. Pamphleten, die wahrscheinl. offizielle Billigung hatten; 1584 (?) erhielt er eine kleine Anstellung am Hof. M. schrieb außer Übersetzungen nach frz. Vorlagen v.a. Balladen, die nicht erhalten sind, und bühnenwirksame Theaterstücke, die zwischen Volksstück und Kunstdrama stehen; bes. erfolgreich war er mit den Robin-Hood-Dramen „The downfall of Robert, Earl of Huntingdon" und „The death of Robert, Earl of Huntingdon" (beide 1601) sowie mit der Komödie „John a Kent and John a Cumber" (1594).

Mundt, Theodor, * Potsdam 19. Sept. 1808, † Berlin 30. Nov. 1861, dt. Schriftsteller.

Beamtensohn, Philosophie- und Philologiestudium; Journalist, Redakteur verschiedener Zeitschriften; 1848 Professor für Literaturgeschichte in Breslau, 1850 Universitätsbibliothekar in Berlin; maßgebl. Vertreter des Jungen Deutschland und unermüdl. Kämpfer gegen die preuß. Zensur, von der seine Zeitschriften wiederholt betroffen wurden. Veröffentlichte neben weniger bed. Novellen, Romanen („Das Duett", 1831; „Madonna", 1835; „Thomas Münzer", 1841) und Reiseschilderungen („Italien. Zustände", 1859/60) zahlreiche literarhistor., literartheoret. und ästhet. Schriften („Die Kunst der dt. Prosa", 1837; „Geschichte der Literatur der Gegenwart", 1842).
Literatur: Quadfasel, H.: *Th. M.s literar. Kritik u. die Prinzipien seiner „Ästhetik". Diss. Hdbg. 1933.* – Draeger, O.: *Th. M. u. seine Beziehungen zum Jungen Deutschland. Marburg 1909.*

Mungard, Jens, * Keitum (Sylt) 9. Febr. 1885, † KZ Sachsenhausen 15. Febr. 1940, fries. Dichter.
Bauer; bedeutendster nordfries. Dichter des 20. Jh.s, der durch sein Werk viel zur Erhaltung bes. der Sylter Sprache beitrug; M. war v. a. Lyriker und Balladendichter, schrieb aber auch Erzählungen und Theaterstücke.
Ausgabe: J. M. Dit Lewent en broket Kraans. Hg. v. J. H. Brouwer *u.* H. Schmidt. *Drachten; Westerland 1962.*

Mungenast, Ernst-Moritz ['mʊŋənast], * Metz 29. Nov. 1898, † Stuttgart 3. Sept. 1964, dt. Schriftsteller.
Nahm am 1. Weltkrieg teil; mußte Lothringen 1919 verlassen; studierte in Berlin u. a. Germanistik; wurde Journalist, dann freier Schriftsteller. Stellte, v. a. in seinem erfolgreichen, kulturhistor. interessanten Roman „Der Zauberer Muzot" (1939), seine lothring. Heimat dar.
Weitere Werke: Christoph Gardar (R., 1935), Die Halbschwester (R., 1937), Der Kavalier (R., 1938), Cölestin (R., 1949), Hoch über den Herren der Erde (R., 1950), Die ganze Stadt sucht Günther Holk (R., 1954), Tanzplatz der Winde (R., 1956).

Munk, Christian ↑ Weisenborn, Günther.

Munk, Georg, eigtl. Paula Buber, geb. Winkler, * München 14. Juni 1877, † Venedig 11. Aug. 1958, dt. Schriftstellerin.
⚭ mit Martin Buber; von der Romantik beeinflußte Erzählerin.
Hauptwerke: Die unechten Kinder Adams (E., 1912), Irregang (R., 1916), Am lebendigen Wasser (R., 1952), Muckensturm (R., 1953).

Munk, Kaj [dän. moŋ'g], eigtl. Harald Leininger, * Maribo 13. Jan. 1898, † bei Silkeborg 4. Jan. 1944, dän. Schriftsteller.
Verlust der Eltern, Adoption durch das Ehepaar M., Studium der Theologie, Pfarrer in Vedersø (Jütland), 1944 von der Gestapo ermordet. M., in der Geisteshaltung Kierkegaard, formal, bes. in seinem Frühwerk, Pirandello und dem Expressionismus verpflichtet, setzte sich in seinen sehr bühnenwirksamen Dramen leidenschaftl. mit theolog., philosoph. und polit. Fragen auseinander; Gestalten der Weltgeschichte, u. a. Herodes in „En idealist" (1928), Heinrich VIII. in „Cant" (1931), bestimmen seine ersten Dramen; daneben entstanden Bühnenstücke, in denen Probleme der Liebe und des Vertrauens in die Macht des Glaubens im Mittelpunkt stehen, darunter sein Hauptwerk „Ordet" (1932); später wandte er sich dem aktuellen polit. Geschehen zu, u. a. in „Sejren" (1936) und „Han sidder ved smeltediglen" (1938); ferner Lyrik, Predigten, Essays, Reisebeschreibungen.
Weitere Werke: I brændingen (Dr., 1929), Kærlighed (Dr., 1935), Niels Ebbesen (Dr., dt. 1944).
Literatur: Harcourt, M.: *Portraits of destiny. New York 1966.* – Nøjgaard, N.: *Ordets Dyst og Daad. K. M.s Levnedsløb og Personlighed. Kopenhagen 1946.* – Meergaard, E.: *K. M. Ein Dichter zw. zwei Weltkriegen. Dt. Übers. Zürich u. Stuttg. 1945.*

Munkepunke ↑ Meyer, Alfred Richard.

Muñoz Seca, Pedro [span. mu'ɲoθ 'seka], * El Puerto de Santa María (Cádiz) 20. Febr. 1881, † Paracuellos de Jarama (Madrid) 28. Nov. 1936, span. Dramatiker.
Studierte Jura in Sevilla, später u. a. im Versicherungsaufsichtsamt tätig; während des Bürgerkriegs erschossen. Schrieb allein oder in Zusammenarbeit mit anderen über 200 meist außerordentl. erfolgreiche Sainetes u. a.; schuf die Groteskfarce (populär „astracán" genannt).
Hauptwerke: La venganza de don Mendo (Kom., 1919), La Caraba (Farce, 1922), Calamar (Farce, 1927), La oca (Kom., 1931).

Munro, Hector Hugh [engl. mʌn'roʊ, '– –] ↑ Saki.

Munro, Neil [engl. mʌn'roʊ, '– –], * Inveraray (Argyll) 3. Juni 1864, † Helensburgh (Dumbarton) 22. Dez. 1930, schott. Schriftsteller.
War zunächst Angestellter, dann Journalist, Hg. der „Glasgow Evening News", freier Schriftsteller. M. (der oft unter dem Pseudonym Hugh Foulis u. a. schrieb), verfaßte romant.-histor. Romane und Erzählungen mit kelt. Stoffen, humorvolle Geschichten in schott. Dialekt sowie Balladen und lyr. Gedichte.
Hauptwerke: John Splendid (R., 1898), The vital spark (E., 1906), Bagpipe ballads (1917).

Munteanu, Francisc [rumän. mun'teanu], * Vețel (Kreis Hunedoara) 9. April 1924, rumän. Schriftsteller.
Seine Romane und Novellen haben oft biograph. Züge und spielen v. a. zur Zeit des 2. Weltkriegs; schreibt auch Drehbücher.
Hauptwerke: În orașul de pe Mureș (= In der Stadt an der Maros, R., 1954), Statuile nu rîd niciodată (= Die Standbilder lachen niemals, R., 1957), Fericitul negustor (= Der glückl. Kaufmann, R., 1957), Der Himmel beginnt beim 3. Stockwerk u. a. Erzählungen (dt. 1964), Terra di Siena (R., 1962).

Munthe, Axel Martin Fredrik [schwed. ˌmʊntə], * Oskarshamn (Kalmar) 31. Okt. 1857, † Stockholm 11. Febr. 1949, schwed. Schriftsteller.
Studierte Medizin, ließ sich in Paris und später in Rom als Arzt nieder, zeitweilig Modearzt, erwarb als königl. schwed. Leibarzt den durch ihn berühmt gewordenen Besitz San Michele auf Capri. M.s Weltruhm knüpft sich an die in hohen Auflagen verbreiteten und in zahlreiche Sprachen übersetzten Erinnerungen u. d. T. „Das Buch von San Michele" (dt. 1931).
Weitere Werke: Red cross and iron cross (1916), Ein altes Buch von Menschen und Tieren (dt. 1934, 1951 u. d. T. Seltsame Freunde).
Literatur: Munthe, G./Uexküll-Schwerin, G.: *Das Buch v. A. M. Mchn. 1951.*

Muoth, Giachen Caspar, * Brigels (Graubünden) 29. Sept. 1844, † Chur 6. Juli 1906, rätoroman. Dichter.
Studierte klass. Philologie in München; Gymnasiallehrer in Chur; trat als Lyriker und Historiker seiner Bündner Heimat hervor. Zu seinen bedeutendsten ep. Balladen gehören „Il cumin d'Ursera", „La vendetga dils Grischs" und „La dertgira nauscha de Valendau".

Murasaki Schikibu; tl.: Murasaki Shikibu [jap. murasaki ʃikibu], * um 978, † um 1030, jap. Dichterin.
Aus angesehener Familie, Hofdame der Kaiserin Akiko; schrieb im 1. Jahrzehnt des 11. Jh.s den klass. jap. Roman „Gendschimonogatari" (dt. 1937 u.d.T. „Die Abenteuer des Prinzen Genji"), in dem sie von den Liebesabenteuern eines Prinzen erzählt und das höf. Leben ihrer Zeit anschaul. schildert. Von M. Sch. ist auch ein Tagebuch („M. Sch. nikki") erhalten, das 1920 ins Englische übersetzt wurde.
Ausgabe: Genji-Monogatari. Die Gesch. v. Prinzen Genji. Altjap. Liebesroman aus dem 11. Jh., verfaßt v. der Hofdame M. Dt. Übers. Zürich 1966. 2 Bde.

Murdoch, [Jane] Iris [engl. 'mə:dɔk], * Dublin 15. Juli 1919, angloir. Schriftstellerin.
⚭ mit J. O. Bayley. Dozentin für Philosophie in Oxford. Iris M.s Romane, vom frz. Existentialismus und von der Erzählkunst R. Queneaus beeinflußt, gestalten, oft mit den Mitteln der symbolhaften Darstellung, teils grotesk-komisch, Lebensprobleme des modernen Menschen; ihr bekanntester Roman, „Die Wasser der Sünde" (1958, dt. 1962), behandelt das Thema der Homosexualität.
Weitere Werke: Sartre. Romantic rationalist (Studie, 1953), Unter dem Netz (R., dt. 1957), Die Sandburg (R., dt. 1958), Maskenspiel (R., dt. 1963), Flucht vor dem Zauberer (R., dt. 1964), Lauter feine Leute (R., dt. 1968).

Muretus, Marcus Antonius, eigtl. Marc Antoine Muret, * Muret bei Limoges 12. April 1526, † Rom 4. Juni 1585, nlat. Dichter.
Umfangreiche und erfolgreiche Lehrtätigkeit in Frankreich und Italien; Priester, verfaßte zahlreiche Gedichte, Prosaschriften und die Tragödie „Julius Caesar" (1550); Hg. klass. Autoren (u.a. Horaz, Terenz, Cicero).

Murfree, Mary Noailles [engl. 'mə:frɪ] † Craddock, Charles Egbert.

Murger, Henri [frz. myr'ʒɛ:r], * Paris 24. März 1822, † ebd. 28. Jan. 1861, frz. Schriftsteller.
Aus kleinbürgerl. Verhältnissen, war zunächst Maler, dann Journalist und freier Schriftsteller. Seine Welt war die Pariser Maler- und Literatenboheme, deren geistvoller Schilderer er wurde: „Scenen aus dem Pariser Boheme-Leben" (R., 1848, 1851 dramatisiert, zusammen mit Th. Barrière; dt. 1864f.), Vorlage zu Puccinis Oper „La Bohème" (1896). M. schrieb auch melanchol.-anmutige Lyrik in der Nachfolge Mussets. Er starb an den Folgen jahrelanger Entbehrungen.
Weitere Werke: Scenen aus dem Leben der Pariser Jugend (E., dt. 1852), Scènes de campagne (E., 1854), Le roman de toutes les femmes (R., 1854), Les buveurs d'eau (E., 1854), Les nuits d'hiver (Ged., hg. 1861).

Muribẽlẽs † Miriwilis.

Murn-Aleksandrov, Josip [slowen. 'mu:rnalɛk'sa:ndrɔu̯], * Laibach 4. März 1879, † ebd. 18. Juni 1901, slowen. Dichter.
Brach sein Jurastudium ab, wurde Angestellter. M.-A., mit Cankar, Kette und Župančič Vertreter der slowen. Moderne, bereicherte die Literatur seiner Heimat um düstere, elegische Lyrik, in der er seiner Lebensangst und Verzweiflung Ausdruck gab; schrieb auch Balladen und Romanzen; ausgewählte Gedichte erschienen in dt. Übersetzung in Anthologien.

Murner, Thomas, * Oberehnheim bei Straßburg 24. Dez. 1475, † ebd. vor dem 23. Aug. 1537, elsäss. Volksprediger, Humanist und Dichter.
Franziskaner, 1497 Priesterweihe; umfassende Studien an den Universitäten Paris, Freiburg i. Br., Krakau, Prag, Straßburg und Basel; 1505 von Maximilian I. zum Dichter gekrönt; Universitätslehrer, Englandaufenthalt; in den letzten Lebensjahren Pfarrer (1525–29 in Luzern, dann in Oberehnheim); geißelt in seinen 1512 erschienenen satir. Hauptwerken „Narrenbeschwörung" und „Schelmenzunft" die Laster, Torheiten und Mißstände seiner Zeit scharf und witzig; in der 1519 erschienenen Satire „Geuchmatt" (= Narrenwiese) verspottet er die betrogenen Ehemänner; sein allegor.-satir. Gedicht „Von dem großen Lutherischen Narren, wie ihn Dr. Murner beschworen hat" (1522) ist die geistreichste und schonungsloseste Verspottung der Reformation. M. ist der bedeutendste Satiriker des 16. Jh.s, voller Phantasie, Aggressivität und Spott, volkstüml. in der Sprache. Auch Übersetzer (Vergil).
Ausgabe: Th. M. Dt. Schrr. Hg. v. F. Schultz *u.a. Straßburg; Bln. 1918–31. 9 in 10 Bden.*
Literatur: Newald, R.: *Th. M. In:* Newald: *Probleme u. Gestalten des dt. Humanismus. Hg. v.* H.-G. Roloff. *Bln. 1963.* – Gruenter, R.: *Th. M.s satir. Wortschatz. In: Euphorion 53 (1959), 24.* – Liebenau, Th. v.: *Der Franziskaner Dr. Th. M. Freib. 1913.* – † auch Brant, Sebastian.

Muron, Johannes † Keckeis, Gustav.

Murray, Thomas C. [engl. 'mʌrɪ], Pseudonym Stephen Morgan, * Macroom (Cork) 17. Jan. 1873, † Sandymount (Dublin) 7. März 1959, ir. Dramatiker.
Verfaßte volkstüml. realist. Dramen im Geist der ir. Renaissance.
Hauptwerke: Birthright (Dr., 1910), The briary gap (Dr., 1917), The serf (Dr., 1920), Autumn fire (Dr., 1924).

Murray Grieve, Christopher [engl. 'mʌrɪ 'gri:v] † McDiarmid, Hugh.

Murry, John Middleton [engl. 'mʌrɪ], * Peckham (heute zu London) 6. Aug. 1889, † London 13. März 1957, engl. Schriftsteller.
Wurde nach dem Studium in Oxford zunächst Journalist, dann Hg. von Zeitschriften; war in 1. Ehe ⚭ mit K. Mansfield, die sein literar. Werk ebenso beeinflußte wie D. H. Lawrence. M. schrieb außer psychoanalyt. Biographien und Studien, u.a. über Keats, D. H. Lawrence, K. Mansfield, J. Swift u.a., zeitkrit. Essays, in denen er einen christl. Kommunismus vertrat.
Literatur: Griffin, E. G.: *J. M. M. New York 1968.* – Lea, F. A.: *The life of J. M. M. London 1959.*

Musaios, griech. Dichter des 5. oder 6. Jahrhunderts.

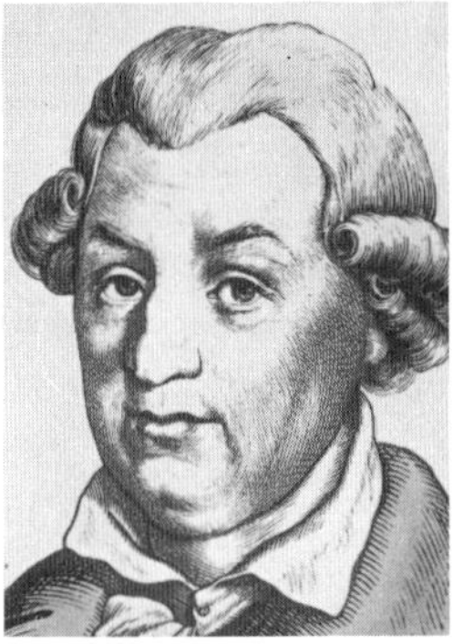
Johann Karl August Musäus

Unter seinem Namen ist ein Epyllion überliefert, das die auf einer Sage beruhende Fabel von Hero und Leander in 340 Hexametern gestaltet. Stil und Metrik zeigen den Einfluß von Nonnos.
Ausgabe: M. Hero u. Leander. Griech.-lat.-dt. Hg. v. H. Färber. *Mchn. 1961.*
Literatur: Schott, G.: *Hero u. Leander bei M. u. Ovid. Diss. Köln 1957.*
Musäus ↑ Musaios.
Musäus, Johann Karl August, * Jena 29. März 1735, † Weimar 28. Okt. 1787, dt. Schriftsteller.
Theologiestudium, seit 1769 Gymnasialprofessor in Weimar, Mitarbeiter an Nicolais „Allgemeiner Dt. Bibliothek". Wurde bekannt durch seine 8bändige Sammlung „Volksmärchen der Deutschen" (1782–86). In seinen gegen die Modetorheiten gerichteten Romanen greift er v.a. die Empfindsamkeit und den sentimentalen Roman Richardsons an: „Der dt. Grandison" (R., 1781 bis 1782; Umarbeitung des bereits 1760–62 erschienenen Romans „Grandison der Zweite ..."). Gegen Lavater wendet er sich in dem Roman „Physiognom. Reisen" (1778/79), gegen das nachahmende Werthertum in seinen Rezensionen.
Ausgaben: J. K. A. M. Volksmärchen der Deutschen. Vollständige Ausg. nach dem Text der Erstausg. v. 1782–86. Mchn. 1961. – J. K. A. M. Nachgelassene Schrr. Hg. v. A. v. Kotzebue. *Lpz. 1791.*
Literatur: Richli, A.: *J. K. A. M. „Die Volksmärchen der Deutschen". Freib. u. Zürich 1957.* – Müller, Moritz: *J. K. A. M. Ein Lebens- u. Schriftstellercharakter-Bild. Jena 1867.*
Muschanokodschi, Saneatsu; tl.: Mushanokôji, Saneatsu [jap. muʃanoko:dʒi], * Tokio 12. Mai 1885, jap. Schriftsteller.
Aus einer Adelsfamilie; kurzes Studium in Tokio; gründete die Zeitschrift „Schirakaba" und die gleichnamige literar. Bewegung; schrieb von idealist. Gedankengut erfüllte Romane und Dramen; auch Lyriker und Essayist.
Hauptwerke: Arukatei (Dr., 1909; engl. 1930 u.d.T. A family affair), Riokan (Nov., 1913; dt. 1948), Seine Schwester (Schsp., 1915; dt. 1925), Judscho (R., 1920; engl. 1958 u.d.T. Friendship), Aijoku (Dr., 1925; engl. 1933 u.d.T. The passion).
Muschg, Adolf, * Zollikon 13. Mai 1934, schweizer. Schriftsteller.
Studium der Germanistik und Anglistik (Dr. phil.), 1962–64 Lektor für Dt. in Tokio, 1964–67 Assistent an der Universität Göttingen, dann Dozent an der Cornell University, Ithaca (N.Y.); machte durch den glänzend konstruierten Roman „Im Sommer des Hasen" (1965), in dem er die individuell sehr unterschiedl. Erfahrungen und Erlebnisse von sechs jungen Schweizern in Japan darstellt und kommentiert, und durch den Roman „Gegenzauber" (1967) auf sich aufmerksam. 1968 erschienen traditionell aufgebaute Erzählungen mit iron. Grundton, „Fremdkörper", und das „kleinbürgerl. Trauerspiel" „Rumpelstilz", 1969 die Mordgeschichte „Mitgespielt".
Muschler, Reinhold Conrad, * Berlin 9. Aug. 1882, † ebd. 10. Dez. 1957, dt. Schriftsteller.
Dr. phil.; schrieb neben botan. Arbeiten, Reiseskizzen und Biographien sehr erfolgreiche Novellen („Die Unbekannte", 1934) und Romane („Bianca Maria", 1924; „Diana Beata", 1938), voll von Sentimentalität und Pathos.
Mushanokôji, Saneatsu ↑ Muschanokodschi, Saneatsu.
Mušicki, Lukijan [serbokroat. muˌʃitski:], * Temerin bei Neusatz 27. Jan. 1777, † Karlstadt (Kroatien) 15. März 1837, serb. Dichter.
War Mönch, seit 1828 Bischof. M. war der erste Kunstdichter der neueren serb. Literatur und Hauptvertreter des Klassizismus; schulte sich an Horaz, Klopstock und der Psalmendichtung; bevorzugte die Ode, der er patriot. und didakt. Inhalt gab; schrieb ferner panegyr. Dichtungen; M. gab die Anregung zu Vuk Karadžićs Volksliedersammlung.
Musil, Robert [Edler von] [ˈmu:zɪl], * Klagenfurt 6. Nov. 1880, † Genf 15. April 1942, östr. Schriftsteller.
Sohn eines Industriellen und späteren Hochschulprofessors; bereitete sich auf die Militärlaufbahn vor, wechselte aber bald zum Studium des Maschinenbaus über, wurde Ingenieur und Konstrukteur, verzichtete trotz eines zusätzl. Studiums der Philosophie und Psychologie (Dr. phil.) auf eine Universitätslaufbahn und arbeitete als Bibliothekar, Redakteur und Ministerialbeamter, dann als freier Schriftsteller und Journalist; verließ 1933 Berlin und ging über Wien 1938 in die Schweiz, wo er bis zu seinem Tod mit spärl. finanzieller Unterstützung an seinem Roman „Der Mann ohne Eigenschaften" (1930–43) arbeitete. M.s frühere Werke, u.a. der Pubertätsroman „Die Verwirrungen des Zöglings Törleß" (1906), gelten

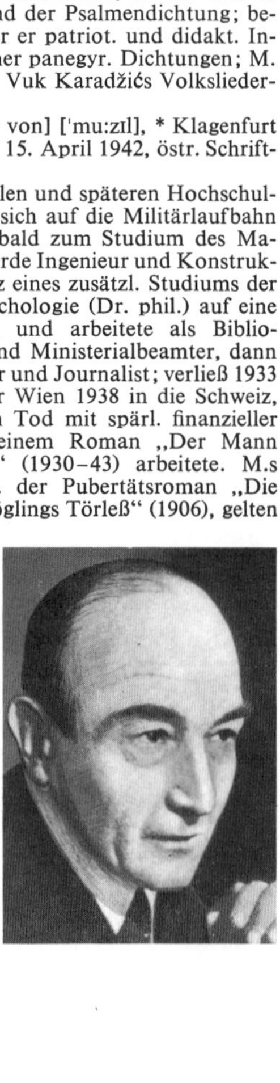
Robert [Edler von] Musil

als vorbereitende Arbeiten für dieses Fragment gebliebene Hauptwerk, dessen Edition in der zur Zeit vorliegenden Form umstritten ist; „Held" des Romans, der die gesellschaftl. Verhältnisse der Zeit des Untergangs der Donaumonarchie iron. und krit. beleuchtet, ist der „Möglichkeitsmensch" Ulrich, der, mit unbefriedigendem Erfolg analysierend und reflektierend, den Niedergang der Donaumonarchie (von M. „Kakanien" genannt) als Beispiel für den allgemeinen Verlust eines Gesamtweltbildes erlebt; der Versuch, diesen Wertzerfall mit den Mitteln des Essayisten, des analyt. Satirikers und des iron. Kritikers ep. darzustellen, endete im Fragmentarischen. M. war mit neuen darsteller. Mitteln neben Joyce und Broch wesentlichster Anreger für den Roman unserer Zeit.
Weitere Werke: Die Schwärmer (Dr., 1921), Vinzenz und die Freundin bed. Männer (Posse, 1924), Drei Frauen (Novellen, 1924), Nachlaß zu Lebzeiten (Essays, 1936).
Ausgabe: R. M. Ges. Werke in Einzelausgg. Hg. v. A. Frisé. *Hamb. u. Reinbek bei Hamb. 1–5 1955 bis 1967. 3 Bde.*
Literatur: Seeger, L. G.: *Die Demaskierung der Lebenslüge. Eine Unters. zur Krise der Gesellschaft in R. M.s „Der Mann ohne Eigenschaften". Bern u. Mchn. 1969.* – Albertsen, E.: *Ratio u. Mystik im Werk R. M.s. Mchn. 1968.* – Schelling, U.: *Über das Problem v. Identität u. Wirklichkeit bei R. M. Freib. u. Zürich 1968.* – Thöming, J.: *R. M.-Bibliogr. Bad Homburg v.d.H. 1968.* – Baumann, G.: *R. M. Zur Erkenntnis der Dichtung. Bern u. Mchn. 1965.* – Kaiser, E./Wilkins, E.: *R. M. Eine Einf. in sein Werk. Stuttg. 1962. – R. M Leben, Werk, Wirkung. Hg. v.* K. Dinklage. *Zürich u.a.; Reinbek bei Hamb. 1960.*

Muskatplüt (Muskatbluet), ostfränk. Fahrender und Dichter des 14./15. Jahrhunderts.
Urkundl. zum letzten Mal 1441 erwähnt; als Sänger an verschiedenen Höfen 1410–38 nachweisbar, Teilnehmer an den Hussitenkriegen; seine Lyrik, im Aufbau der nur wenig variierten, immer wiederkehrenden Strophenschemata dem Meistergesang verpflichtet, umfaßt geistl. (Marien-) und Minnelieder, sowie didakt. Gedichte; deutl. ersichtl. ist die moral. Absicht des Verfassers, der die in allen Ständen herrschenden Laster scharf angreift; in polit. Sangsprüchen fordert er zum Kampf gegen die Hussiten auf.

Muspilli [ahd.], wahrscheinl. im 9. Jh. im bair. Sprachraum entstandenes, als Bruchstück (Anfang und Ende fehlen) erhaltenes Gedicht vom Weltuntergang. Das Gedicht zeigt noch german. Stabreimform, doch schon einzelne Endreime; vorherrschend sind bair. Sprachformen mit fränk. Einsprengseln. Das Gedicht stellt das Schicksal der Seele nach dem Tod, Weltuntergang und Jüngstes Gericht dar; überzeugend durch starke Ausdruckskraft, Phantasie und Bilderreichtum. Der Titel stammt von dem ersten Hg. J. Schmeller.
Ausgabe: Krogmann, W.: *Ein altsächs. Lied v. Ende der Welt in hochdt. Übers. Bln. 1937.*
Literatur: Minis, C.: *Hs., Form u. Sprache des M. Bln. 1966.* – Baesecke, G.: *M. In: Sb. der königl. preuß. Akademie der Wiss. (1918), Nr. 21, S. 414; M. II. In: Zs. f. dt. Altertum u. dt. Lit. 82 (1950), 199.*

Mussato, Albertino [italien. mus'sa:to], * Padua 1261, † Chioggia (Venedig) 31. Mai 1329, italien. Geschichtsschreiber und Dichter.
War in seiner Vaterstadt polit. tätig; 1315 zum Dichter gekrönt; Verfasser bed. Geschichtswerke in der Art des Titus Livius, u.a. „De gestis Henrici VII Caesaris", der Tragödie „Ecerinis" (über Ezzelino III da Romano) und zahlreicher lyr. Gedichte, alles in lat. Sprache; Vorläufer Petrarcas und der Humanisten.

Musset, Alfred de [frz. my'sɛ], * Paris 11. Dez. 1810, † ebd. 2. Mai 1857, frz. Dichter.
Einer der bedeutendsten Vertreter der frz. Romantik; aus altem Adel; glänzende Karriere in den Pariser Salons: wurde mit kaum 18 Jahren Mitglied des romant. „Cénacle". Schon mit 20 Jahren, nach Veröffentlichung seiner „Contes d'Espagne et d'Italie" (Ged., 1830), erntete er ersten literar. Ruhm. Mit der 1833 erschienenen bekenntnishaften Versdichtung „Rolla" (dt. 1883) stand er bereits auf der Höhe des Ruhms. 1852 Mitglied der Académie francaise. M. beherrschte souverän

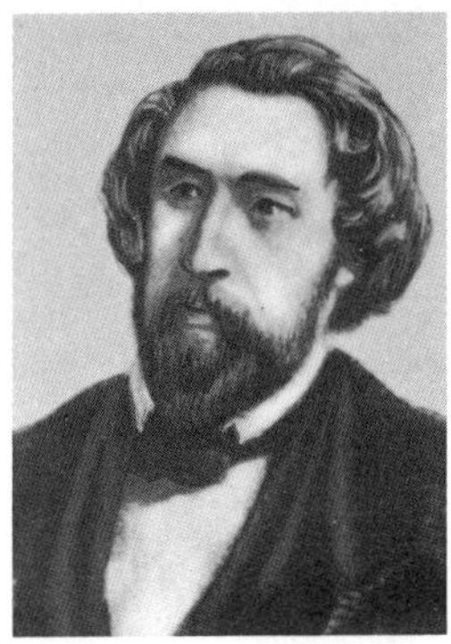

Alfred de Musset (Lithographie von P. Gavarni)

die techn. Mittel; seine Verse sind elegant und musikal., raffiniert die Reime und Rhythmen. Seinem Freigeist ist der der Zeit eigene Weltschmerz („mal du siècle") verbunden, den er, sofern er nicht bekenntnishaft ist, iron. zu distanzieren oder scherzhaft in der Art Marivaux' zu behandeln versteht. Den nihilist. Grundzug seines Werks verbirgt er hinter Sarkasmus und Frivolität. Neben Gedichten, Versepen und Novellen schrieb er eine Reihe geistsprühender Gesellschaftsstücke (Komödien, Dramen, Proverbes). Markanteste Episode seines unsteten Lebens war das unglückl., leidenschaftl. Liebesverhältnis zu der um 6 Jahre älteren G. Sand. Auf einer längeren Italienreise (1834) zerbrach die Verbindung. Schmerz und Resignation über die Untreue der Geliebten fanden ihren Niederschlag in seinen lyr. Dichtungen, die zum Spiegel einer typ. romant. Seelenlage wurden.
Weitere Werke: Die launische Marianne (Kom., 1833; dt. 1925, 1874 u.d.T. Die Launen einer Frau), Spielt nicht mit der Liebe! (Dr., 1834; dt. 1887), Lorenzaccio (Dr., 1834; dt. 1925), Der Leuchter (Kom., 1835; dt. 1925), Die Nächte (Ged., 1835–37; dt. 1920), Beichte eines Kindes seiner Zeit (R., 1836; dt. 1903), Der Sohn des Tizian (Nov., 1838; dt. 1948), Die Geschichte einer weißen Amsel (E., 1842; dt. 1918).

Ausgaben: A. de M. Dichtungen. Frz. u. dt. Hg. v. F. Schäfer. *Hdbg. 1960. – A. de M. Œuvres complètes. Hg. v.* M. Allem *u.* P. Courant. *Paris* ²⁻³*1957–62. 3 Bde. – A. de M. Ges. Werke. Dt. Übers. Hg. v.* A. Neumann. *Mchn. 1925 [mit Biogr.].*
Literatur: Pommier, J.: *Variétés sur A. de M. et son théâtre. Neuaufl. Paris 1967.* – Van Tieghem, P.: *M., l'homme et l'œuvre. Neuaufl. Paris 1963.* – Bahner, W.: *M.s Werk. Eine Verneinung der bürgerl. Lebensform seiner Zeit. Halle 1960.*

Mustapää, P. [finn. 'mustɑpæ:], eigtl. Martti Haavio, * Temmes 22. Jan. 1899, finn. Schriftsteller.
Professor für Volkskunde an der Universität Helsinki; wertvolle Beiträge zur Erschließung des finn. Volksliedes; seine Lyrik ist vom Expressionismus, v.a. aber von T. S. Eliot beeinflußt. Durch seine Gedichte, die von ungewöhnl. Vorstellungskraft und Einfallsreichtum zeugen und zuweilen auch humorist. oder satir. Züge aufweisen, bereicherte er die finn. Sprache um neue Ausdrucks- und Formenmöglichkeiten.

Mutanabbi, Al, Ahmad Ibn Al Husain; tl.: Al-Mutanabbī, Aḥmad Ibn Al-Husayn [almuta'nabi], * Al Kufa 915, † bei Bagdad 23. Sept. 965, arab. Dichter.
Fühlte sich zur Gründung einer neuen Religion berufen und nahm an einem polit.-religiösen Aufstand teil (daher der Name Al M. [= der sich als Prophet Ausgebende]); wurde 933 verhaftet; nach seiner Freilassung war er 948–57 Hofdichter des Emirs Saif Ad Daula in Aleppo; nach Verlust der Gunst des Fürsten flüchtete er nach Kairo zum Gegner seines Gönners, später nach Persien; von einer Räuberbande getötet. Gehört zu den letzten großen Vertretern der klass. arab. Literatur. Seine Lobgedichte, die durch bombast. Schwulst der Sprache und ausgesuchte, übertriebene Bilder gekennzeichnet sind, gelten als Musterbeispiele arab. Lobesdichtung; Al M.s Spruchdichtung steht der stoischen Philosophie nahe; bekannt durch die dt. Übersetzung seines Diwans von Hammer-Purgstall (1824).

Mužáková, Johanka [tschech. 'muʒa:kɔva:] † Světlá, Karolina.

Myers, Leo[pold] Hamilton [engl. 'maɪəz], * Cambridge 6. Sept. 1881, † London 8. April 1944 (Selbstmord), engl. Schriftsteller.
M., der u.a. mit Orwell befreundet war, litt unter den sozialen Verhältnissen in einer kapitalist. Gesellschaft und wurde 1940 Kommunist. Sein von der Tiefenpsychologie beeinflußtes, u.a. um die Definition des Begriffs „Kultur" bemühtes, in literar. Kreisen geschätztes Schaffen fand seinen Höhepunkt in der Romantetralogie „Das Haus im Sumpfland" (dt. 1938).

Mykle, Agnar [norweg. ˌmyklə], eigtl. A. Myklebust, * Strinda (heute zu Drontheim) 8. Aug. 1915, norweg. Schriftsteller.
War Journalist, Programmdirektor des norweg. Rundfunks, heute freier Schriftsteller. Verfasser realist., oft gesellschaftskrit. Romane und Erzählungen; behandelt erot. Themen mit großem psycholog. Verständnis.
Hauptwerke: Wie ein Dieb in der Nacht (R., 1951; dt. 1962), Liebe ist eine einsame Sache (R., dt. 1957), Das Lied vom roten Rubin (R., dt. 1958), Eine Blume im Knopfloch (En., dt. 1959).

Mykolaitis, Vincas [lit. mi:ko:'la:ɪtɪs] † Putinas.

Mynona † Friedlaender, Salomo.

Myrny, Panas; tl.: Myrnyj, Panas [russ. 'mɨrnɨj], eigtl. Panas Jakowytsch Rudtschenko; tl.: Panas Jakovyč Rudčenko, * Mirgorod 13. Mai 1849, † Poltawa 28. Jan. 1920, ukrain. Schriftsteller.
Von Tschernyschewski beeinflußter und der Bewegung der Narodniki noch nahestehender Verfasser sozialkrit. Romane aus der Welt der ukrain. Bauern; bes. bemerkenswert ist der volkstüml. Stil und die Neigung zur Psychologisierung des Romans.

Mystifizinsky, Deutobald Symbolizetti Allegoriowitsch [...ki] † Vischer, Friedrich Theodor.

N

Nabl, Franz [...bəl], * Lautschin (heute Loučeň, Mittelböhm. Gebiet) 16. Juli 1883, östr. Erzähler und Dramatiker.
Studierte in Wien Jura, Philosophie und Germanistik, lebt seit 1934 in Graz. Seine frühen Dramen und Erzählungen sind Hofmannsthal und Schnitzler verpflichtet, denen er aber mit seinem antiromant.-realist., an Landschaft und Menschentum des östr. Voralpenlandes gebundenen, psycholog. und versöhnlich humorvollen Erzählwerk entgegengesetzt ist.
Hauptwerke: Hans Jäckels erstes Liebesjahr (R., 1908), Ödhof (R., 1911), Schichtwechsel (Dr., 1929), Johannes Krantz (En., 1948), Der erloschene Stern (autobiograph. En., 1962).
Ausgabe: F. N. Ausgew. Werke in 4 Bden. Wien 1966.
Literatur: Rieder, J.: *Das ep. Schaffen F. N.s. Diss. Wien 1949 [Masch.].* – Ackerknecht, E.: *F. N. Der Weg eines dt. Dichters. Bremen 1938.*

Nabokov, Vladimir, russ. Wladimir Wladimirowitsch Nabokow; tl.: Vladimir Vladimirovič Nabokov [russ. na'bɔkɐf, engl. nə'bɔ:kəf], * Petersburg (heute Leningrad) 23. April 1899, russ.-amerikan. Schriftsteller.
Sohn eines Politikers; N., der 1919 emigrierte, studierte in Cambridge Literatur und Entomologie, lebte einige Jahre in Berlin, dann in Paris und ging 1940 in die USA, wo er 1945 naturalisiert wurde; war 1948–56 Professor für russ. Literatur an der Cornell University. Wandte sich nach Anfängen als Lyriker der erzählenden Prosa zu; schrieb, zunächst unter dem Pseudonym Sirin, stilist. brillante Romane, zuerst in russ., später auch in engl. Sprache; N., der die techn. Mittel glänzend beherrscht und zum Formalismus neigt, ließ sich in einigen Werken u.a. von Kafka und Proust anregen; seinen größten Erfolg hatte N. mit dem aufsehen- und anstoßerregenden Roman „Lolita" (dt. 1959); er versuchte sich auch als Dramatiker und übersetzte aus dem Russ. ins Engl. und umgekehrt.
Weitere Werke: König, Dame, Bube (R., 1928; dt. 1959), Gelächter im Dunkel (R., 1934; dt. 1960), Das Bastardzeichen (R., 1947; dt. 1962), Pnin (R., dt. 1960), Andere Ufer (dt. 1964), Fahles Feuer (R., 1962; dt. 1968), Frühling in Fialta (En., dt. 1966), Ada or Ardor: A family chronicle (R., 1969).

Ausgabe: V. N. Ges. Erzählungen. Sonderausg. Reinbek bei Hamb. 1969.
Literatur: Field, A.: *N. His life in art. Boston (Mass.) 1967. – N. The man and his work. Hg. v.* L. S. Dembo. *Madison (Wis.) 1967.*

Nachbar, Herbert, * Greifswald 12. Febr. 1930, dt. Schriftsteller.
Sohn eines Fischers; Medizinstudium, Journalist, Verlagslektor, seit 1955 freier Schriftsteller; Verfasser von Romanen und Erzählungen aus sozialist. Sicht; gute Charakter- und Milieuzeichnung.
Hauptwerke: Der Mond hat einen Hof (R., 1956), Die Hochzeit von Länneken (R., 1960), Haus unterm Regen (R., 1965).

Nachschabi, Sejaoddin; tl.: Naḫšabī, Ẓiyā'ud-Dīn [pers. næxʃæ'bi:], * Nachschab (Buchara), † Badaun (Indien) 1350, pers. Schriftsteller.
Wanderte in der Mongolenzeit nach Indien aus. Sein bekanntestes Buch ist das „Tutiname" (= Papageienbuch), dessen Quelle das Sanskritbuch „Schukasaptati" ist. Das „Tutiname" war um 1330 vollendet, es enthält in eine Rahmengeschichte eingebettete Novellen. Das Werk ist in glänzendem, metaphernreichem Stil geschrieben und hat zu Bearbeitungen in anderen Sprachen angeregt. N.s weitere Werke sind weniger bed. Er schrieb eine Reihe von Gedichten, eine Liebeskunst, eine Allegorie und übersetzte ind. Werke ins Pers. Dt. Übersetzungen des „Tutiname" u.a. 1822 und 1858 nach Bearbeitungen des 17. Jahrhunderts.
Ausgabe: Das Papageienb. Dt. Übers. Hg. v. W. Morgenroth. *Mchn. 1969.*

Nachtwachen des Bonaventura, Die ↑ Bonaventura.

Nadel, Arno, * Wilna 7. Sept. 1877, † KZ Auschwitz nach dem 12. März 1943, dt. Schriftsteller.
Als Jude ermordet; N., der auch Maler und Komponist war, empfing die Impulse zu seiner lyr. und dramat. Dichtung aus antiker und östl. Mysterienweisheit sowie der religiösen Tradition des Ostjudentums.
Hauptwerke: Um dieses alles (Ged., 1914), Adam (Dr., 1917), Der Ton (Ged., 1921).

Nadolny, Burkhard [...ni], * Petersburg (heute Leningrad) 15. Okt. 1905, † Chieming (Landkreis Traunstein) 2. Juli 1968, dt. Schriftsteller.
Sohn eines Diplomaten, studierte Jura, bereiste Europa und den Nahen Osten, war u.a. Kaufmann, nahm am 2. Weltkrieg teil, dann freier Schriftsteller, einige Jahre Redakteur beim NWDR. N. schrieb psycholog., polit. und utop. Novellen, Romane und Reisebücher, Hör- und Fernsehspiele.
Hauptwerke: Das Gesicht im Spiegel (Novellen, 1948), Michael Vagrant (R., 1948), Thrake (Reisebericht, 1949), Konzert für Fledermäuse (R., 1952), Prinzessin Anthaja (R., 1958), Der Fall Cauvenburg (R., 1962), Louis Ferdinand (Biogr., 1967).

Nadson, Semjon Jakowlewitsch; tl.: Nadson, Semen Jakovlevič [russ. 'natsɐn], * Petersburg (heute Leningrad) 26. Dez. 1862, † Jalta 31. Jan. 1887, russ. Dichter.
Stammte aus einer Beamtenfamilie; wurde Offizier; lungenkrank, quittierte früh den Dienst. Schrieb unter Einfluß v.a. Nekrassows erfolgreiche Gedichte mit empfindsam-humanitärer Tendenz; viel gelesen bes. wegen N.s Verzicht auf komplizierte Strukturen und sprachl. Raffinesse; Neigung zu Pessimismus und Skepsis; 1898 erschien eine dt. Auswahl der Gedichte.

Naevius, Gnaeus ['nɛ:viʊs], * Capua (?) um 270, † Utica um 201 v. Chr., röm. Dichter.
Soldat im 1. Pun. Krieg; N. schuf das histor. Schauspiel und wohl auch die auf ital. Boden spielende Komödie, die sich durch freimütige polit. Kritik auszeichnete, so daß er mit den Nobiles in Konflikt kam, eingekerkert und verbannt wurde; er schrieb in Saturniern das Epos über den Pun. Krieg „Bellum Poenicum", in dem zum erstenmal ein Stoff aus der röm. Geschichte dichter. gestaltet wurde.
Literatur: Richter, W.: *Das Epos des G. N. Gött. 1960.* – Büchner, K.: *Der Anfang des Bellum Poenicum des N. In:* Büchner: *Humanitas Romana. Hdbg. 1957.*

Nagai, Kafu; tl.: Nagai, Kafû [jap. naŋai], eigtl. Nagai Sokitschi; tl.: Nagai Sôkichi, * Tokio 3. Dez. 1879, † ebd. 1959, jap. Schriftsteller.
Studium der klass. jap. Kultur und der chin. Sprache; Universitätsprofessor für Literatur; Verfasser von Essays, Kritiken, realist. Beschreibungen seiner Reisen nach Amerika und Frankreich und Autor empfindsamer Romane, die v.a. im Geishaviertel von Tokio spielen; auch Übersetzer frz. Symbolisten.

Naharro, Bartolomé de Torres ↑ Torres Naharro, Bartolomé de.

Naḫšabī ↑ Nachschabi.

Nahum ↑ Bibel.

Naidjonow, Sergei Alexandrowitsch; tl.: Najdenov, Sergej Aleksandrovič [russ. naj'djɔnɐf], eigtl. S. A. Alexejew; tl.: S. A. Alekseev, * Kasan 26. Sept. 1868, † Jalta 5. Dez. 1922, russ. Schriftsteller.
Sohn eines Kaufmanns. Schrieb, von Ostrowski beeinflußt, realist. Dramen, darunter bühnenwirksame Komödien, aus den Lebensbereichen der russ. Kaufleute und des Kleinbürgertums; einige seiner Werke, die oft den Generationenkonflikt darstellen, gingen in das russ. Theaterrepertoire ein, z.B. „Deti Wanjuschina" (= Wanjuschins Kinder, Dr., 1901).

Naidu, Sarojini [engl. 'naɪdu:], * Haiderabad 13. Febr. 1879, † Lakhnauti 3. März 1949, ind. Lyrikerin.
Studierte in Madras, London und Cambridge; als Gründerin und Führerin der ind. Frauenbewegung trat sie für polit. und soziale Reformen ein; stand auf seiten Gandhis; mehrfache Inhaftierung wegen Beteiligung an der Freiheitsbewegung. Bedeutendste ind. Dichterin engl. Sprache, deren Werke in die meisten Volkssprachen Indiens und auch in zahlreiche europ. Sprachen übertragen wurden.
Hauptwerke: The golden threshold (Ged., 1905), The bird of time (Ged., 1912), The broken wing (Ged., 1917), The feather of the dawn (Ged., hg. 1960).

Najdenov ↑ Naidjonow.

Nalješković, Nikola [serbokroat. ˌnaljɛʃkɔvitɕ], * Ragusa (heute Dubrovnik) um 1510, † ebd. 1587, ragusan. Dichter.
Stammte aus wohlhabender Familie und unternahm mehrere Handelsreisen in den Orient und

nach Italien; vielseitig, u.a. auch mathemat. und astronom. interessiert; seine dichter. Bedeutung beruht v.a. auf seiner dramat. Dichtung, darunter Komödien, v.a. aber Schäferspiele, die für die weitere Entwicklung der ragusan. Dramendichtung vorbildl. wurden; auch Liebeslyrik, geistl. Lieder und Episteln.

Nałkowska, Zofia [poln. nau̯'kɔfska], * Warschau 10. Nov. 1885, † ebd. 17. Dez. 1954, poln. Schriftstellerin.
War vielfach in polit. und sonstigen öffentl. Funktionen tätig, u.a. Mitglied der poln. Literaturakademie, Delegierte des PEN-Clubs und Abgeordnete des Sejm. Zofia N., die mit Gedichten ihre literar. Laufbahn begann, wandte sich bald der erzählenden Prosa zu; ihre Romane und Novellen, die vielfach sozialkrit. Tendenz haben, verbinden realist. Erzählkunst mit Elementen des psycholog. Romans; schrieb auch Dramen.
Hauptwerke: Der Prinz (R., 1907; dt. 1929), Verhängnisvolle Liebe (R., dt. 1937), Die Schranke (R., 1935; dt. 1958), Medaillons (En., dt. 1956).

Namatianus, Claudius Rutilius, lat. Dichter des 4./5. Jh.s aus Gallien (Toulouse?).
Vornehmer Abkunft; Magister officiorum und Stadtpräfekt von Rom; verließ Rom im Herbst 416, um seine gall. Güter zu besuchen, die unter den Goten gelitten hatten. Die Reise beschrieb er in dem Gedicht „De reditu suo", das, in elegischen Distichen gestaltet, mindestens zwei Bücher umfaßte, deren Anfang und Schluß verloren sind; als Anhänger der heidn. Kultur schildert er, der literar. gebildet ist, geschickt die Ereignisse der verworrenen Zeit und schuf ein völlig selbständiges Werk, wenngleich Anlehnungen an ältere Vorbilder, v.a. Ovid und Vergil, bes. in der Wortwahl deutl. werden; die Sprache ist kunstvoll und ganz den Klassikern verpflichtet.

Namık Kemal, Mehmet [türk. nɑːˈmɨk kɛˈmɑl], genannt Kemal Bey, * Tekirdağ 21. Dez. 1840, † auf Chios 2. Dez. 1888, türk. Schriftsteller und Publizist.
Entstammte einer Aristokratenfamilie; Mitarbeiter seines Lehrers und Förderers Şinasi an dessen Zeitschrift „Tasvir-i Efkâr", die er später selbst herausgab; 1867 Flucht nach Paris und London, dort Gründung der liberalen Zeitung „Hürriyet" (= Freiheit); nach der Rückkehr 1870 weiterhin journalist. tätig; die Aufführung des patriot. Dramas „Heimat oder Silistria" (dt. 1887) brachte ihm 38 Monate Gefängnis ein. Der Begnadigung folgte die Verbannung nach Mytilene; dort Statthalter; Versetzung nach Rhodos, zuletzt nach Chios. Als glühender Patriot Vorläufer und Wegbereiter der jungtürk. Bewegung und Atatürks Revolution; die Dramen und Gedichte sind von romant. Elementen bestimmt, während „İntibah" (1876) als erster moderner türk. Roman gilt.

Namora, Fernando [portugies. nɐˈmɔrɐ], * Condeixa (Coimbra) 15. April 1919, portugies. Dichter.
Studierte Medizin in Coimbra, war zunächst Landarzt und ließ sich dann in Lissabon nieder; trat mit erfolgreichen, psycholog. vertieften realist. Romanen und Erzählungen hervor: „As sete partidas do mundo" (R., 1938; aus dem Universitätsmilieu von Coimbra), „Fogo na noite escura" (R., 1943), „Minas de San Francisco" (R., 1946), „Landarzt in Portugal" (En., 1949; dt. 1958) u.a.; auch Lyriker („Terra", 1941).

Naogeorg[us], Thomas, eigtl. Th. Kirchmair (Kirchmeyer), * Hubelschmeiß bei Straubing 1511, † Wiesloch 29. Dez. 1563, nlat. Dramatiker.
Studierte Rechtswissenschaft und Theologie, war luth. Pfarrer in Sulza und Kahla, versah später Predigerstellen, u.a. in Zürich, Bern, Basel; Superintendent in Esslingen am Neckar. N. schrieb außer bibl. Dramen lat. Tendenzstücke voll Begeisterung für Luther, leidenschaftl. in der Anklage gegen das Papsttum.
Hauptwerke: Pammachius (Dr., dt. 1539), Mercator (Dr., dt. 1546), Regnum papisticum (Epos, dt. 1555).
Literatur: Theobald, L.: *Das Leben u. Wirken des Tendenzdramatikers der Reformationszeit. Th. Naogeorgus seit seiner Flucht aus Sachsen. Lpz. 1908.*

Nareschny, Wassili Trofimowitsch; tl.: Narežnyj, Vasilij Trofimovič [russ. naˈrjɛʒnɨj], * Ustiwize (Gouv. Poltawa) 1780, † Petersburg (heute Leningrad) 3. Juli 1825, russ. Schriftsteller ukrain. Herkunft.
Großer Erfolg mit satir. Erzählungen und Romanen, von denen u.a. der in Anlehnung an Lesage geschriebene „Rossiski Schilblas, ili Pochoschdenija knjasja ... Tschistjakowa" (= Der russ. Gil Blas, oder die Abenteuer des Fürsten ... Tschistjakow, R., 1814) und „Dwa Iwana, ili ..." (= Die beiden Iwane, oder ..., R., 1825) auf Gogol Einfluß hatten; viele originale Züge.

Naruszewicz, Adam Stanisław [poln. naruˈʃɛvitʃ], * bei Łaniszyn (Pińsk) 20. Okt. 1733, † Janów bei Białystok 6. Juli 1796, poln. Dichter und Historiker.
War Jesuit bis zur Auflösung des Ordens; Professor für Poetik in Wilna und Warschau, auch Hofdichter und Historiograph; 1788 Bischof von Smolensk, 1790 von Łuck. Seine Dichtung, von Horaz und Anakreon, die er übersetzte, beeinflußt und im Geist der Aufklärung geschrieben, umfaßt klassizist. Oden, Idyllen (u.a. nach dem Muster Geßners) und zeitkrit. Fabeln in Anlehnung an La Fontaine. Sein Hauptwerk, eine Geschichte Polens von der Christianisierung bis1386, gilt wegen N.s Bemühung um krit. Deutung des histor. Geschehens als Beginn der modernen poln. Historiographie.

Nascimento, Francisco Manuel do [portugies. nɐʃsiˈmentu], * Lissabon 21. Dez. 1734, † Paris 25. Febr. 1819, portugies. Dichter.
Seemannssohn, wurde Ordenspriester und war im Kloster Chelas Lehrer Alcipes; mußte wegen seiner aufklärer. Haltung vor der Inquisition nach Frankreich fliehen; Lyriker zwischen Klassizismus und Romantik, schrieb unter dem arkad. Namen Filinto Elísio Oden, Episteln, Satiren u.a.; er übersetzte u.a. La Fontaines Fabeln, Wielands „Oberon" und Chateaubriands „Märtyrer".

Naser e Chosrau, Abu Moin; tl.: Nāṣir-i Ḫusraw, Abū Mu'īn [pers. nɑˈserexosˈrou̯], * bei Balkh (heute Wazirabad, Afghanistan) 1004, † Yamgan (Badakhshan) zwischen 1072 und 1077, pers. Dichter.
Entstammte einer angesehenen Beamtenfamilie, bildete sich autodidakt., zeigte Interesse an den Naturwissenschaften, an Alchimie und Magie; nach einem Traumgesicht unternahm er eine Pilgerfahrt nach Mekka, dann nach Ägypten, wurde Anhänger der ismaelit. Lehre, die er in der Heimat

verbreiten wollte, wurde verfolgt, Flucht in die Berge von Badakhshan, wo er seine bedeutendsten Werke schrieb. Von den 30000 Versen seines Diwans – vorwiegend Kassiden philosoph. und theolog. Inhalts – sind etwa 11000 erhalten. Der Dichter gilt mit seinen philosoph.-theolog. Prosaschriften in Form von polem. Traktaten als der älteste Klassiker der pers. Lehrdichtung; bed. sein „Safarname", eine kulturgeschichtl. interessante Darstellung seiner Reise nach Ägypten.

Nash, N. Richard [engl. næʃ], * 1916, amerikan. Dramatiker.
Seine romant. Komödie „Der Regenmacher" (dt. 1956), in der die unbesiegbare Tapferkeit des Menschen gezeigt wird, hatte weltweiten Erfolg.
Weitere Werke: Girls of summer (Kom., 1956), Wildcat (Musical, 1960), 110 in the shade (Kom., 1964).

Nash, [Frederic] Ogden [engl. næʃ], * Rye (N.Y.) 19. Aug. 1902, amerikan. Dichter.
War nach kurzem Studium an der Harvard University u.a. im Verlagswesen tätig; wurde später Redakteur an der Zeitschrift „The New Yorker". Wurde bekannt durch witzige, humorist. Lyrik, die oft satir. und sozialkrit., oft parodist. ist; pflegte die Nonsense-Dichtung.
Hauptwerke: The face is familiar (1940), Good intentions (1942), Family reunion (1950), Parents keep out (1951), You can't get there from here (1957), Everyone but thee and me (1962), Ich bin leider hier auch fremd (Ged., dt. 1969).

Nash (Nashe), Thomas [engl. næʃ], * Lowestoft (Suffolk) 1567, † London 1601 (?), engl. Satiriker.
Nach dem Studium in Cambridge ließ sich N. in London nieder, wo er – mit Robert Greene befreundet – in beißenden Satiren und Pamphleten die Streitfragen seiner Zeit aufgriff; bes. der Puritanismus und die volkstüml. Dramatiker waren seinen scharfen Angriffen ausgesetzt; bed. sind auch sein Schelmenroman „The unfortunate traveller, or the life of Jacke Wilton" (1594) und die satir. Komödie „Summers last will and testament" (1600).
Weitere Werke: Pierce Pennilesse ... (Satire, 1592), Christs teares over Jerusalem (Satire, 1593), Lenten Stuffe (Satire, 1599).
Literatur: Hibbard, G. R.: *Th. Nashe. A critical introduction. London 1962.*

Naso, Eckart von, * Darmstadt 2. Juni 1888, dt. Schriftsteller.
Nach abgeschlossenem Rechtsstudium und Kriegsdienst wirkte er 1918–45 am Berliner Staatl. Schauspielhaus als Dramaturg, Regisseur, zuletzt unter Gründgens als Chefdramaturg; 1953/54 Chefdramaturg in Frankfurt, bis 1957 in Stuttgart, seitdem freier Schriftsteller. N. begann mit Dramen, wurde aber v.a. bekannt durch Romane und Novellen um histor. Gestalten und Begebenheiten, bes. aus dem alten Preußen. Schrieb ferner Drehbücher und Hörspiele.
Hauptwerke: Seydlitz (R., 1932), Die Begegnung (Nov., 1936), Moltke (Biogr., 1937), Preuß. Legende (E., 1939), Der Rittmeister (Nov., 1942), Der Halbgott (R., 1949), Die große Liebende (R., 1950), Ich liebe das Leben (Erinnerungen, 1953), Liebe war sein Schicksal (R., 1958), Glückes genug (Autobiogr., 1963).

Nasreddin Hoca (N. Hodscha) [türk. nasrɛd'din 'hɔdʒa], sprichwörtl. Held der türk. Volksliteratur, der als Schulmeister und Geistlicher im 13. oder auch erst im 14. Jh. gelebt haben soll; um diese Gestalt rankte sich eine Anzahl von Anekdoten, die, vom Volk erweitert, eine große Sammlung von z.T. derben Schwänken und Schnurren (zu vergleichen mit dem dt. „Eulenspiegel") ergaben, hinter deren spött. Lächeln sich oft bittere Satire und scharfe Kritik an den Mißständen der Zeit verbargen.
Ausgaben: Garnier, J.-P.: *N. Hodscha. Eine Ausw. seiner Schwänke. Dt. Übers. Mchn. 1965. – Der Hodscha N. Türk., arab., berber., maltes., sizilian., kalabr., kroat., serb. u. griech. Märlein u. Schwänke. Dt. Übers. Ges. u. hg. v.* A. Wesselski. *Weimar 1911. 2 Bde.*

Nathan, Robert [Gruntal] [engl. 'nɛɪθən], * New York 2. Jan. 1894, amerikan. Schriftsteller.
Wurde teils in den USA, teils in Genf erzogen, studierte an der Harvard University, war zeitweilig Lektor für Journalistik und Präsident des PEN-Clubs. N., der auch als Komponist und Illustrator hervortrat, schrieb außer Gedichten und Dramen v.a. überlegen iron. Romane, oft in lyrischer Prosa; Vorliebe für das Nichtalltägliche.
Hauptwerke: Flußfahrt mit Herrn Mortimer (R., dt. 1953), Wer warst du, Clementine? (R., dt. 1952), Wenn Liebe wiederkehrt (R., dt. 1961), Miranda (R., dt. 1969).

Nathansen, Henri [dän. 'na:tan'sən], * Hjørring 17. Juli 1868, † Lund (Schweden) 16. Febr. 1944 (Selbstmord), dän. Schriftsteller.
Aus jüd. Familie, floh vor der dt. Besetzung nach Schweden. N., der als Theaterkritiker und Dramaturg wirkte, stellte in realist. Schauspielen und Romanen das Leben jüd. und dän. Menschen in ihrem Mit- und Gegeneinander dar.
Hauptwerke: Sommernat (R., 1899), Floden (R., 1901), Daniel Hertz (Dr., 1909), Hinter Mauern (Dr., dt. 1913), Dr. Wahl (Dr., 1915), Jude oder Europäer (Porträt G. Brandes', 1931).

Nathusius, Marie, * Magdeburg 10. März 1817, † Neinstedt 22. Dez. 1857, dt. Schriftstellerin.
Verfaßte christliche Jugendschriften, volkstümliche Lieder und pietistisch gefärbte, durch scharfe Beobachtungsgabe ausgezeichnete Erzählungen, u.a. „Tagebuch eines armen Fräuleins" (1854) und „Die alte Jungfer" (1857).

Natsume, Soseki; tl.: Natsume, Sôseki [jap. natsume], eigtl. Natsume Kinnosuke, * Tokio 5. Jan. 1867, † ebd. 9. Dez. 1916, jap. Schriftsteller.
Studierte Anglistik, 1900–03 Studienaufenthalt in England, dann Lektor an der Universität Tokio. N. wurde berühmt mit dem von der europ. Literatur beeinflußten Roman „Wagahaiwanekodearu" (1905f., engl. 1906–09 u.d.T. „I am a cat"), in dem er die Welt humorvoll-krit. aus dem Blickwinkel einer Katze betrachtet. Auch seine Erzählungen sind durch scharfe psycholog. Beobachtungen ausgezeichnet; ferner Haikais und Essays.
Weitere Werke: Ein reiner Tor (E., 1906; dt. 1925), Kokoro (R., 1914; frz. 1939 und engl. 1941), Garasudononaka (Essays, 1915; engl. 1928 u.d.T. Within my glass doors).

Naubert, Benedikte, geb. Hebenstreit, * Leipzig 13. Sept. 1756, † ebd. 12. Jan. 1819, dt. Schriftstellerin.

Tochter eines Arztes, lebte hpts. in Naumburg. Schrieb seinerzeit vielgelesene Unterhaltungsromane, meist histor. Inhalts. Erfolgreich waren auch ihre Märchen.
Hauptwerke: Geschichte Emmas (R., 1785), Neue Volksmärchen der Deutschen (1789–93).

Nawoi, Nisamaddin Alischer; tl.: Navoi, Nizamaddin Ališer [russ. nɐva'i], * Herat 9. Febr. 1441, † ebd. 3. Jan. 1501, usbek. Schriftsteller.
Seit 1472 Großwesir; setzte sich für Reformen im Bewässerungs-, Verkehrs-, Bildungs- und Gesundheitswesen ein; bed. Kunstmäzen; in seinen philosoph. Traktaten kämpfte er gegen die Scholastik. N. schrieb Liebeslyrik und philosoph. Gedichte, Poeme und Aphorismen; auch eine Abhandlung über die usbek. Sprache; hatte großen Einfluß auf die gesamte Literatur Zentralasiens.

Nâzım Hikmet Ran [türk. nɑ'zɨm hik'mɛt 'rɑn] ↑ Hikmet, Nazim.

Nazor, Vladimir [serbokroat. ˌna:zɔr], * Postire (Brač) 30. Mai 1876, † Agram 19. Juni 1949, kroat. Dichter.
Entstammte einem alten Bauerngeschlecht, studierte in Graz Naturwissenschaften, wirkte als Mittelschullehrer, bis er als Partisan am 2. Weltkrieg teilnahm; nach 1945 war er rege auf polit. und literar. Gebiet tätig. Im Mittelpunkt seines Schaffens (Mythen, Legenden, Lyrik und erzählende Prosa) stehen Landschaft und Geschichte seiner Heimat; hervorragender Übersetzer aus der engl., frz., dt. und bes. der italien. Literatur.
Hauptwerke: Der Hirte Loda (R., dt. 1949), Ahasver (Epos, 1946).

Neal, John [engl. ni:l], * Portland (Maine) 25. Aug. 1793, † ebd. 20. Juni 1876, amerikan. Schriftsteller.
Aus armer Quäkerfamilie; Autodidakt; war zunächst Händler und Kaufmann, dann, nach jurist. Studien, Anwalt; wurde in England, wo er 1823–27 lebte (zeitweise Sekretär von J. Bentham), durch entstellende, vorurteilsreiche und oft sachl. falsche Artikel über amerikan. Autoren bekannt; diese Arbeiten gelten als ein früher Versuch amerikan. Literaturgeschichtsschreibung. Kunstlose, aber wirkungsvolle, heute vergessene Romane, die er im Wettstreit mit Cooper schrieb; N. erkannte und förderte früh Poes literar. Talent und hatte einigen Einfluß auf Whitman.
Hauptwerke: Logan (R., 1822), The Down-Easters (R., 1833), Wandering recollections of a somewhat busy life (Autobiogr., 1869).

Neander, Joachim, * Bremen 1650, † ebd. 31. Mai 1680, dt. Kirchenliederdichter.
Wurde 1674 Rektor in Düsseldorf, 1679 Prediger in Bremen; von seinen von der Lehre Calvins und vom Pietismus (Spener) beeinflußten ev. Kirchenliedern, die er z.T. selbst vertonte, ist am bekanntesten „Lobe den Herren, den mächtigen König der Ehren".

Nearchos, Konstandinos; tl.: Néarhos, Kōnstantinos [neugr. 'nɛarxɔs] ↑ Uranis, Kostas.

Nebel, Gerhard, * Dessau 26. Sept. 1903, dt. Schriftsteller und Essayist.
Studierte Philosophie und klass. Philologie, war Studienrat, bis er 1933 aus polit. Gründen aus dem Schuldienst ausschied; Aufenthalte in Ägypten und Ostafrika, Teilnahme am 2. Weltkrieg; Griechenlandreisen; lebt als freier Schriftsteller in Steinkirchen über Schwäbisch Hall. N.s philosoph., essayist. und kulturkrit. Werk, zunächst wesentl. beeinflußt von Ernst Jünger, zeigt seine Entwicklung vom nihilist. Ästheten zum Verfechter der christl.-prot. Lehre. Seine dokumentar., literar. wertvollen Kriegstagebücher „Bei den nördl. Hesperiden" (1948), „Auf auson. Erde" (1949) und „Unter Partisanen und Kreuzfahrern" (1950) sind eine schonungslose Abrechnung mit dem Militarismus aller Schattierungen. Sprachl. hervorragende Reisebeschreibungen.
Weitere Werke: Tyrannis und Freiheit (Essays, 1947), Griech. Ursprung (Studien, 1948), Ernst Jünger (Schr., 1949), Das Ereignis des Schönen (Abhandlung, 1953), Phäak. Inseln (Reisebericht, 1954), Orte und Feste (Essays, 1962), Zeit und Zeiten (1965), Meergeborenes Land (1968).

Nečuj-Levickij ↑ Netschui-Lewizki.

Nedim, Ahmet ↑ Ahmet Nedim.

Neera [italien. ne'ɛ:ra], eigtl. Anna Radius, geb. Zuccari, * Mailand 7. Mai 1846, † ebd. 19. Juli 1918, italien. Schriftstellerin.
Schwere Jugendzeit ohne Mutter; Journalistin; heiratete 1871 Adolfo Radius; eine der produktivsten italien. Romanautorinnen der 2. Hälfte des 19. Jh.s, behandelte mit Vorliebe Frauenschicksale. Verfaßte auch Novellen, Gedichte, Essays und eine Komödie.
Hauptwerke: Vecchie catene (R., 1878), Il marito dell'amica (R., 1885), Theresa (R., 1886; dt. 1898), L'indomani (R., 1890), Nel sogno (R., 1893), Haus Crevalcore (R., dt. 1908).

Neff, Vladimír [tschech. nɛf], * Prag 13. Juni 1909, tschech. Schriftsteller.
Schrieb zunächst Parodien und Grotesken; bed. v.a. durch seine analyt. Gesellschafts- und histor. Romane (Hauptwerk eine Pentalogie aus der Geschichte zweier Prager Bürgerfamilien); auch Dramatiker, Filmautor und Übersetzer.

Nef'i, Ömer ↑ Ömer Nef'i.

Negri, Ada [italien. 'ne:gri], * Lodi 3. Febr. 1870, † Mailand 11. Jan. 1945, italien. Dichterin.
Stammte aus einer armen Arbeiterfamilie, war Lehrerin, wurde 1940 als erste Frau in die italien. Akademie aufgenommen. In ihrer von sozialem Mitleid bestimmten Lyrik wie in ihren leidenschaftl. Liebesgedichten gestaltete sie eigenes Erleben in pathet. Sprache; im Alter löste sie sich vom Sozialismus und wandte sich, in Annäherung an die kath. Kirche, einer religiös-myst. Dichtung zu.
Hauptwerke: Schicksal (Ged., 1892; dt. 1900), Stürme (Ged., 1894; dt. 1902), Mutterschaft (Ged., dt. 1905), Dal profondo (Ged., 1910), Le solitarie (Novellen, 1917), Il libro di Mara (Ged., 1918), Frühdämmerung (autobiograph. R., 1921; dt. 1938).
Ausgabe: A. N. Tutte le opere. Hg. v. B. Scalpi *u.* E. Bianchetti. *Mailand 1948–54. 2 Bde.*
Literatur: Signorile, M.: *A. N. Turin 1943.*

Negruzzi, Costache [rumän. ne'grutsi], * Trifeşti (Kreis Jassy) 1808, † Jassy 24. Aug. 1868, rumän. Schriftsteller.
Aus moldau. Bojarenfamilie, die während des Aufstands gegen die Türken von 1821 nach Bessarabien floh, wo N. Puschkin kennenlernte, aus dessen Werk er später übersetzte; war 1840 Leiter des Nationaltheaters in Jassy und hatte später hohe polit. Ämter inne. N., der im wesentl.

in der frz. Bildungstradition aufgewachsen und bes. von Mérimée beeinflußt war, wurde durch histor. und soziale Novellen zu einem der klass. Erzähler der rumän. Literatur und zum Begründer der Kunstprosa in Rumänien; Übersetzer. *Hauptwerk:* Alexandru Lăpuşneanu (Nov., 1840; dt. 1933).

Nehajev, Milutin [serbokroat. 'nεhajεv], eigtl. M. Cihlar, * Zengg 25. Nov. 1880, † Agram 7. April 1931, kroat. Schriftsteller.
Sohn eines Tschechen aus kleinbürgerl. Kreisen; studierte in Wien Chemie (Dr. phil.); war an verschiedenen Orten als Lehrer, Chemiker, Journalist und Redakteur tätig. Seine im Geist der kroat. Moderne geschriebenen Werke stehen der Dekadenz nahe; er gab in Novellen und Dramen subtile psycholog. Studien von kultivierten Vertretern der kroat. Intelligenz; sein Hauptwerk ist der histor. Epochenroman „Vuci" (1928); N. schrieb auch bed. Essays, u. a. eine Hamlet-Studie.

Nehemia[s] † Bibel.

Neidhart von Reuenthal, * um 1180, † vor 1246, mhd. Minnesänger.
Aus einem Ministerialengeschlecht, lebte auf seiner Burg in Bayern, bis er, infolge eines Zerwürfnisses mit Herzog Otto II. von Bayern aus der Heimat vertrieben, in Österreich Zuflucht fand und von Friedrich dem Streitbaren mit einem Lehen bedacht wurde. N. ist der Hauptvertreter des nichthöf. Minneliedes. Seine bilderreichen, sprachl. gewandten und in hoher Formkunst gestalteten „Winterlieder" und „Sommerlieder" lassen den Verfall der gefügten Ordnung sichtbar werden; obwohl die in Überfeinerung erstarrte höf. Gesellschaft durch das bewußte Verleugnen höf. Haltung und durch die in den höf. Raum einbrechende derbe Sinnlichkeit des Bauerntums verspottet und parodiert wird, sind die Lieder z. T. von Klagen über den Verfall höf. Lebensform und sozialer Satire auf die „dörperheit" bäuerl. Wesens getragen.
Ausgaben: N. Die Lieder. Hg. v. E. Wiessner. *Revidiert v.* H. Fischer. *Tüb. ²1963. – N. v. R. Gedichte. Aus dem Mhd. übertragen u. eingel. v.* K. Pannier. *Lpz. 1928.*
Literatur: Simon, E.: *N. v. Reuental. Gesch. der Forschung u. Bibliogr. Den Haag u. Paris 1968.–* Boueke, D.: *Materialien zur N.-Überlieferung. Mchn. 1967.* – Gaier, U.: *Satire. Studien zu N., Wittenwiler, Brant u. zur satir. Schreibart. Tüb. 1967.* – Rohloff, E.: *N.s Sangweisen. Bln. 1962. 2 Bde.* – Wiessner, E.: *Kommentar zu N.s Liedern. Lpz. 1954.*

Neif[f]en, Gottfried von † Gottfried von Neif[f]en.

Nekrassow, Nikolai Alexejewitsch; tl.: Nekrasov, Nikolaj Alekseevič [russ. nɪ'krasɐf], * Nemirow (Gouv. Podolsk) 10. Dez. 1821, † Petersburg (heute Leningrad) 8. Jan. 1878, russ. Dichter.
Verlebte eine harte Jugend und mußte schon sehr früh seinen Lebensunterhalt mit literar. Arbeiten bestreiten; N. gilt mit seiner volksliedhaften Lyrik, die im Dienste sozialer Ideen steht, seinen satir. Verserzählungen und seinem unvollendeten Epos „Wer lebt glücklich in Rußland?" (1866–77, dt. 1888) als einer der bedeutendsten Vertreter der radikal-tendenziösen russ. Dichtung.
Ausgaben: N. A. N. Gedichte u. Poeme. Dt. Übers. Hg. v. G. Dudek. *Bln. 1965. 2 Bde. – N. A. N. Sämmtl. Werke. Dt. Übers. Lpz. 1885–88. 2 Bde.*

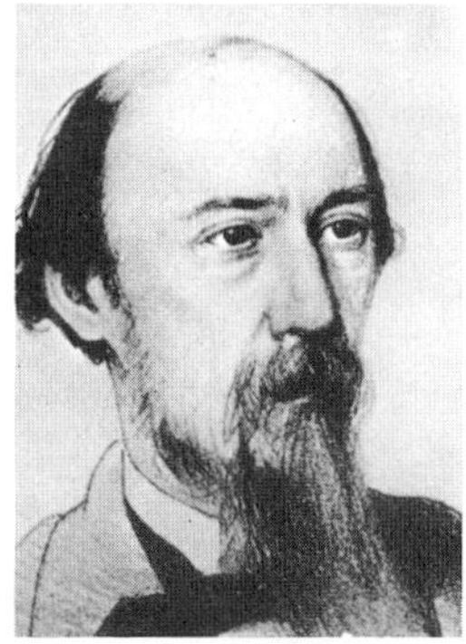
Nikolai Alexejewitsch Nekrassow (Zeichnung von I. N. Kramskoi)

Literatur: Birkenmayer, S. S.: *Nikolaj Nekrasov. His life and poetic art. Den Haag 1967.* – Corbet, Ch.: *Nekrasov. L'homme et le poète. Paris 1948.*

Nekrassow, Wiktor Platonowitsch; tl.: Nekrasov, Viktor Platonovič [russ. nɪ'krasɐf], * Kiew 17. Juni 1911, russ.-sowjet. Schriftsteller.
Studierte in Kiew Architektur und Theaterwissenschaft, war im 2. Weltkrieg Frontberichterstatter. N., der realist., vorurteilfreie Romane, Erzählungen und Skizzen schrieb, wurde – auch außerhalb der UdSSR – bes. durch seine Erzählung „Ein Mann kehrt zurück" (dt. 1955) bekannt, die zu den bedeutendsten Erzählwerken der Tauwetter-Periode gehört; auch Dramen.
Weitere Werke: In den Schützengräben von Stalingrad (R., dt. 1948), Kyra Georgijewna (R., dt. 1962), Auf beiden Seiten des Ozeans (Reisenotizen, dt. 1964), Vorfall auf dem Mamai-Hügel (En., dt. 1967).

Nelissen-Haken, Bruno, * Hamburg 5. Nov. 1901, dt. Schriftsteller.
Wurde 1930 Referent am Arbeitsamt in Hamburg, nach kurzer Zeit jedoch eines sozialkrit. Romanes wegen wieder entlassen. In seinen frühen Romanen behandelt er das Problem der Arbeitslosigkeit, später schrieb er Unterhaltungsromane, Hörspiele und Drehbücher, v. a. aber vergnügl. Tiergeschichten.
Hauptwerke: Der Fall Bundhund (R., 1930), Herrn Schmidt sein Dackel Haidjer (E., 1935), Der freche Dackel Haidjer aus der Stierstraße (E., 1936), Besuch aus den Wäldern (En., 1942), Die höhere Instanz (R., 1950), Die heidn. Insel (En., 1957), Alle Häuser meines Lebens (R., 1958), Ein Dackel names Fidibus (1963).

Nelli, Iacopo Angelo [italien. 'nεlli], * Siena 1673, † Castellina del Chianti (Siena) (?) 21. Jan. 1767, italien. Dramatiker.
Priester, lebte lange in Rom und stand auch im Dienst der Strozzi in Florenz; Vorläufer Goldonis; verfaßte u. a., ausgehend von Molière und der italien. Commedia dell'arte, die Komödien „La serva padrona" (entstanden 1709, gedruckt 1731; Musik von Pergolesi) und „La suocera e la nuora" (1755, sein Hauptwerk). Schrieb auch Gedichte und eine Grammatik der italien. Sprache.

Nemčić, Antun [serbokroat. 'nε:mtʃitɕ], * Edde (Ungarn) 14. Jan. 1813, † Kreuz 5. Sept. 1849, kroat. Schriftsteller.

War Jurist und Politiker. N. schrieb reflexive Lyrik, humorvolle Gelegenheitsdichtungen, stilist. von Sterne und Heine beeinflußte Reiseberichte; seine [Gesellschafts]dramen und Romane stehen stilist. bereits dem Realismus nahe.

Němcová, Božena [tschech. 'njɛmtsɔva:], geb. Barbora Panklová, * Wien 4. Febr. 1820, † Prag 21. Jan. 1862, tschech. Schriftstellerin.
Gilt mit ihren Romanen und Erzählungen, die in der Anlage zwar noch der Romantik zuzuordnen sind, deren Hauptgestalten aber schon realist. Züge tragen, als Begründerin des tschech. Realismus; verdienstvoll waren ihre Sammlungen tschech. und slowak. Märchen und Sagen.
Hauptwerke: Großmutter (R., 1855; dt. 1924), Karla (E., 1855).
Literatur: Součkova, M.: *The Czech Romantics. Den Haag 1958.*

Nemesianus, Marcus Aurelius Olympius, lat. Dichter des 3./4. Jh.s aus Karthago.
Schrieb 4 Eklogen, die, von Theokrit, Vergil und Calpurnius beeinflußt, lange Zeit Calpurnius zugeschrieben wurden; auch ein Lehrgedicht über die Jagd, „Cynegetica“, das wahrscheinl. an die gleichnamige Abhandlung des Grattius anschloß, ist bekannt.

Nemésio, Vitorino Mendes Pinheiro da Silva [portugies. nə'mɛziu], * Praia da Vitória (Azoren) 19. Dez. 1901, portugies. Schriftsteller.
Studierte in Coimbra und wurde nach vorübergehender Tätigkeit in Montpellier und Brüssel 1939 Professor für Romanistik in Lissabon; trat mit realist. Romanen, v.a. mit Themen aus seiner Heimat, den Azoren, lyr. Gedichten, Essays und literaturkrit. Arbeiten hervor; sein Hauptwerk ist der psycholog. Gesellschaftsroman „Mau tempo no Canal“ (1944).

Németh, László [ungar. 'ne:mɛt], * Baia Mare 18. April 1901, ungar. Schriftsteller und Kulturpolitiker.
War Schularzt, wandte sich dann ganz der Literatur zu; lebt heute zurückgezogen am Plattensee. N. schloß sich zunächst dem Kreis der Populisten an, gab später (1932–35) die fast allein von ihm geschriebene Zeitschrift „A Tanú“ (= Der Zeuge) heraus. Er schrieb autobiograph. und Entwicklungsromane, großangelegte und strenggebaute Familien- und Gesellschaftsromane in psycholog. vertieftem Realismus. Seine Geschichtsdramen verfolgen den problemat. Weg histor. Persönlichkeiten wie Galilei, Hus, Joseph II. u.a. und zeigen sie in der Auseinandersetzung mit den gesellschafts- und geschichtsformenden Kräften. Die Aufführung seines Dramas „Galilei“ (1953, dt. 1965) im Frühjahr 1956 gehörte zu den Ereignissen, die die revolutionären Geschehnisse in Ungarn einleiteten.
Weitere Werke: Trauer (R., 1935; dt. 1968), Die Sünde (R., 1936; dt. 1965), Wie der Stein fällt (R., 1947; dt. 1961), Die Revolution der Qualität (Essays, dt. 1962), Esther Egetö (R., 1957; dt. 1963), Die Kraft des Erbarmens (R., dt. 1968).

Nemirov † Nemirow.

Némirovsky, Irène [frz. nemirɔf'ski], * Kiew 24. Febr. 1903, † in einem dt. KZ 1944, frz. Schriftstellerin russ. Herkunft.
Tochter eines Bankiers, 1917 aus Rußland emigriert. Ihr Romanwerk steht im Zeichen des jüd. Schicksals: „David Golder“ (dt. 1930), „Le vin de solitude“ (1935), „Jézabel“ (1936), „La proie“ (1938), „Les feux de l'automne“ (hg. 1957).

Nemirow, Dobri; tl.: Nemirov, Dobri [bulgar. nɛ'mirof], eigtl. D. Charalampiew; tl.: D. Haralampiev, * Russe 11. Febr. 1882, † Sofia 30. Sept. 1945, bulgar. Schriftsteller.
War Beamter, Bibliothekar, Bibliotheksdirektor der bulgar. Akademie. Schrieb Romane, z.T. mit histor. Stoffen, Novellen, Erzählungen und Dramen, in denen er realist. das bulgar. Volksleben darstellte; er betonte bes. das psycholog. Moment bei der Darstellung seiner Charaktere; sein Hauptwerk ist die Romantrilogie „Bratja“ (= Brüder, 1924), „Parwi brasdi“ (= Erste Furchen, 1929) und „Pres oganja“ (= Durch das Feuer, 1931). Dt. liegt vor „Der arme Luka“ (Nov., 1923; dt. 1948).

Nemirowitsch-Dantschenko, Wassili Iwanowitsch; tl.: Nemirovič-Dančenko, Vasilij Ivanovič [russ. nɪmi'rɔvitʃ'dantʃɪnkɐ], * Tiflis 4. oder 6. Jan. 1845, † Prag 18. Sept. 1936, russ. Schriftsteller.
Bruder von Wladimir Iwanowitsch N.-D.; vielgelesener Reiseschriftsteller und Kriegsberichterstatter; seine Romane, Erzählungen und Skizzen waren trotz geringen literar. Werts ihrer lebendigen und spannenden Handlungsführung wegen beliebt; N.-D. emigrierte 1921.
Hauptwerke: Die Fürsten der Börse (R., dt. 1892), Hinter den Kulissen (R., dt. 1891), Irrlichter (R., dt. 1901).

Nemirowitsch-Dantschenko, Wladimir Iwanowitsch; tl.: Nemirovič-Dančenko, Vladimir Ivanovič [russ. nɪmi'rɔvitʃ'dantʃɪnkɐ], * Osurgeti 23. Dez. 1858, † Moskau 25. April 1943, russ.-sowjet. Schriftsteller und Regisseur.
Studierte Naturwissenschaften; Theaterkritiker, gründete und leitete mit K. S. Stanislawski das Moskauer Künstlertheater; setzte sich für das russ. Musiktheater ein; war auch nach der Revolution als Regisseur erfolgreich; N.-D. schrieb beliebte Dramen und schilderte in erzählenden Werken bes. die russ. Intelligenz.

Nenadović, Ljubomir [serbokroat. nɛˌna:dɔvitɕ], * Brankovina bei Valjevo 14. Sept. 1826, † Valjevo 21. Jan. 1895, serb. Schriftsteller.
War nach Beendigung seiner philosoph. Studien (in Prag, Berlin und Heidelberg) im Lehramt tätig, schlug dann die diplomat. Laufbahn ein und unternahm weite Reisen in S- und W-Europa; war in Italien Sekretär von Petar Petrović Njegoš. Seine gelungensten Werke sind humorvolle Reisebriefe, in denen er seine Beobachtungen und Eindrücke im Ausland lebendig darstellte; Hg. mehrerer literar. Zeitschriften.

Nenci, Girolamo [italien. 'nɛntʃi] † Gigli, Girolamo.

Nennius (Nemnius, Nynniaw), walis. Geschichtsschreiber des 8./9. Jahrhunderts.
Lebte in Mercia, bearbeitete um 826 die „Historia Britonum“ nach einem 672 entstandenen Original. Das in mehreren Versionen vorhandene Werk ist eine Sammlung geograph., histor. und genealog. Fakten, die, obwohl der histor. Wert insgesamt gering ist, wegen der Darstellung des Königs Artus sagengeschichtl. bed. ist. Geoffrey of Monmouth benutzte das Werk als Quelle.

Nepos, Cornelius, * um 100, † um 25 v. Chr., röm. Geschichtsschreiber.
Stammte aus Oberitalien, war mit Cicero, Atticus und Catull befreundet, schrieb u.a. einen chrono-

log. Abriß der Weltgeschichte und 16 Bücher Lebensbeschreibungen berühmter Männer, in denen er ohne Quellenstudium kritiklos röm. und nichtröm. Persönlichkeiten einander gegenüberstellte.
Ausgaben: C. N. Hg. v. K. Nipperdey *u.* K. Witte. *Zürich* [13]*1967. – C. N. Kurzbiographien. Lat.-dt. Hg. v.* H. Färber. *Mchn. 1952.*
Literatur: Fleischer, U.: *Zu C. N. In: Festschr. f. Bruno Snell. Mchn. 1956.*
Nepveu, André [frz. nə'vø] ↑ Durtain, Luc.
Nėrịs, eigtl. Salomėja Bačinskaitė-Bučienė [lit. ne:'rɪs], * Kiršai 17. Nov. 1904, † Moskau 7. Juli 1945, lit. Schriftstellerin.
Studierte in Kaunas Literatur und Pädagogik, Lehrerin, verbrachte die Kriegsjahre in Moskau; schrieb bis zu ihrer Hinwendung zum Marxismus romant.-sehnsuchtsvolle Gedichte, dann soziale und sozialist. engagierte; N.' melodiöse Dichtung ist reich an Bildern.
Nẹrlich, Marcel ↑ Rys, Jan.

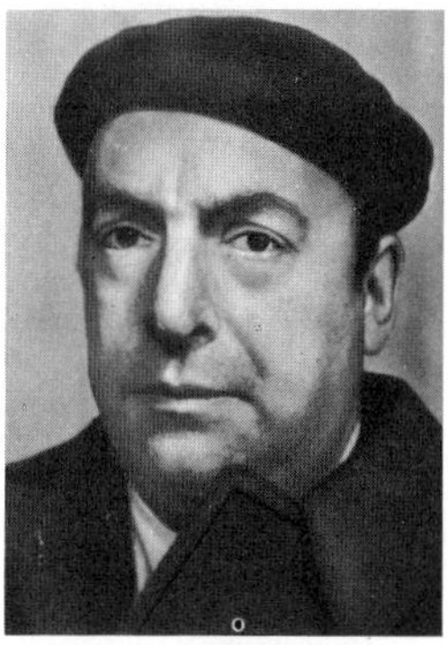
Pablo Neruda

Nẹruda, Jan [tschech. 'nɛruda], * Prag 10. (9.?) Juli 1834, † ebd. 22. Aug. 1891, tschech. Dichter.
Studierte Philologie und Philosophie, widmete sich dann ganz der Journalistik und wurde mit seinen 2260 Feuilletons, die er 1860–91 schrieb, Begründer der tschech. Feuilletonistik; in seinen Novellen, die für die Entwicklung der tschech. realist. Prosa von größter Bedeutung waren, zeichnete er, meisterhaft charakterisierend, humorvolle, aber auch nachdenkl. Skizzen des Prager Milieus; N. schrieb außerdem volkstüml. Lyrik, Dramen und Reiseberichte.
Hauptwerke: Genrebilder (1864, dt. 1883/84), Kleinseitner Geschichten (1878, dt. 1885), Freitagsgesänge (Ged., hg. 1896; dt. 1913).
Ausgabe: J. N. Werke. Dt. Übers. Hg. v. K. Eben. *Prag 1926–27. 2 Bde.*
Literatur: Novák, A.: *J. N. Prag* [3]*1921.*
Nerụda, Pablo [span. ne'ruða], eigtl. Neftalí Ricardo Reyes Basualto, * Parral 12. Juli 1904, chilen. Lyriker.
Studium der Philosophie; im diplomat. Dienst u. a. in Birma und Spanien; kurz nach seiner Rückkehr nach Chile trat N. offiziell der KP bei; nach deren Verbot lebte er als Emigrant in der UdSSR, in anderen Ostblockländern und in Rotchina; 1952 kehrte er nach Chile zurück; 1970 Präsidentschaftskandidat der chilen. KP. N. gilt als der bedeutendste zeitgenöss. Lyriker Lateinamerikas; eine bilderreiche, oft dunkle Sprache bestimmt sein Werk, das – melanchol. in der Grundstimmung, surrealist. in der Gestaltungsweise – z. T. marxist. Ideen verherrlicht und polit. Konzepte künstler. zu gestalten versucht.
Hauptwerke: Aufenthalt auf Erden (Ged., 1933; dt. 1960), Der große Gesang (Ged., dt. 1953), Die Trauben und der Wind (Ged., dt. 1955), Elementare Oden (Ged., dt. 1957), Gedichte (dt. Ausw. 1963).
Ausgaben: P. N. Dichtungen. 1919–1965. Hg. u. dt. Übers. v. E. Arendt. *Neuwied 1967. 2 Bde. – P. N. Obras completas. Buenos Aires 1957.*
Literatur: Loyola, H.: *Suma bibliográfica de la obra nerudiana. In: Mapocho (Santiago de Chile), Tl. 3, Nr. 3 (1965), 178.* – Marcenac, J.: *P. N. Une étude. Paris 1954.* – Alonso, A.: *Poesía y estilo de P. N. Buenos Aires 1940.*
Nervạl, Gérard de [frz. nɛr'val], eigtl. Gérard Labrunie, * Paris 22. (?) Mai 1808, † ebd. 25. oder 26. Jan. 1855, frz. Dichter.
Führte ein entbehrungsreiches, unstetes Wanderleben, das ihn auf Reisen u. a. auch nach Deutschland und in den Orient führte; erhängte sich in einem Anfall geistiger Umnachtung. N.s düstere, myst. Traumvisionen, die er in seiner geheimnisvoll-dunklen, schwer zu deutenden Lyrik gestaltet, zeigen ihn als Vertreter der „Nachtseiten der Romantik"; unter dt. Einfluß entstanden seine Prosaerzählungen, von denen die berühmtesten „Sylvia" (1853, dt. 1947) und „Aurelie oder der Traum und das Leben" (1855, dt. 1910) sind. Mit seinen Sonetten „Les chimères" (1854) ist N. ein Vorläufer Baudelaires, Mallarmés und des Surrealismus; er übersetzte auch Lyrik von Klopstock, Heine und Goethe, bed. ist seine Übertragung des „Faust" (1828 und 1840).
Weitere Werke: Léo Burckart (Dr., 1839), Voyage en Orient (Reiseb., 1852), Les filles du feu (Novellen, 1854; dt. Ausw. 1953 u. d. T. Töchter der Flamme).
Ausgaben: G. de N. Œuvres complémentaires. Hg. v. J. Richer. *Genf; Paris 1959ff. Auf 8 Bde. berechnet. – G. de N. Œuvres. Hg. v.* A. Béguin *u.* J. Richer. *Paris* [1–3]*1956–60. 2 Bde. – G. de N. Erzählungen. Dt. Übers. Bearb. v.* A. Wolfenstein. *Mchn. 1921. 3 Bde.*
Literatur: Krüger, M.: *G. de N. Darst. u. Deutung des Todes. Stuttg. 1966.* – Peyrouzet, E.: *G. de N. inconnu. Paris 1965.* – Richer, J.: *N. Expérience et création. Paris 1963.* – Dédéyan, Ch.: *G. de N. et l'Allemagne. Paris 1957–59. 3 Tle.* – Marie, A.: *G. de N., l'homme, le poète. Vorwort v.* A. Billy. *Paris 1955.*
Nẹrvo, Amado [span. 'nɛrβo], eigtl. Juan Crisóstomo Ruiz de Nervo, * Tepic (Nayarit) 27. Aug. 1870, † Montevideo 24. Mai 1919, mex. Dichter.
Arbeitete in einem Rechtsanwaltsbüro, wollte dann Priester werden, mußte aus wirtschaftl. Gründen jedoch darauf verzichten; wandte sich schließl. dem Journalismus zu; 1900–03 in Paris, wo er mit Rubén Darío, Moréas u. a. verkehrte; zuletzt Diplomat in Madrid und Südamerika; vielbewunderter modernist. Lyriker, schrieb formal vollendete lyr. Gedichte, bes. Liebeslyrik, mit starkem Zug zum Myst.-Religiösen; daneben u. a. Novellen, Romane und Essays.
Hauptwerke: El bachiller (R., 1895), Perlas negras (Ged., 1898), Los jardines interiores (Ged., 1905),

En voz baja (Ged., 1909), Juana de Asbaje (Essay, 1910), Erfüllung (Prosa, dt. 1922), La amada inmóvil (Ged., 1922).

Nesami; tl.: Niẓāmī [pers. neza'mi:], eigtl. Nesamoddin Eljas Ebn Jusof; tl.: Niẓāmu'd-Dīn Ilyās Ibn Yūsuf, * Gandscha (heute Kirowabad) 1141, † ebd. 12. März 1209, pers. Dichter.
Früh Waise, erhielt eine hervorragende Ausbildung; über sein Leben ist sehr wenig bekannt; lebte als frommer Anhänger des Islams fast ununterbrochen in seiner Heimatstadt; einer der universalsten und gebildetsten Dichter der pers. Literatur, dessen romant.-lyr. Epen in lebendiger Sprache, persönl. Gestaltung und psycholog. Motivierung das Ritterepos ablösten; schrieb außer einem Diwan von 20000 Distichen (nur einige Gasele und Kassiden sind erhalten) 5 voneinander unabhängige ep. Dichtungen: das philosoph.-eth. Gedicht mit myst. Einschlag „Machsanolasrar", die ergreifende Liebesgeschichte „Chosrau O Schirin" (dt. 1809 u.d.T. „Schirin" von Hammer-Purgstall), den einen altarab. Stoff behandelnden Liebesroman in Versen „Leila und Madschun" (dt. 1963), das romant.-phantast. Epos „Haft Paikar" (dt. 1959 u.d.T. „Die sieben Geschichten der sieben Prinzessinnen"), sein bedeutendstes Werk, und das Epos um Alexander den Großen „Eskandarname" (dt. Ausw. 1934 u.d.T. „Iskenders Warägerfeldzug"), das ein Bild des Kriegers und Philosophen Alexander gestaltet.

Nestor ['nɛstɔr, russ. 'njɛstɐr], * 1056, † um 1114, Mönch des Kiewer Höhlenklosters.
Gilt als der bedeutendste russ. Chronist seiner Zeit; beschrieb in zwei Heiligenviten das Leben des Theodosius, des ersten Abtes des Kiewer Klosters, und der Märtyrer-Brüder Boris und Gleb; ferner wird N. die sog. „N.-Chronik" (dt. 1931) zugeschrieben, die ein bed. histor. und literar. Werk ist, in dem geschlossene Erzählungen, Legenden, Sagen und Teile des altkirchenslaw. Schrifttums enthalten sind.

Nestroy, Johann Nepomuk [...ɔʏ], * Wien 7. Dez. 1801, † Graz 25. Mai 1862, östr. Dichter und Schauspieler.
Sohn eines Advokaten; nach anfängl. Rechtsstudium ging N. 1822 zur Bühne und war als Opernsänger in Wien, Amsterdam, Brünn und Graz engagiert. Er wechselte allmähl. zu kom. Sprechrollen über und spielte – meist in eigenen Stücken – seit 1831 am Theater an der Wien, seit 1845 am späteren Carltheater, das er 1854–60 leitete. Nach Raimund ist N. ein neuer Höhepunkt und zugleich der letzte Vertreter der Altwiener Volkskomödie. Im Ggs. zu Raimund spielen seine Possen nicht mehr in der Feen- und Zauberwelt, sondern im nüchternen Alltag des biedermeierl. Wien. Der scharfe Witz und der rücksichtslose Spott, mit dem er Zeitgeschehnisse, menschl.-allzumenschl. Schwächen und jede Art von Pathos anprangerte, sind verbunden mit wiener. Gemüt und versöhnl. Humor. Echte Komik bewies er v.a. in seinen brillanten Wortspielen. Von seinen rund 80 Bühnenwerken (Volksstücke, Possen, Parodien, Zeit- und Sittenstücke mit Gesangseinlagen) sind v.a. zu nennen: „Der böse Geist Lumpazivagabundus" (1835), „Zu ebener Erde und erster Stock" (1838), „Der Talisman" (1841), „Einen Jux will er sich machen" (1844), „Das Mädl aus der Vorstadt" (1845), „Der Zerrissene" (1845), „Der Unbedeutende" (1849), „Kampl" (1852). Gelungene Parodien auf zeitgenöss. Dramen („Judith und Holofernes", 1849, auf Hebbels „Judith") und Opern (R. Wagner, Meyerbeer).

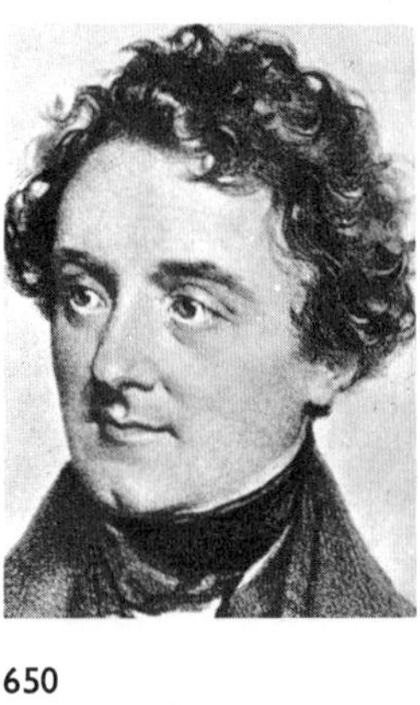

Johann Nepomuk Nestroy (Lithographie von J. Kriehuber)

Ausgaben: J. N. Ges. Werke. Hg. v. O. Rommel. *Neudr. Wien 1962. 6 Bde. – J. N. Sämtl. Werke. Histor.-krit. Gesamtausg. Hg. v.* F. Brukner *u.* O. Rommel. *Wien 1924–30. 15 Bde. [mit Biogr.].*
Literatur: Mautner, F. H.: *J. N. u. seine Kunst. Hdbg. 1969.* – Tönz, L.: *Die künstler. Eigenständigkeit u. Eigenart N.s. Wien 1969.* – Preisner, R.: *J. N. N. Der Schöpfer der trag. Posse. Dt. Übers. Mchn. 1968.* – Basil, O.: *J. N. in Selbstzeugnissen u. Bilddokumenten. Reinbek bei Hamb. 1967.* – Gladt, K.: *Die Hss. J. N.s. Graz u.a. 1967.* – Weigel, H.: *J. N. Velber 1967.*

Neto, Henrique Maximiano da Fonseca Coelho † Coelho Neto.

Netschui-Lewizki, Iwan Semjonowitsch; tl.: Nečuj-Levickij, Ivan Semenovič [russ. nɪ'tʃujlɪ'vitskij], eigtl. I. S. Lewizki; tl.: I. S. Levickij, Pseudonym Iwan Netschui; tl.: Ivan Nečuj, * Steblew 25. Nov. 1838, † Kiew 15. April 1918, ukrain. Schriftsteller.
Sohn eines Dorfgeistlichen, Lehrer; schrieb Romane und Erzählungen mit Schilderungen des ukrain. Dorflebens und des städt. Milieus; richtete Angriffe gegen die z.T. an Rußland orientierte ukrain. Intelligenz; stark nationalist. Tendenz.

Neuber, Friederike Caroline, geb. Weißenborn, genannt „die Neuberin", * Reichenbach (Vogtl.) 9. März 1697, † Laubegast (heute Dresden-Laubegast) 30. Nov. 1760, dt. Schauspielerin und Leiterin einer Theatertruppe.
Tochter eines Advokaten, floh 1717 mit dem Studenten Johann N., den sie 1718 heiratete, aus ihrem Elternhaus, wurde Schauspielerin, hatte seit 1725 eine eigene Truppe, mit der sie v.a. in Leipzig erfolgreich spielte. Auf die Ideen Gottscheds eingehend, half sie ihm, das „regelrechte" Drama nach frz. Vorbild auf der dt. Bühne einzuführen und das Theater von den beherrschenden volkstüml. Elementen (Extemporieren, Obszönitäten) zu befreien. 1737 allegor. Verbannung des Hanswursts von der Bühne. Eine erfolglose Reise 1740 nach Petersburg und das Zerwürfnis mit Gottsched 1743 führten zum Niedergang der Truppe Starb im Elend. Sie schrieb selbst zahlreiche Ge-

legenheitsgedichte und programmat. Vorspiele zu ihren Aufführungen, u.a. „Ein dt. Vorspiel“ (1734), „Vorspiel, die Verbannung des Harlekin vom Theater behandelnd“ (1737).
Weiteres Werk: Der allerkostbarste Schatz (Spiel, 1741).
Literatur: Sasse, H.: *F. C. N., Versuch einer Neuwertung. Diss. Freib. 1937.* – Reden-Esbeck, J. v.: *C. N. u. ihre Zeitgenossen. Lpz. 1881.*

Neues Testament ↑ Bibel.

Neukirch, Benjamin, * Reinke (Schles.) 27. März 1665, † Ansbach 15. Aug. 1729, dt. Dichter.
Studierte Rechtswissenschaft, wurde Advokat in Breslau, hielt Vorlesungen über Poesie und Beredsamkeit in Frankfurt (Oder) und Halle, war seit 1703 Professor an der Berliner Ritterakademie; danach Erzieher des Erbprinzen in Ansbach und Hofrat. Nach der schwülstigen Dichtung seiner Frühzeit (in der Art Lohensteins und Hofmannswaldaus) schrieb er später unter dem Einfluß v.a. von Canitz und dem Historiker Mencke Satiren in nüchterner, verstandesmäßiger Manier.
Hauptwerke: Galante Briefe und Gedichte (1695), Satyren und poet. Briefe (hg. 1732).

Neumann, Alfred, * Lautenburg 15. Okt. 1895, † Lugano 3. Okt. 1952, dt. Schriftsteller.
Wuchs als Sohn eines Industriellen in Berlin auf, studierte in München, war Verlagslektor und zeitweise Dramaturg; emigrierte 1933 über Fiesole bei Florenz und Nizza in die USA und wurde amerikan. Staatsbürger. 1949 Rückkehr nach Florenz. N. gestaltete in seinen psycholog. analysierenden Romanen an histor. Stoffen das aktuelle Problem der Macht, ihrer Versuchung und ihres Mißbrauchs, wie sein bedeutendster Roman „Der Teufel“ (1926) zeigt. Auch Dramatiker, Lyriker und Übersetzer.
Weitere Werke: Die Lieder vom Lächeln und der Not (Ged., 1917), Der Patriot (E., 1925, Dr., 1926), König Haber (E., 1926), Rebellen (R., 1927), Der Held (R., 1930), Narrenspiegel (R., 1932), Die Goldquelle (R., 1937), Es waren ihrer sechs (R., 1944), Der Pakt (R., 1949), Viele heißen Kain (E., 1950).

Neumann, Gerhard, * Rostock 16. Okt. 1928, dt. Lyriker und Essayist.
Kam 1946 aus der Kriegsgefangenschaft, einige Jahre Lehrer, seit 1953 freier Schriftsteller. N. schreibt knappe, strenge Gedichte, für die autonomer Wortgebrauch und eine neuartige, freie Bildverknüpfung charakteristisch sind.
Hauptwerke: Wind auf der Haut (Ged., 1956), Salziger Mond (Ged., 1958).

Neumann, Robert, * Wien 22. Mai 1897, östr. Schriftsteller.
Studierte Medizin und Germanistik, wechselvolles Berufsleben, 1934 Emigration nach England, wo er brit. Staatsbürger wurde und in dt. und engl. Sprache schrieb; lebt jetzt im Tessin. Scharf, aggressiv, phantasievoll, stilist. gewandt und vielseitig, schrieb N. u.a. fesselnde zeit- und gesellschaftskrit. Romane, Lyrik und brillante Erzählungen. Bekannt v.a. seine meisterhaften Parodien („Mit fremden Federn“, 1927 und 1955; „Unter falscher Flagge“, 1932).
Weitere Werke: Die Pest von Lianora (Novellen, 1927), Sintflut (R., 1929), Die Macht (R., 1932), Struensee (R., 1935, 1953 u.d.T. Der Favorit der Königin), Eine Frau hat geschrien (R., 1938, 1958 u.d.T. Die Freiheit und der General), An den Wassern von Babylon (R., engl. 1939; dt. 1945), Olympia (R., 1961), Ein leichtes Leben (Autobiogr., 1963), Der Tatbestand oder Der gute Glaube der Deutschen (R., 1965), Vielleicht das Heitere (Tageb., 1968), Dämon Weib (Parodien, 1969).
Ausgabe: R. N. Ges. Werke in Einzelausgg. Mchn. 1959ff. Auf 10 Bde. berechnet.
Literatur: R. N. Stimmen der Freunde. Der Romancier u. sein Werk. Mchn. 1957.

Neumann, Stanislav Kostka [tschech. 'najman], * Prag 5. Juni 1875, † ebd. 28. Juni 1947, tschech. Dichter.
Aus wohlhabender Familie; entwickelte früh Neigung zum radikalen Sozialismus; war zeitweilig Anarchist, später als Politiker und Publizist propagandist. für den Kommunismus tätig. Seine Werke spiegeln seine jeweiligen Anschauungen; eine Ausnahme bildet v.a. die Liebeslyrik; schrieb auch ein lyr. Kriegstagebuch.

Neumark, Georg, * Langensalza (heute Bad Langensalza) 16. März 1621, † Weimar 8. Juli 1681, dt. Dichter.
Studierte Jura in Königsberg (Pr), wo er mit S. Dach bekannt wurde; seit 1651 Bibliothekar und Registrator in Weimar. War als „der Sprossende“ Mitglied der „Fruchtbringenden Gesellschaft“, deren Geschichte er im „Neu sprossenden Teutschen Palmbaum“ (1668) schrieb. Seine Dichtungen sind meist von durchschnittl. Wert, seinen Ruf verdankt er einigen empfindsamen geistl. Liedern (u.a. „Wer nur den lieben Gott läßt walten“).

Neumarkt, Johann[es] von ↑ Johannes von Neumarkt.

Neustadt, Heinrich von ↑ Heinrich von Neustadt.

Neuwert ↑ Nowaczyński, Adolf.

Neverov ↑ Newerow.

Neveux, Georges [frz. nə'vø], * Poltawa 25. Aug. 1900, frz. Dramatiker frz.-russ. Abstammung.
Seit seiner Jugend in Frankreich, studierte Rechtswissenschaft und ließ sich 1927 in Paris nieder, wo er u.a. Sekretär Louis Jouvets war; trat zuerst 1929 mit einem Band surrealist. Gedichte („La beauté du diable“) hervor und wandte sich dann dem poet.-surrealist. Drama zu (u.a. „Julia oder das Traumbuch“, 1930, dt. 1956; „Die Diebin von London“, dt. 1960), ebenso dem Film.

Neville, Henry [engl. 'nɛvɪl], * Billingbear (Berkshire) 1620, † Wafield (Berkshire) 22. Sept. 1694, engl. Schriftsteller.
Polit. Opponent Cromwells, der ihn wegen eines Pamphlets aus London verbannte; die dt. Übersetzung seiner Robinsonade „Vorbild der ersten Welt“ (R., dt. 1668) beeinflußte u.a. Grimmelshausen; übersetzte Machiavelli (1675).

Newbolt, Sir Henry John [engl. 'nju:boʊlt], * Bilston (Stafford) 6. Juni 1862, † London 19. April 1938, engl. Dichter.
Sohn eines Geistlichen; studierte in Oxford, war zunächst Jurist, seit 1911 Professor für Dichtkunst an der Royal Society of Literature; wurde 1915 geadelt. N., Verfasser des amtl. Berichts über den Seekrieg 1914–18, schrieb außer erzählender Prosa und der Tragödie „Mordred“ (1895) v.a. patriot. Seegedichte nach dem Vorbild Kiplings.

Weitere Werke: Admirals all (Ged., 1897), The island race (Ged., 1898), Collected poems (1910), My world as in my time (Autobiogr., 1932), Later life and letters (1942).

Newerow, Alexandr Sergejewitsch; tl.: Neverov, Aleksandr Sergeevič [russ. nɪ'vjerɐf], eigtl. A. S. Skobelew; tl.: A. S. Skobelev, * Nowikowka (Gouv. Samara) 24. (20.?) Dez. 1886, † Moskau 24. Dez. 1923, russ. Schriftsteller.
Sohn eines Bauern; wurde Revolutionär; wandte sich nach anfängl. Tätigkeit als Dorfschullehrer der Literatur zu. N.s dem Genre der Dorfgeschichte nahestehende Erzählwerke, die im Geist der „Volkstümler" (Narodniki) geschrieben sind, behandeln meist soziale Probleme; Hauptwerk ist der Roman „Taschkent, die brotreiche Stadt" (R., dt. 1925).

Newman, John Henry [engl. 'nju:mən], * London 21. Febr. 1801, † Edgbaston bei Birmingham 11. Aug. 1890, engl. Theologe und Schriftsteller.
Anglikan. Geistlicher, führend in der Oxfordbewegung; nach seiner Konversion zum Katholizismus (1845) wurde er 1847 zum Priester geweiht, 1879 zum Kardinal ernannt und war das geistige Haupt der röm.-kath. Kirche in Großbritannien. Literar. bed. sind neben seinen Schriften die Kirchenlieder, das autobiograph. Bekenntnisbuch „Geschichte meiner religiösen Meinungen" (dt. 1865), der dramat. Monolog „Der Traum des Gerontius" (1865, dt. 1885), in dem die Erlebnisse der Seele nach dem Tod geschildert werden, und der Roman „Kallista, eine Erzählung aus den 3. Jh." (dt. 1856).
Ausgaben: J. H. N. Ausgew. Werke. Dt. Übers. Hg. v. M. Laros *u.* Werner Becker. *Mainz* $^{1-2}$*1952–64. 8 Bde. – J. H. N. Collected works. London 1889. 45 Bde.*
Literatur: Graef, H.: *Gott u. mein Ich. Die Spiritualität J. H. N.s. Frkf. 1967.* – Fries, H.: *Die Religionsphilosophie N.s. Stuttg. 1962.* – Tardivel, F.: *La personnalité littéraire de N. Paris 1937.* – Ward, W. P.: *The life of J. H. Cardinal N. London* ^{3}*1927. 2 Bde.* – Laros, M.: *Kardinal N. Mainz* ^{5}*1921.*

Nexø, Martin Andersen ↑ Andersen-Nexø, Martin.

Nezval, Vítězslav [tschech. 'nɛzval], * Biskupovice bei Trebitsch 26. Mai 1900, † Prag 6. April 1958, tschech. Dichter.
War nach dem Studium der Philosophie in Prag freier Schriftsteller, nach 1945 arbeitete N. für das Informationsministerium. Begann als Vertreter der „poésie pure", die er als Mitautor eines Manifests des „Poetismus" verteidigte; v.a. Bretons Einfluß bewirkte N.s zunehmende Neigung zum Surrealismus. Während einer erzwungenen Pause während des 2. Weltkrieges und nach Kriegsende verstärkte sich die Tendenz zu patriot. Dichtung. Außer Lyrik umfaßt N.s Werk Kinderbücher, Übersetzungen frz. und engl. Werke sowie Dramen und Prosawerke geringeren literar. Werts; in dt. Sprache erschienen u.a. „Ich singe den Frieden" (Ged., dt. 1951) und „Ausgewählte Gedichte" (dt. 1967).

N. H. F. ↑ Frashëri, Naim.

Nibelungenlied, anonym überliefertes, um 1200 im Donauraum (wahrscheinl. Passau) entstandenes, in 3 Hauptversionen (A, B und C) in insgesamt 34 Handschriften[bruchstücken] überliefertes mhd. Heldenepos in 4zeiligen Langzeilenstrophen; es gliedert sich in zwei Hauptteile (Siegfrieds Tod, Untergang der Burgunder), die sich als Rachetragödien zweier Frauen darstellen: Brunhildes Rache an Siegfried und Kriemhilds Rache für Siegfried. Das N. (ursprüngl. „Der Nibelunge Not"; erst in einer jüngeren Fassung „N.", nach dem unterschiedl. Schlußvers der 39. Aventiure) ist das Ergebnis einer langen und vielfachen Wandlung, die Komposition ist nicht einheitl.; Heidnisches der Völkerwanderungszeit steht neben der christl. Einstellung des hohen MA, die heroische Ethik der Germanen (die Ehre gilt als das Höchste und jede Ehrverletzung als unwiderrufl. Racheforderung) ist noch bestimmend, wenn auch, bes. im 1. Teil, höf.-ritterl. Geist der Stauferzeit sichtbar wird. Bald nach dem N. entstand als Forts. die sog. „Klage".
Ausgaben: Das N. Nach der Ausg. v. K. Bartsch *neu hg. v.* H. de Boor. *Wiesb.* ^{18}*1965. – Das N. Mhd. u. nhd. Übertragen v.* K. Simrock. *Hg. v.* A. Heusler. *Neuaufl. Darmst. 1965. – Das N. Zweisprachig. Hg. u. übertragen v.* H. de Boor. *Bremen 1964. – Der Nibelunge Noth u. die Klage. Hg. v.* K. Lachmann. *5. Ausg. Bln. 1878. Neudr. 1960. – Der Nibelunge Nôt. Hg. v.* K. Bartsch. *Mit den Abweichungen v. der Nibelunge Liet, den Lesarten sämtl. Hss. u. einem Wörterb. Lpz. 1870–80. Nachdr. Hildesheim 1966. 3 Bde.*
Literatur: Berndt, H.: *Das 40. Abenteuer. Auf den Spuren des N.es. Oldenburg (Oldenburg) 1968.* – Schröder, W.: *N.-Studien. Stuttg. 1968.* – Weber, Gottfried/Hoffmann, Werner: *N. Stuttg.* ^{3}*1968.* – Krogmann, W./Pretzel, U.: *Bibliogr. zum N. u. zur Klage. Bln.* ^{4}*1966.* – Heusler, A.: *Nibelungensage u. N. Die Stoffgesch. des dt. Heldenepos. Dortmund* ^{6}*1965.* – Nagel, B.: *Das N. Stoff, Form, Ethos. Frkf. 1965.* – Weber, Gottfried: *Das N. Problem u. Idee. Stuttg. 1963.* – Krogmann, W.: *Der Dichter des N.es. Bln. 1962.* – Panzer, F.: *Das N. Entstehung u. Gestalt. Stuttg. 1955.* – ↑ auch Klage, Die.

Nicander ↑ Nikandros.

Nicander, Karl August [schwed. ni'kandər], * Strängnäs 20. März 1799, † Stockholm 7. Febr. 1839, schwed. Dichter.
Studierte in Uppsala, nach dem Magisterexamen Beamter; formbegabter, aber meist epigonenhafter romant. Lyriker und Dramatiker; in seinem Prosawerk selbständiger. Seine unter dem Eindruck einer Italienreise entstandenen „Hesperider" (Ged. und Novellen, 1835) setzten den Beginn der schwed. Italienromantik.
Weitere Werke: Fjärilar från Pinden (Ged., 1822), Runor (Ged., 1824), Minnen från södern (Reisebericht, 1831).

Niccodemi, Dario [italien. nikko'dɛ:mi], * Livorno 27. Jan. 1874, † Rom 24. Sept. 1934, italien. Dramatiker.
Verlebte seine Jugend in Buenos Aires, wurde Journalist und Theaterkritiker, schrieb selbst Theaterstücke in span. Sprache; 1900 wurde er Dramaturg in Paris, während dieser Zeit entstanden Dramen in frz. Sprache („La flamme", 1910; „L'aigrette", 1912); nach Italien zurückgekehrt, ließ er in seiner Muttersprache sehr bühnenwirksame, bürgerl.-realist. Dramen folgen, von denen er mit „Scampolo" (1916, dt. 1929)

seinen größten Erfolg hatte. Gründete 1921 eine bed. italien. Theatertruppe.
Weitere Werke: Der Schatten (Dr., 1915; dt. 1942), La morte in maschera (R., 1919), Tageszeiten der Liebe (Dr., 1921; dt. 1940).

Niccolini, Giovanni Battista [italien. nikko'li:ni], * San Giuliano Terme (Pisa) 19. Nov. 1782, † Florenz 20. Okt. 1861, italien. Dramatiker.
Rechtsstudium in Pisa; 1807 Lehrstuhl für Geschichte und Mythologie an der Accademia delle belle arti; 1812 Mitglied der Accademia della Crusca; 1848 Mitglied des toskan. Senats; Verfasser histor.-patriot. Dramen zwischen Klassizismus und Romantik, u.a. „Nabucco" (1819; gegen den geistl. und weltl. Despotismus), „Antonio Foscarini" (1827), „Arnaldo von Brescia" (dt. 1845; sein bekanntestes Werk); daneben schrieb N. weniger bed. patriot. Lyrik, außerdem theoret. Abhandlungen über das Drama („Dell'imitazione dell'arte drammatica", 1842).

Nichols, [John] Beverley [engl. 'nɪkəlz], * Bristol 9. Sept. 1898, engl. Schriftsteller und Journalist.
Studierte in Oxford, Hg. der Zeitschrift „Isis", Gründer und Mithg. des „Oxford outlook"; nach ausgedehnten Reisen ließ er sich bei London nieder. N., einer der hervorragendsten engl. Journalisten, schrieb außer Reiseberichten, Essays und Skizzen erfolgreiche Dramen und Kriminalromane.
Hauptwerke: The star-spangled manner (Skizzen, 1928), The stag (Dr., 1929), A thatched roof (Essay, 1933), Dr. Mesmer (Dr., 1935), Shadow of the vine (Dr., 1949), In ein Haus verliebt (R., dt. 1952), Kein Vogel singt in Moll (R., dt. 1954), Verhängnisvolle Musik (R., dt. 1958), Der rätselhafte Engel (R., dt. 1959).

Nichols, Robert Malise Bowyer [engl. 'nɪkəlz], * Shanklin (Wight) 6. Sept. 1893, † Cambridge 17. Dez. 1944, engl. Lyriker und Dramatiker.
Studierte in Oxford, nahm 1914–16 am 1. Weltkrieg teil, 1918/19 im amerikan. Informationsministerium, 1921–24 Professor für Engl. in Tokio, später zeitweilig in Hollywood. In seiner Lyrik, die zunächst vom Erlebnis des Krieges bestimmt war, verarbeitete N. Einflüsse u.a. von Goethe, Shakespeare und Unamuno; auch Dramatiker und Erzähler.
Hauptwerke: Invocations (Ged., 1915), Ardours and endurances (Ged., 1917), Guilty souls (Dr., 1921), Such was my singing (Ged., 1942).

Nicholson, Norman Cornthwaite [engl. 'nɪkəlsn], * Millom (Cumberland) 8. Jan. 1914, engl. Schriftsteller.
Von Beruf Lehrer; er versucht in seiner Lyrik die Landschaft des engl. Seendistrikts wiederzugeben; seine Gedichte zeugen wie seine Versdramen und seine Romane von christl. Grundhaltung; auch Essays.
Hauptwerke: Five rivers (Ged., 1944), The fire of the Lord (R., 1944), Rock face (Ged., 1948), The pot geranium (Ged., 1954), A match for the devil (Dr., 1955).

Nicolai, Christoph Friedrich [niko'laɪ, 'nɪkolaɪ], * Berlin 18. März 1733, † ebd. 8. Jan. 1811, dt. Schriftsteller und Verlagsbuchhändler.
War mit Moses Mendelssohn und Lessing befreundet, die mit ihm die Zeitschriften „Bibliothek der schönen Wissenschaften und der freien Künste" und „Briefe, die neueste Literatur betreffend" herausgaben; allein gab er die „Allgemeine Dt. Bibliothek" heraus, in der er alle neueren Richtungen der Literatur scharf und so rücksichtslos angriff, daß er bald zahlreiche Gegner hatte und von Goethe, Schiller, Tieck, Brentano u.a. verspottet wurde; doktrinär aufklärer. Tendenz zeigen auch seine erzählenden Schriften, u.a. „Das Leben und die Meinungen des Herrn Magister Sebaldus Nothanker" (1773–76); von kulturgeschichtl. Bedeutung ist die „Beschreibung einer Reise durch Deutschland und die Schweiz im Jahre 1781" (1783–96).
Weiteres Werk: Freuden des jungen Werthers ... (Parodie, 1775).
Literatur: Mollenhauer, P. K.: *Die Satire bei F. N. Diss. Univ. of Texas, Austin 1965.* – Sommerfeld, M.: *F. N. u. der Sturm u. Drang. Ein Beitrag zur Gesch. der dt. Aufklärung. Halle 1921.*

Nicolas, Sébastien Roch [frz. nikɔ'lɑ] † Chamfort.

Nicolson, Sir Harold George [engl. 'nɪkəlsn], * Teheran 21. Nov. 1886, † London 1. Mai 1968, engl. Diplomat und Schriftsteller.
War 1909–29 als Diplomat im auswärtigen Dienst tätig und gehörte 1919 der brit. Delegation bei der Versailler Friedenskonferenz an; N., der 1913 V. Sackville-West heiratete, trat 1930 in die Redaktion des „Evening Standard" ein und veröffentlichte in verschiedenen Zeitschriften geistreich-plaudernd, witzige, u.a. literaturkrit. Artikel und Skizzen; aus seinem übrigen literar. Schaffen sind die geschichtl. Darstellungen, die Biographien und seine Abhandlungen zur Geschichte der Diplomatie von Bedeutung.
Hauptwerke: Die Herren der Welt privat (R., dt. 1933), Nachkriegsdiplomatie (Studie, dt. 1934), Kleine Geschichte der Diplomatie (dt. 1947), Die Kunst der Biographie u.a. Essays (dt. 1958), Tagebücher und Briefe 1930–1941 (dt. 1969).

Niebelschütz, Wolf von, * Berlin 24. Jan. 1913, † Düsseldorf 22. Juli 1960, dt. Schriftsteller.
Besuch des humanist. Gymnasiums in Schulpforta, Studium der Geschichte und Kunstgeschichte, bis 1940 Literatur-, Theater- und Kunstkritiker; nach dem Krieg freier Schriftsteller in Hösel bei Düsseldorf. Seine von starkem Formgefühl getragene Lyrik ist z.T. durch das Kriegserlebnis bestimmt; in seinem erzähler. Hauptwerk, dem Roman „Der blaue Kammerherr" (1949), schildert N. graziös-frivole Abenteuer und Staatsaffären in einem utop. Fürstentum.
Weitere Werke: Preis der Gnaden (Ged., 1939), Die Musik macht Gott allein (Ged., 1942), Sternen-Musik (Ged., 1951), Die Kinder der Finsternis (R., 1959).

Niebergall, Ernst Elias, Pseudonym E. Streff, * Darmstadt 13. Jan. 1815, † ebd. 19. April 1843, dt. Mundartdichter.
Sohn eines armen Kammermusikers, war während des Theologiestudiums mit G. Büchner befreundet; Privatlehrer in Dieburg und Darmstadt. Von seinen in Darmstädter Mundart mit meisterhaftem Zeit- und Ortskolorit geschriebenen Lokalpossen hatte „Datterich" (1841), die Tragikomödie eines Aufschneiders, der nur ein armseliger Trinker und Spieler ist und sich und seine Umwelt zu belügen versucht, den größten Erfolg.
Weiteres Werk: Des Burschen Heimkehr oder Der tolle Hund (Lsp., 1838).
Ausgaben: *E. E. N. Dramat. Werke. Hg. v.* K. Esselborn. *Darmst. 1925.* – *E. E. N. Erzählende*

Werke. Hg. v. K. Esselborn. *Darmst. 1925. 3 Bde.*
Literatur: Hensel, G.: *Rede auf N. Der Datterich u. die Darmstädterei. Darmst. 1965.* – Esselborn, K.: *E. E. N. Darmst. 1923.*

Nielsen, Jørgen [dän. 'nelsən], * Pårup bei Silkeborg 18. Nov. 1902, † Kopenhagen 27. März 1945, dän. Schriftsteller.
Die karge jüt. Heidelandschaft, mit der N. von Kindheit an vertraut war, bildet den düsteren Hintergrund seiner Novellen und Romane. Im Zentrum stehen Menschen, deren Ringen um einen Lebensinhalt zum Scheitern verurteilt ist. Autobiograph. Züge tragen die beiden Romane „Dybet" (1940) und „Et hus splidagtigt med sig selv" (1945), von denen bes. der letztere den Überdruß spiegelt, mit dem N. selbst dem Dasein gegenüberstand.

Nielsen, Morten [dän. 'nelsən], * Ålborg 3. Jan. 1922, † Kopenhagen 30. Aug. 1944, dän. Lyriker.
Studierte Literaturwissenschaft in Kopenhagen, wo er sich 1942 der Widerstandsbewegung anschloß. N. begann früh zu schreiben; sein Werk umfaßt außer einigen nachgelassenen Gedichten nur die Sammlung „Krigere uden våben" (1943); sie machte ihn zum Sprecher einer Generation, deren Dasein durch Krieg und Angst neue Perspektiven bekommen hatte. Aus dem Nachlaß erschienen 1945 „Efterladte digte".

Niembsch, Edler von Strehlenau, Nikolaus Franz † Lenau, Nikolaus.

Niemcewicz, Julian Ursyn [poln. njɛm'tsɛvitʃ], * Schokken 16. Febr. 1757, † Paris 21. Mai 1841, poln. Dichter und Publizist.
N. bereitete sich auf eine militär. Laufbahn vor; bereiste W- und S-Europa; zunehmende polit. Aktivität, Teilnahme an den Aufständen von 1794 und 1831, nach Mißlingen jeweils Emigration. Vieles in seinem poet. Werk verrät sein polit. Engagement; N. war sowohl dem Rationalismus wie der Romantik verpflichtet; er schrieb histor. Romane nach dem Vorbild Scotts, Dramen und als erster Pole histor. Balladen; Übersetzungen aus dem Engl.; als Historiker steht er in der Nachfolge von Naruszewicz.
Hauptwerke: Die Heimkehr des Landboten (Lsp., dt. 1792), Geschichtl. Gesänge (Ged., 1816; dt. 1833), Levi und Sara (R., dt. 1825).

Niemojewski, Andrzej [poln. njɛmɔ'jɛfski], * Rokitnica bei Płock 24. Jan. 1864, † Warschau 3. Nov. 1921, poln. Schriftsteller.
Schrieb sozialkrit. Gedichte und Novellen mit humanitärer Tendenz, ferner Dramen, teils in allegor. Form, teils in naturalist. Stil, und Humoresken; verfaßte unter dem Einfluß von Renans „Leben Jesu" seine aufsehenerregenden „Legendy" (1902); viele seiner literar. Werke gehören in den Bereich der engagierten Publizistik.

Nietzsche, Friedrich [Wilhelm], * Röcken bei Lützen 15. Okt. 1844, † Weimar 25. Aug. 1900, dt. Philosoph.
Aus pietist. Pfarrersfamilie; Schulbesuch in Schulpforta, Studium der klass. Philologie in Bonn, Schüler W. Ritschls, dem er nach Leipzig folgte; dort Bekanntschaft mit R. Wagner; 1869 Professor (1870 Ordinarius) in Basel; 1879 trat er in den Ruhestand, lebte dann wegen seiner fortschreitenden Nervenkrankheit (seit 1871) an verschiedenen Orten in der Schweiz und in Italien (1882 spannungsreiche Verbindung mit L. Andreas-

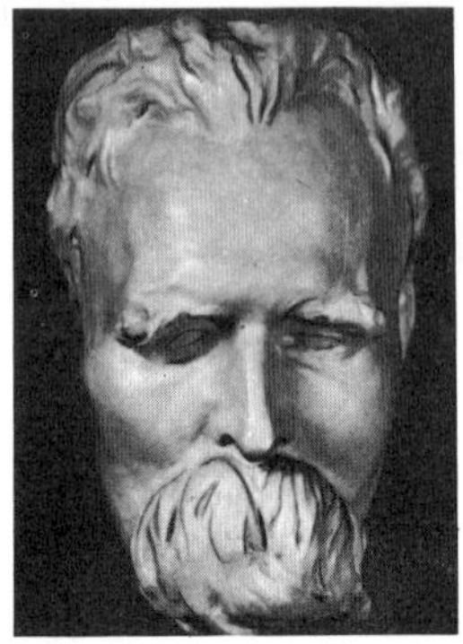

Friedrich [Wilhelm] Nietzsche (Totenmaske)

Salomé); seit 1889 in zunehmender geistiger Umnachtung in der Obhut seiner Mutter und seiner Schwester Elisabeth Förster-N., seit 1897 in Weimar. N. ist einer der für das 20. Jh. einflußreichsten dt. Philosophen, dessen Wirkung bes. auf literar. Gebiet bis in die 20er Jahre deutl. wird. Von Schopenhauer beeinflußt, überwindet N. die idealist. Philosophie des 19. Jh.s, an deren Stelle er eine willensbetonte vitalist. setzt. Von der Frage nach dem Guten und Wahren ausgehend, weist N. den Trieben und Instinkten, die ihrerseits von einem Urtrieb, dem Willen zur Macht, beherrscht sind, überragende Bedeutung zu. Er gewinnt einen Standpunkt außerhalb von Gut und Böse (Amoralismus), kommt zur Unterscheidung von Herren- und Sklavenmoral, sieht Christentum, Humanität und Sozialismus als Grundlage bzw. Auswirkung der Sklavenmoral an, bereitet so einem neuen Atheismus den Weg. In der dichter. Aussage seiner Philosophie erweist sich N. als hervorragender Beherrscher der Sprache. Scharfe pointierte Aphorismen stehen neben pathet. Hymnik, stimmungsvoller impressionist. Lyrik, den Gleichnisreden „Also sprach Zarathustra" (1883 bis 1885), dem Dramenfragment „Empedokles" (entstanden 1870/71, hg. 1896) und anderen Werken. Seine Deutung des Apollinischen und Dionysischen, die, wie sein Werk überhaupt, auf der Antithese aufgebaut ist, vermittelte eine neue Sicht der Antike.
Weitere Werke: Die Geburt der Tragödie aus dem Geiste der Musik (1872), Unzeitgemäße Betrachtungen (1873–76), Menschliches, Allzumenschliches (1878), Morgenröte (1881), Die fröhliche Wissenschaft (1882), Jenseits von Gut und Böse (1886), Zur Genealogie der Moral (1887), Der Fall Wagner (1888), Der Antichrist (1895), Gedichte und Sprüche (1898), Der Wille zur Macht (hg. 1901, erweitert 1906), Ecce homo (hg. 1908).
Ausgaben: N. Studienausg. Hg. v. H. H. Holz. *Frkf. u. Hamb. 1968. 4 Bde. – F. N. Werke. Krit. Gesamtausg. Hg. v.* G. Colli *u.* M. Montinari. *Bln. 1967ff. Auf ca. 30 Bde. in 8 Abteilungen berechnet. – F. N. Werke in drei Bden. Hg. v.* K. Schlechta. *Mchn. ³1966, Indexbd. 1965. – F. N. Sämtl. Werke in zwölf Bden. Stuttg. 1965.*
Literatur: Schmidt, Alfred: *N.s Erkenntnistheorie. Frkf. 1969.* – Pütz, P.: *F. N. Stuttg. 1967.* – Frenzel, I.: *F. N. in Selbstzeugnissen u. Bilddokumenten. Reinbek bei Hamb. 1966.* – Bertram,

E.: *N. Versuch einer Mythologie. Bonn* [8]*1965.* – Heftrich, E.: *N.s Philosophie. Identität v. Welt u. Nichts. Frkf. 1962.* – Heidegger, M.: *N. Pfullingen 1961. 2 Bde.* – Podach, E. F.: *F. N.s Werke des Zusammenbruchs. Hdbg. 1961.* – Reichert, H. W./Schlechta, K.: *International N. bibliography. Chapel Hill (N. C.) 1960.* – Schlechta, K.: *Der Fall N. Mchn.* [2]*1959.* – Klein, J.: *Die Dichtung N.s. Mchn. 1936.* – Förster-Nietzsche, E.: *Das Leben F. N.'s. Lpz. 1895–1904. 2 in 3 Bden.* – Andler, Ch.: *N. Sa vie et sa pensée. Paris 1920–31. 6 Bde.* – ↑ auch Burckhardt, Jacob [Christoph].

Nievo, Ippolito [italien. 'niɛːvo], * Padua 30. Nov. 1831, † auf See 4. oder 5. März 1861, italien. Schriftsteller.
Studierte Jura, beteiligte sich am italien. Freiheitskampf und begleitete 1860 Garibaldi auf dessen Zug nach Sizilien, kam auf der Rückfahrt bei einem Schiffbruch ums Leben. Berühmt wurde er durch den histor. Roman „Erinnerungen eines Achtzigjährigen" (hg. 1867, dt. 1877, 1957 u. d. T. „Pisana"), in dem er in autobiograph. Form ein lebendiges Bild der Zeit des Risorgimento am Vorabend der nationalen Einigung zeichnet. N. verfaßte neben weiteren Romanen („Angelo di bontà", 1856; „Il conte pecoraio", 1857) Novellen, Dramen und Gedichte.
Literatur: Bozzetti, C.: *La formazione del N. Padua 1959.*

Nijasi [russ. nijɪ'zi] ↑ Chamsa, Chakim-sade.

Nikandros (Nikander), griech. Dichter, Grammatiker und Arzt wahrscheinl. des 2. Jh.s v. Chr.
Priester im Apollotempel in Klaros bei Kolophon; wahrscheinl. längerer Aufenthalt in Ätolien; widmete König Attalos III. von Pergamon einen Hymnus; erhalten sind zwei hexametr. Lehrgedichte: „Theriaka" (958 Verse), über erste Hilfe beim Biß giftiger Tiere, und „Alexipharmaka" (630 Verse), über erste Hilfe bei Vergiftung durch Speisen. Ausgehend von den Schriften des Apollodoros, ging es N. nicht um die Sache selbst, sondern um das Kunstvolle und Artist. der Darstellung in gewählter Form; die Sprache wirkt durch die Heranziehung entlegener Glossen und schwieriger Fachausdrücke überladen; von den verlorenen Werken waren bes. die fünf Bücher „Heteroiumena", Verwandlungssagen und das Lehrgedicht „Georgika", aus dem durch Athenaios zahlreiche Fragmente erhalten sind, wegen der Nachwirkung bei Ovid und Vergil von Bedeutung.

Nikitin, Iwan Sawwitsch; tl.: Nikitin, Ivan Savvič [russ. ni'kitin], * Woronesch 3. Okt. 1824, † ebd. 28. Okt. 1861, russ. Dichter.
Sohn eines Kaufmanns und Gastwirts, als dessen Gehilfe N. nach dem vorzeitigen Verlassen des Priesterseminars arbeitete; seit 1859 Leiter einer Buchhandlung mit Lesesaal. Schrieb, an Lermontow geschult und von Nekrassow und Kolzow angeregt, schwermütige, meist pessimist. Lyrik, deren Hauptthema die Not der unterdrückten, sozial benachteiligten unteren Schichten ist; in Naturgedichten gibt N. meisterhafte Landschaftsdarstellungen; 1896 erschien eine dt. Übersetzung ausgewählter Werke.

Nikitin, Nikolai Nikolajewitsch; tl.: Nikitin, Nikolaj Nikolaevič [russ. ni'kitin], * Petersburg (heute Leningrad) 8. Aug. 1895, † ebd. 26. März 1963, russ.-sowjet. Schriftsteller.
Gehörte zu den „Serapionsbrüdern" und begann mit Romanen und Erzählungen im ornamentalen Stil; in den 30er Jahren Anpassung an den sozialist. Realismus.
Hauptwerke: Prestuplenije Kirika Rudenko (= Das Verbrechen des Kirik Rudenko, R., 1928), Nordlicht (R., dt. 1955).

Nikolajewa, Galina Jewgenjewna; tl.: Nikolaeva, Galina Evgen'eva [russ. nika'lajɪvɐ], eigtl. G. J. Woljanskaja; tl.: G. E. Voljanskaja, * Usmanka (Gebiet Tomsk) 18. Febr. 1911, † Moskau 19. Okt. 1963, russ.-sowjet. Schriftstellerin.
Ärztin; auch Dozentin in Gorki, im 2. Weltkrieg Militärärztin, danach Korrespondentin der „Literaturnaja gaseta". Schrieb Romane nach den stilist. Prinzipien des sozialist. Realismus; ihr Hauptwerk, der Roman „Ernte" (dt. 1952), verherrlicht die Helden der Arbeit, der sozialist. Aufbau ist ihr Thema; auch Lyrikerin.

Nikolaos von Damaskos, griech. Schriftsteller des 1. Jh.s v. Chr.
Um 30 am Hofe von Antonius und Kleopatra, dann am Hofe des Herodes bis zu dessen Tod (4 v. Chr.). Von seiner für Herodes verfaßten Sammlung seltsamer Sitten sind Teile bei Stobaios überliefert. Auszüge aus seinem Hauptwerk, der 144 Bücher umfassenden Weltgeschichte von den Großreichen des Orients bis zu Herodes' Tod, haben die konstantin. Exzerpte bewahrt; bekannt sind außerdem eine Biographie über Augustus und eine Schrift über die Philosophie des Aristoteles.

Nikolaus von Jeroschin ['niːk..., 'nɪk...; 'jeːrɔʃiːn], preuß. Chronist der 1. Hälfte des 14. Jahrhunderts.
Deutschordensgeistlicher, der auf Veranlassung der Hochmeister Luder von Braunschweig und Dietrich von Altenburg die lat. Geschichte des Dt. Ordens von Peter von Dusburg („Chronicon terrae Prussiae", 1326) u. d. T. „Kronike von Prûzinlant" um 1340 ins Ostmitteldt. übertrug. Die Chronik stellt, lebendig geschrieben, Frömmigkeit und Humor vereinend, einen Höhepunkt der Deutschordensdichtung dar. N. v. J. schrieb auch die „Vita Sancti Adalberti" (um 1328, nach Johannes Canaparius), von der nur Teile erhalten sind.

Nikolaus von Wyle ['niːk..., 'nɪk...] ↑ Wyle, Niklas von.

Nilin, Pawel Filippowitsch; tl.: Nilin, Pavel Filippovič [russ. 'nilin], * Irkutsk 16. Jan. 1908, russ.-sowjet. Schriftsteller.
N., der im 2. Weltkrieg Berichterstatter war, schrieb außer Dramen und Drehbüchern v. a. psycholog. Romane und Erzählungen, in denen er in knappem, präzisem Stil auch nicht genehme Probleme des sowjet. Lebens darstellte.
Hauptwerk: Hart auf hart (R., dt. 1958, auch u. d. T. Ohne Erbarmen und Genosse Wenka).

Nilsen, Rudolf William [norweg. 'nilsən], * Kristiania (heute Oslo) 28. Febr. 1901, † Paris 23. April 1929, norweg. Lyriker.
Arbeiterdichter; seine realist. Schilderungen des Großstadtproletariats haben einen revolutionären Grundton. Von besonderer Bedeutung für seine Lyrik wurde eine Reise ans Mittelmeer.
Hauptwerke: På stengrunn (Ged., 1925), På gjensyn (Ged., 1926), Hverdagen (Ged., 1929).

Nilsson, Nils Fritiof [schwed. 'nilsɔn], Pseudonym F. Nilsson Piraten, * Vollsjö (Schonen) 4. Dez. 1895, schwed. Erzähler.
Rechtsanwalt; unübertroffener Schilderer schon. Milieus; überreiche Fabulierkunst und Kenntnis der südschwed. Mentalität kennzeichnen seine Erzählungen, in denen Komisches und Tragisches einander oft sehr nahe sind.
Hauptwerke: Bombi Bitt und ich (R., dt. 1939), Bock i örtagård (E., 1933), Småländsk tragedi (Novellen, 1936), Bokhandlaren, som slutade bada (R., 1937), Historier från Färs (Novellen, 1940), Vänner emellan (Novellen, 1955), Flickan med bibelspråken (Novellen, 1959).

Nimier [de la Perrière], Roger [frz. nimjedlapɛ'rjɛ:r], * Paris 31. Okt. 1925, † bei Paris 28. Sept. 1962 (Autounfall), frz. Schriftsteller.
Teilnahme am 2. Weltkrieg, danach Journalist und Chefredakteur, gefürchteter Kritiker. Wandte sich gegen bürgerl. Konvention und Konformismus: „Les épées" (R., 1949), „Der blaue Husar" (R., 1950; dt. 1960), „Le grand d'Espagne" (Essay, 1950), „Les enfants tristes" (R., 1951), „Amour et néant" (R., 1951), „Histoire d'un amour" (R., 1953).

Nin, Anaïs [engl. nɪn], * Paris 1914, amerikan. Schriftstellerin.
Tochter eines span. Komponisten und einer frz.-dän. Sängerin, in Amerika erzogen, Autodidaktin aus Protest gegen amerikan. Schulverhältnisse; arbeitete als Malermodell und Mannequin; lebte mit ihrem Mann bis 1940 in Europa; später oft auf Reisen, dann in New York. Schrieb traumhafte, als Chroniken des Unterbewußten gedeutete Romane und Erzählungen in esoter., bildreicher Prosa; behandelt u.a. als eines ihrer zentralen Themen das Inzestproblem; Einflüsse von Joyce und S. Freud; Anaïs N. gab dem mit ihr lange Zeit befreundeten Henry Miller Anregungen.
Hauptwerke: The house of incest (R., 1949), The four-chambered heart (R., 1950), A spy in the house of love (R., 1954).

Ninoschwili, Egnate Fomitsch; tl.: Ninošvili, Ėgnate Fomič [russ. ninaʃ'vili], eigtl. E. F. Ingorokwa; tl.: Ė. F. Ingorokva, * Tschirgweti (Georgien) 18. Dez. 1859, † ebd. 12. Mai 1894, georg. Schriftsteller.
War Setzer, dann Sekretär des Fürsten Gurieli, arbeitete später im Erdölgebiet von Batum; lungenkrank; erlag der Malaria. N., der erste proletar. Schriftsteller und polit. Publizist Georgiens, gilt als Vertreter des krit. Realismus in der georg. Literatur; wandte sich aggressiv gegen Klerus und Kapitalismus.
Hauptwerk: Dschanki Guriaschi (= Aufstand in Gurien, R., 1888f.).

Nisami ↑ Nesami.

Nisser, Peter [schwed. 'nisər], * Alster (Värmland) 7. Dez. 1919, schwed. Schriftsteller.
Leutnant; Studium u.a. in Uppsala. Verfasser naturalist. histor. Romane, von denen in Deutschland „Der rote Marder" (R., dt. 1958), „Geburt des Zorns" (R., dt. 1959) und „Die Schlacht" (R., dt. 1960) bekannt wurden.

Nithard, * 790, † 844, fränk. Geschichtsschreiber.
Enkel Karls des Großen; Abt von Saint-Riquier. Diplomat und Staatsmann im Dienst Ludwig des Frommen; überlieferte in seinem von Karl dem Kahlen angeregten Geschichtswerk, das die Kämpfe zwischen den Söhnen Ludwigs des Frommen (bis 843) beschreibt, den Text der „Straßburger Eide", deren Formeln er wahrscheinl. selbst abgefaßt hat.
Literatur: Ganshof, F. L.: *Note critique sur la biographie de N. In: Mélanges Paul Thomas. Recueil de mémoires concernant la philologie classique, dédié à P. Thomas. Brügge 1930.* – Meyer v. Knonau, G.: *Über N.s vier Bücher Geschichten. Der Bruderkrieg der Söhne Ludwigs des Frommen u. seine Geschichtsschreiber. Lpz. 1866.*

Nithart von Reuenthal ↑ Neidhart von Reuenthal.

Nivardus [niederl. ni:'vardʏs], genannt Magister von Gent, fläm. Dichter des 12. Jh.s aus Gent. Schrieb um 1152 in lat. Sprache das satir. Tierepos „De Isengrimo et Rainarde", einen Vorläufer des Werkes „Van den vos Reinarde".

Nivelle de La Chaussée, Pierre Claude [frz. nivɛldəlaʃo'se] ↑ La Chaussée, Pierre Claude Nivelle de.

Nizāmī ↑ Nesami.

Njegoš, Petar II. Petrović [serbokroat. 'njɛgɔʃ], * Njeguši 1. Nov. 1813, † Cetinje 31. Okt. 1851, serb. Dichter.
Aus hochgestellter montenegrin. Familie; vervollständigte seine von dem europ. orientierten Dichter S. Milutinović-Sarajlija vermittelte Bildung autodidakt., z.T. durch Studienreisen; erwarb sich als Fürstbischof (Wladika) von Montenegro (seit 1830) Verdienste um die polit. Stellung seines Landes. N. wurde anfangs v.a. vom Klassizismus, aber auch von der Volksdichtung beeinflußt; in seinem Hauptwerk „Der Bergkranz" (Epos, 1847; dt. 1886) stellte er den Befreiungskampf gegen die türk. Herrschaft dar; N. gehört zu den bedeutendsten Dichtern seines Landes.
Weitere Werke: Luča mikrokozma (= Die Fackel des Mikrokosmos, Epos, 1845), Lažni car Šćepan Mali (= Der falsche Kaiser Šćepan Mali, Dr., 1851).
Literatur: Djilas, M.: *N. od. Dichter zw. Staat u. Kirche. Dt. Übers. Wien 1968.*

Noailles, Anna [Élisabeth] de Brancovan, Gräfin Mathieu de [frz. nɔ'ɑ:j], * Paris 15. Nov. 1876, † ebd. 30. April 1933, frz. Dichterin.
Tochter des rumän. Prinzen Bibesco de Brancovan und einer Kreterin, frz. erzogen, heiratete 1897 Graf Mathieu de N. In ihren leidenschaftl., von dionys. Sinnenfreude und pantheist. Naturverehrung bestimmten Gedichten, die, v.a. in den späteren Werken, auch Schmerz und Trauer ausdrücken, ist sie die letzte Vollenderin romant. Lyrik; Anna de N. schrieb außerdem [z.T. unvollendete] Romane, Novellen und die Autobiographie „Le livre de ma vie" (1932).
Weitere Werke: Le cœur innombrable (Ged., 1901), Sehnsucht (Ged., dt. 1906), La nouvelle espérance (R., 1903), Le visage émerveillé (R., 1904), Les éblouissements (Ged., 1907), Die Unschuldigen (En., dt. 1926), L'honneur de souffrir (Ged., 1927).
Literatur: Perche, L.: *A. de N. Paris 1964.* – Cocteau, J.: *La Comtesse de N., oui et non. Paris 1963.*

Nobre, António [portugies. 'nɔbrə], * Porto 16. Aug. 1867, † ebd. 18. März 1900, portugies. Dichter.
Studierte Jura, ging dann nach Paris, wo er u.a. Verlaine begegnete; mußte wegen fortschreiten-

der Tuberkulose, die er auf ausgedehnten Reisen (auch in den USA) zu heilen suchte, auf die Diplomatenlaufbahn verzichten; außerordentl. sensibler, vom frz. Symbolismus und der Neuromantik Guerra Junqueiros beeinflußter Lyriker mit starker Ausstrahlung auf die zeitgenöss. portugies. Dichtung; sein Hauptwerk ist die Sammlung „Só" (Ged., 1892), postum erschienen noch „Despedidas" (Ged., 1902) und „Primeiros versos" (Ged., 1921).

Nodier, Charles [Emmanuel] [frz. nɔ'dje], * Besançon 29. April 1780, † Paris 27. Jan. 1844, frz. Schriftsteller.
Früh Bibliothekar in Besançon, später in Laibach und seit 1823 an der Arsenalbibliothek in Paris; wirkte als maßgebender Gründer des ersten romant. „Cénacle" (1823) bes. auf Hugo, Sainte-Beuve, Vigny, Lamartine und Musset; 1833 Mitglied der Académie française; eine der bedeutendsten Gestalten aus den Anfängen der frz. Romantik, Vorläufer Nervals und des Surrealismus, wies mit „Les pensées de Shakespeare, extraites de ses œuvres" (1801) auf Shakespeare hin, schrieb den wertherischen Roman „Le peintre de Salzbourg ou journal des émotions d'un cœur souffrant" (1803) sowie eine Reihe romant.-phantast. Novellen, u.a. „Hans Sbogar" (1818, dt. 1914), „Smarra" (1821), „Trilby ou le lutrin d'Argail" (1822), „Die Krümchen-Fee" (dt. 1835), „Histoire du chien de Brisquet" (1844), außerdem Erinnerungen und Essays.
Literatur: Oliver, A. R.: *Ch. N., pilot of romanticism. Syracuse (N. Y.) 1964.* – Maixner, R.: *Ch. N. et l'Illyrie. Neuausg. Paris 1960.*

Noël, Marie [frz. nɔ'ɛl], eigtl. M. Rouget, * Auxerre 16. Febr. 1883, † ebd. 23. Dez. 1967, frz. Lyrikerin.
Schrieb v.a. christl. inspirierte Gedichte in klass. Form, auch Erzählungen und auf Anraten von Abbé Mugnier seit 1920 das Tagebuch „Notes intimes" (1959).
Weitere Werke: Les chansons et les heures (Ged., 1920), Les chants de la merci (Ged., 1930), Le rosaire des joies (Ged., 1930), Contes (En., 1942), Chants et psaumes d'automne (Ged., 1947), Le jugement de Don Juan (Dr., 1955).

Noir, Jean [frz. nwa:r] ↑ Cassou, Jean.

Noll, Dieter, * Riesa 31. Dez. 1927, dt. Schriftsteller.
Soldat, amerikan. Kriegsgefangenschaft, 1946 KPD-Mitglied, Studium der Germanistik, Kunstgeschichte und Philosophie in Jena, Redakteur, dann freier Schriftsteller in Berlin (Ost); schrieb nach unterhaltsamen Reportagen den bisher in 2 Bänden vorliegenden autobiograph. bestimmten Roman „Die Abenteuer des Werner Holt" („Roman einer Jugend", 1960; „Roman einer Heimkehr", 1963), der das Kriegs- und Nachkriegserlebnis seiner Generation zum Thema hat.
Weitere Werke: Neues vom lieben närrischen Nest (Reportage, 1952), Die Dame Perlon u. a. Reportagen (1953), Mutter der Tauben (E., 1955).

Nonnenmann, Klaus, * Pforzheim 9. Aug. 1922, dt. Schriftsteller.
Soldat, Kriegsgefangenschaft, Philologiestudium, freier Schriftsteller; bekannt durch seinen melanchol. Kurzroman „Die sieben Briefe des Doktor Wambach" (1959), dem er den humorvollen, sozialkrit. Erzählungsband „Vertraulicher Geschäftsbericht" (1961) und den Roman „Teddy Flesh oder Die Belagerung von Sagunt" (1964) folgen ließ.

Nonnos, griech. Dichter des 5. Jh.s aus Panopolis (Ägypten).
Schildert in seinem großangelegten, mit äußerster Feinheit gebauten Epos „Dionysiaka" in 48 Büchern die Geschichte des Gottes Dionysos, bes. den Zug nach Indien; N. gilt außerdem als Verfasser einer Versparaphrase des Johannesevangeliums.
Ausgaben: Nonni Panopolitani Dionysiaca. Hg. v. R. Keydell. *Bln. 1959. 2 Bde.* – *N. Dionysiaka. Dt. Übers. Bearb. v.* Th. v. Scheffer. *Bremen* ²*1955.*
Literatur: Simon, E.: *N. u. das Elfenbeinkästchen Veroli. In: Jb. des Dt. Archäolog. Inst. 79 (1964), 279.* – Braune, J.: *N. u. Ovid. Diss. Greifswald 1935.* – Wifstrand, A.: *Von Kallimachos zu N. Lund 1933.*

Noot, Jonker Jan van der [niederl. no:t], * Brecht bei Antwerpen um 1539, † Antwerpen um 1595, niederl. Dichter.
Patrizier, hoher Beamter, mußte als Teilnehmer an der Geusenbewegung nach England fliehen, ging dann ins Rheinland, kehrte 1578 nach Antwerpen zurück. Erster niederl. Renaissancedichter von Bedeutung, beeinflußt von den frz. Dichtern der Zeit (bes. Ronsard) und Petrarca, von denen er das roman. Versmaß übernahm. N. schrieb Oden, Sonette; seine Sammlung „Het bosken" (1570?) enthält religiöse, Liebes- und Preisgedichte.
Weitere Werke: Het theatre oft tonneel (1568), Olympiados (Epos, 1579).

Nora, Eugenio de [span. 'nora], * Zacos (León) 13. Nov. 1924, span. Dichter.
Lektor an der Universität Bern; Lyriker unter dem Einfluß der älteren span. Modernisten, veröffentlichte die Gedichtbände „Cantos al destino" (1945), „Amor prometido" (1946), „Contemplación del tiempo" (1948), „Siempre" (1953), „España, pasión de vida" (1954) und Untersuchungen über den span. Gegenwartsroman.

Nordal, Sigurður [isländ. 'nɔrdal], * Eyjólfsstaðir (Húnavatnssýsla) 14. Sept. 1886, isländ. Literarhistoriker und Schriftsteller.
Wurde 1918 Professor der isländ. Literatur und Sprache an der Universität Reykjavík. N.s Einfluß erstreckt sich auf viele Gebiete des kulturellen Lebens. Von besonderer Bedeutung sind seine Beiträge zur Kenntnis der altisländ. Literatur, die zur Entstehung der isländ. Neuromantik beitrugen; N. war auch als Verfasser stilsicherer Novellen und Dramen erfolgreich.
Hauptwerke: Om Olaf den helliges saga (Abhandlung, 1914), Fórnar ástir (En. und Fragmente, 1919), Hel (Ged., 1919), Snorri Sturluson (Abhandlung, 1920), Völuspá (Abhandlung, 1923), Islenzk menning (Abhandlung, 1942), Skottið á skugganum (Ged., 1950).

Nordau, Max, eigtl. M. Simon Südfeld, * Budapest 29. Juli 1849, † Paris 22. Jan. 1923, Schriftsteller.
War Arzt in Österreich, übersiedelte 1880 nach Paris. N. war mit Th. Herzl einer der Begründer des Zionismus. Er verfaßte kultur- und zeitkrit. Studien auf rationalist.-materialist. Basis, Reiseschilderungen, Dramen und wenig beachtete Romane.

Hauptwerke: Aus dem wahren Milliardenlande (Studie, 1878), Vom Kreml zur Alhambra (Studie, 1880), Der Krieg der Millionen (Trag., 1881), Die Krankheit des Jh.s (R., 1888), Entartung (R., 1892 f.), Das Recht zu lieben (Dr., 1894), Doktor Kohn (Trag., 1898).

Nordenflycht, Hedvig Charlotta [schwed. ˌnu:rdənflykt], * Stockholm 28. Nov. 1718, † bei Stockholm 29. Juni 1763, schwed. Dichterin.
Aus bürgerl. Familie, trieb literar. und philosoph. Studien, lebte meist in Stockholm, wo sie Mittelpunkt ihres literar. Salons war; befreundet mit Creutz und Gyllenborg, die sie mit der frz. Literatur bekannt machten, beeinflußt v. a. von Rousseau. Hedvig N. vertrat die Ideen und Ideale der Aufklärung, von bleibender Bedeutung ist jedoch nur ihre ichbezogene Lyrik, in der sie aufrichtig, aus reichem Gefühlsleben schöpfend, ihre Liebe zu ihrem nach kurzer Ehe verstorbenen Mann und eine spätere unerfüllte Liebe besingt.
Hauptwerke: Den sörjande turturduvan (Ged., 1743), Kvinnligt tankespel av en Herdinna i Norden (Ged., 1744–50), Det frälsta Svea (Ged., 1746), Fruntimrets försvar (Ged., 1761).

Nordhoff, Charles Bernard [engl. ˈnɔ:dhɔf], * London 1. Febr. 1887, † 11. April 1947, amerikan. Schriftsteller dt. Herkunft.
Teilnehmer am 1. Weltkrieg; verfaßte, meist zusammen mit J. N. Hall, See- und Abenteuerromane.

Nordström, Clara Elisabeth [schwed. ˌnu:rdstrœm], * Karlskrona 18. Jan. 1886, † Mindelheim (Bayern) 7. Febr. 1962, schwed.-dt. Schriftstellerin.
Ging 1903 nach Deutschland und heiratete später dort den Schriftsteller S. von Vegesack. Ihre Romane schildern schwed. Milieu.
Hauptwerke: Tomtelilla (R., 1923), Kajsa Lejondahl (R., 1935), Frau Kajsa (R., 1935), Roger Björn (R., 1935), Lillemor (R., 1936), Der Ruf der Heimat (R., 1938).

Nordström, Ludvig [schwed. ˌnu:rdstrœm], * Härnösand 25. Febr. 1882, † Stockholm 15. April 1942, schwed. Schriftsteller.
Studierte Philosophie und Literatur, wurde Journalist, seit 1908 freier Schriftsteller, der weite Reisen unternahm; in 1. Ehe ⚭ mit der Schriftstellerin M. Stiernstedt. Schrieb neben ausgezeichneten Reiseberichten lebendige, kraftvolle, oft drast. Erzählungen, die voller Optimismus sind. Meisterhaft sind seine Novellen, während seine Romane aus seiner nordschwed. Heimat um das Problem der Industrialisierung dagegen abfallen. In ihnen wie auch in theoret. Schriften setzt N. sich für den von ihm [im Anschluß an H. G. Wells] entwickelten „Totalismus" ein, eine Weltvereinigung in Frieden und Glück, bedingt durch die vereinende Kraft des techn. Fortschritts.
Hauptwerke: Fiskare (Novellen, 1907), Bürger (Novellen, dt. 1912), Landsorts-bohème (R., 1911), Tomas Lack (Nov., 1912), Öbacka-bor (Novellen, 1921), Petter Svensks historia (R., 1923–27), På hemväg till Öbacka (Novellen, 1934), Planeten Markattan (R., 1937).

Normann, Regine [norweg. ˈnu:rman], * Bø (Vesterålinseln) 29. Juli 1867, † Harstad 14. Aug. 1939, norweg. Schriftstellerin.
Ihre Werke zeichnen realist. das ihr von Kindheit an vertraute N-Norwegen als Landschaft und als an folklorist. Überlieferungen reiches Gebiet. Aus ihren Erfahrungen als Lehrerin schöpfte Regine N. in Romanen, die das Kind zum Mittelpunkt haben.
Hauptwerke: Die Krabbenbucht (E., 1905; dt. 1925), Stængt (E., 1908), Barnets tjenere (E., 1910), Faafængt (E., 1911), Dengang (E., 1912), Eiler Hundevart (E., 1913), Min hvite gut (E., 1922), Eventyr (Märchen, 1925).

Norris, Frank [engl. ˈnɔrɪs], eigtl. Benjamin Franklin N., * Chicago 5. März 1870, † San Francisco 25. Okt. 1902, amerikan. Schriftsteller.
Besuchte nach Kunststudien in Paris die Universitäten von Kalifornien (Berkeley) und Harvard; als Zeitungskorrespondent in Südafrika wurde er von Buren gefangen und ausgewiesen, 1898 war er Kriegsberichterstatter in Kuba. Nach romant. Anfängen wandte sich N. unter dem Einfluß Zolas dem Naturalismus zu, dessen Wegbereiter in Amerika er war. N. schildert in seinen Hauptwerken den erbarmungslosen und verzweifelten Kampf der Menschen gegen die dämon. Einflüsse von Maschine und Technik. Die Trilogie „Das Epos des Weizens" wurde nicht vollendet; die beiden erschienenen Bände wurden 1907 und 1912 ins Dt. übersetzt (1939 u. d. T. „Die goldene Fracht" bzw. 1935 „Kampf um Millionen").
Weiteres Werk: Gier nach Gold (R., 1899; dt. 1937, 1965 u. d. T. Heilloses Gold).
Ausgabe: F. N. The complete works. Garden City (N. Y.) 1928. 10 Bde.
Literatur: Pizer, D.: *The novels of F. N. Bloomington (Ind.) 1966.* – Walker, F.: *F. N. A biography. New York 1932. Neudr. ³1963.*

North, Sir Thomas [engl. nɔ:θ], * London 28. Mai 1535, † 1603 oder wenig später, engl. Übersetzer.
Studierte wahrscheinl. in Cambridge, kam 1557 an die jurist. Ausbildungsstätte Lincoln's Inn in London, widmete sich jedoch vorzugsweise der Literatur; erfolgreiche militär. und öffentl. Laufbahn. Sein Hauptwerk „Plutarch's lives" (1579), die Übersetzung der Biographien Plutarchs aus dem Frz. nach der Vorlage von J. Amyot, ist ein Meisterwerk früher engl. Prosa; geschrieben in vollendetem idiomat. Englisch; es wurde zu einer wichtigen Quelle für Shakespeares Dramen nach antiken Stoffen.

Norton, Thomas [engl. nɔ:tn], * London 1532, † Sharpenhoe 10. März 1584 (1583?), engl. Dramatiker und Lyriker.
Von Beruf Jurist; Parlamentsmitglied; vielseitig literar. tätig. Schrieb in Zusammenarbeit mit Th. Sackville „Gorboduc" (1565), die erste engl. Tragödie; Vorbild war das didakt. Drama Senecas; er schuf ferner eine Calvin-Übersetzung; von N.s Lyrik ist nichts erhalten.

Norway, Nevil Shute [engl. ˈnɔ:wɛɪ] ↑ Shute, Nevil.

Norwid, Cyprian Kamil [poln. ˈnɔrvit], * Laskowo Głuchy bei Warschau 24. Sept. 1821, † Paris 23. Mai 1883, poln. Dichter.
Nach dem Besuch des Gymnasiums und der Malerschule in Warschau ging er 1842 aus Studiengründen nach Florenz; 1848 übersiedelte er nach Paris, wo er Słowacki und Chopin kennenlernte; von einem zweijährigen Aufenthalt in den USA kehrte er enttäuscht zurück; zu Lebzeiten verkannt, starb er einsam in einem Pariser Armenhaus. N., der unter den Romantikern eine Sonderstellung einnimmt, gilt mit seiner formal eigen-

willigen Gedankenlyrik, seinen Dramen und ästhet. Schriften als Vorläufer des Symbolismus, der spät zu bed. Einfluß kam. Auch Übersetzer (Horaz u.a.). In dt. Übersetzung erschien 1907 eine Auswahl seiner Werke.

Nossack, Hans Erich, * Hamburg 30. Jan. 1901, dt. Schriftsteller.

Sohn eines Kaufmanns, studierte einige Semester Philologie und Jura; wurde Fabrikarbeiter, kaufmänn. Angestellter, Journalist und trat 1933 in die Firma seines Vaters ein; erst nach dem 2. Weltkrieg veröffentlichte N. größere literar. Werke. 1967 Gastdozent für Poetik an der Universität Frankfurt am Main. N. gestaltet in seiner surrealist.-existentialist., sprachl. beherrschten, kühlen Prosa (Romane, Erzählungen), in seinen Dramen und Gedichten die fragwürdige Situation des heutigen Menschen, seine innere Einsamkeit und Gespaltenheit, seine allgemeine Beziehungslosigkeit; auch Essays und Übersetzungen.

Hauptwerke: Gedichte (1947), Nekyia (E., 1947), Der Neugierige (E., 1955), Spätestens im November (R., 1955), Die Hauptprobe (Dr., 1956), Spirale (R., 1956, z.T. veröffentlicht u.d.T. Unmögl. Beweisaufnahme, 1959), Der jüngere Bruder (R., 1958), Nach dem letzten Aufstand (R., 1961), Ein Sonderfall (Schsp., 1963), Das kennt man (R., 1964), Der Fall d'Arthez (R., 1968), Dem unbekannten Sieger (R., 1969).

Literatur: Schmid, Christof: *Monologische Kunst. Unterss. zum Werk v. H. E. N. Stuttg. u.a. 1968.* – Puppe, H. W.: *H. E. N. u. der Nihilismus. In: German Quarterly 37 (1964), 1.* – Friedrich, G.: *Mensch u. Wirklichkeit im Werke H. E. N.s. In: Der Deutschunterricht 15 (1963), H. 3, S. 48.*

Nota, Alberto [italien. 'nɔ:ta], * Turin 15. Nov. 1775, † ebd. 17. April 1847, italien. Dramatiker.

Studierte Jura, wurde Beamter und stand später im Dienst des Prinzen von Savoyen, mußte die Stellung wegen seiner angebl. liberalen Haltung jedoch aufgeben; einer der zu seiner Zeit erfolgreichsten Komödienautoren in der Nachfolge Goldonis, schrieb u.a. „Il nuovo ricco" (Kom., 1809), „L'ammalato per immaginazione" (Kom., 1813), „La pace domestica" (Kom., 1819), „La fiera" (Kom., 1826; sein bestes Werk).

Notker Balbulus [= N. der Stammler], sel., * Jonschwil (Sankt Gallen) um 840, † Sankt Gallen 6. April 912, Benediktiner und mlat. Dichter.

Stammte aus hochadligem Geschlecht, war Mönch, Lehrer und Bibliothekar in Sankt Gallen; zählt zu den bedeutendsten Dichtern und Gelehrten seiner Zeit; seine lat. Dichtung, v.a. seine Sequenzen (z.T. mit eigenen Melodien), hatten großen Einfluß auf die Sequenzendichtung und die mittelalterl. dt. Dichtung; N. B. verfaßte auch die „Gesta Karoli Magni" (Anekdotenerzählungen über Karl den Großen).

Literatur: Siegrist, Th.: *Herrscherbild u. Weltsicht bei N. B. Unterss. zu den Gesta Karoli. Zürich 1963.* – Steinen, W. v. den: *N., der Dichter u. seine geistige Welt. Bern 1948. Darstellungsbd., Editionsbd.* – Werner, J.: *N.s Sequenzen. Aarau 1901.*

Notker Labeo [= N. der Großlippige] (Notker Teutonicus, Notker der Deutsche), * um 950, † Sankt Gallen 29. Juni 1022, Benediktiner und frühscholast. Theologe.

Mönch und Schulleiter in Sankt Gallen; hervorragender Gelehrter; seine kommentierten Übersetzungen lat. Schultexte, u.a. von Boethius, Martianus Capella und Aristoteles, in denen er – dem Grundtext in voller Freiheit gegenüberstehend – eine philosoph. und theolog. Terminologie in ahd. Sprache schuf, sind für die Entwicklung der dt. Sprache von Bedeutung.

Ausgaben: N.s des Deutschen Werke. Hg. v. E. H. Sehrt *u.* T. Starck. *Halle* $^{1-2}$*1952–66. 3 Bde. in 7 Tlen. – Schrr. N.s u. seiner Schule. Hg. v.* P. Piper. *Freib. 1883. 3 Bde.*

Literatur: Jaehrling, J.: *Die philosoph. Terminologie N.s des Deutschen in seiner Übers. der Aristotelischen „Kategorien". Bln. 1969.* – Sehrt, E. H.: *N.-Glossar. Ein ahd.-lat.-nhd. Wörterb. zu N.s des Deutschen Schrr. Tüb. 1962.* – Schröbler, I.: *Notker III. v. St. Gallen als Übersetzer u. Kommentator v. Boethius' „De consolatione philosophiae". Tüb. 1953.* – Dolch, A. K.: *N.-Studien. New York 1950–53. 3 in 2 Teilen.*

Nourissier, François [frz. nuri'sje], * Paris 18. Mai 1927, frz. Schriftsteller.

Seit 1958 literar. Berater beim Verlag Grasset, Kritiker bei der Zeitschrift „Les Nouvelles Littéraires" und Mitarbeiter vieler anderer Zeitschriften; erhielt für seine Chronik „Une histoire française" (1966) den Grand prix du roman de l'Académie française.

Weitere Werke: L'eau grise (R., 1951), Les orphelins d'Auteuil (R., 1956), Les chiens à fouetter (Essay, 1956), Le corps de Diane (R., 1957), Bleu comme la nuit (Chronik, 1958), Der Hausherr (R., dt. 1969), Die Franzosen (dt. 1969).

Nouveau, Germain Marie Bernard [frz. nu'vo], * Pourrières (Var) 31. Juli 1851, † ebd. 4. April 1920, frz. Dichter.

Wollte zunächst Priester werden; ging nach Paris, schloß sich der Boheme an, befreundete sich u.a. mit Verlaine und Rimbaud und fand schließl. zu einem myst.-asket. Katholizismus; zuletzt Wanderleben in verschiedenen Ländern und Einsiedlerdasein in seiner Heimat; zeitweilig in der Irrenanstalt Bicêtre. Seine religiös inspirierten symbolist. Gedichte, anfangs unter dem Einfluß Rimbauds, später stark abhängig von Verlaine, illustrierte er selbst.

Hauptwerke: Poèmes d'Humilis (Ged., 1910), Valentines et autres vers (Ged., hg. 1922), Le calepin du mendiant (Ged., hg. 1949).

Literatur: G. N. Études. Hg. v. M. A. Ruff. *Genf 1967.*

Novak, Vjenceslav [serbokroat. 'nɔvak], * Zengg 11. Sept. 1859, † Agram 20. Sept. 1905, kroat. Schriftsteller.

Zunächst Volksschullehrer, nach Abschluß seines Musikstudiums in Prag Musiklehrer an der Lehrerbildungsanstalt in Agram. N.s Romane und Novellen, die zu den besten Werken des kroat. Realismus gehören, haben meist sozialkrit. Tendenz; N. stellt v.a. die Probleme der Bauern dar.

Novák, Karel [tschech. 'nɔva:k] ↑ Nový, Karel.

Nováková, Tereza [tschech. 'nɔva:kɔva:], geb. Lanhausová, * Prag 31. Juli 1853, † ebd. 13. Nov. 1912, tschech. Schriftstellerin.

Vertrat, von Karolina Světlás Beispiel angeregt, die Frauenemanzipation, die sie als Herausgeberin der Zeitschrift „Ženský svět" forderte. Stellte in Romanen und Erzählungen Landschaft und

Volkstum O-Böhmens dar, bes. das Leben der religiösen Sektierer und der polit.-sozialen Kämpfer; schrieb ferner volkskundl. Werke, Reisebeschreibungen, Märchen- und Kinderbücher.

Novalis [no'va:lɪs], eigtl. Friedrich Leopold Freiherr von Hardenberg, * Oberwiederstedt (heute Wiederstedt-Oberwiederstedt bei Hettstedt) 2. Mai 1772, † Weißenfels 25. März 1801, dt. Dichter. Aus altem Adelsgeschlecht, pietist. Mutter; Studium in Jena, Leipzig und Wittenberg, u.a. bei Fichte, Schiller, F. Schlegel; befreundet mit Schiller, den Schlegels und Tieck. Entscheidend beeinflußt durch den dt. Idealismus, Lavater und Herder; nach tiefer Erschütterung durch den Tod seiner Verlobten Sophie von Kühn Wendung zur Mystik, Entdeckung J. Böhmes. Besuch der Bergakademie Freiberg, 1799 Salinenassessor; Ernennung zum Berghauptmann; lungenkrank. In wenigen Jahren drängt sich das Schaffen des bedeutendsten Frühromantikers, eines universalen Geistes, zusammen. Sein Werk ist Inbegriff der Romantik. N. erstrebte eine „progressive Universalpoesie", er bevorzugte typ. romant. Gattungen. Wie die „Geistl. Lieder" (1802), von denen einige ins ev. Gesangbuch eingegangen sind (u.a. „Wenn ich ihn nur habe"), sind auch die „Hymnen an die Nacht" (1800) ein Zyklus, bestehend aus 6 sich steigernden Gedichten, in denen der Eros ins Myth.-Religiöse erhöht, die Nacht als Reich der Poesie verherrlicht und subjektive Todesüberwindung mit der Auferstehung Christi in Parallele gesetzt wird. Die von Schleiermacher beeinflußte Schrift „Die Christenheit oder Europa" (entstanden 1799, gedruckt 1826) entwirft das Bild eines geeinten christl. Europa, vorgeprägt durch den mittelalterl.-christl. Universalismus. Seine aphorist. „Fragmente" (ein Teil u.d.T. „Blütenstaub" 1798 in der Zeitschrift „Athenäum" gedruckt) sind Zeugnis von N.' „mag. Idealismus", der im Ggs. zu Fichte das Ich nicht als Vernunft, sondern als Gemüt versteht, in dem Endlichkeit und Unendlichkeit als Einheit gefaßt werden, und zwar in absoluter Poetisierung der Welt. Auch das lebendige Verständnis der Natur ist nur möglich in der Poesie (Romanfragment „Die Lehrlinge von Sais", 1802). Nur der Dichter, dessen Werden im Roman „Heinrich von Ofterdingen" (1802) dargestellt wird, ist fähig, das Universum in stufenweiser Erkenntnis zu durchdringen. Er gewinnt die „blaue Blume", das Symbol der Romantik. „Heinrich von Ofterdingen", N.' Hauptwerk, steht als romant. Gegenstück neben „Wilhelm Meister", dem Bildungsroman der Klassik.

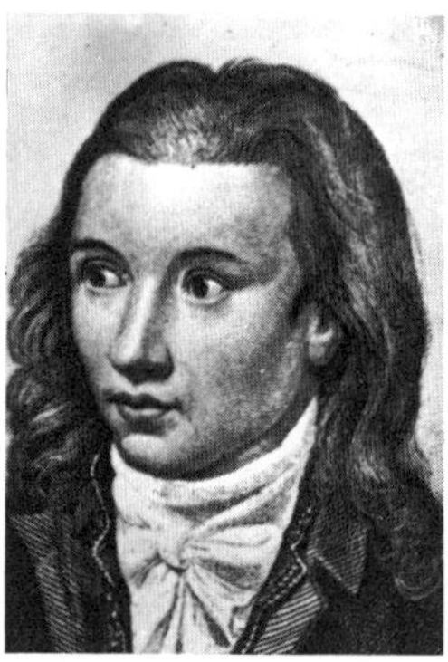
Novalis (Stich von E. Eichens, 1845)

Ausgaben: N. Werke, Briefe, Dokumente. Hg. v. E. Wasmuth. *Hdbg. 1953–57. 4 Bde. – N. Ges. Werke. Hg. v.* C. Seelig. *Herrliberg (Zürich) 1945–46. 5 Bde. – N. Schrr. Hg. v.* P. Kluckhohn *u.a. Lpz. 1929. 4 Bde. Stuttg. ²1960 ff. Auf 4 Bde., Begleitbd. berechnet. – N. Schrr. Hg. v.* J. Minor. *Jena ⁸1923. 4 Bde.*

Literatur: Mähl, H.-J.: *N. u. Goethe. Hdbg. 1970.* – Dick, M.: *Die Entwicklung des Begriffes der Poesie in den Fragmenten des N. Bonn 1967.* – Ritter, W.: *Der unbekannte N. Friedrich v. Hardenberg im Spiegel seiner Dichtung. Gött. 1966.* – Haering, Th.: *N. als Philosoph. Stuttg. 1954.* – Beheim-Schwarzbach, M.: *N., Friedrich v. Hardenberg. Düsseld. ³1953.* – Müller-Seidel, W.: *Probleme neuer N.-Forsch. In: German.-Roman. Mschr. 34, N. F. 3 (1953), 274.* – Rehm, W.: *Orpheus. Der Dichter u. die Toten. Selbstdeutung u. Totenkult bei N., Hölderlin u. Rilke. Düsseld. 1950.* – Lichtenberger, H.: *N. Paris 1912.* – Heilborn, E.: *N., der Romantiker. Bln. 1901.* – † auch Schlegel, Friedrich.

Novaro, Angiolo Silvio [italien. no'va:ro], * Diano Marina (Imperia) 12. Nov. 1866, † Imperia 10. März 1938, italien. Dichter.
War zunächst Maler, bevor er sich der Literatur zuwandte; lebte fast ausschließl. in Imperia; Mitglied der Accademia reale d'Italia; vorwiegend Lyriker, schrieb sensible Gedichte (darunter berühmte Kindergedichte: „Il cestello", 1910), Novellen und Romane, ferner lyr. Prosa in harmon. Sprache, u.a. „Il fabbro armonioso" (1919), Ausdruck der Trauer um seinen im 1. Weltkrieg gefallenen Sohn, und „Dio è qui" (1927).
Weitere Werke: Sul mare (En., 1889), Giovanni Ruta (R., 1891), La casa del Signore (Ged., 1905), La fisarmonica (Novellen, 1924).

Novás Calvo, Lino [span. no'βas 'kalβo], * Granas del Sor (Galicien) 1905, span.-kuban. Schriftsteller.
Kämpfte als Republikaner im Span. Bürgerkrieg; Verfasser bed., von Faulkner beeinflußter Romane und Erzählungen, vielfach aus der Zeit des Span. Bürgerkriegs.
Hauptwerke: El negrero (R., 1933), Un experimento en el barrio chino (R., 1936), La luna nona y otros cuentos (En., 1942), No sé quién soy (R., 1945), En los traspatios (R., 1946), El otro cajo (R., 1959).

Novellino, Il [italien. il novel'li:no] (Le cento novelle antiche), Sammlung altitalien. Novellen aus dem 13. Jh., in zwei Fassungen überliefert, von denen eine 100, die andere 156 Novellen enthält; der [florentin.] Verfasser des 1525 erstmalig gedruckten Buches ist unbekannt; die oft nur sehr kurz gefaßten Erzählungen sind reich an drast. Zügen realist. Lebensbeobachtung; das Buch diente vielen Novellisten und Komödiendichtern der Renaissance als Quelle.

Novikov † Nowikow.

Novomeský, Laco [slowak. 'nɔvɔmɛski:], * Budapest 27. Dez. 1904, slowak. Schriftsteller.
Lehrer, Redakteur; schrieb zunächst symbolist. Gedichte, wandte sich dann der „proletar. Dichtung" zu, kehrte später jedoch zur reinen Lyrik zurück.

Nový, Karel [tschech. 'nɔviː], eigtl. K. Novák, * Beneschau bei Prag 8. Dez. 1890, tschech. Schriftsteller und Journalist.
Schrieb außer histor. Dramen und Jugendbüchern v.a. soziale Romane mit realist. Darstellung, bes. aus dem Milieu der Arbeiterklasse; einige seiner Werke wurden dramatisiert und verfilmt.

Nowaczyński, Adolf [poln. nɔva'tʃiɨ̯ski], Pseudonyme Neuwert, Przyjaciel, * Podgórze bei Krakau 9. Jan. 1876, † Warschau 1944, poln. Schriftsteller.
Verfeindete sich durch antibürgerl. Satiren mit seiner adeligen, kath. Familie, bes. mit seinem konservativen Vater; ideolog. anpassungsfähiger Satiriker von scharfer Aggressivität; stand dem „Jungen Polen" nahe; zunehmende, zuletzt ausgeprägte Neigung zu einem Konservativismus nationaler Prägung; N.s kulturhistor. genauen Dramen sind eher zur Lektüre als zur Aufführung geeignet.
Hauptwerke: Der Affenspiegel (Satire, dt. 1903), Poln. Eulenspiegeleien (Satire, dt. 1962).

Nowak, Josef, * Stuttgart 14. Nov. 1901, dt. Journalist und Dramatiker.
Studierte Sanskrit, vergleichende Sprachwissenschaft und Germanistik. N. verfaßte Schauspiele, Komödien und Erlebnisberichte.
Hauptwerke: Eine Frau und drei Mädchen (Schsp., 1941), Spuren im Schnee (Kom., 1942), Felix der Unglückliche (Kom., 1946), Johanna in Rouen (Schsp., 1947), Nacht an der Newa (Schsp., 1950).

Nowakowski, Tadeusz [poln. nɔva'kɔfski], * Allenstein 8. Nov. 1918, poln. Schriftsteller.
Studierte in Warschau Polonistik; im 2. Weltkrieg in mehreren Konzentrationslagern; seit 1947 in London, USA und Deutschland, gehört zur „Gruppe 47"; schrieb v.a. Romane, oft mit histor. Anspielungen, in poln., niederl., engl. und dt. Sprache. Dt. liegen vor: „Polonaise Allerheiligen" (R., dt. 1960), „Picknick der Freiheit" (E., dt. 1962), „Drei goldene Trompeten" (dt. 1966), „Die Radziwills" (R., dt. 1966).

Nowikow, Iwan Alexejewitsch; tl.: Novikov, Ivan Alekseevič [russ. 'nɔvikɐf], * Ilkowo (Gouv. Orel) 13. Jan. 1877, † Moskau 10. Jan. 1959, russ.-sowjet. Schriftsteller.
Sohn eines Gutsbesitzers; konnte sich trotz der sowjet. Kritik an den „antirealist." Einflüssen seines vorrevolutionären Werks nach der Revolution behaupten. Schrieb, zunächst in der Tradition Turgenjews stehend und in manchem Bunin verwandt, Romane, Novellen und Gedichte, die von der Sowjetkritik der Gutsbesitzer- und Adelsliteratur zugerechnet wurden; wurde v.a. durch die biograph. Romane um Puschkin bekannt, die 1953 zusammengefaßt u.d.T. „Puschkin w isgnanii" (= Puschkin in der Verbannung) erschienen; N. verfaßte auch Bühnenwerke und übersetzte das altruss. „Igorlied".

Nowikow-Priboi, Alexei Silytsch; tl.: Novikov-Priboj, Aleksej Silyč [russ. 'nɔvikɐfpri'bɔj], Pseudonym A. Satjorty; tl.: A. Zatertyj, * Matwejewskoje (Gouv. Tambow) 24. März 1877, † Moskau 29. April 1944, russ.-sowjet. Schriftsteller.
Sohn eines Bauern; diente 1899–1906 als Matrose, wurde nach seiner Verhaftung wegen revolutionärer Umtriebe (1903) zur Pazifikflotte versetzt; erlebte die Seeschlacht von Tsuschima, die er in dem Roman „Tsushima" (1932 ff., dt. 1954) darstellte; nach der Revolution vielgelesener Autor von Seeromanen, einer Gattung, die er in die russ. Literatur einführte.
Weitere Werke: Zwei Seegeschichten (dt. 1952), Die salzige Taufe (E., 1929; dt. 1962).

Noyes, Alfred [engl. nɔɪz], * Wolverhampton (Stafford) 16. Sept. 1880, † Ryde (Wight) 28. Juni 1958, engl. Schriftsteller.
Studierte in Oxford und war anschließend als freier Schriftsteller, zeitweilig als Dozent für engl. Literatur in den USA tätig; konvertierte 1930 zum Katholizismus. Begann mit Dichtungen, die in der Nachfolge Tennysons stehen; zum Besten seines Werks gehören volkstüml. Balladen und Gedichte von großem sprachmelod. Reiz, die oft Motive aus einer Phantasiewelt gestalten; N. schrieb auch Dramen und Essays.
Hauptwerke: The torchbearers (Epos, 1922 ff.), Robin Hood (Dr., 1926), Collected poems (1950).

Nüchtern, Hans, * Wien 25. Dez. 1896, † ebd. 9. Jan. 1962, östr. Schriftsteller.
Studierte in Wien und Lund (Dr. phil.), war Verlagssekretär, Redakteur, Dramaturg und Professor in Wien, seit 1946 Leiter der literar. Abteilung des östr. Rundfunks. Schrieb Gedichte, Versepen, lyr. Zyklen, Romane, dramat. Novellen, Hörspiele und war auch Übersetzer. Nach neuromant. Anfängen fand er über expressionist. Formen zu einer beseelten, realist. Darstellung mit sicherer, anschaul. Charakterisierung.
Hauptwerke: Der Haß gegen die Stadt (R., 1931), Gesang vom See (Ged., 1932), Nur ein Schauspieler (Nov., 1935), Die Apostel (Ged.-Zyklus, 1946), Passion der Stille (Ged., 1946), Verwirrung um Inge (Nov., 1947), Die ewige Melodie (R., 1947), Das Herz des Hidalgo (R., 1947), Das Wunder von Mundisheim (R., 1952).

Nugelli, Carlo [italien. nu'dʒɛlli] ↑ Bersezio, Vittorio.

Numeri ↑ Bibel.

Núñez de Arce, Gaspar [span. 'nuɲɛð ðe 'arθe], * Valladolid 4. Aug. 1834, † Madrid 9. Juni 1903, span. Dichter und Politiker.
Studierte in Toledo und Madrid, nahm als Korrespondent am Afrikafeldzug teil, war Abgeordneter der Cortes, 1882 Kolonialminister; obwohl er in seinen polit.-sozialen Gedichten, die unter dem lebendigen Eindruck der Wirren des Zeitgeschehens entstanden, als Gegner des Absolutismus die Freiheit besingt, ist seine Dichtung, bes. die Lyrik, von Pessimismus und Zweifel bestimmt; bekannt ist sein Drama „El haz de leña" (1872), eine Neubearbeitung des Don-Carlos-Stoffes.
Weitere Werke: Gritos del combate (Ged., 1875), Raimundo Lulio (Ged., 1875), La selva oscura (Ged., 1879), La pesca (Ged., 1884), Maruja (Ged., 1886).
Literatur: Romo Arregui, J.: *Vida, poesía y estilo de Don G. N. de A. Madrid 1946.*

Nušić, Branislav [serbokroat. 'nuʃitɛ], Pseudonym Ben Akiba, * Belgrad 8. Okt. 1864, † ebd. 19. Jan. 1938, serb. Schriftsteller.
Studierte Jura, war danach 10 Jahre Konsularbeamter, später Journalist, Dramaturg und Theaterleiter, lebte zeitweilig als freier Schriftsteller, hatte auch polit. Ämter inne. N. wurde durch seine humorist. Feuilletons und Romane, v.a. aber durch seine bühnenwirksamen Gesellschafts-

komödien zu einem der beliebtesten serb. Schriftsteller; später zunehmende sozialkrit. Tendenz; zu seinen erfolgreichsten Werken gehören: „Um hohen Preis" (Dr., dt. 1904), „Der Knabe mit den 13 Vätern" (R., dt. 1902), „Der Gespan von Semberia" (Dr., dt. 1903).

Nuwas, Abu ↑ Abu Nuwas.

Nyírő, József [ungar. 'nji:rø:], * Székelyzsombor 18. Juli 1889, † Madrid 16. Okt. 1953, ungar. Schriftsteller.
Studierte Theologie, war Redakteur in Klausenburg, seit 1912 kath. Priester; trat 1919 aus der Kirche aus; dann Journalist, Müller und Landwirt. 1944 ging er ins Exil, da ihm Kollaboration mit den Deutschen vorgeworfen wurde. Die schlichten Romane N.s wurzeln in seiner siebenbürg. Heimat, sie enthalten kraftvolle Schilderungen der abgelegenen Karpatenlandschaft, der rauhen Welt des Szekler Volkes.
Hauptwerke: In Gottes Joch (R., dt. 1930), Der Uz (R., dt. 1937), Die Totenpfähle (Prosa, 1934; dt. 1941), Denn keiner trägt das Leben allein (R., 1936; dt. 1941).

Nynniaw ↑ Nennius.

O

Obadja [o'batja] ↑ Bibel.

Obaldia, René de [frz. ɔbal'dja], * Hongkong 22. Okt. 1918, frz. Schriftsteller.
Begann mit Gedichten in Prosa, wandte sich aber dann dem Roman zu; in seinen Werken konfrontiert er realist. und surrealist. visionäre Szenen; 1956 erhielt er für „Flucht nach Waterloo" (En., 1956; dt. 1968) den Prix de l'humour noir; seit 1960 schreibt er v.a. Dramen.
Hauptwerke: Les richesses naturelles (Ged. in Prosa, 1952), Tamerlan des Herzens (R., 1955; dt. 1964), Der Hundertjährige (R., 1960; dt. 1966), Genousien (Dr., dt. 1962), Wind in den Zweigen des Sassafras (Dr., dt. 1965), Der Bauer als Astronaut (Dr., dt. EA 1968).

O'Beachain, Breandan [engl. oʊ'bi:ən] ↑ Behan, Brendan.

Oberammergauer Passionsspiel, Spiel um die Leidensgeschichte Christi vom Einzug in Jerusalem bis zur Auferstehung; wird seit 1634 nach einem im Pestjahr 1633 abgelegten Gelübde alle zehn Jahre von den Bewohnern des Dorfes Oberammergau in Oberbayern aufgeführt. Der ältesten erhaltenen Fassung von 1662 liegen die Augsburger Passionsspiele von Sankt Ulrich und Afra (15. Jh.) sowie ein Spiel des Augsburger Meistersingers Sebastian Wild (Mitte 16. Jh.) zugrunde. Der Text wurde 1680 erweitert und auch in der Folgezeit wiederholt dem Zeitgeschmack angepaßt, zuletzt im 19. Jh. (neuerdings Bestrebungen der Rückkehr zum alten Text). Die eigtl. Handlung wird umrahmt von Chorgesängen und von lebenden Bildern mit Szenen aus dem Alten Testament.
Literatur: Flemming, W.: *Oberammergau u. das MA. In: Volk, Sprache, Dichtung. Festgabe f. Kurt Wagner. Hg. v.* K. Bischoff *u.* L. Röhrich. *Gießen 1960.* – Schaller, St.: *Das Passionsspiel v. Oberammergau. 1634–1950. Ettal 1950.*

Oberg[e], Eilhart von ↑ Eilhart von Oberg[e].

Oberkofler, Joseph Georg, * Sankt Johann im Ahrn 17. April 1889, † Innsbruck 12. Nov. 1962, östr. Schriftsteller.
Jurastudium, dann Journalist und Verlagslektor. Schildert in schlichten Romanen und Erzählungen das Leben der Südtiroler Bergbauern, das in kath. Tradition wurzelt und ganz vom Walten der göttl. Weltordnung bestimmt ist. Gleiche Bindung zeigen seine Lyrik und ein Bühnenspiel.
Hauptwerke: Sebastian und Leidlieb (R., 1926), Ein Nikolausspiel (1930), Nie stirbt das Land (Ged., 1937), Das Stierhorn (R., 1938), Der Bannwald (R., 1939), Die Flachsbraut (R., 1942), Verklärter Tag (Ged., 1950), Wo die Mutter ging (Erinnerungen, 1960).

Obermayer ↑ Blumauer, Aloys.

Obermayer, F. A. ↑ Richter, Joseph.

Obey, André [frz. ɔ'bɛ], * Douai 8. Mai 1892, frz. Dramatiker.
Wurde 1946 Administrator der Comédie-Française; Verfasser erfolgreicher Dramen von poet. Inspiration, bes. von Claudel und der griech. Tragödie beeinflußt, schrieb u.a. „Le viol de Lucrèce" (Dr., 1931), „Noé" (Dr., 1931), „La bataille de la Marne" (Dr., 1932), „Revenu de l'Étoile" (Dr., 1939), „Ein Mädchenleben für Wind" (Dr., dt. 1954), „Um Mitternacht" (Dr., dt. 1960); daneben auch Romane.

Obligado, Rafael [span. oβli'ɣaðo], * Buenos Aires 27. Jan. 1851, † Mendoza 8. März 1920, argentin. Dichter.
Lange Zeit Mittelpunkt eines angesehenen Literatenkreises; Mitbegründer der philosoph. Fakultät in Buenos Aires; trat als Dichter für die argentin. Tradition und v.a. für die Poesie der Pampa ein; bes. bekannt wurde sein 4teiliges Gedicht über den Gauchosänger Santos Vega.
Hauptwerk: Poesías (1885).

Obradović, Dositej [serbokroat. ɔ,bra:dɔvitɕ], eigtl. Dimitrije O., * Čakovo (Banat) um 1742, † Belgrad 28. März 1811, serb. Schriftsteller.
Sohn eines Handwerkers aus dem Banat; wurde Mönch, verließ aber 1760 wegen religiöser Zweifel das Kloster; unternahm weite Reisen; studierte in Leipzig Philosophie und Theologie, lebte danach lange in Wien als Sprachlehrer; unterstützte in Triest die serb. Aufstandsbewegung; gründete 1808 die „Große Schule" in Belgrad, aus der die Universität hervorging; erster Kultusminister des neuen Serbien. O., Hauptvertreter der serb. Aufklärung, vertrat in moralphilosoph. und didakt. Schriften den aufgeklärten Absolutismus Wiens; verwandte u.a. in seinem Hauptwerk, der Autobiographie „Život i priključenija" (= Leben und Schicksale, 1783), als erster die serb. Volkssprache an Stelle des Kirchenslaw.; gilt als Begründer der modernen serb. Literatur.

Obradowitsch, Sergei Alexandrowitsch; tl.: Obradovič, Sergej Aleksandrovič [russ. abra'dɔvitʃ], * Moskau 14. Sept. 1892, † ebd. 25. Okt. 1956, russ.-sowjet. Dichter.
Sohn eines Handwerkers; nach dem Militärdienst im 1. Weltkrieg literar. Studien in Moskau; Mitglied der proletar. Schriftstellergruppe „Kusniza" (= Die Schmiede) in Moskau; schrieb sachl. Lyrik mit Motiven aus der Welt der Arbeiter.

O'Brien, Edna [engl. oʊˈbraɪən], * Galway (Irland) 1932, ir. Schriftstellerin.
Studierte Pharmazie; veröffentlichte ihre Erzählungen in der Zeitschrift „The New Yorker", schrieb Fernsehspiele und v.a. Romane.
Hauptwerke: Die Fünfzehnjährigen (R., dt. 1960), Der lasterhafte Monat (R., dt. 1967), Mädchen im Eheglück (R., dt. 1969).

O'Brien, Kate [engl. oʊˈbraɪən], * Limerick 3. Dez. 1897, ir. Schriftstellerin.
Ging nach Abschluß ihres Studiums in Dublin als Journalistin nach London; zunächst Dramatikerin; vom Ende der 20er Jahre bis zum Bürgerkrieg in Spanien; dann in Irland. Wandte sich nach dem Erfolg ihres preisgekrönten Romans „Das Haus am Fluß" (1931, dt. 1946) dem Gesellschaftsroman zu; ihre Werke sind vom Katholizismus geprägt, stilist. und psycholog. an Galsworthy geschult.
Weitere Werke: An der Schwelle der Ewigkeit (R., 1934; dt. 1952), Mary Lavelle (R., 1936; dt. 1948), Der gläserne Turm (R., dt. 1950), Letzte Sommertage (R., dt. 1954), Fürstin Eboli (R., dt. 1946, 1949 u.d.T. Jene Dame), Die Blume im Mai (R., dt. 1955).

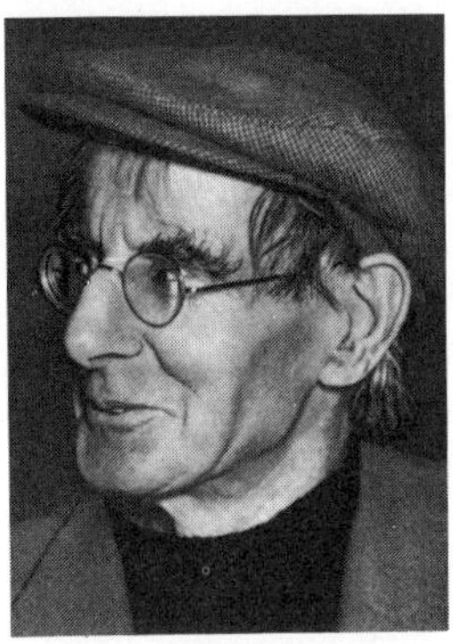
Sean O'Casey

Obstfelder, Sigbjørn [norweg. ˈɔpstfɛldər], * Stavanger 21. Nov. 1866, † Kopenhagen 29. Juli 1900, norweg. Schriftsteller.
Studierte Philologie, dann Maschinenbau in Oslo, war 1890/91 als Techniker in den USA, widmete sich nach seiner Rückkehr seinem dichter. Schaffen. O. ist der Hauptvertreter des Symbolismus in Norwegen; Aufsehen erregten seine 1893 erschienenen „Gedichte" (dt. 1914), reimlose, im Stile Maeterlincks ganz auf die Sprachmusik gestellte Lyrik. Von neuromant. Mystik getragen sind seine Novellen und Dramen um Lebensangst und Lebenssehnsucht.
Weitere Werke: Novellen (dt. 1900), Das Kreuz (Nov., dt. 1909), Tagebuch eines Priesters (Aphorismen, dt. 1901), Pilgerfahrten (Dr., dt. 1905).
Literatur: Hannevik, A.: *O. og mystikken. En studie i S. O.s forfatterskap. Oslo 1960.* – Clausen, C.: *S. O. i hans digtning og breve. Kristiania 1924.*

O'Casey, Sean [engl. oʊˈkɛɪsɪ], eigtl. John Casey, * Dublin 31. März 1880, † Torquay 18. Sept. 1964, ir. Dramatiker.
Aus kinderreicher Arbeiterfamilie, kurzer Schulbesuch, Autodidakt, als ungelernter Arbeiter verschiedenste Beschäftigungen; bekannte sich früh zu den Ideen des Kommunismus, war an der Leitung des blutigen Streiks von 1913 beteiligt, Teilnahme am Osteraufstand 1916. O'C. gilt als einer der bedeutendsten ir. Dramatiker des 20. Jh.s. Seine frühen sozialkrit.-revolutionären Dramen, die das Leben der untersten Schichten in den Slums von Dublin schildern, variieren zeitlos gültige Themen, die über alle eng nationalen Probleme hinausgehen; nach dem Bruch mit Yeats, herbeigeführt durch die pazifist. Weltkriegs-Tragikomödie „Der Preispokal" (1929, dt. 1952), ging O'C. 1929 nach London und schrieb expressionist.-symbolist. Dramen, die von Strindberg und O'Neill beeinflußt sind.
Weitere Werke: Der Rebell, der keiner war (Dr., 1923; dt. 1960), Juno und der Pfau (Dr., 1924; dt. 1953), Der Pflug und die Sterne (Dr., 1926; dt. 1948), Within the gates (Dr., 1933), Ich klopfe an (Autobiogr. Bd. 1, 1939; dt. 1957), Bilder in der Vorhalle (Autobiogr. Bd. 2, 1942; dt. 1959), Rote Rosen für mich (Schsp., 1942; dt. 1948), Trommeln unter den Fenstern (Autobiogr. Bd. 3, 1945; dt. 1968), Irland, leb wohl (Autobiogr. Bd. 4, 1949; dt. 1969), Rose und Krone (Autobiogr. Bd. 5, 1952; dt. 1962), Süßes Erwachen (Dr., dt. 1953), Dämmerung und Abendstern (Autobiogr. Bd. 6, 1954; dt. 1969), Des Bischofs Freudenfeuer (Satire, dt. 1956).
Ausgabe: S. O'C. Collected plays. London 1949–51. 4 Bde.
Literatur: Metscher, Th.: *S. O'C.s dramat. Stil. Braunschweig 1968.* – Völker, K.: *Ir. Theater II: S. O'C. Velber 1968.* – Cowasjee, S.: *O'C. New York 1967.* – Fallon, G.: *S. O'C. New York 1965.*

Occleve (Hoccleve), Thomas [engl. ˈɔkliːv], * London (?) wahrscheinl. 1368 oder 1369, † 1450 (?), engl. Dichter.
Diente als Beamter im Geheimsiegelamt; wurde 1424 pensioniert und lebte danach in der Grafschaft Hampshire. O., ein Anhänger Chaucers, schrieb zahlreiche, oft unvollkommene, aber klar und fließend geformte kürzere Dichtungen mit vielen autobiograph. Bezügen; sein Hauptwerk, der Fürstenspiegel „The regiment of princes" (1411 f.), ist eine an den Prinzen von Wales, den späteren Heinrich V., gerichtete Nachahmung des lat. Traktats „De regimine principum" von Aegidius Romanus, einem Schüler von Thomas von Aquin; die lehrhafte, in Versen abgefaßte Abhandlung O.s ist durch Erzählungen u.a. Einschübe aufgelockert.

Ochiai, Naobumi ↑ Otschiai, Naobumi.

O'Connor, Edwin [engl. oʊˈkɔnə], * Providence 29. Juli 1918, † Boston 23. März 1968, amerikan. Schriftsteller.
Im 2. Weltkrieg in der Küstenwacht; wurde dann Regisseur beim Funk, schrieb auch Funkspiele; verfaßte Romane über das Leben und die Menschen Amerikas; erhielt 1962 für seinen Roman „Ein Hauch Traurigkeit" (dt. 1962) den Pulitzerpreis.
Weitere Werke: Der alte Mann und die Wahl (R., dt. 1960), Es hatte ein Mann drei Söhne (R., dt. 1968).

O'Connor, Flannery [engl. oʊˈkɔnə], * Savannah (Ga.) 25. März 1925, † New York 1964, amerikan. Schriftstellerin.
Studium am Georgia State College, dann 1945–47 an der Universität Iowa; verfaßte Erzählungen

und Romane aus der Welt der Südstaaten der USA; „Wise blood" (R., 1952) vermittelt ein düsteres Bild des religiösen Fanatismus; der Band „Ein Kreis im Feuer" (dt. 1961) enthält trag.-groteske Erzählungen mit schwarzem Humor.
Weitere Werke: Die berstende Sonne (R., dt. 1963), Everything that rises must converge (En., 1965).

O'Connor, Frank [engl. oʊ'kɔnə], eigtl. Michael O'Donovan, * Cork 17. Sept. 1903, † Dublin 10. März 1966, ir. Schriftsteller.
Bibliothekar; leitete von 1935 an zeitweilig das Abbey Theatre. Schrieb außer Dramen und Romanen v.a. Kurzgeschichten im impressionist. Stil seines Vorbilds Tschechow, dessen „vollkommen organ." Kunstform O'C. zu erreichen versuchte; er gilt als der bedeutendste moderne Kurzgeschichtenautor Irlands.
Hauptwerke: Die Reise nach Dublin (R., 1932; dt. 1961), Er hat die Hosen an (Kurzgeschichten, dt. 1957), Und freitags Fisch (Kurzgeschichten, dt. 1958), Die lange Straße nach Ummera (Kurzgeschichten, dt. 1959), Bitterer Whisky (Kurzgeschichten, dt. 1962), Einziges Kind (Autobiogr., dt. 1964), My father's son (Autobiogr., 1968).

Odd, Orvar [schwed. ɔd] ↑ Sturzen-Becker, Oscar Patrik.

Odets, Clifford [engl. oʊ'dɛts], * Philadelphia 18. Juli 1906, † Los Angeles-Hollywood 15. Aug. 1963, amerikan. Dramatiker.
Sohn aus Litauen emigrierter jüd. Eltern; wuchs in New York auf; wurde mit 15 Jahren Schauspieler und arbeitete beim Rundfunk; war 1931 Mitbegründer des Group Theatre, einer der führenden Theatertruppen New Yorks, die seine Dramen inszenierte; der Erfolg seiner ersten Stücke ließ O. zum begehrten Drehbuchautor werden. Er pflegte, u.a. von Tschechow beeinflußt, das „proletar. Drama" in der Art des polit. engagierten Theaters des dt. Expressionismus; seine Stücke sind anklagend und sarkastisch.
Hauptwerke: Waiting for Lefty (Dr., 1935), Die das Leben ehren (Dr., 1935; dt. 1947), Paradise lost (Dr., 1936), Goldene Hände (Dr., 1937; dt. 1950), Ein Mädchen vom Lande (Dr., dt. 1951), The flowering peach (Dr., 1954).
Literatur: Shuman, R. B.: *C. O. New York 1962.*

Odobescu, Alexandru [rumän. odo'besku], * Bukarest 23. Juni 1834, † ebd. 10. Nov. 1895 (Selbstmord), rumän. Schriftsteller.
Studium der Literatur und Geschichte in Paris, Beamter in Bukarest, dann Theaterleiter und 1863 Minister; Professor für Archäologie; seit 1870 Akademiemitglied. Schrieb außer Gedichten und histor. Erzählungen, darunter „Fürst Mihnea der Böse" (E., 1857; dt. 1953), v.a. „Pseudokineghetikos" (E., 1874), sein Hauptwerk, dessen zentrales Thema die Jagd ist; eine dt. Auswahl von O.s in brillantem Stil geschriebenen Werken erschien 1960.

Odoevceva ↑ Odojewzewa.

Odojewski, Alexandr Iwanowitsch Fürst; tl.: Odoevskij, Aleksandr Ivanovič [russ. a'dɔjɪfskij], * Petersburg (heute Leningrad) 8. Dez. 1802, † Psesuape (heute Lasarewskoje, Kaukasus) 22. oder 27. Okt. 1839, russ. Dichter.
Nahm 1825 am Dekabristenaufstand teil, wurde zu Zwangsarbeit in Sibirien verurteilt, später unter Vorbehalt begnadigt; diente von 1837 an als Soldat im Kaukasus, wo er am Fieber starb. O., der im Kaukasus Lermontow kennenlernte, gilt als bedeutendster Dichter der Dekabristen neben seinem Freund Rylejew; er schrieb schwermütige, elegische Gedichte mit philosoph., oft patriot. Motiven.

Odojewski, Wladimir Fjodorowitsch Fürst; tl.: Odoevskij, Vladimir Fedorovič [russ. a'dɔjɪfskij], * Moskau 11. Aug. 1803, † ebd. 11. März 1869, russ. Schriftsteller.
Wurde nach Studien in Moskau Beamter; führendes Mitglied des Kreises der „Ljubomudry" (= Freunde der Weisheit); arbeitete 1824/25 mit Küchelbecker bei der Herausgabe des Almanachs „Mnemosina" zusammen; in hohen öffentl. Ämtern tätig. O., umfassend gebildet, auch als Musikkritiker hervorragend, vertrat am konsequentesten die philosoph. Romantik Rußlands; bes. nachhaltig war O. von Schelling beeinflußt; seine kleinen Erzählungen sind durch Phantastik geprägt; in vielen Elementen, u.a. in der Betonung des Musikal., steht er E. T. A. Hoffmann nahe; eine Auswahl seiner Werke erschien dt. 1924 u.d.T. „Mag. Novellen".

Odojewski, Włodzimierz [poln. ɔdɔ'jɛfski], * Posen 14. Juni 1930, poln. Schriftsteller.
Studierte Soziologie und Ökonomie in Posen, Journalist in Stettin und Posen, seit 1959 Funkredakteur in Warschau. O. schrieb u.a. Erzählungen, auch dramat. Werke und Hörspiele. Themen seiner Erzählungen sind die Kriegszeit und die in deren Wirren verwickelten Menschen; O. verwendet den inneren Monolog als Stilmittel. Dt. liegen vor: „Zwischenreich" (Prosa, dt. 1959), „Adieu an die Geborgenheit" (Prosa, dt. 1966).

Odojewzewa, Irina Wladimirowna; tl.: Odoevceva, Irina Vladimirovna [russ. ada'jɛftsəvɐ], * 1901, russ. Dichterin.
Lebt seit 1922 als Emigrantin in Paris. Schrieb, von den Akmeisten, bes. von Gumiljow, beeinflußt, zart lyr., traumhafte Gedichte und von den gleichen Stilelementen geprägte leichte Romane aus der Welt des frz. Großbürgertums.

O'Donnell, Peadar [engl. oʊ'dɔnl], * Tirconnaill (Donegal) 22. Febr. 1893, ir. Erzähler.
War 1913–17 Lehrer, dann Gewerkschaftsorganisator und wurde aktives Mitglied der republikan. Bewegung Irlands (deshalb während des Bürgerkriegs inhaftiert); Hg. der literar. und sozialkrit. Zeitschrift „The Bell" in Dublin. O'D. stellt in realist., humorvollen Romanen, gelegentl. mit sozialist. Tendenz, das Leben der ir. Bauern und Fischer dar.
Hauptwerke: Storm (R., 1925), Die Inselleute von Inniscara (R., 1927; dt. 1964), On the edge of the stream (R., 1934), Die großen Fenster (R., 1955; dt. 1966).

O'Donovan, Michael [engl. oʊ'dɔnəvən] ↑ O'Connor, Frank.

Odyniec, Antoni Edward [poln. ɔ'dinjɛts], * Gut Giejstuny bei Wilna 25. Jan. 1804, † Warschau 15. Jan. 1885, poln. Dichter.
Stark an der dt. Dichtung orientierter romant. Lyriker aus dem Freundeskreis von Mickiewicz, mit dem er u.a. Deutschland bereiste; war auch journalist. tätig; verwandte in seiner Dichtung bereits volkstüml. Elemente; schrieb v.a. Balladen und Dramen; wertvoll sind seine Übersetzungen;

in dt. Übersetzung erschienen 1949 seine Reisebriefe u.d.T. „Besuch in Weimar".

Odyssee ↑ Homeros.

Oehlenschläger, Adam Gottlob [dän. 'øːˈlənʃlɛː-ɣər], * Vesterbro (heute Kopenhagen-Vesterbro) 14. Nov. 1779, † Kopenhagen 20. Jan. 1850, dän. Dichter.

Dt. Abstammung; studierte Jura, skand. Geschichte und Mythologie, war einige Zeit Schauspieler, dann freier Schriftsteller; entscheidend für sein Schaffen war die Begegnung mit Henrik Steffens, der ihn mit der dt. Romantik bekannt machte und für ihre Ideale begeisterte; jedoch war seiner ausgeglichenen, unkomplizierten Natur das Problematische der dt. Romantik wesensfremd; auf Reisen nach Deutschland, Italien und Frankreich lernte er u.a. Goethe, Fichte, Schleiermacher, A. W. Schlegel, E. T. A. Hoffmann, Madame de Staël kennen; 1829 Dichterkrönung in Lund; in seinen Gedichten, Epen, Erzählungen sowie in seinen Dramen, die formal vom dt. und frz. klass. Drama bestimmt sind, wandte er sich

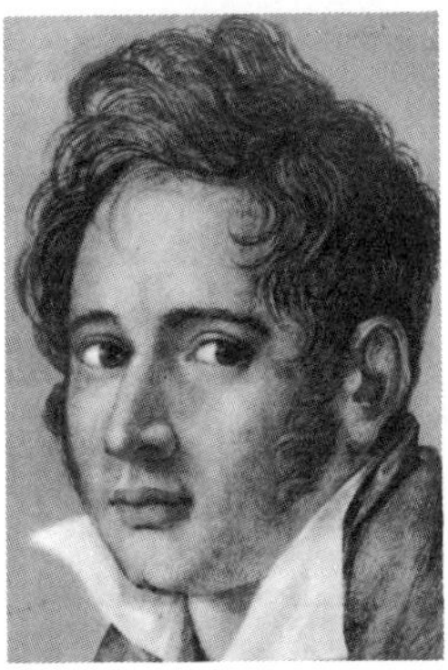

Adam Gottlob Oehlenschläger (Zeichnung)

bes. frühnord. Stoffen zu; O. bemühte sich um die Vermittlung der dt. Literatur, der er selbst – mit Übersetzungen seiner Werke – angehören wollte.

Hauptwerke: Digte (Ged., 1803), Aladdin oder Die Wunderlampe (Märchenspiel, dt. 1808), Baldur hin gode (Trag., 1808), Hakon Jarl (Trag., dt. 1809), Correggio (Trag., 1809; dt. 1816), Helge (Trilogie, 1814), Hugo von Rheinberg (Trag., 1818), Die Götter Nordens (Epos, dt. 1829), Oerwarodd, das Heldenkind (Märchen, 1844).

Ausgaben: A. G. O. Poetiske skrifter. Hg. v. F. L. Liebenberg. *Kopenhagen 1857–62. 32 Bde. – A. G. O. Samlede værker. Hg. v.* J. Levin *u.* F. L. Liebenberg. *Kopenhagen 1848–54. 40 Bde. – A. O. Werke. Dt. Übers. Breslau ²1839. 21 Bde.*

Literatur: Jørgensen, A.: *Dt. Beitr. zum O.-Studium. Eine Bibliogr. In: Arch. f. das Studium der neueren Sprachen u. Literaturen 203 (1966), 53.* – Jørgensen, A.: *O.litteraturen. 1850–1966: En bibliografi. Kopenhagen 1966.* – Sergel, A.: *O. in seinen persönl. Beziehungen zu Goethe, Tieck u. Hebbel nebst einer O.-Bibliogr. Rostock 1907.* – Andersen, V.: *A. O. Et livs poesie. Kopenhagen 1899–1900. 3 Bde.*

Oelschlegel, Gerd ['øːl...], * Leipzig 28. Okt. 1926, dt. Schriftsteller.

Studierte Bildhauerei bei G. Marcks in Hamburg, freier Schriftsteller; sieht in seiner neorealist. Darstellung des menschl. Seins von allem avantgardist. Experimentieren ab und bemüht sich um die Gestaltung eines „objektiven Theaters"; auch Hör- und Fernsehspiele.

Hauptwerke: Romeo und Julia (Hsp., 1953; als Dr. u.d.T. Zum guten Nachbarn, UA 1954, u.d.T. Romeo und Julia in Berlin, UA 1957), Staub auf dem Paradies (Kom., UA 1957), Einer von sieben (Dr., UA 1961).

Oever, Karel van den [niederl. 'uːvər], * Antwerpen 19. Nov. 1879, † ebd. 6. Okt. 1926, fläm. Schriftsteller.

Zeitweise Redaktionssekretär bei der „Vlaamsche Arbeid". Schrieb anfangs schlichte, später kunstvoll-archaische, schließl. expressionist. Lyrik; ferner Erzählungen, histor. Novellen und religiöse Abhandlungen; auch Kritiken.

Hauptwerke: Het open luik (Ged., 1922), Het inwendig leven van Paul (R., 1923), Paviljoen (Ged., 1927).

O'Faoláin, Seán [engl. oʊ'fælən], * Dublin 22. Febr. 1900, ir. Schriftsteller.

Nach dem Studium Dozent an der Harvard University, Lehraufträge in England, Irland und den USA, dann freier Schriftsteller. O'F., der am ir. Bürgerkrieg teilnahm und der kelt. Erneuerungsbewegung nahesteht, schrieb u.a. impressionist. Kurzgeschichten mit ir. Problematik; auch Reisebücher und lebendige Biographien.

Hauptwerke: Sonnenwend-Tollheit (Kurzgeschichten, dt. 1932), Ein Nest voll kleiner Leute (R., 1933; dt. 1966), Der Einzelgänger (R., 1936; dt. 1963), Erste und letzte Liebe (R., 1940; dt. 1951, 1964 u.d.T. Komm heim nach Irland), The man who invented sin (Kurzgeschichten, 1948), Der erste Kuß (Kurzgeschichten, dt. 1958).

Literatur: Doyle, P. A.: *S. O'F. New York 1968.*

Offenbarung des Johannes ↑ Bibel.

Offer von Spretten, Paul ↑ Speratus, Paulus.

O'Flaherty, Liam [engl. oʊ'flɛətɪ], * Aran Islands (Galway) 19. März 1897, ir. Schriftsteller.

Besuchte das Jesuitenkolleg in Dublin, wollte ursprüngl. Priester werden, nahm am 1. Weltkrieg teil, wurde verwundet; war Gelegenheitsarbeiter und Seemann, kämpfte auf seiten der ir. Republikaner, besuchte 1930 die UdSSR. Die Gestalten seiner kraß realist., bisweilen derb naturalist. Romane sind Erniedrigte und Unterdrückte, Revolutionäre, Verkommene der Dubliner Unterwelt, Menschen in religiöser und sozialer Not, unerbittl., leidenschaftl., oft patholog. Naturen.

Hauptwerke: Die dunkle Seele (R., dt. 1928), Die Nacht nach dem Verrat (R., dt. 1928), Der Mörder (R., dt. 1929), Das schwarze Tal (R., 1937; dt. 1952, 1965 u.d.T. Hungersnot), Der Silbervogel (Kurzgeschichten, dt. 1961).

Ofterdingen, Heinrich von ↑ Heinrich von Ofterdingen.

Ogarjow, Nikolai Platonowitsch; tl.: Ogarev, Nikolaj Platonovič [russ. aga'rjɔf], * Petersburg (heute Leningrad) 6. Dez. 1813, † London 12. Juni 1877, russ. Lyriker und Publizist.

Stammte aus wohlhabender Familie des Hochadels; früh mit Herzen befreundet, mit dem er nach zweimaliger Haft und einer Verbannung als Emigrant in London lebend, in den Zeitschriften „Poljarnaja swesda" (= Polarstern) und „Kolokol" (= Die Glocke) zusammenarbeitete; u.a. von Bakunins Anarchismus beeinflußt. O., der auch Heine übersetzte, schrieb außer polit.-rhetor. Lyrik mit propagandist. Tendenz auch sprachmelod. Gedankenlyrik.

Ognew, Nikolai; tl.: Ognev, Nikolaj [russ. 'ɔgnɪf], eigtl. Michail Grigorjewitsch Rosanow; tl.: Mihail Grigor'evič Rozanov, * Moskau 26. Juni 1888, † ebd. 22. Juni 1938, russ.-sowjet. Schriftsteller.
Von Beruf Lehrer; zeitweilig Leiter des Jugendreferats der Zeitschrift „Oktjabr" (= Oktober). O., der anfangs von Andrejew und Sologub beeinflußt war, wurde bekannt durch seine dokumentar. wertvolle Darstellung des nachrevolutionären Schulwesens, „Das Tagebuch des Schülers Kostja Rjabzew" (R., dt. 1927–29). Von der Sowjetkritik wird er ignoriert.

O'Grady, Standish James [engl. oʊ'grɛɪdɪ], * Castletown Bearhaven 18. Sept. 1846, † Shanklin 18. Mai 1928, ir. Schriftsteller.
Sohn eines Geistlichen, studierte in Dublin Jura, wandte sich nach kurzer Berufspraxis der Literatur zu. O'G., 1900–06 Hg. der literar. Zeitschrift „All Ireland Review", hatte großen Einfluß auf die Bewegung der kelt. Renaissance, der er durch Nacherzählungen alter ir. Sagen und mytholog. Erzählungen wertvolles Material lieferte; auch polit. Publizist.
Hauptwerke: History of Ireland (1878ff.), Early bardic literature of Ireland (1879), Coming of Cuchulain (E., 1894).

Ogrizović, Milan [serbokroat. 'ɔgrizɔvitɕ], * Zengg 11. Febr. 1877, † Agram 25. Aug. 1923, kroat. Schriftsteller.
War nach Beendigung seines Philologiestudiums als Lehrer tätig. Schrieb außer patriot. Lyrik und Essays v.a. Novellen, oft mit myst. Stoffen, und Dramen; O. stellte in naturalist., an Ibsen geschultem Stil das bäuerl. Leben dar; Einflüsse aus der Volksdichtung.

O'Hara, John [Henry] [engl. oʊ'hɑːrə], * Pottsville (Pa.) 31. Jan. 1905, amerikan. Schriftsteller.
Gelegenheitsarbeiter, dann als Reporter tätig. Verfasser naturalist., gesellschaftskrit. Romane mit schockierenden Effekten; stark satir. Neigung; auch in seinen hpts. für die Zeitschrift „The New Yorker" geschriebenen iron. Skizzen stellte er oft die Schwächen der gesellschaftl. maßgebl. Schichten Amerikas in dem an Hemingway geschulten „hartgesottenen" Stil dar; steht auch in der Nachfolge von F. S. Fitzgerald.
Hauptwerke: Treffpunkt in Samara (R., 1934; dt. 1950), Butterfield 8 (R., 1935; dt. 1966), Stolz und Leid (R., dt. 1956), From the terrace (R., 1958), Elizabeth Appleton (R., 1964), Die Lockwoods (R., dt. 1967), Pete küssen? – Ausgeschlossen! (Novellen, dt. 1968), Danke für gar nichts (R., dt. 1969).

O. Henry [engl. oʊ'hɛnrɪ] † Henry, O.

Ohl, Hans † Kusenberg, Kurt.

Ojeda, Diego de [span. ɔ'xeðа] † Hojeda, Fray Diego de.

Ojetti, Ugo [italien. o'jetti], Pseudonym Tantalo, * Rom 15. Juli 1871, † Florenz 1. Jan. 1946, italien. Schriftsteller.
Seit 1930 Mitglied der Accademia reale d'Italia; machte sich v.a. durch sein außerordentl. umfangreiches und vielseitiges kunst- und literarhistor. Werk einen Namen; daneben Romane und Novellen, darunter „Mein Sohn, der Herr Parteisekretär" (R., dt. 1924), ein satir. Zeitbild aus dem Nachkriegsitalien.
Weitere Werke: Cose viste (Essays, 1923–39; dt. Ausw. 1944 u.d.T. Gestalten, Bilder).

Okoński, Władysław [poln. ɔ'kɔj̃ski] † Świętochowski, Aleksander.

Okopenko, Andreas, * Kaschau 15. März 1930, östr. Schriftsteller.
Lebt seit 1939 in Wien; Chemiestudium, bis 1967 Betriebsabrechner, seither freier Schriftsteller; Erzähler, Essayist und v.a. Lyriker, der für seine Gedichte – mit einem Unterton von Bitterkeit und Melancholie – vorwiegend Themen aus dem Alltagsleben wählt; auch Nonsense-Verse („Warum sind die Latrinen so traurig?", 1969).
Weitere Werke: Grüner November (Ged., 1957), Seltsame Tage (Ged., 1963), Die Belege des Michael Cetus (En., 1967).

Oksanen, August [finn. 'ɔksɑnɛn] † Ahlqvist, August Engelbrekt.

Okudschawa, Bulat Schalwowitsch; tl.: Okudžava, Bulat Šalvovič [russ. akud'ʒavɐ], * Moskau 9. Mai 1924, russ.-sowjet. Schriftsteller.
Nahm am 2. Weltkrieg teil, studierte in Tiflis Philosophie, war Redakteur; schrieb v.a. satir., unpathet. Gedichte über Liebe, Gesellschaft und Krieg, die er zur Gitarre vorträgt. Dt. erschienen 1969 „Gedichte und Chansons". Auch Prosa („Mach's gut", E., dt. 1963).

Olaus Petri † Petri, Olaus.

Olbracht, Ivan [tschech. 'ɔlbraxt], eigtl. Kamil Zeman, * Semil 6. Jan. 1882, † Prag 30. Dez. 1952, tschech. Schriftsteller.
Sohn von A. Stašek; war nach Abschluß seiner jurist. Studien in Prag als Redakteur und Publizist für sozialist. und kommunist. Presseorgane tätig. O., Vertreter einer radikal klassenkämpfer. Ideologie, fand nach anfangs v.a. psycholog. Romanen Ausdrucksmöglichkeiten für seine ideolog. tendenziösen Anliegen; auch Autor von Reportagen und Jugendbüchern.
Hauptwerke: Anna. Ein Mädchen vom Lande (R., 1928; dt. 1951), Der vergitterte Spiegel (E., dt. 1932), Der Räuber Nikola Schuhaj (R., dt. 1934), Wunder mit Julka (En., 1937; dt. 1967).

Olearius, Adam, eigtl. A. Ölschläger, * Aschersleben um 1599 (?), ≈ 16. Aug. 1603, † Schloß Gottorp (heute zu Schleswig) 22. Febr. 1671, dt. Schriftsteller.
Sohn eines Schneiders, studierte Jura, 1627 Magister, 1630–33 Konrektor am Nicolaigymnasium in Leipzig; stand im Dienst Herzog Friedrichs III. von Holstein-Gottorp, dessen Gesandtschaften nach Rußland und Persien er als Dolmetscher begleitete; als „der Vielbemühte" Mitglied der „Fruchtbringenden Gesellschaft"; mit der kulturgeschichtl. wertvollen Darstellung seiner Reise nach Rußland und Persien („Offt begehrte Beschreibung der Newen Oriental. Reise", 1647) gilt er als Begründer der wissenschaftl. Reisebeschreibung; bed. sind seine Übersetzungen pers. Literatur (Sadi-Übers. „Persian. Rosenthal ...", 1654).

Olescha, Juri Karlowitsch; tl.: Oleša, Jurij Karlovič [russ. a'ljɛʃɐ], Pseudonym Subilo; tl.: Zubilo (= Meißel), * Jelisawetgrad (heute Kirowograd) 3. März 1899, † Moskau 10. Mai 1960, russ.-sowjet. Schriftsteller.
Journalist, später freier Schriftsteller; stieß bei der sowjet. Kritik zunehmend auf Ablehnung,

seit Ende der 30er Jahre lange Zeit keine Veröffentlichungen; seit 1956 Neuauflagen. In seinem Hauptwerk „Neid“ (R., 1927; dt. 1960), das er auch dramatisierte, stellte O. den Konflikt alter und neuer gesellschaftl. Bedingungen dar, wobei er bes. die Schwierigkeiten der Einfügung in die Welt des neuen Systems herausstellte. Dt. liegt auch der Kinderroman „Die drei Dicken“ (1924, dt. 1961) vor.

Oliphant, Margaret [engl. 'ɔlɪfənt], geb. Wilson, * Wallyford (Midlothian) 4. April 1828, † Wimbledon (heute London-Wimbledon) 25. Juni 1897, engl. Schriftstellerin.
Schrieb Romane, Kurzgeschichten und Biographien in meist nachlässigem Stil; ihre Werke haben als kulturgeschichtl. Darstellungen des viktorian. Bürgertums und schott. Lebens dokumentar. Wert.
Hauptwerke: Mrs. Margaret Maitland (R., 1849), The chronicles of Carlingford (R., 1861 ff.).

Oliveira, [António Mariano] Alberto de [brasilian. oli'veira], * Palmital (Rio de Janeiro) 28. April 1859, † Niterói 19. Jan. 1937, brasilian. Lyriker.
Medizin-, dann Rechtsstudium; Professor für portugies. Literatur in Rio de Janeiro, auch polit. tätig; Mitbegründer der brasilian. Akademie; begann mit romant. Gedichten („Canções românticas“, 1878) und wandte sich dann dem parnass. Formkult zu: „Meridionais“ (Ged., 1884), „Sonetos e poemas“ (1885), „Versos e rimas“ (1895) u. a.; pantheist. Naturverehrung; schrieb auch theoret. Abhandlungen über die brasilian. Lyrik.

Oliveira, António Correia de [portugies. ku'rrɐiɐ ðə oli'vɐirɐ], * São Pedro do Sul (Beira Alta) 30. Juli 1879, † Belinho (Esposende) 20. Febr. 1960, portugies. Dichter.
Zunächst Journalist, dann in einer Staatsstellung. Seine volksliedhafte Lyrik, die sich durch rhetor. Schwung auszeichnet, ist von religiöser, z. T. pädagog.-moral. Thematik; auch seine Dramen zeigen lyr. Grundstimmung.
Hauptwerke: Auto do fim do dia (Dr., 1900), Tentações de São Frei Gil (Ged., 1907), A Criação (Ged., 1913).

Oliveira, Francisco Xavier de [portugies. oli'vɐirɐ], genannt Cavaleiro de O., * Lissabon 21. Mai 1702, † Hackney (heute London-Hackney) 18. Okt. 1783, portugies. Schriftsteller.
Stand in diplomat. Diensten in Wien, flüchtete später in die Niederlande und nach England; 1746 Übertritt zur anglikan. Kirche; als Gegner der Inquisition 1761 in Portugal in effigie verbrannt; einer der hervorragendsten Anhänger der Aufklärung in der portugies. Literatur des 18. Jh.s, v. a. Verfasser von Essays, Briefen, Reisebeschreibungen („Memórias das viagens“, 1741) und Memoiren (bes. „Cartas familiares, históricas, políticas e críticas“, 1741/42).

Oliveira Martins, Joaquim Pedro de [portugies. oli'vɐirɐ mɐr'tiʃ], * Lissabon 30. April 1845, † ebd. 24. Aug. 1894, portugies. Historiker und Schriftsteller.
Früh Waise; Autodidakt; war Minenverwalter in Andalusien, Eisenbahndirektor in Porto, progressist.-demokrat. Abgeordneter und nach 1890 Minister; einer der bedeutendsten portugies. Historiker des 19. Jh.s, schrieb u. a. eine „História da civilização ibérica“ (1879), eine „História de Portugal“ (1879) und eine „História da República romana“ (1885), wobei er auch soziolog. und ökonom. Faktoren berücksichtigte, literarhistor. Arbeiten („Camões, os Lusíadas e a Renascença em Portugal“, 1891) und den histor. Roman „Phebus Moniz“ (1867).

Olivier, Juste Daniel [frz. ɔli'vje], * Eysins (Waadt) 18. Okt. 1807, † Genf 7. Jan. 1876, schweizer. Dichter.
Professor in Neuenburg und Lausanne, seit Mitte der 40er Jahre in Paris, wo er mit Sainte-Beuve eng befreundet war; kehrte Anfang der 70er Jahre in die Schweiz zurück; schrieb in frz. Sprache heimatverbundene Gedichte und Novellen.
Hauptwerke: Poèmes suisses (1830), Les chansons lointaines (Ged., 1847), Héléna (E., 1861).

Oller i Moragues, Narcís [katalan. u'ʎer i mu'raɣəs], * Valls (Tarragona) 10. Aug. 1846, † Barcelona 26. Juli 1930, katalan. Schriftsteller.
Studium in Barcelona, Jurist; begegnete in Paris Zola; bed. naturalist. Romancier der neueren katalan. Literatur, schrieb span. und katalan.; auch Übersetzer aus dem Russischen u. a.
Hauptwerke: La febre d'or (R., 1890), La bogería (R., 1899), Pilar Prim (R., 1906).

Olmedo, José Joaquín [span. ɔl'meðo], * Guayaquil 20. März 1780, † ebd. 19. Febr. 1847, ecuadorian. Dichter.
Studierte in Guayaquil, Quito, Lima; Rechtsanwalt in Quito; Teilnehmer der Unabhängigkeitskriege, Mitarbeiter Bolívars; langjähriger Europaaufenthalt als Abgeordneter und Diplomat; zuletzt u. a. Präsidentschaftskandidat in Ecuador; erster bed. Dichter seines Landes, schrieb die klassizist. Oden „La victoria de Junín. Canto a Bolívar“ (1824) und „Al general Flores, vencedor de Miñarica“ (1835); seine späteren Gedichte nähern sich der Romantik; auch Übersetzer.

Ölschläger, Adam ↑ Olearius, Adam.

Olson, Charles [engl. 'oulsən], * Worcester (Mass.) 27. Dez. 1910, amerikan. Dichter und Kritiker.
Studierte an den Universitäten Yale und Harvard, war Dozent für engl. Literatur zunächst in Harvard (1936–39), dann am Black Mountain College (N. C.), wo er auch Mithg. der literar. Zeitschrift „Black Mountain Review“ war, die avantgardist. Lyrik u. a. der Beatniks publizierte. O., Verfasser literaturkrit. Essays über Melville u. a., lehnt für die lyr. Dichtung feste metr. Schemata ab und fordert eine u. a. von Atem- und Sprechrhythmus bestimmte Prosodie.
Hauptwerke: Call me Ishmael (Studie, 1947), Apollonius of Tyana (Tanzspiel, 1951), In cold hell and thicket (Ged., 1953), Projective verse (Essay, 1959), The maximus poems (1960), West (Ged., engl. und dt. 1969).

Olson, Elder [James] [engl. 'oulsən], * Chicago 9. März 1909, amerikan. Schriftsteller und Literarhistoriker.
Schrieb in einer rational nicht erfaßbaren Bildersprache „absolute“ Lyrik; bedeutender sind O.s Einakter, die Konfliktsituationen des modernen Menschen parabol. darstellen; seine Hauptwerke erschienen 1958 u. d. T. „Plays and poems 1948–58“.

Olsson, Hagar [schwed. 'ulsɔn], * Kustavi (Turku-Pori) 16. Sept. 1893, schwed.-sprachige finn. Schriftstellerin.
Erzählerin, Dramatikerin, Essayistin und Kritikerin, lebt in Helsinki; neben E. Södergran füh-

rende Vertreterin des Modernismus in Finnland, dem Expressionismus nahestehend. In späterer Zeit Hinwendung zu myst. Naturglauben.
Hauptwerke: Sturm bricht an (R., dt. 1931), Der Holzschnitzer und der Tod (E., dt. 1942), Jag lever (Essays, 1948), Kärlekens död (Dr., 1952).

Oltmans, Jan Frederik [niederl. 'ɔltmɑns], Pseudonym J. van den Hage, * Den Haag 1. Sept. 1806, † Steenderen 29. Jan. 1854, niederl. Schriftsteller.
War einige Jahre Redakteur der Monatsschrift „De Gids". Führte neben Jacob van Lennep in der Nachfolge von W. Scott den auf eigenen Quellenstudien beruhenden histor. Roman in die niederl. Literatur ein.
Hauptwerke: Het slot Loevestein in 1570 (1834), De schaapherder (1838).

Omar Chaijam; tl.: ʿUmar Ḫayyām [pers. o'mær xeiˈjɑːm], eigtl. Ghejasoddin Abol Fath; tl.: Ġiyāṯu'd-Dīn Abu'l-Fatḥ, * Naischabur um 1021 (?), † ebd. wahrscheinl. 1122, pers. Gelehrter und Dichter.
Vater wahrscheinl. Zeltmacher; 1074 an die Spitze einer Kommission zur Kalenderreform berufen; nach Gelingen dieser Arbeit (1079) berühmt, Lehrtätigkeit am Hof, Verleumdung durch neid. Widersacher, religiöse Streitigkeiten, Unterbrechung der Lehrtätigkeit, Pilgerfahrt zu den Stätten des Propheten. Bedeutendster Mathematiker, Physiker und Astronom seiner Zeit, daneben Beschäftigung mit Philosophie; erhalten sind wissenschaftl. Arbeiten in arab. Sprache, pers. Übersetzungen des Avicenna; seine Vierzeiler („Robaejat"), die durch die meisterhaften Übersetzungen ins Engl. von E. Fitzgerald (1859) im Abendland einen Begeisterungssturm auslösten, stecken voller Widersprüche; philosoph., hedonist., pessimist., skeptizist. und myst. Gedanken stehen nebeneinander; durch die Vielzahl späterer Einschübe ist die Echtheitsfrage kaum zu lösen, zeitweise wurde – jedoch zu Unrecht – die Dichtung O. Ch.s, ja sogar die Person angezweifelt. Die Epigramme wurden auch ins Dt. übersetzt (zuerst 1878 u. d. T. „Strophen des Omar Chijam" von A. F. Graf von Schack).
Ausgabe: Rubaijat v. O. Chajjam. Dt. Übers. der engl. Nachdichtung E. Fitzgeralds u. Einf. v. H. W. Nordmeyer. *Bern* ²*1969.*
Literatur: Lamb, H.: *O. Chajjam. Das abenteuerl. Leben des pers. Dichters u. Astronomen. Dt. Übers. Lpz. 1939.*

Ömer Nef'i [türk. œ'mɛr nɛf'i], * Hasankale bei Erzurum 1572 (?), † Konstantinopel (heute Istanbul) 1635, türk. Dichter.
Zeitweilig am Hof des Sultans Murad IV. geehrt, fiel er in Ungnade und wurde hingerichtet. N. schrieb Gedichte (auch in pers. Sprache) und das satirische Werk „Sihamı Kaza" (= Schicksalspfeile).

Ompteda, Georg Freiherr von, Pseudonym Georg Egestorff, * Hannover 29. März 1863, † München 10. Dez. 1931, dt. Schriftsteller.
Sohn des letzten Hofmarschalls von Hannover, wurde sächs. Offizier und Kammerherr, danach freier Schriftsteller. Schrieb unter dem Einfluß des frz. Naturalismus Romane und Novellen; hervorzuheben ist die Romantrilogie „Dt. Adel" (1897–1902), die Verfall und Verarmung des Adels darstellt. Spätere Romane gehören zur Unterhaltungsliteratur. Übersetzer Maupassants.

Omre, Arthur [norweg. ˌɔmrə], eigtl. Ole A. Antonisen, * Horten 17. Dez. 1887, † Porsgrunn 16. Aug. 1967, norweg. Schriftsteller.
Führte als Seemann, später als Journalist ein unstetes Leben in Amerika, Europa und Asien; seit 1932 wieder in Norwegen. O. schildert in spannungsreichen Novellen und Romanen mit psycholog. Geschick die inneren Konflikte von Menschen in Versuchung und von Verbrechern; Einfluß u.a. von Hemingway; auch Autor von Komödien.
Hauptwerke: Die Schmuggler (R., 1935; dt. 1953), Die Flucht (R., 1936; dt. 1953), Die Männer im Fuchsbau (R., 1938; dt. 1953), Intermezzo (R., dt. 1940).

O'Neill, Eugene [Gladstone] [engl. oʊ'ni:l], * New York 16. Okt. 1888, † Kap Cod bei Boston 27. Nov. 1953, amerikan. Dramatiker.
Sohn eines aus Irland eingewanderten Schauspielers, der eine eigene Theatertruppe unterhielt; unruhiges Wanderleben in der Kindheit; nach dem Besuch kath. Schulen war er ein Jahr an der Universität Princeton, ging dann verschiedenen

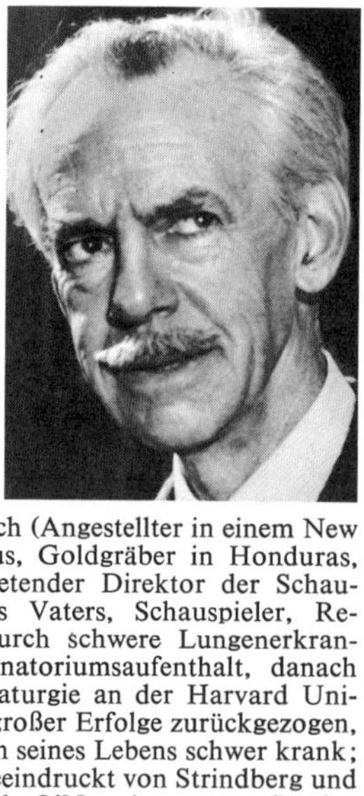

Eugene [Gladstone] O'Neill

Beschäftigungen nach (Angestellter in einem New Yorker Versandhaus, Goldgräber in Honduras, Seemann, stellvertretender Direktor der Schauspielertruppe seines Vaters, Schauspieler, Reporter); 1912/13 durch schwere Lungenerkrankung bedingter Sanatoriumsaufenthalt, danach Studium der Dramaturgie an der Harvard University; lebte trotz großer Erfolge zurückgezogen, in den letzten Jahren seines Lebens schwer krank; Nobelpreis 1936. Beeindruckt von Strindberg und Dostojewski, schrieb O'N. seine ersten Stücke, ohne jedoch der Selbstentblößung des einen oder der Religiosität des anderen folgen zu können. In seinem Bemühen, zu den menschl. Urkonflikten vorzustoßen, mit Blick auf die antiken Tragödiendichter (bes. in „Trauer muß Elektra tragen", Dramentrilogie, 1931; dt. 1947), gestaltete O'N. illusionslos den schuldverhafteten, in seiner Schuld hilflos unterlegenen Menschen, für den zwar eine Hoffnung aufleuchtet, die sich jedoch, wie Sinn und Glück im Menschenleben, wenn überhaupt, nur für kurze Zeit realisieren läßt. In O'N.s dramat. Werk mischen sich naturalist., expressionist. und symbolist. Stil, philosoph. und psycholog. Tiefenschau, Wissen um die Erkenntnisse der Naturwissenschaften, bes. der Biologie, zu einer „trag. Biographie" der Zeit.

Weitere Werke: Unterm karib. Mond (Dr., 1919; dt. 1924), Jenseits vom Horizont (Dr., 1920; dt. 1952), Kaiser Jones (Dr., dt. 1923), Der haarige Affe (Dr., dt. 1924), Alle Kinder Gottes haben Flügel (Dr., 1924; dt. 1932), Gier unter Ulmen (Dr., dt. 1925), Der große Gott Brown (Dr., dt. 1928), Marco Polos Millionen (Dr., 1927; dt. 1956), Seltsames Zwischenspiel (Dr., dt. 1929), O Wildnis (Kom., 1933; dt. 1949), Days without end (Dr., 1934), Der Eismann kommt (Dr., 1946; dt. 1949), Ein Mond für die Beladenen (Dr., dt. 1954), Eines langen Tages Reise in die Nacht (Dr., dt. 1956), Fast ein Poet (Dr., dt. 1959), Hughie (Dr., dt. 1960), Alle Reichtümer der Welt (Dr., dt. 1965).
Ausgaben: E. O'N. Meisterdramen. Dt. Übers. Frkf. 1963–66. 2 Bde. – E. O'N. The plays. New York 1934–35. 12 Bde.
Literatur: Halfmann, U.: *„Unreal Realism". O'N.s dramat. Werk im Spiegel seiner szen. Kunst. Bern u. Mchn. 1969.* – Sheaffer, L.: *O'N. Son and playwright. Boston (Mass.) 1968 ff. Auf 2 Bde. berechnet.* – Link, F. H.: *E. O'N. u. die Wiedergeburt der Tragödie aus dem Unbewußten. Frkf. 1967.* – Braem, H. M.: *E. O'N. Velber 1965.* – Gelb, A./Gelb, B.: *O'N. A biography. New York 1962.*

Ongaro, Francesco Dall' ↑ Dall'Ongaro, Francesco.

Ooka, Schohei; tl.: Ôoka, Shôhei [jap. o:oka], * Tokio 6. März 1909, jap. Schriftsteller.
Studierte in Tokio, beschäftigte sich viel mit europ. Kultur, v.a. mit dem Werk Stendhals. In scharfer, psycholog. klar entwickelter Darstellung entwirft er in den beiden preisgekrönten Werken „Furijuki" (Nov., 1948) und „Nobi" (R., 1951; dt. 1959 u.d.T. „Feuer im Grasland") ein realist. Kriegsbild.

Opaliński, Krzysztof [poln. ɔpa'liɲski], * Zirke um 1609, † Włoszakowice um 1655, poln. Satiriker.
Aus polit. mächtiger Familie; Ausbildung z.T. im Ausland, u.a. in Deutschland; Schulreformer unter dem Einfluß von Comenius; Woiwode von Posen, in hohen Hofämtern; lieferte 1655 den Schweden Großpolen durch Kapitulation aus. O. schrieb 52 Blankverssatiren nach klass. lat. Vorbildern, bes. nach Juvenal, die er anonym publizierte; die literar. wenig wertvollen Satiren sind der erste poln. Versuch in dieser Gattung.

Opatofski, Joseph ↑ Opatoschu, Joseph.

Opatoschu, Joseph, eigtl. J. Opatofski, * Mława (Warschau) 1. Jan. 1887, † New York 7. Okt. 1954, jidd. Erzähler.
Studierte in Frankreich; lebte seit 1907 in den USA. Wurde mit meisterhaften Kurzgeschichten und naturalist. Schilderungen des poln. Judentums in großen histor. Romanen zu einem der hervorragendsten Vertreter des jidd. Schrifttums in den USA.
Hauptwerke: A Roman funm Pferdegannef (R., 1913), In poilische Welder (R., 1928; dt. in 2 Tlen.: 1928 u.d.T. Der letzte Waldjude und 1929 u.d.T. Der Aufstand).

Opitz, Martin, * Bunzlau 23. Dez. 1597, † Danzig 20. Aug. 1639, dt. Dichter.
Entstammte einer wohlhabenden Bürgerfamilie, studierte 1618 in Frankfurt (Oder), 1619 in Heidelberg (Bekanntschaft mit Zincgref), 1620 in den

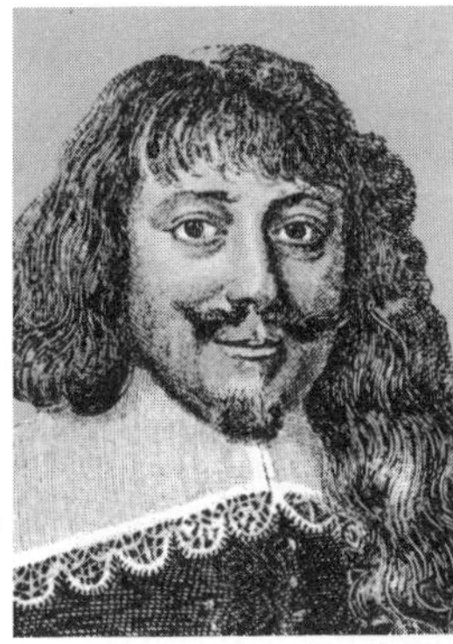

Martin Opitz (Kupferstich von Sysang nach einem Gemälde von B. Strobel d. J.)

Kriegswirren Flucht nach Holland, 1622 Lehrer in Weißenburg in Siebenbürgen, 1625 Dichterkrönung in Wien durch Kaiser Ferdinand II., 1627 geadelt („O. von Boberfeld"), 1629 als „der Gekrönte" Mitglied der „Fruchtbringenden Gesellschaft", 1630 Reise nach Paris (Begegnung mit H. Grotius), 1633 im Dienst der Herzöge von Liegnitz und Brieg, 1636 Historiograph des poln. Königs, starb an der Pest. Seine Bedeutung beruht auf den in seinen theoret. Schriften geforderten ästhet. Grundsätzen und seinen Bestrebungen, eine Bildungsliteratur in der Nationalsprache zu schaffen; von der schon in der Schrift „Aristarchus" (1617) verkündeten Anschauung ausgehend, die dt. Sprache sei ebenso wie die italien. und die frz. fähig, eine neue Literatur nach den großen Vorbildern der Antike hervorzubringen, entwickelte er im „Buch von der Deutschen Poeterey" (1624) in Anlehnung an Aristoteles, Horaz, Quintilian, Scaliger, Heinsius, Ronsard u.a. die Regeln der dt. Kunstdichtung; große Bedeutung für die Folgezeit hatten nur seine metr. Regeln. Seine Dichtungen sind weniger bed. und nur wichtig als Zeugnisse für seine Bemühungen, die Formen der europ. Barockdichtung zur Belebung der dt. Dichtung einzuführen; O. machte Kunstdrama, Schäferdichtung, Sonett, Ode, Epigramm u.a. in Deutschland heimisch.
Weitere Werke: Zlatna (Ged., 1623), Teutsche Poemata ... (1624), Dafne (Opernlibretto, 1627), Vesuvius (Lehrged., 1633), Judith (Opernlibretto, 1635).
Ausgaben: M. O. Ges. Werke. Krit. Ausg. in 5 Bden. Hg. v. G. Schulz-Behrend. *Stuttg. 1968 ff.* – *M. O. Geistl. u. weltl. Poemata. Hg. v.* E. Trunz. *Tüb. 1966–68. 3 Bde.*
Literatur: Szyrocki, M.: *Die dt. Lit. des Barock. O., Fleming, Zesen, Gryphius, Lohenstein, Grimmelshausen, Beer. Reinbek bei Hamb. 1968.* – Gellinek, J. V. L.: *M. O. Seine dichter. Entwicklung. Diss. Yale Univ., New Haven (Conn.) 1965.* – Bach, U.: *M. O. v. Boberfeld. 1597–1639. Kleine Beitr. Boppard; Andernach 1959.* – Szyrocki, M.: *M. O. Bln. 1956.* – Gundolf, F.: *M. O. Mchn. 1923.*

Oppeln-Bronikowski, Friedrich Freiherr von, * Kassel 7. April 1873, † Berlin 9. Okt. 1936, dt. Schriftsteller.
Zunächst Offizier, dann Studium; schrieb Novellen und Romane aus dem Militärleben und der preuß. Geschichte, verfaßte kulturgeschichtl.

und biograph. Studien, übersetzte u.a. Stendhal, Maupassant, Maeterlinck, De Coster, Friedrich den Großen.
Hauptwerke: Aus dem Sattel geplaudert und Anderes (1898), Abenteuer am preuß. Hof 1700 bis 1800 (1927), Der Baumeister des preuß. Staates (Biogr., 1934), Der große König als erster Diener seines Staates (1934).

Oppenheim, James [engl. 'ɔpnhaɪm], * Saint Paul (Minn.) 24. Mai 1882, † New York 4. Aug. 1932, amerikan. Schriftsteller.
Einer der ersten Bohemiens im New Yorker Künstlerviertel Greenwich Village; beschäftigte sich mit Psychoanalyse und schrieb über dieses Thema popularisierende Essays; war zeitweise Mithg. der avantgardist. Kunstzeitschrift „The Seven Arts". Schrieb aggressive sozialkrit. Romane mit psychoanalyt. Elementen; die Romane haben z.T. dokumentar. Wert (u.a. „Dr. Rast", 1909). O. schrieb auch Versdramen und von Whitman, der Bibel und Freud beeinflußte, wenig originelle freirhythm. Lyrik.

Opperman, Dirk Johannes [afrikaans 'ɔpərman], * Dundee (Natal) 29. Sept. 1914, afrikaanser Dichter.
Professor für niederl. und afrikaanse Literatur in Stellenbosch; v.a. Lyriker, von T.S. Eliot beeinflußt. Die Themen seiner Dichtung, von denen das Existenzproblem im Mittelpunkt steht, behandelt er in einer nüchternen, stark komprimierten Sprache und in unpersönl. Darstellung.
Hauptwerke: Heilige Beeste (Ged., 1945), Periandros van Korinthe (Dr., 1954), Vergelegen (Ged., 1956).

Oppianos, griech. Schriftsteller des 2. Jh.s aus Anazarbos (Kilikien).
Sein Lehrgedicht „Halieutika" über den Fischfang, das Kaiser Mark Aurel gewidmet ist, zeichnet sich durch glatten Versbau aus. Zusammen mit den „Halieutika" ist ein Jagdgedicht „Kynegetika" überliefert, dessen Verfasser ebenfalls O. hieß und aus dem syr. Apameia stammte.

Orbeliani, Sulchan-Saba Fürst; tl.: Orbeliani, Sulhan-Saba [russ. arbɪli'ani], * 4. Nov. 1658, † Moskau 6. Febr. 1725, georg. Schriftsteller und Gelehrter.
Ratgeber und hoher Diplomat am Hof König Wachtangs VI.; war u.a. an der Kurie und am Hof Ludwigs XIV. akkreditiert; emigrierte 1724 nach Rußland. O., der die Ideen des aufgeklärten Absolutismus vertrat, schuf mit seinem für die Erziehung des Thronfolgers bestimmten populären Hauptwerk „Die Weisheit der Lüge" (dt. 1933), einer Sammlung von Fabeln, Märchen, Parabeln u.a., in denen er die Schwächen seiner Zeit darstellte, einen wichtigen Beitrag zur neugeorg. Literatursprache; grundlegende wissenschaftl. Bedeutung hat sein georg. Wörterbuch.

Orczy, Emmuska Baroness [engl. 'ɔ:tsɪ], * Tarnaörs (Ungarn) 23. Sept. 1865, † London 12. Nov. 1947, engl. Schriftstellerin ungar. Abstammung.
Wurde als Tochter eines Komponisten in Musikerkreisen groß; studierte in London. Emmuska O. schrieb zunächst Kurzgeschichten für Zeitschriften, dann, nach dem Erfolg des histor. Abenteuerromans „Die scharlachrote Blume" (1905, dt. 1935), dem mehrere Fortsetzungen folgten, Romane des gleichen Genres und sentimentale Liebesromane sowie Kriminalromane.

Orendel, mittelfränk. Spielmannsepos aus der 2. Hälfte des 12. Jh.s, in dem einheim. Märchenstoff mit der Legende vom Hl. Rock (der von einem Wal verschlungen ist, den der Trierer Königssohn O. bei der Brautfahrt ins Hl. Land fängt) und antiken Romanmotiven verschmolzen ist. Das Epos ist in einer Handschrift des 15. Jh.s (1870 verbrannt) und zwei Drucken von 1512 überliefert.
Ausgaben: *O. Hg. v.* H. Steinger. *Halle 1935.* – *O. Ein dt. Spielmannsgedicht. Hg. v.* A. E. Berger. *Bonn 1888.*
Literatur: Teuber, E.: *Zur Datierung des mhd. O. Diss. Gött. 1954 [Masch.].* – ↑ auch Salman und Morolf.

Oriani, Alfredo [italien. o'ria:ni], * Faenza 22. Aug. 1852, † Casola Valsenio (Ravenna) 18. Okt. 1909, italien. Schriftsteller.
Rechtsstudium in Rom und Neapel; lebte meist zurückgezogen in Casola Valsenio; zu den polit. Tagesfragen nahm er im Sinne einer italien. Großmachtpolitik Stellung, was ihm postum zur Anerkennung durch die italien. Faschisten verhalf. Verfasser meist autobiograph. inspirierter verist. Romane und Novellen, auch von Dramen und lyr. Gedichten sowie zahlreichen polit.-histor. Schriften („Die Empörung des Ideals", 1908; dt. 1930).
Weitere Werke: La lotta politica in Italia (Abhandlung, 1892), Gelosia (R., 1894), La disfatta (R., 1896), La bicicletta (Novellen, 1902).

Orichovius ↑ Orzechowski, Stanisław.

Oriente, Fernão Álvares do [portugies. o'rientə], * Goa um 1540, † Lissabon um 1595, portugies. Dichter.
Diente als Soldat in portugies. Diensten in Indien; Verfasser der „Lusitânia transformada" (gedruckt 1607), eines aus Prosa und Poesie in italien. Manier (Sannazaro) gemischten Schäferromans mit hervorragenden Elegien, Sonetten und Idyllen.

Orientius, lat. Dichter um 400.
Seine in Distichen geschriebene Sittenpredigt „Commonitorium" zeichnet sich durch knappe, klare Diktion und Anschaulichkeit der Darstellung aus, die deutl. Anklänge an Catull, Vergil, Horaz, Ovid u.a. zeigt; einige kleinere Gedichte sowie eine Fülle von Gebeten runden das Werk ab.

Origenes, genannt Adamantios, * Alexandria um 185, † Tyrus wahrscheinl. 254, griech. Kirchenschriftsteller.
Sohn des christl. Elementarlehrers Leonides, der 202 als Märtyrer starb, führte ein asket. Leben; erhielt eine gründl. philosoph. Ausbildung bei dem Neuplatoniker Ammonios, lehrte zunächst an der Katechetenschule in Alexandria, später in Caesarea. O., dessen Stil von der klass. Prosa beeinflußt ist, schrieb Kommentare, Homilien, Scholien zu den Büchern des A.T. und N.T., dogmat. und apologet. Schriften, die – wie sein Hauptwerk „De principiis" (nur in der Übersetzung des Rufinus erhalten) – für die Theologie der frühen christl. Jh.e von großer Bedeutung waren, obwohl ein Teil davon später als häret. verworfen wurde; bed. ist seine textkrit. Bibelausgabe „Hexapla", in der er die Septuaginta mit dem hebr. Urtext und griech. Übersetzungen verglich.
Literatur: Weber, Karl-Otto: *O. der Neuplatoniker. Versuch einer Interpretation. Mchn. 1962.* – Kerr, H. T.: *The first systematic theologian O.*

of Alexandria. Princeton (N. J.) 1958. – Faye, E. de: *Origène. Paris 1923–28. 3 Bde.*

Ørjasæter, Tore [norweg. 'œrjase:tər], * Nordberg 8. März 1886, † Lillehammer 29. Febr. 1968, norweg. Schriftsteller.
Sohn eines Lehrers aus Bauerngeschlecht; durch langwierige Krankheit an seine Heimat gebunden. Beschrieb in seinem Gedichtzyklus „Gudbrand Langleite" (1913–27) die Spannung zwischen Heimatliebe und Sehnsucht nach der Ferne und ihre Lösung im Religiösen; auch Dramen und Erzählungen.

Orkan, Władysław [poln. 'ɔrkan], eigtl. Franciszek Szmaciarz-Smreczyński, * Poręba Wielka 27. Nov. 1876, † Krakau 14. Mai 1930, poln. Dichter.
Begann seine literar. Laufbahn schon während der Gymnasialzeit. Von Żeromski beeinflußt, wurde O. einer der hervorragendsten Dichter des poln. Bauerntums neben Reymont, verwendete aber nicht Stilisierungen wie jener. Er stellte in realist. Romanen die harten Lebensbedingungen der Bauern der Tatra dar, verwandte dabei den Goralendialekt und schuf so der poln. Literatursprache neue Ausdrucksmöglichkeiten; schrieb auch schwermütige Lyrik.
Hauptwerk: Drzewiej (= Ehemals, R., 1912).

Orléans, Charles Herzog von [frz. ɔrle'ã], * Paris 24. Nov. 1394, † Amboise 5. Jan. 1465, frz. Dichter.
Vater von Ludwig XII., Herzog seit 1407; in Blois aufgewachsen; geriet 1415 bei Azincourt in engl. Gefangenschaft und kam erst durch Lösegeld 1440 wieder frei; heiratete nach seiner Rückkehr in 3. Ehe Marie de Clèves; zog die Dichter seiner Zeit an seinen Hof in Blois; bed. Lyriker, schrieb Balladen, Rondeaus, allegor. Gedichte.

Orosius (Paulus O.), * Braga (oder Tarragona?), † nach 418, lat. Kirchenschriftsteller und Geschichtsschreiber.
Traf auf der Flucht vor den Vandalen mit Augustinus zusammen; die in dessen Auftrag geschriebene Weltgeschichte in 7 Büchern „Historiae adversus paganos" bis zum Jahre 417/18 (in Ergänzung von „De civitate Dei" des Augustinus) ist nur wegen der uns verlorengegangenen Quellen wichtig, die in diesem Werk angeführt, aber nur oberflächl. behandelt sind; O. setzte sich in seinen Schriften gegen die Priscillianisten und Origenisten mit deren Lehren auseinander.
Literatur: Lacroix, B.: *Orose et ses idées. Montreal; Paris 1965.* – Hagendahl, H.: *O. u. Justinus. Göteborg 1941.*

Ors y Rovira, Eugenio d' [span. 'ɔrs i rrɔ'βira], Pseudonym Xenius, * Barcelona 28. Sept. 1882, † Villanueva y Geltrú 25. Sept. 1954, span. Philosoph und Schriftsteller.
Sohn eines katalan. Vaters und einer kuban. Mutter, studierte in Barcelona und Paris, lebte längere Zeit im Ausland, meist in Frankreich; schrieb in katalan., span. und frz. Sprache Romane, v.a. aber kunstkrit. Essays; sein Werk – stark didakt. geprägt – war von bed. Einfluß auf das kulturelle Leben seiner Zeit.
Hauptwerke: La ben plantada (R., 1912), Glosas (1920), Cézanne (Biogr., 1924), Guillermo Tell (Dr., 1926), Vida de Goya (Biogr., 1929), Pablo Picasso (Biogr., 1930).

Országh, Pavol [ungar. 'orsa:g] † Hviezdoslav.

Ortega y Gasset, José [span. ɔr'teγa i γa'sɛt], * Madrid 9. Mai 1883, † ebd. 18. Okt. 1955, span. Philosoph, Soziologe und Schriftsteller.
Sohn eines Journalisten und Publizisten, Besuch eines Jesuitenkollegs; 1898–1902 Studium der Philosophie und Literatur in Madrid, 1906–10 an den Universitäten Leipzig, Berlin und Marburg, 1911 Professor für Literatur und Philosophie an der Universität Madrid; gründete 1923 die bed. literar.-kulturelle Zeitschrift „Revista de Occidente"; emigrierte bei Ausbruch des Bürgerkriegs über Frankreich nach Argentinien, während des 2. Weltkriegs Rückkehr nach Europa, Aufenthalt u.a. in Portugal und Deutschland, gründete 1948 mit J. Marías das „Instituto de Humanidades", 1949 Wiederaufnahme der Lehrtätigkeit in Madrid. Obwohl O. y G.s Haupttätigkeit auf philosoph. Gebiet lag, nimmt er mit seinen elegant geschriebenen, meisterhaften Essays, u.a. „Meditationen über Don Quijote" (1914, dt. 1959), „La deshumanización del arte"

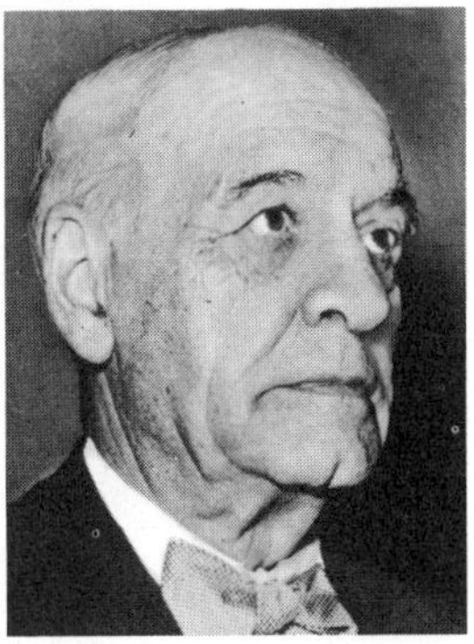
José Ortega y Gasset

(1925, dt. 1934 in: „Buch des Betrachters"), „Der Aufstand der Massen" (dt. 1931), „Um einen Goethe von innen bittend" (dt. 1934), „Über die Liebe" (dt. 1933), einen festen Platz in der span. Literatur ein; bed. sind auch seine treffenden Wertungen der zeitgenöss. span. Schriftsteller.
Ausgaben: J. O. y G. Ges. Werke. Dt. Übers. Stuttg. 1954–56. 4 Bde. – J. O. y G. Obras completas. Madrid 1946–47. 6 Bde.
Literatur: Ferrater Mora, J.: *O. y G.: An outline of his philosophy. New Haven (Conn.) ²1963.* – Niedermayer, F.: *O. y G. Bln. 1959.* – Marías, J.: *J. O. y G. u. die Idee der lebendigen Vernunft. Dt. Übers. Stuttg. 1952.*

Ortner, Eugen, * Glaishammer (heute zu Nürnberg) 26. Nov. 1890, † Traunstein 19. März 1947, dt. Schriftsteller.
Mittelschullehrer, Journalist, seit 1928 freier Schriftsteller. Schrieb zunächst bühnenwirksame soziale Dramen, später Volksstücke, kulturgeschichtl. und biograph. Romane und Novellen sowie Essays.
Hauptwerke: Meier Helmbrecht (Dr., 1928), Michael Hundertpfund (Dr., 1929), Balthasar Neumann (R., 1937), Geschichte der Fugger (R. 1939/40), Georg Friedrich Händel (R., 1942).

Ortner, Hermann Heinz, * Kreuzen 14. Nov. 1895, † Salzburg 18. Aug. 1956, östr. Dramatiker.

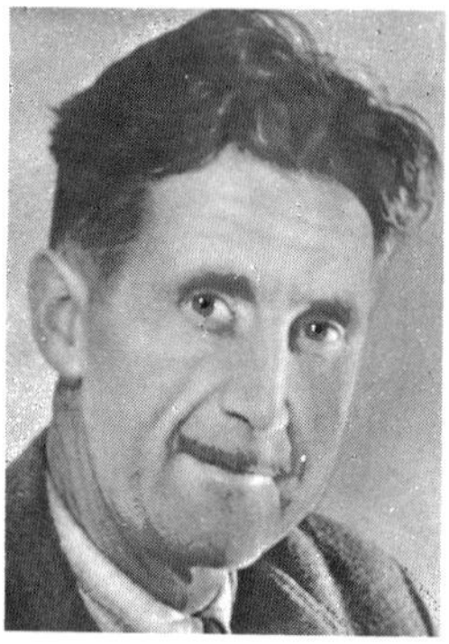

George Orwell

Studierte in Wien, war dort u.a. Dramaturg, unternahm als freier Schriftsteller zahlreiche Reisen. Schrieb anschaul., wirkungsvolle Bühnenwerke unter Verwendung mittelalterl., barocker und surrealist. Gestaltungselemente.
Hauptwerke: Tobias Wunderlich (Dr., 1929; vertont von J. Haas), Sebastianlegende (Dr., 1929), Das Paradiesgärtlein (Kom., 1940).

Ortnit [...ni:t], in der 1. Hälfte des 13. Jh.s von einem ostfränk. Dichter in der Nibelungenstrophe abgefaßtes Epos, das von abenteuerl. und märchenhaften Zügen bestimmt ist. O. ist der Sohn des Zwerges Alberich, der ihm im Kampf gegen die Heiden und bei einer gefährl. Brautwerbung im Orient hilft; O. stirbt im Drachenkampf und wird von Wolfdietrich gerächt.
Literatur: Mock, A.: *Unterss. zu O. u. Wolfdietrich. Diss. Bonn 1924.* – ↑ auch Wolfdietrich.

Orton, Joe [engl. ɔ:tn], * Leicester 1. Jan. 1933, † London 9. Aug. 1967, engl. Dramatiker.
Sohn eines Gärtners; wurde von seinem Freund Kenneth Halliwell erschlagen; v.a. bekannt durch seine beiden Dramen „Seid nett zu Mr. Sloane" (dt. 1964) und „Beute" (dt. 1965); Themen seiner Stücke des schwarzen Humors sind Mord, Homosexualität, Sadismus und Nekrophobie.
Weitere Werke: Der Schnorrer auf der Treppe (Hsp., dt. EA 1967), What the butler saw (Dr., UA 1969).

Orwell, George [engl. ˈɔ:wəl], eigtl. Eric Arthur Blair, * Motihari (Bihar) 25. Juni 1903, † London 21. Jan. 1950, engl. Schriftsteller.
Stipendiat in Eton; nahm als Gegner der imperialist. Methoden seinen Abschied bei der brit. Polizeitruppe in Indien; seine bitteren Erfahrungen verarbeitete er zu dem Erinnerungsbuch „Burmese days" (1934); nach Jahren in Paris und London erlebte O. eine Zeit bitterster Armut; 1936 kämpfte er auf republikan. Seite im Span. Bürgerkrieg; nach einer Verwundung kehrte er nach England zurück, wo er journalist. tätig war, zuletzt auch für „The Times"; Kommunist, später Mitglied der Labour Party; immer stark sozialkrit.; die gegen die Diktatur gerichtete Satire „Farm der Tiere" (dt. 1946) und der Roman „1984" (dt. 1950), in dem er ein Schreckensbild des totalitären Staates entwirft, wurden seine größten literar. Erfolge.
Weitere Werke: Mein Katalonien (Bericht, 1938; dt. 1964), Das verschüttete Leben (R., 1939; dt. 1953).
Literatur: Woodcock, G.: *The crystal spirit. A study of G. O. Boston (Mass.) 1966.* – Hollis, Ch.: *A study of G. O. The man and his works. London 1956.*

Orwid, Władysław [poln. ˈɔrvit] ↑ Daniłowski, Gustaw.

Orzechowski, Stanisław [poln. ɔʒɛˈxɔfski], latin. Orichovius, * Orzechowce 11. Nov. 1513, † 1566, poln. Schriftsteller.
Aus altem ukrain. Adel; studierte u.a. in Wittenberg, stand Luther und Melanchthon nahe; weitere Studien in Italien; nach seiner Rückkehr gegen seinen Willen zum Priester geweiht; stand zeitweise der griech. Orthodoxie nahe; war zuletzt fanat. Gegenreformator. Beherrschte meisterhaft die lat. und poln. rhetor. Prosa; bedeutendster poln. Publizist des 16. Jh.s mit adelsfreundl. Tendenz. Als sein Hauptwerk gilt die Schrift „Oratio reipublicae Polonae" (1566).

Orzeszkowa, Eliza [poln. ɔʒɛʃˈkɔva], geb. Pawłowska, * Miłkowszczyzna bei Grodno 25. Mai 1841, † Grodno 18. Mai 1910, poln. Schriftstellerin.
Tochter eines Adligen, sorgfältige Erziehung; naturwissenschaftl. Studien; Berufsschriftstellerin. Vertrat einen gemäßigten Positivismus und verfocht in realist. Romanen, in denen sie v.a. die Welt der poln.-lit. Bauern darstellte, soziale und patriot. Ideen; setzte sich für die Rechte der Frau ein; ihr Werk hat humanitären Charakter.
Hauptwerke: Eli Makower (R., 1874/75; dt. 1888), Meir Ezofowicz (R., 1878; dt. 1885), Die Hexe (R., 1885; dt. 1954), An der Memel (R., 1887; dt. 1953), Der Njemenfischer (R., 1889; dt. 1952).
Literatur: Mrosik, J.: *Das poln. Bauerntum im Werk E. O.s. Mchn. 1963.*

Osborn, Paul [engl. ˈɔzbən], * Evansville (Ind.) 4. Sept. 1901, amerikan. Dramatiker.
Studierte u.a. in Yale; verfaßte v.a. Gesellschaftskomödien und Drehbücher, dramatisierte Romane anderer Autoren (J. Herseys „A bell for Adano", 1945).
Weitere Werke: Familienleben (Dr., 1931; dt. 1949), Der Tod im Apfelbaum (Dr., 1938; dt. 1947), Innocent voyage (Dr., 1947).

Osborne, John [James] [engl. ˈɔzbən], * London 12. Dez. 1929, engl. Dramatiker.
Stammt aus ärml. Verhältnissen, unregelmäßige Schulbildung, war Journalist, Privatlehrer, Re-

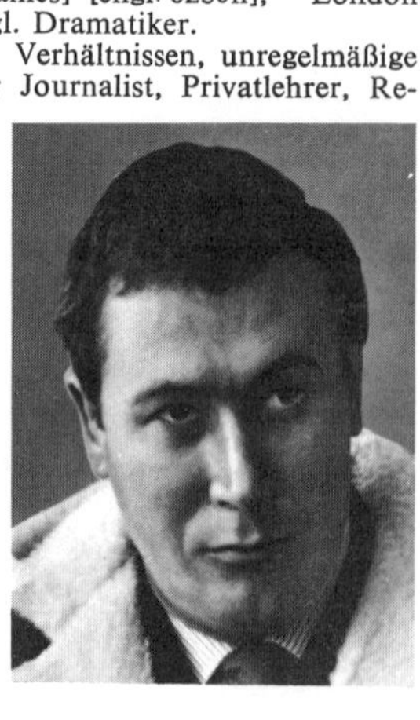

John [James] Osborne

gieassistent und Schauspieler; nach verschiedenen dramat. Versuchen hatte O. großen Erfolg mit seinem Theaterstück „Blick zurück im Zorn" (dt. 1958), in dem er als führender Sprecher der „zornigen jungen Männer" in Verzweiflung über die Welt, in der er leben muß, gegen die Gesellschaft und ihre Konventionen mit Zynismus und beißendem Spott protestiert.
Weitere Werke: Der Entertainer (Dr., dt. 1958), Hier ruht George Dillon (Dr., 1958; dt. 1963), Luther (Dr., dt. 1962), Richter in eigener Sache (Dr., dt. 1963), Ein Patriot für mich (Dr., dt. 1968).

Osee ↑ Bibel.

Oserow, Wladislaw Alexandrowitsch; tl.: Ozerov, Vladislav Aleksandrovič [russ. 'ɔzɪrɐf], * Kasanskoje oder Borki (Gouv. Twer) 11. Okt. 1769, † Borki 17. Sept. 1816, russ. Dramatiker.
O., der nach schwerer Krankheit in geistiger Umnachtung starb, stammte aus altem Adel; diente beim Militär, später Beamter. Seine histor. und mytholog. Tragödien sind im Stil des Klassizismus geschrieben, doch führten Einflüsse der Empfindsamkeit zu starker Lyrisierung; weniger erfolgreich war O. mit seiner Lyrik und Fabeldichtung.
Hauptwerke: Edip w Afinach (= Ödipus in Athen, Trag., 1804), Fingal (Trag., 1805), Dmitri Donskoi (Trag., 1807; dt. 1815).

O'Shaughnessy, Arthur William Edgar [engl. oʊ'ʃɔ:nɪsɪ], * London 14. März 1844, † ebd. 30. Jan. 1881, ir. Dichter.
Bibliothekar, dann Angestellter der naturwissenschaftl. Abteilung des Brit. Museums. O'Sh., der Verbindung zu den bedeutendsten frz. Dichtern seiner Zeit hatte und mit den Präraffaeliten, bes. mit D. G. Rossetti, befreundet war, schrieb formal v.a. an Swinburne geschulte Gedichte, die durch gewandte Behandlung der Metren auffallen.
Hauptwerke: Epic of women (Ged., 1870), Lays of France (Ged., 1872), Music and moonlight (Ged., 1874).

Osiński, Ludwik [poln. ɔ'ɕiĩski], * Kock 24. Aug. 1775, † Warschau 27. Nov. 1838, poln. Schriftsteller.
Theaterleiter und Professor für Literatur in Warschau; brillanter Redner. Vertrat die Stiltheorien des Klassizismus; pflegte v.a. die Ode; bekannt als Gegner der Romantik, bes. von Mickiewicz; übersetzte frz. Tragödien, u.a. von Corneille und Voltaire.

Osnowjanenko, Grizko; tl.: Osnov'janenko, Gric'ko [russ. asnavj'janɪnkɐ] ↑ Kwitka, Grigori Fjodorowitsch.

Osorgin ↑ Ossorgin.

Osorio, Miguel Ángel [span. o'sorio], Pseudonym Porfirio Barba-Jacob, * Santa Rosa de Osos 29. Juli 1883, † Mexiko 14. Jan. 1942, kolumbian. Dichter.
Führte ein unstetes Leben; modernist., später zur Romantik (bes. E. A. Poe) neigender Lyriker, schrieb „Canciones y elegías" (1933), „Rosas negras" (Ged., 1933), „La canción de la vida profunda" (Ged., 1937), „El corazón iluminado" (Ged., 1942) u.a.

Ossian ↑ Macpherson, James.

Ossiannilsson, Karl Gustav [schwed. ɔsia'nilsɔn], * Lund 30. Juli 1875, schwed. Schriftsteller.
Philologiestudium in Lund, Lehrer; anfangs Sozialist, später dem Faschismus nahestehend. Schrieb klangvoll-pathet. Lyrik mit aggressiver, antibürgerl. Tendenz; später auch Unterhaltungsromane.
Hauptwerke: Hedningar (Ged., 1901), Der Barbarenwald (R., dt. 1911), Gustavus Adolphus Magnus (R., 1916), Frihetssången (Ged., 1943).

Ossoli, [Sarah] Margaret Marchesa [italien. 'ɔssoli] ↑ Fuller, [Sarah] Margaret.

Ossorgin, Michail Andrejewitsch; tl.: Osorgin, Mihail Andreevič [russ. a'sɔrgin], eigtl. M. A. Iljin; tl.: M. A. Il'in, * Perm 19. Okt. 1878, † Chabris (Frankreich) 27. Nov. 1942, russ. Schriftsteller.
War in Rußland und nach seiner Ausweisung 1922 in Paris journalist. tätig. In seinen Romanen stellte O., der Kreisen der liberalen Intelligenz nahestand, realist. die Revolutionen von 1905 und 1917 dar; bes. erfolgreich war sein Roman „Der Wolf kreist" (dt. 1929), der u.a. den Terror der Oktoberrevolution zum Thema hat; O.s humanitäre Romane sind stilist. an Tschechow und Turgenjew geschult, enthalten jedoch auch moderne, z.T. der Filmtechnik entlehnte Stilelemente; auffallend die Neigung O.s zu Humor und Ironie.

Ostaijen, Paul André van [niederl. ɔs'ta:jə], * Antwerpen 22. Febr. 1896, † Anthée (Namur) 17. März 1928, fläm. Dichter.
Nach frühen Gedichten in der Art Hofmannsthals schrieb er expressionist. Lyrik mit pazifist. und national-fläm. Grundhaltung, experimentierte dann mit Mitteln des Dadaismus und schrieb Gedichte von ungewöhnl. Musikalität. In theoret. Schriften begründete er den Begriff der reinen Poesie. Eine Auswahl seiner Gedichte liegt in einer dt.-fläm. Ausgabe vor: „Poesie" (1966).
Weitere Werke: Music Hall (Ged., 1917), Het sienjaal (Ged., 1918), Bezette stad (Ged., 1921), Krities proza (Essays, 1929–31), Self-defense (Kurzgeschichten, 1933).

Ostenso, Martha [engl. 'ɔstənsoʊ, norweg. ɔs'tɛnsu], * Haukeland Stasjon bei Bergen 17. Sept. 1900, † 24. Nov. 1963, amerikan. Schriftstellerin.
Norweg. Herkunft; wuchs in Minnesota, South Dakota und Manitoba auf; studierte an den Universitäten Manitoba und Columbia. Sie schildert in realist. Romanen das Leben eingewanderter norweg. Bauern in den USA und Kanada.
Hauptwerke: Der Ruf der Wildgänse (R., dt. 1926), Erwachen im Dunkel (R., dt. 1927), Die tollen Carews (R., dt. 1928), Das weiße Riff (R., dt. 1936), Schicksale am Fluß (R., dt. 1950), A man had tall sons (R., 1958).

Österling, Anders Johan [schwed. ˌœstərliŋ], * Hälsingborg (Schonen) 13. April 1884, schwed. Lyriker und Kritiker.
Studierte in Lund und Paris, war schon früh als Zeitungsredakteur tätig, wurde 1941 ständiger Sekretär der schwed. Akademie, 1947 Vorsitzender des schwed. akadem. Nobelkomitees. Seine Jugendlyrik stand im Zeichen des Ästhetizismus und des Symbolismus, bes. St. Georges. Später wandte er sich einer realistischeren Betrachtungsweise zu und schilderte in schlichter und humorvoller Weise Landschaft und Menschen seiner Heimat. Auch einflußreicher Kritiker und Übersetzer.

Hauptwerke: Preludier (Ged., 1904), Facklor i stormen (Ged., 1913), Idyllernas bok (Ged., 1917), Tio års teater (Kritiken, 1936).

Osterspiel, Redentiner † Redentiner Osterspiel.

Osterspiel, Rheinisches † Rheinisches Osterspiel.

Osterspiel von Muri, um 1250 im schweizer. Aargau entstandenes, ältestes durchgehend deutschsprachiges geistl. Spiel; nur in Fragmenten erhalten. Einfluß des höf. Epos in Metrik und Vorstellungswelt. Zu den aus der Liturgie erwachsenen Darstellungen des Osterevangeliums traten weltl., z.T. burleske Szenen.

Ostrowski, Alexandr Nikolajewitsch; tl.: Ostrovskij, Aleksandr Nikolaevič [russ. as'trɔfskij], * Moskau 12. April 1823, † Schtschelykowo (heute Ostrowski, Gouv. Kostroma) 14. Juni 1886, russ. Dramatiker.
Studierte Jura in Moskau; 1845–51 Tätigkeit in der Kanzlei des Moskauer Handelsgerichts; 1847 erste Veröffentlichung (Teile einer Komödie); 1885 künstler. Leiter des Moskauer Staatstheaters und der angegliederten Theaterschule. O.

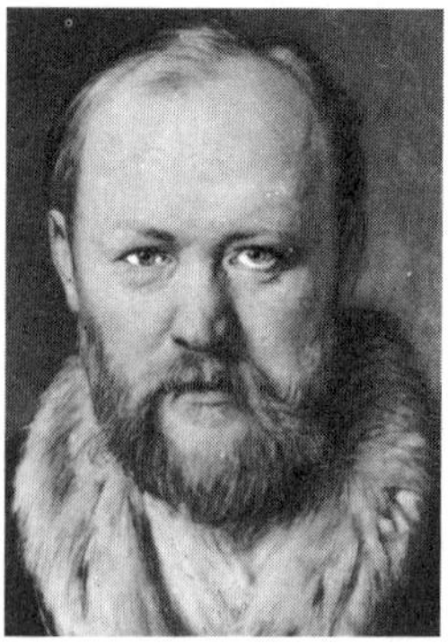

Alexandr Nikolajewitsch Ostrowski (Gemälde von W. G. Perow, 1871)

schrieb etwa 45 Dramen und Komödien und gilt als einer der bedeutendsten russ. Dramatiker. Bevorzugt schildert er – oft satir.-trag. – die Welt des vielschichtigen Kaufmannsstandes in gesellschaftskrit. Stücken, deren Stärke weniger in der dramat. Handlung als in der Charakterisierung der Personen und der Darstellung des Milieus liegt. Seine histor. Dramen sind weniger bedeutend.
Hauptwerke: Es bleibt ja in der Familie (Kom., 1850; dt. 1951), Das Gewitter (Dr., 1859; dt. 1911), Eine Dummheit begeht auch der Gescheiteste (Kom., 1868; dt. 1951), Tolles Geld (Kom., 1869; dt. 1951), Der Wald (Dr., 1871; dt. 1929), Schneeflöckchen (Dr., 1873; dt. 1922), Wölfe und Schafe (Kom., 1875; dt. 1951).
Ausgaben: Alexander Ostrowskij. Ausgew. Theaterstücke. Dt. Übers. Hg. v. J. v. Guenther. *Mchn. 1966. 2 Bde. – Alexander N. Ostrowskij. Dramat. Werke. Dt. Übers. Hg. v.* J. v. Guenther. *Bln. 1951. 4 Bde.*
Literatur: Patouillet, J.: *Le théâtre de mœurs russes des origines à Ostrowskij (1672–1850). Paris 1912.*

Ostrowski, Nikolai Alexejewitsch; tl.: Ostrovskij, Nikolaj Alekseevič [russ. as'trɔfskij], * Wilija 29. Sept. 1904, † Moskau 22. Dez. 1936, russ.-sowjet. Schriftsteller.
Sohn eines Arbeiters, nach Ausschluß aus der Schule ging er verschiedenen Beschäftigungen nach; 1919 Soldat in der Roten Armee, bei Lemberg 1920 schwer verwundet; seit 1924 völlig gelähmt und erblindend; vom Krankenbett aus diktierte er den autobiograph. Roman „Wie der Stahl gehärtet wurde“ (dt. 1937), der kommunist. Ideen verherrlicht und die wesentl. Prinzipien des sozialist. Realismus beachtet. Von seinem zweiten Roman „Die Sturmgeborenen“ (1936, dt. 1947) ist nach seinem Tode nur der erste Teil erschienen.

Ostsee, Johannes von der † Falk, Johannes Daniel.

Ostwald, Hans, * Berlin 31. Juli 1873, † ebd. 8. Febr. 1940, dt. Schriftsteller.
Ursprüngl. wandernder Handwerker; schilderte in Romanen und Novellen die untersten Schichten der menschl. Gesellschaft, gab ein Wörterbuch der Gaunersprache heraus („Rinnsteinsprache“, 1906), veröffentlichte eine „Kultur- und Sittengeschichte Berlins“ (1910) und gab Anthologien heraus, von denen „Lieder aus dem Rinnstein“ (1903–08) am bekanntesten wurde.
Weitere Werke: Vagabonden (R., 1900), Verworfene (E., 1902), Das Berliner Dirnentum (1905–07), Liebesjahre (R., 1910), Menschen vom Wege (En., 1920).

O'Sullivan, Seumas [engl. oʊ'sʌlɪvən] † Starkey, James Sullivan.

Oswald von Wolkenstein, * Schloß Schöneck oder Trostburg (Tirol) 2. Mai 1377, † Burg Hauenstein (Südtirol) 2. Aug. 1445, spätmhd. Lyriker.
Aus Tiroler Rittergeschlecht; entlief dem Elternhaus, abenteuerl. Wanderleben, das ihn bis nach Asien führte; nach dem Tod des Vaters (1401) Rückkehr in die Heimat; nach einer Pilgerfahrt ins Hl. Land nahm er im Gefolge Kaiser Sigismunds am Konzil in Konstanz teil, hielt sich in diplomat. Mission in Spanien und Portugal auf, war nach seiner Rückkehr führend am Aufstand des Tiroler Adels gegen Herzog Friedrich IV. von Tirol beteiligt, 1421–25 in Gefangenschaft; auch die folgenden Jahre bis zu seinem Tod waren von verschiedenen Fehden erfüllt. O.s unbekümmerte Lieder (u.a. Zech- und Buhllieder) sind durch Gestaltung der sinnl. erlebten Welt ein Gegenpol zum Minnesang, auch wenn sie formal dessen traditionelle Gattungen (Tagelied, Wechsel u.a.) aufweisen. Neben den Liedern, die sein bewegtes Leben spiegeln, schrieb er auch geistl. Lyrik (Marienlieder) und polit. Streitlieder.
Ausgaben: O. v. W. Eine Ausw. aus seinen Liedern [mhd. u. nhd.]. Hg., übersetzt u. erl. v. B. Wachinger. *Ebenhausen (Isartal) 1964. – O. v. W. Biograph. Gedichte. Im Original u. in neuer Übertragung. Ausw., Übertragung u. Nachwort v.* W. Schmied. *St. Gallen 1963. – O. v. W. Die Lieder. Hg. v.* K. K. Klein. *Tüb. 1962.*
Literatur: Müller, Ulrich: *„Dichtung“ u. „Wahrheit“ in den Liedern O.s v. W.: Die autobiograph. Lieder v. den Reisen. Göppingen 1968.* – Treichler, H. P.: *Studien zu den Tageliedern O.s v. W. Diss. Zürich 1968.* – Lester, C. H.: *Zur literar. Bedeutung O.s v. W. Wien 1949.* – Wolkenstein-Rodenegg, A. Gf. v.: *O. v. W. Innsbruck 1930.*

Oswald, Sankt (Sant Oswalt uz Engellant), in drei verschiedenen Fassungen erhaltenes Spielmannsepos aus den 70er Jahren des 12. Jh.s, das von der Gestalt des hl. Oswald nur den Namen

entlehnt hat. Das Epos erzählt von der Brautfahrt des Helden, dessen Brautwerber ein sprechender Rabe ist. Stark märchenhafte Züge, handfester Wunderglaube.
Literatur: Curschmann, M.: *Der Münchener O. u. die dt. spielmänn. Epik. Mit einem Exkurs zur Kulturgesch. u. Dichtungstradition. Mchn. 1964.*
Otfrid (Otfried) von Weißenburg, * um 790, † Weißenburg (Elsaß) nach 871, dt. Dichter.
Mönch und Schulmeister im Kloster Weißenburg; um 820–30 Schüler des Hrabanus Maurus in Fulda; vollendete zwischen 863 und 871 seine Evangelienharmonie (vom 1. Hg. auch „Krist" genannt), die, in südrheinfränk. Mundart geschrieben, die erste bed. 4taktige, stablose, paarige ahd. Endreimdichtung ist; das Werk, wenig geschlossen in der Form, stellt das Leben und Leiden Christi an Hand der Evangelien dar; die Tendenz ist allzu lehrhaft, wenn auch einzelne Abschnitte hymn. und lyr. Gepräge erstreben.
Ausgaben: O.s Evangelienb. Hg. v. O. Erdmann. *Bearb. v.* L. Wolff. *Tüb. ⁵1965. – O. v. W. Christi Leben u. Lehre besungen. Nhd. Übers. Hg. v.* J. Kelle. *Prag 1870. – Otfried v. W.s Evangelienb. Text, Einl., Gramm., Metrik, Glossar. Hg. v.* J. Kelle. *Regensb. 1856–81. 3 Bde. Nachdr. Aalen 1963.*
Literatur: Schulz, Klaus: *Art u. Herkunft des variierenden Stils in O.s Evangeliendichtung. Mchn. 1968.* – Richert, H.-G.: *Parva Otfridi memoria. In: Zs. f. dt. Altertum u. dt. Lit. 94 (1965), 21.* – Brinkmann, H.: *Verwandlung u. Dauer. Otfrieds Endreimdichtung u. ihr geschichtl. Zusammenhang. In: Wirkendes Wort. Sammelbd. 2 (1963), 92.* – Rohrer, J.: *Otfried u. Tatian. Diss. Tüb. 1955 [Masch.].* – Foerste, W.: *O.s literar. Verhältnis zum Heliand. In: Jbb. des Vereins f. niederdt. Sprachforschung 71/73 (1948/50), 40.*
Othon, Manuel José [span. 'otɔn], * San Luis de Potosí 14. Juni 1858, † ebd. 28. Nov. 1906, mex. Dichter.
Lyriker von tiefem Naturgefühl, einer der Wegbereiter des Modernismo, schrieb „Poesías" (1880), „El himno de los bosques" (Ged., 1891), „Poemas rústicos" (1902), „Idilio salvaje" (Ged., 1906), „Noche rústica de Valpurgis" (Ged., 1907), daneben Dramen und Erzählungen.
Otloh (Othloh, Otloch) von Sankt Emmeram, * bei Tegernsee um 1010, † Regensburg nach 1070, dt. Benediktiner.
Seit 1032 Mönch und Lehrer in Sankt Emmeram in Regensburg; 1062–66 in Fulda und Amorbach; bed. Kalligraph; schrieb in lat. Sprache Hymnen, Heiligenlegenden und die Autobiographie „Liber de temptationibus"; die dt. Fassung seines „Gebets" (nach 1067) ist das älteste persönl. Gedicht in dt. Sprache.
Literatur: Schauwecker, H.: *O. v. St. E. Ein Beitrag zur Bildungs- u. Frömmigkeitsgesch. des 11. Jh.s. Mchn. 1965.*
Otomo no Jakamotschi; tl.: Ōtomo no Yakamochi [jap. o:tomo no jakamotʃi], * 718, † 785, jap. Dichter.
Sohn des Dichters Otomo no Tabito, bekleidete hohe Ämter bei Hofe, war Statthalter von Ettschu und Inaba, seit 783 Staatsrat; Mithg. des „Manioschu", in dem 480 seiner eigenen Gedichte enthalten sind.
Otschiai, Naobumi; tl.: Ochiai, Naobumi [jap. otʃiai], * Präfektur Mijagi 22. Nov. 1861, † Tokio 16. Dez. 1903, jap. Dichter.
Entstammt einer Gelehrtenfamilie, studierte jap. Literatur; wirkte als Lyriker im Sinne der von ihm 1893 gegr. Gruppe „Asakascha", die sich die Erneuerung der klassischen jap. Literatur zum Ziel setzte.
Hauptwerke: Weißaster (Ged., dt. 1895), Haginojaiko (Ged., 1905).
Ott, Arnold, * Vevey 5. Dez. 1840, † Luzern 30. Sept. 1910, schweizer. Dramatiker.
Arzt in Schaffhausen und Luzern; schrieb „Gedichte" (1902) und für Festspiele schwungvollpathet. Historiendramen, von denen bes. das Volksschauspiel „Karl der Kühne und die Eidgenossen" (1897) in der Schweiz erfolgreich war.
Ott, Wolfgang, * Pforzheim 23. Juni 1923, dt. Schriftsteller.
Im 2. Weltkrieg Marineoffizier; Journalist und freier Schriftsteller in Stuttgart, dann in München; stellte in dem Roman „Haie und kleine Fische" (1956) realist.-anklagend den U-Boot-Krieg dar.
Weitere Werke: Die Männer und die Seejungfrau (R., 1960), Villa K. (R., 1962).
Ottacher ouz der Geul † Ottokar von Steiermark.
Otten, Karl, * Oberkrüchten bei Aachen 29. Juli 1889, † Minusio bei Locarno 20. März 1963, dt. Schriftsteller.
Studierte Soziologie und Kunstgeschichte; Kriegsgegner; Redakteur und freier Schriftsteller; emigrierte 1933 über Spanien nach England, seit 1944 erblindet, lebte zuletzt in der Schweiz. Begann als revolutionär engagierter expressionist. Lyriker und Erzähler (Mitarbeiter an Pfemferts „Aktion"), wandte sich später gedankl., formstrenger Lyrik zu; auch Dramatiker. Gab Anthologien expressionist. Dichtung heraus.
Hauptwerke: Die Thronerhebung des Herzens (Ged., 1918), Lona (R., 1920), Die Botschaft (R., 1957), Herbstgesang (Ged., 1961), Wurzeln (autobiograph. R., 1963).
Otto von Botenlauben, Graf von Henneberg, * gegen Ende des 12. Jh.s, † Kloster Frauenrode bei Bad Kissingen zwischen Juli 1244 und Febr. 1245, mhd. Minnesänger.
Sohn Graf Poppos VI. von Henneberg, nannte sich nach seinem Burgsitz Botenlauben bei Bad Kissingen. Teilnahme am Kreuzzug von 1197, heiratete in Palästina Beatrix, die Tochter des Seneschalls von Jerusalem, gründete 1231 das Zisterzienserinnenkloster Frauenrode, wohin er sich zurückzog, nachdem er seine Besitzungen an das Stift Würzburg verkauft hatte; mit seinen einstrophigen Liedern in der Form des frühen Minnesangs, drei Tageliedern, einem Wechsel (Einfluß des Kürenbergers) und einem Leich beweist er die Zugehörigkeit seiner Dichtung zum Schaffen der höf. Minnesänger.
Literatur: Schuchard, H.-K.: *Der Minnesänger O. v. B. Diss. Univ. of Pennsylvania, Philadelphia 1940.*
Otto von Freising, * um 1112, † Morimond bei Langres 22. Sept. 1158, Geschichtsschreiber.
Sohn des Markgrafen Leopold III. von Österreich und der Agnes, Tochter Kaiser Heinrichs IV.; nach dem Studium in Paris Zisterzienser (1138 Abt) im Kloster Morimond, 1138 Bischof von Freising; nahm am 2. Kreuzzug teil, Führer einer

eigenen Heeresabteilung. Seine Weltchronik „Chronica sive historia de duabus civitatibus" (entstanden 1143–46), die im Sinne von Augustinus Geschichte als Auseinandersetzung zwischen Welt- und Gottesreich deutet, gilt als das bedeutendste geschichtsphilosoph. Werk des MA; wichtig sind auch seine „Gesta Friderici" (entstanden 1157/58), in denen er sich als hervorragender Chronist der frühen Stauferzeit (bis 1156) erweist.

Literatur: O. v. F. 1158–1958. Rom 1958. – O. v. F. Gedenkgabe zu seinem 800. Todesjahr. Hg. v. J. A. Fischer. *Freising 1958.* – Haid, K.: *O. v. F. Bregenz 1933.*

Otto, Herbert, * Breslau 15. März 1925, dt. Schriftsteller.
Dramaturg; lebt in Klein Machnow bei Berlin. Verfasser von Romanen, Erzählungen und Reportagen. Bekannt durch seine gesellschaftskrit., doch poet. erzählte Liebesgeschichte „Zeit der Störche" (R., 1966).
Weiteres Werk: Die Lüge (R., 1956).

Ottokar von Steiermark, eigtl. Ottacher ouz der Geul, irrtüml. O. von Horneck genannt, * in der Steiermark um 1265, † zwischen 1319 und 1321, steir. Geschichtsschreiber.
Ministeriale Ottos II. von Liechtenstein, vorübergehend Fahrender; schrieb neben einer verlorengegangenen Kaiserchronik eine Reimchronik in etwa 100000 Versen, in der er in der Art des höf. Epos die Geschichte der östr. Länder von 1246 bis 1309 und die des Reiches von 1250 an erzählt.

Otto-Peters, Luise, geb. Otto, * Meißen 26. März 1819, † Leipzig 13. März 1895, dt. Schriftstellerin und Journalistin.
Hauptvertreterin der Frauenbewegung in Deutschland; propagierte im Vormärz in Gedichten („Lieder eines dt. Mädchens", 1847) und Romanen („Ludwig der Kellner", 1843; „Schloß und Fabrik", 1846) die demokrat. und sozialen Forderungen der Revolution von 1848; gründete 1865 den „Allgemeinen Dt. Frauenverein" und war seit 1866 Mithg. der Zeitschrift „Neue Bahnen". Bed. sind ihre sozialpolit. Schriften („Das Recht der Frauen auf Erwerb", 1866), vergessen ihre zahlreichen histor. Romane.

Otway, Thomas [engl. 'ɔtwɛɪ], * Trotton (Sussex) 3. März 1652, ▭ London 16. April 1685, engl. Dramatiker.
Sohn eines Geistlichen, studierte in Oxford, war Schauspieler und Bühnenautor; unglückl. Liebe trieb ihn in die Armee, die er wegen seiner Ausschweifungen verlassen mußte; lebte und starb in Elend und Armut; O. gilt in der Nachfolge Shakespeares mit seinen bühnenwirksam gebauten Blankverstragödien, die bei starker Betonung des Leidenschaftl. meist durch Konflikte zwischen Liebe und Ehre bestimmt sind, als einer der größten Dramatiker seiner Zeit.
Hauptwerke: Alcibiades (Trag., 1675), Don Carlos (Trag., 1676), Die Waise (Trag., UA 1680; dt. 1767, 1822 u.d.T. Monimia), Das gerettete Venedig (Dr., 1682; dt. 1754).

Ouckama, Gerhard ['aʊkama] ↑ Knoop, Gerhard Ouckama.

Oudshoorn, Jan van [niederl. 'ɔu̯tsho:rn], eigtl. Jan Koos Feylbrief, * Den Haag 20. Dez. 1876, † ebd. 31. Juli 1951, niederl. Schriftsteller.
Regierungsbeamter; Naturalist, Vorläufer des Existentialismus. Seine frühen, autobiograph. bestimmten, tief pessimist. Romane drücken erot. Spannung, Einsamkeit und Angst aus. Am bedeutendsten ist sein Roman „Willem Merten's levensspiegel" (1914). Im Spätwerk finden sich humorist. Züge.
Weitere Werke: Tobias en de dood (R., 1925), De fantast (R., 1948).

Ouida [engl. 'wi:də], eigtl. Marie Louise de la Ramée, * Bury Saint Edmunds 1. Jan. 1839, † Viareggio 25. Jan. 1908, engl. Schriftstellerin.
O. schrieb über vierzig zunächst vielgelesene Gesellschaftsromane, die sich gegen die Prüderie der viktorian. Gesellschaft richteten; als beste Werke gelten ihre Tierbücher und „Bimbi" (1882), eine Sammlung von Geschichten für Kinder.

Oulot, B. [frz. u'lo] ↑ Suttner, Bertha Freifrau von.

Ouologuem, Yambo [frz. wɔly'gɛm], * Bandiagara (Mali) 1940, mal. Schriftsteller.
Stammt aus wohlhabender Familie; Studium in Paris; schreibt in frz. Sprache; erhielt für seinen ersten Roman, „Das Gebot der Gewalt" (dt. 1969), in dem er die Geschichte seines Volkes von 1200 bis 1947 behandelt und der als der erste „afrikan. Roman" gilt, den Prix Renaudot.

Ouwendijk, Dick [niederl. 'ɔu̯wəndɛi̯k], * Delft 4. Sept. 1907, niederl. Schriftsteller.
Journalist; Verfasser sozialkrit. Romane, von denen bes. „Das Totenhaus" (R., dt. 1947), „Das geschändete Antlitz" (R., dt. 1949) und „Die satan. Trinität" (R., dt. 1950) bekannt geworden sind; schrieb außerdem Novellen und Komödien.

Ovenus ↑ Owen, John.

Overhoff, Julius ['o:v...], * Wien 12. Aug. 1898, dt. Schriftsteller.
Studierte Jura; an leitender Stelle in der chem. Industrie tätig (Aufsichtsratmitglied der BASF). Ist mit seinen Gedichten, Essays und Erzählungen stark der Antike verbunden.
Hauptwerke: Die Pflugspur (Ged., 1935), Eine Familie aus Megara (E., 1946), Die Welt mit Dschingiz-Chan (E., 1959), Das Haus im Ortlosen (E., 1960), Die Herabkunft der Ganga (Tageb., 1964).

Øverland, Arnulf [norweg. 'ø:vərland], * Kristiansund 27. April 1889, † Oslo 25. März 1968, norweg. Schriftsteller.
Nach Philologiestudium in Oslo Zeitungskritiker und freier Schriftsteller, Anhänger des Sozialismus; während der dt. Besatzung mitbestimmend im Widerstandskampf; 1941–45 im KZ (Grini und Sachsenhausen); seit 1946 norweg. Nationaldichter mit staatl. Ehrengehalt. Begann mit neuromant.-myst. Lyrik, bekämpfte später als radikaler Sozialist Faschismus, Kirche und das heuchler. Bürgertum. Seine Gedichte zeigen meisterhafte Form und schlichte Sprache. Während der Besatzungszeit verfaßte er patriot. Kampflieder. Er schrieb auch Dramen, Essays und Erzählungen.
Hauptwerke: Brød og vin (Ged., 1919), Hustavler (Ged., 1929), Vi overlever alt (Ged., 1945), Tilbake til livet (Ged., 1946).

Ovid ↑ Ovidius Naso, Publius.

Ovidius Naso, Publius, * Sulmo (heute Sulmona) 20. März 43 v. Chr., † Tomi[s] (heute Konstanza) 17 oder 18 n. Chr., röm. Dichter.
Einer wohlhabenden Familie des Ritterstandes entstammend; erhielt eine gute Ausbildung und

war für die öffentl. Laufbahn bestimmt, von der er sich bald zurückzog, um in sorgloser Ungebundenheit ganz seinen dichter. Neigungen zu leben; seine formvollendeten, spieler. Werke zeichnen sich durch Geschmeidigkeit und Eleganz der Sprache, geschickte Kompositionstechnik und feine psycholog. Zeichnung aus. In seinen frühen Gedichten huldigt er der Liebe, so in den „Amores“ (Liebeselegien), den „Heroides“ (Heldenbriefe), bes. in der psycholog. meisterhaften, raffinierten „Ars amatoria“ (= Liebeskunst), dem das Gegenstück „Remedia amoris“ (= Heilmittel gegen die Liebe) folgte; sein reifstes Werk sind die in ep. Form gehaltenen „Metamorphoses“, eine auf griech. Vorbilder zurückgehende Sammlung von Verwandlungssagen; die „Fasti“, ein Elegienzyklus, sind eine dichter. Bearbeitung des röm. Festkalenders. Aus unbekannten Gründen verbannte ihn Augustus 8 n. Chr. nach Tomi[s], von wo aus O. in seinen Klageliedern „Tristia“ und „Epistulae ex Ponto“ (= Briefe vom Pontus) vergebens um Begnadigung bat.
Ausgaben: Ovid. Werke in zwei Bden. Dt. Übers. Einl., Anmerkungen u. Reg. v. L. Huchthausen. *Bln. 1968. – P. O. N. Nach* R. Merkel *hg. v.* R. Ehwald *u.a. Editio minor. Lpz. 1915–32. 3 in 4 Bden.*
Literatur: Segal, Ch. P.: *Landscape in Ovid's Metamorphoses. A study in the transformations of a literary symbol. Wiesb. 1969.* – Otis, B.: *Ovid as an epic poet. London 1966.* – Ludwig, W.: *Struktur u. Einheit der Metamorphosen Ovids. Bln. 1965.* – Wilkinson, L. P.: *Ovid surveyed. London u. New York 1962.* – Munari, F.: *Ovid im MA. Zürich u. Stuttg. 1960.* – Stoessl, F.: *Ovid. Dichter u. Mensch. Bln. 1959. – Bibliografia Ovidiana. Hg. v.* E. Paratore. *Sulmona 1958.* – Fränkel, H.: *O., a poet between two worlds. Neuaufl. Berkeley 1956.* – Zingerle, A.: *O. u. sein Verhältnis zu den Vorgängern u. gleichzeitigen röm. Dichtern. Innsbruck 1869–71. 3 Bde. Nachdr. Hildesheim 1967.* – † auch Nonnos, † Musaios.

Owen, John [engl. 'oʊɪn], latin. Audoenus, Ovenus, * Llanarmon bei Pwllheli 1563 oder 1564, † London 1622, nlat. walis. Dichter.
Studierte in Winchester und Oxford, wurde Lehrer. Schrieb zahlreiche nlat. Epigramme, die er in mehreren Bänden herausgab; beeinflußte nachhaltig die Epigrammdichtung auf dem Kontinent, bes. in Deutschland; der Einfluß seiner Werke, die v. a. menschl. Schwächen und Laster zum Thema haben, reichte bis ins 18. Jh.; eine Auswahl wurde 1863 in dt. Sprache ediert.

Owen, Wilfred Edward Salter [engl. 'oʊɪn], * Oswestry (Shropshire) 18. März 1893, ⚔ bei Landrecies (Nord) 4. Nov. 1918, engl. Lyriker.
Bereiste nach Abschluß seiner Studien Frankreich, war von 1913 bis zur Meldung als Kriegsfreiwilliger (1915) Hauslehrer bei Bordeaux. In seiner Lyrik wandte er sich gegen die Sinnlosigkeit des modernen Kriegs, den er schonungslos, oft mit einem Unterton von Resignation, darstellte; verwandte in seiner von der Romantik, v. a. von Keats beeinflußten Dichtung weitgehend die Assonanz an Stelle des Endreims und nahm so Züge der Reimtechnik Audens und Spenders vorweg; 1920 gab Sassoon einen Teil von O.s Gedichten heraus („Poems“).
Literatur: Welland, D. S. R.: *W. O. London 1960.*

Owlglaß, Dr. ['aʊlgla:s], eigtl. Hans Erich Blaich, * Leutkirch bei Wangen im Allgäu 19. Jan. 1873, † Fürstenfeldbruck 29. Okt. 1945, dt. Schriftsteller.
Sohn eines Stadtschultheißen, studierte Medizin, war Lungenfacharzt in Stuttgart (1905–31), dann in Fürstenfeldbruck; Mitarbeiter und Schriftleiter (1912–24 und 1933–35) des „Simplicissimus“; schrieb satir. Erzählungen, heiter-nachdenkl. Lyrik und übersetzte Aristophanes, Rabelais, De Coster u. a.; betätigte sich auch als Herausgeber.
Hauptwerke: Der saure Apfel (Ged., 1904), Von Lichtmeß bis Dreikönig (Ged., 1912), Hinter den sieben Schwaben her (E., 1926), Damals (En., 1941), Seitensprünge (Ged., 1942), Tempi passati (Ged., hg. 1947).

Oxenstierna, Johan Gabriel Graf [schwed. ˌuksənʃæ:rna], * Gut Skenäs (Södermanland) 19. Juli 1750, † Stockholm 29. Juli 1818, schwed. Dichter.
Studierte in Uppsala, war Gesandtschaftssekretär, Reichsrat, Kanzleipräsident, Reichsmarschall, Mitglied der schwed. Akademie; schwed. Hofpoet; beeinflußt von Rousseau und Voltaire; Vertreter der Vorromantik in Schweden. O. schrieb mytholog. verbrämte, naturschwärmer. Gedichtzyklen („Dagens stunder“, 1805), Gedankenlyrik, geistreiche Epigramme und Episteln sowie patriot. Texte von geringer schöpfer. Originalität; er übersetzte Miltons „Verlorenes Paradies“.
Weitere Werke: Skördarna (Ged., 1796), Disa (Dr., 1798), Dagboksanteckningar åren 1769–71 (Memoiren, hg. 1881), Mitt minne 1788/89 (Memoiren, hg. 1900).

Ozerov † Oserow.

P

Pa Chin, eigtl. Li Fei-kan, * Tschengtu (Szetschuan) 1905 (?), chin. Schriftsteller.
Biologie-, dann Literaturstudium in Paris, kehrte 1929 nach China zurück; er begann in Paris zu schreiben („Miehwang“ [= Vernichten], R., 1929). In seinem literar. Werk, das Romane, Kurzgeschichten und Novellen umfaßt, gestaltet Pa Ch. bevorzugt den Ggs. der freiheitsliebenden Jugend und der älteren Generation, die noch dem traditionellen Familienverband verhaftet ist. Bed. Verdienste als Übersetzer, u. a. von Werken Puschkins, Turgenjews und Gorkis.
Weitere Werke: Das Haus des Mandarins (R., 1933; dt. 1959), Garten der Ruhe (R., dt. 1954).

Pacuvius, Marcus, * Brundisium (heute Brindisi) 220, † Tarent um 130, röm. Tragiker.
Von Ennius, dessen Neffe er war, nach Rom gebracht, wo er sich als Maler und Dichter betätigte. Von seinen 12 Tragödien und einer Praetexta (nationalröm. Schauspiel) sind etwa 500 Verse erhalten. Seine nach griech. Mustern geschriebenen Stücke behandeln Stoffe aus der griech. Sage, die meist noch keine dichter. Bearbeitung erfahren hatten; kraftvolle Sprache, fesselnde Schilderung und eine manchmal etwas geschmacklos wirkende Gesuchtheit im Ausdruck charakterisieren den Dichter, den Cicero für den größten Tragiker Roms hielt.

Padilla, Fray Juan de [span. pa'ðiʎa], genannt „el Cartujano", * Sevilla 1468, † ebd. 1522 (?), span. Dichter.
Kartäuser; schrieb religiös-allegor. Gedichte, darunter „Los doce triunfos de los doce Apóstoles" (1521), eine Nachahmung von Dantes „Divina Commedia".
Page, Stanton [engl. pɛɪdʒ] ↑ Fuller, Henry Blake.
Page, Thomas Nelson [engl. pɛɪdʒ], * Oakland Plantation (Hanover County, Va.) 23. April 1853, † ebd. 1. Nov. 1922, amerikan. Schriftsteller.
Lebte nach jurist. Studien als Anwalt in Richmond, seit 1893 freier Schriftsteller, 1913–19 Botschafter in Italien. P., der der „local-color"-Schule nahestand, vermittelte v.a. in seinem Hauptwerk, der Erzählungssammlung „In ole Virginia" (1887), ein Bild der Südstaaten, bes. Virginias, vor dem Bürgerkrieg, wobei er v.a. die romant. Aspekte hervorhob; verwandte z.T. den Negerdialekt.
Paget, Violet [engl. 'pædʒɪt] ↑ Lee, Vernon.

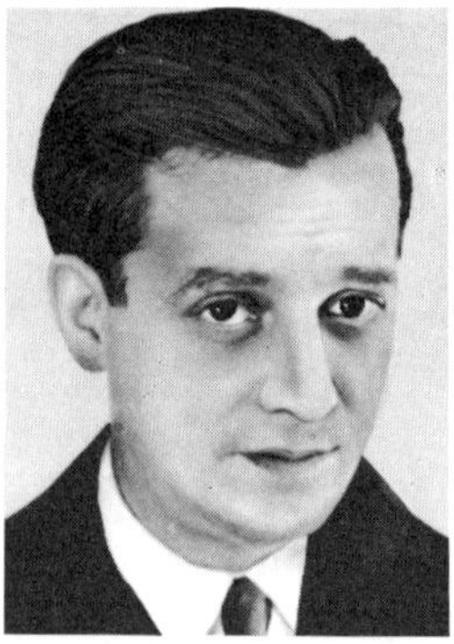
Marcel Pagnol

Pagnol, Marcel [frz. pa'ɲɔl], * Aubagne bei Marseille 28. Febr. 1895, frz. Dramatiker.
Lange Zeit Englischlehrer an höheren Schulen S-Frankreichs, seit 1922 am Lycée Condorcet in Paris; Hg. einer literar. Zeitschrift; wandte sich bald ganz dem Bühnen- und Filmschaffen zu; Mitglied der Académie française. Er gründete zwei Filmgesellschaften und inszenierte zahlreiche Filme. Seine bühnenwirksamen Lustspiele sind satir. Sittenschilderungen mit treffenden Charakterardstellungen, bes. aus der Welt der Kleinbürger. Sein Hauptwerk ist die in Marseille spielende Marius-Trilogie („Marius", dt. 1929, auch u.d.T. „Zum goldenen Anker"; „Fanny", dt. 1932; „César", dt. 1937).
Weitere Werke: Das große ABC (Dr., dt. 1928), Die Tochter des Brunnenmachers (Dr., 1941; dt. 1955), Judas (Dr., 1955), Eine Kindheit in Paris (Autobiogr., dt. 1961), Marcel. Eine Kindheit in der Provence (Autobiogr., dt. 1964), Die Wasser der Hügel (R., dt. 1964), Die eiserne Maske (Biogr., dt. 1966).
Ausgaben: M. P. Œuvres complètes. Paris 1964–67. 3 Bde. – M. P. Dramen. Dt. Übers. Mchn. 1960ff. Auf mehrere Bde. berechnet.
Literatur: Vial, F.: *Provence and Provençals in the works of P. In: The American Society Legion of Honor Magazine 35 (1964), 29.* – Combaluzier, L.: *Le jardin de P. Paris 1937.*

Pailleron, Édouard [frz. paj'rõ], * Paris 17. Sept. 1834, † ebd. 20. April 1899, frz. Schriftsteller.
Studierte Jura, war Kanzlist, dann Offizier, wurde durch seine Heirat Miteigentümer der Zeitschrift „La Revue des Deux Mondes" und konnte sich ganz seinem dramat. Schaffen widmen; 1882 Mitglied der Académie française. Nach mehreren Vers- und Prosakomödien, meist Einaktern, erschien 1881 sein erfolgreichstes Werk, „Die Welt, in der man sich langweilt" (Kom., 1868; dt. um 1883), eine Satire auf die sog. gebildete Gesellschaft, während sich „Cabotins" (Kom., 1894) gegen das Komödiantentum in der Politik und der Welt der Künstler wendet. Wenig Erfolg als Lyriker.
Weitere Werke: Le dernier quartier (Kom., 1863), Le second mouvement (Kom., 1865), L'étincelle (Kom., 1879).
Paịssi Chilendarski; tl.: Paisij Hilendarski [bulgar. pa'isij], * in der Eparchie Samokow 1722, † 1798 (?), bulgar. Mönch und Schriftsteller.
Ging ins Chilendar-Kloster auf dem Athos, wo er mit griech., russ. und serb. Mönchen in Berührung kam; Verfasser einer slawobulgar. Geschichte, die den Beginn der neubulgar. Literatur bedeutet; in 40 Abschriften erhalten; P. gilt als Erwecker des bulgar. Sprach- und Nationalbewußtseins.
Pạivärinta, Pietari [finn. 'pæiværintɑ], * Ylivieska (Oulu) 18. Sept. 1827, † ebd. 26. Juli 1913, finn. Schriftsteller.
Sohn eines Tagelöhners; Organist und selbständiger Bauer, 1882–91 als Vertreter des Bauernstandes Mitglied des finn. Reichstages. Schrieb als kluger Menschenbeobachter volkstüml. Erzählungen, in denen er in einfacher, realist. Sprache Leben und Sitten des nordfinn. Landvolks schildert. Eine dt. Auswahl seiner Erzählungen erschien erstmals 1890.
Hauptwerke: Elämäni (E., 1877), Torpan poika (E., 1883), Syyslehtiä (E., 1900).
Pạkkala, Teuvo [finn. 'pɑkkɑlɑ], eigtl. Theodor Oskar Frosterus, * Oulu 9. April 1862, † Kuopio 7. Mai 1925, finn. Schriftsteller.
Lehrer, Zeitungsredakteur, freier Schriftsteller. Schrieb psycholog. feine Erzählungen und Romane sowie ausgezeichnete Kindergeschichten. Erfolgreich war er auch mit seinen launigen Singspielen für das finn. Nationaltheater.
Hauptwerke: Oulua soutamassa (E., 1885), Tukkijoella (Dr., 1899), Pieni elämänterina (E., 1913).
Palạcios, Pedro Bonifacio [span. pa'lasi̯ɔs], Pseudonym Almafuerte, * San Justo 13. Mai 1854, † La Plata 28. Febr. 1917, argentin. Dichter.
Vertritt in seinen einfachen, jedoch kraftvollen lyr. Gedichten humanitäre Ideen.
Hauptwerke: Confiteor Deo (Ged., 1904), Evangélicas (Prosa, 1915), La sombra de la patria (Ged., 1916).
Palạcio Valdés, Armando [span. pa'laθi̯o βal'des], * Entralgo (Asturien) 4. Okt. 1853, † Madrid 3. Febr. 1938, span. Schriftsteller.
Studierte Jura, gab die Zeitschrift „Revista Europea" heraus; Mitglied der span. Akademie. Einer der volkstümlichsten Erzähler Spaniens. Seine realist., vielfach biograph. Romane schildern schlicht das Alltagsleben seiner Heimat.
Hauptwerke: Marta und Maria (R., 1883; dt. 1930), Die Andalusierin (R., 1889; dt. 1955), La

fe (R., 1892), Kapitän Ribots Freude (R., 1899; dt. 1944), Tiempos felices (Novellen, 1933).
Literatur: Colangeli Romano, M.A.: *P. V., romanziere. Lecce 1957.*

Palamas, Kostis; tl.: Palamäs, Kōstēs [neugr. pala'mas], * Patras 25. Jan. 1859, † Athen 27. Febr. 1943, neugriech. Dichter.
P., Führer der jungliterar. Richtung, glaubte an den unveränderten Fortbestand des Hellenentums, brachte in seinen Epen und in seiner symbolist. Lyrik die Leiden und Hoffnungen seines Volkes zum Ausdruck. Anfangs verwendete er das klass. Griech., später schrieb er in der Volkssprache, die er damit zur Literatursprache erhob. Vertreten in der dt. Auswahl „Neugriech. Lyriker" (1928). P. schrieb auch Dramen und Prosa.

Palazzeschi, Aldo [italien. palat'tseski], eigtl. A. Giurlani, * Florenz 2. Febr. 1885, italien. Schriftsteller.
Schauspielschüler in Florenz, dann vorübergehend Handelsausbildung in Venedig, früh Kontakt zu futurist. Kreisen; Schauspielreisen durch Italien; mehrfacher Aufenthalt in Paris (Verkehr mit Modigliani u.a.); begann mit Gedichten im Zeichen der Futuristen und Crepuscolari („L'incendiario", 1910), verdankt seinen Ruhm jedoch v.a. psycholog. fundierten, iron., z.T. auch phantast.-grotesken Romanen und Novellen.
Weitere Werke: Il codice di Perelà (R., 1911), Am Fenster (Erinnerungen, 1932; dt. 1962), Die Schwestern Materassi (R., 1934; dt. 1948), Die Brüder Cuccoli (R., 1948; dt. 1967), Perelà uomo di fumo (R., 1954), Der Doge (R., dt. 1968).

Palés Matos, Luis [span. pa'lez 'matɔs], * Guayama 1899, † 1959, puertorican. Lyriker.
Vertreter der mittelamerikan. Negerdichtung, unter dem Einfluß des Modernismo, schrieb u.a. „Azaleas" (Ged., 1915), „Tuntún de paso y grifería" (Ged., 1937).

Palgrave, Francis Turner [engl. 'pɔ:lgreɪv, 'pælgreɪv], * Great Yarmouth (Norfolk) 28. Sept. 1824, † London 24. Okt. 1897, engl. Dichter und Kritiker.
Studierte in Oxford; Freund Tennysons; 1885–95 Professor für Poetik in Oxford. Schrieb lyr. Gedichte und literaturkrit. Arbeiten; P.s Hauptwerk, eine Anthologie engl. Dichtung, die 1861 u.d.T. „The golden treasury of English songs and lyrics" erschien (1896 erweitert und revidiert), gilt wegen ihrer vorbildl. Auswahl als klass. Werk dieser Gattung.

Pali-Kanon ↑ Tripitaka.

Palinurus [engl. pælɪ'njʊərəs] ↑ Connolly, Cyril Vernon.

Palissot de Montenoy, Charles [frz. palisodmõtə'nwa], * Nancy 3. Jan. 1730, † Paris 15. Juni 1814, frz. Schriftsteller.
Studierte Theologie und war seit 1793 Bibliothekar in Paris, 1798 Mitglied des Rates der Alten; bekämpfte mit seinen Lustspielen „Les originaux ou le cercle" (1755) und „Les philosophes" (1760) Rousseau und die Enzyklopädisten.

Palladas, griech. Dichter um 400 aus Alexandria. Schulmeister; bevorzugte das Epigramm, in dem er mit beißendem Spott und bitterer Ironie die menschl. Schwächen geißelt; neben dem Distichon verwendete er bes. den [homer.] Hexameter.

Palladios von Helenopolis, * in Galatien um 365, † vor 431, griech. Schriftsteller.
Mönch in Ägypten, später Bischof; wegen Irrlehren angeklagt, mußte er längere Zeit in der Verbannung leben; zuletzt Bischof von Aspona in Galatien; schrieb die für die Geschichte des alten Mönchtums wichtige „Historia Lausiaca", eine nach dem Adressaten, dem kaiserl. Kammerherrn Lausos, benannte Sammlung von Lebensbildern asket. Heiliger; von histor. Interesse ist der „Dialogus de vita Sancti Joannis Chrysostomi".

Palma, Ricardo [span. 'palma], * Lima 7. Febr. 1833, † ebd. 6. Okt. 1919, peruan. Dichter.
Von Jugend auf liberal gesinnt, mußte er 1860 ins polit. Exil nach Chile; zeitweilig in Europa (England, Frankreich, Italien); später Staatssekretär, Direktor der peruan. Staatsbibliothek, Gründer der peruan. Akademie. Sein monumentales Hauptwerk sind die „Tradiciones peruanas", elf zwischen 1872 und 1918 erschienene Folgen romant. gefärbter Erzählungen, Sagen und Episoden aus der Geschichte seines Landes; daneben Dramen, lyr. Gedichte und Übersetzungen (Hugo, Heine).

Palmblad, Vilhelm Fredrik [schwed. ˌpalmblɑ:d], * Skönberga bei Söderköping 16. Dez. 1788, † Uppsala 2. Sept. 1852, schwed. Schriftsteller.
Erwarb 1810 eine Buchdruckerei, wurde 1822 Dozent für Geschichte, 1835 Professor für Griech. an der Universität Uppsala. P. war als eifriges Mitglied des „Auroraförbundet" und als Hg. mehrerer Zeitschriften der wissenschaftl., journalist. und verleger. Verkünder der philosoph. Hochromantik. Schrieb romant. Novellen und histor. Romane, übersetzte Aischylos, Sophokles und Tieck; Mithg. des schwed. biograph. Lexikons.
Hauptwerke: Noveller (1840–51), Die Familie Falkenswärd (R., dt. 1846), Aurora Königsmark und ihre Verwandten (R., dt. 1848–53).

Palmotić, Junije [serbokroat. ˌpalmɔtitɕ], * Ragusa (heute Dubrovnik) 1606, † ebd. 1657, ragusan. Dichter.
Aus einer Adelsfamilie; mit Gundulić verwandt; von Jesuiten erzogen. P., der Gundulić nacheiferte, dessen Niveau aber nicht erreichte, schrieb Barockdramen myth.-allegor. Inhalts nach Vorlagen von Ovid, Vergil, Tasso und Ariosto; patriot. Tendenz; sein christl. Epos „Kristijada" nach dem Vorbild von Vida wurde 1670 postum in Rom gedruckt.

Pálsson, Gestur [isländ. 'paulsɔn], * Miðhús 25. Sept. 1852, † Winnipeg 19. Aug. 1891, isländ. Schriftsteller.
Bauernsohn, lebte einige Zeit in Kopenhagen, war seit 1882 Schriftsteller und Journalist, ging 1890 nach Kanada. Seine realist. gesellschaftskrit. Erzählungen sind u.a. stark beeinflußt von Turgenjew, den er auch übersetzte.
Hauptwerke: Das Liebesheim (E., dt. 1891), Drei Novellen vom Polarkreis (dt. 1896), Grausame Geschicke (E., dt. 1902).

Paludan, Jacob [dän. 'pal'udan], * Kopenhagen 7. Febr. 1896, dän. Schriftsteller.
Sohn eines konservativen Literarhistorikers, reiste 1920 nach Ecuador und den USA, seit 1921 freier Schriftsteller; seit 1940 Redakteur von Hasselbalchs „Kultur-Bibliothek"; Erzähler und Essayist von kulturpessimist. Haltung. Mit scharfer Beobachtung und feinem psycholog. Einfühlungsvermögen schildert er in seinen zeitkrit.

Romanen und Novellen die Gesellschaft der 20er Jahre, wobei er sich bes. gegen die Amerikanisierung des europ. Lebens wendet.
Hauptwerke: Die neue Welt (R., dt. 1923), Im Lichtkegel (R., 1923; dt. 1944), Vögel ums Feuer (R., dt.1926), Die Felder reifen (R., dt. 1927), Gewitter von Süd (R., dt. 1940), Unter dem Regenbogen (R., dt. 1956).
Paludan-Müller, Frederik [dän. 'pal'udan 'møl'ər], * Kerteminde 7. Febr. 1809, † Kopenhagen 28. Dez. 1876, dän. Dichter.
Sohn eines Pfarrers und späteren Bischofs. P.-M. studierte Jura und wurde freier Schriftsteller. Er steht zwischen Romantik und Realismus. Zwei widerstreitende Tendenzen durchziehen sein Leben und Werk: eine ästhet., lebensbejahende in seiner Jugend und eine christl.-asket.-moralist., die sich seit 1840 stärker ausprägte. P.-M. fand seine Stoffe in Bibel und griech. Mythologie. In „Adam Homo" (1841–48, dt. 1883), einem der bedeutendsten Werke der dän. Literatur, oft als dän. „Faust" bezeichnet, schuf er in Stanzen ein iron. Zeitbild mit autobiograph. Zügen.
Weitere Werke: Die Tänzerin (Ged., dt. 1835), Amor und Psyche (Dr., dt. 1848), Abels død (Ged., 1844), Ahasverus (Ged., 1854).
Panajiotopulos, I[oannis] M.; tl.: Panagiōtópoulos, Iōánnēs M. [neugr. panajo'topulos], * Ätolikon 23. Okt. 1901, neugriech. Schriftsteller.
Als führender Literaturkritiker eine der bedeutendsten und einflußreichsten Persönlichkeiten des literar. Lebens in Griechenland. Seine Gedichte, Romane („Die Siebenschläfer", dt. 1962), Erzählungen, Essays und Abhandlungen zeichnen sich durch vollendete formale Gestaltung aus.
Panassenko, Stepan Wassiljewitsch; tl.: Panasenko, Stepan Vasil'evič [russ. pa'nasınkɐ] ↑ Wassiltschenko, Stepan Wassiljewitsch.
Pañcatantra ↑ Pantschatantra.
Pandurović, Sima [serbokroat. pan,du:rɔvitɕ], * Belgrad 15. April 1883, † ebd. 27. Aug. 1960, serb. Schriftsteller.
Nach Abschluß seines Philosophiestudiums Gymnasiallehrer, dann freier Schriftsteller; Lyriker des Symbolismus mit pessimist., der Dekadenz verwandter Grundhaltung; nahm in Essays krit. zu literar. Fragen Stellung; übersetzte u.a. Racine, Hugo, ferner dt. und engl. Literatur.
Panero, Leopoldo [span. pa'nero], * Astorga (León) 19. Okt. 1909, † ebd. 27. Aug. 1962, span. Dichter.
Rechtsstudium in Madrid und Oviedo; Reisen in England und Frankreich; Leiter von Kulturinstituten, u.a. in London; bed., der Dichtkunst Garcilasos nahestehender Lyriker, schrieb „La estancia vacía" (Ged., 1944), „Rimas del Guadarrama" (1945), „Escrito a cada instante" (Ged., 1949), „Canto personal" (Ged., 1953); übersetzte Keats und Shelley.
Panfjorow, Fjodor Iwanowitsch; tl.: Panferov, Fedor Ivanovič [russ. pan'fjɔrɐf], * Pawlowka (Gebiet Uljanowsk) 2. Okt. 1896, † Moskau 10. Sept. 1960, russ.-sowjet. Schriftsteller.
Brach seine Lehrerausbildung ab; literar. und polit. aktives Mitglied der KP und des Obersten Sowjets. Begann als Dramatiker,wandte sich jedoch bald dem Roman zu; hatte zunächst mit den Bänden „Die Genossenschaft der Habenichtse" (dt. 1928) und „Die Kommune der Habenichtse" (dt. 1931), zwei Teilen des 4bändigen Romans „Bruski" (= Schleifsteine), großen Erfolg; wurde später im Rahmen der Sprachreinigungsbestrebungen von Gorki wegen vulgärer Wendungen und Dialektausdrücken getadelt. In dt. Übersetzung erschien außerdem der Roman „Wolgabauern" (dt. 1953).
Panizza, Oskar, * Bad Kissingen 12. Nov. 1853, † Bayreuth 30. Sept. 1921, dt. Schriftsteller.
Nach medizin. Studien in München und Reisen in Frankreich und England Nervenarzt in München; starb in geistiger Umnachtung. P., der seiner rücksichtslosen Satiren wegen unter der Anklage der Gotteslästerung (1895 Gefängnis wegen Religionsvergehens) und Majestätsbeleidigung in Prozesse verwickelt war, wurde auch durch an Poe erinnernde phantast.-groteske Erzählungen und an Heine geschulte Lyrik bekannt.
Hauptwerke: Düstre Lieder (Ged., 1886), Dämmerungsstücke (En., 1890), Aus dem Tagebuch eines Hundes (Humoreske, 1892), Das Liebeskonzil (Trag., 1895), Psichopatia criminalis (1898), Nero (Trag., 1899), Parisjana (Ged., 1900).
Ausgabe: O. P. „Das Liebeskonzil" u.a. Schrr. Hg. u. Nachwort v. H. Prescher. *Neuwied 1964.*
Literatur: In Memoriam O. P. Mchn. 1926.
Pan Ku, * Prov. Schensi 32, † Changan (Schensi) 92, chin. Geschichtsschreiber und Dichter.
Entstammte einer am Hof des Kaisers Ming Ti sehr angesehenen Familie; er setzte die von seinem Vater begonnene Geschichte der westl. Han-Dynastie „Chienhanshu" fort. P. Kus Schwester, Pan Chao, hat das Werk vollendet. Es ist als histor. Quelle von Bedeutung. P. Kus prunkvolle Prosagedichte über zwei Städte haben Schule gemacht. Ferner war er als Mitautor an der polit.-religiösen Enzyklopädie „Pohutung" beteiligt.
Pannwitz, Rudolf, * Crossen (Oder) 27. Mai 1881, † Astano bei Lugano 23. März 1969, dt. Schriftsteller und Kulturphilosoph.
Nach dem Studium der Philosophie, klass. Philologie, Germanistik und des Sanskrit als Erzieher tätig, gründete mit O. zur Linde die literar. Vereinigung und Zeitschrift „Charon" (1904); enge Beziehungen zu Däubler, Hofmannsthal, Verwey und Wolfskehl. Seit 1921 lebte er vorwiegend in Jugoslawien, seit 1948 in der Schweiz. Sein dunkles und geheimnisträchtiges Werk ist von Nietzsche und George beeinflußt. Kosm. und myth. Kräfte sollen helfen, den neuen Menschen und die neue Welt zu schaffen. Publizist. setzt er sich für ein geeinigtes humanist. Abendland ein. Von seinem umfangreichen Werk sind zu nennen die Dramen „Dionys. Tragödien" (1913), „Baldurs Tod" (1919), das Epos „Mythen" (1919–21), die Gedankendichtung „Die dt. Lehre" (1919), die kulturphilosoph. Werke „Die Krisis der europ. Kultur" (1917), „Logos, Eidos, Bios" (1930) und „Der Aufbau der Natur" (1961), ferner Lyrik.
Literatur: Rukser, U.: *Über den Denker R. P. Meisenheim 1969.* – Wolfheim, H.: *R. P. Einl. in sein dichter. Werk. Wiesb. 1960.* – Jäckle, E.: *R. P. Eine Darst. seines Weltbildes. Mit einer Bibliogr. v.* K. A. Bohacek. *Hamb. 1937.*
Panormita, Antonius [italien. panor'mi:ta] ↑ Beccadelli, Antonio.
Panowa, Wera Fjodorowna; tl.: Panova, Vera Fedorovna [russ. pa'novɐ], * Rostow am Don 20. März 1905, russ.-sowjet. Schriftstellerin.

1922–35 Zeitungskorrespondentin; begann ihre literar. Laufbahn als Dramatikerin, ging dann aber zur erzählenden Prosa über; wurde trotz heftiger Kritik an einigen ihrer Werke zweimal in den Vorstand des sowjet. Schriftstellerverbandes gewählt. Wera P., die in ihren Werken den sowjet. Alltag, Kriegserlebnisse und das Leben der Parteifunktionäre darstellt, betont ohne Rücksicht auf literar. und soziale Doktrinen der Sowjetkritik die menschl. Züge ihrer Romancharaktere.
Hauptwerke: Weggefährten (Nov., dt. 1948, 1952 u.d.T. Weggenossen), Menschen aus Kruschilicha (R., dt. 1951), Helles Ufer (R., dt. 1951), Verhängnisvolle Wege (R., dt. 1957), Sentimentaler Roman (dt. 1960, auch u.d.T. Mit 17 ist man jung), Abschied von den hellen Nächten (Dr., dt. 1962).

Panter, Peter ↑ Tucholsky, Kurt.

Pantschatantra; tl.: Pañcatantra [sanskr.], altind., um 300 angebl. von dem Brahmanen Wischnuscharman geschaffenes Fabelbuch, das junge Fürsten unterhalten und in mustergültigem Sanskrit polit. Klugheit lehren wollte; dabei wurde in jedem der 5 Bücher in Form einer amüsanten Rahmenerzählung ein polit. Thema in Sprüchen und Fabeln behandelt. Diese bekannteste Fabelsammlung der klass. Zeit wurde mit über 200 Versionen in mehr als 60 Sprachen das in der Welt am meisten verbreitete Buch der ind. Literatur; es wurde bereits 1480 auf Geheiß des Grafen Eberhard im Barte von Anton von Pforr ins Dt. übertragen, jedoch nicht nach dem Original, sondern nach einer lat. Übersetzung, die ihrerseits auf hebr., arab. und Pehlewi-Übertragungen zurückging; Ausgangspunkt der zahlreichen Versionen ist die kaschmir. Rezension, das sog. „Tantrakhjajika" des 4. oder 5. Jh.s, das das Original jedoch wahrscheinl. auch bereits in variierter Form wiedergibt. Der ursprüngl. Charakter des Werkes wurde durch die jüngeren Bearbeitungen entscheidend verändert; so wurde z.B. durch Einfügung religiöser und eth. Lehren der moral. Charakter verstärkt.

Panyassis von Halikarnassos, griech. Epiker der 1. Hälfte des 5. Jh.s v. Chr.
Onkel Herodots; fiel im Kampf gegen den Tyrannen Lygdamis. Von seinem Epos in 14 Büchern „Herakleia" sind nur einige Verse erhalten; wahrscheinl. Verfasser der „Ionika", eines geschichtl. Epos in Distichen über die Gründung ion. Kolonien. P. wird von der antiken Kritik gerühmt und mit Homer, Hesiod, Peisandros und Antimachos im Kanon der fünf klass. Epiker aufgeführt.

Panzacchi, Enrico [italien. pan'tsakki], * Ozzano dell'Emilia 16. Dez. 1840, † Bologna 5. Okt. 1904, italien. Schriftsteller.
Studierte Rechts- und Literaturwissenschaft; Professor, später Direktor der Kunstakademie in Bologna; Abgeordneter, Unterstaatssekretär im Unterrichtsministerium; Essayist und Kunstkritiker („Saggi critici ", 1896), Erzähler („I miei racconti", 1889) und Lyriker unter dem Einfluß Carduccis; Gegner des Verismus; Wagnerianer.

Panzini, Alfredo [italien. pan'tsi:ni], * Senigallia (Ancona) 31. Dez. 1863, † Rom 10. April 1939, italien. Schriftsteller.
Studierte Philologie in Bologna; Schüler Carduccis; Gymnasiallehrer; 1929 Mitglied der Accademia d'Italia; Verfasser feinsinniger und iron., stilist. oft an Sterne erinnernder Romane („La lanterna di Diogene", 1907; „Sokrates und Xanthippe", 1914, dt. 1938; „Viaggio di un povero letterato", 1919) und Novellen („Il libro dei morti", 1893; „Trionfi di donna", 1903; „Le fiabe della virtù", 1911).
Literatur: Pedicini, R.: *A. P. Asti 1957.*

Paoli, Ugo Enrico [italien. 'pa:oli], * Florenz 9. Mai 1884, † ebd. 25. Nov. 1963, italien. Dichter.
Gymnasiallehrer, später Professor in Genua und Florenz; trat bes. mit Lyrik und Prosa in nlat. Sprache hervor, u.a. „Die Geschichte der Neaira" (En., 1941; dt. 1953), „De senectute" (Prosa, 1944), „Fabellas tres" (Prosa, 1944), „Franzensfeste" (Ged., dt. 1954), „Annorum cohortes" (Ged., 1956), „Ciceronis filius" (Prosa, 1960), „Carmina" (Ged., 1961).

Paolieri, Ferdinando [italien. pao'liɛ:ri], * Florenz 2. Mai 1878, † ebd. 10. Mai 1928, italien. Schriftsteller.
Kath.-konservativer Vertreter des toskan. Regionalismus in der Tradition von R. Fucini, schrieb realist. Novellen („Novelle toscane", 1913; „Novelle incredibili", 1919), daneben Gedichte, Komödien, Romane und Libretti.

Papa, Katina; tl.: Papã, Katína [neugr. pa'pa], * in N-Epirus 6. Okt. 1903, † Athen 30. Okt. 1959, neugriech. Schriftstellerin.
Studierte Philosophie u.a. in Wien, Schülerin Adlers. Zarte Empfindung und unmittelbare Frische zeichnen ihr psycholog. motiviertes Erzählwerk aus; „Unter dem Maulbeerbaum" (E., 1934) erschien 1959 deutsch.

Papadat-Bengescu, Hortensia [rumän. papa'dat ben'dʒesku], * Iveşti 8. Dez. 1876, † Bukarest 5. März 1955, rumän. Schriftstellerin.
Begann mit lyr. und dramat. Werken und gehört mit ihren späteren, unter dem Einfluß Prousts entstandenen meisterhaften Erzählwerken, in denen eine schonungslose psycholog. Darstellung vorherrscht, zu den Erneuerern des Romans in Rumänien.

Papadiamandis, Alexandros; tl.: Papadiamántēs, Aléxandros [neugr. papaðja'mandis], * auf Skiathos 3. März 1851, † ebd. 3. Jan. 1911, neugriech. Schriftsteller.
Schilderte in seinen einfach gestalteten, anspruchslosen Romanen und Erzählungen voller Anteilnahme das Leben und die Menschen seiner Heimatinsel Skiathos.

Papadiamantopoulos, Ioannis [frz. papadjamãtɔpu'lo:s] ↑ Moréas, Jean.

Papageienbuch ↑ Schukasaptati, ↑ Nachschabi.

Papini, Giovanni [italien. pa'pi:ni], Pseudonym Gian Falco, * Florenz 9. Jan. 1881, † ebd. 8. Juli 1956, italien. Schriftsteller.
Lehrerseminar; gehörte mit Prezzolini zum Mitarbeiterkreis von „La Voce"; zeitweilig Futurist (1913 Gründung der programmat. Zeitschrift „Lacerba"); wandte sich 1919 dem Katholizismus zu; 1935 Professor in Bologna, 1937 Direktor des italien. Renaissanceforschungszentrums, 1939 Mitglied der italien. Akademie; eine der einflußreichsten Gestalten des italien. Geisteslebens der 1. Hälfte des 20. Jh.s, trat v.a. mit Essays, Biographien und autobiograph. Schriften hervor: „Ein fertiger Mensch" (Autobiogr., 1912; dt. 1925), „Lebensgeschichte Christi" (dt. 1924),

„Der hl. Augustinus" (dt. 1930), „Dante" (dt. 1936), „Storia della letteratura italiana" (1937, dt. ²1940 u.d.T. „Ewiges Italien"), „Das Wesen der Renaissance" (1942, dt. 1946), „Coelestin VI., Briefe an die Menschen" (dt. 1948), „Michelangiolo..." (dt. 1952), „Der Teufel" (dt. 1955), „Weltgericht" (dt. 1959). Schrieb auch Gedichte und Novellen.
Literatur: Mattaliano, V.: *Note sulla poesia di P. Turin 1961.*

Papinius ↑ Statius, Publius Papinius.

Paprocki, Bartosz [poln. pa'prɔtski], * Paprocka Wola (Płock) um 1543, † Lemberg 27. Dez. 1614, poln. Schriftsteller.
Adeliger, meist im Dienst verschiedener Höfe; viele Reisen und Kriegszüge; zeitweilig im Exil. Schrieb u.a. satir. und allegor. Werke, scherzhafte Gedichte in der Art Kochanowskis, hinterließ poln. geschriebene herald. Werke in Vers und Prosa, die als Höhepunkt seines Schaffens gelten, und verfaßte in tschech. Sprache histor.-genealog. Werke; Begründer der poln. Wappenkunde.

Paquet, Alfons [frz. pa'kɛ], * Wiesbaden 26. Jan. 1881, † Frankfurt am Main 8. Febr. 1944, dt. Schriftsteller.
War zeitweilig Kaufmann, Redakteur; studierte Volkswirtschaft; unternahm ausgedehnte Reisen; zuletzt freier Schriftsteller. Autor von zahlreichen Reisebüchern sowie von Erzählungen und Essays über seine rhein. Heimat; sein lyr. und dramat. Schaffen wurde stark vom Stil und Geist der Entstehungszeit geprägt.
Hauptwerke: Lieder und Gesänge (1902), Fahnen (Dr., 1923), Der Rhein, eine Reise (1923), Sturmflut (Dr., 1926).
Literatur: Bibliogr. A. P. Hg. v. P.-Arch., Frkf. Kriftel (Taunus) 1958.

Paralipomenon ↑ Bibel.

Parandowski, Jan [poln. paran'dɔfski], * Lemberg 11. Mai 1895, poln. Schriftsteller.
Studierte alte Sprachen und Philosophie; schlug die akadem. Laufbahn ein; seit 1933 Präsident des poln. PEN-Clubs. Erfolgreicher Erzähler und Essayist, v.a. von der Antike angeregt und formal an klass. Vorbildern geschult; Vorliebe für histor. Stoffe; P. übersetzte Homer, schrieb Romane über Wilde und Petrarca und verfaßte literaturkrit. Studien, u.a. über Mickiewicz.
Hauptwerke: Der olymp. Diskus (R., 1933; dt. 1958), Himmel in Flammen (R., 1936; dt. 1957), Drei Tierkreiszeichen (1938, dt. 1962), Mittelmeerstunde (En., 1949; dt. 1960), Die Sonnenuhr (En., 1953; dt. 1965).

Paravicino y Arteaga, Hortensio Félix de [span. paraβi'θino i arte'aɣa], * Madrid 1580, † ebd. 12. Dez. 1633, span. Schriftsteller und Kanzelredner.
Studium in Alcalá de Henares und Salamanca; Trinitarier (u.a. Provinzial); einer der bedeutendsten Kanzelprediger seiner Zeit, als Dichter stark von Góngora beeinflußt.
Hauptwerke: Epitafios y elogios fúnebres a Felipe III el Piadoso (Predigten, 1625), Oraciones evangélicas o discursos panegíricos y morales (Prosa, hg. 1638).

Pardo Bazán, Emilia Gräfin von [span. 'parðo βa'θan], * La Coruña 15. Sept. 1851, † Madrid 12. Mai 1921, span. Schriftstellerin.
Begann 1877 mit einer preisgekrönten Studie über das Zeitalter der Aufklärung, gab 1891–93 die Zeitschrift „Nuevo Teatro Crítico" heraus. Mit dem Essay „La cuestión palpitante" (1883) trat sie für einen dem span. Wesen gemäßen Naturalismus ein; zahlreiche Ehrenämter, seit 1916 an der Universität Madrid Inhaberin des Lehrstuhls für roman. Literatur; berühmt wurde sie v.a. durch ihre vor dem Hintergrund ihrer galic. Heimat spielenden naturalist. Romane: „Das Gut Ulloa" (1886, dt. 1946), „La madre naturaleza" (1887), „Insolación" (1889), „Morriña" (1889); sie veröffentlichte ferner Novellen („Novelas ejemplares", 1906), Reisebücher, Lyrik, literaturkrit. und biograph. Schriften.
Literatur: Preisendanz, H.: *Die Romane der Gfn. E. P. B. u. des frz. Naturalismus. Diss. Hdbg. 1948 [Masch.].* – González López, E.: *E. P. B., novelista de Galicia. New York 1944.*

Parini, Giuseppe [italien. pa'ri:ni], * Bosisio (heute Bosisio-Parini, Como) 22. oder 23. Mai 1729, † Mailand 15. Aug. 1799, italien. Dichter.
Seit 1754 Geistlicher, seit 1769 Professor für italien. Literatur in Mailand; bed. Vertreter des Klassizismus und der Aufklärung in Italien, verdankt seinen Ruhm v.a. den satir.-didakt. Gedichten „Mattino" (1763) und „Mezzogiorno" (1765), denen 1801f. die beiden unvollendeten Teile „Vespro" und „Notte" folgten; diese durch Witz und Ironie, Phantasie, kraftvollen Stil und meisterhafte Verskunst ausgezeichneten Gedichte, die das müßige und frivole Leben des Adels geißeln, wurden postum u.d.T. „Der Tag" zusammengefaßt (dt. 1889); daneben 19 formal vollendete klassizist. Oden.
Weiteres Werk: Alcune poesie di Ripano Eupilino (Ged., 1752).
Literatur: Bobbio, A. A.: *P. Brescia 1954.* – Natali, G.: *G. P. Neuaufl. Bologna 1952.*

Park, Ruth [engl. pɑ:k], verh. D'Arcy Niland, * Auckland (Neuseeland) 24. Aug. 1921, austral. Schriftstellerin.
Als Journalistin tätig; schrieb vielgelesene, unterhaltende Romane, in denen sie das Leben der unteren Schichten Australiens realist., oft mit humorist. Effekten schildert.
Hauptwerke: Glück – gezahlt in kleiner Münze (R., dt. 1953), Blutorangen – zweite Wahl (R., dt. 1950), Der Hexendorn (R., dt. 1957), Meine strahlenden Tanten (R., 1954; dt. 1960).

Parker, Dorothy [engl. 'pɑ:kə], geb. Rothschild, * West End (N.J.) 22. Aug. 1893, † New York 7. Juni 1967, amerikan. Schriftstellerin und Journalistin.
Schrieb Theater- und Literaturkritiken, Berichte aus dem Span. Bürgerkrieg, Drehbücher für Hollywood, sarkast.-zyn. Kurzgeschichten und satir. Gedichte in pointierter, präziser Sprache; ihre Hauptthemen sind enttäuschte Liebe und der Konflikt von Ideal und Wirklichkeit; „Kurzgeschichten" erschienen dt. 1947.

Parker, Sir [Horatio] Gilbert [George] Baronet [engl. 'pɑ:kə], * Camden East (Ontario) 23. Nov. 1862, † London 6. Sept. 1932, anglokanad. Schriftsteller.
Studierte in Toronto und erhielt ebd. einen Lehrauftrag für Englisch; nach schwerer Krankheit Weltreise; in Sydney Mithg. des „Morning Herald"; seit 1898 in England; 1900–18 Parlamentsmitglied; 1915 geadelt. P., Imperialist und Konservativer, schrieb ehemals vielgelesene histor.

Romane und Erzählungen, imperialist. Kampfschriften, Dramen und Gedichte.
Hauptwerke: The seats of the mighty (R., 1896), The battle of the strong (R., 1898), The right of way (R., 1901), The weavers (R., 1907), Tarboe (Autobiogr., 1927).

Parley, Peter [engl. 'pɑ:lɪ] ↑ Goodrich, Samuel Griswold.

Parmenides, griech. Philosoph um 500 v. Chr. aus Elea (Unteritalien).
Stand wahrscheinl. mit Xenophanes, jedoch auch mit den Pythagoreern in näherer Beziehung; die Lehre des Xenophanes weiterführend, nach der die Gottheit und die mit ihr gleichgesetzte Welt ewig und unveränderl. sind, lehrt P. unter Leugnung der Entstehung und Vergänglichkeit der Natur die Einheit und Ewigkeit der Substanz. Seine philosoph. Anschauung kleidet er in das hexametr. Lehrgedicht „Peri physeos" (= Über die Natur), das bewußt gegen Heraklit gerichtet ist.
Ausgabe: P. A text with translation, commentary and critical essays by L. Tarán. *Princeton (N.J.) 1965.*
Literatur: Reinhardt, K.: *P. u. die Gesch. der griech. Philosophie. Frkf. ²1959.* – Riezler, K.: *P. Frkf. 1933.* – ↑ auch Hesiodos.

Parnell, Thomas [engl. pɑ:'nɛl, pɑ:nl], * Dublin 1679, ▭ Chester 24. Okt. 1718, ir. Dichter.
War Geistlicher; Mitarbeiter am „Spectator"; mit Swift und Pope, an dessen „Ilias"-Übersetzung er beteiligt war, befreundet. Vertreter des Klassizismus und der beschreibenden Dichtung; seine Ode „A nightpiece on death" gilt als Vorläuferin von Grays „Elegie auf einem Dorfkirchhof"; sein bestes Werk ist das Gedicht „The hermit"; 1722 gab Pope P.s Gedichte heraus.

Parnicki, Teodor [poln. par'nitski], * Berlin 5. März 1908, poln. Schriftsteller.
1911–17 in Rußland, dann in der Mandschurei, studierte in Lemberg Polonistik, Anglistik und Orientalistik, im 2. Weltkrieg in die UdSSR verschickt, dann im poln. diplomat. Dienst, Kulturattaché in Mexiko, seit 1964 wieder in Warschau. P. gilt als der Schöpfer einer neuen Gattung des histor. Romans, der sich – Elemente des Kriminalromans enthaltend – auf Geschichts- und persönl. Gegenfakten stützt.

Parny, Évariste Désiré de Forges, Vicomte de [frz. par'ni], * Saint-Paul (Réunion) 6. Febr. 1753, † Paris 5. Dez. 1814, frz. Dichter.
Kreole, kam schon als Kind nach Frankreich, war Offizier, u.a. in Ostindien, wandte sich der Literatur zu, verarmte durch die Revolution und lebte, bis er 1813 eine Pension von Napoleon erhielt, von bescheidenen Ämtern. Sein Ruhm knüpft sich v.a. an die anmutig-elegischen „Poésies érotiques" (1778), die von der Liebe zu einer schönen Kreolin seiner Heimat inspiriert sind; sein ep. Gedicht „La guerre des dieux anciens et modernes" (1799) ist eine libertinist. Parodie.

Parthenios, griech. Dichter des 1. Jh.s v. Chr. aus Nikaia (heute İznik).
Kam 73 als Kriegsgefangener nach Rom, wo er entscheidenden Anteil an der Ausbildung der Elegiendichtung hatte; außer kleineren Fragmenten ist nur ein Auszug aus der für seinen Gönner geschriebenen Erzählungssammlung „Erotika pathemata" (= Leidvolle Liebesgeschichten) erhalten, deren Stoffe P. griech. Quellen entnahm.

Pascal, Blaise [frz. pas'kal], * Clermont-Ferrand 19. Juni 1623, † Paris 19. Aug. 1662, frz. Philosoph, Mathematiker und Schriftsteller.
Kam 1631 mit seinem Vater, einem mathemat. gebildeten Beamten, nach Paris, widmete sich zunächst mathemat. und physikal. Studien, konstruierte eine Rechenmaschine, entdeckte die Verwendbarkeit des Barometers zu Höhenmessungen und das Gesetz der kommunizierenden Röhren, erfand die Wahrscheinlichkeitsrechnung; 1656 brach er plötzlich (nach einem Unfall) mit seinem bisherigen Leben in der aristokrat. Pariser Gesellschaft, zog sich in die Nähe von Port-Royal zurück und wandte sich in enger Verbindung mit den Jansenisten religiös-philosoph. Studien und strenger Askese zu; in den Kampf der Jansenisten gegen die Jesuiten griff er mit dem polem. Briefwerk „Les provinciales ou lettres écrites par Louis de Montalte à un provincial de ses amis..." (1657, dt. 1775 u.d.T. „Provinzialbriefe über die Sittenlehre der Jesuiten") ein, in dem er die Moralauffassung der Jesuiten aufs schärfste angriff;

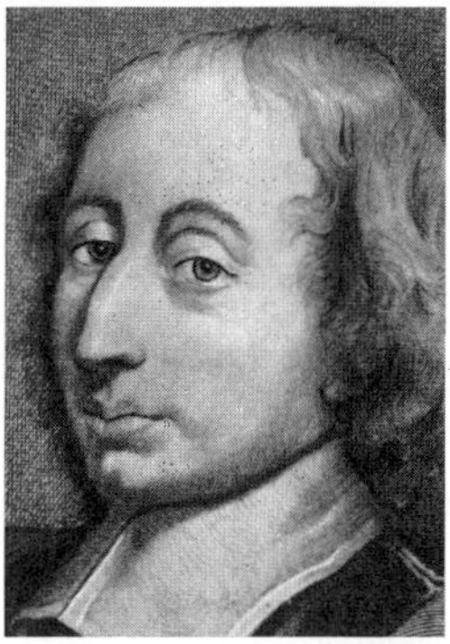
Blaise Pascal (Kupferstich von G. Edelinck)

auch für die von Arnauld und Nicole hg. Logik von Port-Royal lieferte er Beiträge; er hielt zwar an der Mathematik als Erkenntnisquelle wissenschaftl. Wahrheiten fest, zeigte aber die Grenzen des Rationalismus und wies bes. auf die Intuition hin, die metaphys. Wahrheiten unmittelbar erfahren lasse; in seinem Hauptwerk, dem umfassenden Entwurf zu einer philosoph. Apologie der christl. Religion, der 1670 von Freunden u.d.T. „Pensées sur la religion" (dt. 1820 u.d.T. „Gedanken über Religion") herausgegeben wurde, betonte er die kaum zu überbrückende Distanz zwischen Gott und Mensch und zeigte die schicksalhafte Rolle der göttl. Gnade auf, die der Mensch nicht erzwingen, sondern nur erwarten könne; der außerordentl. Einfluß seines Denkens hat sich bis in die Gegenwart erhalten (Kierkegaard, Nietzsche sowie die frz. Existentialisten).
Ausgaben: B. P. Œuvres complètes. Bearb. v. J. Mesnard. *Paris 1964ff. Auf mehrere Bde. berechnet. – B. P. Über die Religion u. über einige andere Gegenstände (Pensées). Dt. Übers. Hg. v.* E. Wasmuth. *Hdbg. ⁶1963. – B. P. Œuvres. Hg. v.* L. Brunschvicq *u.a. Paris 1904–14. 14 Bde. Nachdruck Nendeln (Liechtenstein) 1966.*
Literatur: Goldmann, L.: *Weltflucht u. Politik. Studien zu P. u. Racine. Dt. Übers. Neuwied 1967.* – Steinmann, J.: *P. Dt. Übers. Stuttg.*

1962. – Wasmuth, E.: *Der unbekannte P. Versuch einer Deutung seines Lebens u. seiner Lehre. Regensb. 1962.* – Béguin, A.: *B. P. Reinbek bei Hamb. ²1960.* – Brunschvicq, L.: *B. P. Paris ²1953.* – Strowski, F.: *P. et son temps. Paris 1907–08. 3 Bde.*

Pascarella, Cesare [italien. paska'rɛlla], * Rom 27. April 1858, † ebd. 8. Mai 1940, italien. Dichter.
Zunächst Maler, Anfang der 80er Jahre erschienen seine ersten Gedichte; befreundete sich mit D'Annunzio, mit dem er nach Sardinien reiste; weitere Reisen u.a. nach Indien und Amerika; 1930 Mitglied der Accademia d'Italia; einer der bedeutendsten italien. Dialektdichter, schrieb in röm. Mundart und bediente sich mit Vorliebe der traditionellen Kunstform des Sonetts: „Villa Gloria" (1886, mit Einleitung Carduccis), „La scoperta dell'America" (1893); auch humorvolle Erzählungen in der Literatursprache.

Pascoaes, Teixeira de ↑ Teixeira de Pascoaes.

Pascoli, Giovanni [italien. 'paskoli], * San Mauro di Romagna (heute San Mauro Pascoli) 31. Dez. 1855, † Bologna 6. April 1912, italien. Dichter.
Nach dem Studium zunächst Lehrer und Professor für klass. Sprachen, später für italien. Literatur an der Universität Bologna. P. gehört neben seinem Lehrer Carducci und D'Annunzio zu den bedeutendsten Vertretern der neueren italien. Lyrik. Er knüpfte an die lat. Klassik an und schrieb auch zahlreiche Gedichte in lat. Sprache. Verherrlicht wird die einfache Natur, die zur Trösterin der Leidenden und Genügsamen wird, und die Welt des Kindes. Zu seinen Hauptwerken gehören „Myricae" (1891), „Primi poemetti" (1897), „Canti del Castelvecchio" (1903), „Poemi conviviali" (1904), „Odi e inni" (1906), „Nuovi poemetti" (1909) u.a. Lyriksammlungen; schrieb auch Essays und Dante-Kommentare; tätig als Übersetzer.
Literatur: Flora, F.: *La poesia di G. P. Bologna 1959.* – Petrini, E.: *G. P. Brescia ³1958.* – Biagini, M.: *Il poeta solitario. Vita di G. P. Mailand 1955.*

Pasek, Jan Chryzostom [poln. 'pasɛk], * Węgrzynowice um 1630, † um 1701, poln. Schriftsteller.
Aus masur. Adel, von Jesuiten erzogen, nahm an den Kämpfen gegen Schweden, gegen Rákóczi und die Dänen teil, kämpfte in Litauen gegen die Russen, im Lubomirski-Aufstand auf der Seite der Königstreuen. Danach lebte er auf seinem Gut. Die Erinnerungen seines abenteuerl. Lebens „Pamiętniki" (hg. 1836), spontane, lebhafte Schilderungen, wurden erst im 19. Jh. entdeckt. Sie geben ein anschaul. Bild des poln. Lebens im 17. Jh., vermitteln, nicht immer mit histor. Treue, einen Eindruck von den Wirren der Kriegsereignisse und persönl. Erlebnissen.

Pasolini, Pier Paolo [italien. pazo'li:ni], * Bologna 5. März 1922, italien. Schriftsteller.
Offizierssohn, studierte Philologie in Bologna; hervorragender Vertreter des zeitgenöss. italien. Neorealismus, schrieb Romane, Gedichte, krit. Essays; auch Filmregisseur („Accatone", 1961; „Mamma Roma", 1962; „Das Evangelium nach Matthäus", 1964; „Teorema", 1968).
Hauptwerke: Ragazzi di vita (R., 1955), Le ceneri di Gramsci (Ged., 1957), Vita violenta (R., 1959; dt. 1963), La religione del mio tempo (Ged., 1961), Der Traum von der Sache (R., 1962; dt. 1967).

Passavanti, Iacopo [italien. passa'vanti], * Florenz um 1302, † ebd. 15. Juni 1357, italien. Schriftsteller.
Um 1317 Eintritt in den Dominikanerorden; studierte später in Paris; Lehrer für Philosophie in Pisa, für Theologie in Siena und Rom; bekannt v.a. als Verfasser des „Specchio di vera penitenza" (hg. 1495), einer Sammlung von Bußpredigten, die er mit zahlreichen Beispielen und Anekdoten durchsetzte.

Passerat, Jean [frz. pa'sra], * Troyes 18. Okt. 1534, † Paris 14. Sept. 1602, frz. Humanist und Dichter.
Studierte in Troyes, Paris, Reims, später bei Cujas in Bourges und lehrte u.a. am Collège du Plessis und am Collège royal in Paris; Freund Ronsards; schrieb [in lat. und frz. Sprache] kraftvolle polit. und religiöse Gedichte (Satiren, Epigramme u.a.), auch Liebesgedichte, ferner einige Dramen; gelehrter Kommentator Ciceros, Sallusts, Catulls, Vergils, Ovids.

Passeroni, Gian Carlo [italien. passe'ro:ni], * Condamine bei Lantosque (Alpes-Maritimes) 8. März 1713, † Mailand 26. Dez. 1803, italien. Dichter.
Geistlicher; als Hauslehrer und Sekretär in Diensten des Nuntius Lucini (u.a. in Köln), lebte später in Mailand zurückgezogen von bescheidenen Pensionen und Apanagen (u.a. Maria Theresias); Verfasser des von Rousseau und Manzoni geschätzten zeitsatir. Epos „Il Cicerone" (1755–74; mit über 88000 Versen eines der umfangreichsten Epen der Weltliteratur); daneben „Favole esopiane" (Fabeln, 1779–88); Übersetzer griech. Epigramme.

Passeur, Steve [frz. pa'sœ:r], eigtl. Étienne Morin, * Sedan 24. Sept. 1899, † Paris 12. Okt. 1966, frz. Dramatiker.
Bankangestellter, später Journalist; Dramatiker der Avantgarde, bes. der 30er Jahre, mit Vorliebe für Ausnahmecharaktere und zyn. Dialoge, schrieb „L'acheteuse" (Dr., 1930), „Les tricheurs" (Dr., 1932), „Le château de cartes" (Dr., 1937); auch Filmdrehbücher.

Passional, eine um 1300 entstandene Sammlung von Heiligenlegenden mit über 100000 Versen, von einem mittelrhein. Geistlichen in mhd. Sprache geschrieben. Der Verfasser stand in Beziehung zum Dt. Orden, die spätere Ordensdichtung ist stark von seinen Werken beeinflußt. Das P. besteht aus 3 Teilen: 1. Jesus und Maria, 2. Apostel, Johannes der Täufer, Michael, 3. 75 Heilige. Es ist eine selbständige, poet. Umformung seiner Hauptquelle („Legenda aurea" des Jacobus a Voragine). Im P. kommt naive, unmittelbare Gläubigkeit zum Ausdruck, die Darstellung ist sachl. und anschaulich. Dem Verfasser des P.s wird auch das „Väterbuch" zugeschrieben, das das Leben der ersten christl. Einsiedler und Mönche schildert.
Literatur: Tiedemann, E.: *P. u. Legenda aurea. Bln. 1909.*

Passos, John Dos ↑ Dos Passos, John [Roderigo].

Passuth, László [ungar. 'pɔʃu:t], * Budapest 15. Juli 1900, ungar. Schriftsteller.
Studierte Jura in Klausenburg und Szegedin, Bankbeamter, Fachübersetzer; schrieb neben Reisebeschreibungen und Lebensbildern v.a. histor. Romane, die sich durch geschickte Kompositionstechnik und fesselnde Erzählkunst aus-

zeichnen. Dt. liegen vor: „Der Regengott weint über Mexiko" (R., 1939; dt. 1950), „In schwarzem Samt" (R., 1947; dt. 1960), „Monteverdi" (R., dt. 1959), „Gastmahl für Imperia" (R., dt. 1968).

Pasternak, Boris Leonidowitsch; tl.: Pasternak, Boris Leonidovič [russ. pɐstɪr'nak], * Moskau 10. Febr. 1890, † Peredelkino bei Moskau 30. Mai 1960, russ.-sowjet. Dichter.

Sohn des impressionist. Malers Leonid P.; wuchs in bürgerl.-liberalen Kreisen auf; nach anfangs starkem Interesse für Musik Studium der Rechte, dann v. a. der Philosophie in Marburg und Moskau; lebte, abgesehen u. a. von einer Italienreise 1913, fast ausschließl. in oder bei Moskau. P., bes. als Lyriker bed., wandte sich, anfängl. von den Symbolisten (v. a. Blok) angeregt, zeitweise der futurist. Dichtung zu und war kurze Zeit Mitglied der Dichtergruppe „Lef"; maßgebl. Einfluß auf sein Werk hatten ferner Rilke und Verhaeren, im lyr. Spätwerk auch Puschkin, Lermontow und Tjuttschew. P. pflegte im bewußten Ggs. zu Majakowski eine offiziell oft als unpolit. und antipropagandist. kritisierte, auf gesuchte Effekte

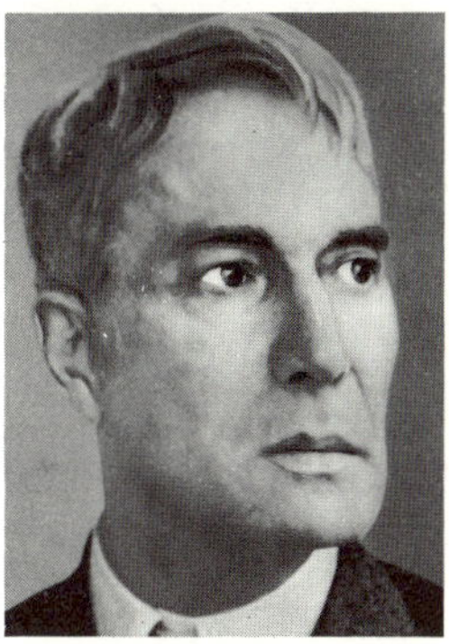

Boris Leonidowitsch Pasternak

weitgehend verzichtende Lyrik, die von Sprachmusikalität gekennzeichnet ist; bes. für das Frühwerk ist P.s Neigung zu kühnen Bildern und Metaphern charakterist. Zwei der Hauptthemen P.s, Liebe und künstler. Existenz, behandelt auch der Roman „Doktor Schiwago" (italien. 1957, dt. 1958), der dem Dichter den aus polit. Gründen zurückgewiesenen Nobelpreis (1958) eintrug. Das Werk, z. T. Selbstdarstellung des Autors, zeugt von der humanist., toleranten und wenig polit. Grundhaltung P.s, der sich seit Anfang der 30er Jahre einer umfassenden Übersetzertätigkeit widmete; zu den hervorragenden Leistungen P.s auf diesem Gebiet gehören seine Übertragungen von Werken Shakespeares, Goethes („Faust"), Kleists, Rilkes, Petőfis u. a.

Weitere Werke: Sestra moja – schisn (= Meine Schwester, das Leben, Ged., 1922), Geleitbrief (Erinnerungen, 1931; dt. 1958), Über mich selbst (Autobiogr., dt. 1959), Briefe nach Georgien (dt. 1968), Die blinde Schönheit (Dramenfragment, dt. 1969), Initialen der Leidenschaft (Ged., russ. und dt. Ausw. 1969).

Literatur: Plank, D. L.: *P.'s lyric. A study of sound and imagery. Den Haag 1966.* – Aucouturier, M.: *B. P. Dt. Übers. Reinbek bei Hamb. 1965.* – Mallac, G. de: *P. Paris 1963.* – Payne, P. St. R.: *The three worlds of B. P. New York 1961.*

Pater, Walter Horatio [engl. 'pɛɪtə], * Shadwell (heute zu London-Tower Hamlets) 4. Aug. 1839, † Oxford 30. Juli 1894, engl. Schriftsteller und Kritiker.

Studierte in Oxford; Studienreisen nach Deutschland und Italien; hatte in London mit den Präraffaeliten Kontakt. P., u. a. von Ruskin beeinflußt, wurde zum gedankl. bedeutendsten Vertreter des Prinzips der reinen Kunst; seine humanist. Bildung wurde bes. durch Platons Ideenlehre geprägt; er fand Anregungen durch Studien des Hellenismus und der Renaissance und beschäftigte sich mit Winckelmann und Goethe; P.s Ästhetizismus, der bes. Wilde beeinflußte, wird in seinem Hauptwerk, dem Roman „Marius der Epikureer" (1885, dt. 1908) deutlich.

Weitere Werke: Essay on Winckelmann (1867), Die Renaissance, Studien in Kunst und Poesie (1873, dt. 1902), Imaginäre Porträts (1887, dt. 1903), Plato und der Platonismus (1893, dt. 1904).

Literatur: Monsman, G. C.: *P.'s portraits: Mythic pattern in the fiction of W. P. New York 1967.* – Iser, W.: *W. P. Die Autonomie des Ästhetischen. Tüb. 1960.*

Paterculus, Gaius Velleius ↑ Velleius Paterculus, Gaius.

Paterson, Andrew Barton [engl. 'pætəsn], Pseudonym Banjo, * Narrambla (Neusüdwales) 17. Nov. 1864, † Sydney 5. Febr. 1941, austral. Dichter.

Studierte Jura, wurde Rechtsanwalt, dann Journalist, war u. a. Korrespondent im Burenkrieg; später Farmer. Von seinen Gedichten wurden bes. seine Balladen beliebt; P. wurde bekannt als Hg. der ältesten Sammlung anonymer austral. Balladen „The old bush songs" (1905).

Weitere Werke: The man from Snowy River (Ged., 1895), Rio Grande's last race (Ged., 1902), An outback marriage (R., 1907), Saltbush Bill (Ged., 1919), Happy dispatches (Erinnerungen, 1935).

Pathelin, Maistre ↑ Maistre Pathelin.

Patkanjan, Rafael Gabrielowitsch; tl.: Patkanjan, Rafaėl Gabriėlovič [russ. pɐtka'njan], Pseudonym Gamar-Katipa, * Nachitschewan (heute zu Rostow am Don) 20. Nov. 1830, † ebd. 3. Sept. 1892, armen. Dichter.

Studierte u. a. in Moskau und Petersburg. P., der Schöpfer der neuarmen. Dichtung in der ostarmen. Literatur, bezog seine Anregungen anfangs aus der Literatur der dt. Romantik; unter dem Eindruck der türk. Unterdrückung und der Not seines Volkes kam in seine patriot. Dichtung zunehmend ein satir. und lehrhafter Ton; 1886 erschienen drei Erzählungen in dt. Sprache.

Patmore, Coventry [Kersey Dighton] [engl. 'pætmɔː], * Woodford (heute zu London) 23. Juli 1823, † Lymington (Hampshire) 26. Nov. 1896, engl. Dichter.

Als Bibliotheksassistent im Brit. Museum tätig; konvertierte 1864 zum Katholizismus. P., zu dessen Freundeskreis u. a. Tennyson, Ruskin und die Präraffaeliten gehörten, wurde bes. durch seine Dichtung „The angel in the house" (1862) bekannt, eine Sammlung von vier zwischen 1854 und 1862 entstandenen Gesängen zum Lob der

Ehe; später zunehmende Neigung zu Mystik und Symbolsprache.
Weiteres Werk: The unknown Eros (Ged., 1877).
Literatur: Reid, J. C.: *The mind and art of C. P. London 1957.*

Patocchi, Pericle [italien. pa'tɔkki], * Lugano 9. März 1911, † Leukerbad 13. April 1968, schweizer. Dichter.
Studium in Genf und Freiburg; Gymnasiallehrer in Lugano; die Themen seiner Lyrik sind das Mysterium des Weltalls, die Wirklichkeit des Traumes, das ahnungsvolle Gefühl für das Unvergängliche, Absolute und Heilige. P. schrieb in frz. und italien. Sprache.
Hauptwerke: La fin des songes (Ged., 1936), Les solitudes de la matière (Ged., 1939), Musiques légères (Ged., 1941), Colombes délivrées (Ged., 1942), Vingt poèmes (Ged., 1948), L'ennui du bonheur (Ged., 1952), Gris beau gris (Ged., 1954), Pure perte (Ged., 1959).

Paton, Alan [Stewart] [engl. pɛɪtn], * Pietermaritzburg 11. Jan. 1903, südafrikan. Schriftsteller.
Nach dem Studium als Lehrer und Leiter einer Erziehungsanstalt tätig; liberaler Politiker und Publizist. P. stellte in Romanen und Erzählungen Schwächen und Fehler der südafrikan. Gesellschaft und der Rassenpolitik dar.
Hauptwerke: Denn sie sollen getröstet werden (R., dt. 1949, auch Dr.), Aber das Wort sagte ich nicht (R., dt. 1954), Und deinen Nächsten wie dich selbst (En., dt. 1960).

Patrick, John [engl. 'pætrɪk], eigtl. J. Patrick Goggan, * Louisville (Ky.) 17. Mai 1905, amerikan. Dramatiker.
Studierte an den Universitäten Harvard und Columbia; schrieb für Rundfunk und Film; am erfolgreichsten war P. mit dem preisgekrönten Drama „Das kleine Teehaus" (dt. 1954), einer Bühnenbearbeitung des Romans „Die Geishas des Captain Fisby" von V. Sneider.
Weitere Werke: Eine etwas sonderbare Dame (Dr., dt. 1951), Das heiße Herz (Dr., dt. 1951).

Paul, Adolf, * auf Bromö im Vänersee 6. Jan. 1863, † Berlin 5. Okt. 1943, dt. Schriftsteller.
Lebte seit 1889 als Journalist, später als freier Schriftsteller in Berlin. Verfasser zahlreicher Komödien, Novellen und Romane um histor. Gestalten.
Hauptwerke: Hille Bobbe (Kom., 1905), Der Triumph der Pompadour (Kom., 1908), Die Tänzerin Barberina (R., 1915), August der Starke und das schwache Geschlecht (R., 1934).

Paul, Elliot [Harold] [engl. pɔ:l], * Malden (Mass.) 13. Febr. 1891, † New York 7. April 1958, amerikan. Schriftsteller.
Kam während des 1. Weltkriegs nach Paris, wo er nach Kriegsende als Journalist und Korrespondent arbeitete; wurde 1927 mit Eugène Jolas Begründer und Hg. der Zeitschrift „transition", eines bed. Organs der in Europa lebenden amerikan. Avantgarde; lebte danach in Spanien und ging erst während des Bürgerkrieges in die USA zurück. P. hinterließ ein vielseitiges Werk, darunter Filmdrehbücher, Kriminalparodien und Romane sowie nur z. T. autobiograph. Memoiren, von denen der Band „Life and death of a Spanish town" (1937) am bekanntesten wurde.
Weitere Werke: Die kleine Gasse (Autobiogr., dt. 1944), Springtime in Paris (Autobiogr., 1950).

Paul, Jean † Jean Paul.

Paulding, James Kirke [engl. 'pɔ:ldɪŋ], * Putnam County (N.Y.) 22. Aug. 1778, † Hyde Park (N.Y.) 6. April 1860, amerikan. Schriftsteller.
Erfolgreicher Politiker, 1838–41 Marineminister. Begann seine literar. Laufbahn mit der satir. Essayserie „Salmagundi" (1807f.), an deren Abfassung sein Freund und Schwager William Irving und dessen Bruder Washington beteiligt waren; 1819f. ließ P. allein eine Forts. der Serie folgen; sein Werk ist von antibrit. Gefühlen und vom amerikan. Nationalbewußtsein geprägt und behandelt in bewußtem Ggs. zur Romantik satir. und realist. nationale Stoffe.
Weitere Werke: The diverting history of John Bull and brother Jonathan (E., 1812), The lay of the Scottish fiddle (Parodie, 1813), The backwoodsman (Ged., 1818), Koningsmarke (R., 1823), John Bull in America (E., 1825), The lion of the West (Dr., UA 1830, gedruckt 1954), Wohlauf, nach Westen! (R., dt. 1837), A life of Washington (Biogr., 1835), The bucktails (Dr., 1847).

Paulhan, Jean [frz. po'lã], * Nîmes 2. Dez. 1884, † Boissise-la-Bertrand 9. Okt. 1968, frz. Schriftsteller.
Studierte in Paris und war zunächst Lehrer auf Madagaskar; seit den 20er Jahren Chefredakteur der Zeitschrift „La Nouvelle Revue Française"; als Essayist, Literatur- und v.a. Sprachkritiker eine der einflußreichsten Gestalten der zeitgenöss. frz. Literatur; auch Erzähler; Mitglied der Académie française.
Hauptwerke: Les fleurs de Tarbes (Essay, 1941), Schlüssel der Poesie (Essay, 1944; dt. 1969), Unterhaltungen über vermischte Nachrichten (Essay, 1945; dt.1962), Les causes célèbres (En., 1950).
Ausgabe: J. P. Œuvres complètes. Hg. v. R. Judrin *u. a. Paris 1966 ff. Auf mehrere Bde. berechnet.*
Literatur: J. P. et La Nouvelle Revue Française. La Nouvelle Revue Française 31 (Mai 1969). – Judrin, R.: *La vocation transparente de P. Paris 1961.*

Pauli, Johannes, * Pfeddersheim bei Worms nach 1450, † Thann bei Mülhausen zwischen 1530 und 1533, dt. Schriftsteller und Volksprediger.
Franziskanerkonventuale; Lesemeister in verschiedenen Klöstern; beliebter Prediger im Elsaß; Verfasser der bis ins 17. Jh. weitverbreiteten Schwanksammlung „Schimpf (= Scherz) und Ernst" (1522) und Hg. von Predigten Geilers von Kaysersberg.

Paulinus von Nola, hl., eigtl. Pontius Meropius Anicius P., * Bordeaux 353, † Nola (Kampanien) 22. Juni 431, lat. Dichter.
Stammte aus einer Senatorenfamilie, bekehrte sich zum Christentum und wurde um 390 getauft; seit um 410 Bischof von Nola; Schüler und Freund des Ausonius. Seine meist in Hexametern abgefaßten 35 Gedichte verbinden christl. Gedankengut und klass. strenge Form; von hohem kulturgeschichtl. Interesse sind seine Briefe, u.a. an Augustinus, Ausonius und Martin von Tours.

Pauliny-Tóth, Viliam [slowak. 'pauliniˈto:t], Pseudonym Vilém Podolský, * Senica (Westslowak. Gebiet) 3. Juni 1826, † Martin 6. Mai 1877, slowak. Schriftsteller.
War u.a. polit. und publizist. tätig. Schrieb Dramen, darunter philosoph. und schwankhafte Stücke, histor. Romane mit romant. Stilzügen

und Lyrik (u.a. patriot. Inhalts); bes. Interesse für philolog. und ethnograph. Arbeiten.

Paulsen, Rudolf, * Berlin 18. März 1883, † ebd. 30. März 1966, dt. Lyriker.
Sohn des Philosophen und Pädagogen Friedrich P.; studierte klass. Philologie und Kunstgeschichte; Mitarbeiter an der von O. zur Linde und R. Pannwitz gegr. Zeitschrift „Charon". In seiner weihe- und stimmungsvollen Lyrik versucht er Poesie und Philosophie zu einem umfassenden Weltgefühl zu vereinigen.
Hauptwerke: Gespräche des Lebens (Ged., 1911), Die kosm. Fibel (Ged., 1924), Aufruf an den Engel (Essays, 1927), Stern des Nordens über Meer (Ged., 1932), Vergangenheit und Ahnung (Ged., 1942), Glanz des Vergänglichen (Ged., 1958), Schwarz und Weiß auf blauem Grunde (Ged., 1964).

Paulusbriefe ↑ Bibel.

Paulus Diaconus, * Friaul zwischen 720 und 724, † Montecassino 13. April 799 (?), langobard. Geschichtsschreiber.
Aus langobard. Adel, lebte am Hof des Herzogs von Benevent, 774 Mönch in Montecassino; 782–86 am Hof Karls des Großen. Sein Hauptwerk ist die „Historia Langobardorum" (nach 787), in einfacher lat. Sprache geschrieben, bed. wegen der aus mündl. Überlieferung übernommenen Langobardengeschichte und -sagen. Auf Veranlassung der Herzogin Adelperga von Benevent setzte P. D. die von Eutropius begonnene „Historia Romana" bis zum Goteneinfall in Italien fort. Für Karl den Großen schrieb er die Metzer Bistumsgeschichte („Gesta episcoporum Mettensium") und eine Homiliensammlung. Auch eine Vita Gregors des Großen stammt von ihm, ferner Gedichte, Epigramme, Rätsel, Briefe.
Literatur: Dahn, F.: *P. D. Leben u. Schrr. Lpz. 1876.*

Pauper, Angelus ↑ Schreyer, Lothar.

Pausanias, griech. Schriftsteller des 2. Jahrhunderts.
Seine „Periegesis tes Hellados", das einzige vollständig erhaltene Werk perieget. Literatur, ist zwischen 170 und 176 entstanden. Das große Vorbild ist Herodot, dem P. in der Beschreibung von Sehenswürdigkeiten und Eigenheiten der Völker nacheifert. Dem Zeitgeschmack entgegenkommend, hat er u.a. durch die Einfügung von myth. Erzählungen ein farbig-schillerndes Werk geschaffen, das als Quelle für Kunstgeschichte, Religionswissenschaft und Landeskunde von hohem Interesse ist.
Ausgaben: P. Beschreibung Griechenlands. Dt. Übers. Hg. v. Ernst Meyer. *Zürich u. Stuttg.* ²*1967. – Pausaniae Graeciae descriptio. Hg. v.* F. Spiro. *Lpz. 1903. 3 Bde. Nachdr. Tüb. 1959.*
Literatur: Hejnic, J.: *P., the Perieget and the archaic history of Arcadia. Chicago 1967.* – Regenbogen, O.: *P., der Periheget. In: Pauly-Wissowa. Suppl. 8. Stuttg. 1956.* – Robert, C.: *P. als Schriftsteller. Bln. 1909.*

Pausewang, Gudrun, * Wichstadtl (Ostböhm. Gebiet) 3. März 1928, dt. Schriftstellerin.
Pädagog. Institut in Wiesbaden, Lehrerin in Hessen, Reisen, 1956–64 an einer dt. Schule in S-Chile tätig. Schrieb von ihren Eindrücken aus Lateinamerika geprägte Prosa.
Hauptwerke: Rio Amargo (R., 1960), Der Weg nach Tongay (E., 1964), Plaza Fortuna (R., 1966).

Paustowski, Konstantin Georgijewitsch; tl.: Paustovskij, Konstantin Georgievič [russ. pɐus'tɔfskij], * Moskau 31. Mai 1892, † ebd. 14. Juli 1968, russ.-sowjet. Schriftsteller.
Entstammte der liberalen Intelligenz; nach unabgeschlossenem Studium Sanitäter im 1. Weltkrieg, kämpfte im Bürgerkrieg auf seiten der Revolutionsarmee; war in verschiedenen Berufen tätig, seit 1925 freier Schriftsteller. In anfangs romant., zum Exot. neigenden Romanen und Erzählungen stellte P. das Leben auf See und in Hafenstädten, später mit zunehmend realist. Stilmitteln auch aktuelle Probleme des sowjet. Lebens dar. P. schrieb ferner Dramen, biograph. Künstlerromane und eine wertvolle Autobiographie („Ferne Jahre", dt. 1955; „Unruhige Jugend", dt. 1962; „Beginn eines unbekannten Zeitalters", dt. 1963; „Die Zeit der großen Erwartungen", dt. 1963; „Sprung nach dem Süden", dt. 1966; „Buch der Wanderungen", dt. 1966).
Weitere Werke: Kara-Bugaz (R., dt. 1934), Die Kolchis (Nov., dt. 1936), Nord. Novelle (1939, dt. 1949), Segen der Wälder (Nov., dt. 1952, 1955 u.d.T. Eine Geschichte vom Walde).
Ausgabe: K. P. Erzählungen v. Leben. Dt. Übers. Mchn. ¹⁻²*1962–67. 6 Bde.*

Pavelescu, Cincinat [rumän. pave'lesku], * Milcov bei Rîmnicu Sărat 20. Okt. 1872, † Kronstadt 30. Nov. 1934, rumän. Dichter.
Nach Abschluß des Jurastudiums Richter in der Provinz; Mitarbeiter zahlreicher Zeitschriften; schuf formschöne Gelegenheitsdichtungen, v.a. graziöse Liebesgedichte, Madrigale und Romanzen; berühmt und gefürchtet durch witzige, aggressive Epigramme; schrieb auch Dramen.

Pavese, Cesare [italien. pa've:se], * Santo Stefano Belbo (Cuneo) 9. Sept. 1908, † Turin 27. Aug. 1950 (Selbstmord), italien. Schriftsteller.
Lebte meist in Turin, wo er nach dem Studium als Kritiker, Hg. einer Zeitschrift und als Verlagslektor tätig war. 1935 als Antifaschist nach Kalabrien verbannt. Einer der bedeutendsten Erzähler und Lyriker der neueren italien. Literatur. Trat auch als Übersetzer engl. und amerikan. Schriftsteller (u.a. Melville, Faulkner, Steinbeck) hervor, was auf den Stil seines eigenen Schaffens einwirkte. Schauplatz vieler seiner [neorealist.] Werke ist seine piemontes. Heimat, so in seinem letzten Roman „Junger Mond" (1950, dt. 1954); Thema ist oft das Versagen zwischenmenschl. Beziehungen, die Vereinsamung des Menschen; von tiefem Pessimismus geprägt ist sein Tagebuch „Das Handwerk des Lebens" (hg. 1952, dt. 1956).
Weitere Werke: Lavorare stanca (Ged., 1936), Gespräche mit Leuko (1947, dt. 1958), La bella estate (1949, darin 3 Romane: Die einsamen Frauen, dt. 1960; Der Teufel auf den Hügeln, dt. 1963; Der schöne Sommer, dt. 1964), Da er noch redete, krähte der Hahn (1949, dt. 1965, darin 2 Romane: Die Verbannung, Das Haus auf der Höhe), Schriften zur Literatur (Essays, 1949; dt. 1967).
Ausgaben: C. P. Sämtl. Erzählungen. Dt. Übers. Düsseld. 1966. – C. P. Gedichte. Dt. Übers. Düsseld. 1962.
Literatur: Baden, H. J.: *Literatur u. Selbstmord. C. P., Klaus Mann, Ernest Hemingway. Stuttg. 1965.* – Hösle, J.: *C. P. Bln.* ²*1964.* – Mollia, F.: *C. P. Florenz 1963.* – ↑ auch Moravia, Alberto.

Pavlenko ↑ Pawlenko.
Pavlova ↑ Pawlowa.
Pavlović, Miodrag [serbokroat. 'pa:vlɔvitɕ], * Neusatz 28. Nov. 1928, serb. Schriftsteller.
Studierte in Belgrad Medizin, nach kurzer Praxis als Arzt freier Schriftsteller, heute Leiter des Belgrader Schauspielhauses; schrieb Theaterstücke, Essays, Erzählungen und v.a. Gedichte, die sich durch einfache, klare Sprache und plast. Bilder auszeichnen. Dt. erschienen 1968 „Gedichte".
Pavšič, Vladimir [slowen. 'pa:u̯ʃitʃ] ↑ Bor, Matej.
Pawlenko, Pjotr Andrejewitsch; tl.: Pavlenko, Petr Andreevič [russ. pav'ljɛnkɐ], * Petersburg (heute Leningrad) 11. Juli 1899, † Moskau 16. Juni 1951, russ.-sowjet. Schriftsteller.
Sohn eines Beamten; diente als Rotarmist, war später Deputierter im Obersten Sowjet; unternahm mehrere Reisen als Diplomat; seinen Ruf als Schriftsteller festigte v.a. der Roman „Na wostoke" (= Im Osten, 1937), in dem er die Probleme im Fernostgebiet der UdSSR darstellte; sein Roman „Das Glück" (dt. 1949), in dem er im Sinn des sozialist. Realismus die KP verherrlicht, fand die Anerkennung der offiziellen sowjet. Kritik.
Weitere Werke: Barrikaden (R., 1932; dt. 1948), Steppensonne (Nov., dt. 1950), Sturm über dem Kaukasus (R., dt. 1961).
Pawlikowska-Jasnorzewska, Marja [poln. pavli'kɔfskajasnɔ'ʒɛfska], geb. Kossak, * Krakau 23. Dez. 1899, † Manchester 9. Juli 1945, poln. Dichterin.
Stammte aus der Malerfamilie Kossak und wuchs in bildungsbewußter, kunstverständiger Umwelt auf. Marja P.-J., die der Gruppe um die Zeitschrift „Skamander" angehörte, griff in ihrem lyr. Schaffen, das von weibl. Empfinden, Zartheit und Leichtigkeit geprägt ist, u.a. auf poet. Formen des 16. und 17. Jh.s zurück; vielseitige Einflüsse literar. Richtungen der Moderne; auch heitere lyr. Dramen.
Pawlowa, Karolina Karlowna; tl.: Pavlova, Karolina Karlovna [russ. 'pavlɐvɐ], geb. Janisch; tl.: Janiš, * Jaroslawl 22. Juli 1807, † Dresden 14. Dez. 1893, russ. Dichterin.
Tochter eines Professors dt. Abstammung; seit 1825 mit Mickiewicz befreundet; Frau des Mitarbeiters von J. Axakow, *Nikolai Filippowitsch Pawlow* (* 1805, † 1864), eines sozialkrit. Schriftstellers. Schrieb dt. und frz., später auch russ. Gedichte, meist in elegischem Ton; übersetzte russ. literar. Werke ins Dt. und Französische.
Payelle, Raymond Gérard [frz. pa'jɛl] ↑ Hériat, Philippe.
Payne, John Howard [engl. pɛɪn], * New York 9. Juni 1791, † Tunis 9. April 1852, amerikan. Dramatiker.
Redigierte die Theaterzeitschrift „Thespian Mirror", danach „The Pastime"; wurde Schauspieler, lebte 1813–32 in Europa, schrieb seine Dramen oft zusammen mit W. Irving; hatte erst bei der Rückkehr in die USA Erfolg; lebte zuletzt als Konsul in Tunis. P. wurde als einer der ersten amerikan. Literaten in Europa bekannt; er schrieb leichte Komödien, melodramat. Werke und Blankverstragödien, darunter sein Hauptwerk „Brutus; or, The fall of Tarquin" (1818). „Clari; or, The maid of Milan" (Dr., 1823) enthält die Liedeinlage „Home, sweet home".

Payró, Roberto Jorge [span. pai̯'ro], * Mercedes (Buenos Aires) 19. April 1867, † Buenos Aires 8. April 1928, argentin. Schriftsteller.
Früh journalist. tätig; gründete in Bahía Blanca das fortschrittl. Blatt „La Tribuna" und bekannte sich zum Sozialismus; später Auslandskorrespondent, während des 1. Weltkrieges in Europa; schrieb realist. Romane und Erzählungen aus Argentinien; auch Dramatiker und Essayist.
Hauptwerke: Marco Severi (Dr., 1905), El casamiento de Laucha (R., 1906), Pago Chico (En., 1908), Divertidas aventuras del nieto de Juan Moreira (R., 1910), Nuevos cuentos de Pago Chico (En., 1929).
Paz, Octavio [span. pas], * Mexiko 31. März 1914, mex. Dichter.
Im diplomat. Dienst, u.a. in Europa und Asien; einer der bedeutendsten mex. Lyriker der Gegenwart; in seinen Anfängen bes. von P. Neruda und D. H. Lawrence beeinflußt.
Hauptwerke: Raíz del hombre (Ged., 1937), A la orilla del mundo (Ged., 1942), Libertad bajo palabra (Ged., 1949), Piedra de sol (Ged., 1957), La hija de Rappacini (Dr., 1956), La estación violenta (Ged., 1958), Salamandra (Ged., 1962).
Pázmány, Péter [ungar. 'pa:zma:nj], * Großwardein 4. Okt. 1570, † Preßburg 19. März 1637, ungar. Kardinal.
Aus vornehmer kalvinist. Familie, konvertierte 1582 zum Katholizismus, trat in Klausenburg in das Jesuitenkolleg ein, studierte in Wien und Rom; wurde 1597 Professor für Philosophie, später für Theologie in Graz; von 1608 an ständig in Ungarn. P. war der größte Vorkämpfer der kath. Restauration; er wurde 1616 Erzbischof von Gran und Primas von Ungarn, 1629 Kardinal. P. gründete u.a. die Universität in Tyrnau (spätere Budapester Universität). Mit der im Stil klaren, leichtverständl., im Aufbau hervorragenden rhetor. Prosa seiner Streitschriften, Predigten und Gebetbücher wurde er zum Förderer der ungar. Literatursprache. Seine Übertragung der „Nachfolge Christi" des Thomas a Kempis gehört zu den besten ungar. Übersetzungen. Ins Dt. wurden seine „Predigten auf die Sonn- und Festtage" (1636, dt. 1874) übersetzt.
Literatur: Schwicker, J. H.: *P. P., Cardinal-Erzbischof u. Primas v. Ungarn, u. seine Zeit. Köln 1888.*
Pea, Enrico [italien. 'pɛ:a], * Seravezza (Lucca) 29. Okt. 1881, † Forte dei Marmi (Lucca) 11. Aug. 1958, italien. Schriftsteller.
Früh Waise, Hirtenjunge und Matrose, ließ sich zeitweise in Ägypten nieder; mit Ungaretti befreundet; seit Ende des 1. Weltkriegs wieder in Italien; schrieb Romane und Erzählungen aus seiner toskan. Heimat, meist mit autobiograph. Hintergrund; auch Lyriker und Dramatiker.
Hauptwerke: Lo spaventacchio (Ged., 1914), Giuda (Dr., 1918), Prime piogge d'ottobre (Dr., 1919), Moscardino (E., 1922), Il volto santo (E., 1924), La Maremmana (R., 1938), Malaria di guerra (R., 1947).
Peabody, Josephine Preston [engl. 'pi:bɔdɪ], verh. Marks, * New York 30. Mai 1874, † Cambridge (Mass.) 4. Dez. 1922, amerikan. Schriftstellerin.
Zeitweilig Dozentin für engl. Literatur; zunächst Lyrikerin, schrieb auf Anraten von W. V. Moody lyr. Versdramen, in denen sie histor. und Legen-

denstoffe verarbeitete; ihrem in Stratford-upon-Avon preisgekrönten Drama „The piper" (1910) liegt der Stoff vom „Rattenfänger von Hameln" zugrunde.

Peacock, Thomas Love [engl. 'pi:kɔk], * Weymouth (Dorset) 18. Okt. 1785, † Lower Halliford (Surrey) 23. Jan. 1866, engl. Schriftsteller.
Vervollständigte seine Schulbildung autodidakt.; bed. Humanist und Gelehrter; 1819–56 im Dienst der Ostind. Kompanie, seit 1837 in leitender Position. P., der u.a. mit Shelley befreundet war, schrieb Gedichte, Essays und trat v.a. als Autor humorist., satir. und parodist. Romane hervor, für die die Form des Gesprächs bezeichnend ist; in ihnen verspottete er v.a. die Schwächen der Romantiker und der romant. Dichtung.
Hauptwerke: Nightmare Abbey (R., 1818), Crotchet Castle (R., 1831).
Literatur: Priestley, J. B.: *Th. L. P. Neuaufl. New York 1966.* – Campbell, O. W.: *Th. L. P. New York; Toronto; London 1953.*

Pearse, Patrick Henry [engl. pɪəs], * Dublin 10. Nov. 1879, † ebd. 3. Mai 1916, ir. Dichter.
Ir. Nationalist; Mitglied der „Gäl. Liga" und Hg. ihrer Zeitschrift; Kommandant der republikan. Armee beim ir. Aufstand 1916; wurde nach der Kapitulation erschossen. P. hinterließ außer polit. und pädagog. Schriften Dramen, Gedichte und Erzählungen in ir. und engl. Sprache, in denen er Existenzprobleme ir. Menschen darstellte; eine dt. Auswahl aus seinem Werk erschien 1922 u.d.T. „Die Seele Irlands".

Pečerskij, Andrej ↑ Melnikow, Pawel Iwanowitsch.

Pechová, Eliška [tschech. 'pɛxɔva:] ↑ Krásnohorská, Eliška.

Peckham (Pecham), John [engl. 'pɛkəm], * Peckham (heute zu London-Southwark) um 1220, † Mortlake (heute zu London-Richmond upon Thames) 8. Dez. 1292, engl. Theologe und mlat. Dichter.
Studierte in Oxford und bei Bonaventura in Paris, wo er auch zeitweilig lehrte; hohe Stellung im Franziskanerorden; Lehraufträge auch in Rom und Oxford; seit 1279 Erzbischof von Canterbury. Bedeutendster engl. Lyriker seiner Zeit; seine religiöse Hymnendichtung ist von franziskan. Frömmigkeit und Demut erfüllt; sein Hauptwerk ist das zarte und sprachl. schöne Nachtigallengedicht „Philomena praevia".

Pedersen, Christiern [dän. 'pe:'ðərsən], * Helsingør um 1480, † ebd. 16. Jan. 1554, dän. Humanist.
1505 als Kanonikus in Lund nachweisbar; seit 1532 Buchdrucker in Malmö; P. hat sich um die Erhaltung des letzten Saxo-Grammaticus-Manuskriptes verdient gemacht; Hg. eines lat.-dän. Wörterbuchs und der ersten Schul- und Gebetbücher in dän. Sprache. Mit seinen Werken legte P. das Fundament für die Entwicklung der dän. Schriftsprache (Basis ist die seeländ. Mundart); Hauptwerk ist die 1543 vollendete Übersetzung der ganzen Bibel.

Pedersen, Knut [norweg. 'pe:dərsən] ↑ Hamsun, Knut.

Pedro, Dom ['pe:dro, portugies. 'peðru], Herzog von Coimbra, Infant von Portugal, * Lissabon 9. Dez. 1392, ⚔ bei Alfarrobeira 20. Mai 1449, portugies. Schriftsteller.
Sohn Johanns I.; reiste durch Europa; verwaltete 1438–48 Portugal für seinen Neffen Alfons V., doch zogen ihm polit. Intrigen dessen Feindschaft zu; er fiel in einer Schlacht gegen ihn. Einer der bedeutenderen frühhumanist. Schriftsteller Portugals; sein Hauptwerk „Dos benefícios", ein philosoph. Traktat nach Seneca (1418), wurde 1910 veröffentlicht.

Pedro Alfonso [span. 'peðro al'fɔnso] ↑ Petrus Alfonsi.

Peele, George [engl. pi:l], * London um 1556, † ebd. um 1596, engl. Dramatiker.
Unmittelbarer Vorläufer Shakespeares; studierte in Oxford, ließ sich später in London nieder und schrieb die meisten seiner Stücke für öffentl. Londoner Theater; seine in melodiösen Blankversen verfaßten Dramen zeigen losen Handlungsaufbau; höfische und volkstüml. Elemente sind mit mytholog. und allzumenschl. verbunden, lyr. Gefühl mit klangl. schöner Sprache. Erhalten sind: „The arraignment of Paris" (1584), ein pastorales Huldigungsspiel für Elisabeth I., „Edward I" (1593), „The battle of Alcazar" (1594), „The old wives' tale" (1595), ein satir. Märchenspiel, und „The love of King David and fair Bethsabe" (1599), ferner Gelegenheitsgedichte.
Literatur: Ashley, L. R. N.: *Authorship and evidence. A study of attribution and the Renaissance drama. Illustrated by the case of G. P. (1556–1596). Genf 1968.* – Horne, D. H.: *The life and minor works of G. P. New Haven (Conn.) 1952.*

Peer, Andri, * Sent (Graubünden) 19. Dez. 1921, rätoroman. Dichter.
Studienrat für Frz. und Italien. in Winterthur; Vertreter der jüngsten rätoroman. Literatur, die er durch Elemente der zeitgenöss. frz., engl. und span. Literatur (Éluard, Eliot u.a.) zu erweitern sucht; schrieb Lyrik, Essays, Novellen, Hörspiele.

Péguy, Charles Pierre [frz. pe'gi], * Orléans 7. Jan. 1873, ⚔ Le Plessis-l'Évêque bei Villeroy (Seine-et-Marne) 5. Sept. 1914, frz. Schriftsteller.
Kind mitteloser Eltern; höhere Schulbildung mit Hilfe von Stipendien in Orléans und Paris, danach École normale supérieure ohne Abschluß; 1898 Gründung einer Verlagsbuchhandlung, deren wichtigste Publikation die von P. selbst 1900–14 redigierten „Cahiers de la Quinzaine" waren, in denen er seine eigenen Werke, aber auch Rollands „Jean-Christophe" u.a. veröffentlichte und die trotz geringer Auflage einen erhebl. Einfluß auf das geistige Frankreich am Vorabend des 1. Weltkriegs ausübten. P. fiel in der Marneschlacht. Er war einer der bedeutendsten Vorkämpfer des „Renouveau catholique" in Frankreich; entfernte sich seit der Jahrhundertwende zunehmend vom Sozialismus, den er als universale Menschheitsreligion aufgefaßt hatte, und von den polit. Anschauungen der Dreyfusisten. Entwikkelte sich dann zu einem kompromißlosen Verfechter eines kath.-myst. Traditionalismus und extremen Nationalismus; von seinen umfangreichen ep. Versdichtungen, deren Struktur er mitunter gern mit „Tapisserien" verglich, sind hervorzuheben: „Das Mysterium der Erbarmung" (1910, dt. 1954), „Das Tor zum Geheimnis der Hoffnung" (1911, dt. 1943), „Das Mysterium der unschuldigen Kinder" (1912, dt. 1958), „La tapisserie de Sainte Geneviève et de Jeanne d'Arc" (1912), „La tapisserie de Notre-

Dame" (1913) und „Ève" (1914); daneben das frühe Drama „Jeanne d'Arc" (1897), Gedichte und zahlreiche Prosaschriften („Notre patrie", 1905; „Notre jeunesse", 1910; „Victor-Marie, comte Hugo", 1910; „Clio", hg. 1917).
Ausgaben: Ch. P. Œuvres en prose. 1898–1908. 1909–1914. Paris 1957–59. 2 Bde. – Ch. P. Œuvres poétiques complètes. Paris 1939. 2 in 1 Bd. – Ch. P. P. Œuvres complètes. Paris 1935–44. 12 Bde.
Literatur: Duployé, P.: *Die religiöse Botschaft Ch. P.s. Dt. Übers. Freib. u. a. 1969.* – Onimus, J.: *Ch. P. Wien u. Mchn. 1969.* – Van Itterbeek, E.: *Socialisme et poésie chez P. De la „Jeanne d'Arc" à l'affaire Dreyfus. Paris 1966.* – Rolland, R.: *P. Dt. Übers. Tüb. u. Stuttg. 1951.*

Peh Kü-jih ↑ Po Chü-i.

Peiper, Tadeusz [poln. 'pɛjpɛr], * Krakau 3. Mai 1891, poln. Lyriker.
Studierte in Krakau, Berlin und Paris; erster und hervorragendster Theoretiker der poln. Avantgarde, deren Programm er publizist. verficht; seine gedankl. übersteigerte, Verfremdungstechniken verwertende Lyrik ist schwer zugängl.; v. a. Bemühung um eine originale, von Vorbildern wenig belastete, futurist. Lyrik.

Peire Cardenal [frz. pɛrkardə'nal], * Le Puy (?) um 1174 (?), † um 1272 (?), provenzal. Troubadour.
Aus angesehener Familie, besaß in seiner Vaterstadt eine Pfründe; lebte an verschiedenen Fürstenhöfen S-Frankreichs; Meister des moral.-satir. Sirventes; seine rund 70 erhaltenen Gedichte sind meist gegen Klerus und Adel gerichtet.
Literatur: Cocito, L.: *Aspetti e motivi della poesia di P. C. Genua 1958.* – Voßler, K.: *P. C., ein Satiriker aus dem Zeitalter der Albigenserkriege. Mchn. 1916.*

Peire Vidal [frz. pɛrvi'dal], * Toulouse um 1175, † um 1210, provenzal. Troubadour.
Bürgerl. Herkunft; bewegtes Leben als fahrender Sänger zwischen Frankreich, Spanien, Italien und dem Vorderen Orient; Teilnehmer des 3. Kreuzzuges; origineller, phantasiebegabter Troubadour, von dem rund 50 kunstvolle Lieder erhalten sind.
Literatur: Hoepffner, E.: *Le troubadour P. V. Sa vie et son œuvre. Paris 1961.*

Peisandros, griech. Epiker des 7. oder 6. Jh.s v. Chr. aus Kameiros auf Rhodos.
Dichtete mit seiner „Herakleia" das erste Herakles-Epos; nur fragmentar. erhalten.

Peisson, Édouard [frz. pɛ'sõ], * Marseille 7. März 1896, † Ventabren bei Aix-en-Provence 2. Sept. 1963, frz. Schriftsteller.
Fuhr zur See; schrieb erfolgreiche Romane aus der Welt des Seemanns, u. a. „Abenteuer in Marseille" (dt. 1930), „Seeleute" (dt. 1951), „Kapitäne auf großer Fahrt" (dt. 1958).

Peixoto, Júlio Afrânio [brasilian. pei'ʃotu], * Lençóis (Bahia) 17. Dez. 1876, † Rio de Janeiro 12. Jan. 1947, brasilian. Schriftsteller.
War Professor der Medizin, befaßte sich jedoch auch mit Literatur und Sprache, Pädagogik und Soziologie; Mitglied der brasilian. Academia de Letras; trat mit bemerkenswerten Arbeiten über die brasilian. und portugies. Literatur hervor (u. a. „Dicionário de ‚Os Lusíadas'", 1924); als Romancier Regionalist des brasilian. Nordostens (Bahia); auch Lyriker.
Weitere Werke: Rosa mística (Ged., 1900), Maria Bonita (R., 1914), Bugrinha (R., 1922), Sinhazinha (R., 1924).

Pekkanen, Toivo [Rikhard] [finn. 'pɛkkɑnɛn], * Kotka 10. Sept. 1902, † Kopenhagen 30. Mai 1957, finn. Schriftsteller.
Fabrikarbeiter, dann Schriftsteller, 1955 Mitglied der Akademie Finnlands. In seinen Romanen und Novellen schildert er in knapper, realist. Form das Schicksal des Arbeiters in Hafen und Fabrik, ohne klassenkämpfer. Elemente zu verwenden; schrieb auch Dramen und Lyrik.
Hauptwerke: Menschen im Frühling (R., 1935; dt. 1949), Musta hurmio (R., 1939), Elämän ja kuoleman pidot (Novellen, 1945), Lähtö matkalle (Ged., 1955).

Péladan, Joséphin [frz. pela'dã], eigtl. Joseph P., * Lyon 28. März 1859, † Neuilly-sur-Seine 27. Jan. 1918, frz. Schriftsteller.
Sohn eines kath., royalist. Schriftstellers; Jesuitenschüler; trat mit Barbey d'Aurevilly dem Naturalismus entgegen; leitete als Großmeister („Sâr") eine von ihm gegr. Rosenkreuzerbewegung mit Tendenz gegen Judentum und Freimaurerei, stand jedoch der kath. Kirche nicht ablehnend gegenüber. In seinem Hauptwerk, einer Serie von 19 Romanen u. d. T. „La décadence latine" (1884ff.), behandelte er die Frage nach der Zukunft der „lat. Rasse"; daneben zahlreiche religions- und kunsttheoret. Abhandlungen, in denen er u. a. für die Ästhetik R. Wagners eintrat; auch Dramatiker („Sémiramis", 1897).

Pèlerinage de Charlemagne à Jérusalem [frz. pɛlrinaʒdəʃarləmaɲaʒeryza'lɛm], Chanson de geste vom Anfang des 12. Jh.s, behandelt in Zwölfsilbern eine fiktive Pilgerfahrt Karls des Großen mit seinen Paladinen nach Jerusalem; bemerkenswert die humorist. Szenen.

Pellegrin [pɛle'gri:n] ↑ Fouqué, Friedrich Baron de La Motte-F.

Pellerin, Jean [frz. pɛl'rɛ̃], * Pontcharra (Isère) 24. April 1895, † Le Châtelard (Savoie) 9. Juli 1921, frz. Dichter.
Einer der Hauptvertreter der „École fantaisiste", schrieb humor- und gefühlvolle Gedichte („Le bouquet inutile", hg. 1923) sowie einige Romane („Cécile et ses amours", hg. 1923).

Pellicer, Carlos [span. peji'sɛr], * Villahermosa 1899, mex. Lyriker.
Bereiste Amerika und Europa; wurde in den 40er Jahren Generalbeauftragter für die bildenden Künste in Mexiko; einer der hervorragendsten mex. Lyriker der Gegenwart, von großer Sensibilität und ausgeprägter Vorliebe für Bild und Farbe.
Hauptwerke: Colores en el mar (1921), Seis y siete poemas (1924), Hora y veinte (Ged., 1927), Camino (Ged., 1929), Hora de junio (Ged., 1937), Práctica de vuelo (Ged., 1956).

Pellico, Silvio [italien. 'pɛlliko], * Saluzzo (Piemont) 25. Juni 1789, † Turin 31. Jan. 1854, italien. Dichter.
Seit 1810 in Mailand, wo er sich mit Monti und Foscolo befreundete; gab seit 1818 mit mehreren Patrioten die Zeitschrift „Il Conciliatore" heraus, die die Einigung Italiens vorbereiten und die Romantik in Italien verbreiten sollte, jedoch von den Österreichern bald unterdrückt wurde; 1820 wurde P. als Mitglied der Karbonari verhaftet,

1821 zum Tode, dann jedoch zu 15jähriger verschärfter Kerkerhaft auf dem Spielberg (Brünn) verurteilt und erst 1830, völlig gebrochen, freigelassen; die grausame Behandlung hat er in „Meine Gefängnisse" (dt. 1833), einem der meistgelesenen Bücher des italien. Risorgimento, ergreifend geschildert; als Lyriker und Tragödiendichter steht er zwischen Klassizismus und Romantik (großer Erfolg mit der Tragödie „Franziska von Rimini", 1815, dt. 1834).
Literatur: Romanò, A.: *S. P. Pisa 1948.* – Ritter, H.: *Das Leben des italien. Freiheitsdichters S. P. Zürich 1932.* – Rinieri, I.: *Della vita e delle opere di S. P. Turin 1898–1901. 3 Bde.*
Peltonen, Johannes Vihtori [finn. 'pɛltɔnen] † Linnankoski, Johannes.
Pemán y Pemartín, José María [span. pe'man i pemar'tin], * Cádiz 8. Mai 1898, span. Schriftsteller.
Studierte in Sevilla und Madrid; war Journalist, später auch Unterrichtsminister; Mitglied der span. Akademie; begann mit klass. und neuromant. orientierter Lyrik, wandte sich seit den 30er Jahren jedoch v.a. dem Theater zu; bed. Vertreter des neueren poet. Versdramas; behandelte vorzugsweise histor.-patriot. und religiöse Stoffe: „Der Stürmer Gottes" (Dr., 1933; dt. 1951), „Cisneros" (Dr., 1934); auch Romancier und Novellist von andalus. Charme.
Pentateuch † Bibel.
Penzoldt, Ernst, * Erlangen 14. Juni 1892, † München 27. Jan. 1955, dt. Schriftsteller.
Studierte an den Kunstakademien in Weimar und Kassel, lebte als Bildhauer, Maler, Graphiker, Zeichner und freier Schriftsteller in München-Schwabing. Sein literar. Schaffen umfaßt Romane, Novellen, Essays und Dramen. Mit seinem kauzigen Humor, der in seinem modernen Schelmenroman „Die Powenzbande" (1930) in köstl. Weise zum Ausdruck kommt, suchte er das Wesen des Menschlichen zu erfassen. Für ihn war das Leben „Süße Bitternis", wie er die Sammlung seiner Erzählungen (1951) betitelte.
Weitere Werke: Der Zwerg (R., 1927, 1938 u.d.T. Die Leute aus der Mohrenapotheke), Der arme Chatterton (R., 1928), Die portugales. Schlacht (Nov., 1930, Dr., 1931), So war Herr Brummel (Dr., 1933), Korporal Mombour (E., 1941), Die verlorenen Schuhe (Kom., 1946), Squirrel (E., 1954).
Ausgabe: E. P. Ges. Schrr. in Einzelbden. Frkf. 1.–34. Tsd. 1952–62. 4 Bde.
Literatur: Wernicke, H.: *E. P. Elemente u. Gestaltung seiner dichter. Wirklichkeit. Diss. Marburg 1964.* – *E. P. Leben u. Werk. Ein Brevier. Zusammengestellt v.* U. Lentz-Penzoldt. *Frkf. 1962.*
Pepys, Samuel [engl. pi:ps], * London 23. Febr. 1633, † ebd. 26. Mai 1703, engl. Schriftsteller.
Erhielt nach Studien in Cambridge durch Gönner hohe Verwaltungsposten, u.a. in der Admiralität; zeitweilig aus polit. Gründen in Haft. P.' Hauptwerk, ein in z.T. selbsterfundener Geheimschrift geschriebenes, nicht zur Veröffentlichung bestimmtes Tagebuch, das er 1660–69 führte und das erst 1825 nach seiner Entzifferung auszugsweise gedruckt wurde, hat dokumentar. Wert als Autobiographie und als Zeitbild, da P. krit. und aufrichtig das Leben seiner Zeit in all seiner Vielfalt schildert.
Literatur: Emden, C. S.: *P. himself. London 1963.* – Schücking, L.: *Essays über Shakespeare, P., Rossetti, Shaw u. anderes. Wiesb. 1948.*
Percival, James Gates [engl. 'pə:sɪvəl], * Kensington (Conn.) 15. Sept. 1795, † Hazel Green (Wis.) 2. Mai 1856, amerikan. Lyriker.
Vielseitig begabt, war als Arzt, Chemiedozent, Geologe und Journalist tätig; Neigung zu paranoiden Anfällen; zeitweilig freiwillig unter ärztl. Aufsicht. Mit seinen intellektbetonten romant. Gedichten gilt P. als bedeutendster amerikan. Lyriker vor Bryant.
Hauptwerke: Poems (1821), Prometheus (Ged., 1822), Clio (Ged., 1822ff.), The dream of a day (Ged., 1843).
Percy, Thomas [engl. 'pə:sɪ], * Bridgnorth (Shropshire) 13. April 1729, † Dromore (Nordirland) 30. Sept. 1811, engl. Schriftsteller.
Anglikan. Geistlicher; seit 1769 königl. Hofkaplan, seit 1782 Bischof von Dromore. P.s vielseitiges literar. Schaffen, das u.a. engl. Übertragungen portugies. Übersetzungen aus der chin. Literatur und isländ. Runenverse umfaßt, fand seinen Höhepunkt in der Herausgabe einer Sammlung altschott. und altengl. Balladen und Lieder, die 1765 u.d.T. „Reliques of ancient English poetry" erschien und später mehrfach neu aufgelegt und erweitert wurde; die Sammlung, der P. eine Handschriftensammlung des 16. Jh.s zugrunde legte, wirkte entscheidend auf die engl. und dt. Literatur, u.a. auf Scott, Herder, Goethe, Bürger. Dt. Übersetzung u.a. von J. J. Bodmer 1780f.
Literatur: Willinsky, M.: *Bischof P.'s Bearbeitung der Volksballaden u. Kunstgedichte seines Folio-Manuskripts. Lpz. 1932.* – Gaussen, A. C. C.: *P., prelate and poet. London 1908.*
Pereda y Sánchez de Porrúa, José María de [span. pe'reða i 'santʃɛð ðe pɔ'rrua], * Polanco (Santander) 6. Febr. 1833, † ebd. 1. März 1906, span. Schriftsteller.
Adeliger Abkunft; gab die Offizierslaufbahn auf, um sich der Literatur zu widmen; lebte zurückgezogen auf seinem Landgut; zeitweilig Mitglied der Cortes, 1897 Mitglied der span. Akademie; Regionalist kath.-traditionalist. Prägung, entwarf in Romanen und Erzählungen realist. Sittenbilder aus dem Leben seiner Heimat und aus Madrid.
Hauptwerke: Escenas montañesas (En., 1864), Tipos y paisajes (En., 1871), Don Gonzalo González de la Gonzalera (R., 1879), El sabor de la tierruca (R., 1882), Sotileza. Das Fischermädchen von Santander (R., 1884; dt. 1914), La Montálvez (R., 1888), Peñas arriba (R., 1894).
Literatur: Camp, J.: *P. Sa vie, son œuvre et son temps. Paris 1937.* – Siebert, K.: *Die Naturschilderungen in P.s Romanen. Hamb. 1932.*
Pereira, José Maria dos Reis [portugies. pə'rɐirɐ] † Régio, José.
Pereira Teixeira de Vasconcelos, Joaquim [portugies. pə'rɐirɐ tɐi'ʃɐirɐ ðə vɐʃkõ'sɛluʃ] † Teixeira de Pascoaes.
Perelman, Ossip Issidorowitsch; tl.: Perel'man, Osip Isidorovič [russ. pɪrɪlj'man] † Dymow, Ossip.
Perez, Jizchak Leib ['pe:rɛts], * Zamość 18. Mai 1851, † Warschau 3. April 1915, jidd. Dichter.
Zeitweilig Rechtsanwalt in seiner Heimatstadt, seit 1889 Sekretär der jüd. Gemeinde in Warschau; Studien des jüd. Volkslebens; schrieb zuerst in poln. und hebr., schließl. in jidd. Sprache. P.

sympathisierte anfangs mit dem Sozialismus, wandte sich später jedoch dem Chassidismus zu, dessen Gedanken seine Werke beeinflußten; er bevorzugte, bes. in seinen Dramen, von denen einige zu den bedeutendsten Werken der jidd. Literatur gehören, symbolist.-myst. Gestaltung; in dt. Übersetzung liegen u.a. vor: „Jüd. Geschichten" (1916), „Aus dieser und jener Welt" (1919), „Chassid. Geschichten" (1917) und „Baal Schem als Ehestifter u.a. Erzählungen" (1969).
Literatur: Roback, A.: *Jizchok Lejb Peretz, psychologist of literature. Cambridge (Mass.) 1935.*

Pérez de Ayala, Ramón [span. 'perεð ðe a'jala], * Oviedo 9. Aug. 1881, † Madrid 5. Aug. 1962, span. Schriftsteller.
Jesuitenschüler; studierte in Oviedo und London, wurde 1931 Botschafter in London, lebte später längere Zeit in Südamerika. Sein Romane, Essays, Novellen und Lyrik umfassendes bed. dichter. Schaffen wurde stark von der „Generation von 98" beeinflußt; berühmt wurde er durch den Roman „A. M. D. G." (dt. 1912), in dem er krit. das Leben in einem Jesuiteninternat schilderte. Humor und Pessimismus verbinden sich in der satir. Darstellung seiner Romanfiguren. Seine im Zeichen des Modernismo stehende intellektualist. Lyrik ist sinnbildhaft und herb.
Weitere Werke: La paz del sendero (Ged., 1903), Troteras y danzaderas (R., 1913), El sendero innumerable (Ged., 1916), Belarmino und Apolonio (R., 1921; dt. 1958), Tiger Juan (R., 1926; dt. 1941), El curandero de su honra (R., 1926).
Literatur: Weber, F. W.: *Literary perspectivism of R. P. de A. Chapel Hill (N. C.) 1966.* – Curtius, E. R.: *R. P. de A. In:* Curtius: *Krit. Essays zur europ. Lit. Bern 1950.* – Agustín, F.: *R. P. de A., su vida y sus obras. Madrid 1927.*

Pérez de Guzmán, Fernán [span. 'perεð ðe ɣuð'man], * zwischen 1376 und 1379, † Batres (?) um 1460, span. Schriftsteller.
Soldat und Politiker; einer der hervorragendsten span. Geschichtsschreiber des ausgehenden MA, aus dessen Werk v.a. die Sammlung zeitgenöss. Biographien „Generaciones y semblanzas" (1517) hohen histor. Quellenwert besitzt; als Lyriker vorwiegend Moralist, auch Panegyriker.

Pérez de Hita, Ginés [span. 'perεð ðe 'ita], * Mula (Murcia) um 1544, † nach 1619, span. Schriftsteller.
Nahm 1569–71 am Feldzug gegen die Morisken teil. Seine Erlebnisse verwertete er v.a. im 2. Teil seines großen histor. Romans „Die Geschichte der Bürgerkriege von Granada" (1595–1619, dt. 1913), in dem er, gestützt auf eine arab. Vorlage, ein Zeugnis über die Blüte der maur.-arab. Kultur ablegte. Mit seinen Kriegsbeschreibungen, romant. Liebesszenen und eingestreuten Romanzen begründete er die sog. „Maurenromantik".

Pérez de Montalbán, Juan [span. 'perεð ðe montal'βan], * Madrid 1602, † ebd. 25. Juni 1638, span. Dramatiker.
Studierte in Alcalá de Henares; trat 1625 in den geistl. Stand; befreundet mit Lope de Vega; schrieb Dramen über histor., religiöse u.a. Stoffe, auch eine Reihe von Musternovellen.

Pérez Galdós, Benito [span. 'perεð ɣal'dos], * Prov. Las Palmas 10. Mai 1843, † Madrid 4. Jan. 1920, span. Schriftsteller.

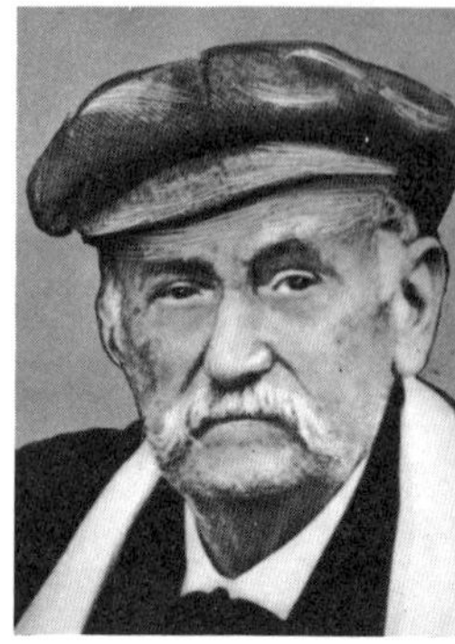

Benito Pérez Galdós

Vertreter des span. Liberalismus; studierte Rechtswissenschaft, lebte seit 1863, von zahlreichen Reisen durch Europa abgesehen, in Madrid; wiederholt Abgeordneter der Cortes; im Alter erblindet. Der bedeutendste span. Romanschriftsteller an der Wende vom 19. zum 20. Jh.; sein Werk ist von der Liebe zu Spanien, von Auseinandersetzungen mit polit., sozialen und ideolog. Problemen seines Landes geprägt. P. G.' Hauptwerk sind die realist. „Episodios nacionales" (1873–1912), eine Folge von 46 vielfach mit Balzacs „Comédie humaine" verglichenen Romanen in 5 Serien aus der Geschichte Spaniens im 19. Jh. Die 32 „Novelas contemporáneas" (1868ff.) behandeln aktuelle und religiöse Probleme, so „Doña Perfecta" (R., 1876; dt. 1886), „Gloria" (R., dt. 1880), „Fortunata und Jacinta" (R., 1886/87; dt. 1961), „Miau" (R., 1888; dt. 1960), „Ángel Guerra" (R., 1891). Von seinen Dramen erregte „Electra" (dt. 1901) großes Aufsehen. Auch Reiseberichte und Erinnerungen.
Literatur: Nimetz, M.: *Humor in G. A study of the novelas contemporáneas. New Haven (Conn.) 1968.* – Pattison, W. T.: *B. P. G. and the creative process. Minneapolis 1954.* – Casalduero, J.: *Vida y obra de G. (1843–1920). Madrid ²1951.*

Pérez Petit, Víctor [span. 'peres pe'tit], * Montevideo 1871, † ebd. 18. Aug. 1947, uruguay. Schriftsteller.
Studierte Rechtswissenschaft; vielseitiger Schriftsteller, schrieb realist. Dramen („¡Cobarde!", 1894; „La trilogía moderna", 1913f.) und Erzählungen („Gil", 1905) sowie lyr. Gedichte („Joyeles bárbaros", 1907) unter frz. Einfluß; auch Essayist.

Perinet, Joachim [...nεt], * Wien 20. Okt. 1763, † ebd. 9. Febr. 1816, östr. Theaterdichter.
Spielte zuerst an verschiedenen Wiener Dilettantenbühnen, seit 1785 Berufsschauspieler (meist am Leopoldstädter Theater). Daneben war P. ein fruchtbarer, vielgespielter Dramatiker. Er schrieb literar. meist unbed., bühnenwirksame Ritterdramen, Lustspiele, Zauberpossen, Parodien und Travestien; außerdem arbeitete er Volksstücke von Ph. Hafner zu Singspielen um, er verwendete dazu Lieder von Wenzel Müller.
Hauptwerke: Der Page (Lsp., 1792), Das neue Sonntagskind (Singspiel, 1794), Die Schwestern von Prag (Singspiel, 1794), Hamlet, Prinz von Tandelmarkt (Parodie, 1807), Vittoria Ravelli,

der weibl. Rinaldo (Schsp., 1808), Der Feldtrompeter (Singspiel, 1808).

Perk, Jacques Fabrice Herman [niederl. pɛrk], * Dordrecht 10. Juni 1859, † Amsterdam 1. Nov. 1881, niederl. Dichter.
Pfarrerssohn, Jurastudium. P. war v.a. Lyriker; sein bedeutendstes Werk ist der „Sonettenkrans Mathilde" (1880f.). Ausdrucksweise und Stil brachten einen neuen Ton in die niederl. Dichtung.

Perkens, Duco [niederl. 'pɛrkəns] ↑ Du Perron, Charles Edgar.

Perkonig, Josef Friedrich ['pɛrkonɪk, pɛr'ko:nɪk], * Ferlach (Kärnten) 3. Aug. 1890, † Klagenfurt 8. Febr. 1959, östr. Schriftsteller.
Lehrer, nahm am 1. Weltkrieg, dann am Kärntner Abwehrkampf (1918/19) teil, war in den 20er Jahren kulturpolit. tätig, wurde Mittelschullehrer und Professor an der Lehrerbildungsanstalt in Klagenfurt. In zahlreichen, z.T. märchenhaftzarten, anschaul. und realist. Novellen und Romanen, die ihn außerordentl. volkstüml. machten, gestaltete er v.a. Probleme seiner Heimat. P. schrieb auch Dramen und Essays, Hörspiele und Filmdrehbücher.
Hauptwerke: Heimat in Not (R., 1921), Dorf am Acker (Novellen, 1926), Mensch wie du und ich (R., 1932), Der Guslaspieler (E., 1935), Nikolaus Tschinderle, Räuberhauptmann (R., 1936), Lopud, Insel der Helden (R., 1938), Patrioten (R., 1950), Ein Laib Brot, ein Krug Milch (Novellen, 1960).

Perlone Zipoli [italien. per'lo:ne 'tsi:poli] ↑ Lippi, Lorenzo.

Pérochon, Ernest [frz. perɔ'ʃõ], * Vouillé (Deux-Sèvres) 24. Febr. 1885, † Niort 10. Febr. 1942, frz. Schriftsteller.
Sohn eines Bauern; Volksschullehrer; 1920 Prix Goncourt; Verfasser von Bauernromanen aus der Vendée und dem Poitou: u.a. „Magdalene" (1920, dt. 1937), „Das letzte Gebot" (1922, dt. 1938), „Milon" (1936).

Perrault, Charles [frz. pɛ'ro], * Paris 12. Jan. 1628, † ebd. 16. Mai 1703, frz. Schriftsteller.
Rechtsanwalt, seit 1664 Oberaufseher der königl. Bauten, seit 1671 Mitglied der Académie française. Wandte sich in seinem Dialog „Parallèles des anciens et des modernes" (1688–97) gegen die blinde Nachahmung der antiken Literatur und geriet dadurch in Ggs. zu Boileau-Despréaux. Literar. am bedeutsamsten ist seine berühmte Märchensammlung „Contes de ma mère l'oye" (1697, dt. 1822 u.d.T. „Feenmärchen für die Jugend").
Ausgabe: Ch. P. Märchen. Dt. Übers. Wien 1967.
Literatur: Chini-Velan, L.: *Carlo P. Florenz 1960.* – ↑ auch Boileau-Despréaux, Nicolas.

Perrin, Abbé Pierre [frz. pɛ'rɛ̃], * Lyon um 1620, † Paris 25. April 1675, frz. Dichter.
Hofbeamter des Herzogs Gaston von Orléans; Mitbegründer der frz. Oper nach italien. Vorbild und Mitarbeiter Camberts; schrieb u.a. das Textbuch zur ersten Oper in frz. Sprache, „Pomone" (1671; Musik von Cambert); auch Lyriker.

Perron, Charles Edgar Du ↑ Du Perron, Charles Edgar.

Perse, Saint-John ↑ Saint-John Perse.

Persius Flaccus, Aulus, * Volaterrae (heute Volterra) 4. Dez. 34 , † bei Rom 24. Nov. 62, röm. Dichter und Philosoph.
Stammte aus etrusk. Ritterfamilie, erhielt in Rom eine stoische Erziehung. Erhalten sind sechs Satiren (645 Hexameter), in denen er in Anlehnung an Horaz und Lucilius das literar. Leben seiner Zeit kritisiert und Themen der stoischen Morallehre behandelt. Es sind Moralpredigten in gewollt dunkler und schwerverständl. Sprache, die bis ins MA beliebt waren.
Ausgabe: Die Satiren des P. Lat.-dt. Hg. v. O. Seel. *Mchn. 1950.*
Literatur: Beikircher, H.: *Kommentar zur 6. Satire des A. P. F. Wien u.a. 1969.* – Ballotto, F.: *Cronologia ed evoluzione spirituale nelle satire di Persio. Messina 1964.* – Villeneuve, F.: *Essai sur Perse. Paris 1918.*

Persons, Truman Streckfus [engl. pə:snz] ↑ Capote, Truman.

Perutz, Leo, * Prag 2. Nov. 1884, † Bad Ischl 25. Aug. 1957, östr. Schriftsteller.
Studierte in Prag; im 1. Weltkrieg schwer verwundet; lebte als freier Schriftsteller in Wien, emigrierte 1938 nach Tel Aviv. P. war Dramatiker und Verfasser von spannenden Romanen und Novellen mit phantast. und histor. Themen. Die Handlung seiner Bücher dringt ins Unheimliche vor.
Hauptwerke: Die dritte Kugel (R., 1915), Das Gasthaus zur Kartätsche (R., 1920), Der Meister des jüngsten Tages (R., 1923), Herr, erbarme dich meiner! (Novellen, 1930), Der schwed. Reiter (R., 1936), Nachts unter der steinernen Brücke (R., 1953), Der Judas des Leonardo (R., 1959).

Perwenzew, Arkadi Alexejewitsch; tl.: Pervencev, Arkadij Alekseevič [russ. 'pjervɪntsəf], * Nagut (Kuban) 26. Mai 1905, sowjetruss. Schriftsteller.
Schrieb erzählende und dramat. Werke mit Themen aus dem Bürgerkrieg und dem 2. Weltkrieg; in seinem Hauptwerk, einem Roman aus dem Bürgerkrieg, verarbeitete P. Erlebnisse aus seiner Jugend, die er unter Kubankosaken verbrachte.

Perzyński, Włodzimierz [poln. pɛ'ʒi̯ski], * Opoczno 1878, † Warschau 21. Okt. 1930, poln. Schriftsteller.
Beschrieb mit zunehmender Neigung zu Realismus meist ironisch die Welt poln. Kleinbürger; wandte sich schon früh v.a. der erzählenden (Novellen und Erzählungen) und dramat. Dichtung zu; bes. mit bühnenwirksamen Komödien erfolgreich.

Peschkow, Alexei Maximowitsch; tl. Peškov, Aleksej Maksimovič [russ. 'pjɛʃkɐf] ↑ Gorki, Maxim.

Pessanha, Camilo [portugies. pə'sɐɲɐ], * Coimbra 7. Sept. 1867, † Macau 1926, portugies. Dichter.
Studierte Jura in Coimbra (zusammen mit A. Nobre u.a.) und lebte später als Gymnasiallehrer und Anwalt in Macau, seiner chin. Wahlheimat; einer der hervorragendsten Lyriker des Symbolismus in Portugal; schrieb Gedichte mit melanchol. Grundstimmung: „Lúbrica" (1885) und „Clepsidra" (1920; Hauptwerk); ferner Essays und Übersetzungen aus dem Chinesischen.

Pessoa, Fernando António Nogueira de Seabra [portugies. pə'soɐ], Pseudonyme Alberto Caeiro, Álvaro de Campos, Ricardo Reis, * Lissabon 13. Juni 1888, † ebd. 30. Nov. 1935, portugies. Lyriker.
Jugend in Südafrika, Philosophiestudium in Kapstadt und Lissabon, danach Handelskorre-

spondent; Mitarbeiter der modernist. Zeitschriften „Orpheu" und „Presença"; außerordentl. vielseitige, komplexe und umstrittene Gestalt der neueren portugies. Literatur, bediente sich method. und souverän der lyr. Ausdrucksmittel von Klassizismus, Symbolismus, Futurismus ebenso wie der freien Rhythmen Whitmans; schrieb auch englisch („Antinous", Ged., 1918; „35 sonnets", 1918; „English poems", Ged., 1921).
Weitere Werke: Mensagem (Ged., 1933), Páginas de doutrina estética (Abhandlung, hg. 1946).
Ausgabe: F. P. Dichtungen. Dt. Übers. Frkf. 1965.
Literatur: Quadros, A.: *F. P. Lissabon 1960.* – Casais Monteiro, A.: *Estudos sobre a poesia de F. P. Rio de Janeiro 1958.*

Pestalozzi, Johann Heinrich, * Zürich 12. Jan. 1746, † Brugg 17. Febr. 1827, schweizer. Pädagoge.
Nach anfängl. Studium der Theologie und der Rechte wurde er durch Rousseau zur Volkserziehung angeregt; lernte die Landwirtschaft, errichtete bei Birr (Aargau) einen landwirtschaftl. Betrieb (Neuhof), wo er 1775 eine Erziehungsanstalt für arme Kinder begründete; errichtete bzw. leitete in der Folgezeit die Erziehungsanstalten in Burgdorf, Yverdon und das Waisenhaus Stans. Mit seinem pädagog. Grundanliegen, anstelle nur mechan. Einprägens von Wissensstoff die Entfaltung der geistigen [und körperl.] Kräfte und Anlagen der Heranwachsenden bewußt zu fördern, wurde P. Reformator des Elementarunterrichts. Sein pädagog. Programm legte er in der Schrift „Abendstunde eines Einsiedlers" (1780) nieder. Grundlage der Erziehung war für P. die Familie, wie er es in seiner Dorfgeschichte „Lienhard und Gertrud" (1781–87) und der Forts. „Christoph und Else" (1782) sowie in dem Roman „Wie Gertrud ihre Kinder lehrt" (1801) darstellte.
Ausgaben: P. Ausgew. Werke u. Briefe. Studienausg. Hg. v. G. Geißler *u.* J. R. Schmid. *Weinheim 1968 ff. Auf 10–12 Bde. berechnet. – J. H. P. Ges. Werke in zehn Bden. Hg. v.* E. Bosshart *u.a. Zürich 1944–47. – J. H. P. Sämtl. Werke. Krit. Ausg. Begr. u. hg. v.* A. Buchenau *u.a. Zürich; Bln. 1927 ff. Auf 25 Bde. berechnet. Bis 1968 20 Bde.*
Literatur: Klink, J.-G.: *Bibliogr. J. H. P. Schrifttum 1923–1965. Weinheim 1969.* – Delekat, F.: *J. H. P. Mensch, Philosoph, Politiker u. Erzieher. Hdbg. ³1968.* – Liedtke, M.: *J. H. P. in Selbstzeugnissen u. Bilddokumenten. Reinbek bei Hamb. 1968.* – Ganz, H.: *P. Leben u. Werk. Zürich ²1966.* – Spranger, E.: *P.s Denkformen. Hdbg. ³1966.* – Silber, K.: *P. Der Mensch u. sein Werk. Hdbg. 1957.* – Klinke, W.: *P.-Bibliogr. Schrr. u. Aufs. v. u. über P. nach Inhalt u. Zeitfolge verzeichnet. Bln. 1923.* – Israel, A.: *P.-Bibliogr. Bln. 1903–04. 3 Bde.*

Peter von Arberg, Graf, dt. Dichter des 14. Jahrhunderts.
Urkundl. zwischen 1348 und 1368 nachweisbar; vermutl. schweizer. oder nassauischer Herkunft. Schrieb volkstüml. weltl. und geistl. Lieder; drei seiner geistl. Tagelieder sind in der Kolmarer Liederhandschrift überliefert.

Peterich, Eckart, * Berlin 16. Dez. 1900, † Florenz 13. April 1968, dt. Schriftsteller.
Lebte lange Zeit als Journalist und Schriftsteller in Italien und Griechenland, unternahm große Reisen durch Europa, den Vorderen Orient, Afrika und Amerika; 1954/55 Zeitungskorrespondent in London und Paris. In seiner Lyrik, den Dramen, Erzählungen und Essays zeigt er sich der antiken Kunst und Kultur ebenso verpflichtet wie dem christl. Erbe; auch Übersetzer (Bernanos, Dante).
Hauptwerke: Die Götter und Helden der Griechen (1938), Sonette einer Griechin (Ged., 1940), Nausikaa (Dr., 1947), Die Heimkehr (Epos, 1948), Liebesliederbuch (Ged., 1949), Italien. Ein Führer (1958–63), Alkmene (Lsp., 1959), Reise auf den brit. Inseln (Ged., 1963), Fragmente aus Italien (hg. 1969).

Peters, Friedrich Ernst, * Luhnstedt (Holstein) 13. Aug. 1890, † Schleswig 18. Febr. 1962, dt. Schriftsteller.
Taubstummenoberlehrer, dann bis 1955 Direktor der Landesgehörlosenschule in Schleswig. In seiner grübler. Lyrik, seinen Romanen, Novellen und Essays zeigt er starkes Gefühl für Heimat und Natur.
Hauptwerke: Totenmasken (Ged., 1934), Der heilsame Umweg (R., 1938), Die Wiederkehr des Empedokles (Essays, 1941), Kleine Erzählungen (1942), Bangen und Zuversicht (Ged., 1948), Im Dienst der Form (ges. Aufs., 1948).

Peters, Luise ↑ Otto-Peters, Luise.

Petersen, Harald Alfred [dän. 'pe:'dərsən] ↑ Bergstedt, Harald Alfred.

Petersen, Nis Johan [dän. 'pe:'dərsən], * Vamdrup (Jütland) 22. Jan. 1897, † Laven 9. März 1943, dän. Schriftsteller.
Piestist. erzogen, Journalist, dann unstetes Wanderleben. Meisterhafter Stil – v.a. in den Novellen –, die Fähigkeit, alle erzähltechn. Möglichkeiten auszuschöpfen und die in der dän. Literatur erstmals behandelten Stoffkreise trugen wesentl. zum Erfolg seiner Werke bei. 1926 erschien der Gedichtband „Nattens pibere", dem das Hauptwerk, der Roman „Die Sandalenmachergasse" (dt. 1933), folgte. Der im Stil dem Schelmenroman angepaßte, zur Zeit Mark Aurels spielende, aber sprachl. mit modernen Mitteln (Slang) und Anachronismen durchsetzte Roman zeigt die Unveränderlichkeit des Menschen.
Weitere Werke: Verschüttete Milch (R., dt. 1935), Aftenbønnen (Novellen, 1947).

Petersson, Olof [schwed. 'pe:tərsɔn] ↑ Petri, Olaus.

Petiot, Jean Charles Henri [frz. pə'tjo] ↑ Daniel-Rops.

Petkanow, Konstantin; tl.: Petkanov, Konstantin [bulgar. pɛt'kanof], * Kawaklija (Thrakien) 29. Nov. 1891, † Sofia 12. Febr. 1952, bulgar. Schriftsteller.
Zunächst Lehrer, studierte dann Slawistik; führendes Mitglied der Thrak. Bewegung. Schrieb außer Kinderbüchern zahlreiche Romane, Novellen und Erzählungen, in denen er thrak. Volkstum und das Leben der Bauern darstellt.

Petković-Dis, Vladislav [serbokroat. 'pɛtkɔvitɕ-'di:s], * Zaječar 29. Febr. 1880, † bei Korfu 16. Mai 1917 (ertrunken), serb. Dichter.
Sohn eines Bauern; Lehrer, später freier Schriftsteller; schrieb stark pessimist. Lyrik; optimist. sind nur seine patriot. Gedichte.

Petőfi, Sándor [ungar. 'pɛtø:fi], eigtl. S. Petrovics, * Kiskőrös 1. Jan. 1823, ⚔ bei Schäßburg 31. Juli 1849, ungar. Dichter.

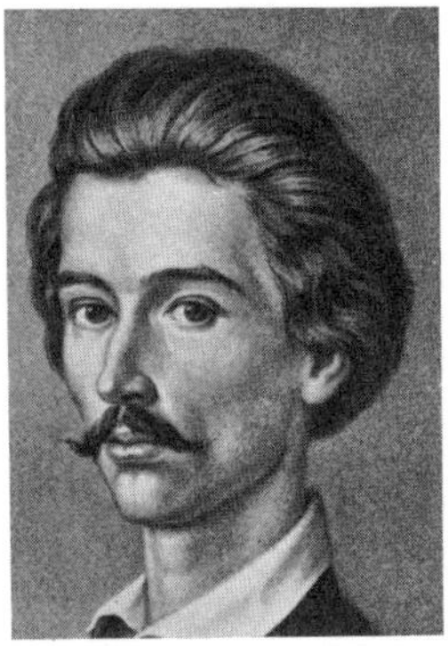

Sándor Petőfi

Sohn eines Fleischers, kam früh nach Pest, war Statist und Theaterdiener, wurde 1839 in Ödenburg Soldat, mußte aber 1841 die Armee wegen körperl. Schwäche verlassen. P. war dann Wanderschauspieler, daneben auch Student, arbeitete intensiv an seiner Weiterbildung; Hilfsredakteur (1844); seine Werke erschienen ab 1842 in schneller Folge. 1846 gründete er in Pest die „Gesellschaft der Zehn", aus der die Führer der Revolution hervorgingen. Nach Erscheinen seiner gesammelten Gedichte (1847) wurde P. gefeierter Mittelpunkt des literar. Lebens. Im selben Jahr schloß er Freundschaft mit J. Arany, der die ungar. Literatur ihren schönsten Briefwechsel verdankt. Im März 1848 führte er mit patriot. Versen und Artikeln die revolutionäre Pester Jugend an. 1849 war er Adjutant des poln. Generals Bem im ungar. Freiheitskrieg und fiel bei Schäßburg. P.s Ausdrucksformen waren anfangs das Lied sowie Charakter- und Genrebilder, die das naive Volkslied zum Vorbild haben. P. pflegte auch die kleine ep. Form. In größeren Gedichten in neuem poet. Realismus wird das ungar. Tiefland in die Lyrik eingeführt. Das kom. Epos „A helység kalapácsa" (1844), das Pathos und Überschwang in der Dichtung parodiert, und „Held János" (dt. 1851), ein Epos, in dem Märchenhaftes und Reales ineinanderfließen, bedeuten einen neuen Abschnitt seines Schaffens. Es folgten Liebesgedichte voller Sehnsucht, Hoffnung und Enttäuschung. Seine Themen wurden vielfältiger, sein Ton ging über das Volkstüml. hinaus; einen weiteren Höhepunkt bedeutet seine Stimmungslyrik.

Weitere Werke: Gedichte (dt. 1849), Der Strick des Henkers (R., dt. 1852).

Ausgaben: S. P. Lyr. u. ep. Dichtungen. Dt. Übers. Budapest [3]*1938. – S. P. Poet. Werke. In dt. Nachdichtung v.* I. Schnitzer. *Wien 1915. 2 Bde.*

Literatur: Jones, D. M.: *Five Hungarian writers. New York 1966.* – Farkas, J. v.: *Der ungar. Vormärz. P.s Zeitalter. Bln. 1943.* – Fischer, Alexander: *P.s Leben u. Werke. Lpz. 1888.*

Petrarca, Francesco [italien. pe'trarka], * Arezzo 20. Juli 1304, † Arquà (heute Arquà Petrarca) 18. oder 19. Juli 1374, italien. Dichter.

Lebte nach dem Studium der Rechte in Montpellier und Bologna lange Zeit am päpstl. Hof in Avignon; empfing 1326 die niederen Weihen; 1341 Dichterkrönung in Rom; zahlreiche Reisen in diplomat. Diensten und auf der Suche nach alten Handschriften. Seine in der Volkssprache geschriebene und im „Canzoniere" (hg. 1470, dt. 1818/19 u.d.T. „Italien. Ged.") gesammelte Lyrik (366 Gedichte) enthält v.a. Sonette und Kanzonen an „Laura", seine unnahbare Geliebte, die er bereits mit renaissancehaften Zügen – sie verkörpert auch das weltl. Schönheitsideal – versieht. Die Lyrik vereinigt Troubadourdichtung und Konzeption des Dolce stil nuovo; sie hat entscheidend zur Fixierung der italien. Sprache beigetragen und einen maßgebenden Einfluß auf die europ. Lyrik seit der Renaissance ausgeübt („Petrarkismus"). Durch Erschließung der klass. Literatur und durch eigene Werke in lat. Sprache gab P. das Vorbild für die spätere nlat. Dichtung und den Humanismus, der von ihm wesentl. geprägt wurde. Gegen die Tradition und über mittelalterl. Auffassungen hinaus ging sein Bemühen um neue Erkenntnisse in rein kontemplativem Leben.

Weitere Werke: Bucolicum carmen (lat. Eklogen, 1346/47, gedruckt 1473), Africa (lat. Epos, 1. Fassung 1338–42, gedruckt 1496), Epistolae familiares (lat. Briefe, gedruckt um 1495; dt. Ausw. 1931 u.d.T. Briefe), Poet. Briefe (lat. 1331–61, gedruckt 1501; dt. 1903), De viris illustribus (lat. Biographien, 1338–53, hg. 1874–79), Die Triumphe (didakt. Ged., hg. 1896; dt. 1901).

Ausgaben: F. P. Das lyr. Werk. Der Canzoniere. Die Triumphe. Nugellae. Dt. Übers. Bearb. v. B. Geiger. *Neuwied 1958. – F. P. Dichtungen, Briefe, Schrr. Dt. Übers. Ausw. u. Einl. v.* H. W. Eppelsheimer. *Frkf. u. Hamb. 1956. – F. P. Tutte le opere. Edizione nazionale. Hg. v.* N. Festa *u.a. Florenz 1926 ff. Auf mehrere Bde. berechnet.*

Literatur: Tripet, A.: *Pétrarque ou la connaissance de soi. Genf 1967.* – Büdel, O.: *F. P. u. der Literaturbarock. Genf 1963.* – Noferi, A.: *L'esperienza poetica del P. Florenz 1962.* – Bosco, M.: *P. Bari* [2]*1961.* – Wilkins, E. H.: *Life of Petrarch. Chicago 1961.* – Heitmann, K.: *Fortuna u. Virtus. Eine Studie zu P.s Lebensweisheit. Köln u. Graz 1958.* – Eppelsheimer, H. W.: *P. Frkf.* [2]*1934.*

Petrescu, Camil [rumän. pe'tresku], * Bukarest 21. April 1894, † ebd. 14. Mai 1957, rumän. Schriftsteller.

Studierte Literaturwissenschaft und Philosophie; Regisseur, Direktor des Nationaltheaters in Bukarest, freier Schriftsteller, Hg. von Zeitschriften.

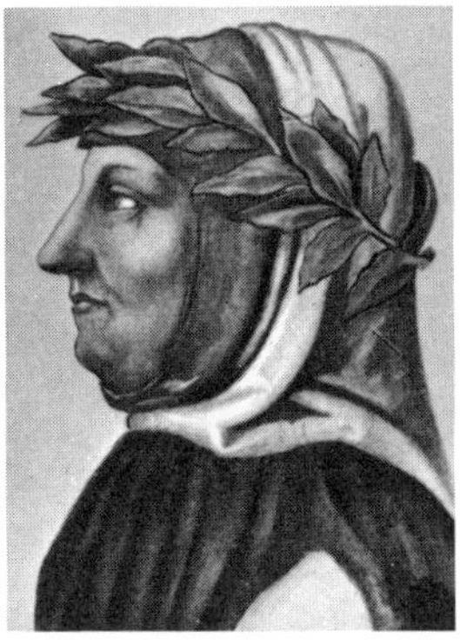

Francesco Petrarca (Miniatur aus dem 14. Jh.)

Beeinflußt von Proust, Husserl und Bergson. Einer der führenden modernen Dichter Rumäniens; erfolgreicher Verfasser kulturkrit. und philosoph. Essays, bühnenwirksamer Dramen, abstrakt-dunkler Lyrik, in der er v.a. Kriegserlebnisse schildert („Versuri", Ged., 1923), und psycholog. Romane, die er in neuer Technik zu gestalten versucht. Wahrscheinl. unter dem Druck der polit. Verhältnisse Umarbeitung von Werken nach den Prinzipien des sozialist. Realismus.

Weitere Werke: Danton (Dr., 1931), Das Prokrustesbett (R., 1933; dt. 1963), Ein Mensch unter Menschen (R., dt. 1956–58).

Petrescu, Cezar [rumän. pe'tresku], * Hodora (Kreis Jassy) 13. Dez. 1892, † Bukarest 9. März 1961, rumän. Schriftsteller.

Nach Abschluß des Jurastudiums v.a. publizist. tätig. Sah in Balzac sein Vorbild; sein Versuch, eine umfassende Darstellung histor. und aktueller Gesellschaftsprobleme zu geben, ist nur z.T. gelungen; pessimist. Unterton.

Hauptwerke: Die Traumerscheinung (En., dt. 1930), Umdüsterung (R., 1927; dt. 1957), Der Schatz des Königs Dromichet (R., 1931; dt. 1944), Sonntag in Bukarest (R., 1934; dt. 1953), Die Enkel des Hornisten (R., dt. 1955).

Petri, Olaus (Olavus) [schwed. 'pe:tri], eigtl. Olof Petersson, * Örebro 6. Jan. 1493 (?), † Stockholm 19. April 1552, schwed. Reformator.

Studierte u.a. in Leipzig und Wittenberg, war Schüler Luthers. Vertrat als Diakon in Schweden die Lehren der Reformation, die er auch in Streitschriften darlegte und im Reichstag verfocht. 1531 Kanzler Gustav Wasas; 1540 wegen Hochverrats zum Tode verurteilt, aber begnadigt. Dann Pfarrer in Stockholm. Er übersetzte einen Teil des N.T. in einfacher, klarer, kraftvoller Sprache, die anderen Teile ließ er übersetzen. Das Erscheinungsjahr der Bibelübersetzung (1526) bezeichnet den Beginn der neuschwed. Epoche. Auch Psalmenübersetzungen und eine Dramatisierung des bibl. Tobiastextes stammen von ihm, außerdem eine schwed. Geschichte bis zum Jahre 1520 und ein lat.-schwed. Wörterbuch.

Literatur: Westin, G. T.: *Historieskrivaren O. P. Svenska Krönikans källor och krönikeförfattarens metod. Lund 1946.* – Palmér, J.: *Undersökningar i Olavus Petris språk. Lund 1934–42. 4 Bde.* – Bergendoff, C. J. I.: *Olavus P. and the ecclesiastical transformation in Sweden, 1521–1552. New York 1928.*

Petronius Arbiter, Gaius, † 66 n. Chr., röm. Satiriker.

Als „arbiter elegantiae" (= Schiedsrichter in Dingen des feinen Geschmackes) am Hofe Neros und Mitglied des kaiserl. Freundeskreises; durch den Höfling Tigellinus der Teilnahme an der Pison. Verschwörung beschuldigt, nahm er sich das Leben. Sehr wahrscheinl. ist P. mit dem gleichnamigen Verfasser eines nur sehr bruchstückhaft überlieferten satir. Romans „Satiricon" (auch „Saturae" genannt) identisch, der, wohl als Odyssee-Parodie, groteske Abenteuer und Irrfahrten eines Jünglings darstellt und in der röm. Literatur eine einzigartige Stellung einnimmt. Berühmt daraus ist das Glanzstück des Romans, „Das Gastmahl des Trimalchio", eine großartige Charakterzeichnung eines ungebildeten Emporkömmlings.

Ausgabe: P. Satyrica. Schelmengeschichten. Lat.-dt. Hg. v. K. Müller *u.* W. Ehlers. *Mchn. 1965.*

Literatur: Sullivan, J. P.: *The satyricon of P. London 1968.* – Raith, O.: *P. – ein Epikureer. Nürnb. 1963.*

Petrov ↑ Petrow.

Petrović, Petar II. [serbokroat. ˌpɛtrɔvitɕ] ↑ Njegoš, Petar II. Petrović.

Petrović, Veljko [serbokroat. ˌpɛtrɔvitɕ], * Sombor 5. Febr. 1884, † Belgrad 27. Juli 1967, serb. Schriftsteller.

Von Beruf Jurist, zeitweilig Journalist, dann im Kultusministerium tätig, Leiter des Belgrader Nationalmuseums. Wandte sich nach Anfängen mit patriot. Lyrik der Novelle als der ihm gemäßen Gattung zu; P. stellte v.a. die bürgerl. und bäuerl. Welt der Wojwodina dar; wirkte mit Kritiken und Essays auf die Entwicklung der serb. Literatur.

Petrovics, Sándor [ungar. 'pɛtrovitʃ] ↑ Petőfi, Sándor.

Petrovskij-Sitnianovič, Samuil Emel'janovič ↑ Simeon Polozki.

Petrow, Iwailo; tl.: Petrov, Ivajlo [bulgar. pɛ'trɔf], * Bdinzi bei Tolbuchin 19. Jan. 1923, bulgar. Schriftsteller.

Studierte in Sofia Jura, Rundfunk- und Verlagsredakteur; schrieb realist. Erzählungen und den Roman „Dünung" (dt. 1964), ebenfalls in dt. Übersetzung erschien die Erzählung „Nonkas Liebe" (dt. 1960).

Petrow, Jewgeni Petrowitsch; tl.: Petrov, Evgenij Petrovič [russ. pɪ'trɔf], eigtl. J. P. Katajew; tl.: E. P. Kataev, * Odessa 30. Nov. 1903, ⚔ bei Sewastopol 2. Juli 1942, russ.-sowjet. Schriftsteller.

Sohn eines Lehrers; Bruder von W. Katajew; fiel als Berichterstatter im 2. Weltkrieg. Wurde bes. bekannt durch seine Zusammenarbeit mit Ilja Ilf an humorist. und satir. Romanen, darunter „Zwölf Stühle" (1928, dt. 1954) und „Ein Millionär in Sowjetrußland" (dt. 1932, 1946 u.d.T. „Das goldene Kalb"); schrieb nach Ilfs Tod u. a. Drehbücher, Reportagen. Dt. liegt auch die satir. Komödie „Die Insel des Friedens" (1937–42, dt. 1947) vor.

Petrow, Waleri; tl.: Petrov, Valeri [bulgar. pɛ'trɔf], * Sofia 22. April 1920, bulgar. Schriftsteller.

Studierte Medizin in Sofia, Mitarbeiter an verschiedenen Zeitschriften, Presseattaché in Rom; schrieb neben Erzählungen, Essays, Filmdrehbüchern, Bühnenstücken („Wenn die Rosen tanzen", dt. 1962) v.a. Poeme und Gedichte, die sich durch Klarheit auszeichnen.

Petrow, Wassili Petrowitsch; tl.: Petrov, Vasilij Petrovič [russ. pɪ'trɔf], * 1736, † 15. Dez. 1799, russ. Dichter.

Wurde von Potemkin gefördert, Hofdichter, Vorleser und Übersetzer Katharinas II.; lebte zeitweilig im Ausland. Schrieb, von Lomonossow ausgehend, feierl., panegyr. Oden, jedoch formal strenger; übersetzte Vergils „Aeneis", Teile aus Miltons „Verlorenem Paradies" und dem Werk Popes.

Petrowski-Sitnianowitsch, Samuil Jemeljanowitsch [russ. pɪ'trɔfskijsitnia'nɔvitʃ] ↑ Simeon Polozki.

Petrowsky, Erika [...ki] ↑ Mitterer, Erika.

Petrus de Eboli (Pietro da Eboli), * Eboli (Salerno) gegen 1160, † gegen 1220, mlat. Dichter.
Arzt; sein „Carmen de rebus siculis" (entstanden 1195), ein Kaiser Heinrich VI. gewidmetes elegisches Werk, das über die sizilian. Feldzüge Heinrichs berichtet, ist v.a. von histor. Interesse.

Petrus von Blois [frz. blwa] (Pierre de Blois, P. Blesensis), * Blois um 1135, † 1204, mlat. Dichter.
Studierte in Italien und Frankreich und war, z.T. in königl. Diensten, in Italien und England tätig; schrieb theolog. und philosoph. Werke, auch lyr. Gedichte (z.T. satir.) und berühmte Briefe.

Petrus Alfonsi (Pedro Alfonso), eigtl. Moïse Sephardi, * Huesca 2. Hälfte des 11. Jh.s, † 1. Hälfte des 12. Jh.s, lat. Dichter.
Getaufter Jude; königl. aragon. Leibarzt; verarbeitete in seiner dialog. „Disciplina clericalis", einer der ältesten mittelalterl. Novellensammlungen, arab. und ind. Gedankengut; schrieb auch einen „Dialogus contra Judaeos".

Petrusbriefe ↑ Bibel.

Petruslied, ältestes dt. Kirchenlied; vermutl. von einem Geistlichen verfaßt, um 900 in eine Freisinger Handschrift eingetragen. Das P. ist in strengem Rhythmus geschrieben, zeigt reine Reime und besteht aus 3 Strophen mit je 2 Versen sowie dem Refrain „Kyrie eleison"; es ist ein Bittgesang an Petrus.

Petrus Martyr Anglerius, eigtl. Pietro Martire d'Anghiera, * Arona (Piemont) 1459, † Granada 1526, span. Historiograph.
Aus dem Haus der italien. Grafen von Anghiera, seit 1487 am span. Hof, 1501 als Diplomat in Kairo. In „De rebus oceanicis et orbe novo" (1516) berichtet P. M. A. über die Entdeckung der Neuen Welt. Von kulturgeschichtl. Wert ist das „Opus epistolarum" (1530).

Petsalis, Thanasis; tl.: Petsálēs, Thanásēs [neugr. pɛ'tsalis], * Athen 11. Sept. 1904, neugriech. Schriftsteller.
Studierte Rechtswissenschaft; reiste 10 Jahre durch Europa; während er sich anfangs mit der bürgerl. Gesellschaft auseinandersetzte, wandte er sich in späteren, breitangelegten Romanen Themen der nationalen Vergangenheit zu.

Petscherski, Andrei [russ. pɪ'tʃɛrskij] ↑ Melnikow, Pawel Iwanowitsch.

Pétursson, Hallgrímur [isländ. 'pjɛ:tʏrsɔn], * Hólar 1614, † Ferstikla 27. Okt. 1674, isländ. Dichter.
Schulbesuch in Kopenhagen, Bauer und Fischer, seit 1644 Pfarrer. Mit seinen in ihrer Schlichtheit ansprechenden Psalmen und Hymnen ist P. der bedeutendste geistl. Dichter Islands; v.a. seine „Passíusálmar" (1666) sind heute noch sehr beliebt. Seine im Grunde pessimist. weltl. Dichtungen zeigen auch Humor.

Petzold, Alfons, * Wien 24. Sept. 1882, † Kitzbühel 26. Jan. 1923, östr. Dichter.
Sohn eines Arbeiters, wuchs in den dürftigsten Verhältnissen auf, arbeitete nach einer Lehrzeit in einer Metallschleiferei, als Kellner, Bauhilfsarbeiter und in Fabriken, war oft arbeitslos und schließl. lungenkrank. Sein autobiograph. Roman „Das rauhe Leben" (1920) ist ein erschütternder Bericht seines Lebenskampfes. P. ist ein früher Vertreter der östr. sozialist. Literatur; er war Lyriker und Erzähler; in seinen Gedichten ist er von Heine und den Dichtern des Vormärz beeinflußt. P.s frühe Dichtung ist anklagend und kämpfer., später wird sie religiös verklärt, dringt ins Kosmische vor; immer spricht tiefe Liebe zum Menschen aus ihr.
Weitere Werke: Trotz alledem! (Ged., 1910), Memoiren eines Auges (Skizzen, 1911), Das Ewige und die Stunde (Ged., 1912), Erde (R., 1913), Der stählerne Schrei (Ged., 1916), Der feurige Weg (R., 1918), Sevarinde (R., 1923).

Peyrefitte, Roger [frz. pɛr'fit], * Castres (Tarn) 17. Aug. 1907, frz. Schriftsteller.
Besuchte ein Jesuiteninternat, studierte Philosophie und Staatswissenschaften, trat in den diplomat. Dienst ein; zeitweilig Gesandtschaftsattaché in Athen, 1940 verabschiedet, seitdem Schriftsteller; Gegenstand seiner bekanntesten, z.T. seinerzeit indizierten Romane sind [umstrittene] Enthüllungen aus der Welt der vatikan., auch der frz. Diplomatie und der Freimaurerei.
Hauptwerke: Heiml. Freundschaften (R., 1944; dt. 1950), Les amours singulières (R., 1950), Diplomaten (R., dt. 1952), Diplomat. Missionen (R., dt. 1954), Die Schlüssel von Sankt Peter (R., dt. 1956), Die Söhne des Lichts (R., dt. 1962), Die Juden (dt. 1966), Die unmögl. Liebe (R., dt. 1968), Amerikaner, Amerikaner (R., dt. 1969).

Pfaffe Amis (Die Schwänke des Pf.n A.) ↑ Stricker, der.

Pfaffe Konrad ↑ Konrad, Pfaffe.

Pfaffe Lamprecht ↑ Lamprecht, Pfaffe.

Pfaffe von Kalenberg ↑ Frankfurter, Philipp.

Pfeffel, Gottlieb Konrad, * Colmar 28. Juni 1736, † ebd. 1. Mai 1809, dt. Dichter.
Studierte kurze Zeit in Halle Rechtswissenschaft; früh erblindet; gründete 1773 in Colmar eine akadem. Erziehungsanstalt für die ev. adelige Jugend, wurde 1803 Präsident des ev. Konsistoriums. Als Dichter von Fabeln mit didakt. Absicht im Stil der Franzosen und Gellerts und amüsanter, poet. Erzählungen, die erzieher. wirken sollten, gewann er große Beliebtheit. Weniger bed. sind seine nach frz. Muster geschriebenen Dramen. Einige seiner Gedichte wurden volkstümlich.
Hauptwerke: Poet. Versuche (1761 ff.), Philemon und Baucis (Dr., 1763), Theatral. Belustigungen (1765–74), Lieder (1778), Cato (E., 1781), Fabeln (1783).

Pfemfert, Franz, * Lötzen (Ostpreußen) 20. Nov. 1879, † Mexiko 26. Mai 1954, dt. Schriftsteller und Publizist.
Jugend in Berlin, Autodidakt, Mitarbeit an anarchist. und freidenker. Zeitschriften, 1911 Begründer und bis 1932 Hg. der Zeitschrift „Die Aktion", die neben polit. Artikeln avantgardist. [expressionist.] Dichtungen sowie Arbeiten zu Kunst und Literatur enthielt; Hg. der Anthologienreihe „Aktionslyrik" (1916 ff.), Lyriker linksradikaler Richtung, Übersetzer. Pf. emigrierte 1933 in die Tschechoslowakei, 1936 nach Frankreich, 1941 nach Mexiko.

Pfersmann von Eichthal, Rudolf ↑ Eichthal, Rudolf von.

Pfintzing (Pfinzing), Melchior, * Nürnberg 25. Nov. 1481, † Mainz 24. Nov. 1535, dt. Dichter.
1512 Propst in Nürnberg, später in Mainz, Geheimschreiber Maximilians I. Bearbeitete im Auftrag des Kaisers dessen autobiograph. Epos „Theuerdank" (1517) und ergänzte es durch einen Allegorienschlüssel.

Pfleger-Moravský, Gustav [tschech. 'pflεgεr-'mɔrafski:], * Karasein (Mähren) 27. Juli 1833, † Prag 20. Sept. 1875, tschech. Schriftsteller.
In verschiedenen Berufen tätig. Schrieb, teils von der Romantik (bes. dem Byronismus) beeinflußt, teils im Geist eines frühen Realismus, schwermütige Lyrik, Verserzählungen und histor. Tragödien; verfaßte, an Spielhagen geschult, den ersten tschech. Arbeiterroman.

Phaedrus, † um 50 n. Chr., röm. Fabeldichter.
Stammte aus Makedonien; kam früh als Sklave nach Rom, wo er von Augustus freigelassen wurde; seine dem Äsop verpflichteten Fabeln (5 Bücher „Fabulae Aesopiae", z.T. erhalten) gehen über die Grenzen der Gattung hinaus und behandeln auch Schwankhaftes sowie die verschiedenartigsten Anekdoten; die Sprache ist meist einfach und natürlich, sofern der Verfasser nicht moralisiert; statt des griech. Trimeters wird dessen entsprechende altröm. Form, der jamb. Senar, verwendet.
Ausgaben: *Phèdre. Fables. Lat.-frz. Hg. v.* A. Brenot. *Paris ²1961. – Aesopische Fabeln v. Ph., dem Freigelassenen des Augustus. Dt. Übers. v.* E. Sänger. *Lpz. 1929.*
Literatur: Herrmann, L.: *Phèdre et ses fables. Leiden 1950. – Thiele, G.: Der lat. Äsop des Romulus u. die Prosafassungen des Ph. Hdbg. 1910.* – † auch Aisopos.

Pham vam Ky [frz. famvam'ki], * Quinham (Vietnam) 10. Juli 1916, vietnames. Schriftsteller.
Studierte in Paris, wo er auch heute lebt; Rundfunkredakteur; schreibt in frz. Sprache; neben zahlreichen wissenschaftl. Abhandlungen wurde er durch den Roman aus der Zeit des Opiumkriegs „Die zornigen Augen" (dt. 1960) bekannt, der Chinas Bruch mit der Tradition und sein Erwachen zu modernem Leben schildert.
Weitere Werke: Les contemporains (R., 1956), Perdre la demeure (R., 1961), Des femmes assises ici et là (R., 1964).

Phanokles, griech. Dichter der 1. Hälfte des 3. Jh.s (?) v. Chr.
Aus seiner Elegiensammlung „Erotes e kaloi" (= Liebesgötter oder schöne Knaben), in der die Knabenliebe besungen wird, sind einige Fragmente erhalten.

Pherekrates, griech. Komödiendichter der 2. Hälfte des 5. Jh.s v. Chr. aus Athen.
Älterer Zeitgenosse des Aristophanes; Vertreter der alten Komödie; die Echtheit der ihm zugeschriebenen 18 Komödien wurde bereits in alexandrin. Zeit bezweifelt; in seinen nach Hetären benannten Komödien, darunter „Korianno" und „Petale", finden sich bereits Gestalten der mittleren und neuen Komödie der griech. Literatur.

Philander von Sittewald † Moscherosch, Johann Michael.

Philelphus † Filelfo, Francesco.

Philemon, * Syrakus zwischen 365 und 360, † 264 oder 263, griech. Komödiendichter.
Erwarb 307/06 das athen. Bürgerrecht; verließ seine Wahlheimat für einige Zeit und hielt sich am Hof in Alexandria auf; sein erster Sieg bei den Dionysien ist 327 bezeugt; bedeutendster Vertreter der neuen Komödie neben Menander, dem er von den Zeitgenossen sogar manchmal vorgezogen wurde. Wie Menander beherrschte Ph. vollendet die dramat. Technik; auch Spannung und überraschenden Handlungsablauf wußte Ph. zu sichern, wenngleich er seiner Neigung zu didakt. Moralisieren allzu freien Lauf ließ; von seinen über 90 Stücken sind nur drei in der lat. Nachdichtung des Plautus erhalten („Mercator", „Trinummus", „Mostellaria").

Philesius † Ringmann, Matthias.

Philetas (Philitas) von Kos, griech. Dichter und Grammatiker um 300 v. Chr.
Lehrer u.a. von Ptolemaios II. Philadelphos und Theokrit; seine Elegien, die erot. Inhalt bevorzugten, Epyllien und Epigramme hatten auf die spätere Dichtung nachhaltigen Einfluß; interessant ist auch die Sammlung seltener, kaum oder nicht mehr verstandener Wörter, hg. als „Ungeordnete Glossen".

Philipp, Bruder, † bei Wien (?) vor 1346, Kartäuser.
Verfaßte wohl vor 1316 in der steir. Kartause Seitz bei Cilli das dem Dt. Orden gewidmete mhd. Gedicht „Marienleben", eine neue, verhältnismäßig selbständige Bearbeitung der langatmigen „Vita beatae virginis Mariae et salvatoris rhythmica" in über 10000 Versen, die, formal anspruchslos, schlicht und lebendig erzählt ist.

Philipp, [Hugo] Wolfgang, * Dortmund 2. Febr. 1883, † Zürich 18. März 1969, dt. Schriftsteller.
Sohn eines Fabrikanten, studierte in Berlin Germanistik und Kunstgeschichte, 1923 Oberregisseur, schließl. Intendant in Dresden; ging 1933 nach Zürich in die Emigration; v.a. Dramatiker und Erzähler mit Neigung zum Phantast. und Grotesken; auch Lyrik und Essays.
Hauptwerke: Ver sacrum (Ged., 1917), Mit ihm sein Land Tirol (Trag., 1918), Der Clown Gottes (groteske Trag., 1921), Melodie der Fremde (Ged., 1945), Auf den Hintertreppen des Lebens (R., 1946), Apoll Lehmann (R., 1960).

Philippe de Commynes [frz. filipdəkɔ'min] † Commynes, Philippe de.

Philippe de Thaon (Thaun) [frz. filipdə'tã], altfrz. Dichter der 1. Hälfte des 12. Jahrhunderts.
Geistlicher; verfaßte in anglonormann. Sprache um 1119 ein Lehrgedicht über Kalenderberechnung („Traité de comput"), um 1130 ein bekanntes Tierbuch in Zehnsilbern („Bestiaire", erste frz. Version des lat. „Physiologus") sowie ein Steinbuch („Lapidaire").

Philippe, Adolphe [frz. fi'lip] † Dennery, Adolphe Philippe.

Philippe, Charles-Louis [frz. fi'lip], * Cérilly (Allier) 4. Aug. 1874, † Paris 21. Dez. 1909, frz. Schriftsteller.
Kind armer Eltern, Stadtbeamter in Paris; begann, von Mallarmé u.a. ermutigt, als Lyriker, fand aber bald zum Roman, der Gattung, in der er als Dichter der Armen von Paris und im Bourbonnais Bedeutendes leistete; seine Romane (u.a. „Bübü", 1901, dt. 1913; „Der alte Perdrix", 1903, dt. 1913; „Marie Donadieu", 1904, dt. 1913; „Croquignole", 1906, dt. 1913; „Die kleine Stadt", 1910, dt. 1913; „Charles Blanchard", 1913, dt. 1922), in denen sich viele autobiograph. Züge finden, zeugen von menschl. Wärme und sozialem Empfinden; Ph. stand dem Naturalismus nicht fern, vertrat aber einen eher poet. Populismus.
Literatur: Lanoizelée, L.: *Ch.-L. Ph. L'homme, l'écrivain. Paris 1953.*

Philitas von Kos ↑ Philetas von Kos.

Phillips, David Graham [engl. 'fılıps], * Madison (Ind.) 31. Okt. 1867, † New York 24. Jan. 1911, amerikan. Schriftsteller.
War nach Studien in Princeton Journalist und Reporter, u. a. in New York; wurde von einem Geisteskranken erschossen. Schrieb als erster frührealist., sozialkrit. Romane im Geist des reformfreudigen „muckraking movement"; Ph. legte schonungslos polit. Skandale und Korruptionsfälle bloß und gab – oft bitter und sehr krit. – Darstellungen der amerikan. Frau.
Hauptwerke: The great god Success (R., 1901), The fashionable adventures of Joshua Craig (R., 1909), Susan Lenox: Her fall and rise (R., 1917).

Phillips, Stephen [engl. 'fılıps], * Somerton bei Oxford 28. Juli 1868, † Deal (Kent) 9. Dez. 1915, engl. Schriftsteller.
Studierte in Cambridge, wurde Schauspieler; seit 1913 Hg. der „Poetic Review". Erfolgreicher Lyriker und Dramatiker; pflegte das poet. Drama; zum Besten seines unterschiedl. bewerteten Werks gehören die Dichtung „Christ in Hades" (1897) und das bühnenwirksame Drama „Paolo and Francesca" (1900); die nach 1910 entstandenen Werke sind meist von geringem Wert.

Phillpotts, Eden [engl. 'fılpɔts], * Mount Abu (Indien) 4. Nov. 1862, † Broad Clyst (Exeter) 29. Dez. 1960, engl. Schriftsteller.
Sohn eines brit. polit. Beamten im ind. Verwaltungsdienst; wurde in England erzogen und zum Dramaturgen ausgebildet; war zunächst Versicherungsangestellter, dann freier Schriftsteller. Schrieb zahlreiche Werke von unterschiedl. literar. Bedeutung, darunter erfolgreiche Kriminal- und Gesellschaftsromane, Heimatromane mit hervorragenden Landschaftsschilderungen der Dartmoor-Gegend, Gespenstergeschichten und Kinderbücher, ferner lyr. und dramat. Werke.
Hauptwerke: Children of the mist (R., 1898), The secret woman (R., 1905, Dr., 1912), The grey room (R., 1921), Witch's cauldron (R., 1933).

Philodemos von Gadara, * Gadara um 110, † um 40 v. Chr., griech. Philosoph und Dichter.
In Athen Schüler des Epikureers Zenon, kam nach Rom, wo er bei seinem Gönner L. Calpurnius Piso lebte; begann mit formal eleganten, inhaltl. frivolen Epigrammen, die auf die röm. Liebesdichtung nicht ohne Einfluß blieben; später Verfasser gelehrter Schriften über alle Wissensgebiete; sein Werk ist nur fragmentarisch erhalten.

Philon von Alexandria, latin. Philo Judaeus, * Alexandria um 25 v. Chr., † ebd. nach 41 (50?) n. Chr., jüd. Philosoph und Schriftsteller.
War 39/40 Teilnehmer an einer Gesandtschaft zu Kaiser Caligula; rabbin.-hellenist. gebildet; seine von Platon und der Stoa beeinflußte Philosophie bestimmt auch seine Darstellung der jüd. Religion; bed. sind v.a. die Schriften, die völlig unpropagandist. um Verständnis für die jüd. Religion werben; wichtig auch die Erläuterungsschriften zum Pentateuch.
Ausgaben: Philo v. A. Die Werke in dt. Übers. Hg. v. L. Cohn *u.a. Bln. 1909–38. 6 Bde. Neudr. 1962. Reg.-Bd., hg. v.* W. Theiler, *1964. – Philonis Alexandrini opera quae supersunt. Hg. v.* L. Cohn *u.* P. Wendland. *Editio major. Bln. 1896–1930. 6 Bde., 2 Index-Bde. Neudr. 1962.*
Literatur: Christiansen, I.: *Die Technik der allegor. Auslegungswiss. bei Ph. v. A. Tüb. 1968. – Ph. d'Alexandrie. Colloques Nationaux du Centre National de la Recherche Scientifique, Lyon, 11–15 sept. 1966. Paris 1968.* – Trüchtel, U.: *Die kosmolog. Vorstellungen bei Philo v. Alexandrien. Ein Beitrag zur Gesch. der Genesisexegese. Leiden 1967.* – Goodenough, E. R.: *The politics of Ph. Judaeus. New Haven 1938. 2 Bde.*

Philostratos II., Flavius, * Lemnos 170, † um 245, griech. Philosoph.
Neupythagoreer; Schüler von Damianos von Ephesos und Antipatros von Hierapolis, der ihn wohl in Rom bei Hofe einführte; später wahrscheinl. in Athen. Mit Sicherheit schrieb er die „Sophistenbiographien", die mit den Begründern der altsophist. Rhetorik beginnen und bis in die Zeit des Autors reichen; sein Hauptwerk ist die romanhafte Apotheose „Das Leben des Apollonios von Tyana"; andere Werke können ihm nur mit Wahrscheinlichkeit zugeschrieben werden (4 Träger des Namens Philostratos!).
Literatur: Schmid, Wilhelm: *Der Atticismus in seinen Hauptvertretern v. Dionysius v. Halikarnass bis auf den zweiten Ph. Stuttg. 1887–97. 4 Bde., Reg.-Bd.*

Philoxenos, * Kythera 436/35, † Ephesos 380/79, griech. Dithyrambendichter.
Kam als Kind in die Sklaverei; lebte später am Hof des Dionysios in Syrakus, der ihn wegen allzu freimütiger Kritik an den dichter. Versuchen des Herrschers in die berüchtigten Steinbrüche verbannte; nach anderen Angaben soll Eifersucht den Tyrannen dazu bewogen haben. Ph. schrieb der Suda zufolge 24 Dithyramben, von denen „Kyklops", eine Darstellung des Abenteuers aus der „Odyssee", am bekanntesten ist.

Phocius ↑ Robbers, Herman.

Phokylides, griech. Lyriker der 1. Hälfte des 6. Jh.s v. Chr. aus Milet.
Schrieb Lehrstücke, die er alle mit der Einleitung eröffnete: „Auch dies ist von Ph."; er bediente sich des Hexameters sowie des Distichons; im 1. Jh. n. Chr. entstand ein gnom. Gedicht unter seinem Namen.

Photios, * Konstantinopel (heute Istanbul) um 820, † in Armenien um 891, byzantin. Patriarch, Gelehrter und Dichter.
Stammte aus einer vornehmen, jedoch verarmten Familie, erwarb eine umfassende Bildung; war zweimal Patriarch von Konstantinopel (857–67 und 877–86); bed. Mittler griech. Geistes und griech. Literatur, die er nach langer Vergessenheit wieder pflegte; in seiner „Bibliothek" gab er 280 heute meist verlorene Werke an, die er mit einem Kommentar und krit. Bemerkungen versah; in seinen theolog. Schriften bekämpfte er die röm. Kirche; wichtig ist ferner sein Lexikon zum Verständnis der griech. Klassiker und der Bibel.
Literatur: Dvornik, F.: *The Photian schism, history and legend. Cambridge 1948.* – Hergenröther, J.: *Photius, Patriarch v. Constantinopel. Sein Leben, seine Schrr. u. das griech. Schisma. Regensb. 1867–69. 3 Bde.*

Phrynichos, griech. Tragiker des 6./5. Jh.s aus Athen.
Bedeutendster Tragödiendichter vor Aischylos, mit dem er bis um 470 in dichter. Wettkampf stand; bevorzugte bes. myth. Stoffe und Zeit-

ereignisse, so in der Tragödie „Einnahme von Milet", die einer Nachricht Herodots zufolge das trag. Schicksal der stammverwandten Stadt so realist. darstellte, daß die Zuschauer in Tränen ausbrachen; die „Phoinissen" behandelten wie Aischylos' „Perser" die Schlacht bei Salamis.

Phrynichos, griech. Komödiendichter der 2. Hälfte des 5. Jh.s v. Chr. aus Athen.
Vertreter der alten att. Komödie und Rivale des Aristophanes; sein „Einsiedler" ist die erste Charakterkomödie der griech. Literatur; in den „Musen", die zusammen mit Aristophanes' „Fröschen" aufgeführt wurden und ihnen auch themat. verwandt sind, wird ein Dichterwettstreit zwischen Sophokles und Euripides geschildert.

Phschawela ↑ Wascha[-]Pschawela.

Physiologus, ein in hellenist. Zeit, wahrscheinl. zwischen dem 2. und 4. Jh., in Alexandria entstandenes Buch der Naturbeschreibungen, das im 4. Jh. aus dem Griech. ins Lat. übertragen wurde und im Ggs. zur antiken Überlieferung, die der Natur ihren Eigenwert beließ, die Tiere, Pflanzen, Steine in Beziehung zu Christus setzte und allegor. umdeutete. Das Buch wurde grundlegend für die Symbolsprache der mittelalterl. christl. Natur- und Kunstvorstellungen (z. B. das Einhorn). Die erste dt. Übersetzung (in Prosa) entstand in alemann. Mundart, vermutl. um 1070 im Kloster Hirsau, in der 1. Hälfte des 12. Jh.s folgte eine 2. Prosaübertragung, eine 3., um 1140 entstandene Fassung ist gereimt; auch slaw., frz. und anglonormann. Bearbeitungen.
Ausgaben: Der Ph. Hg. v. F. Maurer. *Tüb. 1967. – Der Ph. nach den Hss. G u. M. Hg. v.* D. Offermanns. *Meisenheim 1966.*
Literatur: Glenndinning, R.: *A critical study of the Old High German Ph. and his influence. Diss. Univ. of Manitoba, Winnipeg 1960 [Masch.].* – Wellmann, M.: *Der Ph. Eine religionsgeschichtl.-naturwissenschaftl. Unters. Lpz. 1930.* – Strzygowski, J.: *Der Bilderkreis des griech. Ph., des Kosmos Indikopleustes u. Oktateuch. Lpz. 1899.*

Picander [pi'kandər] ↑ Henrici, Christian Friedrich.

Picard, Edmond [frz. pi'ka:r], * Brüssel 15. Dez. 1836, † Dave-sur-Meuse (Namur) 19. Febr. 1924, belg. Schriftsteller und Jurist.
Dozent an der Universität Brüssel, erfolgreicher Anwalt am Kassationsgerichtshof, hervorragender Vertreter des belg. Sozialismus; trat außer als Hg. jurist. Werke auch mit Prosaskizzen aus dem Juristenleben („La forge Roussel", 1881; „Mon oncle le jurisconsulte", 1884), Romanen, der Erzählung „Le juré" (1886), lyr. Gedichten („Les rêveries d'un stagiaire", 1879) und Dramen (darunter das antisemit. „Jéricho", 1903) sowie als Gründer der einflußreichen Zeitschrift „L'Art moderne" hervor.

Picard, Jacob [frz. pi'ka:r], eigtl. Jakob Pickard, auch Pseudonym J. P. Wangen, * Wangen (Landkreis Konstanz) 11. Jan. 1883, † Konstanz 1. Okt. 1967, dt. Schriftsteller.
Rechtsanwalt, nach 1933 Emigration in die USA, nach dem Krieg Rückkehr nach Europa, lebte in Den Haag und in seiner Heimat. Anfangs expressionist., dann jüd.-traditionalist. Lyriker und Erzähler; schildert in seinen Novellen das Leben in den einstigen sog. Judendörfern in S-Deutschland; auch Essays.
Hauptwerke: Das Ufer (Ged., 1913), Erschütterung (Ged., 1920), Der Gezeichnete (Novellen, 1936), Der Uhrenschlag (Ged., 1961), Die alte Lehre (Geschichten und Anekdoten, 1963).

Piccolomini, Alessandro [italien. pikko'lɔ:mini], * Siena 13. Juni 1508, † ebd. 12. März 1578, italien. Schriftsteller.
Trat nach weltl. freiem Leben in den geistl. Stand, wurde 1540 Lehrer für Moralphilosophie in Padua und zuletzt Träger hoher geistl. Würden in seiner Vaterstadt Siena; humanist. gebildet, vielseitig, wandte sich nach petrarkist. orientierten Anfängen und einigen freizügig-pikanten Komödien und Dialogen („La Raffaella", 1540, dt. 1924 u. d. T. „Gespräche über die feine Erziehung der Frauen") vornehml. der Popularisierung von Philosophie und Wissenschaft des Humanismus zu („La filosofia naturale", 1551).
Literatur: Cerreta, F. V.: *A. P., letterato e filosofo senese del Cinquecento. Siena 1960.*

Piccolomini, Enea Silvio de' [italien. pikko'lɔ:mini], später Papst Pius II., * Corsignano (heute Pienza) bei Siena 18. Okt. 1405, † Ancona 15. Aug. 1464, italien. Humanist und Dichter.
Studierte in Siena, begleitete Kardinal Capranica zum Baseler Konzil, wurde 1442 von Friedrich III. zum Dichter gekrönt, Sekretär der kaiserl. Kanzlei; 1447 Bischof von Triest, 1449 von Siena, 1456 Kardinal und 1458 zum Papst gewählt. Einer der bedeutendsten Humanisten seiner Zeit, verfaßte Memoiren in lat. Sprache, bed. Briefe und lat. Liebesgedichte; Geschichtsschreiber, Geograph, Ethnograph; versuchte sich auch in Drama, Roman und Novelle.
Hauptwerke: Commentarii rerum memorabilium quae temporibus suis contingerunt (Memoiren, hg. 1584), Chrisis (lat. Kom., 1444), Euryalus und Lukrezia (lat. Nov., entstanden 1444, hg. 1468; dt. 1907, erstmals 1473).
Ausgaben: E. S. P. Briefe, Dichtungen. Dt. Übers. Nachwort. v. G. Bürck. *Mchn. 1966. – E. S. P. Ausgew. Texte aus seinen Schrr. Hg., übersetzt u. biograph. eingel. v.* B. Widmer. *Basel 1960. – Eneas Silvius P. Briefwechsel. Hg. v.* R. Wolkan. *Abteilung 1, Bd. 1 u. 2; Abteilung 2; Abteilung 3, Bd. 1. Wien 1909–18 [m. n. e.].*
Literatur: Atti del Convegno Storico Piccolominiano. Ancona 9 maggio 1965. Estratto da atti e memorie, vol. 4, fasc. 2 (1964–65). Ancona 1967. – Widmer, B.: *E. S. P. in der sittl. u. polit. Entscheidung. Basel 1963.* – Bürck, G.: *Selbstdarstellung u. Personenbildnis bei E. S. P. (Pius II.). Basel 1956.* – Voigt, G.: *E. S. de' P., als Papst Pius II., u. sein Zeitalter. Bln. 1856–63. 3 Bde.*

Pichette, Henri [frz. pi'ʃɛt], * Châteauroux 26. Jan. 1924, frz. Dichter.
1944 Kriegsteilnehmer und Korrespondent in Deutschland und Österreich; arbeitete nach dem Krieg mit A. Artaud zusammen; einer der begabtesten frz. Lyriker der jüngeren Generation, dessen Gedichte Ausdruck einer leidenschaftl. Auflehnung gegen das Schicksal einer gequälten Menschheit sind; Erbe des Surrealismus und Rimbauds; auch Essayist und Dramatiker.
Hauptwerke: Apoèmes (Ged., 1947), Les épiphanies (Dr., 1947), Le point vélique (Ged., 1950), Odes à chacun (1960), Le tombeau de Gérard Philipe (Ged., 1962), Dents de lait, dents de loup (Ged., 1962).

Pichler, Adolf, Ritter von Rautenkar, * Erl bei Kufstein 4. Sept. 1819, † Innsbruck 15. Nov. 1900, östr. Dichter.
Studierte Philosophie, Jura, Naturwissenschaften und Medizin; 1848 Offizier einer Tiroler akadem. Schützenkompanie; Gymnasiallehrer, 1867 Professor für Mineralogie und Geologie in Innsbruck. P.s Dichtung ist von seiner nationalen und freiheitl. Gesinnung geprägt. Er schrieb heimatgebundene, kraftvolle Verserzählungen, Gedichte und Skizzen, polit. Lyrik, Hymnen und auch Epigramme. Seine Dramen sind unbedeutend.
Hauptwerke: Aus den Tirolerbergen (Prosa, 1861), Allerlei Geschichten aus Tirol (1867), Marksteine (ep. Dichtung, 1874), Das Sturmjahr (Autobiogr., hg. 1903).

Pichler, Karoline, geb. von Greiner, * Wien 7. Sept. 1769, † ebd. 9. Juli 1843, östr. Dichterin.
Befaßte sich intensiv mit klass. und modernen Sprachen und Literatur; ihr Haus war ein kultureller Mittelpunkt im biedermeierl. Wien. Sie schrieb Balladen, ermüdend-breite patriot. Romane und Erzählungen mit moralisierender Tendenz, die sehr beliebt waren; daneben lyr. Dichtungen und Dramen, die teilweise am Burgtheater aufgeführt wurden. Ihre Memoiren „Denkwürdigkeiten aus meinem Leben" (1844) sind von literaturgeschichtl. Interesse.
Weitere Werke: Agathokles (R., 1808), Erzählungen (1812), Gedichte (1814), Dramat. Dichtungen (1822), Die Belagerung Wiens (R., 1824), Die Schweden in Prag (R., 1827).

Pickard, Jakob ↑ Picard, Jacob.

Pickel, Konrad ↑ Celtis, Konrad.

Pickthall, Marjorie Lowry Christie [engl. 'pıkθɔ:l], * Gunnersbury bei Chiswick (Middlesex) 14. Sept. 1883, † Vancouver 19. April 1922, kanad. Schriftstellerin.
Kam 1899 nach Kanada; meist als Bibliothekarin tätig. Marjorie P., die von ihren Zeitgenossen als bedeutendste Lyrikerin Kanadas bezeichnet wurde, schrieb außer subtiler, gefühlvoller, naturverbundener Lyrik, die durch eine Verbindung heidn.-antiker und christl.-sakraler Vorstellungen gekennzeichnet ist, Romane, Kurzgeschichten und eine Autobiographie.
Hauptwerke: Drift of pinions (Ged., 1912), The bridge (R., 1921), Angel shoes (Kurzgeschichten, 1923).

Pickthall, Marmaduke William [engl. 'pıkθɔ:l], * Chillesford (Suffolk) 7. April 1875, † Saint Ives (Cornwall) 19. Mai 1936, engl. Schriftsteller.
Sohn eines Geistlichen; lebte nach Abschluß seiner Studien lange im Nahen Osten. P., der zum Islam übertrat und oriental. Lebensformen nachahmte, wurde als Orientalist durch seine Übersetzung des „Korans", als Schriftsteller durch Reise-, Abenteuer- und Kriegsromane aus dem Orient bekannt.
Hauptwerke: Saïd the fisherman (R., 1903), Enid (R., 1904), Brindle (R., 1905), The valley of the kings (R., 1909), Veiled women (R., 1913), Knights of Araby (R., 1917).

Pico della Mirandola, Giovanni [italien. 'pi:ko 'della mi'randola], Graf von Concordia, * Mirandola (Modena) 24. Febr. 1463, † in oder bei Florenz 17. Nov. 1494, italien. Humanist.
Studierte in Bologna, Ferrara und Padua, reiste in Italien und im Ausland, war Mitglied der florentin. Accademia Platonica; 1486 stellte er 900 theolog. und philosoph. Thesen zur Diskussion, von denen einige als häret. erklärt wurden; unterwarf sich schließl. der Kirche. Hervorragende unorthodoxe Gestalt des italien. Humanismus, Kenner des Griech., Arab., Hebr., Chaldäischen, des „Korans" und der Kabbala; versuchte eine Synthese von Christentum, jüd. und griech. (bes. neuplaton.) Philosophie („Über die Würde des Menschen", 1486, dt. 1940; „Commentationes", 1496; „Conclusiones nongentae", 1496); auch Lyriker in der Nachfolge Petrarcas.
Ausgaben: G. P. d. M. Ausgew. Schrr. Dt. Übers. Hg. v. A. Liebert. *Jena 1905 [mit Biogr.]. – Joannis et J. F. Pici opera omnia. Basel 1557–73. 2 Bde. Nachdr., hg. u. eingel. v.* C. Vasoli, *Hildesheim 1967.*
Literatur: Schmitt, Ch. B.: *Gianfrancesco P. d. M. and his critique of Aristotle. Den Haag 1967.* – Monnerjahn, E.: *G. P. d. M. Ein Beitrag zur philosoph. Theologie des italien. Humanismus. Wiesb. 1960.* – Barone, G.: *G. P. d. M. (1463 bis 1494). Mailand 1948.*

Picón y Bouchet, Jacinto Octavio [span. pi'kon i βu'tʃɛt], * Madrid 8. Sept. 1852, † ebd. 18. Nov. 1923, span. Schriftsteller.
Jugend in Frankreich, studierte Rechtswissenschaft in Madrid, war Journalist, zeitweilig auch polit. tätig und wurde 1900 Mitglied der span. Akademie; liberal und antiklerikal; schrieb neben zahlreichen kunst- und literaturkrit. Arbeiten vielbeachtete realist. Romane (v.a. „Lázaro", 1882; „El enemigo", 1887; „La honrada", 1890; „Dulce y sabrosa", 1891) und Novellen.

Pierre de Blois [frz. pjɛrdə'blwa] ↑ Petrus von Blois.

Pietro da Eboli [italien. 'pi̯ɛ:tro da 'ɛ:boli] ↑ Petrus de Eboli.

Pietro Martire d'Anghiera [italien. 'pi̯ɛ:tro 'martire daŋ'gi̯ɛ:ra] ↑ Petrus Martyr Anglerius.

Pieyre de Mandiargues, André [frz. pjɛrdəmã'djarg], * Paris 14. März 1909, frz. Schriftsteller.
Studium der Archäologie; zahlreiche Reisen in Europa, v.a. Italien, im Vorderen und Mittleren Orient und Mexiko; beeinflußt vom Surrealismus und der dt. Romantik; erhielt für seinen Roman „La Marge" den Prix Goncourt 1967.
Weitere Werke: Dans les années sordides (En., 1943), Le musée noir (En., 1946), Le cadran lunaire (En., 1958), Schwelende Glut (En., dt. 1964), Das Motorrad (R., dt. 1965), Die Monstren von Bomarzo (Essays, dt. 1969).

Pigault-Lebrun, Charles Antoine Guillaume [frz. pigolə'brœ̃], eigtl. Ch. A. G. Pigault de l'Épiney (Épinoy), * Calais 8. April 1753, † La Celle-Saint-Cloud bei Paris 24. Juli 1835, frz. Schriftsteller.
War Kaufmann, Polizist, Schauspieler, Lehrer, Soldat, Zollbeamter und Regisseur an der Comédie-Française, wo auch mehrere seiner Komödien (u.a. „Charles et Caroline", 1790) aufgeführt wurden; wurde berühmt durch seine mehr als 70 Romane, u.a. „L'enfant du carnaval" (1792), „Mon oncle Thomas" (1799) und „Onkel Botte" (1802, dt. 1846), sein bestes Werk.

Pillat, Ion [rumän. pi'lat], * Bukarest 31. März 1891, † ebd. 17. April 1945, rumän. Lyriker.
Aus traditionsbewußter aristokrat. Familie; studierte und lebte lange in Frankreich; erfolgreiche

polit. Laufbahn und publizist. Tätigkeit, Nationalpreisträger und Akademiemitglied. Schrieb formschöne, harmon. Lyrik mit optimist. Lebenseinstellung als Vertreter des literar. Traditionalismus; hervorragender Übersetzer u. a. von Baudelaire, Valéry, T. S. Eliot, Saint-John Perse, Jammes, Moréas, Novalis, Trakl, Rilke und v. a. frz. Dichtern; 1943 erschien eine dt. Auswahl seiner Gedichte.

Pillecijn, Filip de [niederl. pɪlə'sɛin], * Hamme bei Dendermonde 25. März 1891, † Gent 7. Aug. 1962, fläm. Schriftsteller.
Studium, Teilnahme am 1. Weltkrieg, Journalist, Lehrer, zahlreiche Reisen. Neuromantiker; in seiner stimmungsvollen, nuancenreichen Prosa stehen psycholog. Probleme im Vordergrund, die Erzählungen und Romane sind handlungs- und konturenarm. P. bevorzugte histor. Stoffe.
Hauptwerke: Blaubart in Flandern (R., dt. 1933), Hans van Malmedy (R., dt. 1938), Der Soldat Johann (R., dt. 1942), Menschen hinter dem Deich (R., 1949; dt. 1958), Leda (E., dt. 1951).

Pilnjak, Boris Andrejewitsch; tl.: Pil'njak, Boris Andreevič [russ. pilj'njak], eigtl. B. A. Wogau; tl.: B. A. Vogau, * Moschaisk 11. Okt. 1894, † 1937 (hingerichtet?), russ.-sowjet. Schriftsteller.
Sohn eines Tierarztes wolgadt. Abstammung; studierte an der Moskauer Handelshochschule; unternahm nach literar. Erfolgen Reisen ins westl. Ausland, auch nach Amerika und nach Japan; seit Ende der 20er Jahre heftig angegriffen. Wurde durch seinen vom Imagismus beeinflußten Episodenroman „Das nackte Jahr“ (1922, dt. 1964), dem eine verbindende Fabel fehlt, zu einem der hervorragendsten Vertreter der Sowjetliteratur; neigte zu Formalismus; beeinflußt u. a. von Gogol, Dostojewski, Leskow, Tschechow, Bely und Remisow.
Weitere Werke: Maschinen und Wölfe (R., 1925; dt. 1946), Mahagoni (En., 1929; dt. 1962), Die Wolga fällt ins Kasp. Meer (R., dt. 1930).

Pincherle, Alberto [italien. 'piŋkerle] ↑ Moravia, Alberto.

Pindaros (Pindar), * Kynoskephalai bei Theben 522 oder 518, † Argos nach 446, griech. Dichter.
Entstammte einem vornehmen, altadeligen Geschlecht Thebens; erhielt eine vorzügl. Ausbildung, u. a. auch bei Agathokles in Athen. 476 Reise zu Hieron nach Syrakus, wo er sich etwa ein Jahr aufhielt; sonst lebte er meist in seiner Heimat. Als später Vertreter der alten Adelsethik pries er in seinen Epinikien (Siegeschöre) die Sieger im sportl. Wettkampf und deren Heimat, er flocht Szenen aus der Sage sowie Sentenzen ein. Die Sprache des P., die dor. Kunstsprache der Chorlyrik, entbehrt der formalen Glätte, ist dunkel und schwer verständl.; die Metren lassen auf schwierige Tanzbewegungen der Chöre schließen, die Noten sind vollständig verloren. P. galt im Altertum als unerreichbarer Meister des erhabenen Stils; erhalten sind noch die Epinikien (nach den vier Hauptfesten in „Olympien“, „Pythien“, „Nemeen“ und „Isthmien“ aufgeteilt), bestehend aus 44 Oden (fast vollständig); die übrigen Dichtungen, v. a. die Päane und Dithyramben, liegen dagegen nur fragmentar. vor. Einfluß auf Klopstock und bes. auf Hölderlin.
Ausgaben: Pindar. Siegesgesänge u. Fragmente. Griech.-dt. Hg. v. O. Werner. *Mchn. 1967. – Pindari carmina cum fragmentis. Hg. v.* B. Snell. *Lpz. 3–4 1964. 2 Bde. – Pindar. Die Dichtungen u. Fragmente. Dt. Übers. u. Erll. v.* L. Wolde. *Wiesb. 1958.*
Literatur: Frener, G.: *Kontrast u. Antithese bei P. Diss. Innsbruck 1968 [Masch.].* – Forssmann, B.: *Unterss. zur Sprache Pindars. Wiesb. 1966.* – Wilamowitz-Moellendorff, U. v.: *P. Zürich ²1966.* – Bowra, C. M.: *Pindar. Oxford 1964.* – Norwood, G.: *Pindar. Berkeley (Calif.) 1945. Neudr. 1956.*

Pindemonte, Giovanni Marchese [italien. pinde'monte], * Verona 4. Dez. 1751, † ebd. 23. Jan. 1812, italien. Dichter.
Bruder von Ippolito P.; studierte in Parma, erlangte hohe Ämter (1788 Podesta von Vicenza), lebte aus polit. Gründen zeitweilig in Frankreich; zuletzt in Verona; Verfasser klassizist., von Shakespeare beeinflußter Dramen; auch patriotische Lyrik.

Pindemonte, Ippolito Cavaliere [italien. pinde'monte], * Verona 13. Nov. 1753, † ebd. 18. Nov. 1828, italien. Dichter.
Bruder von Giovanni P.; war Mitglied der Accademia dell'Arcadia, unternahm ausgedehnte Reisen durch Europa und war u. a. mit Alfieri und Foscolo befreundet; Dramatiker, Lyriker, Romancier und Novellist zwischen Klassizismus und Romantik, wurde berühmt durch seine Übersetzung der „Odyssee“ (1822).
Weitere Werke: Poesie campestri (1788), Novelle (1792), Prose campestri (1795), Arminio (Trag., 1804), Epistole in versi (Ged., 1805), I sepolcri (Ged., 1807), I sermoni (1812).

Pinero, Sir Arthur Wing [engl. pɪ'nɪəroʊ], * London 24. Mai 1855, † ebd. 23. Nov. 1934, engl. Dramatiker.
Portugies. Herkunft; für jurist. Beruf ausgebildet, wurde jedoch Schauspieler, dann freier Schriftsteller; 1909 geadelt. Schrieb anfangs bühnenwirksame Lustspiele, dann Gesellschaftsstücke nach dem Vorbild Ibsens, mit denen er zum Wegbereiter des neueren engl. Dramas wurde.
Hauptwerke: The second Mrs. Tanqueray (Trag., 1893), Iris (Dr., 1901), Mid-channel (Dr., 1909), The enchanted cottage (Dr., 1922).

Pineux-Duval, Alexandre Vincent [frz. pinødy'val] ↑ Duval, Alexandre.

Pinget, Robert [frz. pɛ̃'ʒɛ], * Genf 19. Juli 1919, frz. Schriftsteller.
Anwalt; anfangs auch Maler, lebt in Paris; Vertreter des Nouveau roman („Ohne Antwort“, dt. 1960; „Gegenbeweise“, dt. 1962; „Inquisitorium“, dt. 1965; „Augenblicke der Wahrheit“, dt. 1967; „Monsieur Mortin“, dt. 1967; „Passacaille“, 1969), auch Dramatiker in der Nachfolge Becketts mit dem „Antistück“ „Hier oder anderswo“ (dt. 1963).

Pinheiro Chagas, Manuel [portugies. pi'ɲɐiru 'ʃaɣɐʃ], * Lissabon 13. Nov. 1842, † ebd. 8. April 1895, portugies. Schriftsteller.
War wiederholt Abgeordneter, zeitweilig Marineminister und Sekretär der Akademie; trat mit ep. Gedichten, Romanen und Dramen hervor; sein „Poema da mocidade“ (1865) wurde Anlaß zu einer berühmten literar. Kontroverse; sein erfolgreichstes Drama ist „A morgadinha de Valflor“ (1869); bed. die „História de Portugal“ (1867).

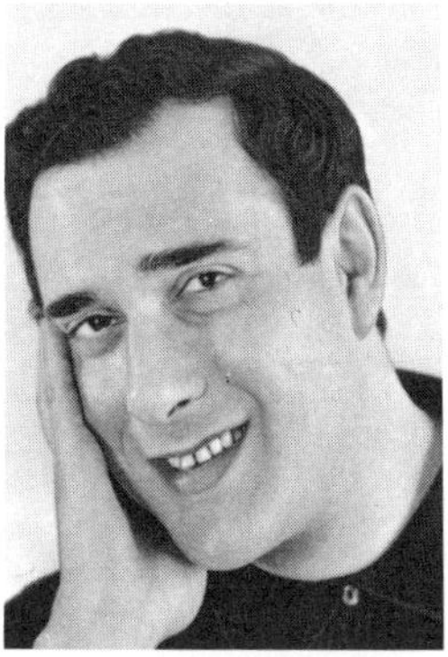

Harold Pinter

Pinilla, Ramiro [span. pi'niʎa], * Bilbao 13. Sept. 1923, span. Schriftsteller.
Beamter und Lektor eines Kinderbuchverlages in Bilbao; ausgezeichnet mit dem Premio Nadal. Verfasser des erfolgreichen Romans „Die blinden Ameisen" (dt. 1963), der in mehrere europ. Sprachen übersetzt wurde; in moderner Erzähltechnik und realist. Darstellung gestaltet P. die Vielschichtigkeit des Daseins; schrieb auch einen Kriminalroman und ein Erbauungsbuch.
Pinot, Charles [frz. pi'no] † Duclos, Charles.
Pinter, Harold [engl. 'pɪntə], * London 10. Okt. 1930, engl. Dramatiker.
Begann als Schauspieler; verfaßte v.a. Stücke mit Handlungen, die Absurditäten des Alltagslebens verdeutlichen; auch für Rundfunk und Fernsehen tätig. Lebt als Schauspieler, Regisseur und Schriftsteller in London.
Hauptwerke: Das Zimmer (Schsp., dt. 1960), Der stumme Diener (Dr., dt. 1959), Die Geburtstagsfeier (Schsp., dt. 1961), Der Hausmeister (Schsp., dt. 1961), Die Kollektion (Schsp., dt. 1962), Der Liebhaber (Schsp., dt. 1965), Die Heimkehr (Schsp., dt. 1965), Teegesellschaft (Dr., dt. 1967), Tiefparterre (Dr., dt. 1967).
Literatur: Esslin, M.: *H. P. Velber 1967.* – Kerr, W.: *H. P. New York 1967.*
Pinthus, Kurt, * Erfurt 29. April 1886, dt. Schriftsteller und Publizist.
Studierte Literaturgeschichte, Philosophie und Geschichte (Dr. phil.); Theater-, Film- und Literaturkritiker; publizierte als erster von jungen Dichtern verfaßte Filmmanuskripte („Das Kinobuch", 1914); publizist. Vertreter des literar. Expressionismus und Hg. der Lyrik-Anthologie „Menschheitsdämmerung" (1920); im Dritten Reich Emigration in die USA, dort v.a. als Theaterwissenschaftler tätig.
Pinto, Fernão Mendes † Mendes Pinto, Fernão.
Pinto, Júlio Lourenço [portugies. 'pintu], * Porto 24. Mai 1842, † ebd. 6. Mai 1907, portugies. Schriftsteller.
Rechtsstudium in Coimbra; Beamter, zuletzt Bankdirektor; bed. Vertreter des Naturalismus in Portugal unter dem Einfluß Eça de Queiroz' und Flauberts, schrieb u.a. die Romane „Margarida" (1879), „Vida atribulada" (1880), „O senhor deputado" (1882); auch theoret. Schriften.
Piontek, Heinz, * Kreuzburg O.S. 15. Nov. 1925, dt. Schriftsteller.
Im 2. Weltkrieg Soldat, danach in verschiedenen Berufen tätig; holte das Abitur nach und studierte Germanistik und Kunstgeschichte; Mitarbeiter verschiedener Zeitschriften und des Rundfunks. P. ist v.a. Lyriker, als der er von bilderreicher Naturlyrik (in der Tradition Loerkes und Lehmanns) in präziser, gedrängter Sprache zu Themen aus der modernen technisierten Welt kommt und, wie auch in seiner Prosa, zu existentiellen Problemen vordringt. Daneben Essays und Hörspiele.
Hauptwerke: Die Furt (Ged., 1952), Vor Augen (En., 1955), Wassermarken (Ged., 1957), Buchstab, Zauberstab (Essays, 1959), Weißer Panther (Hsp., 1962), Mit einer Kranichfeder (Ged., 1962), Kastanien aus dem Feuer (En., 1963), Die Zwischenlandung (Hsp., 1963), Klartext (Ged., 1966), Die mittleren Jahre (R., 1967), Liebeserklärungen (Prosa, 1969).
Piovene, Guido [italien. pio'vɛ:ne], * Vicenza 27. Juli 1907, italien. Schriftsteller.
Journalist in Mailand, Auslandskorrespondent in England und Frankreich; Verfasser realist., psycholog. vertiefter Romane und Novellen; auch Reiseberichte.
Hauptwerke: La vedova allegra (Novellen, 1931), Lettere di una novizia (R., 1941), Mörder vor dem Anruf (R., 1943; dt. 1953), Mitleid unerwünscht (R., dt. 1949), Achtzehn mal Italien (Reisebericht, dt. 1959), Madame La France (dt. 1968).
Pipachi † Kao Ming.
Pirandello, Luigi [italien. piran'dɛllo], * Agrigent 28. Juni 1867, † Rom 10. Dez. 1936, italien. Dichter.
Sohn eines Bergwerksbesitzers, studierte Philologie in Palermo, Rom und Bonn, wo er promovierte, war danach in Rom journalist. tätig und lehrte bis 1921 italien. Literaturgeschichte am Istituto Superiore di Magistero; nach 1925 gab er als Theaterleiter Gastspiele in Europa und Amerika, wurde Mitglied der Accademia reale d'Italia und erhielt 1934 den Nobelpreis. Einer der bedeutendsten Dramatiker des 20. Jh.s, dessen umfangreiches novellist. Werk seinem Dramenschaffen nicht nachsteht; gab dem lange von fremden Einflüssen beherrschten italien. Theater neue Impulse und wirkte darüber hinaus bahnbrechend für das moderne antiillusionist. Theater schlechthin. Grundthema seines Werkes ist das unentwirrbare Beziehungsgeflecht zwischen Schein

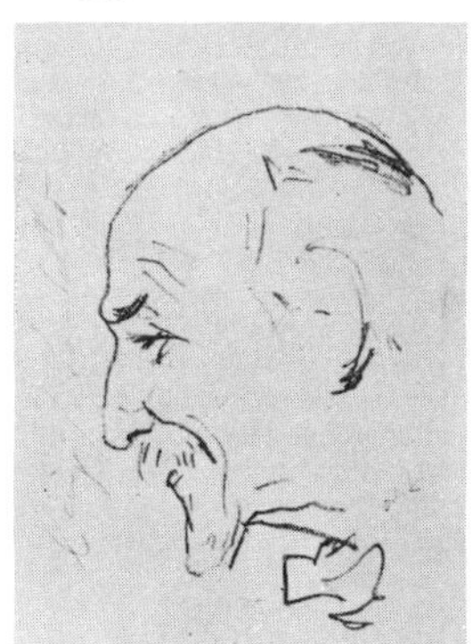

Luigi Pirandello (Zeichnung von E. Orlik)

und Sein, Wahn und Wirklichkeit, dem der Mensch als ein isoliertes Individuum gegenübersteht, dazu bestimmt, sich selbst zu betrügen; dieser Auffassung entspricht das Spiel im Spiel in seinem Drama „Sechs Personen suchen einen Autor" (1921, dt. 1925), die Darstellung des Wahnsinns in „Heinrich der Vierte" (Dr., dt. 1925) und der dramat. Konflikt in „So ist es wie es Ihnen scheint" (Dr., 1918; dt. 1960, 1925 u.d.T. „So ist es – wie Sie meinen") ebenso wie das Schicksal des Helden seines berühmtesten Romans „Mattia Pascal" (1904, dt. 1967, 1905 u.d.T. „Der gewesene Matthias Pascal") oder das Phänomen der Persönlichkeitsspaltung, das er in „Einer, Keiner, Hunderttausend" (R., dt. 1927) behandelte („Pirandellismus"); Meisterwerke sind auch seine rund 240 realist. Novellen aus dem sizilian. Volksleben („Geschichten für ein Jahr", 1922–37; dt. Ausw. erstmals 1925); aufschlußreich für die Kenntnis des Autors ist seine Theorie des Humors: „L'umorismo" (1908).
Weitere Werke: L'esclusa (R., 1901), Liolà (Kom., dt. 1917), Das Vergnügen anständig zu sein (Kom., 1918; dt. 1925), Die Narrenkappe (Kom., 1918; dt. 1963), Jeder auf seine Weise (Kom., 1924; dt. 1963, 1925 u.d.T. Jeder nach seiner Art), Wie damals, besser als damals (Kom., 1921; dt. 1963, 1926 u.d.T. Besser als früher), Die Nackten kleiden (Dr., dt. 1925), Wie du mich willst (Kom., 1930; dt. 1956).
Ausgaben: L. P. Dramen. Dt. Übers. Mchn. 1960ff. Auf mehrere Bde. berechnet. – L. P. Opere. Hg. v. C. Alvaro. *Mailand* [1–2]*1956–60. 6 Bde. – L. P. Romane. Dt. Gesamtausg. Hg. v.* H. Feist. *Zürich* [1–2]*1927–34. 3 Bde. – L. P. Dt. Gesamtausg. (Schauspiele). Hg. v.* H. Feist. *Bln. 1925–26. 3 Bde.*
Literatur: P., 1867–1967. Hg. v. G. Genot. *Genf 1968.* – Chaix-Ruy, J.: *L. P. Humour et poésie. Paris 1967.* – Matthei, R.: *L. P. Velber 1967. – Der Dramatiker P. Hg. v.* F. N. Mennemeier. *Köln 1965.* – Rauhut, F.: *Der junge P. oder Das Werden eines existentiellen Geistes. Mchn. 1964.* – Castris, A. L. de: *Storia di P. Bari 1962.* – Lo Vecchio Musti, M.: *Bibliografia di P. Mailand* [2]*1952. 2 Bde.*

Pir[c]kheimer, Willibald, * Eichstätt 5. Dez. 1470, † Nürnberg 22. Dez 1530, dt. Humanist.
War nach jurist. und humanist. Studien 1496 bis 1501 und 1504–23 Ratsherr in Nürnberg; Freund A. Dürers; 1499 Befehlshaber der Nürnberger Truppen im Reichskrieg gegen die Schweizer. Seine letzten Lebensjahre widmete er wissenschaftl. Studien. P. war einer der Wortführer des Humanismus. Hohe Verdienste erwarb er sich auch um das Schulwesen in Nürnberg. Im Streit um Reuchlin stand er auf dessen Seite; trat auch anfangs für Luther ein, entfremdete sich aber allmähl. der Reformation. P. schrieb u.a. eine Geschichte des Schweizerkrieges („Historia belli Suitensis", 1499); größere Bedeutung gewann er aber durch seine Übersetzungen griech. Schriftsteller (u.a. Platon, Aristoteles, Xenophon) ins Lat., die eine größere Verbreitung dieser Autoren ermöglichten.
Ausgabe: W. Pirckheimer. Briefwechsel. Hg. v E. Reicke *u.a. Mchn. 1940ff. Auf 3 Bde. berechnet.*
Literatur: Reicke, E.: *Pirckheimers Leben, Familie u. Persönlichkeit. Jena 1930.* – Rupprich, H.: *W. Pirckheimer u. die erste Reise Dürers nach Italien. Wien 1930.*

Pirmez, Octave [frz. pir'me], * Châtelet bei Charleroi 19. April 1832, † Acoz bei Charleroi 1. Mai 1883, belg. Schriftsteller.
Lebte zurückgezogen, widmete sich Studien und Meditationen. Reisen nach Frankreich, Deutschland und Italien. Briefwechsel mit V. Hugo und Sainte-Beuve, beeinflußt von Pascal. P. schrieb,an der frz. Romantik orientiert, in klarem Stil schwermütige Meditationen („Pensées et maximes", 1862); von den Dichtern der „Jeune Belgique" bewundert.
Weitere Werke: Jours de solitude (1862), Remo: souvenir d'un frère (Erinnerungen, 1878).

Piron, Alexis [frz. pi'rõ], * Dijon 9. Juli 1689, † Paris 21. Jan. 1773, frz. Schriftsteller.
Advokat, Gegner Voltaires; schrieb geist- und witzsprühende Epigramme, satir. Gedichte sowie Dramen, von denen das Lustspiel „La métromanie" (1738) noch lebendig ist. Bekannt wurde er mit der Ein-Mann-Posse „Arlequin-Deucalion" (1722).

Pisani-Dossi, Carlo Alberto [italien. pi'sa:ni'dossi] ↑ Dossi, Carlo.

Pisemskij ↑ Pissemski.

Pisides ↑ Georgios Pisides.

Pissemski, Alexei Feofilaktowitsch; tl.: Pisemskij, Aleksej Feofilaktovič [russ. 'pisımskij], * Ramenje (Gouv. Kostroma) 23. März 1820 (1821?), † Moskau 2. Febr. 1881, russ. Schriftsteller.
Sohn eines Gutsbesitzers; ging nach dem Studium der Mathematik in den Staatsdienst; war außerdem als Zeitschriftenmitarbeiter und Redakteur tätig. Schrieb, anfangs von Gogols vermeintl. Realismus und von George Sand beeinflußt, erfolgreiche zeit- und sozialkrit. Romane, oft mit satir. Stilzügen; spätere Werke erregten wegen heftiger und spött. Kritik an den Progressiven scharfe Kontroversen.
Hauptwerke: Tausend Seelen (R., 1858; dt. 1870), Das bittere Los (Trag., 1858; dt. 1922), Wsbalamutschennoje more (= Das aufgewühlte Meer, R., 1863).
Literatur: Steussy, R. E.: *Pisemskij's talent as a novelist. Diss. Cambridge (Mass.) 1959.*

Pistoia, il [italien. pis'to:ia], eigtl. Antonio Cammelli, * Pistoia 1436, † Ferrara 29. April 1502, italien. Dichter.
Lebte am Hof der Este in Ferrara. Bekannt als Verfasser von witzsprühenden, eleganten Sonetten. Seine Dramen haben nur histor. Wert.
Hauptwerke: Rime edite e inedite (hg. 1884), I sonetti (hg. 1888), I sonetti faceti (hg. 1908).

Pitarra, Serafi [katalan. pi'tarrə] ↑ Soler i Hubert, Frederic.

Pius II., Papst ↑ Piccolomini, Enea Silvio de'.

Pixérécourt, René Charles Guilbert de [frz. piksere'ku:r], * Nancy 22. Jan. 1773, † ebd. 27. Juli 1844, frz. Dramatiker.
War u.a. Direktor der Opéra-Comique. Schrieb mit dramat. Begabung und Geschick etwa 110 erfolgreiche Lustspiele, Operettenlibretti und Texte zu Melodramen, für die er Stoffe beliebter Unterhaltungsromane bearbeitete. Mit seinen besten Stücken stellt er die Verbindung zwischen dem bürgerl. Trauerspiel des 18. Jh.s und dem romant. Drama des 19. Jh.s her.

Hauptwerke: Victor ou l'enfant de la forêt (Dr., 1798), Pizarre ou la conquête du Pérou (Dr., 1802), Robinson Crusoé (Dr., 1805), Masers de Latude ou trente-cinq ans de captivité (Dr., 1834).

P. K. † Rosegger, Peter.

Planitz, Ernst Edler von der, * Norwich (Conn.) 3. März 1857, † Berlin 24. Jan. 1935, dt. Schriftsteller.

Sohn eines ausgewanderten schwäb. Gutsbesitzers, Studium in Europa; Redakteur, freier Schriftsteller. Schrieb Epen, Dramen und Lyrik. Gegner des Naturalismus, forderte eine idealist.-realist. Kunst auf nationaler Grundlage.

Hauptwerke: Der Dragoner von Gravelotte (Epos, 1886), Ein Königsmärchen (Epos, 1887), Die Weiber von Weinsberg (Epos, 1897), Das Geheimnis der Frauenkirche (R., 1924).

Planudes † Maximos Planudes.

Platen, August Graf von, eigtl. P.-Hallermünde, * Ansbach 24. Okt. 1796, † Syrakus 5. Dez. 1835, dt. Dichter.

Aus verarmter Adelsfamilie; in der Kadettenanstalt in München erzogen, 1814–18 bayr. Offizier, dann dauernd beurlaubt. 1819–26 studierte er Philosophie und Philologie, trat u.a. in Beziehung zu Schelling, Jean Paul und Rückert. Nach einer Reise nach Venedig (1824) wählte er 1826 Italien als ständigen Aufenthalt. Seine ersten Gedichte und Dramen entstanden unter dem Eindruck der Romantik, doch romant. Willkür und Formlosigkeit ließen sich nicht mit seiner idealist. Auffassung von Reinheit und Würde der Poesie vereinbaren. Für ihn war nach klassizist. Vorbild die Schönheit das höchste zu erstrebende Ziel, und Schönheit bedeutete reinste Vollkommenheit von Form und Gestalt. Als Formgenie war er bes. der Lyrik zugetan und bewies seine Meisterschaft in der Beherrschung des strengen Versmaßes von der antiken Ode und Hymne bis zum Renaissancesonett und zum oriental. Gasel. Da jedoch die innere Schöpferkraft fehlte, drohte die Form zum Selbstzweck zu werden. Dennoch lassen sich ein leidenschaftl. Unterton und die Tragik der einsam ringenden Persönlichkeit erkennen. Volkstüml. sind seine Balladen, in denen er gern histor. Ereignisse gestaltete („Das Grab im Busento" u.a.). Satir. Komödien im Stil des Aristophanes („Die verhängnisvolle Gabel", 1826; „Der romant. Ödipus", 1829).

Weitere Werke: Ghaselen (1821), Lyr. Blätter (1821), Neue Ghaselen (1824), Sonette aus Venedig (1826), Die Liga von Cambrai (Dr., 1833), Die Abassiden (Epos, 1835), Dramat. Nachlaß (hg. 1902).

Ausgabe: A. Gf. v. P. Sämtl. Werke. Histor.-krit. Ausg. Hg. v. M. Koch *u.* E. Petzet. *Lpz. 1910. 12 Tle. in 6 Bden. [mit Biogr.]. Nachdr. Hildesheim 1969.*

Literatur: Link, J.: *Artistische Form u. ästhet. Sinn in P.s Lyrik. Mchn. 1968. – Gedächtnisschr. der Universitätsbibliothek Erlangen zum 100. Jahrestag des Todes v. P.s. Hg. v.* E. Stollreither. *Erlangen 1936.* – Redenbacher, F.: *P.-Bibliogr. Erlangen 1936. Nachdr., mit Nachträgen, Hildesheim 1969.* – Schlösser, R.: *A. Gf. v. P. Ein Bild seines geistigen Entwicklungsganges u. seines dichter. Schaffens. Mchn. 1910–13. 2 Bde.*

Platon (Plato), griech. Komödiendichter des 5./4. Jh.s v. Chr. aus Athen. Zeitgenosse des Aristophanes; die Suda schreibt ihm 30 Stücke zu, die sich gegen im öffentl. Leben stehende Politiker wandten; bekannt ist nur noch der 391 aufgeführte „Phaon", eine Mythentravestie.

Platon (Plato), * Athen 427, † ebd. 348/47, griech. Philosoph.

Die Begegnung mit Sokrates führte P. zur Philosophie; nach dessen Tod und nach weiten Reisen gewann er mit seinen gegen die Sophisten gerichteten ersten Dialogen („Protagoras", „Gorgias") begeisterte Schüler. Drei Reisen nach Syrakus, dessen Tyrannen er für seine Pläne gewinnen wollte, blieben erfolglos. Um so glänzender entwickelte sich die von ihm um 387 in Athen gegr. Akademie. Von seinen fast vollständig erhaltenen Werken, in denen meist Sokrates das Gespräch führt, sind „Apologie", „Phaidon", „Gastmahl", „Staat" und „Timaios" die wichtigsten. P. benutzte darin Sokrates' Dialektik als Weg zur Erkenntnis des Schönen und Guten und der „Ideen", des sich im Ggs. zum sinnl. Wahrnehmbaren niemals Ändernden. Damit begründete P. zugleich Logik und Metaphysik. Sein log. Schlußverfahren soll zur Wiedererinnerung führen, denn die unsterbl. Menschenseele lebte vor der Geburt im Raum der ewigen Ideen. Um auf Erden die Tugenden zu verwirklichen, erhofft P. die Realisierung eines Idealstaates, den Philosophen leiten, „Wächter" schützen und den ein 3. Stand ernährt; er fordert eine verantwortl. Erziehung, Verbot von Privateigentum u. a. Maßnahmen. Als Meister der Sprache weisen P. die im szen. Gefüge genial gestalteten Dialoge aus, in denen die wichtigsten Thesen seiner Lehre durch myth. Erzählungen veranschaulicht werden.

Ausgaben: P. Sämtl. Werke. Dt. Übers. v. F. Schleiermacher *u. a. Hg. v.* E. Loewenthal. *Sonderausg. Köln 1969. 3 Bde. – P. Sämtl. Werke. In der Übers. v.* F. Schleiermacher *mit der Stephanus-Numerierung hg. v.* W. F. Otto *u. a. Reinbek bei Hamb.* $^{6-12}$*1966–68. 6 Bde. – P. Ausg.* O. Apelt. *Dt. Übers., teilweise griech.-dt. Hamb.* $^{1-3}$*1955–67. 8 Bde. – P.is opera. Hg. v.* I. Burnet. *Oxford 1900–06. Neudr. 1924. 5 in 6 Bden.*

Literatur: Martin, G.: *P. in Selbstzeugnissen u. Bilddokumenten. Reinbek bei Hamb. 1969.* – Schmalzriedt, E.: *P., der Schriftsteller u. die Wahrheit. Mchn. 1969.* – Bröcker, W.: *Platos Gespräche. Frkf.* ^{2}*1967.* – Hoffmann, Ernst: *P. Reinbek bei Hamb.* ^{2}*1967.* – Stockhammer, M.: *Plato dictionary. London 1963.* – Friedländer, P.: *P. Bln.* $^{2-3}$*1960–64. 3 Bde.* – Wilamowitz-Moellendorff, U. v.: *P. Zürich* $^{3-5}$*1959–62. 2 Bde.* – Ast, F.: *Lexicon P.icum. Lpz. 1835–38. 3 in 2 Bden. Nachdr. Bonn 1956.* – Manasse, E. M.: *P.lit. Tüb. 1957–61. 2 Bde.* – Ritter, C.: *P. Sein Leben, seine Schrr., seine Lehre. Mchn. 1910–23. 2 Bde.* – Raeder, H.: *P.s philosoph. Entwicklung. Lpz. 1905.*

Platonow, Andrei Platonowitsch; tl.: Platonov, Andrej Platonovič [russ. pla'tonɐf], * Woronesch 1. Sept. 1899, † Moskau 5. Jan. 1951, russ.-sowjet. Schriftsteller.

Arbeitersohn, Bürgerkriegskämpfer, Elektroingenieur, führendes Mitglied der „Perewal"-Gruppe; im 2. Weltkrieg Frontberichterstatter. Schrieb Gedichte und v.a. psycholog. motivierte Erzählungen; anfangs sehr geschätzt, dann scharf kritisiert und erst etwa 10 Jahre nach seinem Tode wieder entdeckt. Dt. erschienen u.a. die Erzählungssammlungen „Die Kutschervorstadt" (dt. 1968) und „In der schönen und grimmigen Welt" (dt. 1969).

Platter, Thomas, der Ältere, * Grächen (Wallis) 10. Febr. 1499, † Basel 26. Jan. 1582, schweizer. Humanist.

Ziegenhirt, durchwanderte Deutschland, war Seiler, studierte in Basel, wurde Gymnasiallehrer, später Professor für klass. Sprachen und Hebr., Buchdrucker (u.a. Calvins) in Basel und Schulleiter. Seine „Lebensbeschreibung" (hg. 1840) ist eine der bedeutendsten und aufschlußreichsten Autobiographien des 16. Jh.s, da sie authent. über die Bildungsverhältnisse der Zeit berichtet.

Plautus, Titus Maccius, * Sarsina (Prov. Forlì) um 250, † Rom 184 v. Chr., röm. Komödiendichter.

Stammte aus einfachen Verhältnissen und kam in jungen Jahren nach Rom; mit Ausnahme des Todesjahres ist von seinem Leben wenig bekannt. Die Legende berichtet, er habe am Theater (Schauspieler?) viel Geld verdient, es aber im Handel wieder verloren; aus Not habe er bei einem Bäcker dienen müssen und nebenbei Komödien gedichtet, die ihn so berühmt gemacht hätten, daß er dann ganz seiner literar. Tätigkeit habe leben können. P., ein Zeitgenosse von Ennius, gelang es, mit Witz und Gestaltungskraft griech. Stücke in die röm. Volkssprache umzusetzen. Dabei ging er, der als urwüchsigster lat. Komödiendichter gilt, recht großzügig mit seinen Vorbildern, Dichtern der neueren Komödie, um. Durch Einlagen von Arien („cantica") wandelte er die att. Sprechkomödie zum Singspiel um. Trotz aller Vergröberung, trotz der Typisierung gelang ihm die Zeichnung lebensechter Charaktere. Die eigentl. Wirkung plautin. Komik kommt von der Sprache her, deren kraftvolle Fülle, Frische und Ausdrucksreichtum u.a. von Varro und Cicero gerühmt wurden. 21 Dramen werden als echt angesehen; am bekanntesten: „Miles gloriosus", „Amphitruo", „Trinummus" und „Stichus".

Ausgaben: Antike Komödien. P. u. Terenz. Dt. Übers. Hg. v. W. Ludwig. *Mchn. 1966. 2 Bde. – Plauti Comoediae. Hg. v.* F. Leo. *Bln. ²1958. 2 Bde. – P. Die Komödien. Dt. Übers. Bln. 1920–21. 4 Bde.*

Literatur: Norwood, G.: *P. and Terence. New York 1963.* – Marti, H.: *Unterss. zur dramat. Technik bei P. u. Terenz. Winterthur 1959.* – Abel, K.: *Die P.prologe. Diss. Frkf. 1955.* – Lodge, G.: *Lexicon Plautinum. Lpz. 1904–33. 2 Bde. Nachdr. Hildesheim 1962.* – † auch Aristophanes.

Plawilschtschikow, Pjotr Alexejewitsch; tl.: Plavil'ščikov, Petr Alekseevič [russ. pla'viljʃtʃikɐf], * Moskau 4. April 1760, † Chanenowo (Gouv. Twer) 30. Okt. 1812, russ. Dramatiker.

Sohn eines Kaufmanns; wurde nach Studien in Moskau Schauspieler und Theatertheoretiker; setzte sich für eine antiklassizist., realist., bürgerl. Bühnendichtung ein; wurde mit seinen Dramen aus dem Milieu der Kaufleute zu einem Vorläufer A. Ostrowskis.

Plawnik, Samuil Jefimowitsch; tl.: Plavnik, Samuil Efimovič [russ. 'plavnik, plav'nik] † Bjadulja, Smitrok.

Pleier, der, mhd. Dichter um 1270.

Stammte vermutl. aus dem Salzburgischen; schrieb drei umfangreiche Reimerzählungen, die Stoffe aus dem Artussagenkreis behandeln; maßvoll, doch allzu glatt und epigonal. Eine gewisse Originalität besitzt sein „Garel vom blühenden Tal" (hg. 1892), ein höf. Gegenstück zu dem in bürgerl. Gesinnung geschriebenen „Daniel vom blühenden Tal" des Stricker.

Weitere Werke: Tandareis und Flordibel (hg. 1885), Meleranz (hg. 1861).

Pleschtschejew, Alexei Nikolajewitsch; tl.: Pleščeev, Aleksej Nikolaevič [russ. plɪ'ʃtʃejɪf], * Kostroma 4. Dez. 1825, † Paris 8. Okt. 1893, russ. Dichter.

Stammte aus einer Adelsfamilie, Sohn eines Beamten; verließ die Gardeoffiziersschule und die Universität Petersburg jeweils ohne Schlußexamina; 1849–58 wegen Teilnahme an Sitzungen des Kreises um Petraschewski verbannt; zeitweilig Redakteur; wandte sich bald von der von ihm anfangs gepflegten sozialen linksliberalen Dichtung elegischer Lyrik und Gedichten für Kinder zu; P. übersetzte u.a. Werke Petőfis und Heines.

Pletnjow, Pjotr Alexandrowitsch; tl.: Pletnev, Petr Aleksandrovič [russ. plɪt'njɔf], * Twer 21. Aug. 1792, † Paris 10. Jan. 1866, russ. Dichter und Kritiker.

Sohn eines Geistlichen; studierte an der Universität Petersburg, der er später als Rektor vorstand; enger Freund Puschkins, später Hg. von dessen gesammelten Werken; 1838–46 Hg. der Zeitschrift „Sowremennik" (= Der Zeitgenosse); v.a. bed. als Kritiker, betonte im Ggs. zu Belinski bes. die formalen Probleme der Dichtung; Förderer Gogols und Turgenjews.

Pleyer, Wilhelm, * Eisenhammer bei Luditz 8. März 1901, dt. Schriftsteller.

Dr. phil., redigierte dt. Zeitschriften in der Tschechoslowakei. 1945 Flucht nach S-Deutschland, von den Amerikanern an die Tschechen ausgeliefert, seit 1947 in Bayern. Im Dritten Reich erfolgreicher Autor; schrieb humorist. („Till Scheerauer", 1931), dann die geistig-polit. Auseinandersetzung zwischen Sudetendeutschen und Tschechen darstellende Romane. Nach dem Krieg steht das Schicksal heimatvertriebener Landsleute im Mittelpunkt seiner Romane („Spieler in Gottes Hand", 1951).

Weitere Werke: Deutschland ist größer! (Ged., 1932), Die Brüder Tommahans (R., 1937), Hirschau und Hockewanzel (Schwank-Slg., 1957).

Pliekšāns, Jānis † Rainis, Jānis.

Plievier, Theodor [plivi'e:], ursprüngl. Pseudonym Plivier, * Berlin 12. Febr. 1892, † Avegno bei Locarno 12. März 1955, dt. Schriftsteller.

Arbeitersohn, verließ 17jährig das Elternhaus, führte ein abenteuerl. Leben, diente im 1. Weltkrieg bei der Marine, nahm 1918 aktiv am Matrosenaufstand in Wilhelmshaven teil; wurde Journalist, Übersetzer und freier Schriftsteller; 1933–45 im Exil, zuletzt in der UdSSR; stand bis nach dem 2. Weltkrieg dem Kommunismus nahe. Seine Tatsachenromane, in denen oft die Grenze von der sachl. Darstellung zur Dichtung überschritten wird, sind von persönl. Erleben und zuverlässiger Kenntnis techn., militär. und polit. Vorgänge bestimmt. Seine Empörung gegen

die Autorität übergeordneter Mächte durchzieht bereits das erste Werk („Des Kaisers Kulis", R., 1929), wird v.a. aber in seinem Hauptwerk „Stalingrad" (R., 1945, Schsp., 1962) verdeutlicht.
Weitere Werke: Der Kaiser ging, die Generale blieben (R., 1932), Das gefrorene Herz (En., 1948), Moskau (R., 1952), Berlin (R., 1954).

Plinius der Ältere (Gaius P. Secundus), * Como 23/24, † Stabiae (heute Castellammare di Stabia) wahrscheinl. 24. Aug. 79, röm. Schriftsteller.
Schlug die militär. Laufbahn ein und machte rasch Karriere, kam als Befehlshaber der kaiserl. Flotte beim Vesuvausbruch ums Leben. Von seiner ungeheuren literar., meist kompilator. Produktion ist nur die „Naturalis historia" erhalten, eine Enzyklopädie des gesamten Wissens seiner Zeit, ein unschätzbares kultur- und kunsthistor. Dokument; Sprache und Stil sind ganz den klass. Vorbildern verpflichtet.
Ausgaben: Pliny. Natural history. Lat. u. engl. Hg. v. H. Rackham *u.a. London 1938–63. 10 Bde. – Plini naturalis historiae libri XXXVII. Hg. v.* L. Jan *u.* K. Mayhoff. *Lpz. 1892–1933. 5 Bde. Neudr. Stuttg. 1967. – P. Naturgesch. Dt. Übers. Bremen 1853–55. 3 Bde. Nachdr. Darmst. 1968.*
Literatur: Ziegler, K., *u.a.: C. P. Secundus. In: Pauly-Wissowa 21, 1 (1951), 271.* – Kroll, W.: *Die Kosmologie des P. Breslau 1930.*

Plinius der Jüngere (Gaius P. Caecilius Secundus), * Como 61 oder 62, † um 113, röm. Staatsmann und Schriftsteller.
Wurde durch seinen Onkel Plinius den Älteren adoptiert; studierte in Rom unter Quintilian; zunächst Gerichtsredner, schlug dann die Ämterlaufbahn ein, wurde 100 Konsul und 111/12 oder 112/13 Statthalter von Bithynien. Von P., der auch Gedichte und Epigramme schrieb sowie ausgefeilte Gerichtsreden veröffentlichte, sind ein „Panegyricus", die Dankrede an Trajan für die Verleihung der Konsulatswürde und eine 9 Bücher umfassende Briefsammlung sowie ein 10. Buch der Korrespondenz mit Kaiser Trajan erhalten. Die Literaturbriefe, als Essays von P. selbst veröffentlicht, begründeten seinen literar. Ruhm; beschränkt auf einen Gegenstand, mit größter Sorgfalt gestaltet, geben die Briefe, die interessant und abwechslungsreich geschrieben sind, ein meisterhaftes Gesellschaftsbild der Zeit Trajans; von besonderem dokumentar. Wert sind die beiden Briefe an Tacitus über den Vesuvausbruch des Jahres 79 und die Korrespondenz mit Trajan über die Behandlung der Christen.
Ausgaben: Pline le Jeune. Lettres. Lat. u. frz. Hg. v. A.-M. Guillemin *u.* M. Durry. *Paris* ²⁻⁴*1959–64. 4 Bde. – P. d. J. Briefe. Dt. Übers. Lpz. 1929.*
Literatur: Sherwin-White, A. N.: *The letters of Pliny: A historical and social commentary. Oxford 1966.* – Jacques, X./Van Ooteghem, J.: *Index de Pline le Jeune. Brüssel 1965.* – Otto, W.: *Zur Lebensgesch. des jüngeren P. Mchn. 1919.*

Plisnier, Charles [frz. plis'nje], * Ghlin-les-Mons 13. Dez. 1896, † Brüssel 17. Juli 1952, belg. Dichter.
Jurastudium, Advokat; wurde aus Empörung gegen die Heuchelei bürgerl. Kreise 1919 Kommunist; Mitarbeiter linksgerichteter Blätter, nahm auf kommunist. Seite an Kämpfen in den Balkanstaaten und in Deutschland teil. Nach einer Rußlandreise enttäuscht. Als Trotzkist 1928 aus der KP ausgeschlossen. Mitglied der königl.-belg. Akademie; erhielt 1937 als erster ausländ. Schriftsteller den Prix Goncourt. Leidenschaftl. Anteilnahme am menschl. Elend, zuerst polit. Revolutionär, später Hinwendung zum Katholizismus („Ave genetrix", Ged., 1943). In seinen in Frankreich vielgelesenen Romanen verbindet er farbige, oft krasse Wirklichkeitsdarstellung („Menschen", R., 1936; dt. 1941) mit psycholog. Analyse. Er beleuchtet Lebensformen einer Zeit, in der sich die Konventionen in Auflösung befinden („Meurtres", R.-Zyklus, 1939–41; daraus dt.: „Die Familie Annequin", 1942, „Schlummernde Glut", 1943, „Der letzte Tag", 1944).
Weitere Werke: Falsche Pässe (Novellen, 1937; dt. 1941), Sacre (Ged., 1938), Du sollst nicht begehren (R., 1946–49; dt. 1954).

Plivier, Theodor [plivi'e:] ↑ Plievier, Theodor.

Plomer, William [Charles] [engl. 'plu:mə], Pseudonym William d'Arfey, * Pietersburg 10. Dez. 1903, südafrikan. Schriftsteller.
Schulbesuch in England, Farmer und Händler, unternahm Reisen durch europ. Länder, Aufenthalt in Japan. Mithg. der literar. Zeitschrift „Voorslag". Außer Romanen („Turbott Wolfe", 1926) und ausgezeichneten Kurzgeschichten schrieb er Lyrik und eine Biographie. Gute Charakterzeichnung, geschickte Dialogführung, klarer, knapper Stil und Bilderreichtum kennzeichnen sein Werk. In der Darstellung von Außenseitern übt er, oft iron., Kritik an der Gesellschaft.
Weitere Werke: I speak of Africa (Kurzgeschichten, 1927), Zweierlei Leben (Autobiogr., dt. 1949), Dorking thigh (Satire, 1945), Four countries (Kurzgeschichten, 1949), A shot in the park (R., 1955).

Płomieńczyk, Iwo [poln. pu̯ɔ'mjɛi̯ntʃɨk] ↑ Wolska, Maryla.

Plotinos (Plotin), * Lykopolis (Oberägypten) (?) 205, † Minturnae (Kampanien) 269/70, griech. Philosoph.
Letzter großer Denker des Altertums und Begründer des Neuplatonismus; rhetor.-grammat. Ausbildung in Alexandria, Schüler des Ammonios Sakkas, Teilnahme am Feldzug Kaiser Gordians III. gegen Persien; seit 244 Lehrtätigkeit in Rom. Sein bedeutendster Schüler, Porphyrios, gab P.' Schriften heraus; sie sind alle erhalten, aufgeteilt in 6 Gruppen zu Enneaden, nach systemat. Gesichtspunkten geordnet. P. deutete die Philosophie Platons neu und baute aristotel., stoische und gnost. Gedanken ein. Seine Philosophie hatte großen Einfluß auf die christl. Theologie (Augustinus) und die Mystik. Nach P. gibt es fünf Hypostasen oder Sphären; in dieser fünfstufigen Welt spielt sich das Drama der Einzelseele ab, der die Entscheidung zwischen Gut und Böse auferlegt ist.
Ausgaben: Plotin. Schrr. in chronolog. Reihenfolge. Griech. u. dt. Neubearb. v. R. Beutler *u.* W. Theiler. *Hamb. 1956ff. Auf 5 Bde. in 10 Tlen., Anhang u. Indexbd. berechnet. – Plotini opera. Hg. v.* P. Henry *u.* H. R. Schwyzer. *Paris u.a. 1951ff. Auf mehrere Bde. berechnet. – Plotin. Ennéades (Griech.-frz.). Bearb. u. übersetzt v.* É. Bréhier. *Paris 1924–38. 6 in 7 Bden.*
Literatur: Schubert, V.: *Pronoia u. Logos. Die Rechtfertigung der Weltordnung bei Plotin. Mchn.*

u. Salzburg 1968. – Rist, J. M.: *Plotinus: The road to reality. London 1967.* – Volkmann-Schluck, K.-H.: *Plotin als Interpret der Ontologie Platos. Frkf. ³1966.* – Bréhier, É.: *La philosophie de P. Paris ²1961.*

Plutarchos (Plutarch), * Chaironeia (Böotien) um 46, † zwischen 120 und 125, griech. Philosoph und Schriftsteller.

Entstammte einer angesehenen Familie; schloß sich während des Studiums in Athen unter dem Einfluß seines Lehrers Ammonios der Akademie an; zahlreiche Reisen führten ihn nach Asien und Alexandria sowie nach Rom und trugen entscheidend zur Erweiterung seines Weltbildes bei; die vielfältigen Interessen spiegeln sich in der Mannigfaltigkeit seines Schrifttums, das biograph., histor., literarhistor., naturwissenschaftl., polit., rhetor. Werke umfaßt, aus denen seine die gesamte griech. Wissenschaft einschließende Bildung spricht. Die meist popularphilosoph. Schriften sind von hohem sittl. Ernst getragen, wenngleich ihnen oft wissenschaftl. Tiefe und Originalität fehlen. Seiner ungeheuren Belesenheit sind zahlreiche wertvolle Zitate aus sonst verlorengegangenen Werken der griech. Literatur zu verdanken. Bekannt sind die „Bioi paralleloi", in denen je ein berühmter Grieche und Römer gegenübergestellt und in ihrer Bedeutung abgewogen werden, dazu kommen vier Einzelbiographien über Aratos, Artaxerxes, Galba und Otho. Seine eth. Schriften wurden u.d.T. „Moralia" herausgegeben. Sprachl. und stilist. gelingt es P., der zur Zeit der Blüte des Attizismus lebte, das rechte Maß zu halten und sich nie in Extreme zu verlieren; auch Elemente der Koine ließ er in seine Sprache einfließen, die durch breit angelegte, kunstvoll ausgebaute Perioden ihr spezielles Gepräge erhält.

Ausgaben: Plutarchi vitae parallelae. Hg. v. C. Lindskog *u.* K. Ziegler. *Lpz. ¹⁻³1960 ff. Auf 2 in 4 Bden. berechnet. – Plutarchi moralia. Hg. v.* C. Hubert *u.a. Stuttg. ¹⁻³1959 ff. Auf 7 in 8 Bden. berechnet. – Plutarch. Große Griechen u. Römer. Dt. Übers. Hg. v.* K. Ziegler *u.* W. Wuhrmann. *Zürich u. Stuttg. 1954–65. 6 Bde. – Plutarch. Moralische Abhandlungen. Dt. Übers. Frkf. 1783–1800. 9 Bde.*

Literatur: Barrow, R. H.: *Plutarch and his times. London 1967.* – Ziegler, K.: *P. v. Chaironeia. Bonn 1959.* – Theander, C.: *Plutarch u. die Gesch. Lund 1951.* – Hirzel, R.: *Plutarch. Lpz. 1912.* – Wyttenbach, D.: *Lexicon Plutarcheum. Oxford 1830. 2 Bde. Nachdr. Hildesheim 1962.*

Pocci, Franz Graf von ['pɔtʃi], * München 7. März 1807, † ebd. 7. Mai 1876, dt. Dichter, Zeichner und Musiker.

Jurist, wurde 1830 königl. Zeremonienmeister, 1847 Hofmusikintendant, 1864 Oberstkämmerer am bayr. Hof. Schrieb Singspiele (mit eigener Musik), Dramen, Märchen, Lieder, Puppenspiele und Kindergeschichten; verdankt seinen Ruhm v.a. seinen selbstillustrierten Kinderbüchern und Puppenkomödien für das Kasperltheater („Neues Kasperltheater", 1855; „Lustiges Komödienbüchlein", 1859–77).

Weitere Werke: Alte und neue Studenten-Lieder (1845), Alte und neue Kinder-Lieder (1852, mit K. von Raumer), Der Staatshämorrhoidarius (Satire, 1857), Der Karfunkel (Dr., 1860).

Literatur: Pocci, F.: *Das Werk des Künstlers F. P. Verz. seiner Schrr., Kompositionen u. graph. Arbb. Mchn. 1926.* – Dreyer, A.: *F. P., der Dichter, Künstler u. Kinderfreund. Mchn. 1907.*

Po Chü-i (Peh Chü-i, Peh Kü-jih), genannt Po Lotien, * Sincheng (Honan) 772, † Loyang 846, chin. Dichter.

Stammte aus einer Beamtenfamilie, hoher Beamter der Zentralregierung; als Magistratsbeamter nach Tschangtschou verbannt, kehrte später in die Hauptstadt zurück, danach erneute Tätigkeit in der Provinz, nach abermaliger Rückkehr Präsident des Justizministeriums; wandte sich gegen Ende seines Lebens dem Buddhismus zu. Meister des 5zeiligen Gedichtes im alten Stil mit zahlreichen Anspielungen auf die Zeitverhältnisse; seine Vorbilder waren Li Po und Tu Fu.

Podewils, Sophie Dorothee Gräfin, geb. Freiin von Hirschberg, * Bamberg 16. Febr. 1909, dt. Schriftstellerin.

Lebte auf Schloß Schweißing (Sudeten), heute in Hirschberg am Haarsee bei Weilheim i. OB.; schrieb traditionsverbundene, aber auch von der Gegenwart bestimmte still-verhaltene Prosa, Lyrik und Essays; gab mit ihrem Mann, *Clemens Graf P.* (* Bamberg 20. Aug. 1905), nach dem ungar. Aufstand 1957 Gedichte der Ungarn u.d.T. „Im Frührot" heraus.

Hauptwerke: Die geflügelte Orchidee (R., 1941), Wanderschaft (R., 1948), Spur der Horen (Ged., 1949), Die Hochzeit (E., 1955), Physis und Physik (Essays, 1959).

Podjatschew, Semjon Pawlowitsch; tl.: Pod"jačev, Semen Pavlovič [russ. pad'jatʃɪf], * Oboljanowo (heute Podjatschewo, Gebiet Moskau) 8. Febr. 1866, † 17. Febr. 1934, russ.-sowjet. Schriftsteller.

Sohn eines Bauern; führte ein unstetes Wanderleben. P., der von Gorki gefördert wurde, schrieb zahlreiche, meist pessimist. getönte Erzählwerke, in denen er das Leben der unteren Schichten darstellte.

Podolský, Vilém [slowak. 'pɔdɔlski:] † Pauliny-Tóth, Viliam.

Podwarsatschow, Dimitar; tl.: Podvărzačov, Dimităr [bulgar. podvər'zatʃof], * Stara Sagora 6. Okt. 1881, † Sofia 13. Nov. 1937, bulgar. Schriftsteller.

Leistete Hervorragendes mit Übersetzungen aus der engl., russ., span. und dt. Literatur; war auch mit satir. Beiträgen für humorist. und krit. Zeitschriften erfolgreich und redigierte den literar. Teil verschiedener Zeitungen; in späteren Werken, bes. in der Lyrik und den Novellen, zunehmend elegische und trag. Stilelemente.

Poe, Edgar Allan [engl. poʊ], * Boston 19. Jan. 1809, † Baltimore 7. Okt. 1849, amerikan. Dichter.

Sohn eines Schauspielerehepaars; erhielt eine vorbildl. Erziehung, zeitweise in England; nach dem Bruch mit dem Pflegevater Eintritt in die Armee; 1827 erste anonyme Publikation; 1831 Entlassung von der Militärakademie West Point wegen Aufsässigkeit; P. wählte die Schriftsteller- und Journalistenlaufbahn, heiratete 1836 und lebte, u.a. wegen häufiger alkohol. Ausschweifungen oft in Konflikte verwickelt, meist in ärml. Verhältnissen; die näheren Umstände seines Todes in einer Zeit seiner alkohol. Exzesse sind z.T. umstritten. P., der hervorragendste amerikan. Dichter in der

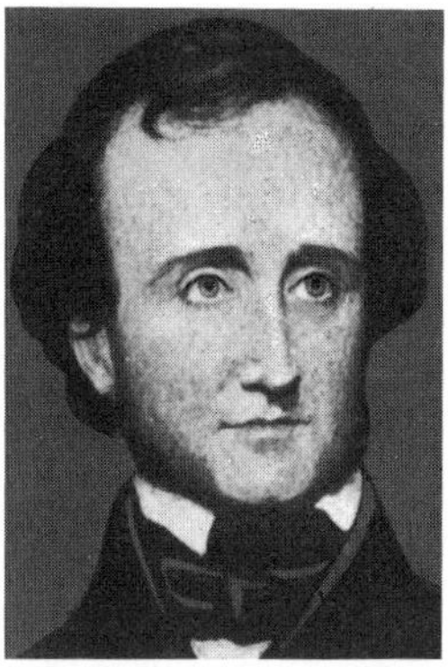

Edgar Allan Poe (Gemälde von S. S. Osgood)

1. Hälfte des 19. Jh.s, wurde zuerst in Europa, u.a. durch das Eintreten Baudelaires, anerkannt; bedeutendster amerikan. Romantiker, beeinflußt von Coleridge, gleich bed. als Kritiker, Literaturtheoretiker, Lyriker und Erzähler. Zu den besten seiner melod. stimmungsvollen Versdichtungen gehören „Tamerlane" (1827), „Al Aaraaf" (1829), das allegor. Gedicht „Israfel" (1831), das düstere Gedicht „Der Rabe" (1845), sein onomatopoet. Meisterwerk „Die Glocken" (1846) und das dunkle, rätselhafte Gedicht „Ulalume" (1847). Auf dem europ. Kontinent wurde P. v.a. als Meister der Kurzgeschichte, der er auch theoret. Untersuchungen widmete, bekannt. Die Vorliebe des Rationalismus im 18. Jh. für präzise gedankl. Analyse hatte Nachwirkungen in P.s Kriminalerzählungen, darunter „Der Doppelmord in der Rue Morgue" (1841, dt. 1853), die nachhaltig auf die Weiterentwicklung der Kriminalliteratur wirkten. P. schuf ferner, u.a. mit der Erzählung „Der Untergang des Hauses Usher" (1839, dt. 1883), einen vollendeten Beitrag zur romant. Gattung der Schauererzählung und pflegte die Gattung der Abenteuererzählung, zu der seine Kurzgeschichte „Der Goldkäfer" (1843, dt. 1853) und sein umfangreichstes Erzählwerk, „Die seltsamen Erlebnisse des Arthur Gordon Pym aus Nantucket" (1838, dt. 1908), gehören. Seine letzten bed. Prosawerke sind „Eureka" (1848) und „Hop-Frog" (1849), letzteres ein Zeugnis seines zunehmenden Menschenhasses. P., dessen Sprachartistik und Formkunst von den Zeitgenossen nur in vergleichsweise geringem Maß geschätzt wurden, ist einer der bedeutendsten Vorbereiter der von der Romantik ausgehenden Literatur des 19. Jh.s. In Deutschland erschienen zahlreiche Einzel- und Sammelübersetzungen.

Ausgaben: E. A. P. Collected works. Hg. v. Th. O. Mabbott. *Cambridge (Mass.) 1969ff. Auf mehrere Bde. berechnet. – E. A. P. Werke in 3 Bden. Dt. Übers. Hg. v.* K. Schuhmann *u.* Hans Dieter Müller. *Olten u. Freib. 1966–69. – E. A. P. The complete works. Hg. v.* J. A. Harrison. *New York 1902. 17 Bde. Neudr. 1965. – E. A. P. Werke in 10 Bden. Dt. Übers. Hg. v.* H. *u.* A. Moeller-Bruck. *Minden 1901–04.*

Literatur: Braddy, H.: *Glorious incense. The fulfillment of E. A. P. New York ²1968.* – Lennig, W.: *E. A. P. in Selbstzeugnissen u. Bilddokumenten. Reinbek bei Hamb. ³1968.* – Link, F. H.: *E. A. P. Ein Dichter zw. Romantik u. Moderne. Frkf. u. Bonn 1968.* – Wagenknecht, E.: *E. A. P. The man behind the legend. New York 1963.* – Quinn, A. H.: *E. A. P. A critical biography. London 1941.* – Baudelaire, Ch.: *P.s Leben u. Werke. In:* Baudelaire: *Werke. Dt. Übers. Hg. v.* M. Bruns. *Bd. 3. Minden 1902.*

Poema del Cid ↑ Cid, Poema del.

Poethen, Johannes ['pø:tən], * Wickrath (Landkreis Grevenbroich) 13. Sept. 1928, dt. Lyriker. Studierte in Tübingen Germanistik; freier Schriftsteller. P.s zeitlose Lyrik von ungewöhnl. Formenreichtum zeigt sich bisweilen der neueren frz. Lyrik verwandt, geht aber auch eigene Wege; sie führt ins Reich des Traumes, ins Mystische, Rätselhafte und Abstrakte und verrät Freude am Experiment.

Hauptwerke: Lorbeer über gestirntem Haupt (Ged., 1952), Risse des Himmels (Ged., 1956), Stille im trockenen Dorn (Ged., 1958), Ankunft und Echo (Ged., 1961), Gedichte (1963), Wohnstatt zwischen den Atemzügen (Ged., 1966).

Poggio Bracciolini, Gian Francesco [italien. 'pɔddʒo brattʃo'li:ni], * Terranuova (heute Terranuova Bracciolini) 11. Febr. 1380, † Florenz 30. Okt. 1459, italien. Humanist.

Sekretär der Kurie unter acht Päpsten, nahm am Konzil von Konstanz teil; Englandaufenthalt; niedere Priesterweihen, seit 1453 Kanzler von Florenz. Prototyp des humanist. Literaten: passionierter Bücherfreund, Entdecker von wertvollen Handschriften röm. Autoren in Klosterbibliotheken, Schriftsteller und Übersetzer (aus dem Griech.), glänzender Stilist. Seine Briefe gehören zum Besten der humanist. Briefliteratur („Epistolario", hg. 1832–61). Seine moral. Traktate waren Lieblingslektüre seiner Zeitgenossen. Spätere Generationen zogen den „Liber facetiarum" (hg. 1471, dt. 1905 u.d.T. „Schwänke und Schnurren"), eine Sammlung oft schlüpfriger Schwänke und Klatschgeschichten, vor. P. B. verfaßte auch eine Geschichte von Florenz („Historia florentina", 1453ff.).

Weitere Werke: De avaritia (Schr., 1428), De nobilitate (Schr., 1440), De varietate fortunae (Schr., hg. 1723).

Literatur: Walser, E.: *Poggius Florentinus, Leben u. Werke. Lpz. 1914.*

Pogodin, Nikolai Fjodorowitsch; tl.: Pogodin, Nikolaj Fedorovič [russ. pa'gɔdin], eigtl. N. F. Stukalow; tl.: N. F. Stukalov, * Gundorowskaja am Don 16. Nov. 1900, † Moskau 19. Sept. 1962, russ.-sowjet. Dramatiker.

Sohn eines Bauern; Handwerker, dann Korrespondent der „Prawda", wandte sich der Bühnendichtung zu, 1947–56 Redakteur bei der „Literaturnaja gaseta". P., der auch theoret. Aufsätze und Drehbücher verfaßte, schrieb zahlreiche Bühnenstücke, meist über aktuelle Probleme der sowjet. Gesellschaft; in seinem Schauspiel „Der Mann mit der Flinte" (dt. 1939) tritt Lenin erstmals als Bühnenfigur auf.

Weitere Werke: Aristokraten (Dr., 1934; dt. 1946), Das Glockenspiel des Kreml (Schsp., 1941; dt. 1947), Der Missouri-Walzer (Dr., dt. 1951), Schlußakkord (Dr., dt. 1961), Die Bernsteinkette (R., dt. 1962).

Pohl, Gerhart, * Trachenberg bei Breslau 9. Juli 1902, † Berlin 15. Aug. 1966, dt. Schriftsteller.

Studierte Germanistik, war Verlagslektor, gab in Berlin 1923–30 die einflußreiche kulturpolitische Zeitschrift „Die neue Bücherschau" heraus; Reisen in Mittelmeerländer; befreundet mit G. Hauptmann; 1946–50 Lektor in Berlin (Ost), seitdem freier Schriftsteller in Berlin (West). Schrieb Erzählungen, Dramen sowie sozial- und kulturkrit. Essays. Ersten Erfolg hatte er mit dem Roman „Die Brüder Wagemann" (1936). P. schildert gern, z.T. humorvoll und spannend, Schicksale schles. Menschen.
Weitere Werke: Der Ruf (E., 1934), Sturz der Göttin (E., 1938), Der verrückte Ferdinand (R., 1939), Bin ich noch in meinem Haus? (Bericht, 1953), Fluchtburg (R., 1955), Wanderungen auf dem Athos (Reisebericht, 1960), Südöstl. Melodie (Essays u.a., 1963).
Literatur: Hofmann, W.: *G. P. Werden u. Wirken. Bln. u. Stuttg. 1962.*

Poirier, Louis [frz. pwa'rje] † Gracq, Julien.

Poirters, Adrianus (Adriaan) [niederl. 'po:rtərs], ≈ Oisterwijk 2. Nov. 1605, † Mecheln 4. Juli 1674, fläm. Schriftsteller.
Studierte Philosophie; Jesuit, Professor für klass. Philologie, Theologiestudium. Verfasser von frischen, derb-realist. und humorvollen Geschichten didakt. Inhalts und Autor des Werkes „Het masker van de wereldt afghetrokken" (Prosa und Ged., 1644).
Weitere Werke: Het heylich herte (1654), Den Spieghel van Philagie (Prosa und Ged., 1673).

Poitiers, Wilhelm IX., Graf von [frz. pwa'tje] † Wilhelm IX., Herzog von Aquitanien.

Pol, Wincenty [poln. pɔl], * Lublin 20. April 1807, † Krakau 2. Dez. 1872, poln. Dichter.
Sohn eines Beamten, zeitweilig von Jesuiten erzogen, studierte in Lemberg; 1850–53 Professor für Geographie in Krakau, dann freier Schriftsteller. P., der u.a. von Mickiewicz, den er nach dem Aufstand von 1831 in Dresden kennenlernte (1832), beeinflußt war und die volkstüml.-schlichte Verserzählung pflegte, verwandte oft histor. Themen; auch beliebte Naturbeschreibungen.
Hauptwerke: Volkslieder der Polen (Ged., dt. 1833), Das Lied von unserem Lande (Epos, 1843; dt. 1869).

Poláček, Karel [tschech. 'pɔla:tʃɛk], * Reichenau an der Kněžna 22. März 1892, † KZ Auschwitz 19. Okt. 1944, tschech. Schriftsteller.
Arbeitete als Gerichtsreporter. Schilderte in humorist. Romanen satir. Umwelt und Charakter des tschech. Spießertums; häufiges Stilmittel ist karikaturist. Verzerrung.
Hauptwerk: Die Bezirksstadt (R., 1936; dt. 1956).

Polák, [Matěj] Milota Zdirad [tschech. 'pɔla:k], * Zasmuk 14. Febr. 1788, † Wiener Neustadt 31. März 1856, tschech. Dichter.
Diente als östr. Offizier. Seine romant. Lyrik ist oft pathet.; seine Naturdichtung ist von J. Thomson und E. von Kleist abhängig; P. führte die Gattung der Reisebeschreibung in die tschech. Literatur ein.

Polder, Markus † Krüss, James.

Polenz, Wilhelm von [...ɛnts], * Schloß Obercunewalde (Oberlausitz) 14. Jan. 1861, † Bautzen 13. Nov. 1903, dt. Schriftsteller.
Militärdienst, Jurastudium, im Staatsdienst, dann Gutsherr und Schriftsteller. P. schrieb psycholog., sozial- und kulturkrit. Romane und Novellen, z.T. von Tolstoi und Zola beeinflußt. Er schildert v.a. das Bauerntum und die wirtschaftl. Krisenjahre der Gründerzeit. Seine Romane gehören zur naturalist. Heimatkunst; auch Dramen und Gedichte.
Hauptwerke: Der Pfarrer von Breitendorf (R., 1893), Der Büttnerbauer (R., 1895), Der Grabenhäger (R., 1897), Thekla Lüdekind (R., 1900), Wurzellocker (R., 1902).
Literatur: Poláček, J.: *W. v. P.' soziale Trilogie: „Der Pfarrer v. Breitendorf", „Der Büttnerbauer", „Der Grabenhäger". In: Philologia Pragensia 5 (1962), 193.* – Ilgenstein, H.: *W. v. P. Bln. 1904.*

Poleschajew, Alexandr Iwanowitsch; tl.: Poležaev, Aleksandr Ivanovič [russ. pɐlɪ'ʒajɪf], * Pokryschkino (Gouv. Pensa) 30. Aug. 1804 (oder 1805?), † Moskau 28. Jan. 1838, russ. Dichter.
Unehel. Sohn eines Gutsbesitzers; studierte in Moskau, wurde 1826 wegen seines byronist., teils satir., sehr liberalen Poems „Saschka" (1825) zum Militärdienst, u.a. im Kaukasus, verurteilt; verfiel dem Alkohol; starb an Tuberkulose. Schrieb lebendige, volkstüml. Kriegs- und Soldatenlyrik; im Spätwerk Resignation und Verzweiflung.

Polewoi, Boris Nikolajewitsch; tl.: Polevoj, Boris Nikolaevič [russ. pɐlɪ'vɔj], eigtl. B. N. Kampow; tl.: B. N. Kampov, * Moskau 17. März 1908, russ.-sowjet. Schriftsteller.
Journalist, im 2. Weltkrieg Frontberichterstatter; Reportage und Frontbericht beeinflußten seinen Stil, u.a. in seinem Hauptwerk „Der wahre Mensch" (R., dt. 1950), in dem P. einen sowjet. Kriegshelden darstellt; P. schrieb ferner dokumentar. wertvolle Kriegsskizzen, Erzählungen und Reiseberichte.
Weitere Werke: Gold (R., dt. 1953), Zeitgenossen (En., dt. 1955), Am wilden Ufer (R., dt. 1964).

Poležaev † Poleschajew.

Polgar, Alfred, * Wien 17. Okt. 1873, † Zürich 24. April 1955, östr. Schriftsteller und Kritiker.
Sohn eines Musikers; in Wien zeitweise publizist. tätig, übersiedelte 1925 nach Berlin, wo er Theaterkritiken für die „Weltbühne" und das „Tagebuch" schrieb. 1933 ging er wieder nach Österreich, 1938 nach Frankreich und von da über Spanien in die USA, nach dem Krieg Rückkehr nach Europa. Neben geistreichen Theaterkritiken schrieb er Lustspiele, Einakter und satir. Szenen, v.a. aber wurde er mit seiner geschliffenen, zugespitzten Prosa bekannt, mit Feuilletons, krit. Skizzen, Essays und Novellen. P. ist mit Bahr, Altenberg, Kerr und Kraus in eine Reihe zu stellen; Satiriker und Zeitkritiker, Skeptiker und Moralist, und ein Meister der treffsicheren Formulierung.
Hauptwerke: Der Quell des Übels u.a. Geschichten (1908), Bewegung ist alles (Novellen und Skizzen, 1909), Soldatenleben im Frieden (Lsp., 1910; mit E. Friedell), An den Rand geschrieben (Essays, 1926), Schwarz auf Weiß (Essays, 1929), Die Defraudanten (Kom., 1931), Anderseits (En., 1948), Begegnung im Zwielicht (En., 1951), Standpunkte (Skizzen, 1953).
Ausgabe: A. P. Ausw. Prosa aus 4 Jahrzehnten. Hg. v. B. Richter. *Reinbek bei Hamb. 15. Tsd. 1968.*
Literatur: Kirnig, H.: *Alfred Kerr – A. P. (Ein Vergleich). Diss. Wien 1950 [Masch.].*

Poliziano, Angelo [italien. polit'tsia:no], eigtl. Angiolo Ambrogini, * Montepulciano bei Siena

14. Juli 1454, † Florenz 28. oder 29. Sept. 1494, italien. Humanist und Dichter.
Kanzler Lorenzos de' Medici und Erzieher von dessen Söhnen. Seit 1480 Professor für griech. und röm. Literatur an der Universität Florenz. Bed. sind das Schauspiel „Orpheus" (1471, gedruckt 1494; dt. 1963, 1956 u.d.T. „Die Tragödie des Orpheus"), das erste weltl. Drama der italien. Literatur, und die unvollendeten „Stanze per la giostra" (1494) auf ein 1475 veranstaltetes Turnier. Beide Werke sind in italien. Sprache geschrieben. P. war einer der wenigen Humanisten, die dem Latein Wärme und Schmelz einer lebenden Sprache zu geben wußten. In vier Lehrgedichten, den „Silvae" (1485/86), gab er eine Anleitung zum Lesen klass. Autoren; auf philolog. Gebiet führte er die Textkritik ein („Miscellanea", 1489); einen Teil der „Ilias" übersetzte er ins Lateinische. Alle seine Werke, auch die wissenschaftlichen, zeichnen sich durch vollendete Form aus.
Literatur: Maïer, I.: *Ange Politien. La formation d'un poète humaniste, 1469–1480. Genf; Paris 1966. – Il P. e il suo tempo. Atti del 4° Convegno Internazionale di studi sul Rinascimento. Florenz 1957.*

Poljanow, Dimitar Iwanow; tl.: Poljanov, Dimităr Ivanov [bulgar. po'ljanof], * Karnobat 4. Dez. 1876, † Sofia 25. Sept. 1953, bulgar. Schriftsteller.
Studierte in Paris zunächst Medizin, dann Literatur, Lehrer, Hg. verschiedener Zeitschriften; schrieb als erster Bulgare sozialist. klassenkämpfer. Lyrik; übersetzte aus dem Frz. (Hugo, Balzac, Zola, Rolland) und Russischen.

Pollio, Gaius Asinius ↑ Asinius Pollio, Gaius.

Polo, Gaspar Gil ↑ Gil Polo, Gaspar.

Polo, Marco [italien. 'pɔ:lo], * Venedig um 1254, † ebd. 9. Jan. 1324, italien. Schriftsteller.
Kaufmann, reiste 1271 im Alter von 17 Jahren mit Vater und Onkel über Persien nach China; gewann die Gunst des Mongolengroßkhans Kublai und unternahm in dessen Auftrag Reisen; wurde Statthalter einer chin. Provinz und kehrte 1295, märchenhaft reich, über die Sundainseln, Indien und Persien nach Venedig zurück. 1298 in einer Seeschlacht von den Genuesen gefangengenommen, diktierte er einem Mitgefangenen den Bericht seiner Reise und seines Aufenthaltes am Hof des Großkhans. Das Werk, das in einer frz.-italien. Mischsprache abgefaßt ist, wurde bekannt u.d.T. „Il milione" (dt. erstmals 1477) und bald ins Frz., Italien. und Lat. übersetzt.
Ausgabe: Die Reisen des Venezianers M. P. im 13. Jh. Dt. Übers. Bearb. u. hg. v. H. Lemke. *Hamb. 1907.*
Literatur: Rugoff, M./Carrington, G. L.: *M. P.'s adventures in China. London; Verona 1965.* – Hart, H. H.: *Venezian. Abenteurer. Zeit, Leben u. Bericht des M. P. Dt. Übers. Bremen 1959.* – Pelliot, P.: *Notes on M. P. Ouvrage posthume. Hg. v.* L. Hambis. *Paris 1959–63. 2 Bde. – Oriente poliano. Studi e conferenze tenute all'Ismeo, Istit. ital. per il Medio ed Estremo Oriente, in occasione del VII centenario della nascita di M. P. 1254–1954. Rom 1957.*

Polonski, Jakow Petrowitsch; tl.: Polonskij, Jakov Petrovič [russ. pa'lɔnskij], * Rjasan 18. Dez. 1819, † ebd. 30. Okt. 1898, russ. Dichter.
Sohn eines Beamten; studierte in Moskau Jura; zeitweilig Redakteur, schließl. Zensurbeamter. P., Vertreter des L'art pour l'art, schrieb zahlreiche lyr. und ep. Gedichte, meist in leichtem, elegantem Stil und musikal. Sprache; oft vertont, u.a. von Tschaikowski; P. hatte mit stimmungsvoller Natur- und Liebeslyrik, iron. und satir. Werken mehr Erfolg als mit seinen von Nekrassow beeinflußten aktuellen Dichtungen; 1905 gab F. Fiedler eine dt. Übersetzung von P.s Werken heraus.

Polybios, * Megalopolis (Arkadien) um 200, † um 120 (?), griech. Geschichtsschreiber.
Sohn des führenden Strategen des Achäischen Bundes, stand seinem Vater als polit. und militär. Führer zur Seite. Nach der Niederlage der Griechen bei Pydna (168) als Geisel in Rom, dort Erzieher; Freund und militär. Berater des P. C. Scipio Africanus d. J. im 3. Pun. Krieg. Gemeinsame Reisen durch Oberitalien, Gallien, Spanien, vermutl. auch Ägypten. P. bewunderte die militär. Leistungen der Römer und die röm. Verfassung, die er für die bestmögliche hielt und aus der er den Aufstieg Roms zur Weltmacht ableitete. Er schrieb die erste Universalgeschichte, in der Absicht, dem Politiker und Staatsmann einen Nutzen zu vermitteln (pragmat. Geschichtsschreibung); er strebte daher nach größtmöglicher Objektivität und Zuverlässigkeit. Neben der Darstellung von Ereignissen und Tatsachen suchte er Zusammenhänge und Ursachen darzulegen. Seine Geschichte war ursprüngl. in 40 Büchern aufgezeichnet, vollständig erhalten sind nur die ersten fünf. Sein Werk, das noch heute als Quelle benutzt wird, hat späteren antiken Historiographen als Quelle (Livius) oder Anregung gedient. Eine Reihe kleinerer Werke des P. ist verlorengegangen.
Ausgaben: P. Gesch. Gesamtausg. in 2 Bden. Dt. Übers. Hg. v. H. Drexler. *Zürich u. Stuttg. 1961–63. – Polybii historiae. Hg. v.* L. Dindorf *u.* Th. Büttner-Wobst. *Lpz.* $^{1-2}$*1889–1922. 5 Bde. Neudr. Stuttg. 1964–67.*
Literatur: Petzold, K.-E.: *Studien zur Methode des P. u. zu ihrer histor. Auswertung. Mchn. 1968.* – Lehmann, G. A.: *Unterss. zur histor. Glaubwürdigkeit des P. Münster 1967.* – Eisen, K. F.: *P.interpretationen. Beobachtungen zu Prinzipien griech. u. röm. Historiographie bei P. Hdbg. 1966.* – Gelzer, M.: *Über die Arbeitsweise des P. In:* Gelzer: *Kl. Schrr. Hg. v.* H. Strasburger *u.* Ch. Meier. *Bd. 3. Wiesb. 1964.* – Walbank, F. W.: *A historical commentary on Polybius. Oxford 1957 ff. Auf 4 Bde. berechnet.* – Mauersberger, A.: *P.-Lex. Bln. 1956 ff. Auf mehrere Bde. berechnet.*

Pomjalowski, Nikolai Gerassimowitsch; tl.: Pomjalovskij, Nikolaj Gerasimovič [russ. pɐmɪ'lɔfskij], * Petersburg (heute Leningrad) 23. April 1835, † ebd. 17. Okt. 1863, russ. Schriftsteller.
Besuchte eine geistl. Schule und ein Priesterseminar; schilderte die bedrückenden Verhältnisse in diesen Ausbildungsstätten in vielbeachteten Skizzen, die atheist. und soziale Gedanken zum Ausdruck bringen; verzichtete im Sinne eines extremen Realismus auf künstler. Effekte; schrieb auch Romane über Probleme der russ. Intelligenz.

Pompeius Trogus, röm. Geschichtsschreiber des 1. Jh.s v. und n. Chr.
Kelt. Abstammung; seine Universalgeschichte in 44 Büchern „Historiae Philippicae", die von den

Assyrern bis zu Augustus reichte, ist nur in einem Auszug des M. Junianus Justinus aus dem 3. Jh. erhalten.

Pompilj, Vittoria Aganoor ↑ Aganoor Pompilj, Vittoria.

Pomponius, Lucius, röm. Dichter des 1. Jh.s v. Chr. aus Bononia (heute Bologna).
Erhob die Atellane zur Kunstgattung und führte die Charaktertypen Bucco, Maccus, Pappus und Dossennus (Tölpel, Maulheld, einfältiger Alter, pfiffiger Buckliger) ein; erhalten sind Einzelverse und etwa 70 Titel.

Pondal Abente, Eduardo [span. pɔn'dal a'βente], * Puente-Ceso (La Coruña) 1835, † La Coruña 1917, span. Dichter.
Studierte in Santiago und war Arzt in seinem Heimatort; einer der bedeutendsten Vertreter der neueren galic. Literatur, schrieb kraftvolle lyr. Gedichte, zunächst in span., dann galic. Sprache: „Rumores de los pinos" (1877), „Campana d'Aullons" (1886), „Queixumes dos pinos" (1886), „O dolmen de Dombate" (1895); auch Epiker.

Ponge, Francis [frz. pɔ̃:ʒ], * Montpellier 27. März 1899, frz. Schriftsteller.
Beschreibt in skizzenhaften Prosastücken Aussehen und Funktion einfacher Dinge mit größter Genauigkeit, befreit von seel. und gedankl. Assoziationen. Auf die aus sich selbst lebenden Organismen hinweisend, sucht er dem nach der Flucht ins Irreale verlangenden Menschen Vertrauen zu sich selbst und zur Umwelt zu vermitteln.
Hauptwerke: Douze petits écrits (1926), Le parti pris des choses (1942), Le carnet du bois de pins (1947), Stücke Methoden (dt. 1968), Die Seife (Prosa, dt. 1969).
Ausgabe: F. P. Ausgew. Werke. Frz. u. dt. Frkf. 1965–68. 2 Bde.
Literatur: Walther, E.: *F. P. Eine ästhet. Analyse. Köln 1965.* – Sollers, P.: *F. P. Paris 1963.*

Poničan, Ján [slowak. 'pɔnjitʃan], Pseudonym Ján Rob, * Očová 15. Juni 1902, slowak. Schriftsteller und Literaturtheoretiker.
Studierte Jura, Rechtsanwalt; Vertreter der proletar. Literatur, pflegt in seinen Gedichten, Epen, Romanen und Dramen den sozialist. Realismus und ordnet sein literar. Schaffen dem Aufbau der kommunist. Gesellschaftsordnung unter. P. ist auch ein bed. Übersetzer.

Ponsard, François [frz. pɔ̃'sa:r], * Vienne (Isère) 1. Juni 1814, † Paris 7. Juli 1867, frz. Dramatiker.
Rechtsanwalt in Vienne, wurde 1855 Mitglied der Académie française; schrieb das mit großem Erfolg aufgeführte realist. Trauerspiel „Lucretia" (1843, dt. um 1873) als bewußten Protest gegen den übersteigert romant. Stil Hugos und Dumas' des Älteren, ferner die zeitgenöss. Tragödie „Agnès de Méranie" (1847) und das Revolutionsdrama „Charlotte Corday" (1850, dt. 1880); den Erfolg von „Lucretia" konnte er später nur noch mit den Dramen „Geld und Ehre" (dt. 1853) und „Der verliebte Löwe" (1866, dt. 1874) wiederholen.

Ponson du Terrail, Pierre Alexis, Vicomte de [frz. pɔ̃sɔ̃dytɛ'raj], * Montmaur (Isère) 8. Juli 1829, † Bordeaux 20. Jan. 1871, frz. Schriftsteller.
Einer der frühesten und erfolgreichsten Vertreter des Zeitungsromans in Frankreich, von dessen über 70 effektvollen Unterhaltungsromanen bes. „Les coulisses du monde" (1853), der umfangreiche „Rocambole"-Zyklus („Les exploits de Rocambole", 1859, usw.) und „Le forgeron de la Cour-Dieu" (1869) zu nennen sind.

Pontano, Giovanni (Gioviano) [italien. pon'ta:no], latin. Pontanus, * Cerreto di Spoleto (Umbrien) 7. Mai 1426, † Neapel Sept. 1503, italien. Dichter und Humanist.
Als Diplomat im Dienst der Könige von Aragonien, seit 1447 an der Staatskanzlei in Neapel; Lektor der Rhetorik in Perugia, später Staatssekretär; seit 1471 leitete er die Accademia Pontaniana. Er verfaßte lat. Traktate und Dialoge moralphilosoph. und naturwissenschaftl. Inhalts (u.a. „Charon", „Asinus"). Sie gehören wegen ihrer vollendeten Form zu den besten humanist. Dichtungen. Hervorzuheben sind die für seine Kinder verfaßten 12 Wiegenlieder „Neniae" und das mytholog. Hirtengedicht „Lepidina"; erwähnenswert auch die Epigramme „De amore coniugali", die die ehel. Liebe preisen.
Literatur: Tateo, F.: *Astrologia e moralità in G. P. Bari 1960.* – Intravaja, I.: *La poesia di G. Gioviano P. Palermo 1923.*

Pontanus, Jacobus, eigtl. Jakob Spanmüller, * Brüx (Nordböhm. Gebiet) 1542, † Augsburg 25. Nov. 1626, dt. Humanist.
Trat 1564 in den Jesuitenorden ein, studierte in Prag, war Gymnasiallehrer in Augsburg; neben Schulbüchern („Progymnasmata latinitatis sive dialogi", 1588–94; bis ins 18. Jh. verwendet) stehen Gedichte in lat. und griech. Sprache, rhetor. Werke, Schuldramen und v.a. seine Poetik, in der er sich bes. mit dem Jesuitendrama auseinandersetzt.

Ponte, Lorenzo Da ↑ Da Ponte, Lorenzo.

Ponten, Josef, * Raeren bei Eupen 3. Juni 1883, † München 3. April 1940, dt. Schriftsteller.
Studierte Kunstgeschichte, Geschichte und Geographie, bereiste Europa (u.a. Rußland), Afrika und Amerika, lebte seit 1920 als freier Schriftsteller in München. P. begann mit psycholog., z.T. expressionist. Romanen, befaßte sich dann in realist. Darstellungsweise mit der menschl. Existenz im Widerspiel der Mächte, bes. mit dem Schicksal der Auslandsdeutschen. Seine anschaul. Landschaftsschilderungen sind meist mit Reiseerlebnissen verknüpft.
Hauptwerke: Jungfräulichkeit (R., 1906), Siebenquellen (R., 1909), Griech. Landschaften (1914), Der Babylon. Turm (R., 1918), Salz (R., 1921f.), Seine Hochzeitsreise (Nov., 1930), Volk auf dem Wege (R.-Serie, 1934–42).
Literatur: Dyck, J. W.: *The problems of the Russo-Germans in the later works of J. P. Diss. Univ. of Michigan, Ann Arbor 1957.* – Reifferscheidt, F. M.: *J. P. oder über die Sprachkunst. Mchn. 1925.* – Schneider, Wilhelm: *J. P. Stuttg. 1924.*

Pontoppidan, Henrik [dän. pɔn'tɔbidan], * Fredericia (Jütland) 24. Juli 1857, † Kopenhagen 21. Aug. 1943, dän. Schriftsteller.
Aus einem pietist. Pfarrhaus, Ingenieurstudium, Lehrer an einer Volkshochschule, freier Schriftsteller; Reisen in verschiedene europ. Länder; 1917 Nobelpreis (mit Gjellerup). Einziger Vertreter des Naturalismus in Dänemark; klare und krit. Darstellung aufgrund sorgfältiger Beobachtung; bed. Menschendarsteller und zeit- und

kulturkrit. Schilderer Dänemarks zu Beginn des 20. Jh.s. Vorherrschende Themen seiner Romane und Erzählungen sind der Ggs. von Stadt und Land, von Kultur und Natur, geprägt durch sein soziales Mitempfinden und seine Neigung zu einfachem bäuerl. Leben. Aus seinem umfangreichen Werk ragen drei Romane bes. hervor: „Das gelobte Land" (1891–95, dt. 1908), „Hans im Glück" (R., dt. 1906) und „Totenreich" (R., dt. 1920).
Weitere Werke: Die Sandinger Gemeinde (Nov., 1883; dt. 1905), Der Eisbär (Porträt, 1887; dt. 1903), Spuk (R., 1888; dt. 1918), Nachtwache (E., dt. 1896), Rotkäppchen (E., dt. 1904), Der königl. Gast (E., dt. 1910).
Ausgabe: H. P. Romaner og fortællinger. Kopenhagen 1924–26. 6 Bde.
Literatur: Woel, C. M.: *H. P. Kopenhagen 1945. 2 Bde.* – Andersen, V.: *H. P. Et nydansk Forfatterskab. Kopenhagen 1917.*

Pontus de Tyard (Thiard) [frz. põtysdə'tja:r], * Bissy-sur-Fley (Saône-et-Loire) 1521, † Bragny-sur-Saône 23. Sept. 1605, frz. Dichter.
War Kanonikus in Mâcon, Beichtvater Heinrichs III. und Bischof in Chalon-sur-Saône, zog sich später jedoch ins Privatleben zurück; Lyriker der Pléiade, schrieb unter dem Einfluß Ronsards und Petrarcas die Gedichtsammlungen „Les erreurs amoureuses" (1549–53) und „Le livre des vers lyriques" (1555); widmete sich später v.a. theolog. und philosoph. Werken.
Ausgabe: P. de T. Œuvres poétiques complètes. Hg. v. J.-C. Lapp. *Paris 1967.*
Literatur: Hall, K. M.: *P. de T. and his Discours philosophiques. London 1963.*

Poole, Ernest [engl. pu:l], * Chicago 23. Jan. 1880, † New York 10. Jan. 1950, amerikan. Schriftsteller.
Wurde nach Studien in Princeton Journalist, lebte als Korrespondent in Rußland (u.a. während der Oktoberrevolution), in Deutschland und Frankreich. P., der U. Sinclair bei der Materialbeschaffung für dessen Roman „Der Sumpf" behilfl. war, schrieb wie dieser naturalist., sozialkrit. Romane.
Hauptwerke: The harbor (R., 1915), His family (R., 1917).

Poorten Schwartz, Joost Marius Willem van der [niederl. 'po:rtə 'swarts], Pseudonyme Maarten Maartens, Joan van den Heuvel, * Amsterdam 11. Aug. 1858, † Schloß Zonheuvel bei Doorn 3. Aug. 1915, niederl. Schriftsteller.
Studierte, nachdem er seine Jugend in England verbracht hatte, in Utrecht Jura und Staatswissenschaft, Professor an der Universität Utrecht. P., der sich als Weltbürger fühlte, lebte abwechselnd in Italien, Algerien und Frankreich, seit 1905 in den Niederlanden. Er schrieb, vorwiegend in engl. Sprache, neben Gedichten und Trauerspielen v.a. realist. Gesellschaftsromane aus dem Leben der niederl. Provinz und Kleinstadt, die großes psycholog. Einfühlungsvermögen verraten.
Hauptwerke: The morning of a love (Ged., 1885), Julian (Trag., 1885), Nivalis (Trag., 1886), A sheaf of sonnets (Ged., 1888), A question of taste (R., 1891), Gottes Narr (R., dt. 1895), Auf tiefer Höhe (R., 1894; dt. 1906), Dorothea (R., dt. 1908), Die neue Religion (R., dt. 1908).

Popa, Vasko [serbokroat. ˌpɔ:pa], * Grebenac (Banat) 29. Juni 1922, serb. Schriftsteller.
Studierte in Belgrad Romanistik, anschließend ebd. Verlagslektor; gehört zur Avantgarde, verarbeitete in seinen Gedichten Elemente der Folklore und des Surrealismus. Dt. erschienen „Gedichte" (dt. 1962) und „Nebenhimmel" (Ged., dt. 1969).

Popdimitrow, Emanuil; tl.: Popdimitrov, Emanuil [bulgar. pobdi'mitrof], * Gruinzi 4. Nov. 1885, † Sofia 23. Mai 1943, bulgar. Dichter.
Philosophiestudium u.a. in Montpellier und Freiburg (Schweiz); Lehrer, seit 1923 Dozent für vergleichende Literaturgeschichte in Sofia. Schrieb außer wissenschaftl. Abhandlungen lyr., ep. und dramat. Werke; am wertvollsten sind seine romant. Liebeslyrik und sein Hauptwerk, der humorist. Versroman „W stranata na rosite" (= Im Land der Rosen, 1939).

Pope, Alexander [engl. poʊp], * London 21. Mai 1688, † Twickenham (heute zu London) 30. Mai 1744, engl. Dichter.

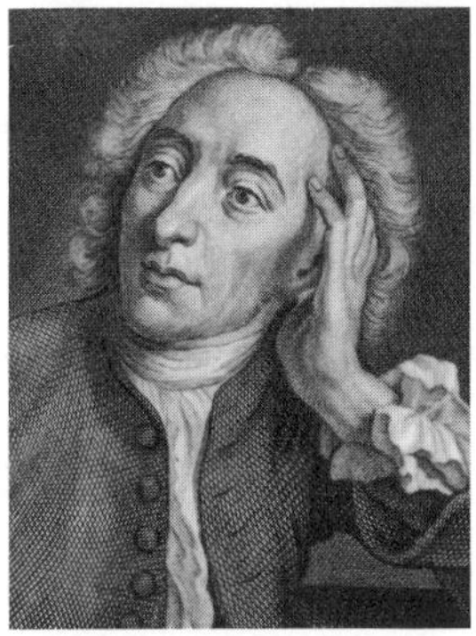
Alexander Pope

Sohn eines Tuchhändlers, wurde als Katholik nicht zu öffentl. höheren Schulen zugelassen; u.a. wegen körperl. Mißbildung und Kränklichkeit zunehmende Neigung zu Mißtrauen, Menschenscheu und, daraus resultierend, Vorliebe für Satire und aggressiven, oft gehässigen Spott. P. begann früh zu dichten, gewann bald Ansehen und Ruhm, schuf sich jedoch durch seine höhn. Angriffe viele Feinde; bes. mit Swift und Dr. Arbuthnot, Mitgliedern des literaturkrit. aktiven „Scriblerus Club", befreundet. Pflegte im Stil des Klassizismus, dessen bedeutendster engl. Vertreter er war, die Gattungen der Aufklärung und des Rokokos; hatte mit den „Pastorals" (1709), Schäferdichtungen in der Tradition Vergils, ersten Erfolg und fand mit seiner Dichtung „Windsor Forest" (1713) die Anerkennung und Freundschaft Swifts. Sein Hauptwerk, das kom.-heroische Epos „Der Lockenraub" (endgültige Fassung 1714, dt. 1744), ein formvollendetes parodist. Werk in der metr. Form des „heroic couplet", ist die bedeutendste dichter. Leistung des engl. Rokokos. Mit seinen didakt.-philosoph. Dichtungen „Versuch über die Kritik" (1711, dt. 1807), in der er eine klassizist. Poetik nach dem Vorbild Boileaus entwickelte, und dem „Philosoph. Lehrgedicht vom Menschen" (1733/34, dt. 1756, 1740 u.d.T. „Versuch vom Menschen"), einer deist. Theodizee, wurde

P.s Ruf als hervorragender Vertreter der Aufklärung gefestigt. Die im Zeitalter des Klassizismus beliebten, später angegriffenen Übersetzungen der „Ilias“ (1715–20) und der „Odyssee“ (1725f.) wurden erst spät histor. gerecht beurteilt. Der literar. Konflikt um seine wenig geglückte Shakespeare-Ausgabe lieferte ihm u.a. das Material zu dem Versepos „Die Dunciade“ (1728, dt. 1778, von J. J. Bodmer 1747 u.d.T. „Duncias“), dem Höhepunkt von P.s Literatursatire. Stilist. Kennzeichen von P.s Werk sind v.a. Witz, Eleganz, epigrammat. Prägnanz und sprachl. Klarheit.
Weitere Werke: The temple of fame (Dichtung, 1715), Miscellanies (Satire, 1727f.; mit J. Swift und J. Arbuthnot).
Ausgabe: A. P. The Twickenham edition of the poems. Hg. v. J. Butt. *London; New Haven* *1–31953–66. 10 in 11 Bden.*
Literatur: Essential articles for the study of A. P. Hg. v. M. Mack. *Neuaufl. Hamden (Conn.) 1968.* – Brower, R. A.: *A. P. The poetry of allusion. Oxford 1959.* – Parkin, R. P.: *The poetic workmanship of A. P. Minneapolis 1955.* – Stamm, R.: *Der umstrittene Ruhm A. P.s. Bern 1941.* – Sitwell, E.: *A. P. London 1930.*

Popov, Aleksandr Serafimovič ↑ Serafimowitsch, Alexandr Serafimowitsch.

Popović, Jovan Sterija [serbokroat. ˌpɔpɔvitɕ], * Werschetz 1. Jan. 1806, † ebd. 26. Febr. 1856, serb. Schriftsteller.
Rechtsanwalt, dann im Lehrberuf und schließl. in offiziellen Stellungen an der kulturellen Erneuerung Serbiens beteiligt; seit 1848 freier Schriftsteller. Wandte sich von seiner frühen klassizist. Lyrik und der Pflege des empfindsamen Romans mit histor. Stoff ab und fand im Drama die ihm gemäße Gattung; schrieb Tragödien mit Stoffen aus Geschichte und Volksepik, hatte jedoch v.a. mit seinen Charakter- und Sittenkomödien, von denen sich einige bis heute auf den serb. Bühnen gehalten haben, Erfolg.

Popovici, Titus [rumän. ˈpopovitʃ], * Großwardein 16. Mai 1930, rumän. Schriftsteller.
Publizist und Drehbuchautor; bekannt durch den Roman „Der Fremdling“ (dt. 1957), der in Siebenbürgen zur Zeit des 2. Weltkriegs spielt; sein Roman „Der große Durst“ (dt. 1960) schildert die Bodenreform in Rumänien nach dem Krieg. P. zeigt v.a. Mut bei der Behandlung sozialer Probleme; schrieb auch Reportagen und Reiseberichte.

Popow, Alexandr Serafimowitsch [russ. paˈpɔf] ↑ Serafimowitsch, Alexandr Serafimowitsch.

Popp, Augustin ↑ Waldeck, Heinrich Suso.

Poquelin, Jean-Baptiste [frz. pɔˈklɛ̃] ↑ Molière.

Porché, François [frz. pɔrˈʃe], * Cognac 21. Nov. 1877, † Vichy 20. April 1944, frz. Schriftsteller.
Jurist; wandte sich nach lyr. Anfängen vorwiegend dem Theater und literarhistor. Studien zu; einer der Erneuerer des lyr. gefärbten histor. Versdramas.
Hauptwerke: À chaque jour (Ged., 1904), Les butors et la Finette (Dr., 1918), La jeune fille aux joues roses (Dr., 1919), Le chevalier de Colomb (Dr., 1922), La vierge au grand cœur (Dr., 1925), Paul Valéry et la poésie pure (Essay, 1927), Verlaine tel qu'il fut (Essay, 1933), Baudelaire (Essay, hg. 1945).

Portaas, Herman ↑ Wildenvey, Herman.

Porter, Katherine Anne [engl. ˈpɔːtə], * Indian Creek (Texas) 15. Mai 1894, amerikan. Schriftstellerin.
Nachfahrin des Gründers von Kentucky, Daniel Boone; in privaten Internaten erzogen; begann früh ihre anfangs wenig erfolgreiche literar. Laufbahn; als Journalistin auch in Europa tätig. In Kurzgeschichten meist Vertreterin der Heimatkunst in der Tradition der „local-color“-Schule; Schauplatz ihrer Werke ist meist das texan.-mex. Grenzgebiet; subtile Psychologie zeichnet ihr wenig umfangreiches Werk aus; ihr Roman „Das Narrenschiff“ (dt. 1963) erregte Aufsehen als breite Auseinandersetzung mit dem Chauvinismus; erhielt 1966 für eine Kurzgeschichtensammlung den Pulitzerpreis.
Weitere Werke: Unter heißem Himmel (Kurzgeschichten, 1930; dt. 1951), Das dunkle Lied (Kurzgeschichten, 1939; dt. 1950), Das letzte Blatt (Kurzgeschichten, 1944; dt. 1953), Was vorher war (Essays, 1952; dt. 1969).
Literatur: Nance, W. L.: *K. A. P. and the art of rejection. Chapel Hill (N. C.) 1967.* – Hendrick, G.: *K. A. P. New York 1965.*

Porter, William Sydney [engl. ˈpɔːtə] ↑ Henry, O.

Pörtner, Paul, * Elberfeld (heute Wuppertal-Elberfeld) 25. Jan. 1925, dt. Schriftsteller.
Nach Teilnahme am 2. Weltkrieg Theatertätigkeit, Studium der Germanistik, Romanistik und Philosophie, seit 1958 freier Schriftsteller, lebt in der Schweiz; begann mit Lyrik, schrieb dann Dramen, hintergründig-humorvolle Prosa („Gestern“, R., 1965; „Einkreisung eines dicken Mannes“, En., 1968), experimentelle Hörspiele und Essays; sein „Stück in dreißig Stationen“ „Mensch Meier oder das Glücksrad“ (1961) erinnert in Stoff und Technik an Strindberg; das Kriminalstück „Scherenschnitt“ (1964) ist ein Experiment: es fordert das Publikum zum Mitspielen, die Schauspieler zum Improvisieren auf.
Weitere Werke: Lebenszeichen (Ged., 1956), Wurzelwerk (Ged., 1960), Sophie Imperator (Schsp., 1961), Tobias Immergrün (R., 1962).

Porto Alegre, Manuel de Araújo ↑ Araújo Porto Alegre, Manuel de.

Porto-Riche, Georges de [frz. pɔrtoˈriʃ], * Bordeaux 20. Mai 1849, † Paris 5. Sept. 1930, frz. Dramatiker.
Aus italien. Familie jüd. Abstammung; Bibliothekar an der Pariser Arsenalbibliothek; Mitglied der Académie française; begann als Lyriker („Prima verba“, Ged., 1872), debütierte aber schon ein Jahr später als Bühnendichter mit dem Einakter „Le vertige“; Grundthema seiner Dramen ist die Psychologie der Liebe; seine bedeutendsten Stücke sind „La chance de Françoise“ (1888), „Amoureuse“ (1891), „Le passé“ (1898) und „Le vieil homme“ (1911).

Portugal, Francisco de [portugies. purtuˈɣal], Graf von Vimioso, * Lissabon 1585, † ebd. 1632, portugies. Dichter.
Offizier, später zurückgezogenes Klosterleben. Schrieb portugies. und span. im Stil Góngoras; Autor von Sonetten, Kanzonen, Romanzen u.a. Seine „Arte de galantería“ (hg. 1670) zeichnet das Ideal eines span. Höflings.
Weiteres Werk: Divinos e humanos versos (Ged., hg. 1652).

Poseidippos, griech. Komödiendichter des 4./3. Jh.s v. Chr. aus Kassandreia (Makedonien).
Größte Erfolge in Athen nach Menanders Tod; bei Gellius wurden Werke von P. zu den Quellen der röm. Komödiendichter gerechnet; den „Menaechmi" des Plautus liegt vielleicht ein Stück des P. zugrunde.

Poseidonios, latin. Posidonius, * Apameia (Syrien) um 135, † 51, griech. Philosoph.
Als Schüler des Panaitios wurde er der bedeutendste stoische Philosoph des Späthellenismus; unternahm große Reisen; in Rom fand er Zugang zu alten Adelsfamilien; in Rhodos, wohin er sich als Lehrer zurückgezogen hatte, wurde er von vornehmen Römern, u.a. von Pompejus und Cicero besucht, deren philosoph. Denken er entscheidend mitbestimmt hat. Seine besondere Bedeutung liegt in dem Bemühen, die längst getrennten wissenschaftl. Disziplinen zu vereinen und die verschiedenen Wissenschaften in den Bereich der Philosophie einzubeziehen. Er trat auch als Ethnologe, Geograph, Historiker, Mathematiker und Astronom hervor. Von seinen Schriften sind nur Fragmente erhalten.
Literatur: Pfligersdorffer, G.: *Studien zu P. Wien 1959.* – Reinhardt, K.: *P. v. Apameia, der Rhodier genannt. Stuttg. 1954.*

Postel, Christian Heinrich, * Freiburg (Elbe) 11. Okt. 1658, † Hamburg 22. März 1705, dt. Dichter.
Ließ sich nach dem Studium der Rechte und nach Reisen durch Frankreich, England, Italien und die Niederlande in Hamburg als Advokat nieder. P. ist der führende Vertreter der Hamburger Operndichtung. Seine Libretti zeichnen sich durch knappe Dialogführung und zügigen Versrhythmus aus, kom. Kontrastszenen lockern die heroische Handlung auf. Er schrieb ferner das Heldenepos „Der große Wittekind" (hg. 1724). Seine bekanntesten Opernlibretti sind „Kain und Abel" (1689), „Die schöne und getreue Ariadne" (1691) und „Medea" (1695).

Posthius, Johann, * Germersheim 15. Okt. 1537, † Mosbach 24. Juni 1597, dt. Dichter.
Leibarzt des Bischofs von Würzburg Julius Echter von Mespelbrunn, später des Kurfürsten Friedrich IV. von der Pfalz. P. ist einer der bedeutendsten Vertreter der nlat. Dichtung in Deutschland nach 1550.
Hauptwerk: Parerga poetica (1580).

Postl, Karl Anton ['pɔstəl] † Sealsfield, Charles.

Potapenko, Ignati Nikolajewitsch; tl.: Potapenko, Ignatij Nikolaevič [russ. pa'tapɪnkɐ], * Fedorowka (Gouv. Cherson) Dez. 1856, † Leningrad 17. Mai 1929, russ. Schriftsteller.
Sohn eines Geistlichen; studierte an einem Priesterseminar, an der Universität Moskau und am Konservatorium Petersburg. Verbreitete in größeren und kleineren Erzählwerken und Dramen philanthrop. Ideen; wegen seines Humors und seiner optimist. Weltsicht seinerzeit viel gelesen.

Potechin, Alexei Antipowitsch; tl.: Potehin, Aleksej Antipovič [russ. pa'tjexin], * Kineschma (Gouv. Kostroma) 13. Juli 1829, † Petersburg (heute Leningrad) 29. Okt. 1908, russ. Schriftsteller.
Entstammte einer Adelsfamilie; stellte in zahlreichen Dramen, Romanen und Erzählungen in volkstüml. Sprache russ. Volkstum und Brauchtum unter Beachtung sozialkrit. Aspekte dar; auch Themen aus dem Lebensbereich der Intelligenz.

Potgieter, Everhardus Johannes [niederl. 'pɔtxi:tər], * Zwolle 27. Juni 1808, † Amsterdam 3. Febr. 1875, niederl. Dichter und Essayist.
Kam früh nach Amsterdam, dann Kaufmann in Antwerpen, wo er mit J. F. Willems Freundschaft schloß; Geschäftsreise nach Schweden 1831/32, dann in Amsterdam Vertreter ausländ. Firmen. P. arbeitete mit Bakhuizen van den Brink u.a. an „De Muzen" mit, gründete 1837 die Monatsschrift „De Gids", die die krit. Richtung der nationalen Bewegung in der niederl. Literatur vertrat, und leitete sie bis 1865. In anspruchsvollen, scharfsinnigen Kritiken setzte sich P. unermüdl. für die Erneuerung der niederl. Literatur ein. Er zählt zu den bedeutendsten Repräsentanten des literar. Lebens im 19. Jh. Sein bemerkenswertestes Werk ist das ep. Gedicht „Florence" (1868), zu dem er auf einer Florenzreise inspiriert wurde. In dem Prosawerk „Jan, Jannetje en hun jongste kind" (1842) zeigt er die große kulturelle und polit. Tradition seines Landes im 17. Jahrhundert.
Weitere Werke: Onderweg in den regen (Prosa, 1837–45), Liedekens van Bontekoe (Ged., 1840), 't Is maar een Pennelikker (Prosa, 1842), Een novelle? (1864), De nalatenschap van de Landjonker (Ged., 1875), Gedroomt paardrijden (Ged., 1875).

Potocki, Jan Graf [poln. pɔ'tɔtski], * Pików 8. März 1761, † Uładówka 2. Dez. 1815, poln. Schriftsteller, Geschichts- und Altertumsforscher.
Studierte Mathematik, war viel auf Reisen; neben histor.-geograph. Werken ist seine phantast.-romant. Rahmenerzählung „Die Handschrift von Saragossa" (dt. 1961) bedeutend.

Potocki, Wacław [poln. pɔ'tɔtski], * Wola Łużeńska 1621, † Łużna 9. Juli 1696, poln. Dichter.
Entstammte einer arian. Adelsfamilie; keine höhere Schulbildung; im Schwedenkrieg Flucht in die Slowakei; war in öffentl. Ämtern tätig. 1658 Übertritt zum Katholizismus; schuf zahlreiche schöpfer. Neugestaltungen fremder Dichtung; zu seinen meist postum veröffentlichten Werken gehören v.a. religiöse Dichtungen aus verschiedenen literar. Gattungen, histor., allegor. und didakt. Dichtungen sowie ein Heldenepos über den Sieg gegen die Türken bei Chotin (Ukraine) im Jahr 1621, P.s Hauptwerk.

Pottecher, Maurice [frz. pɔt'ʃɛ:r], * Bussang (Vosges) 19. Okt. 1867, † Fontenay-sous-Bois 16. April 1960, frz. Dramatiker.
Schrieb für das von ihm 1895 in Bussang gegr. erste frz. Volkstheater („Théâtre du peuple") die Dramen „Le diable marchand de goutte" (1895; gegen den Alkoholismus), „Morteville" (1896), „L'héritage" (1900), „La passion de Jeanne d'Arc" (1904), eine „Macbeth"-Übersetzung in Blankversen (1902) u.a.; auch Theoretiker („Le Théâtre du peuple de Bussang", 1898).

Poulaille, Henry [frz. pu'lɑ:j], * Paris 5. Dez. 1896, frz. Schriftsteller.
Aus einer Arbeiterfamilie, war seit 1924 Feuilletonchef der sozialist. Tageszeitung „Le Peuple", gründete 1931 eine Schule proletar. gerichteter Schriftsteller, die auch internationale Kontakte unterhielt; als Romanschriftsteller veröffentlichte

er „Ils étaient quatre“ (1925), „Die Geburtsstunde des Friedens“ (dt. 1927), „Das tägl. Brot“ (1931, dt. ²1950), „Les damnés de la terre“ (1935), „Pain de soldat“ (1937) und „Les rescapés“ (1938), ferner den Erzählungsband „Âmes neuves“ (1925, dt. Auszug 1928 u.d.T. „Kinderschicksal“).

Poulet, Robert [frz. pu'lɛ], * Chênée 4. Sept. 1893, belg. Schriftsteller.
Beeinflußt von Freud, schildert P. mit starker Einbildungskraft halluzinator. Traum- und Wahnsinnszustände.
Hauptwerke: Les ténèbres (R., 1934), Prélude à l'apocalypse (R., 1944), Journal d'un condamné à mort (R., 1948, 1952 u.d.T. L'enfer-ciel), Wider die Jugend (Essay, dt. 1967).

Pound, Ezra [Loomis] [engl. paʊnd], * Hailey (Idaho) 30. Okt. 1885, amerikan. Dichter.
Studierte vergleichende Literaturwissenschaft und Romanistik; Studienaufenthalt in Spanien, seit 1908 erneut in Europa (1909–20 in London, 1924–45 in Italien); 1945 wegen profaschist.

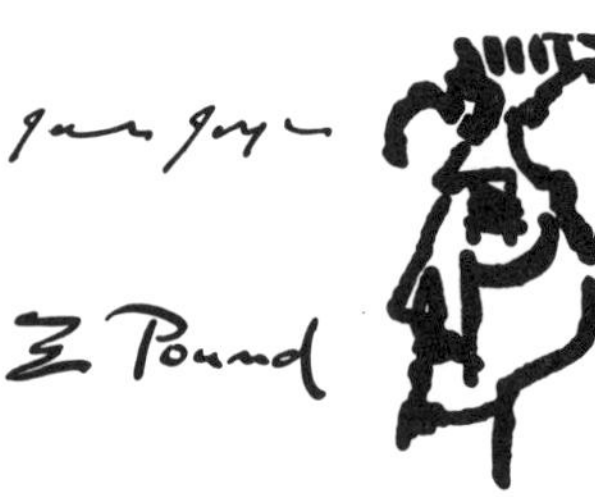

Ezra [Loomis] Pound (Selbstbildnis)

Rundfunkreden in den USA des Landesverrats angeklagt; bis 1958 in einer Nervenklinik, um dem Prozeß zu entgehen; lebt jetzt wieder in Italien. P., der während seiner Londoner Zeit literar. Zeitschriften edierte und redigierte und als Übersetzer frz., italien., chin. und jap. Literatur hervortrat, wurde durch die Gedichtsammlungen „Exultations“ (1909) und „Masken“ (1909, dt. 1959), orientiert an der roman. Dichtung des MA, berühmt; er stand in engen Beziehungen zu Yeats, T. S. Eliot und Joyce; als Verfechter einer kosmopolit. Dichtung und Theoretiker einer sich gegen die Romantik wendenden neuklassizist. Versdichtung bed. Anreger und Reformer der modernen Dichtung; Begründer und zeitweilig führender Vertreter des Imagismus, später des Vortizismus. P.s Hauptwerk, die 1925 mit „A draft of XVI cantos for the beginning of a poem of some length“ eigtl. begonnene, durch frühere Publikationen in „Quia pauper amavi“ (Ged., 1919) vorbereitete Reihe der „Cantos“ (116), zu denen auch das preisgekrönte, v. a. aus polit. Gründen umstrittene Teilstück „Die Pisaner Gesänge“ (1948, dt. 1956) gehört, sind eine bisher unvollendete, nach der Struktur von Dantes „Göttl. Komödie“ geplante ep. Dichtung in einer freirhythm. Mischsprache mit westeurop. und chin. Elementen sowie Wendungen der amerikan. Umgangssprache.
Weitere Werke: Provença (Ged., 1910), Canzoni (Ged., 1911), Ripostes (Ged., 1912), Cathay (Übersetzungen, 1915), Lustra (Ged., 1916), Hugh Selwyn Mauberley (Ged., 1920).
Ausgabe: E. P. Ausgew. Werke. Engl. u. dt. Hg. v. E. Hesse. *Zürich 1959–64. 2 Bde.*
Literatur: Lander, J.: *E. P. Bln. 1968.* – Nagy, N. Ch. de: *The poetry of E. P. The pre-imagist stage. Bern u. Mchn. ²1968. – E. P. 22 Versuche über einen Dichter. Hg. v.* E. Hesse. *Frkf. 1967.* – Lenberg, L.: *Rosen aus Feilstaub. Studien zu den Cantos v. E. P. Wiesb. 1966.* – Stock, N.: *Poet in exile: E. P. Manchester 1964.*

Pourrat, Henri [frz. pu'ra], * Ambert (Puy-de-Dôme) 7. Mai 1887, † ebd. 17. Juli 1959, frz. Schriftsteller.
Kath.-konservativer Regionalist der Auvergne, aus dessen umfangreichem Romanschaffen der Zyklus „Les vaillances, farces et gentillesses de Gaspard des montagnes“ (1922–31) über Leben und Abenteuer Gaspards, eines bekannten auvergnat. Bauern aus der Zeit der Restauration, hervorzuheben ist; auch Folklorist („Le trésor des contes“, Märchen-Slg., 1948–62).
Weitere Werke: L'homme à la pêche (R., 1939 bis 1941), Vent de mars (R., 1941).

Pourtalès, Guy de [frz. purta'lɛs], * Genf 4. Aug. 1881, † Lausanne 12. Juni 1941, frz. Schriftsteller schweizer. Herkunft.
Naturalisierter Franzose aus prot. Familie; trat v.a. mit biograph. Romanen über Liszt (dt. 1926), Chopin (dt. 1928 u.d.T. „Der blaue Klang“), Ludwig II. von Bayern (dt. 1929 u.d.T. „König Hamlet“), R. Wagner (dt. 1933), Berlioz (dt. 1941 u.d.T. „Phantast. Symphonie“) u.a. hervor; daneben Romane aus dem Genfer Großbürgertum („Der wunderbare Fischzug“, dt. 1938), Erzählungen und literarhistor. Essays.

Powell, Anthony [engl. 'poʊɛl, 'paʊɛl], * London 21. Dez. 1905, engl. Schriftsteller.
Erziehung und Studium in Eton und Oxford, mehrjährige Verlagstätigkeit, arbeitete am „Daily Telegraph“, „Spectator“ und an „The Times Literary Supplement“, Hg. des „Punch“. Begann 1951 mit der Arbeit an einer Romanserie über das engl. Gesellschaftsleben u.d.T. „The music of time“ (davon dt. „Lady Mollys Menagerie“, dt. 1961; „Tanz zur Zeitmusik“, dt. 1966).
Weitere Werke: Afternoon men (R., 1931), Agents and patients (R., 1936).

Powers, James Farl [engl. 'paʊəz], * Jacksonville (Ill.) 18. Juli 1917, amerikan. Schriftsteller.
Mitarbeiter verschiedener Zeitschriften, u.a. an „The New Yorker“; schildert in seinen Prosawerken mit sparsamen Stilmitteln Begebenheiten des amerikan. Alltags. Von seinen Werken wurden u.a. ins Dt. übersetzt: „Fürst der Finsternis“ (En., 1947; dt. 1957), „Ol' man river“ (En., dt. 1958), „Die Streitaxt“ (En., dt. 1958), „Am späten Abend“ (En., dt. Ausw. 1959), „Gottes Schrift ist schwer zu lesen“ (R., dt. 1965).

Powys, John Cowper [engl. 'poʊɪs], * Shirley (Derby) 8. Okt. 1872, † Blaenau Ffestiniog (Wales) 17. Juni 1963, engl. Schriftsteller.
Sohn eines Geistlichen; Bruder von Llewelyn und Theodore Francis P.; war nach Studien in Cambridge zeitweilig Deutschlehrer, 1928–34 Lehraufträge in den USA. Schrieb außer Lyrik und Essays verschiedener Thematik schwer zugängl.

Romane, oft mit phantast. und traumhaften Elementen und häufig von myst., pantheist., auch von druid. Vorstellungen geprägt.
Hauptwerke: Wolf Solent (R., dt. 1930), A Glastonbury romance (R., 1933).

Powys, Llewelyn [engl. 'poʊɪs], * Dorchester 13. Aug. 1884, † Clavadel (Schweiz) 2. Dez. 1939, engl. Romancier und Essayist.
Bruder von John Cowper und Theodore Francis P.; Studien in Cambridge, 1909 Dozent für engl. Literatur in den USA; 1914–19 wegen seiner Lungenkrankheit in Kenia; Anfang der 20er Jahre Journalist in New York, lebte danach an der Küste von Dorsetshire; unternahm einige Orientreisen. Seine erzählenden Werke stellen meist seine afrikan. Erlebnisse dar.
Hauptwerke: Black laughter (Kurzgeschichten, 1924), Ebony and ivory (Kurzgeschichten, 1925), Apples be ripe (R., 1930), Love and death (R., 1939).

Powys, Theodore Francis [engl. 'poʊɪs], * Shirley (Derby) 20. Dez. 1875, † Sturminster Newton (Dorset) 27. Nov. 1953, engl. Romancier.
Lebte seit Anfang des 20. Jh.s zurückgezogen in einem Dorf in Dorsetshire. P., der als Schriftsteller bedeutendste der drei Brüder P., ist u.a. von Bunyan, J. Austen und Th. Hardy beeinflußt; in seinen Romanen und Kurzgeschichten gestaltete er in knapper, herber Sprache die Motive Liebe und Tod; P.' Grundhaltung ist streng puritanisch.
Hauptwerke: Mr. Tasker's gods (R., 1925), Mr. Weston's guter Wein (R., 1927; dt. 1969), Fables (Kurzgeschichten, 1929), Captain Patch (Kurzgeschichten, 1935), Bottle's path (Kurzgeschichten, 1946), God's eyes a-twinkle (Kurzgeschichten, 1947).

Poznański, Alfred [poln. pɔz'na̯ĩski] † Savoir, Alfred.

Pozner, Vladimir [frz. pɔz'nɛ:r], * Paris 5. Jan. 1905, frz. Schriftsteller.
Russ. Abstammung; stand anfangs der Literatengruppe um den Akmeisten Gumiljow nahe; schreibt stilist. dem Dokumentarbericht verwandte realist. Romane und Erzählungen.
Hauptwerke: Der weiße Baron (R., 1937; dt. 1958), Die unvereinigten Staaten (R., 1938; dt. 1949), Die Irrfahrt (R., 1942; dt. 1955), Der Fall Huber (R., dt. 1948), Wer hat H. O. Burrell getötet? (R., 1946; dt. 1953), Der Richtplatz (En., dt. 1961), Neuigkeiten aus den USA (dt. 1968).

Prado Calvo, Pedro [span. 'praðo 'kalβo], * Santiago de Chile 8. Okt. 1886, † Viña del Mar 1. März 1952, chilen. Schriftsteller.
Architekt, Gesandter in Kolumbien. Beeinflußt von den Ideen Tolstois, gründete er 1915 die Dichtergruppe „Los Diez" und die Zeitschrift „Revista moderna". 1949 erhielt er den chilen. Staatspreis für Literatur. Sein Roman „Alsino" (1920) gilt als einer der besten der südamerikan. Literatur. Mit großer Kunst schildert er v.a. das Leben chilen. Bauern und die chilen. Landschaft. Seine Lyrik ist sprachl. von ungewöhnl. Schönheit.
Weitere Werke: La casa abandonada (Ged., 1912), Camino de las horas (Ged., 1934), Esta bella ciudad envenenada (Prosa, 1945).

Prados, Emilio [span. 'praðɔs], * Málaga März 1899, † Mexiko 24. April 1962, span. Lyriker.
Studierte Philosophie und Literaturwissenschaft; Reisen durch mehrere europ. Länder, seit Francos Sieg im Exil in Mexiko. Mithg. der Zeitschrift „Litoral". Seine surrealist. beeinflußten Gedichte („Tiempo", 1925; „Vuelta", 1927) gehören zu den charakterist. und repräsentativen der 20er Jahre. Der Verlust der Heimat führte zur Verstärkung des dramat. Elements in seinen Balladen und lyr. Gedichten.
Weitere Werke: Canciones del farero (Ged., 1927), Mínima muerte (Ged., 1939), Río natural (Ged., 1957).

Praga, Emilio [italien. 'pra:ga], * Mailand-Gorla Precotto 26. Dez. 1839, † Mailand 26. Dez. 1875, italien. Dichter.
Ursprüngl. Maler, später Dozent für Literatur; war am erfolgreichsten mit seiner Lyrik, die durch Klarheit und Frische wie auch durch kühne Metaphern gekennzeichnet ist; beeinflußt von V. Hugo, Musset, Heine und Baudelaire.
Hauptwerke: Tavolozza (Ged., 1862), Penombre (Ged., 1864), Trasparenze (Ged., 1878).

Praga, Marco [italien. 'pra:ga], * Mailand 6. Nov. 1862, † Varese 31. Jan. 1929, italien. Dramatiker.
Sohn des Dichters Emilio P.; Buchhalter, dann Leiter eines Mailänder Schauspielensembles. Die Organisation der „Società degli autori" ist ihm zu danken. P. wurde von Zola und H. Becque beeinflußt; er war sehr erfolgreich mit verist. Bühnenwerken, in denen er v.a. Eheprobleme darstellte. Sein bestes Werk, das Drama „La crisi" (1904), weist bereits auf das groteske Theater der folgenden Jahrzehnte hin.
Weitere Werke: Giuliana (Dr., 1887), La biondina (R., 1889), La moglie ideale (Dr., 1890), L'innamorata (Dr., 1894), Il divorzio (Dr., 1915).

Prati, Giovanni [italien. 'pra:ti], * Campomaggiore (Trentino-Tiroler Etschland) 27. Jan. 1814, † Rom 9. Mai 1884, italien. Dichter.
Jurastudium ohne Abschluß; Anhänger des Hauses Savoyen, trat auch in seinen Gedichten für ein geeintes Königreich Italien ein, deshalb von den Österreichern verhaftet, später ausgewiesen. Historiograph des Hauses Savoyen; 1876 zum Senator ernannt, später zum Direktor des Istituto Superiore di Magistero. P. wurde durch die Verserzählung „Edmenegarda" (1841) bekannt, in der er die Geschichte einer unglückl. Liebe darstellte. Dann wandte er sich polit. Themen zu, schrieb patriot. Lieder sowie romant. Vers- und Prosadichtungen in glatter, gewandter Manier.
Weitere Werke: Satana e le grazie (Satire, 1855), Incantesimo (Ged., 1860), Armando (Ged., 1868), Psiche (Sonette, 1876), Iside (Ged., 1878).
Literatur: Fontana, L.: *Saggio di una interpretazione di G. P. Genua 1957.* – Mannucci, P. C.: *P. Turin 1934.*

Pratinas von Phleius, griech. Dichter des 6./5. Jahrhunderts.
Seine bedeutendste Leistung war die Erneuerung des Satyrspiels, das er in Athen einführte (u.a. „Ringer", 467 nach P.' Tod aufgeführt); der Suda zufolge soll P. 32 Satyrspiele und 18 Tragödien geschrieben haben.
Literatur: Pohlenz, M.: *Das Satyrspiel u. P. v. Ph. In: Nachr. v. der Gesellschaft der Wiss. zu Gött. (1926), Nr. 3, S. 298.*

Pratolini, Vasco [italien. prato'li:ni], * Florenz 19. Okt. 1913, italien. Schriftsteller.

Autodidakt, in verschiedenen Berufen tätig, Mitarbeit an Zeitschriften; überzeugter Marxist; einer der bed. Vertreter des Neorealismus. Seine oft autobiograph. Romane, v.a. im Milieu des Großstadtproletariats spielend, sind lebendig, unpathet. und schildern meist das Schicksal eines einzelnen stellvertretend für ein Kollektiv. Die sozialkrit. Elemente mindern nicht den literar. Wert seiner Werke. Der ihn kennzeichnende lyr. Realismus ist erstmals bes. ausgeprägt in „Il quartiere" (R., 1944).
Weitere Werke: Chronik armer Liebesleute (R., dt. 1949), Schwarze Schatten (R., 1949; dt. 1957), Die Mädchen von Sanfrediano (R., dt. 1957), Metello der Maurer (R., dt. 1957), Geheimes Tagebuch (R., dt. 1967).
Literatur: Asor Rosa, A.: *V. P. Rom 1958.*
Pratt, Edwin John [engl. præt], * Western Bay (Neufundland) 4. Febr. 1883, † Toronto 26. April 1964, kanad. Dichter.
Sohn eines Geistlichen; Professor für Englisch in Toronto; 1936–43 Hg. des „Canadian Poetry Magazine". P. schrieb lyr. und ep. Gedichte; sein Hauptwerk, die Blankversdichtung „Brebeuf and his brethren" (1940), eine Chronik aus der Zeit der Indianerkämpfe, machte ihn zum einflußreichsten zeitgenöss. Dichter Kanadas.
Weitere Werke: Newfoundland verse (Ged., 1933), Many moods (Ged., 1933), The fable of the goats and other poems (1937), Still life and other verse (1943).
Pravda, František [tschech. 'pravda], eigtl. Vojtěch Hlinka, * Nekrasín (Südböhm. Gebiet) 17. April 1817, † Hrádek bei Schüttenhofen 8. Dez. 1904, tschech. Schriftsteller.
Kath. Geistlicher, zeitweilig als Erzieher tätig. Führte die realist. Gattung der Dorfgeschichte in die tschech. Literatur ein; schilderte mit moralisierender, lehrhafter Absicht das Leben auf dem Lande.
Praxilla von Sikyon, griech. Dichterin des 5. Jh.s v. Chr.
Aus der Dichtung „Adonis" sind drei Hexameter erhalten; ob sie Dithyramben erzählenden Inhalts geschrieben hat, steht nicht mit Sicherheit fest.
Prebelákēs † Prewelakis.
Prechtler, Johann Otto, * Grieskirchen (Oberösterreich) 21. Jan. 1813, † Innsbruck 6. Aug. 1881, östr. Dichter.
Staatsbeamter, 1856 als Nachfolger Grillparzers Archivdirektor im Finanzministerium. P. schrieb Epik und Lyrik, beides der klass.-romant. Tradition folgend; auch epigonenhafte Dramen und Operntexte.
Hauptwerke: Dichtungen (1836), Die Kronenwächter (Dr., 1844), Gedichte (1844), Das Kloster am See (Ged., 1847), Die Rose von Sorrent (Dr., 1849), Sommer und Herbst (Ged., 1870).
Preczang, Ernst ['prɛtʃaŋ], * Winsen (Luhe) 16. Jan. 1870, † Sarnen (Unterwalden ob dem Wald) 22. Juli 1949, dt. Schriftsteller.
Buchdrucker, 1924 Mitbegründer und Cheflektor der „Büchergilde Gutenberg"; seit 1933 im Exil in der Schweiz. P. schrieb sprachl. schlichte Dramen, Romane und Gedichte mit sozialeth. Tendenz.
Hauptwerke: Der verlorene Sohn (Dr., 1900), Im Strom der Zeit (Ged., 1908), Steuermann Padde (R., 1940).

Preda, Marin [rumän. 'preda], * Siliştea-Gumeşti (Kreis Bukarest) 5. Aug. 1922, rumän. Schriftsteller.
Begann mit naturalist. Geschichten über das Ende des 2. Weltkriegs; in der Novelle „Der Aufbruch" (dt. 1955) schildert er den Beginn des landwirtschaftl. und sozialist. Umwandlungsprozesses nach 1945; in seinem bedeutendsten Werk, „Schatten über der Ebene" (dt. 1958), zeigt er mit den Mitteln der modernen Psychologie das Schicksal eines Kleinbauern kurz vor dem 2. Weltkrieg.
Weitere Werke: Ferestre întunecate (= Verdunkelte Fenster, Nov., 1956), Wagemut (Nov., dt. 1960), Risipitorii (= Die Verschwender, R., 1962).
Prediger [Salomo] † Bibel.
Premanand [engl. prɛɪ'mɑ:nənd], * 1636, † 1734, ind. Dichter.
Brahmane aus Baroda; gilt als bedeutendster Klassiker des Gudscharati; obwohl er auch das Hindi und Sanskrit meisterhaft beherrschte, bemühte er sich zeit seines Lebens, das Schrifttum seiner Heimatsprache dem der Literatursprache des Sanskrit ebenbürtig zu machen. Er behandelte in seinen Werken meist große ep. Stoffe (u.a. die Krischnalegende), stark an Vorbildern orientiert, und schreckte auch vor Plagiaten nicht zurück. Die ihm zugeschriebenen 11 Dramen stammen wahrscheinl. aus späterer Zeit.
Prem Cand, eigtl. Dhanpat Rai, * Limhi bei Benares 31. Juli 1880, † Benares 8. Okt. 1936, ind. Schriftsteller.
Aus ärml. Verhältnissen, besuchte das Queen's College in Benares, wurde Hilfslehrer, Lehrer und Inspektor im Schuldienst. Er stand stark unter dem Einfluß Gandhis. P. C. wird als bedeutendster Schriftsteller der modernen Hindiprosa bezeichnet. Er schrieb sozialkrit. Romane mit straffer Handlung in realist., plast. Darstellung über aktuelle Themen aus dem Leben der niedrigsten Bevölkerungsschicht, v.a. der Bauern. Seine Werke erwachsen nicht aus einer polit. Überzeugung, sondern aus seiner humanen Haltung. Auch Verfasser von Kurzgeschichten, die klass. Beispiele dieser Kunstform sind, Dramen und Biographien.
Preradović, Paula von [serbokroat. ˌprɛradɔvitɕ], * Wien 12. Okt. 1887, † ebd. 25. Mai 1951, östr. Dichterin.
Tochter eines Offiziers und Enkelin von Petar P.; bei den Engl. Fräulein in Sankt Pölten erzogen, dort Bekanntschaft mit E. von Handel-Mazzetti; ausgedehnte Reisen, lebte seit 1914 in Wien. Im Dritten Reich wurde sie mit ihrem Mann E. Molden, dem Journalisten und Begründer der Zeitung „Die Presse", wegen Teilnahme an der Widerstandsbewegung verfolgt. Ihre melodiöse Lyrik erwuchs aus der Sehnsucht nach dem Land ihrer Ahnen, aus dem Erleben der östr. Heimat und aus ihrer tiefen kath. Gläubigkeit. Die Prosa zeigt sie als Dichterin von tiefem Einfühlungsvermögen. Sie schrieb den Text der neuen östr. Bundeshymne.
Hauptwerke: Dalmatin. Sonette (1933), Lob Gottes im Gebirge (Ged., 1936), Pave und Pero (R., 1940), Königslegende (E., 1950), Die Versuchung des Columba (Nov., 1951), Gesammelte Gedichte (1951/52).

Ausgabe: P. v. P. Ges. Werke. Hg. v. K. Eigl. *Wien 1967.*
Literatur: Vospernik, R.: *P. v. P. Leben u. Werk. Diss. Wien 1961 [Masch.].*
Preradović, Petar [serbokroat. ˌprɛradɔvitɕ], * Grabovnica 19. März 1818, † Fahrafeld (Niederösterreich) 18. Aug. 1872, kroat. Dichter.
Offizier in östr. Diensten, seit 1866 General. P., der mit dt.-sprachiger Lyrik unter starkem Einfluß der Romantik begann, wandte sich bald der kroat. Sprache als Ausdrucksmittel zu und wurde zum bedeutendsten Dichter des Illyrismus neben Mažuranić; seine patriot. Lyrik gibt seinen polit. Ideen Ausdruck; von nachhaltiger Wirkung war auch P.s reflexive und religiös-philosoph. Lyrik; P. trat auch als Epiker und – erfolglos – als Dramatiker hervor; 1895 erschien eine dt. Auswahl seiner Werke.
Presber, Rudolf, * Frankfurt am Main 4. Juli 1868, † Bergholz-Rehbrücke (Landkreis Potsdam) 1. Okt. 1935, dt. Schriftsteller.
Dr. phil., Journalist, Redakteur, freier Schriftsteller; schrieb erfolgreiche humorist. Novellen, Skizzen und Lustspiele, auch Lyrik.
Hauptwerke: Die sieben törichten Jungfrauen (Nov., 1907), Mein Bruder Benjamin (R., 1919), Der silberne Kranich (R., 1921), Der Mann im Nebel (R., 1928), Ich gehe durch mein Haus (Autobiogr., 1935).
Prescott, Hilda Frances Margaret [engl. 'prɛskət], * Latchford (Cheshire) 22. Febr. 1896, engl. Schriftstellerin.
Tochter eines Geistlichen; studierte in Cambridge und Oxford; schrieb nach eingehenden Quellenstudien histor. Romane von großer sprachl. Eindringlichkeit; große Detailgenauigkeit.
Hauptwerke: The unhurrying chase (R., 1925), The lost fight (R., 1928), Vom Staub geboren (R., 1932; dt. 1960), Maria Tudor, die Blutige (R., dt. 1966), Der Mann auf dem Esel (R., dt. 1953), Felix Fabris Reise nach Jerusalem (Reisebericht, 1954; dt. 1961).
Prešeren, France [slowen. prɛ'ʃe:rən], * Vrba bei Veldes 3. Dez. 1800, † Krainburg 8. Febr. 1849, slowen. Dichter.
Studierte in Wien Jura und Philosophie; im Erziehungswesen tätig; lebte zuletzt als Rechtsanwalt in Krainburg. P., von der Romantik, v.a. der dt. beeinflußt, von M. Čop und Kopitar angeregt und gefördert, wurde zu einem der bedeutendsten Dichter der Südslawen; er schrieb außer formvollendeter, noch klassizist. beeinflußter Liebes- und Naturlyrik von internationalem Rang ein großes histor. Epos; hatte als Begründer der modernen slowen. Literatursprache große nationale Bedeutung; mehrere dt. Übersetzungen.
Preston, Thomas [engl. 'prɛstən], * Simpson (Buckingham) 1537, † Cambridge 1. Juni 1598, engl. Gelehrter und Dramatiker.
Studierte und lehrte in Cambridge. Sein Hauptwerk, „A lamentable tragedy of Cambises" (1569), steht noch in der Tradition des Moralitätenspiels, gehört jedoch zu den Vorläufern der histor. Tragödie; großer Aufwand an rhetor. Mitteln.
Prévert, Jacques [frz. pre'vɛ:r], * Neuilly-sur-Seine 4. Febr. 1900, frz. Dichter.
Einer der populärsten zeitgenöss. Lyriker Frankreichs; war zunächst Surrealist, begann bald, einfache, aber sehr originelle, spött. Chansons und Gedichte zu schreiben, die ihn berühmt machten (die bekannteste Sammlung: „Paroles", 1947, dt. 1950 z.T. in: „Gedichte und Chansons"); seine Dichtungen sind Ausdruck seines unkonventionell-ursprüngl. Verhältnisses zur Sprache (Neologismen), seiner Liebe zu Kindern, Tieren und den einfachen Dingen des Alltags und nicht zuletzt einer anarchist.-ungebundenen Lebensfreude, die einen Vergleich mit Villon nahelegt; auch Drehbuchautor.
Literatur: Miclău, P.: *Le français parlé dans les poésies de P. In: Beitr. zur Roman. Philologie 5, 1 (1966), 120.* – Quéval, J.: *J. P. Paris 1956.*
Prévost, Jean [frz. pre'vo], * Saint-Pierre-lès-Nemours (Seine-et-Marne) 13. Juni 1901, ⚔ bei Sassenage (Isère) 1. Aug. 1944, frz. Schriftsteller.
Studium an der École normale supérieure; Journalist; 1929 Lektor in Cambridge; fiel 1944 als Widerstandskämpfer im Vercors; schrieb Romane („Les frères Bouquinquant", 1930; Roman des Populismus), Novellen, Essays (bezeichnend: „Plaisirs des sports", 1925), Erinnerungen („Dix-huitième année", 1928), histor. und literaturkrit. Arbeiten („La création chez Stendhal", 1942; „Baudelaire", hg. 1953).
Prévost, Marcel [frz. pre'vo], eigtl. Eugène Marcel, * Paris 1. Mai 1862, † Vianne (Lot-et-Garonne) 8. April 1941, frz. Schriftsteller.
Ingenieur, dann Journalist und freier Schriftsteller; 1908 Mitglied der Académie française; Verfasser zahlreicher erfolgreicher psycholog. und Gesellschaftsromane, die sich durch eindringl. Analyse weibl. Charaktere auszeichnen und zu ihrer Zeit ein wirksames Gegengewicht gegen den Naturalismus bildeten; seine späteren Romane rücken mit Vorliebe zeitgenöss. Frauenprobleme in den Vordergrund.
Hauptwerke: Liebesbeichte (R., 1891; dt. 1898), Pariserinnen (R., dt. 1895), Halbe Unschuld (R., dt. 1895), Starke Frauen (R., dt. 1900), Die moderne Frau (R., dt. 1902–13), Die Fürstin von Ermingen (R., dt. 1905), Vampir Weib (R., dt. 1926), Nouvelles lettres à Françoise (R., 1924), Seine Geliebte und ich (R., dt. 1926), L'homme vierge (R., 1929).
Literatur: Un demi-siècle de littérature française 1887–1941. M. P. et ses contemporains. Paris 1943. 2 Bde.
Prévost d'Exiles, Antoine François [frz. prevodɛg'zil], genannt Abbé Prévost, * Hesdin (Pas-de-Calais) 1. April 1697, † Courtueil bei Chantilly 23. Nov. 1763 oder wenig später, frz. Schriftsteller.
Jesuit, dann Offizier, trat 1720 in die Benediktinerkongregation von Saint-Maur ein und wurde nach Aufenthalt in den Niederlanden und in England 1734 Sekretär des Prinzen Conti in Paris. Höhepunkt seines etwa 200 Titel umfassenden Gesamtwerks ist der 1731 als 7. Teil seiner „Mémoires et aventures d'un homme de qualité" (1728–31) erschienene Roman „Geschichte der Manon Lescaut und des Ritters Desgrieux" (dt. 1756), eins der Meisterwerke des psycholog. Liebes- und Abenteuerromans überhaupt; durch seine Übersetzungen der Romane Richardsons bereitete P. d'E. der Empfindsamkeit in Frankreich den Weg, auch begründete er eine moral. Zeitschrift nach engl. Vorbild („Le Pour et le Contre", 1733–40).

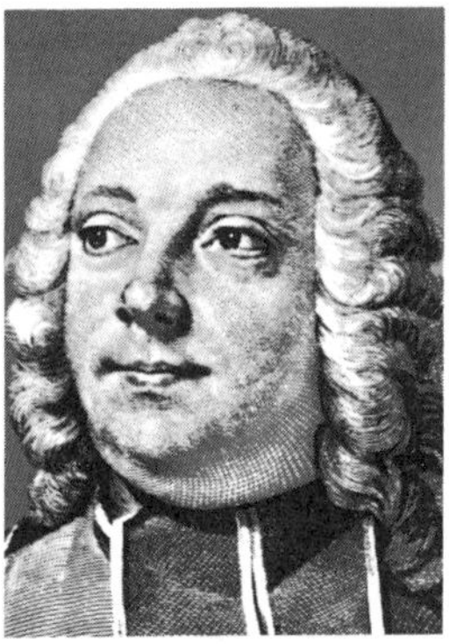
Antoine François Prévost d'Exiles (Stich von J. van der Schley, 1746; Ausschnitt)

Weitere Werke: Histoire de M. Cleveland (R., 1732–39), Mémoires pour servir à l'histoire de Malte (1741), Histoire générale des voyages (1745ff.).
Literatur: Josephsohn, M.: *Die Romane des abbé P. als Spiegel des 18. Jh.s. Winterthur 1966.* – *L'Abbé P. Actes du Colloque d'Aix-en-Provence, 20 et 21 décembre 1963. Aix-en-Provence 1965.* – Roddier, H.: *L'abbé P. L'homme et l'œuvre. Paris 1955.* – Friedrich, H.: *Abbé P. in Deutschland. Ein Beitrag zur Gesch. der Empfindsamkeit. Hdbg. 1929.* – Harrisse, H.: *L'abbé P. Histoire de sa vie et des œuvres. Paris 1896.*

Prewelakis, Pandelis; tl.: Prebelákēs, Pantelēs [neugr. prɛvɛ'lakis], * Rethimnon (Kreta) 18. Febr. 1909, neugriech. Schriftsteller.
Studierte Philologie, Professor an der Kunsthochschule in Athen, befreundet mit N. Kasandsakis; unternimmt es in seinem literar. Werk, das Leben und den Charakter der Kreter darzustellen; kraftvolle, gepflegte, eigenwillige Sprache. Der Roman „Die Sonne des Todes" wurde 1962 ins Dt. übersetzt.

Prežihov, Voranc [slowen. 'pre:ʒixoṷ], eigtl. Lovro Kuhar, * Kotle 10. Aug. 1893, † Marburg (Slowenien) 18. Febr. 1950, slowen. Schriftsteller.
War Soldat im 1. Weltkrieg, lief zu den Alliierten über, wurde in Italien interniert; nach dem Krieg Teilnahme an Grenzkämpfen. P. schloß sich früh der Arbeiterbewegung an. Bis 1929 in Jugoslawien, dann in verschiedenen europ. Ländern; aktiv in der Widerstandsbewegung, 1942–45 im KZ; nach dem Krieg betätigte er sich im öffentl. Leben. P. schilderte in tendenziösen, realist. Novellen und Romanen das Los der Kärntner Bauern und Kleinhäusler in den schweren Jahren nach dem 1. Weltkrieg, er beschrieb auch eigene Erlebnisse aus dem Krieg. Seine Schilderungen sind unsentimental, oft reportagenhaft, zeugen aber von großem Einfühlungsvermögen.

Prezzolini, Giuseppe [italien. prettso'li:ni], * Perugia 27. Jan. 1882, italien. Schriftsteller.
Lebt in den USA; einer der bedeutendsten Kritiker und Journalisten Italiens, Mitbegründer und Hg. von Zeitschriften. Professor an der Columbia University New York. Philosoph. von Bergson, als Literaturkritiker von B. Croce beeinflußt, behandelt er in gelegentl. ins Paradoxe gesteigerten Kritiken kulturpolit. Themen, berichtet in „L'Italiano inutile" (Memoiren, 1953) über Begegnungen mit Schriftstellern, Künstlern, Politikern, schildert seine Eindrücke von Amerika (u.a. in „America in pantofole", Memoiren und Essays, 1950) und gibt eine Deutung Machiavellis („Das Leben Niccolò Machiavellis", dt. 1929).
Weiteres Werk: Das Erbe der italien. Kultur (Schr., 1948; dt. 1960).

Prichard, Katherine Susannah [engl. 'prɪtʃəd], verh. Throssel, * Levuka (Fidschi-Inseln) 4. Dez. 1883, austral. Schriftstellerin.
War zeitweilig Journalistin in London. Schrieb realist. Romane, in denen sie, oft mit sozialkrit. Tendenz, das austral. Leben darstellt; schrieb auch sozialkrit. Studien und versuchte sich als Dramatikerin.
Hauptwerke: Working bullocks (R., 1926), Coonardoo (R., 1929), Goldrausch (R., 1946; dt. 1954), Die goldene Meile (R., 1948; dt. 1954), Winged seeds (R., 1950).

Pridworow, Jefim Alexejewitsch; tl.: Pridvorov, Efim Alekseevič [russ. pri'dvɔrɐf] ↑ Bedny, Demjan.

Priesterschrift ↑ Bibel.

Priestley, John Boynton [engl. 'pri:stlɪ], * Bradford (York) 13. Sept. 1894, engl. Schriftsteller.
Sohn eines Lehrers; erlernte den Kaufmannsberuf, studierte nach dem 1. Weltkrieg in Cambridge u.a. Literaturwissenschaft; ging 1922 nach London, wurde Kritiker und freier Schriftsteller, arbeitete als Bühnenleiter, Schauspieler und Rundfunksprecher; nach dem 2. Weltkrieg u.a. im Dienst der UNESCO; unternahm mehrere Auslandsreisen. P., der polit. zur gemäßigten Linken gehört, schrieb nach Anfangserfolgen als Journalist und Publizist (bes. Kritiker) erfolgreiche Romane und Schauspiele. In seinen Romanen stellt P., bes. an Dickens geschult, das Alltagsleben realist. und humorvoll dar. Er neigt zu romant., vorwiegend untrag. Weltanschauung. Zu seinen zahlreichen bühnenwirksamen Dramen zählen Komödien und aktuelle Problemstücke, in denen er behutsam Sozialkritik übt und mit Vorliebe der Fragwürdigkeit der rationalist. Kausalität Ausdruck verleiht. Der Tragik weicht P. auch hier meist aus.
Hauptwerke: Die guten Gefährten (R., 1929; dt. 1947), Engelgasse (R., dt. 1931), Gefährl. Kurven (Dr., 1932; dt. 1946), Die ferne Insel (R., 1932; dt. 1951), Eden End (Dr., 1934), Abenteuer in London (R., dt. 1945), Die Conways und die Zeit

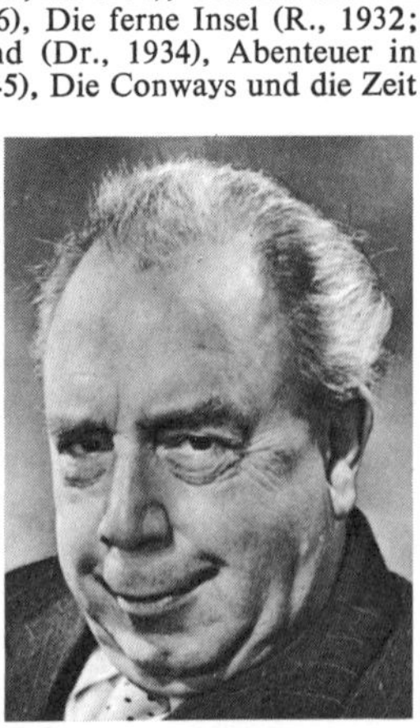
John Boynton Priestley

(Dr., dt. 1941), Johnson over Jordan (Dr., 1939), Drei Männer (R., dt. 1946), Ein Inspektor kommt (Dr., dt. 1947), Seit Adam und Eva (Schsp., dt. 1948), Familie Professor Linden (Dr., dt. 1948), Das große Fest (R., dt. 1952), Schafft den Narren fort! (Dr., dt. 1960), Ich hatte Zeit (Erinnerungen, dt. 1963), Das Turnier (R., dt. 1965), Der Illusionist (R., dt. 1966), Du bist in einem alten Land (R., dt. 1969).
Ausgabe: J. B. P. Plays. New York 1951. 2 Bde.
Literatur: Evans, G. L.: *J. B. P., the dramatist. London 1964.* – Petrich, E.: *Die Dramentechnik der drei Zeitstücke P.s. Diss. Wien 1950 [Masch.].*– Hughes, D.: *J. B. P. London 1958.*

Prince, Frank Templeton [engl. prɪns], * Kimberley 13. Sept. 1912, engl. Lyriker.
Verbrachte seine Jugend in Südafrika, studierte in Oxford, arbeitete in den USA als Literaturwissenschaftler, erlebte den Weltkrieg als Mitglied des brit. Geheimdienstes und lebt jetzt als Dozent für engl. Literatur in Southampton. P., anfangs v. a. von Yeats beeinflußt, wurde durch manierist., u. a. den Stil des 18. Jh.s, der Renaissance, des Barocks nachahmende Lyrik bekannt; er versuchte v. a. das Problem der themenlosen Lyrik zu bewältigen; als Hauptwerk gilt das Titelgedicht seiner Sammlung „Soldiers bathing" (1954).
Weiteres Werk: Poems (1938).

Pringle, Thomas [engl. prɪŋgl], * Blaiklaw (Teviotdale) 5. Jan. 1789, † London 5. Dez. 1834, südafrikan. Dichter.
Schott. Herkunft; von Geburt an gelähmt; studierte in Edinburgh und war ebd. als Büroangestellter tätig; durch Vermittlung von W. Scott wurde die Auswanderung der Familie P.s nach Südafrika mögl.; freimütige journalist. Kritik am dortigen Kolonialsystem zwang P. zur Rückkehr nach England. Er gilt, obwohl er auch schott. Themen behandelte, als erster bed. südafrikan. Dichter.
Hauptwerke: Ephemerides (1828), African sketches (1834), Narrative of a residence in South Africa (1835), Afar in the desert (Ged., 1881).

Prins, Ary [niederl. prɪns], Pseudonym A. Cooplandt, * Schiedam 19. März 1860, † ebd. 3. Mai 1922, niederl. Schriftsteller.
Sein Vater war Fabrikdirektor; vertrat zeitweise die väterl. Firma in Hamburg, dann Industrieller in Schiedam. P. begann als Naturalist und trug wesentl. zur Einführung des Naturalismus in den Niederlanden bei. Hierher gehören die Skizzen „Uit het leven" (1885). Er stand später unter dem Einfluß Baudelaires und Poes und neigte zur Darstellung des Phantast. In seiner letzten Periode wandte er sich mittelalterl. Stoffen zu. Sein bekanntestes Werk ist „De heilige tocht" (R., 1912).
Weitere Werke: Fantasie (E., 1887), Een nacht (E., 1887), Een executio (E., 1888), Een koning (R., 1897).

Prior, Matthew [engl. 'praɪə], * Wimborne Minster (Dorset) 21. Juli 1664, † Wimpole (Cambridge) 18. Sept. 1721, engl. Dichter.
Handwerkersohn, studierte in Cambridge, als Diplomat im Dienst der Tories tätig, später von den Whigs unter der Anklage des Hochverrats inhaftiert. Vielseitiger Vertreter der engl. Kavaliersdichtung; mit anakreont., von Horaz beeinflußten Gedichten Vorläufer der großen engl. Rokokodichtung; pflegte Panegyrik, Ode u. a. Gattungen; v. a. begabt für witzige Epigrammatik; auch satir. Dichtungen.
Hauptwerke: The hind and the panther transvers'd to the story of the country mouse and the city mouse (Satire, 1687), Poems on several occasions (1709 ff.).

Prischwin, Michail Michailowitsch; tl.: Prišvin, Mihail Mihajlovič [russ. 'priʃvin], * Chruschtschowo (Gouv. Orel) 4. Febr. 1873, † Moskau 16. Jan. 1954, russ.-sowjet. Schriftsteller.
Sohn eines Kaufmanns; arbeitete nach dem Studium der Landwirtschaft in Leipzig als Agronom in Rußland und erwarb sich auf Wanderungen durch N-Rußland hervorragende Kenntnisse der Natur, die er in seinen von polit. Thematik fast völlig freien lyr. und erzählenden Werken verwertete; sein Werk verbindet Einflüsse der Volksdichtung mit literar. Einflüssen (bes. Turgenjews).
Hauptwerke: Ginseng (En., dt. 1935, 1947 u. d. T. Dschen-Schen), Der Sonnenspeicher (En., dt. 1949), Die Flöte Pans (En., dt. 1948), Geheimnisse des Waldes (dt. 1952), Meine Landsleute (En., dt. 1957).

Prisco, Michele [italien. 'prisko], * Torre Annunziata bei Neapel 18. Jan. 1920, italien. Schriftsteller.
Veröffentlichte 1940 seine ersten Erzählungen; Mitarbeiter zahlreicher Zeitschriften; erhielt für seinen Roman „Una spirale di nebbia" (1966) den Premio Strega.
Weitere Werke: La provincia addormentata (R., 1949), Gli eredi del vento (R., 1951), Gefährl. Liebe (R., dt. 1956), Eine Dame der Gesellschaft (R., dt. 1963).

Prišvin ↑ Prischwin.

Pritchett, Victor Sawdon [engl. 'prɪtʃɪt], * Ipswich (Suffolk) 16. Dez. 1900, engl. Schriftsteller.
Nach Tätigkeit in verschiedenen Berufen zunächst Zeitungskorrespondent in Marokko und Spanien, arbeitete dann vorwiegend als Kritiker engl. Zeitungen. Schrieb außer krit. Essays vielgelesene Romane und Kurzgeschichten, in denen er, bes. an Dickens geschult, häufig das engl. Alltagsleben – oft leicht satir. – darstellt; sein Hauptwerk ist der kom.-satir. Roman „Mr. Beluncle" (1951).
Weitere Werke: Nothing like leather (R., 1935), Dead man leading (R., 1937), Komme, was kommen mag (Kurzgeschichten, dt. 1947), Das rote Motorrad (Kurzgeschichten, dt. 1959), Wenn mein Mädchen heimkommt (R., dt. 1965).

Procházka, Jan [tschech. 'prɔxa:ska], * Eibenschitz (Südmähr. Gebiet) 4. Febr. 1929, tschech. Schriftsteller.
Verfasser von Erzählungen, Novellen und Romanen, in denen intensive Erlebnisse und innere Wandlungen der Menschen und ihrer Beziehungen dargestellt werden. Dt. erschienen 1963 die Erzählung „Reue", 1968 die Erzählung „Es lebe die Republik"; auch Filmautor.

Procopé, Hjalmar [schwed. prɔkɔ'pe:], * Helsinki 28. April 1868, † Borgå 24. Sept. 1927, schwed.-sprachiger finn. Lyriker.
Sohn eines Offiziers, war als Redakteur tätig. Seine Lyrik ist stark persönl. geprägt; Gestaltung patriot. und sozialer Themen; Nachdenkliches mischt sich mit Spöttischem (Einfluß Heines); schrieb ferner Dramen.

Hauptwerke: Mot öknen (Ged., 1905), Röda skyar (Ged., 1907), Vers och visa (Ged., 1909), Eget och andras (Ged., 1927).

Prokofjew, Alexandr Andrejewitsch; tl.: Prokof'ev, Aleksandr Andreevič [russ. pra'kɔfjɪf], * Kobona (Gebiet Leningrad) 2. Dez. 1900, russ.-sowjet. Lyriker.
Sohn eines Fischers; erlebte den 2. Weltkrieg an der finn. Front. Schrieb, von Majakowski ausgehend und von der Volksdichtung beeinflußt, Gedichte, in denen er anfangs bes. Themen des Bürgerkriegs und dessen polit. und soziale Folgen gestaltete; behandelte später vorzugsweise patriot. Themen im Sinn der Parteidoktrin; auch schlichte, unpolit. Lyrik; dt. erschien 1958 „Mond".

Prokopios (Prokop), * Caesarea Palaestina um 500, † nach 559, byzantin. Geschichtsschreiber.
Sekretär Belisars, nahm an dessen Feldzügen gegen die Perser, Vandalen und Goten teil und berichtete darüber in seinem „Historikon" (um 550), einem Geschichtswerk, das eine allgemeine Geschichte der Regierungszeit Kaiser Justinians I. gibt. P. wurde später Senator und Stadtpräfekt von Konstantinopel und schilderte in „Peri ktismaton" (= Über die Bauten, um 555) die zahllosen, von Justinian errichteten Bauten. Vermutl. nach dem Tode des Herrscherpaares und Belisars erschien das Werk „Anecdota" oder „Arcana historia", eine Schmähschrift auf Justinian, Theodora und Belisar.
Ausgaben: Prokop. Werke. Griech.-dt. Hg. v. O. Veh. *Mchn. 1961–66. 2 Bde. – Procopii Caesariensis opera omnia. Hg. v.* J. Haury. *Lpz. 1905–13. 3 in 4 Bden. Erweiterter Neudr., hg. v.* G. Wirth, *1962–63.*
Literatur: Rubin, B.: *P. v. Kaisareia. Stuttg. 1954.*

Prokopowitsch, Feofan; tl.: Prokopovič, Feofan [russ. prɐka'pɔvitʃ], * Kiew 1681, † Nowgorod 19. Sept. 1736, ukrain. Prediger und Schriftsteller.
Sohn eines Kaufmanns; bereitete sich in Kiew, später in Polen und Rom auf einen geistl. Beruf vor, wurde 1704 Mönch und lehrte an der Kiewer Akademie, deren Rektor er wurde, u.a. Poetik, Rhetorik, Philosophie und Theologie; wurde 1716 Berater Peters des Großen, für dessen Reformen er sich auch als Publizist einsetzte; hohe kirchl. Laufbahn, u.a. Erzbischof von Nowgorod (seit 1725). Sein v.a. theolog. und polit. Schrifttum hat bes. kulturhistor. Wert; P. hielt sich in seiner Dichtung an die syllab. Metrik, er trat v.a. als Dramatiker und Verfasser panegyr. Dichtung hervor; seine Predigten hatten Einfluß auf die Kunstprosa.

Prokosch, Frederic [engl. 'proʊkɔʃ], * Madison (Wis.) 17. Mai 1908, amerikan. Schriftsteller.
Östr. Abstammung; verbrachte seine Kindheit in Texas, Deutschland, Österreich, Frankreich und England; studierte an mehreren Universitäten; Professor für engl. Literatur an der Yale University u.a.; während des 2. Weltkriegs im diplomat. Dienst. Ausgedehnte Reisen u.a. in Afrika und Asien lieferten P. Stoff für seine Reise- und Abenteuerromane, in denen er meist Lebensprobleme westl., bes. europ. Menschen darstellt; seine Lyrik ist romant.-stimmungsvoll; Übersetzer Hölderlins.
Hauptwerke: Die Asiaten (R., dt. 1936), Sieben auf der Flucht (R., dt. 1940), Sturm und Echo (R., dt. 1952), Neun Tage nach Mukalla (R., dt. 1954), ... und kalt glänzte der Marmor (R., dt. 1966).

Propertius, Sextus, * Asisium (heute Assisi) um 50, † zwischen 16 und 2 v. Chr., röm. Dichter.
Entstammte einer vornehmen umbr. Familie, wurde früh Waise und verlor 41 durch die Landverteilung den Großteil des väterl. Vermögens; kam nach Rom, wo er der Politik ablehnend gegenüberstand und ganz seinen dichter. Neigungen lebte. Das erste der 4 Bücher Elegien – nach seiner Geliebten Cynthia (eigtl. Hostia) benannt – wurde ein sensationeller Erfolg und brachte dem Dichter die Berufung in den Maecenaskreis ein. Liebesglut und ein die Ganzheit des Menschen erfassendes Empfinden bestimmten seine Liebesgedichte. Die ersten 3 Bücher Elegien sind vorwiegend von erot. Themen beherrscht, während der Dichter sich nach Lösung des Liebesverhältnisses vaterländ. Stoffen zuwandte und Themen der röm. Sage und Geschichte meisterhaft gestaltete. Beeinflußt von hellenist. Dichtern, v.a. von Kallimachos, brachte er mytholog. Parallelen z.T. aus den entlegensten Sagengebieten, so daß nur dem gelehrten Leser ein leichtes Verständnis mögl. war. Auch die kraftvolle, rhetor., oft schwerfällige, knappe und eigenwillige, auch Archaisches sowie stilist. Härten nicht meidende Sprache ist schwer zugänglich. Dennoch war seine Wirkung auf Zeitgenossen und Nachwelt gewaltig. Im MA weniger geschätzt, wurde er in der Renaissance wiederentdeckt (Petrarca).
Ausgaben: S. P. Die Elegien (Lat.). Erklärt v. M. Rothenstein. *Nachwort v.* R. Stark. *Zürich [3]1966–67. 2 Bde. – P. Gedichte. Lat. u. dt. Hg. v.* R. Helm. *Bln. 1965.*
Literatur: Lefèvre, E.: *P. ludibundus. Elemente des Humors in seinen Elegien. Hdbg. 1966.* – Tränkle, H.: *Die Sprachkunst des Properz u. die Tradition der lat. Dichtersprache. Wiesb. 1960.* – Shackleton Bailey, D. R.: *Propertiana. London 1956.* – ↑ auch Horatius Flaccus, Quintus.

Properz ↑ Propertius, Sextus.

Propheten ↑ Bibel.

Proust, Marcel [frz. prust], * Paris 10. Juli 1871, † ebd. 18. Nov. 1922, frz. Schriftsteller.
Sohn eines angesehenen Pariser Arztes und Professors aus der Beauce, Mutter elsäss. Jüdin; wuchs, von Jugend auf kränkl. (Asthma) und übersensibel, verwöhnt und behütet auf, war

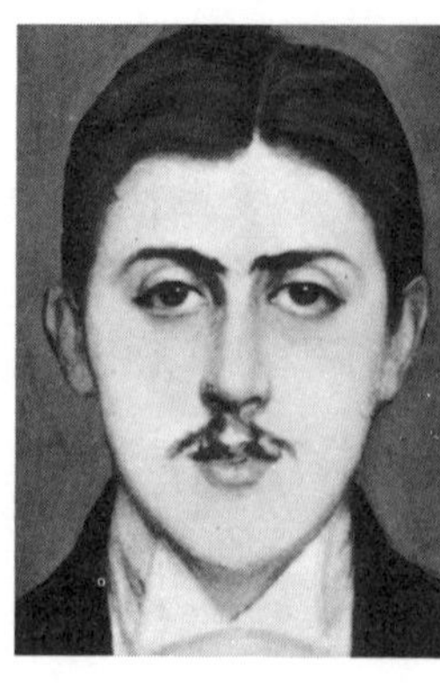

Marcel Proust (Porträt von J.-É. Blanche, 1895; Ausschnitt)

Gymnasiast des Pariser Lycée Condorcet, trat nach dem Militärdienst in die École des sciences politiques ein, belegte gleichzeitig die Vorlesungen Bergsons an der Sorbonne und wandte sich nach kurzer Tätigkeit in einer Anwaltskanzlei ganz der Literatur zu. Dem Dandytum des Fin de siècle ergeben, war er Gast der vornehmsten Pariser Salons und verkehrte bes. mit Fernand Gregh und Daniel Halévy, dem Grafen Montesquiou, Anatole France, André Gide u.a., zog sich jedoch nach dem Tod seiner Eltern (1903 und 1905) mehr und mehr in sein schallisoliertes, halbverdunkeltes Kranken- und Arbeitszimmer zurück, in dem sein epochemachendes Romanwerk entstand. Thema seiner Werke ist die zerstörer. Wirkung der Zeit auf Mensch und Welt; gestützt auf den Zeitbegriff Bergsons („durée"), entwickelte er eine bahnbrechende, durch die Technik des inneren Monologs und der assoziativen Verknüpfung aktueller mit früheren Bewußtseinsinhalten gekennzeichnete psycholog. Methode zur Wiedergewinnung der „verlorenen Zeit", der Zeit seiner Jugend- und Mannesjahre. Die Geschehnisse dieser Jahre finden ihren Niederschlag in den 7 Teilen seines Hauptwerks, des Romanzyklus „À la recherche du temps perdu" (1913–27, dt. 1926–30 u.d.T. „Auf den Spuren der verlorenen Zeit", 1953–57 u.d.T. „Auf der Suche nach der verlorenen Zeit"): „In Swanns Welt" (1913, dt. 1953, 1926 u.d.T. „Der Weg zu Swann"), „Im Schatten junger Mädchenblüte" (1918, dt. 1954, 1926 u.d.T. „Im Schatten der jungen Mädchen"), „Die Welt der Guermantes" (1920f., dt. 1955, 1930 u.d.T. „Die Herzogin von Guermantes"), „Sodom und Gomorra" (1921f., dt. 1955), „Die Gefangene" (1923, dt. 1956), „Die Entflohene" (1925, dt. 1957) und „Die wiedergefundene Zeit" (1927, dt. 1957). P.s Werk übte maßgebenden Einfluß auf die Entwicklung des europ. Romans im 20. Jahrhundert aus.
Weitere Werke: Tage der Freuden (Novellen und Essays, 1896; dt. 1926), Chroniques (Berichte, hg. 1929), Jean Santeuil (R., entstanden 1896–1904, hg. 1952; dt. 1965), Gegen Sainte-Beuve (Essay, entstanden 1908–10, hg. 1954; dt. 1962).
Ausgabe: M. P. Œuvres complètes. Neuausg. Paris 1929–35. 18 Bde.
Literatur: Beckett, S.: *M. P. Dt. Übers. Zürich 1969.* – Köhler, E.: *M. P. Gött. ²1967.* – Mauriac, C.: *M. P. in Selbstzeugnissen u. Bilddokumenten. Dt. Übers. Reinbek bei Hamb. ³1966.* – Poulet, G.: *L'espace proustien. Paris 1963.* – Maurois, A.: *Auf den Spuren v. M. P. Dt. Übers. Hamb. 1956.* – Pierre-Quint, L.: *M. P. Sa vie, son œuvre. Neuaufl. Paris 1946.*

Provence, Marcel [frz. prɔ'vã:s] ↑ Jouhandeau, Marcel.

Prudentius Clemens, Aurelius, * in Spanien 348, † nach 405, altchristl. Hymnendichter.
Erhielt eine rhetor. Ausbildung, war Advokat, dann hoher Staatsbeamter, lebte einige Jahre am Hofe des Kaisers Theodosius, bis er sich aus dem öffentl. Leben zurückzog, um sich ganz der literar. Tätigkeit zu widmen. Von den röm. Klassikern, bes. Horaz und Vergil, beeinflußt, auch dem A.T. und N.T. sowie der vorhandenen christl. Literatur verpflichtet, verband er Begeisterung für die christl. Ideen mit antik-klass. Formgewandtheit und gestaltete, wenn auch z.T. zu pathet., christl. Lehrdichtung in röm. Kleide. Seine bedeutendsten Werke sind das lehrhafte Gedicht über die Gottheit Christi „Apotheosis", die 14 Hymnen „Peristephanon" (= Über die Märtyrerkronen) und die erste allegor. Darstellung in der Literatur des Abendlandes, „Psychomachia", eine bes. im MA sehr beliebte Darstellung des Kampfes der heidn. Laster und der christl. Tugenden um die menschl. Seele.
Ausgaben: Prudence. Lat. u. frz. Hg. v. M. Lavarenne. *Paris ¹⁻²1943–55. 4 Bde. – A. P. C. Carmina. Hg. v.* J. Bergman. *Wien 1926.*
Literatur: Gnilka, Ch.: *Studien zur Psychomachie des P. Wiesb. 1963.* – Rodriguez-Herrera, J.: *Poeta christianus. P.' Auffassung v. Wesen u. v. der Aufgabe des christl. Dichters. Diss. Mchn. 1936.* – Bergman, J.: *A. P. C., der größte christl. Dichter des Altertums. Dorpat 1922.*

Prudhomme, René François Armand ↑ Sully Prudhomme.

Prus, Bolesław [poln. prus], eigtl. Aleksander Głowacki, * Hrubieszów 20. Aug. 1847, † Warschau 19. Mai 1912, poln. Schriftsteller.
Unruhiges, ereignisreiches Leben; war in mehreren Berufen tätig; studierte Naturwissenschaften; lebte zuletzt zurückgezogen als freier Schriftsteller. P., der mit humorist. Erzählwerken begann, wandte sich zunehmend dem sozialen Roman zu und wurde neben Sienkiewicz zum hervorragendsten Vertreter der positivist.-realist. Romankunst Polens; humorist. Züge machen P. in manchem Dickens ähnl.; sein Roman „Die Puppe" (1887 bis 1889, dt. 1954) ist der erste bed. Roman des poln. Realismus; sein Hauptwerk, der histor. Roman „Pharao" (1895f., dt. 1944), verbindet die realist. Darstellung altägypt. Geschichte mit der Behandlung zeitloser menschl. Probleme; P. griff auch aktuelle Fragen auf.
Weitere Werke: Palais und Hütte (R., 1876; dt. 1914), Angelika (E., 1880; dt. 1960), Die Welle strömt zurück (E., 1880; dt. 1959), Der Vorposten (R., 1885; dt. 1947), Die Emanzipierten (R., 1891ff.; dt. 1957).

Prutkow, Kosma ↑ Kosma Prutkow.

Przesmycki, Zenon [poln. pʃɛs'mitski], Pseudonym Miriam, * Radzyń (heute Radzyń Podlaski) 22. Dez. 1861, † Warschau 17. Okt. 1944, poln. Dichter.
Meist als Redakteur literar. Zeitschriften tätig; zeitweilig Kultusminister; lebte lange in Paris. P., literar. Vertreter des „Jungen Polen", trat in seinem wenig umfangreichen dichter. Schaffen, v.a. in theoret. und programmat. Schriften für eine neue poln. Literatur ein, die weder sozial und polit. engagiert, noch Kunst um der Kunst willen sein sollte; verdient als Übersetzer und als Entdecker von C. K. Norwid, dessen Werke er sammelte und edierte.

Przyboś, Julian [poln. 'pʃibɔɕ], * Gwoźnica (Rzeszów) 5. März 1901, poln. Schriftsteller.
Philologiestudium in Krakau, 1947–51 im diplomat. Dienst, bis 1955 Direktor der Krakauer Universitätsbibliothek; gehörte mit Peiper und Brzękowski zur Krakauer „Avantgarde"; schrieb klar konstruierte Lyrik, in der die Metapher das wesentliche Stilmittel ist.

Przybyszewski, Stanisław [poln. pʃibi'ʃɛfski], * Łojewo bei Kruschwitz 7. Mai 1868, † Jaronty 23. Nov. 1927, poln. Dichter.

Sohn eines Dorflehrers; studierte in Berlin Architektur, Medizin und Psychologie; wurde nach Abbruch des Studiums Journalist, trat gleichzeitig als Schriftsteller hervor; in Berlin und München fand P. Kontakt u.a. zu Dehmel und Strindberg; mehrere Reisen; später Bahnbeamter. P., der sich während des 1. Weltkriegs für eine dt.-poln. Verständigung einsetzte, schrieb bis etwa 1900 v.a. dt., danach poln.; er war der führende Vertreter des naturalist.-symbolist. „Jungen Polen", stand bes. unter Nietzsches und Strindbergs Einfluß; von großer Wirkung waren die Werke seiner „satan. Periode", in der er v.a. von Trieben beherrschte Charaktere darstellte; er hinterließ bed. Memoiren.

Hauptwerke: Totenmesse (R., 1893), Vigilien (R., 1894), De profundis (R., 1895), Satans Kinder (R., 1897), Homo sapiens (R., 1898), In diesem Erdenthal der Thränen (R., 1900), Totentanz der Liebe (Dramen, dt. 1902), Synagoge des Satans (R., dt. 1902), Schnee (Dr., dt. 1903), Erdensöhne (R., dt. 1905), Das Gericht (R., dt. 1913), Der Schrei (R., dt. 1918), Erinnerungen an das literar. Berlin (dt. 1966).

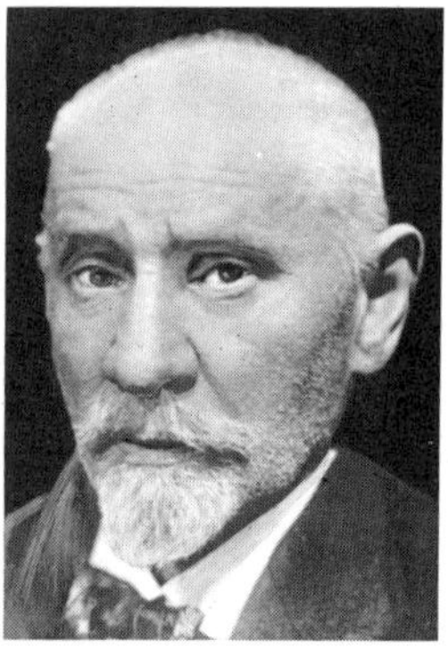

Stanisław Przybyszewski

Literatur: Herman, M.: *Un sataniste polonais, St. P. Paris 1939.*

Przyjaciel [poln. pʃɨ'jatɕɛl] † Nowaczyński, Adolf.

Psalmen † Bibel.

Psalter † Bibel.

Pschawela, Wascha; tl.: Pšavela,Važa †Wascha[-] Pschawela.

Psellos, Konstantinos, Mönchsname Michael, * Konstantinopel (heute Istanbul) 1018, † ebd. um 1078, byzantin. Schriftsteller, Philosoph und Staatsmann.

Studierte Philosophie, Jura und Rhetorik, war Advokat, Professor für Philosophie in Konstantinopel und Minister unter mehreren Kaisern. Bemühte sich um die Wiederbelebung der platon. Philosophie, wirkte als Gelehrter in allen Wissenschaftszweigen. Bed. ist sein histor. Werk „Chronographie", das biograph. Skizzen über die Kaiser von 976 bis 1078 enthält; P. schrieb auch Gedichte, Reden und Briefe. Gilt als bedeutendste literar. Gestalt seiner Zeit.

Pseudo-Dionysios Areopagites † Dionysios Areopagites.

Psichari, Ernest [frz. psika'ri], * Paris 27. Sept. 1883, ⚔ Saint-Vincent (Prov. Luxemburg) 22. Aug. 1914, frz. Schriftsteller.

Sohn des Schriftstellers Psicharis, Enkel E. Renans; Kolonialoffizier; trat zum Katholizismus über; beeinflußt von Barrès, Péguy und Bergson; begann mit Lyrik im Stil des Symbolismus und wandte sich dann einem myst.-religiös gefärbten Nationalismus zu („L'appel des armes", R., 1913). Mit seinem Roman „Der Wüstenritt des Hauptmanns" (hg. 1916, dt. 1937) schuf er ein wichtiges Dokument der eth. und religiösen Erneuerung Frankreichs.

Weitere Werke: Les voix qui crient dans le désert (Tagebuch, hg. 1920), Lettres du centurion (hg. 1933).

Psicharis, Jannis; tl.: Psuhárēs, Giánnēs [neugr. psi'xaris] (frz. Jean Psichari), * Odessa 15. Mai 1854, † Paris 30. Sept. 1929, neugriech. Schriftsteller.

Vater von E. Psichari; studierte Philosophie in Paris; wurde Professor für neugriech. Literatur in Paris, trat für die neugriech. Sprache in der Literatur ein; schrieb Romane, Erzählungen, Essays und sprachl. Studien in volkstüml., z.T. derber Alltagssprache.

Publilius Syrus, röm. Mimendichter und Schauspieler des 1. Jh.s v. Chr.

Freigelassener syr. Sklave; errang durch seine Mimen, in denen er selbst als Schauspieler auftrat, großen Ruhm; auf Caesars Veranlassung fand 46 v. Chr. ein Wettbewerb im Stegreifmimus statt, bei dem P. S. über D. Laberius siegte; ein größeres Fragment ist bei Petronius überliefert, während die bereits im 1. Jh. n. Chr. zusammengestellte Sammlung von Sprüchen populärer Lebensweisheit nur teilweise Sentenzen des P. S. enthält, von denen 700 in mehreren Rezensionen des MA erhalten sind.

Ausgabe: P. S. Die Sprüche. Lat.-dt. Hg. v. H. Beckby. *Mchn. 1969.*

Pucci, Antonio [italien. 'puttʃi], * Florenz um 1309, † ebd. 1388, italien. Dichter.

Ursprüngl. Glockengießer, Gemeindeausrufer; später auch mit diplomat. Missionen betraut. Mit großer formaler Begabung schrieb P. zahlreiche Gedichte im bürgerl.-realist. Stil, in denen er lebenssprühend und anschaul. Ereignisse und Episoden aus eigenem Erleben, aus dem Leben seiner Heimatstadt sowie Liebesgeschichten schildert. In „Le proprietà di Mercato Vecchio" gibt er in Terzinen eine pittoreske Beschreibung des Marktes von Florenz, in „La guerra pisana" schildert er in Oktaven den Krieg zwischen Florenz und Pisa 1362–64. Berühmt wurde er mit seinen farbigen, volkstüml. improvisierten „cantari", die Rittergeschichten und Fabeln aus dem Artuszyklus wiedergeben.

Weiteres Werk: Le noie (hg. 1931).

Puccini, Mario [italien. put'tʃi:ni], * Senigallia 29. Juli 1887, † Rom 5. Dez. 1957, italien. Schriftsteller.

Buchhändler, Kritiker und Mitarbeiter in- und ausländ. Zeitschriften. Begann als Lyriker, wandte sich unter dem Einfluß Vergas dem realist. Roman zu, in dem er das Schicksal alltägl. Menschen darstellte. Sein Interesse galt bes. dem einfachen Soldaten im 1. Weltkrieg („Cola, o ritratto dell'italiano", R., 1927). Bed. als Übersetzer span. und südamerikan. Literatur.

Weitere Werke: Da D'Annunzio a Pirandello (Essays, 1928), Comici (R., 1934).

Pückler-Muskau, Hermann (Graf, seit 1822) Fürst von, * Muskau (heute Bad Muskau) bei Weißwasser 30. Okt. 1785, † Schloß Branitz bei Cottbus 4. Febr. 1871, dt. Schriftsteller.
Wurde von Herrnhutern erzogen, studierte Jura in Leipzig, war 1802–04 sächs. Gardeoffizier, nahm an den Befreiungskriegen teil; bereiste mehrmals N-Afrika und Kleinasien, lebte seit 1840 meist in Deutschland. P.-M. schuf in seinen Parkanlagen in Muskau, die er in den „Andeutungen über Landschaftsgärtnerei" (1834) beschrieb, den ersten dt. Park nach engl. Vorbild. 1845 Verkauf der Herrschaft Muskau. P.-M. erregte literar. Aufsehen durch die anonymen „Briefe eines Verstorbenen" (1830–32), Schilderungen seiner Weltreisen und verschiedene Betrachtungen. Es folgten weitere Reisebeschreibungen, „Tutti Frutti" (1834), „Vorletzter Weltgang von Semilasso" (1835), „Semilasso in Afrika" (1836), „Aus Mehemed Alis Reich" (1844), „Die Rückkehr" (1846–48), die sich durch Geist und Witz, anschaul. Schilderung und gute Beobachtung auszeichnen.
Literatur: Hering, G. F.: *Ein großer Herr. Das Leben des Fürsten P. Düsseld. u. Köln 1968.* – Just, K. G.: *Fürst H. v. P.-M. Würzb. 1962.* – Assing, L.: *Fürst H. v. P.-M. Hamb. 1873–74. 2 Bde.*

Puget, Claude-André [frz. py'ʒɛ], * Nizza 22. Juni 1905, frz. Dramatiker.
Studierte Literaturwissenschaft und Jura; Advokat, Journalist. Begann als Lyriker, wurde v.a. mit dem Bühnenwerk „Les jours heureux" (1938) bekannt, in dem er mit großem Einfühlungsvermögen junge Menschen darstellt.
Weitere Werke: Un petit ange de rien du tout (Dr., 1940), Le grand poucet (Dr., 1943), Ein Mann namens Judas (Dr., dt. 1954; mit P. Bost).

Pühringer, Franz, * Pernegg (Steiermark) 27. Dez. 1906, östr. Schriftsteller.
Längere Auslandsaufenthalte, Mitarbeiter an verschiedenen Zeitschriften und Zeitungen, Regisseur, Theaterdirektor an mehreren Orten, Leiter der Linzer Puppenspiele. Schrieb Naturlyrik, besinnl. Schauspiele, Komödien, Puppenspiele sowie Hörspiele; am bekanntesten sein Zeitstück „Antonio Meulener" (1955, später u.d.T. „Fanal um 1912").
Weitere Werke: Herrn Tartarins Braut (Lsp., 1946), Die Wiesenfestung (Ged., 1947), Der König von Torelore (Schsp., 1950), Abel Hradscheck und sein Weib (Schsp., 1953), Die schönste Geschichte der Welt (Kom., 1953), Letzter Duft der Gartenfrühe (Ged., 1963).

Puig i Ferreter, Joan [katalan. 'puddʒifərrə'te], * La Selva del Campo (Tarragona) 5. Febr. 1882, † Paris 1956, katalan. Schriftsteller.
Lebte vorübergehend in Paris, war Journalist; von Nietzsche, Gide und Gorki beeinflußt. Einfachheit und gute Charakterschilderung kennzeichnen seine katalan. geschriebenen Romane und Dramen, die dem katalan. Volksempfinden Ausdruck geben.
Hauptwerke: La dama alegre (Dr., 1904), La dama enamorada (Dr., 1908), Garidó y Francina (Dr., 1921), El cercle màgic (R., 1929).

Pujmanová, Marie [tschech. 'pujmanɔva:], geb. Hennerová, * Prag 8. Juni 1893, † ebd. 19. Mai 1958, tschech. Schriftstellerin.
Professorentochter; heiratete einen Regisseur des tschech. Nationaltheaters. Marie P., die auch Theaterkritiken schrieb und die Reportage pflegte, schuf neben stimmungsvoller Lyrik v.a. impressionist. Erzählungen mit Neigung zu naturalist. Stil; ihr Hauptwerk ist die Romantrilogie „Menschen am Scheideweg" (1937, dt. 1949), „Das Spiel mit dem Feuer" (1946, dt. 1953) und „Das Leben wider den Tod" (1952, dt. 1954), in der sie die Auflösung der überkommenen Sozialstruktur darstellt.

Pulci, Luigi [italien. 'pultʃi], * Florenz 15. Aug. 1432, † Padua Okt. oder Nov. 1484, italien. Dichter.
Befreundet mit Lorenzo de' Medici; später in Diensten des Roberto Sanseverino. Schrieb, oft im volkstüml. Florentin., Sonette mit z.T. burleskem Charakter, eine Novelle, geistl. Gesänge (ohne großen literar. Wert), kultur- und zeitgeschichtl. aufschlußreiche Briefe. Bekannt wurde P. durch das tragikom. Ritterepos „Il Morgante" (1483), in dem er die Abenteuer Rolands und des Riesen Morgante (Stoff der Karlsepen) erzählt. Der Verfasser mischt kom. und profane Verse mit Kirchengesängen und Bibelstellen und verändert dadurch den ursprüngl. Gehalt auf parodist. Weise. P.s Dichtung wurde von der Inquisition verurteilt, er selbst als Häretiker verdammt.
Literatur: Getto, G.: *Studio sul Morgante. Como 1944.*

Pulver, Max [...fər], * Bern 6. Dez. 1889, † Zürich 13. Juni 1952, schweizer. Schriftsteller.
Studium in Straßburg, Leipzig und Freiburg i. Br. (Dr. phil.); Psychologiestudium in Paris, 1914–24 Aufenthalt in München, dann als Graphologe und Psychologe wieder in der Schweiz. Vertreter der Neuromantik, am bedeutendsten seine Lyrik; schrieb auch Dramen, Erzählungen, den Roman „Himmelpfortgasse" (1927) und gab die Schriften F. von Baaders heraus.
Weitere Werke: Selbstbegegnung (Ged., 1916), Robert der Teufel (Dr., 1917), Merlin (Dichtung, 1918), Neue Gedichte (1939).

Pump, Hans W., * Tantow bei Stettin 9. März 1915, † Satrup 7. Juli 1957, dt. Schriftsteller.
Schildert in seinen Romanen und Erzählungen Kriegs- und Nachkriegsschicksale, doch stehen soziale Motive im Vordergrund. Naturbeschreibung und Charakteristik sind bes. eindrucksvoll; Stil und Technik erinnern an W. Faulkner.
Hauptwerke: Vor dem großen Schnee (R., 1956), Die Reise nach Capuascale (R., 1957), Gesicht in dieser Zeit (En., 1958).

Purana[s]; tl.: Purāṇa[s] [sanskr.; = alte Erzählung(en)], ind. Erzählwerke, die von der Schöpfung der Welt, der Genealogie der Götter und Heiligen, der Geschichte der Königsgeschlechter u.a. berichten und zu den hl. Schriften der Brahmanen gehören; Entstehungszeit und Chronologie sind vielfach unklar, der älteste Kern stammt wahrscheinl. aus dem 5./4. Jh. v. Chr.; der Tradition nach gilt als ihr Verfasser Wjasa, dem auch das „Mahabharata" zugeschrieben wird.

Purcell, Edward [engl. pə:sl] ↑ Fitzgerald, Edward.

Purdy, James [engl. 'pə:dɪ], * in Ohio 1923, amerikan. Schriftsteller.
Studium an der University of Chicago und in Madrid; in verschiedenen Berufen tätig, u.a. in

Mexiko, Kuba und den USA; wurde bekannt durch seine Kurzgeschichtensammlung „Die Farbe der Dunkelheit“ (dt. 1959); in seinen Romanen schildert er Alltagserlebnisse, aus denen innere Konflikte entstehen.
Weitere Werke: Don't call me by my right name (Kurzgeschichten, 1956), Malcolm (R., dt. 1963), Cabot Wright legt los (R., dt. 1967).

Puschkin, Alexandr Sergejewitsch; tl.: Puškin, Aleksandr Sergeevič ['pʊʃki:n, russ. 'puʃkin], * Moskau 6. Juni 1799, † Petersburg (heute Leningrad) 10. Febr. 1837, russ. Dichter.
Aus altem Adel, mütterlicherseits Urenkel Hannibals, des Mohren Peters des Großen; veröffentlichte bereits während der Schulzeit 1811–17 am Kaiserl. Lyzeum in Zarskoje Selo (heute Puschkin) sein erstes Gedicht. 1817 im Staatsdienst, zeitweilig Mitglied der literar. Gruppe „Arsamas“; wegen satir. und polit. Gedichte nach S-Rußland versetzt, dort Einfluß des Byronismus; 1824–26 auf das Gut seiner Mutter verbannt, dort mit der Volksdichtung vertraut. Lebte in den folgenden

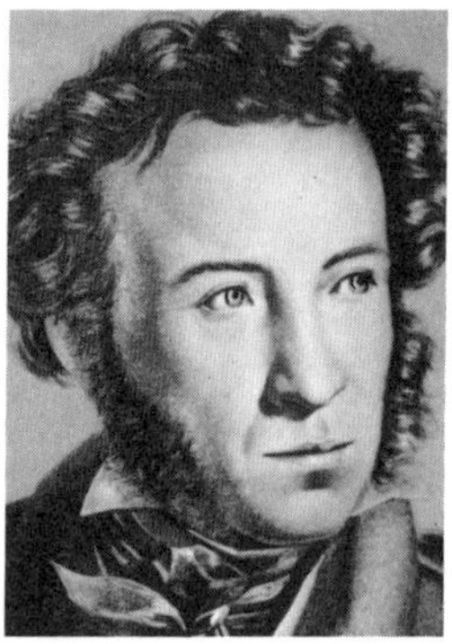

Alexandr Sergejewitsch Puschkin (Lithographie von G. A. Hippius)

Jahren v.a. in Moskau und Petersburg; stand unter der persönl. Zensur des Zaren. 1836 Begründer der Zeitschrift „Sowremennik“ (= Der Zeitgenosse); starb an den Folgen einer Verletzung durch ein Duell mit einem frz. Emigranten. Eigtl. Begründer der neueren russ. Literatursprache (Verbindung kirchenslaw. Wortguts mit volkstüml. Elementen), zugleich der bedeutendste und vielseitigste russ. Dichter; beeinflußt von der russ. Kunst und Volksdichtung, nahm er auch Anregungen der großen westeurop. literar. Traditionen auf. Sein lyr. Schaffen stellt einen bisher nicht wieder erreichten Höhepunkt der russ. Dichtung dar; neben (v.a. anfangs) iron., heiteren, oft satir. Elementen finden sich bald Gedichte mit ernstem, polit. Gehalt sowie Verse, die die hohe Stellung des Dichters und die Bedeutung seines künstler. Gewissens nachdrückl. betonen; P. vertrat die Grundsätze des L'art pour l'art; später finden sich auch elegische Elemente in seiner Dichtung; die lyr.-ep. Versdichtungen sind bes. Byron verpflichtet. Der in der Verbannung begonnene Versroman „Eugen Onegin“ (1825–32, dt. 1840) bietet zahlreiche Beweise für P.s Bemühung um romant. Freiheit der Form, für die auch Sternes „Tristram Shandy“ vorbildl. war. Den Einfluß Shakespeares auf das dramat. Werk beweist v.a. die in der Verbannung vollendete histor. Tragödie „Boris Godunow“ (1830, dt. 1840), mit der P. die Gattung der „chronicle plays“ seines Vorbildes in Rußland heimisch zu machen beabsichtigte. Seit 1830 wandte er sich mehr der Prosa zu, in der er am Anfang einer Stiltradition steht, die Schlichtheit und Kürze der Satzkonstruktion bevorzugt; „Die Hauptmannstochter“ (1833–36, dt. 1848) ist der erste bed. russ. Prosaroman, bedeutender jedoch die romant. Novelle „Pique Dame“ (1833, dt. 1840); P. hinterließ mehrere Romanfragmente. Er verfaßte auch krit. Schriften. P. kam nach anfängl. Anfeindungen von seiten der Gesellschaft und der Kritik bald zu nationalem Ansehen.
Weitere Werke: Ruslan und Ludmilla (Vers-E., 1820; dt. 1833), Der Gefangene im Kaukasus (Vers-E., 1820/21; dt. 1840, 1824 u.d.T. Der Berggefangene), Der Springbrunnen von Bachtschisaraj (Vers-E., 1824; dt. 1840), Die Zigeuner (Vers-E., 1827; dt. 1840), Der Mohr Peters des Großen (R.-Fragment, entstanden 1827, gedruckt 1837; dt. 1952, 1837 u.d.T. Der Mohr des Zaren), Die Räuberbrüder (Vers-E., 1827; dt. 1840), Poltawa (Vers-E., 1828; dt. 1840), Der steinerne Gast (Trag., entstanden 1830, gedruckt 1840; dt. 1840), Belkins Erzählungen (Novellen, 1830; dt. 1840), Mozart und Salieri (Trag., 1831; dt. 1855), Dubrowskij (R.-Fragment, entstanden 1832/33, gedruckt 1841; dt. 1894), Der eherne Reiter (Vers-E., entstanden 1833, gedruckt 1837; dt. 1890).
Ausgaben: Alexander P. Ges. Werke. Dt. Übers. Hg. v. J. v. Guenther. *Mchn. 1966. – Alexander S. P. Ges. Werke in sechs Bden. Dt. Übers. Hg. v.* H. Raab. *Bln. 1964–68. – A. S. P. Polnoje sobranije sotschineni. Hg. v.* P. Tomaschewski. *Moskau u. Leningrad* ^{2}*1956–58. 10 Bde. – A. S. P. Polnoje sobranije sotschineni. Moskau u. Leningrad 1937–59. 17 Bde. – A. S. P. Sotschinenija i pisma. Hg. v.* P. Morosow. *St. Petersburg 1903–06. 8 Bde.*
Literatur: Hielscher, K.: *A. S. Puškins Versepik. Mchn. 1966.* – Setschkareff, V.: *Alexander P. Sein Leben u. sein Werk. Wiesb. 1963.* – Blagoi, D. D., *u.a.: Drei russ. Dichter. Leben u. Werk v. P., Gogol, L. Tolstoi. Dt. Übers. Weimar 1952. – Solange Dichter leben. P.studien. Hg. v.* A. Luther. *Krefeld 1949.* – Lavrin, J.: *Pushkin and Russian literature. London 1947.* – Weressajew, W.: *P. Sein Leben u. Schaffen. Dt. Übers. Bln. 1947.* – Troyat, H.: *Pouchkine. Paris 1946. 2 Bde. Gekürzte dt. Ausg. u.d.T.: P. Mchn. 1959.*

Puschkin, Wassili Lwowitsch; tl.: Puškin, Vasilij L'vovič [russ. 'puʃkin], * Moskau 8. Mai 1767, † ebd. 1. Sept. 1830, russ. Dichter.
Onkel von Alexandr S. P.; tat zeitweilig in einem Garderegiment Dienst. P., der Mitglied des literar. Kreises „Arsamas“ war, schrieb, an Karamsin geschult, anakreont. Lyrik, Elegien, Epigramme, Fabeln u.a.

Pustkuchen[-Glanzow], Johann Friedrich Wilhelm ['glantso], * Detmold 4. Febr. 1793, † Wiebelskirchen bei Ottweiler 2. Jan. 1834, dt. Schriftsteller.
Studierte ev. Theologie, wurde Lehrer, Pfarrer, Hg. der pädagog. Zeitschrift „Levana“. Er erregte Aufsehen durch sein gleichzeitig mit Goethes Roman „Wilhelm Meisters Wanderjahre“ anonym erschienenes und ebenso betiteltes Werk (1821–28), eine engherzige, polem. gegen Goethe

gerichtete Parodie vom christl. Standpunkt aus. Unbed. die Lyrik und seine Erzählungen.

Pu Sung-ling, genannt Pu Liu-hsien, * Tzechwan (Schantung) 1640, † ebd. 25. Febr. 1715, chin. Schriftsteller.

Privatsekretär und Hauslehrer; schrieb in vollendetem Stil die Novellensammlung „Liaochaichihi" (gedruckt 1766, dt. Ausw. 1924 u.d.T. „Seltsame Geschichten aus dem Liao Chai"). Die Sammlung enthält über 400 Kunstmärchen, anekdot. Erzählungen, Geister- und Fuchsgeschichten, die dem chin. Volksglauben entstammen. Alltagswirklichkeit und übernatürl. Welt sind in kunstvoller Synthese verschmolzen. Daneben schuf er Werke aller literar. Gattungen; auch der Roman „Hsingshihyinyüanchuan" (= Geschichte von Liebesbanden, der Mitwelt zur Mahnung erzählt), der Familien- und Eheprobleme behandelt, wird ihm – wohl zu Recht – zugeschrieben.

Püterich von Reichertshausen, Jakob, * München um 1400, † ebd. 1469, Münchener Patrizier. Nahm 1420 an Sigismunds Heerfahrt gegen die Hussiten teil; bereiste Brabant, Ungarn und Italien; gehörte zum Kreis um U. Füetrer. 1462 dichtete er in der Titurelstrophe den „Ehrenbrief", der u.a. ein Verzeichnis der ihm bekannten mittelalterl. Ritterepen enthält; kulturgeschichtl. von großem Wert. Seine Lieder sind verloren.

Puthoste, Roger [frz. py'tɔst] ↑ Thérive, André.

Putinas [lit. 'pʊtɪnas], eigtl. Vincas Mykolaitis, * Pilotiškiai (Landkreis Kapsukas) 13. Jan. 1893, lit.-sowjet. Schriftsteller.

Studierte Theologie, dann in Freiburg (Schweiz) und München Philosophie, Literatur- und Kunstgeschichte. Galt zunächst unter dem Einfluß Maironis' und Gustaitis' als nationaler Romantiker, wandte sich dem Symbolismus zu. Übergang zum Realismus seit den 30er Jahren mit seinem Hauptwerk „Altorių šešėly" (= Im Schatten der Altäre, R., 1933); in sowjet. Zeit entstanden der histor. Roman „Sukilėliai" (= Die Aufständischen, 1957) und literaturkrit. Arbeiten. P. ist Professor in Wilna und Mitglied der Akademie der Wissenschaften der Lit. SSR.

Putrament, Jerzy [poln. pu'tramɛnt], * Minsk 14. Nov. 1910, poln. Schriftsteller.

Nach dem Studium der Polonistik in Wilna zunächst publizist. tätig; nach dem 2. Weltkrieg Diplomat in der Schweiz und in Frankreich; 1953 bis 1956 Generalsekretär des poln. Schriftstellerverbandes. Schrieb Lyrik und Essays, trat aber v.a. mit Romanen und Erzählungen hervor, in denen er sich z.T. mit polit. und histor. Themen aus der Vorkriegs- und Kriegszeit in Polen beschäftigt; sein umstrittenes, oft satir. Werk ist häufig polit. engagiert.

Hauptwerke: Wirklichkeit (R., 1947; dt. 1953), September (R., 1951; dt. 1957).

Pyra, Immanuel Jakob, * Cottbus 25. Juli 1715, † Berlin 14. Juli 1744, dt. Dichter.

Theologiestudium, Haus- und Gymnasiallehrer; gründete mit seinem Freund S. G. Lange in Halle (Saale) eine „Poet. Gesellschaft"; Gegner einer einseitig rationalist. Dichtung; er lehnte Gottscheds Poetik ab und ist als Vertreter einer religiös-pietist. Erlebnisdichtung ein Vorläufer Klopstocks. Schrieb neben religiösen Gedichten auch anakreont. Lyrik mit z.T. realist. Zügen, vorwiegend reimlose Strophen.

Hauptwerke: Der Tempel der wahren Dichtkunst (Lehrged., 1737), Thirsis und Damons freundschaftl. Lieder (Ged., hg. 1745; mit S. G. Lange).

Pyrker von Oberwart (Felső-Eőr), Johann Ladislaus, * Lángh bei Stuhlweißenburg 2. Nov. 1772, † Wien 2. Dez. 1847, östr. Dichter.

Aus ungar. Adelsfamilie, studierte in Fünfkirchen und Sankt Pölten; Bischof von Zips, Patriarch von Venedig und seit 1827 Erzbischof von Erlau. P. war mit Grillparzer befreundet; er schrieb lyr. Gedichte und Legenden, klassizist. Versepen im Stil Vergils und Geschichtsdramen. Einfluß Klopstocks.

Hauptwerke: Histor. Schauspiele (1810), Tunisias (Epos, 1819), Bilder aus dem Leben Jesu und der Apostel (Ged., 1842/43), Lieder der Sehnsucht nach den Alpen (Ged., 1845).

Q

Quarantotti Gambini, Pier Antonio [italien. kuaran'tɔtti gam'bi:ni], * Mitterburg (Istrien) 23. Febr. 1910, italien. Schriftsteller.

Jurist; Mitarbeiter verschiedener Zeitschriften; Bibliotheksdirektor. Beeinflußt von den psycholog. Romanen Svevos, behandelt Qu. G. in seinen neorealist. Romanen und Novellen v.a. Pubertätsprobleme.

Hauptwerke: I nostri simili (Novellen, 1932), Hafenballade (R., 1948; dt. 1962), Amor militare (E., 1955), Heiße Jugend (R., 1958; dt. 1963).

Quarles, Francis [engl. kwɔ:lz], ≈ Romford (Essex) 8. Mai 1592, † London 8. Sept. 1644, engl. Dichter.

Studierte u.a. in Cambridge; zeitweilig aus polit. Gründen verfolgt, lebte lange im Ausland; verarmte im Alter; zuletzt Chronist der Stadt London. Paraphrasierte die Bibel in popularisierenden Verserzählungen, darunter „A feast for Wormes" (1620); schrieb ferner Andachts- und Erbauungslyrik sowie emblemat. Werke, die auf Literatur und Theologie großen Einfluß hatten („Emblems", 1635).

Quasimodo, Salvatore [italien. kua'zi:modo], * Syrakus 20. Aug. 1901, † Neapel 14. Juni 1968, italien. Dichter.

Sohn eines Eisenbahners; Ingenieur; Selbststudium in Griech. und Latein, Dr. phil.; seit 1940 Dozent für italien. Literatur und Theaterrezensent in Mailand; Nobelpreis 1959. Neben Ungaretti und Montale bedeutendster moderner italien. Lyriker, wird wie diese dem Hermetismus zugeordnet; ausgehend von der vielfach dunklen, dem Symbolismus nahestehenden hermetist. Lyrik, näherte er sich seit den frühen 40er Jahren zunehmend den realen Gegebenheiten der Gegenwart und den Problemen des Menschen; auch Übersetzer Vergils, Catulls, Ovids.

Hauptwerke: Acque e terre (Ged., 1930), Oboe sommerso (Ged., 1932), Ed è subito sera (Ged., 1942), Tag um Tag (Ged., dt. 1950), Das Leben ist kein Traum (Ged., 1949; dt. 1960), La terra impareggiabile (Ged., 1958), Ein offener Bogen (Ged., dt. 1963), Insel des Odysseus (Ged., dt. 1967).

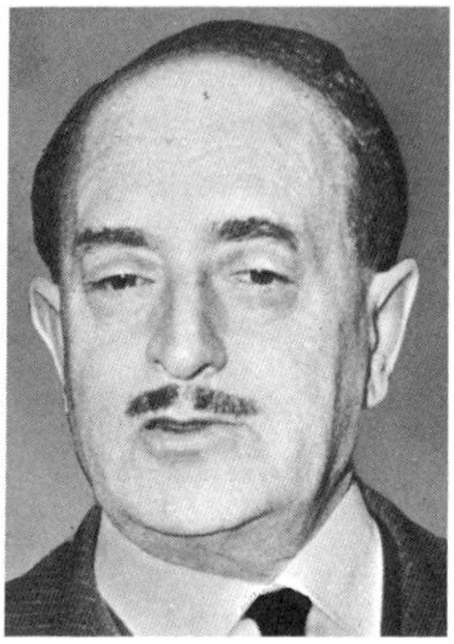

Salvatore Quasimodo

Ausgabe: S. Qu. Tutte le poesie. Mailand 1960.
Literatur: Tedesco, N.: *Qu. Palermo 1959.*

Queffélec, Henri [frz. kɛfe'lɛk], * Brest 29. Jan. 1910, frz. Schriftsteller.
Lektor in Uppsala, Lehrer, dann freier Schriftsteller; Qu. schrieb v.a. Romane, in denen er das Dasein des Christen in einer glaubenslosen Gesellschaft darstellt. Schauplatz ist vorwiegend seine breton. Heimat. „Ein Königreich auf dem Grund des Meeres" (R., dt. 1958) wurde von der Académie française ausgezeichnet.
Weitere Werke: Gott braucht die Menschen (R., dt. 1951), Unter leerem Himmel (R., dt. 1953), Und sah, daß es gut war (R., dt. 1955), Männer im Nebel (R., dt. 1963), Die Fischer von Fécamp (R., dt. 1965).

Queiroz, José Maria Eça de † Eça de Queiroz, José Maria.

Queneau, Raymond [frz. kə'no], * Le Havre 21. Febr. 1903, frz. Schriftsteller.
Philosophiestudium in Paris; zeitweilig Bankangestellter und später maßgebl. Mitarbeiter im Verlag Gallimard; Teilnehmer des 2. Weltkrieges; Reisen in Europa, Amerika und der UdSSR; seit 1951 Mitglied der Académie Goncourt. Qu. war bis 1929 Anhänger des Surrealismus. Er nimmt die Sprache als zentralen Gegenstand seiner Dichtung und sucht sie in spieler. Versuchen zu erneuern; ein charakterist. Beispiel sind seine „Stilübungen" (1947, dt. 1961), 99 Versionen einer nichtssagenden Begebenheit. Auch sein übriges Werk ist weitgehend beherrscht vom literar. Wort- und Doppelspiel und iron.-grotesker Überspielung der existentiellen Sinnlosigkeit und Leere.
Weitere Werke: Le chiendent (R., 1933), Gueule de pierre (R., 1934), Odile (R., 1937), Mein Freund Pierrot (R., 1942; dt. 1950), Introduction à Bouvard et Pécuchet (Essay, 1947), Taschenkosmogonie (Ged., 1950; dt. 1963), Sonntag des Lebens (R., 1952; dt. 1968), Zazie in der Metro (R., dt. 1960), Intimes Tagebuch der Sally Mara (R., dt. 1963), Heiliger Bimbam (R., dt. 1965), Die blauen Blumen (R., dt. 1966), Der Flug des Ikarus (R., dt. 1969).
Literatur: Bergens, A. I.: *R. Qu. Genf 1963.* – Bens, J.: *Qu. Paris 1962.*

Quental, Antero Tarquínio de [portugies. ken'tal], * Ponta Delgada (Azoren) 18. April 1842, † ebd. 11. Sept. 1891 (Selbstmord), portugies. Schriftsteller.
Jurist. Examen, vorübergehend in Paris, Amerikareise. Beeinflußt von Hegel, Proudhon, Comte, Hugo. Begann in der Heine-Nachfolge mit antiromant. Gedichten; gehört mit den späteren formschönen philosoph., polit. und sozialkrit. Gedichten zu den geistigen Führern Portugals im 19. Jahrhundert.
Hauptwerke: Primaveras românticas (Ged., 1872), Sonetos completos (Ged., 1886; dt. Ausw. 1887 u.d.T. Ausgewählte Sonette).
Literatur: Silva, L. C. da: *A. de Qu., evolução do seu pensamento filosófico. Braga 1959.*

Querido, Israel [niederl. 'kwe:ri:do:], * Amsterdam 1. Okt. 1872, † ebd. 5. Aug. 1932, niederl. Schriftsteller.
Diamantenschleifer, Geigenvirtuose, Journalist; bildete sich autodidakt., war tonangebend in der Literatur- und Musikkritik, Mitbegründer der sozialist. Zeitschrift „Nu" (1927). Qu. schrieb neben unbed. Gedichten v.a. Romane und Essays. Ohne selbst Naturalist zu sein, schulte sich Qu. an Zola. Seine in Amsterdam spielenden Romane überragen die histor. seiner späteren Schaffenszeit, denen es an tieferem Verständnis für die histor. Zusammenhänge mangelt.
Hauptwerke: Levensgang (R., 1901), Menschenwee (R., 1903), Over literatuur (Essay, 1904), De Jordaan (R., 1912–25), De' oude waereld, het land van Zarathustra (R.-Trilogie, 1919–21).

Querol, Vicente Wenceslao [katalan. kə'rɔl], * Valencia 30. Sept. 1836, † Bétera (Valencia) 24. Okt. 1889, katalan. Dichter.
Veröffentlichte nur in seiner Jugend Lyrik in katalan. Sprache mit konventionellen Themen wie Religion, Familie, Vaterland, Natur. Seine wenigen Gedichte, die klass. Formschönheit mit echtem lyr. Gefühl verbinden, genügten, ihm einen hervorragenden Platz unter den Lyrikern Kataloniens zu sichern.
Hauptwerke: Oda a las bellas artes (Ode, 1856), Rimas (Ged., 1877), La fiesta de Venus (Ged., 1878).

Querolus (= der Nörgler), lat. Komödie eines anonymen Verfassers, die in rhythm. Prosa eine sehr freie Nachdichtung der „Aulularia" des Plautus gibt; in der Renaissance sehr beliebt.

Quevedo y Villegas, Francisco Gómez de [span. ke'βeðo i βi'ʎeɣas], ≈ Madrid 26. Sept. 1580, † Villanueva de los Infantes 8. Sept. 1645, span. Dichter.

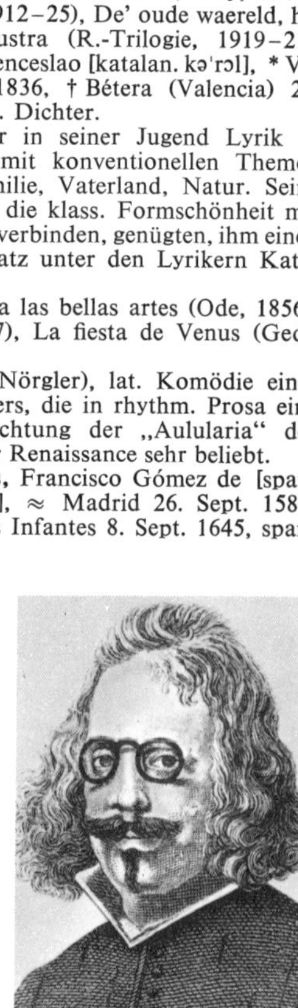

Francisco Gómez de Quevedo y Villegas (nach Velázquez)

Adeliger Herkunft, Erziehung durch Jesuiten, außerordentl. umfangreiche Bildung: Studium der klass. Sprachen, der Theologie, Rechtswissenschaft und Mathematik in Alcalá de Henares, später der Theologie in Valladolid; reiste 1613 als Vertrauter des Herzogs von Osuna nach Italien und wurde in eine Verschwörung verwickelt; 1632 königl. Sekretär, wegen Intrigen vier Jahre im Gefängnis; zuletzt rehabilitiert. Einer der bedeutendsten Dichter des Siglo de oro. Sein vielseitiges Werk gliedert sich in religiös-asket. Bücher, u.a. „La vida de Santo Tomás de Villanueva" (1620), polit., u.a. „Política de Dios, gobierno de Cristo y tiranía de Satanás" (1626), satir., wie die berühmten „Sueños" (1627, dt. 1919 u.d.T. „Quevedos wunderliche Träume"), und pikareske, v.a. den Schelmenroman „Historia de la vida del Buscón" (1626, dt. 1665 u.d.T. „Der Nachtläuffer", 1956 u.d.T. „Der abenteuerl. Buscon"), ein Meisterwerk der Gattung.

Ausgabe: F. G. de Qu. y V. Obras completas. Hg. v. F. Buendía *u.* L. Astrana Marín. *Madrid 1952–58. 2 Bde.*

Literatur: Rothe, A.: *Qu. u. Seneca. Unterss. zu den Frühschrr. Qu.s. Genf 1965.* – Gómez de la Serna, R.: *Qu. Buenos Aires 1953.* – Papell, A.: *Qu. Su tiempo, su vida, su obra. Barcelona 1947.* – Baumstark, R.: *Don F. de Qu. Freib. 1871.*

Quiller-Couch, Sir Arthur Thomas [engl. 'kwɪlə-'ku:tʃ], Pseudonym Q, * Fowey (Cornwall) 21. Nov. 1863, † ebd. 12. Mai 1944, engl. Schriftsteller.

Studierte in Oxford, dozierte ebd., später Professor für engl. Literatur in Cambridge; vielseitiger Publizist; wurde 1910 geadelt. Schrieb u.a. literaturkrit. Studien, Gedichte, v.a. aber spannende Abenteuerromane und Erzählungen in der Tradition Stevensons; ferner Hg. zahlreicher bed. Anthologien.

Hauptwerke: Troy town (R., 1888), Hetty Wesley (R., 1903), The mayor of Troy (R., 1906).

Quinault, Philippe [frz. ki'no], * Paris 3. Juni 1635, † ebd. 26. Nov. 1688, frz. Dramatiker.

Rechnungsrat, Mitglied der Académie française, Liebling der Pariser Salons; schrieb Komödien („La généreuse ingratitude", 1654), Tragikomödien und Tragödien („Agrippa", 1662; „Astrate", 1664) mit verwickelter Handlung, gefühlvollen Charakteren und verfeinerter Sprache. Sein Stück „Gefallsüchtige Mutter" (1665, dt. 1670) ist eines der besten zeitgenöss. Lustspiele. Qu. gilt als Vorläufer Racines. In späteren Jahren schrieb er nur noch Opernlibretti für Lully.

Weitere Werke: Cadmus et Hermione (Libretto, 1673), Alceste (Libretto, 1674; dt. 1680), Proserpine (Libretto, 1680), Armide (Libretto, 1686; dt. 1881).

Quincey, Thomas De † De Quincey, Thomas.

Quinet, Edgar [frz. ki'nɛ], * Bourg-en-Bresse 17. Febr. 1803, † Paris 27. März 1875, frz. Schriftsteller, Historiker und Philosoph.

Einflußreicher Geschichtsphilosoph und Politiker; Professor am Collège de France; extremer Republikaner und entschiedener Gegner der Ultramontanen. Unter Napoleon III. Exil in Belgien und in der Schweiz; seit 1871 Abgeordneter der Nationalversammlung. Beeinflußt von Herder und Michelet; schrieb neben Reiseberichten und wissenschaftl. Werken v.a. romant.-pathet. und symbolist. Gedichte, z.T. mit philosoph. Gehalt („Ahasverus", dt. 1834).

Weitere Werke: Prométhée (Ged., 1838; dt. Ausw. 1862), Merlin l'enchanteur (Ged., 1860), L'esprit nouveau (Schr., 1874).

Literatur: Vabre Pradal, G.: *La dimension historique de l'homme ou Le mythe du Juif errant dans la pensée de Qu. Paris 1961.* – Powers, R. H.: *E. Qu. A study in French patriotism. Dallas (Texas) 1957.*

Quintana, Manuel José [span. kin'tana], * Madrid 11. April 1772, † ebd. 11. März 1857, span. Dichter.

Studierte in Salamanca bei Meléndez Valdés, dem Haupt der dortigen Dichterschule; war Jurist und Verwaltungsbeamter, nach der frz. Invasion aktiv auf seiten der patriot. Partei; unter Ferdinand VII. wegen seiner liberalen Haltung in Haft, durch den Umsturz von 1820 befreit; wurde später Generaldirektor des öffentl. Unterrichtswesens und 1855 von der Königin zum Dichter gekrönt. Stand mit seinen frühen Gedichten noch ganz unter dem Einfluß von Meléndez Valdés („Poesías", 1788), fand dann zu einem eigenen neuklass. Stil; besingt Freiheit und Fortschritt im Sinne des 18. Jh.s; als Dramatiker unter dem Einfluß Alfieris.

Weitere Werke: El duque de Viseo (Trag., 1801), Al combate de Trafalgar (Ode, 1805), Pelayo (Trag., 1805), Lebensbeschreibungen berühmter Spanier (1807–33, dt. 1857).

Literatur: Vila Selma, J.: *Ideario de M. J. Qu. Madrid 1961.*

Quintero, Joaquín Álvarez † Álvarez Quintero.

Quintero, Serafín Álvarez † Álvarez Quintero.

Quintilian † Quintilianus, Marcus Fabius.

Quintilianus, Marcus Fabius, * Calagurris (heute Calahorra) zwischen 35 und 40, † Rom kurz vor 100, röm. Rhetor.

Erziehung in Rom, Lehrer in seiner Vaterstadt, wurde 68 von Galba nach Rom gerufen, wo er der erste staatl. besoldete öffentl. Lehrer der Beredsamkeit war. Er übernahm die Erziehung der Großneffen Domitians, wurde dafür mit der Konsulwürde geehrt. Entwickelte in seinem Hauptwerk, den 12 Büchern der „Institutio oratoria", einen Lehrgang der Beredsamkeit im Rahmen eines universellen Bildungsprogramms; treffende Urteile über griech. und röm. Literatur gibt das 10. Buch; in der nicht erhaltenen Studie „De causis corruptae eloquentiae" beschäftigte er sich mit den Ursachen des Verfalls der Redekunst.

Ausgaben: M. F. Quintiliani institutionis oratoriae liber III. Mit einem Kommentar. Hg. v. J. Adamietz. *Mchn. 1966.* – *Qu. The Institutio oratoria. Lat.-engl. Hg. v.* H. E. Butler. *London 1921–22. 4 Bde.* – *Quintiliani institutio oratoria. Hg. v.* L. Radermacher. *Lpz. 1907–35. 2 Bde. Erweiterter u. überarbeiteter Neudr., hg. v.* V. Buchheit, *1965.*

Literatur: Cousin, J.: *Quintilien 1935–1959. In: Lustrum 7 (1962), 289.* – Cousin, J.: *Études sur Quintilien. Paris 1936. 2 Bde.* – Wychgram, M.: *Quintilian in der dt. u. frz. Lit. des Barocks u. der Aufklärung. Langensalza 1921.*

Quintus Smyrnaeus, griech. Epiker wahrscheinl. des 4. Jahrhunderts.

Mit Ausnahme der Herkunft aus Smyrna ist über sein Leben nichts bekannt; schrieb das Epos „Fortsetzung Homers", dessen 14 Bücher erhalten sind und, an die Ereignisse der „Ilias" anknüpfend, das im ep. Kyklos aufgezeichnete Geschehen erzählen. Sprachl. und bildl. oft sklav. Nachahmung seiner großen Vorbilder.

Quiroga, Horacio [span. ki'roɣa], * Salto 31. Dez. 1878, † Buenos Aires 19. Febr. 1937 (Selbstmord), uruguay. Schriftsteller.
Diplomat, Professor in Buenos Aires. Beeinflußt von Kipling, Poe, Maupassant und Tschechow. Qu. schrieb Gedichte im Stil des Symbolismus, ferner Romane und meisterhafte Novellen, in denen oft die Urwälder Argentiniens Schauplatz sind („Cuentos de amor, de locura y de muerte", 1917) oder Tiere im Mittelpunkt der Handlung stehen („Cuentos de la selva", 1918). In einer Reihe seiner Bücher wird sein Interesse an psycholog., v.a. patholog., unheiml. und grausamen Themen deutlich („Más allá", En., 1934).
Weitere Werke: Der Aufruhr der Schlangen (En., 1921; dt. 1958), Auswanderer (En., 1926; dt. 1931).

Quita, Domingos dos Reis [portugies. 'kitɐ], * Lissabon 6. Jan. 1728, † ebd. 26. Aug. 1770, portugies. Dichter.
Perückenmacher, Autodidakt, Bibliothekar. Einer der bedeutendsten Bukoliker Portugals; schrieb neben Idyllen und Eklogen auch Versdramen, von denen „Inês de Castro" (Trag., hg. 1800) am bekanntesten wurde.

Quoirez, Françoise [frz. kwa'rɛ:z] † Sagan, Françoise.

Qumran-Texte † Kumran-Texte.

Qur'ān, Al- [alku'ra:n] † Koran.

R

Raabe, Wilhelm, Pseudonym Jakob Corvinus, * Eschershausen 8. Sept. 1831, † Braunschweig 15. Nov. 1910, dt. Dichter.
Studierte nach einer Buchhandelslehre seit 1854 an der Universität Berlin, lebte später als freier Schriftsteller in Wolfenbüttel, dann in Stuttgart, seit 1870 in Braunschweig. In seinen in der Nachfolge von Jean Paul stehenden Romanen und Erzählungen, in denen sich auch Einflüsse von Thackeray und Dickens zeigen, die jedoch im Lauf der Zeit immer stärker eigene Prägung gewinnen, steht die inhumane, übermächtige Wirklichkeit im Ggs. zu der verinnerlicht-idealist. Haltung der Helden, die, abgedrängt ins Außenseitertum, als skurrile Käuze erscheinen; breite, mit Reflexionen durchsetzte Zeichnung kleinstädt.-engen Milieus; in seinem Spätwerk zeigt sich zunehmend die Tendenz zur humorigen Verklärung der Resignation und zur Heroisierung der Selbstüberwindung. R. gehört zu den bed. Vertretern des dt. Realismus.
Hauptwerke: Die Chronik der Sperlingsgasse (R., 1857), Die Leute aus dem Walde (R., 1863), Der Hungerpastor (R., 1864), Ferne Stimmen (En., 1865; darin u.a.: Die schwarze Galeere), Abu Telfan (R., 1867), Der Regenbogen (En., 1869), Der Schüdderump (R., 1870), Horacker (R., 1876), Krähenfelder Geschichten (1879),

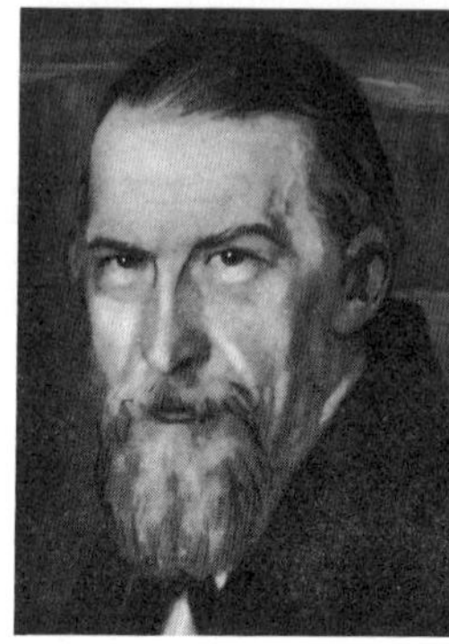

Wilhelm Raabe (Gemälde von H. Fechner, 1892; Ausschnitt)

Alte Nester (R., 1880), Stopfkuchen (R., 1891), Die Akten des Vogelsangs (R., 1895).
Ausgaben: W. R. Ausgew. Werke in sechs Bden. Hg. v. P. Goldammer *u.* H. Richter. *Bln. 1966 ff. – W. R. Sämtl. Werke (Braunschweiger Ausg.). Hg. v.* K. Hoppe. *Freib.; Gött. ¹⁻²1951 ff. Auf 20 Bde., 4 Erg.-Bde. berechnet. – W. R. Sämtl. Werke. Hg. v.* W. Fehse. *Bln. 1.–20. Tsd. 1915 bis 1920. 18 Bde. in 3 Serien.*
Literatur: Beaucamp, E.: *Lit. als Selbstdarst. W. R. u. die Möglichkeiten eines dt. Realismus. Bonn 1968.* – Helmers, H.: *W. R. Stuttg. 1968.* – Ohl, H.: *Bild u. Wirklichkeit. Studien zur Romankunst R.s u. Fontanes. Hdbg. 1968. – R. in neuer Sicht. Eingel. u. hg. v.* H. Helmers. *Stuttg. 1968.* – Hoppe, K.: *W. R. Gött. 1967. – Jb. der R.-Gesellschaft. Hg. v.* K. Hoppe. *Jg. 1 ff., Braunschweig 1960 ff.* – Pongs, H.: *W. R. Leben u. Werk. Hdbg. 1958.*

Rabanus Maurus † Hrabanus Maurus.

Rabelais, François [frz. ra'blɛ], * La Devinière bei Chinon (Indre-et-Loire) um 1494 (1483?, 1490?), † Paris 9. April 1553, frz. Dichter.
Sohn eines Advokaten, war nacheinander Franziskaner, Benediktiner und Weltgeistlicher auf Wanderschaft; ging 1530 nach Montpellier, um Medizin zu studieren; 1532 Arzt in Lyon, veröffentlichte mehrere medizin. Schriften; erhielt 1536 eine Pfründe an Saint-Maur; 1546/47 Stadtarzt in Metz; 1550–52 Pfarrer von Meudon; seit Mitte der 30er Jahre mehrere Italien- und Rom-

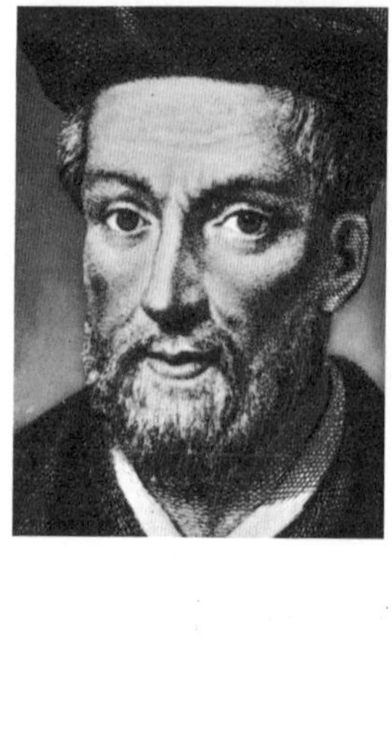

François Rabelais (Kupferstich von P. Tanjé)

aufenthalte. R.' nie verblaßter Ruhm knüpft sich an sein Hauptwerk, den utop.-burlesken und satir. Abenteuerroman in 5 Büchern: „Les horribles et espoventables faictz et prouesses du très renommé Pantagruel..." (1532), „La vie inestimable du grant Gargantua père de Pantagruel..." (1534; der Entstehung nach das 2., dem zeitl. Ablauf der Handlung nach das 1. Buch), mit einem 3. (1546), 4. (1552) und 5. Buch (unvollständig, postum 1562; endgültige Ausgabe 1564), das vielleicht nicht oder nur teilweise von R. ist, wobei sich der Verfasser themat. auf das 1532 in Lyon erschienene Volksbuch von den Riesen Gargantua und Pantagruel stützte. Der derbkom. Roman, der den freien Geist der Renaissance atmet und auch kulturgeschichtl. von hohem Interesse ist, ist eins der bedeutendsten Dokumente des gall. Elements in der frz. Literatur, des „esprit gaulois" („Pantagruelismus"); dt. Bearbeitung von Fischart („Geschichtsklitterung", 1575); dt. Übersetzung 1832–41 u.d.T. „Gargantua und Pantagruel".

Ausgaben: F. R. Gargantua u. Pantagruel. Dt. Übers. Hg. v. L. Schrader. *Mchn. 1964. 2 Bde. – R. Œuvres. Hg. v.* J. Plattard. *Paris* $^{1-5}$*1949–62. 5 Bde. – Des F. R., weil. Arznei-Doktor u. Pfarrers zu Meudon, Gargantua u. Pantagruel. Dt. Übers. Hg. v.* E. Hegaur *u.* Owlglaß [d.i. H. E. Blaich]. *Mchn. 1922. 2 Bde.*

Literatur: Krailsheimer, A.-J.: *R. Paris 1967.* – Glauser, A.: *R. créateur. Paris 1966.* – Febvre, L.: *Le problème de l'incroyance au XVI*^e^ *siècle. La religion de R. Durchgesehene Ausg. Paris 1962.* – Schrader, L.: *Die R.-Forschung der Jahre 1950 bis 1960. Tendenzen u. Ergebn. In: Romanist. Jb. 11 (1960), 161. – Études rabelaisiennes. Bd. 1 ff., Genf 1956 ff.* – Plattard, J.: *F. R. Paris 1932.* – Hatzfeld, H.: *F. R. Mchn. 1923.*

Rabener, Gottlieb Wilhelm, * Wachau bei Leipzig 17. Sept. 1714, † Dresden 22. März 1771, dt. Schriftsteller.
Besuch der Fürstenschule in Meißen, Jurastudium; Mitarbeit an den „Bremer Beiträgen"; war zuletzt Steuerrat in Dresden. R., gerühmt als „dt. Swift", pflegte die maßvolle, bürgerl. Satire gegen individuelle Schwächen und Modetorheiten.
Hauptwerk: Sammlung satyr. Schriften (1751–55).
Literatur: Biergann, A.: *G. W. R.s Satiren. Diss. Köln 1961.* – Wyder, H.: *G. W. R. Poetische Welt u. Realität. Diss. Zürich 1953.* – Richter, P.: *R. u. Liscow. Ein Beitrag zur Litteraturgesch. Dresden 1884.*

Rabenschlacht, zusammen mit „Dietrichs Flucht" in allen vier Handschriften als Doppelepos überliefertes mhd. Heldenepos des späten 13. Jh.s; berichtet vom Kampf Dietrichs von Bern gegen den Gotenkönig Ermanrich in der Schlacht von Ravenna; im Epos „Dietrichs Flucht" muß Dietrich von Bern vor Ermanrich fliehen und sein Reich aufgeben, um die in einen Hinterhalt Ermanrichs geratenen Freunde zu retten. Erhalten in einer Bearbeitung von Heinrich dem Vogler.
Literatur: Premerstein, R. v.: *Dietrichs Flucht u. die R. Eine Unters. über die äußere u. innere Entwicklung der Sagenstoffe. Gießen 1957.* – Steche, Th.: *Das R.gedicht, das Buch v. Bern u. die Entwicklung der Dietrichsage. Greifswald 1939.*

Rabindranath Tagore † Tagore, Rabindranath.

Rabinowitsch, Schalom † Scholem-Alejchem.

Rabutin, Roger de, Graf von Bussy † Bussy-Rabutin.

Racan, Honorat de Bueil, Seigneur de [frz. ra'kã], * Schloß Champmarin bei Aubigné-Racan (Sarthe) 5. Febr. 1589, † Paris 21. Jan. 1670, frz. Dichter.
Früh Waise; Page am Hof Heinrichs IV., später Offizier; zog sich dann auf Schloß La Roche-Racan (Touraine) zurück; seit 1605 Freund und Schüler Malherbes, seit 1634 Mitglied der Académie française; schrieb unter italien. Einfluß die berühmte elegische Pastorale „Arthénice ou les bergeries" (1625), daneben zahlreiche Oden, Sonette, Stanzen („Stances sur la retraite", 1618); widmete sich zuletzt v.a. geistl. Dichtung (1651 Psalmenübersetzung) und der Abfassung seiner „Mémoires pour la vie de Malherbe" (1651).

Rachel, Joachim, * Lunden 28. Febr. 1618, † Schleswig 3. Mai 1669, dt. Dichter.
Sohn eines Pastors, studierte Philologie, war Hauslehrer, dann Rektor in Heide, Norden und Schleswig. Bes. von Juvenal beeinflußter Satiriker der Opitz-Schule, der sich gegen die Mißstände der Zeit und die Verachtung der Poesie wandte.
Hauptwerk: Teutsche satyr. Gedichte (1664).

Jean Racine

Rachmanowa, Alja (Alexandra); tl.: Rahmanova, Alja (Aleksandra) [russ. rax'manɐvɐ], verh. Alexandra Galina von Hoyer, * Ufa 27. Juni 1898, russ. Schriftstellerin.
1917 Flucht vor der Revolution nach Sibirien, 1926 Emigration nach Österreich mit ihrem Mann, dem Österreicher Dr. von Hoyer, 1945 Flucht vor der Roten Armee in die Schweiz. Schrieb Erlebnisberichte, v.a. die Tagebuchromane „Studenten, Liebe, Tscheka und Tod" (1931), „Ehen im roten Sturm" (1932), „Milchfrau in Ottakring" (1933) und biograph. Romane, u.a. „Tragödie einer Liebe" (Tolstoi-R., 1937) und „Die Liebe eines Lebens" (Turgenjew-R., 1952).

Racine, Jean [frz. ra'sin], * La Ferté-Milon bei Soissons, ≈ 22. Dez. 1639, † Paris 21. April 1699, frz. Dichter.
Früh Vollwaise, 1655–58 Schüler von Port-Royal, dem Zentrum des frz. Jansenismus, ging nach Paris an das Collège d'Harcourt und hatte schon 1660 als Dichter ersten Erfolg mit einer an den Hof gerichteten panegyr. Ode; 1661 Aufenthalt in Uzès (Languedoc); Rückkehr nach Paris, Freundschaft mit La Fontaine, Boileau u.a., Beginn der dramat. Arbeit. Nach seinem

großen Bühnenjahrzehnt (1667–77) königl. Historiograph und Teilnahme an mehreren Feldzügen. Im Alter Wiederannäherung an Port-Royal und ausschließl. Hinwendung zu religiösen und bibl. Stoffen. Racines Dramen sind der vollendetste Ausdruck der klassizist. frz. Kunstauffassung und bilden einen Höhepunkt der frz. Literatur überhaupt. Gegenstand seiner ↗Tragödien sind zumeist psycholog. Konfliktsituationen, die die leidenschaftl. Liebe in allen ihren Erscheinungsformen angesichts der Schwäche des menschl. Herzens heraufbeschwört („Psychologie der Liebe"). Das Ethos ist modern-christl., vor antikem oder bibl. Hintergrund, mit Zug zur Entsagung und Fügung in das Schicksal, dem R.s Helden unterliegen. Formale Merkmale der R.schen Tragödien, die sich durch maßvolle Sprache auszeichnen, sind die klass. Einteilung in 5 Akte, der Alexandriner und die strenge Befolgung der Regel von den drei Einheiten.
Hauptwerke: Andromache (Trag., 1668; dt. 1751), Les plaideurs (Kom., 1668), Britannicus (Trag., 1670; dt. 1754), Berenice (Trag., 1671; dt. 1840), Bajazet (Trag., 1672; dt. 1803), Mithridates (Trag., 1673; dt. 1731), Iphigenie (Trag., 1675; dt. 1961, 1732 u.d.T. Trauerspiel Iphigenia), Phädra (Trag., 1677; dt. 1805), Esther (Trag., 1689; dt. 1746), Athalia (Trag., 1691; dt. 1786).
Ausgaben: J. R. Œuvres complètes. Hg. v. R. Picard *u.a. Neuaufl. Paris 1960. 2 Bde. – J. R. Dramat. Dichtungen u. geistl. Gesänge. Frz.-dt. Gesamtausg. Hg. v.* W. Willige. *Darmst. u.a. 1956. 2 Bde. – J. R. Œuvres complètes. Hg. v.* P. Mesnard. *Paris ²1885–88. 8 Bde. – J. R. Werke. Dt. Übers. Hg. v.* H. Viehoff. *Bln. 1869–70. 4 Bde.*
Literatur: Biermann, K.: *Selbstentfremdung u. Mißverständnis in den Tragödien R.s. Bad Homburg v. d. H. u. a. 1969.* – Biermann, K.: *R.s Tragödien. Das Problem der Identität u. der Kommunikation. Bad Homburg v. d. H. u. a. 1968.* – Weinberg, B.: *The art of J. R. Chicago 1963.* – Blum, M.: *Le thème symbolique dans le théâtre de R. Paris 1962–65. 2 Bde.* – Coenen, H. G.: *Elemente der R.schen Dialogtechnik. Münster 1961.* – Picard, R.: *La carrière de J. R. Erweiterte Neuausg. Paris 1961.* – Voßler, K.: *J. R. Mchn. ²1948.* – ↑ auch Corneille, Pierre, ↑ Pascal, Blaise.

Radcliffe, Ann [engl. 'rædklɪf], geb. Ward, * London 9. Juli 1764, † ebd. 7. Febr. 1823, engl. Schriftstellerin.
Frau des Juristen und Hg. des „English Chronicle", William R. Bedeutendste Vertreterin des engl. Schauerromans neben H. Walpole; bes. ihr Hauptwerk „The mysteries of Udolpho" (1794) zeichnet sich durch spannende Handlungsführung und Einflüsse der Empfindsamkeit aus; Ann R. verwandte die Technik der log. Analyse des scheinbar Übersinnlichen und Unfaßbaren, die später u.a. auch bei Poe zu finden ist.
Weitere Werke: The Sicilian romance (R., 1790), The romance of the forest (R., 1791), Die Italienerin ... (R., 1797; dt. 1834).
Literatur: MacIntyre, C. F.: *A. R. in relation to her time. New Haven (Conn.) 1920.*

Raddall, Thomas Head [engl. 'rædəl], * Hythe (Kent) 13. Nov. 1903, kanad. Schriftsteller.
Diente zunächst in der Handelsmarine; arbeitete später in kanad. Papierfabriken. R. schrieb mehrere histor. Romane aus der Geschichte von Neuschottland.
Hauptwerke: Die Nymphe unterm Leuchtturm (R., dt. 1957), Schwingen der Nacht (R., dt. 1959).

Radęcki, Sigismund von [...tski], Pseudonym Homunculus, * Riga 19. Nov. 1891, dt. Schriftsteller.
In Petersburg Schulbesuch, Bergbaustudium in Deutschland, Ingenieur, Schauspieler, Zeichner, 1924–26 in Wien, seit 1945 freier Schriftsteller in Zürich. Unter dem Einfluß von Karl Kraus wurde R. zum Meister der literar. Kleinform. Seine Essays und witzig-verspielten Feuilletons sind liebenswürdig-pointiert, hintergründig, oft zeit- und kulturkrit. und zeugen von Einfallsreichtum; Übersetzungen v.a. aus dem Russischen.
Hauptwerke: Der eiserne Schraubendampfer Hurricane (En., 1929), Nebenbei bemerkt (En., 1936), Die Welt in der Tasche (Essays, 1939), Wort und Wunder (Essays, 1940), Das Schwarze sind die Buchstaben (Essays, 1957), Ein Zimmer mit Aussicht (Essays, 1961), Gesichtspunkte (Essays, 1964), Im Gegenteil (Essays, 1966).
Literatur: ↑ Sieburg, Friedrich.

Radęwski, Christo; tl.: Radevski, Hristo [bulgar. ra'dɛfski], * Belisch 23. Okt. 1903, bulgar. Lyriker.
Studierte Romanistik in Sofia; war 1949–58 Generalsekretär des bulgar. Schriftstellerverbandes, danach Chefredakteur der Zeitschrift „Septemwri". Schrieb Lyrik mit klassenbewußter Thematik; oft, bes. in seinen Fabeln, humorist. und satir. Gestaltung; verfaßte auch Kinderbücher und übertrug Werke der ungar., chin., dt. sowie der sowjet. und der klass. russ. Literatur.

Radịčević, Branko [serbokroat. ra,di:tʃɛvitɕ], * Brod 15. März 1824, † Wien 18. Juni 1853, serb. Dichter.
Studierte in Wien Jura u. schloß sich den Reformbestrebungen des serb. Philologen Vuk Karadžić an. 1848/49 in Zemun, wurde auch er von dem revolutionären Geschehen mitgerissen. 1850 wieder in Wien, Studium der Medizin. R. war lungenkrank und starb jung. Seine romant. Poesie – lyr. und ep. Dichtungen – ist von Byron, Heine und von der serb. Lyrik des 18. Jh.s angeregt. R.s fröhliche, schlichte und unmittelbare Dichtung schöpft stoffl., sprachl. und stilist. aus der Volksdichtung.

Radiguẹt, Raymond [frz. radi'gɛ], * Saint-Maur-des-Fossés bei Paris 18. Juni 1903, † Paris 12. Dez. 1923, frz. Schriftsteller.
Sohn eines Zeichners; journalist. Tätigkeit, Bohemeleben; Schützling Cocteaus; starb 20jährig an Typhus. R. schrieb zwei bed., autobiograph. beeinflußte psycholog. Romane, in denen er seine teils von den Anschauungen des 18. Jh.s, teils vom zeitgenöss. Denken beeinflußten Ansichten zu Problemen und Erscheinungsweisen der Liebe darstellte; auch Lyriker.
Hauptwerke: Den Teufel im Leib (R., dt. 1925), Der Ball des Comte d'Orgel (R., hg. 1924; dt. 1953, 1925 u.d.T. Das Fest), Les joues en feu (Ged., hg. 1925).
Literatur: Goesch, K.: *R. R. Genf 1955.*

Radischtschew, Alexandr Nikolajewitsch; tl.: Radiščev, Aleksandr Nikolaevič [russ. ra'diʃtʃɪf], * Moskau 31. Aug. 1749, † Petersburg (heute Leningrad) 24. Sept. 1802, russ. Dichter.
Studium in Leipzig; beeinflußt von der dt. und

frz. Aufklärung. Der Erfolg seines kulturkrit. Hauptwerks „Reise von Petersburg nach Moskau“ (1790, dt. 1922), das in der Form des modischen Reiseromans im Geist der Empfindsamkeit (Rousseau) den russ. Absolutismus scharf angriff, führte zu R.s Verhaftung; ein erlassenes Todesurteil wurde in Deportation nach Sibirien umgewandelt. Kurz nach der Haftentlassung (1801) beging R. Selbstmord, da er als Verfassungsreformer scheiterte.
Ausgabe: Alexander N. Radistschew. Ausgew. Schrr. Dt. Übers. Hg. v. I. J. Stschipanow. *Bln. 1959.*
Literatur: Clardy, J. V.: *The philosophical ideas of Alexander Radishchev. New York 1964.* – Lang, D. M.: *The first Russian radical: Alexander Radishchev, 1749–1802. London 1959.*
Radius Zuccari, Anna [italien. 'ra:dius 'tsukkari] † Neera.
Radnóti, Miklós [ungar. 'rɔdno:ti], * Budapest 5. Mai 1909, † Abda zwischen dem 6. und 10. Nov. 1944, ungar. Lyriker.
Studierte in Szegedin Ungar. und Romanistik, Lehrer, Übersetzer; befaßte sich mit Dorfforschung; wurde in ein Arbeitslager verschleppt und auf dem Wege nach Deutschland erschossen; seine pantheist. Lyrik hat oft pessimist. Züge, er schrieb tiefempfundene Liebesgedichte; der Höhepunkt seines Schaffens sind seine Gedichte aus der Lagerzeit. Eine dt. Auswahl aus seinem Gesamtwerk enthält der Band „Ansichtskarten“ (dt. 1968).
Radványi, Netty [ungar. 'rɔdva:nji] † Seghers, Anna.
Raeber, Kuno ['rɛ:bər], * Klingnau (Aargau) 20. Mai 1922, schweizer. Schriftsteller.
Studium der Geschichte, Literatur und Philosophie in Zürich, Genf, Paris und Basel (Dr. phil.); 1952 Assistent am Leibniz-Kolleg in Tübingen, 1955 am Europa-Kolleg in Hamburg, lebt in München; schreibt durch klargegliederte Sprache gekennzeichnete Lyrik, daneben experimentelle Prosa.
Hauptwerke: Gesicht im Mittag (Ged., 1950), Die verwandelten Schiffe (Ged., 1957), Die Lügner sind ehrlich (R., 1960), Calabria (Reiseskizzen, 1961), Flußufer (Ged., 1963), Mißverständnisse (En., 1968).
Raffalt, Reinhard, * Passau 15. Mai 1923, dt. Schriftsteller.
Studierte Musik und Kunstgeschichte, war Rundfunkkorrespondent und Leiter der Dt. Bibliothek in Rom, bereiste 1961/62 als Sonderbeauftragter des Auswärtigen Amtes für die dt. Kulturinstitute Asien und Afrika; bekannt durch sein im Konklave spielendes erfolgreiches Schauspiel „Der Nachfolger“ (1962), in dem er die Problematik des Verhältnisses zwischen der kath. Kirche und der gegenwärtigen Menschheit darstellt, sowie seine Komödie „Das Gold von Bayern“ (1965); auch Bücher über Rom („Concerto Romano“, 1955; „Fantasia Romana“, 1959) und Arbeiten für den Rundfunk.
Raffi [russ. raf'fi], eigtl. Akob Melik Akopjan, * Pajadschok (Iran) 1835, † Tiflis (heute Tbilissi) 6. Mai 1888, armen. Romancier.
Ließ sich nach längeren Reisen in Tiflis nieder und versuchte sich in verschiedenen Berufen. Setzte sich in nationalist. gefärbten Romanen und patriot. Gedichten für die Unabhängigkeit seines Volkes von Rußland und der Türkei ein.
Hauptwerk: The fool (R., 1880; engl. 1950).
Rahmanova † Rachmanowa.
Raičković, Stevan, * Neresnica 5. Juli 1928, serb. Schriftsteller.
Studierte in Belgrad Philosophie, Redakteur beim Belgrader Rundfunk; schrieb musikal., stark lyr. Gedichte, die pantheist. Züge tragen; verwendete ungereimte Langzeilen.
Raimar, Freimund † Rückert, Friedrich.
Raimon de Miraval [frz. rɛmõdmira'val], * Miraval um 1180, † um 1215, provenzal. Troubadour. Lebte u.a. am Hof Raimunds VI., Grafen von Toulouse; seine rund 45 erhaltenen anmutigen Lieder sind fast ausschließl. Liebeslieder, die durch die Unmittelbarkeit der Aussage ansprechen.

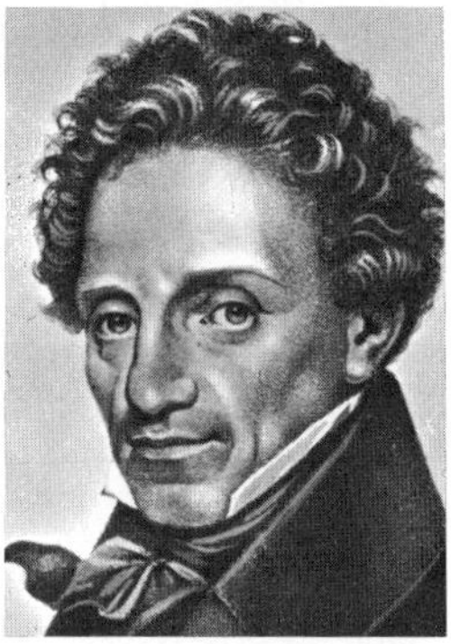
Ferdinand Raimund (Lithographie von J. Kriehuber)

Raimund, Ferdinand, eigtl. F. Raimann, * Wien 1. Juni 1790, † Pottenstein (Niederöstr.) 5. Sept. 1836, östr. Dramatiker.
Sohn eines eingewanderten böhm. Drechslermeisters; nach Abbruch seiner Lehrzeit als Zuckerbäcker seit 1808 Schauspieler bei Wandertruppen; später glänzende Karriere als Schauspieler und Theaterleiter in Wien (1828–30 Direktor des Leopoldstädter Theaters); neigte trotz großer Erfolge zu Schwermut und Hypochondrie; Unglück im Ehe- und Privatleben; beging aus Furcht vor den Folgen eines Hundebisses Selbstmord. R.s Bühnenwerke verbinden die Barocktradition der volkstüml. Wiener Zauberposse (mit Stegreifeinlagen) und der allegor.-moral. Lehrstücke mit Einflüssen des zeitgenöss. Singspiels und des barocken Maschinentheaters. Einwirkungen des zum Realismus hinführenden bürgerl. Schauspiels verschafften R.s Stücken große Publikumswirkung. Bemerkenswert ist die Neigung zum Gesamtkunstwerk.
Hauptwerke: Der Barometermacher auf der Zauberinsel (Zauberposse, 1823), Der Diamant des Geisterkönigs (Zauberposse, 1824), Das Mädchen aus der Feenwelt oder Der Bauer als Millionär (Zauberstück, 1826), Die gefesselte Phantasie (Kom., 1828), Der Alpenkönig und der Menschenfeind (Zauberstück, 1828), Die unheilbringende Krone (Zauberstück, 1829), Der Verschwender (Schsp., 1834).
Ausgaben: F. R. Sämtl. Werke. Nach dem Text der v. F. Brukner *u.* E. Castle *besorgten Gesamtausg. hg. v.* F. Schreyvogl. *Neuaufl. Mchn. 1966.* –

F. R. Ges. Werke. Hg. v. O. Rommel. *Gütersloh 1962. – F. R. Sämtl. Werke. Histor.-krit. Säkularausg. in 6 Bden. Hg. v.* F. Brukner *u.* E. Castle. *Wien 1924–34.*
Literatur: Politzer, H.: *F. R. Hdbg. 1970.* – Michalski, J.: *F. R. New York 1968.* – Kahl, K.: *F. R. Velber 1967.* – Kindermann, H.: *F. R. Wien 1940.*

Rainalter, Erwin Herbert, * Konstantinopel (heute Istanbul) 6. Juni 1892, † Wien 29. Okt. 1960, östr. Schriftsteller.
Studierte Germanistik in Wien, lebte dort als freier Schriftsteller, war später als Redakteur und Theaterkritiker in Salzburg, Berlin und Wien tätig. Seine Romane spielen in der Tiroler Bergwelt oder behandeln Gestalten der östr. Vergangenheit.
Hauptwerke: Die verkaufte Heimat (R., 1928), Der Sandwirt (R., 1935), Mirabell (R., 1941), Der röm. Weinberg (R., 1948), Kaisermanöver (R., 1960).

Raine, Kathleen [Jessie] [engl. rɛɪn], verh. Madge, * London 14. Juni 1908, engl. Lyrikerin.
Aus einer Lehrerfamilie; studierte Biologie in Cambridge; erhielt einen Lehrauftrag als Collegedozentin. Kathleen R., Mitherausgeberin von „New Verse", schrieb meist kurze, bes. von Blake und den metaphys. Dichtern beeinflußte lyr. Gedichte mit religiöser Problematik; ihr Weltbild wurde auch von J. Böhmes Mystik mitbestimmt; auch Studien und Essays.
Hauptwerk: The pythoness (Ged., 1949).

Rainis, Jānis, eigtl. J. Pliekšāns, * Tadenava (Illuxt) 11. Sept. 1865, † Riga 12. Sept. 1929, lett. Dichter.
⚭ mit Aspāzija; Jurastudium in Petersburg, leitete eine sozialdemokrat. Zeitung, 1905 Teilnahme an der russ. Revolution, danach Flucht in die Schweiz; nach dem 1. Weltkrieg Rückkehr nach Lettland, Unterrichtsminister. Einer der größten lett. Dichter. Seine Vorbilder waren die griech. Tragödie, Goethe und die lett. Märchen. Neuromantiker, griff in Dramen und Gedichten auf Stoffe aus der Bibel und der lett. Geschichte zurück, schuf symbol. Dramenfiguren, u.a. den lett. Nationalhelden, und bereicherte die lett. Sprache seiner Zeit durch zahlreiche Neuschöpfungen und Aufnahme von Archaismen; auch Übersetzungen.
Hauptwerke: Feuer und Nacht (Dr., dt. 1922), Das goldene Roß (Dr., dt. 1922), Dünawind (Dr., dt. 1927), Joseph und seine Brüder (Dr., dt. 1921).

Rainow, Nikolai; tl.: Rajnov, Nikolaj [bulgar. 'rajnof], * Kessarewo bei Tarnowo 13. Jan. 1889, † Sofia 2. Mai 1954, bulgar. Schriftsteller.
Graphiker und Maler, fand durch philosoph. Studien den Weg zu einer von Neuromantik und Symbolismus beeinflußten myst. Deutung der Kunstgeschichte; bis kurz vor seinem Tod Professor der Kunstgeschichte an der Kunstakademie Sofia. Behandelte in seinem erzähler. Werk v.a. histor. und exot. Stoffe; außer Nietzsche, dessen „Zarathustra" er übersetzte, hatten theosoph. Gedanken Einfluß auf sein Schaffen; R. entwickelte einen suggestiven, aphorist. knappen Stil; er übersetzte auch das „Lob der Torheit" des Erasmus von Rotterdam.

Raitschew, Georgi; tl.: Rajčev, Georgi [bulgar. 'rajtʃɛf], * bei Stara Sagora 19. Dez. 1882, † Sofia 18. Febr. 1947, bulgar. Schriftsteller.
Begann früh seine literar. Laufbahn; schrieb Gedichte und Dramen, v.a. aber Kurzgeschichten und Romane, in denen er in psycholog. vertieftem Realismus die Probleme des Stadtlebens darstellte; wurde u.a. als Übersetzer der Fabeln Krylows bekannt.

Rakić, Milan [serbokroat. ˌra:kitɕ], * Belgrad 18. Okt. 1876, † Agram 30. Juni 1938, serb. Dichter.
Studierte Philosophie und die Rechte, u.a. in Paris; war Angestellter und Finanzbeamter, bis er 1904 die Diplomatenlaufbahn einschlug (u.a als Gesandter in Kopenhagen, Sofia und Rom). R.s sprachl. und formal vollendete Dichtung steht in direkter Beziehung zu den Parnassiens und den frz. Symbolisten.

Raleigh (Ralegh), Sir Walter [engl. 'rɔ:lɪ, 'rɑ:lɪ, 'rælɪ], * bei Bugleigh Salterton (Devon) um 1552, † London 29. Okt. 1618, engl. Dichter.
Nach Studien in Oxford erfolgreiche militär. Laufbahn in den Kämpfen gegen Spanien und Irland; Günstling Königin Elisabeths I.; unternahm zahlreiche Raub- und Entdeckungsfahrten nach Übersee, gründete 1585 in Nordamerika die ersten brit. Niederlassungen; unter Jakob I. zeitweise als angebl. Hochverräter im Tower; nach einer mißglückten Bewährungsexpedition nach Südamerika hingerichtet. R., auch Historiker und Naturwissenschaftler, schrieb Versdichtungen von z.T. panegyr. Inhalt; berühmt ist sein Einführungssonett zu Spensers „Fairie queene".
Literatur: Bradbrook, M. C.: *The school of night: A study in the literary relationships of Sir W. R. New York 1965.* – Williams, N. L.: *Sir W. R. Neuaufl. London; Harmondsworth 1965.* – Irwin, M.: *Der große Luzifer. Ein Porträt Sir W. R.s. Dt. Übers. Stuttg. 1961.*

Ramajana; tl.: Rāmāyaṇa [sanskr.], neben dem „Mahabharata" das zweite große ind. Nationalepos (aus dem 2. Jh.?), das in seinem Kern die Sage vom göttl. Helden Rama (die Verkörperung des Gottes Wischnu) gestaltet, die Kämpfe, die er bestehen mußte, um seine vom Dämonenkönig Rawana geraubte Gattin Sita wiederzugewinnen; obwohl zahlreiche Episoden und Legenden eingeflochten sind, die mit dem Gesamtablauf in keinem unmittelbaren Zusammenhang stehen, bleibt der einheitl. Charakter des Werkes als Epos Ramas erhalten; als Verfasser des R., dessen etwa 24000 Doppelverse in 7 Bücher eingeteilt sind, gilt Walmiki, der altes Erzählgut in eine einheitl. dichter. Form gebracht haben dürfte; der Text liegt in verschiedenen Rezensionen vor. Das 1. Buch erschien 1897 in dt. Übersetzung, von den übrigen Büchern gibt es nur dt. Teilübertragungen.
Ausgaben: The Rámáyan of Vālmiki. Engl. Übers. London 1870–74. 5 Bde. – Rama. Ein ind. Gedicht nach Walmiki. Dt. Übers. Karlsr. ²1843.
Literatur: Glasenapp, H. v.: *Zwei philosoph. Râmâyanas. Wiesb. 1951.* – Zieseniss, A.: *Die Rāma-Sage bei den Malaien, ihre Herkunft u. Gestaltung. Hamb. 1928.* – Jacobi, H.: *Das Râmâyana. Gesch. u. Inhalt nebst Concordanz der gedruckten Recensionen. Bonn 1893.*

Ramal, Walter [engl. ræml] ↑ de la Mare, Walter John.

Rāmāyaṇa ↑ Ramajana.

Ramée, Marie Louise de la [frz. ra'me] † Ouida.

Ramler, Karl Wilhelm, * Kolberg 25. Febr. 1725, † Berlin 11. April 1798, dt. Dichter.
Professor an der Kadettenanstalt und 1790–96 Leiter des Nationaltheaters in Berlin; u.a. mit Lessing befreundet. Strenger Metriker, dessen antikisierende Oden für viele Zeitgenossen verbindl. formales Vorbild waren; weniger beachtet blieben seine Fabeln im Geiste der Aufklärung; Hg. von Anthologien (wegen eigenmächtiger Textgestaltung vielfach angegriffen). Seine „Poet. Werke“ wurden 1800/01 herausgegeben.
Literatur: Freydank, H.: *Goethe u. R. Kolberg 1928.*

Ramos, Graciliano [brasilian. 'rrɐmuʃ], * Quebrângulo (Alagoas) 27. Okt. 1892, † Rio de Janeiro 20. März 1953, brasilian. Schriftsteller.
Journalist; Kommunist (1952 Besuch der UdSSR); vertrat den literar. Regionalismus des brasilian. Nordostens, gilt als einer der bedeutendsten neueren Romanciers des Landes.
Hauptwerke: Caetés (R., 1933), São Bernardo (R., 1934; dt. 1960), Angústia (R., 1936), Vidas secas (R., 1938), Histórias de Alixandre (En., 1944), Insónia (En., 1947), Memórias do cárcere (Memoiren, hg. 1953).

Ramos, João de Deus † Deus Ramos, João de.

Ramsay, Allan [engl. 'ræmzɪ], * Leadhills (Lanark) 15. Okt. 1686, † Edinburgh 7. Jan. 1758, schott. Dichter.
Eine der führenden Gestalten des literar. Lebens von Edinburgh; gründete die erste schott. Leihbücherei. Seine volkstüml. Lyrik und seine Editionen früherer schott. Dichter gaben R. Burns viele Anregungen; großen Erfolg hatte sein ungekünsteltes Schäferspiel „The gentle shepherd“ (1725).

Ramuz, Charles Ferdinand [frz. ra'my, ramy:z], * Cully bei Lausanne 24. Sept. 1878, † Pully bei Lausanne 23. Mai 1947, schweizer. Dichter.
Stammte aus alter Bauernfamilie; Studium der Philologie in Lausanne und Paris, wo er 1902–14 lebte, danach wieder in Cully, seit 1930 bewußt zurückgezogen. Seine in frz. Sprache geschriebenen Romane geben meist ein Bild seiner Heimat; nach naturalist. Frühwerken myth. Verklärung der Heimat und der Natur; holzschnittartige Charakterisierung; bekannt geworden ist v.a. der von Strawinski vertonte Text „Die Geschichte vom Soldaten“ (Ged., dt. 1924).
Weitere Werke: Hans Lukas der Verfolgte (R., 1909; dt. 1932), Samuel Belet (R., 1913; dt. 1942), Krieg im Oberland (R., 1915; dt. 1938), Das große Grauen in den Bergen (R., dt. 1927), Farinet oder Das falsche Geld (R., dt. 1932), Der Bergsturz (R., dt. 1936).
Ausgabe: Ch. F. R. Œuvres complètes. Édition commémorative. Hg. v. G. Roud *u.* D. Simond. *Lausanne 1967–68. 20 Bde.*
Literatur: Haggis, D. R.: *Ch.-F. R., ouvrier du langage. Aspects de son art d'écrire d'après trois manuscrits. Paris 1968. – Ch.-F. R., ses amis et son temps. Hg. v.* G. Guisan. *Lausanne u. Paris 1967ff. Auf 6 Bde. berechnet.* – Guisan, G.: *Ch.-F. R. Paris 1966.* – Wagner, W.: *Die Darstellung der Wirklichkeit bei R. Diss. Mchn. 1964.* – Günther, W.: *Ch. F. R. Wesen, Werk, Kunst. Bern 1948.*

Randon de Saint-Amand, Gabriel [frz. rãdõdsẽta'mã] † Rictus, Jehan.

Rank, Joseph, * Friedrichsthal (Böhmerwald) 10. Juni 1816, † Wien 27. März 1896, östr. Schriftsteller.
1848 Mitglied des Frankfurter Parlaments; seit 1861 in Wien, war dort u.a. Hoftheatersekretär; 1882–85 mit Anzengruber Schriftleiter der „Heimat“. Begann mit den Volkserzählungen „Aus dem Böhmerwalde“ (1842), lebenswahren Schilderungen, denen weitere volkstüml. Erzählungen und Romane folgten: „Florian“ (E., 1853), „Im Klosterhof“ (R., 1875) u.a.; schrieb auch „Erinnerungen aus meinem Leben“ (1896).

Ranke Graves, Robert von [engl. 'ræŋk 'grɛɪvz] † Graves, Robert [Ranke].

Ranković, Svetolik [serbokroat. 'ra:ŋkɔvitɕ], * Moštanica 7. Dez. 1863, † Belgrad 18. März 1899, serb. Schriftsteller.
Studierte in Belgrad und Kiew Theologie, starb früh an Tuberkulose. In seinem meisterhaften Erzählwerk – v.a. Novellen und Romane – sind Einflüsse Tolstois, Gogols und Saltykows nachweisbar, mit deren Werken er vermutl. bei seinem Rußlandaufenthalt in Berührung kam. Die Themen seiner manchmal auch psycholog. vertieften Romane, in denen er gesellschaftl., religiöse und sittl. Probleme mit sachl. Offenheit behandelt, stammen aus der bäuerl. Welt.

Ransom, John Crowe [engl. 'rænsəm], * Pulaski (Tenn.) 30. April 1888, amerikan. Lyriker und Kritiker.
Sohn eines Geistlichen; studierte u.a. in Oxford; lehrte 1914–37 engl. Literatur an der Vanderbilt University; seit 1937 Professor am Kenyon College (Ohio) und Hg. der literar. Zeitschrift „Kenyon Review“; Mitbegründer und führender Mitarbeiter der für die Schule des New criticism bedeutsamen Zeitschrift „The Fugitive“ (1922–25). R. schrieb unrhetor., iron. desillusionierende Lyrik mit starker Betonung des Gedanklichen.
Hauptwerke: Chills and fever (Ged., 1924), Two gentlemen in bonds (Ged., 1926).
Literatur: Buffington, R.: *A study of J. C. R.'s poems, 1916–1963. Nashville (Tenn.) 1967.* – Stewart, J. L.: *J. C. R. Minneapolis 1962.*

Ransome, Arthur Michell [engl. 'rænsəm], * Leeds (York) 18. Jan. 1884, † Manchester 3. Juni 1967, engl. Schriftsteller.
War zunächst Verlagsangestellter, bereiste dann vor dem 1. Weltkrieg Rußland zum Zweck folklorist. Studien; lebte seit Anfang der 20er Jahre in Suffolk; mehrere Reisen, u.a. nach Rußland und China. Schrieb literaturkrit. Studien, Bücher über russ. Probleme und Erlebnisse, sowie spannende Kinderbücher, darunter „Der Kampf um die Insel“ (dt. 1933), „Peter Duck“ (1933) und „Die unfreiwillige Seefahrt“ (1938, dt. 1948).

Raos, Ivan [serbokroat. 'raɔs], * Medovdolac bei Imotski 1. Jan. 1921, kroat. Schriftsteller.
Redakteur verschiedener Zeitschriften; schrieb Erzählungen, Dramen, Romane und Gedichte; in seinen erzählenden Werken schildert R. die verlorene Kinder- und Knabenwelt mit vielen Details. Bed. ist R. v.a. als Dramatiker. Seine zahlreichen, gut konstruierten Dramen enthalten geschliffene Dialoge und Elemente der Umgangssprache.

Raoul de Houdenc [frz. rauldəu'dɛ̃:k] (R. de Houdan), * zwischen 1170 und 1180, † um 1230, altfrz. Dichter.

Vermutl. aus Houdan (Yvelines); hervorragendster altfrz. Artusdichter nach Chrétien de Troyes, schrieb die Romane „Méraugis de Portlesguez" und „Vengeance de Radiguel" (Verfasserschaft für den 2. Teil ungesichert), ferner allegor. Gedichte („Le songe d'enfer", „Le roman des ailes de courtoisie").
Literatur: Gerritsen, W. P.: *Die Wrake van Ragisel. Onderzoekingen over de middelnederlandse bewerkingen van de „Vengeance Radigel", gevolgd door een uitgave van de Wrake-Testen. Assen 1963.* – Kundert-Forrer, V.: *R. de H., ein frz. Erzähler des 13. Jh.s. Bern u. Mchn. 1960.*

Raoul de Soissons [frz. rauldəswa'sõ], * um 1210, † Tunis (?) um 1270, altfrz. Minnesänger.
Wiederholt Kreuzzugsteilnehmer; 17 Lieder sind erhalten.

Raphaelson, Samson [engl. 'ræfɛɪəlsn], * New York 30. März 1896, amerikan. Schriftsteller.
Gelegenheitsarbeiter; Studium an der University of Illinois; schreibt seit 1925 zahlreiche heitere, teilweise satir. Bühnenstücke und Drehbücher.
Hauptwerke: The jazz singer (Schsp., 1925), Young love (Schsp., 1928), The wooden slipper (Schsp., 1933), Zauber der Jugend (Schsp., dt. 1935), Skylark (Schsp., 1939), Jason (Schsp., 1942), The human nature of playwriting (Essays, 1949), Hilda Crane (Schsp., 1951).

Rapisardi, Mario [italien. rapi'zardi], * Catania 25. Febr. 1844, † ebd. 4. Jan. 1912, italien. Dichter.
Professor für italien. Literatur in Catania; Gegner Carduccis; Vertreter positivist. und atheist., auch sozialist. Ideen, mit starkem Zug zum Pessimismus, schrieb die ep. Gedichte „La palingenesi" (1868), „Lucifero" (1877) und „Giobbe" (1884), ferner „Ricordanze" (Ged., 1872), „Giustizia" (Ged., 1883), „Poemetti" (1885ff.), „Poesie religiose" (1887), „Epigrammi" (1888) u.a.; übersetzte Catull, Lukrez, Shelley u.a.

Raschi, eigtl. Rabbi Salomo ben Isaak, * Troyes 1040, † ebd. 30. Juli 1105, jüd. Gelehrter.
Schüler der jüd. Gelehrten von Speyer, Mainz und Worms. Bed. jüd. Bibel- und Talmudkommentator, dessen Bibel- und Talmudauslegungen, die sich durch Klarheit auszeichnen und auch von sprachgeschichtl. Interesse sind, ihn zum Lehrer des mittelalterl. Judentums werden ließen. Sein Pentateuchkommentar ist die älteste uns bekannte hebr. Inkunabel.
Literatur: Rothschild, S.: *R. Ein Lebensbild. Worms 1924.*

Raschidoddin; tl.: Rašīdu'd-Dīn [pers. ræʃidod'di:n], * um 1087/88, † 1182/83, pers. Dichter.
Wegen seines kleinen Wuchses und haarlosen Kopfes „Watwat" (= Fledermaus) genannt; meisterhafter Panegyriker, dessen Diwan etwa 15000 Verse enthält; in dt. Übersetzung erschienen 1837 „Alis hundert Sprüche".

Raschke, Martin, * Dresden 4. Nov. 1905, ⚔ bei Nevel (Rußland) 24. Nov. 1943, dt. Schriftsteller.
Studium der Literatur in Leipzig, Berlin und München; mit A. A. Kuhnert 1929–32 Hg. der literar. Zeitschrift „Die Kolonne"; fiel als Kriegsberichterstatter; Erzähler und Hörspielautor.
Hauptwerke: Fieber der Zeit (R., 1930), Himmelfahrt zur Erde (Prosa, 1930), Der Erbe (E., 1935), Der Wolkenheld oder... (R., 1936), Die ungleichen Schwestern (R., 1938), Tagebuch der Gedanken (Essays, 1941).

Rašīdu'd-Dīn ↑ Raschidoddin.

Rasikaschwili, Luka [russ. rɐzikaʃ'vili] ↑ Wascha[-]Pschawela.

Rasmussen, Halfdan [dän. 'rasmusən], * Kopenhagen 29. Jan. 1915, dän. Lyriker.
Aus dem Arbeitermilieu stammend, 1940–45 aktiv im dän. Freiheitskampf; der Krieg im weitesten Sinne ist Thema seiner Lyrik bis etwa 1950; dann fand er zu humorvoller Nonsense-Dichtung („Tosserier", 1951–55).
Weitere Werke: Digte i udvalg (1953), Skoven (Ged., 1954).

Rasmussen, Knud [dän. 'rasmusən], * Jakobshavn (Grönland) 7. Juni 1879, † Kopenhagen 21. Dez. 1933, dän. Schriftsteller.
Verfasser von dichter. Reiseschilderungen, Dichtungen und Nachdichtungen von Eskimosagen und -mythen, die sein verdienstvollstes Werk sind. Seine Kinderjahre in Grönland und etl. Expeditionen hatten ihm genaue Kenntnis der Eskimos vermittelt. In dt. Übersetzung liegen u.a. vor: „Ultima Thule" (Reisebericht, dt. 1920), „Grönlandsagen" (dt. 1922), „Rasmussens Thulefahrt" (Reisebericht, dt. 1934), „Mein Reisetagebuch" (dt. 1938), „Die große Schlittenreise" (Reisebericht, dt. 1958).

Raspe, Rudolf Erich, * Hannover 1737, † Muckross (Irland) 1794, dt. Schriftsteller.
Studierte in Göttingen und Leipzig, war Professor und Bibliothekar, floh 1775 wegen einer Unterschlagung nach England; lebte in bedrängten Verhältnissen. Veröffentlichte 1785 Lügengeschichten des Freiherrn von Münchhausen, die 1786 von G. A. Bürger ins Dt. übersetzt und erweitert wurden.
Literatur: Carswell, J. P.: *The prospector. Being the life and times of R. E. R., 1737–1794. London 1950.* – Hallo, R.: *R. E. R. Stuttg. 1934.*

Raszwetnikow, Asen; tl.: Razcvetnikov, Asen [bulgar. ras'tsvɛtnikof], * Draganowo 14. Nov. 1897, † Moskau 30. Juli 1951, bulgar. Lyriker.
Studierte Jura in Sofia; war als Lehrer tätig. R., ein Sozialromantiker, schrieb v.a. schwermütige, oft introvertierte Lyrik und gestaltete visionär düstere Zeitbilder; daneben Fabeln und Kinderbücher; trat als Übersetzer u.a. Goethes und der Brüder Grimm hervor; R.s Weigerung nach 1945, parteil. polit. Dichtung zu schreiben, bewirkte seine Deportation nach Moskau.

Ratpert, * Zürich, † Sankt Gallen um 890, schweizer. Dichter.
Benediktiner; Lehrer und Vorsteher an der Klosterschule von Sankt Gallen; verfaßte lat. Hymnen, den 1. Teil der zeitgeschichtl. bed. „Casus Sancti Galli" (Klosterchronik) und in dt. Sprache den „Lobgesang auf den hl. Gallus", der jedoch nur in der lat. Übertragung durch Ekkehard IV. erhalten ist.

Rattigan, Terence [Mervyn] [engl. 'rætɪgən], * London 10. Juni 1911, engl. Dramatiker.
R. wurde in Harrow und Oxford auf die Diplomatenlaufbahn vorbereitet, entschloß sich aber nach dem Erfolg von „First episode" (Kom., 1934), weiterhin für die Bühne zu schreiben. Er setzte einerseits die Oscar-Wilde-Tradition des bühnenwirksamen, witzigen Gesellschaftsstücks fort, schrieb andererseits aber auch ernste Stücke über Zeitprobleme, etwa „Der Fall Winslow" (dt. 1949).

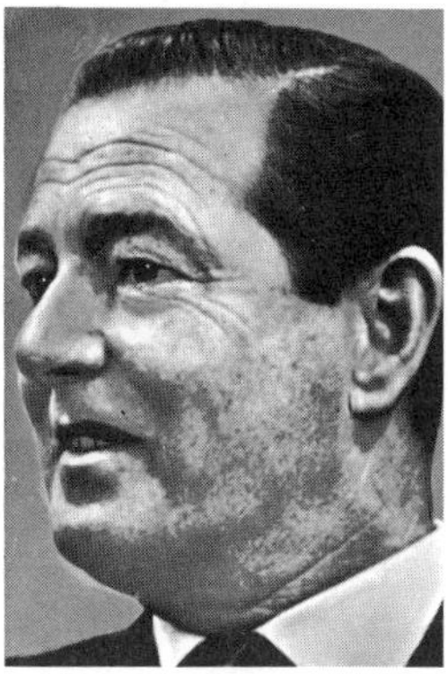

Terence [Mervyn] Rattigan

Weitere Werke: Olivia (Kom., 1944; dt. 1960), Lockende Tiefe (Dr., dt. 1953), Der schlafende Prinz (Dr., dt. 1957), An Einzeltischen (2 Bühnenstücke, dt. 1957).

Raupach, Ernst, Pseudonym Em. Leutner, * Straupitz bei Liegnitz 21. Mai 1784, † Berlin 18. März 1852, dt. Dramatiker.
Zunächst Hauslehrer in Rußland, 1816–22 Professor für Geschichte und dt. Literatur in Petersburg, widmete sich dann in Weimar und Berlin ganz seinem dramat. Schaffen und überschwemmte die dt. Bühnen mit Tragödien, Schauspielen, Volksstücken, Lustspielen, Possen, techn. gewandt, aber ohne echten Gehalt, rhetor. platt und übertrieben. Größten Erfolg hatte v.a. das Rührstück „Der Müller und sein Kind" (1835).
Weitere Werke: Die Fürsten Chawansky (Trag., 1818), Die Leibeignen (Trag., 1826), Der Nibelungenhort (Trag., 1834), Die Hohenstaufen (Dramen, 1837).

Rausch, Albert Heinrich ↑ Benrath, Henry.

Rausch, Jürgen, * Bremen 12. April 1910, dt. Schriftsteller.
Studierte Philosophie in Heidelberg und Jena; Dozent; von Heidegger und Ernst Jünger beeinflußter Lyriker, Essayist und Erzähler.
Hauptwerke: Nachtwanderung (R., 1949), Ernst Jüngers Optik (Essays, 1951), Der Mensch als Märtyrer und Monstrum (Essays, 1957), Reise zwischen den Zeiten (Aufzeichnungen, 1965).

Ravenstein, Luc en Koen [niederl. 'ra:vənstɛin] ↑ Verhulst, Rafaël.

Ravenswood, John [engl. 'rɛɪvnzwʊd] ↑ Slauerhoff, Jan Jacob.

Rawlings, Marjorie [Kinnan] [engl. 'rɔ:lɪŋz], geb. Kinnan, * Washington 8. Aug. 1896, † Saint Augustine (Fla.) 14. Dez. 1953, amerikan. Schriftstellerin.
Journalistin; lebte seit 1928 in Florida, dem Schauplatz der meisten ihrer erfolgreichen Werke; zu ihren besten Romanen gehört „Frühling des Lebens" (dt. 1940).
Weitere Werke: Neue Heimat – Florida (R., dt. 1940, 1954 u.d.T. Die goldenen Äpfel), Der ewige Gast (R., dt. 1953).

Raynal, Paul [frz. rɛ'nal], * Narbonne 25. Juli 1885, frz. Dramatiker.
Die für sein Schaffen bestimmenden Erlebnisse waren die Weltkriege. Themen aus diesem Bereich gestaltet er in Anlehnung an das frz. klassizist. Drama. Seinen größten Erfolg hatte er mit dem Drama „Das Grabmal des unbekannten Soldaten" (dt. 1926). Weitere Antikriegsdramen sind „Die Marne" (dt. 1933) und „Das Menschenmaterial" (1935, dt. 1946).

Raynouard, François [Juste Marie] [frz. rɛ'nwa:r], * Brignoles (Var) 8. Sept. 1761, † Passy (heute zu Paris) 27. Okt. 1836, frz. Schriftsteller.
Rechtsanwalt; während der Frz. Revolution als Girondist eingekerkert; seit 1807 Mitglied der Académie française, 1817 ihr ständiger Sekretär; Dramatiker zwischen Klassizismus und Romantik, schrieb die Tragödien „Caton d'Utique" (1794) und „Les Templiers" (1805); bed. Arbeiten über die provenzal. Sprache und Literatur.

Razcvetnikov ↑ Raszwetnikow.

Razikašvili, Luka ↑ Wascha[-]Pschawela.

Rázus, Martin [slowak. 'ra:zus], * Vrbica 18. Okt. 1888, † Bries bei Neusohl 8. Aug. 1937, slowak. Dichter und Politiker.
Einfacher Herkunft, studierte in Preßburg und Edinburgh Theologie, nahm seit 1925 am polit. Leben seines Landes teil und wurde später ev. Pfarrer von Bries. Mit seiner frühen Lyrik, deren pessimist. Grundton in seinem Spätwerk wiederkehrt, gehört er zur slowak. Moderne. Widmete sich auch nationalen Themen. Beachtenswert sind ferner seine Memoiren.

Read, Sir Herbert Edward [engl. ri:d], * Kirkbymoorside (York) 4. Dez. 1893, † Stonegrave (York) 12. Juni 1968, engl. Schriftsteller und Kritiker.
Brach sein nach einer Banklehre begonnenes Studium zu Beginn des 1. Weltkriegs ab, arbeitete nach dem Krieg im Finanzministerium; 1931 Professor für Schöne Künste in Edinburgh; danach teils wissenschaftl., teils dichter. Arbeiten; 1953 geadelt. In seiner Lyrik bevorzugt R. freie Verse; er verbindet Sachlichkeit der Formulierung mit stilist. Eleganz. Sprachl. gleich eindrucksvoll sind seine Essays und wissenschaftl. Publikationen, die sich mit Problemen der Literatur, Philosophie und bildenden Kunst auseinandersetzen; auch Monographien über Maler (Kandinsky, Gauguin).
Hauptwerke: Naked warriors (Ged., 1919), Bild und Idee (Essay, dt. 1961), Erziehung durch Kunst (dt. 1962), Geschichte der modernen Malerei (dt. 1959), Geschichte der modernen Plastik (dt. 1966).
Literatur: Berry, F.: *H. R. New York 1953.*

Reade, Charles [engl. ri:d], * Ipsden (Oxford) 8. Juni 1814, † London 11. April 1884, engl. Schriftsteller.
Studierte in Oxford, wo er später seine Lehrtätigkeit aufnahm. R. erzielte in seinen sozialkrit. Werken durch genaue Materialstudien ein hohes Maß von Wirklichkeitstreue; sein Hauptwerk, „Kloster und Herd" (R., 1861; dt. 1901, 1948 u.d.T. „1466?", 1966 u.d.T. „Die weltl. und geistl. Abenteuer des jungen Herrn Gerard") vermittelt ein Kultur- und Sittenbild aus dem 15. Jahrhundert.
Weitere Werke: It is never too late to mend (R., 1853), Hard cash (R., 1863).

Rebell, Hugues [frz. rə'bɛl], eigtl. Georges Joseph Grassal, * Nantes 27. Okt. 1867, † Paris 6. März 1905, frz. Schriftsteller.

Anhänger der Royalisten. Verfasser von Gedichten, lebendig und farbig geschriebenen, bildkräftigen (meist histor.) Romanen und Novellen, von denen nur „La femme qui a connu l'Empereur" (R., 1898) und „Die heißen Nächte vom Kap" (R., 1902; dt. 1969) erfolgreich waren. Anfangs vom Symbolismus beeinflußt; bemühte sich später um klaren Ausdruck und strenge Formgebung im Sinn roman. Tradition.
Weitere Werke: Les méprisants (Ged., 1886), Les chants de la pluie et du soleil (Ged., 1894).

Rebhu, Jan ['re:phu] † Beer, Johann.

Rebhun (Rebhuhn), Paul, * Waidhofen an der Ybbs (Niederösterreich) um 1505, † Oelsnitz oder Voigtsberg nach dem 10. Mai 1546, dt. Dichter.
Studierte in Wittenberg, war befreundet mit Luther und Melanchthon; 1538 Rektor und Pfarrer in Plauen, 1543 Superintendent in Oelsnitz. Hervorragender Vertreter des prot. Schuldramas; versuchte die Technik des antiken Dramas auf christl. Stoffe anzuwenden: Verwendung des Chors, Einführung des 5hebigen Jambus und des 4hebigen Trochäus.
Hauptwerke: Ein Geystlich spiel von der Gottfürchtigen und keuschen Frawen Susannen (1536), Ein Hochzeitspil auff die Hochzeit zu Cana Galileae (1538).

Reboux, Paul [frz. rə'bu], eigtl. Henri Amillet, * Paris 21. Mai 1877, † Nizza 14. Febr. 1963, frz. Schriftsteller.
Journalist und Zeitungsherausgeber; wandte sich nach Anfängen als Lyriker und Dramatiker dem zeitgenöss. Sittenroman („Maisons de danse", 1904, dramatisiert von Nozière und Ch. Muller; „Der Leuchtturm", 1907, dt. 1926) und biograph. Liebesromanen zu („La vie amoureuse de Madame du Barry", 1927; „Liszt ou les amours romantiques", 1940); auch Lehrbücher der Kochkunst, des guten Benehmens u.a.; bemerkenswert seine literar. Parodien „À la manière de ..." (1908ff., zunächst mit Ch. Muller).

Rebreanu, Liviu [rumän. re'breanu], * Tîrlişiua (Siebenbürgen) 27. Nov. 1885, † Bukarest oder Piteşti 1. (?) Sept. 1944, rumän. Schriftsteller.
Lehrerssohn; Studium der Literatur in Budapest und Wien; später Direktor des Nationaltheaters in Bukarest; beging beim Einzug der Roten Armee Selbstmord. Gilt als Mitschöpfer und Wegbereiter des realist. rumän. Romans im 20. Jh.; Themen aus der Welt der Bauern.
Hauptwerke: Die Erde, die trunken macht (R., 1920; dt. 1941), Adam und Eva (R., 1925; dt. 1952), Der Aufstand (R., 1932; dt. 1942).

Récamier, Jeanne Françoise Julie Adélaïde [frz. reka'mje], geb. Bernard, * Lyon 4. Dez. 1777, † Paris 11. Mai 1849, frz. Schriftstellerin.
Ihr literar.-polit. Salon war zeitweise Treffpunkt der Gegner Bonapartes. Langjährige Freundschaft mit Chateaubriand. Aufschlußreich sind ihre Memoiren („Souvenirs", hg. 1852) und ihr Briefwechsel („Correspondance", hg. 1859).
Literatur: Leitich, A. T.: *Eine rätselhafte Frau. Juliette R. u. ihre Freunde. Düsseld.; Wien 1967.* – Bertaut, J.: *Madame R. Paris 1947.*

Rechte, Vom, um 1140 entstandenes mhd. Gedicht aus Kärnten, erhalten in der Millstätter Handschrift; kraftvoll-bildhafte Reimpredigt eines geistl. Dichters vom Walten der göttl. Ordnung im bäuerl. Lebensbereich.

Recke, Elisabeth (Elisa) von der, geb. Reichsgräfin von Medem, * Schloß Schönburg (Kurland) 1. Juni 1756, † Dresden 13. April 1833, dt. Schriftstellerin.
War in Mitau an der Entlarvung Cagliostros beteiligt; unternahm Reisen, u.a. nach Rußland und Italien; Freundschaft verband sie mit Lavater und Jung-Stilling. Auf Schloß Löbichau bei Altenburg, ihrem späteren Wohnsitz, versammelte sie Dichter und Gelehrte um sich. Sie schrieb interessante autobiograph. und Reisebücher sowie empfindsame geistl. Lyrik.
Hauptwerke: Geistl. Lieder (1780), Nachricht von des berüchtigten Cagliostro Aufenthalt in Mitau (Schr., 1787), Gedichte (1806), Tagebuch einer Reise durch einen Teil Deutschlands und durch Italien (1815–17).

Reck-Malleczewen, Friedrich [malə'tʃe:vən], * Gut Malleczewen (Ostpreußen) 11. Aug. 1884, † KZ Dachau 17. Febr. 1945, dt. Schriftsteller.
Offizier; Dr. med.; Reisen durch W-Europa, Südamerika, Mexiko, Nordamerika; freier Schriftsteller; 1944 verhaftet. In seinen Erzählungen schroffer Ggs. von Weichheit und Heftigkeit. „Bockelson" (1937) ist eine als histor. Studie getarnte massenpsycholog. Analyse des Nationalsozialismus. Auch Autor von Jugendschriften und Essays.
Weitere Werke: Die Dame aus New York (R., 1921), Des Tieres Fall (R., 1930), Tagebuch eines Verzweifelten (hg. 1947).

Redeke, Martin [niederl. 're:dəkə] † Dekker, Maurits Rudolph Joël.

Redentiner Osterspiel, niederdt. geistl. Drama; 1465 zuerst aufgeführt, in einer Redentiner Abschrift erhalten; Verfasser ist wahrscheinl. Peter Kalff, ein Mönch des Zisterzienserklosters Doberan. Das R. O. ist von süddt. Oster- und Passionsspielen beeinflußt. Neu gegenüber den Vorlagen ist der streng dualist. Aufbau mit der Haupthandlung im 1. Teil (Christi Auferstehung und Triumph über ird. und höll. Widersacher) und der gleichgewichtigen Gegenhandlung im 2. Teil (der Teufel füllt die Hölle wieder mit Sündern auf). Der 2. Teil enthält eine prachtvolle derbrealist., humorvolle und urwüchsige Ständesatire.
Ausgabe: Das R. O. De resurrectione. Hg. v. W. Krogmann. *Lpz. [2]1964.*
Literatur: Humburg, L.: *Die Stellung des R. O.s in der Tradition des mittelalterl. geistl. Schauspiels. Neumünster 1966.*

Redi, Francesco [italien. 'rɛ:di], * Arezzo 18. Febr. 1626, † Pisa 1. März 1698, italien. Gelehrter und Dichter.
Studierte in Florenz, war Leibarzt des Großherzogs von Toskana, beschäftigte sich mit biolog. Arbeiten und war als bed. Philologe an der Abfassung des Wörterbuchs der Accademia della Crusca beteiligt; unter seinen poet. Werken ragt das dithyramb. Gedicht auf den Wein „Bacco in Toscana" (1685) hervor.
Literatur: Belloni, A.: *F. R. Turin 1931.*

Reding, Josef, * Castrop-Rauxel 20. März 1929, dt. Schriftsteller.
Studierte Germanistik und Anglistik und hielt sich zu Studienzwecken u.a. in den USA auf. Seine Kurzgeschichten zeigen den Einfluß amerikan. Autoren; auch erfolgreiche Jugendbücher, Hörspiele, Übersetzungen.

Hauptwerke: Friedland (R., 1956), Nennt mich nicht Nigger (En., 1957), Wer betet für Judas? (En., 1958), Papierschiff gegen den Strom (En., Hörspiele u.a., 1963), Ein Scharfmacher kommt (En., 1967), Zwischen den Schranken (En., 1967).

Redol, António Alves [portugies. rrə'ðɔl], * Vila Franca de Xira bei Lissabon 29. Dez. 1911, portugies. Schriftsteller.
Verbrachte seine Jugend z.T. in Angola und war u.a. Büroangestellter, Verkäufer und Drucker, bevor er sich dem Journalismus und der Literatur zuwandte; Reisen in Europa, Verfasser realist. und sozialkrit. Romane; auch Dramen und Lyrik.
Hauptwerke: Glória (R., 1938), Gaibéus (R., 1939), Marés (R., 1941), Fanga (R., 1943), Anúncio (R., 1945), Port-Wine (R., 1949ff.), Os Reinegros (R., 1952), A barca dos sete lemes (R., 1958).

Regas ↑ Rigas.

Regenboge[n], Barthel, mhd. Fahrender, Spruchdichter und Minnesänger.
Um 1300 als Schmied in Mainz bezeugt; wurde durch einen Dichterwettstreit mit Heinrich von Meißen (Frauenlob) in Mainz bekannt; Vorläufer der Meistersinger.

Regensburg, Berthold von ↑ Berthold von Regensburg.

Regensburg, Burggraf von ↑ Rietenburg, Burggraf von.

Regensburg, Lamprecht von ↑ Lamprecht von Regensburg.

Reger, Erik, eigtl. Hermann Dannenberger, * Bendorf 8. Sept. 1893, † Wien 10. Mai 1954, dt. Schriftsteller und Journalist.
1919–27 im Pressebüro der Firma Krupp tätig, dann Theaterkritiker und Verlagslektor; seit 1945 Hg. der Berliner Zeitung „Der Tagesspiegel"; schrieb kenntnisreiche und krit. Romane, v.a. über die dt. Großindustrie und ihre polit. Vertreter. Sein Erstlingswerk, der Roman aus dem Industriellenmilieu „Union der festen Hand" (1931), wurde mit dem Kleist-Preis ausgezeichnet (1933 verboten). Später schrieb R. Romane, in denen er Landschaft und Menschen des Rheinlandes in ihrer schicksalhaften Bindung darstellt.
Weitere Werke: Das wachsame Hähnchen (R., 1932), Schiffer im Strom (R., 1933), Zwei Jahre nach Hitler (Essay, 1947).

Régio, José [portugies. 'rrɛʒiu], eigtl. J. Maria dos Reis Pereira, * Vila do Conde 17. Sept. 1901, † ebd. 22. Dez. 1969, portugies. Dichter.
Romanistikstudium in Coimbra; Gymnasiallehrer in Portalegre; Lyriker aus dem Kreis der „Presença", auch Verfasser von z.T. satir. Dramen, psycholog. Gesellschaftsromanen und zeitkrit. Essays.
Hauptwerke: Poemas de Deus e do diabo (Ged., 1929), Biografia (Ged., 1929), As encruzilhadas de Deus (Ged., 1936), Fado (Ged., 1941), Mas Deus é grande (Ged., 1945), A velha casa (R., 1945ff.), A salvação do mundo (Dr., 1954), Filho do homem (Ged., 1961).

Regnard, Jean-François [frz. rə'ɲa:r], * Paris 7. Febr. 1655, † Schloß Grillon bei Dourdan (Essonne) 4. Sept. 1709, frz. Dramatiker.
Aus wohlhabender Familie; bereiste, z.T. unter abenteuerl. Umständen (als Sklave nach Algier und Konstantinopel verkauft), seit etwa 1675 u.a. N-Europa und die Türkei, kaufte sich nach seiner Rückkehr ein öffentl. Amt und ließ sich in Paris nieder. Einer der hervorragendsten Lustspieldichter seiner Zeit, pflegte die Farce ebenso wie die Sitten- und Charakterkomödie, ohne allerdings Molière zu erreichen. Sein Meisterwerk ist „Der Universalerbe" (1708, dt. 1757); daneben „Le divorce" (Kom., 1688), „Der Zerstreute" (Kom., 1697; dt. 1752), „Les folies amoureuses" (Kom., 1704), „Les Ménechmes" (Kom., 1705; dt. 1900 u.d.T. „Menanders Abenteuer in Paris oder..."; nach Plautus) u.a.; autobiograph. ist sein Roman „La Provençale" (hg. 1731).

Regnart (Regnard), Jacob [niederl. rɛn'ja:r], * Douai um 1540, † Prag 16. Okt. 1599, fläm. Komponist und Liederdichter.
Kaiserl. Vizekapellmeister in Prag. R. erneuerte das weltl. dt. Kunstlied, er führte nach italien. Vorbild kunstvollere Formen in die dt. Dichtung ein. Seine Lieder sind spieler., pointiert, metr. kunstvoll gebaut und im Geschmack der höf. italien. Unterhaltungsmusik vertont. Hg. von Liedersammlungen.
Hauptwerk: Kurzweilige teutsche Lieder ... (1576ff.).

Régnier, Henri [François Joseph] de [frz. re'ɲe], Pseudonym Hugues Vignix, * Honfleur (Calvados) 28. Dez. 1864, † Paris 23. Mai 1936, frz. Dichter.
Geriet während des Studiums in Paris unter den Einfluß der symbolist. Dichtergeneration; seit 1911 Mitglied der Académie française; einer der bedeutendsten Vertreter des frz. Symbolismus, wandte sich später einem neoklassizist. Stil zu; auch Romancier und Essayist.
Hauptwerke: Les lendemains (Ged., 1885), Les jeux rustiques et divins (Ged., 1897), Les médailles d'argile (Ged., 1900), In doppelten Banden (R., dt. 1904), La cité des eaux (Ged., 1902), La sandale ailée (Ged., 1906), L'escapade (E., 1926), Le voyage d'amour (R., 1930).
Literatur: Buenzod, E.: *H. de R. Avignon 1966.* – Morier, H.: *H. de R. Genf 1943.*

Régnier, Marie Louise Antoinette de [frz. re'ɲe] ↑ Houville, Gérard d'.

Régnier, Mathurin [frz. re'ɲe], * Chartres 21. Dez. 1573, † Rouen 22. Okt. 1613, frz. Dichter.
Meist im Dienst hoher kirchl. und weltl. Würdenträger; 1609 Kanoniker in Chartres; von Heinrich IV. bis zu dessen Tod finanziell unterstützt. Neigung zu Ausschweifungen. Berühmt durch scharfe Satiren gegen Mängel der Zeit nach dem Vorbild des Horaz, glänzender Gestalter von Menschen und deren Sitten. Gegner der engen poet. Regeln Malherbes.
Hauptwerke: Poésies diverses (Ged., 1608), Satires (1608–13).
Literatur: Schnapauff, S.: *Das Prinzip der „bisarrérie" in R.s Satiren. Diss. Kiel 1961 [Masch.].* – Reger, K. F.: *M. R.s literargeschichtl. Bedeutung. Diss. Mchn. 1937.*

Régnier, Paule [frz. re'ɲe], * Fontainebleau 19. Juni 1890, † Paris 6. Dez. 1950 (Selbstmord), frz. Schriftstellerin.
Behandelt in ihren Romanen religiöse Probleme und weiß persönl. erfahrene Enttäuschung, Verzweiflung, Einsamkeit und Schmerz überzeugend zu schildern. Entscheidendes Erlebnis war ihre Liebe zu dem 1915 gefallenen Dichter Paul Drouet. Bed. ist ihr Tagebuch „Am Schmerz gescheitert" (dt. 1953).

Weitere Werke: La vivante paix (R., 1924), Das enterbte Herz (R., 1934; dt. 1950), Versuchung (R., 1941; dt. 1952), Die Netze im Meer (R., 1948; dt. 1952).

Reguera, Ricardo Fernández de la ↑ Fernández de la Reguera, Ricardo.

Rehberg, Hans, * Posen 25. Dez. 1901, † Duisburg 20. Juni 1963, dt. Dramatiker.
Bearbeitete biograph. und histor. Stoffe, schrieb bühnenwirksame Dramen. Seinen Ruhm begründeten seine fünf Dramen aus der preuß. Geschichte („Die Preußen-Dramen", 1937). R. gilt als starke, aber umstrittene dramat. Begabung; auch Hörspielautor.
Weitere Werke: Heinrich und Anna (Dr., 1942), Karl V. (Dr., 1943), Heinrich VII. (Dr., 1947), Der Gattenmord (Trag., 1953), Der Muttermord (Trag., 1953), Rembrandt (Dr., 1956).

Rehfisch, Hans José, Pseudonyme Georg Turner, René Kestner, * Berlin 10. April 1891, † Schuls (Graubünden) 9. Juni 1960, dt. Dramatiker.
Dr. jur. et rer. pol.; gab die jurist. Laufbahn auf und wurde Theaterleiter in Berlin; lebte seit 1936 in der Emigration (v. a. in den USA), seit 1950 wieder in Deutschland. Schrieb publikumswirksame Dramen mit aktualitätsbezogen-histor. Thematik, u. a. „Die Affäre Dreyfus" (Dr., 1929; mit W. Herzog); die Tragikomödie „Wer weint um Juckenack?" (1924) hatte Welterfolg. R. schrieb auch Drehbücher, Romane und Hörspiele.
Weitere Werke: Die goldenen Waffen (Trag., 1913), Der Chauffeur Martin (Trag., 1920), Razzia (Tragikom., 1926), Oberst Chabert (Schsp., 1955).
Ausgabe: H. J. R. Ausgew. Werke. Hg. v. der Dt. Akademie der Künste zu Bln. Bln. 1967. 4 Bde.
Literatur: Angermayer, F. A.: *Problemdichter H. J. R. In: Bll. der württemberg. Volksbühne 10 (1929), 38.*

Rehmann, Ruth, * Siegburg 1. Juni 1922, dt. Schriftstellerin.
Dolmetscherschule, Studium der Kunstgeschichte, Archäologie und Germanistik, dann Musik; gehört zur „Gruppe 47"; Erzählerin und Hörspielautorin.
Werke: Illusionen (R., 1959), Die Leute im Tal (R., 1968).

Rehn, Jens, eigtl. Otto J. Luther, * Flensburg 18. Sept. 1918, dt. Schriftsteller.
Besuchte das Konservatorium, war Marineoffizier, nach dem Krieg freier Schriftsteller und Komponist, seit 1950 Rundfunkredakteur in Berlin. Schildert in seinen Erzählwerken in meisterhafter Sprache menschl. Extremsituationen bei weitgehendem Verzicht auf Handlung; auch Hörspiele.
Hauptwerke: Nichts in Sicht (E., 1954), Feuer im Schnee (R., 1956), Die Kinder des Saturn (R., 1959), Der Zuckerfresser (En., 1961), Das neue Bestiarium der dt. Literatur (Autorenporträts, 1963), Kyushu Nikki (En., 1965), Das einfache Leben und der schnelle Tod (En., 1966).

Reichenau, Hermann von ↑ Hermann von Reichenau.

Reichersberg, Gerho[c]h von ↑ Gerho[c]h von Reichersberg.

Reicke, Ilse, * Berlin 4. Juli 1893, dt. Schriftstellerin.
Redakteurin, Dozentin; war ⚭ mit H. von Hülsen. Sie schrieb Gedichte, Novellen, Romane, Essays und Biographien, in denen sie sich v. a. mit bed. Frauengestalten und Fragen zur Frauenbewegung auseinandersetzt; auch Hörspiele.
Hauptwerke: Das schmerzl. Wunder (Ged., 1914), Der Weg nach Lohde (R., 1919, 1930 u. d. T. Leichtsinn, Lüge, Leidenschaft), Berühmte Frauen der Weltgeschichte (Essays, 1930), Berta von Suttner (Biogr., 1952).

Reid, Forrest [engl. ri:d], * Belfast 24. Juni 1875, † Warrenpoint (Nordirland) 4. Jan. 1947, ir. Schriftsteller.
Studierte in Cambridge. Schrieb unter dem Einfluß von H. James Jugend- und Erziehungsromane in gepflegtem, oft poet. Prosastil, ferner autobiograph. Werke („Apostate", 1926; „Private road", 1940) und literaturkrit. Studien.
Weitere Werke: The garden god (R., 1905), Following darkness (R., 1912, 1937 u. d. T. Pater Waring), The spring song (R., 1916), Pirates of the spring (R., 1919), Young Tom (R., 1944).

Reimann, Hans, Pseudonyme Artur Sünder, Hanns Heinz Vampir, M. Bunge, * Leipzig 18. Nov. 1889, † Schmalenbeck bei Hamburg 13. Juni 1969, dt. Schriftsteller.
Philologiestudium, Besuch der Kunstakademie, Teilnahme am 1. Weltkrieg, 1924–29 Hg. der satir. Zeitschrift „Das Stachelschwein", seit 1952 Verfasser und Hg. des literaturkrit. Almanachs „Literazzia"; zeitweise Kabarettist; schrieb ferner humorist. Romane, Grotesken, Satiren, Feuilletons und Gedichte, z. T. in sächs. Mundart; Mitverfasser von Lustspielen („Das Ekel", 1924, mit Toni Impekoven; „Die Feuerzangenbowle", 1936, mit H. Spoerl); auch Drehbuchautor.
Weitere Werke: Die Dame mit den schönen Beinen (Grotesken, 1916), Sächs. Miniaturen (1921 ff.), Vergnügl. Handbuch der dt. Sprache (1931), Reimann reist nach Babylon. Aufzeichnungen eines Spießers (1956), Mein blaues Wunder. Lebensmosaik eines Humoristen (1959).

Reimar von Hagenau ↑ Reinmar von Hagenau.

Reimar von Zweter ↑ Reinmar von Zweter.

Reimhardt der Jüngere, Johann Heinrich ↑ Merck, Johann Heinrich.

Reimmichl, eigtl. Sebastian Rieger [...çəl], * Sankt Veit im Defereggen 28. Mai 1867, † Heiligkreuz bei Solbad Hall in Tirol 2. Dez. 1953, östr. Volksschriftsteller.
Kath. Priester; seit 1925 Hg. von „R.s Volkskalender"; humorvoller Schilderer des Tiroler Bauernlebens.
Hauptwerke: Aus den Tiroler Bergen (En., 1898), Alpenglühen (En., 1921), Das Auge der Alpen (E., 1924), Esau und Jakob (E., 1925).

Reinacher, Eduard, * Straßburg 5. April 1892, † Stuttgart-Bad Cannstatt 16. Dez. 1968, dt. Schriftsteller.
Studierte Philosophie; Redakteur, Dramaturg; freier Schriftsteller. In Dramen, Hörspielen, Lyrik und Prosawerken läßt R. Landschaft, Geschichte und Mythos seiner Heimat erstehen.
Hauptwerke: Der Bauernzorn ... (Dramen, 1922), Elsässer Idyllen und Elegien (1925), Bohème in Kustenz (R., 1929), Silberspäne (Ged., 1930), Der Narr mit der Hacke (Hsp., 1931), Der starke Beilstein (E., 1938), Der Tintenbaum (Kleinprosa, 1956).

Reinaerde, Van den Vos [niederl. 'rɛi̯na:rdə], mittelniederl. Versepos, um 1250 nach frz. Quelle

entstanden. Der 1. Teil, eine freie Fassung der frz. Vorlage, wird Aernout zugeschrieben; der 2. Teil ist eine frei erfundene Forts. vermutl. von Willem (Verfasserfrage noch nicht geklärt). Diese erste Fassung des Epos (Reinaerde I) wurde um 1375 von einem Unbekannten erneut bearbeitet, dabei um mehr als 400 Verse erweitert. Hinrek van Alkmar schuf um 1487 eine moralisierende Fassung. Übersetzung ins Niederdt. („Reynke de Vos"). Hinter der Fabel des Epos steht die Erkenntnis, daß nicht der Edle, sondern der Schlaue erfolgreich ist.
Literatur: † Reineke Fuchs.

Reina y Montilla, Manuel [span. 'rrɛina i mɔn'tiʎa], * Puente Genil (Córdoba) 1856, † ebd. 1905, span. Dichter.
Studierte in Sevilla und Madrid; Jurist, auch polit. tätig; Lyriker unter dem Einfluß des Parnasse, Vorläufer des Modernismo, von Rubén Darío geschätzt, schrieb Gedichte in andalus. Farbenfülle, u.a. „Andantes y allegros" (1877), „El jardín de los poetas" (1899), „Robles de la selva sagrada" (hg. 1906).

Reinbot von Dürne (Durne, Turn) [...bɔt], mhd. Dichter der 1. Hälfte des 13. Jh.s aus Bayern.
Schrieb nach 1231 im Auftrag Herzog Ottos II. von Bayern – wohl nach einer lat. oder frz. Vorlage – die Legende vom hl. Georg, die er in höf. Form gestaltete und ins Ritterl.-Abenteuerliche umdeutete. R. steht in der Nachfolge Wolframs von Eschenbach.

Reineke Fuchs (Reinecke Fuchs), auf Äsops Tierfabel zurückgehendes Tierepos, dessen mittelniederdt. Fassung „Reynke de Vos" (Druck Lübeck 1498) auf einer niederl. Bearbeitung „Reinaerde" Hinreks van Alkmar basiert; der mittelniederdt. Versfassung sind erklärende Prosaglossen angefügt; das Epos war wegen der hinter den Eigenschaften der Tiere sich verbergenden und verspotteten menschl. Eigenschaften und der eingeflossenen Kritik an den Zuständen der Zeit sehr erfolgreich. Eine hochdt. Übersetzung war der Ausgangspunkt für Gottscheds Prosafassung, auf die wiederum Goethes Epos „Reineke Fuchs" zurückgeht.
Ausgaben: R. F. Das niederdt. Epos Reynke de Vos v. 1498. Übertragung u. Nachwort v. K. Langosch. *Stuttg. 1967. – Reinke der F. Nhd. Übertragung. Hg. v.* K. Batt. *Bremen 1964. – Reinke de Vos. Hg. v.* A. Leitzmann. *Halle* ^{3}*1960.*
Literatur: Krogmann, W.: *Die Vorlage des „Reynke de Vos". In: Niederdt. Jb. 87 (1964), 29.* – Storost, J.: *Die Vorgesch. des Reinhart Fuchs. In: Worte u. Werte. Bruno Markwardt zum 60. Geburtstag. Hg. v.* G. Erdmann *u.* A. Eichstaedt. *Bln. 1961.* – Graf, A.: *Die Grundlage des R. F. Diss. Würzb. 1922.* – † auch Heinrich der Glichesaere.

Reiner, Max [engl. 'raɪnə] † Caldwell, [Janet] Taylor.

Reinhart, Josef, * Rüttenen 1. Sept. 1875, † Solothurn 14. April 1957, schweizer. Dichter.
Mittelschullehrer; Verfasser frischer, unmittelbarer, humorvoller Erzählungen und Theaterstücke (meist in Mundart). Seine Lieder von Heimweh und Liebe wurden z.T. Volksgut.
Hauptwerke: Liedli ab em Land (1897), Gschichtli ab em Land (1901), D'Erbschaft us Amerika (Lsp., 1910).

Reinick, Robert, * Danzig 22. Febr. 1805, † Dresden 7. Febr. 1852, dt. Dichter.
War auch als Maler, Zeichner und Buchillustrator tätig. Steht als Erzähler und Lyriker der Spätromantik nahe, doch zeigt bes. seine Prosa biedermeierl. Einschlag. Seine gesammelten Dichtungen erschienen 1873 u.d.T. „Märchen-, Lieder- und Geschichtenbuch".
Literatur: Hassbargen, H.: *R. R. Danzig 1932.*

Reinig, Christa, * Berlin 6. Aug. 1926, dt. Lyrikerin.
Blumenbinderlehre, dann Studium der Kunstgeschichte und christl. Archäologie in Berlin (Ost), Assistentin am Märk. Museum ebd., seit 1964 in der BRD. Einfluß Brechts. Ereignisse und Gegenstände gewinnen durch nüchterne Sprache, banalen Rhythmus und blockhafte Konfrontation zweier Vorstellungswelten oder die Darstellung grauenhafter Existenz mit parodist. verwendeten traditionellen Formelementen ein schockerzeugendes Spannungsverhältnis; auch Prosa und Hörspiele.
Hauptwerke: Die Steine von Finisterre (Ged., 1960), Der Traum meiner Verkommenheit (Prosa, 1961), Gedichte (1963), Drei Schiffe (Prosa, 1965), Kleine Chronik der Osterwoche (Hsp., Ursendung 1965), Aquarium (Hsp., Ursendung 1967), Schwabinger Marterln (Grabsprüche, 1968), Orion trat aus dem Haus (Kurzgeschichten, 1968).
Literatur: Hausmann, M.: *Ch. R. oder Die Poesie der Nüchternheit. In: Jb. der Akademie der Wiss. u. der Lit., Mainz (1965), 238.* – Hausmann, M.: *Laudatio auf Ch. R. In: Eckart-Jb. (1964/65), 175.*

Reinmar (Reimar) von Hagenau, auch R. der Alte, * zwischen 1160 und 1170, † vor 1210, mhd. Dichter.
Stammte vermutl. aus dem Elsaß; kam wohl 1190 oder wenig später an den Wiener Hof Leopolds V. von Österreich, wo er wahrscheinl. Hofdichter war; die Teilnahme an einem Kreuzzug wird mit zieml. Sicherheit angenommen. Meister der hohen Minnelyrik, an dem sich alle Zeitgenossen, auch der spätere Rivale Walther von der Vogelweide, schulten. Für R. ist das Wesen der Minne immerwährende Sehnsucht und Verzicht auf Erfüllung.
Literatur: Maurer, F.: *Die „Pseudoreimare". Fragen der Echtheit, der Chronologie u. des „Zyklus" im Liedercorpus R.s des Alten. Hdbg. 1966.* – Schneider, Hermann: *Die Lieder R.s des Alten. Ein Versuch. In: Dt. Vjschr. f. Literaturwiss. u. Geistesgesch. 17 (1939), 312.* – Burdach, K.: *R. der Alte u. Walther v. der Vogelweide. Halle* ^{2}*1928.* – Kraus, C. v.: *Die Lieder Reimars des Alten. Mchn. 1919. 3 Tle.*

Reinmar (Reimar) von Zweter, * Zeutern bei Heidelberg (?) um 1200, † nach 1252 (vielleicht um 1260), ▭ Eßfeld bei Ochsenfurt, mhd. Spruchdichter.
Unstetes Wanderleben führte ihn nach Wien, Prag, später ins Rheinland; Spruchdichtung (v.a. polit. Sprüche) nach dem Vorbild Walthers von der Vogelweide drängt Minnedichtung zurück. Vorbild der Meistersinger.
Ausgabe: R. v. Z. Gedichte. Hg. v. G. Roethe. *Lpz. 1887. Nachdr. Hildesheim 1969.*
Literatur: Wögerbauer, E.: *Wörterb. zu R. dem Z. Diss. Wien 1925 [Masch.].* – Bonjour, E.: *R. v. Z. als polit. Dichter. Ein Beitrag zur Chronologie seiner polit. Sprüche. Bern 1922.*

Reis, Ricardo [portugies. rrɐiʃ] ↑ Pessoa, Fernando António Nogueira de Seabra.

Reisiger, Hans, * Breslau 22. Okt. 1884, † Garmisch-Partenkirchen 29. April 1968, dt. Schriftsteller und Übersetzer.
Jura- und Philosophiestudium, freier Schriftsteller; Gründungsmitglied der Dt. Akademie für Sprache und Dichtung; machte sich durch zahlreiche Übersetzungen engl., amerikan. und frz. Literatur, bes. der Werke W. Whitmans, verdient. Von seinen Werken fanden die Jugendbiographie R. Wagners, „Unruhiges Gestirn" (1930), der Maria-Stuart-Roman „Ein Kind befreit die Königin" (1939) und die Erzählung „Aeschylos bei Salamis" (1952) großen Anklang.
Weitere Werke: Stille Häuser (Novellen, 1910), Maria Marleen (R., 1911), Jakobsland (R., 1913), Totenfeier (Ged., 1916).

Reisner, Larissa Michailowna; tl.: Rejsner, Larisa Mihajlovna [russ. 'rjejsnɪr], auch L. M. Reissner, * Lublin 13. Mai 1895, † Moskau 9. Febr. 1926, russ.-sowjet. Schriftstellerin.
Tochter eines Juraprofessors, mit dem sie nach ersten literar. Versuchen 1914–16 die satir. Zeitschrift „Rudin" herausgab; wurde 1917 aktive Revolutionärin und gelangte in hohe Staatsstellungen; war u.a. im diplomat. Dienst in Afghanistan. Orientierte sich in Lyrik und Prosa stilist. an den Symbolisten und Akmeisten, bes. an Gumiljow; pflegte viele, auch journalist. Formen; eine repräsentative Auswahl aus ihrem Werk erschien dt. 1926 u.d.T. „Oktober".

Reis Pereira, José Maria dos [portugies. 'rrɐiʃ pə'rɐirɐ] ↑ Régio, José.

Reiss-Andersen, Gunnar [norweg. 'rɛis'anərsən], * Larvik 21. Aug. 1896, † Arendal 30. Juli 1964, norweg. Schriftsteller.
Journalist, zeitweise in Paris; während des 2. Weltkrieges in Schweden als Flüchtling. Vielseitiger Lyriker, Liebes- und Naturlyrik, Kampflyrik während des Krieges; auch lyr. Prosaromane.

Reissner ↑ Reisner.

Reizenstein, Elmer [engl. 'raɪznstaɪn] ↑ Rice, Elmer L.

Rej z Nagłowic, Mikolaj [poln. 'rɛj zna'gu̯ɔvits], * Żórawno bei Galitsch 4. Febr. 1505, † Rejowiec (Lublin) 4. Okt. (?) 1569, poln. Dichter.
Stammte aus einer Landadelsfamilie, besuchte in Krakau die Akademie, wurde Sekretär des Woiwoden von Sandomierz, lebte seit 1530 auf dem Lande. 1546 trat er zum Kalvinismus über, von König Sigismund II. August zum königl. Sekretär bestellt. R., der als erster bed. weltl. Schriftsteller Polens gilt, schrieb, trotz Anlehnung an fremde Vorbilder, originelle Lieder, Satiren und Epigramme in der farbigen Sprache des Volkes.

Rejment, Władysław Stanisław [poln. 'rɛjmɛnt] ↑ Reymont, Władysław Stanisław.

Rejsner ↑ Reisner.

Rellstab, Ludwig, Pseudonym Freimund Zuschauer, * Berlin 13. April 1799, † ebd. 28. Nov. 1860, dt. Schriftsteller.
Kriegsschule in Berlin, Artillerieoffizier, Lehrer für Mathematik und Geschichte an einer Brigadeschule, seit 1826 einflußreicher Musikreferent der „Voss. Zeitung", 1830–41 Hg. der Musikzeitschrift „Iris ..."; als sein Hauptwerk gilt der Napoleon-Roman „1812" (1834), ferner weitere Romane, Erzählungen, Dramen, Opernlibretti und Gedichte, von denen einige Schubert vertonte (u.a. „Ständchen").

Remarque, Erich Maria [rə'mark], eigtl. E. Paul Remark, * Osnabrück 22. Juni 1898, dt. Schriftsteller.
War in verschiedenen Berufen tätig, ehe ihm der Welterfolg des Kriegsromans „Im Westen nichts Neues" (1929) ein Leben als freier Schriftsteller ermöglichte; desillusionierende und schockierende Darstellung der Weltkriegserlebnisse; seit 1929 lebte R. meist im Ausland; die Nationalsozialisten verbrannten seine Bücher und entzogen ihm 1938 die dt. Staatsangehörigkeit. Seit 1947 amerikan. Staatsbürger mit Wohnsitzen in den USA und der Schweiz. Erfolgreich auch mit weiteren reportageartigen Romanen (z.T. verfilmt) und mit Dramen.
Weitere Werke: Drei Kameraden (R., dt. 1938), Arc de Triomphe (R., dt. 1946), Der Funke Leben (R., 1952), Zeit zu leben und Zeit zu sterben (R., 1954), Der schwarze Obelisk (R., 1956), Die Nacht von Lissabon (R., 1962).
Ausgabe: E. M. R. Ges. Werke in Einzelbden. Köln ¹⁻⁵1956–64. 6 Bde.
Literatur: Wegner, I.: *Die Problematik der „verlorenen Generation" u. ihre ep. Gestaltung im Romanwerk E. M. R.s. Diss. Jena 1965 [Masch.].* – ↑ auch Renn, Ludwig.

Remisow, Alexei Michailowitsch; tl.: Remizov, Aleksej Mihajlovič [russ. 'rjemizɐf], * Moskau 7. Juli 1877, † Paris 28. Nov. 1957, russ. Schriftsteller.
Studierte Naturwissenschaft an der Moskauer Universität, die er nach seinem Eintritt in eine radikale sozialist. Gesellschaft verlassen mußte; wurde verbannt; seit 1905 in Petersburg; emigrierte 1921 nach Berlin, 1923 nach Paris. R., einer der originellsten Stilisten der modernen russ. Literatur, vereinigt in seinem umfangreichen Werk zahlreiche Einflüsse; stilist., stoffl. und religiös-eth. Anregungen kamen v.a. von Gogol, Dostojewski und Leskow, dem er besonders durch die ausgiebige Verwendung folklorist. Traditionen nahesteht. R., dessen Ziel es war, durch eine enge Verbindung kunstvoll stilisierter, symbolist. Prosa und Volkssprache neue Ausdrucksmöglichkeiten zu erschließen, schrieb häufig gattungsmäßig schwer bestimmbare Prosawerke, die dem Surrealismus nahestehen; R.s ornamentale Prosa, die reich an rhetor. Figuren, Neologismen und überraschenden sprachl. Effekten ist, hatte starke Wirkung bes. auf die Gruppe der „Serapionsbrüder", auf Leonow, Pilnjak und Samjatin.
Hauptwerke: Tschasy (= Die Uhr, R., 1904), Prud (= Der Teich, R., 1911), Die Schwestern im Kreuz (E., dt. 1913), Prinzessin Mymra (En., dt. 1917), Legenden und Geschichten (dt. 1919), In blauem Felde (E., dt. 1924), Sga (En., 1925), Stella Maria maris (Legenden, dt. 1929), Das knöcherne Schloß (En., dt. 1965).
Literatur: Geib, K.: *Aleksej Michajlovič Remizov. Stilstudien. München 1969.*

Renan, [Joseph] Ernest [frz. rə'nã], * Tréguier (Côtes-du-Nord) 27. Febr. 1823, † Paris 2. Okt. 1892, frz. Schriftsteller und Religionsphilosoph.
Nach kurzem Besuch des Priesterseminars Studium der Orientalistik und der christl.-jüd. Religionsgeschichte; 1862 Professur, die ihm bald

wieder entzogen wurde; Orientreisen; 1871 wieder Professor am Collège de France; 1878 Mitglied der Académie française. Glänzender Stilist mit popularisierender, positivist.-kulturoptimist. Tendenz. Sein Hauptwerk, „Das Leben Jesu" (dt. 1864; 1. Bd. seiner „Histoire des origines du christianisme", 1863–81), das die histor.-krit. Forschung des 19. Jh.s berücksichtigt, brachte ihm neue Schwierigkeiten, weil das Wirken Jesu aus den histor. Gegebenheiten erklärt wird. R.s Dramen sind heute vergessen.
Literatur: Paganelli, Don S.: *E. R. Uzès; Paris 1966.* – Millepierres, F.: *La vie d'E. R., sage d'Occident. Paris 1961.* – Chaix-Ruy, J.: *R. Paris 1956.* – Küchler, W.: *E. R. Der Dichter u. der Künstler. Gotha 1921.*

Renard, Jules [frz. rə'na:r], * Châlons-du-Maine (Mayenne) 22. Febr. 1864, † Paris 22. Mai 1910, frz. Schriftsteller.
Wuchs im Nivernais auf, wandte sich später in Paris dem Journalismus und der Literatur zu; Mitbegründer des „Mercure de France", befreundet mit Marcel Schwob, Edmond Rostand, Lucien Guitry u. a., 1907 Mitglied der Académie Goncourt. Verfasser bed., psycholog. vertiefter naturalist. Romane und Dramen; begann nach Anfängen als Lyriker mit Novellen aus dem Leben der Bauern seiner normann. Heimat („Crime de village", 1888; „Sourires pincés", 1890, und „L'écornifleur", 1892) und wandte sich dann vorwiegend dem Roman und der Bühne zu; sehr bekannt wurde sein Roman eines ungeliebten Kindes „Poil de carotte" (1894, dt. 1946 u. d. T. „Rotfuchs"; auch erfolgreich als Drama, 1900, dt. 1901 u. d. T. „Fuchs"); ein wertvolles psycholog. Dokument ist sein „Journal 1887–1910" (hg. 1928).
Weitere Werke: Le vigneron dans sa vigne (R., 1894), Naturgeschichten (En., 1896; dt. 1960), Le pain de ménage (Dr., 1899).
Literatur: Guichard, L.: *Dans la vigne de R. Paris 1966.* – Guichard, L.: *R. Paris 1961.* – Pollitzer, M.: *J. R., 1864–1910. Sa vie, son œuvre. Paris 1956.*

Renart, Roman de † Roman de Renart.

Rendl, Georg [...dəl], * Zell am See 1. Febr. 1903, östr. Schriftsteller.
Verschiedene Berufe, u. a. Bienenzüchter, Bergmann und Glasbläser; freier Schriftsteller. R. schöpft als Erzähler, Dramatiker und Lyriker aus der heimatl. Landschaft, aus Volkstum und Glauben. Für die Bühne schuf er zahlreiche Mysterien- und Evangelienspiele; schrieb auch Hörspiele und Jugendbücher.
Hauptwerke: Der Bienenroman (1931), Die Glasbläser (R.-Trilogie, 1935–37), Elisabeth, Kaiserin von Österreich (Dr., 1937), Ein Mädchen (R., 1954).

Renn, Ludwig, eigtl. Arnold Friedrich Vieth von Golssenau, * Dresden 22. April 1889, dt. Schriftsteller.
Stammt aus sächs. Uradel; gab kurz nach dem 1. Weltkrieg die Heeres- und Polizeioffizierslaufbahn auf, studierte u. a. Jura und Nationalökonomie und trat 1928 der KPD bei; 1929–32 Mithg. der „Linkskurve"; im Dritten Reich verfolgt, 2½jährige Gefängnishaft bis 1935; 1936 Emigration, Kommandeur im Span. Bürgerkrieg, 1939–47 in Mexiko, seit 1947 Professor für Anthropologie an der TH Dresden, seit 1952 freier Schriftsteller in Berlin (Ost). Sein reportageartiger Roman „Krieg" (1928), in dem er den Krieg aus der Sicht des einfachen Soldaten zeigt, wurde ein Welterfolg. In der Forts. „Nachkrieg" (1930) schildert R. die innenpolit. Konflikte von 1919/20. R. schrieb ferner zeitgeschichtl. Erlebnisberichte („Der span. Krieg", 1955), Autobiographisches („Adel im Untergang", R., 1944; „Meine Kindheit und Jugend", 1957) und Jugendbücher („Trini", 1954; „Auf den Trümmern des Kaiserreichs", 1961).
Ausgabe: L. R. Ges. Werke in Einzelausgg. Bln. 1–21962ff. Auf ca. 10 Bde. berechnet.
Literatur: Schild, J.: *Schriftstellerische Methode u. erzähler. Eigenart L. R.s. Diss. Jena 1966 [Masch.].* – Toper, P./Antkowiak, A.: *L. R. Erich Maria Remarque. Leben u. Werk. Bln. 1965. – L. R. zum 70. Geburtstag. Bln. 1959.*

Repgow, Eike von † Eike von Repgow.

Reschetnikow, Fjodor Michailowitsch; tl.: Rešetnikov, Fedor Mihajlovič [russ. rɪ'ʃetnikɐf], * Jekaterinburg (heute Swerdlowsk) 17. Sept. 1841, † Petersburg (heute Leningrad) 21. März 1871, russ. Schriftsteller.
War im jurist. Staatsdienst tätig; lebte zuletzt in Petersburg; schrieb außer Dramen und Versdichtungen v. a. betont realist. Romane, Erzählungen und Skizzen ohne besondere Berücksichtigung ästhet. Kriterien; R.s sozialkrit. Absicht zeigt v. a. sein Hauptwerk, die Erzählung „Die Leute von Podlipnaja" (1864, dt. 1907), in der er seine aus eigener Anschauung gewonnenen Erfahrungen mit fast unkultivierten, erniedrigten finn. Bauern in der Gegend von Perm protokollierte.

Resende, Garcia de [portugies. rrɛ'zendə], * Évora um 1470, † ebd. (?) 1536, portugies. Dichter und Geschichtsschreiber.
Stand in Diensten Johanns II. und Emanuels des Großen, wiederholt mit diplomat. Missionen betraut; umfassende Künstlerpersönlichkeit der portugies. Renaissance, verdankt seinen literar. Ruhm neben seinen z. T. in Versen verfaßten „Miscelânea e variedade de histórias" (1554) v. a. der grundlegenden Anthologie des nach ihm auch „Cancioneiro de Resende" genannten „Cancioneiro Geral" (1516), einer Sammlung von rund 750 Gedichten portugies. und span. Autoren, mit eigenen Beiträgen.

Rešetnikov † Reschetnikow.

Reßner, Carl † Rößler, Carl.

Restif de La Bretonne (Rétif de La B.), Nicolas [frz. rɛstifdəlabrə'tɔn], * Sacy (Yonne) 22. oder 23. Nov. 1734, † Paris 3. Febr. 1806, frz. Schriftsteller.
Popularisierte die Lehren seines Vorbilds Rousseau in über 200 bekenntnishaften, sittengeschichtl. Romanen durch Vergröberung; Neigung zum Moralisieren.
Hauptwerke: Der verunglückte Bauer (R., 1776; dt. 1785–91), Leben meines Vaters (R., dt. 1780), Die Zeitgenossinnen (Novellen, dt. 1781–85), Abenteuer im Lande der Liebe (Autobiogr., 1794–97; dt. 1927–29).
Literatur: Chadourne, M.: *R. de la B., ou Le siècle prophétique. Paris 1958.* – Dühren, E.: *Rétif de la B. Der Mensch, der Schriftsteller, der Reformator. Bln. 1906.*

Retté, Adolphe [frz. rɛ'te], * Paris 25. Juli 1863, † Beaune (Côte-d'Or) 8. Dez. 1930, frz. Dichter.
Ließ sich nach 6jähriger Militärlaufbahn in Paris nieder, wo er sich der Literatur widmete; einer der frühesten Vertreter des Symbolismus und Theoretiker des Vers libre, wandte sich als streitbarer Geist später dem Naturalismus, auch anarchist. Anschauungen zu und fand schließl. den Weg zur Kirche (1906); schrieb seitdem vorwiegend religiös bestimmte Werke.
Hauptwerke: Cloches en la nuit (Ged., 1889), Une belle dame passa (Ged., 1893), La forêt bruissante (Ged., 1896), Vom Teufel zu Gott (Autobiogr., dt. 1909).

Rettenpacher (Rettenbacher), Simon, * Aigen (heute Salzburg-Aigen) 19. Okt. 1634, † Kremsmünster 9. oder 10. Mai 1706, östr. Dichter.
Benediktiner im Stift Kremsmünster, dessen Gymnasium und Bibliothek er zeitweise vorstand; in Rom Studium oriental. Sprachen, 1671–75 Professor an der Universität Salzburg, deren Theater er leitete; 1689–1705 Pfarrer in Fischlham. R. ist einer der bed. Vertreter des barocken Benediktinerdramas. Er schrieb lat. Schuldramen und allegor. Festspiele mit eigener Bühnenmusik, im Ggs. zum Jesuitendrama durch humanist. Heiterkeit und Milde gekennzeichnet; ferner lat. (Vorbild Horaz) und dt. Gedichte, treffende Satiren, Predigten, theolog. und histor. Werke sowie Übersetzungen.
Hauptwerke: Perfidie punita seu Perseus (Dr., 1674), Annales monasterii Cremifanensis (Chronik, 1677), Prudentia victrix seu Ulysses (Dr., 1680), Herzog Welf (Dr., 1682).

Retz, Jean-François Paul de Gondi, Baron von [frz. rɛ(s)], * Montmirail (Marne) 20. Sept. 1613, † Paris 24. Aug. 1679, frz. Kardinal und Schriftsteller.
Koadjutor seines Onkels, des Erzbischofs von Paris, und bald dessen Nachfolger; stellte sich 1648 an die Spitze des Aufstandes der Fronde, wurde 1652 verhaftet, entwich aber nach 18 Monaten und lebte im Ausland (u.a. in Spanien, Italien), bis er 1661 zurückkehrte; danach Abt von Saint-Denis. Verfasser zeitgeschichtl. aufschlußreicher, auch literar. sehr bed. Memoiren („Des Kardinals von R. Denkwürdigkeiten", hg. 1717; dt. 1913).
Ausgaben: Kardinal R. Aus den Memoiren. Dt. Übers. Nachw. v. W. Boehlich. *Frkf. 1964. – Kardinal R. Die Denkwürdigkeiten. Dt. Übers. Hg. v.* B. Rüttenauer. *Mchn. 1913. 3 Bde. – J.-F. P. de G., cardinal de R. Œuvres. Hg. v.* A. Feillet *u.a. Paris 1872–96. 9 Bde. Lex., Suppl.-Bd. 1920.*
Literatur: Letts, J. T.: *Le Cardinal de R., historien et moraliste du possible. Paris 1966.* – Lorris, P.-G.: *Un agitateur du 17e siècle: Le Cardinal de R. Paris 1956.* – Albert-Buisson, F.: *Le Cardinal de R. Paris 1954.*

Reuchlin, Johannes [...li:n], gräzisiert Kapnion, Capnio, * Pforzheim 22. Febr. 1455, † Bad Liebenzell 30. Juni 1522, dt. Humanist.
Studium in Freiburg i. Br., Paris, Basel, Orléans und Poitiers, 1481 Lizenziat der Rechte, trat 1482 in den Dienst des württemberg. Herzogs Eberhard im Bart, den er 1482 und 1490 nach Rom begleitete, wo er von Pico della Mirandola zum Studium des Hebr. angeregt wurde; 1492 von Friedrich III. geadelt; 1496 verließ er Stuttgart und ging nach Heidelberg; nach einer weiteren Romreise 1498 ließ er sich in Stuttgart als Rechtsanwalt und als Richter des Schwäb. Bundes nieder; 1520 Flucht nach Ingolstadt, 1521 Übernahme einer Professur in Tübingen; Gegner der Reformation; bekannt ist der R.sche Streit mit dem von den Kölner Dominikanern unterstützten getauften Juden Pfefferkorn, dessen Forderung nach Verbrennung aller jüd. Bücher R. strikt ablehnte (aus dem Streit erwuchsen die „Epistolae obscurorum virorum"); R., der als Latinist und Gräzist auch schulmäßig tätig war, übersetzte lat. Schriften, gab griech. Schriftsteller heraus, verfaßte lat., griech. und hebr. Lehrbücher; wurde Begründer der hebr. Sprachwissenschaft; sein Kommentar zu den 7 Bußpsalmen war maßgebend für Bibelübersetzung und Exegese; Einfluß der Kabbala zeigen seine Schriften „De verbo mirifico" (1494) und „De arte cabbalistica" (1517); mit seiner humanist.-polit. Invektive in nlat. Sprache „Sergius" (1504) und der Bauernkomödie „Henno" (1497), die von der Commedia dell'arte beeinflußt sind, begründete R. das nlat. Schuldrama in Deutschland.
Literatur: Brod, M.: *J. R. u. sein Kampf. Eine histor. Monogr. Stuttg. 1965.* – Benzing, J.: *Bibliogr. der Schrr. J. R.s im 15. u. 16. Jh. Bad Bocklet u. Wien 1955. – J. R. 1455–1522. Festgabe seiner Vaterstadt Pforzheim zur 500. Wiederkehr seines Geburtstages. Hg. v.* M. Krebs. *Pforzheim 1955.*

Reuenthal, Neidhart von ↑ Neidhart von Reuenthal.

Reusner, Nikolaus von, * Löwenberg i. Schles. 2. Febr. 1545, † Jena 12. April 1602, dt. Schriftsteller.
Studierte in Wittenberg und Leipzig, war Professor der Rechte in Straßburg und Jena. Schrieb lat. Gedichte, biograph., histor., philosoph., naturwissenschaftl. und jurist. Werke; Sammler wertvoller Gelehrten- und Dichterbiographien.

Reuter, Christian, ≈ Kütten bei Halle (Saale) 9. Okt. 1665, † wahrscheinl. Berlin um 1712, dt. Dichter.
Bauernsohn; studierte in Leipzig, wurde relegiert wegen seiner satir. Schriften; sein Wanderleben führte ihn schließl. nach Berlin, dort Gelegenheitsdichter, u.a. für den brandenburg.-preuß. Hof. Seine Komödien mit der Figur der „Frau Schlampampe", als die er seine Wirtin in Leipzig verspottete, zeichnen sich durch derben Witz aus. Das Hauptwerk des zwischen Barock und Aufklärung stehenden Dichters ist „Schelmuffskys wahrhaftig curiöse und sehr gefährl. Reisebeschreibung zu Wasser und Lande" (1696, erweitert 1697), ein bürgerl. Schelmenroman, der realist., humorist., mitunter derb und satir. ein Bild der Zeit gibt.
Weiteres Werk: L'honnête femme oder Die ehrl. Frau zu Plißine (Lsp., 1695).
Ausgaben: Ch. R. Werke. Ausgew. u. eingel. v. G. Jäckel. *Bln. ²1965. – Ch. R. Werke. Hg. v.* G. Witkowski. *Lpz. 1916. 2 Bde.*
Literatur: Hecht, W.: *Ch. R. Stuttg. 1966.* – Zarncke, F.: *Ch. R., der Verfasser des Schelmuffsky, sein Leben u. seine Werke. Lpz. 1884.*

Reuter, Fritz, * Stavenhagen 7. Nov. 1810, † Eisenach 12. Juli 1874, dt. Dichter.

Jurastudium, als aktiver Burschenschafter 1833 verhaftet und zum Tode verurteilt, zu 30 Jahren Festungshaft begnadigt, nach 7 Jahren amnestiert (Schilderung der Haftzeit in „Ut mine Festungstid", 1862); landwirtschaftl. Tätigkeit, Hauslehrer, zuletzt Redakteur und freier Schriftsteller in Eisenach. Neben zeitkrit., z.T. autobiograph. Werken stehen Meisterwerke humorist. Mundartdichtung. R., der bedeutendste plattdt. Dichter neben K. Groth, gibt ein realist.-humorvolles Bild der niederdt. Mentalität, er gestaltete schwerblütige Menschentypen, die charakterist. sind für die bäuerl. und kleinbürgerl. Welt seiner mecklenburg. Heimat. Durch Tätigkeit in den verschiedensten Berufen sammelte er Erfahrungen, die er zu wirklichkeitsnahen Zeitbildern verarbeitete. Neigung zur Darstellung origineller Charaktere, Einfluß von Dickens.

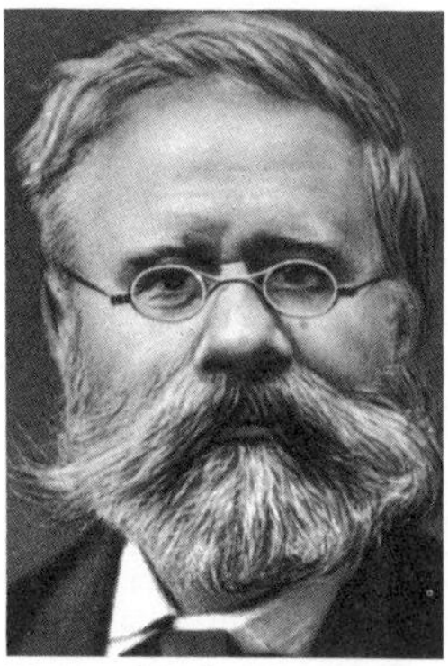

Fritz Reuter

Weitere Werke: Läuschen un Rimels (Ged., 1853 und 1859), Kein Hüsung (Epos, 1858), Ut de Franzosentid (E., 1859), Ut mine Stromtid (Erinnerungen, 1863/64), Dörchläuchting (E., 1866).
Ausgaben: F. R. Ges. Werke u. Briefe. Hg. v. K. Batt. *Rostock 1967. 9 Bde. [mit Biogr.]. Neumünster 1967. 8 Bde. – F. R. Werke. Neubearb. u. ergänzt v.* W. Seelmann *u.* H. Brömse. *Lpz. 1936–37. 12 in 10 Bden. [mit Biogr.].*
Literatur: Tryller, E. S.: *F. R.s soziale u. polit. Anschauungen auf Grund seiner Werke. Diss. New York Univ., New York 1965. – F. R. Eine Festschr. zum 150. Geburtstag. Hg. v. R.-Komitee der DDR. Rostock 1960.* – Griese, F.: *F. R. Stuttg. 15.–17. Tsd. 1942.* – Gaedertz, K. Th.: *F. R. Lpz. ²1923.*

Reuter, Gabriele, * Alexandria (Ägypten) 8. Febr. 1859, † Weimar 14. Nov. 1941, dt. Schriftstellerin.
Tochter eines Kaufmanns, in Deutschland erzogen, wo sie ab 1872 ständig (v.a. in Weimar) lebte; nahm in München 1895–99 aktiv an der Frauenbewegung teil. In formal geschickten Romanen behandelt sie die Stellung der Frau in der modernen Gesellschaft und bemüht sich um Weckung des Verständnisses für die soziale Notlage der Frau. Sie schrieb auch Biographien bed. Frauen.
Hauptwerke: Aus guter Familie (R., 1895), Frau Bürgelin und ihre Söhne (R., 1899), Das Tränenhaus (R., 1909).

Reventlow, Franziska Gräfin zu ['re:vəntlo], eigtl. Fanny Gräfin zu R., * Husum 18. Mai 1871, † Muralto 27. Juli 1918, dt. Schriftstellerin.
Verschiedene Berufe, lebte zeitweise in München-Schwabing; schildert in der Erzählung „Herrn Dames Aufzeichnungen" (1913) anschaulich, charmant und treffend München und Persönlichkeiten der Münchner Künstler- und Gelehrtenkreise vor dem 1. Weltkrieg.
Weitere Werke: Ellen Olestjerne (R., 1903), Von Paul zu Pedro (R., 1912), Der Geldkomplex (R., 1916).
Ausgabe: F. Gfn. zu R. Ges. Werke in einem Bde. Hg. u. eingel. v. E. Reventlow. *Mchn. 1925.*

Reverdy, Pierre [frz. rəvɛr'di], * Narbonne 13. Sept. 1889, † bei Solesmes (Sarthe) 21. Juni 1960, frz. Dichter.
Ließ sich früh in Paris nieder, wo er sich ganz der Literatur und redaktioneller Tätigkeit widmete; fand 1926 zum Katholizismus zurück, lebte zuletzt zurückgezogen in der Nähe des Klosters Solesmes (Sarthe). Bereitete als avantgardist. Lyriker und Theoretiker der Generation Apollinaires und Cendrars' den Surrealismus vor.
Hauptwerke: Poèmes en prose (Ged., 1915), La lucarne ovale (Ged., 1916), Les jockeys camouflés (Ged., 1918), Le gant de crin (Essay, 1927), Le livre de mon bord (Essay, 1948; dt. Auszüge zus. mit Ged. 1969 u.d.T. Die unbekannten Augen).
Literatur: Guiney, M.: *La poésie de P. R. Genf 1966.* – Rousselot, J./Manoll, M.: *P. R. Paris 1960.*

Reviczky, Gyula [ungar. 'rɛvitski], * Vitkóc 9. April 1855, † Budapest 11. Juli 1889, ungar. Schriftsteller.
Nach Besuch des Gymnasiums Lehrer, Journalist, in Budapest bei der Zeitschrift „Pesti Hírlap". R. ist mit seinen außerordentl. formgewandten, subjektiven und melanchol.-pessimist. Gedichten ein Vorläufer der modernen ungar. Dichtung, bes. Adys; schrieb verträumte, chansonartige Lieder über das Großstadtleben; auch Prosa.

Rexroth, Kenneth [engl. 'rɛksrɔθ], * South Bend (Ind.) 22. Dez. 1905, amerikan. Lyriker.
Steht der Künstlergruppe der Beatniks an der amerikan. Westküste nahe; wandte sich nach imagist. Anfängen mit surrealist. Einflüssen einer strengeren, intellektbetonten, abstrahierenden Lyrik von klassizist. Klarheit zu, die sich durch Klangschönheit auszeichnet; auch Dramen und eine Autobiographie. R. ist auch abstrakter Maler.
Hauptwerke: In what hour (1940), The Phoenix and the tortoise (1944), The dragon and the unicorn (Ged., 1952), In defense of the earth (Ged., 1956), The bird in the bush (Essays, 1959).

Reyes, Alfonso [span. 'rrɛjes], * Monterrey 17. Mai 1889, † Mexiko 27. Dez. 1959, mex. Schriftsteller.
Jurastudium, Diplomat, u.a. in Frankreich und Spanien, Professor für Philosophie, Direktor des Colegio Nacional de México. Umfassend gebildet, Übersetzer (Sterne, Chesterton, Tschechow u.a.), Kritiker und Anreger, der durch seine Arbeiten über die span. und südamerikan. Literatur aller Zeiten einen wesentl. Einfluß auf die Erneuerung des geistigen Lebens Mexikos ausübte. Als Lyriker zuerst von den Parnassiens beeinflußt, später von Góngora und Mallarmé. Auch einfallsreicher Erzähler und glänzender Essayist („La experiencia literaria", 1942).
Weitere Werke: Ifigenia cruel (Dr., 1924), Noche de mayo (En., 1924), Infancia (Ged., 1935), La caza del grillo (E., 1945), Cortesía (Ged., 1948).

Reyes Basualto, Neftalí Ricardo [span. 'rrɛjez βa'sualto] † Neruda, Pablo.

Reyles, Carlos [span. 'rrɛiles], * Montevideo 30. Okt. 1868, † ebd. 24. Juli 1938, uruguay. Schriftsteller.
Großgrundbesitzer; zahlreiche Reisen, u. a. in europ. Länder; Professor in Montevideo. Beeinflußt u. a. von A. France und Zola, führte er den Naturalismus in die uruguay. Literatur ein. R. schildert in Romanen und Novellen treffend Eindrücke aus Andalusien und zeichnet in kräftigen Bildern das Landleben in seiner Heimat; er behandelte auch soziale und philosoph. Probleme. Mit dem Roman „El embrujo de Sevilla" (1932) fand er internationale Anerkennung.
Weitere Werke: Beba (R., 1894), La raza de Caín (R., 1900), El gaucho florido (R., 1923).

Reymont, Władysław Stanisław [poln. 'rɛjmɔnt], eigtl. W. St. Rejment, * Kobiele Wielkie bei Lodz 7. Mai 1867, † Warschau 5. Dez. 1925, poln. Schriftsteller.
Aus armer Familie, Autodidakt; zeitweilig Landarbeiter, Bahnarbeiter, Klosternovize, Bahnbeamter und Wanderschauspieler; von 1893 an

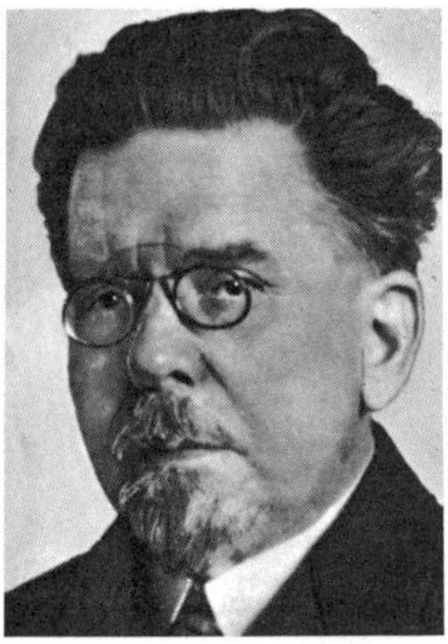
Władysław Stanisław Reymont

führte er ein ruhigeres Leben in Warschau, gelegentl. größere Reisen, u. a. in die USA. Sein Hauptwerk, „Die Bauern" (R., dt. 1912), das ihm 1924 den Nobelpreis eintrug, gibt ein nach den Jahreszeiten in vier Teile gegliedertes, breites und kraftvolles Bild poln. Dorflebens; Einflüsse der Kunst der Homer. Epen und Mickiewicz'. Der Roman „Lodz" (1899, dt. 1916) behandelt soziale Themen der städt. Zivilisation. Zahlreiche Erzählungen.
Literatur: Schoell, F. L.: *Les paysans de R. Paris 1925.*

Řezáč, Václav [tschech. 'rʒɛza:tʃ], eigtl. V. Voňavka, * Prag 5. Mai 1901, † ebd. 22. Juni 1956, tschech. Schriftsteller.
War Redakteur der Zeitschrift „Práce" und Verlagsleiter. Verfasser psycholog. Romane, einige mit sozialer Tendenz, in denen er die in Auflösung begriffene Gesellschaftsordnung beschreibt, deren Vertreter er als charakterschwach und destruktiv zeichnet. Nach dem 2. Weltkrieg Angleichung an den sozialist. Realismus; zu seinen Hauptwerken zählt der Roman „Die ersten Schritte" (dt. 1955).

Rezzori, Gregor von, eigtl. G. von Rezori d'Arezzo, * Czernowitz (heute Tschernowzy) 13. Mai 1914, dt. Schriftsteller.
Karikaturist in Bukarest, seit 1938 freier Schriftsteller, v. a. in Berlin und München; geistvoller, iron., witziger und stilist. versierter Erzähler, dessen Prosawerke v. a. im südosteurop. Bereich der ehemaligen Donaumonarchie spielen; auch erfolgreicher Funk-, Film-, Illustriertenautor.
Hauptwerke: Maghrebin. Geschichten (En., 1953), Oedipus siegt bei Stalingrad (R., 1954), Ein Hermelin in Tschernopol (R., 1958), Idiotenführer durch die dt. Gesellschaft (1963–65), 1001 Jahr Maghrebinien (Legenden, Schwänke, Anekdoten, 1967).

Rheinisches Osterspiel, um 1460 in rheinfränk.-hess. Mundart in über 2000 Reimpaar-Versen mit lat. Szenenanweisungen aufgezeichnetes geistl. Drama, das als erstes mittelalterl. Spiel mit wirkl. dramat. Aufbau gilt. Gesangs- und Sprechpartien wechseln ab. Im Zentrum steht die Ostergeschichte, Kontraste durch knappe weltl.-kom. Szenen.

Rhianos von Kreta, griech. Epiker der 2. Hälfte des 3. Jh.s v. Chr.
Schrieb ein Epos über die Taten Aristomenes', des Nationalhelden von Messenien, im 3. Messen. Krieg; eine Prosanacherzählung ist bei Pausanias erhalten; Rh. war auch philolog. tätig und gab u. a. die „Ilias" und die „Odyssee" heraus; auch Epigrammatiker.

Rhigas, Konstandinos † Rigas, Konstandinos.

Rhufaw † Jones, Thomas Gwynn.

Rhys, Ernest [engl. ri:s], * London 17. Juli 1859, † ebd. 25. Mai 1946, engl. Dichter.
Väterlicherseits walis. Herkunft; zeitweise Hg. von „Everyman's Library"; auch als Hg. von Anthologien bekannt. Schrieb v. a. formgewandte Lyrik und bemerkenswerte autobiographische Werke.
Hauptwerke: A London rose (Ged., 1891), Welsh ballads (1903), Everyman remembers (Memoiren, 1931), Song of the sun (Ged., 1937).

Riba Bracóns, Carles [katalan. 'rriβə βrə'kons], * Barcelona 23. Sept. 1893, † ebd. 12. Juli 1959, katalan. Schriftsteller.
Jura- und Literaturstudium, u. a. in München; Präsident des Instituts für katalan. Studien; Professor, Verfasser des katalan. Wörterbuches. Ausgezeichneter Übersetzer klass. Autoren. R. B. begann im Stil der italien. und katalan. Renaissancedichtung. Seine glänzend geschriebenen krit. Studien zeichnen sich durch Prägnanz, seine formvollendeten Gedichte durch Empfindungsreichtum aus. „Estances" (Ged., 1919–30) sind ein bed. Zeugnis katalan. Lyrik.
Weitere Werke: Sis Joans (En., 1928), Del joc i del foc (Ged., 1947), Salvatge cor (Ged., 1952), Esbós de tres oratoris (Ged., 1957).

Ribeiro, Aquilino [portugies. rri'βɐiru], * Carregal da Tabosa bei Sernancelho 13. Sept. 1885, † Lissabon 27. Mai 1963, portugies. Schriftsteller.
Studierte in Lissabon, später auch in Paris; als Gegner der Monarchie und später Salazars mehrfach im Gefängnis oder Exil; zuletzt Professor und Konservator an der Nationalbibliothek in Lissabon. Einer der hervorragendsten Erzähler der zeitgenöss. portugies. Literatur, schilderte in seinen Romanen und Novellen Land und Leute der heimatl. Beira ebenso meisterhaft wie das Milieu der Großstadt; daneben literarhistor. Essays, Biographien und Übersetzungen.

Hauptwerke: Estrada de Santiago (En., 1922), O homem que matou o diabo (R., 1930), Maria Benigna (R., 1931), Aventura maravilhosa de D. Sebastião (R., 1936), Wenn die Wölfe heulen (R., 1954; dt. 1965).

Ribeiro, Bernardim [portugies. rri'βɐi̯ru], * Vila do Torrão (Alentejo) 1482, † Lissabon 1552, portugies. Dichter.
Lebte am Hof Johanns III. und fiel, angebl. aus unglückl. Liebe, in geistige Umnachtung; bed., u. a. im „Cancioneiro Geral" vertretener Lyriker des 16. Jh.s, führte mit Eklogen und dem pastoralen Liebesroman „História de Menina e Moça" (1554, 1557 u. d. T. „Saudades") die bukol. Poesie in die portugies. Literatur ein.

Ribnikar, Jara [serbokroat. 'ribnika:r], * Königgrätz 23. Aug. 1912, serb. Schriftstellerin.
Gebürtige Tschechin, lebt seit über 30 Jahren in Belgrad, Rundfunkredakteurin; schreibt v. a. Gedichte, auch Erzählungen („Ich und Du", En., dt. 1969), Romane und Dramen; auch Übersetzungen aus dem Tschech. und Slowakischen.

Rice, Elmer L. [engl. raıs, ri:s], eigtl. E. Reizenstein, * New York 28. Sept. 1892, † Southampton 8. Mai 1967, amerikan. Schriftsteller.
Wandte sich nach Beendigung eines jurist. Studiums der Literatur zu; seine Stücke zeichnen sich durch gewandte Beherrschung dramaturg. Techniken aus; stilist. Vielfalt von Ausdrucksmöglichkeiten: expressionist. Stilmittel in dem Drama „Die Rechenmaschine" (1923, dt. 1946), naturalist. in seinen sozialkrit. Dramen; auch Stilmischungen und Technik der Rückblende (erstmals in „On trial", 1914). R. schrieb auch Romane, bes. erfolgreich „Menschen am Broadway" (R., 1937; dt. 1952).
Weitere Werke: Straßenszene (Dr., dt. 1930), Das träumende Mädchen (Dr., dt. 1949), Minority report (Biogr., 1963).
Literatur: Hogan, R.: *The independence of E. R. Carbondale (Ill.) 1965.*

Richard von Saint-Victor [frz. sɛ̃vik'tɔ:r] (R. von Sankt Viktor), * in Schottland, † Paris 10. März 1173, schott. Scholastiker und Mystiker.
Augustiner-Chorherr; Schüler Hugos von Saint-Victor und bed. Vertreter der Schule von Sankt Viktor (seit 1162 Prior); hervorragender Denker der Scholastik, dessen philosoph. System auch der Mystik einen bed. Platz einräumt; außer dem Hauptwerk „De trinitate" schrieb er u. a. zahlreiche myst. Traktate.

Richardson, Dorothy Miller [engl. 'rıtʃədsn], verh. Odle, * Abingdon (Berkshire) 17. Mai 1873, † Beckenham (heute London-Beckenham) 17. Juni 1957, engl. Schriftstellerin.
Lehrerin, kaufmänn. Angestellte. Dorothy R., die als Vorläuferin von Joyce und V. Woolf gilt, stellte in ihrem Hauptwerk, elf zwischen 1915 und 1938 verfaßten, unter dem Sammeltitel „Pilgrimage" bekanntgewordenen Romanen, unter Verzicht auf viele Charakteristika des klass. Romans das psych. Erleben einer jungen Lehrerin dar; Technik des inneren Monologs zur Darstellung von Bewußtseinsströmen.
Literatur: Gregory, H.: *D. R. New York 1967.*

Richardson, Henry Handel [engl. 'rıtʃədsn], eigtl. Henrietta Ethel Florence Lindesay R., verh. Robertson, * Melbourne 3. Jan. 1870, † Hastings 20. März 1946, austral. Schriftstellerin.
Studierte Musik in Leipzig; zunehmendes Interesse für Literatur; lebte seit 1902 fast ständig in England. Eine der bedeutendsten austral. Erzählerinnen; verdankte u. a. Dostojewski, Stendhal und Flaubert zahlreiche Anregungen; Hauptwerke sind der Künstlerroman „Maurice Guest" (1908) und bes. die Romantrilogie „The fortunes of Richard Mahony" (1917–29), in der Henry R. das Schicksal eines ir. Einwanderers in Australien darstellt.

Richardson, Samuel [engl. 'rıtʃədsn], * in der Grafschaft Derby 1689, † London 4. Juli 1761, engl. Schriftsteller.
Von Beruf Buchdrucker; seine Nebenbeschäftigung als moral. Berater mehrerer mit ihm befreundeter Frauen, für die er auch Liebesbriefe verfaßte, trug ihm den Auftrag ein, eine Sammlung mustergültiger Briefe für verschiedene Gelegenheiten zusammenzustellen; er kam auf diesem Umweg zur Literatur und hatte mit seinem ersten Briefroman „Pamela" (1740, dt. 1772), in dem er die Tugendhaftigkeit einer allen Versuchungen durch ihren Herrn widerstehenden Dienstbotin darstellte, ungewöhnl. Erfolg; mit

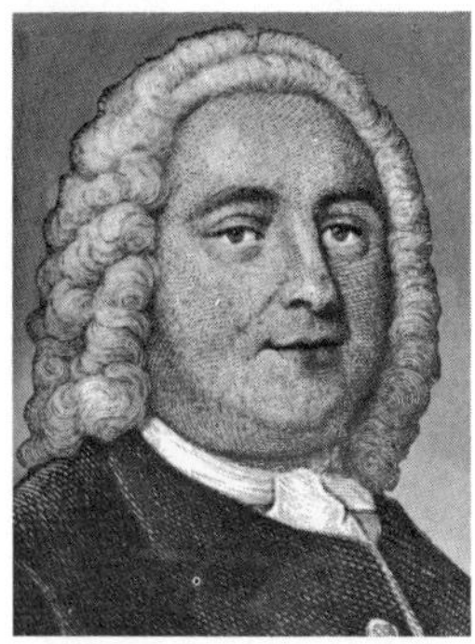

Samuel Richardson (Kupferstich, Mitte des 18. Jh.s)

diesem Werk, dem 1747f. in mehreren Teilen R.s bestes Werk, der trag. Roman „Clarissa Harlowe" (dt. 1748f.), folgte, schuf R. die Gattung des empfindsamen, psychologisierenden Briefromans, die u. a. von Fielding parodiert wurde; die moralist.-didakt. Tendenz mindert z. T. den literar. Wert; R. beeinflußte u. a. Rousseau, Goethe und Lessing.
Weiteres Werk: Sir Charles Grandison (R., dt. 1754–59).
Ausgabe: S. R. The Shakespeare head edition of the novels. Oxford 1930–31. 19 Bde.
Literatur: Golden, M.: *R.'s characters. Ann Arbor (Mich.) 1963.* – McKillop, A. D.: *S. R. Chapel Hill (N. C.) 1936. Nachdr. Hamden (Conn.) 1960.* – Schmidt, Erich: *R., Rousseau u. Goethe. Jena [2]1924.*

Richardt, Christian [dän. 'rikard], * Kopenhagen 25. Mai 1831, † Vemmetofte 18. Dez. 1892, dän. Dichter.
Geistlicher, zeitweise Leiter einer Volkshochschule; schrieb mit großem Geschick, aber ohne persönl. Ausdruck seinerzeit beliebte religiöse und patriot. Lieder (viele davon vertont).

Richaud, André de [frz. ri'ʃo], * Perpignan 6. April 1907, † Montpellier 29. Sept. 1968, frz. Schriftsteller.

Studierte Jura und Philosophie in Aix-en-Provence, bis 1933 Lehrer in Meaux, dann freier Schriftsteller; begann mit Gedichten, wandte sich dann der Novelle und dem Roman zu; schrieb auch Dramen, kehrte aber zur Lyrik zurück.
Hauptwerke: La création du monde (Ged., 1930), L'amour fraternel (R., 1936), La nuit aveuglante (R., 1945), Images de Porto (Ged., 1946), Le droit d'asile (Ged., 1954), Je ne suis pas mort (Autobiogr., 1965).

Richepin, Jean [frz. riʃ'pɛ̃], * Médéa (Algerien) 4. Febr. 1849, † Paris 12. Dez. 1926, frz. Dichter.
Arztsohn, studierte an der École normale supérieure, war Freischärler während des Dt.-Frz. Kriegs, danach u.a. Seemann, Schauspieler, Bohemien, durchwanderte Europa. Verbindet als Romanschriftsteller (teilweise unter Einfluß Poes) und Lyriker ungebundene Romantik mit naturalist. Detail; als Dramatiker neben Rostand Vertreter des wiedererwachenden romant. Versdramas. 1908 Mitglied der Académie française.
Hauptwerke: La chanson des gueux (Ged., 1876), La Glu (R., 1881; dramatisiert 1910), Nana Sahib (Dr., 1883), Miarka, das Bärenmädchen (R., 1883; dt. 1887), Der ewige Jude (Ged., 1884; dt. 1904), La mer (Ged., 1886), Le chemineau (Dr., 1897).

Richter, Conrad [Michael] [engl. 'rɪktə], * Pine Grove (Pa.) 13. Okt. 1890, amerikan. Schriftsteller.
War in verschiedenen Berufen tätig; wurde Reporter, dann freier Schriftsteller. R. schildert in histor. Romanen und Kurzgeschichten, deren Schauplatz meist der amerikan. Südwesten ist, das Leben zur Zeit der Besiedelung und vermittelt das Lokalkolorit der dargestellten Umwelt.
Hauptwerke: Rauch über der Prärie (Kurzgeschichten, dt. 1950), Das Mädchen Sayward (darin 2 Teile einer R.-Trilogie, dt. 1948), Die Stadt (3. Teil der Trilogie, dt. 1952), A simple honorable man (R., 1962).
Literatur: Gaston, E. W., jun.: *C. R. New York 1965.*

Richter, Hans Werner, * Bansin 12. Nov. 1908, dt. Schriftsteller.
Sohn eines Fischers; Buchhändler, aus polit. Gründen 1933/34 in Frankreich, seit 1940 Kriegsdienst, seit 1943 in amerikan. Gefangenschaft; gab mit A. Andersch 1946/47 die Zeitschrift „Der Ruf" heraus; bekannt als Initiator und Organisator der „Gruppe 47"; schrieb realist. Antikriegsromane („Die Geschlagenen", 1949; „Sie fielen aus Gottes Hand", 1951); später satir.-gesellschaftskrit. Darstellung der Nachkriegszeit („Linus Fleck oder Der Verlust der Würde", R., 1959), Hg. von Anthologien, Hörspielautor.
Weitere Werke: Spuren im Sand (autobiograph. R., 1953), Menschen in freundl. Umgebung (Satiren, 1965), Karl Marx in Samarkand (Reisebericht, 1967).

Richter, Johann Paul Friedrich † Jean Paul.

Richter, Joseph, Pseudonym F. A. Obermayer, * Wien 16. März 1749, † ebd. 16. Juni 1813, östr. Schriftsteller.
Kaufmann, dann Journalist und freier Schriftsteller; Hg. der für die Kulturgeschichte Wiens wertvollen „Eipeldauerbriefe", einer satir. Wochenschrift; schrieb Gedichte, Romane, Erzählungen, Satiren und Dramen.

Richter † Bibel.

Rictus, Jehan [frz. rik'tys], eigtl. Gabriel Randon de Saint-Amand, * Boulogne-sur-Mer 21. Sept. 1867, † Paris 7. Nov. 1933, frz. Schriftsteller.
Versuchte sich in verschiedenen Berufen; Clochard; beliebter Chansonsänger in Paris; befreundet mit L. Bloy; schrieb Pamphlete, Pantomimen, den teilweise autobiograph. Roman „Fil de fer" (1906) und v.a. Gedichte, in denen er das Leben der untersten Schichten von Paris, Elend und Armut bitter-satir. im Pariser Argot schildert („Les soliloques du pauvre", 1897).
Weitere Werke: Doléances (Ged., 1900), Cantilènes du malheur (Ged., 1902), Dimanche et lundi férié ou le numéro gagnant (Kom., 1905).

Ridder, Alfons de [niederl. 'rɪdər] † Elsschot, Willem.

Riding, Laura [engl. 'raɪdɪŋ], eigtl. L. [R.] Jackson, * New York 16. Jan. 1901, amerikan. Lyrikerin.
Lebte 1925–39 in England und auf Mallorca; schrieb dort in Zusammenarbeit mit R. Graves u.a. „A survey of modernist poetry" (1927); außer krit. Studien intellektbetonte Lyrik.
Weitere Werke: A joking word (Ged., 1930), Experts are puzzled (Ged., 1930), Lives of wives (Biographien, 1939).

Ridler, Anne [engl. 'rɪdlə], geb. Bradby, * Rugby 30. Juni 1912, engl. Dichterin.
Einfacher Herkunft; versucht in ihren religiösen Gedichten und Versdramen christl. Gedankengut mit Mitteln der Alltagssprache dichter. zu erfassen. Einfluß des späten T. S. Eliot; ihr Werk zeigt scharfen Intellekt, Witz und rhythmisches Gefühl.
Hauptwerke: A dream observed (Ged., 1941), Cain (Dr., 1943), The golden bird (Ged., 1951), The trial of Thomas Cranmer (Dr., 1956).

Riegel, Werner, * Danzig 19. Jan. 1925, † Hamburg 11. Juli 1956, dt. Schriftsteller.
Als Soldat zweimal verwundet, nach Kriegsende mehrere Berufe, zuletzt Angestellter in Hamburg, wo er 1952–56 mit P. Rühmkorf die hektographierte Zeitschrift „Zwischen den Kriegen" herausgab; schrieb durch Pessimismus und aggressive Sprache gekennzeichnete Lyrik und Prosa.
Werke: Heiße Lyrik (1956, mit P. Rühmkorf), Gedichte und Prosa (hg. 1961).

Rieger, Sebastian † Reimmichl.

Riehl, Wilhelm Heinrich (seit 1883) von, * Biebrich (heute Wiesbaden-Biebrich) 6. Mai 1823, † München 16. Nov. 1897, dt. Schriftsteller und Kulturhistoriker.
Studierte Theologie, Philosophie, Musik und seit 1844 Kulturgeschichte; war journalist. tätig, bis er 1854 in München eine Honorarprofessur, später ein Ordinariat für Kulturgeschichte erhielt. 1885 zum Direktor des Bayer. Nationalmuseums, 1889 zum Geheimen Rat ernannt; strebte nach wissenschaftl. Grundlegung der Volkskunde und erweiterte das Forschungsgebiet der Kulturgeschichte durch kultursoziolog. Betrachtung; seine Studienergebnisse verwertete er schriftsteller. u.a. in den „Culturgeschichtl. Novellen" (1856) und den „Geschichten aus alter Zeit" (1863/64).
Literatur: Geramb, V. v.: *W. H. R. Leben u. Wirken. Salzburg 1956.* – Müller-Sternberg, R.: *W. H. R.s Volkslehre. Lpz. 1939.*

Riemerschmid, Werner, * Maria Enzersdorf am Gebirge 16. Nov. 1895, † Wien 16. April 1967, östr. Schriftsteller.
Dr. jur., Besuch der Hochschule für Musik und darstellende Kunst, viele Jahre Dramaturg und Spielleiter beim Rundfunk in Wien; Lyriker und Erzähler mit Neigung zum Visionären, zu Skeptizismus und Sarkasmus; profilierter Hörspielautor; auch Dramen und Übersetzungen.
Hauptwerke: Das Buch vom lieben Augustin (R., 1930), Das verzauberte Jahr (Ged., 1936), Die Frösche von Sumpach (R., 1939), Schatten (R., 1947), Trakl (E., 1947), Zwischen Hades und Olymp (2 Komödien, 1955), Steinbrüche (Ged., 1965).

Riemkasten, Felix, * Potsdam 8. Jan. 1894, dt. Schriftsteller.
Beamter, seit 1932 freier Schriftsteller. R. begann mit polit.-zeitkrit. Romanen und Novellen, von denen der Typenroman „Der Bonze" (1930) bes. bekannt wurde. Später v. a. humorist. Feuilletons, auch Jugendbücher und Joga-Lehrbücher.
Weitere Werke: Alle Tage Gloria (Novellen, 1927), Genossen (R., 1931), Der Götze (R., 1932), Ali, der Kater (Humoreske, 1938), Der Bund der Gerechten (Jugendb., 1956).

Rietenburg, Burggraf von, † nach 1185, mhd. Minnesänger.
Jüngerer Bruder des formal und themat. dem früheren donauländ. Minnesang zugehörigen Minnesängers *Burggraf von Regensburg.* Seine Verse sind formal und inhaltl. anspruchslos, lassen aber den Einfluß der neuen Minneauffassung aus der Provence erkennen.

Rifbjerg, Klaus [dän. 'rifbjɛr'], * Kopenhagen 15. Dez. 1931, dän. Lyriker.
Redakteur an der Zeitschrift „Vindrosen", Literatur- und Filmkritiker; sucht als Modernist neue Entwicklungswege für die Lyrik, wobei es ihm gelingt, der Sprache neue Bilder und Effekte abzugewinnen.
Hauptwerke: Der schnelle Tag ist hin (R., dt. 1962), Konfrontation (Ged., 1960), Camouflage (Ged., 1961), Portræt (Ged., 1963).

Rigas, Konstandinos; tl.: Rēgas, Kōnstantinos [neugr. 'riɣas], * Welestino (Thessalien) 1757, † Belgrad 1798, neugriech. Dichter.
Kaufmann in Istanbul, seit 1786 im Dienst des Hospodars der Walachei; organisierte in Wien einen Geheimbund gegen die Türken, wurde von den Österreichern an die Türken ausgeliefert und hingerichtet. Schrieb polit. Flugschriften, zündende Freiheitslieder und andere patriot. Gedichte; auch Übersetzungen.

Rigaut de Barbezieux [frz. rigodbarbə'zjø] (R. de Berbezill), * Schloß Barbezieux (Charente) um 1150, † Haro (Vizcaya) (?) um 1215, provenzal. Troubadour.
Lebte an nordfrz. Höfen (Champagne), zuletzt in N-Spanien; erhalten sind 9 höf. Liebeslieder, deren Verfasserschaft jedoch nicht in allen Fällen gesichert ist.

Rigweda ↑ Weda.

Rihani, Ar, Amin; tl.: Ar-Rīḥānī, Amīn [ari'ha:ni], * bei Beirut 1876, † ebd. 13. Sept. 1940, syr.-arab. Schriftsteller.
Christl. Erziehung, seit 1888 in Nordamerika, Kaufmann und Schauspieler, vervollkommnete sich im Libanon in der arab. Sprache, trat nach seiner Rückkehr nach Amerika als Journalist hervor; führend in der arab.-nationalen Erneuerungsbewegung, trat für die Angleichung des Orients an den Westen ein; Reisen durch arab. Länder, 1923 Übertritt zum Islam. Schrieb in engl. und arab. Sprache Gedichte, rhythm. Prosa, phantast. Romane und Erzählungen, Reisebücher, polit. und histor. Schriften. Bevorzugte Themen: Frauenemanzipation in der Türkei, allgemeine arab., auch amerikan. Fragen und Probleme der Dichtkunst. Übersetzer arab. Mystiker.
Hauptwerke: Ar Rihanijjat (Essays, Skizzen und Dichtungen, 1910ff.), Charidsch Al Harim (= Außerhalb des Harems, R., 1915), Maker of modern Arabia (1928), Ibn Sa'oud of Arabia (1928).

Riley, James Whitcomb [engl. 'raılı], * Greenfield (Ind.) 7. Okt. 1849, † Indianapolis 22. Juli 1916, amerikan. Schriftsteller.
Sohn eines Anwalts; Gelegenheitsarbeiter und Maler, dann Journalist. R. verwandte die auf zahlreichen Wanderungen und Reisen gewonnene Kenntnis seiner Heimat in erfolgreichen humorist. Dialektgedichten, die er unter dem Pseudonym Benj. F. Johnson, of Boone veröffentlichte; leistete einen bed. Beitrag zur Literatur des Mittelwestens im Sinne der Regionaldichtung.
Hauptwerke: The old swimmin'-hole and 'leven more poems (1883), Home folks (Ged., 1900).

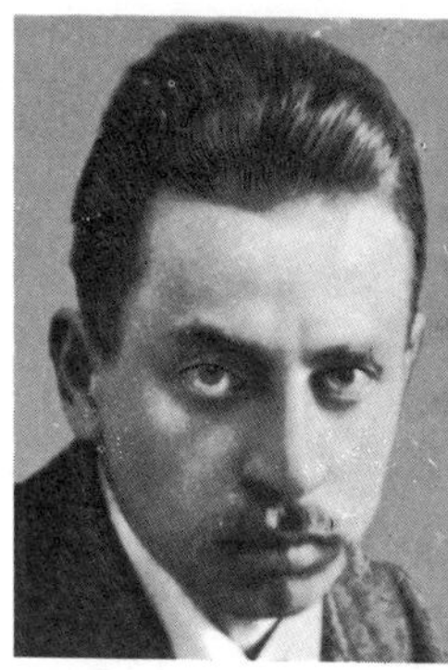

Rainer Maria Rilke

Rilke, Rainer Maria, eigtl. René M. R., * Prag 4. Dez. 1875, † Val Mont bei Montreux 29. Dez. 1926, östr. Dichter.
War Kadett, studierte Philosophie, Kunst- und Literaturgeschichte, unternahm Reisen, u. a. nach Italien, Rußland, Frankreich und N-Afrika; Begegnungen von besonderer Bedeutung waren die mit L. Andreas-Salomé (1897), Tolstoi (1900, auf seiner 2. Rußlandreise mit L. Andreas-Salomé) und mit Rodin (dessen Privatsekretär er 1905/06 war); R. führte ein unstetes Leben, von seinen Reisen waren v. a. die nach Rußland, die ihm den myst.-orthodoxen Glauben nahebrachten, von starker Wirkung. Neben Hofmannsthal und George ging von R. die stärkste Wirkung auf die Lyrik des beginnenden 20. Jh.s aus. Er begann mit Dichtungen, die im Zeichen der Dekadenz stehen, und drang dann als Neuromantiker zu subjektiver Aussage vor. „Das Stunden-Buch" (1905), ein lyr. Gebetbuch, das unter dem Eindruck der Rußlandreisen entstand, zeigt R. ge-

fühlvoll auf der Suche nach Gott, sprachl. elegant, melod.-träumer., noch unverbindl., obwohl sich bereits hier der Weg zum präzisen Gestaltenwollen andeutet, was ihm aber erst unter dem Einfluß Rodins gelang („Neue Gedichte", 1907; „Der neuen Gedichte anderer Teil", 1908). Beispielhaft für die „Dinggedichte", in denen R. das gestaltende Ich unterdrückt und im Dienst der reinen Kunst die Dinge aus ihrem Wesen erfaßt, ist „Der Panther". Aus dem Zusammenbruch seines gotterfüllten Weltbildes durch Begegnung mit Kierkegaards Philosophie, den er in dem autobiograph. Roman „Die Aufzeichnungen des Malte Laurids Brigge" (1910) gestaltete, erwuchs – nach langer dichter. Pause – ein neues positives Weltbild, das sich in hymn. Dichtungen („Duineser Elegien", 1923; „Die Sonette an Orpheus", 1923) manifestiert, die in freien Rhythmen, harter Fügung der Sprache und kühnem Bildreichtum gestaltet sind. Mit diesen Dichtungen stellt sich Rilke gegen Abendland und humanist.-christl. Weltbild, er verzichtet auf die durch sie vorgegebenen Maßstäbe. Der großen Wortkunst des Dichters gelangen Übersetzungen von überzeugendem Einfühlungsvermögen und großer Schönheit (u. a. L. Labé, E. B. Browning, Mallarmé, Verlaine, P. Valéry).

Weitere Werke: Mir zur Feier (Ged., 1899), Vom lieben Gott und Anderes (En., 1900, 1904 u. d. T. Geschichten vom lieben Gott), Das Buch der Bilder (Ged., 1902), Die Weise von Liebe und Tod des Cornets Christoph Rilke (1906, entstanden 1899), Briefe an einen jungen Dichter (1929), Verse und Prosa aus dem Nachlaß (hg. 1929).

Ausgaben: R. M. R. Briefe. Hg. v. Rilke-Arch. Frkf. ^{2}*1966. – R. M. R. Werke. Einl. v.* B. Allemann. *Frkf. 1966. 3 Bde. – R. M. R. Sämtl. Werke. Hg. v. Rilke-Arch. Frkf. 1.–10. Tsd. 1962–66. 6 Bde. – R. M. R. Briefe. Hg. v.* R. Sieber-Rilke *u.* C. Sieber. *Lpz. 1929–37. 6 Bde.*

Literatur: Holthusen, H. E.: *R. M. R. in Selbstzeugnissen u. Bilddokumenten. Reinbek bei Hamb.* ^{8}*1967. – Insel-Almanach auf das Jahr 1967: R. M. R. Mit Beitr. v.* P. Demetz *u. a. sowie einer Bibliogr. v. 1951–66. Frkf. 1967.* – Mason, E. C.: *R. M. R. Sein Werk u. sein Leben. Gött. 1964.* – Günther, W.: *Weltinnenraum. Die Dichtung R. M. R.s. Bln.* ^{3}*1962.* – Allemann, B.: *Zeit u. Figur beim späten R. Ein Beitrag zur Poetik des modernen Gedichts. Pfullingen 1961.* – Bassermann, D.: *Der andere R. Ges. Schrr. aus dem Nachlaß. Hg. v.* H. Mörchen. *Bad Homburg v. d. H. 1961.* – Bollnow, O. F.: *R. Stuttg.* ^{2}*1956.* – Angelloz, J. F.: *R. M. Rilke. Leben und Werk. Dt. Übers. Zürich; Mchn. 1955.* – Buddeberg, E.: *R. M. R. Eine innere Biogr. Stuttg. 1955.* – Ritzer, W.: *R.-M.-R.-Bibliogr. Wien 1951.* – Kippenberg, K.: *R. M. R. Wiesb.* ^{4}*1948.* – Andreas-Salomé, L.: *R. M. R. Lpz. 1928.* – † auch Novalis.

Rimbaud, [Jean Nicolas] Arthur [frz. rɛ̃'bo], * Charleville (Ardennes) 20. Okt. 1854, † Marseille 10. Nov. 1891, frz. Dichter.

Frühreifer Schüler, der gegen die strenge Erziehung durch seine religiöse Mutter opponierte, mehrmals nach Paris floh, wohin er schließl. auf Einladung Verlaines übersiedelte; 1871–73 intime Freundschaft mit Verlaine, mit dem er 1872 nach England und Belgien reiste, wo es 1873 zum dramat. Bruch kam, der auch das Ende seines

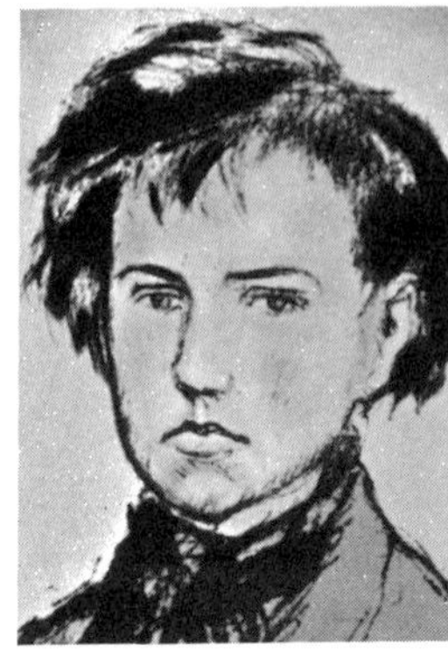
[Jean Nicolas] Arthur Rimbaud (Radierung von Coussens)

dichter. Schaffens bedeutete; danach hekt. Wanderleben, das ihn u. a. nach Skandinavien, in den Nahen und Fernen Osten sowie nach Abessinien führte; die Ernsthaftigkeit seiner Annäherung an den Katholizismus kurz vor dem Tod durch die Folgen einer Beinamputation wird bezweifelt. R. entwickelte sich nach romant. Anfängen zum Wegbereiter des Symbolismus; seine Lyrik, Ausdruck der Auflehnung gegen Konventionen aller Art, wird der Dichtung der Dekadenz zugerechnet; esoter., seher.-dunkle Gedichte in assoziationsreicher Chiffrensprache gestalten ein weitgehend nihilist. Weltbild, das sich sprachl. in der Verbindung des scheinbar Unvereinbaren manifestiert; Gedichte voll graziöser Melodik stehen neben schockierend-dissonant. Versen; in der Dichtung „Das trunkene Schiff" (entstanden 1871, gedruckt 1883, dt. 1908) gelingt R. die Gestaltung kompromißloser Sehnsucht nach Freiheit; fortschreitende Lockerung des Versbaus führte R. zur Form des rhythmisierenden Prosagedichts („Aufenthalt in der Hölle", 1873, dt. 1907, und „Erleuchtungen", 1886, dt. 1907); R.s Werk, gekennzeichnet durch sprachl. Kühnheit und Ausdruckskraft, hatte nachhaltigen Einfluß auf die europ. Dichtung.

Weitere Werke: Le reliquaire (Ged., hg. 1891), Les mains de Jeanne-Marie (Ged., hg. 1919).

Ausgaben: A. R. Sämtl. Dichtungen. Frz. u. dt. Hdbg. ^{4}*1965. – A. R. Das dichter. Gesamtwerk. Dt. Übers. Hg. v.* F. v. Rexroth. *Wiesb. 1954. – A. R. Œuvres complètes. Hg. v.* R. de Renéville *u.* J. Mouquet. *Neuaufl. Paris 1951.*

Literatur: Rivière, J.: *R. Ein Essay. Dt. Übers. Freib. 1968.* – Hackett, C.-A.: *Autour de R. Paris 1967.* – Starkie, E.: *Das trunkene Schiff. Das Leben des J. A. R. Dt. Übers. Hamb. 1963.* – Bonnefoy, Y.: *A. R. in Selbstzeugnissen u. Bilddokumenten. Dt. Übers. Reinbek bei Hamb. 1962.* – Arnoult, P.: *R. Neuaufl. Paris 1955.* – Étiemble, M.: *Le mythe de R. Paris 1952 ff. Auf 4 Bde. berechnet.* – Gengoux, J.: *La pensée poétique de R. Paris 1950.* – Küchler, W.: *A. R. Hdbg. 1948.*

Rinckart (Rinckhart, Rinkart), Martin, * Eilenburg 23. April 1586, † ebd. 8. Dez. 1649, dt. Dichter.

Studierte in Leipzig, war Kantor in Eisleben, Diakon, Pfarrer und lebte seit 1617 als Archidiakon in Eilenburg; Poeta laureatus; von seinen 7 Dramen zur Reformationsgeschichte sind nur

3 erhalten, darunter das Lutherdrama „Der Eislebische Christl. Ritter" (1613); bekannter ist R. als Dichter und Komponist von Kirchenliedern, u.a. des Chorals „Nun danket alle Gott".
Literatur: Brüssau, A.: *M. R. u. sein Lied „Nun danket alle Gott". Lpz. 1936.* – Schreinert, K.: *Die Dramen M. R.s. Eilenburg 1928.*

Ringelnatz, Joachim, eigtl. Hans Bötticher, * Wurzen 7. Aug. 1883, † Berlin 17. Nov. 1934, dt. Dichter.
Ging nach Abbruch der Gymnasialbildung ohne Wissen der Eltern zur See; 1914–18 Marinesoldat, seit 1917 Leutnant; zeitweilig Bibliothekar und Archivar, meist freier Schriftsteller, Maler und Rezitator; 1909 erstmals Hausdichter des Münchner Kabaretts „Simplicissimus" (er kehrte 1920 dorthin zurück); trat oft in Berlin auf und unternahm weite Gastspielreisen als Kabarettist; seine Lyrik umfaßt Ernst-Besinnliches, Harmlos-Scherzhaftes, spött., humorist., satir. und groteske Kabarettdichtungen, oft mit iron.-frivolem oder moralisierendem Unterton; auch Erzähler.
Hauptwerke: Kuttel Daddeldu oder Das schlüpfrige Leid (Ged., 1920, erweitert 1923), Turngedichte (1920, erweitert 1923), Die Woge (En.,

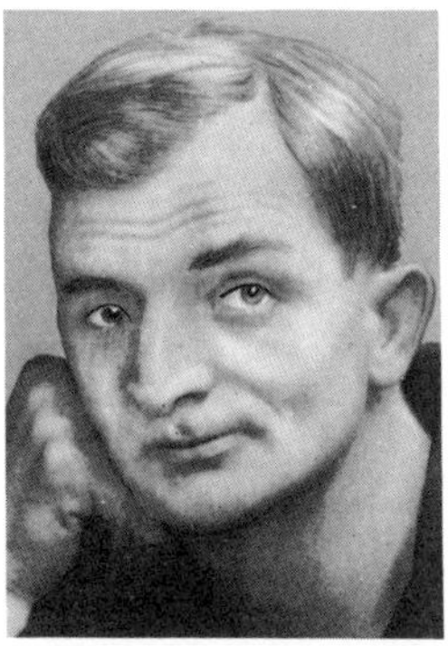
Joachim Ringelnatz

1922), Nervosipopel (Ged., 1924), Allerdings (Ged., 1928), Mein Leben bis zum Kriege (Autobiogr., 1931).
Ausgabe: J. R. Und auf einmal steht es neben dir. Ges. Gedichte. Bln. 152.–157. Tsd. 1966.
Literatur: Günther, H.: *J. R. in Selbstzeugnissen u. Bilddokumenten. Reinbek bei Hamb. 1964.* – Kayser, W./Des Coudres, H.-P.: *J. R.-Bibliogr. Hamb. 1960.*

Ringleb, Heinrich ['rɪŋle:p], * Berlin 23. Okt. 1906, dt. Schriftsteller.
Studium der Germanistik, Kunstgeschichte und Philosophie, freier Schriftsteller, Teilnahme am 2. Weltkrieg; erhielt 1956 einen Lehrauftrag, 1961 ein Lektorat am Dolmetscher-Institut der Universität Heidelberg; eigenständiger Erzähler, als dessen bisher wichtigster Roman „Kinder des Todes" (1948) gilt; auch Hörspielautor.
Weitere Werke: Antje (Epos, 1936), Der Junker von Warrenthin (E., 1942), Die Entrüstung (E., 1947), Herr Konrad (R., 1949), Henley's Insel (R., 1954).

Ringmann, Matthias, Pseudonym Philesius, * Schlettstadt 1482, † ebd. 1511, elsäss. Dichter und Gelehrter.

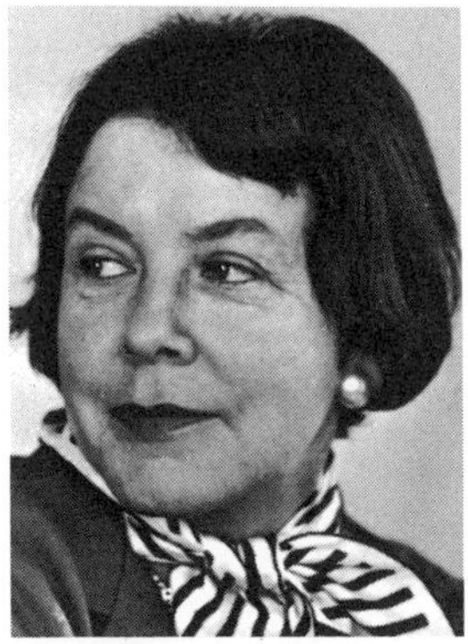
Luise Rinser

Studium, Schulmeister und Korrektor (v.a. in Colmar und Straßburg), steht zwischen MA und Humanismus; schrieb nlat. Gedichte, eine „Grammatica figurata" (1509), eine Einführung in die Kosmographie und eine Übersetzung von Caesars „De bello Gallico", die die humanist. Übersetzungsliteratur mit einleitete.

Ringwaldt, Bartholomäus, * Frankfurt (Oder) 1530 oder 1531, † Langenfeld bei Zielenzig 9. Mai 1599, dt. Dichter.
Seit 1566 Pfarrer in Langenfeld; setzte die ev. Kirchenliedtradition mit weniger machtvoll-bekennenden als meditativen Liedern („Herr Jesu Christ, du höchstes Gut") fort; in den vielgelesenen Lehrgedichten „Christl. Warnung des trewen Eckarts" (2. Fassung 1588) und „Die lauter Warheit" (1585) erweist sich R. als freimütiger Zeitkritiker, ebenso in dem moral.-allegor. Drama „Speculum mundi" (1590).
Literatur: Krafft, E.: *Das Speculum mundi des B. R. Breslau 1915.* – Sielek, F.: *B. R. Sein Leben u. seine Werke. Frankfurt (Oder) 1899.*

Rinkart, Martin ↑ Rinckart, Martin.

Rinser, Luise, * Pitzling (Landkreis Landsberg a. Lech) 30. April 1911, dt. Schriftstellerin.
Nach psycholog. und pädagog. Studien Lehrerin, 1940 Berufsverbot; 1944/45 wegen „Hochverrats und Wehrkraftzersetzung" inhaftiert („Gefängnis-Tagebuch", 1946), Journalistin, 1953–59 ⚭ mit Carl Orff; lebt als freie Schriftstellerin in Italien. Gestaltet in psychologisierenden Romanen und kleineren Erzählwerken meist Mädchen- und Frauenschicksale; ihre Themen sind fast immer die Suche nach einer Sinngebung des Lebens aus christl. Gesinnung und die Suche nach gültigen Moralgesetzen; sie schreibt auch Hörspiele und Essays.
Weitere Werke: Die gläsernen Ringe (E., 1941), Jan Lobel aus Warschau (E., 1948), Mitte des Lebens (R., 1950), Abenteuer der Tugend (R., 1957), Geh fort, wenn du kannst (E., 1959), Die vollkommene Freude (R., 1962), Septembertag (E., 1964), Ich bin Tobias (R., 1966).
Literatur: Scholz, A.: *L. R.s Leben u. Werk. Eine Einf. Syracuse (N. Y.) 1968.* – Hoffmann, Leopold: *Jenseits der Nacht. Ein Versuch über L. R.s Werk. Luxemburg 1964.*

Rinuccini, Ottavio [italien. rinut'tʃi:ni], * Florenz 20. Jan. 1562, † ebd. 28. März 1621, italien. Dichter.

Hofdichter in Florenz, begleitete Maria von Medici zur Hochzeit mit Heinrich IV. nach Frankreich. R. bemühte sich, beeinflußt von den antiken Tragödien und der italien. Pastorale, um das Wiederaufleben des Sprechgesangs. Seine erfolgreichen, u.a. von Monteverdi vertonten Melodramen wurden zu Vorläufern der modernen Oper („Dafne", 1594, Musik von Peri; „Arianna a Nasso", 1608, Musik von Monteverdi). R. schrieb auch Sonette, Balladen und Kanzonen im Stil Petrarcas.

Rioja, Francisco de [span. 'rriɔxa], * Sevilla zwischen 1580 und 1586, † Madrid 8. Aug. 1659, span. Dichter.
Theologe, Jurist, Bibliothekar König Philipps IV., Historiograph von Kastilien. Seine Liebesgedichte erinnern an Herrera, sind aber kunstvoller und z.T. philosoph.-moral. Inhalts. Am bekanntesten wurden seine Blumen-Silvas.

Ripatti, Lyyli Ester [finn. 'ripɑtti] ↑ Uurto, Iris.

Risse, Heinz, * Düsseldorf 30. März 1898, dt. Schriftsteller.
Dr. phil., Wirtschaftsprüfer. Seine fesselnd geschriebenen, zwischen künstler. und didakt. Aussage stehenden, oft hintergründigen und kulturkrit. Romane, Novellen und Essays handeln von der geistig-weltanschaul. Problematik des heutigen Menschen oder von Problemen des menschl. Zusammenlebens.
Hauptwerke: Wenn die Erde bebt (R., 1950), Dann kam der Tag (R., 1953), Die Grille (En., 1953), Fördert die Kultur! (Essays, 1955), Große Fahrt und falsches Spiel (R., 1956), Buchhalter Gottes (En., 1958), Ringelreihen oder Die Apologie des Verbleibs im Zimmer (R., 1963), Feiner Unfug auf Staatskosten (Essays, 1963).
Literatur: H. R. 70 Jahre. Krefeld 1968.

Rist, Johann (seit 1653) von, * Ottensen (heute Hamburg-Ottensen) 8. März 1607, † Wedel (Holstein) 31. Aug. 1667, dt. Dichter.
Ev. Pfarrer in Wedel, 1645 von Kaiser Ferdinand III. zum Dichter gekrönt, später zum Konsistorialrat und zum kaiserl. Pfalzgrafen ernannt; war Mitglied der „Pegnitzschäfer" und der „Fruchtbringenden Gesellschaft" und gründete 1660 den „Elbschwanenorden"; als Anhänger von Opitz wichtigster Vertreter des Frühbarocks in N-Deutschland; Verfasser geistl. („O Ewigkeit, du Donnerwort") und weltl. Lyrik sowie allegor. Dramen und Festspiele zum Zeitgeschehen; das Drama „Das Friede wünschende Teutschland" (1647) spielt im Dreißigjährigen Krieg.
Ausgabe: J. R. Sämtl. Werke. Hg. v. E. Mannack. *Bln. 1967 ff. Auf 10 Bde. berechnet.*
Literatur: Heins, O.: *J. R. u. das niederdt. Drama des 17. Jh.s. Marburg 1930.* – Kern, O.: *J. R. als weltl. Lyriker. Marburg 1919.* – Krabbe, W.: *J. R. u. das dt. Lied. Bonn 1910.* – Hansen, Th.: *J. R. u. seine Zeit. Halle 1872.*

Ristić, Marko [serbokroat. ˌri:stitɕ], * Belgrad 20. Juni 1902, serb. Schriftsteller.
War nach dem 2. Weltkrieg u.a. Leiter einer staatl. Verlagsanstalt, jugoslaw. Botschafter in Paris und stand der Kommission für kulturelle Auslandsbeziehungen vor. In seiner Dichtung war er zuerst von den Surrealisten beeinflußt, für die er sich als einer der ersten in der jugoslaw. Literatur einsetzte. Später wandte er sich dem sozialist. Realismus zu.

Ritsos, Jannis; tl.: Rítsos, Giánnēs [neugr. 'ritsɔs], * Monemwasia 1. Mai 1909, neugriech. Lyriker. Lebte seit den 20er Jahren in Athen; Kommunist; 1948–52 in der Verbannung auf verschiedenen Inseln; 1967 erneut verhaftet, im Okt. 1968 freigelassen; seine Lyrik ist stark von den Erlebnissen der Deportation geprägt, einfach und unpathet.; z.T. von Mikis Theodorakis vertont. Dt. erschienen 1968 zwei Auswahlbände Gedichte: „Gedichte" und „Zeugenaussagen".

Ritter, Felix ↑ Krüss, James.

Ritterhold der Blaue ↑ Zesen, Philipp von.

Rittner, Tadeusz, * Lemberg 31. Mai 1873, † Badgastein 20. Juni 1921, östr.-poln. Schriftsteller.
Besuch des Theresianums in Wien, Jurastudium, im Unterrichtsministerium tätig; R.s kultivierte neuromant. Dramen sind von melanchol. Stimmung beherrscht. Er schrieb auch lyr. Gesellschaftsstücke um erot. Probleme und naturalist. Novellen sowie autobiograph., psycholog. und phantast. Romane. Seinerzeit erfolgreich.
Hauptwerke: Das kleine Heim (Dr., dt. 1908), Unterwegs (Dr., dt. 1909), Der dumme Jakob (Dr., dt. 1910), Kinder der Erde (Dr., dt. 1914), Geister in der Stadt (Nov., dt. 1921), Feinde der Reichen (Dr., dt. 1921).

Rivarol, Antoine de [frz. riva'rɔl], eigtl. Antoine Rivaroli, genannt „der Graf von R.", * Bagnols-sur-Cèze (Gard) 26. Juni 1753, † Berlin 13. April 1801, frz. Schriftsteller italien. Abkunft.
Hatte als Schriftsteller und Journalist Kontakt mit den aufklärer. Kreisen in Paris; als Monarchist mußte er nach Ausbruch der Revolution emigrieren; bed. Dante-Übersetzer; gab sprachphilosoph. Anregungen; verteidigte das Recht des Gefühls neben dem der Vernunft; bekannt als Verfasser geschliffener Polemiken, witziger Essays und geistreicher Aphorismen.
Hauptwerke: Discours sur l'universalité de la langue française (Abhandlung, 1784), De l'influence des passions (Essay, 1797), Maximen und Gedanken (dt. 1938 in: Die frz. Moralisten).
Literatur: Dutourd, J.: *R. Lüttich 1961.* – Loiseau, Y.: *R. Genf 1961.* – Jünger, E.: *R. Frkf. 1956.* – ↑ auch La Rochefoucauld, François VI, Herzog von.

Rivas, Ángel de Saavedra, Herzog von [span. 'rriβas], * Córdoba 10. Mai 1791, † Madrid 22. Juni 1865, span. Dichter.
Hatte hohe militär. und polit. Ämter inne, wurde zeitweise als Liberaler verfolgt und lebte im frz. und engl. Exil, wo er Shakespeares, Byrons und Scotts Werke kennenlernte; nach der Rückkehr nach Spanien Minister, Botschafter und Akademiemitglied; begann mit klassizist. Werken, entwickelte sich aber unter dem Einfluß bes. der engl. Dichtung zum ersten span. Romantiker von Rang; schrieb 18 „Romances históricos" (1841) nach Quellen und Vorlagen aus der Geschichte Spaniens; sein Hauptwerk, „Don Álvaro o la fuerza del sino" (Dr., 1835), gilt als bedeutendstes romant. Drama der span. Literatur (Quelle für Verdis Oper „Die Macht des Schicksals").
Literatur: González Ruiz, N.: *El duque de R. o la fuerza del sino. Madrid 1943.* – Boussagol, G.: *A. de S., Duc de R. Toulouse 1926.*

Rivera, José Eustasio [span. rri'βera], * Neiva 19. Febr. 1889, † New York 30. Nov. 1928, kolumbian. Dichter.

Studium in Bogotá, Jurist und Abgeordneter; zuletzt in den USA; wirkte mit seinem bed., in viele Sprachen übertragenen realist. Roman aus dem trop. Urwald „Der Strudel" (1924, dt. 1934) weit über sein Land hinaus; auch Lyriker unter dem Einfluß des Parnasse („Tierra de promisión", Sonette, 1921).

Rivière, Jacques [frz. ri'vjɛ:r], * Bordeaux 15. Juli 1886, † Paris 14. Febr. 1925, frz. Schriftsteller. Mitbegründer und Leiter der „Nouvelle Revue Française". Beeinflußt von Barrès, Claudel und Gide, mit dem er, wie mit Alain-Fournier, befreundet war. Neben seiner journalist. Tätigkeit Verfasser von Tagebüchern, zwei psycholog. Romanen („Aimée", 1922; „Florence", unvollendet, hg. 1935) und der Autobiographie „À la trace de Dieu" (1925), die seine Wandlung zum Katholiken schildert. Am bedeutendsten seine krit. Essays.
Weitere Werke: Études (1911, dt. Ausw. 1921 u.d.T. Studien), Freud et Proust (Abhandlung, 1927), Carnet de guerre (Tageb., hg. 1929).

Rivoyre, Christine de [frz. ri'vwa:r], * Tarbes 29. Nov. 1921, frz. Schriftstellerin.
1955–65 literar. Leiterin der Zeitschrift „Marie-Claire", seit 1965 Mitarbeiterin der Zeitschrift „Elle"; ihr erster Roman, „L'alouette au miroir" (1955), spielt in der Welt der Tänzer; 1968 erhielt sie für den Roman „Le petit matin" den Prix Interallié.
Weitere Werke: La mandarine (R., 1957), La tête en fleurs (R., 1960), La glace à l'ananas (R., 1962), Les sultans (R., 1964).

Rob, Ján [slowak. rɔp] ↑ Poničan, Ján.

Robakidse, Grigol; tl.: Robakidze, Grigol [russ. rɐba'kidzɪ], * Swizi 1. Nov. 1884, † Genf 21.Nov. 1962, georg. Dichter.
Lebte nach Studien in Rußland, Frankreich und Deutschland zunächst in Tiflis, übersiedelte in den 30er Jahren nach Deutschland und lebte nach 1945 in Genf. Kaukas. und oriental. Mythen bestimmen den Gehalt seines ep., dramat. und lyr. Werkes; er wandte sich gleichermaßen gegen Sozialismus und Kapitalismus; seine Romane sind Ausdruck leidenschaftl. Protestes gegen Gottesferne und Nüchternheit der zivilisierten Welt.
Hauptwerke: Londa (Mysterienspiel, 1919), Das Schlangenhemd (R., dt. 1928), Megi. Ein georg. Mädchen (R., dt. 1932), Kaukas. Novellen (dt. 1932), Die Hüter des Grals (R., dt. 1937).

Robbe-Grillet, Alain [frz. rɔbgri'jɛ], * Brest 18. Aug. 1922, frz. Schriftsteller.
Lebt in Paris als literar. Direktor der „Éditions de Minuit"; ursprüngl. Agronom an verschiedenen wissenschaftl. Instituten; Reisen nach Afrika und Amerika; Anreger und einer der Hauptvertreter der neuen, von Nathalie Sarraute seit Ende der 30er Jahre vorbereiteten und im weiteren Sinne die Tradition Prousts und Joyces fortführenden literar. Richtung des Nouveau roman. R.-G. verläßt die überkommenen Romanschemen (bes. den Standpunkt des „allwissenden" Erzählers), indem er mit nahezu „laboratoriumhafter" Objektivität und ohne persönl. Teilnahme spürbar werden zu lassen die Wege menschl. Erfahrung nachzuzeichnen und so die „reine" Dingwelt zu erfassen sucht. Durch die dadurch bedingte Auflösung traditioneller Kategorien der Erzähltechnik (Raum, Zeit, Art der Handlungsführung) gewinnt der Roman neue Dimensionen: er wird

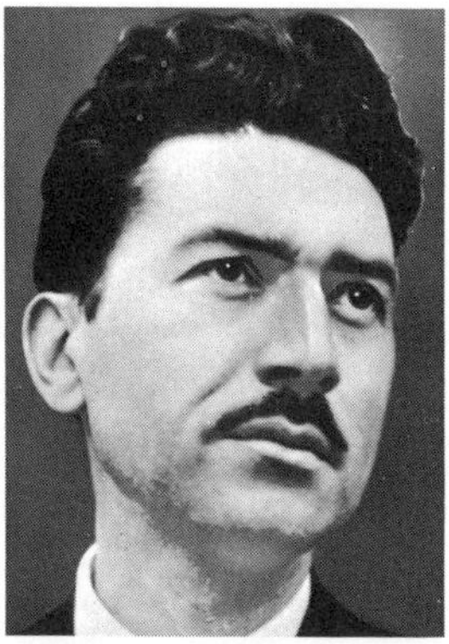

Alain Robbe-Grillet

zum experimentell-phänomenolog. „Bericht" über Wirklichkeiten und ihre [verborgenen] Beziehungen und Zusammenhänge.
Hauptwerke: Ein Tag zuviel (R., dt. 1954), Der Augenzeuge (R., dt. 1957), Die Jalousie oder Die Eifersucht (R., dt. 1959), Die Niederlage von Reichenfels (R., dt. 1960), Letztes Jahr in Marienbad (Drehb., dt. 1961), Momentaufnahmen (Prosa, dt. 1963), Die blaue Villa in Hongkong (R., dt. 1966).
Literatur: Alter, J.V.: *La vision du monde d'A. R.-G. Structures et signification. Genf 1966.* – Miesch, J.: *R.-G. Paris 1965.* – Morrissette, B.: *Les romans de R.-G. Erweiterte Neuausg. Paris 1965.* – Bernal, O.: *A. R.-G.: Le roman de l'absence. Paris 1964.*

Robbers, Herman [niederl. 'rɔbərs], Pseudonym Phocius, * Rotterdam 4. Sept. 1868, † Amsterdam 15. Sept. 1937, niederl. Schriftsteller.
Hg. und Übersetzer; seine Romane bilden den Höhepunkt des realist. bürgerl. Gesellschaftsromans in den Niederlanden.
Hauptwerke: De roman van Bernard Bandt (R., 1897), Een mannenleven (R., 1919–27), Litteraire smaak (Essay, 1924).

Robert de Boron [frz. rɔbɛrdəbɔ'rõ] (R. de Borron), * Montbéliard oder Boron bei Belfort, frz. Dichter des 12./13. Jahrhunderts.
Ritter im Dienst der Grafen von Montbéliard; anglonormann. Herkunft; in seinem dreiteiligen Gralsroman in Achtsilbern, „Die Geschichte des Hl. Gral" (dt. 1958), verbindet er die Gralslegende mit der Person Josephs von Arimathia.

Robert of Gloucester [engl. 'rɔbət əv 'glɔstə], engl. Chronist der 2. Hälfte des 13. Jahrhunderts.
Wahrscheinl. Mönch in Gloucester. Nur bekannt als Autor der ihm zugeschriebenen einzigen engl. Verschronik des 13. Jh.s „Chronicle of England" (1297?); verwandte 14silbige, paarweise gereimte Verse mit Zäsur nach der achten Silbe; R. of G. bezog sich u.a. auf Geoffrey of Monmouth und Layamon; gegen Ende der Chronik (bis 1272 geführt) nimmt die Bedeutung mündl. Traditionen als Quellenmaterial zu; hg. 1887.

Robert, Paul ↑ Zech, Paul.

Roberthin (Robertin), Robert, * Saalfeld (Ostpr.) 3. März 1600, † Königsberg (Pr) 7. April 1648, dt. Dichter.
Kurfürstl. Rat bei der Regierung in Königsberg; Studium in Königsberg, Leipzig und Straßburg,

wo er M. Bernegger und M. Opitz kennenlernte. 1625–33 mit Unterbrechungen Bildungsreisen in Europa, von 1637 an in brandenburg. Diensten. Bedeutender als durch seine Lieder (meist in H. Alberts „Arien“ veröffentlicht) ist R. als geistiges Haupt des Königsberger Dichterkreises und als Mäzen S. Dachs, dessen Talent er schon früh erkannte.

Roberts, Elizabeth Madox [engl. 'rɔbəts], * Perryville bei Springfield (Ky.) 1886, † Orlando (Fla.) 13. März 1941, amerikan. Schriftstellerin.
Lebte in verschiedenen Teilen der USA; wählte mit Vorliebe ihre Heimat Kentucky als Schauplatz wirklichkeitsgetreuer Romane, in denen sie v.a. die Lebensbedingungen der Farmer realist. darstellt.
Hauptwerke: Seit Menschengedenken (R., dt. 1928), Kentucky, große Weide (R., dt. 1938).

Roberts, Kenneth Lewis [engl. 'rɔbəts], * Kennebunk (Maine) 8. Dez. 1885, † Kennebunkport (Maine) 21. Juli 1957, amerikan. Schriftsteller.
Studium der Geschichte; war zeitweise als Redakteur und Reporter tätig, diente im 1. Weltkrieg als Offizier; schrieb nach genauen Quellenstudien histor. Romane über abenteuerl. Episoden der amerikan. Geschichte; am bekanntesten: „Nordwestpassage“ (dt. 1938).
Weitere Werke: Arundel (R., dt. 1936), Volk in Waffen (R., dt. 1936).

Roberts, Michael [engl. 'rɔbəts], * Southampton 1902, † London 13. Dez. 1948, engl. Schriftsteller und Kritiker.
Wurde nach naturwissenschaftl. Studien Mathematik- und Physiklehrer; nach dem Ende des 2. Weltkriegs Leiter einer Lehrerbildungsanstalt; als Hg. sozialist. Anthologien wegbereitend für die Dichtung Audens, Spenders und Day Lewis'; versuchte der neuen polit. Dichtung eine theoret. Grundlage zu geben; schrieb auch krit. Essays allgemeinen Inhalts und philosoph. Lyrik.

Robinson, Edwin Arlington [engl. 'rɔbɪnsn], * Head Tide (Maine) 22. Dez. 1869, † New York 6. April 1935, amerikan. Dichter.
Kurzes Studium in Harvard, verschiedene Berufe; um die Jahrhundertwende trugen ihm seine Gedichte die Förderung Th. Roosevelts ein; 1905–10 Zollbeamter, dann freier Schriftsteller; erhielt dreimal den Pulitzerpreis und errang nationales Ansehen als bedeutendster amerikan. Dichter seiner Zeit neben R. Frost. Seine psycholog. Gedankenlyrik kreist um das Thema der trag. Verlassenheit des Menschen in einer chaot. Welt; seine Verbundenheit mit der europ. Tradition bewies er in einem dreiteiligen Versepos mit Stoffen der Artussage.
Literatur: Anderson, W. L.: *E. A. R. A critical introduction. Cambridge (Mass.) 1967.* – Smith, Ch. P.: *Where the light falls: A portrait of E. A. R. New York 1967.*

Robinson, Henry Morton [engl. 'rɔbɪnsn], * Boston 7. Sept. 1898, † New York 13. Jan. 1961, amerikan. Schriftsteller.
Nach Universitätsstudium und Lehrtätigkeit Chefredakteur von „Reader's Digest“; sein größter literar. Erfolg wurde „Der Kardinal“ (dt. 1950), ein Roman um einen einfachen Priester, der die Kardinalswürde erlangt: Darstellung des Katholizismus in den USA und dessen Verhältnis zu Europa.
Weitere Werke: Das geschlossene Rund (R., 1945; dt. 1963), In den Schnee geschrieben (R., 1947; dt. 1957), Wasser des Lebens (R., dt. 1961).

Robinson, [Esmé Stuart] Lennox [engl. 'rɔbɪnsn], * Douglas (Cork) 4. Okt. 1886, † Dublin 14. Okt. 1958, ir. Dramatiker.
Sohn eines prot. Geistlichen; seit 1908 Schauspieler, später Leiter des Abbey Theatre in Dublin. Schrieb zahlreiche Dramen, zunächst mit Stoffen aus der Welt der ir. Bauern, dann satir. Komödien über den Mittelstand in der Provinz; behandelte auch histor. und soziale Fragen.
Hauptwerke: The Clancy name (Trag., 1908), Harvest (Dr., 1910), Patriots (Dr., 1912), The dreamers (Dr., 1915), Crabbed youth and age (Dr., 1924), The far-off hills (Dr., 1928), Church Street (Dr., 1934).

Roblès, Emmanuel [frz. rɔ'blɛs], * Oran 4. Mai 1914, frz. Schriftsteller.
Lehrer, dann Reporter und Kriegsberichterstatter, u.a. in Südamerika, Rußland und im Fernen Osten. Präsident des nordafrikan. PEN-Clubs. Beeinflußt von Camus, Malraux und vom Existentialismus; bed. sind seine handlungsreichen, fesselnd und anschaul. geschriebenen Romane, deren bevorzugtes Thema das Soldatenleben ist. Seine Dramen, u.a. „Montserrat“ (dt. 1949) und „Die Wahrheit ist tot“ (1952, dt. 1959), wurden auf vielen europ. Bühnen gespielt.
Weitere Werke: L'action (R., 1937), Les hauteurs de la ville (R., 1948), Es nennt sich Morgenröte (R., dt. 1955), Federica (R., dt. 1955), Die Messer (R., 1956; dt. 1969), Le Vésuve (R., 1962), La remontée du fleuve (R., 1963).

Robleto, Hernán [span. rrɔ'βleto], * Camoapa 17. Okt. 1894, † Mexiko 17. Febr. 1969, nicaraguan. Schriftsteller.
War u.a. Unterstaatssekretär im Erziehungsministerium; Nachmodernist, trat mit Romanen und Erzählungen, bes. über die polit. Auseinandersetzungen in seinem Land und mit gegen die USA gerichtetem, antiimperialist. Akzent hervor.
Hauptwerke: Es lebe die Freiheit (R., dt. 1933), Gabriel Aguilar (R., dt. 1935).

Roccatagliata Ceccardi, Ceccardo [italien. rokkataʎ'ʎa:ta tʃek'kardi], * Ortonovo (La Spezia) 6. Jan. 1871, † Genua 3. Aug. 1919, italien. Dichter.
Zunächst Jurastudent, lebte danach als Bohemien und bezeichnete sich selbst gern als „Wanderer“; Mitarbeiter von Zeitungen und Zeitschriften. Seine formbewußte, persönl. Lyrik steht im Zeichen der europ. Décadence.
Hauptwerke: Il viandante (Ged., 1904), Sonetti e poemi (Ged., 1910), Sillabe ed ombre (Ged., hg. 1924).

Rocha, Adolfo [portugies. 'rrɔʃɐ] † Torga, Miguel.

Roche, Mazo de la † de la Roche, Mazo.

Rochefort, Christiane [frz. rɔʃ'fɔ:r], * Paris 1917, frz. Schriftstellerin.
Journalistin, Filmschauspielerin; Verfasserin umstrittener Romane, die z.T. auch verfilmt wurden. „Das Ruhekissen“ (dt. 1959) schildert einen Fall erot. Hörigkeit; „Kinder unserer Zeit“ (dt. 1962) ist eine Satire auf das frz. Kindergeldsystem.
Weitere Werke: Mein Mann hat immer recht (R., dt. 1965), Eine Rose für Morrison (R., dt. 1967).

Rochefoucauld, François de La † La Rochefoucauld, François VI, Herzog von.

Rochester, John Wilmot, Earl of [engl. 'rɔtʃɪstə] † Wilmot, John, Earl of Rochester.

Rod, Édouard [frz. rɔd], * Nyon (Waadt) 31. März 1857, † Grasse 29. Jan. 1910, schweizer. Schriftsteller.
Studierte u.a. in Deutschland und lebte danach, abgesehen von einer mehrjährigen Professur für vergleichende Literaturwissenschaft in Genf, in Paris; USA-Reise. Trat zunächst als Schüler Zolas mit naturalist. Romanen in frz. Sprache hervor, wandte sich dann jedoch vorwiegend dem psycholog. Roman zu; daneben Monographien und Essays über Leopardi, Stendhal, Lamartine, Goethe u.a.; schrieb auch ein Drama.
Hauptwerke: La course à la mort (R., 1885), Le sens de la vie (R., 1889), Das Privatleben des Michel Teissier (R., 1893; dt. 1905), La seconde vie de Michel Teissier (R., 1894).

Roda Roda, Alexander, eigtl. A. Friedrich Roda, * Puszta Zdenci (Slawonien) 13. April 1872, † New York 20. Aug. 1945, östr. Schriftsteller.
Gab 1902 die Offizierslaufbahn auf, um journalist., meist als Balkanberichterstatter, zu arbeiten; Mitarbeiter des „Simplicissimus"; wanderte 1933 nach den USA aus. Erzähler, Dramatiker und Feuilletonist mit Neigung zu Satire und Humoreske; entwickelte eine besondere Vorliebe für das Anekdotische; eines seiner erfolgreichsten Werke wurde das mehrmals verfilmte Lustspiel „Der Feldherrnhügel" (1910, mit C. Rößler).
Weitere Werke: Der Schnaps, der Rauchtabak und die verfluchte Liebe (Anekdoten und Skizzen, 1908), R. R.s Roman (Autobiogr., 1925), Der Schlangenbiß (En., 1930), Die Panduren (R., 1935).
Ausgaben: Das große R.-R.-Buch. Hg. v. E. Roda Roda. *Wien 1950. – A. R. R. Ausgew. Werke in 3 Bden. Wien 1933–34.*

Rode, Helge [dän. 'ro:ðə], * Kopenhagen 16. Okt. 1870, † Frederiksborg 23. März 1937, dän. Schriftsteller.
Verbrachte die Jugend in Oslo, lebte dann meist in Kopenhagen; literar. Mitarbeiter an verschiedenen Zeitungen, ab 1915 der „Berlingske Tidende"; Neuromantiker, der ein wesentl., für sein ganzes Leben und Werk bestimmendes myst. Erlebnis hatte. In seiner Lyrik, die sich zu immer größerer formaler Sicherheit steigerte, ist das Sein der Seele der Kristallisationspunkt, um den sich Gedichte von Tod (oft Zwiegespräche) und von Geburt, von Leiden und Freuden des Menschen gruppieren. Auch die meisten seiner lyr. Schauspiele weisen myst. Elemente auf, daneben Dramen in der Nachfolge Ibsens.
Hauptwerke: Hvide blomster (Ged., 1892), Kongesønner (Dr., 1896), Kampene i Stefan Borgs hjem (Dr., 1901), Digte, gamle og nye (Ged., 1907), Morbus Tellermann (Dr., 1907), Ariel (Ged., 1914), En mand gik ner fra Jerusalem (Dr., 1920), Det store ja (Essay, 1926), Den vilde Rose (Ged., 1931).

Rodenbach, Albrecht [niederl. 'ro:dənbɑx], * Roeselare 27. Okt. 1856, † ebd. 23. Juni 1880, fläm. Dichter.
Studierte Jura, war Führer der fläm. Studentenbewegung; leidenschaftl. Temperament, das durch seinen scharfen Verstand gebändigt wurde; er schrieb mitreißende Kampflieder, beschwingte Gedankenlyrik („Gedichten", hg. 1930), das Drama „Gudrun" (hg. 1882) und epische Fragmente.

Rodenbach, Georges [frz. rɔdɛ̃'bak, rɔdɛn'bak], * Tournai 16. Juli 1855, † Paris 25. Dez. 1898, belg. Dichter.
Gab 1887 seine Rechtsanwaltpraxis auf und lebte als freier Schriftsteller in Paris; stand dem Kreis um E. de Goncourt nahe; schrieb unter dem Einfluß des frz. Symbolismus und der Parnassiens zarte, wehmütige, klangvolle Gedichte, z.B. „Le règne du silence" (Ged., 1891); in seinem Hauptwerk, dem einzigen bed. symbolist. Roman „Das tote Brügge" (1892, dt. 1903), gibt er ein düster-melanchol. Bild seiner Heimat und ihrer Menschen.
Weitere Werke: Les tristesses (Ged., 1879), La jeunesse blanche (Ged., 1886), Le carillonneur (R., 1897), Le miroir du ciel natal (Ged., 1898).
Literatur: Maes, P.: *G. R. (1855–98). Brüssel; Gembloux 1952.* – Glaser, K.: *G. R., der Dichter des toten Brügge. Marburg 1917.*

Rodenbach, Zoë von † Sacher-Masoch, Leopold Ritter von.

Rodenberg, Julius, eigtl. J. Levy, * Rodenberg (Dillkreis) 26. Juni 1831, † Berlin 11. Juli 1914, dt. Schriftsteller.
Studierte Jura, war als Journalist in Paris, hielt sich in London und Italien auf, lebte seit 1862 in Berlin, 1867–74 Mithg. der Zeitschrift „Der Salon", seit 1874 Hg. der von ihm begründeten „Dt. Rundschau", für die u.a. Keller, Storm und C. F. Meyer schrieben. Als Lyriker von der Romantik ausgehend, entwickelte sich R. zum realist. Erzähler und Feuilletonisten, schrieb histor. und bürgerl. Romane, Dramen, Wander- und Skizzenbücher sowie Reisebetrachtungen.
Hauptwerke: Lieder (1854), Pariser Bilderbuch (Reisebericht, 1856), Kleine Wanderchronik (Reisebericht, 1858), Die Straßensängerin von London (R., 1863), Die Grandidiers (R., 1878), Bilder aus dem Berliner Leben (1885–88), Erinnerungen aus der Jugendzeit (1899).
Literatur: Haacke, W.: *J. R. u. die Dt. Rundschau. Neckargemünd 1950.* – Spiero, H.: *J. R. Sein Leben u. seine Werke. Bln. 1921.*

Rodó, José Enrique [span. rrɔ'ðo], * Montevideo 15. Juli 1872, † Palermo 1. Mai 1917, uruguay. Schriftsteller.
Europ. Herkunft; Mitbegründer der „Revista Nacional de Literatura y Ciencias Sociales", Professor für Literatur, Direktor der Nationalbibliothek; Mitglied des uruguay. Kongresses (1902–08); bereiste Spanien und Italien, wurde v.a. von der frz. Literatur beeinflußt (bes. Renan), blieb der geistigen Welt Europas, auch der Antike verhaftet, versuchte sie mit der Tradition Lateinamerikas, bes. der La-Plata-Länder, zu verbinden; stellte sich in betonten Ggs. zum nordamerikan. Utilitarismus („Ariel", Essay, 1900). Einer der geistigen Führer der hispanoamerikan. Länder, mit Rubén Darío Haupt des Modernismo. Hervorragender Literaturkritiker und Essayist, der seine Essays häufig in die Form einer Allegorie, Parabel oder Anekdote kleidete. Seine Sprache ist harmon. ausgewogen und diszipliniert.
Weitere Werke: Rubén Darío (Essays, 1899), Motivos de Proteo (Essays, 1909), El mirador de Próspero (Essays, 1913).

Rodrigues Lobo, Francisco [portugies. rru'ðriɣɪʒ 'loβu], * Leiria um 1580, † 1622 (im Tejo ertrunken), portugies. Dichter.
Studierte Rechtswissenschaft in Coimbra; in Leiria Erzieher im Dienste eines Grafen; einer der letzten und bedeutendsten Dichter aus der Schule Camões', schrieb bukol. Pastorellen, Eklogen, Elegien, Sonette, Pastoralromane („A primavera", 1601) und Dialoge.

Rodríguez Álvarez, Alejandro [span. rrɔ'ðriɣeθ 'alβarεθ] † Casona, Alejandro.

Rodríguez Larreta, Enrique [span. rrɔ'ðriɣεð la'rrεta] † Larreta, Enrique Rodríguez.

Rodt, Rudolf † Eichrodt, Ludwig.

Rodziewiczówna, Maria [poln. rɔdʑεvi'tʃuvna], Pseudonym Żmogas, * Pieniucha bei Grodno 2. Febr. 1863, † Żelazna 6. Juli 1944, poln. Schriftstellerin.
Lebte meist auf ihrem Gut bei Grodno. Sie schrieb beliebte Familienromane, die häufig sentimental und oberflächl. sind und in denen sie für Vaterlandsliebe und Tugendhaftigkeit eintritt. Der Held ihres Romans „Dewajtis" (1889), Marek Czertwan, ein Vertreter des Landadels, kehrt abgewandelt in vielen ihrer Werke wieder.

Roehler, Klaus ['rø:lər], * Königsee (Thüringen) 25. Okt. 1929, dt. Schriftsteller.
Seit 1947 in Westdeutschland, Arbeiter, Studium der Geschichte und Philosophie, freier Schriftsteller; schreibt zeitnahe Prosa, in der er mit verschiedenen Stilmitteln die gesellschaftl. Wirklichkeit zu erfassen sucht; Neigung zu Satire und Groteske; auch Drama, Hör- und Fernsehspiel.
Hauptwerke: Triboll (E., 1956; mit G. Elsner), Das Geschrei (Farce, UA 1956), Die Würde der Nacht (E., 1958), Ein angeschwärzter Mann (En., 1966).

Roelants, Maurice [niederl. 'ru:lants], * Gent 19. Dez. 1895, fläm. Schriftsteller.
Lehrer, seit 1919 Beamter im Erziehungsministerium; später Begründer verschiedener Zeitungen und Zeitschriften. R. verfaßte zunächst tiefempfundene, ausgewogene Gedichte. In seinen nach frz. Vorbild gestalteten, sprachl. hervorragenden analysierenden Romanen und Novellen über die Sehnsucht der Menschen nach Glück stellte er eindringl. deren Seelenleben dar und führte damit den psycholog. Roman in die fläm. Literatur ein. Später fand er erneut zur lyr. Form; auch Übersetzer (Molière, Bernanos).
Hauptwerke: De kom der loutering (Ged., 1918), Kommen und Gehen (R., 1927; dt. 1955), Der Jazzspieler u.a. Erzählungen (1928, dt. 1959), Maria Danneels (R., dt. 1932, 1956 u.d.T. Ein Leben, das wir träumten), Alles kommt zurecht (R., 1937; dt. 1957), Gebet um ein gutes Ende (R., 1944; dt. 1955), De lof der liefde (Ged., 1947).

Roethke, Theodore [engl. 'rεtkɪ], * Saginaw (Mich.) 25. Mai 1908, † Seattle 1. Aug. 1963, amerikan. Lyriker.
Seit 1947 Professor für Anglistik an der Washington University. R.s. lyr. Werk, das u.a. von Whitman beeinflußt ist, ist Ausdruck der Lebensangst und des Lebensekels; zunehmende Neigung zum Experimentellen und zu einer chiffrierten Aussage; z.T. umgangssprachl. Wendungen; R.s gesammelte Gedichte erschienen u.d.T. „Words for the wind" (1958); er erhielt 1954 für den Lyrikband „The waking" den Pulitzerpreis.

Rogers, Samuel [engl. 'rɔdʒəz], * London 30. Juli 1763, † ebd. 18. Dez. 1855, engl. Dichter.
Nach dem Tod seines Vaters Hauptteilhaber von dessen Bank; bed. Mäzen. Schrieb kultivierte, formvollendete reflektierende Lyrik mit starker Tendenz zum Starren und Schematischen; seinerzeit als Klassizist sehr erfolgreich und nach Tennysons Tod als „poet laureate" vorgeschlagen; R. lehnte die Kandidatur ab.
Hauptwerke: Die Freuden des Gedächtnisses (Ged., 1792; dt. 1836), Human life (Dichtung, 1819), Italy (Ged., 1822ff.), Table talk (Gespräche, hg. 1856).

Rogge, Alma, * Brunswarden (heute zu Rodenkirchen) 24. Juli 1894, † Bremen-Rönnebeck 7. Febr. 1969, dt. Schriftstellerin.
Aus altem Bauerngeschlecht, Studium (Dr. phil.), Redakteurin, freie Schriftstellerin. Humorvolle Autorin von heimatgebundenen hoch- und plattdt. Lustspielen und Erzählungen.
Hauptwerke: De Straf (Lsp., 1924), In de Möhl (Dr., 1930), Leute an der Bucht (En., 1935), Hinnerk mit'n Hot (En., 1937), Hochzeit ohne Bräutigam (R., 1952), Seid lustig im Leben (En., 1953), Fröhlich durchleuchtet (En., 1965).

Röhrer, Maria † Zittrauer, Maria.

Roidis, Emmanuil; tl.: Roídēs, Emmanouēl [neugr. rɔ'iðis], * Ermupolis (Siros) 28. Juli 1835, † Athen 8. Jan. 1904, neugriech. Schriftsteller.
Studierte in Deutschland, dort Berührung mit der westeurop. Literatur; ließ sich um 1860 in Athen nieder, 1882–1902 Direktor der Nationalbibliothek; bed. als Mittler westeurop. Kunst und Literatur; R. rechtfertigte mit „Idola" (1893) die griech. Volkssprache als literar. Ausdrucksmittel. Ein Skandalerfolg wurde der satir. Geschichtsroman „Die Päpstin Johanna" (1867, dt. 1875); schrieb Erzählungen über Themen von Siros; auch philosoph. und literarästhet. Essays.

Rojas, Fernando de [span. 'rrɔxas], * Puebla de Montalbán (Toledo) um 1465, † Talavera 8. (?) April 1541, span. Dichter.
Einem Akrostichon zufolge gilt R. als Verfasser (wenigstens) eines Teils des breiten ep. Dramas „Celestina" (1499, dt. 1520), das von der trag. endenden Liebe eines jungen Paares handelt; dem hohen, poet. Stil, in dem die Liebesgeschichte verfaßt ist, steht die niedere Sprachebene der Kupplerinnenhandlung mit Derbheiten und Vulgarismen gegenüber; erste Tragödie des span. Theaters; Mischung von mittelalterl. und renaissancehaften Stilelementen.
Literatur: Bataillon, M.: *„La Célestine" selon F. de R. Paris 1961.*

Rojas, Manuel [span. 'rrɔxas], * Buenos Aires 8. Jan. 1896, chilen. Schriftsteller.
Verschiedene Berufe, u.a. Journalist, Hochschullehrer. Schildert in Romanen, Erzählungen und Gedichten mit guter Beobachtungsgabe, in realist. Darstellung, mit Betonung des Sozialen und großer Fabulierkunst das vielgestaltige Leben und die Landschaft Chiles, am besten in „Hombres del Sur" (E., 1927) und „El delincuente" (R., 1929).
Weitere Werke: Wartet, ich komme mit (R., dt. 1955), Chilen. Beichte (R., dt. 1967).

Rojas, Ricardo [span. 'rrɔxas], * Tucumán 16. Sept. 1882, † Buenos Aires 29. Juli 1957, argentin. Schriftsteller.

Professor in Buenos Aires; Literarhistoriker und -kritiker, Erzähler, Lyriker und Dramatiker; bed. Vertreter des „Criollismo"; als Lyriker Transzendentalist; sprachl. meisterhafte Bearbeitung des indian. Dramas „Ollantay" (1939).
Weitere Werke: La victoria del hombre (Ged., 1903), El país de la selva (Essay, 1907), El alma española (Essay, 1908), Canciones (Ged., 1920), Cantos de Perséfona (Ged., 1921).

Rojas Zorilla, Francisco de [span. 'rrɔxasθo'riʎa], * Toledo 4. Okt. 1607, † Madrid 23. Jan. 1648, span. Dramatiker.
Mit Calderón befreundet, dessen dramat. Werk für ihn vorbildl. war; schrieb bühnenwirksame Charakterlustspiele mit Sinn für Situationskomik; sein Meisterwerk „Vom König abwärts – keiner" (Dr., 1650; dt. 1896) hat das für die höf. Literatur Spaniens wichtige zentrale Thema der Verteidigung beleidigter Ehre; mit der Darstellung seel. Regungen motiviert R. Z. die Strenge der Ehrauffassung; log. dramat. Konflikte, die meisterhaft geknüpft und gelöst werden. Bed. Einfluß auf das frz. Drama, bes. auf Corneille.
Weitere Werke: Entre bobos anda el juego (Kom., 1645), Lo que son las mujeres (Kom., 1645).
Literatur: MacCurdy, R. R.: *F. de R. Z. and the tragedy. Albuquerque (N. Mex.) 1958.* – Cotarelo y Mori, E.: *Don F. de R. Z. Madrid 1911.*

Rokeah, David [ro'ke:ax], * Lemberg 1916, israel. Lyriker.
Studierte Jura, Literaturwissenschaft und Elektrotechnik, lebt heute in Tel-Aviv und Jerusalem; dt. erschienen die Lyrikbände „Poesie" (hebr. und dt. 1962) und „Ijara" (hebr. und dt. 1968), ein 12teiliger Gedichtzyklus.

Rokha, Pablo de [span. 'rrɔka], eigtl. Carlos Díaz Loyola, * Licantén 27. März 1894, † Santiago de Chile Sept. 1968 (Selbstmord), chilen. Dichter.
Begründete die Zeitschriften „Dínamo" und „Multitud"; befreite durch den Reichtum seiner Metaphern die südamerikan. Lyrik vom Akademismus, schrieb oft in volkstüml. Sprache und führte das kreol. Chilenisch in die Lyrik ein; in seinen späteren Werken marxist. Dialektiker.
Hauptwerke: Los gemidos (Ged., 1922), U (Ged., 1927), Jesucristo (Ged., 1933), Oda a la memoria de Gorki (1936), Gran temperatura (Ged., 1937), Morfología del espanto (Ged., 1942), Neruda y yo (Essay, 1955).

Roland Holst, Adriaan (Adrianus) [niederl. 'ro:lɑnt 'hɔlst], * Amsterdam 23. Mai 1888, niederl. Schriftsteller.
Studierte frz. Literatur; bereiste Irland, Frankreich, Griechenland und Südafrika, lebt seit 1918 in N-Holland; 1929–34 Redakteur der Zeitschrift „De Gids", während des 2. Weltkriegs einer der bedeutendsten Schriftsteller der Widerstandsbewegung. Seine myst.-visionäre Lyrik zeigt den Einfluß Shelleys, Yeats' und Verlaines. R. H., der in seiner Zeit nichts Wesentl. finden zu können glaubt, wandte sich in seinen erzählenden Werken der Vergangenheit zu und gestaltete Stoffe aus kelt. Sagen.
Hauptwerke: Voorbij de wegen (Ged., 1920), De wilde kim (Ged., 1925), De afspraak (E., 1925), Tusschen vuur en maan (E., 1932), Voorteekens (Prosa, 1936), Voor West-Europa (Ged., 1939), Tegen de wereld (Ged., 1945).

Roland Holst, Henriette [niederl. 'ro:lɑnt 'hɔlst], geb. van der Schalk, * Noordwijk-Binnen 24. Dez. 1869, † Amsterdam 21. Nov. 1952, niederl. Schriftstellerin.
⚭ mit dem Maler Richard N. R. H. (* 1868, † 1938); nach dem 1. Weltkrieg Mitglied der KP, 1921 Reise in die UdSSR, die sie enttäuschte; Ende der 20er Jahre wandte sie sich einem Sozialismus religiös-myst. Prägung zu. Während ihre ersten Gedichte noch Zeugnis von ihrer Beschäftigung mit der Philosophie, bes. Spinoza, ablegen („Sonnetten en verzen in terzinen geschreven", 1895), wird später ihre Auseinandersetzung mit dem kommunist. Dogma, gegen das sich ihr soziales Empfinden sträubte, deutl.; auch ihre christl. geprägte Nächstenliebe und Demut findet im Spätwerk Ausdruck. Auch Dramen und theoret., v. a. polit. Schriften und Biographien.
Weitere Werke: De nieuwe geboort (Ged., 1902), De vrouw in het woud (Ged., 1912), Verworvenheden (Ged., 1927), Tusschen tijd en eeuwigheid (Ged., 1934).

Rolandslied (Chanson de Roland), ältestes und berühmtestes, vermutl. gegen Ende des 11. Jh.s (von Turoldus?) verfaßtes altfrz. Heldenepos (Chanson de geste); Originaltext nicht erhalten, in verschiedenen Handschriften überliefert, deren bedeutendste die von Oxford (um die Mitte des 12. Jh.s) ist, die etwa 4000 in assonierenden Laissen angeordnete Zehnsilber in anglonormann. Mundart umfaßt (wahrscheinl. von einem Kleriker geschrieben). Hauptgestalt der Dichtung ist die geschichtl. Figur des Roland, Markgraf der Bretagne und Paladin Karls des Großen: Auf einem Zug Karls des Großen nach Spanien verbindet sich Rolands Schwiegervater Ganelon in verräter. Absicht mit den Sarazenen, um Roland in einen Hinterhalt zu locken; dieser wird im Tal von Roncesvalles von den Heiden überfallen und kann sich ihrer trotz seines Schwertes Durendal nicht mehr erwehren; in höchster Not stößt er in sein Horn Olifant, um Karl herbeizurufen, der aber nur noch den Tod des Helden rächen kann. Erste mhd. Übersetzung (in Reimen) vom Pfaffen Konrad.
Ausgaben: La chanson de Roland. Altfrz. u. dt. Mchn. 1963. – Das altfrz. R. (La chanson de Roland). Nach der Oxforder Hs. Hg. v. A. Hilka *u.* G. Rohlfs. *Tüb.* ⁵*1960. – Les textes de chanson de Roland. Hg. v.* R. Mortier. *Paris 1940–44. 10 Bde.*
Literatur: Aebischer, P.: *Rolandiana et Oliveriana. Recueil d'études sur les chansons de geste. Genf 1967.* – Christmann, H. H.: *Neuere Arbb. zum R. In: Romanist. Jb. 16 (1965), 49.* – Waltz, M.: *R., Wilhelmslied, Alexiuslied. Zur Struktur u. geschichtl. Bedeutung. Hdbg. 1965.* – Menéndez Pidal, R.: *La Chanson de Roland et la tradition épique des Francs. Frz. Übers. Paris* ²*1960.* – Winkler, E.: *Das R. Hdbg. 1919.* – † auch Cid, Poema del, † Kaiserchronik, † Konrad, Pfaffe.

Rolland, Romain [frz. rɔ'lã], * Clamecy (Nièvre) 29. Jan. 1866, † Vézelay (Yonne) 30. Dez. 1944, frz. Schriftsteller.
Sohn eines Notars; Jugendzeit in Clamecy; seit 1880 in Paris, 1886–89 École normale supérieure; Briefwechsel mit Tolstoi; 1889–91 in Rom, wo ihn der Einfluß Malwida von Meysenbugs zu Wagner und der geistigen Welt Deutschlands

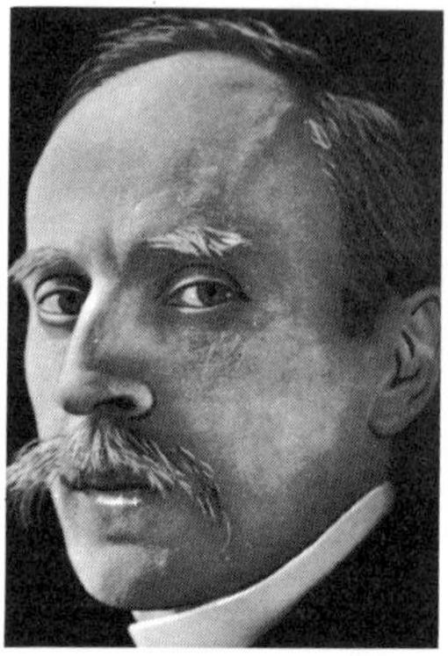
Romain Rolland

führte; 1903–12 Professor für Musik- und Kunstgeschichte an der Sorbonne; Mitarbeit an Péguys „Cahiers de la Quinzaine"; kämpfte während des 1. Weltkriegs von der Schweiz aus – u. a. mit den Schriften „Au-dessus de la mêlée", 1915, und „Les précurseurs", 1919, beide dt. 1946 u. d. T. „Der freie Geist" – gegen den Krieg und den Imperialismus der europ. Nationalstaaten; 1915 Nobelpreis; 1935 Reise in die UdSSR; stand in Verbindung mit Persönlichkeiten des literar., kulturellen und polit. Lebens in aller Welt und unternahm viele Reisen. Literar. trat R. zuerst als Verfasser zweier Dramenzyklen mit welthistor. Hintergrund hervor: „Les tragédies de la foi" (1897–99) und „Revolutionsdramen" („Die Wölfe", 1898, dt. 1914; „Danton", 1900, dt. 1919; „Der 14. Juli", 1902, dt. 1924); bed. Widerhall fanden seine Biographien, die den Geist eines unüberwindl. moral. Heroismus beschwören: „Ludwig van Beethoven" (1903, dt. 1918), „Das Leben Michelangelos" (1905, dt. 1919), „Das Leben G. F. Händels" (1910, dt. 1922), „Das Leben Tolstois" (1911, dt. 1922), „Mahatma Gandhi" (dt. 1924), „Péguy" (1944, dt. 1951); in seinem bedeutendsten Roman, dem 10bändigen, z. T. autobiograph. Entwicklungsroman „Johann Christof" (1904–12, dt. 1914–17), dessen Titelgestalt ein dt. Musiker ist, gibt R. eine treffende Synthese dt.-frz. Wesensart, während der 1922 von St. Zweig ins Dt. übertragene Roman „Clérambault" eine wirkungsvolle Kampfansage gegen den sog. Patriotismus enthält. Über die rein literar. Wirkung hinaus ist R. bed. als Vorkämpfer für den Pazifismus und eine übernationale Völkergemeinschaft; in der Humanität, in Unabhängigkeit von allen Doktrinen sah er das erstrebenswerte Ziel, dem seiner Meinung nach aus dem Geist der ind. Philosophie, aber auch aus den Ideen der proletar. Revolution Anregungen und Möglichkeiten erwachsen können.
Weitere Werke: Die Zeit wird kommen (Dr., 1903; dt. 1920), Das Theater des Volkes (Abhandlung, 1903; dt. 1926), Meister Breugnon (R., dt. 1920), Verzauberte Seele (R., dt. 1924–36), Ein Spiel von Tod und Liebe (Dr., dt. 1925), Reise nach innen (Autobiogr., 1942; dt. 1949).
Ausgaben: R. R. Ges. Werke in Einzelbden. Bln. 1–7 1951 ff. Auf zahlreiche Bde. berechnet. – R. R. Œuvres complètes. Paris 1930–34. 10 Bde.
Literatur: R. R. (Hommage). Mit Beitr. v. P. Abraham *u. a. Neuenburg 1969. – R. R. Weltbürger zw. Frankreich u. Deutschland. Mchn. 1967.* – Barrère, J.-B.: *R. R.: L'âme et l'art. Paris 1966.* – Cheval, R.: *R. R., l'Allemagne et la guerre. Paris 1963.* – Zweig, St.: *R. R. Der Mann u. das Werk. Frkf. ³1926.*

Rollenhagen, Gabriel, * Magdeburg 22. März 1583, † ebd. 1619, dt. Dichter.
Sohn Georg R.s; studierte Rechtswissenschaft, war seit 1605 Protonotar des Magdeburger Domkapitels. R. war ein erfolgreicher nlat. Lyriker, obwohl seine Dichtung stark epigonal ist. Er schrieb neben Reisemärchen die Liebeskomödie „Amantes amentes" (1609) in dt. Sprache (mit plattdt. Dialekt in den Bedientenrollen).
Weitere Werke: Vier Bücher Indian. Reisen durch die Lufft, Wasser, Land, Hölle, Paradies und den Himmel (Übers., 1603), Juvenilia (Ged., 1606).

Rollenhagen, Georg, * Bernau bei Berlin 22. April 1542, † Magdeburg 20. Mai 1609, dt. Dichter.
Privatlehrer, studierte dann unter Melanchthon und war später Rektor in Halberstadt und Magdeburg; dort zuletzt auch ev. Prediger. Schrieb bürgerl.-moralist. Schuldramen mit bibl. Stoffen nach antiken Mustern, u. a. das Spiel „Vom reichen Manne und armen Lazaro" (1590); die reformator. Tendenz seiner Dramen ist auch in seinem Hauptwerk, dem grotesken satir. Tierepos „Froschmeuseler" (1595) spürbar, einer allegor. Darstellung der Reformationszeit und ihrer Wirren nach dem Muster der pseudohomer. „Batrachomyomachia".
Literatur: Bernleithner, E.: *Humanismus u. Reformation im Werke G. R.s. Diss. Wien 1954 [Masch.].* – Bolte, J.: *Quellenstudium zu G. R. Bln. 1929.*

Rollett, Hermann, * Baden bei Wien 20. Aug. 1819, † ebd. 30. Mai 1904, östr. Dichter.
Studierte Philosophie, Kunstgeschichte und Pharmazie in Wien; wurde in den 40er Jahren wegen seiner polit. Einstellung verfolgt (Aufenthalte in Deutschland und in der Schweiz). In Baden, wo er seit 1855 wieder lebte, hatte er städt. Ämter inne. R. gehörte der Bewegung des „Jungen Österreich" an und bekannte sich zum Deutschkatholizismus. Er schrieb freiheitl. Gedichte; die 1848er Revolution feierte er mit „Kampfliedern" (1848); daneben Dramen und erzählende Dichtungen, geschichtl. und kulturhistor. Schriften.
Weitere Werke: Frühlingsboten aus Österreich (Ged., 1846), Dramat. Dichtungen (1851), Erzählende Dichtungen (1872).

Romains, Jules [frz. rɔˈmɛ̃], ursprüngl. Louis Farigoule, * Saint-Julien-Chapteuil (Haute-Loire) 26. Aug. 1885, frz. Schriftsteller.
Übernahm nach dem Studium der Philosophie und Biologie eine Philosophieprofessur, die ihn schließl. nach Paris führte; freier Schriftsteller seit 1919; kam 1946 aus dem Exil in den USA nach Frankreich zurück; Akademiemitglied und einflußreiches Mitglied des PEN-Clubs; Verkünder eines antiindividualist. „Unanimismus", der die Bedeutung der „Gruppenseele" betont; darum auch Vorkämpfer für die Einigung Europas. In der breitangelegten, durch eingehende Studien vorbereiteten Romanfolge „Die guten Willens sind" (z.T. dt. 1935 ff.) reiht R. bewußt Fragmente von Vorgängen in loser Verbindung

aneinander und stellt zeitl. parallele Schicksale dar, um den Eindruck der Darstellung des Kollektiven zu vermitteln; die Verführbarkeit des Kollektivs ist Thema der satir. Arztkomödie „Dr. Knock“ (1923, dt. 1947).
Weitere Werke: Donogoo-Tonka oder... (R., dt. 1920), Der Diktator (Dr., dt. 1927), Die Erlebnisse der Madame C. (R., dt. 1960).
Literatur: Bourin, A.: *Connaissance de J. R. discutée par J. R. Essai de géographie littéraire. Paris 1961.* – Widdom, W.: *Weltbejahung u. Weltflucht im Werke J. R.' Genf; Paris 1960.* – Berry, M.: *J. R. Paris 1959.*

Roman ↑ Kralik, Richard, Ritter von Meyrswalden.

Roman de la Rose [frz. rɔmãdla'ro:z] ↑ Rosenroman.

Roman de Renart [frz. rɔmãdrə'na:r], zwischen 1175 und 1250 entstandener, aus 27 „branches“ bestehender Verszyklus altfrz. Tierfabeln verschiedener Verfasser, von denen drei dem Namen nach bekannt sind. Das Werk ist eine frz. Version der in verschiedenen Sprachen und zu verschiedenen Zeiten immer wieder bearbeiteten Fabel von Fuchs und Wolf, die bis auf Äsop zurückgeht. Handlungsträger sind Tiere mit menschl. Charakter. Die besten „branches“ sind bis um 1200 entstanden: heiter-iron. Geschichten, frisch, lebendig und geistreich-witzig erzählt. Die späteren „branches“ stellen den Fuchs als durchtrieben-grausamen Verräter dar. Während die frühen Teile die Parodie auf die höf. Gesellschaft mit der Unzufriedenheit mit dem Klerus und dem Wunsch nach ausgleichender Gerechtigkeit verbinden, erheben die späteren bitter-iron. Anklage gegen die menschl. Gesellschaft.
Ausgaben: Le r. de R. Dt. Übers. u. Einl. v. H. Jauss-Meyer. *Mchn. 1965. – Le R. de R. Hg. v.* M. Roques. *Paris 1951–63. 6 Bde.*
Literatur: Flinn, J.: *Le „R. de R.“, dans la littérature française et dans les littératures étrangères au moyen âge. Paris 1963.* – Bossuat, R.: *R. de R. Paris 1957.* – Foulet, L.: *Le r. de Renard. Paris 1914.*

Romano, Enotrio [italien. ro'ma:no] ↑ Carducci, Giosuè.

Romanos, hl., byzantin. Hymnendichter des 5./6. Jahrhunderts.
War der Legende zufolge Syrer, kam als Geistlicher nach Konstantinopel, wo er in einem Traum die Gabe der Hymnendichtung erhalten haben soll. Diese Hymnen, Kontakia genannt, gestaltete er in solcher Vollendung, daß er als der bedeutendste byzantin. Hymnendichter angesehen wird; meisterhafte Beherrschung der Sprache, gleichmäßig gebaute Strophen, plast. Darstellung und Originalität zeichnen seine Lieder aus; von 1000 sind nur 85 erhalten.
Literatur: Mioni, E.: *Romano il melode. Turin 1937.*

Romanovskij, Nikolai Karlovič ↑ Tschorny, Kusma.

Romanow, Panteleimon Sergejewitsch; tl.: Romanov, Pantelejmon Sergeevič [russ. ra'manɐf], * Petrowskoje bei Tula 1884, † 8. April 1938, russ.-sowjet. Schriftsteller.
Studierte Jura in Moskau; seine auch im Ausland aufsehenerregenden realist. Romane und Erzählungen, die von der sowjet. Kritik oft als destruktiv abgelehnt wurden, behandeln Themen aus der Zeit nach der Oktoberrevolution, v. a. das Problem der illusionslosen, oft zyn. Einstellung der sowjet. Jugend zu Liebe und Ehe; der großangelegte Roman „Rus“ (1926–36) sollte ein Bild russ. Lebens im 20. Jh. geben. Dt. erschien 1932 der Roman „Drei Paar Seidenstrümpfe“.

Romanowski, Nikolai Karlowitsch [russ. rɐma'nɔfskij] ↑ Tschorny, Kusma.

Rombach, Otto, * Heilbronn 22. Juli 1904, dt. Schriftsteller.
Studium, Beamter, Mitarbeiter, dann Redakteur der „Frankfurter Zeitung“, freier Schriftsteller. Begann mit Gedichten, Novellen und Dramen, die z.T. soziale und pazifist. Tendenz zeigen; bekannt v. a. als Autor von phantasievollen kulturhistor. und Bildungsromanen; auch Hörspiele.
Hauptwerke: Der Brand im Affenhaus (Novellen, 1928), Apostel (Dr., 1928), Adrian, der Tulpendieb (R., 1936), Der junge Herr Alexius (R., 1940), Vittorino oder Die Schleier der Welt (R., 1947), Der Sternsaphir (R., 1949), Gordian und der Reichtum des Lebens (R., 1952), Der gute König René (R., 1964), Italien. Reisen (Reisebericht, 1967).

Rombi, Paride [italien. 'rombi], * Calasetta 6. Sept. 1921, italien. Schriftsteller.
Jurastudium; Richter in Sondrio; schildert in seinen Romanen v. a. die Schicksale der Menschen auf Sardinien.
Hauptwerke: Der Knabe und die Furien (R., dt. 1954), Sard. Ernte (R., dt. 1965).

Rompler von Löwenhalt, Jesaias, Pseudonym Wahrmund von der Tannen, * Dinkelsbühl, † um 1650, dt. Lyriker.
Magister in Straßburg, 1645 Mitglied der „Teutschgesinnten Genossenschaft“, Mitbegründer der „Aufrichtigen Tannengesellschaft“ in Straßburg, wo sich die in Opposition zu Opitz stehenden süddt. prot. Dichter des Barocks zusammenfanden. Seine [Gelegenheits]gedichte erschienen 1647 u.d.T. „Erstes gebüsch Reim-getichte“.

Roncoroni, Jean-Louis [frz. rõkɔrɔ'ni], * Arpajon (Essonne) 23. Nov. 1926, frz. Dramatiker.
R. war Sekretär von J. Anouilh, bei dem er die Welt des Theaters kennenlernte; 1959 brachte J.-L. Barrault sein Stück „Clara und ihre Töchter“ (dt. 1960) heraus; R. schrieb auch Fernsehspiele, teils nach berühmten literar. Vorlagen.
Weitere Werke: Die Zeit der Kirschen (Dr., dt. 1964), Un bourgeois de Calais (Fsp., 1963).

Ronsard, Pierre de [frz. rõ'sa:r], * Schloß Possonière bei Coutoure-sur-Loir 11. Sept. 1524 oder 1525, † Saint-Cosme-en-l'Isle bei Tours 27. Dez. 1585, frz. Dichter.
Sohn eines Hofbeamten adeliger Herkunft, wurde Page, verließ 1541 wegen hochgradiger Schwerhörigkeit den Hofdienst und widmete sich seit 1543 dem Studium der alten Sprachen. In Paris scharte sich bald ein Freundeskreis um ihn (Baïf, Du Bellay, Belleau, Jodelle, Pontus de Tyard, Daurat), der sich nach antikem Vorbild Pléiade nannte und sich die Förderung der frz. Sprache (statt der lat. und griech.) sowie die Verdrängung der überkommenen mittelalterl. Dichtungsformen zugunsten antiker Gattungen zum Ziel setzte. R.s Hauptbedeutung liegt in der Lyrik. Er schrieb fünf Bücher Oden (1550, 1552), den Sonettzyklus „Les amours de Cassandre“ (1552) im Geist

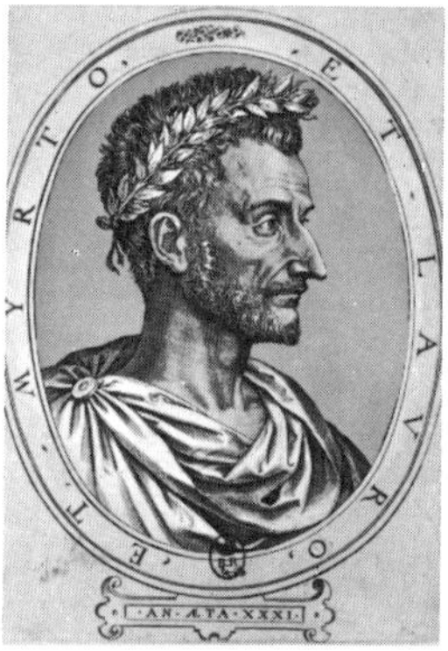

Pierre de Ronsard (Stich von L. Gaultier)

Petrarcas, zwei „Continuations des amours" (1555 und 1556), „Les Hymnes" (1555/56), satir. „Discours" (1560–64; z.T. gegen die Hugenotten), „Églogues" (1560–63), „Sonnets pour Hélène" (1578, dt. 1923), „Élégies" (1578–84) und zahlreiche Gelegenheitsgedichte für Hoffestlichkeiten. Sein Nationalepos „La Franciade" (1572) blieb unvollendet. Zu Lebzeiten, bes. als Hofdichter (1560–74), aber auch noch bis etwa 1630, sehr geschätzt, dann erst wieder von den Romantikern entdeckt.
Ausgaben: P. R. Œuvres complètes. Hg. v. G. Cohen. *Neuaufl. Paris 1953. 2 Bde. – P. de R. Œuvres complètes. Hg. v.* P. Laumonier. *Paris 1914–65. 17 in 21 Bden.*
Literatur: Dassonville, M.: *R. Étude historique et littéraire. Genf 1968 ff. Auf mehrere Bde. berechnet.* – Nolhac, P. de: *R. et l'humanisme. Neuausg. Paris 1966.* – Raymond, M.: *L'influence de R. sur la poésie française (1550–1585). Genf ²1965. 2 Bde.* – Champion, P.: *R. et son temps. Paris 1925.* – Laumonier, P.: *R. poète lyrique, étude historique et littéraire. Paris ²1923.*

Rooschütz, Ottilie † Wildermuth, Ottilie.

Ropschin, W.; tl.: Ropšin, V. [russ. 'rɔpʃin] † Sawinkow, Boris Wiktorowitsch.

Roquette, Otto [rɔ'kɛt], * Krotoschin 19. April 1824, † Darmstadt 18. März 1896, dt. Schriftsteller.
Studierte Philologie und Geschichte, Reisen führten ihn in die Schweiz und nach Italien. Lehrer, Professor für Literatur und Geschichte, u.a. am Polytechnikum in Darmstadt. Sein Jugendwerk, die sentimentale lyr.-ep. Dichtung „Waldmeisters Brautfahrt" (1851), und sein „Liederbuch" (1852) brachten ihm einen großen Publikumserfolg. Neben mehreren Romanen schrieb er eine „Geschichte der dt. Literatur" (1862/63).
Weitere Werke: Heinrich Falk (R., 1858), Das Buchstabierbuch der Leidenschaft (R., 1878), Neues Novellenbuch (1884), Siebzig Jahre (Autobiogr., 1893).

Rørdam, Valdemar [dän. 'rœ:rdam'], * Dalby 23. Sept. 1872, † Kopenhagen (?) 14. Juli 1946, dän. Dichter.
Aus alter Gelehrtenfamilie, Sprachstudium in Kopenhagen, lange Auslandsreisen in S-Europa; brillanter Lyriker, der mit Virtuosität Sprache und Rhythmus zu handhaben wußte, auch in seiner Prosa.
Hauptwerke: Udvalgte digte fra tyve aar (Ged., 1918), Danmark i tusind aar (Ged.-Ausw., 1940).

Rosa, Salvator[e] [italien. 'rɔ:za], * Arenella bei Neapel 20. Juni 1615, † Rom 15. März 1673, italien. Maler und Dichter.
Kam von Neapel über Florenz nach Rom, wo er als Schlachten- und Landschaftsmaler berühmt wurde; betätigte sich auch als Schauspieler; machte sich als Satiriker einen Namen, als er die schwülstigen Dichtungen der Marino-Schule verspottete; einige seiner 7 Satiren (hg. 1694) richten sich auch gegen Schwächen der Zeit; weniger bed. R.s liedhafte Lyrik und seine Odendichtung.
Literatur: Salerno, L.: *Salvator R. Florenz 1963.*

Rosanow, Michail Grigorjewitsch [russ. 'rɔzɐnɐf] † Ognew, Nikolai.

Roschdestwenski, Robert Iwanowitsch; tl.: Roždestvenskij, Robert Ivanovič [russ. raʒ'djɛstvɪnskij], * Kosicha (Altaigebiet) 20. Juni 1932, russ.-sowjet. Lyriker.
Absolvent des Moskauer Gorki-Literaturinstituts; schreibt Gedichte und Poeme; versucht, die Versform Majakowskis weiterzuentwickeln; einige seiner Gedichte sind in dt. Übersetzung in Anthologien erschienen.

Rose, Felicitas, eigtl. R. F. Moersberger, geb. Schliewen, * Arnsberg 31. Juli 1862, † Müden (Örtze) 22. Juni 1938, dt. Schriftstellerin.
Verfasserin von Unterhaltungsromanen um Halligbewohner und die norddt. Heide. Erfolgsroman war seinerzeit „Heideschulmeister Uwe Karsten" (1909).

Rosegger, Peter ['ro:zɛgər, ro'zɛgɛr, 'rɔsɛgər], Pseudonym P. K. (= Petri Kettenfeier), * Alpl bei Krieglach 31. Juli 1843, † Krieglach 26. Juni 1918, östr. Schriftsteller.
Sohn einer armen Bauernfamilie, kam mit 17 Jahren zu einem Wanderschneider in die Lehre; Autodidakt; erste literar. Versuche schickte er an die Grazer „Tagespost", deren Schriftleiter ihn förderte und ihm 1865 die Aufnahme in die Grazer Handelsakademie ermöglichte; Reisen nach Deutschland, in die Niederlande, die Schweiz und nach Italien, 1876 Begründer der Zeitschrift „Der Heimgarten". Verfasser volkstüml. Erzählungen und vielgelesener Romane um das Waldbauerntum seiner steir. Heimat, das er durch die vordringenden modernen Lebensformen sittl. und religiös gefährdet sah; auch Mundartdichtungen und volkskundl. Schriften.

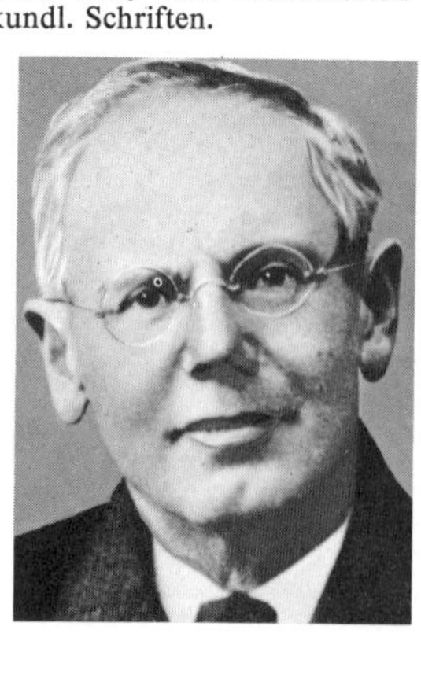

Peter Rosegger

Hauptwerke: Zither und Hackbrett (Ged., 1870), Die Schriften des Waldschulmeisters (R., 1875), Waldheimat (Erinnerungen, 1877), Der Gottsucher (R., 1883), Jakob der Letzte (R., 1888), Als ich noch der Waldbauernbub war (autobiograph. En., 1902).
Ausgaben: P. R. Ausgew. Werke. Hg. v. K. Eigl. *Wien 1964. 4 Bde. – P. R. Ges. Werke. Lpz. ²1922–24. 40 Bde.*
Literatur: Lichem, H.: *Das Landschaftserlebnis bei P. R. Diss. Innsbruck 1965 [Masch.].* – Haslinger, F.: *P. R. als Jünger Merkurs u. Apolls. Dokumentations- u. Quellenwerk. Graz 1964.* – Janda, O.: *P. R. Das Leben in seinen Briefen. Köln u. Graz ²1948.* – Latzke, R.: *P. R. Weimar u.a. 1943–53. 2 Bde.*

Rosenberg, Isaac [engl. 'roʊzənbə:g], * Bristol 25. Nov. 1890, ⚔ in Frankreich 19. April 1918, engl. Lyriker und Dramatiker.
Studierte während seiner Kupferstecherlehre an Kunstschulen; 1914/15 wegen eines Lungenleidens in Südafrika; diente nach seiner Rückkehr in der Armee. Schrieb im Anschluß an Francis Thompson bildreiche, dunkle, schwer zugängl. Lyrik; Neigung zu Sprachexperimenten.
Hauptwerke: Night and day (Ged., 1912), Moses (Dr., 1916).
Ausgabe: I. R. The collected works. Hg. v. G. Bottomley *u.* D. W. Harding. *Vorwort v.* S. Sassoon. *Neuausg. London 1969.*

Rosenfeld, Morris, eigtl. Moshe Jacob Alter, * Boksze (Polen) 28. Dez. 1862, † New York 22. Juni 1923, jidd. Dichter.
Emigrierte 1882 aus Polen, arbeitete u.a. als Schneider und Diamantenschleifer in Amsterdam, ging nach London, schließl. nach New York; lebte stets in Armut. Auf Vortragsreisen trug er seine Gedichte vor, die in der ersten Zeit (z.T. veröffentlicht in der jidd. „Folkszeitung") bes. die Ausbeutung der jüd. Arbeiter in New York anprangern, dann, obwohl immer sozialkrit., stärker das Allgemeinmenschliche beachten. R. schrieb Biographien über Juda Halevi und H. Heine sowie 2 Operettenlibretti.
Hauptwerk: Lieder des Ghetto (dt. 1903).

Rosengarten, Der (Der große R., Der R. zu Worms), um die Mitte des 13. Jh.s entstandenes mhd. Epos, das – im Hildebrandston verfaßt – mit Derbheit und burlesken Übertreibungen vom Sieg Dietrichs von Bern und seiner Haudegen über Siegfried berichtet, der mit seinen Recken Kriemhilds Rosengarten bewacht.
Ausgabe: Die Gedichte v. R. zu Worms. Hg. v. G. Holz. *Halle 1893.*
Literatur: Boor, H. de: *Die literar. Stellung des Gedichtes v. „R. in Worms". In:* Boor: *Kleine Schrr. Bd. 2. Bln. 1966.* – Benedikt, E.: *Unterss. zu den Epen v. Wormser R. Diss. Wien 1951 [Masch.].* – Brestowsky, C.: *Der R. zu Worms. Versuch einer Wiederherstellung der Urgestalt. Stuttg. 1929.*

Rosengarten, Der kleine ↑ Laurin.

Rosenow, Emil [...no], * Köln 9. März 1871, † Schöneberg (heute Berlin-Schöneberg) 7. Febr. 1904, dt. Schriftsteller.
Buchhändlerlehre, Bankangestellter, Mitarbeiter sozialdemokrat. Zeitungen; seit 1898 Reichstagsabgeordneter, seit 1900 in Berlin wohnhaft. R. schrieb, stark von G. Hauptmann beeinflußt, bühnenwirksame soziale Dramen, Erzählungen und antiklerikale Geschichtsdarstellungen; erfolgreich waren v.a. die in sächs. Mundart geschriebene satir. Kleinbürgerkomödie „Kater Lampe" (1906) und das im Bergarbeitermilieu spielende Drama „Die im Schatten leben" (hg. 1912).

Rosenplüt (Rosenblut), Hans [...ply:t], genannt „der Schnepperer", * Nürnberg Anfang des 15. Jh.s, † ebd. nach 1460, dt. Dichter.
Lebte meist in Nürnberg, wo er 1444 als Büchsenmacher der Stadt angestellt war. R. schrieb bürgerl. gesinnte polit. Spruchgedichte, derbzotenhafte Schwänke, daneben auch ernste religiöse Gedichte; bed. Vertreter des Fastnachtsspiels vor H. Sachs; wahrscheinl. stammt „Des Turken Vasnachtspil" von ihm; bekannt ist sein Lobspruch auf Nürnberg (1447).
Literatur: Filip, H.: *Unterss. zu H. R. Diss. Mchn. 1953 [Masch.].*

Rosenroman (Roman[z] de la Rose), altfrz. Versroman des 13. Jh.s; besteht aus 22068 8silbigen Versen und zerfällt in zwei Teile: den ersten, 4068 Verse zählenden Teil verfaßte zwischen 1230 und 1240 *Guillaume de Lorris* (* Lorris-en-Gâtinais zwischen 1200 und 1210, † nach 1240), den zweiten um 1280 *Jean de Meung*, auch genannt Jehan Clopinel (Chopinel) de Meun[g] (* Meung-sur-Loire um 1240, † um 1305). Der Roman, eines der bedeutendsten Werke des MA, ist eine Art allegor.-moralisierende „Ars amandi"; er schildert mit den mittelalterl. Stilmitteln der Traumallegorie die Suche nach einer Rose als Symbol für den Gegenstand der Liebe; während im ersten Teil das poet. Element überwiegt, trägt der zweite deutlich den Stempel des großen Gesellschaftskritikers und skept. Satirikers Jean de Meung, der seiner Zeit und den folgenden Jahrhunderten als einer der größten Dichter seit dem Altertum galt; zahlreiche Handschriften (gedruckt um 1480, dt. 1839 u.d.T. „Das Gedicht von der Rose").
Ausgaben: Der R. v. Guillaume de Lorris. Dt. Übers. Bln. ²1967. – Le Roman de la Rose. Par Guillaume de Lorris et Jean de Meun. Hg. v. F. Lecoy. *Paris 1965–66. 2 Bde. – Guillaume de Lorris/Jean de Meung. Le Roman de la Rose. Hg. v.* E. Langlois. *Paris 1914–24. 5 Bde.*
Literatur: Jung, M.-R.: *Der R. in der Kritik seit dem 18. Jh. In: Roman. Forsch. 78 (1966), 203.* – Gunn, A. M. F.: *The mirror of love. A reinterpretation of the Romance of the Rose. Lubbock (Tex.) ²1952.* – Paré, G. M.: *Les idées et les lettres au 13ᵉ siècle: Le Roman de la Rose. Montreal 1947.* – Ettmayer, K. R. v.: *Der R. Hdbg. 1919.*

Rösler, Jo Hanns, * Königstein 7. April 1899, † München 25. Sept. 1966, dt. Schriftsteller.
Erfolgreicher Autor von unterhaltsamen Kurzgeschichten und Komödien; auch Filmdrehbücher („Maske in Blau").

Rosmer, Ernst, eigtl. Elsa Bernstein, geb. Porges, * Wien 28. Okt. 1866, † Hamburg 12. Juli 1949, östr. Dramatikerin.
War Schauspielerin; bis 1945 im KZ Theresienstadt. Dramen im Stil des Naturalismus; auch Lyrikerin und Erzählerin.
Hauptwerke: Wir drei (Dr., 1893), Königskinder (Märchenspiel, 1895), Themistokles (Trag., 1897), Nausikaa (Trag., 1906), Maria Arndt (Schsp., 1908), Achill (Trag., 1910).

Rosny, Joseph Henri [frz. ro'ni], Pseudonym der Brüder Joseph Henri Boex, auch genannt J. H. Rosny der Ältere, * Brüssel 17. Febr. 1856, † Paris 15. Febr. 1940, und Séraphin Justin Boex, auch genannt J. H. Rosny der Jüngere, * Brüssel 21. Juli 1859, † Ploubazlanec (Côtes-du-Nord) 14. Juni 1948, frz. Schriftsteller.
Aus dem Kreis der zehn ersten Mitglieder der Académie Goncourt; schrieben 1886–1909 gemeinsam naturalist. Romane (u.a. „Les Xipéhuz", 1887; „Le bilatéral", 1887; „Daniel Valgraive", 1891), wenngleich sie sich schon 1887 mit dem von ihnen verfaßten „Manifest der Fünf" von Zola abwandten.

Rosow, Wiktor Sergejewitsch; tl.: Rozov, Viktor Sergeevič [russ. 'rɔzɐf], * Jaroslawl 21. Aug. 1913, russ.-sowjet. Dramatiker.
Schauspieler, Teilnahme am 2. Weltkrieg, danach als Regisseur am Kindertheater in Alma-Ata und Moskau. Gestaltet in seinen Dramen v.a. die Konflikte und Probleme junger Menschen, auch das Verhältnis von Leidenschaften und Verstand. Sein Schauspiel „Wetschno schiwyje" (= Die ewig Lebenden, 1956) liegt dem Film „Wenn die Kraniche ziehen" zugrunde. „Unterwegs" (Dr., 1959; dt. 1964) machte R. auch in Deutschland bekannt.
Weitere Werke: Hals- und Beinbruch (Dr., dt. 1957), Auf der Suche nach Freude (Kom., dt. 1959), Am Tage der Hochzeit (Dr., dt. 1965).

Rossetti, Christina Georgina [engl. rɔ'sɛtɪ], Pseudonym Ellen Allayne, * London 5. Dez. 1830, † ebd. 29. Dez. 1894, engl. Lyrikerin.
Schwester von Dante Gabriel R., lebte einsam und zurückgezogen in London; stand den Präraffaeliten nahe; sie wurde weniger als Verfasserin von melanchol. Erzählungen und Märchen (u.a. „Goblin Market", 1862) und Kinderversen („Sing-Song", 1872), sondern mehr als Dichterin zarter, gedankentiefer religiöser Lyrik und formvollendeter Sonette bekannt; im Sonettzyklus „Monna Innominata" gibt sie verhalten eigene entsagungsvolle Liebeserlebnisse wieder, stellt jedoch die Dichtung in mittelalterl. Milieu.
Literatur: Battiscombe, G.: *Ch. R. New York 1965.* – Packer, L. M.: *Ch. R. Berkeley (Calif.) 1963.*

Rossetti, Dante Gabriel [engl. rɔ'sɛtɪ], eigtl. Gabriel Charles Dante R., * London 12. Mai 1828, † Birchington-on-Sea (Kent) 9. April 1882, engl. Dichter.
Sohn des emigrierten italien. Dichters Gabriele R.; King's College (London), Kunststudium; Mitbegründer der Bruderschaft der Präraffaeliten, die ihre Kunstauffassung in der Malerei vor Raffael vorbildl. verwirklicht sah; R. neigte jedoch zu sehr zum Ästhetizismus, um sich lange der Forderung nach formaler Strenge und Einfachheit zu beugen; sein kunstkrit. und v.a. sein poet. Schaffen steht mit seiner Malerei in enger Wechselbeziehung; es umfaßt außer Übersetzungen aus dem Dante-Kreis eigenständige Lyrik mit kolorist. Stilelementen und reicher Bildersprache; berühmt wurde die Sonettfolge „Das Haus des Lebens" (1870, dt. 1900), in der er den Tod seiner Frau beklagt.
Weitere Werke: Hand and soul (E., 1850), Ballads and sonnets (1881).
Ausgabe: D. G. R. Works. Hg. v. W. M. Rossetti. *London 1911.*
Literatur: Fleming, G. H.: *R. and the Pre-Raphaelite Brotherhood. London 1967.* – Talon, H.-A.: *D. G. R. The house of life. Paris 1966.* – Doughty, O.: *A Victorian romantic: D. G. R. London ²1960.* – Waldschmidt, W.: *D. G. R., der Maler u. der Dichter. Die Anfänge der praeraphaelit. Bewegung in England. Jena 1905.* – ↑ auch Pepys, Samuel.

Rossetti, Gabriele [italien. ros'setti], * Vasto (Chieti) 28. Febr. 1783, † London 24. April 1854, italien. Dichter.
Vater von Dante Gabriel R.; war zunächst Maler und Konservator am königl. Museum in Neapel, ging nach der Revolution von 1820, die er durch eine volkstüml. Hymne besang, nach Malta und wurde später Professor für italien. Literatur in London. Schrieb einen bed. „Commento analitico della Divina Commedia" (1826/27), die Abhandlungen „Il mistero dell'amor platonico svelato" (1840), „Ragionamenti sulla Beatrice di Dante" (1842) u.a., daneben patriot. und religiöse Lyrik.

Rossi, Vittorio Giambattista [italien. 'rossi], * Santa Margherita Ligure 8. Jan. 1898, italien. Schriftsteller.
Fuhr als Kapitän zur See; seine spannenden Bücher sind Reisebeschreibungen seiner vielen Fahrten in fremde Länder; in seinem berühmten Buch „Ozean" (dt. 1939) schildert er eine Seereise von Bergen nach Havanna.
Weitere Werke: Wüste (En., dt. 1941), Der knallrote Himmel (Reisebericht, dt. 1953), Der Krebs spielt mit dem Meer (R., dt. 1959).

Rößler, Carl, eigtl. C. Reßner, * Wien 25. Mai 1864, † London 16. Febr. 1948, östr. Schriftsteller.
Lebte als Schauspieler in Berlin, seit 1908 als Schriftsteller in München; 1938 emigrierte er nach England. Er schrieb z.T. recht erfolgreiche Lustspiele, später auch Romane.
Hauptwerke: Der Feldherrnhügel (Lsp., 1910; mit Roda Roda), Die fünf Frankfurter (Lsp., 1912), Der hl. Crispin (Lsp., 1924), Die drei Niemandskinder (R., 1926).

Rossmann, Hermann, * Berlin 15. Febr. 1902, dt. Schriftsteller.
Studierte Theologie und Philosophie. Nach kaufmänn. Tätigkeit freier Schriftsteller; Reisen durch Europa, nach Asien, Amerika und N-Afrika; im 2. Weltkrieg an der Ostfront; Kriegsgefangenschaft. R. schrieb Erzählungen, Romane und Bühnenstücke, darunter Krippen- und Laienspiele, Hörspiele und erfolgreiche Filmdrehbücher. Seine Kriegserlebnisse prägen viele seiner Stücke.
Hauptwerke: Stimmungen um Rembrandt (Nov., 1925), Flieger (Dr., 1932), Fünf Mann – ein Brot (Dr., 1952), Mann im Mond (Dr., 1955), Insel zwischen drei Erdteilen (Skizzen, 1960).

Rosso di San Secondo, Pier Luigi Maria [italien. 'rosso di sanse'kondo], eigtl. Pietro Maria Rosso, * Caltanisetta 30. Nov. 1887, † Camaiore-Lido di Camaiore e Fossa Abate 22. Nov. 1956, italien. Dichter.
Studierte Jura; bed. moderner Dramatiker in der Nachfolge Pirandellos. Seine Auflehnung gegen bürgerl. Konventionen und den Alltag formuliert er iron.-bitter oder in grotesker Verzerrung der Wirklichkeit. Ersten Erfolg brachte ihm sein Stück „Marionetten, welche Leidenschaft!"

(Kom., 1918; dt. 1925), in dem Menschen aus einem Marionettendasein nur für die Dauer der Enthüllung ihrer Leidenschaften erwachen. In dem Erfolgsstück „Die Dorfhure" (Kom., dt. 1919) dramatisierte er ein Volksmärchen. Seine Dramen waren auf europ. und südamerikan. Bühnen erfolgreich. Auch Romane und Novellen.
Weitere Werke: Elegie a Marike (Novellen, 1914), La festa delle rose (R., 1920), Primavera (Dr., 1920), La danza in un piede (Dr., 1922), Staubregen (Novellen, dt. 1925), Una cosa di carne (Dr., 1926).

Rost, Johann Christoph, * Leipzig 7. April 1717, † Dresden 19. Juli 1765, dt. Dichter.
Studierte in Leipzig Jura, Philosophie und Literatur, Redakteur in Berlin, Sekretär des Grafen von Brühl, schließl. Obersteuersekretär in Dresden. Er stand ursprüngl. Gottsched nahe, den er verehrte und nachahmte, zu dessen erbittertem Gegner er später wurde und den er in der Satire „Das Vorspiel" (1743) und in dem Gedicht „Der Teufel" (1755) verspottete. Seine Schäfererzählungen und -gedichte sind frivole Unterhaltungslektüre.
Weitere Werke: Schäfererzählungen (1742), Vermischte Gedichte (1768).

Rost, Johann Leonhard, Pseudonym Mellaton, * Nürnberg 14. Febr. 1688, † ebd. 22. März 1727, dt. Schriftsteller.
Studierte in Altdorf, Leipzig und Jena; Privatgelehrter (Astronom) in Nürnberg; bed. Unterhaltungsschriftsteller seiner Zeit; daneben auch wissenschaftl. Werke.

Rost, L. ↑ Lauremberg, Johann.

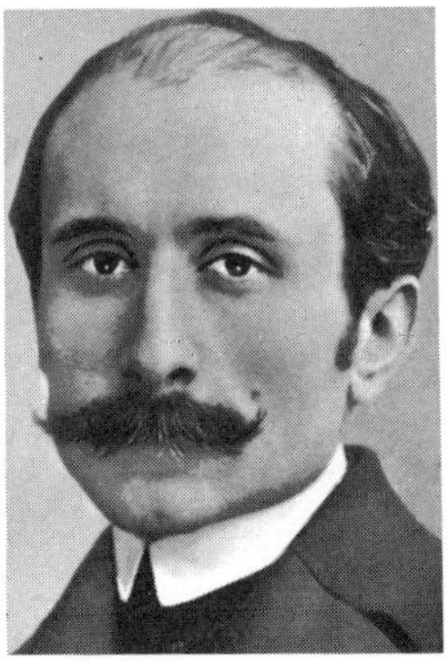

Edmond [Eugène Alexis] Rostand

Rostand, Edmond [Eugène Alexis] [frz. rɔs'tã], * Marseille 1. April 1868, † Paris 2. Dez. 1918, frz. Dramatiker.
Stammte aus wohlhabender Familie, studierte in Paris und begann seine literar. Karriere mit wenig erfolgreichen Gedichten; erst „Cyrano von Bergerac" (dt. 1898), ein neuromant. Versdrama, brachte ihm Anerkennung, 1901 Mitglied der Académie française; weitere Dramen zeigen Versgewandtheit und geschickte Dramaturgie; sie entstanden nach zeitweiligen, durch Krankheit erzwungenen Pausen; nach dem Mißerfolg des satir. Dramas „Chantecler" (1910) zog sich R. von der Bühne zurück.
Weitere Werke: Die Romantischen (Dr., dt. 1896), Die Prinzessin im Morgenland (Dr., 1895; dt. 1905), Das Weib von Samaria (Dr., dt. 1899), Der junge Aar (Dr., 1900; dt. 1925).
Literatur: Gorsse, P. de: *E. R. poète français d'inspiration commingeoise. Toulouse 1951.*

Rostand, Maurice [frz. rɔs'tã], * Paris 26. Mai 1891, † Ville-d'Avray bei Paris 21. Febr. 1968, frz. Schriftsteller.
Schrieb wie sein Vater Edmond R. romant. Versdramen, ferner Romane und lyr. Gedichte.
Hauptwerke: Le cercueil de cristal (R., 1920), La gloire (Dr., 1921), Le Phénix (Dr., 1923), Le secret de la Sphinx (Dr., 1924), Napoléon IV (Dr., 1929), Le procès d'Oscar Wilde (Dr., 1935), Confession d'un demi-siècle (Erinnerungen, 1948).

Rostworowski, Karol Hubert [poln. rɔstfɔ'rɔfski], * Rybna bei Krakau 3. Nov. 1877, † Krakau 4. Febr. 1938, poln. Dramatiker.
Aristokrat. Herkunft, studierte in Halle Landwirtschaft, in Leipzig und Berlin Musik und Philosophie; lebte seit 1914 in Krakau, war im öffentl. Leben tätig, gehörte der poln. Literatur-Akademie an; R. ist v. a. der kath.-traditionalist. Richtung verpflichtet; seine bühnenwirksamen Ideendramen sind durch geschickte psycholog. Charakterisierung und durch eindrucksvolle Gestaltung von Massenszenen gekennzeichnet; am bekanntesten die Dramentrilogie mit den Stücken „Niespodzianka" (= Überraschung, 1928), „Przeprowadzka" (= Der Umzug, 1930) und „U mety" (= Am Ziel, 1932).

Roswitha von Gandersheim ↑ Hrotsvit von Gandersheim.

Roth, Eugen, * München 24. Jan. 1895, dt. Schriftsteller.
1922 Dr. phil., arbeitete 1927–33 als Redakteur, danach als freier Schriftsteller in München. Seine ernste Lyrik fand nur wenig Leser, dagegen wurde R. durch seine skurrilen Gedichte der Sammlungen „Ein Mensch" (1935) und „Mensch und Unmensch" (1948), die menschl. Unzulänglichkeiten heiter und ohne Sarkasmus darstellen, sehr populär; auch Erzähler.
Weitere Werke: Die Frau in der Weltgeschichte (Ged., 1936), Der Wunderdoktor (Ged., 1939), Eugen R.s Tierleben (Ged., 1948/49), Sammelsurium (Prosa, 1955), Gute Reise (Ged., 1956), Lebenslauf in Anekdoten (1962), Der letzte Mensch (Ged., 1964), Ins Schwarze (Limericks und Schüttelreime, 1968).
Ausgabe: Das E. R.-Buch. Nachwort v. J. Kaiser. *Mchn. 1966.*
Literatur: Flügel, R.: *E. R. Mchn. 1957.*

Roth, Joseph, * Schwabendorf bei Brody (Galizien) 2. Sept. 1894, † Paris 27. Mai 1939, östr. Schriftsteller.
Sohn jüd. Eltern, studierte Philosophie und Germanistik, u. a. in Wien, war im 1. Weltkrieg Freiwilliger, anschließend Journalist; 1933 zur Emigration – zuletzt in Paris – gezwungen. Schrieb unter dem Einfluß der frz. und russ. Romankunst des 19. Jh.s schwermütige, oft iron.-skept. und zeitkrit. Romane, in denen er sich hauptsächl. mit dem Untergang der Donaumonarchie auseinandersetzt; am bekanntesten wurde der Roman „Radetzkymarsch" (1932); gegen Lebensende Wendung zum Katholizismus.
Weitere Werke: Das Spinnennetz (R., 1923), Hotel Savoy (R., 1924), Hiob (R., 1930), Beichte

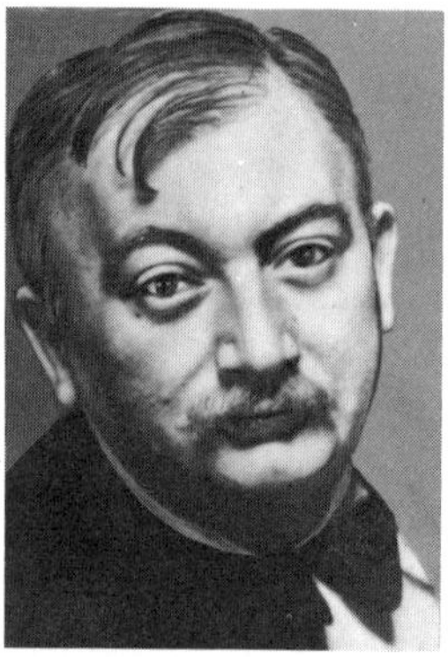

Joseph Roth

eines Mörders, ... (R., 1936), Die Kapuzinergruft (R., 1938), Die Legende vom hl. Trinker (E., 1939), Der Leviathan (E., 1940).
Ausgabe: J. R. Werke in 3 Bden. Hg. v. H. Kesten. *Köln 1956.*
Literatur: Böning, H.: *J. R.s „Radetzkymarsch". Thematik, Struktur, Sprache. Mchn. 1968.* – Hackert, F.: *Kulturpessimismus u. Erzählform. Studien zu J. R.s Leben u. Werk. Bern 1967.* – *J. R. Leben u. Werk. Ein Gedächtnisb. Ges., ausgew. u. hg. v.* H. Linden. *Köln 1949.*

Rothe, Hans, * Meißen 14. Aug. 1894, dt. Schriftsteller.
Studien in Edinburgh, München, Leipzig und Berlin, Dramaturg in Leipzig und Berlin, einige Zeit bei der Ufa tätig, emigrierte 1934 und lehrte 1947–53 als Professor für Literatur in den USA; lebt jetzt in Florenz; weniger bekannt durch seine Hörspiele, Dramen und Essays als durch die seit 1921 erschienenen, heftig umstrittenen, jedoch bühnenwirksamen Übertragungen der Dramen Shakespeares; auch theoret. Schriften zu Shakespeare („Shakespeare als Provokation", 1961).
Weitere Werke: Keiner für alle (Lsp., 1928), Ankunft bei Nacht (Dr., 1941, R., 1949).

Rother † König Rother.

Rotrou, Jean de [frz. rɔ'tru], * Dreux (Eure-et-Loir) 21. (?) Aug. 1609, † ebd. 28. Juni 1650, frz. Dramatiker.
Sohn eines wohlhabenden Bürgers, studierte Jura in Paris und gehörte dort zur „Brigade" der 5 von Richelieu protegierten Dramatiker; zuletzt wieder in seiner Heimatstadt, wo er ein Magistratsamt bekleidete. Einer der erfolgreichsten frz. Dramatiker seiner Zeit und als Konkurrent Corneilles einer der Begründer des klassizist. Dramas, schrieb zahlreiche Tragikomödien, Tragödien und Komödien nach antiken, span. und italien. Mustern; am bekanntesten sind die Tragödien „Le véritable Saint-Genest" (1646), „Venceslas" (1647) und „Cosroès" (1649).
Weitere Werke: L'heureuse constance (Kom., 1631), L'innocente infidélité (Tragikom., 1635), Les ménechmes (Kom., 1636).
Literatur: Knutson, H. C.: *The ironic game. A study of R.'s comic theater. Berkeley u. Los Angeles 1966.* – Van Baelen, J.: *R., le héros tragique et la révolte. Paris 1965.*

Röttger, Karl, * Lübbecke 23. Dez. 1877, † Düsseldorf 1. Sept. 1942, dt. Schriftsteller.
Volksschullehrer, gehörte zum Kreis um Otto zur Linde; Mitherausgeber der Zeitschrift „Charon" und Hg. der Zeitschrift „Brücke"; beeinflußt von Mombert, Rilke, Jacobsen und dt. Mystikern. Seine in visionär-bilderreicher Sprache gestalteten Ideendramen, Romane, Novellen, bekenntnishafte Lyrik und Legenden entstanden aus dem Geist der religiösen Neuromantik. Auch pädagog., religionswissenschaftl. sowie kunst- und literaturästhet. Schriften.
Hauptwerke: Christuslegenden (1914), Haß (Dr., 1918), Zum Drama und Theater der Zukunft (Abhandlung, 1921), Das Herz in der Kelter (R., 1927), Das Buch der Gestirne (En., 1931).

Rouget de Lisle, Claude Joseph [frz. ruʒɛ'dlil], Pseudonym Auguste Hix, * Lons-le-Saunier 10. Mai 1760, † Choisy-le-Roi 26. Juni 1836, frz. Dichter.
Musisch begabter Ingenieuroffizier, dichtete und komponierte 1792 aus Anlaß des frz.-östr. Krieges den „Chant de guerre pour l'armée du Rhin", der zur frz. Nationalhymne wurde („Marseillaise"); verfaßte ferner teils liedhafte, teils patriot. und pathet. humanist. Gedichte; auch Opernlibretti.
Literatur: Hugonnot, J.: *R. de L. et la „Marseillaise". In: Europe 374 (Juni 1960), 9.* – Lanier, A.: *R. de L. Besançon 1907.*

Roumain, Jacques [frz. ru'mɛ̃], * Port-au-Prince 4. Juni 1907, † Mexiko 1944, hait. Schriftsteller.
Diplomat; trieb 1938 in Paris ethnolog. und paläontolog. Studien; als Kommunist zeitweilig in Haft; begründete die proletar. Literatur in Haiti; sein Hauptwerk ist der 1944 postum veröffentlichte Roman „Gouverneurs de la rosée".

Roumanille, Joseph [frz. ruma'nij], * Saint-Rémy-de-Provence bei Arles 8. Aug. 1818, † Avignon 24. Mai 1891, neuprovenzal. Dichter.
War zunächst Lehrer, dann Korrektor, zuletzt Buchhändler in Avignon; ⚭ mit Rose A. Gras, der Schwester von Félix Gras, die ebenfalls aktives Félibrige-Mitglied war; bedeutendster Vertreter der neuprovenzal. Dichtung neben Mistral und Aubanel, mit denen er 1854 die Gruppe des Félibrige und später dessen literar. Organ „L'Armana prouvençau" gründete.
Hauptwerke: Lis oubreto en vers (Ged., 1859), Lis oubreto en proso (Prosa, 1860), Li conte prouvençau et li cascareleto (En., 1883).
Literatur: Ripert, E.: *R. Paris 1948.*

Rousseau, Jean-Baptiste [frz. ru'so], * Paris 6. April 1670, † Genette bei Brüssel 17. März 1741, frz. Dichter.
Mußte wegen umstrittener satir. Gedichte 1712 Frankreich verlassen, lebte zunächst in der Schweiz, 1714–17 in Wien bei Prinz Eugen, zuletzt in Brüssel. Galt mit seinen formvollendeten Oden, Kantaten, Epigrammen und Episteln seinerzeit als der größte Lyriker; weniger erfolgreich als Dramatiker.
Hauptwerk: Odes, épigrammes et poésies diverses (1723).

Rousseau, Jean-Jacques [frz. ru'so], * Genf 28. Juni 1712, † Ermenonville bei Paris 2. Juli 1778, frz. Schriftsteller und Kulturphilosoph.
Stammte aus einer bürgerl. kalvinist. Genfer Familie, ging nach unglückl. Kindheit nach Annecy, wo Madame de Warens ihn zur Konversion zum Katholizismus bewog (später rückgängig ge-

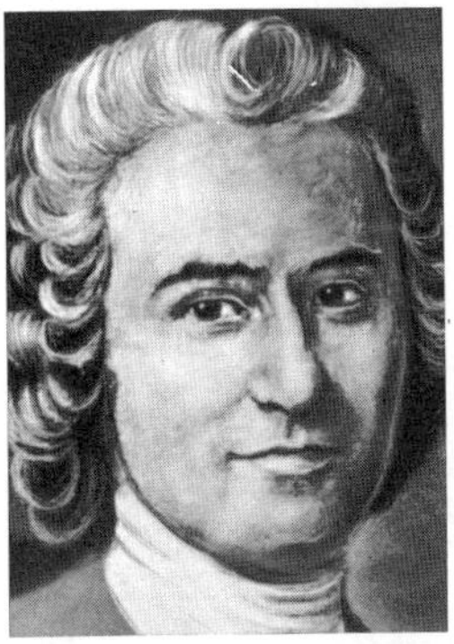

Jean-Jacques Rousseau (Pastellgemälde von M. Qu. de La Tour, Ausschnitt)

macht); versuchte sich in Paris durchzusetzen, arbeitete dort mit Diderot und den Enzyklopädisten zusammen und wurde durch den von der Akademie in Dijon preisgekrönten „Discours sur les sciences et les arts" (1750, dt. 1752, 1955 u. d. T. „Über Kunst und Wissenschaft") berühmt, in dem er die Zivilisation als Ursache der Korruption angriff und die von ihm konstruierte glückl. Frühstufe der menschl. Gesellschaft verherrlichte, weil ihm der Mensch im Zustand der Natur, unbeeinflußt von Kultur und Zivilisation gut erschien. Die Schrift „Du contrat social ou principes du droit politique" (dt. 1763 u. d. T. „Der gesellschaftliche Vertrag oder Die Grundregeln des allgemeinen Staatsrechts") wurde für die Geschichte der parlamentar. Demokratie wichtig. Weitere Hauptwerke beeinflußten die moderne Pädagogik – so der Erziehungsroman „Emil oder über die Erziehung" (dt. 1762) – und die Literatur der Empfindsamkeit, zu der R. mit dem Briefroman „Julie oder die neue Heloise" (dt. 1761–66) und seinen autobiograph. Schriften („Bekenntnisse", hg. 1782–89, dt. 1786–90) einen wichtigen Beitrag leistete. R.s Neigung zu Extremen und seine krankhafte Reizbarkeit brachten ihn in private und öffentl. Konflikte, denen er sich durch völlige Flucht vor der Gesellschaft entzog; ganz Aufklärer und die Aufklärung doch zugleich überwindend, erlangte R. überragende Bedeutung für die Entwicklung der frz. und europ. Geistesgeschichte, des Sturm und Drangs und der Romantik; auch Komponist und Musiktheoretiker.
Weitere Werke: Der Dorfwahrsager (Singspiel, 1752; dt. 1819), Narcisse (Kom., 1752), Lettre à M. d'Alembert (Abhandlung, 1758), Lettres de la montagne (Schr., 1764), Träumereien eines einsamen Spaziergängers (Erinnerungen, hg. 1782; dt. 1943, 1782 u.d.T. Selbstgespräche auf einsamen Spazierwegen).
Ausgaben: J.-J. R. Œuvres complètes. Hg. v. B. Gagnebin *u. a. Paris 1959 ff. Auf 5 Bde. berechnet. – J.-J. R. Correspondance générale. Hg. v.* Th. Dufour. *Paris 1924–34. 20 Bde. – J.-J. R. Œuvres complètes. Paris 1864–65. 13 Bde. – J.-J. R. Werke. Dt. Übers. Lpz. 1854. 10 Bde.*
Literatur: Fetscher, I.: *R.s polit. Philosophie. Neuwied ²1968.* – Grimsley, R.: *R. and the religious quest. Oxford 1968.* – Röhrs, H.: *J.-J. R. Vision u. Wirklichkeit. Hdbg. ²1966.* – McDonald, J.: *R. and the French Revolution, 1762–1791. London 1965. – J.-J. R. et son œuvre. Problèmes et recherches. Commémoration et colloque de Paris (16–20 octobre 1962) organisé par le Comité national pour la commémoration de J.-J. R. Paris 1964.* – Dédéyan, Ch.: *R. et la sensibilité littéraire à la fin du XVIIIe siècle. Paris 1963.* – Jost, F.: *J.-J. R. suisse. Étude sur la personnalité et sa pensée. Freiburg (Schweiz) 1961. 2 Bde.* – Ritzel, W.: *J.-J. R. Stuttg. 1959.* – Burgelin, B.: *La philosophie de l'existence de J.-J. R. Paris 1952.* – Buck, R.: *R. u. die dt. Romantik. Bln. 1939.* – Ducros, L.: *J. J. R. Paris 1908–20. 3 Bde.* – Geiger, L.: *J. J. R. Sein Leben u. seine Werke. Lpz. 1907. – Annales de la Société J.-J. R. Bd. 1 ff., Genf 1905 ff.*

Roussel, Raymond [frz. ru'sɛl], * Paris 20. Jan. 1877, † Palermo 14. Juli 1933, frz. Schriftsteller. Komponist, dann ausschließl. Schriftsteller, der außerhalb der literar. Strömungen der Zeit steht. Die Surrealisten sehen in ihm einen ihrer Vorläufer; literar. Vorbilder waren für ihn J. Verne, P. Loti und Dumas der Ältere; seine Erzählungen, Dramen und Gedichte sind in der absurd-log. Verknüpfung von Traum und Analogie verwirrend und schwer deutbar, in der detaillierten Beschreibung des Phantastischen äußerst genau.
Hauptwerke: La doublure (Dichtung, 1897), Impressions d'Afrique (En., 1910), Locus solus (E., 1914), Nouvelles impressions d'Afrique (Ged., 1932).
Literatur: Heppenstall, R.: *R., a critical guide. London 1966.* – Foucault, M.: *R. Paris 1963.*

Rousselot, Jean [frz. ru'slo], * Poitiers 27. Okt. 1913, frz. Schriftsteller.
Beamter u.a. in Orléans, wandte sich 1946 ganz der Literatur zu; Mitarbeiter mehrerer Zeitschriften; 1960 Präsident des frz. Schriftstellerverbandes; R. schreibt Romane und Essays, jedoch v.a. Gedichte; für seine Lyrik erhielt er mehrere Preise; schrieb auch „Panorama critique des nouveaux poètes français" (1959).

Roussin, André [frz. ru'sɛ̃], * Marseille 22. Jan. 1911, frz. Dramatiker.
Studierte in Marseille und Aix-en-Provence, gründete mit L. Ducreux die Schauspieltruppe „Rideau gris" in Marseille, in der er auch als Schauspieler auftrat. R. schrieb eine Reihe unterhaltsamer Boulevardkomödien, die durch hervorragende Dialoge, konventionelle, unproblemat. Thematik und virtuose Beherrschung bühnenwirksamer Mittel erfolgreich sind.
Hauptwerke: Die Komödianten kommen (Lsp., 1944; dt.1953), La Sainte Famille (Lsp.,1946), Die kleine Hütte (Lsp., dt. 1949), Eine unmögl. Frau (Lsp., dt. 1953), L'amour fou (Lsp., 1955), La mamma (Kom., 1956), Les glorieuses (Kom., 1960).

Roux, Paul [frz. ru] ↑ Saint-Pol-Roux.

Rovetta, Gerolamo [italien. ro'vetta], * Brescia 30. Sept. 1851, † Mailand 8. Mai 1910, italien. Schriftsteller.
Jugend in Brescia und Verona, später in Mailand journalist. tätig; schrieb verist. Romane und bürgerl. Dramen; am bekanntesten ist das patriot. Drama aus der lombard. Geschichte „Romanticismo" (1901).
Weitere Werke: Mater dolorosa (R., 1882), I Barbarò o le lagrime del prossimo (R., 1888), La

trilogia di Dorina (Dr., 1890), La baraonda (R., 1894), La signorina (R., 1899), Re burlone (Dr., 1905).

Rowe, Nicholas [engl. roʊ], ≈ Little Barford (Bedford) 30. Juni 1674, † London 6. Dez. 1718, engl. Dramatiker.
Jurist, wurde durch ererbtes Vermögen unabhängig; übernahm dennoch verschiedene öffentl. Ämter, war u.a. Unterstaatssekretär; 1715 „poet laureate“. R., Freund von Swift, Addison und Pope, erwarb sich besondere Verdienste als erster krit. Hg. und Biograph Shakespeares; seine bühnenwirksamen Blankversdramen verbinden Elemente der klassizist. Tragödie und des bürgerl. Trauerspiels. Er übersetzte u.a. Boileaus kom. Epos „Le lutrin“.
Hauptwerke: Tamerlane (Dr., 1701), The fair penitent (Dr., 1703), Jane Shore (Dr., 1714), Lady Johanna Gray (Trag., 1715; dt. von Wieland 1758).

Roy, Jules [frz. rwa], * Rovigo bei Algier 22. Okt. 1907, frz. Schriftsteller.
Studierte Theologie, Leiter des Informationsdienstes der Luftwaffe, Luftwaffenoberst; Verfasser von Gedichten, Essays, Dramen und Romanen, die als Augenzeugenberichte des Kampffliegers sich mit Gedanken über soldat. Pflichterfüllung, Gewissenskonflikte zwischen Befehl und Menschlichkeit, mit der Angst und Einsamkeit des auf sich allein angewiesenen Fliegers auseinandersetzen; die Sprache, v.a. in den Reportagen und Dramen, zeichnet sich durch Knappheit und Präzision aus; bed. v.a. der Roman „Der Überlebende“ (dt. 1956).
Weitere Werke: Das glückl. Tal (R., dt. 1948), Beau sang (Dr., 1952), Zyklone (Dr., dt. 1954), L'homme à l'épée (Essay, 1957), Die Frau des Piloten (R., dt. 1957), Der Fall von Dien Bien Phu (dt. 1964), Passion und Tod Saint-Exupérys (dt. 1965).

Roy de Clotte, Berthe [frz. rwadəˈklɔt] ↑ Bertheroy, Jean.

Rozanov, Mihail Grigor'evič ↑ Ognew, Nikolai.

Roždestvenskij ↑ Roschdestwenski.

Rozenberga, Elza ↑ Aspāzija.

Różewicz, Tadeusz [poln. ruˈʒɛvitʃ], * Radomsko 9. Okt. 1921, poln. Schriftsteller.
War im Krieg Partisan, studierte nach 1945 Kunstgeschichte in Krakau, lebt in Gleiwitz; mit mehreren Literaturpreisen ausgezeichnet. Bed. Dichter der poln. Nachkriegsgeneration. Seine avantgardist. Lyrik befaßt sich mit Themen aus der jüngsten Vergangenheit und mit Gegenwartsproblemen seines Landes; als Dramatiker v.a. von Beckett und Ionesco beeinflußt; schrieb auch Drehbücher und Reportagen.
Hauptwerke: Formen der Unruhe (dt. 1964), Die Kartothek (Dr., dt. 1961), Die Laokoon-Gruppe (Dr., dt. 1962), In der schönsten Stadt der Welt (Prosa, dt. 1962), Der unterbrochene Akt (Dr., dt. 1965), Schild aus Spinnweb (Prosa, dt. 1967), Entblößung (E., dt. 1968), Offene Gedichte (dt. 1969).

Rozov ↑ Rosow.

Ruark, Robert Chester [engl. ˈruːɑːk], * Wilmington (N.C.) 29. Dez. 1915, † London 1. Juli 1965, amerikan. Schriftsteller.
Erfolgreicher Journalist; Mitarbeiter zahlreicher Zeitungen und Zeitschriften; schrieb Romane und Essays über soziolog. und [afrikan.] Rassenprobleme.
Hauptwerke: Die schwarze Haut (R., dt. 1956), Nie mehr arm (R., dt. 1960), Uhuru (R., dt. 1962), Der Honigsauger (R., dt. 1966).

Rubatscher, Maria Veronika, * Hall in Tirol 23. Jan. 1900, östr. Schriftstellerin.
Lehrerin, dann freie Schriftstellerin in Brixen; schrieb Romane, Erzählungen, Legenden und Biographien, die in Landschaft und Geschichte Südtirols wurzeln und von tiefer Religiosität geprägt sind.
Hauptwerke: Maria Ward (Biogr., 1927), Der Lusenberger (R., 1930), Die Schmerzensreiche von Capriana (Biogr., 1935, 1956 u.d.T. Konnersreuth in Südtirol), Tiroler Legende (1938), Die Thurnwalder Mutter (R., 1950).

Rubianus, Crotus ↑ Crotus Rubianus.

Rubiner, Ludwig, Pseudonym Ernst Ludwig Grombeck, * Berlin 12. Juli 1881, † ebd. 26. Febr. 1920, dt. Dichter.
Lebte meist als freier Schriftsteller in Berlin, während des 1. Weltkriegs in der Schweiz; aktivist.-revolutionärer Expressionist, Mitarbeiter v.a. von Pfemferts „Aktion“; Aufsehen erregte sein polit. Ideendrama „Die Gewaltlosen“ (1919), in dem er Gewaltlosigkeit predigt, die zur Wiedergeburt der Menschheit führen soll. Auch expressionist. Gedichte und Essays; Hg. von revolutionären Dichtungen („Kameraden der Menschheit“, 1919).
Weitere Werke: Das himml. Licht (Ged., 1916), Der Mensch in der Mitte (Essays, 1917).

Rucellai, Giovanni [italien. rutʃelˈlaːi], * Florenz 20. Okt. 1475, † Rom 3. April 1525, italien. Dichter.
Mit Lorenzo de' Medici verwandt; wurde in Anerkennung seiner Verdienste im päpstl. Dienst zum Kastellan der Engelsburg ernannt. Seine beiden Tragödien „Rosmunda“ (entstanden 1516) und „Oreste“ (entstanden 1516–20) sind frühe, noch schwache Nachahmungen der Vorbilder Sophokles und Euripides; das volkssprachl. Lehrgedicht „Le api“ (entstanden 1524) ist eine Nachdichtung des 4. Buches von Vergils „Georgica“.
Literatur: Pecci, G.: *Le api in Virgilio e nel R. Faenza 1937.*

Rückert, Friedrich, Pseudonym Freimund Raimar, * Schweinfurt 16. Mai 1788, † Neuses bei Coburg 31. Jan. 1866, dt. Dichter.

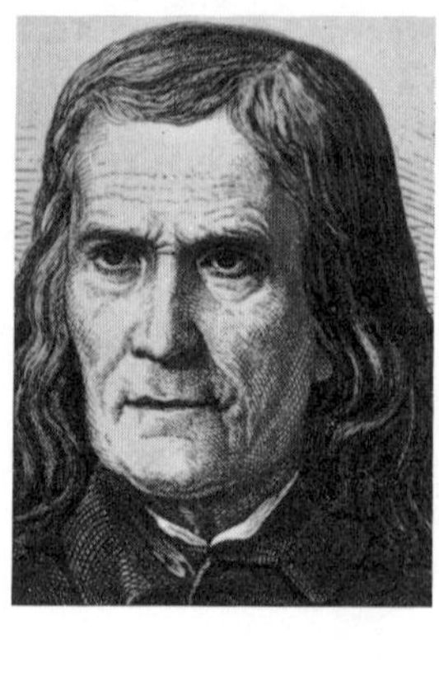
Friedrich Rückert (nach einem Gemälde von B. Froriep)

Studierte Jura und Philologie, Professor für Orientalistik. Dank seiner Sprach- und Formbegabung bed. Übersetzer und Nachdichter oriental. Literatur (aus dem Arab., Pers., Chin. und aus den ind. Literaturen); meisterhafte Aneignung oriental. Strophenformen (u.a. Gasel). Das umfangreiche Werk zeigt Dichtungen von recht unterschiedl. Qualität (banaler Gehalt, virtuose Sprach- und Formbeherrschung). Zum Besten zählt der Gedichtzyklus „Liebesfrühling" (1844). Ein Teil seiner Lieder wurde vertont; R. schrieb auch Erzählungen, Dramen und Kindermärchen.
Weitere Werke: Östl. Rosen (Ged., 1822), Die Makamen des Hariri (Übers., 1826 und 1837), Die Weisheit des Brahmanen (Ged., 1836–39), Brahman. Erzählungen (1839), Kindertotenlieder (hg. 1872).
Ausgaben: F. R. Ausgew. Werke. Hg. v. J. Kühn. *Lpz. 1959. – F. R. Werke. Krit. durchgesehene u. erl. Ausg. Hg. v.* G. Ellinger. *Lpz. 1897. 2 Bde. – F. R. Ges. poet. Werke. Hg. v.* H. Rückert *u.* D. Sauerländer. *Frkf. 1867–69. 12 Bde.*
Literatur: Kranz, Ch.: *F. R. u. die Antike. Bild u. Wirkung. Schweinfurt 1965.* – Prang, H.: *F. R. Geist u. Form der Sprache. Wiesb. 1963.* – Witzig, E.: *F. R., die Eigenart seines lyr. Schaffens. Diss. Zürich 1948.* – Beyer, C.: *F. R. Ein biograph. Denkmal. Frkf. 1868.*

Rudaki, Abu Abdellah Dschafar; tl.: Rūdakī, Abū ʿAbdi'llāh Ǧaʿfar [pers. rudæ'ki:], * Rudak bei Samarkand wohl 858, † ebd. 940/41, pers. Gelehrter, Dichter und Musiker.
Lebte in Buchara am Hof des Samanidenkönigs Nasr II., den er in vielen Kassiden besang. Er war einer der gefeiertsten pers. Dichter und gelangte zu sprichwörtl. Reichtum. 938 mußte er den Hof verlassen. Er starb, verarmt und vermutl. erblindet, in seiner Heimat. Der unter R.s Namen überlieferte Diwan enthält hpts. Kassiden und Gasele von dem um ein Jh. jüngeren Dichter Ghatran. Aus R.s Schaffen sind nur Teile überliefert, die sich durch bezwingende Einfachheit und Klangschönheit auszeichnen. Die Wirkung seiner Dichtung beruht auf der Einheit von Vers, Musik und Gesang.

Rudčenko, Panas Jakovyč † Myrny, Panas.

Rudel, Jaufré † Jaufré Rudel.

Rudnicki, Adolf [poln. rud'nitski], * Warschau 19. Nov. 1912, poln. Schriftsteller.
Besuchte die Handelsschule, Bankbeamter, Teilnahme am 2. Weltkrieg und am Warschauer Aufstand. Stoff seiner erzählenden Werke sind Kriegserlebnisse, die Leiden der Juden und Probleme des Künstlers. Dt. erschienen „Die Ungeliebte" (E., 1936; dt. 1964), „Das lebende und das tote Meer" (Novellen, 1952; dt. 1960) und „Goldene Fenster" (En., dt. 1959).

Rudolf von Ems, * Hohenems (Vorarlberg) um 1200, † in Italien zwischen 1250 und 1254, mhd. Epiker.
Ministeriale der Herren von Montfort; starb auf einem Italienzug Konrads IV.; schrieb in der Nachfolge Hartmanns, Wolframs und Gottfrieds das die bürgerl. Tugenden preisende Epos „Der gute Gerhard", in dem zum erstenmal ein Bürger als ep. Held dargestellt wird, die Legende „Barlaam und Josaphat", den höf. Roman „Wilhelm von Orlens", ein Alexanderepos und im Auftrag König Konrads eine „Weltchronik" nach Erzählungen des A. T., die jedoch unvollendet blieb.
Literatur: Brackert, H.: *R. v. E. Dichtung u. Gesch. Hdbg. 1968.* – Ertzdorff, X. v.: *R. v. E. Unterss. zum höf. Roman im 13. Jh. Mchn. 1967.* – Schröder, E.: *R. v. E. u. sein Literaturkreis. In: Zs. f. dt. Altertum u. dt. Lit. 67 (1930), 209.* – Ehrismann, G.: *Studien über R. v. E. Beitr. zur Gesch. der Rhetorik u. Ethik im MA. Hdbg. 1919.*

Rudolf von Fenis (Graf Rudolf II. von Neuenburg), † vor 1196, mhd. Minnesänger.
Urkundl. bezeugt zwischen 1158 und 1192; lebte im doppelsprachigen Gebiet der W-Schweiz, war der süd- und nordfrz. Troubadourkunst, v.a. der musikal. und metr. Form Folquets von Marseille und Peire Vidals verpflichtet; im Mittelpunkt seiner Lieder, die er durch neue Bilder bereicherte, steht unerfülltes Werben um die geliebte Frau; das minne-eth. Thema des Ausharrens, dessen Leid, Sinn und Gewinn wird mit dogmat. Forderung vertreten.
Literatur: Baldinger, E.: *Der Minnesänger Gf. R. v. F.-Neuenburg. Eine literarhistor. Unters. Bern 1923.*

Rudtschenko, Panas Jakowytsch [russ. 'ruttʃınkɐ] † Myrny, Panas.

Rueda, Lope de [span. 'rrueðа], * Sevilla 1510 (?), † Córdoba 1565, span. Dramatiker.
Goldschläger, dann Schauspieler, später auch Leiter einer Wanderbühne; schrieb nach italien. Vorbild 5 Komödien von geringer Bedeutung. Sein Ruhm beruht auf den zehn „pasos", derbschlagfertigen Szenen aus dem Alltagsleben der unteren Stände, voller Komik und Realistik, die als Einlage zwischen zwei Akten einer Komödie von 2 bis 3 Personen gespielt wurden („Las aceitunas", „Los criados", „El convidado").
Literatur: Salazar, S.: *L. de R. y su teatro. Havanna 1911.*

Rueda Santos, Salvador [span. 'rrueðа 'santɔs], * Benaque (Málaga) 3. Dez. 1857, † Málaga 1. April 1933, span. Dichter.
Bauernsohn; Ende des 19. Jh.s gefeierter Dichter, dessen z. T. oberflächl. Werke die Eigenschaften der andalus. Dichtung tragen: Wohlklang, üppige Farbigkeit, mühelos geschmeidiger Rhythmus; trotz modernist. Formensprache kein Neuerer, sondern in der span. Tradition stehend; am besten sind seine andalus. Gedichte.
Hauptwerke: La cópula (R., 1906), Fuente de salud (Ged., 1906), Poesías completas (Ged., 1911), Cantando por ambos mundos (Ged., 1914), El poema del beso (Ged., 1932).
Literatur: Vázquez Otero, D.: *S. R. Madrid 1960.*

Ruederer, Joseph ['ru:ɛ...], * München 15. Okt. 1861, † ebd. 20. Okt. 1915, dt. Schriftsteller.
Kaufmann in Berlin, studierte dann in München, später dort freier Schriftsteller; Mitbegründer des „Intimen Theaters". Ursprüngl. Erzähler und Verfasser von kräftigen, naturalist. Dramen voll derber Satire, die dem bayr. Volksleben verpflichtet sind.
Hauptwerke: Die Fahnenweihe (Kom., 1895), Wallfahrer-, Maler- und Mördergeschichten (1899), Wolkenkuckucksheim (Kom., 1909), Der Schmied von Kochel (Trag., 1911).

Rufinus von Aquileia (Tyrannius R.), * Concordia bei Aquileja um 345, † auf Sizilien 410, lat. christl. Schriftsteller.

Studium in Rom zusammen mit Hieronymus, mit dem er später im Streit um Origenes lag; übersetzte Origenes und zog sich nach dem Streit in ein Kloster nach Aquileja zurück. R. widmete sich der Übersetzungstätigkeit griech. theolog. Werke, u.a. Gregors von Nazianz, verfaßte dogmat.-apologet. Abhandlungen und setzte die Kirchengeschichte des Eusebios fort.

Rugge, Heinrich von † Heinrich von Rugge.

Rühm, Gerhard, * Wien 12. Febr. 1930, östr. Schriftsteller.
Musikstudium in Wien und Beirut; Komponist; gehörte – seit 1954 vorwiegend literar. tätig – zur „Wiener Gruppe" um H. C. Artmann (zahlreiche Gemeinschaftsarbeiten); seit 1964 freier Schriftsteller in Berlin; bekannt durch experimentelle Sprachspiele, visuelle Texte, Dialektgedichte, konkretes Theater; veröffentlichte u.a. „fenster" (Texte, 1968), „Thusnelda Romanzen" (1968) und „Rhythmus R" (Hsp., 1969).

Rühmkorf, Peter, * Dortmund 25. Okt. 1929, dt. Schriftsteller.
Studierte Germanistik und Psychologie, Mitarbeiter der Zeitschrift „konkret", lebt als Verlagslektor in Hamburg; gehört zur „Gruppe 47". Von Benn und Holz beeinflußter Vertreter einer gesellschafts- und zeitkrit., frivol-aggressiven Literatur.
Hauptwerke: Heiße Lyrik (1956, mit W. Riegel), Ird. Vergnügen in g (Ged., 1959), Kunststücke (Ged., 1962), Über das Volksvermögen. Exkurse in den literar. Untergrund (1967), Was heißt hier Volsinii? (Schsp., 1969).

Ruisbroe[c]k, Jan van † Ruusbroec, Jan van.

Ruiz, Juan [span. rrųiθ], genannt Arcipreste de Hita, * Alcalá de Henares 1283 (?), † um 1350, span. Dichter.
Erzpriester in Hita bei Alcalá; bedeutendster Vertreter der mittelalterl. Literatur Spaniens; sein umfangreicher „Libro de buen amor" (Manuskripte von 1330 und 1343, hg. 1790; dt. Ausw. 1960 u.d.T. „Aus dem Buch der guten Liebe") gibt ein umfassendes Lebens- und Sittenbild Spaniens im 14. Jh. in origineller stoffl. und formaler Vielfalt.
Literatur: Leo, U.: *Zur dichter. Originalität des Arcipreste de Hita. Frkf. 1958.*

Ruiz Aguilera, Ventura [span. 'rrųiθ aɣi'lera], * Salamanca 1820, † Madrid 1881, span. Dichter.
Medizinstudium; Direktor des archäolog. Museums; ein zu Lebzeiten bewunderter Lyriker und Dramatiker, der seinen Ruhm mit den volkstüml.-vaterländ. Gedichten „Ecos nacionales" (1849) begründete; sein in viele Sprachen übersetztes Hauptwerk sind die „Elegías" (Ged., 1862) auf den Tod seiner Tochter.

Ruiz de Alarcón y Mendoza, Juan [span. 'rrųið ðe alar'kon i men'doθa], * Tasco (Mexiko) 1581 (?), † Madrid 4. Aug. 1639, span. Dramatiker.
Kam aus Mexiko nach Spanien, studierte Rechtswissenschaft, arbeitete zunächst als Anwalt, dann bei der Verwaltungsbehörde für Westindien. Die Bitterkeit seiner Reaktion auf den Spott seiner Zeitgenossen wegen seines Buckels und auf den nur schwachen Bühnenerfolg seiner Werke ist gelegentl. in seinen formal glänzenden, unrhetor. und leicht moralisierenden rund 20 Komödien spürbar. Einfluß auf Corneille, Goldoni, V. Hugo.
Hauptwerke: Verdächtige Wahrheit (Kom., 1634; dt. 1967, erstmals 1870), Der Weber von Segovia (Kom., 1634; dt. 1845), Examen für Ehemänner (Kom., 1634; dt. 1967, 1925 u.d.T. Das Ehemänner-Examen), So gewinnt man Freunde (Kom., 1634; dt. 1904).
Literatur: Granados, J.: *J. R. de A. e il suo teatro. Mailand 1954.* – Jiménez Rueda, J.: *J. R. de A. y su tiempo. Mexiko 1939.*

Ruiz de Nervo, Juan Crisóstomo [span. 'rrųiz ðe 'nɛrβo] † Nervo, Amado.

Ruiz de Santayana y Borrás, Jorge Agustín Nicolás [span. 'rrųið ðe santa'jana i βɔ'rras] † Santayana, George [de].

Rumer, Margaret [engl. 'ru:mə] † Godden, [Margaret] Rumer.

Rumohr, Carl Friedrich von ['ru:mo:r], Pseudonym Joseph König, * Reinhardsgrimma bei Dresden 6. Jan. 1785, † Dresden 25. Juli 1843, dt. Schriftsteller und Kunsthistoriker.
Studierte in Göttingen Kunstgeschichte, trat zum kath. Glauben über; Studienreisen führten ihn oft nach Italien. R. war einer der Begründer der dt. Kunstwissenschaft als wissenschaftl. Disziplin; Verfasser grundlegender kunsthistor. Werke. Als Schriftsteller trat er u.a. mit „Novellen" (1833 bis 1835), dem Roman „Dt. Denkwürdigkeiten aus alten Papieren" (1832) und dem satir.-humorist. Epos „Kynalopekomachia, der Hunde Fuchsenstreit" (1835) hervor.

Rumpler von Löwenhalt, Jesaias † Rompler von Löwenhalt, Jesaias.

Runeberg, Johan Ludvig [schwed. ˌrʉ:nəbærj], * Jakobstad 5. Febr. 1804, † Borgå 6. Mai 1877, schwed.-sprachiger finn. Dichter.
Lernte während des Studiums die romant.-nationalen Gedanken der Zeit kennen; wurde Magister, Redakteur und schließl. altsprachl. Lektor in Borgå bis zur Pensionierung 1857. Nationaldichter von großem Einfluß auf die schwed. Literatur; „Vårt land", der Eingang des Gedichtzyklus „Die Sagen des Fähnrich Stahl" (1848 und 1860 in zwei Teilen, dt. 1852), seines Hauptwerks, wurde zur finn. Nationalhymne; die Kenntnis der finn. Folklore und serb. Volkslieder, die er übersetzte, führte ihn zu unrhetor., sprachl. Einfachheit; Einfluß der Antike auf seine Epen, u.a. „Hanna" (1836, dt. 1852), „Der Weihnachtsabend" (1841, dt. 1852); R. stellte der pathet.-romant. Stilrichtung der schwed. Literatur eine volksnähere, realistischere Dichtung gegenüber, ohne die Poetik der Romantik abzulehnen.
Literatur: Castrén, G.: *J. L. R. Stockholm 1950.* – Peschier, E.: *Johann Ludwig R., ein schwed.-finn. Dichter. Stuttg. 1881.*

Rung, Otto [dän. roŋ'], * Kopenhagen 16. Juni 1874, † ebd. 19. Okt. 1945, dän. Schriftsteller.
Nach dem Jurastudium beim Obersten Gerichtshof tätig (1900–32); 1918 erhielt er ein staatl. Schriftstellerstipendium. R. wählt oft Kriminalmotive für seine Novellen und Romane, die von sozialkrit. Thematik bestimmt sind. Bed. sind seine Erinnerungen „Fra min Klunketid" (1942).
Weitere Werke: Das Unabwendbare (R., 1902; dt. 1909), Der letzte Kampf (R., dt.1906), Skyggernes tog (Nov., 1909), Die weiße Yacht (R., dt. 1911), Die Geheimkammer (R., dt. 1913), Die große Karawane (R., dt. 1918), Sünder und Schelme

(R., dt. 1919), Der Paradiesvogel (R., dt. 1922), Als die Wasser fielen (R., dt. 1923), Der Engel mit den Eselsohren (R., dt. 1925), Retfærdighedens Kiosk (Nov., 1944).

Runius, Johan [schwed. 'rʉ:nius], * Larv (Skaraborg) 1. Juni 1679, † Stockholm 1. Juni 1713, schwed. Dichter.
Verließ die Universität Uppsala ohne Examen, ging nach Stockholm als Hauslehrer. R. steht in der Reihe schwed. Liederdichter, die bei Wivallius und Lucidor beginnt und in Bellmans Werk gipfelt; er schrieb zahlreiche Gelegenheitsgedichte, die durch Leichtigkeit und Fluß der Sprache sowie Heiterkeit in der Aussage gekennzeichnet sind.

Runyon, [Alfred] Damon [engl. 'rʌnjən], * Manhattan (Kans.) 4. Okt. 1884, † New York 10. Dez. 1946, amerikan. Schriftsteller.
Nahm 14jährig am span.-amerikan. Krieg teil, wurde später Journalist und arbeitete mehrmals als Kriegskorrespondent. R., einer der erfolgreichsten amerikan. Reporter, schrieb in fließendem, stark vom New Yorker Slang geprägtem Stil Kurzgeschichten, in denen er oft grotesk-kom. amerikan. Verhältnisse darstellt; eines seiner Hauptthemen ist das Gangstertum; zu seinen Hauptwerken gehört die Kurzgeschichtensammlung „Guys and dolls" (1932).
Weitere Werke: In Mindy's Restaurant (Kurzgeschichten, dt. 1953), Stories vom Broadway (Kurzgeschichten, dt. 1957).

Ruodlieb, nach der Hauptperson benannter, breitangelegter lat. Roman in leonin. Hexametern, der, um 1050 von einem unbekannten Tegernseer Geistlichen verfaßt, nur in 18 Bruchstücken erhalten ist; realist. und spannungsreich in der Lebensschilderung eines ritterl. Mannes, gibt das Werk ein Bild des ritterl.-höf. Daseins ebenso wie des bäuerl. Lebens; Märchenmotive, Züge der german. Heldensage und Elemente der Spielmannsdichtung, typisierende Darstellung und realist.-individualisierende Schilderung sind zu einem Ganzen verwoben, das, einzig in der Literatur seiner Zeit, weit über diese hinausweist.
Ausgaben: Rudlieb. Dt. Übers. Bearb. v. M. Heyne. *Lpz. 1897. – R., der älteste Roman des MA. Hg. v.* F. Seiler. *Halle 1882.*
Literatur: Braun, W.: *Studien zum R. Ritterideal, Erzählstruktur u. Darstellungsstil. Bln. 1962.* – Singer, S.: *R. Graz 1924.* – ↑ auch Waltharius manu fortis.

Rusbroec, Jan van ↑ Ruusbroec, Jan van.

Rusiñol y Prats, Santiago [katalan. rrusi'ŋɔl i 'prats], * Barcelona 25. Februar 1861, † Aranjuez 13. Juni 1931, katalan. Schriftsteller.
Studium der Malerei, befreundet mit Utrillo, wurde als Maler span. Gärten berühmt. Als Verfasser von Reiseskizzen, Erzählungen, Romanen und v.a. Bühnenwerken, von denen „El místic" (1904) das bedeutendste ist, gab er der katalan. Literatur überregionale Bedeutung.
Weitere Werke: Anant pel món (En., 1896), Fulls de la vida (En., 1898), El poble gris (R., 1902), L'illa della calma (Reiseb., 1920).

Ruskin, John [engl. 'rʌskɪn], * London 8. Febr. 1819, † Brantwood (Lancashire) 20. Jan. 1900, engl. Schriftsteller.
Aus puritan. Kaufmannsfamilie, in Oxford ausgebildet, Reisen nach Frankreich und Italien; seine krit. Schriften hatten maßgebenden Einfluß auf das gesamte engl. Kunstleben des 19. Jh.s; für seine idealist. Kunstphilosophie, die der Kunstauffassung der Präraffaeliten nahekam, war die Vorstellung, äußere Schönheit sei Spiegel sittl. Vollkommenheit, von beherrschender Bedeutung; R. wandte sich später vom reinen Ästhetizismus ab und propagierte soziale und polit. Reformen; manche seiner Anregungen wurden verwirklicht.
Hauptwerke: Moderne Maler (Darst., 1843–60; dt. 1902), Die sieben Leuchter der Baukunst (Studien, 1849; dt. 1900), Die Steine von Venedig (Darst., 1851–53; dt. Ausw. 1900), Praeterita (Autobiogr., 1885–89; dt. 1903f.).
Ausgaben: J. R. The works. Hg. v. E. T. Cook *u.* A. Wedderburn. *London 1903–12. 39 Bde. – J. R. Ausgew. Werke. Dt. Übers. Lpz. u. Jena 1900–06. 15 Bde.*
Literatur: Ladd, H. A.: *Victorian morality of art. New York 1967.* – Rosenberg, J. D.: *Darkening glass. A portrait of J. R.'s genius. New York 1961.*– Broicher, Ch.: *J. R. u. sein Werk. Lpz.; Jena 1902–07. 3 Bde.* – Collingwood, W. C.: *The life and work of J. R. London 1893. 2 Bde. Gekürzte Ausg. [11]1922.*

Russell, Bertrand [Arthur William], 3. Earl R. [engl. rʌsl], * Trelleck (Monmouth) 18. Mai 1872, engl. Mathematiker und Philosoph.
Nahm als prominenter Sozialist und Pazifist auch publizist. zu polit. und sozialen Zeitproblemen Stellung; seine präzise wissenschaftl. Prosa, die von R.s Fähigkeit zu witziger und prägnanter Formulierung bestimmt ist, trug ihm 1950 den Nobelpreis für Literatur ein.
Literatur: Devaux, Ph.: *B. R. Paris 1967.* – Gottschalk, H.: *B. R. Bln. 1962.* – Wood, A.: *B. R., Skeptiker aus Leidenschaft. Dt. Übers. Nachw. v.* W. Krampf. *Thun u. Mchn. 1959.*

Russell, George William [engl. rʌsl], Pseudonym Æ, * Lurgan bei Belfast 10. April 1867, † Bournemouth 17. Juli 1935, ir. Dichter und Essayist.
Wurde auch als Maler bekannt; einer der führenden Vertreter der nationalen ir. Bewegungen in Literatur und bildender Kunst; Mitbegründer des Abbey Theatre in Dublin und Hg. des „Irish Statesman". Schrieb ekstat.-visionäre Lyrik, in der er Sinnliches und Übersinnliches als Einheit darstellte; auch bed. Essayist.
Hauptwerke: Deirdre (Dr., 1902), The divine vision (Ged., 1904), Imaginations and reveries (Essays, 1915), The candle of vision (Ged., 1918), Enchantment (Ged., 1930).

Russo, Alecu [rumän. 'ruso], * Prodăneşti (Bessarabien) 29. März 1819, † Jassy 17. Febr. 1859, rumän. Schriftsteller.
Studium in der Schweiz und in Wien; Richter; ging nach Beteiligung an der Revolution von 1848 in der Moldau ins Exil; kehrte 1851 nach Jassy zurück; trat für die Einheit der drei Fürstentümer ein; sein Hauptwerk ist das Prosagedicht „Cîntarea României" (1850), das v.a. patriot. und revolutionäre Bedeutung hat; setzte sich für die Sprache des Volkes als Grundlage einer Literatursprache ein; er war einer der Pioniere der rumän. literar. Kritik und einer der ersten Sammler volkstüml. Dichtung.
Weitere Werke: Critica criticii (= Die Kritik der Kritik, Essay, 1846), Studie moldovană (= Moldauische Studien, Essays, 1851), Poezia poporală (= Volkstüml. Dichtung, Essay, 1868).

Rustaweli, Schota; tl.: Rustaveli, Šota [russ. rusta'vjeli], georg. Dichter des 12. Jahrhunderts. Soll Schatzmeister der Königin Tamara gewesen sein; unter seinem Namen ist das georg. Nationalepos „Wephchis Tkaosani" (dt. 1890 u.d.T. „Der Mann im Tigerfelle") überliefert, das – angeregt von den pers. Ritterepen – unwandelbare Liebe und Vasallentreue verherrlicht; der Einfluß auf die folgende Generation, deren Vertreter das Versepos nachahmten, war groß.

Rustebeuf † Rutebeuf.

Rustesch, Gerhard † Krämer, Karl Emerich.

Rutebeuf (Rustebeuf, Rustebuef) [frz. ryt'bœf], * vor 1250, † um 1285, frz. Dichter.

Fahrender Spielmann, von den Brüdern Ludwigs IX. gefördert; nahm in scharf satir. Gedichten zu polit. und sozialen Mißständen Stellung; die Neigung zum Moralisieren tritt in den religiösen Gedichten und den Kreuzzugsliedern zurück. „Das Mirakelspiel von Theophilus" (entstanden um 1261, hg. 1838; dt. 1955) ist dem Fauststoff verwandt; R. ist der bedeutendste frz. Lyriker vor Villon.

Weiteres Werk: Onze poèmes concernant la croisade (Ged., hg. 1946).

Literatur: Lafeuille, G.: *R. Paris 1966.* – Leo, U.: *Studien zu R. Halle 1922.*

Ruth † Bibel.

Rutilius Namatianus, Claudius † Namatianus, Claudius Rutilius.

Rüttenauer, Benno, * Oberwittstadt (Landkreis Buchen) 1. Febr. 1855, † München 31. Okt. 1940, dt. Schriftsteller.

Studienrat, bereiste Europa und Marokko; lebte seit 1903 in München. R. schrieb ein Versmärchen, geistreiche und humorvolle Romane und Novellen in traditioneller Form, häufig mit histor. Hintergrund.

Hauptwerke: Der Kardinal (R., 1912), Die Enkelin der Liselotte (R., 1912), Tankred (R., 1913), Frau Saga (Legenden, 1930).

Ruusbroec (Rusbroec, Ruisbroe[c]k, Ruysbroe[c]k), Jan van [niederl. 'ry:zbru:k], * Ruisbroek bei Brüssel 1293, † Groenendaal bei Hoeilaart 2. Dez. 1381, fläm. Mystiker.

1317 Priester, seit 1353 Prior der Augustiner-Chorherrenpropstei Groenendaal; Verfasser von 12 myst. Traktaten in mittelniederl. Prosa, von Meister Eckhart beeinflußt, in denen er die Wandlung des Menschen zur Vollkommenheit in der Nachfolge Christi schildert; als Hauptwerk gilt der erste der Traktate, „Die Zierde der geistl. Hochzeit" (1350, dt. 1923); bilderreiche, volksnahe Prosa.

Literatur: Eichler, W.: *J. v. R.s „Brulocht" in oberdt. Überlieferung. Mchn. 1969.* – Ampe, A.: *De grondlijnen van R.s drieëenheidsleer als onderbouw van de zieleopgang ... Antwerpen 1950.* – Dolezich, G.: *Die Mystik J. v. Ruysbroecks des Wunderbaren. Habelschwerdt 1926.*

Ruyra i Oms, Joaquim [katalan. 'rruirə i 'ɔms], * Gerona 27. Sept. 1858, † Barcelona 15. Mai 1939, katalan. Dichter.

Jurastudium; Mitarbeiter verschiedener Zeitschriften; Lyriker, Dramatiker und bed. Erzähler; schrieb anfangs in span., später in katalan. Sprache. In seinen Erzählungen, in denen R. in meisterhafter, fein nuancierter Sprache Menschen, Sitten und Landschaft Kataloniens schildert, verbinden sich Realismus, Phantasie und Empfindung. Übersetzte Horaz, Dante, Verlaine und Racine.

Hauptwerke: Marines i boscatges (En., 1903), El país del pler (Ged., 1906), La parada (En., 1919), Pinya de rosa (En., 1920).

Ruysbroe[c]k, Jan van † Ruusbroec, Jan van.

Ruzzante [italien. rud'dzante], eigtl. Angelo Beolco, * Padua um 1502, † ebd. 17. März 1542, italien. Dramatiker.

Schauspieler, der seine Stücke mit eigener Truppe aufführte. Seine realist. Dialektkomödien und Farcen, meist in ländl. Milieu spielend, gehören zu den besten Lustspielen der Renaissance („La pastorale", „L'anconitana", „La moschetta", „La fiorina"). In seinen Stücken schuf er den Typ des schlauen Dieners, den er selbst oft auf der Bühne verkörperte und von dem er den Namen „R." erhielt.

Literatur: Grabher, C.: *R. Mailand 1953.*

Rychner, Max ['ri:çnər], * Lichtensteig 8. April 1897, † Zürich 10. Juni 1965, schweizer. Schriftsteller und Literarhistoriker.

Studierte Germanistik, Geschichte und Latein (Dr. phil.); Mitarbeiter und Feuilletonchef bed. schweizer. Zeitungen, Hg. und Übersetzer (P. Valéry und V. Larbaud), Lyriker und Novellist, Kritiker und Essayist. R. betonte entgegen allen einseitigen Betrachtungen der Literatur, bes. der histor.-soziolog., den Zusammenhang großer Dichtung aller Zeiten und betrachtete sich als Mittler, etwa zwischen dt. und frz. Geisteswelt.

Hauptwerke: Freundeswort (Ged., 1941), Zur europ. Literatur zwischen zwei Weltkriegen (Essays, 1942), Zeitgenöss. Literatur (Essays, 1947), Die Ersten. Ein Epyllion (1949), Arachne (Essays, 1957), Das Buchenherz (Nov., 1957), Bedachte und bezeugte Welt (Prosa, Ged., Aufs., 1962).

Literatur: Bachmann, D.: *R. In:* Bachmann: *Essays u. Essayismus. Stuttg. 1969.*

Rydberg, Viktor [schwed. ˌry:dbærj], * Jönköping 18. Dez. 1828, † Djursholm 21. Sept. 1895, schwed. Dichter.

Mußte sein Studium aus finanziellen Gründen abbrechen; war dann Hauslehrer, Redakteur, Dozent, schließl. Professor in Stockholm; seit 1877 Mitglied der schwed. Akademie; seine ersten Werke, literar. wertlose Produkte einer Schauerromantik, veröffentlichte er als Fortsetzungsromane in einer Zeitung. In seiner frühen Lyrik ist er v.a. Stagnelius verpflichtet, Sehnsucht nach Freiheit steht dem Verlangen nach innerem Frieden gegenüber; sein Gesamtwerk trägt religiöse, modern-naturwissenschaftl., aber auch zeitkrit. und soziale Züge; in seinen für den Fortschritt eintretenden Romanen werden die Vertreter der religiösen Intoleranz in dunklen Farben gezeichnet. Als Sprachforscher trat R. für den Purismus ein; großer Einfluß auf die folgende Dichtergeneration. Zu seinen hervorragendsten Leistungen gehört die kongeniale Übersetzung von Goethes „Faust".

Hauptwerke: Der Korsar (R., 1857; dt. 1924), Singoalla (R., 1857; dt. 1885), Der letzte Athener (R., 1859; dt. 1875), Römische Kaiser in Marmor (Biographien, 1877; dt. Ausw. 1907), Dikter (Ged., 1882, 1891), Der Waffenschmied (E., 1891; dt. 1908).

Rydel, Lucjan [poln. 'rɨdɛl], * Krakau 17. Mai 1870, † ebd. 8. April 1918, poln. Schriftsteller.
Studium in Krakau, Berlin und Paris; ⚭ mit einem Bauernmädchen (Anregung für Wyspiański zu dessen Drama „Wesele"); Vertreter des „Jungen Polen", schrieb v. a. Dramen (beeinflußt vom Symbolismus, J. Słowacki und G. Hauptmann).

Rylejew, Kondrati Fjodorowitsch; tl.: Ryleev, Kondratij Fedorovič [russ. rɨ'ljejɪf], * Batowo (Gouv. Petersburg) 29. Sept. 1795, † Petersburg (heute Leningrad) 25. Juli 1826, russ. Dichter.
1814–18 Militärdienst als Offizier, 1818–24 Assessor beim Strafgerichtshof; als einer der Führer des Dekabristenaufstands hingerichtet. R., der zunächst durch eine bittere Satire gegen einen führenden zarist. Politiker bekannt wurde, behandelte in seinen Dichtungen meist aufrüttelnd revolutionäre Themen; bed. Vertreter der engagierten, dogmat. Agitationsdichtung mit didakt., pädagog. Absicht; diese Neigung bestimmte u. a. den Stil seiner „Dumy" (Ged., 1825) und seines romant. Poems „Woinarowski" (1825).

Rylski, Maxim Faddejewitsch; tl.: Ryl'skij, Maksim Faddeevič [russ. 'rɨljskij], * Kiew 19. März 1895, † ebd. 24. Juli 1964, ukrain.-sowjet. Schriftsteller.
1919–29 Gymnasiallehrer; Mitglied der ukrain. sowie der russ.-sowjet. Akademie der Wissenschaften und Mitglied des Obersten Sowjets. R., der bis Ende der 20er Jahre vorwiegend persönl., unpolitische lyrische und lyr.-epische Versdichtungen schrieb, wandte sich dann der sowjet. Tendenzdichtung mit patriot. Grundhaltung zu; seine von der Sowjetkritik häufig getadelten neoklassizist. Gedichte gehören zum Besten der neueren ukrain. Dichtung; sein bed. Übersetzungswerk umfaßt Werke von Shakespeare, Goethe, Heine, Mickiewicz, Dramen der frz. Klassizisten, eine Übertragung des „Eugen Onegin" von Puschkin, des „Igorlieds" u. a.

Rys, Jan, eigtl. Marcel Nerlich, * Ostrau 22. Juli 1931, östr. Schriftsteller.
Kam 1948 nach Wien, ging dann nach Deutschland und lebt seit 1960 wieder in Wien; Verfasser v. a. von präzis formulierten Hörspielen mit aktuellen Themen; auch Dramen und Prosa.
Hauptwerke: Pfade im Dickicht (Jugend-R., 1955), Grenzgänger (Hsp., 1960), 53 Schritte (Hsp., 1961), Die Toten dürfen nicht sterben (Hsp., 1961), Aufbruch (Hsp., 1965), Vertreibung (Hsp., 1965), Liebesspiel (Hsp., 1965).

Rzewuski, Henryk Graf [poln. ʒɛ'vuski], * Sławuta (Wolynien) 3. Mai 1791, † Cudnów 28. Febr. 1866, poln. Erzähler.
Offizier; besuchte W-Europa und die Balkanländer, Studium, später russ. Verwaltungsbeamter. Bei einem Romaufenthalt wurde er von Mickiewicz zum Schreiben angeregt. R. verherrlicht in seinen Werken die poln. Vergangenheit, v. a. die Epoche der poln. Schlachta (Adel), er stand jegl. Fortschritt feindl. gegenüber. R. führte die Adelserzählung (Gawęda) in die poln. Literatur ein. Mit „Listopad" (= November, 1845/46) schrieb er den ersten nennenswerten histor. Roman der poln. Literatur.
Weitere Werke: Denkwürdigkeiten des Herrn Severin Soplica, Mundschenk von Parnau (Erinnerungen, 1839; dt. 1876), Das Schloß von Krakau (R., 1847; dt. 1857).

S

Saadi ↑ Sadi.

Saalfeld, Martha, verh. vom Scheidt, * Landau in der Pfalz 15. Jan. 1898, dt. Schriftstellerin.
Studierte Philosophie und Kunstgeschichte, später Botanik, 1933–45 Veröffentlichungsverbot, nach dem Krieg freie Schriftstellerin in Bad Bergzabern; schrieb v. a. Naturlyrik; in Erzählungen und Romanen Verschmelzung mag.-märchenhafter mit realist. Zügen, zuletzt wirklichkeitsverbundener; auch Dramen.
Hauptwerke: Staub aus der Sahara (Schsp.,1932), Idyll in Babensham (En., 1947), Der Wald (E., 1948), Pan ging vorüber (R., 1954), Anna Morgana (R., 1956), Herbstmond (ges. Ged., 1958), Mann im Mond (R., 1961), Judengasse (R.,1965).

Saar, Ferdinand von, * Wien 30. Sept. 1833, † Döbling (heute zu Wien) 24. Juli 1906, östr. Erzähler und Lyriker.
Früher Tod des Vaters; bis 1859 Berufsoffizier (Teilnahme am Italienfeldzug); lebte abwechselnd in Wien und auf den Landsitzen von Freunden; schwer erkrankt, wählte er den Freitod. Schrieb, von Lenau beeinflußt, schwermütig-dekadente Gedichte und v. a. melanchol.-empfindsame Erzählungen, in denen er mit feiner psycholog. Beobachtung die k. u. k. Armee und die Wiener Gesellschaft um 1900 charakterisierte; als Dramatiker erfolglos.
Hauptwerke: Novellen aus Österreich (1877; darin u. a.: Innocens, 1866; Die Steinklopfer, 1874). Gedichte (1882), Wiener Elegien (Ged., 1893), Herbstreigen (Novellen, 1896), Camera obscura (Novellen, 1900), Tragik des Lebens (Novellen, 1906).
Ausgaben: F. v. S. Das erzähler. Werk. Gesamtausg. in 4 Bden. Hg. v. J. F. Fuchs. *Wien 1959. – F. v. S. Sämtl. Werke. Hg. v.* J. Minor. *Lpz. 1909. 12 Bde. [mit Biogr.].*
Literatur: Kretzschmar, H.: *F. v. S. Eine Zusammenstellung der seit seinem Tode erschienenen Ausgg. seiner Schrr. u. der Lit. über ihn u. sein Werk. Köln 1965.* – Lukas, M.: *F. v. S. Wien 1947.*

Saavedra, Ángel de [span. saa'βeðra], Herzog von Rivas ↑ Rivas, Ángel de Saavedra, Herzog von.

Saavedra Fajardo, Diego de [span. saa'βeðra fa'xarðo], * Algezares (Murcia) 6. Mai 1584, † Madrid 24. Aug. 1648, span. Diplomat und Schriftsteller.
Studierte Theologie und Jura; führte danach zahlreiche bed. diplomat. Missionen aus, u. a. beim Heiligen Stuhl, in Regensburg und bei den Friedensverhandlungen in Münster (Westf.). Sein literar. Ruhm knüpft sich an die als „Empresas políticas" oder „Las empresas" bekanntgewordene Abhandlung „Idea de un príncipe político cristiano representada en cien empresas" (1640; Auseinandersetzung mit Machiavelli) und an den Traktat „República literaria" (hg. 1655), einen Überblick über die zeitgenöss. Literatur.
Literatur: Dowling, J. C.: *El pensamiento político-filosófico de S. F. Murcia 1957.*

Saaz, Johannes von ↑ Johannes von Tepl.

Saba, Umberto [italien. 'sa:ba], * Triest 9. März 1883, † Görz 25. Aug. 1957, italien. Dichter.
Kaufmänn. Ausbildung; Antiquariatsbuchhändler. Seine Dichtung, von melanchol. Grundhaltung, wurde von jüd. Tradition sowie dt. und slaw. Einflüssen bestimmt. Die Sammlung „Il canzoniere" (1945) vereinigt die Lyrik von 1900 bis 1945 (enthält u.a. „Preludio e canzonette", 1922; „Ultime cose", 1944). In „Storia e cronistoria del canzoniere" (Prosa, 1948) gibt S. Rechenschaft über seine künstler. Entwicklung. Verfaßte auch Erzählungen.
Weitere Werke: Mediterranee (Ged., 1950), Riccordi-racconti (Prosa, 1956).
Literatur: Baldi, N.: *Il paradiso di S. Mailand 1958.*

Sabat Ercasty, Carlos [span. sa'βat ɛr'kasti], * Montevideo 1887, uruguay. Dichter.
Einer der bedeutendsten modernist. Lyriker seines Landes, besingt leidenschaftlich die Natur und den Menschen: „Poemas del hombre" (1921 ff.) u.a.; auch Dramatiker.

Sábato, Ernesto [span. 'saβato], * Rojas 23. Juni 1911, argentin. Schriftsteller.
Mathematiker, Mitarbeiter von I. Joliot-Curie in Paris, 1929–36 Professor für Atomphysik an der Universität La Plata, 1958 im Außenministerium; schrieb Romane und Essays; sein Roman „Über Helden und Gräber" (dt. 1967) gilt als einer der bedeutendsten Romane Argentiniens.
Weitere Werke: Uno y el universo (Essay, 1946), Der Maler und das Fenster (R., 1948; dt. 1958), Hombres y engranajes (Essays, 1951), Heterodoxa (Essay, 1953).

Sabbe, Maurits [niederl. 'sɑbə], * Brügge 9. Febr. 1873, † Antwerpen 12. Febr. 1938, fläm. Schriftsteller.
Studierte Germanistik, zuletzt Professor für niederl. Literatur in Brüssel; in seinen Romanen und Novellen gelang ihm eine humorvolle Gestaltung des Brügger Alltags; auch Dramen, bed. kultur- und literarhistor. Essays.
Hauptwerke: Een Mei van vroomheid (E., 1903), Caritate (Dr., 1914), Het Pastoorken van Schaerdijcke (R., 1919), Peilingen (Essay, 1935).

Sabina, Karel [tschech. 'sabina], * Prag 29. Dez. 1813, † ebd. 9. Nov. 1877, tschech. Schriftsteller.
Führende Persönlichkeit der radikalen Demokraten, wegen Teilnahme am Aufstand 1849 zum Tode verurteilt, später begnadigt; arbeitete als Wiener Geheimagent. Seine heute bereits vergessenen Gedichte zeigen den Einfluß Byrons. S.s romant. Romane und Novellen haben teilweise soziale Tendenz. Er schrieb auch Libretti (u.a. für Smetana) und eine interessante Autobiographie. War auch Literarhistoriker und Kritiker.

Sabino, Fernando [brasilian. sa'binu], * Belo Horizonte 1923, brasilian. Schriftsteller.
Jurastudium in Belo Horizonte und Rio de Janeiro; veröffentlichte mit 17 Jahren sein erstes Buch, „Os grilos não cantam mais" (En., 1940); lebte nach dem Studium 2 Jahre als Korrespondent in den USA; Mitarbeiter verschiedener brasilian. Zeitungen; schrieb den teilweise autobiograph. Roman „Schwarzer Mittag" (dt. 1962), in dem er die Krise der intellektuellen Jugend darstellt.
Weitere Werke: A marca (R., 1944), A cidade vazia (Berichte, 1950), A vida real (E., 1952).

Sabinus, Georg, eigtl. G. Schuler, * Brandenburg (Havel) 23. April 1508, † Frankfurt (Oder) 2. Dez. 1560, dt. Humanist und nlat. Lyriker.
Schwiegersohn Melanchthons, Professor für Rhetorik in Frankfurt (Oder) und Königsberg; mehrmals Gesandter Brandenburgs. Widmete sich neben philolog. und histor. Arbeiten der Dichtkunst und schrieb in gefälligen, frischen nlat. Versen Gedichte, in denen die Themen der Liebe, Freundschaft, Moral und Politik kunstvoll variiert werden („Poemata", 1544 und 1558).

Sabolozki, Nikolai Alexejewitsch; tl.: Zabolockij, Nikolaj Alekseevič [russ. zɐba'lɔtskij], * Kasan 7. Mai 1903, † Moskau 14. Okt. 1958, russ.-sowjet. Dichter.
Studierte am pädagog. Institut Leningrad; wahrscheinl. Ende der 30er Jahre verbannt; durfte erst nach dem 2. Weltkrieg wieder publizieren. Schrieb, in seiner Auffassung vom Dichten Chlebnikow verpflichtet, später auch von Nekrassow angeregt, eine oft satir. Lyrik, deren Stil v.a. anfangs durch eine effektvolle Verbindung von Vers und rhythm. Prosa, stilisierter Hochsprache und vulgärer Wendungen gekennzeichnet ist.

Sá-Carneiro, Mário de [portugies. 'sakɐr'nɐiru], * Lissabon 19. Mai 1890, † Paris 26. April 1916 (Selbstmord), portugies. Dichter.
Freund Pessoas; studierte seit 1912 Rechtswissenschaft an der Sorbonne in Paris. Frühvollendeter, sensibler Symbolist aus dem Kreis der modernist. „Presença", schrieb lyr. Gedichte („Dispersão", 1914), Novellen („A confissão de Lúcio", 1914; „Céu em fogo", 1915) und das Drama „Amizade" (1912).
Literatur: Woll, D.: *Wirklichkeit u. Idealität in der Lyrik M. de Sá-C.s. Bonn 1960.*

Sacchetti, Franco [italien. sak'ketti], * Florenz oder Ragusa zwischen 1330 und 1335, † San Miniato (Pisa) (?) 15. (?) Aug. (?) 1400, italien. Dichter.
Aus alter Guelfenfamilie, war Kaufmann und Politiker, zuletzt Podesta in verschiedenen italien. Städten. Seine „Trecento novelle" im Stil Boccaccios, von denen 223 erhalten sind, vermitteln ein getreues Bild des Volkslebens seiner Zeit (hg. 1857–60, dt. 1907 u.d.T. „Novellen"); daneben Balladen, Madrigale, religiöse Gedichte sowie Briefe.
Literatur: Caretti, L.: *Saggio sul S. Bari 1951.* – Pieper, F.: *F. S. Bürger v. Florenz u. Dichter. Würzb. 1939.*

Sacharja † Bibel.

Sacher, Friedrich, Pseudonym Fritz Silvanus, * Wieselburg an der Erlauf (Niederösterreich) 10. Sept. 1899, östr. Schriftsteller.
Dr. phil., Hauptschullehrer in Klosterneuburg, seit 1934 freier Schriftsteller in Wien; Lyriker und Erzähler mit Vorliebe für die Darstellung des Kleinen, Zarten und Besinnlichen; auch Essayist.
Hauptwerke: Mensch in den Gezeiten (Ged., 1937), Das Buch der Mitte (Ged., 1939), Wegwarten (Miniaturen, 1943), Die Schatulle (En., 1951), Die Welt im Fingerhut (Miniaturen, 1953), Anekdoten (1959), Unterm Regenbogen (En., 1962).

Sacher-Masoch, Alexander, * Witkowitz (heute Ostrau-Witkowitz) 18. Nov. 1901, östr. Schriftsteller.

1938–45 in der Emigration; Lyriker und Erzähler; eindringl. Darsteller bitterer Wirklichkeit; auch Übersetzer.
Hauptwerke: Zeit der Dämonen (Ged., 1946), Die Parade (R., 1946), Beppo und Pule (R., 1948), Piplatsch träumt (Zigeunergeschichten, 1949 und 1953), Die Ölgärten brennen (R., 1956).

Sacher-Masoch, Leopold Ritter von, Pseudonyme Charlotte Arand, Zoë von Rodenbach, * Lemberg 27. Jan. 1836, † Lindheim (Landkreis Büdingen) 9. März 1895, östr. Schriftsteller.
Studierte Jura, war in Lemberg Professor für Geschichte, 1880 Redakteur in Budapest, seit 1881 in Leipzig und Mannheim; in 1. Ehe unglückl. ⚭ mit der Schriftstellerin Aurora von Rümelin. Schrieb zahlreiche Romane („Die geschiedene Frau", 1870, mit pessimist. Darstellung des Familienlebens); literar. bed. v.a. seine Novellen mit Schilderung des poln.-jüd. Bauern- und Kleinbürgerlebens. Die bes. in seinen Spätwerken vorherrschende perverse Erotik trug der von ihm bevorzugt dargestellten Triebrichtung den Namen „Masochismus" ein.
Weitere Werke: Eine galiz. Geschichte (R.,1858, 1864 u.d.T. Graf Donski), Das Vermächtnis Kains (Novellen, 1870–77), Die Ideale unserer Zeit (R., 1875), Galiz. Geschichten (1877–81), Poln. Ghetto-Geschichten (1886).
Literatur: Cleugh, J.: *The first masochist. New York 1967.* – Federmann, R.: *S.-M. oder die Selbstvernichtung. Graz u. Wien 1961.* – Schlichtegroll, C. F. v.: *S.-M. u. der Masochismus. Litterarhistor. u. kulturhistor. Studien. Dresden 1901.*

Sachs, Hans, * Nürnberg 5. Nov. 1494, † ebd. 19. Jan. 1576, dt. Meistersinger und Dichter.
Sohn des Schneidermeisters Jörg S., bis 1509 Besuch der Lateinschule, dann Schusterlehre, Unterricht im Meistersang durch den Meister Lienhard Nunnenbeck; 1511–16 auf Wanderschaft, ließ sich dann in Nürnberg nieder; Anhänger Luthers (Gedicht „Die Wittenbergisch Nachtigall", 1523); bekanntester Vertreter der bürgerl. Literatur des 16. Jh.s, außerordentl. produktiver Lyriker und Dramatiker; schrieb zahlreiche Meisterlieder nach den Regeln der Tabulatur, Spruchgedichte, Erzählungen und Schauspiele nach klass., bibl. und mittelalterl. Stoffen, die, angepaßt einer biederen, kleinbürgerl. Vorstellungswelt, einen lehrhaft-satir. Charakter aufweisen; am bedeutendsten sind seine in der Nürnberger

Hans Sachs
(Doppelbildnis von
A. Herneisen, 1574)

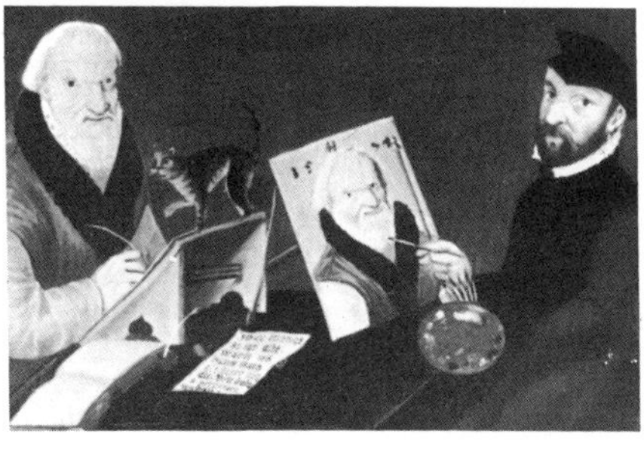

Tradition stehenden, durch drast. Komik gekennzeichneten Schwänke und Fastnachtsspiele, die er um neue Züge bereicherte, auf einen neuen Höhepunkt führte und unter Beibehaltung schwankhafter Motive zum Meistersingerdrama weiterentwickelte.
Weitere Werke: Das Hofgesind der Venus (Fastnachtsspiel, 1517), Lucretia (Dr., 1527), Schlaraffenland (Schwank, 1530), Das Narrenschneiden (Fastnachtsspiel, 1534), Der schwangere Bauer (Fastnachtsspiel, 1544), Der Teufel mit dem alten Weib (Fastnachtsspiel, 1545), Der fahrend Schüler im Paradeis (Fastnachtsspiel, 1550), Das Kälberbrüten (Fastnachtsspiel, 1551), Die ungleichen Kinder Evas (Dr., 1553), St. Peter mit der Geiß (Schwank, 1555).
Ausgaben: H. S.ens ausgew. Werke. Hg. v. P.Merker *u.* R. Buchwald. *Frkf. 11.–14. Tsd. 1961. 2 Bde. – H. S. Werke. Hg. v.* A. v. Keller *u.* E. Götze. *Tüb. 1870–1908. 26 Bde. Nachdr. Hildesheim 1964.*
Literatur: Schulz, Wolf D.: *Aspekte des Übernatürl. in den Fastnachtspielen des H. S. Diss. Univ. of Washington, Seattle 1965.* – Geiger, E.: *Der Meistergesang des H. S. Literarhistor. Unters. Bern u. Mchn. 1956.* – Wendler, H. U.: *H. S. Einf. in Leben u. Werk. Halle 1953. 4 Hefte.* – Genée, R.: *H. S. u. seine Zeit. Ein Lebens- u. Kulturbild aus der Zeit der Reformation. Lpz. ²1902.* – Weller, E.: *Der Volksdichter H. S. u. seine Dichtungen. Eine Bibliogr. Nürnberg 1868. Nachdr. unter Hinzufügung eines Anhangs v.* E. Carlsohn: *Die Bibliothek H. S., nach dessen handschriftl. Aufzeichnungen. Wiesb. 1966.*

Sachs, Maurice [frz. saks], eigtl. M. Ettinghausen, * Paris 16. Sept. 1906, † Hamburg 14. April 1945, frz. Schriftsteller.
Führte ein ungeregeltes, z.T. skandalerfülltes Leben, wurde von Maritain zum Katholizismus bekehrt; zeitweilig in den USA; starb unter ungeklärten Umständen (vermutl. in einem Hamburger Gefängnis ermordet); Romancier, Essayist und scharfsichtiger Chronist, bes. des Lebens außerhalb der Gesellschaft („Der Sabbat", E., 1946, dt. 1967, 1950 u.d.T. „Mein Leben ist ein Ärgernis"; „La chasse à courre", E., 1948; „Tableau des mœurs de ce temps", hg. 1954); bemerkenswert seine literar. Porträts (u.a. von Gide, Cocteau, Maritain).

Sachs, Nelly, eigtl. Leonie S., * Berlin 10. Dez. 1891, dt.-schwed. Dichterin.
Entstammt einer jüd. Familie, floh, von S. Lagerlöf unterstützt, 1940 nach Schweden, wo sie seither lebt (schwed. Staatsbürgerin); gestaltet, frei von Haß und Rachegedanken, in ihren lyr. und dramat. Werken dichter. das Schicksal des jüd. Volkes, das die menschl. Bedrohtheit dokumentiert; bilderreiche, rhythmisch bewegte, von tiefem Gefühl getragene und doch herbe Lyrik; auch Übersetzungen aus dem Schwedischen. 1965 Friedenspreis des Dt. Buchhandels; Nobelpreis 1966 (mit S. J. Agnon).
Hauptwerke: Legenden und Erzählungen (1921), In den Wohnungen des Todes (Ged., 1947), Sternverdunkelung (Ged., 1949), Eli (Mysterienspiel, 1951), Flucht und Verwandlung (Ged., 1959), Fahrt ins Staublose (ges. Ged., 1961), Zeichen im Sand (szen. Dichtungen, 1962), Glühende Rätsel (Ged., 1964–66).

Literatur: Das Buch der N. S. Hg. v. B. Holmquist. *Frkf. 1968.* – Lagercrantz, O.: *Versuch über die Lyrik v. N. S. Dt. Übers. Frkf. 1967. – N. S. zu Ehren. Zum 75. Geburtstag am 10. Dez. 1966. Gedichte, Beitr., Bibliogr. Frkf. 1966.*

Sachsen, Ludolf von † Ludolf von Sachsen.

Sachsenheim, Hermann von † Hermann von Sachsenheim.

Sachsenspiegel † Eike von Repgow.

Sack, Gustav, * Schermbeck bei Wesel 28. Okt. 1885, ⚔ Finta Mare 5. Dez. 1916, dt. Schriftsteller. Germanistikstudium, haltloses Studentenleben; seit 1914 Kriegsdienst, zuletzt in Rumänien. Von Nietzsche beeinflußt, vertritt S. in seinen Romanen, Novellen, Gedichten und Tagebüchern einen vitalen Antiintellektualismus. Seine frühexpressionist. Romane gestalten mit autobiograph. Zügen das Bild einer verzweifelt antibürgerl. Existenz.

Hauptwerke: Ein verbummelter Student (R., hg. 1917), Ein Namenloser (R., hg. 1919), Die drei Reiter (Ged., hg. 1958).

Ausgaben: G. S. Prosa, Briefe, Verse. Vorwort v. Dieter Hoffmann. *Mchn. 1962. – G. S. Ges. Werke in 2 Bden. Hg. v.* P. Sack. *Bln. $^{1-3}$1920. 2 Bde.*

Literatur: Eibl, K.: *Die Sprachskepsis im Werk G. S.s. Mchn. 1968.* – Harbeck, H.: *G. S. Eine Einf. in sein Werk u. eine Ausw. Wiesb. 1958.*

Sackville, Thomas [engl. 'sækvɪl], 1. Earl of Dorset, Baron Buckhurst, * Schloß Buckhurst bei Withyham (Sussex) 1536, † London 19. April 1608, engl. Dichter.

Studierte in Cambridge und Oxford; widmete sich zunächst der Literatur, später ausschließl. der Politik und seinen Ämtern. Von Bedeutung ist außer „Gorboduc" (1565, 1570 u. d. T. „Ferrex and Porrex"), der ersten engl. Blankverstragödie nach dem Muster Senecas, die S. mit Th. Norton gemeinsam verfaßte, sein Beitrag zu dem Sammelwerk „A mirror for magistrates" (1563), der „Induction" und „The complaint of the Duke of Buckingham" umfaßt und der als bedeutendste dichter. Leistung zwischen Chaucer und Spenser gilt; bildkräftige, dunkle, pathet. Sprache.

Literatur: Bacquet, P.: *Un contemporain d'Élisabeth Ire, Th. S. L'homme et l'œuvre. Genf 1966.*

Sackville-West, Victoria [Mary] [engl. 'sækvɪl'wɛst], * Knole Castle (Kent) 9. März 1892, † Sissinghurst Castle (Kent) 2. Juni 1962, engl. Schriftstellerin.

Aus dem Hochadel; Enkelin einer span. Zigeunertänzerin; heiratete 1913 den Schriftsteller H. Nicolson, den sie auf vielen seiner Reisen im diplomat. Dienst begleitete; wurde Ehrendame des engl. Königshofs. Verfaßte außer traditionsbewußter, nuancenreicher Naturlyrik (u.a. das Blankversgedicht „The land", 1926) Reisebeschreibungen sowie Romane und essayist. Darstellungen, meist mit Stoffen aus der Welt der engl. Aristokratie und Geschichte; in ihrem Hauptwerk, „Schloß Chevron" (R., dt. 1931), schildert sie mit feiner Ironie das glänzende gesellschaftl. Leben zur Zeit Eduards VII.; mehrere Werke haben familiengeschichtl. Themen, so „Knole and the Sackvilles" (1923, erweitert 1958) und die romanhaft-phantasievolle Biographie ihrer Großmutter „Pepita. Die Tänzerin und die Lady" (dt. 1938); schrieb auch Kurzgeschichten.

Weitere Werke: Der Erbe u.a. Erzählungen (1922, dt. 1948), Erloschenes Feuer (R., 1931; dt. 1948), Adler und Taube (Biogr., 1943; dt. 1947), Die Ostergesellschaft (R., dt. 1953), Weg ohne Weiser (R., dt. 1963).

Sade, Donatien Alphonse François Marquis de [frz. sad], * Paris 2. Juni 1740, † Saint-Maurice 2. Dez. 1814, frz. Schriftsteller.

Sohn eines Diplomaten; nahm am Siebenjährigen Krieg teil; Offizier; erste Gefängnisstrafen wegen ausschweifenden Lebens bereits in den 60er Jahren; verbrachte fast 30 Jahre seines Lebens in Haft oder in der Irrenanstalt; angeklagt wegen Giftmords, „bes. schwerer" Ausschweifungen, polit. Delikte u.a.; auf Veranlassung Napoleons von 1803 bis zum Tode in der Nervenheilanstalt von Charenton festgehalten. S. schrieb neben zahlreichen [bedeutungslosen] Theaterstücken v.a. psycholog.-aufklärer., stark obszöne Romane und Erzählungen, von denen jedoch ein großer Teil verlorenging; sein bekanntestes Werk ist der skandalumwitterte Roman „Justine ou les malheurs de la vertu" (1791; neu hg., zus. mit einer Forts., 1797; dt. 1920 u.d.T. „Justine und Juliette"); während die Werke S.s wegen ihrer realist.-exakten Darstellung von Perversionen, die heute nach ihm als „sadist." bezeichnet werden, lange nur vom psychopatholog. Gesichtspunkt interessierten, werden sie seit Sainte-Beuve mehr und mehr auch literar. gewürdigt.

Weitere Werke: Aline und Valcour oder Der philosoph. Roman (R., 1793; dt. 1963), La philosophie dans le boudoir (Dialoge, 1795), Die Marquise de Gange (R., 1813; dt. 1967), Die 120 Tage von Sodom ... (R., dt. 1908).

Ausgaben: D. A. F. M. de S. Œuvres complètes. Édition intégrale, critique et définitive. Hg. v. G. Lély. *Paris 1968. 8 Bde. [mit Biogr.]. – de S. werke. Dt. Übers. Bln. 1968ff. Auf 12 Bde. berechnet. – D. A. F. M. de S. Œuvres complètes. Hg. v.* G. Bataille *u. a. Paris ^{2}1954ff. Auf 30 Bde. berechnet. – D. A. F. M. de S. Ausgew. Werke. Dt. Übers. Hg. v.* M. Luckow. *Hamb. 1963. 3 Bde.*

Literatur: Das Denken v. S. Hg. v. Tel Quel. *Dt. Übers. Mchn. 1969.* – Lély, G.: *S. Études sur sa vie et sur son œuvre. Paris 1967.* – Flake, O.: *M. de S. Mchn. 1966.* – Lennig, W.: *M. de S. in Selbstzeugnissen u. Bilddokumenten. Reinbek bei Hamb. 1965.* – Lély, G.: *Leben u. Werk des M. de S. Dt. Übers. Düsseld. ^{4}1963.*

Sá de Miranda, Francisco de [portugies. 'sa ðə mi'rɐndɐ], * Coimbra 27. Okt. 1485, † Tapada (Minho) 15. März 1558, portugies. Dichter und Humanist.

Unehel. Sohn eines Klerikers, studierte Rechtswissenschaft, lehnte Stellungen bei Hofe ab, um sich ganz der Literatur widmen zu können. Auf einer längeren Italienreise lernte er die wichtigsten Vertreter der italien. Renaissance kennen. S. de M. gilt als bedeutendster Erneuerer der portugies. Poesie, die er durch Einführung neuer italien. Versformen (u.a. Sonett, Oktave, Kanzone) aus der Erstarrung löste, ohne dabei die alten einheim. Formen ganz zu vernachlässigen; seine Komödien sind von Terenz und Plautus beeinflußt.

Hauptwerke: Comédia dos estrangeiros (Kom., hg. 1559), Comédia dos Vilhalpandos (Kom., hg. 1560), Poesias (hg. 1595).

Sadị, Abu Abdellah Moscharrefoddin Ebn Moslehoddin; tl.: Saʿdī, Abū ʿAbdi'llāh Mušarrifu'd-Dīn Ibn Muṣliḥu'd-Dīn [pers. sæ'di:], * Schiras zwischen 1213 und 1219, † ebd. 9. Dez. 1292, pers. Dichter.
Studien in seinem Geburtsort, später in Bagdad, Wanderleben in Mesopotamien, Kleinasien, Syrien, Ägypten; Pilgerfahrt nach Mekka; wurde berühmt nach seiner Rückkehr, als er in volkstüml. Form zahlreiche, meist didakt. Werke in pers., z.T. in arab. Sprache schrieb, darunter Gasele, Kassiden, Trauer- und Scherzgedichte, gereimte Sprüche der Lebensweisheit u.a. Die Mystik tritt oft hinter einer heiteren Lebensauffassung zurück. S. führte das Leben eines Sufi und starb – fast 90jährig – in seinem Kloster. Seine berühmtesten Werke sind der „Bustan" (= Obstgarten, dt. 1850), eine Sammlung von Erzählungen moralisierenden Inhalts in Versen, und der „Golestan" (= Rosengarten, dt. von A. Olearius 1654), Anekdoten mit eingestreuten Versen.
Sadoveạnu, Ion Marin [rumän. sado'vḙanu], eigtl. Iancu-Leonte Marinescu, * Bukarest 15. Juni 1893, † ebd. 2. Febr. 1964, rumän. Schriftsteller.
Studium der Philosophie in Bukarest und Paris; begann mit Gedichten, wandte sich nach einigen dramat. Versuchen dem Roman zu; sein Roman „Sfîrşit de veac în Bucureşti" (= Ende des Jh.s in Bukarest, 1942) schildert im Stil Balzacs den Aufstieg des Bürgertums in den letzten Jahrzehnten des 19. Jh.s; „Ion Sîntu" (R., 1957), als Bildungsroman konzipiert, setzt die Schilderung der Gesellschaft in den ersten Jahren des 20. Jh.s fort; schrieb auch Essays über das Theater und übersetzte Kleist, Stendhal, Shakespeare.
Weitere Werke: Dramă şi teatru (Essay, 1926), Cîntece de rob (= Sklavenlieder, 1930), Molima (= Die Seuche, Dr., 1930), Taurul mării (= Der Stier des Meeres, R., 1962).
Sadoveạnu, Mihail [rumän. sado'vḙanu], Pseudonym M. S. Cobuz, * Paşcani 5. Nov. 1880, † Bukarest 19. Okt. 1961, rumän. Schriftsteller.
Veröffentlichte 15jährig die ersten Gedichte, wandte sich dann der Prosa zu und war Mitarbeiter verschiedener Zeitschriften; wurde Abgeordneter, Vizepräsident der Großen Nationalversammlung und Mitglied der rumän. Akademie. Das kommunist. Regime verlieh ihm höchste Auszeichnungen. S. gehört zu den fruchtbarsten und größten Repräsentanten der rumän. Prosaliteratur; er war, v.a. in seinen Anfängen, dem Naturalismus verpflichtet. Die Stärke seiner Romane liegt in den kraftvollen, farbigen Naturschilderungen, der Brillanz seiner Sprache, in seiner Darstellung vitaler, unproblemat., bäuerl. Typen. Das polit. Engagement brachte für S. die Wendung zum sozialist. Realismus mit sich.
Hauptwerke: Der Wunderwald (R., 1922; dt. 1952), Ankutzas Herberge (R., 1928; dt. 1954), Im Zeichen des Krebses (R., 1929; dt. 1969), Nechifor Lipans Weib (R., 1930; dt. 1936), Die Nächte um Johanni (R., 1934; dt. 1944), Die Heimkehr Mitrea Cocors (R., dt. 1953).
Ṣafařík, Pavel Josef [tschech. 'ʃafarʒi:k], * Kobeliarovo 13. Mai 1795, † Prag 26. Juni 1861, tschech. Gelehrter.
Studierte in Jena ev. Theologie, war Gymnasialdirektor in Neusatz, 1837 Zensor in Prag und 1842 Bibliothekar, 1848 auch Professor der slaw. Philologie an der Universität Prag. Er schrieb in seiner Jugend Gedichte und Balladen in klassizist. Stil, die auf Klopstock und Bürger hinweisen; verdient um die Sammlung slowak. Volkslieder; verfaßte bed. philolog. und literarhistor. Arbeiten und krit. Studien zur slaw. Altertums- und Volkskunde; auch Übersetzer.
Hauptwerke: Geschichte der slaw. Sprache und Literatur nach allen Mundarten (1826), Geschichte der südslaw. Literatur (1864/65).
Sagan, Françoise [frz. sa'gã], eigtl. F. Quoirez, * Cajarc (Lot) 21. Juni 1935, frz. Schriftstellerin.
Tochter eines Industriellen, in 1. Ehe ⚭ mit dem Verleger Guy Schoeller, 1962/63 mit dem amerikan. Bildhauer Robert (Bob) Westhoff; schrieb Romane und Dramen; ihr Erfolg beruht außer auf stilist. Sicherheit und Gewandtheit auf der Wahl zeitnaher Themen. Sie ist die Sprecherin einer Jugend, die intelligent ist, deren Wertmaßstäbe aber verschoben sind, der fast alles erlaubt ist, die experimentiert und die sich über Langeweile und Überdruß durch inhaltlose Liebeserlebnisse hinwegzutäuschen sucht. Den Hintergrund bildet eine Lebensauffassung, die dem

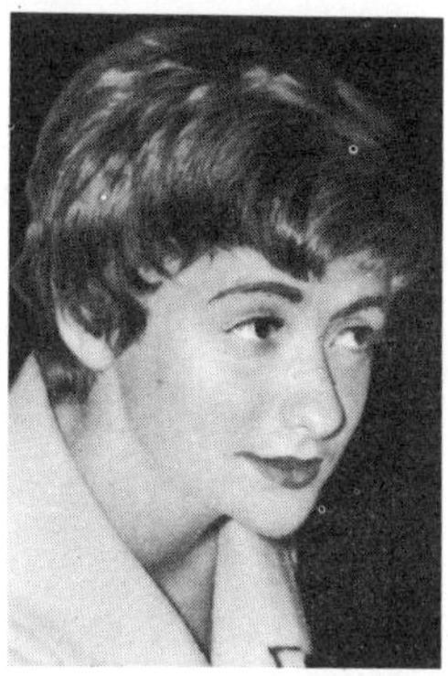
Françoise Sagan

Existentialismus nahesteht. Welterfolg hatte ihr erster Roman, „Bonjour tristesse" (dt. 1955), er wurde ebenso wie der Roman „Lieben Sie Brahms?" (dt. 1959) verfilmt.
Weitere Werke: „... ein gewisses Lächeln (R., dt. 1956), In einem Monat, in einem Jahr (R., dt. 1958), Ein Schloß in Schweden (Kom., dt. 1961), Die wunderbaren Wolken (R., dt. 1961), Valentine (Dr., dt. 1964), Bonheur, impair et passe (Dr., 1964), Chamade (R., dt. 1966), Das ohnmächtige Pferd (Dr., dt. 1966), Der Wächter des Herzens (R., dt. 1969), Un peu de soleil dans l'eau froide (R., 1969).
Literatur: Hourdin, G.: *Le cas F. S. Paris 1958.* – Lignière, J.: *F. S. et le succès. Paris 1958.*
Sagạrra i Castellarnạu, Josep Maria de [katalan. sə'ɣarrə i kəstəʎər'nau̯], * Barcelona 5. März 1894, † ebd. 27. Sept. 1961, katalan. Dichter.
Aus altem Adel; studierte Jura; wandte sich dann der Literatur und dem Journalismus zu; während des Bürgerkrieges zeitweilig in Frankreich; einer der aktivsten Vertreter der neueren katalan. Literatur; sowohl seine Gedichte als auch seine Versdramen und -epen erreichten einen hohen Grad von Volkstümlichkeit; auch Übersetzer (Dante, Shakespeare).

Hauptwerke: El mal caçador (Epos, 1916), Cançons de taverna i oblit (Ged., 1922), El comte Arnau (Epos, 1928), L'hostal de la glòria (Dr., 1931), La fortuna de Sílvia (Dr., 1947), El poema de Montserrat (Ged., 1956).

Šaginjan ↑ Schaginjan.

Saiko, George, * Seestadtl 5. Febr. 1892, † Rekawinkel (Niederösterreich) 23. Dez. 1962, östr. Schriftsteller.

Studierte Kunstgeschichte, Archäologie, Psychologie und Philosophie (Dr. phil.); 1945–50 Leiter der Albertina in Wien. S. begann mit Novellen, wandte sich dann dem von Tiefenpsychologie und Gesellschaftskritik bestimmten Roman zu. Die beiden Romane „Auf dem Floß" (1948) und „Der Mann im Schilf" (1955) schildern den Zerfall der aristokrat. und bürgerl. Gesellschaft Österreichs nach dem 1. Weltkrieg. Subtile Detailbeobachtung, knappe meisterhafte Darstellung und die Fähigkeit, das an der Grenze des Sagbaren Gelegene auszudrücken, kennzeichnen seine sprachl. Meisterschaft. Auflösung der Romanform.

Weitere Werke: Giraffe unter Palmen (En., 1962), Der Opferblock (En., 1962).

Saint-Amant, Marc Antoine Girard, Sieur de [frz. sɛ̃ta'mã], eigtl. Antoine Girard, * Quevilly (Seine-Maritime) 30. Sept. 1594, † Paris 29. Dez. 1661, frz. Lyriker.

Frühes Mitglied der Académie française; gehörte zu den Gegnern Malherbes, zu den sog. Burlesken, die sich durch die Wahl ihrer Themen und durch den Gebrauch archaischer und vulgärer Wörter gegen die Hof- und Salondichtung wandten. S.-A. verteidigte die dichter. Inspiration gegen Sprachregelung und Rhetorik und verwarf unbekümmert Werte der Tradition („Rome ridicule", 1643).

Weitere Werke: Les visions (Ged., 1628), Le passage de Gibraltar (Ged., 1640), Albion (Ged., 1644), Moïse sauvé (Ged., 1653), La solitude (Ged., 1654).

Literatur: Lagny, J.: *Le poète S.-A. (1594 à 1661). Essai sur sa vie et ses œuvres. Paris 1964.* – Gourier, F.: *Étude des œuvres poétiques de S.-A. Genf; Paris 1961.*

Saint-Aubain, Andreas Nicolai de [frz. sɛ̃to'bɛ̃] ↑ Bernhard, Carl.

Sainte-Beuve, Charles Augustin [frz. sɛ̃t'bœ:v], * Boulogne-sur-Mer 23. Dez. 1804, † Paris 13. Okt. 1869, frz. Literaturkritiker und Schriftsteller.

Medizinstudium; Freundschaft mit V. Hugo; Professor für frz. und lat. Literatur; 1843 Mitglied der Académie française. Dichter. Versuche ohne großen Erfolg: „La vie, les poésies et les pensées de Joseph Delorme" (Dichtung, 1830), „Volupté" (R., 1834); seine Literaturkritik richtete sich gegen den Zwang der Klassik, er rechtfertigte die Romantik als Rückwendung zur literar. Tradition des 16. Jh.s („Tableau historique et critique de la poésie française et du théâtre français au XVIe siècle", 1828). S.-B.s Bedeutung für die Literaturwissenschaft beruht in der Anwendung moderner naturwissenschaftl. Methoden. Sein krit. Werk ist der Form nach Kunstprosa von hohem Rang, dem Inhalt nach eine noch nicht überholte frz. Kultur- und Geistesgeschichte.

Weitere Werke: Les consolations (Ged., 1830), Pensées d'août (Ged., 1837), Histoire de Port-

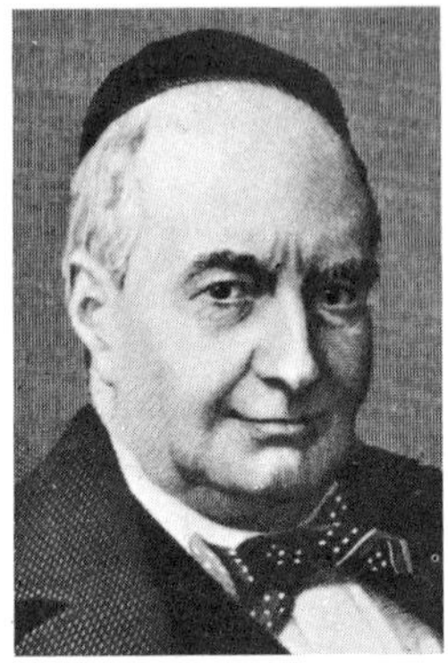

Charles Augustin Sainte-Beuve

Royal (Schr., 1840–59), Frauenbildnisse aus 4 Jahrhunderten (Schr., 1844; dt. 1914), Portraits littéraires (Schr., 1844; dt. Ausw. 1923 u.d.T. Literar. Portraits aus dem Frankreich des 17.–19. Jh.s), Causeries du lundi (Aufs., 1851–62; dt. Ausw. 1880 u.d.T. Menschen des XVIII. Jh.s).

Ausgabe: S.-B. Œuvres. Hg. u. bearb. v. M. Leroy. *Paris 1949/50–52. 2 Bde.*

Literatur: Moreau, P.: *La critique selon S.-B. Paris 1964.* – Regard, M.: *S.-B., l'homme et l'œuvre. Paris 1960.* – Deiters, H.: *Ch.-A. S.-B., Kritiker u. Humanist. Bln. 1947.*

Sainte-More, Benôit de ↑ Benoît de Sainte-More.

Sainte-Soline, Claire [frz. sɛ̃tsɔ'lin], eigtl. Nelly Fouillet, * Melleran bei Niort 18. Sept. 1891, † Paris 14. Okt. 1967, frz. Schriftstellerin.

Studierte Literaturwissenschaft; Studienrätin; Reisen durch Mittelmeerländer und Afrika. In ihren Romanen werden Landschaft und Atmosphäre der frz. Provinz teils heiter, teils düster zur Folie der gelungen charakterisierten handelnden Personen. Ausdrucksweisen der Liebe – Verzicht, Opfer, Verzweiflung und Haß – sind mit Meisterschaft gezeichnet.

Hauptwerke: Zwischen Morgen und Abend (R., dt. 1946), Antigone (R., dt. 1938), Belle (R., dt. 1949), Monsieur hat immer recht (R., dt. 1953).

Saint-Évremond, Charles de Marguetel de Saint-Denis, Seigneur de [frz. sɛ̃tevrə'mõ], * Saint-Denis-le-Gast (Manche) 1. April 1610, † London 29. Sept. 1703, frz. Schriftsteller.

Offizier im Kampf gegen die Fronde, mußte 1662 wegen seiner Kritik am Pyrenäenfrieden nach England fliehen, wo er in der Gesellschaft eine bed. Stellung errang. Geistreich-witziger Satiriker, sinnenfroher Anhänger Epikurs und freigeistigiron. Skeptiker; schuf die Grundlagen zu einer vergleichenden Literaturgeschichte; in seinem Bemühen um eine krit. Geschichtsschreibung war er Vorläufer Montesquieus und Voltaires.

Hauptwerke: Die Gelehrtenrepublik (Kom., 1650; dt. 1870), Discours sur Épicure (1684).

Literatur: Nardis, L. de: *Il cortegiano e l'eroe. Studio su S.-E. Florenz 1964.* – Büschges, L.: *S.-E.s krit. Werk in seiner Vordeutung auf das 18. Jh. Diss. Marburg 1944.* – Schmidt, Albert Marie: *S.-É., ou L'humaniste impur. Paris 1932.*

Saint-Exupéry, Antoine de [frz. sɛ̃tɛgzype'ri], eigtl. Marie Roger Graf von S.-E., * Lyon 29.

Juni 1900, ⚔ (von einem Aufklärungsflug über Korsika am 31. Juli 1944 nicht zurückgekehrt), frz. Schriftsteller.
Zeitungskorrespondent, Flieger. Sein dichter. Werk erwuchs aus den Erlebnissen als Flieger; er suchte die moderne Technik mit humanitärem Ethos zu erfüllen und bejahte sie als Mittel für eine geistige und seel. Verbindung zwischen den Menschen. Als Moralist (sinnvolles Leben ist Dienst am Menschen) sieht er als wichtigste Werte Brüderlichkeit, Pflichtbewußtsein, Mut, Verbindlichkeit von Geste, Tat und Wort. S.-E. war von der Kulturverbundenheit Europas überzeugt. Sein Stil und seine Sprache sind von klass. Einfachheit und dichter. Schönheit. Sein Meisterwerk ist der Roman „Wind, Sand und Sterne“ (dt. 1940), wohl am bekanntesten das Märchen „Der kleine Prinz“ (1943, dt. 1950).
Weitere Werke: Südkurier (R., 1929; dt. 1949), Nachtflug (R., dt. 1932), Flug nach Arras (Tageb., dt. 1942), Brief an einen Ausgelieferten (Schr., 1944; dt. 1948), Die Stadt in der Wüste (R., dt. 1951).
Ausgaben: A. de S.-E. Ges. Schrr. in 3 Bden. Dt. Übers. Düsseld. 1959. – A. de S.-E. Œuvres. Paris 1953.
Literatur: Theisen, J.: *A. de S.-E. Bln. 1969.* – Losic, S.: *L'idéal humain de S.-E. Paris 1965.* – Migeo, M.: *S.-E. Sein Leben. Tüb. 1960.* – Rauch, K.: *Flug zur Sonne. Das Leben des A. de S.-E. Mchn. 1958.* – Zeller, R.: *La vie secrète d'A. de S.-E. ou La parabole du petit prince. Paris 1948.*

Saint-Gelais, Mellin de [frz. sɛ̃'ʒlɛ], * Angoulême 3. Nov. (?) 1491, † Paris Okt. 1558, frz. Dichter.
Sohn (oder Neffe) Octavien de S.-G.'; vollendete seine Studien in Italien, trat in den geistl. Stand und wurde königl. Bibliothekar und Hofdichter Franz' I., stand später jedoch im Schatten Ronsards. In seinen galanten Gelegenheitsgedichten (Gesamtausgabe 1574) ahmte er vorzugsweise italien. Formen und Gattungen nach (Terzinen, Sonette, Madrigale); Mitübersetzer der klass. Tragödie „Sofonisba“ des Trissino (hg. 1559).
Literatur: Becker, Philipp August: *M. de S.-G. Wien 1924.*

Saint-Gelais, Octavien (Octovien) de [frz. sɛ̃'ʒlɛ], * Cognac 1466, † ebd. 1502, frz. Dichter.
Bischof von Angoulême; schrieb allegor.-didakt. Gedichte (u. a. „Le séjour d'honneur“, hg. 1519) und übersetzte die „Odyssee“, Vergil und Ovid.

Saint-Georges de Bouhélier [frz. sɛ̃ʒɔrʒdəbue'lje] ↑ Bouhélier, Saint-Georges de.

Saint-Hélier, Monique [frz. sɛ̃te'lje], eigtl. Betty Briod, geb. Eymann, * La Chaux-de-Fonds 2. Sept. 1895, † Pacy-sur-Eure 9. März 1955, schweizer. Schriftstellerin.
Befreundet mit Rilke und H. Hesse; schwere Krankheit (28 Jahre bettlägerig); während dieser Zeit entstanden ihre in frz. Sprache geschriebenen Romane, zwei lose aneinandergereihte Zyklen, deren Hauptthema die Geschichte zweier Familien ist; Einfluß von Proust.
Hauptwerke: Morsches Holz (R., 1934; dt. 1938), Strohreiter (R., dt. 1939), Der Eisvogel (R., dt. 1954), Die rote Gießkanne (R., dt. 1956).

Saint-John Perse [frz. sɛ̃dʒɔn 'pɛrs], eigtl. Alexis [Saint-Léger] Léger, * Saint-Léger-les-Feuilles (Antillen) 31. Mai 1887, frz. Lyriker.

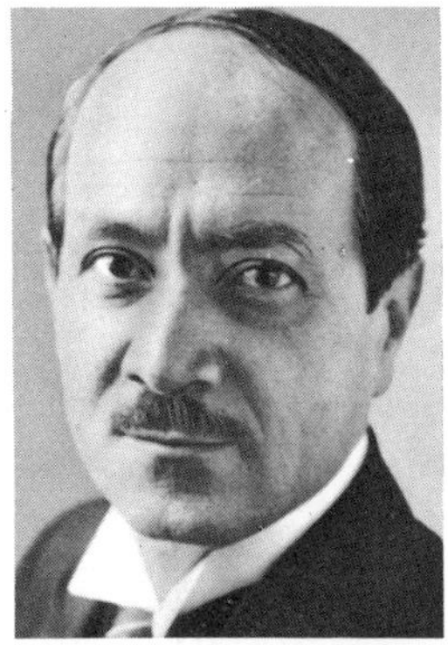
Saint-John Perse

Verlebte die Jugend auf den Antillen, studierte Rechtswissenschaft, trat in den diplomat. Dienst, Missionen im Fernen Osten, zahlreiche Reisen, Sachverständiger für fernöstl. Fragen in polit. Gremien bis 1940; schied freiwillig aus dem diplomat. Dienst aus, reiste nach England, dann in die USA, kehrte erst 1959 nach Frankreich zurück. Feinfühliger, sprachl. eleganter Lyriker, dessen Werk sich durch weitgeschwungene feierl. Rhythmen, kühne Stilmittel und Bildhaftigkeit der Sprache auszeichnet. 1960 Nobelpreis.
Hauptwerke: Preislieder (Ged., 1911; dt. 1957), Anabasis (Ged., 1924; dt. 1957), Exil (Ged., 1942; dt. 1957), Winde (Ged., 1946; dt. 1957), Seemarken (Ged., dt. 1959).
Ausgaben: S.-J. P. Œuvre poétique. Neuaufl. Paris 1960. 2 Bde. – S.-J. P. Dichtungen. Frz. u. dt. Hg. v. F. Kemp. *Neuwied u. a. 1957.*
Literatur: Knodel, A. J.: *S.-J. P. Edinburgh 1966. – Honneur à S.-J. P. Hommages et témoignages littéraires, suivis d'une documentation sur Alexis Léger, diplomate. Einf. v.* J. Paulhan. *Paris 1965.* – Charpier, J.: *S.-J. P. Paris 1962.*

Saint Pierre, Michel de [frz. sɛ̃'pjɛ:r], eigtl. M. de Grosourdy, Marquis de S. P., * Blois 12. Febr. 1916, frz. Schriftsteller.
Vetter von H. de Montherlant; Handwerker in einer Werft von Saint-Nazaire; Matrose in der [Kriegs]-marine; Mitglied der Résistance; seine Jugenderfahrungen gingen ein in die Romane „Le monde ancien“ (1948) und „La mer à boire“ (1952); sein Roman „Die Aristokraten“ (dt. 1955), der auch verfilmt wurde, spielt in der ihm vertrauten Welt des Adels; schreibt auch Biographien und Reiseberichte.
Weitere Werke: Bernadette (Biogr., dt. 1954), Die Goldmaske (R., dt. 1959), Les nouveaux aristocrates (R., 1957), Les murmures de Satan (R., 1959), Le curé d'Ars (Biogr., 1959), Les nouveaux prêtres (R., 1964), Sainte Colère (R., 1965), Les prêtres qui souffrent (R., 1966).

Saint-Pierre, Jacques Henri Bernardin de [frz. sɛ̃'pjɛ:r], * Le Havre 19. Jan. 1737, † Éragny bei Paris 21. Jan. 1814, frz. Schriftsteller.
Kam 12jährig nach Martinique; Ingenieurschule, arbeitete auf Malta, in Rußland, Polen, zuletzt auf der Insel Mauritius. Mit seiner Naturauffassung gilt er als Vorläufer Chateaubriands und Lamartines. Unter dem Einfluß Rousseaus entstanden die „Études de la nature“ (1784ff.), in

denen die Erzählung „Paul und Virginia" (1787, dt. 1795) enthalten ist, die S.-P.s literar. Ruhm begründete. Die sentimental-pathet. Erzählung ist Rousseaus „Nouvelle Héloïse" verpflichtet; interessant sind v.a. die farbenreichen Schilderungen exot. Landschaften.
Weitere Werke: Voyage à l'Isle de France (Reisebericht, 1773), Die indian. Strohhütte (E., 1790; dt. 1804), Les harmonies de la nature (Prosa, 1815).
Literatur: Toinet, P.: *Paul et Virginie. Répertoire bibliographique et iconographique. Paris 1963.* – Michant, G.: *B. de S.-P., Paul et Virginie. Certificat d'études supérieures de littérature française. Paris 1941. 3 Tle. [Masch.].* – Barine, A.: *B. de S.-P. Paris* [4]*1922.*

Saint-Pol-Roux [frz. sɛ̃pɔl'ru], eigtl. Paul Roux, * Saint-Henri (heute zu Marseille) 15. Jan. 1861, † Brest 18. Okt. 1940, frz. Dichter.
Veröffentlichte seine ersten Arbeiten in der „Pléiade", Mitbegründer der „Académie Mallarmé". Symbolist. Lyriker und Dramatiker, versuchte mit Hilfe der Imagination die Dinge von klischeehaften Vorstellungen zu befreien und auf ihren Ursprung zurückzuführen; die dunkle und metaphernreiche Sprache weist bereits auf den Surrealismus hin.
Hauptwerke: Les reposoirs de la procession (Ged., 1893), La dame à la faulx (Dr., 1899), La rose et les épines du chemin (Ged., 1901), Anciennetés (Ged., 1903).

Saint-Simon, Louis de Rouvroy, Herzog von [frz. sɛ̃si'mõ], * Versailles 16. Jan. 1675, † Paris 2. März 1755, frz. Schriftsteller.
Offizier, unter Ludwig XIV. Hofmann in Versailles, auch im diplomat. Dienst tätig; als Literat v.a. bekannt durch seine kulturgeschichtl. interessanten „Memoiren" (entstanden 1694–1752, hg. 1829f.; dt. 1913–17), die, in glänzendem Stil geschrieben, sich durch eine psycholog. meisterhafte Zeichnung des Lebens am Hofe für die Zeit von 1694 bis 1723 auszeichnen.
Ausgaben: S.-S. Œuvres complètes. Hg. v. R. Dupuis *u.a. Paris 1964. – S.-S. Mémoires. Hg. v.* G. Truc. *Paris 1947–61. 7 Bde. – Hzg. v. S.-S. Memoiren. Dt. Übers. Hg. v.* H. Floerke. *Mchn. 1913–17. 3 Bde.*
Literatur: Coirault, Y.: *L'optique de S.-S. Paris 1965.* – La Varende, J. de: *M. le duc de S.-S. et sa comédie humaine. Paris* [4]*1957.*

Saint-Sorlin, Jean Desmarets de † Desmarets de Saint-Sorlin, Jean.

Sait Faik Abasıyanık [türk. sa'it fa:'ik aba'sija,nik], * Adapazarı 1906, † Istanbul 11. Mai 1954, türk. Schriftsteller.
Studierte in Istanbul Literatur, in Lausanne und Grenoble Volkswirtschaft; Lehrer, Journalist; schrieb teils realist., teils impressionist. Romane, zahlreiche Erzählungen, Gedichte und Reportagen, wobei er als Thema das Leben der städt. Bevölkerung und der Fischer bevorzugte. 41 Erzählungen wurden 1962 u.d.T. „Un point sur la carte" ins Französische übersetzt.
Weitere Werke: Medârı Maişet Motörü (R., 1944, 1952 u.d.T. Birtakım Adamlar [= Einige Menschen]), Kayıp Aranıyor (R., 1953).

Saizew, Boris Konstantinowitsch; tl.: Zajcev, Boris Konstantinovič [russ. 'zajtsəf], * Orel 10. Febr. 1881, russ. Schriftsteller.
Adeliger, Sohn eines Ingenieurs; wandte sich nach naturwissenschaftl. und altsprachl. Studien der Literatur zu; emigrierte 1922 und lebt seit 1924 in Paris. S., von Turgenjew und Tschechow (dem er eine Studie widmete) beeinflußt, schrieb Erzählungen und Romane mit Themen aus dem Alltag des vorrevolutionären Rußland; er behandelte auch Fragen des Emigrantenschicksals und religiöse Stoffe; seine Neigung zum Zarten und Melanchol. kennzeichnet bes. seine impressionist. Stimmungsbilder; außer dem Roman „Natascha Nikolajewna" (R., 1926; dt. 1959) wurden 1922 und 1923 Novellen von S. ins Deutsche übersetzt.

Saki [engl. 'sa:kɪ], eigtl. Hector Hugh Munro, * Akyab (Birma) 18. Dez. 1870, ⚔ Beaumont-Hamel 14. Nov. 1916, engl. Schriftsteller.
Schott. Abstammung; wurde in England erzogen, bereiste den Kontinent, diente in der birmes. Polizeitruppe, kehrte aus Gesundheitsrücksichten nach England zurück, Journalist; Freiwilliger im 1. Weltkrieg; Meister der polit. Satire, der geistreichen Skizze, bes. der phantasievollen, knappen, pointierten Kurzgeschichte, die oft Neigung zum Makabren aufweist; in Romanen stellte S. satir. die engl. Gesellschaft, bes. den Mittelstand dar.
Hauptwerke: Reginald (Kurzgeschichten, 1904), Reginald in Russia (Kurzgeschichten, 1910), The chronicles of Clovis (Kurzgeschichten, 1912), The unbearable Bassington (R., 1912), The square egg and other sketches (hg. 1924), Tobermory und andere Kurzgeschichten (dt. 1959).

Salacrou, Armand [frz. sala'kru], * Rouen 9. Aug. 1899, frz. Dramatiker.
Jugend in Le Havre; kam früh nach Paris, studierte dort Medizin und Philosophie und wandte sich danach dem Journalismus zu; zeitweilig Mitarbeiter an der Zeitung „L'Humanité", später an „L'Internationale"; erfolgreich als Chef einer Werbeagentur; seit 1949 Mitglied der Académie Goncourt. S. ist seit Ende der 20er Jahre einer der erfolgreichsten Autoren des modernen frz. Theaters; die Skala seines Erfolges reicht vom surrealist. Bühnenstück mit metaphys. Thematik („Die unerbittl. Sekunde", 1935; dt. 1947) bis zum bürgerl. Konversations- und Boulevarddrama („Ich will nicht dein Eigentum sein", 1934, dt. 1946; „Vertauschte Welten", dt. 1947).
Weitere Werke: La vie en rose (Dr., 1931), Die Erde ist rund (1938, dt. 1946), Die Nächte des Zorns (Dr., dt. 1948), Der Archipel Lenoir (Dr., dt. 1948).
Literatur: Mignon, P.-L.: *S. Paris 1960.* – Van den Esch, J.: *A. S. Dramaturge de l'angoisse. Paris 1951.*

Salas Barbadillo, Alonso Jerónimo de [span. 'salaz βarβa'ðiʎo], * Madrid 1581, † ebd. Juli 1635, span. Schriftsteller.
Studierte in Alcalá de Henares und Valladolid; lebte meist am Hof; befreundet mit Cervantes; schrieb satir. Schelmen- und Sittenromane, ferner Novellen, Dramen und zahlreiche Gedichte; sein bekanntester Roman, „La ingeniosa Elena, hija de Celestina" (1612), beeinflußte Scarron und Molière.

Salat, Hans, * Sursee (Luzern) 1498, † Freiburg (Schweiz) 20. Okt. 1561, schweizer. Dichter.
War Seiler, Wundarzt, trat in fremde Kriegsdienste, kämpfte als leidenschaftl. Gegner der

Reformation 1529 bei Kappel gegen die Protestanten, verlor 1540 sein Amt als Gerichtsschreiber und Chronist in Luzern; schließl. Lehrer und wieder Wundarzt in Freiburg. Schrieb religiöspolem. Gedichte, Satiren, Streitschriften und Dramen, in denen er die Reformation, v.a. Zwingli, scharf angriff.
Hauptwerke: Der Tanngrotz (Ged., 1531), Triumphus Herculis Helvetici (Satire, 1532), Der verlorene Sohn (Dr., 1537).

Sal[l]e, Antoine de La † La Sal[l]e, Antoine de.

Salice-Contessa, Karl Wilhelm [frz. sa'lis] † Contessa, Karl Wilhelm.

Salinas, Pedro [span. sa'linas], * Madrid 27. Nov. 1892, † Boston (USA) 4. Dez. 1951, span. Dichter. Studierte in Madrid Philosophie, Literaturwissenschaft und Jura; Lektor für Span. an der Sorbonne, ausgedehnte Reisen, ging 1936 nach Amerika, Professor in Baltimore. S. schrieb Lyrik und literaturwissenschaftl. Studien; neben nüchternrealist. Gedichten stehen solche, in denen sich die Freude am Spielerischen zeigt. S. besingt die Errungenschaften der Technik ebenso wie menschl. Beziehungen; Erschütterung über das Grauen des Krieges zeigt sich in Gedichten, die unter dem Eindruck des Völkermordens entstanden sind.
Hauptwerke: Presagios (Ged., 1923), Fábula y signo (Ged., 1931), Razón de amor (Ged., 1936), Confianza (Ged., hg. 1954).
Literatur: Delqennin, E.: *Passion d'absolu et tension expressive dans l'œuvre poétique de P. S. Gent 1957.* – Baader, H.: *P. S. Studien zu seinem dichter. u. krit. Werk. Genf 1956.*

Salinger, J[erome] D[avid] [engl. 'sɑːlɪndʒə, 'sæ...], * New York 1. Jan. 1919, amerikan. Schriftsteller.
Aus wohlhabender Familie; Schulbildung u.a. an einer Militärakademie in Pennsylvania; im 2. Weltkrieg zeitweilig in Europa; lebt völlig zurückgezogen in Neuengland. Hatte den bisher größten Erfolg mit dem Roman „Der Mann im Roggen" (dt. 1954, 1962 u.d.T. „Der Fänger im Roggen"), in dem er mit einer Mischung aus Humor und Pathos die seel. Erfahrungen eines Halbwüchsigen in New York in Ichform darstellt.
Weitere Werke: Neun Erzählungen (1953, dt. 1966), Franny und Zooey (R., dt. 1963), Hebt den Dachbalken hoch, Zimmerleute (En., dt. 1965).
Literatur: Miller, J. E.: *J. D. S. Minneapolis 1965. – S. A critical and personal portrait. Hg. v.* H. A. Grunwald. *New York u.a. 1962.* – † auch Updike, John [Hoyer].

Salis-Seewis, Johann Gaudenz Freiherr von, * Schloß Bothmar bei Malans (Graubünden) 16. Dez. 1762, † ebd. 29. Jan. 1834, schweizer. Schriftsteller.
Offizier der Schweizergarde in Versailles, später eidgenöss. Oberst; vermittelte den Anschluß Graubündens an die Schweiz; anläßl. einer Reise durch die Niederlande und Deutschland Besuch bei Goethe, Schiller und Herder in Weimar. Freundschaft mit Matthisson. In formgewandten, schwermütigen, an Klopstock und Hölty erinnernden „Gedichten" (1793) besingt er Natur und Landschaft seiner Heimat.
Literatur: Korrodi, E.: *Traute Heimat meiner Lieben. Ein Lebensbild des Dichters J. G. v. S.-S. St. Gallen 1950.* – Jenal, E.: *J. G. v. S.-S. u. die eidgenöss. Wiedergeburt. Chur 1924.*

Sallust † Sallustius Crispus, Gaius.

Salluste, Guillaume de [frz. sa'lyst] † Du Bartas, Guillaume de Salluste, Seigneur.

Sallustius Crispus, Gaius, * Amiternum (Sabinerland) 86, † 35 v.Chr., röm. Geschichtsschreiber. Aus wohlhabendem plebej. Geschlecht, Gegner der Nobilität, Anhänger Caesars, Quästor, 52 Volkstribun, Gegner Milos und Ciceros; 50 wegen seines Lebenswandels aus dem Senat ausgestoßen, 47 von Caesar rehabilitiert, 46 Prokonsul der Provinz Africa Nova, wo er große Reichtümer erwarb; nach Caesars Ermordung entsagte er der aktiven Politik und widmete sich ganz der Geschichtsschreibung. Außer 2 Briefen an Caesar und geringen Bruchstücken seines Hauptwerkes „Historiae" sind zwei Monographien erhalten geblieben: „Die Verschwörung des Catilina" und „Der Jugurthin. Krieg". Beeinflußt von Thukydides (Reden, Briefe, Exkurse dienen der histor. Interpretation), tritt er im Ggs. zu diesem als Dogmatiker an den Stoff heran und sieht die Ursache für den Niedergang der Größe Roms im Verschulden der Römer, die sich von der Tugend der Vorfahren abgewandt und damit sich selbst aufgegeben haben; in diesem Sinne sind seine histor. Werke polit. Tendenzschriften; kunstvoll ist die Darstellung, bewußt archaisierend die Sprache, geschult an den älteren Annalisten, teilweise auch an Ennius, eigenwillig und von großer Kraft.
Ausgabe: Sallust. Werke u. Schrr. Lat.-dt. Hg. v. W. Schöne *u.* W. Eisenhut. *Mchn. ³1964.*
Literatur: Seel, O.: *Sallusts Briefe u. die pseudosallust. Invektive. Nürnb. 1966.* – Leeman, A. D.: *A systematical bibliography of Sallust (1879 bis 1964). Leiden ²1965.* – Syme, Sir R.: *Sallust. Berkeley (Calif.) 1963.* – Schur, W.: *Sallust als Historiker. Stuttg. 1934.*

Salman und Morolf, mhd. Spielmannsepos eines unbekannten Dichters aus dem südl. Rheinfranken; entstanden im späten 12. Jh., überliefert in einer Handschrift des 13./14. Jh.s; novellist. Gestaltung der Salomogeschichte mit burlesken und schwankhaften Zügen. Im Mittelpunkt steht der listenreiche Morolf, der seinem Bruder Salomo zweimal die entführte, ungetreue Frau Salme zurückgewinnt. Ein Spruchgedicht „Salomon und Markolf" (13. Jh.), in dem sich der schlaue Markolf mit der Weisheit Salomons mißt und dessen allgemeine Sentenzen mit derben, obszönen und verkehrten Sentenzen beantwortet, und das Fastnachtsspiel des H. Folz (1530) gehen auf einen lat. „Dialogus Salomonis et Marcolfi" zurück.
Ausgabe: S. u. M. Ein mhd. Spielmannsgedicht. Nach der Ausg. v. F. Vogt. *Halle 1954. Neudr. 1968.*
Literatur: Benath, J.: *Vgl. Studien zu den Spielmannsepen Kg. Rother, Orendel u. S. u. M. In: Beitr. zur Gesch. der dt. Sprache u. Lit. (Halle) 84 (1962), 312; 85 (1963), 374.* – Suolahti, H.: *Das Spruchgedicht v. Salomon u. Markolf. In: Annales Academiae Scientiae Fennicae 59. Helsinki 1946.*

Salminen, Sally [finn. 'salminɛn], * Vårdö (Ålandinseln) 25. April 1906, schwed.-sprachige finn. Erzählerin.
1922–30 kaufmänn. Angestellte, 1930–36 Aufenthalt in den USA, lebt seit 1940 in Dänemark; hatte Welterfolg mit ihrem Roman „Katrina"

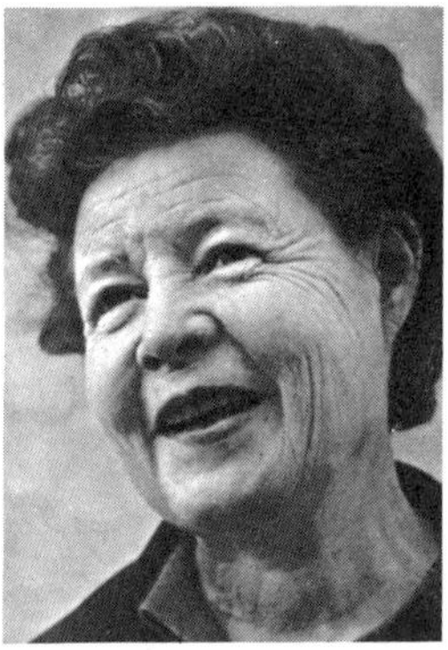
Sally Salminen

(dt. 1937), einer Nachzeichnung des schweren Lebens eines Mädchens aus dem finn.-schwed. Grenzgebiet; weniger erfolgreich waren ihre späteren Erzählwerke.
Weitere Werke: Den långa våren (R., 1939), Lars Laurila (R., 1943; dt. 1952), Prinz Efflam (R., dt. 1954).

Salmon, André [frz. sal'mõ], * Paris 4. Okt. 1881, frz. Schriftsteller.
Verlebte einen Teil seiner Jugend in Rußland; Journalist, war befreundet mit Apollinaire; geschult an Banville, Corbière und Laforgue. In traumartigen, vom Surrealismus beeinflußten Bildern läßt S. die russ. Revolution erstehen („Prikaz", Ged., 1919); daneben beschreibt er in Romanen und Gedichten in trockener, exakter Sprache die Pariser Künstler- und Halbwelt („Le calumet", Ged., 1910); auch kunstkrit. Essays und Biographien über zeitgenöss. Künstler („Montmartre – Montparnasse", dt. 1958).
Weitere Werke: Les féeries (Ged., 1907), Monstres choisis (R., 1918), Le livre et la bouteille (Ged., 1920), Peindre (Ged., 1921).

Salomo † Bibel.

Salomo ben Isaak † Raschi.

Salomon, Ernst von, * Kiel 25. Sept. 1902, dt. Schriftsteller.
Erziehung in den Kadettenschulen in Karlsruhe und Berlin; kam bei Ausbruch der Revolution 1918 mit nationalist. Kreisen in Berührung und nahm an den Kämpfen im Baltikum und in Oberschlesien teil; am Kapp-Putsch beteiligt; wegen versuchter Beihilfe an der Ermordung Rathenaus zu 5 Jahren Zuchthaus verurteilt; Förderung seiner Werke im Dritten Reich. S. zog sich jedoch von der Politik zurück; 1945/46 Internierung in einem amerikan. Lager. Er schrieb z.T. autobiograph. Romane mit preuß.-nationalist. Tendenz („Die Geächteten", 1931; „Die Stadt", 1932; „Die Kadetten", 1933), den sarkast. Entnazifizierungsroman „Der Fragebogen" (1951), ferner Filmdrehbücher.
Weitere Werke: Das Schicksal des A. D. (R., 1960), Die schöne Wilhelmine (R., 1965).

Salomon, Horst, * Pillkallen (Ostpreußen) 6. Mai 1929, dt. Schriftsteller.
Bergmann, lebt in Gera; begann mit Lyrik („Getrommelt, geträumt und gepfiffen", 1960), wurde bekannt mit seinem als Beitrag für die Agitpropbewegung in Zusammenarbeit entstandenen Bühnenstück „Katzengold" (1964), in dem es um Alltagsprobleme in einer Kohlengrube der DDR geht, und mit dem Schwank „Der Lorbaß" (UA 1967).

Salten, Felix, eigtl. Siegmund Salzmann, * Budapest 6. Sept. 1869, † Zürich 8. Okt. 1945, östr. Schriftsteller.
Studium in Wien, publizist. Tätigkeit (Theaterkritiker, Feuilletonredakteur) in Wien und Berlin, 1938 Emigration aus rass. Gründen. S. schrieb histor. und gesellschaftskrit. Romane, Novellen und bes. Tiergeschichten, deren erfolgreichste „Bambi" (1923) wurde; S. schrieb außerdem naturalist. Dramen und geistreiche Essays.
Weitere Werke: Olga Frohgemut (R., 1910), Martin Overbeck (R., 1927), Florian, das Pferd des Kaisers (R., 1933), Bambis Kinder (E., 1940), Djibi das Kätzchen (E., 1945).
Ausgabe: F. S. Ges. Werke in Einzelausgg. Wien 1928–32. 6 Bde.
Literatur: Riedmüller, K.: *F. S. als Mensch, Dichter u. Kritiker. Diss. Wien 1950 [Masch.].*

Saltykow[-Schtschedrin], Michail Jewgrafowitsch; tl.: Saltykov[-Ščedrin], Mihail Evgrafovič [russ. səltɨ'kɔfʃtʃɪ'drin], * Spas-Ugol (Gouv. Twer) 27. Jan. 1826, † Petersburg (heute Leningrad) 10. Mai 1889, russ. Schriftsteller.
Wegen sozial-utop. Ideen zunächst Schwierigkeiten in der Beamtenlaufbahn, dann Vizegouverneur, schließl. Journalist, Satiriker; veröffentlichte unter dem Pseudonym N. Schtschedrin. Schrieb v.a. Satiren in scharfer, geistreicher Sprache, auch satir. Märchen. S. behandelt soziale Probleme aus christl. Sicht; „Die Geschichte einer Stadt" (1869f., dt. 1946) stellt die Herrscher Rußlands karikaturistisch dar.
Weitere Werke: Die Herren Taschkenter (Skizzen, 1869–72; dt. 1953), Die Herren Golowljow (R., 1875ff.; dt. 1914), Märchen (1880–86, dt. 1961), Provinz Poschechonien (Skizzen, 1887–89; dt. 1953), Die Tugenden und die Laster (Märchen, dt. 1966).
Literatur: Kupferschmidt, H.-G.: *S.-Stschedrin. Philosoph. Wollen u. schriftsteller. Tat. Halle 1958.* – Sanine, K.: *Saltykov-Chtchédrine. Sa vie et ses œuvres. Paris 1955.*

Salus, Hugo, * Böhmisch-Leipa 3. Aug. 1866, † Prag 4. Febr. 1929, östr. Lyriker und Erzähler.
Frauenarzt in Prag. Seine Lyrik zeichnet sich durch gefällige Form und zarte Stimmungsmalerei aus, ebenso wie seine Novellen, die meist erot. Thematik aufweisen; auch Satiriker.
Hauptwerke: Ehefrühling (Ged., 1900), Susanna im Bade (Schsp., 1901), Trostbüchlein für Kinderlose (Nov., 1909), Die Harfe Gottes (Ged., 1928).

Salustri, Carlo Alberto [italien. sa'lustri] † Trilussa.

Salzburg, Hermann (Johann) von † Hermann von Salzburg.

Salzmann, Siegmund † Salten, Felix.

Samain, Albert [Victor] [frz. sa'mɛ̃], * Lille 3. April 1858, † Magny-les-Hameaux bei Paris 18. Aug. 1900, frz. Dichter.
Aus ärml. Familie, mußte früh seinen Lebensunterhalt verdienen und war seit 1882 Präfekturangestellter des Departements Seine; Mitbegründer des „Mercure de France". Symbolist. Lyriker unter dem Einfluß Baudelaires, Verlaines und bes. Chéniers, trat zu Lebzeiten mit den bei-

den vielgelesenen elegisch gestimmten Gedichtbänden „Au jardin de l'infante" (1893) und „Aux flancs du vase" (1898) hervor; postum erschienen die Gedichtsammlung „Le chariot d'or" (1901), ein Drama und Erzählungen.

Samaniego, Félix María [span. sama'nieɣo], * Laguardia (Álava) 12. Okt. 1745, † ebd. 11. Aug. 1801, span. Schriftsteller.

Studierte Jura in Valladolid und begeisterte sich in Frankreich für die aufklärer. Ideen des 18. Jh.s; klass. span. Fabeldichter neben Iriarte; seine Fabeln („Fábulas morales", 1781) sind trotz der offenkundigen Anlehnung an Phaedrus und La Fontaine von hoher Originalität und wurden außerordentlich populär.

Samaweda ↑ Weda.

Samjatin, Jewgeni Iwanowitsch; tl.: Zamjatin, Evgenij Ivanovič [russ. za'mjatin], * Lebedjan (Gouv. Tambow) 1. Febr. 1884, † Paris 10. März 1937, russ. Schriftsteller.

Von Beruf Schiffsbauingenieur; früh aktives Mitglied der Sozialdemokrat. Partei, mehrmals verhaftet, dann deportiert, 1913 begnadigt; fand nach der Revolution Anerkennung, wurde aber bald gehindert, weiterhin zu publizieren; 1931 erhielt S. die Erlaubnis zur Emigration. Anlaß zu den Kontroversen war S.s für die Entwicklung des modernen zeitkrit.-utop. Romans wichtiges Werk „Wir" (R., dt. 1958), das nach frz. und amerikan. Ausgaben 1929 in einer nicht autorisierten russ. Ausgabe in Prag ediert wurde; die feine Satire und offene Kritik am totalitären Staat wurde von der Zensur beanstandet; S., einer der Führer der „Serapionsbrüder" und einer der bedeutendsten russ. Satiriker, hatte mit seinem an Remisows ornamentaler Prosa geschulten, auch von Leskow beeinflußten Stil große Wirkung auf die moderne russ. Prosadichtung; er pflegte den „mikroskop." Realismus und erzielte mit grotesker Detailgenauigkeit surrealist. Wirkungen.

Weitere Werke: Der Floh (Dr., 1925; dt. 1961), Die Geißel Gottes Attila (E., 1928; dt. 1965), Morgen (En. und Essays, dt. 1967).

Literatur: Richards, D. J.: *Zamyatin. A Soviet heretic. London 1962.*

Samuel ↑ Bibel.

Sánchez, Florencio [span. 'santʃes], * Montevideo 17. Jan. 1875, † Mailand 7. Nov. 1910, uruguay. Dramatiker.

Autodidakt; Journalist; unstetes Künstlerleben, meist in Argentinien ansässig; vertrat anarchist. Ideen. 1909/10 in Italien und Frankreich. In seinen durch ausländ. Gastspiele angeregten, von Ibsen beeinflußten Dramen schildert er realist. den Ggs. von Stadt- und Landleben, zeichnet Charaktere und buntes Volksleben am La Plata.

Hauptwerke: La gringa (Dr., 1904), Barranca abajo (Dr., 1905), Los muertos (Dr., 1905), Los derechos de la salud (Kom., 1907), Nuestros hijos (Kom., 1907).

Sánchez Ferlosio, Rafael [span. 'santʃeθ fɛr'losio], * Rom 4. Dez. 1927, span. Schriftsteller.

Vater Spanier, Mutter Italienerin; lebt in Madrid; Verfasser des pikaresken Romans „Abenteuer und Wanderungen des Alfanhui" (1951, dt. 1959); sein mit dem Premio Nadal ausgezeichneter Roman „Am Jarama" (1955, dt. 1960) zeigt seine Wendung zu objektivist. Präzision der Beobachtung.

Sand, George [frz. sã:d], eigtl. Aurore Dupin, verh. Baronin Dudevant, * Paris 1. Juli 1804, † Nohant-Vic (Indre) 8. Juni 1876, frz. Schriftstellerin.

Verlebte ihre Jugend auf dem Familiengut Nohant; verließ 1831 ihren Mann und ging mit dem Schriftsteller J. Sandeau nach Paris; Mitarbeiterin von „Le Figaro" und „La Revue des Deux Mondes"; 1833/34 Freundschaft mit A. de Musset, den sie auf einer Italienreise begleitete; Beziehungen zu Liszt, Berlioz, Balzac u. a., 1838–46 lebte sie mit Chopin auf Mallorca und in Paris zusammen; nach der Trennung sozialpolit. Tätigkeit; enttäuscht über das Ergebnis der Revolution von 1848, zog sie sich auf Schloß Nohant zurück. Begann mit romant.-idealist. Liebesromanen, in denen sie für die Emanzipation der Frau eintrat, schrieb dann sozialist.-humanitäre Tendenzromane; literar. wertvoller waren ihre lebensnahen, jedoch leicht idealisierten Schilderungen aus dem bäuerl. Milieu (Einfluß Rousseaus); weniger bed. ihre dramat. Versuche.

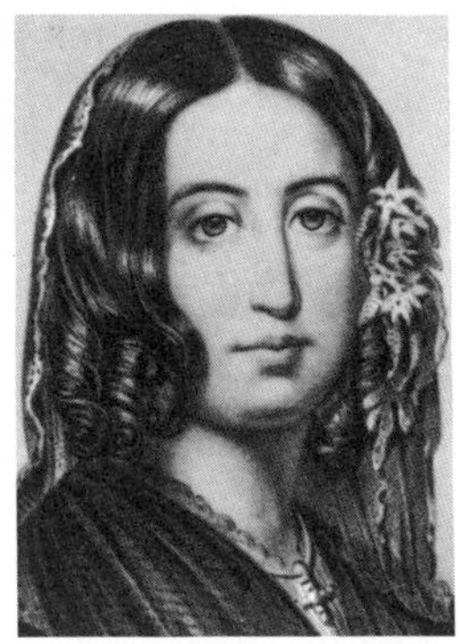

George Sand (nach einem Porträt von A. Charpentier)

Hauptwerke: Indiana (R., 1832; dt. 1836), Valentine (R., 1832), Lelia (R., dt. 1834), Consuelo (R., dt. 1843–46), Der Teufelssumpf (R., dt. 1846), François le Champi (R., 1848), Die kleine Fadette (R., dt. 1850), Geschichte meines Lebens (Autobiogr., dt. 1855), Elle et lui (Autobiogr., 1859).

Ausgaben: G. S. Œuvres complètes. Paris 1862 bis 1883. 109 Bde. – G. S. Sämmtl. Werke. Dt. Übers. Lpz. 1847–56. 35 Bde.

Literatur: Lubin, G.: *G. S. en Berry. Paris 1967.* – Maurois, A.: *Dunkle Sehnsucht. Das Leben der G. S. Dt. Übers. Mchn. 8.-10. Tsd. 1954.* – Salomon, P.: *G. S. Paris 1953.* – Pailleron, M. L.: *G.S. Histoire de sa vie. Paris 1938–53. 3 Bde.*

Sand, Jules [frz. sã:d] ↑ Sandeau [Léonard Sylvain] Julien.

Sandburg, Carl [August] [engl. 'sændbə:g], * Galesburg (Ill.) 6. Jan. 1878, † Flat Rock (N. C.) 22. Juli 1967, amerikan. Lyriker.

Sohn eines schwed. Immigranten; Gelegenheitsarbeiter; verwandte das Entlassungsgeld der Armee nach dem span.-amerikan. Krieg für seine College-Ausbildung; danach Journalist und aktiver sozialist. Politiker. In Amerika bes. geschätzt als Vertreter der Walt-Whitman-Tradition; der Verzicht auf den vom Idealismus beeinflußten Optimismus Whitmans führt zu einer har-

ten, schonungslosen Darstellung der Wirklichkeit; daneben hymn. Naturdichtung; bes. wichtig sind die Themenkreise Natur, Technik und Glaube an die Demokratie; bed. Folklorist und Lincoln-Biograph.
Hauptwerke: Chicago-Gedichte (1916, dt. Ausw. 1948), Selected poems (1926), Early moon (Ged., 1930), Guten Morgen, Amerika (Ged., 1928; dt. 1948).
Ausgabe: C. S. Complete poems. New York 1950.
Literatur: Crowder, R.: *C. S. New York 1963.* – Detzer, K. W.: *C. S. A study in personality and background. New York 1941.*

Sandeau, [Léonard Sylvain] Julien [frz. sã'do], genannt Jules S., * Aubusson (Creuse) 19. Febr. 1811, † Paris 24. April 1883, frz. Schriftsteller.
Jurastudium; Bibliothekar; 1859 Mitglied der Académie française. Freund der George Sand, mit der er unter dem Pseudonym Jules Sand „Prima Donna" (Nov., 1831) und „Rose et Blanche" (R., 1831) veröffentlichte. In „Mariane" (R., dt. 1839) skizzierte er das Porträt G. Sands. Anhaltenden Erfolg brachte der Roman „Das Fräulein von Seiglière" (1848, dt. 1852). In „Sacs et parchemins" (R., 1851) zeichnete er ein realist. gesellschaftskrit. Sittenbild seiner Zeit. Mit É. Augier schrieb S. einen Teil seiner Romane und Novellen zu erfolgreichen Theaterstücken um („Le gendre de Monsieur Poirier", 1854).

Sandel, Cora [norweg. 'sandəl], eigtl. Sara Fabricius, * Kristiania (heute Oslo) 20. Dez. 1880, norweg. Schriftstellerin.
Schildert in ihren Romanen mit Hilfe eines starken psycholog. Einfühlungsvermögens seel. Vorgänge ihrer Gestalten und erschließt realist., aber nicht ohne Mitgefühl alltagsgraue Menschenschicksale.
Hauptwerke: Alberte und Jakob (R., 1926; dt. 1961), Alberte und die Freiheit (R., 1931; dt. 1962), Bare Alberte (R., 1939), Kranes konditori (R., 1945).

Sander, Ernst, * Braunschweig 16. Juni 1898, dt. Schriftsteller.
Studierte in Berlin und Rostock; Verlagslektor; freier Schriftsteller; versuchte sich in allen literar. Gattungen; leistete Bedeutendes durch Übersetzungen, u. a. von Th. Monnier, Maupassant, Montherlant, Baudelaire.
Hauptwerke: Die Lehrjahre des Herzens (R., 1931), Das harte Land (Ged., 1947), Maupassant (Biogr., 1951), Die Schwestern Napoleons (R., 1959), Die Spur im Schnee (En., 1966).

Sandgren, Gustav [schwed. ˌsandgre:n], * Västra Stenby (Östergötland) 20. Aug. 1904, schwed. Schriftsteller.
War Industriearbeiter; gehört zu der Dichtergruppe „5 unga", deren primitivist. Programm er in einer Reihe von Werken immer wieder aufnimmt. Sein Werk ist erot. bestimmt; er ist eher Stimmungsmaler als Epiker.
Hauptwerke: Skymningssagor (R., 1936), Drei Tage in der Sonne (R., dt. 1956), Wie der nackte Wind des Meeres (R., dt. 1967).

Šanfarà, Aš- † Schanfara, Asch.

Sängerkrieg auf der Wartburg † Wartburgkrieg.

Sankt Oswald † Oswald, Sankt.

Sannazaro, Iacopo [italien. sannad'dza:ro], * Neapel 28. Juli 1456, † ebd. 24. April 1530, italien. Dichter.
Entstammte einer alten span. Familie, wurde auf dem Familiengut seiner Mutter erzogen; mit G. Pontano befreundet, Mitglied der Accademia Pontaniana unter dem Namen Actius Sincerus; folgte 1501 König Friedrich von Neapel, der ihm das Dorf Mergellina geschenkt hatte, ins Exil nach Frankreich; kehrte 1504 nach Friedrichs Tod nach Mergellina zurück, wo er ein stilles, nur der Dichtung gewidmetes Leben führte. S. begründete mit seinem Roman „Arcadia" (1502) nach dem Vorbild griech. und röm. Bukoliker (u. a. Theokrit, Vergil, Ovid) den europ. Schäferroman; das Werk wurde für die Folgezeit richtungweisend und übte u. a. auf Sidney, Montemayor und d'Urfé großen Einfluß aus. Von weiteren Werken ist bes. das lat. religiöse Gedicht „De partu virginis" (1526, dt. 1875 u. d. T. „Parthenias, Christi Geburt") hervorzuheben.
Weitere Werke: Eclogae piscatoriae (1526), Sonetti e canzoni (hg. 1530).
Literatur: Toffanini, G.: *L'Arcadia. Bologna ³1958.* – Altamura, A.: *I. S. Neapel 1951.*

San Pedro, Diego Fernández de [span. sam'peðro], span. Schriftsteller der 2. Hälfte des 15. Jahrhunderts.
Biographie dunkel, vielleicht jüd. Herkunft; zeitweilig Festungskommandant von Peñafiel (Valladolid); schrieb den für die Entwicklung des sentimentalen Liebesromans vorbildl., auch in England, Frankreich und Italien verbreiteten „Tratado de los amores de Arnalte y Lucenda" (R., 1491), ferner den seinerzeit außerordentl. populären allegor.-didakt. Liebesroman „Carcell de amor, oder ..." (1492, dt. 1625, 1678 dramatisiert); weniger bed. als Lyriker.

San Secondo, Rosso di † Rosso di San Secondo.

Santayana, George [de] [span. santa'jana, engl. sæntɪ'ænə], eigtl. Jorge Agustín Nicolás Ruiz de S. y Borrás, * Madrid 16. Dez. 1863, † Rom 26. Sept. 1952, amerikan. Dichter und Philosoph.
Aus span. Adelsfamilie; Erziehung in Boston, Studien u. a. in Harvard und Berlin; Professor für Philosophie in Harvard bis 1912, dann Privatgelehrter; verließ 1912 die USA, lebte vorzugsweise in Paris, zuletzt in Rom. Bemühte sich um einen neuen wissenschaftl. Prosastil in engl. Sprache; Versuch einer Synthese von Idealismus und Materialismus; Anerkennung nichtmaterieller Realitäten, die nur der Intuition zugängl. sind; Skepsis gegenüber ideolog. Dogmen; S. verbindet nüchternen Tatsachensinn mit roman. Eleganz; schrieb formgewandte, oft philosoph. Gedichte; großen Erfolg hatte S. mit dem Roman „Der letzte Puritaner" (dt. 1936), in dem er krit. und iron. neuengl. Lebensumstände darstellt.
Weitere Werke: Sonnets and other verses (1894), Lucifer (theolog. Trag., 1899), A hermit of Carmel (Ged., 1901), Die Spanne meines Lebens (Autobiogr., dt. 1950).
Ausgabe: G. S. The works. Triton edition. New York 1936–40. 15 Bde.
Literatur: Ashmore, J.: *S., art, and aesthetic. Cleveland (Ohio) 1966.* – Cory, D.: *S. The later years. New York 1963.* – Kirkwood, M. M.: *S., saint of the imagination. Toronto 1961.*

Šantić, Aleksa [serbokroat. ˌʃa:ntitɕ], * Mostar 27. Mai 1868, † ebd. 2. Febr. 1924, serb. Dichter.
Besuchte die Handelsschule, dann im väterl. Geschäft tätig. Eine der führenden Gestalten der

nationalen Bewegung gegen Österreich-Ungarn. Seine Dichtung knüpfte bei J. Jovanović-Zmaj und V. Ilić an; auch H. Heine, den er meisterhaft übersetzte, hat ihn beeinflußt. Š. schöpfte aus der Volksdichtung; Motive und Stoffe lieferte ihm auch die Befreiungsbewegung. Seine romant.-symbolist. Dichtungen fanden ein breites Publikum. Neben patriot. Lyrik schrieb er Liebesgedichte und Versdramen; ferner Übersetzungen.

Santillana, Íñigo López de Mendoza, Marqués de [span. santi'ʎana], * Carrión de los Condes (Palencia) 19. Aug. 1398, † Guadalajara 25. März 1458, span. Dichter.
Neffe von P. López de Ayala; spielte eine bed. Rolle in der Politik, Teilnahme am Kampf gegen die Mauren, u. a. an der Schlacht von Olmedo, zog sich später ganz zurück und lebte in seinem Palast in Guadalajara. S. war einer der frühesten Vertreter einer eigenständigen span. Kunstpoesie, die er unter dem Einfluß Dantes und Petrarcas mitgestalten half. Seine Gedichte, elegant in Form und Sprache, sind teils von didakt., teils von lyr. Momenten bestimmt; bed. sind die allegor. Dichtungen; S. schrieb außerdem das erste literarhistor. Werk der span. Literatur.
Hauptwerke: La comedieta de Ponza (Allegorie, 1444, hg. 1852), Diálogo de Bías contra Fortuna (didakt. Ged., 1446, hg. 1502), Sonetos (hg. 1911).
Literatur: Lapesa, R.: *La obra literaria del marqués de S. Madrid 1957.*

Santo Ângelo, Manuel de Araújo Porto Alegre, Baron von [brasilian. 'sɐntu 'ẽʒelu] ↑ Araújo Porto Alegre, Manuel de.

Santo Kioden; tl.: Santô Kyôden [jap. santo: kio:den], eigtl. Iwase Denso; tl.: Iwase Denzô, * Edo (heute Tokio) 15. Aug. 1761, † ebd. 7. Sept. 1816, jap. Schriftsteller.
Sohn eines Kaufmanns; schrieb nach Abwendung von der erot. Literatur v.a. histor.-lehrhafte Erzählungen, in denen er herkömml. Themen aufgriff, aber durch deren kunstvolle Verknüpfung und persönl. Stilgebung doch Eigenes schuf.
Hauptwerke: Gosondschinoschobaimono (E., 1782), Udongemonogatari (E., 1805; engl. 1914 u.d.T. Fortune's wheel), Das Weib des Yoshiharu (E., 1806; dt. 1957).

Santos Chocano, José ↑ Chocano, José Santos.

Santucci, Luigi [italien. san'tuttʃi], * Mailand 11. Nov. 1918, italien. Schriftsteller.
Studierte Literatur und Geschichte, Professor für Sprachwissenschaft in Mailand. Stellt in seinen meisterhaft geschriebenen, bilderreichen, oft humorvollen Erzählungen v.a. das Leben von Priestern und Mönchen dar.
Hauptwerke: Esel, Weinkrug und Sandalen (En., dt. 1956), Die Kelter der Freude (En., dt. 1957).

Saphir, Moritz Gottlieb [...fɪr], eigtl. Moses S., * Lovasberény bei Stuhlweißenburg 8. Febr. 1795, † Baden bei Wien 5. Sept. 1858, östr. Schriftsteller.
Studierte jüd. Theologie in Prag, später klass. Philologie in Pest, gab in Berlin die Blätter „Berliner Schnellpost ..." und „Der Berliner Courier" heraus; hielt sich einige Zeit in Paris, als Hoftheaterintendanzrat in München und seit 1834 in Wien auf, wo er Kritiker bei der „Theaterzeitung" Bäuerles war. Seit 1837 gab er die satir. Zeitschrift „Der Humorist" heraus. S. war Humorist von scharfem, spött. Witz, Kritiker und Feuilletonist; daneben auch Vortragskünstler.
Hauptwerke: Gesammelte Schriften (1832), Schriften (hg. 1862/63).

Sapper, Agnes, geb. Brater, * München 12. April 1852, † Würzburg 19. März 1929, dt. Schriftstellerin.
Volkstüml. Erzählerin, schrieb v.a. Jugendgeschichten.
Hauptwerke: Gretchen Reinwald (E., 1901), Die Familie Pfäffling (E., 1906), Werden und Wachsen (E., 1910).

Sappho ['zapfo], griech. Dichterin um 600 v. Chr. aus Mytilene auf Lesbos.
Entstammte derselben adeligen Schicht wie ihr Zeitgenosse Alkaios; floh zwischen 604/03 und 596/95 infolge polit. Wirren nach Sizilien, kehrte jedoch wieder in ihre Heimat zurück, wo sie in Mytilene in kult.-erzieher. Gemeinschaft einen Kreis junger Mädchen bis zu deren Hochzeit um sich sammelte. Ihre in äol. Dialekt abgefaßten Götterhymnen und Hochzeitslieder, bes. aber ihre zarte Liebeslyrik voll verhaltener, aber bestimmter Leidenschaft – nur bruchstückhaft erhalten – sind in einfacher, ausdrucksvoller Sprache unmittelbare Gestaltung ihrer Welt, eigenen Denkens und Fühlens.
Ausgabe: S. Griech.-dt. Hg. v. M. Treu. *Mchn. [3]1963.*
Literatur: Mora, É.: *S. Histoire d'un poète et traduction intégrale de l'œuvre. Paris 1966.* – Wilamowitz-Moellendorff, U. v.: *S. u. Simonides. Unterss. über griech. Lyriker. Bln. u. a. [2]1966.* – Weigall, A.: *S. auf Lesbos. Ihr Leben u. ihre Zeit. Dt. Übers. Mchn. 1951.* – Schadewaldt, W.: *S. Welt u. Dichtung. Dasein in der Liebe. Darmst. 1950.* – ↑ auch Alkaios.

Sarbiewski, Maciej Kazimierz [poln. sar'bjɛfski], latin. Sarbievius, * Gut Sarbiewo (Masowien) 24. Febr. 1595, † Warschau 2. April 1640, poln. nlat. Dichter.
Jesuit, unterrichtete am Wilnaer Jesuitenkolleg, wurde in Rom vom Papst zum Dichter gekrönt. Später war er Hofprediger Wladislaws IV. von Polen und Professor im Kolleg des Jesuitenordens. Er war Lyriker und Theoretiker des Barocks, schrieb Predigten, eine Poetik, Oden, Epoden und Dithyramben. Großen Erfolg brachten ihm die sprachl. vollendeten Gedichte der Sammlung „Lyricorum libri" (1625).

Sardinha, António Maria de Sousa [portugies. sɐr'diɲɐ], * Monforte (Alentejo) 9. Sept. 1888, † Elvas 10. Jan. 1925, portugies. Dichter.
Studierte Jura; 1914 Mitbegründer der extremist. klerikal-royalist. Bewegung des „Integralismo Lusitano", als deren Vertreter er ins Parlament einzog; zeitweilig im Exil in Badajoz; kath.-traditionalist. Dichter und Essayist, feierte sein Land (Alentejo) in „A epopeia da planície" (Ged., 1915) und die „Rasse" in der programmat. Schrift „O valor da raça" (1915).
Weitere Werke: Quando as nascentes despertam (Ged., 1921), Na corte da saudade (Sonette, 1922), Chuva da tarde (Sonette, 1923).

Sardou, Victorien [frz. sar'du], * Paris 7. Sept. 1831, † ebd. 8. Nov. 1908, frz. Dramatiker.
Studierte Medizin, dann Literatur und Geschichte, schrieb für verschiedene Pariser Theater, z.T. auch zusammen mit anderen Autoren, zahlreiche histor. Dramen und amüsante Komödien, die ihm durch ihre Bühnenwirksamkeit großen

Erfolg brachten; daneben verfaßte er Opern- und Operettenlibretti für Saint-Saëns und Offenbach; 1877 Mitglied der Académie française; S., der von Scribe beeinflußt ist, läßt es bei geistreichen Dialogen, dramat. Spannung und techn. gutem Aufbau seiner Stücke jedoch an Tiefe und Geschlossenheit fehlen.
Hauptwerke: Der letzte Liebesbrief (Kom., dt. 1861), Vaterland (Dr., 1869; dt. 1880), Cyprienne (Kom., 1880; dt. 1889; mit É. de Najac), Madame Sans Gêne (Kom., dt. 1895; mit F. Morreau).
Literatur: Walker, D.: *La technique des drames historiques de S. Diss. Paris 1961 [Masch.].* – Mouly, G.: *Vie prodigieuse de V. S. Paris 1931.*

Sarment, Jean [frz. sar'mã], eigtl. J. Bellemère, * Nantes 13. Jan. 1897, frz. Schriftsteller.
Ging im Anschluß an seine Schulzeit in Nantes nach Paris, wo er Schüler des Konservatoriums und Schauspieler wurde; zeitweilig mit Jacques Copeau in New York; seine Stücke, in denen er z.T. selbst die Hauptrolle übernahm, erinnern in Stil und Thema (Ironie und Liebe) bes. an Musset; auch Lyriker und Romancier.
Hauptwerke: La couronne de carton (Kom., 1920), Le pêcheur d'ombres (Kom., 1921), Cœur d'enfance (Ged., 1922), Léopold le bien-aimé (Kom., 1927), Madame Quinze (Kom., 1935).

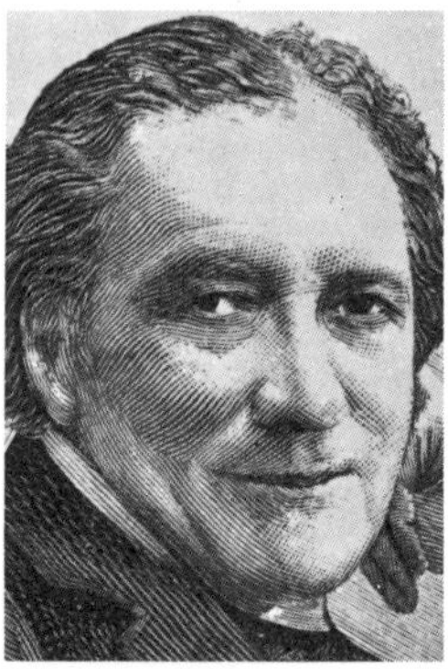
Victorien Sardou

Sarmiento, Domingo Faustino [span. sar'miento], * San Juan 14. oder 15. Febr. 1811, † Asunción (Paraguay) 11. Sept. 1888, argentin. Staatsmann und Schriftsteller.
1857 Leiter des Schulwesens in Buenos Aires, dann Senator, Gouverneur von San Juan, 1868–74 Präsident der Republik. Seine literar. Tätigkeit stand ganz im Dienst seines polit. Wirkens; in satir. und polem. Schriften versuchte er sein Land zu belehren und zu erziehen.
Hauptwerke: Facundo o la civilización y la barbarie (Chronik, 1845), Recuerdos de provincia (Aufs., 1850).

Saroyan, William [engl. sə'rɔɪən], * Fresno (Calif.) 31. Aug. 1908, amerikan. Schriftsteller.
Armen. Abstammung, verlor früh seinen Vater, einen ehem. Presbyterianerprediger, und wurde von seiner zunächst arbeitslosen Mutter in ein Waisenhaus gegeben; nur kurzer Schulbesuch, aber ausgedehnte Freizeitlektüre; arbeitete in vielen Berufen, ehe er Journalist und freier Schriftsteller wurde; mehrere Europareisen, u.a. Besuch der UdSSR; Filmarbeit, bes. in Hollywood; als Theaterleiter erfolglos; lebt in Kalifornien. Vertritt in Romanen und Kurzgeschichten einen gemäßigten Optimismus und das Lebensideal einer idyll. Gelassenheit; stellt in unrhetor. Stil mitfühlend das Leben der Verachteten und – nach dem Vorbild Tschechows – die Nichtigkeiten des Alltags dar; Schilderer einfacher Charaktere in verwirrenden Situationen, daher besonderes Interesse für die Psyche des Kindes; seine bedeutendsten Werke nach der erfolgreichen Kurzgeschichtensammlung „Der waghalsige junge Mann auf dem fliegenden Trapez" (1934, dt. 1948) sind: „Ich heiße Aram" (Kurzgeschichten, dt. 1946), „Menschl. Komödie" (R., dt. 1943), zwei stark autobiograph. Bücher, und der Roman „Die Abenteuer des Wesley Jackson" (dt. 1947), in dem S. seine Kriegserlebnisse skept. darstellt; wurde auch mit sorglos konstruierten, romant. Elemente und dramat. Effekte einbeziehenden Bühnenwerken bekannt, u.a. „Mein Herz ist im Hochland" (dt. 1942), „Ein Leben lang" (1939, dt. 1948), „Die Höhlenbewohner" (dt. 1958), „Lily Dafon" (dt. 1960).

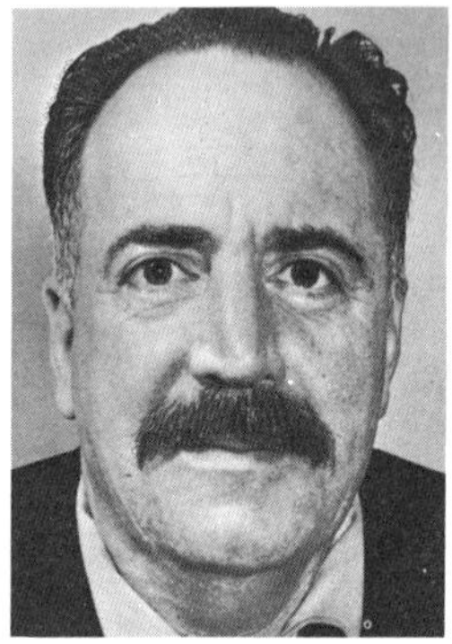
William Saroyan

Weitere Werke: Tracys Tiger (E., dt. 1953), Ich hab dich lieb, Mama (R., dt. 1957).
Literatur: Floan, H. R.: *W. S. New York 1966.*

Sarraute, Nathalie [frz. sa'ro:t], geb. Tcherniak, * Iwanowo-Wosnessensk (heute Iwanowo) 18. Juli 1902, frz. Schriftstellerin.
Russ. Herkunft; schon seit ihrem 2. Lebensjahr in Frankreich; Philologie- und Rechtsstudium.

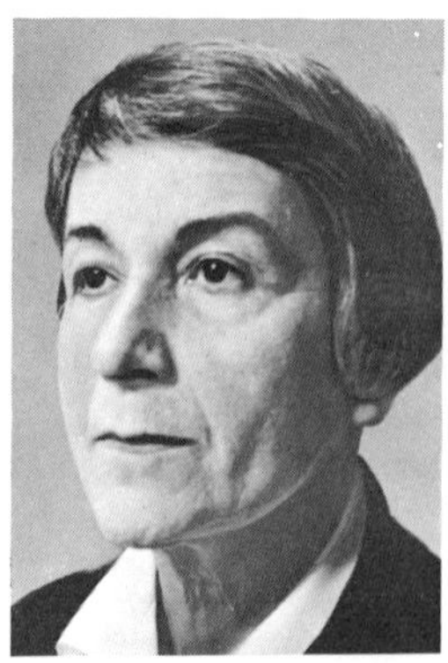
Nathalie Sarraute

Englandaufenthalt; bis zum Jahr 1941 Rechtsanwältin in Paris; Vorläuferin und Wegbereiterin des Nouveau roman, mit dessen Erfolg seit dem Ende der 50er Jahre auch ihr früheres Werk zunehmend an Bedeutung gewann. Ihre Romane sind durch eine nahezu völlige Abwesenheit von „Handlung" im traditionellen Sinn und eine fast ebenso vollständige „Depersonalisation" der Charaktere gekennzeichnet; das Hauptinteresse der Autorin gilt statt dessen dem beständigen Fluß jener meist noch ungerichteten, keimhaften psych. „Bewegungen" und Impulse, die dem menschl. Handeln zugrunde liegen und die sie „Tropismen" nennt.
Hauptwerke: Tropismen (R., 1938; dt. 1959), Porträt eines Unbekannten (R., 1947; dt. 1962), Martereau (R., dt. 1959), Zeitalter des Argwohns (Essays, 1957; dt. 1963), Das Planetarium (R., dt. 1960), Die goldenen Früchte (R., dt. 1964), Das Schweigen. Die Lüge (Hörspiele, dt. 1969), Zwischen Leben und Tod (R., dt. 1969).
Literatur: Micha, R.: *N. S. Paris 1966.* – Cranaki, M./Belaval, Y.: *N. S. Paris 1965.*
Sarria, Luis [de] [span. 'sarria] † Luis de Granada, Fray.

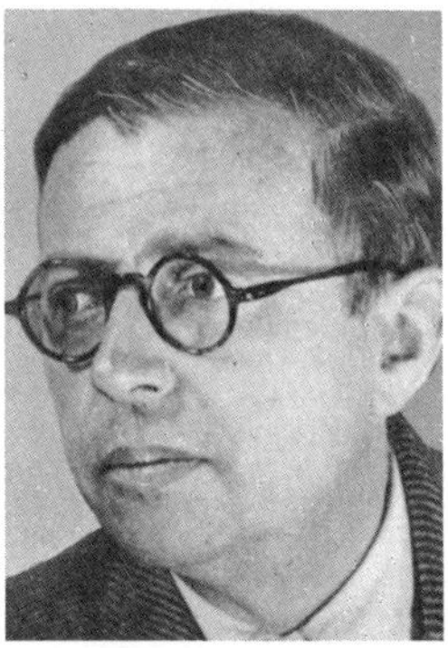
Jean-Paul Sartre

Sartre, Jean-Paul [frz. sartr], * Paris 21. Juni 1905, frz. Philosoph und Schriftsteller.
Großneffe von Albert Schweitzer; Schüler der École normale supérieure, erlangte 1929 die Agrégation de philosophie und war danach, mit Unterbrechungen, bis 1945 Gymnasialprofessor für Philosophie. 1933/34 Studium Husserls und Heideggers in Berlin. Lebt seit Kriegsende ganz seinem Werk; zahlreiche Reisen (u.a. in die UdSSR und nach China); zeitweise Mitglied der KP. S. ist der wichtigste frz. Vertreter des Existentialismus in dessen atheist. Spielart. Die existentielle Grunderfahrung des Menschen, aus der sich seine Hauptproblematik und seine Situation in der Zeit allein bestimmen lassen, ist nach S. das Verdammtsein des Individuums zur Freiheit, das erbarmungslose Geworfensein ins „Nichts". Diese Lehre legte er in seinem philosoph. Hauptwerk „Das Sein und das Nichts" (1943, dt. 1952) nieder. Als Schriftsteller setzte S., dezidierter Anhänger einer „littérature engagée", seine Anschauungen in einer Reihe von Romanen, Dramen und Filmdrehbüchern wirkungsvoll auseinander. Frühestes Beispiel ist der einst heiß diskutierte Roman „Der Ekel" (1938, dt. 1949), dessen Thema der Ekel angesichts der Absurdität des Daseins ist. Unter seinen Theaterstücken wurde am bekanntesten das häufig als polit. Tendenzstück aufgefaßte Drama „Die schmutzigen Hände" (dt. 1948), das die Tragik der existentiellen Freiheit in einer polit. Extremsituation beleuchtet; den ihm 1964 zuerkannten Nobelpreis lehnte er ab.
Weitere Werke: Die Fliegen (Dr., dt. 1943), Bei geschlossenen Türen (Dr., dt. 1949), Das Spiel ist aus (Drehb., dt. 1952), Die ehrbare Dirne (Dr., dt. 1952), Tote ohne Begräbnis (Dr., dt. 1949), Was ist Literatur? (Essays, dt. 1950), Der Teufel und der liebe Gott (Dr., dt. 1951), Kean oder Unordnung und Genie (Dr., dt. 1954), Nekrassow (Dr., dt. 1956), Die Eingeschlossenen (Dr., dt. 1960), Die Wörter (Autobiogr., dt. 1965), Porträts und Perspektiven (Essays, dt. 1968).
Ausgabe: J.-P. S. Dramen. Dt. Übers. Reinbek bei Hamb. 1.–69. Tsd. 1966–67. 2 Bde.
Literatur: Krosigk, F. v.: *Philosophie u. polit. Aktion bei J.-P. S. Mchn. 1969.* – Schwarz, Th.: *J.-P. S.s „Kritik der dialekt. Vernunft". Bln. 1968.* – Biemel, W.: *J.-P. S. in Selbstzeugnissen u. Bilddokumenten. Reinbek bei Hamb. ⁴1967.* – Pollmann, L.: *S. u. Camus. Literatur der Existenz. Stuttg. 1967.* – Jeanson, F.: *Le problème moral et la pensée de S. Paris 1966.* – Zehm, G.A.: *S. Velber 1965.* – Schaff, A.: *Marx oder S. Versuch einer Philosophie des Menschen. Dt. Übers. Frkf. u. a. 1964.*
Sarvig, Ole [dän. 'sa:rvi:'], * Kopenhagen 27. Nov. 1921, dän. Schriftsteller.
Studierte Kunstgeschichte und Philosophie; Journalist, 1950–54 als Kunstkritiker tätig; hielt auch kunsthistor. Vorlesungen. S. lebt seit 1959 auf den Kanar. Inseln. Seine Lyrik besitzt die darstellende Kraft und suggestive Dingsymbolik der abstrakten Malkunst und musikal. Rhythmusgefühl. S.s Romane nähern sich der Vorstellungswelt Kafkas.
Hauptwerke: Grønne digte (Ged., 1943), Jeghuset (Ged., 1944), Mangfoldighed (Ged., 1945), Menneske (Ged., 1949), Die Schlafenden (R., dt. 1960), Das Meer unter meinem Fenster (R., dt. 1961).
Sassoon, Siegfried Lorraine [engl. sə'su:n], * Brenchley (Kent) 8. Sept. 1886, † Heytesbury (Wiltshire) 1. Sept. 1967, engl. Dichter.
Wurde u.a. in Cambridge erzogen; nahm als Freiwilliger am 1. Weltkrieg teil; das Kriegserlebnis ließ S. zum eifrigen publizist. und dichter. Verkünder pazifist. Ideen werden, die den Gehalt seiner Lyrik und seiner oft autobiograph. Romane bestimmen; S., der anfangs zu Bitterkeit und realist. Stil neigte, verwandte in zunehmendem Maß Stilmittel der Satire.
Hauptwerke: The old huntsman (Ged., 1917), Counter-attack (Ged., 1918), Glück im Sattel (R., 1928; dt. 1949), The heart's journey (Ged., 1928), Rhymed ruminations (Ged., 1940), Vom Krieg zum Frieden (Autobiogr., dt. 1947).
Sastre, Alfonso [span. 'sastre], * Madrid 20. Febr. 1926, span. Schriftsteller.
Mitbegründer des Grupo de teatro realista; Verfasser von Dramen, Essays und krit. Abhandlungen. Mit zeitnahen Dramen, in denen er v.a. soziale Themen behandelt, wendet er sich gegen das unverbindl. Unterhaltungsstück. Großen Er-

folg hatte er mit dem Drama „Warum sie schweigen“ (1955, dt. EA 1958).
Weitere Werke: Ha sonado la muerte (Dr., 1946), Cargamento de sueños (Dr., 1948), Escuadra hacia la muerte (Dr., 1953), Ana Kleiber (Dr., 1955), La sangre de Dios (Dr., 1955), En la red (Dr., 1961).

Satjorty, Alexei [russ. za'tjortij] ↑ Nowikow-Priboi, Alexei Silytsch.

Satyros, griech. Schriftsteller um 200 v. Chr. aus Kallatis am Schwarzen Meer.
Peripatetiker; schrieb v.a. Biographien berühmter Persönlichkeiten; Hang zum Anekdotischen; erhalten ist ein wesentl. Teil seiner Euripides-Biographie.

Saunders, James [engl. 'sɔ:ndəz, 'sɑ:ndəz], * Islington (heute London-Islington) 8. Jan. 1925, engl. Dramatiker.
Ursprüngl. Chemielehrer; verfaßte Dramen, Hör- und Fernsehspiele; seine handlungsarmen Stücke sind an Ionesco orientiert, lyrisch und ironisch.
Hauptwerke: Ein Eremit wird entdeckt (Dr., dt. 1963), Ein unglückl. Zufall (Dr., 1961; dt. 1967), Wer war Mr. Hilary? (Dr., dt. 1964), Der Schulmeister (Dr., dt. 1964), Ein Duft von Blumen (Schsp., dt. 1964), Nachbarn (Dr., dt. 1967).

Sauser, Frédéric [frz. so'zɛ:r] ↑ Cendrars, Blaise.

Savage, Richard [engl. 'sævɪdʒ], * London (?) um 1697, † Bristol 1. Aug. 1743, engl. Dichter.
Nach eigenen Angaben unehel. Sohn des 4. Grafen Rivers und der Gräfin Macclesfield; S.s Lebensgeschichte wurde von Dr. S. Johnson wiedergegeben, jedoch bald angezweifelt; zügelloses Leben; wegen Todschlags zum Tode verurteilt, begnadigt; wachsende Einsamkeit und Armut; starb im Gefängnis. Als Bestes gelten S.s satir. Gedichte, die gewandt geschriebenen Dramen „Love in a veil“ (Kom., 1718) und „Sir Thomas Overbury“ (Trag., 1723) haben geringeren literar. Wert; seine didakt. Versdichtung „The wanderer“ (1729) gilt als mißlungen.

Savarin, Jean Anthelme ↑ Brillat-Savarin, Jean Anthelme.

Savinio, Alberto [italien. sa'vi:njo], eigtl. Andrea De Chirico, * Athen 25. Aug. 1891, † Rom 6. Mai 1952, italien. Schriftsteller, Musiker und Maler.
Bruder des Malers G. De Chirico; Musikstudium; Mitarbeiter verschiedener Zeitschriften; Freundschaft mit Apollinaire; S. stand den Kubisten und Surrealisten nahe. In Romanen, Erzählungen und Dramen spürt er den geheimnisvollen, unterbewußten Beziehungen zwischen Mensch und Umwelt nach, fasziniert durch geistreiche, phantasievolle, skurril-verspielte mag. Verknüpfungen, Assoziationen und Träume.
Hauptwerke: Hermaphrodito (Prosa, 1918), Capitano Ulisse (Dr., 1934), Infanzia di Nivasio Dolcemare (Autobiogr., 1941), Narrate uomini, la vostra storia (Biographien, 1942), Tutta la vita (En., 1945).

Savinkov ↑ Sawinkow.

Savoir, Alfred [frz. sa'vwa:r], eigtl. A. Poznański, * Lodz 23. Jan. 1883, † Paris 26. Juni 1934, frz. Dramatiker.
Kam früh aus Polen nach Frankreich, Jurastudium in Montpellier; erste Komödien entstanden z.T. in Zusammenarbeit mit Pierre Nozière („La sonate à Kreutzer“, 1910); in den 20er Jahren war er bes. erfolgreich mit Boulevardstücken („Banco“, 1922; „La grande-duchesse et le garçon d'étage“, 1924) und der von ihm geschaffenen „symbol. Posse“ („Ideen-Vaudeville“), einem Schwank mit tieferer Bedeutung (u.a. „La couturière de Lunéville“, 1923).

Savonarola, Girolamo [italien. savona'rɔ:la], * Ferrara 21. Sept. 1452, † Florenz 23. Mai 1498, italien. Dominikaner und Bußprediger.
Entstammte einer vornehmen paduan. Familie, 1474 Eintritt in den Dominikanerorden zu Bologna, seit 1482 Bußprediger in Florenz u.a. italien. Städten, 1491 Prior des florentin. Klosters San Marco, das er zum Ausgangspunkt einer Klosterreform machen wollte; nach der Vertreibung der Medici (1494) machte S. Florenz zu einer Republik auf theokrat.-demokrat. Grundlage, rief zur Buße auf und suchte die Menschen für ein christl., streng asket. Leben zu gewinnen; da er auch die Kurie angriff, wurde er von Papst Alexander VI. exkommuniziert und als Häretiker und Schismatiker gehenkt und verbrannt. Verfaßte außer den Predigten (hg. 1930–35) Liebeslieder im Stil Petrarcas („Poesie“, hg. 1926), Traktate sowie bed. lat. und italien. geschriebene Briefe.
Ausgaben: G. S. Predigten u. Schrr. Ausgew. v. A. Ferrara. *Dt. Übers. Salzburg 1957. – G. S. Opere. Edizione nazionale. Rom 1955 ff. – G. S. Prediche italiane ai Fiorentini. Hg. v.* F. Cognasso *u.* R. Palmarocchi. *Perugia u. Venedig 1930–35. 3 Bde.*
Literatur: Loubet, Ch.: *Savonarole, prophète assassiné? Paris 1957.* – Van Paassen, P.: *A crown of fire. The life and times of G. S. London 1961.* – Ridolfi, R.: *The life of G. S. Engl. Übers. New York 1959.* – Ferrara, M.: *Bibliografia Savonaroliana. Bibliografia ragionata degli scritti editi dal principio del secolo 19 ad oggi. Florenz 1958.* – Ferrara, M.: *S. Florenz 1952. 2 Bde.* – Schnitzer, J.: *S. Ein Kulturbild aus der Zeit der Renaissance. Mchn. 1924. 2 Bde.*

Sawa, Jan ↑ Konopnicka, Maria.

Sawinkow, Boris Wiktorowitsch; tl.: Savinkov, Boris Viktorovič [russ. 'savinkɐf], Pseudonym W. Ropschin; tl.: V. Ropšin, * Wilna 1879, † Moskau 1925, russ. Schriftsteller.
Als führendes Mitglied der sozialrevolutionären Partei an deren terrorist. Kampforganisation beteiligt; als Gegner der Kommunisten emigrierte S. 1918, wurde nach seiner illegalen Rückkehr verhaftet und verübte Selbstmord. Seine pseudonym veröffentlichten Werke behandeln Revolutionsthemen; sein Hauptwerk, „Das fahle Pferd“ (R., dt. 1909), gibt die psycholog. Charakterstudie eines Terroristen.
Weitere Werke: Als wär's nie gewesen (R., dt. 1913), Erinnerungen eines Terroristen (dt. 1929).

Saxo Grammaticus, * um 1150, † um 1220, dän. Geschichtsschreiber.
Vermutl. Geistlicher, der aus einer Kriegerfamilie stammte und im Dienste des Erzbischofs Absalon von Lund stand, von dem er den Auftrag bekam, die „Gesta Danorum“, eine Geschichte Dänemarks in lat. Sprache, zu schreiben; in seiner nationalen Einstellung stellte S. G. dichter. Erzählfreude über quellenkrit. Genauigkeit und verwandte meist alte (z.T. mündl. überlieferte) Lieder, isländ. Sagas, Chroniken und Heiligenlegenden, die er dann in eine lose Reihe von Biogra-

phien dän. Könige und Helden umgestaltete; von den 16 Büchern sind nur die letzten 7 von histor. Interesse.
Ausgaben: Herrmann, P.: *Erll. zu den ersten neun Büchern der dän. Gesch. des S. G. Tl. 1: Übers. Tl. 2: Kommentar. Lpz. 1901–22.* – *S. G., die ersten neun Bücher der dän. Gesch. Übersetzt u. erl. v.* H. Jantzen. *Bln. 1899–1900. 2 Hefte.* – *S. G. Danmarks Krønike. Hg. v.* F. W. Horn. *Kopenhagen 1898. 2 Bde.*
Literatur: Betz, W.: *Das Deutschlandbild des S.G. In: Zs. f. dt. Philologie 71 (1951/52), 117.* – Frederiksen, E.: *Fra S. G. til Hjalmar Gullberg; essays. Kopenhagen 1944.* – Götz, E.: *S. G. u. die dt. Heldensage. Diss. Tüb. 1934.*

Sayers, Dorothy [Leigh] [engl. 'sɛɪəz], * Oxford 13. Juni 1893, † Witham (Essex) 17. Dez. 1957, engl. Schriftstellerin.
Tochter eines Pfarrers aus altem Landadel, absolvierte 1915 als eine der ersten Frauen Englands die Universität in Oxford. Dorothy S. begann mit religiösen Gedichten, schrieb dann eine Reihe von Detektivgeschichten, die mit ihrer feinen psycholog. Motivierung und ihren ausgezeichneten Charakterstudien durchaus literar. Wert besitzen; schrieb auch theolog. Abhandlungen und religiöse Versdramen.
Hauptwerke: Opus I (Ged., 1916), Der Tote in der Badewanne (R., 1923; dt. 1952), ...eines natürl. Todes (R., 1927; dt. 1936), Glocken in der Neujahrsnacht (R., 1934; dt. 1947), Aufruhr in Oxford (R., dt. 1937), Zum König geboren (Hörspielfolge, 1943; dt. 1949).

Scaliger, Julius Caesar ['ska:ligɛr] (Giulio Cesare Scaligero), eigtl. Giulio Bordone della Scala, * Riva 23. April 1484, † Agen (Lot-et-Garonne) 21. Okt. 1558, italien. Dichter und Humanist.
Ursprüngl. Franziskaner, stand dann bis 1529 in dt. und frz. Kriegsdiensten, wurde Arzt, ließ sich im Gefolge des Bischofs von Agen in Frankreich nieder. S. war als Philologe oft in literar. Fehden, u.a. mit Erasmus von Rotterdam, verwickelt, gab als bed. Humanist (Anhänger Ciceros) Werke des Theophrast und des Aristoteles heraus, schrieb nlat. Gedichte; von großer Bedeutung war seine Poetik („Poetices libri septem", hg. 1561), die in Anlehnung an die antiken Lehren (Aristoteles, Horaz, Seneca u. a.) Richtlinien für die Dichtung gab und auch auf die dt. Dichtung bis ins 18. Jh. bestimmend wirkte.
Literatur: Hall, V.: *Life of J. C. S. (1484 to 1558). Philadelphia 1950.* – Brinkschulte, E.: *J. C. S.s kunsttheoret. Anschauungen u. deren Hauptquellen. Bonn 1914.*

Scannabue, Aristarco [italien. skanna'bu:e] † Baretti, Giuseppe.

Scantrel, Yves [frz. skã'trɛl] † Suarès, André.

Scarpella Bergamasco [italien. skar'pɛlla berga'masko] † Calmo, Andrea.

Scarron, Paul [frz. ska'rõ], ≈ Paris 4. Juli 1610, † ebd. 7. (6.?) Okt. 1660, frz. Schriftsteller.
Trotz schwerer Jugend von witzig-heiterem, lebenslustigem Naturell, das er auch nicht verlor, als er (seit 1638) gelähmt war; ⚭ mit der (um 25 Jahre jüngeren) späteren Madame de Maintenon. Steht als Schriftsteller mit seiner Neigung zu Parodie, Satire, Travestie in der gall. Tradition, brachte das Burleske als Gegengewicht zur heroisch-galanten Zeittendenz in Mode. Schrieb Gedichte, Epen, Dramen, Novellen. Sein Hauptwerk, „Der Komödianten-Roman" (1651–57, dt. 1887), spiegelt kom.-satir. die Welt der Schauspieler.
Weitere Werke: Typhon oder der Gigantenkrieg (Epos, 1644; dt. 1856), Jodelet ou le maître valet (Kom., 1645), Le Virgile travesti (Epos, 1648–52), Dom Japhet d'Arménie (Dr., 1652).
Literatur: Dédéyan, Ch.: *S.: Le Roman Comique. Paris 1959.* – Phelps, N.: *The queen's invalid. A biography of P. S. Baltimore (Md.) 1951.* – Magne, É.: *S. et son milieu. Paris 1924.*

Ščedrin, N. † Saltykow[-Schtschedrin], Michail Jewgrafowitsch.

Ščerbina † Schtscherbina.

Scève, Maurice [frz. sɛ:v], * Lyon zwischen 1500 und 1510, † ebd. zwischen 1560 und 1564, frz. Dichter.
Sohn eines angesehenen Bürgers und Schöffen; Rechtsstudium (Dr. jur.); spielte eine bed. Rolle im Leben Lyons; führende Dichtergestalt zwischen Marot und Pléiade und maßgebendes Mitglied der Lyoner Schule, die MA, Petrarkismus und Platonismus zu verbinden suchte; sein Hauptwerk ist die durch seine Geliebte, die Dichterin Pernette du Guillet, inspirierte Dichtung in 10silbigen Versen „Délie, Inbegriff höchster Tugend" (1544, dt. Ausw. 1962); S.s Stil ist vielfach dunkel und myst.; Wiederentdeckung erst im 20. Jahrhundert.
Weitere Werke: La Saulsaye. Églogue de la vie solitaire (1547), Microcosme (Ged., 1562).
Literatur: Staub, H.: *Le curieux désir. S. et Peletier du Mans, poètes de la connaissance. Genf 1967.* – Niedermann, W.: *Versuch über M. S.s Dichtung. Diss. Zürich 1950.* – Saulnier, V.-L.: *M. S. Paris 1948–49. 2 Bde.*

Schack, Adolf Friedrich (seit 1876) Graf von, * Brüsewitz bei Schwerin 2. Aug. 1815, † Rom 14. April 1894, dt. Schriftsteller und Kunstsammler.
Studium in Bonn, Heidelberg und Berlin; Reisen nach S-Europa und in den Orient, seit 1838 im preuß. Staatsdienst, 1852–54 in Spanien; ließ sich 1855 in München nieder, wo er Beziehungen zum Münchner Dichterkreis aufnahm, in dessen klass.-romant. Tradition er epigonale Lyrik, Erzählungen und Dramen schrieb; sein wissenschaftl. Interesse galt der span. und arab. Literatur. Seine bed. Gemäldesammlung, die er Kaiser Wilhelm II. zum Geschenk machte, befindet sich heute im Besitz des Landes Bayern (Schack-Galerie).
Hauptwerke: Geschichte der dramat. Literatur und Kunst in Spanien (1845/46), Gedichte (1867), Lothar (Epos, 1872), Die Pisaner (Dr., 1872), Ein halbes Jahrhundert (Memoiren, 1887), Episteln und Elegien (1894).
Ausgabe: A. F. Gf. v. Sch. Ges. Werke. Stuttg. 3 1897–99. 10 Bde.
Literatur: Newby, E. J.: *The prose essays and autobiography of A. F. v. Sch. Diss. Univ. of North Carolina, Chapel Hill 1963.* – Schoen, O.: *Gehalt u. Gestalt im dramat. Schaffen des Gf. Sch. Diss. Breslau 1938.*

Schack, Hans Egede [dän. sjag], Pseudonym E. S., * Sengeløse bei Roskilde 2. Febr. 1820, † Schlangenbad 20. Juli 1859, dän. Schriftsteller.
Nahm eine Zeitlang am polit. Leben aktiv teil. Sein satir. Roman „Phantasterne" (= Die Phan-

tasten, 1857) bereitete mit der scharfen Persiflage der sentimentalen Nachromantik den naturalist. Durchbruch in Dänemark und Norwegen vor.

Schade, Jens August [dän. 'sja:ðə], * Skive (Jütland) 10. Jan. 1903, dän. Schriftsteller.
Wählt in seinen lyr. und ep. Werken öfter erot. Motive, die er reizvoll, zuweilen aber doch schockierend abhandelt; der Form nach Surrealist.
Hauptwerke: Den levende violin (Ged., 1926), Den himmelske elskov på jorden (R., 1931), Mennesker mødes (R., 1944), Det evige liv (Ged., 1948), Der er kærlighed i luften (Ged., 1954), Schades højsang (Ged., 1958).

Schaefer, Oda ['ʃɛ:fər], eigtl. O. Lange, geb. Kraus, * Berlin 21. Dez. 1900, dt. Lyrikerin.
Studierte Gebrauchsgraphik, Malerei und Kunstgewerbe; in 1. Ehe ⚭ mit dem Maler Professor Albert Sch.-Ast, in 2. Ehe mit dem Schriftsteller Horst Lange. Schrieb musikal.-farbige, naturverbundene Lyrik, teils mit persönl. Motiven; auch das Erzählwerk zeigt lyr. Elemente. Oda Sch. trat außerdem als Kritikerin, Feuilletonistin und Hörspielautorin hervor.
Hauptwerke: Die Windharfe (Ged., 1939), Ird. Geleit (Ged., 1946), Die Kastanienknospe (En., 1947), Kranz des Jahres (Ged., 1948), Grasmelodie (Ged., 1959), Die Boutique (Feuilletons, 1963), Und fragst mich, was mit der Liebe sei ... (Feuilletons, 1968).

Schaeffer, Albrecht ['ʃɛ:fər], * Elbing 6. Dez. 1885, † München 5. Dez. 1950, dt. Schriftsteller.
Studium der klass. und dt. Philologie, seit 1913 freier Schriftsteller in Hannover, dann in Berlin, 1918–39 in Oberbayern, 1939 Emigration in die USA, 1950 Rückkehr nach Deutschland. Von St. George beeinflußter traditions- und formbewußter Lyriker, Erzähler und Dramatiker, der um die Verbindung der Ideale antiker und christl.-humanist. Bildungswelt bemüht war; Beschäftigung mit myst. und mytholog. Themen; bewußte Forts. des dt. Entwicklungs- und Bildungsromans.
Hauptwerke: Die Meerfahrt (Ged., 1912, erweitert 1920 u.d.T. Der göttl. Dulder), Josef Montfort (R., 1918, 1931 u.d.T. Das nie bewegte Herz), Helianth (R., 1920–24), Parzival (Epos, 1922), Dichter und Dichtung (Essays, 1923), Der General (E., 1934), Enak oder Das Auge Gottes (E., 1948), Mythos (hg. 1958).
Literatur: Breuer, W.: *Begegnung u. Selbstbegegnung in A. Sch.s „Helianth". Eine Studie zum Problem der Menschendarst. im dt. Bildungsroman. Diss. Bonn 1961.* – *A. Sch., 1885–1950. Gedächtnisausst. zum 75. Geburtstag des Dichters im Schiller-Nationalmuseum, Marbach am Neckar, v. 6. Dez. 1960 bis 31. März 1961. Marbach 1960.*

Schäfer, Walter Erich, * Hemmingen (Landkreis Leonberg) 16. März 1901, dt. Schriftsteller.
Dr. phil., Dozent für Theatergeschichte, Dramaturg, seit 1949 Generalintendant der Württemberg. Staatstheater in Stuttgart. Verfaßte effektvolle nationale Geschichtsdramen, Volksstücke, Novellen und Hörspiele; auch Künstlermonographien.
Hauptwerke: Letzte Wandlung (Novellen, 1928), Der 18. Oktober (Dr., 1932), Der Kaiser und der Löwe (Dr., 1935), Die Reise nach Paris (Lsp., 1936), Die Heimkehrer (En., 1944), Malmgreen (Hsp., 1962).

Schäfer, Wilhelm, * Ottrau (Landkreis Ziegenhain) 20. Jan. 1868, † Überlingen 19. Jan. 1952, dt. Schriftsteller.
Bis 1896 Volksschullehrer im Rheinland, dann entbehrungsreiches Leben als freier Schriftsteller in Berlin, Freundschaft mit R. Dehmel und P. Scheerbart; 1900–22 Hg. der Zeitschrift „Die Rheinlande", von 1918 an in Ludwigshafen am Bodensee, zuletzt in Überlingen. Begann mit naturalist. Dramen und Bauerngeschichten im Stil Bjørnsons; bemüht um sprachl. Präzision, schuf er, an Kleists Prosa geschult, formvollendete, handlungsstarke Anekdoten, die seinerzeit als Meisterstücke dt. Prosa galten; pädagog. und national-schwärmer. Gedanken bestimmen seine Deutung der dt. Geschichte in seinem Hauptwerk, dem rhythm. Prosaepos „Die dreizehn Bücher der dt. Seele" (1922); auch kulturgeschichtl.-biograph. Romane.
Weitere Werke: 33 Anekdoten (1911), Karl Stauffers Lebensgang (R., 1913), Lebenstag eines Menschenfreundes (R., 1915), Neue Anekdoten (1926), Der Hauptmann von Köpenick (R., 1930), Dt. Reden (1933), Rechenschaft (Autobiogr., 1948).
Ausgaben: W. Sch. Die Anekdoten. Ausg. letzter Hand. Stuttg. 106.–115. Tsd. 1957. – W. Sch. Novellen. Mchn. 6.–10. Tsd. 1943.
Literatur: Hamacher, J.: *Der Stil in W. Sch.s ep. Prosa. Diss. Bonn 1951 [Masch.].* – Eten, G. K.: *W. Sch. Stil u. Weltbild seiner Anekdoten. Borna 1938.* – Höfer, C.: *W. Sch.-Bibliogr. Bln. 1937–43. 2 Tle.*

Schäferdiek, Willi, * Mülheim a.d. Ruhr 19. Jan. 1903, dt. Schriftsteller.
Autodidakt, verschiedene Berufe, u.a. Rundfunkdramaturg, dann freier Schriftsteller. Trat im Frühwerk für soziale Gerechtigkeit durch radikalen Klassenkampf ein („Der Trommler Gottes", Dr., 1933). Später bekannte er sich zum Gesetz der Bergpredigt („Jedermann", Dr., 1948). Daneben entstanden ein rhein. Schelmenroman („Matthias Tobias", 1938), volkstüml. Geschichten und Anekdoten, polit. Komödien und Geschichten um die Liebe.
Weitere Werke: Zuma (Nov., 1935), Der Kaiser von Mexiko (Dr., 1940), Rebell in Christo (R., 1953).

Schaffner, Jakob, * Basel 14. Nov. 1875, † Straßburg 25. Sept. 1944, schweizer. Schriftsteller.

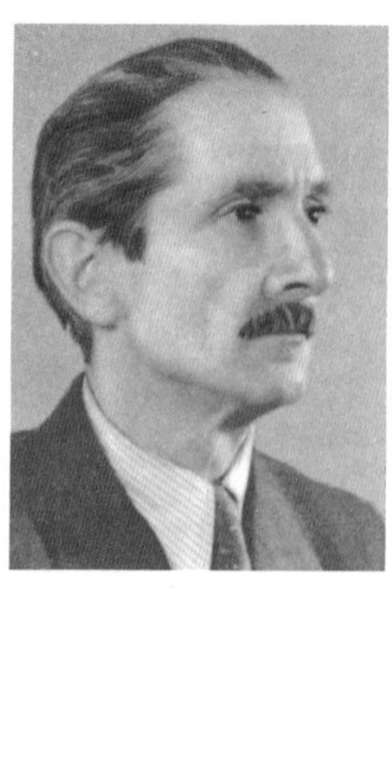

Jakob Schaffner

Früh Waise. Erziehung bei den Großeltern in Wyhlen und in der pietist. Armenanstalt Beuggen (Breisgau); Schuhmacherlehre; wanderte als Geselle jahrelang durch Europa; Fabrikarbeiter, Autodidakt, freier Schriftsteller, seit 1911 in Deutschland, meist in Berlin, kam bei einem Luftangriff ums Leben. Realist., stark autobiograph. Erzähler, der das schweizer. Kleinbürger- und Bauerntum, v.a. die Welt der Handwerksgesellen darstellte; auch Schilderung seiner großen Reisen. Zuletzt Neigung zum Nationalsozialismus.
Hauptwerke: Die Erlhöferin (R., 1908), Konrad Pilater (R., 1910), Kinder des Schicksals (R., 1920), Johannes (R., 1922), Die Jünglingszeit des Johannes Schattenhold (R., 1930), Eine dt. Wanderschaft (R., 1933), Kampf und Reife (R., 1939).
Literatur: Bänziger, H.: *Heimat u. Fremde. Ein Kapitel „Trag. Literaturgesch." in der Schweiz: J. Sch., Robert Walser, Albin Zollinger. Bern 1958.* – Wettstein, A.: *Die Wertwelt des Dichters J. Sch. Würzb. 1938.*

Schaginjan, Marietta Sergejewna; tl.: Šaginjan, Mariėtta Sergeevna [russ. ʃɐgi'njan], * Moskau 21. März 1888, russ.-sowjet. Schriftstellerin.
Armenischer Herkunft, studierte in Moskau und Heidelberg; begann mit symbolist. Gedichten, schrieb später v.a. Romane und Skizzen. Bekannt ist auch ihre literaturwissenschaftl. Arbeit „Goethe" (dt. 1954). Ihr Roman „Das Wasserkraftwerk" (1930/31, dt. 1952) gehört zu den ersten Werken der sozialist. Aufbauliteratur.
Weitere Werke: Abenteuer einer Dame (R., dt. 1924), Reise durch Sowjetarmenien (dt. 1953), Die Familie Uljanow (R., dt. 1959).

Schallück, Paul, * Warendorf 17. Juni 1922, dt. Schriftsteller.
Im 2. Weltkrieg Soldat, studierte dann Philosophie, Germanistik, Geschichte und Theaterwissenschaft; Theaterkritiker, freier Schriftsteller in Köln; gehört zur „Gruppe 47". Verfaßte Essays (u.a. über K. Kraus und A. Kerr), Hörspiele und -bilder, später vorwiegend realist. Erzählungen und Romane, zeitkrit. Abrechnungen mit Krieg und Nachkriegszeit und Schilderungen des Lebens in der BRD; Verwendung der Montagetechnik, Neigung zur Reflexion.
Hauptwerke: Gericht über Kain (Hsp., Ursendung 1949), Wenn man aufhören könnte zu lügen (R., 1951), Ankunft null Uhr zwölf (R., 1953), Die unsichtbare Pforte (R., 1954), Engelbert Reinecke (R., 1959), Zum Beispiel (Essays, 1962), Don Quichotte in Köln (R., 1967).

Schanfara, Asch; tl.: Aš-Šanfarà [a'ʃanfara], vorislam. arab. Dichter (des 6. Jahrhunderts ?).
Starb nach einem abenteuerl. Leben eines gewaltsamen Todes. Von seinen wenigen erhaltenen Gedichten ist das auf l reimende, „Lamijjat Al Arab" (dt. 1915 und 1923), am bekanntesten. Diese Versdichtung gibt in kunstvoller Sprache Beobachtungen und Erfahrungen des Wüstenlebens wieder, wobei A. Sch.s Ressentiments gegen die alten Stammesgemeinschaften und ihre Dichter zum Ausdruck kommen.

Schaper, Edzard [Hellmuth], * Ostrowo 30. Sept. 1908, dt. Schriftsteller.
Schulbesuch in Glogau und Hannover, unstetes Leben im Harz, Schauspieler, zweijähriger Aufenthalt auf einer dän. Insel, Seefahrten ins Eis-

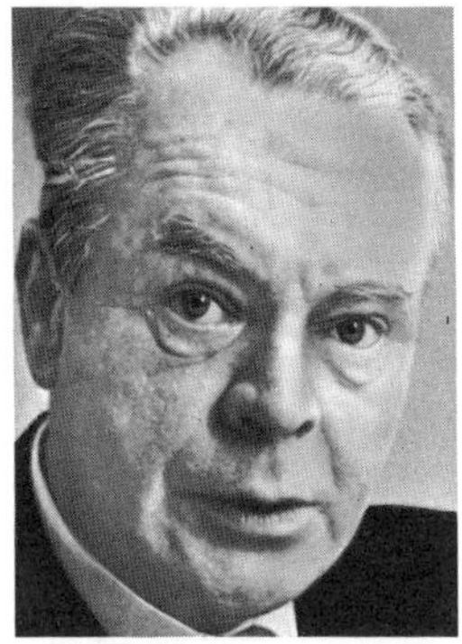
Edzard [Hellmuth] Schaper

meer und nach Island, 1930–40 freier Schriftsteller in Estland, zuletzt Korrespondent der „United Press", floh 1940 vor den Russen nach Finnland, 1944 Flucht nach Schweden; Tätigkeit als Waldarbeiter, seit 1947 in der Schweiz (schweizer. Staatsbürger), 1951 Übertritt zur kath. Kirche. Sein Erzählwerk ist durch eine gleichnis- und legendenhafte Darstellung überkonfessionell-religiöser Themen gekennzeichnet: der Mensch in Grenzsituationen, die Bewährung des im Glauben gebundenen Gewissens unter Terror und Gewalt, Erfahrung von Schuld und Gnade, Ringen um Freiheit in einer versklavten Welt, Kampf der Kirche gegen atheist. Mächte; Übersetzungen skand. Autoren.
Hauptwerke: Die Insel Tütarsaar (R., 1933), Die sterbende Kirche (R., 1936), Der Henker (R., 1940, 1956 u.d.T. Sie mähten gewappnet die Saaten), Der letzte Advent (R., 1949), Die Freiheit des Gefangenen, Die Macht der Ohnmächtigen (Doppel-R., 1950 und 1951, zus. 1961 u.d.T. Macht und Freiheit), Der Mantel der Barmherzigkeit (E., 1953), Der Gouverneur oder ... (R., 1954), Die letzte Welt (R., 1956), Der vierte König (R., 1961), Dragonergeschichte (E., 1963), Der Aufruhr des Gerechten (R., 1963), Der Gefangene der Botschaft (Spiele, 1964), Das Feuer Christi (Dr., 1965), Einer trage des andern Last (E., 1965), Schattengericht (En., 1967).
Literatur: Gespräche mit E. Sch. Hg. v. L. Besch. *Zürich 1968.* – Dunn, L. Protopopoff: *Das Bild des Menschen bei E. Sch. Diss. Tulane Univ., New Orleans 1966.* – Kucera, H.: *Das Problem v. Macht u. Freiheit bei E. Sch. Diss. Innsbruck 1964 [Masch.].* – Heimgartner, E.: *Die Erzählungen E. Sch.s. Diss. Zürich 1958.*

Scharfenberg, Albrecht von † Albrecht von Scharfenberg.

Scharrelmann, Wilhelm, * Bremen 3. Sept. 1875, † Worpswede bei Bremen 18. April 1950, dt. Schriftsteller.
Bruder des Pädagogen Heinrich Sch.; Volksschullehrer, dann freier Schriftsteller. Verfasser von religiös gestimmten Romanen, Tiergeschichten, Märchen und Fabeln; schildert v.a. Landschaft und Menschen N-Deutschlands.
Hauptwerke: Geschichten aus der Pickbalge (1916), Hinnerk der Hahn (R., 1930), Tiere, klug wie Menschen (E., 1946), Die Hütte unter den Sternen (E., 1947).

Scharrer, Adam, * Kleinschwarzenlohe (Landkreis Schwabach) 13. Juli 1889, † Schwerin 2. März 1948, dt. Schriftsteller.
Sohn eines Hirten, Metallarbeiter, 1918 Mitglied des Spartakusbundes und der KPD, seit 1920 der Kommunist. Arbeiterpartei Deutschlands, bis zur Emigration nach Prag (1933) Redakteur der „Kommunist. Arbeiterzeitung", 1934–45 in der UdSSR; schrieb autobiograph. bestimmte Romane, in denen er die Zustände im Industrieproletariat zwischen 1918 und 1933 darstellte, sowie Bauernromane und Dorfgeschichten, in denen er die nationalsozialist. Volksgemeinschaftsideologie und die Verherrlichung des Landlebens kritisierte.
Hauptwerke: Vaterlandslose Gesellen (R., 1930), Der große Betrug (R., 1931), Maulwürfe (R., 1933), Familie Schuhmann (R., 1939), Der Hirt von Rauhweiler (R., 1942), Dorfgeschichten – einmal anders (1948).
Ausgabe: A. Sch. Ges. Werke in Einzelausgg. Bln. 1–2 1962ff. Auf mehrere Bde. berechnet.
Literatur: A. Sch. u. Erwin Strittmatter. Bln. 4 1962. – Schurig, H.: *Vorläufiges Findbuch des literar. Nachlasses v. A. Sch. Bln. 1960.*

Scharten, Carel Theodorus [niederl. 'sxartə], * Middelburg 14. März 1878, † Florenz 31. Okt. 1950, niederl. Kritiker und Schriftsteller.
Seine eigenen dichter. Versuche erreichten nur Mittelmaß; literar. Abhandlungen veröffentlichte er in der Zeitschrift „De Gids"; am bekanntesten durch die mit seiner Frau Marga Sybranda Everdina Sch.-Antink verfaßten realist. Romane; davon erwähnenswert die Romantrilogie „Het leven van Francesco Campana" (1924f.).

Scharten-Antink, Marga Sybranda Everdina [niederl. 'sxartə'antıŋk], * Zutphen 7. Sept. 1869, † Florenz 27. Nov. 1957, niederl. Schriftstellerin.
Lehrerin, ⚭ mit C. Th. Scharten. Verfasserin der meisterhaft geschriebenen Romantrilogie „Sprotje" (1906–09). Seit 1908 veröffentlichte sie zusammen mit ihrem Mann Romane und Erzählungen. Marga Sch.-A. zählt zu den besten niederl. Prosaschriftstellerinnen ihrer Generation.
Weitere Werke: En huis vol menschen (R., 1908), Carnaval (R., 1933).

Schaukal, Richard von, * Brünn 27. Mai 1874, † Wien 10. Okt. 1942, östr. Lyriker, Erzähler und Essayist.
Sohn eines Kaufmanns, Studium der Rechtswissenschaft in Wien, 1897 bis zur Pensionierung als Sektionschef 1918 im östr. Staatsdienst, 1918 geadelt. In seiner frühen, an Übersetzungen frz. Symbolisten geschulten, von schwermütiger Todesstimmung getragenen Lyrik war Sch. einem ästhet.-dekadenten Impressionismus verpflichtet; dann Übergang zu liedhafter Schlichtheit; eine traditionsbewußte, konservative Haltung, Kampf gegen den Verfall in der Moderne, leidenschaftl. Ringen um die Reinerhaltung der Sprache bestimmen sein Werk. Sch. schrieb auch Erzählungen, [weniger bed.] Dramen sowie Literaturkritiken, Erinnerungsbücher, Essays und Aphorismen.
Hauptwerke: Ausgewählte Gedichte (1904), Eros Thanatos (Novellen, 1906), Schlemihle (Novellen, 1908), Gedichte (1918), Dionys-bácsi (Novellen, 1922), Herbsthöhe (Ged., 1933), Von Kindern, Tieren und erwachsenen Leuten (En., 1935), Spätlese (Ged., 1943).
Ausgabe: R. v. Sch. Werke in Einzelausgg. (ursprüngl. u. d. T.: Ges. Werke in Ausw.). Hg. v. L. v. Schaukal *u. a. Wien u. Köln; Mchn. 1960–67. 6 Bde.*
Literatur: Lee, S. K.: *R. v. Sch. Sein Weg zum kath. Glauben. Diss. Innsbruck 1968 [Masch.].* – Mayer, Karl: *R. v. Sch.s Weltanschauung. Diss. Wien 1960 [Masch.].* – Nadler, J.: *Sch.s lyr. Werk. Wien 1932.*

Schaumann, Ruth, * Hamburg 24. Aug. 1899, dt. Dichterin, Bildhauerin und Graphikerin.
Veröffentlichte 15jährig ihre ersten Gedichte, war 1918–20 Schülerin J. Wackerles an der Kunstgewerbeschule in München, ab 1920 Arbeit im eigenen Atelier; 1924 Konversion zum Katholizismus und Verheiratung mit dem Kulturkritiker Friedrich Fuchs (* 1890, † 1948). Ihr umfangreiches Werk ist getragen vom christl. Glauben und von tiefer Humanität. Sie schrieb anfangs expressive, später formstrenge, melodiöse Lyrik, geprägt von Ehe und Mutterschaft; ferner romantisierende Novellen und Romane, Spiele und Jugendbücher. Illustrierte viele ihrer Bücher selbst.
Hauptwerke: Die Kathedrale (Ged., 1920), Bruder Ginepro (Spiel, 1926), Amei. Eine Kindheit (Autobiogr., 1932), Yves (R., 1933), Der Major (R., 1935), Kommt ein Kindlein auf die Welt (Ged., 1939), Der schwarze König (E., 1940), Die Übermacht (R., 1940), Die Silberdistel (E., 1941), Die Uhr (R., 1947), Klage und Trost (Ged., 1947), Die Karlsbader Hochzeit (R., 1953), Das Arsenal (Autobiogr., 1967).
Literatur: Herzog, M.: *Das Frauenproblem in den Romanen R. Sch.s. Diss. Innsbruck 1960 [Masch.].* – Maier, R. N.: *R. Sch. Wesen u. Wandlung der lyr. Form. Diss. Frkf. 1935.*

Schede Melissus, Paulus, eigtl. Paul Schede, * Mellrichstadt 20. Dez. 1539, † Heidelberg 3. Febr. 1602, dt. Dichter und Humanist.
Studierte Literatur, wurde 1564 in Wien zum Dichter gekrönt und geadelt; über Prag und Wittenberg kam er an den Hof des Bischofs von Würzburg; später wieder in Wien, Aufenthalt in Frankreich und England, zuletzt Bibliothekar in Heidelberg. Bed. nlat. Lyriker, der sehr persönl. Worte fand; wichtig ist seine in dt. Reime gebrachte Übersetzung der ersten 50 Psalmen (nach Beza und Marot). Trat auch als Komponist hervor.

Scheerbart, Paul [...ba:rt], Pseudonym Bruno Küfer, * Danzig 8. Jan. 1863, † Berlin 15. Okt. 1915, dt. Schriftsteller.
Studierte Philosophie und Kunstgeschichte, gründete in Berlin den „Verlag dt. Phantasten"; Mitarbeiter der Zeitschrift „Der Sturm". Verfasser von Erzählungen und Romanen, deren skurrilutop. Visionen auf den Surrealismus vorausdeuten; seine Schriften über „Die Entwicklung des Luftmilitarismus..." (1909) und „Glasarchitektur" (1914) gewinnen aus phantasievollen Spekulationen Einblicke in bevorstehend Aktuelles.
Weitere Werke: Na prost! (R., 1898), Rakkox der Billionär (R., 1900), Die Seeschlange (R., 1901), Katerpoesie (Ged., 1909), Lesabéndio (R., 1913).
Ausgabe: P. Sch. Dichterische Hauptwerke. Im Auftrag v. H. Draws-Tychsen *hg. v.* E. Harke. *Stuttg. 1962.*
Literatur: Mumm, C.: *P. Sch. Eine Einf. in sein Werk u. eine Ausw. Wiesb. 1955.*

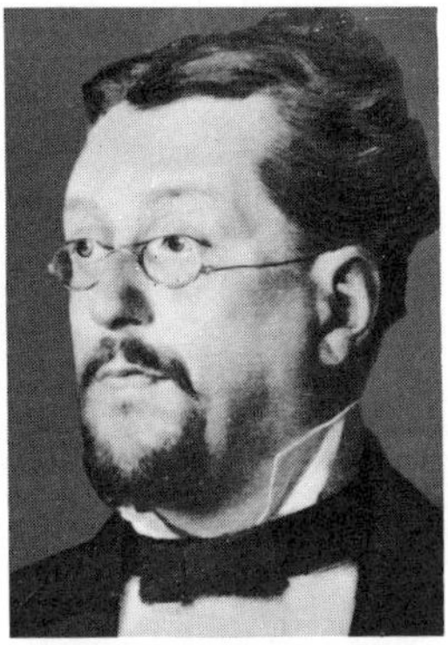

Joseph Victor von Scheffel (Gemälde von A. v. Werner, Ausschnitt)

Scheffel, Joseph Victor (seit 1876) von, * Karlsruhe 16. Febr. 1826, † ebd. 9. April 1886, dt. Lyriker.
Studierte Rechtswissenschaft, 1850 Gerichtsbeamter, 1852 Italienreise, 1853 Austritt aus dem Staatsdienst, Aufenthalte in Sankt Gallen, 1854/55 in Heidelberg, 1856 in München, 1857 Archivar und Bibliothekar in Donaueschingen, 1863 beim Freiherrn von Laßberg in Meersburg und als Gast des Großherzogs von Sachsen-Weimar auf der Wartburg, 1865 weimar. Hofrat, lebte in seinen letzten Lebensjahren schwer krank in Radolfzell am Bodensee. Sein Versepos „Der Trompeter von Säckingen" (1854) war die volkstümlichste Verserzählung des 19. Jh.s; in dem erfolgreichen Roman „Ekkehard" (1855) sind Geschichte und Landschaft des Bodenseegebiets lebendig einbezogen; von munterer Frische sind seine Wander- und Studentenlieder.
Weitere Werke: Frau Aventiure (Ged., 1863), Gaudeamus! (Ged., 1868).
Ausgaben: J. V. v. Sch. Werke. Hg. v. F. Panzer. *Krit. durchgesehene u. erl. Ausg. Lpz.* ^{2}*1925. 4 Bde. – J. V. v. Sch. Ges. Werke in 6 Bden. Hg. v.* J. Proelß. *Stuttg. 1907 [mit Biogr.].*
Literatur: Lechner, M.: *J. V. v. Sch. Eine Analyse seines Werkes u. seines Publikums. Diss. Mchn. 1962.*
Scheffer, Thassilo von, * Preußisch Stargard 1. Juli 1873, † Berlin 27. Nov. 1951, dt. Schriftsteller.
Sohn eines Gutsbesitzers; eine schwere Erkrankung im 13. Lebensjahr zwang ihn zum Aufenthalt im Süden; Studium der Rechtswissenschaft und der Germanistik in Straßburg, Königsberg und Freiburg i. Br. Sch. begann mit formgewandter Lyrik, es folgten kunstwissenschaftl., philolog. und philosoph. Schriften; bes. verdient um die Neuübertragung und Neudeutung v. a. antiker Werke, u. a. von Homers „Ilias" (1914) und „Odyssee" (1918), von Vergils „Aeneis" (1942) und Ovids „Metamorphosen" (1948).
Weitere Werke: Die Eleusinien (Ged., 1898), Seltene Stunden (Ged., 1898), Wende und Wandlung (Ged., 1947).
Scheffler, Johann ↑ Angelus Silesius.
Schéhadé, Georges [frz. ʃea'de], * Alexandria (Ägypten) 2. Nov. 1910, libanes. Dramatiker.
Aus frz. orientierter libanes. Familie; Schulzeit in Beirut; Studium in Paris, Licencié en droit; lebt als Generalsekretär der École supérieure des lettres in Beirut; Sch. war als Dramatiker mit seiner Vorliebe für das Surrealist.-Traumhafte und Poet.-Märchenhafte einer der frühesten Vertreter des absurden Theaters in Frankreich; auch surrealist. Lyriker und Romancier.
Hauptwerke: Poésies zéro (Ged., 1951), Herr Bob'le (Dr., 1951; dt. 1957), Sprichwörterabend (Dr., dt. 1954), Die Geschichte von Vasco (Dr., dt. 1958), Die Veilchen (Dr., dt. 1960), Die Reise (Dr., dt. 1961).
Scheibelreiter, Ernst, * Wien 13. Nov. 1897, östr. Schriftsteller.
Phantasiebegabter, naturverbundener Lyriker, Erzähler und Dramatiker; an die östr. Tradition anknüpfend; auch Hörspiele.
Hauptwerke: Hirten um den Wolf (Dr., 1930), Rudi Hofers grünes Jahrzehnt (R., 1935), Die frohe Ernte (Ged., 1935), Hanna und die Wallfahrer (R., 1938), Der Weg durch die bittere Lust (R., 1946), Das fremde Nest (R., 1954).
Scheidt (Scheit, Scheid, Scheyt), Kaspar, * um 1520, † Worms 1565, dt. Dichter.
Lehrer Fischarts, Schulmeister in Worms; als Moralist und Lehrdichter v. a. durch die volkstüml. Übertragung und Erweiterung von Dedekinds „Grobianus" bekannt, hg. 1551 unter dem Titel „Grobianus. Von groben sitten, und unhoeflichen geberden".
Scheidt, Martha vom ↑ Saalfeld, Martha.
Schein, Johann Hermann, * Grünhain bei Schwarzenberg (Erzgeb.) 20. Jan. 1586, † Leipzig 19. Nov. 1630, dt. Komponist und Dichter.
Sohn eines Pfarrers, Erziehung in Schulpforta; studierte in Leipzig, als Thomaskantor (seit 1616) in Leipzig Amtsvorgänger von J. S. Bach; zu seinen Schülern gehörte P. Fleming; frühbarocker Lyriker, dessen weltl. und geistl. Lieder („Venus Kräntzlein", 1609; „Wald Liederlein", 1621–32; „Hirten Lust", 1624) sich durch ursprüngl. Frische auszeichnen, wenngleich Diktion und Metrik typ. Mängel der Übergangszeit aufweisen.
Literatur: Prüfer, A.: *J. H. Sch. u. das weltl. dt. Lied des 17. Jh.s. Lpz. 1908.*
Scheit, Kaspar ↑ Scheidt, Kaspar.
Schelle-Noetzel, A. H. ['nœtsəl] ↑ Bronnen, Arnolt.
Scheller, Alexandr Konstantinowitsch; tl.: Šeller, Aleksandr Konstantinovič [russ. 'ʃellɪr], Pseudonym A. Michailow; tl.: A. Mihajlov, * Petersburg (heute Leningrad) 11. Aug. 1838, † ebd. 3. Nov. 1900, russ. Schriftsteller.

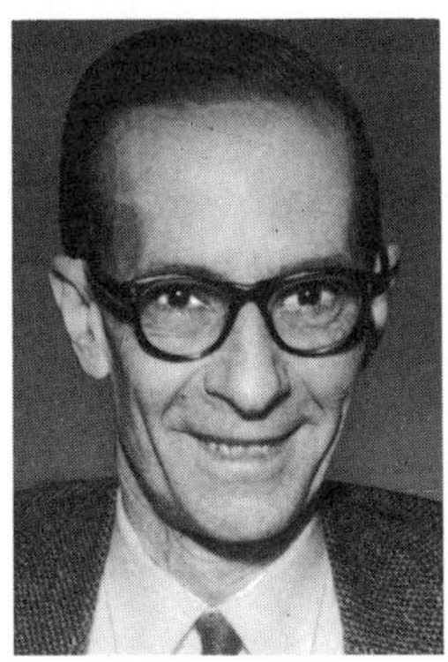

Georges Schéhadé

Sohn eines Esten; stammte aus einer Musikerfamilie. Sch. schrieb zahlreiche erfolgreiche, von Pissarew beeinflußte Romane mit Themen aus der Welt der russ. Intelligenz; er pflegte auch die sozialpolit. Publizistik; übersetzte u.a. Petőfi, Freiligrath und Chamisso.

Schelling, Karoline von ↑ Schlegel, Karoline von.

Schendel, Arthur van [niederl. 'sxɛndəl], * Batavia (heute Djakarta) 5. März 1874, † Amsterdam 11. Sept. 1946, niederl. Schriftsteller.

Studierte engl. Sprache und Literatur; Lehrer in England und den Niederlanden, freier Schriftsteller, seit 1921 in Italien, ab 1945 in den Niederlanden. Sch.s literar. Entwicklung ging von der Neuromantik über einen schicksalhaften Realismus zum Skeptizismus. Während in den ersten romant. Liebesgeschichten meist Themen aus dem MA im Mittelpunkt standen, wandte sich Sch. später realist. Romanen mit Stoffen aus seiner niederl. Heimat zu; später trat das romant. Element wieder mehr in den Vordergrund.

Hauptwerke: Ein Wanderer (En., dt. 1924), Der Berg der Träume (R., dt. 1927), Das Vollschiff Johanna Maria (R., dt. 1933), Het oude huis (R., 1946).

Literatur: 's-Gravesande, G. H.: *A. v. Sch. Zijn leven en werk. Amsterdam 1949.*

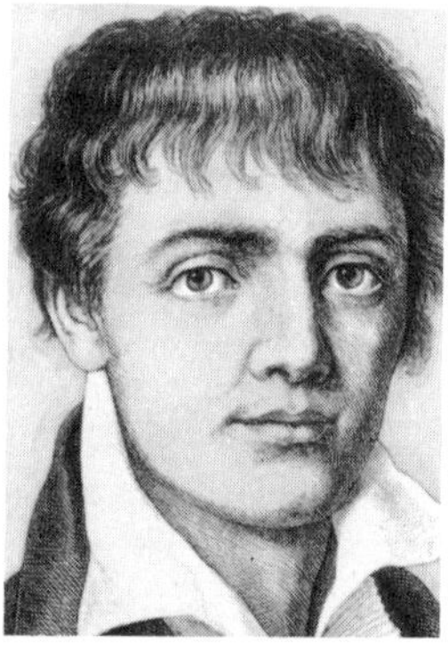

Max von Schenkendorf

Schenkendorf, Max von, * Tilsit 11. Dez. 1783, † Koblenz 11. Dez. 1817, dt. Lyriker.

Sohn eines Offiziers und Beamten, Studium der Rechtswissenschaft in Königsberg; mit Arnim, Fichte, Gries u.a. Hg. der Zeitschriften „Vesta" (1807) und „Studien" (1808), Teilnahme am Freiheitskampf gegen Napoleon, nach dem Krieg Regierungsrat in Koblenz. Schrieb volkstüml. gewordene patriot. („Freiheit, die ich meine"), auch religiös-myst. Lieder; trat für die Wiederherstellung des alten Reiches ein.

Hauptwerke: Christl. Gedichte (1814), Gedichte (1815).

Literatur: Heinrich, E.: *M. v. Sch. Ein Sänger der Freiheitskriege. Hamb. 1886.*

Schenschin, Afanassi Afanassjewitsch [russ. ʃɛn-'ʃin] ↑ Fet, Afanassi Afanassjewitsch.

Scherenberg, Christian Friedrich, * Stettin 5. Mai 1798, † Zehlendorf (heute Berlin-Zehlendorf) 9. Sept. 1881, dt. Lyriker.

Als Handlungsgehilfe tätig, Schauspielerausbildung; Bibliothekar im Kriegsministerium in Berlin; Mitglied der Dichtergesellschaft „Tunnel über der Spree". Schrieb seinerzeit sehr beliebte vaterländ. Gedichte, in denen er v.a. Schlachten der preuß. Geschichte schilderte („Waterloo", 1849; „Leuthen", 1849; „Hohenfriedberg", 1869).

Schewtschenko, Taras Grigorjewitsch; tl.: Ševčenko, Taras Grigor'evič [russ. ʃəf'tʃɛnkɐ], * Morinzy (Gouv. Kiew) 9. März 1814, † Petersburg (heute Leningrad) 10. März 1861, ukrain. Dichter.

Losgekaufter Leibeigener, studierte in Petersburg Malerei, beschäftigte sich später in Kiew mit der Erforschung ukrain. Altertümer; 1847 wegen Zugehörigkeit zu einer geheimen Slawophilengemeinschaft, der Kyrill-Methodschen Gesellschaft, und antizarist. Schriften verbannt und mit Schreibverbot belegt; nach der Entlassung blieb er zwangsweise in Petersburg. Bedeutendster Dichter der Ukraine, erhob die ukrain. Volkssprache zur Literatursprache; Anregungen verdankt er der Bibel, der ukrain. Folklore, der antiken und zeitgenöss. Literatur; seine volkstüml. Dichtung umfaßt v.a. lyr., polit.-soziale und histor. Werke; bes. bekannt wurde seine 1840 u. d. T. „Der Kobsar" (dt. 1951) erschienene Gedichtsammlung, ebenso „Die Haidamaken u.a. Dichtungen" (1841, dt. 1951).

Literatur: Doroschenko, D.: *Sch., der große ukrain. Nationaldichter. Bln. 1929.* – Jensen, A.: *T. Sch. Wien 1916.*

Scheye, Ruth ↑ Hoffmann, Ruth.

Scheyt, Kaspar ↑ Scheidt, Kaspar.

Schickele, René, * Oberehnheim 4. Aug. 1883, † Vence 31. Jan. 1940, elsäss. Dichter.

Sohn einer Französin und eines dt. Weingutsbesitzers, Gymnasium in Zabern und Straßburg, seit 1901 Studium der Naturwissenschaften und der Philologie in Straßburg, München, Paris und Berlin; 1902 Gründung der Zeitschrift „Der Stürmer", 1903 der Zeitschrift „Der Merker" (mit O. Flake); freier Schriftsteller, ausgedehnte Reisen nach Griechenland, Italien, Kleinasien, N-Afrika und Indien; Journalist in Paris und Straßburg, während des 1. Weltkriegs als Pazifist in der Schweiz; 1913–20 Hg. der bed. expressionist. Zeitschrift „Die weißen Blätter", lebte seit 1920 in Badenweiler, seit 1932 in S-Frankreich. Sch., der einer der Wortführer der expressionist. Bewegung war, gestaltete als Elsässer, der sich zwei Nationen zugehörig fühlte, menschl. Schicksale zwischen Völkern und Kulturen, kämpfte unermüdl. für eine gegenseitige Annäherung und Verständigung

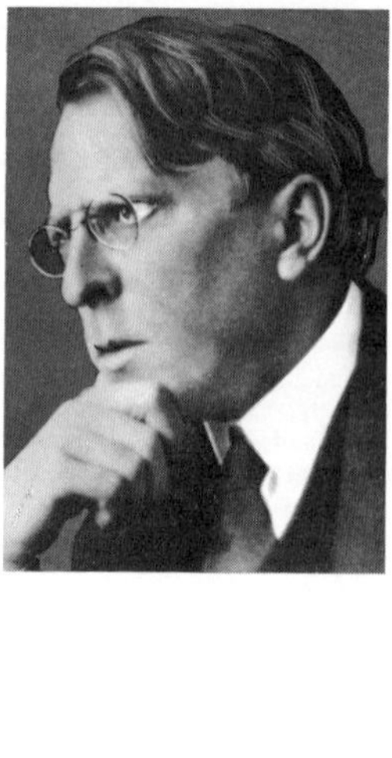

René Schickele

der beiden Völker, die im Streit um seine Heimat in jahrhundertealter Feindschaft lebten; seine Romantrilogie „Das Erbe am Rhein" (1925–31) zeigt die trag. Situation des Grenzländers auf; schrieb auch Essays.
Weitere Werke: Weiß und Rot (Ged., 1910), Meine Freundin Lo (Nov., 1911), Schreie auf dem Boulevard (Essays, 1913), Benkal, der Frauentröster (R., 1914), Mein Herz, mein Land (Ged., 1915), Hans im Schnakenloch (Dr., 1915), Am Glockenturm (Dr., 1920), Die Witwe Bosca (R., 1933), Die Flaschenpost (R., 1937).
Ausgabe: R. Sch. Werke. Hg. v. H. Kesten. *Köln u. Bln. 1959. 3 Bde.*
Literatur: Böhm, G. S.: *Die Bedeutung der Frau in dem erzähler. Werk R. Sch.s. Diss. Tulane Univ., New Orleans 1965.* – Büchler, F.: *R. Sch. Ein literar. Porträt. In: Studien der Erwin-v.-Steinbach-Stiftung 1 (1965), 105.*

Schickeneder, Johann Joseph [...'e:dər] ↑ Schikaneder, Emanuel.

Schiebelhuth, Hans [...hu:t], * Darmstadt 11. Okt. 1895, † Long Island 14. Jan. 1944, dt. Schriftsteller.
Studierte Germanistik; dem Kreis um St. George nahestehender Lyriker; wichtig als Übersetzer v. a. der Werke von Th. Wolfe.
Hauptwerke: Wegstern (Ged., 1921), Schalmei vom Schelmenried (Ged., 1932), Lyr. Vermächtnis (Ged., hg. 1957), Wir sind nicht des Ufers (Ged., hg. 1957).
Ausgabe: H. Sch. Hg. v. M. Schlösser. *Darmst. 1966–67. 2 Bde.*
Literatur: Usinger, F.: *H. Sch. Eine Einf. in sein Werk u. eine Ausw. Wiesb. 1967.*

Schieber, Anna, * Esslingen am Neckar 12. Dez. 1867, † Tübingen 7. Aug. 1945 (Selbstmord), dt. Schriftstellerin.
Verschiedene Tätigkeiten (u. a. in der Jugend- und Volksbildungsarbeit). Verfasserin von Kinder- und Jugendbüchern, Erzählungen und Romanen, in denen sie Menschen liebevoll und mit Humor darstellt und die Landschaft ihrer schwäb. Heimat schildert.
Hauptwerke: Röschen, Jaköble und andere kleine Leute (Kinderb., 1911), Bille Hasenfuß (Kinderb., 1926), Das große Ich (R., 1930).

Schiestl-Bentlage, Margarete [...təl] ↑ Bentlage, Margarete zur.

Schiga, Naoja; tl.: Shiga, Naoya [jap. ʃiŋa], * Schinomaki (Mijagi) 20. Febr. 1883, jap. Schriftsteller.
Studierte in Tokio engl. Literatur; begründete mit Muschanokodschi Saneatsu die Schirakaba-Bewegung; behandelte in seinen Erzählwerken mit großer Einfühlungsgabe gern psycholog. Themen in einem gemäßigten Realismus. Bed. ist sein Roman „Anjakoro" (1921 f.). Einige seiner Novellen erschienen 1960 in dt. Übers. in dem Sammelband „Der Flaschenkürbis".

Schikaneder, Emanuel, eigtl. Johann Joseph Schickeneder, * Straubing 9. Sept. 1751, † Wien 21. Sept. 1812, dt. Bühnendichter und Theaterleiter.
War Schauspieler, Regisseur, Sänger und Musiker in verschiedenen Städten, lernte 1780 in Salzburg die Familie Mozart kennen, kam 1785 als Schauspieler und Sänger an das Nationaltheater in Wien, übernahm 1786 die Leitung des Hoftheaters in Regensburg, 1789 die des Freihaus-Theaters in Wien, gründete 1801 das Theater an der Wien und war 1807–09 Direktor des Brünner Theaters. Von seinen zahlreichen Zauberstücken, Ritterstücken, Lokalpossen und Singspielen ist nur noch das Libretto zu Mozarts Oper „Die Zauberflöte" (1791) bekannt.
Literatur: Komorzynski, E.: *E. Schickaneder. Ein Beitrag zur Gesch. des dt. Theaters. Wien 1951.*

Schikitei Samba; tl.: Shikitei Samba [jap. ʃikite: samba], eigtl. Kikutschi Hisanori; tl.: Kikuchi Hisanori, auch Kikutschi Taisuke; tl.: Kikuchi Taisuke, * Edo (heute Tokio) 1776, † ebd. 6. Jan. 1822, jap. Schriftsteller.
Buchhändler, dann Schriftsteller; handelte auch mit Arzneien. War v. a. erfolgreich mit humorist. Erzählungen, die durch meisterhafte, lebensnahe Charakterzeichnung und Verwendung einer wirklichkeitsgetreuen Sprache gekennzeichnet sind.
Hauptwerke: Ukijoburo (E., 1809–13; dt. Teilübers. 1963), Ukijodoko (E., 1812 f.).

Schildbürger, Die ↑ Lale[n]buch.

Schildt, Ernst Runar [schwed. ʃilt], * Helsinki 26. Okt. 1888, † ebd. 29. Sept. 1925, schwed.-sprachiger finn. Dichter.
Seine Vorbilder waren Maupassant, A. France und v. a. H. Söderberg. Sein ep. und dramat. Werk kreist um das Problem des gescheiterten Lebens, sein Mitgefühl gilt den Schwachen, die dem harten Leben wehrlos gegenüberstehen.
Hauptwerke: Den segrande Eros (Novellen, 1912), Perdita (Novellen, 1918), Hemkomsten (Novellen, 1919), Häxskogen (Novellen, 1920), Galgmannen (Dr., 1922), Den stora rollen (Dr., 1923).

Schiller, [Johann Christoph] Friedrich von, * Marbach am Neckar 10. Nov. 1759, † Weimar 9. Mai 1805, dt. Dichter.
Sohn eines Offiziers in kleinbürgerl. Verhältnissen; besuchte 1773–80 auf Geheiß des württemberg. Herzogs Karl Eugen die Karlsschule unter drückender militär. Disziplin (zunächst Studium der Rechte, seit 1775 der Medizin); 1780–82 Regimentsmedikus in Stuttgart; nach der Uraufführung der „Räuber" in Mannheim (1782) flüchtete er mit seinem Freund, dem Musiker Andreas Streicher, aus Stuttgart; völlige Mittellosigkeit; nach kurzen Aufenthalten in Mannheim, Frankfurt am Main und Oggersheim fand er Aufnahme bei seiner Gönnerin Henriette von Wolzogen in Bauerbach (Thür.), wo er bis 1783

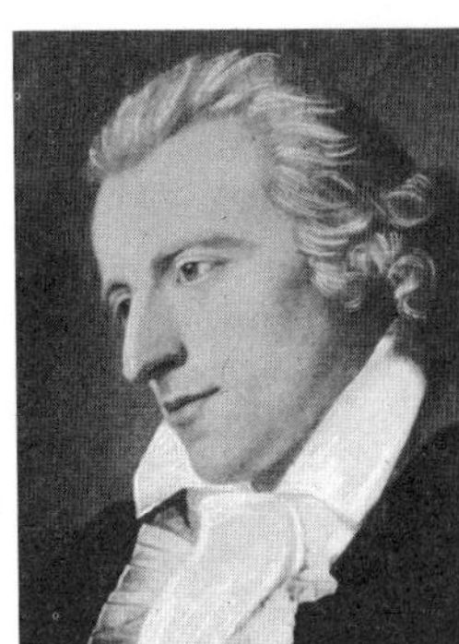

[Johann Christoph] Friedrich von Schiller (Gemälde von L. Simanowiz, 1793; Ausschnitt)

blieb. Ende Juli des gleichen Jahres kam er nach Mannheim und wurde von Dalberg als Theaterdichter verpflichtet. Längere Krankheit. Im Jahr 1784 machte er die Bekanntschaft der Charlotte von Kalb. 1785–87 hielt sich Sch. als Gast Ch. G. Körners in Leipzig und Dresden auf, 1787/88 in Weimar, wo er u.a. Umgang mit Wieland und Herder hatte; nach einem kurzen Aufenthalt in Jena erfolgte am 7. Sept. 1788 die erste (kühle) Begegnung mit Goethe, durch dessen Vermittlung Sch. [unbesoldeter] Professor für Geschichte in Jena wurde; 1789 übersiedelte er an seinen neuen Wirkungskreis, wo er 5 Semester Vorlesungen hielt (Antrittsvorlesung „Was heißt und zu welchem Ende studiert man Universalgeschichte?"). 1790 heiratete Sch. Charlotte von Lengefeld, die er 1788 kennengelernt hatte. Seit 1791 (erste schwere Erkrankung) zunehmendes Leiden an Lungentuberkulose. Ehrenbürger der frz. Republik (1792). 1793/94 Reise nach Schwaben. In Jena Freundschaft mit W. von Humboldt. In das Jahr 1794 fiel die entscheidende Begegnung mit Goethe, aus der Freundschaft und Zusammenarbeit erwuchsen. Im Sept. des gleichen Jahres besuchte er Goethe in Weimar, wohin er 1799 mit seiner Familie endgültig übersiedelte; Hg. der Zeitschrift „Die Horen" (1795–97) und des „Musenalmanachs" (1796–1801); 1802 wurde Sch. geadelt; die letzten Lebensjahre waren von intensiver Arbeit erfüllt; mit letzter Kraft schrieb er seine späten Dramen. Am 29. April 1805 befiel ihn erneut das Fieber, von dem er sich nicht wieder erholte. Bereits die frühen Dramen „Die Räuber" (1781) und „Kabale und Liebe" (1784; ursprüngl. Titel „Luise Millerin") mit dem mitreißenden Schwung und Pathos ihrer Sprache, der straffen Szenenführung und den wirkungsstarken Höhepunkten machten Sch. sofort berühmt; in Motivierung (Konfrontation von natürl.-sittl. bürgerl. Familienbindungen mit der Konventionalität der menschl. Beziehungen im Bereich der absolutist. Höfe) und leidenschaftl. Sprache noch Rousseau und dem Sturm und Drang verpflichtet, doch deuten rational-zielstrebige Szenenführung, Zuspitzung und gedankl. Erhellung des Geschehens in Sentenzen bereits auf wesentl. Merkmale des klass. Dramas voraus. Wenig erfolgreich war das „republikan. Trauerspiel" „Die Verschwörung des Fiesko zu Genua" (1783); zur gleichen Zeit entstanden Gedichte, u.a. die „Anthologie auf das Jahr 1782", die hpts. Jugendgedichte Sch.s enthält, und Erzählungen, u.a. „Der Verbrecher aus verlorener Ehre" (1786) und „Der Geisterseher" (1787–89), veröffentlicht in seiner Zeitschrift „Rhein. Thalia". Sein erstes klass. Drama, in dem er zum erstenmal den Blankvers anstelle der Prosa verwendete, schuf Sch. mit „Don Carlos, Infant von Spanien" (1787); völlig neu ist das polit. Interesse, das distanzierte Einfühlungsvermögen den Gestalten gegenüber, die nicht des Dichters Ideale teilen; damit gelang Sch. eine vorzügl., psycholog. motivierte Differenzierung der Charakterzeichnung seiner Figuren. In der Folgezeit wandte er sich histor. Studien zu, deren fruchtbarste Ergebnisse „Geschichte des Abfalls der vereinigten Niederlande" (1788) und „Geschichte des dreyßigjährigen Krieges" (1791–93) waren; eingehendes Studium der Philosophie Kants, gegen dessen rigorose Verwerfung sinnl.-empir. Motivationen sittl. Handelns er seine Theorie von der Einheit des Idealen und des Wirklichen in der Kunst entwickelte („Über Anmut und Würde", 1793; „Über die ästhet. Erziehung des Menschen", 1795); für die literaturwissenschaftl. Typologie bed. v.a. die Schrift „Über naive und sentimentalische Dichtung" (1795); Auseinandersetzung mit griech. Mythologie; in dem Gedicht „Die Götter Griechenlands" (1788) humanist. Polemik gegen die unsinnl. Gottesvorstellung des Christentums. Weitere große philosoph. Gedichte entstanden in den Jahren 1795/96, u.a. „Das Ideal und das Leben", „Der Spaziergang", „Die Ideale"; in den „Xenien" (hpts. 1796; mit Goethe) epigrammat. Polemik u.a. gegen die Romantik. Im „Balladenjahr" 1797 entstanden im Wettstreit mit Goethe u.a. die bekannten Balladen „Der Taucher" und „Die Kraniche des Ibykus", veröffentlicht im „Musenalmanach für das Jahr 1798". Krönung und letzte Frucht intensiver Studien waren die großen klass. Dramen. Die Wallenstein-Trilogie („Wallensteins Lager", „Die Piccolomini", „Wallensteins Tod", 1800) ist die Tragödie des großen geschichtsbewegten Menschen in der Zwielichtigkeit zwischen Schicksalsauftrag und persönl. Ehrgeiz; „Die Jungfrau von Orleans" (1802) und „Wilhelm Tell" (1804) gestalten die geschichtl. Entstehung freiheitl. Nationalbewußtseins; „Maria Stuart" (1801) ist das formal geschlossenste Drama, „Die Braut von Messina" (1803) ist antikisierend (Wiederbelebung des Chores der antiken Tragödie), „Demetrius" (entstanden 1804/05, gedruckt 1815) blieb Fragment (fertiggestellt wurden nur der 1. Akt und die 3 ersten Szenen des 2. Aktes). In die letzten Lebensjahre fielen noch die bed. Übersetzungen von Shakespeares „Macbeth" (1801) und Racines „Phädra" (1805). – Sch.s großes dramat. Talent, seine Fähigkeit zur Verbindung von Sinnfälligkeit, Prägnanz und glänzender Rhetorik und mitunter seine Nähe zur Vorstellungswelt des dt. Bürgertums (z.B. im „Lied von der Glocke", 1800) machten ihn zum gefeierten, oft nachgeahmten und viel zitierten Dichter des 19. Jh.s in Deutschland. Dagegen richtete sich in neuerer Zeit ein v.a. literaturwissenschaftl. Interesse bes. auf Sch.s scharfsinnige theoret. Schriften, aber auch auf eine Neugewinnung der großen Dramen.

Ausgaben: F. Sch. Sämtl. Werke in 5 Bden. Textrevision: J. Perfahl. *Vorwort v.* B. v. Wiese. *Mchn. 1968. – F. Sch. Sämtl. Werke. Hg. v.* G. Fricke *u.a. Mchn. ⁴1965–67. 5 Bde. Tb.-Ausg. u.d.T.: Sämtl. Werke in 20 Bden. Mchn. 1965 bis 1966. – F. Sch. Briefe. Hg. v.* G. Fricke. *Mchn. 1955. – Sch.s Werke. Nationalausg. Begr. v.* J. Petersen. *Hg. v.* L. Blumenthal *u.* B. v. Wiese. *Weimar 1943ff. Auf 44 Bde. berechnet. Teilweise Neudr. 1966ff. – F. v. Sch. Werke. Nach der v.* L. Bellermann *besorgten Ausg. neubearb. v.* B. v. Wiese. *Lpz. 1936–37. 12 Bde. – F. v. Sch. Sämtl. Werke. Säkular-Ausg. Hg. v.* E. v. der Hellen. *Stuttg. 1904–05. 16 Bde. – F. v. Sch. Sämmtl. Schrr. Histor.-krit. Ausg. Hg. v.* K. Goedecke *u.a. Stuttg. 1867–76. 15 in 17 Bden.*
Literatur: Allgemeines: Dichter über ihre Dichtungen: F. Sch., hg. v. B. Lecke. *Mchn. 1969.* – Koopmann, H.: *Sch.-Kommentar zu sämtl. Wer-*

ken des Dichters. Einf. v. B. v. Wiese. *Mchn. 1969. 2 Bde. – Sch.s Leben dokumentar. in Briefen, zeitgenöss. Ber. u. Bildern. Hg. v.* W. Hoyer. *Köln 1967.* – Koopmann, H.: *F. Sch. Stuttg. 1966. 2 Bde. – Sch.s Leben u. Werk in Daten u. Bildern. Frkf. 1966.* – Wilpert, G. v.: *Sch.-Chronik. Sein Leben u. Schaffen. Stuttg. 1958.* – Mann, Th.: *Versuch über Sch. Frkf. 1955.* – Ludwig, A.: *Sch. u. die dt. Nachwelt. Bln. 1909. – Leben und Werk:* Burschell, F.: *F. Sch. Reinbek bei Hamb. 24. Tsd. 1968.* – Storz, G.: *Der Dichter F. Sch. Stuttg. ⁴1968.* – Cysarz, H.: *Sch. Tüb. ²1967.* – Staiger, E.: *F. Sch. Freib. u. Zürich 1967.* – Buchwald, R.: *Sch. Leben u. Werk. Frkf. ⁵1966.* – Wentzlaff-Eggebert, F. W.: *Sch.s Weg zu Goethe. Bln. ²1963.* – Wiese, B. v.: *F. Sch. Stuttg. ³1963.* – Dilthey, W.: *Sch. Gött. 1959.* – Muschg, W.: *Sch. Die Tragödie der Freiheit. Bern u. Mchn. 1959.* – Schneider, Hermann: *Sch. Werk u. Erbe. Stuttg. 1934.* – Kühnemann, E.: *Sch. Mchn. ⁷1927. – Lyrik:* Keller, W.: *Das Pathos in Sch.s Jugendlyrik. Bln. 1964.* – Iffert, W.: *Der junge Sch. im Weltanschauungskampf seiner Zeit. Halle ²1933.* – Viehoff, H.: *Sch.s Gedichte, erläutert u. auf ihre Veranlassungen, Quellen u. Vorbilder zurückgeführt, nebst Variantenslg. Stuttg. ⁶1887. 3 Bde. – Dramatik:* Rudloff-Hille, G.: *Sch. auf der dt. Bühne seiner Zeit. Bln. u. Weimar 1969.* – Rischbieter, H.: *F. v. Sch. Velber 1969.* – May, K.: *F. Sch. Idee u. Wirklichkeit im Drama. Gött. 1948.* – Spengler, W.: *Das Drama Sch.s. Seine Genesis. Lpz. 1932. – Geschichte und Philosophie:* Mainland, W. F.: *Sch. and the changing past. London ²1966.* – Regin, D.: *Freedom and dignity. The historical and philosophical thought of Sch. Den Haag 1965.* – Spranger, E.: *Sch.s Geistesart, gespiegelt in seinen philosoph. Schrr. u. Gedichten. Bln. 1941.* – Fischer, Kuno: *Sch. als Philosoph. Hdbg. ²1891. 2 Bde.* – Überweg, F.: *Sch. als Historiker u. Philosoph. Hg. v.* M. Brasch. *Lpz. 1884.* – Tomaschek, C.: *Sch. in seinem Verhältnisse zur Wiss. Wien 1862. – Bibliographien und Zeitschriften:* Vulpius, W.: *Sch.-Bibliogr. 1893 bis 1958. 1959–1963. Weimar; Bln. 1959–67. 2 Tle. – Jb. der Dt.-Sch.-Gesellschaft. Hg. v.* F. Martini *u.a. Bd. 1ff. Stuttg. 1957ff.* – Marcuse, H.: *Sch.-Bibliogr. Bln. 1925.*

Schimasaki, Toson; tl.: Shimazaki, Tôson [jap. ʃimazaki], eigtl. Schimasaki Haruki; tl.: Shimazaki Haruki, * Kamisaka (Nagano) 17. Febr. 1872, † Tokio 22. Aug. 1943, jap. Schriftsteller.
Wurde Christ, war als Lehrer tätig, lebte mehrere Jahre in Frankreich. Begann als Lyriker, schrieb dann Romane, Novellen und Essays; sein Werk zeigt romant., naturalist. und realist. Elemente. In dt. Sprache liegt die Erzählung „Vor Tagesanbruch“ (dt. 1936) vor.

Schimmel, Hendrik Jan [niederl. ˈsxɪməl], * ’s-Graveland 30. Juni 1823, † Bussum 15. Nov. 1906, niederl. Schriftsteller.
Mithg. von „De Gids“ und Gründer von „Het Nederlandsch Tooneel“. Autor histor.-romant. Dramen, Romane und Gedichte (meist aus der Zeit Wilhelms III. und Jan de Wits).
Hauptwerke: Struensee (Dr., 1868), De kat van de Tower (Dr., 1880).

Schindler, Alexander Julius ↑ Traun, Julius von der.

Schirmbeck, Heinrich, * Recklinghausen 23. Febr. 1915, dt. Schriftsteller.
Buchhändlerlehre, Teilnahme am 2. Weltkrieg, Redakteur, Werbetexter, freier Schriftsteller. Sein Werk ist in der Verbindung von romant. und rationalen Elementen v.a. Kleist, E. T. A. Hoffmann und Poe verpflichtet; er gestaltet Themen der modernen Technik und Naturwissenschaften unter Einbeziehung der neuesten Forschungsergebnisse in Romanen, Erzählungen, Hörbildern.
Hauptwerke: Die Fechtbrüder (Novellen, 1944), Das Spiegellabyrinth (En., 1948), Ärgert dich dein rechtes Auge (R., 1957), Die Nacht vor dem Duell (En., 1964), Träume und Kristalle (En., 1968).
Literatur: Lit. u. Wiss. Das Werk H. Sch.s. Krit. Beitr. Hg. v. K. A. Horst *u.* F. Usinger. *Hamb. 1968.*

Schischkow, Wjatscheslaw Jakowlewitsch; tl.: Šiškov, Vjačeslav Jakovlevič [russ. ʃiʃˈkɔf], * Beschezk 3. Okt. 1873, † Moskau 6. März 1945, russ.-sowjet. Schriftsteller.
Ingenieur; verbrachte viele Jahre in Sibirien, das auch Schauplatz fast aller seiner Werke ist, beginnend mit dem Revolutionsroman „Der schwarze Reiter“ (dt. 1926). Höhepunkte seines Schaffens sind der Roman „Der dunkle Strom (1933, dt. 1949) und „Jemeljan Pugatschow“ (1938–45), ein unvollendet gebliebener histor. Roman. Dt. erschien auch der Roman „Vagabunden“ (1931, dt. 1964).

Schisgal, Murray [engl. ˈʃɪzgəl], * New York 25. Nov. 1926, amerikan. Dramatiker.
Mit 17 Jahren in der amerikan. Armee, dann Musiker einer Jazzband; nach dem Studium an der Brooklyn Law School Anwalt in New York; widmete sich seit 1959 ganz der Literatur; seine Stücke, die in zahlreichen Ländern gespielt werden, sind vom absurden Theater beeinflußt; er stellt in ihnen mit den Mitteln der Komik die Existenzangst dar und läßt sie als Parodie auf Becketts Drama „Warten auf Godot“ erscheinen.
Hauptwerke: Ducks and lovers (Dr., UA 1961), Der Tiger (Einakter, dt. 1963), Die Tippser (Einakter, dt. 1963), Liiiebe (Kom., dt. 1965).

Schklowski, Wiktor Borissowitsch; tl.: Šklovskij, Viktor Borisovič [russ. ˈʃklɔfskij], * Petersburg (heute Leningrad) 25. Jan. 1893, russ.-sowjet. Schriftsteller.
Sohn eines Mathematiklehrers, studierte in Petersburg Literatur; einer der Mitbegründer der dem Futurismus nahestehenden formalist. Literatenvereinigung „Opojas“ (1914–23); Sch. wurde zum Theoretiker der formalist. Bewegung. Er emigrierte 1922 aus polit. Gründen, kehrte aber nach der polit. Amnestie 1923 in die UdSSR zurück. Beeinflußt u.a. von L. Sterne, pflegte Sch. einen fragmentar., an Abschweifungen reichen Erzählstil; er schrieb auch wertvolle literaturkrit. Aufsätze und Studien und wandte sich seit Ende der 20er Jahre aus polit. Gründen der allgemeinen Literaturkritik zu; für seine erzählenden Werke wählte er histor. Stoffe.
Hauptwerke: Sentimentale Reise (R., 1923; dt. 1964), Zoo oder Briefe nicht über die Liebe (R., 1923; dt. 1965), Theorie der Prosa (Aufs., 1925; dt. 1966), Erinnerungen an Majakowski (dt. 1966), Schriften zum Film (dt. 1966), Kindheit und Jugend (Autobiogr., dt. 1968).

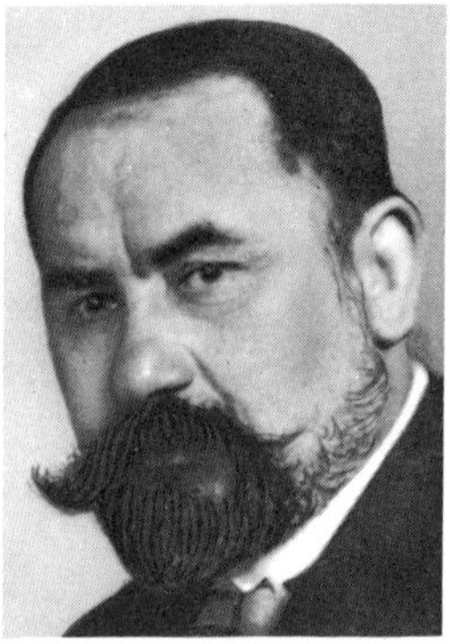

Johannes Schlaf

Schlaf, Johannes, * Querfurt 21. Juni 1862, † ebd. 2. Febr. 1941, dt. Schriftsteller.
Sohn eines Kaufmanns; Besuch des Gymnasiums in Magdeburg; studierte Philologie in Halle (Saale) und Berlin; Freundschaft und (bis 1892) Zusammenarbeit mit A. Holz unter dem gemeinsamen Pseudonym Bjarne Peter Holmsen; nervenkrank, Aufenthalt in verschiedenen Heilanstalten; seit 1904 freier Schriftsteller in Weimar, verbrachte die letzten Jahre seines Lebens in Querfurt. Sch. begründete zusammen mit A. Holz den konsequenten Naturalismus in theoret. Schriften und gemeinsam verfaßten Musterdichtungen: „Papa Hamlet" (Novellen, 1889), „Die Familie Selicke" (Dr., 1890); Sch.s Drama „Meister Oelze" (1892) gilt als Musterdrama des Naturalismus; später Hinwendung zu einem psycholog. Impressionismus und zu naturmyst. Prosalyrik; auch Übersetzer.
Weitere Werke: In Dingsda (lyr. Prosa, 1892), Gertrud (Dr., 1898), Das dritte Reich (R., 1900), Die Suchenden (R., 1902), Peter Boies Freite (R., 1903), Der Kleine (R., 1904), Der Prinz (R., 1908), Am toten Punkt (R., 1909), Tantchen Mohnhaupt (Novellen, 1914), Das Gottlied (Ged., 1922), Aus meinem Leben (Autobiogr., 1941).
Literatur: Bäte, L.: *Die Akte J. Sch. Weimar 1966.* – Fink, F.: *J. Sch., ein dt. Dichter u. Denker. Querfurt 1937.*

Schlegel, August Wilhelm (seit 1815) von, * Hannover 5. Sept. 1767, † Bonn 12. Mai 1845, dt. Dichter und Literaturwissenschaftler.
Theologie- und Philologiestudium, Hauslehrer, 1796–1802 ⚭ mit Karoline von Sch.; bis 1797 Mitarbeiter an Schillers „Horen" und am „Musenalmanach", ferner an der Jenaischen „Allgemeinen Literaturzeitung"; 1798–1800 mit seinem Bruder Friedrich Sch. Hg. der wichtigen romant. Zeitschrift „Athenäum"; 1798 Professor in Jena, seit 1801 Privatgelehrter in Berlin, als Sekretär Madame de Staëls (seit 1804) Reisen mit ihr durch Europa, dann bis zu ihrem Tod (1817) in Coppet am Genfer See; seit 1818 Professor für Kunst- und Literaturgeschichte in Bonn. Stand als Dichter im Schatten seines bedeutenderen Bruders Friedrich Sch.; formgewandt, doch wenig eigenschöpfer., stand er als Lyriker in der Nachfolge Bürgers, war als Balladendichter von Schiller, als Dramatiker von Goethe beeinflußt; systematisierte und verbreitete (u. a. in seinen eindrucksvollen „Vorlesungen über schöne Literatur und Kunst", hg. 1884) die romant. Ästhetik und führte als einziger das spontane Interesse der Romantiker an fremden Sprachen und Kulturen bis zu intensiven wissenschaftl. Studien v. a. der altind. und der roman. Dichtung weiter; Mitbegründer der Indologie und der histor. Schule in der Literaturwissenschaft; seine hervorragende formale Begabung ließ ihn zum bed. Übersetzer werden (Dante, Calderón u. a.); als seine bedeutendste Leistung gilt seine Shakespeare-Übersetzung (vollendet von L. Tieck, Dorothea Tieck, Graf Baudissin).
Weitere Werke: Charakteristiken und Kritiken (1801, mit F. Schlegel), Jon (Dr., 1803), Rom (Elegie, 1805), Über dramat. Kunst und Literatur (1809–11).
Ausgaben: A. W. v. Sch. Krit. Schrr. u. Briefe. Hg. v. E. Lohner. *Stuttg. 1962–67. 6 Bde.* – *A. W. v. Sch.s sämmtl. Werke. Hg. v.* E. Böcking. *Lpz. 1846–47. 12 Bde.*
Literatur: A. W. v. Sch. (1767–1967). Bad Godesberg 1967. – Richter, W.: *A. W. Sch. Wanderer zw. Weltpoesie u. altdt. Dichtung. Bonn 1954.* – Brentano, B. v.: *A. W. Sch. Stuttg. ²1949.*

Schlegel, Dorothea von, * Berlin 24. Okt. 1763, † Frankfurt am Main 3. Aug. 1839, dt. Schriftstellerin.
Tochter Moses Mendelssohns, 1783–98 in 1. Ehe ⚭ mit dem Bankier Simon Veit, lebte dann mit F. Sch. in Jena und Paris zusammen, heiratete ihn 1804 und trat mit ihm 1808 zum Katholizismus über; nach seinem Tod lebte sie ab 1831 bei ihrem Sohn aus 1. Ehe, Philipp Veit. In ihrem fragmentar. gebliebenen Roman „Florentin" (1801) – in Stil, Aufbau und Handlung Anlehnung an „Wilhelm Meister" – vertrat sie die Auffassungen F. von Sch.s und Schleiermachers; übersetzte „Corinna" der Madame de Staël.
Literatur: Hiemenz, M.: *D. v. Sch. Freib. 1911.*

Schlegel, Friedrich (seit 1815) von, * Hannover 10. März 1772, † Dresden 12. Jan. 1829, dt. Dichter und Kritiker.
Studium der Rechtswissenschaft, Philosophie und klass. Philologie, 1796/97 und 1801/02 in Jena Umgang v. a. mit Fichte, Schelling, Novalis, Tieck. Unruhiges, finanziell ungesichertes Leben; 1797–1801 in Berlin, Bruch mit Schiller; befreundet mit Schleiermacher und Dorothea Veit, die er

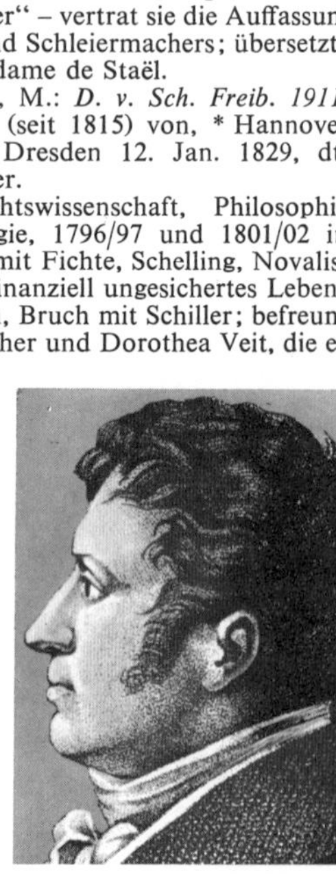

August Wilhelm von Schlegel (Kupferstich von G. Zumpe)

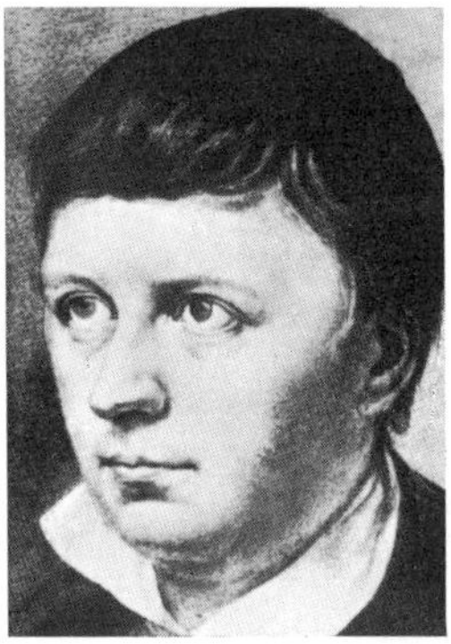

Friedrich von Schlegel (Zeichnung von Ph. Veit)

1804 heiratete; mit seinem Bruder A. W. Sch. Hg. der Zeitschrift „Athenäum", 1802–04 mit Dorothea in Paris, wo er Sanskrit und Altpers. studierte; 1803–05 Hg. der Zeitschrift „Europa"; dann in Köln, 1808 Übertritt zum Katholizismus, seit 1809 im literar.-propagandist. und diplomat. Dienst der östr. Regierung und 1815–18 Legationsrat beim Frankfurter Bundestag; in Wien 1820–23 Hg. der konservativen Zeitschrift „Concordia"; lebte zuletzt in Dresden. Führender Literaturtheoretiker und Programmatiker der Romantik, die er im 116. Fragment des „Athenäums" als „progressive Universalpoesie" definierte, d. h. als Erschließung der transzendental-poet. Struktur der Schöpfungswirklichkeit; forderte Illusionsaufhebung und spieler.-willkürl. Schalten des Dichters mit dem Zufall; pflegte Fragment und Aphorismus, verfaßte krit. und histor. Abhandlungen, u. a. „Charakteristik des Wilhelm Meister" (1798), „Gespräch über die Poesie" (1800), „Von der Sprache und Weisheit der Inder" (1808), „Geschichte der alten und neuen Literatur" (Vorlesungen, 1815); ganz im christl.-restaurativen Geist seiner Spätzeit die Vorlesungen über die „Philosophie der Geschichte" (1829); schrieb daneben stark reflexive Lyrik („Gedichte", 1809), das von Calderón inspirierte Trauerspiel „Alarcos" (1802) und den durch seine ungewöhnl. offene Darstellung der sinnl. Liebe skandalerregenden fragmentar. autobiograph. Roman „Lucinde" (1799), in dem er die romant. freie Liebe und den Müßiggang verherrlicht.

Ausgaben: F. Sch. Krit. Schrr. Hg. v. W. Rasch. *Mchn. ²1964. – F. Sch. Krit. Ausg. seiner Werke. Hg. v.* E. Behler. *Paderborn 1958ff. Auf 35 Bde. berechnet. – F. v. Sch. Sämmtl. Werke. Wien ¹⁻²1845–46. 15 Bde.*

Literatur: Weiland, W.: *Der junge F. Sch. oder Die Revolution in der Frühromantik. Stuttg. 1968.* – Behler, E.: *F. Sch. in Selbstzeugnissen u. Bilddokumenten. Reinbek bei Hamb. 1966.* – Schanze, H.: *Romantik u. Aufklärung. Unterss. zu F. Sch. u. Novalis. Nürnb. 1966.* – Briegleb, K.: *Ästhet. Sittlichkeit. Versuch über F. Sch.s Systementwurf zur Begründung der Dichtungskritik. Tüb. 1962.* – Hendrix, G. P.: *Das polit. Weltbild F. Sch.s. Bonn 1962.* – Nüsse, H.: *Die Sprachtheorie F. Sch.s. Hdbg. 1962.* – Mettler, W.: *Der junge F. Sch. u. die griech. Lit. Ein Beitrag zum Problem der Historie. Freib. u. Zürich 1956.* – Wirz, L.: *F. Sch.s philosoph. Entwicklung. Bonn 1939.* – Wiese, B. v.: *F. Sch. Ein Beitrag zur Gesch. der romant. Konversionen. Bln. 1927.*

Schlegel, Johann Adolf, Pseudonym Hanns Görg, * Meißen 18. Sept. 1721, † Hannover 16. Sept. 1793, dt. Schriftsteller.

Erziehung in Schulpforta, Theologiestudium; Generalsuperintendent in Hannover; Vater von August Wilhelm und Friedrich Sch.; Mitbegründer der „Bremer Beiträge". In seinen religiösen Gedichten und moral.-didakt. Erzählungen und Fabeln kam er kaum über die literar. Ideale seiner Studentenzeit hinaus. Mit der Übersetzung „Einschränkung der schönen Künste auf einen einzigen Grundsatz" (1759) von Batteux wirkte er anregend auf die Kunstauffassung seiner Zeit.

Weitere Werke: Sammlung geistl. Gesänge (1766–72), Fabeln und Erzählungen (1769), Vermischte Gedichte (1787–89).

Literatur: Bieber, H.: *J. A. Sch.s poet. Theorie, in ihrem histor. Zusammenhange untersucht. Bln. 1912.*

Schlegel, Johann Elias, * Meißen 17. Jan. 1719, † Sorø 13. Aug. 1749, dt. Dichter.

Bruder von Johann Adolf Sch.; in Schulpforta Mitschüler Klopstocks, Studium der Rechtswissenschaft in Leipzig, Bekanntschaft mit Gellert, Kästner und Gottsched, 1743 Privatsekretär des sächs. Gesandten in Kopenhagen, Mitarbeit an den „Bremer Beiträgen", 1748 Professor für Politik und öffentl. Recht an der Ritterakademie in Sorø. Schrieb, beeinflußt von Gottsched (Mitarbeit an dessen „Dt. Schaubühne"), Dramen nach frz.-klassizist. Regeln, von denen er sich unter dem Eindruck Shakespeares löste und einen Kompromiß zwischen der moral.-didakt. Regeldramatik und lebendig-individualist. Gestaltung erstrebte; Vorläufer Lessings in der Dramentheorie.

Hauptwerke: Vergleichung Shakespeares und Andreas Gryphs (1741), Hermann (Trag., 1743), Canut (Trag., 1746), Die stumme Schönheit (Lsp., 1747).

Ausgabe: J. E. Sch. Ausgew. Werke. Hg. v. W. Schubert. *Weimar 1963.*

Literatur: Wolf, P.: *Die Dramen J. E. Sch.s. Ein Beitrag zur Gesch. des Dramas im 18. Jh. Freib. u. Zürich 1964.* – Schonder, H.: *J. E. Sch. als Übergangsgestalt. Würzb. 1941.* – Wolff, E.: *J. E. Sch. Kiel ²1892.*

Schlegel, Karoline von, geb. Michaelis, * Göttingen 2. Sept. 1763, † Maulbronn 7. Sept. 1809, 1796–1802 Gattin von August Wilhelm Schlegel. In 1. Ehe ⚭ mit dem Bergarzt Böhmer, nach dessen Tod (1788) in Göttingen und Marburg, seit 1790 in Mainz mit G. Forster befreundet, mit ihm zusammen wegen Verbindung zum Mainzer Jakobinerklub 1793 inhaftiert; in Jena Mittelpunkt des frühromant. Kreises; nach der Scheidung von August Wilhelm Sch. heiratete sie 1803 den Philosophen F. W. von Schelling, den sie nach Würzburg begleitete. Sie war eine der bed. Frauen der dt. Romantik; an mehreren unter August Wilhelm Sch.s Namen erschienenen Aufsätzen und an der ersten Shakespeare-Übersetzung war sie beteiligt; außerdem schrieb sie Rezensionen belletrist. Werke. Briefwechsel mit bed. Zeitgenossen.

Literatur: Ritchie, G. Fuhrmann: *Caroline Sch.-Schelling in Wahrheit u. Dichtung. Bonn 1968.* –

Düring, Th. v.: *Caroline. Ein Lebensbild aus der Romantik. Lpz. 1942.*

Schleich, Carl Ludwig, * Stettin 19. Juli 1859, † Bad Saarow-Pieskow bei Fürstenwalde 7. März 1922, dt. Chirurg und Schriftsteller.
Professor, seit 1900 Leiter der chirurg. Abteilung am Krankenhaus Groß-Lichterfelde (heute zu Berlin); Sanitätsrat; lieferte bed. Beiträge zur Einführung der Lokalanästhesie. Schrieb neben medizin. Fachbüchern Gedichte, Essays und Erzählungen, bes. erfolgreich waren seine Memoiren „Besonnte Vergangenheit" (1921).
Weitere Werke: Von der Seele (Essays, 1910), Vom Schaltwerk der Gedanken (Essays, 1916), Aus der Heimat meiner Träume (Ged., 1920).

Schlemihl, Peter ↑ Thoma, Ludwig.

Schlumberger, Jean [frz. ʃlœbɛr'ʒe], * Gebweiler 26. Mai 1877, † Paris 25. Okt. 1968, frz. Schriftsteller.
Sohn eines prot. Industriellen, Vorfahren aus Deutschland und Österreich; Philologiestudium in Paris; 1909 Mitbegründer (mit Gide) der Zeitschrift „La Nouvelle Revue Française"; Freund Gides, Claudels, Valérys, R. Martin du Gards; trat bes. mit zeitgebundenen, feinfühligen psycholog. Romanen hervor; daneben auch Essayist; wie Gide Vertreter des prot.-humanist. Erbes und eines streng gezügelten Individualismus; Corneille nahestehend, den er wieder ins literar. Bewußtsein rückte.
Hauptwerke: Unruhige Vaterschaft (R., 1913; dt. 1968), Ein Glücklicher (R., 1921; dt. 1947), Kardinal Retz (R., 1924; dt. 1955), Saint-Saturnin (R., 1931; dt. 1946), Madeleine und André Gide (Essay, dt. 1957).
Ausgaben: J. Sch. Œuvres. Paris 1958–62. 7 Bde. – J. Sch. Ausw. u. Einf. v. F. Bérence. *Genf 1947.*
Literatur: Hosbach, J. D.: *Sch. Problematik u. Stil des Gesamtwerkes. Genf; Paris 1962.* – Delcourt, M.: *J. Sch. Essai critique. Paris 1945.*

Schmeljow, Iwan Sergejewitsch; tl.: Šmelev, Ivan Sergeevič [russ. ʃmɪ'ljɔf], * Moskau 21. Sept. 1875, † Paris 24. Juni 1950, russ. Schriftsteller.
Studium in Moskau, Lehrer; emigrierte 1922 nach Paris. Schrieb von Dostojewski beeinflußte, auch an Turgenjew geschulte Romane, Erzählungen und Skizzen mit treffender Milieuschilderung; verwandte häufig die Technik der stilisierten mündl. Rede, des sog. „skas"; nach der Revolution nahm er in seinen Werken gegen den Bolschewismus Stellung unter Verherrlichung des alten Rußland; wählte auch histor. Stoffe.
Hauptwerke: Der Kellner (R., 1910; dt. 1927), Der niegeleerte Kelch (E., dt. 1926), Die Sonne der Toten (autobiograph. R., dt. 1925), Die Wallfahrt nach Brot (E., 1927; dt. 1948), Vorfrühling (R., dt. 1931), Wanja im heiligen Moskau (R., 1933; dt. 1958), Die Straße der Freude (R., 1935; dt. 1952), Die Kinderfrau (R., dt. 1936), Dunkel ist unser Glück (R., dt. 1965).
Literatur: Aschenbrenner, M.: *I. Sch. Leben u. Schaffen des großen russ. Schriftstellers. Königsberg 1937.*

Schmeltzl, Wolfgang [...tsəl], * Kemnath (Oberpfalz) um 1500, † nach 1560, dt. Dramatiker.
Schulmeister, später kath. Pfarrer in Wien; Verfasser von dt. Schuldramen, die v.a. kulturgeschichtl. Bedeutung haben; schrieb ferner einen „Lobspruch der Stadt Wien" (1548) und ein Epos des Ungarnzugs von 1556. Musikal. bedeutsam ist seine 4stimmige Liedersammlung (1544).

Schmid, Christoph (seit 1837) von [ʃmi:t, ʃmɪt], * Dinkelsbühl 15. Aug. 1768, † Augsburg 3. Sept. 1854, dt. Schriftsteller.
Studierte kath. Theologie; war Schulbenefiziat und Schulinspektor in Thannhausen, dann Pfarrer in Oberstadion (Württ.), seit 1827 Domherr in Augsburg; von J. M. Sailer angeregter Kinder- und Jugenderzähler mit gemütvoll moralisierender Tendenz; weit verbreitet seine „Bibl. Geschichte für die Kinder"; Verfasser von Lesebüchern und erbaul. Schriften.
Literatur: Ch. v. Sch. u. seine Zeit. Hg. v. H. Pörnbacher. *Weißenhorn 1968.*

Schmid, Eduard [ʃmi:t, ʃmɪt] ↑ Edschmid, Kasimir.

Schmid, Ludwig Ferdinand [ʃmi:t, ʃmɪt] ↑ Dranmor.

Schmidt, Arno, * Hamburg 18. Jan. 1914, dt. Schriftsteller.
Sohn eines Polizeibeamten; brach aus polit. Gründen Mathematik- und Astronomiestudium ab und wurde 1934 Angestellter in einer Textilfabrik in Greiffenberg; Teilnahme am 2. Weltkrieg, brit. Gefangenschaft, 1946 Dolmetscher für Englisch an einer Polizeischule; seit 1947 freier Schriftsteller. Radikal experimentierender Avantgardist auf der Suche nach neuen Erzählformen; eigenwillige Sprache, die bis zur willkürl. Sprachzerstückelung geht. Bekannt wurde v.a. seine Biographie „Fouqué und einige seiner Zeitgenossen" (1958). Sein bisher erfolgreichstes Buch ist der Roman „Das steinerne Herz" (1956), der im Deutschland der Nachkriegszeit spielt, als interessantestes kann der Kurzroman „Die Gelehrtenrepublik" (1957) gelten, dessen Handlung in einer Zukunftswelt nach einem Atomkrieg spielt; auch Essayist und Übersetzer.
Weitere Werke: Leviathan (En., 1949), Brand's Haide (En., 1951), Aus dem Leben eines Fauns (R., 1953), Kosmas oder ... (R., 1955), Kaff auch Mare crisium (R., 1960), Sitara und der Weg dorthin (Karl-May-Studie, 1963), Trommler beim Zaren (En., 1966).
Literatur: Reich-Ranicki, M.: *A. Sch.s Werk oder Eine Selfmadeworld in Halbtrauer. In:* Reich-Ranicki: *Lit. der kleinen Schritte. Dt. Schriftsteller heute. Mchn. 1967.* – Schauder, K.: *A. Sch.s experimentelle Prosa. In: Neue dt. Hefte 11 (1964), H. 99, S. 39.*

Schmidt, Eduard ↑ Claudius, Eduard.

Schmidt, Otto Ernst ↑ Ernst, Otto.

Schmidtbonn, Wilhelm, eigtl. W. Schmidt, * Bonn 6. Febr. 1876, † Bad Godesberg (heute zu Bonn) 3. Juli 1952, dt. Schriftsteller.
Konservatorium Köln, studierte Kunst- und Literaturwissenschaft, war Dramaturg, Redakteur, im 1. Weltkrieg Kriegsberichterstatter. Wanderungen durch Deutschland und die Schweiz. Neben Märchen, Sagen, Legenden, Anekdoten und z.T. autobiograph. Romanen und Erzählungen schrieb er, dessen gesamtes Werk sich durch Fabulierfreude, Reichtum an Gestalten und frische Bildkraft auszeichnet, volkstüml. Prosa über Menschen und Landschaft seiner rhein. Heimat; großen Erfolg brachten ihm nach naturalist. Anfängen die im Stil der Neuromantik geschriebenen Dramen; zeitweise auch Annäherung an den Expressionismus.

Hauptwerke: Mutter Landstraße (Dr., 1901), Der Graf von Gleichen (Dr., 1908), Der Geschlagene (Dr., 1920), Die Fahrt nach Orplid (Dr., 1922), Mein Freund Dei (R., 1928), Der dreieckige Marktplatz (R., 1935), Anna Brand (R., 1939), Albertuslegende (R., 1948).

Schmied-Kowarzik, Gertrud † Brincken, Gertrud von den.

Schmirger, Gertrud † Ellert, Gerhart.

Schmitthenner, Adolf, * Neckarbischofsheim 24. Mai 1854, † Heidelberg 22. Jan. 1907, dt. Schriftsteller.

Studierte ev. Theologie, wurde Pfarrer, später auch Dozent am Predigerseminar in Heidelberg. Verfasser realist. Romane und Novellen.

Hauptwerke: Leonie (R., 1899), Neue Novellen (1901), Das dt. Herz (R., 1908), Die sieben Wochentage (En., 1909), Aus Dichters Werkstatt (Aufs., 1911).

Schmitz, Ettore † Svevo, Italo.

Schnabel, Ernst, * Zittau 26. Sept. 1913, dt. Schriftsteller.

Matrose, bereiste alle Weltmeere, im 2. Weltkrieg Marineoffizier, danach Chefdramaturg, später Intendant des NWDR, freier Schriftsteller; gehört zur „Gruppe 47". Sch. begann mit Romanen und Erzählungen aus dem Seemannsleben. In den späteren Werken sucht er traditionelle literar. Elemente mit modernen dichter. Mitteln zu verbinden. Für den Funk fand er neue Ausdrucksmöglichkeiten, dem Feature vermochte er dichter. Rang zu geben. Bekannt v.a. durch die Neugestaltung antiker Stoffe, u.a. „Der sechste Gesang" (R., 1956), in dem das aktuelle Heimkehrerthema am Beispiel des Odysseus dargestellt wird; neben seinen zahlreichen Hörspielen auch Fernsehfilme.

Weitere Werke: Die Reise nach Savannah (R., 1939), Nachtwind (R., 1942), Sie sehen den Marmor nicht (En., 1949), Interview mit einem Stern (R., 1951), Ein Tag wie morgen (Hsp., 1952), Anne Frank. Spur eines Kindes (Bericht, 1958), Ich und die Könige (R., 1958), Fremde ohne Souvenir (En., 1961).

Schnabel, Johann Gottfried, Pseudonyme Gisander, Gysander, * Sandersdorf bei Bitterfeld 7. Nov. 1692, † Stolberg/Harz nach 1750, dt. Schriftsteller.

Feldscher unter Prinz Eugen im Span. Erbfolgekrieg; begleitete den Grafen Stolberg auf Reisen; an dessen Hof Chirurg und Hofagent. Verfasser des vielgelesenen, zwischen Barock und Aufklärung stehenden Romans „Die Insel Felsenburg" (1731–43 u.d.T. „Wunderliche Fata einiger Seefahrer ..."), dessen äußere Handlung im Dreißigjährigen Krieg angelegt ist; dieser Roman verbindet Motive des galanten und pikaresken Romans und der engl. Robinsonade zu einer Staats- und Sozialutopie in pietist. Geist.

Weiteres Werk: Der im Irrgarten der Liebe herumtaumelnde Cavalier (R., 1738).

Literatur: Bierfreund, H.: *Bericht über das Leben des Dichters J. G. Sch. u. sein Hauptwerk „Die Insel Felsenburg". Sangershausen 1965.* – Weinhold, I.: *J. G. Sch.s „Insel Felsenburg". Diss. Bonn 1964.* – Mayer, Hans: *Die alte u. die neue ep. Form. J. G. Sch.s Romane. In:* Mayer: *Von Lessing bis Thomas Mann. Wandlungen der bürgerl. Lit. in Deutschland. Pfullingen 1959.*

Schnack, Anton, * Rieneck (Landkreis Gemünden a. Main) 21. Juli 1892, dt. Schriftsteller.

Bruder von Friedrich Sch.; nach Philosophiestudium in München Journalist und Feuilletonredakteur, Teilnahme an beiden Weltkriegen, lebt in Kahl a. Main. Begann mit expressionist. Lyrik und Kriegsskizzen; autobiograph. Züge trägt der Gedichtband „Die Flaschenpost" (1936); Sch. ist ein Meister der Kleinprosa, die er amüsant und einfallsreich gestaltet; auch Hörspiele.

Weitere Werke: Strophen der Gier (Ged., 1919), Die tausend Gelächter (Ged., 1919), Der finstere Franz (R., 1937), Die bunte Hauspostille (En., 1938, 1946 u.d.T. Die Angel des Robinson), Mädchen-Medaillons (Skizzen, 1946), Brevier der Zärtlichkeit (1956), Weinfahrt durch Franken (Betrachtungen und Ged., 1965).

Schnack, Friedrich, * Rieneck (Landkreis Gemünden a. Main) 5. März 1888, dt. Schriftsteller.

Besuch der Oberrealschule in Würzburg; Tätigkeit in verschiedenen Berufen, im 1. Weltkrieg Soldat im Vorderen Orient, freier Schriftsteller; lebt nach mehrfachem Wechsel des Wohnorts jetzt in München. Schrieb Lyrik aus der Welt des Orients, vom Expressionismus beeinflußt („Das kommende Reich", 1920); danach einfache, liedhafte Gedichte über die Schönheit seiner Heimat; das Erzählwerk ist von den Mächten und Kräften der Natur bestimmt, die Menschen treten immer mehr in den Hintergrund; ferner schrieb Sch. zahlreiche Natur-, Reise- und Kinderbücher; auch Hörfolgen.

Weitere Werke: Klingsor (Zaubermärchen, 1922), Vogel Zeitvorbei (Ged., 1922), Sebastian im Wald (R., 1926), Beatus und Sabine (R., 1927), Die Orgel des Himmels (R., 1927), Der Sternenbaum (R., 1930), Das neue Land (R., 1932), Das Waldkind (R., 1939), Aurora und Papilio (R., 1956), Heitere Botanik (Ged., 1962), Fränk. Universum (1967).

Ausgabe: F. Sch. Gesamtausg. des poet. Werkes. Mchn. $^{1-2}$1950–54. 7 Bde.

Literatur: F. Sch. Festgabe des Arbeitskreises f. dt. Dichtung zu seinem 70. Geburtstag. Gött. 1958. – Hölzl, A.: *Die Kindergeschichten von F. Sch. Diss. Wien 1942.*

Schneider, Reinhold, * Baden-Baden 13. Mai 1903, † Freiburg im Breisgau 6. April 1958, dt. Schriftsteller.

Sohn eines Hotelbesitzers, nach Abitur kaufmänn. Ausbildung, Reisen nach Italien, Spanien, Portugal, Frankreich und England, lebte längere Zeit als freier Schriftsteller in Potsdam, ab 1938 in Freiburg im Breisgau, im Dritten Reich zeitweise Schreibverbot, gegen Kriegsende des Hochverrats angeklagt; jahrelange schwere Krankheit. Sch.s kulturphilosoph. bestimmtes, aus christl.-humanist. Tradition erwachsenes Werk deutet in bildhafter, beherrscht-konzentrierter Sprache die europ. Geschichte als eine Auseinandersetzung zwischen Macht und Geist, zwischen Macht und christl. gebundenem Gewissen; die in tiefer Schwermut gesehene Tragik der Geschichte kann nur durch den Glauben überwunden werden; 1956 Friedenspreis des Dt. Buchhandels.

Hauptwerke: Das Leiden des Camoes oder ... (Biogr., 1930), Philipp II. (Biogr., 1931), Las Casas vor Karl V. (E., 1938), Macht und Gnade

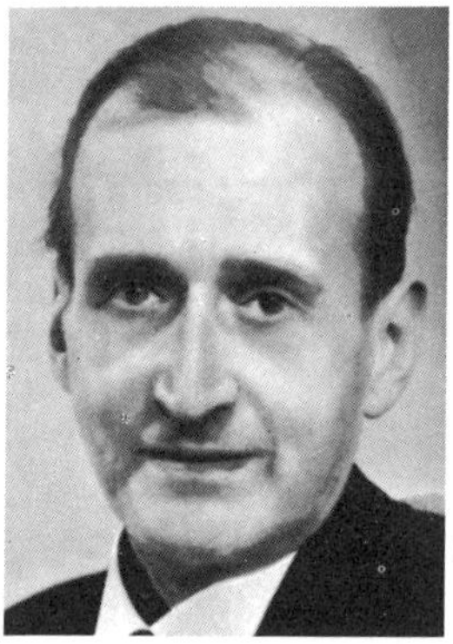
Reinhold Schneider

(Essays, 1940), Weltreich und Gottesreich (Essay, 1946), Der große Verzicht (Dr., 1950), Innozenz und Franziskus (Dr., 1953), Das getilgte Antlitz (En., 1953), Die Sonette von Leben und Zeit, dem Glauben und der Geschichte (Ged., 1954), Erbe und Freiheit (Essays, 1955), Die silberne Ampel (R., 1956), Der Balkon (Autobiogr., 1957), Innozenz der Dritte (Biogr., hg. 1960).
Ausgabe: R. Sch. Ausgew. Werke in 4 Bden. Köln $^{1-2}$*1953–58.*
Literatur: R. Sch. Leben u. Werk in Dokumenten. Hg. v. Franz Anselm Schmitt. *Olten u. Freib. 1969.* – Scherer, B.: *Tragik vor dem Kreuz. Leben u. Geisteswelt R. Sch.s. Freib. 1966.* – Bossle, L.: *Utopie u. Wirklichkeit im polit. Denken v. R. Sch. Mainz 1965.* – Scherer, B.: *R. Sch. Seine Geisteswelt u. Literaturbetrachtung. Diss. Freiburg (Schweiz) 1964.* – Balthasar, H. U. v.: *R. Sch. Sein Weg u. sein Werk. Köln 1953.*

Schneider, Rolf, * Chemnitz 17. April 1932, dt. Schriftsteller.
1951–55 Germanistikstudium, bis 1958 Redakteur, seither freier Schriftsteller in Berlin (Ost); schrieb mehrere Bühnenstücke, Hör- und Fernsehspiele, Erzählungen sowie einen Roman mit Themen v.a. aus der Zeit des Dritten Reiches, der Nachkriegszeit und Gegenwart; mitunter satir. Darstellung.
Hauptwerke: Prozeß Richard Waverley (Dr., 1961), Godefroys (Dr., 1961), Brücken und Gitter (En., 1965), Die Tage in W. (R., 1965), Zwielicht (Hsp., Ursendung 1966), Prozeß in Nürnberg (Dr., 1968), Dieb und König (Schsp., 1969).

Schneider-Schelde, Rudolf, * Antwerpen 8. März 1890, † München 18. Mai 1956, dt. Schriftsteller.
Hg. der „Europ. Dokumente", seit 1917 freier Schriftsteller; seine Bücher wurden von den Nationalsozialisten verboten und verbrannt; 1949–51 Programmdirektor des Bayer. Rundfunks. Machte sich als Autor stilsicherer Kurzgeschichten, Romane und bühnenwirksamer Theaterstücke (v.a. Lustspiele) einen Namen; auch Hörspielautor.
Hauptwerke: Sekunde der Freiheit (Dr., 1922), Bluff (Lsp., 1925), Kies bekennt Farbe (R.,1930), Die Liebesprobe (Lsp., 1940), Ein Mann im schönsten Alter (R., 1955).

Schnell, Robert Wolfgang, * Barmen (heute Wuppertal-Barmen) 8. März 1916, dt. Schriftsteller.
Studierte Musik, wurde dann Maler (Autodidakt); lebt in Berlin; zeichnet in seiner Prosa vorwiegend Berliner Milieu, so das Neuberliner Künstlerviertel in seinem Roman „Geisterbahn" (1964); sein Roman „Erziehung durch Dienstmädchen" (1968) spielt an der Wupper und ist die Geschichte einer Kindheit vor dem Hintergrund der Spartakuskämpfe; auch Hörspielautor.
Weitere Werke: Wahre Wiedergabe der Welt (Satiren, 1961), Mief (En., 1963), Muzes Flöte (En., Ged., Essays, 1966), Die Farce von den Riesenbrüsten (En., 1969).

Schnepperer, der † Rosenplüt, Hans.

Schne'ur, Salman, eigtl. Salkind Sch., * Schklow bei Mogiljow Febr. 1887, † New York 20. Febr. 1959, jidd.-hebr. Schriftsteller und Kritiker.
Gehörte in Odessa zum Kreis um Bialik, ging dann nach Warschau und Wilna, 1908 in die Schweiz, Reisen durch Europa und N-Afrika, im 1. Weltkrieg in Berlin interniert; Medizinstudium in Paris, emigrierte 1941 in die USA, seit 1951 in Israel. Als sein Hauptwerk gilt der jidd. geschriebene Roman „Noah Pandre" (dt. 1937), der, wie alle seine skept.-nihilist. Prosawerke, in der ostjüd. Welt spielt, während die sprachmächtige Lyrik von Naturliebe, Traum und Unrast geprägt ist. In den herkömml. Kulturwerten sah Sch. die Zeichen einer nivellierenden Zivilisation und glaubte an die kulturschaffende Mission des Judentums.
Weitere Werke: A Toit; Schriftn fun a Selbstmerder (Skizzen, 1909), Bametzar (E., 1923), Gesharim (Ged., 1924), Sklower Jiden (E., 1929), Fetter Zsome (R., 1930), Ferzig Jor Nju York (Skizzen, 1945).

Schnitter, Johannes † Agricola, Johannes.

Schnitzler, Arthur, * Wien 15. Mai 1862, † ebd. 21. Okt. 1931, östr. Schriftsteller.
Sohn eines Professors der Medizin, Studium der Medizin, Arzt in Wien, widmete sich mehr und mehr der schriftsteller. Tätigkeit und lebte als freier Schriftsteller in Wien; Bekanntschaft mit S. Freud, dessen Psychoanalyse er großes Interesse entgegenbrachte. In seinen Dramen (vorwiegend Einakter und lockere Szenenfolgen) und Erzählungen von der frz. Dekadenz angeregter Beobachter der Wiener Gesellschaft um die Jahrhundertwende, die er in psycholog. einfühlsamer Zeichnung krit. und genau darstellt; jedes Erlebnis seiner Figuren, die mit leichter, aber müder Me-

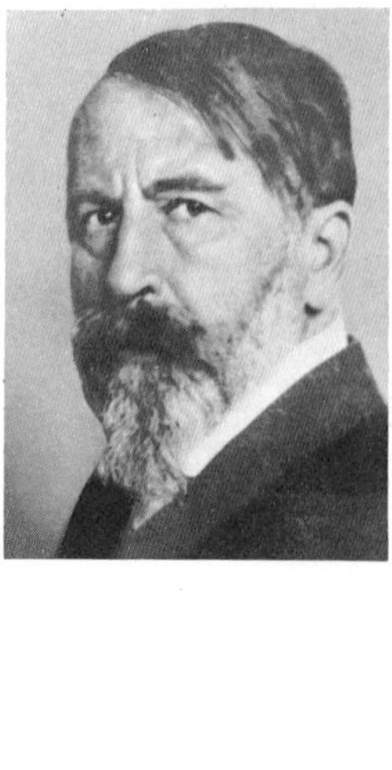
Arthur Schnitzler

lancholie kokettieren, bleibt im Unverbindlichen; Bewußtheit und Selbstbeobachtung werden zur entblößenden psycholog. Analyse; frühe Anwendung des inneren Monologs in den Novellen „Lieutenant Gustl" (1901) und „Fräulein Else" (1924); umfangreicher Briefwechsel.
Weitere Werke: Anatol (Dr., 1893), Das Märchen (Dr., 1894), Sterben (Nov., 1895), Liebelei (Dr., 1896), Der grüne Kakadu (Einakter, 1899), Reigen (Dialogszenen, 1900), Die griech. Tänzerin (Novellen, 1904), Das weite Land (Tragikom., 1911), Professor Bernhardi (Kom., 1912), Frau Beate und ihr Sohn (Nov., 1913), Casanovas Heimfahrt (Nov., 1918), Traumnovelle (1926), Spiel im Morgengrauen (Nov., 1927), Therese (R., 1928), Über Krieg und Frieden (Schr., hg. 1939), Jugend in Wien (Autobiogr., hg. 1968).
Ausgaben: A. Sch. Ges. Werke in Einzelbden. Frkf. 1961–67. 5 Bde. – A. Sch. Ges. Werke. Erweiterte Ausg. Bln. 1922–23. 9 Bde.
Literatur: Just, G.: *Ironie u. Sentimentalität in den erzählenden Dichtungen A. Sch.s. Bln. 1968.* – Melchinger, Ch.: *Illusion u. Wirklichkeit im dramat. Werk A. Sch.s. Hdbg. 1968.* – Urbach, R.: *A. Sch. Velber 1968.* – Allen, R. H.: *An annotated A. Sch. bibliography. Editions and criticism in German, French, and English. 1879–1965. Chapel Hill (N.C.) 1966.* – Baumann, G.: *A. Sch. Die Welt v. Gestern eines Dichters v. Morgen. Frkf. 1965.* – Specht, R.: *A. Sch. Der Dichter u. sein Werk. Bln. 1922.*

Schnüffis, Laurentius von ↑ Laurentius von Schnüffis.

Schnurre, Wolfdietrich, * Frankfurt am Main 22. Aug. 1920, dt. Schriftsteller.
Teilnahme am 2. Weltkrieg, Film- und Theaterkritiker in Berlin, dann freier Schriftsteller; gehörte zu den Mitbegründern der „Gruppe 47". Schreibt meisterhafte Kurzgeschichten, ferner Romane, Lyrik, Essays, Hör- und Fernsehspiele. Moralist.-zeitkrit. Gestaltung aktueller Stoffe und Probleme der Kriegs- und Nachkriegszeit, oft in skurril-märchenhafter Einkleidung. Sein Phantasiereichtum wird durch knappe Diktion und skizzenhafte Andeutung von Gestalten und Situationen gebändigt.
Hauptwerke: Die Rohrdommel ruft jeden Tag (En., 1950), Sternstaub und Sänfte (En., 1953, 1962 u.d.T. Die Aufzeichnungen des Pudels Ali), Kassiber (Ged., 1956), Protest im Parterre (Fabeln, 1957), Als Vaters Bart noch rot war (R., 1958), Eine Rechnung, die nicht aufgeht (En., 1958), Das Los unserer Stadt. Eine Chronik (1959), Funke im Reisig (En., 1963), Schreibtisch unter freiem Himmel (Essays, 1964), Was ich für mein Leben gern tue (Prosa, 1967), Spreezimmer möbliert (4 Hörspiele, 1967), Rapport des Verschonten (En., 1968).
Literatur: Reich-Ranicki, M.: *Der militante Kauz, W. Sch. In:* Reich-Ranicki: *Dt. Lit. in West u. Ost. Prosa seit 1945. Mchn. 11.–19. Tsd. 1966.* – Schmoldt, B.: *Der Erzähler W. Sch. In: W. Sch.: Freundschaft mit Adam. Baden-Baden 1966.*

Schogenzukow, Ali Aschadowitsch; tl.: Šogencukov, Ali Ashadovič [russ. ʃɐgɪnˈtsukɐf], eigtl. A. A. Schodschentsykus; tl.: A. A. Šodžentsykus, * Staraja Krepost 28. Okt. 1900, † Bobruisk 29. Nov. 1941, kabardin.-sowjet. Dichter.
Sohn eines Bauern; besuchte 1914 ein geistl. Seminar, wurde relegiert; nach pädagog. Ausbildung Lehrer; starb in dt. Gefangenschaft. Schrieb, angeregt von der klass. und modernen russ. Dichtung, u.a. von Nekrassow, Gorki und Majakowski, erzählende Vers- und Prosadichtungen sowie Lyrik; sozialist. optimist. Einstellung; auch Übersetzer.

Scholem-Alejchem, eigtl. Schalom Rabinowitsch, * Perejaslaw (heute Perejaslaw-Chmelnizki, Ukraine) 2. März 1859, † New York 13. Mai 1916, jidd. Schriftsteller.
Wuchs in Woronkow auf; 1888/89 Hg. des Jahrbuchs „Di jiddische folksbibliotek" in Kiew, in der er Werke jidd. Autoren seiner Zeit veröffentlichte; 1905 Flucht aus Rußland über Österreich, Rumänien, Belgien, Frankreich, England nach den USA; später erfolgreiche Vortragsreisen in Rußland, Rückkehr nach New York. Bedeutendster Humorist der jidd. Literatur, liebevoller Schilderer einfacher jüd. Gestalten bes. aus dem Osten Europas; ein immer versöhnl., gütiger Humor durchzieht seine Werke, trotz aller Kritik an sozialen Mißständen.
Hauptwerke: Aus dem nahen Osten (Novellen, dt. 1914), Die Geschichte Tewjes des Milchhändlers (R., dt. 1922, auch u.d.T. Tewje, der Milchmann), Stempenju (R., dt. 1922).
Ausgabe: Ale verk fun Shālōm-ʿĀlekhem. New York 1923–24. 28 Bde.
Literatur: Samuel, M.: *The world of Sholom Aleichem. New York 1943.*

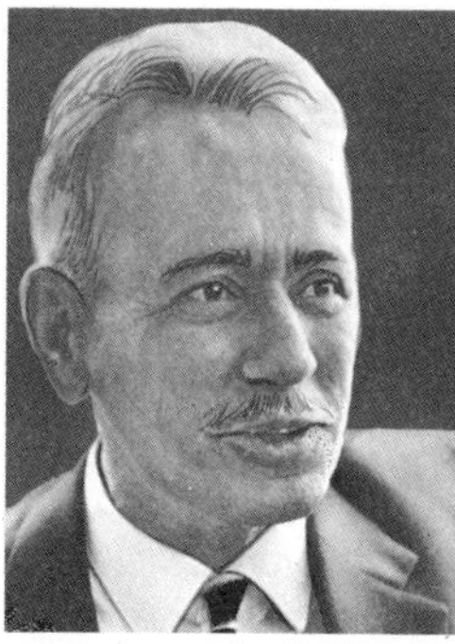

Michail Alexandrowitsch Scholochow

Scholochow, Michail Alexandrowitsch; tl.: Šolohov, Mihail Aleksandrovič [russ. ˈʃɔlɐxɐf], * Kruschilin (Don) 24. Mai 1905, russ.-sowjet. Schriftsteller.
Stammt aus einer Kosakenfamilie, nahm nach vorübergehendem Besuch des Gymnasiums an Kämpfen gegen die Weißgardisten teil, später Mitglied der KPdSU; seit 1926 lebt er in der Staniza Wjoschenskaja. Seine ersten Novellen entstanden 1923–26: „Donerzählungen" (dt. 1958) und „Flimmernde Steppe" (dt. 1958). Sch.s Hauptwerk ist der Roman „Der stille Don" (zwischen 1928 und 1940 in 4 Teilen erschienen; dt.: Buch 1–3 1929–34, Buch 1–4 1948/49), für den Sch. 1941 den Stalinpreis erhielt. Das Werk wurde mehrfach umgearbeitet und 1930 und 1958 verfilmt. In breitem Stil schildert Sch. darin das Leben und Geschick der Donkosaken vor, während und nach der Revolution und im Bürger-

krieg. Der Roman „Neuland unterm Pflug“ (Buch 1 1932, dt. 1946, Buch 2 1955–59, dt. 1960, 1966 u. d. T. „Ernte am Don“) behandelt die Kollektivierung im Donkosakengebiet (ebenfalls verfilmt). 1960 Leninpreis, 1965 Nobelpreis.
Weitere Werke: Ein Menschenschicksal (E., dt. 1958), Sie kämpften für die Heimat (R., dt. 1960).
Ausgabe: M. A. Sch. Ges. Werke in Einzelausgg. Dt. Übers. Bln. 1965 ff. Auf mehrere Bde. berechnet.
Literatur: Stewart, D. H.: *Mikhail Sholokhov. Ann Arbor (Mich.) 1967.* – Nürnberg, O.: *Michael Šolochov. Analyse u. Wertung seines Werkes. Diss. Graz 1950.*

Scholtis, August, Pseudonym Alexander Bogen, * Bolatitz (Nordmähr. Gebiet) 7. Aug. 1901, † Berlin-Steglitz 25. oder 26. April 1969, dt. Schriftsteller.
Verschiedene Berufe, seit 1928 Journalist und freier Schriftsteller in Berlin. In seinen Romanen und Erzählungen stellte er v. a. Probleme der Bevölkerung des oberschles. Grenzgebiets dar; auch Dramen und Hörfolgen; Übersetzungen.
Hauptwerke: Ostwind (R., 1932), Baba und ihre Kinder (R., 1934), Das Eisenwerk (R., 1939), Die Zauberkrücke (E., 1947), Die Fahnenflucht (Nov., 1948), Ein Herr aus Bolatitz (Autobiogr., 1959), Die Reise nach Polen (Bericht, 1962).

Scholz, Hans, * Berlin 20. Febr. 1911, dt. Schriftsteller und Maler.
Sohn eines Rechtsanwalts, studierte Kunstgeschichte und Malerei, freischaffender Künstler, 1936–39 und 1946–50 auch Lehrer an privaten Kunstschulen, 1950–54 Volkshochschuldozent in Berlin; schrieb Essays, Drehbücher für Werbefilme, bis ihm mit seinem Roman „Am grünen Strand der Spree“ (1955) ein Erfolgswerk gelang.
Weitere Werke: Schkola (Nov., 1956), Berlin, jetzt freue Dich (Skizzenbuch, 1960), Der Prinz Kaspar Hauser. Protokoll einer Sage (1964).

Scholz, Wilhelm von, * Berlin 15. Juli 1874, † Konstanz 29. Mai 1969, dt. Schriftsteller.
Studierte Philosophie und Literaturwissenschaft in Berlin, Kiel, Lausanne und München; Offizier, freier Schriftsteller, 1916–23 Dramaturg in Stuttgart, lebte zuletzt auf seinem Landgut Seeheim. Sein umfangreiches, traditionsgebundenes Schaffen umfaßt alle literar. Gattungen; Neuromantiker, Neuklassizist und Vertreter des symbol. Realismus; immer ist das Menschliche mit Magischem und Mystischem verbunden, immer geht es um die Darstellung des Grenzgebietes zwischen Wirklichem und Unwirklichem, zwischen Traum und Realität; in seinen Dramen betont Sch. die dramat. Formenwerte, dramat. Spannung beherrscht auch die Erzählungen und Novellen. Mehrfach griff Sch. in seinen Werken mittelalterl. Stoffe auf, oft aus dem Umkreis des Bodensees; auch Abhandlungen, v. a. zur Dramentheorie (Einfluß Hebbels und P. Ernsts), ferner Übersetzungen.
Hauptwerke: Droste-Hülshoff (Biogr., 1904), Der Jude von Konstanz (Trag., 1905), Meroë (Trag., 1906), Der Wettlauf mit dem Schatten (Dr., 1921), Zwischenreich (En., 1922), Perpetua (R., 1926), Der Weg nach Ilok (R., 1930), Das Inwendige (En., 1958), Theodor Dorn (R., 1967).
Ausgaben: W. v. Sch. Ausgew. Schauspiele. Esslingen 1964. – W. v. Sch. Ges. Werke. Stuttg. 1924. 5 Bde.
Literatur: W. v. Sch. In Würzburg. Mit Beitr. zum 90. Geburtstag des Dichters. Würzb. 1964. – Gramich, R.: *Formprobleme der Erzählkunst. W. v. Sch. Diss. Mchn. 1958.* – Reis, A. M.: *W. v. Sch. Diss. Bonn 1939.*

Schomburgk, Hans [...bʊrk], * Hamburg 28. Okt. 1880, † Berlin 26. Juli 1967, dt. Afrikaforscher und Reiseschriftsteller.
Kämpfte auf brit. Seite im Burenkrieg, wissenschaftl. Expeditionen nach Afrika; auch Kulturfilmproduzent; schrieb Reiseschilderungen und Tiergeschichten.
Hauptwerke: Wild und Wilde im Herzen Afrikas (1910), Meine Freunde im Busch (1936), Erzähl' uns was, Schimpanse (1948), Mein Abschied von Afrika (1958).

Schönaich, Christoph Otto Freiherr von, * Amtitz (Landkreis Guben) 11. Juni 1725, † ebd. 15. Nov. 1807, dt. Dichter.
1745–47 Offizier in sächs. Diensten; Anhänger Gottscheds, von diesem 1752 in Leipzig zum Dichter gekrönt; bekannt v. a. durch seine Auseinandersetzungen mit Klopstock und Lessing; schrieb literar. unbed. Epen („Hermann oder ...“, 1751; „Heinrich der Vogler ...“, 1757) und Trauerspiele.

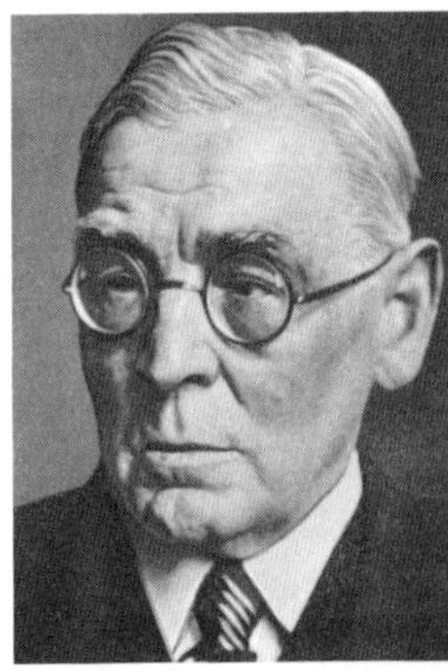
Karl Schönherr

Schönaich-Carolath, Emil Prinz von [...lat], * Breslau 8. April 1852, † Schloß Haseldorf bei Pinneberg 30. April 1908, dt. Schriftsteller.
Studierte 1870/71 Literatur- und Kunstgeschichte in Zürich. Sch.-C., zu seiner Zeit ein berühmter Lyriker, läßt in seinen formsicheren Gedichten und Erzählungen im Stil der Neuromantik die Wandlung von pessimist. Einstellung zu religiöser Weltanschauung sichtbar werden. In den Gedichten ist er von Uhland und Freiligrath, in den Novellen von Storm beeinflußt.
Hauptwerke: Lieder an eine Verlorene (Ged., 1878), Bürgerl. Tod (Nov., 1894), Der Freiherr. Regulus. Der Heiland der Tiere (Novellen, 1896).
Literatur: Becker, E.: *E. Prinz v. Sch.-C. Ein schlichtes Lebensbild zum Gedächtnis seines 75. Geburtstages. Lpz. 1927.* – Schüler, G.: *Prinz E. v. Sch.-C. als Mensch u. Dichter. Lpz. 1909.*

schöne Magelone, Die ↑ Magelone, Die schöne.

Schönherr, Karl, * Axams bei Innsbruck 24. Febr. 1867, † Wien 15. März 1943, östr. Dramatiker. Studium der Germanistik und Medizin, Arzt in Wien, seit 1905 freier Schriftsteller. Schrieb Gedichte in Tiroler Mundart („Tiroler Marterln für abg'stürzte Bergkraxler“, 1895; „Innthaler Schnal-

zer", 1895) und Erzählungen in Form von Kalendergeschichten; am bedeutendsten sind seine bühnenwirksamen, handlungsstarken, z.T. sozialkrit. Dramen mit Themen aus Volkstum und Geschichte seiner Tiroler Heimat.
Weitere Werke: Die Bildschnitzer (Trag., 1900), Erde (Dr., 1908), Glaube und Heimat (Trag., 1910), Der Weibsteufel (Dr., 1914), Frau Suitner (Schsp., 1916), Volk in Not (Dr., 1916), Narrenspiel des Lebens (Dr., 1918), Der Judas von Tirol (Volksstück, 1927).
Ausgaben: K. Sch. Gesamtausg. Bühnenwerke. Wien 1967ff. Auf 3 Bde. berechnet. – K. Sch. Ges. Werke. Hg. v. V. Chiavacci. *Wien 1948. 2 Bde.*
Literatur: Sanders, W. D.: *Pessimism in the works of K. Sch. Diss. Indiana Univ., Bloomington 1963.* – Paulin, K.: *K. Sch. u. seine Dichtungen. Innsbruck 1950.*

Schönthan, Franz [...tan], Edler von Pernwald, * Wien 20. Juni 1849, † ebd. 2. Dez. 1913, östr. Bühnenautor.
Marineoffizier, dann Schauspieler, Regisseur und Theaterdichter. Schrieb zahlreiche bühnenwirksame, aber künstler. unbed. Lustspiele und Schwänke. Überaus erfolgreich war der gemeinsam mit seinem Bruder *Paul Sch.* (* Wien 19. März 1853, † ebd. 4. Aug. 1905) verfaßte Schwank „Der Raub der Sabinerinnen" (1885) mit der unsterbl. Gestalt des Schmierendirektors Striese.

Schönwiese, Ernst, * Wien 6. Jan. 1905, östr. Schriftsteller.
Dr. phil., Redakteur, Programmdirektor beim östr. Rundfunk; Gründer und Hg. der literar. Zeitschrift „das silberboot". Schreibt Essays, Hörspiele und v.a. myst. bestimmte, sprachl. und formal traditionsverbundene Lyrik. Übersetzungen fernöstl. Lyrik.
Hauptwerke: Der siebenfarbige Bogen (Ged., 1947), Das unverlorene Paradies (Ged., 1951), Requiem in Versen (Ged., 1953), Geheimnisvolles Ballspiel (Ged., 1964), Odysseus und der Alchimist (Ged., 1968).

Schopenhauer, Johanna, geb. Trosiener, * Danzig 3. Juli 1766, † Weimar 17. April 1838, dt. Schriftstellerin.
Mutter des Philosophen Arthur Sch.; nach 1806 in Weimar Mittelpunkt eines bed. literar. Salons; lebte 1828–37 vorübergehend in Bonn, dann wieder in Weimar. Schrieb Novellen, Romane und Reisebeschreibungen.
Hauptwerke: Gabriele (R., 1819/20), Die Tante (R., 1823), Richard Wood (R., 1837).
Ausgaben: J. Sch. Nachlass. Braunschweig 1839. 2 Bde. – J. Sch. Sämmtl. Schrr. Lpz. u. Frkf. 1830–31. 24 Bde.
Literatur: Frost, L.: *J. Sch. Lpz. ²1913.*

Schopfer, Jean [frz. ʃɔp'fɛːr] ↑ Anet, Claude.

Schota Rustaweli ↑ Rustaweli, Schota.

Schottel, Justus Georg, latin. Schottelius, * Einbeck 23. Juni 1612, † Wolfenbüttel 25. Okt. 1676, dt. Grammatiker und Dichter.
Pfarrerssohn, Studium der Rechte in Leiden und Wittenberg, Hofmeister beim Herzog von Braunschweig, Hof-, Kammer- und Konsistorialrat in Wolfenbüttel; Mitglied der „Fruchtbringenden Gesellschaft" und der „Pegnitzschäfer"; verdient um die Erforschung der dt. Sprache (Etymologie); bekämpfte den Fremdwörterkult und trat für die Festigung der Hochsprache durch eine verbindl. Grammatik ein; wichtig sind seine theoret. Schriften, seine Dichtungen sind unbedeutend.
Hauptwerke: Teutsche Sprachkunst (Schr., 1641), Ausführl. Arbeit von der Teutschen HaubtSprache (Abhandlung, 1663).
Literatur: Koldewey, F. E.: *J. G. Sch.ius. Wolfenburg 1899.*

Schøyen, Carl [norweg. 'skœi̯ən], * Kristiansand 6. Juli 1877, † Jeløy bei Moss 5. März 1951, norweg. Schriftsteller.
Beschrieb das nördl. Skandinavien, dessen Bevölkerung und Natur er gut kannte, in folklorist. und kulturhistor. interessanten, aber oft romantisierenden Schilderungen. Viele seiner Erzählungen beschäftigen sich mit dem Leben und den Gebräuchen der Lappen.
Hauptwerke: Der Lofot (E., dt. 1924), Skouluk-Andaras Berichte aus Lappland (E., dt. 1923), I Sameland (E., 1924).

Schreckenbach, Paul, * Neumark bei Weimar 6. Nov. 1866, † Klitzschen bei Torgau 27. Juni 1922, dt. Schriftsteller.
Studierte Theologie und Geschichte (Dr. phil.), Pfarrer. Verfasser historisch-vaterländischer Romane.
Hauptwerke: Die von Wintzingerode (R., 1905), Der böse Baron von Krosigk (R., 1907), Der getreue Kleist (R., 1910), Die letzten Rudelsburger (R., 1913), Markgraf Gero (R., 1916).

Schreiner, Olive [afrikaans 'ʃraːi̯nər], verh. Cronwright, * Missionsstation Wittebergen (Basutoland) 24. März 1855, † Kapstadt 12. Dez. 1920, südafrikan. Schriftstellerin.
Tochter eines dt. Methodistenmissionars; wirkte nach weitgehend autodidakt. Bildung früh als Lehrerin und Erzieherin; wurde in England, wo sie 1881–89 lebte, durch den unter dem Pseudonym Ralph Iron veröffentlichten Roman „Lyndall" (1883, dt. 1892), einer Darstellung des südafrikan. Farmerlebens, bekannt; verfaßte – ausschließl. in engl. Sprache – neben literar. Werken auch Abhandlungen zu kulturellen, sozialen und polit. Problemen.
Weitere Werke: Träume (Kurzgeschichten, dt. 1894), Peter Halket im Mashonalande (R., dt. 1898).

Schreyer, Lothar, Pseudonym Angelus Pauper, * Blasewitz (heute Dresden-Blasewitz) 19. Aug. 1886, † Hamburg 18. Juni 1966, dt. Schriftsteller und Maler.
Studierte Jura, war 1911–18 Dramaturg des Hamburger Dt. Schauspielhauses, 1921–23 Professor am Bauhaus Weimar; gründete 1918 mit H. Walden die „Sturm"-Bühne in Berlin, leitete in Hamburg die experimentierfreudige „Kampfbühne" und wurde 1928 Verlagsredakteur. Er stand anfangs dem Kreis um die expressionist. Zeitschrift „Der Sturm" nahe, schrieb expressionist. Dramen, in denen er „Einheit und Gestalt von Form und Farbe und Bewegung und Ton" anstrebte, wandte sich später einer christl. Mystik zu. Sch. schrieb auch Lyrik, Romane und Essays.
Weitere Werke: Jungfrau (Dr., 1917), Meer. Sehnte. Mann (Dr., 1918), Nacht (Dr., 1919), Kreuzigung (Dr., 1920), St. Christophorus (Legende, 1936), Der Untergang von Byzanz (R., 1940), Die Vollendeten (Mystiker-Biographien,

1949), Erinnerungen an Sturm und Bauhaus (1957), Siegesfest in Karthago (R., 1961).

Schreyvogel, Joseph, * Wien 27. März 1768, † ebd. 28. Juli 1832, östr. Schriftsteller.
1794–97 in Jena, wo er mit Schiller verkehrte und an der „Jenaer Literaturzeitung" mitarbeitete; 1802–04 und ab 1814 Hoftheatersekretär in Wien. Verdient um das Burgtheater, dessen Spielplan er als Dramaturg bes. durch Bearbeitung span. Dramen bereicherte; starker Einfluß auf Grillparzer.
Hauptwerke: Donna Diana (Kom., 1819), Don Gutierre (Trag., 1834).
Ausgabe: J. Sch. Ges. Schrr. Braunschweig 1829. 4 Bde.
Literatur: Wache, K.: *J. Sch.s theatral. Sendung. In:* Wache: *Jahrmarkt der Wiener Lit. Salzburg 1966.* – Lasker-Schlitt, D.: *J. Sch., Grillparzers „väterl. Freund". In: Germanic Review 21 (1947), 268.*

Schreyvogl, Friedrich [...fo:gəl], * Mauer (heute zu Wien) 17. Juli 1899, östr. Schriftsteller.
Urgroßneffe von Joseph Schreyvogel, 1922 Dr. rer. pol., 1927 Lehrer für Literatur und Dramaturgie an der Akademie für Musik und darstellende Kunst in Wien, 1954–59 Vizedirektor, seit 1959 Chefdramaturg des Wiener Burgtheaters. Begann mit Gedichten, die dem Expressionismus nahestehen; später Dramen mit geschichtl. und religiösen Themen, breit angelegte Zeitromane aus der Zeit vor dem 1. Weltkrieg, Komödien und Essays.
Hauptwerke: Singen und Sehnen (Ged., 1917), Johann Orth (Dr., 1928, 1933 u.d.T. Habsburgerlegende), Grillparzer (R., 1935), Der Gott im Kreml (Dr., 1937), Der Friedländer (R., 1943), Die Dame in Gold (R., 1958), Ein Jahrhundert zu früh (R., 1964).
Literatur: Niesner, G.: *F. Sch. Diss. Wien 1960 [Masch.].*

Schriften † Bibel.

Schröder, Friedrich Ludwig, * Schwerin 3. Nov. 1744, † Rellingen 3. Sept. 1816, dt. Schauspieler, Theaterleiter und Dramatiker.
Sohn der Schauspielerin Sophie Charlotte Sch.; war anfangs Tänzer und Schauspieler bei verschiedenen Wandertruppen, dann in Hamburg bei der Gesellschaft seines Stiefvaters K. E. Ackermann, leitete die Hamburger Bühne 1771 bis 1780 (mit seiner Mutter), 1786–98 und 1812/13; 1781–85 war er gefeiertes Mitglied des Wiener Burgtheaters. Sch. schuf einen neuen Inszenierungs- und Darstellungsstil, er ersetzte das bis in seine Zeit übl. Pathos durch Natürlichkeit. Den Dramatikern des Sturm und Drangs verhalf er zum Durchbruch, führte Shakespeare-Dramen in eigenen [abschwächenden] Bearbeitungen auf und schrieb seinerzeit sehr erfolgreiche Komödien und bürgerl. Trauerspiele in der Art Ifflands und Kotzebues. Seine „Dramat. Werke" wurden 1831 herausgegeben.
Literatur: Hadamczik, D.: *F. L. Sch. in der Gesch. des Burgtheaters. Die Verbindung v. dt. u. östr. Theaterkunst im 18. Jh. Bln. 1961.* – Litzmann, B.: *F. L. Sch. Ein Beitrag zur dt. Litteratur- u. Theatergesch. Hamb. 1891–94. 2 Tle.*

Schröder, Rudolf Alexander, * Bremen 26. Jan. 1878, † Bad Wiessee 22. Aug. 1962, dt. Dichter.

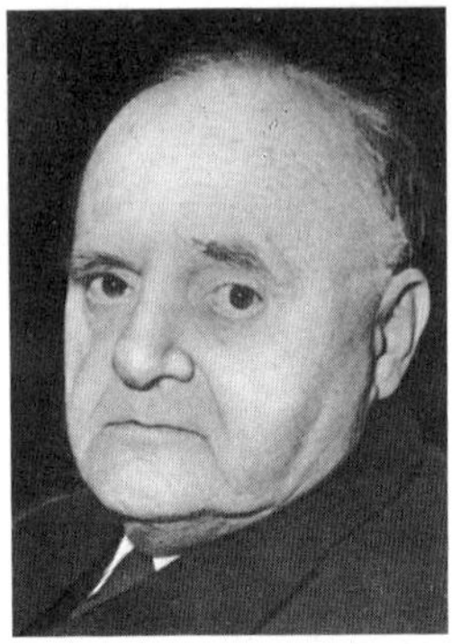

Rudolf Alexander Schröder

Entstammte einer Kaufmannsfamilie, ging 1897 nach Besuch des Gymnasiums zunächst nach München, um sich als Architekt auszubilden; begründete hier 1899 mit A. W. Heymel und O. J. Bierbaum die Zeitschrift „Die Insel" und 1902 den Insel-Verlag; Aufenthalte in Paris, Berlin und Bremen, gründete 1913 mit H. von Hofmannsthal, R. Borchardt u.a. die „Bremer Presse", seit 1935 in Bergen (Oberbayern); auch erfolgreich als Innenarchitekt, Graphiker und Landschaftsmaler; Mitglied der Bekennenden Kirche. Ästhetizist.-neuromant. Lyriker, seit dem 1. Weltkrieg mit klassizist.-archaisierender Gestaltungstendenz („Die weltl. Gedichte", 1940), pflegte Ode und Elegie in antiken Versmaßen, das Sonett und das ev. Kirchenlied („Die geistl. Gedichte", 1949); bed. Übersetzer u.a. von Shakespeare, Racine, Molière, Vergil und bes. von Homer; auch Essayist und Erzähler.
Weitere Werke: Unmut (Ged., 1899), An Belinde (Ged., 1902), Sonette zum Andenken an eine Verstorbene (1904), Heilig Vaterland (Ged., 1914), Mitte des Lebens (Ged., 1930), Die Ballade vom Wandersmann (Ged., 1934), Die Kirche und ihr Lied (Essay, 1937), Unser altes Haus (E., 1951).
Ausgabe: R. A. Sch. Ges. Werke. Frkf. 1952–65. 8 Bde.
Literatur: Burckhardt, C. J.: *Abschied v. R. A. Sch. 1962. Sonderdr. Hdbg. 1967.* – Wentorf, R.: *Dichter der Kirche. R. A. Sch., Jochen Klepper, Siegbert Stehmann. Gießen 1965.* – Adolph, R.: *R. A. Sch. Aschaffenburg 1958.* – Berger, K.: *Die Dichtung R. A. Sch.s. Marburg 1954.* – Adolph, R.: *Sch.-Bibliogr. Aschaffenburg 1953.*

Schröer, Gustav [ʃrø:r], * Wüstegiersdorf (Landkreis Waldenburg, Schlesien) 14. Jan. 1876, † Weimar 17. Okt. 1949, dt. Schriftsteller.
Zunächst Lehrer in Thüringen, 1922 Redakteur in Weimar. Schrieb Volks- und Heimatromane, in denen er das schles. und thüring. Bauern- und Kleinstadtleben darstellte.
Hauptwerke: Der Heiland vom Binsenhofe (R., 1918), Heimat wider Heimat (R., 1929), Um Mannesehre (R., 1932).

Schroers, Rolf [ʃrø:rs], * Neuß 10. Okt. 1919, dt. Schriftsteller.
Philologiestudium, im 2. Weltkrieg Militärdienst, Verlagslektor, freier Schriftsteller; gehört zur „Gruppe 47"; polit. engagierter Verfasser von brillant geschriebenen, gut komponierten Roma-

nen, Erzählungen und Hörspielen mit konservativer, existentialist. beeinflußter Interpretation des Kriegs- und Nachkriegsgeschehens; auch Essays und Übersetzungen.
Hauptwerke: T. E. Lawrence (Studie, 1949), Der Trödler mit den Drahtfiguren (R., 1952), In fremder Sache (E., 1957), Auswahl der Opfer (Hsp., 1961), Kreuzverhör (Hsp., 1963), Aus gegebenem Anlaß (Essays, 1964), Standgericht (Hsp., 1965), Köder für eine Dame (Dr., UA 1969).

Schtschedrin, N. [russ. ʃtʃɪ'drin] † Saltykow [-Schtschedrin], Michail Jewgrafowitsch.

Schtscherbina, Nikolai Fjodorowitsch; tl.: Ščerbina, Nikolaj Fedorovič [russ. ʃtʃɪr'binɐ], * Grusko-Jelaninskoje bei Taganrog 14. Dez. 1821, † Petersburg (heute Leningrad) 22. April 1869, russ. Dichter.
Sohn eines Gutsbesitzers; brach sein Studium in Charkow ab und war zunächst als Lehrer, danach als Beamter in Petersburg tätig. Sch., mütterlicherseits griech. Herkunft, vertrat in seiner an der klass. Antike orientierten Dichtung philhellen. Gedanken; stand später der Slawophilie nahe.

Schtschipatschow, Stepan Petrowitsch; tl.: Ščipačev, Stepan Petrovič [russ. ʃtʃipa'tʃɔf], * Schtschipatschi (Gebiet Swerdlowsk) 7. Jan. 1899, russ.-sowjet. Lyriker.
Bäuerl. Herkunft; 1919 als Freiwilliger in der Roten Armee und Mitglied der KP; im 2. Weltkrieg Frontkorrespondent. Seine gewollt einfache, polit. stark engagierte Versdichtung umfaßt u.a. Liebeslyrik, auch Kriegsdichtungen; ein Teil seiner Werke wurde ins Dt. übersetzt, darunter „Liebesgedichte" (1950) und „Lyr. Gedichte" (1952).

Schubart, Christian Friedrich Daniel, * Obersontheim (Landkreis Schwäbisch Hall) 24. März 1739, † Stuttgart 10. Okt. 1791, dt. Dichter und Publizist.
Kindheit in Aalen, Besuch des Gymnasiums in Nördlingen und Nürnberg, 1758 Theologiestudium in Erlangen (ohne Abschluß), dann Hauslehrer, Präzeptor, Organist (1769–72 in Ludwigsburg); ausschweifendes Leben; als Begründer (1774) und Hg. der freiheitl., gegen die Höfe und Kirchen gerichteten krit. Zeitung „Dt. Chronik" 1777–87 Festungshaft auf dem Hohenasperg, nachdem er auf Geheiß Herzog Karl Eugens auf württemberg. Boden gelockt worden war; nach der Freilassung körperl. und seel. gebrochen, wurde Sch. Theater- und Musikdirektor am Stuttgarter Hof. Vertreter der volksliednahen Sturm-und-Drang-Lyrik, der sich in seinen temperamentvollen polit.-aktuellen Gedichten mit schwungvollem Pathos gegen Tyrannenwillkür richtet; am bekanntesten: „Die Gruft der Fürsten" (1786), „Kaplied" (1787); Sch., der auch Liedkomponist, Musikschriftsteller und ein eindrucksvoller Rezitator war, vermittelte Schiller den Stoff für „Die Räuber".
Weitere Werke: Zaubereien (Ged., 1767), Todesgesänge (Ged., 1767), Neujahrsschilde in Versen (Ged., 1775), Gedichte aus dem Kerker (1785), Sämtl. Gedichte (1785/86).
Ausgaben: Ch. F. D. Sch. Werke in 1 Bd. Ausgew. u. eingel. v. U. Wertheim *u.* H. Böhm. *Bln. ³1965. – Ch. F. D. Sch. Ges. Schrr. u. Schicksale. Stuttg. 1839–40. 8 in 4 Bden.*
Literatur: Lahnstein, P.: *Sch.s Leben. In:* Lahnstein: *Bürger u. Poet. Stuttg. 1966.* – Nestriepke, S.: *Sch. als Dichter. Pößneck 1910.* – Strauß, D.F.: *Ch. F. D. Sch.'s Leben in seinen Briefen. Bonn 1878. 2 Bde.*

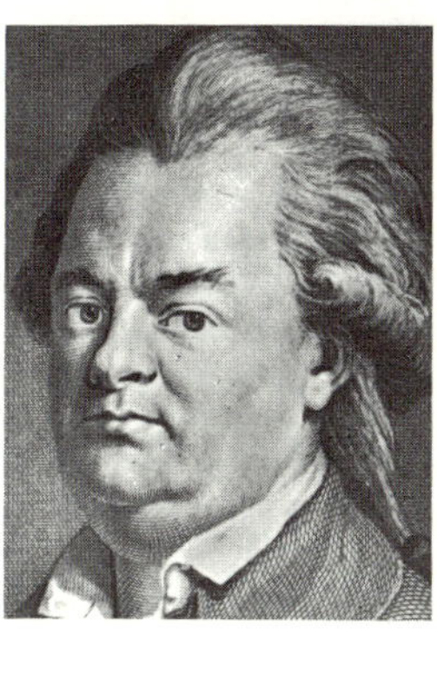
Christian Friedrich Daniel Schubart

Schübel, Theodor, * Schwarzenbach a. d. Saale 18. Juni 1925, dt. Schriftsteller.
Nach Rückkehr aus der Kriegsgefangenschaft in der Industrie tätig, 1960–63 Fernsehdramaturg in München, dann freier Schriftsteller; Autor von Dramen und Fernsehspielen; bekannt v.a. durch sein um 1648 spielendes, stark von Brecht beeinflußtes Bühnenstück „Der Kürassier Sebastian und sein Sohn" (1957), in dem er den Kampf eines einfachen Soldaten um sein Recht bis ins Tragisch-Absurde schildert; das Gegenwartsstück „Wo liegt Jena?" (1964) behandelt anhand eines Familienschicksals Probleme des geteilten Deutschland.
Weitere Werke: Karl Sand (Dr., 1964), Aufstieg (Dr., 1965).

Schücking, Levin, * Schloß Clemenswerth bei Meppen 6. Sept. 1814, † Bad Pyrmont 31. Aug. 1883, dt. Schriftsteller.
Studierte Rechtswissenschaft in Münster (Westf.), Heidelberg und Göttingen; bekannt durch seine Freundschaft mit Annette von Droste-Hülshoff; 1837 freier Schriftsteller in Münster, 1841 Bibliothekar des Freiherrn von Laßberg in Meersburg, 1842 Erzieher im Haus Wrede in Salzburg; 1843 Schriftleiter an der Augsburger „Allgemeinen Zeitung", dann an der „Kölner Zeitung", 1846/47 und 1864 Reisen nach Italien, 1862 nach England, lebte zuletzt in Bad Pyrmont. Schrieb realist. kulturhistor. Romane und Novellen, meist um Themen aus seiner Heimat Westfalen; auch Lyriker und Übersetzer.
Hauptwerke: Günther von Schwarzburg (Dr., 1844), Die Ritterbürtigen (R., 1846), Ein Sohn des Volkes (R., 1849), Der Bauernfürst (R.,1851), Krieg und Frieden (Novellen, 1872), Lebenserinnerungen (1886).
Literatur: Hagemann, J.: *L. Sch. Emsdetten 1959.*

Schudraka; tl.: Śūdraka, sagenhafter ind. König wahrscheinl. des 4. oder 5. Jh.s, der sich, als er das 100. Lebensjahr erreicht hatte, selbst den Tod gab.
Die Tradition schreibt ihm, dessen Name geschichtl. unbekannt ist, mehrere Werke, u.a. das wirklichkeitsnahe, sehr lebendige, ganz aus der

Tradition fallende Schauspiel „Mrittschhakatika" (= Irdenes Wägelchen) zu, das in Europa u.d.T. „Wasantasena" (Name der Heldin) bekannt ist. Es wurde mehrfach ins Dt. übersetzt und für die Bühne bearbeitet. Sch. gilt als Vorläufer Kalidasas.

Schukasaptati; tl.: Śukasaptati [sanskr.; = die 70 Erzählungen des Papageien], eines der berühmtesten und volkstümlichsten Erzählwerke der ind. Literatur; die Urfassung ist verloren, Entstehungszeit und Verfasser sind unbekannt, das Werk ist in mehreren ind. Fassungen erhalten; die bekannteste außerind. Version liegt in pers. Sprache vor: das „Tutiname" des Nachschabi (14. Jh.), auf dem eine 100 Jahre später entstandene türk. Bearbeitung beruht. In eine Rahmenhandlung ist eine Reihe von Novellen eingebaut, die ein Papagei erzählt. Die Geschichten sind so fesselnd, daß die junge, schöne Frau eines Kaufmanns darüber versäumt, ihren Liebhaber aufzusuchen, den sie während der Abwesenheit ihres Mannes treffen wollte. Dt. Übersetzungen von R. Schmidt (1894 und 1899).

Schukowski, Wassili Andrejewitsch; tl.: Žukovskij, Vasilij Andreevič [russ. ʒuˈkɔfskij], * Mischenskoje (Gouv. Tula) 9. Febr. 1783, † Baden-Baden 24. April 1852, russ. Dichter.
Illegitimer Sohn eines Gutsbesitzers; nahm den Namen seiner Pflegeeltern an; lebte während und nach seinen Studien in Moskau; wurde 1826 Erzieher des späteren Zaren Alexander II.; seit 1841 in Deutschland und kurze Zeit in der Schweiz. Sch., der mit seiner Lyrik anfangs der Empfindsamkeit nahestand und in die Stiltradition Karamsins gehört, hat wesentl. Züge mit der Romantik gemein, die er v.a. in ihren dt., aber auch in den engl. Hauptvertretern kennenlernte; er setzte im Verlauf der Entwicklung einer russ. Vorromantik die Anerkennung der Gattungen der Elegie und der Ballade durch; mit seinem umfangreichen Übersetzungswerk, das einen Großteil seines Schaffens darstellt, trug er wesentl. zu einer Verminderung des damals dominierenden frz. Einflusses auf die russ. Literatur bei; Sch. übersetzte u.a. Werke von Gray, Byron, Scott und Southey sowie Schillers Balladen, Gedichte Goethes, Uhlands, Rückerts und Bürgers, die „Odyssee", ferner Werke der pers. und ind. Literatur; er gilt als Wegbereiter des eng mit ihm befreundeten Puschkin.
Literatur: Ehrhard, M.: *Joukovski et le préromantisme russe. Paris 1938.*

Schulenburg, Werner von der, Pseudonym Gebhard Werner, * Pinneberg 9. Dez. 1881, † Neggio (Tessin) 29. März 1958, dt. Schriftsteller.
Entstammte einer Gutsbesitzers- und Offiziersfamilie, wurde Offizier, studierte dann Philosophie, Jura und Kulturgeschichte (Dr. jur. et phil.). Teilnahme am 1. Weltkrieg; längere Zeit im Tessin, Reisen in Europa, nach Amerika, Asien, Afrika; während des Dritten Reiches in Italien (gehörte der Widerstandsbewegung in Rom an); lebte zuletzt in der Nähe Luganos. Schrieb v.a. histor. und biograph. Romane sowie Novellen, auch Komödien; Übersetzungen aus dem Italienischen.
Hauptwerke: Stechinelli (R., 1911), Don Juan im Frack (R., 1912), Antiquitäten (R., 1914), Der junge Jacob Burckhardt (Biogr., 1926), Diana im Bade (Kom., 1936), Beglänzte Meere (Nov., 1947), Der Genius und die Pompadour (R., 1954).

Schuler, Georg ↑ Sabinus, Georg.

Schullern, Heinrich, Ritter von und zu Schrattenhofen, * Innsbruck 17. April 1865, † ebd. 16. Dez. 1955, östr. Schriftsteller.
Studierte Romanistik, Medizin, Malerei; prakt. Arzt, später Generalstabsarzt. Er schrieb histor. Romane sowie Romane und Erzählungen mit sozialer Tendenz, die in seiner Heimat spielen. Auch Verfasser von Dramen und Gedichten.
Hauptwerke: Die Ärzte (R., 1901), Boccaccio auf Schloß Tirol (R., 1932), Der Herzog mit der leeren Tasche (R., 1948).

Schulmeister von Esslingen (Heinrich von E.), dt. Spruchdichter der 2. Hälfte des 13. Jahrhunderts. Wahrscheinl. fahrender Kleriker aus Schwaben; gibt in mehreren Liedern und Sprüchen, von denen einige in der Maness. Handschrift überliefert sind, seiner Enttäuschung über die auf Rudolf von Habsburg gesetzten Hoffnungen Ausdruck; andere Themen sind Lob und Tadel des Gönners, Tugenden und Laster, Dreifaltigkeit, Gott, Christus, die Jungfrau Maria.

Schulz, Bruno [poln. ʃults], * Drohobycz (Galizien) 12. Juli 1892, † ebd. 19. Nov. 1942, poln. Schriftsteller.
Sohn eines jüd. Tuchhändlers, studierte Malerei und Architektur in Wien und Lemberg; Zeichenlehrer in Galizien, 1942 im Getto von Drohobycz von einem SS-Soldaten erschossen. Sch. schrieb groteske, expressionist. Erzählwerke, die dt. u.d.T. „Die Zimtläden" (1961) erschienen sind. Sie ranken sich um die Gestalt des verstorbenen Vaters und sind ein geniales Sprachexperiment aus Bildern düsterer Kindheitserlebnisse, surrealen Motiven und patholog. Visionen.
Ausgaben: B. Sch. Die Zimtläden u. alle anderen Erzählungen. Dt. Übers. Nachworte v. A. Wirth *u.* F. Bondy. *Mchn. 1966. – B. Sch. Die Republik der Träume. Fragmente, Aufs., Briefe, Grafiken. Hg. v.* M. Dutsch. *Dt. Übers. Mchn. 1967.*
Literatur: Kruntorad, P.: *B. Sch. Ein Vergleich mit Franz Kafka. In: Wort in der Zeit 11 (1965), H. 3, S. 9.*

Schumann, Edzar ↑ Mikeleitis, Edith.

Schupp, Johann Balthasar, latin. Schuppius, * Gießen 1. März 1610, † Hamburg 26. Okt. 1661, dt. ev. Theologe und Moralsatiriker.
Studierte Philosophie und Theologie, war Magister in Rostock, seit 1635 Professor der Geschichte und Rhetorik in Marburg, seit 1643 auch Pastor, 1646 Hofprediger, seit 1649 Hauptpastor in Hamburg. Berühmter Kanzelredner, verfaßte neben seinen Predigten volkstüml. Satiren auf die Schwächen und Laster der Zeit, in die er Anekdoten und Schwänke einfügte. Er schrieb auch geistl. Lyrik. Eintreten für ein besseres Schulwesen und für die Pflege der Muttersprache.
Hauptwerke: Morgen- und Abendlieder (Ged., 1655), Corinna. Die ehrbare und scheinheilige Hure (Satire, 1660), Der teutsche Lehrmeister. Vom Schulwesen (1667).

Schurek, Paul [...rɛk], * Hamburg 2. Jan. 1890, † ebd. 22. Mai 1962, dt. Mundartdichter.
Ingenieur, Gewerbeschullehrer; wurde bekannt als Verfasser humorvoller und besinnl. Volksstücke und Erzählungen, v.a. in niederdt. Mundart.

Hauptwerke: De rode Heben (E., 1921), Stratenmusik (Kom., 1921), De politische Kannegeter (Kom., 1945), Nichts geht verloren (R., 1949), Der Tulpentrubel (Kom., 1951).
Literatur: † Stavenhagen, Fritz.

Schussen, Wilhelm, eigtl. W. Frick, * Kleinwinnaden (heute zu Bad Schussenried) 11. Aug. 1874, † Tübingen 5. April 1956, dt. Schriftsteller.
Volksschullehrer, Lektor; stellte in Gedichten, Erzählungen und Romanen mit Verständnis und Humor schwäb. Kleinstadtleben dar, zeigt dabei eine Vorliebe für Sonderlinge.
Hauptwerke: Vinzenz Faulhaber (R., 1907), Der Roman vom Doktor Firlefanz (R., 1922), Aufruhr um Rika (R., 1938).

Schuster, A. † Huch, Rudolf.

Schuster, Paul, * Hermannstadt 20. Febr. 1930, rumän. Schriftsteller.
Seit 1959 Redakteur der dt.-sprachigen Zeitschrift „Neue Literatur" in Bukarest, Vortragsreisen durch Europa; schreibt in dt. Sprache. Bekannt durch seine Erzählung „Der Teufel und das Klosterfräulein" (1954), die Novelle „Strahlenlose Sonne" (1961) und durch den das Schicksal Siebenbürgens zwischen den beiden Weltkriegen behandelnden Roman „5 Liter Zuika" (1961–65), der fortgesetzt werden soll.
Weitere Werke: Alte Sachsen, neue Brillen (Humoresken, 1964), Yoko und Tadashi (R., 1969).

Schwab, Gustav, * Stuttgart 19. Juni 1792, † ebd. 4. Nov. 1850, dt. Dichter.
Studierte Theologie, Philosophie und Philologie in Tübingen, Mitglied einer Burschenschaft, Freundschaft mit Uhland, Kerner und K. Mayer; 1817 Gymnasiallehrer, 1833–38 mit Chamisso Hg. des „Dt. Musenalmanachs", 1837 Pfarrer in Gomaringen, 1839 Reise in die Schweiz, 1840 mit Uhland an den Rhein, 1841 nach Schweden und Dänemark, 1842 Dekan in Stuttgart, später Oberkonsistorialrat und Oberstudienrat. Sch., Lyriker der Schwäb. [Spät]romantik, schrieb v.a. Romanzen und Balladen sowie sangbare, volksliedhafte Gedichte; verdienstvoll war seine Herausgabe und Nacherzählung klass. („Die schönsten Sagen des klass. Altertums", 1838–40) und dt. Sagen und der Volksbücher.
Weitere Werke: Neues dt. allgemeines Commers- und Liederbuch (1815), Romanzen aus dem Jugendleben Herzog Christophs von Württemberg (1819).
Literatur: Tecchi, B.: *G. Sch. In: Studi Germanici 6 (1968), H. 2, S. 75.* – Stock, G.: *Sch.s Stellung in der zeitgenöss. Lit. Diss. Münster 1916.* – Schwab, Ch. Th.: *G. Sch.s Leben. Freib. 1883.*

Schwabacher, Henri Simon † Duvernois, Henri.

Schwartz, Delmore [engl. ʃvɔːts], * New York 8. Dez. 1913, † ebd. 11. Juli 1966, amerikan. Dichter und Kritiker.
Nach philosoph. Studien Professor an verschiedenen Universitäten, u.a. in Harvard und Princeton; vielseitig publizist. tätig. Schrieb u.a. Gedichte, Versdramen und krit. Essays. Seine Dichtung behandelt philosoph. Aspekte des Lebens in der Gegenwart; besondere Bedeutung hat das Problem der Selbstbehauptung, das Sch. u.a. in seiner Dichtung „Genesis" (1943), in der er Vers und Prosa mischt, behandelt; übersetzte Rimbauds „Une saison en enfer".
Weitere Werke: In dreams begin responsibilities (Ged., 1938), Shenandoah (Dr., 1941), Successful love (Kurzgeschichten, 1962).

Schwarz, Georg, * Nürtingen 16. Juli 1902, dt. Schriftsteller.
Philologiestudium, Buchhändler, Reisen in Mittelmeerländer, freier Schriftsteller. Steht in der Tradition der schwäb. Dichter des 18./19. Jh.s. Begann als Lyriker, es folgten Romane, Novellen und Hörspiele. Er behandelt v.a. Persönlichkeiten und Ereignisse der schwäb. Geschichte.
Hauptwerke: Jörg Ratgeb (R., 1937), Pfeffer von Stetten (R., 1938), Tage und Stunden aus dem Leben eines leutseligen, gottfröhlichen Menschenfreundes, der Johann Friedrich Flattich hieß (R., 1940), Die ewige Spur (Essays, 1946), Unterm Hundsstern (E., 1951), Tätowierte Geschichten (1966).

Schwarz, Jewgeni Lwowitsch; tl.: Švarc, Evgenij L'vovič [russ. ʃvarts], * Rostow am Don 2. Nov. 1896, † Leningrad 15. Jan. 1958, russ.-sowjet. Dramatiker.
In verschiedenen Berufen tätig, u.a. Journalist und Schauspieler; begann mit Kinderliteratur, v.a. Märchenstücken nach alten Stoffen; schrieb dann aber auch satir.-philosoph. Dramen, in denen er Züge des Märchens mit verarbeitet; verwendete verfremdende Stilmittel. Als seine besten Stücke gelten „Der Schatten" (1940, dt. 1947) und „Der Drache" (1943, dt. 1962).
Weitere Werke: Drei Märchen (dt. 1948), Der nackte König (Dr., 1934; dt. 1963), Die Schneekönigin (Dr., 1938; dt. 1964), Das gewöhnl. Wunder (Dr., 1956; dt. 1966).

Schwarz-Bart, André, * Metz 1928, frz. Schriftsteller.
Sohn einer einfachen jüd., aus Polen nach Frankreich eingewanderten Familie; Teilnahme an Krieg und Résistance, Studium an der Sorbonne; erhielt 1959 für seinen realist., z.T. autobiograph. Roman aus der Zeit der Judenverfolgung „Der Letzte der Gerechten" (dt. 1960) den Prix Goncourt.

Schwarzenberg, Friedrich Fürst von, * bei Preßburg 30. Sept. 1800, † Wien 6. März 1870, östr. Offizier und Schriftsteller.
Sohn des Feldmarschalls Karl Philipp Fürst zu Sch.; nahm an den bed. Feldzügen seiner Zeit teil und schrieb mehrbändige Erlebnisbücher.
Hauptwerke: Aus dem Wanderbuche eines verabschiedeten Lanzknechtes (1844–48), Antediluvianische Fidibus-Schnitzel (1850).

Schwarzerd, Philipp [ˈʃvartsˈeːrt] † Melanchthon, Philipp.

Schwarzkopf, Nikolaus, * Urberach bei Darmstadt 27. März 1884, † Darmstadt 17. Okt. 1962, dt. Schriftsteller.
Volksschullehrer, seit 1924 freier Schriftsteller; stellte in seinen z.T. romant. verklärten Romanen und Erzählungen einfache Volkstypen dar.
Hauptwerke: Greta Kunkel (R., 1913), Der schwarze Nikolaus (R., 1925), Der Barbar (R., 1929), Der Feldhäfner (R., 1941).

Schwedhelm, Karl [...thɛlm], * Berlin 14. Aug. 1915, dt. Schriftsteller.
Germanistikstudium, nach dem Krieg Lektor und Leiter der Abteilung Literatur des Süddt. Rundfunks in Stuttgart; schrieb bilderreiche Lyrik

(„Fährte der Fische", 1955), daneben Hörspiele, Essays, Übersetzungen frz. und engl. Lyrik.

Schwiefert, Fritz, * Berlin 4. Dez. 1890, † ebd. 31. Jan. 1961, dt. Schriftsteller.
Bibliotheksrat und Theaterkritiker in Berlin; schrieb Bühnenwerke, Drehbücher und gab Übersetzungen frz. und russ. Literatur heraus. Mit dem geistreich-graziösen Lustspiel „Marguerite durch drei" (1930, auch verfilmt) erzielte er einen starken Erfolg.
Weitere Werke: Frackkomödie (Kom., 1939), Zwei Ehen mit Cora (R., 1960).

Schwitters, Kurt, * Hannover 20. Juni 1887, † Ambleside (Westmorland) 8. Jan. 1948, dt. Maler und Schriftsteller.
Besuch der Kunstakademie Dresden. Mitarbeiter an der Zeitschrift „Der Sturm", Hg. der dadaist. Zeitschrift „Merz"; emigrierte 1935 nach Norwegen, floh 1940 nach England. Sch. lehnte sich gegen die von Presse, Büro und Alltag mißbrauchte, für Dichtung nicht mehr verwendbare Sprache auf und verfremdete in seinen Schriften den Sinn, ließ aber das Wort bestehen. Der dadaist. Gedichtband „Anna Blume" (1919) erregte wegen grotesker, humorvoller Skurrilität Aufsehen. Seine Kinderbücher und Märchen hat er selbst illustriert.
Weitere Werke: Memoiren Anna Blumes in Bleie (Dichtung, 1922), Die Blume Anna (Ged., 1923), August Bolte (Prosa, 1923), Familie Hahnepeter (Kinderb., 1924).
Literatur: Schmalenbach, W.: *K. Sch. Köln 1967.* – Steinitz, K. T.: *K. Sch. Erinnerungen aus den Jahren 1918–30. Zürich 1963.*

Schwob, Marcel [frz. ʃvɔb], * Chaville 23. Aug. 1867, † Paris 12. Febr. 1905, frz. Schriftsteller.
Journalist, Mitarbeit an verschiedenen Zeitschriften. Befreundet mit O. Wilde; vielseitig gebildet; übersetzte Shakespeare und Defoe; schrieb Abhandlungen über literar- und kunsthistor., psycholog., philolog. und hagiograph. Themen. In seinen in knappem, klarem, suggestivem Stil geschriebenen Erzählungen, in denen er die seel. Abenteuer des Menschen in der Vergangenheit schildert, werden Wirklichkeit, Phantastisches, Burleskes, Bizarres und Tragisches verbunden.
Hauptwerke: Cœur double (En., 1891), Le roi au masque d'or (En., 1893), Das Buch von Monelle (Prosaged., 1894; dt. 1904), Der Roman der zweiundzwanzig Lebensläufe (Porträts, 1896; dt. 1925), Der Kinderkreuzzug (Legende, 1896; dt. 1947).

Ščipačev ↑ Schtschipatschow.

Scott, Gabriel [norweg. skɔt], eigtl. Holst Jensen, * Leith bei Edinburgh 8. März 1874, † Stockholm 9. Juli 1958, norweg. Schriftsteller.
Sohn eines Schiffspastors, kam mit 7 Jahren nach S-Norwegen, erlernte den Beruf eines Mechanikers; 1894 erschienen seine ersten Gedichte; schrieb volkstüml., humorist., histor. und sozialkrit. Romane; sein Spätwerk ist von religiöser Problematik und pantheist. Naturmystik bestimmt.
Hauptwerke: Digte (Ged., 1894), Die Quelle des Glücks oder ... (R., 1918; dt. 1925), Det gyldne evangelium (R., 1921), Und Gott ...? (R., dt. 1927), Fant (R., 1928; dt. 1934).

Scott, Sir Walter [engl. skɔt], * Edinburgh 15. Aug. 1771, † Abbotsford (Roxburgh) 21. Sept. 1832, schott. Dichter.

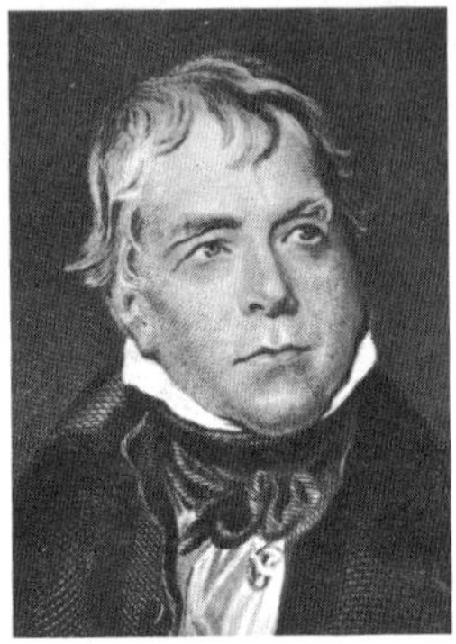
Sir Walter Scott

Sohn eines Anwalts. Universitätsbildung in Edinburgh; begann aus literar. und folklorist. Interesse mit der Sammlung und Herausgabe alten schott. Lied- und Balladenguts, z. T. in freier Bearbeitung. Im histor. Roman fand er die ihm angemessene Gattung; den Erfolg von „Waverley" (1814, dt. 1833) wertete der anonym gebliebene Autor geschickt mit der Serie der Romane „vom Verfasser von Waverley" aus. In langjährigen histor. Studien hatte er sich die für Detailgenauigkeit nötigen kulturgeschichtl. Kenntnisse verschafft. Um den Schaden aus dem Bankrott seines Verlagspartners zu ersetzen, arbeitete S. seit 1826 unermüdl. bis zum gesundheitl. Ruin; 1830 Schlaganfall, von dessen Folgen er sich nicht wieder erholte. Als sein bedeutendstes Werk gilt „Das Herz von Midlothian" (R., 1818; dt. 1836), in dem S. persönl. Erleben der Romanfiguren und histor. Realität verbindet und damit ein Musterbeispiel des histor. Romans schuf. Die gesamteurop. Wirkung S.s beweist sein Einfluß auf Alexis, Dumas d. Ä., Hauff, V. Hugo, Manzoni u. a. „Ivanhoe" (1819, dt. 1840) und etl. andere aus der Vielzahl seiner Romane gehören heute bes. zur Jugendlektüre.
Weitere Werke: Die Ballade vom letzten Spielmann (E., 1805; dt. 1826), Das Fräulein vom See (E., 1810; dt. 1819), Der Altertümler (R., 1816; dt. 1911), Old mortality (R., 1816), Rob Roy (R., entstanden 1817, gedruckt 1918; dt. 1957), Die Braut von Lammermoor (R., 1819; dt. 1828), Quentin Durward (R., 1823; dt. 1923).
Ausgaben: W. S. The works, including the Waverley novels and the poems. New York u. Boston 1912–13. 50 Bde. – W. S. Sämmtl. Werke. Dt. Übers. Lpz. $^{1-3}$1874–77. 25 Bde.
Literatur: Keith, Ch.: *The author of Waverley. London 1964.* – Buchan, J.: *Sir W. S. London 1932.* – Lockhart, J. G.: *Memoirs of the life of W. S. Hg. v.* S. M. Francis. *Boston u. New York 1902. 5 Bde.* – Eberty, F.: *W. S. Ein Lebensbild. Lpz. ^{2}1871. 2 Bde.*

Scribe, [Augustin] Eugène [frz. skrib], * Paris 24. Dez. 1791, † ebd. 20. Febr. 1861, frz. Dramatiker.
Studium der Rechte, widmete sich jedoch nach ersten Erfolgen ganz der Bühnenschriftstellerei; er beschäftigte zahlreiche ständige und freie Mitarbeiter bei seiner umfangreichen literar. Tätigkeit; 1834 Mitglied der Académie française. S.s

rund 400 bühnenwirksame, problemlose, spannende Stücke und zahlreiche Opernlibretti waren bei seinen Zeitgenossen sehr beliebt; S. beherrschte etwa 40 Jahre lang die frz. Bühne; behauptet hat sich jedoch nur „Das Glas Wasser" (dt. 1841).
Weitere Werke: Die weiße Dame (Libretto, 1825; Oper von Boieldieu), Die Stumme von Portici (Libretto, 1828, mit Delavigne; Oper von Auber), Fra Diavolo (Libretto, 1830; Oper von Auber), Die Hugenotten (Libretto, 1836; Oper von Meyerbeer), Adrienne Lecouvreur (Kom., 1849; dt. 1902).
Literatur: Ruprecht, H.-G.: *S.s Theaterstücke auf den Bühnen in Wien, Lpz., Weimar u. Bln. Eine geschmacksoziolog. Studie über den Erfolg der S.schen Theaterstücke in den deutschsprachigen Bearbeitungen des 19. Jh.s. Diss. Saarbrücken 1965.* – Arvin, N. C.: *E. S. and the French theatre 1815–60. Cambridge (Mass.) 1924.*

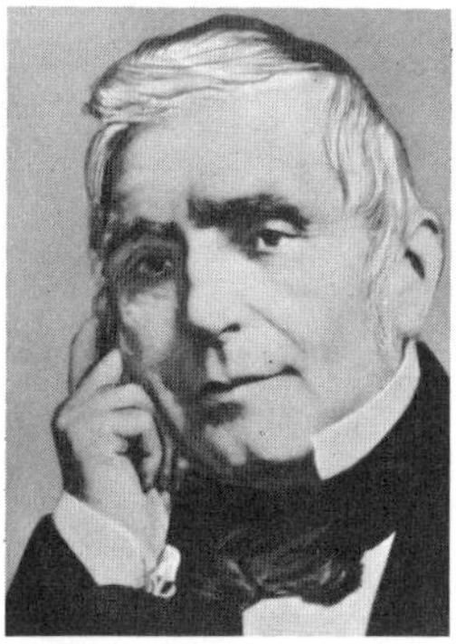

[Augustin] Eugène Scribe

Scudéry, Georges de [frz. skyde'ri], * Le Havre 22. Aug. 1601, † Paris 14. Mai 1667, frz. Schriftsteller.
Offizier, zeitweise Gouverneur eines Forts in Marseille. In Paris literar. Zusammenarbeit mit seiner Schwester Madeleine de S.; von Richelieu gefördert; 1649 Mitglied der Académie française. Verfasser der gegen Corneille gerichteten Abhandlung „Observations sur le Cid" (1637); schrieb ungewöhnl. erfolgreiche Theaterstücke und Gedichte im Geschmack der Zeit, ferner das Versepos „Alaric ou Rome vaincue" (1654).
Weitere Werke: Le trompeur puni (Kom., 1633), La comédie des comédiens (Kom., 1635), L'amour tyrannique (Tragikom., 1638).
Scudéry, Madeleine de [frz. skyde'ri], * Le Havre Ende des Jahres 1607, † Paris 2. Juni 1701, frz. Schriftstellerin.
Genoß eine sorgfältige und vielseitige Erziehung; ging zu ihrem Bruder, dem Dramatiker Georges de S., nach Paris, wo sie, zunächst unter dessen Namen, eine Serie außerordentl. erfolgreicher, in ganz Europa gelesener histor.-galanter Romane veröffentlichte. Wichtigste Werke waren der 10bändige Schlüsselroman „Artamène ou le grand Cyrus" (1649–53) und der ebenfalls 10bändige Roman „Clelia: eine Röm. Geschichte" (1654–60, dt. 1664), in dem sich auch die bezeichnende Landkarte des „Pays de Tendre", des fiktiven Landes heroisch-galanter Liebe, befindet. Das Werk der Madeleine de S. markierte

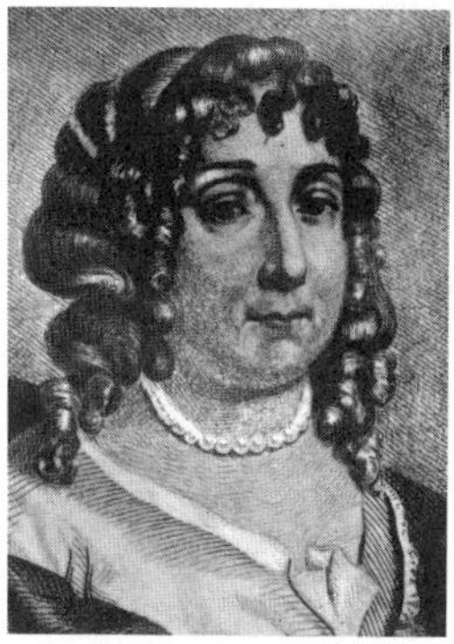

Madeleine de Scudéry (nach einem Gemälde von E. S. Chéron)

den Höhepunkt der zeitgenöss. Preziosität und bereitete den psycholog. Gesellschafts- und Liebesroman der Franzosen vor.
Literatur: Nunn, R. R.: *M. de S.'s „Clélie". Diss. Columbia Univ., New York 1966.* – Mongrédien, G.: *M. de S. et son salon. Paris 1946.* – Macdougal, D.: *M. de S., her romantic life and death. London 1938.*
Sealsfield, Charles [engl. 'si:lzfi:ld], eigtl. Karl Anton Postl, * Poppitz bei Znaim 3. März 1793, † Gut Unter den Tannen bei Solothurn 26. Mai 1864, östr. Schriftsteller.
1813 Eintritt in den Orden der Kreuzherren zu Prag, 1814 Priesterweihe, 1823 Flucht nach Nordamerika, wo er den Namen Ch. S. annahm, der erst nach seinem Tod als Pseudonym erkannt wurde; 1826 Rückkehr nach Europa, 1827–31 erneuter Aufenthalt in den USA, dann in Paris und London; ließ sich 1832 in der Schweiz nieder, von wo aus er Amerika noch dreimal besuchte. Beeinflußt von Cooper, Chateaubriand und Scott, gibt S. in seinem realist. Erzählwerk meisterhafte Schilderungen von Land und Leuten (v.a. des nordamerikan. Kontinents), vorzügl. Charakter- und Milieuzeichnungen.
Hauptwerke: Austria as it is (engl. 1828, dt. 1919), Der Legitime und die Republikaner (R., engl. 1828, dt. 1833), Der Virey und die Aristokraten oder Mexico im Jahre 1812 (1835), Lebensbilder aus beiden Hemisphären (1835–37), Das Kajütenbuch (E., 1841).

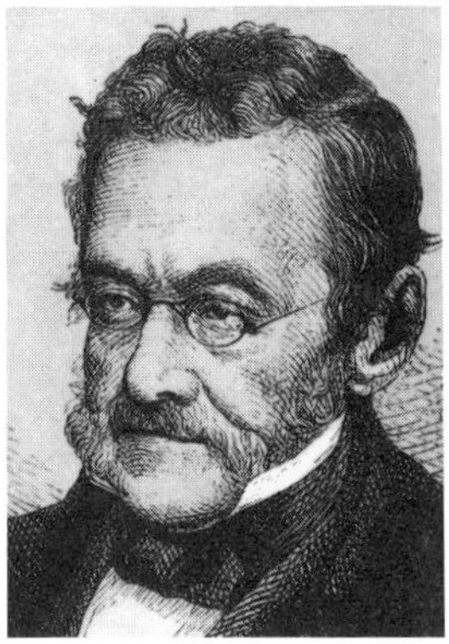

Charles Sealsfield

Ausgaben: Ch. S. Ausgew. Werke in 8 Bden. Hg. v. O. Rommel. *Teschen 1919–21. – Ch. S. Ges. Werke. Stuttg. 1843–46. 18 Bde.*
Literatur: Bornemann, F./Freising, H.: *S.-Bibliogr. 1945–1965. Stuttg. 1966. – Kat. der Ch.-S.-Gedächtnisausstellung anläßl. des 100. Todestages des Dichters. Bearb. v.* F. Bornemann. *Stuttg. 1964.* – Castle, E.: *Der große Unbekannte. Das Leben v. Ch. S. Wien u. Mchn. 1952.* – Zimpel, H.: *Karl Postls Romane im Rahmen ihrer Zeit. Frkf. 1941.*

Seami Motokijo; tl.: Zeami Motokiyo [jap. zeami mo:toki:jo], auch Jusaki Motokijo; tl.: Yûzaki Motokiyo, * Jusaki 1363, † Kioto 1443, jap. No-Dichter.
Wurde frühzeitig als Vollender des No-Spiels berühmt, zog sich 1422 als Mönch zurück und übertrug seinem Sohn, der jedoch schon 1432 starb, die No-Nachfolge; 1434 verbannt, kehrte er erst wenige Jahre vor seinem Tode nach Kioto zurück. S. M. war gleichzeitig als Autor, Schauspieler und Regisseur tätig und schuf eine eigene Schule; er schrieb über 200 Stücke und wurde durch kunsttheoret. Schriften bekannt; zahlreiche Werke wurden in europ. Sprachen, auch ins Dt. übersetzt.

Sebastian, Mihail [rumän. sebas'tjan], * Brăila 18. Okt. 1907, † Bukarest 29. Mai 1945, rumän. Schriftsteller.
Studierte in Bukarest und Paris Rechtswissenschaft und wurde Redakteur. Er schrieb Romane, scharfsinnige, humorvolle Komödien und Essays.
Hauptwerke: Oraşul cu salcîmi (= Die Stadt mit Akazien, R., 1935), Steaua fără nume (= Der Stern ohne Namen, Kom., 1943), Letzte Nachrichten (Kom., dt. 1954).

Sebestyén, György [ungar. 'ʃɛbɛʃtje:n], * Budapest 30. Okt. 1930, ungar. Schriftsteller.
Kam 1956 nach Wien, Redakteur; schreibt in dt. Sprache Romane und Erzählungen; Übersetzer aus dem Ungar., Sachbuchautor.
Hauptwerke: Die Türen schließen sich (R., 1957), Der Mann im Sattel oder Ein langer Sonntag (R., 1961), Die Schule der Verführung (R., 1964), Thennberg oder Versuch einer Heimkehr (Nov., 1969).

Secundus, Johannes † Johannes Secundus.

Sedaine, Michel Jean [frz. sə'dɛn], * Paris 4. Juli 1719, † ebd. 17. Mai 1797, frz. Dramatiker.
Von einem Gönner gefördert; Freundschaft mit Diderot und d'Alembert; 1786 Mitglied der Académie française. Der Erfolg seiner Dramen und Libretti beruht auf wirkungsvollen Dialogen, geschickter Verwendung bühnentechn. Mittel und sentimentalem Gehalt. Das gegen Standesvorurteile gerichtete Stück „Der Weise in der Tat" (1765, dt. 1786) gilt als typ. Beispiel des von Diderot geforderten ernsten bürgerl. Dramas (Comédie sérieuse). Seine Libretti zu Opern Monsignys und Grétrys trugen durch ihre heitere Anmut sehr zum Erfolg der damals in Frankreich in Mode kommenden kom. Oper bei.
Weitere Werke: Der Dorfbalbier (Libretto, 1759; dt. 1771), Rose et Colas (Libretto, 1763), Ernelinde, princesse de Norvège (Libretto, 1767), Richard Cœur de Lion (Libretto, 1784), Amphitryon (Libretto, 1788).

Sedges, John [engl. 'sɛdʒɪz] † Buck, Pearl S[ydenstricker].

Sedgwick, Anne Douglas [engl. 'sɛdʒwɪk], * Englewood (N. J.) 28. März 1873, † Hampstead (heute zu London-Camden) 19. Juli 1935, angloamerikan. Schriftstellerin.
Kam früh nach Europa und lebte fast ständig in England und Frankreich (in Paris studierte sie Malerei). Ihre Romane, die vom Ggs. der amerikan. und europ. Gesellschaftsstrukturen geprägt sind, stehen in der Nachfolge von H. James; sie sind von Edith Wharton beeinflußt; die von Anne Douglas S.s Mann, dem Essayisten Basil de Sélincourt, hg. Sammlung „A portrait in letters" (1936) hat autobiograph. Wert.
Hauptwerke: Tante (R., 1911), The encounter (R., 1914), The little French girl (R., 1924), The old countess (R., 1927), Dark Hester (R., 1929).

Sedulius, lat. Dichter des 5. Jahrhunderts.
Studierte in Rom, wurde Priester; verwendete in seinem „Carmen Paschale", das Christi Wundertaten verherrlicht, die bes. an Vergil geschulte klass. Form des Hexameters; später ließ er das „Opus Paschale", eine erweiterte Prosaparaphrase folgen; S. schrieb ferner eine Elegie und einen abecedar. Christushymnus.

Sedulius Scotus, ir. Gelehrter und Dichter aus der Mitte des 9. Jahrhunderts.
Schrieb in mlat. Sprache; lebte auf dem Kontinent, u.a. in Lüttich und Köln; schrieb den Fürstenspiegel „Liber de rectoribus christianis", grammat. Abhandlungen, Bibelkommentare und zahlreiche Gedichte.

Sée, Edmond [frz. se], * Bayonne 20. März 1875, † Paris 12. Nov. 1959, frz. Schriftsteller.
Jurist; Mitarbeiter mehrerer Zeitschriften, Theaterkritiker, dann v.a. Bühnenautor; auch Erzähler; in der Abhandlung „Le théâtre français contemporain" (1925) gibt er einen ausgezeichneten Überblick über das frz. Theater. In seinen mit guter Beobachtungsgabe, mit Einfühlungsvermögen und liebevoller Ironie gestalteten Bühnenwerken verwendete S. die Technik des klass. Dramas des 17. und 18. Jh.s und zeitgenöss. Themen.
Weitere Werke: La brebis (Kom., 1896), Saison d'amour (Kom., 1919), L'élastique (Kom., 1930).

Seeberg, Peter [dän. 'se:bɛr'], * Skrydstrup (Jütland) 22. Juni 1925, dän. Schriftsteller.
Archäologe, Museumsdirektor in Viborg; schreibt neben archäolog. Arbeiten v.a. dem Nouveau roman verwandte Romane und Novellen, die sich durch ungezwungene, natürl. Sprache auszeichnen. Dt. erschien der Novellenband „Nachforschung" (1968).

Seedorff Pedersen, Hans Hartvig [dän. 'se:dɔrf 'pe:'ðərsən], * Århus 12. Aug. 1892, dän. Lyriker.
Journalist. Tätigkeit, unternahm eine Weltreise; seit 1945 Leiter der Auslandsabteilung beim Rundfunk; formsicherer, elegant beschwingter Lyriker, lebensbejahender Ästhetizist, dessen Frohsinn und Optimismus jedoch auch wehmütige Töne kennt; großen Anklang fanden seine „Sorgenfri sunger" (Ged., 1932).
Weitere Werke: Vinløv og vedbend (Ged., 1916), Hyben (Ged., 1917), I dagningen (Ged., 1927), Undren er alt (Ged., 1956).

Seewald, Richard, * Arnswalde 4. Mai 1889, dt.-schweizer. Maler, Graphiker und Schriftsteller.

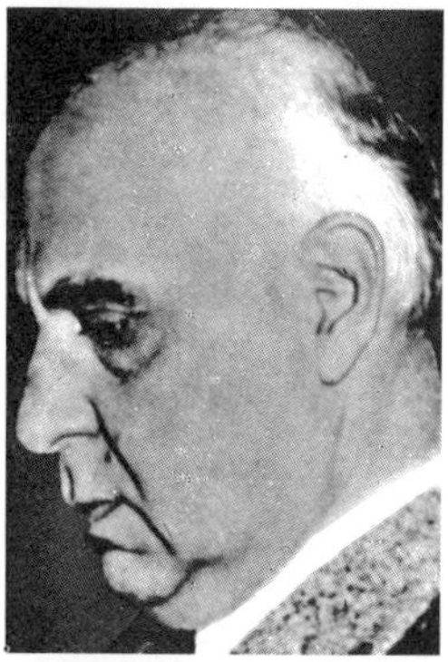

Jeorjios Seferis

Architekturstudium, autodidakt. Studium der Malerei, Professor an den Kölner Werkschulen und an der Akademie der Schönen Künste in München. Reisen in Mittelmeerländer; schrieb Kunstbetrachtungen und Reisebücher, humorvolle Erzählungen und Tierbücher, die er oft mit eigenen Zeichnungen ausstattete.
Hauptwerke: Tiere und Landschaften (1921), Giotto (Essay, 1950), Glanz des Mittelmeeres (1956), Das griech. Inselbuch (1958), Das Herz Hollands (Reisebericht, 1962), Der Mann von Gegenüber (Erinnerungen, 1963), Zufälle, Einfälle (1966).

Seferis, Jeorjios; tl.: Seférēs, Geṓrgios [neugr. sɛ'fɛris], eigtl. J. Seferiadis; tl.: G. Seferiádēs, * Smyrna (heute İzmir) 29. Febr. 1900, neugriech. Lyriker.
Studierte Rechtswissenschaft in Athen und Paris; bis 1962 im diplomat. Dienst seines Landes. S. gehört zu den führenden Vertretern der neugriech. Literatur; Nobelpreis 1963. Seine in viele Sprachen übersetzte Lyrik, die der griech. Klassik verpflichtet ist, empfing auch entscheidende Impulse von der „poésie pure" und vom Symbolismus. S. gelangte zu einer neuen, von jeder Tradition gelösten Form, die auf die gesamte Moderne in Griechenland entscheidenden Einfluß ausgeübt hat. In dt. Sprache erschienen „Delphi" (Essays, 1962), „Poesie" (1962) und „Sechzehn Haikus" (Ged., griech. und dt. 1969).

Segalen, Victor Ambroise Désiré [frz. səga'lɛn], Pseudonym Max Anély, * Brest 14. Jan. 1878, † Huelgoat (Finistère) 21. Mai 1919, frz. Schriftsteller.
Medizinstudium, Schiffsarzt, Dolmetscher, Forscher; zahlreiche Reisen, u.a. nach Polynesien, China und Tibet. Beeinflußt von den frz. Symbolisten, schrieb S. v.a. Gedichte, deren Exotismus über das Äußerliche hinausgeht. S. gelingt es vortreffl., ohne realist. Schilderung Wesen und Atmosphäre Chinas einzufangen, sich in Menschen fremdartiger Kulturen hineinzudenken. In „Stèles" (Ged., 1912) verherrlicht er das konfuzian. China, dessen Kultur und Kunst. Er verfaßte auch Romane und Reisebeschreibungen.
Weitere Werke: Les immémoriaux (R., 1907), Peintures (Ged., 1916), Odes (1926), Équipée (Reiseb., 1929).

Šegedin, Petar, * Žrnovo (Korčula) 8. Juli 1909, kroat. Schriftsteller.
Studierte an der philosoph. Fakultät in Agram; begann 1940 unter dem Pseudonym Petar Kružić zu schreiben; bekannt wurde er durch seine Romane „Kinder Gottes" (1946, dt. 1962) und „Osamljenici" (= Die Einsamen, 1947); auch Reisebeschreibungen, Novellen und Essays.

Seghers, Anna ['ze:gərs], eigtl. Netty Radványi, geb. Reiling, * Mainz 19. Nov. 1900, dt. Schriftstellerin.
Studierte Geschichte, Kunstgeschichte und Sinologie (1922 Dr. phil.), heiratete 1925 den ungar. Schriftsteller László Radványi, 1928 Eintritt in die KPD, Auslandsreisen, 1933 Emigration nach Frankreich, Spanien, schließlich nach Mexiko, lebt seit ihrer Rückkehr (1947) in Berlin (Ost); Präsidentin des Dt. Schriftstellerverbandes ebd. (seit 1952). Ihr Werk ist gekennzeichnet durch knappe, konzentrierte Darstellung aktueller sozialrevolutionärer Kämpfe und des antifaschist. Widerstandes aus der Perspektive psych. unkomplizierter Menschen im Stil der Neuen Sachlichkeit, später des sozialist. Realismus, zu dessen

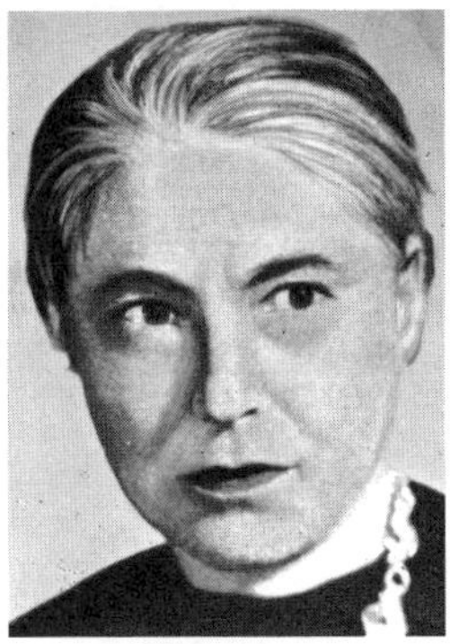

Anna Seghers

Programmatik sie in ihrem berühmten Briefwechsel mit G. Lukács wesentlich beitrug. In ihrer Erzählung „Aufstand der Fischer von St. Barbara" (1928) schildert sie die Geschichte des Streiks breton. Fischer gegen Ausbeutung und die Niederlage der Aufständischen. Weltruhm erlangte Anna S. mit ihren Exilromanen „Das siebte Kreuz" (1942) und „Transit" (span. 1944, dt. 1948), letzterer autobiograph. bestimmt, in denen sie Flüchtlingsschicksale aus „Hitlerdeutschland" gestaltete; auch Essays.
Weitere Werke: Die Gefährten (R., 1932), Der Kopflohn (R., 1933), Die Rettung (R., 1937), Die Toten bleiben jung (R., 1949), Die Entscheidung (R., 1959), Die Kraft der Schwachen (En., 1966), Das Vertrauen (R., 1968).
Ausgabe: A. S. Ges. Werke in Einzelausgg. Bln. $^{2-13}$*1951–55. 8 Bde.*
Literatur: Fischer, Gudrun: *A. S. Bedeutung u. Gestaltung des Gegenwartssujets in ihrem Schaffen nach 1945. Diss. Humboldt-Univ., Bln. 1966 [Masch.].* – Albrecht, F.: *Die Erzählerin A. S. 1926–1932. Bln. 1965.* – Neugebauer, H.: *A. S. Bln.* ^{2}*1961.* – Scholz, J.: *A. S. Leben u. Werk. Ein Literaturverz. Lpz. 1960.*

Segrais, Jean Regnault de [frz. sə'grɛ], * Caen 22. Aug. 1624, † ebd. 25. März 1701, frz. Schriftsteller.

Sekretär der Herzogin von Montpensier, später literar. Berater der Madame de La Fayette, die unter seinem Namen ihren 2. Roman „Zaida" veröffentlichte. Verkehrte in bekannten Pariser Salons. 1662 Mitglied der Académie française. Übersetzte Vergil, schrieb geistreiche, arkad.-idyll. Gedichte, Romane und Novellen.
Hauptwerke: Bérénice (R., 1648–51), Athys (Ged., 1653), Églogues (Ged., hg. 1723).

Seidel, Heinrich, * Perlin bei Schwerin 25. Juni 1842, † Groß-Lichterfelde (heute Berlin-Lichterfelde) 7. Nov. 1906, dt. Schriftsteller.
Studierte in Hannover und an der Gewerbeakademie Berlin, 1868 Ingenieur einer Maschinenfabrik, 1872 einer Eisenbahngesellschaft, seit 1880 freier Schriftsteller; erzählt in seinen Gedichten, Romanen und Erzählungen humorvoll von Sonderlingen und den idyll. Seiten des kleinbürgerl. Lebens.
Hauptwerke: Blätter im Winde (Ged., 1872), Vorstadtgeschichten (Skizzen, 1880), Leberecht Hühnchen (R., 1882), Idyllen und Scherze (Ged., 1884).
Ausgaben: H. S. Ges. Werke. Neue Ausg. Stuttg. u. Bln. 1925. 5 Bde. – H. S. Ges. Schrr. Stuttg. u. Lpz. 1889–1907. 20 Bde.
Literatur: Seidel, H. W.: *Erinnerungen an H. S. Stuttg. ²1912.*

Seidel, Heinrich Wolfgang, * Berlin 28. Aug. 1876, † Starnberg 22. Sept. 1945, dt. Schriftsteller.
Sohn von Heinrich S., Studium der Germanistik und Theologie, heiratete 1907 seine Kusine Ina S.; 1907–14 Pfarrer in Berlin, 1914–23 in Eberswalde, 1923–34 wieder in Berlin, dann freier Schriftsteller in Starnberg. Schrieb besinnl.-humorvolle Romane und Erzählungen aus dem bürgerl. Leben.
Hauptwerke: Der Vogel Tolidan (Nov., 1913), Die Varnholzer (R., 1918), George Palmerstone (R., 1922), Krüsemann (R., 1935), Das Seefräulein (E., 1937), Theodor Fontane (Biogr., 1940).

Seidel, Ina, * Halle (Saale) 15. Sept. 1885, dt. Dichterin.
Tochter eines Arztes, nach dessen freiwilligem Tod sie seit 1897 10 Jahre lang in München lebte; 1907 heiratete sie ihren Vetter Heinrich Wolfgang S. Ihre Lyrik und ihr Erzählwerk sind getragen von religiös-prot. und vaterländ. Ethos, fraul.-mütterl. Liebe und Güte; sprachl. und themat. der Romantik verpflichtet, durchleuchtet sie in vorwiegend histor., meisterhaft komponierten Romanen Familien- und Frauenschicksale; in ihrem Alterswerk deutet sie die jüngste dt. Geschichte vom Standpunkt kulturbewußter, europ. gesinnter Menschen; schrieb auch hymn.-vaterländ. und innig-abgeklärte Gedichte, Biographien und Essays.
Hauptwerke: Gedichte (1914), Weltinnigkeit (Ged., 1918), Das Labyrinth (R., 1922), Das Wunschkind (R., 1930), Lennacker (R., 1938), Unser Freund Peregrin (E., 1940), Das unverwesl. Erbe (R., 1954), Michaela (R., 1959), Quartett (En., 1963).
Literatur: Müller, G.: *Die Lyrik I. S.s. Diss. Mchn. 1957 [Masch.].* – Horst, K. A.: *I. S., Wesen u. Werk. Stuttg. 1956.* – San Lazzaro, C. di: *I. S. Stuttg. 1938.*

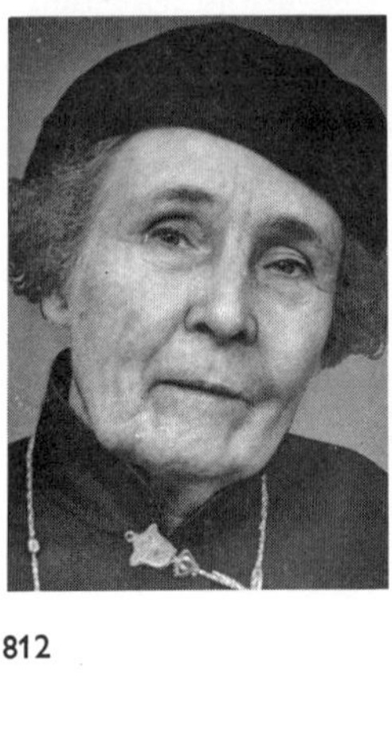
Ina Seidel

Seidel, Willy, * Braunschweig 15. Jan. 1887, † München 29. Dez. 1934, dt. Schriftsteller.
Bruder von Ina S.; studierte Germanistik und Naturwissenschaften, unternahm mehrere Reisen nach Übersee. Seine z.T. grotesk-phantast. Romane und Novellen spielen meist in exot. Ländern; oft zeigt sich eine Neigung zum Unheiml.-Spukhaften.
Hauptwerke: Der Sang der Sakîje (R., 1914), Der neue Daniel (R., 1921), Die ewige Wiederkunft (Novellen, 1925), Die mag. Laterne des Herrn Zinkeisen (R., 1929).

Seidl, Johann Gabriel ['zaɪdəl], Pseudonyme Meta Communis, Emil Ledie u.a., * Wien 21. Juni 1804, † ebd. 18. Juli 1875, östr. Dichter.
Studierte in Wien Jura, wurde Mitarbeiter der Dresdner „Abendzeitung", Gymnasiallehrer, Kustos des Münz- und Antikenkabinetts und Zensor in Wien; 1856–71 Hofschatzmeister, Regierungs- und Hofrat. S. schrieb Balladen, Romanzen und volkstüml. Mundartgedichte, daneben Erzählungen und Lustspiele. Von ihm stammt der Text der östr. Kaiserhymne; seine Gedichte wurden u.a. von Schubert und Loewe vertont.
Hauptwerke: Flinserln (Ged., 1828–37), Bifolien (Ged., 1836), Laub und Nadeln (En., 1842), Gedichte in niederöstr. Mundart (1844).

Seifert, Jaroslav [tschech. 'sɛjfɛrt], * Prag 23. Sept. 1901, tschech. Lyriker.
Redakteur, bekannte sich mit seinem Frühwerk zur proletar. Dichtung und vertrat sozialist. Ideen; er schloß sich dann einer dem Futurismus nahestehenden modernen Richtung an. In seiner gefühlvollen, lebendigen Stimmungslyrik aus jüngster Zeit schlägt er z.T. melanchol. Töne an; verwendet eine knappe, liedhafte Versform.

Seifullina, Lidija Nikolajewna; tl.: Sejfullina, Lidija Nikolaevna [russ. sɪj'fullinɐ], * Warlamowo (Gouv. Orenburg) 3. April 1889, † Moskau 25. April 1954, russ.-sowjet. Schriftstellerin.
Tochter eines Geistlichen tatar. Abstammung; war zuerst Schauspielerin, dann Lehrerin im Ural und in Sibirien; lebte seit 1923 in Moskau. Schrieb, v.a. in den 20er Jahren, realist. Erzählungen, die meist das russ. Dorfleben nach der Revolution zum Thema haben; auch Dramatisierungen eigener Werke.
Hauptwerke: Der Ausreißer (E., dt. 1925), Peregnoi (= Humus, Nov., 1922), Wirineja (Nov., dt. 1925), Das Herz auf der Zunge (En., dt. 1959).

Seiler, Andreas ↑ Zejleŕ, Handrij.

Seingalt, Chevalier de [frz. sɛ̃'galt] † Casanova, Giacomo Girolamo.
Sei Schonagon; tl.: Sei Shônagon [jap. se: ʃonaŋoŋ], * um 965, † nach 1000, jap. Dichterin.
Zeitgenossin von Murasaki Schikibu; entstammte einer angesehenen und gebildeten Familie; wurde 990 Hofdame der Kaiserin Sadako; da S. Sch. nach deren Tod (1000) den kaiserl. Hof verließ, ist über ihr weiteres Leben nichts bekannt. Schuf mit ihrem „Makuranosotschi“ (teilweise dt. u.d.T. „Das Kopfkissenbuch der Dame Sei Shônagon“, 1944) eine neue Literaturgattung, die Suihitsu, eine Aufzeichnung von Einfällen, scharf beobachteten Erlebnissen und Stimmungen. „Das Kopfkissenbuch“, persönl. geprägt, gibt ein interessantes Bild des Lebens am Kaiserhof.
Sejfullina † Seifullina.
Seladon † Greflinger, Georg.
Selander, Sten [schwed. se'landər], * Stockholm 1. Juli 1891, † ebd. 8. April 1957, schwed. Schriftsteller.
Botaniker (Dr. phil.); nahm als Literatur- und Theaterkritiker verschiedener Hauptstadtzeitungen an der Kulturdebatte der 30er Jahre teil. 1940 Kriegsberichterstatter; bed. v.a. durch seine Gedichte, die, wohlausgewogen in traditionellen Formen, den städt. Alltag widerspiegeln und aktuelle Probleme gestalten; auch vortreffl. Naturschilderungen.
Hauptwerke: Vår Herres hage (Ged., 1923), Staden (Ged., 1926), En dag (Ged., 1931), Sommarnatten (Ged., 1941).
Selbdritt, Johannes † Wegner, Armin T[heophil].
Selchow, von [...ço] † Lafontaine, August Heinrich Julius.
Šeller † Scheller.
Selwinski, Ilja Lwowitsch; tl.: Sel'vinskij, Ilja L'vovič [russ. sɪlj'vinskij], * Simferopol 24. Okt. 1899, † Moskau 21. März 1968, russ.-sowjet. Schriftsteller.
Ging zur See, nahm am Bürgerkrieg teil und studierte danach Jura in Moskau; war im 2. Weltkrieg Offizier. S., Hauptvertreter des Konstruktivismus und Gründer einer 1930 aufgelösten konstruktivist. Vereinigung in Moskau, schrieb experimentelle, u.a. an Majakowski geschulte Versdichtungen, in denen er vorwiegend histor.-patriot. Themen behandelt; er verfaßte auch Dramen sowie erzählende Prosawerke, in denen er mit Verseinschüben neue Wirkungen erzielte; S. wurde mehrfach als ideolog. unsicher scharf angegriffen; in dt. Sprache liegt seine Tragödie „Der Bauernzar“ (1937, dt. 1946) vor.
Semadeni, Jon, * Vnà (Graubünden) 30. Mai 1910, rätoroman. Schriftsteller.
Studium in Zürich; Gymnasiallehrer und Gründer einer rätoroman. Schauspielgruppe; führender Vertreter des rätoroman. Dramas der Gegenwart; schrieb auch Hörspiele, Kabarettmanuskripte, Erzählungen.
Hauptwerke: Famiglia Rubar (Dr., 1941), La s-chürdüm dal sulai (Dr., 1951), Pontius Pilatus (Dr., 1961).
Semenko, Michail Wassiljewitsch; tl.: Semenko, Mihail Vasil'evič [russ. sɪmɪn'kɔ], * Kibinzy (Gouv. Poltawa) 31. Dez. 1892, † 24. Okt. 1937, ukrain.-sowjet. Dichter.
Wurde trotz sozialist. Tendenzen in seinem Werk als Nationalist etwa Mitte der 30er Jahre verbannt. Führender Vertreter und Propagandist des ukrain. Futurismus; starke Neigung zu Experimenten und bes. formalen Effekten; pflegte v.a. die Großstadtdichtung.
Semjonow, Sergei Alexandrowitsch; tl.: Semenov, Sergej Aleksandrovič [russ. sɪ'mjɔnɐf], * Petersburg (heute Leningrad) 1893, verschollen, russ.-sowjet. Schriftsteller.
Entstammte dem Petersburger Industrieproletariat; seit 1917 aktiver Kommunist; seit den 30er Jahren verschollen. Pflegte den dokumentar. Roman; sein Hauptwerk „Golod“ (= Der Hunger, 1922) schildert die Hungersnot im Petersburg des Jahres 1919; S. setzte sich auch mit soziolog. Fragen, bes. der Familie, auseinander.
Semonides, griech. Lyriker um 600 v. Chr.
Wanderte von Samos nach Amorgos aus, wo er eine Kolonie gründete; bekannt als Jamben- und Elegiendichter; pessimist. Grundstimmung beherrscht den fast ganz erhaltenen „Weiberjambos“, eine Schmährede auf die Frauen.
Semper, Johannes, * Tuhalaane (Kreis Fellin) 22. März 1892, estn.-sowjet. Schriftsteller.
Studierte in Petersburg Philosophie, in den 20er Jahren in Berlin, Redakteur bei der Zeitschrift „Looming“; 1940 stellvertretender Kultusminister, bis Kriegsende in der UdSSR. Dann Vorsitzender des estn. Schriftstellerverbandes. S. schrieb Lyrik, Novellen, Romane und Reisebücher, daneben auch Dramen. Durch Abhandlungen und Übersetzungen förderte er die Kenntnis der roman. Literaturen. Dt. erschien der Roman „Rote Nelken“ (1960).
Senancour, Étienne Pivert de [frz. sənɑ̃'ku:r], * Paris 5. oder 6. Nov. 1770, † Saint-Cloud 10. Jan. 1846, frz. Schriftsteller.
Emigration in die Schweiz, dann Publizist in Paris, später einsam, verbittert und verarmt in der Nähe von Paris. Sein Roman „Obermann“ (1804, dt. 1844), dessen Hauptfigur, wie der Verfasser selbst, den Typus des romant., resigniert reflektierenden Helden verkörpert, gilt als eines der bedeutendsten Werke der frz. Frühromantik; von J.-J. Rousseau beeinflußt, schrieb S. „Rêveries sur la nature primitive de l'homme“ (1799), die philosoph. Studie „De l'amour“ (1805) und „Libres méditations d'un solitaire inconnu sur le détachement du monde“ (1819).
Literatur: Le Gall, B.: *L'imaginaire chez S. Paris 1966. 2 Bde.* – Raymond, M.: *S. Sensations et révélations. Paris 1965.* – Haedicke, W.: *E. P. de S. u. seine geistesgeschichtl. Stellung in der frz. Lit. Diss. Greifswald 1936.*
Sender, Ramón José [span. sen'dɛr], * Alcolea de Cinca (Huesca) 3. Febr. 1902, span. Schriftsteller.
Jurastudium; Teilnahme am Marokkofeldzug (1922/23), dann Redakteur; Reisen nach Paris, Berlin, Moskau; Kommunist, mehrfach in polit. Haft, Teilnahme am Span. Bürgerkrieg, in Frankreich interniert, Exil in Mexiko, seit 1942 in den USA, Professor in New Mexico. Setzt sich in Romanen, Erzählungen, Dramen, Essays und Kritiken mit sozialen und polit. Reformen auseinander. Erzählungen aus den Bürgerkriegsjahren nehmen einen breiten Raum in seinem Werk ein; später behandelt er auch allgemein-menschl. Probleme; farbige, ausdruckskräftige Darstellung.
Hauptwerke: Imán (R., dt. 1931), Mr. Witt en el cantón (R., 1935), Proverbio de la muerte (Dr.,

1939), Der Verschollene (R., dt. 1961), Der König und die Königin (R., dt. 1962), Requiem für einen span. Landmann (dt. 1964), Die Brautnacht des schwarzen Trinidad (R., dt. 1964), Die fünf Bücher der Ariadne (R., dt. 1966).

Seneca, Lucius Annaeus, der Ältere, * Corduba (heute Córdoba) um 55 v. Chr., † um 40 n. Chr., röm. Schriftsteller.

Rhetor. Ausbildung in Rom; sein Werk von Rechtsentscheidungen „Oratorum et rhetorum sententiae, divisiones, colores", das er im Alter für seine Söhne aus dem Gedächtnis aufzeichnete, ist die wichtigste Quelle für die Rhetorik unter Augustus und Tiberius; es umfaßt 10 Bücher „controversiae", in denen Rechtsfragen entschieden werden und ein Buch „suasoriae", in dem S. zu bestimmtem Handeln rät oder davon abrät.

Seneca, Lucius Annaeus, der Jüngere, * Corduba (heute Córdoba) um 4 v. Chr., † Rom 65 n. Chr., röm. Dichter und Philosoph.

Sohn von Lucius Annaeus S. dem Älteren; wissenschaftl. Ausbildung in Rom; lange und schwere körperl. Leiden zwangen ihn zu einem mehrjährigen Aufenthalt in Ägypten; S. begann unter Caligula die übl. Ämterlaufbahn als Quästor, wurde 41 auf Betreiben Messalinas nach Korsika verbannt; seine Rückkehr wurde 49 von Agrippina bewirkt, die ihn zum Erzieher ihres Sohnes Nero bestimmte. S. hatte – neben dem Prätorianerpräfekten Burrus – großen Einfluß auf den jungen Kaiser und dessen Politik; nach der zunehmenden Entfremdung zog sich S. vom Hof zurück und wurde von Nero wegen angebl. Teilnahme an der Pison. Verschwörung zum Selbstmord gezwungen. Seine populärphilosoph.Schriften, die sich auf Fragen der prakt. Lebenslehre beziehen, zeigen S. als Moralphilosophen und gemäßigten Stoiker; in den „Naturales quaestiones" betont er den hohen Rang der Naturerkenntnis für den Weg zur Erkenntnis des Göttlichen, die „Dialogi" behandeln eth. Themen und Einzelfragen der prakt. Lebensführung; die Abhandlung „De beneficiis" enthält sozialeth. Gedanken, die Schrift an Nero „De clementia" ist eine Art Fürstenspiegel, die 124 „Epistulae morales" geben Grundsätze einer echten Lebenshaltung. S.s scharf pointierte, sentenzenreiche, teilweise überspitzte Sprache, die oft in bewußtem Ggs. zu Cicero steht, bedient sich allzusehr rhetor. Mittel, so daß daneben die Wirkung auch vieler gelungener Formulierungen verblassen muß. S.s 9 erhaltene Tragödien „Hercules furens", „Troades", „Phoenissae", „Medea", „Phaedra", „Oedipus", „Agamemno", „Hercules oetaeus" und „Thyestes" sind von gesteigertem Pathos bestimmt, Handlungsführung und Charakterzeichnung der Handelnden treten zurück, erstrebt wird eine moral. Schockwirkung. S. schrieb außerdem die Schmähsatire „Apocolocynthosis" auf Kaiser Claudius, während die Fabula praetexta „Octavia" ihm fälschl. zugeschrieben wurde.

Ausgaben: L. A. S. Briefe an Lucilius. Gesamtausg. Dt. Übers. Hg. v. E. Glaser-Gerhard. *Reinbek bei Hamb.* $^{1-2}$*1967ff. Auf mehrere Bde. berechnet.* – *S. Sämtl. Tragödien. Lat.-dt. Hg. v.* Th. Thomann. *Zürich u. Stuttg. 1961ff. Auf 2 Bde. berechnet.* – *L. A. S. Philosoph. Schrr. Dt. Übers. Hg. v.* O. Apelt. *Lpz. 1923–24. 3 in 4 Bden.* – *L. Annaei Senecae Opera quae supersunt. Hg. v.* O. Hense *u.a. Lpz. 1898–1907. 3 in 4 Bden., Supplementbd. Teilweise Neudr. 1914ff.*

Literatur: Hadot, I.: *S. u. die griech.-röm. Tradition der Seelenleitung. Bln. 1968.* – Abel, K.: *Bauformen in S.s Dialogen. Hdbg. 1967.* – Cancik, H.: *Unterss. zu S.s epistulae morales. Hildesheim 1967.* – Grimal, P.: *Sénèque, sa vie, son œuvre, avec un exposé de sa philosophie. Paris* ^{3}*1966.* – Zwierlein, O.: *Die Rezitationsdramen S.s. Meisenheim 1966.* – Regenbogen, O.: *S. als Denker röm. Willenshaltung. In:* Regenbogen: *Kl. Schrr. Hg. v.* F. Dirlmeier. *Mchn. 1961.* – Knoche, U.: *Der Philosoph S. Frkf. 1933.*

Senghor, Léopold Sédar [frz. sɛ̃'gɔ:r, sã'gɔ:r], * Joal bei M'Bour 9. Oktober 1906, senegal. Staatsmann und Lyriker.

Studium in Dakar und Paris; Gymnasiallehrer für alte Sprachen in Tours und Paris; Abgeordneter für Senegal in der frz. Nationalversammlung; 1948–58 Professor an der École nationale de la France d'outre-mer; Führer der Union Progressiste Sénégalaise und seit 1959 der Parti Fédéraliste Africain (PFA); 1959/60 Parlamentspräsident der

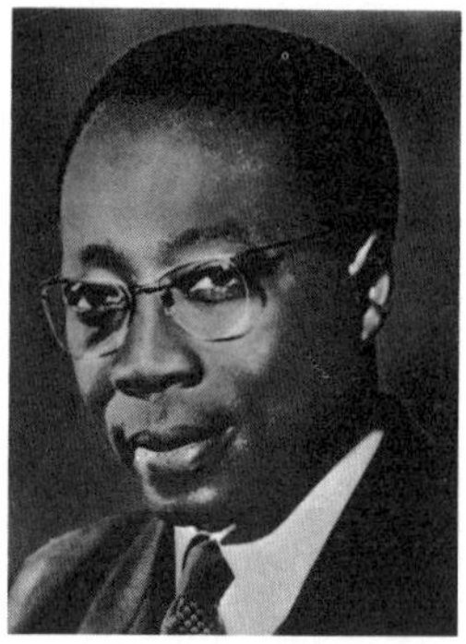

Léopold Sédar Senghor

Föderation Mali; seit 1960 Staatspräsident, seit 1962 auch Ministerpräsident der Republik Senegal. Sein von der frz. Troubadourdichtung, von Claudel und Saint-John Perse beeinflußtes, der Dichtung seiner afrikan. Heimat verpflichtetes Werk ist ein Zeugnis des erwachenden Selbstbewußtseins der jungen afrikan. Völker; Einfluß auf einen Teil der modernen frz. Lyrik; mit Césaire führender Vertreter der „Négritude"; 1968 Friedenspreis des Dt. Buchhandels.

Hauptwerke: Chants d'ombre (Ged., 1945), Hosties noires (Ged., 1948), Chants pour Naëtt (Ged., 1949), Tam-Tam Schwarz (Ged., dt. Ausw. 1955), Éthiopiques (Ged., 1956), Nocturnes (Ged., 1961), Botschaft und Anruf (Ged., dt. 1963), Négritude und Humanismus (dt. 1967).

Ausgabe: L. S. S. Botschaft u. Anruf. Sämtl. Gedichte. Frz. u. dt. Hg. v. J. Jahn. *Mchn. 1963.*

Literatur: Bonn, G.: *L. S. S. Wegbereiter der Culture universelle. Düsseld. u. Wien 1968.* – Hanf, I.: *L. S. S. Ein afrikan. Dichter frz. Prägung. Mchn. 1968.* – *S.–Senegal. Vorwort v.* Carlo Schmid. *Stuttg. 1968.*

Sênio [brasilian. 'senju] † Alencar, José Martiniano de.

Šenoa, August [serbokroat. ˌʃɛnoa], * Agram 14. Nov. 1838, † ebd. 13. Dez. 1881, kroat. Schriftsteller.

Studierte mit einem Stipendium des kroat. Bischofs die Rechte in Agram, Prag und Wien, wo er auch journalist. tätig war; in seiner Heimat Redakteur literar. Zeitschriften, Dramaturg und künstler. Leiter des Nationaltheaters in Agram. Er wurde Stadtrat und 1874 Chefredakteur der wichtigsten literar. Zeitung Kroatiens „Vijenac“. Sein Werk, das patriot. Lyrik, ep. Dichtungen, Romane, Feuilletons und Kritiken umfaßt, macht den Übergang von der Romantik zum Realismus deutl.; Š. schuf den kroat. histor. Roman, zu dem er Stoffe aus der Geschichte Kroatiens verwendete.
Hauptwerke: Kameni svatovi (= Die steinernen Hochzeitsgäste, Epos, 1869), Das Goldkind (R., dt. 1874), Smrt Petra Svačića (= Der Tod des Petar Svačić, Epos, 1877), Diogenes (R., dt. 1880), Der König von Preußen (En., 1878; dt. 1896), Branka (R., 1881).

Šenšin, Afansij Afanas'evič ↑ Fet, Afanassi Afanassjewitsch.

Sephardi, Moïse [span. sefar'ði] ↑ Petrus Alfonsi.

Seppänen, Unto Kalervo [finn. 'sɛpænɛn], * Helsinki 15. Mai 1904, † ebd. 22. März 1955, finn. Schriftsteller.
Studium der Literaturwissenschaft, war Journalist und Literaturkritiker; schrieb phantasie- und humorvolle Schilderungen der Menschen im finn.-russ. Grenzgebiet Karelien.
Hauptwerke: Markku und sein Geschlecht (R.-Trilogie, dt. 1938), Brände im Schnee (R., dt. 1950).

Sepúlveda de Espinosa, Pedro de [span. se'pulβeða ðe espi'nosa], * Antequera (Málaga) 1578, † Sanlúcar de Barrameda (Cádiz) 21. Okt. 1650, span. Dichter.
Studierte Theologie und trat später in den geistl. Stand; wurde bes. als Hg. des Cancionero „Primera parte de flores de poetas ilustres de España“ (1605) bekannt, der neben eigener Lyrik Gedichte der Granadiner und Antequeraner Schule enthält; auch Prosaschriftsteller.

Serafimowitsch, Alexandr Serafimowitsch; tl.: Serafimovič, Aleksandr Serafimovič [russ. sɪrɐfi'movitʃ], eigtl. A. S. Popow; tl.: A. S. Popov, * Nischne-Kurmojarskaja (Donbezirk) 19. Jan. 1863, † Moskau 19. Jan. 1949, russ.-sowjet. Schriftsteller.
Stand zunächst den Sozialdemokraten, später dem radikaleren Kreis um Lenins Bruder A. J. Uljanow nahe; Verbannung bis 1890; Beziehungen zu Gorki; „Klassiker“ des sozialist. Realismus; 1943 Stalinpreis. Schrieb Romane und Erzählungen aus der Welt der Bürger und Arbeiter.
Hauptwerke: Der eiserne Strom (R., dt. 1925), Die Stadt in der Steppe (R., 1912; dt. 1953).
Literatur: Beitz, W.: *Alexander S. Lpz. 1961.* – Wolkow, A.: *Alexander S. Krit.-biograph. Skizze. Dt. Übers. Bln. 1953.*

Serafinowicz, Leszek [poln. sɛrafi'nɔvitʃ] ↑ Lechoń, Jan.

Serao, Matilde [italien. se'ra:o], Pseudonyme Tuffolina, Gibus, * Patras (Griechenland) 7. März 1856, † Neapel 25. Juli 1927, italien. Schriftstellerin.
Vater Neapolitaner, Mutter Griechin, verbrachte die Kindheit in Neapel. Lehrerausbildung, Mitarbeiterin neapolitan. und röm. Zeitungen; ⚭ mit dem Journalisten E. Scarfoglio, mit dem sie die Zeitung „Il Corriere di Napoli“ gründete. Ihre realist. Romane und Novellen aus dem neapolitan. Volksleben, in denen sie v.a. Frauenprobleme, aber auch Skandalgeschichten u.a. behandelt, zeugen von glänzendem Beobachtungs- und Einfühlungsvermögen.
Hauptwerke: Fantasia (R., 1883), Riccardo Joanna's Leben und Abenteuer (R., 1887; dt. 1901), Schlaraffenland (R., 1890; dt. 1904), Es lebe das Leben! (R., dt. 1910).

Sergejew-Zenski, Sergei Nikolajewitsch; tl.: Sergeev-Censkij, Sergej Nikolaevič [russ. sɪr'gjejɪf-'tsɛnskij], eigtl. S. N. Sergejew; tl.: S. N. Sergeev, * Preobraschenskoje (Gouv. Tambow) 30. Sept. 1875, † Aluschta (Krim) 3. Dez. 1958, russ.-sowjet. Schriftsteller.
Lehrer. Von Gorki geschätzter, anfangs vom Impressionismus Andrejews beeinflußter Verfasser realist. Romane, in denen er meist psycholog. Probleme im vor- und nachrevolutionären Rußland darstellte; von seinen histor. Romanen ist der nach dem Muster von Tolstois „Krieg und Frieden“ angelegte Roman „Die heißen Tage von Sewastopol“ (1937ff., dt. 1953), eine Darstellung des Krimkrieges, bes. bemerkenswert; ein mit dem Roman „Transfiguration“ (dt. 1926) begonnener, Fragment gebliebener Romanzyklus sollte umfassend die Entwicklung des neuen Rußland darstellen. Ebenfalls dt. liegt die Erzählungssammlung „Der Obstgarten“ (1906, dt. 1955) vor.

Serner, Martin Gunnar [schwed. 'sæ:rnər] ↑ Heller, Frank.

Servius, Maurus (Marius) S. Honoratus, lat. Grammatiker um 400.
Wirkte in Rom; verfaßte einen Vergil-Kommentar (in zwei Fassungen erhalten) mit v.a. grammat.-rhetor. Erläuterungen. Die ausführlichere Fassung ist kulturgeschichtl. wertvoll. S. schrieb außerdem kleinere grammat. und metr. Schriften.

Seton, Ernest [Evan] Thompson [engl. si:tn], eigtl. E. S. Thompson, * South Shields (Durham) 14. Aug. 1860, † Santa Fe (N. Mex.) 23. Okt. 1946, kanad. Schriftsteller.
Seine Familie wanderte 1866 nach Kanada aus; S. war später Organisator der nordamerikan. Pfadfinderbewegung; naturverbundenes Leben in den nordamerikan. und kanad. Wäldern, zeitweise im Regierungsdienst als Naturforscher; zeichner. Ausbildung an Akademien; Illustrator seiner erfolgreichen Tiergeschichten und Indianerbücher; schrieb neben volkstüml. Darstellungen auch wissenschaftl. Werke.
Hauptwerke: Jochen Bär u.a. Tiergeschichten (dt. 1909), Jan und Sam im Walde (R., 1903; dt. 1924f.).

Seume, Johann Gottfried, * Poserna bei Weißenfels 29. Jan. 1763, † Teplitz 13. Juni 1810, dt. Schriftsteller.
Aus armer Bauernfamilie; vornehme Gönner ermöglichten S. das Theologiestudium, das er jedoch bald abbrach; 1771 von hess. Werbern auf einer Parisreise aufgegriffen und mit den an die Engländer verkauften Truppen nach Amerika geschickt; 1783 auf der Rückreise desertiert, fiel preuß. Werbern in die Hände, nach vergebl. Fluchtversuchen Urlaub auf Kaution; 1787 Sprachlehrer in Leipzig, kämpfte als russ. Offizier gegen die Polen, 1797 Korrektor beim Göschen-Verlag, Reisen durch Europa, die in den kulturgeschichtl. interessanten Memoiren und vielseitig

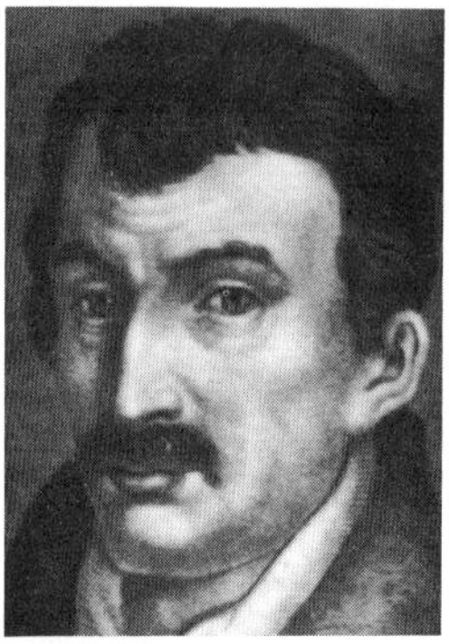

Johann Gottfried Seume

orientierten Reiseberichten ihren Niederschlag fanden; als Lyriker und Dramatiker unbedeutend.
Hauptwerke: Rückerinnerungen (1797, mit K. von Münchhausen), Spaziergang nach Syrakus im Jahre 1802 (Reisebericht, 1803), Mein Sommer 1805 (Reisebericht, 1806), Mein Leben (Autobiogr., 1813).
Ausgaben: J. G. S. Prosaschrr. Hg. v. W. Kraft. *Köln 1962. – J. G. S. prosaische u. poet. Werke. Bln. 1879. 10 Tle. in 4 Bden.*
Literatur: Kasack, H.: *S., der Wanderer. In:* Kasack: *Mosaiksteine. Beitr. zu Lit. u. Kunst. Frkf. 1956.* – Jensen, I.: *Der geistige Gehalt in J. G. S.s Lyrik. Diss. Halle 1951 [Masch.].* – Heine, G.: *Der Mann, der nach Syrakus spazieren ging. Das abenteuerl. Leben des J. G. S. Bln. ²1942.*

Seuren, Günter, * Wickrath 18. Juni 1932, dt. Schriftsteller.
Journalist, dann freier Schriftsteller, lebt in Düsseldorf; wurde bekannt durch seinen Zeitroman „Das Gatter" (1964), das skept. Selbstbildnis einer Generation, verfilmt u. d. T. „Schonzeit für Füchse" (1966); aktuelle Themen griff S. auch in den Romanen „Lebeck" (1966) und „Das Kannibalenfest" (1968) auf; auch Lyriker („Winterklavier für Hunde", 1961) und Hörspielautor.

Seuse, Heinrich, sel., latin. Suso, * Konstanz oder Überlingen 21. März 1295 (?), † Ulm 25. Jan. 1366, dt. Mystiker.
Entstammte dem Konstanzer Patriziat, trat 13jährig in den Dominikanerorden ein; um 1322–26 Schüler Meister Eckharts in Köln, dessen Mystik er im „Büchlein der Wahrheit" (um 1326) gegen Mißdeutungen verteidigte; seit um 1330 wegen angebl. Ketzerei angefeindet; Prediger und Seelsorger am Oberrhein (u. a. Verbindung mit J. Tauler) und in den Niederlanden; 1343/44 Prior in Diessenhofen (Thurgau); seit 1348 in Ulm; seine verinnerlichte Passionsmystik ist in seinem Werk „Das Büchlein der ewigen Weisheit" (um 1328) bes. ausgeprägt; starker Einfluß der Minnelyrik auf die bilder- und gefühlsreiche Sprache seiner Mariendichtung; bed. auch seine Vita (Teile von S.s Schülerin Elisabeth Stagel), die erste geistl. Autobiographie in dt. Sprache; ferner großes und kleines Briefbuch, Predigten.
Ausgaben: H. S. Dt. myst. Schrr. Nhd. Übertragung. Hg. v. G. Hofmann. *Düsseld. 1967. – H. S. Dt. Schrr. Im Auftrag der württemberg. Komm. f. Landesgesch. Hg. v.* K. Bihlmeyer. *Stuttg. 1907. Nachdr. Frkf. 1961.*
Literatur: Misch, G.: *H. S. Frkf. 1967.* – Boesch, B.: *Zur Minneauffassung S.s. In: Festschr. f. Josef Quint. Hg. v.* H. Moser *u. a. Bonn 1964.* – Schwietering, J.: *Zur Autorschaft v. S.s Vita. In:* Schwietering: *Mystik u. höf. Dichtung im Hochmittelalter. Darmst. 1960.* – Groeber, K.: *Der Mystiker H. S. Die Gesch. seines Lebens. Die Entstehung u. Echtheit seiner Werke. Freib. 1941.*

Ševčenko ↑ Schewtschenko.

Sevelingen, Meinloh von ↑ Meinloh von Sevelingen.

Severcev, Nikolaj Evgen'evič ↑ Wirta, Nikolaj Jewgenjewitsch.

Séverin, Fernand [frz. se'vrɛ̃], * Grand-Manil (Namur) 4. Febr. 1867, † Gent 4. Sept. 1931, belg. Dichter.
Professor für frz. Literatur in Gent; Lyriker, Essayist und Kritiker aus dem Kreis der Jeune-Belgique-Bewegung, schrieb unter dem Einfluß spätklass. und romant. Naturlyrik (Chénier, Lamartine, Wordsworth) „Le lys" (Ged., 1888), „Le don d'enfance" (Ged., 1891), Un chant dans l'ombre (Ged., 1895), „Poèmes ingénus" (1909), „La source au fond des bois" (Ged., 1924), Poèmes (1930) u. a.

Severjanin ↑ Sewerjanin.

Sévigné, Marie Marquise de [frz. sevi'ɲe], geb. de Rabutin-Chantal, * Paris 5. Febr. 1626, † Schloß Grignan (Drôme) 17. April 1696, frz. Schriftstellerin.
Ihre Briefe, die sie 1669–95 an ihre in der Provence lebende Tochter über die Ereignisse in Paris am Hof, beim Theater und in der Gesellschaft schrieb (hg. 1726, dt. Ausw. 1761, vollständig 1966), wurden schon zu ihren Lebzeiten berühmt. Sie zeichnen sich durch Anschaulichkeit, Lebendigkeit und natürl. Stil ebenso aus wie durch Witz, Intelligenz und Menschlichkeit. Sie zählen zu den klassischen Denkmälern frz. Prosa.
Ausgaben: Madame de S. Briefe. Dt. Übers. Hg. v. Th. v. der Mühll. *Frkf. 1966. – M. M. de S. Lettres. Hg. u. bearb. v.* E. Gérard-Gailly. *Paris 1953–57. 3 Bde.*
Literatur: Cordelier, J.: *Madame de S. Paris 1967.* – Bailly, A.: *Madame de S. Paris 1955.* – Boissier, G.: *Madame de S. Dt. Übers. Bln. 1890.*

Sewer [poln. 'sɛvɛr] ↑ Maciejowski, Ignacy.

Sewerjanin, Igor; tl.: Severjanin, Igor' [russ. sɪvɪ'rjanin], eigtl. I. Wassiljewitsch Lotarjow; tl.: I. Vasil'evič Lotarev, * Petersburg (heute Leningrad) 16. Mai 1887, † Reval (Estland) 1942, russ. Dichter.
War, bes. zu Beginn seiner literar. Laufbahn, auch als Rezitator eigener Lyrik erfolgreich; emigrierte nach der Revolution. S., Vertreter des sog. Ego-Futurismus, einer extrem selbstbewußten Dichtung, erregte 1913 mit einer Sammlung effektreicher, experimenteller, manierierter Lyrik, in der er überraschende, aber oft fragwürdige Neologismen verwandte, Aufsehen; der oft dürftige Gehalt und seine Neigung zu einer ans Vulgäre grenzenden Behandlung erot. Themen wurden oft angegriffen.

Sewerzew, Nikolai Jewgenjewitsch [russ. 'sjevɪrtsəf] ↑ Wirta, Nikolai Jewgenjewitsch.

Seyfried, Lied vom Hürnen ↑ Hürnen Seyfried, Lied vom.

Şeyhî, Yusuf Sinan ↑ Yusuf Sinan Şeyhî.

Şeyh Mehmet Galip Dede [türk. 'ʃɛih mɛh'mɛt gɑː'lip dɛ'dɛ] (Mehmet Esat), * Konstantinopel (heute Istanbul) 1757, † ebd. 3. Jan. 1799, türk. Dichter.
Mitglied des Ordens der „tanzenden Derwische", 1791 Ordenshausvorsteher in Galata, gefördert von Sultan Selim III. Er schuf einen Diwan und das myst.-allegorische Mesnevi „Hüsn-ü-Aşk" (= Schönheit und Liebe, 1782); Verwendung einer bilderreichen Sprache.

Shadwell, Thomas [engl. 'ʃædwəl], * Santon Hall (Norfolk) um 1642, † London 19. Nov. 1692, engl. Dramatiker.
Unvollendete jurist. Studien, Auslandsreisen; enge Kontakte mit der Gesellschaft der Restaurationszeit, deren Mißstände er in witzigen, bühnenwirksamen Lustspielen nach dem Vorbild Ben Jonsons verspottete; Sh. wurde in eine erbitterte literar. Kontroverse mit Dryden verwickelt; als dieser durch die Revolution 1688 seine Ämter als „poet laureate" und königl. Historiograph aufgeben mußte, wurde Sh. sein Nachfolger; Übersetzer Molières.
Hauptwerke: The sullen lovers (Kom., 1668), Epsom Wells (Kom., 1673), The virtuoso (Kom., 1676), The Lancashire witches (Kom., 1682), The squire of Alsatia (Kom., 1688), Bury Fair (Kom., 1689).
Literatur: Alssid, M. W.: *Th. Sh. New York 1967.* – Borgman, A. S.: *Th. Sh., his life and comedies. New York 1928.*

Shaffer, Peter [engl. 'ʃæfə], * London 15. Mai 1926, engl. Dramatiker.
Aus dem Kreis der „zornigen jungen Männer"; schildert in seinem Stück „Fünffingerübung" (dt. 1960) den Mangel an Kommunikation, der in der Gesellschaft herrscht; „Die königl. Jagd auf die Sonne" (Schsp., dt. 1966) zeigt in der Gestalt des Pizarro die Pathologie des Eroberers.
Weitere Werke: Geben Sie acht! (Einakter, dt. 1966), Hören Sie zu! (Einakter, dt. 1966), Schwarze Komödie (Einakter, dt. 1968).

Shaftesbury, Anthony Ashley Cooper, 3. Earl of [engl. 'ʃɑːftsbərɪ], * London 26. Febr. 1671, † Neapel 4. Febr. 1713, engl. Philosoph.
Aus alter, einflußreicher Adelsfamilie; Privaterziehung unter der Aufsicht von Locke; Studien am Winchester College; danach ausgedehnte Reisen auf dem Kontinent; 1695 Parlamentsmitglied, 1699 nach dem Tod des Vaters Erbe des Grafentitels und Oberhaussitzes; wurde als hervorragender Redner bekannt; daneben philosoph. und literar. Arbeiten; aus Gesundheitsgründen verzichtete Sh. 1708 auf seine öffentl. Ämter und widmete sich in zunehmendem Maße der Literatur; lebte von 1711 an in Italien. Bed. Moralphilosoph und Essayist der Aufklärung; ging von Platon aus, verteidigte das göttl. Prinzip als Grundlage der Harmonie der Welt; Sh.s optimist. Weltsicht ist begründet in den Theorien der Erkennbarkeit von Gut und Böse und der Identität von Tugend und Glückseligkeit, die Sh. aus der antiken Philosophie ableitete; von besonderer Bedeutung war sein Beitrag zur neuen Ästhetik des 18. Jh.s; er forderte die Erkenntnis des Schönen durch Einfühlung in dessen Wesen; Sh. beeinflußte die engl. Vorromantik, ferner u. a. Voltaire, Wieland, Herder und Schiller; seine Werke wurden 1776–79 ins Deutsche übersetzt.
Literatur: Grean, St.: *Sh.'s philosophy of religion and ethics. Athens (Ohio) 1967.* – Wolff, E.: *Sh. u. seine Bedeutung f. die engl. Lit. des 18. Jh.s. Der Moralist u. die literar. Form. Tüb. 1960.* – Brett, R. L.: *The third earl of Sh. London 1951.* – Meinecke, F.: *Sh. u. die Wurzeln des Historismus. Bln. 1934.* – Weiser, Ch. F.: *Sh. u. das dt. Geistesleben. Lpz. 1916.*

Shakespeare, William [engl. 'ʃɛɪkspɪə], ≈ Stratford-upon-Avon 26. April 1564, † ebd. 23. April 1616, engl. Dichter.
Sohn eines Handwerkers und Bürgermeisters; besuchte die Lateinschule in Stratford; heiratete 18jährig die 8 Jahre ältere Anne Hathaway, 3 Kinder; erst 1592 wird Sh. wieder erwähnt, und zwar als Schauspieler und Dramatiker; 1597 kaufte er sich in Stratford an, war mit dem Earl of Southampton befreundet, Mitbesitzer des Globe-Theatre. 1603 nannte sich Sh.s Schauspielertruppe „The King's men", Jakob I. war ihr Schutzherr; 1608 Beteiligung am Blackfriars' Theatre; 1610 kehrte Sh. als wohlhabender Mann nach Stratford zurück, wo er 1616 nach

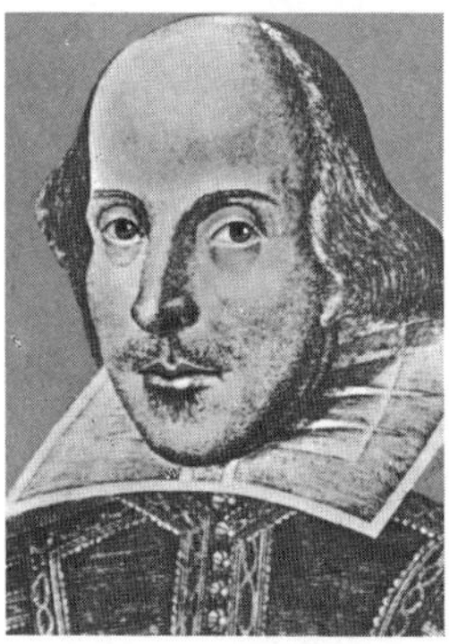

William Shakespeare (nach dem Titelblatt der 1. Folioausgabe)

kurzer Krankheit starb und in der Kirche beigesetzt wurde. Keine der zahlreichen Theorien, die Sh.s Namen als Pseudonym bed. Zeitgenossen interpretierten, konnte sich durchsetzen. Handschriftl. sind keine Werke überliefert, zu Lebzeiten Sh.s erschienen 16 seiner Stücke in Quartoausgaben; erste Ausgabe nach seinem Tod war die Folioausgabe von 1623 (hg. von J. Heminge und H. Condell). Die Datierung und damit die Reihenfolge der Entstehung der Werke wird durch sekundäre Dokumentation, Anspielung auf Zeitereignisse usw. festgelegt (im folgenden nach dem amerikan. Philologen George Lyman Kittredge). Am Beginn von Sh.s Schaffen stehen die Verserzählungen „Venus und Adonis" (1593) und „Lucrezia" (1594) sowie die histor. Dramen „Heinrich VI." (3 Teile, 1590–92) und „Richard III." (1592), die breitangelegte Schilderungen des polit. Lebens sind. Es folgen „Die Komödie der Irrungen" (1592/93), die Rachetragödie „Titus Andronicus" (1593), „Die beiden Veroneser" (1594), „König Johann" (1594) und „Verlorene Liebesmüh" (1594/95), die alle noch eine verhältnismäßig starke Abhängigkeit von den Quellen verraten. Die Komödien beziehen ihre Komik aus der Verwechslungstechnik und aus dem witzigen Dialog. Sonette entstehen bis Ende der 90er Jahre, sie sind sehr persönl. in der Aussage, auch wenn sich aus ihnen nichts Genaues über Sh.s Leben schließen läßt. In der 2. Hälfte der 90er Jahre schrieb Sh. weitere histor. Dramen, „Richard II." (1596), „Heinrich IV." (2 Teile, 1597–99) und „Heinrich V." (1599), die nun weniger dem Zeitstil verhaftet sind und eine objektivere Darstellung des vielfältigen Mit- und Gegeneinander der differenzierteren und auch in sich abgerundeteren Gestalten aufweisen. In dieselben Jahre fällt die Entstehung der Komödien „Der Widerspenstigen Zähmung" (1594–98), „Ein Sommernachtstraum" (1595), „Der Kaufmann von Venedig" (1596), „Viel Lärm um nichts" (1598/99), „Wie es euch gefällt" (1599), sie alle gehen über den Wortwitz der ersten Komödien hinaus; die Stimmung, heiter-realist. und unheilvoll-drohend, kraftvoll burlesk und träumer.-verspielt, trägt die Handlung, echter Humor kommt ins Spiel. In das Jahr 1595 fällt die romant. Tragödie „Romeo und Julia", noch merkbar der Petrarca-Nachfolge verhaftet, aber schon so locker und natürl. und doch pointiert, daß einige Szenen als die schönsten Liebesgespräche der Literatur überhaupt angesehen werden können. In „Julius Cäsar" (1599) bahnt sich an, was in der folgenden Schaffensperiode, der sog. „dunklen", die Größe der Charaktertragödien ausmacht, das im Charakter des Helden begründete Verhängnis, den Sh. bis zur letzten Konsequenz ohne Einsicht oder trotz seiner Einsicht wider die Vernunft handeln läßt: „Hamlet" (1600/01), „Othello" (1604), „Macbeth" (1605/06), „König Lear" (1605/06). Selbst die Komödien dieser Zeit sind Ausdruck einer pessimist. Grundstimmung: „Die lustigen Weiber von Windsor" (1600/01), „Was ihr wollt" (1600/01), „Ende gut, alles gut" (1602), „Troilus und Cressida" (1602), „Maß für Maß" (1604). In der letzten Schaffensperiode folgen v.a. die Märchenspiele „Cymbeline" (1610), „Der Sturm" (1610/11) und „Das Wintermärchen" (1611), in denen Sh. in höchster dichter. Reife alle Spannungen in Ausgleich und Versöhnung löst. Sh. gilt als einer der größten Dramatiker aller Zeiten. Obwohl er seine Fabeln nicht selbst erdachte (er verwendete als Quellen u.a. die Chronik Holinsheds, Plutarch, Boccaccio, Chaucer, Montemayor), gewinnt jeder Stoff bei ihm neue Aspekte. Vielseitig in der Darstellungskunst, gelingt ihm Zartes genauso gut wie Wuchtiges, weiß er trag. Pathos maßvoll anzuwenden, setzt er Komik und Groteske ein; Kontrastierung von Ernstem und Heiterem, Tragischem und Komischem; seine Charaktere ermangeln nicht der psycholog. Motivierung ihrer Handlungen; den drei Einheiten der frz. Bühne paßte er sich nicht an, ihm erwuchs die Einheit aus Handlung und Charakterdarstellung; sprachl. ging er weit über seine Vorgänger hinaus, indem er den Gestalten seiner Dramen immer mehr adäquaten sprachl. Ausdruck verlieh. Was in seinen frühen Dramen als sprachl. Schmuck betrachtet werden kann, ist im späteren Werk notwendiges Charakterisierungsmittel. Sh. war mit seinen Werken außerordentl. erfolgreich, sie überdauerten die Schließung der Theater durch die Puritaner. In Deutschland wurden sie durch die engl. Komödianten bekannt, auch durch Wielands [Prosa]übersetzungen. Bis heute unübertroffen wegen der Einheitlichkeit der Gesamtleistung ist die Übersetzung A. W. Schlegels (fortgesetzt durch D. Tieck und W. H. Graf von Baudissin, 1825–33).

Weitere Werke: Timon von Athen (Trag., entstanden 1605/06), Pericles (Schsp., entstanden 1606/08), Antonius und Cleopatra (Trag., entstanden 1607), Coriolan (Trag., entstanden1608), Heinrich VIII. (Dr., entstanden 1613; Autorschaft z.T. angezweifelt), Sonette (hg. 1609).

Ausgaben: W. Sh. Dramen (Der elisabethan. Sh.). In Übers. u. Neufassung v. H. Rothe. *Mchn. 1963–64. 4 Bde. – W. Sh. Arden edition of the works (The new Arden Sh.). Hg. v.* U. Ellis-Fermor *u. a. London; Cambridge (Mass.)* $^{1-9}$*1961ff. Auf 39 Bde. berechnet. – Sh.s Werke. Dt. Übers. Unter Förderung durch die Dt. Akad. der Künste zu Bln. Hg. v.* R. Schaller. *Weimar; Bln.* $^{1-3}$*1960ff. Auf mehrere Bde. berechnet. – Sh. Neu übersetzt v.* R. Flatter. *Bad Bocklet u. Wien 1952–55. 6 Bde. – Sh. A new variorum edition. Hg. v.* H. H. Furness *u. a. Philadelphia 1871ff. Auf mehrere Bde. berechnet. Neuausg. New York 1963ff. – W. Sh. Dramat. Werke. Dt. Übers. v.* A. W. v. Schlegel *u.* L. Tieck. *Neue Ausg. Bln. 1839–41. 12 Bde.*

Literatur: Allgemeines: Habicht, W., *u. a.: Sh.-Kommentar zu den Dramen, Sonetten, Epen u. kleineren Dichtungen. Mchn. 1968. – Sh.-Verständnis heute. Mit Beitr. v.* M. Lüthi *u. a. Gött. 1968.* – Kott, J.: *Sh. heute. Dt. Übers. Mchn. 1964. – Sh.-Jubiläum 1964. Festschr. zu Ehren des 400. Geburtstages W. Sh.s u. des 100jährigen Bestehens der Dt. Sh.-Gesellschaft. Hg. v.* A. Schlösser. *Köln u. a. 1964.* – Oppel, H.: *Sh. Studien zum Werk u. zur Welt des Dichters. Hdbg. 1963.* – Rothe, H.: *Sh. als Provokation. Sein Leben u. sein Werk, sein Theater u. seine Welt, seine Freunde u. seine Feinde. Mchn. 1961.* – Gundolf, F.: *Sh. u. der dt. Geist. Düsseld.* ^{11}*1959.* – Gundolf, F.: *Sh. Sein Wesen u. Werk. Düsseld.* ^{2}*1949. 2 Bde.* – Craig, H.: *An interpretation of Sh. New York 1948.* – Chambers, E. K.: *W. Sh. A study of facts and problems. Oxford 1930. 2 Bde.* – Landauer, G.: *Sh. Dargestellt in Vorträgen. Hg. v.* M. Buber. *Frkf. 1920. 2 Bde. Gekürzte Ausg. mit Nachwort u. krit. Anmerkungen v.* J. Kleinstück. *Hamb. 1962. – Leben und Werk:* Quennell, P.: *Sh. Der Dichter u. seine Zeit. Dt. Übers. Mchn. 1964.* – Brown, I.: *Sh. Der Mensch, der Dichter, seine Zeit. Dt. Übers. Zürich 1950.* – Brandl, A.: *Sh. Leben, Umwelt, Kunst. Bln.* ^{2}*1937.* – Lee, S.: *The life of W. Sh. London* ^{4}*1925. Dt. Übers. u.d.T.: W. Sh. Sein Leben u. seine Werke. Durchgesehen u. eingel. v.* R. Wülker. *Lpz. 1901. – Dramen:* Clemen, W.: *Das Drama Sh.s. Ausgew. Vorträge u. Aufss. Gött. 1969.* – Weimann, R.: *Sh. u. die Tradition des Volkstheaters. Soziologie. Dramaturgie. Gestaltung. Bln. 1967.* – Frye, N.: *Sh.s Vollendung. Eine Einf. in die Welt seiner Dramen. Dt. Übers. Mchn. 1966.* – Lüthi, M.: *Sh.s Dramen. Bln.* ^{2}*1966.* – Günther, A.: *W. Sh. Velber* $^{1-2}$*1965–67. 2 Bde.* – Sehrt, E. Th.: *Wandlungen der Sh.schen Komödie. Gött. 1961.* –

Stahl, E. L.: *Sh. u. das dt. Theater. Wanderung u. Wandlung seines Werkes in dreieinhalb Jh.en. Stuttg. 1947.* – *Sonette u. a. Dichtungen:* Krieger, M.: *Window to criticism: Sh.'s sonnets and modern poetics. Princeton 1964.* – Prince, F. T.: *W. Sh. The poems. London 1963.* – Knight, G. W.: *The mutual flame. On Sh.'s 'Sonnets' and 'The phoenix and the turtle'. London 1955. Neuausg. New York 1962.* – Robertson, J. M.: *The problems of the Sh. sonnets. London 1926.* – *Nachschlagewerke: A complete and systematic concordance to the works of Sh. Hg. v.* M. Spevack. *Hildesheim 1967–70. 6 Bde.* – *A Sh. encyclopaedia. Hg. v.* O. J. Campbell *u.* E. G. Quinn. *London 1966.* – Halliday, F. E.: *A. Sh. companion 1564–1964. Harmondsworth; London 1964.* – Schmidt, Alexander: *Sh.-Lexicon. Durchgesehen u. erweitert v.* G. Sarrazin. *Bln.⁵1962. 2 Bde.* – Kellner, L.: *Sh.-Wörterb. Lpz. 1922.* – *Periodika: Sh. Quaterly. Hg. v.* J. G. McManaway. *Bd. 1ff., New York 1950ff.* – *Sh. survey. An annual survey of Shakesperian study and production. Hg. v.* A. Nicoll. *Cambridge 1948ff.* – *Sh.-Jb. (Jg. 1ff., 1865ff. u. d. T.: Jb. der dt. Sh.-Gesellschaft). Hg. v.* A. Schlösser *u.* A.-G. Kuckhoff. *Jg. 61ff., Lpz.; Weimar 1925ff.* – *Daneben: Jb. der Dt. Sh.-Gesellschaft West. Hg. v.* H.Heuer *u. a. Hdbg. 1965ff.* – *Bibliographie: Sh. A compendium of modern studies. Hg. v.* E. Mertner *u.* M. Spevack. *Hildesheim 1970. 2 Bde.* – *Sh.-Lit. in Bochum. Aus den Beständen des Engl. Seminars, des Germanist. Inst. u. der Univ.-Bibliothek der Ruhr-Univ. Bochum, der Dt. Sh.-Gesellschaft West u. der Stadtbücherei Bochum. Bochum 1968.* – *Shakespeariana. Hg. v.* A. Brickman *u.* D. Bonnier. *New York 1965–67. 3 Bde.* – *Classified Sh. bibliography, 1936–1958. Hg. v.* G. R. Smith. *University Park (Pa.) 1963.* – Ebisch, W./Schücking, L. L.: *A Sh. bibliography. Oxford 1931. Suppl. for the years 1930–35 to a Sh. bibliography 1937. Neuausg. Oxford 1964.* – † auch Pepys, Samuel.

Shalom, Shin [hebr. ʃa'lo:m], eigtl. Shalom Joseph Shapira, * Parczew bei Lublin 28. Dez. 1904, hebr. Dichter.

1914–22 in Wien, dann in Palästina, Besuch eines Lehrerseminars, 1930/31 Studium in Erlangen; wieder in Palästina, Mitbegründer einer Chassidim-Siedlung, Lehrer, freier Schriftsteller in Haifa. Kritiker und Übersetzer (Shakespeare); Verfasser von Novellen, Dramen und symbolist. Gedichten; jüd. Mystik lebt wieder auf in den Gedichten „Hanêr lo kavāh“ (1941), in dem zeitgeschichtl. interessanten Buch „On ben pele“ (Ged., 1940) läßt Sh. sein Leben wieder erstehen.

Weiteres Werk: Galiläisches Tagebuch (dt. 1954).

Shapiro, Karl [Jay] [engl. ʃə'pɪroʊ], * Baltimore 10. Nov. 1913, amerikan. Dichter.

Studierte u.a. in Baltimore, später Dozent; im 2. Weltkrieg 1942–45 als Soldat im Pazifik; 1950–55 Hg. der Zeitschrift „Poetry“. In Sh.s durch sprachl. Präzision ausgezeichneten Gedichten kommt bes. den Motiven Krieg und Liebe Bedeutung zu; Verfasser zahlreicher krit. Arbeiten.

Hauptwerke: Person, place and thing (Ged., 1942), The place of love (Ged., 1942), V-letter and other poems (1944), Essay on rime (Versessay, 1945), Beyond criticism (Essay, 1953), Poems of a Jew (1958), Prose keys to modern poetry (Essay, 1962).

Sharp, Alan [engl. ʃɑ:p], * Alyth bei Dundee 1934, schott. Schriftsteller.

Wuchs bei Adoptiveltern in Greenock auf; verließ früh die Schule und arbeitete auf einer Schiffswerft; Studium in Glasgow; schreibt Hörspiele und Romane.

Hauptwerke: Tief unten in Demerara (R., dt. 1965), The wind shifts (R., 1968).

Sharp, Margery [engl. ʃɑ:p], * 1905, engl. Schriftstellerin.

Studierte u.a. an der Londoner Universität; reiste viel; Mitarbeiterin u.a. am „Punch“. Schrieb viele erfolgreiche, humorvolle Unterhaltungsromane für ein überwiegend weibl. Publikum; leichte und geschickte Handlungsführung.

Hauptwerke: Die vollkommene Lady (R., 1937; dt. 1949), Das Mädchen Cluny Brown (R., dt. 1954), Das Auge der Liebe (R., dt. 1959), Liebe auf den letzten Blick (R., dt. 1961), Semester in Paris (R., dt. 1963), Das Mädchen im Gras u.a. Erzählungen (dt. 1964), Die Rabenmutter (R., dt. 1966), Die Sonne im Skorpion (R., dt. 1968).

Sharp, William [engl. ʃɑ:p] † Macleod, Fiona.

Shaw, George Bernard [engl. ʃɔ:], * Dublin 26. Juli 1856, † Ayot Saint Lawrence (Hertford) 2. Nov. 1950, ir. Schriftsteller.

Stammte aus einer unter dem Alkoholismus des Vaters leidenden Familie (der Sohn wurde deswegen Antialkoholiker, Nichtraucher und Vegetarier); die Eltern trennten sich, Sh. wurde in Dublin erzogen, dort war er auch zuerst als kaufmänn. Angestellter tätig; 1876 folgte er seiner Mutter nach London, wo er sich zunächst erfolglos literar. durchzusetzen versuchte; Musik- und Theaterkritiker ab 1885; 1884 war Sh. der sozialist. Fabian Society beigetreten, nachdem er sein Interesse für polit. und soziale Ideen entdeckt hatte (Auseinandersetzung mit Marx); nach literar. Erfolgen hohe Ehrungen (1925 Nobelpreis); Reisen in die UdSSR (1928) und in die USA (1931). Sh. begann mit Romanen, die in Zeitschriften erschienen; auf sein literar. Programm, das er in dem Essay „Ein Ibsenbrevier“ (1891, dt. 1908) niederlegte, folgten Dramen, die wie die Ibsens von Skepsis gegen alle gesellschaftl. Konventionen erfüllt sind; den 4 „unpleasant plays“ folgten „pleasant plays“ und „plays for Puritans“; alle seine Dramen, gleich ob sie schockierende Probleme behandeln oder mehr zum Komödiantischen tendieren, sind realist. und

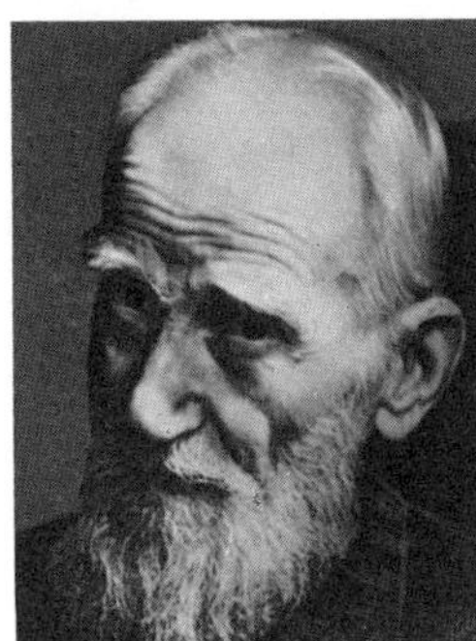

George Bernard Shaw

sozialkrit., meist satir.; ihre Wirkung beruht auf dem Witz der Darstellung und der Exzentrizität der Lehrmeinung; bestechend ist der Dialog, der geistreich in seiner Zuspitzung das Interesse des Zuschauers oder auch Lesers, für den Sh. in glänzenden Essays seine Meinung zu dem dargestellten Problem darlegte (Vorwort), fesselt. Gedankl. Bereicherung der Dramen v.a. unter dem Eindruck der Nietzsche-Lektüre, die bes. „Mensch und Übermensch" (Dr., dt. 1907) beeinflußte. Zu den Hauptwerken gehören weiter „Cäsar und Cleopatra" (dt. 1904), eine Komödie, die heroische Geschichtsdichtung iron. abwertet, „Pygmalion" (dt. 1913) und sein künstler. gelungenstes Drama „Die heilige Johanna" (dt. 1924).
Weitere Werke: Cashel Byron's Beruf (R., 1885f.; dt. 1908), Der verlorene Vater (Kom., 1898; dt. 1906), Der Teufelsschüler (Melodrama, 1898; dt. 1903), Candida (Dr., dt. 1903), Helden (Dr., dt. 1903), Schlachtenlenker (Dr., dt. 1904), Frau Warrens Gewerbe (Dr., dt. 1906), Kapitän Braßbounds Bekehrung (Dr., dt. 1908), Major Barbara (Dr., dt. 1909), Der Arzt am Scheideweg (Dr., dt. 1909), Androklus und der Löwe (Dr., dt. 1913), Zurück zu Methusalem (Dr., dt. 1925), Der Kaiser von Amerika (Dr., dt. 1929), Die Millionärin (Kom., UA 1936; dt. 1948).
Ausgaben: G. B. Sh. Ges. dramat. Werke. Dt. Übers. Zürich u. Stuttg. 1946–48. 12 Bde. – B. Sh. Standard edition. London; Toronto 1931–50. 40 Bde.
Literatur: Mayne, F.: *The wit and satire of B. Sh. London 1967.* – Nethercot, A. H.: *Men and supermen. The Shavian portrait gallery. Cambridge (Mass.) u.a. ^{2}1966.* – Arnold, A.: *G. B. Sh. Bln. 1965.* – Mander, G.: *G. B. Sh. Velber 1965.* – Pearson, H.: *B. Sh. Dt. Übers. Tüb. 1965.* – Purdom, C. B.: *A guide to the plays of B. Sh. London 1963.* – Bentley, E. R.: *B. Sh. Erweiterte Ausg. New York 1957.* – Winsten, St.: *Jesting apostle: the life of B. Sh. London 1956.* – Ward, A. C.: *B. Sh. London u. New York 1951.* – Bab, J.: *B. Sh. Bln. ^{2}1926.* – ↑ auch Pepys, Samuel.

Shaw, Irwin [engl. ʃɔ:], * New York 27. Febr. 1913, amerikan. Schriftsteller.
War nach dem Besuch eines Colleges zunächst Gelegenheitsarbeiter; begann mit Arbeiten für Film und Rundfunk; während des 2. Weltkriegs in Europa. Schrieb v.a. sozialkrit. Kurzgeschichten, in denen er auch reißer. Effekte verwandte; auch in seinen Dramen, die ebenso um Aktualität bemüht sind, sucht Sh. die Wirkung des Ungewöhnlichen einzubeziehen; er gilt als Repräsentant der amerikan. liberalist. Tradition; eines seiner bedeutendsten Werke ist der um Objektivität bemühte Kriegsroman „Die jungen Löwen" (dt. 1948).
Weitere Werke: Sons and soldiers (Dr., 1944), Aus dem Nebel heraus (Dr., dt. 1949), Das Bekenntnis (Kurzgeschichten, dt. 1960), Stimmen eines Sommertages (R., dt. 1966), Liebe auf dunklen Straßen (En., dt. 1968).

Shaw, Wheeler [engl. ʃɔ:] ↑ Billings, Josh.

Sheldon, Charles Monroe [engl. 'ʃɛldən], * Wellsville (N. Y.) 26. Febr. 1857, † Topeka (Kansas) 24. Febr. 1946, amerikan. Schriftsteller.
Studierte Theologie und wirkte seit 1886 als Pfarrer, zuletzt in Topeka; gab 1920–25 den „Christian Herald" heraus. Sein Hauptwerk, der Roman „In His steps" (1896), der die Möglichkeit einer Nachfolge Christi in der Gegenwart behandelt, war einer der größten amerikan. Bucherfolge; interessant seine Autobiographie „Ch. M. Sh.: His life story" (1925).

Shelley, Mary Wollstonecraft [engl. 'ʃɛlɪ], * London 30. Aug. 1797, † ebd. 1. Febr. 1851, engl. Schriftstellerin.
Tochter von W. Godwin und dessen erster Frau Mary Godwin; heiratete 1816 Percy Bysshe Sh., mit dem sie seit 1814 auf dem Kontinent lebte; u.a. mit Byron bekannt; nach dem Tod ihres Mannes Herausgeberin seiner Werke. Ihr Hauptwerk ist der Schauerroman „Frankenstein oder Der moderne Prometheus" (1818, dt. 1912), in dem sie ein künstl. erzeugtes lebendes Wesen und dessen Reaktion auf die Umwelt darstellte.
Literatur: Nitchie, E.: *M. Sh., author of „Frankenstein". New Brunswick (N. J.) 1953.*

Shelley, Percy Bysshe [engl. 'ʃɛlɪ], * Field Place (heute zu Warnham, Sussex) 4. Aug. 1792, † bei Viareggio 8. Juli 1822, engl. Dichter.

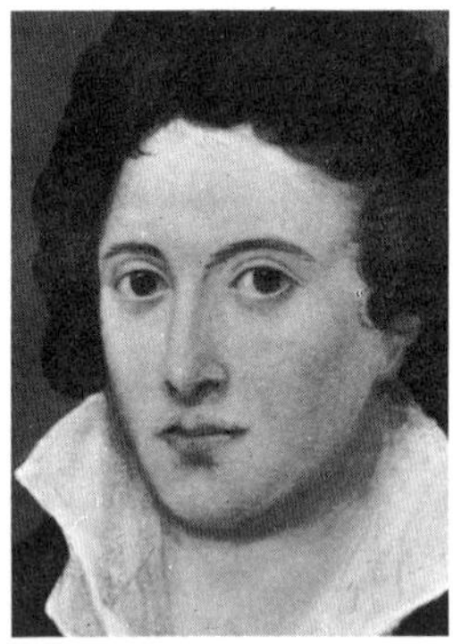

Percy Bysshe Shelley (Gemälde von A. Curran, Ausschnitt)

Aus begüterter Adelsfamilie, wurde in Eton erzogen, später in Oxford wegen atheist. Bekenntnisse relegiert, heiratete in 2. Ehe die Tochter des Rousseau-Anhängers und Sozialrevolutionärs Godwin; lebte schließl. ständig in der Schweiz und Italien; erkrankte an Tuberkulose, ertrank bei einem Segelunfall. Sh. sah die höchste Aufgabe der Dichtung im Prophetischen; neben philosoph. Ideen (zunehmend pantheist.) und seher. Visionen stehen in Sh.s Werk auch leidenschaftl. Aufbegehren gegen jede Unterdrückung. Stilist. einfache Verse, melanchol. Stimmung, Neigung zum Elegischen im Wissen um die Unerreichbarkeit des angestrebten Einsseins mit der Natur bestimmen seine Lyrik, die in vollendeter Versrhythmik und klangvoller Sprachmusik Meisterwerke wie „To a skylark" und „To a cloud" umfaßt. Lyr. Versdramen (u.a. „Der entfesselte Prometheus", 1820; dt. 1876) stehen neben dem formal strengen Renaissancedrama „Die Cenci" (1819, dt. 1837), die Elegie „Adonais" (1821, dt. 1910) beklagt Keats' Tod.
Weitere Werke: Feenkönigin (Ged., 1813; dt. 1878), Ode to the Westwind (1820), Epipsychidion (Ged., 1821), Hellas (lyr. Dr., 1822), A defence of poetry (Essay, hg. 1840).
Ausgaben: P. B. Sh. The complete poetical works. Hg. v. Th. Hutchinson. *London 1960. – P. B. Sh.*

Gedichte. Dt. u. engl. Hdbg. 1958. – P. B. Sh. The complete works. Hg. v. R. Ingpen *u.* W. E. Peck. *London; New York 1926–30. 10 Bde. – Sh.'s ausgew. Dichtungen. Dt. Übers. Lpz. 1886.*
Literatur: Fuller, J. O.: *Sh. A biography. London 1968.* – Rogers, N.: *Sh. at work: A critical inquiry. London u. New York* ²*1967.* – Clemen, W.: *Sh.s Geisterwelt. Eine Studie zum Verständnis Sh.scher Dichtung. Frkf. 1948.* – Maurois, A.: *Ariel oder das Leben Sh.s. Dt. Übers. Lpz. 1928.* – Richter, H.: *P. B. Sh. Weimar 1898.* – Medwin, Th.: *Life of Sh. London 1847.*

Shenstone, William [engl. 'ʃɛnstən], * Gut Leasowes (heute zu Halesowen, Worcester) 13. Nov. 1714, † ebd. 11. Febr. 1763, engl. Dichter.
Studienkollege Samuel Johnsons in Oxford; führte auf dem ererbten Besitz Leasowes, den er zu einem Zentrum vorbildl. Landschaftsgärtnerei machte, ein großzügiges Leben, das ihn in Schulden brachte. Sh., der mit vielen Schriftstellern seiner Zeit befreundet und Anreger und Berater des Bischofs Percy bei dessen Balladensammlung war, wurde v.a. durch die autobiograph. beeinflußte, humorvolle Dichtung „The schoolmistress" (1742) bekannt, in der er die Spenserstrophe verwandte; schrieb u.a. auch elegische Verserzählungen.

Sheridan, Richard Brinsley [engl. 'ʃɛrɪdn], * Dublin 30. Okt. 1751, † London 7. Juli 1816, ir. Dramatiker.
Sohn eines Schauspielers, studierte zunächst Jura, lernte das extravagante Leben der engl. Oberschicht kennen; seine unter abenteuerl. Umständen zustandegekommene Ehe mit der Sängerin Elizabeth Ann Linley verband ihn eng mit dem Theaterleben; er leitete lange Zeit das Drury Lane Theatre, machte als glänzender Redner polit. Karriere und bekleidete hohe Ämter; hatte mit effektvollen, witzigen Komödien nach klassizist. Mustern viel Erfolg; seine Hauptwerke „Die Nebenbuhler" (1775, dt. 1874) und „Die Lästerschule" (1777, dt. 1874) verbinden Elemente der Charakter- und Sittenkomödie.
Ausgabe: R. B. Sh. The plays and poems. Oxford 1928. 3 Bde.
Literatur: Sherwin, O.: *Uncorking Old Sherry. The life and times of R. B. Sh. London 1960.* – Darlington, W. A.: *Sh. London 1951.* – Rhodes, R. C.: *Harlequin Sh. The man and the legends. Oxford 1933.*

Sherriff, Robert Cedric [engl. 'ʃɛrɪf], * Kingston upon Thames (heute zu London) 6. Juni 1896, engl. Schriftsteller.
Nahm nach Ende des 1. Weltkriegs, in dem er bei Ypern schwer verwundet wurde, zunächst seinen Beruf als Versicherungsangestellter wieder auf; hatte mit dem erschütternden Kriegsdrama „Die andere Seite" (dt. 1929; R., dt. 1930) internationalen Erfolg; schrieb danach Unterhaltungsromane, weitere [weniger bed.] Dramen und bearbeitete literar. Vorlagen für Hollywood.
Weitere Werke: Badereise im September (R., dt. 1933, 1959 u.d.T. Septemberglück), Grüne Gartentüren (R., dt. 1936, 1961 u.d.T. Das neue Leben), Der Mond fällt auf Europa (Satire, 1939; dt. 1955), Um 7 Uhr zu Hause (Dr., dt. 1951), Die weiße Nelke (Dr., dt. 1954), The telescope (Dr., 1957).

Sherwood, Robert [Emmet] [engl. 'ʃə:wʊd], * New Rochelle (N. Y.) 4. April 1896, † New York 14. Nov. 1955, amerikan. Dramatiker.
Studierte u.a. an der Harvard University; diente im 1. Weltkrieg in der Armee und wurde verwundet; nach der Heimkehr in die USA als Journalist tätig; kultivierte als einer der ersten die Filmkritik; Redakteur verschiedener Zeitschriften. Pflegte nach Anfängen mit Lustspielen bes. das aktuelle Problemstück, das auch Stilelemente der Komödie enthielt, ohne daß die Wirkung der ernsten Aussage verlorenging; schrieb auch für Film und Fernsehen; mehrmals mit dem Pulitzerpreis ausgezeichnet.
Hauptwerke: The love nest (Dr. nach R. Lardner, 1927), Der versteinerte Wald (Dr., 1935; dt. 1955), Idiot's delight (Kom., 1936), Abe Lincoln in Illinois (Dr., 1939), Roosevelt und Hopkins (Biogr., dt. 1950).
Literatur: Brown, J. M.: *The worlds of R. Sh. New York 1965.* – Shuman, R. B.: *R. E. Sh. New York 1964.*

Shiga, Naoya ↑ Schiga, Naoja.

Shikitei Samba ↑ Schikitei, Samba.

Shirley, James [engl. 'ʃə:lɪ], * London 18. (?) Sept. 1596, ▭ ebd. 29. Okt. 1666, engl. Dramatiker.
Wurde nach Studien in Oxford und Cambridge zunächst anglikan. Geistlicher, trat zum kath. Glauben über und war als Lehrer tätig; widmete sich schließl. der Bühnendichtung; starb an den Folgen eines Schocks, den er beim großen Brand von London erlitten hatte. Sh., der erfolgreichste engl. Dramatiker vor der Schließung der Theater durch die Puritaner (1642), gleichzeitig letzter großer Bühnendichter der engl. Renaissance, schrieb v.a. von Grauen erfüllte Tragödien, darunter „The cardinal" (UA 1641), Tragikomödien, Lustspiele in der Art Fletchers und Sittenkomödien, die die Restaurationskomödie vorbereiteten; er hinterließ auch Lyrik.
Weitere Werke: Love's cruelty (Dr., 1631), The gamester (Dr., 1633), The lady of pleasure (Kom., 1635), The contention of Ajax and Ulysses (dramat. Dichtung, 1659).
Literatur: Gerber, R.: *J. Sh. Dramatiker der Dekadenz. Bern 1952.* – Nason, A. H.: *J. Sh., dramatist; a biographical and critical study. New York 1915.*

Shorthouse, Joseph Henry [engl. 'ʃɔ:thaʊs], * Birmingham 9. Sept. 1834, † ebd. 4. März 1903, engl. Schriftsteller.
War zeitlebens in der chem. Fabrik seines Vaters tätig; trat vom Quäkerbekenntnis zum anglikan. Glauben über. Sh.s erstes und einziges bed. Werk, der Roman „John Inglesant" (1881), der die Erlebnisse eines Kavaliers aus der Zeit Karls II. während einer Reise durch England und Italien auf der Suche nach religiöser Wahrheit darstellt, ist vom Geist der Oxfordbewegung geprägt.

Shute, Nevil [engl. ʃu:t], eigtl. N. Sh. Norway, * Ealing (heute zu London) 17. Jan. 1899, † Melbourne 12. Jan. 1960, engl. Schriftsteller.
Nahm nach vorübergehendem Abbruch seines Studiums in Oxford am 1. Weltkrieg teil; war zunächst Luftschiff-, dann Flugzeugingenieur; im 2. Weltkrieg u.a. mit Forschungsaufträgen der brit. Admiralität beschäftigt; ging kurz nach Kriegsende nach Australien, dem Schauplatz

vieler seiner späteren Romane. Sh. begann mit vielgelesenen Flieger- und Kriegsromanen, die v.a. durch wirklichkeitsgetreue techn. Details gekennzeichnet sind; Aufsehen erregte v.a. sein utop. Atomkriegsroman „Das letzte Ufer“ (dt. 1958).
Weitere Werke: In fremdem Auftrag (R., 1928; dt. 1954), Henry Warrens Wandlung (R., 1938; dt. 1956), Streng geheim (R., dt. 1946), Schach dem Schicksal (R., dt. 1948), Im Gleitflug des Lebens (Autobiogr., dt. 1955), Diamanten im Meer (R., dt. 1961).

Sibyllinische Orakel (Oracula Sibyllina), Sammlung von 14 Büchern von Weissagungen in griech. Sprache, in denen die Autorität der Sibylle, der gottbegeisterten, in der Ekstase weissagenden Frau, sowohl von den Juden als auch von den Christen benutzt wurde, um für den eigenen Glauben zu werben; entstanden in der Zeit vom 2. Jh. v. Chr. bis etwa zum 4. Jh. n. Chr.
Ausgabe: Sibyllin. Weissagungen. Griech.-dt. Hg. v. A. Kurfeß. *Mchn. 1951.*

Siddharschi; tl.: Siddharṣi, ind. Dichter um 900. Stammte aus dem nördl. Gujarat; die Dschainas verdanken ihm eine ihrem religiösen Standpunkt entsprechende allegor. Darstellung des menschl. Lebens.

Sidney, Sir Philip [engl. 'sɪdnɪ], * Penshurst (Kent) 30. Nov. 1554, † Arnheim 17. Okt. 1586, engl. Dichter.
Gehörte dem engl. Hochadel an; studierte in Oxford; trat 1572 mit Erlaubnis seiner Gönnerin, Königin Elisabeth I., eine mehrjährige Kavaliers- und Studienreise u.a. nach Deutschland und Italien an; hoher Würdenträger; starb in den Niederlanden an einer Verwundung, die er in der Schlacht bei Zutphen erlitten hatte; bekannt ist Spensers Elegie auf den Tod seines Freundes S., dessen Sonettzyklus „Astrophel and Stella“ (1591), obwohl unter dem Einfluß italien. Sonettdichtung stehend, durchaus persönl. ist (Ausdruck seiner Liebe zu P. Devereux). Antike und span. Motive vereinigt der Roman „Arcadia“ (1590), ein bed. Beitrag zur engl. Schäferdichtung, den Opitz 1638 in dt. Übersetzung herausgab. S.s Essay „Defence of poesie“ (1595) hatte großen Einfluß auf die zeitgenöss. und spätere, v.a. romant. engl. Poetik.
Ausgabe: Sir Ph. S. The complete works. Hg. v. A. Feuillerat. *Cambridge 1912–26. 4 Bde.*
Literatur: Howell, R.: *Sir Ph. S. Boston (Mass.) 1968.* – Rudenstine, N. L.: *S.'s poetic development. Cambridge (Mass.) 1967.* – Siebeck, B.: *Das Bild Sir Ph. S.s in der engl. Renaissance. Weimar 1939.*

Sidonius Apollinaris, eigtl. Gaius Sollius Apollinaris Sidonius, hl., * Lugdunum (heute Lyon) um 430, † Averna (heute Clermont-Ferrand) zwischen 479 und 489, lat. Schriftsteller.
Entstammte einer vornehmen christl. Familie, wurde Stadtpräfekt von Rom, 470 (oder 471) Bischof von Clermont-Ferrand; schrieb z.T. schwülstige Gedichte und von Plinius dem Jüngeren beeinflußte preziös-rhetor. Briefe (9 Bücher), die von kulturhistor. Interesse sind.

Siebert, Ilse † Langner, Ilse.

Sieburg, Friedrich, * Altena 18. Mai 1893, † Gärtringen (Landkreis Böblingen) 19. Juli 1964, dt. Schriftsteller.
Studierte Philosophie, Geschichte und Nationalökonomie, lebte bis 1923 als freier Schriftsteller in Berlin, dann Auslandskorrespondent der „Frankfurter Zeitung“ v.a. in Paris, seit 1956 Leiter des Literaturblatts der „Frankfurter Allgemeinen Zeitung“. Stilist. Einfachheit, sprachl. Prägnanz und realist. Beurteilung polit. Tatsachen zeichnen sein literar. Werk aus, das neben früher Lyrik v.a. essayist. Prosa umfaßt, in der sich S. mit histor. und kulturgeschichtl. Ereignissen auseinandersetzt; Verbundenheit mit der frz. Geisteswelt; bed. sind v.a. seine Biographien. Auch Übersetzungen.
Hauptwerke: Gott in Frankreich? (Essays, 1929), Robespierre (Biogr., 1936), Blick durchs Fenster (Essays, 1939), Die stählerne Blume (Reisebericht, 1939), Nur für Leser (Essays, 1955), Napoleon (Biogr., 1956), Chateaubriand (Biogr., 1959), Gemischte Gefühle. Notizen zum Lauf der Zeit (1964), Verloren ist kein Wort (Essays, hg. 1966).
Literatur: Schreiben ist Leben. Zum 70. Geburtstag v. F. S. Stuttg. 1963. – Miehlnickel, M.: *Feuilletonist. Sprache u. Haltung bei F. S. u. Sigismund v. Radecki. Diss. Freie Univ. Bln. 1962.*

Sienkiewicz, Henryk [poln. ɕɛŋ'kjɛvitʃ], * Wola Okrzejska bei Maciejowice 5. Mai 1846, † Vevey (Schweiz) 15. Nov. 1916, poln. Schriftsteller.

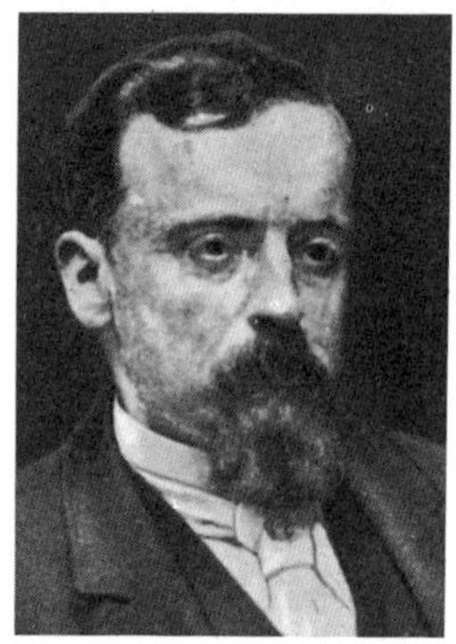

Henryk Sienkiewicz (Gemälde von K. Pochwalski, Ausschnitt)

Entstammte dem poln. Landadel, Studium an der philosoph. Fakultät in Warschau, journalist. Tätigkeit, freier Schriftsteller, 1905 Nobelpreis; Reisen durch Europa, nach Amerika und Ostafrika; während des 1. Weltkriegs in der Schweiz Tätigkeit für die poln. Kriegsgefangenen. S. begann als Feuilletonist und Satiriker; unter dem Einfluß der Romantik wandte er sich dem histor. Roman zu, der, patriot. gestimmt, mit leidenschaftl. Temperament und in idealist. Glauben an die Größe des eigenen Volkes, durch Darstellung der ruhmreichen Geschichte des 17. Jh.s das poln. Volk aufrichten sollte, so die Trilogie „Mit Feuer und Schwert“ (dt. 1888), „Sturmflut“ (dt. 1900) und „Pan Wolodyjowski“ (dt. 1902); Welterfolg hatte er mit dem Roman aus der Zeit der Christenverfolgung unter Nero „Quo vadis?“ (dt. 1898).
Weitere Werke: Die Kreuzritter (R., dt. 1902), Durch Wüste und Wildnis (R., 1911; dt. 1921).
Ausgaben: H. S. Ges. Werke. Dt. Übers. Graz 1906–08. 11 Bde. – H. S. Werke. Dt. Übers. Regensb. 1905–27. 12 Bde.

Literatur: Lednicki, W.: *H. S. A retrospective synthesis. Den Haag 1960.* – Gardner, M. M.: *H. S. The patriot novelist of Poland. London 1926.*

Sieroszewski, Wacław [poln. ɕɛrɔ'ʃɛfski], Pseudonyme Sirko, K. Bagrynowski, * Wólka Kozłowska (Masowien) 21. Sept. 1858, † Piaseczno 20. April 1945, poln. Schriftsteller.
Aus einer Landadelsfamilie, Techniker; wegen nationalist. Tätigkeit 1878 nach Sibirien verbannt, wo er ein wissenschaftl. Werk über die Jakuten schrieb; später Forschungsreisen nach Korea, Sachalin und Japan, die ihm reichen literar. Stoff lieferten; 1905 schloß er sich der Revolution an, kämpfte im 1. Weltkrieg unter Piłsudski und nahm 1920/21 am russ.-poln. Krieg teil. Präsident des poln. Schriftstellerverbandes und erster Präsident der poln. Literaturakademie. Er schrieb naturalist. und realist. Reiseschilderungen, später histor. Romane und Märchen.
Hauptwerke: Powieści chińskie (= Chin. Erzählungen, 1903), Ol-soni Kisan (R., dt. 1907), Die Teufel von jenseits des Meeres (R., 1909; dt. 1927), Ocean (R., 1917), Dalai-Lama (R., dt. 1928).

Siful Sifadda [norweg. 'sifʉl si'fada] † Wergeland, Henrik Arnold.

Sigebert von Gembloux [frz. ʒã'blu], latin. Sigebertus Gemblacensis, * in Brabant um 1030, † Kloster Gembloux bei Namur 5. Okt. 1112, lat. Chronist und Schriftsteller.
Benediktiner, Lehrer in Metz, seit 1070 in Gembloux; schrieb eine umfassende Weltchronik, die die Zeit von 381 bis 1111 umfaßt und mehrfach fortgesetzt wurde; ferner eine Reihe literarhistor. Biographien, eine Geschichte des Klosters Gembloux und Lebensbeschreibungen verschiedener Heiliger, z.T. in Versform.

Sigenot [...no:t], kleines mhd. Epos, das aus dem Stoffkreis der Dietrichsage schöpft. Es erzählt von Gefangenschaft und Befreiung Dietrichs von Bern. Das Lied ist in zwei Fassungen erhalten, die ältere (alemann.) ist um 1250 entstanden und war als eine Art Einleitung zum „Eckenlied" gedacht, die jüngere ist wohl im Elsaß um 1350 entstanden und auf 200 Strophen erweitert worden.

Sigfrid, Gerhard † Weitbrecht, Karl.

Sighibuldi, Guittoncino de' [italien. sigi'buldi] † Cino da Pistoia.

Sigurjónsson, Jóhann [isländ. 'sɪːɣʏrjou̯nsɔn], * Laxamýri 19. Juni 1880, † Kopenhagen 31. Aug. 1919, isländ. Dramatiker und Lyriker.
Ging, um Veterinärmedizin zu studieren, nach Kopenhagen (1899), wandte sich bald der Literatur zu und geriet in den Einfluß von Brandes und Nietzsche. S. verwendete in seinen Dramen, die auch außerhalb Islands anerkannt wurden, den reichen Stoffschatz alter Sagen. Sein berühmtestes Werk, „Berg-Eyvind und sein Weib" (Dr., dt. 1913), geht ins 18. Jh. zurück und gestaltet das Schicksal eines Geächteten. In S.s Dramatik geht die Kraft und das Schicksalhafte des alten Sagenstils eine gelungene Bindung mit eigenen lyr. Tönen ein. S. schrieb auch in dän. Sprache.
Weitere Werke: Dr. Rung (Dr., 1905), Bóndinn á Hrauni (Dr., 1908), Ønsket (Dr., 1915), Lügner (Dr., dt. 1917).

Sík, Sándor [ungar. ʃiːk], * Budapest 20. Jan. 1889, † ebd. 28. Sept. 1963, ungar. Schriftsteller.
Arbeitete in der Pfadfinderbewegung, wurde Piarist; war weltbejahend und fortschrittl. eingestellt; Literaturstudium, Lehrtätigkeit in Waitzen und Budapest; war 1924 in Italien, wurde 1930 Professor der ungar. Literatur in Szegedin, 1946 in Budapest. Er schrieb für die kath. orientierte Zeitschrift „Élet" und gab das kath. Blatt „Vigilia" heraus. S., der bedeutendste Vertreter des sog. Neukatholizismus in Ungarn, schrieb volkstüml. und religiöse Lyrik; neben Naturpoesie stehen patriot. Gedichte und Erbauungslyrik für die Jugend. Seine histor. Dramen, Mysterien- und Laienspiele hatten großen Erfolg; daneben auch Erzählungen und wissenschaftl. Werke.

Sikelianos, Angelos; tl.: Sikelianós, Ággelos [neugr. sikɛlja'nɔs], * Lefkas 28. März 1884, † Athen 19. Juni 1951, neugriech. Dichter.
Bereiste Ägypten und Amerika, wo er Eva Palmer-Kotland heiratete, mit der er die delph. Festspiele ins Leben rief. S. führte in seiner ausdrucksstarken Dichtung die Linie Solomos' weiter; modernes Griechentum bedeutet ihm die ideale Verbindung von Antike und Christentum, eine Idee, die sein Werk weitgehend beherrscht. Seine Tragödien, die wie seine Lyrik mit kraftvoller, fein differenzierter Sprache überzeugen, sind kaum bühnenwirksam.

Silber, Weniamin [Alexandrowitsch] [russ. 'zilj-bir] † Kawerin, Weniamin [Alexandrowitsch].

Silesius, Angelus † Angelus Silesius.

Silfverstolpe, Gunnar Mascoll [schwed. ˌsilvər-stɔlpə], * Rytterne 21. Jan. 1893, † Stockholm 26. Juni 1942, schwed. Lyriker.
Studierte Kunst- und Literaturwissenschaft, 1918 Lizentiat, wurde 1920 Intendant der königl. Kunstsammlungen, 1941 Mitglied der schwed. Akademie und war später Kunst- und Literaturkritiker. Seine Lyrik, beeinflußt von der engl. georgian. Dichtung, ist erfüllt von Lebensangst und Sehnsucht nach [idyll.] Frieden. Unter dem Druck des polit. Geschehens wurde S.s letzte Gedichtsammlung, „Hemland" (1940), zu einer Huldigung für die humanist. Ideale und deren Behauptung.
Weitere Werke: Arvet (Ged., 1919), Dagsljus (Ged., 1923), Vardag (Ged., 1926), Efteråt (Ged., 1932).

Silius Italicus, Tiberius Catius Asconius, * um 26, † 101, röm. Epiker.
68 Konsul; verwaltete unter Vespasian die Prov. Asia, zog sich im Alter nach Kampanien zurück, wo er auf seinen Besitztümern reiche Kunstschätze gesammelt hatte, und starb wegen eines unheilbaren Leidens durch freiwilligen Hungertod; Anhänger der Stoa; verehrte Vergil, dem er mit „Punica", dem längsten Epos in lat. Sprache, nacheiferte; streng in Sprache und Versbau, eintönig in der Gestaltung, schildert S. I. den Krieg Hannibals gegen Rom, vielleicht unter Verwendung der „Annales" des Ennius.
Literatur: Albrecht, M. v.: *S. I. Freiheit u. Gebundenheit röm. Epik. Amsterdam 1964.* – Wistrand, E.: *Die Chronologie der Punica des S. I. Beitr. zur Interpretation der Flav. Lit. Stockholm 1956.*

Sillanpää, Frans Eemil [finn. 'sillampæː], * Hämeenkyrö 16. Sept. 1888, † Helsinki 3. Juni 1964, finn. Schriftsteller.

Sohn eines Kleinbauern, Studium der Naturwissenschaften in Helsinki, war Verlagsangestellter, später freier Schriftsteller. Der Stoff seiner im Grunde handlungsarmen, in phrasenloser Prosa geschriebenen Romane ist in der ländl. Heimat verwurzelt, deren Menschen (mit Vorliebe die unteren Schichten des Bauerntums) oft derb realist., aber auch fein psycholog. gezeichnet dargestellt sind; 1939 Nobelpreis.
Hauptwerke: Sonne des Lebens (R., 1916; dt. 1951), Das fromme Elend (R., 1919; dt. 1948, 1956 u.d.T. Sterben und Auferstehen), Silja, die Magd (R., dt. 1932), Eines Mannes Weg (R., dt. 1933), Menschen in der Sommernacht (R., dt. 1936), Schönheit und Elend des Lebens (R., dt. 1947).
Literatur: Laurila, A.: *F. E. S. vuosina 1888–1958. Helsinki 1958.* – Linkomies, E. J. H.: *F. E. S. Helsinki 1948.*
Sillitoe, Alan [engl. 'sɪlɪtoʊ], * Nottingham 4. März 1928, engl. Schriftsteller.
Lernte von Jugend an die Lebensverhältnisse der Arbeiter kennen; bereiste 1952–58 Teile des Kontinents. S., der zur Generation der sog. „zornigen jungen Männer" gehört, stellt anschaul. und mit psycholog. Exaktheit Probleme des Arbeitermilieus dar.

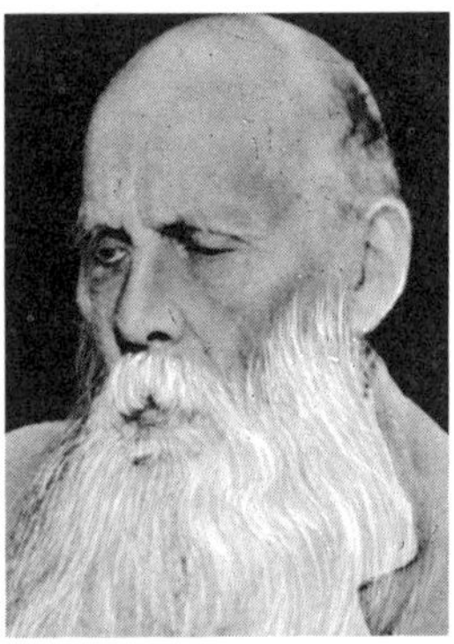
Frans Eemil Sillanpää

Hauptwerke: Samstag Nacht und Sonntag Morgen (R., dt. 1961), Die Einsamkeit des Langstreckenläufers (R., 1959; dt. 1967), The rats and other poems (1960), Schlüssel zur Tür (autobiograph. R., 1961; dt. 1966), Der Tod des William Posters (R., dt. 1969).
Silone, Ignazio [italien. si'lo:ne], eigtl. Secondo Tranquilli, * Pescina (L'Aquila) 1. Mai 1900, italien. Schriftsteller.
Sohn eines kleinen Gutsbesitzers, verlor bei einem Erdbeben Mutter und fünf Brüder; zum Priester bestimmt, besuchte er kath. Schulen; Sekretär der sozialist. Jugend in Rom, beteiligt an der Gründung der italien. KP, hoher Funktionär; Redakteur der Triester Tageszeitung „Il Lavoratore" und der röm. Wochenzeitung „L'Avanguardia"; während der faschist. Herrschaft im Exil in der Schweiz, wo seine ersten Werke in dt. Übersetzung erschienen; Abkehr vom Kommunismus, 1945 Rückkehr nach Italien, Mitglied der sozialist. Partei, tritt für eine europ. Föderation ein. Sein schriftsteller. Schaffen steht im Zeichen seiner polit. Überzeugung, seines Kampfes gegen

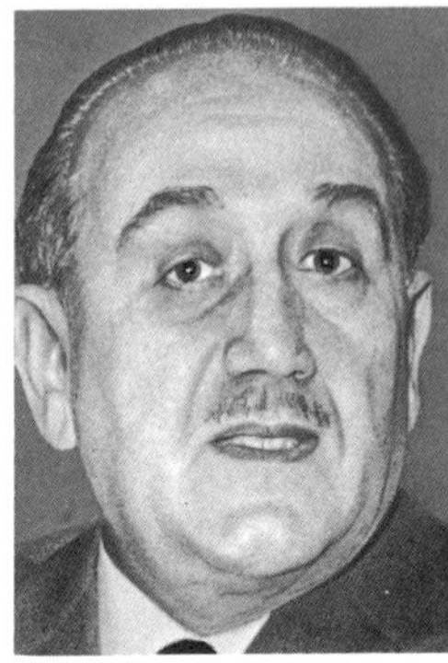
Ignazio Silone

soziales Unrecht, für Freiheit und Menschlichkeit. In sozial- und gesellschaftskrit. Romanen schildert er anschaulich das Leben des verarmten und geknechteten Proletariats in den Abbruzzen; Auseinandersetzung mit Marxismus und Christentum.
Hauptwerke: Fontamara (R., dt. 1933), Die Reise nach Paris (En., dt. 1934), Brot und Wein (R., dt. 1936), Der Samen unterm Schnee (R., 1942), Eine Handvoll Brombeeren (R., dt. 1952), Das Geheimnis des Luca (R., dt. 1957), Der Fuchs und die Kamelie (R., dt. 1960), Notausgang (Erinnerungen, En., Essays, dt. 1966), Abenteuer eines armen Christen (dt. 1969).
Siluška ↑ Kette, Dragotin.
Silva, António Dinis da Cruz e [portugies. 'silvɐ] ↑ Dinis da Cruz e Silva, António.
Silva, António José da [portugies. 'silvɐ], genannt O Judeu, * Rio de Janeiro 8. Mai 1705, † Lissabon 18. oder 19. Okt. 1739, portugies. Dramatiker.
Sohn jüd. Eltern; studierte in Coimbra, war Advokat in Lissabon und wurde, obwohl er dem jüd. Glauben abgeschworen hatte, nach einem Inquisitionsverfahren verbrannt. Schrieb burleske Komödien, in denen er in volkstüml. Sprache und mit Humor mytholog. Stoffe und klass. Fabeln parodiert, aber auch satir. Zeit- und Sittenbilder entwirft, u.a. „Esopaida" (1734), „Os encantos de Medeia" (1735), „Guerras do Alecrim e da Manjerona" (1737).
Silva, José Asunción [span. 'silβa], * Bogotá 27. Nov. 1865, † ebd. 24. Mai 1896 (Selbstmord), kolumbian. Lyriker.
Stark beeinflußt von der frz. Literatur; gehört trotz des geringen Werkumfangs zu den bedeutendsten Lyrikern des 19. Jh.s im span. Sprachbereich; führte den Modernismo in die Literatur Kolumbiens ein; bevorzugte Themen seiner außerordentl. nuancenreichen, musikal. Gedichte sind Zweifel, Pessimismus und Melancholie. Er entdeckte für seine Verse alte Metren neu. Sein bedeutendstes Werk ist der Gedichtband „Nocturno" (1895).
Silva, José da [portugies. 'silvɐ] ↑ Mendes Leal, José da Silva.
Silvanus, Fritz ↑ Sacher, Friedrich.
Silvestre, Charles [frz. sil'vɛstr], * Tulle (Corrèze) 2. Febr. 1889, † Bellac 1. April 1948, frz. Schriftsteller.

Vertreter des psycholog. vertieften Regionalromans aus Limousin und Poitou: „Franz und Isabelle" (1924, dt. 1938), „Das unerschöpfl. Herz" (1926, dt. 1937), „Tod des Bauern" (1929, dt. 1938), „Le démon du soir" (1936).

Šimáček, Matěj Anastasia [tschech. 'ʃima:tʃɛk], Pseudonyme Martin Havel, J. Orlov, * Prag 5. Febr. 1860, † ebd. 12. Febr. 1913, tschech. Schriftsteller.
Mitarbeiter und Theaterreferent verschiedener Zeitschriften. Schrieb nach lyr. und dramat. Anfängen realist. Prosa, v. a. Milieuschilderungen aus dem eigenen Lebensbereich; beeindruckt von frz. und russ. Vorbildern, kam er später zum analyt. Gesellschaftsroman.

Simenon, Georges [frz. sim'nõ], Pseudonym G. Sim, * Lüttich 13. Febr. 1903, belg. Schriftsteller.
Zunächst Journalist in seiner Heimatstadt, übersiedelte 1922 nach Paris; lebt in der Schweiz. S., der insgesamt über 200 Romane schrieb, begann mit volkstüml. Romanen, wandte sich dann dem psycholog. fundierten Kriminalroman um die Gestalt des Kommissars Maigret zu, der, ohne ein moral. Urteil zu sprechen, hinter dem äußeren Erscheinungsbild von Menschen aller Gesellschaftsschichten Fehler und Schwächen aufdeckt und damit die Fragwürdigkeit dieses Bildes deutlich macht. S. schrieb auch zahlreiche psycholog. Romane, die wie seine Kriminalromane durch vortreffl. Milieuschilderungen ausgezeichnet sind.
Hauptwerke: Au pont des arches (R., 1920), Maigret (R., 1934), Der Schnee war schmutzig (R., 1948; dt. 1960), Maigret und die alte Dame (R., 1949; dt. 1959), Antoine et Julie (R., 1953), Der Präsident (R., dt. 1961), Die Glocken von Bicêtre (R., dt. 1964), Der kleine Heilige (R., dt. 1966).
Literatur: Richter, A.: *G. S. et l'homme désintégré. Brüssel 1964.* – Fallois, B. de: *S. Paris 1961.*

Simeon Polozki; tl.: Simeon Polockij [russ. simɪ'ɔn 'pɔlɐtskij], weltl. Name Samuil Jemeljanowitsch Petrowski-Sitnianowitsch; tl.: Samuil Emel'janovič Petrovskij-Sitnianovič, * Polozk 1629, † Moskau 25. Aug. 1680, russ. Schriftsteller.
Weißruss. Herkunft; studierte in Kiew, wurde 1656 Mönch, lehrte dann in Polozk und kam 1664 nach Moskau, wo er u. a. als Erzieher am Zarenhof wirkte. S. P., einer der ersten Vertreter der dem Russ. nicht gemäßen silbenzählenden Metrik (die sich auf die Dauer nicht halten konnte), schrieb, seinerzeit ungewöhnl., zahlreiche Gedichte, darunter neben didakt. Werken barocke Panegyrik und ähnl. Gelegenheitsdichtungen; er verfaßte ferner unter Einfluß der poln. Jesuitendramen, die auch die ukrain. Literatur beeinflußten, Schuldramen nach deren Muster, verzichtete aber auf allegor. Elemente; S. P. führte diese Gattung in die Moskauer Literatur ein; auch bed. theolog. Schriftsteller.

Sim[m]ias von Rhodos ['zi:mias, 'zɪmias], griech. Grammatiker und Dichter um 300 v. Chr.
Schrieb eine Glossensammlung in drei Büchern und vier Bücher vermischter Dichtungen; überliefert sind ferner Anfänge von Götterliedern, ep. Fragmente, einige Epigramme und drei Figurengedichte, „Beil", „Flügel" und „Ei".

Simić, Novak [serbokroat. ˌsi:mitɕ], * Vareš 14. Jan. 1906, kroat. Schriftsteller.
Studierte in Agram Wirtschaftswissenschaft; schrieb Gedichte, Erzählungen und Essays. Behandelt in seinen Werken Motive aus Bosnien und aus der städt. Gesellschaft in stilist. ausgefeilter Form; auch Übersetzer.

Simmel, Johannes Mario, Pseudonym Michael Mohr, * Wien 7. April 1924, östr. Schriftsteller.
Journalist; gestaltet als Dramatiker und Romancier wirkungsvoll zeitnahe Themen; auch Drehbücher, Novellen, Jugendbücher.
Hauptwerke: Mich wundert, daß ich so fröhlich bin (R., 1949), Das geheime Brot (R., 1950), Ich gestehe alles (R., 1953), Gott schützt die Liebenden (R., 1957), Affäre Nina B. (R., 1958), Es muß nicht immer Kaviar sein (R., 1960), Bis zur bitteren Neige (R., 1962), Come back (R., 1962), Liebe ist nur ein Wort (R., 1963), Der Schulfreund (Dr., 1964), Lieb Vaterland, magst ruhig sein (R., 1965), Alle Menschen werden Brüder (R., 1967).

Simms, William Gilmore [engl. sɪmz], * Charleston (S. C.) 17. April 1806, † ebd. 11. Juni 1870, amerikan. Schriftsteller.
Sohn eines schott.-ir. Grenzers und Soldaten; begann eine Apothekerlehre, studierte Jura, war kurze Zeit Anwalt, wandte sich dann journalist. und literar. Arbeiten zu; stand als Politiker auf seiten des Südens; gesundheitl. und finanzieller Ruin durch den Bürgerkrieg. S., der nicht aus den Kreisen der Pflanzeraristokratie stammte, fand v. a. im amerikan. Norden ein Publikum für seine Werke u. a. krit., biograph. und histor. Inhalts; S. war Dramatiker und Lyriker, v. a. aber Erzähler; seine in der Tradition Coopers stehenden Romane, die auch von Scott beeinflußt sind, zeichnen sich v. a. durch geschickte Verbindung melodramat., oft dem Schauerroman entlehnter Elemente, mit Stilzügen des Abenteuerromans und des histor. Romans aus; im Ggs. zu Cooper pflegte S. den nicht idealisierenden, realist. Grenzerroman; S. war zu seiner Zeit neben Poe der bedeutendste Dichter des Südens.
Hauptwerke: Der Parteigänger (R., 1835; dt. 1863), Der Yemassee-Indianer (R., dt. 1847), Richard Hurdis (R., dt. 1857), Die Grenzjagd (R., dt. 1858), Schwert und Spindel (R., dt. 1854).
Literatur: Ridgely, J. V.: *W. G. S. New York 1962.*

Simon, Claude [frz. si'mõ], * Tananarivo (Madagaskar) 10. Okt. 1913, frz. Romancier.
Weinbauer; einer der führenden Vertreter des Nouveau roman; beeinflußt von Faulkner, erobert S. die Wirklichkeit neu mit seiner präzisen, ep. breiten Beschreibung auch des Geringfügigsten.
Hauptwerke: Das Seil (R., 1947; dt. 1964), Le sacre du printemps (R., 1954), Der Wind (R., dt. 1959), L'herbe (R., 1958), Die Straße in Flandern (R., dt. 1961), Der Palast (R., dt. 1967).

Simonides von Keos, * Iulis (auf Keos) um 556, † Akragas (heute Agrigent) um 468, griech. Chorlyriker.
Rivale Pindars, lebte – oft auf Wanderschaft – meist an den Höfen verschiedener Fürsten, für die er auf Bestellung Chor-, Trauerlieder und Epigramme verfaßte; besondere Berühmtheit erlangte S. wegen seiner Epigramme (so daß ihm auch Unechtes zugeschrieben wurde); erhalten sind nur Bruchstücke, die jedoch zeigen, daß S., der immer den Menschen in den Mittelpunkt sei-

ner Dichtungen stellte, einer der größten Lyriker seiner Zeit war; eine Neuerung des S. waren die Lieder auf Sieger großer Sportfeste.
Ausgabe: S. v. K. Dt. Übers. v. H. Fränkel *u. a. In: Antike Lyrik. Hg. v.* Carl Fischer. *Mchn. 1964.*
Literatur: Gentili, B.: *Simonide. Rom 1959.* – ↑ auch Sappho.

Simonides, Simon ↑ Szymonowic, Szymon.

Simonow, Konstantin Michailowitsch; tl.: Simonov, Konstantin Mihajlovič [russ. 'simɐnɐf], eigtl. Kirill M. S., * Petrograd (heute Leningrad) 28. Nov. 1915, russ.-sowjet. Schriftsteller.
Begabter Lyriker, zunehmend polit. engagiert, Mitglied der KPdSU, Absolvent des Gorki-Literaturinstituts. Sein Stalingradroman „Tage und Nächte" (dt. 1947) wurde in Rußland zu einem der populärsten Bücher über den 2. Weltkrieg; weniger gewichtig sind S.s oft stark tendenziöse Dramen.
Weitere Werke: Die russ. Frage (Dr., dt. 1947), Freunde und Feinde (Ged., dt. 1950), Die Lebenden und die Toten (R., dt. 1960), Der Vierte (Schsp., dt 1962), Man wird nicht als Soldat geboren (R., dt. 1966).

Simons-Mees, Josina Adriana [niederl. 'si:mɔns'me:s], * Rotterdam 26. Juli 1863, † Den Haag 11. März 1948, niederl. Dramatikerin.
War ⚭ mit dem Literarhistoriker Leo S.; Verfasserin zahlreicher fesselnder, realist. Bühnenstücke, in denen elementare leidenschaftl. Lebensäußerungen und konventionelle Anschauungen gegeneinanderstehen.
Hauptwerke: Voor het diner (Dr., 1892), Een paladijn (Dr., 1909), Geloof (Dr., 1924).

Simplex ↑ Kusenberg, Kurt.

Simpson, William von, * Nettienen (Landkreis Insterburg) 19. April 1881, † Scharbeutz (Landkreis Eutin) 11. Mai 1945, dt. Schriftsteller.
Offizier, zeitweise in Dt.-Südwestafrika, danach Gutsbesitzer in Ostpreußen, 1913 Landstallmeister eines Gestüts im Teutoburger Wald, Balkan- und Orientreisen, 5 Jahre in Brasilien, danach in Berlin, seit 1943 in der Rominter Heide. Schrieb die erfolgreichen, breitangelegten Familienromane „Die Barrings" (1937) und „Der Enkel" (1939) mit ausführl. Darstellung des Lebens der Großgrundbesitzer seiner ostpreuß. Heimat.

Simrock, Karl, * Bonn 28. Aug. 1802, † ebd. 18. Juli 1876, dt. Germanist und Schriftsteller.
Studierte Jura und Philogie in Bonn und Berlin; als Referendar wegen eines Gedichtes auf die Julirevolution entlassen, 1850 Professor für ahd. Literatur und Sprache in Bonn. Bed. wegen seiner freien Übertragungen mhd. Dichtungen („Das Nibelungenlied", Werke Walthers von der Vogelweide, Gottfrieds von Straßburgs u.a.); Hg. der „Dt. Volksbücher" (1839–43); schrieb selbst Schwänke, Balladen und Lieder.
Literatur: Naumann, H.: *K. S. u. die dt. Philologie in Bonn. Bonn 1944.* – Hocker, N.: *Carl S. Sein Leben u. seine Werke. Lpz. 1877.*

Šimunović, Dinko [serbokroat. ʃi͵mu:nɔvitɕ], * Knin (Kroatien) 1. Sept. 1873, † Agram 3. Aug. 1933, kroat. Schriftsteller.
Lehrer in verschiedenen dalmatin. Orten, seit 1909 an der Kunstgewerbeschule in Split; lebte seit 1929 in Agram. Š. schrieb Novellen und Romane über die Armut und Rückständigkeit in seiner dalmatin. Heimat, er schildert die Schönheit der Natur und preist die Ursprünglichkeit des patriarchal. bäuerl. Lebens.
Hauptwerke: Salko, der Alkar (E., dt. 1943), An den Tränken der Cetina (Novellen, 1930; dt. 1944).

Şinasi, İbrahim ↑ İbrahim Şinasi.

Sinclair, Emil ['zɪŋklɛ:r] ↑ Hesse, Hermann.

Sinclair, May [engl. 'sɪŋklɛə, 'sɪŋklə], * Rock Ferry (Cheshire) 17. Aug. 1870 (?), † Aylesbury (Buckingham) 14. Nov. 1946, engl. Schriftstellerin.
Frauenrechtlerin; war als Helferin des Roten Kreuzes während des 1. Weltkriegs in Belgien. May S., die sich umfassende philosoph. und psycholog. Kenntnisse erwarb, verfaßte außer philosoph. Essays v.a. Romane und Kurzgeschichten, in denen ihr psycholog. vortreffl. Darstellungen von Frauen gelangen; besonderen Erfolg, v.a. in den USA, hatte sie mit „The divine fire" (R., 1904); auch Verserzählungen.

Sinclair, Upton [Beall] [engl. 'sɪŋklɛə, 'sɪŋklə], * Baltimore 20. Sept. 1878, † Bound Brook (N. J.) 25. Nov. 1968, amerikan. Schriftsteller.

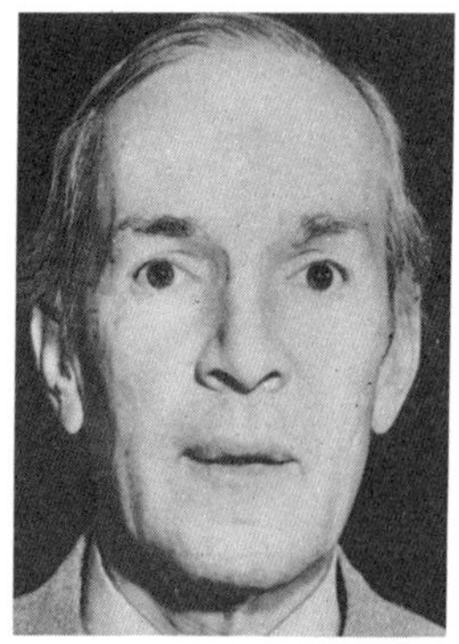
Upton [Beall] Sinclair

Stammte aus einer alten, verarmten Südstaatlerfamilie; verdiente sich sein Studium durch wenig bedeutsame literar. Arbeiten; zeitlebens aktiver Sozialist; nahm an kommunist. bzw. sozialist. Experimenten teil (finanzielle Unterstützung einer sozialist. Siedlung in New Jersey), nach dem 2. Weltkrieg Absage an den sowjet. Kommunismus. S. wandte sich in seinen tendenziösen und propagandist. Enthüllungsromanen, die v.a. in Europa erfolgreich waren, gegen soziale Mißstände und gegen den amerikan. Lebensstil. Die Bedeutung seines Werks liegt weniger im Literarischen als in der offenen Kritik, im Bewußtmachen der Zustände. Seine Berühmtheit verdankt S., der erst 1943 mit dem Pulitzerpreis ausgezeichnet wurde, dem Roman „Der Sumpf" (dt. 1906), in dem er die Zustände in den Schlachthöfen von Chicago darstellt.
Weitere Werke: Metropolis (R., dt. 1908), Die Börsenspieler (R., dt.1909), König Kohle (R., dt. 1918), Der Sündenlohn (Studie, dt. 1921), Petroleum (R., dt. 1927), Boston (R., dt. 1929), Alkohol (R., dt. 1932), Drachenzähne (R., dt. 1946), Autobiography (1962).
Ausgaben: U. S. Romanwerk. Dt. Übers. Stuttg. u. Bern; Hamb. $^{1-5}$*1948–53. 11 Bde. – U. S. Ges.*

Werke in Einzelausgg. Dt. Übers. Bd. 1–5, 7–14. Bln. 1.–125. Tsd. 1927–32 [m. n. e.].
Literatur: Dell, F.: *U. S. A study in social protest. New York 1927.*
Sined der Barde ↑ Denis, Michael.
Singenberg, Ulrich von ↑ Ulrich von Singenberg.
Singer, Isaac Basheri ['zɪŋər], * Radzymin (Polen) 27. Juli 1904, jidd. Schriftsteller.
Studium in Warschau, wurde Journalist; 1935 Emigration in die USA; schreibt Romane und Erzählungen aus der Welt des Ostjudentums; einer der letzten Vertreter der jidd. Literatur. Dt. liegen vor: „Jakob der Knecht" (R., dt. 1965), „Der Zauberer von Lublin" (R., dt. 1967), „Gimpel der Narr" (En., dt. 1968) und „Satan in Goraj" (R., dt. 1969).
Sinjawski, Andrej Donatowitsch; tl.: Sinjavskij, Andrej Donatovič [russ. si'njafskij], * Moskau 1926, russ.-sowjet. Schriftsteller.
Dozent am Gorkiinstitut, Literaturkritiker, veröffentlichte unter dem Pseudonym Abram Terz im westl. Ausland einige groteske Erzählungen und einen Roman, in denen er den kommunist. Staat kritisierte und die zu seiner Verurteilung in der Sowjetunion führten.
Hauptwerke: Der Prozeß beginnt u.a. Prosa (dt. 1966), Ljubimow (R., dt. 1966), Phantast. Erzählungen (ges. En., dt. 1967), Gedanken hinter Gittern (dt. 1968).
Literatur: Maurina, Z.: *Terz-S. In:* Maurina: *Porträts russ. Schriftsteller. Memmingen 1968.* – *Weißb. in Sachen Sinjawskij–Daniel. Zusammengestellt v.* A. Ginsburg. *Dt. Übers. Frkf. 1967.*
Sirach, Jesus ↑ Bibel.
Sirius [niederl. 'si:ri:ʏs] ↑ Voorde, Urbain van de.
Sirko [poln. 'ɕirkɔ] ↑ Sieroszewski, Wacław.
Šiškov ↑ Schischkow.
Sisolski, Jenio ↑ Kumičić, Evgenij.
Sittenfeld, Konrad ↑ Alberti, Konrad.
Sittewald, Philander von ↑ Moscherosch, Johann Michael.
Sitwell, Dame Edith [engl. 'sɪtwəl], * Scarborough 7. Sept. 1887, † London 9. Dez. 1964, engl. Dichterin.
Aus altem Landadel; Schwester von Sir Osbert und Sacheverell S.; wurde durch originelle Gedichtexperimente und krit. Anthologien bekannt, mit denen sie die Modedichtung ihrer Zeit angriff; Edith S.s Begabung für Witz und Satire war bes. in den frühen Dichtungen spürbar, für die u.a. Baudelaire und Rimbaud ihre Vorbilder waren; über rhythm. und formale Experimente nähert sie sich einer symbolhaften Dichtung unter Verzicht auf avantgardist. Neuerungen; im Spätwerk Betonung christl.-humanitärer Gedanken als Folge ihrer Konversion zum Katholizismus; außer Lyrik auch Romane und Essays.
Hauptwerke: The mother (Ged., 1915), Clown's houses (Ged., 1918), Rustic elegies (Ged., 1927), Gold coast customs (Ged., 1929), Viktoria von England (Biogr., dt. 1936), Fanfare für Elisabeth (R., dt. 1947), A notebook on William Shakespeare (1948), Gedichte (Ausw., engl. und dt. 1964).
Literatur: Brophy, J. D.: *E. S. The symbolist order. Carbondale (Ill.) 1968.* – Salter, E.: *Last years of a rebel: A memoir of E. S. Boston (Mass.) u.a. 1967.*
Sitwell, Sir Osbert [engl. 'sɪtwəl], * London 6. Dez. 1892, † Florenz 6. Mai 1969, engl. Schriftsteller.
Bruder von Dame Edith und Sacheverell S.; nach seiner Ausbildung in Eton und Oxford war S. Offizier und nahm am 1. Weltkrieg teil; hatte Kontakt u.a. zu E. Pound und T. S. Eliot. Er nahm in seiner Lyrik und in seinen Romanen satir. gegen soziale und polit. Mißstände und Vorurteile Stellung; er schrieb liedhafte Lyrik, Kurzgeschichten und biograph. Studien; witzige, humorvolle Darstellungskunst; dokumentar. Wert hat seine Autobiographie „Linke Hand – rechte Hand" (dt. 1948).
Weitere Werke: Argonaut and Juggernaut (Ged., 1919), Before the bombardment (R., 1926), The man who lost himself (R., 1929), Miracle on Sinai (R., 1933), Death of a god (Kurzgeschichten, 1949), Wrack at Tidesend (Kurzgeschichten, 1953).
Literatur: Fulford, R.: *O. S. London 1951.*
Sitwell, Sacheverell [engl. 'sɪtwəl], * Scarborough 15. Nov. 1897, engl. Schriftsteller.
Bruder von Dame Edith und Sir Osbert S.; nahm am 1. Weltkrieg teil. Hervorragender Kunst- und Musikkritiker; schrieb Studien u.a. über Mozart, Liszt (dt. 1958), Hogarth, Gainsborough, Constable, Turner; S. schrieb, einen Schönheitskult vertretend, formal traditionelle Lyrik.
Weitere Werke: The people's palace (Ged., 1918), The hundred and one harlequins (Ged., 1922), All summer in a day (Autobiogr., 1926).
Sivle, Per [norweg. ˌsivlə], * Aurland (Sogn og Fjordane) 6. April 1857, † Kristiania (heute Oslo) 6. Sept. 1904 (Selbstmord), norweg. Schriftsteller.
Auf dem Lande unter schweren Entbehrungen aufgewachsen, kam 1875 nach Oslo; in Drammen und in Oslo als Redakteur tätig. S. tritt in seinen Werken teils als volkstüml., humorist. Erzähler, teils als polit. bewußter Nationaldichter hervor. Zu seiner Prosa gehört aber auch der erste große Arbeiterroman in der norweg. Literatur, „Streik" (1891, dt. 1906), der von seinem sozialen Engagement zeugt. Seine Gedichte zeigen einen schlichten, innigen Ton. S. schrieb in Riksmål und Landsmål.
Hauptwerke: Hvad en Treskilling kan forvolde (Nov., 1881), Sogor (Nov., 1887), Vossa-Stubbar (Novellen, 1887), Noreg (Ged., 1894), Bersøglis og andreviser (Ged., 1895), Skaldemaal (Ged., 1896), Folk og Fæ (Nov., 1898), En Fyrstikke og andre viser (Ged., 1899), Olavs-kvæde (Ged., 1901).
Siwertz, Sigfrid [schwed. 'si:vərts], * Stockholm 24. Jan. 1882, schwed. Schriftsteller.
Studierte Philosophie in Uppsala; reiste 1907 nach Paris, wandte sich danach unter dem Einfluß H. Bergsons vom Pessimismus seines Frühwerks ab. In sicherer Technik, klarer, präziser Sprache gestaltete er in seinen späteren Werken das Verhältnis von Schein und Wirklichkeit. Schauplatz seiner Romane sind oft Stockholm und die Schären.
Hauptwerke: Die Mälarpiraten (R., 1911; dt. 1927), En flanör (R., 1914), Seelambs – die Geldjäger (R., dt. 1925), Zurück aus Babylon (R., dt. 1927), Unter dem Gluthimmel der Tropen (Essay, dt. 1925), Das große Warenhaus (R., dt. 1928), Jonas und der Drache (R., dt. 1929), Sam, Beth und das Auto (Novellen, dt. 1930), Samlade dikter (Ged., 1944), Der Rokokospiegel (R., dt. 1948), Glasberget (R., 1952), Pagoden (R., 1954).

Sjöberg, Birger [schwed. 'ʃø:bærj], * Vänersborg 6. Dez. 1885, † Växjö 30. April 1929, schwed. Schriftsteller.
War kaufmänn. Angestellter, Journalist und Redakteur; in den letzten Lebensjahren geistig umnachtet. Von der Tradition Bellmans ausgehend, schuf S. selbstvertonte, die kleinbürgerl. Welt iron. darstellende Lieder, aber auch Gedichte, die in düsterer Zukunftsschau Angst- und Schreckensbilder von beklemmender Aktualität in eindringl.-ausdrucksvoller Sprache gestalten; sein einziger Roman, „Das gesprengte Quartett" (dt. 1925), ist eine Schilderung des Lebens während der wirtschaftl. Krise der 20er Jahre unseres Jahrhunderts.
Weitere Werke: Fridas bok (Ged., 1922), Kriser och kransar (Ged., 1926).

Sjöberg, Erik [schwed. 'ʃø:bærj], Pseudonym Vitalis, * Ludgo (Södermanland) 14. Jan. 1794, † Stockholm 4. März 1828, schwed. Dichter.
Aus einfachen Verhältnissen, immer mit Armut kämpfend, Studium (Magister), lungenkrank. S. kann man keiner literar. Richtung zuordnen. Er polemisierte gegen die Romantik, deren Ideenwelt sich jedoch in seinen bedeutendsten Gedichten spiegelt. Die satir. und kom. Werke überlebten seine Zeit nicht, wohl aber seine Kirchenlieder, die schlicht seinem Glauben Ausdruck geben. In dt. Sprache erschien 1843 eine Gedichtauswahl.

Skácel, Jan [tschech. 'ska:tsɛl], * Znorow (Südmähr. Gebiet) 7. Febr. 1922, tschech. Schriftsteller.
War während des Krieges Arbeiter; Philosophiestudium, Redakteur; seine ersten Gedichte erschienen 1957, mehrere Sammlungen folgten; Themen sind Natur, Landschaft und dörfl. Milieu, die eine harmon. Welt bilden. Dt. liegt vor „Fährgeld für Charon" (Ged., 1967).

Skalbe, Kārlis, * Vecpiebalgas Incēni 7. Nov. 1879, † Stockholm 14. April 1945, lett. Dichter.
Lehrer, verließ nach der Revolution 1905 seine Heimat; setzte sich während des 1. Weltkriegs für die Unabhängigkeit Lettlands ein; emigrierte 1944 nach Schweden. Stille, Einfachheit, Bescheidenheit und Liebe zum Schönen sprechen aus seiner Dichtung. Als Meister des Kunstmärchens verschmolz er lett. und fremde Volksmärchenmotive zu geschlossenen Kunstwerken, deren Sprache einfach und doch sehr dichter. ist; zu seinen Hauptwerken zählt „Winter-Märchen" (dt. 1921).

Skallagrímsson, Egill ↑ Egill Skallagrímsson.

Skandalaki, Iwi; tl.: Skandalákē, 'Ēbē [neugr. skanðaˈlaki] ↑ Melissanthi.

Skelton, John [engl. skɛltn], * Diss (?) (Norfolk) um 1460, † Westminster (heute zu London-City of Westminster) 21. Juni 1529, engl. Humanist und Dichter.
Studierte wahrscheinl. in Oxford, sicher in Cambridge und Löwen; wurde 1498 Geistlicher, stand dem Hof zunächst als Erzieher (1497–1502) des späteren Königs Heinrich VIII. nahe; verlor trotz seiner Polemiken gegen Klerus und Adel nie ganz die Gunst des Königshauses; „poet laureate" in Cambridge, Löwen und Oxford, möglicherweise auch am Hof zum Dichter gekrönt; wegen Kritik am Klerus verfolgt, suchte er bis zu seinem Tod Schutz bei Gönnern in Westminster. Verwendete vorzugsweise ein grobes, knittelversähnl. Metrum, witzige Reime, häufig eingestreute lat. Zitate; bed. Satiriker, u.a. Nachdichtung des „Narrenschiffs" von S. Brant; verfaßte auch ein Moralitätenstück „Magnificence" (1533) und ein teils elegisches, teils witziges und heiteres ep. Gedicht „The boke of Phylyp Sparowe" (1503 ff.), in dem er den Stoff des Catull-Gedichtes vom Tod eines Sperlings abwandelte.
Literatur: Carpenter, N. C.: *J. S. New York 1967.* – Harris, W. O.: *S.'s Magnyfycence and the cardinal virtue tradition. Chapel Hill (N. C.) 1965.*

Skjoldborg, Johan Martinus [dän. 'sgjɔlbɔr'], * Øsløs (Nordjütland) 27. April 1861, † Ålborg 22. Febr. 1936, dän. Schriftsteller.
Arbeitete in verschiedenen Berufen, wurde Dorfschullehrer, später freier Schriftsteller. S. schrieb realist. Bauernromane mit sozialer Tendenz und stark agitator. Charakter. In späteren Werken wandte er sich gegen die Industrialisierung und verherrlichte die Verbundenheit mit der Natur und der heimatl. Erde.
Hauptwerke: Gyldholm (R., dt. 1913), Sara (E., dt. 1913), Das neue Geschlecht (R., dt. 1919), Udvalgte fortællinger (En., 1921).
Literatur: Thomsen, E.: *J. S. Kopenhagen 1937.*

Šklovskij ↑ Schklowski.

Skobelew, Alexandr Sergejewitsch; tl.: Skobelev, Aleksandr Sergeevič [russ. 'skobılıf] ↑ Newerow, Alexandr Sergejewitsch.

Skram, Bertha Amalie [norweg. skram], geb. Alver, * Bergen 22. Aug. 1847, † Kopenhagen 15. März 1905, norweg. Schriftstellerin.
Heiratete 18jährig einen Schiffskapitän, den sie auf zahlreiche Weltreisen begleitete; in 2. Ehe ⚭ mit dem Schriftsteller *Eric S.* (* 1847, † 1923), lebte seitdem in Dänemark, 1900 Scheidung. Schilderte in kraß realist. Romanen und Erzählungen, die von empörter Anklage und tiefem Mitleid getragen sind, eindrucksvoll das harte Leben der norweg. Fischer und Kleinbauern.
Hauptwerke: Konstanze Ring (R., 1885; dt. 1898), Knud Tandberg (R., 1886; dt. 1894), Professor Hieronymus (R., dt. 1895), Die Leute vom Felsenmoor (R., dt. 1898), Ein Liebling der Götter (R., dt. 1902).

Skurko, Jewgeni Iwanowitsch [russ. 'skurkɐ] ↑ Tank, Maxim.

Škvorecký, Josef [tschech. 'ʃkvɔrɛtski:], * Nachod 27. Sept. 1924, tschech. Schriftsteller.
Studierte in Prag Anglistik, Redakteur, freier Schriftsteller; sein erstes Buch war der Roman „Feiglinge" (1958, dt. 1968), der, in Ichform geschrieben, die letzten Kriegsjahre aus der Sicht eines 20jährigen darstellt; er schrieb außerdem Gedichte und Erzählungen; auch Übersetzungen aus dem Englischen.

Sládek, Josef Václav [tschech. 'sla:dɛk], * Zbirow 25. Okt. 1845, † ebd. 28. Juni 1912, tschech. Dichter.
Bäuerl. Herkunft, studierte in Prag Philosophie und Naturwissenschaften, lebte 1868–70 in Amerika; arbeitete nach seiner Rückkehr als Journalist, war Englischlehrer und Redakteur der Zeitschrift „Lumír". S. gehörte mit seiner Dichtung weder der kosmopolit. Richtung um diese Zeitschrift noch der national ausgerichteten Gruppe eindeutig an. Er schrieb vornehml. zarte, intime Lyrik (Anregungen u.a. aus der Volksdichtung) und Kindergedichte; einige seiner Werke tragen polit. und sozialen Charakter. Bed.

ist S. auch als Übersetzer engl. Dichter, v.a. Shakespeares.

Sládkovič, Ondrej [slowak. 'sla:tkɔvitʃ], eigtl. O. Braxatoris, * Karpfen 30. März 1820, † Radvaň bei Neusohl 20. April 1872, slowak. Dichter.
Studierte in Preßburg und Halle ev. Theologie, war begeisterter Anhänger Hegels; wurde Erzieher, wirkte ab 1847 als Pfarrer. S. war einer der bedeutendsten Repräsentanten der slowak. Romantik, über deren begrenzten Themenkreis er aber hinausging; er verfaßte religiöse und patriot. Lyrik und Epen; als Hauptwerke gelten die lyr. Epen „Marína" (1846) und „Detvan" (1853). S. schrieb zunächst in tschech., später in slowak. Sprache; von Štúr beeinflußt.

Slauerhoff, Jan Jacob [niederl. 'slɔuərhɔf], Pseudonym John Ravenswood, * Leeuwarden 15. Sept. 1898, † Hilversum 5. Okt. 1936, niederl. Schriftsteller.
Medizinstudium, Schiffsarzt, zeitweilig Arzt in Marokko. Einer der bedeutendsten niederl. Dichter nach dem 1. Weltkrieg, den frz. „poètes maudits" verwandt, melanchol. und zugleich aufbegehrend. Dem inneren Zwiespalt sucht er durch Flucht aus der bürgerl. Ordnung zu entkommen. Seine phantast., zuweilen zyn. Novellen sind kunstvoll komponiert, seine Lyrik ist weniger hintergründig als seine erzählenden Werke.
Hauptwerke: Archipel (Ged., 1923), Clair-obscur (Ged., 1927), Eldorado (Ged., 1928), Schuim en asch (Novellen, 1930; daraus dt.: Larrios, 1930), Het verboden rijk (R., 1932), De opstand van Guadaljara (E., 1937).

Slavejkov † Slaweikow.

Slavici, Ioan [rumän. 'slavitʃ], * Şiria bei Arad 18. Jan. 1848, † Panciu 10. Aug. 1925, rumän. Schriftsteller.
Studierte in Budapest Rechtswissenschaft, war als Soldat in Wien, wo er weiterstudierte und mit M. Eminescu Freundschaft schloß. Journalist; nach dem 1. Weltkrieg wegen österreichfreundl. Haltung im Gefängnis. S.s vielfältiges literar. Werk – er schrieb Erzählungen, Romane, Dramen, daneben pädagog. und philosoph. Schriften – ist von der Thematik her wie in der Sprache schlicht und ursprünglich. S. gilt als Begründer der bäuerl. Prosa Rumäniens.
Hauptwerke: Die Glücksmühle (Nov., dt. 1886), Mara (R., 1905; dt. 1960).

Slaweikow, Pentscho; tl.: Slavejkov, Penčo [bulgar. sla'vɛjkof], * Trjawna 27. April 1866, † Brunate (Como) 28. Mai 1912, bulgar. Dichter.
Sohn von Petko Ratschew S.; sehr gebildet, schon das Frühwerk steht unter dem Einfluß russ. und dt. Dichter, bes. dem Heines. Das Studium in Leipzig vermittelte ihm weitere Kenntnisse der dt., engl., frz., auch der poln. und russ. Literatur. 1908/09 Leiter des Nationaltheaters in Sofia, danach Bibliotheksdirektor; später längere Reisen. S. gilt als Wegbereiter des Symbolismus in Bulgarien; sein 1911–13 erschienenes ep. Hauptwerk „Karwawa pesen" (= Das blutige Lied) blieb Fragment; auch als Lyriker bedeutend.

Slaweikow, Petko Ratschew; tl.: Slavejkov, Petko Račev [bulgar. sla'vɛjkof], * Tarnowo 17. Nov. 1828, † Sofia 1. Juli 1895, bulgar. Schriftsteller.
Teils autodidakt. Bildung; setzte sich als Lehrer für nationale Selbständigkeit in allen kulturellen Bereichen ein; bed. Vertreter der nationalen Aufklärung; war 1880/81 Kultusminister, 1880–85 Direktor der bulgar. Nationalbibliothek. S. war vielseitig publizist. tätig, er übersetzte die erste neubulgar. Ausgabe des N.T.; S. leistete Hervorragendes als Sammler alten Liedgutes und als Übersetzer und hinterließ ein lyr. und erzähler. Werk, das, in der Volkssprache geschrieben, nachhaltige Wirkung auf die Entwicklung der neueren bulgar. Literatur hatte.

Slingsby, Philip [engl. 'slɪŋzbɪ] † Willis, Nathaniel Parker.

Słonimski, Antoni [poln. suɔ'nimski], * Warschau 15. Okt. 1895, poln. Schriftsteller.
Studierte in Warschau und München Malerei; nach dem 1. Weltkrieg Mitbegründer der linksorientierten, futurist. Zeitschrift „Skamander" und zugleich eine der wichtigsten Gestalten des poln. Futurismus; er arbeitete auch für die Zeitschrift „Wiadomości literackie" (= Literar. Nachrichten). 1939–46 in England. S., ein hervorragender Formkünstler, ist v.a. der poln. Romantik verpflichtet. Die Wirkung Heines auf seine iron. Dichtungen ist nicht zu übersehen wie auch der Einfluß Mickiewicz' und Słowackis. S. schrieb Sonette, Komödien und Satiren, utop. Romane und Feuilletons. Ein zunehmend pessimist. Ton ist das Charakteristikum seiner Dichtung.

Słowacki, Juliusz [poln. suɔ'vatski], * Krzemieniec 4. Sept. 1809, † Paris 3. April 1849, poln. Dichter.
Studium der Rechtswissenschaft in Wilna bis 1829, danach im Staatsdienst, 1831 nach der erfolglosen Revolution freiwillige Emigration, meist in Paris lebend, 1836 große Orientreise, starb an Tbc. S. gilt als einer der drei großen poln. Romantiker; Rivale von Mickiewicz, dessen Verbindung von nationalen und kath.-religiösen Elementen er ablehnte; seine sprachl. vollendete, bilderreiche Lyrik wurzelte in eigenem Erleben; die Dramen entstanden unter dem Einfluß Byrons, Shakespeares und Calderóns; seine wortmusikal., myst.-visionäre Dichtung, die von hoher formaler Meisterschaft und sprachl. Schönheit ist, wurde von seinen Zeitgenossen abgelehnt und erst von den Symbolisten des „Jungen Polen" in ihrer wahren Bedeutung erkannt.
Hauptwerke: Mindowe, Król litewski (= Mindowe, König von Litauen, Dr., 1830), Maria Stuart (Dr., 1830; dt. 1879), Poezije (= Gedichte, 1832f.), Kordian (Dr., 1834), Balladyna (Dr., 1834; dt. 1882), Horsztyński (Dr., 1835), Anhelli (Prosadichtung, 1838; dt. 1922 u. d. T. Der Engel), In der Schweiz (Ged., 1839; dt. 1880), Die Pest in El Arisch (Ged., 1839; dt. 1896), Mazepa (Dr., 1840; dt. 1887), Lilla Weneda (Dr., 1840; dt. 1891), Ksiądz Marek (Dr., 1843).
Ausgaben: J. S. Dzieła. Hg. v. J. Krzyżanowski. *Breslau* ²*1952. 14 Bde. – J. S. Dzieła. Hg. v.* B. Gubrynowicz *u.* W. Hahn. *Lemberg 1909. 10 Bde.*
Literatur: Bourrilly, J.: *La jeunesse de Jules S. 1809–33. La vie et les œuvres. Paris 1961.* – Treugutt, St.: *J. S. Dichter der Romantik. Dt. Übers. Warschau 1959.* – Kridl, M.: *The lyric poems of Julius S. Den Haag 1958. – J. S. 1809–1849. The centenary volume. London 1951.* – Kleiner, J.: *J. S. Dzieje twórczości. Lemberg* ³*1924–25. 2 Bde.*

Šmelev † Schmeljow.

Smidowitsch, Wikenti Wikentjewitsch; tl.: Smidovič, Vikentij Vikent'evič [russ. smi'dɔvitʃ] ↑ Weressajew, Wikenti Wikentjewitsch.

Smirnenski, Christo; tl.: Smirnenski, Hristo [bulgar. 'smirnɛnski], * Kilkis (Makedonien) 30. Sept. 1898, † Sofia 18. Juni 1923, bulgar. Schriftsteller.
Studierte in Sofia am Technikum und an der Militärakademie; Redakteur; schrieb originelle humorist.-satir. Gedichte, später revolutionäre Lyrik; auch Epigramme und Humoresken.

Smith, Alexander [engl. smɪθ], * Kilmarnock 31. Dez. 1830, † Wardie bei Edinburgh 5. Jan. 1867, schott. Schriftsteller.
Wurde nach Erfolgen als Dichter und v.a. als Publizist 1854 zum Sekretär der Universität Edinburgh ernannt. Gehörte zur Gruppe der sog. „spasmod." Dichter; von Bedeutung ist nur seine Prosa, bes. der Essayband „Dreamthorp" (1863) und die Skizze „A summer in Skye" (1865), die durch ethnograph. Darstellungen und Landschaftsbilder auch dokumentar. Wert hat.

Smith, Horace (getauft Horatio) [engl. smɪθ], * London 31. Dez. 1779, † Turnbridge Wells (heute Royal Turnbridge Wells) 12. Juli 1849, engl. Dichter.
Wurde nach Erfolgen an der Börse freier Schriftsteller. S., der u.a. mit Keats und Shelley befreundet war, schrieb histor. Romane in der Nachfolge Scotts („Brambletye House", 1826), wurde aber v.a. durch seine Beiträge zu dem in Zusammenarbeit mit seinem Bruder James S. entstandenen Buch „Rejected addresses" (1812), einer Sammlung von Parodien auf zeitgenöss. Dichter, bekannt (Horace S. parodierte W. Scott und Th. Moore); die ebenfalls mit James S. verfaßte Sammlung „Horace in London" (1813) hatte geringeres Niveau.

Smith, James [engl. smɪθ], * London 10. Febr. 1775, † ebd. 24. Dez. 1839, engl. Humorist.
Älterer Bruder von Horace S.; von Beruf Jurist; trug zu der Parodiensammlung „Rejected addresses" (1812) die Teilstücke über Wordsworth, Southey, Coleridge u.a. bei; Horace S. gab James S.' Nachlaß mit einer biograph. Skizze heraus (1840).

Smith, Sydney [engl. smɪθ], * Woodford (Essex) 3. Juni 1771, † London 22. Febr. 1845, engl. Schriftsteller.
Studierte Theologie in Oxford, wurde 1796 anglikan. Priester; 1802 Mitbegründer der „Edinburgh Review"; gewann durch Kontakte zu den Whigs Einfluß auf die Tagespolitik; 1831 Kanonikus von St. Paul's Cathedral. S., auch bed. Moralphilosoph, nahm häufig mit witzigen Pamphleten zu polit. Fragen Stellung; wurde berühmt durch „Letters of Peter Plymley" (1807f.), in denen er die bürgerl. Gleichberechtigung der Katholiken forderte.

Smolenskin, Perez, * Monastyrschtschina (Gebiet Smolensk) 25. Febr. 1842, † Meran 1. Febr. 1885, hebr. Dichter.
Studierte nach schwerer Jugend in Odessa; ging nach Deutschland, dann nach Österreich, war Drucker und Korrektor in Wien, dort Hg. der hebr. Zeitschrift „Haschachar" (= Der Morgen), die für die jüd.-nationale Idee bahnbrechend wirkte; in dieser Zeitschrift veröffentlichte S. seinen Roman „Hato-e bedarke hachajim" (= Auf Lebenswegen irrend, 1868–70) und die Abhandlung „Am olam" (= Das ewige Volk). In Rumänien setzte er sich für die Hebung des Lebensstandards der Juden ein, später Mitarbeiter an einem Kolonisierungsprojekt in Palästina. Aus seiner Arbeit für das jüd. Volk entstand auch sein literar. Werk, das ein breites Bild des Lebens der Juden gibt. Der neuhebr. Literatursprache gab er wesentl. Impulse.
Weitere Werke: Gmul jescharim (= Der Aufrechten Lohn, R., 1876), Hajeruscha (= Die Erbschaft, R., 1878–84).

Smollett, Tobias [George] [engl. 'smɔlɪt], ≈ Dalquharn (Dumbarton) 19. März 1721, † Artignano bei Livorno 17. Sept. 1771, schott. Schriftsteller.
Beteiligte sich nach einem Mißerfolg als Dramatiker als Wundarzt an Schiffsreisen, hatte nach 1743 eine schlechtgehende Arztpraxis und wandte sich dann ganz der Literatur zu; durch journalist. Kontroversen verbittert, verließ er 1769 England für immer. S.s Schelmenromane zeichnen sich durch grobkom., karikaturist., groteske Elemente aus, seine Vorliebe galt exzentr. Originalen, wie er sie in den Romanen „Die Abenteuer Roderick Randoms" (1748, dt. 1755) und „Die Abenteuer des Peregrine Pickle" (1751, dt. 1785) darstellte; sein bedeutendster Roman ist „Humphrey Clinker's Reisen" (1771, dt. 1848). S. übersetzte Lesage und Cervantes.
Literatur: Kahrl, G.: *T. S., traveler-novelist. New York 1967.* – Knapp, L. M.: *T. S., doctor of men and manners. Princeton (N.J.) 1949.*

Smuul, Juhan, * Kogura (auf Muhn) 18. Febr. 1922, estn.-sowjet. Schriftsteller.
Sohn eines Fischers und Bauern; Teilnahme am 2. Weltkrieg, Redakteur an einer estn. Zeitung in Leningrad, dann auch in Estland. S. schrieb neben Gedichten v.a. Poeme und Erzählungen, auch Tagebuchaufzeichnungen, die auf seinen weiten Seereisen entstanden; verfaßte auch Hörspiele, ein Bühnenstück, Reportagen und Liedertexte. Dt. erschien 1963 „Das Eisbuch" (Tageb.). S. hat hohe Ämter im literar. und polit. Leben Estlands inne.

Snoilsky, Carl Johan Gustaf Graf [schwed. 'snɔilski], Pseudonym Sven Tröst, * Stockholm 8. Sept. 1841, † ebd. 19. Mai 1903, schwed. Dichter.
Trat schon während seiner Studienzeit in der literar. Gruppe „Namnlösa sällskapet" mit enthusiast. Freiheitsgedichten hervor. Nach seinem Studium ging er für ein Jahr nach Italien und Spanien; die Reise inspirierte ihn zu schwärmer. Liebes- und Freiheitsgedichten („Italienska bilder", 1864/65) und ließ ihn in formal vollendeten Sonetten Spanien besingen („España", 1865/66). S. begann eine diplomat. Karriere, die er 1879 aus persönl. Gründen abbrach, um ins Ausland zu gehen (Italien, Afrika, Deutschland), wo er bis 1890 blieb. Nach seiner Rückkehr Reichsbibliothekar. Zum bewunderten Nationaldichter wurde S. mit seinen im Ausland entstandenen Gedichten „Svenska bilder" (1886 und 1895), patriot.-histor. Bildern, die das große Geschehen im kleinen Ereignis spiegeln; dem kulturhistor. Kolorit verdanken sie ihre Anschaulichkeit.
Weitere Werke: Sonetter (Ged., 1871), Ausgewählte Gedichte (dt. 1892).

Snorri Sturluson [isländ. 'snɔrɪ 'stʏrdlʏsɔn], * Hvamm 1179, † Gut Reykjaholt 22. Sept. 1241, isländ. Dichter, Historiker und Staatsmann.
Einer der reichsten, mächtigsten und bedeutendsten Männer seiner Zeit in Island; schloß auf einer Reise nach Norwegen Freundschaft mit König Haakon, der ihn später ermorden ließ. Neben seiner polit. Tätigkeit hatte S. St. Bedeutung als Sammler alten nord. Sagenguts und Zeugnissen heidn. Götterglaubens. Um 1230 entstand die jüngere Edda (dt. 1925) und die „Heimskringla" (dt. 1923 u. d. T. „Königsbuch"), eine Geschichte der norweg. Könige in dichter. Form. Die jüngere Edda ist in einem Codex in Uppsala erhalten.
Literatur: Baetke, W.: *Die Götterlehre der Snorra-Edda. Bln. 1950.* – Naumann, H.: *Versuch über S. St. Bonn 1943.* – ↑ auch Edda.

Snow, Charles Percy [engl. snoʊ], Baron of Leicester, * Leicester 15. Okt. 1905, engl. Romancier.
Studierte Naturwissenschaften u. a. in Cambridge, 1930–50 Professor für Physik ebd.; war in hohen offiziellen Stellungen tätig; 1957 geadelt. S.s literar. Berühmtheit beruht v. a. auf dem Romanzyklus „Strangers and brothers", der nach dem Romanhelden auch als Lewis-Eliot-Zyklus bekannt ist; das Werk, das autobiograph. Züge trägt und in der Tradition des realist. engl. Gesellschaftsromans steht, soll eine umfassende Darstellung des modernen arbeitenden Menschen geben.
Hauptwerke: Fremde und Brüder (R., 1940; dt. 1964), Die lichten und die dunklen Gewalten (R., dt. 1947), Jahre der Hoffnung (R., dt. 1951, 1960 u. d. T. Zeit der Hoffnung), Die Lehrer (R., dt. 1952), The new men (R., 1954), Wege nach Hause (R., 1956; dt. 1962), Das Gewissen der Reichen (R., 1958; dt. 1961), Die Affäre (R., 1960; dt. 1963), Korridore der Macht (R., dt. 1967).
Literatur: Thale, J.: *Ch. P. S. New York 1965.* – Cooper, W.: *Ch. P. S. London 1959.*

Sobolew, Leonid Sergejewitsch; tl.: Sobolev, Leonid Sergeevič [russ. 'sɔbɐlɪf], * Irkutsk 20. Juli 1898, russ.-sowjet. Schriftsteller.
Diente 1918–31 in der Kriegsmarine; hatte Erfolg mit Romanen über die russ. Flotte vor und nach der Revolution; seine Romane zeichnen sich durch volkstüml. Sprache und treffende Charakterzeichnung aus.
Hauptwerke: Schiff klar zum Untergang (R., 1932; dt. 1965), Morskaja duscha (= Seele des Meeres, En., 1942), Der grüne Strahl (Nov., dt. 1954).

Söderberg, Hjalmar [schwed. ˌsøːdərbærj], * Stockholm 2. Juli 1869, † Kopenhagen 14. Okt. 1941, schwed. Schriftsteller.
Abitur, etl. Jahre Angestellter bei der Zollverwaltung, später Journalist und ab 1897 Mitarbeiter verschiedener Stockholmer Zeitungen. 1917 siedelte er nach Kopenhagen über. Das Erstlingswerk „Irrungen" (R., 1895; dt. 1914) wie auch der autobiograph. Roman „Martin Bircks Jugend" (dt. 1904) stehen im Zeichen der desillusionierenden Fin-de-siècle-Bewegung. Oft treten erot. Motive in den Vordergrund, deren Problematik im Konflikt zwischen Begierde und echter Liebe wurzelt. Auch Einflüsse des frz. Impressionismus. Als Prosaist hat S. in der schwed. Literatur Schule gemacht. Die Knappheit und Klarheit seines Stils kommt bes. in iron. kleinen Erzählungen zur Geltung. Übersetzer Heines, Maupassants und A. France'.
Weitere Werke: Historietten (Novellen, dt. 1905), Doktor Glas (R., dt. 1907), Gertrud (Schsp., 1906), Das ernste Spiel (R., 1912; dt. 1927), Den talangfulla draken (Novellen, 1913).
Literatur: Bergman, B.: *H. S. Minnesteckning. Stockholm 1951.*

Södergran, Edith Irene [schwed. ˌsøːdərgraːn], * Petersburg (heute Leningrad) 4. April 1892, † Raivola (heute Roschtschino, Gebiet Leningrad) 24. Juni 1923, schwed.-sprachige finn. Lyrikerin.
Vorkämpferin der modernen Lyrik in Skandinavien; ihre Gedichte sind durch Bilder von expressionist. Anschaulichkeit gekennzeichnet. Die früh an Tuberkulose erkrankte Dichterin huldigt in ihren ersten Sammlungen dem Leben mit einer Intensität, die dem Tode trotzt. Ihre spätere Dichtung zeugt von erschütternder Todesvertrautheit.
Hauptwerke: Septemberlyran (Ged., 1918), Rosenaltaret (Ged., 1919), Framtidens skugga (Ged., 1920), Landet, som icke är (Ged., hg. 1925).

Šodžentsykus, Ali Ashadovič ↑ Schogenzukow, Ali Aschadowitsch.

Soest, Johann von ↑ Johann von Soest.

Soffici, Ardengo [italien. 'sɔffitʃi], * Rignano sull'Arno (Florenz) 7. April 1879, † Poggio a Caiano Aug. 1964, italien. Schriftsteller.
Mitarbeiter verschiedener Zeitschriften; auch Maler. Während eines Aufenthaltes in Paris Freundschaft mit Apollinaire; setzte sich für Futurismus und Kubismus ein, veranstaltete die erste Ausstellung frz. Impressionisten in Italien. Nach futurist. Anfängen wandte er sich in seiner Dichtung einem traditionsbewußten Realismus zu; neben impressionist. Gedichten und Skizzen stellte er in fragmentar. Form seinen Lebensweg dar. Sein Hauptwerk ist der Schelmenroman „Lemmonio Boreo" (1911).
Weitere Werke: Chimismi lirici (Ged., 1915), Giornale di bordo (Tageb., 1915), Kobilek (Tageb., 1918), Ricordi di vita artistica e letteraria (Essays, 1930).

Sofronow, Anatoli Wladimirowitsch; tl.: Sofronov, Anatolij Vladimirovič [russ. sa'frɔnɐf], * Minsk 19. Jan. 1911, russ.-sowjet. Schriftsteller.
Studierte Literaturwissenschaft, schrieb v. a. psycholog. wenig geglückte, jedoch wegen ihrer Aktualität beliebte Dramen im Sinne der Partei, darunter „Der Moskauer Charakter" (dt. 1945), „In einer Stadt" (dt. 1951), „Eine Million für ein Lächeln" (dt. 1961); S. ist auch Lyriker.

Šogencukov ↑ Schogenzukow.

Söhle, Karl, * Uelzen 1. März 1861, † Dresden 13. Dez. 1947, dt. Schriftsteller.
Bis 1885 Lehrer in der Lüneburger Heide, dann am Konservatorium in Dresden; Musikkritiker; schrieb Romane und Erzählungen um Musik und Musiker.
Hauptwerke: Musikantengeschichten (1898), Sebastian Bach in Arnstadt (E., 1902), Schlummerstunde (En., 1905), Der hl. Gral (E., 1911), Der verdorbene Musikant (R., 1918).

Sohnrey, Heinrich, * Jühnde bei Göttingen 19. Juni 1859, † Neuhaus bei Holzminden 26. Jan. 1948, dt. Schriftsteller.

Lehrer, Schriftleiter; wirkte als Hg. (Zeitschriften, Dorfkalender), Verfasser von Dorfgeschichten und Bauerndramen sowie als Volkskundler im Sinne der Heimatkunst.
Hauptwerke: Die Leute aus der Lindenhütte (En., 1886), Die hinter den Bergen (En., 1894), Der Bruderhof (E., 1898), Gewitter (Dr., 1929), Wulf Alke (R., 1933).
Søiberg, Harry [dän. 'sɔibɛr'], * Ringkøbing 13. Juni 1880, † Kopenhagen 2. Jan. 1954, dän. Schriftsteller.
Entstammte einer Handwerkerfamilie, Buchbinderlehre; 1939–46 Vorsitzender des dän. Schriftstellerverbandes; S. erreichte literar. Anerkennung mit seinen Heimatschilderungen, in denen die Gestalten aus der jüt. Bevölkerung Symbole psych. Vorgänge sind. Sein wandlungsfähiger Erzählstil spannt den Bogen vom Realistischen zum Visionären.
Hauptwerke: Das Land der Lebenden (R., dt. 1929), Der Seekönig (R., dt. 1929), Die Tochter des Seekönigs (R., dt. 1930), Der letzte Weg (R., dt. 1931).
Soldati, Mario [italien. sol'da:ti], * Turin 17. Nov. 1906, italien. Schriftsteller.
Studierte Philosophie und Kunstwissenschaft in Turin und Rom, Studium an der Columbia University; Reisen nach England und Frankreich, Mitarbeiter an mehreren Zeitschriften; Filmregisseur; behandelt in traditionsgebundener, klarer Sprache psycholog. und moral. Probleme; melodramat. Effekte und spannungsreiche Handlung.
Hauptwerke: Die geheimen Gründe (En., dt. 1954), Briefe aus Capri (R., dt. 1955).
Solde, Heinrich Urban ↑ Cordus, Euricius.
Soler i Hubert, Frederic [katalan. su'lɛr i u'βɛrt], Pseudonym Serafí Pitarra, * Barcelona 1839, † ebd. 1895, katalan. Dramatiker.
Uhrmacher, wandte sich früh der Bühne zu (auch als Schauspieler) und schrieb in katalan. Sprache zahlreiche volkstüml. Komödien, Sainetes und Parodien; daneben Erzählungen und Gedichte.
Hauptwerke: L'esquella de la Torratxa (Kom., 1864), Les joies de la Roser (Dr., 1866).
Solís y Rivadeneyra, Antonio de [span. so'lis i rriβaðe'nɛira], * Alcalá de Henares 18. Juli 1610, † Madrid 19. April 1686, span. Schriftsteller.
Studierte in Alcalá und Salamanca, wurde königl. Chronist für Span.-Amerika und trat in den geistl. Stand; berühmt durch seine [unvollendete] „Historia de la conquista de México" (1684) sowie neun Dramen; auch Lyriker.
Šoljan, Antun, * Belgrad 1. Dez. 1932, serb. Schriftsteller.
Begann 1956 mit Gedichten, in denen er linguist. experimentiert, mit scharfen Beobachtungen über Relativität und Widersprüchlichkeit der Ideen und des Lebens der heutigen Zeit; auch in seinen Prosawerken ist dieses Thema vorherrschend; Š. verwendet umgangssprachl. Syntax. Dt. liegt vor „Der kurze Ausflug" (R., dt. 1966).
Sollogub, Wladimir Alexandrowitsch Graf; tl.: Sollogub, Vladimir Aleksandrovič [russ. sella'gup], * Petersburg (heute Leningrad) 20. Aug. 1813, † Bad Homburg v. d. H. 17. Juni 1882, russ. Schriftsteller.
Nach Studien in Dorpat Ministerialbeamter. S., der in seinen Erzählungen ein etwas oberflächl., von leiser Ironie bestimmtes Bild der russ. Aristokratie zeichnete, leistete mit seiner teils romanhaften, teils publizist. Reisebeschreibung „Tarantas" (1845), in der er v.a. die slawophilen Ideen Kirejewskis verspottet, einen wesentl. Beitrag zur Entwicklung der russ. Kurzgeschichte; er hatte auch als Singspiel- und Komödiendichter Erfolg.
Šolochov ↑ Scholochow.
Sologub, Fjodor; tl.: Sologub, Fedor [russ. sela'gup], eigtl. F. Kusmitsch Teternikow; tl.: F. Kuz'mič Teternikov, * Petersburg (heute Leningrad) 1. März 1863, † ebd. 5. Dez. 1927, russ. Dichter.
Sohn eines Handwerkers; Lehrer, zunächst in der Provinz, dann in Petersburg; dort Inspektor für das Volksschulwesen; gehört zu den bedeutendsten Vertretern des russ. Symbolismus. Seine Neigung zur Darstellung des Phantast., Grotesken, Dämon. und Makabren zeigt sich in Gedichten und erzählenden Werken, deren zentrales Motiv oft die Sehnsucht nach dem Tod ist, das auch in einigen Dramen, die v.a. Sagen- und Märchenstoffe verwenden, wiederkehrt. Das Motiv des Wahnsinns weist auf seine Neigung zur Darstellung des Pathologischen. Der Stil, bes. der seiner Lyrik, ist bildhaft, klar und von hoher, oft suggestiver Musikalität. S. übersetzte u.a. Rimbaud, Verlaine und H. von Kleist.
Hauptwerke: Das Buch der Märchen (dt. 1908), Der kleine Dämon (R., dt. 1909), Totenzauber (R., dt. 1913), Süßer als Gift (R., 1908; dt. 1922).
Literatur: Holthusen, J.: *Fedor S.s Roman-Trilogie. Den Haag 1960.*
Šolohov ↑ Scholochow.
Solomos, Dionisios; tl.: Solōmós, Dionúsios [neugr. sɔlɔ'mɔs], * auf Sakinthos 8. April 1798, † auf Korfu 9. Febr. 1857, neugriech. Dichter.
Aus venezian.-kret. Adelsgeschlecht, in Italien erzogen, studierte Rechtswissenschaft in Italien; beeinflußt von Monti und Manzoni, auch von der Philosophie Schellings und Hegels. 1818 Rückkehr nach Griechenland. Hier erschlossen sich ihm Sprache und Dichtung, v.a. die Volksdichtung. In Korfu, wohin er 1828 übersiedelte, wurde er zum Mittelpunkt der sog. „Ion. Dichterschule". Vollendeten lyr. Gedichten voll sprachl. Wohlklang und hohem Ethos folgten patriot. Gesänge, die durch den griech. Freiheitskampf angeregt wurden. Se : Ode „Imnos is tin Eleftherian" wurde die griech. Nationalhymne.
Solon, * Athen um 640, † ebd. um 560, griech. Staatsmann und Dichter.
Stammte aus adeligem Geschlecht, wurde 594 zum Archonten gewählt, hob die Schuldverpflichtungen der Bauern auf, verbot die Schuldknechtschaft, führte eine Münzreform durch, zeichnete das geltende Privatrecht auf und schuf die S.ische Verfassung. S. war der erste att. Dichter, er stellte seine Elegien, die nur fragmentar. erhalten sind, in den Dienst seiner polit. Aufgaben, erteilte Ratschläge und allgemeine Lebensregeln, mahnte zur Besonnenheit und Gerechtigkeit; in einem anderen Teil seiner Gedichte variierte er Themen der ion. Liebesdichtung.
Literatur: Ruschenbusch, E.: *SOLONOS NOMOI. Die Fragmente des solon. Gesetzeswerkes mit einer Text- u. Überlieferungsgesch. Wiesb. 1966.* – Masaracchia, A.: *Solone. Florenz 1958.*

Hönn, K.: *S. Staatsmann u. Weiser. Wien 1948.* – Jaeger, W.: *S.s Eunomie. Bln. 1926.* – † auch Archilochos von Paros.

Solowjow, Wladimir Alexandrowitsch; tl.: Solov'ev, Vladimir Aleksandrovič [russ. sɐlavj'jɔf], * Sumy 8. April 1907, russ.-sowjet. Lyriker und Dramatiker.

Begann seine literar. Laufbahn 1924 mit satir. Gedichten und Versfeuilletons; pflegte v.a. das Versdrama histor. Inhalts; bekannt wurde bes. seine positive Interpretation der Leistung Iwans des Schrecklichen in der russ. Geschichte.

Solowjow, Wladimir Sergejewitsch; tl.: Solov'ev, Vladimir Sergeevič [russ. sɐlavj'jɔf], * Moskau 16. Jan. 1853, † Uskoje bei Moskau 31. Juli 1900, russ. Philosoph und Schriftsteller.

Sohn des Historikers Sergei Michailowitsch S.; dozierte nach Studien der Naturwissenschaften und der Philosophie in Petersburg und Moskau, bis ihm 1881 aus polit. Gründen ein Lehrverbot auferlegt wurde. S., der auch mit Dostojewski befreundet war, hatte engen Kontakt u.a. zu K. N. Leontjew und A. A. Fet. Als einer der hervorragendsten russ. Philosophen hatte er großen Einfluß auf das Denken um die Jahrhundertwende. S. vertritt eine christl. orientierte Religionsphilosophie. Von besonderer Nachwirkung waren seine myst., philosoph. Lyrik („Gedichte", dt. 1925) und seine Ästhetik, bed. für Bely und Blok. S. steht am Anfang des russ. Symbolismus.

Ausgaben: W. Solowjew. Dt. Gesamtausg. der Werke. Hg. v. W. Szyłkarski *u.a. Freib. 1953ff. Auf 8 Bde. berechnet. – W. Solovjeff. Ausgew. Werke. Dt. Übers. Stuttg.* ¹⁻²*1921–22. 4 in 5 Bden.*

Literatur: Gäntzel, H. H.: *Recht u. Sittlichkeit in der Philosophie S.s. Frkf. 1967.* – Kleine, E.: *Natur, Kunst u. Liebe in der Philosophie Vladimir Solov'evs. Mchn. 1966.*

Solschenizyn, Alexandr Issajewitsch; tl.: Solženicyn, Aleksandr Isaevič [russ. sɐlʒə'nitsɨn], * Kislowodsk 11. Dez. 1918, russ.-sowjet. Schriftsteller.

War Mathematiklehrer, im 2. Weltkrieg Offizier; nach Kriegsende verhaftet und bis 1953 in einem Arbeitslager, anschließend nach Mittelasien verbannt, erst 1956/57 rehabilitiert. 1962 erschien seine Erzählung „Ein Tag im Leben des Iwan Denissowitsch" (dt. 1963), die das Schicksal eines Verbannten schildert. Sowohl diese Erzählung als auch die Romane „Krebsstation" (dt. 1968) und „Der erste Kreis der Hölle" (dt. 1968), die beide in der UdSSR nicht veröffentlicht werden durften, spielen in der Stalinära und sind von starkem autobiograph. Gehalt. S., der ganz in der Tradition der großen russ. Erzähler (v.a. Tolstoi, Dostojewski) steht, läßt geduldig und distanziert erzählend oder in langen, zitatenreichen Gesprächen Situationen entstehen, die bei aller Realität doppelbödig sind, auf neue Situationen übertragbar. Nicht polit. Probleme sind das Thema dieses bed. Erzählers, sondern „die Gesetze der Menschlichkeit". S., schon seit Jahren angegriffen, wurde 1969 aus dem sowjet. Schriftstellerverband ausgeschlossen.

Weitere Werke: Matrjonas Hof (E., dt. 1965), Im Interesse der Sache (E., dt. 1964).

Literatur: Maurina, Z.: *S. In:* Maurina: *Porträts russ. Schriftsteller. Memmingen 1968.*

Sønderby, Knud [dän. 'sønərby:'], * Esbjerg 10. Juli 1909, † Kopenhagen 8. August 1966, dän. Schriftsteller.

Studierte Jura; seit 1932 Mitarbeiter hauptstädt. Zeitungen. In seinem Werk stehen soziale Probleme und ihre Einwirkung auf menschl. Beziehungen im Mittelpunkt.

Hauptwerke: Midt i en jazztid (R., 1931), To mennesker mødes (R., 1932), Kalte Flammen (R., dt. 1941), Den usynlige haer (R., 1945), Hjertets renhed (Dr., 1949).

Sonnenburg, Friedrich von † Friedrich von Sonnenburg.

Sonnenfels, Josef (seit 1797) Reichsfreiherr von, * Nikolsburg 1733, † Wien 25. April 1817, östr. Jurist und Schriftsteller.

Sohn eines jüd. Orientalisten, der zum Katholizismus übertrat und geadelt wurde; Offizier, studierte Jura, wurde 1763 Professor für polit. Wissenschaften in Wien, Hofrat und 1814 Präsident der Akademie der bildenden Künste. S. vertrat die Ideen des Josephinismus, machte sich um die Reformierung der Rechtspflege (Abschaffung der Folter 1776), des Polizei- und Finanzwesens verdient. Als Publizist und Kritiker wirkte er v.a. in seinem Wochenblatt „Der Mann ohne Vorurteil"; er warb für die neue dt. Literatur und setzte sich für die Erneuerung des Wiener Theaters im Sinne Gottscheds ein.

Ausgabe: J. Reichsfrhr. v. S. Ges. Schriften. Wien 1765. 10 Bde.

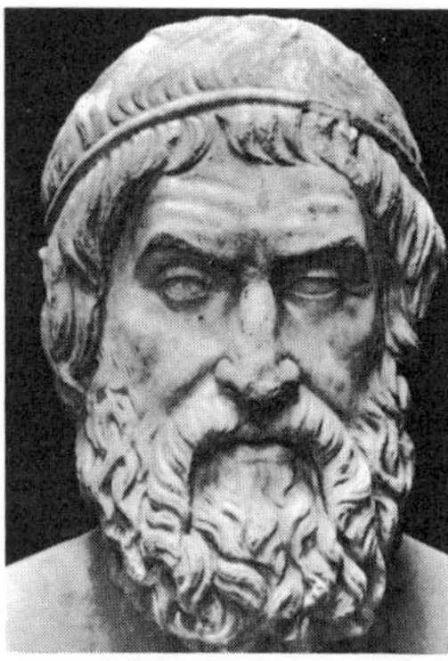

Sophokles

Sonnleitner, A. Th., eigtl. Alois Tlučhoř, * Daschitz (Ostböhm. Gebiet) 25. April 1869, † Perchtoldsdorf bei Wien 2. Juni 1939, östr. Schriftsteller.

Lehrer und Schuldirektor in Wien. Veröffentlichte neben pädagog. und sozialpolit. Schriften auch Märchen und Gedichte. Sein Hauptwerk ist eine dem kindl. Verständnis angepaßte Romanfolge über die kulturgeschichtl. Entwicklung des Menschen, „Die Höhlenkinder im Heiml. Grund" (1918), „Die Höhlenkinder im Pfahlbau" (1919) und „Die Höhlenkinder im Steinhaus" (1920).

Weitere Werke: Die Hegerkinder (R.-Trilogie, 1923–26), Dr. Robin-Sohn (R., 1929).

Sophokles, * Athen um 496, † ebd. wahrscheinl. 406, griech. Tragiker.

Entstammte einer wohlhabenden Athener Familie und erhielt eine sorgfältige Ausbildung, nahm aktiv am polit. Leben seiner Vaterstadt teil und bekleidete hohe Ämter, 443/42 war er Schatzmeister des Att. Seebundes, 441/40 befehligte er zusammen mit Perikles die Flotte gegen Samos. S., der 468 seinen ersten Sieg im dramat. Wettstreit mit dem 30 Jahre älteren Aischylos errang, gewann rasch sein Publikum und behauptete sich in dessen Gunst; nach seinem Tode wurde ihm, der als Heros verehrt wurde, ein Standbild im Theater errichtet. Hohe Bildung und Begabung, innere Harmonie und Frömmigkeit (S. führte 420 den Asklepioskult in Athen ein) ließen den Dichter, der um alle Tiefen menschl. Leides und um die trag. Not und Verstrickung menschl. Daseins wußte, vollen Einklang von Form und Gehalt erzielen. Das Drama wurde ausgestaltet durch die Einführung des 3. Schauspielers und kunstvollere Ausbildung des Chores, dessen Mitglieder S. von 12 auf 15 vermehrte. Jede Tragödie wurde zu einem einheitl. Kunstwerk mit in sich abgeschlossener Handlung und sorgfältig durchgeführter Charakteristik der Handelnden; dem Walten der Götter steht S. in tiefer Ergebenheit gegenüber; seine Sprache hält in edler Einfachheit die Mitte zwischen dem Pathos des Aischylos und der Glätte und dem rhetor. Schmuck des Euripides; kunstvolle Handlungsführung und psycholog. Vertiefung zeichnen sein umfangreiches Werk aus, das außer Päanen, Elegien und einer Schrift über den Chor 123 Dramen aufwies, von denen nur sieben erhalten sind: „Aias" (in den 50er Jahren), „Antigone" (442), „Trachinierinnen" (nach 438), „König Oedipus" (vor 425), „Elektra" (wahrscheinl. zwischen „König Oedipus" und „Philoktet"), „Philoktet" (409), „Oedipus auf Kolonos" (401). Erhalten sind auch Fragmente des Satyrspiels „Ichneutai".

Ausgaben: S. Tragödien. Dt. Übers. Hg. u. Nachwort v. W. Schadewaldt. *Zürich 1968. – S. Die Tragödien. Dt. Übers. Hg. v.* H. Weinstock. *Stuttg.* [5]*1967. – S. Tragödien u. Fragmente. Griech. u. dt. Hg. v.* W. Williger. *Überarbeitet v.* K. Bayer. *Mchn. 1966. – S. Tragödien. Dt. Übers. v.* J. J. Ch. Donner. *Hg. v.* P. Brandt. *Lpz. 1913. – S. [griech.]. Erklärt v.* F. W. Schneidewin *u.* A. Nauck. *Bln.; Zürich* [7–12]*1907–66. 8 Bde.*

Literatur: Kirkwood, G. M.: *A study of Sophoclean drama. Neuausg. New York 1967.* – Musurillo, H.: *The light and the darkness. Studies in the dramatic poetry of Sophocles. Leiden 1967. – S. Hg. v.* H. Diller. *Darmst. 1967.* – Melchinger, S.: *S. Velber 1966.* – Ehrenberg, V.: *S. u. Perikles. Dt. Übers. Mchn. 1956.* – Weinstock, H.: *S. Wuppertal* [3]*1948.* – Reinhardt, K.: *S. Frkf.* [3]*1947.* – Ellendt, F.: *Lexicon Sophocleum. Bln.* [3]*1873. Nachdr. Hildesheim 1958.*

Sophonias † Bibel.

Sophron, griech. Mimendichter des 5. Jh.s v.Chr. aus Syrakus.

Schrieb in dor. Mundart realist. Szenen aus dem Volksleben, die jedoch nur fragmentar. erhalten sind; von Platon geschätzt, von Theokrit und Herodas nachgeahmt.

Sordello [italien. sor'dɛllo], * Goito (Mantua) um 1200, † 1269 oder 1270, italien. Troubadour. Lebte in Spanien und Portugal, am provenzal. Hof und in Italien; einer der bedeutendsten italien. Troubadoure provenzal. Sprache, der von Dante in seiner „Divina Commedia" dargestellt wurde; erhalten sind rund 40 Lieder, darunter ein berühmter Klagegesang auf den Tod seines Herrn Ser Blacas (1237).

Sorel, Charles [frz. sɔ'rɛl], Sieur de Souvigny, * Paris 1602, † ebd. 7. März 1674, frz. Schriftsteller.

Bürgerl. Herkunft; veröffentlichte 19jährig seinen ersten Roman; Sekretär des Grafen von Cramail; Träger des Titels eines Ersten Historiographen von Frankreich; lebte seit 1663 jedoch nur noch von seinen bescheidenen Einkünften als Schriftsteller; schrieb neben histor. und philosoph. Werken („Histoire de France ...", 1665; „La science universelle", 1641) v.a. Romane; die bedeutendsten sind: die vom span. Schelmenroman beeinflußte satir.-derbe „Vraie histoire comique de Francion" (1623) und „Le berger extravagant" (1627), eine Satire auf die zeitgenöss. Schäferdichtung nach dem Muster des „Don Quijote".

Literatur: Goebel, G.: *Zur Erzähltechnik in den „Histoires comiques" des 17. Jh.s. Diss. Freie Univ. Bln. 1965.* – Sutcliffe, F.-E.: *Le réalisme de Ch. S. Problèmes humains du XVII*[e] *siècle. Paris 1965.* – Roy, E.: *La vie et les œuvres de Ch. S. Paris 1891.*

Sorge, Reinhard Johannes, * Rixdorf (heute Berlin-Neukölln) 29. Jan. 1892, ⚔ bei Ablaincourt (Somme) 20. Juli 1916, dt. Lyriker und Dramatiker.

Gymnasiumsbesuch in Berlin, seit 1910 Studium der Rechte in Jena, später freier Schriftsteller; unternahm zwei Italienreisen, in Rom 1913 Übertritt zum Katholizismus; 1914 Soldat; begann mit frühexpressionist. Lyrik. Sein Drama „Der Bettler" (1912) gilt nach Gehalt und Gestalt als das erste weltanschaul. revolutionäre Drama des Expressionismus: Im Mittelpunkt steht der junge, verzweifelte, einsame Mensch im Kampf gegen eine dem Materialismus verfallene Welt, jegl. Bindung an die Gemeinschaft fehlt. Danach Hinwendung zum Mysterienspiel und zum religiösen Epos, das von christl.-myst. Ethos getragen ist.

Weitere Werke: Guntwar. Die Schule eines Propheten (Dr., 1914), Metanoeite (3 Mysterien, 1915), König David (Dr., 1916), Nachgelassene Gedichte (hg. 1925).

Ausgabe: R. J. S. Werke. Hg. v. H. G. Rötzer. *Nürnberg 1962–67. 3 Bde.*

Literatur: Bruhwiler, J. A.: *R. J. S. Die Rolle des Bettlers in seinem dramat. Gesamtwerk. Diss. Univ. of Cincinnati 1966.* – Rötzer, H. G.: *R. J. S. Theorie u. Dichtung. Diss. Erlangen 1961.* – Humfeld, M. Sch.: *R. J. S. Ein Gralssucher unserer Tage. Versuch einer Darstellung seiner psycholog. Entwicklung. Paderborn 1929.*

Soschtschenko, Michail Michailowitsch; tl.: Zoščenko, Mihail Mihajlovič [russ. 'zɔʃtʃɪnkɐ], * Poltawa 10. Aug. 1895, † Leningrad 22. Juli 1958, russ.-sowjet. Schriftsteller.

Studierte Jura, nahm am 1. Weltkrieg teil und wurde 1918 Offizier in der Roten Armee; von 1921 an freier Schriftsteller. Seine humorist. und satir. Darstellungen sowjet. Alltagswirklichkeit, die formal den dichter. Kleinformen v.a. Tschechows nahestehen, gehörten lange zu den meistgelesenen Werken der sowjet. Literatur; 1946 parteiamtl. Verurteilung. In Deutschland wurden bes. die Satiren der Sammlung „Schlaf schneller, Genosse" (dt. 1953) bekannt.

Weitere Werke: Der redliche Zeitgenosse (dt. 1947), Der verborgte Ehemann (Humoresken, dt. 1957), Der Rettungsanker (dt. Ausw. 1959), Der Flieder blüht u.a. Erzählungen (dt. 1959), Der Anruf im Kreml u. a. Geschichten von kleinen Leuten in Sowjetrußland (En., dt. 1963), Wovon die Nachtigall sang (En., dt. 1964), Das Himmelblaubuch (dt. 1966).

Sosiphanes, griech. Tragiker um 300 v. Chr. Stand in Beziehungen zum Dichterkreis am Hofe von Ptolemaios II. Philadelphos in Alexandria.

Sositheos, griech. Tragiker der 1. Hälfte des 3. Jh.s v. Chr. aus Alexandria Troas.
Erneuerte das Satyrspiel durch Einführung persönl. Polemik; von seinem Drama „Lityerses", das die Geschichte von Daphnis behandelt, ist ein größeres Bruchstück erhalten. S. gehörte zur Pleias.

Sossjura, Wladimir Nikolajewitsch; tl.: Sosjura, Vladimir Nikolaevič [russ. saˈsjurɐ], * Debalzewo 6. Jan. 1898, † Kiew 7. Jan. 1965, ukrain.-sowjet. Dichter.
Sohn eines Franzosen und einer Tscherkessin; trotz kommunist. Grundhaltung mehrmals als ukrain. Nationalist verurteilt. Pflegte v.a. die realist. Arbeiterdichtung mit neuromant. Elementen.

Sostschenko, Michail ↑ Soschtschenko, Michail Michailowitsch.

Sotades aus Maroneia, griech. Dichter der 1. Hälfte des 3. Jh.s v. Chr.
Mußte seinen Angriff auf die Geschwisterehe des Königs Ptolemaios II. Philadelphos mit dem Tode büßen; schrieb in einem eigenen Versmaß (Sotadeus) coupletartige Lieder lasziven und aktuellen Inhalts.

Šota Rustaveli ↑ Rustaweli, Schota.

Soulès, Georges [frz. suˈlɛs] ↑ Abellio, Raymond.

Soulié, Frédéric [frz. suˈlje], * Foix 24. Dez. 1800, † Bièvres 23. Sept. 1847, frz. Schriftsteller.
Zuletzt Bibliothekar an der Arsenalbibliothek; der romant. Schule nahestehend; schrieb erfolgreiche Dramen, histor. und Schauerromane; einer der ersten Verfasser von Feuilletonromanen.
Hauptwerke: Zwei Leichen (R., 1832; dt. 1838), Der Graf von Beziers (R., 1834; dt. 1838), Die Memoiren des Teufels (R., dt. 1838ff.).

Soumet, Alexandre [frz. suˈmɛ], * Castelnaudary 8. Febr. 1788, † Paris 30. März 1845, frz. Dichter.
1808 Auditor im Staatsrat, während der Restauration Bibliothekar in Saint-Cloud, Rambouillet und Compiègne; 1824 Mitglied der Académie française; Lyriker und Dramatiker der Vorromantik; schrieb ep. und elegische Gedichte („L'incrédulité", 1810; „La pauvre fille", 1814; „La divine épopée", 1841) und erfolgreiche histor. Versdramen (u. a. „Saül", 1822; „Jeanne d'Arc", 1825; „Une fête de Néron", 1830, mit L. Belmontet; „Jeanne Grey", 1845).

Soupault, Philippe [frz. suˈpo], * Chaville bei Paris 2. Aug. 1897, frz. Schriftsteller.
Während des 2. Weltkriegs in polit. Haft in Tunis; seit 1945 Leiter des Auslandsdienstes am frz. Rundfunk; Reisen durch Europa, Afrika und den Orient im Auftrag der UNESCO. Geschult an Rimbaud und Lautréamont. Mitbegründer der literar. Dadabewegung und des Surrealismus in Frankreich. Hg. der Zeitschrift „Littérature"; schrieb mit Breton „Les champs magnétiques" (1920), bed. surrealist. Gedichte; in seinen Romanen fängt S. das Dasein von hilflos durch eine zerfallende Welt gehetzten Menschen ein; ferner Essays und Künstlerbiographien.
Weitere Werke: Rose des vents (Ged., 1920), Westwejo (Ged., 1922), Le bon apôtre (R., 1923), Georgia (Ged., 1925), Der Neger (E., dt. 1928), Cinquante-deux contes de tous le pays (En., 1953).
Literatur: Dupuy, H.-J.: *Ph. S. Paris 1957.*

Sousa, Frei Luís de [portugies. ˈsozɐ], eigtl. Manuel de S. Coutinho, * Santarém um 1555, † Kloster Benfica bei Lissabon 5. Mai (?) 1632, portugies. Geschichtsschreiber.
Lernte auf Seereisen Asien kennen, geriet in N-Afrika in maur. Gefangenschaft; zuletzt Dominikaner; Verfasser einer reich dokumentierten „História de São Domingos particular do reyno e conquistas de Portugal" (1623–78) in klass.Stil.

Southey, Robert [engl. ˈsaʊðɪ, ˈsʌðɪ], * Bristol 12. Aug. 1774, † Greta Hall am See von Keswick 21. März 1843, engl. Dichter.
Sohn eines Tuchhändlers; Ausbildung am Balliol College in Oxford; 1794 Beginn der Freundschaft mit Coleridge; utop. Plan einer „Pantisokratie", einer kommunist. Gemeinschaft mit demokrat. Prinzipien; Studienreisen nach Spanien und Portugal; später auch journalist. tätig; „poet laureate" mit staatl. Pension seit 1813; starb in geistiger Umnachtung. Einer der bedeutendsten Vorromantiker der engl. Literatur, formal noch von Vorbildern des 18. Jh.s abhängig. Seine umfangreicheren erzählenden Gedichte sind fast vergessen, seine oft grotesken und parodist. Balladen noch lebendig. Das Epos „Joan of Arc" (1796) spiegelt seine positive Reaktion auf die Frz. Revolution; später Wendung zum Konservativismus; klarer, präziser Prosastil, der auch seine Biographien auszeichnet, bes. „Admiral Nelson's Leben, Kämpfe und Siege" (1813, dt. 1837). Bed. als Übersetzer aus dem Spanischen.
Literatur: Haller, W.: *The early life of R. S. New York 1966.* – Carnall, G.: *R. S. and his age. The development of a conservative mind. New York 1960.*

Southwell, Robert [engl. ˈsaʊθwəl, ˈsʌðəl], * Horsham St. Faith's um 1561, † Tyburn 21. Febr. 1595, engl. Dichter.
Aus alter kath. Familie; Erziehung u.a. in Rom; seit 1578 Jesuit, 1584 Priesterweihe; kehrte 1586 nach England zurück, wurde 1592 verhaftet, mehrmals gefoltert, schließl. gehängt. Seine entsagungsvollen, von der Hoffnung auf ein besseres Leben nach dem Tode geprägten Dichtungen, die v.a. während der Haft entstanden, weisen vorbarocke, manierist. Stilzüge auf; Vorliebe für kühne Metaphorik und zahlreiche rhetor. Figuren; seine u.d.T. „Maeoniae" 1595 gesammelt erschienenen Dichtungen nehmen Stilelemente der metaphys. Dichtung vorweg.
Weiteres Werk: St. Peter's complaint (Ged., 1595).
Literatur: Devlin, Ch.: *The life of R. S. New York 1956.*

Souvestre, Émile [frz. suˈvɛstr], * Morlaix 15. April 1806, † Paris 5. Juli 1854, frz. Schriftsteller.
Buchhandelsangestellter, später Lehrer und Journalist, zuletzt Professor in Paris; trat mit Romanen und Erzählungen aus dem Volksleben seiner breton. Heimat und zahlreichen Dramen, Komödien und Vaudevilles hervor.

Hauptwerke: Les derniers Bretons (R., 1835–37), Le foyer breton (R., 1844), Der Philosoph in der Dachstube (R., dt. 1850).

Sova, Antonín [tschech. 'sɔva], Pseudonym Ilja Georgov, * Patzau 26. Febr. 1864, † ebd. 16. Aug. 1928, tschech. Schriftsteller.
Sohn eines Lehrers, studierte in Prag Rechtswissenschaft, war Beamter und Bibliothekar. S. fand von anfängl. meditativer Dichtung zum realist. Genrebild, um die Jahrhundertwende unter dem Eindruck des Impressionismus und Symbolismus zu zarter und formschöner Poesie, erfüllt von Natur- und Heimatliebe; später auch polit. und soziale Stoffe. Seine Balladen sind Meisterwerke ihrer Gattung. Das Prosawerk S.s hat ausgeprägt sozialkrit. Charakter, erreicht aber nicht die künstler. Reife seiner lyr. und ep. Dichtungen.

Sowiński, Leonard [poln. sɔ'viĩski], * Berezówka (Podolien) 7. Nov. 1831, † Sietkowce (Wolynien) 23. Dez. 1887, poln. Dichter.
Bäuerl. Abstammung; an der Vorbereitung des ukrain. Januaraufstandes beteiligt. Seine Erlebnisse aus dieser Zeit fanden in seinem literar. Werk Ausdruck. Er wurde nach Sibirien verbannt, lebte aber seit 1868 wieder in Polen. S. war stark von Byron beeinflußt; seine Dichtungen sind von Leidenschaft und von Haß auf das satte Bürgertum erfüllt. Neben schwungvollen Gedichten schrieb er ein Drama, eine poln. Literaturgeschichte und Abhandlungen über Literatur; auch Übersetzer.
Hauptwerke: Z życia (= Aus dem Leben, Ged., 1860), Na Ukrainie (= In der Ukraine, Dr., 1873), Poezje (Ged., 1875), Na rozstajnych drogach (= Auf Scheidewegen, R., 1886).

Soya, Carl Erik Martin [dän. 'sɔja], * Kopenhagen 30. Okt. 1896, dän. Schriftsteller.
Zeitweise journalist. tätig; wegen seiner Satire „En gæst" (1941) von den Deutschen inhaftiert; floh später nach Schweden. In seinem Werk vereinen sich Phantasie und Wirklichkeitssinn, ein Hang zum Makabren ist wiederum mit realist. Milieu- und Sprachauffassung gepaart. Seine Personenschilderungen sind rücksichtslose psychoanalyt. Demaskierungen.
Hauptwerke: Parasitterne (Dr., 1929), Jeg kunne ment ta' 100 kr. (R., 1931), Hvem er jeg? (Dr., 1932), To tråde (Dr., 1943), Min farmors hus (R., 1943), 30 års henstand (Dr., 1944), Frit valg (Dr., 1948).

Soyfer, Jura, * Charkow 8. Dez. 1912, † KZ Buchenwald 16. Febr. 1939, östr. Schriftsteller.
Studierte in Wien, wohin er 1918 mit seinen Eltern vor der russ. Revolution geflohen war, Philosophie; seit 1934 Mitglied der KP, 1938 von den Nationalsozialisten verhaftet. S. schrieb lyr. und dramat. Werke. Bekannt wurden seine an Nestroy geschulten aktuellen und geistreichen Szenenfolgen für Kleinkunstbühnen, in denen er gegen soziale Ungerechtigkeit kämpfte und für den Frieden eintrat.
Hauptwerk: Vom Paradies zum Weltuntergang (Dramen und Kleinkunst, hg. 1947).

Soyka, Otto, * Wien 9. Mai 1882, † ebd. 2. Dez. 1955, östr. Schriftsteller.
1938–45 im Exil in Frankreich; schrieb spannende, psycholog. nuancierte, expressionist. beeinflußte Romane, in denen er sensationelle Ereignisse des Tagesgeschehens verarbeitete (oft kriminalist. Motive); auch Novellen und Komödien.
Hauptwerke: Die Söhne der Macht (R., 1912), Revanche (Kom., 1912), Der entfesselte Mensch (R., 1919), Überwinder (Novellen, 1926), Das Geheimnis der Akte K. (R., 1934).

Spade, Mark [engl. spɛɪd] ↑ Balchin, Nigel.

Spagnoli, Giovan Battista [italien. spaɲ'ɲɔ:li], sel., genannt „il Carmelita" oder Battista Mantovano, * Mantua 17. April 1448, † ebd. 1516, italien. Dichter.
Karmeliter; später General seines Ordens; schrieb in nlat. Sprache religiöse Dichtungen, bes. über bibl. Stoffe; formal v. a. an Vergil geschult („Egloghe", 1498).

Spanmüller, Jakob ↑ Pontanus, Jacobus.

Spark, Muriel Sarah [engl. spa:k], geb. Danneberg, * Edinburgh 1918, engl. Schriftstellerin.
Längere Zeit in Afrika, dann in London; Generalsekretärin der „Poetry Society", gab 1947–49 deren Organ, „The Poetry Review", heraus. Begann mit krit. Arbeiten und Lyrik, wandte sich dann dem Roman und der Erzählung zu; stellte mit den Mitteln der Satire, der Groteske und des Tragikomischen menschl. Fehler dar; auch iron. desillusionierende Alltagsschilderungen.
Hauptwerke: Die Tröster (R., 1957; dt. 1963), Robinson (R., 1958; dt. 1962), Memento Mori (R., dt. 1959), Die Ballade von Peckham Rye (R., dt. 1961), Junggesellen (R., dt. 1961), Die Lehrerin (R., dt. 1961), Wissenschaft und Liebe (Kom., dt. 1964), Mädchen mit begrenzten Möglichkeiten (R., dt. 1964), Das Mandelbaumtor (R., dt. 1967), In den Augen der Öffentlichkeit (R., dt. 1969).

Speckmann, Diedrich, * Hermannsburg bei Celle 12. Febr. 1872, † Fischerhude bei Bremen 28. Mai 1938, dt. Schriftsteller.
Pfarrer; Verfasser volkstüml., einfach gestalteter Heimatromane, die in Niederdeutschland, v.a. in der Heide spielen.
Hauptwerke: Heidehof Lohe (R., 1906), Heideerzählungen (1921).

Spee, Friedrich Sp. (Spe) von Langenfeld, * Kaiserswerth (heute Düsseldorf-Kaiserswerth) 25. Febr. 1591, † Trier 7. Aug. 1635, dt. Dichter. Studium in Köln, 1610 Jesuit in Trier; Lehrer, u.a. in Köln und Paderborn; Seelsorger in Bamberg und Würzburg; Beichtvater vieler als Hexen

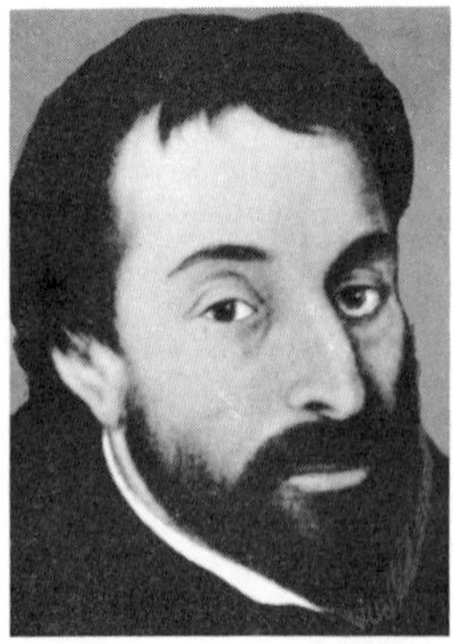

Friedrich Spee von Langenfeld (anonymes Ölgemälde, nach 1700; Ausschnitt)

zum Tode verurteilter Frauen; Widerstand gegen die Hexenprozesse und erfolgreiche Bekämpfung durch seine Schrift „Cautio criminalis" (1631, dt. 1939); 1631 Professor für Moraltheologie in Köln, 1633 in Trier; starb bei der Krankenpflege an der Pest. Sp. gilt mit seinen myst.-geistlichen Liedern in der Vorstellungswelt des Hohen Liedes, die von inniger Frömmigkeit getragen sind, als bedeutendster kath. religiöser Lyriker des Frühbarocks; bekannt ist die Sammlung der geistlichen Lieder, die u.d.T. „Trutz-Nachtigall oder ..." nach seinem Tod 1649 in Köln erschien.
Weiteres Werk: Güldenes Tugendbuch (Schr., 1649).
Ausgabe: F. v. Sp. Sämtl. Schrr. Histor.-krit. Ausg. in 3 Bden. Hg. v. E. Rosenfeld. *Mchn. 1967ff.*
Literatur: Keller, K.: *F. Sp. v. L. (1591–1635). Seelsorger, Dichter, Humanist. Kevelaer 1968.* – Rosenfeld, E.: *Neue Studien zur Lyrik v. F. v. Sp. Varese 1963.* – Rosenfeld, E.: *F. Sp. v. L. Eine Stimme in der Wüste. Bln. 1958.* – Rüttenauer, I.: *F. v. Sp. 1591–1635. Freib. 1950.*

Spender, Stephen [engl. 'spɛndə], * London 28. Febr. 1909, engl. Dichter.
Sohn eines Publizisten; kam während seines Studiums in Oxford mit einer marxist. Literatengruppe in Verbindung; kurze Zeit Mitglied der KP; seit Anfang der 40er Jahre als Journalist, zeitweilig als Dozent tätig; durch langen Studienaufenthalt in Deutschland und Österreich genaue Kenntnis der dt. Literatur; wichtiger Übersetzer moderner dt. Dichtung; neben T. S. Eliot, Pound und Yeats wurden Rilke und Hölderlin seine Vorbilder; nach Anfängen mit revolutionärer, linksgerichteter Lyrik Wendung zu einer Dichtung des allgemeinen Humanismus; verfaßte auch erzählende Prosa; Dramatiker und Essayist.
Hauptwerke: Twenty poems (1930), Ruins and visions (Ged., 1942), European witness (Autobiogr., 1946), The edge of being (Ged., 1949), Welt zwischen Welten (Autobiogr., dt. 1952).

Spener, Philipp Jakob, * Rappoltsweiler 13. Jan. 1635, † Berlin 5. Febr. 1705, dt. luth. Theologe.
Studium der Theologie in Straßburg, Basel, Genf und Tübingen; 1663 Freiprediger in Straßburg, 1666 Pfarrer in Frankfurt am Main, 1686 Oberhofprediger in Dresden, 1691 Propst und Konsistorialrat in Berlin; die von Sp. begründeten „Collegia pietatis", seine Schrift „Pia desideria" (1675) und apologet. und erbaul. Schriften haben entscheidend zur Ausbreitung des Pietismus in Deutschland beigetragen.
Weiteres Werk: Theologische Bedenken (Schr., 1692).
Ausgabe: Ph. Jacob Sp. Hauptschrr. Bearb. v. P. Grünberg. *Gotha 1889.*
Literatur: Appel, H.: *Ph. Jacob Sp. Vater des Pietismus. Bln. 1964.* – Grünberg, P.: *Ph. Jacob Sp. Gött. 1893–1906. 3 Bde.*

Spenser, Edmund [engl. 'spɛnsə], * London 1552 (?), † ebd. 16. Jan. 1599, engl. Dichter.
Nach dem Studium in Cambridge u.a. Sekretär im Dienst des Earl of Leicester; Freundschaft mit dessen Neffen Sir Philip Sidney, unter dessen Einfluß er „The shepheardes calender" (1579) schrieb, 12 Eklogen nach antiken Vorbildern (Theokrit, Vergil); 1580–99 als Beamter in Irland; floh während eines Aufstands nach England und starb wenig später in London. Erster bed. engl. Dichter nach Chaucer und wichtigster engl. Renaissancedichter neben Shakespeare; in seinem Hauptwerk, dem auf 12 Bücher angelegten, unvollendeten Epos „The faerie queene" (1.–6. Buch 1590–96, Fragmente eines 7. Buches erhalten; dt. Ausw. 1854 u.d.T. „Fünf Gesänge des Feenkönigin"), stellt Sp. allegor. die Werbung des Königs Artus um die „Feenkönigin" Gloriana – gemeint ist Elisabeth I. – dar; Verwendung einer archaisierenden Sprache und der Spenserstanze (8 jamb. Fünftakter mit abschließendem Alexandriner). Ferner schrieb Sp. satir. und Gelegenheitsgedichte („Epithalamion", 1595; auf seine eigene Hochzeit), Sonette („Amoretti", 1595; dt. von Hammer-Purgstall u.d.T. „Sonette" 1814) und eine polit. Studie über Irland.
Ausgabe: E. Sp. The works. A variorum edition. Hg. v. E. Greenlaw *u.a. Baltimore (Md.); London 1932–57. 11 Bde. [mit Biogr.].*
Literatur: Prince of poets: Essays on E. Sp. Hg. v. J. R. Elliott. *New York 1968.* – Alpers, P.: *The poetry of the Faerie Queene. Princeton (N. J.) 1967.* – Johnson, F. R.: *E. Sp. Birmingham (Ala.) 1966.* – Nelson, W.: *The poetry of E. Sp. New York 1963.* – ↑ auch Maximilian I.

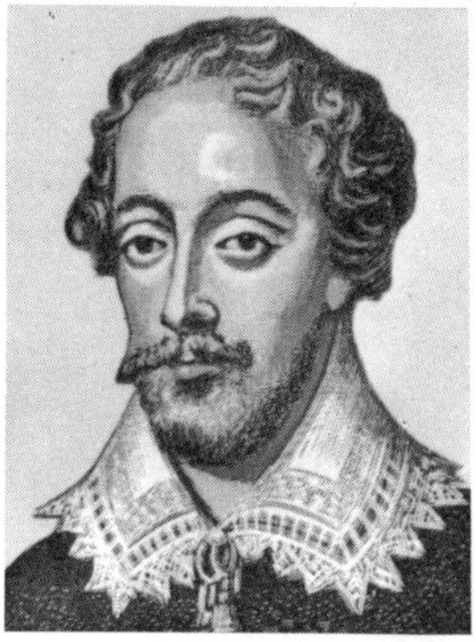
Edmund Spenser

Speratus, Paulus [sp...], eigtl. Paul Offer (Hoffer) von Spretten, * Rötlen (heute zu Röhlingen, Landkreis Aalen) 13. Dez. 1484, † Marienwerder 12. Aug. 1551, dt. luth. Theologe und Kirchenliederdichter.
Studierte Theologie, schloß sich als Domprediger in Würzburg 1520 der Reformation an. Er wirkte in Salzburg, Wien und Iglau, kam in Olmütz ins Gefängnis, sollte verbrannt werden, wurde jedoch befreit; 1523/24 in Wittenberg, 1524 Schloßprediger in Königsberg, seit 1529 Bischof von Pomesanien. Er verfaßte bed. Kirchenlieder, u.a. „Es ist das Heil uns kommen her".

Sperber, Manès [frz. spɛr'bɛ:r], * Zabłotów (heute Sabolotow) bei Kolomyja 12. Dez. 1905, frz. Schriftsteller östr. Herkunft.
Aus jüd. Familie, kam sehr früh nach Wien; studierte Psychologie; lebt seit 1933 in Frankreich; bis 1937 Mitglied der KP; setzt sich geistreich-iron. mit dem Kommunismus und jedem Totalitarismus auseinander; schrieb seine Romane in dt., seine späteren Essays in frz. Sprache.
Hauptwerke: Wie eine Träne im Ozean (R.-Trilogie, einzeln 1949–51, zusammen 1961), Die

Achillesferse (Essays, dt. 1960), Zur tägl. Weltgeschichte (1967).

Sperr, Martin, * Steinberg (Niederbayern) 14. Sept. 1944, dt. Schriftsteller.
Gelegenheitsarbeiter, Schauspieler und Regieassistent in Bremen, dann Schauspieler und Autor der Münchner Kammerspiele; legte mit seinen gesellschaftskrit. Bühnenstücken „Jagdszenen aus Niederbayern" (1966) und „Landshuter Erzählungen" (1967) die ersten beiden Teile einer geplanten Trilogie über Verhaltensweisen in der bayr. Provinz vor.

Spervogel, in den mittelalterl. Liederhandschriften gemeinsamer Name für drei Dichter, die als *Älterer Sp.* oder Herger, *eigtl. Sp.* (wohl Zeitgenosse Heinrichs von Veldeke und Hartmanns von Aue; bed. Dichter von didakt. Sprüchen in knapper, bildhafter Sprache in reinen Reimen, der auch Walther von der Vogelweide beeinflußt hat) und *Jüngerer Sp.* (Epigone der großen mhd. Dichter) bezeichnet werden.
Literatur: Ludwig, O.: *Die Priameln Sp.s. In: Beitr. zur Gesch. der dt. Sprache u. Lit. (Tüb.) 85 (1963), 297.* – Grüters, O., *u.a.: Der Anonymus Sp.-Herger. In: Beitr. zur Gesch. der dt. Sprache u. Lit. 65 (1942), 229.* – Anholt, S.: *Die sog. Sp.sprüche u. ihre Stellung in der älteren Spruchdichtung. Amsterdam 1937.*

Spewack, Samuel [engl. 'spi:wæk], * in Rußland 16. Sept. 1899, amerikan. Dramatiker.
Nach Abschluß seiner Studien Reporter in New York, dann zeitweilig Korrespondent in Moskau und Berlin. Sp., der auch für den Film arbeitete, schrieb in dauernder Zusammenarbeit mit seiner Frau *Bella Sp.* (* New York 25. März 1899) Unterhaltungsstücke, darunter die Hollywoodsatire „Boy meets girl" (Kom., 1936); bes. bekannt wurde das Ehepaar mit dem Text zu dem Musical „Kiss me, Kate" (1956), für das Cole Porter die Musik schrieb.

Speyer, Wilhelm, * Berlin 21. Febr. 1887, † Riehen (heute zu Basel) 1. Dez. 1952, dt. Schriftsteller.
Jura- und Philosophiestudium, im 1. Weltkrieg Soldat, seit 1933 Aufenthalt in verschiedenen Ländern, 1940–49 in den USA, 1949 Rückkehr nach Europa. Im Roman „Das Glück der Andernachs" (1947) schildert er das Schicksal einer jüd. Berliner Familie in der zweiten Hälfte des 19. Jh.s; bekannt wurde er durch seine Jugendbücher (z.T. auch verfilmt), u.a. „Der Kampf der Tertia" (E., 1928); auch Dramatiker.
Weitere Werke: Karl V. (Dr., 1919), Ich geh aus und du bleibst da (R., 1930), Der Hof der schönen Mädchen (R., 1935), Andrai und der Fisch (R., 1951).

Spiegel (Spieghel), Hendrik Laurensz[oon] [niederl. 'spi:xəl], * Amsterdam 11. März 1549, † Alkmaar 4. Jan. 1612, niederl. Dichter.
Kenner der frz. und lat. Literatur und Sprache. Blieb Katholik, obwohl der Magistrat zum Kalvinismus übertrat, danach ausgebürgert. Bed. Lyriker, Dramatiker und Prosaist der niederl. Renaissance. Verfasser einer Sittenlehre im kath.-humanist. Sinn („Hertspieghel", 1614) und eines nach Plutarchs Vorbild verfaßten allegor. Spiels („Numa ofte Ambtsweygheringe", 1580–90). Als Humanist trat er für Reinheit und Pflege seiner Muttersprache ein: „Tweespraack van de Nederduytsche Letterkunst" (1584).

Spiegelberg, Hanns von † Zobeltitz, Hanns von.

Spiel, Hilde, * Wien 19. Okt. 1911, östr. Schriftstellerin.
Dr. phil., ging 1936 nach England, heiratete Peter de Mendelssohn, heute wieder in Österreich; Kulturkorrespondentin; Verfasserin von Romanen, Novellen, Essays und Hörspielen; Übersetzungen aus dem Englischen.
Hauptwerke: Kati auf der Brücke (R., 1933), Verwirrung am Wolfgangsee (R., 1935, 1961 u.d.T. Sommer am Wolfgangsee), Flöte und Trommeln (R., 1949), Fanny von Arnstein oder Die Emanzipation (R., 1962), Lisas Zimmer (R., 1965), Rückkehr nach Wien (Tageb., 1968).

Spielhagen, Friedrich, * Magdeburg 24. Febr. 1829, † Berlin-Charlottenburg 25. Febr. 1911, dt. Schriftsteller.
Studium der Rechte und der Philologie; 1854–60 Gymnasiallehrer in Leipzig, 1860–62 Redakteur in Hannover, dann in Berlin, Hg. von „Westermanns Monatsheften"; Theoretiker des Romans und des Dramas; trat in seinen realist. gestalteten Zeitromanen für die sozialen Interessen des liberalen Bürgertums ein; auch Novellist.
Hauptwerke: Clara Vere (Nov., 1857), Problemat. Naturen (R., 1861), Hammer und Amboß (R., 1869), Sturmflut (R., 1877), Beiträge zur Theorie und Technik des Romans (1883), Neue Beiträge zur Theorie und Technik der Epik und Dramatik (1898), Neue Gedichte (1899).
Literatur: Anderson, A. R.: *Sp.'s problematical heroes. Diss. Brown Univ., Providence (R. I.) 1962.* – Geller, M.: *F. Sp.s Theorie u. Praxis des Romans. Bln. 1917.* – Henning, H.: *F. Sp. Lpz. 1910.*

Spieß, Christian Heinrich, * Helbigsdorf bei Brand-Erbisdorf 4. April 1755, † Schloß Bezdjekau bei Klattau 17. Aug. 1799, dt. Schriftsteller.
Wanderschauspieler, Gesellschafter und Gutsverwalter bei dem böhm. Grafen Künigl. Sp. begann mit Bühnenstücken, schrieb später zahlreiche, zu seiner Zeit vielgelesene Ritter- und Schauerromane.
Hauptwerke: Klara von Hoheneichen (Schsp., 1790), Der alte Überall und Nirgends (R., 1792 bis 1793), Das Petermännchen (R., 1793), Die Löwenritter (R., 1794–96), Die zwölf schlafenden Jungfrauen (R., 1795/96).

Spindler, Karl, Pseudonyme C. Spinalba, Max Hufnagl, * Breslau 16. Okt. 1796, † Bad Freyersbach (heute zu Bad Peterstal [Renchtal]) 12. Juli 1855, dt. Schriftsteller.
Zog mit seinen Eltern, die Schauspieler waren, u.a. nach Wien, Frankfurt am Main und Straßburg; zeitweilig selbst Wanderschauspieler. Seit 1824 Schriftsteller, führte weiterhin ein unstetes Leben. Sp.verfaßte breit angelegte, phantasiereiche, publikumswirksame Romane und Novellen, v.a. über histor. Themen.
Hauptwerke: Der Jude (R., 1827), Der Jesuit (R., 1829), Der König von Zion (R., 1837), Für Stadt und Land (En., 1849).

Spire, André [frz. spi:r], Pseudonym André Voisin, * Nancy 28. Juli 1868, † Paris 29. Juli 1966, frz. Schriftsteller.
Generalinspekteur im Landwirtschaftsministerium; Gründer der Zeitschrift „La Palestine", Mitbegründer der Volkshochschule in Frankreich; vertrat den Zionismus nach dem 1. Weltkrieg bei

internationalen Verhandlungen; emigrierte 1941 nach Amerika, kehrte später nach Frankreich zurück. Vertreter der jüd. Literatur in Frankreich mit sozialreformer. Tendenz. In seiner persönl. Lyrik – oft themat. von der Bibel inspiriert – verwendet er nur freirhythm., reimlose Verse.
Hauptwerke: La cité présente (Ged., 1903), Versets (Ged., 1908), Le secret (Ged., 1919; dt. Ausw. 1929), Poèmes de Loire (Ged., 1929), Poèmes d'hier et d'aujourd'hui (Ged., 1953).

Spitta, [Karl Johann] Philipp, * Hannover 1. Aug. 1801, † Burgdorf bei Hannover 28. Sept. 1859, dt. Kirchenliederdichter.
Entstammte einer Hugenottenfamilie, war zunächst Uhrmacherlehrling, 1821–24 Studium der Theologie in Göttingen, Bekanntschaft mit Heine, 1830 Garnisonspfarrer in Hameln, 1837 Pfarrer in Wechold, 1847 Superintendent in Wittingen, 1853 in Peine, 1859 in Burgdorf. Schrieb sprachl. und inhaltl. vollendete geistl. Lieder, die z.T. in das ev. Gesangbuch aufgenommen wurden.
Hauptwerke: Sangbüchlein der Liebe für Handwerksburschen (1823), Psalter und Harfe (Ged., 1833–43).

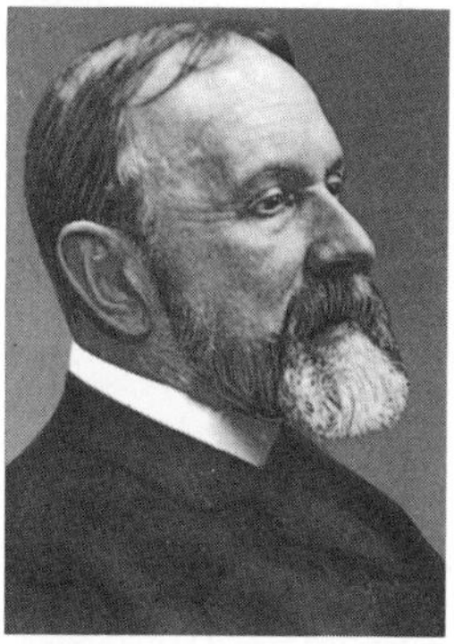

Carl Spitteler

Spitteler, Carl, Pseudonym Carl Felix Tandem, * Liestal bei Basel 24. April 1845, † Luzern 29. Dez. 1924, schweizer. Dichter.
Studium der Rechte in Basel, der Theologie in Zürich und Heidelberg, 1871–79 Hauslehrer in Rußland und Finnland, Lehrer in Bern und Neuveville, Feuilletonredakteur der „Neuen Zürcher Zeitung", seit 1893 freier Schriftsteller in Luzern. In seinen myth.-ep. Hauptwerken voll symbol.-kosm. Visionen, „Prometheus und Epimetheus" (1881), „Olymp. Frühling" (1900 bis 1905) und „Prometheus der Dulder" (1924), verherrlicht der Weltverneiner – beeinflußt vom pessimist. Weltbild Schopenhauers – und Menschenverächter Sp. den nach Schönheit und Wahrheit strebenden adeligen, kraftvollen Menschen, der sich gegen die unpersönl. Masse, gegen Eitelkeit, Dummheit und Bosheit auflehnt; eine übermächtige Fülle von Bildern in archaisierender Sprache sprengen jedoch oft die Einheit des Kunstwerkes. Carl Sp. erhielt 1919 den Nobelpreis.
Weitere Werke: Schmetterlinge (Ged., 1889), Balladen (1896), Conrad der Leutnant (E., 1898), Imago (R., 1906), Gerold und Hansli, die Mädchenfeinde (E., 1907).
Ausgabe: C. Sp. Ges. Werke. Hg. v. G. Bohnenblust *u.a. Zürich u. Stuttg. 1945–58. 10 in 11 Bden.*
Literatur: Wetzel, J. H.: *C. Sp. Sein Leben u. Dichten. Hdbg. 1969.* – Rommel, O.: *Sp.s Olymp. Frühling u. seine ep. Form. Bern u. Mchn. 1965.* – Stauffacher, W.: *C. Sp.s Lyrik. Zürich u. Stuttg. 1950.* – Faesi, R.: *Sp.s Weg u. Werk. Frauenfeld 1933.*

Spitzer, Rudolf † Lothar, Rudolf.

Spoelstra, Cornelis [niederl. 'spu:lstra:] † Doolaard, A. den.

Spoerl, Heinrich [ʃpœrl], * Düsseldorf 8. Febr. 1887, † Rottach-Egern 25. Aug. 1955, dt. Schriftsteller.
Studium der Rechtswissenschaft, 1919 Rechtsanwalt in Düsseldorf, seit 1937 freier Schriftsteller in Berlin, seit 1941 in Rottach-Egern. Schrieb humorvolle, z.T. zeit- und gesellschaftskrit. Romane und Erzählungen, von denen mehrere verfilmt wurden; am bekanntesten „Die Feuerzangenbowle" (R., 1935).
Weitere Werke: Wenn wir alle Engel wären (R., 1936), Der Maulkorb (R., 1936, Lsp. 1938), Man kann ruhig darüber sprechen (En., 1937), Die Hochzeitsreise (E., 1946).
Ausgabe: H. Sp. Ges. Werke. Mchn. 93.–107. Tsd. 1967.

Špoljar, Krsto, * Bjelovar 1. Sept. 1930, kroat. Schriftsteller.
Schrieb introspektive Gedichte in einer individuellen Syntax; seine Erzählungen knüpfen an die Tradition zwischen den Weltkriegen an; Šp. entwickelte seinen eigenen psycholog. Prosastil.

Sponde, Jean de [frz. spõ:d], * Mauléon (Basses-Pyrénées) 1557, † Bordeaux 18. März 1595, frz. Dichter.
Gräzist, Hg. antiker Schriftsteller; Hugenotte, konvertierte 1593 zum Katholizismus; italien. Vorbildern verpflichtet, schrieb Sp. rhythm. eigenwillige Sonette, in denen er, unruhig und zerrissen, von Liebe und Tod kündet („Poésies", hg. 1950).

Spring, Howard [engl. sprɪŋ], * Cardiff 10. Febr. 1889, † Falmouth 3. Mai 1965, engl. Schriftsteller.
Nach dem Tod des Vaters verließ er im Alter von 12 Jahren die Schule; nach Gelegenheitsarbeiten lange Zeit journalist. tätig, dann freier Schriftsteller in Falmouth. Verfasser von realist., sozialkrit. Romanen aus der Welt des walis. und nordengl. Industriegebiets, in denen er große Fähigkeit zu einprägsamer Charakterisierung beweist; Welterfolg mit dem Roman „Geliebte Söhne" (dt. 1938), in dem er u.a. das Generationenproblem behandelt.
Weitere Werke: Liebe und Ehre (R., dt. 1941), Das Haus in Cornwall (R., dt. 1949), Der gläserne Traum (R., 1951; dt. 1962), Tumult des Herzens (R., dt. 1958), Gezeiten des Lebens (R., dt. 1960), Es fing damit an (R., dt 1966).

Sprüche [Salomos] † Bibel.

Spunda, Franz, * Olmütz 1. Jan. 1890, † Wien 1. Juli 1963, östr. Schriftsteller.
Aus einer schles. Tuchmacherfamilie, studierte Germanistik, Romanistik und Philosophie, u.a. in Paris. Teilnahme am 1. Weltkrieg, danach bis 1945 Gymnasiallehrer in Wien. Die Erlebnisse seiner Reisen in den Orient und nach Griechenland schilderte er in seinen Reisebüchern; oriental. Gedankengut nahm er in viele seiner Romane

auf, die z.T. einen Hang zum Mag.-Myst. aufweisen; auch Lyriker.
Hauptwerke: Hymnen (Ged., 1919), Astralis (Ged., 1920), Der gelbe und der weiße Papst (R., 1923), Das ägypt. Totenbuch (R., 1924), Griech. Reise (Reisebericht, 1926), Griechisches Abenteuer (R., 1932), Eleusin. Sonette (1933), Herakleitos (R., 1957).

Spyri, Johanna ['ʃpi:ri], geb. Heußer, * Hirzel bei Zürich 12. Juni 1829, † Zürich 7. Juli 1901, schweizer. Schriftstellerin.
Bekannt durch ihre in viele Sprachen übersetzten Jugendschriften, die sich durch feine Menschenkenntnis, liebenswürdigen Humor, Religiosität und pädagog. Ernst auszeichnen.
Hauptwerke: Ein Blatt auf Vronys Grab (E., 1871), Ihrer keins vergessen (E., 1873), Heidi's Lehr- und Wanderjahre (E., 1881), Heidi kann brauchen, was es gelernt hat (E., 1881), Am Sonntag (E., 1881), Gritli (E., 1887).
Literatur: Rothemund, E.: *J. Sp. u. das Mädchenbuch. In: Ensslin Jahresgabe 1952: Jugendbb. der Weltlit. Reutlingen 1952.* – Paur-Ulrich, M.: *J. Sp. Zürich 1940.*

Squire, Sir John Collings [engl. 'skwaɪə], Pseudonym Solomon Eagle, * Plymouth 2. April 1884, † London 20. Dez. 1958, engl. Dichter und Kritiker.
Wurde nach dem Studium der Geschichte in Cambridge Journalist; Redakteur und Hg. angesehener Zeitschriften; Anreger und Förderer literar. Talente; 1933 geadelt. Schrieb außer Kritiken stark intellektbestimmte, oft satir. und parodist. Lyrik; Kurzgeschichten mit ähnl. Stilzügen; galt wegen seiner Ablehnung von Modernismen als Hauptvertreter der „Georgian poetry".
Hauptwerke: The three hills (Ged., 1913), The lily of Malud (Ged., 1917), The birds (Ged., 1919), The Grub Street night's entertainments (Kurzgeschichten, 1924).

Šrámek, Fráňa (František) [tschech. 'ʃra:mɛk], * Sobotka 19. Jan. 1877, † Prag 1. Juli 1952, tschech. Schriftsteller.
Schrieb Gedichte, Erzählungen, Romane und Dramen; Impressionist; Prosa voller Sehnsucht nach Abenteuern, anarch. Auflehnung gegen Konventionen und Obrigkeit und voller sexueller Übersteigerung, Feind alles Bürgerlichen; eine Auswahl aus seinem Werk erschien 1927 dt. u.d.T. „Wanderer in den Frühling".

Sremac, Stevan [serbokroat. ˌsrɛ:mats], * Senta (Batschka) 11. Nov. 1855, † Soko Banja 12. Aug. 1906, serb. Schriftsteller.
In Belgrad bei seinem Onkel, einem Historiker, erzogen, studierte Philosophie, kämpfte 1876–78 im serb.-türk. Krieg, Gymnasiallehrer. Begann mit romant. Erzählungen erzieher. Charakters; später anekdotenhafte Erzählungen, Romane und Komödien, die eine gute Beobachtungsgabe und eine gesunde Mischung von Humor und Ironie zeigen und meist um die Jahrhundertwende spielen.
Hauptwerk: Pop Ćira i pop Spira (= Der Pope Ćira und der Pope Spira, R., 1898).

Sruoga, Balys [lit. 'sruaga], * Baibokai (Landkreis Penevėžys) 2. Febr. 1896, † Wilna 16. Okt. 1947, lit. Dichter.
Studierte in Moskau und München, Professor für Literatur und Theaterwissenschaft in Kaunas und Wilna, während des 2. Weltkriegs zeitweilig im KZ. Seine Dichtung ist von den russ. Symbolisten beeinflußt, zeigt aber auch Berührungspunkte mit der Volksdichtung. S. schrieb musikal., freirhythm. Gedichte und Versdramen mit Themen aus der lit. Vergangenheit; auch Übersetzungen aus dem Deutschen (Novalis).

Stach, Ilse von, eigtl. I. Stach von Goltzheim, * Haus Pröbsting bei Borken 17. Febr. 1879, † Münster (Westf.) 25. Aug. 1941, dt. Dichterin.
Stammte aus einer Gutsbesitzersfamilie, verbrachte ihre Jugend in Berlin, lebte dann in Rom und Leipzig, seit 1920 in Münster, ⚭ mit dem Kunsthistoriker Martin Wackernagel. Ilse von St. schrieb neben Gedichten und Weihnachtsmärchen v.a. Novellen, Romane und christl. Dramen. Ihr Werk ist stark von ihrem kath. Glauben geprägt.
Hauptwerke: Die Sendlinge von Voghera (R., 1910), Hans Elderfing (R., 1915), Genesius (Dr., 1919), Petrus (Dr., 1924), Der Rosenkranz (Meditationen und Ged., 1929), Der Petrussegen (Erinnerungen, 1940).

Stadler, Ernst, * Colmar 11. Aug. 1883, ⚔ bei Ypern 30. Okt. 1914, elsäss. Lyriker.
Studium der Germanistik, Romanistik und vergleichenden Sprachwissenschaft in Straßburg; gab 1902 mit R. Schickele und O. Flake die elsäss.-regionalist., neuromant. Literaturzeitschrift „Der Stürmer" heraus, 1906–08 in Oxford, 1908 Habilitation in Straßburg, 1910–14 Professor an der Universität Brüssel, Reserveoffizier im 1. Weltkrieg. Nach impressionist. Anfängen seit etwa 1910 Wegbereiter der expressionist. Lyrik; schrieb visionäre, vital-ausdrucksstarke Gedichte in prosaähnl., aber gereimten Langzeilen, u.a. „Der Aufbruch" (1914); auch krit. und literaturwissenschaftl. Schriften; Übersetzer von Balzac, Jammes und Péguy.
Weitere Werke: Präludien (Ged., 1905), Wielands Shakespeare (Abhandlung, 1910).
Ausgabe: E. St. Dichtungen. Gedichte u. Übertragungen mit einer Ausw. der kleinen krit. Schrr. u. Briefe. Eingel., textkrit. durchgesehen u. erl. v. Karl Ludwig Schneider. *Mchn. 1954. 2 Bde.*
Literatur: Röllecke, H.: *Die Stadt bei St., Heym u. Trakl. Bln. 1966.* – Kohlschmidt, W.: *Die Lyrik E. St.s. In: Der dt. Expressionismus. Formen u. Gestalten. Hg. v.* H. Steffen. *Gött. 1965.* – Kraft, K.: *E. St. Ein Beitrag zum Werden des Expressionismus. Diss. Frkf. 1933.* – ↑ auch Heym, Georg.

Staël, [Anne Louise] Germaine Baronin von St.-Holstein, geb. Necker, genannt Madame de St. [frz. stal], * Paris 22. April 1766, † ebd. 14. Juli 1817, frz. Schriftstellerin.
Schweizer. Abstammung; Tochter des Bankiers und Finanzministers unter Ludwig XVI. Jacques Necker; lernte im Salon ihrer Mutter führende Persönlichkeiten der Zeit (u.a. Diderot, Buffon) kennen; beeinflußt von den Enzyklopädisten und Rousseau. Trotz anfängl. Begeisterung für die Frz. Revolution Flucht nach Coppet am Genfer See, wo sie sich mit B. Constant de Rebecque befreundete; 1795 Rückkehr nach Paris; wurde, da Gegnerin Napoleons, zu langjährigen Auslandsaufenthalten gezwungen, lebte u.a. in Deutschland, wo sie mit Goethe, Schiller, Wieland und den Schlegels bekannt wurde; Goethe veröffentlichte in den „Horen" eines ihrer Essays. A. W. Schlegel wurde ihr literar. Berater und begleitete

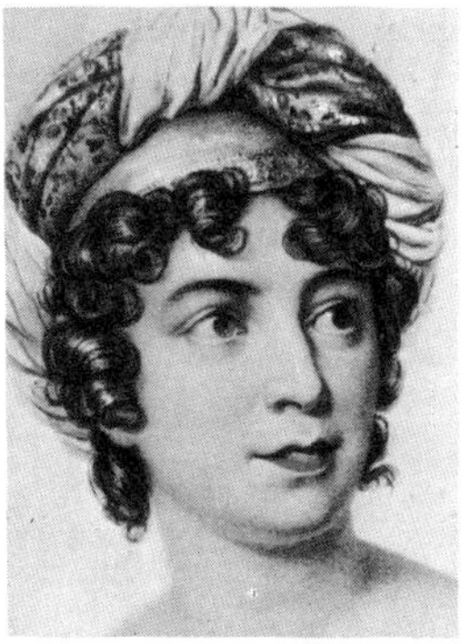

Madame de Staël (Stich nach einem Gemälde von F. Gérard)

sie nach Coppet, das zum Treffpunkt führender Persönlichkeiten des europ. Geisteslebens wurde. Angeregt durch die Begegnung mit dt. Dichtern, entstand ihr Hauptwerk, die Abhandlung „Deutschland“ (1810, dt. 1814), dessen erste Ausgabe Napoleon wegen der Deutschfreundlichkeit vernichten ließ. Madame de St. erschloß den Franzosen die dt. Denk- und Empfindungswelt und bereitete damit die Aufnahme der Romantik in Frankreich vor. Für lange Zeit bestimmte sie das Deutschlandbild der Franzosen: Deutschland als das Land polit. passiver Menschen, der Denker und Träumer. In teilweise autobiograph. Romanen trat Madame de St. schon vor George Sand für die Emanzipation der Frau ein („Delphine oder ...“, dt. 1803; „Corinna oder Italien“, dt. 1807f.).
Ausgabe: Madame La Baronne de St. Œuvres complètes. Hg. v. A. L. Baron de Staël-Holstein. *Paris 1820–21. 17 Bde.*
Literatur: Herold, Ch.: *Madame de St. Herrin eines Jh.s. Dt. Übers. Mchn. 1968. – Atti del Convegno internazionale su Mme. de St., Pisa, (marzo) 1967. In: Rivista di letterature moderne e comparate 20 (1967), H. 3/4, 161.* – Cordey, P.: *Madame de St. ou le deuil éclatant du bonheur. Lausanne 1966.* – Blennerhasset, Ch.: *Frau v. St., ihre Freunde u. ihre Bedeutung in Politik u. Litteratur. Bln. 1887–89. 3 Bde.*

Staff, Leopold [poln. staf], * Lemberg 14. Nov. 1878, † Skazysko bei Warschau 31. Mai 1957, poln. Schriftsteller.
Studierte in Lemberg Romanistik, besuchte Italien, Frankreich und Deutschland, lebte meist in Warschau, war Vizepräsident der poln. Literaturakademie. St. gehörte zur literar. Bewegung „Junges Polen“. In den frühen Werken von Nietzsche beeinflußt, später der frz. Moderne und christl.-myst. Tradition verpflichtet; schrieb im 1. Weltkrieg pazifist. Gedichte und fand allmählich zu einem optimist. Realismus. Nach dem 2. Weltkrieg begrüßte er den Neuaufbau seines Landes; auch Tragödien und Übersetzungen.
Hauptwerke: Skarb (= Der Schatz, Dr., 1904), Wawrzyny (= Lorbeeren, Dr., 1912), Południca (= Gespenst am Mittag, Dr., 1920), Martwa pogoda (= Totes Wetter, Ged., 1946).

Staffeldt, Adolph Wilhelm Schack von [dän. 'sdafεl'd], * Garz/Rügen 28. März 1769, † Schloß Gottorp (Schleswig) 26. Dez. 1826, dän. Dichter.
Dt. Abstammung; studierte 1791–93 in Göttingen, kehrte nach Dänemark zurück, Beamter in Gottorp. St.s romant. Dichtung entstand aus enger Verbindung zur dt. Literatur und Philosophie, deren Gedanken er in seine recht farblose spekulative Poesie übernahm.

Stafford, Jean [engl. 'stæfəd], * Covina (Calif.) 1. Juli 1915, amerikan. Schriftstellerin.
Studierte Kunstgeschichte und Philologie, u. a. in Heidelberg; Mitarbeiterin zahlreicher Zeitschriften. Jean St. wurde als Collegelehrerin mit der Psyche Heranwachsender vertraut (Thema ihrer Romane und Kurzgeschichten).
Hauptwerke: Boston adventure (R., 1944), Die Geschwister (R., dt. 1958), Das Katharinenrad (R., dt. 1959), Ein Wintermärchen (En., dt.1960), Klapperschlangenzeit (En., dt. 1965).

Stagnelius, Erik Johan [schwed. staŋ'ne:liʊs], * Gärdslösa (Kalmar) 14. Okt. 1793, † Stockholm 3. April 1823, schwed. Dichter.
Wurde erst nach seinem Tode als Dichter beachtet und als einer der originellsten Vertreter der Romantik anerkannt. Nach dem jurist. Staatsexamen (1814) arbeitete er in einer Stockholmer Kanzlei; schwere Krankheit und ausschweifendes Leben führten zum frühen Tod. Vom dt. Idealismus beeinflußt, verband er Begeisterung für die nord. Vorzeit mit einer verehrenden Liebe für die Antike; begann mit Liebeslyrik, wandte sich später religiösen Themen zu; rhetor., z.T. prunkvoll überladene Sprache mit ekstat.-myst. Bildern; meisterhafter Beherrscher metr. Formen.
Hauptwerke: Wladimir der Große (Epos, dt. 1828), Wisbur (Dr., 1818), Liljor i Saron (Ged., 1821), Die Märtyrer (Dr., 1821; dt. 1853), Bacchanterna (Dr., 1822).

Stahl, Hermann, * Dillenburg 14. April 1908, dt. Schriftsteller.
Studierte an der Staatshochschule für angewandte Kunst in München, war Maler und Bühnenbildner, später freier Schriftsteller, Reisen nach Frankreich und Italien. Schrieb formal strenge, sprachl. präzise und klangvolle Lyrik, Romane um Not, Verstrickung und Bewährung junger Menschen, später Zeitromane mit Darstellung von Hetze und Daseinsangst der gefährdeten Nachkriegsgeneration; auch Hörspielautor und Feuilletonist.
Hauptwerke: Traum der Erde (R., 1936), Vor der angelehnten Tür (E., 1937), Gras und Mohn (Ged., 1942), Langsam steigt die Flut (R., 1943), Die Spiegeltüren (R., 1951), Wolkenspur (Ged., 1954), Wildtaubenruf (R., 1958), Tage der Schlehen (R., 1960), Strand (R., 1963), Türen aus Wind (Prosa, 1969).

Stahr, Fanny † Lewald, Fanny.

Stalski, Suleiman; tl.: Stal'skij, Sulejman [russ. 'staljskij], eigtl. S. Gassanbekow; tl.: S. Gasanbekov, * Aschaga-Stal 18. Mai 1869, † ebd. 23.Nov. 1937, sowjet. Dichter des kaukas. Volkes der Lesghier.
Hatte verschiedene Berufe; war Analphabet; seine Werke verbreitete er mündlich; seine Gedichte mit patriot. Motiven und Themen aus dem Dorfleben sind im Kaukasus sehr bekannt und in verschiedene Sprachen übersetzt.

Stamatow, Georgi P.; tl.: Stamatov, Georgi P. [bulgar. sta'matof], * Tiraspol 25. Mai 1869, † Sofia 9. Nov. 1942, bulgar. Schriftsteller.

Offizier, dann Richter. Am bekanntesten als Autor von bitter satir. und sarkast. Romanen und Erzählungen aus dem Alltag der bulgar. Städte; St., der erste bed. Vertreter des psycholog. Romans in der bulgar. Literatur, stellte, oft kraß naturalist., extreme menschl. Leidenschaften und Laster dar.

Stamm, Karl, * Wädenswil am Zürichsee 29. März 1890, † Zürich 21. März 1919, schweizer. Lyriker.
Seit 1910 Lehrer in Lipperschwendi im Tößtal, 1914 Übersiedlung nach Zürich. Schrieb von verschiedenen literar. Vorbildern (Klopstock, C. F. Meyer u. a.) beeinflußte, vielfältige Lyrik: hymn. Gesänge, Gedichte mit expressionist. Anklängen u. a.; in den postum veröffentlichten „Legenden" setzte er sich mit dem Krieg auseinander.
Hauptwerke: Das Hohelied (lyr. Dichtungen, 1913), Der Aufbruch des Herzens (Ged., 1919).
Ausgabe: K. St. Dichtungen. Gesamtausg. Hg. v. E. Gubler. *Zürich 1920.*

Stampa, Gaspara [italien. 'stampa], * Padua um 1523, † Venedig 23. April 1554, italien. Dichterin.
Tochter eines Juweliers, sorgfältige Ausbildung; gründete einen literar. Salon; die unglückl. Liebe zum Grafen Collaltino di Collalto fand in leidenschaftl. Gedichten ihren Ausdruck, die von Petrarca beeinflußt sind („Rime", 1554; dt. 1922).
Literatur: Pompilj, L.: *Gasparina. Mailand 1936.*

Stancu, Zaharia [rumän. 'staŋku], * Salcia (Teleorman) 7. Okt. 1902, rumän. Schriftsteller.
Bäuerl. Herkunft, studierte Literaturwissenschaft; war journalist. und publizist. tätig. Er begann mit Gedichten, schrieb schließl. Romane, darunter einen stark autobiograph. Zyklus über die jüngste Vergangenheit und die Gegenwart Rumäniens. Er entspricht den Forderungen des sozialist. Realismus; auch Übersetzer.
Hauptwerke: Barfuß (R., dt. 1952), Hunde (R., dt. 1954), Die Wurzeln sind bitter (R.-Zyklus, dt. Ausw. 1958 f.), Spiel mit dem Tode (R., dt. 1963).

Stanew, Emilijan; tl.: Stanev, Emilijan [bulgar. 'stanɛf], * Tarnowo 14. Febr. 1907, bulgar. Schriftsteller.
Besuchte die Kunstakademie, studierte Finanz- und Handelswissenschaft in Sofia, Redakteur und Mitarbeiter verschiedener Zeitschriften; zählt zu den bedeutendsten modernen bulgar. Autoren; schrieb Erzählungen, die sich durch Schönheit der Naturschilderungen auszeichnen, Kindererzählungen und den Roman „Iwan Kondarew" (dt. 1963); dt. erschienen ferner die Novelle „Der Pfirsichdieb" (dt. 1968) und der Erzählungsband „Nächtl. Lieder" (dt. 1969).

Stanjukowitsch, Konstantin Michailowitsch; tl.: Stanjukovič, Konstantin Mihajlovič [russ. stɐnju'kɔvitʃ], * Sewastopol 25. März 1843, † Neapel 20. Mai 1903, russ. Schriftsteller.
Sohn eines Admirals; wurde Seeoffizier; nahm 1860–63 an einer Weltumsegelung teil; später als radikaler Publizist und Anhänger der revolutionären „Volksfreunde" zeitweilig nach Tomsk verbannt. Weniger bed. als Autor antikapitalist. Tendenzromane, beliebt als Verfasser von Seegeschichten, die auch dokumentar. Wert haben.

Stanković, Borisav [serbokroat. ˌsta:ŋkɔvitɕ], * Vranje 22. März 1876, † Belgrad 22. Okt. 1927, serb. Schriftsteller.
Konnte nach entbehrungsreicher Jugend Jura studieren, ging in den Staatsdienst; seine Romane schildern in leidenschaftl. impulsiver, oft mit lyr. Elementen vermischter Prosa die Lebensverhältnisse seiner südserb. Heimat.
Hauptwerke: Unreines Blut (R., dt. 1922, 1935 u. d. T. Hadschi Gajka verheiratet sein Mädchen), Seine Belka (R., 1921; dt. 1940).

Starkey, James Sullivan [engl. 'stɑ:kɪ], * Dublin 1879, † ebd. 24. März 1958, ir. Dichter.
Nach Beendigung des Collegestudiums kurze Zeit Schauspieler; 1923 Gründer und seither Hg. des „Dublin Magazine"; Vizepräsident der Irish Academy of Letters. St., der unter dem Pseudonym Seumas O'Sullivan schrieb, war Verfasser bed. Essays und myst., weltentrückter, an Märchenmotiven reicher, musikal. Lyrik, die u. a. vom frz. Symbolismus beeinflußt wurde; St. gehörte v. a. mit seinem bes. charakterist. Werk „The twilight people" (Ged., 1905) zur „Celtic Twilight"-Gruppe; er wandte sich später der Großstadtdichtung zu.

Stašek, Antal [tschech. 'staʃɛk], eigtl. Antonín Zeman, * Stanov 22. Juli 1843, † Krč (heute zu Prag) 9. Okt. 1931, tschech. Erzähler.
Bäuerl. Abstammung, studierte Jura in Krakau und Prag, Rechtsanwalt, polit. tätig. Zu seinen Freunden zählte auch Masaryk. St. schrieb anfangs patriot. Gedichte und Verserzählungen, die noch romant. Züge tragen, später fand er in Novellen und Romanen zu einer realist. und psycholog. Darstellungsweise. Die Bewohner des Vorlandes des Riesengebirges, ihre nationalen, religiösen und sozialen Probleme sind Themen vieler seiner Prosawerke. Bed. sind seine Memoiren.
Hauptwerke: V temných vírech (= In dunklen Wirbeln, R., 1900), Vzpomínky (= Erinnerungen, Autobiogr., 1926), Schuster Matusch und seine Freunde (R., 1932; dt. 1952).

Staszic, Stanisław [poln. 'staʃits], * Schneidemühl 6. Nov. 1755, † Warschau 20. Jan. 1826, poln. Schriftsteller.
Geologiestudien, Wanderungen durch die Alpen, den Apennin und die Karpaten. In Frankreich Verbindung mit den Enzyklopädisten, brachte die Gedanken der frz. Aufklärung nach Polen. Nach seinem Jurastudium Erzieher, Staatsreferendar und später Minister. St. verfaßte wissenschaftl., patriot.-polit. und pädagog. Schriften und, nach antikem Muster, das geschichtsphilosoph. Epos „Ród ludzki" (= Menschengeschlecht, 1792 bis 1818).

Statius ['st...] † Caecilius Statius.

Statius, Publius Papinius ['st...], * Neapolis (heute Neapel) um 45, † ebd. um 96, röm. Dichter.
War angesehener Lehrer und trat mit lat. und griech. Gedichten bei öffentl. Wettkämpfen erfolgreich auf. Ansehen und Ruhm erlangte er mit seinem Epos in 12 Büchern „Thebais", aus dem er in Rom öffentl. rezitierte. Beeinflußt von Vergil, schilderte er den Zug der Sieben gegen Theben; doch zeigt sich die Abkehr vom klass. Geist in der Vorliebe für Schauerliches und Rührendes (Einfluß von Senecas Dramen); die Sprache ist mit Bildern überladen, z. T. gesucht in Wortwahl und stilist.-rhetor. Figuren, erreicht aber dennoch plast. Eindringlichkeit; die nach Lukans Vorbild gestalteten 5 Bücher „Silvae" sind eine Sammlung von Gelegenheitsgedichten, die jedoch nur von kulturhistor. Interesse sind; mit dem unvoll-

endeten Epos „Achilleis“ wollte St. Homer übertreffen; persönl. Gefühle werden in dem Gedicht „Somnus“, einer Bitte an den Schlafgott, ausgesprochen.
Ausgaben: St. Lat.-engl. Hg. v. J. H. Mozley. *London 1928. 2 Bde. – P. Papini Stati Opera. Hg. v.* A. Klotz. *Lpz. 1900–08. 2 Bde.*
Literatur: Cancik, H.: *Unterss. zur lyr. Kunst des P. P. St. Hildesheim 1965.* – Friedrich, H.: *Über die Silven des St. u. die Frage des literar. Manierismus. In: Wort u. Text. Festschr. f. Fritz Schalk. Hg. v.* Harri Meier *u.* H. Sckommodau. *Frkf. 1963.* – Schetter, W.: *Unterss. zur ep. Kunst des St. Wiesb. 1960.*

Stavenhagen, Fritz [...vən...], * Hamburg 18. Sept. 1876, † ebd. 9. Mai 1906, dt. Schriftsteller.
Sohn eines Kutschers, harte Jugend, wurde Drogist; Autodidakt, Journalist, begann unter großen Entbehrungen als freier Schriftsteller zu schreiben, lebte u. a. in Berlin; vom Naturalismus (Anzengruber, G. Hauptmann) beeinflußt (gefördert von O. Brahm), gilt St. mit seinen bodenständigen Dramen als Begründer des modernen niederdt. Dramas; er schrieb auch heitere Märchen, Volkskomödien und Erzählungen, z. T. hochdeutsch.
Hauptwerke: Mudder Mews (Dr., 1904), De dütsche Michel (Kom., 1905), De ruge Hoff (Kom., 1906).
Literatur: Arp, J.: *Der Mensch in der niederdt. Komödie (St., Bossdorf, Schurek, Ehrke). Neumünster 1964.* – Schroeder, W. J.: *F. St. Leben u. Werk. Neumünster 1937.*

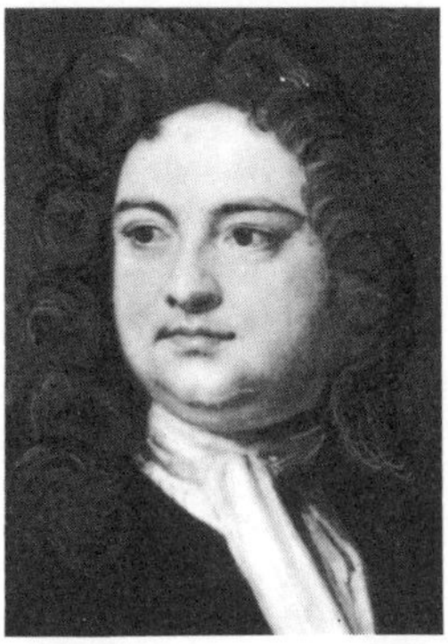
Sir Richard Steele

Stebnizki, N.; tl.: Stebnickij, N. [russ. stɪb'nitskij] ↑ Leskow, Nikolai Semjonowitsch.

Stecchetti, Lorenzo [italien. stek'ketti] ↑ Guerrini, Olindo.

Steele, Sir Richard [engl. sti:l], ≈ Dublin 12. März 1672, † Carmarthen (Wales) 1. Sept. 1729, engl. Schriftsteller.
Sohn eines Juristen; früh mit Addison befreundet; Abbruch des Studiums in Oxford und Eintritt in die Armee; Förderung seiner literar. Neigungen durch seinen Vorgesetzten; zeitweise Hofdienst; hatte als Politiker wechselnden Erfolg; hohe Ehrungen, 1715 geadelt; gab von 1709 an mit Beteiligung Addisons „The Tatler“, seine erste moral. Wochenschrift, heraus; 1711 Gründung der Wochenschrift „The Spectator“, die 1713 „The Guardian“ ablöste; großer Erfolg der z. T. unpolit., aufklärer. Schriften; Ausbildung der humorist. Charakterskizze, die die Form des Romans und allgemein die humorist. Literatur beeinflußte; Weiterbildung der essayist. Form; St. verfaßte auch Bühnenwerke, darunter die empfindsame Komödie „The conscious lovers“ (1722).
Literatur: Winton, C.: *Captain St. Baltimore (Md.) 1964.* – Aitken, G. A.: *The life of R. St. London 1889. 2 Bde.*

Ştefănescu, Barbu [rumän. ʃtefə'nesku] ↑ Delavrancea, Barbu.

Stefánsson, Davíð [isländ. 'stɛ:fau̯nsɔn], * Fagriskógur 21. Jan. 1895, isländ. Schriftsteller.
Schulbesuch in Akureyri und Reykjavík, unternahm weite Reisen, 1925–52 Bibliothekar in Akureyri; mit formal einfacher, dem Volkslied verpflichteter Lyrik gilt St. als bedeutendster Vertreter einer neuen isländ. Romantik; später auch sozialkrit. und religiöse Themen; Dramen mit Stoffen aus der Geschichte Islands; der realist. Roman „Sólon Islandus“ (1940) mit der Gestalt des größenwahnsinnigen Landstreichers ist eine Darstellung der Tragik Islands.
Weitere Werke: Svartar fjaðrir (Ged., 1919), Kveðjur (Ged., 1924), Í byggðum (Ged., 1933), Gullna hliðið (Dr., 1941), Landið gleymda (Dr., 1956).

Stefánsson, Jón [isländ. 'stɛ:fau̯nsɔn], Pseudonym Þorgils Gjallandi, * Skútustaðir 2. Juni 1851, † Litla Strönd (Mývatn) 23. Juni 1915, isländ. Erzähler.
Bauernsohn aus dem nördl. Teil Islands, dessen Landvolk er zum Gegenstand seiner Erzählungen machte; schilderte die Natur als gewaltigen Gegner der Menschen und Tiere im Kampf ums Dasein.
Hauptwerke: Ofan úr sveitum (En., 1892), Upp við fossa (Nov., 1902), Dýrasögur (En., 1910).

Stefánsson, Magnús [isländ. 'stɛ:fau̯nsɔn] ↑ Arnarson, Örn.

Steffen, Albert, * Wynau (Bern) 10. Dez. 1884, † Dornach bei Basel 13. Juli 1963, schweizer. Schriftsteller.
Seit 1925 Präsident der Allgemeinen Anthroposoph. Gesellschaft; Hg. der Zeitschrift „Das Goetheanum“ (1920 ff.). Einfluß R. Steiners, des Manichäismus, der Gnosis und ind. Religiosität. Seine Romane sind bes. Dostojewski verpflichtet. Sein Hauptinteresse, auch im literar. Werk, gilt dem Aufstieg des Menschen zum Guten. In der Anthroposophie sieht er eine wissenschaftl. Begründung seiner Bestrebungen.
Hauptwerke: Die Erneuerung des Bundes (R., 1913), Wegzehrung (Ged., 1921), Der Sturz des Antichrist (Dr., 1928), Sucher nach sich selbst (R., 1931), Barrabas (Dr., 1949), Oase der Menschlichkeit (R., 1954).
Literatur: Die Werke des Dichters A. St. (Auszüge aus Besprechungen seiner Werke u. Worte des Dichters). Zusammengestellt v. H. Brons-Michaelis. *Dornach 1968.* – Meyer, Rudolph: *A. St. Künstler u. Christ. Stuttg. 1963.* – Strich, F.: *A. St. St. Gallen 1955.*

Steffens, Henrik (Heinrich), * Stavanger 2. Mai 1773, † Berlin 13. Febr. 1845, dt. Naturphilosoph und Schriftsteller.
Sohn eines dt. Arztes aus Holstein und einer Dänin; Jugend in Skandinavien, studierte Natur-

wissenschaften in Kopenhagen, 1796 Privatdozent in Kiel; dann in Jena, wo er Kontakt zu den Romantikern fand; hielt 1802 philosoph. Vorlesungen in Kopenhagen, 1804 Professor für Naturphilosophie und Mineralogie in Halle, 1811 für Physik in Breslau, 1832 für Naturphilosophie in Berlin; 1813 Teilnahme an den Befreiungskriegen. Vertreter der romant. Naturphilosophie. Seine Bekanntschaft mit Schelling, Goethe und A. W. Schlegel machte ihn zum Vermittler des dt. Idealismus und der Romantik nach Dänemark. St. schrieb neben wissenschaftl. Abhandlungen v.a. Novellen mit meisterhaften Naturschilderungen.
Hauptwerke: Grundzüge der philosoph. Naturwissenschaft (1806), Die Familien Walseth und Leith (R., 1826/27), Die vier Norweger (R., 1827/28), Malkolm (R., 1831), Was ich erlebte (Autobiogr., 1840–44).
Literatur: Jørgensen, A.: *Litteraturen om H. St. 1845–1964: En bibliografi. In: Nordisk Tidskrift för Bok- och Biblioteksväsen (1964), 19.* – Waschnitius, V.: *Heinrich St. Bd. 1. Neumünster 1939 [m.n.e.].* – Petersen, R.: *H. St. Ein Lebensbild. Dt. Übers. Gotha 1884.*

Stegner, Wallace Earle [engl. 'stɛgnə], * bei Lake Mills (Iowa) 18. Febr. 1909, amerikan. Schriftsteller.
Professor für engl. Literatur an der Stanford University; bereiste in seiner Jugend Teile der USA und Kanadas, bes. die Grenzgebiete von Saskatchewan. In seinen Romanen und Kurzgeschichten verarbeitete er Erlebnisse und Erfahrungen aus dieser Zeit; auch aktuelle Themen.
Hauptwerke: Das Lachen eines Sommers (R., 1937; dt. 1951), Keiner bleibt allein (R., dt. 1949), Der Berg meiner Träume (R., dt. 1952), The preacher and the slave (R., 1950), Jeder Stern auf seiner Bahn (R., dt. 1962).

Steguweit, Heinz, Pseudonym Lambert Wendland, * Köln 19. März 1897, † Lüdenscheid 25. Mai 1964, dt. Schriftsteller.
Bankbeamter, freier Schriftsteller. St. begann mit lustigen Kurzgeschichten und volkstüml. Schwänken und Laienspielen, denen Dramen, Romane und heiter-liebenswürdige Novellen folgten. Bes. bekannt durch seinen Kriegsroman „Der Jüngling im Feuerofen“ (1932). Auch Jugendbücher.
Weitere Werke: Das Laternchen der Unschuld (E., 1925), Die Gans (Spiel, 1827), Das Stelldichein der Schelme (En., 1937), Liane und der Kavalier (Nov., 1958).

Stehr, Hermann, * Habelschwerdt 16. Febr. 1864, † Oberschreiberhau (heute zu Schreiberhau) 11. Sept. 1940, dt. Schriftsteller.
Sohn eines Sattlermeisters, wurde 1887 Volksschullehrer, seit 1915 freier Schriftsteller, zunächst in Warmbrunn, später in Oberschreiberhau. Anknüpfend an die schles. Mystik, gelang St. die Darstellung von seel. Regungen und Konflikten gottsuchender, gequälter und gläubiger Menschen; zugleich lebhaft sozial empfindend; dem Naturalismus und der Heimatkunst nahestehend; St. schrieb Romane und Erzählungen, auch Lyrik und Dramen.
Hauptwerke: Auf Leben und Tod (En., 1898), Der begrabene Gott (R., 1905), Drei Nächte (R., 1909), Der Heiligenhof (R., 1918), Peter Brindeisener (R., 1924), Das Geschlecht der Maechler (R.-Trilogie: Nathanael Maechler, 1929; Die Nachkommen, 1933; Damian oder ..., hg. 1944), Mein Leben (Autobiogr., 1934), Der Himmelsschlüssel (E., 1939).
Ausgabe: H. St. Ges. Werke in 12 Bden. Lpz. 1–39 1927–36.
Literatur: Richter, F.: *H. St.-Bibliogr. 1898 bis 1964. In: Jb. der Schles. Friedrich-Wilhelms-Univ. zu Breslau 10 (1965), 305.* – *H. St. Schlesier, Deutscher, Europäer. Ein Gedenkb. Hg. v.* F. Richter. *Würzb. 1964.* – Meridies, W.: *H. St. Sein Leben u. Werk. Würzb. 1964.*

Steiermark, Ottokar von ↑ Ottokar von Steiermark.

Steigentesch, August Ernst Freiherr von, * Hildesheim 12. Jan. 1774, † Wien 30. Dez. 1826, dt. Schriftsteller und Diplomat.
Trat 1789 in östr. Militärdienste, wurde von Metternich gefördert und mit diplomat. Missionen betraut. St. schrieb amüsante, geistreich-frivole Lustspiele, die im 19. Jh. v.a. in Wien viel gespielt wurden; auch Romane, Märchen und Gedichte.
Hauptwerke: Die Versöhnung (Lsp., 1795), Dramat. Versuche (1798), Gedichte (1799), Loth (E., 1802), Das Landleben (Lsp., 1803), Marie (R., 1812), Lustspiele (1813), Märchen (1813).

Stein, Charlotte von, geb. von Schardt, * Eisenach 25. Dez. 1742, † Weimar 6. Jan. 1827, Freundin Goethes.
Seit 1764 Gattin des herzogl. Stallmeisters Friedrich Freiherr von St.; enges Freundschaftsverhältnis zu Goethe von 1775 bis zum Ende seiner ersten Italienreise; sie beeinflußte sein dichter. Schaffen entscheidend. Ihre Enttäuschung über die Trennung fand ihren Niederschlag in ihrer Tragödie „Dido“ (1794, hg. 1867).
Literatur: Susman, M.: *Deutung einer großen Liebe. Goethe u. Ch. v. St. Zürich u. Stuttg. 1951.* – Nobel, A.: *Frau v. St. Frkf. 1939.* – Düntzer, H.: *Ch. v. St., Goethe's Freundin. Stuttg. 1874. 2 Bde.*

Stein, Gertrude [engl. staɪn], * Allegheny (Pa.) 3. Febr. 1874, † Paris 27. Juli 1946, amerikan. Schriftstellerin.
Aus wohlhabender dt.-jüd. Familie, verlebte ihre Kindheit in Europa; verließ 1902 wieder die USA; meist in Paris, wo ihr Salon zum Treffpunkt avantgardist. Künstler wurde (darunter Picasso und Matisse). In zweien ihrer Besucher und Schüler, Dos Passos und Hemingway, sah

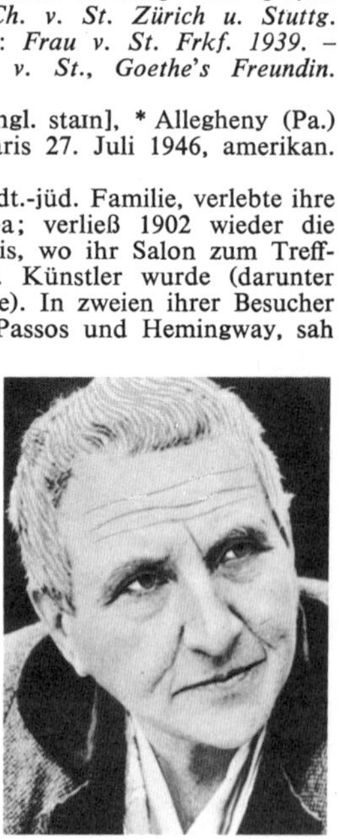

Gertrude Stein

sie typ. Vertreter der „verlorenen Generation". Ihr durch auffallende, scheinbar sinnlose Wortwiederholungen und Wortspiele gekennzeichneter, oft bespöttelter Stil wirkte stark auf die amerikan. Prosaliteratur, ebenso ihre Erzähltechnik: Zusammenfließen mehrerer Zeit- und damit Bewußtseinsebenen; Einfluß der wissenschaftl. Psychologie (W. James) und der Philosophie Bergsons auf ihre Poetik („Lectures in America", 1935). Ihre sprachrhythm. Begabung wird bes. in ihren Hauptwerken, „Drei Leben" (En., 1909; dt. 1960) und „The making of Americans" (R., 1925), deutlich; in der „Autobiographie von Alice B. Toklas" (1933, dt. 1955), einer wichtigen literar- und kunsthistor. Quelle, stellte sie ihr Leben vom Standpunkt ihrer Sekretärin aus dar; auch Lyrik und Essays.
Ausgabe: G. St. The Yale edition of the unpublished writings. New Haven (Conn.) 1951–58. 8 Bde.
Literatur: Stewart, A.: *G. St. and the present. Cambridge (Mass.) 1967.* – Brinnin, J. M.: *Die dritte Rose. G. St. u. ihre Welt. Dt. Übers. Stuttg. 1960.* – Sutherland, D.: *G. St. A biography of her works. New Haven (Conn.) 1951.*

Steinach, Bligger von † Bligger von Steinach.

Steinbeck, John [Ernst] [engl. 'staɪnbɛk], * Salinas (Calif.) 27. Febr. 1902, † New York 20. Dez. 1968, amerikan. Schriftsteller.

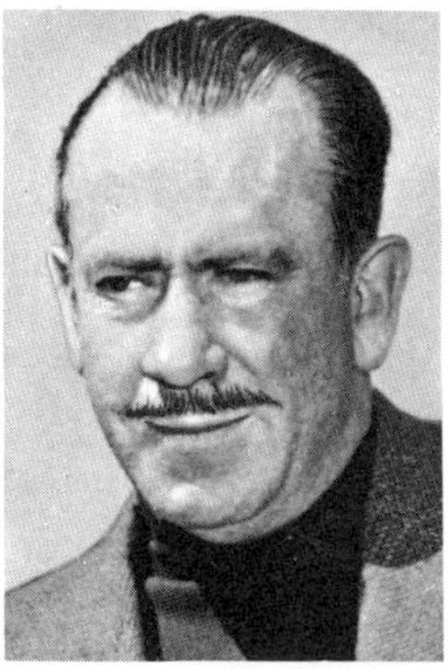
John [Ernst] Steinbeck

Verdiente seinen Lebensunterhalt während und nach der Studienzeit als Gelegenheitsarbeiter und Reporter; war Kriegsberichterstatter im 2. Weltkrieg und in Vietnam. Sein literar. Werk umfaßt humorist., sozialkrit. und trag. Romane und Erzählungen. Der oft kritisierte Mangel an intellektueller Tiefe gibt den meisten Werken den Reiz ungekünstelter Einfachheit. Die realist. Härte der Darstellung des Lebens der Besitzlosen, die in dem Roman „Früchte des Zorns" (dt. 1940) ungebrochen ist, wird in den Kurzromanen „Die wunderl. Schelme von Tortilla Flat" (1935, dt. 1943) und „Die Straße der Ölsardinen" (dt. 1946) durch Humor gemildert; erhielt 1962 den Nobelpreis.
Weitere Werke: Von Mäusen und Menschen (R., 1937; dt. 1955; Dr., dt. 1949), Jenseits von Eden (R., dt. 1952), Wonniger Donnerstag (R., dt. 1955), The winter of our discontent (R., 1961), Meine Reise mit Charley (Reiseb., dt. 1963).
Literatur: Hayashi, T.: *J. St., a concise bibliography. Metuchen (N.J.) 1967.* – Fontenrose, J.: *J. St. An introduction and interpretation. New York 1963.* – Schumann, H.: *Zum Problem des krit. Realismus bei J. St. Halle 1958.*

Steinbömer, Gustav † Hillard, Gustav.

Steiner, Franz Baermann, * Prag 12. Okt. 1909, † Oxford 27. Nov. 1952, östr. Lyriker.
Studierte semit. Sprachen und Völkerkunde in Prag, emigrierte während der Zeit des Nationalsozialismus nach England und war seit 1939 Dozent für Anthropologie in Oxford. St. beschäftigte sich intensiv mit der Dichtung des Orients und der Naturvölker. Eine Auswahl seiner Gedichte erschien 1954 u.d.T. „Unruhe ohne Uhr"; er hinterließ auch Prosa.

Steiner, Jörg, * Biel (BE) 26. Okt. 1930, schweizer. Schriftsteller.
Verfasser von Gedichten, Erzählungen, Romanen und Hörspielen.
Hauptwerke: Feiere einen schönen Tag (Ged., 1955), Eine Stunde vor Schlaf (E., 1958), Abendanzug zu verkaufen (E., 1961), Strafarbeit (R., 1962), Der schwarze Kasten (Prosaged., 1965), Ein Messer für den ehrl. Finder (R., 1966), Auf dem Berge Sinai wohnt der Schneider Kikrikri (Prosaskizzen, 1969).

Steinhöwel, Heinrich, * Weil der Stadt 1412, † Ulm 1482 oder 1483, dt. Humanist und Übersetzer.
Arzt in Esslingen am Neckar und in Ulm, Leibarzt des Grafen Eberhard von Württemberg; bekannt durch seine freien Übersetzungen von Werken der Antike und der italien. Renaissance (u.a. „Apollonius von Tyros", 1471; „Griseldis" nach Boccaccio, 1471; „Esopus", Fabel-Slg., 1476ff.).

Steinmar von Klingnau, Berthold, mhd. Lyriker und Minnesänger der 2. Hälfte des 13. Jahrhunderts.
Stammte aus dem Aargau; urkundl. nachweisbar zwischen 1251 und 1293; im Gefolge Rudolfs von Habsburg; steht am Übergang vom höf. Minnesang zur dörperl. Dichtung. Er ist Vertreter eines derben Realismus, besingt neben der hohen Minne die grobe Wirklichkeit der bäuerl. Welt, feiert die Freuden des Essens und Trinkens. Er läßt Magd und Knecht auftreten, auch parodiert er den Minnesang; hervorragende Sprachbehandlung.

Steinwert, Johann † Johann von Soest.

Stelzhamer, Franz [...hamər], * Großpiesenham (Oberösterreich) 29. Nov. 1802, † Henndorf am Wallersee (Salzburg) 14. Juli 1874, östr. Mundartdichter.
Sohn eines Schneiders und Kleinbauern, studierte Jura, besuchte die Akademie der bildenden Künste in Wien, dann das Priesterseminar in Linz. Zog mit Wanderschauspielern (später allein) durch S-Deutschland und Österreich und trug seine Mundartgedichte vor. Seit 1862 bezog St. eine staatl. Ehrenpension. Sein Hauptwerk sind ursprüngl., aus der bäuerl. Welt erwachsene Gedichte im Volkston; daneben schrieb er Novellen und Skizzen aus dem Volksleben sowie hochdt. Gedichte.
Hauptwerke: Lieder in obderenns. Volksmundart (1837), Neue Gesänge in obderenns. Volksmundart (1841), D'Ahnl (Epos, 1851), Gedichte (1855).

Stendhal [frz. stɛ̃'dal], eigtl. Marie Henri Beyle, * Grenoble 23. Jan. 1783, † Paris 23. März 1842, frz. Schriftsteller.

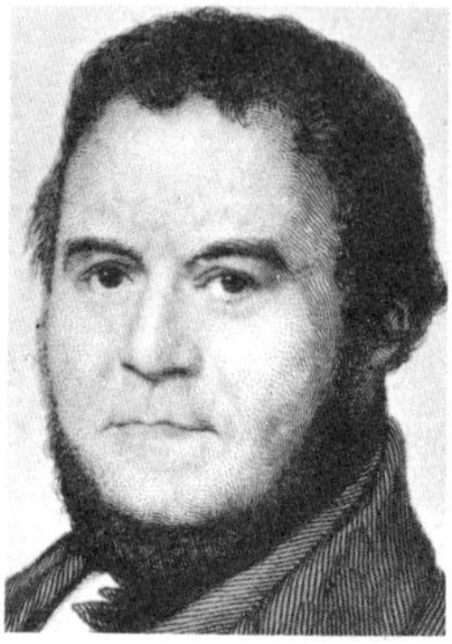

Stendhal

Wählte sein Pseudonym nach Winckelmanns Geburtsort Stendal; im Kriegsministerium tätig, für das er 1799 nach Italien ging, 1800–02 in der Armee, 1802–05 ohne Tätigkeit in Paris, dann in Marseille, ab 1806 wieder im Kriegsministerium, jahrelang in Deutschland und Österreich, nahm an Napoleons Zug nach Rußland teil, lebte 1814–21 in Mailand, dann in Paris; Reisen nach England und Italien; Bekanntschaft mit Byron, Madame de Staël, Manzoni, Mérimée; Kunst- und Theaterkritiker; Konsul in Italien 1831–36 und 1839–41, sonst in Paris. Sein Werk umfaßt Essays, Reiseberichte, Tagebücher, Romane und Novellen. Mit St. meldet sich zum erstenmal das krit.-pessimist. Selbstbewußtsein des 19. Jh.s zu Wort. Mit seinen zeit-, sozialkrit. und psycholog. Darstellungen gehört er zu den Vorläufern des frz. Realismus; sein Werk, in dem der Ggs. von Rationalismus und Romantik zum Ausdruck kommt, gehört zu den bedeutendsten literar. Schöpfungen des 19. Jh.s; geschult am Sensualismus des 18. Jh.s, beobachtet und zergliedert St. mit scharfem Verstand und fast wissenschaftl. Exaktheit Seelenzustand, Handlungsweise und Charakter seiner Romanfiguren, schildert die Gesellschaftsschichten Frankreichs zur Zeit der Restauration („Le rouge et le noir", R., 1830; dt. 1901 u.d.T. „Rot und Schwarz"), geißelt das Nützlichkeitsstreben in der Zeit der Julimonarchie, widersetzt sich der Enge der Monarchie des Bürgerkönigs. Außer in Napoleon sah St. im Renaissancemenschen sein Vorbild. Seine Darstellung ist bewußt sachl. und nüchtern. Zu Lebzeiten fand sein Werk wenig Beachtung, er wurde erst durch Taine und Nietzsche entdeckt.

Weitere Werke: Über die Liebe (Studie, 1822; dt. 1903, 1888 u.d.T. Physiologie der Liebe), Die Kartause von Parma (R., 1839; dt. 1906, 1845 u.d.T. Kerker und Kirche), Renaissance-Novellen (1855, dt. 1904), Lucien Leuwen (R.-Fragment, 1855; dt. 1921), Das Leben des Henry Brulard (Autobiogr., 1890; dt. 1956), Bekenntnisse eines Egoisten (Briefe, Tagebücher, autobiograph. Fragmente, 1892; dt. 1905).

Ausgaben: St. Ges. Werke in Einzelbden. Dt. Übers. Hg. v. M. Naumann. *Bln.* $^{1-5}$*1959–68. 11 in 12 Bden. – St. Œuvres complètes. Hg. v.* H. Martineau. *Paris 1927–37. 32 in 75 Bden. – Frédéric de St. Ges. Werke. Dt. Übers. Hg. v.* F. v. Oppeln-Bronikowski. *Bln.* $^{1-3}$*1921–24. 10 Bde. – Frédéric de St. Ges. Werke. Dt. Übers. Hg. v.* F. Blei *u.* W. Weigand. *Mchn. 1921–23. 15 Bde. [mit Biogr.]. – St. Œuvres complètes. Hg. v.* P. Arbelet *u.* E. Champion. *Paris 1913–40. 15 in 34 Bden.*

Literatur: Grün, R.: *„Hommes-Copies", Dandies u. Fausses Passions. Ein Beitrag zu St.s Kritik an der Gesellschaft. Genf 1966.* – Martineau, H.: *L'œuvre de St. Histoire de ses livres et de sa pensée. Erweiterte Neuausg. Paris 1966.* – Martineau, H.: *Le cœur de St. Histoire de sa vie et de ses sentiments (1783–1821). Neuaufl. Paris 1965.* – Hazard, P.: *St. Wie er lebte, schrieb u. liebte. Dt. Übers. Hamb. 1950.* – Martino, P.: *St. Paris* ^{2}*1934.* – Arbelet, P.: *La jeunesse de St. (1783–1802). Paris 1919. 2 Bde.* – ↑ auch Casanova, Giacomo Girolamo, ↑ Flaubert, Gustave.

Stenius, Göran Erik [schwed. 'ste:nius], * Wyborg 9. Juli 1909, schwed.-sprachiger finn. Schriftsteller.

Studierte Philosophie, war 1942–51 als Attaché an der finnischen Vertretung beim Vatikan, konvertierte in dieser Zeit zum Katholizismus; seit 1951 im Außenministerium tätig. In der Tradition stehender Erzähler, der, durch sein religiöses Erlebnis in Rom geprägt, in seinem Werk die Suche des Menschen nach dem Wesentlichen darzustellen versucht. Berühmt wurde der Roman „Die Glocken von Rom" (dt. 1957). St. schrieb auch Lyrik und ein Drama. Ebenfalls dt. erschien 1960 die Romantrilogie „Brot und Steine".

Stenvall, Aleksis [schwed. ˌste:nval] ↑ Kivi, Aleksis.

Stephansson, Stephan Guðmundsson [isländ. 'stɛ:faunsɔn], * Kirkjuból 3. Okt. 1853, † Markerville (Kanada) 10. Aug. 1927, isländ.-kanad. Lyriker.

Wanderte 1873 nach Nordamerika aus, ließ sich schließl. 1889 in Alberta als Bauer nieder. Grundlegend für seine Lyrik war die literar. Tradition Islands. St.s Werk bringt Natur- und Heimatverbundenheit zum Ausdruck; während des 1. Weltkriegs vertrat er in seiner Lyrik polit. Liberalität und Pazifismus. St. wird neben Dichtern wie Whitman und Emerson genannt.

Hauptwerke: Uti á víðavangi (Ged., 1894), Á ferð og flugi (Ged., 1900), Andvökur (Ged., 1909–38), Vígslóði (Ged., 1920).

Stephens, James [engl. sti:vnz], * Dublin 2. Febr. 1882, † London 26. Dez. 1950, ir. Schriftsteller.

Wurde in den Dubliner Slums groß und erwarb seine Bildung autodidakt.; Angestellter bei einem Rechtsanwalt; 1911 Mitbegründer der „Irish Review"; lebte nach 1924 in London und Paris; Vortragsreisen in den USA. Seine lyr. und erzählenden Dichtungen sind gekennzeichnet durch eine Mischung aus Realistik, grotesker Phantastik und märchenhaften, oft mystischen Motiven.

Hauptwerke: Insurrections (Ged., 1909), The charwoman's daughter (R., 1912), Götter, Menschen, Kobolde (R., 1912; dt. 1947), The hill of vision (Ged., 1912).

Literatur: Pyle, H.: *J. St. New York 1965.* – Bramsbäck, B.: *J. St. A literary and bibliographical study. Uppsala; Kopenhagen; Dublin; Cambridge (Mass.) 1959.*

Stepun, Fedor, * Moskau 19. Febr. 1884, † München 23. Febr. 1965, russ.-dt. Kulturphilosoph und Schriftsteller.
Studierte in Heidelberg, im russ. Volksbildungswesen tätig, gehörte während der Februarrevolution dem Arbeiter- und Soldatenrat an; 1922 aus der Sowjetunion ausgewiesen, seit 1926 Professor für Soziologie in Dresden, 1937 Lehrverbot; erhielt 1947 in München einen Lehrstuhl für russ. Geistesgeschichte. St. schrieb zunächst in russ., später in dt. Sprache. Von seinen Romanen wurde v.a. „Die Liebe des Nikolei Pereslegin" (dt. 1928) bekannt. Bed. sind seine Lebenserinnerungen „Vergangenes und Unvergängliches" (dt. 1947–50), die eine Fülle von Eindrücken und Erlebnissen enthalten und in denen er deutend und wertend auf den Bolschewismus eingeht.
Weitere Werke: Wie war es möglich? Briefe eines russ. Offiziers (dt. 1929), Dostojewskij und Tolstoi (Essay, dt. 1961).

Stere, Constantin [rumän. 'stere], * Cerepcău (Bessarabien) 15. Nov. 1865, † Bucov (Ploieşti) 26. Juni 1936, rumän. Schriftsteller.
Gehörte revolutionären Kreisen in Odessa an, wurde deswegen nach Sibirien deportiert. 1892 floh er nach Rumänien, studierte in Jassy Rechtswissenschaft und wurde ebd. Professor für Verfassungsrecht. Mitbegründer von „Viata românească", der Zeitschrift der sozial gerichteten literar. Bewegung des „Poporanismus"; während der Besetzung im 1. Weltkrieg Hg. der Zeitung „Lumina", wurde deshalb später verfolgt. In seinem Hauptwerk, dem unvollendeten großen Romanzyklus „În preajma revoluţiei" (= Im Umkreis der Revolution, 1932ff.), zeichnet er ein Bild seiner Heimat Bessarabien, stellenweise mit scharfer polit. und sozialer Tendenz.

Stern, Daniel [frz. stɛrn] ↑ Agoult, Marie Gräfin d'.

Stern, Julius ↑ Sturm, Julius.

Stern, Maurice Reinhold von, * Reval 15. April 1860, † Ottensheim bei Linz 28. Okt. 1938, östr. Dichter.
Balt. Herkunft; russ. Offiziersanwärter, dann Beamter und Journalist in Reval; wanderte nach Nordamerika aus, war dort Eisengießer, Dockarbeiter und Bergmann; seit 1885 in Zürich, studierte Philosophie und arbeitete als Redakteur; lebte seit 1903 in Oberösterreich, wo seine reifsten Dichtungen, u.a. „Lieder aus dem Zaubertal" (1905) und „Auf Goldgrund" (1931), entstanden. St. begann mit radikaler Proletarierdichtung; später Natur- und Heimatdichtung, auch erzählende Werke, Skizzen und philosoph. Schriften.
Weitere Werke: Proletarierlieder (1885), Von jenseits des Meeres (Skizzen, 1890), Walter Wendrich (R., 1895), Blumen und Blitze (Ged., 1902).

Sternberg, Alexander von ↑ Ungern-Sternberg, Alexander Freiherr von.

Sterne, Laurence [engl. stə:n], * Clonmel (Tipperary) 24. Nov. 1713, † London 18. März 1768, engl. Schriftsteller.
Führte das bei den aufgeklärten Theologen der damaligen Oberschicht übl. abwechslungsreiche Leben eines Landedelmanns; der Erfolg seiner Werke veranlaßte ihn zu Reisen nach Frankreich und Italien, die auch wegen eines Lungenleidens notwendig waren. Seine beiden großen literar. Werke „Leben und Meinungen des Tristram Shandy" (R., 9 Bde., 1760–67; dt. 1774–76) und „Empfindsame Reise durch Frankreich und Italien" (dt. 1768f.) wurden von Lessings Freund Bode kongenial ins Dt. übersetzt. St. steht mit seinem Werk zwischen Aufklärung und Empfindsamkeit, mit deren Stilmitteln er den derbkom. Witz mildert. In seinen in der Ichform in persönl. geprägtem Stil, voller Humor seltsame Menschen nachzeichnenden Werken machte St. das Abschweifen von der Handlung zum System; das Handlungsgerüst wird von Erinnerungsfetzen, „Meinungen", scheinbar bedeutungslosem Gerede nahezu überwuchert. Nur langsam enthüllen dialogisierte Handlungen die subtil gezeichneten, genau gesehenen Charaktere. St., der von Goethe hoch geschätzt wurde, gilt mit seiner Darstellungstechnik als Vorläufer des modernen Romans.
Weitere Werke: Yoricks Predigten (dt. 1769), History of a watchcoat (1769).
Ausgaben: L. St. The Shakespeare head edition. Oxford 1926–29. 7 Bde. – L. St. Ges. Schrr. Dt. Übers. Mchn. 2.–4. Tsd. 1920. 4 Bde.
Literatur: L. St. A collection of critical essays. Hg. v. J. Traugott. *New York 1968.* – Hartley, L. C.: *L. St. in the twentieth century. An essay and a bibliography of St.an studies 1900–1965. London u. New York 1966.* – Michelsen, P.: *L. St. u. der dt. Roman des 18. Jh.s. Gött. 1962.* – Fluchère, H.: *L. St., de l'homme à l'œuvre. Paris 1961. Gekürzte engl. Ausg. u.d.T.: L. St. From Tristram to Yorick. London u. New York 1965.* – Maack, R.: *L. St. im Lichte seiner Zeit. Hamb. 1936.*

Sterneder, Hans [...'e:dər], * Eggendorf (Niederösterreich) 7. Febr. 1889, östr. Schriftsteller.
Lehrer; schrieb naturverbundene Heimatromane, z.T. mit autobiograph. Charakter, und beschäftigte sich in Abhandlungen mit kosm. Mystik, die auch in seinem literar. Werk Ausdruck findet.
Hauptwerke: Der Bauernstudent (R., 1921), Der Sonnenbruder (R., 1922), Der Wunderapostel (R., 1924), Der seltsame Weg des Klaus Einsiedel (R., 1933), Die große Verwandlung (Mysterienspiel, 1957), Also spricht die Cheopspyramide (1968).

Sternheim, Carl, * Leipzig 1. April 1878, † Brüssel 3. Nov. 1942, dt. Dramatiker und Erzähler.
Während der Schuljahre in Berlin, wo er erste Theatereindrücke empfing und mit 15 Jahren sein

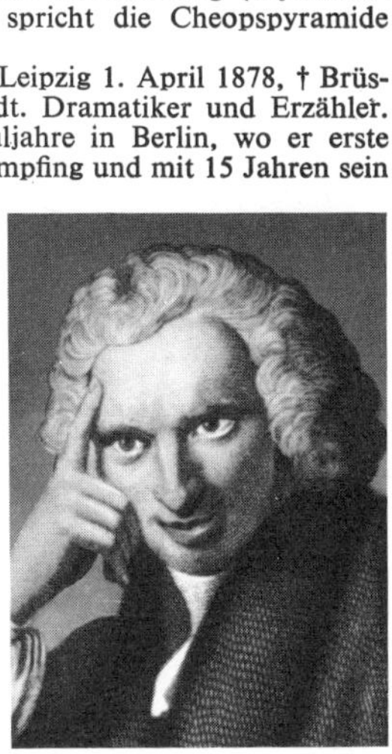

Laurence Sterne (Kupferstich, Mitte des 18. Jh.s)

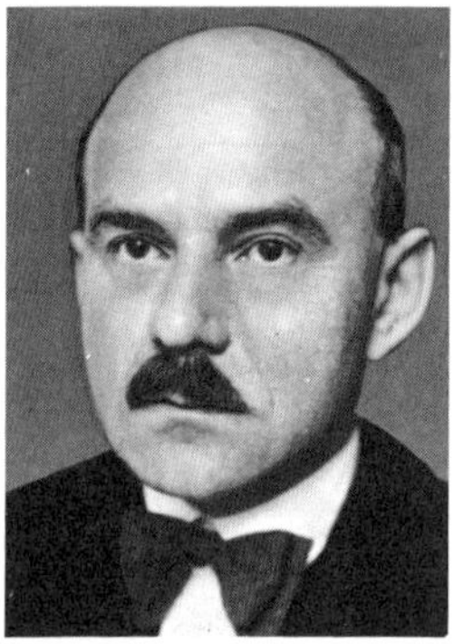

Carl Sternheim

erstes Stück schrieb; Studium der Philosophie, Psychologie, Literatur und Jura in München, Leipzig und Göttingen; ließ sich nach Reisen in München nieder, wo er mit F. Blei die Zeitschrift „Hyperion“ (1908/09) gründete; seit 1912 Aufenthalte in der Schweiz, in Belgien, in den Niederlanden, in Dresden, am Bodensee und in Berlin, bis er sich endgültig in Brüssel niederließ; heiratete 1930 in 3. Ehe Pamela Wedekind; im Alter krank und vereinsamt. St. karikierte in seinen satir. expressionist. Dramen wie auch in seinen Erzählungen in eigentüml. dialekt., epigrammat. Sprache die philisterhafte bürgerl. Gesellschaft des Wilhelmin. Zeitalters, deren Verlogenheit und Feigheit er zu entlarven versuchte. In kontrastreichen Szenen agieren marionettenhafte Figuren. St.s Dramen (bis 1928 zeitweilig verboten) waren außerordentlich wirksam. Er schrieb auch Erzählungen, Romane und Essays.
Hauptwerke: Fanale! (Dr., 1901), Die Hose (Kom., 1911), Die Kassette (Kom., 1912), Bürger Schippel (Kom., 1913), Der Snob (Kom., 1914), Chronik von des 20. Jh.s Beginn (Novellen, 1918, erweitert 1926–28), Europa (R., 1920), Der entfesselte Zeitgenosse (Kom., 1920), Tasso oder Kunst des Juste Milieu (Essay, 1921), Der Nebbich (Kom., 1922), Das Fossil (Dr., 1925).
Ausgaben: C. St. Gesamtwerk. Erste vollständige Ausg. in 8 Bden. Hg. v. W. Emrich. *Neuwied 1963ff. – C. St. Ges. Werke in 6 Bden. Hg. v.* F. Hofmann. *Bln. 1963–68.*
Literatur: Sebald, W. G.: *C. St. Kritiker u. Opfer der Wilhelmin. Ära. Stuttg. 1969.* – Wendler, W.: *C. St. – Weltvorstellung u. Kunstprinzipien. Frkf. 1966.* – Karasek, H.: *C. St. Velber 1965.*

Stesichoros [st...], * Matauros (Unteritalien) um 630, † Catana (heute Catania) (?) um 555, griech. Dichter.
Lebte meist in Himera an der sizilian. Nordküste; St. war Chorlyriker, der in seinen Liedern Stoffe des histor. Epos besang, u.a. „Helena“, „Palinodia“, „Iliupersis“, „Nostoi“; in der Antike waren 26 Bücher bekannt, von denen jedoch nur so viel erhalten geblieben ist, daß die Thematik seiner Dichtung überblickt werden kann; neben der Heldensage sind es v.a. erot. und volkstüml. Motive, die er dichter. gestaltete, mit „Daphnis“ ist er ein Vorläufer der bukol. Dichtung; St. verwendete die sog. lyr.-dor. Koine.

Stettenheim, Julius, * Hamburg 2. Nov. 1831, † Berlin 30. Okt. 1916, dt. Schriftsteller.
Sohn eines Musikers, wurde nach kaufmänn. Ausbildung Journalist; zuerst in Berlin, zeitweise in Hamburg tätig, wo er das humorist. Blatt „Die Wespen“ gründete (später in Berlin u.d.T. „Berliner Wespen“). St. schrieb zeitkrit. Humoresken, Satiren und Parodien in Versform und Prosa. Seine von ihm erfundene Gestalt des Kriegsberichterstatters „Wippchen“ wurde volkstümlich.
Hauptwerke: Die Hamburger Wespen im zoolog. Garten (Bericht, 1863), Die Berliner Wespen im Aquarium (Bericht, 1869), Wippchens sämtl. Berichte (1878–1903), Humoresken und Satiren (1896), Wippchens Tage- und Nachtbuch (Autobiogr., 1911).

Stevens, Wallace [engl. sti:vnz], * Reading (Pa.) 2. Okt. 1879, † Hartford (Conn.) 2. Aug. 1955, amerikan. Lyriker.
Jurist, Direktor einer Versicherungsgesellschaft; pflegte nach dem Vorbild moderner frz. Lyrik seit Baudelaire eine anmutige, elegante, musikal. und kolorist. Versdichtung; Neigung zur Wortartistik, Nähe zur Kunstauffassung der Impressionisten und Pointillisten. Durch seine Vorliebe für esoter., bizarre Sprachkunst als Vertreter der „poésie pure“ gekennzeichnet; Essays über Probleme zeitgenöss. Dichtung.
Hauptwerke: Harmonium (Ged., 1923), The man with the blue guitar (Ged., 1937), Esthétique du mal (Ged., 1945), The necessary angel (Essay, 1951).
Literatur: Buttel, R.: *W. St. The making of Harmonium. Princeton (N.J.) 1967.* – Enck, J. J.: *W. St. Images and judgments. Carbondale (Ill.) 1964. – The achievement of W. St. Hg. v.* A. Brown *u.* R. S. Haller. *Philadelphia 1962.*

Stevenson, Robert Louis [Balfour] [engl. sti:vnsn], * Edinburgh 13. Nov. 1850, † Haus Vailima bei Apia (Westsamoa) 3. Dez. 1894, schott. Schriftsteller.
Vorbereitung auf einen techn. Beruf, dann Jurastudium; ein Lungenleiden machte Reisen in südl. Länder nötig; nach vorangegangenem kurzem Besuch ließ sich St. 1890 endgültig auf Samoa nieder. St. begann mit heute weniger bekannten Reiseerzählungen. Erst die phantasievolle und spannende Abenteuererzählung „Die Schatzinsel“ (1882, dt. 1897) brachte ihm Erfolg und Ruhm; künstler. Verfeinerung des pika-

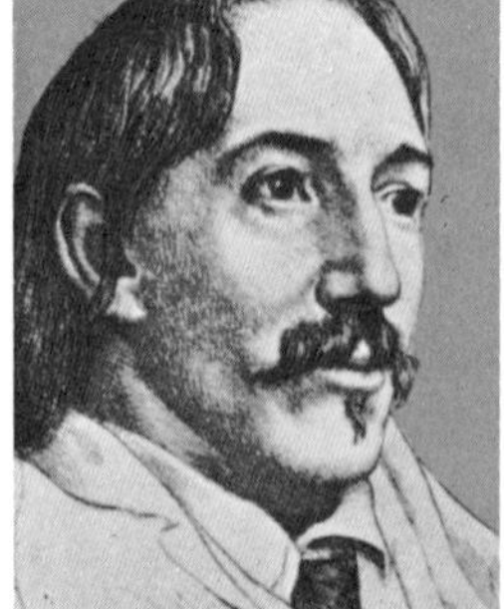

Robert Louis [Balfour] Stevenson (Kupferstich von W. Strang, 1893)

resken Romans durch eindringl. psycholog. Skizzierung. Neuer, großer Erfolg mit der makabren, von Poe beeinflußten Erzählung „Der seltsame Fall des Doctor Jekyll und des Herrn Hyde" (dt. 1889), in der St. das Problem der Persönlichkeitsspaltung behandelt. Ferner Romane mit Stoffen aus der schott. Geschichte nach dem Vorbild Scotts, u.a. sein unvollendetes Meisterwerk „Weir of Hermiston" (1896); zum Spätwerk gehören die Südsee-Erzählungen, darunter „Das Flaschenteufelchen" (1893, dt. 1923); auch Lyrik und Essays.
Weitere Werke: David Balfour von Shaw (R., 1886; dt. 1925, 1962 u.d.T. Die Entführung), Die tollen Männer (Novellen, 1887; dt. 1924), Der Erbe von Ballantrae (R., 1889; dt. 1894/95, 1956 u.d.T. Die feindl. Brüder).
Ausgaben: R. L. St. Erzählungen. Dt. Übers. Nachwort u. bibliograph. Erll. v. R. Mummendey. *Mchn. 1960–62. 2 Bde. – R. L. B. St. Ges. Werke. Dt. Übers. Hg. v.* M. *u.* C. Thesing. *Bln. 1924–27. 12 Bde. – R. L. B. St. Works. Tusitala edition. London 1923–24. 35 Bde.*
Literatur: Dölvers, H.: *Der Erzähler R. L. St. Interpretationen. Bern u. Mchn. 1969.* – Eigner, E. M.: *R. L. St. and romantic tradition. Princeton (N.J.) 1966.* – Steuart, J. A.: *R. L. St. Man and writer: A critical biography. Neuausg. London 1926. 2 in 1 Bd.* – Balfour, G.: *The life of R. L. St. London [20]1922.*

Stickelberger, Emanuel, * Basel 13. März 1884, † Sankt Gallen 16. Jan. 1962, schweizer. Schriftsteller.
Aus altem Patriziergeschlecht; nach Besuch der Handelsschule Angestellter eines chem. Werks, 1909 Gründung eigener chem. Werke in Basel und Haltingen; schrieb in der Tradition der großen schweizer. Realisten, bes. C. F. Meyers, quellengetreue geschichtl. Romane von wissenschaftl. Exaktheit, meist um große Gestalten aus der Zeit der Reformation und des Humanismus.
Hauptwerke: Konrad Widerhold (R., 1917), Zwingli (R., 1925), Der graue Bischof (R., 1930), Der Reiter auf dem fahlen Pferd (R., 1937), Holbein-Trilogie (Romane, 1942–46), Das Wunder von Leyden (R., 1956).
Ausgabe: E. St. Ges. Werke in 13 Einzelbdn. Frauenfeld [1–2]1948–65.
Literatur: Teucher, E.: *Zum Gedächtnis des Dichters E. St. In: Reformatio 11 (1962), 416. – E. St. Festgabe zum 75. Geburtstage. Hg. v.* A. W. Martin. *Frauenfeld 1959.* – Schröder, R. A.: *E. St. Amriswil [2]1954.*

Stieler, Caspar (seit 1705) von, * Erfurt 2. Aug. 1632, † ebd. 24. Juni 1707, dt. Dichter und Sprachforscher.
Studium der Theologie und Medizin in Leipzig, Erfurt, Marburg und Gießen, 1654–57 Soldat, danach Jurastudium in Jena; zeitweilig Sekretär im Dienst thüring. Fürsten; als „der Spate" Mitglied der „Fruchtbringenden Gesellschaft"; in seinem lexikal. Werk, „Der Teutschen Sprache Stammbaum und Fortwachs oder..." (1691), verzeichnete er den Wortschatz seiner Zeit; gab unter dem Pseudonym Filidor der Dorfferer u.a. die „Geharnschte Venus" (1660) heraus, eine Sammlung von daseinsfreudigen, sinnl., z.T. auch derben Liebesgedichten; St. schrieb auch geistl. Lieder und Schauspiele.
Weitere Werke: Bellemperie (Trag., 1680), Willmut (Lsp., 1680).
Ausgabe: Kaspar St. Ges. Schrr. in Einzelausgg. Hg. v. H. Zeman *u.a. Mchn. 1968 ff. Auf 4 Bde. berechnet.*
Literatur: Ising, G.: *Die Erfassung der Sprache des ausgehenden 17. Jh.s in den Wörterbb. Matthias Kramers u. Kaspar St.s. Bln. 1956.* – Köster, A.: *Der Dichter der geharnischten Venus. Marburg 1897.*

Stieler, Karl, * München 15. Dez. 1842, † ebd. 12. April 1885, bayr. Mundartdichter.
Sohn des bayr. Hofmalers Joseph St.; Studium der Rechtswissenschaft (1869 Dr. jur.); in München Mitarbeiter des Wochenblattes „Fliegende Blätter"; 1882 Archivassessor in München. Schrieb volkstüml., humorvoll-urwüchsige Dichtungen in oberbayr. Dialekt, ferner Reisebeschreibungen und Gedichte in hochdt. Sprache.
Hauptwerke: Bergbleameln (Ged., 1865), Weil's mi' freut! (Ged., 1876), Habt's a Schneid!? (Ged., 1877), Reisebilder aus vergangener Zeit (1889).
Literatur: Dreyer, A.: *K. St., der bayer. Hochlandsdichter. Stuttg. [8]1905.*

Stiernhielm, Georg [schwed. ˌʃæ:rnjɛlm], ursprüngl. Göran Lilja, * Vika (Dalarna) 7. Aug. 1598, † Stockholm 22. April 1672, schwed. Dichter und Forscher.
Studierte u.a. in Greifswald, Reisen in mehreren europ. Ländern; jahrelang im Baltikum als Jurist, dann an der Rechtsreform beteiligt (1642–45), weiter hohe Ämter in Stockholm; umfassende Bildung; Interesse für die verschiedensten Wissensgebiete, u.a. Mathematik. In seiner Dichtung ist St. bemüht, der schwed. Sprache durch Wiederaufnahme alter Wörter neuen Glanz zu verleihen. Sein bedeutendstes Werk ist das lehrhafte Hexameterepos „Herkules" (1658), das durch frische Schilderungen gekennzeichnet ist; getreue Wiedergabe der Zeitumstände machen den kulturhistor. Wert des Werkes aus.
Weitere Werke: Heroisk fägnesång (Ged., 1643), Heroisk jubelsång (Ged., 1644), Den fångne Cupido (Maskenspiel, 1649).

Stiernstedt, Marika [schwed. ˌʃæ:rnstɛt], * Stockholm 12. Jan. 1875, † Tyringe 25. Okt. 1954, schwed. Schriftstellerin.
Tochter des schwed. Freiherrn St. und der poln. Gräfin Marie Ciechanowiecka; durch viele Reisen mit mehreren europ. Ländern, u.a. Frankreich, vertraut; in 1. Ehe ⚭ mit Carl Cederström, in 2. mit Ludvig Nordström; 1931–43 Vorsitzende des schwed. Autorenvereins. Marika St. schildert vorwiegend Schicksale von Frauen aus der Aristokratie und dem vornehmen Bürgertum. Ihr Genre ist der gepflegte, gewandt analysierende Unterhaltungsroman.
Hauptwerke: Ullabella (R., 1922; dt. 1930), Die von Sneckenströms (R., dt. 1926), Fräulein Liwin (R., dt.1925), Attentat in Paris (R., dt.1943), Banketten (R., 1947), Kring ett äktenskap (Memoiren, 1953).

Stifter, Adalbert, * Oberplan (Südböhm. Gebiet) 23. Okt. 1805, † Linz 28. Jan. 1868, östr. Dichter.
Früher Tod des Vaters, 1818–26 Besuch des Gymnasiums der Benediktinerabtei Kremsmünster, Studium der Rechte; später Hinwendung zu Malerei und Naturwissenschaften; als Hauslehrer Beziehungen zu vornehmen Familien des

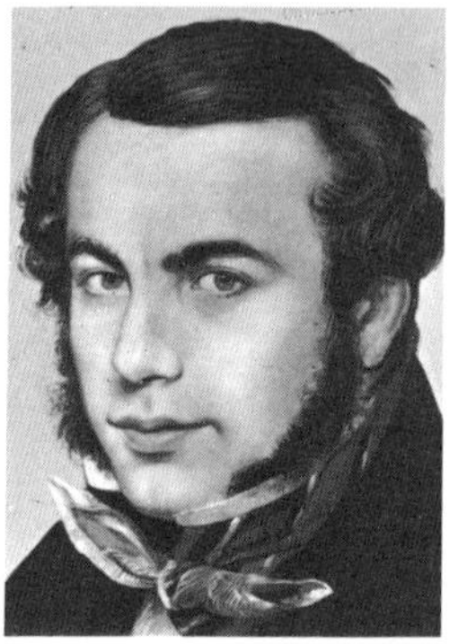

Adalbert Stifter (Gemälde von F. G. Waldmüller, Ausschnitt)

Wiener Adels, unglückl. Liebe zu Fanny Greipl, 1837 heiratete er die ihm geistig nicht ebenbürtige Amalia Mohaupt, lebte weiterhin von Privatstunden und vom Verkauf seiner Bilder; 1850 Schulrat (Landesschulinspektor) in Linz; 1865 als Hofrat in den Ruhestand versetzt; bereits 1863 an Leberzirrhose (?) erkrankt, qualvolle letzte Jahre (möglicherweise Selbstmord). St., der von der Romantik ausging, doch vom klass. Bildungsideal geprägt ist, ist der bedeutendste östr. Erzähler. Sein ästhet.-sittl. Ideal bekundet sich im „sanften Gesetz", das im Stillen und Schlichten die bewahrende, alle leidenschaftl. Bewegungen in Natur und Menschenleben bezwingende Kraft erkennt; doch stets muß St. selbst in asket. Selbstüberwindung seiner Leidenschaft um diese Harmonie ringen, immer ist er von einer trag. Spannung, von einem heiml. Kampf um die Bewahrung des Glaubens an Gott und Schöpfung erfüllt; die Natur, die nichts Dämonisches an sich hat, wird in der Wechselbeziehung zum Menschen dargestellt; Schauplatz seiner Erzählungen ist meist St.s böhm. Heimat, deren Landschaften er in ihrer Eigenart stimmungsvoll zu gestalten weiß. 1840 erschien die erste Novelle „Der Kondor", mit der St. später die „Studien" (1844–50) eröffnete, in der seine besten Novellen, „Feldblumen", „Das Heidedorf", „Der Hochwald", „Die Narrenburg", „Die Mappe meines Urgroßvaters", „Abdias", „Das alte Siegel", „Brigitta", „Der Hagestolz", „Der Waldsteig" und „Der beschriebene Tännling", gesammelt sind. Weitere Erzählungen enthalten der Band „Bunte Steine" (1853, darin u. a.: „Der hl. Abend", später u. d. T. „Bergkristall") und die nach St.s Tod hg. Sammlung „Erzählungen" (1869, darin u. a. „Prokopus", „Der Waldbrunnen", „Der fromme Spruch", „Der Kuß von Sentze"). Seine beiden großen Romane „Der Nachsommer" (1857), ein Erlebnis- und Bildungsroman, und „Witiko" (1865–67), ein histor. Roman aus dem mittelalterl. Böhmen, wurden in ihrer Bedeutung erst von der Nachwelt erkannt. Sein drittes großes ep. Werk, „Die Mappe meines Urgroßvaters" (letzte Fassung als Roman angelegt) blieb unvollendet (gedruckt 1939).

Ausgaben: A. St. Ges. Werke in 14 Bden. Hg. v. K. Steffen. *Basel u. Stuttg. 1962–69. – A. St. Ges. Werke. Hg. v.* M. Stefl. *Frkf.* ^{2}*1959. 6 Bde. – A. St. Briefe. Hg. v.* F. Seebaß. *Tüb. 1947. – A. St. Sämtl. Werke. Hg. v.* A. Sauer *u. a. Prag; Graz* $^{1-2}$*1904–60. 24 in 39 Bden. Erg.-Bd.*

Literatur: Rupp, H.-U.: *St.s Sprache. Zürich 1969. – A. St. Studien u. Interpretationen. Gedenkschr. zum 100. Todestage. Hg. v.* L. Stiehm. *Hdbg. 1968.* – Enzinger, M.: *A. St. im Urteil seiner Zeit. Festgabe zum 28. Jan. 1968. Wien 1968.* – Enzinger, M.: *Ges. Aufs. zu A. St. Wien 1967.* – Großschopf, A.: *A. St. Leben – Werk – Landschaft. Linz 1967.* – Roedl, U. (d. i. Bruno Adler): *A. St. in Selbstzeugnissen u. Bilddokumenten. Reinbek bei Hamb.* ^{2}*1967.* – Staiger, E.: *A. St. als Dichter der Ehrfurcht. Neuausg. Hdbg. 1967.* – Bertram, E.: *Studien zu A. St.s Novellentechnik. Dortmund* ^{2}*1966.* – Eisenmeier, E.: *A. St.-Bibliogr. Linz 1964. – A. St.s Leben u. Werk in Briefen u. Dokumenten. Hg. v.* K. G. Fischer. *Frkf. 1962.* – Fischer, K. G.: *Pädagogik des Menschenmöglichen. A. St. Linz 1962.* – Roedl, U. (d. i. Bruno Adler): *A. St. Gesch. seines Lebens. Bern u. Mchn.* ^{2}*1958.* – Hein, A. R.: *A. St. Bad Bocklet u. Wien* ^{2}*1952.*

Stigel[ius], Johann ['ʃti:gəl, ʃti'ge:liʊs], * Gotha 13. Mai 1515, † Jena 11. Febr. 1562, nlat. Dichter. Professor für Latein in Wittenberg und Jena. St., einer der bed. Wittenberger Humanisten, wurde als Dichter von Melanchthon gefördert; er war kaiserl. Poeta laureatus. Seine wortreiche geistl. Lyrik enthält symbol. Naturdarstellung und hat eine religiös-moralisierende Tendenz. Er schrieb über religiöse, zeitgeschichtl. und autobiograph. Themen.

Stilling, Heinrich ↑ Jung-Stilling, Johann Heinrich.

Stinde, Julius, Pseudonym Alfred de Valmy u. a., * Kirchnüchel bei Eutin 28. Aug. 1841, † Olsberg (Landkreis Brilon) 5. Aug. 1905, dt. Schriftsteller. Apothekerlehre, studierte Chemie; Werkführer in einem chem. Betrieb in Hamburg, dann Redakteur; bereiste den Balkan und Ägypten, lebte seit 1876 in Berlin. St. schrieb Volksstücke, Lustspiele, Humoresken und Novellen. Bes. bekannt wurden seine humorvoll-iron. Romane aus dem Kleinbürgermilieu des alten Berlin.

Hauptwerke: Hamburger Leiden (Schwank, 1875), Waldnovellen (1881), Die Familie Buchholz (R., 1884–86), Frau Buchholz im Orient (R., 1888), Humoresken (1892), Der Liedermacher (R., 1893), Wilhelmine Buchholz' Memoiren (R., 1895).

Štítný, Tomáš [tschech. 'ʃtji:tni:], * Štítné bei Serowitz 1331 (1335?), † Prag 1401 (1405?), tschech. Schriftsteller und Religionsphilosoph. Aus böhm. Landadel; studierte in Prag und lebte dann auf seinem Gut, um sich der Erziehung seiner Kinder zu widmen, für die er seine Schriften in erster Linie verfaßte; seit 1381 ständig in Prag. St. las und übersetzte die mittelalterl. Scholastiker und Mystiker und schrieb unter ihrem Einfluß religiöse Traktate über Tugend, Sünde und metaphys. Fragen. Verfasser einer Laienpostille, Übersetzer; schuf auch eine christl.-kirchl. Terminologie für das Tschechische.

St. John, J. Hector [engl. snt'dʒɔn] ↑ Crèvecœur, Michel Guillaume Jean de.

Stobaios (Stobäus), Joannes [st...], griech. Schriftsteller des 5. Jahrhunderts.

Benannt nach dem makedon. Stoboi; verfaßte, wahrscheinl. unter Benutzung bereits vorhandener Anthologien, eine Blumenlese in 4 Büchern (die im MA in "Eclogae physicae et ethicae" und „Florilegium" aufgeteilt wurden), die wertvolle, oft nur hier erhaltene Fragmente verlorener Werke über Mathematik, Musik, Metaphysik, Physik, Ethik, über Familie und Liebe enthält.

Stockhausen, Juliana von, * Lahr 21. Dez. 1899, dt. Schriftstellerin.
Tochter eines Offiziers, 1924–50 ⚭ mit F. Graf von Gatterburg. Sie lebt seit 1932 auf Schloß Eberstadt (Odenwald) und schreibt, beeinflußt von E. von Handel-Mazzetti, ausdrucksstarke Geschichts- und Gegenwartsromane kath. Grundhaltung und aristokrat. Lebensauffassung.
Hauptwerke: Brennendes Land (R., 1920), Die Soldaten der Kaiserin (R., 1924), Meister Albert und der Ritter (R., 1932), Die Nacht von Wimpfen (En., 1941), Im Schatten der Hofburg (Memoiren, 1951), Bitteres Glück (R., 1955), Wilder Lorbeer (R., 1964), Lady Fritze. Romanze eines Lebens (1967).

Stockton, Frank R. (Francis Richard) [engl. 'stɔktən], * Philadelphia 5. April 1834, † Washington 20. April 1902, amerikan. Schriftsteller.
Lebte seit 1866 als Journalist und Schriftsteller in New York; schrieb humorist. Romane, die gegen Ende des 19. Jh.s sehr beliebt waren; St.s bekanntestes Werk, das Titelstück der Kurzgeschichtensammlung „The lady or the tiger?" (1884), hatte auch als Operette Erfolg.
Weitere Werke: Rudder Grange (R., 1879), The casting away of Mrs. Lecks and Mrs. Aleshine (R., 1886).

Stodola, Ivan [slowak. 'stɔdɔla], * Liptovský Mikuláš 10. März 1888, slowak. Dramatiker.
Arzt in Preßburg; prangert in seinen bühnensicheren satir. Stücken Geld- und Ämtersucht sowie Bestechlichkeit an. Auch psycholog. Probleme und soziale Themen finden sein Interesse wie histor. Stoffe.

Stoessl, Otto ['ʃtœsəl], * Wien 2. Mai 1875, † ebd. 15. Sept. 1936, östr. Schriftsteller.
Studierte Jura und Philosophie in Wien, Journalist, dann Beamter, seit 1923 freier Schriftsteller. St. gehörte zum neuromant. Kreis um P. Ernst. Er schrieb stimmungsvolle kulturkrit. und Künstlerromane sowie Novellen aus der bürgerl. Welt, die sich durch kultivierten Stil auszeichnen, Märchen- und Versschauspiele, Gedichte, wertvolle Essays über große Persönlichkeiten der deutschsprachigen Literatur und über Formprobleme.
Hauptwerke: G. Keller (Essay, 1904), C. F. Meyer (Essay, 1906), Morgenrot (R., 1912), Das Haus Erath (R., 1920), Der Hirt als Gott (Dr., 1920), Sonnenmelodie (R., 1923), Nachtgeschichten (1926), Griech. Tagebuch (1930).

Stöger, August Karl, * Bad Ischl 19. Jan. 1905, östr. Schriftsteller.
Volks-, später Hauptschullehrer im Salzkammergut; Erzähler, dessen Themen um Natur, menschl. Leidenschaft und bäuerl. Welt kreisen.
Hauptwerke: Die Magd (En., 1937, 1953 vermehrt u.d.T. In den dunklen Nächten), Die Kranewittbrüder (R., 1938), Der Knecht Tobias (Nov., 1942), Die Reise nach Hallstatt (Nov., 1952), Der Mann vom Schattwald (R., 1957).

Stojanow, Ljudmil; tl.: Stojanov, Ljudmil [bulgar. sto'janof], * Kowatschewiza (Bezirk Blagoewgrad) 6. Febr. 1888, bulgar. Schriftsteller.
Zeitlebens vielseitige publizist. Tätigkeit; suchte ständig nach angemessenen Ausdrucksformen für seine sich schnell wandelnde Weltanschauung. St. begann mit Werken, die von Neuromantik und Symbolismus geprägt sind und histor., meist patriot. Stoffe gestalten; wandte sich v.a. in seinen lyr. Prosawerken einem anfangs gemäßigt sozialen, dann sozialist. Realismus zu; verfaßte auch Versdramen, Biographien und zahlreiche Essays, ferner Übersetzungen aus dem Russ.; eines seiner Hauptwerke ist die Erzählung „Cholera" (1935, dt. 1957); dt. erschienen ferner 1957 „Oberst Matows silberne Hochzeit" und „Erzählungen".

Stojanow, Sachari; tl.: Stojanov, Zahari [bulgar. sto'janof], * Medwen bei Kotel 1851, † Paris 14. Sept. 1889, bulgar. Publizist.
Harte Jugend, kam früh mit antitürk. Kreisen in Kontakt und nahm am bulgar. Befreiungskampf teil, den er dokumentar. in einem bed. Memoirenwerk darstellte; Vertreter der nationalen Aufklärung; schrieb sehr subjektive Biographien bulgar. Revolutionäre; auch als Redakteur tätig, 1888 Parlamentsmitglied.

Stolberg-Stolberg, Christian Reichsgraf zu, * Hamburg 15. Okt. 1748, † Schloß Windebye bei Eckernförde 18. Jan. 1821, dt. Dichter.
Studierte zusammen mit seinem Bruder Friedrich Leopold Rechts- und Literaturwissenschaft zuerst in Halle, dann in Göttingen, wo er sich dem dortigen Dichterkreis („Göttinger Hain") anschloß; Bekanntschaft mit Goethe und Lavater. Von Klopstock und dem „Göttinger Hain" beeinflußt; er konnte mit Singspielen, patriot. Liedern und Liebeslyrik seinen Bruder nicht erreichen; bedeutender sind seine Übersetzungen aus dem Griech. und Lat. Seine Hauptwerke schrieb er zusammen mit seinem Bruder.
Ausgabe: ↑ Stolberg-Stolberg, Friedrich Leopold Reichsgraf zu.

Stolberg-Stolberg, Friedrich Leopold Reichsgraf zu, * Bramstedt (heute Bad Bramstedt) 7. Nov. 1750, † Schloß Sondermühlen bei Osnabrück 5. Dez. 1819, dt. Dichter.
Studierte gemeinsam mit seinem Bruder Christian Rechts- und Literaturwissenschaft, wurde wie dieser Mitglied des „Göttinger Hains"; bekannt mit Klopstock und Claudius, Beziehungen zu Goethe und Lavater, später zu Hamann, Jacobi und Herder; 1777 Gesandter Lübecks in Kopenhagen, 1789–91 dän. Gesandter in Berlin; zog sich 1800 ins Privatleben zurück und trat zum Katholizismus über. Trat mit pathet.-patriot. Lyrik hervor; stand anfangs unter dem Einfluß Klopstocks und später J. H. Voß', wurde schließl. romant. Schwärmer; zeitweise enge dichter. Zusammenarbeit mit seinem Bruder; schrieb auch Romane, Dramen, Reiseberichte, kirchenhistor. Schriften; Übersetzer.
Hauptwerke: Gedichte (1779, mit seinem Bruder), Schauspiele mit Chören (1787, mit seinem Bruder), Die Insel (idyll. Dichtung, 1788), Reise in Deutschland, der Schweiz, Italien und Sizilien... (1794), Vaterländ. Gedichte (1815, mit seinem Bruder).
Ausgabe: Christian u. F. L. v. St. Ges. Werke. Hamb. 1820–25. 20 Bde. Nachdr. Hildesheim 1969.
Literatur: F. L. Gf. zu St. Verzeichnis sämtl. Briefe. Bearb. v. I. *u.* J. Behrens. *Bad Homburg*

v. d. H. 1968. – Brachin, P.: *F. L. v. St. u. die dt. Romantik. In: Literaturwiss. Jb. 1 (1960), 117.* – Scheffczyk, L.: *F. L. zu St.s „Gesch. der Religion Jesu Christi". Die Abwendung der kath. Kirchengeschichtsschreibung v. der Aufklärung u. ihre Neuorientierung im Zeitalter der Romantik. Mchn. 1952.* – Menge, Th.: *Der Gf. F. L. St. u. seine Zeitgenossen. Gotha 1862. 2 Bde.*

Stolpe, Sven [schwed. ˌstɔlpə], * Stockholm 24. Aug. 1905, schwed. Schriftsteller.
Lizentiat, Dr. phil., u.a. als Literaturkritiker tätig; erwies sich als streitbarer Polemiker; seine Romane sind von seiner religiösen Grundhaltung bestimmt (1947 Konversion zum Katholizismus). St. ist ein gewandter Essayist und hat zur Forschung um Königin Christine mit zwei aufsehenerregenden Studien beigetragen.
Hauptwerke: Im Wartezimmer des Todes (R., dt. 1958), Leicht, schnell und zart (R., dt. 1954), Sakrament (R., 1948), Spiel in den Kulissen (R., dt. 1953), Frau Birgitta lächelt (R., dt. 1955), Die christl. Phalanx (Essay, dt. 1958), Das Mädchen von Orléans (Essay, dt. 1954), Königin Christine von Schweden (Biogr., dt. 1962).

Stoltze, Friedrich, * Frankfurt am Main 21. Nov. 1816, † ebd. 28. März 1891, FrankfurterMundartdichter.
Kaufmann, wurde dann Hauslehrer, Teilnahme an der Revolution von 1848; leitete seit 1852 die „Frankfurter Krebbelzeitung", 1860–66 und seit 1872 auch die „Frankfurter Latern". Seine Mundartdichtungen sind in Frankfurt noch heute sehr beliebt. St. schrieb auch hochdt. Lyrik und Erzählungen.
Hauptwerke: Gedichte in Frankfurter Mundart (1864–71), Novellen und Erzählungen in Frankfurter Mundart (1880–85).

Stone, Irving [engl. stoʊn], eigtl. I. Tennenbaum, * San Francisco 14. Juli 1903, amerikan. Schriftsteller.
Studierte an der Universität von Kalifornien Volkswirtschaft, lebt in Beverly Hills. St., der sich auch als Dramatiker versuchte, pflegt v.a. die auf histor. Materialien aufbauende, romanhafte Biographie.
Hauptwerke: Vincent van Gogh (dt. 1936), Zur See und im Sattel. Das Leben Jack Londons (1938, dt. 1948), Michelangelo (dt. 1961), Das Leben gehört den Liebenden (R., dt. 1967).

Stoppard, Tom [engl. 'stɔpəd], * Zlín (heute Gottwaldov) 3. Juli 1937, engl. Dramatiker.
Jugend in der Tschechoslowakei, in Indien und in England; Journalist in Bristol; schrieb Dramen, Hör- und Fernsehspiele sowie einen Roman; v.a. bekannt durch sein parabol. und absurde Elemente enthaltendes Stück „Rosenkranz und Güldenstern sind tot" (dt. 1967), in dem er zwei Randfiguren aus Shakespeares „Hamlet" zu Hauptfiguren macht.
Weitere Werke: Der Spleen des George Riley (Dr., dt. EA 1964), Alberts Brücke (Hsp., dt. EA 1968), Der wahre Inspektor Hound (Kom., dt. EA 1969).

Storasta, Vilius [lit. 'sto:rasta] † Vydūnas.

Storch, Ludwig, * Ruhla bei Eisenach 14. April 1803, † Kreuzwertheim (Landkreis Marktheidenfeld) 5. Febr. 1881, dt. Schriftsteller.
Studierte in Göttingen Theologie, führte dann ein rastloses Wanderdasein. Verfasser zahlreicher Romane, Novellen, Lebensbilder und Gedichte. Seine histor. Romane waren sehr beliebt.
Hauptwerke: Kunz von Kauffung (R., 1828), Der Freiknecht (R., 1830–32), Ein dt. Leinweber (Skizzen, 1846–50), Leute von gestern (Biographien, 1852).

Storm, Theodor, * Husum 14. Sept. 1817, † Hademarschen (heute Hanerau-Hademarschen bei Rendsburg) 4. Juli 1888, dt. Dichter.
Sohn eines Advokaten, Studium der Rechte in Kiel und Berlin, 1843 Advokat in Husum, das er nach der Einverleibung Holsteins in Dänemark verließ, nach 1852 Tätigkeit an den Gerichten in Potsdam und Heiligenstadt, 1864 Landvogt im wieder dt. gewordenen Husum, 1880 Übersiedlung nach Hademarschen. Seine aus persönl. Erlebnis erwachsene zarte Lyrik ist in knapper und schlichter, elegant-liedhafter Sprache gestaltet, in metr. Einfachheit von hohem Formbewußtsein getragen; ein lyr. Grundton kennzeichnet St.s gesamtes dichter. Schaffen, das von

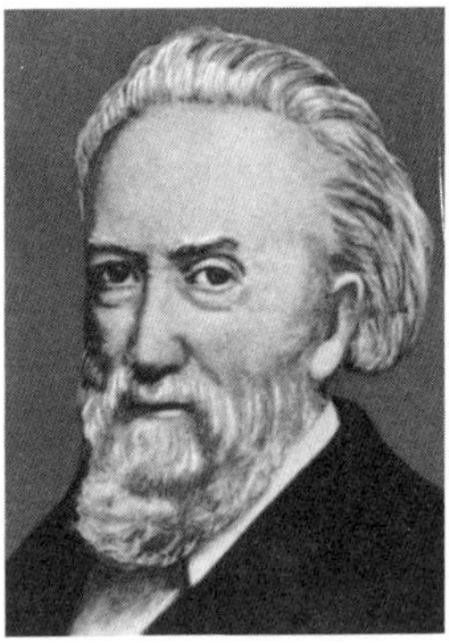
Theodor Storm (nach einem Gemälde von M. von Wartenberg)

der schwermütigen Erinnerungsnovelle über die herb-realist. Schicksalsnovelle zur oft archaisierenden Chroniknovelle reicht, die den Menschen in der Auseinandersetzung mit dem unabwendbaren Schicksal zeigt.
Hauptwerke: Sommergeschichten und Lieder (1851, darin u.a.: Der kleine Häwelmann, Immensee), Gedichte (1852), Novellen und Gedenkblätter (1874, darin u.a.: Viola Tricolor, Lena Wies), Waldwinkel. Pole Poppenspäler (Novellen, 1875), Aquis submersus (Nov., 1877), Carsten Curator (Nov., 1878), Die Söhne des Senators (Nov., 1881), Zur Chronik von Grieshuus (Nov., 1884), Bötjer Basch (Nov., 1887), Ein Bekenntnis (Nov., 1888), Der Schimmelreiter (Nov., 1888).
Ausgaben: Th. St. Sämtl. Werke. Nach dem Text der 1. Gesamtausg. Nachwort v. J. Klein. *Mchn. 1967. 2 Bde.* – *Th. St. Sämtl. Werke. Hg. v.* K. M. Schiller. *Neuausg. Lpz. 1926. 8 Bde. Nachdr. Bln. 1968.* – *Th. St. Sämtl. Werke in 8 Bden. Hg. v.* A. Köster. *Lpz. 11.–19. Tsd. 1921–23.* – *Th. St. Sämtl. Schrr. Erste Gesamtausg. Braunschweig 1868–89. 19 Bde.*
Literatur: Wege zum neuen Verständnis Th. St.s. Vorträge u. Referate zum 150. Geburtstag. Hg. v. K. E. Laage. *Heide 1968.* – Teitge, H.-E.: *Th. St.-Bibliogr. Bln. 1967.* – Bernd, A. C.: *Th. St.'s craft of fiction. The torment of a narrator. Chapel Hill*

(N. C.) *²1966.* – Stuckert, F.: *Th. St. Der Dichter in seinem Werk. Tüb. ³1966.* – Stuckert, F.: *Th. St. Sein Leben u. seine Welt. Bremen 1955.* – Schütze, P.: *Th. St. Hg. v.* E. Lange. *Bln. ⁴1925.* – Storm, G.: *Th. St. Bln. 1912. 2 Bde.*

Storni, Alfonsina [italien. 'storni, span. es'tɔrni], * Sala Capriasca bei Lugano 29. Mai 1892, † Mar del Plata 11. Mai 1938 (Selbstmord), argentin. Dichterin.

Lehrerin; bed. modernist. Lyrikerin, die an soziale und erot. Tabus rührte.

Hauptwerke: La inquietud del rosal (Ged., 1916), El dulce daño (Ged., 1918), Ocre (Ged., 1925), Mundo de siete pozos (Ged., 1934; dt. Ausw. 1959 u. d. T. Verwandle die Füße ...).

Stowe, Harriet [Elizabeth] Beecher [engl. stoʊ], geb. Beecher, * Litchfield (Conn.) 14. Juni 1811, † Hartford (Conn.) 1. Juli 1896, amerikan. Schriftstellerin.

Aus streng puritan. Predigerfamilie; für kurze Zeit Lehrerin; heiratete einen Theologen; durch literar. Erfolge berühmt und finanziell unabhängig; Europareisen; lebte nach dem Bürgerkrieg in Florida, später in Hartford. Liberale Einflüsse wirkten nur unbed. auf ihr introvertiertes Wesen, puritan. Pflichtgefühl bestimmte ihr Leben; daher war der noch im Erscheinungsjahr mehrfach ins Dt. übersetzte Roman „Onkel Toms Hütte" (1852), der teils erbaul.-humorvoll, teils anklagend die Lebensbedingungen der Negersklaven schildert, ein Werk im Dienst christl. Karitas und Humanität. Der Roman wurde zu einem der polit. wirksamsten Bücher der amerikan. Literatur. Auch religiös engagierte Romane aus der Welt Neuenglands.

Ausgabe: H. B. St. The writings. Boston 1896. 16 Bde.

Literatur: Wagenknecht, E. C.: *H. B. St.: The known and the unknown. London u. New York 1965.* – Wilson, R. F.: *Crusador in crinoline: The life of H. B. St. Philadelphia 1941.*

Strabo, Walahfried ['st...] ↑ Walahfrid Strabo.

Strabon (Strabo) ['st...], * Amaseia (Pontus) um 63 v. Chr., † um 19 n. Chr., griech. Geschichtsschreiber und Geograph.

Rhetor., grammat. und philosoph. Ausbildung; unternahm große Reisen, hielt sich u. a. in Rom und Ägypten längere Zeit auf. Sein in der Jugend entstandenes Geschichtswerk in 47 (?) Büchern ist verlorengegangen, sein 17bändiges erdkundl. Hauptwerk, die „Geographika", ist zum Großteil erhalten; seine Hauptquellen waren Apollodoros aus Athen, Polybios und Poseidonios; behandelt werden die physikal.-mathemat. Geographie, die Geographie von Europa, Asien und Afrika. Daneben weist er auf literar., geschichtl., kulturgeschichtl. und medizin. Bezüge hin; der Stil ist einfach und neigt stark zum Attizismus.

Ausgabe: Strabo. The geography. Griech. u. engl. Hg. v. H. L. Jones. *London 1917–32. 8 Bde.*

Literatur: Aly, W.: *St. v. Amaseia. Unterss. über Text, Aufbau u. Quellen* der *Geographica. Bonn 1957.*

Strachey, [Giles] Lytton [engl. 'streɪtʃɪ], * London 1. März 1880, † Inkpen (Berkshire) 21. Jan. 1932, engl. Schriftsteller.

Aus angesehener Familie, studierte u. a. in Cambridge; wurde, als freier Schriftsteller und Mitarbeiter der Zeitschrift „The Spectator" in London lebend, führendes Mitglied der „Bloomsbury group". Schrieb formvollendete, stilist. hervorragende Romane und romanhafte Biographien, in denen er histor. Charaktere ironisierend und unheroisch darstellte; seine Hauptwerke sind die Essays der Sammlung „Eminent Victorians" (1918, Auszug dt. 1937 u. d. T. „Macht und Frömmigkeit"), der biograph. Roman „Queen Victoria" (dt. 1925) sowie der Roman „Elisabeth und Essex" (dt. 1929).

Literatur: Holroyd, M.: *L. St. A critical biography. London 1967–68. 2 Bde.* – Scott-James, R. A.: *L. St. London 1955.*

Strachwitz, Moritz Graf von, * Peterwitz bei Frankenstein in Schlesien 13. März 1822, † Wien 11. Dez. 1847, dt. Dichter.

Studierte Jura, war Referendar in Grottkau, lebte dann zurückgezogen auf seinen Gütern in Mähren, erkrankte schwer, unternahm Erholungsreisen nach Skandinavien und Italien; starb auf der Heimreise. Schrieb nationalbegeisterte, phantasievolle und bilderreiche Balladen, v. a. aus dem nord. Sagenkreis; Einfluß auf die Balladendichtung Fontanes, Liliencrons, Münchhausens, A. Miegels, Lulu von Strauß und Torneys.

Hauptwerke: Lieder eines Erwachenden (Ged., 1842), Neue Gedichte (1848).

Ausgabe: M. Gf. St. Sämtl. Lieder u. Balladen. Hg. v. H. M. Elster. *Bln. 1912 [mit Biogr.].*

Literatur: Gottschalk, H.: *St. u. die Entwicklung der held. Ballade. Diss. Breslau 1940.* – Tielo, A. K. T.: *Die Dichtung des Gf. M. v. St. Bln. 1902.*

Stramm, August, * Münster (Westf.) 29. Juli 1874, ⚔ in den Rokitnosümpfen 1. Sept. 1915, dt. Lyriker und Dramatiker.

Postbeamter, zuerst in Bremen, später in Berlin, daneben 1909 Promotion zum Dr. phil., 1914 ins Reichspostministerium berufen; fiel im 1. Weltkrieg in Rußland. Als Expressionist Mitarbeiter an H. Waldens Zeitschrift „Der Sturm"; vertrat einen „verkürzten" Sprachstil, erreichte dadurch ein Höchstmaß an Verdichtung; mit seiner allgemeinen Sprachauflösung (Zertrümmerung der Syntax, Wortneubildungen, Einzelwort als Kunstwerk) stand St. dem Dadaismus nahe; in den sog. „Schreidramen" tritt die Sprache gegenüber dem Pantomim. in den Hintergrund.

Hauptwerke: Sancta Susanna (Dr., 1914), Rudimentär (Dr., 1914), Die Haidebraut (Dr., 1914), Du (Ged., 1917), Die Menschheit (Ged., 1917), Tropfblut (Ged., 1919).

Ausgaben: A. St. Das Werk. Vollständige Ausg. der Gedichte u. Dramen. Hg. v. R. Radrizzani. *Wiesb. 1963.* – *A. St. Dichtungen. Bln. 1920–21. 2 Bde. Bd. 3 u. d. T.: Dein Lächeln weint. Hg. v.* I. Stramm. *Wiesb. 1956.*

Literatur: Bozzetti, E.: *Unterss. zu Lyrik u. Drama A. St.s. Diss. Köln 1961.* – Jansen, H.: *Der Westfale A. St. als Hauptvertreter des dichter. Frühexpressionismus. In: Westfäl. Studien. Beitr. zur Gesch. der Wiss., Kunst u. Lit. in Westfalen. Alois Bömer zum 60. Geburtstag gewidmet. Hg. v.* H. Degering *u.* W. Menn. *Lpz. 1928.*

Strandberg, Karl Vilhelm August [schwed. ˌstrandbærj], Pseudonym Talis Qualis, * Stigtomta (Södermanland) 16. Jan. 1818, † Stockholm 5. Febr. 1877, schwed. Dichter.

St. gab während seiner Studienzeit an der Universität Lund in jugendl. begeisterten Gedichten

wie „Vaticinium" (1845) und „Sånger i pansar" (Slg., 1845) dem schwärmer. Skandinavismus und den Freiheitsidealen der Studenten Ausdruck. Seine spätere Dichtung, die Motive auch in der persönl. Sphäre sucht, ist zu innigerem Ton gereift. Von St. stammt die schwed. Königshymne.
Weitere Werke: Vilda rosor (Ged., 1848), Dikter (Ged., 1854 und 1861).

Stranitzky, Josef Anton [...ki], * in der Steiermark (?) 10. Sept. (?) 1676, † Wien 19. Mai 1726, östr. Volkskomödiant und Dramatiker.
Schauspieler einer Wandertruppe, seit 1706 als Leiter einer Truppe in Wien, pachtete 1712 das Kärntnertortheater; Begründer der Altwiener Volkskomödie, stellte den Typen der Commedia dell'arte und denen der engl. Wandertruppen die Gestalt des wiener. Hanswurst an die Seite. Seine Bühnenstücke schuf er meist in Anlehnung an italien. Opernlibretti. Erhalten sind 14 Haupt- und Staatsaktionen (hg. 1908–10).

Straparola, Gianfrancesco [italien. strapa'rɔ:la], * Caravaggio bei Cremona um 1480, † ebd. (?) nach 1557, italien. Dichter.
Über sein Leben ist nichts bekannt. Von Boccaccio beeinflußt; gab eine zweiteilige Sammlung von Novellen, Anekdoten, Rätseln und v.a. Märchen oriental. Herkunft heraus, die durch eine Rahmenerzählung zusammengehalten werden („Le piacevoli notti", 1550–53). Das Werk enthält die erste Märchensammlung Europas und wurde oft als Stoffquelle benutzt.
Weiteres Werk: Sonetti, strambotti, epistole e capitoli (1508).

Straschimirow, Anton; tl.: Strašimirov, Anton [bulgar. straʃi'mirof], * Warna 15. Juni 1872, † Wien 7. Dez. 1937, bulgar. Schriftsteller.
Führte ein unstetes Leben, zeitweilig im rumän. Exil; von 1890 an Lehrtätigkeit in Bulgarien; geriet wegen liberaler polit. Ansichten in Schwierigkeiten; studierte 1895/96 u.a. Literatur in Basel; später polit. tätig; nahm am Balkankrieg als Soldat, am 1. Weltkrieg als Berichterstatter teil. St., der seine literar. Laufbahn Ende der 90er Jahre mit realist. Erzählungen aus der Welt der Bauern begann, behandelte v.a. soziale Probleme; er führte die Gattung des Bauernromans in die bulgar. Literatur ein, erreichte in seinen ausdrucksstarken, bildhaften, stilist. nachlässigen Romanen und Erzählungen ein hohes Maß an Anschaulichkeit durch Verwertung seiner ethnograph. und folklorist. Kenntnisse; ferner Dramen und Essays krit. Inhalts.

Straßburg, Gottfried von † Gottfried von Straßburg.

Strauß, Emil, * Pforzheim 31. Jan. 1866, † Freiburg im Breisgau 10. Aug. 1960, dt. Schriftsteller.
Sohn eines Fabrikanten, studierte Philosophie, Germanistik und Volkswirtschaft in Freiburg i. Br., Lausanne und Berlin; 1890–92 landwirtschaftl. Tätigkeit bei Schaffhausen und Breisach; 1892 abenteuerl. Reise nach Brasilien, wo er anfangs Kolonist und später Lehrer an einem Internat in São Paulo war; nach seiner Rückkehr lebte er zunächst am Bodensee, 1911–15 bei Dresden, und seit 1925 abwechselnd in Freiburg i. Br. und Badenweiler; Freundschaft mit M. Halbe, R. Dehmel, G. Hauptmann und E. Gött. Seine Novellen, in denen er als traditionsbewußter Erzähler z.T. dem Realismus des 19. Jh.s verpflichtet ist, aber auch neuromant. Züge zeigt, sind lebendige Darstellungen menschl. Schicksale in Kampf und Bewährung; auch Romane und Dramen.
Hauptwerke: Der Engelwirt (E., 1901), Freund Hein (R., 1902), Hochzeit (Dr., 1908), Hans und Grete (Novellen, 1909), Der Spiegel (E., 1919), Der Schleier (Novellen, 1930), Das Riesenspielzeug (R., 1935), Ludens (Erinnerungen und Versuche, 1955).
Literatur: Abele, A.: *E. St. Wesen u. Werk. Diss. Mchn. 1955 [Masch.].* – Endres, F.: *E. St. Mchn. 1936.* – Braun, H.: *Die Romane u. der Roman E. St.ens. Diss. Bonn 1933 [Masch.].*

Strauss, Ludwig, * Aachen 28. Okt. 1892, † Jerusalem 11. Aug. 1953, dt.-israel. Schriftsteller.
1929–33 Dozent für dt. Literatur an der TH Aachen, seit 1934 in Israel; zunächst Landarbeiter und Erzieher, zuletzt Dozent an der Universität Jerusalem. Seine Gedichte, Novellen und Dramen sind themat. und sprachl. von dt. und jüd. Geist geprägt; Anregungen von M. Buber, dessen Schwiegersohn er war; Einfluß Hölderlins und St. Georges. Verdienstvoll sind v.a. seine Literaturkritiken und Übersetzungen aus dem Jidd. (u.a. Bialik, Perez, Volkslieder).
Hauptwerke: Wandlung und Verkündigung (Ged., 1918), Der Reiter (E., 1929), Nachtwache. Gedichte 1919–1933 (1933), Wintersaat (Aphorismen, 1953).
Ausgabe: *L. St. Dichtungen u. Schrr. Hg. v.* W. Kraft. *Mchn. 1963.*

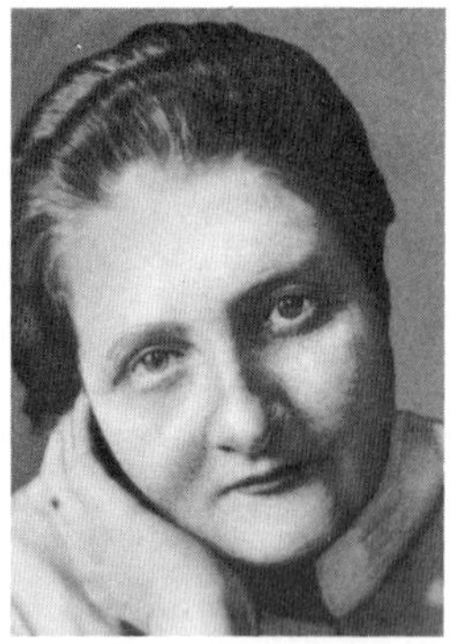

Lulu von Strauß und Torney

Strauß und Torney, Lulu von, * Bückeburg 20. Sept. 1873, † Jena 19. Juni 1956, dt. Schriftstellerin.
Tochter eines Generalmajors, heiratete 1916 den Verleger Eugen Diederichs, lebte seitdem in Jena. Schrieb schwermütige Lyrik, herb-realist. Balladen, die nicht Einzelereignisse, sondern v.a. Schicksale gestalten; in ihren Novellen und histor. Romanen vortreffl. Zeichnung von Landschaft und Menschen ihrer niederdt. Heimat.
Hauptwerke: Gedichte (1898), Bauernstolz (Novellen, 1901), Lucifer (R., 1907), Reif steht die Saat (Balladen, 1919), Der jüngste Tag (R., 1922), Auge um Auge (Nov., 1933).
Literatur: Zander, L.: *Die Balladen der L. v. St. u. T., eine Würdigung. Diss. Greifswald 1951 [Masch.].*

Streckfuß, Karl, Pseudonym Leberecht Fromm, * Gera 20. Sept. 1778, † Berlin 26. Juli 1844, dt. Dichter.
Studierte Rechtswissenschaft; Erzieher, Beamter, Mitglied des preuß. Staatsrats. Schrieb Lyrik, erzählende Prosa und Tragödien im Stil der Romantik; Berühmtheit brachten ihm v.a. Übersetzungen italien. Klassiker, u.a. Ariostos, Tassos und Dantes.
Streff, E. ↑ Niebergall, Ernst Elias.
Strefon ↑ Harsdörffer, Georg Philipp.
Strehlenau, Franz Nikolaus Niembsch, Edler von ↑ Lenau, Nikolaus.
Streuvels, Stijn [niederl. 'strø:vəls], eigtl. Frank Lateur, * Heule bei Kortrijk 3. Okt. 1871, † Ingooigem bei Kortrijk 15. Aug. 1969, fläm. Schriftsteller.
Neffe von G. Gezelle, zunächst Bäcker und Konditor, Autodidakt, 1905 freier Schriftsteller. Vom skand. und russ. Naturalismus beeinflußt, ging es St. nicht so sehr um mustergültigen Aufbau, als um exakte Beschreibung der Leidenschaften und Handlungsmotive einfacher Menschen, deren Seelenleben er mit psycholog. Meisterschaft darstellt; immer wieder ist es der ewige, meist trag. verlaufende Kampf mit der das Leben des Menschen beherrschenden Natur; z.T. auch trag. Gestaltung des Generationskonfliktes.
Hauptwerke: Frühling (Novellen, 1889; dt. 1908), Knecht Jan (R., 1902; dt. 1927), Der Flachsacker (R., 1907; dt. 1918), Das Christkind (Nov., 1911; dt. 1933), Prütske (R., 1922; dt. 1935), Die Männer im feurigen Ofen (Nov., 1926; dt. 1936), Die große Brücke (R., 1927; dt. 1939), Avelghem (Autobiogr., 1946), Ingoyghem (Autobiogr., 1951).
Ausgaben: St. St. Ausgew. Werke. Dt. Übers. Leinfelden 11.–15. Tsd. 1948. 2 Bde. – St. St. Volledige werken. Amsterdam 1952–57. 12 Bde.
Literatur: Linde, R. van de: *Het œuvre van St., sociaal document. Löwen 1958.* – Demedts, A.: *St. St. Amsterdam 1955.* - Pillecijn, F. de: *St. St. en zijn werk. Tielt* ^{3}*1943.*
Stribling, T[homas] S[igismund] [engl. 'strɪblɪŋ], * Clifton (Tenn.) 4. März 1881, † Florence (Ala.) 8. Juli 1965, amerikan. Romanschriftsteller.
Studierte Jura, begann nach berufl. Mißerfolgen seine literar. Laufbahn mit moral.-didakt. Kurzgeschichten, deren Erfolg ihm Studienreisen, u.a. nach Europa, ermöglichte. Schrieb seit Anfang der 20er Jahre Romane, die, oft satir. gefärbt, das Leben im amerikan. Süden, bes. in Alabama, darstellen. Hauptwerk ist die Romantrilogie „The forge“ (1931), „Colonel Vaiden” (dt. 1937) und „Unfinished cathedral“ (1934).
Stricker, der, † um 1250, mhd. Dichter und fahrender Sänger.
Bürgerl. Herkunft; stammte aus dem südl. Franken, hielt sich meist in Bayern oder Österreich auf; in dem Roman aus dem Artuskreis „Daniel vom blühenden Tal“ (um 1215) und in dem Versepos „Karl“, einer Umarbeitung des „Rolandslieds“, war er nur Epigone der großen mhd. Epiker, während er in der novellist.-anekdotenhaften Kunst der kleinen moral-satir., schwankhaften Verserzählung (Bispel; vom Stricker zu einer selbständigen Literaturgattung erhoben), meist aus der außerhöf.-bäuerl. Sphäre, zu seiner eigentl. Leistung fand. „Die Schwänke des Pfaffen Amis“ (um 1230), die erste Schwanksammlung in dt. Sprache, waren sehr erfolgreich.
Ausgaben: Der St. Verserzählungen. Hg. v. Hanns Fischer. *Tüb.* $^{1-2}$*1967. 2 Bde. – Der St. Fabeln u. Mären. Hg. v.* H. Mettke. *Halle 1959. – Die bisher unveröffentlichten Bispelreden des St.s. Überlieferung, Arrogate, exeget. u. literarhistor. Kommentar. Hg. v.* U. Schwab. *Gött. 1959.*
Literatur: Werner, O.: *Entwicklungstendenzen in der mhd. Verserzählung zur dramat. Form. Studien zum St.: „Das heiße Eisen“. In: Zs. f. dt. Philologie 85 (1966), 369.* – Leitzmann, A.: *St.studien. In: Zs. f. dt. Altertum u. dt. Lit. 81 (1944), 69.* – Baier, C.: *Die echten Tier- u. Pflanzenfabeln des St.s. Diss. Basel 1933.*
Strindberg, [Johan] August [schwed. ˌstrindbærj], * Stockholm 22. Jan. 1849, † ebd. 14. Mai 1912, schwed. Dichter.
Harte Kindheit in kleinbürgerl. Elternhaus, dessen Milieu er in der Autobiographie „Der Sohn

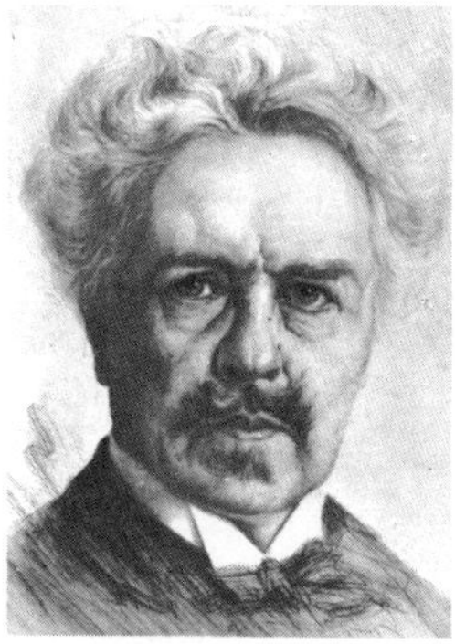

[Johan] August Strindberg

einer Magd“ (dt. 1908) meisterhaft darstellte; 1867 Abitur, studierte ein Semester Medizin, dann Lehrer, Hauslehrer, Schauspielschüler; erste Dramen, 1870–72 erneutes Studium in Uppsala, wo er mit Lehren Rydbergs, Renans, Darwins und D. F. Strauß' bekannt wurde; Interesse für Naturwissenschaften; 1872 entstand sein erstes bed. Drama, „Meister Olaf“ (dt. 1895); dann Mitarbeiter von Zeitungen in Stockholm,1874–82 an der Königl. Bibliothek; 1877–91 1. Ehe; erster großer Erfolg mit dem gesellschaftskrit.-satir. Gegenwartsroman „Das rote Zimmer“ (1879, dt. 1889), scharfe Kritik am zeitgenöss. Schweden auch in den folgenden Erzählungen mit Motiven aus der schwed. Geschichte; von 1883 an rastlose Reisejahre durch halb Europa (Bekanntschaft mit Lie, Bjørnson, Heidenstam, Brandes, Zola und Nietzsche, zeitweise in Friedrichshafen und Berlin, Begegnung mit den dt. Naturalisten); die Unmöglichkeit einer echten menschl. Beziehung, bes. der zur Frau, wird in seinem Leben und Werk, das vom selbstquäler. und selbstzerstörer. Bekenntnisdrang des Skeptikers geprägt ist, immer deutlicher, u.a. in den Ehenovellen „Heiraten“ (dt. 1889), im Drama „Fräulein Julie“ (dt. 1889); dennoch 2. Ehe (1893–95); Anfälle von Verfolgungswahn suchten St. heim, schwere weltanschaul. Krise, die in einer verschwommenen Religiosität endete, von ihm in „Inferno“ (1897, dt. 1909) mit wissenschaftl. Akribie beschrieben. In der Folgezeit entstanden die künstler. reifsten Dramen, durch die St., der zuvor den Naturalismus in Schweden eingeleitet hatte, in expressionist., z.T. surrealist. und realist.-myst. Darstellungsweise die moderne Dramatik wie kaum ein anderer beeinflußt hat, u.a. „Nach Damaskus" (dt. 1899), „Totentanz" (dt. 1904), „Ein Traumspiel" (dt. 1903); seit 1899 endgültig in Stockholm, 1901–04 3. Ehe, 1907 mit A. Falck Gründung des Intimen Theaters, für das St. seine ausdrucksstarken Kammerspiele schrieb, u.a. „Gespenstersonate" (dt. 1908), „Scheiterhaufen" (dt. 1908). St., der auch als Lyriker Bedeutendes leistete, wurde zeit seines Lebens von einer Anschauung zur andern getrieben, deren jede er mit gleicher Unbedingtheit bejahte. Provozierend und anregend mit seinem Werk, beeindruckend mit den autopsycholog. Biographien.

Weitere Werke: Die Beichte eines Thoren (Autobiogr., dt. 1894), Der Vater (Dr., dt. 1888), Advent (Dr., dt. 1899), Die got. Zimmer (R., dt. 1904), Histor. Miniaturen (dt. 1906), Wetterleuchten (Kammerspiel, dt. 1908).

Ausgaben: A. St. Werke. Dt. Übers. Mchn. 1955–59. 9 Bde. – A. St. Skrifter. Hg. v. G. Brandell. *Stockholm 1945–46. 14 Bde. – A. St. Samlade skrifter. Neuaufl. Stockholm 1921–27. 55 Bde. – A. St. Werke. Dt. Gesamtausg. Mchn. 1–10 1904–30. 46 Bde.*

Literatur: Ollén, G.: *A. St. Velber 1968.* – Hortenbach, J. C.: *Freiheitsstreben u. Destruktivität. Oslo u. Boston (Mass.) 1965.* – Mortenson, B. M. E./Downs, B. W.: *St. New York 1965.* – Lunin, H.: *St.s Dramen. Emsdetten 1963.* – Wirtanen, A.: *A. St. in Selbstzeugnissen u. Bilddokumenten. Dt. Übers. Reinbek bei Hamb. 1962.* – Ahlström, S., *u.a.: A. St. Stockholm 1959–61. 2 Bde.* – Lamm, M.: *A. St. Stockholm ²1948. 2 Bde.* – Erdmann, N.: *A. St. Die Gesch. einer kämpfenden u. leidenden Seele. Dt. Übers. Lpz. 1924.*

Stritar, Josip [slowen. 'stri:tar], Pseudonym Boris Miran, * Podsmreka bei Velike Lašče 6. März 1836, † Rohitsch-Sauerbrunn (Slowenien) 25. Nov. 1923, slowen. Schriftsteller und Kritiker. Sohn eines Bauern, studierte klass. Philologie in Wien, war ebd. Hauslehrer und später Gymnasiallehrer. Hg. der Zeitschrift „Zvon"; nach dem 1. Weltkrieg ging er in seine Heimat zurück. St. schrieb kultivierte, formschöne Lyrik ohne tiefere Gefühlsbeteiligung; allmähl. Vorherrschen eines melanchol.-pessimist. Tones; bemerkenswert sind v.a. die satir. „Dunajski sonetje" (= Donausonette, 1872). In Romanen und Novellen wird der Einfluß Rousseaus und Goethes deutlich. St.s krit. Arbeiten, mit denen er die junge slowen. Dichtung förderte, werden bes. geschätzt.

Strittmatter, Erwin, * Spremberg 14. Aug. 1912, dt. Schriftsteller.

Bäckersohn, verschiedene Berufe, freier Schriftsteller, lebt in der DDR. Vertreter des sozialist. Realismus („Tinko", R., 1955). Aus gründl. Kenntnis und guter Beobachtung des Dorfmilieus, der Proletarier-, Kommiß- und Kleinbürgerwelt schreibt er mit Humor und Phantasie, aber auch vereinfachender Schwarzweißmalerei Romane, Erzählungen und Dramen. Neben plast. Genrebildern, farbigen Milieuschilderungen stehen auch seichte Episoden und Klischees.

Weitere Werke: Ochsenkutscher (R., 1950), Katzgraben (Kom., 1954), Der Wundertäter (R., 1957), Die Holländerbraut (Dr., 1961), Ole Bienkopp (R., 1963), Schulzenhofer Kramkalender (Kurzgeschichten u.a., 1967).

Literatur: Nowojski, W.: *Interview mit E. St. In: Neue Dt. Lit. 13 (1965), H. 6, S. 65.* – Kopelew, L.: *Neue Wege des dt. Romans. Über das Schaffen v. E. St. In: Kunst u. Lit. 8 (1960), 477.* – ↑ auch Scharrer, Adam.

Strobl, Karl Hans [...bəl], * Iglau (Südmähr. Gebiet) 18. Jan. 1877, † Perchtoldsdorf bei Wien 10. März 1946, östr. Schriftsteller.

Sohn eines Kaufmanns, studierte in Prag Jura und Philosophie, bis 1913 in Iglau und Brünn im Staatsdienst, dann Redakteur in Leipzig (Hg. der Zeitschrift „Der Turmhahn"), im 1. Weltkrieg Kriegsberichterstatter. Beschrieb in histor. und zeitgeschichtl. Romanen den Volkstumskampf im sudetendt. Grenzgebiet; daneben phantast.-groteske Spukromane, in denen er bes. E. T. A. Hoffmann verpflichtet ist; umfangreiches Werk.

Hauptwerke: Die Vaclavbude (R., 1902), Bismarck (R., 1915–19), Verlorene Heimat (Autobiogr., 1920), Die Fackel des Hus (R., 1929), Goya und das Löwengesicht (R., 1932), Feuer im Nachbarhaus (R., 1938).

Literatur: Thalhammer, H.: *K. H. St. Lilienfeld 1937.* – Altrichter, A.: *K. H. St. Lpz. 1927.*

Stroupežnický, Ladislav [tschech. 'strou̯pɛʒnjitski:], * Cerhonice bei Prag 6. Jan. 1850, † Prag 11. Aug. 1892, tschech. Dramatiker.

War Dramaturg am Nationaltheater. Mit seinem dramat. Schaffen ist er teils der Romantik, teils dem Realismus verpflichtet. Er schrieb Possen und Volksstücke mit kernigen Bauerngestalten, ferner histor. Dramen und Gesellschaftsstücke. Bekannt wurde er v.a. durch seine Posse „Naši furianti" (= Unsere Großtuer, 1887) aus dem südböhm. Bauernleben.

Strub, Urs Martin, * Olten 20. April 1910, schweizer. Lyriker.

Psychiater, Chefarzt eines Sanatoriums. Seine tiefempfundenen Gedichte kreisen um Natur, Geist, Christentum, Werden und Vergehen und geistiges Reifen.

Hauptwerke: Der Morgenritt (Ged., 1945), Lyr. Texte (Ged., 1953), Die Wandelsterne (Ged., 1955), Zürichsee (Essays, 1963), Signaturen Klangfiguren (Ged., 1964).

Strübe, Hermann ↑ Burte, Hermann.

Strug, Andrzej [poln. struk], eigtl. Tadeusz Gałecki, * Konstantynówka bei Lublin 16. Febr. 1873, † Warschau 9. Dez. 1937, poln. Schriftsteller.

Adeliger Abstammung, studierte Landwirtschaft; wegen seiner Beziehungen zur Arbeiterbewegung nach Archangelsk verbannt; nahm an der Revolution von 1905 teil, emigrierte nach Frankreich, kämpfte in den Legionen Piłsudskis im 1. Weltkrieg und war später Gegner von dessen autoritärem Regime. St. schrieb Prosaerzählungen aus der poln. Arbeiterbewegung, über Probleme des modernen Kapitalismus und der poln. Intelligenz; pazifist. Haltung. Sein Spätwerk enthält auch Kriminal- und Spionagegeschichten; dt. erschien „Geschichte einer Bombe" (R., dt. 1912).

Strutz, Herbert, * Klagenfurt 6. Juni 1902, östr. Schriftsteller.

Kapellmeister, Verlagsleiter, Kritiker; schrieb sensible, naturnahe Lyrik und Erzählungen, auch Heimat- und Kinderbücher.
Hauptwerke: Wanderer im Herbst (Ged., 1932), Die ewigen Straßen (R., 1933), Unter dem Sternenhimmel (En., 1949), Vor dem Dunkelwerden (Ged., 1959), Staub unter Sternen (En., 1965), Bedrängtes Dasein (Ged., 1967).
Stryjkowski, Julian [poln. strij'kɔfski], * Stryj 27. April 1905, poln. Schriftsteller.
Studierte in Lemberg Polonistik, Gymnasiallehrer, Buchhändler in Warschau, während des 2. Weltkriegs in der UdSSR, Redakteur, zeitweilig auch in Rom; schrieb Romane (von Th. Mann beeinflußt), die sich gegen Unrecht und Elend wenden; auch Übersetzer. Dt. liegen vor: „Lauf nach Fragalá" (dt. 1953), „Stimmen der Finsternis" (dt. 1963), „Austeria" (dt. 1968), eine Schilderung jüd. Lebens in Galizien.
Stuart, C. F. ['ʃt...] ↑ Flaischlen, Cäsar.
Stuart, Francis [engl. stjʊət], * in Queensland (Australien) 29. April 1902, ir. Schriftsteller.
Kam, aus einer ir. Familie stammend, früh nach Irland; wurde in Rugby erzogen, ging dann nach Dublin; wegen Teilnahme am ir. Bürgerkrieg auf der Seite der Nationalisten in Irland interniert; Lehrtätigkeit u.a. an der Berliner Humboldt-Universität; lebt in Frankreich. St., der in seiner Dubliner Zeit zum Katholizismus übertrat, behandelt in seinen Romanen zeitgenöss. Existenzprobleme, oft unter religiösen Aspekten; von Bedeutung sind auch aktuelle polit. und ökonom. Fragen; schrieb ferner Erzählungen, Dramen und Gedichte.
Hauptwerke: Women and God (R., 1930), Pigeon Irish (R., 1932), Die bunte Kuppel (R., 1932; dt. 1943), Die Wolkensäule (R., 1948; dt. 1953), Das Lächeln (R., dt. 1952), Karfreitag nach Ostern (R., 1951; dt. 1956).
Stub, Ambrosius [dän. sdub], * Gummerup bei Assens 17. Mai 1705, † Ripen 15. Juli 1758, dän. Dichter.
Hauslehrer und Schreiber; seine Naturlyrik vereint die Verspieltheit des Rokokos mit realist. Beobachtung; seine Kirchenlieder sind wie die Trinklieder weniger bedeutend.
Hauptwerk: Arier og andre poetiske stykker (Ged., 1771).
Stucken, Eduard, * Moskau 18. März 1865, † Berlin 9. März 1936, dt. Schriftsteller.
Sohn eines dt.-amerikan. Großkaufmanns, nach Gymnasialbesuch kaufmänn. Lehrzeit in Bremen, studierte dann Naturwissenschaften, Philologie, Assyriologie und Ägyptologie; 1890/91 Teilnahme an einer Expedition nach Syrien, seither freier Schriftsteller in Berlin; weite Reisen; zeigte in seinen neuromant. Dramen Vorliebe für exot., phantast. und myth. Stoffe; sein Hauptwerk ist ein Dramenzyklus mit Themen aus der Gralssage (1902–16), auch Gedichte, Romane und kulturgeschichtl. Untersuchungen.
Weitere Werke: Astralmythen (1896–1907), Astrid (Dr., 1911), Die weißen Götter (R., 1918–22), Larion (R., 1925).
Literatur: Carlson-Lambert, I.: *E. St. Diss. Erlangen/Nürnb. 1962.*
Stuckenberg, Viggo [dän. 'sdugənbɛr'], * Vridsløselille bei Kopenhagen 17. Sept. 1863, † Kopenhagen 6. Dez. 1905, dän. Dichter.
Lehrte an einer Privatschule in Kopenhagen. Seine Lyrik entstand in den 90er Jahren und trägt viele Merkmale dieser Zeit: Abkehr vom Naturalismus, Einfühlung in seel. Vorgänge, Freude an der Natur und religiöse Ahnung. Schrieb auch stimmungsvolle Erzählungen.
Hauptwerke: Der holden Worte süßer Klang (Essay, 1895; dt. 1901), Flyvende Sommer (Ged., 1898), Sne (Ged., 1901).
Stukalow, Nikolai Fjodorowitsch; tl.: Stukalov, Nikolaj Fedorovič [russ. stu'kaləf] ↑ Pogodin, Nikolai Fjodorowitsch.
Štúr, Ľudovít [slowak. ʃtu:r], * Uhrovec (Westslowak. Gebiet) 29. Okt. 1815, † Modern (Westslowak. Gebiet) 12. Jan. 1856, slowak. Schriftsteller und Philologe.
Studierte Geschichte, Philosophie und Philologie. Professor in Preßburg, gab die slowak. geschriebene Zeitschrift „Slovenskje národnje novini" heraus, war Landtagsabgeordneter und Führer des slowak. Aufstands 1848. Danach lebte er seiner literar. und wissenschaftl. Arbeit. Sein Hauptanliegen war die Erhebung des mittelslowak. Dialekts zur Schriftsprache, für die er sich in wissenschaftl. Abhandlungen und im Parlament einsetzte. St. stand unter dem Einfluß der dt. Romantik und des russ. Panslawismus. Er schrieb v.a. romant.-patriot. Gedichte.
Hauptwerke: Das 19. Jh. und der Magyarismus (Schr., 1845), Das Slawentum und die Welt der Zukunft (Studie, hg. 1931).
Sturlungasaga, isländ. Saga aus dem 13. Jh., im wesentl. vom Neffen Snorri Sturlusons, Sturla Þorðarson, geschrieben. Die St. schildert eine unruhige Zeit der isländ. Geschichte. Sie zählt zur Gattung der Königssagen, deren Verfasser die Anonymität der früheren Erzähler abwerfen und eigene Gedanken mitsprechen lassen.
Sturluson, Snorri ↑ Snorri Sturluson.
Sturm, Julius, Pseudonym Julius Stern, * Bad Köstritz bei Gera 21. Juli 1816, † Leipzig 2. Mai 1896, dt. Dichter.
Studierte in Jena Theologie, wurde mit J. Kerner und N. Lenau bekannt; Prinzenerzieher, seit 1850 Pfarrer in Göschitz bei Schleiz, seit 1857 in Bad Köstritz, 1878 ebd. Kirchenrat. St., ein populärer, religiöser Lyriker der Spätromantik, schrieb vaterländ. Gedichte, Märchen und Fabeln. Bes. beliebt war seine Sammlung „Fromme Lieder" (1852–92).
Weitere Werke: Stilles Leben (Ged., 1865), Israelit. Lieder (Ged., 1867), Spiegel der Zeit in Fabeln (1872), Das Buch für meine Kinder (Märchen, 1877), Märchen (1881), Palme und Krone (Ged., 1888).
Sturz, Helf[e]rich Peter, * Darmstadt 16. Febr. 1736, † Bremen 12. Nov. 1779, dt. Schriftsteller.
Studierte Jura und Literaturwissenschaft, dann im diplomat. Dienst, zunächst in Glückstadt, später in Kopenhagen, ebd. 1768 Legationsrat. Nach der Struensee-Affäre entlassen, 1775 oldenburg. Staatsrat. Gehörte zum Kreis um Klopstock; seine Reisebriefe und seine außerordentl. lebendigen Essays und Charakteristiken (u.a. von Klopstock und Rousseau) sowie die anekdot. Erzählungen erweisen ihn als bed. Prosaisten.
Hauptwerke: Julie (Dr., 1767), Erinnerungen aus dem Leben des Grafen von Bernstorff (1777), Schriften (1779–82).

Ausgabe: H. P. St. Schrr. Karlsr. 1784. Nachdr. mit einem Nachwort v. J.-U. Fechner. *Mchn. 1970. 2 Bde.*

Sturzen-Becker, Oscar Patrik [schwed. 'stʊrtsən-'bɛkər], Pseudonym Orvar Odd, * Stockholm 28. Nov. 1811, † Hälsingborg 16. Febr. 1869, schwed. Schriftsteller.

Studium in Uppsala, Journalist und Redakteur, Anhänger des Skandinavismus. Stilist. Vorbilder für seine satir. Gedichte gegen die Romantiker fand St.-B. bei Heine. Seiner Begabung gerechter werden die weniger zeitgebundenen Essays und witzigen Plaudereien, die einen neuen, realist. Stil in die schwed. Literatur einführten.

Hauptwerke: Min fattiga sångmö (Ged., 1844), Grupper och personager från i går (Essay, 1861), Grevinnan gruffiakin (Ged., 1861).

Stymmel[ius], Christoph ['ʃtʏməl, ʃtʏ'me:liʊs], * Frankfurt (Oder) 22. Okt. 1525, † Stettin 19. Febr. 1588, dt. Dramatiker.

Schrieb neben lat. Dramen mit bibl. Stoffen die derbe realist. Komödie „Studentes" (1545).

Styron, William [engl. 'staɪərən], * Newport News (Va.) 11. Juni 1925, amerikan. Schriftsteller und Journalist.

Studierte nach dem Krieg an der Duke University in North Carolina; an Joyce, Th. Wolfe und Faulkner geschult; wurde für seinen ersten Roman, „Geborgen im Schoße der Nacht" (1951, dt. 1957), der den sozialen Verfall einer Südstaatenfamilie zeigt, mit dem Rompreis ausgezeichnet; am bekanntesten wurde sein Roman „Die Bekenntnisse des Nat Turner" (dt. 1968), der den ersten Negeraufstand im August 1831 aus der Sicht Nat Turners schildert, des schwarzen Baptistenpredigers, der diese Revolte geleitet hat; St. erhielt dafür 1968 den Pulitzerpreis.

Weitere Werke: Der lange Marsch (E., 1953; dt. 1962), Und legte Feuer an dies Haus (R., dt. 1961).

Literatur: ↑ Updike, John [Hoyer].

Suarès, André [frz. sɥa'rɛs], eigtl. Isaac Félix S., Pseudonyme Yves Scantrel, Caërdal u. a., * Marseille 12. Juni 1868, † Saint-Maur-des-Fossés 7. Sept. 1948, frz. Schriftsteller.

Jüd. Abstammung; 1886–89 Studium an der École normale supérieure in Paris; befreundet mit R. Rolland; lebte zurückgezogen als freier Schriftsteller in Paris; 1940–44 im Exil in S-Frankreich. Schrieb in kunstvoller, z. T. rhetor. überspitzter Sprache von pessimist. Lebensauffassung bestimmte Gedichte, Aphorismen, Essays, Reisebeschreibungen und auch Dramen; beeinflußt u. a. von Nietzsche, verherrlichte er moral. Größe und Heroismus in seinen Porträts großer Männer.

Hauptwerke: Le livre de l'émeraude (Skizzen, 1902), La tragédie d'Électre et d'Oreste (Dr., 1905), Voyage du condottière (Reiseb., 1910–32; 1. Bd. dt. 1914 u. d. T. Eine italien. Reise), Cressida (Dr., dt. 1913), Debussy (Essay, 1922), Goethe, le grand Européen (Essay, 1932), Trois grands vivants (Porträts, 1938).

Literatur: Dietschy, M.: *Le cas A. S. Neuenburg 1967.* – Savet, G.: *A. S., critique. Paris 1959.* – Helmke, B.: *A. S. als Denker u. Künstler. Diss. Jena 1933.*

Šubík, František [slowak. 'ʃubi:k] ↑ Žarnov, Andrej.

Suchenwirt, Peter, * um 1320, † Wien (?) nach 1395, östr. Fahrender.

Hielt sich zuerst in Österreich auf, lebte dann am Hof Ludwigs I. von Ungarn und des Burggrafen Albrecht von Nürnberg, seit 1372 in Wien; begleitete 1377 Herzog Albrecht III. von Österreich nach Preußen; führender Vertreter der mittelalterl. Herolds- und Wappendichtung; verfaßte Ehrenreden auf seine Gönner sowie Dichtungen, in denen er eine allegor. Deutung von Wappen gibt. Er preist Taten angesehener Zeitgenossen und berichtet über geschichtl. Ereignisse. Auch polit. Zeitgedichte und Lehrgedichte.

Ausgabe: P. S. Werke aus dem 14. Jh., ein Beitrag zur Zeit- u. Sittengesch. Hg. v. A. Primißer. *Wien 1827. Nachdr. Wien 1961.*

Literatur: Kratochwil, F.: *Der östr. Didaktiker P. S., sein Leben u. seine Werke. Programm Krems 1871.* – Weber, O.: *P. S. Studien über sein Wesen u. Werk. Greifswald 1937.*

Suchowo-Kobylin, Alexandr Wassiljewitsch; tl.: Suhovo-Kobylin, Aleksandr Vasil'evič [russ. suxa'vɔka'bɨlin], * Moskau 29. Sept. 1817, † Beaulieu-sur-Mer 24. März 1903, russ. Dramatiker.

Aus altem Adel; studierte in Moskau Naturwissenschaften, dann Philosophie und Jura in Deutschland; hielt sich häufig im Ausland auf. Die Kenntnis der russ. Rechtspflege, die S.-K., der in einem Jahre dauernden Mordprozeß unter Anklage stand, während der Haft erworben hatte, verwertete er in drei Dramen, die Elemente des bürgerl. Lustspiels, der polit. Komödie nach Scribes Vorbild, der Dramen Gogols, der Farce und der Bühnengroteske vereinen; S.-K. verwendete auch Züge der polit. Satire und der aggressiven pamphletist. Theaterdichtung. Dt. EA der Komödie „Tarelkins Tod" 1964 in Berlin.

Suchtelen, Jonkheer Nico[laas] Johannes van [niederl. 'sʏxtələ], * Amsterdam 25. Okt. 1878, † Ermelo bei Amersfort 27. Aug. 1949, niederl. Schriftsteller.

Studierte Naturwissenschaften, Soziologie, Volkswirtschaft, später Philosophie, Psychologie und Staatswissenschaft (Dr. rer. pol.); Verlagsdirektor. Verfasser lebensnaher, sprachl. und metr. vollendeter Gedichte, psycholog. Romane, Dramen und Essays. Hervorragende Übersetzungen aus dem Dt. (Goethe, Hebbel, Kleist u. a.) und aus dem Italienischen (Dante u. a.).

Hauptwerke: Kroisos (Trag., 1897), Quia absurdum (R., 1906), De stille lach (Brief-R., 1916; mit Annie Salomons), Oorlog (Essay, 1936).

Suckert, Kurt Erich [italien. 'sukkert] ↑ Malaparte, Curzio.

Suckling, Sir John [engl. 'sʌklɪŋ], * Twickenham (heute zu London-Richmond upon Thames) 10. Febr. 1609, † Paris 1642, engl. Dichter.

Sohn eines der höchsten Beamten unter Jakob I.; studierte u. a. in Cambridge; nach ausgedehnten Reisen auf dem Kontinent 1630 geadelt; diente wahrscheinl. 1631 freiwillig unter Gustav II. Adolf; floh 1641 aus polit. Gründen nach Paris, wo er zeitgenöss. Berichten zufolge Selbstmord beging. S., bei Hof wegen seines Witzes beliebt, schrieb Dramen ohne besonderen literar. Wert; seine Versdichtung und seine Prosa erweisen ihn jedoch als brillanten Kavaliersdichter und Vorläufer der Restaurationsdichtung.

Sudermann, Hermann, * Matziken i. Ostpr. 30. Sept. 1857, † Berlin 21. Nov. 1928, dt. Schriftsteller.
Sohn eines Landwirts, studierte Geschichte und Philosophie in Königsberg (Pr) und Berlin, 1881/82 Schriftleiter am „Dt. Reichsblatt", dann Hauslehrer; schließl. freier Schriftsteller in Königsberg, Dresden, auf seinem Landsitz Blankensee und zeitweise in Berlin. Erfolgreicher Dramatiker der Zeit vor dem 1. Weltkrieg, verband naturalist. Stilmittel und sozial-sentimentale Thematik mit am frz. Konversationsstück geschulter Effektdramaturgie; wirklichkeitsnäher sind die seiner ostpreuß. Heimat verbundenen Romane und Erzählungen.
Hauptwerke: Frau Sorge (R., 1887), Der Katzensteg (R., 1889), Die Ehre (Dr., 1890), Sodoms Ende (Trag., 1891), Heimat (Dr., 1893), Johannes (Trag., 1898), Johannisfeuer (Dr., 1900), Stein unter Steinen (Schsp., 1905), Das Hohe Lied (R., 1908), Litauische Geschichten (En., 1917).
Ausgaben: H. S. Romane u. Novellen. Gesamtausg. Stuttg. 1.–36. Tsd. 1930. 10 Bde. in 2 Reihen. – H. S. Dramat. Werke. Gesamtausg. in 6 Bden. Stuttg. 1.–5. Tsd. 1923.
Literatur: Matulis, A. C.: *Lithuanian culture in the prose works of H. S., Ernst Wiechert and Agnes Miegel. Diss. Michigan State Univ., East Lansing 1963. – H. S. Ein Dichter an der Grenzscheide zweier Welten. Zusammengestellt v.* Th. Duglor. *Troisdorf 1958.* – Leux, I.: *H. S. (1857–1928). Individualanalyt. u. schaffenspsycholog. Studie. Lpz. 1931.* – Busse, K.: *H. S. Sein Werk u. sein Wesen. Stuttg. 1927.*

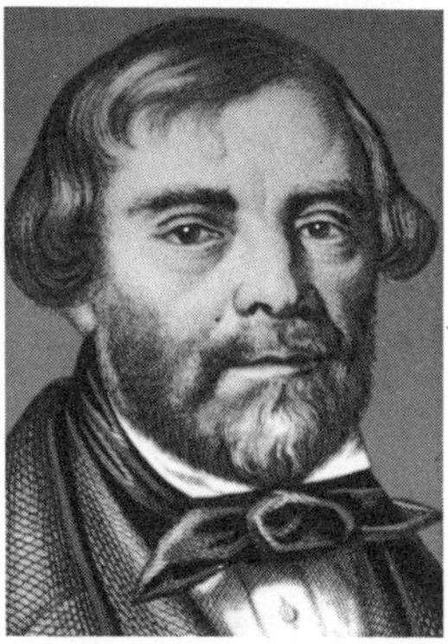
Eugène Sue

Südfeld, Max Simon ↑ Nordau, Max.
Śūdraka ↑ Schudraka.
Sue, Eugène [frz. sy], eigtl. Marie-Joseph S., * Paris 10. Dez. 1804, † Annecy 3. Aug. 1857, frz. Schriftsteller.
Arztsohn; studierte Medizin und kam als Schiffsarzt nach Asien, Afrika und Amerika; wurde früh freier Schriftsteller; 1848 Abgeordneter sozialrevolutionärer Richtung; 1851 als Gegner des 2. Kaiserreiches exiliert, starb im damals italien. Savoyen; schrieb die ersten frz. Seeromane: „Plick und Plock" (dt. 1834), „Atar-Gull" (1831, dt. 1838), „Der Salamander" (1832, dt. 1838), mit Schilderungen exot. Gegenden; wandte sich dann dem histor. Schauerroman zu, u.a. mit „Latréaumont" (dt. 1838), und schrieb zuletzt Zeitungsromane mit sozialer Tendenz; größte Erfolge dieser Gattung: „Die Geheimnisse von Paris" (dt. 1842), „Der ewige Jude" (dt. 1844/45), „Die sieben Todsünden" (dt. 1845/46), „Martin der Findling oder..." (dt. 1846), „Die Geheimnisse des Volkes" (dt. 1850–52); die Mehrzahl der Romane sind von pessimist. Lebensanschauung bestimmt; S.s dramat Werke hatten keinen Erfolg.
Ausgabe: E. S.s sämmtl. Werke. Dt. Übers. Lpz. $^{2-3}$*1847–55. 114 Bde.*
Literatur: Wodnanska, E.: *S.s Einstellung zu den sozialen Problemen seiner Zeit. Diss. Wien 1964 [Masch.].* – Bory, J.-L.: *E. S. Le roi du roman populaire. Paris 1962.*
Sueton [zu-e...] ↑ Suetonius Tranquillus, Gaius.
Suetonius Tranquillus, Gaius [zu-e...], * um 70, † um 140, röm. Schriftsteller.
Sohn eines röm. Offiziers, Jugend unter Domitian; Freundschaft mit dem jüngeren Plinius, unter Trajan u.a. Bibliothekar, unter Hadrian Tätigkeit in der kaiserl. Kanzlei als Sekretär, widmete sich später ganz der wissenschaftl. Arbeit. S. war in seinen Schriften sorgfältig um fakt. Korrektheit und pedant. genaue Darstellung bemüht, doch lassen Kritiklosigkeit und mangelndes Verständnis für das Wesentl. in seinem Werk die innere Einheit vermissen. Von seinem umfangreichen Werk ist nur wenig erhalten, das jedoch als Quelle für viele verlorengegangene Schriften vor S. von Bedeutung ist. Seinen Ruhm und seine Nachwirkung bis ins MA verdankt S. dem teilweise überlieferten Werk „De viris illustribus", das sich auf hervorragende Vertreter der röm. Literatur und der grammat. Disziplin beschränkt, und den vollkommen erhaltenen Kaiserbiographien „De vita Caesarum", einer mechan. Übertragung der literar. auf die polit. Biographie.
Ausgaben: Sueton. Cäsarenleben. Dt. Übers. Hg. v. M. Heinemann. *Stuttg.* ^{6}*1961. – C. Suetoni Tranquilli opera. Bd. 1: De vita Caesarum libri VIII. Hg. v.* M. Ihm. *Lpz. 1908. Neudr. Stuttg. 1967. Bd. 2: Praeter caesarum libros reliquiae. Hg. v.* G. Brugnoli. *Stuttg.* ^{2}*1963ff. Auf 2 Tle. berechnet.*
Literatur: Luck, G.: *Über Suetons Divus Titus. In: Rhein. Museum f. Philologie 107 (1964), 63.* – Steidle, W.: *Sueton u. die antike Biogr. Mchn.* ^{2}*1963.* – Della Corte, F.: *Svetonio, eques Romanus. Mailand 1958.* – Paratore, E.: *Una nuova ricostruzione del „de poetis" di Suetone. Bari* ^{2}*1951.* – Howard, A. A./Jackson, C. N.: *Index verborum C. Suetoni Tranquilli stilique eius proprietatum nonnullarum confecerunt ... Cambridge (Mass.) 1922. Nachdr. Hildesheim 1963.*
Suhair Ibn Abi Sulma; tl.: Zuhayr Ibn Abī Sulmà [zu'haɪər], altarab. Dichter des 6. Jahrhunderts. Vater des Kab Ibn Suhair; bed. didakt. Dichter; sein Diwan (dt. 1867) ist v.a. dem Lob zweier Stammesführer gewidmet, die einen Bruderkrieg beendet haben. Eines seiner Gedichte wurde in die Sammlung der „Muallakat" aufgenommen.
Suhovo-Kobylin ↑ Suchowo-Kobylin.
Suits, Gustav, * Võnnu (Kreis Dorpat) 30. Nov. 1883, † Stockholm 23. Mai 1956, estn. Dichter. Professor für estn. und allgemeine Literaturgeschichte in Dorpat, Mitglied der estn. Akademie der Wissenschaften; seit 1944 bei der Nobelstif-

tung; Führer der westl. orientierten literar. Bewegung „Junges Estland", trug zur Erneuerung der estn. Lyrik bei, übte auf die polit. und geistige Haltung Estlands wie auch auf die estn. Dichtung großen Einfluß aus, für die er den Anschluß an die europ. erstrebte. Während seine frühen Gedichte vom Pathos bestimmt sind, neigt S. später mehr und mehr zur Abstraktion und zur Intellektualisierung; bed. Übersetzer, auch Essayist.

Śukasaptati ↑ Schukasaptati.

Sullivan, Vernon [engl. 'sʌlɪvən] ↑ Vian, Boris.

Sully Prudhomme [frz. syllipry'dɔm], eigtl. René François Armand P., * Paris 16. März 1839, † Châtenay-Malabry (Hauts-de-Seine) 7. Sept. 1907, frz. Dichter.

Studierte Jura und Philosophie, Notariatstätigkeit in Paris, mit den Dichtern des Parnasse befreundet, Kriegsdienst, 1881 Mitglied der Académie française; philosoph. Neigungen; erster Nobelpreisträger für Literatur (1901). Begann im Stil des

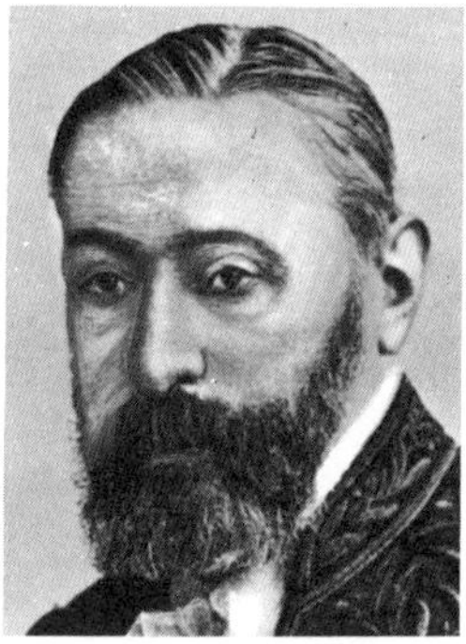

Sully Prudhomme

Parnasse, von dem er sich jedoch durch seine melanchol. gestimmte Lyrik stark unterscheidet; behandelt in seinen philosoph. Gedichten wissenschaftl., philosoph., soziale und moral. Grundfragen in einer wissenschaftl.-präzisen, oft aber auch dunklen und abstrakten Sprache.

Hauptwerke: Les destins (Ged., 1872), La justice (Ged., 1878), Le prisme (Ged., 1886), Le bonheur (Ged., 1888), Réflexions sur l'art des vers (Abhandlung, 1892).

Literatur: Flottes, P.: *S. P. et sa pensée. Paris 1930.* – Brangsch, W.: *Philosophie u. Dichtung bei S. P. Bln. 1911.*

Sulpicia, röm. Dichterin der Wende des 1. Jh.s v. Chr. zum 1. Jh. n. Chr.

Nichte des Messalla Corvinus, des Gönners von Tibull, unter dessen Werken ihre 6 Elegien überliefert sind; Ursprünglichkeit, Wärme, Echtheit des Gefühls zeichnen das kleine Werk aus (einzige erhaltene Frauendichtung in der röm. Literatur).

Sulpicius Severus, * in Aquitanien um 360, † in Südfrankreich um 420, lat. Geschichtsschreiber.

Bekehrte sich zum Christentum und vollendete 403 zwei Bücher „Chronica", einen unter christl. Aspekt abgefaßten, auch stilist. bed. Abriß der Weltgeschichte bis in seine Zeit; im MA als Schulbuch weit verbreitet. Die übrigen Schriften galten dem hl. Martin: „Vita Sancti Martini", 2 „Dialogi" und 3 Briefe.

Literatur: Hyltén, P.: *Studien zu S. S. Lund 1940.*

Sumarokow, Alexandr Petrowitsch; tl.: Sumarokov, Aleksandr Petrovič [russ. suma'rɔkɐf], * bei Wilmanstrand (heute Lappeenranta, Finnland) 4. Dez. 1717 oder 1718, † Moskau 23. Okt. 1777, russ. Dramatiker.

Aus alter Adelsfamilie; wurde Offizier, dann 1756–61 Leiter des ersten ständigen russ. Theaters; 1759 Hg. der ersten russ. literar. Zeitschrift; gilt als erster russ. Berufsliterat; verlor liberaler Ansichten wegen die Gunst der Kaiserin Katharina der Großen. Vertrat bes. in seinen von frz. Vorbildern abhängigen Tragödien einen strengen klassizist. Stil; verwandte trotz Lomonossows Forderung rhetor. Mittel nur zurückhaltend; seine satir. Komödien sind durch einen mehr volkssprachl. Stil gekennzeichnet; S. pflegte ferner u.a. die Gattungen der Ode, der Elegie, der Epistel und des Sonetts; auch Eklogen, Liebeslyrik und Fabeln, die 1865 in dt. Auswahl erschienen.

Literatur: Harder, H.-B.: *Studien zur Gesch. der russ. klassizist. Tragödie 1747–1769. Wiesb. 1962.*

Sumbatow, Alexandr Iwanowitsch Fürst; tl.: Sumbatov, Aleksandr Ivanovič [russ. sum'batɐf], * Murawljowka (Gouv. Tula) 16. Sept. 1853, † Juan-les-Pins (heute zu Antibes) 17. Sept. 1927, russ. Dramatiker.

Sohn eines georg. Fürsten; seit 1882 einer der bedeutendsten Schauspieler (Pseudonym Juschin) in Petersburg, seit 1909 auch Direktor des Moskauer „Kleinen Theaters". S., bes. vor 1900 beliebter Theaterdichter, schrieb Dramen, darunter Komödien, die, v.a. an A. N. Ostrowski geschult, den Nachteil konstruktiver Schwächen durch gute Charakterisierung und geschickte Dialogführung ausgleichen; zu seinen Hauptwerken gehören u.a. „Im Dienst" (Dr., dt. 1898) und „Die Macht der Frau" (Dr., 1899; dt. 1911).

Sünder, Artur ↑ Reimann, Hans.

Sundman, Per Olof [schwed. ˌsundman], * Vaxholm 4. Sept. 1922, schwed. Schriftsteller.

Hatte verschiedene Berufe, lebte längere Zeit in N-Schweden, jetzt freier Schriftsteller in Stockholm; schreibt Romane und Erzählungen, in denen in knappem Stil nur Fakten mitgeteilt werden. Dt. liegen vor: „Die Expedition" (R., dt. 1965), „Zwei Tage und zwei Nächte" (R., dt. 1967) und „Ingenieur Andrées Luftfahrt" (R., dt. 1969).

Sunesøn, Anders [dän. 'su:nəsœn], * 1164, † Ivö (Schonen) 24. Juni 1228, dän. Dichter.

Entstammte einer berühmten Familie; besuchte während der Studienzeit zahlreiche kulturell bed. Stätten Europas; war eine Zeitlang Magister in Paris; dann Dompfarrer in Roskilde, später Erzbischof. Bed. v.a. durch das in lat. Sprache abgefaßte geistliche Lehrgedicht „Heksaëmeron" (hg. 1892), das in ungefähr 8000 Hexametern die Schöpfung der Welt im Geiste der Scholastik schildert.

Suonio [finn. 'suɔniɔ] ↑ Krohn, Julius Leopold Fredrik.

Supervielle, Jules [frz. sypɛr'vjɛl], * Montevideo 16. Jan. 1884, † Paris 17. Mai 1960, frz. Dichter.

Bask. Abstammung; Jugendzeit in Südamerika, Rechts- und Literaturstudium an der Sorbonne; freier Schriftsteller; emigrierte im 2. Weltkrieg nach Uruguay und wurde später dort frz. Kulturattaché; vorwiegend Lyriker, aber auch Roman-

cier, Novellist, Fabeldichter und Dramatiker; beeinflußt vom Surrealismus, bevorzugt er in allen Gattungen phantasievoll-heitere Fabel- und Märchenmotive, die in ihrer philosophischen Essenz der poetischen Welt Giraudoux' nahestehen.
Hauptwerke: Les poèmes de l'humour triste (Ged., 1919), Débarcadères (Ged., 1922), Gravitations (Ged., 1925), Der Kinderdieb (R., 1926; dt. 1949), Ritter Blaubarts letzte Liebe (Kom., 1932; dt. 1951), Oublieuse mémoire (Ged., 1949).
Literatur: Hiddleston, J. A.: *L'univers de J. S. Vorwort v.* C. A. Hackett. *Paris 1965.* – Roy, C.: *J. S. Paris 1964.* – Étiemble, R.: *S. Paris 1960.*

Supper, Auguste, geb. Schmitz, * Pforzheim 22. Jan. 1867, † Ludwigsburg 14. April 1951, dt. Schriftstellerin.
Schrieb heimatverbundene, volkstüml.-humorvolle Romane und Erzählungen aus dem schwäb. Dorfleben; auch Lyrik.
Hauptwerke: Der Mönch von Hirsau (E., 1898), Die Mühle im kalten Grund (R., 1912), Schwarzwaldgeschichten (En., hg. 1954).

Surdas; tl.: Sūrdās, * um 1483, † wahrscheinl. 1563, ind. Dichter.
Soll blind gewesen sein und meist in Agra gelebt haben; bed. Hindi-Dichter, der ein Meister aller Stilgattungen war; berühmt sind seine lyr. Gedichte, die in kunstvoller Gestaltung das Thema der Liebe zwischen Krischna und Radha variieren.

Surikow, Iwan Sacharowitsch; tl.: Surikov, Ivan Zaharovič [russ. 'surikɐf], * Nowossjolowo (Gouv. Jaroslawl) 7. Juli 1841, † Moskau 6. Mai 1880, russ. Dichter.
S., der aus ärml. Verhältnissen stammte, hinterließ ein wenig umfangreiches, vorwiegend von Melancholie und Verzweiflung geprägtes lyr. Werk; zentrales Motiv seiner z.T. vertonten Dichtung ist die Armut.

Surkow, Alexei Alexandrowitsch; tl.: Surkov, Aleksej Aleksandrovič [russ. sur'kɔf], * Serednewo (Gouv. Jaroslawl) 13. Okt. 1899, russ.-sowjet. Lyriker.
Bauernsohn; Berichterstatter im 2. Weltkrieg; 1954–59 1. Sekretär des sowjet. Schriftstellerverbandes; zeitweise Deputierter des Obersten Sowjets. Schrieb, u.a. vom Akmeismus beeinflußt, aber auch von der Volksdichtung angeregt, sowjet.-patriot. Dichtungen, darunter Kriegslieder; häufiges Motiv ist der heldenhafte Tod; seine auch an Nekrassow geschulte Lyrik, für deren Stil u.a. „Der Welt den Frieden" (dt. 1951) kennzeichnend ist, wurde vielfach vertont.

Surrey, Henry Howard, Earl of [engl. 'sʌrɪ], * Kenning-Hall (Norfolk) 1517 (?), † London 21. Jan. 1547, engl. Dichter.
Hatte am Hof Heinrichs VIII. hohe Ämter inne; wurde aufgrund einer falschen Hochverratsanklage hingerichtet. Bed. Sonettdichter, der durch Abwandlungen das starre Reimschema petrarkist. Sonette den Bedingungen der reimärmeren engl. Sprache anpaßte; führte in seiner Übersetzung zweier Bücher der „Aeneis" den Blankvers in die engl. Literatur ein.
Literatur: Casady, E. R.: *H. H., Earl of S. New York 1938.*

Surtees, Robert Smith [engl. 'sə:ti:z], * Durham 1803 oder 1805, † Brighton 16. März 1864, engl. Schriftsteller.
Von Beruf Jurist; gründete 1831 das „New Sporting Magazine", für das er Beiträge mit der kom. absonderl. Figur John Jorrocks als Helden verfaßte; die Erlebnisse des sporttreibenden Londoner Gemüsehändlers erschienen 1838 in Buchform u.d.T. „Jorrocks's jaunts and jollities"; die kom. Skizzen waren Vorbild der künstler. wertvolleren „Sketches" und „Pickwick papers" von Dickens; erfolgreich waren auch einige Romane mit ähnl. Thematik.

Su Shih, genannt Su Tzu-chan und Su Tung-po, * Meishan (Szetschuan) 1036, † Changchow (Kiangsu) 1101, chin. Staatsmann, Dichter und Maler.
Aus einer Beamten- und Dichterfamilie; schlug die Beamtenlaufbahn ein, die ihm wegen der Gegnerschaft zur Regierungspolitik Haft und Strafversetzungen, nach Regierungswechsel aber auch bed. Stellungen einbrachte (Gouverneur, Minister); gilt als der größte Dichter der Sung-Dynastie; geschult an den großen Vorbildern früherer Epochen, hat er auf spätere Dichter bed. Einfluß ausgeübt; aus seinem fruchtbaren Schaffen ragt „Chihpifu", die Beschreibung der Roten Wand heraus. Su Sh. war auch ein bed. Landschaftsmaler, Kalligraph und Kunsttheoretiker.

Süskind, W[ilhelm] E[manuel], * Weilheim i. OB. 10. Juni 1901, dt. Schriftsteller und Journalist. 1933–42 Hg. der Zeitschrift „Die Literatur", Redakteur verschiedener Tageszeitungen; schrieb Romane, Erzählungen und Sprachstudien; auch Übersetzer.
Hauptwerke: Das Morgenlicht (E., 1925), Jugend (R., 1930), Vom ABC zum Sprachkunstwerk (1940), Abziehbilder (Essays, 1963).

Susman, Margarete, verh. von Bendemann, * Hamburg 14. Okt. 1874, † Zürich 16. Jan. 1966, dt. Schriftstellerin.
Studierte in München und Berlin Philologie, seit 1933 freie Schriftstellerin in Zürich; beschäftigte sich sowohl in ihrem dichter. Werk als auch in ihren Essays v.a. mit religionsphilosoph. Fragen.
Hauptwerke: Neue Gedichte (1907), Vom Sinn der Liebe (Essays, 1912), Die Liebenden (Dichtungen, 1917), Lieder von Tod und Erlösung (Ged., 1923), Aus sich wandelnder Zeit (Ged., 1953), Deutung bibl. Gestalten (Essays, 1955), Ich habe viele Leben gelebt (Erinnerungen, 1964), Vom Geheimnis der Freiheit (Essays, 1966).

Suso, Heinrich ↑ Seuse, Heinrich.

Süßkind von Trimberg, mhd. Spruchdichter der 2. Hälfte des 13. Jh.s aus Trimberg bei Bad Kissingen.
Wurde durch das Mißverständnis eines Spruches (V,2) für einen Juden gehalten; beklagt in seinen traditionsgebundenen Liedern bitter seine Armut und die Unsicherheit des wandernden Dichters.

Suttner, Bertha Freifrau von, geb. Gräfin Kinsky, Pseudonym B. Oulot, * Prag 9. Juni 1843, † Wien 21. Juni 1914, östr. Pazifistin und Schriftstellerin. Erzieherin im Haus ihres späteren Gatten; begründete 1891 die „Östr. Gesellschaft der Friedensfreunde" (seit 1964 „S.-Gesellschaft"), Vizepräsidentin des Internationalen Friedensbureaus in Bern, 1905 Friedensnobelpreis. Sie wurde weltbekannt durch ihren Roman „Die Waffen nieder!" (1889), mit dem sie weite Kreise für die moderne Friedensbewegung gewann; auch die gleichnamige Monatsschrift (1892–99) u.a. Werke

standen im Dienst der Friedensidee. Auch sozialkrit. Romane und „Memoiren“ (1909).
Weitere Werke: Inventarium einer Seele (R., 1883), Trente-et-quarante (R., 1893), Das Maschinenzeitalter (R., 1899), Marthas Kinder (R., 1902), Randglossen zur Zeitgeschichte (1907), Der Menschheit Hochgedanken (R., 1911).
Ausgaben: B. v. S. Der Kampf um die Vermeidung des Weltkrieges. Randglossen aus zwei Jahrzehnten zu den Zeitereignissen vor der Katastrophe. 1892–1900 u. 1907–1914. Hg. v. A. H. Fried. *Zürich 1917. 2 Bde. – B. v. S. Ges. Schrr. Dresden 1906–07. 12 Bde.*
Literatur: Kempf, B.: *B. v. S. Das Lebensbild einer großen Frau, Schriftstellerin, Politikerin, Journalistin. Wien 1964.* – Stollreiter, J.: *B. v. S. Lebensbild. Kiel 1959.* – Reicke, I.: *B. v. S. Ein Lebensbild. Bonn 1952.*

Su Tung-po ↑ Su Shih.

Švarc ↑ Schwarz.

Svensson, Jón [isländ. 'svɛnsɔn], eigtl. J. Stefán Sveinsson, * Möðruvellir 16. Nov. 1857, † Köln 16. Okt. 1944, isländ. Erzähler.
S. verließ Island 1871, kath. Konvertit, wurde Jesuit und wirkte längere Zeit im Ausland, v. a. in Dänemark. Seine Jugendbücher, die aus den Erlebnissen seiner isländ. Kindheit schöpfen, gelangten zu internationalem Ruhm (übersetzt in 30 Sprachen). S.s Erzählkunst ist von klass. Schlichtheit und Humor gekennzeichnet; viele seiner Bücher schrieb er in deutscher Sprache.
Hauptwerke: Aus Islands alten Schätzen (Essay, dt. 1909/10), Zwischen Eis und Feuer (E., dt. 1911), Nonni (dt. 1913), Nonni und Manni (dt. 1914).

Světlá, Karolina [tschech. 'svjɛtla:], eigtl. Johanka Mužáková, geb. Rottová, * Prag 24. Febr. 1830, † ebd. 17. Sept. 1899, tschech. Schriftstellerin.
Schrieb, anfangs stark vom Jungen Deutschland beeinflußt, Erzählwerke mit nationaler, gesellschaftl., religiöser und moral. Problematik. Bekannt wurde sie mit Dorfgeschichten und Romanen, in denen sie sich mit eth.-philosoph. und sozialen Fragen auseinandersetzte; zu ihren Hauptwerken gehört „Sylva“ (R., 1867; dt. 1900).

Svevo, Italo [italien. 'zvɛ:vo], eigtl. Ettore Schmitz, * Triest 19. Dez. 1861, † Motta di Livenza (Treviso) 13. Sept. 1928, italien. Schriftsteller.
Der Vater stammte aus dem Rheinland. S. besuchte mehrere Jahre eine Schule in Deutschland, war Bankangestellter, später Leiter eines eigenen Industriewerkes. Seit 1904 Freundschaft mit Joyce, der S.s Werke entdeckte. Nach zwei frühen, fast erfolglosen Romanen schrieb S. nach einer Pause von 25 Jahren den berühmt gewordenen Roman „Zeno Cosini“ (1923, dt. 1928), in dem die Geschichte eines Durchschnittsmenschen erzählt wird. Die psychoanalyt. Beobachtungen sprengen fast die künstler. Grenzen des Romans; statt einer chronolog. Abfolge werden Erlebniszyklen in zeitl. Überschneidung zum Ordnungsgefüge. Die Sprache ist trocken, klar und konzentriert.
Weitere Werke: Ein Leben (R., 1892; dt. 1962), Ein Mann wird älter (R., 1898; dt. 1960), Ein gelungener Scherz (Novellen, 1928; dt. 1932), Kurze sentimentale Reise (En., hg. 1949; dt. 1967).
Ausgabe: I. S. Opere. Hg. v. Bruno Maier. *Mailand 1954.*
Literatur: Furbank, P. N.: *S., the man and the writer. Berkeley (Calif.) 1966.* – Wais, K.: *Der Erzähler I. S. Werke u. Rezeption. Genf 1965.* – Maier, B.: *La personalità e l'opera di I. S. Mailand 1961.* – De Castris, A. L.: *I. S. Pisa 1959.*

Svoboda, František Xaver [tschech. 'svɔbɔda], * Mnischek 25. Okt. 1860, † Prag 25. Mai 1943, tschech. Schriftsteller.
Stammte aus einer Bauernfamilie, wurde Bankbeamter; schrieb impressionist. Gefühlslyrik über Landschaft und Liebe und Verserzählungen mit belehrender Tendenz; bed. sind seine realist. Erzählungen, Romane und Dramen um soziale und eth. Fragen; unter ihnen ist v. a. der Roman „Rozkvět“ (= Aufblühen, 1898), die Geschichte einer Familie aus dem 19. Jh., als sein bestes Werk zu nennen.

Svobodová, Růžena [tschech. 'svɔbɔdɔva:], geb. Čápová, * Nikolsdorf bei Znaim 10. Juli 1868, † Prag 1. Jan. 1920, tschech. Schriftstellerin.
War ⚭ mit F. X. Svoboda und lebte v. a. in Prag. Ihre impressionist. Erzählungen und Romane, in deren Mittelpunkt meistens Heldinnen in der Auseinandersetzung mit den Vorurteilen ihrer Umgebung stehen, enthalten sozialkrit. Elemente. Růžena S. versuchte sich auch als Dramatikerin und schrieb Reiseskizzen; von ihren Hauptwerken wurde die Novelle „Die schwarzen Jäger“ (1908) 1944 ins Deutsche übersetzt.

Swaanswijk, Lubertus Jacobus [niederl. 'swa:nsweik], Pseudonym Lucebert, * Amsterdam 15. Sept. 1924, niederl. Lyriker.
Redakteur und Maler; beeinflußt von Hölderlin und Arp; vertritt eine an den Dadaismus erinnernde experimentelle Dichtung.
Hauptwerke: Triangel in de jungle (Ged., 1951), Apocrief (Ged., 1952), Lithologie (Ged., 1960).

Swarth, Hélène [niederl. swɑrt], eigtl. H. Lapidoth-S., * Amsterdam 25. Okt. 1859, † Velp bei Arnheim 20. Juni 1941, niederl. Lyrikerin.
Schrieb zunächst in frz. Sprache; begann mit romantisierender Lyrik, später liedhafte Gedichte, die melanchol. gestimmt sind.
Hauptwerke: Eenzame bloemen (Ged., 1883), Blauwe bloemen (Ged., 1884), Wijding (Ged., 1936).

Świętochowski, Aleksander [poln. ɕfjɛntɔ'xɔfski], Pseudonym Władysław Okoński, * Stoczek 18. Jan. 1849, † Gołodczyzna 25. April 1938, poln. Schriftsteller.
Studierte in Warschau und Leipzig Philosophie, war journalist. und polit. tätig, gründete die Wochenschrift „Prawda“; setzte sich gegen nationalen und religiösen Fanatismus für demokrat. Ideen und Fortschritt ein. Ś. schrieb eine klare, polem. Prosa. Er verfaßte auch Novellen und Dramen. Als sein bedeutendstes literar. Werk wird die symbolist. Dramentrilogie „Duchy“ (= Die Geister, 1900–09) angesehen; außer „Erzählungen aus dem Volksleben“ (dt. 1884) wurde „Aspasia“ (Dr., 1879; dt. 1912) ins Deutsche übersetzt.

Swift, Jonathan [engl. swɪft], * Dublin 30. Nov. 1667, † ebd. 19. Okt. 1745, ir.-engl. Schriftsteller.
Jugend in Armut; nach der Schulzeit Theologiestudium in Dublin; wurde 1689 Sekretär des Staatsmanns und Schriftstellers Sir W. Temple,

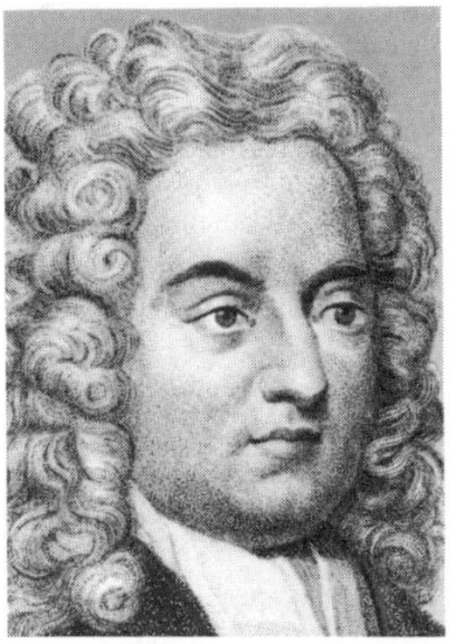

Jonathan Swift

dessen Dienst er 1694 verließ; später kurze Zeit wieder bei Temple, meist jedoch als Geistlicher der anglikan. Kirche in Irland tätig; Dekan in Dublin seit 1713; zunehmende proirische Betätigung; wechselnder Einfluß auf die Politik; starb nach langer Krankheit in geistiger Umnachtung. Bedeutendster engl. Satiriker mit immer stärker werdender Neigung zu Bitterkeit und Menschenverachtung, bes. nach dem Tod einer Verwandten Temples, „Stella", zu der S. eine nicht geklärte engere Bindung hatte. Die Tendenz zu immer aggressiverem Spott wird bes. in seinem satir. Hauptwerk „Gullivers sämtl. Reisen" (1726, dt. 1788) deutlich. Die beiden ersten Bände, die milder sind als der dritte und vierte, die von Haß auf die Menschheit geprägt sind, werden heute im allgemeinen als harmlose Jugendbücher betrachtet. Phantasie und Realistik verbindet S. in höchst eindrucksvoller Weise. Scharfe und präzise Sprachformung auch in zahlreichen Kampfschriften.

Weitere Werke: The battle of the books (Satire, 1704), The tale of a tub (Satire, 1704), Drapier's letters (1724), Cadenus and Vanessa (Ged., 1726), Journal to Stella (hg. 1766).

Ausgaben: J. S. Ausgew. Werke in drei Bden. Dt. Übers. Hg. v. A. Schlösser. *Bln. 1967. – J. S. The poems. Hg. v.* Sir H. Williams. *Oxford ²1958. 3 Bde. – J. S. The prose writings. Shakespeare head edition. Hg. v.* H. Davis. *Oxford 1939–64. 14 Bde. – J. S. Prosaschrr. Dt. Übers. Hg. v.* F. P. Greve. *Neuausg. Bln. ²1922. 4 Bde.*

Literatur: The world of J. S. Essays for the tercentenary. Ges. u. hg. v. B. Vickers. *Cambridge (Mass.) 1969.* – Wolff-Windegg, Ph.: *S. Stuttg. 1967.* – Gilbert, J. G.: *J. S. Romantic and cynic moralist. Austin (Tex.) 1966.* – Ehrenpreis, I.: *S., the man, his works, and the age. London 1962ff. Auf mehrere Bde. berechnet.* – Murry, J. M.: *J. S.: A critical biography. London 1955.* – Heidenhain, A.: *Über den Menschenhaß. Pathograph. Unterss. über J. S. Stuttg. 1934.*

Swinarski, Artur Marya [poln. sfi'narski], * Brodnica 28. Juli 1900, † Wien 21. April 1965, poln. Schriftsteller.

Hielt sich als Lyriker an die traditionellen Formen, schrieb wirkungsvolle Parodien, war erfolgreich als Komödiendichter, der in geistreichen, oft bissigen Stücken antike Stoffe behandelte. Er übersetzte v.a. dt. Klassiker.

Swinburne, Algernon Charles [engl. 'swɪnbəːn], * London 5. April 1837, † Putney (heute zu London-Wandsworth) 10. April 1909, engl. Dichter.

Aus alter, wohlhabender Familie, unabhängig und frei von Geldsorgen; nach Erziehung in Eton Sprachstudien in Oxford; 1879 Zusammenbruch nach epilept. Anfällen und unmäßigem Alkoholgenuß; lebte von dieser Zeit an zurückgezogen bei einem Freund. Seine Neigung zum Exzessiven war in den lyr. Versdramen des von der präraffaelit. Poetik beeinflußten Frühwerks noch wenig spürbar; erst die „Poems and ballads" (1866, dt. Ausw. 1948 u.d.T. „Gesänge und Balladen") schockierten das viktorian. Publikum durch erot. Deutlichkeiten, für deren Darstellung Baudelaire und der Marquis de Sade Vorbilder waren. S.s größte Leistung ist die Dichtung „Atalanta in Calydon" (1865, dt. 1878), in der er ein griech. Thema in großer dichter. Schönheit, fließenden Versen und melod. Wortgestaltung gestaltet. Griech. Vorbilder galten auch für S.s Dramen, in denen er meist Themen der engl. Geschichte gestaltete. Die polit. Dichtung, hpts. „Lieder vor Sonnenaufgang" (1871, dt. 1912), verherrlicht unter dem Einfluß Mazzinis demokrat. und republikan. Ideale. Mit seinem Spätwerk „Tristram of Lyonesse" (1882) geht er von R. Wagner aus. Die größte Leistung erreicht S. als Wortkünstler. Umfassende krit. Arbeiten über elisabethan. Dichtung.

Ausgabe: A. Ch. S. The complete works. Hg. v. Sir E. Gosse *u.* Th. J. Wise. *London u. New York 1925–28. 20 Bde.*

Literatur: Fuller, J. O.: *S. A critical biography. London 1969.* – Peters, R. L.: *S.'s principles of literature and art: The crowns of Apollo. Detroit 1965.* – Nicolson, H.: *S. London 1926.* – Gosse, E.: *The life of A. Ch. S. London 1917.*

Swinnerton, Frank Arthur [engl. 'swɪnətn], * London 12. Aug. 1884, engl. Schriftsteller.

Begann früh mit journalist. und literar. Arbeiten, u.a. Mitarbeiter des „[Manchester] Guardian"; auch als Verlagslektor tätig. Schrieb außer krit. Essays und literaturkrit. Studien erfolgreiche realist., oft humorvolle Erzählungen und Romane, von denen bes. der humorvoll-einfühlsame Kurzroman „Nocturne" (1917) als Darstellung des Lebens der Londoner Mittelklasse bekannt wurde.

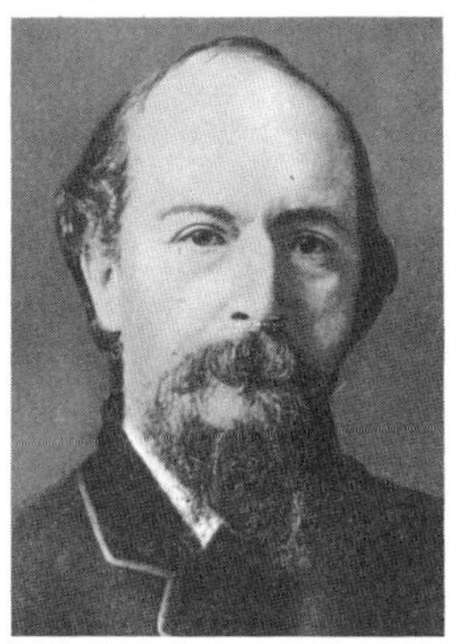

Algernon Charles Swinburne

Weitere Werke: September (R., 1919), Harvest comedy (R., 1937), Dr. Sumner in Thorphill (R., dt. 1958), Tod eines Intellektuellen (R., dt. 1963).

Syberberg, Rüdiger, * Köln-Mülheim 6. Febr. 1900, dt. Schriftsteller.

Nach philolog. Studium und Auslandsreisen 1923/24 Dramaturg in Düsseldorf, danach wissenschaftl., journalist. und kaufmänn. Tätigkeit; freier Schriftsteller. Schrieb Romane, Erzählungen und Dramen, die aus ev.-christl. Grundhaltung gestaltet sind.

Hauptwerke: Peter Anemont (R., 1939), Lilith (Dr., 1946), Abendländ. Tragödie (Dr., 1947), Josip und Joana (Dr., 1950), In solchen Nächten (Nov., 1956).

Sylva, Carmen † Carmen Sylva.

Sylvanus, Erwin [zɪl'va:nus], * Soest 3. Okt. 1917, dt. Schriftsteller.

Lebt als freier Schriftsteller in Völlinghausen (Möhnesee); gehört zur Dortmunder „Gruppe 61"; begann als Lyriker und Erzähler, wurde bekannt als zeitnaher Dramatiker, Hörspiel- und Fernsehspielautor; internationale Beachtung fand sein in zahlreiche Sprachen übersetztes Zeitstück um die poln. Juden im 2. Weltkrieg „Korczak und die Kinder" (1959).

Weitere Werke: Der Paradiesfahrer (R., 1943), Die Muschel (Ged., 1947), Zwei Worte töten (Dr., UA 1959), Unterm Sternbild der Waage (Dr., UA 1960), Der rote Buddha (Dr., UA 1961), Die Treppe (Dr., UA 1965).

Symeon der [neue] Theologe (S. der Jüngere), * Galata (Paphlagonien) 949, † Chrysopolis (heute Istanbul-Üsküdar) 1022, byzantin. Mystiker und Dichter.

Stand in byzantin. Hofdiensten, ging 977 ins Studion-Kloster. Sein Vorbild und Freund war der von ihm hochverehrte Symeon Eulabes; S. zog sich später in die Einsamkeit zurück. Verfasser berühmter myst. Gedichte, enthusiast. Hymnen, die erfüllt sind von tiefer Religiosität und hingebungsvoller Liebe zu Gott. Daneben verfaßte er Reden, Katechesen u.a. S. hatte mit seinem Werk großen Einfluß auf die Ostkirchen.

Literatur: Biedermann, A. H. M.: *Das Menschenbild bei S. dem Jüngeren, dem Theologen. 949–1022. Würzb. 1949.*

Symeon Metaphrastes (Symeon Logothetes), byzantin. Hagiograph des 10. Jahrhunderts.

Hatte hohe Ämter bei Hof inne, soll im Alter Mönch geworden sein; sammelte ältere und zeitgenöss. byzantin. Heiligenviten und gab sie, z.T. rhetor. überarbeitet, z.T. auch unverändert in seinem Hauptwerk, einem 10bändigen Menologion heraus. Er verfaßte auch eine Weltchronik und erbaul. Dichtungen und Predigten.

Symmachus, Quintus Aurelius, * um 340, † nach 400, röm. Redner.

Entstammte einer vornehmen Familie, war Prokonsul in Afrika, Stadtpräfekt, 391 Konsul; einer der letzten Kämpfer für die altröm. Religion gegen das Christentum, bed. Redner seiner Zeit; seine sorgfältig ausgearbeiteten, feinstilisierten Reden zeugen von großer sprachl. Begabung, die auch in den sog. „Relationes", Briefen, die er als Stadtpräfekt verfaßte, zum Ausdruck kommt; berühmt ist die im Jahre 384 gehaltene Rede, in der S. Kaiser Valentinian bat, den Altar der Victoria, letztes Symbol des Heidentums, im Senat wieder aufstellen zu lassen, was jedoch durch Ambrosius verhindert wurde.

Symonds, John Addington [engl. 'saɪməndz, 'sɪm...], * Bristol 5. Okt. 1840, † Rom 19. April 1893, engl. Lyriker und Kritiker.

Wurde in Harrow und Oxford erzogen; ebd. Lehrtätigkeit. Schrieb außer schwermütiger Lyrik biograph.-krit. Studien, u.a. über Dante, sowie literaturwissenschaftl. und kunstkrit. Werke, darunter „The Renaissance in Italy" (1875ff.), deren Material er während seiner Erholungsaufenthalte in Italien gesammelt hatte; hervorragender Übersetzer der Sonette Michelangelos und Campanellas, der Autobiographie B. Cellinis und der Memoiren Gozzis.

Literatur: Grosskurth, Ph.: *J. A. S.: A biography. London 1964.*

Symons, Arthur [engl. 'saɪmənz, 'sɪm...], * in Wales 28. Febr. 1865, † Wittersham (Kent) 22. Jan. 1945, engl. Lyriker und Kritiker.

Privaterziehung u.a. in Frankreich und Italien; früh literar. tätig; Mitarbeiter zahlreicher literar. Zeitschriften; nur anfangs rege Beteiligung am literar. Leben seiner Zeit. S., vom frz. Symbolismus und W. Pater beeinflußt, war eine der hervorragendsten Gestalten der von der Dekadenz der Jahrhundertwende abhängigen engl. Dichtung und der eifrigste Verfechter des Symbolismus in England. Seine Lyrik, die zu Beginn seiner Laufbahn Aufsehen erregte, wurde zunehmend schwächer; zum Besten seines Werks gehören seine krit. Arbeiten zur engl. und frz. Literatur, u.a. Studien über Browning, Blake und Baudelaire.

Literatur: Lhombreaud, R.: *A. S.: A critical biography. London 1963.*

Symphosius, röm. Dichter des 4./5. Jahrhunderts. Verfaßte um 400 hundert Rätselgedichte in Hexametern; Einfluß auf die mittelalterl. Rätseldichtung.

Synesios von Kyrene, * Kyrene um 370, † Ptolemais (Oberägypten) 413 (?), griech. Philosoph und Rhetor.

Vertreter der Alexandrin. Schule des Neuplatonismus; 399–402 Gesandter seiner Vaterstadt in Konstantinopel, ließ sich 409 taufen und wurde 410 Erzbischof von Ptolemais. Erhalten sind Reden, Abhandlungen, Briefe und Hymnen, die ein wichtiges Zeugnis für die Verschmelzung christl. und neuplaton. Gedankengutes darstellen.

Literatur: Lacombrade, C.: *Synésios de Cyrène, hellène et chrétien. Paris 1952.* – Grützmacher, G.: *S. v. K., ein Charakterbild aus dem Untergang des Hellenentums. Lpz. 1913.*

Synge, John Millington [engl. sɪŋ], * Rathfarnham bei Dublin 16. April 1871, † Dublin 24. März 1909, ir. Schriftsteller.

Protestant, Sohn eines Anwalts; sprachbegabt, studierte Gälisch und Hebr., lernte auf Reisen und bei Studienaufenthalten Dt., Frz. und Italien.; Bohemien in Paris, dort von Yeats für die „kelt. Renaissance" gewonnen, wurde deren bedeutendster Dramatiker; Rückkehr nach Irland, dort folklorist. Studien; ab 1904 Theaterleiter in Dublin. Sein Vorbild war P. Loti. S. machte den angloir. Dialekt bühnenfähig; auch angloir. Übersetzungen. In den Dramen wählte er Stoffe aus der Welt der ir. Bauern und Fischer. In seinem anfangs umstrittenen Hauptwerk „Der Held des Westerlands" (Kom., dt. 1912, später auch

unter anderen Titeln) gelang S. die Verbindung von Realismus und Phantastik.
Weitere Werke: Reiter am Meer (Trag., 1904; dt. 1935), In der Bergschlucht (Dr., 1905; dt. 1918, auch u.d.T. Die Nebelschlucht), Der heilige Brunnen (Lsp., dt. 1906), Die Aran-Inseln (Skizzen, 1907; dt. 1962), Kesselflickers Hochzeit (Kom., 1908; dt. 1967), Deirdre of the sorrows (Dramenfragment, 1910).
Ausgabe: J. M. S. Collected works. Hg. v. R. Skelton *u.* A. Saddlemyer. *London 1962–68. 4 Bde.*
Literatur: Saddlemyer, A.: *J. M. S. and modern comedy. Chester Springs (Pa.) 1968.* – Price, A.: *S. and Anglo-Irish drama. London 1961.* – Green, D. H./Stephens, E. M.: *J. M. S. 1871–1909. New York 1959.* – ↑ auch Yeats, William Butler.

Syrokomla, Władysław [poln. sɨrɔ'kɔmla], eigtl. Ludwik Kondratowicz, * Smolhowo 29. Sept. 1823, † Wilna 15. Sept. 1862, poln. Schriftsteller.
Stammte aus dem Kleinadel, Kanzlist beim Fürsten Radziwiłł, lebte dann auf seinem Gut bei Wilna und widmete sich literar. Tätigkeit. Hauptform seiner Dichtung ist die „Gawęda", eine freie Erzählung (in Versform) aus dem altadligen Leben durch einen zeitgemäß stilisierten Erzähler; dabei stehen bei S. soziale Probleme im Vordergrund. Vorbild für S. war Mickiewicz. Neben Übersetzungen aus dem Dt. und Russ., Übertragungen der Werke der lat.-poln. Dichter der Renaissance ins Poln. schrieb S. auch Dramen.

Syrus, Publilius ↑ Publilius Syrus.

Szabo, Wilhelm ['sa:bo], * Wien 30. Aug. 1901, östr. Lyriker.
Hauptschuldirektor in Weitra (Niederösterreich); anfangs J. Weinheber nahestehend mit formal vollendeten, seiner ländl. Wahlheimat verbundenen, z.T. elegischen Gedichten; auch Essays.
Hauptwerke: Das fremde Dorf (Ged., 1933), Im Dunkel der Dörfer (Ged., 1940), Herz in der Kelter (Ged., 1954), Schnee der vergangenen Winter (Ged., 1966).

Szabó, Dezső [ungar. 'sɔbo:], * Klausenburg 10. Juni 1879, † Budapest 5. Jan. 1945, ungar. Schriftsteller.
Studierte in Budapest Philosophie und Philologie, gehörte dem Eötvös-Kolleg an, war Stipendiat in Paris und wurde dann Gymnasiallehrer in der Provinz. Beeinflußt von Nietzsche; in polit. Schriften, Reden und satir. Romanen Vorkämpfer von Rassenideen; expressionist. Sprache; Bilder und Metaphern von ekstat. gesteigertem Pathos.

Szabó, Lőrinc [ungar. 'sɔbo:], * Miskolc 31. März 1900, † Budapest 3. Okt. 1957, ungar. Dichter.
Studierte in Budapest; mit 19 Jahren übersetzte er gemeinsam mit M. Babits und Á. Tóth Baudelaires Gesamtwerk. Er gehörte der zweiten „Nyugat"-Generation an. Sein erster Gedichtband „Föld, Erdő, Isten" (1922) zeigt den Einfluß Georges; dann formlos-expressionist. revolutionäre Gedichte und schließl. solche in klarer klass. und dennoch moderner Form. Großstadttaumel und Sinnenfreude machten einer bitteren Resignation in seiner Stimmungslyrik Platz.

Szabó, Magda [ungar. 'sɔbo:], * Debreczin 5. Okt. 1917, ungar. Schriftstellerin.
Studierte in Debreczin Philologie, Lehrerin, seit 1957 freie Schriftstellerin; begann mit Gedichten und Kindererzählungen, dann Verfasserin leidenschaftl., psycholog. motivierter Frauen- und Familienromane.
Hauptwerke: Das Fresko (R., dt. 1960), Die andere Esther (R., dt. 1961), Das Schlachtfest (R., dt. 1963), ... und wusch ihre Hände in Unschuld (R., dt. 1965), Die Danaide (R., dt. 1965), 1. Moses 22 (R., dt. 1967), Lauf der Schlafenden (En., dt. 1969).

Szabó, Pál [ungar. 'sɔbo:], * Orosháza 5. April 1893, ungar. Schriftsteller.
Bauer, nach dem 1. Weltkrieg Maurer; nach Erscheinen seines ersten Romans, „Emberek" (1931), wurde er von Zsigmond Móricz in den „Nyugat"-Kreis eingeführt. Schreibt zeit- und gesellschaftskrit. Romane, z.T. mit autobiograph. Zügen. Seit 1945 betätigt er sich auch politisch.
Weitere Werke: Der rote Goz (R., dt. 1947/48), Befreites Land (R., dt. 1952), Neues Land (R., dt. 1956).

Szaniąwski, Jerzy [poln. ʃa'njafski], * Zegrzynek 10. Febr. 1886, poln. Dramatiker.
Studierte in der Schweiz Literatur- und Kunstwissenschaft sowie Landwirtschaft; Mitarbeiter der Zeitschrift „Sowizdrzał" (= Eulenspiegel), wurde 1933 Mitglied der poln. Akademie, lebte nach dem Krieg in Krakau, heute in Zegrzynek; vielgespielter Theaterautor und Schöpfer von Anekdoten, in denen sich Fiktion und Wirklichkeit mischen. Im Frühwerk Berührungspunkte mit der jungpoln. Richtung; geschult an der klass. poln. Komödie, zeichnet sich sein Werk durch kammermusikal. Eleganz aus. Dt. liegen vor: „Der Vogel" (Dr., 1923; dt. um 1936), „Der Seefahrer" (Dr., 1925; dt. 1967), „Der Rechtsanwalt und die Rosen" (Dr., dt. 1931), „Das Klavier" (Dr., dt. um 1936), „Professor Tutkas Geschichten" (En., dt. 1969).

Szaniąwski, Klemens [poln. ʃa'njafski], Pseudonym Klemens Junosza, * Lublin 23. Nov. 1849, † Otwock 21. März 1898, poln. Erzähler.
Schrieb realist. Romane und Erzählungen, in denen er das Leben der Juden im poln. Dorf humorist. und karikierend schildert. Er zeichnete einprägsame Typen aus allen Gesellschaftsschichten.

Szathmáry, József [ungar. 'sɔtma:ri] ↑ Szigligeti, Ede.

Szczepański, Jan Józef [poln. ʃtʃɛ'pajski], * Warschau 12. Jan. 1919, poln. Schriftsteller.
Studierte Orientalistik in Warschau, Kriegsteilnehmer, setzte nach Kriegsende sein Studium in Krakau fort, unternahm ausgedehnte Reisen; schrieb Erzählungen und Reportagen, auch Drehbücher; Übersetzungen aus dem Englischen.

Szelburg-Zarembina, Ewa [poln. 'ʃɛlburkzarɛm'bina], auch Szelburg-Ostrowska, * Bronowice 1. April 1899, poln. Schriftstellerin.
Schrieb zuerst Kinder- und Jugendbücher, deren Stil und märchenhaften Ton sie auch später in gewissem Maße beibehielt. In ihren expressionist.-symbolist. Romanen und Erzählungen, in denen sie meist metaphys. Themen behandelt, hielt sie sich trotz Verwendung moderner Mittel, wie Verfremdung, innerer Monolog u.a., immer im Rahmen der Realität.

Szenczi Molnár, Albert [ungar. 'sɛntsi 'molna:r], * Wartberg (Westslowak. Gebiet) 30. Aug. 1574, † Klausenburg 17. (?) Jan. 1634, ungar. Schriftsteller.

Studierte an dt. Universitäten, v.a. in Heidelberg, und wurde zum geistigen Führer des ungar. Protestantismus. S. M. bearbeitete die Károlyi-Bibel und fügte ihr ein Gesangbuch bei; verfaßte ein lat.-ungar. und ein ungar.-lat. Wörterbuch, gab eine Predigtensammlung und ein Gebetbuch heraus und übersetzte Calvins „Christianae religionis institutio". Am bedeutendsten ist seine Übersetzung der „Genfer Psalmen" von Marot und Beza.

Szigligeti, Ede [ungar. 'sigligɛti], eigtl. József Szathmáry, * Großwardein 8. März 1814, † Budapest 19. Jan. 1878, ungar. Dramatiker.
War Ingenieur, Schauspieler, Regisseur und Theaterdirektor. Er schrieb fast 100 Stücke, viele davon aus dem Bauernleben mit sozialkrit. Ansätzen. S. schuf das ungar. Volksstück und verdrängte die übersetzten Wiener Possen von der ungar. Bühne. Sein noch heute vielgespieltes Lustspiel ist „Liliomfi" (1849), in dem er das abenteuerl. Leben der Wanderschauspieler behandelt.

Szmaciarz-Smreczyński, Franciszek [poln. 'ʃmatɕaʃsmrɛ'tʃiɲski] † Orkan, Władysław.

Szujski, Józef [poln. 'ʃujski], * Tarnów 16. Juni 1835, † Krakau 7. Febr. 1883, poln. Historiker und Schriftsteller.
Studierte in Krakau und Wien Philosophie und Jura; Professor für Geschichte in Krakau; verfaßte histor. Arbeiten, gab Quellen und Chroniken heraus und bearbeitete als Dramatiker Stoffe aus der poln. Geschichte; er übersetzte griech. Klassiker, Shakespeare und Calderón.

Szymański, Adam [poln. ʃi'maiski], * Hruszniewo (Podlasie) 16. Juli 1852, † Moskau 6. April 1916, poln. Schriftsteller.
Lebte lange Jahre als Verbannter in Sibirien. Aus dem Erlebnis dieser Leidenszeit schrieb er „Unter Ansiedlern und Verschickten. Skizzen aus Sibirien" (dt. 1894). Sein Roman „Szrul z Lubartowa" (= Szrul aus Lubartow, 1885) zeugt von tiefer Liebe zu den Menschen und zu seiner Heimat. Auch Abhandlungen über Schulreformen.

Szymonowic, Szymon [poln. ʃimɔ'nɔvits], latin. Simon Simonides, * Lemberg 24. Okt. 1558, † Czernięcin 5. Mai 1629, poln. Dichter.
Studierte in Krakau, war Sekretär des Kanzlers Zamojski, später Erzieher in dessen Familie. S. wurde in den Adelsstand erhoben und von Papst Klemens VIII. zum Dichter gekrönt. In seinen lat. Dramen und in den religiösen Gedichten hielt er sich an die klass. Formen. Später schrieb er erot. Idyllen in poln. Sprache, die für die weitere Entwicklung der poln. Dichtung von Bedeutung waren. Häufig verwendete er Stoffe von Theokrit und Vergil; auch epigrammat. Dichtungen.
Hauptwerke: Castus Joseph (Dr., 1587), Joel Propheta (Ged., 1593), Sielanki (Idyllen, 1614).

T

Tablic, Bohuslav [slowak. 'tabljits], * České Brezovo 6. Sept. 1769, † Kostolné Moravce 23. Jan. 1832, slowak. Dichter.
Studierte in Jena ev. Theologie; schrieb anakreont. Gedichte, Balladen und literarhistor. Studien; auch theolog., histor. und medizin. Schriften im Geist der Aufklärung; er übersetzte aus dem Engl. und Frz.; machte sich als Hg. von Werken älterer slowak. Dichter verdient; trug zur nationalen slowak. Erneuerung bei.

Taceddin İbrahim [türk. tɑ:dʒɛd'din ibrɑ:'him] (Ahmedî), * Sivas 1334, † Amasya 1413, türk. Dichter.
Durch Studien in Anatolien und Ägypten umfassend gebildet; von Sultan Bayazit I. und dessen Sohn gefördert, Verwaltungsbeamter in Amasya. Bed. Lyriker und Epiker; schrieb neben einem Diwan nach pers. Quellen das etwa 10000 Verse umfassende Epos „İskendername", das die Geschichte Alexanders des Großen mit philosoph. und naturwissenschaftl. Exkursen enthält.

Tacitus, Cornelius, * um 55, † nach 115, röm. Geschichtsschreiber.
Sohn eines höheren Beamten, befreundet mit dem jüngeren Plinius; Studium der Rhetorik bei den berühmten Rednern M. Aper und J. Secundus, zeichnete sich als Redner und Anwalt aus, heiratete 78 die Tochter Agricolas, begann seine öffentl. Laufbahn unter Vespasian, 88 unter Domitian Prätor, 97 unter Nerva Konsul, um 112 unter Trajan Prokonsul der Provinz Asia. T. begann mit der Veröffentlichung seiner Werke erst nach der Gewaltherrschaft Domitians; am Anfang standen die kleinen Schriften „De vita et moribus Iulii Agricolae" (98), eine biograph.-histor. Monographie seines Schwiegervaters, die einen bed. Exkurs über Britannien enthält, „De origine et situ Germanorum" (98), eine geograph.-ethnograph. Schrift, und der „Dialogus de oratoribus", die Klage über den Verfall der Beredsamkeit und wohl eine endgültige Absage an den Rednerberuf. Die „Annales" (eigtl. „Ab excessu divi Augusti") und „Historiae" umfassen die Zeit vom Tod des Augustus (14 n. Chr.) bis zum Ende Domitians (96). T., der als Geschichtsdenker über Sallust hinausging, entwickelte auch dessen Stil bis zur äußersten Konsequenz. Verwendete eine prägnante, antinomienreiche Sprache; T.' Grundhaltung in seiner Geschichtsinterpretation ist pessimistisch.
Ausgaben: T. Historien. Dt. Gesamtausg. Hg. v. W. Sontheimer. *Neuaufl. Stuttg. 1968. – T. Annalen. Dt. Übers. Hg. v.* A. Horneffer. *Stuttg. ³1963. – P. Cornelii Taciti libri qui supersunt. Hg. v.* E. Koestermann. *Lpz. ⁸⁻¹⁰1961–65. 2 in 3 Bden. – C. T. Werke. Dt. Mit Erll., Rechtfertigungen u. geschichtl. Supplementen v.* K. L. Roth. *Bln. ⁴⁻⁷1888–1916. 7 Bde. in 25 Lfgg.*
Literatur: T. Hg. v. V. Pöschl. *Darmst. 1969.* – Reitzenstein, R.: *Aufs. zu T. Darmst. 1967.* – Zuccarelli, U.: *Psicologia e semantica di Tacito. Brescia 1967.* – Häussler, R.: *T. u. das histor. Bewußtsein. Hdbg. 1965.* – Büchner, K.: *T. u. Ausklang. Wiesb. 1964.* – Syme, R.: *T. Oxford 1958. 2 Bde.* – Kornemann, E.: *T. Wiesb. 1946.* – Fabia, Ph.: *Onomasticon Taciteum. Paris 1900. Nachdr. Hildesheim 1964.* – Gerber, A./Greef, A.: *Lexicon Taciteum. Lpz. 1877–1903. 16 Lfgg. Nachdr. Hildesheim 1962. 2 Bde.*

Tadijanović, Dragutin [serbokroat. tadi,ja:novitɕ], * Rastušje bei Brod 4. Nov. 1905, kroat. Schriftsteller.
Schreibt v.a. Liebesgedichte und elegische Lyrik mit ländl. Motiven in freiem Stil und Rhyth-

mus; Übersetzer Nezvals, Hölderlins, Goethes und Heines.

Tagger, Theodor † Bruckner, Ferdinand.

Taggópoulos † Tangopulos.

Tagore, Rabindranath [ta'go:r(ə), engl. tə'gɔ:], eigtl. R. Thakur, * Kalkutta 6. Mai 1861, † Santiniketan (Westbengalen) 7. Aug. 1941, ind. Dichter und Philosoph.
Stammte aus vornehmer, reicher Brahmanenfamilie mit toleranter Religionsauffassung; seit frühester Jugend oft in Europa und in Amerika; besonnener Gegner des brit. Imperialismus; begründete in Santiniketan eine bed. Privathochschule; fühlte sich als Mittler zwischen östl. und westl. Kultur, verwarf Kastenordnung und Karman und vertrat soziale Versöhnung. Einen Teil seiner Lyrik, deren Stilmittel etwa denen der europ. Neuromantik, im Spätwerk denen des Expressionismus entsprechen, vertonte T. selbst.

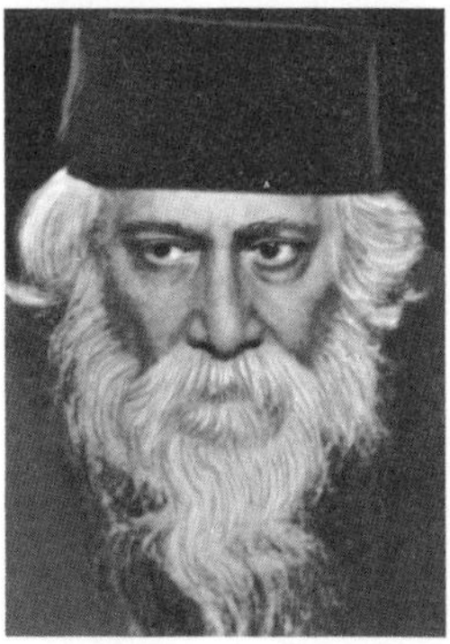

Rabindranath Tagore

Lyr. Elemente enthalten auch seine Dramen und die erzählenden Werke, die dem europ. Leser Einblicke in die polit. und soziale Situation Indiens vermitteln; ferner Aphorismen und Essays; bed. Beitrag zur Entwicklung der modernen bengal. Literatursprache. 1913 Nobelpreis.
Hauptwerke: Der König der dunklen Kammer (Dr., dt. 1919), Meine Lebenserinnerungen (dt. 1923), Das Postamt (Dr., dt. 1918), Der Frühlingskreis (Dr., dt. 1920), Das Heim und die Welt (R., dt. 1920), Die hungrigen Steine (En., dt. 1923), Flüstern der Seele (Ged., dt. 1925), Verirrte Vögel (Aphorismen, dt. 1952).
Ausgaben: R. T. Collected poems and plays. London 1936. – R. T. Ges. Werke. Dt. Übers. Hg. v. H. Meyer-Benfey *u.* H. Meyer-Franck. *Mchn. 1921. 8 Bde.*
Literatur: Khanolkar, G. D.: *The lute and the plough. The life of R. T. New York 1963.* – Kripalani, K.: *R. T. New York 1962.* – Thompson, E. J.: *R. T. Poet and dramatist. London u. New York ²1948.* – Winternitz, M.: *R. T. Religion u. Weltanschauung des Dichters. Prag 1936.* – Engelhardt, E. A.: *R. T., als Mensch, Dichter u. Philosoph. Bln. 1921.*

Tahir, Kemal † Kemal Tahir.

Tailhade, Laurent [frz. ta'jad], * Tarbes (Hautes-Pyrénées) 16. April 1854, † Combs-la-Ville (Seine-et-Marne) 2. Nov. 1919, frz. Dichter.
Journalist; vertrat in zeit- und literaturkrit. Arbeiten anarchist. und antiklerikale Ansichten. Seine metaphernreichen Gedichte sind teils parnass., teils symbolist. beeinflußt; Satiriker; mühelose Beherrschung der Verstechnik; glänzender Stilist; übersetzte Petronius und Plautus.
Hauptwerke: Le jardin des rêves (Ged., 1880), Au pays du mufle (Ged., 1891), Poèmes élégiaques (1907).

Taimur, Mahmud; tl.: Taymūr, Maḥmūd [taɪ'mu:r], * Kairo 16. Juni 1894, ägypt.-arab. Schriftsteller.
Mitglied der Fuad-Akademie in Kairo. Schrieb, beeinflußt von Maupassant, Tschechow und Bourget, Novellen, Dramen, in denen er gern menschl. Schwächen entlarvt, und meisterhafte Kurzgeschichten aus dem Milieu des Bürgertums und der Fellachen. Verwendete anfangs die arab. Umgangssprache, später ging er zum Schriftarab. über. Einige seiner Werke wurden ins Engl. oder Frz. übersetzt.

Tajama, Katai; tl.: Tayama, Katai [jap. tajama], eigtl. Tajama Rokuja; tl.: Tayama Rokuya, * Tatebajaschi (Gumma) 22. Jan. 1871 (1872?), † Tokio 13. Mai 1930, jap. Schriftsteller.
Autodidakt; wurde erst mit der Novelle „Das Bettzeug" (1907, dt. 1948) bekannt, obwohl er bereits 1891 zu publizieren begann. Romant. Anfänge, wandte sich der naturalist. Darstellung einer harten und grausamen Lebenswirklichkeit zu. Nach einer Phase voll Verzweiflung fand er im buddhist. Glauben Ruhe, der auch seine späteren Romane kennzeichnet. Auch Verfasser von Essays, Gedichten und Kritiken.

Takahama, Kioschi; tl.: Takahama, Kyoshi [jap. takahama], * Matsujama (Ehime) 22. Febr. 1874, † 1959, jap. Schriftsteller.
Hg. der berühmten Haikai-Zeitschrift „Hototogisu". Gilt als hervorragender Vertreter der neoromant. Richtung in Japan; T. pflegte v.a. das Haikai. Auch Verfasser von Erzählungen, Dramen, Essays und theoret. Schriften.

Takeda Isumo; tl.: Takeda Izumo [jap. takeda izumo], eigtl.: Takeda Kijosada; tl.: Takeda Kiyosada, * Osaka 1691, † ebd. 21. Okt. (?) 1756, jap. Dichter.
Neben Tschikamatsu Monsaemon bedeutendster Vertreter des Puppenspiels (Dschoruri); Puppentheaterleiter in Osaka, schrieb – häufig in Zusammenarbeit mit Freunden – etwa 30 Puppenspiele, u.a. die Tragödien „Die Dorfschule" (1746, dt. 1900) und „Die siebenundvierzig Ronin" (1748, dt. 1943).

Taketorimonogatari [jap. taketorimonoŋatari], jap. Erzählung von einem anonymen Verfasser, geschrieben unter Einbeziehung ind. und chin. Quellen um 900. Ein Bambussammler findet im Bambuswald ein kleines Mädchen, das – zu strahlender Schönheit herangewachsen – selbst den Tenno als Freier abweist, da Kaguya sich als unsterbl. Mondwesen der Liebe versagen muß. Sie wird auf den Mond zurückgeholt. Die Geschichte gilt in Japan als das erste Beispiel für die zusammenhängende Prosaerzählung eines Märchenstoffes. 1923 ins Dt. übersetzt, 1968 u.d.T. „Die Geschichte vom Bambussammler und dem Mädchen Kaguya".

Takisawa Bakin; tl.: Takizawa Bakin [jap. takizawa bakin], auch Kiokutei Bakin; tl.: Kyokutei Bakin, * Edo (heute Tokio) 9. Juni 1767, † ebd. 6. Nov. 1848, jap. Dichter und Gelehrter.

Studierte jap. und chin. klass. Literatur und Kalligraphie. Letzter größerer Romanschriftsteller vor der Meidschi-Restauration (1868). 1787 erschien als erstes Werk eine Epigrammsammlung. Den größten Raum in seinem umfangreichen Werk nehmen histor. Romane mit moral.-didakt. Tendenz ein; sie sind von konfuzian. und buddhist. Gedanken geprägt, oft allegor. verschlüsselt und brillant geschrieben, leiden aber an der geringen Kritik- und Beobachtungsfähigkeit des Autors, an Handlungsarmut und zu starkem Einfluß chin. Vorbilder. T. B. war auch Bearbeiter und Übersetzer chin. Literatur und sammelte Volksdichtung.

Talagrand, Jacques Louis [frz. tala'grã] † Maulnier, Thierry.

Talander † Bohse, August.

Talew, Dimitar; tl.: Talev, Dimităr [bulgar. 'talɛf], * Prilep (Makedonien) 14. Sept. 1898, † Sofia 20. Okt. 1966, bulgar. Schriftsteller.
Studierte kurze Zeit Medizin in Agram, dann Philosophie in Wien und Slawistik in Sofia; wurde Redakteur. T. schrieb Erzählungen und Romane mit meist histor., die Zeit der makedon. Freiheitskämpfe betreffenden Stoffen, in denen er seine folklorist. Kenntnisse verwertete; sein Romanzyklus (1928–30) über den makedon. Freiheitskampf liegt auch dt. vor: „Der eiserne Leuchter" (dt. 1957), „Der Eliastag" (dt. 1960) und „Die Glocken von Prespa (dt. 1960); ebenso der Roman „Der Mönch von Chilendar" (dt. 1968).

Talhoff, Albert, * Solothurn 31. Juli 1890, † Luzern 10. Mai 1956, schweizer. Schriftsteller.
Expressionist; Verfasser von Dramen, hymn.-visionären Gedichten und lyr. Erzählungen, die Leid und Schuld des Menschen zum Inhalt haben.
Hauptwerke: Nicht weiter, o Herr! (Dr., 1919), Der rote Ignaz (R., 1922), Es geschehen Zeichen (Dr., 1953).

Taliesin [engl. tɑːlɪ'ɛsɪn], sagenhafter walis. Barde des 6. Jahrhunderts.
In der „Historia Britonum" des Nennius belegt; „The book of T.", in einer Handschrift des 14. Jh.s erhalten, enthält außer Bruchstücken einer Heldensage, die wahrscheinl. T.s eigenes Werk ist, T. vermutl. nur zugeschriebene Gedichte, darunter Preislieder, Elegien und religiöse Dichtungen.

Talis Qualis † Strandberg, Karl Vilhelm August.

Tallemant des Réaux, Gédéon [frz. talmãdere'o], * La Rochelle 2. Okt. 1619, † Paris 10. Nov.1690 (1692?), frz. Schriftsteller.
Bankier, befreundet mit dem späteren Kardinal de Retz, gemeinsame Italienreise. Verkehrte in Pariser Salons; trat 1685 zum Katholizismus über. In seinen „Geschichten" (hg. 1834/35, dt. 1913) schildert T. d. R. bekannte Persönlichkeiten der zeitgenöss. Pariser Gesellschaft so realist., zyn. und mit scharfem Spott, daß die Porträts bei ihrem Erscheinen für Karikaturen gehalten wurden. Heute gelten sie als kulturhistor. Quelle von unschätzbarem Wert, die immer noch amüsant zu lesen ist. Von T. d. R. stammen viele der heute noch verbreiteten Anekdoten über die betreffenden Persönlichkeiten.
Literatur: Wortley, W. V.: *T. de R. The man through his style. Diss. Univ. of Oregon, Eugene 1964.* – Condeescu, N. N.: *Les jugements littéraires de T. de R. Bukarest 1940.*

Talmud [...mu:t; hebr.; = Lehre], neben dem A.T. das Hauptwerk des Judentums, ein Sammelwerk der kodifizierten rabbin. Thoraauslegung, Gesetzesüberlieferung und Kasuistik, das im 6. Jh. v. Chr. begonnen und im 6. Jh. n. Chr. abgeschlossen wurde; der kleinere Teil ist hebr., der größere chaldäisch geschrieben. Das Werk faßt die seit der Rückkehr aus Babylon (536 v. Chr.) begonnene, durch viele Jh.e fortgesetzte Sammlung von Lehren, Vorschriften, Überlieferungen, Gesetzestexten, Dichtungen, erbaul. Betrachtungen und Sittensprüchen sowie geograph., biolog., geschichtl., philosoph., medizin., astronom. und pädagog. Erkenntnisse zusammen. Der T. wurde im 16. Jh. zum erstenmal gedruckt. Das Werk umfaßt zwei Teile: die Mischna und die Gemara. Die Mischna enthält eine systemat. Sammlung mündl. überlieferter religiöser, eth., kult. und rechtl. Lehren. In der Gemara sind die Diskussionen über die Mischna in den Lehrhäusern Palästinas und Babyloniens aufgezeichnet; entsprechend diesen beiden Zentren gibt es den palästinens. („Jeruschalmi") und den stärker verbreiteten babylon. („Babli") Talmud.
Ausgaben: Jeruschalmi. Der palästin. T. Nedarim. Dt. Übers. u. Interpretation v. Ch. Horowitz. *Düsseld. 1957. – Der babylon. T., mit Einschluß der vollständigen Mišnah. Dt. Übers. Hg. v.* L. Goldschmidt. *Bln. 1929–36. 12 Bde.*
Literatur: Mielziner, M.: *Introduction to the T. New York ⁴1968.* – Herford, R. T.: *Christianity in T. and Midrash. Clifton (N. J.) 1966.* – Adler, M.: *The world of the T. New York ²1963.* – Strack, H. L.: *Einl. in T. u. Midrasch. Mchn. ⁵1921. Neudr. 1962.* – Jastrow, M.: *A dictionary of the Targumim, the T. Babli and the Yerushalmi, and the Midrashic literature. With an index of scriptural quotations. London u. New York 1886 bis 1904. Neudr. 1950.*

Talvio, Maila [finn. 'tɑlviɔ], eigtl. Maria Mikkola, geb. Winter, * Hartola 17. Okt. 1871, † Helsinki 6. Jan. 1952, finn. Schriftstellerin.
Aus dt. Emigrantenfamilie; behandelt in ihren Romanen soziale und histor. Stoffe; auch in ihren Dramen wird ihr Interesse an gesellschaftl. Problemen deutlich.
Hauptwerke: Der Untergang von Pimeänpirtti (R., 1901; dt. 1943), Die April-Anna (Kom., 1914; dt. 1937, 1951 u.d.T. Der Zeitgeist), Die Kraniche (R., 1919; dt. 1925), Tochter der Ostsee (R., dt. 1939), Die fröhl. Frauen der Festung (R., 1941; dt. 1948).
Literatur: Koskenniemi, V. A.: *M. T. Helsinki 1946.*

Tamási, Áron [ungar. 'tɔma:ʃi], * Farkaslaka 20. Sept. 1897, ungar. Schriftsteller.
Stammt aus einer siebenbürg. Bauernfamilie, besuchte die Handelsakademie in Klausenburg; 1923–25 in den USA. T. ist Erzähler und Dramatiker äußerst individueller Prägung, charakterist. ist eine balladenhafte Hintergründigkeit. T.s Stoffe stammen aus der begrenzten bäuerl. Welt der Szekler; seine Bücher sind der Volksdichtung verbunden und oft mundartl. gefärbt. Sein Hauptwerk ist die Abel-Trilogie (1932–34; davon dt.: „Abel in der Wildnis", 1957).
Weitere Werke: Ein Königssohn der Sekler (R., 1928; dt. 1941), Unrichtige Welt (Novellen, dt. 1931).

Tamayo y Baus, Manuel [span. ta'majo i 'βaus], * Madrid 15. Sept. 1829, † ebd. 20. Juni 1898, span. Dramatiker.
Aus Schauspielerfamilie, zeitweise im Staatsdienst; 1884 Direktor der Staatsbibliothek. Dramatiker, der einen zwischen Klassik und Romantik vermittelnden Stil suchte; neben López de Ayala Schöpfer der „alta comedia"; behandelte zeitgenöss. Gesellschaftsprobleme und v.a. histor. Themen. Seine bühnenwirksamen Dramen sind meisterhaft in Charakterzeichnung, log. Handlungsführung und Szenenbau; als bestes Stück gilt „Das neue Drama" (1867, dt. 1887).
Weitere Werke: Virginia (Trag., 1853), Lo positivo (Kom., 1861), Lances de honor (Kom., 1863).
Literatur: Tayler, N. H.: *Las fuentes del teatro de T. y B. Originalidad y influencias. Madrid 1959.* – Sicars y Salvado, N.: *Don M. T. y B. Estudio crítico-biográfico. Barcelona 1906.*

Tammsaare, Anton Hansen, eigtl. A. Hansen, * Alp 30. Jan. 1878, † Reval 1. März 1940, estn. Schriftsteller.
Sohn eines Landwirts, nach dem Abitur Journalist, studierte Rechtswissenschaft in Dorpat, bis er an Tuberkulose erkrankte; seit etwa 1918 freier Schriftsteller in Reval, wo er sich der Bewegung „Jung Estland" anschloß. T. schilderte in Dorferzählungen mit großem Einfühlungsvermögen das Schicksal der estn. Bauern; zeitweilig der Neuromantik verbunden, in seinen bedeutendsten Werken realist. Gestaltung. Sein Hauptwerk ist der Romanzyklus „Tõde ja õigus" (= Wahrheit und Recht, dt. 1938–41: „Wargamäe", „Indrek", „Karins Liebe" und „Rückkehr nach Wargamäe"). T. schrieb auch Dramen und übersetzte aus dem Russ. und Englischen.
Weitere Werke: Der Bauer von Kõrboja (R., dt. 1958), Der Däumling (Novellen, dt. 1936), Satan mit gefälschtem Paß (R., 1939; dt. 1959).

Tandem, Carl Felix † Spitteler, Carl.

Tanfucio, Neri [italien. tam'fu:tʃo] † Fucini, Renato.

Tang Hsien-tsu, * Fuchow (Kiangsu) 1550, † ebd. 1616 oder 1617, chin. Dichter.
Hoher Ministerialbeamter, fiel wegen eines Memorandums an den Kaiser in Ungnade, wurde degradiert, schließl. entlassen; in seinem Hauptwerk, dem singspiel- und traumspielhaften Drama „Mutanting" (dt. 1933 u.d.T. „Der Blumengarten", auch unter anderen Titeln bekannt), stellte T. die Macht der Liebe dar. Er war auch Lyriker und Essayist.

Tangopulos, Dimitrios; tl.: Taggópoulos, Dēmḗtrios [neugr. taŋ'gɔpulɔs], * auf Idra 1867, † Athen 1926, neugriech. Schriftsteller.
Verfasser von Dramen sozialen Inhalts, von Novellen und Gedichten; gründete die literar. Zeitschrift „Numas", durch die die neugriech. Volkssprache Eingang in Presse und Literatur fand.

Tanisaki, Dschunitschiro; tl.: Tanizaki, Jun'ichirô [jap. tanizaki], * Tokio 24. Juli 1886, † Jugawara (Kanagawa) 30. Juli 1965, jap. Dichter.
Kaufmannssohn; studierte jap. Literatur, Mithg. der Zeitschrift „Schin-Schitscho", Berater einer Filmgesellschaft, Mitglied der Akademie der Künste; Reisen nach China; Einfluß westl. Literatur (Baudelaire, Wilde, Poe). Er wurde bereits mit seinem Erstlingswerk „Iresumi" (Nov., 1909; 1930 ins Dt. übersetzt) berühmt; später neben weiteren Erzählwerken auch theaterwirksame Bühnenstücke. 1946 erschien sein bedeutendstes Werk, „Sasamejuki" (= Der leichte Schnee), einer der wichtigsten jap. Romane der Nachkriegszeit. Lyr. Schönheit verbindet sich in seinem Werk mit tiefenpsycholog. Aspekten, Grausamkeit mit Sensibilität, Dekadenz mit der Gabe, der klass. jap. Literatur ein sprachl. angemessenes modernes Gepräge zu geben.
Weitere Werke: Tschidschin no ai (R., 1924), Insel der Puppen (R., 1929; dt.1957), Der Schlüssel (R., dt. 1961), Die Schwestern Makioka (R., dt. 1964), Tagebuch eines alten Narren (R., dt. 1966).

Tank, Maxim; tl.: Tank, Maksim [russ. tank], eigtl. Jewgeni Iwanowitsch Skurko; tl.: Evgenij Ivanovič Skurko, * Pilkowschtschina 17. Sept. 1912, weißruss.-sowjet. Dichter.
Mitglied der KP, zeitweilig Deputierter des weißruss. Obersten Sowjets. Begann mit bildhafter, musikal. Lyrik, vorwiegend mit patriot. Motiven; hohes literar. Niveau; paßte sich allmähl. den Prinzipien des sozialist. Realismus an.

Tanneguy-Lefebvre, Anne [frz. tangil'fɛ:vr] † Dacier, Anne.

Tannhäuser, der (mhd. Tan[n]huser), * Tannhausen (?) bei Neumarkt i. d. Opf. um 1205, † kurz nach 1266, mhd. Dichter.
Die Teilnahme am 5. Kreuzzug 1228/29 und an Kriegszügen sowie sein Leben als fahrender Sänger machten ihn zum weitgereisten Dichter, der gern seine Weltkenntnis durch häufigen Gebrauch von Fremdwörtern und geograph. Namen bekundete; außer der kunstvollen höf. Form des Tanzlieds pflegte er den parodist., niederen, derb realist. Minnesang; auch Spruchdichtung; einige Werke wurden ihm zu Unrecht zugeschrieben, u.a. die Bußlieder (deshalb Gestalt der Volkssage und in Zusammenhang mit der Sage vom Venusberg gebracht). Titelheld einer Oper von R. Wagner.
Ausgabe: Siebert, J.: *Der Dichter T. Leben, Gedichte, Sage. Halle 1934.*
Literatur: Ammann, A. N.: *T. im Venusberg. Der Mythos im Volkslied. Zürich 1964.* – Mohr, W.: *T.s Kreuzlied. In: Dt. Vjschr. f. Literaturwiss. u. Geistesgesch. 34 (1960), 338.* – Lang, M.: *T. Lpz. 1936.*

Tansillo, Luigi [italien. tan'sillo], * Venosa (Potenza) 1510, † Teano 1. Dez. 1568, italien. Dichter.
Adliger Herkunft, Hofmann und Soldat des span. Vizekönigs von Neapel, in dessen Türkenfeldzug sich T. auszeichnete. Das geistreiche Gedicht „Il vendemmiatore" (1532) begründete seinen literar. Ruhm. Seine lange lebendig gebliebenen lyr. Gedichte im Stil des Klassizismus des 16. Jh.s lassen bereits den Beginn einer neuen Epoche in der italien. Lyrik erkennen. Ein unvollendetes Epos, „Le lagrime di San Pietro" (um 1539 begonnen), begründete die Gattung des religiösen Epos in Italien; T. verfaßte außerdem Lehrgedichte. Großer Einfluß auf die span. Dichtung des 16. und 17. Jahrhunderts.

Tantalo [italien. 'tantalo] † Ojetti, Ugo.

Tao Chien, auch genannt Tao Yüanming, * Tschaisang (Kiangsi) 365 (?), † ebd. 427 (?), chin. Dichter.
Beamter, zog sich später auf seinen Landsitz zurück; gilt als größter Dichter seiner Zeit und bed. Landschaftsdichter; schrieb Prosa und Ge-

dichte mit gleich großer Meisterschaft. T. Ch. schrieb, entgegen der Gepflogenheit seiner Zeit, in einfacher, z.T. alltägl. Sprache. Wegen der unpolit., bukol.-idyll. Einstellung, die sich in dem nicht sehr umfangreichen Werk T. Ch.s offenbart, Einfluß auf spätere Dichter, v.a. auf Li Po.

Taoteking † Laotse.

Tarafa Ibn Al Abd; tl.: Ṭarafaʰ Ibn Al-ʿAbd ['tarafa], altarab. Dichter des 6. Jahrhunderts. Einer der großen Dichter der Heidenzeit. Satir. Begabung und leidenschaftl. Temperament kommen in seinen Spottversen zum Ausdruck. Seine formal blendende sog. „Muallaka" (dt. 1905/06) mit der berühmten Kamelschilderung machte ihn bekannt und trug ihm die Freundschaft reicher Gönner ein.

Tarassow, Lew [frz. tara'sɔf] † Troyat, Henri.

Tardieu, Jean [frz. tar'djø], Pseudonym Daniel Trevoux, * Saint-Germain-de-Joux (Ain) 1. Nov. 1903, frz. Dichter.
Philologiestudium in Paris, Verlagsangestellter, dann Direktor und Produzent mehrerer frz. Rundfunkprogramme; begann als Lyriker in der klassizist. Tradition, übersetzte Goethe und Hölderlin, wandte sich aber mit der Sammlung „Monsieur, Monsieur" (1951) surrealist.-absurder Lyrik, später auch Kleinstformen des absurden Theaters zu; starke musikal. Einflüsse.
Weitere Werke: Kammertheater (Slg., dt. 1960), Hartung (Essay, 1962).
Literatur: Noulet, E.: *T. Paris 1964.*

Tardiveau, René [frz. tardi'vo] † Boylesve, René.

Tarhan, Abdülhak Hamid [türk. tar'han] † Abdülhak Hamid Tarhan.

Tarkiainen, Maria [finn. 'tarkiainen] † Jotuni, Maria.

Tarkington, [Newton] Booth [engl. 'tɑ:kɪŋtən], * Indianapolis 29. Juli 1869, † ebd. 19. Mai 1946, amerikan. Schriftsteller.
Studierte ohne Abschluß (u.a. in Princeton), war zeitweilig polit. tätig, lebte aber meist als freier Schriftsteller; unternahm ausgedehnte Reisen, u.a. nach Europa. Schrieb im Stil des frz. Realismus Romane um Probleme der Gesellschaft des amerikan. Mittelwestens; für die Familienchronik „Die stolzen Ambersons" (1918, dt. 1945) und den Roman „Alice Adams" (1921), die Geschichte der Desillusionierung eines jungen Mädchens, erhielt T. 1922 den Pulitzerpreis.
Weitere Werke: Penrod (R., 1914), Der kleine Orvie (R., 1934; dt. 1948), The image of Josephine (R., 1945).

Tarsis, Waleri Jakowlewitsch; tl.: Tarsis, Valerij Jakovlevič [russ. 'tarsis], * Kiew 1906, russ. Schriftsteller.
Studierte Geschichte und Philologie in Rostow am Don; Redakteur, übersetzte zahlreiche ausländ. Werke ins Russische. Seine ersten Erzählungen schrieb er in den 30er Jahren, Mitglied des Schriftstellerverbandes. 1960 brach T. offen mit der KP, der er schon in jungen Jahren angehörte, und dem Schriftstellerverband; 1966 Ausreise aus der Sowjetunion und Aberkennung der sowjet. Staatsbürgerschaft. Seine satir. Erzählungen haben stark antitotalitäre Tendenzen. Dt. erschienen 1968 Texte zu einem Bildband, „Rußland und die Russen".
Literatur: Maurina, Z.: *T. In:* Maurina: *Porträts russ. Schriftsteller. Memmingen 1968.*

Tasso, Bernardo [italien. 'tasso], * Venedig 11. Nov. 1493, † Ostiglia (Mantua) 5. Sept. 1569, italien. Dichter.
Vater des Torquato T.; im Dienst verschiedener Fürsten, u.a. Statthalter von Ostiglia. Als sein Hauptwerk gilt „L'Amadigi" (Epos, 1560), eine Bearbeitung des span. „Amadisromans" in bombast. Stil. T.s Briefe („Lettere", hg. 1733–51) sind für die literar. und polit. Geschichte seiner Zeit aufschlußreich. Seine Oden, Sonette, Elegien und Eklogen sind im Stil des Petrarkismus geschrieben.
Weiteres Werk: Il Floridante (Epos, hg. 1587).

Tasso, Torquato [italien. 'tasso], * Sorrent 11. März 1544, † Rom 25. April 1595, italien. Dichter.
Studierte nach vornehmer Erziehung an Fürstenhöfen Jura an verschiedenen Hochschulen, widmete sich daneben hpts. der Dichtung; wurde vom Hochadel und von Kardinälen der Familie d'Este,

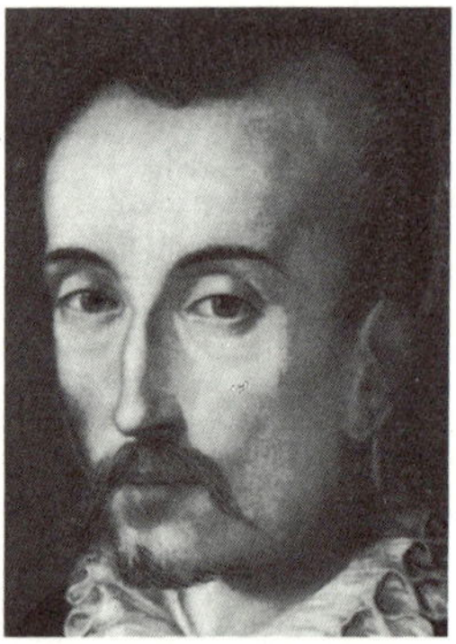

Torquato Tasso (Gemälde von A. Allori, Ausschnitt)

bei der er zeitweise als Hofdichter und Historiograph diente, gefördert; hatte jedoch trotz gesellschaftl. Erfolge wachsende Schwierigkeiten wegen seiner Neigung zu Verfolgungswahn und Tobsucht, kam zeitweise in eine Irrenanstalt und starb nach unstetem Wanderleben kurz vor seiner Dichterkrönung durch den Papst. Sein Hauptwerk ist das Kreuzzugsepos „Das befreite Jerusalem" (1581, dt. 1781–83, unter anderem Titel 1626), das er später wegen religiöser Bedenken und aus Furcht vor der Inquisition umarbeitete. Nach dem Muster des antiken Epos und des ritterl. Abenteuerromans gelang T. ein buntes, handlungsreiches, phantasievolles und lebendiges Werk, als dessen Quellen und Vorbilder u.a. Chroniken sowie frz. und italien. Ritterromane anzusehen sind. Große Erfolge in vielen literar. Gattungen, u.a. mit dem Schäferspiel „Aminta" (Dr., 1580; dt. 1742); ferner wichtige Schriften zur Poetik und Philosophie sowie Briefe (rund 1700 erhalten).
Weitere Werke: Rinaldo (Epos, 1562), Le sette giornate del mondo creato (Epos, hg. 1607).
Ausgaben: T. T. Opere. Hg. v. B. T. Sozzi. *Turin 1955–56. 2 Bde. – T. T. Auserlesene lyr. Gedichte. Dt. Übers. Hg. v.* K. Förster. *Lpz. ²1844. 2 Tle. – T. T. Opere. Hg. v.* G. Rosini. *Pisa 1821–32. 33 Bde.*
Literatur: Brand, C. P.: *T. T. New York 1965.* – Leo, U.: *Ritterepos, Gottesepos. T. T.s Weg als Dichter. Köln u. Graz 1958.* – Sozzi, B. T.: *Studi*

sul T. Pisa 1954. – Leo, U.: *T. T. Studien zur Vorgesch. des Secentismo. Bern 1951.* – Solerti, A.: *Vita di T. T. Turin 1895. 3 Bde.*

Tassoni, Alessandro [italien. tas'so:ni], * Modena 28. Sept. 1565, † ebd. 25. April 1635, italien. Dichter.

Stand als Sekretär und Kammerherr im Dienst von Fürsten und Kardinälen; mit dem ersten modernen kom.-heroischen Epos „Der geraubte Eimer" (1622, dt. 1781) schuf er die neue Literaturgattung der burlesken Eposparodie, die in allen europ. Literaturen, u.a. von Boileau und Pope, nachgeahmt wurde; verfaßte ferner wichtige polit. Schriften und Abhandlungen zu einer antipetrarkist. Poetik („Considerazioni sopra le rime del Petrarca", 1609).

Literatur: Loos, E.: *A. T.s „La secchia rapita" u. das Problem des heroisch-kom. Epos. Genf 1967.* – Mussini, C.: *T. Turin 1939.*

Tate, [John Orley] Allen [engl. tɛɪt], * Winchester (Kentucky) 19. Nov. 1899, amerikan. Schriftsteller und Kritiker.

Studierte bis 1922 an der Vanderbilt University in Nashville, 1922 Mitbegründer der Zeitschrift „The Fugitive"; 1928–30 in Paris; Universitätslaufbahn. Bed. Kritiker unter dem Einfluß T. S. Eliots; hervorragend auch als Verfasser intellektbetonter Lyrik; in Romanen und Biographien drückt T. seine Vorliebe für die aristokrat. Tradition des amerikan. Südens aus.

Hauptwerke: Mr. Pope and other poems (1928), The Mediterranean and other poems (1935), Reactionary essays on poetry and ideas (1936), Die Väter (R., 1938; dt. 1967), Reason in madness (Essay, 1941), The winter sea (Ged., 1945), Poems, 1922–47 (1948), On the limits of poetry (Essay, 1948), The forlorn demon (Essay, 1953).

Tatian, frühchristl. Apologet und Kirchenschriftsteller des 2. Jh.s aus Syrien.

In Rom zum Christentum bekehrt, Lehrtätigkeit, 172 Bruch mit der röm. Gemeinde, Rückkehr nach Syrien. Schrieb nach 172 das „Diatessaron", eine Evangelienharmonie, für die er auch apokryphe Vorlagen benutzte; im 6. Jh. ins Lat. übersetzt, auf Anregung des Hrabanus Maurus um 830 von Mönchen des Klosters Fulda ins Ahd. übertragen; die Übersetzung der lat. Vorlage, die streckenweise der Interlinearversion sehr nahe bleibt, zählt zu den großen Frühwerken der dt. Literatur und enthält eine umfassende Darstellung des Lebens Christi.

Ausgabe: T. Lat. u. altdt. mit ausführl. Glossar. Hg. v. E. Sievers. *Paderborn 1872. Neudr. 1960.*

Literatur: Baumstark, A.: *Die Vorlage des ahd. T. Hg. v.* J. Rathofer. *Köln u. Graz 1964.* – Baesecke, G.: *Die Überlieferung des ahd. T. Halle 1948.* – Peters, C.: *Das Diatessaron. Rom 1939.* – ↑ auch Otfrid von Weißenburg.

Tatios, Achilleus ↑ Achilleus Tatios.

Tau, Max, * Beuthen O.S. 19. Jan. 1897, dt. Schriftsteller.

Dr. phil.; als Cheflektor Förderer dt. und skand. Schriftsteller, u.a. von H. Stehr, K. Hamsun und S. Undset; lebt seit seiner Emigration während des Dritten Reiches fast immer in Norwegen, seit 1945 Cheflektor in Oslo. Hg. der internationalen „Friedensbücherei" (1956); seine eigenen Schriften stehen im Dienst der Völkerversöhnung. 1950 Friedenspreis des Dt. Buchhandels.

Hauptwerke: Glaube an den Menschen (R., 1948), Denn über uns ist der Himmel (R., 1955), Albert Schweitzer und der Friede (Essay, 1955), Das Land, das ich verlassen mußte (Autobiogr., 1961), Ein Flüchtling findet sein Land (Autobiogr., 1964), Auf dem Weg zur Versöhnung (1968).

Literatur: Stiehm, L.: *M. T. Bildner, Erwecker, Warner. Hdbg. 1968.* – *Freundesgabe f. M. T. Gratulationen zu seinem 70. Geburtstag. Hg. v.* B. Doerdelmann. *Rothenburg o.d.T.; Hamb. 1967.*

Taube, Evert Axel [schwed. to:b], * Vinga (Göteborg) 12. März 1890, schwed. Schriftsteller.

1905–07 Kunststudien, fuhr einige Jahre zur See, ließ sich dann in Argentinien nieder, wo er bis 1915 blieb. Mit journalist. Aufträgen hat er mehrere Länder und Kontinente besucht. T.s Lieder und Prosaskizzen haben eine stark persönl. Prägung, ihr Geheimnis liegt in einer natürl. Unbefangenheit. In Worten und Bildern gibt er mit Humor und feinem Naturgefühl eigene und erdichtete Erlebnisse wieder.

Hauptwerke: Fritiof Anderssons visbok (Lieder, 1929), Ultramarin (Ged., 1936), Himlajord (Ged., 1938), Sjösalavår (Lieder, 1949), Många hundra gröna mil (Memoiren, 1951), Jag kommer av ett brusand' hav (E., 1952), Septentrion (Ged., 1958), Don Diego Karlsson de la Rosas roman (R., 1962).

Taube, Otto Freiherr von, * Reval 21. Juni 1879, dt. Schriftsteller.

Sohn eines balt. Gutsbesitzers; Dr. jur. et phil.; seit 1910 freier Schriftsteller, lebt seit 1921 in Gauting bei München; unter dem Einfluß R. A. Schröders Abwendung von der ästhetizist. Dichtung im Sinne St. Georges und D'Annunzios und Hinwendung zu einer betont prot. Dichtung; seine Prosawerke behandeln Stoffe aus seiner balt. Heimat und deren Geschichte; bed. Übersetzer, u.a. von Blake und Leskow.

Hauptwerke: Gedichte und Szenen (1908), Der verborgene Herbst (R., 1913), Die Löwenprankes (R., 1921), Die Metzgerpost (R., 1936), Im alten Estland (Erinnerungen, 1949), Wanderjahre (Erinnerungen, 1950), Goldene Tage (Ged., 1959), Stationen auf dem Wege (Erinnerungen, 1969).

Ausgabe: O. Frhr. v. T. Ausgew. Werke. Hamb. ²1959.

Literatur: Bergengruen, W.: *O. v. T. In:* Bergengruen: *Mündl. gesprochen. Zürich; Mchn. 1963.* – Denkhaus, L.: *O. Frhr. v. T. Gladbeck 1949.*

Taucher, Franz, * Eggenberg bei Graz 23. Nov. 1909, östr. Schriftsteller.

Hilfsarbeiter, Museumsbeamter in Graz, Redakteur der „Frankfurter Zeitung", 1945 Chefredakteur der „Wiener Bühne", Rundfunktätigkeit; v.a. Essayist und Erzähler, dessen Werke stark autobiograph. bestimmt sind.

Hauptwerke: Weit aus der Zeit (R., 1947), Die Heimat und die Welt (Essays, 1947), Von Tag zu Tag (Essays, 1948), Aller Tage Anfang (R., 1953), Woher du kommst, dem Sohn erzählt (R., 1957).

Tauler, Johannes, * Straßburg um 1300, † ebd. 16. Juni 1361, dt. Mystiker.

Gehörte seit 1315 dem Dominikanerorden an, studierte in Straßburg und Köln, dort vielleicht Schüler Meister Eckharts, sicher aber sein bester Anwalt; Prediger und Seelsorger in Straßburg und Basel, dessen ungefähr 80 echte, erhaltene

Predigten lange Zeit starken Einfluß auf die Erbauungsliteratur ausübten; T., aus dem Straßburger Bürgertum stammend, legte besonderen Wert auf die prakt. Seiten des Kirchenlebens und stand der mehr spekulativen Mystik Eckharts und Seuses skept. gegenüber.
Ausgaben: J. T. Predigten. Übertragen u. hg. v. G. Hofmann. *Vollständige Ausg. Freib. 1961. – J. T. Sermons. Frz. Übers. Hg. v.* E. Huguenv *u.a. Paris 1928–36. 3 Bde. – J. T. Predigten. Dt. Übertragung v.* Walter Lehmann. *Jena 3.–4. Tsd. 1923. 2 Bde.*
Literatur: Pleuser, Ch.: *Die Benennungen u. der Begriff des Leides bei J. T. Bln. 1967. – J. T., ein dt. Mystiker. Gedenkschr. zum 600. Todestag. Hg. v.* E. Filthaut. *Essen 1961.* – Wentzlaff-Eggebert, F. W.: *Studien zur Lebenslehre T.s. Bln. 1940.*

Taunay, Alfredo d'Escragnolle, Visconde de [brasilian. to'nɛ], * Rio de Janeiro 22. Febr. 1843, † ebd. 25. Jan. 1899, brasilian. Romanschriftsteller und Politiker.
Studierte Physik und Mathematik, wurde Ingenieur, Lehrer an der Militärakademie. Als Provinzgouverneur förderte er die dt. Einwanderung. In seinen Romanen, die zwischen Romantik und Realismus stehen, schildert er Landschaft und Menschen im Mato Grosso („Innocencia", 1872; dt. 1899).
Weitere Werke: Ouro sobre azul (R., 1874), O encilhamento (R., 1894), No declínio (R., 1899).

Tausendundeine Nacht (arab. Alf Laila Wa Laila; tl.: Alf Laylaʰ Wa-Laylaʰ), im 9. Jh. (?) ins Arab. übersetzte Sammlung von Erzählungen, die den verschiedensten literar. Gattungen angehören; zahlreiche Verseinlagen; den Kern der Sammlung bilden pers. Bestandteile, die auf einer ind. Vorlage basieren; arab. Quellen erwähnen die Übersetzung der pers. Märchensammlung „Hasar Afsane" (= 1000 Erzählungen), die bereits ind. Elemente enthielt; um diesen Kern gruppierten sich vorher selbständige Erzählungen arab. und ägypt. Stoffe; ind. Herkunft ist v.a. die Rahmenerzählung, pers. Ursprungs sind bes. die Zaubermärchen; die scherzhaften Erzählungen sind überwiegend ind. und pers. Beiträge; alle Erzählungen sind Episoden der Rahmenhandlung; die Sammlung ist der oriental. Volksepik zuzurechnen; von wesentl. Bedeutung für die Entstehungsgeschichte war die vorliterar. Tradition des Märchenerzählens; Pflege des sinnreichen Unterhaltungsmärchens; die heute vorliegende endgültige Form erhielt das Werk vermutl. im 16./17. Jh. in Ägypten; bereits vorher Einfluß auf die europ. Literatur; erste europ. Übersetzung war die frz. durch A. Galland 1704–17; vorbildl. dt. Übersetzung von E. Littmann nach dem arab. Urtext der Kalkuttaer Ausgabe (1829) 1921–29, ergänzt durch die Übertragung von F. Tauer nach dem arab. Urtext der Wortley Montague-Handschrift der Oxforder Bodleian Library 1966.
Ausgaben: Die Erzählungen aus den tausendundein Nächten. Vollständige dt. Ausg. Bearb. v. E. Littmann. *Neuausg. Frkf. 18.–21. Tsd. 1966. 6 Bde. – Neue Erzählungen aus den tausendundein Nächten. Hg. v.* F. Tauer. *Frkf. 1966.*
Literatur: Gerhardt, M. J.: *The art of storytelling. A literary study of the Thousand and one nights. Leiden 1963.* – Eliséeff, N.: *Thèmes et motifs des Mille et une nuits. Paris 1949.* – Littmann, E.: *T. N. in der arab. Lit. Tüb. 1923.*

Tausendundein Tag (pers. Hasar O Jek Rus; tl.: Hazār Wa Jik Rūz), anonyme Sammlung oriental. Erzählungen, die der Orientalist Pétis de la Croix 1675 in Isfahan von dem Derwisch Mochles in pers. Sprache erhielt. Pétis de la Croix übersetzte das Werk ins Frz. Die frz. Fassung u.d.T. „Les Mille et un jours" ist, nachdem das pers. Original verloren ist, die einzige erhaltene Fassung; die Existenz einer pers. Handschrift wurde zeitweise (wohl zu Unrecht) angezweifelt. In der Sammlung, die anonym 1712 erstmals ins Dt. übersetzt wurde, ist auch das Märchen von der Prinzessin Turandot enthalten.

Tavaststjerna, Karl August [schwed. ˌtavastʃæːrna], * Annila bei Mikkeli 13. Mai 1860, † Björneborg (heute Pori) 20. März 1898, schwed.-sprachiger finn. Schriftsteller.
Zunächst Architekt, wandte sich dann der Literatur zu; lange Auslandsaufenthalte; wurde durch seine formvollendete, gedankentiefe Problemdichtung (Erzählungen, Dramen, Gedichte) wichtigster Vertreter der schwed. Literatur Finnlands zu Ende des 19. Jh.s; erster finn. Realist.
Hauptwerke: För morgonbris (Ged., 1883), Ein Sonderling (R., 1887; dt. 1897), Dikter i väntan (Ged., 1890), Harte Zeiten (R., 1891; dt. 1948), I förbund med döden (Novellen, 1893), Laureatus (Ged., 1897), Der kleine Karl (R., dt. 1898).

Tavčar, Ivan [slowen. 'taːu̯tʃar], * Poljana 28. Aug. 1851, † Laibach 19. Febr. 1923, slowen. Dichter.
Bäuerl. Herkunft, studierte in Wien, wurde Rechtsanwalt, später Bürgermeister von Laibach, gehörte zu den führenden Persönlichkeiten der jungslowen. Bewegung. T. schrieb Novellen, Erzählungen und Romane, die z.T. in der Welt des Adels spielen und histor. Stoffe aus der Zeit der Religionskämpfe behandeln; mit Vorliebe schrieb er vom Leben der Bauern; dt. erschien u.a. sein Roman „Herbstblüte" (1917, dt. 1947).

Tavel, Rudolf von [...vɛl], * Bern 21. Dez. 1866, † ebd. 18. Okt. 1934, schweizer. Schriftsteller.
Entstammte einer Berner Patrizierfamilie, studierte Jura. Einer der bed. Berner Mundartdichter. In seinen von patriot.-prot. Geist getragenen volkstüml. Erzählungen und Theaterstücken behandelt er v.a. Themen Berner Geschichte und das Schicksal histor. Gestalten.
Hauptwerke: Jä gäll, so geit's (E., 1901), Der Houpme Lombach (E., 1903), D'Haselmuus (E., 1922), Schweizer daheim und draußen (En., 1932).

Tayama, Katai † Tajama, Katai.

Taylor, [James] Bayard [engl. 'tɛɪlə], * Kennett Square (Pa.) 11. Jan. 1825, † Berlin 19. Dez. 1878, amerikan. Schriftsteller.
Aus einer z.T. deutschstämmigen Quäkerfamilie; Buchdruckerlehre; zahlreiche abenteuerl. Reisen und Fußwanderungen, von denen er als Korrespondent berichtete; sein Hauptwerk, die auch metrisch originalgetreue Übersetzung von Goethes „Faust" (1870f.), die den Wert seiner selbständigen lyr. und dramat. Dichtungen übertrifft, trug ihm eine Dozentur für Dt. und 1878 den Posten eines Gesandten in Berlin ein; viel gelesen wurden sein Bericht aus den kaliforn. Goldfeldern „Eldorado" (1850) und der Reise-

bericht „A visit to India, China and Japan" (1855).
Literatur: Krumpelmann, J. T.: *B. T. and German letters. Hamb. 1959.*

Taylor, Edward [engl. 'tɛɪlə], * in der Grafschaft Leicester um 1645, † Westfield (Mass.) 24. Juni 1729, amerikan. Dichter.
Studierte nach seiner Auswanderung in die Neuenglandstaaten 1668 Theologie in Harvard, wurde 1671 puritan. Geistlicher und Arzt der Grenzsiedlung Westfield. T.s religiöse Dichtung, die er theolog. Bedenken wegen nicht veröffentlichte (eine Auswahl erschien erst 1939), steht in der Nachfolge der engl. Barockdichtung (u.a. Donnes und Herberts); seiner bildkräftigen, kühn metaphor. Dichtungen wegen gilt T. als der bedeutendste Vertreter der puritan. Dichtung zur Zeit der Kolonialherrschaft.
Literatur: Stanford, D. E.: *E. T. Minneapolis 1965.* – Grabo, N. S.: *E. T. New York 1961.*

Taylor, Jeremy [engl. 'tɛɪlə], ≈ Cambridge 15. Aug. 1613, † Lisburn 13. Aug. 1667, engl. Schriftsteller.
Sohn eines Handwerkers; wurde nach Studien in Cambridge u.a. Dozent in Oxford und Kaplan Karls I.; als Royalist nach dem Bürgerkrieg zeitweilig in Haft, dann Mitbegründer einer Schule in Wales; nach der Restauration Bischof von Down, Connor und Dromore. Bekannt v.a. als Verfasser stilist. hervorragender, bildhafter Predigten, die ihn als einen der bedeutendsten theolog. Schriftsteller Englands erweisen; kirchenpolit. als Vermittler tätig; Verfechter der Toleranzidee.

Taylor, John [engl. 'tɛɪlə], * Gloucester 24. Aug. 1580, † London Dez. 1653, engl. Dichter.
Aus einfacher Familie; zeitweise bei der Marine; danach Bootsführer auf der Themse und Leiter von Wasserschauspielen bei öffentl. Anlässen; später Gastwirt in Oxford und London. Schrieb in ungeschliffenem, derbem, aber kraftvollem und unterhaltendem Stil z.T. kom. Darstellungen seiner weiten abenteuerl. Reisen und Fahrten sowie humorvolle Gelegenheitsgedichte für hohe Gönner; u.a. von Ben Jonson geschätzt; seinerzeit Londoner Original, bekannt als „water poet"; eine erste, 1870ff. ergänzte Gesamtausgabe seiner Werke erschien 1630.

Taymūr, Maḥmūd ↑ Taimur, Mahmud.

Ťažký, Ladislav [slowak. 'tjaʃki:], * Čierny Balog (Mittelslowak. Gebiet) 19. Sept. 1924, slowak. Schriftsteller.
Arbeiter, nach dem Krieg Studium an der Hochschule für Politik und Wirtschaft; schrieb Romane und Novellen, in denen Menschen in verschiedenen Konfliktsituationen während des 2. Weltkriegs dargestellt werden.

Teasdale, Sara [engl. ti:zdɛɪl], * Saint Louis (Mo.) 8. Aug. 1884, † New York 29. Jan. 1933 (Selbstmord), amerikan. Dichterin.
Aus begüterter Familie; wurde privat erzogen; neigte früh zu Hypochondrie; unternahm ausgedehnte Reisen in den Nahen Osten und nach Europa; lebte in Chicago (dort enge Beziehung zu V. Lindsay), zuletzt in New York. Von D. G. Rossetti beeinflußte Lyrikerin; wurde v.a. durch stimmungsvolle, elegische Gedichte, bes. durch bekenntnishafte Liebeslyrik bekannt; weitgehender Verzicht auf Bilder und Metaphern.
Hauptwerke: Helen of Troy and other poems (1911), Rivers to the sea (Ged., 1915), Love songs (1917), Dark of the moon (Ged., 1926), Strange victory (Ged., 1933).

Tẹcchi, Bonaventura [italien 'tekki], * Bagnoregio (Viterbo) 11. Febr. 1896, † Rom 30. März 1968, italien. Schriftsteller.
Studierte in Rom, wirkte in den 30er Jahren als Lektor für italien. Sprache in der ČSR und Deutschland, wurde später Professor für Germanistik in Rom; Verfasser psycholog. Romane und Erzählungen und literarhistor. Arbeiten zur neueren dt. Literatur, auch Übersetzer (Wackenroder, Alverdes, Carossa u.a.); sein bekanntester Roman, „Die Egoisten" (dt. 1960), ist eine psycholog. Studie des Egoismus vor dem Hintergrund der lombard. Universitäts- und Provinzstadt Pavia.
Weitere Werke: Junge Freunde (R., dt. 1963), Tiere – meine Freunde (En., dt. 1960), Donna nervosa (Novellen, dt. 1962), Insel der Leidenschaft (Novellen, dt. 1965), Die Ehrbaren (R., dt. 1967).

Tẹffi, Nadeschda Alexandrowna; tl.: Teffi, Nadežda Aleksandrovna [russ. 'tefi], eigtl. N. A. Butschinskaja; tl.: N. A. Bučinskaja, geb. Lochwizkaja; tl.: Lohwickaja, * Petersburg (heute Leningrad) 9. Mai 1876, † Paris 6. Okt. 1952, russ. Schriftstellerin.
Tochter eines Juristen; emigrierte nach der Oktoberrevolution. Schrieb beliebte, an Tschechow geschulte Humoresken und humorist. Romane, in denen sie auch ernsthafte Probleme der Emigranten (oft iron.) darstellte; ferner Feuilletons, Schauergeschichten, Kinderbücher und lyr. Gedichte.

Tegnér, Esaias [schwed. tɛŋ'ne:r], * Kyrkerud (Värmland) 13. Nov. 1782, † Växjö (Kronoberg) 2. Nov. 1846, schwed. Dichter.
Sohn eines Landpfarrers; studierte, da er früh den Vater verloren hatte, mit Unterstützung befreundeter Gönner; wurde 1803 Dozent für Ästhetik, 1812 Professor für Gräzistik; 1824 Bischof von Växjö; Krisen im Privatleben begünstigten den Ausbruch einer Geisteskrankheit bei dem überempfindl., zur Melancholie neigenden Dichter. In seinen Werken verbindet T. Anregungen der antiken Literatur, der dt. Klassik und des Idealismus mit den Tendenzen der zeitgenöss. Romantik; er bewahrt das klassizist. Formprinzip der Klarheit und der Eleganz; sein patriot. Gedicht „Svea" (1811), eine Neubelebung nord. Mythologie, die vaterländ. Bewußtsein wecken sollte, gilt neben dem Epos „Die Frithiofs-Sage" (dt. 1826), in dem er altskand. Leben idealisiert und humanisiert darstellt, als T.s Hauptwerk.
Weitere Werke: Die Abendmahlskinder (Vers-E., dt. 1825), Axel (Vers-E., dt. 1824).
Literatur: Eliæson, Å./Olsson, B.: *E. T.; en monografi i bild. Malmö 1949.* – Böök, M. F. Ch.: *E. T. En levnadsteckning ... Stockholm 1946. 2 Bde.* – Christensen, J.: *E. T., der Sänger der Fritjofssage. Lpz. ³1890.*

Tẹichner, Heinrich der ↑ Heinrich der Teichner.

Teirlinck, Herman [niederl. 'te:rlɪŋk], * Molenbeek-Saint-Jean bei Brüssel 24. Febr. 1879, † Beersel bei Brüssel 4. Febr. 1967, fläm. Schriftsteller.
Leiter des Instituts für angewandte Kunst in Brüssel; Beziehungen zum belg. Hof als Berater in

Kunstfragen und als Sprachlehrer für Niederl.; begann mit naturalist. Erzählungen aus der Welt der Bauern, wandte sich dann der Schilderung städt. Lebens zu; „Das Elfenbeinäffchen" (dt. 1927) ist der erste fläm. Großstadtroman; T.s Dramen, die dem Expressionismus nahestehen, sind formal und stilist. vom mittelalterl. Mysterienspiel und von Maeterlinck beeinflußt; Verwendung dramaturg. Effekte des Films.
Weitere Werke: Mijnheer Serjanszoon (R., 1908), De vertraagde film (Dr., 1922), Ik dien (Dr., 1924).
Teixeira de Pascoaes [portugies. tɐi'ʃɐirɐ ðə pɐʃ'kuaiʃ], eigtl. Joaquim Pereira Teixeira de Vasconcelos, * Gatão (Amarante) 2. Nov. 1877, † ebd. 4. Dez. 1952, portugies. Dichter.
Studierte Jura in Coimbra und war zunächst Rechtsanwalt, stand als Mittelpunkt der literar. Gruppe „Renascença portuguesa" in engem Kontakt mit den Schriftstellern seiner Zeit, bereiste W-Europa und wurde 1923 Mitglied der portugies. Akademie; T. de P.' lyr. und ep. Gedichte, Dramen, Romane und Essays sind großenteils Ausdruck eines spezif. portugies., myst. verklärten Sehnsuchtskults („saudosismo") und haben einen bed. Beitrag zum Selbstverständnis des portugies. Menschen geliefert.
Hauptwerke: Sempre (Ged., 1894), Jesus e Pã (Ged., 1903), Vida etérea (Ged., 1906), Marânus (Dichtung, 1911), Regresso ao paraíso (Dichtung, 1912), Jesus Cristo em Lisboa (Dr., 1924), Paulus, der Dichter Gottes (Biogr., 1934; dt. 1938), O penitente, Castelo Branco (Biogr., 1942), Empecido (R., 1951).
Teixeira de Queirós, Francisco [portugies. tɐi'ʃɐirɐ ðə kɐi'rɔʃ], Pseudonym Bento Moreno, * Arcos de Valdevez 3. Mai 1849, † Lissabon 22. Juli 1919, portugies. Schriftsteller.
Medizinstudium; Mitglied des Abgeordnetenhauses, zeitweise Außenminister, Präsident der Akademie der Wissenschaften in Lissabon. Beeinflußt von Eça de Queiroz und Balzac. Bed. Romancier des Realismus in Portugal; schildert in realist. Kurzromanen, die in „Comédia no campo" und „Comedia burguesa", 2 Serien zu 8 Bänden, zusammengefaßt sind, detailliert in einfacher, präziser Sprache Landschaft und Menschen des nördl. Portugal.
Weitere Werke: Amor divino (R., 1877), Os noivos (R., 1879).
Teles, griech. Wanderprediger des 3. Jh.s v. Chr. Kyniker, der selbst wenig Originelles bot; seine volkstüml. Moralpredigten, von denen Stobaios Fragmente überliefert hat, sind die ältesten erhaltenen Stücke dieser später sehr verbreiteten Literaturgattung.
Telesilla von Argos, griech. Dichterin des 6./5. Jahrhunderts.
Soll nach einer Niederlage der Argiver an der Spitze der Frauen die angreifenden Spartaner zurückgeworfen und so ihre Vaterstadt gerettet haben. Ihr Dichten war stark an den Kult gebunden, wovon die neun Fragmente zeugen, von denen sechs Apollo und Artemis gewidmet sind.
Téllez, Gabriel [span. 'teʎeθ] † Tirso de Molina.
Tellow ['tɛlo] † Kosegarten, Gotthard Ludwig Theobul.
Temple, Sir William [engl. tɛmpl], * London 6. April 1628, † Gut Moor Park bei Farnham 27. Jan. 1699, engl. Schriftsteller.
War nach Studien in Cambridge zeitweilig Mitglied des ir. Parlaments, dann diplomat. tätig; wurde in der Literaturgeschichte v.a. als Empfänger der Briefe von Dorothy Osborne, seiner späteren Frau, bekannt. Hervorragender, von Montaigne beeinflußter Essayist und Kritiker; schrieb in elegantem, leicht lesbarem Stil; sein bedeutendster Essay, „Of ancient and modern learning" (1692), behandelt dieselben Fragen, die Swift, der zeitweise T.s Sekretär war, später in „The battle of the books" darstellte.
Literatur: Woodbridge, H. E.: *Sir W. T. The man and his work. New York 1940.*
Tencin, Claudine Alexandrine Guérin de [frz. tã'sɛ̃], * Grenoble 27. April 1682, † Paris 4. Dez. 1749, frz. Schriftstellerin.
Schwester des Kardinals de T. und Mutter d'Alemberts; kam gegen ihren Willen in ein Kloster, wo sie sich jedoch so skandalerregend verhielt, daß sie später von ihren Gelübden entbunden wurde; in Paris war sie Mittelpunkt eines bed. literar. Salons, in dem u.a. Montesquieu, Fontenelle, Marivaux und Prévost d'Exiles verkehrten; sie schrieb mehrere anonym erschienene galante Romane, u.a. die „Mémoires du comte de Comminges" (1735) und „Les malheurs de l'amour" (1747, autobiograph. gefärbt); postum erschien ihre Korrespondenz mit ihrem Bruder, Kardinal de T. (1790), und mit dem Herzog von Richelieu (1806).

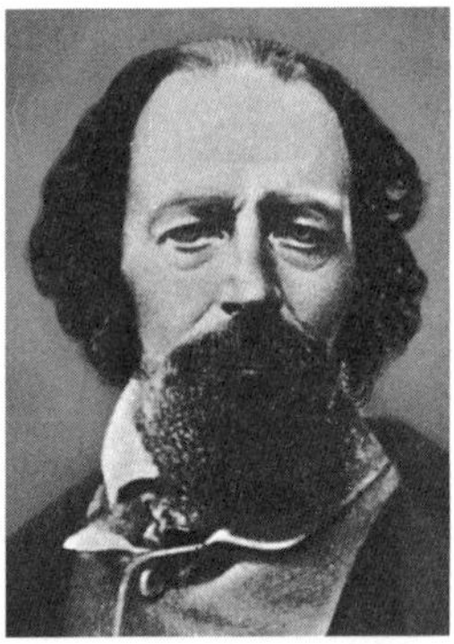

Alfred Lord Tennyson

Tendrjakow, Wladimir Fjodorowitsch; tl.: Tendrjakov, Vladimir Fedorovič [russ. tɪndrɪ'kɔf], * Makarowskaja (Gebiet Woronesch) 5. Dez. 1923, russ.-sowjet. Schriftsteller.
Teilnehmer am 2. Weltkrieg, Absolvent des Gorki-Literaturinstituts, Journalist; wählte die Themen seiner Erzählungen aus dem bäuerl. Milieu; Darstellung eth. und sozialer Probleme.
Hauptwerke: Der Morast (E., dt. 1957), Der Fremde (Kurz-R. und En., dt. 1956), Der wundertätige Nikolaus (E., dt. 1959), Das Gericht (E., dt. 1963), Fjodor sucht die Wahrheit (R., dt. 1966).
Tennenbaum, Irving [engl. 'tɛnɪnbɔːm] † Stone, Irving.
Tennyson, Alfred Lord [engl. 'tɛnɪsn], * Somersby (Lincoln) 6. Aug. 1809, † Aldworth bei Reading 6. Okt. 1892, engl. Dichter.
Nach seiner vom Vater, einem Geistlichen, geleiteten Schulbildung studierte T. in Cambridge;

nach ersten, erfolglosen Lyrikveröffentlichungen folgte der Aufstieg zum hochgeehrten offiziellen Dichter des Viktorianertums; T. wurde 1850 zum „poet laureate" gekrönt, 1884 geadelt. Seine spätromant., formal virtuose Dichtung wurde oft als empfindungsarmes, wortreiches Kunsthandwerk verspottet und kritisiert; T.s Zeitgenossen hingegen schätzten seinen Sinn für Wortkultur und für die euphon. und rhythm. Möglichkeiten der Sprache, die T. aufzeigte. Zu seinen Hauptwerken gehören „In memoriam A. H. H." (1850, dt. 1871 u.d.T. „Freundes-Klage"), eine Elegie auf den Tod eines Freundes, an der T. 17 Jahre lang arbeitete, und die „Königsidylle" (1859–85, teilweise dt. 1867), eine Spenser und Malory verpflichtete Dichtung um König Artus und die Tafelrunde; seine bühnenfremden Dramen hatten keinen Erfolg.

Weiteres Werk: Enoch Arden (Vers-E., dt. 1867).

Ausgabe: T. The Eversley edition of the works. Hg. v. H. Lord Tennyson. *London 1907–13. 9 Bde.*

Literatur: Jump, J. D.: *T. The critical heritage. New York 1967.* – Richardson, J.: *The preeminent Victorian. A study of T. London 1962.* – Dyboski, R.: *T.s Sprache u. Stil. Wien 1907. Nachdr. New York 1965.* – Fischer, Th. A.: *Leben u. Werke A. Lord T.s. Gotha 1899.* – Tennyson, H.: *A. T., a memoir. London 1897. 2 Bde.*

Teodoreanu, Ionel [rumän. teodo'reanu], * Jassy 6. Jan. 1897, † Bukarest 3. Febr. 1954, rumän. Schriftsteller.

Bed. Strafverteidiger; zeitweise Leiter des Nationaltheaters in Jassy. Zum Erfolg, den schon die erste Novelle („Die Kindheitsgasse", 1923; dt. 1938) und der erste Roman („La Medeleni", 1925ff.) hatten, trugen die bildkräftige Sprache, der lyr. Stil und das psycholog. Verständnis für Kinder- und Jugendprobleme bei; kunstvoll die Verwendung des Leitmotivs. Die späteren Romane behandeln v.a. psycholog. Grenzfälle.

Tepl, Johannes von ↑ Johannes von Tepl.

Terc, Abram ↑ Sinjawski, Andrei Donatowitsch.

Terentius Afer, Publius, * Karthago um 195 (?), † 159, röm. Dichter.

Eigentl. Name unbekannt, kam als Sklave in das Haus des Senators Terentius Lucanus, von dem er Namen und Freiheit erhielt; sorgfältige Ausbildung, Freundschaft mit dem jüngeren Scipio und Laelius; kehrte von einer Griechenlandreise nicht mehr zurück. Seine nach griech. Vorbild verfaßten Komödien, denen größerer Erfolg bei den Nobiles als beim Volk beschieden war, übertreffen zwar die des Plautus in der Geschlossenheit des Aufbaus und der Sprache, stehen ihnen an Originalität und Frische jedoch nach. Die Aufführungsdaten von 6 Komödien sind bekannt: „Andria" (166), „Hecyra" (165), „Heautontimorumenos" (163), „Eunuchus" (161), „Phormio" (161), „Adelphoe" (160).

Ausgaben: Terenz. Die Komödien. Dt. Übers. v. V. v. Marnitz. *Stuttg. 1960.* – *P. Terentii Afri Comoediae. Hg. v.* R. Kauer *u.* W. M. Lindsay. *Oxford ²1926. Neudr. 1959.*

Literatur: McGlynn, P.: *Lexicon Terentianum. London u. Glasgow 1963–67. 2 Bde.* – Büchner, K.: *Terenz in der Kontinuität der abendländ. Humanität. In:* Büchner: *Humanitas Romana. Hdbg. 1957.* – Haffter, H.: *Terenz in seiner künstler. Eigenart. In: Museum Helveticum 10 (1953), 1 u. 73.* – Reitzenstein, E.: *Terenz als Dichter. Amsterdam 1940.* – ↑ auch Aristophanes, ↑ Plautus, Titus Maccius.

Terenz ↑ Terentius Afer, Publius.

Teresa de Ávila [span. te'resa] ↑ Theresia von Ávila.

Teresa de Jesús [span. te'resa ðɛ xe'sus] ↑ Theresia von Ávila.

Terpandros (Terpander), griech. Lyriker und Musiker des 7. Jh.s v. Chr. aus Antissa (Lesbos). Galt in der Antike als Erfinder der siebensaitigen Leier; seine dichter. Tätigkeit ist v.a. in Sparta bezeugt, wo er 676 in den ersten Karneischen Spielen siegte und die erste Musikschule begründete. Die Echtheit der unter seinem Namen überlieferten Fragmente ist zweifelhaft; nach einer pseudoplutarch. Schrift soll T. Homer. Texte für den Gesangsvortrag vertont haben.

Terramare, Georg, eigtl. G. Eisler von T., * Wien 2. Dez. 1889, † La Paz 4. April 1948, östr. Schriftsteller.

Jurist. und germanist. Studien, ausgedehnte Reisen; erneuerte als Spielleiter in Wien die mittelalterl. „Schottenspiele" (1922), später Regisseur in verschiedenen europ. Städten; 1938 Emigration über Italien nach Bolivien; schrieb v.a. Legendenspiele („Ein Spiel von der Geburt des Herrn, den Hirten und den Königen", 1921; „Ein Spiel vom Tode", 1923), ferner Dramen und Romane.

Weitere Werke: Stimmen am Wege. Ein Buch um Franz von Assisi (1924), Therese Krones (Schsp., hg. 1959).

Tersakis, Angelos; tl.: Terzákēs, Ággelos [neugr. tɛr'zakis], * Nafplion 16. Febr. 1907, neugriech. Schriftsteller.

Studium, Chefdramaturg am Athener Nationaltheater; bed. neugriech. Dramatiker und Erzähler; schildert anschaulich und mit psycholog. Verständnis menschl. Probleme, Leidenschaften und Charaktere. Plast. Sprache, konsequente Gedankenführung und gute Komposition zeichnen sein Werk aus.

Tersánszky, Józsi Jenő [ungar. 'tɛrʃa:nski], * Baia Mare 12. Sept. 1888, ungar. Schriftsteller.

Während des 1. Weltkriegs Soldat, dann freier Schriftsteller; verfaßte Kriegsromane, wurde v.a. durch seinen Schelmenroman „Kakuk Marci" (= Martin Kuckuck, 1923–37) bekannt; dt. erschien 1957 die Erzählung „Die Geschichte eines Bleistifts".

Tersteegen, Gerhard, eigtl. Gerrit ter Steegen, * Moers 25. Nov. 1697, † Mülheim a. d. Ruhr 3. April 1769, dt. Dichter.

Verlor früh den Vater, konnte daher ein Theologiestudium nicht bestreiten, arbeitete nach Abschluß einer Kaufmannslehre als Weber und Bandwirker, seit 1728 Wanderprediger und Seelsorger der niederrhein. Erweckungsbewegung; einer der bedeutendsten Vertreter der ev. Mystik; asket.-klösterl., vom Quietismus bestimmte Innerlichkeit. Sein „Geistl. Blumengärtlein inniger Seelen" (1729) enthält Epigrammat., ferner Erbauungs- und Gemeindelieder, u.a. „Ich bete an die Macht der Liebe".

Ausgaben: G. T. Eine Ausw. aus seinen Schrr. Hg. v. W. Nigg. *Wuppertal 1967.* – *G. T. Ges. Schrr. Stuttg. 1844–46. 8 Bde.*

Literatur: Sauer-Geppert, W.-I.: *Zur Mystik in den Liedern G. T.s. In: Unterscheidung u. Bewah-*

rung. Festschr. f. Hermann Kunisch zum 60. Geburtstag, 27. Okt. 1961. Bln. 1961. – Löschhorn, A.: *G. T. 1697–1769. Zürich 1946.* – Wolter, G.: *T.s geistl. Lyrik. Diss. Marburg 1929.*

Tertullian ↑ Tertullianus, Quintus Septimius Florens.

Tertullianus, Quintus Septimius Florens, * Karthago um 160, † ebd. nach 220, lat. Kirchenschriftsteller.

Zunächst Rhetor (und Jurist?) in Rom, 195 Übertritt zum Christentum, um 205 Anschluß an die Montanisten, von denen er sich jedoch wieder löste, gründete eine eigene Sekte. T. trat in seinen apologet. und dogmat.-polem. Schriften in leidenschaftl. Fanatismus für die Reinerhaltung der christl. Lehre ein, zunächst gegen Heidentum, Judentum und verschiedene Irrlehren, später gegen die Verweltlichung des Christentums gerichtet. T. gilt als Schöpfer der lat. Kirchensprache.

Hauptwerke: Ad nationes, Apologeticum, De testimonio animae, De baptismo, De poenitentia, De anima.

Ausgaben: Quinti Septimi Florentis Tertulliani Opera. Hg. v. E. Dekkers *u.a. Turnhout 1954. 2 Bde. – Tertullian. Ausgew. Schrr. Dt. Übers. v.* K. A. H. Kellner *u.* G. Esser. *Kempten; Regensb. 1912–15. 2 Bde. – Quinti Septimi Florentis Tertulliani Opera. Hg. v.* A. Reifferscheid *u.a. Wien 1890–1957. 5 Bde.*

Literatur: Schneider, A.: *Le premier livre „Ad Nationes" de Tertullien. Genf 1968.* – Nisters, B.: *Tertullian. Seine Persönlichkeit u. sein Schicksal. Ein charakterolog. Versuch. Münster 1950.* – Lortz, J.: *Tertullian als Apologet. Münster 1927–28. 2 Bde.* – Hauck, A.: *Tertullian's Leben u. Schrr. Erlangen 1877.*

Tervapää, Juhani [finn. 'tɛrvapæ:] ↑ Wuolijoki, Hella.

Terz, Abram [russ. tjɛrts] ↑ Sinjawski, Andrei Donatowitsch.

Terzákēs ↑ Tersakis.

Těsnohlídek, Rudolf [tschech. 'tjɛsnɔhli:dɛk], * Časlau 7. Juni 1882, † Brünn 12. Jan. 1928, tschech. Schriftsteller.

Redakteur; schrieb außer impressionist. Gedichten das Tierepos „Liška Bystrouška" (= Das schlaue Füchslein, 1921), das von Janaček vertont wurde, Romane, Erzählungen und Jugendbücher.

Tessier, Ernest Maurice [frz. tɛ'sje] ↑ Dekobra, Maurice.

Testi, Fulvio [italien. tɛsti], * Ferrara 23. Aug. 1593, † Modena 28. Aug. 1646, italien. Dichter.

Erziehung bei Jesuiten in Modena, Studium in Bologna; Bibliothekar und Diplomat im Dienste der Este; starb als polit. Gefangener; Lyriker unter dem Einfluß Chiabreras, Horaz' und Pindars, schrieb „Rime" (1613), das patriot. Gedicht „Il pianto d'Italia" (1617), „Poesie liriche" (1627ff.), ferner Tragödien und Epen.

Testori, Giovanni [italien. tes'to:ri], * Novate Milanese 12. Mai 1923, italien. Schriftsteller.

Schreibt sozialkrit. Romane und Dramen sowie Filmdrehbücher („Rocco und seine Brüder"); in dem Roman „Stadtrand" (dt. 1961) schildert er die Schicksale der Menschen in einer großen Mietskaserne am Stadtrand Mailands; sein Schauspiel „Arialda" (dt. 1962) erregte in Italien als neoverist. Schilderung des Vorstadtproletariats Aufsehen und war anfangs verboten.

Teternikow, Fjodor Kusmitsch; tl.: Teternikov, Fedor Kuz'mič [russ. tɪ'tjernikɐf] ↑ Sologub, Fjodor.

Tetmajer (Przerwa-Tetmajer), Kazimierz [poln. tɛt'majɛr], * Ludźmierz (Galizien) 12. Febr. 1865, † Warschau 18. Jan. 1940, poln. Dichter.

Adliger Abstammung, studierte in Krakau und Heidelberg, dann freier Schriftsteller; seit 1920 fast blind; von den Deutschen vertrieben, erfror er auf der Straße. Sein Werk, typ. für die Ziele der literar. Bewegung „Junges Polen", bisweilen zur Dekadenz neigend, umfaßt sprachl. glänzende, impressionist. Naturlyrik, melod. Liebesgedichte, Novellen über die Tatra und ihre Bewohner und weniger geglückte Romane und Dramen. Zunehmender Pessimismus im Spätwerk.

Hauptwerke: Poesie (Dichtungen, 1891–1924; dt. 1931), Der hochwürdige Herr Kanonikus (Nov., 1894; dt. 1953), Der Todesengel (R., dt. 1899), Melancholie (R., dt. 1899), In der Tatra (En., dt. Ausw. 1903), König Andreas (R., dt. 1914).

Teuerdank ↑ Maximilian I.

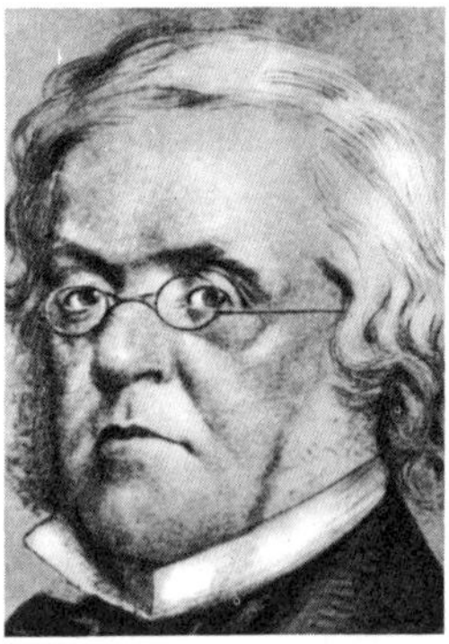

William Makepeace Thackeray

Thackeray, William Makepeace [engl. 'θækərɪ], * Kalkutta 18. Juli 1811, † London 24. Dez. 1863, engl. Schriftsteller.

Früher Tod des Vaters, eines brit. Beamten in Indien; Th. wurde in engl. Internaten erzogen und studierte in Cambridge, dort u.a. mit Tennyson befreundet; nach einer Kontinentreise begann er Jura zu studieren, gab später den Anwaltsberuf wieder auf und versuchte sich als Journalist und – erfolglos – als Hg.; verlor dadurch sein Vermögen. Th. war als Schriftsteller sehr erfolgreich. Seine Freundschaft mit Dickens litt unter der Rivalität. Th. gab ein mit sarkast. Ironie gezeichnetes Bild der engl. Gesellschaft seiner Zeit. In seiner Diktion ist er schärfer als Dickens, der Th. durch seinen Humor überragt, ihm durch eine gewisse Sentimentalität aber wieder nachsteht. Th.s Fähigkeit zu prägnanter, häufig karikierender Charakterisierung zeigt sich bes. in dem Roman „Der Markt des Lebens" (dt. 1849, später u. d. T. „Jahrmarkt der Eitelkeit"), in dem Th. eine entlarvende Darstellung des Snobismus gibt. Dem histor. Roman „Henry Esmond" (dt. 1853), in dem die Sprache der Zeit Königin Annas nachgeahmt ist, gingen umfassende philolog. und histor. Studien voraus.

Weitere Werke: Das Snob-Buch (Skizzen, 1849; dt. 1955), Die Geschichte von Pendennis (R., 1849/50; dt. 1911), Die Newcomes (R., 1855); dt. 1953), Die Virginier (R., 1857–59; dt. 1953). *Ausgaben: W. M. Th. The centenary biographical edition of the works. Hg. v.* Lady Ritchie. *London 1910–11. 26 Bde. – W. M. Th. Ges. Werke. Dt. Übers. Bd. 1–9. Mchn. 1909–14 [m.n.e.].*
Literatur: Th. The critical heritage. Hg. v. G. Tillotson *u.* D. Hawes. *New York 1968.* – Tillotson, G.: *Th. the novelist. New York 1964.* – Broich, U.: *Ironie im Prosawerk W. M. Th.s. Bonn 1958.* – Ray, G. N.: *Th. London 1955–58. 2 Bde.* – Conrad, H.: *W. M. Th. Ein Pessimist als Dichter. Bln. 1888.*

Thakur, Rabindranath [engl. 'tɑːkʊə] † Tagore, Rabindranath.

Tharaud, Jean [frz. ta'ro], eigtl. Charles Th., * Saint-Junien (Haute-Vienne) 9. Mai 1877, † Paris 8. April 1952, und sein Bruder Jérôme, eigtl. Ernest Th., * Saint-Junien (Haute-Vienne) 18. März 1874, † Varengeville-sur-Mer (Seine-Maritime) 28. Jan. 1953, frz. Schriftsteller.
Schrieben ihre Romane gemeinsam; Jean besuchte das Lycée in Angoulême; Teilnahme am 1. Weltkrieg; war nach Kriegsende Reporter in N-Afrika, Ungarn, Spanien und Deutschland, seit 1946 Mitglied der Académie française. Jérôme besuchte ebenfalls das Lycée in Angoulême, dann die École normale supérieure; war Lehrer in Budapest; bereiste den Balkan, Rußland und Deutschland, Teilnahme am 1. Weltkrieg; Reporter, u. a. im Span. Bürgerkrieg; seit 1938 Mitglied der Académie française. In ihren Reportagen, die sie zu künstler. Rang erhoben, behandeln sie Zeitfragen von allgemeinem Interesse; daneben sind v. a. ihre psycholog. motivierten Romane zu erwähnen, die sich ebenfalls durch farbenreiche Schilderungen, lebendige, kräftige und doch klass.-einfache Sprache auszeichnen. 1906 erhielten beide den Prix Goncourt.
Hauptwerke: Dingley's Ruhm (R., 1902; dt. 1907), La maîtresse servante (R., 1911), Der Schatten des Kreuzes (R., 1917; dt. 1922), Rabat ou les heures marocaines (R., 1918), Die Herrschaft Israels (R., 1920; dt. 1929), L'oiseau d'or (R., 1931).

Theer, Otakar [tschech. tɛːr], * Tschernowzy 16. Febr. 1880, † Prag 20. Dez. 1917, tschech. Schriftsteller.
Studierte in Prag Philosophie, Beamter an der Universitätsbibliothek; Schüler A. Sovas und O. Březinas; behandelte in seiner Lyrik metaphys. Fragen; auch Kritiker und Übersetzer.

Thelen, Albert Vigoleis, * Süchteln bei Mönchengladbach 28. Sept. 1903, dt. Schriftsteller.
Besuchte eine Textilfachschule; ging verschiedenen Beschäftigungen nach, Wanderungen durch ganz Europa; sprachwissenschaftl. Studien; verließ als Gegner des Nationalsozialismus Deutschland, ließ sich 1953 in der Schweiz nieder. Zeitkrit., humorvoller und fabulierfreudiger Erzähler, der in seinen Schelmenromanen eigene Erlebnisse anschaulich gestaltet; auch Lyriker, Literaturkritiker und Übersetzer aus dem Niederl. und aus roman. Sprachen.
Hauptwerke: Schloß Pascoaes (Ged., 1942), Die Insel des zweiten Gesichts (R., 1953), Der schwarze Herr Bahßetup (R., 1956).

Themistios, * um 317, † Konstantinopel (heute Istanbul) um 388, griech. Rhetor und Philosoph.
Leitete eine berühmte, von Kaiser Konstantin gegr. Schule in Konstantinopel; 355 Senator, unter Theodosius Stadtpräfekt; Erzieher des Prinzen Arkadios. Von seinen zahlreichen Gelegenheitsreden (Lob-, Fest- und Gesandtschaftsreden) sind 34 erhalten, außerdem erläuternde Paraphrasen zu Schriften des Aristoteles; stilist. war Th. reiner Attizist.

Theodektes von Phaselis, griech. Tragödiendichter des 4. Jh.s v. Chr.
Schüler von Isokrates und Platon; schrieb neben zahlreichen Stücken mit myth. Stoffen einen „Maussolos", damit den gleichnamigen König ehrend, dem er auch eine Leichenrede widmete.

Theodorescu, Ion Iosif N. [rumän. teodo'resku] † Arghezi, Tudor.

Theodoros Prodromos, byzantin. Dichter der 1. Hälfte des 12. Jahrhunderts.
Behandelte in seinen zahlreichen Werken eine Vielfalt von Themen; schrieb den Versroman „Rodanthe und Dosikles", die dramat. Parodie „Katzenmäusekrieg", satir. Gedichte, ein schwülst. astrolog. Gedicht und zahlreiche Gelegenheitsgedichte, auch Epigramme. Bei einigen volkstüml. Liedern ist es zweifelhaft, ob sie von Th. P. stammen oder Persiflage sind.

Theodoros Studites (Theodor von Studion), hl., * Konstantinopel (heute Istanbul) 759, † auf der Prinzeninsel bei Konstantinopel 11. Nov. 826, byzantin. Theologe.
Entstammte einer angesehenen Familie und erhielt eine sorgfältige Ausbildung; trat mit der ganzen Familie in ein Kloster ein, seit 798 Abt und einflußreicher Reformer des zönobit. Mönchtums im Studion-Kloster in Konstantinopel; im Bilderstreit mehrfach verhaftet und verbannt. Er schrieb v. a. kanon., katechet. und polem. Abhandlungen, außerdem zahlreiche Predigten und bed. Kirchenlieder; seine Epigramme gehören zum Besten der byzantin. Dichtung.

Theodulf von Orléans, * in Spanien um 760, † Angers (oder Le Mans?) um 821, karoling. Theologe und Dichter.
Westgot. Herkunft; 781 Bischof von Orléans; einflußreiche Persönlichkeit am Hof Karls des Großen; poet. begabt, schrieb bed. Hymnen (darunter „Gloria, laus et honor"), theolog. Schriften; möglicherweise Verfasser der „Libri Carolini".

Theodulus, Deckname für den Verfasser des wahrscheinl. im 10. Jh. abgefaßten lat. Gedichts „Ecloga Theoduli", das in Anlehnung an die klass. Dichtung allegor. den Wettgesang zwischen einem christl. Schäfermädchen namens Alithia und dem heidn. Schäfer Pseustis schildert.

Theognis, griech. Dichter des 6. Jh.s v. Chr. aus Magara.
Anhänger der Aristokraten, mußte in die Verbannung, als die Volkspartei zur Herrschaft kam; später Rückkehr in die Vaterstadt; schrieb ein Spruchgedicht an Kyrnos, einen edlen Jüngling, das Lebensweisheiten, aristokrat. Grundsätze und Unterweisungen an andere Freunde enthält. Unter Th.' Namen ist eine Sentenzensammlung in 2 Büchern (polit.-moral. Sprüche und Liebeslieder) überliefert, die jedoch auch Verse anderer Dichter enthält, die von dem echten Th. zu unter-

scheiden eine bis heute unlösbare Aufgabe geblieben ist.
Ausgaben: Th. Pseudo-Pythagoras. Pseudo-Phocylides. Chares. Anonymi Aulodia. Fragmentum Teliambicum. Hg. v. D. Young. *Lpz. 1961. – Théognis. Poèmes élégiaques. Griech.-frz. Hg. v.* J. Carrière. *Paris 1948.*
Literatur: Steffen, V.: *Die Kyrnos-Gedichte des Th. Breslau u.a. 1968.* – Hasler, F. S.: *Unterss. zu Th. Winterthur 1959.* – Kroll, J.: *Th.-Interpretationen. Lpz. 1936.*

Theokrit ↑ Theokritos.

Theokritos, * Syrakus um 310, † um 250, griech. Dichter.
Entstammte einer einfachen Familie, lebte längere Zeit auf der Insel Kos, wo er einen größeren Freundeskreis gewann, am Hofe Hierons von Syrakus und bei Ptolemaios II. Philadelphos von Alexandria, wo er den Dichter Kallimachos kennenlernte. Begründer und Meister der bukol. Dichtung; im Ggs. zum idealisierten Hirtenleben Vergils zeichnete Th., treffend in der Milieuschilderung, vorbildl. in der psycholog. Beobachtung, ein realist. Bild der Hirten seiner Heimat; Th., der, selbst wenn er metr. und sprachl. experimentierte, um eine gefällige Form bemüht war, schrieb in verschiedenen griech. Dialekten; erhalten sind 30 sog. „Eidyllia" und 22 Epigramme, daneben einige, die ihm zugeschrieben werden, Bruchstücke der Dichtung „Berenike", das Technopägnion „Syrinx", größere ep. Gedichte und Mimen aus der Welt des Bürgers.
Ausgaben: Th. v. Syrakusai. Dt. Übers. v. E. Mörike *u.a. In: Antike Lyrik. Hg. v.* C. Fischer. *Mchn. 1964. – Theocritus. Griech.-engl. Hg. v.* A. S. F. Gow. *London 1950. 2 Bde.*
Literatur: Cantarella, R.: *Teocrito. Mailand 1966.* – Kühn, J. H.: *Die Thalysien Theokrits. In: Hermes 86 (1958), 40.* – Rumpel, J.: *Lexicon Theocriteum. Lpz. 1879. Nachdr. Hildesheim 1961.*

Theologia Deutsch ↑ Frankfurter, der.

Theophanes Graptos, * in den Moabiterbergen 778, † Nizäa 11. Okt. 845, byzantin. Kirchendichter.
Mönch im Saba-Kloster; als Anhänger des Bilderkults während eines Aufenthalts in Konstantinopel von Kaiser Theophilos durch Einbrennen von Versen auf die Stirne bestraft, weshalb er den Beinamen trägt. Von seinem reichen literar. Schaffen sind zahlreiche liturg. Dichtungen erhalten, für die er Melodien von älteren Meloden übernahm.

Theophrastos (Theophrast), * Eresos auf Lesbos um 372, † Athen um 287, griech. Philosoph.
Schüler und Nachfolger des Aristoteles in der Leitung der peripatet. Schule; Universalgelehrter, verfaßte v.a. histor., rhetor., naturwissenschaftl., religiöse und eth. Schriften; gilt mit seinen [verlorenen] „Lehrmeinungen der Naturphilosophen", auf denen unsere Kenntnis der vorsokrat. Philosophie beruht, als Begründer der Philosophiegeschichte; von Interesse sind noch die „Charaktere", 30 Schilderungen menschl. Charaktertypen, lebensvoll gezeichnet und fein differenziert in ihren Fehlern und Schwächen.
Ausgaben: Theophrast. Charaktere. Griech.-dt. Hg. v. P. Steinmetz. *Mchn. 1960–62. 2 Bde. – Theophrasti Eresii Opera quae supersunt omnia. Hg. v.* F. Wimmer. *Lpz. 1854–62. 3 Bde.*
Literatur: Senn, G.: *Die Pflanzenkunde des Theophrast v. Eresos. Seine Schr. über die Unterscheidungsmerkmale der Pflanzen u. seine Kunstprosa. Hg. v.* O. Gigon. *Basel 1956.* – Regenbogen, O.: *Th. v. Eresos. Stuttg. 1940.*

Theopompos (Theopomp), * Chios um 378, † nach 323, griech. Geschichtsschreiber.
Wurde mit seinem Vater Damasistratos verbannt, 333/32 durch Alexanders Einschreiten Rückkehr, nach dem Tod des Königs erneute Verbannung, Flucht nach Ägypten, wo ihn nur einige Freunde vor einer Verurteilung durch Ptolemaios I. schützen konnten. Mit seinem Geschichtswerk, den 12 Büchern „Hellenika" für die Jahre von 411 bis 394 knüpft er an Thukydides an, sein Hauptwerk waren die „Philippika" in 58 Büchern, eine Geschichte Makedoniens und der griech. Staaten mit zahlreichen histor. und geograph. Exkursen; Th., der auch Enkomien und epideikt. Reden schrieb, erstrebte eine gemäßigte rhetor. Durchgestaltung der Rede, ohne jedoch die histor. Wahrheit der theatral. Ausgestaltung des Stoffes zu opfern. Überliefert sind nur Fragmente und Exzerpte.
Literatur: Connor, W. R.: *Theopompus and fifth-century Athens. Cambridge (Mass.) 1968.* – Fritz, K. v.: *Die polit. Tendenz in Theopomps Geschichtsschreibung. In: Antike u. Abendland. Bd. 4. Hg. v.* B. Snell *u.* U. Fleischer. *Hamb. 1964.* – Meyer, Eduard: *Theopomps Hellenika. Halle 1909.*

Theresia von Ávila (Teresa de Jesús, Teresa de Ávila), hl., eigtl. Teresa de Cepeda y Ahumada, genannt Th. die Große, * Ávila 28. März 1515, † Alba de Tormes 4. Okt. 1582, span. Mystikerin.
Span. Schutzheilige, Karmelitin, Ordensreformatorin, Gründerin zahlreicher Klöster. Mit Juan de la Cruz hervorragendste Vertreterin der span. Mystik. Ihre myst. Lehrschriften, ihre Briefe (über 460 erhalten), Gedichte u.a. Werke zeichnen sich durch Einfachheit und Natürlichkeit der Sprache und Darstellung aus.
Hauptwerke: Weg der Vollkommenheit (Traktat, 1588; dt. 1649), Die innere Burg (Abhandlung, 1588; dt. 1966, 1651 u.d.T. Die Seelenburg oder ...), Das Leben der hl. Th. von Jesu ... (Autobiogr., 1612; dt. 1933), Briefe (1618, dt. 1833).
Ausgabe: Th. v. Jesu. Sämtl. Schrr. Neue dt. Ausg. Mchn. $^{1-3}$1952–60. 6 Bde.
Literatur: Auclair, M.: *Das Leben der hl. Teresa v. A. Dt. Übers. Zürich ^{4}1965.* – Stein, E.: *Teresia v. A. Konstanz ^{3}1958.* – Waach, H.: *Th. v. A. Freib. ^{2}1955. – Gesch. der hl. Th. nach den Bollandisten, ihren Biographen u. ihren ges. Werken. Dt. Übers. Regensb. 1926. 2 Bde.*

Theresia vom Kinde Jesu [und vom hl. Antlitz], hl., eigtl. Marie Françoise Thérèse Martin, genannt Kleine hl. Theresia, * Alençon (Orne) 2. Jan. 1873, † Lisieux 30. Sept. 1897, frz. Karmelitin.
Ihre Autobiographie „Geschichte einer Seele" (1897, dt. 1914; von Th.s Oberin im Zeitgeschmack stark verfärbt) zeigt den Weg zur Heiligung eines einfachen, demütigen Lebens.
Literatur: Görres, I. F.: *Das verborgene Antlitz. Neue Deutung. Freib. ^{9}1964.* – Pauleser, S.: *Th. v. K. J. Konstanz 1954.*

Thérive, André [frz. te'ri:v], eigtl. Roger Puthoste, * Limoges 19. Juni 1891, † Paris 4. Juni 1967, frz. Schriftsteller.

Arbeitete als Literaturkritiker für „Le Temps"; Mitbegründer und Theoretiker des Populismus, von dem er sich später wieder abwendete. Seine Romane sind volkstüml.-realistisch. In wissenschaftl. Arbeiten um die Reinerhaltung der frz. Sprache bemüht („Querelles de langage", 1931–40).
Weitere Werke: Le plus grand péché (R., 1924), Les souffrances perdues (R., 1927), Noir et or (R., 1930), Anna (R., 1932), Comme un voleur (R., 1947), Les voix du sang (R., 1955), Le baron de paille (R., 1965).

Théroulde [frz. te'ruld] † Turoldus.

Thespis, griech. Tragödiendichter des 6. Jh.s v. Chr.
Stammte aus dem att. Demos Ikaria, führte 536/35–533/32 bei den großen Dionysien in Athen die erste griech. Tragödie auf; erhalten sind einige Titel und ein paar Verse, die jedoch schon in der Antike für unecht angesehen wurden.

Theuerdank † Maximilian I.

Thibault, François Anatole [frz. ti'bo] † France, Anatole.

Thibaut IV (Thibaud IV) de Champagne [frz. tibokatrədʃã'paɲ], König von Navarra, * Troyes 30. Mai 1201, † Pamplona 7. Juli 1253, frz. Dichter.
Nachgeborener Sohn Thibauts III.; seine Mutter führte die Regentschaft bis zu seiner Großjährigkeit; Bekanntschaft mit Chrétien de Troyes u.a. Dichtern. Er zählt zu den besten frz. Minnesängern und gilt als einer der bedeutendsten Lyriker des frz. MA. Seine Lieder, die er selbst vertonte und von denen rund 80 erhalten sind, sind meist Liebeslieder; trotz höf. Thematik mit persönl. Empfindungen.

Thidrekssaga † Þiðrekssaga.

Thiery, Herman [frz. tje'ri] † Daisne, Johan.

Thieß, Frank, * Eluisenstein bei Ogre (Livland) 13. März 1890, dt. Schriftsteller.
Studierte Germanistik, Geschichte und Philosophie (Dr. phil.), war Redakteur, Regisseur und Theaterkritiker, seit 1923 freier Schriftsteller.Th. verfaßte gut komponierte, effektvoll geschriebene, kultivierte histor. und zeitkrit. Romane und Novellen; erot. Motive, Grenzsituationen, machtvolle Persönlichkeiten der Geschichte stehen oft im Mittelpunkt. Auch Dramen und Essays, die den scharfen Intellekt des Autors bes. deutlich werden lassen.
Hauptwerke: Die Verdammten (R., 1923), Der Leibhaftige (R., 1924), Tsushima (R., 1936), Stürm. Frühling (R., 1937), Das Reich der Dämonen (R., 1941), Caruso (R., 1942–46), Die Straßen des Labyrinths (R., 1951), Tödl. Karneval (Dr., 1954), Die griech. Kaiser. Die Geburt Europas (1959), Verbrannte Erde (Autobiogr., 1963), Freiheit bis Mitternacht (Autobiogr.,1965), Der schwarze Engel (Novellen, 1966).
Ausgabe: F. Th. Ges. Werke in Einzelausgg. Wien u. Hamb. 1956ff. Auf mehrere Bde. berechnet.
Literatur: Alker, E.: *F. Th. zum 75. Geburtstag. Mit Beitr. v.* W. Heynen *u.* H. Zand. *Wien u. Hamb. 1965. – F. Th. Werk u. Dichter. Hg. v.* R. Italiaander. *Hamb. 1950.*

Thietmar (Dietmar) von Merseburg, * 25. Juli 975, † 1. Dez. 1018, dt. Chronist.
Aus dem Hause der Grafen von Walbeck; 1009 Bischof von Merseburg; die Geschichte seines Bistums mit der des Reiches verknüpfend, schrieb er eine Chronik der sächs. Kaiser, die – objektiv und anschaul. in der Darstellung – bes. für die Geschichte Ottos III. und Heinrichs II. von großer Bedeutung ist; die Handschrift ist erhalten.

Thoma, Ludwig, Pseudonym Peter Schlemihl, * Oberammergau 21. Jan. 1867, † Rottach (heute Rottach-Egern) 26. Aug. 1921, dt. Schriftsteller.
Sohn eines Forstbeamten; studierte Forstwissenschaft, dann Jura, gab aber 1899 den Anwaltsberuf auf und arbeitete als Redakteur des „Simplicissimus", schließl. freier Schriftsteller; gibt in Gedichten, Erzählungen und Dramen ein teils humorist., teils satir. Bild bayr. Lebens; seine oft tendenziöse Dialektdichtung, u.a. „Jozef Filsers Briefwexel" (1912), richtet sich gegen Scheinmoral und militanten Klerikalismus; seine Komödien, von denen „Die Lokalbahn" (1902) und „Moral"

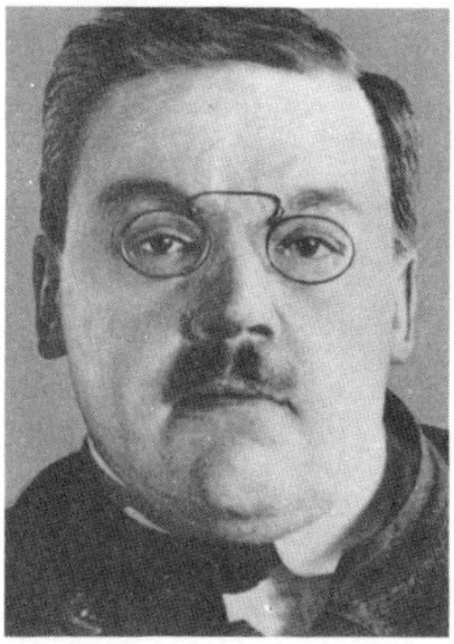
Ludwig Thoma

(1909) bes. bekannt wurden, wirken durch Situationskomik und bissige Ironie; seine schelmenhaften „Lausbubengeschichten" (1905) zeichnen sich durch herzhaften Humor aus.
Weitere Werke: Agricola (En., 1897), Andreas Vöst (R., 1906), Erster Klasse (Schwank, 1910), Lottchens Geburtstag (Lsp., 1911), Der Wittiber (R., 1911), Erinnerungen (1919).
Ausgabe: L. Th. Ges. Werke in sechs Bden. Erweiterte Neuausg. Hg. v. A. Knaus. *Mchn. 1968.*
Literatur: L. Th. zum 100. Geburtstag. Hg. v. der Stadtbibliothek Mchn. Mchn. 1967. – Thumser, G.: *L. Th. u. seine Welt. Mchn. 1966.* – Ziersch, R.: *L. Th. Mühlacker 1964.* – Heinle, F.: *L. Th. in Selbstzeugnissen u. Bilddokumenten. Reinbek bei Hamb. 1963.*

Thomas a Kempis (Th. von Kempen), eigtl. Th. Hemerken (latin. Malleolus), * Kempen (Niederrhein) 1379 oder 1380, † Kloster Agnetenberg bei Zwolle 25. Juli 1471, dt. Mystiker.
Sohn eines Handwerkers, seit 1399 Regularkanoniker im Kloster Agnetenberg; bedeutendster Vertreter der religiösen Erneuerungsbewegung Devotio moderna; entfaltete eine fruchtbare schriftsteller. Tätigkeit in lat. Sprache; neben zahlreichen asket. und homilet. Schriften verfaßte er histor. Werke und Biographien; zu nennen sind ferner Hymnen und religiöse Gedichte zur Erbauung; sein Name bleibt unlösbar mit dem vielgelesenen Erbauungsbuch „De imitatione Christi" (= Nachfolge Christi) verbunden, obwohl seine Verfasserschaft nicht un-

bestritten ist (nur Kompilation von Sentenzen?). *Ausgabe: Thomae Hemerken a K. opera omnia. Hg. v.* M. J. Pohl. *Freib. 1902–22. 7 Bde.*
Literatur: Richstaetter, K.: *Th. v. Kempen. Ein dt. Mystiker. Leben u. ausgew. Schrr. Hildesheim 1939.* – Montmorency, J. E. G.: *Th. a K. His age and his book. London 1906.*

Thomas d'Angleterre [frz. tɔmɑdãglə'tɛ:r], auch Thomas von Britanje, anglonormann. Dichter der 2. Hälfte des 12. Jahrhunderts.
Lebte wahrscheinl. am engl. Hof, vielleicht Kleriker; schrieb einen Tristanroman in anglonormann. Dialekt, von dem 9 Bruchstücke (in 5 Handschriften) erhalten sind, die die ältesten erhaltenen Zeugnisse einer Tristandichtung darstellen. Der Stoff entstammt dem kelt. Sagenkreis. Im Ggs. zu volkstüml. Bearbeitungen hat Th. den Stoff als erster im höf. Sinn behandelt. Gottfried von Straßburg benutzte die Tristanfassung des Th. als Hauptquelle.

Thomas von Aquin, hl., genannt Doctor communis, Doctor angelicus, * Schloß Roccasecca bei Aquino 1225 oder 1226, † Kloster Fossanova bei Terracina 7. März 1274, scholast. Philosoph und Theologe.
Nach Ausbildung in Montecassino und an der Universität Neapel trat er in den Dominikanerorden ein, wurde Schüler des Albertus Magnus in Köln, evtl. auch in Paris, erhielt Lehraufträge u.a. in Paris, Rom und Neapel; starb auf der Reise zum Konzil von Lyon; 1323 heiliggesprochen. Sein Lehrziel war eine Synthese des gesamten überkommenen Glaubensgutes, bes. der augustin. Lehren, mit den seinerzeit wiederentdeckten Lehren des Aristoteles, die er ausführl. kommentierte. Sein Hauptwerk, die „Summa theologiae", ist das bedeutendste Werk der Scholastik, deren überragender spekulativer Denker Th. von A. war. Seine histor. Bedeutung liegt u.a. in der Anerkennung der Philosophie und ihrer Eigengesetzlichkeiten neben der Theologie, der sie untergeordnet bleibt. Literar. bed. sind seine Hymnen.
Weitere Werke: Summe wider die Heiden (entstanden 1261–64, dt. 1935ff.), Untersuchungen über die Wahrheit (dt. 1932ff.).
Ausgaben: Die dt. Th.-Ausg. Vollständige dt.-lat. Ausg. der „Summa theologica". Hg. v. der Albertus-Magnus-Akademie, Walberberg bei Köln. Mchn.; Hdbg.; Graz $^{1-3}$*1934–61. 36 Bde., 2 Erg.-Bde. – Sancti Thomae Aquinatis, doctoris angelici, opera omnia. Rom 1882ff. Bis 1965 26 Bde.*
Literatur: Rassam, J.: *La métaphysique de Saint Th. Paris 1968.* – Eckert, W. P.: *Das Leben des hl. Th. v. A. Lebensbeschreibung des Wilhelm v. Tocco u. a. Zeugnisse der Zeitgenossen. Düsseld. 1965.* – Rahner, K.: *Geist in Welt. Zur Metaphysik der endl. Erkenntnis bei Th. v. A. Bearb. v.* J. B. Metz. *Mchn.* ^{3}*1964.* – Bonhoeffer, Th.: *Die Gotteslehre des Th. v. A. als Sprachproblem. Tüb. 1961.* – Meyer, Hans: *Th. v. A. Sein System u. seine geistesgeschichtl. Stellung. Paderborn* ^{2}*1961.* – Pieper, J.: *Hinführung zu Th. v. A. 12 Vorlesungen. Mchn. 1958. Tb.-Ausg. Freib. 1967.* Grabmann, M.: *Die Werke des hl. Th. v. A. Eine literar.-histor. Unters. u. Einf. Münster* ^{3}*1949.* – Schütz, L.: *Th.-Lex. Slg., Übers. u. Erklärung der in sämtl. Werken des hl. Th. v. A. vorkommenden Kunstausdrücke u. wiss. Aussprüche. Paderborn* ^{2}*1895. Nachdr. Stuttg.* ^{3}*1959.*

Thomas von Celano ↑ Tommaso da Celano.

Thomas von Kempen ↑ Thomas a Kempis.

Thomas, Dylan [Marlais] [engl. 'tɔməs], * Swansea (Wales) 27. Okt. 1914, † New York 9. Nov. 1953, engl. Dichter.
Walis. Abstammung; Reporter, freier Schriftsteller und Rezitator eigener Werke; lebte in Wales, England und in den USA; seine oft dem Surrealismus, gelegentl. der Neuromantik zugerechneten Werke beziehen ihren hohen poet. Reiz aus der Kraft der Naturbilder und einer fast barocken Metaphorik; sein bekanntestes Werk, das Hörspiel „Unter dem Milchwald" (dt. 1954), das auch als Bühnenstück Erfolg hatte, steht dem Traumspiel nahe.
Weitere Werke: Portrait of the artist as a young dog (Kurzgeschichte, 1940), Tode und Tore (Ged., 1946; dt. 1952), Collected poems (1952), Der Doktor und die Teufel (Drehbuch, 1953; dt. 1959), Ein Blick aufs Meer (En., dt. 1961).
Literatur: Read, B.: *D. Th. in Selbstzeugnissen u. Bilddokumenten. Dt. Übers. Reinbek bei Hamb. 1968.* – Fitzgibbon, C.: *The life of D. Th. London 1965.* – Ackermann, J.: *D. Th. His life and work. London 1964.*

Thomas, Fredrik [schwed. 'tu:mas] ↑ Thorén, Fritz.

Thomas, Philip Edward [engl. 'tɔməs], Pseudonym Philip Eastaway, * London 3. März 1878, ⚔ bei Arras 9. April 1917, engl. Schriftsteller.
Walis. Abstammung; studierte Geschichte in Oxford; lebte in ärml. Verhältnissen als Berufsschriftsteller und Journalist; meldete sich im 1. Weltkrieg freiwillig; fiel als Offizier. Autor von Kritiken und Biographien, u.a. von Swinburne und Keats; schrieb ferner topograph. Werke, die ihn als hervorragenden Naturschilderer kennzeichnen; seine Lyrik, die 1917 veröffentlicht wurde, steht der „Georgian poetry" nahe und zeigt Einflüsse Hardys.

Thomasin von Circlaere (Zerklaere) [...zi:n, tsɪr'klɛ:rə], * Friaul um 1186, † Aquileja um 1235, mhd. Dichter.
Entstammte dem italien. Adelsgeschlecht der Cerchiari (Cerclaria); theolog. Ausbildung, Domherr in Aquileja; schrieb in seiner Jugend – wahrscheinl. in provenzal. Sprache – eine [nicht erhaltene] höf. Sittenlehre, um 1215/16 sein moralphilosoph. Werk „Der welsche Gast", ein im MA weitverbreitetes, umfangreiches Lehrgedicht auf das höf. Tugendsystem aus der Sicht des gebildeten Geistlichen.
Ausgabe: Der wälsche Gast des Th. v. Zirclaria. Hg. v. H. Rückert. *Quedlinburg u. Lpz. 1852. Nachdr., mit Einl. u. Reg. v.* F. Neumann, *Bln. 1964.*
Literatur: Gabain v. Kries, F. W.: *Textkrit. Studien zum Welschen Gast Th.s v. Zerclaere. Bln. 1967.* – Spartz, Ch.: *Der Wälsche Gast des Th. v. Circlaria. Studie zu Gehalt u. Aufbau. Diss. Köln 1961.* – Teske, H.: *Th. v. Zerklaere. Der Mann u. sein Werk. Hdbg. 1933.*

Thompson, Ernest Seton [engl. tɔmpsn] ↑ Seton, Ernest [Evan] Thompson.

Thompson, Francis [engl. tɔmpsn], * Preston (Lancashire) 18. Dez. 1859, † London 13. Nov. 1907, engl. Dichter.
Zum Priester bestimmt, wurde aber neurot. Veranlagung wegen abgelehnt; zeitweilig in großer

Armut in London, bis er in dem Verleger W. Meynell einen Mäzen fand; Mystiker in Anlehnung an Blake; seine umstrittene Bedeutung als Lyriker beruht hpts. auf der Dichtung „Der Jagdhund des Himmels" (1893, dt. 1925), die – formal von der engl. Barockdichtung der metaphys. Schule abhängig – zu den wichtigsten Werken moderner engl. kath. Dichtung gehört.
Weitere Werke: Shelley (Essay, 1909; dt. 1925), Life of St. Ignatius Loyola (1909).
Literatur: Danchin, P.: *F. Th. La vie et l'œuvre d'un poète. Paris 1960.* – Kraemer, K. W.: *F. Th., der Dichter der Rückkehr zu Gott. Münster 1956.* – Meynell, E.: *The life of F. Th. London [6]1931.*

Thomsen, Grímur Þorgrímsson [isländ. 'θɔmsɛn], * Bessastaðir 15. Mai 1820, † ebd. 27. Nov. 1896, isländ. Lyriker.
Studierte in Kopenhagen (Dr. phil.); war zeitweise Beamter des dän. Außenministeriums; Reisen nach Italien, England und Frankreich, später auf seinem Gut Bessastaðir; Romantiker, schrieb Balladen mit Stoffen aus der isländ. Geschichte sowie Naturlyrik; bekannt als Übersetzer klass. und zeitgenöss. Lyrik.
Hauptwerk: Ljóðmæli (Ged., 1880 und 1895).

Thomson, James [engl. tɔmsn], * Ednam (Roxburgh) 11. Sept. 1700, † Richmond (heute London-Richmond upon Thames) 27. Aug. 1747, schott. Dichter.
Studierte Theologie, suchte in London mit Erfolg Verbindung zu den führenden Kreisen, erhielt bald eine Sinekure, später eine Pension durch Beziehungen zum Hof. Vertreter der beschreibenden Dichtung; seine von B. H. Brockes übertragene, von Haydn 1801 vertonte Blankversdichtung „Die Jahreszeiten" (1726ff., dt. 1745) wirkte nachhaltig auch auf die kontinentale Literatur, bes. durch die Beschreibung von Naturschönheiten und deren Wirkung auf den Menschen.
Weitere Werke: Alfred (Libretto, 1740, darin die Hymne „Rule Britannia"), The castle of indolence (Vers-E., 1748).
Literatur: Cohen, R.: *The art of discrimination: Th.'s The seasons and the language of criticism. Berkeley (Calif.) 1963.* – Grant, D.: *J. Th. London 1951.* – Anwander, E.: *Pseudoklassizist. u. Romant. in Th.'s „Seasons". Lpz. 1930.*

Thomson, James [engl. tɔmsn], * Port Glasgow 23. Nov. 1834, † London 3. Juni 1882, schott. Dichter.
Aus ärml. Verhältnissen; unglückl. Jugend; war Lehrer, u.a. bei der Armee, die ihn aus disziplinar. Gründen entließ; lebte zeitweilig in Amerika und war journalist. tätig; eine unglückl. Liebesbeziehung unterstützte Th.s Neigung zur Schwermut; verfiel dem Alkohol. Th., hpts. bekannt unter dem Pseudonym B. V., den Initialen von Bysshe Vanolis, einer Verbindung des 2. Vornamens von Shelley und eines Anagramms von Novalis, verdankt seinen Nachruhm v.a. dem Gedicht „The city of dreadful night" (1874, Buchausgabe 1880), für das eine eigenartige Mischung von Pessimismus, Verzweiflung und Heiterkeit kennzeichnend ist.
Literatur: Schaefer, W. D.: *J. Th. (B. V.). Beyond the city. Berkeley (Calif.) 1965.* – Weissel, J.: *J. Th. der jüngere, sein Leben u. seine Werke. Wien 1906. Nachdr. New York 1965.*

Thora [to'ra:, 'to:ra] ↑ Bibel.

Thórarensen, Bjarni Vigfússon [isländ. 'θɔu̯rarɛnsɛn], * Brautarholt 30. Dez. 1786, † Möðruvellir 24. Aug. 1841, isländ. Lyriker.
Th. kam als Student nach Kopenhagen, wo er mit der nord. Romantik, bes. Oehlenschlägers, bekannt wurde. Im Geiste der Romantik schrieb er 18jährig das Gedicht „Eldgamla Ísafold", das Natur und Menschen Islands besingt. In Island trat Th. in den öffentl. Dienst ein (1833 Amtmann). In nationalist. Geiste preist er auch in seinem späteren Werk, das dem Stil der Edda verpflichtet ist, seine Heimat, die Härte des Lebens dort, die starke Menschen fordert. Sprachl. und formal vollendete Dichtung.
Hauptwerk: Kvæði (Ged., 1847).

Thórðarson ↑ Þórðarson.

Thoreau, Henry David [engl. 'θɔ:roʊ], * Concord (Mass.) 12. Juli 1817, † ebd. 6. Mai 1862, amerikan. Schriftsteller.
Erziehung u.a. in Harvard; gehörte zum Kreis der Transzendentalisten, mit Emerson befreundet; Orientalist, mit Emerson zusammen bedeutendster amerikan. Entdecker oriental. Philosophie und Religion im 19. Jh.; radikaler Nonkonformist und Individualist; ablehnende Haltung gegen den Staat und gewissenlose Politik, deutl. bes. in dem Essay „Über die Pflicht zum Ungehorsam gegen den Staat" (1849, dt. 1967); Neigung zu primitiven Lebensformen; lebte zwei Jahre lang mit dürftigsten Hilfsmitteln in den Wäldern; seine Erlebnisse schilderte er in „Walden" (1854, dt. 1897). Seine konzentrierte, präzise, epigrammat., aber mit Bildern und Symbolen überhäufte und formal fragwürdige Lyrik wurde von Emerson vernichtend kritisiert.
Weiteres Werk: The journals (hg. [2]1949).
Literatur: Anderson, C. R.: *Magic circle of Walden. New York 1968.* – Harding, W.: *A Th. handbook. New York 1959.* – Canby, H. S.: *Th. Neuausg. Boston (Mass.) 1958.*

Thorén, Fritz [schwed. tu're:n], Pseudonym Fredrik Thomas, * Stockholm 13. März 1899, † ebd. 14. Febr. 1950, schwed. Erzähler.
Studierte Chemie (Dr. phil.), war Lehrer; seit 1944 widmete er sich ganz der schriftsteller. Tätigkeit. Mit sicherem Blick für das Milieu legt er die Handlung seiner Romane in bürgerl. Kreise; aus den beiden Polen Lebensaufgabe und Persönlichkeit entsteht der Hauptkonflikt.
Hauptwerke: Süße Schwere des Lebens (R., 1937; dt. 1948), Aus Feuer und Luft bin ich (R., dt. 1940), Sprung im Glas (R., dt. 1952).

Thorild, Thomas [schwed. 'tu:rild], eigtl. Th. Thorén, * Svarteborg (Göteborg och Bohus) 18. April 1759, † Greifswald 1. Okt. 1808, schwed. Schriftsteller.
Th. studierte in Lund und Uppsala Jurisprudenz, 1788–90 hielt er sich in England auf und ging 1793 wieder ins Ausland, nachdem er wegen einer polit. Schrift verbannt worden war. 1795 wurde er zum Bibliothekar in Greifswald ernannt. Th. trug durch seine polem. Schriften dazu bei, die Richtung der schwed. Literatur zu bestimmen. Er spielte Dichterideale der Geniezeit und der frühen Romantik gegen den formalen Zwang des frz. Klassizismus aus und plädierte für die poet. Freiheit. Er bekämpfte eine engstirnige Kritik („En Kritik över kritiker", 1791). Auch polit. engagierte er sich und war in seinen polit. Schriften ebenso

kühn und unbändig wie in den literarischen. Lebensbejahend, voller Gefühl und sehr empfindl., ekstat. und dynam., der Originalität, dem Genie zugetan, läßt er das Gefühl für das echte Maß vermissen. Als Lyriker ist er wesentl. farbloser. *Weitere Werke:* Passionerna (Ged., 1781), Straffsång (Ged., 1784), Om det allmänno förståndets frihet (Essay, 1792), Om kvinnokönets naturliga höghet (Essay, 1793), Om upplysningens princip (Essay, 1793), Rätt eller alla samhällens eviga lag (Essay, 1794).

Thoroddsen, Jón Þórðarson [isländ. 'θɔ:rɔdsɛn], * Reykhólar 5. Okt. 1819, † Leirá 8. März 1868, isländ. Schriftsteller.
Studierte Jura, war Verwaltungsbeamter; mit der Schilderung aus dem Volksleben „Jüngling und Mädchen" (1850, dt. 1883) schuf Th. den ersten neuisländ. Roman und nimmt deshalb einen hervorragenden Rang in der Geschichte der isländ. Prosa ein. Th.s Romane, die stilist. von den Sagas beeinflußt sind, zeichnen sich weniger durch ihren Aufbau als durch sichere Wiedergabe von Personen und Milieu aus.
Weitere Werke: Þjóðólfur Jónsson og faðir hans (E., 1864), Veiðiför, gamanríma (Ged., 1865), Maður og kona (R., 1876).

Thorsteinsson ↑ Þorsteinsson.

Thrasolt, Ernst, eigtl. Joseph Matthias Tressel, * Beurig (heute zu Saarburg) 12. Mai 1878, † Berlin 20. Jan. 1945, dt. Schriftsteller.
Kath. Geistlicher, 1919 in der „Ostseedivision" des Freiherrn von der Goltz, seit 1920 Waisenhauspfarrer in Berlin-Weißensee, Freund und Biograph des kath. Sozialisten C. Sonnenschein. Vertreter der kath. Erneuerungsbewegung, als Pazifist von der Gestapo verfolgt. Schrieb pantheist.-religiöse Lyrik im impressionist. Stil, auch Prosa.
Hauptwerke: De profundis (Ged., 1908), Behaal meech liew (Ged., 1922), Gottlieder eines Gläubigen (Ged., 1923), Die Witwe (E., 1925).

Threni ↑ Bibel.

Thukydides, * Athen zwischen 460 und 455, † ebd. (?) um 400 v. Chr., griech. Geschichtsschreiber.
Aus att. Adel, Nachkomme des thrak. Königsgeschlechts; verwandt mit Miltiades und Kimon, Gegner Kleons; 424 zum Strategen gewählt, konnte die Einnahme von Amphipolis durch den Spartaner Brasidas nicht verhindern, mußte in die Verbannung gehen; lebte in S-Thrakien bei König Archelaos von Makedonien, ja sogar im Feindesland; war um ein möglichst objektives Urteil in seinem Hauptwerk, der „Geschichte des Peloponnes. Krieges", bemüht. Das unvollendete, aber vollständig erhaltene Werk zeugt vom Streben des Verfassers, die wahren Begebenheiten objektiv und unparteiisch zu ermitteln, wobei geradezu moderne Forschungsmethoden angewandt wurden; gleichzeitig ist Th. bestrebt, die Ereignisse in ihrer inneren Gesetzmäßigkeit darzustellen. Er lehnt das Eingreifen der Götter in den Ablauf der Geschichte ab. Th. gilt nicht nur in Sprache und Form, sondern auch in der wissenschaftl. Exaktheit als Begründer der wissenschaftl. und pragmat. Geschichtsschreibung. Die Sprache ist herb, z.T. altertüml. und mitunter schwerverständl., dem Stil fehlt Glätte und Durchsichtigkeit, die Erzählung wird zusammengedrängt; in meisterhaft gestalteten, jedoch nicht authent. Reden werden Personen und Ereignisse vortreffl. von Th. charakterisiert, dessen Geschichtswerk von Xenophon und Theopomp fortgesetzt wurde.
Ausgaben: Th. Hg. v. J. Classen *u.* J. Steup. *Dublin* $^{4-7}$*1963–67. 8 Bde. – Th. Gesch. des Peloponnes. Krieges. Dt. Übers. Hg. v.* P. Landmann. *Zürich u. Stuttg. 1960. Tb.-Ausg. Reinbek bei Hamb. 21.–26. Tsd. 1965. – Th. Gesch. des Peloponnes. Krieges. Dt. Übers. nach* J. D. Heilmann. *Hdbg. 1950.*
Literatur: Th. Hg. v. H. Herter. *Darmst. 1968.* – Stahl, H.-P.: *Th. Die Stellung des Menschen im geschichtl. Prozeß. Mchn. 1966.* – Adcock, F. E.: *Thucydides and his history. London 1963.* – Conflenti, G.: *Tucidide. Rom* ^{2}*1963.* – Gomme, A. W.: *A historical commentary on Thucydides. Oxford* $^{1-2}$*1950–56. 3 Bde.* – Finley, J. H.: *Thucydides. Cambridge (Mass.)* ^{2}*1947.* – Schadewaldt, W.: *Die Geschichtsschreibung des Th. Bln. 1929.* – Schwartz, E.: *Das Geschichtswerk des Th. Bonn 1919. Nachdr. Hildesheim 1960.* – Bétant, E.-A.: *Lexicon Thucydideum. Genf 1843–47. Nachdr. Hildesheim 1961. 2 Bde.*

Thümmel, Moritz August von, * Schönefeld (heute Leipzig-Schönefeld) 27. Mai 1738, † Coburg 26. Okt. 1817, dt. Schriftsteller.
Jurist, in hohen Regierungsämtern tätig, unternahm ausgedehnte Reisen; pflegte die Kavaliersdichtung des Rokokos, betonte bes. das Iron. und Erotische; schrieb seinen Beitrag zur kom.-heroischen Epik, „Wilhelmine oder der vermählte Pedant" (1764), entgegen der Tradition der Versepik in Prosa; seine Beschreibung der „Reise in die mittägl. Provinzen von Frankreich" (1791 bis 1805, 10 Bde.), nach dem Vorbild L. Sternes, vereinigt aufklärer. und empfindsame Züge; auch Verserzählungen nach dem Vorbild Wielands.
Literatur: Sander, G.: *Der reisende Epikureer. Studien zu M. A. v. Th.s Roman „Reise in die mittägl. Provinzen v. Frankreich". Hdbg. 1968.* – Heldmann, H.: *M. A. v. Th. Sein Leben, sein Werk, seine Zeit. Neustadt a. d. Aisch 1964 ff. Auf 2 Bde. berechnet.*

Thurber, James [Grover] [engl. 'θə:bə], * Columbus (Ohio) 8. Dez. 1894, † New York 2. Nov. 1961, amerikan. Schriftsteller.
Auch Journalist und Illustrator eigener Werke; schrieb Satiren auf amerikan. Zustände und Sitten; Vorliebe für karikierende Darstellung.
Hauptwerke: Warum denn Liebe? (1929, dt. 1953; mit E. B. White), Men, women and dogs (1943), Rette sich, wer kann! (dt. 1948), So spricht der Hund ... (dt. 1958), Das geheimnisvolle O. (dt. 1966), 75 Fabeln für Zeitgenossen (dt. 1967), Die 13 Uhren (Märchen, dt. 1967).
Literatur: J. Th. A bibliography. Zusammengestellt v. E. T. Bowden. *Columbus (Ohio) 1966.* – Morsberger, R. E.: *J. Th. New York 1964.*

Tian ↑ Günderode, Karoline von.

Tibull ↑ Tibullus, Albius.

Tibullus, Albius, * um 50, † 19 v. Chr., röm. Dichter.
Wohlhabender Ritter, befreundet mit Horaz und Ovid, Teilnahme am Aquitanerfeldzug unter Messalla, in dessen Dichterkreis er das bedeutendste Mitglied war; starb kurz vor Vergil. Von den unter T.' Namen überlieferten drei Büchern Elegien stammen nur die beiden ersten ganz von

ihm, die bereits in der Antike nach den darin herrschenden Frauen „Delia“ und „Nemesis“ genannt wurden; Buch 3 enthält Elegien eines Lygdamus, einen Panegyrikus auf Messalla, einen Elegienzyklus auf Sulpicia, die Nichte Messallas, und Elegien der Sulpicia selbst. Themen der sprachl. reinen, formvollendeten Elegien T.' sind seine schwärmer. Liebe zur angebeteten Frau und die Sehnsucht nach einem stillen, einfachen Leben fern des Kriegslärmes, frei von aller Unrast des Strebens nach Gewinn.
Ausgabe: Tibull. Gedichte. Lat. u. dt. Hg. v. R. Helm. *Bln. 1958.*
Literatur: Solmsen, F.: *T. as an Augustan poet. In: Hermes 90 (1962), 295.* – Steidle, W.: *Das Motiv der Lebenswahl bei Tibull u. Properz. In: Wiener Studien 75 (1962), 100.* – Krefeld, H.: *Liebe, Landleben u. Krieg bei Tibull. Düsseld. 1954.* – Alfonsi, L.: *Albio Tibullo e gli autori del Corpus Tibullianum. Mailand 1946.*

Tichonow, Nikolai Semjonowitsch; tl.: Tihonov, Nikolaj Semenovič [russ. tixɐnɐf], * Petersburg (heute Leningrad) 4. Dez. 1896, russ.-sowjet. Schriftsteller.
Abgeordneter des Obersten Sowjets. Gehörte den „Serapionsbrüdern“ an. Repräsentativer Lyriker der Sowjetunion, stand bes. anfangs unter dem Einfluß der Akmeisten; seine Gedichte sind durch Klarheit, Präzision und Bildhaftigkeit des Ausdrucks gekennzeichnet. Bevorzugte Themen sind Krieg und Revolution. Seine Erzählungen tragen häufig phantast. Züge, seine Neigung zum Exot. verrät die Sammlung „Erzählungen aus Pakistan“ (dt. 1952). In dt. Übersetzung erschienen 1950 auch „Gedichte“.

Þiðrekssaga [ˈti:drɛk...], um die Mitte des 13. Jh.s entstandener Prosaroman aus Bergen (Norwegen); nach einem Teilstück auch Vilkinasaga genannt; Nacherzählung mehrerer dt. Heldensagen im Rahmen einer Biographie Dietrichs von Bern, u.a. von Bedeutung für die Erschließung der Vorstufen des Nibelungenlieds.
Literatur: Boor, H. de: *Die Handschriftenfrage der Thidrekssaga. In:* de Boor: *Kleine Schrr. Bd. 2. Bln. 1966.* – Wisniewski, R.: *Die Darst. des Niflungenunterganges in der Thidrekssaga. Eine quellenkrit. Unters. Tüb. 1961.* – Kralik, D. v.: *Die Überlieferung u. Entstehung der Thidrekssaga. Halle 1931.*

Tieck, Ludwig, Pseudonyme Peter Lebrecht, Gottlieb Färber, * Berlin 31. Mai 1773, † ebd. 28. April 1853, dt. Dichter.
Stammte aus einer Handwerkerfamilie; das Studium der Theologie, Geschichte und Philologie, bes. der engl. Literatur vermittelte ihm die Kenntnisse für die späteren Shakespeare- und Cervantes-Übersetzungen; er schrieb zunächst im Auftrag F. Nicolais aufklärer. Erzählungen; kam 1799 in den Kreis der Jenaer Frühromantiker, die ihn als Verfasser der „Geschichte des Herrn William Lovell“ (1795/96) schätzten, eines empfindsamen, psychologisierenden Briefromans mit Kriminalhandlung und Schauereffekten; Freundschaft und Zusammenarbeit mit Wackenroder, dessen „Herzensergießungen eines kunstliebenden Klosterbruders“ er 1797 (mit eigenen Aufsätzen im Stil Wackenroders) herausgab; der von beiden gefaßte Plan zu „Franz Sternbalds Wanderungen“ (1798), einer „altdt. Geschichte“ aus der Zeit Dürers,

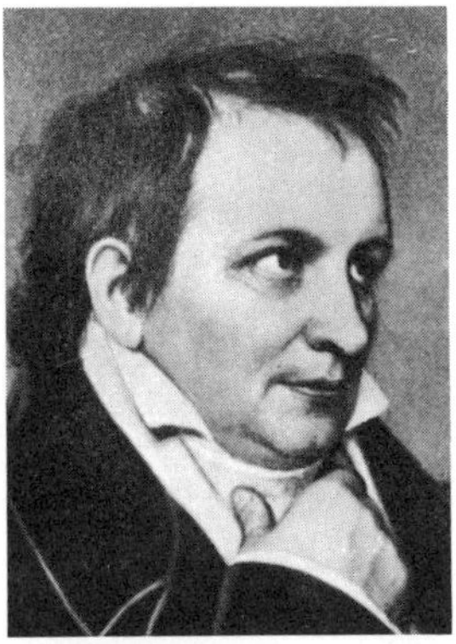

Ludwig Tieck

wurde nach dem Tod des Freundes von T. allein ausgeführt; allmählich Übergang zu Kunstmärchen und Märchendramen; bed. die „Volksmärchen“ (hg. 1797), Bearbeitungen mittelalterl. Volksbücher und frei erfundene, romantisierende Märchenerzählungen (u.a. „Der blonde Eckbert“); das Märchendrama „Der gestiefelte Kater“ (1797) ist iron. Spiel mit verschiedenen Wirklichkeitsebenen unter Auflösung der strengen dramat. Formen (Lesedrama); die Altersnovellistik steht der realist. Dichtung des Biedermeiers nahe; T. setzte die von A. W. Schlegel begonnene Übersetzung der Werke Shakespeares (u.a. mit seiner Tochter *Dorothea T.*, * 1799, † 1841) fort; virtuoser, wandlungsfähigster Dichter aus dem Jenaer Kreis; lebte seit 1819 als Dramaturg in Dresden, seit 1841 in Hofdiensten in Berlin.
Weitere Werke: Ritter Blaubart (Märchenspiel, 1797), Romant. Dichtungen (1799/1800; darin u.a.: Leben und Tod der hl. Genoveva), Kaiser Octavianus (Lsp., 1804), Der Aufruhr in den Cevennen (Nov., 1826), Der junge Tischlermeister (Nov., 1836), Des Lebens Überfluß (Nov., 1839), Vittoria Accorombona (R., 1840).
Ausgaben: L. T. Werke in 4 Bden. Hg. v. M. Thalmann. *Mchn. 1963–66. – L. T. Schrr. Bln. 1828–54. 28 Bde. Neudr. 1966–67.*
Literatur: Minder, R.: *Das gewandelte T.-Bild. In: Festschr. f. Klaus Ziegler. Hg. v.* E. Catholy *u.* W. Hellmann. *Tüb. 1968.* – Trainer, J.: *L. T. From Gothic to Romantic. London u.a. 1964.* – Thalmann, M.: *L. T., der romant. Weltmann aus Bln. Bern u. Mchn. 1955.* – Minder, R.: *Un poète romantique allemand: L. T. 1773–1853. Paris 1936.* – Zeydel, E. H.: *L. T. Princeton (N. J.) 1935.*

Tiedge, Christoph August, * Gardelegen 14. Dez. 1752, † Dresden 8. März 1841, dt. Dichter.
Jurastudium, Hauslehrer, befreundet mit Gleim, Erzieher; Reisebegleiter der Gräfin Elisa von der Recke. Verfasser von Episteln, volkstüml. Gedichten und v.a. des zu seiner Zeit vielgelesenen, von Schiller und Kant beeinflußten Lehrgedichtes „Urania ...“, das von Gott, Unsterblichkeit und Freiheit handelt (1801).

Tiefbohrer, Immanuel ↑ Gumppenberg, Hanns Freiherr von.

Tiger, Theobald ↑ Tucholsky, Kurt.

Tihonov ↑ Tichonow.

Tilbury, Gervasius von ↑ Gervasius von Tilbury.

Till Eulenspiegel, dt. Volksbuch, dessen Ende des 15. Jh.s gedruckte erste niederdt. Fassung verlorenging, während der erste hochdt., 1515 in Straßburg anonym hergestellte Druck erhalten blieb; die in Form einer Rahmenerzählung komponierte Schwanksammlung um den Schalk T. E. (angebl. * Kneitlingen bei Braunschweig um 1300, † Mölln 1350), die von der Überlegenheit bäuerl. Schlauheit und eines gesunden Mutterwitzes über das städt. Bürgertum zeugen will, wurde in fast alle europ. Sprachen übersetzt und regte immer wieder zu Neubearbeitungen und Nachdichtungen an (u. a. H. Sachs, Nestroy, De Coster, Wedekind und G. Hauptmann).
Ausgaben: T. E. In: Drei dt. Volksbb. Hg. v. R. Benz. *Köln 1969. – Ein kurtzweilig Lesen v. Dil Ulenspiegel. Nach dem Druck v. 1515 hg. v.* W. Lindow. *Stuttg. 1966. – Die Volksbb. v. T. Ulenspiegel, Hans Clawert u. den Schildbürgern. Nach den Erstdrucken hg. v.* H. Wiemken. *Bremen 1962. – Ulenspiegel. Krit. Textausg. v.* W. Krogmann. *Neumünster 1952.*
Literatur: Lauterbach, R.: *Die Mythisierung E.s in der rhein. Lit. Diss. Bonn 1952 [Masch.].* – Roloff, E. A.: *Ewiger E. Braunschweig 1940.* – Kadlec, E.: *Unterss. zum Volksb. v. Ulenspiegel. Prag 1916.*

Tillier, Claude [frz. ti'lje], * Clamecy (Nièvre) 10. April 1801, † Nevers (Nièvre) 18. Okt. 1844, frz. Romanschriftsteller.
Sohn armer Eltern, der nur mit Hilfe eines Stipendiums das Collège de Bourges besuchen konnte; 1821–27 Militärdienst, danach Volksschullehrer; verlor seine Stelle infolge eines oppositionellen Zeitungsartikels; war seitdem Journalist und zeitweilig Chefredakteur einer Tageszeitung; Verfasser zahlreicher, oft sehr sarkast., fortschrittl.-liberaler Pamphlete; verdankt seinen Nachruhm seinem zunächst bes. in Deutschland und England in zahlreichen Übersetzungen bekanntgewordenen humorist.-satir. Romanhauptwerk „Mein Onkel Benjamin" (1843, dt. 1866), das sein gesellschaftskrit. Ideengut v. a. aus dem 18. Jh. bezieht.

Tilschová, Anna Marie [tschech. tilʃova:], * Prag 11. Nov. 1873, † Dobřiš 18. Juni 1957, tschech. Schriftstellerin.
Redakteurin; schrieb realist. Romane und Erzählungen mit sozialkrit. Tendenz über das verfallende Prager Bürgertum.

Timmermans, Felix [niederl. 'tɪmərmɑns], * Lier bei Antwerpen 5. Juli 1886, † ebd. 24. Jan. 1947, fläm. Erzähler.
Sohn eines Spitzenhändlers, besuchte die Realschule und die Malerakademie in Lier, illustrierte seine Werke größtenteils selbst. Verbrachte fast sein ganzes Leben in Lier. Frühe Neigung zur Literatur, von R. A. Schröder und Anton Kippenberg entdeckt und gefördert. Einer der bedeutendsten Vertreter der fläm. Heimatkunst, der in farbenfrohen, bilderreichen, von gütigem Humor und naiver Frömmigkeit durchzogenen Romanen und Erzählungen teils derb-realist., teils idealisierend und mit Neigung zur Idylle ein Bild des Lebens in Brabant gestaltete; schrieb auch volkstüml. Dramen und Lyrik sowie biograph. Romane.
Hauptwerke: Pallieter (R., dt. 1921), Das Jesuskind in Flandern (Legende, dt. 1919), Die sehr schönen Stunden von Jungfer Symforosa, dem Beginchen (E., dt. 1920), Uit mijn rommelkas (Autobiogr., 1922), Der Pfarrer vom blühenden Weinberg (E., dt. 1927), Das Licht in der Laterne (En., dt. 1926), Pieter Breughel (R., dt. 1928), Franziskus (E., dt. 1932), Bauernpsalm (R., dt. 1936), Minneke Pus (Skizzen, 1942; dt. 1950), Adagio (Ged., dt. 1949), Adriaan Brouwer (R., dt. 1950).
Literatur: F. T. Ein Verz. seiner Bücher. Mit einem Beitrag v. E. Grisar. *Dortmund 1960.* – Verbist, B.: *F. T. Lier 1953.* – Jacobs, K.: *F. T. Lebenstage u. Wesenszüge eines Dichters. Düsseld. 1949.*

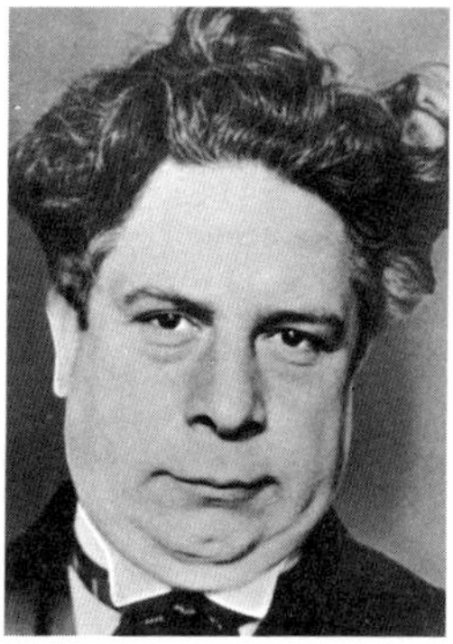
Felix Timmermans

Timon von Phleius, * Phleius um 320, † Athen um 230, griech. Dichter und Philosoph.
Entstammte einer armen Familie; war Schüler des Pyrrhon von Elis, der ihm die Lehre des Skeptizismus nahebrachte; in der Prosaschrift „Python" hat er den Weg seiner Bekehrung nachgezeichnet; sein Hauptwerk waren 3 Bücher „Silloi", satir. Dichtungen in der Nachfolge des Xenophanes.

Timoneda, Juan de [span. timo'neða], * Valencia um 1520, † ebd. Sept. 1583, span. Dichter.
Zunächst Gerber, später Buchdrucker und Hg. (v. a. der Werke seines Freundes und Vorbildes Lope de Rueda); einer der frühesten Vertreter des span. Dramas („Anfitrión", Kom., 1559; „Turiana", Dramen-Slg., 1565), auch Verfasser volkstüml. Erzählungen („Sobremesa y alivio de caminantes", Slg., 1563; „El patrañuelo", Novellen, 1567) und Lyriker („La rosa de romances", 1573) in kastil. und valencian. Sprache.

Timotheos von Milet, * um 450, † um 360, griech. Dichter.
War Schüler des Phrynis, der Überlieferung nach mit Euripides befreundet; schrieb v. a. Dithyramben in modern effektvollem Stil, die er selbst mit Melodien versah und als Wandersänger vortrug; von großer Bedeutung ist ein 1902 gefundenes Fragment eines Nomos mit dem Titel „Die Perser", der durch dramat. Belebung und leidenschaftl. Selbstäußerungen der handelnden Personen gekennzeichnet ist. Das Werk handelt über die Seeschlacht bei Salamis.

Tindale, William ↑ Tyndale, William.

Tipitaka ↑ Tripitaka.

Tirso de Molina [span. 'tirso ðe mo'lina], eigtl. Gabriel Téllez, * Madrid vielleicht 9. März 1584 (1571 ?), † Soria 12. März 1648, span. Dichter.

Angehöriger des Mercedarierordens; viele Reisen, u.a. nach Haiti; zuletzt Prior in Soria; Erzähler und bed. Dramatiker in der Nachfolge von Lope de Vega; psycholog. subtile Charakterisierung der Gestalten; die Verfasserschaft bei einigen seiner zahlreichen Werke wird angezweifelt; in „Don Juan, der Verführer von Sevilla und der steinerne Gast" (Dr., 1630; dt. 1896) wurde der Don-Juan-Stoff erstmalig dramat. bearbeitet; hpts. bekannt als Autor von Intrigenkomödien, z.B. „Don Gil von den grünen Hosen" (1635, dt. 1918); weniger bekannt seine histor. (u.a. „La prudencia en la mujer", 1634) und religiösen Stücke (u.a. „Der Kleinmütige", 1635; dt. 1953, 1900 u.d.T. „Ohne Gottvertrauen kein Heil").
Ausgabe: T. de M. Obras dramáticas completas. Krit. Ausg. Hg. v. B. de los Ríos. *Madrid 1946–58. 3 Bde.*
Literatur: Mettmann, W.: *Studien zum religiösen Theater T. de M.s. Köln 1954.* – MacClelland, J. L.: *T. de M. Studies in dramatic realism. Liverpool 1948.*

Titinius, röm. Dichter wahrscheinl. der 1. Hälfte des 2. Jh.s v. Chr.
Über sein Leben ist nichts bekannt; er gehört zu den Hauptvertretern der Fabula togata, der typ. röm. Komödie; der starke Einfluß von Plautus läßt sich selbst in den Fragmenten nachweisen.

Titz (Titius), Johann Peter, * Liegnitz 10. Jan. 1619, † Danzig 7. Sept. 1689, dt. Dichter.
Jurastudium, Konrektor und Professor für klass. Literatur und Sprachen. Verfasser von Nachdichtungen und von zwei Versnovellen. Mit seinen Gelegenheitsgedichten und Liedern steht T. dem Königsberger Dichterkreis nahe. Seine Poetik („Zwei Bücher von der Kunst hochdt. Verse und Lieder zu machen", 1642) ist zur Quelle weiterer Poetiken geworden.
Weitere Werke: Leben aus dem Tode oder Grabes Heirat zwischen Gaurin und Rhoden (E., 1644), Lucrezia (Epos, 1645), Poetisches Frauenzimmer (Ged., 1647).

Tjuttschew, Fjodor Iwanowitsch; tl.: Tjutčev, Fedor Ivanovič [russ. 'tjuttʃɪf], * Gut Owstjug bei Brjansk 5. Dez. 1803, † Zarskoje Selo (heute Puschkin) 27. Juli 1873, russ. Dichter.
Entstammte einer alten Adelsfamilie; lebte nach Beendigung seines Studiums zunächst als Diplomat in München und Turin, dann ohne dienstl. Verpflichtung wieder in München; nach Rückkehr nach Rußland (1844) wieder im Dienst des Außenministeriums; 1848 Übernahme des Zensoramtes. Bedeutsam für T.s Werk wurden seine persönl. Beziehungen zu dt. Dichtern (u.a. Heine) sowie die Kenntnis der Philosophie Schellings. T. stand der Slawophilie nahe. Außer geschichtsphilosoph. Gedichten schrieb er v.a. Liebeslyrik, Gedankenlyrik über den Menschen und seine Stellung im Kosmos und in späteren Schaffensperioden zunehmend Naturlyrik. T. ist v.a. Meister der kleinen Form. Seine Lyrik zeichnet sich durch rhythm. und sprachmelod. Vollendung aus; T. übersetzte u.a. Goethe, Schiller und als erster Russe Heine. Bekannt wurde er weiteren Kreisen durch die Ausgabe seiner Gedichte durch Turgenjew (1854). T. blieb in seiner Zeit, der Zeit des Realismus und der großen v.a. sozial engagierten Prosawerke mit seiner differenzierten und nur selten Zeitproblemen gewidmeten Dichtung ein Außenseiter. Er befaßte sich auch mit polit. Publizistik. In dt. Übersetzung liegen nur ausgewählte Gedichte vor (1861, 1905, 1934, 1960).
Literatur: Gregg, R. A.: *Fedor Tiutchev. The evolution of a poet. New York u. London 1964.* – Frank, S.: *Das kosm. Gefühl in Tjutčev's Dichtung. In: Zs. f. slav. Philologie 3 (1926), 20.*

Tlučhoř, Alois ['tlutʃhɔrʃ] † Sonnleitner, A. Th.

Tobias † Bibel.

Tobilewitsch, Iwan Karpowitsch; tl.: Tobilevič, Ivan Karpovič [russ. tɐbi'ljevitʃ] † Karpenko-Kary, Iwan Karpowitsch.

Tobino, Mario [italien. to'bi:no], * Viareggio 16. Jan. 1910, italien. Schriftsteller.
Studierte Medizin, ist Direktor einer Irrenanstalt; T. schrieb v.a. Berichte und Romane in klarer sachl. Prosa. Themat. knüpft er an eigene Erlebnisse an: Widerstand gegen den Faschismus, Nordafrikafeldzug („Il deserto della Libia", Prosa, 1952), Erfahrungen als Psychiater.
Weitere Werke: Die Frauen von Magliano (R., dt. 1955), Signora Maria (Erinnerungen, dt. 1957)

Tobit † Bibel.

Tocher, S. W. [engl. 'tɔkə] † Johnston, [William] Denis.

Todorow, Petko J[urdanow]; tl.: Todorov, Petko J[urdanov] [bulgar. 'tɔdorof], * Elena 26. Sept. 1879, † Château-d'Oex (Waadt) 14. Febr. 1916, bulgar. Schriftsteller.
Studien im Ausland, u.a. in Leipzig, wo er mit P. Slaweikow Freundschaft schloß, der auf T.s Dichtung Einfluß nahm und zu volkstüml. Gestaltung anregte. T.s anfangs sozialkrit. dramat., ep. und lyr. Dichtung wurde zunehmend von nuancenreichem realist. Stil geprägt; häufig Neigung zur Idylle, etwa in der Sammlung „Skizzen und Idyllen" (dt. 1919).

Toepffer, Rodolphe [frz. tœp'fɛ:r], * Genf 31. Jan. 1799, † ebd. 8. Juni 1846, schweizer. Schriftsteller und Zeichner.
Sohn des Malers Wolfgang Adam T., war seit 1832 Professor für Ästhetik an der Genfer Kunstakademie, von 1842 an Hg. des „Courrier de Genève". Er schrieb in frz. Sprache volkstüml., humorist. Erzählungen und Romane, in denen er mit gutmütiger Ironie kleine menschl. Schwächen schilderte; auch kurzweilige Reisebilder, die er selbst illustrierte, und humorvolle Bildergeschichten.
Hauptwerke: Die Bibliothek meines Oheims (E., dt. 1847), Das Pfarrhaus (R., dt. 1847), Genfer Novellen (dt. 1847), Rosa und Gertrud oder die Geprüften (R., dt. 1847).

Toesca, Maurice [frz. tɔɛs'ka], * Confolens (Charente) 25. Mai 1904, frz. Schriftsteller.
Schüler Alains am Pariser Lycée Henri IV; Verfasser humorvoller, jedoch vorwiegend skept.-iron. gefärbter Romane und Novellen, bes. um das Verhältnis der Geschlechter.
Hauptwerke: Les scorpionnes (R., 1947), Le scandale (R., 1950), Simone ou le bonheur conjugal (R., 1952), L'expérience amoureuse (R., 1954), Paris, un jour d'avril (R., 1956), J'aime les bêtes (Prosa, 1961), Le plus grand amour de George Sand (Prosa, 1965).

Tolentino de Almeida, Nicolau [portugies. tulen'tinu ðe al'mɐiðɐ], * Lissabon 9. Sept. 1740, † ebd. 22. Juni 1811, portugies. Dichter.

Studierte Rechtswissenschaft in Coimbra; Professor für Rhetorik, später auch Inhaber von Staats- und Ehrenämtern; trat mit Sonetten, Oden, Liras und Episteln sowie Satiren auf das Kleinbürgertum Lissabons hervor.
Hauptwerke: Obras poéticas (1801–28), Sátiras e epístolas (hg. 1888).

Tolkien, John Ronald Reuel [engl. tɔlˈki:n], * Birmingham 3. Jan. 1892, engl. Schriftsteller.
1925–59 Professor für german. Philologie in Oxford; Mythenforscher; Spezialist für ags. und altnord. Kultur. T. ist bes. in seiner Romantrilogie „Der Herr der Ringe" (1954f., dt. 1969f.) um einen neuen Mythos bemüht; zentrales Motiv ist der Widerstreit zwischen Gut und Böse.
Weiteres Werk: Kleiner Hobbit und der große Zauberer (Kinderb., 1937; dt. 1957).

Tọllens, Hendrik [Franciscus Carolusz(oon)] [niederl. ˈtɔləns], * Rotterdam 24. Sept. 1780, † Rijswijk 21. Okt. 1856, niederl. Dichter.
Farbenhändler; einer der populärsten Dichter in den Niederlanden der ersten Hälfte des 19. Jh.s; schrieb Dramen und Gedichte. Seine Lyrik ist klar und einfach. Von ihm stammt das nationale Volkslied „Wien Neerlandsch bloed". Dt. liegt vor „Die Holländer auf Nova Zembla" (Epos, 1819; dt. 1850).

Tọller, Ernst, * Samotschin bei Kolmar in Posen 1. Dez. 1893, † New York 22. Mai 1939, dt. Dramatiker.
Studierte in Grenoble Jura, nach schwerer Kriegsverletzung Forts. des Studiums in München und Heidelberg; Mitglied der USPD, Freund K. Eisners, nach dessen Tod 1919 Vorsitzender der bayr. Arbeiter-, Bauern- und Soldatenräte, nach dem Sturz der Räterepublik 5 Jahre Festungshaft; 1933 Emigration, schweres Leben in den USA, Depressionen, Selbstmord. T. schrieb Essays, Reden und Manifeste, v.a. aber expressionist. Dramen, von denen ein großer Teil während der Haftzeit entstand. Vielfach abgewandeltes Hauptthema ist der um eine neue Sozialordnung ringende Mensch. T.s Sozialismus war aus seiner während des Krieges gewonnenen pazifist. Haltung erwachsen, die in seinen Antikriegsstücken zum Ausdruck kommt. Seine Dichtung ist nicht frei von polit. Rhetorik, seine Figuren sind oft Typen, die Darstellung ist z.T. bilderbogenhaft. In seinen letzten Veröffentlichungen offenbart sich der Übergang vom revolutionären Pathos zu selbstüberwindender Geduld; auch Lyriker und Erzähler.
Hauptwerke: Die Wandlung (Dr., 1919), Masse Mensch (Dr., 1921), Die Maschinenstürmer (Dr., 1922), Der entfesselte Wotan (Kom., 1923), Hinkemann (Dr., 1924), Das Schwalbenbuch (Ged., 1924), Hoppla, wir leben! (Dr., 1927), Quer durch (Reisebilder und Reden, 1930), Pastor Hall (Dr., 1939).
Ausgaben: E. T. Prosa, Briefe, Dramen, Gedichte. Vorwort v. K. Hiller. *Reinbek bei Hamb. 1961. – E. T. Ausgew. Schrr. Hg. v. der Dt. Akademie der Künste zu Bln. Bln. 1959.*
Literatur: Spalek, J.: *E. T. and his critics. A bibliography. Charlottesville (Virg.) 1968.* – Maloof, K. K.: *Mensch u. Masse. Gedanken zur Problematik des Humanen in E. T.s Werk. Diss. Univ. of Washington, Seattle 1965.* – Marnette, H.: *Unterss. zum Inhalt-Form-Problem in E. T.s Dramen. Diss. Pädagog. Hochschule Potsdam 1963 [Masch.].* – Willibrand, W. A.: *E. T. and his ideology. Diss. State Univ. of Iowa, Iowa City 1945.*

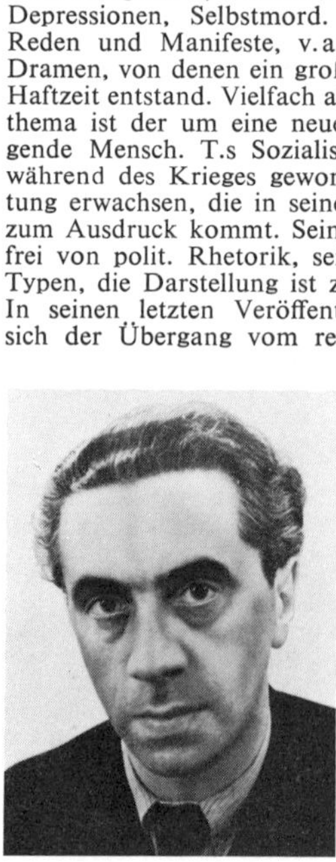

Ernst Toller

Tolstọi, Alexei Konstantinowitsch Graf; tl.: Tolstoj, Aleksej Konstantinovič [russ. talˈstɔj], * Petersburg (heute Leningrad) 5. Sept. 1817, † Krasny Rog (Gouv. Tschernigow) 10. Okt. 1875, russ. Schriftsteller.
Aus alter Adelsfamilie, Vetter von Lew N. T.; verzichtete auf eine höf. Laufbahn unter Protektion seines Jugendgefährten, des späteren Zaren Alexander II.; Verfechter des L'art pour l'art; bed. Lyriker, bes. Balladendichter; viele seiner Gedichte wurden vertont; schrieb den eindrucksvollen histor. Roman „Fürst Serebräny" (1862, dt. 1882, 1924 u.d.T. „Der silberne Fürst"); als Dramatiker bekannt durch „Don Juan" (Dr., dt. 1863), bes. aber durch die Trilogie der Zarendramen „Der Tod Iwan des Schrecklichen" (1866, dt. 1903), „Zar Fjodor" (1868, dt. 1908) und „Zar Boris" (1870, dt. 1909); auch Satiren („Der Traum des Staatsrats Popow", 1878; dt. 1927).
Literatur: Kubaschek, E.: *Die Dramen A. K. T.s. Diss. Wien 1953 [Masch.].* – Lirondelle, A.: *Le poète Alexis Tolstoï. L'homme et l'œuvre. Paris 1912.*

Tolstọi, Alexei Nikolajewitsch Graf; tl.: Tolstoj Aleksej Nikolaevič [russ. talˈstɔj], * Nikolajewsk (heute Pugatschow) 10. Jan. 1883, † Moskau 23. Febr. 1945, russ.-sowjet. Schriftsteller.
Nach Abbruch seines naturwissenschaftl. Studiums freier Schriftsteller, zeitweise in der Emigration (1919–23); umfangreiches literar. Schaffen; hohe Ehrungen. Nach Anschluß an die kommunist. Bewegung meist polit.-tendenziöse Werke; Darstellung des Untergangs der vorrevolutionären russ. Oberschicht und der Revolutionswirren, u.a. in der Trilogie „Der Leidensweg" (R., 1919–41; dt. vollständig 1947); bes. bekannt die auf umfassenden Quellenstudien beruhende biograph. Darstellung „Peter der Große" (1929–45, dt. 1931 ff.); auch Gedichte, Dramen und Novellen.
Weitere Werke: Nikitas Kindheit (Nov., 1920; dt. 1949), Aelita (R., dt. 1922), Geheimnisvolle Strahlen (R., dt. 1927), Brot (R., 1936; dt. 1948), Iwan der Vierte (Dr., dt. 1946).
Literatur: Jünger, H.: *Alexej Tolstoj. Erkenntnis u. Gestaltung. Bln. 1969.* – Stscherbina, W.: *A. T. Dt. Übers. Weimar 1954.*

Tolstoi, Lew Nikolajewitsch Graf; tl.: Tolstoj, Lev Nikolaevič (Leo T.) [tɔl'stɔʏ, russ. tal'stɔj], * Jasnaja Poljana bei Tula 9. Sept. 1828, † Astapowo (Gouv. Tambow) 20. Nov. 1910, russ. Dichter.
Sohn eines Gutsbesitzers, studierte oriental. Sprachen und Jura in Kasan (1844–47), war 1851–56 Offizier der Kaukasusarmee; anschließend begab er sich auf eine Europareise; nach seiner Rückkehr 1857 lebte er abwechselnd in Jasnaja Poljana und in Moskau; heiratete 1862 und lebte nun ganz auf Jasnaja Poljana, wo er auch als Pädagoge prakt. tätig war; durch seine Schriften Spannungen mit der griech.-orthodoxen Kirche, die ihn 1901 ausschloß; im Nov. 1910 verließ T. seine Familie, um in der Einsamkeit zu leben; noch auf der Reise starb er. T. fand den Zugang zur Literatur durch Tagebuchaufzeichnungen, in denen er sich, stark introspektiv, laufend Rechenschaft über sich ablegte. 1852 erschien sein autobiograph. Werk „Kindheit", 1854 folgten „Knabenjahre" und 1857 „Jugend" (alle drei dt. 1891 u.d.T. „Aus meinem Leben"), über seine Teilnahme am Krimkrieg berichtet er in „Sewastopol" (1855, dt. 1887) und „Zwei Husaren" (E., 1856; dt.1888), die ihm zu literar. Ansehen verhalfen. In T., der von Rousseau stark beeinflußt wurde, mischten sich die gegensätzlichsten Elemente. Ständig auf der Suche nach dem Sinn des Daseins, der absoluten Wahrheit, voller Kritik an der Gesellschaft, an der Zivilisation, die nur einer bestimmten Klasse dient, an jeglicher Autorität (Staat und Kirche), voller Abscheu gegen Ästhetizismus, geprägt von Vitalität und sinnenfroh dem Irdischen verhaftet – hierin ein Gegenpol zu Dostojewski –, dabei von moral. Pathos, Nächstenliebe als höchstes Gebot setzend, Ideen des Urchristentums zugeneigt, der Lehre von der Gewaltlosigkeit ergeben, die ihn später immer stärker zu anarchist. Gedanken führt, vermag er in poet. vollendeten Erzählwerken ein eindringl. Bild der komplizierten psych. Struktur des Menschen zu geben, den er in seiner Vielschichtigkeit realist. erfaßt. Treffende und nuancenreiche Darstellung des Äußeren entspricht einer adäquaten subtilen Gestaltung des Seelenlebens der handelnden Personen, die er meisterhaft charakterisiert, wobei er den inneren Monolog, Parallelhandlungen und mehrschichtige Komposition verwendet. Aus dem ursprüngl. Plan, einen Roman über die Dekabristen zu schreiben, entstand der großangelegte histor. und geschichtsphilosoph. Roman „Krieg und Frieden" (1864–69, dt. 1885), der vor dem Hintergrund der Napoleon. Kriege u.a. T.s These von der Absurdität des Glaubens an die Macht der die Geschichte beeinflussenden Persönlichkeit gestaltet. Der Eheroman „Anna Karenina" (1873–76, dt. 1885) ist eine eindrucksvolle Schilderung der russ. Gesellschaft der 60er Jahre. T. hat als Dramatiker die gleiche Bedeutung wie als Epiker, vor allem mit dem Drama „Die Macht der Finsternis" (1886, dt. 1890). Die Wirkung T.s auf die gesamte realist. und naturalist. Kunst der Folgezeit ist kaum abschätzbar.
Weitere Werke: Drei Tode (Nov., 1858; dt. 1888), Polikuschka (Nov., 1861; dt. 1901), Die Kosaken (Nov., 1863; dt. 1885), Meine Beichte (Autobiogr., 1880–82; dt. 1929), Worin besteht mein

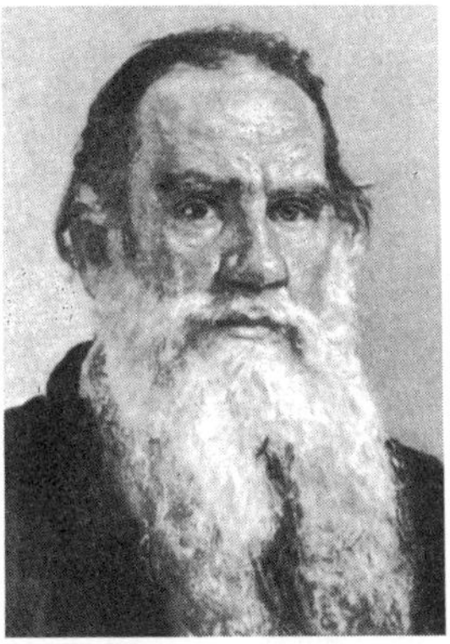

Lew Nikolajewitsch Graf Tolstoi (Gemälde von I. J. Repin, Ausschnitt)

Glaube? (Abhandlung, 1884; dt. [5]1917), Der Gefangene im Kaukasus (E., 1885; dt. 1965), Der Tod des Iwan Iljitsch (E., 1886; dt. 1913), Die Kreutzersonate (E., dt. 1890), Pater Sergius (E., 1891; dt. 1914), Auferstehung (R., dt. 1899), Der lebende Leichnam (Dr., 1900; dt. 1911), Und das Licht leuchtet in der Finsternis (Dr., dt. 1912), Chadschi Murat (E., dt. 1912).
Ausgaben: Leo N. T. Das erzähler. Gesamtwerk. Dt. Übers. Nachworte u. Anmerkungen v. W. Solowjew *u.a. Köln 1967. 12 Bde.* – *Leo T. Ges. Werke in zwanzig Bden. Dt. Übers. Hg. v.* E. Dieckmann *u.* G. Dudek. *Bln.* [1–2]*1966 ff.* – *L. N. T. Ges. Werke in 12 Bden. Dt. Übers. Wiesb. 1964.* – *L. N. T. Polnoje sobranije sotschineni. Jubileinoje isdanije (1828–1928). Red.:* W. G. Tschertkow. *Moskau u. Leningrad 1928 ff. Auf etwa 150 Bde. berechnet.* – *L. N. T. Polnoje sobranije sotschineni. Moskau 1911. 20 Bde.* – *Gf. Leo N. T. Ges. Werke. Dt. Übers. Hg. v.* R. Löwenfeld. *Jena 1.–32. Tsd. 1910–21. 2 Serien in 33 Bden.*
Literatur: Bayley, J.: *Tolstoy and the novel. New York 1967.* – Rolland, R.: *Das Leben T.s. Dt. Übers. Neuausg. Bln. 1967.* – *Tolstoy. A collection of critical essays. Hg. v.* R. E. Matlaw. *New York 1967.* – Busch, U.: *L. N. T. als Symbolist. Zur Deutung v. „Anna Karenina". In: Gogol', Turgenev, Dostoevskij, Tolstoj. Zur russ. Lit. des 19. Jh.s. Mchn. 1966.* – Lednicki, W.: *Tolstoy between war and peace. Den Haag 1965.* – Hamburger, R.: *Leo T. Gestalt u. Problem. Gött.* [2]*1963.* – *L. N. T. Aufs. u. Essays zum 50. Todestag. Hg. v.* N. Ludwig. *Halle 1960.* – Ludwig, N.: *Leo T. Halle 1960.* – Porché, F.: *Leo Tolstoj, die Wahrheit über sein Leben. Dt. Übers. Düsseld. 1954.* – Simmons, E. J.: *Leo Tolstoy. London 1949.* – Schmitt, Eugen Heinrich: *Leo T. u. seine Bedeutung f. unsere Kultur. Lpz. 1901.* – † auch Casanova, Giacomo Girolamo, † Puschkin, Alexandr Alexejewitsch.
Toman, Karel [tschech. 'tɔman], eigtl. Antonín Bernášek, * Kokovice 25. Febr. 1877, † Prag 12. Juni 1946, tschech. Dichter.
Arbeitete als Archivbeamter im Parlament. In seinem literar. Werk stand er zunächst unter dem Einfluß der tschech. Dekadenz; Pessimismus und anarchist. Gedanken sprechen aus seiner frühen Dichtung. Obwohl ihn alle literar. Bewegungen seiner Zeit berührten, fand er später in einer

melodiösen, gefühlvollen Erlebnislyrik, die von seiner Liebe zur Heimat und zu den Menschen erfüllt ist, seinen eigenen Stil. In dt. Übersetzung erschien sein Roman „Don Juan" (1944, dt. 1957).

Tomasi di Lampedusa, Giuseppe [italien. to'ma:zi di lampe'du:za], auch G. Tomasi, Fürst von Lampedusa, * Palermo 23. Dez. 1896, † Rom 23. Juli 1957, italien. Schriftsteller.

Gehörte dem sizilian. Hochadel an; Offizier; Opposition gegen den Faschismus. In seinem Hauptwerk, „Der Leopard" (R., dt. 1959), stellt T. die Geschichte des Niedergangs einer sizilian. Adelsfamilie zur Zeit Garibaldis dar; Verbindung von Autobiograph. mit Elementen des histor. Romans.

Weiteres Werk: Die Sirene (En., dt. 1961).

Literatur: Russo, L.: *Analisi del Gattopardo. In: Belfagor 15 (1960), 513.*

Tomlinson, Henry Major [engl. 'tɔmlɪnsn], * London 21. Juni 1873, † ebd. 5. Febr. 1958, engl. Schriftsteller.

Wuchs im Londoner Hafenviertel auf; autodidakt. Bildung; freier Schriftsteller und Journalist; ausgedehnte Reisen, u. a. nach Südamerika und in den Fernen Osten; im 1. Weltkrieg Frontberichterstatter. Autor vom amerikan. Transzendentalismus beeinflußter, zivilisationsfeindl. exot. Reisebücher und Seeromane; wie der Reisebericht „The sea and the jungle" (1912) ist auch sein zweites bed. Werk, der Kriegsroman „All our yesterdays" (1930), stark autobiograph. bestimmt. Bes. bekannt durch seine Reiseschilderungen.

Tommaseo, Niccolò [italien. tomma'zɛ:o], * Šibenik (Kroatien) 9. Okt. 1802, † Florenz 1. Mai 1874, italien. Schriftsteller.

Jurastudium, Mitarbeit an literar. Zeitschriften. Unruhiges Leben (Haft, Exil) infolge seines Widerstandes gegen die östr. Herrschaft in Italien; nach dem Volksaufstand 1848 vorübergehend Unterrichtsminister. Auch seine polit., pädagog., literarhistor. und literar. Arbeiten verraten den leidenschaftl. Patrioten. T. besaß ein ausgeprägtes Sprachempfinden und glänzende Bildung. Verfaßte Gedichte, Romane und Novellen; Sammler italien., slaw. und griech. Volkslieder, Hg. eines Kommentars zur „Divina Commedia" und v. a. eines „Dizionario della lingua italiana" (1858–79; mit B. Bellini). Seine Briefe sind aufschlußreich für das Verständnis des 19. Jahrhunderts.

Weitere Werke: Confessioni (Ged., 1836), Treue und Schönheit (R., 1840; dt. 1845).

Literatur: Borlenghi, A.: *L'arte di N. T. Mailand 1953.* – Puppo, M.: *T. prosatore. Rom 1948.* – Ciampini, R.: *Vita di N. T. Florenz 1945.*

Tommaso da Celano [italien. tom'ma:zo dattʃe'la:no] (Thomas von Celano), * Celano bei L'Aquila zwischen 1190 und 1200, † Tagliacozzo um 1260, mlat. Biograph und Lyriker.

Franziskaner, der die erste und zweite Vita des hl. Franz von Assisi sowie den „Tractatus de miraculis S. Francisci" verfaßte; vermutl. schrieb er neben anderen Sequenzen auch die berühmte „Dies irae".

Literatur: Casolini, F.: *Profilo di Fra T. da C. Rom 1960.*

Tony [niederl. 'to:ni:] ↑ Bergmann, Anton.

Topelius, Zacharias (Zachris) [schwed. tɔ'pe:liʊs], * Kuddnäs bei Nykarleby 14. Jan. 1818, † Helsinki 12. März 1898, schwed.-sprachiger finn. Dichter.

Studierte in Helsinki, war Redakteur, später Professor der Geschichte, 1875–78 Rektor der Universität Helsinki. Mit T.' Namen ist v. a. die histor. Romanreihe „Die Erzählungen des Feldschers" (1854–66, dt. 1926) verknüpft, die Runebergs national-ideolog. Zielsetzung aufnimmt; schrieb auch spätromant. Lyrik mit Neigung zur Idylle sowie Kindererzählungen, Sagen und Märchen.

Weitere Werke: Ljungblommor (Ged., 1845–54), Die Herzogin von Finnland (E., 1850; dt. 1885), Regina von Emmeritz (Dr., 1854), Läsning för barn (En. und Märchen, 1865–96), Vinterkvällar (Novellen, 1880–97).

Topîrceanu, George [rumän. topɨr'tʃeanu], * Bukarest 21. März 1886, † Jassy 7. Mai 1937, rumän. Schriftsteller.

Philosophiestudium; Redakteur, zeitweise Theaterdirektor in Jassy. Mit seinen neoklassizist. Balladen und witzig-pointierten, realist.-humorvollen Parodien über Alltagsthemen gehört er zu den gern gelesenen Autoren in Rumänien.

Hauptwerke: Parodii originale (= Originelle Parodien, Ged., 1916), Balade vesele şi triste (= Lustige und traurige Balladen, Ged., 1920), Migdale amare (= Bittere Mandeln, Ged., 1929).

Topol, Josef [tschech. 'tɔpɔl], * Poříčí an der Sazawa 1. April 1935, tschech. Schriftsteller.

Lektor, studierte Dramaturgie und Theaterwissenschaft, freier Schriftsteller; Verfasser mehrerer Dramen, davon liegt dt. vor „Katze auf dem Gleis" (dt. 1965), ein Stück von stark poet. Sprache.

Topsøe, Vilhelm [Christian] [dän. 'tɔbsø:'], * Skælskør (Seeland) 5. Okt. 1840, † Skodsborg 11. Juli 1881, dän. Schriftsteller.

Jurist. Examen, Mitarbeiter der rechtsliberalen Zeitung „Dagbladet", v. a. mit polit. Berichten und Auslandsreportagen. Literar. schloß T. sich dem Programm Brandes' an, dessen philosoph. und polit. Anschauungen er jedoch nicht teilte. T.s elegant formulierte, von leichter Skepsis geprägte Prosa hat u. a. auf H. Bang und O. Hansson bed. Einfluß ausgeübt.

Hauptwerke: Fra Schweitz og Frankrig (Essay, 1871), Fra Amerika (Essay, 1872), Jason med det gyldne skind (R., 1875), Politiske portrætstudier (Essay, 1878), Fra Studiebogen (Novellen, 1879).

Torberg, Friedrich, eigtl. F. Kantor-Berg, * Wien 16. Sept. 1908, östr. Schriftsteller, Kritiker und Publizist.

Studium der Philosophie in Prag; 1938 Emigration (Schweiz, Frankreich, USA), 1951 Rückkehr nach Wien, wo er 1954–65 die kulturpolit. Zeitschrift „Forum" herausgab. Schreibt meisterhafte Feuilletons, krit. Glossen, Parodien, Romane und Erzählungen über aktuelle Probleme, auch Gedichte und Drehbücher.

Hauptwerke: Der Schüler Gerber hat absolviert (R., 1930), Die Mannschaft (R., 1935), Abschied (R., 1937), Mein ist die Rache (E., 1943), Hier bin ich, mein Vater (R., 1948), Die zweite Begegnung (R., 1950), Das fünfte Rad am Thespiskarren (Theaterkritiken, 1966/67), Golems Wiederkehr (En., 1968).

Ausgabe: F. T. Ges. Werke in Einzelausgg. Mchn. 1962–67. 5 Bde.

Þórðarson, Þórbergur [isländ. 'θou̯rðarsɔn],* Beiðabólsstaður 12. März 1889, isländ. Schriftsteller. Bauernsohn, zunächst Seemann, studierte Philologie und wurde Lehrer; wegen radikaler polit. Haltung entlassen, freier Schriftsteller; gilt als Wegbereiter der modernen Literatur in Island; Verfasser von gesellschafts- und literaturkrit. Schriften; schrieb auch Gedichte, die die isländ. Neuromantik parodieren und eine moderne Alternative aufzeigen wollen.
Hauptwerke: Hvítir rafnar (Ged., 1922), Unterwegs zu meiner Geliebten (R., 1938; dt. 1960).

Torelli, Achille [italien. to'rɛlli], * Neapel 5. Mai 1844, † ebd. 31. Jan. 1922, italien. Dramatiker. Bibliothekar an der Biblioteca Nazionale in Neapel; schrieb bürgerl.-realist. Dramen, bes. Lustspiele über das Thema Liebe (z. T. im Dialekt seiner neapolitan. Heimat): „I mariti" (1876), „Scrollina" (1885) u. a.; auch Übersetzer und Kommentator des „Hohen Liedes" und Verfasser philosoph. Betrachtungen („L'arte e la morale", 1902).

Torga, Miguel [portugies. 'tɔrgɐ], eigtl. Adolfo Rocha, * São Martinho de Anta 12. Aug. 1907, portugies. Dichter.
Wuchs in Portugal und Brasilien auf, studierte Medizin in Coimbra, wo er sich als Arzt niederließ; expressionist.-ekstat. Lyriker (bes. in seinen Anfängen), hervorgegangen aus dem modernist. „Presença"-Kreis, veröffentlichte Gedichtbände, Romane, Dramen, Tagebücher sowie Tiergeschichten.
Hauptwerke: Abismo (Ged., 1932), A criação do mundo (R., 1932–39), O outro livro de Job (Ged., 1936), Diários (Tagebücher, 1941–59), Lamentação (Ged., 1942), O senhor Ventura (R., 1943), Odes (Ged., 1946), Penas do purgatório (Ged., 1954), Orfeu rebelde (Ged., 1958).

Tormay, Cécile [ungar. 'tormɔi], * Budapest 8. Okt. 1876, † Mátraháza 2. April 1937, ungar. Schriftstellerin.
Stammte aus einer Adelsfamilie; war im 1. Weltkrieg Rotkreuzschwester; gründete die Vereinigung Ungar. Frauen und die Zeitschrift „Napkelet". 1935 gehörte sie der Völkerbundskommission für geistige Zusammenarbeit an. Sie schrieb vielgelesene, stilist. und sprachl. hervorragende histor. Romane und Novellen.
Hauptwerke: Menschen unter Steinen (R., dt. 1912), Das alte Haus (R., dt. 1917).

Torre, Guillermo de [span. 'tɔrrɛ], * Madrid 27. Aug. 1900, span.-argentin. Schriftsteller.
Rechtsstudium; Mitarbeiter bzw. Gründer verschiedener Zeitungen und Zeitschriften; Reisen und Aufenthalte in europ. Ländern und in Südamerika; Schwager von J. L. Borges; einflußreicher Literaturkritiker und Lyriker, wies 1920 mit seinem „Manifiesto vertical ultraísta" und dem Gedichtband „Hélices" (1923) einer dem Rhetorischen oder Sentimentalen verhafteten Lyrik neue Wege; daneben zahlreiche vorwiegend literar- und kunsthistor. Essays: „Literaturas europeas de vanguardia" (1925), „Itinerario de la nueva pintura española "(1931), „Vida y arte de Picasso" (1936), „Problemática de la literatura" (1951), „La aventura estética de nuestro tiempo" (1961).

Torres Bodet, Jaime [span. 'tɔrrɛz βo'ðɛt], * Mexiko 17. April 1902, mex. Schriftsteller.
Als Diplomat in Spanien, Frankreich; Professor für Romanistik und Kunstgeschichte, 1948–52 Präsident der UNESCO und 1958–64 mex. Erziehungsminister. Einer der bedeutendsten Lyriker seines Landes unter dem Einfluß von Modernismo und Surrealismus; auch Romancier und Essayist.
Hauptwerke: Fervor (Ged., 1918), El corazón delirante (Ged., 1922), Canciones (1922), Margarita de niebla (R., 1927), La educación sentimental (R., 1929), Sonetos (1949), Fronteras (Ged., 1954), Sin tregua (Ged., 1957), Trébol de cuatro hojas (Ged., 1958).

Torres Naharro, Bartolomé de [span. 'tɔrrɛz na'arrɔ], * Torre de Miguel Sesmero (Badajoz) 2. Hälfte des 15. Jh.s, † wahrscheinl. nach 1530, span. Dramatiker.
Wurde nach einem Schiffbruch von alger. Piraten entführt, jedoch später zurückgekauft; trat in Italien, wo er in Leo X. einen Mäzen fand, in den geistl. Stand; zuletzt vermutl. wieder in Spanien; Meister des frühen romanesken Dramas („comedia a fantasía") und Wegbereiter der Dramatiker des 16. und 17. Jh.s; seine 8 Stücke („La soldadesca", „La Tinellaria", beides realist. Genrebilder, und „Himenea", „Aquilina", „Calamita", „Jacinta", „Serafina", „Trofea", meist Phantasiestücke) erschienen zusammen mit einem Vorwort über das Drama sowie Episteln, Satiren und Romanzen 1517 u. d. T. „Propaladia".

Torres Villarroel, Diego de [span. 'tɔrrɛz βiʎarrɔ'ɛl], * Salamanca 1693, † ebd. 19. Juni 1770, span. Schriftsteller.
Wurde nach bewegtem Leben 1726 Professor der Mathematik, 1745 Geistlicher. T. V. schrieb außer wissenschaftl. Werken burleske, witzige und satir. Dichtungen nach dem Vorbild Quevedos; sein Hauptwerk ist die freimütige Autobiographie „Vida" (1743 ff.).
Literatur: García Boiza, A.: *Don D. de T. V. Madrid 1949.*

Törring, Josef August Graf von, * München 1. Dez. 1753, † ebd. 9. April 1826, dt. Dramatiker. Studierte Jura, war als Jurist bayr. Beamter, zuletzt Präsident des bayr. Staatsrates. T. war ein bed. Vertreter des Ritterdramas. Den Stoff für das Drama „Kaspar der Thorringer" (1785) entnahm er der Geschichte seiner Vorfahren. Sehr erfolgreich war sein Sturm-und-Drang-Drama „Agnes Bernauerin" (1780), das seinerzeit neben Goethes „Götz" gestellt wurde und Hebbel zu einem Drama über den gleichen Stoff anregte.

Torsi, Tristan [frz. tɔr'si] ↑ Goll, Yvan.

Þorsteinsson, Steingrímur [isländ. 'θɔrstei̯nsɔn], * Arnarstapi 19. Mai 1831, † Reykjavík 21. Aug. 1913, isländ. Dichter.
Studierte klass. Philologie und Jura in Kopenhagen, ebd. Lehrer, später in Reykjavík. Þ. schrieb romant. Lyrik, patriot. Lieder und satir. Epigramme; als Übersetzer (u. a. „1001 Nacht", Goethe, Schiller, Heine, Shakespeare, Byron) ist er bed. Mittler der Weltliteratur für Island. Seine gesammelten Gedichte, „Ljoðmæli", erschienen 1881–1910.

Torsvan, Traven ['tɔrsvan] ↑ Traven, B.

Tóth, Árpád [ungar. to:t], * Arad 14. April 1886, † Budapest 7. Nov. 1928, ungar. Dichter.
Sohn eines Bildhauers, studierte Philosophie, war später Journalist; starb jung an Tbc. Sensibler,

individualist. Lyriker, anfangs von der Dekadenz, von den frz. Symbolisten und auch von E. Ady beeinflußt; gegen Ende seines Lebens wurde seine Lyrik tiefer, klarer und einfacher in der Form. Als Übersetzer ein Meister der ungar. Sprache.

Totius ↑ Du Toit, Jacob Daniel.

Toulet, Paul-Jean [frz. tu'lɛ], * Pau 5. Juni 1867, † Guéthary (Basses-Pyrénées) 6. Sept. 1920, frz. Schriftsteller.

T.s Eltern stammten von der Insel Mauritius; Jugend ebd., in S-Frankreich und Algier; Bekanntschaft mit Toulouse-Lautrec, Mitarbeiter der Zeitung „La Vie Parisienne" und verschiedener Zeitschriften. T. besingt in liedartigen Vierzeilern von metr. und stilist. geschliffener Virtuosität spieler. und phantasievoll, aber auch geistreich-ironisch Alltagsthemen. Sprachlich von Mallarmé beeinflußt. Von besonderer Bedeutung sind „Les contrerimes" (Ged., 1921), die typ. Zeugnis der „Poètes fantaisistes" sind. Weniger bed. sind die Romane.

Weitere Werke: Monsieur de Paur, homme public (R., 1898), La jeune fille verte (E., 1920).

Tour du Pin, Patrice de La ↑ La Tour du Pin, Patrice de.

Tourneur, Cyril [engl. 'tə:nə], auch C. Turner, Turnour, * 1575 (?), † in Irland 28. Febr. 1626, engl. Dichter.

Über sein Leben ist wenig bekannt; 1625 Teilnahme an der Cádiz-Expedition; erstes Lebenszeugnis ist die 1600 veröffentlichte satir. Allegorie „The transformed metamorphosis", in der er polit. und klerikale Mißstände anprangerte; als dramat. Autor steht T. in der Tradition Marstons; seine Tragödien sind Darstellungen des mitleidlos Bösen, vorwiegend des Grauenhaften.

Weitere Werke: The revenger's tragedy (1607), The atheist's tragedy (1611).

Literatur: Murray, P. B.: *A study of C. T. Philadelphia 1964.*

Tourville, Anne de [frz. tur'vil], * Bais (Ille-et-Vilaine) 26. Aug. 1910, frz. Schriftstellerin.

Trat mit Romanen aus dem Volksleben der Bretagne hervor.

Hauptwerke: Les gens de par ici (R., 1944), Der große Jabadao (R., dt. 1953), Der Matrose Gael (R., dt. 1955), Femmes de la mer (R., 1958).

Toussaint, Anna Louisa ↑ Bosboom-Toussaint, Anna Louisa.

Toussaint van Boelaere, Fernand Victor [frz. tu'sɛ̃, niederl. vɑn 'bu:la:rə], * Anderlecht 19. Febr. 1875, † Brüssel 30. April 1947, fläm. Schriftsteller.

Justizbeamter; Verfasser geistreicher Reiseberichte, Essays und Kritiken; schrieb auch Gedichte. Stilist. strenge und kultivierte, im Gehalt traumhafte oder trag., intellektuell und psycholog. gestaltete Erzählungen.

Hauptwerke: Landelijk minnespel (Nov., 1910), Het gesprek in Tractoria (E., 1923), De Peruviaansche reis (E., 1925), Het Barceloneesche avontuur (E., 1944).

Tovote, Heinz [to'vo:tə], * Hannover 12. April 1864, † Berlin 14. Febr. 1946, dt. Schriftsteller.

Studierte Philosophie, Literatur und neue Sprachen; lebte meist als freier Schriftsteller in Berlin. Seine ersten Romane sind vorwiegend betont erot. Liebesgeschichten mit sozialem Anstrich aus dem Berliner Milieu; v.a. der Roman „Im Liebesrausch" (1890) erinnert an Maupassant, dessen Niveau T. jedoch nicht erreicht; später reine Unterhaltungsliteratur.

Weitere Werke: Frühlingssturm (R., 1892), Das Ende vom Liede (R., 1894), Frau Agna (R., 1901), Die Scheu vor der Liebe (R., 1921).

Tozzi, Federigo [italien. 'tɔttsi], * Siena 1. Jan. 1883, † Rom 21. März 1920, italien. Schriftsteller.

Autodidakt, Bahnbeamter, seit 1913 Journalist, Mitbegründer der Zeitschrift „La Torre". Anfangs stark von D'Annunzio beeinflußt, in späteren psycholog.-realist. Romanen, v.a. „Tre croci" (1920) und „Il podere" (1921), unabhängiger. Die Schilderung armer, vom Schicksal benachteiligter Kreaturen erinnert an Dostojewski.

Weitere Werke: Bestie (Autobiogr., 1917), Con gli occhi chiusi (Autobiogr., 1919), Giovani (Novellen, 1920), Novale (Briefe, hg. 1925), Ricordi di un impiegato (Autobiogr., hg. 1927).

Traherne, Thomas [engl. trə'hə:n], * Hereford 1. März 1637 oder 28. Febr. 1639, † Teddington bei London 27. (?) Sept. 1674, engl. Dichter.

Handwerkersohn; nach Studien in Oxford Geistlicher, zuletzt Kaplan des Lordsiegelbewahrers. Vertrat als Dichter eine von Mystik und neuplaton. Idealismus geprägte Weltanschauung; optimist. Grundhaltung; seine erst um die Wende zum 20. Jh. wiederentdeckte Dichtung umfaßt rhythm. Prosawerke und Versdichtung.

Hauptwerk: Centuries of meditations (Prosa, gedruckt 1908).

Literatur: Wade, G. I.: *Th. T. New York 1967.* – Salter, K. W.: *Th. T. Mystic and poet. London 1964.*

Trajanow, Teodor; tl.: Trajanov, Teodor [bulgar. tra'janof], * Tatar-Pasardschik (heute Pasardschik) 30. Jan. 1882, † Sofia 15. Jan. 1945, bulgar. Lyriker.

Studierte Naturwissenschaften in Sofia, dann in Wien, wo er lange, zuletzt als Legationssekretär der bulgar. Gesandtschaft, lebte. T., der in Wien Beziehungen zu Hofmannsthal, George u.a. unterhielt, gilt als Hauptvertreter des bulgar. Symbolismus; seine Sprache ist expressiv und pathet.; T. verwendet häufig rhetor. Figuren und überraschende, oft dunkle Bilder, deren Sinn schwer zu erschließen ist; zu seinen bedeutendsten Leistungen gehören seine Bemühungen um Vermittlung zwischen slaw. und westeurop. Kultur.

Trakl, Georg [...kəl], * Salzburg 3. Febr. 1887, † Krakau 3. oder 4. Nov. 1914, östr. Dichter.

Studierte in Wien Pharmazie, 1912–14 Militärapotheker; griff in immer häufiger auftretenden Anfällen der Verzweiflung zu Drogen, brach 1914 unter dem Eindruck des Kriegsgeschehens (Verwundetenpflege) körperl. und seel. zusammen; starb im Garnisonsspital Krakau an einer Überdosis Schlaftabletten. Obwohl T. nur ein schmales Werk hinterlassen hat, gehört er zu den bedeutendsten Dichtern dt. Sprache des 20. Jh.s, der die Späteren nachhaltig beeinflußt hat. Als Wegbereiter und früher Vertreter des Expressionismus läßt er in seiner von Schwermut, dumpfer Trauer und Resignation getragenen musikal., meist freirhythm. Lyrik apokalypt. Visionen und düstere Traumbilder des kommenden Chaos in eigenwilliger Sprache und Bildhaftigkeit entstehen; Einsamkeit, das Leiden am Bösen, an Untergang und Tod sind weitere Themen; Gott,

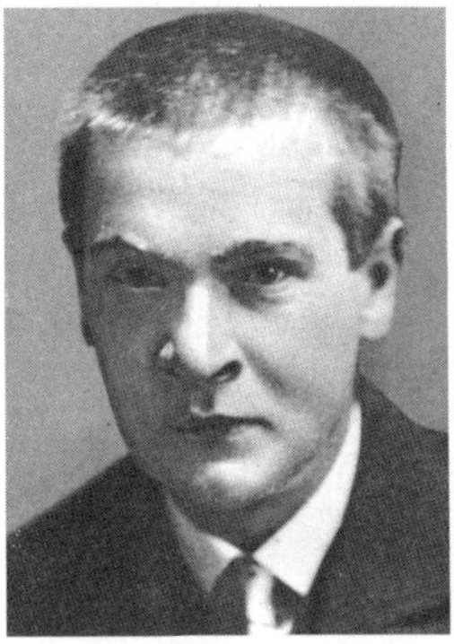

Georg Trakl

immer aufs neue gesucht, bleibt ihm verborgen und unfaßbar.
Hauptwerke: Gedichte (1913), Sebastian im Traum (Ged., 1915), Der Herbst des Einsamen (Ged., 1920), Gesang des Abgeschiedenen (Ged., 1933), Aus goldenem Kelch (Ged., 1939), Offenbarung und Untergang (Prosadichtungen, 1947).
Ausgaben: G. T. Dichtungen u. Briefe. Histor.-krit. Ausg. Hg. v. W. Killy *u.* H. Szklenar. *Salzburg 1969. 2 Bde. – G. T. Ges. Werke. Hg. v.* W. Schneditz. *Salzburg* $^{1-12}$*1949–67. 3 Bde.*
Literatur: Blaß, R.: *Die Dichtung G. T.s. Von der Trivialsprache zum Kunstwerk. Bln. 1969.* – Wetzel, H.: *Klang u. Bild in den Dichtungen G. T.s. Gött. 1968.* – Killy, W.: *Über G. T. Gött.* ^{3}*1967. – Erinnerung an G. T. Zeugnisse u. Briefe. Darmst.* ^{3}*1966.* – Basil, O.: *G. T. in Selbstzeugnissen u. Bilddokumenten. Reinbek bei Hamb. 1965.* – Held, W.: *Mönch u. Narziß. Stunde u. Spiegel im Werk G. T.s. Mchn. 1965.* – Cierpka, H.: *Interpretationstypen der T.-Lit. Eine krit. Betrachtung der wiss. Arbb. über das Werk G. T.s. Diss. Freie Univ. Bln. 1963.* – Ritzer, W.: *T.-Bibliogr. Salzburg 1956.* – ↑ auch Heym, Georg, ↑ Stadler, Ernst, ↑ Wassermann, Jakob.

Tralow, Johannes [...lo], Pseudonym Hanns Low, * Lübeck 2. Aug. 1882, † Berlin 27. Febr. 1968, dt. Schriftsteller.
Kaufmänn. Lehre, Reisen in den Nahen Osten (Ägypten), Journalist, Verlagsdirektor in Berlin und Regisseur an verschiedenen dt. Bühnen. Nach 1933 freier Schriftsteller, 1951–61 geschäftsführender Präsident des „Dt. P.E.N.-Zentrums Ost und West"; lebte zuletzt in Berlin (Ost). T. schrieb anfangs klassizist. Versdramen, später v.a. histor. Romane, die gründl. Quellenstudium verraten. Als sein Hauptwerk gilt die „Osman. Romantetralogie", die „Roxelane" (1942), „Irene von Trapezunt" (1947), „Malchatun" (1951), „Der Eunuch" (1956), umfaßt.
Weitere Werke: Das Gastmahl zu Pavia (Dr., 1910), Peter Fehrs Modelle (Dr., 1912), König Neuhoff (R., 1929), Aufstand der Männer (R., 1953), Mohammed (R., 1967).

Tramin, Peter von, eigtl. P. Tschugguel (P. Freiherr von Tschugguel zu T.), * Wien 9. Mai 1932, östr. Schriftsteller.
Bankangestellter; machte 1963 durch den in Wien spielenden autobiograph. gefärbten Entwicklungsroman „Die Herren Söhne", der durch brillante Dialoge und sorgfältige Textausarbeitung an Doderer erinnert, auf sich aufmerksam.
Weitere Werke: Divertimento (E., 1963), Die Tür im Fenster (R., 1967).

Trancoso, Gonçalo Fernandes [portugies. trɐŋ'kozu], * Trancoso um 1520, † Lissabon vor 1596, portugies. Schriftsteller.
Einer der frühesten Novellisten der portugies. Literatur, schrieb, z.T. nach italien. Mustern, die populäre Sammlung „Contos e histórias de proveito e exemplo" (um 1575ff.).

Tranquilli, Secondo [italien. traŋ'kuilli] ↑ Silone, Ignazio.

Trapassi, Pietro Antonio Domenico Bonaventura [italien. tra'passi] ↑ Metastasio, Pietro.

Traum der roten Kammer, Der ↑ Tsao Chan.

Traun, Julius von der, eigtl. Alexander Julius Schindler, * Wien 26. Sept. 1818, † ebd. 16. März 1885, östr. Schriftsteller.
Bis 1854 Staatsanwalt in Graz, später Advokat, Land- und Reichstagsabgeordneter. Schrieb Gedichte, Romane, Erzählungen, Skizzen, Dramen und Reisebücher; Spätwerk mit polem.-liberaler Tendenz.
Hauptwerke: Die Rosenegger Romanzen (1852, 1876 u. d. T. Gedichte), Der Schelm von Bergen (E., 1879), Goldschmiedkinder (R., 1880), Oberst Lumpus (R., 1888).

Trausti, Jón [isländ. 'trœÿstɪ], eigtl. Guðmundur Magnússon, * Ríf (Melrakkaslétta) 12. Febr. 1873, † Reykjavík 18. Nov. 1918, isländ. Schriftsteller.
Entstammte einer einfachen Familie; autodidakt. Bildung; unternahm eine ausgedehnte Europareise auf Staatskosten. Begann mit Romanen um aktuelle Fragen, wandte sich jedoch dann mehr histor. Themen zu; geschickter Charakterschilderer. T. ist der Wegbereiter des modernen isländ. Romans.
Hauptwerke: Heima og erlendis (Ged., 1899), Halla (R., 1906), Heiðarbýlið (R., 1908–11), Góðir stofnar (R., 1914f.).

Traven, B. ['tra:vən], eigtl. Traven Torsvan, * Chicago 3. Mai 1890, † Mexiko 26. März 1969, Schriftsteller.
Laut Aussage seiner Witwe war der zeit seines Lebens wegen seiner Identität von Geheimnissen umgebene T. Sohn nach den USA ausgewanderter skand. Eltern. Von den vielen im Lauf der Jahre aufgestellten Thesen war die interessanteste, T. sei ident. mit Richard Maurhut (Ret Marut), der in jungen Jahren u.a. in Düsseldorf als Schauspieler tätig war. Er soll auch eine Rolle in der Münchner Räterepublik gespielt haben und unter abenteuerl. Umständen nach Mittelamerika gekommen sein. Lange Zeit hat T. angebl. als einfacher Arbeiter in den mex. Erdölfeldern gearbeitet, bis er 1951 in Mexiko naturalisiert wurde. T. schrieb sozialkrit. Romane und Erzählungen, die durch schonungslose Offenheit der Darstellung und oft krasse Sprache gekennzeichnet sind; leidenschaftl. Protest gegen Unmenschlichkeit und Gewalttätigkeit; seine Werke enden häufig mit der Resignation seiner Helden; Neigung zu Pessimismus, selten hoffnungsvolle Züge; zum Erfolg seines zuerst in dt. Sprache erschienenen Erzählwerks trugen spannende Erzählweise und exot. Elemente bei.

Hauptwerke: Das Totenschiff (R., 1926), Der Schatz der Sierra Madre (R., 1927), Die Brücke im Dschungel (R., 1929), Die Baumwollpflücker (R., 1931), Die Rebellion der Gehenkten (R., 1936), Ein General kommt aus dem Dschungel (R., 1940), Der dritte Gast (En., 1958), Aslan Norval (R., 1960), Erzählungen (1968).
Literatur: Recknagel, R.: *B. T. Beitr. zur Biografie. Lpz. 1966.* – Lübbe, P.: *Das Revolutionserlebnis im Werk v. B. T. Diss. Rostock 1965 [Masch.].*

Traz, Robert de [frz. tra], * Paris 14. Mai 1884, † Nizza 9. Jan. 1951, schweizer. Schriftsteller.
Vater Schweizer, Mutter Französin; studierte in Paris die Rechte, lebte in England und Italien und ließ sich schließl. in der Schweiz nieder. Gründer und neben J. Chenevière zeitweise Leiter der „Revue de Genève". Schrieb in frz. Sprache. T. unternahm viele Reisen, deren Erfahrungen er in Reisebildern auswertete. Neben seinen literaturkrit. Arbeiten verfaßte er psycholog. Romane, die sich durch gute Menschenkenntnis und ein erstaunl. Einfühlungsvermögen auszeichnen; später wandte er sich auch sozialkritischen Fragen zu.
Hauptwerke: Vivre (R., 1910), Les désirs du cœur (R., 1912), Im Dienst der Waffen (En., dt. 1916), Brautzeit (R., dt. 1925), L'écorché (R., 1927).

Trebitsch, Siegfried, * Wien 21. Dez. 1869, † Zürich 3. Juni 1956, östr. Schriftsteller.
Aus einer Großindustriellenfamilie, studierte in Wien, war im 1. Weltkrieg Offizier; T. arbeitete für verschiedene in- und ausländ. Zeitungen und Zeitschriften; lebte in London, später in der Schweiz. T. veröffentlichte Romane, Novellen, Schauspiele, Komödien und auch Gedichtbände. Er widmete sich erfolgreich der Übersetzung frz. und engl. Literatur, bes. des dramat. Werkes G. B. Shaws, mit dem er befreundet war.
Hauptwerke: Das Haus am Abhang (R., 1906), Mord im Nebel (R., 1930), Heimkehr zum Ich (R., 1936), Die Heimkehr des Diomedes (R., 1949), Chronik eines Lebens (Autobiogr., 1951).

Třebízský, Václav Beneš [tschech. 'trʃɛbi:ski:] † Beneš, Václav.

Trediakowski, Wassili Kirillowitsch; tl.: Trediakovskij, Vasilij Kirillovič [russ. trɪdia'kɔfskij], * Astrachan 5. März 1703, † Petersburg (heute Leningrad) 17. Aug. 1769, russ. Dichter und Philologe.
Nach umfassenden Studien in Moskau und im westl. Ausland, u.a. in Paris, 1749–59 Professor für Rhetorik an der Akademie der Wissenschaften. T., einer der ersten russ. Kenner der frz. Literatur, aus der er u.a. Fénelons „Télémaque" und Boileaus „L'art poétique" übersetzte, war um die theoret. Grundlegung des russ. Klassizismus bemüht; unter Einfluß von Opitz und der russ. Volksdichtung vertrat er die Theorie, ein syllab.-ton. System der Metrik müsse die der russ. Sprache unangemessene rein syllab. Metrik ablösen; in schwerfälligen Gedichten ohne hohen literar. Wert erwies er die Richtigkeit seiner Lehre; er verwandte als erster russ. Dichter den Hexameter; als Literarhistoriker und Philologe förderte er die Erforschung altruss. Denkmäler.
Literatur: Adamczyk, A.: *T. u. die Reform des russ. Verses. Breslau 1940.*

Treece, Henry [engl. tri:s], * Wednesbury (Stafford) 1912, engl. Schriftsteller.
Walis. Abstammung; war nach Studien in Birmingham u.a. als Dozent, Pianist, Boxer, Boxtrainer, dann als Lehrer tätig; Mitbegründer des „New Apocalyptic Movement" und Mithg. der beiden Anthologien dieser Bewegung, die sich gegen die polit. und soziale Dichtung der 30er Jahre richtete; im 2. Weltkrieg Luftwaffenoffizier. T., der dem Marxismus nahesteht, vertrat als Führer der Bewegung die Idee einer literar. Erneuerung aus Mythos und Imagination; seine neuromant. lyr., ep. und dramat. Dichtung bietet oft Neugestaltungen alter Sagenstoffe.
Hauptwerke: The haunted garden (Ged., 1947), The exiles (Ged., 1952), Carnival King (Dr., 1955), The great captains (R.,1956), The golden strangers (R., 1957), Red queen, white queen (R., 1958).

Trembęcki, Stanisław [poln. trɛm'bɛtski], * bei Proszowice um 1735, † Tulczyń (Podolien) 12. Dez. 1812, poln. Dichter.
Stammte aus dem niederen Adel, studierte in Krakau, bereiste Europa; bei Aufenthalten in Paris kam er mit frz. Kultur und Kunst und mit den frz. Enzyklopädisten in Berührung. T. war Kammerherr bei König Stanislaus II. August, lebte später beim Grafen Potocki in Tulczyń. T. unterstützte mit seinen panegyr. Gedichten die Politik des Königs; er schrieb pseudoklassizist. satir. Gedichte und Epigramme; er übersetzte u.a. Voltaire und Shakespeare.
Hauptwerk: Zofiówka (Epos, 1800).

Trenjow, Konstantin Andrejewitsch; tl.: Trenev, Konstantin Andreevič [russ. trɪ'njɔf], * Romaschowo (Gouv. Charkow) 2. Juni 1876, † Moskau 19. Mai 1945, russ.-sowjet. Dramatiker.
Sohn eines Bauern; studierte u.a. an geistl. Lehranstalten; Interesse für Archäologie und Agronomie; war als Lehrer tätig. T. begann mit Erzählungen unter dem Einfluß seines Freundes Gorki, wandte sich aber nach der Revolution mit Erfolg der Bühnendichtung zu. Sein Hauptwerk ist das Drama „Ljubow Jarowaja" (1926, dt. 1946).

Trentini, Albert von, * Bozen 10. Okt. 1878, † Wien 18. Okt. 1933, östr. Schriftsteller.
Aus einer Südtiroler Adelsfamilie, studierte Jura in Wien, war Beamter im östr. Verwaltungsdienst, später Sektionschef im Innenministerium in Wien; neuromant. Erzähler, behandelte Themen aus dem heimatl. Grenzland; schrieb über Liebe und Ehe, seel. und religiöse Probleme. In einigen seiner Prosawerke klingt ein gemäßigter Expressionismus an.
Hauptwerke: Comtesse Tralala (R., 1911), Der letzte Sommer (R., 1913), Ehetag (R., 1920), Goethe. Der Roman von seiner Erweckung (1923), Der Webstuhl (R., 1927).

Tresić-Pavičić, Ante [serbokroat. ˌtrɛ:sitɕ'pavitʃitɕ], * Vrbanj (Hvar) 10. Juli 1867, † Split 2. Okt. 1949, kroat. Dichter und Diplomat.
Studierte in Wien, bereiste Italien, Deutschland, Dänemark und Amerika; im 1. Weltkrieg interniert; Gesandter in Madrid und Washington. Sein frühes Schaffen steht noch der Romantik nahe, später wird der Einfluß des Klassizismus deutl., auf den er v.a. in Sprache und Form zurückgriff. Sein Werk umfaßt Gedichte, Novellen

und Romane, histor. Dramen, Essays und Reisebeschreibungen.
Hauptwerke: Katarina Zrinjska (Dr., 1899), Finis rei publicae (Dr., 1902), Sutonski soneti (Ged., 1904).

Tressel, Joseph Matthias ↑ Thrasolt, Ernst.

Tretjakow, Sergei Michailowitsch; tl.: Tret'jakov, Sergej Mihajlovič [russ. trɪtjɪ'kɔf], * Riga 21. Juni 1892, † 9. Aug. 1939, russ.-sowjet. Schriftsteller.
Sohn eines Lehrers; studierte Jura in Moskau; Mitarbeiter verschiedener Zeitschriften; wurde in den 30er Jahren Opfer einer Säuberungsaktion. Vertreter des Egofuturismus und der literar. Gruppe „Lef", die sich für eine reportageähnl. Tatsachenliteratur einsetzte; viele seiner Werke, bes. das Theaterstück „Brülle China!" (dt. 1929) gehören zum literar. Wertvollsten der sowjet. Agitationsdichtung.
Weitere Werke: Feldherren (R., dt. 1931), Den Schi-Chua (R., dt. 1932), Tausendundein Arbeitstag (dt. 1935).

Trevoux, Daniel [frz. trə'vu, tre'vu] ↑ Tardieu, Jean.

Trigo, Felipe [span. 'triɣo], * Villanueva de la Serena (Badajoz) 13. Febr. 1864, † Madrid 2. Sept. 1916 (Selbstmord), span. Schriftsteller.
Studierte in Madrid, war Militärarzt in Sevilla, bevor er sich etwa 1901 ganz der Literatur zuwandte; zeitweilig auf den Philippinen. Erfolgreicher, wegen Tendenz zur Pornographie seinerzeit jedoch stark umstrittener Verfasser naturalist. Romane.
Hauptwerke: Las ingenuas (R., 1901), La sed de amar (R., 1902), Sor Demonio (R., 1905), La clave (R., 1907), Las Evas del paraíso (R., 1910).

Trilussa [italien. tri'lussa], eigtl. Carlo Alberto Salustri, * Rom 26. Okt. 1871, † ebd. 21. Dez. 1950, italien. Schriftsteller.
Journalist, zeitweise Mitarbeiter am „Messaggero"; Bohemien, ausgedehnte Vortragsreisen, veröffentlichte schon früh Sonette, ist aber v. a. einer der bedeutendsten modernen Dialektdichter und Satiriker, der in röm. Mundart das Leben der italien. Hauptstadt um 1900 in Fabeln und Epigrammen zeichnet. Er knüpft an die alte röm. Fabelliteratur an. Kennzeichen seiner gesellschaftskrit. Verse und seiner polit. Kritik (v. a. am Faschismus) ist die epigrammat. Kürze.
Hauptwerke: La gente (1922), Acqua e vino (1944), Le favole (hg. 1951, dt. Ausw. 1952 u. d. T. Die bekehrte Schlange und 27 andere Fabeln, 1962 u. d. T. Der erste Haifisch u. a. Fabeln).

Trimberg, Hugo von ↑ Hugo von Trimberg.

Trimberg, Süßkind von ↑ Süßkind von Trimberg.

Trimm, Thomas ↑ Welk, Ehm.

Trindade Coelho, José Francisco de [portugies. trin'daðə 'kuɐʎu], * Mogadouro (Trás-os-Montes) 18. Juni 1861, † Lissabon 9. Juni 1908 (Selbstmord), portugies. Schriftsteller.
Studierte Jura in Coimbra, war Rechtsanwalt, später Staatsanwalt und Redakteur bzw. Mitarbeiter mehrerer Zeitungen und Zeitschriften. Erweist sich in seinen z. T. von Fialho de Almeida beeinflußten Erzählungen (u. a. „Os meus amores", 1891) als vorzügl. Stilist und ausgezeichneter Schilderer von Land und Leuten seiner Heimat Trás-os-Montes; auch Verfasser sozialer, polit. und pädagog. Schriften.

Triolet, Elsa [frz. triɔ'lɛ], * Moskau 25. Sept. 1896, frz. Schriftstellerin.
Russ. Abstammung, begann in russ. Sprache zu schreiben; weite Reisen, u. a. nach Tahiti; lebt mit ihrem Mann, L. Aragon, in Paris. Überzeugte Kommunistin, von Gorki gefördert, gehörte während des 2. Weltkriegs zur Résistance. Literar. vertritt sie den sozialist. Realismus, behandelt in Romanen, Novellen und Essays polit. und soziale Probleme der Kriegs- und Nachkriegszeit. „Die Liebenden von Avignon" (Nov., dt. 1949) ist eines der besten Werke der Widerstandsbewegung.
Weitere Werke: Le premier accroc coûte deux cents francs (R., 1944), Das rote Pferd (R., dt. 1957), Rosen auf Kredit (R., dt. 1962), Le grand jamais (R., 1965).

Tipitaka; tl.: Tipiṭaka [sankr.; = Dreikorb] (Pali-Kanon), kanon. buddhist. Textbuch in der Sprache des Pali; soll die echte Lehre Buddhas, gleich nach seinem Tode niedergeschrieben, wiedergeben; jetzige Fassung wahrscheinl. aus dem 2./1. Jh. v. Chr.; das T. zerfällt nach der gebräuchlichsten Einteilung in 3 Gruppen: „*Winajapitaka*" (= Korb der Disziplin), die Sammlung der Ordensregeln für die buddhist. Mönche, „*Suttapitaka*" (= Korb der Lehrvorträge), die Sammlung der Lehrreden Buddhas, und „*Abidhammapitaka*" (= Korb der Lehrentscheidungen), die Sammlung der metaphys.-systemat. Schriften; spätere Versuche, weitere Sammlungen hinzuzufügen, konnten sich nicht durchsetzen. Von den genannten Teilen ist das „Suttapitaka" am wertvollsten, da es der Fülle des Materials wegen viel zur Kenntnis der Persönlichkeit und Lehre Buddhas beiträgt; darüber hinaus enthält es literar. wertvolle Beiträge, u. a. Heiligenlegenden, Lieder der Mönche und Nonnen, die Beispiele bester religiöser Lyrik geben, während die beiden anderen Hauptteile trockene dogmat. Abhandlungen bringen, die an Aufzählungen und Wiederholungen reich sind; einige Teile wurden auch ins Dt. übersetzt.

Trissino, Gian Giorgio [italien. 'trissino], * Vicenza 8. Juli 1478, † Rom 8. Dez. 1550, italien. Dichter.
Stammte aus dem Großbürgertum; stand lange im diplomat. Dienst des Vatikans. Forderte im Sinne des Humanismus eine Rückbesinnung auf die griech. Literaturtradition; schuf mit „Sophonisbe" (1515, dt. 1888) die erste Tragödie der Moderne, die streng nach den aristotel. Regeln gebaut ist; als Epiker erfolglos; interessiert an Problemen der Poetik, der Orthographie u. a. Fragen der Sprachwissenschaft.

Tristan L'Hermite [frz. tristãlɛr'mit], eigtl. François L'Hermite, * Schloß Soliers (Calvados) 1601, † Paris 7. Sept. 1655, frz. Schriftsteller.
Page Heinrichs von Bourbon, kam auf der Flucht nach einem Duell in viele europ. Länder; über seine abenteuerl. Jugend berichtet er in dem realist., zeitgeschichtl. wertvollen Roman „Le page disgracié" (1642). Das Drama „Mariamne" (1636) stand Corneilles „Cid" an Beliebtheit und Erfolg nicht nach. Seine Gedichte im preziösen Stil der Zeit verraten echtes Naturgefühl. Mit seinen Dramen wird T. L'H. als Vorläufer Racines angesehen. Seit 1649 Mitglied der Académie française.

Weitere Werke: Les plaintes d'Acante (Ged., 1633), Penthée (Dr., 1637f.), Les amours de Tristan (Ged., 1638), La lyre du sieur Tristan (Ged., 1641), La mort de Sénèque (Dr., 1645).

Triwolis, Michail; tl.: Trivolis, Mihail ↑ Maxim Grek.

Trogus, Pompeius ↑ Pompeius Trogus.

Trojan, Johannes, * Danzig 14. Aug. 1837, † Rostock 23. Nov. 1915, dt. Schriftsteller.
Studierte in Göttingen Medizin, in Berlin und Bonn Germanistik; Journalist, erwies sich als Chefredakteur (1886–1909) beim Berliner „Kladderadatsch" als scharfer polit. Satiriker. T. schrieb humorist. Erzählungen, gemütvolle Lyrik, v.a. Kinder- und Jugendverse, Humoresken und Studien über die Pflanzenwelt Deutschlands.
Hauptwerke: Scherzgedichte (1883), Von drinnen und draußen (Ged., 1888), Für gewöhnl. Leute (Ged. und Prosa, 1893), Von einem zum andern (ges. En., 1893), Hundert Kinderlieder (1899).

Troll, Thaddäus, eigtl. Hans Bayer, * Stuttgart 18. März 1914, dt. Schriftsteller.
Studierte Literatur- und Kunstgeschichte, Theater- und Zeitungswissenschaft; im 2. Weltkrieg Kriegsberichterstatter; seit 1948 freier Schriftsteller in Stuttgart. T. ist Erzähler und Feuilletonist. Daneben schreibt er Essays und Theaterkritiken und bearbeitet Prosastoffe für die Bühne.
Hauptwerke: Theater von hinten (1955), Sehnsucht nach Nebudistan (R., 1956), Trostbüchlein für Männer (1956), Herrliche Aussichten (R., 1959), Auf ewig dein (Satiren, 1961), Lehrbuch für Väter. Vom Umgang mit Töchtern (1963), Deutschland deine Schwaben (1967).

Trollope, Anthony [engl. 'trɔləp], * London 24. April 1815, † Saint Marylebone (heute zu London) 6. Dez. 1882, engl. Schriftsteller.
Sohn eines Anwalts, der sein Vermögen verlor und mit seiner Frau nach Amerika auswanderte; Postbeamter, dann freier Schriftsteller. T. schildert in seinen bekanntesten Romanen humorvoll und iron., nüchtern-realist. die Welt der viktorian. Mittelschicht, bes. des Klerus. Schauplatz ist die fiktive südengl. Bischofsstadt Barchester. Erfolgreich waren auch die Irlandromane des Frühwerks und die polit. Romane.
Hauptwerke: Barchester Towers (R., 1857), Doktor Thorne (R., 1858; dt. 1954), Phineas Phinn (R., 1869), The Eustace diamonds (R., 1873), The way we live now (R., 1875), The Prime Minister (R., 1875).
Literatur: Polhemus, R.: *The changing world of A. T. Berkeley (Calif.) 1968.* – Sadleir, M.: *T., a bibliography. Birmingham (Ala.) 1964.* – Cockshut, A. O. J.: *A. T. New York 1955.*

Trollope, Frances [engl. 'trɔləp], geb. Milton, * Stapleton bei Bristol 10. März 1780, † Florenz 6. Okt. 1863, engl. Schriftstellerin.
Mutter von Anthony T., Tochter eines Geistlichen; emigrierte mit ihrem Mann nach dessen finanziellem Ruin nach Amerika; kehrte nach dessen Tod nach England zurück; lebte zuletzt in Florenz. Schrieb von 1832 an aus materiellen Gründen zahlreiche vielgelesene Romane und Reisebücher.
Hauptwerke: Leben und Sitte in Nordamerika (dt. 1835), Der Vikar von Wrexhill (R., dt. 1837).

Tröst, Sven [schwed. trœst] ↑ Snoilsky, Carl Johan Gustaf Graf.

Troyat, Henri [frz. trwa'ja], eigtl. Lew Tarassow, * Moskau 1. Nov. 1911, frz. Schriftsteller russ. Herkunft.
Kam mit seinen wohlhabenden Eltern, die vor der Revolution flohen, 1920 nach Paris, dort höhere Schulbildung und Jurastudium; zunächst im Verwaltungsdienst, später freier Schriftsteller; Mitglied der Académie française seit 1959. Seine Vorbilder sind Dostojewski, L. Tolstoi, Zola und Jules Romains, an dem er sich formal schulte und dessen Neigung zur großen, zykl. Form er teilt. T. schrieb außer psycholog. überzeugenden, z.T. autobiograph. Romanen, in denen er histor. und familiengeschichtl. Themen, v.a. aus dem Lebensbereich des russ. und frz. Bürgertums, darstellte, auch Dramen und Biographien russ. Dichter.
Hauptwerke: Die Giftspinne (R., 1938; dt. 1950), Tant que la terre durera (R.-Zyklus, 1947–50; Bd. 1 dt. 1952 u.d.T. Solange die Welt besteht, Bd. 3 dt. 1953 u.d.T. Fremde auf Erden), La lumière des justes (R.-Trilogie, 1959–63; dt.: Die Brüder vom roten Mohn, 1960; Die Herrin von Kaschtanowka, 1961; Der Ruhm des Besiegten, 1962), Tolstoi ... (Biogr., dt. 1966), Und bauten den Kindern kein Haus (R., dt. 1966), Auf ihren eigenen Wegen (R., dt. 1967), Der Apfel Evas (En., dt. 1967), Wie Spreu im Wind (R., dt. 1968).

Troyes, Chrétien de ↑ Chrétien de Troyes.

Trubar, Primož [slowen. 'tru:bar] (Primus Truber), Pseudonym Philopatridus Illyricus, * Raščica 8. Juni 1508, † Derendingen (heute zu Tübingen) 28. Juni 1586, slowen. Schriftsteller.
Studierte Theologie in Rijeka, Salzburg, Wien und Triest, war Prediger und bemühte sich um die Ausbreitung der Reformation unter den Slowenen; floh vor der Gegenreformation und wirkte als Prediger in verschiedenen dt. Orten; seit 1561 Direktor in Urach. T. gab in Tübingen unter seinem Pseudonym einen Katechismus in slowen. Sprache heraus und übersetzte kirchl. Schriften ins Slowenische. T. wird der Begründer der slowen. Literatur genannt und ist mit Dalmatin und Bohorič einer der Schöpfer der slowen. Schriftsprache.
Literatur: Rupel, M.: *Primus Truber. Leben u. Werk des slowen. Reformators. Dt. Übers. Mchn. 1965.*

Trueba y de la Quintana, Antonio de [span. 'trueβa i ðe la kin'tana], * Montellano (Vizcaya) 24. Dez. 1819, † Bilbao 10. März 1889, span. Dichter.
Sohn armer Landleute, seit 1862 Chronist und Archivar der Provinz Vizcaya; einer der volkstümlichsten span. Dichter seiner Zeit, dessen einfache Lieder, gesammelt im „Libro de los cantares" (1851), bes. seine bask. Heimat verherrlichen; auch Verfasser volkstüml. Erzählungen: „Cuentos de color de rosa" (1859), „Cuentos campesinos" (1860), ferner histor. Romane.

Trumbull, John [engl. trʌmbl], * Watertown (Conn.) 13. April 1750, † Detroit 11. Mai 1831, amerikan. Schriftsteller.
Wurde nach Studien an der Yale University ein bekannter Anwalt und hoher Richter; bedeutendster Vertreter der Gruppe der „Hartford wits". Vielbeachteter Lyriker und Satiriker; erregte zunächst mit der scharfen Satire „The progress of dulness" (1772f.), dann mit der milderen antibrit. Satire „M'Fingal" (1782), die von S. Butlers

„Hudibras" beeinflußt ist, Aufsehen; Essays in Anlehnung an Addison.
Literatur: Sizer, Th.: *The works of Colonel J. T., artist of the American revolution. New Haven (Conn.) 1956.* – Cowie, A.: *J. T., Connecticut wit. Chapel Hill (N. C.) 1936.*

Tryphiodoros, griech. Epiker des 5. Jh.s aus Ägypten.
Formal von den strengen Regeln des Nonnos beeinflußt; ein kurzes Epos „Einnahme Ilions" in 691 Hexametern ist erhalten.

Tsakiridis, Wangelis; tl.: Tsakirídēs, Baggélēs [neugr. tsaki'riðis], * Athen 23. April 1936, neugriech. Schriftsteller.
Auch Maler und Bildhauer; studierte Jura und an der Hochschule für Bildende Künste in Athen, lebt seit 1959 in Berlin, schreibt in dt. Sprache Lyrik und Prosa; auch Übersetzer.
Hauptwerke: Gedichte für die Jungfrau am Brunnen (Ged. und Prosa, 1967), Halleluja! (Prosa, 1968), Super Garde (Prosa, 1969).

Tsao Chan, auch genannt Tsao Hsüehchin, * Nanking 1719 (?), † Peking 12. Febr. 1763 oder 1. Febr. 1764, chin. Dichter.
Aus reicher Beamtenfamilie, verarmte. Verfasser des umfangreichsten, schwierigsten und wohl auch bedeutendsten chin. Romans, „Hungloumeng" (dt. gekürzt u. d. T. „Der Traum der roten Kammer", 1932). Der Roman wurde 1792 von Kao O umgearbeitet und um etwa ⅓ erweitert. Der Familienroman, der realist. und zugleich in dunklen Andeutungen das Leben in einem reichen Bürgerhaus schildert, zeigt eine pessimist. Grundhaltung. Bes. gelungen sind die Frauengestalten. Der auch kulturhistor. bed. Roman, der in 120 Kapitel aufgeteilt ist, ist bis heute beliebt.

Tschaadajew, Pjotr Jakowlewitsch; tl.: Čaadaev, Petr Jakovlevič [russ. tʃɐa'dajɪf], * Nischni Nowgorod (heute Gorki) 8. Juni 1794, † Moskau 26. April 1856, russ. Publizist.
Aus altem Adel; nach Studien in Moskau Teilnahme am Krieg gegen Napoleon; hielt sich 1823–26 in W-Europa auf. T., der u. a. mit Puschkin befreundet war und mit den Dekabristen sympathisierte, vertrat früh das russ. Westlertum, u. a. als Diskussionsredner; in seinen zwischen 1827 und 1831 entstandenen „Philosoph. Briefen" verteidigte er die Überlegenheit des Westens und das kath. Christentum; beurteilte die Situation Rußlands zunehmend optimistischer.
Literatur: Falk, H.: *Das Weltbild Peter J. T.s nach seinen acht Philosoph. Briefen. Mchn. 1954.*

Tschandidas; tl.: Caṇḍīdās, ind. Dichter um 1400.
Brahmane, der infolge seiner Liebe zu einer Wäscherin aus seiner Kaste ausgeschlossen wurde; bed. Vertreter der bengal. Literatur; schrieb zahlreiche zart empfundene erot.-religiöse Gedichte.

Tschapygin, Alexei Pawlowitsch; tl.: Čapygin, Aleksej Pavlovič [russ. tʃɪ'pɨgin], * im Gouv. Olonez 17. Okt. 1870, † Leningrad 21. Okt. 1937, russ.-sowjet. Schriftsteller.
Sohn eines Bauern; zeitweise Hirte, lebte dann als Maler in Petersburg. T., der erst 1903 zu publizieren begann, schrieb Romane über das nordruss. Bauernleben und histor. Romane im schwerverständl. Stil des 17. Jh.s, darunter „Stepan Rasin" (1927, dt. 1953).

Tschawtschawadse, Ilja Grigorjewitsch; tl.: Čavčavadze, Ilja Grigor'evič [russ. tʃɐftʃɪ'vadzɪ], * Kwareli 27. Okt. 1837, † bei Tiflis (heute Tbilissi) 12. Sept. 1907, georg. Dichter.
Stammte aus einer Fürstenfamilie; seit 1857 Jurastudium in Petersburg, später wegen radikaler, progressiver Neigungen relegiert; Redakteur einer radikalen Zeitung; hohe polit. Ämter, u. a. Deputierter im Staatsrat; 1907 unter Beteiligung der zarist. Geheimpolizei ermordet. Bed. Einfluß Herzens u. a. radikaler Denker; gilt als Führer der nationalen Befreiungsbewegung und Schöpfer der neuen georg. Literatursprache des krit. Realismus, aber auch als utop. Träumer von sozialer Harmonie; Lyriker, Verserzähler und Romancier.

Tschechow, Anton Pawlowitsch; tl.: Čehov, Anton Pavlovič [russ. 'tʃɛxɐf], * Taganrog 29. Jan. 1860, † Badenweiler 15. Juli 1904, russ. Schriftsteller.
Sohn eines Kaufmanns; nach dem Medizinstudium nur kurze Zeit prakt. Berufsausübung; lebte meist als freier Schriftsteller und Mitarbeiter von Zeitungen und Zeitschriften; nach Verzicht auf

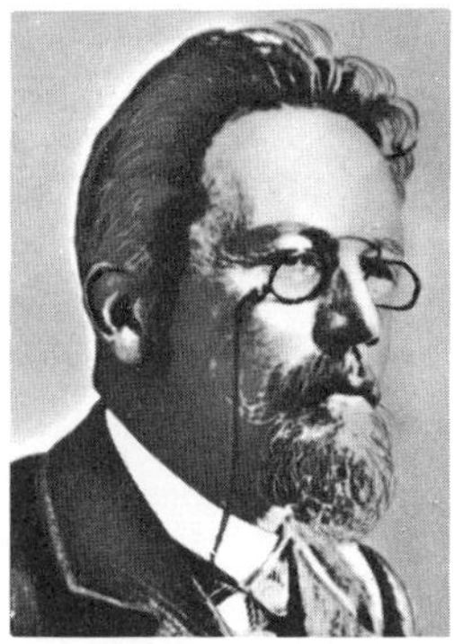

Anton Pawlowitsch Tschechow

sein Pseudonym Tschechonte große Erfolge; Reisen nach Sachalin – dort Besuch der Strafkolonie – und W-Europa; Zusammenarbeit mit dem Moskauer Künstlertheater; Bekanntschaft, 1901 Ehe mit der Schauspielerin Olga Knipper; 1902 Verzicht auf weitere Akademiezugehörigkeit aus Protest gegen den Ausschluß Gorkis; starb während einer Kurreise in den Schwarzwald an Lungentuberkulose. Wandlung vom Humoristen zum Gestalter ernster Stoffe und Stimmungen; zunehmende Neigung zu Resignation und Melancholie; T. bevorzugte in seiner Erzähldichtung Kleinformen, nur wenige Werke, etwa „Die Steppe" (1888, mehrmals dt.), erreichen annähernd den Umfang kleiner Romane; Kunstprinzip der unrhetor. Einfachheit und der skizzenhaften Kürze; handlungsarm wie die Kurzgeschichten sind T.s impressionist. Dramen, die, undramat. im Sinne des bis dahin verwendeten Bühnenstils, mehr auf die Schilderung von Stimmungen und Milieu ausgerichtet sind; daher erhöhte Bedeutung der symbol. Gebärde und der opt. und akust. Symbole.
Weitere Werke: Der Tod des Beamten (E., 1883; dt. 1924), Der Dicke und der Dünne (E., 1883; dt. 1924), Der Bär (Schwank, 1888; dt. 1903), Iwanow (Dr., 1888; dt. 1919), Eine langweilige Geschichte (Nov., 1889; dt. 1919), Ein Zwei-

kampf (Nov., 1891; dt. 1897, 1898 u. d. T. Duell), Krankensaal Nr. 6 (E., 1892; dt. 1946), Die Möwe (Dr., UA 1896; dt. 1902), Mein Leben (E., 1896; dt. 1958), Onkel Wanja (Dr., 1897; dt. 1902), Die Bauern (E., 1897; dt. 1947), Seelchen (E., 1898; dt. 1954), Die Dame mit dem Hündchen (E., 1899; dt. 1946), Drei Schwestern (Dr., UA 1901; dt. 1902), Die Braut (Nov., 1903; dt. 1960), Der Kirschgarten (Dr., UA 1904; dt. 1912).
Ausgaben: A. T. Kurzgeschichten u. frühe Erzählungen 1883-1887. Erzählungen aus den mittleren Jahren 1887-1892. Späte Erzählungen 1893-1903. Dramen. Die Insel Sachalin/Briefe. Dt. Übers. Mchn. 1968-70. 5 Bde. – A. P. T. Werke. Novellen, Erzählungen, Dramen. Dt. Übers. Hg. v. J. v. Guenther. *Mchn. 1963. 3 Bde. – A. P. T. Ges. Werke in Einzelbden. Dt. Übers. Hg. v.* G. Dick *u.* W. Düwel. *Bln. 1–2 1956-69. 8 Bde. – A. P. T. Polnoje sobranije sotschineni i pisem. Moskau 1944-51. 20 Bde. – A. P. T. Polnoje sobranije sotschineni. St. Petersburg 1903-16. 23 Bde.*
Literatur: Melchinger, S.: *A. T. Velber 1968.* – Selge, G.: *A. Čechovs Bild v. Menschen. Mchn. 1967.* – Bicilli, P. M.: *A. P. Čechov. Das Werk u. sein Stil. Dt. Übers. Mchn. 1966.* – Hingley, R.: *Chekhov. A biographical and critical study. New York 1966.* – Düwel, W.: *A. T. Dichter der Morgendämmerung. Halle 1961.* – Bruford, W. H.: *A. Chekhov. London 1957.* – Magarshak, D.: *Chekhov. A life. London ²1955.*

Tschernichowski, Saul; tl.: Černihovskij, Saul [tʃɛrnɪˈxɔfski, russ. tʃɪrniˈxɔfskij], auch Czernichowski, * Michailowka (Krim) 28. Aug. 1875, † Jerusalem 14. Okt. 1943, hebr. Dichter.
Schulbildung in Odessa; von 1899 an mehrjähriges Studium der Medizin; Arzt in Rußland; lebte während der 20er Jahre in Berlin, dann nach kurzem Aufenthalt in den USA seit Anfang der 30er Jahre in Tel Aviv. Begann mit russ. Gedichten; nach schwierigem Übergang Beherrschung der künstler. Möglichkeiten der modernen hebr. Sprache (Iwrith); Abkehr von der orthodoxen geistesgeschichtl. Tradition des Judentums; bed. als Sonettdichter, schrieb Natur- und Liebeslyrik; zu seinem umfangreichen Werk gehören ferner einfache, humorvolle Idyllen aus der Welt der Krimjuden, Balladen mit mittelalterl. Stoffen sowie Erzählungen und Gedichte für Kinder; bed. Übersetzer (Homer, Sophokles, Goethe, „Kalewala").

Tscherning, Andreas, * Bunzlau 18. Nov. 1611, † Rostock 27. Sept. 1659, dt. Dichter.
Sohn eines Handwerkers, floh nach Görlitz, um den Dragonaden des Grafen Dohna zu entgehen. Literaturstudium in Rostock, einige Zeit Privatlehrer in Breslau, 1644 in Rostock Professor der Poetik. T. schrieb nach dem Vorbild von Opitz barocke Lyrik und eine Poetik, ferner Fabeln.
Hauptwerke: Dt. und lat. Gedichte (1634), Lob des Weingottes (Ged., 1634), Deutscher Getichte Früling (Ged., 1642).

Tschernyschewski, Nikolai Gawrilowitsch; tl.: Černyševskij, Nikolaj Gavrilovič [russ. tʃɪrniˈʃɛfskij], * Saratow 24. Juli 1828, † ebd. 29. Okt. 1889, russ. Publizist.
Sohn eines Geistlichen; studierte nach dem Besuch des Priesterseminars Saratow an der histor.-philolog. Fakultät der Universität Petersburg, wo er die Ideen des frz. utop. Sozialismus kennenlernte; seine Magisterdissertation wurde 1855 vom Kultusministerium abgelehnt; Redakteur der Zeitschrift „Sowremennik" (= Der Zeitgenosse); 1862 als Anhänger des Sozialismus verhaftet, 1864–86 nach Sibirien verbannt. Begründete, von Belinskis krit. Anschauungen und vom Vulgärmaterialismus seiner Zeit ausgehend, eine rationalist.-utilitarist. Ästhetik, die die Pflege einer realist., zweckgebundenen Kunst anstrebte; hatte als bed. Theoretiker des Nihilismus v.a. in den 60er Jahren großen Einfluß; sein seinerzeit vielgelesener Roman „Was tun?" (1863, dt. 1883) behandelt tendenziös sozialist. Probleme.
Ausgabe: N. G. T. Ausgew. philosoph. Schrr. Dt. Übers. Moskau 1953.
Literatur: Beltschikow, N. F.: *Tschernyschewskij. Eine krit.-biograph. Skizze. Dt. Übers. Bln. 1948.*

Tschikamatsu Monsaemon; tl.: Chikamatsu Monzaemon [jap. tʃikamatsu monzaemon], eigtl. Sugimori Nobumori, * Prov. Echizen 1653, † Osaka 22. Nov. 1724, jap. Dramatiker.
Entstammte einer Samuraifamilie, führte ein abenteuerl. Leben und ließ sich dann in Osaka nieder, wo er eine reiche literar. Tätigkeit entfaltete und sich als Meister des Puppenspiels (Dschoruri) auszeichnete. Er schuf zahlreiche romant.-histor. und bürgerl. Schauspiele, die seine meisterhafte Beherrschung der jap. Sprache zeigen. Viele seiner Dramen wurden ins Englische, die Liebestragödie „Der Tod als Herzenskünder zu Sonezaki" ins Deutsche übersetzt (1703, dt. 1926).

Tschilingirow, Stilijan; tl.: Čilingirov, Stilijan [bulgar. ˈtʃilinˈgirof], * Schumen (heute Kolarowgrad) 26. Nov. 1881, bulgar. Schriftsteller.
Lehrer, studierte Philosophie und Pädagogik in Sofia, Bibliotheksdirektor, Redakteur; schrieb Gedichte und Erzählungen, Dramen und Romane; bed. ist sein Versroman „Wlado Bulatow" (1922).

Tschinpingmei † Chinpingmei.

Tschintulow, Dobri; tl.: Čintulov, Dobri [bulgar. tʃinˈtulof], * Sliwen um 1823, † ebd. 27. März 1866, bulgar. Lyriker.
Erhielt in Odessa geistl. Ausbildung, dann Lehrer in Sliwen; verfaßte intime Lyrik, die er z.T. selbst vertonte, auch patriot. Gedichte, die heute noch als Volkslieder lebendig sind.

Tschirikow, Jewgeni Nikolajewitsch; tl.: Čirikov, Evgenij Nikolaevič [russ. ˈtʃirikɐf], * Kasan 5. Aug. 1864, † Prag-Dejwitz 18. Jan. 1932, russ. Schriftsteller.
Stammte aus einer Adelsfamilie, seit 1922 in der Emigration in Prag, schrieb v.a. Romane und Erzählungen, auch Dramen, deren Themen er aus dem Leben der Intelligenz in der Provinz nahm, auch autobiograph. Romane. Dt. erschienen das Drama „Die Juden" (dt. 1904) und „Erzählungen" (dt. 1906).

Tschorny, Kusma; tl.: Čornyj, Kuz'ma [russ. ˈtʃɔrnɨj], eigtl. Nikolai Karlowitsch Romanowski; tl.: Nikolaj Karlovič Romanovskij, * Borki bei Minsk 24. Juni 1900, † Minsk 1. Dez. 1944, weißruss.-sowjet. Schriftsteller.
Nach philolog. Studien in Minsk freier Schriftsteller. T. gilt als einer der Begründer des weißruss. sozialpsycholog. Romans; Neigung

zum Monumentalen; schrieb jedoch auch kleinere Erzählungen und meist satir. Feuilletons; trat auch als Dramatiker hervor; v.a. bekannt als Schilderer der weißruss. Mentalität.

Tschuang Tse ↑ Chuang Tzu.

Tschugguel [zu Tramin], Peter [Freiherr von] ↑ Tramin, Peter von.

Tschu Hsi ↑ Chu Hsi.

Tschukowski, Kornei Iwanowitsch; tl.: Čukovskij, Kornej Ivanovič [russ. tʃu'kɔfskij], Pseudonym Nikolai Iwanowitsch Kornitschuk; tl.: Nikolaj Ivanovič Korničuk, * Petersburg (heute Leningrad) 31. März 1882, † Peredelkino bei Moskau 29. Okt. 1969, russ.-sowjet. Kinderbuchautor, Literarhistoriker und Übersetzer.
Begann mit literaturkritischen Arbeiten; 1905 wandte er sich der Kinderliteratur zu; Hg. von Almanachen für Kinder, widmete sich der Erforschung der Kindersprache, deren Ergebnisse er in seinen Versmärchen berücksichtigt, so z.B. in „Wasch dich rein" (dt. 1934) und „Die Fliege Siesesum" (dt. 1936); Übersetzer von Kinderliteratur und v.a. von Werken der amerikan. und engl. Literatur; bed. Erforscher N. A. Nekrassows.

Tschumandrin, Michail Fjodorowitsch; tl.: Čumandrin, Mihail Fedorovič [russ. tʃuman'drin], * Tula 1905, ⚔ in Finnland 4. Febr. 1940, russ.-sowjet. Schriftsteller.
Arbeiter, später Korrespondent und Schriftsteller; Leiter der proletar. Schriftstellervereinigung RAPP. Vertreter der sowjet. Arbeiterdichtung; wurde trotz seiner sozialist. Themenstellung als Vertreter kleinbürgerl. Gedanken angegriffen.

Tschuntschiu ↑ Chunchiu.

Tschü Yu ↑ Chü Yu.

Tsuboutschi, Schoju; tl.: Tsubouchi, Shôyô [jap. tsuboutʃi], eigtl. Tsuboutschi Juso; tl.: Tsubouchi Yûzô, * Ota bei Gifu 22. Mai (?) 1859, † Atami (Schisuoka) 28. Febr. 1935, jap. Schriftsteller.
Mit europ., bes. engl. Geistesgeschichte vertraut; schuf eine jap. Gesamtübersetzung der Werke Shakespeares. Seine literar. Arbeiten stehen unter dem Einfluß des europ. Realismus und Naturalismus; bed. Vermittler zwischen westl. und östl. Vorstellungswelt; schrieb erzählende und dramat. Dichtungen, v.a. aber literaturkrit. Essays.

Tucholsky, Kurt [...ki], Pseudonyme Kaspar Hauser, Peter Panter, Theobald Tiger, Ignaz Wrobel, * Berlin 9. Jan. 1890, † Hindås bei Göteborg 21. Dez. 1935 (Selbstmord), dt. Journalist und Schriftsteller.
Nach Jurastudium, Teilnahme am 1. Weltkrieg und kurzem Bankvolontariat Mitarbeiter der „Schaubühne" (später „Weltbühne"), die er zeitweilig herausgab; nach und nach von C. von Ossietzky entlastet, dann abgelöst; wanderte 1929 nach Schweden aus; zu Beginn des Dritten Reiches ausgebürgert und verfemt. Satiriker mit Vorliebe für Kleinformen der Prosa und der Versdichtung; oft formbestimmender Einfluß des Kabarettistischen; verteidigte als linksorientierter Journalist die positiven Seiten der Weimarer Republik und prangerte in satir. Artikeln ihre Schwächen an; radikaler Pazifist; Zeitkritik auf der Grundlage aufklärer. Ideen; Einflüsse von Lichtenberg; stand formal in manchem Heine nahe; schrieb außer desillusionierend sarkast., bitter iron. Werken auch heiter beschwingte Skizzen, häufig aus dem Berlin der 20er Jahre.
Hauptwerke: Rheinsberg. Ein Bilderbuch für Verliebte (1912), Fromme Gesänge (1919), Träumereien an preuß. Kaminen (1920), Ein Pyrenäenbuch (Reiseb., 1927), Deutschland, Deutschland über alles! (1929), Schloß Gripsholm (R., 1931), Lerne lachen ohne zu weinen (1931).
Ausgabe: K. T. Ges. Werke. Hg. v. M. Gerold-Tucholsky *u.* F. J. Raddatz. *Reinbek bei Hamb.* [2]*1967. 3 Bde. Erg.-Bd. Ausgew. Briefe. 1962.*
Literatur: Poor, H. L.: *K. T. and the ordeal of Germany, 1914–1935. New York 1968.* – Prescher, H.: *K. T. Bln. 1959.* – Schulz, Klaus-Peter: *K. T. in Selbstzeugnissen u. Bilddokumenten. Hamb. 1959.*

Tucić, Srđan [serbokroat. 'tutsitɕ], * Požega 9. Febr. 1873, † New York 2. Sept. 1940, kroat. Dramatiker.
Theaterleiter in Osijek und Agram, Direktor am bulgar. Nationaltheater. T. schrieb neben Erzählungen und Gedichten v.a. naturalist. Dramen mit sozialer Tendenz, die den Einfluß Tolstois und G. Hauptmanns zeigen. Später kam er zu einem romant. Mystizismus.

Tuffolina [italien. tuffo'li:na] ↑ Serao, Matilde.

Tu Fu, * Tuling (Schensi) 712, † Leiyang (?) 770, chin. Dichter.
Sein Plan, Beamter zu werden, scheiterte zunächst; erst später war er in öffentl. Ämtern und Ministerien tätig; häufig unstetes Wanderleben, z.T. durch Kriegswirren bedingt; zeitweise Militärberater und Landwirt; oft in ärml. Verhältnissen. Neben seinem Freund Li Po bedeutendster chin. Lyriker; erfüllte alte lyr. Formen mit neuem Gehalt; seine Dichtung wird geprägt durch starkes soziales Bewußtsein und polit. Interesse; die Hauptempfindung seiner Werke ist das Mitleid mit dem durch Krieg und Bürgerkrieg gequälten chin. Volk.
Literatur: Hung, W.: *Tu Fu. China's greatest poet. Cambridge (Mass.) 1952. Text-Bd., Suppl.-Bd.*

Tügel, Ludwig, * Hamburg 16. Sept. 1889, dt. Schriftsteller.
Verschiedene Berufe, u.a. Kaufmann, seit 1928 freier Schriftsteller in Ludwigsburg. Teilnahme an beiden Weltkriegen, Vortragsreisen durch skand. und balt. Länder. Nach expressionist. Anfängen begann er mit der Erzählung „Die Treue" (1932) die Reihe der vielschichtigen realist.-hintergründigen, an W. Raabe erinnernden Prosawerke, die für ihn kennzeichnend sind.

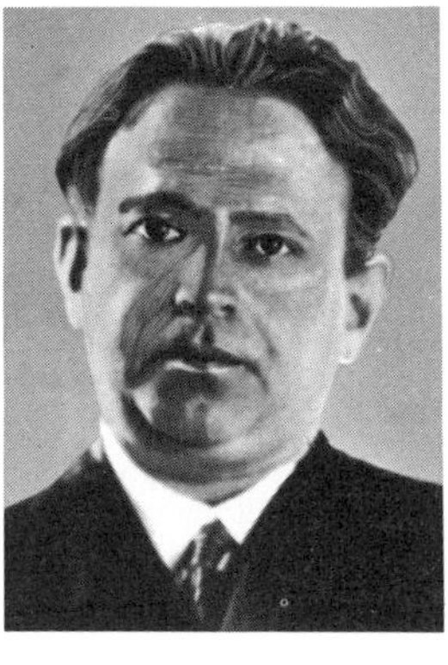

Kurt Tucholsky

Weitere Werke: Der Wiedergänger (R., 1929), Sankt Blehk oder Die große Veränderung (R., 1934), Pferdemusik (R., 1935), Lerke (E., 1937), Die Charoniade (R., 1950, 1961 u.d.T. Auf dem Strom des Lebens), Die Dinge hinter den Dingen (En., 1959), Ein ewiges Feuer (R., 1963), Booderow erzählt (En., 1964).

Tügel, Tetjus, eigtl. Otto T., * Hamburg 18. Nov. 1892, dt. Schriftsteller und Maler.
Verfasser von Romanen, Novellen und Gedichten. Stellt in seinen Werken heimatverbundene Frauen, deren Schicksal und die niederdt. Landschaft dar.
Hauptwerke: Lamm im Wolfspelz (R., 1941), Ödlandfrauen (Novellen, 1947), Der Teufel der schönen Frauen (Novellen, 1949), Ein Herz kommt um (R., 1951), Ungestüm und still geworden (Ged., 1965).

Tuglas, Friedebert, eigtl. F. Mihkelson, * Aya (Kreis Dorpat) 2. März 1886, estn. Schriftsteller.
Führend in der Jung-Estland-Gruppe, nahm an der russ. Revolution 1905 teil und war bis 1917 im Exil; zwischen den Weltkriegen der angesehenste Literaturkritiker Estlands; unternahm ausgedehnte Reisen, wurde 1944 Professor an der Universität Dorpat. In seinen realist. Erzählungen Meister der Sprache; wandte sich später mehr dem Impressionismus und der Neuromantik zu; schrieb v.a. stilist. hervorragende Novellen, die bisweilen an O. Wilde erinnern. Daneben ist T. Wissenschaftler von Rang, Verfasser anspruchsvoller Reisebücher und persönlicher Erinnerungen sowie Übersetzer.
Hauptwerke: Seelenland (E., 1906; dt. 1961), Illimar (R., 1937; dt. 1959).

Tukai, Gabdulla; tl.: Tukaj, Gabdulla [russ. tu'kaj], eigtl. G. Muchammed Garifowitsch Tukajew; tl.: G. Muhammed Garifovič Tukaev [russ. tu'kajıf], * Kuschlautsch (Gouv. Kasan) 26. April 1886, † Kasan 24. April 1913, tatar. Dichter.
T. gilt als einer der Begründer der modernen tatar. Literatur, setzte Normen für die heutige tatar. Literatursprache; von Gorki und der klass. russ. Literatur beeinflußt; schrieb patriot. und kämpfer. Gedichte; auch Publizist.

Tukaram; tl.: Tukārām, * nahe Dehu bei Puna wahrscheinl. 1608, † 24. Febr. 1649, ind. Dichter.
Bed. Marathi-Dichter; gehörte der Schudrakaste der Getreideverkäufer an, entsagte früh dem weltl. Leben und besang in Tausenden von Abhangs (Lieder mit Binnenreim) und Kirtans (mit Hymnengesang verbundene Predigten) Wischnu und den Erlösung verheißenden Glauben an ihn.

Tullin, Christian Braunman [norweg. tʉ'li:n], * Kristiania (heute Oslo) 6. Sept. 1728, † ebd. 21. Jan. 1765, norweg. Schriftsteller.
Studierte Theologie in Kopenhagen, wurde nach seiner Rückkehr Geschäftsmann und Stadtrat in Oslo. T.s Rokokolyrik weist auf kontinentale Vorlagen hin; sein Hauptwerk, das Gedicht „Majdagen" (1758), führte die Naturdarstellung in die dän.-norweg. Lyrik ein.

Tulsidas; tl.: Tulsīdās, eigtl. Rambola; tl.: Rāmbolā, * Radschapur (Banda) 1532, † Benares 24. Juli 1623, ind. Dichter.
Gilt als bedeutendster Hindi-Dichter; soll als Sohn brahman. Eltern nach der Geburt ausgesetzt und von einem Sadhu erzogen worden sein. Von ihm stammt eine um 1575 begonnene Neufassung des „Ramajana"-Epos, „Ramtscharitmanas", dem auch andere Rama-Dichtungen zugrunde liegen. Das volkstüml. Werk dient den rund 100 Millionen Hindus in N-Indien als Anweisung zum sittl. Handeln. Auch die weiteren 36 T. zugeschriebenen Werke religiös-philosoph. Inhalts handeln von Rama.

Tumanjan, Owanes [Tatewossowitsch]; tl.: Tumanjan, Ovanes [Tatevosovič] [russ. tuma'njan], * Dsech (heute Tumanjan) 19. Febr. 1869, † Moskau 23. März 1923, armen. Dichter.
Stammte aus der Familie eines Geistlichen; T. gilt als der bedeutendste armen. Dichter; er schrieb Gedichte und Poeme, auch Legenden, Märchen und Fabeln. Die Themen seiner Werke stammen v.a. aus dem armen. Bauernleben. T.s Dichtungen zeichnen sich durch eine anschaul. und humorvolle Sprache aus. T. wirkte auch als Publizist, er setzte sich für die kulturelle und v.a. literar. Entwicklung Armeniens ein.

Tumas, Juozas [lit. 'tʊmas] ↑ Vaižgantas.

Tumler, Franz, * Gries bei Bozen 16. Jan. 1912, östr. Erzähler und Lyriker.
Volksschullehrer, dann freier Schriftsteller, lebt abwechselnd in Linz und Berlin. Lyrik und Erzählwerk sind von A. Stifter beeinflußt; in sachl. Berichtstil setzt sich T. mit allgemein menschl. Problemen auseinander; außerdem Zeitromane.
Hauptwerke: Das Tal von Lausa und Duron (E., 1935), Die Wanderung zum Strom (E., 1937), Anruf (Ged., 1941), Der alte Herr Lorenz (E., 1949), Ein Schloß in Österreich (R., 1953), Der Schritt hinüber (R., 1956), Der Mantel (E., 1959), Aufschreibung aus Trient (R., 1965).

Tupý, Karel [tschech. 'tupi:] ↑ Jablonský, Boleslav.

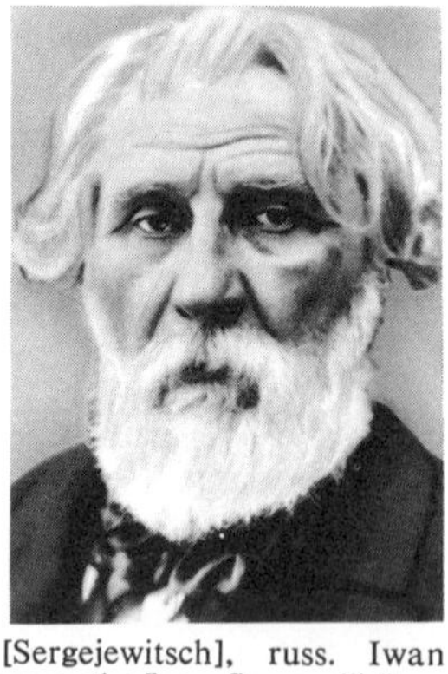

Iwan [Sergejewitsch] Turgenjew

Turgenjew, Iwan [Sergejewitsch], russ. Iwan Sergejewitsch Turgenew; tl.: Ivan Sergeevič Turgenev [tʊr'gɛnjɛf, russ. tur'gjenıf], * im Gouv Orel 9. Nov. 1818, † Bougival bei Paris 3. Sept. 1883, russ. Dichter.
Aus alter Adelsfamilie; strenge Erziehung; nach Studien in Rußland (Philosophie und Literatur) 1838–41 Studium in Berlin; dort Bekanntschaft mit der Philosophie Hegels; nach kurzem Staatsdienst freier Schriftsteller; seit 1855 meist in Deutschland (Baden-Baden) und Frankreich ansässig; Begleiter der Sängerin Pauline Viardot; nur noch selten in Rußland, u.a. zur Puschkinfeier 1880; befreundet u.a. mit Flaubert, Heyse, Storm. Bevorzugte, nachdem er mit Gedichten

nicht den gewünschten Erfolg hatte, eine lyr. Prosa. Seine dramat. Werke aus der Zeit um 1850 blieben ohne dauernde Nachwirkung. T. ist v. a. im westl. Ausland am bekanntesten als Erzähler des Realismus. In den „Aufzeichnungen eines Jägers" (dt. 1854), skizzenartigen Erzählungen über das Leben der Bauern, verbunden mit Naturschilderungen, und in fast allen Romanen sind die sozialen und polit. Probleme der Zeit enthalten. T. ist Meister der Darstellung passiver Charaktere, versagender Fortschrittler, skept. „Nihilisten", „überflüssiger" Intellektueller, denen der Antrieb zum Handeln fehlt; weniger gelungen sind die aktiven Helden. Hervorragende Charakterisierung, bes. auch weibl. Gestalten. Die Landschaftsschilderung ist für T. oft ein bed. Kompositionselement. Die Kritik zieht häufig T.s Novellistik seinem Romanwerk vor. Im Alter zunehmende Einwirkung des Schopenhauerschen Pessimismus.

Weitere Werke: Geldmangel (Dr., 1846; dt. 1947), Ein Monat auf dem Lande (Dr., 1850; dt. 1947), Mumu (E., 1852; dt. 1953), Rudin (R., 1856; dt. 1870), Das adelige Nest (R., dt. 1862), Am Vorabend (R., 1860; dt. 1910), Erste Liebe (E., 1860; dt. 1891), Väter und Söhne (R., 1862; dt. 1869), Dunst (R., dt. 1868), Frühlingswogen (Nov., 1871; dt. 1883), Neuland (R., dt. 1877), Senilia (Dichtungen, dt. 1883), Ein König Lear aus dem Steppenland (Nov., dt. 1882), Klara Militsch (Nov., dt. 1883).

Ausgaben: I. S. T. Ges. Werke in Einzelbden. Dt. Übers. Hg. v. K. Dornacher. *Bln.; Wuppertal-Barmen 1968 ff. Auf 10 Bde. berechnet. – I. S. T. Aufzeichnungen eines Jägers. Erzählungen 1844 bis 1883. Erzählungen 1857–1883. Gedichte in Prosa. Romane. Dt. Übers. Mchn. 1964–67. 3 Bde. – I. T. Sämtl. Werke. Dt. Übers. Hg. v.* O. Buck *u.* K. Wildhagen. *Mchn. 1911–31. 12 Bde.*

Literatur: Harder, J.: *T. Biograph. Notizen, Marginalien u. Bildmaterial zum Leben des russ. Dichters. Wuppertal-Barmen 1969. – I. S. Turgenev u. Deutschland. Materialien u. Unterss. Bd. 1. Hg. v.* G. Ziegengeist. *Bln. 1965.* – Magarshak, D.: *Turgenev. London 1954.* – Maurois, A.: *Tourgueniev. Neuaufl. Paris 1952.* – Trautmann, R.: *Zu Form u. Gehalt der Novellen T.s. Lpz. 1942.* – Borkowsky, E.: *T. Bln. 1903.*

Türheim, Ulrich von ↑ Ulrich von Türheim.

Türlin, Heinrich von dem ↑ Heinrich von dem Türlin.

Türlin, Ulrich von dem ↑ Ulrich von dem Türlin.

Turn, Reinbot von ↑ Reinbot von Dürne.

Turner, Cyril [engl. ˈtəːnə] ↑ Tourneur, Cyril.

Turner, Georg ↑ Rehfisch, Hans José.

Turner, Walter James [Redfern] [engl. ˈtəːnə], * Melbourne 13. Okt. 1889, † London 18. Nov. 1946, engl. Schriftsteller.

Kam nach Bergbaustudien in Melbourne nach England, wo er – nach Studien in München und Wien – als Journalist, bes. als Musik- und Theaterkritiker Erfolg hatte. Schrieb außer Musikerbiographien und vorwiegend exot. Lyrik zeitkrit., sarkast.-satir. Romane, oft in allegor. Form.

Hauptwerke: The dark fire (Ged., 1918), Landscape of Cytherea (Ged., 1923), The duchess of Popocatepetl (R., 1939), Fables, parables and plots (Ged., 1943).

Turnour, Cyril [engl. ˈtəːnə] ↑ Tourneur, Cyril.

Turoldus [tuˈrɔldʊs, frz. tyrɔlˈdys], auch Théroulde.

Hinter diesem Namen, der in der letzten Zeile der ältesten Handschrift des „Chanson de Roland" (um 1100) erwähnt wird, vermutet man entweder den Verfasser oder Schreiber des frz. Rolandsliedes, eventuell auch den Autor einer verschollenen Vorlage.

Tutilo (Tuotilo), * um 850, † Sankt Gallen 24. April 913 (?), Mönch in Sankt Gallen.

Befreundet mit Notker Balbulus, vielseitige künstler. und literar. Tätigkeit zwischen 895 und 912; bekannt als Baumeister, Goldschmied, Elfenbeinschnitzer, Schreiber, Komponist und erster namentl. genannter Verfasser dt. und lat. Tropen in Prosa.

Literatur: Rüsch, E. G.: *Tuotilo. Mönch u. Künstler. Beitr. zur Kenntnis seiner Persönlichkeit. St. Gallen 1953.* – Mantuani, J.: *Tuotilo u. die Elfenbeinschnitzerei am „Evangelium Longum" zu St. Gallen. Straßburg 1900.*

Tutinamẹ [pers. tutinɑˈme] ↑ Nachschabi.

Tutuola, Amos [engl. tʊtʊˈoʊlə], * Abeokuta 1920, nigerian. Schriftsteller.

Aus dem Stamm der Joruba, besuchte eine höhere Schule in Lagos, arbeitete als Kupferschmied und nach dem Militärdienst als Angestellter. Heute ist er beim nigerian. Rundfunk tätig. T. schreibt in engl. Sprache; seine Stoffe sind der reichen Folklore, den Mythen und Märchen seiner Heimat entnommen.

Hauptwerke: Der Palmweintrinker (Märchen, dt. 1955), My life in the bush of ghosts (E., 1954), The brave African huntress (E., 1958).

Tuwim, Julian [poln. ˈtuvim], * Lodz 13. Sept. 1894, † Zakopane 27. Dez. 1953, poln. Dichter.

Aus jüd. Beamtenfamilie; während des Jurastudiums in Warschau erste Anregungen zu dichter. Schaffen; wurde einer der Gründer und führenden Dichter der futurist. Gruppe um die Zeitschrift „Skamander"; 1939 Emigration über Frankreich nach den USA, 1946 Rückkehr; Theaterleiter in Warschau. T. gab der poln. Versdichtung durch Betonung des Musikal. und Rhythmischen neuen Reiz; Neigung zu formalen und sprachl. Experimenten, u. a. Neologismen; lyr. Empfindsamkeit wird oft von Ironie abgelöst; Darstellung der Probleme des Großstadtlebens im Gedicht; auch als Versepiker, Satiriker und Autor von Kinderbüchern von Bedeutung; übersetzte u. a. das altruss. „Igorlied", Puschkin, russ. symbolist. Dichter und Majakowski; auch freie Nachdichtungen, u. a. von Nestroy.

Tvardovskij ↑ Twardowski.

Tvẹdt, Jens [norweg. tvɛt], * Tveit (Hardanger) 14. Juni 1857, † Stavanger 2. Sept. 1935, norweg. Schriftsteller.

Lehrer und Bibliothekar; Motiv seiner Erzählungen und Romane ist die engere Heimat. Seine erste Novellensammlung, „Inn i fjordarne" (1885), ist in Landsmål geschrieben und steht exemplar. für sein gesamtes literar. Schaffen: realist., humorist. Darstellung des Lebens der Bauern des Vestlandes.

Weitere Werke: Skuggar og sol-glytt (E., 1886), Nybrot (E., 1888), Vanheppa (R., 1891), Brite-Per (R., 1895), Hamskifte (R., 1897), Guds løn (R., 1905), Jartrud Gilurdi (R., 1912), Laam og leid (R., 1928).

Twain, Mark ↑ Mark Twain.

Twardowski, Alexandr Trifonowitsch; tl.: Tvardovskij, Aleksandr Trifonovič [russ. tvar'dɔfskij], * Sagorje (Gouv. Smolensk) 21. Juni 1910, russ.-sowjet. Schriftsteller.
War Journalist, im 2. Weltkrieg Kriegsberichterstatter. Pflegte das ep. Volkspoem, das Einflüsse der Volksdichtung und Elemente der Tschastuschka-Gedichte aufweist; schrieb lyr. Gedichte und Erzählungen.
Hauptwerke: Das Wunderland Murawia (Poem, 1936; dt. 1954), Wassili Tjorkin (Poem, 1941–45; dt. 1966).

Twardowski, Samuel ze Skrzypny [poln. tfar'dɔfski], * um 1600, † um 1660, poln. Dichter.
Adliger Abstammung, reiste 1621 in die Türkei und begleitete den Prinzen Władysław Wasa auf dessen Reisen. Später lebte er auf seinem Gut. Er beschrieb die verschiedenen Feldzüge König Władisławs IV. in ep. Dichtungen. In seinem Hauptwerk, „Wojna domowa ..." (= Bürgerkrieg, Epos, hg. 1681) schildert er den Krieg gegen die Kosaken. Daneben lyr. Dichtungen, Satiren, Oden und Versromane nach fremden Vorbildern.
Weitere Werke: Dafnis (Dichtung, 1633), Nodobna Pasqualina (= Die schöne Pasqualina, Vers-R., 1655).

Tyčina ↑ Tytschina.

Tyl, Josef Kajetán [tschech. til], * Kuttenberg 4. Febr. 1808, † Pilsen 11. Juli 1856, tschech. Dramatiker.
Sohn eines Schneiders, studierte einige Zeit an der philosoph. Fakultät in Prag, wurde Wanderschauspieler, schließl. Direktor einer Wanderbühne und Schauspieler. Sein dichter. Werk steht in der Tradition der Romantik. Er verfaßte pathet. Ritterspiele, Possen, auch bürgerl. Rührstücke sowie wertvolle Märchenspiele und patriot. Erzählungen, die jedoch ins Sentimentale abgleiten. Das Lied „Kde domov můj" (= Wo ist meine Heimat) aus seiner Posse „Fidlovačka" (1834) wurde zur tschech. Nationalhymne (vertont von F. Škroup); auch Übersetzer. In dt. Sprache liegt die Erzählung „Rosina Ruthard" (1838, dt. 1957) vor.

Tyler, Royall [engl. 'taılə], eigtl. William Clark T., * Boston 18. Juli 1757, † Brattleboro (Vt.) 26. Aug. 1826, amerikan. Schriftsteller.
War nach jurist. Studien als Rechtsanwalt tätig; Autor der ersten von einem gebürtigen Amerikaner verfaßten und von Berufsschauspielern aufgeführten Komödie, des von Sheridan beeinflußten Stücks „The contrast" (1790); auffallend die erstmalige Verwendung des amerikan. Dialekts in kom. Absicht; in vielen weiteren lyr., ep. und dramat. Werken starke satir. Neigung.

Tynan, Katherine [engl. 'taınən], * Clondalkin (Dublin) 23. Jan. 1861, † Wimbledon (heute zu London-Merton) 2. April 1931, ir. Schriftstellerin.
Klostererziehung; lebte zeitweilig in London; eine der hervorragendsten Vertreterinnen der kelt. Renaissance; vielseitige literar. Beziehungen. Schrieb von kath. Glauben geprägte Lyrik; bemerkenswert sind ihre Memoiren, während ihre vielen Romane ohne literar. Wert sind.
Hauptwerke: The middle years (Autobiogr., 1917), The years of the shadow (Autobiogr., 1919), The wandering years (Autobiogr., 1922), Memories (1924).

Tyndale (Tindale), William [engl. tındl], * in Gloucester um 1492 (1484?), † Vilvoorde bei Brüssel 6. Okt. 1536, engl. Bibelübersetzer.
Studium in Oxford und bei Erasmus in Cambridge; 1521 (?) Priesterweihe; bald unter Verdacht der Ketzerei, daher weder Unterstützung noch Druckerlaubnis für seine Bibelübersetzung; während eines Aufenthalts in Deutschland Besuch bei Luther; 1525f. Druck von T.s Übersetzung des N. T. in Worms; 1535 verhaftet, als Ketzer erdrosselt und verbrannt. Sein Werk ist die bedeutendste Leistung engl. Bibelübersetzung nach Wyclif und vor der Abfassung der „Authorized version" aus der Tudorzeit; von grundlegender Bedeutung war T.s reines, volksnahes Englisch.
Literatur: Demaus, R.: *W. T. Hg. v.* R. Lovett. *London 1925.*

Tynjanow, Juri Nikolajewitsch; tl.: Tynjanov, Jurij Nikolaevič [russ. tı'njanɐf], * Reschiza (Gouv. Witebsk) 18. Okt. 1894, † Moskau 20. Dez. 1943, russ.-sowjet. Schriftsteller.
Sohn eines Arztes; Dozent der Literaturgeschichte in Leningrad (1921–30); bed. Vertreter des russ. Formalismus und eines der führenden Mitglieder der formalist. Gruppe „Opojas". T. pflegte v.a. den literarhistor. Roman, dem er durch formale Neuerungen eine neuartige Prägung gab; häufig starker Einfluß Belys; zu T.s Hauptwerken gehören die biograph. Romane „Wilhelm Küchelbecker" (dt. 1929), „Smert Wasir-Muchtara" (= Der Tod des Wasir-Muchtar, 1929), eine Darstellung Gribojedows, und „Puschkin" (1936f., dt. 1963) sowie die satir. histor. Novelle „Sekondeleutnant Saber" (1929, dt. 1948); auch theoret. Arbeiten zur Literatur.

Tynni, Aale [finn. 'tynni], * Kolpino (Ingermanland) 3. Okt. 1913, finn. Lyrikerin.
Studierte in Helsinki, besuchte Paris und Irland; gehört zu den bedeutendsten Vertretern der modernen Lyrik; stil- und formsicher, elegante Sprache; später Neigung zu schwerverständl. Metaphorik.
Hauptwerke: Vesilintu (Ged., 1940), Lähde ja matkamies (Ged., 1943), Soiva metsä (Ged., 1947), Maailmanteatteri (Ged., 1961).

Tyrmand, Leopold [poln. 'tirmant], * Warschau 16. Mai 1920, poln. Schriftsteller.
Studierte in Frankreich Architektur, arbeitete in verschiedenen Berufen, wurde Journalist, freier Schriftsteller in Warschau; schrieb Romane, die sich v.a. durch gute Charakterisierung auszeichnen. T.s Werk zeigt einen gewissen Einfluß der amerikan. Prosa; polit. engagiert.
Hauptwerke: Der Böse (R., dt. 1958), Filip (R., 1961), Ein Hotel in Darlowo (R., dt. 1962).

Tyrtaios, griech. Lyriker des 7. Jh.s v. Chr.
Soll dem Suda-Artikel zufolge Lakone oder Milesier gewesen sein; vielleicht spartan. Herkunft, wie man aus gelegentl. Auftauchen von Dorismen in seiner Sprache schließen könnte; begeisterte die im 2. Messen. Krieg hartbedrängten Spartaner durch seine kraftvollen Elegien so sehr, daß die angreifenden Feinde zurückgeschlagen wurden. Die Dichtung T.' steht unter dem Einfluß der ion. Elegie, wie Vergleiche zwischen seinen Liedern und denen des Kallinos beweisen, die sowohl in Sprache als auch in den Motiven große Übereinstimmung zeigen; seine Sprache ist vom Epos, vielleicht vom homer. bestimmt; von klei-

neren Fragmenten abgesehen sind 4 Elegien erhalten, die in kämpfer. Absicht Mannesmut verherrlichen, die ruhmreiche Vergangenheit in der Stunde der Gefahr heraufbeschwören, die durch gemeinsames Zusammenstehen aller gebannt werden soll.
Literatur: Jaeger, W.: *T. über die wahre Areté. Bln. 1932.*
Tytschina, Pawlo Grigorjewitsch; tl.: Tyčina, Pavlo Grigor'evič [russ. tɨ'tʃinɐ], * Piski (Gouv. Tschernigow) 27. Jan. 1891, † 16. Sept. 1967, ukrain.-sowjet. Dichter.
Sohn eines Dorfgeistlichen, in Tschernigow erzogen; seit 1929 Mitglied der ukrain. Akademie der Wissenschaften; trat 1944 der KP bei; 1944–48 Kultusminister und seit 1953 Vorsitzender des Obersten Sowjets der Ukrain. Sowjetrepublik; auch Abgeordneter des Obersten Sowjets der UdSSR. Begann mit eigenständiger polit. Dichtung, die durch pantheist. Elemente und nationalist. Tendenzen geprägt war und daher auf Ablehnung stieß; nach längerer Publikationspause erschienen Gedichte, die der Parteidoktrin entgegenkamen. T. übersetzte u.a. georg. und armen. Dichtung und war Mitautor der ukrain.-sowjet. Hymne.
Tzara, Tristan [frz. tsa'ra], * Moineşti (Rumänien) 16. April 1896, † Paris 25. Dez. 1963, frz. Dichter.
Begründete gemeinsam mit H. Ball, Arp und Huelsenbeck in Zürich die dadaist. Bewegung. Hg. der Zeitschrift „Dada", die in ihrer Auflehnung gegen die Bourgeoisie andere radikale Zeitschriften übertraf. In seiner dadaist. Lyrik wendet sich T. mit einer Sturzflut bedeutungsgeladener Wörter und dunkler Bilder protestierend gegen die Gesetze der Logik, der Moral, der Gesellschaft, demonstriert mit einer keinem Gesetz unterworfenen Sprache. Dann Wendung zum Surrealismus, den er in seinem Spätwerk mit marxist. Gedanken zu verbinden sucht. „L'antitête" (Essay, 1933) enthält seine Kunsttheorie.
Weitere Werke: La première aventure céleste de M. Antipyrine (Ged., 1916), Vingt-cinq poèmes (Ged., 1918), L'homme approximatif (Ged., 1930), Terre sur terre (Ged., 1946), La face intérieure (Ged., 1953).
Literatur: Lacoste, R.: *T. T. Paris 1960.* – *T. T. Bibliogr. Paris 1950.*
Tzetzes, Johannes † Johannes Tzetzes.

U

Überzwerch, Wendelin, eigtl. Karl Fuß, * Memmingen 25. Nov. 1893, † Wilhelmsdorf bei Ravensburg 5. März 1962, dt. Schriftsteller.
Studierte Theologie, Philosophie, Germanistik und Geschichte; war Bibliothekar, später freier Schriftsteller; schrieb humorvolle Kurzgeschichten, Erzählungen und Gedichte, z.T. in schwäb. Mundart; bekannt durch seine Schüttelreimsammlungen.
Hauptwerke: Aus dem Ärmel geschüttelt (Ged., 1935), Das Viergestirn (R., 1950), Uff guat schwäbisch (Ged., 1951), Einsteigen ... Türen schließen! (Ged., 1955).
Udall, Nicholas [engl. 'ju:dəl], auch Woodall, Uvedale, * in der Grafschaft Hampshire um 1505, † London Dez. 1556, engl. Dramatiker.
Bereits während der Studien in Oxford als Autor lat. Gedichte bekannt; 1534 bis zu seiner unehrenhaften Entlassung 1541 Schulleiter von Eton; behielt bis 1544 ein geistl. Amt in Essex; gewann trotz prot. Haltung die Gunst Marias I.; zuletzt Schulleiter von Westminster. Publizierte in Eton eine Auswahl aus Terenz u. d. T. „Flowers for Latin speaking ..." (1533), der er eine Übersetzung beifügte. Sein Schuldrama „Ralph Roister Doister" (1553, gedruckt 1566), das einzige zweifelsfrei von ihm verfaßte Stück, ist die erste engl. Komödie, die durch die Verbindung von formalen und stoffl. Zügen der röm. Komödie von Plautus und Terenz mit derbem engl. Humor gekennzeichnet ist.
Ude, Karl, * Düsseldorf 14. Jan. 1906, dt. Schriftsteller.
Studierte Literatur, bildende Kunst und Musik; freier Schriftsteller in München; schrieb formstrenge Novellen, humorist. Erzählungen, Essays und Hörspiele.
Hauptwerke: Das Ringen um die Franziskus-Legende (Nov., 1932), Hier Quack (R., 1933), Schelme und Hagestolze (En., 1940), Die Pferde auf Elsenhöhe (Nov., 1942), Die Rettung (E., 1943), Das Rollschuhlaufbüchlein (Erinnerungen, 1949, 1956 u. d. T. Damals als wir Rollschuh liefen).
Ueda Akinari [jap. ueda akinari], * Naniwa (Osaka) 1734, † Kioto 27. Juni 1809, jap. Schriftsteller und Gelehrter.
Sohn eines Freudenmädchens, von einem Kaufmann adoptiert; vielseitig interessiert: Beschäftigung mit jap. Sprache und Literatur, Chin., Medizin. Schuf neben wissenschaftl. Werken v.a. die Erzählungssammlungen „Ugetsumonogatari" (1776, frz. 1956 u. d. T. „Contes de pluie et de lune") und „Harusamemonogatari" (um 1800). U. A. wählte seine Stoffe v.a. aus chin. Sammlungen und siedelte seine realist. geschriebenen Erzählungen gern in einer Traum- und Geisterwelt an.
Uhde, Milan [tschech. 'u:dɛ], * Brünn 28. Juli 1936, tschech. Schriftsteller.
Redakteur; schrieb zunächst Gedichte, dann auch Hörspiele und Theaterstücke, Satiren und Erzählungen, die die originelle Begabung U.s zeigen; vertonte auch selbst seine Lieder.
Uhland, Ludwig, * Tübingen 26. April 1787, † ebd. 13. Nov. 1862, dt. Dichter.
Sohn eines Universitätssekretärs; studierte die Rechte in Tübingen (Dr. jur.), beschäftigte sich jedoch mehr mit mittelalterl., dt. und frz. Literatur, deren Denkmäler er 1810/11 in Paris erforschte; dann Anwalt in Stuttgart; 1819 freisinniger Abgeordneter im württemberg. Landtag; 1829 Professor für Germanistik in Tübingen, legte das Amt aus polit. Gründen jedoch nach wenigen Jahren nieder; 1848 liberaler Abgeordneter der Frankfurter Nationalversammlung, 1849 des Stuttgarter Rumpfparlaments, nach dessen Auflösung er sich wieder nach Tübingen zurückzog. Als Dichter war U. der Vollender der Schwäb. Romantik; 1815 veröffentlichte er die

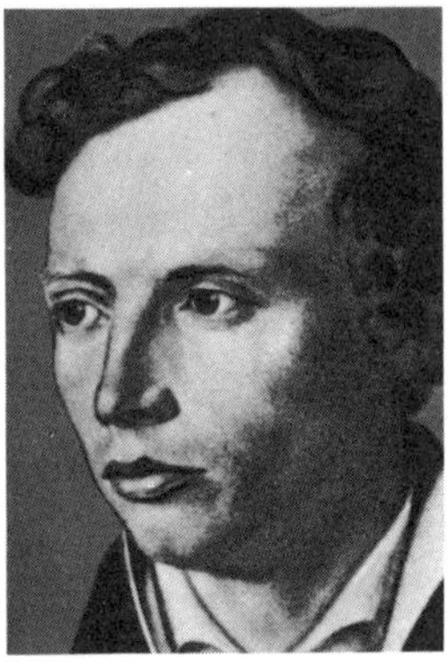

Ludwig Uhland (Gemälde von G. W. Morff, 1818; Ausschnitt)

erste Ausgabe seiner „Gedichte", die in ihrer Schlichtheit bereits in nahezu unnachahml. Weise den Volkston treffen („Der gute Kamerad", „Schäfers Sonntagslied", „Die Kapelle", „Der Wirtin Töchterlein"). Am persönlichsten sind seine volkstüml. Balladen und Romanzen, die aus der Beschäftigung mit altdt. Märchen, Sagen, Volksliedern und der mittelalterl. Geschichte erwuchsen („Des Sängers Fluch", „Graf Eberhard der Rauschebart", „Bertran de Born"); weniger bed. sind seine Dramen („Ernst, Herzog von Schwaben", 1818; „Ludwig der Baier", 1819).
Weitere Werke: Sagenforschungen (1836), Alte hoch- und niederdt. Volkslieder (hg. 1844/45), Schriften zur Geschichte der Dichtung und Sage (1865–73).
Ausgaben: L. U. Dichtungen, Briefe, Reden. Eine Ausw. Hg. v. W. P. H. Scheffler. *Stuttg. 1963. – U. Ges. Werke in 8 Bden. Hg. v.* W. Reinöhl. *Lpz. 1914. 2 Bde. – L. U. Werke. Mit einer biograph.-litterar.-histor. Einl. v.* Hermann Fischer. *Stuttg. 1892. 6 in 3 Bden.*
Literatur: Schwarz, G.: *L. U. Mühlacker 1964.* – Thomke, H.: *Zeitbewußtsein u. Geschichtsauffassung im Werke U.s. Bern 1962.* – Schneider, Hermann: *L. U. Leben, Dichtung, Forschung. Bln. 1920.*

Uhse, Bodo, * Rastatt 12. März 1904, † Berlin 2. Juli 1963, dt. Schriftsteller.
Offizierssohn, Anschluß an die NSDAP, mit der er 1930 brach, Mitglied der KPD, 1933 Emigration nach Frankreich, Teilnahme am Span. Bürgerkrieg auf republikan. Seite, 1938 in Paris, später in Mexiko, 1949 Rückkehr nach Deutschland. 1949–57 Chefredakteur der Zeitschrift „Der Aufbau", seit 1950 Mitglied der Volkskammer in Berlin (Ost). Reise durch die Volksrepublik China. Mitverfasser von Drehbüchern und Fernsehspielen, Verfasser von Reportagen und Essays, Autor von sozialist. und antifaschist. Romanen.
Hauptwerke: Söldner und Soldat (R., 1935), Leutnant Bertram (R., 1944), Wir Söhne (R., 1948), Die Patrioten. Bd. 1 (R., 1954), Tagebuch aus China (1956), Mex. Erzählungen (1957), Im Rhythmus der Conga (Reisebericht, 1962).

Uilke, Theunis [niederl. 'œỹlkə] ↑ Vries, Theun de.

Ujejski, Kornel [poln. u'jɛjski], * Beremiany (Podolien) 12. Sept. 1823, † Pawłów 19. Sept. 1897, poln. Dichter.
Stammte aus einer Landadelsfamilie, studierte in Paris, wurde später Gutsbesitzer; förderte den Polenaufstand, zeitweise im Exil; Mitglied des galiz. Landtags und 1877 Abgeordneter des östr. Reichsrates. In seinem Werk stark der Romantik verpflichtet, verband er nationale und religiöse Thematik. Seine Dichtung „Skargi Jeremiego" (= Jeremias Klagen, 1847f., gedruckt 1893), die er aus Anlaß des galiz. Bauernaufstandes schrieb, gehört zu den Schätzen der poln. Dichtung; die formschönen lyr. Gedichte reichen an das Hauptwerk nicht heran.
Weitere Werke: Bibl. Melodien (Dichtung, 1852; dt. 1889), Worte zu Chopin (Dichtung, 1857–60; dt. 1893).

Ujević, Tin [Augustin] [serbokroat. ˌu:jɛvitɕ], * Vrgorac 5. Juli 1891, † Agram 12. Nov. 1955, kroat. Lyriker und Essayist.
Studierte in Agram und Paris Philosophie; war später Journalist, u.a. in Belgrad, Sarajevo und Agram. Seine subjektive, bildhafte Dichtung ist gefühlstief und wurzelt im Symbolismus. U. wurde von allen literar. Strömungen seiner Zeit berührt und näherte sich bisweilen dem Surrealismus; verwendete aktuelle soziale und polit. Themen; schrieb auch metaphys. Lyrik; in seiner späteren Dichtung klingt häufig Resignation an; die freien Verse dominieren; daneben kulturkrit. Essays und Übersetzungen.

Ukrainka, Lessja; tl.: Ukrainka, Lesja [russ. ukra'inkɐ], eigtl. Larissa Petrowna Kossatsch; tl.: Larisa Petrovna Kosač, verh. Kwitka; tl.: Kvitka, * Nowograd-Wolynski 25. Febr. 1871, † Surami (Georgien) 1. Aug. 1913, ukrain. Dichterin.
Aus ursprüngl. serb., in der Ukraine naturalisierter fürstl. Familie; erwarb, u.a. durch Studien in Kiew, eine umfassende Bildung, wobei sie, durch vielseitige Sprachkenntnisse befähigt, auch westeurop. Einflüsse aufnahm; zahlreiche Genesungs- und Studienaufenthalte, u.a. in Deutschland; Lessja U., Verfasserin von lyr., ep. und dramat. Dichtungen, begann mit nationalen, der Folklore verpflichteten Werken, wandte sich dann zunehmend elegisch gestimmter, impressionist. Liebes- und Naturlyrik zu; pflegte auch die histor. Dichtung und schuf bed. Beiträge zur ukrain. Neuromantik; übersetzte Heine sowie die Hauptwerke von Marx und Engels ins Ukrainische.
Hauptwerk: Das Waldlied (Dr., 1911; dt. 1947).

Ulfilas (Wulfila, Gulfilas), * in westgot. Gebiet an der unteren Donau um 311, † Konstantinopel (heute Istanbul) 383, westgot. arian. Theologe.
Kappadok. Herkunft; 7 Jahre Missionsbischof bei den Goten, dann 30 Jahre Bischof auf dem Balkan; begann um 369 seine für die gesamte german. Sprachforschung bed. Übersetzung der Bibel ins Gotische, die teilweise im Codex argenteus, einer Handschrift aus dem 6. Jh., in der Universitätsbibliothek in Uppsala erhalten ist.
Ausgabe: U. Die got. Bibel. Hg. v. W. Streitberg. *Hdbg. 1960.*
Literatur: Haendler, G.: *Wulfila u. Ambrosius. Stuttg. 1961.* – Bessell, W.: *Über das Leben des U. u. die Bekehrung der Gothen zum Christentum. Gött. 1860.* – Waitz, G.: *Über das Leben u. die Lehre des Ulfila. Hann. 1840.*

Ulitz, Arnold, * Breslau 11. April 1888, dt. Schriftsteller.

Studierte Germanistik und neue Sprachen, 1913–33 Studienrat in Breslau, lebt seit 1945 in Tettnang. In den frühen expressionist. Romanen und Novellen Ankläger gegen Seelenlosigkeit und kulturelle Verfallserscheinungen; beschäftigte sich später mit histor. Persönlichkeiten und zeigt v.a. in Kindernovellen und -romanen großes Verständnis für die kindl. Psyche; im Spätwerk Schilderer des Lebens in seiner oberschles. Heimat. Auch Lyrik und Hörspiel.
Hauptwerke: Ararat (R., 1920), Die Bärin (R., 1922), Christine Munk (R., 1926), Aufruhr der Kinder (R., 1929), Hochzeit! Hochzeit! (E., 1940), Die Reise nach Kunzendorf (E., 1942), Das Teufelsrad (En., 1949).

Ullman, Gustaf Daniel [schwed. ˌʊlman], * Göteborg 12. Juni 1881, † Stockholm 20. Jan. 1945, schwed. Erzähler.
Literaturkritiker und freier Schriftsteller; schildert in seiner Lyrik die Landschaft der Westküste, setzt sich in seinen erzählenden Werken objektiv mit der Lebensauffassung der Jugend auseinander.

Ullmann, Regina, * Sankt Gallen 14. Dez. 1884, † München 6. Jan. 1961, schweizer. Schriftstellerin.
Gärtnerin und Wachsgießerin; konvertierte 1911 zum Katholizismus; in München Bekanntschaft mit Carossa, Ina Seidel, K. Wolfskehl, R. Schickele, Th. Mann, Rilke u.a. Ihre einfachen Erzählungen und Gedichte sind sinnl.-poet. Spiegelung der kleinen und stillen Dinge und Abbild eines begrenzten Lebenskreises.
Hauptwerke: Feldpredigt (Dr., 1907), Gedichte (1919), Die Landstraße (En., 1921), Vom Brot der Stillen (En., 1932), Erinnerungen an Rilke (1945), Schwarze Kerze (En., 1954).
Ausgabe: R. U. Ges. Werke. Zusammengestellt v. R. Ullmann *u.* E. Dalp. *Einsiedeln u.a. 1960. 2 Bde.*
Literatur: Lück, A.: *R. U. Eine Personalbibliogr. Hamb. 1962.* – Scherer, J.: *R. U. Zu Sprache u. Welt der Dichterin. Diss. Innsbruck 1958 [Masch.].*

Ulrich von dem Türlin [ˈtyːrliːn], mhd. Dichter der 2. Hälfte des 13. Jh.s aus Kärnten.
Verfaßte zwischen 1261 und 1269 eine Vorgeschichte zum unvollendeten Epos „Willehalm" von Wolfram von Eschenbach, in der er Jugend, Gefangenschaft, Befreiung und Hochzeit des Helden schilderte. Das Werk ist Ottokar II. von Böhmen gewidmet.

Ulrich von Etzenbach, früher U. von Eschenbach genannt, mhd. Epiker der 2. Hälfte des 13. Jh.s, wahrscheinl. aus N-Böhmen.
Bürgerl. Herkunft; Vertreter der Nachblüte des höf. Romans; schrieb die drei Epen „Alexander" (1283/84 vollendet), eine gelehrte Darstellung der Taten Alexanders des Großen, „Wilhelm von Wenden" (um 1289/90), einen Abenteuerroman mit erbaul. Legenden, Minne- und Orientabenteuern, und „Herzog Ernst" (sog. „Herzog Ernst D"), dessen Entstehungszeit nicht gesichert ist.
Literatur: † Herzog Ernst.

Ulrich von Gutenburg, † vor 1220, mhd. Dichter.
Aus rheinfränk. Adel; dichtete nach dem Vorbild Friedrichs von Hausen in virtuos gehandhabter Sprach- und Reimkunst Lieder konventionellen Inhalts. Sein Minneleich ist der erste dieser Kunstform in der dt. Literatur.

Ulrich von Lichtenstein (Liechtenstein), * Lichtenstein (Steiermark) um 1200, † um 1275, mhd. Dichter.
Stammte aus vornehmem steir. Ministerialengeschlecht; unternahm als Frau Venus eine große Turnierfahrt von Italien bis Böhmen, die auch aus höchsten Kreisen außerordentl. Zulauf hatte, jedoch bereits im Zeichen der beginnenden Veräußerlichung des Ritter- und Minnewesens stand; seit den 40er Jahren des 13. Jh.s Inhaber hoher Verwaltungsstellen in der Steiermark; Aufschluß über sein abenteuerl. Leben gibt sein auch kulturgeschichtl. wertvoller, 1255 vollendeter höf. Roman „Frauendienst", einer der ersten autobiograph. Romane der dt. Literatur; eingeflochten finden sich seine rund 60 Minnelieder, die teils dem höf. Minneideal, teils der neuen Sinnenfreudigkeit zugewandt sind. Mit dem „Frauenbuch" (1257) verfaßte er eine z.T. sehr realist. Minnelehre.
Ausgabe: U. v. L. Frauendienst. Hg. v. R. Bechstein. *Lpz. 1888. 2 Bde.*
Literatur: Aarburg, U.: *U. v. L. Autobiographie u. Persönlichkeit. Magister-Arb. Frkf. 1966 [Masch.].* – Schereth, M.: *Studien zu U. v. L. Diss. Würzburg 1950.* – † auch Herrand von Wildonie.

Ulrich von Singenberg, mhd. Minnesänger und Spruchdichter des 12./13. Jahrhunderts.
Aus Thurgauer Ministerialengeschlecht; urkundl. erwähnt zwischen 1209 und 1228; Truchseß des Klosters von Sankt Gallen. U. bekennt sich ausdrückl. zu Walther von der Vogelweide als seinem Vorbild. Etwa 35 seiner Minne- und Tagelieder sind erhalten, sie sind konventionell und inhaltl. ohne eigene Note; formal glatt. In seinen Sprüchen behandelt er moral., soziale und polit. Zeitverhältnisse.

Ulrich von Türheim, * um 1200, † wahrscheinl. nach 1250, mhd. Dichter.
Stammte aus schwäb., bei Augsburg ansässigem Ministerialengeschlecht; vollendete zwischen 1230 und 1235 den Tristanroman Gottfrieds von Straßburg und mit dem zwischen 1240 und 1250 entstandenen, rund 36000 Verse umfassenden Epos „Rennewart" den „Willehalm" Wolframs von Eschenbach, ohne jedoch die Größe und Tiefe der Vorlagen zu erreichen. Erhalten sind außerdem Fragmente einer Nachdichtung des „Cligès" von Chrétien de Troyes (Stoff aus der Artussage).
Literatur: Müller, Wolfgang: *Das Weltbild U.s v. T. In: Beitr. zur Gesch. der dt. Sprache u. Lit. (Halle) 82 (1960), 515.* – Busse, E. K.: *U. v. T. Bln. 1913.*

Ulrich von Winterstetten, * vor 1241, † nach 1280, mhd. Dichter.
Stammte aus schwäb. Ministerialengeschlecht; trat in den geistl. Stand und lebte seit 1258 als Kanonikus, seit 1280 als Domherr in Augsburg. Dichter ausgelassener, virtuoser Tanz- und Spottlieder, daneben spähöf. Minnelieder; seine Überbetonung von Reim und Rhythmus führt bis zur Erstarrung im Formalen.
Literatur: Selge, A.: *Studien über U. v. W. Bln. 1929.*

Ulrich von Zatzikhoven (Zatzikhofen) [...ɪkhoːfən], mhd. Dichter des 12./13. Jahrhunderts.
1214 als Leutpriester im Thurgau erwähnt; von ihm stammt ein 1194 nach frz. Vorlage geschriebener „Lanzelet", ein phantast. Abenteuerroman

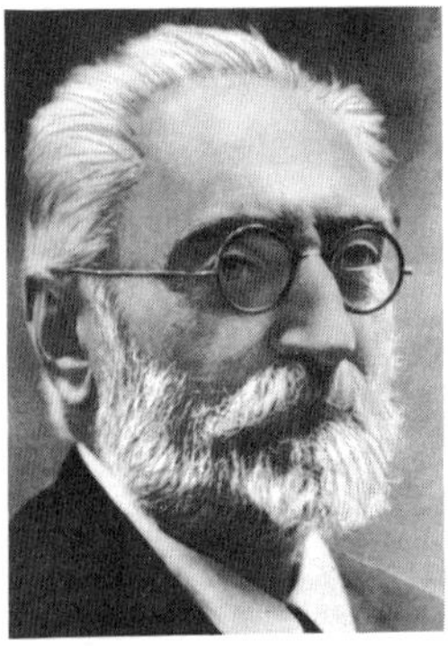

Miguel de Unamuno y Jugo

aus dem Stoffbereich der Artussage, ohne die im Artusroman übl. sittl. Läuterung und Wandlung des Helden.
Ausgabe: *U. v. Z. Lanzelet. Eine Erzählung. Hg. v.* K. A. Hahn. *Frkf. 1845. Nachdr., mit Nachwort u. Bibliogr. v.* F. Norman, *Bln. 1965.*
Literatur: Hofer, St.: *„Der Lanzelet" des U. v. Zazikoven u. seine frz. Quelle. In: Zs. f. roman. Philologie 75 (1959), 1.* – Richter, W.: *Der Lanzelet des U. v. Zazikhoven. Frkf. 1934.*

Umar Ibn Al Farid ↑ Ibn Al Farid, Umar.

ʿUmar Hayyām ↑ Omar Chaijam.

Umru Al Kais; tl.: Umru' Al-Qays [ˈʊmru alˈkaɪs], † Ankara zwischen 530 und 540, altarab. Dichter.
Suchte vergebl. das nach dem Tode seines Vaters verlorengegangene Fürstentum in Nadschd zu gewinnen; gilt mit seinen Gedichten, die nur sehr schlecht überliefert sind, als bedeutendster Dichter der vorislam. Zeit; eine kaum gekannte Offenheit zeichnet bes. die Schilderung erot. Szenen aus. Eines seiner Gedichte gehört zur Sammlung der „Muallakat". Sein Diwan wurde in Auswahl von F. Rückert ins Dt. übersetzt (1843, erweitert 1924).

Unamuno y Jugo, Miguel de [span. unaˈmuno iˈxuɣo], * Bilbao 29. Sept. 1864, † Salamanca 31. Dez. 1936, span. Dichter und Philosoph.
Studierte Philologie und Philosophie in Madrid, wurde 1891 Professor für Griech. in Salamanca, war später Rektor der Universität; wegen Gegnerschaft zum Regime Primo de Riveras 1924–30 im Exil, 1931 wieder Professor in Salamanca; universale Persönlichkeit spezif. span. Prägung; führender Vertreter der um die Wiedererweckung und Erneuerung span. Geistes und Wesens nach der Niederlage gegen die USA von 1898 ringenden sog. „Generation von 98"; vorwiegend Essayist, aber auch Lyriker, Romancier, Dramatiker; im Mittelpunkt seines Denkens stehen das Problem der Unsterblichkeit, das Verhältnis Glaube–Ratio, die Liebe und das Mitleid; tiefe Einsichten in das Wesen des span. Nationalcharakters in seiner Stellung zu Europa; Einfluß Kierkegaards; polit. liberal, gegen jeden Dogmatismus.
Hauptwerke: En torno al casticismo (Essay, 1895), Das Leben Don Quijotes und Sanchos (Essay, 1905; dt. 1926), Poesías (Ged., 1907), Das trag. Lebensgefühl (Essay, 1913; dt. 1925), Nebel (R., 1914; dt. 1926), Abel Sánchez (R., 1917), Die Agonie des Christentums (Essay, dt. 1928), El otro (Dr., 1932), El hermano Juan o el mundo es teatro (Dr., 1934).
Ausgaben: M. de U. y J. Obras completas. Madrid [1–2]*1950–60. 5 Bde. – M. de U. Ges. Werke. Dt. Übers. Hg. v.* O. Buek. *Wien 1933. 4 Bde.*
Literatur: Lacy, A.: *M. de U. The rhetoric of existence. Den Haag 1967.* – Guy, A.: *M. de U. Paris 1964.* – Granjel, L. S.: *M. de U. Ein Lebensbild. Dt. Übers. Stuttg. 1962.* – Schürr, F.: *M. de U. Der Dichterphilosoph des trag. Lebensgefühls. Bern u. Mchn. 1962.* – Romera-Navarro, M.: *M. de U., novelista, poeta, ensayista. Madrid 1928.*

Under, Marie, verh. Adson, * Reval 27. März 1883, estn. Schriftstellerin.
Floh 1944 nach Schweden; wurde als eine der stärksten Dichterpersönlichkeiten der lyr.-individualist. „Siuru"-Dichtergruppe bekannt, stand vorübergehend unter dem Einfluß des Expressionismus. Ausgehend von persönl. gefärbter Liebes- und Naturlyrik, schrieb sie später über Zeit- und Sozialprobleme, v. a. über Kriegsschicksal und Heimatlosigkeit; im Alter Gedankenlyrik. Ihre Gedichte wurden in mehrere Sprachen übersetzt; in dt. Sprache erschien 1949 die Gedichtsammlung „Stimme aus dem Schatten".

Undset, Sigrid [norweg. ˈʉnsɛt], * Kalundborg (Seeland) 20. Mai 1882, † Lillehammer 10. Juni 1949, norweg. Schriftstellerin.
Verlebte ihre Jugend in Oslo, verlor früh ihren Vater, einen Archäologen, und mußte ihren Lebensunterhalt durch Büroarbeit verdienen; Italienreise aufgrund eines Stipendiums; heiratete 1912 den Maler Svarstad, 1925 ⚮; trat im selben Jahr zum Katholizismus über; 1928 Nobelpreis; 1940 Emigration nach den USA, 1945 Rückkehr nach Norwegen. Sigrid U. begann mit Gegenwartsromanen und -novellen, die meist moderne Frauenschicksale zum Gegenstand haben („Fru Martha Oulie", R., 1907; „Den lykkelige alder", Novellen, 1908; „Frühling", Novellen, 1914, dt. 1926; „Harriet Waage", R., 1917, dt. 1931), wandte sich dann aber großangelegten Romanen aus der norweg. Vergangenheit zu, die ihr Weltruhm einbrachten; die bedeutendsten Werke sind die beiden im MA spielenden, stilist. an den altisländ. Sagas geschulten Romantrilogien „Kristin Lavranstochter" (dt. 1926) und „Olav Audunssohn" (dt. 1928/29). Im Spätwerk, bes. nach ihrem Übertritt zum Katholizismus, schildert

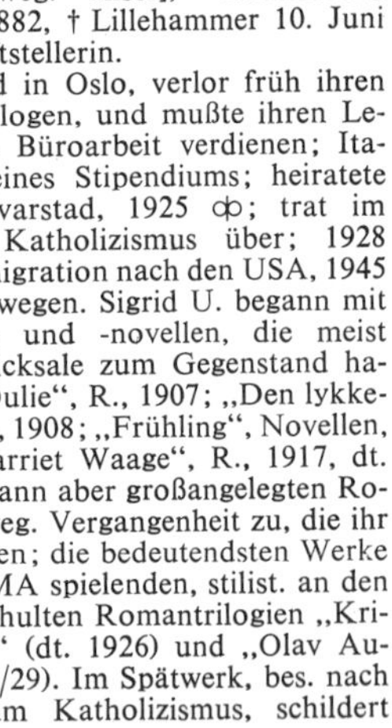

Sigrid Undset

sie Menschen in der Spannung zwischen Diesseitigkeit und Gottgebundenheit.
Weitere Werke: Frau Hjelde (R., 1917; dt. 1930), Splitter und Zauberspiegel (R., dt. 1917), Der brennende Busch (R., dt. 1931).
Literatur: Baldus, A.: *S. U. Leben u. Werk. Speyer 1951.* – Winsnes, A. H.: *S. U. Oslo 1949.* – Flaskamp, Ch.: *S. U. Bln. 1934.*

Ungaretti, Giuseppe [italien. uŋga'retti], * Alexandria (Ägypten) 10. Febr. 1888, italien. Lyriker.
Sohn eines Italieners aus Lucca; studierte in Paris, wo er dem Einfluß der frz. Symbolisten unterlag und Freundschaft mit Apollinaire, Picasso u.a. schloß; 1915 Kriegsteilnehmer in Italien und

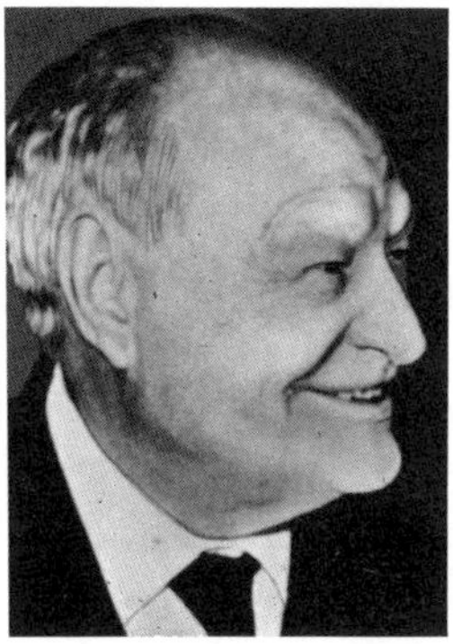

Giuseppe Ungaretti

Frankreich; 1937–42 Lehrer für italien. Literatur an der Universität São Paulo (Brasilien), 1942 bis 1959 Professor für neuere italien. Literatur in Rom; ausgehend vom frz. Symbolismus und italien. Futurismus, wurde er der Begründer und maßgebendste Vertreter des Hermetismus in der modernen italien. Literatur; die teilweise extreme, an Mallarmé gemahnende Dunkelheit seines konzentrierten, vielfach fragmentar. wirkenden Stils ist v.a. die Folge eines konsequenten Bemühens um den mag. Eigenwert des Wortes.
Hauptwerke: Il porto sepolto (Ged., 1916), La guerra (Ged., 1919), Allegria di naufragi (Ged., 1919), Sentimento del tempo (Ged., 1933), 40 sonetti di Shakespeare (1946), Il dolore (Ged., 1947), Das verheißene Land (Ged., 1950; dt. 1968), Un grido e paesaggi (Ged., 1952), Das Merkbuch des Alten (Ged., 1960; dt. 1968).
Ausgaben: G. U. Gedichte. Italien. u. dt. Dt. Übers. u. Nachwort v. I. Bachmann. *Frkf. 9.–11. Tsd. 1966.* – *G. U. Opere. Mailand* $^{1-4}$*1948 ff. Auf mehrere Bde. berechnet.* – *G. U. Vita d'un uomo. Mailand* $^{1-4}$*1947–61. 10 Bde.*
Literatur: Cambon, G.: *G. U. New York 1967.* – Cavalli, G.: *U. Mailand 1958.*

Unger, Hellmuth, * Nordhausen 10. Febr. 1891, † Freiburg im Breisgau 13. Juli 1953, dt. Schriftsteller.
Studierte Medizin und war als Augenarzt tätig. Verfasser bekannter biograph. Romane über große Forscher, u.a. „Helfer der Menschheit" (1929) und „Germanin" (1938), die in viele Sprachen übersetzt wurden; schrieb auch Dramen mit expressionist. Thematik.

Ungern-Sternberg, Alexander Freiherr von, Pseudonym Alexander von Sternberg, * Gut Noistfer bei Reval 22. April 1806, † Dannenwalde bei Stargard 24. Aug. 1868, dt. Schriftsteller.
Studierte Jura, Philosophie und Literatur; unternahm zahlreiche Reisen; schrieb neben histor. und gesellschaftskrit. Romanen und Novellen spannende, gelegentl. frivole Unterhaltungsliteratur.
Hauptwerke: Die Zerrissenen (Nov., 1832), Galathee (R., 1836), Diane (R., 1842), Elisabeth Charlotte, Herzogin von Orléans (R., 1861).
Literatur: Weil, E.: *A. v. St. Ein Beitrag zur Literatur- u. Kulturgesch. des 19. Jh.s. Bln. 1932. Nachdr. Nendeln (Liechtenstein) 1967.*

Unruh, Friedrich Franz von, * Berlin 16. April 1893, dt. Schriftsteller.
Offizier, nach dem 1. Weltkrieg Studium der Geschichte, Philosophie und Naturwissenschaft, dann Tätigkeit in der Industrie, schließl. freier Schriftsteller. Literar. Mitstreiter seines Bruders Fritz von U. („Stufen der Lebensgestaltung", Essays, 1928). Unter dem Eindruck des Kriegsgeschehens auf der Suche nach einem neuen Menschenbild. Mit der Schrift „Nationalsozialismus" (1931) warnte er vor der neuen polit. Bewegung. In den 30er Jahren wandte er sich bekenntnishaften Prosawerken und biograph.-histor. Darstellungen zu.
Weitere Werke: Der Tod und Erika Ziska (E., 1937), Die Heimkehr (Nov., 1938), Der innere Befehl (E., 1939), Tresckow (Nov., 1952), Die Apfelwiese (E., 1957), Ehe die Stunde schlug. Eine Jugend im Kaiserreich (1967).

Unruh, Fritz von, * Koblenz 10. Mai 1885, dt. Schriftsteller.
Aus alter schles. Adels- und Offiziersfamilie; Offizier im 1. Weltkrieg; das Kriegserlebnis ließ ihn zum Pazifisten werden; 1932 Emigration über Italien nach Frankreich (dort 1940 interniert), schließlich nach den USA; nach mehrmaliger Rückkehr in die Heimat und erneuter Emigration verlor er 1962 in den USA seinen Besitz, ließ sich dann auf dem Familienhof Oranien in Diez nieder. Seine Erstlingsdramen, die Probleme des Gewissens und des militär. Gehorsams behandelten, erregten während des Kaiserreiches Mißfallen (Aufführungsverbote). Seine bedeutendsten Frühwerke zeigen die Tendenz zu Lakonismen und ekstat. Sprachformung nach expressionist. Vorbild; gelegentl. fast barockes Pathos. U. propagiert mit rhetor. Geschick seine Ideale der Völker-

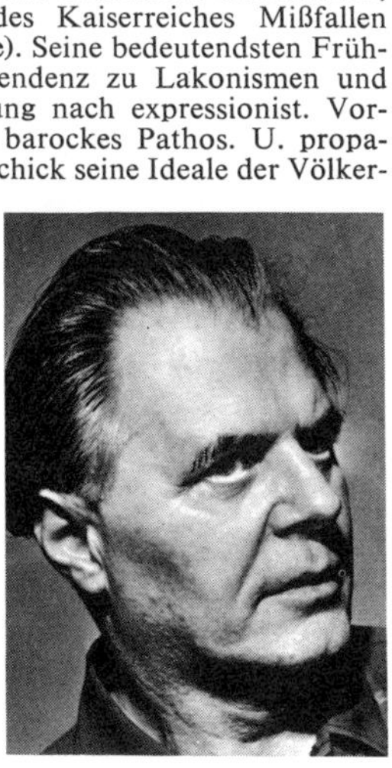

Fritz von Unruh

versöhnung und der Menschlichkeit, wendet sich gegen jede Gewaltherrschaft („Ein Geschlecht", Trag., 1918; „Platz", Trag., 1920). Im Spätwerk Übergang zu einem weniger rhetor. und mehr sachl. Stil.
Weitere Werke: Offiziere (Dr., 1912), Louis Ferdinand, Prinz von Preußen (Dr., 1913), Opfergang (E., 1919), Bonaparte (Schsp., 1927), Phaea (Kom., 1930), Der nie verlor (R., 1948), Rede an die Deutschen (1948), Die Heilige (R., 1952), Mächtig seid ihr nicht in Waffen (Reden, 1957), Der Sohn des Generals (R., 1957), Im Hause des Prinzen (R., 1967).
Ausgabe: F. v. U. Dramen. Nürnberg 1960.
Literatur: F. v. U. Rebell u. Verkünder. Hg. v. F. Rasche. *Hann. 1960.* – Kronacher, A.: *F. v. U. New York 1946.*

Upanischaden [sanskr.], philosoph.-theolog. Abhandlungen in Prosa und Vers am Ende der einzelnen Weden († Weda); die *älteren U.* (um 800 v. Chr.) bieten die vorbuddhist. Grundlegung der monist. Wedanta, mit Spekulationen über Brahman und Atman, Karman und Samsara, Erlösung durch myst. Wissen; die *jüngeren U.* (bis ins 15./16. Jh.) spiegeln die philosoph.-theolog. System- und Sektenbildung wider (Samkhja, Joga, [mono]theist. Hindusekten).
Ausgaben: Upanishaden. Altind. Weisheit aus Brâhmanas u. Upanishaden. Hg. u. übersetzt v. A. Hillebrandt. *Düsseld. u. Köln 10.–12. Tsd. 1964.* – Deußen, P.: *Sechzig Upanishad's des Veda. Dt. Übers. mit Einl. u. Anmerkungen. Lpz. ³1921.*
Literatur: Schult, A.: *Die Weisheit der Veden u. U. im Lichte des West-Ost-Problems. Bietigheim 1962.* – Ruben, W.: *Die Philosophen der U. Bern u. Mchn. 1947. 2 Bde.* – Deußen, P.: *Die Philosophie der Upanishad's. Lpz. ³1919.*

Updike, John [Hoyer] [engl. 'ʌpdaɪk], * Shillington (Pa.) 18. März 1932, amerikan. Schriftsteller.
Sohn eines Lehrers; Studien an der Harvard University; erste Publikationen in der Zeitschrift „The New Yorker". Seine z.T. gesellschaftskrit. Erzählungen und Romane zeichnen sich durch hintergründige Deutung des scheinbar Nebensächlichen im Alltag aus.
Hauptwerke: Das Fest am Abend (R., dt. 1961), Hasenherz (R., dt. 1962), Der Zentaur (R., dt. 1966), Glücklicher war ich nie (En., dt. 1966), Ehepaare (R., dt. 1969), Auf der Farm (R., dt. 1969).
Literatur: Galloway, D. D.: *The absurd hero in American fiction: U., Styron, Bellow, Salinger. Austin (Texas) 1966.*

Uppdal, Kristofer Oliver [norweg. 'ʉpda:l], * Beitstad (Nord-Trøndelag) 19. Febr. 1878, † Oppdal 26. Dez. 1961, norweg. Schriftsteller.
Arbeiter, später Journalist; mit der Arbeiterbewegung verbunden, setzt U. sich v.a. mit dem Problem der aus der ländl. Welt in den industriellen Arbeitsprozeß eingereihten Menschen auseinander (Romanzyklus „Dansen gjenom skuggeheimen", 1911–24, 10 Bde.), schrieb auch Lyrik und Essays.

Uranis, Kostas; tl.: Ouránēs, Kṓstas [neugr. u'ranis], eigtl. Konstandinos Nearchos; tl.: Kōnstantînos Néarhos, * Konstantinopel (heute Istanbul) 1890, † Athen 1950, neugriech. Schriftsteller.
Generalkonsul und diplomat. Vertreter, langjährige Auslandsaufenthalte. In seinen Gedichten kommt die Sehnsucht nach der Fremde zum Ausdruck. Erzählungen und Reiseschilderungen in bilderreicher, flüssiger Sprache.

Urban, Milo [slowak. 'urban], * Rabčice 24. Aug. 1904, slowak. Schriftsteller.
Beamter, gehörte zur christl.-nationalen Gruppe um die Zeitschrift „Vatra"; arbeitete als Redakteur für verschiedene Zeitschriften; schrieb v.a. Novellen und Romane, in denen er soziale und moral. Probleme der Dorfbewohner behandelt und urwüchsige, triebhafte bäuerl. Typen zeichnet; dt. erschien 1931 der Roman „Die lebende Peitsche".

Urfé, Honoré d' [frz. yr'fe], * Marseille 11. Febr. 1568 (1567 ?), † Villefranche (Alpes-Maritimes) 1. Juni 1625, frz. Dichter.
Adliger Herkunft; besuchte das Collège de Tournon; Offizier, während des Bürgerkriegs Parteigänger der Liga; beschäftigte sich als Gefangener in Feurs mit der Literatur; später am Hof von Savoyen; d'U. schrieb neben einigen unbed. Dichtungen (u.a. „Épîtres morales", 1598) in Anlehnung an span. und italien. Vorbilder, v.a. an Montemayors „Diana", den Schäferroman „L'Astrée" (1607–27, 5 Teile, die letzten von seinem Sekretär hg. bzw. vollendet; dt. 1619–35 u.d.T. „Von der Lieb Astreae und Celadonis"). Die Personen, vornehmen Standes, treten im Schäfergewand auf und widmen sich v.a. einer stilvollen Konversation über die Liebe; Schauplatz sind die Ufer des Flüßchens Lignon im Forez; das von den Zeitgenossen hochgeschätzte Werk bildet den Höhepunkt der frz. Pastoraldichtung und brachte seinem Verfasser europ. Ruhm ein.
Literatur: Magendie, M.: *Du nouveau sur l'Astrée. Paris 1927.* – Bochet, H.: *L'Astrée. Ses origines, son importance dans la formation de la littérature classique. Diss. Genf 1923. Nachdr. Genf 1967.*

Urfey, Thomas d' [engl. 'ə:fɪ], * Exeter (Devon) (?) 1653, ▭ London 23. Febr. 1723, engl. Dichter.
Hugenott. Abstammung; schrieb zahlreiche Lieder und derbe Bänkelgesänge („Pills to purge melancholy", 1719/20), 32 Schauspiele und Komödien („Madame Fickle", 1677; „The virtuous wife", 1680), Oden und bombast. Melodramen.

Uris, Leon [Marcus] [engl. 'jʊərɪs], * Baltimore 3. Aug. 1924, amerikan. Schriftsteller.
Diente während des 2. Weltkriegs im Marinekorps. Wurde v.a. durch den mit Elementen der Reportage versehenen Roman „Exodus" (dt. 1959) bekannt, der eine Darstellung der Entstehung des Staates Israel geschickt einbezieht.
Weitere Werke: Schlachtruf oder Urlaub bis zum Wecken (R., dt. 1955), Mila 18 (R., dt. 1961), Die Berge standen auf (R., dt. 1963), Armageddon (R., dt. 1965), Topas (R., dt. 1967).

Urzidil, Johannes ['ʊrtsidɪl], * Prag 3. Febr. 1896, dt.-östr. Schriftsteller.
Studierte Germanistik, Slawistik und Kunstgeschichte in Prag, 1921–32 Pressebeirat der dt. Gesandtschaft ebd.; emigrierte 1939 nach England, lebt seit 1941 in New York. Mitarbeiter der „Stimme Amerikas" sowie amerikan., engl. und dt. Zeitschriften. In Prag Freundschaft mit

Kafka und Werfel. U. begann mit Lyrik; in Romanen und Erzählungen kommt die starke Bindung an seine böhm. Heimat zum Ausdruck („Prager Triptychon", En., 1960). In literarhistor. Untersuchungen beschäftigte er sich mit Goethes Beziehungen zu Böhmen („Goethe in Böhmen", 1932 und 1965). Auch Übersetzungen aus dem Englischen.
Weitere Werke: Sturz der Verdammten (Ged., 1919), Die Stimme (Ged., 1930), Der Trauermantel (E., 1945), Die verlorene Geliebte (En., 1956), Das große Halleluja (R., 1959), Das Elefantenblatt (En., 1962), Entführung und sieben andere Ereignisse (En., 1964), Da geht Kafka (Essays, 1965), Die erbeuteten Frauen (En., 1966), Bist du es, Ronald? (En., 1968).
Literatur: Trapp, G.: *Die Prosa des J. U. Zum Verständnis eines literar. Werdeganges v. Expressionismus zur Gegenwart. Bern 1967.*

Uşaklıgil, Halit Ziya † Halit Ziya Uşaklıgil.

Usigli, Rodolfo [span. u'siɣli], * Mexiko 17. Nov. 1905, mex. Schriftsteller.
Studium an der Yale University; Diplomat, auch an der mex. Nationalbibliothek tätig; Europareisen. In seinem dramat. Schaffen von Shaw und Pirandello, als Lyriker von T. S. Eliot beeinflußt. Gilt als bedeutendster Dramatiker der modernen mex. Literatur.
Hauptwerke: Medio tono (Kom., 1937), Conversación desesperada (Ged., 1938), La mujer no hace milagros (Kom., 1939), Corona de sombra (Dr., 1944), El gesticulador (Kom., 1944), Ensayo de un crimen (Dr., 1945), Jano es una muchacha (Dr., 1952).

Usinger, Fritz, * Friedberg 5. März 1895, dt. Schriftsteller.
Studium der dt. und frz. Philologie und Philosophie in München, Heidelberg, Gießen (Dr. phil.); bis 1949 Studienrat; Lyriker unter dem Einfluß Hölderlins, Goethes, Georges und Rilkes, auch Verfasser bed. Essays („Zur Metaphysik des Clowns", 1952; „Friedrich Schiller und die Idee des Schönen", 1955), Übersetzungen aus dem Französischen (Mallarmé, Valéry).
Weitere Werke: Der ewige Kampf (Ged., 1918), Das Wort (Ged., 1931), Hermes (Ged., 1942), Der Morgenstern (Ged., 1958), Tellurium (Essays, 1967), Canopus (Ged., 1968).
Literatur: Krolow, K.: *Laudatio auf F. U. Friedberg 1965.* – Bäumer, G.: *Der Dichter F. U. Stuttg. 1947.*

Uskoković, Milutin [serbokroat. ˌuskɔkɔvitɕ], * Užice (heute Titovo Užice) 4. Juni 1884, † Kuršumlija 14. Okt. 1915 (Selbstmord), serb. Schriftsteller.
Studierte in Belgrad und Genf Jura; hinterließ gut aufgebaute und stilist. vollendete Novellen und Romane, in denen er das serb. Gesellschaftsleben der Großstadt, v.a. in den intellektuellen Kreisen, gestaltete.

Uspenski, Gleb Iwanowitsch; tl.: Uspenskij, Gleb Ivanovič [russ. us'pjɛnskij], * Tula 25. Okt. 1843, † Strelna bei Petersburg (heute Leningrad) 6. April 1902, russ. Schriftsteller.
Sohn eines Beamten; gab wegen finanzieller Schwierigkeiten sein Jurastudium auf; Wanderleben, Auslandsreisen; starb in geistiger Umnachtung. U., dessen eigtl. literar. Schaffen geringen Umfang hat, trat v.a. mit ethnograph., ökonom. und sozialen Arbeiten hervor; U. beschäftigte sich im Geist der Narodniki mit Problemen des Arbeiter- und Bauerntums; kennzeichnend für sein Werk sind die Skizzen „Der Ruin" (1869, dt. 1953) und „Neue Zeiten, neue Sorgen" (1873 ff., dt. 1952).
Literatur: Lothe, J.: *G. Ivanovič Uspenskij et le populisme russe. Leiden 1963.*

Usteri, Johann Martin, * Zürich 12. April 1763, † Rapperswil (SG) 29. Juli 1827, schweizer. Dichter.
Sohn eines Kaufmanns; bevor er ins Geschäft seines Vaters eintrat, besuchte er Deutschland, die Niederlande und Frankreich. Später Mitglied des Großen und Kleinen Rates und Zensor. U. verfaßte idyll. Erzählungen und Gedichte, meist in Zürcher Mundart. Seine hochdt. Poesie zeigt den Einfluß Höltys und M. Claudius'. Sein Lied „Freut euch des Lebens" (1793) wurde volkstümlich, bekannt auch die Mundartidyllen „De Vikari" und „De Herr Heiri". U. betrieb auch histor. Studien, war Zeichner und Maler.
Literatur: Suter, P.: *Die Zürcher Mundart in J. M. U.s Dialektgedichten. Zürich 1901.*

Ustinov, Peter [Alexander] [engl. 'ʊstɪnɔf], * London 16. April 1921, engl. Schriftsteller.
Sohn russ. Emigranten, Vater Kunstkritiker, Mutter Bühnenbildnerin; Militärdienst im 2. Weltkrieg; lebt in London. Vielseitig begabter, als Bühnen- und Filmautor, Produzent, Regisseur und Schauspieler tätiger Schriftsteller; bes. erfolgreich mit geistvollen, meist satir. Komödien, die formal oft der Revue nahestehen.
Hauptwerke: The house of regrets (Dr., 1943), The indifferent shepherd (Kom., 1948), Die Liebe der vier Obersten (Kom., 1951; dt. 1968), The moment of truth (Dr., 1953), Romanoff und Julia (Dr., dt. 1958), Endspurt (Dr., dt. 1963), Der Verlierer (R., dt. 1961), Das Leben in meiner Hand (Dr., dt. 1966), Gott und die Staatl. Eisenbahnen (En., dt. 1969).
Literatur: Bühler, H. H.: *Die Bühnenwerke v. P. U. (1940–1956). Diss. Wien 1965 [Masch.].* – Willans, G.: *P. U. New York 1952.*

Uurto, Iris [finn. 'u:rtɔ], eigtl. Lyyli Ester Ripatti, geb. Mielonen, * Kerimäki 28. Jan. 1905, finn. Schriftstellerin.
Studium in Helsinki ohne Abschluß, freie Schriftstellerin; schrieb sozial engagierte psycholog. Romane, in denen bes. die Frauengestalten hervortreten.

Uz, Johann Peter, * Ansbach 3. Okt. 1720, † ebd. 12. Mai 1796, dt. Dichter.
Sohn eines Goldschmieds; studierte von 1739 an Jura und Philosophie in Halle, wo er sich den Anakreontikern Gleim und Götz anschloß; schlug die Justizlaufbahn ein: 1790 Landgerichtsdirektor, 1796 Geheimer Justizrat. Typ. Anakreontiker, dessen heitere, gesellig-graziöse Lyrik, ohne die bürgerl. Tugendvorstellungen zu verletzen, Wein, Liebe und Freundschaft preist; neben seinen Gedichten machten ihn bes. sein von Popes „Lockenraub" beeinflußtes kom. Epos „Sieg des Liebesgottes" (1753) bekannt sowie die Ode „Theodicee" (poet. Reflexionen über den Theodizeegedanken Leibniz').
Weitere Werke: Lyr. Gedichte (1749), Lyr. u.a. Gedichte (1755).
Literatur: Petzet, E.: *J. P. U. Ansbach ²1930.*

V

Vaara, Elina [finn. 'vɑ:rɑ], eigtl. Kerttu Elin Vehmas, * Tampere 29. Mai 1903, finn. Lyrikerin. Kurzes Studium in Turku, mehrmals ∞; bevorzugt in ihrer Dichtung frauliche Themen, ihre Lyrik ist ausdrucksstark und musikal.; schrieb auch Balladen.

Văcărescu, Ienăchiță [rumän. vəkə'resku], * um 1740, † Bukarest 21. Juli 1797, rumän. Schriftsteller.
Entstammte einem alten Bojarengeschlecht; humanist. gebildet, stand im Dienst walach. Fürsten, u.a. in diplomat. Missionen. Einer der Begründer der rumän. Literatur, Verfasser einer rumän. Grammatik, einer aufschlußreichen Geschichte der Osmanenherrschaft, die dem Werk des D. Cantemir nahesteht; schrieb auch Gedichte, die von der Volksdichtung beeinflußt sind.

Vaculík, Ludvík [tschech. 'vatsuli:k], * Brumov (Mähren) 23. Juli 1926, tschech. Schriftsteller.
Schuhmacher, nach dem Krieg Studium der Politik und Sozialwissenschaften, Erzieher, Verlagsredakteur, Journalist; gilt als einer der bedeutendsten Schriftsteller in der ČSSR; schrieb zwei Romane, veröffentlichte in Zeitschriften.

Vadé, Jean Joseph [frz. va'de], * Ham (Somme) 17. Jan. 1719, † Paris 4. Juli 1757, frz. Dramatiker.
Verfasser von Vaudevilles und volkstüml. Spielen, die er z.T. zu kom. Opern weiterentwickelte. Führte als einer der ersten auf dem Theater die naturgetreue Milieudarstellung ein; bes. bekannt die Werke im „style poissard", in denen er Welt und Jargon der Pariser Markthallen darstellte.
Hauptwerke: Les troqueurs (Dr., 1753), Les Troyennes en Champagne (Dr., 1755), Nicaise (Dr., 1756), Œuvres poissardes (hg. 1796).

Vadian[us], Joachim [v...], eigtl. J. von Watt, * Sankt Gallen 29. Nov. 1483 oder 30. Dez. 1484, † ebd. 6. April 1551, schweizer. Humanist.
Aus angesehener Familie; studierte seit 1502 in Wien Geistes- und Naturwissenschaften, erwarb den medizin. Doktorgrad und war nach Celtis' Tod führender Wiener Humanist; 1514 von Maximilian I. zum Dichter gekrönt; Professor für Poetik in Wien; 1518 Rückkehr nach Sankt Gallen, dort Arzt und 1526 Bürgermeister; Freund Zwinglis, setzte die Reformation in Sankt Gallen durch. Seine Dichtungen treten hinter seinen literaturtheoret. und editor. Arbeiten zurück; verfaßte u.a. eine Chronik der Äbte des Klosters Sankt Gallen; seine literarhistor. Vorlesungen sind u.d.T. „De poetica et carminis ratione" (1518) gesammelt.
Ausgaben: J. Vadian. Lat. Reden. Dt. Übers. Hg. v. M. Gabathuler. *St. Gallen 1953. – Die Vadian. Briefslg. der Stadtbibliothek St. Gallen. Hg. v.* E. Arbenz *u.* H. Wartmann. *St. Gallen 1890–1913. 7 in 9 Bden. – J. v. Watt. Dt. histor. Schrr. Hg. v.* E. Götzinger. *St. Gallen 1875–79. 3 Bde.*
Literatur: Hilty, H. R.: *Vadian. St. Gallen 1951. – Vadian-Studien. Hg. v.* W. Näf. *St. Gallen 1945–55. 5 Bde.* – Näf, W.: *Vadian u. seine Stadt St. Gallen. St. Gallen 1944–57. 2 Bde.*

Vagif † Wagif.

Vaičiulaitis, Antanas [lit. vai̯tʃʊ'la:i̯tɪs], * Didieji Šalviai bei Vilkaviškis 23. Juni 1906, lit. Schriftsteller.
Studierte Literaturwissenschaft; Universitätsdozent, Kulturattaché beim Vatikan, 1941 Emigration in die USA, Lektor für frz. Sprache und Literatur an der Universität Scranton. Pantheist; liebevoller Detailschilderer in meisterhaft einfacher, klarer Sprache; auch Kritiker, Literaturhistoriker und Übersetzer.

Vailland, Roger [frz. va'jã], * Acy-en-Multien (Oise) 16. Okt. 1907, † Meillonnas (Ain) 12. Mai 1965, frz. Schriftsteller.
Mitbegründer der surrealist. Zeitschrift „Le Grand Jeu"; Journalist auf dem Balkan, in Abessinien, Amerika und im Fernen Osten; Kriegsberichterstatter; Mitglied der Résistance; 1952–56 Mitglied der KP. Der Roman „Drôle de jeu" (1945), in dem in iron. und fast reportagehafter Darstellung der Kampf gegen die dt. Besatzung geschildert wird, machte den Autor bekannt. Sein Roman „Hart auf Hart" (dt. 1959) wurde 1957 mit dem Prix Goncourt ausgezeichnet. V. schreibt realist., beeinflußt von Hemingway; meist marxist. Tendenz, glänzende Darstellung.
Weitere Werke: Die junge Frau Amable (R., dt. 1958), Das Liebesfest (R., dt. 1961), La truite (R., 1964).

Vaižgantas [lit. 'vai̯ʒgantas], eigtl. Juozas Tumas, * Malaišiai (Kreis Rokiškis) 8. Sept. 1869, † Kaunas 29. April 1933, lit. Schriftsteller.
Besuch des Priesterseminars; Gegner der Russifizierung Litauens, Landtagsabgeordneter; Dozent in Kaunas. Steht zwischen Realismus und Romantik. Hauptthema seiner in farbiger, bilderreicher Sprache geschriebenen Erzählungen und Romane, in denen er das naturnahe Leben besingt, die Kämpfe seines Volkes schildert und soziale Probleme behandelt, ist der lit. Kulturkampf.

Vajda, János [ungar. 'vɔjdɔ], * Pest (heute zu Budapest) 7. Mai 1827, † Budapest 17. Jan. 1897, ungar. Dichter.
Sohn eines Jagdaufsehers, nach Besuch der höheren Schule Schauspieler; nahm am Freiheitskampf 1848/49 teil. Neben seiner schriftsteller. Arbeit war er Redakteur der Zeitschrift „Nővilág". Seit 1870 Mitglied der Kisfaludy-Gesellschaft; gehörte zum Kreis um Petőfi; bekämpfte in den 50er Jahren mit seiner Dichtung die Willkürherrschaft der Habsburger. Pessimismus und Weltverachtung, Qual und Zerrissenheit durchdringen nicht nur seine philosoph. Gedichte, sondern auch die leidenschaftl. Liebeslyrik. Als Höhepunkt seines Schaffens ist die Gedankenlyrik der 70er Jahre anzusehen, die er in gefällige, moderne Liedform kleidete.

Valbert, G. [frz. val'bɛ:r] † Cherbuliez, Victor.

Valbuena, Bernardo de [span. bal'βu̯ena] † Balbuena, Bernardo de.

Valdés, Alfonso de [span. bal'des], * Cuenca um 1490, † Wien 3. (?) Okt. 1532, span. Schriftsteller.
Bruder von Juan de V.; einflußreicher Sekretär Karls V., den er u.a. nach Augsburg und Bologna begleitete; wegen seiner engen Verbindung zu Erasmus von Rotterdam geriet er zeitweise in Konflikt mit der Inquisition; starb an der Pest. Verfasser zweier Dialoge, die eine Apologie der Politik Karls V. enthalten: „Diálogo de Lactancio y un arcediano" (1528) und „Diálogo de Mercurio y Carón" (1528, gleichzeitig eine Zeitsatire im Stil Lukians).

Valdés, Armando Palacio † Palacio Valdés, Armando.

Valdés, Juan de [span. bal'des], * Cuenca um 1500 (um 1490?), † Neapel Mai 1541 (1545?), span. Schriftsteller und Humanist.
Bruder von Alfonso de V.; studierte Griech. u.a. in Alcalá de Henares und ging 1531 nach Italien, wo er u.a. in kaiserl. Diensten stand (Neapel); er unterhielt, ebenso wie sein Bruder, Verbindungen mit Erasmus von Rotterdam und gilt als einer der ersten span. Anhänger der Reformation; V. schrieb eine der bedeutendsten frühen Abhandlungen über die Geschichte der span. Sprache: „Diálogo de la lengua" (entstanden 1535, hg. 1737), ferner einen „Diálogo de doctrina cristiana" unter dem Einfluß des Erasmus (1529) und die beiden ganz oder zum größten Teil nur in italien. Übersetzung erhaltenen Schriften „Alfabeto cristiano" (hg. 1546) und „110 göttl. Betrachtungen" (hg. 1550, dt. 1870).
Literatur: Ricart, D.: *J. de V. y el pensiamento religioso europeo en los siglos 16 y 17. Lawrence (Kans.) 1959.* – Cione, E.: *J. de V. La sua vita e il suo pensiero religioso. Bari 1938.* – Heep, J.: *J. de V., seine Religion, sein Werden, seine Bedeutung. Ein Beitrag zum Verständnis des span. Protestantismus im 16. Jh. Lpz. 1909.*

Valdés, Juan Meléndez † Meléndez Valdés, Juan.

Valencia, Guillermo [span. ba'lenθia], * Popayán 20. Okt. 1873, † ebd. 8. Juli (?) 1943, kolumbian. Dichter.
Aufenthalt in Paris (Bekanntschaft u.a. mit O. Wilde) und in Deutschland (Bekanntschaft mit Nietzsche); übersetzte St. George. In V.s Dichtung finden sich neben heim. Einflüssen europ. Merkmale (Symbolismus, Parnasse und Romantik).
Hauptwerke: Ritos (Ged., 1899), Poemas (1917).

Valentin, Karl ['falɛnti:n], eigtl. Valentin Ludwig Fey, * München 4. Juni 1882, † ebd. 9. Febr.1948, dt. Komiker und Schriftsteller.
Schreinerlehre, großer Erfolg als Kabarettist in München, zahlreiche Gastspielreisen (Wien, Zürich, Berlin). Verfaßte Couplets, Monologe und kurze, [grotesk-]kom. Szenen von abstrakter, absurder Logik, z.T. von beißender Ironie, die er zusammen mit Liesl Karlstadt aufführte. Einfluß auf die Jugendarbeiten B. Brechts. V. trat auch in Filmen auf und besprach zahlreiche Schallplatten.
Ausgaben: K. V. Sturzflüge im Zuschauerraum. Der ges. Werke anderer Tl. Einf. v. K. Horwitz. *Hg. v.* M. Schulte. *Mchn. 1969.* – *K. V. Ges. Werke. Mchn. 49.–55. Tsd. 1968.*
Literatur: Schulte, M.: *K. V. in Selbstzeugnissen u. Bilddokumenten. Reinbek bei Hamb. 1968.* – Wolter, K. K.: *K. V. – privat. Im letzten Jahrzehnt seines Lebens beobachtet. Mchn. 1958.* – Hausenstein, W.: *Die Masken des Münchner Komikers K. V. Freib. u. Mchn. 1948.*

Valentin, Thomas ['va:...], * Weilburg 13. Jan. 1922, dt. Schriftsteller.
Studium der Literaturwissenschaft, Geschichte und Philosophie, 1947–62 Lehrer und Dozent, dann freier Schriftsteller; setzt sich in seinen eindringl. gestalteten Romanen mit Gegenwartsproblemen auseinander, so behandelt er in dem Roman „Die Unberatenen" (1963) die Verständigungsschwierigkeiten zwischen Lehrern und Schülern; auch Bühnenautor.
Weitere Werke: Hölle für Kinder (R., 1961), Die Fahndung (R., 1962), Nachtzüge (En., 1964), Natura morta (R., 1967), Der Fisch im roten Halstuch (En., 1969).

Valera y Alcalá Galiano, Juan [span. ba'lera i alka'la ɣa'liano], * Cabra (Córdoba) 18. Okt. 1824, † Madrid 18. April 1905, span. Schriftsteller.
Vornehmer Abkunft, Philologie- und Rechtsstudium; 1846 Eintritt in den diplomat. Dienst; Aufenthalte in Italien, Südamerika, Deutschland, Rußland; 1857–59 Handelsminister, 1865–67 Bevollmächtigter beim Dt. Bund, nach 1868 zweimal Leiter des öffentl. Unterrichtswesens, 1881–95 Gesandter in Lissabon, Washington, Brüssel und Wien; starb erblindet. Als Gelehrter und Essayist ist V. y A. G. durch seine geistvollen Kritiken „Estudios críticos sobre literatura, ..." (1864), „Nuevos estudios críticos" (1888), „Disertaciones y juicios literarios" (1878) und eine vorzügl. „Faust"-Übersetzung bekannt; er gilt als Schöpfer des modernen span. Romans; zu seinen bedeutendsten Werken in dieser Gattung gehören neben dem psycholog.-realist. Roman „Pepita Jimenez" (1874, dt. 1882) „Die Illusionen des Doctor Faustino" (1875, dt. 1885), „El comendador Mendoza" (1877) und „Doña Luz" (1879); verfaßte auch von Perrault und den Brüdern Grimm beeinflußte Märchen (u.a. „Der grüne Vogel", dt. 1895).
Literatur: Bravo-Villasante, C.: *Biografía de Don J. V. Barcelona 1959.* – Engel, G.: *Don J. Valera (1824–1905). Weltanschauung u. Denkverfahren. Bln. 1935.*

Valeri, Diego [italien. va'lɛ:ri], * Piove di Sacco (Padua) 25. Jan. 1887, italien. Lyriker.
Gymnasiallehrer für alte Sprachen, Professor für frz. Literatur an der Universität Padua; sensibler Lyriker, besingt in melod., von Verlaine beeinflußten Versen bes. die Schönheiten Venedigs, die auch Gegenstand seiner „Fantasie veneziane" (1934) in Prosa sind; daneben Übersetzungen, Essays über frz. Literatur.
Weitere Werke: Umana (Ged., 1915), Il campanellino (Ged., 1928), Scherzo e finale (Ged., 1937), Tempo che muore (Ged., 1942), Terzo tempo (Ged., 1950), Il flauto a due canne (Ged., 1958).

Valerius, Adrianus (Adriaan) [niederl. va:'le:ri:ʏs], * Middelburg um 1575, † Veere 27. Jan. 1625, niederl. Dichter und Komponist.
Frz. Abstammung; tat zeitweilig Dienst als Einnehmer von Schiffsgeleit und Schiffslizenz, war Notar, Schöffe und Gemeinderat in Veere. V. wurde als Verfasser des Werks „Nederlandtsche gedenck-clanck" (1626), einer Geschichte der ersten Zeit des Unabhängigkeitskrieges, das auch 76 Lieder enthält, berühmt; wichtige Quelle für das altniederl. Volkslied.

Valerius Cato, Publius, röm. Dichter des 1. Jh.s v. Chr.
Verlor durch die Proskriptionen Sullas das väterl. Erbe und mußte seinen Lebensunterhalt als Grammatiklehrer verdienen; gilt als Haupt der Neoteriker, die sich die alexandrin. Dichter zum Vorbild nahmen und bes. die Lyrik pflegten; er schrieb eine „Indignatio" mit persönl. Inhalt, ein Epyllion und ein mytholog.-erot. Gedicht.

Valerius Flaccus, Gaius, röm. Epiker des 1. Jahrhunderts.

Lebte und dichtete in der Flavierzeit (69–96); das [unvollendete] Epos „Argonautica" erhielt in der Behandlung des griech. Sagenstoffs vom Goldenen Vließ, von der Liebe Jasons zu Medea u. a. starke Impulse vom gleichnamigen Epos des Apollonios von Rhodos; das Proömium spielt auf die Eroberung Jerusalems an und wird demzufolge um 70 gedichtet worden sein.

Valerius Maximus, röm. Schriftsteller der 1. Hälfte des 1. Jahrhunderts.
War mit Sextus Pompeius, dem Konsul des Jahres 14 n. Chr., befreundet, den er in die Prov. Asia begleitete; nach der Rückkehr veröffentlichte er um 31 „Facta et dicta memorabilia", eine dem Kaiser Tiberius gewidmete und rhetor. Zwecken dienende, nach Rubriken geordnete Stoffsammlung der röm. und außerröm. Geschichte; in diesem keineswegs systemat., histor. nicht immer zuverlässigen Werk bediente sich V. M. eines effektvollen, deklamator. Stils, allzusehr darauf bedacht, dem Kaiser zu schmeicheln.

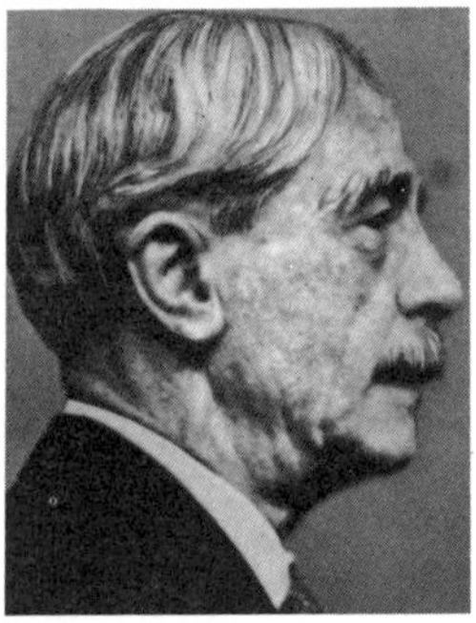
Paul Ambroise Valéry

Valéry, Paul Ambroise [frz. vale'ri], * Sète (Hérault) 30. Okt. 1871, † Paris 20. Juli 1945, frz. Dichter.
Kors.-italien. Abstammung; Jugend in Sète und Montpellier, Rechtsstudium ebd.; 1890/91 erste Begegnungen mit Gide und Mallarmé, die für ihn später maßgebl. Bedeutung gewannen; seit 1894 in Paris; 1896 bei einer Presseagentur in London, danach Beamter im Kriegsministerium in Paris; seit 1900 bei der Agence Havas; 1925 Mitglied der Académie française; hielt von 1937 an Vorlesungen über Poetik am Collège de France. V. begann in den 90er Jahren mit symbolist. Lyrik, die in dem „Album de vers anciens" (1920) gesammelt ist, und wandte sich erst 1917, nach fast 20jähriger, vornehml. mathemat. und log. Studien gewidmeter Pause, wieder der Dichtung zu; bezeichnend für den von klassizist. Formenstrenge getragenen und in äußerster geistiger Selbstdisziplin zu einer Poésie pure sublimierten Symbolismus V.scher Prägung sind die bed. Dichtungen „Die junge Parze" (1917, dt. von P. Celan 1960), „Palme" (1919), „Der Friedhof am Meer" (1920, dt. von Curtius 1925, Rilke 1927) und „Ébauche d'un serpent" (1922); Hauptgegenstand der Lyrik V.s ist der intellektuelle Schaffensprozeß des Dichters, das allmähl. Erwachen des Dichterbewußtseins zu mediterraner Klarheit; im weiteren Sinne erscheint das Gesamtwerk V.s als eine poet. Apotheose des autonomen menschl. Intellekts.
Weitere Werke: Leonardo (Essays, 1895; dt. 1960), Herr Teste (E., 1896; dt. 1927), Charmes (Ged., 1922), Variété (Prosa, 1924–44), Eupalinos oder Über die Architektur (Essay, dt. 1927), Stendhal (Essay, dt. 1929), Tel quel (Aphorismen, 1941–43), Regards sur le monde actuel et autres essais (1945), Mein Faust (Dr., 1946; dt. 1957), Cahiers (Aufzeichnungen, hg. 1957 ff.).
Ausgaben: P. V. Œuvres. Hg. v. J. Hytier. *Paris 1957–60. 2 Bde.* – *P. V. Œuvres. Paris 1931–38. 12 Bde.*
Literatur: Laurette, P.: *Le thème de l'arbre chez P. V. Paris 1967.* – Perche, L.: *V., les limites de l'humain. Paris 1966.* – Berne-Joffroy, A.: *V. Paris 1960.* – Blüher, K. A.: *Strategie des Geistes. P. V.s Faust. Frkf. 1960.* – Hytier, J.: *La poétique de P. V. Paris 1953.* – Rauhut, F.: *P. V. Geist u. Mythos. Mchn. 1930.*

Valla (della Valle), Lorenzo [italien. 'valla], * Rom um 1407, † ebd. 1. Aug. 1457, italien. Humanist.
1431–33 Lehrer der Rhetorik an der Universität Pavia; 1435–47 am königl. Hof in Neapel; 1455 apostol. Sekretär in Rom; Übersetzer der „Ilias", des Herodot und des Thukydides; verteidigte in seiner Schrift „De voluptate" (entstanden 1431), in der 2. Bearbeitung u. d. T. „De voluptate ac de vero bono" (1432, gedruckt 1483) und in der Schrift „De libero arbitrio" (um 1433) im Ggs. zur Scholastik eine epikureisch gefärbte Lebensauffassung; als Philologe bekämpfte er in „Elegantiarum latinae linguae libri sex" (entstanden 1435–44, hg. 1471) die unklass. Latinität und als Begründer einer philolog.-histor. Quellenkritik wies er in der polemischen Schrift „De falso credita et ementita Constantini donatione declamatio" (entstanden 1440, hg. von U. von Hutten 1520) die Konstantinische Schenkung als Fälschung nach.
Literatur: Zippel, G.: *L. V. e le origini della storiografia umanistica a Venezia. In: Rinascimento 7 (1956), 93.* – Gaeta, F.: *L. V. Filologia e storia nell'umanesimo italiano. Neapel 1955.* – Wolff, M. v.: *L. V., sein Leben u. seine Werke. Lpz. 1893.*

Valle-Inclán, Ramón María del [span. 'baʎeiŋ'klan], * Villanueva de Arosa (Pontevedra) 28. Okt. 1869 (1866 ?), † Santiago de Compostela 5. Jan. 1936, span. Schriftsteller.
1892 in Mexiko, 1910 erneut in Südamerika als Leiter einer Theatergruppe, 1931 Direktor der Kunstakademie in Rom, zwischendurch in Madrid, verbrachte seinen Lebensabend in seiner galic. Heimat. Erzähler, Dramatiker und Lyriker, der in kraftvoller Sprache Menschen seiner Heimat und aus Madrid darstellt. Originellster Vertreter des Modernismo, gelangte später, v. a. in seinen satir. Theaterstücken, sog. Esperpentos, zu einer grotesken Verzerrung der Realität.
Hauptwerke: Sonatas (4 Romane, 1902–05; Bd. 2 dt. 1958 u. d. T. Sommersonate), Comedias bárbaras (3 Dramen, 1907–22), La guerra carlista (R.-Trilogie, 1908/09), La pipa de Kif (Ged., 1919), Divinas palabras (Tragikom., 1920), Luces de bohemia (Schsp., 1920), Tyrann Banderas (R., 1926; dt. 1961), El ruedo ibérico (R.-Trilogie, 1927 f.).

Vallejo, César [span. ba'ʎɛxɔ], * Santiago de Chuco 16. März 1892, † Paris 15. April 1938, peruan. Schriftsteller.

Span.-indian. Abstammung; anfangs von modernist. und surrealist. Autoren beeinflußt, zeigt V. auch realist. Züge; er gestaltete Daseinsverzweiflung und Auflehnung gegen das mitleidlose Leben, das er selbst kennengelernt hatte. Während einer literar. Schaffenspause von 15 Jahren (Aufenthalt in Spanien, Journalist in Paris, zwei Reisen in die UdSSR) wurde er Anhänger des Kommunismus. Seine letzten Werke sind von Mitleid und Liebe zu allen Leidenden und von der Hoffnung auf eine bessere Zukunft im Sinne des Kommunismus bestimmt. Eine dt. Auswahl seiner Gedichte erschien 1963.

Hauptwerke: Los heraldos negros (Ged., 1918), Trilce (Ged., 1922), Tungsteno (R., 1931), Poemas humanos (Ged., hg. 1939).

Literatur: Larrea, J.: *C. V. o Hispano-América en la cruz de su razón. Córdoba (Argentinien) 1958.*

Valle Rossi, Adriano del [span. 'baʎe 'rrɔsi], * Sevilla 19. Jan. 1895, † Madrid 1. Okt. 1957, span. Dichter.

Lyriker, der meist religiöse Themen in bildstarker, volkstüml. Sprache gestaltet; beeinflußt von García Lorca.

Hauptwerke: Primavera portátil (Ged., 1934), Arpa fiel (Ged., 1941), La innombrable (Ged., 1954).

Vallès, Jules [frz. va'lɛs], * Le Puy (Haute-Loire) 11. Juni 1832, † Paris 14. Febr. 1885, frz. Schriftsteller.

Sohn eines Lehrers; schwere Jugend bei strenger väterl. Erziehung; 1849 Studium in Paris; war Lehrer, Journalist, Kommunalbeamter; Mitarbeiter bei „Le Figaro", „L'Événement" und „La Rue"; 1871 Mitglied der Kommune; Leiter der Zeitung „Le Cri du Peuple"; zum Tode verurteilt, Flucht nach England; 1883 Rückkehr nach Frankreich; Freund der Armen und Unterdrückten, Streiter gegen die bürgerl. Familie und Gesellschaft, gegen Krieg und Tyrannei; stellte sein Leben in der autobiograph. Romantrilogie „Jacques Vingtras" („L'enfant", 1879; „Le bachelier", 1881; „L'insurgé", 1886, dt. 1895 u.d.T. „Vingtras' junge Leiden") dar; stilist. zwischen Realismus und Naturalismus stehend.

Weitere Werke: Die Abwegigen (Porträts, 1866; dt. 1946), Le tableau de Paris (Slg., hg. 1932).

Vallotton, Benjamin [frz. valɔ'tõ], * Gryon (Waadt) 10. Jan. 1877, † Sanary-sur-Mer bei Toulon 19. Mai 1962, schweizer. Schriftsteller.

Zunächst Gymnasiallehrer in Lausanne, seit 1921 in Straßburg. Verfasser beliebter humorvoller Romane, in denen er, bisweilen leicht moralisierend, volkstüml. Typen zeichnet und lebendig darstellt; auch Romane über den 2. Weltkrieg und eine Trilogie über das Elsaß; schrieb in frz. Sprache.

Hauptwerke: Monsieur Potterat se marie (R., 1906), Familie Profit (R., dt. 1916), Polizeikommissär Potterat (R., dt. 1920), La terre que j'aime (R., 1958), Rude étape (Erinnerungen, 1961).

Valmore, Marceline † Desbordes-Valmore, Marceline.

Valmy, Alfred de [frz. val'mi] † Stinde, Julius.

Vampir, Hanns Heinz ['vampi:r] † Reimann, Hans.

Vanbrugh (Vanbrough, Vanburgh), Sir John [engl. 'vænbrə, væn'bru:], ≈ London 24. Jan. 1664, † ebd. 26. März 1726, engl. Dramatiker und Baumeister.

Fläm. Abstammung; studierte 1683–85 in Frankreich, baute Schloß Blenheim, Greenwich-Hospital, das Haymarket-Theater u.a. Hauptwerke des engl. Barocks; 1714 geadelt; verfaßte eine Reihe von Comedies of manners voll Witz und Derbheiten, meist nach frz. Vorbildern; besonderen Beifall fanden „The relapse" (1696), „The provok'd wife" (1697) und „The provok'd husband" (1728; vollendet von C. Cibber).

Literatur: Whistler, L.: *The imagination of V. and his fellow artists. London 1954.* – Dametz, M.: *J. V.s Leben u. Werke. Wien 1898. Nachdr. New York 1965.*

Vančura, Antonín [tschech. 'vantʃura] † Mahen, Jiří.

Vančura, Vladislav [tschech. 'vantʃura], * Freiheitsau bei Troppau 23. Juni 1891, † Prag 1. Juni 1942, tschech. Schriftsteller.

War Arzt in Königsaal und wurde während der dt. Besatzungszeit hingerichtet. V. gehört zu den bedeutendsten tschech. Prosaschriftstellern zwischen den beiden Weltkriegen. Nach ersten Erzählungen wurde er mit dem Roman eines Gottsuchers, „Der Bäcker Jan Marhoul" (1924, dt. 1936), bekannt; er zeigt in seinen Romanen Sympathie für jede Art von Außenseitertum; er behandelte Antikriegsstoffe, aktuelle nationale und auch histor. Themen. Vom Expressionismus ausgehend, liebte er formale und stilist. Experimente; die Sprache seiner Dichtung ist reich an Metaphern; als Dramatiker weniger erfolgreich.

Weitere Werke: Die Räuberbraut Margarete Lazar (R., 1931; dt. 1937), Das Ende der alten Zeiten (R., dt. 1935), Rodina Horvatová (= Familie Horvat, R., 1938).

Van der Meersch, Maxence [frz. vãdɛr'mɛrʃ], eigtl. Josef Cardijn, * Roubaix 4. Mai 1907, † Le Touquet-Paris-Plage (Pas-de-Calais) 14. Jan. 1951, frz. Schriftsteller.

Jurist und Redakteur in Lille; Prix Goncourt 1936; Verfasser vielgelesener und -diskutierter naturalist. Romane, die meist im nordfrz. Industriegebiet spielen; vertrat zunächst marxist., später christl. Sozialideen.

Hauptwerke: Das Haus in der Düne (R., 1932; dt. 1948), Sein Vermächtnis (R., 1936; dt. 1946), Drama um Direktor Bramberger (R., 1937; dt. 1949), Leib und Seele (R., 1943; dt. 1949), Die kleine Heilige (R., 1947; dt. 1954).

Literatur: Bailey, W. W.: *M. The man and his works. Diss. Univ. of Virginia, Charlottesville 1960/61.* – Léliaert, B.: *Un grand romancier de chez nous: M. V. d. M. Arcachon 1946.*

Van Doren, Carl [Clinton] [engl. væn'dɔ:rən], * Hope (Ill.) 10. Sept. 1885, † Torrington (Conn.) 18. Juli 1950, amerikan. Literaturkritiker.

1911 Dr. phil.; Lehrtätigkeit. Wandte sich nach Versuchen als Lyriker der Kritik zu und veröffentlichte ungewöhnl. erfolgreiche Biographien.

Hauptwerke: The American novel (1921), Sinclair Lewis (Biogr., 1933), Benjamin Franklin (Biogr., 1938).

Van Doren, Mark [Albert] [engl. væn'dɔ:rən], * Hope (Ill.) 13. Juni 1894, amerikan. Lyriker und Kritiker.

Bruder von Carl C. V. D.; nach Abschluß seiner Studien Tätigkeit als Dozent und Publizist. Schrieb mehr der Tradition als der Moderne verpflichtete, intellektbetonte Lyrik; bevorzugt

pastorale Themen; trat auch als Autor krit. Darstellungen, u.a. über Shakespeare, Hawthorne und Thoreau, hervor.
Hauptwerke: Spring thunder (Ged., 1924), A winter diary (Ged., 1935), The country year (Ged., 1946), Morning worship (Ged., 1960).

Van Druten, John William [engl. væn'dru:tn], * London 1. Juni 1901, † New York 19. Dez. 1957, amerikan. Schriftsteller.
Jurastudium in London; bis 1926 Dozent für Rechtswissenschaft, dann freier Schriftsteller; schrieb erfolgreiche Romane und Komödien in realist. Darstellungsweise, behandelt v.a. zwischenmenschl. Probleme; verfaßte auch Drehbücher.
Hauptwerke: Young Woodley (Dr., UA 1925, R., 1929), A woman on her way (R., 1930), Meine beste Freundin (Dr., 1939; dt. 1957), So war Mama (Schsp., 1940; dt. EA 1947, auch u.d.T. Die Unvergeßliche), Geliebte Hexe (Kom., dt. 1953), Ich bin eine Kamera (Schsp., dt. EA 1952), Im Strom der frühen Jahre (R., dt. 1956).

Vapcarov ↑ Wapzarow.

Varchi, Benedetto [italien. 'varki], * Florenz 19. März 1503, † ebd. 18. Dez. 1565, italien. Humanist.
Jurastudium, Notar, dann Literaturstudium. 1530 als Gegner der Medici aus Florenz verbannt; von Cosimo I de' Medici 1543 zurückgerufen, erhielt er von ihm den Auftrag, eine Geschichte von Florenz zu schreiben. V. verfaßte auch eine Komödie in Anlehnung an Terenz („La suocera", hg. 1569), Hirtengedichte und Sonette. In dem Dialog „L'Ercolano" (hg. 1570) setzte er sich für den Gebrauch der italien. Sprache ein; auch Übersetzer.

Varè, Daniele [italien. va'rɛ], * Rom 12. Jan. 1880, † ebd. 27. Febr. 1956, italien. Schriftsteller.
Als Diplomat in verschiedenen Weltstädten (London, Peking u.a.). Verfasser geistreicher und amüsanter Unterhaltungsliteratur mit Anekdoten und Berichten über Begegnungen und Erlebnisse im diplomat. Berufsleben. Bes. geschätzt sind seine Chinabücher (die Romantrilogie „Der Schneider himmlischer Hosen", dt. 1936; „Das Tor der glückl. Sperlinge", dt. 1938; „Der Tempel der kostbaren Weisheit", dt. 1940); schrieb in italien. und engl. Sprache.
Weitere Werke: Die letzte Kaiserin (R., dt. 1936), Der lachende Diplomat (Erinnerungen, dt. 1938), Daniele in der Diplomatengrube (Erinnerungen, 1949; dt. 1955).

Varende, Jean Mallard, Vicomte de La [frz. va'rã:d] ↑ La Varende, Jean Mallard, Vicomte de.

Vargas Llosa, Mario [span. 'baryaz 'josa], * Arequipa 28. März 1936, peruan. Schriftsteller.
Studium an den Universitäten Lima und Madrid; als Journalist Mitarbeiter zahlreicher Zeitschriften, bei La Radio Panamericana in Lima sowie der Agence France Presse in Paris; erhielt mehrere Preise für seine Romane, die schonungslos Kritik an der Gesellschaft in Lima üben.
Hauptwerke: Die Stadt und die Hunde (R., dt. 1966), Das grüne Haus (R., dt. 1968).

Varius Rufus, Lucius, röm. Dichter der 2. Hälfte des 1. Jh.s v. Chr.
Befreundet mit Maecenas, Horaz und Vergil, dessen „Aeneis" er herausgab; er selbst schrieb neben dem Lehrgedicht „Über den Tod" und der 29 v. Chr. zur Siegesfeier der Schlacht von Aktium aufgeführten Tragödie „Thyestes", die auch von Quintilian und Tacitus geschätzt wurde, einen Panegyrikus auf Augustus; daneben versuchte er sich als Elegien- und Ependichter; nur wenige Bruchstücke erhalten.

Varnhagen von Ense, Karl August ['f...], * Düsseldorf 21. Febr. 1785, † Berlin 10. Okt. 1858, dt. Schriftsteller.
Sohn eines Arztes; studierte Medizin, wandte sich aber früh der Literatur zu; 1804–06 mit Chamisso Hg. des „Musenalmanachs", 1809 in der Schlacht bei Wagram verwundet; trat später in preuß. diplomat. Dienste, begleitete 1814 den Staatskanzler Hardenberg zum Wiener Kongreß und 1815 nach Paris, 1815–19 Ministerresident in Karlsruhe. V. v. E. lebte danach meist in Berlin, wo er mit seiner Frau Rahel Mittelpunkt eines literar. Salons war; als Schriftsteller ging er von Erzählungen und Gedichten bald ganz zur Geschichtsschreibung und literar. Kritik über; sein Bestes leistete er als Biograph in den 5bändigen „Biograph. Denkmalen" (1824–30), die u.a. Lebensbeschreibungen histor. Persönlichkeiten umfassen; als Literaturkritiker unterstützte er das Junge Deutschland; zeitgeschichtl. wertvoll auch seine „Tagebücher" (14 Bde., hg. 1861–70) und sein umfangreicher Briefwechsel mit A. von Humboldt, Metternich, Heine, B. von Arnim, Chamisso, Carlyle u.a.
Ausgabe: K. A. V. v. E. Ausgew. Schrr. Lpz. ³1871–75. 19 Tle. in 3 Abteilungen.
Literatur: Glander, Ph. F.: *K. A. V. v. E., man of letters, 1833–58. Diss. Univ. of Wisconsin, Madison 1961.* – Römer, F.: *V. als Romantiker. Diss. Bln. 1934.*

Varnhagen von Ense, Rahel ['f...], geb. Levin, * Berlin 26. Mai 1771, † ebd. 7. März 1833, Gattin Karl August V. von Enses.
Tochter eines jüd. Kaufmanns; trat später zum Christentum über; bekannt durch ihren Salon in Berlin, der ein bed. Mittelpunkt eines großen Kreises von Philosophen, Literaten und Künstlern war; ihre kulturgeschichtl. interessanten Briefe und Aufzeichnungen „Rahel. Ein Buch des Andenkens für ihre Freunde" (1833) und „Galerie von Bildnissen aus Rahels Umgang und Briefwechsel" (1836), hg. von ihrem Mann, kennzeichnen sie auch als eine der ersten Vorkämpferinnen der Frauenbewegung.
Ausgaben: R. V. u. ihre Zeit. Briefe 1800–1833. Hg. v. F. Kemp. *Mchn. 1968. – R. V. im Umgang mit ihren Freunden. Briefe 1793–1833. Hg. v.* F. Kemp. *Mchn. 1967.*
Literatur: Scurla, H.: *Begegnungen mit R. Der Salon der R. Levin. Bln. ⁴1966.* – Arendt, H.: *R. V. Lebensgesch. einer dt. Jüdin aus der Romantik. Mchn. 5.–7. Tsd. 1962.* – Feist, L.: *R. V. v. E. Elberfeld 1927.* – Berdrow, O.: *R. V. Ein Lebens- u. Zeitbild. Stuttg. ²1902.*

Värnlund, Rudolf [schwed. ˌvæ:rnlund], * Stockholm 6. Febr. 1900, † Österskär 16. Febr. 1945, schwed. Schriftsteller.
Mußte bereits als Kind arbeiten, war Seemann, einige Jahre in Spanien; in Berlin Berührung mit der Psychoanalyse. Eigene Erfahrungen und genaue Beobachtungen waren Grundlage seiner Werke, in denen er bes. die Arbeiter und Arbeiterjugend in der Konfrontation mit städt. Problemen

darstellte. Themat. recht einseitig; am geschlossensten sind die Novellen.
Hauptwerke: Vandrare till intet (R., 1926), Det druckna kvarteret (R., 1929), Ledaren (Dr., 1935).

Varro, Marcus Terentius, genannt Reatinus, * Reate (heute Rieti) 116, † 27, röm. Schriftsteller.
Schüler Stilos und des Antiochus, Ämterlaufbahn, 78/77 Quästor und Legat in Dalmatien, bekannt mit Pompeius, Prätor, 49 Legat in Spanien, im Bürgerkrieg als Parteigänger des Pompeius von Caesar gefangen, begnadigt und zum höchsten Bibliothekar des Reiches ernannt, nach Caesars Ermordung entging er nur mit Hilfe eines Freundes der Ächtung durch Antonius. Als Redner, philosoph. Autor, Religions-, Literatur-, Sprachwissenschaftler und Verfasser von „Saturae" knüpfte V. an die Gelehrsamkeit der Griechen an und machte die Römer in mehr als 600 Büchern mit allen Gebieten der Wissenschaft bekannt; bes. die „Antiquitates rerum humanarum et divinarum", eine Enzyklopädie in 41 Büchern, bildete die Grundlage für alle späteren Forschungen und wurde von zahlreichen Kompilatoren benutzt; nur wenige Fragmente seines Riesenwerkes sind erhalten.
Weitere Werke: De lingua latina, De vita populi Romani, Res rusticae, Saturae Menippeae, Disciplinae.
Literatur: Dahlmann, H.: *Studien zu V. „De poetis". Wiesb. 1962.* – Dahlmann, H., *u. a.: V.nische Studien. Wiesb. 1957–59. 2 Tle.*

Varro, Publius Terentius, genannt Atacinus, * am Fluß Atax (Gallia Narbonensis) 82, † 37 (?), röm. Dichter.
Begann mit einem Epos im ennian. Stil, „Bellum Sequanicum", wahrscheinl. über Caesars Krieg im Land der Sequaner; später unter dem Einfluß der Alexandriner Aratos und Apollonios, dessen „Argonautica" V. in seinem gleichnamigen Epos frei nachdichtete und – soweit die wenigen Fragmente erkennen lassen – manchmal übertraf; schrieb auch Satiren, Elegien und bearbeitete eine Chorographie (Landbeschreibung).

Vasalis, Margaretha [niederl. vaːˈsaːlɪs], eigtl. M. Droogleever Fortuyn-Leenmans, * Den Haag 13. Febr. 1909, niederl. Schriftstellerin.
Studierte in Leiden Medizin, Nervenärztin; lebt in Groningen. Intelligenz und Phantasie prägen ihre in eleganter, natürl. Sprache geschriebenen Gedichte und Erzählungen, in denen der Alltag moderner Menschen geschildert wird.
Hauptwerke: Parken en woestijnen (Ged., 1940), Onweer (Nov., 1940), De vogel Phoenix (Ged., 1947), Vergezichten en gezichten (Ged., 1954).

Vasconcelos, Jorge Ferreira de ↑ Ferreira de Vasconcelos, Jorge.

Vašek, Vladimír [tschech. ˈvaʃɛk] ↑ Bezruč, Petr.

Vasil'čenko ↑ Wassiltschenko.

Vasilev ↑ Wassilew.

Vasiliu, Gheorghe [rumän. vasiˈliu] ↑ Bacovia, Gheorghe.

Vaszary, Gábor von [ungar. ˈvɔsɔri], * Budapest 7. Juni 1905, ungar. Schriftsteller.
War u. a. Illustrator, Plakatmaler und Journalist; später in Budapest Dramatiker, Drehbuchautor, Schauspieler und Regisseur; beliebter iron.-humorist. Romancier, lebt seit den 30er Jahren fast ausschließl. in Paris. In seinen geschickt gebauten, flüssig erzählten Romanen, die sich themat. allmähl. wiederholen, herrscht eine aus Leichtsinn, Lebensfreude, Melancholie und Romantik gemischte Stimmung vor.
Hauptwerke: Monpti (R., dt. 1936), Sie (R., dt. 1938), Wenn man Freunde hat (R., 1942), Mit 17 beginnt das Leben (R., 1955), Kuki (R., 1963).

Vātsyāyana Mallanāga ↑ Kamasutra.

Vaugelas, Claude Favre, Baron von Pérouges, Seigneur de [frz. voˈʒla], * Meximieux (Ain) 6. (5. ?) Jan. 1585 (1595 ?), † Paris 26. (?) Febr. 1650, frz. Grammatiker.
Mitglied der Académie française seit ihrer Gründung, mit der Planung des Wörterbuches der Akademie betraut; mit seinen „Remarques sur la langue française" (1647) übte er einen außerordentl. Einfluß auf die Autoren und den allgemeinen Sprachgebrauch seiner Zeit aus.

Vaughan, Henry [engl. vɔːn], * Llansantffraid (Brecknock) 17. April 1622, † ebd. 23. April 1695, walis. Lyriker.
Rechts- und Medizinstudium in Oxford und London; ließ sich in späterer Zeit als Arzt in seiner südwalis. Heimat nieder; V. gehört zu den „metaphysical poets" des 17. Jh.s; er verbindet in seinen Gedichten Naturbetrachtung mit myst. Meditation über Leben und Tod; sein Wesentlichstes leistete er in der Sammlung myst.-religiöser Gedichte „Silex Scintillans" (1650), die das berühmte Gedicht „The retreat" enthält, das Wordsworth entscheidend beeinflußt hat.
Weitere Werke: Poems, with the tenth satire of Juvenal Englished (1646), Olor Iscanus (Ged., 1651), The mount of olives (Essays, 1652), Thalia rediviva ... (Ged., 1678).
Literatur: Durr, R. A.: *The mystical poetry of H. V. Cambridge (Mass.) 1962.* – Hutchinson, F. E.: *H. V. London 1947.*

Vauquelin de La Fresnaye, Jean [frz. voklɛ̃dlafrɛˈnɛ], * La Fresnaye-au-Sauvage (Orne) 1536 (1535 ?), † Caen 1606, frz. Schriftsteller.
Jurastudium, Abgeordneter der Generalstände in Blois, zahlreiche Reisen. Bewunderte Ronsard; begann im Stil der Pléiade („Foresteries", 1555); auf Geheiß Heinrichs III. entstand zwischen 1574 und 1605 „L'art poétique", eine Versschule nach den Regeln der Pléiade, deren extreme Forderungen V. de La F. jedoch ablehnte.

Vauthier, Jean [frz. voˈtje], * Bordeaux 20. Sept. 1910, frz. Dramatiker.
Vertreter der zeitgenöss. frz. Theateravantgarde, dessen Drama „Kapitän Bada" (1950, dt. 1961) am Beginn der Ära des absurden Theaters stand; mit Vorliebe behandelt er in der Manier des „Antistücks" den Schaffensprozeß des Dichters; bemerkenswert sein auch in Deutschland bekanntgewordenes umstrittenes Ehebruchsstück nach Machiavelli „Die neue Mandragora" (1953, dt. EA 1963); auch Hörspielautor.
Weitere Werke: L'impromptu d'Arras (Dr., 1951), Fortissimo (Dr., 1952; dt. 1961), Le tramway (Dr., 1954), Verwandlung (Dr., 1959; dt. 1961), Le rêveur (Dr., 1960).

Vauvenargues, Luc de Clapiers, Marquis de [frz. vovˈnarg], * Aix-en-Provence 6. Aug. 1715, † Paris 28. Mai 1747, frz. Schriftsteller.
Unvollständige Schulbildung; strebte glanzvolle militär. Karriere an, mußte jedoch nach Teilnahme an den Feldzügen in Italien (1734) und Böhmen 28jährig seinen Abschied einreichen; führte seit-

dem, belastet von Krankheiten und Vermögensschwierigkeiten, ein zurückgezogenes Leben; seit 1745 in Paris, Freundschaft mit Voltaire; sein wenig umfangreiches Werk, das zu Lebzeiten des Autors nur mäßigen Beifall fand, umfaßt hpts. aphorismenartige Reflexionen über die Natur des Menschen und ist Ausdruck einer stoischen, Vernunft und Verstand argwöhn. gegenüberstehenden, im ganzen jedoch optimist. und tief moral. Weltanschauung; einer der größten frz. Moralisten mit nachhaltigem Einfluß auf Nietzsche.
Hauptwerke: Einleitung zur Kenntnis des menschl. Geistes (1746, dt. 1815), Betrachtungen und Maximen (1746, dt. 1906).
Literatur: Hinrichs, F.: *Maximenformen bei V. u. La Rochefoucauld. Ein Vergleich. Diss. Hamb. 1964.* – Brock, E.: *V. In: Zs. f. philosoph. Forschung 7 (1953), 2.* – Souchon, L.: *V., philosophe de la gloire. Paris 1947.* – Rabow, H.: *Die zehn Schaffensjahre des V. 1737–1747. Bln. 1932.* – ↑ auch La Rochefoucauld, François VI, Herzog von.

Važa[-]Pšavela ↑ Wascha[-]Pschawela.

Vazov ↑ Wasow.

Veda ↑ Weda.

Veen, Adriaan van der [niederl. veːn], Pseudonym Robert J. Moreland, * Venray 16. Dez. 1916, niederl. Schriftsteller.
Redakteur bei „Het Vaderland", Mitbegründer der Zeitschrift „Werk"; zunächst stark vom Surrealismus beeinflußt. Immer wieder beschäftigt ihn das Verhältnis des Menschen zur Gesellschaft. Seine späteren großen Romane zeigen starken Einfluß amerikan. Autoren.
Hauptwerke: Geld speelt de groote rol (R., 1938), Wij hebben vleugels (R., 1946), Het wilde feest (R., 1952), De man met de zilveren hoed (R., 1957), Doen alsof (R., 1960).

Vega, Garcilaso de la [span. 'beɣa] ↑ Garcilaso de la Vega.

Vega, Ventura de la [span. 'beɣa], * Buenos Aires 14. Juli 1807, † Madrid 29. Nov. 1865, span. Schriftsteller.
Kam nach dem Tod des Vaters nach Madrid, war Schüler Alberto Listas; Sekretär und Lehrer Isabellas II.; klassizist. Lyriker und Dramatiker, der v.a. mit seiner Komödie „El hombre de mundo" (1845) sehr erfolgreich war; Bühnenwirksamkeit, gefällige Verstechnik und subtile Charakterzeichnung kennzeichnen seine Komödien und Singspiele, die oft eine moral. Tendenz aufweisen.
Weitere Werke: Don Quijote de la Mancha en Sierra Morena (Kom., 1832), Don Fernando de Antequera (Dr., 1847), La muerte de César (Trag., 1863).

Vega Carpio, Lope Félix de [span. 'beɣa 'karpio], * Madrid 25. Nov. 1562, † ebd. 27. Aug. 1635, span. Dichter.
Aus einfachen Verhältnissen; soll schon mit 12 Jahren Komödien geschrieben haben; studierte in Madrid und Alcalá de Henares, trat in den Dienst des Herzogs von Alba, wurde wegen einer Liebesaffäre aus der Hauptstadt verbannt, heiratete 1588 zum erstenmal; nahm an der Expedition der Armada gegen England teil; nach seiner Rückkehr in Valencia, ab 1595 wieder in Madrid; als Reisebegleiter in Italien; nach weiteren Liebesaffären und Tod seiner zweiten Frau 1614 zum Priester geweiht; 1627 vom Papst zum Dr. theol. ernannt. V. C. war als bed. Lyriker und Begründer des nationalen span. Theaters von außerordentl. Volkstümlichkeit; als Lyriker schrieb er Romanzen, Eklogen, Kanzonen, Sonette u.a., als Erzähler den weitgehend autobiograph. Roman „Dorothea" (1632, dt. 1828), Schäferromane, Verserzählungen u.a.; seine Hauptleistung liegt jedoch auf dramat. Gebiet, v.a. in der Erfindung einer ausgeglichenen, spannungsreichen Handlung, deren bewegende Kräfte Ehre, Treue und Hingabe an das Königtum, span.-kath. Glaube und leidenschaftl. Liebe sind; die Charaktere sind der Handlung untergeordnet; die Grenzen zwischen Rationalem und Irrationalem sind verwischt, der Handlungsablauf wird immer wieder durch unmittelbares Eingreifen übernatürl. Mächte beeinflußt; typ. für V. C. ist die Figur des „Gracioso", der den Helden parodiert; von den angebl. 1500 Dramen sind rund 500 erhalten: histor., religiöse, mytholog. Schauspiele, Komödien, die in adliger Gesellschaft spielenden Mantel-und-Degen-Stücke, Dramatisierungen von Heiligenviten, Autos sacramentales usw.; die bekanntesten sind „Der Richter von Zalamea" (dt. 1887), „Die Jüdin von Toledo" (1617, dt. 1920)

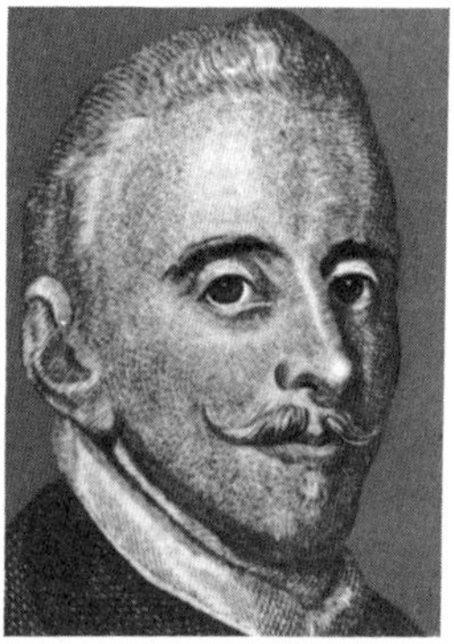
Lope Félix de Vega Carpio

und „Der Ritter vom Mirakel" (1621, dt. 1961).
Weitere Werke: La Dragontea (Epos, 1598), Finea oder die kluge Närrin (Kom., 1617; dt. 1935), Loderndes Dorf (Dr., 1619; dt. 1960, 1935 u.d.T. Das brennende Dorf), Der Ritter von Olmedo (Dr., zwischen 1625 und 1630; dt. 1960), Der beste Richter ist der König (Schsp., 1635; dt. 1824), Die schlaue Susanna (Kom., postum 1653; dt. 1941).
Ausgaben: L. de V. Ausgew. Werke in 6 Bden. Dt. Übers. Emsdetten 1960–63. – L. de V. Obras dramáticas escogidas. Hg. u. bearb. v. E. J. Martínez. *Madrid 1934–36. 6 Bde. – L. de V. Obras. Hg. v. der Real Academia Española. Madrid 1890–1913. 15 Bde.*
Literatur: L. de V. studies, 1937–62. Hg. v. J. H. Parker *u.* A. M. Fox. *Toronto 1964.* – Laplane, G.: *L. de V. 1562–1635. Paris 1963.* – Zamora Vicente, A.: *L. de V. Su vida y su obra. Madrid 1961.* – Menéndez y Pelayo, M.: *Estudios sobre el teatro de L. de V. Santander ²1949. 6 Bde.* – Voßler, K.: *L. de V. u. sein Zeitalter. Mchn. ²1948.* – Entrambasaguas, J. de: *Estudios sobre L. de V. Madrid 1946–47. 2 Bde.* – Entrambasaguas, J. de: *Vivir y crear de L. de V.*

Madrid 1946. – Rennert, H. A.: *The life of L. de V., 1562–1635. Glasgow; London 1904. Nachdr. New York 1937.*

Vegesack, Siegfried von ['f...], * Gut Blumbergshof bei Wolmar (Livland) 20. März 1888, dt. Schriftsteller.
Aus balt. Adel; Geschichtsstudium; lebt seit Ende des 1. Weltkriegs auf Burg Weißenstein im Bayer. Wald, 1934–38 in der Emigration, während des 2. Weltkriegs Wehrmachtsdolmetscher. Den stärksten Erfolg hatte V. mit balt. Erzählungen und Romanen („Balt. Trilogie", R.-Trilogie, 1933–35, 1938 u.d.T. „Die balt. Tragödie"), fand aber auch für seine Gedichtbände und Kinderbücher viele Leser; auch Dramatiker, Hörspielautor und Übersetzer.
Weitere Werke: Das fressende Haus (R., 1932), Das Kritzelbuch (Ged. und En., 1939), Kleine Hausapotheke (Ged. und En., 1944), Der Pfarrer im Urwald (E., 1947), Das Unverlierbare (Ged., 1947), Der letzte Akt (R., 1957), Tanja (En., 1959), Die Überfahrt (R., 1967).

Veghe, Johannes ['fe:gə], * Münster (Westf.) um 1430, † ebd. 21. Sept. 1504, niederdt. geistl. Schriftsteller.
Trat in Münster den Brüdern vom gemeinsamen Leben bei, 1475 Rektor des Brüderhauses in Münster. Führender Vertreter der Devotio moderna; verfaßte allegor. Traktate und Predigten in meisterhafter und anschaulicher Sprache.

Vehmas, Kerttu Elin [finn. 'vɛhmas] † Vaara, Elina.

Veigelsberg, Hugó ['f...] † Ignotus.

Velatus, L. † Laßwitz, Kurd.

Velde, Anton van de [niederl. 'vɛldə], * Antwerpen 8. Juli 1895, fläm. Schriftsteller und Kritiker.
Als Regisseur der fläm. Volksbühne „Vlaamsch Volkstoneel" und Verfasser techn. moderner, expressionist. Schauspiele mit lyr.-symbol. Haltung wurde er zum Erneuerer des fläm. Theaters nach dem 1. Weltkrieg. Aufsehen erregte sein nationales Drama „Tijl I" (1925) über den fläm. Freiheitskampf. Er verfaßte auch erfolgreiche Kinderstücke und Romane, deren Rhetorik häufig auf Kosten des Gehaltes geht.
Weitere Werke: Sinte Lutgardis (Dr., 1928), Tijl II (Dr., 1930), Faust junior (Trag., 1932), Das Herz kämpft (R., dt. 1938), Fünf Musiker – ein Liebespaar (R., dt. 1943), Gott und das Gewürm (R., dt. 1951), Ein Tag hat 24 Stunden (R., dt. 1953).

Veldeke, Heinrich von † Heinrich von Veldeke.

Vélez de Guevara, Luis [span. 'beleθ ðe ɣe'βara], * Écija (Sevilla) Juli 1579, † Madrid 10. Nov. 1644, span. Dichter.
Studierte an der Universität Osuna, war Page des Bischofs von Sevilla und kämpfte 1600–03 in Italien und Afrika; danach am Hof von Valladolid, 1605 wieder in Madrid; starb verarmt; Verfasser des satir. Schelmenromans „El diablo cojuelo" (1641), der durch die Bearbeitung von Lesage („Der hinkende Teufel") berühmt wurde; als Dramatiker in der Nachfolge Lope de Vegas; soll über 400 Stücke geschrieben haben, von denen jedoch nur rund 80 erhalten sind. Am bekanntesten sind: „Más pesa el rey que la sangre", „Reinar después de morir" und „La luna de la Sierra".

Veličkov † Welitschkow.

Velleius Paterculus, Gaius, * um 19 v. Chr., † um 31 n. Chr., röm. Geschichtsschreiber.
Kämpfte als Reiteroberst in Armenien gegen die Parther, später in Germanien und Pannonien unter Tiberius, der ihn 15 zum Prätor machte. Verfaßte einen Abriß der röm. Geschichte bis 30 n. Chr. in 2 Büchern, von denen das erste größtenteils verloren ist. Im Ggs. zu Tacitus großer Bewunderer von Kaiser Tiberius.
Ausgabe: C. V. P. Ex Historiae Romanae libris duobus quae supersunt. Hg. v. K. Stegmann v. Pritzwald. *Lpz. ²1933. Neudr. mit Zusätzen v.* H.-D. Blume. *Stuttg. 1968.*

Vel'tman † Weltman.

Venantius Fortunatus (V. Honorius Clementianus F.), * Treviso (Venetien) nach 530, † Poitiers um 600, lat. christl. Dichter.
Studierte in Ravenna Grammatik und Rhetorik; unternahm Reisen nach Gallien und Germanien, wurde Hofpoet der merowing. Könige; trat später in ein Kloster in Poitiers ein und wurde Bischof. Bed., an Vergil, Horaz und Ovid geschulter Lyriker, dessen Gedichte, meist für bestimmte Anlässe geschrieben, ein lebendiges Bild der Zeit geben; bed. v.a. seine religiösen Hymnen (bekannt „Vexilla regis prodeunt"), die z.T. noch heute in der Liturgie der kath. Kirche verwendet werden; auch Verfasser eines Epos über St. Martin, von lehrhaften Prosastücken u.a.
Literatur: Tardi, D.: *F. Paris 1927.*

Venen, Paul van der [niederl. 've:nə] † Hemeldonck, Emiel van.

Venevitinov † Wenewitinow.

Vennberg, Karl Gunnar [schwed. ˌvɛnbærj], * Blädinge (Kronoberg) 11. April 1910, schwed. Lyriker.
Studierte Philosophie, bed. Kritiker; pessimist. Grundhaltung bestimmt sein literar. Schaffen, das durch vollendete Diktion gekennzeichnet ist. Übersetzer Kafkas, der auf V.s Werk nicht ohne Einfluß blieb.
Hauptwerke: Hymn och hunger (Ged., 1937), Halmfackla (Ged., 1944), Gatukorsning (Ged., 1952), Synfält (Ged., 1954).

Ventadorn, Bernart von [frz. vãta'dɔrn] † Bernart de Ventadour.

Verbeeck, René [Anton] [niederl. vər'be:k], * Wilsele 18. April 1904, fläm. Lyriker und Essayist.
Einer der Mitbegründer der Zeitschrift „Vormen" und führende Persönlichkeit der Gruppe um diese Zeitschrift; später Leiter von „De bladen voor de poëzie". In seinen Gedichten ist er um eine sorgfältige, beherrschte Form bemüht. Die Besinnlichkeit seiner früheren Dichtung wich einer Hingabe an die Schönheiten des ird. Lebens.
Hauptwerke: De donkere bloei (Ged., 1930), De minnaars (Ged., 1935), Heilig leven (Ged., 1940), Op het spalier der maanden (Ged., 1948).

Vercors [frz. vɛr'kɔ:r], eigtl. Jean Bruller, * Paris 26. Febr. 1902, frz. Schriftsteller.
Vor dem Krieg Elektroingenieur, Buchillustrator und Zeichner, wurde erst durch seine in dem von ihm gegr. Résistance-Verlag „Éditions de Minuit" erschienene, das dt.-frz. Verhältnis behandelnde Erzählung „Das Schweigen des Meeres" (1942, dt. 1945) bekannt.
Weitere Werke: La marche à l'étoile (Nov., 1943), Le songe (Nov., 1945), Waffen der Nacht

(Nov., dt. 1949), Das Geheimnis der Tropis (Nov., dt. 1958), P. P. C. (Essay, 1957), Sylva oder Wie der Geist über die Füchsin kam (R., dt. 1963), Zoo oder Der menschenfreundl. Mörder (Kom., dt. 1964).

Verdaguer i Santaló, Jacint [katalan. bərðəˈɣɛr i səntəˈlo], * Folgarolas (Barcelona) 17. Mai 1845, † Vallvidrera (Barcelona) 10. Juni 1902, katalan. Dichter.
Priester, zeitweise Schiffskaplan. Sein ep. Talent kommt v.a. in Heiligenlegenden zum Ausdruck; großartige Naturschilderungen, Bilderreichtum und Phantasie zeichnen seine Dichtung aus; verfaßte v. a. religiöse Lyrik.
Hauptwerke: Atlantis (Epos, 1877; dt. 1897), Der Traum des hl. Johannes (Dichtung, 1887; dt. 1909), Blumen vom Kalvarienberg (Ged., 1896; dt. 1904).

Verde, José Joaquim Cesário [portugies. ˈverdə], * Lissabon 25. Febr. 1855, † ebd. 18. oder 19. Juli 1886, portugies. Lyriker.
Philologiestudium; Kaufmann, Mitarbeit an verschiedenen Zeitschriften. Nach romant.-parnass. Anfängen unter dem Einfluß Baudelaires führte V. neue Stilelemente und Themen (Poetisierung des großstädt. Alltags, Sozialkritik) in die portugies. Dichtung des 19. Jh.s ein. Sein Werk erschien postum („O livro de C. V.", 1887).

Veresaev ↑ Weressajew.

Verga, Giovanni [italien. ˈverga], * Aci bei Catania 31. Aug. 1840, † Catania 27. Jan. 1922, italien. Schriftsteller.
Aus angesehener Familie; studierte Jura in Catania, widmete sich jedoch schon mit 22 Jahren ganz dem Beruf des Schriftstellers und Journalisten; Mitbegründer der kurzlebigen patriot. Zeitschrift „Roma degli Italiani"; 1865–71 in Florenz, Verkehr in literar. Zirkeln; danach in Mailand; Förderung durch Capuana; Begegnung mit Zola in Rom; die letzten Jahrzehnte seines Lebens zurückgezogen wieder in Sizilien; Hauptvertreter des sog. Verismus, der italien. Spielart des europ. Naturalismus; begann mit histor.-patriot. Romanen („I carbonari della montagna", 1862), schrieb in der Folge z.T. autobiograph., psycholog.-realist. Romane, darunter „Una peccatrice" (1866), und verfaßte dann Novellen aus dem sizilian. Landleben („Sicilian. Dorfgeschichten", 1880, dt. 1895; „Sizilian. Novellen", 1883, dt. 1954), von denen „Cavalleria rusticana", die von

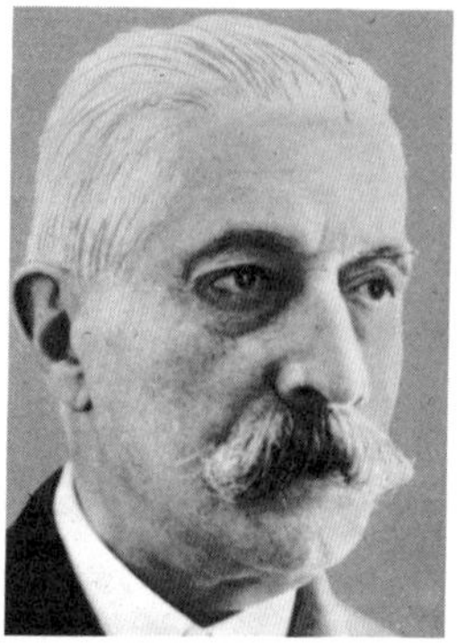
Giovanni Verga

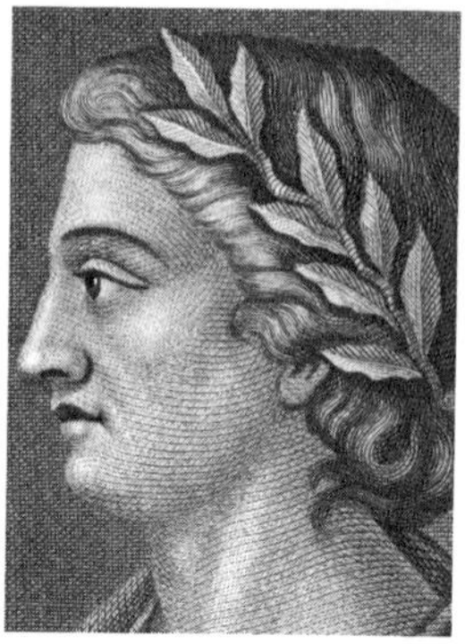
Publius Vergilius Maro

V. 1884 dramatisiert wurde und Mascagni als Opernlibretto diente, am bekanntesten wurde; von dem auf 5 Bde. angelegten naturalist. Romanzyklus „I vinti" sind nur „Die Malavoglia" (1881, dt. 1945, 1940 u.d.T. „Sizilian. Fischer") und „Mastro-Don Gesualdo" (1889, dt. 1960, 1894 u.d.T. „Meister Motta") erschienen.
Weitere Werke: Nedda (E., 1874), Ihr Gatte (R., dt. 1884).
Ausgaben: G. V. Meisternovellen. Dt. Übers. Zürich 1955. – G. V. Opere. Hg. v. L. *u.* V. Peroni. *Mailand 1939–43. 5 Bde.*
Literatur: Viti, G.: *V. verista. Florenz 1961.* – Hempel, W.: *G. V.s Roman „I Malavoglia" u. die Wiederholung als erzähler. Kunstmittel. Köln u. Graz 1959.* – Scaramucci, I.: *Introduzione a V. Brescia 1959.* – Cappellani, N.: *V. Europeo. Florenz 1940–54. 3 Bde.*

Vergil ↑ Vergilius Maro, Publius.

Vergilius Maro, Publius, * Andes (heute Pietole bei Mantua) 15. Okt. 70, † Brundisium (heute Brindisi) 21. Sept. 19 v. Chr., röm. Dichter.
Entstammte einer einfachen Bauernfamilie; studierte Rhetorik, Philosophie, Mathematik und Medizin; 41 infolge der Landverteilung an die Veteranen der Schlacht bei Philippi Verlust des väterl. Besitzes, der ihm jedoch durch Asinius Pollio, das Haupt der Agrarkommission, wieder zurückerstattet wurde; V. gehörte zum Kreis um Maecenas, lebte in Sizilien und Kampanien, meist in Neapel, zeitweise auch in Rom, scheu und zurückgezogen; starb, auf der Heimreise von Griechenland an Fieber erkrankt, wenige Tage nach der Landung. In den Jahren 42–39 entstanden die „Bucolica" (auch „Eclogae" genannt), in denen V., von Theokrit beeinflußt, mit zahlreichen Anspielungen auf Zeitereignisse und führende Persönlichkeiten einen eigenen bukol. Stil entwickelte; im Lehrgedicht „Georgica" (entstanden von 37–30), dessen Vorbilder Hesiod, Lukrez u.a. waren, würdigte er die harte tägl. Arbeit des Landmannes. Bald nach Vollendung der „Georgica" begann V. mit seinem Hauptwerk, der „Aeneis"; in den 12 Büchern des röm. Nationalepos besang der Dichter den Mann der histor. Tat, pries, indem er den myth. Stoff mit dem geschichtl. verknüpfte, die zukünftige mächtige Geschichte der Nachkommen des Äneas und deutete die weltgeschichtl. Sendung Roms von der Augusteischen Ordnung her, die für V. der Gipfel-

punkt und die Vollendung der Größe Roms war. Unter V.' Namen sind eine Anzahl kleinerer Gedichte überliefert, die, in der „Appendix Vergiliana" herausgegeben, z.T. unecht sind.
Ausgaben: Vergil. Aeneis. Lat.-dt. Hg. v. J. Götte. *Mchn. ²1965. – Vergil. Landleben. Bucolica, Georgica, Catalepton. Lat.-dt. Hg. v.* J. Götte. *Mchn. ³1958. – P. Vergili Maronis opera. Hg. v.* O. Ribbeck. *Lpz. ²1894–95. 4 Bde.*
Literatur: Posch, S.: *Beobachtungen zur Theokrit-Nachwirkung bei Vergil. Innsbruck 1969.* – Quinn, K.: *Virgil's Aeneid. A critical description. London 1968.* – Haecker, Th.: *Vergil, Vater des Abendlandes. In:* Haecker: *Vergil. Schönheit. Metaphysik des Fühlens. Mchn. 1967.* – Klingner, F.: *Virgil. Bucolica, Georgica, Aeneis. Zürich u. Stuttg. 1967.* – Pöschl, V.: *Die Dichtkunst Virgils. Bild u. Symbol in der Äneis. Wien ²1964. – Wege zu Vergil. Drei Jahrzehnte Begegnungen in Dichtung u. Wiss. Hg. v.* H. Oppermann. *Darmst. 1963.* – Büchner, K.: *P. V. M., der Dichter der Römer. Stuttg. 1956.* – Wetmore, M. N.: *Index verborum Vergilianus. New Haven ²1930. Nachdr. Hildesheim 1961.* – Wili, W.: *Vergil. Mchn. 1930.* – Merguet, H.: *Lex. zu V. mit Angabe sämtl. Stellen. Lpz. 1909–12. 10 Lfgg. Nachdr. Hildesheim 1960.*

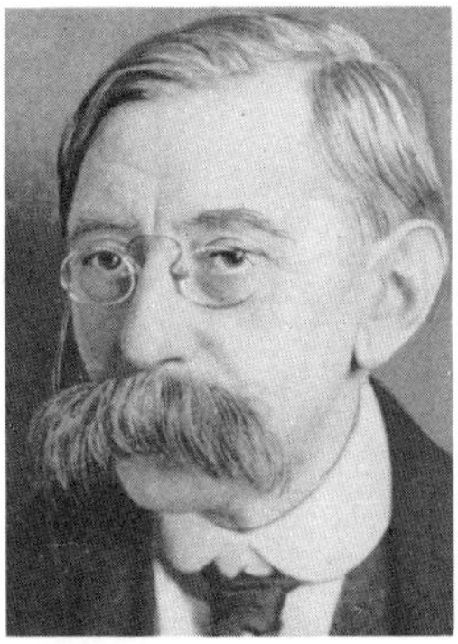
Émile Verhaeren

Verhaeren, Émile [frz. vɛra'rɛn, niederl. vər'ha:rə], * Sint-Amands (Antwerpen) 21. Mai 1855, † Rouen 27. Nov. 1916, belg. Dichter.
Schüler des Collège de Sainte-Barbe in Gent zusammen mit Rodenbach und Maeterlinck; Rechtsstudium in Löwen; Anwalt in Brüssel, wandte sich aber bald ganz der Literatur (und Kunstkritik) zu; Verkehr mit Ensor; Reisen in W-Europa, auch Deutschland; nach Überwindung schwerer seel. und körperl. Krise 1891 Heirat; lebte abwechselnd in Belgien und Frankreich, wo er 1916 einem Eisenbahnunglück zum Opfer fiel. V. ist der bedeutendste frz.-sprachige belg. Lyriker. Er begann mit Gedichten in der Art der Parnassiens: „Les Flamandes" (1883), in denen er seine fläm. Heimat besingt; ihnen folgten, als Ausdruck der inneren Krise, Sammlungen sensibler, z.T. halluzinator. Gedichte: „Les soirs" (1887), „Les débâcles" (1888), „Les flambeaux noirs" (1890), „Les apparus dans mes chemins" (1891); die charakteristischsten Lyrikbände V.s, die ihm nach seiner Hinwendung zur Gegenwart und zum Sozialismus den Ruf eines lebensbejahenden „Sängers des Maschinenzeitalters", eines „Dichters des 20. Jh.s" und wegen seines hymn. Stils (Vers libre) auch den eines „belg. Walt Whitman" einbrachten, sind „Die geträumten Dörfer" (1895, dt. 1911), „Les villes tentaculaires" (1895), „Les forces tumultueuses" (1902), „Toute la Flandre" (1904–11). Auch Dramatiker. Setzte sich bes. für Frieden und Völkerfreundschaft ein und stand Stefan Zweig nahe.
Ausgaben: E. V. Ausgew. Gedichte. Nachdichtung v. St. Zweig. *Lpz. ³1923. – É. V. Œuvres. Paris 1912–36. 9 Bde.*
Literatur: Bodart, R.: *V. hier et aujourd'hui. Tournai 1966.* – Christophe, L.: *É. V. Neuaufl. Paris 1960.* – Jones, P. M.: *E. V. A study in the development of his art and ideas. Cardiff; London 1926. Nachdr. London 1957.* – Smet, J. de: *E. V. Brüssel 1920–22. 2 Bde.* – Zweig, St.: *E. V. Lpz. ²1913.*

Verhulst, Rafaël [niederl. vər'hʏlst], Pseudonym Luc en Koen Ravenstein, * Wommelgem 7. Febr. 1866, † Vaals 24. März 1941, fläm. Schriftsteller.
Studierte in Löwen, wurde Journalist, Beamter und Lehrer für niederl. Literatur am Antwerpener Konservatorium. Von 1915 an war er Chefredakteur bei der Zeitung „Het Vlaamsche Nieuws". V. setzte sich für die polit. Unabhängigkeit der Flamen ein und mußte 1918 fliehen. 1921 wurde er Lektor für Niederl. in Göttingen. V. schrieb Gedichte, erzählende Prosa und Dramen v.a. geschichtl. Thematik; daneben Singspiele.
Hauptwerke: Hoogste plicht (Dr., 1899), Langs groene hagen (Ged., 1899), Jezus de Nazarener (Dr., 1904), Semini's kinderen (Dr., 1911), De jeugd van Tijl Uilenspiegel (R., 1942).

Veríssimo, Erico Lopes [brasilian. ve'risimu], * Cruz Alta (Rio Grande do Sul) 17. Dez. 1905, brasilian. Schriftsteller.
Unterscheidet sich, beeinflußt von der angloamerikan. Literatur, erheblich von den übrigen brasilian. Autoren; schildert die soziale und geistige Entwicklung seines Landes; schrieb zahlreiche Romane, Biographien, Reiseberichte, Essays und beliebte Kinderbücher. Übersetzte angloamerikan. Literatur.
Hauptwerke: Die Zeit und der Wind (R., dt. 1953), Das Bildnis des Rodrigo Cambará (R., dt. 1955), Nacht (R., dt. 1956), Mexico. Land der Gegensätze (Reisebeschreibungen, dt. 1958).

Verlaine, Paul [frz. vɛr'lɛn], * Metz 30. März 1844, † Paris 8. Jan. 1896, frz. Dichter.

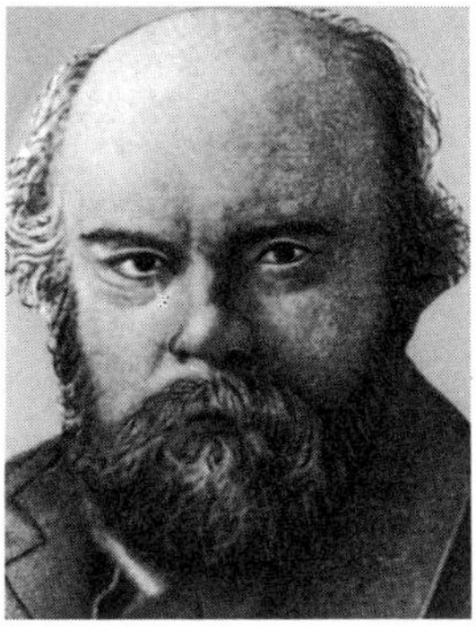
Paul Verlaine

Sohn eines Offiziers, kam früh mit den Eltern nach Paris, wurde Verwaltungsbeamter; heiratete 1870, verfiel bald dem Alkohol; völlige Abkehr von den bürgerl. Werten; seit 1871 intime Freundschaft zu Rimbaud, an der V.s Ehe zerbrach; unstetes Wanderleben zusammen mit Rimbaud, dem er in Belgien im Verlauf einer Auseinandersetzung eine Schußverletzung beibrachte; 1873 bis 1875 Gefängnishaft in Mons; vergebl. Versuch zur Rückkehr ins bürgerl. Leben; 1875 und 1879 Lehrer in England; starb verlassen und verarmt. Einer der bedeutendsten Lyriker des frühen Symbolismus und der gesamten frz. Literatur; seine ersten Verssammlungen, „Saturnische Gedichte" (1866, dt. ²1912) und die die Welt Watteaus spiegelnden „Galanten Feste" (1869, dt. ²1912), stehen noch ganz im Zeichen der Parnassiens; erst unter dem Einfluß Rimbauds fand er seinen eigenen Stil, den er später in dem programmat. Gedicht „L'art poétique" (veröffentlicht in „Jadis et naguère", 1885, dt. Ausw. 1922 u.d.T. „Einst und jüngst") im symbolist. Sinne präzisierte; Hauptforderung: Befreiung vom starren Reim- und Regelzwang, Sichtbarmachung der [seel.] Zwischentöne („nuance, pas la couleur") und Betonung der Musikalität der Sprache. V.s Einfluß auf die moderne Dichtung war außerordentlich.

Weitere Werke: Das gute Lied (Ged., 1870; dt. 1922), Sagesse (Ged., 1881), Amour (Ged.,1888), Parallèlement (Ged., 1889), Frauen (Ged., 1890; dt. 1919), Dédicaces (Ged., 1890), Bonheur (Ged., 1891), Meine Gefängnisse (Prosaschrift, 1893; dt. 1914), Beichte (Prosaschrift, 1895; dt. 1921).

Ausgaben: P. V. Gedichte. Frz. u. dt. Köln 1967. – P. V. Œuvres poétiques complètes. Hg. v. Y.-G. Le Dantec *u.* J. Borel. *Neuaufl. Paris 1965. – P. V. Œuvres complètes. Paris 1931–32. 8 Bde. – P. V. Ges. Werke in 2 Bden. Dt. Übers. Hg. v.* St. Zweig. *Lpz. 1922. 2 Bde.*

Literatur: Richer, J.: *P. V. Dt. Übers. Neuwied 1968.* – Bornecque, J.-H.: *V. par lui-même. Paris 1966.* – Eaubonne, F. d': *V. et Rimbaud ou la fausse évasion. Paris 1960.* – Morice, L.: *V., le drame religieux. Paris 1946.* – Haug, G.: *V. Die Gesch. des armen Lelian. Leben, Dichtung, Bekenntnisse, Briefe. Basel 1944.*

Vermẹylen, August [niederl. vər'mɛi̯lə], * Brüssel 12. Mai 1872, † Uccle bei Brüssel 10. Dez. 1945, fläm. Schriftsteller.

Literar- und Kunsthistoriker; als geistiger Führer der fläm. Literatur in der 1. Hälfte des 20. Jh.s und als Essayist bedeutender denn als Dichter. Er leitete die Zeitschrift „Van Nu en Straks", die für die Befreiung der fläm. Literatur aus dem Regionalismus eintrat. V. verfaßte eine moderne fläm. Literaturgeschichte, schrieb klass. gewordene Essays („Verzamelde opstellen", 1904/05 und „Beschouwingen", 1942). Als Sinnbild des eigenen Volkes diente ihm Ahasver („Der ewige Jude", R., 1906; dt. 1917).

Weitere Werke: Van Gezelle tot Timmermans (Schr., 1923), Twee vrienden (R., 1943).

Literatur: Westerlinck, A.: *De Wereldbeschouwing van A. V. Antwerpen 1958.* – Roemans, R.: *Het werk van A. V., analytische bibliografie. Amsterdam 1953. – Gedenkboek A. V. Den Haag 1932.*

Vẹrne, Jules [frz. vɛrn], * Nantes 8. Febr. 1828, † Amiens 24. März 1905, frz. Schriftsteller.

Jugend in Nantes; studierte Jura in Paris, interessierte sich jedoch mehr für das Theater, für das er bald zu schreiben begann; UA seines ersten Stückes 1850 durch A. Dumas; wurde, um Geld zu verdienen, Börsenmakler und begann 1863 in regelmäßiger Folge utop.-halbwissenschaftl. Abenteuer- und Zukunftsromane zu veröffentlichen, die seither zu den meistübersetzten Werken der frz. Literatur gehören; am bekanntesten sind: „Fünf Wochen im Ballon" (1863, dt. um 1875), „Reise zum Mittelpunkt der Erde" (1864, dt. um 1875), „Von der Erde zum Mond" (1865, dt. um 1875), „Reise um den Mond" (1869, dt. um 1875), „20000 Meilen unter dem Meer" (1870, dt. um 1875), „Reise um die Erde in 80 Tagen" (dt. um 1875).

Ausgaben: J. V. Werke. Dt. Übers. Bearb. v. Joachim Fischer *u. a. Frkf. 1966ff. Auf mehrere Bde. berechnet. – J. V. Œuvres complètes. Paris 1878–1910. 82 Bde. – J. V. Bekannte u. unbekannte Welten. Abenteuerl. Reisen. Dt. Übers. Wien 1873–1911. 98 Bde.*

Literatur: Allotte de la Fuye, M.: *J. V., sa vie, son œuvre. Neuaufl. Paris 1966.* – Frank, B.: *J. V. et ses voyages. Paris 1966.*

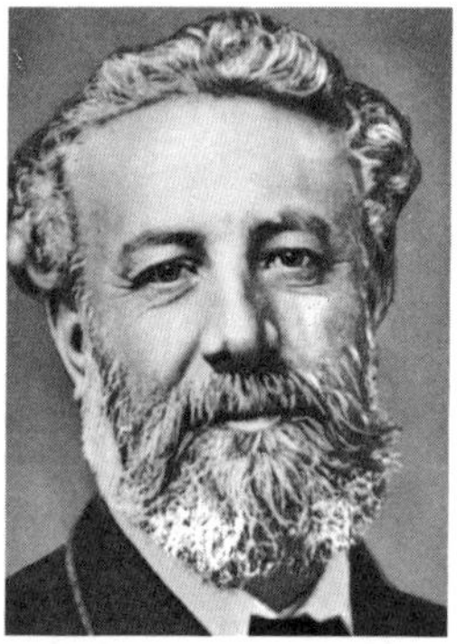

Jules Verne

Verneuil, Louis [frz. vɛr'nœj], eigtl. Louis Colin du Bocage, * Paris 14. Mai 1893, † ebd. 3. Nov. 1952 (Selbstmord), frz. Schriftsteller.

Schrieb eine Reihe bühnenwirksamer, witziger, sentimentaler Gesellschaftskomödien und Drehbücher (z.T. mit G. Berr) über polit. und erot. Themen.

Hauptwerke: Le traité d'Auteuil (Kom., 1919), Fräulein Mama (Lsp., 1920; dt. 1928), Meine Schwester und ich (Lsp., dt. 1930), Staatsaffären (Lsp., dt. EA 1954).

Verschaeve, Cyriel [niederl. vər'sxa:və], * Ardooie (Westflandern) 30. April 1874, † Solbad Hall in Tirol 8. Nov. 1949, fläm. Dichter.

War Gymnasiallehrer in Tielt, Kaplan in Alveringem, am Ende des 2. Weltkriegs schloß er sich der zurückgehenden dt. Besatzung an. Mit seinen lyr. Dichtungen und krit. Arbeiten war er für die jungfläm. Dichter von Bedeutung. V. führt die Tradition der Dichtungen von Gezelle, Verriest u.a. fort; seine symbol. Ideendichtung zeugt von großer Sprachkraft. Er gestaltete nationalgeschichtl. und bibl. Stoffe; schrieb wertvolle Essays und Biographien, bes. beachtenswert seine monumentale Jesus-Biographie.

Hauptwerke: Meeres-Symphonien (Ged., 1911; dt. 1935), Jakob van Artevelde (Dr., 1911; dt. 1939), Judas (Dr., 1917), Maria Magdalena (Dr., 1928), Rubens (Biogr., dt. 1938), Jesus, der Menschensohn (Biogr., 1940; dt. 1957).

Vershofen, Wilhelm ['f...], * Bonn 25. Dez. 1878, † Tiefenbach bei Oberstdorf 30. April 1960, dt. Schriftsteller und Wirtschaftswissenschaftler.
Kaufmannslehre, studierte Philosophie, Germanistik und Kunstwissenschaft; Lehrer, Volkswirtschaftsstudium; leitende Stellung in Wirtschaftsverbänden; 1923 Professor für Wirtschaftswissenschaft. Gründete den „Bund der Werkleute auf Haus Nyland“ zusammen mit J. Kneip und J. Winckler. Als Literat schrieb er v.a. Romane aus der Wirtschafts- und Industriewelt („Der Fenriswolf“, R., 1914), ferner philosoph. Werke; als Wissenschaftler verfaßte er eine Reihe namhafter Fachbücher.
Weitere Werke: Swennenbrügge. Schicksal einer Landschaft (R., 1928), Poggeburg (R., 1934), Das silberne Nixchen (E., 1951), Der große Webstuhl (Epos, 1954).

Verwey, Albert [niederl. vər'wɛi], * Amsterdam 15. Mai 1865, † Noordwijk aan Zee 8. März 1937, niederl. Schriftsteller.
Sein Einfluß auf die literar. Entwicklung der Niederlande war bes. nachhaltig. Erneuerer der niederl. Dichtung aus romant.-klassizist. Erbe. Als Führer der Tachtigers vertritt er eine hohe Auffassung von der Berufung des Dichters, darin seinem Freund St. George verwandt, mit dessen Kreis er Verbindung hatte. Die Gedichtsammlung „Aarde“ (1896) bringt von Spinoza abhängige pantheist. Gedanken. Mit der Gründung der Zeitschrift „De Beweging“ (1905–19) wandte sich V. von der ästhet.-subjektivist. Hauptströmung ab; zunehmende Neigung zu wissenschaftl. und krit. Arbeit. Übersetzte Dante und Shakespeare.
Weitere Werke: Persephone ... (Ged., 1885), Het brandende braambosch (Ged., 1899), Het leven van Potgieter (Erinnerungen, 1903), Mein Verhältnis zu St. George (Prosa, dt. 1936).
Literatur: Pannwitz, R.: *A. V. u. Stefan George. Zu V.s 100. Geburtstag. Hdbg. 1965.* – Uyldert, M.: *Uit leven van A. V. Amsterdam 1948–59. 3 Bde.* – Vooys, I. P. de: *In het midden van V.'s dichterschap. Santport 1941.*

Vesaas, Tarjei [norweg. 've:so:s], * Vinje (Telemark) 20. Aug. 1897, norweg. Schriftsteller.
Schreibt in Landsmål; Bauernsohn, Volksschulbildung, nach den ersten selbständigen Veröffentlichungen Reisen nach W-Europa, Staatsstipendium; gilt als führender norweg. Romancier und Hörspielautor. Seine Themen entstammen dem bäuerl. Milieu und der Kinderwelt; anfangs unter dem Einfluß Hamsuns und der Lagerlöf realist. Darstellung, dann zunehmend symbol. Stil, der stellenweise an Kafka erinnert. V. macht die reale Welt transparent, schildert seel. Vorgänge mit feinster Nuancierung; meisterhaft sind v.a. die Romane der letzten Jahre: „Nachtwache“ (R., dt. 1964), „Das Eis-Schloß“ (R., dt. 1966) und „Drei Menschen“ (R., dt. 1968). Auch Lyriker.
Weitere Werke: Die schwarzen Pferde (R., dt. 1936), Eine Frau ruft heim (R., dt. 1937), Wächter seines Lebens (R., dt. 1939), Johann Tander (R., 1946; dt. 1960), Der Wind weht, wie er will (Novellen, dt. 1953), Die Vögel (R., dt. 1961), Regen im Haar (En., dt. 1961).
Literatur: Skrede, R.: *T. V. Oslo 1947.*

Veselinović, Janko [serbokroat. vɛsɛ,li:nɔvitɕ], * Salaš Crnobarski 1. Mai 1862, † Glogovac 14. Juni 1905, serb. Schriftsteller.
Dorfschullehrer, lebte später meistens in Belgrad; arbeitete für mehrere Zeitschriften. V. schrieb Novellen und Romane, in denen er das Leben auf dem Dorf in der Natürlichkeit der bäuerl. Erzählweise, oft idealisierend, beschreibt. Später erweiterte sich sein Themenkreis durch das Erlebnis der Großstadt um polit. und soziale Problematik. Er schrieb den vielgelesenen histor. Roman „Hajduk Stanko“ (1896) über die Erhebung gegen die Türken. V. ist auch Autor von Bühnenstücken.

Veselyj ↑ Wessjoly.

Vesper, Will ['f...], * Barmen (heute Wuppertal-Barmen) 11. Okt. 1882, † Gut Triangel bei Gifhorn 14. März 1962, dt. Schriftsteller.
Studierte Germanistik und Geschichte, war Verlagsberater und seit etwa 1911 freier Schriftsteller; nach Teilnahme am 1. Weltkrieg Feuilletonchef bei der „Dt. Allgemeinen Zeitung“, 1923–43 Hg. der Zeitschrift „Die schöne Literatur“. 1933 wurde er in die Dichterakademie berufen. V. schrieb humorist. und histor. Erzählungen und Romane von betont nationaler Grundhaltung, z.T. in Übereinstimmung mit den Nationalsozialisten; auch Jugend- sowie Reisebücher, dramat. Werke und Lyrik. V. gab verschiedene dt., hpts. mittelalterl. Dichtungen heraus; daneben Bearbeitungen und Übersetzungen. Die vielfältigen literar. Strömungen seiner Zeit berührten ihn wenig.
Hauptwerke: Martin Luthers Jugendjahre (1918), Die Wanderung des Herrn Ulrich von Hutten (R., 1922), Der Heilige und der Papst (Nov., 1928), Kranz des Lebens (Ged., 1934), Seltsame Flöte (En., 1958).

Vestdijk, Simon [niederl. 'vɛstdɛik], * Harlingen bei Leeuwarden 17. Okt. 1898, niederl. Schriftsteller.
Studierte in Amsterdam Medizin, wurde Schiffsarzt, später freier Schriftsteller; Mitarbeiter der Zeitschrift „Forum“; im 2. Weltkrieg als Geisel inhaftiert. Sein umfangreiches Werk besteht aus autobiograph. Gesellschafts- und breitangelegten Geschichtsromanen sowie Novellen, die sein starkes psycholog. Interesse verraten, und aus überwiegend problemat. intellektueller Lyrik. Dostojewski, Proust und Faulkner haben auf V.s Schaffen gewirkt; V. ist auch Kritiker, Essayist und Übersetzer.
Hauptwerke: Vrouwendienst (Ged., 1934), Das fünfte Siegel (R., dt. 1939), De nadagen van Pilatus (R., 1938), Die Fahrt nach Jamaica (R., dt. 1941), Aktaion unter den Sternen (R., dt. 1942), Irische Nächte (R., dt. 1944), Der Arzt und das leichte Mädchen (R., dt. 1953), Betrügst du mich (R., dt. 1954).

Veuillot, Louis François [frz. vœ'jo], * Boynes (Loiret) 11. Okt. 1813, † Paris 7. März 1883, frz. Schriftsteller.
Autodidakt, Chefredakteur einer kath. Zeitschrift, leidenschaftl. Parteinahme für den Ultramontanismus und die heftige Ablehnung jeder Form von Liberalismus machten es vielen seiner Zeitgenos-

sen schwer, den rhetor. meisterhaften Pamphleten und polem. Schriften, die sich durch Logik, kraftvolle, klare Sprache und ausgewogenen Stil auszeichnen, gerecht zu werden. Auch Verfasser religiöser und histor. Romane und Erzählungen sowie kulturgeschichtl. und literaturkrit. Aufsätze.
Hauptwerke: Les nattes (R., 1844), Corbin et d'Aubecourt (R., 1850), Mélanges religieux, historiques et littéraires (Aufs., 1856–75), Le pape et la diplomatie (Schr., 1861).
Literatur: Broucke, M. van den: *De journalistieke bezetenheid bij V. In: Dietsche Warande en Belfort 110 (1965), 644.* – Gauthier, E.: *Le génie satirique de L. V. Lyon 1953.*

Vežinov † Weschinow.

Vialar, Paul [frz. vja'la:r], * Saint-Denis 18. Sept. 1898, frz. Schriftsteller.
Studierte Wirtschaftswissenschaft, wurde erst zu Ende des Kriegs bekannt mit dem Roman „Die große Meute" (dt. 1951). Unter seinen Werken, die sich durch realist. Darstellung, Handlungsreichtum und kraftvollen, schönen Stil auszeichnen und die moderne frz. Gesellschaft darstellen, ragt der Romanzyklus „La mort est un commencement" (1945–51) hervor.
Weitere Werke: Die Seerose (R., 1939; dt. 1953), La chasse aux hommes (R.-Zyklus, 1952ff.), Der silberne Sporn (R., dt. 1952), Chronique française du XXe siècle (R.-Zyklus, 1955ff.), Achter Stock, s'il vous plaît (R., dt. 1960), La jeunesse du monde (R., 1966).

Vian, Boris [frz. vjã], * Ville-d'Avray 10. März 1920, † Paris 23. Juni 1959, frz. Schriftsteller.
Ingenieur, dann freier Schriftsteller, Schauspieler, Sänger, Jazzmusiker; veröffentlichte anfangs unter dem Pseudonym Vernon Sullivan 3 nach dem Muster amerikan. Kriminalromane verfaßte Romane; schrieb dann zahlreiche lyr. Romane und wandte sich dem Theater zu (teilweise von Beckett beeinflußt).
Hauptwerke: J'irai cracher sur vos tombes (R., 1946, Dr., 1948), Herbst in Peking (R., 1947; dt. 1965), Der Herzausreißer (R., 1953; dt. 1966), Die Reichsgründer oder Das Schmürz (Dr., dt. 1961), Generäle (Dr., 1962; dt. 1966), Die Ameisen (En., dt. 1968).

Viau, Théophile de [frz. vjo], * Clairac (Lot-et-Garonne) zwischen März und Mai 1590, † Paris 25. Sept. 1626, frz. Schriftsteller.
Aus Hugenottenfamilie, abenteuerl. Jugend, Hausdichter adliger Familien; wegen seines Eintretens für ein dogmenfreies Christentum zum Tod auf dem Scheiterhaufen verurteilt, siechte in 2jähriger Haft dahin, starb kurz nach der Entlassung. Unbeeinflußt von Malherbes formalen und verstechnischen Vorschriften eigenständiger Dichter, der in seinen persönl. empfundenen Naturgedichten echte lyr. Begabung zeigt, in „Pyrame et Thisbé" (1623) eine preziöse Tragödie im italien. Metaphernstil schuf und mit „Le Parnasse satirique" (1623) eine Sammlung antireligiöser Gedichte schrieb.
Literatur: Bruzzi, A.: *Il barocco nella poesia di V. Bologna 1965.* – Adam, A.: *Th. de V. et la libre pensée française en 1620. Paris 1935. Nachdr. Genf 1966.*

Viaud, Julien [frz. vjo] † Loti, Pierre.

Vicente, Gil [portugies. vi'sentə], * Lissabon (?) um 1470, † Évora (?) um 1536, portugies. Dichter.
Über seine Herkunft und sein Leben ist wenig bekannt, möglicherweise Goldschmied; war Dichter, Schauspieler und Musiker am Hofe; gilt als „Vater" des portugies. Dramas und bedeutendster portugies. Dichter neben Camões, häufig mit Plautus verglichen; sein erstes Schäferspiel wurde 1502 zur Feier der Geburt des nachmaligen Königs Johann III. aufgeführt, seitdem dichtete er zu allen größeren Jahres- und Hoffesten dramat. Spiele mit selbstkomponierten Gesangs- und Tanzeinlagen; seine Dramen – Autos, in denen der Einfluß der frz. und lat. Mysterien sichtbar ist, Komödien, Tragikomödien und rund 10 Farcen, die als seine besten Werke gelten – sind in Portugies., Span. oder einer portugies.-span. Mischsprache mit mundartl. Elementen geschrieben und verbinden Volkstümlichkeit mit Renaissancegeist und Einflüssen des Humanismus; als Gegner des Antisemitismus geriet V. in Konflikt mit der Kirche.
Hauptwerke: Der Indienfahrer (Farce, UA 1509, hg. 1562; dt. 1871), Trilogia das barcas (3 geistl. Spiele: Die Fahrt zur Hölle, UA 1517, hg. 1562, dt. 1940; Das Fegefeuer, UA 1518, hg. 1562, dt. 1940; Die Erlösung, UA 1519, hg. 1562, dt.1940), Don Duardos (Tragikom., um 1522, hg. 1562; dt. 1868), Inês Pereira (Farce, 1523, hg. 1562; dt. 1871).
Literatur: Teyssier, P.: *La langue de G. V. Paris 1959.* – Braamcamp Freire, A.: *Vida e obras de G. V. Lissabon ²1944.* – Pratt, O. de: *G. V. Notas e commentários. Lissabon 1931.*

Victorinus, Gaius Marius † Marius Victorinus, Gaius.

Vida, Marco Girolamo [italien. 'vi:da], * Cremona 1485, † Alba 27. Sept. 1566, nlat. Dichter.
Studierte Theologie, wurde Prior, 1532 Bischof von Alba im Herzogtum Montferrat; trat auf dem Trienter Konzil für Kirchenreformen ein. Sein erfolgreichstes Werk ist das Versepos „Jesus Christus" (1535, dt. 1811), eine im Aufbau auf Vergil zurückgehende Darstellung des Lebens und der Leiden Christi; außerdem verfaßte er lehrhafte Dichtungen über den Seidenbau („Die Seidenraupe", 1527; dt. 1864) und über das Schachspiel („Der im Schachspiel vom Merkur überwundene Apoll", 1527; dt. 1754); sein Werk „De arte poetica" (1527) war von großer Wirkung auf die späteren nlat. Dichter. Weniger bedeutend seine Lyrik und die breitangelegten religiösen Hymnen.

Vidal, Gore [engl. vaɪdl], * West Point (N.Y.) 3. Okt. 1925, amerikan. Schriftsteller.
Jugend in Washington; verwertete in seinem ersten Roman, „Williwaw" (1946), seine Kriegserfahrungen; veröffentlichte danach in schneller Folge zahlreiche Romane, teilweise unter dem Pseudonym Edgar Box; schrieb auch Lyrik und zeitkrit. Dramen, u.a. „Der beste Mann" (Dr., dt. 1962) über die Methoden bei der Wahl des amerikan. Präsidentschaftskandidaten.
Weitere Werke: The city and the pillar (R., 1948), The season of comfort (R., 1949), Dark green, bright red (R., 1950), Messiah (R., 1954), A thirsty evil and other stories (1956), Visit to a small planet (Dr., 1957), Julian (R., dt. 1965), Myra Breckinridge (R., dt. 1969).

Vidal, Peire † Peire Vidal.

Vidrić, Vladimir [serbokroat. 'vidritɕ], * Agram 20. April 1875, † Stenjevac bei Agram 29. Sept. 1909, kroat. Dichter.
Studierte in Prag, Agram und Wien Rechtswissenschaft, wegen Teilnahme an einer antiungar. Studentendemonstration inhaftiert; Mitbegründer der 1. Zeitschrift der kroat. Moderne „Mladost"; starb in geistiger Umnachtung. V. brachte nicht nur formal ein neues Element in die kroat. Dichtung, er griff soziale und polit. Probleme auf. Starkes persönl. Erleben, Bilderreichtum und Ausdruckskraft sind charakterist. für seine sinnenfreudige Dichtung.
Viebig, Clara ['f...], * Trier 17. Juli 1860, † Berlin 31. Juli 1952, dt. Schriftstellerin.
Gesangsstudium, heiratete den Verlagsbuchhändler Fritz Cohn. Bereits ihre ersten, naturalist. Werke „Kinder der Eifel" (Novellen, 1897) und „Das Weiberdorf" (R., 1900) erregten Aufsehen. Auch in ihren späteren, realist. Werken schildert

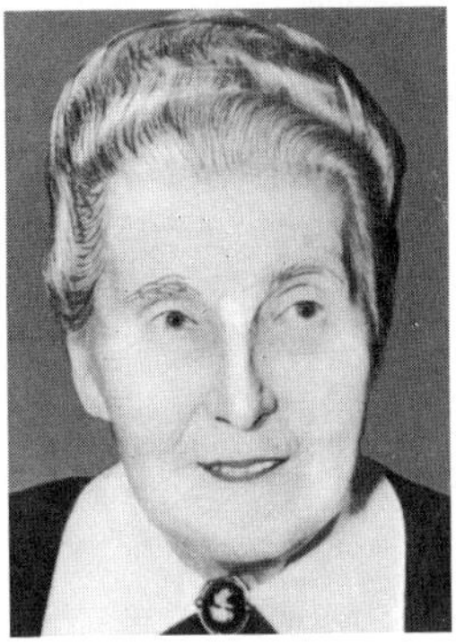
Clara Viebig

sie liebevoll und in meisterhafter Charakterzeichnung Frauen aus dem Volk in ihrer Abhängigkeit von Umwelt und Natur; oft sozialkrit. Thematik; als Dramatikerin weniger erfolgreich.
Weitere Werke: Das tägl. Brot (R., 1902), Das schlafende Heer (R., 1904), Einer Mutter Sohn (R., 1906), Das Kreuz im Venn (R., 1908), Die Passion (R., 1926), Insel der Hoffnung (R., 1933).
Ausgabe: C. V. Ausgew. Werke. Stuttg. 1922. 8 Bde.
Literatur: Poláček, J.: *Dt. soziale Prosa zw. Naturalismus u. Realismus. Zu C. V.s Romanen „Das Weiberdorf" u. „Das tägl. Brot". In: Philologica Pragensia 6 (1963), 245.* – Scheuffler, G.: *C. V. Zeit u. Jh. Erfurt 1927.*
Vie de Saint Alexis [frz. vidsɛ̃talɛk'si] ↑ Alexiuslied.
Viélé-Griffin, Francis [frz. vjelegri'fɛ̃], * Norfolk (Va.) 26. Mai 1864, † Bergerac (Dordogne) 12. Nov. 1937, frz. Dichter.
Kam als Kind nach Paris; gehörte zum engen Kreis um Mallarmé, Mithg. der Zeitschrift „Les entretiens politiques et littéraires", die sich für die Thesen des Symbolismus einsetzte. Vertreter des Symbolismus (u.a. freier Vers, ausgeprägtes Gefühl für Klangwerte), in dessen Werk die dekadente Note durch Diesseitsbejahung aufgehoben ist. Neben schlichter, liedhafter Landschaftsdichtung seiner frühen Schaffensperiode steht religiös gefärbte Lyrik; in der Behandlung antiker und altnord. Stoffe eigenständig. Übersetzer von St. George.
Hauptwerke: Les cygnes (Ged., 1887), La clarté de la vie (Ged., 1897), La voix d'Ionie (Ged., 1914).
Vienuolis, Antanas [lit. viɛ'nuɑlɪs], eigtl. A. Žukauskas, * Užuožeriai bei Anykščiai 7. April 1882, † Anykščiai 17. Aug. 1957, lit. Schriftsteller.
Arbeitete in Moskau und im Kaukasus als Apotheker; Teilnahme an der russ. Revolution von 1905, Verbannung, 1918 Rückkehr nach Litauen. V. begann im Kaukasus zu schreiben: Erzählungen, Romane, Dramen und Reisebilder. Themen sind u.a. das Leben im Kaukasus, Probleme der lit. Intelligenz in Rußland; schrieb auch einen histor. Roman: „Ausgespielt" (1947–51, dt. 1955).
Viereck, Peter [Robert Edwin] [engl. 'vɪrɛk], * New York 5. Aug. 1916, amerikan. Schriftsteller.
Studierte an der Harvard University und in Oxford; seit 1948 Professor für moderne europ. und russ. Geschichte. Führender Kritiker des New conservatism; bed. Essayist; krit. Einstellung zum modernen Massenstaat, zu Rechts- und Linksradikalismus; als Lyriker anfangs dem Experiment zugeneigt, später zu formstrengem Neoklassizismus tendierend.
Hauptwerke: Terror and decorum (Ged., 1948), conservatism revisited (Essay, 1949), Strike through the mask! (Ged., 1950), The persimmon tree (Ged., 1956).
Viertel, Berthold ['fɪrtəl], * Wien 28. Juni 1885, † ebd. 24. Sept. 1953, östr. Schriftsteller.
Studierte Philosophie und Geschichte; Dramaturg in Wien, Film- und Bühnenregisseur u.a. in Berlin, London und Hollywood (seit 1938), nach 1947 wieder in Österreich; Mitarbeiter zahlreicher führender literar. Zeitschriften (u.a. der „Fackel" von K. Kraus); schrieb Gedichte, Dramen und Essays; auch Übersetzer.
Hauptwerke: Die Spur (Ged., 1913), Karl Kraus (Essay, 1921), Das Gnadenbrot (R., 1927), Der Lebenslauf (Ged., 1947).
Ausgabe: B. V. Dichtungen u. Dokumente. Gedichte, Prosa, autobiograph. Fragmente. Ausgew. u. hg. v. E. Ginsberg. *Mchn. 1956.*
Literatur: B. V. Zur 80. Wiederkehr seines Geburtstages. Mchn. 1965.
Vieser, Dolores [vi'zɛ:r], eigtl. Wilhelmine Aichbichler, geb. Wieser, * Hüttenberg (Kärnten) 18. Sept. 1904, östr. Schriftstellerin.
Lebt in Bruckendorf bei Launsdorf (Kärnten); schrieb Romane und Erzählungen mit Themen aus Geschichte und Gegenwart ihrer Heimat.
Hauptwerke: Das Singerlein (R., 1928), Der Gurnitzer (R., 1931), Hemma von Gurk (R., 1938), An der Eisenwurzen (En., 1947), Aelia, eine Frau aus Rom (R., 1952), Licht im Fenster (R., 1953), Kleiner Bruder (R., 1964).
Vieth von Golssenau, Arnold Friedrich [fi:t] ↑ Renn, Ludwig.
Vignix, Hugues [frz. vi'ɲiks] ↑ Régnier, Henri [François Joseph] de.
Vigny, Alfred Comte de [frz. vi'ɲi], * Schloß Loches (Indre-et-Loire) 27. März 1797, † Paris 17. Sept. 1863, frz. Dichter.
Aus monarchist. gesinnter adeliger Soldatenfamilie; schwere Schulzeit in Paris; trat trotz schwächl. Konstitution nach dem Sturz Napoleons in das königl. Heer ein, das er jedoch 1827

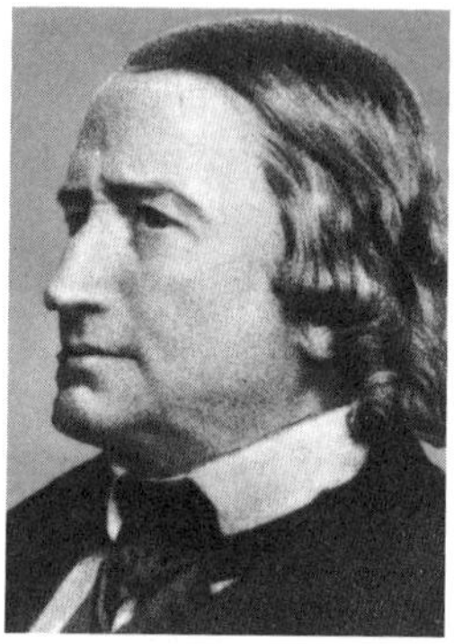

Alfred Comte de Vigny

wieder verließ; seine Ehe mit Lydia Bunbury und sein Verhältnis zu der Schauspielerin M. Dorval verliefen unglückl.; V. verbrachte die letzten 20 Jahre seines Lebens zurückgezogen und verbittert auf seinem Landsitz Le Maine-Giraud (Angoumois) oder in Paris; 1845 Mitglied der Académie française. V. war einer der maßvollsten und zugleich gedankentiefsten Dichter der frz. Romantik, dessen Werk weitgehend von einem aristokrat. und stoischen Pessimismus geprägt ist; typ. für das Lebensgefühl der Romantiker überhaupt war sein erfolgreiches Drama „Chatterton" (1835, dt. 1850), welches das Schicksal des verkannten engl. Dichters behandelt; als Lyriker veröffentlichte V. u.a. „Poèmes antiques et modernes" (1826), als Epiker den Roman „Cinq-Mars" nach dem Vorbild Scotts (dt. 1829) und Novellen u.d.T. „Des Soldatenstandes Knechtschaft und Größe" (1835, dt. 1852), die seine Erfahrungen als Soldat widerspiegeln.

Weitere Werke: Stello (R., 1832), Les destinées (Ged., 1864), Le journal d'un poète (Aufzeichnungen, hg. 1867).

Ausgaben: A. de V. Œuvres complètes. Hg. v. F. Baldensperger. *Paris 1948–49. 2 Bde. – A. de V. Œuvres. Édition définitive. Paris 1920–27. 9 Bde.*

Literatur: Eigeldinger, M.: *A. de V. Paris 1965.* – La Salle, B. de: *A. de V. Neuaufl. Paris 1963.* – Germain, F.: *L'imagination d'A. de V. Paris 1961.* – Lauvrière, E.: *A. de V., sa vie et son œuvre. Paris 1946. 2 Bde.*

Viksten, [Isak] Albert [schwed. ˌvi:kste:n], * Graninge (Norrland) 8. April 1889, schwed. Schriftsteller.

Journalist, verschiedene Berufe; Arbeiterdichter, der meist aus eigener Erfahrung vom Leben der bäuerl. Bevölkerung berichtet, sich humorvoll-skept. zum Leben in der Stadt äußert. Reiseberichte, Essays und Gedichte.

Hauptwerke: Hårda män (Ged., 1926), Eisbär steuerbord (Reisebericht, dt. 1943), Die Bärin G. (E., dt. 1959), Sie suchten neues Land (R., dt. 1959).

Vilde, Eduard, * Pudivere (Kreis Wierland) 5. März 1865, † Reval 26. Dez. 1933, estn. Schriftsteller.

Journalist, hielt sich eine Zeitlang in Berlin auf. Die Revolution von 1905 zwang den Sozialdemokraten V., seine Heimat zu verlassen. Seit 1917 setzte er sich für die nationale Selbständigkeit seines Landes ein; 1919/20 Gesandter in Berlin, danach freier Schriftsteller. V. hatte anfangs mit spannender Unterhaltungsliteratur Erfolg; später stand er unter dem Einfluß der dt. Naturalisten. Am erfolgreichsten waren seine Geschichtsromane, die soziale Probleme seiner Heimat im 19. Jh. oder psycholog. Themen einbeziehen und mit denen er einen bed. Beitrag zur realist. estn. Literatur leistete. Später Einfluß der literar. Gruppe „Jung-Estland". V. schrieb auch Reisebilder, polit. Abhandlungen und Dramen. Dt. liegt die Romantrilogie „Aufruhr in Machtra" (1902, dt. 1942) vor.

Vildrac, Charles [frz. vil'drak], eigtl. Ch. Messager, * Paris 22. Nov. 1882, frz. Schriftsteller.

Gehörte 1906 als Freund Georges Duhamels, der später sein Schwager wurde, der Gruppe der Unanimisten in der „Abbaye" von Créteil an und war während des 2. Weltkriegs aktives Mitglied der frz. Widerstandsbewegung; V. trat zuerst mit Gedichten („Images et mirages", 1908; „Le livre d'amour", 1910) und mit „Notes sur la technique poétique" (1911, mit G. Duhamel) hervor; sein bekanntestes Drama ist „Le paquebot Tenacity" (1920), eine handlungsarme Charakterstudie; V. versucht, in alltägl. Situationen des Arbeiter- und Kleinbürgerlebens den wirkl. Menschen zu zeigen; Humanitätsglaube im Sinne Rollands; schrieb auch Kinderbücher.

Weitere Werke: Madame Béliard (Dr., 1925), La brouille (Dr., 1930).

Literatur: Bouquet, G./Menanteau, P.: *Ch. V. Paris 1959.*

Vilenkin, Nikolaj Maksimovič † Minski, N.

Viljanen, Lauri Sakari [finn. 'viljɑnɛn], * Kaarina 6. Sept. 1900, finn. Lyriker.

Studierte Philologie, Professor für Literaturgeschichte in Turku; veröffentlichte Arbeiten u.a. über V. A. Koskenniemi, J. L. Runeberg und A. Kivi; der Lyriker V. behandelt meist allgemeingültige Themen; auch Biograph, Übersetzer (u.a. Kleist und T. S. Eliot) und Kritiker.

Hauptwerke: Auringon purjeet (Ged., 1924), Tähtikeinu (Ged., 1924), Merkkivaloja (Essays, 1929), Seitsemän elegiaa (Ged., 1957), Lyyrillinen minä (Essays, 1959).

Villaespesa, Francisco [span. biʎaes'pesa], * Laujar de Andarax (Almería) 14. Okt. 1877, † Madrid 9. April 1936, span. Schriftsteller.

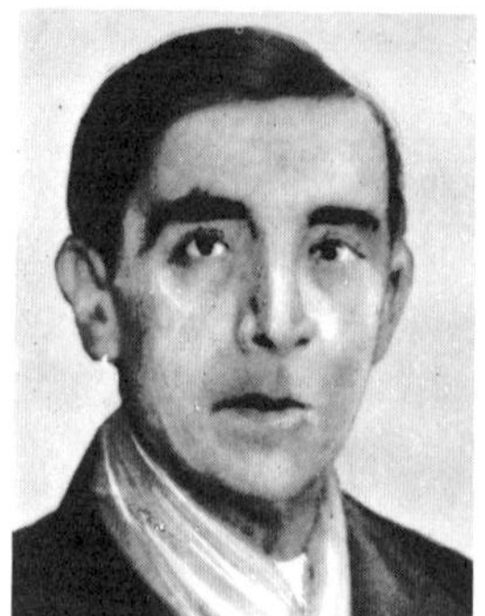

Francisco Villaespesa

Studierte Rechtswissenschaft in Granada; seit 1897 als typ. Südspanier markantes Mitglied der Madrider Literatenboheme; machte als Leiter einer Schauspieltruppe größere Reisen nach Südamerika, mit dessen Literatur er engen Kontakt hielt; führender Vertreter des span. Modernismo, v.a. Lyriker und Dramatiker; seine zahlreichen Gedichte besingen die alte span. Art; in seiner Neigung zum Romant. Zorilla nahestehend, aber auch von D'Annunzio beeinflußt; bekanntestes Drama ist die einen oriental. Stoff aus Granada behandelnde Tragödie in Versen „El alcázar de las perlas" (1911), in der sich V.s Vorliebe für großartige Szenerien zeigt.
Weitere Werke: Intimidades (Ged., 1898), La musa enferma (Ged., 1901), Tristitiae rerum (Ged., 1906), El jardín de las quimeras (Ged., 1909), El rey Galaor (Trag., 1913).

Villehardouin, Geoffroi de [frz. viləar'dwɛ̃], * Villehardouin (Aube) um 1150, † in Thrakien nach 1212, altfrz. Geschichtsschreiber.
War Marschall des Grafen Thibaut de Champagne, gelobte 1199 mit seinem Herrn Teilnahme am Kreuzzug, war 1201 Gesandter der frz. Kreuzfahrer in Venedig, beteiligte sich 1204 an der Erstürmung Konstantinopels und wurde 1205 Marschall des Lat. Kaiserreichs; Lehensherr in Thrakien; seine in altfrz. Sprache abgefaßte Prosachronik „Die Eroberung von Konstantinopel durch die Kreuzfahrer im Jahre 1204" (dt. 1915), eines der hervorragendsten Geschichtswerke des MA, enthält Geschichte und Rechtfertigung des 4. Kreuzzugs und ist auch literar. von hohem Wert.
Literatur: Beer, J. M. A.: *V. Epic historian. Genf 1968.* – Longnon, J.: *Recherches sur la vie de G. de V. Paris 1940.*

Villers, Alexander von [frz. vi'lɛ:r], * Moskau 12. April 1812, † Wien 16. Febr. 1880, dt. Diplomat und Schriftsteller.
Sohn eines frz. Emigranten; Buchdrucker, u.a. in Leipzig und Paris, studierte später in Jena und Leipzig und stand seit 1843 in sächs. Staatsdiensten. V., den seine Aufgaben nach Paris, Berlin und Wien führten, war ein hochgebildeter Diplomat und Lebenskünstler, dessen reiche Lebenserfahrungen in seinen mehrmals veröffentlichten klass. Briefen („Briefe eines Unbekannten", hg. 1881) festgehalten sind.

Villiers de L'Isle-Adam, Philippe Auguste Graf von [frz. viljedlila'dã], * Saint-Brieuc 7. Nov. 1838, † Paris 18. Aug. 1889, frz. Dichter.
Aus altem breton. Adel, kam verarmt nach Paris und schloß sich dort den Kreisen um Mallarmé und Baudelaire an; schrieb neben Gedichten, Einaktern wie „La révolte" (1870), „L'évasion" (1887) und dem Ideendrama „Axel" (hg. 1890, dt. 1909–12) v.a. phantast. Erzählungen: „Grausame Geschichten" (1883, dt. 1909), „Histoires insolites" (1888), „Nouveaux contes cruels" (1888), dazu den idealist. verklärten Roman „Akédysséril" (1885), den Zukunftsroman „Die Eva der Zukunft" (1886, dt. 1920, 1909 u.d.T. „Edisons Weib der Zukunft") und „Tribulat Bonhomet" (1887, dt. 1910), eine Satire auf das Spießertum; literar. beeinflußt von E. T. A. Hoffmann und Poe, philosoph. von Hegel, weist ihn seine durch Ironie und Satire, Neigung zum Übersinnl. und Geheimnisvollen und einen glänzenden Stil gekennzeichnete Erzählkunst als einen Meister der frz. Novellistik aus; Aristokrat und Katholik, gegen Massenzeitalter und Demokratie eingestellt.
Ausgaben: *A. V. de l'I.-A. Œuvres. Hg. v.* J. H. Borneque. *Paris 1957. – A. V. de l'I.-A. Œuvres complètes. Paris 1914–31. 11 Bde. – V. de l'I.-A. Ges. Werke. Dt. Übers. Hg. v.* H. H. Ewers. *Mchn. ¹⁻³1909–14. 6 Bde.*
Literatur: Raitt, A. W.: *V. de l'I.-A. et le mouvement symboliste. Paris 1965.* – Castex, P.-G./ Bollery, J.: *Contes cruels. V. de l'I.-A. Étude historique et littéraire. Paris 1956.* – Brosch, M.: *V. de l'I.-A. Seine Beziehungen zur dt. Romantik. Diss. Wien 1951 [Masch.].*

Villon, François [frz. vi'jõ], eigtl. F. de Montcorbier oder des Loges, * Paris um 1431, † nach dem 5. Jan. 1463, frz. Dichter.
Aus bescheidenen Verhältnissen, genannt nach seinem Gönner, dem Kaplan Guillaume de V.,

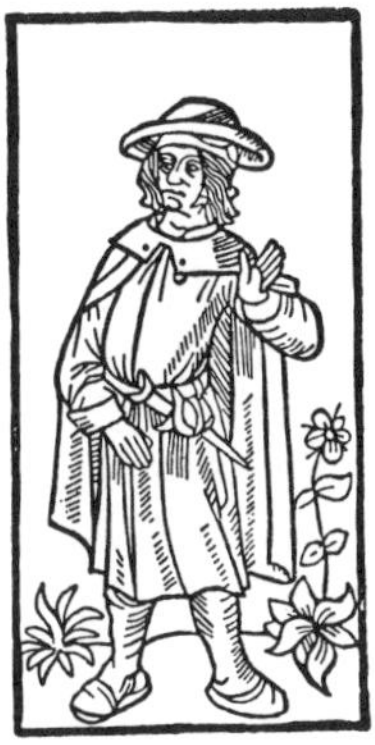

François Villon (Holzschnitt von 1489)

der ihn an der Sorbonne studieren ließ; 1452 Magister artium; 1455 wegen eines an einem Priester im Streit verübten Totschlags Flucht aus Paris; in der Provinz Mitglied einer Diebesbande („La Coquille"); 1461 und 1462 erneut im Gefängnis; 1463 in Paris zum Galgen verurteilt, zu 10jähriger Verbannung aus Paris begnadigt, danach verschollen. V.s Werk ist Ausklang und zugleich Höhepunkt der frz. Vagantendichtung; sein Hauptwerk ist das bekenntnishafte Gedicht „Le grand testament" (entstanden 1461, gedruckt 1489; dt. 1907 u.d.T. „Das große Testament"), daneben stehen der „Lais" oder „Le petit testament" (entstanden 1456, gedruckt 1489; dt. 1907 u.d.T. „Das kleine Testament") und eine Reihe kleinerer Gedichte, meist Balladen; derb-zyn. Witz, z.T. im Gaunerjargon, wechselt ab mit tiefer Empfindung und erschütternder Aufrichtigkeit; seine unmittelbare, natürl.-volkstüml. Art und die bis dahin ungekannte Kraft des Ausdrucks lassen V. als den ersten großen frz. Lyriker im modernen Sinne erscheinen; fünf seiner Balladen wurden 1929 von Brecht ins Dt. übertragen.
Ausgaben: *F. V. Œuvres. Hg. v.* A. Longnon *u.* L. Foulet. *Paris ⁴1964. – F. V. Dichtungen. Frz. u. dt. Hg. v.* W. Küchler. *Bearb. v.* M. L. Bulst. *Hdbg. 1962. – F. V. Dichtungen. Frz. u. dt. Hg. v.* M. Löpelmann. *Mchn.; Brünn u. Wien 1944. –*

F. V. Œuvres. Hg. v. L. Thuasne. *Paris 1923. 3 Bde.*
Literatur: Habeck, F.: *F. V. oder Die Legende eines Rebellen. Wien 1969.* – Champion, P.: *F. V., sa vie et son temps. Bd. 1. Neuaufl. Paris 1967. Bd. 2. ²1933.* – Kuhn, D.: *La poétique de F. V. Paris 1967.* – Le Gentil, P.: *V. Paris 1967.* – Chapiro, J.: *Der arme V. Wien 1931.*

Vilmorin, Louise Levêque de [frz. vilmɔ'rɛ̃], * Verrières-le-Buisson bei Paris 4. April 1902, † ebd. 26. Dez. 1969, frz. Schriftstellerin.
⚭ mit Graf Palffy; war befreundet mit Saint-Exupéry; lebt (nach langem Auslandsaufenthalt) in der Nähe von Paris; verfaßte vielgelesene, z.T. verfilmte Romane und Erzählungen, bes. psychologische Liebesromane; weniger bekannt als Lyrikerin.
Hauptwerke: La fin des Villavide (R., 1937), Julietta (R., dt. 1953), Madame de ... (E., dt. 1953), Les belles amours (R., dt. 1955), Weh dem, der liebt (R., dt. 1956), La lettre dans un taxi (R., 1958), Le violon (R., 1960).

Vineta, Ludolf ↑ Wienbarg, Ludolf.

Vinje, Åsmund Olafsson [norweg. 'vinjə], * Vinje (Telemark) 6. April 1818, † Gran (Hadeland) 30. Juli 1870, norweg. Schriftsteller.
War Hütejunge, verschiedene Tätigkeiten; wurde Lehrer, studierte Jura; Beamter, Journalist und Redakteur der eigenen Zeitschrift „Dølen". V.s Dichtung zeigt die Züge der Übergangszeit, in der sie entstand. Der Romantik gehören Gedichte nationalen Inhalts an, die Eigenart V.s kommt jedoch erst in der an Heine erinnernden Reiseschilderung „Ferdaminni fraa Sumaren 1860" (1861) zur Geltung; Naturlyriker; schrieb seit 1858 in Landsmål.
Weitere Werke: Diktsamling (Ged., 1864), Storegut (Ged., 1866), Bretland og Britarne (Essay, 1867).

Vinogradov ↑ Winogradow.

Vinokurov ↑ Winokurow.

Vintler, Hans von ['f...], * 2. Hälfte des 14. Jh.s, † 1419, mhd. Dichter.
Stammte aus einer adeligen Bozener Familie, war Gesandter Herzog Friedrichs von Tirol in Venedig. Er schrieb das didakt. Reimpaargedicht „Die pluemen der tugent", in dem – in Anlehnung an die Tugendlehre von Fra Tommaso Gozzadini – Tugenden und Laster an Beispielen aus Sage und Geschichte aufgezeigt werden.

Virginal, mhd. Heldenepos aus der Mitte des 13. Jh.s; im Mittelpunkt zahlreicher Abenteuer von Zwergen, Riesen und Drachen steht die Befreiung der Zwergenkönigin V. durch Dietrich von Bern und dessen Waffenmeister Hildebrand; verschiedene Fassungen nach demselben Original liegen vor in: „Dietrich und seine Gesellen", „Dietrichs erste Ausfahrt" und „Dietrichs Drachenkämpfe".
Literatur: Kuhn, H.: *V. In:* Kuhn: *Dichtung u. Welt im MA. Stuttg. 1959.* – Glanz, H.: *Reimwörterb. zur V. Diss. Wien 1953 [Masch.].* – Kraus, C. v.: *V. u. Dietrichs erste Ausfahrt. In: Zs. f. dt. Altertum u. dt. Lit. 50 (1908), 1.*

Virta ↑ Wirta.

Virués, Cristóbal de [span. bi'rues], * Valencia 1550, † ebd. 1609, span. Schriftsteller.
Soldat, seit 1580 nur noch als Schriftsteller tätig; Verfasser von 5 Dramen im klass. Stil (u.a. „Elisa y Dido", 1603), von Stanzen und v.a. des von Lope de Vega und Cervantes gerühmten Epos „El Monserrate" (1587) über die sagenhafte Gründung des Klosters Montserrat.

Virza, Edvarts, eigtl. E. Lieknis, * Emburga 27. Dez. 1883, † Riga 1. April 1940, lett. Schriftsteller.
Redakteur, Tätigkeit im Bildungsministerium. Begann als Übersetzer Verhaerens; in seiner Lyrik behandelt er polit.-histor. und erot. Themen; in dem Roman „Die Himmelsleiter" (dt. 1933) schildert er in bilderreicher Sprache das Leben auf einem lett. Bauernhof und verschmilzt altlett.-heidn. Gedankengut mit christl. Religion.

Vischer, Friedrich Theodor (seit 1870) von ['f...], * Ludwigsburg 30. Juni 1807, † Gmunden (Oberösterreich) 14. Sept. 1887, dt. Schriftsteller und Philosoph.
Sohn eines Pfarrers; studierte Theologie und Philosophie in Tübingen; Freundschaft mit E. Mörike und D. F. Strauß; kurze Zeit Vikar, Privatdozent, 1837 Professor für Ästhetik und dt. Literatur in Tübingen; Reise nach Italien und Griechenland, 1848 liberaler Abgeordneter in der Frankfurter Nationalversammlung, 1855 Professor am Zürcher, 1866–77 am Stuttgarter Polytechnikum; Vertreter der Hegelschen Schule; schrieb anonym die „Epigramme aus Baden-Baden" (1868), unter dem Pseudonym Deutobold Symbolizetti Allegoriowitsch Mystifizinsky die Parodie „Faust. Der Tragödie dritter Theil" (1862); der Mensch im Kampf mit der Tücke des Objekts ist das Thema des durch meisterhafte Charakterisierung ausgezeichneten grotesken Romans „Auch Einer" (1879); die Gedichte erschienen gesammelt u.d.T. „Lyrische Gänge" (1882).
Weitere Werke: Über das Erhabene und Komische (Abhandlung, 1837), Ästhetik oder Wissenschaft des Schönen (1846–57).
Ausgaben: F. Th. V. Ausgew. Werke in 8 Tlen. Hg. v. Th. Kappstein. *Lpz. 1920. 3 Bde. – F. Th. V. Dichter. Werke. Lpz. 1917. 5 Bde.*
Literatur: Oelmüller, W.: *F. Th. V. u. das Problem der nachhegelschen Ästhetik. Stuttg. 1959.* – Schlawe, F.: *F. Th. V. Stuttg. 1959.* – Kotowski, G.: *F. V. u. der polit. Idealismus. Diss. Freie Univ. Bln. 1951.* – Kipper, H.: *Die Literaturkritik V.s. Diss. Gießen 1941.* – Volhard, E.: *Zw. Hegel u. Nietzsche. Der Ästhetiker F. Th. V. Frkf. 1932.*

Visnapuu, Henrik, * Leebiku (Kreis Walk, Estland) 2. Jan. 1890, † New York 3. April 1951, estn. Schriftsteller.
Lehrer, Philosophiestudium, freier Schriftsteller, Redakteur. 1944 Emigration. Bed. Lyriker der Siuru-Dichtergruppe. Mit großer lyr. Begabung und Musikalität behandelte er in seinen Versen die Liebe; daneben auch schlichte Naturgedichte und kraftvolle patriot. Lyrik; angeregt vom Symbolismus experimentierte er mit Klang und Form; auch Übersetzer, Literaturkritiker und -theoretiker.

Višnevskij ↑ Wischnewski.

Vitalis [schwed. vi'tɑ:lis] ↑ Sjöberg, Erik.

Vitezović, Pavao [serbokroat. 'vitɛ:zɔvitɕ], * Zengg 7. Jan. 1652, † Wien 20. Jan. 1713, kroat. Dichter und Historiograph.
Verleger; Vertreter des kroat. Adels; Geschichtsschreiber Leopolds I. Die meisten seiner Werke sind in lat. Sprache geschrieben, u.a. eine Darstellung der polit. Ereignisse auf dem Balkan im

16. und 17. Jh., v.a. der Türkenkämpfe in Kroatien und des Untergangs des bosn. Königreiches. Verherrlichte in volkstüml. Sprache den heldenhaften Kampf der Festung Sziget, schrieb Erbauungsliteratur, Gelegenheitsgedichte und verfaßte ein lat.-illyr. Wörterbuch (ungedruckt).

Vitrac, Roger [frz. vi'trak], * Pinsac (Lot) 17. Nov. 1899, † Paris 22. Jan. 1952, frz. Dramatiker.
Kam schon als Kind nach Paris, wo er das Lycée Buffon besuchte und Anfang der 20er Jahre Anschluß an den Surrealismus fand; befreundet mit Breton und Anouilh; Vertreter des surrealist. Theaters unter dem Einfluß A. Jarrys, schrieb sketchartige, satir. Farcen.
Hauptwerke: Victor ou les enfants au pouvoir (Dr., 1928), Le coup de Trafalgar (Dr., 1934), Le camelot (Dr., 1938), Les demoiselles du large (Dr., 1938), Le loup-garou (Dr., 1946).

Vitruv ↑ Vitruvius Pollio, Marcus.

Vitruvius Pollio, Marcus, röm. Baumeister des 1. Jh.s v. Chr.
Über sein Leben ist wenig bekannt; unter Caesar Militäringenieur, Konstrukteur von Wurfmaschinen; schrieb um 25 v. Chr. die 10 Bücher „De architectura" für Augustus, die, auf ältere griech. Fachschriften gestützt, als Quelle für die röm. Baukunst von größter Bedeutung sind und die Baukunst späterer Zeiten (u.a. die der Renaissance) beeinflußt haben.
Literatur: Ebhardt, B.: *V. bibliography. Ossining (N. Y.) 1962.* – Koch, H.: *Vom Nachleben des Vitruv. Baden-Baden 1951.*

Vittorini, Elio [italien. vitto'ri:ni], * Syrakus 23. Juli 1908, † Mailand 13. Febr. 1966, italien. Schriftsteller.
Bauarbeiter; Autodidakt; erste Veröffentlichungen 1927; Journalist, Mitarbeiter verschiedener Zeitschriften; gehörte zur Widerstandsbewegung, 1943 Haft; Anhänger des Kommunismus bis 1947. Beeinflußt von amerikan. Autoren (Hemingway, Faulkner, Saroyan, Steinbeck), brach V. mit dem traditionellen italien. Prosastil und wurde mit eigenen Werken, Übersetzungen aus dem Englischen und der Herausgabe einer Anthologie amerikan. Literatur zu einem der Mitbegründer des italien. Neorealismus. Soziale Anklage kleidet er in dichter. Form, v.a. in seinem besten Roman, „Tränen im Wein" (R., dt. 1943), in dem ihm eine glückl. Verbindung von sozialkrit. Tendenz, realist. Darstellungsweise und symbolhaftem, lyr.-rhapsod. Stil gelang.
Weitere Werke: Der Mensch N 2 (R., dt. 1946, 1963 u.d.T. Dennoch Menschen), Im Schatten des Elefanten (E., dt. 1949), Die rote Nelke (R., dt. 1951), Die Frauen von Messina (R., 1949; dt. 1965), Die Garibaldina (En., dt. 1960), Offenes Tagebuch 1929–1959 (dt. 1959), Erica und ihre Geschwister (E., dt. 1969).
Literatur: Pautasso, S.: *E. V. Turin 1967.* – ↑ auch Moravia, Alberto.

Vivanco, Luis Felipe [span. bi'βaŋko], * San Lorenzo de El Escorial (Madrid) 1907, span. Lyriker.
Architekt; schrieb Gedichte unter dem Einfluß klass. span. Lyrik; themat. von der Mystik beeinflußt. In schlichter Sprache behandelt er die Natur und den Alltag einfacher Menschen.
Hauptwerke: Cantos de primavera (Ged., 1936), Tiempo de dolor (Ged., 1940), Memoria de la plata (Ged., 1958).

Vivanti, Annie [italien. vi'vanti], * London 2. Febr. 1868, † Turin 20. Febr. 1942, italien. Schriftstellerin.
Lebte als Kind in England, später in Italien, in der Schweiz und in den USA; Beschäftigung mit dt. Literatur, Musikstudium. Befreundet mit Carducci. Trat in Kabaretts auf. 1890 erschien ihre erste Gedichtsammlung „Lirica", der ihr bedeutendstes Werk, der im Artistenmilieu spielende Roman „Marion, artista da caffè concerto" (1891) folgte. Nach 20jähriger Pause schrieb sie erfolgreiche Romane und Erzählungen mit autobiograph. Zügen voll Spannung und Phantasie um außergewöhnl. Ereignisse und leidenschaftl. Neigungen.
Weitere Werke: The devourers (R., engl. 1910, 1911 von ihr selbst ins Italien. übersetzt), Vae victis (R., 1918), Zingaresca (En., 1918), Mea culpa (R., 1927).

Vjazemskij ↑ Wjasemski.

Vlahuţă, Alexandru [rumän. vla'hutsə], * Pleşeşti (Kreis Jassy) 5. Sept. 1858, † Bukarest 19. Nov. 1919, rumän. Schriftsteller.
Kulturkritiker; war Lehrer, studierte einige Zeit Jura, arbeitete u.a. als Advokat, Gymnasiallehrer, Beamter und Schulrevisor; Redakteur einer literar. Zeitschrift und einer der Begründer der Zeitschrift „Sămănătorul". Seine ersten Gedichte und Novellen erschienen in verschiedenen Zeitschriften. V.s empfindungsreiche Lyrik ist voller Melancholie und Pessimismus und von starker Religiosität erfüllt. Erst aus seinen späteren Dichtungen klingen Lebenslust und Optimismus. In vielen realist. Novellen und in verschiedenen Schriften trat er gegen Ungerechtigkeit und Unterdrückung ein; er nahm am Schicksal der Bauern Anteil.

Vlajkov ↑ Wlaikow.

Vodnik, Valentin [slowen. 'vo:dnik], * Zgornja Šiška bei Laibach 3. Febr. 1758, † Laibach 8. Jan. 1819, slowen. Schriftsteller.
Pfarrer, Lehrer und schließl. Schulinspektor; gab Lehrbücher, belehrende slowen. Kalender und auch die erste slowen. Zeitschrift heraus, machte sich um die Volksbildung verdient. V. schrieb romant. Gedichte, aus denen seine Liebe zur Heimat und zum Slawentum klingt.

Vogau, Boris Andreevič ↑ Pilnjak, Boris Andrejewitsch.

Vogel, Traugott ['f...], * Zürich 27. Febr. 1894, schweizer. Schriftsteller.
Studium der Germanistik, Primarlehrer; Verfasser von Romanen, Erzählungen (auch in Mundart), Hörspielen, Jugendbüchern und Spielen; nimmt in seinen Werken häufig zu Zeitfragen Stellung.
Hauptwerke: Unsereiner (R., 1924), Ich liebe, du liebst (R., 1926), Der blinde Seher (R., 1930), Anna Foor (R., 1944), Schuld am Glück (En., 1951), Flucht ins Leben (En., 1961), Die verlorene Einfalt (R., 1965).

Vogelweide, Walther von der ['f...] ↑ Walther von der Vogelweide.

Vogl, Johann Nepomuk ['fo:gəl], * Wien 7. Febr. 1802, † ebd. 16. Nov. 1866, östr. Dichter.
Beamter bei den niederöstr. Landständen; Spätromantiker; bekannt v.a. als Lyriker und Balladendichter (einige Balladen von Loewe vertont), daneben Erzähler und Dramatiker; Hg. von Taschenbüchern.

Hauptwerke: Balladen und Romanzen (1835–41), Novellen (1837), Domsagen (1845), Schnadahüpfel'n (1850), Schenken- und Kellersagen (1858), Aus dem alten Wien (1865).

Vọgler, Heinrich der ['f...] ↑ Heinrich der Vogler.

Vogt, Nils Collett [norweg. fukt], * Kristiania (heute Oslo) 24. Sept. 1864, † ebd. 23. Dez. 1937, norweg. Schriftsteller.

Entstammte einer bürgerl. Familie, studierte Jura, war später Journalist; ausgedehnte Reisen, u.a. nach Frankreich und Italien; V. bekämpfte v.a. die Rückständigkeit; sozialkrit., nationalpatriot. und der Natur verpflichteter Lyriker; auch Erzähler.

Hauptwerke: Digte (Ged., 1887; dt. Ausw. 1903), Familiens sorg (R., 1889), Fra vår til høst (Ged., 1894), Harriet Blich (R., dt. 1903), Oplevelser (Memoiren, 1934).

Vọgt, Walter [fo:kt], * Zürich 31. Juli 1927, schweizer. Schriftsteller.

Röntgenarzt in einem Berner Krankenhaus. V. begann 1961 zu schreiben, veröffentlichte 1965 „wahrscheinl. und unwahrscheinl. Geschichten" u.d.T. „Husten" und fand mit dem Roman „Wüthrich" (1967) allgemeine Beachtung; Ärzte und Patienten, Krankenhäuser und Irrenanstalten sind seine bevorzugten Themen, die er satir. behandelt.

Weitere Werke: Höhenluft (Dr., UA 1966), Melancholie (R., 1967), alle irrenhäuser sind gelb (Ged., 1967), Der Vogel auf dem Tisch (1968).

Vogüé, Eugène Melchior Vicomte de [frz. vɔ'gɥe], * Nizza 24. Febr. 1848, † Paris 24. März 1910, frz. Schriftsteller.

Diplomatenlaufbahn (u.a. in Konstantinopel, Petersburg), ausgedehnte Orientreisen, Mitglied der Académie française und der Abgeordnetenkammer; wandte sich dann ganz der Literatur zu; Mitarbeiter einiger Zeitschriften. Gegner des Naturalismus; trug entscheidend dazu bei, die russ. Literatur des 19. Jh.s in Frankreich bekanntzumachen, v.a. mit seiner Abhandlung „Le roman russe" (1886). Verfaßte ferner Reisebeschreibungen, Erinnerungen, Romane („Jean d'Agrève", 1886; „Les morts qui parlent", 1899) und Erzählungen („Wintermärchen", dt. 1888).

Voiculẹscu, Vasile [rumän. voi̯ku'lesku], * Pîrscov bei Buzău 9. Dez. 1884, † Bukarest 27. April 1963, rumän. Schriftsteller.

Medizin- und Literaturstudium, Professor für Medizin, künstler. Leiter des Bukarester Rundfunks. Nationalpreisträger für Literatur; nach 1945 polit. Haft und Zwangsarbeit. Gilt als einer der bedeutendsten Dichter Rumäniens seiner Zeit. In gesucht primitiver und derber Sprache, durchsetzt mit seltenen Dialektausdrücken, gibt er seiner religiösen und traditionalist. Gesinnung in Versen, die das Erdhafte allegorisieren oder den Dualismus zwischen Mensch und Gott behandeln, Ausdruck.

Voigt-Diederichs, Helene [fo:kt], * Gut Marienhoff (Schleswig-Holstein) 26. Mai 1875, † Jena 3. Dez. 1961, dt. Lyrikerin und Erzählerin.

1898–1911 ⚭ mit dem Verleger Eugen Diederichs, lebte nach größeren Reisen in Braunschweig, seit 1931 in Jena. Volksleben und Menschen ihrer Heimat Schleswig-Holstein stehen im Mittelpunkt ihrer herb-realist., psycholog. fundierten Romane und Erzählungen, die durch feine Darstellung der Frauengestalten gekennzeichnet sind; auch Reisebeschreibungen.

Hauptwerke: Schleswig-Holsteiner Landleute (En., 1898), Unterstrom (Ged., 1901), Dreiviertel Stund vor Tag (R., 1905), Schleswig-Holsteiner Blut (En., 1926), Das Verlöbnis (R., 1942), Waage des Lebens (R., 1952).

Literatur: Blomenröhr, J.: *H. V.-D.' Menschengestaltung. Diss. Münster 1941.*

Voisin, André [frz. vwa'zɛ̃] ↑ Spire, André.

Voiture, Vincent [frz. vwa'ty:r], * Amiens 24. Febr. 1598, † Paris 24. (25.?) Mai 1648, frz. Schriftsteller.

Hervorragende Erziehung, Jurastudium, im Dienst des Herzogs von Orléans, später Haushofmeister des frz. Königs, am Hofe geschätzt; Mitglied der Académie française seit ihrer Gründung; zahlreiche Reisen; starb an den Folgen eines Duells. Vertreter der galanten Salondichtung; bed. als Verfasser stilist. glänzender Briefe, die wegen ihres anmutig-eleganten Ausdrucks für die frz. Prosa vorbildl. wurden.

Vọjnović, Ivo Graf [serbokroat. ˌvɔjnɔvitɕ], * Dubrovnik 9. (10.?) Okt. 1857, † Belgrad 30. Aug. 1929, kroat. Dichter.

Sohn eines Rechtshistorikers, studierte Jura, wurde Richter und Verwaltungsbeamter. V. knüpfte an die Tradition der ragusan. Dichtung an. Auf dem Wege über die Theaterkritik kam er zum Drama und wurde 1907 Dramaturg in Agram. Nach ersten realist. Erzählungen gewannen der Symbolismus u.a. literar. Zeitströmungen Einfluß auf sein Werk. Er schrieb psycholog. durchgeformte Novellen und Dramen mit nationaler Thematik über allgemein menschl. Probleme; in seinen Gedichten sind der lyr. Ton und die Bildhaftigkeit sowie Reinheit des Stils charakteristisch. Bedeutendste Dichtung ist die „Dubrovačka trilogija" (= Dubrovniker Trilogie, Dr., 1900) über den Niedergang des einst mächtigen Ragusa.

Vọld, Jan Erik [norweg. vɔld], * Oslo 18. Okt. 1939, norweg. Schriftsteller.

Studierte nord. Sprachen und Literaturwissenschaft in Oslo, den USA und Uppsala, lebt in Oslo als freier Schriftsteller; schreibt Gedichte, experimentelle Prosa und Essays, auch Übersetzer. Dt. liegt vor: „Von Zimmer zu Zimmer SAD & CRAZY" (1968).

Vọlder van de Vọldersgraft, Willem de [niederl. 'vɔldər vɑn də 'vɔldərsxrɑft] ↑ Gnaphaeus, Guilhelmus.

Voljanskaja, Galina Evgen'eva ↑ Nikolajewa, Galina Jewgenjewa.

Vọlkmann, Richard von ['f...], Pseudonym Richard Leander, * Leipzig 17. Aug. 1830, † Jena 28. Nov. 1889, dt. Erzähler und Lyriker.

Studierte Medizin, Professor und Direktor der chirurg. Klinik in Halle (Saale) und Generalarzt der preuß. Armee; bed. Verdienste um die Entwicklung der antisept. Wundbehandlung. Schrieb neben medizin. Arbeiten stimmungsvolle und phantasiereiche Märchenbücher und Gedichte.

Hauptwerke: Träumereien an frz. Kaminen (Märchen, 1871), Gedichte (1877), Kleine Geschichten (1884).

Vọllmoeller, Karl Gustav ['f...], * Stuttgart 7. Mai 1878, † Los Angeles 18. Okt. 1948, dt. Schriftsteller.

Dr. phil., Auto- und Flugzeugkonstrukteur, Pionier des Films; lebte in verschiedenen europ. Hauptstädten; Verbindung zum Georgekreis; verfaßte neuromant. Dramen, oft mit histor. Themen. Einfluß Hofmannsthals und D'Annunzios; V. wandte sich dem Ausstattungsstück zu und wurde durch die von Max Reinhardt 1914 im Zirkus Busch in Berlin inszenierte Pantomime „Das Mirakel" (1912) international bekannt, ebenso durch das Drehbuch zu dem Film „Der blaue Engel". Als Lyriker von George und Mallarmé beeinflußt.
Weitere Werke: Parcival. Die frühen Gärten (Ged., 1903), Wieland (Dr., 1911), La Paiva (Dr., 1931).
Literatur: Just, K. G.: *Ästhetizismus u. techn. Welt. Der Lyriker K. G. V. In:* Just: *Übergänge. Probleme u. Gestalten der Lit. Bern u. Mchn. 1966.* – Braver, I. R.: *K. G. V. Ein Beitrag zum Verständnis des Dichters. Diss. New York Univ., New York 1961.*
Vološin ↑ Woloschin.

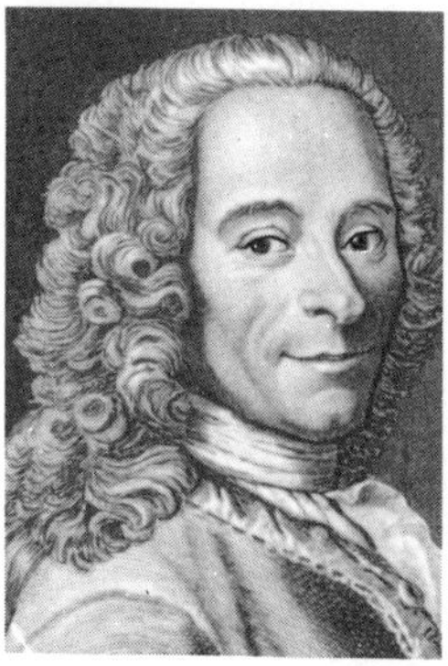
Voltaire

Volponi, Paolo [italien. vol'po:ni], * Urbino 6. Febr. 1924, italien. Schriftsteller.
Studierte Jura, Rechtsanwalt; seit 1956 Leiter der Sozialabteilung bei Olivetti in Ivrea; begann mit Gedichten; erhielt für seine beiden Romane verschiedene Literaturpreise, u.a. den Premio Strega für „Die Weltmaschine" (R., dt. 1966), worin die Flucht von Individuen und ganzen Gruppen aus bestimmten Regionen des Landes auf den von Machthabern vorgezeichneten Wegen geschildert wird.
Weitere Werke: Il ramarro (Ged., 1946), Ich, der Unterzeichnete (R., dt. 1964).
Vǫlsungasaga, isländ. Saga (um 1260), die in Prosafassung die Eddalieder wiedergibt, die zum Sagenkreis der Nibelungen gehören. Die Einleitung enthält Märchenmotive.
Voltaire [frz. vɔl'tɛ:r], eigtl. François Marie Arouet, * Paris 21. Nov. 1694, † ebd. 30. Mai 1778, frz. Philosoph und Schriftsteller.
Sohn eines Notars; besuchte das Jesuitenkolleg Louis-le-Grand; brach das Rechtsstudium ab, um sich der Literatur zu widmen; wegen einer Satire auf den Regenten 1717/18 elf Monate in der Bastille; erster Bühnenerfolg 1718 mit der Tragödie „Œdipe", spielte von da an in der Pariser Gesellschaft eine hervorragende Rolle; 1726 auf Betreiben des Chevalier de Rohan wieder in der Bastille, danach bis 1729 im Exil in England, dessen Literatur, Philosophie und Staatsverfassung auf ihn entscheidenden Einfluß ausübten; die „Lettres philosophiques ou lettres anglaises" (1734), in denen er seine engl. Erfahrungen niederlegte, wurden vom Henker verbrannt; Flucht nach Cirey, dem Sitz der Marquise du Châtelet, dort (mit Unterbrechungen) bis 1749; 1745 königl. Hofhistoriograph, 1746 Mitglied der Académie française; 1750–53 als Gast Friedrichs des Großen in Berlin; kaufte 1758 die Herrschaft Ferney bei Genf, wo er in den letzten 18 Jahren seines Lebens in fürstl. Wohlstand lebte und sich unermüdl. Hilfsbedürftiger annahm. In zahllosen Flugschriften wirkte er für Toleranz, Menschenwürde und Aufklärung. V. ist der vielleicht einflußreichste aller frz. Schriftsteller, dessen universale Persönlichkeit einem ganzen Jh. frz. Geistesgeschichte das Gepräge gab („siècle de V."); wichtigster Repräsentant der frz. Aufklärung, dessen philosoph. Standpunkt Rationalismus und Sensualismus und dessen religiöse Anschauungen Deismus und natürl. Vernunftreligion kennzeichnen. Mitarbeit an der „Encyclopédie". Während sein umfangreiches lyr., ep. und dramat. Werk in seinem poet. Gehalt oft durch die vielfach übermäßig hervortretende [humanitäre] Tendenz beeinträchtigt ist (z.B. die klassizist. Tragödien „Alzire ...", dt. 1738; „Mahomet der Lügenprophet", 1742, dt. 1749), sind seine klass. vollendeten Prosawerke (so die Erzählung „Zadig", dt. 1749, und der Roman „Candide oder Die beste Welt", 1759, dt. 1776, gegen Leibniz) und monumentalen Geschichtswerke mit starkem kulturgeschichtl. Akzent wie „Die Zeiten Ludwigs XIV." (dt. 1752) vielfach zu Mustern ihrer Gattung geworden. Bed. ist auch V.s umfangreiche Korrespondenz (rund 18000 Briefe).
Weitere Werke: Der Heldengesang auf Heinrich IV. (Epos, 1723; dt. 1751), Leben Carls XII., König von Schweden (Biogr., dt. 1733), Zayre (Dr., 1732; dt. 1749), Merope (Dr., 1744; dt. 1754), Mikromegas (E., dt. 1752), Poème sur le désastre de Lisbonne (1756), Das Mädchen von Orleans (Epos, endgültige Ausgabe 1762; dt. 1783), Dictionnaire philosophique (1764).
Ausgaben: V. Sämtl. Romane u. Erzählungen. Dt. Übers. Mchn. 1969. – V. Correspondance. Hg. v. Th. Besterman. *Genf; Paris 1953ff. Auf mehrere Bde. berechnet. – V. Œuvres complètes. Paris 1877–85. 52 Bde. – F. M. A. de V. Sämtl. Schrr. Dt. Übers. Bln. 1783–97. 29 Bde.*
Literatur: Besterman, Th.: *V. London 1969.* – Orieux, J.: *Das Leben v. V. Dt. Übers. Frkf. 1968. 2 Bde.* – Brumfitt, J. H.: *V. historian. London 1958.* – Pomeau, R.: *La religion de V. Paris 1956. – Travaux sur V. et le dix-huitième siècle. Hg. v.* Th. Besterman. *Bd. 1ff. Genf 1955ff.* – Mönch, W.: *V. u. Friedrich d. Gr. Das Drama einer denkwürdigen Freundschaft. Eine Studie zur Lit., Politik u. Philosophie des 18. Jh.s. Stuttg. u. Bln. ³1943.* – Merian-Genast, E.: *V. u. die Entwicklung der Idee der Weltlit. In: Roman. Forsch. 40 (1927), 1.* – Lanson, G.: *V. Paris ⁵1924.* – Brandes, G.: *V. Dt. Übers. Bln. ³1923. 2 Bde.* – Korff, H. A.: *V. im literar. Deutschland des 18. Jh.s. Hdbg. 1917. 2 Bde.* – Desnoiresterres, G.: *V. et la société au 18ᵉ siècle. Paris ²1871–76. 8 Bde.*

Voňavka, Václav [tschech. 'vɔnjafka] ↑ Řezáč, Václav.

Vondel, Joost van den [niederl. 'vɔndəl], * Köln 17. Nov. 1587, † Amsterdam 5. Febr. 1679, niederl. Dichter.

Seine Eltern emigrierten als Täufer aus den südl. Niederlanden nach Köln und später nach Amsterdam; übernahm dort das Strumpf- und Seidenwarengeschäft des Vaters, widmete sich daneben der Wissenschaft und Literatur; wurde 1641 kath.; mußte nach wirtschaftl. Verlusten 1658 einen bescheidenen Buchhalterposten beim Pfandhaus annehmen, 1668 pensioniert. Er schrieb Gedichte, Satiren und Dramen mit bibl., histor. und antiken Stoffen. Sein Werk ist von europ. Bedeutung, er gilt als ein Meister des Barocks und hat v.a. das dt. Barocktrauerspiel entscheidend beeinflußt. Seine Stärke lag unzweifelhaft beim klass. Trauerspiel, und hier, entsprechend seiner lyr. Begabung, weniger in der Zeichnung der Charaktere und der Darstellung der Vorgänge als in den lyrischen Reyen. In seiner Lyrik besang V. in formal vollendeten, erhabenen und gefühlvollen Versen sein Land, den Rhein, den Tod seiner Lieben; in polit. Satiren griff er bes. den Fanatismus der Kalvinisten an. Außerdem schrieb V. viele Gelegenheitsgedichte. Sein Drama „Gijsbrecht van Aemstel" (1637, dt. 1867) wird noch alljährl. aufgeführt; daneben sind v.a. zu nennen „Palamedes" (Dr., 1625), „De maeghden" (Dr., 1639), „Gebroeders" (Dr., 1640; dt. von A. Gryphius 1662 u.d.T. „Gibeoniter"), „Maria Stuart" (Dr., 1646; dt. 1673), „Poëzy" (Ged., 1647), „Die Löwendaler" (Dr., 1647; dt. 1938) und „Lucifer" (Dr., 1654; dt. 1868), ein Weltschöpfungsspiel, in dem er vor Milton mit großartiger visionärer Kraft das Urbild des Weltenzwiespalts konzipierte.

Weitere Werke: Jephta (Dr., 1659; dt. 1869), Adam in Ballingschap (Dr., 1664; dt. 1667).

Ausgabe: J. v. d. V. Werken. Amsterdam 1927–37. 10 Bde.

Literatur: Smit, W. A. P./Brachin, P.: *V., 1587 bis 1679. Paris 1964.* – Johannessen, K. L.: *Zw. Himmel u. Erde. Oslo 1963.* – Noe, J.: *V. Amsterdam 1955.* – Baumgartner, A.: *J. v. d. V., sein Leben u. seine Werke. Freib. 1882.*

von den Brincken, Gertrud ↑ Brincken, Gertrud von den.

von der Grün, Max ↑ Grün, Max von der.

Voorde, Urbain van de [niederl. 'vo:rdə], eigtl. Urbanus Pieter Maria van de V., Pseudonym Sirius, * Blankenberge 27. Okt. 1893, fläm. Dichter.

Lehrer, dann im Ministerium für Künste und Wissenschaften und im Ministerium für staatl. Unterricht tätig; Feuilletonredakteur; V. schrieb Gefühls- und Gedankendichtung subjektiver Prägung, von der er später zu objektiver „Kulturpoesie" überging; formal der Tradition verpflichtet.

Hauptwerke: De haard der ziel (Ged., 1921), Diepere krachten (Ged., 1924), Gezelle's eros (Essay, 1930), De gelieven (Ged., 1951), Metamorfosen (Ged., 1955).

Voronca, Ilarie [rumän. vo'roŋka], eigtl. Eduard Marcus, * Brăila 31. Dez. 1903, † Paris 6. April 1946, rumän. Lyriker.

Jurastudium in Bukarest und Paris, Hg. literar. Zeitschriften; emigrierte nach Frankreich, schloß sich der Widerstandsbewegung an; nach Rückkehr in die Heimat Selbstmord. Schrieb zuerst in rumän., später in frz. Sprache; wandte sich mit symbolist. Gedichten gegen Gewalt und soziale Mißstände.

Hauptwerke: Permis de séjour (Ged., 1936), La joie est pour l'homme (Ged., 1936), Beauté de ce monde (Ged., 1939).

Vörösmarty, Mihály [ungar. 'vørøʃmɔrti], * Kápolnásnyék 1. Dez. 1800, † Pest (heute zu Budapest) 19. Nov. 1855, ungar. Dichter.

Aus verarmter Adelsfamilie; Erzieher, studierte Philosophie und Rechtswissenschaft; Beamter, seit 1828 Redakteur, später auch Abgeordneter; nahm am Freiheitskampf teil. Begann mit dem romant. nationalen Epos „Zalans Flucht" (1825, dt. 1900); erreichte den künstler. Höhepunkt mit „Csongor und Tünde" (1831, dt. 1904), einem romant. Märchenspiel. V.s Gedichte sind von Patriotismus erfüllt: „Szózat" (1837) wurde zu einer Art Nationalhymne. V. schrieb auch kleinere ep. Gedichte, Balladen und Romanzen, daneben Epigramme; ahmte das Drama der frz. Romantik nach; auch Übersetzer und Theaterkritiker.

Voß, Johann Heinrich [fɔs], * Sommerstorf (heute Grabowhöfe-Sommerstorf) bei Waren 20. Febr. 1751, † Heidelberg 29. März 1826, dt. Dichter.

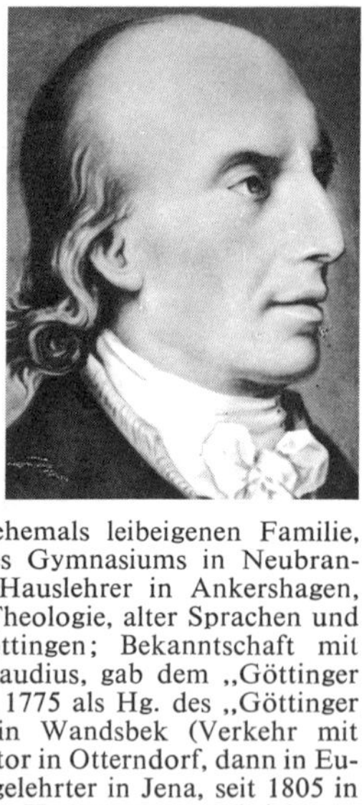

Johann Heinrich Voß (Gemälde von J. H. W. Tischbein, 1818)

Entstammte einer ehemals leibeigenen Familie, 1766–69 Besuch des Gymnasiums in Neubrandenburg, 1769–72 Hauslehrer in Ankershagen, dann Studium der Theologie, alter Sprachen und Philosophie in Göttingen; Bekanntschaft mit Boie, Hölty und Claudius, gab dem „Göttinger Hain" den Namen; 1775 als Hg. des „Göttinger Musenalmanachs" in Wandsbek (Verkehr mit Claudius), 1778 Rektor in Otterndorf, dann in Eutin, 1802–05 Privatgelehrter in Jena, seit 1805 in Heidelberg. Seine in Hexametern geschriebenen Idyllen verbinden inniges Naturgefühl, breit angelegte Landschaftsschilderungen und behagl. ausgemalte Szenen des bürgerl. Daseins mit gelehrter Bildung und aufgeklärtem Protestantismus; die Hauptleistung von V. besteht jedoch in den Nachdichtungen griech. und röm. Autoren, womit er seiner Zeit ein neues Verhältnis zur Antike erschloß; formstrenger Metriker.

Hauptwerke: Homers Odüßee übersetzt (1781), Luise (Idylle, 1795), Verwandlungen nach P. Ovidius Naso (Übers., 1798), Idyllen (1801; darin u.a.: Der siebzigste Geburtstag).

Ausgaben: J. H. V. Werke in 1 Bd. Ausgew. u. eingel. v. H. Voegt. *Bln. 1966. – J. H. V. Sämtl. poet. Werke. Neue Ausg. Lpz. ²1850. 5 Bde. [mit Biogr.]. – J. H. V. Sämtl. Gedichte. Königsberg 1802. 6 Bde. in 7 Tlen. Nachdr. Bern 1967.*
Literatur: Stoll, H. A.: *J. H. V. Roman seines Lebens. Bln. 1968. 3 Bde.* – Engel-Lanz, L.: *V.ens „Luise". Interpretation. Diss. Zürich 1959.* – Goeßling, E. W.: *J. H. V.' Stellung zu religiösen u. polit.-sozialen Fragen. Ein Beitrag zur Geistesgesch. der Goethezeit. Diss. Univ. of Illinois, Urbana 1958.* – Herbst, W.: *J. H. V. Lpz. 1872–76. 3 Bde. Nachdr. Bern 1967.*

Voß, Julius von [fɔs], * Brandenburg (Havel) 24. Aug. 1768, † Berlin 1. Nov. 1832, dt. Schriftsteller.
Diente 1782–98 in der preuß. Armee, nahm als Leutnant an den poln. Kriegen teil; bereiste Italien, Frankreich und Schweden, lebte meistens in Berlin. V. schrieb v. a. geistreiche Zeit- und Sittenromane über die Berliner Gesellschaft, die aber weniger literar. als kulturhistor. Wert haben; auch Lustspiele aus dem Berliner Kleinbürgermilieu.
Hauptwerke: Lustspiele (1807–18), Die Mätresse (R., 1808), Neuere Lustspiele (1821), Die Schildbürger (R., 1823), Faust (Trag., 1823), Das Mädchenduell (R., 1826).

Voß, Richard [fɔs], * Neu Grape bei Pyritz 2. Sept. 1851, † Berchtesgaden 10. Juni 1918, dt. Schriftsteller.
Philologiestudium, Bibliothekar der Wartburg, freier Schriftsteller; zu seiner Zeit sehr beliebter Autor von leidenschaftl.-phantasievollen, sentimentalen Unterhaltungsromanen und Sittenstücken; v. a. mit dem Roman „Zwei Menschen" (1911) erfolgreich.
Weitere Werke: Luigia Sanfelice (Trag., 1882), Schuldig! (Dr., 1892), Alpentragödie (R., 1909), Das Haus der Grimani (R., 1917).

Vovčok ↑ Wowtschok.

Voznesenskij ↑ Wosnessenski.

Vraz, Stanko [slowen. vra:z], eigtl. Jakob Fras, * Cerovec 30. Juni 1810, † Agram 24. Mai 1851, slowen.-kroat. Dichter.
Studierte eine Zeitlang Jura und Slawistik in Graz; schrieb anfangs slowen., später, unter dem Einfluß von L. Gaj, kroat.; in beiden Sprachen hat er Bedeutendes geschaffen. V. gab mit Vukotinović und Rakovac die Literaturzeitschrift „Kolo" heraus und schrieb für sie scharfe Literaturkritiken. Er kannte die westeurop. Literatur und war bestrebt, die kroat. Dichtung aus ihrer nationalen Enge herauszuführen und auf ein europ. Niveau zu bringen. V. verfaßte empfindsame Gefühlslyrik, bereicherte die kroat. Dichtung um neue Stoffe und Formen; bed. ist die Sammlung slowen. Volkslieder.

Vrchlický, Jaroslav [tschech. 'vr̩xlitski:], eigtl. Emil Frída, * Laun 17. Febr. 1853, † Taus 9. Sept. 1912, tschech. Dichter.
Studierte Theologie und Geschichte, seit 1893 Professor für Literatur in Prag. V. vereinigte umfassende Bildung mit großer Formbegabung und zählt zu den bedeutendsten tschech. Dichtern; v. a. durch seine zahlreichen Übersetzungen (Dante, Petrarca, Calderón, Molière, Hugo, Baudelaire, Byron, Shelley, Goethe, Schiller u. a.) und seine Lyrik erhielt die tschech. Literatur Anschluß an die literar. Entwicklung Europas. Die Stoffe für sein umfangreiches dichter. Werk (mehr als 100 Bände Dramen, Lyrik, Essays) fand er in allen Kulturkreisen und Epochen. In einer Epopöe suchte er die Entwicklung der ganzen Menschheit darzustellen und gibt darin seiner Überzeugung Ausdruck, daß der Geist über die Materie siegt.
Hauptwerke: Geist und Welt (Epos, 1878; dt. 1927), Eklogen und Lieder (1880, dt. 1936), Hilarion (Epos, 1882), Gedichte (dt. 1886), Twardowski (Epos, 1885), Hippodamia (Dr., dt. 1892), Episches und Lyrisches (dt. 1894), Bar Kochba (Dichtung, dt. 1899).
Literatur: Součkova, M.: *The parnassian J. V. Den Haag 1964.*

Vrîdanc ['fri:daŋk] ↑ Freidank.

Vries, Hendrik de [niederl. vri:s], * Groningen 17. Aug. 1896, niederl. Dichter.
Kam auf häufigen Reisen nach Spanien mit der span. Dichtung in Berührung; übersetzte span. Volkslieder. Seine formal traditionellen, rhetor. Gedichte, von span. Poesie beeinflußt, sind in einem romant. makabren, bisweilen entmenschlichten Phantasiereich angesiedelt; auch Maler und Zeichner.
Hauptwerke: Vlamrood (Ged., 1922), Silenen (Ged., 1928), Spaanse volksliederen (Übers., 1931), Stormfakkels (Ged., 1932), Nergal (Ged., 1937), Atlantische balladen (Ged., 1937), Slingerpaden (Ged., 1945), Gitaarfantasieën (Ged., 1955), Groninger symphonie (Ged., 1958).

Vries, Theun de [niederl. vri:s], eigtl. Theunis Uilke, * Veenwouden (Friesland) 26. April 1907, niederl. Schriftsteller.
Arbeitete u. a. als Kontorist, Journalist, schließl. als Bibliothekar, während des 2. Weltkriegs als Redakteur eines illegalen Blattes; kam ins KZ; nach dem Krieg freier Schriftsteller, unternahm ausgedehnte Reisen; gehörte zunächst der „vitalistischen" Gruppe an; wandte sich später einer objektiveren Darstellungsform zu. V. schrieb Romane mit starker sozialkrit. Tendenz, Geschichts-, Kultur- und Heimatromane.
Hauptwerke: Rembrandt (R., dt. 1934), Stiefmutter Erde (R., dt. 1938), Das Glücksrad (R., dt. 1942), Die Freiheit geht im roten Kleide (R., dt. 1947), Schlag die Wölfe, Hirte! (R., 1946; dt. 1957), De dood (Ged., 1948), Die Feuertaufe (R., dt. 1953), Das Mädchen mit dem roten Haar (R., dt. 1960).

Vriesland, Victor Emanuel van [niederl. 'vri:slɑnt], * Haarlem 27. Okt. 1892, niederl. Schriftsteller, Kritiker und Essayist.
Redakteur, nach dem 2. Weltkrieg Vorsitzender des P.E.N.-Zentrums seines Landes. V. nimmt im literar. Leben der Niederlande eine zentrale Stelle ein. Mitglied der Gruppe „De Beweging". Seine Dichtung (teilweise frz.) hat einen ausgeprägten myst. und intellektuellen Charakter; bed. ist seine Herausgebertätigkeit.
Hauptwerke: De cultureele noodtoestand van het Joodsche volk (Essay, 1915), De verloren zoon (Dr., 1925), Het afscheid van de wereld in drie dagen (R., 1926), Herhalingsoefeningen (Ged., 1935), Drievoudig verweer (Ged., 1949).

Vring, Georg von der [frɪŋ], * Brake (Unterweser) 30. Dez. 1889, † München 1. März 1968 (Selbstmord?), dt. Schriftsteller.

Zeichenlehrer, später freier Schriftsteller, Teilnahme am 1. Weltkrieg. Schrieb neben liedhafter Liebes- und Naturlyrik („Bilderbuch für eine junge Mutter“, 1938; „Verse für Minette“, 1947; „Der Schwan“ 1961; „Der Mann am Fenster“, 1964; „Gesang im Schnee“, 1967) und Romanen (auch Kriminal-, Abenteuer- und Unterhaltungsromane) Kriegsbücher („Soldat Suhren“, R., 1928; „Camp Lafayette“, R., 1929); auch Übersetzungen (Maupassant, Verlaine, engl. Lyrik) und Hörspiele.
Weitere Werke: Schwarzer Jäger Johanna (R., 1934), Der Büchsenspanner des Herzogs (R., 1937), Magda Gött (R., 1948), Die Wege tausendundein (autobiograph. R., 1955).

Všehrd, Viktorin Kornel ze [tschech. 'fʃɛhr̩t], * Chrudim 1460 (?), † Prag 21. Sept. 1520, tschech. Humanist.
Aus wohlhabender utraquist. Familie, studierte in Prag Rechtswissenschaft, Beamter am Landgericht, Schreiber der Landtafeln und später Prokurator. V. setzte sich für die Pflege der Muttersprache ein. Anfangs schrieb er selbst lat. Dichtungen; er übersetzte Johannes Chrysostomos ins Tschechische. Auf ihn geht die Kodifizierung des böhm. Privatrechts zurück (wichtiges Sprachdenkmal der alttschech. Prosasprache).

Vučetić, Šime [serbokroat. 'vutʃɛtitɕ], * Vela Luka (Korčula) 21. März 1909, kroat. Schriftsteller.
Dorfschullehrer in Dalmatien; im 2. Weltkrieg Partisan, danach Bibliothekar und Redakteur; verherrlichte in seinen Gedichten das ländl. Leben; erweiterte später seinen Themenkreis auch auf das großstädt. Leben. V.' Stil ist stark expressiv und suggestiv.

Vulpius, Christian August ['v...], * Weimar 23. Jan. 1762, † ebd. 26. Juni 1827, dt. Schriftsteller.
Bruder der Christiane von Goethe; studierte Philosophie und Literatur; Privatsekretär und Privatgelehrter; durch Goethes Vermittlung Theater- und Bibliothekssekretär in Weimar, Großherzogl. Rat. Erfolgreicher Verfasser von literar. unbed. Ritter- und Schauerromanen, die zu seiner Zeit viel gelesen wurden. In „Rinaldo Rinaldini“ (1797–1800) schuf er das Vorbild des edlen Räubers; auch Bühnenstücke und volkstüml. Lieder.
Weiteres Werk: Orlando Orlandini (R., 1802).

Vuorela, Einari Arvid [finn. 'vuɔrɛlɑ], * Keuruu 17. Aug. 1889, finn. Lyriker.
Nach Besuch des Lehrerseminars Volksschullehrer, journalist. Tätigkeit. Immer wieder neu variiertes Thema seiner frischen und sprachl. eleganten Lyrik ist die Natur seiner Heimat, die er in ausdrucksstarken Bildern zu zeichnen weiß. Auch den alltägl. Dingen vermag er durch seine Darstellung neuen Reiz abzugewinnen; Einfluß der Volksdichtung.
Hauptwerke: Huilunsoittaja (Ged., 1919), Unhon kukka (Ged., 1944), Veräjäpuu (Ged., 1952).

Vydūnas [lit. vi:'du:nas], eigtl. Vilius Storasta, * Jonaičiai (Landkreis Heydekrug) 22. März 1868, † Detmold 20. Febr. 1953, lit. Dramatiker und Philosoph.
Lehrer, studierte Philologie, Philosophie und Theologie an dt. Universitäten, Dozent für Lit. in Berlin. Hg. lit. Zeitschriften in Ostpreußen; setzte sich für lit. Kultur ein und wurde deshalb von den Nationalsozialisten verfolgt; floh 1944 aus Tilsit vor den Russen. Trotz christl. Erziehung prägte der Buddhismus entscheidend sein Leben und seine Dichtung. Seine theosoph.-myst., symbol., allegor., märchenhaften Dramen sind eigentl. Mysterienspiele. In dt. Sprache schrieb er die Abhandlungen „Litauen in Vergangenheit und Gegenwart“ (1916) und „700 Jahre dt.-lit. Beziehungen“ (1932).

Vynničenko ↑ Wynnitschenko.

Vyšenskij ↑ Wyschenski.

W

Wace, Robert [frz. vas] (altfrz. Gace), * auf Jersey um 1100, † Caen (?) um 1174, anglonormann. Dichter.
Adliger Abkunft; Theologiestudium, Kanonikus von Bayeux. Erster namentl. bekannter Dichter der frz. Literatur; bed. für die Entwicklung der frz. Sprache; schrieb Heiligenlegenden; berühmt als Verfasser zweier Reimchroniken, von denen „Le roman de Brut“ in über 15000 Versen die Geschichte Britanniens erzählt. Erstmals in der frz. Literatur wird darin von König Artus berichtet. Das Werk gilt als bedeutendste literar. Leistung des 12. Jh.s in Frankreich. „Le roman de Rou“ gibt eine Darstellung der Geschichte der normann. Herzöge bis 1106.
Literatur: Gallais, P.: *La „Variant Version“ de l'„Historia regum Britanniae“ et le „Brut“ de W. In: Romania 87 (1966), 1.* – Holmes, U. T., jun.: *Norman literature and W. In: Medieval Secular Literature. Four essays, hg. v.* W. Matthews. *Berkeley (Calif.) 1965.* – Becker, Ph.: *Die Normannenchroniken: W. u. seine Bearbeiter. In: Zs. f. roman. Philologie 63 (1943), 481.*

Wackenroder, Wilhelm Heinrich, * Berlin 13. Juli 1773, † ebd. 13. Febr. 1798, dt. Schriftsteller.
Mitschüler und Freund Tiecks, gemeinsam Studium der Rechtswissenschaft in Erlangen; eine Wanderung durch Franken (Besuch von Bamberg und Nürnberg) begeisterte die Freunde für die altdt. Baukunst. Fortsetzung des Studiums in Göttingen, dann Kammergerichtsreferendar in Berlin. Als bed. Kunstschriftsteller hat er auf die Entwicklung Tiecks sowie auf die der gesamten romant. Bewegung und deren Kunstauffassung entscheidenden Einfluß ausgeübt. Die Begegnung mit altdt. Kunst und Kultur ließ W. deren religiösen Grundgehalt entdecken. Zeugnis dieser Erfahrung sind die „Herzensergießungen eines kunstliebenden Klosterbruders“, 1797 hg. von L. Tieck.
Weitere Werke: Die Unsichtbaren (R., 1794), Das Schloß Montford (R., 1796), Phantasien über die Kunst, für Freunde der Kunst (Schr., hg. 1799; mit L. Tieck).
Ausgaben: W. H. W. Schrr. Hg. v. K. O. Conrady. *Reinbek bei Hamb. 1968. – W. H. W. Werke u. Briefe. Hg. v.* Lambert Schneider. *Bln. 1938. Neudr. Hdbg. 1967. – W. H. W. Werke u. Briefe. Hg. v.* F. v. der Leyen. *Jena 1910. 2 Bde.*
Literatur: Hertrich, E.: *Joseph Berglinger. Eine Studie zu W.s Musiker-Dichtung. Bln. 1968.* –

Lippuner, H.: *W., Tieck u. die bildende Kunst. Grundlegung der romant. Ästhetik. Zürich 1965.* – Tecchi, B.: *W. H. W. Dt. Übers. Bad Homburg v. d. H. 1962.* – Koldewey, P.: *W. u. sein Einfluß auf Tieck. Ein Beitrag zur Quellengesch. der Romantik. Lpz. 1904.*

Wackernagel, Ilse † Stach, Ilse von.

Wagenfeld, Karl, * Lüdinghausen 5. April 1869, † Münster (Westf.) 19. Dez. 1939, dt. Dichter. Lehrer in Recklinghausen und Münster; erforschte das Volkstum seiner westfäl. Heimat und schrieb Bauerntragödien, religiöse Lyrik und Epik sowie Mysterienspiele in niederdt. Sprache.
Hauptwerke: 'n Öhm ... (En., 1905), 'ne Göpps vull (E., 1909), Daud un Düwel (Versdichtung, 1912), Dat Gewitter (Dr., 1912), Weltbrand (Ged., 1915), Luzifer (Dr., 1920), Schützenfest (Volksstück, 1922).
Ausgabe: K. W. Ges. Werke. Hg. v. F. Castelle *u.* A. Aulke. *Münster 1954–56. 2 Bde.*
Literatur: Vernekohl, W.: *Volkserzieher u. Dichter. K. W. In:* Vernekohl: *Begegnungen. Münster 1959.* – Wippermann, F.: *K. W. Ein Büchlein des Dankes u. der Verehrung. Osnabrück 1941.* – *K. W. Festgabe zur Vollendung seines 70. Lebensjahres. Münster 1939.*

Waggerl, Karl Heinrich, * Badgastein 10. Dez. 1897, östr. Erzähler.
Harte, entbehrungsreiche Jugend; Lehrer, dann Kunsthandwerker und freier Schriftsteller in Wagrain Markt (Salzburg); seine bäuerl. Herkunft bestimmt sein Schaffen, das in Romanen, Erzählungen und Lyrik das einfache, beständige, der Natur und ihren kleinen Dingen zugewandte Leben oft humorvoll fabulierend schildert.
Hauptwerke: Brot (R., 1930), Das Jahr des Herrn (R., 1933), Mütter (R., 1935), Wagrainer Tagebuch (1936), Fröhliche Armut (En., 1948), Heiteres Herbarium (Ged., 1950), Und es begab sich ... (En., 1953), Liebe Dinge (Miniaturen, 1956), Der Leibsorger (E., 1958), Die Traumschachtel (Märchen, 1962), Ein Mensch wie ich (Autobiogr., 1963), Blick in die Werkstatt (1967), Schöne Sachen. Bäuerl. Brauchgut (1967), Kraut und Unkraut (En., 1968).
Ausgabe: K. H. W. Ges. Werke. Frkf.; Salzburg 21.–144. Tsd. 1964–66. 5 Bde.
Literatur: K. H. W. genauer betrachtet. Hg. v. L. Besch. *Salzburg 1967.* – Willinger, M.: *K. H.W. ein 60er. Frkf. u. a. 1957.*

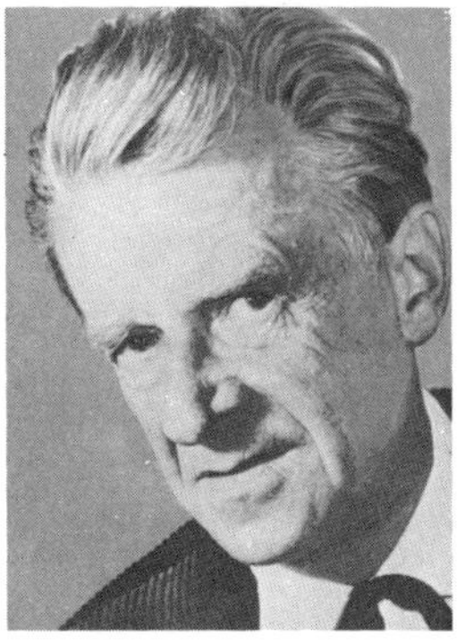

Karl Heinrich Waggerl

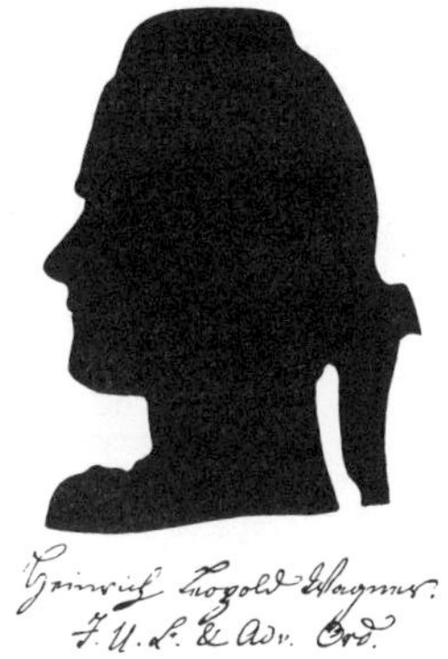

Heinrich Leopold Wagner

Wagif, Molla-Panach; tl.: Vagif, Molla-Panah [russ. va'gif], * Salachly um 1717, † Schuscha 1797, aserbaidschan. Dichter und Staatsmann. Stammte aus bäuerl. Familie, war Lehrer (daher der Titel Molla), vielseitig gebildet, beherrschte Arab. und Pers., wurde Wesir im Khanat Karabach. Als Dichter brachte W. die Goschma-Versform der Aschugen (Volkssänger) zu einem Höhepunkt und machte sie zur führenden Form der aserbaidschan. Dichtung. Schrieb v.a. Liebesgedichte; seine Sprache ist klangvoll, reich an Metaphern und Reimen.

Wagmann, Adam [poln. 'vagman] † Ważyk, Adam.

Wagner, Ernst, * Roßdorf 2. Febr. 1769, † Meiningen 25. Febr. 1812, dt. Erzähler.
Studierte Rechtswissenschaft in Jena, wurde durch Vermittlung Jean Pauls Kabinettssekretär des Herzogs von Sachsen-Meiningen. Sein Roman „Willibalds Ansichten des Lebens" (1804) ist von Jean Paul und Goethes „Wilhelm Meister" beeinflußt; auch Lustspielautor.
Weitere Werke: Der Triumph der Liebe (Lsp., 1801), Die reisenden Maler (R., 1806), Isodora (R., 1812).

Wagner, Heinrich Leopold, * Straßburg 19. Febr. 1747, † Frankfurt am Main 4. März 1779, dt. Dramatiker.
Studierte Rechtswissenschaft in Straßburg, wo er mit Goethe befreundet war; 1773 Hofmeister in Saarbrücken, später Advokat in Frankfurt am Main; neben Klinger und Lenz typ. Vertreter des Sturm-und-Drang-Dramas. Seine allgemeine Themen des Sturm und Drangs behandelnden Dramen sind durch z.T. gute Charakterisierung der handelnden Personen gekennzeichnet, bleiben jedoch infolge naturalist.-greller Effekte oft an der Oberfläche und sind zu sehr auf Bühnenwirksamkeit angelegt; bes. bekannt wurde die das Gretchenmotiv von Goethes „Faust" drast. gestaltende Tragödie „Die Kindermörderin" (1776), ein gegen den Adel gerichtetes Tendenzstück aus der Kleinbürgerwelt.
Weitere Werke: Vermischte Gedichte (1774), Die Reue nach der That (Dr., 1775), Leben und Tod Sebastian Silligs (R., 1776).
Ausgabe: H. L. W. Ges. Werke in 5 Bden. Hg. v. L. Hirschberg. *Bd. 1. Potsdam 1923 [m. n. e.].*
Literatur: Genton-Deichmann, E.: *Lenz-Klinger-W. Studien über die rationalist. Elemente im*

Denken u. Dichten des „Sturm u. Drang". Diss. Freie Univ. Bln. 1955 [Masch.]. – Schmidt, Erich: *H. L. W. Goethes Jugendgenosse. Jena ²1879.* – ↑ auch Gerstenberg, Heinrich Wilhelm von.

Wagner, Richard, * Dresden 22. Mai 1813, † Venedig 13. Febr. 1883, dt. Komponist, Musiktheoretiker und Dichter.

Musikstudium in Leipzig, Kapellmeister in in- und ausländ. Städten, u.a. am Stadttheater Riga (1837–39); wegen großer Schulden Flucht über London nach Paris; 1843 Rückkehr als Hofkapellmeister nach Dresden; Teilnahme am Maiaufstand 1849, als steckbriefl. gesuchter Revolutionär Flucht nach Paris, dann nach Zürich; leidenschaftl. Liebesverhältnis zu Mathilde Wesendonk, der Gattin seines Freundes; 1864 von Ludwig II. nach München berufen; 1865 nach Triebschen bei Luzern; Bekanntschaft mit Franz Liszt, dessen Tochter Cosima er in 2. Ehe heiratete; 1872 siedelte W. nach Bayreuth über; 1876 wurde dort das seit 1872 mit Unterstützung Ludwigs II. erbaute Festspielhaus mit dem „Ring des Nibelungen" (Bühnenfestspiel für 3 Tage und einen Vorabend, 1853) eingeweiht. Hier wollte Wagner, der von Nietzsche beeinflußt wurde und sich Schopenhauers Metaphysik des Pessimismus zu eigen gemacht hatte, seine Idee vom Gesamtkunstwerk als Erlebnis eines Volkes verwirklichen. Archaisches, Pathos und Rausch, Phantasie und geniale Subjektivität sind in W.s Werk mit Artistik verbunden. Bemüht, den religiösen, polit. und kulturellen Reformbestrebungen ein neues Ziel zu geben, erstrebte W. das Zusammenwirken von Schauspiel-, Tanz-, Dicht- und Ausstattungskunst, Musik, Sage, Mythos, Kult und Religion, wobei ihm die griech. Tragödie Vorbild war, die er auf dt. Boden im Rückgriff auf german. und mittelalterl. Stoffe, Mythos und Metrik erneuern wollte. Sein musikal. und dichter. Werk ist stark von der Romantik beeinflußt; bed. Einfluß auf Zeitgenossen und folgende Generationen.

Weitere Werke: Rienzi (Oper, 1840), Der fliegende Holländer (Oper, 1841), Tannhäuser und der Sängerkrieg auf der Wartburg (Oper, 1845), Lohengrin (Oper, 1850), Tristan und Isolde (Oper, 1859), Die Meistersinger von Nürnberg (Oper, 1862), Parsifal (Bühnenweihfestspiel, 1877), Mein Leben (Autobiogr., hg. 1911).

Ausgaben: R. W. Sämtl. Werke. Hg. v. C. Dahlhaus. *Mainz 1970ff. Auf 40 Bde. berechnet. – R. W. Sämtl. Briefe. Hg. im Auftrage des R.-W.-Familienarch. Bayreuth v.* G. Strobel *u.* W. Wolf. *Lpz. 1967ff. Auf 15 Bde. berechnet. – R. W. Sämtl. Schrr. u. Dichtungen. Volksausg. Lpz. ⁶1912–14. 16 Bde.*

Literatur: Westernhagen, C. v.: *W. Freib. u. Zürich 1968.* – Overhoff, K.: *Die Musikdramen R. W.s. Eine themat.-musikal. Interpretation. Salzburg 1967.* – Mann, Th.: *W. u. unsere Zeit. Hg. v.* E. Mann. *Frkf. 1963.* – Adorno, Th. W.: *Versuch über W. Frkf. ²1962.* – Stein, H. v.: *Dichtung u. Musik im Werk R. W.s. Bln. 1962. – Internationale W.-Bibliogr. International W. bibliography. Bibliogr. internationale de la littérature sur W. Bearb. u. hg. v.* Herbert Barth, K. Neupert *u.* Henrik Barth. *1945–1955. 1956–1960. 1961–1966. Bayreuth 1956–68. 3 Bde.* – Newman, E.: *The life of R. W. New York 1933–46. 4 Bde.* – Nietzsche, F.: *Schrr. f. u. gegen W. Einf. u. Nachbericht v.* E. Förster-Nietzsche. *Lpz. 1924.* – Glasenapp, C. F.: *Das Leben R. W.s in 6 Büchern dargestellt. Lpz. ¹⁻⁵1905–23.*

Wägner, Elin [Matilda Elisabeth] [schwed. 'vɛ:gnər], * Lund 16. Mai 1882, † Lilla Björka 7. Jan. 1949, schwed. Schriftstellerin.

Verbrachte den größten Teil ihres Lebens in Småland; Journalistin und Mitarbeiterin verschiedener Zeitschriften; 1944 Mitglied der schwed. Akademie; zahlreiche Reisen in die nach dem 1. Weltkrieg besetzten Gebiete, um ihre von konsequent pazifist. Einstellung bestimmte internationale Hilfstätigkeit ausführen zu können. Als Vorkämpferin der Frauenbewegung beschäftigte sie sich in ihrem umfangreichen schriftsteller. Werk mit dem Wesen der Frau; ihre Thematik ist zeitgebunden; während die ersten Romane in städt. Milieu spielten, wandte sie sich später breitangelegten Familienchroniken zu und schuf ihr Bestes mit den realist.-humorvollen Bauernromanen aus Småland; wertvoll ist ihre Biographie über „S. Lagerlöf" (1942f.).

Weitere Werke: Die Liga der Kontorfräulein (R., dt. 1910), Kämpfende Frauen (R., dt. 1918), Åsa-Hanna (R., 1918), Das Drehkreuz (R., 1935; dt. 1948).

Literatur: Martinson, H.: *E. W. Stockholm 1949.*

Wahrmund von der Tannen ↑ Rompler von Löwenhalt, Jesaias.

Waiblinger, Wilhelm Friedrich, * Heilbronn 21. Nov. 1804, † Rom 17. Jan. 1830, dt. Dichter.

Studierte Theologie im Tübinger Stift, wo er u.a. mit Hölderlin, Mörike und G. Schwab befreundet war; Reisen nach Italien, schließl. Übersiedlung nach Rom; dort freier Schriftsteller, Bekanntschaft mit Platen; starb im Elend. Frühvollendeter, hochbegabter Lyriker, virtuoser Nachbildner antiker und klass. Formen; lyr. Sprache bestimmt auch seine Dramen.

Hauptwerke: Phaeton (R., 1823), Lieder der Griechen (Ged., 1823), Anna Bullen, Königin von England (Trag., 1829), Taschenbuch aus Italien und Griechenland (1829/30), Friedrich Hölderlins Leben ... (Biogr., 1831).

Literatur: Höppner, J.: *W. W.s Dramen. Diss. Hamb. 1953 [Masch.].* – Behne, H.: *W. W., ein Lebensbild. Neuausg. Weimar 1948.*

Wain, John [engl. wɛɪn], * Stoke-on-Trent 14. März 1925, engl. Schriftsteller.

Erhielt nach Studien in Oxford eine Dozentur für engl. Literatur in Reading; widmete sich von 1947 an ganz der Literatur; Vertreter der „zornigen jungen Männer"; hatte mit iron., oft karikierenden, schelmenhaften Romanen mit gesellschaftskrit. Tendenz großen Erfolg.

Hauptwerke: Hurry on down (R., 1953), Blick auf morgen (R., dt. 1958), Der saubere Nußknacker (E., dt. 1962), Jeremy und der Jazz (R., dt. 1964), Liebhaber und Machthaber (R., dt. 1965), Der kleinere Himmel (R., dt. 1968).

Walahfrid Strabo (Walafried Strabo) ['st...], auch Strabus [= der Schielende], * in Schwaben um 808, † in der Loire (ertrunken) 18. Aug. 849, dt. Dichter und Theologe.

Benediktiner; in Fulda Schüler des Hrabanus Maurus, 829 Erzieher Karls des Kahlen, 838 Abt des Klosters Reichenau; glänzender Stilist; schrieb Briefgedichte, Versviten und hagiograph.

Neubearbeitungen, die „Visio Wettini“ und die Pflanzenbeschreibung „Hortulus“ (in Gedichtform); daneben exeget. und liturg. Abhandlungen.
Literatur: Schröder, W.: *Kritisches zu neuen Verfasserschaften des W. u. zur „ahd. Schriftsprache“. In: Zs. f. dt. Altertum u. dt. Lit. 87 (1956/57), 165.* – Genewein, C.: *Des Walafrid St. v. der Reichenau „Hortulus“ u. seine Pflanzen. Diss. Mchn. 1947 [Masch.].*

Walaorịtis, Aristotelis; tl.: Balaōrítēs, Aristotélēs [neugr. valaɔ'ritis], * auf Lefkas 2. Aug. 1824, † ebd. 24. Juli 1879, neugriech. Dichter.
Stammte aus ion. Adelsgeschlecht. Seine schwungvollen lyr. und ep., von Byron und Musset beeinflußten Dichtungen um den griech. Freiheitskampf lehnen sich an Solomos als Vorbild an, ohne daß W. dessen vollendete dichter. Form erreichte. Seine Wertschätzung verdankt W. hpts. seinem glühenden Patriotismus.

Wạldeck, Heinrich Suso, eigtl. Augustin Popp, * Wscherau bei Pilsen 3. Okt. 1873, † Sankt Veit im Mühlkreis 4. Sept. 1943, östr. Lyriker und Erzähler.
Sohn eines Lehrers; trat in den Orden der Redemptoristen in Eggenburg (Niederösterreich) ein; nach der Priesterweihe Weltpriester; später Religionslehrer und Seelsorger in Wien; lebte seit 1939 zurückgezogen. Seine Lyrik, von Trakl beeinflußt, gestaltet in knapper und prägnanter Sprache ein dämon. Naturgefühl, das auch alles Negative in den Kosmos einbezieht; auch religiöse Lieder, v.a. Mariengedichte.
Hauptwerke: Die Antlitzgedichte (1927), Lumpen und Liebende (R., 1930), Die milde Stunde (Ged., 1933), Balladen (hg. 1948).

Wạlden, H. ↑ Gleich, Joseph Alois.

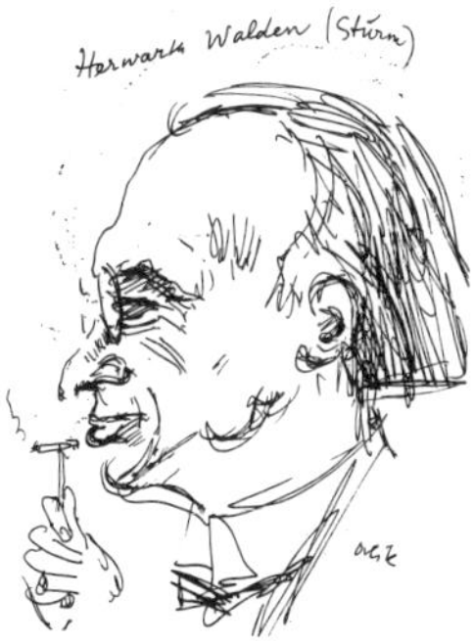

Herwarth Walden (Zeichnung von E. Orlik)

Wạlden, Herwarth, eigtl. Georg Levin, * Berlin 16. Sept. 1878, † Saratow 31. Okt. 1941, dt. Schriftsteller und Kunstkritiker.
Studierte Musikwissenschaft, heiratete 1901 Else Lasker-Schüler, 1912 Nell W.; Begründer (1910) und Hg. der Zeitschrift „Der Sturm“, die eine Kampfzeitschrift für die moderne Kunst wurde; veranstaltete in seiner „Sturm“-Galerie Ausstellungen von Künstlern, deren Bedeutung er als erster erkannt hatte; Hinwendung zum Bolschewismus; ging 1931 als Sprachlehrer nach Moskau, wo er 1941 verhaftet wurde. Schrieb expressionist. Dramen und Romane sowie theoret. Abhandlungen über den Expressionismus.
Hauptwerke: Kunstkritiker und Kunstmaler (Essays, 1916), Das Buch der Menschenliebe (R., 1916), Sünde (Dr., 1918), Letzte Liebe (Dr.,1918), Die Härte der Weltenliebe (R., 1918).
Literatur: Walden, N.: *H. W. Ein Lebensbild. Mainz 1963.* – Walden, N./Schreyer, L.: *Der Sturm. Ein Erinnerungsb. an H. W. u. die Künstler aus dem Sturmkreis. Baden-Baden 1954.*

Wạldinger, Ernst, * Wien 16. Okt. 1896, östr. Lyriker.
Studium in Wien (Dr. phil.); Verlagsangestellter ebd., emigrierte 1938 in die USA. Sprachl. K. Kraus verpflichtet, erstrebt er ähnl. Ziele wie J. Weinheber, mit dem er eine Zeitlang in Verbindung stand; seine Gedichte sind vom Erlebnis der niederöstr. Landschaft geprägt, die auch seine in Amerika entstandene Lyrik entscheidend mitbestimmte.
Hauptwerke: Die Kuppel (Ged., 1934), Die kühlen Bauernstuben (Ged., 1946), Zwischen Hudson und Donau (Ged., 1958), Ich kann mit meinem Menschenbruder sprechen (Ged., 1965).

Wạldis, Burkhard, * Allendorf (heute Bad Sooden-Allendorf) um 1490, † Abterode (Landkreis Eschwege) 1556, dt. Dichter.
Zunächst Franziskaner in Riga, kehrte von einer Romfahrt als überzeugter Anhänger Luthers zurück, heiratete und lebte als Zinngießer in Riga; geriet in die Gefangenschaft des Dt. Ordens, studierte nach seiner Freilassung in Wittenberg und wurde ev. Pfarrer in Abterode. Setzte sich in polem.-satir. Schriften für die Lehre Luthers ein; das vom Humanismus beeinflußte, in niederdt. Sprache 1527 uraufgeführte Fastnachtsspiel „Vam Verlorn Szon“ vertritt Luthers Lehre von der Rechtfertigung allein durch den Glauben; neben zahlreichen Streitgedichten muß bes. seine Fabelsammlung „Esopus“ (1548) erwähnt werden, die die belehrende und moralisierende Literatur der Zeit auf einen Höhepunkt führte und auf Rollenhagen, Hagedorn, Gellert und Zachariae einen bed. Einfluß ausgeübt hat.
Literatur: Lindemann, H.: *Studien zur Persönlichkeit des B. W. Diss. Jena 1922.*

Wạldmann, Dieter, * Greifswald 20. Mai 1926, dt. Dramatiker.
Begann mit dem Studium der Germanistik und Romanistik, emigrierte 1948 mit seinen Eltern nach Argentinien, wo er v.a. als Handwerker tätig war, kehrte später nach Deutschland zurück. Bemüht sich erfolgreich mit sprachl. und szen. unkonventionellen Mitteln in der Nachfolge der Commedia dell'arte um eine Verbindung von Traumwelt und Realität in Drama und Hörspiel; Zeitkritik.
Hauptwerke: Der blaue Elefant (Dr., UA 1959), Von Bergamo bis morgen früh (Kom., UA 1960), Atlantis (Kom., 1963), Die Schwätzer (Kom., UA 1965).

Wallace, [Richard Horatio] Edgar [engl. 'wɔlɪs], * London (?) 1. April 1875, † Los Angeles-Hollywood 10. Febr. 1932, engl. Schriftsteller.
Illegitimer Sohn eines Schauspielers, bei Pflegeeltern aufgewachsen; nach Verlassen der Schule Gelegenheitsarbeiter, Soldat (u.a. im Burenkrieg), dann Journalist in Südafrika und England, schließl. freier Schriftsteller. W.' Afrikaromane, seine Kriminalromane und -erzählungen hatten der spannenden, allerdings oft schemat. und un-

genügend motivierten Handlung, jedoch auch ihrer Mischung aus Realismus und Phantastik wegen ungewöhnl. Erfolg; der Roman „Der Hexer" (dt. 1927; auch Dr.) gilt als klass. Werk der Kriminalliteratur.
Weitere Werke: Sanders (R., 1911; dt. 1926), Der rote Kreis (R., 1922; dt. 1927), Der grüne Bogenschütze (R., dt. 1926), Die toten Augen von London (R., dt. 1929), Der Zinker (R., dt. 1928).
Ausgabe: E. W. Ges. Werke. Dt. Übers. Neue Ausg. Lpz. 1931–35. 60 Bde.
Literatur: Lane, M.: *E. W. Das Leben eines Phänomens. Dt. Übers. Hamb. 1966.*

Wallace, Lew[is] [engl. 'wɔlɪs], * Brookville (Ind.) 10. April 1827, † Crawfordsville (Ind.) 15. Febr. 1905, amerikan. Romancier.
Sohn des Gouverneurs von Indiana; erfolgreiche militär. Laufbahn; Rechtsanwalt, Gouverneur von New Mexico und Diplomat. Bes. bekannt als Autor des histor. Romans „Ben Hur" (dt. 1887) aus der frühchristl. Zeit.

Wallenberg, Jacob [schwed. ˌvalənbærj], * Viby (Östergötland) 5. März 1746, † Mönsterås 25. Aug. 1778, schwed. Schriftsteller.
Studierte Theologie in Uppsala, war dann Schiffspfarrer; Reisen nach Asien, zuletzt Pfarrer in Mönsterås. Bekannt v.a. durch seine beliebten Reiseberichte, die sich durch lebendige Frische, Humor und z.T. realist. Derbheit auszeichnen; auch Dramatiker.

Waller, Edmund [engl. 'wɔlə], * Coleshill (Buckingham) 3. März 1606, † Beaconsfield 21. Okt. 1687, engl. Dichter.
Aus alter, reicher Familie, in Eton erzogen, studierte in Cambridge; bereits 16jährig Parlamentarier; erwies sich in polit. und persönl. Dingen als charakterloser Opportunist; lebte zeitweise in Paris. Schrieb außer schmeichler. Panegyrik an die jeweiligen Gönner liedhafte Lyrik in einfachen kleinen Formen; W. zählt zu den Vorbereitern des engl. Klassizismus; verzichtete weitgehend auf subjektiven Gefühlsausdruck; seinerzeit wurden bes. seine Sacharissa-Gedichte (1635), die seiner Werbung um ein junges Mädchen der Gesellschaft Ausdruck geben, bewundert; „Poems" (1645, 1690).
Literatur: Chernaik, W. L.: *Poetry of limitation: A study of E. W. New Haven (Conn.) 1968.* – Allison, A. W.: *Toward an Augustan poetic. E.W.'s „reform" of English poetry. Lexington (Ky.) 1962.* – ↑ auch Herrick, Robert.

Wallin, Johan Olof [schwed. va'li:n], * Stora Tuna 15. Okt. 1779, † Uppsala 30. Juni 1839, schwed. Lyriker.
Studierte Theologie in Uppsala, war Pfarrer in verschiedenen Gemeinden, Mitglied der schwed. Akademie, 1837 Erzbischof, Vertreter der romant. Dichtung, ohne deren Schule anzugehören, bekämpfte die Aufklärung; in seinem Bemühen, das schwed. Gesangbuch zu erneuern, schrieb er zahlreiche Choräle, die von seinem formalen Können zeugen und sich durch echtes Gefühl auszeichnen.
Hauptwerke: Witterhetsförsök (Ged., 1821), Dödens ängel (Ged., 1839), Predigten und Reden bei feierl. Gelegenheiten (dt. 1835).

Wallisch, Friedrich, * Mährisch-Weißkirchen 31. Mai 1890, † Wien 7. Febr. 1969, östr. Schriftsteller.
Medizinstudium (Dr. med.); zeitweilig Journalist und Generalkonsul. Schrieb Lyrik, Erzählungen, Novellen, Romane, Dramen und Reiseberichte. Von besonderem Interesse sind seine breit angelegten realist. Romane, handlungsreich und sprachl. elegant.
Hauptwerke: Narrenspiegel der Liebe (En., 1918), Das verborgene Feuer (4 Einakter, 1918), Die Gewalt (R., 1925), Die Rosenburse (Novellen, 1944 und 1946), Das Prantnerhaus (R., 1953), Der König (R., 1954), Die Geschichten vom weißen Kadi (En., 1961), Servus, Herr Oberst (Militärgeschichten, 1965), Himmelblaues Wiedersehen (Tiergeschichten, 1966).

Wallkampf, Hans Kaltneker von ↑ Kaltneker, Hans.

Walloth, Wilhelm ['valo:t, 'valɔt], * Darmstadt 6. Okt. 1856, † München 8. Juli 1932, dt. Schriftsteller.
Studierte Chemie und Philosophie, dann freier Schriftsteller; schrieb naturalist.-histor. sowie psycholog. Romane und naturalist. Dramen; auch Gedichte.
Hauptwerke: Das Schatzhaus des Königs (R., 1883), Kaiser Tiberius (R., 1889), Semiramis (Dr., 1891).

Wallquist, Einar [schwed. ˌvalkvist], * Steneby (Västergötland) 5. Jan. 1896, schwed. Schriftsteller.
Studierte Medizin und wurde Arzt in Lappland, dessen Menschen und Landschaft er in seinen z.T. humorvollen Erzählungen mit sozialem Empfinden schildert.
Hauptwerke: Neues vom Lappendoktor (En., dt. 1955), Arzt im hohen Norden (En., dt. 1958).

Walpole, Horace [engl. 'wɔ:lpoʊl], Earl of Orford, eigtl. Horatio W., * London 24. Sept. 1717, † ebd. 2. März 1797, engl. Schriftsteller.
Sohn des Politikers Robert W.; Ausbildung in Eton und Cambridge; unternahm mit Th. Gray eine Studienreise auf den Kontinent; hatte mehrere gewinnbringende öffentl. Posten, war mehrfach Parlamentsmitglied; nach weltmänn. Leben zunehmende Vereinsamung. W. hinterließ ein umfangreiches literar. Werk; Bedeutung haben v.a. „Schloß Otranto" (R., dt. 1768) als Vorläufer des Schauerromans und des histor. Romans der Romantik sowie seine Briefe (dt. 1846ff.), die ein wertvolles Zeitdokument darstellen.
Literatur: H. W. Writer, politician, and connoisseur. Hg. v. W. H. Smith. *New Haven (Conn.) 1967.* – Ketton-Cremer, R. W.: *H. W.: A biography. Neuaufl. Ithaca (N.Y.) 1966.*

Walpole, Sir Hugh [Seymour] [engl. 'wɔ:lpoʊl], * Auckland (Neuseeland) 13. März 1884, † London 1. Juni 1941, engl. Romancier.
Sohn eines prot. Geistlichen; studierte in Cambridge; war kurze Zeit Lehrer, dann freier Schriftsteller in London; 1937 geadelt. W. hinterließ ein umfangreiches Romanwerk, in dem er v.a. das Generationenproblem in verschiedenen Erscheinungsarten darstellte; Verbindung von realist. mit romant. Stilzügen; seine Hauptwerke sind die teils autobiograph. Trilogie „Jeremy" (R., dt. 1919), „Jeremy und sein Hund" (R., dt. 1930) und „Jeremy auf der Schule" (R., dt. 1931), zugleich Jugendbuch und Darstellung des Viktorian. England, und die „Herries-Saga" (dt. 1937ff.), ein kulturhistor. Familienroman; umstritten sind W.s psychoanalyt. Romane.

Weitere Werke: Isabel und der Lehrer Perrin (R., 1911; dt. 1954), Die Kathedrale (R., 1922; dt. 1952), Bildnis eines Rothaarigen (R., dt. 1927).
Literatur: Hart-Davis, R.: *H. W.: A biography. New York 1962.*

Walschap, Gerard [niederl. 'walsxap], * Londerzeel bei Brüssel 9. Juli 1898, fläm. Schriftsteller.
Studierte klass. Philologie und Philosophie, Schriftleiter von „Het Vlaamsche Land"; beeinflußt v. a. von Dostojewski, Hamsun und Unamuno, schildert W. in seinen Romanen das Leben des fläm. Bauern- und Bürgertums im Zwiespalt v. a. zwischen Glauben und Sinnlichkeit; begründete einen eth. Realismus, verzichtete in seinen Romanen auf psycholog. Erklärungen.
Hauptwerke: Flandrische Erde (E., 1930; dt. 1939), Heirat (R., dt. 1934), Die Sünde der Adelaide (R., dt. 1933), Der Mann, der Gutes wollte (R., dt. 1938), Das Kind (R., dt. 1940), Jan Houtekiet (R., dt. 1941), Denise (R., dt. 1949), Schwester Virgilia (R., dt. 1952).
Literatur: Brandt Corstius, J. Ch.: *G. W. Brüssel 1960.* – Elebaers, K.: *De romankunst van G. W. Diest (Brabant) 1942.*

Walser, Martin, * Wasserburg (Bodensee) 24. März 1927, dt. Schriftsteller.
Studierte in Tübingen Literaturwissenschaft, Geschichte und Philosophie (Dr. phil.); Funk- und Fernsehregisseur, seit 1957 freier Schriftsteller in Friedrichshafen; gehört zur „Gruppe 47". Behandelt in seinen Werken gesellschafts- und zeitkrit. Probleme in iron. Gestaltung, bes. in den Romanen; auch aggressive Hörspiele und Dramen.
Hauptwerke: Ehen in Philippsburg (R., 1957), Halbzeit (R., 1960), Der Abstecher (Dr., 1961), Eiche und Angora (Dr., 1962), Überlebensgroß Herr Krott (Dr., 1964), Der Schwarze Schwan (Dr., 1964), Lügengeschichten (1964), Das Einhorn (R., 1966), Die Zimmerschlacht (Dr., 1967), Heimatkunde (Aufs., 1968).
Literatur: Pezold, K.: *Das literar. Schaffen M. W.s 1952–1964. Diss. Lpz. 1966 [Masch.].* – Saueressig, H.: *M. W. Bibliogr. 1952–1964. Bibliogr. Beih. 1952–1966. Biberach an der Riß 1964–66. 2 Tle.*

Walser, Robert, * Biel (BE) 15. April 1878, † Herisau 25. Dez. 1956, schweizer. Schriftsteller.
Erfolgloser Versuch als Schauspieler, dann im Bank- und Versicherungswesen tätig, ging verschiedenen Beschäftigungen nach, dann freier Schriftsteller in Berlin, später in Biel, seit 1933 in der Nervenklinik Herisau. In seiner impressionist. Lyrik und in dem lyr. gestimmten Erzählwerk Meister einer feinsinnigen, schwebenden Sprachkunst, die feinste Schwingungen und Zwischentöne wiedergibt; verbirgt hinter Heiterem und Verträumtem das Wissen um Abgründiges und einen tiefen Pessimismus.
Hauptwerke: Fritz Kochers Aufsätze (E., 1905), Geschwister Tanner (R., 1907), Der Gehülfe (R., 1908), Jakob von Gunten (R., 1909), Gedichte (1909), Kleine Dichtungen (En., 1914), Kleine Prosa (1917), Die Rose (Essays, 1925).
Ausgaben: R. W. Das Gesamtwerk. Hg. v. J. Greven. *Genf 1966 ff. Auf 12 Bde. berechnet. – R. W. Dichtungen in Prosa. Hg. v.* C. Seelig. *Genf u. Darmst.; Genf u. Frkf. 1953–61. 5 Bde.*
Literatur: Naguib, N.: *R. W. Entwurf einer Bewußtseinsstruktur. Mchn. 1970.* – Avery, G. C.: *German literature: Inquiry and testament. A study of the novels and short prosa of R. W. Philadelphia 1968.* – Mächler, R.: *Das Leben R. W.s. Eine dokumentar. Biogr. Genf 1966. – R. W. Text u. Kritik (1965), Nr. 12 (Sonderh.).* – Seelig, C.: *Wanderungen mit R. W. St. Gallen 1957.* – ↑ auch Schaffner, Jakob.

Walsh, Maurice [engl. wɔ:lʃ], * Ballydonohue (Kerry, Irland) 2. Mai 1879, ir. Schriftsteller.
Farmersohn; zeitweilig Beamter. Schrieb beliebte unterhaltende Abenteuer- und Detektivgeschichten; wählte als Hintergrund vorwiegend die schott. und ir. Landschaft; auch Werke aus der Zeit des ir. Freiheitskampfes.
Hauptwerke: The key above the door (R., 1923), The small dark man (R., 1929), Thomasheen James (R., 1941), Castle Gillian (R., 1948), Danger under the moon (R., 1956).

Waltari, Mika [Toimi] [finn. 'valtari], * Helsinki 19. Sept. 1908, finn. Schriftsteller.
Studierte in Helsinki Theologie, Philosophie und Literaturwissenschaft, war dann Journalist und Übersetzer, unternahm ausgedehnte Auslandsreisen, seit 1938 freier Schriftsteller. W., der bekannteste und produktivste zeitgenöss. finn. Schriftsteller, begann in jungen Jahren mit Lyrik; er wandte sich dann, von den großen ags. Romanen beeinflußt, der Erzählkunst zu und schrieb großangelegte histor. Romane, von denen „Sinuhe, der Ägypter" (dt. 1948) ein Welterfolg wurde; durch intensive histor. Studien gelang ihm die getreue Erfassung des Milieus; spannende Gestaltung und offensichtl. Fabulierfreude; auch Kriminalromane.
Weitere Werke: Sinun ristisi juureen (Ged., 1927), Ein Fremdling kam auf den Hof (R., dt. 1938), Warum haben Sie Frau Kroll ermordet? (R., dt. 1943), Karin Magnustochter (R., dt. 1943), Die Königin des Kaiserballs (R., dt. 1949), Der dunkle Engel (R., dt. 1954), Die weiße Taube (R., dt. 1959), In diesem Zeichen (R., dt. 1961), Minutus der Römer (R., dt. 1967).

Walter, Judith [frz. val'tɛ:r] ↑ Gautier, Judith.

Walter, Otto F., * Rickenbach bei Olten 5. Juni 1928, schweizer. Schriftsteller.
Verlagsangestellter, schrieb die realist. Romane „Der Stumme" (1959) und „Herr Tourel" (1962), die sich durch subtile Charakterisierung auszeichnen.
Weiteres Werk: Elio oder Eine fröhliche Gesellschaft (Dr., 1965).

Walter, Silja, * Rickenbach bei Olten 23. April 1919, schweizer. Schriftstellerin.
Benediktinerin in einem aargauischen Kloster; bekannt durch ihre eigenwillige Lyrik („Gedichte", 1950); daneben Oratorientexte und Prosa („Sie warten auf die Stadt", E., 1963).

Waltharius manu fortis [mlat.; = Walther mit der starken Hand] (Waltharilied), lat. hexametr. Epos. Die Verfasserschaft Ekkeharts I. ist umstritten, ebenso fragl. ist es, ob es sich bei dem überlieferten Text um die Bearbeitung Ekkeharts IV. handelt. Die Dichtung wird heute vielmehr in die karoling. Epoche verlegt. Gegenstand der Dichtung ist die gemeingerman. Walthersage: die Flucht des Helden mit seiner Verlobten Hiltgunt von Burgund aus der hunn. Gefangenschaft und seine Kämpfe bei Worms gegen Gunther und dessen Recken.

Ausgaben: W. In: Nachträge zu den Poetae aevi Carolini. Hg. v. K. Strecker. *Weimar 1951. – W. Hg. v.* K. Strecker. *Dt. Übers. Bln. 1947.*
Literatur: W. u. Walthersage. Eine Dokumentation der Forschung. Hg. v. E. E. Ploss. *Hildesheim 1969.* – Berschin, W.: *Ergebn. der W.-Forschung seit 1951. In: Dt. Arch. f. Erforschung des MA 24 (1968), 16.* – Langosch, K.: *W., Ruodlieb, Märchenepen. Lat. Epik des MA mit dt. Versen. Basel ³1968.* – Vinay, G.: *Waltharii poesis. In: Studi medievali 5 (1964), 476.* – Panzer, F.: *Der Kampf am Wasichenstein. W.-Studien. Speyer 1948.*

Walther von Châtillon (Gautier de Ch., G. de Lille), latin. Gualterus de Insulis, * Lille um 1135, † Amiens 1201, mlat. Dichter.
Lehrer in Paris, dann in Laon, stand im Dienste Heinrichs II. von England, Bekanntschaft mit den engl. Humanisten; später Lehrer in Châtillon, danach Jurastudium in Bologna, zuletzt Domherr in Amiens; W. gehört zu den bedeutendsten Dichtern des MA, die sich weltl. Stoffen zuwandten; bekannt v.a. sein Epos über Alexander den Großen „Alexandreis“ in 10 Büchern; daneben auch kleinere Dichtungen z.T. satir. und erot. Inhalts.

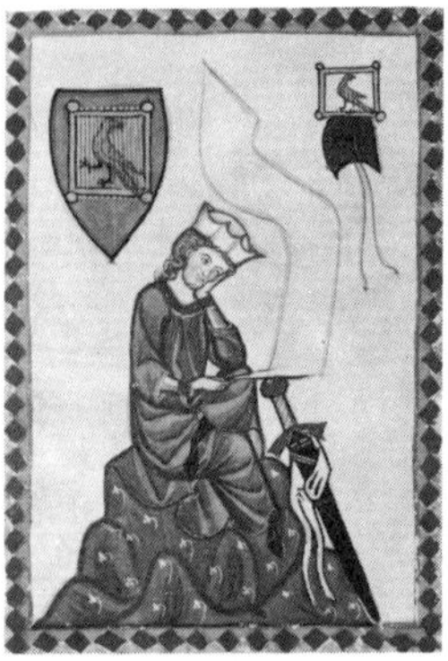

Walther von der Vogelweide (Große Heidelberger Liederhandschrift, sog. Manessische Handschrift)

Walther von der Vogelweide, * wahrscheinl. in Niederösterreich um 1170, † um 1230 (nach einer späten, jedoch wahrscheinl. Nachricht im Kreuzgang der Neumünsterkirche in Würzburg begraben), mhd. Dichter.
Sein äußerer Lebensweg ist nur lückenhaft bekannt und mit einer Ausnahme – 1203 durch eine Reiserechnung des Passauer Bischofs Wolfger, der ihm Geld für einen Pelzmantel schenkte, urkundl. belegt – nur aus den eigenen Liedern zu erschließen; wahrscheinl. ritterl. Abstammung, fand er seine erste Stellung am Hof der Babenberger in Wien um 1190, wo Reinmar von Hagenau wirkte, der auf W.s Entwicklung entscheidenden Einfluß ausübte; 1198 begann nach dem Tode seines Gönners Friedrich ein unstetes Wanderleben, das ihn zu Philipp von Schwaben und damit in die bewegte Politik jener unruhigen Zeit führte; er lernte auf ausgedehnten Reisen fast das ganze Reich kennen, war in Magdeburg (Weihnachten 1198), auf der Wartburg und wohl auch bei Dietrich von Meißen; 1203 kurzer Aufenthalt in Wien; später im Dienst Ottos IV. und Friedrichs II., der ihm um 1220 ein Lehen vermutl. in oder bei Würzburg schenkte, das dem unsicheren Dasein W.s ein Ende setzte. Als letztes histor. Ereignis in seinen Gedichten ist der Kreuzzug 1228/29 genannt; bald danach dürfte er gestorben sein. W., der eine ausgezeichnete Schulbildung genossen hatte, verband seine virtuose Sprachbeherrschung mit den verschiedensten literar. Interessen; als Vollender der Formkunst der höf. Minnelyrik wurde er zugleich Überwinder ihrer Stilisierung und Vergeistigung durch neue, persönl. Erlebniskraft und Wärme des Gefühls. Er durchbricht die höf.-ständische Grenze, hält auch die Schönheit und Liebe des einfachen Mädchens der Verehrung wert, so daß ritterl. Adel und künstler. Zucht eine vollendete Einheit aus ursprüngl. Sinnenfreude und seel. Durchdringung schaffen. Die Spruchdichtung, von W. als erstem zur scharfen und treffsicheren polit. Waffe ausgebildet, verteidigte die Ordnung des stauf. Reiches gegen die Machtansprüche Roms. Das Alterswerk, vorwiegend religiöse Gedichte (Kreuzzugslyrik und der berühmte Marienleich), ist von Resignation und Trauer über den Verfall der höf. Sitte und Kultur und über den Niedergang des stauf. Reiches bestimmt.
Ausgaben: W. v. d. V. Die Lieder. Unter Beifügung erhaltener u. erschlossener Melodien. Neu hg. v. F. Maurer. *Tüb. ³1967–69. 2 Bde. – W. v. d. V. Sprüche. Lieder. Der Leich. Urtext u. Prosaübertragung. Hg. v.* P. Stapf. *Darmst. ⁴1967. – W. v. d. V. Die Gedichte. Hg. v.* K. Lachmann. *Auf Grund der 10. v.* C. v. Kraus *bearb. Ausg. neu hg. v.* H. Kuhn. *Bln. ¹³1965.*
Literatur: Scholz, M. G.: *Bibliogr. zu W. v. d. V. Bln. 1969.* – Halbach, K. H.: *W. v. d. V. Stuttg. ²1968.* – Jones, G. F.: *W. v. d. V. New York 1968.* – Schaefer, J.: *W. v. d. V. u. Frauenlob. Beispiele klass. u. manierist. Lyrik im MA. Tüb. 1967.* – Kraus, C. v.: *W. v. d. V. Unterss. Bln. ²1966.* – Maurer, F.: *Die polit. Lieder W.s v. d. V. Tüb. ²1964.* – Protze, H.: *W. v. d. V. Sprüche u. Lieder. Halle 1964.* – Schulte, M.: *W. v. d. V., poeta moderna. Neapel 1961.* – Schönbach, A. E.: *W. v. d. V. Ein Dichterleben. Neu bearb. v.* Hermann Schneider. *Bln. u. Darmst. ⁴1923.* – † auch Reinmar von Hagenau.

Walther von Klingen, * um 1215, † Basel 1. März 1286, mhd. Dichter.
Stammte aus einem Thurgauer Ministerialengeschlecht; stand in engem Verhältnis zu Rudolf von Habsburg; acht formal vollendete Lieder sind erhalten.

Walton, Izaak [engl. 'wɔːltən], * Stafford 9. Aug. 1593, † Winchester 15. Dez. 1683, engl. Schriftsteller.
Sohn eines Bauern; war zeitlebens Händler; seit 1643 im Ruhestand; wurde mit den bedeutendsten Anglikanern, v.a. mit J. Donne, bekannt. W., der ein wenig umfangreiches Werk hinterließ, verdankt seinen Nachruhm bes. der idyll. Darstellung elisabethan. Lebens in dem in Dialogen gestalteten Werk „Der vollkommene Angler“ (1653, dt. 1958); ferner schrieb W. stilist. interessante, z.T. stark vereinfachende und damit entstellende Biographien, u.a. von Donne.
Literatur: Cooper, J. R.: *The art of the Compleat Angler. Durham (N. C.) 1968.* – Bottrall, M.: *I. W. London 1955.*

Wangen, J. P. ↑ Picard, Jacob.
Wang Shih-chen ↑ Chinpingmei.
Wang Shih-fu, auch genannt Wang Te-chen, chin. Dramatiker des 13. Jahrhunderts.
Über sein Leben ist nichts bekannt; von den ihm zugeschriebenen 14 Theaterstücken sind nur drei erhalten: „Hsihsiangchi" (dt. 1926 u.d.T. „Das Westzimmer"), „Lichuntang" (= Die Halle des schönen Frühlings) und „Chussufujungting" (= Das zerbrochene Porzellan); am bekanntesten ist das in 5 Teile gegliederte Drama „Das Westzimmer", das als das erste Meisterwerk des chin. Theaters angesehen wird; Zeugnis dafür sind zahlreiche Nachahmungen und Bearbeitungen.
Wang Wei, auch genannt Wang Mo-chieh und Wang Yu-cheng, * Taiyüan (Schansi) 699, † bei Changan (Schensi) 759, chin. Dichter und Maler.
Zunächst im Staatsdienst tätig, bei einem Aufstand degradiert, später amnestiert, dann Staatssekretär; Anhänger des Buddhismus, tiefreligiöse Überzeugung bestimmt sein literar. Schaffen. Als Maler gilt W. W. als bed. Initiator der Landschaftsmalerei Ostasiens.
Wapzarow, Nikola; tl.: Vapcarov, Nikola [bulgar. vap'tsarof], * Bansko 24. Nov. 1909, † Sofia 23. Juli 1942, bulgar. Dichter.
War u.a. als Arbeiter, dann als Maschinentechniker beschäftigt; als Kommunist verfolgt; zur Zeit der dt. Besetzung hingerichtet. Bedeutendster sozialrevolutionärer Lyriker Bulgariens neben Smirnenski; von Botew, Jaworow und Majakowski beeinflußter aggressiver Dichter; W. veröffentlichte seine erste Sammlung von Gedichten 1940 unter dem Namen Nikola Jonkow; 1952 erschien eine dt. Übersetzung seiner Gedichte.
Ward, Mary Augusta [engl. wɔ:d], geb. Arnold, bekannt als Mrs. Humphry W., * Hobart (Tasmanien) 11. Juni 1851, † London 24. März 1920, engl. Schriftstellerin.
Studierte in Oxford; Gegnerin der Frauenemanzipation; war dennoch in öffentl. Ämtern tätig. Schrieb populäre, tendenziöse, kulturgeschichtl. interessante Romane, darunter „Robert Elsmere" (dt. 1889), „Marcella" (dt. 1896) und „George Tressady" (dt. 1899).
Ward, Mary Jane [engl. wɔ:d], * Fairmount (Ind.) 27. Aug. 1905, amerikan. Schriftstellerin.
Nach ihrer Studienzeit in mehreren Berufen tätig, wandte sich dann publizist. und literar. Arbeiten zu. Schildert in ihrem bisher bedeutendsten Roman, „Die Schlangengrube" (dt. 1948), eindrucksvoll die Heilung einer Geisteskranken und das Leben in einer Heilanstalt.
Ward, Nathaniel [engl. wɔ:d], * Haverhill (Suffolk) 1578, † Shenfield (Essex) Okt. 1652, engl. Schriftsteller.
Lebte zeitweise in Massachusetts; schrieb dort das erste Rechtsbuch der amerikan. Geschichte. W. wurde bes. durch seine subjektive Satire „The simple cobler" (1647) bekannt, in der er sich gegen die religiösen Eiferer einsetzte.
Warner, Rex [engl. 'wɔ:nə], * Birmingham 9. März 1905, engl. Schriftsteller.
War nach altphilolog. Studien in Oxford als Lehrer und Journalist in England, Griechenland und Ägypten tätig; zeitweise Dozent in Berlin. Schrieb zeitkrit., vorwiegend antiautoritäre Erzählwerke, bei deren Gestaltung er allegor. Formung einem photograph. Realismus vorzieht; sprachl. ist W. v.a. an Kafka und den griech. Klassikern, von denen er einige übersetzte, geschult; Lyriker und Essayist.
Hauptwerke: Die Wildgansjagd (R., 1937; dt. 1949), Der Flugplatz (R., 1941; dt. 1950), Wenn keine andere Stimme spricht (R., 1943; dt. 1948), Men of stones (R., 1949).
Warren, Robert Penn [engl. 'wɔrɪn], * Guthrie (Ky.) 24. April 1905, amerikan. Schriftsteller.
Studierte u.a. an der Yale University und in Oxford; Professor an mehreren Universitäten, zuletzt in Yale. W., einer der führenden Vertreter der regionalist. Dichtung des amerikan. Südens und der „Southern renaissance", fand früh Zugang zur literar. Gruppe um die Zeitschrift „The Fugitive", dem zentralen Organ der regionalist., der Agrarkultur der Südstaaten verpflichteten amerikan. Lyrik; W.s Romane behandeln histor. und aktuelle Stoffe seiner Heimat; auch bed. Vertreter des „New criticism".
Hauptwerke: Pondy woods (Ged., 1930), XXXVI poems (1935), Night rider (R., 1938), Des Königs Troß (R., dt. 1949, 1951 u.d.T. Der Gouverneur; auch Dr.), World enough and time (R., 1950), Amantha (R., dt. 1957).
Literatur: Strandberg, V. H.: *Colder fire: The poetry of R. P. W. Lexington (Ky.) 1965.* – Casper, L.: *R. P. W. Seattle (Wash.) 1960.* – Poenicke, K.: *R. P. W. Kunstwerk u. krit. Theorie. Hdbg. 1959.*
Wartburgkrieg (Sängerkrieg auf der Wartburg), um die Mitte des 13. Jh.s entstandenes mhd. stroph. Gedicht, das von einem sagenhaften Sängerwettstreit berichtet, der auf der Wartburg stattgefunden haben soll und dessen Teilnehmer angebl. Wolfram von Eschenbach, Walther von der Vogelweide, Reinmar von Zweter und der sonst unbekannte Heinrich von Ofterdingen waren. Vielleicht war ein gleichzeitiger Besuch Wolframs und Walthers bei Hermann von Thüringen die histor. Grundlage. An den ersten Teil des Gedichtes, ein Lob des großzügigen Fürsten Hermann, schließt sich der in der Metrik abweichende Rätselkampf zwischen Wolfram und dem Zauberer Klingsor an, in dem des Eschenbachers Religiosität den Sieg davonträgt.
Ausgabe: Der W. Krit. hg. v. T. A. Rompelman. *Amsterdam u. Paris 1939.*
Literatur: Krogmann, W.: *Studien zum W. In: Zs. f. dt. Philologie 80 (1961), 62.* – Siebert, J.: *Wolframs u. Klingsors Stubenkrieg auf der Wartburg. In: Beitr. zur Gesch. der dt. Sprache u. Lit. 75 (1953), 365.* – Baumgarten, H.: *Der sog. W. Diss. Gött. 1934.*
Warton, Joseph [engl. wɔ:tn], * Dunsfold (Surrey) 22. April 1722, † Wickham (Hampshire) 23. Febr. 1800, engl. Schriftsteller.
Sohn eines Geistlichen, Bruder von Thomas W.; Studium, Professor für Poetik in Oxford; hohe geistl. Ämter. W., der bes. als Kritiker hervortrat, gilt v.a. mit seinen Essays als einer der bedeutendsten Vorbereiter der engl. Romantik und deren Naturdichtung; Kritiker, aber auch Hg. Popes; auch Übersetzer.
Literatur: Gosse, E.: *Two pioneers of romanticism. J. and Thomas W. London 1915.*
Warton, Thomas [engl. wɔ:tn], der Jüngere, * Basingstoke (Hampshire) 9. Jan. 1728, † Oxford 20. (21.?) Mai 1790, engl. Schriftsteller.

Wurde nach Studien in Oxford Dozent ebd.; 1785 „poet laureate" und Professor für alte Geschichte. Wurde mehr durch seine literaturkrit. Schriften, v.a. durch seine Entdeckungen zu Chattertons Fälschungen, als durch seine histor. und poet. Werke bekannt.
Literatur: ↑ Warton, Joseph.

Wascha[-]Pschawela; tl.: Važa[-]Pšavela, auch Phschawela [russ.'vaʒɐ 'pʃawɪlɐ], eigtl. Luka Rasikaschwili; tl.: Luka Razikašvili [russ. rɐzikaʃ'vili], * Tschargali 26. Juli 1861, † Tiflis (heute Tbilissi) 10. Juli 1915, georg. Dichter.
War nach dem Besuch eines geistl. Seminars zunächst Lehrer, studierte dann in Petersburg Jura, war aktiver Revolutionär; lebte seit 1884 als Bauer in Georgien. Wurde z.T. von Rustaweli beeinflußt; einer der bedeutendsten Dichter seiner Heimat; wenig Anlehnung an die zeitgenöss. Dichtung; schrieb Vers- und Prosadichtungen, Dramen und ethnograph. Skizzen; wählte oft histor. Stoffe; schrieb auch literaturkrit. Studien.

Waser, Maria, geb. Krebs, * Herzogenbuchsee (Bern) 15. Okt. 1878, † Zürich 19. Jan. 1939, schweizer. Schriftstellerin.
Studierte in Lausanne und Bern (Dr. phil.), zahlreiche Auslandsreisen, heiratete den Archäologen Otto W.; schrieb neben Lyrik und biograph. Werken v.a. Romane um Frauenschicksale.
Hauptwerke: Die Geschichte der Anna Waser (R., 1913), Wir Narren von gestern (R., 1922), Wende (R., 1929), Land unter Sternen (R., 1930), Begegnung am Abend (1933), Sinnbild des Lebens (Autobiogr., 1936).
Ausgabe: M. W. Sinnbild des Lebens. Wir Narren von gestern. Berner Erzählungen. Die Gesch. der Anna Waser. Begegnung am Abend. Frauenfeld ²1963. 5 Bde.
Literatur: M. W. zum Gedächtnis. Stuttg. 1939. – Widmann, J. V.: *Vom Menschen u. Dichter, v. Gottsucher u. Weltfreund. Eine Darst. v. M. W. Frauenfeld 1927.*

Wasilewska, Wanda [poln. vaɕi'lɛfska], * Krakau 21. Jan. 1905, † Kiew 29. Juli 1964, poln. Schriftstellerin.
Studierte in Krakau Philologie, Gymnasiallehrerin; betätigte sich journalist. und arbeitete bei der Liga für Menschenrechte. Sie gehörte der Widerstandsbewegung gegen Piłsudski an. 1939 ging sie nach Moskau und organisierte die poln. Legion gegen die Deutschen. Wanda W. kam von gesellschaftskrit. Reportagen zu anklagenden Romanen und Novellen gegen die Not des Land- und Stadtproletariats. Später verarbeitete sie ihre Erlebnisse in der UdSSR und schrieb über die jüngste poln. Vergangenheit.
Hauptwerke: Magda (R., 1935; dt. 1957), Boden im Joch (R., 1937; dt. 1951), Lied über den Wassern (R.-Trilogie, dt. 1956).

Wasilewski, Edmund [poln. vaɕi'lɛfski], * Rogoźno 16. Nov. 1814, † Krakau 14. Nov. 1864, poln. Lyriker.
War Privatlehrer, arbeitete später als Agent einer Lotteriegesellschaft; berühmt machten ihn seine romant. Lieder, in denen er Krakau und die Tatra besang; tiefes persönl. Leid prägte seine religiöse und volkstüml. Dichtung. Mit „Katedra na Wawelu" (= Die Kathedrale auf dem Wawel, Dichtung, 1846) wirkte er anregend auf St. Wyspiański.

Wasilikos, Petros [neugr. vasili'kɔs] ↑ Chadsopulos, Kostas.

Wasow, Iwan [Mintschow]; tl.: Vazov, Ivan [Minčov] [bulgar. 'vazof], * Sopot (heute Wasowgrad) 9. Juli 1850, † Sofia 22. Sept. 1921, bulgar. Schriftsteller.
Sohn eines Kaufmanns; kam früh mit führenden Persönlichkeiten des literar. Lebens, darunter Botew und Karawelow in Berührung; war als Lehrer und Dolmetscher tätig; emigrierte aus polit. Gründen 1876, kehrte aber 1878 zurück und begann eine erfolgreiche, nur von einem kurzen Exil in Odessa (1887–89) unterbrochene polit. Laufbahn; war 1897 vorübergehend Kultusminister, danach freier Schriftsteller. W., einer der bedeutendsten bulgar. Dichter, fand durch die Lektüre antiker Dichtung, der frz. Literatur des 19. Jh.s sowie der klass. und modernen russ. Literatur vielfältige Anregungen. Seine Romane, darunter sein von V. Hugo und Tolstoi beeinflußtes Hauptwerk „Unter dem Joch" (1889, dt. 1918), stellen meist Stoffe aus der Zeit des Freiheitskampfes realist. dar und bieten genaue, oft humorvolle Schilderungen bulgar. Volkslebens; seine Lyrik stand unter dem Einfluß der bulgar. Volksdichtung; als Vermittler westeurop. Gedankenguts schuf W. neue Grundlagen für die weitere Entwicklung der bulgar. Literatur.
Weitere Werke: Die Bulgarin u.a. Novellen (dt. 1913), Erzählungen und Novellen (dt. 1917), Swetoslaw Terter (R., 1907; dt. 1953), Borislaw (Dr., dt. 1912).

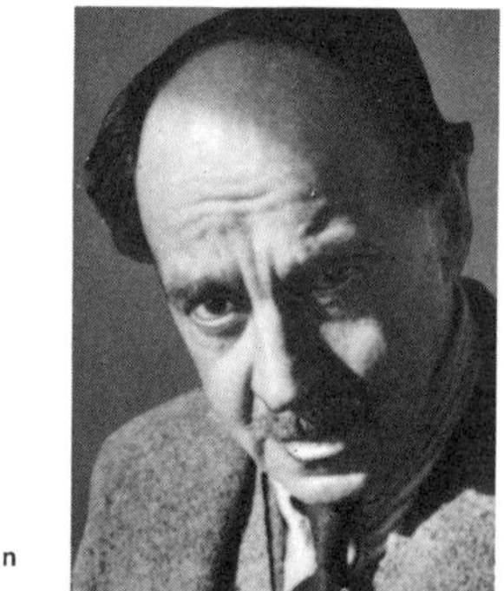
Jakob Wassermann

Wassermann, Jakob, * Fürth 10. März 1873, † Altaussee (Steiermark) 1. Jan. 1934, dt. Schriftsteller.
Schwere Jugend, Kaufmannslehrling, war in verschiedenen Berufen tätig, bis er seine ersten literar. Erfolge hatte und sich als freier Schriftsteller in Österreich niederließ; in seinen von Dostojewski und der Psychoanalyse beeinflußten psycholog. Romanen, denen es jedoch oft an Tiefe mangelt, sucht er in einer zerrütteten Zeit das Bild des edlen, seinem eigenen inneren Gesetz folgenden Menschen; da er oft sensationelle Stoffe bevorzugte, fanden seine Romane, bes. zwischen 1920 und 1930, einen breiten Leserkreis.
Hauptwerke: Die Juden von Zirndorf (R., 1897), Der Moloch (R., 1903), Alexander in Babylon (R., 1905), Caspar Hauser oder Die Trägheit des Herzens (R., 1909), Das Gänsemännchen (R.,

1915), Christian Wahnschaffe (R., 1919), Der Fall Maurizius (R., 1928), Etzel Andergast (R., 1931), Olivia (R., 1937).
Ausgaben: J. W. Ges. Werke. Zürich 1944–48. 7 Bde. – J. W. Ges. Werke. Bln. 1–11 21924–35. 11 Bde.
Literatur: Schnetzler, K.: *Der Fall Maurizius (Jacob W.s Kunst des Erzählens). Bern 1968.* – Stix, G.: *Trakl u. W. Rom 1968.* – Voegeli, W.: *J. W. u. die Trägheit des Herzens. Winterthur 1956.* – Bing, S.: *J. W. Weg u. Werk des Dichters. Erweiterte Ausg. Bln. 1933.*

Wassilew, Orlin; tl.: Vasilev, Orlin [bulgar. va'silɛf], * Wranjak 4. Dez. 1904, bulgar. Schriftsteller.
Wurde im Geist rationalist. und sozialist. Ideen erzogen; seit 1924 Mitglied der KP; war zunächst Lehrer, nahm dann Studien für die literar. Laufbahn auf; seit 1944 wieder schriftsteller. und kulturpolit. tätig. Schrieb außer Dramen und Essays Romane um das Problem des sozialist. Aufbaus, Bücher für Kinder und Jugendliche und trat als Übersetzer, u. a. von Ehrenburg, Fadejew und Jack London, hervor.

Wassiltschenko, Stepan Wassiljewitsch; tl.: Vasil'čenko, Stepan Vasil'evič [russ. va'siljtʃɪnkɐ], eigtl. St. W. Panassenko; tl.: St. V. Panasenko, * Itschnja (Gouv. Tschernigow) 8. Jan. 1879, † Kiew 11. Aug. 1932, ukrain.-sowjet. Schriftsteller.
Sohn eines Bauern; Lehrer, zunächst in der Provinz, später in Kiew. Schrieb stoffl. und formal von der Folklore beeinflußte Erzählungen in impressionist. Stil; Neigung zu humorist. Gestaltung; in der Art der Verwendung des Phantastischen erinnert W. an Gogol und E. T. A. Hoffmann.

Wast, Hugo [span. u̯ast], eigtl. Gustavo Martínez Zuviría, * Córdoba (Argentinien) 22. Okt. 1883, † Buenos Aires 28. März 1962, argentin. Schriftsteller.
Studierte Jura und Volkswirtschaft; langjähriger Direktor der Nationalbibliothek in Buenos Aires, zeitweilig auch Minister für das Unterrichtswesen; einer der populärsten argentin. Schriftsteller der Gegenwart, dessen Romane durch gepflegten Stil, präzise Beschreibung und sorgfältige Technik der Handlungsführung (Spannung) auch über die Grenzen des Landes hinaus einen außerordentl. breiten Leserkreis gefunden haben.
Hauptwerke: Das Rabenhaus (R., 1916; dt. 1930), Die Unerbittliche (R., 1923; dt. 1929), In der Steinwüste (R., dt. 1928), Lucía Miranda (R., 1929; dt. 1949).

Wat, Aleksander [poln. vat], * Warschau 1. Mai 1900, poln. Schriftsteller.
Studierte in Warschau Philosophie und Psychologie, gehörte zur Warschauer „Avantgarde", Redakteur literar. Zeitschriften, im 2. Weltkrieg in der Sowjetunion inhaftiert; nach dem Krieg Chefredakteur in Warschau; seit 1963 in der Emigration in Frankreich. W. gilt als Futurist, schrieb Prosa, Gedichte, auch ein Drama; Übersetzer Dostojewskis, Tolstois, Gorkis, Hugos, H. Manns u. a. Gedichte W.s erschienen in dt. Übersetzung mehrfach in Anthologien.

Watkins, Vernon Phillips [engl. 'wɔtkɪnz], * Maesteg (Glamorgan) 27. Juni 1906, † Seattle (Wash.) 8. Okt. 1967, walis. Dichter.
Wurde nach dem Studium moderner Sprachen in Cambridge 1925 Bankangestellter. In seinen von Yeats beeinflußten Gedichten stellt er meist Natur und Folklore seiner südwalis. Heimat dar; bekannt auch als Hg. der von seinem Freund D. Thomas an ihn gerichteten Briefe.
Hauptwerke: The ballad of the Mari Lwyd and other poems (1941), The lamp and the veil (Ged., 1945), The death bell (Ged., 1954), Cypress and acacia (Ged., 1959).

Watsjajana ↑ Kamasutra.

Watson, John [engl. wɔtsn], Pseudonym Ian Maclaren, * Manningtree (Essex) 3. Nov. 1850, † Mount Pleasant (Iowa) 6. Mai 1907, schott. Romancier.
Presbyterian. Geistlicher; nach Studien in Edinburgh erfolgreiche theolog. Laufbahn; sehr aktiv im öffentl. Leben; starb während einer seiner zahlreichen Vortragsreisen. Als Erzähler der empfindsam-idyll. Kailyard School der schott. Literatur zugehörig, wurde er v. a. durch Schilderungen schott. Folklore und ländl. Lebens bekannt.
Hauptwerke: Beim wilden Rosenbusch (En., 1894; dt. 1901), The days of Auld Lang Syne (Skizzen, 1895).

Watson, Sir William [engl. wɔtsn], * Burley-in-Wharfedale (York) 2. Aug. 1858, † Rottingdean (Sussex) 11. Aug. 1935, engl. Lyriker.
Sohn eines methodist. Kaufmanns; mehrfach geehrt, 1917 geadelt, aber als Gegner der Empirepolitik nicht zum Dichter gekrönt. Schrieb, an Tennyson geschult, um harmon. Glätte bemühte, formal konservative Lyrik; bes. bed. als Epigrammatiker.
Literatur: Nelson, J. G.: *Sir W. W. New York 1966.*

Watt, Joachim von ↑ Vadian[us], Joachim.

Watts-Dunton, [Walter] Theodore [engl. 'wɔts-'dʌntən], * Saint Ives (bei Huntingdon) 12. Okt. 1832, † Putney (heute zu London) 6. Juni 1914, engl. Schriftsteller.
War nach seiner Ausbildung in Cambridge als Rechtsanwalt und Publizist tätig. W.-D., einer der bedeutendsten Literaturkritiker seiner Zeit, stand den Präraffaeliten nahe; war mit D. G. Rossetti und Swinburne eng befreundet; seine dichter. Werke spiegeln sein Interesse für Zigeunerfolklore.
Hauptwerke: The coming of love (Vers-E., 1897), Aylwin (R., 1898).
Literatur: Hake, T./Compton-Rickett, A.: *The life and letters of Th. W.-D. London 1916. 2 Bde.*

Watzlik, Hans [...lɪk], * Unterhaid (Südböhm. Gebiet) 16. Dez. 1879, † Gut Tremmelhausen bei Regensburg 24. Nov. 1948, dt. Schriftsteller.
War zunächst Lehrer; kam 1945 als Vertriebener nach Bayern. Schrieb meist heimatgebundene, phantasievolle Erzählwerke aus dem Böhmerwald.
Hauptwerke: Der Alp (R., 1914), O Böhmen! (R., 1917), Böhmerwaldsagen (1921), Der Meister von Regensburg (R., 1939), Hinterwäldler (E., 1941).

Waugh, Alec [engl. wɔ:], eigtl. Alexander Raban W., * London 8. Juli 1898, engl. Schriftsteller. Bruder von Evelyn W.; gegen Ende des 1. Weltkriegs Kriegsgefangener, im 2. Weltkrieg im Nahen Osten; zahlreiche Reisen; zeitweilig Leiter des Verlags seines Vaters, seit 1926 freier Schriftsteller. Verfaßte gewandt geschriebene, unterhalt-

same Romane, von der Reportage beeinflußte Reisebücher und autobiograph. Werke; seine v.a. in den USA bekannten pessimist.-zeitkrit. Romane waren weniger erfolgreich als die seines Bruders.
Hauptwerke: The loom of youth (R., 1917), Wheels within wheels (R., 1933), Unclouded summer (R., 1948), Insel in der Sonne (R., dt. 1956), Öl ins Feuer (R., dt. 1961).
Waugh, Evelyn [Arthur St. John] [engl. wɔ:], * London 28. Okt. 1903, † Taunton (Somerset) 10. April 1966, engl. Schriftsteller.
Sohn eines Verlegers; studierte neuere Geschichte in Oxford, dann Malerei an der Kunstakademie London; unternahm bald nach Abschluß der Studien weite Reisen, meist als Pressekorrespondent; konvertierte 1930 zum Katholizismus; ließ sich Ende der 30er Jahre in Gloucestershire nieder; nahm zunächst als Kriegsberichterstatter am

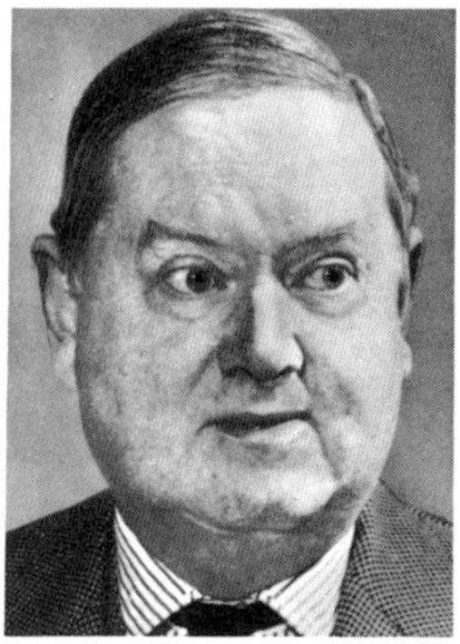
Evelyn [Arthur St. John] Waugh

Abessinienkrieg, dann bei der Marine im Mittleren Osten am 2. Weltkrieg teil. W., der zunächst mit einer biograph. Studie über D. G. Rossetti (1917) hervortrat, hatte seinen ersten größeren Erfolg mit dem von skept. Witz geprägten Roman „Auf der schiefen Ebene“ (1928, dt. 1953), der, wie das folgende Werk „... aber das Fleisch ist schwach“ (R., dt. 1933), scharfe Gesellschaftskritik enthält; W., neben G. Greene der bedeutendste Vertreter der neukath. Literatur Englands, wandte sich zunehmend einer ernsteren, das religiöse Element stärker betonenden Gestaltungsweise zu, ohne jemals auf die Stilmittel des Sarkasmus und Zynismus zu verzichten; seine Neigung zu bitterer, makabrer Satire zeigt sich v.a. in seinem Roman „Tod in Hollywood“ (dt. 1950); W., der zu tragikom. Gestaltung neigt, schuf einen bed. Beitrag der engl. Literatur zu existentiellen Problemen des 20. Jahrhunderts.
Weitere Werke: Eine Handvoll Staub (R., dt. 1936), Wiedersehen mit Brideshead (R., dt. 1947), Gilbert Pinfolds Höllenfahrt (autobiograph. R., dt. 1958).
Literatur: Donaldson, F.: *E. W.: Portrait of a country neighbour. Philadelphia 1967.* – Carens, J. F.: *The satiric art of E. W. Seattle (Wash.) 1966.* – Stopp, F. J.: *E. W. London 1958.*
Ważyk, Adam [poln. 'vaʒɨk], eigtl. A. Wagmann, * Warschau 17. Nov. 1905, poln. Schriftsteller. Studierte Mathematik, verbrachte den 2. Weltkrieg in der UdSSR, dann Rückkehr in seine Heimat. W. gehörte zur Gruppe „Avantgarde“, neigte zu literar. Experimenten, bevorzugte ungewöhnl. Reime und eine raffinierte Form. Nach surrealist. Romanen schrieb er schlichte Kriegsgedichte. In seiner Dichtung nach dem Krieg pflegt er den poet. Realismus; v.a. beschäftigte ihn der Aufbau seines Landes; auch Übersetzer.
Hauptwerke: Semafory (Ged., 1924), Mity rodzinne (= Familienmythen, R., 1925), Oczy i usta (= Augen und Mund, Ged., 1926), Planetarium (Kom., 1956), Episode (dt. 1961), Ein Gedicht für Erwachsene (dt. 1963).
Webb, Mary Gladys [engl. wɛb], * Leighton (Shropshire) 25. März 1881, † Saint Leonards-on-Sea (Sussex) 8. Okt. 1927, engl. Schriftstellerin. Tochter eines Lehrers walis. Abstammung; kränklich; lebte meist in ärml. Verhältnissen. Schrieb formal schwache und psycholog. unzureichend aufgebaute Romane, die sich jedoch durch Schönheit und Gestaltungskraft der Naturschilderungen, die von Th. Hardy beeinflußt sind, auszeichnen; ihre Romane, oft Ausdruck von Resignation, enthalten myst. Elemente; auch Lyrikerin und Essayistin.
Hauptwerk: Die Geschichte von der Liebe der Prudence Sarn (R., 1924; dt. 1930).
Literatur: Wrenn, D. P. H.: *Goodbye to morning: A biographical study of M. W. Shrewsbury 1964.*
Weber, Friedrich Wilhelm, * Alhausen (Landkreis Höxter) 25. Dez. 1813, † Nieheim (Landkreis Höxter) 5. April 1894, dt. Lyriker und Epiker. War prakt. Arzt in Bad Driburg (Westf.) und Kurarzt in Bad Lippspringe; 1861 Zentrumsabgeordneter im preuß. Abgeordnetenhaus; Hauptwerk seines epigonalen lyr. und ep. Schaffens ist das Versepos „Dreizehnlinden“ (1878), eine christl. und patriot. gesinnte Darstellung der Bekehrung der Sachsen zum Christentum; auch Übersetzer, v.a. von Werken Tennysons, Moores, Tegnérs und Oehlenschlägers.
Literatur: F. W. W. (Ausstellungskat.). Dortmund 1963. – Weber, Elisabeth: *Ich diente, u. mein Lohn ist Frieden (W.-Erinnerungen). Münster 1947.* – Buchner, M.: *F. W. W. Dülmen 1940.*
Weber, Karl Julius, * Langenburg bei Crailsheim 16. April 1767, † Kupferzell bei Öhringen 20. Juli 1832, dt. Schriftsteller.
Studierte Rechtswissenschaft in Erlangen; Reisen in die Schweiz und durch Frankreich; Hofrat, dann Privatgelehrter; Abgeordneter in der württemberg. Ständekammer; von der Aufklärungsphilosophie beeinflußter Verfasser vielgelesener skept., antiromant. Werke, die auf die Verhältnisse im Deutschland seiner Zeit satir.-krit. Bezug nahmen; bed. Feuilletonist.
Hauptwerke: Deutschland oder Briefe eines in Deutschland reisenden Deutschen (1826–28), Demokritos oder Hinterlassene Briefe eines lachenden Philosophen (1832–36).
Webster, John [engl. 'wɛbstə], * London (?) 1580 (?), † um 1625, engl. Dramatiker.
Sichere Angaben über sein Leben fehlen fast völlig; W. scheint Sohn eines Londoner Schneiders gewesen zu sein, stand wahrscheinl. auch im Dienst einer Londoner Kirchengemeinde. W., der oft mit Dekker und Rowley zusammenarbeitete, gilt als der bedeutendste Nachfolger Shakespeares; er schrieb düstere Schauerstücke, in denen er wirksam Effekte des Grauens und des Schreckens

verwandte; nihilist. Weltsicht; seine Sprache ist nuanciert und zum Ausdruck aller Gefühle seiner leidenschaftl. Renaissancecharaktere fähig; W. wurde u.a. von Swinburne geschätzt.
Hauptwerke: Der weiße Teufel (Trag., 1612; dt. 1941), The Duchess of Malfi (Trag., 1623), Appius and Virginia (Trag., gedruckt 1654).
Literatur: Moore, D. D.: *J. W. and his critics: 1617–1964. Baton Rouge (La.) 1966.* – Bogard, T.: *The tragic satire of J. W. Berkeley (Calif.) 1955. Nachdr. New York 1965.*

Weckherlin, Georg Rudolf [...li:n], * Stuttgart 15. Sept. 1584, † London 13. Febr. 1653, dt. Lyriker.
Sohn eines Hofbeamten, studierte Rechtswissenschaft in Tübingen; Reisen durch Deutschland, nach Frankreich und England, Sekretär und Hofrat in Stuttgart; 1620 Sekretär der Kanzlei Friedrichs V. von der Pfalz in London, Unterstaatssekretär, dann Parlamentssekretär in London. Frühbarocker Lyriker, formal von der Dichtung der frz. Renaissance beeinflußt; schrieb frische Gelegenheitsgedichte und pathet. Gesellschaftslieder („Oden und Gesänge", 1618/19; „Geistl. und weltl. Gedichte", 1641); in seinem Bemühen um eine Neugestaltung der dt. Poesie Vorläufer von Opitz.
Literatur: Lentz, H.: *Zum Verhältnis v. Versiktus u. Wortakzent im Versbau G. R. W.s. Mchn. 1966.* – Forster, L. W.: *G. R. W. Zur Kenntnis seines Lebens in England. Basel 1944.* – Gaitanides, H.: *G. R. W. Stilanalyse. Diss. Mchn. 1936.*

Weckherlin, Wilhelm Ludwig [...li:n] † Wekhrlin, Wilhelm Ludwig.

Weda; tl.: Veda [sanskr.], umfangreiche Sammlung hl. Texte der wed. Religion, des Brahmanismus und Hinduismus. Die ältesten Partien des W. entstanden vermutl. schon um 1500 v. Chr., das Werk war im wesentl. um die Zeitenwende abgeschlossen und wurde durch zahlreiche Nachschriften und Ergänzungen bis um 1500 n. Chr. erweitert; Sprache ist Sanskrit. Die Gesamtheit des W. gliedert sich in 3 Teile, einmal die *Mantras* (= hl. Worte), dann die *Brahmanas,* Erklärungstexte des Opferrituals, und die *Sutras,* Leitfäden des Rituals, des Rechts und der übrigen Wissenschaften. Der Mantra-Teil, als W. schlechthin bezeichnet, besteht aus 4 Samhitas (Lied- und Spruchsammlungen), dem *„Rigweda"* (Götterhymnen), *„Samaweda"* (Opfergesänge), *„Jadschurweda"* (Opfersprüche) und *„Atharwaweda"* (Zaubersprüche). Zu jeder dieser Samhitas gehören Brahmanas, an die sich † Upanischaden und Sutras anschließen. Der gesamte W. bzw. seine ältesten Teile gelten als Schruti (Offenbarung), die durch Rischis (hl. Seher) empfangen wurde, teilweise auch als aus dem Brahma hervorgehend.
Literatur: Rau, W.: *Staat u. Gesellschaft im alten Indien. Nach den Brāhmana-Texten dargestellt. Wiesb. 1957.* – Dandekar, R. N.: *Vedic bibliography. Bombay 1946–61. 2 Bde.* – Hillebrandt, A.: *Ved. Mythologie. Breslau ²1927–29. 2 Bde.* – Keith, A. B.: *The religion and philosophy of the Veda and Upanishads. London 1925. 2 Bde.* – Oldenberg, H.: *Religion des Veda. Stuttg. ⁴1923.* – Bergaigne, A.: *La religion védique. Paris 1878 bis 1897. 4 Bde.*

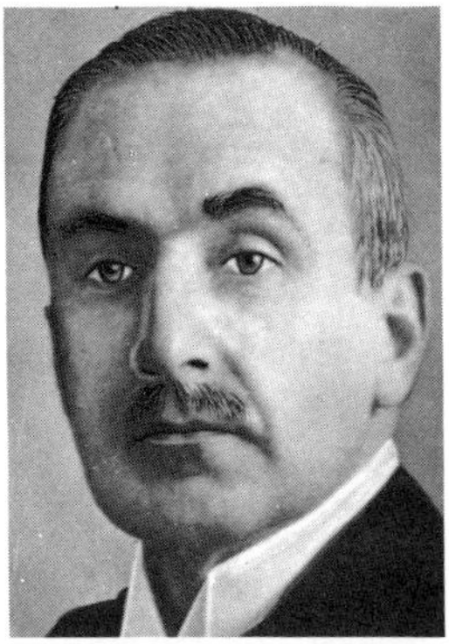

Frank Wedekind

Wedekind, Frank, * Hannover 24. Juli 1864, † München 9. März 1918, dt. Dramatiker.
Jugendjahre in der Schweiz, studierte Rechtswissenschaft, Journalist, unternahm größere Reisen; war Reklamechef der Firma Maggi, dann Zirkussekretär, Mitarbeiter des „Simplicissimus", Dramaturg in München, Schauspieler in eigenen Stücken; 1899/1900 Festungshaft wegen Majestätsbeleidigung, 1901/02 Lautensänger und Rezitator im Kabarett „Die elf Scharfrichter"; freier Schriftsteller in Zürich, Paris, später meist in München; zeitweise auch Mitglied des Dt. Theaters in Berlin. Sein Ringen um die Bühne, lange und mühevoll, wurde durch Zensurverbote sehr erschwert. Seine geistreichen, witzigen Dramen sind gegen alle Erstarrung des Bürgertums, bes. gegen dessen konventionelle Moral, gegen alle Behinderung eines freien, stark sexuell betonten Lebens gerichtet; die Auseinandersetzung zwischen Geist und Fleisch wird provozierend in einem nur scheinbar realist., in Wirklichkeit durch allegor., symbol. und groteske Züge, in einem den Expressionismus bereits vorwegnehmenden Stil gestaltet; bed. Wirkung auf die Weiterentwicklung des Dramas in der dt. Literatur; auch seine Erzählwerke waren von emanzipator. Tendenz bestimmt. In seiner Lyrik, in den satir. Balladen, Chansons u.a. greift er ebenfalls das Spießbürgertum an.
Hauptwerke: Frühlings Erwachen (Dr., 1891), Der Erdgeist (Dr., 1895, 1903 u.d.T. Lulu, Forts. 1904 u.d.T. Die Büchse der Pandora), Der Kammersänger (Dr., 1899), Marquis von Keith (Lsp., 1901), König Nicolo oder So ist das Leben (Dr., 1902), Die vier Jahreszeiten (Ged., 1905), Hidalla (Schsp., 1906), Die Zensur (Dr., 1909), Schloß Wetterstein (Dr., 1910), Franziska (Dr., 1912), Bismarck (Dr., 1916), Herakles (Dr., 1917), Lautenlieder (hg. 1920).
Ausgaben: F. W. Ges. Werke in drei Bden. Hg. u. eingel. v. M. Hahn. *Bln. 1969.* – *F. W. Ges. Werke. Hg. v.* A. Kutscher *u.* R. Friedenthal. *Mchn. 1912–21. 9 Bde.*
Literatur: Gittleman, S.: *F. W. New York 1968.* – Rothe, F.: *F. W.s Dramen. Jugendstil u. Lebensphilosophie. Stuttg. 1968.* – Ude, K.: *F. W. Mühlacker 1966.* – Völker, K.: *F. W. Velber 1965.* – Kutscher, A.: *W. Leben u. Werk. Hg. u. bearb. v.* K. Ude. *Mchn. 1964.* – Dehnow, F.: *F. W. Lpz. 1922.*

Weerth, Georg, * Detmold 17. Febr. 1822, † Havanna (Kuba) 30. Juli 1856, dt. Schriftsteller und Publizist.
Sohn eines Generalsuperintendenten; Kaufmannslehre, seit 1843 in einem engl. Textilunternehmen tätig, mit Engels und Marx befreundet, 1848/49 Feuilletonredakteur in Köln, 1849 wegen seiner Satire auf das preuß. Junkertum „Leben und Taten des berühmten Ritters Schnapphahnski" zu 3 Monaten Gefängnis verurteilt; ausgedehnte Geschäftsreisen, zuletzt in Westindien; von Engels als „erster und bedeutendster Dichter des dt. Proletariats" bezeichnet; schrieb teils volksliedhaft-heitere, teils gesellschaftskrit. Lyrik, sowie die satir. „Humorist. Skizzen aus dem dt. Handelsleben" (zwischen 1845 und 1848).
Ausgabe: G. W. Sämtl. Werke. Hg. v. B. Kaiser. *Bln. 1956–57. 5 Bde.*
Literatur: Böttger, W.: *Die Herausbildung des satir. Stils in den Prosawerken G. W.s. Diss. Lpz. 1962 [Masch.].* – Bunke, H.: *G. W. Ein Überblick über sein Leben u. Wirken. Bln. 1946.* – Weerth, K.: *G. W., der Dichter des Proletariats. Lpz. 1930.*

Wegner, Armin T[heophil], Pseudonym Johannes Selbdritt, * Elberfeld (heute Wuppertal-Elberfeld) 16. Okt. 1886, dt. Schriftsteller.
Dr. jur.; Pazifist, im Dritten Reich wurden seine Werke verboten, KZ-Haft, emigrierte nach seiner Entlassung, lebt in Italien (war Dozent in Padua). Seine frühe Lyrik ist vom Expressionismus beeinflußt. W. behandelte vorwiegend exot. Stoffe.
Hauptwerke: Zwischen zwei Städten (Ged., 1909), Das Antlitz der Städte (Ged., 1917), Das Geständnis (R., 1922), Moni (R., 1929), Die Silberspur (1952).

Wehner, Josef Magnus, * Bermbach 14. Nov. 1891, dt. Schriftsteller.
Studierte Philologie in Jena und München, wurde Schauspieler, Freiwilliger im 1. Weltkrieg, bei Verdun schwer verwundet; größere Reisen; Erzähler aus kath. Glaubenshaltung mit Neigung zur Mystik; auch volkstüml. Romane und Dramen, z.T. vom Kriegserlebnis bestimmt.
Hauptwerke: Der Weiler Gottes (Epos, 1921), Sieben vor Verdun (R., 1930), Geschichten aus der Rhön (1935), Als wir Rekruten waren (E., 1938), Die schöne junge Lilofee (Märchen, 1953), Der Kondottiere Gottes (R., 1956).

Weigand, Wilhelm, * Gissigheim (Landkreis Tauberbischofsheim) 13. März 1862, † München 20. Dez. 1949, dt. Schriftsteller.
Studierte in Brüssel, Paris und Berlin, lebte seit 1889 in München. Zwischen Neuromantik und Realismus stehender Erzähler, Lyriker und Dramatiker; auch Essayist und Übersetzer.
Hauptwerke: Der Frankenthaler (R., 1889), Sommer (Ged., 1894), Florian Geyer (Dr., 1901), Stendhal und Balzac (Essays, 1911).

Weigel, Hans, * Wien 29. Mai 1908, östr. Schriftsteller.
Lebte 1938–45 in der Schweiz, seither wieder in Wien; geistreich-amüsanter Dramatiker, Erzähler und Kritiker; auch Übersetzer (Molière).
Hauptwerke: Axel an der Himmelstür (Lsp., 1926), Der grüne Stern (R., 1946), Barabbas (Dr., 1946), O du mein Österreich (Feuilletons, 1956), Flucht vor der Größe (Essays, 1960), Tausend und eine Premiere (Essays, 1961), Lern dieses Volk der Hirten kennen (1962), Apropos Musik (1965), Karl Kraus oder Die Macht der Ohnmacht (1968).

Weigel, Valentin, * Naundorf (Sachsen) 1533, † Zschopau 10. Juni 1588, dt. ev. Theologe.
Pfarrer in Zschopau; um 1578 Wendung zum Spiritualismus mit subjektivist. Erkenntnislehre; stand v.a. unter dem Einfluß von Sebastian Franck; bed. Einfluß auf Arndt, Böhme, Leibniz und die prot. Mystik.
Hauptwerke: Nosce te ipsum (1615), Dialogus de Christianismo (1616), Der güldene Griff (1616).
Ausgabe: V. W. Sämtl. Schrr. Hg. v. W.-E. Peuckert *u.* W. Zeller. *Lfg. 1 ff., Stuttg. 1962 ff. Auf 8 Bde. in Lfgg. berechnet.*
Literatur: Lieb, F.: *V. W.s Kommentar zur Schöpfungsgesch. u. das Schrifttum seines Schülers Benedikt Biedermann. Zürich 1962.* – Zeller, W.: *Die Schrr. V. W.s. Bln. 1940. Nachdr. Nendeln (Liechtenstein) 1965.* – Maier, Hans: *Der myst. Spiritualismus V. W.s. Gütersloh 1926.*

Weinert, Erich, * Magdeburg 4. Aug. 1890, † Berlin 20. April 1953, dt. Schriftsteller.
Sohn eines Ingenieurs, zunächst Schlosser, dann Zeichenlehrer an der Akademie in Berlin; Teilnahme am 1. Weltkrieg; 1921 Rezitator und Hausdichter des Kabaretts „Retorte"; Mitarbeiter kommunist. Zeitschriften; reiste in die UdSSR, 1933 Exil in der Schweiz, Frankreich und in der UdSSR, Teilnahme am Span. Bürgerkrieg, dann wieder in der Sowjetunion; 1946 Rückkehr nach Berlin (Ost). Schrieb propagandist. Lyrik und Prosa.
Hauptwerke: Der Gottesgnadenhecht u.a. Abfälle (Ged., 1923), Deutschland (Ged., 1936), Rot Front (Ged., 1936), Rufe in die Nacht (Ged., 1947), Das Zwischenspiel (Ged., 1950).
Ausgabe: E. W. Ges. Werke. Hg. v. L. Weinert *u. a. Bln.* $^{1-2}$*1955–60. 9 Bde.*
Literatur: Preuss, W.: *E. W. Bln. 1969.* – Kaiser, B.: *E. W. Über die Entwicklung der polit. Lyrik in Deutschland. E. W. zum 60. Geburtstag am 4. Aug. 1950. Bln. 1951.*

Weinheber, Josef, * Wien 9. März 1892, † Kirchstetten (Niederösterreich) 8. April 1945, östr. Lyriker.
Schwere Jugend durch den frühen Tod der Eltern, sechs Jahre Erziehung im Waisenhaus; mühsame autodidakt. Bildung; seit 1911 im östr. Postdienst, wurde Inspektor im Post- und Telegraphendienst; unternahm größere Reisen; seit 1932 freier Schriftsteller; nahm beim Vorrücken der Roten Armee eine Überdosis Schlaftabletten. Ausgeprägtes Formbewußtsein, sprachl. Kultur, künstler. Technik bestimmen seine gedankl. Oden- und Hymnendichtung, die er in antiken Strophen ebenso virtuos gestaltet wie in den roman. Formen des Sonetts und der Terzine; daneben sind die Mannigfaltigkeit oriental. Reim- und Versfügungen sowie volksliedhaft schlichte musikal. Lyrik in seinem reichen dichter. Werk zu finden, in dem er die mag. Gewalt des Wortes und der Form oft über den substantiellen Gehalt stellt. Vorübergehend Anlehnung an nationalsozialist. Ideen, die er später ablehnte.
Hauptwerke: Der einsame Mensch (Ged., 1920), Von beiden Ufern (Ged., 1923), Das Waisenhaus (R., 1925), Adel und Untergang (Ged., 1934), Wien wörtlich (Ged., 1935), O Mensch, gib acht

(Ged., 1937), Zwischen Göttern und Dämonen (Ged., 1938), Kammermusik (Ged., 1939), Über die Dichtkunst (Schr., hg. 1949).
Ausgabe: J. W. Sämtl. Werke. Hg. v. J. Nadler *u.* H. Weinheber. *Salzburg* $^{1-2}$*1953–63. 5 Bde.*
Literatur: Feldner, F.: *J. W. Eine Dokumentation in Bild u. Wort. Salzburg 1965.* – Bergholz, H.: *J. W.-Bibliogr. Bad Bocklet u. Wien 1953.* – Nadler, J.: *J. W. Salzburg 1952.*

Weinrich, Franz Johannes, Pseudonym Heinrich Lerse, * Hannover 7. Aug. 1897, dt. Schriftsteller.
Kaufmänn. Angestellter, Soldat im 1. Weltkrieg, gehörte zu den kath. Expressionisten um die Zeitschrift „Der weiße Reiter"; schrieb vorwiegend Mysterien- und Legendenspiele für kirchl. Anlässe sowie religiöse Erzählwerke, Lyrik, Biographien und Hörspiele.
Hauptwerke: Spiel vor Gott (Mysterienspiel, 1921), Elisabeth von Thüringen (Biogr., 1930), Der Kinderkreuzzug (Dr., 1931), Die Marter unseres Herrn (Dichtung, 1935), Lobgesang auf das lebendige Brot (Ged., 1957).

Weise, Christian, * Zittau 29. oder 30. April 1642, † ebd. 21. Okt. 1708, dt. Lyriker, Erzähler und Dramatiker.
Studierte in Leipzig (1663 Magister); wurde Sekretär des Administrators des Erzbistums Magdeburg, Graf Leiningen, in Halle, dann Professor der Eloquenz und Poesie am Gymnasium in Weißenfels, schließl. Rektor in Zittau. Bed. v.a. als Schuldramatiker und Komödiendichter, der mit seinen witzigen und bühnenwirksamen Stücken an der Wende vom Barock zu einer bürgerl.-didakt. Dichtung steht, die v.a. seine satir. Erzählungen bestimmt.
Hauptwerke: Der grünenden Jugend überflüssige Gedanken (1668–74), Die drey Hauptverderber in Deutschland (R., 1671), Die drey ärgsten Ertz-Narren in der gantzen Welt (R., 1672), Bäurischer Machiavellus (Kom., 1681), Trauer-Spiel von dem Neapolitanischen Haupt-Rebellen Masaniello (Trag., 1683).
Ausgabe: Ch. W. Sämtl. Werke. Hg. v. J. D. Lindberg. *Bln. 1969 ff. Auf 20 Bde. berechnet.*
Literatur: Horn, H. A.: *Ch. W. als Erneuerer des dt. Gymnasiums im Zeitalter des Barock. Der „Politicus" als Bildungsideal. Weinheim 1966.* – Wich, J.: *Studien zu den Dramen Ch. W.s. Diss. Erlangen-Nürnberg 1962.* – Eggert, W.: *Ch. W. u. seine Bühne. Bln. 1935.*

Weisenborn, Günther, Pseudonyme Eberhard Foerster, Christian Munk, * Velbert bei Wuppertal 10. Juli 1902, † Berlin 26. März 1969, dt. Dramatiker und Erzähler.
Studierte Medizin und Germanistik, Dramaturg, u.a. in Berlin; nach Verbrennung seiner Werke wanderte er nach Argentinien aus, wo er Farmer wurde; dann Journalist in New York; 1937 Rückkehr, gehörte der Widerstandsbewegung an, 1942–45 im Zuchthaus, von sowjet. Truppen befreit, Bürgermeister von Luckau; dann Dramaturg in Berlin, Chefdramaturg in Hamburg, lebte zuletzt in Berlin. Gestaltete vorwiegend zeit- und sozialkrit. Themen und war um neue Formen des Dramatischen bemüht; auch Hörspiele.
Hauptwerke: Das Mädchen von Fanö (R., 1935), Historien der Zeit (Dramen, 1947; darin: Die Illegalen, 1946), Memorial (Erinnerungen, 1948), Ballade vom Eulenspiegel ... (Dr., 1949), Auf Sand gebaut (R., 1956), Fünfzehn Schnüre Geld (Dr., 1959), Der Verfolger (R., 1961), Am Yangtse steht ein Riese auf (Reisebericht, 1961), Der gespaltene Horizont. Niederschriften eines Außenseiters (1964), Das Glück der Konkubinen (Dr., UA 1965).
Ausgabe: G. W. Theater. Bln.; Mchn. 1964–68. 4 Bde.

Weisheit Salomos (Buch der Weisheit) ↑ Bibel.

Weisl, Alexandrine Martina [...zəl] ↑ Wied, Martina.

Weismantel, Leo, * Obersinn (Landkreis Gemünden a. Main) 10. Juni 1888, † Rodalben bei Pirmasens 16. Sept. 1964, dt. Schriftsteller.
Studierte Geographie, Geschichte und Germanistik (Dr. phil.), Lehrtätigkeit in Würzburg, dann Journalist, 1924–28 bayr. Landtagsabgeordneter; 1928 gründete er in Marktbreit eine pädagog. Forschungs- und Lehranstalt; während des Dritten Reiches in Gestapohaft, nach dem 2. Weltkrieg bis 1951 wieder Lehrtätigkeit, zuletzt als Professor für Kunstgeschichte am Pädagog. Institut Fulda; dann freier Schriftsteller. Begann als Erzähler und Dramatiker in stark expressionist. getönter Sprache. Kath.-religiöse Grundhaltung und volkserzieher. und kulturpädagog. Bestrebungen geben seinem Schaffen das Gepräge. W. schrieb Romane (u.a. Künstlerromane), Mysterien- und Festspiele, kulturpolit. und pädagog. Arbeiten.
Hauptwerke: Mari Madlen (R., 1918), Das unheilige Haus (R., 1922), Das Spiel vom Blute Luzifers (Dr., 1922), Der Kurfürst (Spiel, 1925), Vom Sterben und Untergang eines Volkes (R.-Trilogie: Das alte Dorf, 1928; Das Sterben in den Gassen, 1933; Die Geschichte des Hauses Herkommer, 1932), Dill Riemenschneider (R., 1936), Eveline (R., 1937), Jahre des Werdens (Autobiogr., 1940), Mathis-Nithart-Roman (Trilogie, 1940–43), Albrecht Dürer (R., 1950).
Literatur: Gerth, F.: *L. W. Bln. 1968. – L. W. Leben u. Werk. Ein Buch des Dankes zu des Dichters 60. Geburtstag. Mit Beitr. v.* L. Flab-Lichtenberg *u. a. Bln. u. Köln 1948.*

Weiß, Ernst, * Brünn 28. Aug. 1884, † Paris 14. oder 15. Juni 1940, östr. Schriftsteller.
Studierte Medizin, war Schiffsarzt, emigrierte nach Paris, beim Herannahen der dt. Truppen Selbstmord; befreundet mit Kafka; Dramatiker und Erzähler des Expressionismus.

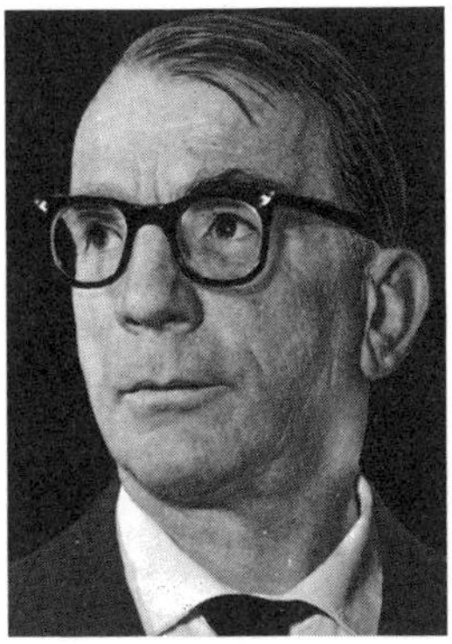

Günther Weisenborn

Hauptwerke: Die Galeere (R., 1913), Mensch gegen Mensch (R., 1919), Tanja (Dr., 1920), Boëtius von Orlamünde (R., 1928, 1966 u.d.T. Der Aristokrat), Der arme Verschwender (R., 1936), Ich, der Augenzeuge (R., hg. 1963).
Literatur: Wondrák, E.: *Einiges über den Arzt u. Schriftsteller E. W. Mchn. 1968.*
Weiß, Karl ↑ Karlweis, C.
Weiß, Konrad, * Rauhenbretzingen (heute zu Michelbach an der Bilz) 1. Mai 1880, † München 4. Jan. 1940, dt. Lyriker, Dramatiker und Essayist.
Studierte Theologie, Philosophie, Kunstgeschichte und Germanistik; Redakteur der Zeitschrift „Hochland", Kunstkritiker der „Münchner Neuesten Nachrichten"; u.a. befreundet mit Hofmannsthal, Borchardt, Th. Haecker. Die Heilsgeschichte des Menschen und die Behandlung geschichtsphilosoph. Themen in betont kath. Sicht stehen im Mittelpunkt seiner dunklen, schwer zugängl. myst. Gedichte.
Hauptwerke: Tantum dic verbo (Ged., 1919), Die cumäische Sibylle (Ged., 1921), Zum geschichtl. Gethsemane (Essays, 1929), Das Herz des Wortes (Ged., 1929), Das kaiserl. Liebesgespräch (Dr., 1934), Konradin von Hohenstaufen (Trag., 1938), Das Sinnreich der Erde (Ged., 1939).
Ausgabe: K. W. Dichtungen u. Schrr. in Einzelausgg. Hg. v. F. Kemp. *Mchn. 1961 ff. Auf mehrere Bde. berechnet.*
Literatur: Müller, Carl Franz: *K. W. Dichter u. Denker des „Geschichtl. Gethsemane". Freiburg (Schweiz) 1965.* – Ruf, G.: *Das dichter. Geschichtsbild bei K. W. Diss. Freib. 1953 [Masch.].*
Weiss, Jan [tschech. vɛjs], * Starkenbach (Ostböhm. Gebiet) 10. Mai 1892, tschech. Schriftsteller.
Gilt als Schöpfer des modernen psycholog.-phantast. Romans in der tschech. Literatur. In seinen Erzählungen und Romanen – so auch in seinem Hauptwerk „Dům o tisíci patrech" (= Das Haus der tausend Stockwerke, R., 1929) – vermischen sich Traum und Wirklichkeit zu reizvoller Phantastik.
Weiss, Peter, * Nowawes (heute Potsdam-Babelsberg) 8. Nov. 1916, dt. Schriftsteller.
1934 Emigration über England nach Prag (hier Malereistudium), 1939 über die Schweiz nach Schweden; Maler, Filmregisseur und Schriftsteller in Stockholm (schwed. Staatsbürger). W. begann mit Prosa, zuerst in schwed. Sprache. In

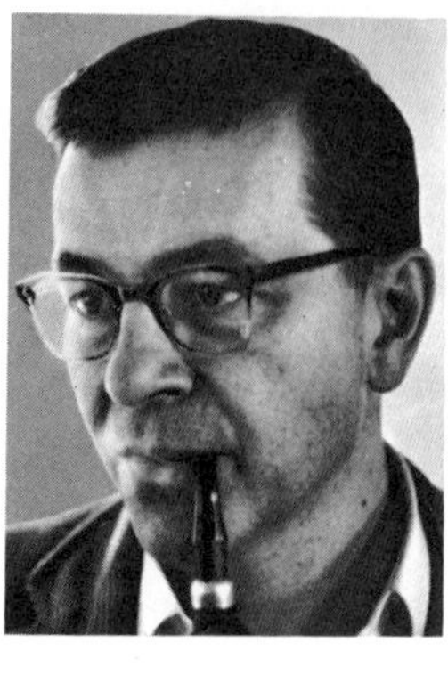
Peter Weiss

dt. Sprache erschien 1960 der „Mikro-Roman" „Der Schatten des Körpers des Kutschers", epochemachend in der glasklaren, mikroskop. genauen Beschreibung eines belanglosen Vorgangs, in der Anpassung des Satzrhythmus an das Geschehen. Stark autobiograph. sind die im Stil konventionellere Erzählung „Abschied von den Eltern" (1961) und der Roman „Fluchtpunkt" (1962). International bekannt wurde W. mit seinem Drama „Die Verfolgung und Ermordung Jean Paul Marats, dargestellt durch die Schauspielgruppe des Hospizes zu Charenton unter Anleitung des Herrn de Sade" (1964), in dem vor Insassen einer Irrenanstalt de Sade mit Marat (dargestellt von einem Irren) philosoph. und polit. Grundfragen erörtert; überzeugend die Verbindung der Mittel des ep. (Bilderbogentechnik Brechts) und absurden Theaters. Mit dem „Oratorium in 11 Gesängen" „Die Ermittlung" (1965), einer szen. Dokumentation des 1963–65 geführten Auschwitz-Prozesses, Hinwendung zum aktuellen zeitkrit. Theater. So agitierte er in seiner polit. Revue „Gesang vom lusitan. Popanz" (UA 1967) gegen die portugies. Kolonialpolitik und in seinem Drama „Diskurs über die Vorgeschichte und den Verlauf des lang andauernden Befreiungskrieges in Viet Nam als Beispiel für die Notwendigkeit des bewaffneten Kampfes der Unterdrückten gegen ihre Unterdrücker sowie über die Versuche der Vereinigten Staaten von Amerika, die Grundlagen der Revolution zu vernichten" (1968) gegen die amerikan. Vietnam-Politik. Übersetzer Strindbergs.
Weitere Werke: Die Versicherung (Dr., entstanden 1952, gedruckt 1967), Das Gespräch der drei Gehenden (E., 1963), Rapporte (1968).
Ausgabe: P. W. Dramen. Frkf. 1968. 2 Bde.
Literatur: Rischbieter, H.: *P. W. Velber 1967.*
Weiße, Christian Felix, * Annaberg-Buchholz 28. Jan. 1726, † Stötteritz (heute Leipzig-Stötteritz) 16. Dez. 1804, dt. Schriftsteller.
Studierte Philologie und Theologie in Leipzig, wo er u.a. Lessing, Gellert, Rabener und die Neuberin kennenlernte; 1759 lebte er in Paris, 1761 wurde er Kreissteuereinnehmer in Leipzig und erbte das Rittergut Stötteritz, begann als anakreont. Lyriker, schrieb dann v.a. rührende Rokokospiele und Tragödien, die großen Erfolg hatten; beliebt waren seine belehrende Zeitschrift „Der Kinderfreund" und seine Jugendbücher.
Hauptwerke: Scherzhafte Lieder (1758), Amazonenlieder (Ged., 1760), Armut und Tugend (Dr., 1772), Trauerspiele (1776–80).
Literatur: Zander, C.-G.: *Ch. F. W. u. die Bühne. Diss. Mainz 1949 [Masch.].* – Minor, J.: *Ch. F. W. u. seine Beziehungen zur dt. Litteratur des 18. Jh.s. Innsbruck 1880.*
Weißenburg, Otfrid von ↑ Otfrid von Weißenburg.
Weißkunig ↑ Maximilian I.
Weitbrecht, Karl, Pseudonym Gerhard Sigfrid, * Neuhengstett bei Calw 8. Dez. 1847, † Stuttgart 10. Juni 1904, dt. Schriftsteller.
Studierte Theologie, war Vikar, später Professor für Literatur, Rhetorik und Ästhetik an der TH Stuttgart; trat als Lyriker, Erzähler und Dramatiker (mit z.T. schwäb. Thematik) hervor; auch literarhistor. Abhandlungen.
Hauptwerke: Was der Mond bescheint (Ged., 1873), Gschichta-n aus-m Schwoba'land (En.,

1877; mit Richard W.), Schiller in seinen Dramen (Abhandlung, 1897).

Weitbrecht, Richard, * Heumaden bei Stuttgart 20. Febr. 1851, † Heidelberg 31. Mai 1911, dt. Schriftsteller.
Bruder von Karl W., studierte Theologie und Philosophie (Dr. phil.), Pfarrer; vorwiegend Mundarterzähler.
Hauptwerke: Gschichta-n aus-m Schwoba'land (En., 1877; mit Karl W.), Neue Schwobagschichta (En., 1893–99).

Wekhrlin (Weckherlin), Wilhelm Ludwig ['vɛkərli:n], * Botnang (heute Stuttgart-Botnang) 7. Juli 1739, † Ansbach 24. Nov. 1792, dt. Schriftsteller.
Studierte Rechtswissenschaft in Tübingen, war Schreiber in Ludwigsburg, Hofmeister in Straßburg; aus Wien, später aus Augsburg ausgewiesen, lebte in Nördlingen, später in Ansbach. Geistreich fabulierender Satiriker und Publizist der Aufklärung.
Hauptwerke: Anselmus Rabiosus' Reise durch Oberdeutschland (Schr., 1778), Das graue Ungeheuer (Essays, 1784–89).
Literatur: Fähler, R.: *Wekherlin als Feuilletonist. Diss. Münster 1947 [Masch.].* – Böhm, G.: *L. W. (1739–1792). Ein Publizistenleben des 18. Jh.s. Mchn. 1893.*

Welhaven, Johan Sebastian [Cammermeyer] [norweg. 'vɛlha:vən], * Bergen 22. Dez. 1807, † Kristiania (heute Oslo) 21. Okt. 1873, norweg. Lyriker.
Studierte Theologie, war freier Schriftsteller, dann Professor für Philosophie in Oslo; Anhänger der dän. Romantik, Gegner Wergelands; schrieb zahlreiche Naturgedichte, Liebesgedichte und, unter dem Einfluß Schillers und der Volksballade, romant. Balladen mit nationaler Thematik; viele seiner Gedichte wurden auch ins Dt. übersetzt.

Welitschkow, Konstantin; tl.: Veličkov, Konstantin [bulgar. vɛ'litʃkof], * Pasardschik 1855 (?), † Grenoble 3. Nov. 1907, bulgar. Schriftsteller und Politiker.
Besuch des frz. Lyzeums in Istanbul; längere Aufenthalte in Italien, Belgrad, Frankreich, Istanbul, Lehrer am bulgar. Gymnasium in Saloniki, 1895–98 Kultusminister, Gründer der bulgar. Kunstakademie; gab mit I. Wasow eine bulgar. Chrestomathie heraus; verfaßte romant.-elegische Sonette, Dramen, Essays und Reiseskizzen; Übersetzer Dantes sowie frz. und russ. Literatur.

Welk, Ehm, eigtl. Thomas Trimm, * Biesenbrow bei Angermünde 29. Aug. 1884, † Bad Doberan 19. Dez. 1966, dt. Schriftsteller.
Journalist, ausgedehnte Reisen, während des Dritten Reiches zeitweilig im KZ, lebte dann in Mecklenburg. Sein volkstüml. erzähler. Werk ist z.T. durch sozialist. Thematik gekennzeichnet; auch Tiergeschichten, Theaterstücke und Drehbücher.
Hauptwerke: Die Heiden von Kummerow (R., 1937), Die Lebensuhr des Gottlieb Grambauer (R., 1938), Die Gerechten von Kummerow (R., 1943), Der Nachtmann (R., 1950), Mein Land, das ferne leuchtet (R., 1952), Im Morgennebel (R., 1953), Der wackere Kühnemann aus Puttelfingen (R., 1959).
Literatur: E.W. zum 80. Geburtstag. Rostock 1964. – Krull, E.: *Auf der Suche nach Orplid. Studie zum Romanschaffen E. W.s. Bln. 1959.*

Wellershoff, Dieter, * Neuß 3. Nov. 1925, dt. Schriftsteller.
Studium der Germanistik, Philosophie und Kunstgeschichte in Bonn (Dr. phil.), Redakteur und Verlagslektor. Bekannt v.a. als Autor von Hörspielen („Der Minotaurus", Ursendung 1960). Schrieb ferner das symbolhafte Drama „Anni Nabels Boxschau" (1962), den im Kölner Alltagsmilieu spielenden Dreipersonenroman „Ein schöner Tag" (1966) und Essays („Der Gleichgültige", 1963). Hg. der Werke G. Benns.
Weitere Werke: Gottfried Benn (Studie, 1958), Am ungenauen Ort (2 Hörspiele, 1960), Die Schattengrenze (R., 1969).

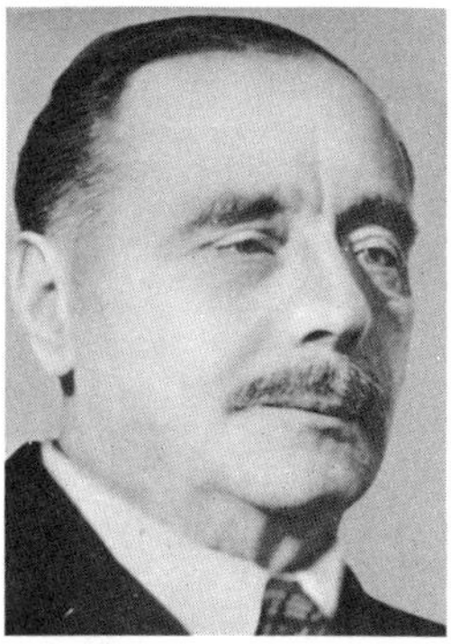

H[erbert] G[eorge] Wells

Wells, H[erbert] G[eorge] [engl. wɛlz], * Bromley (heute zu London) 21. Sept. 1866, † London 13. Aug. 1946, engl. Schriftsteller.
Wuchs in ärml. Verhältnissen auf; großenteils autodidakt. gebildet; ein Stipendium ermöglichte ihm naturwissenschaftl. Studien als Schüler des Darwinisten Th. Huxley; dann Journalist und freier Schriftsteller; seit 1903 Mitglied der „Fabian Society", die er einige Jahre später nach Auseinandersetzungen, u.a. mit seinem Freund G. B. Shaw, wieder verließ; trat, zeitlebens um Verwirklichung seiner idealist. polit. Pläne bemüht, u.a. mit Lenin, Roosevelt und Stalin in Verbindung und war auch als Präsident des PEN-Clubs polit. tätig. W.' vielseitiges und umfangreiches literar. Werk, dessen künstler. Wert oft durch den wissenschaftl. und polit. Dogmatismus des Autors gemindert wurde, ist anfangs von zuversichtl. Fortschrittsglauben, dann von zunehmendem Pessimismus gekennzeichnet; ursprüngl. Marxist, später gemäßigter Sozialist und Pazifist, verfocht W. den Gedanken eines einheitl. Weltstaates, der, auf einer uneigennützigen, kollektiven Willensbildung aufbauend, seine Berechtigung im Ziel des Allgemeinwohles findet; bes. bekannt wurde der sozialutop. Roman „Die Zeitmaschine" (1895, dt. 1904).
Weitere Werke: Dr. Moreaus Insel (R., dt. 1904), Der Unsichtbare (R., dt. 1911), Der Krieg der Welten (R., dt. 1901), Die ersten Menschen im Mond (R., dt. 1905), Jenseits des Sirius (R.,1905; dt. 1911), Kipps (R., 1905), The new Machiavelli (R., 1911), Menschen, Göttern gleich (R., dt.

1927), Der Diktator (R., dt. 1931), Experiment in autobiography (1934).
Ausgaben: H. G. W. Ges. Werke in Einzelausgg. Dt. Übers. Wien 1926–33. 9 Bde. – H. G. W. Works. London 1925. 28 Bde.
Literatur: Hillegas, M. R.: *Future as nightmare: H. G. W. and the anti-utopians. London u. New York 1967.* – Kagarlitski, J.: *The life and thought of H. G. W. Engl. Übers. New York 1966.* – Lang, H.-J.: *H. G. W. Hamb. 1948.* – Guyot, E.: *H. G. W. Paris 1920.*

Welter, Nikolaus, * Mersch 2. Jan. 1871, † Luxemburg 13. Juli 1951, luxemburg. Schriftsteller.
Schrieb Dramen, Erzählungen und wissenschaftl. Arbeiten zur frz. und luxemburg. Literaturgeschichte. 1918–21 Unterrichtsminister.
Hauptwerke: Geschichte der frz. Literatur (1909), Das Luxemburgische und sein Schrifttum (1915), Im Werden und Wachsen (E., 1926).

Welti, Albert Jakob, * Höngg (heute Zürich-Höngg) 11. Okt. 1894, † Amriswil (Thurgau) 5. Dez. 1965, schweizer. Schriftsteller.
Sohn des Malers Albert W.; Kunststudien u.a. in Düsseldorf und München, dann freier Schriftsteller und Maler; Erzähler, Dramatiker und Hörspielautor, schrieb z.T. im Dialekt.
Hauptwerke: Servet in Genf (Dr., 1931), Der Vertrag mit dem Teufel (Lsp., 1935), Wenn Puritaner jung sind (R., 1941), Martha und die Niemandssöhne (R., 1948), Der Dolch der Lukretia (R., 1958).

Weltman, Alexandr Fomitsch; tl.: Vel'tman, Aleksandr Fomič [russ. 'vjeljtmɐn], * Petersburg (heute Leningrad) 20. Juli 1800, † Moskau 23. Jan. 1870, russ. Romancier.
Diente 1816–31 beim Militär, wurde dann als Schriftsteller bekannt; 1852 Direktor der Moskauer Rüstkammer. Schrieb außer histor. und archäolog. Studien vielgelesene, jedoch bald vergessene Romane, die Einflüsse Sternes und Jean Pauls aufweisen.

Welty, Eudora [engl. 'wɛltɪ], * Jackson (Miss.) 13. April 1909, amerikan. Schriftstellerin.
Arbeitet seit Abschluß ihrer Studien im Werbefach. Schrieb Kurzgeschichten und Romane über ihre engere Heimat mit geschickter Charakterzeichnung.
Hauptwerke: A curtain of green (Kurzgeschichten, 1941), Die Hochzeit (R., 1946; dt. 1962), Mein Onkel Daniel (R., dt. 1958).
Literatur: Bryant, J. A., jun.: *E. W. Minneapolis 1968.*

Wendland, Lambert ↑ Steguweit, Heinz.

Wendler, Otto Bernhard, * Frankenberg (Landkreis Hainichen) 10. Dez. 1895, † Burg bei Magdeburg 7. Jan. 1958, dt. Erzähler und Dramatiker.
Lehrer, 1933 entlassen, 1945 Schulrat, später freier Schriftsteller; schrieb Dramen, Drehbücher, Romane, Novellen und Jugendbücher, z.T. mit sozialkrit. Thematik.
Hauptwerke: Liebe, Mord und Alkohol (Dr., 1931), Ein Schauspieler geht durch die Politik (Dr., 1932), Himmelblauer Traum eines Mannes (R., 1934), Die Glut in der Asche (Tragikom., 1950).

Wenesis, Ilias; tl.: Benézēs, Ēlías [neugr. vɛ'nɛzis], eigtl. I. Mellos; tl.: Ē. Méllos, * Ayvalı (Anatolien) 4. März 1904, neugriech. Schriftsteller.
Jugend in Kleinasien und auf Lesbos; Bankbeamter, zuletzt in Athen, Mitglied der Akademie der Wissenschaften; schreibt Romane und Erzählungen, die vorwiegend auf der Insel Lesbos spielen. Dt. erschienen: „Äolische Erde“ (R., 1941; dt. 1949), „Die Boten der Versöhnung“ (En., dt. 1958).

Wenewitinow, Dmitri Wladimirowitsch; tl.: Venevitinov, Dmitrij Vladimirovič [russ.vɪnɪ'vitinɔf], * Moskau 26. Sept. 1805, † Petersburg (heute Leningrad) 27. März 1827, russ. Lyriker.
Aus altem Adel; seit 1825 im Staatsdienst. W., der sich als führendes Mitglied des Moskauer Kreises der Ljubomudry (= Weisheitsfreunde) mit dt. romant. Philosophie und Literatur befaßte und die russ. philosoph. Romantik theoret. begründete, gilt als erster philosoph. Dichter der modernen russ. Literatur.
Literatur: Wytrzens, G.: *Dmitrij Vladimirovič Venevitinov als Dichter der russ. Romantik. Köln u. Graz 1962.*

Wennerberg, Gunnar [schwed. ˌvɛnərbærj], * Lidköping 2. Okt. 1817, † Läckökungsgård (Västergötland) 24. Aug. 1901, schwed. Lyriker.
Studierte Philosophie in Uppsala, Tätigkeit im Kultusministerium, Mitglied der Akademie, Kultusminister; schrieb zahlreiche Studentenlieder, zu denen er auch die Musik komponierte; auch patriot. Lyrik.

Wenter, Josef, * Meran 11. Aug. 1880, † Rattenberg (Tirol) 5. Juli 1947, östr. Schriftsteller.
Studierte Germanistik, dann Musikwissenschaft in Leipzig, wo er Schüler Regers war, später freier Schriftsteller; schrieb histor. Dramen, wandte sich dann auch zeitgenöss. Themen zu; daneben farbige Tierromane.
Hauptwerke: Canossa (Dr., 1916), Der sechste Heinrich (Dr., 1920), Laikan (R., 1931), Saul (R., 1935), Tiergeschichten (1935), Der Kanzler von Tirol (Dr., 1936), Im heiligen Land Tirol (R., 1937).

Weressajew, Wikenti Wikentjewitsch; tl.: Veresaev, Vikentij Vikent'evič [russ. vɪrɪ'sajɪf], eigtl. W. W. Smidowitsch; tl.: V. V. Smidovič, * Tula 16. Jan. 1867, † Moskau 3. Juni 1945, russ.-sowjet. Schriftsteller.
Studierte Geschichte, dann Medizin; lebte zeitweilig auf der Krim, zuletzt in Moskau. W. stand seit 1896 mit marxist. literar. Gruppen in Verbindung; seine erzählenden Werke, bes. der Roman „In der Sackgasse“ (dt. 1924), vermitteln ein Bild von der Einstellung der russ. Intelligenz zum Kommunismus; sein vielgelesenes Buch „Bekenntnisse eines Arztes“ (dt. 1903) behandelt v.a. Fragen der ärztl. Ethik; W. verfaßte auch die Studie „Das Leben Puschkins“ (1926f., dt. 1945); kennzeichnend für seinen Stil ist präzise, realist. Darstellung; W. trat auch mit Übersetzungen aus der dt. und v.a. aus der antiken Literatur hervor (Übertragung der „Ilias“, 1949).

Werfel, Franz, * Prag 10. Sept. 1890, † Beverly Hills (Calif.) 26. Aug. 1945, östr. Lyriker, Erzähler und Dramatiker.
Aus vornehmer jüd. Kaufmannsfamilie; Kaufmannslehre in Hamburg; nach Erscheinen seiner ersten Gedichte Verlagslektor in Leipzig, wo er mit W. Hasenclever und K. Pinthus die Sammlung „Der jüngste Tag“ begründete; 1915–17 Teilnahme am 1. Weltkrieg, dann freier Schrift-

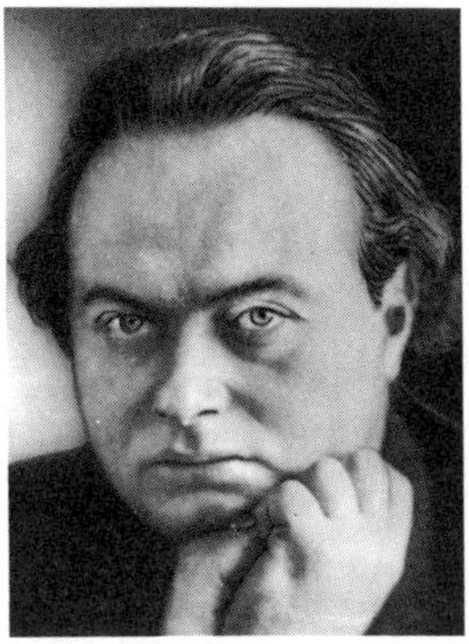

Franz Werfel

steller in Wien, wo er Alma Mahler, die Witwe des Komponisten G. Mahler, heiratete; größere Reisen; 1938 emigrierte er nach Frankreich; beim Einrücken der dt. Truppen abenteuerl. Flucht über die Pyrenäen nach Spanien, 1940 von Portugal in die USA. Begann mit expressionist., ekstat.-visionärer Lyrik, in der er sich, beeinflußt von Hofmannsthal, Rilke und Whitman, zu mitleidender Liebe und Brüderlichkeit bekennt; vielfältig in Themen und Formen sind auch seine frühen dramat. Dichtungen, symbol.-expressive Ideendramen, später Wandlung zu histor.-polit. Realismus; auch das erzähler. Werk nimmt von den expressionist. Anfängen Abstand, ist um die Gestaltung religiöser und histor. Stoffe mit metaphys. Transparenz bemüht und neigt zur allegor. Utopie; seine meisterhafte Erzählkunst, voller Temperament und Phantasie, zeigt mitunter allzu virtuose, effektbewußte Technik.

Hauptwerke: Der Weltfreund (Ged., 1912), Wir sind (Ged., 1913), Der Gerichtstag (Ged., 1919), Nicht der Mörder, der Ermordete ist schuldig (Nov., 1920), Spiegelmensch (Dr., 1921), Juarez und Maximilian (Dr., 1924), Verdi (R., 1924), Paulus unter den Juden (Dr., 1926), Der Tod des Kleinbürgers (Nov., 1927), Der Abituriententag (R., 1928), Barbara oder Die Frömmigkeit (R., 1929), Das Reich Gottes in Böhmen (Dr., 1930), Die Geschwister von Neapel (R., 1931), Die 40 Tage des Musa Dagh (R., 1933), Schlaf und Erwachen (Ged., 1935), Höret die Stimme (R., 1937), Der veruntreute Himmel (R., 1939), Das Lied von Bernadette (R., 1941), Zwischen Gestern und Morgen (Ged., 1942), Jacobowsky und der Oberst (Kom., 1945), Stern der Ungeborenen (R., hg. 1946).

Ausgabe: F. W. Ges. Werke in Einzelausgg. Teilweise hg. v. A. D. Klarmann. *Frkf. 1.-98. Tsd. 1947ff. Bis 1968 15 Bde.*

Literatur: Zahn, L.: *F. W. Bln. 1966.* – Rück, H.: *F. W. als Dramatiker. Diss. Marburg 1965.* – Braselmann, W.: *F. W. Wuppertal 1960.* – *F. W. 1890–1945. Hg. v.* L. B. Foltin. *Pittsburgh 1960.* – Specht, R.: *F. W. Versuch einer Zeitspiegelung. Wien 1926.*

Wẹrgeland, Henrik Arnold [norweg. 'værgəland], Pseudonym Siful Sifadda, * Kristiansand 17. Juni 1808, † Kristiania (heute Oslo) 12. Juli 1845, norweg. Dichter.

Sohn eines Pfarrers und Politikers, studierte in Oslo, wurde Journalist, trat für die Loslösung Norwegens von Schweden ein, erhielt dennoch ein Stipendium vom schwed. König, wurde 1840 königl. Reichsarchivar. W. trat als Dichter, Kritiker, Politiker und Volkserzieher, erfüllt von radikalen Ideen, für polit. und geistige Freiheit ein; bilderreiche, z.T. übersteigerte Sprache zeichnen die Werke W.s aus, der ein bed. Anreger der neueren norweg. Literatur war.

Hauptwerke: Skabelsen, mennesket og Messias (Epos, 1830), Jan van Huysums blomsterstykke (Ged., 1840), Jøden (Epos, 1842).

Wernardạkis, Dimitrios; tl.: Bernardákēs, Dēmḗtrios [neugr. vɛrnar'ðakis], * auf Lesbos 1833 oder 1834, † Mitilini 25. Jan. 1907, neugriech. Schriftsteller.

Professor für Geschichte in Athen; bemühte sich um die Belebung des neugriech. Dramas nach dem Vorbilde Shakespeares; zahlreiche philolog. Abhandlungen.

Wẹrner, Bruder ↑ Wernher, Bruder.

Wẹrner, Priester ↑ Wernher, Priester.

Wẹrner der Gärtner ↑ Wernher der Gartenaere.

Wẹrner, Gebhard ↑ Schulenburg, Werner von der.

Wẹrner, Zacharias, * Königsberg (Pr) 18. Nov. 1768, † Wien 17. Jan. 1823, dt. Dramatiker.

Studierte Rechtswissenschaft und Philosophie in Königsberg, wo er auch Kant hörte; Beamter in Warschau, führte ein unstetes Wanderleben; trat zum Katholizismus über, studierte Theologie, wurde 1814 Priester, berühmter Kanzelredner; ekstat. Stil, rhetor. Pathos und Bühnenwirksamkeit zeichnen sein Werk aus, das von Schiller ausgeht und später Stilzüge des Realismus vorwegnimmt; mit dem von Goethe 1810 in Weimar uraufgeführten Stück „Der vierundzwanzigste Februar" begann die Gattung des [romant.] Schicksalsdramas.

Weitere Werke: Vermischte Gedichte (1788), Die Söhne des Tals (Dr., 1803), Das Kreuz an der Ostsee (Trag., 1806), Martin Luther oder die Weihe der Kraft (Trag., 1807), Die Weihe der Unkraft (Trag., 1814), Die Mutter der Makkabäer (Trag., 1820).

Ausgaben: Z. W. Dramen. Hg. v. P. Kluckhohn. *Lpz. 1937. Nachdr. Darmst. 1964.* – *Z. W. Ausgew. Schrr. Aus dem handschriftl. Nachlaß hg. v. seinen Freunden. Grimma 1840–41. 15 Bde.*

Literatur: Koziełek, G.: *Das dramat. Werk Z. W.s. Breslau 1967.* – Koziełek, G.: *Friedrich Ludwig Z. W. Sein Weg zur Romantik. Breslau 1963.* – Guinet, L.: *Z. W. et l'ésotérisme maçonnique. Paris 1962.* – Hankamer, P.: *Z. W. Bonn 1920.*

Wẹrnher, Bruder [...hɛr], mhd. Fahrender und Spruchdichter des 13. Jh.s, wahrscheinl. aus Österreich.

Seine Strophen sind sicher datiert für die Zeit von 1227 bis 1248; seine polit. Sprüche sind als Zeitdokumente für die Auseinandersetzung zwischen Kaiser und Papst von großem Interesse.

Wẹrnher, Priester [...hɛr], auch Pfaffe Wern[i]her, mhd. Dichter des 12. Jahrhunderts.

Schrieb nach apokryphen Quellen in bayr. Mundart „Driu liet von der maget" (= Drei Lieder von der Jungfrau Maria), ein gereimtes Marienleben; bed. für die frühmhd. religiöse Dichtung und Auftakt des Marienkults in der mhd. Dichtung.

Literatur: Fromm, H.: *Unterss. zum Marienleben des P.s W. Turku 1955.*

Wernher der Gartenaere [...hɛr], mhd. Dichter. Schrieb in der 2. Hälfte des 13. Jh.s das satir.-realist. Versepos „Meier Helmbrecht". Helmbrecht, der Sohn eines Bauern, erhebt sich über seinen Stand; in seinem Bestreben, Ritter zu werden, gerät er in die Gesellschaft von Raubrittern, mit denen er raubt und plündert, bis er von mißhandelten Bauern gefangengenommen und gehängt wird. Während Aufbau, Stil und Sprache Wolfram von Eschenbach verpflichtet sind, geht der Gehalt auf den Einfluß Neidharts von Reuenthal zurück, über den sich der Dichter erhebt, indem er den Verfall des Rittertums ebenso scharf zeichnet wie die Zuchtlosigkeit des jungen Bauern, die dessen Untergang herbeiführt.

Ausgaben: W. d. G. Die Märe v. Helmbrecht. Hg. v. F. Panzer, *bearb. v.* K. Ruh. *Tüb. [8]1968. – W. d. G. Meier Helmbrecht. Versnovelle aus der Zeit des niedergehenden Rittertums. Übertragen v.* J. Ninck. *Stuttg. 1952. Neudr. 1961.*

Literatur: Kolb, H.: *Der „Meier Helmbrecht" zw. Epos u. Drama. In: Zs. f. dt. Philologie 81 (1962), 1.* – Seidler, H.: *Der „Meier Helmbrecht" als dt. Sprachkunstwerk. In: Zs. f. dt. Philologie 69 (1944/45), 3.* – Keinz, F.: *Helmbrecht u. seine Heimat. Lpz. [2]1887.*

Wernicke, Christian, * Elbing Jan. 1661, † Kopenhagen 5. Sept. 1725, dt. Dichter.

Studierte Philosophie, Reisen nach Frankreich und England, dann Privatgelehrter, zuletzt dän. Gesandter in Paris; bekämpfte in satir. Epigrammen bes. den schwülstigen Stil des Spätbarocks und trat sehr früh für den frz. Klassizismus ein.

Hauptwerke: Überschriffte oder Epigrammata (1697), Ein Heldengedicht, Hans Sachs genannt (1701), Poetischer Versuch (Ged., 1704).

Literatur: Neufeld, D.: *W. u. die literar. Verssatire in der ersten Hälfte des 18. Jh.s. Diss. Jena 1922 [handschriftl.].* – Elias, J.: *W. Diss. Mchn. 1888.*

Werthes, Friedrich August Clemens, * Buttenhausen (Landkreis Münsingen) 12. Okt. 1748, † Stuttgart 5. Dez. 1817, dt. Schriftsteller.

Mitarbeiter an Wielands Zeitschrift „Der teutsche Merkur", Professor an der Karlsschule, später Hofrat in Stuttgart; schrieb neben philosoph. und kulturgeschichtl. Abhandlungen klassizist. Lyrik und Tragödien mit histor. Thematik; auch Übersetzer (Gozzi).

Hauptwerke: Hirtenlieder (1772), Niclas Zriny (Trag., 1790), Conradin von Schwaben (Trag., 1800).

Werumeus Buning, Johan Willem Frederik [niederl. we:ry:'me:ʏs 'by:nɪŋ], * Velp bei Arnheim 4. Mai 1891, † Amsterdam 16. Nov. 1958, niederl. Dichter.

Journalist und Kritiker; schrieb unter frz. und span. Einfluß volkstüml. Balladen.

Hauptwerke: In memoriam (Ged., 1921), Maria Lécina (Ballade, 1932), Negen balladen (1935), Verboden verzen (1947), Rozen, distels en anjelieren (1953).

Weschinow, Pawel; tl.: Vežinov, Pavel [bulgar. 'vɛʒinof], * Sofia 9. Nov. 1914, bulgar. Schriftsteller.

Studierte in Sofia Philosophie, Mitarbeiter an verschiedenen Zeitschriften, Drehbuchautor; schrieb Romane und Erzählungen; Themen sind der Krieg und v.a. das städt. Leben. Einige seiner Erzählungen liegen auch dt. vor: „Fern der Ufer" (dt. 1964), „Ende des Weges" (dt. 1964), „Der große Schritt" (dt. 1966).

Wescott, Glenway [engl. 'wɛskət], * bei Kewaskum (Wisc.) 11. April 1901, amerikan. Schriftsteller.

Studierte in Chicago; verbrachte nach dem 1. Weltkrieg ein Jahr in Deutschland, lebte längere Zeit in Paris und an der Riviera. Begann mit Lyrik; schrieb dann Erzählungen und Romane, anfangs mit typ. amerikan. Problematik, später mit kosmopolit. Ideen.

Hauptwerke: The apple of the eye (R., 1924), Die Towers (R., dt. 1928), The babe's bed (Nov., 1930), Der Wanderfalke (R., 1940; dt. 1952), Apartment in Athens (R., 1945), Images of truth (Essays, 1962).

Literatur: Rueckert, W. H.: *G. W. New York 1965.*

Wesker, Arnold [engl. 'wɛskə], * London 24. Mai 1932, engl. Dramatiker.

Seine polit. und sozial aktuellen Stücke, formal oft sorglos und stilist. dem Naturalismus verpflichtet, verwerten seine Kindheitserfahrungen im Milieu einer jüd. Familie; pessimist. Zeitkritiker, bes. in seiner Trilogie „Hühnersuppe mit Graupen" (dt. 1963), „Tag für Tag" (dt. 1962) und „Nächstes Jahr in Jerusalem" (dt. 1962).

Weitere Werke: Die Küche (Dr., dt. 1964), Bratkartoffeln, nichts als Bratkartoffeln (Dr., dt. 1964), Goldene Städte (Dr., dt. 1967).

Literatur: Ribalow, H. U.: *A. W. New York 1965.*

Wesley, John [engl. 'wɛzlɪ, 'wɛslɪ], * Epworth (Lincoln) 17. Juni 1703, † London 2. März 1791, engl. Tagebuchautor und Geistlicher.

Nach Studien in Oxford 1728 anglikan. Geistlicher, übernahm 1729 den von seinem Bruder Charles W. in Oxford gegründeten „Holy Club", die Kernzelle des Methodismus; Nähe zum Pietismus und zu den Herrnhutern; ausgedehnte Reisen als Laienprediger; arbeitete auch auf dem Gebiet der Armenfürsorge in England und Amerika. W., bekannt als Hg. zahlreicher Sammlungen von Kirchenliedern und Verfasser bed. Predigten, hinterließ mit seinen Tagebüchern ein dokumentar. und literar. wertvolles Werk.

Literatur: Monk, R. C.: *J. W. His Puritan heritage. Nashville (Tenn.) u. New York 1966.* – Flachsmeier, H.: *Ein brennend Herz. Das Leben J. W.s. Zürich [3]1965.* – Schmidt, Martin: *J. W. Zürich 1953–66. 2 Bde.*

Wessel, Johan Herman [norweg. 'vɛsəl], * Vestby bei Oslo 6. Okt. 1742, † Kopenhagen 29. Dez. 1785, norweg. Dichter.

Studierte in Kopenhagen Engl. und Frz., gab als Privatlehrer Sprachunterricht; in Kopenhagen Mitbegründer der „Norske Selskap", einer Vereinigung junger Literaten, die norweg. Nationalgefühl wecken wollten. Schrieb treffende Satiren, am besten seine Parodie des klass. Alexandrinerdramas „Der Bräutigam ohne Strümpfe" (dt. 1827, 1844 u.d.T. „Lieb' ohne Strümpfe"); diese Übertragung von Ton und Haltung der großen Tragödie auf kleinbürgerl. Verhältnisse führt die

Nachahmungen des frz. klass. Dramas durch norweg. und dän. Dilettanten ad absurdum.
Weitere Werke: Epilog (1774), Komiske fortællinger (1775ff.).

Wessjoly, Artjom; tl.: Veselyj, Artem [russ. vɪ'sjɔlɨj], eigtl. Nikolai Iwanowitsch Kotschkurow; tl.: Nikolaj Ivanovič Kočkurov, * Samara 29. Sept. 1899, † 2. Dez. 1939, russ.-sowjet. Schriftsteller.
Zunächst u.a. Fabrikarbeiter; Bürgerkriegsteilnehmer und Mitarbeiter sowjet. Zeitungen. Schrieb Romane und Erzählungen, die stark vom Stil Chlebnikows, Belys und Remisows, aber auch, bes. hinsichtl. des Sprachrhythmus, von Majakowski beeinflußt sind; starke Neigung zum sprachl. und formalen Experiment.
Hauptwerk: Heimatland (R., 1925; dt. Auszüge 1925).

Wessobrunner Gebet, ahd. Schöpfungsgedicht aus einer lat. Sammelhandschrift des Klosters Wessobrunn; Ende des 8. oder Anfang des 9. Jh.s in Bayern entstanden; irreführend Gebet genannt, weil auf die Schilderung der Schöpfung (9 Stabreimverse sind erhalten) ein abschließendes Prosagebet folgt; ags. Einfluß.
Literatur: Seiffert, L.: *The metrical form and composition of the W. G. In: Medium aevum 31 (1962), 1.* – Eckardt, A. v./Kraus, C. v.: *Die Hss. des W. G.s. Mchn. 1922.*

West, Jessamyn [engl. wɛst], * in Indiana 1907, amerikan. Schriftstellerin.
Besuchte ein kaliforn. Quäker-College und studierte zeitweilig in England; ihr Hauptwerk, der histor. Roman „Locke sie wie eine Taube" (1945, dt. 1955), ist, wie ihre weiteren Werke, vom Geist des Quäkertums geprägt.
Weitere Werke: Das Mädchen Creszent mit dem bunten Hut (R., dt. 1956), Solange es Liebe gibt (R., dt. 1960), Terra buena. Fünf Morgen Land und Freiheit dazu (R., dt. 1964), Der Tag kommt ganz von selber (R., dt. 1968).

West, Morris L[anglo] [engl. wɛst], * Saint Kilda (Victoria) 26. April 1916, austral. Schriftsteller.
Lehrer, dann Werbechef bei Radio Melbourne; schrieb Hörspiele, Dramen und Feuilletons, wandte sich nach seiner Übersiedlung nach Italien 1956 ganz dem Roman zu; zahlreiche Reisen u.a. in Japan, Vietnam, Indien und den USA; in seinem ersten Roman, „Kinder des Schattens" (1957, dt. 1964), gibt er einen Bericht über die Gassenjungen Neapels; in „Der Turm von Babel" (R., dt. 1968) schildert er Verschwörungen und Gegenverschwörungen im Nahen Osten.
Weitere Werke: Des Teufels Advokat (R., dt. 1960), Die Tochter des Schweigens (R., dt. 1964), In den Schuhen des Fischers (R., dt. 1964), Der Botschafter (R., dt. 1965).

West, Nathanael [engl. wɛst], eigtl. Nathan Wallenstein Weinstein, * New York 17. Okt. 1906, † bei El Centro (Calif.) 21. Dez. 1940, amerikan. Schriftsteller.
Vorwiegend journalist. und publizist. tätig; von 1935 an als Drehbuchautor in Hollywood. Schrieb in präzisem, geschliffenem Stil teils satir. Romane, die bes. anfangs dem Surrealismus nahestehen; schilderte in seinem Hauptwerk, „Schreiben Sie Miß Lonelyhearts" (R., 1933; dt. 1961), die kaum zu überwindende Leere und Kälte des modernen Großstadtlebens.
Weitere Werke: The dream life of Balso Snell (R., 1931), A cool million (R., 1934), Tag der Heuschrecke (R., 1939; dt. 1964).
Ausgabe: N. W. The complete works. Neuausg. London 1968.
Literatur: Reid, R.: *Fiction of N. W.: No redeemer, no promised land. Chicago 1967.* – Comerchero, V.: *N. W., the ironic prophet. Syracuse (N.Y.) 1964.*

West, Rebecca [engl. wɛst], eigtl. Dame Cecily Isabel Andrews, geb. Fairfield, * in der Grafschaft Kerry 25. Dez. 1892, angloir. Schriftstellerin.
Vater vorwiegend journalist. tätig; kurze Zeit Schauspielerin, dann Journalistin, später freie Schriftstellerin; vertrat publizist. einen gemäßigten Sozialismus und trat für die Frauenrechte ein. Schrieb – unter dem aus Ibsens Drama „Rosmersholm" entnommenen Pseudonym R. W. – formal gewandte Romane oft zeitkrit. Inhalts; starkes Interesse an psychoanalyt. Problemen; auch hervorragende Essayistin und Reiseschriftstellerin.
Hauptwerke: The return of the soldier (R., 1918), The judge (R., 1922), The harsh voice (R., 1936), Der Brunnen fließt über (R., dt. 1958), Die Zwielichtigen (R., dt. 1967).

Westerlinck, Albert [niederl. 'wɛstərlɪŋk], eigtl. José Aerts, * Geel 17. Febr. 1914, fläm. Lyriker.
Studierte Theologie und Philosophie in Mecheln, Philologie und Philosophie in Löwen (Dr. phil.), u.a. Professor für Literatur in Löwen. Bed. krit. Abhandlungen und Aufsätze über die moderne niederl. Literatur stehen neben feinsinniger Lyrik mit religiöser Thematik.
Hauptwerke: Met zachte stem (Ged., 1939), Het schoone geheim der poëzie (Essay, 1946), De psychologische figuur van K. van de Woestijne als dichter (Essay, 1952).

Wetcheek, J. L. ['vɛtʃe:k] ↑ Feuchtwanger, Lion.

Wetzel, Friedrich Gottlob, * Bautzen 14. Sept. 1779, † Bamberg 29. Juli 1819, dt. Dichter.
Medizin- und Philosophiestudium, Redakteur; Verfasser von vaterländ. Dramen und Lyrik. Schrieb möglicherweise den anonym erschienenen, von Pessimismus erfüllten Roman „Die Nachtwachen des Bonaventura".
Weitere Werke: Strophen (Ged., 1803), Aus dem Kriegs- und Siegesjahr 1813 (Ged., 1815), Jeanne d'Arc (Trag., 1817), Hermannfried (Trag., 1818).
Literatur: ↑ Bonaventura, Nachtwachen des.

Weyrauch, Wolfgang, * Königsberg (Pr) 15. Okt. 1907, dt. Schriftsteller.
Schauspieler, dann Studium der Germanistik und Romanistik, Lektor; Teilnahme am 2. Weltkrieg, Redakteur, dann Lektor in Hamburg, seit 1959 freier Schriftsteller; gehört zur „Gruppe 47". An Kafka, Joyce, Brecht u.a. geschulter Stilexperimentator, nimmt in seiner z.T. aggressiven Lyrik, seinem zeitkrit. Erzählwerk und in den Hörspielen Stellung zum Elend der Welt; Hg. von Anthologien.
Hauptwerke: Der Main (E., 1934), Auf der bewegten Erde (Prosa, 1946), Die Liebenden (E., 1947), Lerche und Sperber (Ged., 1948), Gesang um nicht zu sterben (Ged., 1956), Mein Schiff, das heißt Taifun (En., 1959), Dialog mit dem Unsichtbaren (7 Hörspiele, 1962), Die Spur (Ged.,

1963), Das erste Haus hieß Frieden (Bericht, 1966), Geschichten zum Weiterschreiben (1969).

Weyssenhoff, Józef Baron [poln. 'vɛjsɛnxɔf], * Kolano (Podlesie) 8. April 1860, † Warschau 6. Juli 1932, poln. Schriftsteller.
Aus alter livländ. Adelsfamilie, studierte Jura, arbeitete seit 1891 als Redakteur bei der „Biblioteka Warszawska"; viele Auslandsreisen. Selbst noch konservativer Landedelmann, schrieb er in den Romanen „Ein Übermensch" (dt. 1902) und „Die Affaire Dołęga" (dt. 1904) mit scharfer Satire und feiner Ironie über Rückständigkeit und Scheinkultur der poln. Aristokratie. In seinen späten Landschafts- und Jagdromanen Meister der Naturschilderung.
Weitere Werke: Der verlorene Sohn (R., dt. 1917), Der Zobel und die Fee (R., dt. 1937).

Wharton, Edith [Newbold] [engl. wɔ:tn], geb. Jones, * New York 24. Jan. 1862, † Saint-Brice-sous-Forêt bei Paris 11. Aug. 1937, amerikan. Schriftstellerin.
Aus alter, angesehener Familie, in Europa (u.a. in Deutschland) privat erzogen; lebte seit 1906 nach dem Vorbild ihres Freundes und Lehrers H. James in Europa, vorwiegend in Frankreich. Schilderte als hervorragendste Schülerin von H. James den Ggs. zwischen Alter und Neuer Welt; sie stellte realist. und sozialbewußter als ihr Vorbild den Niedergang der alten, kultivierten und wohlhabenden Kreise dar; kennzeichnend sind ihr resignierender Ton und ihre fein nuancierende, prägnante Prosa, die auch frz. Vorbildern verpflichtet ist; Hauptwerk ist der trag. Roman „Amerikan. Romanze" (1920, dt. 1939, 1951 u.d.T. „Im Himmel weint man nicht"); auch viele trag. Erzählungen und Kurzgeschichten.
Weitere Werke: The house of mirth (R., 1905), Die Schlittenfahrt (R., 1911; dt. 1948), The glimpses of the moon (R., 1922), A son at the front (R., 1923), Die oberen Zehntausend (R., dt. 1931), A backward glance (Autobiogr., 1934), The buccaneers (R., 1938).
Literatur: Bell, M.: *E. W. and Henry James. New York 1965.* – Kellogg, G.: *The two lives of E. W. New York 1965.*

Whetstone, George [engl. 'wɛtstoʊn], * London um 1544, † Bergen op Zoom Sept. 1587, engl. Dichter.
Als Soldat in den Niederlanden; Teilnehmer einer Neufundlandexpedition; 1580 in Italien; fiel im Duell. Schrieb Vers- und Prosadichtungen und, in Opposition zum Theater seiner Zeit, Dramen, von denen „Promos and Cassandra" (1578), ein Versuch früher engl. Komödie, auf Shakespeares „Maß für Maß" wirkte.
Literatur: Izard, Th. C.: *G. W. New York 1942.*

White, Patrick [engl. waɪt], * London 28. Mai 1912, austral. Schriftsteller.
Nach Studien in England Teilnahme am 2. Weltkrieg im Nahen Osten. Bedeutendster zeitgenöss. Erzähler Australiens; setzte sich in umfangreichen, anfangs dunklen, schwer zugängl. psycholog. Romanen mit menschl. Existenzproblemen auseinander.
Hauptwerke: Zur Ruhe kam der Baum des Menschen nie (R., dt. 1957), Voss (R., dt. 1958).

Whiting, John Robert [engl. 'waɪtɪŋ], * Salisbury 15. Nov. 1917, † London 16. Juni 1963, engl. Dramatiker.
Verwandte in oft possenhaften, geistvollen Komödien Elemente des absurden Theaters. Einflüsse der Tradition des Gesellschaftsstücks im geschliffenen Dialog; W. schrieb ferner symbolisierende, dabei sehr umstrittene zeitkrit. Problemstücke.
Hauptwerke: Der Tag des Heiligen (Dr., UA 1951; dt. 1958), Wo wir fröhlich gewesen sind (Kom., 1951; dt. 1960), Marschlied (Dr., 1954; dt. 1956), Die Tore des Sommers (Kom., dt. 1958), Die Teufel (Dr., dt. 1962).

Whitman, Walt[er] [engl. 'wɪtmən], * West Hills bei Huntington (N.Y.) 31. Mai 1819, † Camden (N. J.) 26. März 1892, amerikan. Dichter.
Sohn eines Zimmermanns; wurde durch die Mutter früh mit den Ideen der Quäker bekannt; frühe Jugend in Brooklyn und auf Long Island; u.a. in einer Druckerei und als Lehrer tätig, danach Journalist, gelegentl. andere Berufe; publizist.

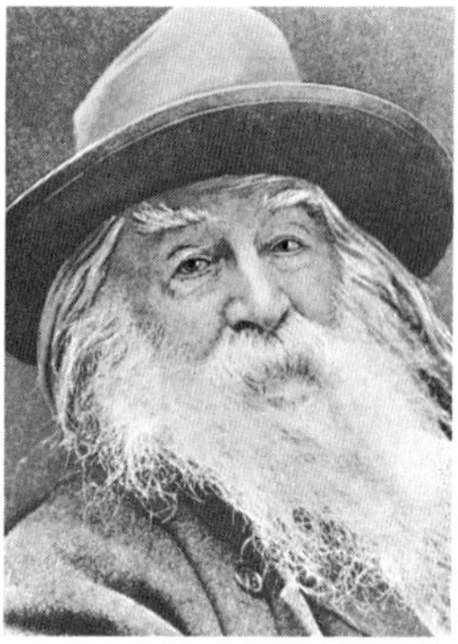

Walt[er] Whitman

Einsatz für die demokrat. Ideale, konservative Grundhaltung; bereiste Teile der heutigen Südstaaten; Festigung seiner polit. Haltung durch das Erlebnis des Bürgerkriegs, an dem er zeitweilig als Verwundetenpfleger teilnahm; von 1864 an in kleineren Positionen der Washingtoner Bürokratie beamtet; 1873 Verlust der Arbeitsfähigkeit infolge einer Lähmung; lebte, von wenigen Anhängern verehrt, in bescheidenen Verhältnissen; förderte eine biograph. Legendenbildung. W., bekannt v.a. als Autor der Gedichtsammlung „Grashalme" (1855, endgültige Fassung 1891, dt. Ausw. 1889), ist der bedeutendste amerikan. Versdichter der 2. Hälfte des 19. Jh.s; seine Dichtung, einerseits volksverbunden und die Macht und Bedeutung der Masse verherrlichend, andererseits Shakespeare, Ossian, Homer, der Bibelsprache, der oriental. Literatur und Philosophie sowie pantheist. Gedanken verpflichtet und stark von den individualist. Ideen der Transzendentalisten, bes. Emersons geprägt, dessen Lehren von der Würde und Eigenständigkeit des Individuums und einer übermenschl. Allseele er poet. gestaltete, ist Ausdruck seiner Auffassung von der prophet. Sendung des Dichters. Sein Werk, bes. „Demokrat. Ausblicke" (Essays, 1871; dt. 1948), gestaltete das bereits entwickelte Bewußtsein der geistigen Autonomie der USA. Kennzeichnend ist W.s früh entwickelte, im Spätwerk vollendete Neigung zu myst. Übersteigerung seiner Ideale. Höhepunkte seiner kraftvollen, an

Naturbildern reichen, überkommene Versformen sprengenden und einer rhythm. Prosa sich nähernden hymn. Lyrik sind u.a. „Gesang von mir selbst“ und die in der Sammlung „Drum taps“ (1865) enthaltene Elegie auf Lincolns Tod „When lilacs last in the dooryard bloom'd“; W., seinerzeit u.a. wegen seiner offenen Darstellung auch homoerot. Neigungen verfemt und v.a. gelegentl. Langatmigkeit wegen als Dichter verkannt, beeinflußte die amerikan. Dichtung nachdrückl., hatte jedoch auch auf den europ. Naturalismus und Expressionismus starke Wirkung.

Ausgaben: Walt W.s Werk. Dt. Übers. Hg. v. H. Reisiger. *Hamb. ²1956. – Walt W. The complete writings. New York 1902. 10 Bde.*

Literatur: Miller, E. H.: *W. W.'s poetry. A psychological journey. Cambridge (Mass.) 1968.* – Allen, G. W.: *W. W. handbook. New York 1962.* – Allen, G. W.: *Walt W. in Selbstzeugnissen u. Bilddokumenten. Dt. Übers. Reinbek bei Hamb. 1961.* – Asselineau, R.: *The evolution of Walt W. Engl. Übers. Cambridge (Mass.) 1960–62. 2 Bde.* – Canby, H. S.: *W. W., ein Amerikaner. Dt. Übers. Bln. 1947.*

Whittier, John Greenleaf [engl. 'wɪtɪə], * Haverhill (Mass.) 17. Dez. 1807, † Hampton Falls (N. H.) 7. Sept. 1892, amerikan. Dichter.

Aus bäuerl. Quäkerfamilie; vorwiegend durch Lektüre autodidakt. gebildet; journalist. und polit. tätig. Vertrat eine romant., v.a. R. Burns verpflichtete neuengl. Heimat- und Naturdichtung mit vielfach idyll. Zügen, die in dem Gedicht „Snow-bound“ (1866) ihren Höhepunkt fand; auch bed. Balladendichter; die Schwächen seiner humanitären, moralisierenden, oft rhetor. und sentimentalen Dichtung wurden wegen seines polit. Einsatzes, u.a. für die Sklavenbefreiung, seinerzeit meist übersehen; Volksdichter Amerikas.

Weitere Werke: Legends of New England in prose and verse (1831), Lays of my home (Ged., 1843), Ballads and other poems (1844), Voices of freedom (Ged., 1846), Old portraits and modern sketches (En., 1850), Songs of labor (1850), Anti-slavery poems (1852), The chapel of the hermits (Ged., 1853), The panorama (Ged., 1856), In war time and other poems (1864), Hazel-blossoms (Ged., 1875), At sundown (Ged., 1890).

Literatur: Wagenknecht, E. C.: *J. G. W. London u. New York 1967.* – Pollard, J. A.: *J. G. W., friend of man. Boston; Cambridge 1949.*

Wibbelt, Augustin, Pseudonym Ivo, * Vorhelm bei Münster (Westf.) 19. Sept. 1862, † ebd. 14. Sept. 1947, dt. Dichter.

Studierte Theologie in Münster, Würzburg und Freiburg i. Br.; kath. Pfarrer in Mehr bei Kleve; schrieb humorvolle und ernste Gedichte sowie Erzählungen im münsterländ. Dialekt.

Hauptwerke: Wildrups Hoff (E., 1900), De Strunz (E., 1902), Schulte Witte (E., 1906), De Pastor von Driebeck (E., 1908), Dat veerte Gebott (E., 1912).

Wibmer-Pedit, Fanny ['pe:dɪt], geb. Pedit, * Innsbruck 19. Febr. 1890, † Lienz 27. Okt. 1967, östr. Schriftstellerin.

Längerer Aufenthalt in Wien; nahm die Themen für ihre Romane, Erzählungen und Dramen aus Geschichte und Brauchtum ihrer Tiroler Heimat.

Hauptwerke: Medardus Siegenwart (R., 1931), Die Pfaffin (R., 1934), Ritter Florian Waldauf (R., 1935, 1960 u.d.T. Maximilians goldener Ritter), Eine Frau trägt die Krone (R., 1936), Die Welserin (R., 1940), Der Hochwalder (R., 1950), Der hl. Berg (R., 1959), Margarete Maultasch (R., 1966).

Wichert, Ernst, * Insterburg 11. März 1831, † Berlin 21. Jan. 1902, dt. Schriftsteller.

Studierte Geschichte, dann Rechtswissenschaft in Königsberg, wurde u.a. Oberlandesgerichtsrat, später Geheimer Justizrat; schrieb zahlreiche Romane und Novellen, vorwiegend aus der Geschichte Preußens; auch histor. Dramen und bühnenwirksame Lustspiele.

Hauptwerke: Ihr Taufschein (Lsp., 1865), Biegen oder Brechen (Dr., 1870), Litauische Geschichten (1881–90), Heinrich von Plauen (R., 1881), Der Große Kurfürst in Preußen (R.-Trilogie, 1886/87), Richter und Dichter (Autobiogr., 1899), Der Hinkefuß (Novellen, 1901).

Wickert, Erwin, * Bralitz (Brandenburg) 7. Jan. 1915, dt. Schriftsteller.

Studierte in Berlin und Heidelberg; 1939–45 im auswärtigen Dienst, seitdem freier Schriftsteller. Schrieb Romane aus China mit histor.-dokumentar. Charakter; auch erfolgreich als Hörspielautor.

Hauptwerke: Fata Morgana über den Straßen (En., 1938), Caesar und der Phoenix (4 Hörspiele, 1956), Robinson und seine Gäste (Hsp., 1960), Der Auftrag (R., 1961), Der Purpur (R., 1965).

Wickram, Jörg, * Colmar um 1505, † Burgheim am Rhein (heute zu Olpe) vor 1562, dt. Dichter.

Wahrscheinl. Handwerker und Gerichtsschreiber in Colmar, wo er 1549 eine Meistersingerschule begründete; verließ als Protestant 1555 seine kath. Heimatstadt und wurde Stadtschreiber in Burgheim; betätigte sich auf verschiedenen literar. Gebieten. Die oberrhein. Schwankliteratur weiterführend, schuf er das „Rollwagenbüchlin“ (1555), das zu den besten Schwank- und Anekdotensammlungen gehört; bed. sind auch seine Bearbeitungen älterer Schweizer Fastnachtsspiele sowie älterer Erzählungen, in denen er Elemente des ritterl. und Züge aus dem bürgerl. Leben geschickt miteinander verband; mit dem Roman „Der Goldtfaden“ (1557) wurde er der Begründer des nhd. Prosaromans und zugleich richtungweisend für das 17. Jahrhundert.

Weitere Werke: Der trew Eckart (Fastnachtsspiel, 1538), Spil von dem verlorenen Sun (1540), Gabriotto und Reinhart (R., 1551), Der Jungen Knaben Spiegel (R., 1554), Die Narren beschwerung (Schwankbuch, 1556).

Ausgabe: Georg W. Sämtl. Werke. Hg. v. H.-G. Roloff. *Bln. 1967 ff. Auf 14 Bde. berechnet.*

Literatur: Stocker, K.: *Die Lebenslehre im Prosawerk v. J. W. u. in der volkstüml. Erzählung des 16. Jh.s. Diss. Mchn. 1956 [Masch.].* – Fauth, G.: *J. W.s Romane. Straßburg 1916.* – Scherer, W.: *Die Anfänge des dt. Prosaromans u. J. W. v. Colmar. Eine Kritik. Straßburg 1877.*

Wiclif, John ↑ Wyclif[fe], John.

Widmann, Joseph Viktor, * Nennowitz (Mähren) 20. Febr. 1842, † Bern 6. Nov. 1911, schweizer. Schriftsteller.

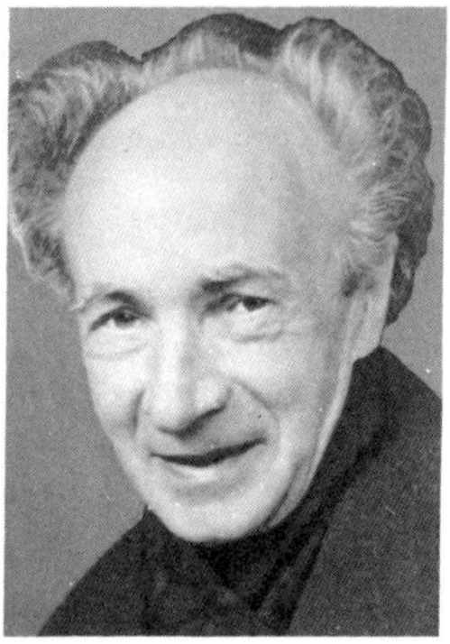

Ernst Wiechert

Kam sehr jung in die Schweiz; studierte Theologie, Philosophie und Philologie, befreundet mit Spitteler; reiste nach Italien, seit 1868 Schuldirektor in Bern, seit 1880 Feuilletonredakteur beim Berner „Bund". Eleganter, formsicherer Lyriker und Epiker mit Neigung zu Schopenhauerschem Pessimismus, geistreich-witziger Erzähler mit echtem Humor; bed. Reiseschilderungen.
Hauptwerke: Iphigenie in Delphi (Dr., 1865), Buddha (Epos, 1869), Spaziergänge in den Alpen (Reisebericht, 1885), Die Patrizierin (R., 1888), Maikäferkomödie (Epos, 1897), Die Muse des Aretin (Dr., 1902), Der Heilige und die Tiere (Epos, 1905).
Literatur: Fränkel, J.: *J. V. W. St. Gallen ²1960.* – Widmann, E./Widmann, M.: *J. V. W. Ein Lebensbild. Frauenfeld 1922–24. 2 Bde.*

Widukind von Corvey, * um 925, † Corvey nach 973, sächs. Benediktiner und Geschichtsschreiber. Aus vornehmem sächs. Haus; seit etwa 940 Mönch in Corvey; schrieb Heiligenviten und eine „Sachsengeschichte" (bis 958; später von W. überarbeitet und bis 973 fortgesetzt); bed. Quelle.
Literatur: Beumann, H.: *W. v. Korvei. Unterss. zur Geschichtsschreibung u. Ideengesch. des 10. Jh.s. Weimar 1950.*

Wiechert, Ernst, Pseudonym Barany Bjell, * Forsthaus Kleinort (Landkreis Sensburg) 18. Mai 1887, † Uerikon (Zürich) 24. Aug. 1950, dt. Schriftsteller.
Sohn eines Försters; Tätigkeit im höheren Schuldienst; schied 1933 aus dem Amt, freier Schriftsteller; 1938 zwei Monate im KZ, dann unter Gestapoaufsicht; seit 1948 in der Schweiz. Geprägt durch das Erlebnis der ostpreuß. Heimat und seine Teilnahme am 1. Weltkrieg, gestaltete er in seinen ep. Werken, die in bewußt schlichtem Stil gehalten sind, ein einfaches, von allen „krankhaften" Erscheinungen moderner Zivilisation abgewandtes Dasein, das myst.-religiös und gefühlvoll verklärt wird.
Hauptwerke: Der Wald (R., 1922), Der Totenwolf (R., 1924), Die Flöte des Pan (Novellen, 1930), Jedermann (R., 1931), Die Magd des Jürgen Doskocil (R., 1932), Die Majorin (E., 1934), Hirtennovelle (1935), Wälder und Menschen (Autobiogr., 1936), Das einfache Leben R., 1939), Die Jerominkinder (R., 1945–47), Der Totenwald (Bericht, 1945), Missa sine nomine (R., 1950).
Ausgabe: E. W. Sämtl. Werke in 10 Bden. Mchn. 1957.
Literatur: Pleßke, H.-M.: *E. W. Bln. 1967.* – Ollesch, H.: *E. W. Wuppertal-Barmen ⁴1961.* – *Bekenntnis zu E. W. Ein Gedenkb. zum 60. Geburtstag des Dichters. Mchn. 1947.* – Ebeling, H.: *E. W. Das Leben des Dichters. Wiesb. ²1947.* – † auch Sudermann, Hermann.

Wied, Gustav [Johannes] [dän. vi:'ð], * Holmegård bei Nakskov 6. März 1858, † Roskilde 24. Okt. 1914 (Selbstmord), dän. Schriftsteller. Aus einer Gutsbesitzersfamilie; in verschiedenen Berufen tätig. Schildert in seinen z.T. skurrilen Erzählungen, Schauspielen und satir., düsteren Romanen nicht ohne Humor das Leben der Bauern seiner Heimat.
Hauptwerke: Aus jungen Tagen (En., 1895; dt. 1907), Erotik (Dr., 1896; dt. 1902), Die von Leunbach (R., dt. 1900), Die leibhaftige Bosheit (R., dt. 1901), Die Väter haben Herlinge gegessen (R., dt. 1909).
Literatur: Salicath, E.: *Omkring G. W. Kopenhagen 1946.* – Neergaard, E.: *Peter Idealist. Studier over G. W.s Ungdom. Kopenhagen 1938.*

Wied, Martina, eigtl. Alexandrine M. Weisl, geb. Schnabl, * Wien 10. Dez. 1882, † ebd. 25. Jan. 1957, östr. Schriftstellerin.
Studierte Kunstgeschichte und Philosophie, emigrierte 1939 nach Großbritannien, wo sie Lehrerin war; 1948 Rückkehr nach Österreich. Setzte sich in Erzählungen, Dramen, Gedichten, v.a. in tiefsinnig-hintergründigen Romanen mit dem Chaos der Zeit und dem menschl. Leid auseinander.
Hauptwerke: Bewegung (Ged., 1919), Rauch über Sankt Florian (R., 1937), Das Einhorn (E., 1948), Kellingrath (R., 1950), Das Krähennest (R., 1951), Brücken ins Sichtbare (Ged., 1952), Die Geschichte des reichen Jünglings (R., 1952).

Wieland, Christoph Martin, * Oberholzheim bei Biberach an der Riß 5. Sept. 1733, † Weimar 20. Jan. 1813, dt. Dichter.
Sohn eines ev. Pfarrers; in pietist. Geist erzogen; studierte 1749 Philosophie in Erfurt, 1750 Rechtswissenschaft in Tübingen, wo er sich mehr und mehr der Literatur zuwandte; 1752 folgte er einer Einladung Bodmers nach Zürich, der sich in seiner Enttäuschung jedoch bald von ihm trennte; W. blieb als Hauslehrer in Zürich und ging 1759 nach Bern, wo er sich mit Julie Bondeli verlobte; 1760 wurde er Senator in Biberach; 1765 Heirat

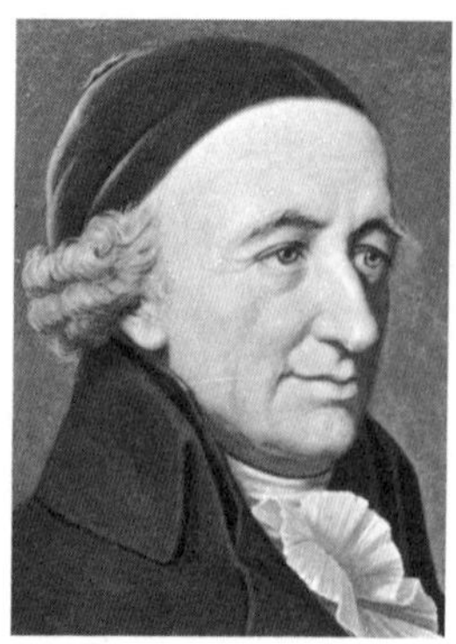

Christoph Martin Wieland

mit Dorothea von Hillenbrand; 1769 Professor für Philosophie an der Universität Erfurt, 1772 Prinzenerzieher, seit 1775 freier Schriftsteller in Weimar; gab die erste bed. dt. literar. Zeitschrift, „Der teutsche Merkur", heraus; stand in engem Verhältnis zu Herder und Goethe. Begann mit Lehrgedichten im Stile Hagedorns und pietist. Jugendgedichten; allmähl. Abkehr vom Geistlichen und Religiösen, Wendung zur aufgeklärten, weltmänn. Kultur des frz. Spätrokokos; in einer graziösen, das Sinnenfrohe und Frivole geistreich umspielenden, eleganten und formgewandten Sprache entwickelt W. in ep. Werken ein dem Klassischen sich näherndes Humanitätsideal, das um harmon. Ausgleich zwischen Sinnlichkeit und Vernunft bemüht ist; das Spielerische, Komödiantische, Dionysische bestimmt auch sein Hauptwerk, den Entwicklungsroman im vorklass. Sinn „Geschichte des Agathon" (1766/67). Verdienste erwarb er sich auch als Übersetzer von Dramen Shakespeares, den er in seiner Größe ebenso richtig einschätzte wie manchen verkannten Zeitgenossen (z. B. H. von Kleist), wie auch durch Übertragungen klass.-antiker Autoren; auch Dramatiker.
Weitere Werke: Die Natur der Dinge (Ged., 1751), Anti-Ovid, oder Die Kunst zu lieben (1752), Der geprüfte Abraham (Epos, 1758), Der Sieg der Natur über die Schwärmerey oder Die Abentheuer des Don Sylvio von Rosalva (R., 1764), Kom. Erzählungen (1765), Musarion, oder Die Philosophie der Grazien (Kleinepos, 1768), Der goldne Spiegel, oder Die Könige von Scheschian (R., 1772), Alceste (Singspiel, 1773), Die Abderiten (R., 1774), Oberon (Epos, 1780), Aristipp und einige seiner Zeitgenossen (R., 1800–02).
Ausgaben: Ch. M. W. Werke. Hg. v. F. Martini *u.* H. W. Seiffert. *Mchn. 1965–68. 5 Bde. – Ch. M.W. Ges. Schrr. Begr. v.* Erich Schmidt. *Hg. v. der Dt. Akademie der Wiss. zu Bln. Bln. 1909ff. Auf ca. 50 Bde. berechnet. – Ch. M. W. Werke. Bln. 1879. 40 Tle. in 16 Bden.*
Literatur: Jacobs, J.: *W.s Romane. Bern u. Mchn. 1969.* – Schostock, R.: *W. u. Lavater. Beitr. zur Geistesgesch. des ausgehenden 18. Jh.s. Diss. Freib. 1964.* – Abbé, D. M. van: *Ch. M. W. (1733–1813). A literary biography. London 1961.* – Hecker, J.: *W. Die Geschichte eines Menschen in der Zeit. Weimar ³1960. – W. Vier Biberacher Vortrr. Frkf. 1954.* – Sengle, F.: *W. Stuttg. 1949.* – Hoppe, K.: *Der junge W. Wesensbestimmung seines Geistes. Lpz. 1930.*

Wieland, Ludwig, * Weimar 28. Okt. 1777, † ebd. 12. Dez. 1819, dt. Dramatiker.
Sohn von Christoph Martin W., studierte Rechtswissenschaft, lebte in der Schweiz, dann in Wien, zuletzt in Weimar und Jena. Befreundet u.a. mit H. von Kleist und H. D. Zschokke. Schrieb v.a. Lustspiele und Erzählungen.
Hauptwerke: Erzählungen und Dialogen (1803), Lustspiele (1805).

Wienbarg, Ludolf, Pseudonyme Ludolf Vineta, Freimund, * Altona (heute Hamburg-Altona) 25. Dez. 1802, † Schleswig 2. Jan. 1872, dt. Schriftsteller.
Studierte in Kiel, Bonn und Marburg (Dr. phil.); Hauslehrer, Privatdozent, gehörte zu den Wortführern des Jungen Deutschland, der dieser Bewegung in seiner Abhandlung „Ästhet. Feldzüge" (1834) den Namen gab; begründete mit K. Gutzkow in Frankfurt am Main die radikale „Dt. Revue"; erhielt Schreibverbot und wurde ausgewiesen; lebte in Hamburg, seit 1868 geisteskrank.
Weitere Werke: Zur neuesten Literatur (Abhandlung, 1835), Die Dramatiker der Jetztzeit (Abhandlung, 1839), Geschichte Schleswigs (1861/62).
Literatur: Dietze, W.: *L. W. In: Sinn u. Form. 14 (1962), 874.* – Burkhardt, G.: *L. W. als Ästhetiker u. Kritiker. Seine Entwicklung u. seine geistesgeschichtl. Stellung. Diss. Hamb. 1956.* – Bartholomey, M.: *L. W., ein pädagog. Reformer des „Jungen Deutschland". Langensalza 1912.*

Wiener, Franz [frz. vjeˈnɛːr] ↑ Croisset, Francis de.

Wierzyński, Kazimierz [poln. vjɛˈʒɨi̯ski], * Drohobycz 27. Aug. 1894, † London 13. Febr. 1969, poln. Dichter.
Studierte Philosophie in Lemberg, Krakau, Warschau und Wien; kämpfte während des 1. Weltkriegs in der poln. Legion, später in der östr. Armee, ging 1939 in den Westen; gehörte der futurist. Gruppe um die Zeitschrift „Skamander" an, wurde später Mitglied der poln. Literaturakademie. W. war der jugendl.-lebensfreudige Sänger der modernen Großstadt. Großen Erfolg hatte er mit seinem Gedichtband „Olymp. Lorbeer" (dt. 1928). Die Zeitereignisse gaben seiner späteren Dichtung einen trag. Grundton; schrieb auch Novellen und Essays. 1959 erschienen gesammelte Gedichte.

Wiktor, Jan [poln. ˈviktɔr], * Radomyśl 1. Nov. 1890, poln. Schriftsteller.
Bäuerl. Abstammung, Journalist; zeichnet mit fast sentimentalem Mitgefühl die Welt der kleinen Leute. Er behandelt soziale Probleme bedauernd und anklagend, aber nie aufrührerisch. In den späteren Werken drängt sein Humor den resignierenden Pessimismus früherer Bücher zurück.
Hauptwerke: Przez łzy (= Durch Tränen, E., 1923), Morgenröte über der Stadt (R., dt. 1930), Wierzby nad Sekwaną (= Weiden an der Seine, E., 1933).

Wilbrandt, Adolf von, * Rostock 24. Aug. 1837, † ebd. 10. Juni 1911, dt. Schriftsteller.
Studierte Rechtswissenschaft, Philosophie und Geschichte (Dr. phil.); unternahm größere Reisen, 1881–87 Direktor des Wiener Burgtheaters; bekannt v.a. durch seine zeitkrit. Schlüsselromane aus dem Münchner Künstlerkreis; auch literarhistor. Abhandlungen, histor. Jambentragödien, Gedichte und Biographien.
Hauptwerke: Heinrich von Kleist (Abhandlung, 1863), Der Lizenziat (R., 1868), Nero (Trag., 1876), Hermann Ifinger (R., 1892), Villa Maria (R., 1902).

Wilde, Eduard ↑ Vilde, Eduard.

Wilde, Oscar Fingal[l] O'Flahertie Wills [engl. waɪld], * Dublin 16. Okt. 1854, † Paris 30. Nov. 1900, engl. Dichter ir. Herkunft.
Sohn eines Arztes und einer ambitionierten Dichterin; lebte nach Studien in Dublin und Oxford sowie einer Reise (u.a. nach Italien) von 1879 an in London, wo er durch extravagante Lebensführung bekannt wurde; nach literar. Erfolgen Vortragsreisen in Amerika und England; verfaßte, inzwischen auf dem Höhepunkt des Erfolges, 1895 gegen den Vater eines Freundes eine Schmähschrift, die einen Prozeß auslöste, in dem

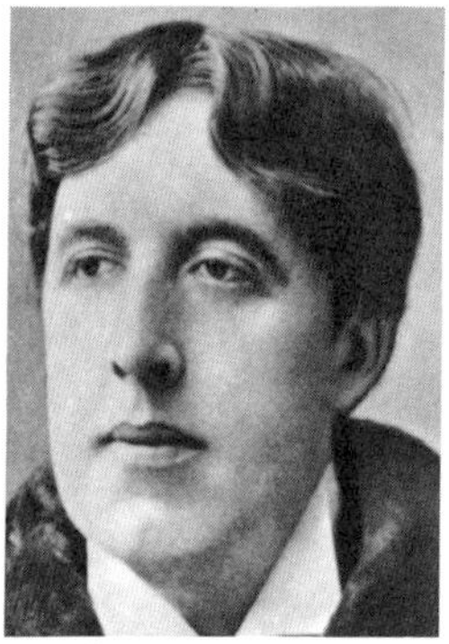

Oscar Fingal[l] O'Flahertie Wills Wilde

W. wegen abartiger Neigungen zu zwei Jahren Zuchthaus verurteilt wurde; starb wenige Jahre nach der Haftentlassung in Paris, wo er unter dem Pseudonym Sebastian Melmoth, von Freunden unterstützt, dem Alkohol verfallen, in bescheidenen Verhältnissen gelebt hatte; konvertierte kurz vor dem Tod zum Katholizismus. W., der bereits in Oxford die Prinzipien des L'art pour l'art als vorbildl. anerkannte, wurde zum hervorragendsten literar. Vertreter des Ästhetizismus in England; von seiner Versdichtung wurde die „Ballade vom Zuchthause zu Reading" (dt.1906), 1898 nach der Haftentlassung entstanden, bes. bekannt; W.s übrige, teils stark an Baudelaire orientierte Lyrik hat meist wenig mehr als formalen Wert; die z.T. noch lebendigen Gesellschaftskomödien, die in der Tradition der Comedy of manners stehen, zeigen witzige, oft zyn., gelegentlich oberflächl. Dialogführung und präzise, aber oft schemat. Personencharakterisierung; zu W.s bedeutendsten dramat. Werken gehört außer den Komödien „Lady Windermeres Fächer" (1893, dt. 1902), „Eine Frau ohne Bedeutung" (dt. 1894), „Ein idealer Gatte" (dt. 1903) und „Ernst sein!" (dt. 1903, 1908 u.d.T. „Bunbury") die für Sarah Bernhardt ursprüngl. in frz. Sprache geschriebene Tragödie „Salome" (engl. 1894, dt. 1903; vertont von R. Strauss). Von W.s Prosawerken, darunter Märchen und das autobiograph., postum u.d.T. „De profundis" (dt. 1907, 1924 u.d.T. „Aus der Tiefe") 1905 publizierte Buch, wurde „Dorian Gray" (R., dt. 1901) berühmt als teilweise bekenntnishafte Darstellung eines skrupellosen Genußmenschen, der an seinen Lastern zugrunde geht. In der Darstellung, bes. in der Pointe, bestechend und virtuos, wirkt der Roman oft oberflächlich. Nachwirkung hatten v.a. W.s Komödien, deren oft frivoler Witz und elegante, pointierte Dialogführung für die Gesellschaftslustspiele des 20. Jh.s vorbildl. wurden; seine formal glänzenden lyr. und ep. Werke haben mehr histor. Bedeutung.

Weitere Werke: Ravenna (Ged., 1878), Das Gespenst von Canterville (E., 1887; dt. 1905), Der glückl. Prinz (Märchen, dt. 1906), Lord Arthur Saviles Verbrechen (En., 1891; dt. 1910).

Ausgaben: O. W. Werke in 12 Bdén. Dt. Übers. Bln. 1918 [mit Biogr.]. – O. W. Complete works. Hg. v. R. Ross. *Neuausg. London 1909–20. 12 Bde., 4 Erg.-Bde.*

Literatur: Funke, P.: *O. W. in Selbstzeugnissen u. Bilddokumenten. Reinbek bei Hamb. 1969.* – San Juan, E.: *The art of O. W. Princeton (N. J.) 1967. – W. and the nineties. Hg. v.* Ch. Ryskamp. *Princeton 1966.* – Holland, V.: *O. W. Eine Bildbiogr. Dt. Übers. Mchn. 1965.* – Pearson, E.: *O. W. Dt. Übers. Stuttg. u. Bern 1947.*

Wildenbruch, Ernst von, * Beirut 3. Febr. 1845, † Berlin 15. Jan. 1909, dt. Dramatiker.
Gardeleutnant, studierte dann Rechtswissenschaft und wurde Richter, seit 1877 Tätigkeit im Auswärtigen Amt in Berlin, seit 1897 Geheimer Legationsrat, 1900 pensioniert; schrieb histor. Dramen in pathet.-rhetor. Stil mit Neigung zum theatral. Effekt und zur sentimentalen Phrase; auch Erzählungen und Lyrik mit patriot., teils sozialkrit. Themen.

Hauptwerke: Spartakus (Dr., 1873), Vionville (Ged., 1874), Die Karolinger (Dr., 1882), Die Quitzows (Dr., 1888), Die Haubenlerche (Dr., 1891), Das edle Blut (E., 1893), Die Rabensteinerin (Dr., 1907).

Literatur: Elster, H. M.: *E. v. W. Leben, Werk, Persönlichkeit. Bln. 1934.* – Litzmann, B.: *E. v. W. Bln. 1913–16. 2 Bde.*

Wildenvey, Herman [norweg. 'vildənvɛi], eigtl. H. Portaas, * Nedre Eiker 20. Juli 1886, † Larvik 27. Sept. 1959, norweg. Schriftsteller.
Theologiestudium in den USA, nach seiner Rückkehr zahlreiche Reisen durch Europa und nach den USA; v.a. von Karlfeldt und Heine beeinflußter Lyriker; bevorzugt melod. Verse; Lebensbejahung und Freude am Dasein stehen neben tiefer Schwermut und religiöser Innerlichkeit; auch Dramatiker; bed. Memoiren („Mein Pegasus und die Welt", dt. 1938; „En lykkelig tid", 1940).

Weitere Werke: Nyinger (Ged., 1907), Polyhymnia (Ged., 1952).

Wilder, Thornton [Niven] [engl. 'waıldə], * Madison (Wis.) 17. April 1897, amerikan. Schriftsteller.
Sohn eines Zeitungsverlegers, während dessen Amtszeit als Generalkonsul in China verbrachte W. einige Jahre seiner Kindheit im Fernen Osten; der Familientradition zufolge stark europ.-abendländ. orientiert; zeitlebens Studienaufenthalte, auch Lehr- und Vortragstätigkeit, in Europa; Teilnehmer an beiden Weltkriegen. W., in Europa und den USA mehrfach ausgezeichnet (u.a. 1957 Friedenspreis des Dt. Buchhandels), begann mit christl. orientierten, stilist. zum Novellist. neigen-

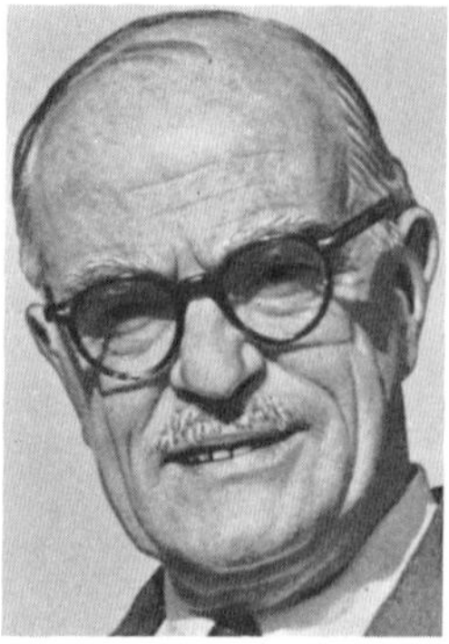

Thornton [Niven] Wilder

den Erzählwerken, von denen v.a. „Die Brücke von San Luis Rey" (R., dt. 1929) bekannt wurde. Außer Problemen der formalen Bewältigung des Stoffes sind für W. vorwiegend die weltanschaul. Fragestellungen interessant. Während der Roman „Dem Himmel bin ich auserkoren" (dt. 1935) noch stark W.s persönl. religiöse Überzeugungen spiegelt, tritt das Bekenntnishafte in dem Caesarroman „Die Iden des März" (dt. 1949) gegenüber der allgemeingültigen geistesgeschichtl. Analyse zurück, wobei bes. allen histor. Epochen gemeinsame Züge und Charakteristika berücksichtigt werden. W. war auch als Dramatiker, u.a. von Anregungen oriental. Theaterkunst ausgehend, erfolgreich, bes. mit den Dramen „Unsere kleine Stadt" (dt. 1939) und „Wir sind noch einmal davongekommen" (dt. 1944).
Weitere Werke: Die Cabala (R., dt. 1929), Die Frau aus Andros (R., dt. 1931), Das lange Weihnachtsmahl (Einakter, 1931; dt. 1954), Die Heiratsvermittlerin (Kom., dt. 1957), Die Alkestiade (Dr., dt. 1958), Der achte Schöpfungstag (R., dt. 1968).
Literatur: Häberle, E.: *Das szen. Werk Th. W.s. Hdbg. 1967.* – Beckmann, H.: *Th. W. Velber 1966.* – Goldstein, M.: *The art of Th. W. Lincoln (Nebr.) 1965.* – Papajewski, H.: *Th. W. Frkf. ²1965.* – *Th. W. Ein Bücherverz. Einf. v.* F. Baukloh. *Dortmund 1962.*

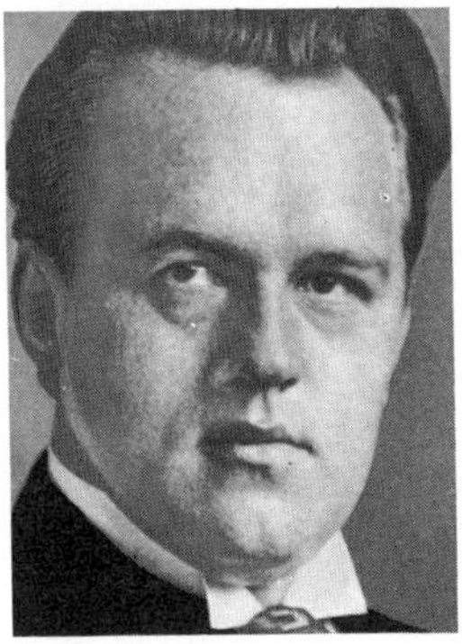
Anton Wildgans

Wilder Alexander † Alexander, Meister.
Wilder Mann, Kölner Geistlicher des 12. Jahrhunderts.
Schrieb um 1170 eine Veronika-Vespasian-Legende mit heilsgeschichtl. Hintergrund; Lehrgedicht von der Habsucht.
Wildermuth, Ottilie, geb. Rooschütz, * Rottenburg am Neckar 22. Febr. 1817, † Tübingen 12. Juli 1877, dt. Schriftstellerin.
Freundschaftl. Beziehungen zu J. Kerner, L. Uhland u.a.; schrieb religiös bestimmte, gemüt- und humorvolle Erzählungen aus ihrer Heimat; zu ihrer Zeit sehr beliebt v.a. „Bilder und Geschichten aus dem schwäb. Leben" (1852), „Aus der Kinderwelt" (En., 1853), „Aus dem Frauenleben" (En., 1855), „Aus Schloß und Hütte" (En., 1862), „Aus Nord und Süd" (En., 1874).
Wildgans, Anton, * Wien 17. April 1881, † Mödling 3. Mai 1932, östr. Lyriker und Dramatiker.
Studierte Jura, dann Tätigkeit am Oberlandesgericht Wien, 1921–23 und 1930/31 Direktor des Burgtheaters; freier Schriftsteller; seine Lyrik, an Baudelaire, Rilke und Hofmannsthal geschult, ist z.T. sozialen Problemen zugewandt und zeichnet sich durch Sprachmusikalität aus; die Dramen sind anfangs dem Naturalismus, später dem Expressionismus verpflichtet.
Hauptwerke: Herbstfrühling (Ged., 1909), Und hättet der Liebe nicht ... (Ged., 1911), In Ewigkeit Amen (Dr., 1913), Die Sonette an Ead (1913), Armut (Trag., 1914), Liebe (Trag., 1916), Dies irae (Trag., 1918), Kain (Trag., 1920), Kirbisch oder ... (Epos, 1927), Musik der Kindheit (Prosa, 1928), Rede über Österreich (1930), Ich beichte und bekenne (Nachlaß, hg. 1933).
Ausgaben: A. W. Ausgew. Werke in 4 Bden. Wien ²1962–65. – A. W. Sämtl. Werke. Histor.-krit. Ausg. in 7 Bden. Hg. v. L. Wildgans *u.a. Wien; Mchn. 1948–58.*
Literatur: Thaller, E.: *Die Gegensatzwelt bei A. W. Diss. Graz 1965 [Masch.].* – Wildgans, L.: *Der gemeinsame Weg. Mein Leben mit A. W. Salzburg u. Stuttg. 1960.* – Schelbert-Büchi, G.: *A. W. Diss. Zürich 1943.*
Wildonie, Herrand von † Herrand von Wildonie.
Wilenkin, Nikolai Maximowitsch [russ. vi'ljɛnkin] † Minski, N.
Wilhelm IX. (Guilhe[l]m IX), Herzog von Aquitanien, Graf von Poitiers, * Poitiers 22. Okt. 1071, † ebd. 10. Febr. 1127, provenzal. Dichter.
Vasall der frz. Krone, eroberte zweimal die Grafschaft Toulouse, unterstützte den Kampf gegen die Sarazenen und führte ein Kreuzzugsheer nach Kleinasien. Frühester Vertreter der provenzal. Troubadourliteratur; erhalten sind 11 Lieder; seine Auffassung der Liebe ist betont sensualistisch.
Ausgabe: W. von Aquitanien. Ges. Lieder. Zweisprachige Ausg. Zürich 1969.
Wilhelm von Lorris † Rosenroman.
Wilkins, Mary Eleanor [engl. 'wɪlkɪnz] † Freeman, Mary Eleanor.
Wille, Bruno, * Magdeburg 6. Febr. 1860, † Schloß Senftenau bei Lindau (Bodensee) 4. Sept. 1928, dt. Schriftsteller.
Studierte in Bonn und Berlin (Dr. phil.), Gründer und Hg. der Zeitschrift „Die freie Volksbühne" in Berlin, Gründer des „Giordano-Bruno-Bundes" und Mitbegründer der „Freien Hochschule"; sozialist. Theoretiker, romant. Lyriker und formal dem Naturalismus verpflichteter Erzähler.
Hauptwerke: Einsiedelkunst aus der Kiefernhaide (Ged., 1897), Offenbarungen des Wacholderbaums (R., 1901), Die Maid von Senftenau (R., 1922), Der Maschinenmensch und seine Erlösung (R., 1930).
Literatur: Jordan, M.: *Die Romane B. W.s. Bln. 1939.*
Willems, Jan Frans [niederl. 'wɪləms], * Boechout bei Antwerpen 11. März 1793, † Gent 24. Juni 1846, fläm. Schriftsteller.
Beamter in Antwerpen, später in Gent; seine Hauptleistung bestand in der Herausgabe altfläm. Lieder, trat für die niederl. Sprache in Belgien ein. Den Großteil seiner Beiträge veröffentlichte er in der 1837 von ihm gegr. Zeitschrift „Het Belgisch Museum".
Willems, Paul [niederl. 'wɪləms], * Edegem bei Antwerpen 4. April 1912, belg. Dramatiker.

Schreibt in frz. Sprache poet.-phantast. Dramen.
Hauptwerke: Bärenhäuter (Dr., dt. 1952), Of und der Mond (Dr., dt. 1957), Es regnet in mein Haus (Dr., 1958; dt. 1965).

Willenhag, Wolfgang von † Beer, Johann.

Williams, Charles Walter Stansby [engl. 'wɪljəmz], * London 20. Sept. 1886, † Oxford 15. Mai 1945, engl. Schriftsteller.
Nach Studien in London lange Mitarbeiter der Oxford University Press; Lehrtätigkeit u.a. in Oxford. Schrieb, von Donne, anderen „metaphysical poets" und Blake beeinflußt, religiöse Dramen mit symbolhaften Zügen; verfaßte auch weltanschaul. Romane mit spannender Handlung, in die W. altes mytholog. und Legendengut einbezog; auch Lyriker und Essayist.
Hauptwerke: War in heaven (R., 1930), Shadows of ecstasy (R., 1933), Thomas Cranmer of Canterbury (Dr., 1936), Judgment at Chelmsford (Dr., 1939), The region of the summer stars (ep. Ged., 1944), All Hallows' Eve (R., 1945), The seed of Adam (Dramen, 1948).
Literatur: Shideler, Mary McD.: *Theology of romantic love: A study in the writings of Ch. W. Grand Rapids (Mich.) 1966.*

Williams, Emlyn [engl. 'wɪljəmz], * Penyffordd (Flint) 26. Nov. 1905, walis. Dramatiker.
W., der erst als 8jähriger Englisch lernte, studierte in Genf und Oxford; Schauspieler und Rezitator; seit 1941 in den USA. Schrieb effektvolle Dramen, anfangs mehr um Wirkung, später vorwiegend um ernste Problematik bemüht.
Hauptwerke: A murder has been arranged (Dr., 1930), The late Christopher Bean (Dr., 1933), ... denn es will Abend werden (Dr., 1935; dt. 1948), Die leichten Herzens sind (Dr., dt. 1946), Stein durchs Fenster (Dr., dt. 1955), Ein Mann wartet (Dr., dt. 1957).

Williams, Oscar [engl. 'wɪljəmz], * Dez. 1900, amerikan. Lyriker.
Nach Abbruch der High-School-Ausbildung u.a. im Reklamewesen und als Dozent tätig. Hg. wertvoller Anthologien; seine eigene, qualitativ unterschiedl. Lyrik zeichnet sich oft durch Kraft der Imagination aus.
Hauptwerke: The golden darkness (Ged., 1921), In Gossamer Grey (Ged., 1921), That's all that matters (Ged., 1945).

Williams, Tennessee [engl. 'wɪljəmz], eigtl. Thomas Lanier W., * Columbus (Miss.) 26. März 1914, amerikan. Dramatiker.
Sohn eines Handlungsreisenden, verbrachte nach glückl. Kindheit seine Jugendjahre in engem Großstadtmilieu in Saint Louis. Die primitive Lebensform und ursprüngl. Leidenschaft in vielen seiner Dramen erinnern an die Atmosphäre dieser Umgebung. Aus finanziellen Gründen mußte W. sein Studium an der Iowa University unterbrechen und dem Broterwerb nachgehen. Später übersiedelte er nach New Orleans. Bis zu seinem durchschlagenden Erfolg mit dem Stück „Die Glasmenagerie" (dt. 1946) war er als Dramatiker und Drehbuchautor in Hollywood kaum erfolgreich, eher verrufen wegen der offenen Behandlung sexueller Probleme. Schon dieses Drama einer Kleinbürgerfamilie ist mit seiner extremen Situation, mit dem Aufeinanderprallen der zerbrechl. Illusionswelt und der harten Wirklichkeit typ. für W.' weiteren Weg. Er behält die vibrierend-spannende Atmosphäre, die pessimist. Stimmung, die stigmatisierten, krankhaften Figuren ebenso bei wie seine modernen, zuweilen krassen Bühnenmittel, lyr. Monolog, poet. Prosa, musikal. Untermalung, primitive Szenerie usw. Die äußeren Lebensumstände seiner Personen zeigt er farbig und vielschichtig, er leuchtet in die unerträgl., aussichtslose Eingeschlossenheit und zeigt Furcht, Leidenschaft und Einsamkeit des Menschen.
Weitere Werke: Battle of angels (Dr., 1945, Neufassung 1957, dt. 1957 u.d.T. Orpheus steigt herab), Endstation Sehnsucht (Dr., dt. 1949), Der steinerne Engel (Dr., dt. 1951), Die tätowierte Rose (Dr., dt. 1952), Camino Real (Dr., dt.1954), Die Katze auf dem heißen Blechdach (Dr., dt. 1955), Plötzlich letzten Sommer (Dr., dt. 1959), Zeit der Anpassung (Kom., dt. 1960), Die Nacht des Leguan (Dr., dt. 1963), Der Milchzug hält hier nicht (Dr., dt. 1965), Königreich auf Erden (Dr., dt. EA 1969).
Literatur: Jauslin, Ch.: *T. W. Velber 1969.* – Tischler, N. M.: *T. W., rebellious puritan. New York 1965.* – Nelson, B.: *T. W. The man and his work. New York 1961.*

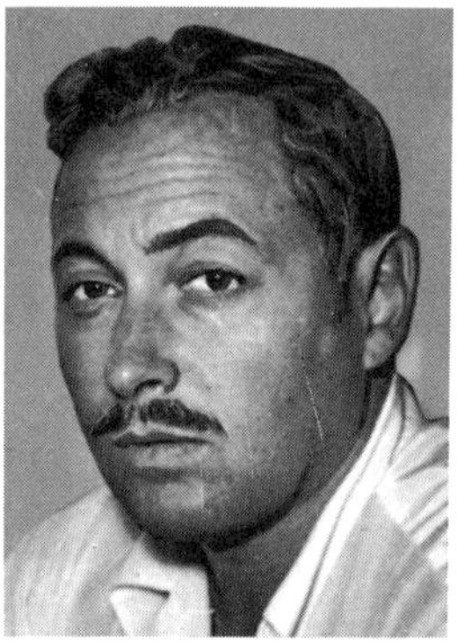
Tennessee Williams

Williams, William Carlos [engl. 'wɪljəmz], * Rutherford (N. J.) 17. Sept. 1883, † ebd. 4. März 1963, amerikan. Dichter.
Medizinstudium in den USA und Europa, Arzt in New Jersey. W., vielfach geehrter Vertreter der neueren amerikan. Lyrik, begann mit imagist., v.a. an E. Pound geschulten Gedichten; um Anerkennung des amerikan. Idioms in der Dichtung bemüht; versucht, realen Sinneseindrücken u.a. durch die Techniken der Assoziation und der Verfremdung Ausdruck zu geben; auch in seinen Romanen bemüht sich W., die Vielfalt der Erscheinungsformen amerikan. Wesens zu erfassen; zahlreiche krit. Essays.
Hauptwerke: Poems (1909), The tempers (Ged., 1913), Kora in hell (Ged., 1920), Spring and all (Ged., 1922), Die Neuentdeckung Amerikas (Essays, 1925; dt. 1969), Adam & Eve and the city (Ged., 1936), White mule (R., 1937), Paterson (Ged., 1946ff.), Ein Traum der Liebe (Dr., dt. 1951), Autobiography (1951), Selected essays (1954), Gedichte (dt. Ausw. 1962).
Literatur: Guimond, J.: *The art of W. C. W. Urbana (Ill.) 1968.* – Ostrom, A.: *The poetic world of W. C. W. Carbondale (Ill.) 1966.*

Williamson, Henry [engl. 'wɪljəmsn], * Parkstone (heute zu Poole, Dorset) 1. Dez. 1895, engl. Schriftsteller.
Freiwilliger im 1. Weltkrieg; freier Schriftsteller; wurde durch Tierbücher bekannt; schrieb ferner die autobiograph. Romantetralogie „The flax of dreams" (1921–28, davon dt.: „Die schönen Jahre", 1938), kulturhistor. Werke und den Kriegsroman „The patriot's progress" (1930); zu seinen beliebtesten Werken gehören „Tarka der Otter" (R., dt. 1929) und „Salar der Lachs" (R., dt. 1936).

Williram von Ebersberg, * um 1010, † Ebersberg 5. Jan. 1085, dt. Benediktiner.
Seit 1048 (oder 1049) Abt des oberbayr. Klosters Ebersberg; stammte aus einem vornehmen fränk. Geschlecht, war zunächst Mönch in Fulda, dann Scholasticus in Bamberg; enge Beziehungen zum Kaiserhof; lehnte die antike, bes. die aristotel. Philosophie ab; schrieb außer lat. Gedichten eine Paraphrase des „Hohen Liedes", bestehend aus Vulgata-Text, lat. Paraphrase in leon. Hexametern und Kommentar in dt.-lat. Mischprosa; um 1150 wurde das Lied im Kloster St. Trudpert umgearbeitet („Sankt Trudperter Hohes Lied").
Literatur: Dittrich, M.-L.: *W. v. E. Habil. Gött. 1949 [Masch.].* – Hohmann, F.: *W.s v. E. Auslegung des Hohen Liedes. Halle 1930.*

Willis, Nathaniel Parker [engl. 'wɪlɪs], Pseudonym Philip Slingsby, * Portland (Maine) 20. Jan. 1806, † New York 20. Jan. 1867, amerikan. Schriftsteller.
Studium an der Yale University; galt nach Irving und Cooper zeitweise als literar. Repräsentant Amerikas in Europa; berühmt als führende Gestalt des gesellschaftl. Lebens der literar. Kreise New Yorks, andererseits stark angefeindet. Seine bedeutendste literar. Leistung sind seine stilist. eleganten Reiseschilderungen; auch Verfasser von Kurzgeschichten in der Art B. Hartes; Vorläufer von O. Henry.
Hauptwerke: Sketches (Ged., 1827), Pencillings by the way (Skizzen, 1835), Bianca Visconti (Dr., 1837), American scenery (Skizzen, 1840), Dashes of life with a free pencil (Kurzgeschichten, 1845), Paul Fane (R., 1857).

Willkomm, Ernst Adolf, * Herwigsdorf (Landkreis Löbau) 10. Febr. 1810, † Zittau 24. Mai 1886, dt. Schriftsteller.
Studierte Rechtswissenschaft und Philosophie in Leipzig; Bekanntschaft mit Gutzkow u.a. Vertretern des Jungen Deutschland; Reisen, Kriegsberichterstatter, schrieb v.a. sozial- und zeitkrit. Romane und gab mit seinem Roman „Die Europamüden" (1838) dem jungdt. Pessimismus das vielgebrauchte Schlagwort.

Willmsen, Hans ↑ Lauremberg, Johann.

Wilmot, John [engl. 'wɪlmət], Earl of Rochester, * Ditchley (Oxford) 10. April 1647, † Woodstock (Oxford) 26. Juli 1680, engl. Dichter.
Bereiste nach Studien in Oxford den Kontinent und diente im Krieg gegen die Niederlande; abenteuerl., ausschweifendes Leben, häufig am Hof Karls II.; W., Gönner Drydens u.a., schrieb formal elegante, zu Obszönität neigende Liebeslyrik; bedeutender ist seine selbstkrit., satir. Dichtung, die oft Züge der Weltverachtung trägt.
Hauptwerke: Satire against mankind (1675), Poems on several occasions ... (1680).

Wilson, Angus [engl. wɪlsn], eigtl. A. Frank Johnstone-W., * Bexhill (Sussex) 11. Aug. 1913, engl. Erzähler.
Nach dem 1. Weltkrieg drei Jahre in Natal, der Heimat seiner Mutter; nach Studien in Oxford zeitweilig im Brit. Museum, dann im Außenministerium tätig, schließl. freier Schriftsteller. Verfasser bed. witzig-satir. Romane; neigt als moralist. Kritiker und Analytiker der Gesellschaft zu sarkast. Darstellung; bemüht sich um Distanz und Objektivität.
Hauptwerke: Späte Entdeckungen (R., dt. 1957), Meg Eliot (R., dt. 1960), Die alten Männer im Zoo (R., dt. 1962), Später Ruf (R., dt. 1966), Kein Grund zum Lachen (R., dt. 1969).
Literatur: Halio, J. L.: *A. W. Edinburgh 1964.*

Wilson, Edmund [engl. wɪlsn], * Red Bank (N.J.) 8. Mai 1895, amerikan. Schriftsteller.
Sohn eines polit. aktiven Juristen; in Princeton mit F. S. Fitzgerald befreundet; Journalist, seit Anfang der 30er Jahre freier Schriftsteller. Literar. Vertreter der gemäßigten Linken; bes. einflußreich als Kritiker mit soziolog.-psycholog. Maßstäben; vielseitiger Stilist, auch Parodist.
Hauptwerke: Erinnerungen an Hekates Land (Kurzgeschichten, 1946; dt. 1965), The shores of light: A literary chronicle of the Twenties and Thirties (1952), O Canada (Essay, 1965).
Literatur: Berthoff, W.: *E. W. Minneapolis 1968.* – Paul, S.: *E. W. A study of literary vocation in our time. Urbana (Ill.) 1965.*

Wilson, Guthrie [engl. wɪlsn], * Palmerston North (Neuseeland) 8. Nov. 1914, neuseeländ. Schriftsteller.
Collegelehrer, während des 2. Weltkriegs in der neuseeländ. Armee; schrieb zahlreiche Kurzgeschichten und psycholog. Romane.
Hauptwerke: Julien Ware (R., 1952; dt. 1960), Süßer weißer Wein (R., dt. 1959), Die Unbestechlichen (R., dt. 1962).

Wilson, Sloan [engl. wɪlsn], * Norwalk (Conn.) 8. Mai 1920, amerikan. Schriftsteller.
Studium in Harvard; während des 2. Weltkriegs Marineoffizier; schreibt erfolgreiche Romane, von denen mehrere verfilmt wurden; in dem Roman „Der Mann im grauen Anzug" (dt. 1956) zeigt er das Leben eines Durchschnittsamerikaners aus einem Vorort von New York.
Weitere Werke: Die Sommer-Insel (R., dt. 1959), Am Tisch des Lebens (R., dt. 1962), Georgie Winthrop (R., dt. 1964).

Wimpfeling (Wimpheling, Wympfeling), Jakob, * Schlettstadt (Elsaß) 27. Juli 1450, † ebd. 17. Nov. 1528, dt. Humanist.
Studierte Rechtswissenschaft und Theologie, Professor in Heidelberg, Domprediger in Speyer, dann wieder in Heidelberg, später Übersiedlung nach Straßburg, zuletzt wieder in seiner Heimatstadt. Verfasser zahlreicher pädagog. und theolog. Schriften. Kritisierte kirchl. Mißstände und trat für die Zugehörigkeit des Elsaß zum Reich ein; in der „Epitome rerum Germanicarum usque ad nostra tempora" (1505) unternahm er zum erstenmal den Versuch, eine Geschichte des dt. Volkes zu schreiben; auch Komödien, deren bekannteste „Stylpho" (1494) ist.
Literatur: Knepper, J.: *J. W. (1450–1528). Sein Leben u. seine Werke nach den Quellen dargestellt. Freib. 1902. Nachdr. Nieuwkoop 1965.*

Winawer, Bruno [poln. vi'navɛr], * Warschau 17. März 1883, † ebd. 1943, poln. Schriftsteller. Studierte Naturwissenschaften, wurde Physiker. Neben wissenschaftl. Arbeiten schrieb er v.a. Komödien, die auf Situationskomik aufgebaut sind und Erfinder und Gelehrtentypen als Helden haben; auch Erzählungen und satir. Skizzen.

Winckelmann, Johann Joachim, * Stendal 9. Dez. 1717, † Triest 8. Juni 1768 (ermordet), dt. Archäologe und Kunstgelehrter.
Aus einfachen Verhältnissen, entbehrungsreiche Jugend, trotzdem besuchte er das Gymnasium in Berlin und studierte Theologie in Halle, Naturwissenschaft und Philologie in Jena; Konrektor, Bibliothekar; Bekanntschaft mit dem Altphilologen Heyne; zunehmendes Interesse für das klass. Altertum; 1754 Konversion zum Katholizismus, 1755 Romreise, 1757/58 Bibliothekar und

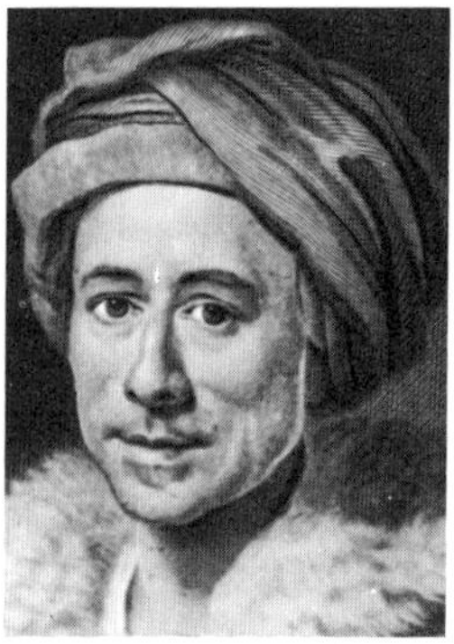

Johann Joachim Winckelmann (Stich nach einem Gemälde von A. von Maron)

Kustos der Antikengalerie des Kardinals Albani; 1763 erhielt er die Aufsicht über die Altertümer in und um Rom; hielt sich auch in Florenz und Neapel auf. Gilt mit seinem auf großem Sachverständnis beruhenden und durch meisterhaften Stil ausgezeichneten Hauptwerk „Geschichte der Kunst des Altertums" (1764) als Begründer der Archäologie; durch W.s ästhet. Kunstbetrachtung wurde die Blickrichtung von der röm. auf die griech. Antike gelenkt, deren Wesen er als „edle Einfalt und stille Größe" faßte; damit bestimmte er das Schönheitsideal der dt. Klassik.
Weitere Werke: Gedanken über die Nachahmung der griech. Werke in der Malerei und Bildhauerkunst (1755), Anmerkungen über die Baukunst der Alten (1762).
Ausgaben: W.s Werke in einem Bd. Ausgew. u. eingel. v. H. Holtzhauer. *Bln. 1969. – J. J. W. Kleine Schrr., Vorreden, Entwürfe. Hg. v.* W. Rehm. *Bln. 1968. – J. J. W. Sämtl. Werke. Donaueschingen 1825–35. 12 Bde., Tafelbd. Nachdr. Osnabrück 1965.*
Literatur: Goethe, J. W. v.: *W. In: Goethes Werke, Hamburger Ausg. 12. Hamb. ⁶1967. – W.-Bibliogr. Neudr. der Folgen 1 u. 2. Zusammengestellt v.* H. Ruppert. *Folge 3. Zusammengestellt v.* H. Henning. *Bln. 1967–68. 2 Tle. – W. u. seine Welt. Hg. v.* Arthur Schulz. *Bln. 1962.* – Bosshard, W.: *W. Ästhetik der Mitte. Zürich u. Stuttg. 1960.* – Koch, H.: *J. J. W. Sprache u. Kunstwerk. Bln. 1957.* – Justi, C.: *W. u. seine Zeitgenossen. Hg. v.* W. Rehm. *Köln ⁵1956. 3 Bde.*

Winckler, Josef, * Rheine 6. Juli 1881, † Neufrankenhorst bei Bensberg 29. Jan. 1966, dt. Schriftsteller.
Studierte Zahnmedizin in Bonn, war Zahnarzt in Moers; Mitbegründer des literar. „Bundes der Werkleute auf Haus Nyland"; seit 1932 freier Schriftsteller; begann mit Lyrik, z.T. unter dem Einfluß von Walt Whitman; im wesentl. Erzähler; bekannt v.a. durch den Schelmenroman „Der tolle Bomberg" (1924) und die Sammlung westfäl. Schwänke „Pumpernickel" (1926).
Weitere Werke: Eiserne Sonette (1914), Irrgarten Gottes (Ged., 1922), Der Westfalenspiegel (E., 1952).
Ausgabe: J. W. Ausgew. Werke. Emsdetten 1960–63. 4 Bde.
Literatur: Siegel, M.: *J. W. Diss. Wien 1941.*

Windthorst, Margarete, * Gut Haus Hesseln bei Halle (Westf.) 3. Nov. 1884, † Bad Rothenfelde (Landkreis Osnabrück) 9. Dez. 1958, dt. Schriftstellerin.
Tochter eines Gutsbesitzers, Studium in Münster, lebte meist auf dem elterl. Gut. Schrieb aus kath. Grundhaltung heraus v.a. westfäl. Heimatromane, auch myst. Naturdichtungen und Märchen.
Hauptwerke: Gedichte (1911), Die Tau-Streicherin (R., 1922), Die Sieben am Sandbach (R., 1937), Zu Erb und Eigen (R., 1950), Das lebendige Herz (R., 1951).

Winkler, Eugen Gottlob, * Zürich 1. Mai 1912, † München 28. Okt. 1936 (Selbstmord), schweizer. Schriftsteller.
Studierte Romanistik und Kunstgeschichte (Dr. phil.), wiederholte Reisen nach Italien, freier Schriftsteller in München. Erstrebte in seiner sorgfältig geschliffenen, bildstarken Prosa eine Gestaltung der Existenzprobleme des modernen Menschen; seine literar. Arbeiten wurden im wesentl. erst aus dem Nachlaß veröffentlicht.
Ausgaben: E. G. W. Dichtungen, Gestalten u. Probleme, Nachlaß. Hg. v. W. Warnach *u.a. Pfullingen 1956. – E. G. W. Ges. Schrr. Dessau 1937. 2 Bde.*
Literatur: Mauser, W.: *E. G. W. u. Paul Valéry. In: German.-Roman. Mschr. N. F. 14 (1964), 170.* – Holthusen, H. E.: *E. G. W. In:* Holthusen: *Der unbehauste Mensch. Motive u. Probleme zur modernen Lit. Mchn. ³1955.*

Winnig, August, * Blankenburg (Harz) 31. März 1878, † Bad Nauheim 3. Nov. 1956, dt. Politiker und Schriftsteller.
Maurer, früh Gewerkschaftsmitglied, aktiver Sozialdemokrat, 1920 wegen Beteiligung am Kapp-Putsch aus der Partei ausgeschlossen; freier Schriftsteller. Schrieb v.a. polit.-autobiograph. Werke und Novellen.
Hauptwerke: Frührot (Autobiogr., 1919), Die ewig grünende Tanne (Novellen, 1927), Heimkehr (Autobiogr., 1935), Die Hand Gottes (Autobiogr., 1938), Wunderbare Welt (R., 1938), Aus zwanzig Jahren (Autobiogr., 1948).

Winogradow, Anatoli Kornelijewitsch; tl.: Vinogradov, Anatolij Kornelievič [russ. vina'gradɐf], * Polotnjany Sawod (Gouv. Kaluga) 9. April 1888, † Moskau 26. Nov. 1946, russ.-sowjet. Schriftsteller.
Schrieb biograph.-histor. Romane, die durch Montagen frei erzählter Abschnitte und dokumentar. Materialien gekennzeichnet sind.

Winokurow, Jewgeni Michailowitsch; tl.: Vinokurov, Evgenij Mihajlovič [russ. vina'kurɐf], * Brjansk 22. Okt. 1925, russ.-sowjet. Lyriker. Teilnahme am 2. Weltkrieg; schreibt originelle Lyrik voll Musikalität, die aus philosoph. Sicht die Probleme dieser Welt behandelt. Dt. liegen einige Gedichte in Anthologien vor.

Winsbeke [...be:kə], um 1210/20 entstandenes, nach dem fränk. Ort Windsbach, aus dem vielleicht der ritterl. Verfasser stammte, benanntes mhd. Lehrgedicht, das die Lebenslehre eines Vaters an seinen Sohn enthält; später in der *Winsbekin*, einer Ermahnung der Mutter an die Tochter, nachgeahmt.

Winsor, Kathleen [engl. 'wɪnsə], * Olivia (Minn.) 16. Okt. 1919, amerikan. Schriftstellerin.
Studierte in Kalifornien. Hatte Welterfolg mit dem histor. Roman aus der Zeit der engl. Restauration „Amber" (dt. 1946).
Weitere Werke: Cassy (R., dt. 1958), Rauher Osten, wilder Westen (R., dt. 1968).

Winter, Zikmund [tschech. 'vintɛr], * Prag 27. Dez. 1846, † Bad Reichenhall 12. Juni 1912, tschech. Schriftsteller.
Studierte Geschichte, war Gymnasiallehrer. Er verfaßte Arbeiten zur Geschichte und Kulturgeschichte Böhmens, behandelte in Skizzen, Erzählungen und Romanen v.a. die Zeit des 16. und 17. Jh.s mit viel Phantasie und Einfühlungsvermögen; sein bestes Buch ist der histor. Roman „Mistr Kampanus" (1909).

Winters, [Arthur] Yvor [engl. 'wɪntəz], * Chicago 17. Okt. 1900, amerikan. Dichter.
Studierte Anglistik und Romanistik; seit 1927 Professor für engl. Sprache und Literatur; Vertreter einer formal und gehaltl. strengen, antiromant., neoklassizist. lyr. Versdichtung; Kritiker.
Hauptwerke: The immobile wind (Ged., 1921), The bare hills (Ged., 1927), Before disaster (Ged., 1934), The giant weapon (Ged., 1944), In defense of reason (Essay, 1947), On modern poets (Essay, 1959).

Winterstetten, Ulrich von ↑ Ulrich von Winterstetten.

Winther, Christian [dän. 'ven'dər], * Fensmark bei Næstved 29. Juli 1796, † Paris 30. Dez. 1876, dän. Dichter.
Studierte Theologie, war Hauslehrer, reiste nach Italien; seines Verhältnisses zur Pfarrersfrau Julie Werliin wegen in einen öffentl. Skandal verwickelt. Schrieb lebensfrohe Lyrik in einfachen und melod. Versen, v.a. Liebeslieder und idyll. Verserzählungen mit Themen aus seiner Heimat. Seine bedeutendste Verserzählung, „Die Flucht des Hirsches" (1855), erschien dt. 1883.

Wipo, * um 990, † nach 1046, dt. Geschichtsschreiber und Dichter.
Schrieb zwischen 1040 und 1046 in lat. Sprache eine bed. Biographie Konrads II. („Gesta Chuonradi imperatoris"), dessen Hofkaplan er war; für Konrads Sohn, Heinrich III., seinen Schüler, verfaßte er gereimte Denksprüche („Proverbia", 1028) und eine Art Fürstenspiegel („Tetralogus"); am bekanntesten durch die Ostersequenz der kath. Liturgie „Victimae paschali laudes".

Wirnt von Grafenberg, mhd. Epiker des 13. Jahrhunderts.
Entstammte einem oberfränk. ritterl. Geschlecht; schrieb um 1200 in Anlehnung an Hartmann von Aue und Wolfram von Eschenbach den Artusroman „Wigalois", in dem er höf. Motive mit Märchen- und Sagenmotiven irisch-kelt. Herkunft geschickt verbindet; großer Einfluß im späten MA (1472 in Prosa übertragen und 1493 gedruckt).
Literatur: Neumann, F.: *Wann verfaßte W. v. Gravenberc den „Wigalois"? In: Zs. f. dt. Philologie 93 (1964), 31.* – Mitgan, W.: *Bauformen des Erzählens im „Wigalois" des W. v. Gravenberc. Diss. Gött. 1960 [Masch.].* – Wildt, H.: *Das Menschen- u. Gottesbild des W. v. Gravenberc nach seinem Wigaloisroman. Diss. Freib. 1953 [Masch.].*

Wirpsza, Witold [poln. 'virpʃa], * Odessa 4. Dez. 1918, poln. Schriftsteller.
Studierte Jura und Musik, nach dem Krieg Journalist, reiste viel, auch Aufenthalt in Deutschland; zählt sich nicht zu einer bestimmten Gruppe; schrieb v.a. Gedichte, auch Dramen, Romane, Erzählungen und Essays; übersetzte Goethe, Rilke, Th. Mann, Brecht u.a. ins Poln. Dt. liegen vor: „Die alte Straßenbahn" (E., dt. 1965) und „Orangen in Stacheldraht" (R., dt. 1967).

Wirsén, Carl David af [schwed. vir'se:n], * Vallentuna (Stockholm) 9. Dez. 1842, † Stockholm 15. Juni 1912, schwed. Dichter.
Studierte Literaturgeschichte, Beamter in Göteborg, Mitglied der schwed. Akademie, später deren ständiger Sekretär. Als Kritiker erbitterter Gegner der radikalen und naturalist. Bewegungen der 80er Jahre; sein dichter. Schaffen umfaßt Programmdichtung, aber auch idyll.-romant. Lyrik.
Hauptwerke: Dikter (Ged., 1876), Vintergrönt (Ged., 1890), Kritiker (1901).

Wirta, Nikolai Jewgenjewitsch; tl.: Virta, Nikolaj Evgen'evič [russ. vir'ta], eigtl. N. J. Sewerzew; tl.: N. J. Severcev, * Bolschaja Lassowka (Gouv. Tambow) 19. Dez. 1906, russ.-sowjet. Schriftsteller.
Sohn eines Dorfgeistlichen; vorwiegend journalist. tätig, im 2. Weltkrieg Frontberichterstatter. Sein erster bed. Roman „Allein geblieben" (1935, revidiert 1947; dt. 1954), dessen Stoff auch dem Drama „Semlja" (= Erde, 1937) zugrunde liegt, behandelt den antikommunist. Bauernaufstand im Gouv. Tambow (1920); der Roman ist erster Teil einer bisher nur in 2 Teilen veröffentlichten Trilogie; W. gilt als anerkannter Vertreter des sozialist. Realismus; bevorzugt zykl. Gestaltung; behandelt meist Probleme des sowjet. Bauerntums. W. schrieb eine Reihe von Dramen, u.a. „Unabsehbare Weiten" (dt. 1958).

Wirz, Otto, * Olten 3. Nov. 1877, † Gunten (Bern) 5. Sept. 1946, schweizer. Schriftsteller.
Studierte Technik in München und Darmstadt, Ingenieur, später freier Schriftsteller; einfühlsamer, leidenschaftl. Erzähler, der im Leben des modernen Menschen metaphys. Kräfte aufzeigen wollte.
Hauptwerke: Gewalten eines Toren (R., 1923), Das mag. Ich (Abhandlung, 1929), Prophet Müller-zwo (R., 1933), Rebellion der Liebe (R., 1937), Rebellen und Geister (R.-Fragment, hg. 1965).

Wischnewski, Wsewolod Witaljewitsch; tl.: Višnevskij, Vsevolod Vital'evič [russ. viʃ'njɛfskij], * Petersburg (heute Leningrad) 21. Dez. 1900, † Moskau 28. Febr. 1951, russ.-sowjet. Dramatiker.

Nahm am Bürgerkrieg teil, stellvertretender Generalsekretär des sowjet. Schriftstellerverbandes. Als Dramatiker vorbildl. Vertreter des sozialist. Realismus. Seine aktuellen, oft propagandist. Dramen behandeln häufig Themen aus der Zeit des Bürgerkriegs und dem Bereich des Militärs, z.B. „Die erste Reiterarmee“ (1929, dt. 1956) und „Optimist. Tragödie“ (1932, dt. 1948).

Wister, Owen [engl. 'wɪstə], * Philadelphia 14. Juli 1860, † Haus Crowfield bei Kingston (R.I.) 21. Juli 1938, amerikan. Schriftsteller.
Studierte an der Harvard University u.a. Jura; Aufenthalte im Mittelwesten vermittelten ihm Kenntnisse des Lebens der Cowboys, das er in unromant., an Stevensons und Kiplings Stil orientierten Romanen und Erzählungen darstellte. Als sein Hauptwerk gilt der Bestseller „Der Virginier“ (R., 1902; dt. 1955).

Wit, Anna Augusta Henriëtte de [niederl. wɪt], * Siboga (Sumatra) 25. Nov. 1864, † Baarn 10. Febr. 1939, niederl. Schriftstellerin.
Studierte in England, war Journalistin und Lehrerin in Batavia; beschreibt in ihren nüchtern und klar gestalteten Romanen das Leben in Indonesien.
Hauptwerke: Orpheus in der Dessa (E., dt. 1905), Eine Mutter (R., dt. 1908), De avonturen van een muzikant (R., 1927).

Wither (Withers), George [engl. 'wɪðə], * Bentworth (Hampshire) 11. Juni 1588, † London 2. Mai 1667, engl. Dichter.
Studierte in Oxford und London Jura; wegen Satiren gegen den Hof zeitweise in Haft; später erneut als Parteigänger der Puritaner von den Royalisten inhaftiert. Sein Werk umfaßt außer satir., lehrhaften und religiösen Gedichten auch Schäferdichtungen, von denen „The shepherd's hunting“ (1615) die bedeutendste ist.

Witkiewicz, Stanisław Ignacy [poln. vit'kjɛvitʃ], Pseudonym Witkacy, * Krakau 24. Febr. 1885, † Jeziory bei Dąbrowica (Polesie) 18. Sept. 1939, poln. Schriftsteller und Maler.
Sohn des Malers und Schriftstellers Stanisław W.; studierte an der Akademie der Schönen Künste in Krakau Malerei, Reisen nach Italien, Deutschland und Frankreich, 1914 Forschungsreise nach Australien; im 1. Weltkrieg russ. Offizier, studierte in Rußland Philosophie, 1918 Rückkehr nach Polen; Haupttheoretiker der avantgardist. Maler- und Dichtergruppe „Formisten“, 1925 Gründung einer Theatergesellschaft in Zakopane, seit 1928 in Warschau als Maler, auch für Zeitschriften tätig. Beging nach dem Einmarsch der Deutschen Selbstmord. W. war bahnbrechend in der modernen poln. Literatur durch seine parodist.-grotesken Einfälle; Verfechter der „reinen Form“; hatte starken Einfluß auf Schulz, Gombrowicz und später Mrożek. Schrieb v.a. Dramen und theoret. Arbeiten.
Hauptwerke: Tumor Mózgowicz (Dr., 1920), Die Pragmatiker (Dr., 1920; dt. EA 1968), Die da (Dr., 1920; dt. 1968), Das Wasserhuhn (Dr., 1921; dt. 1965), Der Narr und die Nonne (Dr., 1923; dt. 1965), Die Mutter (Dr., dt. 1924), Pożegnanie jesieni (= Abschied vom Herbst, R., 1927), Unersättlichkeit (R., 1930; dt. 1966), Die Schuster (Dr., 1932; dt. 1967).

Witkowski, Maximilian Felix Ernst ↑ Harden, Maximilian.

Wittenw[e]iler, Heinrich, spätmhd. Dichter um 1400.
Stammte aus dem Thurgauer Geschlecht von Wittenwil; 1387–90 als Magister und Advokat des bischöfl. Hofgerichts zu Konstanz bezeugt; literar. gebildet; schrieb das erste kom. Epos in dt. Sprache, „Der Ring“, das in einer Handschrift überliefert ist. Didakt.-moral. Tendenz bestimmt das Werk – eine Bauernparodie –, das die seltsame Werbung und Hochzeit des Bauernsohnes Bertschi Triefnas aus Lappenhausen und der häßl. Mätzli Rüerenzumpf und die dabei anfallenden Raufereien mit groteskem Humor und derbem Spott drast. schildert; der „Ring“ steht ohne jede Tradition einmalig da und gilt als die bedeutendste realist. Dichtung des späten MA.
Ausgaben: H. Wittenwilers Ring. Nach der Meininger Hs. hg. v. E. Wießner. *Lpz. 1931–36. Hauptwerk, Erg.-Bd. Nachdr. Darmst. 1964. – H. Wittenweiler. Der Ring. Hg. v.* L. Bechstein. *Eingel. v.* A. Keller. *Stuttg. 1851. Nachdr. Amsterdam 1968.*
Literatur: Mittler, E.: *Das Recht in H. Wittenwilers Ring. Freib. 1967.* – Sowinski, B.: *Der Sinn des „Realismus“ in H. Wittenwilers Ring. Diss. Köln 1960.* – Brinkmann, R.: *Zur Deutung v. Wittenwilers Ring. In: Dt. Vjschr. f. Literaturwiss. u. Geistesgesch. 30 (1956), 201.* – ↑ auch Neidhart von Reuenthal.

Wittig, Joseph, * Neusorge bei Neurode 22. Jan. 1879, † Göhrde-Forst bei Lüneburg 22. Aug. 1949, dt. kath. Theologe und Schriftsteller.
Studierte Theologie in Breslau; Kaplan, Professor für Kirchengeschichte in Breslau; wegen seines der luther. Rechtfertigungslehre verwandten, dichter. eindrucksvollen religiösen Schrifttums 1925 indiziert und suspendiert, 1926–46 exkommuniziert. Weit verbreitet waren seine zahlreichen volkserzieher. Erzählungen.
Hauptwerke: Herrgottswissen von Wegrain und Straße (En., 1921), Die Kirche im Waldwinkel (E., 1924), Leben Jesu in Palästina, Schlesien und anderswo (1925), Osterbrunnen (E., 1926).
Literatur: Das J. W. Buch. J. W. in memoriam. Ausgew. Kapitel aus seinen Büchern mit einer Würdigung seines Lebenswerkes v. P. M. Laskowsky. *Stuttg. 1949.* – Wolf, L.: *J. W. Sein Leben, Wesen u. Wirken. Habelschwerdt 1925.*

Wittlin, Józef [poln. 'vitlin], * Dmytrowa 17. Aug. 1896, poln. Schriftsteller.
Aus jüd. Familie, studierte Philosophie in Lemberg und Wien, emigrierte im 2. Weltkrieg in die USA; schrieb bed. expressionist. Lyrik, erfüllt von pazifist.-humanitären Idealen. Eindrucksvoll ist seine dichter. Gestaltung des Kriegserlebnisses aus dem 1. Weltkrieg. Neue Wege suchte er als Übersetzer antiker Dichtung. In dt. Übersetzung liegt sein Kriegsroman „Das Salz der Erde“ (dt. 1937) vor.

Wittlinger, Karl, * Karlsruhe 17. Mai 1922, dt. Dramatiker.
Studium der Anglistik (Dr. phil.); lebt in Lippertsreute bei Überlingen. Seine Komödien mit sozialkrit. Thematik, manchmal auch in Nähe zum Kabarettistischen, zeichnen sich durch Bühnenwirksamkeit und geschickte Dialogführung aus; besonderen Erfolg brachte ihm die Komödie „Kennen Sie die Milchstraße?“ (1961, UA 1956); auch Hör- und Fernsehspiele.

Weitere Werke: Der Himmel der Besiegten (Kom., UA 1956), Kinder des Schattens (Kom., UA 1957), Zwei rechts, zwei links (Kom., UA 1960), Zum Frühstück zwei Männer (Kom., UA 1963), Seelenwanderung. Parabel (1963), Corinne und der Seebär (Kom., 1965).

Wittmaack, Adolph, * Itzehoe 30. Juni 1878, † Hamburg 4. Nov. 1957, dt. Schriftsteller.
Begründer und erster Vorsitzender des Schutzverbandes dt. Schriftsteller (1919); schrieb realist. Romane aus dem Leben der Seeleute; vielfach satir., lebensnahe Darstellung der hanseat. Gesellschaft.
Hauptwerke: Hans Hinz Butenbrink (R., 1909), Die kleine Lüge (R., 1911), Konsul Möllers Erben (R., 1913), Nackte Götter (R., 1920).

Wittstock, Erwin, * Hermannstadt 25. Febr. 1899, † Kronstadt 27. Dez. 1962, siebenbürg. Schriftsteller.
Sohn eines Pfarrers, studierte Rechtswissenschaft, im 1. Weltkrieg Freiwilliger in der ungar. Armee, Beamter in Hermannstadt, dann Rechtsanwalt in Kronstadt; nahm die Themen zu seinem umfangreichen Erzählwerk aus dem Leben der Siebenbürger.
Hauptwerke: Zineborn (En., 1927), Bruder, nimm die Brüder mit (R., 1934), Der Hochzeitsschmuck (E., 1941), Siebenbürg. Novellen und Erzählungen (1955), Der verlorene Freund (En., 1958), Einkehr (Novellen, 1958).

Witwicki, Stefan [poln. vit'fitski], * Janów Anfang 1802, † Rom 19. April 1847, poln. Dichter.
Lebte seit 1832 außerhalb Polens. In Paris kam er mit Mickiewicz in Verbindung. Er schrieb romant. Balladen und Romanzen, Lieder in realist. Tone, volkstüml. Erzählungen und Skizzen. Viele seiner Lieder und Balladen wurden vertont.
Hauptwerke: Ballady i romanse (= Balladen und Romanzen, 1824), Piosnki sielskie (= Ländl. Lieder, Ged., 1830), Wieczory pielgrzyma (= Abende eines Pilgers, En., 1837–42).

Wivel, Ole [dän. 'vi:'vəl], * Kopenhagen 29. Sept. 1921, dän. Lyriker.
Studierte Literaturwissenschaft; Mithg. der literar. Zeitschrift „Heretica", die Mittelpunkt der jungen dän. Dichtergeneration wurde; seit 1954 Mitdirektor des Verlages „Gyldendal". W. begann mit ästhetisierender Lyrik, die im Banne großer Vorbilder steht, kommt später zu eigener Aussage, die religiös geprägt ist; sicher im Formalen, intellektuell betont, oft Anknüpfung an alte Kulturen.
Hauptwerke: Digte (Ged., 1940, 1943–55, 1948–58), Den skjulte gud (Essay, 1952).

Wjasemski, Pjotr Andrejewitsch Fürst; tl.: Vjazemskij, Petr Andreevič [russ. 'vjazımskij], * Moskau 23. Juli 1792, † Baden-Baden 22. Nov. 1878, russ. Dichter.
Aus altem Adel; zeitweilig Ministerialbeamter. W., der zur Dichtergruppe „Arsamas" gehörte und eng mit Puschkin befreundet war, vertrat in seiner vielgestaltigen Dichtung romant. Anschauungen, führte jedoch auch Traditionen des 18. Jh.s weiter; neben polit. Gedichten und Satiren schrieb er v.a. Elegien und geistreiche Epigramme; bedeutender als Literarhistoriker.
Literatur: Wytrzens, G.: *Pjotr Andreevič Vjazemskij. Studie zur russ. Lit.- u. Kulturgesch. des 19. Jh.s. Wien 1961.*

Wlaikow, Todor Gentschow; tl.: Vlajkov, Todor Genčov [bulgar. 'vlajkof], * Pirdop 13. Febr. 1865, † Sofia 28. April 1943, bulgar. Schriftsteller.
Wurde nach philolog. Studien in Moskau Lehrer in seiner Heimat; rege kulturpolit. und aufklärer. Tätigkeit. Seine literar. Werke stehen unter dem Einfluß der russ. Narodniki und geben W.s Verachtung des städt. Lebens Ausdruck; seine realist. Romane haben eine soziale, humanitäre Tendenz und sind u.a. durch meisterhafte Darstellung von Frauencharakteren gekennzeichnet.

Wodehouse, Pelham Grenville [engl. 'wʊdhaʊs], * Guildford (Surrey) 15. Okt. 1881, engl. Schriftsteller.
Nach Abschluß seiner Collegeausbildung Bankbeamter, dann Journalist und freier Schriftsteller; im 2. Weltkrieg in dt. Kriegsgefangenschaft; naturalisierter Amerikaner. Beliebter Humorist mit Vorliebe für starke Effekte, bevorzugt das Mittel der Situationskomik; unsatir., versöhnl. Darstellung überwiegt; einige seiner Romanfiguren wurden sprichwörtl.; Mitautor von Komödien.
Hauptwerke: Enter Psmith (R., 1909), The coming of Bill (R., 1920), Ein Glücklicher (R., dt. 1927), Abenteuer eines Pumpgenies (R., dt. 1927), The inimitable Jeeves (R., 1923), Paß auf, Berry (R., dt. 1933), Besten Dank, Jeeves (R., dt. 1934), The return of Jeeves (R., 1954), Bertie sees it through (R., 1955).
Literatur: Patz, J.: *P. G. W. Diss. Innsbruck 1951.*

Woestijne, Karel van de [niederl. wu:s'tɛinə], * Gent 10. März 1878, † Zwijnaarde bei Gent 24. Aug. 1929, fläm. Dichter.
Studierte Germanistik, Lehrer, Journalist, Beamter im Kultusministerium, Professor für niederl. Geschichte in Gent. Lyriker unter dem Einfluß der frz. Symbolisten, stark autobiograph., ebenso in seiner Prosa; setzt sich v.a. mit dem Ggs. zwischen Geist und Sinnlichkeit auseinander, Lebensangst steht neben Hoffnung auf Erlösung; später Hinwendung zu antiken Stoffen. Zahlreiche Werke auch ins Dt. übersetzt, u.a. „Der Bauer stirbt. Ein Spiel von den fünf Sinnen" (E., dt. 1934), „Tödl. Herbst" (Ged., dt. 1941), „Die Geburt des Kindes" (Prosa, 1918; dt. Ausw. 1946), „Janus mit dem Zwiegesicht" (Novellen, 1908; dt. 1948).

Wogau, Boris Andrejewitsch [russ. va'gau] † Pilnjak, Boris Andrejewitsch.

Wohl, Louis de, früher Ludwig von W., * Berlin 24. Jan. 1903, † Luzern 2. Juni 1961, Schriftsteller.
Ungar. Herkunft; zahlreiche Reisen, während des Krieges in England (diente in der brit. Armee); dann in Luzern. Schrieb viele histor. Unterhaltungsromane, die auf genauen Quellenstudien beruhen, auch in engl. Sprache.
Hauptwerke: Julian (R., 1947), Attila (R., 1949), Der Sieger von Lepanto (R., 1956), Johanna reitet voran (R., 1958), Die Zitadelle Gottes (R., 1959), König David (R., 1961).

Wohmann, Gabriele, geb. Guyot, * Darmstadt 21. Mai 1932, dt. Schriftstellerin.
Pfarrerstochter, studierte Literatur, neuere Sprachen und Musikwissenschaft, war dann Lehrerin; gehört zur „Gruppe 47". Hauptthema ihrer von Joyce, Proust und N. Sarraute beeinflußten Romane und Erzählungen ist die Unfähigkeit der Menschen zur Kommunikation. In Thematik und

Darstellung konventionell, gibt sie in handlungs- und phantasiearmen Erzählungen auf exakter Beobachtung beruhende Momentaufnahmen des Alltäglichen; mit der Technik der „sous-conversation" geht sie über den inneren Monolog hinaus; auch Hör- und Fernsehspiele.
Hauptwerke: Jetzt und nie (R., 1958), Mit einem Messer (2 En., 1958), Sieg über die Dämmerung (En., 1960), Trinken ist das Herrlichste (En., 1963), Abschied für länger (R., 1965), Theater von innen (1966), Erzählungen (1967), Ländl. Fest (En., 1968).

Wolf, Christa, * Landsberg (Warthe) 18. März 1929, dt. Schriftstellerin.
Studierte in Jena und Leipzig Germanistik, Verlagslektorin, seit 1962 freie Schriftstellerin in Kleinmachnow bei Berlin; veröffentlichte 1961 den Prosaband „Moskauer Novelle", eine während der Kriegs- und Nachkriegszeit spielende Liebesgeschichte, und 1963 den erfolgreichen Roman „Der geteilte Himmel", in dem sie am Beispiel der Trennung zweier Liebender durch zwei Ansichten Probleme des geteilten Deutschland aufzeigt.
Weiteres Werk: Nachdenken über Christa T. (R., 1969).

Wolf, Friedrich, * Neuwied 23. Dez. 1888, † Lehnitz (Landkreis Oranienburg) 5. Okt. 1953, dt. Dramatiker.
Studierte Medizin (Dr. med.) und wurde Schiffsarzt, 1928 Mitglied der KPD, emigrierte 1933 in die Schweiz, war auch in Frankreich und nahm auf republikan. Seite am Span. Bürgerkrieg teil; 1941 in der UdSSR, wo er als Propagandist am Rundfunk tätig war, 1945 Rückkehr nach Deutschland, 1949–51 Botschafter der DDR in Warschau; begann mit Dramen im Stil des Expressionismus; dann radikal zeit- und sozialkrit. Werke. Den größten Erfolg hatte er mit dem die Judenverfolgungen des Nationalsozialismus realist. schildernden Schauspiel „Professor Mamlock" (1935).
Weitere Werke: Mohammed (Dr., 1924), Der arme Konrad (Dr., 1924), Cyankali. § 218 (Dr., 1929), Die Matrosen von Cattaro (Dr., 1930), Das Trojan. Pferd (Dr., 1937), Doktor Wanner (Dr., 1945), Menetekel (E., 1952), Thomas Münzer, der Mann mit der Regenbogenfahne (Dr., 1952).
Ausgabe: F. W. Ges. Werke in sechzehn Bden. Hg. v. E. Wolf *u.* W. Pollatschek. *Bln. 1960–68.*
Literatur: Jehser, W.: *F. W. Leben u. Werk. Bln. 1965.* – Pollatschek, W.: *F. W. Eine Biographie. Bln. 1963. – F. W., ein Dichter seiner Zeit. Mit Beitr. v.* L. Feuchtwanger *u.* W. Ebel *hg. v.* A. Kantorowicz. *Rudolstadt 1948.*

Wolfdietrich, mhd. Volksepos, dessen Stoff dem merowing. Sagenkreis entnommen ist und das Schicksal W.s, des Sohnes von Hugdietrich (= Chlodwig) schildert; von einem angenommenen Ur-W. gehen 4 Bearbeitungen aus; eine einfache ep. Gestaltung (A) im 3. Jahrzehnt des 13. Jh.s in der Ambraser Sammelhandschrift; in den folgenden Fassungen wird die Vorgeschichte bed. erweitert (B, um 1250), die entscheidende histor. Stilisierung vorgenommen (C, 2. Hälfte des 13. Jh.s) und alle Versionen mit dem Ortnit-Stoff zusammengefaßt (D, um 1300, „Großer W.").
Literatur: Vries, J. de: *Die Sage v. W. In:* Vries: *Kleine Schrr. Bln. 1965.* – Schneider, Hermann: *Die Gedichte u. die Sage v. W. Unters. über ihre Entstehungsgesch. Mchn. 1913.*

Wolfe, Thomas [Clayton] [engl. wʊlf], * Asheville (N.C.) 3. Okt. 1900, † Baltimore 15. Sept. 1938, amerikan. Schriftsteller.
Sohn eines trunksüchtigen Steinmetzen und einer Pensionsbesitzerin; unglückl. Jugend; wurde nach Studien in Harvard 1924 Dozent für engl. Literatur an der Universität von New York; Europareisen, zuletzt 1936; Ablehnung des Nationalsozialismus; anfangs heftig umstritten, fand erst kurz vor seinem Tod Anerkennung; wandte sich nach erfolglosen Versuchen als Dramatiker der erzählenden Dichtung zu; sein gesamtes Romanschaffen, im Grunde als um Objektivität und Distanz bemühte Autobiographie geplant, blieb,

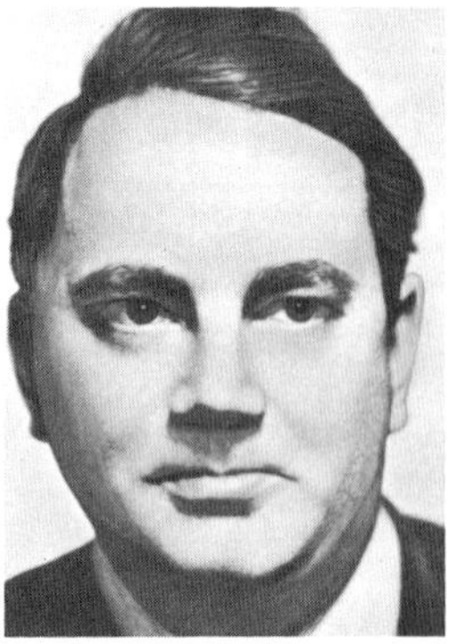

Thomas [Clayton] Wolfe

als dichter. Einheit verstanden, Fragment; als bekanntestes und bedeutendstes Teilstück dieses Lebensromans gilt „Schau heimwärts, Engel!" (dt. 1932), ein Werk, an dessen Entstehen W.s zeitweiliger Freund und Hg. Perkins durch krit. Auswahl aus einer großen Anzahl von Manuskripten wesentl. beteiligt war; W.s teils von lyr., teils krit.-satir. Elementen geprägtes ep. Gesamtwerk vermittelt durch eine Fülle von Impressionen und Assoziationen ein anfangs betont skept., später optimist., häufig ins Myth. gesteigertes Bild Amerikas.
Weitere Werke: Von Zeit und Strom (R., dt. 1936), Vom Tod zum Morgen (En., dt. 1937), Uns bleibt die Erde (Essays, 1936; dt. 1952; darin: Die Geschichte eines Romans, einzeln dt. 1957), Strom des Lebens (R., dt. 1941, 1953 u.d.T. Geweb und Fels), Es führt kein Weg zurück (R., dt. 1942), Hinter jenen Bergen (Prosastücke, 1941; dt. 1956), Herrenhaus (Schsp., 1948; dt. 1953).
Literatur: Austin, N. F.: *Biography of Th. W. Austin (Tex.) 1968.* – Ryssel, F. H.: *Th. W. Bln. 1963.* – Muller, H. J.: *Th. W. in Selbstzeugnissen u. Bilddokumenten. Dt. Übers. Reinbek bei Hamb. 1962.*

Wolfenstein, Alfred, * Halle (Saale) 28. Dez. 1888, † Paris 22. Jan. 1945 (Selbstmord), dt. Lyriker und Dramatiker.
Studierte Rechtswissenschaft (Dr. jur.); freier Schriftsteller, emigrierte 1933 nach Prag, 1938 nach Paris, ständig gehetzt und auf der Flucht vor den anrückenden dt. Truppen, lebte unter falschem Namen in Paris; nervenkrank; Dichter und Theoretiker des Expressionismus.

Hauptwerke: Die gottlosen Jahre (Ged., 1914), Die Freundschaft (Ged., 1917), Menschlicher Kämpfer (Ged., 1919), Jüd. Wesen und neue Dichtung (Essay, 1922), Bäume in den Himmel (Dr., 1926), Celestina (Dr., 1929), Die Nacht vor dem Beil (Dr., 1929).
Literatur: Fischer, Peter: *A. W., der Expressionismus u. die verendende Kunst. Mchn. 1968.* – Mumm, C.: *A. W. Eine Einf. in sein Werk u. eine Ausw. Wiesb. 1955.*

Wolff, Julius, * Quedlinburg 16. Sept. 1834, † Berlin 3. Juni 1910, dt. Schriftsteller.
Studierte in Berlin, übernahm die Tuchfabrik seines Vaters, gründete 1869 die „Harz-Zeitung", die er bis 1870 herausgab; später freier Schriftsteller. Von Scheffel beeinflußter, zu seiner Zeit beliebter Lyriker; auch Erzähler, Dramatiker und Epiker mit Themen aus Sage und Geschichte.
Hauptwerke: Der Rattenfänger von Hameln (Epos, 1876), Der wilde Jäger (Epos, 1877), Tannhäuser (Epos, 1880), Der Sülfmeister (E., 1883), Das schwarze Weib (R., 1894).

Wolff-Bekker, Elizabeth (Betje) [niederl. 'wɔlf-'bɛkər], * Vlissingen 24. Juli 1738, † Den Haag 5. Nov. 1804, niederl. Schriftstellerin.
⚭ mit dem kalvinist. Prediger A. Wolff; schrieb nach dessen Tod in wirtschaftl. Not Romane und Essays; ihre in Zusammenarbeit mit A. Deken entstandenen, von Rousseau und Richardson beeinflußten Briefromane setzten sich mit Zuständen und Ereignissen der Zeit auseinander.
Hauptwerke: Sara Reinert (R., dt. 1788), Klärchen Wildschütt oder... (R., dt. 1800f.).

Wolfram von Eschenbach, * Eschenbach (heute Wolframs-Eschenbach) bei Ansbach (Mittelfranken) um 1170, † ebd. nach 1220, mhd. Dichter.
Über sein Leben sind wir nur durch eigene Aussagen in seinem Werk unterrichtet; er entstammte vielleicht einem bayr. Ministerialengeschlecht, war unbegütert und auf ein Wanderleben angewiesen, das ihn ins Main-Odenwald-Gebiet zu den Grafen von Wertheim und zu den Grafen von Dürne auf die Burg Wildenburg im Odenwald führte; auch am Hofe des Landgrafen Hermann von Thüringen hielt er sich auf, wahrscheinl. weilte er auch im steir. Raum; zuletzt lebte er wohl auf seinem kleinen Besitz in Eschenbach. Jakob Püterich von Reichartshausen hat nach eigenen Angaben in seinem „Ehrenbrief" (1462) W.s Grab in Eschenbach gesehen. W. besaß eine umfangreiche Bildung und kannte einen großen Teil der zeitgenössischen Literatur, wenngleich er im Ggs. zu Heinrich von Veldeke, Hartmann von Aue und Gottfried von Straßburg keine geistl. Schulbildung genossen hatte. W., dessen Werk von einem eigenwilligen, ganz persönl. Sprachstil geprägt ist, erhebt das mittelalterl. Ritter- und Menschenbild zu überzeitl. Sinnbildlichkeit. Durch eine faszinierende Kunst der Charakterisierung, durch eine verinnerlichte Problemstellung, durch einen ganz persönl. Humor und eine myst.-dunkle Sprache zeichnet sich sein Hauptwerk, der um 1200 begonnene und um 1210 vollendete Entwicklungsroman „Parzival" aus, in dem die das ganze MA bewegende Grundfrage nach der Versöhnung von Gott und Welt ihre tiefste Lösung gefunden hat. Der Tor Parzival wird in den Kreis des Königs Artus aufgenommen und schließl. Herrscher über das Reich des Grals, nachdem er in verschiedenen Entwicklungsstufen die Reife zu diesem Amt erlangt hat; W. gelingt es so in genialer Weise, das vollendete Rittertum der Artusrunde durch die auf Gott bezogene Gralswelt zu überhöhen. Der an histor. Fakten anknüpfende „Willehalm" dehnt die Vorstellung vom gottbezogenen Ritter- und Menschentum auch auf die heidn. Welt aus. Dieses Epos blieb ebenso Fragment wie die Minneerzählung „Titurel" (in Strophenform), die das Schicksal des bereits im „Parzival" auftauchenden Liebespaares Sigune und Schionatulander dichter. gestaltet. Auch einige Minnelieder, vorwiegend Tagelieder mit ep. Eingang, sind erhalten.
Ausgaben: W. v. E. Hg. v. A. Leitzmann, *bearb. v.* W. Deinert. *Tüb.* $^{5-7}$*1961–65. 5 Bde. – W. v. E. Hg. v.* K. Lachmann. *Bln.* ^{6}*1926. Neudr. 1965.*
Literatur: Allgemeines: Pretzel, U./Bachofer, W.: *Bibliogr. zu W. v. E. Bln.* ^{2}*1968.* – Bumke, J.: *W. v. E. Stuttg.* ^{2}*1966. – W. v. E. Hg. v.* H. Rupp. *Darmst. 1966. – Collected indexes to the works of W. v. E. Hg. v.* R.-M. S. Heffner. *Madison (Wis.) 1961. – Parzival:* Mockenhaupt, B.: *Die Frömmigkeit im Parzival W.s v. E. Ein Beitrag zur Gesch. des religiösen Geistes in der Laienwelt des dt. MA. Darmst.* ^{2}*1968.* – Fourquet, J.: *W. v. E. et le „Conte del Graal". Les divergences de la tradition du „Conte del Graal" de Chrétien et leur importance pour l'explication du texte du „Parzival". Paris 1966.* – Wapnewski, P.: *W.s Parzival. Hdbg. 1955.* – Schröder, W. J.: *Der Ritter zwischen Welt u. Gott. Idee u. Problem des Parzivalromans W.s v. E. Weimar 1952. – Willehalm:* Knapp, F. P.: *Rennewart. Studien zu Gehalt u. Gestalt des Willehalm W.s v. E. Diss. Wien 1969.* – Schanze, H.: *Die Überlieferung v. W.s „Willehalm". Mchn. 1966.* – Singer, S.: *W.s Willehalm. Bern 1918.*

Wolfskehl, Karl, * Darmstadt 17. Sept. 1869, † Bayswater (Neuseeland) 30. Juni 1948, dt. Lyriker.
Entstammte einer begüterten Familie; studierte Germanistik in Leipzig, Berlin und Gießen (Dr. phil.); befreundet mit St. George, dessen Dichterkreis er zeitweilig angehörte; 1933 emigrierte er nach Italien, 1938 nach Neuseeland; beeinflußt von George, löste er sich von dessen apollin. Strenge und schrieb hymn. Gedichte, Mysterienspiele, Dramen und Essays.

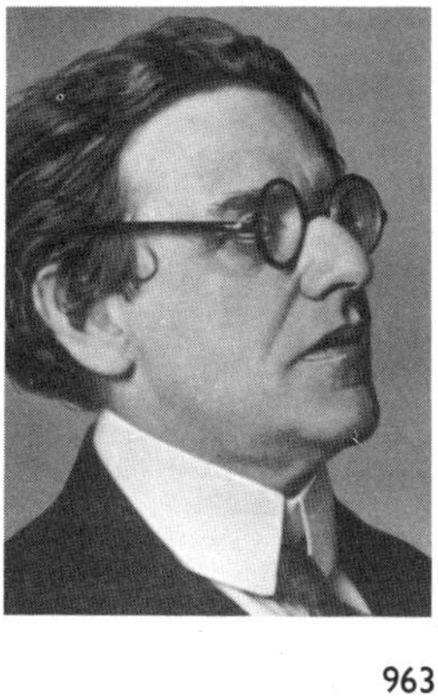
Karl Wolfskehl

Hauptwerke: Saul (Dr., 1905), Der Umkreis (Ged., 1927), Bild und Gesetz (Essays, 1930), Die Stimme spricht (Ged., 1934), An die Deutschen (Ged., 1947), Sang aus dem Exil (Ged., 1950).
Ausgabe: K. W. Ges. Werke. Hg. v. M. Ruben *u.* C. V. Bock. *Düsseld. 1960. 2 Bde.*
Literatur: Bowert, R.: *Die Prosa K. W.s. Diss. Hamb. 1965. – k. w. Red.:* W. Euler *u.* H.-R. Ropertz. *Darmst. 1955.* – Preetorius, E.: *K. W. Dem Gedächtnis des Freundes. Passau 1949.*

Woljanskaja, Galina Jewgenjewa [russ. va'ljanskɐjɐ] † Nikolajewa, Galina Jewgenjewa.

Wolkenstein, Oswald von † Oswald von Wolkenstein.

Wolker, Jiří [tschech. 'vɔlkɛr], * Proßnitz bei Olmütz 29. März 1900, † ebd. 3. Jan. 1924, tschech. Dichter.
Kleinbürgerl. Herkunft, starb noch vor Abschluß seines Jurastudiums an Lungentuberkulose. W. knüpfte anfangs an die Dekadenz an, war von Neruda und der modernen frz. Dichtung beeinflußt; sein späteres Werk zeigt Berührungspunkte mit der Volksdichtung. Er gelangte von einem sentimentalen Vitalismus in der Gedichtsammlung „Die schwere Stunde" (dt. 1924) zur „proletar. Dichtung"; wurde bes. bekannt mit seinen sozialen Balladen.

Woloschin, Maximilian Alexandrowitsch; tl.: Vološin, Maksimilian Aleksandrovič [russ. va'lɔʃɨn], eigtl. M. A. Kirijenko-Woloschin; tl.: M. A. Kirienko-Vološin, * Kiew 28. Mai 1878, † Koktebel (Krim) 11. Aug. 1932, russ.-sowjet. Lyriker.
Nachkomme ukrain. Kosaken; Mutter dt. Abstammung; studierte bis zu seiner Verbannung wegen Teilnahme an Studentenunruhen in Moskau Jura; lebte später meist in Paris, nach der Rückkehr auf der Krim. W., der u.a. Kontakte zu Balmont und W. Iwanow pflegte, gehört zu den Vertretern der russ. symbolist. Dichtung; Neigung zum Akmeismus; blieb nach der Revolution, die er ideolog. ablehnte, aber als histor. Faktum hinnahm, in Rußland; keine Publikation nach 1925.

Wolska, Maryla [poln. 'vɔlska], Pseudonym D-Moll, Iwo Płomieńczyk, * Lemberg 13. März 1873, † ebd. 26. Juni 1930, poln. Lyrikerin.
Ihre neuromant. Dichtungen sind bilderreich und von hoher Musikalität und werden meist von melanchol. Stimmung beherrscht; später griff sie altpoln. Motive auf.

Wolters, Friedrich, * Uerdingen (heute Krefeld-Uerdingen) 2. Sept. 1876, † München 14. April 1930, dt. Schriftsteller und Literarhistoriker.
Sohn eines Kaufmanns, studierte in Freiburg i. Br., München, Paris und Berlin, Professor für mittlere und neuere Geschichte in Marburg, dann in Kiel; gehörte dem Kreis um St. George an, dessen Weltanschauung er verteidigte; bed. Übersetzer.
Hauptwerke: Wandel und Glaube (Ged., 1911), Der Wanderer (Ged., 1924), Stefan George und die Blätter für die Kunst (Abhandlung, 1930).

Wolzogen, Ernst Freiherr von, * Breslau 23. April 1855, † München 30. Aug. 1934, dt. Erzähler und Dramatiker.
Studierte in Straßburg und Leipzig Germanistik, Philosophie und Biologie; Verlagsredakteur in Berlin; in München Gründer der „Freien Literar. Gesellschaft"; begründete 1901 in Berlin nach Vorbild des Pariser Kabaretts das „Überbrettl"; schrieb humorist. Erzählungen, Dramen und unterhaltende Gesellschaftsromane mit vorzügl. Milieuschilderung und treffender zeitkrit. Darstellung.
Hauptwerke: Die tolle Komteß (R., 1889), Der Thronfolger (R., 1892), Der Erzketzer (R., 1911), Wie ich mich ums Leben brachte (Autobiogr., 1923).
Literatur: König, E.: *Das Überbrettl E. v. W.s u. die Berliner Überbrettlbewegung. Diss. Kiel 1956 [Masch.].*

Wolzogen, Karoline Freifrau von, geb. von Lengefeld, * Rudolstadt 3. Febr. 1763, † Jena 11. Jan. 1847, dt. Schriftstellerin.
Schwägerin Schillers, dessen Biographie („Schillers Leben", 1830) sie schrieb, die sie bekannter machte als ihr idealist., seinerzeit beliebtes Erzählwerk.
Weitere Werke: Agnes von Lilien (Autobiogr., 1798), Erzählungen (1826/27), Cordelia (R., 1840).
Literatur: Anemüller, E.: *Schiller u. die Schwestern v. Lengefeld. Weimar* ²*1938.* – Bierbaum, H.: *K. v. W. Diss. Greifswald 1909.*

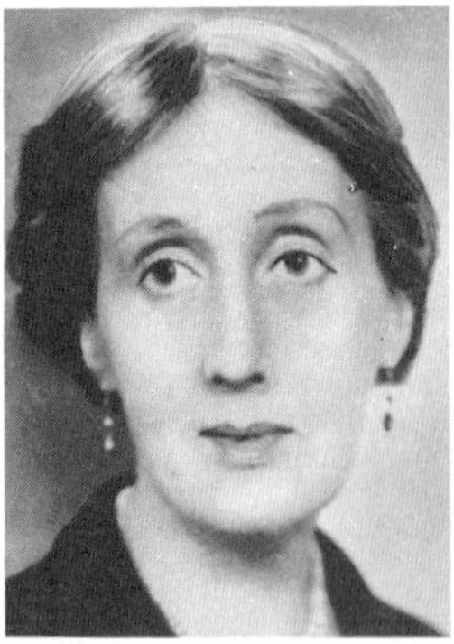

Virginia Woolf

Woolf, Virginia [engl. wʊlf], * London 25. Jan. 1882, † im Ouse bei Lewes (Sussex) 28. März 1941, engl. Schriftstellerin.
Wuchs in einer v.a. literar. interessierten Familie auf; vorwiegend privat erzogen; bes. Anregungen durch umfassende Lektüre; 1917 Mitbegründerin des Verlags „Hogarth Press"; war gesellschaftl. Mittelpunkt und zeitweilig führende Vertreterin der „Bloomsbury group", der auch L. Strachey und E. M. Forster angehörten; beging, u.a. aus Furcht vor einer Geisteskrankheit, Selbstmord. Virginia W., die u.a. als Mitarbeiterin von „The Times Literary Supplement" bekannt wurde, erreichte mit dem Roman „Die Fahrt zum Leuchtturm" (dt. 1931) den Höhepunkt ihres literar. Schaffens; sie verwandte, von Proust und bes. Joyce ausgehend, die Technik des inneren Monologs zur Darstellung von Bewußtseins- und Erinnerungsströmen und verzichtete im Ggs. zur Tradition des realist. Romans weitgehend auf eine in sich vollendete Charakteranalyse; eines der Hauptziele ihrer Poetik ist die Darstellung des Gleichzeitigen, des in der Erinnerung oder im Traum als Einheit erlebten vielfältigen Gesche-

hens; sie behandelte dabei existentielle, oft künstler. Probleme, v.a. die Frage nach dem Zwiespalt zwischen realer und erlebter Zeit; zu ihren bedeutendsten Werken gehört der Roman „Orlando" (dt. 1929), dessen zentrale Figur sie z.T. nach dem Vorbild von V. Sackville-West formte.
Weitere Werke: Monday or Tuesday (En., 1921), Jacob's room (R., 1922), Eine Frau von fünfzig Jahren (R., dt. 1928), Die Wellen (R., 1931; dt. 1959), Flush (R., dt. 1934), Die Jahre (R., 1937; dt. 1954), Zwischen den Akten (R., 1941; dt. 1963), Der schiefe Turm (Essays, 1942; dt. 1957), Granit und Regenbogen (Essays, dt. 1960), Die Frau im Spiegel (En., dt. 1960).
Ausgaben: V. W. Ges. Werke in Einzelausgg. Dt. Übers. Frkf. 1954–65. 7 Bde. – V. W. Uniform edition. London 1929–35. 11 Bde.
Literatur: Brandt, M.: *Realismus u. Realität im modernen Roman. Methodolog. Unterss. zu V. W.s „The Waves". Bad Homburg v. d. H. 1968.* – Guiguet, J.: *V. W. and her works. Engl. Übers. New York 1968.* – Marder, H.: *Feminism and art: A study of V. W. Chicago 1968.*

Woolman, John [engl. 'wʊlmən], * Rancocas (N. J.) 19. Okt. 1720, † York (England) 7. Okt. 1772, amerikan. Schriftsteller.
Quäker; war in verschiedenen Berufen tätig. Wandte sich gegen die Sklaverei und verfocht pazifist. Ideen; sein „Journal" (einzeln hg. 1950) enthält Tagebuchnotizen von hohem autobiograph. und religionshistor. Wert.

Wordsworth, Dorothy [engl. 'wə:dzwə:θ], * Cockermouth (Cumberland) 25. Dez. 1771, † Rydal Mount bei Grasmere (Westmorland) 25. Jan. 1855, engl. Schriftstellerin.
Schwester von William W. Hinterließ in stilist. hervorragenden Tagebüchern wertvolles biograph. Material über das Leben ihres Bruders.

Wordsworth, William [engl. 'wə:dzwə:θ], * Cockermouth (Cumberland) 7. April 1770, † Rydal Mount bei Grasmere (Westmorland) 23. April 1850, engl. Dichter.
Verlor bald nach dem Tod der Mutter auch den Vater, einen Rechtsanwalt; Angehörige sorgten für eine angemessene Bildung, u.a. in Cambridge; Bildungsreisen auf dem Kontinent; zur Zeit der Revolution in Frankreich, wurde begeisterter Republikaner; unglückl. Liebe zu Annette Vallon, die ihm eine Tochter gebar; durch die polit. Notwendigkeit der Heimkehr nach England Trennung; seel. Krise; von 1795 an bessere finanzielle Lage; lebte mit seiner Schwester und zeitweise mit seinem Freund Coleridge in Somerset; Entstehung der „Lyrical ballads" (gedruckt 1798; mit Coleridge), deren Veröffentlichung den Beginn der literar. Romantik in England markiert; 1798/99 Reise nach Deutschland mit seiner Schwester und Coleridge; dort u.a. Bekanntschaft mit Klopstock; nach der Rückkehr nach England bald wirtschaftl. unabhängig; erhielt hohe Auszeichnungen; gelegentl. im Ausland; 1843, nach Annäherung an den engl. Konservativismus, zum „poet laureate" gekrönt; wurde in der Westminster Abbey beigesetzt. W., der sich, der „Lake school poetry" zugehörig, vom Revolutionär zum Konservativen wandelte, vertrat eine teils nationale, teils christl. Dichtung, die durch pantheist., z.T. humanitäre Züge gekennzeichnet ist; neben Coleridge und Southey bedeutendster Romantiker, betonte er v.a. die Bedeutung des Übersinnlichen; W. pflegte v.a. die im Ausdruck klare, von rhetor. Figuren weitgehend freie, schlichte Sprache; hervorragender Oden- und Sonettdichter (schrieb über 500 Sonette).

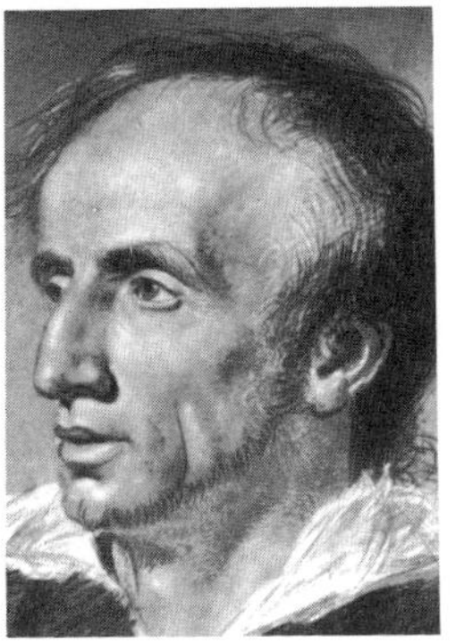
William Wordsworth (Kreidezeichnung von B. R. Haydon, 1818)

Weitere Werke: An evening walk (Ged., 1793), Descriptive sketches (Ged., 1793), The prelude (Dichtung, entstanden 1798ff., gedruckt 1850), Upon Westminster Bridge (Sonett, 1801), Intimations of immortality (Ged., 1807), Miscellaneous sonnets (1807), The excursion (philosoph. Ged., 1814), The waggoner (Ged., 1819), Ecclesiastical sketches (Ged., 1822), The recluse (Dichtung, hg. 1888).
Ausgabe: W. W. The poetical works. Hg. v. E. de Sélincourt *u.* H. Darbishire. *Oxford 1940–49. 5 Bde.*
Literatur: Groom, B.: *The unity of W.'s poetry. London; New York 1966.* – Moorman, M.: *W. W. New York 1957–65. 2 Bde.* – Darbishire, H.: *The poet W. London u. New York 1950.* – Gothein, M.: *W. W., sein Leben, seine Werke, seine Zeitgenossen. Halle 1893. 2 Bde.*

Woronicz, Jan Paweł [poln. vɔ'rɔnitʃ], * Brodów 3. Juli 1757, † Wien 7. Dez. 1829, poln. Dichter.
Bis zur Auflösung seines Ordens in Polen Jesuit, später Bischof von Krakau, Erzbischof von Warschau, schließl. Primas von Polen. W. gilt als Vorläufer des poln. Messianismus. Als Dichter trat er mit Idyllen und Liedern hervor, verfaßte Gelegenheitsdichtungen und gestaltete in seinen Epen Stoffe aus der poln. Geschichte. Er steht an der Schwelle vom Klassizismus zur Romantik; auch Prediger.

Wosnessenski, Andrei Andrejewitsch; tl.: Voznesenskij, Andrej Andreevič [russ. vɐsnɪ'sjɛnskij], * Moskau 12. Mai 1933, russ.-sowjet. Lyriker.
Studierte Architektur in Moskau, neben Jewtuschenko der bedeutendste moderne sowjet. Lyriker, unternahm viele Reisen, u.a. nach den USA und Deutschland. Seine Gedichte sind formal kompliziert und intellektuell ausgerichtet; literar. Hauptanliegen W.s ist das Verständnis der menschl. Psyche. Dt. liegen vor: „Bahn der Parabel" (Ged., dt. 1963), „Dreieckige Birne" (Ged., dt. 1963), „Osa" (Poem, dt. 1966), „Antiwelten" (Ged., dt. 1967).

Wouk, Herman [engl. woʊk], * New York 27. Mai 1915, amerikan. Schriftsteller.

Sohn eines russ. Emigranten; nach Studienabschluß für Rundfunk und Film tätig; im 2. Weltkrieg bei der Marine; freier Schriftsteller. Sein problemat. Kriegsroman „Die Caine war ihr Schicksal" (dt. 1954) hatte auch als Drama Welterfolg; W. schrieb ferner zeitkrit. Gesellschaftsromane.
Weitere Werke: Rosa ist Aurora (R., 1947; dt. 1960), Großstadtjunge (R., 1948; dt. 1958), Marjorie Morningstar (R., dt. 1956), Arthur Hawke (R., dt. 1964), Nie endet der Karneval (R., dt. 1966).

Wowtschok, Marko, bekannt als Marko[-]Wowtschok; tl.: Vovčok, Marko [russ. vaf'tʃɔk], eigtl. Marija Alexandrowna Markowitsch; tl.: Marija Aleksandrovna Markovič, geb. Wilinskaja; tl.: Vilinskaja [russ. vi'linskɐjɐ], * Jekaterinowka (Gouv. Orel) 22. Dez. 1834, † Naltschik (Großer Kaukasus) 10. Aug. 1907, ukrain. Schriftstellerin.
Lebte zeitweilig im Ausland; häufig in Petersburg, wo sie Schewtschenko kennenlernte. Schrieb zwischen Romantik und Realismus stehende, von Turgenjew ins Russ. übertragene Erzählungen von ethnograph. und literar. Wert; behandelte Stoffe aus dem ukrain. Volksleben; pflegte die lyr., rhythmisierte Prosa; ihre in russ. Sprache geschriebenen Romane und Erzählungen stellen Probleme der nichtadligen russ. Intelligenz dar; Einfluß bes. auf die bulgar. Literatur.

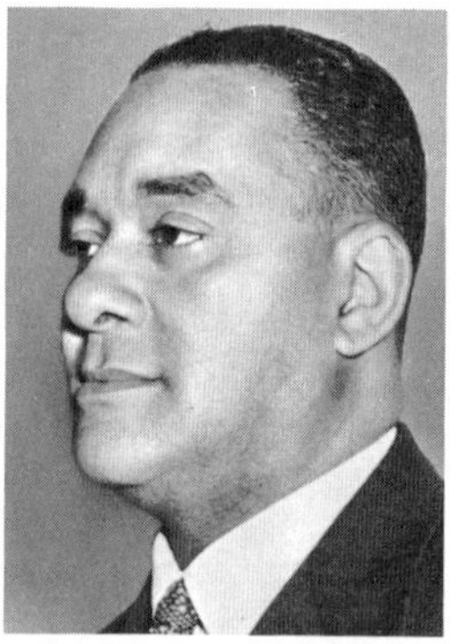

Richard [Nathaniel] Wright

Wright, Richard [Nathaniel] [engl. raɪt], * bei Natchez (Miss.) 4. Sept. 1908, † Paris 28. Nov. 1960, farbiger amerikan. Schriftsteller.
Wuchs unter harten Bedingungen auf einer Plantage auf; kam in Chicago mit kommunist. Ideen in Berührung; lebte lange in New York, seit 1946 in Paris; bereiste u.a. die Goldküste und Indonesien. W. schilderte in naturalist., oft stark um Wirkung bemühten Romanen die Probleme seiner unterdrückten Rasse und war um soziale und polit. Emanzipation der amerikan. Neger bemüht.
Hauptwerke: Onkel Toms Kinder (En., 1938; dt. 1949), Sohn dieses Landes (R., dt. 1941), Schwarz unter Weiß – fern von Afrika (Bericht, 1941; dt. 1952), Ich Negerjunge (Autobiogr., dt. 1947), The outsider (R., 1953), Schwarze Macht (Reisebericht, dt. 1956), Der schwarze Traum (R., dt. 1960), Der Mann, der nach Chicago ging (En., dt. 1961), Der Mörder und die Schuldigen (R., dt. 1966).

Wrobel, Ignaz ↑ Tucholsky, Kurt.
Wronski, Stefan ↑ Hardekopf, Ferdinand.
Wu Cheng-en, * um 1510, † um 1580, chin. Schriftsteller.
Schrieb den bekannten Roman „Hsiyuchi" (= Reise nach dem Westen), der in verschiedenen Fassungen überliefert ist; geschildert wird die Reise des buddhist. Mönchs Hsüan Tsang, der aus Indien hl. Schriften nach China bringen will; im Mittelpunkt der Erzählung steht jedoch der Hsüan Tsang begleitende Affe Sun Wu-kung, dem übernatürl. Fähigkeiten zu eigen sind; trotz z.T. mangelhafter Gestaltung von hohem kulturhistor. Interesse.

Wulff, Johannes [dän. vul'f], * Kopenhagen 11. Jan. 1902, dän. Schriftsteller.
Lyriker und Erzähler mit Neigung zur Selbstironie, einer pantheist. gefärbten Frömmigkeit und Mitleid mit den Menschen. Dt. erschien 1957 der Roman „Die Katze, die Fieber bekam".

Wulfila ↑ Ulfilas.

Wünsche, Konrad, * Zwickau (Sachsen) 25. Febr. 1928, dt. Schriftsteller.
Studierte Ägyptologie, Archäologie, Kunstgeschichte und Philosophie; Dramatiker, der in seinen Stücken mit subtilem Einfühlungsvermögen vergangene Zeiten poet. vergegenwärtigt und zeitlose Probleme behandelt; auch Hörspiele und Lyrik.
Hauptwerke: Über den Gartenzaun (Dr., 1962), Vor der Klagemauer (Dr., 1962), Schemen entsprechend (Ged., 1963), Der Unbelehrbare (Dr., 1964), Les Adieux oder Die Schlacht bei Stötteritz (Dr., 1964), Jerusalem Jerusalem (Dr., 1966), Gegendemonstration (Hsp., 1967).

Wuolijoki, Hella [finn. 'vuɔlijɔki], Pseudonym Juhani Tervapää, * Helme (Estland) 22. Juli 1886, † Helsinki 2. Febr. 1954, finn. Schriftstellerin.
Studierte in Dorpat und Helsinki; gehörte zur Schriftstellergruppe, die sich gegen den Modernismus wandte, nach dem 2. Weltkrieg Intendant des finn. Rundfunks; schrieb bühnenwirksame Komödien und Schauspiele mit sozialen Tendenzen, auch Romane und eine autobiograph. Trilogie.
Hauptwerke: Die Frauen auf Niskavuori (Dr., dt. 1937), Gegengift (Kom., dt. 1942), Das Brot von Niskavuori (Dr., dt. 1939), Herr Puntila und sein Knecht (Dr., dt. Bearbeitung von B. Brecht, entstanden 1940/41).

Würzburg, Johann von ↑ Johann von Würzburg.
Würzburg, Konrad von ↑ Konrad von Würzburg.
Wyatt (Wyat), Sir Thomas [engl. 'waɪət], * Allington Castle bei Maidstone (Kent) 1503, ▭ Sherborne (Dorset) 11. Okt. 1542, engl. Dichter.
Nach Studien in Cambridge im diplomat. Dienst; Günstling Heinrichs VIII., war jedoch wegen seiner vormals engen Beziehungen zu Anna Boleyn in deren Prozeß verwickelt und wurde kurze Zeit im Tower eingekerkert; später aus polit. Gründen erneut in Haft; Mittelpunkt eines Kreises höf. Dichter. Von W.s diplomat. Missionen wurde bes. die italien. bedeutsam, die ihn mit der roman. Dichtung in Berührung brachte; als Bewunderer und Nachahmer Petrarcas, dessen Sonettdichtung er zum Vorbild nahm, pflegte er eine stilist., metr. und formal harmon. Kunst; auch Einfluß klass. Vorbilder und Schulung an Dante; pflegte Stanze und Terzine; zu

seinen bedeutendsten Werken gehören die satir. Gedichte, die er zur Zeit der Ungunst der höf. Kreise schrieb; W.s Gedichte wurden 1557 in der Anthologie „Tottel's Miscellany" publiziert, u.a. zusammen mit denen Surreys.
Literatur: Thomson, P.: *Sir Th. W. and his background. London 1964.* – Muir, K.: *The life and letters of Sir Th. W. Liverpool 1963.*

Wycherley, William [engl. 'wɪtʃəlɪ], * Clive bei Shrewsbury um 1640, † London 1. Jan. 1716, engl. Dramatiker.
Sohn eines royalist. Grundbesitzers; studierte in Oxford und London: zeitweilig in Frankreich; kehrte nach der Restauration zurück; seinen Übertritt zum Katholizismus machte W. wieder rückgängig; nach anfängl. Gunst des Hofes zuletzt in Ungnade. W., gegen Lebensende mit Pope befreundet, schrieb vier Komödien, die sich satir. gegen Schwächen der höf. Gesellschaft während der Restauration richteten; gilt als Mitbegründer der Comedy of manners, die bei ihm stilist. noch wenig elegant, aber durch geschickte Konstruktion und oft derbe Komik sehr bühnenwirksam ist; sein Hauptwerk, „The plain dealer" (Kom., 1677), wurde von Molières „Le misanthrope" angeregt.
Weitere Werke: Love in a wood (Kom., 1672), The gentleman dancing master (Kom., 1673), The country wife (Kom., 1675).
Literatur: Zimbardo, R. A.: *W.'s drama. New Haven (Conn.) 1965.* – Connelly, W.: *W. W. New York 1930.* – ↑ auch Ethere[d]ge, Sir George.

Wyclif[fe] (Wiclif), John [engl. 'wɪklɪf], * bei Richmond (York) 1320 (?), † Lutterworth (Leicester) 31. Dez. 1384, engl. Philosoph und Theologe.
Student, später berühmter Lehrer in Oxford; wandte sich, von der Kirche angegriffen, unter dem Schutz mächtiger Gönner gegen bestimmte Dogmen und forderte die Einschränkung der weltl. Macht der Kirche; heftige Anfeindungen. W., dessen theolog. Reformbestrebungen eine Übersetzung der Bibel in die Volkssprache einschlossen, veranlaßte die erste Bibelübersetzung, zu der er die Übertragung der Evangelien ins Engl., wahrscheinl. die Übersetzung des ganzen N.T., möglicherweise auch Teilübersetzungen des A.T., beitrug; auf seiner zum großen Teil noch ungenügenden Redaktion bauten alle späteren engl. Bibelübersetzungen auf; sein Werk hatte u.a. auf die kontinentaleurop. Reformationsbewegungen starken Einfluß.
Ausgaben: Wyclif. The English works. Hg. v. F. D. Matthew. *London ²1902. – J. Wyclif. The Latin works. Hg. v. der Wyclif Society. London 1882 bis 1922. 36 Bde. Nachdr. Frkf. 1964; New York 1966.*
Literatur: Benrath, G. A.: *Wyclifs Bibelkommentar. Bln. 1966.* – McFarlane, K. B.: *J. Wycliffe and the beginnings of English nonconformity. Neuausg. New York 1966.* – Workman, H. B.: *J. Wyclif. A study of the English medieval church. Neuausg. Hamden (Conn.) 1966. 2 Bde.* – Lechler, G.: *Johann v. Wiclif u. die Vorgesch. der Reformation. Lpz. ²1873.*

Wyk Louw, Nicola[a]s Petrus van [niederl. 'wɛi̯k 'lɔu̯] ↑ Louw, Nicola[a]s Petrus van Wyk.

Wyle, Niklas von ['vi:lə], * Bremgarten (AG) um 1410, † wahrscheinl. Stuttgart nach 1478, schweizer. Humanist.
Erhielt eine sorgfältige Ausbildung in seiner Heimatstadt und in Italien; war Ratsschreiber in Nürnberg, dann in Esslingen am Neckar, schließl. Kanzler des Grafen Eberhard von Württemberg. Beziehungen zu Gregor Heimburg und Enea Silvio Piccolomini, die ihn zu Prosaübersetzungen von Schriften italien. Humanisten anregten (seit 1461 in Einzeldrucken, 1478 als Slg. „Translatzen" oder „Teutschungen" erschienen), darunter u.a. Enea Silvios „Euryalus und Lukrezia" und Boccaccios „Guiscardo und Sigismunda", auch Werke von Petrarca u.a. Durch diese Musterübersetzungen bedeutsam für die Entwicklung der dt. Kunstprosa.
Literatur: Strauss, B.: *Der Übersetzer Nicolaus v. W. Bln. 1912.*

Wylie, Elinor [Hoyt] [engl. 'waɪlɪ], geb. Hoyt, * Somerville (N.J.) 7. Sept. 1885, † New York 16. Dez. 1928, amerikan. Schriftstellerin.
Tochter eines erfolgreichen Juristen; lebte, seit ihrer 2. Ehe von der Gesellschaft geächtet, lange Zeit in England; nach der 2. Scheidung 1924 ⚭ mit W. R. Benét. Bed. Lyrikerin, von den „metaphysical poets" beeinflußt; schrieb formal strenge, oft stark gedankl., dennoch gefühlsbetonte Lyrik; die der fein stilisierten Diktion ihrer Lyrik verpflichteten Prosawerke gestalten vielfach das Irreal-Phantastische.
Hauptwerke: Incidental numbers (Ged., 1912), Nets to catch the wind (Ged., 1921), The Venetian glass nephew (R., 1925), Trivial breath (Ged., 1928), Angels and earthly creatures (Ged., 1929).

Wympfeling, Jakob ['vɪmpfəlɪŋ] ↑ Wimpfeling, Jakob.

Wynnytschenko, Wladimir; tl.: Vynnyčenko, Vladimir [russ. vɨnnɨ'tʃɛnkɐ], * Jelisawetgrad (Gouv. Cherson) 2. Juli 1880, † Mougins (S-Frankreich) 6. März 1951, ukrain. Schriftsteller und Politiker.
Lebte seit Ende der Revolution im frz. Exil. W., der als Politiker einen liberalen, humanitären Marxismus verfocht und für die nationale Selbständigkeit der Ukraine eintrat, schrieb v.a. soziale, polit. und utop. Romane, Erzählungen aus dem ukrain. Volksleben und Dramen; sprachl. und formale Schwächen werden durch kraftvolle, oft humorvolle, realist. Darstellungskunst meist aufgewogen.

Wyschenski, Iwan; tl.: Vyšenskij, Ivan [russ. 'vɨʃənskij], * Sudowa Wyschnja (Gouv. Lemberg) um 1550, † auf dem Athos um 1620, ukrain. Schriftsteller.
Mönch auf dem Berg Athos. Kämpfte mit Sendschreiben, Dialogen und Traktaten polem. gegen den Katholizismus; berief sich auf die Strenge und Einfachheit des altchristl. Glaubens; Meister eines kraftvoll-pathet., an rhetor. Figuren reichen, ausdrucksstarken Stils.

Wyspiański, Stanisław [poln. vɨs'pjai̯ski], * Krakau 15. Jan. 1869, † ebd. 28. Nov. 1907, poln. Dramatiker und Maler.
Sohn eines Bildhauers, besuchte die Kunstakademie in Krakau und studierte gleichzeitig an der philosoph. Fakultät der Universität; setzte in Frankreich, Italien und Deutschland seine Ausbildung fort, kam mit Wagner und Nietzsche in Berührung, wurde 1906 zum Professor ernannt, war Ratsherr von Krakau und zeigte reges Interesse für das polit. Leben seiner Stadt. W. war die

hervorragende Persönlichkeit der poln. neuromant. Bewegung und ist neben Słowacki der bedeutendste poln. Dramatiker. Er hielt sich für den geistigen Führer Polens und war entschlossen, von der Kunst ausgehend, wieder ein poln. Volksbewußtsein zu schaffen. Er bemühte sich um eine Reform des poln. Theaters und suchte eine Harmonie von musikal., maler. und poet. Elementen. Die Stoffe seiner Dramen entnahm er den antiken Mythen, der poln. Geschichte und Sagenwelt; auch aktuelle Thematik.
Hauptwerke: Die Warschauerin (Dr., 1898; dt. 1918), Protesilas und Laodamia (Dr., 1899; dt. 1933), Der Fluch (Dr., 1899; dt. 1909), Legjon (Dr., 1900), Wesele (= Die Hochzeit, Dr., 1901), Novembernacht (Dr., 1904; dt. 1918), Die Richter (Dr., 1907; dt. 1933).
Ausgaben: St. W. Dzieła. Warschau 1924–32. 8 Bde. – St. W. Dramat. Werke. Dt. Übers. Bd. 1. Bln. 1918 [m.n.e.] [mit Biogr.].
Literatur: Backvis, C.: *Le dramaturge Stanislas Wyspianski, 1869–1907. Paris 1952.* – Barbasz, W.: *W. na tle romantyzmu. Lemberg 1932.* – Markovic, Z.: *Der Begriff des Dramas bei W. Agram 1915.*
Wyß, Johann David [vi:s], ≈ Bern 28. Mai 1743, † ebd. 11. Jan. 1818, schweizer. Schriftsteller.
Vater von Johann Rudolf W.; studierte Theologie, war Pfarrer am Berner Münster; schrieb das Jugendbuch „Der Schweizer. Robinson, oder..." (hg. 1812–27) unter dem Einfluß der Robinsonaden mit geschickter Verbindung von abenteuerl. Zügen und belehrender Tendenz.
Wyß, Johann Rudolf [vi:s], * Bern 4. März 1782, † ebd. 21. März 1830, schweizer. Schriftsteller.
Studierte Theologie und Philosophie; Professor der Philosophie in Bern, später Tätigkeit an der Berner Stadtbibliothek. Erzähler mit Themen aus dem schweizer. Volksleben, Hg. von Volksschrifttum; Verfasser der schweizer. Hymne (bis 1961) „Rufst du, mein Vaterland".
Hauptwerke: Idyllen, Volkssagen, Legenden und Erzählungen aus der Schweiz (1815–22), Reise in das Berner Oberland (1816/17).

X

Xaver, Franz † Kappus, Franz Xaver.
Xenius [span. 'ksenius] † Ors y Rovira, Eugenio d'.
Xenophanes, * Kolophon um 565, † Elea (Lukanien) um 470, griech. Dichter und Philosoph.
Wurde aus der Heimat vertrieben und führte als Rhapsode und Wanderphilosoph ein unstetes Leben, bis er in Unteritalien eine neue Heimat fand. X., der die anthropomorphe Gottesvorstellung der Griechen entschieden bekämpfte, fand von der Poesie her zur Philosophie. Er verwarf die gesamte antike Mythologie und wandte sich v.a. gegen Homer und Hesiod. Den vielen Göttern des Volksglaubens stellt er einen höchsten Gott gegenüber, der völlig unbewegl. nur in sich ruht. Auch die Dichtungen sind mit seiner Lehre eng verbunden. Seine Spottgedichte „Silloi" wenden sich krit. gegen traditionelle Sitten und Vorstellungen; neben religionskrit. und theolog. Dichtungen stehen kosmolog. sowie ein größeres Lehrgedicht „Über die Natur"; Parmenides, sein bedeutendster Schüler, führte die Lehre fort.
Ausgabe: Senofane. Testimonianze e frammenti. Italien. Übers. Hg. v. M. Untersteiner. *Florenz; Gött. 1956.*
Literatur: Untersteiner, M.: *Il problema del conoscere in Senofane. In: Sophia 23 (1955).* – Corbati, C.: *Studi Senofanei. Triest 1952.* – Lumpe, A.: *Die Philosophie des X. v. Kolophon. Diss. Mchn. 1952.*
Xenophon, * Athen um 430, † Korinth (?) um 354, griech. Geschichtsschreiber.
Aus einer vermögenden Familie; schloß sich als junger Mann Sokrates an; ließ sich 401 für den Feldzug des jüngeren Kyros gegen dessen Bruder Artaxerxes II. gewinnen; nach der Schlacht von Kunaxa gelang es X., die 10000 griech. Söldner auf dem gefährl. Rückzug sicher nach Trapezunt zu geleiten. In der Heimat geriet er, der der Demokratie abgeneigte Aristokrat, in immer stärkeren Ggs. zu Athens Politik, weshalb er auf die

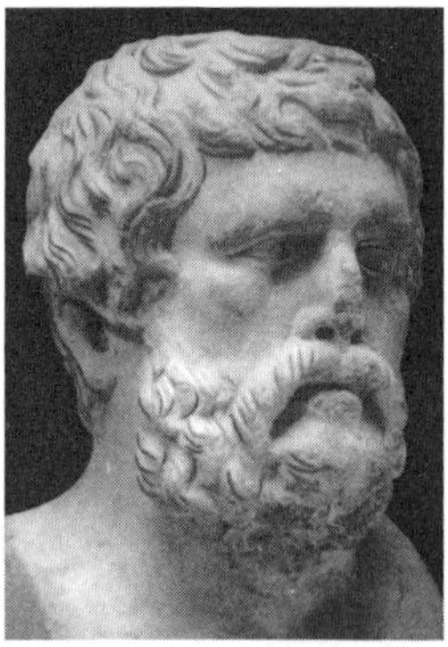

Xenophon

Seite Spartas trat und von den Athenern als Landesverräter ausgebürgert wurde; er ließ sich auf dem Landgut Skillus bei Olympia nieder, mußte jedoch nach Korinth fliehen, wo er bis zu seinem Lebensende blieb. X., der sich des reinsten Att. bediente, der sich in seinen zahlreichen Schriften durch klare Schlichtheit der Sprache und leichte Faßlichkeit der Gedanken auszeichnete, wurde im ganzen Altertum geschätzt. Bewußt an Thukydides anknüpfend, konnte er sein großes Vorbild nicht erreichen, da er histor. Fakten mit allzu Episodenhaftem, Didakt.-Moral. und eigener Empfindung durchsetzte. Sein Gesamtwerk läßt sich in 4 Gruppen einteilen: 1. sokrat. Schriften: „Apologie" (nach Platons Vorbild), „Apomnemoneumata" (lat. „Memorabilia" = Erinnerungen), „Symposion" (= Gastmahl); 2. polit. Schriften: „Hieron" (über das Ideal des Herrschers), „Agesilaos" (Lobrede auf den Spartanerkönig), „Der Staat der Spartaner", „Kyru paideia" (Erziehungsroman); 3. histor. Schriften: „Anabasis" (Darstellung des Marsches der griech. Söldner gegen Artaxerxes), „Hellenika" (Forts. von Thukydides' Geschichtswerk von 411 bis 362); 4. kleine Lehrschriften: „Oikonomikos" (über richtige Haushaltsführung), „Poroi" (über die Staatsfinanzen), „Hipparchikos"

(Anweisung für den Reiterführer), „Über die Reitkunst", „Pferdehaltung", „Über die Jagd".
Ausgaben: X. Des Kyros Anabasis. Der Zug der Zehntausend. Dt. Übers. v. H. Vretska. *Stuttg. 1958. – X. Die sokrat. Schrr. Memorabilien. Symposion. Oikonomikos. Apologie. Dt. Übers. Hg. v.* E. Bux. *Stuttg. 1956. – Xenophontis Opera omnia. Hg. v.* E. C. Marchant. *Oxford 1900–20. 5 Bde. – X. Werke. Griech. u. dt. Lpz. 1856–63. 4 Tle.*
Literatur: Breitenbach, H. R.: *X. v. Athen. Mit Anhang: Politeia Athēnaion (Pseudo-X.) v.* M. Treu. *Stuttg. 1966.* – Delebecque, E.: *Essai sur la vie de Xénophon. Paris 1957.* – Münscher, K.: *X. in der griech.-röm. Lit. Lpz. 1920.* – Sturz, F. W.: *Lexicon Xenophonteum. Lpz. 1801–04. 4 Bde. Nachdr. Hildesheim 1964.*

Xenophon von Ephesos, griech. Schriftsteller des 2./3. Jahrhunderts.
Erhalten sind 5 Bücher seines Romans „Ephesiaka" (= Ephes. Geschichten), die Liebesgeschichte von Antheia und Habrokomes; wahrscheinl. nur in einem Auszug erhalten.

Xenopulos, Grigorios; tl.: Xenópoulos, Grēgórios [neugr. ksɛ'nɔpulɔs], * Konstantinopel (heute Istanbul) 9. Dez. 1867, † Athen 14. Jan. 1951, neugriech. Dramatiker und Erzähler.
Studierte Physik und Mathematik; freier Schriftsteller; griff in seinem Werk, das Romane, Erzählungen und psycholog. motivierte Dramen umfaßt, Probleme des gesellschaftl. Lebens auf und nahm zu sozialen Konflikten Stellung; bed. als Mitbegründer des neugriech. Theaters.

Y

Yahya Kemal Beyatlı ↑ Beyatlı, Yahya Kemal.

Yakup Kadri Karaosmanoğlu ↑ Karaosmanoğlu, Yakup Kadri.

Yamamoto, Yûzô ↑ Jamamoto, Juso.

Yaşar Kemal [türk. ja'ʃar kɛ'mal], * Gökçeli (Adana) 1922, türk. Schriftsteller.
Angestellter, Hilfslehrer und Landarbeiter, schließl. Journalist. Begann mit Lyrik, schrieb dann realist. Romane und Erzählungen, in denen er das anatol. Landleben schildert. In dt. Sprache erschienen die Erzählung „Anatolischer Reis" (dt. 1962) und der vor geschichtl. Hintergrund spielende Roman „Ince Memed" (dt. 1960, 1965 u.d.T. „Memed mein Falke").

Yeats, William Butler [engl. jɛıts], * Dublin-Sandymount 13. Juni 1865, † Roquebrune-Cap-Martin bei Nizza 28. Jan. 1939, ir. Dichter.
Widmete sich früh seinen künstler. Neigungen; fand, nach Kunststudien in Dublin, vom Anfang der 90er Jahre an Verbindung zu den Londoner Literaten, u.a. Wilde; und Zugang zur Dichtung des frz. Symbolismus; setzte sich als Mitbegründer des „Rhymer's Club" für die Förderung der engl.-sprachigen ir. Literatur ein und gründete 1899 mit Unterstützung von Lady Gregory das spätere „Abbey Theatre", das ir. Nationaltheater, das er bis zum Lebensende leitete, für dessen Repertoire er eigene Beiträge lieferte und für das er Synge gewann; starkes Interesse für Philosophie, Theosophie und v.a. Spiritismus; zuletzt auch polit. tätig; Nobelpreis 1923. Y., der bes.

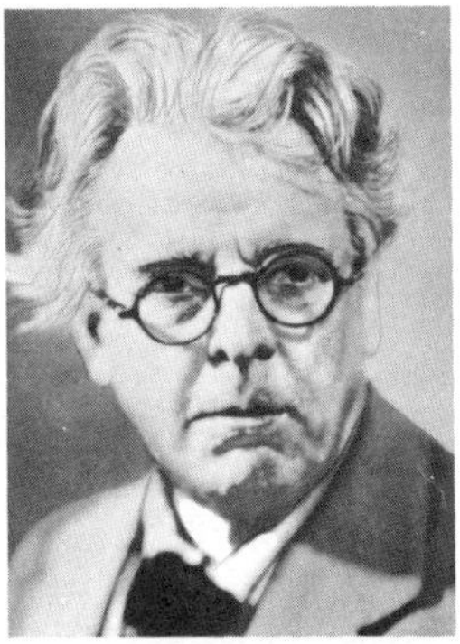

William Butler Yeats

die Erneuerung der ir. Literatur aus dem Geist der kelt. Vorgeschichte seines Landes anstrebte, gilt als der hervorragendste Dichter der engl.-sprachigen ir. Literatur; von der ästhetizist. „dekadenten" Dichtung der Jahrhundertwende ausgehend, fand Y. den Weg zu einer auf altir. Vorbildern aufbauenden, von den zeitgenöss. Dichtern, darunter Baudelaire und Verlaine, beeinflußten Lyrik; seine von vielen Seiten, u.a. von der jap. Literatur angeregten Werke repräsentieren eine national-ir., myth.-myst., oft symbolist. Dichtung; zu Y.' bedeutendsten Werken gehören seine ir. Versdramen, die bei aller Eigenart z.T. stark Shakespeare verpflichtet sind.
Hauptwerke: The wanderings of Oisin (Dichtungen, 1889), Gräfin Cathleen (Dr., 1892; dt. 1925), Das Land der Sehnsucht (Dr., 1894; dt. 1911), Die chym. Rose (E., 1897; dt. 1927), The wind among the reeds (Ged., 1899), Schattige Wasser (Dr., 1900; dt. 1933), Die Tochter von Houlihan (dramat. Dichtung, 1902; dt. EA 1939), Die Schwelle des Königs. Der Strand von Baile (Dramen, 1904; dt. 1934f.), Deirdre (Schsp., 1907), Das Einhorn von den Sternen (Schsp., 1908; dt. 1933), Das Stundenglas (Schsp., 1913; dt. 1933), Four plays for dancers (Dr., 1921), The lake isle of Innisfree (Ged., 1924), The cat and the moon (Spiel, 1924), Autobiography (1926), Der Turm (Dichtung, 1928; dt. 1958), Words for music perhaps (Ged., 1932), Last poems and two plays (1939).
Ausgaben: W. B. Y. The variorum edition of the plays. Hg. v. R. K. Alspach *u.* C. C. Alspach. *London u.a. 1966. – W. B. Y. Gedichte. Ausw. Dt. Übers. Nachw. v.* H. E. Herlitschka. *Zürich 1958. – W. B. Y. The variorum edition of the poems. Hg. v.* P. Allt *u.* R. K. Alspach. *London u.a. 1957. – W. B. Y. Ir. Schaubühne. Dt. Übers. v.* H. v. Heiseler. *Mchn. 1933. – W. B. Y. The collected works in verse and prose. London 1908. 8 Bde.*
Literatur: Bülow, I. v.: *Der Tanz im Drama. Unterss. zu W. B. Y.' dramat. Theorie u. Praxis. Bonn 1969.* – Lander, J.: *W. B. Y. Die Bildersprache seiner Lyrik. Stuttg. 1967.* – Völker, K.: *Ir. Theater I: W. B. Y./John Millington Synge. Velber 1967.* – Kleinstück, G.: *W. B. Y. oder Der Dichter in der modernen Welt. Hamb. 1963.* – Hone, J.: *W. B. Y. 1865–1939. New York ²1962.* – Ellmann, R.: *Y. The man and the masks. London 1949.*

Yepes [y] Álvarez, Juan de [span. 'jepes (i) 'alβareθ] ↑ Juan de la Cruz.

Yerby, Frank [Garvin] [engl. 'jə:bɪ], * Augusta (Ga.) 5. Sept. 1916, farbiger amerikan. Schriftsteller.
Lebt in Frankreich; Verfasser unterhaltender, erfolgreicher, meist histor. Romane aus dem Leben der Südstaaten.
Hauptwerke: Eine Welt zu Füßen (R., dt. 1950), Louisiana-Fieber (R., dt. 1953), Pirat und Gentleman (R., dt. 1951), Ich kaufe New York (R., dt. 1949), Des Teufels Gelächter (R., dt. 1954), Die Rebellin (R., dt. 1956), Kapitän Rebell (R., dt. 1957), Die Ehre der Garfields (R., dt. 1962), Ein Ruch von Heiligkeit (R., dt. 1967).

Yorke, Henry Vincent [engl. jɔ:k] ↑ Green, Henry.

Yosano, Akiko ↑ Josano, Akiko.

Yosano, Tekkan ↑ Josano, Tekkan.

Yoshida Kenkô ↑ Joschida Kenko.

Young, Edward [engl. jʌŋ], ≈ Upham (Hampshire) 3. Juli 1683, † Welwyn (Hertford) 5. April 1765, engl. Dichter.
Sohn eines Geistlichen; zog nach Abschluß seiner Ausbildung in Winchester und Oxford die geistl. Laufbahn der jurist. vor, erhielt aber 1730, inzwischen Hofkaplan, nur eine bescheidene Pfarrei. Y.s poet. Schaffen, das Verssatiren im Geist der Aufklärung, geistl. Dichtungen, Dramen u.a. Werke unterschiedl. literar. Niveaus umfaßt, fand seinen Höhepunkt in den „Klagen oder Nachtgedanken über Leben, Tod und Unsterblichkeit..." (1742ff., dt. 1760ff.), einer umfangreichen Blankversdichtung, die durch den der zeitgenöss. Dichtung unbekannten, gefühlvoll-elegischen, dabei meditativen, oft rhetor. Ausdruck sofort berühmt wurde; Y., der als Essayist die Wertmaßstäbe der klassizist. Dichtung bekämpfte und sich für die Aufwertung des spontanen, intuitiven Dichtens einsetzte, hatte großen Einfluß in Deutschland, v.a. auf Klopstock und die literar. Strömungen des Sturm und Drangs und der Romantik.
Ausgabe: E. Y. The complete works, poetry and prose. Hg. v. J. Doran *u.* J. Nichols. *London 1854. 2 Bde. Nachdr. Hildesheim 1968 [mit Biogr.].*
Literatur: Bliss, I. S.: *E. Y. New York 1968.* – König, E.: *E. Y. Versuch einer gedankl. Interpretation auf Grund der Frühwerke. Bern u. Mchn. 1954.* – Shelley, H. C.: *The life and letters of E. Y. London 1914.*

Young, Francis Brett [engl. jʌŋ], * Halesowen (Worcester) 13. Juli 1884, † Kapstadt 28. März 1954, engl. Schriftsteller.
Sohn eines Arztes; ergriff den Beruf seines Vaters; zahlreiche Reisen nach Afrika, in die USA und den Fernen Osten; zeitweise Militär- und Schiffsarzt; ging nach dem 2. Weltkrieg nach Südafrika. Y. schrieb spannende Afrikaromane u.a. Prosawerke über südafrikan. Themen sowie Gedichte; wandte sich zunehmend dem Heimatroman und dem psycholog. vertieften Frauen- und Ärzteroman zu; sein literar. Werk gibt seinem pessimist. trag. Lebensgefühl Ausdruck.
Hauptwerke: Der junge Arzt (R., 1919; dt. 1953), Der schwarze Diamant (R., 1921; dt. 1930), Pilgers Rast (R., dt. 1928), Brandung (R., dt. 1928), Claire (R., 1927; dt. 1950), Mein Bruder Jonathan (R., 1928; dt. 1949), Das Haus unter Wasser (R., 1932; dt. 1951), Des Lebens Bogen (R., 1938; dt. 1951), Die Stadt des Goldes (R., 1939; dt. 1943).
Literatur: Young, J. B.: *F. B. Y.: A biography. London 1962.*

Yourcenar, Marguerite [frz. jursə'na:r], eigtl. M. de Crayencour, * Brüssel 8. Juni 1903, frz. Schriftstellerin.
Studierte in Frankreich und England und unternahm weite Reisen in Europa, Amerika und dem Vorderen Orient; lehrt frz. Literatur an einem New Yorker College; erneuerte mit ihren psycholog. fundierten Romanen, die in Stoff und Gehalt von der Antike geprägt sind, den frz. histor. Roman; berühmtestes Werk: „Ich zähmte die Wölfin" (dt. 1953), imaginäre Memoiren des röm. Kaisers Hadrian.
Weitere Werke: Alexis oder Der vergebl. Kampf (R., 1929; dt. 1956), La nouvelle Eurydice (R., 1931), Pindare (Biogr., 1932), Le denier du rêve (R., 1934), Les songes et les sorts (R., 1938), Nouvelles orientales (1938), Der Fangschuß (R., 1939; dt. 1968), Électre ou... (Dr., 1954), Die schwarze Flamme (R., dt. 1969).

Yüan Mei, * Chien-tang (Tschekiang) 25. März 1716, † Nanking 3. Jan. 1798, chin. Dichter.
Kurze Zeit im Staatsdienst, zog sich bereits 1749 aus dem öffentl. Leben zurück und wohnte auf seinem Gut Sui-yüan in Nanking; ein talentierter Dichter mit Witz und Sinn für Geselligkeit, versammelte eine große Schar von Schülern, darunter auch begabte Frauen. Als Theoretiker vertrat er die Ansicht, der Dichter müsse – von jedem Formalismus gelöst – seine Gefühle frei ausdrücken. Bekannt seine Novellensammlung „Tzupuyü" (= Wovon Konfuzius nicht sprach).

Yusuf Sinan Şeyhî [türk. ju'suf si'nɑn ʃɛi'hi], * Kütahya 2. Hälfte des 14. Jh.s, † ebd. um 1427, türk. Dichter.
Arzt; umfassend gebildet; sein „Harname" (= Eselsbuch, dt. 1952) ist ein satir. Meisterwerk. Lyrik in vollendeter Form, an Hafes erinnernd, anknüpfend an Nesami und Ahmedî.

Z

Zabłocki, Franciszek Mikołaj [poln. za'buɔtski], * in Wolynien 2. Jan. 1750, † Końskowola 10. Sept. 1821, poln. Dichter.
Adliger Abstammung, wurde von Jesuiten erzogen, war Schreiber und Privatlehrer; Anhänger eines bürgerl. Radikalismus; nahm am Kościuszko-Aufstand teil und wurde schließl. Priester; schrieb polit. Satiren und Pamphlete; übertrug fremdsprachige, v.a. frz. Dramen und überarbeitete sie so, daß sie in der poln. Fassung das Original übertrafen.

Zabolockij ↑ Sabolozki.

Záborský, Jonáš [slowak. 'za:bɔrski:], * Záhoří 2. Febr. 1812, † Župčany 23. Jan. 1876, slowak. Schriftsteller.
Ev. Pfarrer, konvertierte zum Katholizismus, Redakteur; schrieb zunächst in tschech., später slowak. Sprache; verfaßte v.a. Tragödien und Lustspiele, auch Fabeln, Satiren, Romane und Erzählungen; stand in Opposition zu Štúr.

Zachariae, Justus Friedrich Wilhelm [...ɛ], * Bad Frankenhausen/Kyffhäuser 1. Mai 1726, * Braunschweig 30. Jan. 1777, dt. Dichter.
Studierte Rechtswissenschaft; Lehrer, dann Professor am Carolinum in Braunschweig; Schüler und Anhänger Gottscheds, gehörte dem Kreis der Bremer Beiträger an; bekannt als Verfasser satir.-kom. Versepen nach dem Vorbild A. Popes, am bekanntesten das kom. Heldenepos „Der Renommiste" (1744); auch Fabeldichter.
Weitere Werke: Poesien (1754), Der Tempel des Friedens (Epos, 1756), Miltons Verlorenes Paradies (Übers., 1762), Fabeln und Erzählungen ... (1771).
Literatur: Meyen, F.: *Bremer Beiträger am Collegium Carolinum in Braunschweig. Braunschweig 1962.* – Kaspar, H.: *Die kom. Epen v. F. W. Z. Breslau 1935.* – Zimmer, H.: *Just F. W. Zachariä u. sein Renommist. Ein Beitrag zur Litteratur- u. Kulturgesch. des 18. Jh.s. Lpz. 1892.*
Zacharias ↑ Bibel.
Zahn, Ernst, * Zürich 24. Jan. 1867, † ebd. 12. Febr. 1952, schweizer. Schriftsteller.
Sohn eines Gastwirts, 1887–1920 Bahnhofswirt in Göschenen. Schildert in volkstüml. Romanen kraftvoll und realist. das Leben der Bauern seiner Heimat.
Hauptwerke: Herrgottsfäden (R., 1901), Die Clari-Marie (R., 1905), Die Frauen von Tannò (R., 1911), Frau Sixta (R., 1926), Ins dritte Glied (R., 1937), Die große Lehre (R., 1943).
Ausgabe: E. Z. Ges. Werke. Stuttg. ¹⁻²1914–25. 20 Bde.
Literatur: Fuchs, V.: *Die Probleme der Liebe u. Ehe bei E. Z. Diss. Wien 1951 [Masch.].* – Kohl, K.: *E. Z. als Dichter u. Mensch. Hdbg. 1947.* – Spiero, H.: *E. Z. Stuttg. 1927.*
Zajcev ↑ Saizew.
Zaleski, Józef Bohdan [poln. za'lɛski], * Bohaterka (Ukraine) 14. Febr. 1802, † Villepreux bei Paris 31. März 1886, poln. Dichter.
Aus einer Landadelsfamilie, studierte in Warschau, wurde Hauslehrer; bildete mit Goszczyński und Grabowski eine Dichtergruppe; nahm an der Erhebung von 1830/31 teil und mußte emigrieren. Er gehörte der „ukrain. Schule" der poln. Romantik an, besang in seinen Gedichten, Liedern und Balladen, von der Volksdichtung beeinflußt, seine Heimatlandschaft und das Leben der Kosaken. In der Emigration pflegte Z. mehr die religiöse und philosoph. Dichtung; zu seinen Hauptwerken gehört die Idylle „Die heilige Familie" (dt. um 1877).
Zamfirescu, Duiliu [rumän. zamfi'resku], * Plăineşti (heute Dumbrăveni) 30. Okt. 1858, † Agapia 3. Juni 1922, rumän. Schriftsteller.
Studierte Rechtswissenschaft, war kurze Zeit Anwalt, dann Journalist und seit 1885 als Diplomat tätig. Nach dem 1. Weltkrieg wurde er Abgeordneter und Senator und war Außenminister. Seine frühe Lyrik ist noch von der frz. Romantik beeinflußt, später schloß er sich der Vereinigung „Junimea" um Maiorescu an und arbeitete jahrzehntelang für deren Zeitschrift „Convorbiri literare". Er schrieb Sonette über die Schönheit seiner Heimatlandschaft und Italiens, daneben Dramen, Novellen und Romane. Sein bedeutendstes Werk ist der aus 5 Romanen bestehende Zyklus „Comăneştenii" (1894–1916), der den Einfluß Tolstois verrät; er vermittelt ein farbiges und umfassendes Zeitbild.
Weitere Werke: Nuvele (Novellen, 1888), Furfanto (Novellen, 1911).
Zamfirescu, George Mihail [rumän. zamfi'resku], * Bukarest 25. Okt. 1898, † ebd. 8. Okt. 1939, rumän. Schriftsteller.
Aus Arbeitermilieu, studierte Literatur und leitete einige avantgardist. Bühnen. Z. zeichnete in seinen dramat. Werken und Romanen das elende Dasein der kleinen Leute in den Armenvierteln der Großstadt in verbittert-pessimist., oft lyr.-überschwengl. Ton.
Hauptwerke: Domnişoara Nastasia (= Fräulein Nastasia, Tragikom., 1927), Maidanul cu dragoste (= Schuttabladeplatz mit Liebe, R., 1933), Sfînta mare neruşinare (= Die hl. große Schamlosigkeit, R., 1935).
Zamjatin ↑ Samjatin.
Zand, Herbert, * Knoppen bei Bad Aussee 14. Nov. 1923, östr. Schriftsteller.
Während des 2. Weltkriegs an der Ostfront; freier Schriftsteller; setzt sich in Gedichten und Romanen mit gesellschaftskrit. Themen und dem Kriegserlebnis auseinander.
Hauptwerke: Die Sonnenstadt (R., 1949), Letzte Ausfahrt (R., 1953), Die Glaskugel (Ged., 1953), Der Weg nach Hassi el Emel (R., 1956), Erben des Feuers (R., 1961).
Zangwill, Israel [engl. 'zæŋgwɪl], * London 14. Febr. 1864, † Midhurst (Sussex) 1. Aug. 1926, engl. Schriftsteller.
Russ.-jüd. Abstammung; zeitweilig Lehrer; Zionist und Begründer sowie 1. Präsident der „International Jewish Territorial Organization". Erzähler und erfolgreicher Dramatiker, v.a. mit Stoffen aus dem Getto.
Hauptwerke: Kinder des Ghetto (Skizzen, dt. 1897), Der König der Schnorrer (R., dt. 1897), Der Meister (R., 1895; dt. 1910), Träumer des Ghetto (Skizzen, 1898; dt. 1908), Komödien des Ghetto (Kurzgeschichten, 1907; dt. 1910), The melting pot (Dr., 1908), Plaster saints (Dr., 1914), The cockpit (Dr., 1922).
Literatur: Wohlgelernter, M.: *I. Z. New York 1964.* – Leftwich, J.: *I. Z. London 1957.*
Zapolska, Gabryela [poln. za'pɔlska], eigtl. Korwin-Piotrowska, Pseudonym Józef Maskoff, * Kiwerce (Wolynien) 1860, † Lemberg 17. Dez. 1921, poln. Schriftstellerin.
Adliger Abstammung, sorgfältige Erziehung. Nach zwei unglückl. Ehen wurde sie Schauspielerin, trat auf poln. Bühnen und in Paris auf, war Kritikerin und leitete eine Schauspielschule. Durch ihr persönl. Schicksal wurde ihre oppositionelle Einstellung zur Gesellschaft, zum Bürgertum und gegenüber allen Konventionen noch gefördert. Als führende Vertreterin des poln. Naturalismus kritisierte sie, beeinflußt von Zola, soziale und moral. Zustände und bes. die unbefriedigende Stellung der Frau; ihre Bücher waren mehrfach Anlaß zu Literaturskandalen. Sie schrieb Novellen, Romane und dramat. Werke; ihre bühnenwirksamen Stücke konnten sich bis heute im Repertoire der poln. Bühnen halten.
Hauptwerke: Käthe (R., 1888; dt. 1902), Die Warschauer Zitadelle (Dr., 1898; dt. 1916), Der Polterabend (Dr., 1900; dt. 1912), Sommerliebe (R.,

1905; dt. 1915), Die Moral der Frau Dulska (Dr., dt. 1912), Wovon man nicht spricht (R., dt. 1913), Woran man nicht denken mag (R., dt. 1917).

Zarathustra (Zoroaster), eigtl. Spitama, * um 630 (?), † um 553 (?), iran. Religionsstifter.
Nach den Gathas des „Awesta" Priester (?) aus einem iran. Viehzüchterstamm. Z. verstand sich selbst als Reformator der altiran. Volksreligion, die er zu ursprüngl. Reinheit zurückführen wollte; die von Z. stammenden 16 Gathas, die, in dichter. vollendeter, feierl., jedoch dunkler und schwerverständl. ostiran. Sprache gestaltet, in den Jasna-Kapiteln 28–34 und 43–51 des „Awesta" niedergeschrieben sind, bilden die Grundlage unserer Kenntnis seiner Lehre; in ihnen bekennt Z. seinen Glauben an den einen Gott Ahura Masdah, der sich ihm in Visionen und Auditionen offenbart hat. Die Menschen müssen sich durch ein reines und wahres Leben für Ahura Masdah und für das Reich des Lichtes entscheiden gegen Ahriman und dessen Reich der Finsternis, das am Ende der Zeiten vom Reich des Lichtes überwunden wird. Hatte Z.s prophet. Verkündigung über Ahura Masdah anfangs keinen Erfolg, so wurde später der Fürst Vishtaspa, der die neue Lehre annahm, Z.s Protektor und Verbreiter der Religion.
Ausgabe: Humbach, H.: *Die Gathas des Z. Hdbg. 1959. Textbd., Kommentarbd.*
Literatur: Z.s Jenseitsvorstellungen u. das A. T. Freib. 1964. – Hinz, W.: *Z. Stuttg. 1961.* – Altheim, F.: *Z. u. Alexander. Frkf. u. Hamb. 1960.* – Henning, W. B.: *Politician or witch-doctor? Zoroaster. London 1951.* – Herzfeld, E. E.: *Zoroaster and his world. Princeton (N. J.) 1947. 2 Bde.*

Žarnov, Andrej [slowak. 'ʒarnɔu̯], eigtl. František Šubík, * Kuklovo 19. Nov. 1903, slowak. Schriftsteller.
Professor für Pathologie in Preßburg. Schrieb Gedichte in kämpfer. Ton, in denen er sich für die polit. Rechte seiner Heimat einsetzte. Später fand er zu Gefühlslyrik und philosoph. Meditation; auch Übersetzungen aus der Weltliteratur.

Zatertyj, Aleksej † Nowikow-Priboi, Alexei Silytsch.

Zatzikhoven, Ulrich von † Ulrich von Zatzikhoven.

Závada, Vilém [tschech. 'za:vada], * Hrabová bei Ostrau 22. Mai 1905, tschech. Lyriker.
Studierte Literatur, Bibliothekar in Prag; zeichnet in seiner Dichtung Schönheit und Armut Mährisch-Schlesiens in melanchol.-pessimist. Tönen; später optimistischere Einstellung.

Zavattini, Cesare [italien. tsavat'ti:ni], * Luzzara (Reggio Emilia) 20. Sept. 1902, italien. Schriftsteller.
Mitarbeiter zahlreicher Zeitungen und Zeitschriften; origineller Humorist; schrieb v.a. Drehbücher für neorealist. Filme („Fahrraddiebe", 1948).
Weitere Werke: Liebenswerte Geister. Kleine Reise ins Jenseits (En., 1931; dt. 1958), Wie ein Drehbuch entsteht (Dr., dt. 1961), Umberto D. (Drehb., dt. 1964).

Zawieyski, Jerzy [poln. za'vjɛjski], * Radogoszcz bei Lodz 2. Okt. 1902, † Warschau 18. Juni 1969, poln. Schriftsteller.
Besuchte eine Schauspielschule; in seiner Jugend linksradikaler Atheist, später führender kath. Schriftsteller Polens; Mitarbeiter an mehreren Zeitschriften, im Vorstand des Schriftstellerverbandes; schrieb Prosa, mehrere Dramen und Betrachtungen. Dt. liegt vor „Kreuzweg der Liebe" (1947).

Zbranský, Jozef [slowak. 'zbranski:] † Hviezdoslav.

Zeami Motokiyo † Seami Motokijo.

Zech, Paul, Pseudonyme Paul Robert, Timm Borah, * Briesen (Nordböhm. Gebiet) 19. Febr. 1881, † Buenos Aires 7. Sept. 1946, dt. Lyriker, Erzähler und Dramatiker.
Studierte in Bonn, Heidelberg und Zürich, war dann Bergmann im Ruhrgebiet; Tätigkeit in der Gewerkschaft; später u.a. Redakteur und Dramaturg in Berlin, emigrierte 1934 nach Südamerika; themat. und stilist. der expressionist. Bewegung zugehörig, kämpfte in seinem sozialrevolutionären Werk v.a. gegen die Welt der Industrie und gegen jede Art von Gewalt; in den Dramen um echte zwischenmenschl. Beziehungen bemüht; bed. als Übersetzer aus dem Französischen.
Hauptwerke: Waldpastelle (Ged., 1910), Schollenbruch (Ged., 1912), Das schwarze Revier (Ged., 1913), Der schwarze Baal (Novellen, 1917), Das Grab der Welt (Prosa, 1919), Golgatha (Ged., 1920), Der Wald (Ged., 1920), Das Terzett der Sterne (Ged., 1920), Neue Welt (Ged., 1939), Kinder vom Paraná (R., 1952).
Literatur: Müller, Joachim: *Die Akte P. Z. Weimar 1965.* – *P. Z. 19. Febr. 1881 bis 7. Sept. 1946. Hg. v.* F. Hüser. *Dortmund 1961.*

Zedlitz, Joseph Christian Freiherr von, * Schloß Johannisberg bei Jauernig 28. Febr. 1790, † Wien 16. März 1862, östr. Lyriker, Dramatiker und Epiker.
Am Gymnasium Breslau Mitschüler Eichendorffs, Berufsoffizier, von Metternich als publizist. Mitarbeiter in die Staatskanzlei berufen. Schrieb patriot. Lyrik, das seinerzeit erfolgreiche Versepos „Waldfräulein" (1843) und span. Vorbildern nachgebildete erfolglose Dramen.
Weitere Werke: Turturell (Trag., 1821), Gedichte (1832 und 1859; darin die Napoleon-Ballade „Nächtl. Heerschau").

Zegadłowicz, Emil [poln. zɛga'du̯ɔvitʃ], * Bielitz-Biala 20. Juli 1888, † Sosnowitz 24. Febr. 1941, poln. Dichter.
Ukrain.-tschech. Herkunft, studierte in Krakau und Wien Philosophie, war Beamter, arbeitete als Dramaturg und als Programmdirektor des Rundfunks in Posen. Später zog er sich aufs Land zurück. Z. war Expressionist; verfaßte v.a. Naturpoesie mit Motiven aus dem poln. Landleben; bes. die Beskiden besang er in einem neuen volkstüml. Ton. Als Dramatiker zeigte er anfangs starke Abhängigkeit von Wyspiański, die späteren Stücke waren naturalist. und gesellschaftskrit.; seine autobiograph. Schriften bewirkten wegen krasser Erotik einen Literaturskandal; Z. trat auch als Übersetzer von Goethes „Faust" hervor.

Zejleř, Handrij (Ondřej) [sorb. 'zɛjlɛr] (Andreas Seiler), * Salzenforst bei Bautzen 1. Febr. 1804, † Lohsa (Bez. Cottbus) 15. Okt. 1872, sorb. Dichter.
Ev. Pfarrer; bedeutendster Vertreter der sorb. Romantik. Gab 1830 eine „Kurzgefaßte Gram-

matik der Sorben-Wend. Sprache" heraus; Gründer und Redakteur der ersten regelmäßig in sorb. Sprache erscheinenden Wochenzeitschrift; Volksliedersammler; schrieb patriot. und religiöse Lyrik, auch Naturgedichte; einer der beliebtesten Dichter der Oberlausitzer Sorben. Dt. erschien 1969 die Sammlung „Sorb. Fabeln".

Żeleński, Tadeusz [poln. ʒɛ'lɛi̯ski], Pseudonym Boy, * Warschau 21. Dez. 1874, † Lemberg 4. Juli 1941, poln. Dichter, Kritiker und Übersetzer.
Sohn eines Komponisten, studierte in Krakau und Paris Medizin und arbeitete an der Universitätsklinik in Krakau; gehörte zu den Begründern des ersten literar. Kabaretts in Polen, war angesehener Rezensent und Dramaturg und wurde Mitglied der poln. Literaturakademie; in Lemberg beim Einmarsch der Deutschen von polit. Feinden umgebracht. Z. schrieb lyr. und dramat. Grotesken, literaturkrit. Arbeiten, Feuilletons, Interpretationen und Rezensionen. Seine bedeutendste Leistung aber ist sein über 100 Bände umfassendes hervorragendes Übersetzungswerk, das u.a. Übertragungen Molières, Descartes', Rabelais', Mussets, Balzacs und Prousts enthält.
Hauptwerke: Słówka (Ged., 1913), Flirt z Melpomeną (= Flirt mit Melpomene, Essays, 1920 bis 1932), W Sorbonie i gdzie indziej (= An der Sorbonne und anderswo, Autobiogr., 1927), Znasz li ten kraj? (= Kennst du das Land?, R., 1931).

Žemaitė [lit. ʒæ'mai̯te:], eigtl. Julija Žymantienė, * Bukantė bei Plateliai 31. Mai 1845, † Mariampolė (heute Kapsukas) 7. Dez. 1921, lit. Schriftstellerin.
Aus verarmter Gutsbesitzersfamilie, heiratete einen ehemaligen Leibeigenen; begann erst mit 50 Jahren zu schreiben; verfaßte in lebendiger Volkssprache Erzählungen, aber auch Komödien, Skizzen und Feuilletons, in denen sie das lit. Leben und die sozialen Verhältnisse auf dem Lande schildert.

Zeman, Antonín [tschech. 'zɛman] ↑ Stašek, Antal.

Zeman, Kamil [tschech. 'zɛman] ↑ Olbracht, Ivan.

Zemp, Werner, * Zürich 10. Nov. 1906, † Mendrisio (Tessin) 16. Nov. 1959, schweizer. Lyriker.
Dr. phil., Gymnasiallehrer; in seinen sprachl. und formal vollendeten Gedichten v.a. der Klassik verpflichtet; auch Übersetzer.
Werke: Gedichte (1937), Mörike (Essays, 1939), Gedichte (1943).
Ausgabe: *W. Z. Das lyr. Werk. Aufs., Briefe. Hg. v.* V. Haefeli. *Freib. u. Zürich 1967.*
Literatur: Haefeli, V.: *W. Z. Das Problem einer dt. poésie pure. Freib. u. Zürich 1967.*

Zenon von Elea, * um 490, † um 430 v. Chr., griech. Philosoph.
Schüler des Parmenides, dessen Lehre von der Unteilbarkeit des Seins er verteidigte, indem er mit geschickter Dialektik zu beweisen versuchte, daß die Annahme des Vielen zu Widersprüchen führen müsse, was jedoch zu Trugschlüssen führte, deren bekanntester derjenige des Wettlaufs Achills mit der Schildkröte ist; Z. wurde von Aristoteles als Erfinder der Dialektik bezeichnet; von seinen Schriften sind nur geringe Fragmente erhalten.
Literatur: Grünbaum, A.: *Modern science and Zeno's paradoxes. Middletown (Conn.) 1967.* – Kullmann, W.: *Z. u. die Lehre des Parmenides. In: Hermes 86 (1958), 157.* – Zafiropulo, J.: *Vox Zenonis. Paris 1958.* – Lee, H. D.: *Zeno of Elea. Cambridge 1936.*

Zenon von Kition, * Kition (Zypern) um 336, † um 264 v. Chr., griech. Philosoph.
Kam um 314 als Kaufmann nach Athen, wo er Schüler des Kynikers Krates wurde, dann eine dialekt. Ausbildung bei dem Megariker Stilpon erhielt, außerdem die Akademiker Xenokrates und Polemon hörte. Vor 300 gründete er in der Bunten Halle (= Stoa poikile) eine eigene philosoph. Schule, die den Namen Stoa erhielt und sich großer Beliebtheit erfreute; Z., der über die gesamte griech. Bildung verfügte, gab seiner Zeit ein System, das in 3 Teilen (Physik, Logik und Ethik) ein geschlossenes Weltbild bot. Er schrieb eine „Politeia", daneben 5 Bücher „Homer. Probleme"; nur geringe Bruchstücke sind überliefert.
Literatur: Pohlenz, M.: *Z. u. Chrysipp. Gött. 1938.*

Zephanja ↑ Bibel.

Zereteli, Akaki Rostomowitsch Fürst; tl.: Cereteli, Akakij Rostomovič [russ. tsərɪ'tjeli], * Schwitori 21. Juni 1840, † ebd. 8. Febr. 1915, georg. Dichter.
Zeitweilig in Petersburg, dort Studium der oriental. Philologie; danach wieder in Georgien. Neben Tschawtschawadse bedeutendster georg. Dichter der 2. Hälfte des 19. Jh.s, gleich bed. als Epiker, Lyriker und Dramatiker, jedoch v.a. als Lyriker beliebt; melod. Sprache zeichnet seine Dichtungen aus; stilist. dem Realismus, ideolog. dem Sozialismus nahestehend; auch hervorragender Übersetzer aus der russ. und ukrain. Literatur; eine Auswahl seiner Werke ist dt. u.a. in der Sammlung „Neue georg. Dichter" (1946) erschienen.

Zerkaulen, Heinrich, * Bonn 2. März 1892, † Hofgeismar bei Kassel 13. Febr. 1954, dt. Schriftsteller.
Apotheker, nach schwerer Verwundung im 1. Weltkrieg Journalist, seit 1931 freier Schriftsteller; volkstüml. Lyriker, Erzähler und Dramatiker, dessen Werk von der Lebensfreude rheinischer Menschen starke Impulse empfangen hat.
Hauptwerke: Weiße Astern (Ged., 1912), Lieder vom Rhein (Ged., 1923), Die heiml. Fürstin (R., 1933), Der Reiter (Dr., 1936), Der feurige Gott (R., 1943).

Zerklaere, Thomasin von [tsɛr'klɛ:rə] ↑ Thomasin von Circlaere.

Zerkowski, Zanko Bakalow; tl.: Cerkovski, Canko Bakalov [bulgar. tsɛr'kɔfski], eigtl. Z. Bakalow, * Bjala Tscherkwa 16. Okt. 1869, † Sofia 2. Mai 1926, bulgar. Schriftsteller.
Mitbegründer der bulgar. Bauernunion; mehrmals Minister. Z., als Dramatiker wenig erfolgreich, wurde durch romant., oft humorvolle, optimist. Lyrik bekannt; starke Einflüsse der Volksdichtung; bed. als Schilderer des Dorflebens; auch Liebeslyrik.

Zermatten, Maurice [frz. zɛrma'tɛn], * Saint-Martin (Wallis) 22. Okt. 1910, schweizer. Schriftsteller.
Lehrer am Gymnasium von Sion; Präsident des Schweizer. Schriftsteller-Vereins; schreibt in frz. Sprache meist im bäuerl. Milieu angesiedelte psycholog. Romane, in denen er oft moral. und religiöse Grenzsituationen behandelt; auch Erzählungen, Novellen, Dramen und Essays.

Hauptwerke: Der Heimweg (R., dt. 1941), Unversöhnl. Blut (R., dt. 1943), Christine (R., dt. 1946), Der Garten Gethsemane (R., 1951; dt. 1956), ... denn sie wissen nicht, was sie tun (R., dt. 1959), Wie geläutertes Gold (R., dt. 1962), Der versprochene Maulesel u.a. Erzählungen (dt. 1964).

Zernatto, Guido, * Treffen bei Villach 21. Juli 1903, † New York 8. Febr. 1943, österr. Lyriker und Erzähler.
Polit. tätig (1936–38 Staatssekretär), emigrierte 1938 in die USA, war Dozent in New York; gestaltete in seinem z.T. herben und ursprüngl.-kraftvollen Werk bewußt den Ggs. zwischen ländl. Einfachheit und der Welt der Großstadt; polit. Schriften („Die Wahrheit über Österreich", 1938).
Weitere Werke: Gelobt sei alle Kreatur (Ged., 1930), Die Sonnenuhr (Ged., 1933), Sinnlose Stadt (R., 1934), Der Jahrmarkt (Ged., 1946).
Literatur: Zimmer, I.: *G. Z. Leben u. dichter. Werk. Diss. Graz 1966 [Masch.].*

Żeromski, Stefan [poln. ʒɛˈrɔmski], Pseudonyme Maurycy Zych, Józef Katerla, * Strawczyn bei Kielce 1. Nov. 1864, † Warschau 20. Nov. 1925, poln. Schriftsteller.
Aus verarmter Adelsfamilie, mußte das Studium der Veterinärmedizin aus finanziellen Gründen und wegen Krankheit aufgeben, war Hauslehrer, Bibliothekar, seit 1904 freier Schriftsteller. Schon in seiner Jugend gehörte er Kreisen der radikalen Intellektuellen an. Ż.s frühe Darstellungen aus der poln. Geschichte tragen sowohl realist. wie naturalist. und romant. Züge. Die Wirkung der russ. Literatur auf sein Werk ist deutl. erkennbar. Ż. beschäftigten v.a. soziale Probleme des Bauerntums und die nationale Unabhängigkeit seines Landes. In seinem Roman „Die Heimatlosen" (1900, dt. 1954) kritisierte er den bürgerl. Humanismus. Das großangelegte Werk „In Schutt und Asche" (R., dt. 1904), über die Zeit der Napoleon. Kriege, erinnert an Tolstois „Krieg und Frieden". Später tendierte er zum Kommunismus; sein letzter Roman ist ein Angriff auf Piłsudski.
Weitere Werke: Den Raben und Geiern zum Fraß (En., dt. 1903), Die Geschichte einer Sünde (R., dt. 1910), Der Rächer (R., dt. 1916).
Literatur: Borowy, W.: *O Żeromskim. Rozprawy i szkice. Warschau 1960.* – Schwucht, H.: *St. Ż. u. das Deutschtum. Diss. Freie Univ. Bln. 1953.* – Piołun Noyszewski, St.: *St. Ż. Warschau 1928.*

Zerzer, Julius, * Mureck (Steiermark) 5. Jan. 1889, österr. Schriftsteller.
Realschullehrer in Linz, wo er im Ruhestand lebt; naturverbundener Lyriker und Erzähler mit Themen aus seiner oberöstr. Heimat; auch histor. Romane u.a.
Hauptwerke: Balladen (1909), Stifter in Kirchschlag (E., 1929), Vor den Bergen (Ged., 1932), Der Kronenerbe (R., 1953), Das Bild wird Sinnbild (Ged., 1965).
Literatur: Kurz, E.: *J. Z., eine Monogr. Diss. Innsbruck 1952 [Masch.].*

Zesen, Philipp von, latin. Caesius, Pseudonym Ritterhold der Blaue, * Priorau bei Bitterfeld 8. Okt. 1619, † Hamburg 13. Nov. 1689, dt. Dichter.
Studierte in Wittenberg und Leiden; Gründer der „Teutschgesinnten Genossenschaft"; Mitglied der „Fruchtbringenden Gesellschaft"; in den letzten Lebensjahren ruheloses Dasein in Armut; zeitweise Leinenhändler; bed. Lyriker und Erzähler des Barocks, auch Theoretiker der Dichtkunst („Hochdeutscher Helicon oder ...", 1640; radikale purist. Forderungen); bemühte sich in seinen Romanen bes. um die psycholog. Zeichnung der handelnden Personen; zahlreiche autobiograph. Elemente in der Dichtung.
Weitere Werke: Adriatische Rosemund (R., 1645), Die Afrikan. Sofonisbe (Übers., 1647), Assenat (R., 1670), Dichterisches Rosen- und Liljentahl ... (Ged., 1670), Simson (R., 1679).
Literatur: Kaczerowsky, K.: *Ph. v. Z.s „Adriat. Rosemund". Mchn. 1968.* – Weber-Stockmann, R.: *Die Lieder Ph. v. Z.s. Diss. Hamb. 1962.* – Baumgartner, P.: *Die Gestaltung des Seelischen in Z.s Romanen. Frauenfeld 1942.* – Obermann, H.: *Studien über Z.s Romane. Diss. Gött. 1933.* – ↑ auch Opitz, Martin.

Zetterström, Hans Harald [schwed. ˌsɛtərstrœm], Pseudonym Hasse Z., * Stockholm 23. Mai 1877, † ebd. 1. Juni 1946, schwed. Schriftsteller.
Journalist, Mitarbeiter verschiedener Zeitungen; einfallsreicher Plauderer, in seinen Skizzen tiefgründiger Humorist mit Blick für die menschl. Schwächen; sorgfältiger und geschliffener Stil.
Hauptwerke: Der Dynamithund u.a. Unmöglichkeiten (dt. 1918), Meine merkwürdigste Nacht (dt. 1919), Kapriolen (dt. 1923), Die Schwedenplatte (dt. 1938).

Zeyer, Julius [tschech. ˈzɛjɛr], * Prag 26. April 1841, † ebd. 29. Jan. 1901, tschech. Schriftsteller.
Sohn eines aus Frankreich stammenden Kaufmanns und einer jüd. Mutter aus Prag. Studierte zuerst techn. Wissenschaften, trat bald in das väterl. Geschäft ein. Er bildete sich autodidakt. weiter, unternahm große Reisen und trieb Sprach- und Literaturstudien an verschiedenen europ. Universitäten. Z. gilt als führender Dichter der tschech. Neuromantik; umfassend wie sein Werk sind die Themenkreise, die er bearbeitete. Die Versepen greifen alttschech. und altfrz. Stoffe, seine Dramen ebenfalls histor. Motive auf. Die Romane haben meist mittelalterl. Themen oder behandeln Gegenwartsprobleme. In seinen Dichtungen finden sich neben farbiger Exotik und übersteigerter Erotik Religiosität und myst. Ergriffenheit. Z. schrieb u.a. Vers- und Prosadramen, reflektive Lyrik, Erzählungen, psycholog. Romane und Legenden.
Hauptwerke: Roman von der treuen Freundschaft der Ritter Amis und Amil (R., 1880; dt. 1904), Vyšehrad (Epos, 1880; dt. 1898), Griseldis (Epos, 1883; dt. 1900), Sternenschimmer (R., 1884; dt. 1925), Heimat (Epos, 1886; dt. 1907), Drei Legenden vom Kruzifixe (1895, dt. 1906).

Ziegler und Kliphausen, Heinrich Anselm von ↑ Zigler und Kliphausen, Heinrich Anselm von.

Ziem, Jochen, * Magdeburg 5. April 1932, dt. Schriftsteller.
Studium der Germanistik in Halle und Leipzig, Theatertätigkeit in Greiz und beim Berliner Ensemble, seit 1956 in der BRD, Hilfsarbeiter, Journalist, seit 1965 freier Schriftsteller, lebt in Berlin. Verfasser von aktuellen, gesellschaftskrit. Bühnenstücken und Erzählungen.
Hauptwerke: Die Einladung (Dr., 1967), Nachrichten aus der Provinz. 18 Verhaltensweisen (Szenen, UA 1967), Zahltage (En., 1968).

Ziesel, Kurt, * Innsbruck 25. Febr. 1911, östr. Schriftsteller.
Journalist, stand zeitweise dem Nationalsozialismus nahe, im Krieg Berichterstatter, lebt heute in München. Verfasser von stark umstrittenen zeitpolit. Schriften; in seinen Romanen setzt er sich mit Problemen der Kriegs- und Nachkriegszeit auseinander; auch Lyriker und Essayist.
Hauptwerke: Verwandlung der Herzen (R., 1938), Und was bleibt, ist der Mensch (R., 1951), Daniel in der Löwengrube (R., 1952), Solange wir lieben (R., 1956), Das verlorene Gewissen (Schr., 1958 und 1962), Der endlose Tag (R., 1962), Freiheit und Verantwortung (1966).

Zigler und Kliphausen, Heinrich Anselm von, auch H. A. von Ziegler und Kliphausen, * Radmeritz (Landkreis Görlitz) 6. Jan. 1663, † Liebertwolkwitz bei Leipzig 8. Sept. 1696, dt. Dichter.
Studierte in Frankfurt (Oder) Rechtswissenschaft und Literatur, bewirtschaftete die väterl. Güter. Von Hofmannswaldau beeinflußter Lyriker und Heroidendichter; bekannter jedoch als bed. Vertreter des polit.-heroischen Barockromans mit dessen typ. Merkmalen; bes. „Die Asiatische Banise oder ..." (R., 1689) wurde oft nachgeahmt.
Weitere Werke: Helden-Liebe der Schrift Alten Testaments (Dichtung, 1691), Histor. Labyrinth der Zeit (Schr., 1701–18).
Ausgabe: H. A. v. Z. u. K. Asiatische Banise. Nachwort v. W. Pfeiffer-Belli. *Mchn. 1965.*
Literatur: Pfeiffer-Belli, W.: *Die asiatische Banise. Studien zur Gesch. des höf.-histor. Romans in Deutschland. Bln. 1940.*

Zilahy, Lajos [ungar. 'zilɔhi], * Salonta bei Großwardein 27. März 1891, ungar. Schriftsteller.
Studierte Jura in Budapest, kämpfte im 1. Weltkrieg, schrieb später pazifist. Gedichte; im 2. Weltkrieg gehörte er der Widerstandsbewegung an, emigrierte 1947, heute in den USA; schreibt seither vorwiegend in engl. Sprache. In seinen psycholog.-realist. Romanen befaßt er sich mit moral. und gesellschaftl. Fragen und gestaltet das Kriegserlebnis.
Hauptwerke: Tödl. Frühling (R., dt. 1926), Die Liebe meines Urahnen (R., dt. 1938), Der weiße Hirsch (Schsp., dt. 1937), Die Seele erlischt (R., dt. 1938), Die Jungfrau mit dem Lamm (Schsp., dt. 1937), Die Dukays (R., dt. 1950), Im Herzen des Waldes (R., dt. 1959).

Zil'ber, Veniamin [Aleksandrovič] † Kawerin, Weniamin [Alexandrowitsch].

Zilliacus, Emil [schwed. sili'akus], * Tampere 1. Sept. 1878, † Helsinki 7. Dez. 1961, schwed.-sprachiger finn. Lyriker.
Professor für klass. Philologie in Helsinki; seine formstrenge und wuchtige Lyrik ist der antiken Dichtung verpflichtet und gestaltet daneben nord. Motive; auch Übersetzer, Verfasser von Reisebüchern.
Hauptwerke: Offereld (Ged., 1915), Hellenika (Ged., 1917), Romerska vandringar (Reisebericht, 1924), Vandring (Ged., 1938), Dikter (Ged., 1953).

Zillich, Heinrich, * Kronstadt (Siebenbürgen) 23. Mai 1898, östr. Schriftsteller.
Teilnahme am 1. Weltkrieg, 1919 rumän. Offizier; studierte in Berlin (Dr. rer. pol.), Hg. der siebenbürg. Zeitschrift „Klingsor", Teilnahme am 2. Weltkrieg; in seinem literar. Werk, das Erzählungen, Novellen, Lyrik und Romane umfaßt, ist er stark seiner siebenbürg. Heimat verpflichtet.
Hauptwerke: Attilas Ende (Nov., 1923), Die Strömung (Ged., 1924), Siebenbürg. Flausen (En., 1925), Sturz aus der Kindheit (Novellen, 1933), Der balt. Graf (Nov., 1937), Der Sprung im Ring (R., 1953), Die große Glocke (Autobiogr., 1963).

Zincgref (Zinkgref) ['tsɪŋkgre:f], Julius Wilhelm, * Heidelberg 3. Juni 1591, † Sankt Goar 12. Nov. 1635, dt. Lyriker.
Studierte Rechtswissenschaft in Heidelberg (Dr. jur.); Studienreisen in die Schweiz, nach Frankreich, England und in die Niederlande; Generalauditeur in Heidelberg, später Landschreiber in Kreuznach, dann in Alzey. Frühbarocker Lyriker und Epigrammatiker des Heidelberger Kreises; am bedeutendsten sind seine Sinnsprüche: „Emblemata" (1619) und „Apophthegmata, der Teutschen Scharpfsinnige Kluge Sprüch" (1626 bis 1631); gab ohne Opitz' Erlaubnis dessen „Teutsche Poemata" (1624) mit eigenen und fremden Gedichten heraus.
Literatur: Graupner, R.: *J. W. Z. u. seine Apophthegmata. Diss. Lpz. 1922.* – Schnorr v. Carolsfeld, J.: *W. Z.s Leben u. Schrr. In: Arch. f. Literaturgesch. 8 (1879).*

Zinner, Hedda, verh. Erpenbeck, Pseudonyme Elisabeth Frank, Hannchen Lobesam, * Lemberg 20. Mai 1905, dt. Schriftstellerin.
Besuch der Schauspielschule in Wien, Schauspielerin; emigrierte 1933 nach Prag, nach Moskau, seit 1945 in Berlin (Ost); polit. engagierte Dramatikerin mit kommunist. Tendenz, oft Themen aus der jüngsten Vergangenheit.
Hauptwerke: Unter den Dächern (Ged., 1936), Caféhaus Payer (Schsp., 1945), Fern und nah (Ged., 1947), Der Teufelskreis (Schsp., 1953), Nur eine Frau (R., 1953), Was wäre, wenn ...? (Kom., 1959), Ravensbrücker Ballade (Schsp., 1961).

Zinzendorf, Nikolaus Ludwig Graf von Z. und Pottendorf, * Dresden 26. Mai 1700, † Herrnhut 9. Mai 1760, dt. ev. Theologe und Liederdichter.
Pietist. Erziehung; studierte Rechtswissenschaft, ausgedehnte Reisen, Tätigkeit im Staatsdienst, gründete 1722 aus einer Ansiedlung böhm.-mähr. Brüder auf seinem Besitz die Herrnhuter Brüdergemeine; ließ sich 1737 zum Bischof ordinieren. Verfaßte religiöse Schriften, Reden und zahlreiche pietist.-schwärmer. Kirchenlieder.
Hauptwerke: Sammlung Geist- und Lieblicher Lieder (1725), Teutsche Gedichte (1735).
Ausgabe: N. L. v. Z. Hauptschrr. Hg. v. E. Beyreuther *u.a. Hildesheim 1962–68. 6 Bde., 12 Erg.-Bde.*
Literatur: N. L. Gf. v. Z. Leben u. Werk in Quellen u. Darstt. Hg. v. E. Beyreuther *u.* Gerhard Meyer. *Hildesheim 1969 ff. Auf 7 Bde. berechnet.* – Reichel, J.: *Dichtungstheorie u. Sprache bei Z. Der 12. Anhang zum Herrnhuter Gesangb. Bad Homburg v.d.H. u.a. 1969.* – Beyreuther, E.: *Z. Marburg 1957–61. 3 Bde.* – Uttendörfer, O.: *Z. u. die Mystik. Bln. 1952.* – *Z.-Gedenkb. Hg. v.* E. Benz *u.* H. Renkewitz. *Stuttg. 1951.* – Huober, H.-G.: *Z.s Kirchenliederdichtung. Unters. über das Verhältnis v. Erlebnis u. Sprachform. Bln. 1934.*

Žinzifov, Rajko [makedon. 'ʒinzifɔf], * Veles 15. Febr. 1839, † Moskau 15. Febr. 1877, makedon. Schriftsteller.

Hilfslehrer, dann in Moskau Studium der klass. Philologie, Gymnasiallehrer. Ž. schrieb v.a. patriot. Dichtungen, lyr. Gedichte und Epen und war bemüht, die Welt auf das Schicksal seiner Heimat aufmerksam zu machen; Panslawist. Seine Sprache ist eine Mischung aus bulgar. und makedon. Elementen, durchsetzt von Russizismen; auch Übersetzer.

Zipoli, Perlone [italien. 'tsi:poli] † Lippi, Lorenzo.

Zittrauer, Maria, verh. Röhrer, * Badgastein-Badbruck 10. Jan. 1913, östr. Lyrikerin.
Kaffeehausbesitzerin in ihrem Heimatort; schreibt verinnerlichte, vergeistigte Lyrik in betont sachl. Sprache („Die Feuerlilie", 1954).

Ziya Gökalp, Mehmet [türk. zi'ja gœ'kalp], * Diyarbakır 1875, † Istanbul 25. Okt. 1924, türk. Schriftsteller.
Seiner liberalen Gesinnung wegen im Gefängnis; nach der Revolution im Jahre 1908 Mitglied des jungtürk. „Komitees für Einheit und Fortschritt"; Dozent für Soziologie in Istanbul, 1923 Abgeordneter. Verfasser von soziolog. Schriften; daneben Dichtungen, die von der Mythologie bestimmt sind; wollte mit seiner literar. Tätigkeit ein echtes türk. Volksbewußtsein schaffen. 1922 erschienen 16 seiner Gedichte in dt. Übersetzung.
Literatur: Heyd, U.: *Foundations of Turkish nationalism. The life and teachings of Z. G. London 1950.*

Zlatar [serbokroat. ˌzla:ta:r] † Čubranović, Andrija.

Zlatarić, D[om]inko [serbokroat. ˌzlataritɕ], * Dubrovnik um 1558, † ebd. 1609, ragusan. Dichter.
Schrieb petrarkist. Lyrik; bed. als Übersetzer Tassos, Sophokles' und Ovids.

Zmaj [serbokroat. zma:j] † Jovanović, Jovan.

Żmichowska, Narcyza [poln. ʒmi'xɔfska], Pseudonym Gabryella, * Warschau 4. März 1819, † ebd. 25. Dez. 1876, poln. Schriftstellerin.
Einige Jahre in polit. Haft, später Lehrerin in Warschau; führende Persönlichkeit des demokrat. Dichterkreises „Entuzjaści i Entuzjastki"; Vorkämpferin der Frauenemanzipation. Mit ihrem Werk gehört sie zur poln. Romantik. Sie schrieb gedankl. reiche, formal vollendete Lyrik, Vers- und Prosaepen und hochgeschätzte Romane, in denen sie sich auch für eine Neuordnung der Gesellschaft einsetzte.
Hauptwerk: Poganka (= Die Heidin, R., 1846).

Żmogas [poln. 'ʒmɔgas] † Rodziewiczówna, Maria.

Zobeltitz, Fedor von, * Spiegelberg (Landkreis Oststernberg) 5. Okt. 1857, † Berlin 10. Febr. 1934, dt. Schriftsteller.
Bruder von Hanns von Z.; war zunächst Offizier, in Berlin Redakteur der „Militär. Blätter"; unternahm weite Reisen; Begründer der Gesellschaft der Bibliophilen und Hg. von deren „Zeitschrift für Bücherfreunde"; schrieb Romane aus der preuß. Adelsgesellschaft und dem Offiziersleben; auch Dramatiker.
Hauptwerke: Die Pflicht gegen sich selbst (R., 1894), Die Johanniter (R., 1894), Der gemordete Wald (R., 1898).

Zobeltitz, Hanns von, Pseudonym Hanns von Spiegelberg, * Spiegelberg (Landkreis Oststernberg) 9. Sept. 1853, † Bad Oeynhausen 4. April 1918, dt. Schriftsteller.
Teilnahme am Krieg 1870/71; später Redakteur von „Daheim" und „Velhagen und Klasings Monatsheften"; schrieb Unterhaltungsromane, Novellen und Autobiographisches; am besten in der Schilderung seiner märk. Heimat.
Hauptwerke: Die ewige Braut (R., 1894), Lichterfelderstraße Nr. 1 (Autobiogr., 1899), Auf märk. Erde (R., 1910), Im Knödelländchen und anderswo (Autobiogr., 1916).

Zoff, Otto, * Prag 9. April 1890, † München 14. Dez. 1963, östr. Schriftsteller.
Studierte in Wien (Dr. phil.), Verlagslektor, dann Dramaturg an den Münchner Kammerspielen; Verlagsdirektor, später freier Schriftsteller und Regisseur, ging 1935 nach Italien, 1941 nach New York, 1949 Rückkehr nach Deutschland, Korrespondent in New York. Begann mit Romanen, dann v.a. Dramatiker und Hörspielautor.
Hauptwerke: Das Haus am Wege (R., 1913), Der Schneesturm (Dr., 1919), Die Prinzipalin (Dr., 1938), König Hirsch (Kom. nach Gozzi, 1959), Die Glocken von London (Dr., 1960), Die Geschwister Erskine (Dr., 1962), Tagebücher aus der Emigration 1939–44 (hg. 1968).

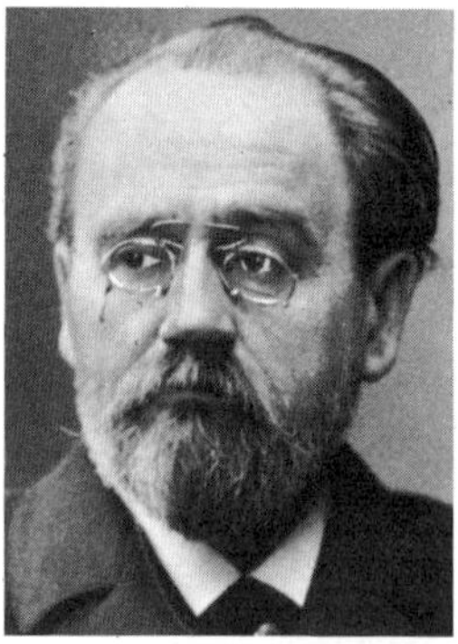

Émile [Édouard Charles Antoine] Zola

Zola, Émile [Édouard Charles Antoine] [frz. zɔ'la], * Paris 2. April 1840, † ebd. 29. Sept. 1902, frz. Schriftsteller.
Sohn eines Ingenieurs italien. Herkunft, früh Waise; wuchs in Aix-en-Provence auf, Schüler des Pariser Lycée Saint-Louis, bestand nicht das Abitur; nach vorübergehender Tätigkeit als Verlagsangestellter im Hause Hachette, die ihn mit bed. zeitgenöss. Schriftstellern in Verbindung brachte, wandte er sich ganz dem Journalismus und der Literatur zu; seit Ende der 70er Jahre war er Mittelpunkt des „Kreises von Médan", einer Gruppe junger Schriftsteller (Maupassant, Huysmans, Alexis, Céard und Hennique), die wie er den literar. Naturalismus zum Programm erhoben; während der Dreyfus-Affäre machte er sich mit einem berühmten offenen Brief an den Präsidenten der Republik zum Anwalt des unschuldig Verurteilten („J'accuse", veröffentlicht in „L'Aurore", 13. Jan. 1898) und mußte danach vorübergehend ins Exil nach England gehen; 1908 im Panthéon beigesetzt. Nach kurzer romant. Periode wurde Z. unter dem Einfluß Taines und der Brüder Goncourt zum unbestrittenen Haupt des europ. Naturalismus; im Mittelpunkt seines Hauptwerkes, des 20teiligen Romanzyklus

„Die Rougon-Macquart. Geschichte einer Familie unter dem 2. Kaiserreich" (1871–93, dt. 1892–99) steht die Frage nach der Rolle von Vererbung und Milieu im Leben des Menschen; das Werk, dessen wissenschaftl. Zielsetzung und Methodik der Verfasser in seiner theoret. Abhandlung „Der Experimentalroman" (1880, dt. 1904) darlegte, ist aufgrund umfangreicher, mit wissenschaftl. Exaktheit vorgenommener Dokumentation entstanden und gibt ein umfassendes Zeitgemälde der frz. Gesellschaft; besonders hervorzuheben sind daraus „Die Schnapsbude" (1877, dt. 1927, 1882 u.d.T. „Der Totschläger"; über die Folgen des Alkoholismus in Pariser Arbeiterkreisen), „Nana" (1879, dt. 1881; Roman einer Dirne), „Germinal" (dt. 1885; über das Leben der Bergarbeiter) und „Der Zusammenbruch" (dt. 1893; schildert den Krieg von 1870/71 und den Zusammenbruch des Kaiserreiches); eine mehr idealist.-optimist. Einstellung zeigt die Romantrilogie „Die drei Städte" („Lourdes", dt. 1895; „Rom", dt. 1896; „Paris", dt. 1898), ebenso der vom Geist eines fortschrittl.-humanitären Sozialreformers erfüllte Romanzyklus „Die vier Evangelien" („Fruchtbarkeit", dt. 1900; „Arbeit", dt. 1901; „Wahrheit", 1903, dt. 1907, und „Justice", unvollendet). Z. versuchte sich auch als Dramatiker, bes. mit Dramatisierungen einzelner erfolgreicher Romane wie „Therese Raquin" (1867, dt. 1888; Dr., 1878, dt. 1887), „L'assommoir" (Dr., 1879).

Ausgaben: É. Z. Œuvres complètes. Hg. v. H. Mitterand. *Paris 1966ff. Auf mehrere Bde. berechnet. – E. Z. Die Rougon-Macquart. Natur- u. Sozialgesch. einer Familie unter dem Zweiten Kaiserreich. Dt. Übers. Hg. v.* R. Schober. *Bln. 1962ff. Auf 20 Bde. berechnet. – É. Z. Les œuvres complètes. Hg. v.* M. Le Blond. *Paris 1927–29. 50 Bde. – E. Z. Romane. Dt. Übers. Lpz. 1905. 10 Bde.*

Literatur: Euvrad, M.: *Z. Paris 1967.* – Hemmings, F. W. J.: *É. Z. Oxford ²1966.* – Lanoux, A.: *Bonjour Monsieur Z. Paris 1962.* – Ternois, R.: *Z. et son temps. Lourdes u.a. 1961.* – Walter, G.: *É. Z. Der Deuter des Fin de Siècle. Mchn. 1959.* – Leblond-Zola, D.: *Z. Sein Leben, sein Werk, sein Kampf. Dt. Übers. Hg. u. kommentiert v.* F. C. Weiskopf. *Bln. 1932.* – Conrad, M. G.: *E. Z. Bln. 1906.*

Zollinger, Albin, * Zürich 24. Jan. 1895, † ebd. 7. Nov. 1941, schweizer. Schriftsteller.
Verlebte die Jugendjahre in Argentinien, wohin der Vater ausgewandert war; später Lehrer im Kanton Zürich. Traditionellen Formen verpflichteter Erzähler und Lyriker, z.T. mit pädagog. Absichten.

Hauptwerke: Der halbe Mensch (R., 1929), Gedichte (1933), Die große Unruhe (R., 1939), Haus des Lebens (Ged., 1939), Pfannenstiel (R., 1940–42).

Ausgabe: A. Z. Ges. Werke. Freib. u. Zürich 1961–62. 4 Bde.

Literatur: Albrecht, B.: *Die Lyrik A. Z.s. Zürich 1964.* – Häfliger, P.: *Der Dichter A. Z. Diss. Freiburg (Schweiz) 1954.* – ↑ auch Schaffner, Jakob.

Zonaras, Johannes ['tso:naras], * Ende des 11. Jh.s, † Mitte des 12. Jh.s, byzantin. Geschichtsschreiber. Befehlshaber der kaiserl. Leibgarde, Vorsteher der kaiserl. Kanzlei, später Mönch auf der Prinzeninsel. Verfaßte eine Weltchronik, die bis 1118 reicht; bed. durch die Fülle des Stoffs und die Verarbeitung verlorengegangener Quellen. Wurde mehrfach fortgesetzt. Z. verfaßte auch theolog. Kommentare, hagiograph.-homilet. Schriften und ein Lexikon.

Zoppi, Giuseppe [italien. 'tsɔppi], * Broglio (Tessin) 12. Sept. 1896, † Locarno 18. Sept. 1952, schweizer. Schriftsteller.
Studierte Romanistik (Dr. phil.), Gymnasialprofessor für italien. Sprache an der ETH Zürich; schrieb in italien. Sprache, bemühte sich um die Vermittlung zwischen dt. und italien. Literatur; im Mittelpunkt seines Werkes stehen lebendige Schilderungen der Alpenlandschaft und des heimatl. Tessins (u.a. „Il libro dell'Alpe", 1922; „Leggende del Ticino", 1926).

Zoroaster ↑ Zarathustra.

Zorrilla de San Martín, Juan [span. sɔ'rrija ðe sanmar'tin], * Montevideo 28. Dez. 1855, † ebd. 4. (3.?) Nov. 1931, uruguay. Dichter.
Studierte in Santiago de Chile (Dr. jur.); Professor für Literatur und Völkerrecht in Montevideo; Abgeordneter und Diplomat in Spanien, Portugal und Frankreich; korrespondierendes Mitglied der span. Akademie; einer der bedeutendsten Lyriker und Epiker seines Landes, schrieb, der Romantik zugeneigt, das uruguay. Nationalepos „Tabaré" (1888), daneben die heroische Dichtung „La leyenda patria" (1879) und 1907 eine Art Prosaepos über den Nationalhelden Artigas, „La epopeya de Artigas"; ferner Essays und Reiseberichte.

Literatur: Escudero, A. M.: *Z. de S. M. y Chile. Santiago de Chile 1956.*

Zorrilla y Moral, José [span. θɔ'rriʎa i mo'ral], * Valladolid 21. Febr. 1817, † Madrid 23. Jan. 1893, span. Dichter.
Studierte Jura in seiner Vaterstadt und in Toledo, wandte sich aber bald in Madrid der Literatur und dem Journalismus zu und erregte schon als 20jähriger durch eine Elegie auf den Tod des Dichters Larra Aufmerksamkeit; in den 40er Jahren verkehrte er in Paris u.a. mit V. Hugo und A. de Musset, 1855–66 war er Hofdichter des Kaisers Maximilian in Mexiko; 1882 Mitglied der span. Akademie, 1889 in der Alhambra zum Dichter gekrönt; bedeutendster volkstüml. Lyriker und Epiker der span. Romantik, ging von der frz. Romantik aus, fand aber bald seinen eigenen Stil, bes. mit den Verslegenden „Cantos del trovador" (1840/41), denen sich weitere, an der altspan. Romanceroliteratur orientierte „leyendas" (Legenden) anschlossen, in denen er v.a. die nationalen und religiösen Traditionen und die ritterl. Liebe besang („Granada", 1852; „La leyenda del Cid", 1882); dieselbe Richtung verfolgte Z. y M. auch in seinen zahlreichen Dramen, unter denen seine religiös-phantast. Bearbeitung der Don-Juan-Sage, „Don Juan Tenorio" (1844, dt. 1850), als eines der vollendetsten Dramen der span. Bühnenkunst überhaupt gilt.

Weitere Werke: A buen juez, mejor testigo (Legende, 1838), El zapatero y el rey (Dr., 1840/41), Vigilias del estío (Ged., 1842), El puñal del godo (Dr., 1842), Traidor, inconfeso y mártir (Dr., 1849).

Literatur: Alonso Cortés, N.: *Z. Su vida y sus obras. Valladolid 1916–20. 3 Bde.*

Zoščenko ↑ Soschtschenko.

Zrínyi, Miklós Graf [ungar. 'zri:nji] (kroat. Nikola Zrinjski [serbokroat. 'zri:njski:]), * auf Burg Ozalj bei Karlstadt 1. Mai 1620, † bei Csakathurn 18. Nov. 1664 (Jagdunfall), ungar. Dichter.
Aus berühmtem kroat. Adelsgeschlecht, studierte in Tyrnau, Graz und Wien und bereiste Italien; verwaltete später die väterl. Güter. 1649 wurde er Ban von Kroatien; kämpfte siegreich gegen die Türken; wurde zum polit. Gegner der Habsburger; zog sich später verbittert auf sein Gut zurück. Z.s berühmtestes Werk ist das lat. Heldenepos „Obsidio Szigetiana" (1651), in dem er den heroischen Kampf seines Urgroßvaters gegen die Türken besang. Daneben schrieb er Liebesidyllen, in denen er Marino u.a. Barockdichter nachahmte, und polit. Prosa. Z. gilt als größter ungar. Dichter des 17. Jahrhunderts.
Literatur: Jones, D. M.: *Five Hungarian writers. London u. New York 1966.* – Klaniczay, T.: *Z. M. Budapest ²1964.*

Zschọkke, Heinrich, * Magdeburg 22. März 1771, † Aarau 27. Juni 1848, schweizer. Schriftsteller.
Seit 1795 in der Schweiz; studierte Jura, Theologie, Philosophie und Geschichte (Dr. phil.); Pfarrer in Magdeburg, dann Erzieher in Graubünden, später im Dienst der helvet. Regierung, Oberforst- und Bergrat; auch als Hg. und Journalist tätig. Realist. Erzähler und Dramatiker mit moralisierender Tendenz, zunächst unter dem Einfluß der Schauerromantik; später verfolgte er aufklärer. Absichten; auch histor. Romane.
Hauptwerke: Abällino der große Bandit (R., 1794, Dr., 1795), Julius von Sassen (Trag., 1796), Das Goldmacher-Dorf (E., 1817), Bilder aus der Schweiz (1824–26), Eine Selbstschau (Autobiogr., 1842).
Ausgaben: H. Z. Werke in 12 Tlen. Ausw. aus den Erzählungen. Hg. v. H. Bodmer. *Bln. 1910.* – *H. Z. Ges. Schrr. Aarau ²⁻¹⁰1859–66. 36 Bde.*
Literatur: McIntire, E. B.: *Nature in the novels and the shorter prose of H. Z. Diss. Univ. of Michigan, Ann Arbor 1965.* – Schaffrath, P.: *Z. als Politiker u. Publizist. Diss. Bern 1950.* – Schneiderreit, M.: *H. Z. Seine Weltanschauung u. Lebensweisheit. Bln. 1904.*

Zụccari, Anna Radius [italien. 'tsukkari] ↑ Neera.

Zụckmayer, Carl, * Nackenheim (Landkreis Mainz-Bingen) 27. Dez. 1896, dt. Schriftsteller.
Nach Teilnahme am 1. Weltkrieg Studium der Naturwissenschaften, Dramaturg an verschiedenen dt. Theatern, lebte 1926–38 meist in Henndorf bei Salzburg, 1938 Emigration in die Schweiz, 1939 nach den USA, wo er als Farmer und Schriftsteller lebte; nach dem Krieg Rückkehr nach Deutschland als Zivilangestellter der amerikan. Regierung; lebt heute als schweizer. Staatsbürger (1966) in Saas Fee im Wallis. Erfolgreicher Dramatiker, keiner literar. Strömung zugehörig, der in seinem umfangreichen Werk unbeschwerte Natürlichkeit, herzhafte Sinnenfreude, lyr. Verträumtheit, Humor und Satire, z.T. auch derbdrast. Komik geschickt verbindet; häufig Verwendung rheinhess. Mundart. In seinem späteren Werk setzt er sich v.a. mit dem Ethos der Freiheit und zeitgeschichtl. Themen auseinander; auch Lyriker, Erzähler und Drehbuchautor.
Hauptwerke: Der fröhliche Weinberg (Lsp., 1926), Schinderhannes (Dr., 1927), Katharina Knie (Dr., 1929), Der Hauptmann von Köpenick (Dr., 1931), Der Schelm von Bergen (Dr., 1934), Salwàre oder Die Magdalena von Bozen (R., 1936), Herr über Leben und Tod (R., 1938), Der Seelenbräu (E., 1945), Des Teufels General (Dr., 1946), Barbara Blomberg (Dr., 1949), Der Gesang im Feuerofen (Dr., 1950), Das kalte Licht (Dr., 1955), Die Fastnachtsbeichte (E., 1959), Gedichte (1960), Die Uhr schlägt eins (Dr., 1961), Das Leben des Horace A. W. Tabor (Dr., 1964), Als wär's ein Stück von mir (Erinnerungen, 1967).
Ausgabe: C. Z. Ges. Werke in vier Bden. Frkf. 1960.
Literatur: Tank, K. L.: *Z. Velber 1968.* – Reindl, L. E.: *Z. Mchn. 1962.* – *Fülle der Zeit. C. Z. u. sein Werk. Wesen, Gehalt u. Beziehung zu dem Gesamtwerk. Mit einer Bibliogr. des von u. über C. Z. veröffentlichten Schrifttums (1920–1954). Frkf. 1960.* – Jacobius, A. J.: *Das Schauspiel C. Z.s. Diss. Univ. of New York, New York 1955.*

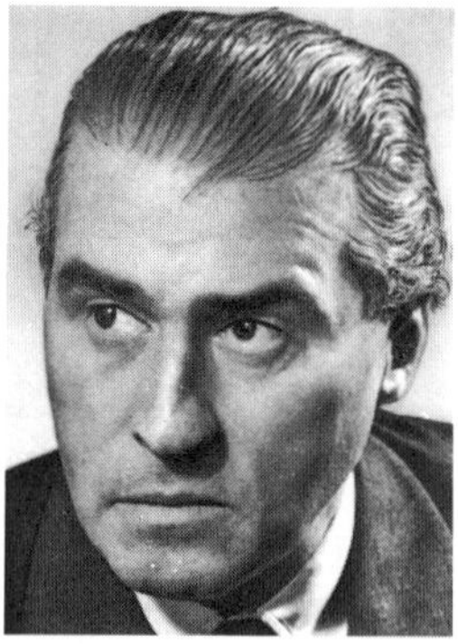
Carl Zuckmayer

Zuhayr Ibn Abī Sulmà ↑ Suhair Ibn Abi Sulma.

Žukauskas, Antanas [lit. ʒʊ'ka:uskas] ↑ Vienuolis, Antanas.

Žukovskij ↑ Schukowski.

Żuławski, Jerzy [poln. ʒu'uafski], * Glinik bei Ropczyce 14. Juli 1874, † Dębica bei Rzeszów 9. Aug. 1915, poln. Dichter.
Studierte in der Schweiz Philosophie, wurde Mittelschullehrer und später auch Journalist, war Offizier der poln. Legion. Ż. schrieb Gedichte, in denen das Gedankl. überwiegt, patriot. und Liebeslyrik sowie dramat. Werke. In dem phantast. Roman „Auf silbernen Gefilden" (1903, dt. ²1914) verband er Poesie und Wissenschaft. Ż. übersetzte auch den „Talmud".

Zunzunẹgui y Lorẹdo, Juan Antonio de [span. θunθu'neɣi i lo'reðo], * Portugalete bei Bilbao 21. Dez. 1901, span. Schriftsteller.
Studierte Rechtswissenschaft und Literatur in Bilbao (Deusto) und Salamanca, lebte zeitweilig in Frankreich; 1960 Mitglied der span. Akademie; Verfasser erfolgreicher, vielschichtiger realist. Romane und Novellen, bes. aus der Welt des nordspan. Bürgertums.
Hauptwerke: Vida y paisaje de Bilbao (En., 1926), Chiripi (R., 1931), Cuentos y patrañas de mi ría (En., 1935ff.), El Chiplichandle (R., 1940), ¡Ay,

estos hijos! (R., 1943), La quiebra (R., 1947), La úlcera (R., 1948), Las ratas del barco (R., 1950), Die dunklen Straßen von Madrid (R., dt. 1959), El hijo hecho a contrata (R., 1956), El premio (R., 1961).

Župančič, Oton [slowen. ʒu'pa:ntʃitʃ], * Vinica 23. Jan. 1878, † Laibach 11. Juni 1949, slowen. Dichter.
Stammte aus der slowen.-kroat. Grenzlandschaft, studierte in Wien Geographie und Geschichte; stand mit dem Kreis der slowen. Moderne in Verbindung; lernte auf seinen Reisen die geistigen Strömungen Europas kennen; war in seiner Heimat als Archivar, Dramaturg und als Redakteur verschiedener literar. Zeitschriften tätig; Leiter des Nationaltheaters in Laibach, des Instituts für slowen. Sprache in der Akademie der Wissenschaften, Abgeordneter und Mitglied des Präsidiums. Seine Jugenddichtung zeugt von impressionist. Einflüssen. Allmähl. fand er aber einen eigenen Ton, und, obwohl sich sein Stoffkreis um nationale und soziale Themen erweiterte, traten persönl. Empfindungen und Erlebnisse intensiv und dominierend in seine Dichtung; zahlreiche Übersetzungen, v.a. aus dem Dt., Frz. und Englischen.

zur Bentlage, Margarete † Bentlage, Margarete zur.

zur Linde, Otto † Linde, Otto zur.

Zusanek, Harald [...nɛk], * Wien 14. Jan. 1922, östr. Schriftsteller.
Studierte am Reinhardtseminar in Wien, danach Regisseur; v.a. Dramatiker und Hörspielautor, auch Lyriker und Erzähler.
Hauptwerke: Warum gräbst du, Centurio? (Dr., 1949), Die Straße nach Cavarcere (Dr., 1952), Bettlerin Europa (Dr., 1953), Die Schauspielerin (Hsp., Ursendung 1953), Die dritte Front (Dr., 1964).

Zuschauer, Freimund † Rellstab, Ludwig.

Zweig, Arnold, * Glogau 10. Nov. 1887, † Berlin 26. Nov. 1968, dt. Schriftsteller.
Sohn eines Sattlers; studierte Philosophie, moderne Sprachen, Germanistik, Geschichte, Kunstgeschichte und Psychologie; Teilnahme am 1. Weltkrieg; nach Kriegsende freier Schriftsteller; 1933 Emigration über die Schweiz und Frankreich nach Palästina, 1948 Rückkehr nach Berlin (Ost); seit 1957 Präsident des „Dt. P.E.N.-Zentrums Ost und West" (seit 1967 „P.E.N.-Zentrum DDR"). Erzähler, Dramatiker und Essayist, begann mit impressionist. Kleinformen, in denen er sich, beeinflußt von Freuds Psychoanalyse, v.a. mit den Problemen junger Menschen auseinandersetzte; bestimmendes Erlebnis für sein literar. Schaffen wurde der 1. Weltkrieg, der ihn zum Kritiker und Humanisten werden ließ; schrieb breit angelegte Romane, in denen er sich krit. mit den gesellschaftl. Kräften der Zeit auseinandersetzte. Berühmt v.a. der Roman um einen Justizmord „Der Streit um den Sergeanten Grischa" (1927), der das Kernstück des mehrbändigen Romanzyklus aus der Zeit des 1. Weltkrieges, „Der große Krieg der weißen Männer", bildet. Zu diesem Zyklus, der die Wandlung des Kriegsfreiwilligen Werner Bertin vom begeisterten Soldaten zum fanat. Pazifisten demonstriert, gehören ferner: „Die Zeit ist reif" (1957), „Junge Frau von 1914" (1931), „Erziehung vor Verdun" (1935), „Einsetzung eines Königs" (1937), „Die Feuerpause" (1954). Außerdem schrieb Z. Dramen sowie Essays, in denen er sich v.a. mit der jüd. Problematik auseinandersetzte. Spätere Werke im Sinne der kommunist. Doktrin; in der DDR als Klassiker der Prosa des 20. Jh.s gefeiert.
Weitere Werke: Aufzeichnungen über eine Familie Klopfer (En., 1911), Die Novellen um Claudia (R., 1912), Abigail und Nabal (Trag., 1913), Frühe Fährten (Novellen, 1925), Der Spiegel des großen Kaisers (Nov., 1926), Versunkene Tage (R., 1938), Das Beil von Wandsbek (R., 1947), Allerleihrauh (En., 1949), Soldatenspiele (Dramen, 1956), Traum ist teuer (R., 1962).
Ausgabe: A. Z. Ausgew. Werke in Einzelausgg. Bln. 1963–67. 16 Bde.
Literatur: Hilscher, E.: *A. Z. Bln. 1968.* – Kaufmann, E.: *A. Z.s Weg zum Roman. Vorgesch. u. Analyse des Grischa-Romans. Bln. 1967.* – *A. Z. Mit Beitr. v.* J. R. Becher *u.a. Bln. 1952.*

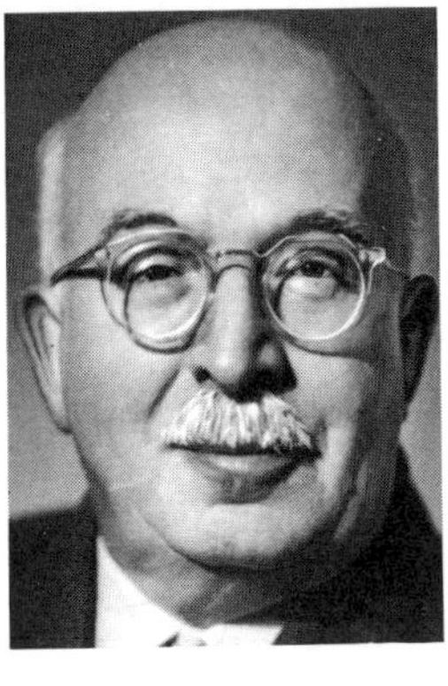
Arnold Zweig

Zweig, Max, * Proßnitz (Südmähr. Gebiet) 22. Juni 1892, östr. Dramatiker.
Vetter von Stefan Z.; Studium der Rechtswissenschaft in Wien, 1938 Emigration, lebt in Tel Aviv-Jaffa; v.a. bekannt durch sein Schauspiel „Franziskus" (UA 1963), in dem er am Beispiel des hl. Franz von Assisi und seines Ordens zeigt, daß Demut und Nächstenliebe in einer von Macht und Gewalt beherrschten Welt auf Widerstand stoßen.

Zweig, Stefan, * Wien 28. Nov. 1881, † Petrópolis bei Rio de Janeiro 23. Febr. 1942, östr. Schriftsteller.
Studierte Philosophie, Romanistik und Germanistik (Dr. phil.), unternahm zahlreiche Reisen; als Kriegsgegner 1917/18 in Zürich; befreundet mit Verhaeren und R. Rolland; später meist in Salzburg, 1938 Emigration nach England, dann nach Brasilien, wo er, in seinen letzten Jahren an Schwermut leidend, mit seiner Frau gemeinsam aus dem Leben schied. Begann mit Gedichten und Dramen, die vom Wiener Expressionismus und vom Symbolismus (Verhaeren, Baudelaire) beeinflußt sind; in fesselnden Novellen gelingt es ihm, charakterist. Seelenlagen des modernen Menschen exemplar. darzustellen und mit Hilfe der Psychoanalyse verborgenste Regungen des Herzens sowie dunkelste Hintergründe der Seele unter der Oberfläche eines gutbürgerl. Daseins aufzu-

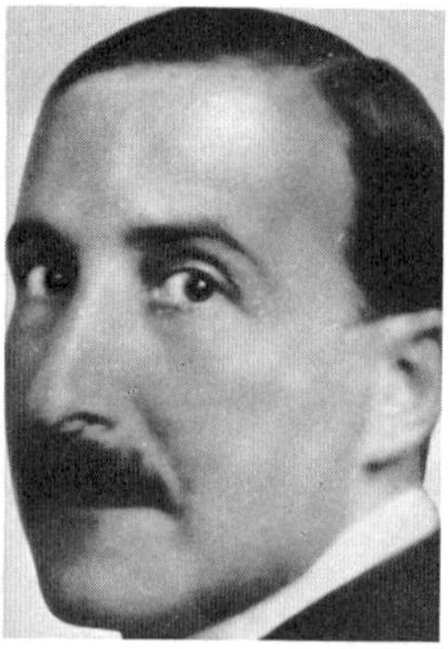

Stefan Zweig

hellen; subtile Sprache, ein klarer Stil und anschaul. Darstellung bestimmen auch seine dichter. Essays, in denen er Deuter von Menschen und entscheidenden Konstellationen der europ. Geschichte wird; bed. auch die großangelegten histor. Romane.

Hauptwerke: Silberne Saiten (Ged., 1901), Tersites (Trag., 1907), Erstes Erlebnis (En., 1911), Drei Meister (Essays, 1920), Die Augen des ewigen Bruders (Legende, 1922), Amok (Novellen, 1922), Angst (Nov., 1925), Sternstunden der Menschheit (Essays, 1927), Verwirrung der Gefühle (Novellen, 1927), Joseph Fouché (Biogr., 1930), Marie Antoinette (Biogr., 1932), Maria Stuart (Biogr., 1935), Baumeister der Welt (Essays, 1936), Ungeduld des Herzens (R., 1938), Schachnovelle (Nov., 1941), Die Welt von gestern (Autobiogr., 1942), Balzac (Biogr., hg. 1946).

Ausgabe: St. Z. Ges. Werke in Einzelbden. Frkf. 1.–104. Tsd. 1946–67. 19 Bde.

Literatur: St. Z. im Zeugnis seiner Freunde. Hg. u. eingel. v. H. Arens. *Mchn. 1968.* – Zweig, F. M.: *St. Z. Mchn. ²1967.* – Klawiter, R. J.: *St. Z. A bibliography. Chapel Hill (N. C.) 1965.* – Bauer, A.: *St. Z. Bln. ²1963.*

Zwerenz, Gerhard, * Gablenz (heute zu Chemnitz) 3. Juni 1925, dt. Schriftsteller.

Kupferschmiedlehre, Teilnahme am 2. Weltkrieg, russ. Kriegsgefangenschaft, Philosophiestudium in Leipzig, kam 1957 in die BRD und lebt jetzt als freier Schriftsteller in München. Verfasser von provozierenden zeitkrit. Schriften und Romanen, in denen er das Leben in der DDR realist. schilderte, aber auch die Verhältnisse in der BRD schonungsloser Kritik unterzog. Romanhafte Gestaltung des Aufstandes am 17. Juni 1953 in dem Buch „Die Liebe der toten Männer" (1959). Auch erot.-pikareske Romane („Casanova oder der kleine Herr in Krieg und Frieden", 1966) sowie Lyrik und Essays.

Weitere Werke: Aufs Rad geflochten (R., 1959), Ärgernisse. Von der Maas bis an die Memel (Tageb., 1961), Heldengedenktag (En., 1964), Erbarmen mit den Männern (R., 1968).

Zwetajewa, Marina Iwanowna; tl.: Cvetaeva, Marina Ivanovna [russ. tsvɪ'tajɪvɐ], * Moskau 26. Sept. 1892, † Kasan 31. Aug. 1941, russ.-sowjet. Lyrikerin.

Tochter eines Professors der Kunstgeschichte; studierte u. a. in Prag und Paris; seit 1922 in der Emigration; beging nach ihrer Rückkehr in die UdSSR Selbstmord. Marina Z., die noch heute umstritten ist, ging in ihrem Schaffen von der dt. idealist. Dichtung, u. a. von Goethe und Hölderlin aus, war aber auch an Puschkin und an der modernen frz. Lyrik (Rimbaud) geschult; mit ihrer sprachmusikal. Lyrik ist sie u. a. Rilke und Bely verpflichtet; neigte zu maßvollen stilist. Experimenten; stand der Neuromantik nahe; schrieb auch epische und satirische Werke, Dramen und Erinnerungen. In dt. Übersetzung erschien eine Auswahl ihrer „Gedichte" (1968).

Zweter, Reinmar von ↑ Reinmar von Zweter.

Zwillinger, Frank [Gerhard], * Wien 29. Nov. 1909, östr. Schriftsteller.

Studium der Germanistik in Wien (Dr. phil.), Aufenthalt in Saigon, beim Überfall der Japaner 1945 schwer verwundet, lebt jetzt in Frankreich. Schrieb durch Sprachschönheit ausgezeichnete Gedichte und Dramen.

Hauptwerke: Dalmatin. Bilderbuch (Ged. und Prosa, 1938), Wandel und Wiederkehr (Ged., 1950), Der mag. Tanz (Balladen, 1960), Archimedes oder die Angeln der Welt (Trag., 1961), Galileo Galilei (Dr., 1962), Gedichte (1963), Der Streik Gottes (Volksstück, 1967, auch u. d. T. Der Glockenstreit).

Zych, Maurycy [poln. zɨx] ↑ Żeromski, Stefan.

Žymantienė, Julija [lit. 'ʒi:mantiɛnɛ:] ↑ Žemaitė.

LITERATURHINWEISE

Die hier angeführten Gesamtdarstellungen und Nachschlagewerke zu den Nationalliteraturen sind einerseits als Ergänzung zu den bibliographischen Angaben unter den Stichwörtern gedacht, andererseits sollen sie als Literaturangaben für jene Schriftsteller gelten, die ohne bibliographische Hinweise blieben, sei es aus Platzgründen, sei es in Ermangelung von Einzeldarstellungen.

Bibliographische Angaben zur deutschen Literatur wurden besonders stark berücksichtigt, außerdem wurden deutschsprachige Werke fremdsprachigen meist vorgezogen.

afrikanische Literatur ↑ auch südafrikanische Literatur.
Jahn, J.: *Gesch. der neoafrikan. L. Eine Einf. Düsseld. 1966.* – Pageard, R.: *Littérature négro-africaine. Le mouvement littéraire contemporain dans l'Afrique Noire d'expression française. Paris 1966.* – Jahn, J.: *Die neoafrikan. L. Gesamtbibliogr. v. den Anfängen bis zur Gegenwart. Düsseld. 1965.* – Kesteloot, L.: *Les écrivains noirs de langue française: naissance d'une littérature. Brüssel 1963.* – Andrade, M. de/Sainville, L.: *Letteratura Negra. Rom 1961. 2 Bde.* – Meinhof, C.: *Die Dichtung der Afrikaner. Bln. 1911.*

ägyptische Literatur
Brunner, H.: *Grundzüge einer Gesch. der altägypt. L. Darmst. 1966.* – Donadoni, S.: *Storia della letteratura egiziana antica. Mailand ^{2}1959.* – Brunner, H., *u.a.: Ägyptologie. Lit. Leiden 1952.* – Pieper, M.: *Die ä. L. Potsdam 1927.* – Erman, A.: *Die Lit. der Aegypter. Gedichte, Erzählungen u. Lehrbb. aus dem 3. u. 2. Jt. v. Chr. Lpz. 1923.*

albanische Literatur
Bihiku, K.: *An outline of Albanian literature. Engl. Übers. Tirana 1964.* – Schirò, G.: *Storia della letteratura albanese. Mailand 1959.* – Mann, St. E.: *Albanian literature. London 1955.*

altgermanische und altnordische Literatur
Baetke, W.: *Wörterb. zur altnord. Prosalit. Bln. 1965ff. Auf mehrere Bde. berechnet.* – Vries, J. de: *Altnord. L.gesch. Bln. ^{2}1964–67. 2 Bde.* – Lange, W.: *Studien zur christl. Dichtung der Nordgermanen. 1000–1200. Gött. 1958.* – Heusler, A.: *Die altgerman. Dichtung. Potsdam ^{2}1941. Nachdr. Darmst. 1957.* – Neckel, G.: *Die altnord. L. Lpz. 1923. Nachdr. Darmst. 1963.* – Jónsson, F.: *Den oldnorske og oldislandske Litteraturs Historie. Kopenhagen ^{2}1920–24. 3 Bde.*

amerikanische Literatur ↑ nordamerikanische Literatur, ↑ südamerikanische Literatur.

arabische Literatur
Gibb, H. A. R./Landau, J. M.: *A. L.gesch. v. 6. Jh. bis heute. Dt. Übers. Zürich u. Stuttg. 1968.* – Sezgin, F.: *Gesch. des arab. Schrifttums. Leiden 1967ff. Auf 3 Bde. berechnet.* – Grunebaum, G. E. v.: *Kritik u. Dichtkunst. Studien zur a.n L.gesch. Wiesb. 1955.* – Blachère, R.: *Histoire de la littérature arabe des origines à la fin du XVe siècle de J.-C. Paris 1952–66. 3 Bde.* – Graf, G.: *Gesch. der christl. a.n L. Vatikanstadt 1944–53. 4 Bde., Reg.-Bd.* – Abd El Jolil, J. M.: *Histoire de la littérature arabe. Paris 1943. Neudr. 1960.* – Brockelmann, C.: *Gesch. der a.n Litteratur. Leiden ^{2}1943–48. 2 Bde. 1936–42. 3 Suppl.-Bde.* – Nicholson, R. A.: *A literary history of the Arabs. Cambridge 1930. Neudr. 1962.*

argentinische Literatur ↑ auch südamerikanische Literatur.
Historia de la literatura argentina (desde sus orígenes hasta 1950). Hg. v. R. A. Arrieta. *Buenos Aires 1958–60. 6 Bde.* – Giménez Pastor, A.: *Historia de la literatura argentina. Buenos Aires u. Montevideo ^{2}1948. 2 Bde.* – Rojas, R.: *Historia de la literatura argentina. Neuausg. Buenos Aires 1925. 8 Bde.*

armenische Literatur
Thorossian, H.: *Histoire de la littérature arménienne des origines jusqu'à nos jours. Paris 1951.* – Finck, K. N.: *Gesch. der a.n Litteratur. In: Gesch. der christl. Litteraturen des Orients. Lpz. ^{2}1909.*

äthiopische Literatur
Cerulli, E.: *Storia della letteratura etiopica. Mailand 1956.* – Baumstark, A.: *Die ä. L. In:* Baumstark: *Die christl. Literaturen des Orients 2. Bln. 1911.* – Littmann, E.: *Gesch. der ä.n L. Lpz. ^{2}1909.*

australische Literatur
Green, H. M.: *A history of Australian literature. Sydney 1962. 2 Bde.* – Schulz, Joachim: *Gesch. der a.n L. Mchn. 1960.*

baskische Literatur
Michelena, L.: *Historia de la literatura vasca. Madrid 1960.*

belgische Literatur
Hermanowski, G.: *Die moderne fläm. Lit. Bern u. Mchn. 1963.* – Lissens, R. F.: *De Vlaamse Letterkunde van 1780 tot heden. Brüssel ^{3}1959.* – *Bibliographie des écrivains français de Belgique 1881–1960. Bearb. v.* J.-M. Culot *u. a. Brüssel 1958ff. Auf mehrere Bde. berechnet.* – *Histoire illustrée des lettres françaises de Belgique. Hg. v.* G. Charlier *u.* J. Hanse. *Brüssel 1958.* – Delmelle, J.: *Histoire de la littérature belge d'expression française. Brüssel 1950.* – Hanlet, C.: *Les écrivains belges contemporains de langue française. 1800–1946. Lüttich 1946. 2 Bde.* – Hechtle, M.: *Die fläm. Dichtung v. 1830 bis zur Gegenwart. Jena 1942.* – Gauchez, M.: *Histoire des lettres françaises en Belgique, des origines à nos jours. Brüssel ^{5}1922.*

bolivianische Literatur
Finot, E.: *Historia de la literatura boliviana. Mexiko ^{2}1955.*

brasilianische Literatur ↑ auch portugiesische Literatur.
Fontana, D. F.: *Literatura brasileira. Síntese histórica. São Paulo 1965.* – Bandeira, M.: *Brief history of Brasilian literature. Washington 1958.* –

Moog, C. V.: *Das Wesen der b.n L. Dt. Übers. Rio de Janeiro 1952.* – Romero, S.: *História da literatura brasileira. Rio de Janeiro* [3]*1943. 5 Bde.*
bulgarische Literatur
Istorija na balgarskata literatura. Hg. v. S. Boschkow *u. a. Sofia 1962. 4 Bde.* – Manning, C. A./ Smal-Stocki, R.: *The history of modern Bulgarian literature. New York 1960.* – Picchio, L. B.: *Storia della letteratura bulgara. Mailand 1957.* – Seifert, J. L.: *Literaturgesch. der Čechoslowaken, Südslawen u. Bulgaren. Kempten 1923.*
byzantinische Literatur
Dölger, F.: *Die b. L. in der Reinsprache. Ein Abriß. Bd. 1. Bln. 1948 [m. n. e.].* – Krumbacher, K.: *Gesch. der b.n L. v. Justinian bis zum Ende des oström. Reiches (527–1453). Mchn.* [2]*1897. Nachdr. New York 1958.*
chilenische Literatur
Fein, J. M.: *Modernismo in Chilean literature: The second period. Durham (N.C.) 1964.* – Montes Brunet, H./Orlandi, J.: *Historia de la literatura chilena. Santiago de Chile 1955.* – Alegría, F.: *La poesía chilena: orígines y desarollo del siglo XVI al XIX. Berkeley (Calif.) u. Mexiko 1954.*
chinesische Literatur
Schickel, J.: *China: Die Revolution der Lit. Mchn. 1969.* – Hsia, T. A.: *Gate of darkness. Studies in the leftist literary movement in China. Seattle (Wash.) 1968.* – Liu, Wu-chi: *Introduction to Chinese literature. Bloomington (Ind.) 1966.* – *Studies in modern Chinese literature. Hg. v.* J. Průšek. *Bln. 1964 ff. Auf 2 Bde. berechnet.* – Feifel, E.: *Gesch. der ch.n L. Mit Berücks. ihres geistesgeschichtl. Hintergrundes. Darmst.* [2]*1959; Hildesheim* [2]*1960.* – Wilhelm, R.: *Die ch. L. Potsdam 1930.* – Grube, W.: *Die Gesch. der ch.n Litteratur. Lpz.* [2]*1909.*
dänische Literatur
Ramlöv, P.: *Dansk digtnings historie. Kopenhagen 1965.* – Brøndsted, M./Møller-Kristensen, S.: *Danmarks litteratur. Kopenhagen* [3]*1964. 2 Bde.* – Svendsen, H. M./Svendsen, W.: *Gesch. der d.n L. Dt. Übers. Neumünster 1964.* – Mitchell, P. M.: *A history of Danish literature. Kopenhagen 1957.* – Billeskov Jansen, F. J.: *Danmarks digtekunst. Kopenhagen 1944–58.* – Petersen, C. S./Andersen, V.: *Illustreret dansk litteraturhistorie. Kopenhagen 1924–34. 4 Bde.*
deutsche Literatur
Gesamtdarstellungen:
Martini, F.: *D. L.gesch. Von den Anfängen bis zur Gegenwart. Stuttg.* [15]*1968.* – Robertson, J. G./ Purdie, E.: *Gesch. der d.n L. Dt. Übers. Gött. 1968.* – Fricke, G./Klotz, V.: *Gesch. der dt. Dichtung. Lübeck u. Hamb.* [12]*1966.* – Boor, H. de/Newald, R.: *Gesch. der d.n L. v. den Anfängen bis zur Gegenwart. Mchn.* [3–8]*1964 ff. Auf 8 in 10 Bden. berechnet.* – Nadler, J.: *Literaturgesch. des dt. Volkes. Dichtung u. Schrifttum der dt. Stämme u. Landschaften. Bln.* [4]*1938–41. 4 Bde.* – Scherer, W.: *Gesch. der d.n L. Bln.* [16]*1927.*
Mittelalter:
Neumann, F.: *Gesch. der altdt. L. (800–1600). Grundriß u. Aufriß. Bln. 1966.* – Wapnewski, P.: *D. L. des MA. Gött.* [2]*1966. 2 Bde.* – Naumann, H.: *Dt. Dichten u. Denken v. der german. bis zur stauf. Zeit. D. L.gesch. v. 5.–13. Jh. Bln.* [2]*1952.* – Schwietering, J.: *Dt. Dichtung des MA. Potsdam 1941. Nachdr. Bad Homburg v. d. H. 1957.* – *Die d. L. des MA. Verfasserlex. Hg. v.* W. Stammler *u.* K. Langosch. *Bln. 1933–55. 5 Bde.* – Ehrismann, G.: *Gesch. der d.n L. bis zum Ausgang des MA. Mchn.* [1–2]*1922–35. 2 Tle. in 4 Bden. Neudr. 1954–59.*
20. Jahrhundert:
Hatfield, H.: *Moderne d. L. – ihre Gesch. im Überblick. Dt. Übers. Hdbg. 1970.* – Lennartz, F.: *Dt. Dichter u. Schriftsteller unserer Zeit. Einzeldarstt. zur Schönen Lit. in dt. Sprache. Stuttg.* [10]*1968.* – *D. L. im 20. Jh. Strukturen u. Gestalten. Hg. v.* O. Mann *u.* W. Rothe. *Bern u. Mchn.* [5]*1967. 2 Bde.* – *Dt. Dichter der Moderne. Hg. v.* B. v. Wiese. *Bln. 1966.* – *D. L. in unserer Zeit. Hg. v.* W. Kayser. *Gött.* [4]*1966.* – *Hdb. der dt. Gegenwartslit. Hg. v.* H. Kunisch *u.* H. Hennecke. *Mchn. 1965.* [2]*1969 ff. Auf 2 Bde. berechnet.* – Soergel, A./Hohoff, C.: *Dichtung u. Dichter der Zeit. Vom Naturalismus bis zur Gegenwart. Düsseld. 11.–20. Tsd. 1964. 2 Bde.* – Duwe, E.: *Dt. Dichtung des 20. Jh.s v. Naturalismus zum Surrealismus. Zürich 1962. 2 Bde.*
Nachschlagewerke:
D. L. in Grundzügen. Die Epochen dt. Dichtung in Darstt. v. L. Beriger *u. a. Hg. v.* B. Boesch. *Bern u. Mchn.* [3]*1967.* – *Lex. deutschsprachiger Schriftsteller. Von den Anfängen bis zur Gegenwart. Bearb. v.* G. Albrecht *u. a. Lpz. 1967–68. 2 Bde.* – *Lex. sozialist. d.r L. Von den Anfängen bis 1945. Monograph.-biograph. Darstt. Redaktionskollegium:* I. Diersen *u. a. Lpz.* [2]*1964.* – Wilpert, G. v.: *Dt. Dichterlex. Biograph.-bibliograph. Hdwb. zur d.n L.gesch. Stuttg. 1963.* – Frenzel, H. A./Frenzel, E.: *Daten dt. Dichtung. Chronolog. Abriß der d.n L.gesch. v. den Anfängen bis zur Gegenwart. Köln* [3]*1962.* – Sternfeld, W./ Tiedemann, E.: *D. Exil-L. 1933–1945. Eine Bio-Bibliogr. Hdbg. u. Darmst. 1962.* – *Annalen der d.n L. Gesch. der d.n L. v. den Anfängen bis zur Gegenwart. Hg. v.* H. O. Burger. [2]*1961 ff. Auf 3 Lfgg. berechnet.* – *Schriftsteller der Dt. Demokrat. Republik. Bearb. v.* J. Ret *u. a. Lpz. 1961.* – Kosch, W.: *D.s L.-Lex. Biograph. u. bibliograph. Hdb. Bern u. Mchn.* [2]*1949–58. 4 Bde.* [3]*1968 ff. Bearb. v.* B. Berger *u.* H. Rupp. *Auf 8 Bde. berechnet. Ausg. in 1 Bd. Bearb. v.* B. Berger. *1963.* – Schmitt, F./ Fricke, G.: *D. L.gesch. in Tabellen. Bonn 1949–52. 3 Tle.* – *Kürschners d.r L.-Kalender. Ausg. 1 ff., Bln. 1878 ff.*
Bibliographien:
Internat. Bibliogr. zur Gesch. der d.n L. Redaktion: G. Albrecht *u.* G. Dahlke. *Bln. 1969 ff. Auf 2 Bde. berechnet.* – Hansel, J.: *Personalbibliogr. zur d.n L.gesch. Bln. 1967.* – Wilpert, G./ Gühring, A.: *Erstausgg. dt. Dichtung. Eine Bibliogr. zur d.n L. 1600–1900. Stuttg. 1967.* – Arnold, R. F.: *Allgemeine Bücherkunde zur neueren d.n L. Bln.* [4]*1966.* – Körner, J.: *Bibliograph. Hdb. des dt. Schrifttums. Bern u. Mchn.* [4]*1966.* – *Bibliogr. der d.n L.wiss. Hg. v.* H. W. Eppelsheimer. *Bd. 1 ff. (1945 ff.), Frkf. 1957 ff.* – *Goedekes Grundr. zur Gesch. der dt. Dichtung. Bln.; Düsseld.* [2–3]*1884 ff. 13 Bde. Forts. hg. v. der Dt. Akademie der Wiss. zu Bln. unter Leitung v.* L. Magon *u. a. Bd. 14 ff., 1955 ff. Auf 4 Bde., Registerbd. berechnet. N. F. (f. die Zeit v. 1830–1880). Bd. 1 ff., 1955 ff.*
dominikanische Literatur
Balaguer, J.: *Historia de la literatura dominicana. Trujillo* [2]*1958.*

ecuadorianische Literatur
Barrera, I. J.: *Historia de la literatura ecuatoriana. Neuausg. Quito 1960.*

englische Literatur
Gesamtdarstellungen:
Anderson, G. K./Buckler, W. E.: *Literature of England. Glenview (Ill.) 4–5 1968. 2 Bde.* – Schirmer, W. F.: *Gesch. der e.n u. amerikan. L. Von den Anfängen bis zur Gegenwart. Tüb. 5 1968.* – Standop, E./Mertner, E.: *E. L.gesch. Hdbg. 1967.* – *The concise Cambridge history of English literature. Hg. v.* E. Sampson. *London 2 1961.* – Raith, J.: *Gesch. der e.n L. Mchn. 2 1961.* – Legouis, E./Cazamian, L.: *A history of English literature. Engl. Übers. Neuaufl. London 1960.* – Schubel, F./Meissner, P.: *E. L.gesch. Bln. 1–2 1956–67. 3 Bde.* – Baugh, A. C.: *A literary history of England. New York 1948.* – *The Oxford history of English literature. Hg. v.* F. P. Wilson *u.* B. Dobrée. *London u. New York 1945 ff. Auf 12 in mehreren Bden. berechnet.* – *The Cambridge history of English literature. Hg. v.* A. W. Ward *u.* A. R. Waller. *London 1907–16. 14 Bde., Index-Bd.*
Mittelalter:
Wilson, R. M.: *Early Middle English literature. New York 3 1968.* – Zesmer, D. M.: *Guide to English literature from Beowulf through Chaucer and medieval drama. New York 1961.* – Anderson, G. K.: *The literature of the Anglo-Saxons. Princeton 1949.* – Schofield, W. H.: *English literature from the Norman conquest to Chaucer. London 1925.* – Brandl, A.: *Gesch. der altengl. L. In: Grundr. der german. Philologie. Hg. v.* H. Paul. *Bd. 2, 1. Straßburg 2 1908.*
20. Jahrhundert:
Engl. Dichter der Moderne. Ihr Leben u. Werk. Hg. v. R. Sühnel *u.* D. Riesner. *Bln. 1969.* – Hortmann, W.: *E. L. im 20. Jh. Bern u. Mchn. 1965.* – Ward, A. C.: *Twentieth century English literature. 1901–60. New York 13 1964.* – Thwaite, A.: *Contemporary English poetry. Chester Springs (Pa.) 1961.* – Collins, A. S.: *English literature of the twentieth century. London 4 1960.* – Routh, H. V.: *English literature and ideas in the twentieth century. London 3 1950.* – Sampson, G.: *Gesch. der e.n L. 1880–1940. Dt. Übers. Bln. u. Frkf. 1950.*
Bibliographien und Nachschlagewerke:
Bateson, F. W.: *Guide to English literature. Chicago 2 1968.* – *The Oxford companion to English literature. Hg. v.* Sir P. Harvey. *Oxford 4 1967.* – *Concise Cambridge bibliography of English literature. Hg. v.* G. Watson. *London 2 1965.* – Schöne, A.: *Abriß der e.n L.gesch. in Tabellen. Mit einem Überblick über die engl. Stilepochen v.* W. Schmidt-Hidding. *Frkf. u. Bonn 1965.* – *Annals of English literature 1475–1950. The principal publications of each year together with an alphabetical index of authors with their works. Oxford 2 1961.* – *Everyman's dictionary of literary biography. English & American. Zusammengestellt nach* J. W. Cousin *v.* D. C. Browning. *Neuaufl. London; New York 1960.* – *The Cambridge bibliography of English literature. Hg. v.* F. W. Bateson. *Cambridge 1940. 3 Bde., Index-Bd. Suppl.-Bd., hg. v.* G. Watson, *London 1957.* – Wells, J. E.: *A manual of the writings in Middle English 1050–1400. New Haven 1–5 1923–51. Hauptwerk u. 9 Suppl.-Bde.* – *Years work in English studies. Hg. v.* S. Lee *u.* F. S. Boas. *Jg. 1 ff., Oxford 1920 ff.* – *Annual bibliography of English language and literature. Bd. 1 ff., Cambridge 1920 ff.*

estnische Literatur
Oras, A.: *Storia della letteratura estone. In: Storia delle letterature baltiche. Hg. v.* G. Devoto. *Mailand 1957.* – Loorits, O.: *Estn. Volksdichtung u. Mythologie. Dorpat 1932.*

finnische Literatur
Suomen kirjallisuus. Hg. v. M. Kuusi *u.* S. Konsala. *Helsinki 1963 ff. Auf mehrere Bde. berechnet.* – Gummernus, E. R. G.: *Storia della letteratura della Finlandia. Mailand 1957.* – Henning, H.: *Die f. L. der letzten zwei Jahrzehnte. In: Bücherei u. Bildung 4 (1952).* – Grellmann, H.: *F. L. Breslau 1932.*

französische Literatur
Gesamtdarstellungen:
Jan, E. v.: *F. L.gesch. in Grundzügen. Hdbg. 6 1967.* – Theisen, J.: *Gesch. der f.n L. Stuttg. 1964.* – Cazamian, L.: *Gesch. der f.n L. Dt. Übers. Mchn. 1963.* – Lanson, G.: *Histoire de la littérature française; remanié et complétée pour la période 1850–1950 par* P. Tuffrau. *Neuausg. Paris 1963.* – *Encyclopédie de la Pléiade. Histoire des littératures. Bd. 3: Littératures françaises, connexes et marginales. Paris 1958. Neudr. 1963.* – Neubert, F.: *Gesch. der f.n L. Tüb. 1949.* – Bédier, Ch. M. J./Hazard, P.: *Histoire de la littérature française illustrée. Paris 1923. 2 Bde.* – Suchier, H./Birch-Hirschfeld, A.: *Gesch. der F.n Litteratur von den ältesten Zeiten bis zur Gegenwart. Lpz. 2 1913. 2 Bde.*
Mittelalter:
Kukenheim, L./Roussel, H.: *Führer durch die f. L. des MA. Dt. Übers. Mchn. 1968.* – Voretzsch, K.: *Einf. in das Studium der altfrz. L. Halle 9 1966.* – Zumthor, P.: *Histoire littéraire de la France médiévale (6e–14e siècles). Paris 1954.* – Gröber, G.: *Gesch. der mittelfrz. L. Bln. 2 1933–37. 2 Bde.* – Becker, Ph. A.: *Grundr. der altfrz. L. Tl. 1: Älteste Denkmäler. Nationale Heldendichtung. Hdbg. 1907.*
19.–20. Jahrhundert:
Engler, W.: *F. L. im 20. Jh. Bern u. Mchn. 1968.* – Marcel, G.: *Die f. L. im 20. Jh. Acht Vorträge. Freib. 1966.* – Clouard, H.: *Histoire de la littérature française du symbolisme à nos jours, 1885–1940. Paris 2 1959. 2 Bde.* – Boisdeffre, P. de: *Une histoire vivante de la littérature d'aujourd'hui. Paris 1959.* – Klemperer, V.: *Gesch. der f.n L. im 19. u. 20. Jh. Bln. 1956. 2 Bde.* – Thibaudet, A.: *Gesch. der f.n L. v. 1789 bis zur Gegenwart. Dt. Übers. Freib. u. Mchn. 2 1954.* – Curtius, E. R.: *Frz. Geist im 20. Jh. Bern u. Mchn. 1952.* – Rousseaux, A.: *Littérature du XXe siècle. Paris 1938–58. 6 Bde.*
Bibliographien und Nachschlagewerke:
Littérature et langue françaises. Hg. v. M. Crouslé. *Paris 1967.* – Rancœur, R.: *Bibliographie de la littérature française moderne (XVIe–XXe siècles). Bd. 1 ff. (1963 ff.), Paris 1964 ff.* – *Dictionnaire de littérature contemporaine 1900–1962. Hg. v.* P. de Boisdeffre. *Paris 1962.* – *Bibliogr. der f.n L.wiss. Hg. v.* O. Klapp. *Bd. 1 ff. (1956 ff.), Frkf. 1960 ff.* – Castex, P./Surer, P.: *Manuel des études littéraires françaises. Paris 1959–60. 6 Bde.* – *The Oxford companion to French literature. Hg. v.* Sir P. Harvey *u.* J. E. Heseltine. *New York 1959.* –

Bossuat, R.: *Manuel bibliographique de la littérature française du moyen âge. Melun 1951.* – *Critical bibliography of French literature. Hg. v.* D. C. Cabeen *u.* J. Brody. *Syracuse (N.Y.) 1947ff. Auf 7 Bde. berechnet.* – Talvart, H./Place, J.: *Bibliographie des auteurs modernes de langue française. 1801–1927 (später bis 1962 erweitert). Fortgef. v.* G. Place. *Paris 1928ff. Bis 1968 15 Text- u. 2 Reg.-Bde.*

griechische Literatur ↑ auch neugriechische Literatur.

Bowra, C. M.: *Höhepunkte g.r L. Dt. Übers. Stuttg. 1968.* – Dihlé, A.: *G. L.gesch. Stuttg. 1967.* – Flacelière, R.: *Literaturgesch. Griechenlands. Dt. Übers. Mchn. 1966.* – Lesky, A.: *Gesch. der g.n L. Bern u. Mchn.* ^{2}*1963.* – Fränkel, H.: *Dichtung u. Philosophie des frühen Griechentums. Eine Gesch. der griech. Epik, Lyrik u. Prosa bis zur Mitte des 5. Jh.s. Mchn.* ^{2}*1962.* – Nestle, W.: *Gesch. der g.n L. Bearb. v.* W. Liebich. *Bln.* ^{3}*1961–63. 2 Bde.* – Körte, A.: *Die hellenist. Dichtung. Bearb. v.* P. Händel. *Stuttg.* ^{2}*1960.* – Kranz, W.: *Gesch. der g.n L. Lpz.; Bremen* ^{4}*1960.* – Murray, G.: *The literature of ancient Greece. Chicago* ^{3}*1956.* – Bethe, E.: *Die griech. Dichtung. Potsdam 1928.* – Geffcken, J.: *G. L.gesch. Hdbg. 1926–34. 2 Bde.* – Schmid, W./Stählin, O.: *Gesch. der g.n L. Mchn.* $^{1-6}$*1920–48. 7 Bde. Neudr. 1959–64.* – Wilamowitz-Moellendorff, U. v.: *Die g. L. des Altertums. In: Die g. u. lat. L. u. Sprache. Lpz.* ^{3}*1912. Neudr. 1924.*

hebräische Literatur ↑ jüdische Literatur.

holländische Literatur ↑ niederländische Literatur.

indische Literatur

Glasenapp, H. v.: *Die Literaturen Indiens. Von den Anfängen bis zur Gegenwart. Stuttg. 1961.* – Pisani, V.: *Storia delle letterature antiche dell'India. Mailand 1954.* – Winternitz, M.: *Gesch. der i.n L. Lpz.* $^{1-2}$*1909–22. 3 Bde. Neudr. 1968.* – Oldenberg, H.: *Die Lit. des alten Indien. Stuttg. 1903. Neudr. 1923.*

irische Literatur

Harmon, M.: *Modern Irish literature, 1800–1967. Chester Springs (Pa.) 1968.* – Hyde, D.: *Literary history of Ireland. New York 1967.* – Alspach, R. K.: *Irish poetry from the English invasion to 1798. Philadelphia* ^{2}*1959.* – Dillon, M.: *Early Irish literature. Chicago* ^{2}*1958.*

isländische Literatur ↑ auch altgermanische und altnordische Literatur, ↑ norwegische Literatur.

Einarsson, St.: *A history of Icelandic literature. Baltimore 1957.* – Turville-Petre, G.: *Origins of Icelandic literature. New York 1953.* – Beck, R.: *History of Icelandic poets 1800–1940. Ithaca (N.Y.) 1950.* – Gíslason, B. M.: *Islands litteratur efter sagatiden (ca. 1400–1948). Kopenhagen 1949.*

italienische Literatur

Carsaniga, G.: *Gesch. der i.n L. Dt. Übers. Stuttg. 1967.* – *Dizionario enciclopedico della letteratura italiana. Hg. v.* G. Petronio. *Bari 1966ff. Auf mehrere Bde. berechnet.* – *Storia della letteratura italiana. Hg. v.* E. Cecchi *u.* N. Sapegno. *Mailand 1966ff. Auf 8 Bde. berechnet.* – Flora, F.: *Storia della letteratura italiana. Mailand* ^{10}*1958. 5 Bde.* – Donadoni, E.: *Breve storia della letteratura italiana dalle origini ai nostri giorni. Mailand* ^{3}*1954.* – Wilkins, E. H.: *A history of Italian literature. Cambridge (Mass.) 1954.* – Rossi, V.: *Storia della letteratura italiana. Bearb. v.* U. Bosco. *Neuausg. Mailand 1946.* – De Sanctis, F.: *Gesch. der i.n L. Dt. Übers. Stuttg. 1941–43. 2 Bde.* – Voßler, K.: *I. L.gesch. Bln.* ^{4}*1927. Neudr. 1948.*

japanische Literatur

Ueda, M.: *Literary and art theories in Japan. Cleveland (Ohio) 1967.* – Bersihand, R.: *Japanese literature. New York 1965.* – Keene, D.: *J. L. Eine Einf. f. westl. Leser. Zürich 1962.* – Gundert, W.: *Die j. L. Potsdam 1929.* – Florenz, K.: *Gesch. der j.n L. Lpz.* ^{2}*1909.* – Aston, W. G.: *History of Japanese literature. New York u. London 1899. Nachdr. New York 1965.*

jiddische Literatur

The field of Yiddish studies in language, folklore and literature. Hg. v. U. Weinreich. *New York 1965.* – Roback, A. A.: *The story of Yiddish literature. New York 1940.* – Zinberg, I.: *The history of the Jewish literature. Wilna 1935. 6 Bde.* – Pines, M.: *Die Gesch. der jüd.-dt. Lit. Dt. Übers. Bearb. v.* G. Hecht. *Lpz.* ^{2}*1922.*

jüdische Literatur ↑ auch jiddische Literatur.

Dietrich, E. L.: *Die hebr. Lit. der nachbibl. Zeit. In: Hdb. der Orientalistik 1, 3. Neudr. Leiden 1964.* – Navé, P.: *Die neue hebr. Lit. Bern u. Mchn. 1962.* – Waxmann, M.: *A history of Jewish literature. New York u. London 1960–61. 5 Bde. in 6 Mappen.* – Friedberg, B.: *Bet Eked Sepharim. Bibliographical lexicon of the whole Hebrew and Jewish-German literature, inclusive of the Arab, Greek, French-Provençal, Italian, Latin, Persian, Samaritan, Spanish-Portuguese and Tartarian works, printed in the years 1474–1950 with Hebrew letters. Tel Aviv* ^{2}*1951–56. 4 Bde.* – Lods, A.: *Histoire de la littérature hébraïque et juive. Paris 1950.* – Hempel, J.: *Die althebr. Lit. u. ihr hellenist.-jüd. Nachleben. Potsdam 1930–34. 6 Lfgg.* – Winter, J./Wünsche, A.: *Die j. L. seit Abschluß des Kanons. Bln. 1897. 3 Bde.*

jugoslawische Literatur ↑ serbokroatische Literatur, ↑ slowenische Literatur.

kanadische Literatur

Story, N.: *Oxford companion to Canadian history and literature. London u. New York 1967.* – *Literary history of Canada. Canadian literature in English. Hg. v.* C. Klinck. *Toronto 1965.* – Watters, R. E./Bell, J. F.: *On Canadian literature, 1806–1960. Toronto 1965.* – Watters, R. E.: *A check list of Canadian literature and background materials. 1628–1950. Toronto 1959.* – Berthelot-Brunet: *Histoire de la littérature canadienne française. Paris 1948.*

katalanische Literatur

Historia de la literatura catalana. Hg. v. M. de Riquer. *Barcelona 1964. 3 Bde.*

kolumbianische Literatur

Gómez Restrepo, A.: *Historia de la literatura colombiana. Bogotá* ^{2}*1945–46. 3 Bde.*

koptische Literatur

Morenz, S.: *Die k. L. In: Hdb. der Orientalistik 1, 2. Leiden 1952.* – Leipoldt, J.: *Gesch. der k.n L. In: Gesch. der christl. Litteraturen des Orients. Lpz.* ^{2}*1909.*

koreanische Literatur

Eckart, A.: *Gesch. der k.n L. Stuttg. 1968.*

kroatische Literatur ↑ serbokroatische Literatur.

kubanische Literatur

Portuondo, J. A.: *Bosquejo histórico de las letras cubanas. Havanna 1960.* – Bueno, S.: *Historia de la literatura cubana. Havanna 1954.* – Remos y Rubio, J. N. J.: *Historia de la literatura cubana. Neuausg. Havanna 1945. 3 Bde.*

lettische Literatur

Andrups, J./Kalve, V.: *Latvian literature. Engl. Übers. Stockholm 1954.* – Blese, E.: *Storia della letteratura lettone. Italien. Übers. In: Storia delle letterature baltiche. Hg. v.* G. Devoto. *Mailand 1957.*

litauische Literatur

Naujokaitis, P.: *Lietuviu literatura. Trumpas lietuvių literaturos istorijos kursas gimnazijai. Tüb. 1948.*

mexikanische Literatur

González Peña, C.: *History of Mexican literature: An interpretation of men and ideas. Engl. Übers. Dallas* [3]*1968.* – Jiménez Rueda, J.: *Historia de la literatura mexicana. Mexiko* [6]*1957.* – Dauster, F.: *Breve historia de la poesía mexicana. Mexiko 1956.*

mittellateinische Literatur

Curtius, E. R.: *Europ. Lit. u. lat. MA. Bern u. Mchn.* [6]*1967.* – Langosch, K.: *Lat. MA. Einl. in Sprache u. Lit. Darmst. 1963.* – Raby, F. J. E.: *History of secular Latin poetry in the middle ages. New York* [2]*1957. 2 Bde.* – Raby, F. J. E.: *History of Christian Latin poetry from the beginnings to the close of the middle ages. New York* [2]*1953.* – Manitius, M.: *Gesch. der lat. Lit. im MA. Mchn. 1911–31. 3 Bde.*

neugriechische Literatur

Knös, B.: *L'histoire de la littérature néogrecque. La période jusqu'en 1821. Stockholm 1962.* – *Probleme der n.n L. Hg. v.* J. Irmscher. *Bln. 1959–60. 4 Bde.*

neulateinische Literatur

Ellinger, G.: *Gesch. der n.n L. Deutschlands im sechzehnten Jh. Bln. 1929–33. 3 Bde.*

niederländische Literatur ↑ auch belgische Literatur.

Brachin, P.: *La littérature néerlandaise. Paris 1962.* – Vovys, C. G. N. de/Stuiveling, G.: *Schets van de Nederlandse letterkunde. Groningen* [24]*1957. Neudr. 1958.* – *Geschiedenis van de letterkunde der Nederlanden. Red.:* F. Baur *u.a. Herzogenbusch; Brüssel* [1–2]*1944 ff. Auf 10 Bde. berechnet.* – Kalff, G.: *Geschiedenis der Nederlandsche letterkunde. Groningen 1906–12. 7 Bde.* – Jonckbloet's, W. J. A.: *Gesch. der n.n L. Dt. Übers. Lpz. 1870–72. 2 Bde.*

nordamerikanische Literatur ↑ auch englische Literatur.

Schulze, Martin: *Wege der amerikan. Lit. Eine geschichtl. Darst. Bln. 1968.* – Schöne, A.: *Abriß der amerikan. Literaturgesch. in Tabellen. Frkf. 1967.* – Hart, J. D.: *The Oxford companion to American literature. New York* [4]*1965.* – Häusermann, H.-W.: *Moderne amerikan. Lit. Krit. Aufzeichnungen. Bern u. Mchn. 1965.* – Herzberg, M. J.: *The reader's encyclopedia of American literature. New York* [3]*1964.* – Jones, H. M.: *Guide to American literature and its backgrounds since 1890. Cambridge (Mass.)* [3]*1964.* – Cowley, M.: *Lit. in Amerika. Dt. Übers. Olten u. Freib. 1963.* – Lüdeke, H.: *Gesch. der amerikan. Lit. Bern u. Mchn.* [2]*1963.* – Cunliffe, M.: *Amerikan. Literaturgesch. Dt. Übers. Mchn. 1961.* – *Literaturgesch. der Vereinigten Staaten. Hg. v.* R. E. Spiller *u.a. Dt. Übers. Mainz 1959.* – Brooks, V. W./Bettmann, O. L.: *Our literary heritage: A pictoral history of the writers in America. New York 1956.* – *Bibliography of American literature. Zusammengestellt v.* J. Blanck. *New Haven 1955 ff. Auf 10 Bde. berechnet.* – *The Cambridge history of American literature. Hg. v.* W. P. Trent *u.a. New York; Cambridge 1945. 3 in 1 Bd.*

norwegische Literatur

Downs, B. W.: *Modern Norwegian literature. 1860–1918. London 1966.* – Bull, F., *u. a.: Norsk litteraturhistorie. Oslo* [1–2]*1955–63. 6 Bde.* – Christiansen, H.: *N. L.gesch. Von der Edda bis zur Gegenwart. Ein Überblick. Bln. 1953.* – Schneider, Hermann: *Gesch. der n.n u. isländ. L. Bln. 1948.*

österreichische Literatur ↑ auch deutsche Literatur.

Strelka, J.: *Brücke zu vielen Ufern. Wesen u. Eigenart der ö.n L. Frkf. u. a. 1966.* – Giebisch, H./Gugitz, G.: *Biobibliograph. Literaturlex. Österreichs. Wien 1964.* – Schmidt, Adalbert: *Dichtung u. Dichter Österreichs im 19. u. 20. Jh. Salzburg 1964. 2 Bde.* – Langer, N.: *Dichter aus Österreich. Wien 1956 ff. Bis 1967 5 Folgen.* – *Wegweiser durch die moderne Lit. in Österreich. Hg. v.* H. Kindermann. *Innsbruck 1954.* – Nadler, J.: *Literaturgesch. Österreichs. Salzburg* [2]*1951.* – Castle, E.: *Dt.-ö. L.gesch. Begr. v.* J. W. Nagl *u.* J. Zeidler. *Wien 1899–1937. 4 Bde.*

paraguayische Literatur

Centurión, C. R.: *Historia de las letras paraguayas. Buenos Aires 1947–51. 3 Bde.*

persische Literatur

Alavi, B.: *Gesch. u. Entwicklung der modernen p.n L. Bln. 1964.* – Rypka, J.: *Iran. Literaturgesch. Dt. Übers. Lpz. 1959.* – Arberry, A. J.: *Classical Persian literature. London 1958.* – Browne, E. G.: *A literary history of Persia. London u. Lpz.; Cambridge 1908–28. 4 Bde.* – Horn, P.: *Gesch. der p.n Litteratur. Lpz.* [2]*1909.*

peruanische Literatur

Sánchez, L. A.: *La literatura peruana. Buenos Aires 1950–51. 6 Bde.*

polnische Literatur

Kridl, M.: *A survey of Polish literature and culture. Den Haag* [2]*1967.* – *Mały słownik pisarzy polskich. Tl. 1. Warschau 1966.* – Krzyżanowski, J.: *Historia literatury polskiej od średniowiecza do 19. w. Warschau 1953.* – Krejči, K.: *Gesch. der p.n L. Dt. Übers. Halle 1958.* – Marcel, S.: *Histoire de la littérature polonaise. Paris 1957.* – Krzyżanowski, J.: *Polish Romantic literature. London 1930.* – Brückner, A.: *Gesch. der p.n L. Lpz.* [2]*1922.*

portugiesische Literatur ↑ auch spanische Literatur.

Rossi, G. C.: *Gesch. der p.n L. Dt. Übers. Tüb. 1964.* – *Dicionário das literaturas portuguesa, galega e brasileira. Hg. v.* J. do Prado Coelho. *Porto 1960.* – Saraiva, A. J.: *História de literatura portuguesa. Lissabon* [4]*1957.* – Le Gentil, G.: *La littérature portugaise. Paris* [2]*1951.* – Bell, A. F. G.: *Portuguese literature. London u. a. 1922.*

provenzalische Literatur

Jan, E. v.: *Neuprovenzal. L.gesch. 1850–1950. Hdbg. 1959.* – Camproux, Ch.: *Histoire de la littérature occitane. Paris 1953.* – Jeanroy, A.: *Histoire sommaire de la poésie occitane des origines à la fin du XVIII*e *siècle. Toulouse 1945.*

puertoricanische Literatur

Manrique Cabrera, F.: *Historia de la literatura puertorriqueña. Neuausg. Río Piedras de Puerto Rico 1965.*

rätoromanische Literatur ↑ schweizerische Literatur.

römische Literatur

Büchner, K.: *R. L.gesch. Ihre Grundzüge in interpretierender Darst. Stuttg.* ^{4}*1968.* – Bayet, J.: *Littérature latine. Bearb. v.* L. Nougaret. *Paris* ^{2}*1965.* – Bieler, L.: *Gesch. der r.n L. Bln.* ^{2}*1965. 2 Bde.* – Seel, O.: *Weltdichtung Roms. Zw. Hellas u. Gegenwart. Bln.; Darmst. 1965.* – Bickel, E.: *Lehrb. der Gesch. der r.n L. Hdbg.* ^{2}*1961.* – Rostagni, A.: *Storia della letteratura latina. Turin* ^{2}*1954–55. 2 Bde.* – Schanz, M.: *Gesch. der r.n L. Bearb. v.* C. Hosius *u.* G. Krüger. *Mchn.* $^{1-4}$*1914–35. 4 in 5 Bden. Neudr. 1959–66.* – Teuffel, W. S.: *Gesch. der r.n L. Bearb. v.* W. Kroll *u.* F. Skutsch. *Lpz.* $^{6-7}$*1913–20. 3 Bde.*

rumänische Literatur

Micu, D./Manolescu, N.: *R. L. der Gegenwart 1944–1966. Dt. Übers. Einl. u. Erll. v.* E. E. Lange-Kowal. *Mchn. 1968.* – Schroeder, K.-H.: *Einf. in das Studium des Rumänischen. Sprachwiss. u. Literaturgesch. Bln. 1967.* – Rosetti, A., *u. a.: Istoria literaturii române. Bukarest 1964 ff. Auf mehrere Bde. berechnet.* – Lupi, G.: *Storia della letteratura romena. Florenz 1955.* – Munteanu, B.: *Gesch. der neueren r.n L. Dt. Übers. Wien 1943.*

russische und sowjetische Literatur

Literaturen der Völker der Sowjetunion. Hg. v. H. Jünger. *Lpz. 1967.* – Wießner, H.: *Russ. Dichter u. Dichtungen. Eine Einf. in die r. L. Frkf. 1967.* – *Gesch. der klass. r.n L. Hg. v.* W. Düwel *u. a. Bln. 1965.* – Ssachno, H. v.: *Der Aufstand der Person. Sowjetlit. seit Stalins Tod. Bln. 1965.* – Mirskij, D. S.: *Gesch. der r.n L. Dt. Übers. Mchn. 1964.* – Slonim, M. L.: *Soviet Russian literature. New York 1964.* – Tschižewskij, D.: *R. L.gesch. des 19. Jh.s. Mchn. 1964 ff. Auf 3 Bde. berechnet.* – Holthusen, J.: *R. Gegenwartslit. Bern u. Mchn. 1963–68. 2 Bde.* – Dox, G.: *Die r. Sowjetlit. Namen, Daten, Werke. Bln. 1961.* – Gudzij, N. K.: *Gesch. der r.n L. 11.–17. Jh. Dt. Übers. Halle 1959.* – Lettenbauer, W.: *R. L.gesch. Wiesb.* ^{2}*1958.* – Struve, G.: *Gesch. der Sowjetlit. Mchn.* ^{2}*1958. Tb.-Ausg. 1963.* – Stender-Petersen, A.: *Gesch. der r.n L. Dt. Übers. Mchn. 1957. 2 Bde.* – Tschižewskij, D.: *Gesch. der altruss. L. im 11., 12. u. 13. Jh. Kiewer Periode. Frkf. 1948.* – Luther, A.: *Gesch. der r.n L. Lpz. 1924.*

schottische Literatur

Craig, D.: *Scottish literature and the Scottish people 1680–1830. London 1961.* – Wittig, K.: *The Scottish tradition in literature. Edinburgh 1958.* – Kinsley, J.: *Scottish poetry. A critical survey. London 1955.* – Brie, F.: *Die nat. Lit. Schottlands v. den Anfängen bis zur Renaissance. Halle 1937.*

schwedische Literatur

Gustafson, A.: *History of Swedish literature. Minneapolis 1961.* – Tigerstedt, E. N.: *Svensk litteratur-historia. Stockholm* ^{3}*1960.* – *Ny illustrerad svensk litteraturhistoria. Hg. v.* E. N. Tigerstedt. *Stockholm 1955–58. 5 Bde.* – Schück, H./Warburg, K.: *Illustrerad svensk litteraturhistoria. Stockholm* ^{3}*1926–32. 7 Bde.* – Boor, H. de: *Sch. L. Breslau 1924.*

schweizerische Literatur ↑ auch deutsche Literatur.

Calgari, G.: *Die vier Literaturen der Schweiz. Dt. Übers. Olten u. Freib. 1966.* – Marti, K.: *Die Schweiz u. ihre Schriftsteller, die Schriftsteller u. ihre Schweiz. Zürich 1966.* – Günther, W.: *Dichter der neueren Schweiz. Bern u. Mchn. 1963 ff. Auf mehrere Bde. berechnet.* – *Schweizer Schriftsteller der Gegenwart. Écrivains suisses d'aujourd'hui. Scrittori svizzeri d'oggi. Scriptuors svizzers da noss dis. Bern 1962.* – Ermatinger, E.: *Dichtung u. Geistesleben der dt. Schweiz. Mchn. 1933.* – Nadler, J.: *Literaturgesch. der dt. Schweiz. Lpz. 1932.* – Jenny, E./Rossel, V.: *Gesch. der sch.n L. Bern 1910. 2 Bde.* – Godet, Ph.: *Histoire littéraire de la Suisse française. Paris 1890.* – Baechtold, J.: *Gesch. der dt. Lit. in der Schweiz. Frauenfeld 1877–92. 8 Lfgg. Neudr. 1919.*

serbokroatische Literatur

Vaupotić, M.: *Hrvatska suvremena književnost/Contemporary Croatian literature. Engl. Übers. Agram 1966.* – Kadić, A.: *Contemporary Serbian literature. Den Haag 1964.* – Kadić, A.: *Contemporary Croatian literature. Den Haag 1960.* – Cronia, A.: *Storia della letteratura serbo-croata. Mailand 1956.* – Barac, A.: *A history of Yugoslav literature. Engl. Übers. Belgrad 1955.* – Gesemann, G.: *Die s. L. Potsdam 1930.* – Murko, M.: *Gesch. der älteren südslaw. Litteraturen. Lpz. 1908.*

slowakische Literatur ↑ auch tschechische Literatur.

Pražák, A.: *Dějiny slovenské literatury. Prag u. Preßburg 1950–60. 2 Bde.* – Mráz, A.: *Die Lit. der Slowaken. Bln. u. a. 1942.*

slowenische Literatur

Meriggi, B.: *Storia della letteratura slovena con un profilo della letteratura serbo-lusaziana. Mailand 1961.* – Slodnjak, A.: *Gesch. der s.n L. Bln. 1958.* – *Zgodovina slovenskega slovstva. Hg. v.* L. Legiša *u.* A. Gspan. *Laibach 1956–61. 3 Bde.*

spanische Literatur

Franzbach, M.: *Abriß der span.-portugies. Literaturgesch. in Tabellen. Frkf. 1968.* – García López, J.: *Historia de la literatura española. Barcelona* ^{9}*1965.* – *Diccionario de literatura española. Hg. v.* G. Bleiberg *u.* J. Marías. *Madrid* ^{3}*1964.* – Niedermayer, F.: *Sp. L. des 20. Jh.s. Bern u. Mchn. 1964.* – Díaz, J. S.: *Manual de bibliografía de la literatura española. Barcelona 1963 ff. Auf Hauptwerk u. mehrere Suppl.-Bde. berechnet.* – Antón Andrés, A.: *Gesch. der sp.n L. Vom 18. Jh. bis zur Gegenwart. Mchn. 1961.* – Brenan, G.: *Literature of the Spanish people. London* ^{2}*1953.* – Valbuena Prat, Á.: *Historia de la literatura española. Barcelona 1953. 3 Bde.* – Díaz, J. S.: *Bibliografía de la literatura hispánica. Madrid 1950 ff.* – Giese, W.: *Gesch. der sp.n u. portugies. L. Bonn 1949.* – *Historia general de las literaturas hispánicas. Hg. v.* D. G. Díaz-Plaja. *Barcelona 1949–58. 5 in 6 Bden.* – Hurtado y Jiménez de La Serna, J./González Palencia, C. A.: *Historia de la literatura española. Madrid* ^{6}*1949. 3 Tle.* – Fitzmaurice-Kelly, J.: *Gesch. der sp.n L. Dt. Übers. Hg. v.* A. Hämel. *Hdbg. 1925.*

südafrikanische Literatur

Coetzee, A. J.: *De hedendaagse Afrikaanse Letterkunde. Brügge u. Utrecht 1963.* – Dekker, G.: *Afrikaanse Literatuurgeskiedenis. Kapstadt 1961.* – Antonissen, R.: *Die Afrikaanse Letterkunde van die aanvang tot hede. Kapstadt 1960.* – Sulzer, P.: *Schwarze Intelligenz. Ein literar.-polit. Streifzug durch Süd-Afrika. Zürich u. Freib. 1955.*

südamerikanische Literatur
Grossmann, R.: *Gesch. u. Probleme der lateinamerikan. Lit. Mchn. 1969.* – Lorenz, G. W.: *Lit. in Lateinamerika. St. Gallen ²1967.* – Lazo, R.: *Historia de la literatura hispanoamericana. Mexiko 1965.* – Reichardt, D.: *Schöne Lit. lateinamerikan. Autoren. Eine Übersicht der dt. Übersetzungen mit biograph. Angaben. Hamb. 1965.* – Andersón Imbert, E.: *Historia de la literatura hispanoamericana. Mexiko; Buenos Aires ⁴1962–64. 2 Tle.* – Torres-Ríoseco, A.: *Nueva historia de la gran literatura hispanoamericana. Buenos Aires ³1960.* – Gallo, U./Bellini, G.: *Storia della letteratura ispanoamericana. Mailand 1958.* – Legnizamón, J. A.: *Historia de la literatura hispanoamericana. Buenos Aires 1945. 2 Bde.* – Coester, A.: *The literary history of Spanish America. New York ²1928.*

syrische Literatur
Baumstark, A.: *Gesch. der s.n L. mit Ausschluß der christl.-palästinens. Texte. Bonn 1922.*

tschechische Literatur ↑ auch bulgarische Literatur.
Fischer, Rudolf: *Studien zur t.n L. Bln. 1965.* – Wellek, R.: *Essays on Czech literature. Den Haag 1963.* – *Dějiny české literatury. Hg. v.* J. Mukarovský. *Prag 1959–61. 3 Bde.* – Meriggi, B.: *Storia delle letterature ceca et slovacca. Mailand 1958.* – Novák, A.: *Die t. L. Potsdam 1931.* – Jakubec, J./Novák, A.: *Gesch. der Čech. Litteratur. Lpz. ²1913.*

türkische Literatur
Spies, O.: *Die t. Prosalit. der Gegenwart. Bln.; Lpz. 1943.* – Yücel, H. A.: *Gesamtüberblick über die t. L. Dt. Übers. Istanbul 1941.* – Gibb, E. J. W.: *A history of Ottoman poetry. London 1900–09. 6 Bde.*

ukrainische Literatur
Čyževs'kyj, D.: *Istorija ukrajins'koji literatury. New York 1956.* – Manning, C. A.: *Ukrainian literature. Studies of the leading authors. Jersey City (N.Y.) 1944.* – Gruševs'kyj, M.: *Istorija ukrajins'koji literatury. Kiew u. Lemberg. 1923–27. 5 Bde. Nachdr. New York 1959–60.*

ungarische Literatur
Remenyi, J.: *Hungarian writers and literature: Modern novelists, critics, and poets. Hg. v.* A. J. Molnar. *New Brunswick (N.J.) 1964.* – Tezla, A.: *Introductory bibliography to the study of Hungarian literature. Cambridge (Mass.) 1964.* – Klaniczay, T., *u. a.: Die Gesch. der u.n L. Dt. Übers. Budapest 1963.* – Farkas, J. v.: *Die Entwicklung der u.n L. Bln. 1934.* – Schwicker, J. H.: *Gesch. der u.n L. Lpz. 1889.*

uruguayische Literatur
Englekick, J. E.: *La narrativa uruguaya. Estudio crítico-bibliográfico. Berkeley u. Los Angeles 1967.* – Roxlo, C.: *Historia crítica de la literatura uruguaya. Montevideo 1912–16. 7 Bde.*

venezolanische Literatur
Picón-Salas, M.: *Estudios de literatura venezolana. Caracas 1961.* – Picón-Salas, M.: *Literatura venezolana. Caracas ²1945.*

weißrussische Literatur
Narysy pa gistoryi belaruskaj literatury. Hg. v. V. V. Barysenka *u. a. Minsk 1956.* – Karskij, E.: *Gesch. der w.n Volksdichtung u. L. Dt. Übers. Bln. 1926.*

Bildquellen-Verzeichnis

Archiv für Kunst und Geschichte, Wilfried Göpel, Berlin · Bavaria-Verlag, Heinrich Frese, Gauting · British Museum, London · Bruckmann KG., Verlag, München · dpa, Deutsche Presse-Agentur, Bilderdienste · Gottfried von Einem, Wien · S. Fischer Verlag GmbH, Frankfurt am Main · Goethehaus und Goethemuseum, Frankfurt am Main · Historia-Photo, Charlotte Fremke, Bad-Sachsa · IBA, Internationale Bildagentur, Zürich · Keystone GmbH & Co, München · Landesmuseum für Kunst- und Kulturgeschichte, Münster/Westf. · Bildarchiv Erica Loos, Pforzheim · Verlag Otto Müller, Salzburg · Nannen-Verlag, Hamburg · Nationale Forschungs- und Gedenkstätten der klassischen deutschen Literatur in Weimar · Rhein-Verlag, Zürich · Schiller-Nationalmuseum, Marbach am Neckar · Süddeutscher Verlag GmbH, München · Ullstein-Bilderdienst, Berlin